# 现行建筑设计规范大全

（含条文说明）
第 2 册
建筑防火·建筑环境
本社编

中国建筑工业出版社

**图书在版编目（CIP）数据**

现行建筑设计规范大全(含条文说明)第2册　建筑防火·
建筑环境/本社编．—北京：中国建筑工业出版社，2014.1
ISBN 978-7-112-16130-0

Ⅰ.①现…　Ⅱ.①本…　Ⅲ.①建筑设计-建筑规范-中国
②建筑设计-防火-建筑规范-中国③建筑设计-环境设计-
建筑规范-中国　Ⅳ.①TU202

中国版本图书馆 CIP 数据核字(2013)第 276285 号


责任编辑：何玮珂　孙玉珍
责任校对：党　蕾

**现行建筑设计规范大全**

**（含条文说明）**

**第 2 册**

建筑防火·建筑环境

本社编

\*

中国建筑工业出版社出版、发行(北京西郊百万庄)

各地新华书店、建筑书店经销

北京红光制版公司制版

北京圣夫亚美印刷有限公司印刷

\*

开本：787×1092毫米　1/16　印张：103½　插页：17　字数：373千字
2014 年 7 月第一版　　2014 年 7 月第一次印刷
定价：**235.00 元**
ISBN 978-7-112-16130-0
(24888)

# 出 版 说 明

　　《现行建筑设计规范大全》、《现行建筑结构规范大全》、《现行建筑施工规范大全》缩印本（以下简称《大全》），自 1994 年 3 月出版以来，深受广大建筑设计、结构设计、工程施工人员的欢迎。2006 年我社又出版了与《大全》配套的三本《条文说明大全》。但是，随着科研、设计、施工、管理实践中客观情况的变化，国家工程建设标准主管部门不断地进行标准规范制订、修订和废止的工作。为了适应这种变化，我社将根据工程建设标准的变更情况，适时地对《大全》缩印本进行调整、补充，以飨读者。

　　鉴于上述宗旨，我社近期组织编辑力量，全面梳理现行工程建设国家标准和行业标准，参照工程建设标准体系，结合专业特点，并在认真调查研究和广泛征求读者意见的基础上，对 2009 年出版的设计、结构、施工三本《大全》和配套的三本《条文说明大全》进行了重大修订。

　　新版《大全》将《条文说明大全》和原《大全》合二为一，即像规范单行本一样，把条文说明附在每个规范之后，这样做的目的是为了更加方便读者理解和使用规范。

　　由于规范品种越来越多，《大全》体量愈加庞大，本次修订后决定按分册出版，一是可以按需购买，二是检索、携带方便。

　　《现行建筑设计规范大全》分 4 册，共收录标准规范 193 本。

　　《现行建筑结构规范大全》分 4 册，共收录标准规范 168 本。

　　《现行建筑施工规范大全》分 5 册，共收录标准规范 304 本。

　　需要特别说明的是，由于标准规范处在一个动态变化的过程中，而且出版社受出版发行规律的限制，不可能在每次重印时对《大全》进行修订，所以在全面修订前，《大全》中有可能出现某些标准规范没有替换和修订的情况。为使广大读者放心地使用《大全》，我社在网上提供查询服务，读者可登录我社网站查询相关标准规范的制订、全面修订、局部修订等信息。

为不断提高《大全》质量、更加方便查阅，我们期待广大读者在使用新版《大全》后，给予批评、指正，以便我们改进工作。请随时登录我社网站，留下宝贵的意见和建议。

中国建筑工业出版社

2013 年 10 月

欲查询《大全》中规范变更情况，或有意见和建议：请登录中国建筑出版在线网站(book. cabplink. com)。登录方法见封底。

# 目　　录

## 3　建　筑　防　火

## 4　建筑环境(热工·声学·采光与照明)

附：总目录

# 3

## 建筑防火

中华人民共和国国家标准

# 建筑设计防火规范

Code of design on building fire protection and prevention

GB 50016—2006

主编部门：中华人民共和国公安部
批准部门：中华人民共和国建设部
施行日期：2006年12月1日

# 中华人民共和国建设部
## 公　告

### 第 450 号

### 建设部关于发布国家标准
### 《建筑设计防火规范》的公告

现批准《建筑设计防火规范》为国家标准，编号为 GB 50016—2006，自 2006 年 12 月 1 日起实施。其中，第 3.1.2、3.2.1、3.2.2、3.2.7、3.2.8、3.3.1、3.3.2、3.3.7、3.3.8、3.3.10、3.3.11、3.3.13、3.3.14、3.3.15、3.3.16、3.3.18、3.4.1、3.4.2、3.4.3、3.4.4、3.4.9、3.4.11、3.5.1、3.5.2、3.6.2、3.6.6、3.6.8、3.6.10、3.6.11、3.7.1、3.7.2、3.7.3、3.7.4、3.7.5、3.7.6、3.8.1、3.8.2、3.8.3、3.8.7、4.1.2、4.1.3、4.1.4、4.2.1、4.2.2、4.2.3、4.3.2、4.3.3、4.3.5、4.3.6、4.4.1、4.4.2、4.4.3、4.4.4、4.4.5、4.4.6、5.1.1、5.1.2、5.1.3、5.1.6、5.1.7、5.1.8、5.1.9、5.1.10、5.1.11、5.1.12、5.1.13、5.1.15、5.2.1、5.3.1、5.3.2、5.3.4、5.3.5、5.3.6、5.3.8、5.3.9、5.3.11、5.3.12、5.3.13、5.3.14、5.3.16、5.3.17、5.4.2、5.4.3、5.4.4、5.4.5、5.4.6、6.0.1、6.0.4、6.0.6、6.0.7（3、4）、6.0.8、6.0.9、6.0.10、7.1.1、7.1.2、7.1.3、7.1.5、7.1.6、7.2.1、7.2.2、7.2.3、7.2.4、7.2.5、7.2.7、7.2.9、7.2.10、7.2.11、7.3.5、7.4.1（1、4、5、6）、7.4.2（1、2、3、4）、7.4.3、7.4.4、7.4.10、7.4.12、7.5.2、7.5.3、7.6.2、8.1.2、8.1.3、8.2.1、8.2.2、8.2.3、8.2.4、8.2.5、8.2.6、8.3.1、8.4.1、8.5.1、8.5.4、8.5.5、8.5.6、8.6.1、8.6.2、8.6.3、8.6.4、8.6.5、8.6.9、9.1.2、9.1.3、9.1.5、9.2.2（1、2、3）、9.3.1、9.3.3、9.4.1、9.4.3（3）、9.4.5、10.1.2、10.1.4、10.2.2、10.2.3、10.3.2、10.3.5、10.3.6（1）、10.3.8、10.3.9、10.3.10、10.3.12、10.3.17、11.1.1（1、2）、11.1.3、11.1.4、11.1.6（1）、11.2.1、11.2.4、11.3.1、11.3.2、11.3.4、11.3.5、11.4.1、11.4.2、11.4.4 条（款）为强制性条文，必须严格执行。原《建筑设计防火规范》GBJ 16—87 同时废止。

本规范由建设部标准定额研究所组织中国计划出版社出版发行。

中华人民共和国建设部
二○○六年七月十二日

## 前　　言

根据建设部建标［1998］94 号《关于印发"一九九八年工程建设国家标准制订、修订计划（第一批）"的通知》的要求，本规范由公安部天津消防研究所会同天津市建筑设计院、北京市建筑设计研究院、清华大学建筑设计研究院、中国中元兴华工程公司、上海市公安消防总队、四川省公安消防总队、辽宁省公安消防总队、公安部四川消防研究所、建设部建筑设计研究院、中国市政工程华北设计研究院、东北电力设计院、中国轻工业北京设计院、中国寰球化学工程公司、上海隧道工程轨道交通设计研究院等单位共同修订。

本规范的修订，遵照国家有关基本建设的方针和"预防为主、防消结合"的消防工作方针，在总结我国建筑防火和消防科学技术研究成果、建筑设计和建筑火灾经验教训的基础上，广泛征求了有关科研、设计、生产、消防监督、高等院校等部门和单位的意见，同时研究和消化吸收了国外有关规范标准，最后经有关部门共同审查定稿。

本规范共分 12 章，其主要内容有：总则，术语，厂房（仓库），甲、乙、丙类液体、气体储罐（区）与可燃材料堆场，民用建筑，消防车道，建筑构造，消防给水和灭火设施，防烟与排烟，采暖、通风和空气调节，电气，城市交通隧道等。

本规范中以黑体字标志的条文为强制性条文，必须严格执行。

本规范由建设部负责管理和对强制性条文的解释，公安部负责日常管理，公安部天津消防研究所负责具体技术内容的解释。

鉴于本规范是一项综合性的防火技术标准，政策性和技术性强，涉及面广，希望各单位在执行过程中，结合工程实践和科学研究，认真总结经验，注意积累资料，如发现需要修改和补充之处，请将意见和资料径寄公安部天津消防研究所（地址：天津市卫津南路110号，邮政编码：300381），以便今后修订时参考。

本规范主编单位、参编单位及主要起草人：

**主编单位：** 公安部天津消防研究所

**参编单位：** 天津市建筑设计院
北京市建筑设计研究院
清华大学建筑设计研究院
中国中元兴华工程公司
上海市公安消防总队
四川省公安消防总队

辽宁省公安消防总队
公安部四川消防研究所
建设部建筑设计研究院
中国市政工程华北设计研究院
东北电力设计院
中国轻工业北京设计院
中国寰球化学工程公司
上海隧道工程轨道交通设计研究院
Johns Manville 中国有限公司
Huntsman 聚氨酯中国有限公司
Hilti 有限公司

**主要起草人：** 经建生　倪照鹏　马　恒　沈　纹
杜　霞　庄敬仪　陈孝华　王诗萃
王万钢　张菊良　黄晓家　李娥飞
金石坚　王宗存　王国辉　黄德祥
苏慧英　李向东　宋晓勇　郭树林
郑铁一　刘栋权　冯长海　丁瑞元
陈景霞　宋燕燕　贺　琳　王　稚

# 目　次

# 1 总 则

**1.0.1** 为了防止和减少建筑火灾危害,保护人身和财产安全,制定本规范。

**1.0.2** 本规范适用于下列新建、扩建和改建的建筑:

    1 9层及9层以下的居住建筑(包括设置商业服务网点的居住建筑);

    2 建筑高度小于等于24m的公共建筑;

    3 建筑高度大于24m的单层公共建筑;

    4 地下、半地下建筑(包括建筑附属的地下室、半地下室);

    5 厂房;

    6 仓库;

    7 甲、乙、丙类液体储罐(区);

    8 可燃、助燃气体储罐(区);

    9 可燃材料堆场;

    10 城市交通隧道。

  注:1 建筑高度的计算:当为坡屋面时,应为建筑物室外设计地面到其檐口的高度;当为平屋面(包括设有女儿墙的平屋面)时,应为建筑物室外设计地面到其屋面面层的高度;当同一座建筑物有多种屋面形式时,建筑高度应按上述方法分别计算后取其中最大值。局部突出屋顶的瞭望塔、冷却塔、水箱间、微波天线间或设施、电梯机房、排风和排烟机房以及楼梯出口小间等,可不计入建筑高度内。

    2 建筑层数的计算:建筑的地下室、半地下室的顶板面高出室外设计地面的高度小于等于1.5m者,建筑底部设置的高度不超过2.2m的自行车库、储藏室、敞开空间,以及建筑屋顶上突出的局部设备用房、出屋面的楼梯间等,可不计入建筑层数内。住宅顶部为2层一套的跃层,可按1层计;其他部位的跃层以及顶部多于2层一套的跃层,应计入层数。

**1.0.3** 本规范不适用于炸药厂房(仓库)、花炮厂房(仓库)的建筑防火设计。

    人民防空工程、石油和天然气工程、石油化工企业、火力发电厂与变电站等的建筑防火设计,当有专门的国家现行标准时,宜从其规定。

**1.0.4** 建筑防火设计应遵循国家的有关方针政策,从全局出发,统筹兼顾,做到安全适用、技术先进、经济合理。

**1.0.5** 建筑防火设计除应符合本规范的规定外,尚应符合国家现行有关标准的规定。

# 2 术 语

**2.0.1** 耐火极限 fire resistance rating

    在标准耐火试验条件下,建筑构件、配件或结构从受到火的作用时起,到失去稳定性、完整性或隔热性时止的这段时间,用小时表示。

**2.0.2** 不燃烧体 non-combustible component

    用不燃材料做成的建筑构件。

**2.0.3** 难燃烧体 difficult-combustible component

    用难燃材料做成的建筑构件或用可燃材料做成而用不燃材料做保护层的建筑构件。

**2.0.4** 燃烧体 combustible component

    用可燃材料做成的建筑构件。

**2.0.5** 闪点 flash point

    在规定的试验条件下,液体挥发的蒸气与空气形成的混合物,遇火源能够闪燃的液体最低温度(采用闭杯法测定)。

**2.0.6** 爆炸下限 lower explosion limit

    可燃的蒸气、气体或粉尘与空气组成的混合物,遇火源即能发生爆炸的最低浓度(可燃蒸气、气体的浓度,按体积比计算)。

**2.0.7** 沸溢性油品 boiling spill oil

    含水并在燃烧时可产生热波作用的油品,如原油、渣油、重油等。

**2.0.8** 半地下室 semi-basement

    房间地面低于室外设计地面的平均高度大于该房间平均净高1/3,且小于等于1/2者。

**2.0.9** 地下室 basement

    房间地面低于室外设计地面的平均高度大于该房间平均净高1/2者。

**2.0.10** 多层厂房(仓库) multi-storied industrial building

    2层及2层以上,且建筑高度不超过24m的厂房(仓库)。

**2.0.11** 高层厂房(仓库) high-rise industrial building

    2层及2层以上,且建筑高度超过24m的厂房(仓库)。

**2.0.12** 高架仓库 high rack storage

    货架高度超过7m且机械化操作或自动化控制的货架仓库。

**2.0.13** 重要公共建筑 important public building

    人员密集、发生火灾后伤亡大、损失大、影响大的公共建筑。

**2.0.14** 商业服务网点 commercial service facilities

    居住建筑的首层或首层及二层设置的百货店、副食店、粮店、邮政所、储蓄所、理发店等小型营业性用房。该用房建筑面积不超过300m²,采用耐火极限不低于1.50h的楼板和耐火极限不低于2.00h且无门窗洞口的隔墙与居住部分及其他用房完全分隔,其安全出口、疏散楼梯与居住部分的安全出口、疏散楼梯分别独立设置。

**2.0.15** 明火地点 open flame site

    室内外有外露火焰或赤热表面的固定地点(民用建筑内的灶具、电磁炉等除外)。

**2.0.16** 散发火花地点 sparking site

    有飞火的烟囱或室外的砂轮、电焊、气焊(割)等固定地点。

**2.0.17** 安全出口 safety exit

    供人员安全疏散用的楼梯间、室外楼梯的出入口或直通室内外安全区域的出口。

**2.0.18** 封闭楼梯间 enclosed staircase

    用建筑构配件分隔,能防止烟和热气进入的楼梯间。

**2.0.19** 防烟楼梯间 smoke-proof staircase

    在楼梯间入口处设有防烟前室,或设有专供排烟用的阳台、凹廊等,且通向前室和楼梯间的门均为乙级防火门的楼梯间。

**2.0.20** 防火分区 fire compartment

    在建筑内部采用防火墙、耐火楼板及其他防火分隔设施分隔而成,能在一定时间内防止火灾向同一建筑的其余部分蔓延的局部空间。

**2.0.21** 防火间距 fire separation distance

    防止着火建筑的辐射热在一定时间内引燃相邻建筑,且便于消防扑救的间隔距离。

**2.0.22** 防烟分区 smoke bay

    在建筑内部屋顶或顶板、吊顶下采用具有挡烟功能的构配件进行分隔所形成的,具有一定蓄烟能力的空间。

**2.0.23** 充实水柱 full water spout

    由水枪喷嘴起到射流90%的水柱水量穿过直径380mm圆孔处的一段射流长度。

# 3 厂房(仓库)

## 3.1 火灾危险性分类

**3.1.1** 生产的火灾危险性应根据生产中使用或产生的物质性质及其数量等因素,分为甲、乙、丙、丁、戊类,并应符合表3.1.1的规定。

表 3.1.1　生产的火灾危险性分类

| 生产类别 | 使用或产生下列物质生产的火灾危险性特征 |
|---|---|
| 甲 | 1.闪点小于28℃的液体；<br>2.爆炸下限小于10%的气体；<br>3.常温下能自行分解或在空气中氧化能导致迅速自燃或爆炸的物质；<br>4.常温下受到水或空气中水蒸气的作用，能产生可燃气体并引起燃烧或爆炸的物质；<br>5.遇酸、受热、撞击、摩擦、催化以及遇有机物或硫磺等易燃的无机物，极易引起燃烧或爆炸的强氧化剂；<br>6.受撞击、摩擦或与氧化剂、有机物接触时引起燃烧或爆炸的物质；<br>7.在密闭设备内操作温度大于等于物质本身自燃点的生产 |
| 乙 | 1.闪点大于等于28℃，但小于60℃的液体；<br>2.爆炸下限大于等于10%的气体；<br>3.不属于甲类的氧化剂；<br>4.不属于甲类的化学易燃危险固体；<br>5.助燃气体；<br>6.能与空气形成爆炸性混合物的浮游状态的粉尘、纤维、闪点大于等于60℃的液体雾滴 |
| 丙 | 1.闪点大于等于60℃的液体；<br>2.可燃固体 |
| 丁 | 1.对不燃烧物质进行加工，并在高温或熔化状态下经常产生强辐射热、火花或火焰的生产；<br>2.利用气体、液体、固体作为燃料或将气体、液体进行燃烧作其他用的各种生产；<br>3.常温下使用或加工难燃烧物质的生产 |
| 戊 | 常温下使用或加工不燃烧物质的生产 |

3.1.2　同一座厂房或厂房的任一防火分区内有不同火灾危险性生产时，该厂房或防火分区内的生产火灾危险性分类应按火灾危险性较大的部分确定。当符合下述条件之一时，可按火灾危险性较小的部分确定：

1　火灾危险性较大的生产部分占本层或本防火分区面积的比例小于5%或丁、戊类厂房内的油漆工段小于10%，且发生火灾事故时不足以蔓延到其他部位或火灾危险性较大的生产部分采取了有效的防火措施；

2　丁、戊类厂房内的油漆工段，当采用封闭喷漆工艺，封闭喷漆空间内保持负压、油漆工段设置可燃气体自动报警系统或自动抑爆系统，且油漆工段占其所在防火分区面积的比例小于等于20%。

3.1.3　储存物品的火灾危险性应根据储存物品的性质和储存物品中的可燃物数量等因素，分为甲、乙、丙、丁、戊类，并应符合表3.1.3的规定。

表 3.1.3　储存物品的火灾危险性分类

| 仓库类别 | 储存物品的火灾危险性特征 |
|---|---|
| 甲 | 1.闪点小于28℃的液体；<br>2.爆炸下限小于10%的气体，以及受到水或空气中水蒸气的作用，能产生爆炸下限小于10%气体的固体物质；<br>3.常温下能自行分解或在空气中氧化能导致迅速自燃或爆炸的物质；<br>4.常温下受到水或空气中水蒸气的作用，能产生可燃气体并引起燃烧或爆炸的物质；<br>5.遇酸、受热、撞击、摩擦以及遇有机物或硫磺等易燃的无机物，极易引起燃烧或爆炸的强氧化剂；<br>6.受撞击、摩擦或与氧化剂、有机物接触时能引起燃烧或爆炸的物质 |
| 乙 | 1.闪点大于等于28℃，但小于60℃的液体；<br>2.爆炸下限大于等于10%的气体；<br>3.不属于甲类的氧化剂；<br>4.不属于甲类的化学易燃危险固体；<br>5.助燃气体；<br>6.常温下与空气接触能缓慢氧化，积热不散引起自燃的物品 |
| 丙 | 1.闪点大于等于60℃的液体；<br>2.可燃固体 |
| 丁 | 难燃烧物品 |
| 戊 | 不燃烧物品 |

3.1.4　同一座仓库或仓库的任一防火分区内储存不同火灾危险性物品时，该仓库或防火分区的火灾危险性应按其中火灾危险性最大的类别确定。

3.1.5　丁、戊类储存物品的可燃包装重量大于物品本身重量1/4

的仓库，其火灾危险性应按丙类确定。

### 3.2　厂房(仓库)的耐火等级与构件的耐火极限

3.2.1　厂房(仓库)的耐火等级可分为一、二、三、四级。其构件的燃烧性能和耐火极限除本规范另有规定者外，不应低于表3.2.1的规定。

表 3.2.1　厂房(仓库)建筑构件的燃烧性能和耐火极限(h)

| 构件名称 | | 耐火等级 | | | |
|---|---|---|---|---|---|
| | | 一级 | 二级 | 三级 | 四级 |
| 墙 | 防火墙 | 不燃烧体<br>3.00 | 不燃烧体<br>3.00 | 不燃烧体<br>3.00 | 不燃烧体<br>3.00 |
| | 承重墙 | 不燃烧体<br>3.00 | 不燃烧体<br>2.50 | 不燃烧体<br>2.00 | 难燃烧体<br>0.50 |
| | 楼梯间和电梯井的墙 | 不燃烧体<br>2.00 | 不燃烧体<br>2.00 | 不燃烧体<br>1.50 | 难燃烧体<br>0.50 |
| | 疏散走道两侧的隔墙 | 不燃烧体<br>1.00 | 不燃烧体<br>1.00 | 不燃烧体<br>0.50 | 难燃烧体<br>0.25 |
| | 非承重外墙 | 不燃烧体<br>0.75 | 不燃烧体<br>0.50 | 难燃烧体<br>0.50 | 难燃烧体<br>0.25 |
| | 房间隔墙 | 不燃烧体<br>0.75 | 不燃烧体<br>0.50 | 难燃烧体<br>0.50 | 难燃烧体<br>0.25 |
| 柱 | | 不燃烧体<br>3.00 | 不燃烧体<br>2.50 | 不燃烧体<br>2.00 | 难燃烧体<br>0.50 |
| 梁 | | 不燃烧体<br>2.00 | 不燃烧体<br>1.50 | 不燃烧体<br>1.00 | 难燃烧体<br>0.50 |
| 楼板 | | 不燃烧体<br>1.50 | 不燃烧体<br>1.00 | 不燃烧体<br>0.75 | 难燃烧体<br>0.50 |
| 屋顶承重构件 | | 不燃烧体<br>1.50 | 不燃烧体<br>1.00 | 不燃烧体<br>0.50 | 燃烧体 |
| 疏散楼梯 | | 不燃烧体<br>1.50 | 不燃烧体<br>1.00 | 不燃烧体<br>0.75 | 燃烧体 |
| 吊顶(包括吊顶搁栅) | | 不燃烧体<br>0.25 | 不燃烧体<br>0.25 | 难燃烧体<br>0.15 | 燃烧体 |

注：二级耐火等级建筑的吊顶采用不燃烧体时，其耐火极限不限。

3.2.2　下列建筑中的防火墙，其耐火极限应按本规范表3.2.1的规定提高1.00h：

1　甲、乙类厂房；

2　甲、乙、丙类仓库。

3.2.3　一、二级耐火等级的单层厂房(仓库)的柱，其耐火极限可按本规范表3.2.1的规定降低0.50h。

3.2.4　下列二级耐火等级建筑的梁、柱可采用无防火保护的金属结构，其能受到甲、乙、丙类液体或可燃气体火焰影响的部位，应采取外包敷不燃材料或其他防火隔热保护措施：

1　设置自动灭火系统的单层丙类厂房；

2　丁、戊类厂房(仓库)。

3.2.5　一、二级耐火等级建筑的非承重外墙应符合下列规定：

1　除甲、乙类仓库和高层仓库外，当非承重外墙采用不燃烧体时，其耐火极限不应低于0.25h；当采用难燃烧体时，不应低于0.50h。

2　4层及4层以下的丁、戊类地上厂房(仓库)，当非承重外墙采用不燃烧体时，其耐火极限不限；当非承重外墙采用难燃烧体的轻质复合墙体时，其表面材料应为不燃材料，内填充材料的燃烧性能不应低于B2级。B1、B2级材料应符合现行国家标准《建筑材料燃烧性能分级方法》GB 8624的有关要求。

3.2.6　二级耐火等级厂房(仓库)中的房间隔墙，当采用难燃烧体时，其耐火极限应提高0.25h。

3.2.7　二级耐火等级的多层厂房或多层仓库中的楼板，当采用预应力和预制钢筋混凝土楼板时，其耐火极限不应低于0.75h。

3.2.8　一、二级耐火等级厂房(仓库)的上人平屋顶，其屋面板的耐火极限分别不应低于1.50h和1.00h。

一级耐火等级的单层、多层厂房(仓库)中采用自动喷水灭火系统进行全保护时，其屋顶承重构件的耐火极限不应低于1.00h。

二级耐火等级厂房的屋顶承重构件可采用无保护层的金属构

件,其中能受到甲、乙、丙类液体火焰影响的部位应采取防火隔热保护措施。

**3.2.9** 一、二级耐火等级厂房(仓库)的屋面板应采用不燃烧材料,但其屋面防水层和绝热层可采用可燃材料;当丁、戊类厂房(仓库)不超过4层时,其屋面可采用难燃烧体的轻质复合屋面板,但该板材的表面材料应为不燃烧材料,内填充材料的燃烧性能不应低于B2级。

**3.2.10** 除本规范另有规定者外,以木柱承重且以不燃烧材料作为墙体的厂房(仓库),其耐火等级应按四级确定。

**3.2.11** 预制钢筋混凝土构件的节点外露部位,应采取防火保护措施,且该节点的耐火极限不应低于相应构件的规定。

### 3.3 厂房(仓库)的耐火等级、层数、面积和平面布置

**3.3.1** 厂房的耐火等级、层数和每个防火分区的最大允许建筑面积除本规范另有规定者外,应符合表3.3.1的规定。

表3.3.1 厂房的耐火等级、层数和防火分区的最大允许建筑面积

| 生产类别 | 厂房的耐火等级 | 最多允许层数 | 每个防火分区的最大允许建筑面积(m²) | | | |
|---|---|---|---|---|---|---|
| | | | 单层厂房 | 多层厂房 | 高层厂房 | 地下、半地下厂房,厂房的地下室、半地下室 |
| 甲 | 一级 二级 | 除生产必须采用多层者外,宜采用单层 | 4000 3000 | 3000 2000 | — — | — — |
| 乙 | 一级 二级 | 不限 6 | 5000 4000 | 4000 3000 | 2000 1500 | — — |
| 丙 | 一级 二级 三级 | 不限 不限 2 | 不限 8000 3000 | 6000 4000 2000 | 3000 2000 — | 500 500 — |

**3.3.2** 仓库的耐火等级、层数和面积除本规范另有规定者外,应符合表3.3.2的规定。

续表3.3.1

| 生产类别 | 厂房的耐火等级 | 最多允许层数 | 每个防火分区的最大允许建筑面积(m²) | | | |
|---|---|---|---|---|---|---|
| | | | 单层厂房 | 多层厂房 | 高层厂房 | 地下、半地下厂房,厂房的地下室、半地下室 |
| 丁 | 一、二级 三级 四级 | 不限 3 1 | 不限 4000 1000 | 不限 2000 — | 4000 — — | 1000 — — |
| 戊 | 一、二级 三级 四级 | 不限 3 1 | 不限 5000 1500 | 不限 3000 — | 6000 — — | 1000 — — |

注:1 防火分区之间应采用防火墙分隔。除甲类厂房外的一、二级耐火等级单层厂房,当其防火分区的建筑面积大于本表规定,且设置防火墙确有困难时,可采用防火卷帘或防火分隔水幕分隔。采用防火卷帘时应符合本规范第7.5.3条的规定;采用防火分隔水幕时,应符合现行国家标准《自动喷水灭火系统设计规范》GB 50084的有关规定。

2 除麻纺厂房外,一级耐火等级的多层纺织厂房和二级耐火等级的单层、多层纺织厂房,其每个防火分区的最大允许建筑面积可按本表的规定增加0.5倍,但厂房内的原棉开包、清花车间均应采用防火墙分隔。

3 一、二级耐火等级的单层、多层造纸生产联合厂房,其每个防火分区的最大允许建筑面积可按本表的规定增加1.5倍。一、二级耐火等级的湿式造纸联合厂房,当纸机烘缸罩内设置自动灭火系统,完成工段设置有效灭火设施保护时,其每个防火分区的最大允许建筑面积可按工艺要求确定。

4 一、二级耐火等级的谷物筒仓工作塔,当每层工作人数不超过2人时,其层数不限。

5 一、二级耐火等级卷烟生产联合厂房内的原料、备料及成品配方、制丝、储丝和卷接包、辅料周转、成品暂存、二氧化碳膨胀烟丝等生产用房应划分独立的防火分隔单元,当工艺条件许可时,应采用防火墙进行分隔。其中制丝、储丝和卷接包车间可划分为一个防火分区,且每个防火分区的最大允许建筑面积可按工艺要求确定。但制丝、储丝及卷接包车间之间应采用耐火极限不低于2.00h的墙体和1.00h的楼板进行分隔。厂房内各水平和竖向分隔间的开口应采取防止火灾蔓延的措施。

6 本表中"—"表示不允许。

表3.3.2 仓库的耐火等级、层数和面积

| 储存物品类别 | 仓库的耐火等级 | 最多允许层数 | 每座仓库的最大允许占地面积和每个防火分区的最大允许建筑面积(m²) | | | | | | |
|---|---|---|---|---|---|---|---|---|---|
| | | | 单层仓库 | | 多层仓库 | | 高层仓库 | | 地下、半地下仓库或仓库的地下室、半地下室 |
| | | | 每座仓库 | 防火分区 | 每座仓库 | 防火分区 | 每座仓库 | 防火分区 | 防火分区 |
| 甲 | 3、4项 | 一级 | 1 | 180 | 60 | — | — | — | — | — |
| | 1、2、5、6项 | 一、二级 | 1 | 750 | 250 | — | — | — | — | — |
| 乙 | 1、3、4项 | 一、二级 | 3 | 2000 | 500 | 900 | 300 | — | — | — |
| | | 三级 | 1 | 500 | 250 | — | — | — | — | — |
| | 2、5、6项 | 一、二级 | 5 | 2800 | 700 | 1500 | 500 | — | — | — |
| | | 三级 | 1 | 900 | 300 | — | — | — | — | — |
| 丙 | 1项 | 一、二级 | 5 | 4000 | 1000 | 2800 | 700 | — | — | 150 |
| | | 三级 | 1 | 1200 | 400 | — | — | — | — | — |
| | 2项 | 一、二级 | 不限 | 6000 | 1500 | 4800 | 1200 | 4000 | 1000 | 300 |
| | | 三级 | 3 | 2100 | 700 | 1200 | 400 | — | — | — |
| 丁 | | 一、二级 | 不限 | 不限 | 3000 | 不限 | 1500 | 4800 | 1200 | 500 |
| | | 三级 | 3 | 3000 | 1000 | 1500 | 500 | — | — | — |
| | | 四级 | 1 | 2100 | 700 | — | — | — | — | — |
| 戊 | | 一、二级 | 不限 | 不限 | 不限 | 不限 | 2000 | 6000 | 1500 | 1000 |
| | | 三级 | 3 | 3000 | 1000 | 2100 | 700 | — | — | — |
| | | 四级 | 1 | 2100 | 700 | — | — | — | — | — |

注:1 仓库中的防火分区之间必须采用防火墙分隔。

2 石油库内桶装油品仓库应按现行国家标准《石油库设计规范》GB 50074的有关规定执行。

3 一、二级耐火等级的煤均化库,每个防火分区的最大允许建筑面积不应大于12000m²。

4 独立建造的硝酸铵仓库、电石仓库、聚乙烯等高分子制品仓库、尿素仓库、配煤仓库、造纸厂的独立成品仓库以及车站、码头、机场内的中转仓库,当建筑的耐火等级不低于二级时,每座仓库的最大允许占地面积和每个防火分区的最大允许建筑面积可按本表的规定增加1.0倍。

5 一、二级耐火等级粮食平房仓的最大允许占地面积不应大于12000m²,每个防火分区的最大允许建筑面积不应大于3000m²;三级耐火等级粮食平房仓的最大允许占地面积不应大于3000m²,每个防火分区的最大允许建筑面积不应大于1000m²。

6 一、二级耐火等级冷库的最大允许占地面积和防火分区的最大允许建筑面积,应按现行国家标准《冷库设计规范》GB 50072的有关规定执行。

7 酒精度为50%(V/V)以上的白酒仓库不宜超过3层。

8 本表中"—"表示不允许。

**3.3.3** 厂房内设置自动灭火系统时，每个防火分区的最大允许建筑面积可按本规范第3.3.1条的规定增加1.0倍。当丁、戊类的地上厂房内设置自动灭火系统时，每个防火分区的最大允许建筑面积不限。

仓库内设置自动灭火系统时，每座仓库最大允许占地面积和每个防火分区最大允许建筑面积可按本规范第3.3.2条的规定增加1.0倍。

厂房内局部设置自动灭火系统时，其防火分区增加面积可按该局部面积的1.0倍计算。

**3.3.4** 使用或储存特殊贵重的机器、仪表、仪器等设备或物品的建筑，其耐火等级应为一级。

**3.3.5** 建筑面积小于等于300m²的独立甲、乙类单层厂房，可采用三级耐火等级的建筑。

**3.3.6** 使用或产生丙类液体的厂房和有火花、赤热表面、明火的丁类厂房，均应采用一、二级耐火等级建筑，当上述丙类厂房的建筑面积小于等于500m²，丁类厂房的建筑面积小于等于1000m²时，也可采用三级耐火等级的单层建筑。

**3.3.7** 甲、乙类生产场所不应设置在地下或半地下。甲、乙类仓库不应设置在地下或半地下。

**3.3.8** 厂房内严禁设置员工宿舍。

办公室、休息室等不应设置在甲、乙类厂房内，当必须与本厂房贴邻建造时，其耐火等级不应低于二级，并应采用耐火极限不低于3.00h的不燃烧体防爆墙隔开和设置独立的安全出口。

在丙类厂房内设置的办公室、休息室，应采用耐火极限不低于2.50h的不燃烧体隔墙和不低于1.00h的楼板与厂房隔开，并应至少设置1个独立的安全出口。如隔墙上需开设相互连通的门时，应采用乙级防火门。

**3.3.9** 厂房内设置甲、乙类中间仓库时，其储量不宜超过1昼夜的需要量。

中间仓库应靠外墙布置，并应采用防火墙和耐火极限不低于1.50h的不燃烧体楼板与其他部分隔开。

**3.3.10** 厂房内设置丙类仓库时，必须采用防火墙和耐火极限不低于1.50h的楼板与厂房隔开，设置丁、戊类仓库时，必须采用耐火极限不低于2.50h的不燃烧体隔墙和不低于1.00h的楼板与厂房隔开。仓库的耐火等级和面积应符合本规范第3.3.2条和第3.3.3条的规定。

**3.3.11** 厂房中的丙类液体中间储罐应设置在单独房间内，其容积不应大于1m³。设置该中间储罐的房间，其围护构件的耐火极限不应低于二级耐火等级建筑的相应要求，房间的门应采用甲级防火门。

**3.3.12** 除锅炉的总蒸发量小于等于4t/h的燃煤锅炉房可采用三级耐火等级的建筑外，其他锅炉房均应采用一、二级耐火等级的建筑。

**3.3.13** 油浸变压器室、高压配电装置室的耐火等级不应低于二级，其他防火设计应按现行国家标准《火力发电厂与变电所设计防火规范》GB 50229等规范的有关规定执行。

**3.3.14** 变、配电所不应设置在甲、乙类厂房内或贴邻建造，且不应设置在爆炸性气体、粉尘环境的危险区域内。供甲、乙类厂房专用的10kV及以下的变、配电所，当采用无门窗洞口的防火墙隔开时，可一面贴邻建造，并应符合现行国家标准《爆炸和火灾危险环境电力装置设计规范》GB 50058等规范的有关规定。

乙类厂房的配电所必须在防火墙上开窗时，应设置密封固定的甲级防火窗。

**3.3.15** 仓库内严禁设置员工宿舍。

甲、乙类仓库内严禁设置办公室、休息室等，并不应贴邻建造。

在丙、丁类仓库内设置的办公室、休息室，应采用耐火极限不低于2.50h的不燃烧体隔墙和不低于1.00h的楼板与库房隔开，并应设置独立的安全出口。如隔墙上需开设相互连通的门时，应采用乙级防火门。

**3.3.16** 高架仓库的耐火等级不应低于二级。

**3.3.17** 粮食筒仓的耐火等级不应低于二级；二级耐火等级的粮食筒仓可采用钢板仓。

粮食平房仓的耐火等级不应低于三级；二级耐火等级的散装粮食平房仓可采用无防火保护的金属承重构件。

**3.3.18** 甲、乙类厂房（仓库）内不应设置铁路线。

丙、丁、戊类厂房（仓库），当需要出入蒸汽机车和内燃机车时，其屋顶应采用不燃烧体或采取其他防火保护措施。

### 3.4 厂房的防火间距

**3.4.1** 除本规范另有规定者外，厂房之间及其与乙、丙、丁、戊类仓库、民用建筑等之间的防火间距不应小于表3.4.1的规定。

表3.4.1 厂房之间及其与乙、丙、丁、戊类仓库、民用建筑等之间的防火间距(m)

| 名 称 | | 甲类厂房 | 单层、多层乙类厂房(仓库) | 单层、多层丙、丁、戊类厂房(仓库) | | | 高层厂房(仓库) | 民用建筑 | | |
|---|---|---|---|---|---|---|---|---|---|---|
| | | | | 耐火等级 | | | | 耐火等级 | | |
| | | | | 一、二级 | 三级 | 四级 | | 一、二级 | 三级 | 四级 |
| 甲类厂房 | | 12 | 12 | 12 | 14 | 16 | 13 | 25 | | |
| 单层、多层乙类厂房 | | 12 | 10 | 10 | 12 | 14 | 13 | 25 | | |
| 单层、多层丙、丁类厂房 | 一、二级 | 12 | 10 | 10 | 12 | 14 | 13 | 10 | 12 | 14 |
| | 三级 | 14 | 12 | 12 | 14 | 16 | 15 | 12 | 14 | 16 |
| | 四级 | 16 | 14 | 14 | 16 | 18 | 17 | 14 | 16 | 18 |
| 单层、多层戊类厂房 | 一、二级 | 12 | 10 | 10 | 12 | 14 | 13 | 6 | 7 | 9 |
| | 三级 | 14 | 12 | 12 | 14 | 16 | 15 | 7 | 8 | 10 |
| | 四级 | 16 | 14 | 14 | 16 | 18 | 17 | 9 | 10 | 12 |
| 高层厂房 | | 13 | 13 | 13 | 15 | 17 | 13 | 13 | 15 | 17 |
| 室外变、配电站变压器总油量(t) | ≥5,≤10 | | | 12 | 15 | 20 | 12 | 15 | 20 | 25 |
| | >10,≤50 | 25 | 25 | 15 | 20 | 25 | 15 | 20 | 25 | 30 |
| | >50 | | | 20 | 25 | 30 | 20 | 25 | 30 | 35 |

注：1 建筑之间的防火间距应按相邻建筑外墙的最近距离计算，如外墙有凸出的燃烧构件，应从其凸出部分外缘算起。

2 乙类厂房与重要公共建筑之间的防火间距不宜小于50m。单层、多层戊类厂房之间及其与戊类仓库之间的防火间距，可按本表的规定减少2m。为丙、丁、戊类厂房服务而单独设立的生活用房应按民用建筑确定，与所属厂房之间的防火间距不应小于6m。必须相邻建造时，应符合本表注3、4的规定。

3 两座厂房相邻较高一面的外墙为防火墙时，其防火间距不限，但甲类厂房之间不应小于4m。两座丙、丁、戊类厂房相邻两面的外墙均为不燃烧体，当无外露的燃烧体屋檐，每面外墙上的门窗洞口面积之和各小于等于该外墙面积的5%，且门窗洞口不正对开设时，其防火间距可按本表的规定减少25%。

4 两座一、二级耐火等级的厂房，当相邻较低一面外墙为防火墙且较低一座厂房的屋顶无天窗或屋顶耐火极限不低于1.00h，或相邻较高一面外墙的门窗等开口部位设置甲级防火门窗或防火分隔水幕或按本规范第7.5.3条的规定设置防火卷帘时，甲、乙类厂房之间的防火间距不应小于6m；丙、丁、戊类厂房之间的防火间距不应小于4m。

5 变压器与建筑之间的防火间距应从距建筑最近的变压器外壁算起。发电厂内的主变压器，其油量可按单台确定。

6 耐火等级低于四级的原有厂房，其耐火等级应按四级确定。

**3.4.2** 甲类厂房与重要公共建筑之间的防火间距不应小于50m，与明火或散发火花地点之间的防火间距不应小于30m，与架空电力线的最小水平距离应符合本规范第11.2.1条的规定，与甲、乙、丙类液体储罐，可燃、助燃气体储罐，液化石油气储罐，可燃材料堆场的防火间距，应符合本规范第4章的有关规定。

**3.4.3** 散发可燃气体、可燃蒸气的甲类厂房与铁路、道路等的防火间距不应小于表3.4.3的规定，但甲类厂房所属厂内铁路装卸线当有安全措施时，其间距可不受表3.4.3规定的限制。

表3.4.3　甲类厂房与铁路、道路等的防火间距(m)

| 名称 | 厂外铁路线中心线 | 厂内铁路线中心线 | 厂外道路路边 | 厂内道路路边 | |
|---|---|---|---|---|---|
| | | | | 主要 | 次要 |
| 甲类厂房 | 30 | 20 | 15 | 10 | 5 |

注：厂房与道路路边的防火间距按建筑距道路最近一侧路边的最小距离计算。

**3.4.4** 高层厂房与甲、乙、丙类液体储罐，可燃、助燃气体储罐，液化石油气储罐，可燃材料堆场（煤和焦炭场除外）的防火间距，应符合本规范第4章的有关规定，且不应小于13m。

**3.4.5** 当丙、丁、戊类厂房与公共建筑的耐火等级均为一、二级时，其防火间距可按下列规定执行：

　　**1** 当较高一面外墙为不开设门窗洞口的防火墙，或比相邻较低一座建筑屋面高15m及以下范围内的外墙为不开设门窗洞口的防火墙时，其防火间距可不限；

　　**2** 相邻较低一面外墙为防火墙，且屋顶不设天窗，屋顶耐火极限不低于1.00h，或相邻较高一面外墙为防火墙，且墙上开口部位采取了防火保护措施，其防火间距可适当减小，但不应小于4m。

**3.4.6** 厂房外附设有化学易燃物品的设备时，其室外设备外壁与相邻厂房室外附设设备外壁或相邻厂房外墙之间的距离，不应小于本规范第3.4.1条的规定。用不燃烧材料制作的室外设备，可按一、二级耐火等级建筑确定。

　　总储量小于等于15m³的丙类液体储罐，当直埋于厂房外墙外，且面向储罐一面4.0m范围内的外墙为防火墙时，其防火间距可不限。

**3.4.7** 同一座U形或山形厂房中相邻两翼之间的防火间距，不宜小于本规范第3.4.1条的规定，但当该厂房的占地面积小于本规范第3.3.1条规定的每个防火分区的最大允许建筑面积时，其防火间距可为6m。

**3.4.8** 除高层厂房和甲类厂房外，其他类别的数座厂房占地面积之和小于本规范第3.3.1条规定的防火分区最大允许建筑面积（按其中较小者确定，但防火分区的最大允许建筑面积不限者，不应超过10000 m²）时，可成组布置。当厂房建筑高度小于等于7m时，组内厂房之间的防火间距不应小于4m；当厂房建筑高度大于7m时，组内厂房之间的防火间距不应小于6m。

　　组与组或组与相邻建筑之间的防火间距，应根据相邻两座耐火等级较低的建筑，按本规范第3.4.1条的规定确定。

**3.4.9** 一级汽车加油站、一级汽车液化石油气加气站和一级汽车加油加气合建站不应建在城市建成区内。

**3.4.10** 汽车加油、加气站和加油加气合建站的分级，汽车加油、加气站和加油加气合建站及其加油(气)机、储油(气)罐等与站外明火或散发火花地点、建筑、铁路、道路之间的防火间距，以及站内各建筑或设施之间的防火间距，应符合现行国家标准《汽车加油加气站设计与施工规范》GB 50156的有关规定。

**3.4.11** 电力系统电压为35～500kV且每台变压器容量在10MV·A以上的室外变、配电站以及工业企业的变压器总油量大于5t的室外降压变电站，与建筑之间的防火间距不应小于本规范第3.4.1条和第3.5.1条的规定。

**3.4.12** 厂房围墙与厂内建筑之间的间距不宜小于5m，且围墙两侧的建筑之间还应满足相应的防火间距要求。

## 3.5　仓库的防火间距

**3.5.1** 甲类仓库之间及其与其他建筑、明火或散发火花地点、铁路、道路等的防火间距不应小于表3.5.1的规定，与架空电力线的最小水平距离应符合本规范第11.2.1条的规定。厂内铁路装卸线与设置装卸站台的甲类仓库的防火间距，可不受表3.5.1规定的限制。

表3.5.1　甲类仓库之间及其与其他建筑、明火或散发火花地点、铁路等的防火间距(m)

| 名称 | | 甲类仓库及其储量(t) | | | |
|---|---|---|---|---|---|
| | | 甲类储存物品第3、4项 | | 甲类储存物品第1、2、5、6项 | |
| | | ≤5 | >5 | ≤10 | >10 |
| 重要公共建筑 | | 50 | | | |
| 甲类仓库 | | 20 | | | |
| 民用建筑、明火或散发火花地点 | | 30 | 40 | 25 | 30 |
| 其他建筑 | 一、二级耐火等级 | 15 | 20 | 12 | 15 |
| | 三级耐火等级 | 20 | 25 | 15 | 20 |
| | 四级耐火等级 | 25 | 30 | 20 | 25 |
| 电力系统电压为35～500kV且每台变压器容量在10MV·A以上的室外变、配电站工业企业的变压器总油量大于5t的室外降压变电站 | | 30 | 40 | 25 | 30 |
| 厂外铁路线中心线 | | 40 | | | |
| 厂内铁路线中心线 | | 30 | | | |
| 厂外道路路边 | | 20 | | | |
| 厂内道路路边 | 主要 | 10 | | | |
| | 次要 | 5 | | | |

注：甲类仓库之间的防火间距，当第3、4项物品储量小于等于2t，第1、2、5、6项物品储量小于等于5t时，不应小于12m，甲类仓库与高层仓库的防火间距不应小于13m。

**3.5.2** 除本规范另有规定者外，乙、丙、丁、戊类仓库之间及其与民用建筑之间的防火间距，不应小于表3.5.2的规定。

表3.5.2　乙、丙、丁、戊类仓库之间及其与民用建筑之间的防火间距(m)

| 建筑类型 | | 单层、多层乙、丙、丁、戊类仓库 | | | | | | 高层仓库 | 甲类厂房 |
|---|---|---|---|---|---|---|---|---|---|
| | | 单层、多层乙、丙、丁类仓库 | | | 单层、多层戊类仓库 | | | | |
| | 耐火等级 | 一、二级 | 三级 | 四级 | 一、二级 | 三级 | 四级 | 一、二级 | 一、二级 |
| 单层、多层乙、丙、丁、戊类仓库 | 一、二级 | 10 | 12 | 14 | 10 | 12 | 14 | 13 | 12 |
| | 三级 | 12 | 14 | 16 | 12 | 14 | 16 | 15 | 14 |
| | 四级 | 14 | 16 | 18 | 14 | 16 | 18 | 17 | 16 |
| 高层仓库 | 一、二级 | 13 | 15 | 17 | 13 | 15 | 17 | 13 | 13 |
| 民用建筑 | 一、二级 | 10 | 12 | 14 | 6 | 8 | 10 | 13 | 25 |
| | 三级 | 12 | 14 | 16 | 7 | 9 | 11 | 15 | |
| | 四级 | 14 | 16 | 18 | 9 | 11 | 13 | 17 | |

注：1　单层、多层戊类仓库之间的防火间距，可按本表减少2m。
　　2　两座仓库相邻较高一面外墙为防火墙，且占地面积小于等于本规范第3.3.2条第1座仓库的最大允许占地面积规定时，其防火间距不限。
　　3　除乙类第6项物品外的乙类仓库，与民用建筑之间的防火间距不宜小于25m，与重要公共建筑之间的防火间距不宜小于30m，与铁路、道路等的防火间距不宜小于表3.5.1中甲类仓库与铁路、道路等的防火间距。

**3.5.3** 当丁、戊类仓库与公共建筑的耐火等级均为一、二级时，其防火间距可按下列规定执行：

　　**1** 当较高一面外墙为不开设门窗洞口的防火墙，或比相邻较低一座建筑屋面高15m及以下范围内的外墙为不开设门窗洞口的防火墙时，其防火间距可不限；

　　**2** 相邻较低一面外墙为防火墙，且屋顶不设天窗，屋顶耐火极限不低于1.00h，或相邻较高一面外墙为防火墙，且墙上开口部位采取了防火保护措施，其防火间距可适当减小，但不应小于4m。

**3.5.4** 粮食筒仓与其他建筑之间及粮食筒仓组与组之间的防火间距，不应小于表3.5.4的规定。

表 3.5.4　粮食简仓与其他建筑之间及粮食简仓组与组之间的防火间距(m)

| 名称 | 粮食总储量 W(t) | 粮食立简仓 | | | 粮食浅圆仓 | | 建筑的耐火等级 | | |
|---|---|---|---|---|---|---|---|---|---|
| | | W≤ 40000 | 40000 <W≤ 50000 | W> 50000 | W≤ 50000 | W> 50000 | 一、二级 | 三级 | 四级 |
| 粮食立简仓 | 500<W≤10000 | 15 | 20 | 25 | 20 | 25 | 10 | 15 | 20 |
| | 10000<W≤40000 | | | | | | 15 | 20 | 25 |
| | 40000<W≤50000 | 20 | | | | | 20 | 25 | 30 |
| | W>50000 | | 25 | | | | 25 | 30 | — |
| 粮食浅圆仓 | W≤50000 | 20 | | 25 | | | 20 | 25 | 30 |
| | W>50000 | | 25 | | | | 25 | 30 | — |

注:1　当粮食立简仓、粮食浅圆仓与工作塔、接收塔、发放站为一个完整工艺单元的组群时,组内各建筑之间的防火间距不受本表限制。
　　2　粮食浅圆仓组内每个独立仓的储量不应大于10000t。

**3.5.5**　库区围墙与库区内建筑之间的间距不宜小于5m,且围墙两侧的建筑之间还应满足相应的防火间距要求。

## 3.6　厂房(仓库)的防爆

**3.6.1**　有爆炸危险的甲、乙类厂房宜独立设置,并宜采用敞开或半敞开式。其承重结构宜采用钢筋混凝土或钢框架、排架结构。

**3.6.2**　有爆炸危险的甲、乙类厂房应设置泄压设施。

**3.6.3**　有爆炸危险的甲、乙类厂房,其泄压面积宜按下式计算,但当厂房的长径比大于3时,宜将该建筑划分为长径比小于等于3的多个计算段,各计算段中的公共截面不得作为泄压面积。

$$A = 10CV^{2/3} \qquad (3.6.3)$$

式中　$A$——泄压面积($m^2$);
　　　$V$——厂房的容积($m^3$);
　　　$C$——厂房容积为1000$m^3$时的泄压比,可按表3.6.3选取,($m^2/m^3$)。

表 3.6.3　厂房内爆炸性危险物质的类别与泄压比值($m^2/m^3$)

| 厂房内爆炸性危险物质的类别 | $C$ 值 |
|---|---|
| 氨以及粮食、纸、皮革、铅、铬、铜等 $K_尘$<10MPa·m·s$^{-1}$的粉尘 | ≥0.030 |
| 木屑、炭屑、煤粉、锑、锡等 10MPa·m·s$^{-1}$≤$K_尘$<30MPa·m·s$^{-1}$的粉尘 | ≥0.055 |
| 丙酮、汽油、甲醇、液化石油气、甲烷、喷漆间或干燥室以及苯酚树脂、铝、镁、锆等 $K_尘$>30MPa·m·s$^{-1}$的粉尘 | ≥0.110 |
| 乙烯 | ≥0.160 |
| 乙炔 | ≥0.200 |
| 氢 | ≥0.250 |

注:长径比为建筑平面几何外形尺寸中的最长尺寸与其横截面周长的积和4.0倍的该建筑横截面积之比。

**3.6.4**　泄压设施宜采用轻质屋面板、轻质墙体和易于泄压的门、窗等,不应采用普通玻璃。

泄压设施的设置应避开人员密集场所和主要交通道路,并宜靠近有爆炸危险的部位。

作为泄压设施的轻质屋面板和轻质墙体的单位质量不宜超过60kg/$m^2$。

屋顶上的泄压设施应采取防冰雪积聚措施。

**3.6.5**　散发较空气轻的可燃气体、可燃蒸气的甲类厂房,宜采用轻质屋面板的全部或局部作为泄压面积。顶棚应尽量平整、避免死角,厂房上部空间应通风良好。

**3.6.6**　散发较空气重的可燃气体、可燃蒸气的甲类厂房以及有粉尘、纤维爆炸危险的乙类厂房,应采用不发火花的地面。采用绝缘材料作整体面层时,应采取防静电措施。

散发可燃粉尘、纤维的厂房内表面应平整、光滑,并易于清扫。

厂房内不宜设置地沟,必须设置时,其盖板应严密,地沟采取防止可燃气体、可燃蒸气及粉尘、纤维在地沟积聚的有效措施,且与相邻厂房连通处应采用防火材料密封。

**3.6.7**　有爆炸危险的甲、乙类生产部位,宜设置在单层厂房靠外墙的泄压设施或多层厂房顶层靠外墙的泄压设施附近。

有爆炸危险的设备宜避开厂房的梁、柱等主要承重构件布置。

**3.6.8**　有爆炸危险的甲、乙类厂房的总控制室应独立设置。

**3.6.9**　有爆炸危险的甲、乙类厂房的分控制室宜独立设置,当贴邻外墙设置时,应采用耐火极限不低于3.00h的不燃烧体墙体与其他部分隔开。

**3.6.10**　使用和生产甲、乙、丙类液体厂房的管、沟不应和相邻厂房的管、沟相通,该厂房的下水道应设置隔油设施。

**3.6.11**　甲、乙、丙类液体仓库应设置防止液体流散的设施。遇湿会发生燃烧爆炸的物品仓库应设置防止水浸渍的措施。

**3.6.12**　有粉尘爆炸危险的简仓,其顶部盖板应设置必要的泄压设施。

粮食简仓的工作塔、上通廊的泄压面积应按本规范第3.6.3条的规定执行。有粉尘爆炸危险的其他粮食储存设施应采取防爆措施。

**3.6.13**　有爆炸危险的甲、乙类仓库,宜按本节规定采取防爆措施、设置泄压设施。

## 3.7　厂房的安全疏散

**3.7.1**　厂房的安全出口应分散布置。每个防火分区、一个防火分区的每个楼层,其相邻2个安全出口最近边缘之间的水平距离不应小于5m。

**3.7.2**　厂房的每个防火分区、一个防火分区内的每个楼层,其安全出口的数量应经计算确定,且不应少于2个;当符合下列条件时,可设置1个安全出口:

　1　甲类厂房,每层建筑面积小于等于100$m^2$,且同一时间的生产人数不超过5人;

　2　乙类厂房,每层建筑面积小于等于150$m^2$,且同一时间的生产人数不超过10人;

　3　丙类厂房,每层建筑面积小于等于250$m^2$,且同一时间的生产人数不超过20人;

　4　丁、戊类厂房,每层建筑面积小于等于400$m^2$,且同一时间的生产人数不超过30人;

　5　地下、半地下厂房或厂房的地下室、半地下室,其建筑面积小于等于50$m^2$,经常停留人数不超过15人。

**3.7.3**　地下、半地下厂房或厂房的地下室、半地下室,当有多个防火分区相邻布置,并采用防火墙分隔时,每个防火分区可利用防火墙上通向相邻防火分区的甲级防火门作为第二安全出口,但每个防火分区必须至少有1个直通室外的安全出口。

**3.7.4**　厂房内任一点到最近安全出口的距离不应大于表3.7.4的规定。

表 3.7.4　厂房内任一点到最近安全出口的距离(m)

| 生产类别 | 耐火等级 | 单层厂房 | 多层厂房 | 高层厂房 | 地下、半地下厂房或厂房的地下室、半地下室 |
|---|---|---|---|---|---|
| 甲 | 一、二级 | 30 | 25 | — | — |
| 乙 | 一、二级 | 75 | 50 | 30 | — |
| 丙 | 一、二级 | 80 | 60 | 40 | 30 |
| | 三级 | 60 | 40 | | |
| 丁 | 一、二级 | 不限 | 不限 | 50 | 45 |
| | 三级 | 60 | 50 | | |
| | 四级 | 50 | | | |
| 戊 | 一、二级 | 不限 | 不限 | 75 | 60 |
| | 三级 | 100 | 75 | | |
| | 四级 | 60 | | | |

**3.7.5**　厂房内的疏散楼梯、走道、门的各自总净宽度应根据疏散人数,按表3.7.5的规定经计算确定。但疏散楼梯的最小净宽度不宜小于1.1m,疏散走道的最小净宽度不宜小于1.4m,门的最小净宽度不宜小于0.9m。当每层人数不相等时,疏散楼梯的总净宽

度应分层计算,下层楼梯总净宽度应按该层或该层以上人数最多的一层计算。

首层外门的总净宽度应按该层或该层以上人数最多的一层计算,且该门的最小净宽度不应小于 1.2m。

表 3.7.5  厂房疏散楼梯、走道和门的净宽度指标(m/百人)

| 厂房层数 | 一、二层 | 三层 | ≥四层 |
|---|---|---|---|
| 宽度指标 | 0.6 | 0.8 | 1.0 |

**3.7.6** 高层厂房和甲、乙、丙类多层厂房应设置封闭楼梯间或室外楼梯。建筑高度大于 32m 且任一层人数超过 10 人的高层厂房,应设置防烟楼梯间或室外楼梯。

室外楼梯、封闭楼梯间、防烟楼梯间的设计,应符合本规范第 7.4 节的有关规定。

**3.7.7** 建筑高度大于 32m 且设置电梯的高层厂房,每个防火分区内宜设置一部消防电梯。消防电梯可与客、货梯兼用,消防电梯的防火设计应符合本规范第 7.4.10 条的规定。

符合下列条件的建筑可不设消防电梯:

1  高度大于 32m 且设置电梯,任一层工作平台人数不超过 2 人的高层塔架;

2  局部建筑高度大于 32m,且升起部分的每层建筑面积小于等于 50m² 的丁、戊类厂房。

### 3.8  仓库的安全疏散

**3.8.1** 仓库的安全出口应分散布置。每个防火分区、一个防火分区的每个楼层,其相邻 2 个安全出口最近边缘之间的水平距离不应小于 5m。

**3.8.2** 每座仓库的安全出口不应少于 2 个,当一座仓库的占地面积小于等于 300m² 时,可设置 1 个安全出口。仓库内每个防火分区通向疏散走道、楼梯或室外的出口不宜少于 2 个,当防火分区的建筑面积小于等于 100m² 时,可设置 1 个。通向疏散走道或楼梯的门应为乙级防火门。

**3.8.3** 地下、半地下仓库或仓库的地下室、半地下室的安全出口不应少于 2 个;当建筑面积小于等于 100m² 时,可设置 1 个安全出口。

地下、半地下仓库或仓库的地下室、半地下室当有多个防火分区相邻布置,并采用防火墙分隔时,每个防火分区可利用防火墙上通向相邻防火分区的甲级防火门作为第二安全出口,但每个防火分区必须至少有 1 个直通室外的安全出口。

**3.8.4** 粮食筒仓、冷库、金库的安全疏散设计应分别符合现行国家标准《冷库设计规范》GB 50072 和《粮食钢板筒仓设计规范》GB 50322 等的有关规定。

**3.8.5** 粮食筒仓上层面积小于 1000m²,且该层作业人数不超过 2 人时,可设置 1 个安全出口。

**3.8.6** 仓库、筒仓的室外金属梯,当符合本规范第 7.4.5 条的规定时可作为疏散楼梯,但筒仓室外楼梯平台的耐火极限不应低于 0.25h。

**3.8.7** 高层仓库应设置封闭楼梯间。

**3.8.8** 除一、二级耐火等级的多层戊类仓库外,其他仓库中供垂直运输物品的提升设施宜设置在仓库外,当必须设置在仓库内时,应设置在井壁的耐火极限不低于 2.00h 的井筒内。室内外提升设施通向仓库入口上的门应采用乙级防火门或防火卷帘。

**3.8.9** 建筑高度大于 32m 且设置电梯的高层仓库,每个防火分区内宜设置一台消防电梯。消防电梯可与客、货梯兼用,消防电梯的防火设计应符合本规范第 7.4.10 条的规定。

# 4  甲、乙、丙类液体、气体储罐(区)与可燃材料堆场

## 4.1  一般规定

**4.1.1** 甲、乙、丙类液体储罐区,液化石油气储罐区,可燃、助燃气体储罐区,可燃材料堆场等,应设置在城市(区域)的边缘或相对独立的安全地带,并宜设置在城市(区域)全年最小频率风向的上风侧。

甲、乙、丙类液体储罐(区)宜布置在地势较低的地带。当布置在地势较高的地带时,应采取安全防护设施。

液化石油气储罐(区)宜布置在地势平坦、开阔等不易积存液化石油气的地带。

**4.1.2** 桶装、瓶装甲类液体不应露天存放。

**4.1.3** 液化石油气储罐组或储罐区四周应设置高度不小于 1.0m 的不燃烧体实体防护墙。

**4.1.4** 甲、乙、丙类液体储罐区,液化石油气储罐区,可燃、助燃气体储罐区,可燃材料堆场,应与装卸区、辅助生产区及办公区分开布置。

**4.1.5** 甲、乙、丙类液体储罐,液化石油气储罐,可燃、助燃气体储罐,可燃材料堆垛与架空电力线的最近水平距离应符合本规范第 11.2.1 条的规定。

## 4.2  甲、乙、丙类液体储罐(区)的防火间距

**4.2.1** 甲、乙、丙类液体储罐(区)及乙、丙类液体桶装堆场与建筑物的防火间距,不应小于表 4.2.1 的规定。

表 4.2.1  甲、乙、丙类液体储罐(区)及乙、丙类液体桶装堆场与建筑物的防火间距(m)

| 项 目 | | | 建筑物的耐火等级 | | | 室外变、配电站 |
|---|---|---|---|---|---|---|
| | | | 一、二级 | 三级 | 四级 | |
| 甲、乙类液体 | 一个罐区或堆场的总储量 V(m³) | 1≤V<50 | 12 | 15 | 20 | 30 |
| | | 50≤V<200 | 15 | 20 | 25 | 35 |
| | | 200≤V<1000 | 20 | 25 | 30 | 40 |
| | | 1000≤V<5000 | 25 | 30 | 40 | 50 |
| 丙类液体 | | 5≤V<250 | 12 | 15 | 20 | 24 |
| | | 250≤V<1000 | 15 | 20 | 25 | 28 |
| | | 1000≤V<5000 | 20 | 25 | 30 | 32 |
| | | 5000≤V<25000 | 25 | 30 | 40 | 40 |

注:1  当甲、乙类液体和丙类液体储罐布置在同一储罐区时,其总储量可按 1m³ 甲、乙类液体相当于 5m³ 丙类液体折算。

2  防火间距应从距建筑物最近的储罐外壁、堆垛外缘算起,但储罐防火堤外侧基脚线至建筑物的距离不应小于 10m。

3  甲、乙、丙类液体的固定顶储罐区或半露天堆场和甲、乙、丙类液体桶装堆场与甲类厂房(仓库)、民用建筑的防火间距,应按本表的规定增加 25%,且甲、乙类液体的固定顶储罐区或半露天堆场及乙、丙类液体桶装堆场与甲类厂房(仓库)、民用建筑的防火间距不应小于 25m,与明火或散发火花地点的防火间距,应按本表四级耐火等级建筑的规定增加 25%。

4  浮顶储罐区或闪点大于 120℃ 的液体储罐区与建筑物的防火间距,可按本表的规定减少 25%。

5  当数个储罐区布置在同一库区内时,储罐之间的防火间距不应小于本表相应储量的储罐区与四级耐火等级建筑之间防火间距的较大值。

6  直埋地下的甲、乙、丙类液体卧罐,当单罐容积小于等于 50m³,总容积小于等于 200m³ 时,与建筑物之间的防火间距可按本表规定减少 50%。

7  室外变、配电站指电力系统电压为 35～500kV 且每台变压器容量在 10MV·A 以上的室外变、配电站以及工业企业的变压器总油量大于 5t 的室外降压变电站。

**4.2.2** 甲、乙、丙类液体储罐之间的防火间距不应小于表 4.2.2 的规定。

表 4.2.2　甲、乙、丙类液体储罐之间的防火间距(m)

| 类别 | | 储罐形式 | | | | |
|---|---|---|---|---|---|---|
| | | 固定顶罐 | | | 浮顶储罐 | 卧式储罐 |
| | | 地上式 | 半地下式 | 地下式 | | |
| 甲、乙类液体 | 单罐容量 | $V \leqslant 1000$ | 0.75D | 0.5D | 0.4D | 0.4D | 不小于0.8m |
| | | $V > 1000$ | 0.6D | | | | |
| 丙类液体 | $V(m^3)$ | 不论容量大小 | 0.4D | 不限 | 不限 | — | |

注：1　$D$ 为相邻较大立式储罐的直径(m)；矩形储罐的直径为长边与短边之和的一半。

2　不同液体、不同形式储罐之间的防火间距不应小于本表规定的较大值。

3　两排卧式储罐之间的防火间距不应小于3m。

4　设置充氮保护设备的液体储罐之间的防火间距可按浮顶储罐的间距确定。

5　当单罐容量小于等于1000m³且采用固定冷却消防方式时，甲、乙类液体的地上式固定顶罐之间的防火间距不应小于0.6D。

6　同时设有液下喷射泡沫灭火设备、固定冷却水设备和扑救防火堤内液体火灾的泡沫灭火设备时，储罐之间的防火间距可适当减小，但地上式储罐不应小于0.4D。

7　闪点大于120℃的液体，当储罐容量大于1000m³时，其储罐之间的防火间距不应小于5m；当储罐容量小于等于1000m³时，其储罐之间的防火间距不应小于2m。

4.2.3　甲、乙、丙类液体储罐成组布置时，应符合下列规定：

1　组内储罐的单罐储量和总储量不应大于表4.2.3的规定；

2　组内储罐的布置不应超过两排。甲、乙类液体立式储罐之间的防火间距不应小于2m，卧式储罐之间的防火间距不应小于0.8m；丙类液体储罐之间的防火间距不限；

3　储罐组之间的防火间距应根据组内储罐的形式和总储量折算为相同类别的标准单罐，并应按本规范第4.2.2条的规定确定。

表 4.2.3　甲、乙、丙类液体储罐分组布置的限量

| 名　称 | 单罐最大储量(m³) | 一组罐最大储量(m³) |
|---|---|---|
| 甲、乙类液体 | 200 | 1000 |
| 丙类液体 | 500 | 3000 |

4.2.4　甲、乙、丙类液体的地上式、半地下式储罐区的每个防火堤内，宜布置火灾危险性类别相同或相近的储罐。沸溢性液体储罐与非沸溢性液体储罐不应布置在同一防火堤内。地上式、半地下式储罐与地下式储罐，不应布置在同一防火堤内，且地上式、半地下式储罐应分别布置在不同的防火堤内。

4.2.5　甲、乙、丙类液体的地上式、半地下式储罐或储罐组，其四周应设置不燃烧体防火堤。防火堤的设置应符合下列规定：

1　防火堤内的储罐布置不宜超过2排，单罐容量小于等于1000m³且闪点大于120℃的液体储罐不宜超过4排；

2　防火堤的有效容量不应小于其中最大储罐的容量。对于浮顶罐，防火堤的有效容量可为其中最大储罐容量的一半；

3　防火堤内侧基脚线至立式储罐外壁的水平距离不应小于罐壁高度的一半。防火堤内侧基脚线至卧式储罐的水平距离不应小于3m；

4　防火堤的设计高度应比计算高度高出0.2m，且其高度应为1.0～2.2m，并应在防火堤的适当位置设置灭火时便于消防队员进出防火堤的踏步；

5　沸溢性液体地上式、半地下式储罐，每个储罐应设置一个防火堤或防火隔堤；

6　含油污水排水管在防火堤的出口处设置水封设施，雨水排水管应设置阀门等封闭、隔离装置。

4.2.6　甲类液体半露天堆场，乙、丙类液体桶装堆场和闪点大于120℃的液体储罐(区)，当采取了防止液体流散的设施时，可不设置防火堤。

4.2.7　甲、乙、丙类液体储罐与其泵房、装卸鹤管的防火间距不应小于表4.2.7的规定。

表 4.2.7　甲、乙、丙类液体储罐与其泵房、装卸鹤管的防火间距(m)

| 液体类别和储罐形式 | | 泵房 | 铁路装卸鹤管 | 汽车装卸鹤管 |
|---|---|---|---|---|
| 甲、乙类液体储罐 | 拱顶罐 | 15 | 20 | |
| | 浮顶罐 | 12 | 15 | |
| 丙类液体储罐 | | 10 | 12 | |

注：1　总储量小于等于1000m³的甲、乙类液体储罐，总储量小于等于5000m³的丙类液体储罐，其防火间距可按本表的规定减少25％。

2　泵房、装卸鹤管与储罐防火堤外侧基脚线的距离不应小于5m。

4.2.8　甲、乙、丙类液体装卸鹤管与建筑物、厂内铁路线的防火间距不应小于表4.2.8的规定。

表 4.2.8　甲、乙、丙类液体装卸鹤管与建筑物、厂内铁路线的防火间距(m)

| 名　称 | 建筑物的耐火等级 | | | 厂内铁路线 | 泵房 |
|---|---|---|---|---|---|
| | 一、二级 | 三级 | 四级 | | |
| 甲、乙类液体装卸鹤管 | 14 | 16 | 18 | 20 | 8 |
| 丙类液体装卸鹤管 | 10 | 12 | 14 | 10 | |

注：装卸鹤管与其直接装卸用的甲、乙、丙类液体装卸铁路线的防火间距不限。

4.2.9　甲、乙、丙类液体储罐与铁路、道路的防火间距不应小于表4.2.9的规定。

表 4.2.9　甲、乙、丙类液体储罐与铁路、道路的防火间距(m)

| 名　称 | 厂外铁路线中心线 | 厂内铁路线中心线 | 厂外道路路边 | 厂内道路路边 | |
|---|---|---|---|---|---|
| | | | | 主要 | 次要 |
| 甲、乙类液体储罐 | 35 | 25 | 20 | 15 | 10 |
| 丙类液体储罐 | 30 | 20 | 15 | 10 | 5 |

4.2.10　零位罐与所属铁路装卸线的距离不应小于6m。

4.2.11　石油库的储罐(区)与建筑物的防火间距，石油库内的储罐布置和防火间距以及储罐与泵房、装卸鹤管等库内建筑物的防火间距，应按现行国家标准《石油库设计规范》GB 50074的有关规定执行。

## 4.3　可燃、助燃气体储罐(区)的防火间距

4.3.1　可燃气体储罐与建筑物、储罐、堆场的防火间距应符合下列规定：

1　湿式可燃气体储罐与建筑物、储罐、堆场的防火间距不应小于表4.3.1的规定；

2　干式可燃气体储罐与建筑物、储罐、堆场的防火间距：当可燃气体的密度比空气大时，应按表4.3.1的规定增加25％；当可燃气体的密度比空气小时，可按表4.3.1的规定确定；

3　湿式或干式可燃气体储罐的水封井、油泵房和电梯间等附属设施与该储罐的防火间距，可按工艺要求布置；

4　容积小于等于20m³的可燃气体储罐与其使用厂房的防火间距不限；

5　固定容积的可燃气体储罐与建筑物、储罐、堆场的防火间距不应小于表4.3.1的规定。

表 4.3.1　湿式可燃气体储罐与建筑物、储罐、堆场的防火间距(m)

| 名　称 | | 湿式可燃气体储罐的总容积 V(m³) | | | |
|---|---|---|---|---|---|
| | | $V < 1000$ | $1000 \leqslant V < 10000$ | $10000 \leqslant V < 50000$ | $50000 \leqslant V < 100000$ |
| 甲类物品仓库 | | 20 | 25 | 30 | 35 |
| 明火或散发火花的地点 | | | | | |
| 甲、乙、丙类液体储罐 | | | | | |
| 可燃材料堆场 | | | | | |
| 室外变、配电站 | | | | | |
| 民用建筑 | | 18 | 20 | 25 | 30 |
| 其他建筑 | 耐火等级 一、二级 | 12 | 15 | 20 | 25 |
| | 三级 | 15 | 20 | 25 | 30 |
| | 四级 | 20 | 25 | 30 | 35 |

注：固定容积可燃气体储罐的总容积按储罐几何容积(m³)和设计储存压力(绝对压力，$10^5$Pa)的乘积计算。

4.3.2　可燃气体储罐或罐区之间的防火间距应符合下列规定：

1　湿式可燃气体储罐之间、干式可燃气体储罐之间以及湿式与干式可燃气体储罐之间的防火间距，不应小于相邻较大罐直径的1/2；

2　固定容积的可燃气体储罐之间的防火间距不应小于相邻较大罐直径的2/3；

3　固定容积的可燃气体储罐与湿式或干式可燃气体储罐之

间的防火间距,不应小于相邻较大罐直径的1/2;

4 数个固定容积的可燃气体储罐的总容积大于200000m³时,应分组布置。卧式储罐组与组之间的防火间距不应小于相邻较大罐长度的一半;球形储罐组与组之间的防火间距不应小于相邻较大罐直径,且不应小于20m。

4.3.3 氧气储罐与建筑物、储罐、堆场的防火间距应符合下列规定:

1 湿式氧气储罐与建筑物、储罐、堆场的防火间距不应小于表4.3.3的规定;

2 氧气储罐之间的防火间距不应小于相邻较大罐直径的1/2;

3 氧气储罐与可燃气体储罐之间的防火间距,不应小于相邻较大罐的直径;

4 氧气储罐与其制氧厂房的防火间距可按工艺布置要求确定;

5 容积小于等于50m³的氧气储罐与其使用厂房的防火间距不限;

6 固定容积的氧气储罐与建筑物、储罐、堆场的防火间距不应小于表4.3.3的规定。

表4.3.3 湿式氧气储罐与建筑物、储罐、堆场的防火间距(m)

| 名　称 | 湿式氧气储罐的总容积 V(m³) | | |
|---|---|---|---|
| | V≤1000 | 1000<V≤50000 | V>50000 |
| 甲、乙、丙类液体储罐<br>可燃材料堆场<br>甲类物品仓库<br>室外变、配电站 | 20 | 25 | 30 |
| 民用建筑 | 18 | 20 | 25 |
| 其他建筑 耐火等级 一、二级 | 10 | 12 | 14 |
| 三级 | 12 | 14 | 16 |
| 四级 | 14 | 16 | 18 |

注:固定容积氧气储罐的总容积按储罐几何容积(m³)和设计储存压力(绝对压力,10⁵Pa)的乘积计算。

4.3.4 液氧储罐与建筑物、储罐、堆场的防火间距应符合本规范第4.3.3条相应储量湿式氧气储罐防火间距的规定。液氧储罐与其泵房的间距不宜小于3m。总容积小于等于3m³的液氧储罐与其使用建筑的防火间距应符合下列规定:

1 当设置在独立的一、二级耐火等级的专用建筑物内时,其防火间距不应小于10m;

2 当设置在独立的一、二级耐火等级的专用建筑物内,且面向使用建筑一侧采用无门窗洞口的防火墙隔开时,其防火间距不限;

3 当低温储存的液氧储罐采取了防火措施时,其防火间距不应小于5m。

注:1m³液氧折合标准状态下800m³气态氧。

4.3.5 液氧储罐周围5.0m范围内不应有可燃物和设置沥青路面。

4.3.6 可燃、助燃气体储罐与铁路、道路的防火间距不应小于表4.3.6的规定。

表4.3.6 可燃、助燃气体储罐与铁路、道路的防火间距(m)

| 名　称 | 厂外铁路线中心线 | 厂内铁路线中心线 | 厂外道路路边 | 厂内道路路边 | |
|---|---|---|---|---|---|
| | | | | 主要 | 次要 |
| 可燃、助燃气体储罐 | 25 | 20 | 15 | 10 | 5 |

4.3.7 液氢储罐与建筑物、储罐、堆场的防火间距可按本规范4.4.1条相应储量液化石油气储罐防火间距的规定减少25%确定。

## 4.4 液化石油气储罐(区)的防火间距

4.4.1 液化石油气供应基地的全压式和半冷冻式储罐或罐区与明火、散发火花地点和基地外建筑物之间的防火间距,不应小于表4.4.1的规定。

表4.4.1 液化石油气供应基地的全压式和半冷冻式储罐(区)与明火、散发火花地点和基地外建构筑物之间的防火间距(m)

| 总容积 V(m³) | 30<V≤50 | 50<V≤200 | 200<V≤500 | 500<V≤1000 | 1000<V≤2500 | 2500<V≤5000 | V>5000 |
|---|---|---|---|---|---|---|---|
| 单罐容量 V(m³) | V≤20 | V≤50 | V≤100 | V≤200 | V≤400 | V≤1000 | V>1000 |
| 居住区、村镇和学校、影剧院、体育馆等重要公共建筑(最外侧建筑物外墙) | 45 | 50 | 70 | 90 | 110 | 130 | 150 |
| 工业企业(最外侧建筑物外墙) | 27 | 30 | 35 | 40 | 50 | 60 | 75 |
| 明火或散发火花地点,室外变、配电站 | 45 | 50 | 55 | 60 | 70 | 80 | 120 |

续表4.4.1

| 总容积 V(m³) | 30<V≤50 | 50<V≤200 | 200<V≤500 | 500<V≤1000 | 1000<V≤2500 | 2500<V≤5000 | V>5000 |
|---|---|---|---|---|---|---|---|
| 单罐容量 V(m³) | V≤20 | V≤50 | V≤100 | V≤200 | V≤400 | V≤1000 | V>1000 |
| 民用建筑,甲、乙类液体储罐,甲、乙类仓库(厂房),稻草、麦秸、芦苇、打包废纸等材料堆场 | 40 | 45 | 50 | 55 | 65 | 75 | 100 |
| 丙类液体储罐、可燃气体储罐,丙、丁类厂房(仓库) | 32 | 35 | 40 | 45 | 55 | 65 | 80 |
| 助燃气体储罐、木材等材料堆场 | 27 | 30 | 35 | 40 | 50 | 60 | 75 |
| 其他建筑 耐火等级 一、二级 | 18 | 20 | 22 | 25 | 30 | 40 | 50 |
| 三级 | 22 | 25 | 27 | 30 | 40 | 50 | 60 |
| 四级 | 27 | 30 | 35 | 40 | 50 | 60 | 75 |
| 公路(路边) 高速、Ⅰ、Ⅱ级 | 20 | | 25 | | | | 30 |
| Ⅲ、Ⅳ级 | 15 | | | 20 | | | 25 |
| 架空电力线(中心线) | 应符合本规范第11.2.1条的规定 | | | | | | |
| 架空通信线(中心线) Ⅰ、Ⅱ级 | 30 | | | 40 | | | |
| Ⅲ、Ⅳ级 | 1.5倍杆高 | | | | | | |
| 铁路(中心线) 国家线 | 60 | 70 | | 80 | | 100 | |
| 企业专用线 | 25 | 30 | | 35 | | 40 | |

注:1 防火间距应按本表总容积或单罐容积较大者确定,并应从距建筑最近的储罐外壁、堆垛外缘算起。

2 当地下液化石油气储罐的单罐容积小于等于50m³,总容积小于等于400m³时,其防火间距可按本表减少50%。

3 居住区、村镇系指1000人或300户以上者,以下者按本表民用建筑执行。

4 当数个储罐的总容积超过本表规定时,应分组布置。

5 居住区、村镇以外的其他建筑的防火间距,应按现行国家标准《城镇燃气设计规范》GB 50028的有关规定执行。

4.4.2 液化石油气储罐之间的防火间距不应小于相邻较大罐的直径。

数个储罐的总容积大于3000m³时,应分组布置,组内储罐宜采用单排布置。组与组相邻储罐之间的防火间距,不应小于20m。

4.4.3 液化石油气储罐与所属泵房的距离不应小于15m。当泵房面向储罐一侧的外墙采用无门窗洞口的防火墙时,其防火间距可减少至6m。液化石油气泵露天设置在储罐区内时,泵与储罐之间的距离不限。

4.4.4 全冷冻式液化石油气储罐与周围建筑物之间的防火间距,应现行国家标准《城镇燃气设计规范》GB 50028的有关规定执行。

4.4.5 液化石油气气化站、混气站的储罐与周围建筑物之间的防火间距,应按现行国家标准《城镇燃气设计规范》GB 50028的有关规定执行。

工业企业内总容积小于等于10m³的液化石油气气化站、混气站的储罐,当设置在专用的独立建筑内时,其外墙与相邻厂房及其附属设备之间的防火间距可按甲类厂房有关防火间距的规定执行。当露天设置时,与建筑物、储罐、堆场的防火间距应按现行国家标准《城镇燃气设计规范》GB 50028的有关规定执行。

4.4.6 Ⅰ、Ⅱ级瓶装液化石油气供应站瓶库与站外建筑之间的防火间距不应小于表4.4.6的规定。

表4.4.6 Ⅰ、Ⅱ级瓶装液化石油气供应站瓶库与站外建筑之间的防火间距(m)

| 名　称 | Ⅰ级 | | Ⅱ级 | |
|---|---|---|---|---|
| 瓶库的总存瓶容积 V(m³) | 6<V≤10 | 10<V≤20 | 1<V≤3 | 3<V≤6 |
| 明火、散发火花地点 | 30 | 35 | 20 | 25 |
| 重要公共建筑 | 20 | 25 | 12 | 15 |
| 民用建筑 | 10 | 15 | 6 | 10 |
| 主要道路路边 | 10 | 10 | 8 | 8 |
| 次要道路路边 | 5 | 5 | 5 | 5 |

注:1 总存瓶容积应按实瓶个数与单瓶几何容积的乘积计算。

2 瓶装液化石油气供应站的分级及总存瓶容积小于等于1m³的瓶装供应站瓶库的设置应符合现行国家标准《城镇燃气设计规范》GB 50028的有关规定。

**4.4.7** Ⅰ级瓶装液化石油气供应站的四周宜设置不燃烧体的实体围墙,但面向出入口一侧可设置不燃烧体非实体围墙。

Ⅱ级瓶装液化石油气供应站的四周宜设置不燃烧体的实体围墙,或其底部实体部分高度不应低于0.6m的围墙。

### 4.5 可燃材料堆场的防火间距

**4.5.1** 露天、半露天可燃材料堆场与建筑物的防火间距不应小于表4.5.1的规定。

表4.5.1 露天、半露天可燃材料堆场与建筑物的防火间距(m)

| 名　称 | 一个堆场的总储量 | 建筑物的耐火等级 | | |
|---|---|---|---|---|
| | | 一、二级 | 三级 | 四级 |
| 粮食席穴囤W(t) | 10≤W<5000 | 15 | 20 | 25 |
| | 5000≤W<20000 | 20 | 25 | 30 |
| 粮食土圆仓W(t) | 500≤W<10000 | 10 | 15 | 20 |
| | 10000≤W<20000 | 15 | 20 | 25 |
| 棉、麻、毛、化纤、百货W(t) | 10≤W<500 | 10 | 15 | 20 |
| | 500≤W<1000 | 15 | 20 | 25 |
| | 1000≤W<5000 | 20 | 25 | 30 |
| 稻草、麦秸、芦苇、打包废纸等W(t) | 10≤W<5000 | 15 | 20 | 25 |
| | 5000≤W<10000 | 20 | 25 | 30 |
| | W≥10000 | 25 | 30 | 40 |
| 木材等V(m³) | 50≤V<1000 | 10 | 15 | 20 |
| | 1000≤V<10000 | 15 | 20 | 25 |
| | V≥10000 | 20 | 25 | 30 |
| 煤和焦炭W(t) | 100≤W<5000 | 6 | 8 | 10 |
| | W≥5000 | 8 | 10 | 12 |

注:露天、半露天稻草、麦秸、芦苇、打包废纸等材料堆场与甲类厂房(仓库)以及民用建筑的防火间距,应根据建筑物的耐火等级分别按本表的规定增加25%,且不应小于25m;与室外变、配电站的防火间距不应小于50m;与明火或散发火花地点的防火间距,应按本表四级耐火等级建筑的相应规定增加25%。

当一个木材堆场的总储量大于25000m³或一个稻草、麦秸、芦苇、打包废纸等材料堆场的总储量大于20000t时,宜分设堆场。各堆场之间的防火间距不应小于相邻较大堆场与四级耐火等级建筑的间距。

不同性质物品堆场之间的防火间距,不应小于本表相应储量堆场与四级耐火等级建筑之间防火间距的较大值。

**4.5.2** 露天、半露天可燃材料堆场与甲、乙、丙类液体储罐的防火间距,不应小于本规范表4.2.1和表4.5.1中相应储量的堆场与四级耐火等级建筑之间防火间距的较大值。

**4.5.3** 露天、半露天可燃材料堆场与铁路、道路的防火间距不应

小于表4.5.3的规定。

表4.5.3 露天、半露天可燃材料堆场与铁路、道路的防火间距(m)

| 名　称 | 厂外铁路线中心线 | 厂内铁路线中心线 | 厂外道路路边 | 厂内道路路边 | |
|---|---|---|---|---|---|
| | | | | 主要 | 次要 |
| 稻草、麦秸、芦苇、打包废纸等材料堆场 | 30 | 20 | 15 | 10 | 5 |

注:未列入本表的可燃材料堆场与铁路、道路的防火间距,可根据储存物品的火灾危险性按类比原则确定。

# 5 民用建筑

### 5.1 民用建筑的耐火等级、层数和建筑面积

**5.1.1** 民用建筑的耐火等级应分为一、二、三、四级。除本规范另有规定者外,不同耐火等级建筑物相应构件的燃烧性能和耐火极限不应低于表5.1.1的规定。

表5.1.1 建筑物构件的燃烧性能和耐火极限(h)

| 构件名称 | | 耐火等级 | | | |
|---|---|---|---|---|---|
| | | 一级 | 二级 | 三级 | 四级 |
| 墙 | 防火墙 | 不燃烧体 3.00 | 不燃烧体 3.00 | 不燃烧体 3.00 | 不燃烧体 3.00 |
| | 承重墙 | 不燃烧体 3.00 | 不燃烧体 2.50 | 不燃烧体 2.00 | 难燃烧体 0.50 |
| | 非承重外墙 | 不燃烧体 1.00 | 不燃烧体 1.00 | 不燃烧体 0.50 | 燃烧体 |
| | 楼梯间的墙 电梯井的墙 住宅单元之间的墙 住宅分户墙 | 不燃烧体 2.00 | 不燃烧体 2.00 | 不燃烧体 1.50 | 难燃烧体 0.50 |
| | 疏散走道两侧的隔墙 | 不燃烧体 1.00 | 不燃烧体 1.00 | 不燃烧体 0.50 | 难燃烧体 0.25 |
| | 房间隔墙 | 不燃烧体 0.75 | 不燃烧体 0.50 | 难燃烧体 0.50 | 难燃烧体 0.25 |
| 柱 | | 不燃烧体 3.00 | 不燃烧体 2.50 | 不燃烧体 2.00 | 难燃烧体 0.50 |
| 梁 | | 不燃烧体 2.00 | 不燃烧体 1.50 | 不燃烧体 1.00 | 难燃烧体 0.50 |
| 楼板 | | 不燃烧体 1.50 | 不燃烧体 1.00 | 不燃烧体 0.50 | 燃烧体 |
| 屋顶承重构件 | | 不燃烧体 1.50 | 不燃烧体 1.00 | 燃烧体 | 燃烧体 |
| 疏散楼梯 | | 不燃烧体 1.50 | 不燃烧体 1.00 | 不燃烧体 0.50 | 燃烧体 |
| 吊顶(包括吊顶搁栅) | | 不燃烧体 0.25 | 难燃烧体 0.25 | 难燃烧体 0.15 | 燃烧体 |

注:1 除本规范另有规定者外,以木柱承重且以不燃烧材料作为墙体的建筑物,其耐火等级应按四级确定。

2 二级耐火等级建筑的吊顶采用不燃烧体时,其耐火极限不限。

3 在二级耐火等级的建筑中,面积不超过100m²的房间隔墙,如执行本表的规定确有困难时,可采用耐火极限不低于0.30h的不燃烧体。

4 一、二级耐火等级建筑疏散走道两侧的隔墙,按本表规定执行确有困难时,可采用耐火极限不低于0.75h的不燃烧体。

5 住宅建筑构件的耐火极限和燃烧性能可按现行国家标准《住宅建筑规范》GB 50368的规定执行。

**5.1.2** 二级耐火等级的建筑,当房间隔墙采用难燃烧体时,其耐火极限应提高0.25h。

**5.1.3** 一、二级耐火等级建筑的上人平屋顶,其屋面板的耐火极限分别不应低于1.50h和1.00h。

**5.1.4** 一、二级耐火等级建筑的屋面板应采用不燃烧材料,但其屋面防水层和绝热层可采用可燃材料。

**5.1.5** 二级耐火等级住宅的楼板采用预应力钢筋混凝土楼板时,该楼板的耐火极限不应低于0.75h。

**5.1.6** 三级耐火等级的下列建筑或部位的吊顶,应采用不燃烧体或耐火极限不低于0.25h的难燃烧体:

1 医院、疗养院、中小学校、老年人建筑及托儿所、幼儿园的

儿童用房和儿童游乐厅等儿童活动场所；

2 3层及3层以上建筑中的门厅、走道。

5.1.7 民用建筑的耐火等级、最多允许层数和防火分区最大允许建筑面积应符合表5.1.7的规定。

表5.1.7 民用建筑的耐火等级、最多允许层数和防火分区
最大允许建筑面积

| 耐火等级 | 最多允许层数 | 防火分区的最大允许建筑面积（m²） | 备 注 |
|---|---|---|---|
| 一、二级 | 按本规范第1.0.2条规定 | 2500 | 1. 体育馆、剧院的观众厅，展览建筑的展厅，其防火分区最大允许建筑面积可适当放宽；<br>2. 托儿所、幼儿园的儿童用房和儿童游乐厅等儿童活动场所不应超过3层或设置在四层及四层以上楼层或地下、半地下建筑（室）内 |
| 三级 | 5层 | 1200 | 1. 托儿所、幼儿园的儿童用房和儿童活动场所、老年人建筑和医院、疗养院的住院部分不应超过2层或设置在三层及三层以上楼层或地下、半地下建筑（室）内；<br>2. 商店、学校、电影院、剧院、礼堂、食堂、菜市场不应超过2层或设置在三层及三层以上楼层 |
| 四级 | 2层 | 600 | 学校、食堂、菜市场、托儿所、幼儿园、老年人建筑、医院等不应设置在二层 |
| 地下、半地下建筑（室） | | 500 | |

注：建筑内设置自动灭火系统时，该防火分区的最大允许建筑面积可按本表的规定增加1.0倍。局部设置时，增加面积可按该局部面积的1.0倍计算。

5.1.8 地下、半地下建筑（室）的耐火等级应为一级；重要公共建筑的耐火等级不应低于二级。

5.1.9 当多层建筑物内设置自动扶梯、敞开楼梯等上下层相连通的开口时，其防火分区面积应按上下层相连通的面积叠加计算；当其建筑面积之和大于本规范第5.1.7条的规定时，应划分防火分区。

5.1.10 建筑物内设置中庭时，其防火分区面积应按上下层相连通的面积叠加计算；当超过一个防火分区最大允许建筑面积时，应符合下列规定：

1 房间与中庭相通的开口部位应设置能自行关闭的甲级防火门窗；

2 与中庭相通的过厅、通道等处应设置甲级防火门或防火卷帘；防火门或防火卷帘应能在火灾时自动关闭或降落。防火卷帘的设置应符合本规范第7.5.3条的规定；

3 中庭应按本规范第9章的规定设置排烟设施。

5.1.11 防火分区之间应采用防火墙分隔。当采用防火墙确有困难时，可采用防火卷帘等防火分隔设施分隔。采用防火卷帘时应符合本规范第7.5.3条的规定。

5.1.12 地上商店营业厅、展览建筑的展览厅符合下列条件时，其每个防火分区的最大允许建筑面积不应大于10000m²：

1 设置在一、二级耐火等级的单层建筑内或多层建筑的首层；

2 按本规范第8、9、11章的规定设置有自动喷水灭火系统、排烟设施和火灾自动报警系统；

3 内部装修设计符合现行国家标准《建筑内部装修设计防火规范》GB 50222的有关规定。

5.1.13 地下商店应符合下列规定：

1 营业厅不应设置在地下三层及三层以下；

2 不应经营和储存火灾危险性为甲、乙类储存物品属性的商品；

3 当设有火灾自动报警系统和自动灭火系统，且建筑内部装修符合现行国家标准《建筑内部装修设计防火规范》GB 50222的有关规定时，其营业厅每个防火分区的最大允许建筑面积可增加到2000m²；

4 应设置防烟与排烟设施；

5 当地下商店总建筑面积大于20000m²时，应采用不开设

门窗洞口的防火墙分隔。相邻区域确需局部连通时，应选择采取下列措施进行防火分隔：

1）下沉式广场等室外开敞空间。该室外开敞空间的设置应能防止相邻区域的火灾蔓延和便于安全疏散；

2）防火隔间。该防火隔间的墙为实体防火墙，在隔间的相邻区域分别设置火灾时能自行关闭的常开式甲级防火门；

3）避难走道。该避难走道除应符合现行国家标准《人民防空工程设计防火规范》GB 50098的有关规定外，其两侧的墙应为实体防火墙，且在局部连通处的墙上应分别设置火灾时能自行关闭的常开式甲级防火门；

4）防烟楼梯间。该防烟楼梯间及前室的门应为火灾时能自行关闭的常开式甲级防火门。

5.1.14 歌舞厅、录像厅、夜总会、放映厅、卡拉OK厅（含具有卡拉OK功能的餐厅）、游艺厅（含电子游艺厅）、桑拿浴室（不包括洗浴部分）、网吧等歌舞娱乐放映游艺场所，宜设置在一、二级耐火等级建筑内的首层、二层或三层的靠外墙部位，不宜布置在袋形走道的两侧或尽端。

5.1.15 当歌舞厅、录像厅、夜总会、放映厅、卡拉OK厅（含具有卡拉OK功能的餐厅）、游艺厅（含电子游艺厅）、桑拿浴室（不包括洗浴部分）、网吧等歌舞娱乐放映游艺场所必须布置在袋形走道的两侧或尽端时，最远房间的疏散门至最近安全出口的距离不应大于9m。当必须布置在建筑物内首层、二层或三层以外的其他楼层时，尚应符合下列规定：

1 不应布置在地下二层及二层以下。当布置在地下一层时，地下一层地面与室外出入口地坪的高差不应大于10m；

2 一个厅、室的建筑面积不应大于200m²，并应采用耐火极限不低于2.00h的不燃烧体隔墙和不低于1.00h的不燃烧体楼板与其他部位隔开，厅、室的疏散门应设置乙级防火门；

3 应按本规范第9章设置防烟与排烟设施。

## 5.2 民用建筑的防火间距

5.2.1 民用建筑之间的防火间距不应小于表5.2.1的规定，与其他建筑物之间的防火间距应按本规范第3章和第4章的有关规定执行。

表5.2.1 民用建筑之间的防火间距（m）

| 耐火等级 | 一、二级 | 三级 | 四级 |
|---|---|---|---|
| 一、二级 | 6 | 7 | 9 |
| 三级 | 7 | 8 | 10 |
| 四级 | 9 | 10 | 12 |

注：1 两座建筑物相邻较高一面外墙为防火墙或高出相邻较低一座一、二级耐火等级建筑物的屋面15m范围内的外墙为防火墙且不开设门窗洞口时，其防火间距可不限。

2 相邻的两座建筑物，当较低一座的耐火等级不低于二级、屋顶不设置天窗、屋顶承重构件及屋面板的耐火极限不低于1.00h，且相邻的较低一面外墙为防火墙时，其防火间距不应小于3.5m。

3 相邻的两座建筑物，当较低一座的耐火等级不低于二级、相邻较高一面外墙的开口部位设置甲级防火门窗，或设置符合现行国家标准《自动喷水灭火系统设计规范》GB 50084的防火分隔水幕或本规范第7.5.3条的防火卷帘时，其防火间距不应小于3.5m。

4 相邻两座建筑物，当相邻外墙为不燃烧体且无外露的燃烧体屋檐，每面外墙上未设置防火保护措施的门窗洞口不正对开设，且面积之和小于等于该外墙面积的5%时，其防火间距可按本表规定减少25%。

5 耐火等级低于四级的原有建筑物，其耐火等级可按四级确定；以木柱承重且以不燃烧材料作为墙体的建筑，其耐火等级应按四级确定。

6 防火间距应按相邻建筑物外墙的最近距离计算，当外墙有凸出的燃烧构件时，应从其凸出部分外缘算起。

5.2.2 民用建筑与单独建造的终端变电所、单台蒸汽锅炉的蒸发量小于等于4t/h或单台热水锅炉的额定热功率小于等于2.8MW的燃煤锅炉房，其防火间距可按本规范第5.2.1条的规定执行。

民用建筑与单独建造的其他变电所、燃油或燃气锅炉房及蒸发量或额定热功率大于上述规定的燃煤锅炉房，其防火间距应按本规范第 3.4.1 条有关室外变、配电站和丁类厂房的规定执行。10kV 以下的箱式变压器与建筑物的防火间距不应小于 3m。

5.2.3 数座一、二级耐火等级的多层住宅或办公楼，当建筑物的占地面积的总和小于等于 2500m² 时，可成组布置，但组内建筑物之间的间距不宜小于 4m。组与组或组与相邻建筑物之间的防火间距不应小于本规范第 5.2.1 条的规定。

### 5.3 民用建筑的安全疏散

5.3.1 民用建筑的安全出口应分散布置。每个防火分区、一个防火分区的每个楼层，其相邻 2 个安全出口最近边缘之间的水平距离不应小于 5m。

5.3.2 公共建筑内的每个防火分区、一个防火分区内的每个楼层，其安全出口的数量应经计算确定，且不应少于 2 个。当符合下列条件之一时，可设一个安全出口或疏散楼梯：

　　1 除托儿所、幼儿园外，建筑面积小于等于 200m² 且人数不超过 50 人的单层公共建筑；

　　2 除医院、疗养院、老年人建筑及托儿所、幼儿园的儿童用房和儿童游乐厅等儿童活动场所等外，符合表 5.3.2 规定的 2、3 层公共建筑。

表 5.3.2　公共建筑可设置 1 个疏散楼梯的条件

| 耐火等级 | 最多层数 | 每层最大建筑面积（m²） | 人 数 |
|---|---|---|---|
| 一、二级 | 3 层 | 500 | 第二层和第三层的人数之和不超过 100 人 |
| 三级 | 3 层 | 200 | 第二层和第三层的人数之和不超过 50 人 |
| 四级 | 2 层 | 200 | 第二层人数不超过 30 人 |

5.3.3 老年人建筑及托儿所、幼儿园的儿童用房和儿童游乐厅等儿童活动场所宜设置在独立的建筑内。当必须设置在其他民用建筑内时，宜设置独立的安全出口，并应符合本规范第 5.1.7 条的规定。

5.3.4 一、二级耐火等级的公共建筑，当设置不少于 2 部疏散楼梯且顶层局部升高部位的层数不超过 2 层、人数之和不超过 50 人、每层建筑面积小于等于 200m² 时，该局部高出部位可设置 1 部与下部主体建筑楼梯间直接连通的疏散楼梯，但至少应另外设置 1 个直通主体建筑上人平屋面的安全出口，该上人屋面应符合人员安全疏散要求。

5.3.5 下列公共建筑的疏散楼梯应采用室内封闭楼梯间（包括首层扩大封闭楼梯间）或室外疏散楼梯：

　　1 医院、疗养院的病房楼；

　　2 旅馆；

　　3 超过 2 层的商店等人员密集的公共建筑；

　　4 设置有歌舞娱乐放映游艺场所且建筑层数超过 2 层的建筑；

　　5 超过 5 层的其他公共建筑。

5.3.6 自动扶梯和电梯不应作为安全疏散设施。

5.3.7 公共建筑中的客、货电梯宜设置独立的电梯间，不宜直接设置在营业厅、展览厅、多功能厅等场所内。

5.3.8 公共建筑和通廊式非住宅类居住建筑中各房间疏散门的数量应经计算确定，且不应少于 2 个，该房间相邻 2 个疏散门最近边缘之间的水平距离不应小于 5m。当符合下列条件之一时，可设置 1 个：

　　1 房间位于 2 个安全出口之间，且建筑面积小于等于 120m²，疏散门的净宽度不小于 0.9m；

　　2 除托儿所、幼儿园、老年人建筑外，房间位于走道尽端，且由房间内任一点到疏散门的直线距离小于等于 15m，其疏散门的净宽度不小于 1.4m；

　　3 歌舞娱乐放映游艺场所内建筑面积小于等于 50m² 的房间。

5.3.9 剧院、电影院和礼堂的观众厅，其疏散门的数量应经计算确定，且不应少于 2 个。每个疏散门的平均疏散人数不应超过 250 人；当容纳人数超过 2000 人时，其超过 2000 人的部分，每个疏散门的平均疏散人数不应超过 400 人。

5.3.10 体育馆的观众厅，其疏散门的数量应经计算确定，且不应少于 2 个，每个疏散门的平均疏散人数不宜超过 400～700 人。

5.3.11 居住建筑单元任一层建筑面积大于 650m²，或任一住户的户门至安全出口的距离大于 15m 时，该建筑单元每层安全出口不应少于 2 个。当通廊式非住宅类居住建筑超过表 5.3.11 规定时，安全出口不应少于 2 个。居住建筑的楼梯间设置形式应符合下列规定：

　　1 通廊式居住建筑当建筑层数超过 2 层时应设封闭楼梯间；当户门采用乙级防火门时，可不设置封闭楼梯间；

　　2 其他形式的居住建筑当建筑层数超过 6 层或任一层建筑面积大于 500m² 时，应设置封闭楼梯间；当户门或通向疏散走道、楼梯间的门、窗为乙级防火门、窗时，可不设置封闭楼梯间。

　　居住建筑的楼梯间宜通至屋顶，通向平屋面的门或窗应向外开启。

　　当住宅中的电梯井与疏散楼梯相邻布置时，应设置封闭楼梯间，当户门采用乙级防火门时，可不设置封闭楼梯间。当电梯直通住宅楼层下部的汽车库时，应设置电梯候梯厅并采用防火分隔措施。

表 5.3.11　通廊式非住宅类居住建筑可设置 1 个疏散楼梯的条件

| 耐火等级 | 最多层数 | 每层最大建筑面积（m²） | 人 数 |
|---|---|---|---|
| 一、二级 | 3 层 | 500 | 第二层和第三层的人数之和不超过 100 人 |
| 三级 | 3 层 | 200 | 第二层和第三层的人数之和不超过 50 人 |
| 四级 | 2 层 | 200 | 第二层人数不超过 30 人 |

5.3.12 地下、半地下建筑（室）安全出口和房间疏散门的设置应符合下列规定：

　　1 每个防火分区的安全出口数量应经计算确定，且不应少于 2 个。当平面上有 2 个或 2 个以上防火分区相邻布置时，每个防火分区可利用防火墙上 1 个通向相邻分区的防火门作为第二安全出口，但必须有 1 个直通室外的安全出口；

　　2 使用人数不超过 30 人且建筑面积小于等于 500m² 的地下、半地下建筑（室），其直通室外的金属竖向梯可作为第二安全出口；

　　3 房间建筑面积小于等于 50m²，且经常停留人数不超过 15 人时，可设置 1 个疏散门；

　　4 歌舞娱乐放映游艺场所的安全出口不应少于 2 个，其中每个厅室或房间的疏散门不应少于 2 个。当其建筑面积小于等于 50m² 且经常停留人数不超过 15 人时，可设置 1 个疏散门；

　　5 地下商店和设置歌舞娱乐放映游艺场所的地下建筑（室），当地下层数为 3 层及 3 层以上或地下室内地面与室外出入口地坪高差大于 10m 时，应设置防烟楼梯间；其他地下商店和设置歌舞娱乐放映游艺场所的地下建筑，应设置封闭楼梯间；

　　6 地下、半地下建筑的疏散楼梯间应符合本规范第 7.4.4 条的规定。

5.3.13 民用建筑的安全疏散距离应符合下列规定：

　　1 直接通向疏散走道的房间疏散门至最近安全出口的距离应符合表 5.3.13 的规定；

　　2 直接通向疏散走道的房间疏散门至最近非封闭楼梯间的距离，当房间位于两个楼梯间之间时，应按 5.3.13 的规定减少 5m；当房间位于袋形走道两侧或尽端时，应按表 5.3.13 的规定减少 2m；

　　3 楼梯间的首层应设置直通室外的安全出口或在首层采用扩大封闭楼梯间。当层数不超过 4 层时，可将直通室外的安全出口设置在离楼梯间小于等于 15m 处；

4　房间内任一点到该房间直接通向疏散走道的疏散门的距离，不应大于表 5.3.13 中规定的袋形走道两侧或尽端的疏散门至安全出口的最大距离。

表 5.3.13　直接通向疏散走道的房间疏散门至
最近安全出口的最大距离(m)

| 名　称 | 位于两个安全出口之间的疏散门 | | | 位于袋形走道两侧或尽端的疏散门 | | |
|---|---|---|---|---|---|---|
| | 耐火等级 | | | 耐火等级 | | |
| | 一、二级 | 三级 | 四级 | 一、二级 | 三级 | 四级 |
| 托儿所、幼儿园 | 25 | 20 | — | 20 | 15 | — |
| 医院、疗养院 | 35 | 30 | — | 20 | 15 | — |
| 学校 | 35 | 30 | — | 22 | 20 | — |
| 其他民用建筑 | 40 | 35 | 25 | 22 | 20 | 15 |

注：1　一、二级耐火等级的建筑物内的观众厅、展览厅、多功能厅、餐厅、营业厅和阅览室等，其室内任何一点至最近安全出口的直线距离不宜大于 30m。

2　敞开式外廊建筑的房间疏散门至安全出口的最大距离可按本表增加 5m。

3　建筑物内全部设置自动喷水灭火系统时，其安全疏散距离可按本表和本表注 1 的规定增加 25%。

4　房间内任一点到该房间直接通向疏散走道的疏散门的距离计算：住宅应为最远房间内任一点到户门的距离，跃层式住宅内的户内楼梯可按其梯段总长度的水平投影尺寸计算。

5.3.14　除本规范另有规定者外，建筑中的疏散走道、安全出口、疏散楼梯以及房间疏散门的各自总宽度应经计算确定。

安全出口、房间疏散门的净宽度不应小于 0.9m，疏散走道和疏散楼梯的净宽度不应小于 1.1m；不超过 6 层的单元式住宅，当疏散楼梯的一边设置栏杆时，最小净宽度不宜小于 1m。

5.3.15　人员密集的公共场所、观众厅的疏散门不应设置门槛，其净宽度不应小于 1.4m，且紧靠门口内外各 1.4m 范围内不应设置踏步。

剧院、电影院、礼堂的疏散应符合本规范第 7.4.12 条的规定。

人员密集的公共场所的室外疏散小巷的净宽度不应小于 3m，并应直接通向宽敞地带。

5.3.16　剧院、电影院、礼堂、体育馆等人员密集场所的疏散走道、疏散楼梯、疏散门、安全出口的各自总宽度，应根据其通过人数和疏散净宽度指标计算确定，并应符合下列规定：

1　观众厅内疏散走道的净宽度应按每 100 人不小于 0.6m 的净宽度计算，且不应小于 1m；边走道的净宽度不宜小于 0.8m。

在布置疏散走道时，横走道之间的座位排数不宜超过 20 排；纵走道之间的座位数：剧院、电影院、礼堂等，每排不宜超过 22 个；体育馆，每排不宜超过 26 个；前后排座椅的排距不小于 0.9m 时，可增加 1 倍，但不得超过 50 个；仅一侧有纵走道时，座位数应减少一半；

2　剧院、电影院、礼堂等场所供观众疏散的所有内门、外门、楼梯和走道的各自总宽度，应按表 5.3.16-1 的规定计算确定；

3　体育馆供观众疏散的所有内门、外门、楼梯和走道的各自总宽度，应按表 5.3.16-2 的规定计算确定；

4　有等场需要的入场门不应作为观众厅的疏散门。

表 5.3.16-1　剧院、电影院、礼堂等场所每 100 人所需
最小疏散净宽度(m)

| | | | 观众厅座位数(座) | ≤2500 | ≤1200 |
|---|---|---|---|---|---|
| | | | 耐火等级 | 一、二级 | 三级 |
| 疏散部位 | 门和走道 | 平坡地面 | | 0.65 | 0.85 |
| | | 阶梯地面 | | 0.75 | 1.00 |
| | 楼梯 | | | 0.75 | 1.00 |

表 5.3.16-2　体育馆每 100 人所需最小疏散净宽度(m)

| | | 观众厅座位数档次(座) | 3000～5000 | 5001～10000 | 10001～20000 |
|---|---|---|---|---|---|
| 疏散部位 | 门和走道 | 平坡地面 | 0.43 | 0.37 | 0.32 |
| | | 阶梯地面 | 0.50 | 0.43 | 0.37 |
| | 楼梯 | | 0.50 | 0.43 | 0.37 |

注：表 5.3.16-2 中较大座位数档次按规定计算的疏散总宽度，不应小于相邻较小座位数档次按其最多座位数计算的疏散总宽度。

5.3.17　学校、商店、办公楼、候车(船)室、民航候机厅、展览厅及歌舞娱乐放映游艺场所等民用建筑中的疏散走道、安全出口、疏散楼梯以及房间疏散门的各自总宽度，应按下列规定经计算确定：

1　每层疏散走道、安全出口、疏散楼梯以及房间疏散门的每 100 人净宽度不应小于表 5.3.17-1 的规定；当每层人数不等时，疏散楼梯的总宽度可分层计算，地上建筑中下层楼梯的总宽度应按其上层人数最多一层的人数计算；地下建筑中上层楼梯的总宽度应按其下层人数最多一层的人数计算；

2　当人员密集的厅、室以及歌舞娱乐放映游艺场所设置在地下或半地下时，其疏散走道、安全出口、疏散楼梯以及房间疏散门的各自总宽度，应按其通过人数每 100 人不小于 1m 计算确定；

3　首层外门的总宽度应按该层或该层以上人数最多的一层人数计算确定，不供楼上人员疏散的外门，可按本层人数计算确定；

4　录像厅、放映厅的疏散人数应按该场所的建筑面积 1 人/m² 计算确定；其他歌舞娱乐放映游艺场所的疏散人数应按该场所的建筑面积 0.5 人/m² 计算确定；

5　商店的疏散人数应按每层营业厅建筑面积乘以面积折算值和疏散人数换算系数计算。地上商店的面积折算值宜为 50%～70%，地下商店的面积折算值不应小于 70%。疏散人数的换算系数可按表 5.3.17-2 确定。

表 5.3.17-1　疏散走道、安全出口、疏散楼梯和房间疏散门
每 100 人的净宽度(m)

| 楼层位置 | 耐火等级 | | |
|---|---|---|---|
| | 一、二级 | 三级 | 四级 |
| 地上一、二层 | 0.65 | 0.75 | 1.00 |
| 地上三层 | 0.75 | 1.00 | — |
| 地上四层及四层以上各层 | 1.00 | 1.25 | — |
| 与地面出入口地面的高差不超过 10m 的地下建筑 | 0.75 | — | — |
| 与地面出入口地面的高差超过 10m 的地下建筑 | 1.00 | — | — |

表 5.3.17-2　商店营业厅内的疏散人数换算系数(人/m²)

| 楼层位置 | 地下二层 | 地下一层、地上第一、二层 | 地上第三层 | 地上第四层及四层以上各层 |
|---|---|---|---|---|
| 换算系数 | 0.80 | 0.85 | 0.77 | 0.60 |

5.3.18　人员密集的公共建筑不宜在窗口、阳台等部位设置金属栅栏，当必须设置时，应有从内部易于开启的装置。窗口、阳台等部位宜设置辅助疏散逃生设施。

## 5.4　其　他

5.4.1　燃煤、燃油或燃气锅炉、油浸电力变压器、充有可燃油的高压电容器和多油开关等用房宜独立建造。当确有困难时可贴邻民用建筑布置，但应采用防火墙隔开，且不应贴邻人员密集场所。

5.4.2　燃油或燃气锅炉、油浸电力变压器、充有可燃油的高压电容器和多油开关等用房受条件限制必须布置在民用建筑内时，不应布置在人员密集场所的上一层、下一层或贴邻，并应符合下列规定：

1　燃油和燃气锅炉房、变压器室应设置在首层或地下一层靠外墙部位，但常(负)压燃油、燃气锅炉可设置在地下二层，当常(负)压燃气锅炉距安全出口的距离大于 6m 时，可设置在屋顶上。

采用相对密度(与空气密度的比值)大于等于 0.75 的可燃气

体为燃料的锅炉,不得设置在地下或半地下建筑(室)内;

2 锅炉房、变压器室的门均应直通室外或直通安全出口;外墙开口部位的上方应设置宽度不小于1m的不燃烧体防火挑檐或高度不小于1.2m的窗槛墙;

3 锅炉房、变压器室与其他部位之间应采用耐火极限不低于2.00h的不燃烧体隔墙和1.50h的不燃烧体楼板隔开。在隔墙和楼板上不应开设洞口,当必须在隔墙上开设门窗时,应设置甲级防火门窗;

4 当锅炉房内设置储油间时,其总储存量不应大于1m³,且储油间应采用防火墙与锅炉间隔开;当必须在防火墙上开门时,应设置甲级防火门;

5 变压器室之间、变压器室与配电室之间,应采用耐火极限不低于2.00h的不燃烧体墙隔开;

6 油浸电力变压器、多油开关室、高压电容器室,应设置防止油品流散的设施。油浸电力变压器下面应设置储存变压器全部油量的事故储油设施;

7 锅炉的容量应符合现行国家标准《锅炉房设计规范》GB 50041的有关规定。油浸电力变压器的总容量不应大于1260kV·A,单台容量不应大于630kV·A;

8 应设置火灾报警装置;

9 应设置与锅炉、油浸变压器容量和建筑规模相适应的灭火设施;

10 燃气锅炉房应设置防爆泄压设施,燃气、燃油锅炉房应设置独立的通风系统,并应符合本规范第10章的有关规定。

5.4.3 柴油发电机房布置在民用建筑内时应符合下列规定:

1 宜布置在建筑物的首层及地下一、二层;

2 应采用耐火极限不低于2.00h的不燃烧体隔墙和不低于1.50h的不燃烧体楼板与其他部位隔开,门应采用甲级防火门;

3 机房内应设置储油间,其总储存量不应大于8.0h的需要量,且储油间应采用防火墙与发电机间隔开;当必须在防火墙上开门时,应设置甲级防火门;

4 应设置火灾报警装置;

5 应设置与柴油发电机容量和建筑规模相适应的灭火设施。

5.4.4 设置在建筑物内的锅炉、柴油发电机,其进入建筑物内的燃料供给管道应符合下列规定:

1 应在进入建筑物前和设备间内,设置自动和手动切断阀;

2 储油间的油箱应密闭且应设置通向室外的通气管,通气管应设置带阻火器的呼吸阀,油箱的下部应设置防止油品流散的设施;

3 燃气供给管道的敷设应符合现行国家标准《城镇燃气设计规范》GB 50028的有关规定;

4 供锅炉及柴油发电机使用的柴油等液体燃料储罐,其布置应符合本规范第3.4节或第4.2节的有关规定。

5.4.5 经营、存放和使用甲、乙类物品的商店、作坊和储藏间,严禁设置在民用建筑内。

5.4.6 住宅与其他功能空间处于同一建筑内时,应符合下列规定:

1 住宅部分与非住宅部分之间应采用不开设门窗洞口的耐火极限不低于1.50h的不燃烧体楼板和不低于2.00h的不燃烧体隔墙与居住部分完全分隔,且居住部分的安全出口和疏散楼梯应独立设置;

2 其他功能场所和居住部分的安全疏散、消防设施等防火设计,应分别按照本规范中住宅建筑和公共建筑的有关规定执行,其中居住部分的层数确定应包括其他功能部分的层数。

## 5.5 木结构民用建筑

5.5.1 当木结构建筑构件的燃烧性能和耐火极限满足表5.5.1

的规定时,木结构可按本节的规定进行建筑防火设计。

**表5.5.1 木结构建筑中构件的燃烧性能和耐火极限(h)**

| 构件名称 | 燃烧性能和耐火极限 |
|---|---|
| 防火墙 | 不燃烧体 3.00 |
| 承重墙、住宅单元之间的墙、住宅分户墙、楼梯间和电梯井墙体 | 难燃烧体 1.00 |
| 非承重外墙、疏散走道两侧的隔墙 | 难燃烧体 1.00 |
| 房间隔墙 | 难燃烧体 0.50 |
| 多层承重柱 | 难燃烧体 1.00 |
| 单层承重柱 | 难燃烧体 1.00 |
| 梁 | 难燃烧体 1.00 |
| 楼板 | 难燃烧体 1.00 |
| 屋顶承重构件 | 难燃烧体 1.00 |
| 疏散楼梯 | 难燃烧体 0.50 |
| 室内吊顶 | 难燃烧体 0.25 |

注:1 屋顶表层应采用不燃材料。
　　2 当同一座木结构建筑由不同高度组成,较低部分的屋顶承重构件不得采用燃烧体;采用难燃烧体时,其耐火极限不应低于1.00h。

5.5.2 木结构建筑不应超过3层。不同层数建筑最大允许长度和防火分区面积不应超过表5.5.2的规定。

**表5.5.2 木结构建筑的层数、长度和面积**

| 层　　数 | 最大允许长度(m) | 每层最大允许面积(m²) |
|---|---|---|
| 1层 | 100 | 1200 |
| 2层 | 80 | 900 |
| 3层 | 60 | 600 |

注:安装有自动喷水灭火系统的木结构建筑,每层楼最大允许长度、面积可按本表规定增加1.0倍,局部设置时,增加面积可按该局部面积的1.0倍计算。

5.5.3 木结构建筑之间及其与其他耐火等级的民用建筑之间的防火间距不应小于表5.5.3的规定。

**表5.5.3 木结构建筑之间及其与其他耐火等级的民用建筑之间的防火间距(m)**

| 建筑耐火等级或类别 | 一、二级 | 三级 | 木结构建筑 | 四级 |
|---|---|---|---|---|
| 木结构建筑 | 8 | 9 | 10 | 11 |

注:防火间距应按相邻建筑外墙的最近距离计算,当外墙有凸出的可燃构件时,应从凸出部分的外缘算起。

5.5.4 两座木结构建筑之间及其与相邻其他结构民用建筑之间的外墙均无任何门窗洞口时,其防火间距不应小于4m。

5.5.5 两座木结构建筑之间及其与其他耐火等级的民用建筑之间,外墙的门窗洞口面积之和不超过该外墙面积的10%时,其防火间距不应小于表5.5.5的规定。

**表5.5.5 外墙开口率小于10%时的防火间距(m)**

| 建筑耐火等级或类别 | 一、二、三级 | 木结构建筑 | 四级 |
|---|---|---|---|
| 木结构建筑 | 5 | 6 | 7 |

# 6 消防车道

6.0.1 街区内的道路应考虑消防车的通行,其道路中心线间的距离不宜大于160m。当建筑物沿街道部分的长度大于150m或总长度大于220m时,应设置穿过建筑物的消防车道。当确有困难时,应设置环形消防车道。

6.0.2 有封闭内院或天井的建筑物,当其短边长度大于24m时,宜设置进入内院或天井的消防车道。

6.0.3 有封闭内院或天井的建筑物沿街时,应设置连通街道和内院的人行通道(可利用楼梯间),其间距不宜大于80m。

6.0.4 在穿过建筑物或进入建筑物内院的消防车道两侧,不应设置影响消防车通行或人员安全疏散的设施。

6.0.5 超过3000个座位的体育馆、超过2000个座位的会堂和占地面积大于 3000m² 的展览馆等公共建筑,宜设置环形消防车道。

**6.0.6** 工厂、仓库区内应设置消防车道。

占地面积大于 3000m² 的甲、乙、丙类厂房或占地面积大于 1500m² 的乙、丙类仓库,应设置环形消防车道,确有困难时,应沿建筑物的两个长边设置消防车道。

**6.0.7** 可燃材料露天堆场区,液化石油气储罐区,甲、乙、丙类液体储罐区和可燃气体储罐区,应设置消防车道。消防车道的设置应符合下列规定:

1 储量大于表 6.0.7 规定的堆场、储罐区,宜设置环形消防车道;

表 6.0.7 堆场、储罐区的储量

| 名称 | 棉、麻、毛、化纤(t) | 稻草、麦秸、芦苇(t) | 木材(m³) | 甲、乙、丙类液体储罐(m³) | 液化石油气储罐(m³) | 可燃气体储罐(m³) |
|---|---|---|---|---|---|---|
| 储量 | 1000 | 5000 | 5000 | 1500 | 500 | 30000 |

2 占地面积大于 30000m² 的可燃材料堆场,应设置与环形消防车道相连的中间消防车道,消防车道的间距不宜大于 150m。液化石油气储罐区,甲、乙、丙类液体储罐区,可燃气体储罐区,区内的环形消防车道之间宜设置连通的消防车道;

3 消防车道与材料堆场堆垛的最小距离不应小于 5m;

4 中间消防车道与环形消防车道交接处应满足消防车转弯半径的要求。

**6.0.8** 供消防车取水的天然水源和消防水池应设置消防车道。

**6.0.9** 消防车道的净宽度和净空高度均不应小于 4.0m。供消防车停留的空地,其坡度不宜大于 3%。

消防车道与厂房(仓库)、民用建筑之间不应设置妨碍消防车作业的障碍物。

**6.0.10** 环形消防车道至少应有两处与其他车道连通。尽头式消防车道应设置回车道或回车场,回车场的面积不应小于 12m×12m;供大型消防车使用时,不宜小于 18m×18m。

消防车道路面、扑救作业场地及其下面的管道和暗沟等应能承受大型消防车的压力。

消防车道可利用交通道路,但应满足消防车通行与停靠的要求。

**6.0.11** 消防车道不宜与铁路正线平交。如必须平交,应设置备用车道,且两车道之间的间距不应小于一列火车的长度。

# 7 建筑构造

## 7.1 防火墙

**7.1.1** 防火墙应直接设置在建筑物的基础或钢筋混凝土框架、梁等承重结构上,轻质防火墙体不受此限。

防火墙应从楼地面基层隔断至顶板底面基层。当屋顶承重结构和屋面板的耐火极限低于 0.50h,高层厂房(仓库)屋面板的耐火极限低于 1.00h 时,防火墙应高出不燃烧体屋面 0.4m 以上,高出燃烧体或难燃烧体屋面 0.5m 以上。其他情况时,防火墙可不高出屋面,但应砌至屋面结构层的底面。

**7.1.2** 防火墙横截面中心线距天窗端面的水平距离小于 4m,且天窗端面为燃烧体时,应采取防止火势蔓延的措施。

**7.1.3** 当建筑物的外墙为难燃烧体时,防火墙应凸出墙的外表面 0.4m 以上,且在防火墙两侧的外墙应为宽度不小于 2m 的不燃烧体,其耐火极限不应低于该外墙的耐火极限。

当建筑物的外墙为不燃烧体时,防火墙可不凸出墙的外表面。紧靠防火墙两侧的门、窗洞口之间最近边缘的水平距离不应小于 2m;但装有固定窗扇或火灾时可自动关闭的乙级防火窗时,该距离可不限。

**7.1.4** 建筑物内的防火墙不宜设置在转角处。如设置在转角附近,内转角两侧墙上的门、窗洞口之间最近边缘的水平距离不应小于 4m。

**7.1.5** 防火墙上不应开设门窗洞口,当必须开设时,应设置固定的或火灾时能自动关闭的甲级防火门窗。

可燃气体和甲、乙、丙类液体的管道严禁穿过防火墙。其他管道不宜穿过防火墙,当必须穿过时,应采用防火封堵材料将墙与管道之间的空隙紧密填实;当管道为难燃及可燃材质时,应在防火墙两侧的管道上采取防火措施。

防火墙内不应设置排气道。

**7.1.6** 防火墙的构造应使防火墙任意一侧的屋架、梁、楼板等受到火灾的影响而破坏时,不致使防火墙倒塌。

## 7.2 建筑构件和管道井

**7.2.1** 剧院等建筑的舞台与观众厅之间的隔墙应采用耐火极限不低于 3.00h 的不燃烧体。

舞台上部与观众厅闷顶之间的隔墙可采用耐火极限不低于 1.50h 的不燃烧体,隔墙上的门应采用乙级防火门。

舞台下面的灯光操作室和可燃物储藏室应采用耐火极限不低于 2.00h 的不燃烧体墙与其他部位隔开。

电影放映室、卷片室应采用耐火极限不低于 1.50h 的不燃烧体隔墙与其他部分隔开。观察孔和放映孔应采取防火分隔措施。

**7.2.2** 医院中的洁净手术室或洁净手术部、附设在建筑中的歌舞娱乐放映游艺场所以及附设在居住建筑中的托儿所、幼儿园的儿童用房和儿童游乐厅等儿童活动场所、老年人建筑,应采用耐火极限不低于 2.00h 的不燃烧体墙和不低于 1.00h 的楼板与其他场所或部位隔开,当墙上必须开门时应设置乙级防火门。

**7.2.3** 下列建筑或部位的隔墙应采用耐火极限不低于 2.00h 的不燃烧体,隔墙上的门窗应为乙级防火门窗:

1 甲、乙类厂房和使用丙类液体的厂房;

2 有明火和高温的厂房;

3 剧院后台的辅助用房;

4 一、二级耐火等级建筑的门厅;

5 除住宅外,其他建筑内的厨房;

6 甲、乙、丙类厂房或甲、乙、丙类仓库内布置有不同类别火灾危险性的房间。

**7.2.4** 建筑内的隔墙应从楼地面基层隔断至顶板底面基层。

住宅分户墙和单元之间的墙应砌至屋面板底部,屋面板的耐火极限不应低于 0.50h。

**7.2.5** 附设在建筑物内的消防控制室、固定灭火系统的设备室、消防水泵房和通风空气调节机房等,应采用耐火极限不低于 2.00h 的隔墙和不低于 1.50h 的楼板与其他部位隔开。设置在丁、戊类厂房中的通风机房应采用耐火极限不低于 1.00h 的隔墙和不低于 0.50h 的楼板与其他部位隔开。隔墙上的门除本规范另有规定者外,均应采用乙级防火门。

**7.2.6** 冷库采用泡沫塑料、稻壳等可燃材料作墙体内的绝热层时,宜采用不燃绝热材料在每层楼板处做水平防火分隔。防火分隔部位的耐火极限应与楼板的相同。

冷库阁楼层和墙体的可燃绝热层宜采用不燃烧体墙分隔。

**7.2.7** 建筑幕墙的防火设计应符合下列规定:

1 窗槛墙、窗间墙的填充材料应采用不燃材料。当外墙面采用耐火极限不低于 1.00h 的不燃烧体时,其墙内填充材料可采用难燃材料;

2 无窗间墙和窗槛墙的幕墙,应在每层楼板外沿设置耐火极限不低于 1.00h、高度不低于 0.8m 的不燃烧实体裙墙;

3 幕墙与每层楼板、隔墙处的缝隙应采用防火封堵材料封堵。

**7.2.8** 建筑中受高温或火焰作用易变形的管道,在其贯穿楼板部位和穿越耐火极限不低于 2.00h 的墙体两侧宜采取阻火措施。

7.2.9 电梯井应独立设置,井内严禁敷设可燃气体和甲、乙、丙类液体管道,并不应敷设与电梯无关的电缆、电线等。电梯井的井壁除开设电梯门洞和通气孔洞外,不应开设其他洞口。电梯门不应采用栅栏门。

电缆井、管道井、排烟道、排气道、垃圾道等竖向管道井,应分别独立设置;其井壁应为耐火极限不低于1.00h的不燃烧体;井壁上的检查门应采用丙级防火门。

7.2.10 建筑内的电缆井、管道井应在每层楼板处采用不低于楼板耐火极限的不燃烧体或防火封堵材料封堵。

建筑内的电缆井、管道井与房间、走道等相连通的孔洞应采用防火封堵材料封堵。

7.2.11 位于墙、楼板两侧的防火阀、排烟防火阀之间的风管外壁应采取防火保护措施。

### 7.3 屋顶、闷顶和建筑缝隙

7.3.1 在三、四级耐火等级建筑的闷顶内采用锯末等可燃材料作绝热层时,其屋顶不应采用冷摊瓦。

闷顶内的非金属烟囱周围0.5m、金属烟囱0.7m范围内,应采用不燃材料作绝热层。

7.3.2 建筑层数超过2层的三级耐火等级建筑,当设置有闷顶时,应在每个防火隔断范围内设置老虎窗,且老虎窗的间距不宜大于50m。

7.3.3 闷顶内有可燃物的建筑,应在每个防火隔断范围内设置不小于0.7m×0.7m的闷顶入口,且公共建筑的每个防火隔断范围内的闷顶入口不宜少于2个。闷顶入口宜布置在走廊中靠近楼梯间的部位。

7.3.4 电线电缆、可燃气体和甲、乙、丙类液体的管道不宜穿过建筑内的变形缝;当必须穿过时,应在穿过处加设不燃材料制作的套管或采取其他防变形措施,并应采用防火封堵材料封堵。

7.3.5 防烟、排烟、采暖、通风和空气调节系统中的管道,在穿越隔墙、楼板及防火分区处的缝隙应采用防火封堵材料封堵。

### 7.4 楼梯间、楼梯和门

7.4.1 疏散用的楼梯间应符合下列规定:

1 楼梯间应能天然采光和自然通风,并宜靠外墙设置;

2 楼梯间内不应设置烧水间、可燃材料储藏室、垃圾道;

3 楼梯间内不应有影响疏散的凸出物或其他障碍物;

4 楼梯间内不应敷设甲、乙、丙类液体管道;

5 公共建筑的楼梯间内不应敷设可燃气体管道;

6 居住建筑的楼梯间内不应敷设可燃气体管道和设置可燃气体计量表。当住宅建筑必须设置时,应采用金属套管和设置切断气源的装置等保护措施。

7.4.2 封闭楼梯间除应符合本规范第7.4.1条的规定外,尚应符合下列规定:

1 当不能天然采光和自然通风时,应按防烟楼梯间的要求设置;

2 楼梯间的首层可将走道和门厅等包括在楼梯间内,形成扩大的封闭楼梯间,但应采用乙级防火门等措施与其他走道和房间隔开;

3 除楼梯间的门之外,楼梯间的内墙上不应开设其他门窗洞口;

4 高层厂房(仓库)、人员密集的公共建筑、人员密集的多层丙类厂房设置封闭楼梯间时,通向楼梯间的门应采用乙级防火门,并应向疏散方向开启;

5 其他建筑封闭楼梯间的门可采用双向弹簧门。

7.4.3 防烟楼梯间除应符合本规范第7.4.1条的有关规定外,尚应符合下列规定:

1 当不能天然采光和自然通风时,楼梯间应按本规范第9章

的规定设置防烟或排烟设施,应按本规范第11章的规定设置消防应急照明设施;

2 在楼梯间入口处应设置防烟前室、开敞式阳台或凹廊等。防烟前室可与消防电梯间前室合用;

3 前室的使用面积:公共建筑不应小于6.0m²,居住建筑不应小于4.5m²;合用前室的使用面积:公共建筑、高层厂房以及高层仓库不应小于10.0m²,居住建筑不应小于6.0m²;

4 疏散走道通向前室以及前室通向楼梯间的门应采用乙级防火门;

5 除楼梯间门和前室门外,防烟楼梯间及其前室的内墙上不应开设其他门窗洞口(住宅的楼梯间前室除外);

6 楼梯间的首层可将走道和门厅等包括在楼梯间前室内,形成扩大的防烟前室,但应采用乙级防火门等措施与其他走道和房间隔开。

7.4.4 建筑物中的疏散楼梯间在各层的平面位置不应改变。

地下室、半地下室的楼梯间,在首层应采用耐火极限不低于2.00h的不燃烧体隔墙与其他部位隔开并应直通室外,当必须在隔墙上开门时,应采用乙级防火门。

地下室、半地下室与地上层不应共用楼梯间,当必须共用楼梯间时,在首层应采用耐火极限不低于2.00h的不燃烧体隔墙和乙级防火门将地下、半地下部分与地上部分的连通部位完全隔开,并应有明显标志。

7.4.5 室外楼梯符合下列规定时可作为疏散楼梯:

1 栏杆扶手的高度不应小于1.1m,楼梯的净宽度不应小于0.9m;

2 倾斜角度不应大于45°;

3 楼梯段和平台均应采用不燃材料制作。平台的耐火极限不应低于1.00h,楼梯段的耐火极限不应低于0.25h;

4 通向室外楼梯的门宜采用乙级防火门,并应向室外开启;

5 除疏散门外,楼梯周围2m内的墙面上不应设置门窗洞口。疏散门不应正对楼梯段。

7.4.6 用作丁、戊类厂房内第二安全出口的楼梯可采用金属梯,但其净宽度不应小于0.9m,倾斜角度不应大于45°。

丁、戊类高层厂房,当每层工作平台人数不超过2人且各层工作平台上同时生产人数总和不超过10人时,可采用敞开楼梯,或采用净宽度不小于0.9m、倾斜角度小于等于60°的金属梯兼作疏散梯。

7.4.7 疏散用楼梯和疏散通道上的阶梯不宜采用螺旋楼梯和扇形踏步。当必须采用时,踏步上下两级所形成的平面角度不应大于10°,且每级离扶手250mm处的踏步深度不应小于220mm。

7.4.8 公共建筑的室内疏散楼梯两梯段扶手间的水平净距不宜小于150mm。

7.4.9 高度大于10m的三级耐火等级建筑应设置通至屋顶的室外消防梯。室外消防梯不应面对老虎窗,宽度不应小于0.6m,且宜从离地面3.0m高处设置。

7.4.10 消防电梯的设置应符合下列规定:

1 消防电梯间应设置前室。前室的使用面积应符合本规范第7.4.3条的规定,前室的门应采用乙级防火门;

注:设置在仓库连廊、冷库穿堂或谷物筒仓工作塔内的消防电梯,可不设置前室。

2 前室宜靠外墙设置,在首层应设置直通室外的安全出口或经过长度小于等于30m的通道通向室外;

3 消防电梯井、机房与相邻电梯井、机房之间,应采用耐火极限不低于2.00h的不燃烧体隔墙隔开;当在隔墙上开门时,应设置甲级防火门;

4 在首层的消防电梯井外壁上应设置供消防队员专用的操作按钮,消防电梯轿厢的内装修应采用不燃烧材料且其内部应设置专用消防对讲电话;

5 消防电梯的井底应设置排水设施,排水井的容量不应小于

$2m^3$;排水泵的排水量不应小于 10L/s。消防电梯间前室门口宜设置挡水设施;

6 消防电梯的载重量不应小于 800kg;

7 消防电梯的行驶速度,应按从首层到顶层的运行时间不超过 60s 计算确定;

8 消防电梯的动力与控制电缆、电线应采取防水措施。

7.4.11 建筑中的封闭楼梯间、防烟楼梯间、消防电梯间前室及合用前室,不应设置卷帘门。

疏散走道在防火分区处应设置甲级常开防火门。

7.4.12 建筑中的疏散用门应符合下列规定:

1 民用建筑和厂房的疏散用门应向疏散方向开启。除甲、乙类生产房间外,人数不超过 60 人的房间且每樘门的平均疏散人数不超过 30 人时,其门的开启方向不限;

2 民用建筑及厂房的疏散用门应采用平开门,不应采用推拉门、卷帘门、吊门、转门;

3 仓库的疏散用门应为向疏散方向开启的平开门,首层靠墙的外侧可设推拉门或卷帘门,但甲、乙类仓库不应采用推拉门或卷帘门;

4 人员密集场所平时需要控制人员随意出入的疏散用门,或设有门禁系统的居住建筑外门,应保证火灾时不需使用钥匙等任何工具即能从内部易于打开,并应在显著位置设置标识和使用提示。

### 7.5 防火门和防火卷帘

7.5.1 防火门按其耐火极限可分为甲级、乙级和丙级防火门,其耐火极限分别不应低于 1.20h、0.90h 和 0.60h。

7.5.2 防火门的设置应符合下列规定:

1 应具有自闭功能。双扇防火门应具有按顺序关闭的功能;

2 常开防火门应能在火灾时自行关闭,并应有信号反馈的功能;

3 防火门内外两侧应能手动开启(本规范第 7.4.12 条第 4 款规定除外);

4 设置在变形缝附近时,防火门开启后,其门扇不应跨越变形缝,并应设置在楼层较多的一侧。

7.5.3 防火分区间采用防火卷帘分隔时,应符合下列规定:

1 防火卷帘的耐火极限不应低于 3.00h。当防火卷帘的耐火极限符合现行国家标准《门和卷帘耐火试验方法》GB 7633 有关背火面温升的判定条件时,可不设置自动喷水灭火系统保护;符合现行国家标准《门和卷帘耐火试验方法》GB 7633 有关背火面辐射热的判定条件时,应设置自动喷水灭火系统保护。自动喷水灭火系统的设计应符合现行国家标准《自动喷水灭火系统设计规范》GB 50084 的有关规定,但其火灾延续时间不应小于 3.0h。

2 防火卷帘应具有防烟性能,与楼板、梁和墙、柱之间的空隙应采用防火封堵材料封堵。

### 7.6 天桥、栈桥和管沟

7.6.1 天桥、跨越房屋的栈桥,供输送可燃气体和甲、乙、丙类液体及可燃材料的栈桥,均应采用不燃烧体。

7.6.2 输送有火灾、爆炸危险物质的栈桥不应兼作疏散通道。

7.6.3 封闭天桥、栈桥与建筑物连接处的门洞以及敷设甲、乙、丙类液体管道的封闭管沟(廊),均宜设置防止火势蔓延的保护设施。

7.6.4 连接两座建筑物的天桥,当天桥采用不燃烧体且通向天桥的出口符合安全出口的设置要求时,该出口可作为建筑物的安全出口。

## 8 消防给水和灭火设施

### 8.1 一般规定

8.1.1 消防给水和灭火设施的设计应根据建筑用途及其重要性、火灾特性和火灾危险性等综合因素进行。

8.1.2 在城市、居住区、工厂、仓库等的规划和建筑设计时,必须同时设计消防给水系统。城市、居住区应设市政消火栓。民用建筑、厂房(仓库)、储罐(区)、堆场应设室外消火栓。民用建筑、厂房(仓库)应设室内消火栓,并应符合本规范第 8.3.1 条的规定。

消防用水可由城市给水管网、天然水源或消防水池供给。利用天然水源时,其保证率不应小于 97%,且应设置可靠的取水设施。

耐火等级不低于二级,且建筑物体积小于等于 $3000m^3$ 的戊类厂房或居住区人数不超过 500 人且建筑物层数不超过两层的居住区,可不设置消防给水。

8.1.3 室外消防给水当采用高压或临时高压给水系统时,管道的供水压力应能保证用水总量达到最大且水枪在任何建筑物的最高处时,水枪的充实水柱仍不小于 10m;当采用低压给水系统时,室外消火栓栓口处的水压从室外设计地面算起不应小于 0.1MPa。

注:1 在计算水压时,应采用喷嘴口径 19mm 的水枪和直径 65mm、长度 120m 的有衬里消防水带的参数,每支水枪的计算流量不应小于 5L/s。

2 高层厂房(仓库)的高压或临时高压给水系统的压力应满足室内最不利点消防设备水压的要求。

3 消火栓给水管道的设计流速不宜大于 2.5m/s。

8.1.4 建筑的低压室外消防给水系统可与生产、生活给水管道系统合并。合并的给水管道系统,当生产、生活用水达到最大小时用水量时(淋浴用水量可按 15% 计算,浇洒及洗刷用水量可不计算在内),仍应保证全部消防用水量。如不引起生产事故,生产用水可作为消防用水,但生产用水转为消防用水的阀门不应超过 2 个。该阀门应设置在易于操作的场所,并应有明显标志。

8.1.5 建筑的全部消防水量应为其室内、室外消防水量之和。

室外消防水量应为民用建筑、厂房(仓库)、储罐(区)、堆场室外设置的消火栓、水喷雾、水幕等灭火、冷却系统等需要同时开启的用水量之和。

室内消防水量应为民用建筑、厂房(仓库)室内设置的消火栓、自动喷水、泡沫等灭火系统需要同时开启的用水量之和。

8.1.6 除住宅外的民用建筑、厂房(仓库)、储罐(区)、堆场应设置灭火器;住宅宜设置灭火器或轻便消防水龙。灭火器的配置设计应符合现行国家标准《建筑灭火器配置设计规范》GB 50140 的有关规定。

### 8.2 室外消防用水量、消防给水管道和消火栓

8.2.1 城市、居住区的室外消防用水量应按同一时间内的火灾次数和一次灭火用水量确定。同一时间内的火灾次数和一次灭火用水量不应小于表 8.2.1 的规定。

表 8.2.1 城市、居住区同一时间内的火灾次数和一次灭火用水量

| 人数 N(万人) | 同一时间内的火灾次数(次) | 一次灭火用水量(L/s) |
|---|---|---|
| N≤1 | 1 | 10 |
| 1<N≤2.5 | 1 | 15 |
| 2.5<N≤5 | 2 | 25 |
| 5<N≤10 | 2 | 35 |
| 10<N≤20 | 2 | 45 |
| 20<N≤30 | 2 | 55 |
| 30<N≤40 | 2 | 65 |
| 40<N≤50 | 3 | 75 |
| 50<N≤60 | 3 | 85 |
| 60<N≤70 | 3 | 90 |
| 70<N≤80 | 3 | 95 |
| 80<N≤100 | 3 | 100 |

注:城市的室外消防用水量应包括居住区、工厂、仓库、堆场、储罐(区)和民用建筑的室外消火栓用水量。当工厂、仓库和民用建筑的室外消火栓用水量按本规范表 8.2.2-2 的规定计算,其值与按本表计算不一致时,应取较大值。

8.2.2 工厂、仓库、堆场、储罐（区）和民用建筑的室外消防用水量，应按同一时间内的火灾次数和一次灭火用水量确定：

　　1　工厂、仓库、堆场、储罐（区）和民用建筑在同一时间内的火灾次数不应小于表8.2.2-1的规定；

表8.2.2-1　工厂、仓库、堆场、储罐（区）和民用建筑在同一时间内的火灾次数

| 名　称 | 基地面积（ha） | 附有居住区的人数（万人） | 同一时间内的火灾次数（次） | 备　注 |
|---|---|---|---|---|
| 工厂 | ≤100 | ≤1.5 | 1 | 按需水量最大的一座建筑物（或堆场、储罐）计算 |
| | | >1.5 | 2 | 工厂、居住区各一次 |
| | >100 | 不限 | 2 | 按需水量最大的两座建筑物（或堆场、储罐）计算 |
| 仓库、民用建筑 | 不限 | 不限 | 1 | 按需水量最大的一座建筑物（或堆场、储罐）计算 |

注：1　采矿、选矿等工业企业当各分散基地有单独的消防给水系统时，可分别计算。
　　2　1ha=10000m²。

　　2　工厂、仓库和民用建筑一次灭火的室外消火栓用水量不应小于表8.2.2-2的规定；

　　3　一个单位内有泡沫灭火设备、带架水枪、自动喷水灭火系统以及其他室外消防用水设备时，其室外消防用水量应按上述同时使用的设备所需的全部消防用水量加上表8.2.2-2规定的室外消火栓用水量的50%计算确定，且不应小于表8.2.2-2的规定。

表8.2.2-2　工厂、仓库和民用建筑一次灭火的室外消火栓用水量（L/s）

| 耐火等级 | 建筑物类别 | | 建筑物体积 V（m³） | | | | | |
|---|---|---|---|---|---|---|---|---|
| | | | V≤1500 | 1500<V≤3000 | 3000<V≤5000 | 5000<V≤20000 | 20000<V≤50000 | V>50000 |
| 一、二级 | 厂房 | 甲、乙类 | 10 | 15 | 20 | 25 | 30 | 35 |
| | | 丙类 | 10 | 15 | 20 | 25 | 30 | 40 |
| | | 丁、戊类 | 10 | 10 | 10 | 15 | 15 | 20 |
| | 仓库 | 甲、乙类 | 15 | 15 | 25 | 25 | — | — |
| | | 丙类 | 15 | 15 | 25 | 25 | 35 | 45 |
| | | 丁、戊类 | 10 | 10 | 10 | 15 | 15 | 20 |
| | 民用建筑 | | 10 | 15 | 15 | 20 | 25 | 30 |
| 三级 | 厂房（仓库） | 乙、丙类 | 15 | 20 | 30 | 40 | 45 | — |
| | | 丁、戊类 | 10 | 10 | 15 | 20 | 25 | 35 |
| | 民用建筑 | | 10 | 15 | 15 | 20 | 30 | — |
| 四级 | 丁、戊类厂房（仓库） | | 10 | 15 | 20 | 25 | — | — |
| | 民用建筑 | | 10 | 15 | 20 | 25 | — | — |

注：1　室外消火栓用水量应按消防用水量最大的一座建筑物计算。成组布置的建筑物应按消防用水量较大的相邻两座计算。
　　2　国家级文物保护单位的重点砖木或木结构的建筑物，其室外消火栓用水量应按三级耐火等级民用建筑的消防用水量确定。
　　3　铁路车站、码头和机场的中转仓库其室外消火栓用水量可按丙类仓库确定。

8.2.3　可燃材料堆场、可燃气体储罐（区）的室外消防用水量，不应小于表8.2.3的规定。

表8.2.3　可燃材料堆场、可燃气体储罐（区）的室外消防用水量（L/s）

| 名　称 | | 总储量或总容量 | 消防用水量 |
|---|---|---|---|
| 粮食 W（t） | 土圆囤 | 30<W≤500 | 15 |
| | | 500<W≤5000 | 25 |
| | | 5000<W≤20000 | 40 |
| | | W>20000 | 45 |
| | 席穴囤 | 30<W≤500 | 20 |
| | | 500<W≤5000 | 35 |
| | | 5000<W≤20000 | 50 |
| 棉、麻、毛、化纤百货 W（t） | | 10<W≤500 | 20 |
| | | 500<W≤1000 | 35 |
| | | 1000<W≤5000 | 50 |
| 稻草、麦秸、芦苇等易燃材料 W（t） | | 50<W≤500 | 20 |
| | | 500<W≤5000 | 35 |
| | | 5000<W≤10000 | 50 |
| | | W>10000 | 60 |

续表8.2.3

| 名　称 | 总储量或总容量 | 消防用水量 |
|---|---|---|
| 木材等可燃材料 V（m³） | 50<V≤1000 | 20 |
| | 1000<V≤5000 | 30 |
| | 5000<V≤10000 | 45 |
| | V>10000 | 55 |
| 煤和焦炭 W（t） | 100<W≤5000 | 15 |
| | W>5000 | 20 |
| 可燃气体储罐（区）V（m³） | 500<V≤10000 | 15 |
| | 10000<V≤50000 | 20 |
| | 50000<V≤100000 | 25 |
| | 100000<V≤200000 | 30 |
| | V>200000 | 35 |

注：固定容积的可燃气体储罐的总容积按其几何容积（m³）和设计工作压力（绝对压力，10⁵Pa）的乘积计算。

8.2.4　甲、乙、丙类液体储罐（区）的室外消防用水量应按灭火用水量和冷却用水量之和计算。

　　1　灭火用水量应按储罐区内最大罐泡沫灭火系统、泡沫炮和泡沫管枪灭火所需的灭火用水量之和确定，并应按现行国家标准《低倍数泡沫灭火系统设计规范》GB 50151、《高倍数、中倍数泡沫灭火系统设计规范》GB 50196或《固定消防炮灭火系统设计规范》GB 50338的有关规定计算；

　　2　冷却用水量应按储罐区一次灭火最大需水量计算。距着火罐罐壁1.5倍直径范围内的相邻储罐应进行冷却，其冷却水的供给范围和供给强度不应小于表8.2.4的规定；

表8.2.4　甲、乙、丙类液体储罐冷却水的供给范围和供给强度

| 设备类型 | | 储罐名称 | 供给范围 | 供给强度 |
|---|---|---|---|---|
| 移动式水枪 | 着火罐 | 固定顶立式罐（包括保温罐） | 罐周长 | 0.60[L/(s·m)] |
| | | 浮顶罐（包括保温罐） | 罐周长 | 0.45[L/(s·m)] |
| | | 卧式罐 | 罐壁表面积 | 0.10[L/(s·m²)] |
| | | 地下立式罐、半地下和地下卧式罐 | 无覆土罐壁表面积 | 0.10[L/(s·m²)] |
| | 相邻罐 | 固定顶立式罐 不保温罐 | 罐周长的一半 | 0.35[L/(s·m)] |
| | | 保温罐 | | 0.20[L/(s·m)] |
| | | 卧式罐 | 罐壁表面积的一半 | 0.10[L/(s·m²)] |
| | | 半地下、地下罐 | 无覆土罐壁表面积的一半 | 0.10[L/(s·m²)] |
| 固定式设备 | 着火罐 | 立式罐 | 罐周长 | 0.50[L/(s·m)] |
| | | 卧式罐 | 罐壁表面积 | 0.10[L/(s·m²)] |
| | 相邻罐 | 立式罐 | 罐周长的一半 | 0.50[L/(s·m)] |
| | | 卧式罐 | 罐壁表面积的一半 | 0.10[L/(s·m²)] |

注：1　冷却水的供给强度还应根据实地灭火战术所使用的消防设备进行校核。
　　2　当相邻罐采用不燃材料作绝热层时，其冷却水供给强度可按本表减少50%。
　　3　储罐可采用移动式水枪或固定式设备进行冷却。当采用移动式水枪进行冷却时，无覆土保护的卧式罐的消防用水量，当计算出的水量小于15L/s时，仍应采用15L/s。
　　4　地上储罐的高度大于15m或单罐容积大于2000m³时，宜采用固定式冷却水设施。
　　5　当相邻罐储量超过4个时，冷却用水量可按4个计算。

　　3　覆土保护的地下油罐应设置冷却用水设施。冷却用水量应按最大着火罐罐顶的表面积（卧式罐按其投影面积）和冷却水供给强度等计算确定。冷却水的供给强度不应小于0.10L/(s·m²)。当计算水量小于15L/s时，仍应采用15L/s。

8.2.5　液化石油气储罐（区）的消防用水量应按储罐固定喷水冷却装置用水量和水枪用水量之和计算，其设计应符合下列规定：

　　1　总容积大于50m³的储罐区或单罐容积大于20m³的储罐应设置固定喷水冷却装置。

　　固定喷水冷却装置的用水量应按储罐的保护面积与冷却水的供

水强度等经计算确定。冷却水的供水强度不应小于 0.15L/(s·m²)，着火罐的保护面积按其全表面积计算，距着火罐直径(卧式罐按其直径和长度之和的一半)1.5 倍范围内的相邻储罐的保护面积按其表面积的一半计算。

**2** 水枪用水量不应小于表 8.2.5 的规定；

表 8.2.5 液化石油气储罐(区)的水枪用水量

| 总容积 V(m³) | V≤500 | 500<V≤2500 | V>2500 |
|---|---|---|---|
| 单罐容积 V(m³) | V≤100 | V≤400 | V>400 |
| 水枪用水量(L/s) | 20 | 30 | 45 |

注：1 水枪用水量应按本表总容积和单罐容积较大者确定。

　　2 总容积小于 50m³ 的储罐区或单罐容积小于等于 20m³ 的储罐，可单独设置固定喷水冷却装置或移动式水枪，其消防用水量应按水枪用水量计算。

**3** 埋地的液化石油气储罐可不设固定喷水冷却装置。

**8.2.6** 室外油浸电力变压器设置水喷雾灭火系统保护时，其消防用水量应按现行国家标准《水喷雾灭火系统设计规范》GB 50219 的有关规定确定。

**8.2.7** 室外消防给水管道的布置应符合下列规定：

**1** 室外消防给水管网应布置成环状，当室外消防用水量小于等于 15L/s 时，可布置成枝状；

**2** 向环状管网输水的进水管不应少于 2 条，当其中 1 条发生故障时，其余的进水管应能满足消防用水总量的供给要求；

**3** 环状管道应采用阀门分成若干独立段，每段内室外消火栓的数量不宜超过 5 个；

**4** 室外消防给水管道的直径不应小于 DN100；

**5** 室外消防给水管道设置的其他要求应符合现行国家标准《室外给水设计规范》GB 50013 的有关规定。

**8.2.8** 室外消火栓的布置应符合下列规定：

**1** 室外消火栓应沿道路设置。当道路宽度大于 60m 时，宜在道路两边设置消火栓，并宜靠近十字路口；

**2** 甲、乙、丙类液体储罐区和液化石油气储罐区的消火栓应设置在防火堤或防护墙外。距罐壁 15m 范围内的消火栓，不应计算在该罐可使用的数量内；

**3** 室外消火栓的间距不应大于 120m；

**4** 室外消火栓的保护半径不应大于 150m；在市政消火栓保护半径 150m 以内，当室外消防用水量小于等于 15L/s 时，可不设置室外消火栓；

**5** 室外消火栓的数量应按其保护半径和室外消防用水量等综合计算确定，每个室外消火栓的用水量应按 10～15L/s 计算；与保护对象的距离在 5～40m 范围内的市政消火栓，可计入室外消火栓的数量内；

**6** 室外消火栓宜采用地上式消火栓。地上式消火栓应有 1 个 DN150 或 DN100 和 2 个 DN65 的栓口。采用室外地下式消火栓时，应有 DN100 和 DN65 的栓口各 1 个。寒冷地区设置的室外消火栓应有防冻措施；

**7** 消火栓距路边不应大于 2m，距房屋外墙不宜小于 5m；

**8** 工艺装置区内的消火栓应设置在工艺装置的周围，其间距不宜大于 60m。当工艺装置区宽度大于 120m 时，宜在该装置区内的道路边设置消火栓。

**8.2.9** 建筑的室外消火栓、阀门、消防水泵接合器等设置地点应设置相应的永久性固定标识。

**8.2.10** 寒冷地区设置市政消火栓、室外消火栓有困难时，可设置水鹤等为消防车加水的设施，其保护范围可根据需要确定。

### 8.3 室内消火栓等的设置场所

**8.3.1** 除符合本规范第 8.3.4 条规定外，下列建筑应设置 DN65 的室内消火栓：

**1** 建筑占地面积大于 300m² 的厂房(仓库)；

**2** 体积大于 5000m³ 的车站、码头、机场的候车(船、机)楼、展览建筑、商店、旅馆建筑、病房楼、门诊楼、图书馆建筑等；

**3** 特等、甲等剧场，超过 800 个座位的其他等级的剧场和电影院等，超过 1200 个座位的礼堂、体育馆等；

**4** 超过 5 层或体积大于 10000m³ 的办公楼、教学楼、非住宅类居住建筑等其他民用建筑；

**5** 超过 7 层的住宅应设置室内消火栓系统，当确有困难时，可只设置干式消防竖管和不带消火栓箱的 DN65 的室内消火栓。消防竖管的直径不应小于 DN65。

注：耐火等级为一、二级且可燃物较少的单层、多层丁、戊类厂房(仓库)，耐火等级为三、四级且建筑体积小于等于 3000m³ 的丁类厂房和建筑体积小于等于 5000m³ 的戊类厂房(仓库)，粮食仓库、金库可不设置室内消火栓。

**8.3.2** 国家级文物保护单位的重点砖木或木结构的古建筑，宜设置室内消火栓。

**8.3.3** 设有室内消火栓的人员密集公共建筑以及低于本规范第 8.3.1 条规定规模的其他公共建筑宜设置消防软管卷盘；建筑面积大于 200m² 的商业服务网点应设置消防软管卷盘或轻便消防水龙。

**8.3.4** 存有与水接触能引起燃烧爆炸的物品的建筑物和室内没有生产、生活给水管道，室外消防用水取自储水池且建筑体积小于等于 5000m³ 的其他建筑可不设置室内消火栓。

### 8.4 室内消防用水量及消防给水管道、消火栓和消防水箱

**8.4.1** 室内消防用水量应按下列规定经计算确定：

**1** 建筑物内同时设置室内消火栓系统、自动喷水灭火系统、水喷雾灭火系统、泡沫灭火系统或固定消防炮灭火系统时，其室内消防用水量应按需要同时开启的上述系统用水量之和计算；当上述多种消防系统需要同时开启时，室内消火栓用水量可减少 50%，但不得小于 10L/s；

**2** 室内消火栓用水量应根据水枪充实水柱长度和同时使用水枪数量经计算确定，且不应小于表 8.4.1 的规定；

**3** 水喷雾灭火系统的用水量应按现行国家标准《水喷雾灭火系统设计规范》GB 50219 的有关规定确定；自动喷水灭火系统的用水量应按现行国家标准《自动喷水灭火系统设计规范》GB 50084 的有关规定确定；泡沫灭火系统的用水量应按现行国家标准《低倍数泡沫灭火系统设计规范》GB 50151、《高倍数、中倍数泡沫灭火系统设计规范》GB 50196 的有关规定确定；固定消防炮灭火系统的用水量应按现行国家标准《固定消防炮灭火系统设计规范》GB 50338 的有关规定确定。

表 8.4.1 室内消火栓用水量

| 建筑物名称 | 高度 h(m)、层数、体积 V(m³)或座位数 N(个) | | 消火栓用水量(L/s) | 同时使用水枪数量(支) | 每根竖管最小流量(L/s) |
|---|---|---|---|---|---|
| 厂房 | h≤24 | V≤10000 | 5 | 2 | 5 |
| | | V>10000 | 10 | 2 | 10 |
| | 24<h≤50 | | 25 | 5 | 15 |
| | h>50 | | 30 | 6 | 15 |
| 仓库 | h≤24 | V≤5000 | 5 | 1 | 5 |
| | | V>5000 | 10 | 2 | 10 |
| | 24<h≤50 | | 30 | 6 | 15 |
| | h>50 | | 40 | 8 | 15 |
| 科研楼、试验楼 | H≤24,V≤10000 | | 10 | 2 | 10 |
| | H≤24,V>10000 | | 15 | 3 | 10 |
| 车站、码头、机场的候车(船、机)楼和展览建筑等 | 5000<V≤25000 | | 10 | 2 | 10 |
| | 25000<V≤50000 | | 15 | 3 | 10 |
| | V>50000 | | 20 | 4 | 15 |
| 剧院、电影院、会堂、礼堂、体育馆等 | 800<n≤1200 | | 10 | 2 | 10 |
| | 1200<n≤5000 | | 15 | 3 | 10 |
| | 5000<n≤10000 | | 20 | 4 | 15 |
| | n>10000 | | 30 | 6 | 15 |
| 商店、旅馆等 | 5000<V≤10000 | | 10 | 2 | 10 |
| | 10000<V≤25000 | | 15 | 3 | 10 |
| | V>25000 | | 20 | 4 | 15 |

续表 8.4.1

| 建筑物名称 | 高度 h(m)、层数、体积 V (m³)或座位数 N(个) | 消火栓用水量 (L/s) | 同时使用水枪数量 (支) | 每根竖管最小流量 (L/s) |
|---|---|---|---|---|
| 病房楼、门诊楼等 | 5000<V≤10000 | 5 | 2 | 5 |
| | 10000<V≤25000 | 10 | 2 | 10 |
| | V>25000 | 15 | 3 | 10 |
| 办公楼、教学楼等其他民用建筑 | 层数≥6层或V>10000 | 15 | 3 | 10 |
| 国家级文物保护单位的重点砖木或木结构的古建筑 | V≤10000 | 20 | 4 | 10 |
| | V>10000 | 25 | 5 | 15 |
| 住宅 | 层数≥8 | 5 | 2 | 5 |

注：1 丁、戊类高层厂房(仓库)室内消火栓的用水量可按本表减少 10L/s,同时使用水枪数量可按本表减少 2 支。

2 消防软管卷盘或轻便消防水龙及住宅楼梯间中的干式消防竖管上设置的消火栓,其消防用水量可不计入室内消防用水量。

**8.4.2** 室内消防给水管道的布置应符合下列规定:

1 室内消火栓超过 10 个且室外消防用水量大于 15L/s 时,其消防给水管道应连成环状,且至少应有 2 条进水管与室外管网或消防水泵连接。当其中 1 条进水管发生事故时,其余的进水管应仍能供应全部消防用水量。

2 高层厂房(仓库)应设置独立的消防给水系统。室内消防竖管应连成环状。

3 室内消防竖管直径不应小于 DN100。

4 室内消火栓给水管网宜与自动喷水灭火系统的管网分开设置;当合用消防泵时,供水管路应在报警阀前分开设置。

5 高层厂房(仓库)、设置室内消火栓且层数超过 4 层的厂房(仓库)、设置室内消火栓且层数超过 5 层的公共建筑,其室内消火栓给水系统应设置消防水泵接合器。

消防水泵接合器应设置在室外便于消防车使用的地点,与室外消火栓或消防水池取水口的距离宜为 15~40m。

消防水泵接合器的数量应按室内消防用水量计算确定,每个消防水泵接合器的流量宜按 10~15L/s 计算。

6 室内消防给水管道应采用阀门分成若干独立段。对于单层厂房(仓库)和公共建筑,检修停止使用的消火栓不应超过 5 个。对于多层民用建筑和其他厂房(仓库),室内消防给水管道上阀门的布置应保证检修管道时关闭的竖管不超过 1 根,但设置的竖管超过 3 根时,可关闭 2 根。

阀门应保持常开,并应有明显的启闭标志或信号。

7 消防用水与其他用水合用的室内管道,当其他用水达到最大小时流量时,应仍能保证供应全部消防用水量。

8 允许直接吸水的市政给水管网,当生产、生活用水量达到最大且仍能满足室内外消防用水量时,消防泵宜直接从市政给水管网吸水。

9 严寒和寒冷地区非采暖的厂房(仓库)及其他建筑的室内消火栓系统,可采用干式系统,但在进水管上应设置快速启闭装置,管道最高处应设置自动排气阀。

**8.4.3** 室内消火栓的布置应符合下列规定:

1 除无可燃物的设备层外,设置室内消火栓的建筑物,其各层均应设置消火栓。

单元式、塔式住宅的消火栓宜设置在楼梯间的首层和各层楼层休息平台上,当设 2 根消防竖管确有困难时,可设 1 根消防竖管,但必须采用双口双阀型消火栓。干式消火栓竖管应在首层靠出口部位设置便于消防车供水的快速接口和止回阀。

2 消防电梯间前室内应设置消火栓。

3 室内消火栓应设置在位置明显且易于操作的部位。栓口离地面或操作基面高度宜为 1.1m,其出水方向宜向下或与设置消火栓的墙面成 90°角;栓口与消火栓箱内边缘的距离不应影响消防水带的连接。

4 冷库内的消火栓应设置在常温穿堂或楼梯间内。

5 室内消火栓的间距应由计算确定。高层厂房(仓库)、高架仓库和甲、乙类厂房中室内消火栓的间距不应大于 30m;其他单层和多层建筑中室内消火栓的间距不应大于 50m。

6 同一建筑物内应采用统一规格的消火栓、水枪和水带。每条水带的长度不应大于 25m。

7 室内消火栓的布置应保证每一个防火分区同层有两支水枪的充实水柱同时到达任何部位。建筑高度小于等于 24m 且体积小于等于 5000m³ 的多层仓库,可采用 1 支水枪充实水柱到达室内任何部位。

水枪的充实水柱应经计算确定,甲、乙类厂房、层数超过 6 层的公共建筑和层数超过 4 层的厂房(仓库),不应小于 10m;高层厂房(仓库)、高架仓库和体积大于 25000m³ 的商店、体育馆、影剧院、会堂、展览建筑,车站、码头、机场建筑等,不应小于 13m;其他建筑,不宜小于 7m。

8 高层厂房(仓库)和高位消防水箱静压不能满足最不利点消火栓水压要求的其他建筑,应在每个室内消火栓处设置直接启动消防水泵的按钮,并应有保护设施。

9 室内消火栓栓口处的出水压力大于 0.5MPa 时,应设置减压设施;静水压力大于 1.0MPa 时,应采用分区给水系统。

10 设有室内消火栓的建筑,如为平屋顶时,宜在平屋顶上设置试验和检查用的消火栓。

**8.4.4** 设置常高压给水系统并能保证最不利点消火栓和自动喷水灭火系统等的水量和水压的建筑物,或设置干式消防竖管的建筑物,可不设置消防水箱。

设置临时高压给水系统的建筑物应设置消防水箱(包括气压水罐、水塔、分区给水系统的分区水箱)。消防水箱的设置应符合下列规定:

1 重力自流的消防水箱应设置在建筑的最高部位;

2 消防水箱应储存 10min 的消防用水量。当室内消防用水量小于等于 25L/s,经计算消防水箱所需消防储水量大于 12m³ 时,仍可采用 12m³;当室内消防用水量大于 25L/s,经计算消防水箱所需消防储水量大于 18m³ 时,仍可采用 18m³;

3 消防用水与其他用水合用的水箱应采取消防用水不作他用的技术措施;

4 发生火灾后,由消防水泵供给的消防用水不应进入消防水箱;

5 消防水箱可分区设置。

**8.4.5** 建筑的室内消火栓、阀门等设置地点应设置永久性固定标识。

## 8.5 自动灭火系统的设置场所

**8.5.1** 下列场所应设置自动灭火系统,除不宜用水保护或灭火者以及本规范另有规定者外,宜采用自动喷水灭火系统:

1 大于等于 50000 纱锭的棉纺厂的开包、清花车间;大于等于 5000 锭的麻纺厂的分级、梳麻车间;火柴厂的烤梗、筛选部位;泡沫塑料厂的预发、成型、切片、压花部位;占地面积大于 1500m² 的木器厂房;占地面积大于 1500m² 或总建筑面积大于 3000m² 的单层、多层制鞋、制衣、玩具及电子等厂房;高层丙类厂房;飞机发动机试验台的准备部位;建筑面积大于 500m² 的丙类地下厂房;

2 每座占地面积大于 1000m² 的棉、毛、丝、麻、化纤、毛皮及其制品的仓库;每座占地面积大于 600m² 的火柴仓库;邮政楼中建筑面积大于 500m² 的空邮袋库;建筑面积大于 500m² 的可燃物品地下仓库;可燃、难燃物品的高架仓库和高层仓库(冷库除外);

3 特等、甲等或超过 1500 个座位的其他等级的剧院;超过 2000 个座位的会堂或礼堂;超过 3000 个座位的体育馆;超过 5000

人的体育场的室内人员休息室与器材间等；

　　4　任一楼层建筑面积大于1500m²或总建筑面积大于3000m²的展览建筑、商店、旅馆建筑，以及医院中同样建筑规模的病房楼、门诊楼、手术部；建筑面积大于500m²的地下商店；

　　5　设置有送回风道(管)的集中空气调节系统且总建筑面积大于3000m²的办公楼等；

　　6　设置在地下、半地下或地上四层及四层以上或设置在建筑的首层、二层和三层且任一层建筑面积大于300m²的地上歌舞娱乐放映游艺场所(游泳场除外)；

　　7　藏书量超过50万册的图书馆。

8.5.2　下列部位宜设置水幕系统：

　　1　特等、甲等或超过1500个座位的其他等级的剧院和超过2000个座位的会堂或礼堂的舞台口，以及与舞台相连的侧台、后台的门窗洞口；

　　2　应设防火墙等防火分隔物而无法设置的局部开口部位；

　　3　需要冷却保护的防火卷帘或防火幕的上部。

8.5.3　下列场所应设置雨淋喷水灭火系统：

　　1　火柴厂的氯酸钾压碾厂房；建筑面积大于100m²生产、使用硝化棉、喷漆棉、火胶棉、赛璐珞胶片、硝化纤维的厂房；

　　2　建筑面积超过60m²或储存超过2t的硝化棉、喷漆棉、火胶棉、赛璐珞胶片、硝化纤维的仓库；

　　3　日装瓶数量超过3000瓶的液化石油气储配站的灌瓶间、实瓶库；

　　4　特等、甲等或超过1500个座位的其他等级的剧院和超过2000个座位的会堂或礼堂的舞台的葡萄架下部；

　　5　建筑面积大于等于400m²的演播室，建筑面积大于等于500m²的电影摄影棚；

　　6　乒乓球厂的轧坯、切片、磨球、分球检验部位。

8.5.4　下列场所应设置自动灭火系统，且宜采用水喷雾灭火系统：

　　1　单台容量在40MV·A及以上的厂矿企业油浸电力变压器、单台容量在90MV·A及以上的电厂油浸电力变压器，或单台容量在125MV·A及以上的独立变电所油浸电力变压器；

　　2　飞机发动机试验台的试车部位。

8.5.5　下列场所应设置自动灭火系统，且宜采用气体灭火系统：

　　1　国家、省级或人口超过100万的城市广播电视发射塔楼内的微波机房、分米波机房、米波机房、变配电室和不间断电源(UPS)室；

　　2　国际电信局、大区中心、省中心和1万路以上的地区中心内的长途程控交换机房、控制室和信令转接点室；

　　3　2万线以上的市话汇接局和6万门以上的市话端局内的程控交换机房、控制室和信令转接点室；

　　4　中央及省级治安、防灾和网局级及以上的电力等调度指挥中心内的通信机房和控制室；

　　5　主机房建筑面积大于等于140m²的电子计算机房内的主机房和基本工作间的已记录磁(纸)介质库；

　　6　中央和省级广播电视中心内建筑面积不小于120m²的音像制品仓库；

　　7　国家、省级或藏书量超过100万册的图书馆内的特藏库；中央和省级档案馆内的珍藏库和非纸质档案库；大、中型博物馆内的珍品仓库；一级纸(绢)质文物的陈列室。

　　8　其他特殊重要设备室。

　　注：当有备用主机和备用已记录磁(纸)介质，且设置在不同建筑中或同一建筑中的不同防火分区内时，本条第5款规定的部位亦可采用预作用自动喷水灭火系统。

8.5.6　甲、乙、丙类液体储罐等泡沫灭火系统的设置场所应符合现行国家标准《石油库设计规范》GB 50074、《石油化工企业设计防火规范》GB 50160、《石油天然气工程设计防火规范》GB 50183

等的有关规定。

8.5.7　建筑面积大于3000m²且无法采用自动喷水灭火系统的展览厅、体育馆观众厅等人员密集场所，建筑面积大于5000m²且无法采用自动喷水灭火系统的丙类厂房，宜设置固定消防炮等灭火系统。

8.5.8　公共建筑中营业面积大于500m²的餐饮场所，其烹饪操作间的排油烟罩及烹饪部位宜设置自动灭火装置，且应在燃气或燃油管道上设置紧急事故自动切断装置。

### 8.6　消防水池与消防水泵房

8.6.1　符合下列规定之一的，应设置消防水池：

　　1　当生产、生活用水量达到最大时，市政给水管道、进水管或天然水源不能满足室内外消防用水量；

　　2　市政给水管道为枝状或只有1条进水管，且室内外消防用水量之和大于25L/s。

8.6.2　消防水池应符合下列规定：

　　1　当室外给水管网能保证室外消防用水量时，消防水池的有效容量应满足在火灾延续时间内室内消防用水量的要求。当室外给水管网不能保证室外消防用水量时，消防水池的有效容量应满足在火灾延续时间内室内消防用水量与室外消防用水量不足部分之和的要求。

　　当室外给水管网供水充足且在火灾情况下能保证连续补水时，消防水池的容量可减去火灾延续时间内补充的水量。

　　2　补水量应经计算确定，且补水管的设计流速不宜大于2.5m/s。

　　3　消防水池的补水时间不宜超过48h；对于缺水地区或独立的石油库区，不应超过96h。

　　4　容量大于500m³的消防水池，应分设成两个能独立使用的消防水池。

　　5　供消防车取水的消防水池应设置取水口或取水井，且吸水高度不应大于6.0m。取水口或取水井与建筑物(水泵房除外)的距离不宜小于15m；与甲、乙、丙类液体储罐的距离不宜小于40m；与液化石油气储罐的距离不宜小于60m，如采取防止辐射热的保护措施时，可减为40m。

　　6　供消防车取水的消防水池，其保护半径不应大于150m。

　　7　消防用水与生产、生活用水合并的水池，应采取确保消防用水不作他用的技术措施。

　　8　严寒和寒冷地区的消防水池应采取防冻保护设施。

8.6.3　不同场所的火灾延续时间不应小于表8.6.3的规定：

表8.6.3　不同场所的火灾延续时间(h)

| 建筑类别 | 场所名称 | 火灾延续时间(h) |
|---|---|---|
| 甲、乙、丙类液体储罐 | 浮顶罐 | 4.0 |
| | 地下和半地下固定顶立式罐、覆土储罐 | |
| | 直径小于等于20m的地上固定顶式罐 | |
| | 直径大于20m的地上固定顶式罐 | 6.0 |
| 液化石油气储罐 | 总容积大于220m³的储罐区或单罐容积大于50m³的储罐 | 6.0 |
| | 总容积小于等于220m³的储罐区且单罐容积小于等于50m³的储罐 | 3.0 |
| 可燃气体储罐 | 湿式储罐 | 3.0 |
| | 干式储罐 | |
| | 固定容积储罐 | |
| 可燃材料堆场 | 煤、焦炭露天堆场 | |
| | 其他可燃材料露天、半露天堆场 | 6.0 |
| 仓库 | 甲、乙、丙类仓库 | 3.0 |
| | 丁、戊类仓库 | 2.0 |
| 厂房 | 甲、乙、丙类厂房 | 3.0 |
| | 丁、戊类厂房 | 2.0 |

续表 8.6.3

| 建筑类别 | 场 所 名 称 | 火灾延续时间(h) |
|---|---|---|
| 民用建筑 | 公共建筑 | 2.0 |
| | 居住建筑 | |
| 灭火系统 | 自动喷水灭火系统 | 应按相应现行国家标准确定 |
| | 泡沫灭火系统 | |
| | 防火分隔水幕 | |

**8.6.4** 独立建造的消防水泵房,其耐火等级不应低于二级。附设在建筑中的消防水泵房应按本规范第7.2.5条的规定与其他部位隔开。

消防水泵房设置在首层时,其疏散门宜直通室外;设置在地下层或楼层上时,其疏散门应靠近安全出口。消防水泵房的门应采用甲级防火门。

**8.6.5** 消防水泵房应有不少于2条的出水管直接与环状消防给水管网连接。当其中1条出水管关闭时,其余的出水管应仍能通过全部用水量。

出水管上应设置试验和检查用的压力表和DN65的放水阀门。当存在超压可能时,出水管上应设置防超压设施。

**8.6.6** 一组消防水泵的吸水管不应少于2条。当其中1条关闭时,其余的吸水管应仍能通过全部用水量。

消防水泵应采用自灌式吸水,并应在吸水管上设置检修阀门。

**8.6.7** 当消防水泵直接从环状市政给水管网吸水时,消防水泵的扬程应按市政给水管网的最低压力计算,并以市政给水管网的最高水压校核。

**8.6.8** 消防水泵应设置备用泵,其工作能力不应小于最大一台消防工作泵。当工厂、仓库、堆场和储罐的室外消防用水量小于等于25L/s或建筑的室内消防用水量小于等于10L/s时,可不设置备用泵。

**8.6.9** 消防水泵应保证在火警后30s内启动。

消防水泵与动力机械应直接连接。

# 9 防烟与排烟

## 9.1 一般规定

**9.1.1** 建筑中的防烟可采用机械加压送风防烟方式或可开启外窗的自然排烟方式。

建筑中的排烟可采用机械排烟方式或可开启外窗的自然排烟方式。

**9.1.2** 防烟楼梯间及其前室、消防电梯间前室或合用前室应设置防烟设施。

**9.1.3** 下列场所应设置排烟设施:

1 丙类厂房中建筑面积大于300m²的地上房间;人员、可燃物较多的丙类厂房或高度大于32m的高层厂房中长度大于20m的内走道;任一层建筑面积大于5000m²的丁类厂房;

2 占地面积大于1000m²的丙类仓库;

3 公共建筑中经常有人停留或可燃物较多,且建筑面积大于300m²的地上房间;公共建筑中长度大于20m的内走道;

4 中庭;

5 设置在一、二、三层且房间建筑面积大于200m²或设置在四层及四层以上或地下、半地下的歌舞娱乐放映游艺场所;

6 总建筑面积大于200m²或一个房间建筑面积大于50m²且经常有人停留或可燃物较多的地下、半地下建筑或地下室、半地下室;

7 其他建筑中地上长度大于40m的疏散走道。

**9.1.4** 机械排烟系统与通风、空气调节系统宜分开设置。当合用时,必须采取可靠的防火安全措施,并应符合机械排烟系统的有关要求。

**9.1.5** 防烟与排烟系统中的管道、风口及阀门等必须采用不燃材料制作。排烟管道应采取隔热防火措施或与可燃物保持不小于150mm的距离。

排烟管道的厚度应按现行国家标准《通风与空调工程施工质量验收规范》GB 50243的有关规定执行。

**9.1.6** 机械加压送风管道、排烟管道和补风管道内的风速应符合下列规定:

1 采用金属管道时,不宜大于20m/s;

2 采用非金属管道时,不宜大于15m/s。

## 9.2 自然排烟

**9.2.1** 下列场所宜设置自然排烟设施:

1 按本规范第9.1.3条规定应设置排烟设施且具备自然排烟条件的场所;

2 除建筑高度超过50m的厂房(仓库)外,按第9.1.2条规定应设置防烟设施且具备自然排烟条件的场所。

**9.2.2** 设置自然排烟设施的场所,其自然排烟口的净面积应符合下列规定:

1 防烟楼梯间前室、消防电梯间前室,不应小于2.0m²;合用前室,不应小于3.0m²;

2 靠外墙的防烟楼梯间,每5层内可开启排烟窗的总面积不应小于2.0m²;

3 中庭、剧场舞台,不应小于该中庭、剧场舞台楼地面面积的5%;

4 其他场所,宜取该场所建筑面积的2%～5%。

**9.2.3** 当防烟楼梯间前室、合用前室采用敞开的阳台、凹廊进行防烟,或前室、合用前室内有不同朝向且开口面积符合本规范第9.2.2条规定的可开启外窗时,该防烟楼梯间可不设置防烟设施。

**9.2.4** 作为自然排烟的窗口宜设置在房间的外墙上方或屋顶上,并应有方便开启的装置。自然排烟口距该防烟分区最远点的水平距离不应超过30m。

## 9.3 机械防烟

**9.3.1** 下列场所应设置机械加压送风防烟设施:

1 不具备自然排烟条件的防烟楼梯间;

2 不具备自然排烟条件的消防电梯间前室或合用前室;

3 设置自然排烟设施的防烟楼梯间,其不具备自然排烟条件的前室。

**9.3.2** 机械加压送风防烟系统的加压送风量应经计算确定。当计算结果与表9.3.2的规定不一致时,应采用较大值。

表 9.3.2 最小机械加压送风量

| 条件和部位 | | 加压送风量(m³/h) |
|---|---|---|
| 前室不送风的防烟楼梯间 | | 25000 |
| 防烟楼梯间及其合用前室分别加压送风 | 防烟楼梯间 | 16000 |
| | 合用前室 | 13000 |
| 消防电梯间前室 | | 15000 |
| 防烟楼梯间采用自然排烟,前室或合用前室加压送风 | | 22000 |

注:表内风量数值系按开启宽×高=1.5m×2.1m的双扇门为基础的计算值。当采用单扇门时,其风量宜按表列数值乘以0.75确定;当前室有2个或2个以上门时,其风量应按表列数值乘以1.50～1.75确定。开启门时,通过门的风速不应小于0.70m/s。

**9.3.3** 防烟楼梯间内机械加压送风防烟系统的余压值应为40～

50Pa;前室、合用前室应为25～30Pa。

**9.3.4** 防烟楼梯间和合用前室的机械加压送风防烟系统宜分别独立设置。

**9.3.5** 防烟楼梯间的前室或合用前室的加压送风口应每层设置1个。防烟楼梯间的加压送风口宜每隔2～3层设置1个。

**9.3.6** 机械加压送风防烟系统中送风口的风速不宜大于7m/s。

**9.3.7** 高层厂房(仓库)的机械防烟系统的其他设计要求应按现行国家标准《高层民用建筑设计防火规范》GB 50045 的有关规定执行。

### 9.4 机械排烟

**9.4.1** 设置排烟设施的场所当不具备自然排烟条件时,应设置机械排烟设施。

**9.4.2** 需设置机械排烟设施且室内净高小于等于6m的场所应划分防烟分区;每个防烟分区的建筑面积不宜超过500m²,防烟分区不应跨越防火分区。

防烟分区宜采用隔墙、顶棚下凸出不小于500mm的结构梁以及顶棚或吊顶下凸出不小于500mm的不燃烧体等进行分隔。

**9.4.3** 机械排烟系统的设置应符合下列规定:

**1** 横向宜按防火分区设置;

**2** 竖向穿越防火分区时,垂直排烟管道宜设置在管井内;

**3** 穿越防火分区的排烟管道应在穿越处设置排烟防火阀。排烟防火阀应符合现行国家标准《排烟防火阀的试验方法》GB 15931 的有关规定。

**9.4.4** 在地下建筑和地上密闭场所中设置机械排烟系统时,应同时设置补风系统。当设置机械补风系统时,其补风量不宜小于排烟量的50%。

**9.4.5** 机械排烟系统的排烟量不应小于表 9.4.5 的规定。

表 9.4.5 机械排烟系统的最小排烟量

| 条件和部位 | | 单位排烟量<br>[m³/(h·m²)] | 换气次数<br>(次/h) | 备 注 |
|---|---|---|---|---|
| 担负1个防烟分区<br>室内净高大于6m且<br>不划分防烟分区的空间 | | 60 | — | 单台风机排烟量<br>不应小于7200m³/h |
| 担负2个和2个以上<br>防烟分区 | | 120 | | 应按最大的<br>防烟分区面积确定 |
| 中庭 | 体积小于等于17000m³ | | 6 | 体积大于17000m³时,排烟<br>量不应小于102000m³/h |
| | 体积大于17000m³ | | 4 | |

**9.4.6** 机械排烟系统中的排烟口、排烟阀和排烟防火阀的设置应符合下列规定:

**1** 排烟口或排烟阀应按防烟分区设置。排烟口或排烟阀应与排烟风机联锁,当任一排烟口或排烟阀开启时,排烟风机应能自行启动;

**2** 排烟口或排烟阀平时为关闭时,应设置手动和自动开启装置;

**3** 排烟口应设置在顶棚或靠近顶棚的墙面上,且与附近安全出口沿走道方向相邻边缘之间的最小水平距离不应小于1.5m。设在顶棚上的排烟口,距可燃构件或可燃物的距离不应小于1.0m;

**4** 设置机械排烟系统的地下、半地下场所,除歌舞娱乐放映游艺场所和建筑面积大于50m²的房间外,排烟口可设置在疏散走道;

**5** 防烟分区内的排烟口距最远点的水平距离不应超过30m;排烟支管上应设置当烟气温度超过280℃时能自行关闭的排烟防火阀;

**6** 排烟口的风速不宜大于10m/s。

**9.4.7** 机械加压送风防烟系统和排烟补风系统的室外进风口宜布置在室外排烟口的下方,且高差不宜小于3.0m;当水平布置时,

水平距离不宜小于10.0m。

**9.4.8** 排烟风机的设置应符合下列规定:

**1** 排烟风机的全压应满足排烟系统最不利环路的要求,其排烟量应考虑10%～20%的漏风量;

**2** 排烟风机可采用离心风机或排烟专用的轴流风机;

**3** 排烟风机应能在280℃的环境条件下连续工作不少于30min;

**4** 在排烟风机入口处的总管上应设置当烟气温度超过280℃时能自行关闭的排烟防火阀,该阀应与排烟风机联锁,当该阀关闭时,排烟风机应能停止运转。

**9.4.9** 当排烟风机及系统中设置有软接头时,该软接头应能在280℃的环境条件下连续工作不少于30min。排烟风机和用于排烟补风的送风风机宜设置在通风机房内。

# 10 采暖、通风和空气调节

### 10.1 一般规定

**10.1.1** 通风、空气调节系统应采取防火安全措施。

**10.1.2** 甲、乙类厂房中的空气不应循环使用。

含有燃烧或爆炸危险粉尘、纤维的丙类厂房中的空气,在循环使用前应经净化处理,并应使空气中的含尘浓度低于其爆炸下限的25%。

**10.1.3** 甲、乙类厂房用的送风设备与排风设备不应布置在同一通风机房内,且排风设备不应和其他房间的送、排风设备布置在同一通风机房内。

**10.1.4** 民用建筑内空气中含有容易起火或爆炸危险物质的房间,应有良好的自然通风或独立的机械通风设施,且其空气不应循环使用。

**10.1.5** 排除含有比空气轻的可燃气体与空气的混合物时,其排风水平管全长应顺气流方向向上坡度敷设。

**10.1.6** 可燃气体管道和甲、乙、丙类液体管道不应穿过通风机房和通风管道,且不应紧贴通风管道的外壁敷设。

### 10.2 采 暖

**10.2.1** 在散发可燃粉尘、纤维的厂房内,散热器表面平均温度不应超过82.5℃。输煤廊的采暖散热器表面温度不应超过130℃。

**10.2.2** 甲、乙类厂房和甲、乙类仓库内严禁采用明火和电热散热器采暖。

**10.2.3** 下列厂房应采用不循环使用的热风采暖:

**1** 生产过程中散发的可燃气体、可燃蒸气、可燃粉尘、可燃纤维与采暖管道、散热器表面接触能引起燃烧的厂房;

**2** 生产过程中散发的粉尘受到水、水蒸气的作用能引起自燃、爆炸或产生爆炸性气体的厂房。

**10.2.4** 存在与采暖管道接触能引起燃烧爆炸的气体、蒸气或粉尘的房间内不应穿过采暖管道,当必须穿过时,应采用不燃材料隔热。

**10.2.5** 采暖管道与可燃物之间应保持一定距离。当温度大于100℃时,不小于100mm或采用不燃材料隔热。当温度小于等于100℃时,不小于50mm。

**10.2.6** 建筑内采暖管道和设备的绝热材料应符合下列规定:

**1** 对于甲、乙类厂房或甲、乙类仓库,应采用不燃材料;

**2** 对于其他建筑,宜采用不燃材料,不得采用可燃材料。

### 10.3 通风和空气调节

**10.3.1** 通风、空气调节系统的管道布置,横向宜按防火分区设

置,竖向不宜超过 5 层。当管道设置防止回流设施或防火阀时,其管道布置可不受此限制。垂直风管应设置在管井内。

**10.3.2** 有爆炸危险的厂房内的排风管道,严禁穿过防火墙和有爆炸危险的车间隔墙。

**10.3.3** 甲、乙、丙类厂房中的送、排风管道宜分层设置。当水平或垂直送风管在进入生产车间处设置防火阀时,各层的水平或垂直送风管可合用一个送风系统。

**10.3.4** 空气中含有易燃易爆危险物质的房间,其送、排风系统应采用防爆型的通风设备。当送风机设置在单独隔开的通风机房内且送风干管上设置了止回阀门时,可采用普通型的通风设备。

**10.3.5** 含有燃烧和爆炸危险粉尘的空气,在进入排风机前应采用不产生火花的除尘器进行处理。对于遇水可能形成爆炸的粉尘,严禁采用湿式除尘器。

**10.3.6** 处理有爆炸危险粉尘的除尘器、排风机的设置应符合下列规定:

　　**1** 应与其他普通型的风机、除尘器分开设置;

　　**2** 宜按单一粉尘分组布置。

**10.3.7** 处理有爆炸危险粉尘的干式除尘器和过滤器宜布置在厂房外的独立建筑中。该建筑与所属厂房的防火间距不应小于 10m。

　　符合下列规定之一的干式除尘器和过滤器,可布置在厂房内的单独房间内,但应采用耐火极限分别不低于 3.00h 的隔墙和 1.50h 的楼板与其他部位分隔:

　　**1** 有连续清灰设备;

　　**2** 定期清灰的除尘器和过滤器,且其风量不超过 15000m³/h、集尘斗的储尘量小于 60kg。

**10.3.8** 处理有爆炸危险粉尘和碎屑的除尘器、过滤器、管道,均应设置泄压装置。

　　净化有爆炸危险粉尘的干式除尘器和过滤器应布置在系统的负压段上。

**10.3.9** 排除、输送有燃烧或爆炸危险气体、蒸气和粉尘的排风系统,均应设置导除静电的接地装置,且排风设备不应布置在地下、半地下建筑(室)中。

**10.3.10** 排除有爆炸或燃烧危险气体、蒸气和粉尘的排风管应采用金属管道,并应直接通到室外的安全处,不应暗设。

**10.3.11** 排除和输送温度超过 80℃的空气或其他气体以及易燃碎屑的管道,与可燃或难燃物体之间应保持不小于 150mm 的间隙,或采用厚度不小于 50mm 的不燃材料隔热。当管道互为上下布置时,表面温度较高者应布置在上面。

**10.3.12** 下列情况之一的通风、空气调节系统的风管上应设置防火阀:

　　**1** 穿越防火分区处;

　　**2** 穿越通风、空气调节机房的房间隔墙和楼板处;

　　**3** 穿越重要的或火灾危险性大的房间隔墙和楼板处;

　　**4** 穿越防火分隔处的变形缝两侧;

　　**5** 垂直风管与每层水平风管交接处的水平管段上,但当建筑内每个防火分区的通风、空气调节系统均独立设置时,该防火分区内的水平风管与垂直总管的交接处可不设置防火阀。

**10.3.13** 公共建筑的浴室、卫生间和厨房的垂直排风管,应采取防回流措施或在支管上设置防火阀。公共建筑的厨房的排油烟管道宜按防火分区设置,且在与垂直排风管连接的支管处设置动作温度为 150℃的防火阀。

**10.3.14** 防火阀的设置应符合下列规定:

　　**1** 除本规范另有规定者外,动作温度为 70℃;

　　**2** 防火阀宜靠近防火分隔处设置;

　　**3** 防火阀暗装时,应在安装部位设置方便检修的检修口;

　　**4** 在防火阀两侧各 2.0m 范围内的风管及其绝热材料应采用不燃材料;

　　**5** 防火阀应符合现行国家标准《防火阀试验方法》GB 15930 的有关规定。

**10.3.15** 通风、空气调节系统的风管应采用不燃材料,但下列情况除外:

　　**1** 接触腐蚀性介质的风管和柔性接头可采用难燃材料;

　　**2** 体育馆、展览馆、候机(车、船)楼(厅)等大空间建筑、办公楼和丙、丁、戊类厂房内的通风、空气调节系统,当风管按防火分区设置且设置了防烟防火阀时,可采用燃烧产物毒性较小且烟密度等级小于等于 25 的难燃材料。

**10.3.16** 设备和风管的绝热材料、用于加湿器的加湿材料、消声材料及其粘结剂,宜采用不燃材料,当确有困难时,可采用燃烧产物毒性较小且烟密度等级小于等于 50 的难燃材料。

　　风管内设置电加热器时,电加热器的开关应与风机的启停联锁控制。电加热器前后各 0.8m 范围内的风管和穿过设置有火源等容易起火房间的风管,均应采用不燃材料。

**10.3.17** 燃油、燃气锅炉房应有良好的自然通风或机械通风设施。燃气锅炉房应选用防爆型的事故排风机。当设置机械通风设施时,该机械通风设施应设置导除静电的接地装置,通风量应符合下列规定:

　　**1** 燃油锅炉房的正常通风量按换气次数不少于 3 次/h 确定;

　　**2** 燃气锅炉房的正常通风量按换气次数不少于 6 次/h 确定;

　　**3** 燃气锅炉房的事故排风量按换气次数不少于 12 次/h 确定。

# 11 电 气

## 11.1 消防电源及其配电

**11.1.1** 建筑物、储罐(区)、堆场的消防用电设备,其电源应符合下列规定:

　　**1** 除粮食仓库及粮食筒仓工作塔外,建筑高度大于 50m 的乙、丙类厂房和丙类仓库的消防用电应按一级负荷供电;

　　**2** 下列建筑物、储罐(区)和堆场的消防用电应按二级负荷供电:

　　1)室外消防用水量大于 30L/s 的工厂、仓库;

　　2)室外消防用水量大于 35L/s 的可燃材料堆场、可燃气体储罐(区)和甲、乙类液体储罐(区);

　　3)座位数超过 1500 个的电影院、剧院,座位数超过 3000 个的体育馆,任一层建筑面积大于 3000m² 的商店、展览建筑,省(市)级及以上的广播电视楼、电信楼和财贸金融楼,室外消防用水量大于 25L/s 的其他公共建筑;

　　**3** 除本条第 1、2 款外的建筑物、储罐(区)和堆场等的消防用电可采用三级负荷供电;

　　**4** 消防电源的负荷分级应符合现行国家标准《供配电系统设计规范》GB 50052 的有关规定。

**11.1.2** 一级负荷供电的建筑,当采用自备发电设备作备用电源时,自备发电设备应设置自动和手动启动装置,且自动启动方式应能在 30s 内供电。

**11.1.3** 消防应急照明灯具和灯光疏散指示标志的备用电源的连续供电时间不应少于 30min。

**11.1.4** 消防用电设备应采用专用的供电回路,当生产、生活用电被切断时,应仍能保证消防用电。其配电设备应有明显标志。

**11.1.5** 消防控制室、消防水泵房、防烟与排烟风机房的消防用电设备及消防电梯等的供电,应在其配电线路的最末一级配电箱处设置自动切换装置。

**11.1.6** 消防用电设备的配电线路应满足火灾时连续供电的需要,其敷设应符合下列规定:

1 暗敷时,应穿管并应敷设在不燃烧体结构内且保护层厚度不应小于30mm。明敷时(包括敷设在吊顶内),应穿金属管或封闭式金属线槽,并应采取防火保护措施;

2 当采用阻燃或耐火电缆时,敷设在电缆井、电缆沟内可不采取防火保护措施;

3 当采用矿物绝缘类不燃性电缆时,可直接明敷;

4 宜与其他配电线路分开敷设;当敷设在同一井沟内时,宜分别布置在井沟的两侧。

## 11.2 电力线路及电器装置

**11.2.1** 甲类厂房、甲类仓库,可燃材料堆垛,甲、乙类液体储罐,液化石油气储罐,可燃、助燃气体储罐与架空电力线的最近水平距离不应小于电杆(塔)高度的1.5倍,丙类液体储罐与架空电力线的最近水平距离不应小于电杆(塔)高度的1.2倍。

35kV以上的架空电力线与单罐容积大于200m³或总容积大于1000m³的液化石油气储罐(区)的最近水平距离不应小于40m;当储罐为地下直埋式时,架空电力线与储罐的最近水平距离可减小50%。

**11.2.2** 电力电缆不应和输送甲、乙、丙类液体管道、可燃气体管道、热力管道敷设在同一管沟内。

配电线路不得穿越通风管道内腔或敷设在通风管道外壁上,穿金属管保护的配电线路可紧贴通风管道外壁敷设。

**11.2.3** 配电线路敷设在有可燃物的闷顶内时,应采取穿金属管等防火保护措施;敷设在有可燃物的吊顶内时,宜采取穿金属管、采用封闭式金属线槽或难燃材料的塑料管等防火保护措施。

**11.2.4** 开关、插座和照明灯具靠近可燃物时,应采取隔热、散热等防火保护措施。

卤钨灯和额定功率大于等于100W的白炽灯泡的吸顶灯、槽灯、嵌入式灯,其引入线应采用瓷管、矿棉等不燃材料作隔热保护。

大于60W的白炽灯、卤钨灯、高压钠灯、金属卤灯光源、荧光高压汞灯(包括电感镇流器)等不应直接安装在可燃装修材料或可燃构件上。

**11.2.5** 可燃材料仓库内宜使用低温照明灯具,并应对灯具的发热部件采取隔热等防火保护措施;不应设置卤钨灯等高温照明灯具。

配电箱及开关宜设置在仓库外。

**11.2.6** 爆炸和火灾危险环境电力装置的设计应按现行国家标准《爆炸和火灾危险环境电力装置设计规范》GB 50058 的有关规定执行。

**11.2.7** 下列场所宜设置漏电火灾报警系统:

1 按一级负荷供电且建筑高度大于50m的乙、丙类厂房和丙类仓库;

2 按二级负荷供电且室外消防用水量大于30L/s的厂房(仓库);

3 按二级负荷供电的剧院、电影院、商店、展览馆、广播电视楼、电信楼、财贸金融楼和室外消防用水量大于25L/s的其他公共建筑;

4 国家级文物保护单位的重点砖木或木结构的古建筑;

5 按一、二级负荷供电的消防用电设备。

## 11.3 消防应急照明和消防疏散指示标志

**11.3.1** 除住宅外的民用建筑、厂房和丙类仓库的下列部位,应设置消防应急照明灯具:

1 封闭楼梯间、防烟楼梯间及其前室、消防电梯间的前室或合用前室;

2 消防控制室、消防水泵房、自备发电机房、配电室、防烟与排烟机房以及发生火灾时仍需正常工作的其他房间;

3 观众厅,建筑面积大于400m²的展览厅、营业厅、多功能厅、餐厅,建筑面积大于200m²的演播室;

4 建筑面积大于300m²的地下、半地下建筑或地下室、半地下室中的公共活动房间;

5 公共建筑中的疏散走道。

**11.3.2** 建筑内消防应急照明灯具的照度应符合下列规定:

1 疏散走道的地面最低水平照度不应低于0.5 lx;

2 人员密集场所内的地面最低水平照度不应低于1.0 lx;

3 楼梯间内的地面最低水平照度不应低于5.0 lx;

4 消防控制室、消防水泵房、自备发电机房、配电室、防烟与排烟机房以及发生火灾时仍需正常工作的其他房间的消防应急照明,仍应保证正常照明的照度。

**11.3.3** 消防应急照明灯具宜设置在墙面的上部、顶棚上或出口的顶部。

**11.3.4** 公共建筑、高层厂房(仓库)及甲、乙、丙类厂房应沿疏散走道和在安全出口、人员密集场所的疏散门的正上方设置灯光疏散指示标志,并应符合下列规定:

1 安全出口和疏散门的正上方应采用"安全出口"作为指示标志;

2 沿疏散走道设置的灯光疏散指示标志,应设置在疏散走道及其转角处距地面高度1.0m以下的墙面上,且灯光疏散指示标志间距不应大于20m;对于袋形走道,不应大于10m;在走道转角区,不应大于1.0m,其指示标志应符合现行国家标准《消防安全标志》GB 13495 的有关规定。

**11.3.5** 下列建筑或场所应在其内疏散走道和主要疏散路线的地面上增设能保持视觉连续的灯光疏散指示标志或蓄光疏散指示标志:

1 总建筑面积超过8000m²的展览建筑;

2 总建筑面积超过5000m²的地上商店;

3 总建筑面积超过500m²的地下、半地下商店;

4 歌舞娱乐放映游艺场所;

5 座位数超过1500个的电影院、剧院,座位数超过3000个的体育馆、会堂或礼堂。

**11.3.6** 建筑内设置的消防疏散指示标志和消防应急照明灯具,除应符合本规范的规定外,还应符合现行国家标准《消防安全标志》GB 13495 和《消防应急灯具》GB 17945 的有关规定。

## 11.4 火灾自动报警系统和消防控制室

**11.4.1** 下列场所应设置火灾自动报警系统:

1 大中型电子计算机房及其控制室、记录介质库,特殊贵重或火灾危险性大的机器、仪表、仪器设备室、贵重物品库房,设有气体灭火系统的房间;

2 每座占地面积大于1000m²的棉、毛、丝、麻、化纤及其织物的库房,占地面积超过500m²或总建筑面积超过1000m²的卷烟库房;

3 任一层建筑面积大于1500m²或总建筑面积大于3000m²的制鞋、制衣、玩具等厂房;

4 任一层建筑面积大于3000m²或总建筑面积大于6000m²的商店、展览建筑、财贸金融建筑、客运和货运建筑等;

5 图书、文物珍藏库,每座藏书超过100万册的图书馆,重要的档案馆;

6 地市级及以上广播电视建筑、邮政楼、电信楼,城市或区域性电力、交通和防灾救灾指挥调度等建筑;

7 特等、甲等剧院或座位数超过 1500 个的其他等级的剧院、电影院，座位数超过 2000 个的会堂或礼堂，座位数超过 3000 个的体育馆；

8 老年人建筑、任一楼层建筑面积大于 1500m² 或总建筑面积大于 3000m² 的旅馆建筑、疗养院的病房楼、儿童活动场所和大于等于 200 床位的医院的门诊楼、病房楼、手术部等；

9 建筑面积大于 500m² 的地下、半地下商店；

10 设置在地下、半地下或建筑的地上四层及四层以上的歌舞娱乐放映游艺场所；

11 净高大于 2.6m 且可燃物较多的技术夹层，净高大于 0.8m 且有可燃物的闷顶或吊顶内。

11.4.2 建筑内可能散发可燃气体、可燃蒸气的场所应设可燃气体报警装置。

11.4.3 设有火灾自动报警系统和自动灭火系统或设有火灾自动报警系统和机械防(排)烟设施的建筑，应设置消防控制室。

11.4.4 消防控制室的设置应符合下列规定：

1 单独建造的消防控制室，其耐火等级不应低于二级；

2 附设在建筑物内的消防控制室，宜设置在建筑物内首层的靠外墙部位，亦可设置在建筑物的地下一层，但应按本规范第 7.2.5 条的规定与其他部位隔开，并应设置直通室外的安全出口；

3 严禁与消防控制室无关的电气线路和管路穿过；

4 不应设置在电磁场干扰较强及其他可能影响消防控制设备工作的设备用房附近。

11.4.5 火灾自动报警系统的设计，应符合现行国家标准《火灾自动报警系统设计规范》GB 50116 的有关规定。

# 12 城市交通隧道

## 12.1 一般规定

12.1.1 城市交通隧道(以下简称隧道)的防火设计应综合考虑隧道内的交通组成、隧道的用途、自然条件、长度等因素进行。

12.1.2 单孔和双孔隧道应按其封闭段长度及交通情况分为一、二、三、四类，并应符合表 12.1.2 的规定。

表 12.1.2 隧道分类

| 用 途 | 隧道封闭段长度 L(m) | | | |
|---|---|---|---|---|
| | 一类 | 二类 | 三类 | 四类 |
| 可通行危险化学品等机动车 | L>1500 | 500<L≤1500 | L≤500 | — |
| 仅限通行非危险化学品等机动车 | L>3000 | 1500<L≤3000 | 500<L≤1500 | L≤500 |
| 仅限人行或通行非机动车 | | | L>1500 | L≤1500 |

12.1.3 一类隧道内承重结构体的耐火极限不应低于 2.00h；二类不应低于 1.50h；三类不应低于 2.00h；四类隧道的耐火极限不限。

水底隧道的顶部应设置抗热冲击、耐高温的防火衬砌，其耐火极限应按相应隧道类别确定。

注：1 一、二类隧道内承重结构体的耐火极限应采用 RABT 标准升温曲线测试，通行机动车的三类隧道的耐火极限应采用 HC 标准升温曲线测试，并应符合本规范附录 A 的规定。
2 通行机动车的四类隧道和仅限人行或通行非机动车的三类隧道，其耐火极限试验可采用标准升温曲线和判定标准。

12.1.4 隧道内装修材料除嵌缝材料外，应采用不燃材料。

12.1.5 一、二、三类通行机动车的双孔隧道，其车行横通道或车行疏散通道应按下列规定设置：

1 水底隧道宜设置车行横通道或车行疏散通道。车行横通道间隔及隧道通向车行疏散通道的入口间隔，宜为 500~1500m；

2 非水底隧道应设置车行横通道或车行疏散通道。车行横通道间隔及隧道通向车行疏散通道的入口间隔，宜为 200~500m；

3 车行横通道应沿垂直隧道长度方向设置，并应通向相邻隧道；车行疏散通道应沿隧道长度方向在双孔中间设置，并应直通隧道外；

4 车行横通道和车行疏散通道的净宽度不应小于 4.0m，净高度不应小于 4.5m；

5 隧道与车行横通道或车行疏散通道的连通处，应采取防火分隔措施。

12.1.6 一、二、三类通行机动车的双孔隧道，其人行横通道或人行疏散通道应按下列规定设置：

1 隧道应设置人行横通道或人行疏散通道。人行横通道间隔及隧道通向人行疏散通道的入口间隔，宜为 250~300m；

2 人行疏散横通道应沿垂直双孔隧道长度方向设置，并应通向相邻隧道。人行疏散通道应在双孔中间沿隧道长度方向设置，并应直通隧道外；

3 双孔隧道内的人行横通道可利用车行横通道；

4 人行横通道或人行疏散通道的净宽度不应小于 2.0m，净高度不应小于 2.2m；

5 隧道与人行横通道或人行疏散通道的连通处，应采取防火分隔措施。

12.1.7 一、二、三类采用纵向通风方式的单孔隧道或一、二类水底隧道，应根据实际情况设置直通室外的人员疏散出口或独立避难所等避难设施。

12.1.8 隧道内的变电所、管廊、专用疏散通道、通风机房及其他辅助用房等，与车行隧道之间应采取防火分隔措施。

## 12.2 消防给水与灭火设施

12.2.1 在进行城市交通隧道的规划与设计时，应同时设计消防给水系统。四类隧道和行人或通行非机动车辆的三类隧道，可不设置消防给水系统。

12.2.2 消防给水系统的设置应符合下列规定：

1 消防水源应符合本规范第 8.1.2 的规定，供水管网应符合本规范第 8.2.7 条的规定。

2 消防用水量应按其火灾延续时间和隧道全线同一时间内发生一次火灾，经计算确定。二类隧道的火灾延续时间不应小于 3.0h；三类隧道不应小于 2.0h。

3 隧道内宜设置独立的消防给水系统。严寒和寒冷地区的消防给水管道及室外消火栓应采取防冻措施；当采用干管系统时，应在管网最高部位设置自动排气阀，管网充水时间不应大于 90s。

4 隧道内的消火栓用水量不应小于 20L/s，隧道洞口外的消火栓用水量不应小于 30L/s。长度小于 1000m 的三类隧道，隧道内和隧道洞口外的消火栓用水量可分别为 10L/s 和 20L/s。

5 管网内的消防供水压力应保证用水量达到最大时，最不利点水枪充实水柱不应小于 10.0m。消火栓栓口处的出水压力超过 0.5MPa 时，应设置减压设施。

6 在隧道出入口处应设置消防水泵接合器及室外消火栓。

7 消火栓的间距不应大于 50m。消火栓的栓口距地面高度宜为 1.1m。

8 设置有消防水泵供水设施的隧道，应在消火栓箱内设置消防水泵启动按钮。

9 应在隧道单侧设置室内消火栓，消火栓箱内应配置 1 支喷嘴口径 19mm 的水枪、1 盘长 25m、直径 65mm 的水带，宜附设消防软管卷盘。

12.2.3 除四类隧道外，隧道内应设置排水设施。排水设施除应考虑排除渗水、雨水、隧道清洗等水量外,还应考虑灭火时的消防用水量,并应采取防止事故时可燃液体或有害液体沿隧道漫流的措施。

**12.2.4** 灭火器的设置应符合下列规定:

**1** 二类隧道应在隧道两侧设置 ABC 类灭火器。每个设置点不应少于 4 具。

**2** 通行机动车的四类隧道和人行或通行非机动车的三类隧道,应在隧道一侧设置 ABC 类灭火器。每个设置点不应少于 2 具。

**3** 灭火器设置点的间距不应大于 100m。

### 12.3 通风和排烟系统

**12.3.1** 通行机动车的一、二、三类隧道应设置机械排烟系统,通行机动车的四类隧道可采取自然排烟方式。

**12.3.2** 机械排烟系统可与隧道的通风系统合用,且通风系统应符合机械排烟系统的有关要求,并应符合下列规定:

**1** 采用全横向和半横向通风方式时,可通过排风管道排烟;采用纵向通风方式时,应能迅速组织气流有效地排烟;

**2** 采用纵向通风方式的隧道,其排烟风速应根据隧道内的最不利火灾规模确定;

**3** 排烟风机必须能在 250℃环境条件下连续正常运行不小于 1.0h。排烟管道的耐火极限不应低于 1.00h。

**12.3.3** 隧道火灾避难设施内应设置独立的机械加压送风系统,其送风的余压值应为 30~50Pa。

### 12.4 火灾自动报警系统

**12.4.1** 隧道入口外 100~150m 处,应设置火灾事故发生后提示车辆禁入隧道的报警信号装置。

**12.4.2** 一、二类通行机动车辆的隧道应设置火灾自动报警系统,其设置应符合下列规定:

**1** 应设置自动火灾探测装置;

**2** 隧道出入口以及隧道内每隔 100~150m 处,应设置报警电话和报警按钮;

**3** 隧道封闭段长度超过 1000m 时,应设置消防控制中心;

**4** 应设置火灾应急广播。未设置火灾应急广播的隧道,每隔 100~150m 处,应设置发光警报装置。

**12.4.3** 通行机动车辆的三类隧道宜设置火灾自动报警系统。

**12.4.4** 隧道用电缆通道和主要设备用房内应设置火灾自动报警装置。

**12.4.5** 对于可能产生屏蔽的隧道,应采取能保证灭火时通信联络畅通的措施,宜设置无线通信设施。

**12.4.6** 隧道内火灾自动报警系统的设计应符合现行国家标准《火灾自动报警系统设计规范》GB 50116 的有关规定。

### 12.5 供电及其他

**12.5.1** 一、二类隧道的消防用电应按一级负荷要求供电;三类隧道的消防用电应按二级负荷要求供电。

**12.5.2** 隧道的消防电源及其供电、配电线路等的设计应按本规范第 11 章的有关规定执行。

**12.5.3** 隧道两侧应设置消防应急照明灯具和疏散指示标志,其高度不宜大于 1.5m。一、二类隧道内消防应急照明灯具和疏散指示标志的连续供电时间不应小于 3.0h;三类隧道,不应小于 1.5h。其他要求可按本规范第 11 章的有关规定执行。

**12.5.4** 隧道内严禁设置高压电线电缆和可燃气体管道;电缆线槽应与其他管道分开埋设。

**12.5.5** 隧道内设置的各类消防设施均应采取与隧道内环境条件相适应的保护措施,并应设置明显的发光消防疏散指示标志。

## 附录 A 隧道内承重结构体的耐火极限试验升温曲线和相应的判定标准

**A.0.1** RABT 标准升温曲线(见图 A.0.1)。

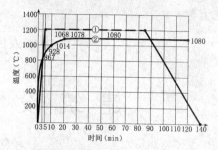

图 A.0.1 RABT 标准升温曲线
①—RABT 曲线;②—碳氢化合物曲线

**A.0.2** HC 标准升温曲线(见表 A.0.2)。

表 A.0.2 碳氢化合物升温曲线表

| 时间（min） | 3 | 5 | 10 | 30 |
|---|---|---|---|---|
| 炉内温升（℃） | 887 | 948 | 982 | 1110 |
| 时间（min） | 60 | 90 | 120 | 120 以后 |
| 炉内温升（℃） | 1150 | 1150 | 1150 | 1150 |

**A.0.3** 耐火极限判定标准。

**1** 当采用 HC 标准升温曲线测试时,其耐火极限的判定标准为:受火后,当距离混凝土底表面 25mm 处钢筋的温度超过 250℃,或者混凝土表面的温度超过 380℃时,则判定为达到耐火极限。

**2** 当采用 RABT 标准升温曲线测试时,其耐火极限的判定标准为:受火后,当距离混凝土底表面 25mm 处钢筋的温度超过 300℃,或者混凝土表面的温度超过 380℃时,则判定为达到耐火极限。

## 本规范用词说明

**1** 为便于在执行本规范条文时区别对待,对要求严格程度不同的用词说明如下:

1)表示很严格,非这样做不可的用词:
正面词采用"必须",反面词采用"严禁"。

2)表示严格,在正常情况下均应这样做的用词:
正面词采用"应",反面词采用"不应"或"不得"。

3)表示允许稍有选择,在条件许可时首先应这样做的用词:
正面词采用"宜",反面词采用"不宜";
表示有选择,在一定条件下可以这样做的用词,采用"可"。

**2** 本规范中指明应按其他有关标准、规范执行的写法为"应符合……的规定"或"应按……执行"。

中华人民共和国国家标准

# 建 筑 设 计 防 火 规 范

## GB 50016—2006

## 条 文 说 明

# 目　次

# 1 总　则

**1.0.1** 本条规定了制定本规范的目的。

防止和减少建筑火灾危害，保护人身和财产安全，是建筑防火设计的首要目标。在建筑设计中，设计单位、建设单位和公安消防监督机构的人员应密切配合，认真贯彻"预防为主，防消结合"的消防工作方针，做好建筑防火设计，做到"防患于未然"。为此，设计师既要在设计中采取有效措施降低火灾荷载密度和建筑及装修材料的燃烧性能，认真研究工艺防火措施、控制火源，防止火灾发生，又要进行必要的分隔、合理设定建筑物的耐火等级和构件的耐火极限等，并根据建筑物的使用功能、空间平面特征和人员特点，设计合理、正确的安全疏散设施与有效的灭火设施，预防和控制火灾的发生及其蔓延。

**1.0.2** 本条规定和明确了适用于本规范的建筑类型和范围。

**1** 住宅以层划分，主要考虑到我国各地区住宅建设的层高，一般在2.7~3m之间，9层住宅的建筑高度一般在24.3~26m。如果住宅不按层数而一律以24m作为划分界线，则住宅需要设置消防设施的量将会增大，势必增加大量建设投资。为此，在规范中着重加强了住宅内户与户以及单元与单元之间的防火分隔，故将高度虽超过24m的9层住宅仍包括在本规范的适用范围内。

为与现行国家标准《高层民用建筑设计防火规范》GB 50045协调，将9层及9层以下的公寓、宿舍等非住宅的居住建筑也包括在本规范的适用范围内，其适用范围也以建筑的层数划分。

此外，考虑到顶部设有跃层或底部设有层高不超过2.2m的储藏室、自行车库等，对于外部扑救会增加一些困难，但对于人员的竖向疏散影响不大，经与现行国家标准《住宅设计规范》GB 50096管理组协商，关于建筑层数计算的有关规定，两项标准是协调一致的，即住宅顶部设有2层一套的跃层时，其跃层部分不计入层数内。如顶部为超过2层一套的跃层时，其层数应按照（跃层的自然层数—1）计入建筑的总层数中。其他情况，仍应分别按实际层数计算。而底部层高不超过2.2m的储藏室、自行车库等小隔间，也不计入层数中。

对于住宅建筑中层高超过3m的楼层，其防火设计的层数确定可按现行国家标准《住宅建筑规范》GB 50368的规定计算确定。

**2** 多层公共建筑以建筑高度小于等于24m为限与高层民用建筑区分。对于建筑高度超过24m的单层公共建筑，如体育馆、影剧院、会展中心等，建筑空间高大，使用过程中人员集中且密度较大，但疏散和扑救条件较高层建筑有利。对于这样的建筑，其消防设施的配备应与高层民用建筑的消防设置要求有所区别，类似公共建筑均适用本规范。

**3** 近一二十年来，地下、半地下建筑，特别是地下商店、地下公共娱乐场所发展较快，火灾形势严峻。为充分利用地下空间，改善城市交通状况，地下空间利用和城市交通隧道工程也得到了发展，未来还将有较大的发展。但地下民用建筑和城市交通隧道工程国家一直没有相关的防火设计要求，导致这些建筑工程的防火设计无法可依。为规范这类场所的防火设计，在设计中采取防火技术措施，防止和减少此类场所火灾的发生，规定了相关防火设计内容。

**4** 无窗厂房、其他地上无窗建筑或无法开启的固定窗扇的密闭场所的防火设计除要考虑一般建筑的防火要求外，还应重点考虑人员安全疏散和建筑内的防烟、排烟，防止建筑内部发生轰燃现象等。本规范补充了这类建筑场所的防烟、排烟设计要求。

**5** 建筑高度。

1）对于阶梯式地坪，同一建筑的不同部位可能不处于同一高程的地坪上。此时，建筑高度的确定原则是：当位于不同高程地坪

上的同一建筑之间设置有防火墙分隔，各自有符合要求的安全出口，且可沿建筑的两个长边设置消防车道或设有尽头式消防车道时，可分别计算建筑高度。否则，仍应按其中建筑高度最大者确定。

对于坡屋顶建筑，其建筑高度一般按设计地面至檐口的高度计算。存在多个檐口高度时，则要按其中的最大值计算。但如屋顶坡度较大时，则应按设计地面至檐口与屋脊的平均高度计算。

2）本条中的局部突出屋面的楼梯间、电梯机房、水箱间等不计入建筑高度，是根据现行国家标准《民用建筑设计通则》GB 50352以及国外相关建筑规范的规定制定的。应注意的是，根据《民用建筑设计通则》GB 50352的规定，这些突出部分的高度和面积比例还应符合当地城市规划实施条例的规定，国外规范也有类似规定。目前，在本规范中尚未作出明确规定，一般为1/4至1/3，但还应考虑该部分的实际面积和可能存在的人数和火灾荷载。

当建筑物处在有关历史文化、文物保护和风景名胜区等建筑保护区、建筑控制地带和有净空要求的控制区时，这些突出部分的高度按有关要求需要计入建筑高度。但由于其火灾危险性小，对火灾扑救和人员疏散均无影响，在建筑防火设计时可不计入建筑高度。

**1.0.3** 本条规定了本规范不适用的建筑类型和范围。

对于炸药厂房（仓库）、花炮厂房（仓库）、人民防空工程、地下铁道、炼油厂、石油化工厂等露天生产装置区，它们专业性强，防火要求特殊，与一般建筑设计有所不同，且有的已有专门规范，这些规范中的规定基本上是以本规范的原则规定制定的。如《人民防空工程设计防火规范》GB 50098、《石油化工企业设计防火规范》GB 50160、《石油和天然气工程设计防火规范》GB 50183、《火力发电厂与变电所设计防火规范》GB 50229、《飞机库设计防火规范》GB 50284、《汽车库、修车库、停车场设计防火规范》GB 50067等，故本规范的规定未考虑这些建筑的具体防火设计要求，有关防火设计可按照上述专项防火规范执行。

**1.0.4** 本条规定了建筑防火设计的原则，明确规定：在建筑防火设计中，必须遵循国家的有关方针政策，从全局出发，针对不同建筑的火灾特点，结合具体工程、当地的地理环境条件、人文背景、经济技术发展水平和消防施救能力等实际情况进行建筑防火设计。在工程设计中鼓励积极采用先进的防火技术和措施，正确处理好生产与安全的关系、合理设计与消防投入的关系，努力追求和实现建筑消防安全水平与经济高效的统一。在设计时，除应考虑防火要求外，还应在选择具体设计方案与措施时综合考虑环境、节能、节约用地等国家政策。

国家工程建设标准的制定原则是成熟一条，制定一条，因而往往滞后于工程技术的发展。消防工作是为经济建设服务的，建筑防火规范规定了建筑防火设计的一些原则性的基本要求。这些规定并不限制新技术等的应用与发展，对于工程建设过程中出现的一些新技术、新材料、新工艺、新设备等，允许其在一定范围内积极慎重地进行试用，以积累经验，为规范的修订提供依据。但在应用时，必须按国家规定程序经过必要的试验与论证。

**1.0.5** 《建筑设计防火规范》虽涉及面广，但也很难把各类建筑、设备的防火内容和性能要求、试验方法等全部包括其中，只能对其一般防火问题和建筑消防安全所需的基本防火性能作出规定。因此，防火设计中所采用的产品还应符合相关产品、试验方法等国家标准的有关规定。对于建筑防火设计中涉及专业性强的行业的防火设计，除执行本规范的规定外，尚应符合相关行业的现行国家标准，如《城镇燃气设计规范》GB 50028、《供配电系统设计规范》GB 50052、《氧气站设计规范》GB 50030、《乙炔站设计规范》GB 50031、《汽车库、修车库、停车场设计防火规范》GB 50067、《爆炸和火灾危险环境电力装置设计规范》GB 50058、《石油化工企业设计防火规范》GB 50160和《汽车加油加气站设计与施工规范》GB 50156、《石油库设计规范》GB 50074等。

# 2 术　语

**2.0.1** 本条主要与《消防基本术语　第一部分》GB 5907—86 中的有关定义相协调。但应注意的是，对于建筑构件，该耐火极限应按照《建筑构件耐火试验方法》GB/T 9978 规定的判定条件进行判定，并应与《门和卷帘的耐火试验方法》GB 7633 中规定的耐火极限判定条件相区别。在《门和卷帘的耐火试验方法》GB 7633 中规定了对于门和防火卷帘可以按照试件背火面温度或试件背火面辐射热为条件进行判定，对于无隔热层的门、卷帘或门上镶嵌的玻璃可不测背火面温度。

时间-温度标准曲线是在标准耐火试验过程中，耐火试验炉内的温度随时间变化的函数曲线。不同的标准有不同的升温曲线。目前，我国对于以纤维类火灾为主的建筑构件耐火试验主要参照 ISO 834 标准规定的时间-温度标准曲线进行试验。但对于石油化工建筑、通行大型车辆的隧道等以烃类火灾为主的场所，其结构的耐火试验时间-温度曲线则应考虑采用其他相应的时间-温度标准曲线，如碳氢时间-温度标准曲线等。

**2.0.5** 本条中所谓"规定的试验条件"为按照现行国家有关闪点测试方法标准中所规定的试验条件，如现行国家标准《石油产品闪点测定(闭口杯法)》GB 261。

**2.0.7** 对于沸液性油品，不仅应具有一定含水率(含水率不一定在 0.3%～4% 范围内)，且必须具有热灼作用，才能使液体在液面燃烧时，使其热量从液上逐渐向液下传递。当液下温度超过 100℃并遇水时，便可引起水的汽化，使水的体积膨胀，从而引起油品沸溢。

**2.0.15** 本条规定民用建筑内的灶具、电磁炉等可与其他室内外外露火焰或赤热表面区别对待。其理由是：可燃气体进入室内后，扩散条件较差，易于积聚形成爆炸性混合气体，其危险性比在室外条件下更大。但对于有些建筑，如住宅内使用燃气或燃油的厨房，其用火时间相对较短且较集中，在考虑时应有所区别，设计时应依据实际情况进行确定。

**2.0.17** 本条中所指室内安全区域为符合规范规定的避难层、避难走道等，地下、半地下建筑或地下室、半地下室中用实体防火墙分隔的相邻防火分区可视为安全区域。但这些场所均应考虑作为临时安全避难用。

# 3　厂房(仓库)

## 3.1　火灾危险性分类

本规范对生产和储存物品的火灾危险性作了定性或定量的分类原则规定，有关行业，如石油化工、石油及天然气工程、医药等还可根据实际情况进一步细化。

本规范中的"厂房(仓库)"均表示"厂房或仓库"。

**3.1.1** 本条规定了生产的火灾危险性分类原则。

**1** 表中"使用的物质"主要指所用物质为生产的主要组成部分或原料，用量相对较多或对其需要进行加工等。

**2** 划分甲、乙、丙类液体闪点的基准。

为了比较切合实际地确定划分闪点的基准，原规范编制组曾对596种易燃、可燃液体的闪点进行了统计和分析，情况如下：

1)常见易燃液体的闪点多数小于 28℃；

2)国产煤油的闪点在 28～40℃之间；

3)国产 16 种规格的柴油闪点大多数为 60～90℃(其中仅"-35#"柴油为 50℃)；

4)闪点在 60～120℃的 73 个品种的可燃液体，绝大多数危险性不大；

5)常见的煤焦油闪点为 65～100℃。

因此，可以认为：凡是在常温环境下遇火源能引起闪燃的液体属于易燃液体，可列入甲类火灾危险性范围。我国南方城市的最热月平均气温在 28℃左右，而厂房的设计温度在冬季一般采用 12～25℃。

根据上述情况，将甲类火灾危险性的液体闪点基准定为小于 28℃，乙类定为大于等于 28℃至小于 60℃，丙类定为大于60℃。这样划分甲、乙、丙类液体是以汽油、煤油和柴油的闪点为基准的。

**3** 火灾危险性分类中可燃气体爆炸下限的确定基准。

由于绝大多数可燃气体的爆炸下限均小于 10%，一旦设备泄漏，在空气中很容易达到爆炸浓度而造成危险，所以将爆炸下限小于 10%的气体划为甲类；少数气体的爆炸下限大于 10%，在空气中较难达到爆炸浓度，所以将爆炸下限大于等于 10%的气体划为乙类。多年来的实践证明，这种划分可行。因此，本规范仍采用此数值。但任何一种可燃气体的火灾危险性不仅与其爆炸下限有关，而且还与其爆炸极限范围值、点火能量、混合气体的相对湿度等有关，使用时应加注意。

**4** 火灾危险性分类中应注意的几个问题。

1)生产的火灾危险性分类一般要分析整个生产过程中的每个环节是否有引起火灾的可能性(生产的火灾危险性分类按其中最危险的物质确定)，通常可根据以下因素分析确定：

①生产中使用的全部原材料的性质；

②生产中操作条件的变化是否会改变物质的性质；

③生产中产生的全部中间产物的性质；

④生产的最终产品及其副产品的性质；

⑤生产过程中的环境条件。

许多产品可能有若干种不同工艺的生产方法，其中使用的原材料也各不相同，因而其所具有的火灾危险性也可能各异，分类时应注意区别对待。

2)各项火灾危险性的生产特性如下：

甲类：

①"甲类"第 1 项和第 2 项参见前述说明。

②"甲类"第 3 项：生产中的物质在常温下可以逐渐分解，释放出大量的可燃气体并且迅速放热引起燃烧，或者物质与空气接触后发生猛烈的氧化作用，同时放出大量的热。温度越高，其氧化反应速度越快，产生的热越多，使温度升高越快，如此互为因果而引起燃烧或爆炸，如硝化棉、赛璐珞、黄磷等的生产。

③"甲类"第 4 项：生产中的物质遇水或空气中的水蒸气会发生剧烈的反应，产生氢气或其他可燃气体，同时产生热量引起燃烧或爆炸。该类物质遇酸或氧化剂也能发生剧烈反应，发生燃烧爆炸的危险性比遇水或水蒸气时更大。如金属钾、钠、氧化钠、氢化钙、碳化钙、磷化钙等的生产。

④"甲类"第 5 项：生产中的物质有较强的夺取电子的能力，即强氧化性。有些过氧化物含有过氧基(—O—O—)，性质极不稳定，易放出氧原子，具有强烈的氧化性，促使其他物质迅速氧化，放出大量的热量而发生燃烧爆炸。该类物质对于酸、碱、热、撞击、摩擦、催化或与易燃品、还原剂等接触后能发生迅速分解，极易发生燃烧或爆炸，如氯酸钠、氯酸钾、过氧化氢、过氧化钠等的生产。

⑤"甲类"第 6 项：生产中的物质燃点较低、易燃烧，受热、撞击、摩擦或与氧化剂接触能引起剧烈燃烧或爆炸，燃烧速度快，燃烧产物毒性大，如赤磷、三硫化磷等的生产。

⑥"甲类"第 7 项：生产中操作温度较高，物质被加热到自燃温度以上。此类生产必须是在密闭设备内进行，因设备内没有助燃气体，所以设备内的物质不能燃烧。但是，一旦设备或管道泄漏，

即使没有其他火源，该类物质也会在空气中立即起火燃烧。这类生产在化工、炼油、生物制药等企业中常见，火灾的事故也不少，应引起重视。

乙类：

①"乙类"第1项和第2项参见前述说明。

②"乙类"第3项中所指的不属于甲类的氧化剂是二级氧化剂，即非强氧化剂。其特性是：比甲类第5项的性质稳定些，生产过程中的物质遇热、还原剂、酸、碱等也能分解产生高热，遇其他氧化剂也能分解发生燃烧甚至爆炸，如亚硝酸钠、高碘酸、重铬酸钠、过醋酸等的生产。

③"乙类"第4项：生产中的物质燃点较低、较易燃烧或爆炸，燃烧性能比甲类易燃固体差，燃烧速度较慢，但可能放出有毒气体，如硫磺、樟脑或松香等的生产。

④"乙类"第5项：生产中的助燃气体本身不能燃烧（如氧气），但在有火源的情况下，遇可燃物会加速燃烧，甚至有些含碳的难燃或不燃固体也会迅速燃烧。

⑤"乙类"第6项：生产中可燃物质的粉尘、纤维、雾滴悬浮在空气中与空气混合，当达到一定浓度时，遇火源立即引起爆炸。这些细小的可燃物质表面吸附包围了氧气，当温度升高时，便加速了它的氧化反应，反应中放出的热促使其燃烧。这些细小的可燃物质比原来块状固体或较大量的液体具有较低的自然点，在适当的条件下，着火后以爆炸的速度燃烧。另外，铝、锌等有些金属在块状时并不燃烧，但在粉尘状态时则能够爆炸燃烧。如某厂磨光车间通风吸尘设备的风机制造不良，叶轮不平衡，使叶轮上的螺母与进风管摩擦发生火花，引起吸尘管道内的铝粉发生猛烈爆炸。

研究表明，可燃液体的雾滴也可以引起爆炸。因而，将"丙类液体的雾滴"的火灾危险性列入乙类。有关情况可参见《石油化工生产防火手册》、《可燃性气体和蒸汽的安全技术参数手册》和《爆炸事故分析》等资料。

丙类：

①"丙类"第1项参见前述说明。可熔化的可燃固体应视为丙类液体，如石蜡、沥青等。

②"丙类"第2项：生产中的物质燃点较高，在空气中受到火焰或高温作用时能够着火或微燃，当火源移走后仍能持续燃烧或微燃，如对木材、橡胶、棉花加工等类的生产。

丁类：

①"丁类"第1项：生产中被加工的物质不燃烧，且建筑物内可燃物很少，或生产中虽有赤热表面、火花、火焰也不易引起火灾，如炼钢、炼铁、热轧或制造玻璃制品等的生产。

②"丁类"第2项：虽然利用气体、液体或固体为原料进行燃烧，是明火生产，但均在固定设备内燃烧，不易造成火灾。虽然也有一些爆炸事故，但一般多属于物理性爆炸，如锅炉、石灰焙烧、高炉车间等的生产。

③"丁类"第3项：生产中使用或加工的物质（原料、成品）在空气中受到火烧或高温作用时难起火、难微燃、难碳化，当火源移走后燃烧或微燃立即停止。厂房内为常温环境，设备通常处于敞开状态。这类生产一般为热压型的生产，如铝塑材料、酚醛泡沫塑料加工等的生产。

戊类：

生产中使用或加工的液体或固体物质在空气中受到火烧时，不起火、不微燃、不碳化，不会因使用的原料或成品引起火灾，且厂房内为常温环境，如制砖、石棉加工、机械装配等的生产。

**5** 由于生产的火灾危险性分类受众多因素的影响，实际设计还需要根据生产工艺、生产过程中使用的原材料以及产品及其副产品的火灾危险性等实际情况确定。为便于使用，表1列举了部分常见生产的火灾危险性分类。

表 1 生产的火灾危险性分类举例

| 生产类别 | 举 例 |
|---|---|
| 甲 | 1. 闪点小于28℃的油品和有机溶剂的提炼、回收或洗涤部位及其泵房，橡胶制品的涂胶和胶浆部位，二硫化碳的粗馏、精馏工段及其应用部位，青霉素提炼部位，原料药厂的非纳西汀车间的烃化、回收及电感精馏部位，皂素车间的抽提、结晶及过滤部位，冰片精制部位，农药厂乐果厂房，敌敌畏的合成厂房、磺化法糖精厂房、氯乙醇厂房，环氧乙烷、环氧丙烷工段，苯酚厂房的磺化、蒸馏部位，焦化厂吡啶工段，胶片厂片基厂房，汽油加铅室，甲醇、乙醇、丙酮、丁醇异丙醇、醋酸乙酯、苯等的合成或精制厂房，集成电路工厂的化学清洗间（使用闪点小于28℃的液体），植物油加工厂的浸出厂房 |
| 甲 | 2. 乙炔站，氢气站，石油气体分馏（或分离）厂房，氯乙烯厂房，乙烯聚合厂房，天然气、石油伴生气、矿井气、水煤气或焦炉煤气的净化（如脱硫）厂房压缩机室及鼓风机室，液化石油气灌瓶间，丁二烯及其聚合厂房，醋酸乙烯厂房，电解水或电解食盐厂房，环己酮厂房，乙基苯和苯乙烯厂房，化肥厂的氢氮气压缩厂房，半导体材料厂使用氢气的拉晶间，硅烷热分解室 3. 硝化棉厂房及其应用部位，赛璐珞厂房，黄磷制备厂房及其应用部位，三乙基铝厂房，染化厂某些能自行分解的重氮化合物生产，甲胺厂房，丙烯腈厂房 4. 金属钠、钾加工厂房及其应用部位，聚乙烯厂房的一氧二乙基铝部位，三氯化磷厂房，多晶硅车间三氯氢硅部位，五氯化磷厂房 5. 氯酸钠、氯酸钾厂房及其应用部位，过氧化氢厂房，过氧化钠、过氧化钾厂房，次氯酸钙厂房 6. 赤磷制备厂房及其应用部位，五硫化二磷厂房及其应用部位 7. 洗涤剂厂房石蜡裂解部位，冰醋酸裂解厂房 |
| 乙 | 1. 闪点大于等于28℃至小于60℃的油品和有机溶剂的提炼、回收、洗涤部位及其泵房，松节油或松香蒸馏厂房及其应用部位，醋酸酐精馏厂房，己内酰胺厂房，甲酚厂房，氯丙醇厂房，樟脑油提取部位，环氧氯丙烷厂房，松针油精制部位，煤油灌桶间 2. 一氧化碳压缩机室及净化部位，发生炉煤气或鼓风炉煤气净化部位，氨压缩机房 3. 发烟硫酸或发烟硝酸浓缩部位，高锰酸钾厂房，重铬酸钠（红矾钠）厂房 4. 樟脑或松香提炼厂房，硫磺回收厂房，焦化厂精萘厂房 5. 氧气站，空分厂房 6. 铝粉或镁粉厂房，金属制品抛光部位，煤粉厂房、面粉厂的碾磨部位，活性炭制造及再生厂房，谷物仓库的工作塔，亚麻厂的除尘器及过滤器室 |
| 丙 | 1. 闪点大于等于60℃的油品和可燃液体的提炼、回收工段及其抽送泵房，香料厂的松油醇部位和香料酯化油脂部位，苯甲酸厂房，苯乙酮厂房，焦化厂焦油厂房，甘油、桐油的制备厂房，油浸变压器室，机器油或变压油灌桶间，润滑油再生部位，配电室（每台设备油量大于60kg的设备），沥青加工厂房，植物油加工厂的精炼部位 2. 煤、焦炭、油母页岩的筛分、转运工段和栈桥或储仓，木工厂房、竹、藤加工厂房，橡胶制品的压延、成型和硫化厂房，针织品厂房，纺织、印染、织物整理厂房，服装加工厂房和印染厂成品厂房，造纸厂备料、干燥厂房，印染厂成品厂房，麻纺厂粗加工厂房，谷物加工厂房，卷烟厂的切丝、卷制、包装厂房，印刷厂的印刷厂房，毛涤厂选毛厂房，电视机、收音机装配厂房，像管厂装配工段烧枪间，磁带装配厂房，集成电路工厂的氧化扩散间，光刻间，泡沫塑料厂的发泡、成型、印片压花部位，饲料加工厂房 |
| 丁 | 1. 金属冶炼、锻造、铆焊、轧材、铸造、热处理厂房 2. 锅炉房，玻璃原料熔化厂房，灯丝烧拉部位，保温瓶胆厂房，陶瓷制品的烘干、烧成厂房，蒸汽机车库，石灰焙烧厂房，电石炉部位，耐火材料烧成部位，转炉厂房，硫酸车间焙烧部位，电极煅烧工段配电室（每台设备油量小于等于60kg的设备） 3. 铝塑材料的加工厂房，酚醛泡沫塑料的加工厂房，印染厂的漂炼部位，化纤厂后加工润湿部位 |
| 戊 | 制砖车间，石棉加工车间，卷扬机室，不燃液体的泵房和阀门室，不燃液体的净化处理工段，除镁合金外的金属冷加工车间，电动车库，钙镁磷肥车间（焙烧炉除外），造纸厂或化学纤维厂的浆粕蒸煮工段，仪表、器械或车辆装配车间，氟利昂厂房，水泥厂的轮窑厂房，加气混凝土厂的材料准备、构件制作厂房 |

**3.1.2** 本条规定了同一座厂房或厂房中同一个防火分区内存在不同火灾危险性的生产时，确定该建筑或区域火灾危险性的原则。

**1** 本条规定了在一座厂房中或一个防火分区内存在甲、乙类等多种火灾危险性生产时，如果甲类生产在发生事故时，可燃物质足以构成爆炸或燃烧危险，则该建筑物中的生产类别应按甲类划分；如果该厂房面积很大，其中甲类生产所占用的面积比例小，并采取了相应的工艺保护和防火防爆分隔措施，即使发生火灾也不可能蔓延到其他地方时，该厂房可按火灾危险性较小者确定。

如在一座戊类汽车总装厂房中，喷漆工段占总装厂房的面积比例不足10%时，其生产类别仍可按戊类划分。近年来，喷漆工艺有了很大的改进和提高，并采取了一些行之有效的防护措施，生产过程中的火灾危害减少。本条同时考虑了国内现有工业建筑中同类厂房喷漆工段所占面积的比例，规定了在同时满足条文规定的三个条件时，其面积比例最大可为20%。

另外，生产过程中虽然使用或产生易燃、可燃物质，但是数量少，当气体全部放出或可燃液体全部气化也不会在同一时间内使整个厂房内任何部位的混合气体处于爆炸极限范围内，或即使局部存在爆炸危险、可燃物全部燃烧也不可能使建筑物起火，造成灾害。如机械修配厂或修理车间，虽然使用少量的汽油或甲类溶剂清洗零件，但不会因此而产生爆炸。所以，该厂房可以不按甲类厂房确定其防火要求，仍可以按戊类考虑。

2　一般情况下可不按物质火灾危险特性确定生产火灾危险性类别的最大允许量，参见表2。

**表2　可不按物质火灾危险特性确定生产火灾危险性类别的最大允许量**

| 火灾危险性类别 | 火灾危险性的特性 | | 物质名称举例 | 最大允许量 | |
| --- | --- | --- | --- | --- | --- |
| | | | | 与房间容积的比值 | 总量 |
| 甲类 | 1 | 闪点小于28℃的液体 | 汽油、丙酮、乙醚 | 0.004L/m³ | 100L |
| | 2 | 爆炸下限小于10%的气体 | 乙炔、氢、甲烷、乙烯、硫化氢 | 1L/m³（标准状态） | 25m³（标准状态） |
| | 3 | 常温下能自行分解导致迅速自燃爆炸的物质 | 硝化棉、硝化纤维胶片、喷漆棉、火胶棉、赛璐珞棉 | 0.003kg/m³ | 10kg |
| | | 在空气中氧化即导致迅速自燃的物质 | 黄磷 | 0.006kg/m³ | 20kg |
| | 4 | 常温下受到水和空气中水蒸气的作用能产生可燃气体并能燃烧或爆炸的物质 | 金属钾、钠、锂 | 0.002kg/m³ | 5kg |
| | 5 | 遇酸、受热、撞击、摩擦、催化以及遇有机物或硫磺等易燃的无机物能引起燃烧或爆炸的强氧化剂 | 硝酸胍、高氯酸铵 | 0.006kg/m³ | 20kg |
| | | 遇酸、受热、撞击、摩擦、催化以及遇有机物或硫磺等极易分解引起燃烧的强氧化剂 | 氯酸钾、氯酸钠、过氧化钠 | 0.015kg/m³ | 50kg |
| | 6 | 与氧化剂、有机物接触时能引起燃烧或爆炸的物质 | 赤磷、五硫化磷 | 0.015kg/m³ | 50kg |
| | 7 | 受到水或空气中水蒸气的作用能产生爆炸下限小于10%的气体的固体物质 | 电石 | 0.075kg/m³ | 100kg |
| 乙类 | 1 | 闪点大于等于28℃至60℃的液体 | 煤油、松节油 | 0.02L/m³ | 200L |
| | 2 | 爆炸下限大于等于10%的气体 | 氨 | 5L/m³（标准状态） | 50m³（标准状态） |
| | 3 | 助燃气体 | 氧、氟 | 5L/m³（标准状态） | 50m³（标准状态） |
| | | 不属于甲类的氧化剂 | 硝酸、硝酸铜、铬酸、发烟硫酸、铬酸钾 | 0.025kg/m³ | 80kg |
| | 4 | 不属于甲类的化学易燃危险固体 | 赛璐珞板、硝化纤维色片、镁粉、铝粉 | 0.015kg/m³ | 50kg |
| | | | 硫磺、生松香 | 0.075kg/m³ | 100kg |

表2列出了部分生产中常见的甲、乙类火灾危险性物品的最大允许量。本表仅供使用本条文时参考。现将其计算方法和数值确定的原则及应用本表应注意的事项说明如下：

1）厂房或实验室内单位容积的最大允许量。

单位容积的最大允许量是非甲、乙类厂房或实验室内使用甲、乙类火灾危险性物品的两个控制指标之一。厂房或实验室内使用甲、乙类火灾危险性物品的总量同其室内容积之比应小于此值。即：

$$\frac{甲、乙类物品的总量(kg)}{厂房或实验室的容积(m³)} < 单位容积的最大允许值$$

下面按甲、乙类危险物品的气、液、固态三种情况分别说明其数值的确定。

①气态甲、乙类火灾危险性物品。

一般可燃气体检测报警装置的报警控制值是该可燃气体爆炸下限的25%，当空间内的空气与可燃气体的混合气体浓度达到这个值时就发出报警。因此，当厂房及实验室内使用的可燃气体同

空气所形成的混合性气体不超过爆炸下限的5%时，可不按甲、乙类火灾危险性划分。本条采用5%这个数值还考虑到，在一个较大的厂房及实验室内，可能存在可燃气体扩散不均匀的现象，会形成局部高浓度而引发爆炸的危险。假设该局部空间占整个空间的20%，则有：25%×20%＝5%。

另外，5%这个数值的确定还参考了前苏联有关建筑设计消防法规的规定。

由于生产中使用或产生的甲、乙类可燃气体的种类较多，在本表中不可能全部列出。对于爆炸下限小于10%的甲类可燃气体取1L/m³为单位容积的最大允许量，是采用了几种甲类可燃气体计算结果的平均值（如乙炔的计算结果是0.75L/m³，甲烷的计算结果是2.5L/m³）。同理，对于爆炸下限大于等于10%的乙类可燃气体，取5L/m³为单位容积的最大允许量。对于助燃气体（如氧气、氯气、氟气等）单位容积的最大允许量的数值确定，参考了前苏联、日本等国家的有关消防法规。

②液态甲、乙类火灾危险性物品。

在厂房或实验室内少量使用易燃易爆甲、乙类火灾危险性物品，要考虑其全部挥发后弥漫在整个厂房或实验室内，同空气的混合比是否低于爆炸下限的5%。低于者则可不按甲、乙类火灾危险性进行确定。对于任何一种甲、乙类火灾危险性液体，其单位体积（L）全部挥发后的气体体积可按下式进行计算：

$$V = 829.52\frac{B}{M} \qquad (1)$$

式中　$V$——气体体积（L）；
　　　$B$——液体比重；
　　　$M$——挥发气气体密度（kg/L）。

此公式引自美国消防协会《美国防火手册》（Fire Protection Handbook，NFPA），原公式为每加仑液体产生的挥发气气体体积：

$$V = \frac{8.33×（液体比重）}{0.075×（挥发气气体密度）} \qquad (2)$$

公式（2）中液体的比重，以水的比重为1；挥发性气体的密度，以空气的密度为1；$V$表示挥发气的气体体积，单位为ft³。公式（1）为公式（2）换算为公制单位后的表达式。

对于液态的强氯化剂等甲、乙类物品的数值的确定，参照了前苏联、日本等国家的有关法规。

③固态（包括粉末）甲、乙类火灾危险性物品。

对于金属钾、金属钠、黄磷、赤磷、赛璐珞板等固态甲、乙类火灾危险性物品和镁粉、铝粉等乙类火灾危险性物品的单位容积的最大允许量，参照了国外有关消防法规的规定。

2）厂房或实验室等室内空间最多允许存放的总量。

对于容积较大的厂房或实验室等，单凭房间内"单位容积的最大允许量"一个指标来控制是不够的。有时，尽管这些厂房或实验室等室内空间单位容积的最大允许量不超过规定，也可能会相对集中放置较大量的甲、乙类火灾危险性物品，而这些物品发生火灾后常难以控制。在本表中规定了最大允许存放甲、乙类火灾危险性物品总量的指标，这些数值的确定参照了美国、日本及前苏联等国家的有关消防法规的规定，并考虑我国的实际情况。例如，表中关于汽油、丙酮、乙醚等闪点低于28℃的甲类液体，最大允许总量确定为100L，参照了现行国家标准《手提式灭火器通用技术条件》中1支灭火器（18B）灭火试验所能控制的汽油量（108L）。这个数据同国外有关消防规范规定的数据基本吻合。在美国消防协会的《防火手册》中，还规定在9m范围以内，灭火器扑救这类火灾时的能力不应小于40B（40为灭火器扑救B类火灾的性能级别）。这些与我国规定灭火时要求2支水枪控制火灾的基本原则一致。

3）注意事项。

在应用本条进行计算时，如厂房或实验室等室内空间的危险

物品种类在两种或两种以上，原则上要以火灾危险较大、两项控制指标要求较严格的物品为基础计算确定。

**3.1.3** 本条规定了储存物品的火灾危险性分类原则。

**1** 本规范将生产和储存物品的火灾危险性分类分别列出，是因为生产和储存物品的火灾危险性既有相同之处，又有所区别。如甲、乙、丙类液体在高温、高压生产过程中，其温度往往超过液体本身的自燃点，当其设备或管道损坏时，液体喷出就会起火。有些生产的原料、成品的火灾危险性较低，但当生产条件发生变化或经化学反应后产生了中间产物则可能增加其火灾危险性。例如，可燃粉尘静止时的火灾危险性较小，但在生产过程中，粉尘悬浮在空气中并与空气形成爆炸性混合物，遇火源则可能爆炸起火，而这类物品在储存时就不存在这种情况。与此相反，桐油织物及其制品，如堆放在通风不良地点，受到一定温度作用时，则会缓慢氧化、积热不散而自燃起火，因而在储存时其火灾危险性较大，而在生产过程中则不存在此种情形。

储存物品的分类方法主要依据物品本身的火灾危险性，参照本规范生产的火灾危险性分类，并吸收仓库储存管理经验和参考《危险货物运输规则》划分的。

1)甲类储存物品的划分，主要依据《危险货物运输规则》中Ⅰ级易燃固体、Ⅰ级易燃液体、Ⅰ级氧化剂、Ⅰ级自燃物品、Ⅰ级遇水燃烧物品和可燃气体的特性确定。这类物品易燃、易爆，燃烧时还放出大量有害气体。有的遇水发生剧烈反应，产生氢气或其他可燃气体，遇有机物或无机物极易燃烧爆炸；有的具有强烈的氧化性能，遇有机物或无机物极易燃烧爆炸；有的因受热、撞击、催化或气体膨胀而可能发生爆炸，或与空气混合容易达到爆炸浓度，遇火而发生爆炸。

2)乙类储存物品的划分，主要依据《危险货物运输规则》中Ⅱ级易燃固体、Ⅱ级易燃液体、Ⅱ级氧化剂、助燃气体、Ⅱ级自燃物品的特性确定。这类物品的火灾危险性仅次于甲类。

3)丙、丁、戊类储存物品的划分，主要依据实际仓库调查和储存管理情况确定。

丙类储存物品包括可燃固体物质和闪点大于等于60℃的可燃液体，其特性是液体闪点较高、不易挥发，火灾危险性比甲、乙类液体要小些。可燃固体在空气中受到火焰和高温作用时能发生燃烧，即使火源拿走，仍能继续燃烧。

丁类储存物品指难燃烧物品，其特性是在空气中受到火焰或高温作用时，难着火、难燃或微燃，将火源拿走，燃烧即可停止。

戊类储存物品指不燃烧物品，其特性是在空气中受到火焰或高温作用时，不起火、不微燃、不碳化。

**2** 表3列举了一些常见储存物品的火灾危险性分类，供设计时参考。

**表3 储存物品的火灾危险性分类举例**

| 火灾危险性类别 | 举 例 |
|---|---|
| 甲 | 1.己烷，戊烷，环戊烷，石脑油，二硫化碳，苯，甲苯，甲醇，乙醇，乙醚，蚁酸甲酯，醋酸甲酯，硝酸乙酯，汽油，丙酮，丙烯，60度及以上的白酒。<br>2.乙炔，乙烯，环氧乙烷，水煤气，液化石油气，乙烷，丙烷，丁二烯，硫化氢，氯乙烯，电石，碳化铝。<br>3.硝化棉，硝化纤维胶片，喷漆棉，火胶棉，赛璐珞棉，黄磷。<br>4.金属钾、钠、锂、钙、锶，氢化锂，氢化钠，四氢化锂铝。<br>5.氯酸钾，氯酸钠，过氧化钾，过氧化钠，硝酸钾。<br>6.赤磷，五硫化磷，三硫化磷。 |
| 乙 | 1.煤油，松节油，丁烯醇，异戊醇，丁醚，醋酸丁酯，醋酸戊酯，乙酰丙酮，环乙胺，溶剂油，冰醋酸，樟脑油，蚁酸。<br>2.氨气，液氯。<br>3.硝酸铜，铬酸，亚硝酸钾，重铬酸钠，铬酸钾，硝酸，硝酸汞，硝酸钴，发烟硫酸，漂白粉。<br>4.硫磺，镁粉，铝粉，赛璐珞板(片)，樟脑，萘，生松香，硝化纤维漆布，硝化纤维色片。<br>5.氧气，氟气。<br>6.漆布及其制品，油布及其制品，油纸及其制品，油绸及其制品 |

**续表3**

| 火灾危险性类别 | 举 例 |
|---|---|
| 丙 | 1.动物油，植物油，沥青，蜡，润滑油，机油，重油，闪点大于等于60℃的柴油，糖醛，大于50度至小于60度的白酒。<br>2.化学、人造纤维及其织物，纸张，棉、毛、丝、麻及其织物，谷物，面粉，天然橡胶及其制品，竹、木及其制品，中药材，电视机、收录机等电子产品，计算机房已录数据的磁盘储存间，冷库中的鱼、肉间 |
| 丁 | 自熄性塑料及其制品，酚醛泡沫塑料及其制品，水泥刨花板 |
| 戊 | 钢材，铝材，玻璃及其制品，搪瓷制品，陶瓷制品，不燃气体，玻璃棉，陶瓷棉，硅酸铝纤维，矿棉，石膏及其无纸制品，水泥，石，膨胀珍珠岩 |

**3.1.4** 本条规定了同一座仓库或其中同一防火分区内存在多种火灾危险性的物质时，确定该建筑或区域火灾危险性的原则。

一个防火分区内存放多种可燃物时，火灾危险性分类原则应按其中火灾危险性大的确定。这在美国等国家的标准中也有类似规定。当数种火灾危险性不同的物品存放在一起时，其耐火等级、允许层数和允许面积均要求按最危险者的要求确定。如同一座仓库存放有甲、乙、丙三类物品，其仓库就需要按甲类储存仓库的要求设计，即采用单层，耐火等级应为一、二级，每座仓库最大允许占地面积为 $180\sim750\text{m}^2$。

此外，根据1990年4月10日公安部令第6号《仓库防火安全管理规则》第十九条：甲、乙类物品和一般物品以及容易相互发生化学反应或者灭火方法不同的物品，必须分间、分库储存，并在醒目处标明储存物品的名称、性质和灭火方法。因此，为有利于安全和便于管理，同一座仓库或其中同一个防火分区内，应尽量储存一种物品。如有困难，可将数种物品存放在一座仓库或同一个防火分区内，但不允许性质相互抵触或灭火方法不同的物品存放在一起，并且在储存过程中采取分区域布置。

**3.1.5** 丁、戊类物品本身虽属难燃烧或不燃烧物质，但其很多包装是可燃的木箱、纸盒、泡沫塑料等。据调查，有些仓库内的可燃包装物，多者有 $100\sim300\text{kg/m}^2$，少者也有 $30\sim50\text{kg/m}^2$。因此，这两类仓库，除考虑物品本身的燃烧性能外，还要考虑可燃包装的数量，在防火要求上应比丁、戊类仓库严格。

在执行本条时，应注意有些包装物与被包装物品的重量比虽不满足本条的规定，但包装物(如泡沫塑料等)的单位体积重量较小，极易燃烧且初期燃烧速率较快、释热量大，如仍然按照丁、戊类仓库来确定则可能出现其与实际火灾危险性不符的情况。因此，在这种情况下还需要进一步根据具体情形进行论证分析，提出可信的确定依据，并采取相应的技术措施。

### 3.2 厂房(仓库)的耐火等级与构件的耐火极限

**3.2.1** 本条规定了厂房(仓库)的耐火等级分级及相应建筑构件的耐火极限和燃烧性能。有关确定原则和执行中应注意的问题说明如下：

**1** 根据厂房(仓库)建筑多年的实践，将新建、改建、扩建的厂房(仓库)的耐火等级划分为一、二、三、四级共4个等级是合适的。

**2** 在规范条文中表3.2.1中，调整了防火墙的耐火极限要求，由原4.00h降低到3.00h。同时，在其他条文中对火灾荷载大、火灾延续时间可能较长的场所的建筑构件，提高了其耐火极限要求。由于非承重外墙的作用主要是作为外围护构件，在满足相应防火间距的情况下，只要能达到火灾时建筑物之间不会在短时间内相互蔓延的要求，其耐火极限和燃烧性能可适当降低。

楼板是建筑竖向防火分隔的主要构件，尽管对于着火层而言，其受火影响较小，但对于上一层而言，则受火影响较大，理应在原来基础上适当提高。但考虑到规范的连续性及改变这一基础规定可能带来的影响，在本规范1987年版的基础上调整了三、四级耐火等级建筑的楼板的耐火极限。

此外，本条也参照了美国、加拿大、澳大利亚等国建筑规范和相关消防标准的规定。

**3 规范条文中表 3.2.1 建筑构件的燃烧性能和耐火极限的确定依据。**

1）各种构件的耐火极限不超过 3.00h，其依据如下：

①火灾延续时间 90%以上在 2.00h 以内的统计结果见表 4。

**表 4 火灾延续时间 90%以上在 2.00h 以内的统计结果**

| 地　区 | 连续统计年份 | 火灾次数 | 统计结果（%） |
|---|---|---|---|
| 北京 | 8 | 2353 | 95.10 |
| 上海 | 5 | 1035 | 92.90 |
| 沈阳 | 16 | | 97.20 |
| 天津 | 12 | | 95.00 |

注：在天津一栏的统计年份中，前 8 年与后 4 年不连续。

因此，在考虑了一定的安全系数后，对个别构件的耐火极限定为 3.00h，其余构件略高于或低于 2.00h。

②前苏联、美国、日本等国家的有关规定（详见表 5～表 7），其建筑物构件的耐火极限均不超过 4.00h。

**表 5 前苏联建筑物的耐火等级分类及其构件的燃烧性能和耐火极限**

| 楼房耐火等级 | 建筑构件耐火极限(h)和沿该构件火焰传播的最大极限(h/cm) | | | | | | | | |
|---|---|---|---|---|---|---|---|---|---|
| | 墙壁 | | | 支柱 | 楼梯平台、楼梯梁、台阶、梁和楼梯间 | 平板、铺面（其中包括有保温层的）和其他楼面自承重结构 | 屋顶构件 | | |
| | 自承重楼梯间 | 自承重 | 外部非承重（其中包括由悬吊板构成） | 内部非承重（隔离的） | | | | 平板、铺面（其中包括有保温层）和大梁 | 梁、方形门、横梁、框架 |
| 1 | 2 | 3 | 4 | 5 | 6 | 7 | 8 | 9 | 10 |
| Ⅰ | 2.5/0 | 1.25/0 | 0.5/0 | 0.5/0 | 2.5/0 | 1/0 | 1/0 | 0.5/0 | 0.5/0 |
| Ⅱ | 2/0 | 1/0 | 0.25/0 | 0.25/0 | 2/0 | 1/0 | 0.75/0 | 0.25/0 | 0.25/0 |
| Ⅲ | 2/0 | 0.25/0.25 | 0.25/40 | 0.25/40 | 2/0 | 1/0 | 0.75/25 | H.H/H.H | H.H/H.H |
| Ⅲ | 1/0 | 1/0 | 0.25/40 | 0.25/40 | 2/0 | 1/0 | 0.25/40 | 0.25/40 | 0.25/40 |
| Ⅲ | 1/40 | 0.5/0 | 0.25/40 | 0.25/40 | 1/0 | 1/0 | 0.75/25(40) | 0.25/25(40) | 0.75/25(40) |
| Ⅳ | 0.5/40 | 0.25/40 | 0.25/40 | 0.25/40 | 0.5/0 | 0.25/0 | 0.25/40 | H.H/H.H | 2.5/0 |
| Ⅳ | 0.5/40 | 0.25/40 | 0.25/40 | 0.25/40 | 0.25/40 | 0.25/40 | 0.25/40 | 0.25/40 | 0.25/40 |
| Ⅴ | 没有标准化 | | | | | | | | |

注：1　译自 1985 年《苏联防火标准》。
　　2　在括号中给出了竖直结构段和倾斜结构段的火焰传播极限。
　　3　缩写"H.H"表示指标没有标准化。

**表 6 日本建筑标准法规中有关建筑构件耐火极限方面的规定(h)**

| 建筑的层数（从上部层数开始） | 房盖 | 梁 | 楼板 | 柱 | 承重外墙 | 承重间隔墙 |
|---|---|---|---|---|---|---|
| 2～4 层以内 | 0.5 | 1 | 1 | 1 | 1 | 1 |
| 5～14 层 | 1 | 1.5 | 1 | 2 | 2 | 1 |
| 15 层以上 | 1 | 2 | 2 | 2 | 2 | 1 |

注：译自 2001 年版日本《建筑基准法施行令》第 107 条。

**表 7 美国消防协会标准《建筑结构类型标准》NFPA220（1996 年版）中关于Ⅰ型～Ⅴ型结构的耐火极限（h）**

| 名　称 | Ⅰ型 | | Ⅱ型 | | | Ⅲ型 | | Ⅳ型 | Ⅴ型 | |
|---|---|---|---|---|---|---|---|---|---|---|
| | 443 | 332 | 222 | 111 | 000 | 211 | 200 | 2HH | 111 | 000 |
| **外承重墙：** | | | | | | | | | | |
| 支撑多于一层、柱或其他承重墙 | 4 | 3 | 2 | 1 | 0' | 2 | 2 | 2 | 1 | 0 |
| 只支撑一层 | 4 | 3 | 2 | 1 | 0 | 2 | 2 | 1 | 1 | 0 |
| 只支撑一个屋顶 | 4 | 3 | 1 | 0 | 0 | 2 | 2 | 2 | 1 | 0 |
| **内承重墙：** | | | | | | | | | | |
| 支撑多于一层、柱或其他承重墙 | 4 | 3 | 2 | 1 | 0 | 1 | 1 | 2 | 1 | 0 |
| 只支撑一层 | 3 | 2 | 2 | 1 | 0 | 1 | 1 | 1 | 1 | 0 |
| 只支撑一个屋顶 | 3 | 2 | 1 | 0 | 0 | 1 | 1 | 1 | 1 | 0 |
| **柱：** | | | | | | | | | | |
| 支撑多于一层、柱或其他承重墙 | 4 | 3 | 2 | 1 | 0 | 1 | 1 | H² | 1 | 0 |
| 只支撑一层 | 3 | 2 | 2 | 1 | 0 | 1 | 1 | H² | 1 | 0 |
| 只支撑一个屋顶 | 3 | 2 | 1 | 0 | 0 | 1 | 1 | H² | 1 | 0 |
| **梁、梁构件桁架的腹杆、拱顶和桁架：** | | | | | | | | | | |
| 支撑多于一层、柱或其他承重墙 | 4 | 3 | 2 | 1 | 0 | 1 | 1 | H² | 1 | 0 |
| 只支撑一层 | 3 | 2 | 2 | 1 | 0 | 1 | 1 | H² | 1 | 0 |
| 只支撑屋顶 | 3 | 2 | 1 | 0 | 0 | 1 | 1 | H² | 1 | 0 |
| 楼面结构 | 3 | 2 | 2 | 1 | 0 | 1 | 1 | H² | 1 | 0 |
| 屋顶结构 | 2 | 11/2 | 1 | 0 | 0 | 1 | 1 | H² | 1 | 0 |
| 非承重外墙 | 0' | 0' | 0' | 0' | 0 | 0 | 0 | 0 | 0 | 0 |

注：1　□表示这些构件应当允许是批准的可燃材料。
　　2　"H"表示大型木构件，参看要求的文字内容。

2）柱。

柱和承重墙比较，柱的受力和受火条件更苛刻，其耐火极限至少不应低于承重墙的要求。一级耐火等级建筑物中支承单层的柱，其最低耐火极限可比支承多层柱的耐火极限略为降低要求，根据火灾案例确定耐火极限为 2.50h 且砖柱和钢筋混凝土柱的截面尺寸为 300mm×300mm。但这种规定未充分考虑设计区域内的火灾荷载情况和空间的通风条件等因素，设计时应以此规定为最低要求，根据工程的具体情况确定合理的耐火极限，而不应仅以片面满足规范的规定。

耐火等级为二、三级的建筑物的支承柱，其耐火极限又比一级建筑物的支承柱的耐火极限略有降低，是根据我国现有建筑物的状况，在 1987 年版规范修订过程中反复查阅过去的有关规定和资料，并经过分析，认为砖柱或钢筋混凝土柱的截面尺寸为 200mm×200mm 时，其耐火极限为 2.00h。因此，将三级耐火等级建筑物支承柱的耐火极限规定为 2.00h。

四级耐火等级建筑物的支承柱，也有采用木柱承重且以不燃烧材料作覆面保护的，对于这类建筑物的柱，其耐火极限为 0.50h。本规范的相关规定即以此为依据。

3）楼板。

根据建筑火灾统计资料，火灾延续时间在 1.50h 以内的占 88%，在 1.00h 以内的占 80%。因此，将一级耐火等级建筑物楼板的耐火极限定为 1.50h，二级耐火等级建筑物定为 1.00h。这样，大部分一、二级耐火等级建筑物不会被烧垮。当然，建筑构件的耐火极限定得越高，发生火灾时烧垮的可能性就越小，但建筑的造价要增加；如规定得过低，则火焰和高温作用时影响大，损失也大。我国二级耐火等级建筑占多数，钢筋混凝土楼板通常采用的保护层是 15～30mm 厚，其耐火极限达 1.50h 以上（部分预制空心板为 1.00h 左右）。因此，二级耐火等级建筑物楼板的耐火极限定为 1.00h。

三级耐火等级建筑物内的防火分区划分相对较小，不同用途和功能的建筑，尽管其火灾荷载会有差异，但总体上火灾延续时间相应会有所缩短。从调查情况看，其楼板通常为钢筋混凝土结构，故规定其耐火极限为 0.75h。

4）屋顶。

一级耐火等级建筑物的屋顶，其耐火极限仍维持原规定

1.50h的要求。

二级耐火等级建筑物的屋顶,其耐火极限比原规定提高了0.50h。从防火角度看,采用0.50h的屋架,发生火灾时在较短时间内就塌落,易造成较大损失和人员伤亡。从火灾实际情况看,二级耐火等级建筑的承重屋顶发生坍塌的现象较多。所以,提高二级耐火等级建筑物屋顶的耐火极限是必要的。但目前建设有大量钢结构厂房、仓库,这些建筑的钢结构屋顶的耐火极限难以达到本条规定的耐火极限要求,故在第3.2.8条中根据实际情况作了有条件的调整。

5)吊顶。

对吊顶耐火极限的要求,主要考虑火灾初期要保证在一定疏散时间内不影响人员的疏散行动。根据火灾实例和公共场所的人员疏散时间的测定以及国外有关研究资料,本规范中表3.2.1对吊顶的耐火性作了一般性规定。

但在有些厂房(如某些洁净厂房)内,由于生产工艺和管线布置的要求,同一防火分区内的隔墙往往难以隔断吊顶延伸到顶板底,因而吊顶内实际是贯通的。对此,吊顶的耐火极限应与隔墙的耐火极限一致,如疏散走道两侧隔墙的耐火极限不应低于1.00h,则吊顶的耐火极限也不应低于1.00h,如现行国家标准《洁净厂房设计规范》GB 50073中的有关规定。

6)三级耐火等级建筑物的房间隔墙有一部分可能采用板条抹灰,其耐火极限为0.85h。考虑到有的抹灰厚度不均匀,并适当考虑一定的安全系数,将该项耐火极限定为0.50h。

三级耐火等级建筑物疏散楼梯是根据我国钢筋混凝土楼梯的梁保护层通常为25mm,板保护层为15mm,其耐火极限为1.00h,适当留有一定的安全系数,将该项耐火极限定为0.75h。四级耐火等级建筑因限制为单层,故四级耐火等级建筑物不必规定楼梯的耐火极限。

4 表注。

考虑到我国现有的吊顶材料类型,为使其既符合规范要求又便于施工,故对二级耐火等级的吊顶要求作适当调整。为保证疏散安全,在疏散通道或避难场所,如公共走道、前室、避难间等,不应使用遇高温或遇火焰后会发生脆性破坏或坍塌的材料,如普通玻璃等,也不应使用遇高温或火焰会分解产生大量有毒烟气的材料,如聚氯乙烯、聚苯乙烯、聚氨酯泡沫等有机化学材料。

设计疏散时间依不同建筑用途和使用人员不同而有所差异,一般可按0.25h确定。但某些场所,如疏散条件较差或疏散距离较长的地方,应提高其耐火极限,有关情况还可参见前面的说明。

5 由于同一类构件在不同施工工艺和不同截面、不同组分、不同受力条件以及不同升温曲线等情况下的耐火极限是不一样的。本规范2001年版中的附录二中给出了一些构件的耐火极限试验数据,设计时对于与表中所列情况完全一样的构件可以直接采用。但实际使用时,往往存在较大变化,因此,对于某种构件的耐火极限一般应根据理论计算和试验测试验证相结合的方法进行确定。表8列出了部分经过测试试验的构件的耐火极限和燃烧性能,供设计时参考,本表是引自本规范2001年版的附录二。

**表8 建筑构件的燃烧性能和耐火极限**

| 序号 | 构件名称 | 结构厚度或截面最小尺寸(mm) | 耐火极限(h) | 燃烧性能 |
|---|---|---|---|---|
| 一 | 承重墙 | | | |
| 1 | 普通粘土砖、硅酸盐砖、混凝土、钢筋混凝土实体墙 | 120 | 2.50 | 不燃烧体 |
| | | 180 | 3.50 | 不燃烧体 |
| | | 240 | 5.50 | 不燃烧体 |
| | | 370 | 10.50 | 不燃烧体 |
| 2 | 加气混凝土砌块墙 | 100 | 2.00 | 不燃烧体 |
| 3 | 轻质混凝土砌块、天然石料的墙 | 120 | 1.50 | 不燃烧体 |
| | | 240 | 3.50 | 不燃烧体 |
| | | 370 | 5.50 | 不燃烧体 |

续表8

| 序号 | 构件名称 | 结构厚度或截面最小尺寸(mm) | 耐火极限(h) | 燃烧性能 |
|---|---|---|---|---|
| 二 | 非承重墙 | | | |
| 1 | 普通粘土砖墙<br>(1)不包括双面抹灰<br>(2)不包括双面抹灰<br>(3)包括双面抹灰<br>(4)包括双面抹灰 | 60<br>120<br>180<br>240 | 1.50<br>3.00<br>5.00<br>8.00 | 不燃烧体<br>不燃烧体<br>不燃烧体<br>不燃烧体 |
| 2 | 12mm粘土空心砖墙<br>(1)七孔砖墙(不包括墙中空120mm)<br>(2)双面抹灰七孔粘土砖墙(不包括墙中空120mm) | 120<br>140 | 8.00<br>9.00 | 不燃烧体<br>不燃烧体 |
| 3 | 粉煤灰硅酸盐砌块墙 | 200 | 4.00 | 不燃烧体 |
| 4 | 轻质混凝土墙<br>(1)加气混凝土砌块墙<br>(2)钢筋加气混凝土垂直墙板墙<br>(3)粉煤灰加气混凝土砌块墙<br>(4)加气混凝土砌块墙<br><br>(5)充气混凝土砌块墙 | 75<br>150<br>100<br>100<br>200<br>150 | 2.50<br>3.00<br>3.40<br>6.00<br>8.00<br>7.50 | 不燃烧体<br>不燃烧体<br>不燃烧体<br>不燃烧体<br>不燃烧体<br>不燃烧体 |
| 5 | 碳化石灰圆孔空心条板隔墙 | 90 | 1.75 | 不燃烧体 |
| 6 | 菱苦土珍珠岩圆孔空心条板隔墙 | 80 | 1.30 | 不燃烧体 |
| 7 | 钢筋混凝土大板墙(C20) | 60<br>120 | 1.00<br>2.60 | 不燃烧体<br>不燃烧体 |
| 8 | 轻质复合隔墙:<br>(1)菱苦土板夹纸蜂窝隔墙,其构造厚度(mm)为:<br>　2.5+50(纸蜂窝)+25<br>(2)水泥刨花复合板隔墙,总厚度80mm(内空层60mm)<br>(3)水泥刨花板龙骨水泥板隔墙,其构造厚度(mm)为:<br>　12+86(空)+12<br>(4)石棉水泥龙骨石棉水泥板隔墙,其构造厚度(mm)为:<br>　8+70(空)+60 | —<br><br>—<br><br>—<br><br>— | 0.33<br><br>0.75<br><br>0.50<br><br>0.45 | 难燃烧体<br><br>难燃烧体<br><br>难燃烧体<br><br>不燃烧体 |
| 9 | 石膏空心条板隔墙:<br>(1)石膏珍珠岩空心条板(膨胀珍珠岩50～80kg/m³)<br>(2)石膏珍珠岩空心条板(膨胀珍珠岩60～120kg/m³)<br>(3)石膏硅酸盐空心条板<br>(4)石膏珍珠岩塑料网空心条板(膨胀珍珠岩60～120kg/m³)<br>(5)石膏粉煤灰空心条板<br>(6)石膏珍珠岩双层空心条板,其构造厚度(mm)为:<br>　60+50(空)+60(膨胀珍珠岩50～80kg/m³)<br>　60+50(空)+60(膨胀珍珠岩60～120kg/m³)<br>(7)增强石膏空心条板 | 60<br><br>60<br><br>60<br>60<br><br>90<br><br>—<br><br>—<br><br>90<br>60 | 1.50<br><br>1.20<br><br>1.50<br>1.30<br><br>2.25<br><br>3.75<br><br>3.25<br><br>2.50<br>1.28 | 不燃烧体<br><br>不燃烧体<br><br>不燃烧体<br>不燃烧体<br><br>不燃烧体<br><br>不燃烧体<br><br>不燃烧体<br><br>不燃烧体<br>不燃烧体 |
| 10 | 石膏龙骨两面钉下列材料的隔墙:<br>(1)纤维石膏板,其构造厚度(mm)为:<br>　8.5+103(填矿棉)+8.5<br>　10+64(空)+10<br>　10+90(填矿棉)+10<br>(2)纸面石膏板,其构造厚度(mm)为:<br>　11+68(填矿棉)+11<br>　11+28(空)+11+65(空)+11+28(空)+11<br>　9+12+128(空)+12+9<br>　25+134(空)+12+9<br>　12+80(空)+12+12+80(空)+12<br>　12+80(空)+12 | —<br><br>—<br>—<br><br>—<br>—<br>—<br>—<br>—<br>— | 1.00<br><br>1.35<br>1.00<br><br>0.75<br>1.50<br>1.20<br>1.50<br>1.00<br>0.33 | 不燃烧体<br><br>不燃烧体<br>不燃烧体<br><br>不燃烧体<br>不燃烧体<br>不燃烧体<br>不燃烧体<br>不燃烧体<br>不燃烧体 |

| 序号 | 构件名称 | 结构厚度或截面最小尺寸(mm) | 耐火极限(h) | 燃烧性能 |
|---|---|---|---|---|
| 11 | 木龙骨两面钉下列材料的隔墙： | | | |
| | (1)钢丝网(板)抹灰，其构造厚度(mm)为：<br>　15+50(空)+15 | — | 0.85 | 难燃烧体 |
| | (2)石膏板，其构造厚度(mm)为：<br>　12+50(空)+12 | — | 0.30 | 难燃烧体 |
| | (3)板条抹灰，其构造厚度(mm)为：<br>　15+50(空)+15 | — | 0.85 | 难燃烧体 |
| | (4)水泥刨花板，其构造厚度(mm)为：<br>　15+50(空)+15 | — | 0.30 | 难燃烧体 |
| | (5)板条抹1:4石棉水泥隔热灰浆，其构造厚度(mm)为：<br>　20+50(空)+20 | — | 1.25 | 难燃烧体 |
| | (6)苇箔抹灰，其构造厚度(mm)为：<br>　15+70+15 | — | 0.85 | 难燃烧体 |
| | (7)纸面玻璃纤维石膏板，其构造厚度(mm)为：<br>　10+55(空)+10 | — | 0.60 | 难燃烧体 |
| | (8)纸面纤维石膏板，其构造厚度(mm)为：<br>　10+55(空)+10 | — | 0.60 | 难燃烧体 |
| 12 | 钢龙骨两面钉下列材料：<br>石膏板： | | | |
| | (1)纸面石膏板，其构造厚度(mm)为：<br>　20+46(空)+12 | — | 0.33 | 不燃烧体 |
| | 　2×12+70(空)+3×12 | — | 1.25 | 不燃烧体 |
| | 　2×12+70(空)+2×12 | — | 1.20 | 不燃烧体 |
| | (2)双层普通石膏板，板内掺纸纤维，其构造厚度(mm)为：<br>　2×12+75(空)+2×12 | — | 1.10 | 不燃烧体 |
| | (3)双层防火石膏板，板内掺玻璃纤维，其构造厚度(mm)为：<br>　2×12+75(空)+2×12 | — | 1.35 | 不燃烧体 |
| | 　2×12+75(岩棉厚40mm)+2×12 | — | 1.60 | 不燃烧体 |
| | (4)复合纸面石膏板，其构造厚度(mm)为：<br>　15+75(空)+1.5+9.5(双层板受火) | — | 1.10 | 不燃烧体 |
| | 　10+55(空)+10 | — | 0.60 | 不燃烧体 |
| | (5)双层石膏板，其构造厚度(mm)为：<br>　2×12+75(填岩棉)+2×12 | — | 2.10 | 不燃烧体 |
| | 　2×12+75(空)+2×12 | — | 1.35 | 不燃烧体 |
| | 　18+70(空)+18 | — | 1.35 | 不燃烧体 |
| 12 | (6)单层石膏板，其构造厚度(mm)为：<br>　12+75(填50mm厚岩棉)+12 | — | 1.20 | 不燃烧体 |
| | 　12+75(空)+12 | — | 0.50 | 不燃烧体 |
| | 普通纸面石膏板： | | | |
| | 　12+75(空)+12 | 99 | 0.52 | 不燃烧体 |
| | 　12+75(其中5.0%厚岩棉)+12 | 99 | 0.90 | 不燃烧体 |
| | 　15+9.5+75+15 | 123 | 1.50 | 不燃烧体 |
| | 耐火纸面石膏板： | | | |
| | 　12+75(其中5.0%厚岩棉)+12 | 99 | 1.05 | 不燃烧体 |
| | 　2×12+75+2×12 | 111.4 | 1.10 | 不燃烧体 |
| | 　2×15+100(其中8.0%厚岩棉)+15 | 145 | >1.50 | 不燃烧体 |
| 13 | 轻钢龙骨两面钉下列材料：<br>耐火纸面石膏板(mm)为：<br>　3×15+100(岩棉)+2×12 | 160 | >2.00 | 不燃烧体 |
| | 　3×15+100(80mm厚岩棉)+2×15 | 175 | 2.82 | 不燃烧体 |
| | 　3×15+100(50mm厚岩棉)+2×12 | 169 | 2.95 | 不燃烧体 |
| | 　9.5+3×12+100(空)+100(80mm厚岩棉)+2×12+9.5+12 | 291 | 3.00 | 不燃烧体 |
| | 　3×15+150(100mm厚岩棉)+3×15 | 240 | 4.00 | 不燃烧体 |
| | 水泥纤维复合硅酸钙板(埃特板)：<br>(1)水泥纤维复合板墙，其构造厚度(mm)为：<br>　20(水泥纤维板)+60(岩棉)+20(水泥纤维板) | — | 2.10 | 不燃烧体 |
| | 　4(水泥纤维板)+52(水泥聚苯乙烯粒)+4(水泥纤维板) | — | 1.20 | 不燃烧体 |
| | 　4(水泥纤维板)+92(岩棉)+4 | — | 2.00 | 不燃烧体 |
| | (2)单层双面夹矿棉埃特板墙 | 100 | 1.50 | 不燃烧体 |
| | | 90 | 1.00 | 不燃烧体 |
| | | 140 | 2.00 | 不燃烧体 |
| | 双层双面夹矿棉埃特板墙：<br>钢龙骨水泥刨花板隔墙，其构造厚度(mm)为：<br>　12+76(空)+12 | — | 0.45 | 难燃烧体 |
| | 钢龙骨石棉水泥板隔墙，其构造厚度(mm)为：<br>　12+75(空)+6 | — | 0.30 | 难燃烧体 |

| 序号 | 构件名称 | 结构厚度或截面最小尺寸(mm) | 耐火极限(h) | 燃烧性能 |
|---|---|---|---|---|
| 14 | 钢丝网架(复合)墙板： | | | |
| | (1)矿棉或聚苯乙烯夹芯板：<br>　25(强度等级32.5硅酸盐水泥，1:3水泥砂浆)+50(矿棉)+25(强度等级32.5硅酸盐水泥，1:3水泥砂浆) | 100 | 2.00 | 不燃烧体 |
| | 　25(强度等级32.5硅酸盐水泥，1:3水泥砂浆)+50(聚苯乙烯)+25(强度等级32.5硅酸盐水泥，1:3水泥砂浆) | 100 | 1.07 | 难燃烧体 |
| | (2)钢丝网塑夹芯板(内填自吸性聚苯乙烯泡沫) | 76 | 1.20 | 难燃烧体 |
| | (3)芯材为聚苯乙烯泡沫塑料，两侧为1:3水泥砂浆(强度等级32.5硅酸盐水泥砂浆抹灰，厚度23mm(泰柏板)<br>　23(1:3水泥砂浆)+54(聚苯乙烯泡沫塑料)+23(1:3水泥砂浆) | 100 | 1.30 | 难燃烧体 |
| | (4)钢丝网架石膏复合墙板：<br>　15(石膏板)+50(硅酸盐水泥)+50(岩棉)+50(硅酸盐水泥)+15(石膏板) | 180 | 4.00 | 不燃烧体 |
| | (5)钢丝网岩棉夹芯复合板(可做3层以下承重墙，4层以上框架结构填充墙) | 110 | 2.00 | 不燃烧体 |
| 15 | 彩色钢板复合板墙：<br>彩色钢板岩棉夹芯板 | — | 1.13 | 不燃烧体 |
| | 彩色钢板岩棉夹芯板 | — | 0.50 | 不燃烧体 |
| | 彩色镀锌钢板聚氨酯夹芯板 | — | 0.60 | 难燃烧体 |
| 16 | 增强石膏轻质内墙板：<br>增强石膏轻质内墙板(带孔) | 60 | 1.28 | 不燃烧体 |
| | | 90 | 2.50 | 不燃烧体 |
| 17 | 空心轻质隔墙板：<br>孔径38mm，表面为10mm水泥砂浆 | 100 | 2.00 | 不燃烧体 |
| | 62mm孔空心板拼装，两侧抹灰19mm，总厚度100mm，砂:碳:水泥比为5:1:1 | 100 | 2.00 | 不燃烧体 |
| 18 | 混凝土砌块墙体：<br>(1)轻集料小型空心砌块：<br>　330mm×14mm | — | 1.98 | 不燃烧体 |
| | 　330mm×19mm | — | 1.25 | 不燃烧体 |
| | (2)轻集料(陶粒)混凝土砌块：<br>　330mm×240mm | — | 2.92 | 不燃烧体 |
| | 　330mm×290mm | — | 4.00 | 不燃烧体 |
| | (3)轻集料小型空心砌块(实心墙体)：<br>　330mm×290mm | — | 4.00 | 不燃烧体 |
| | (4)普通混凝土承重空心砌块：<br>　330mm×14mm | — | 1.65 | 不燃烧体 |
| | 　330mm×19mm | — | 1.93 | 不燃烧体 |
| | 　330mm×290mm | — | 4.00 | 不燃烧体 |
| 19 | 纤维增强硅酸钙板轻质复合隔墙 | 50~100 | 2.00 | 不燃烧体 |
| 20 | 纤维增强水泥加压平板 | 50~100 | 2.00 | 不燃烧体 |
| 21 | (1)水泥聚苯乙烯粒子复合墙板(纤维复合) | 60 | 1.20 | 不燃烧体 |
| | (2)水泥纤维加压墙板 | 100 | 2.00 | 不燃烧体 |
| 22 | 玻璃纤维增强水泥空心内隔墙板(采用纤维水泥加轻质粗细骨料混合浇注，振动滚压成型) | 60 | 1.50 | 不燃烧体 |
| 三 | 柱 | | | |
| 1 | 钢筋混凝土柱 | 180×240 | 1.20 | 不燃烧体 |
| | | 200×200 | 1.40 | 不燃烧体 |
| | | 240×240 | 2.00 | 不燃烧体 |
| | | 300×300 | 3.00 | 不燃烧体 |
| | | 200×400 | 2.70 | 不燃烧体 |
| | | 200×500 | 3.00 | 不燃烧体 |
| | | 300×500 | 3.50 | 不燃烧体 |
| | | 370×370 | 5.00 | 不燃烧体 |
| 2 | 普通粘土砖柱 | 370×370 | 5.00 | 不燃烧体 |
| 3 | 钢筋混凝土圆柱 | 直径300 | 3.00 | 不燃烧体 |
| | | 直径450 | 4.00 | 不燃烧体 |

| 序号 | 构件名称 | 结构厚度或截面最小尺寸(mm) | 耐火极限(h) | 燃烧性能 |
|---|---|---|---|---|
| 4 | 无保护层的钢柱 | — | 0.25 | 不燃烧体 |
| 5 | 有保护层的钢柱: | | | |
| | (1)金属网抹 M5 砂浆保护,厚度(mm)为: | | | |
| | 　25 | — | 0.80 | 不燃烧体 |
| | (2)用加气混凝土做保护层,厚度(mm)为: | | | |
| | 　40 | — | 1.00 | 不燃烧体 |
| | 　50 | — | 1.40 | 不燃烧体 |
| | 　70 | — | 2.00 | 不燃烧体 |
| | 　80 | — | 2.33 | 不燃烧体 |
| | (3)用 C20 混凝土做保护层,厚度(mm)为: | | | |
| | 　25 | — | 0.80 | 不燃烧体 |
| | 　50 | — | 2.00 | 不燃烧体 |
| | 　100 | — | 2.85 | 不燃烧体 |
| | (4)用普通粘土砖做保护层,厚度(mm)为: | | | |
| | 　120 | — | 2.85 | 不燃烧体 |
| | (5)用陶粒混凝土做保护层,厚度(mm)为: | | | |
| | 　80 | — | 3.00 | 不燃烧体 |
| | (6)用薄涂型钢结构防火涂料做保护层,厚度(mm)为: | | | |
| | 　5.5 | — | 1.00 | 不燃烧体 |
| | 　7.0 | — | 1.50 | 不燃烧体 |
| | (7)用厚涂型钢结构防火涂料做保护层,厚度(mm)为: | | | |
| | 　15 | — | 1.00 | 不燃烧体 |
| | 　20 | — | 1.50 | 不燃烧体 |
| | 　30 | — | 2.0 | 不燃烧体 |
| | 　40 | — | 2.5 | 不燃烧体 |
| | 　50 | — | 3.0 | 不燃烧体 |
| 6 | 有保护层的钢管混凝土圆柱($\lambda \leqslant 60$): | | | |
| | 用金属网抹 M5 砂浆做保护层,其厚度(mm)为: | | | |
| | 　25 | D＝200 | 1.00 | 不燃烧体 |
| | 　35 | | 1.50 | 不燃烧体 |
| | 　45 | | 2.00 | 不燃烧体 |
| | 　60 | | 2.50 | 不燃烧体 |
| | 　70 | | 3.00 | 不燃烧体 |
| | 　20 | D＝600 | 1.00 | 不燃烧体 |
| | 　30 | | 1.50 | 不燃烧体 |
| | 　35 | | 2.00 | 不燃烧体 |
| | 　45 | | 2.50 | 不燃烧体 |
| | 　50 | | 3.00 | 不燃烧体 |
| | 　18 | D＝1000 | 1.00 | 不燃烧体 |
| | 　26 | | 1.50 | 不燃烧体 |
| | 　32 | | 2.00 | 不燃烧体 |
| | 　40 | | 2.50 | 不燃烧体 |
| | 　45 | | 3.00 | 不燃烧体 |
| | 　15 | D≥1400 | 1.00 | 不燃烧体 |
| | 　25 | | 1.50 | 不燃烧体 |
| | 　30 | | 2.00 | 不燃烧体 |
| | 　36 | | 2.50 | 不燃烧体 |
| | 　40 | | 3.00 | 不燃烧体 |
| | 用厚涂型钢结构防火涂料做保护层,其厚度(mm)为: | | | |
| | 　8 | D＝200 | 1.00 | 不燃烧体 |
| | 　10 | | 1.50 | 不燃烧体 |
| | 　14 | | 2.00 | 不燃烧体 |
| | 　16 | | 2.50 | 不燃烧体 |
| | 　20 | | 3.00 | 不燃烧体 |
| | 　7 | D＝600 | 1.00 | 不燃烧体 |
| | 　9 | | 1.50 | 不燃烧体 |
| | 　12 | | 2.00 | 不燃烧体 |
| | 　14 | | 2.50 | 不燃烧体 |
| | 　16 | | 3.00 | 不燃烧体 |

| 序号 | 构件名称 | 结构厚度或截面最小尺寸(mm) | 耐火极限(h) | 燃烧性能 |
|---|---|---|---|---|
| 6 | 　6 | D＝1000 | 1.00 | 不燃烧体 |
| | 　8 | | 1.50 | 不燃烧体 |
| | 　10 | | 2.00 | 不燃烧体 |
| | 　12 | | 2.50 | 不燃烧体 |
| | 　14 | | 3.00 | 不燃烧体 |
| | 　5 | D≥1400 | 1.00 | 不燃烧体 |
| | 　7 | | 1.50 | 不燃烧体 |
| | 　9 | | 2.00 | 不燃烧体 |
| | 　10 | | 2.50 | 不燃烧体 |
| | 　12 | | 3.00 | 不燃烧体 |
| 7 | 有保护层的钢管混凝土方柱、矩形柱($\lambda \leqslant 60$): | | | |
| | 用金属网抹 M5 砂浆做保护层,其厚度(mm)为: | | | |
| | 　40 | B＝200 | 1.00 | 不燃烧体 |
| | 　55 | | 1.50 | 不燃烧体 |
| | 　70 | | 2.00 | 不燃烧体 |
| | 　80 | | 2.50 | 不燃烧体 |
| | 　90 | | 3.00 | 不燃烧体 |
| | 　30 | B＝600 | 1.00 | 不燃烧体 |
| | 　40 | | 1.50 | 不燃烧体 |
| | 　55 | | 2.00 | 不燃烧体 |
| | 　65 | | 2.50 | 不燃烧体 |
| | 　70 | | 3.00 | 不燃烧体 |
| | 　25 | B＝1000 | 1.00 | 不燃烧体 |
| | 　35 | | 1.50 | 不燃烧体 |
| | 　45 | | 2.00 | 不燃烧体 |
| | 　55 | | 2.50 | 不燃烧体 |
| | 　65 | | 3.00 | 不燃烧体 |
| | 　20 | B≥1400 | 1.00 | 不燃烧体 |
| | 　30 | | 1.50 | 不燃烧体 |
| | 　40 | | 2.00 | 不燃烧体 |
| | 　45 | | 2.50 | 不燃烧体 |
| | 　55 | | 3.00 | 不燃烧体 |
| 7 | 用厚涂型钢结构防火涂料做保护层,其厚度(mm)为: | | | |
| | 　8 | B＝200 | 1.00 | 不燃烧体 |
| | 　10 | | 1.50 | 不燃烧体 |
| | 　14 | | 2.00 | 不燃烧体 |
| | 　18 | | 2.50 | 不燃烧体 |
| | 　25 | | 3.00 | 不燃烧体 |
| | 　6 | B＝600 | 1.00 | 不燃烧体 |
| | 　8 | | 1.50 | 不燃烧体 |
| | 　10 | | 2.00 | 不燃烧体 |
| | 　12 | | 2.50 | 不燃烧体 |
| | 　15 | | 3.00 | 不燃烧体 |
| | 　5 | B＝1000 | 1.00 | 不燃烧体 |
| | 　6 | | 1.50 | 不燃烧体 |
| | 　8 | | 2.00 | 不燃烧体 |
| | 　10 | | 2.50 | 不燃烧体 |
| | 　12 | | 3.00 | 不燃烧体 |
| | 　4 | B＝1400 | 1.00 | 不燃烧体 |
| | 　5 | | 1.50 | 不燃烧体 |
| | 　6 | | 2.00 | 不燃烧体 |
| | 　8 | | 2.50 | 不燃烧体 |
| | 　10 | | 3.00 | 不燃烧体 |
| 四 | 梁 | | | |
| | 简支的钢筋混凝土梁: | | | |
| | (1)非预应力钢筋,保护层厚度(mm)为: | | | |
| | 　10 | — | 1.20 | 不燃烧体 |
| | 　20 | — | 1.75 | 不燃烧体 |
| | 　25 | — | 2.00 | 不燃烧体 |
| | 　30 | — | 2.30 | 不燃烧体 |
| | 　40 | — | 2.90 | 不燃烧体 |
| | 　50 | — | 3.50 | 不燃烧体 |
| | (2)预应力钢筋或高强度钢丝,保护层厚度(mm)为: | | | |
| | 　25 | — | 1.00 | 不燃烧体 |
| | 　30 | — | 1.20 | 不燃烧体 |
| | 　40 | — | 1.50 | 不燃烧体 |
| | 　50 | — | 2.00 | 不燃烧体 |
| | (3)有保护层的钢梁,保护层厚度(mm)为: | | | |
| | 用 LG 防火隔热涂料,保护层厚度 15 | — | 1.50 | 不燃烧体 |
| | 用 LY 防火隔热涂料,保护层厚度 20 | — | 2.30 | 不燃烧体 |

| 序号 | 构件名称 | 结构厚度或截面最小尺寸(mm) | 耐火极限(h) | 燃烧性能 |
|---|---|---|---|---|
| 五 | **楼板和屋顶承重构件** | | | |
| 1 | 非预应力简支钢筋混凝土圆孔空心楼板,保护层厚度(mm)为: | | | |
| | 10 | — | 0.90 | 不燃烧体 |
| | 20 | — | 1.25 | 不燃烧体 |
| | 30 | — | 1.50 | 不燃烧体 |
| 2 | 预应力简支钢筋混凝土圆孔空心楼板,保护层厚度(mm)为: | | | |
| | 10 | — | 0.40 | 不燃烧体 |
| | 20 | — | 0.70 | 不燃烧体 |
| | 30 | — | 0.85 | 不燃烧体 |
| 3 | 四边简支的钢筋混凝土楼板,保护层厚度(mm)为: | | | |
| | 10 | 70 | 1.40 | 不燃烧体 |
| | 15 | 80 | 1.45 | 不燃烧体 |
| | 20 | 80 | 1.50 | 不燃烧体 |
| | 30 | 90 | 1.85 | 不燃烧体 |
| 4 | 现浇的整体式梁板,保护层厚度(mm)为: | | | |
| | 10 | 80 | 1.40 | 不燃烧体 |
| | 15 | 80 | 1.45 | 不燃烧体 |
| | 20 | 80 | 1.50 | 不燃烧体 |
| | 10 | 90 | 1.75 | 不燃烧体 |
| | 20 | 90 | 1.85 | 不燃烧体 |
| | 10 | 100 | 2.00 | 不燃烧体 |
| | 15 | 100 | 2.00 | 不燃烧体 |
| | 20 | 100 | 2.10 | 不燃烧体 |
| | 30 | 100 | 2.15 | 不燃烧体 |
| | 20 | 110 | 2.25 | 不燃烧体 |
| | 15 | 110 | 2.30 | 不燃烧体 |
| | 20 | 110 | 2.30 | 不燃烧体 |
| | 30 | 110 | 2.40 | 不燃烧体 |
| | 10 | 120 | 2.50 | 不燃烧体 |
| | 20 | 120 | 2.65 | 不燃烧体 |
| 5 | 钢梁、钢屋架: | | | |
| | (1)无保护层的钢梁、钢屋架 | — | 0.25 | 不燃烧体 |
| | (2)钢丝网抹灰粉刷的钢梁,保护层厚度(mm)为: | | | |
| | 10 | — | 0.50 | 不燃烧体 |
| | 20 | — | 1.00 | 不燃烧体 |
| | 30 | — | 1.25 | 不燃烧体 |
| 6 | 屋面板: | | | |
| | (1)钢筋加气混凝土屋面板,保护层厚度10mm | | 1.25 | 不燃烧体 |
| | (2)钢筋充气混凝土屋面板,保护层厚度10mm | | 1.60 | 不燃烧体 |
| | (3)钢筋混凝土方孔屋面板,保护层厚度10mm | | 1.20 | 不燃烧体 |
| | (4)预应力钢筋混凝土槽形屋面板,保护层厚度10mm | | 0.50 | 不燃烧体 |
| | (5)预应力钢筋混凝土槽瓦,保护层厚度10mm | | 0.50 | 不燃烧体 |
| | (6)轻质纤维石膏板屋面板 | | 0.60 | 不燃烧体 |
| 六 | **吊顶** | | | |
| 1 | 木吊顶搁栅: | | | |
| | (1)钢丝网抹灰(厚15mm) | | 0.25 | 难燃烧体 |
| | (2)板条抹灰(厚15mm) | | 0.25 | 难燃烧体 |
| | (3)钢丝网抹灰(1:4水泥石膏浆,厚20mm) | | 0.50 | 难燃烧体 |
| | (4)板条抹灰(1:4水泥石棉浆,厚20mm) | | 0.50 | 难燃烧体 |
| | (5)钉氧化镁锯末复合板(厚13mm) | | 0.25 | 难燃烧体 |
| | (6)钉石膏装饰板(厚10mm) | | 0.25 | 难燃烧体 |
| | (7)钉平面石膏板(厚9.5mm) | | 0.25 | 难燃烧体 |
| | (8)钉双层石膏板(各厚8mm) | | 0.45 | 难燃烧体 |
| | (9)钉珍珠岩复合石膏板(穿孔板和吸音板各厚15mm) | | 0.30 | 难燃烧体 |
| | (11)钉矿棉吸音板 | | 0.15 | 难燃烧体 |
| | (12)钉硬质木屑板(厚10mm) | | 0.20 | 难燃烧体 |

| 序号 | 构件名称 | 结构厚度或截面最小尺寸(mm) | 耐火极限(h) | 燃烧性能 |
|---|---|---|---|---|
| 2 | 钢吊顶搁栅: | | | |
| | (1)钢丝网(板)抹灰(厚15mm) | — | 0.25 | 不燃烧体 |
| | (2)钉石棉板(厚10mm) | — | 0.85 | 不燃烧体 |
| | (3)钉双层石膏板(厚10mm) | — | 0.30 | 不燃烧体 |
| | (4)挂石棉型硅酸钙板(厚10mm) | — | 0.30 | 不燃烧体 |
| | (5)挂薄钢板(内填陶瓷棉复合板),其构造厚度(mm)为: | | | |
| | 0.5+39(陶瓷棉)+0.5 | — | 0.40 | 不燃烧体 |
| 七 | **防火门** | | | |
| 1 | 全木质防火门(优质木材): | | | |
| | 乙级 | 50 | 0.90 | 燃烧体 |
| | 甲级 | 55 | 1.20 | 燃烧体 |
| 2 | 经阻燃处理的全木质防火门: | | | |
| | 丙级 | 50 | 0.60 | 难燃烧体 |
| | 乙级 | 50 | 0.90 | 难燃烧体 |
| | 甲级 | 50 | 1.20 | 难燃烧体 |
| 3 | 木质单扇(双扇)带玻璃带上亮防火门: | | | |
| | 乙级 | 50 | 0.90 | 难燃烧体 |
| | 甲级 | 55 | 1.20 | 难燃烧体 |
| 4 | 木板或胶合板内填充不燃烧材料的防火门: | | | |
| | (1)门扇内填充岩棉 | 45 | 0.60 | 难燃烧体 |
| | (2)门扇内填充硅酸铝纤维: | | | |
| | 丙级 | 45 | 0.60 | 难燃烧体 |
| | 乙级 | 50 | 0.90 | 难燃烧体 |
| | 甲级 | 50 | 1.20 | 难燃烧体 |
| | (3)门扇内填充矿棉板: | | | |
| | 乙级 | 50 | 0.90 | 难燃烧体 |
| | 甲级 | 50 | 1.20 | 难燃烧体 |
| | (4)门扇内填充无机轻体板: | | | |
| | 乙级 | 50 | 0.90 | 难燃烧体 |
| | 甲级 | 50 | 1.20 | 难燃烧体 |
| 5 | 钢质防火门: | | | |
| | (1)钢门框、门扇为薄型钢骨架、内填充矿棉或硅酸铝纤维外包薄钢板 | 45 | 0.60 | 不燃烧体 |
| | | 50 | 0.90 | 不燃烧体 |
| | | 50 | 1.20 | 不燃烧体 |
| | (2)钢型门框、门扇为薄型钢骨架外包薄钢板 | 60 | 0.60 | 不燃烧体 |
| | (3)钢门框、门扇带玻璃或带上亮(其他同上): | | | |
| | 丙级 | 45 | 0.60 | 不燃烧体 |
| | 乙级 | 50 | 0.90 | 不燃烧体 |
| | 甲级 | 50 | 1.20 | 不燃烧体 |
| 6 | 无机复合防火门(门扇为无机材料合成): | | | |
| | 丙级 | 50 | 0.60 | 不燃烧体 |
| | 乙级 | 50 | 0.90 | 不燃烧体 |
| | 甲级 | 50 | 1.20 | 不燃烧体 |
| 八 | **防火卷帘** | | | |
| | (1)钢质普通型(单层)防火卷帘(帘板为单层) | — | 1.50~3.00 | 不燃烧体 |
| | (2)钢质复合型(双层)防火卷帘(帘板为双层) | — | 2.00~4.00 | 不燃烧体 |
| | (3)无机复合防火卷帘(采用多种无机材料复合而成) | — | 3.00~4.00 | 不燃烧体 |
| | 无机复合轻质防火卷帘(双层,不需水幕保护) | — | 4.00 | 不燃烧体 |
| 九 | **防火窗** | | | |
| | (1)钢质平开防火窗(由1.5mm型材压制而成,防火窗框、扇均内填充硅酸铝纤维,窗扇装防火玻璃) | | 0.90 | 不燃烧体 |
| | | | 1.20 | 不燃烧体 |
| | (2)单层或双层钢质平开防火窗(用角铁加固或铁铆钉牢的铅丝玻璃) | | 0.90 | 不燃烧体 |
| | | | 1.20 | 不燃烧体 |

注:1 $\lambda$ 为钢管混凝土构件长细比,对于圆钢管混凝土,$\lambda=4L/D$;对方形、矩形钢管混凝土,$\lambda=2\sqrt{3}L/B$;$L$ 为构件的计算长度。

2 对于矩形钢管混凝土柱,$B$ 为截面短边边长。

3 钢管混凝土柱的耐火极限为福州大学土木建筑工程学院提供的理论计算值,未经逐个试验验证。

4 确定墙的耐火极限不考虑墙上有无洞孔。

5 墙的总厚度包括抹灰粉刷层在内。

6 中间尺寸的构件,其耐火极限建议经试验确定,亦可按插入法计算。

7 计算保护层时,应包括抹灰粉刷层在内。

8 现浇的无梁楼板按简支板的数据采用。

9 人孔盖板的耐火极限可参照防火门确定。

**3.2.2** 本条是对本规范第3.2.1条表3.2.1的补充要求。

甲、乙类厂房和甲、乙、丙类仓库，一旦发生火灾，其燃烧时间较长，燃烧过程中所释放的热量也大，因而其防火分区除应采用防火墙进行分隔外，防火墙的耐火极限还要求保持不低于4.00h。

**3.2.3** 考虑到单层厂房（仓库）有利于人员安全疏散和火灾扑救的实际情况，并与本规范第3.2.1条的有关规定一致，规定一、二级耐火等级的单层厂房（仓库）柱的耐火极限可以降低0.50h。

**3.2.4** 丁、戊类厂房（仓库）的火灾危险性较小，但往往要求较大的作业面积。无保护层的金属柱、梁等在该类工业建筑中应用十分广泛。钢结构在高温条件下存在强度降低和蠕变现象。对建筑用钢而言，在260℃以下强度不变，260～280℃开始下降，达到400℃时屈服现象消失，强度明显降低，达到450～500℃时，钢材内部再结晶使强度急速下降，进而迅速失去承载力。蠕变在较低温度时也会发生，但温度越高蠕变越明显。由于甲、乙、丙类液体燃烧速度快、热量大、温度高，又不宜用水扑救，对无保护的金属柱和梁威胁较大，因此，有必要对使用和储存甲、乙、丙类液体或可燃气体的厂房（仓库）有所限制。

对于火灾危险性较低的场所也应考虑局部高温或火焰对建筑金属构件的影响，而应采取必要的保护措施。由于钢结构防火涂料目前所存在的固有缺陷，对于金属结构的防火隔热保护，应首先考虑采用砖石、砂浆、防火板等无机耐火材料包覆的方式。

在防火设计中采用的可减少火灾危害的有效途径主要有：提高建筑物的不燃化程度、改进工艺、提高工艺防火能力，或者提高建筑物的耐火能力，对建筑进行防火分隔，以控制火灾并进行扑救等，力求不失火、少失火或失火时能将火扑灭在初期阶段。自动灭火系统主要用于扑救建筑物内的初期火灾。经过多年的研究、使用和规范管理等多方面努力，自动喷水灭火系统等自动灭火系统的种类不断增多，系统的可靠性得到了很大改善，其控火、灭火成功率也有很大提高。因此，对于二级耐火等级的单层丁类厂房，当厂房内全部设有自动喷水灭火系统时，其梁、柱可以采用无防火保护的金属结构，而其他构件的耐火性能仍应满足规范的相关规定。

执行时，应注意本条主要针对钢结构建筑而言，对于有条件达到同级耐火等级建筑构件的耐火极限时，应尽量满足本规范第3.2.1条的规定。

**3.2.5** 本条规定了非承重外墙采用不同燃烧性能材料时的要求。

**1** 近10多年来，我国已建造了大量钢结构建筑，这些建筑以单层厂房和大空间、大跨度公共建筑为主。其承重构件大都采用钢制或钢筋混凝土梁柱、钢制屋顶承重构件，而非承重的外围护构件和屋面则采用铝板、其他金属板或彩板、钢面夹芯板、砂浆面钢丝夹芯墙体等或其他复合墙体或屋面。由于这种结构具有投资较省、施工期限短的优点，在国内仍有较大需求。为了适应这一新形势发展的需要，故提出了相应的规定。

但据调查，在这些围护结构中，由于所用生产工艺或施工方法不同，其防火性能存在较大差异。因此，本条对这些围护构件的使用范围和燃烧性能进行了必要的限制。同时，由于这些建筑的围护构件主要起保温隔热和防风雨的作用，因此在建筑层数较低或火灾荷载和火灾危险性较小时，其耐火极限不做要求，以利这些材料的应用。

**2** 试验和火灾实例都证明，金属板的耐火极限低，约为15min左右，外包铁皮的难燃烧体，耐火极限为0.50～0.60h，金属面夹芯板的耐火极限为10min左右。这类材料在国内外的厂房（仓库）中应用广泛，如果一律要求按规范表3.2.1的规定达到0.50h的耐火极限，是不合适的。因此，本条根据实际使用情况和国外有关标准的规定作了适当调整。

**3.2.6** 本条规定了二级耐火等级建筑中房间隔墙采用难燃烧体时的耐火极限。

近10年，国外发展了大量新型建筑材料，且已用于各类建筑中。我国建筑材料的研究和开发也取得了巨大的成就，大批新型建筑材料在各类建筑中得到使用。国家还于2001年专门出台了有关政策鼓励和积极发展新型节能环保型建材。为规范这些材料的使用，同时又满足人员疏散与火灾扑救的需要，本着燃烧性能与耐火极限协调平衡的原则，在降低其燃烧性能的同时适当提高其耐火极限，比照本规范其他要求，作了此规定。一级耐火等级的建筑，多为性质重要或火灾危险性较大或为了满足其他某些要求（如防火分区建筑面积）的建筑，因此，本条仅对二级耐火等级的建筑的房间隔墙作出了规定。

由于这些建筑材料多为有机化学建材，不仅很难满足不燃的要求，而且燃烧性能差异也较大。有的按照一定工艺和要求做成某种建筑构件以后，其燃烧性能将会有所提高，且耐火性能也较好，能达到难燃材料的要求，有的甚至能够达到《建筑材料燃烧性能分级方法》GB 8624中规定的复合A级要求。但复合A级材料在施工时，其预制方法和现场安装施工等对其燃烧性能都有较大影响，而且在火灾中受火时间和温度作用的环境复杂，其完整性及产烟情况还有待进一步研究。严格地说，这种复合A级材料不能在建筑中的重要部位和构件中作为不燃材料使用。

**3.2.7** 本条规定了预应力和预制钢筋混凝土楼板的耐火极限。

根据本规范第3.2.1条的规定，二级耐火等级建筑的楼板应为耐火极限不低于1.00h的不燃烧体。但试验证明，预应力楼板的耐火极限达不到1.00h。预应力楼板的耐火极限与楼板的保护层厚度有关，在常用的保护层厚度下耐火极限均在0.80h以下。

预应力构件包括楼板等，由于节省材料，经济意义较大，一直被广泛用于各种建筑物中。为了顾及其使用需要，又考虑建筑的防火安全，本规范规定在一般火灾危险性条件下可降低到0.75h。但对于可燃物较多或燃烧猛烈的场所，如甲、乙类仓库和储存数量较多的丙类仓库等，其楼板的耐火极限则不能降低。

**3.2.8** 本条规定了屋面板和屋顶承重构件的耐火极限。

对于建筑物的上人屋面板，考虑到火灾发生后，它可作为临时的避难场所，是安全疏散场所之一。为与第3.2.1条的规定一致，对于一、二级耐火等级的建筑物的上人屋面，其耐火极限应与相应耐火等级建筑的楼板的耐火极限一致。如果屋面板为屋顶非承重结构时，则其承重构件的耐火极限不能低于本规范对屋面板的要求。

根据第3.2.1条的规定，二级耐火等级的屋顶承重构件，其耐火极限如一律要求达到1.00h，就必须采用钢筋混凝土屋架或采取防火保护措施的钢屋架。但在实际执行中，钢屋架进行防火处理有时不仅比较困难，且有些措施实际效果往往较差，如喷涂防火涂料。因此，允许采用无防火保护的金属构件，但为保证钢屋架的安全使用，如果有甲、乙、丙类液体或可燃气体火焰能烧到的部位，要采取防火保护措施。根据实际使用情况，防火保护措施应尽量采用外包覆不燃材料，采用外包覆不燃材料有困难时可考虑喷涂防火材料等进行防火隔热保护。

本条所指屋顶承重构件是指用于支承屋面荷载的主结构构件，如组成屋顶网架、网壳、桁架的构件及屋面梁、支撑以及同时起屋面结构系统支撑作用的檩条。

**3.2.9** 本条规定了屋面材料的燃烧性能要求。

由于三、四级耐火等级建筑的屋顶承重构件可采用难燃烧体或燃烧体，因此，本条只规定了一、二级耐火等级建筑的屋面板应采用不燃烧体，即钢筋混凝土屋面板或其他不燃烧屋面板。考虑到现有防水处理和绝热措施，允许在这种屋面上铺设油毡等可燃防水层或采用可燃保温绝热材料。

对于层数较少或火灾危险性较小、火灾荷载较少的大跨度建筑物，目前在国外特别是在西欧和北欧地区大多采用金属板或金属板夹芯板构筑其屋面。这种屋面施工简单、周期短，便于机械化施工，有些保温性能较好，受到业主的欢迎，但除金属屋顶承重构件外无实体的屋面结构层。在设计和使用这些板材时，应注意控制其燃烧性能。

**3.2.11** 本条规定了钢筋混凝土预制构件节点部位的防火保护要求。

现代建筑中大量采用装配式钢筋混凝土结构，而这种结构形式在构件的节点缝隙和明露钢支承构件部位一般是构件的防火薄弱环节，要求采取防火保护措施，使其耐火极限不低于本规范第3.2.1条表3.2.1中相应构件的规定。

### 3.3 厂房（仓库）的耐火等级、层数、面积和平面布置

**3.3.1** 本条对不同火灾危险性、不同耐火等级厂房的建筑层数、防火分区面积等作了规定。

根据不同的生产火灾危险性类别，正确选择厂房的耐火等级，合理确定厂房的层数和建筑面积，是防止火灾发生和蔓延扩大、减少火灾损失的有效措施之一。按生产的不同火灾危险性，对容易失火、蔓延快、扑救困难的厂房提出较高的耐火等级和建筑层数、建筑面积要求是必要的。

本条规定甲、乙类厂房要求采用一、二级耐火等级的建筑，而丙类厂房的最低耐火等级可为三级，丁、戊类厂房可为四级，高层厂房则要求采用一、二级耐火等级的建筑。

**1 厂房高度。**

单层厂房有的高度虽然超过24m，如机械工厂的装配厂房、钢铁厂的炼钢厂房等，但厂房空间大，耐火等级又多为一、二级，设计时仍可按单层厂房对待。另外，还有些工业如冶金、造纸、建材等行业厂房的局部部位，如炼钢厂的熔炉部位、轧钢厂的酸洗部位、玻璃生产厂的熔炉部位等，其建筑高度均可能超过24m，仍可按单层厂房确定其防火设计要求。

**2 建筑层数和建筑面积。**

厂房的防火设计应考虑安全与节约、合理利用资源的关系，合理确定其建筑面积与层数。

为适应生产发展需要建设大面积厂房和一定的连续生产线工艺时，防火分区有时采用防火墙分隔比较困难，因而对一、二级耐火等级除甲类厂房外的单层厂房也可采用防火水幕带，或防火卷帘和水幕等作为防火分区间的分隔物，有关要求参见本规范第7章的规定。

1）甲类生产属易燃易爆，容易发生火灾事故，且火势蔓延快，疏散和抢救物资困难，如层数多则更难扑救。因此，本条规定甲类厂房除因生产工艺需要外，宜采用单层建筑。如单层建筑可以满足生产工艺要求，就不应建多层建筑。但有的生产工厂，如染料厂、生物制药及其原料厂的某些产品生产需要建多层者，可在做好防火分隔和抗爆泄压措施的条件下，根据实际情况适当调整。少数因工艺生产需要，确实采用高层建筑者，必须通过必要的程序进行充分论证。

乙类生产性质与甲类生产基本相似，但导致火灾危险的条件较甲类稍高，故其面积也较甲类大些。

2）丙类厂房生产或使用可燃物多，发生火灾较难控制，特别是劳动密集型或生产人员集中的生产车间，更易导致群死群伤严重特大火灾事故。但在实际生产中，丙类生产的类别、种类非常多，各种生产要求不一，有的相差还较大。因此，为满足生产需要，根据调查确定了有关防火分区的最大允许建筑面积。

3）丁、戊类厂房虽然火灾危险性较小，但三、四级耐火等级的厂房发生火灾事故仍然存在。其火灾主要因建筑本身存在的可燃材料引起。故有必要规定三、四级耐火等级的丁、戊类厂房的防火分区的建筑面积。

4）高层厂房的防火分区最大允许建筑面积。

高层厂房生产以电子、服装、手表为主，其消防与疏散有以下特点：

①高层厂房内职工工作岗位比较固定，熟悉厂房内的疏散路线、消防设施和厂房周围环境，可以组织义务消防队，便于消防

管理；

②厂房外形比较规整，厂房内可燃装修、管道竖井比民用建筑少，但用电设备比民用建筑多；

③厂房的楼板设计荷载多数为1000～1500kg/m²，楼板的实际耐火极限较高；

④高层厂房的生产类别多样，有乙、丙、丁、戊四类，目前大多为丙、丁、戊类；

⑤由于生产工艺需要，厂房内的房间隔断比民用建筑少，层高比民用建筑高。因而每个房间的空间体积比民用建筑大，较易发现火情和疏散与扑救，但火势蔓延较快。

因此，高层厂房防火一般比民用建筑有利。在确定防火分区最大允许建筑面积时既要考虑防火安全，扑救灾火的要求，又要顾及生产实际需要以及节省消防投资，不能和民用建筑同等对待（一类高层民用建筑的防火分区最大允许建筑面积为1000m²，二类为1500m²），而应按照生产类别分别作出规定。在本规范中，参考了国内已有高层厂房的情况，确定了丙类高层厂房的防火分区面积：一级耐火等级建筑为3000m²；二级耐火等级建筑为2000m²。据此综合确定其他生产类别厂房的防火分区最大允许建筑面积。

5）地下、半地下空间采光差，其出入口的楼梯既是疏散口又是排烟口，同时还是消防救援人员的入口，不仅造成疏散和扑救困难，而且威胁地上厂房的安全。本规范规定甲、乙类厂房不应设在地下、半地下，对丙、丁、戊类厂房设在地下时的防火分区最大允许建筑面积也要严格些；丙类，限定为500m²；丁、戊类，限定为1000m²。

6）本条对丙类厂房的防火分区面积作出了规定，但鉴于有些行业生产上需要建大面积的联合厂房，工艺上又不宜设防火分隔，有的虽同划为丙类厂房，而火灾危险性大小也不尽相同等情况。为此，注2、3、5对纺织厂房（麻纺厂除外）、造纸生产联合厂房、卷烟生产联合厂房专门作了明确和调整，同时加强消防设施和强调功能分隔以平衡该场所的防火分区要求。

①注2虽对一级耐火等级的多层及二级耐火等级的单层、多层纺织厂房的防火分区最大允许建筑面积作了调整，但对纺织厂房内火灾危险性较大的原棉开包、清花车间均应用防火墙分隔。

②造纸生产联合厂房为多层建筑，一般由打浆、抄纸、完成三个工段组成，其中火灾危险性属于丙类的占1/3～1/2。由于各种管道、运输设备及人流来往密切，并设有连贯三个工段的桥式吊车，难以设置防火分隔设施。几个已建成的造纸联合厂房，其面积为6880～8350m²。注3虽对一、二级耐火等级的单层、多层造纸生产联合厂房的防火分区最大允许建筑面积可按本规范第3.3.1条表3.3.1的规定增加1.5倍，即二级耐火等级的多层造纸厂房由4000m²增加到10000m²。但近年来，随着制浆造纸厂生产规模的扩大，建设了许多大型湿式造纸联合厂房，生产规模由原来3万吨/年增加到15万～100万吨/年，厂房面积由10000m²增加到20000～50000m²，且在生产过程中的危险工段及生产控制与管理空间设置了自动灭火设施，生产过程采用计算机控制。对于此类厂房，其防火分区面积在危险工段和空间做好防火灭火设施的情况下可以根据工艺要求进行确定。对于传统的干式造纸厂房，其火灾风险较大，不能按此调整，而仍应按照本规范表3.3.1的规定执行。

③国家近10年对卷烟生产企业进行了较大规模的技术改造，从政策上限制一些较小规模卷烟企业的发展，而加强大中型卷烟厂的建设，建成了大批自动化程度较高的大中型卷烟联合厂房。在国家有关主管部门的支持下，经组织专家论证后，进一步明确了此类厂房的防火设计要求。

**3.3.2** 本条根据不同的储存物品火灾危险性类别，为合理选择仓库的耐火等级，分别对仓库的层数和建筑面积作出了规定。

**1** 仓库物资储存比较集中，而且目前有许多仓库超量储存现象严重。另外，原有的老仓库的耐火等级大多较低，三级的较多，

四级和四级以下的仓库也占一定比例。火灾后的物资抢救和灭火难度大，如粮食、棉花、纺织品等的火灾，常造成严重损失。

**2** 确定仓库的耐火等级层数和面积，考虑了以下因素：

1）仓库的耐火等级、层数和面积均要求比厂房和民用建筑的高。主要考虑仓库储存物资集中，价值高，危险性大，灭火和物资抢救困难等。

执行中应注意，本条规定中仓库的面积为仓库的占地面积，非仓库的总建筑面积，而仓库内的防火分区是强调防火墙之间的建筑面积，即仓库内的防火分区必须是采用防火墙分隔。

2）甲、乙类物品起火后，燃速快，火势猛烈，其中有不少物品还会发生爆炸。甲、乙类仓库的火灾、爆炸危险性高、危害大。因此，甲类仓库的耐火等级不应低于二级，且应为单层。这样做有利于控制火势蔓延，便于扑救，减少火灾灾害。

3）根据对国内现有情况的调查分析，各地甲、乙、丙类仓库有关耐火等级、层数、面积的情况分别举例如表9和表10。

4）据调查，不少地早已建成一些高层仓库，如冷库、商业仓库、外贸仓库等，层数一般为6～7层，高度25～27m，也有40m高的；每层建筑面积一般在1500～2500m²之间，有的达2800m²。由于高层仓库储存物品量比较大，相对集中、价值高，且疏散扑救困难，故隔要求比多层严些。

高层与多层仓库的划分界限和理由，参见高层厂房的说明。

**表9　甲、乙类仓库**

| 储存物品名称 | 每栋仓库总面积（m²） | 防火分区面积（m²） |
|---|---|---|
| 甲醇、乙醚等液体 | 120 | 120 |
| 甲苯、丙酮等液体 | 240 | 120 |
| 亚硫酸铁等 | 16 | 16 |
| 乙醚等醚类 | 44 | 44 |
| 金属钾、钠等 | 50 | 50 |
| 火柴等 | 820 | 410 |

**表10　丙类仓库**

| 储存物品名称 | 耐火等级 | 层数 | 每栋仓库总面积（m²） | 防火分区面积（m²） | 备注 |
|---|---|---|---|---|---|
| 纺织品、针织品 | 一、二级 | 4 | 1980 | 890 | |
| 纺织品、针织品 | 一、二级 | 3 | 3370 | 756～1260 | 用防火墙分隔 |
| 日用百货 | 一、二级 | 1 | 1440 | 720 | |
| 植物油 | 一、二级 | 2 | 1240 | 620 | 桶装植物油 |
| 化纤、棉布等 | 一、二级 | 5 | 1020 | 1020 | |
| 糖、色酒 | 一、二级 | 1 | 980 | 980 | 低浓度色酒 |
| 棉花 | 三级 | 1 | 750 | 750 | |
| 香烟 | 三级 | 1 | 780 | 780 | |
| 棉花 | 三级 | 1 | 1200 | 600 | 中转仓库 |
| 棉花 | 三级 | 1 | 1000 | 500 | |
| 棉花 | 三级 | 1 | 1000 | 1000 | |
| 纸张 | 三级 | 1 | 1000 | 1000 | |
| 毛织品 | 二级 | 2 | 1000 | 1000 | |

5）对于硝酸铵、电石、尿素聚乙烯、配煤库等以及车站、码头、机场的中转仓库具有机械化装卸程度比较高、容量大以及后者周转快等特点，考虑到管理相对规范等情况，作了一定调整。

6）设置在地下、半地下的仓库，火灾时室内气温高，烟气浓度比较高和热分解产成成分复杂、毒性大，而且威胁上部仓库的安全，要求相对严些。本条规定甲、乙类仓库不准附设在建筑物的地下室和半地下室内，对于单独建设的甲、乙类仓库，甲、乙类物品也不应设在该建筑的地下、半地下。对于确需设置在地下时，本规范未作明确规定，而需要根据实际情况，充分考虑相关措施后确定。在仓库的耐火等级为一、二级的情况下，丙类1项、2项仓库的防火分区最大允许建筑面积分别限制在150m²、300m²；丁、戊类，分别限制在500m²、1000m²。

7）注5：根据国家建设粮食储备库的需要以及粮食仓库的火灾发生几率确实很小这一实际情况，经过国家有关部门多次协商，对粮食平房仓的最大允许占地面积和防火分区的最大允许建筑面

积及建筑的耐火等级确定均作了一定扩大。需要注意的是，本规定只适用于国家粮食储备库，对于粮食中转库以及袋装粮库由于操作频繁、可燃因素较多、危险性较大等，仍应按规范第3.3.2条表3.3.2的规定执行。

8）注6：本注主要为与现行国家标准《冷库设计规范》GB 50072的有关规范协调一致，以利执行而提出的。《冷库设计规范》GB 50072规定的每座冷库占地面积如表11。

**表11　冷库最大占地面积（m²）**

| 冷库的耐火等级 | 最多允许层数 | 单层 | | 多层 | |
|---|---|---|---|---|---|
| | | 每座仓库面积 | 防火分区面积 | 每座仓库面积 | 防火分区面积 |
| 一、二级 | 不限 | 7000 | 3500 | 4000 | 2000 |
| 三级 | 3 | 2100 | 700 | 1200 | 400 |

9）注7：白酒类仓库火灾证明，1层、2层建筑较好，3层建筑次之，层数多的危害相对就大了。但近几年，有些白酒仓库在设有自动灭火系统后，其层数也有4层或5层的，故对层数作了适当限制。

**3.3.3** 本条规定了厂房（仓库）内设置自动灭火系统后，其防火分区的建筑面积及仓库的占地面积的调整要求。

在防火分区内设有自动灭火系统时，能及时控制和扑灭初期火灾，有效地控制火势蔓延，使厂房（仓库）的消防安全度大为提高。自动灭火系统为世界上许多国家广泛应用，也为国内一些实践所证实。故本条为平衡主动防火与被动防火措施之间的利益而规定：设有自动灭火系统的厂房，每个防火分区的建筑面积可以增加，甲、乙、丙类厂房比本规范第3.3.1条及表3.3.1规定的面积增加1.0倍，纺织厂房可在本规范第3.3.1条表3.3.1注2的基础上再增加1.0倍，丁、戊类厂房不限。如局部设置，增加的面积只能按该局部面积的1.0倍计算。

对于仓库，由于储存物资较多，且在实际使用过程中因堆放、材料种类等复杂因素，因而需要设置自动灭火系统时，一般均应全部设置。

**3.3.4** 本条规定的"特殊贵重的设备或物品"主要指：

**1** 设备价格昂贵、火灾损失大。

**2** 影响工厂或地区生产全局或影响城市生命线供给的关键设施，如热电厂、燃气供给站、水厂、发电厂、化工厂等的主控室，失火后影响大、损失大，修复时间长，也应认为是"特殊贵重"的设备。

**3** 特殊贵重物品库（如货币、金银、邮票、重要文物、资料、档案库以及价值较高的其他物品库等）是消防保卫的重点部位。因此，要求这类仓库应是一级耐火等级建筑。

总之，"特殊贵重的设备或物品"是指价格昂贵、稀缺设备、物品或影响生产全局或正常生活秩序的重要设施、设备。

**3.3.5** 本条对一些火灾危险性大或发生火灾后易造成较大危害和损失，但建筑面积较小的建筑的耐火等级作了调整。

有些小型企业由于受投资或建筑材料的限制，在发生火灾事故后造成的损失不大，且不至于波及周围的企业、居民建筑的条件下，允许建筑面积小于等于300m²的甲、乙类厂房采用独立的三级耐火等级单层建筑。

**3.3.6** 使用或产生丙类液体的厂房，丁类生产中如炼钢炉出钢水喷发出钢火花，从加热炉内取出赤热钢件进行锻打，在热处理油池中钢件淬火，使油池内油温升高，都容易发生火灾。三级耐火等级建筑的屋顶承重构件如为木构件或钢构件难以承受经常的高温烘烤。这些厂房虽属丙、丁类生产，也应严格要求设在一、二级建筑内。只有丙类面积不超过500m²，丁类不超过1000m²的小厂房，当为独立建筑或与其他生产部位有防火分隔时，方可采用三级耐火等级的单层建筑。

**3.3.7** 本条规定的目的在于减少爆炸的危害。

**1** 有关说明参见第3.3.1条和第3.3.2条说明。

**2** 许多火灾爆炸实例说明，有爆炸危险的甲、乙类物品，一旦发生爆炸，其威力相当大，破坏性很大。

3.3.8 "三合一"建筑在我国曾造成过多起重特大火灾事故,教训深刻。为保证人身安全,要求有爆炸危险的厂房内不应设置休息室、办公室等,必须设置时应采用防爆防护墙分隔。有爆炸危险的甲、乙类生产产生爆炸事故时,其冲击波有很大的摧毁力,用普通的砖墙很难抗御,即使原来墙体耐火极限再高,也会因墙体破坏失去性能,故提出要采用有一定抗爆强度的防爆防护墙。

防爆防护墙为在墙体任意一侧受到爆炸冲击波作用并达到设计的压力作用时,能够保持设计所要求的防护性能的墙体。防爆防护墙的通常做法有几种:①钢筋混凝土墙;②砖墙配筋;③夹砂钢木板。有爆炸危险的厂房若发生爆炸,在泄压墙面或其他泄压设施还未来得及泄压以前,在数毫秒内,其他各墙已承受了内部压力。防爆防护墙的具体设计,应根据生产部位可能产生的爆炸超压值、泄压面积大小、爆炸的概率与建造成本等情况综合考虑进行。

在丙类厂房内设置的管理、控制或调度生产的办公用房以及工人的中间临时休息室,要采用规定的耐火构件与生产部分隔开,且应设置有独立的安全出口,直通厂房外。

3.3.9 本条对厂房内存放甲、乙类物品中间仓库作出了专门规定。

为满足厂房的日常生产需要,往往需要从仓库或上道工序的厂房(或车间)取得一定数量的原材料、半成品、辅助材料存放在厂房内。存放上述物品的场所称为中间仓库。

对于易燃、易爆的甲、乙类物品如不隔开单独存放,发生火灾后会相互影响,造成更大损失。本条规定中间仓库的储量宜控制在1昼夜的需用量内。但由于工厂规模、产品不同,1昼夜需用量的绝对值有大有小,难以规定一个具体的限量数据。有些需用量较少的厂房,如手表厂用于清洗的汽油,每昼夜需用量只有20kg,则可适当调整存放1~2昼夜的用量;如1昼夜需用量较多,则应严格控制为1昼夜的用量。

此外,本条还规定了中间仓库的布置和分隔构造要求,中间库有条件时尽量设置直通室外的出口。

3.3.10 本条规定了厂房内因工艺原因设置丙、丁、戊类中间仓库的防火分隔要求。

1 为节约用地和因生产工艺流程的连续性要求,常在厂房内,特别是高层、多层厂房内设置中间仓库。如某市童装厂主厂房6层,底层为原料、成品仓库;某市制药厂主厂房9层,底层为纸箱、成品库,这在一些轻型厂房是难以避免的。本条规定允许在厂房内设置仓库储存丙、丁、戊类物品,但为便于扑救和疏散物资,对于多、高层厂房,这些仓库如果其火灾危险性相对较大,则宜设置在上层;反之,则宜设在底层或二三层中。仓库的耐火等级和面积应符合本规范表3.3.2的规定,且仓库和厂房的建筑面积总和不应超过一座厂房的一个防火分区的允许建筑面积。例如,耐火等级为一级的丙类多层厂房内附设丙类2项物品仓库,厂房允许建筑面积为6000m²,每座仓库允许占地面积为4800m²,防火墙间允许建筑面积为1200m²,则该厂房(仓库)允许建筑面积总和仍为6000m²。假定在一层布置仓库,只能在6000m²面积中划出4800m²作为仓库,仓库内还要设4个防火隔间才能符合要求;当设自动灭火系统时,仓库的占地面积可按第3.3.3条的规定扩大。

2 在同一建筑内,仓库和厂房的耐火等级应当一致,且耐火等级应按要求较高的一方确定,但隔墙的耐火极限不应低于2.50h。对于丙类仓库,均应用防火墙和1.50h的不燃烧体楼板隔开。当仓库的占地面积达到规定的防火墙间允许建筑面积时,与厂房的隔墙尚应采用防火墙。

3.3.11 本条规定了厂房内设置丙类液体中间储罐的防火分隔要求。

厂房内的丙类液体中间储罐,为防止液体流散或受外部火源影响,设计采用独立的房间储存,并做好防火分隔,可有效地控制火灾的相互蔓延。

3.3.12 锅炉房属丁类明火厂房。据54个锅炉房事故案例分析,其中火灾8起,炉膛爆炸14起。在这22起与火灾危险性有密切关系的事故中,燃煤锅炉占7起,燃油锅炉占8起,燃气锅炉占7起。燃油、燃气锅炉房的事故比燃煤的多,损失也严重。所发生的事故中绝大多数是三级耐火等级建筑,故本条规定锅炉房应采用一、二级耐火等级建筑。每小时总蒸发量不超过4t的燃煤锅炉房,一般属于规模不大的企业或非采暖地区的工厂,专为厂房生产用汽而设的规模较小的锅炉房,其面积一般为350~400m²。这些建筑可采用三级耐火等级,但燃油、燃气锅炉房仍需采用一、二级耐火等级。

3.3.13 本条规定了油浸变压器室和高压配电装置室的防火分隔要求。

1 油浸变压器是一种多油电器设备。当它长期过负荷运行或发生故障产生电弧时,易使油温过高而起火或产生电弧使油剧烈气化,可能使变压器外壳爆裂酿成火灾,因此,运行中的变压器存在有燃烧或爆裂的可能。

二级耐火等级建筑的屋顶承重构件耐火极限为1.00h,在第3.2.8条中还允许调整采用无保护的金属结构,其耐火极限仅0.25h。从变压器的火灾事故看,这样短的耐火时间很难保证结构的安全。

2 对于干式或非燃液体的变压器,因其火灾危险性小,不易发生爆炸,故未作限制。

3 当几台变压器安装在一个房间时,如其中一台变压器发生故障或爆裂,将会波及其余的变压器,使灾情扩大。故在条件允许时,对大型变压器尽量进行防火分隔。

3.3.14 本条规定了变、配电所与甲、乙类厂房的防火分隔要求。

1 甲、乙类厂房属易燃易爆场所,运行中的变压器存在燃烧或爆裂的可能,不应将变电所、配电所设在有爆炸危险的甲、乙类厂房内或贴邻建造,以提高厂房的安全程度。如果生产上确有需要,可以设一个专为甲类或乙类厂房服务的10kV及以下的变电所、配电所,在厂房的一面外墙贴邻建造,并用无门窗洞口的防火墙隔开。这里强调"专用",是指其他厂房不依靠这个变电所、配电所供电。

2 对乙类厂房的配电所,如氨压缩机房的配电所,为观察设备、仪表运转情况,需要设观察窗,故允许配电所的防火墙上设置不燃烧体的密封固定窗。

3 除执行本条的规定外,其余的防爆防火要求,在本规范第3.6节、第10、11章和现行国家标准《爆炸和火灾危险环境电力装置设计规范》GB 50058有关规定。

3.3.15 本条规定了仓库内设置办公室等的防火分隔要求。

许多仓库火灾实例说明,管理人员用火不慎是引起仓库火灾的主要原因,为确保库存物资安全,便于人员安全疏散,提出补充规定。另外,亦防止甲、乙类仓库发生爆炸事故时对办公室、休息室内的人员造成伤害。

3.3.16 本条规定了高架仓库的耐火等级。

高架仓库是货架高度超过7m的机械化操作或自动化控制的货架仓库,其共同特点是货架密集、货架间距小、货物存放高度高,储存物品数量大,疏散扑救困难。为了保障在火灾时不会导致很快倒塌,并为扑救赢得时间,尽量减少火灾损失,故要求其耐火等级不低于二级。

3.3.17 本条规定了粮食仓库的耐火等级。

为适应国家建设大型中央粮食储备库的需要,国家发展和改革委员会、国家粮食局、建设部和公安部组织对此类粮库设计中的消防问题进行了多次论证,确定了有关防火分区面积、建筑结构和消防给水设计有关规定。本条是在有关论证结果基础上根据实施情况确定的。

粮食库中的粮食属于丙类储存物品,目前均采用了先进的技术手段对温湿度进行检测,但在熏蒸和倒运过程中仍存在火灾危险,其火灾表现以阴燃和产生大量热量为主。对于大型粮食储备库目前常采用钢结构形式,由于粮食火灾对结构的作用与其他物质火灾的作用有所区别,因此,规定二级耐火等级的粮食库可采用全钢或半钢结构。对于筒仓,国内外也多采用钢板结构,施工快、维护方便,且相对储量较小,因而钢板仓可视为二级耐火等级建筑。有关其他说明还可参见第3.3.2条说明。经过协商,有关防火设计要求在现行国家标准《粮食平房仓设计规范》GB 50320—2001和《粮食筒仓设计规范》GB 50322—2001中还有具体规定。

**3.3.18** 本条规定了厂房(仓库)与铁路线的防火要求。

**1** 多年的实践证明,本条的规定合理、可行。甲、乙类厂房(仓库),其生产和使用或储存的物品,大多数是易燃易爆物品,有的在一定条件下会散发出可燃气体、可燃蒸气,当其与空气混合达到一定浓度时,遇到明火会发生燃烧爆炸。

**2** 考虑到蒸汽机车和内燃机车的烟囱常常喷出火星,如屋顶结构为燃烧体时,火灾危险性大。为了保障建筑的消防安全,如蒸汽机车和内燃机车需要进入丙、丁、戊类厂房、仓库内时,则厂房(仓库)的屋顶(屋架以上的全部屋顶构件)必须采用钢筋混凝土、钢等不燃烧体结构或对可燃结构进行防火处理(如外包覆不燃材料或涂防火涂料等)。

### 3.4 厂房的防火间距

本规范第3.4和3.5节中规定的有关防火间距均为建筑间的最小间距要求。从防火角度和保障人员安全、减少财产损失来看,在有条件时,设计者应尽可能采用较大间距。

防火间距的确定主要综合考虑满足扑救火灾需要,防止火势向邻近建筑蔓延扩大以及节约用地等因素。影响防火间距的因素较多,条件各异,从火灾蔓延角度看,主要有"飞火"、"热对流"和"热辐射"等。

**1** "飞火"与风力、火焰高度有关。在大风情况下,从火场飞出的"火团"可达数十米至数百米。显然,如以飞火为主要危险源,要求距离太大,难以做到。

**2** "热对流",主要考虑热气流喷出窗口后会向上升腾,对相邻建筑的火灾蔓延影响较"热辐射"小,可以不考虑。

**3** "热辐射",火灾时建筑物可能产生的热辐射强度是确定防火间距应考虑的主要因素。热辐射强度与消防扑救力量、火灾延续时间、可燃物的性质和数量、相对外墙开口面积的大小、建筑物的长度和高度以及气象条件等有关。国外虽有按热辐射强度理论计算防火间距的公式,但没有把影响热辐射的一些主要因素(如发现和扑救火灾早晚、火灾持续时间)考虑进去,计算数据往往偏大,目前国内还缺乏这方面的研究成果。因此,本条规定防火间距主要是根据当前消防扑救力量,结合火灾实例和消防灭火的实际经验确定的。

据调查,一、二级耐火等级建筑之间,在初期火灾时有10m左右的间距,三、四级耐火等级建筑有14~18m的距离,一般能满足扑救需要和控制火势蔓延。火灾蔓延与很多条件有关,本条的基本数据,只是考虑一般情况,基本能防止初期火灾的蔓延。

**3.4.1** 本条规定了厂房之间及厂房与乙、丙、丁、戊类仓库之间以及与其他建筑物之间的防火间距。

**1** 规范中表3.4.1是指厂房防火间距的基本要求。由于厂房生产类别、高度不同,具体执行应有所区别,因此,根据厂房生产的火灾危险性类别不同分别作出了不同的规定。对于现有厂房改、扩建时,如执行防火间距的规定有困难,当采取了防火措施后可以减少间距。有关防火间距的确定因素参见前述说明。

**2** 本规范第3.4.1条及其注2中所指"民用建筑"也包括设在厂区内独立的公共建筑(如办公楼、研究所、食堂、浴室等)。为厂房服务而专设的生活用房,有的与厂房合并组成一座建筑,有的为满足通风采光需要,将生活用房与厂房分开布置。为方便生产工作联系和节约用地,丁、戊类厂房与其所属的生活用房的防火间

距可减小为6m。生活用房是指车间办公室、工人更衣休息室、浴室(不包括锅炉房)、就餐室(不包括厨房)等。

注2 考虑到戊类厂房的火灾危险性较小,为节约用地而对戊类厂房之间及与戊类仓库之间的防火间距作了调整。戊类厂房是常温下使用或加工不燃烧物质的生产,火灾危险性较小。戊类厂房或与戊类仓库之间的防火间距可比表3.4.1所列数据减小2m,但戊类厂房与其他生产类别的厂房或储存仓库防火间距仍应执行本规范第3.4.1、3.5.1、3.5.2条的规定。

**3** 本条注3和注4针对按照上述规定设计确有困难时所规定的一些允许减小防火间距的措施。不同措施有所区别。

两座厂房相邻较高一面的外墙为防火墙,防火间距不限,但甲类厂房与甲类厂房之间还应有限制,至少要保持4m的间距。

**3.4.2、3.4.3** 规定了甲类厂房与各类建筑物,以及甲类厂房与重要的公共建筑等及架空电力线和铁路、道路之间的防火间距。

**1** 甲类厂房易燃、易爆,对其防火间距要求高。对于甲、乙类厂房,涉及行业较多,本规范的规定应视为基本要求,凡有专门规范规定的间距大于本规定的,尚需要考虑按该专门规范的规定执行。如乙炔站、氧气站和氢氧站等的间距还应符合现行国家标准《氧气站设计规范》GB 50030、《乙炔站设计规范》GB 50031和《氢氧站设计规范》GB 50177等规范的有关规定。

**2** 民用建筑内往往人员比较密集,厂房与民用建筑的防火间距,不应比厂房之间的间距小,特别是重要的公共建筑。本条对甲类厂房与民用建筑和公共建筑的间距作出了较严格的要求。

散发可燃气体、可燃蒸气的甲类厂房附近如有明火或散发花火地点,或厂房距离铁路和道路过近时,容易引起燃烧或爆炸事故,因此,二者要保持一定的距离。

锅炉房烟囱飞火引起火灾的案例是不少的。据调查资料和国外的一些资料,锅炉房烟囱飞火距离一般在30m左右,如烟囱高度超过30m或设有除尘器时,距离可小些,综合各类明火或散发火花地点的火源情况,与散发可燃气体、可燃蒸气的甲类厂房防火间距不小于30m。

**3** 与铁路的间距,一是考虑机车飞火对厂房的影响,二是考虑发生火灾爆炸事故时,对机车正常运行的影响。据日本对蒸汽机车做的火星飞火试验资料,距铁路中心20m处飞火的影响较少,故将距厂内铁路线的距离定为20m。厂外铁路线机车来往多,影响大,定为30m。汽车排气管喷出的火星距离比机车飞火距离小些,远者一般为8~10m,近者为3~4m,故对厂内外道路分别作出不同的规定。

内燃机车当燃油雾化不好时,排气管仍会喷火星,因此应与蒸汽机车一样要求,不减少其间距。

**4** 其他:

1)当厂外铁路与国家铁路干线相邻时,其防火间距除执行本条规定外,尚应符合铁道部和有关专业规范的规定;

2)厂外道路如道路已成型不会再扩宽,则从现有路的最近路边算起;如有扩宽计划,则应从规划路路边算起;

3)专为某一甲类厂房运送物料而设计的铁路装卸线,当有安全措施时,此装卸线与厂房的间距可不受20m间距的限制。如机车进入装卸线时,关闭机车灰箱,设阻火罩,车厢盖并与装甲类物品的车辆之间设隔离车辆等阻止机车火星散发,防止影响厂房安全的措施可认为是安全措施;

4)厂房之间的防火间距一般应按照相邻建筑物外墙的最近距离计算,如外墙有凸出的可燃构件或结构,则应从该凸出部分外缘算起。对于室外变配电站与建筑物等之间的间距,应从距建筑物、堆场、储罐最近的变压器外壁算起。

**3.4.4** 本条规定了高层厂房与民用建筑、各类储罐、堆场之间的防火间距。

高层厂房与甲、乙、丙类液体储罐的间距按第4.2.1条执行;与甲、乙、丙类液体装卸鹤管间距按第4.2.8条规定执行;与湿

式可燃气体储罐或罐区的间距按本规范表4.3.1的规定执行；与湿式氧气储罐或罐区的间距按本规范表4.3.3的规定执行；与液化石油气储罐的间距按本规范表4.4.1的规定执行；与可燃材料堆场的间距按本规范表4.5.1的规定执行。高层厂房、仓库与上述储罐、堆场的间距，凡小于13m者，应按13m执行；与煤、焦炭堆场的间距按本规范表4.5.1规定执行。

**3.4.5** 本条规定了厂房与公共建筑物之间防火间距的调整要求。有关距离是比照前述因素和多层厂房的防火间距，考虑建筑火灾及其扑救情况确定的。

本条参照了现行国家标准《高层民用建筑设计防火规范》GB 50045的有关规定以及厂房与其他厂房、仓库的间距，并考虑了实际灭火需要。

**3.4.6** 本条主要规定了厂房外设有化学易燃物品的设备时，与相邻厂房、设备之间的防火间距确定方法，如图1。

图1 有室外设备时的防火间距

装有化学易燃物品的室外设备，其设备本身是不燃材料，设备本身可按相当于一、二级耐火等级建筑考虑。室外设备外壁与相邻厂房室外设备之间的距离，不应小于10m；与相邻厂房外墙之间的防火间距，不应小于本规范第3.4.1~3.4.4条的规定，即室外设备内装有甲类物品时，与相邻厂房的间距需要12m；装有乙类物品时，与相邻厂房的间距需要10m。

如厂房附设有不燃物品的室外设备，则两相对厂房之间的防火间距可按本规范第3.4.1条的规定执行。至于化学易燃物品的室外设备与所属厂房的间距，主要按工艺要求确定，本条不作具体规定。

小型可燃液体中间罐常放在厂房外墙附近，为安全起见，对外墙作了限制要求，同时对小型储罐提倡直接埋地设置。条文"面向储罐一面4.0m范围内的外墙为防火墙"中的"4.0m范围"的具体含义是指储罐两端和上下部各4.0m范围，见图2。

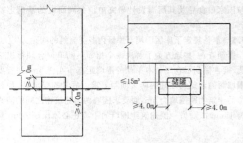

图2 油罐面4.0m范围外墙设防火墙示意图

**3.4.7** 对于山形、凵形厂房如图3，其两翼相当于两座厂房。为便于扑救火灾、控制火势蔓延，两翼之间防火间距 L 按本规范第3.4.1条的规定执行。但整个厂房占地面积不超过本规范第3.3.1条规定的防火分区允许最大面积时，其两翼之间的防火间距 L 值可以减小到6m。

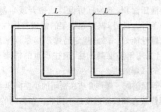

图3 山形厂房

**3.4.8** 本条规定了厂房成组布置的要求。

1 改建、扩建厂房有时受已有场地限制或因建设用地紧张，当数座厂房占地面积之和不超过第3.3.1条规定的防火分区最大允许建筑面积时，可以成组布置；面积不限者，按不超过10000m² 考虑。

举例如图4所示：假设有3座二级耐火等级的单层丙、丁、戊类厂房，其中丙类火灾危险性最高，单层丙类二级耐火等级多层建筑的防火分区最大允许建筑面积为8000m²，则3座厂房面积之和应控制在8000m² 以内。若丁类厂房高度超过7m，则丁类厂房与丙、戊类厂房间距不应小于6m。若丙、戊类厂房高度均不超过7m，则丙、戊类厂房间距不应小于4m。

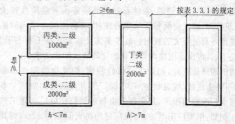

图4 成组厂房布置示意图

2 组与组或组与相邻厂房之间的防火间距则应符合本规范第3.4.1条的有关规定。

3 高层厂房扑救困难，甲类厂房危险性大，不允许成组布置。

4 组内厂房之间最小间距4m主要考虑消防车通行需要，也是考虑扑救火灾的需要。当厂房高度为7m时，假定消防队员手提水枪往上成60°角，就需要4m的水平间距才能喷射到7m的高度，故以高度7m为划分的界线，当超过7m时，则应至少需要6m的水平间距。

**3.4.9、3.4.10** 有关汽车加油加气站的防火间距规定。

1 建设部行业标准《汽车用燃气加气站技术规范》CJJ 84中的有关防火规定，与有关部门经过了充分的协商，已经试行。原国家标准《小型石油库及汽车加油站设计规范》在修订中增补了有关汽车加油加气站的内容，并更名为《汽车加油加气站设计与施工规范》GB 50156。在上述两项标准中对加气站、加油站及其附属建筑物之间和与其他建筑物之间的防火间距，均作了明确详细的规定。但考虑到规范本身的体系和方便执行，为避免重复和矛盾，本规范作了这两条规定。

2 汽油、液化石油气和天然气均属甲类物品，火灾或爆炸危险性较大，而城市建成区建筑物和人员均较密集。为保证安全，减少损失，规范对在城市建成区建设的加油站和加气站的规模分别作了必要的限制。

**3.4.11** 本条规定了室外变、配电站与建筑物的防火间距。

1 室外变、配电站是各类企业、工厂的动力中心，电气设备在运行中可能产生电火花，存在燃烧或爆裂的可能。万一发生燃烧事故，不但本身遭到破坏，而且会使一个企业或由其供电的所有企业、工厂的生产停顿。为保护保证生产的重点设施，室外变、配电站与其他建筑、堆场、储罐的防火间距要求比一般厂房严些。

2 在表3.4.1中按变压器总油量分为三档。35kV铝线电力变压器，每台额定容量为5 MV·A的，其油量为2.52t，则2台的总油量为5.04t；每台额定容量为10 MV·A的，其油量为4.3t，则2台的总油量为8.6t；110kV双卷铝线电力变压器，每台额定容量为10 MV·A的，其油量为5.05t，则2台的总油量为10.1t。表中第一档总油量定为5~10t，基本相当于设置2台5~10 MV·A变压器的规模。但由于变压器的油量与变压器的电压、制造厂家、外形尺寸的不同，同样容量的变压器，油量也不尽相同，故分档仍以总油量多少来区分。

3 室外变、配电站区域内，变压器与主控室、配电室、值班室的间距由工艺要求确定，与变、配电站内其他附属建筑(不包括产生明火或散发火花的建筑）的防火距离，可按规范中第 3.4.1 条及其他有关规定执行。变压器按一、二级耐火等级建筑考虑。

**3.4.12** 本条是对厂区围墙与本厂区内厂房等建筑的有关要求。

**1** 厂房与本厂区围墙的间距不宜小于 5m，是考虑本厂区与相邻单位的建筑物之间基本防火间距的要求。厂房之间最小间距是 10m，每方各留出一半即为 5m，同时也符合一个消防车道的要求。但具体执行时尚应结合工程情况合理确定，故条文中用了"不宜"的措词。

**2** 如靠近相邻单位，本厂拟建甲类厂房（仓库）、甲、乙、丙类液体储罐，可燃气体储罐、液体石油气储罐等火灾危险性较大的建、构筑物时，则应使两相邻单位之间的建、构筑物之间的防火间距符合本规范各有关条文的规定。故本条文又规定了在不宜小于 5m 的前提下，并应满足围墙两侧建筑物之间防火间距要求。

当围墙外是空地，相邻单位拟建的建、构筑物类别尚不明确时，则可按上述建、构筑物与一、二级厂房应有防火间距的一半确定其与本厂围墙的距离，其余部分由相邻单位在以后兴建工程时考虑。例如，甲类厂房与一、二级厂房的防火间距为 12m，则其与本厂区围墙的间距应定为 6m。

**3** 工厂建设如因用地紧张，在满足与相邻单位建筑物之间防火间距或设置防火墙等措施时，丙、丁、戊类厂房可不受距围墙 5m 间距的限制。例如，厂区围墙外有城市道路，街区的建筑红线宽度已能满足防火间距的需要，则厂房与本厂区围墙的间距可以不限。但甲、乙类厂房（仓库）及火灾危险性较大的储罐、堆场不能沿围墙建设，仍要执行 5m 间距的规定。

### 3.5 仓库的防火间距

**3.5.1** 有关仓库的防火间距的确定，除在厂房的防火间距中所述因素外，还考虑了以下情况：

**1** 硝化棉、硝化纤维胶片、喷漆棉、火胶棉、赛璐珞和金属钾、钠、锂、氢化锂、氢化钠等甲类易燃易爆物品，一旦发生事故，燃速快、燃烧猛烈、祸及范围大。如果储量为 5t 赛璐珞仓库，发生爆炸起火后，火焰高达 30m，周围 15m 范围内的地上苇草全部烤着起火；又如某座存放硝酸纤维废影片仓库，共约 10t，爆炸起火后，周围 30~70m 范围内的建筑物和其他可燃物均被烧着起火。

**2** 目前各地建设的专门危险品仓库（其中大多为甲类物品，少数为乙类物品），除了库址选择在城市边缘较安全的地带外，库区内仓库之间的距离，小的在 20m，大的在 35m 以上，见表 12。

**表 12 甲类仓库之间的防火间距举例（根据部分调查整理）**

| 储存物品名称 | 每座仓库占地面积（m²） | 仓库之间的防火间距（m） |
|---|---|---|
| 赛璐珞 | 36~46 | 28 |
| 金属钾、钠等 | 50~56 | 30 |
| 醚类液体 | 44 | 25 |
| 酮类液体 | 56 | 20 |
| 亚硫酸铁等 | 50 | 22 |

**3** 甲类物品的储存量大小是决定其危害性的主要因素，因此，本条分别根据其储量分档提出防火要求。

**4** 对于重要的公共建筑，由于建筑的重要性高，对其相关要求应比对其他建筑的防火间距要求更严些。

**5** 规定了甲类仓库与架空电力线的距离。有关说明参见本规范第 11.2.1 条说明。

**6** 甲类仓库与铁路线的防火间距，主要考虑蒸汽机车飞火对仓库的影响。从火灾情况看，甲类仓库着火时的影响范围取决于所存放物品数量、性质和仓库规模等，一般在 20~40m 之间，有时甚至更大，故将其与铁路线的最小间距定为 30m。

甲类仓库与道路的防火间距，主要考虑道路的通行情况、汽车和拖拉机排气管飞火的影响等因素。一般汽车和拖拉机排气管

飞火距离远者为 8~10m，近者为 3~4m。所以厂内甲类仓库与道路的防火间距，一般定为 5m、10m，与厂外道路的间距考虑到车辆流量大且不便管理等因素而要求大些。

**3.5.2** 本条规定了除甲类仓库外的单层、多层、高层仓库之间的防火间距，明确了乙、丙、丁、戊类仓库与民用建筑之间的防火间距。主要考虑了满足扑救火灾、防止初期火灾（20min 以内）向邻近建筑蔓延扩大以及节约用地三项因素。

**1** 防止初期火灾蔓延扩大，主要考虑"热辐射"强度的影响。有关说明可参见本规范第 3.4 节的相关条文说明。

**2** 仓库火灾表明，在二、三级风的情况下，本规定的防火间距基本上可行、有效。

**3** 据一些地方公安消防监督机构反映，本规定的防火间距能满足火灾扑救需要，如小于该距离，会给扑救带来困难。

由于戊类仓库储存的物品均为不燃烧体，火灾危险性小，可以减小防火间距以节约用地。

**4** 关于高层仓库之间以及高层仓库与其他建筑之间的防火间距，有关说明可参见本规范第 3.4.1 条和第 3.4.4 条的条文说明。

**5** 有关乙类火灾危险性仓库。

有不少乙类物品不仅火灾危险性大，燃速快、燃烧猛烈，而且有爆炸危险，虽然乙类储存物品的火灾危险性较甲类的低，但是发生火灾爆炸时的影响仍很大。为有所区别，故规定与其他民用建筑和重要公共建筑分别不宜小于 25m、30m 的防火间距。实际上，乙类火灾危险性的物品发生火灾事故后的危害与甲类物品相差不大，因此，设计时应尽可能与甲类仓库一样要求，并在规范规定的基础上通过合理布局等来确保和增大相关距离。

乙类 6 项物品，主要是桐油漆布及其制品、油纸油绸及其制品、浸油的豆饼、浸油金属屑等。实践证明，这些物品在常温下与空气接触能够缓慢氧化，如果积蓄的热量不能散发出来，就会引起自燃，但燃速不快，也不爆燃，故这些仓库与民用建筑的防火间距可不增大。

**3.5.3** 考虑到城市用地紧张和拆迁改造困难，对仓库和民用建筑的防火间距作出的调整规定。

**3.5.4** 有关粮食仓库之间及与其他建筑之间防火间距的规定，是在与国家粮食局及其所属设计研究单位共同研究的基础上确定的。

**3.5.5** 本条规定了库区围墙与库区内各类建筑的间距。

据调查，一些地方为了解决两个相邻不同单位合理留出空地问题，通常做到了仓库与本单位的围墙距离不小于 5m，并且要满足围墙两侧建筑物之间的防火间距要求。后者的要求是，如相邻单位的建筑物距围墙 5m，要求围墙两侧建筑物之间的防火间距为 15m 时，则另一侧建筑距围墙的距离还必须保证 10m，其余类推。

### 3.6 厂房（仓库）的防爆

**3.6.1** 有爆炸危险的厂房设置足够的泄压面积后，可大大减轻爆炸时的破坏强度，避免因主体结构遭受破坏而造成重大人员伤亡和经济损失。因此，防爆厂房围护结构要求有相适应的泄压面积，承重结构以及重要部位应具备足够的抗爆性能。

框架或排架结构形式便于墙面开设大面积的门窗洞口或采用轻质墙体作为泄压面积，能为厂房设计成敞开或半敞开式的建筑形式提供有利条件。此外，框架和排架的结构整体性强，较之砖墙承重结构的抗爆性能好。因此规定易爆厂房尽量采用敞开、半敞开式厂房，并且采用钢筋混凝土柱、钢柱承重的框架和排架结构，能够起到良好的减爆效果。

**3.6.2** 一般，等量的同一爆炸介质在密闭的小空间里和在开敞的空地上爆炸，其爆炸威力和破坏强度是不同的。在密闭的空间里，爆炸破坏力将大多。因此，易爆厂房需要考虑设置必要的泄压设施。

3.6.3 本条规定参照了《爆炸泄压指南》NFPA 68 的相关规定和公安部天津消防研究所的有关研究试验成果，以在一定程度上解决实际中存在的依照规范设计、满足规范要求，而可能不能有效泄压的问题。有关爆炸危险等级的分级参照了美国和日本的相关规定，见表13 和表14。

**表13 厂房爆炸危险等级与泄压比值表（美国）**

| 厂房爆炸危险等级 | 泄压比值（m²/m³） |
|---|---|
| 弱级（颗粒粉尘） | 0.0332 |
| 中级（煤粉、合成树脂、锌粉） | 0.0650 |
| 强级（在干燥室内漆料、溶剂的蒸气、铝粉、镁粉等） | 0.2200 |
| 特级（丙酮、天然汽油、甲醇、乙炔、氢） | 尽可能大 |

**表14 厂房爆炸危险等级与泄压比值表（日本）**

| 厂房爆炸危险等级 | 泄压比值（m²/m³） |
|---|---|
| 弱级（谷物、纸、皮革、铅、铬、铜等粉末醋酸蒸气） | 0.0334 |
| 中级（木屑、炭屑、煤粉、锑、锡等粉尘、乙烯树脂、尿素、合成树脂粉尘） | 0.0667 |
| 强级（油漆干燥或热处理室、醋酸纤维、苯酚树脂粉尘、铝、镁、锆等粉尘） | 0.2000 |
| 特级（丙酮、汽油、甲醇、乙炔、氢） | >0.2 |

长细比过大的空间，在泄压过程中会产生较高的压力。以粉尘为例，如空间过长，则在爆炸后期，未燃烧的粉尘-空气混合物受到压缩，初始压力上升，燃气泄放流动会产生系流，使燃速增大，产生较高的爆炸压力。因此，有可燃气体或可燃粉尘爆炸危险性的建筑物要避免建得长细比过大，以防止爆炸时产生较大超压，保证所设计的泄压面积能有效作用。

3.6.4 为快速泄压和避免产生二次危害，泄压设施的设计应考虑以下主要因素：

1 泄压设施可为轻质屋盖、轻质墙体和易于泄压的门窗，但宜优先采用轻质屋盖。

易于泄压的门窗、轻质墙体、轻质屋盖是指门窗的单位质量轻、玻璃较薄，墙体屋盖材料容重较小、门窗选用的小五金断面较小、构造节点的处理上要易摧毁、脱落等。如用于泄压的门窗可采用楔形木块固定，门窗上用的金属百页、插销等可选用断面小一些的，门窗的开启方向选择向外开。这样一旦发生爆炸，因室内压力大，原关着的门窗上的小五金可能遭冲击波而被破坏，门窗则会自动打开或自行脱落，达到泄压的目的。在本规范 1987 年版中规定轻质屋盖和轻质墙体的单位质量不超过 120kg/m²，主要依据是参照前苏联规范和国内当时结构材料的情况。而目前大量新型轻质材料得到开发和应用，为降低泄压面积配件的单位质量提供了条件。降低泄压面积构配件的单位质量，可减小承重结构和不应作为泄压面积的围护构件抵抗爆炸时所产生的超压，迅速泄压，从而减小爆炸所引起的破坏。本条参照《防爆泄压指南》NFPA 68 和德国工程师协会标准的要求以及考虑我国地区气候条件差异较大等实际情况，规定泄压面积构配件的单位质量不应超过 60.0 kg/m²，但这一规定仍比《防爆泄压指南》NFPA 68 要求的 12.5 kg/m²，最大为 39.0kg/m² 和德国工程师协会要求的 10.0kg/m² 要高很多。因此，设计时尽可能采用容重更轻的材料作为泄压面积的构配件。

2 泄压面积的构配件在材料的选择上除了要求容重轻以外，最好具有在爆炸时易破碎成碎块的特点，以便于泄压和减少对人的危害。同时，泄压面设置最好靠近易发生爆炸的部位，保证迅速泄压。对于爆炸时形成尖锐碎片四散喷射的材料不能布置在公共走道或贵重设备的正面或附近。

有爆炸危险的甲、乙类厂房爆炸后，用于泄压的门窗、轻质墙体、轻质屋盖将会被摧毁，高压气流夹杂大量的爆炸物碎片从泄压面冲出，如邻近人员集中的场所、主要交通道路就可能造成人员大量伤亡和交通道路堵塞，因此，泄压面积应避免面向人员集中场所和主要交通道路。

3 对于北方和西北寒冷地区，由于冰冻期长、积雪时间长，易

增加屋面上泄压面积的单位面积荷载而使其产生较大静力惯性，导致泄压受到影响，因而设计时要考虑采取适当措施防止积雪。

总之，在设计中应采取措施尽量减少泄压面积的单位质量（即重力惯性）和连接强度。

3.6.5 散发比空气轻的可燃气体、可燃蒸气的甲类厂房，在生产作业过程中，这些可燃气体容易积聚在厂房上部，条件合适时可能引发爆炸，故厂房上部采取泄压措施较合适，并以采用轻质屋盖效果较好。采用轻质屋盖泄压具有爆炸时屋盖会被掀掉而不影响房屋的梁柱承重构件和可采用较大泄压面积等优点。

当爆炸介质比空气轻时，为防止气流向上在死角处积聚，排不出去，导致气体达到爆炸浓度，故规定顶棚应尽量平整，避免死角，厂房上部空间要求通风良好。

3.6.6 散发较空气重的可燃气体、可燃蒸气的甲类厂房以及有可燃粉尘、纤维等可能发生爆炸危险的乙类厂房，生产过程中比空气重的物质易在下部空间靠近地面或地沟、洼地等处积聚。为防止地面因摩擦打出火花而避免车间地面、墙面因为凹凸不平聚粉尘，故对地面、墙面、地沟、盖板的设计等提出了预防引发爆炸的措施要求。

3.6.7 单层厂房中如某一部分为有爆炸危险的甲、乙类生产，为防止或减少爆炸事故对其他生产部分的破坏，减少人员伤亡，故要求甲、乙类生产部位靠外墙设置。多层厂房中某一部分或某一层为有爆炸危险的甲、乙类生产时，为避免因该类生产设置在底层及其中间各层，爆炸时因结构破坏严重而影响上层建筑结构的安全，故要求其设置在最上一层靠外墙的部位。

3.6.8、3.6.9 总控制室设备仪表较多、价值高，是某一工厂或生产过程的重要指挥控制、调度与数据交换、储存场所。为了保障人员、设备仪表的安全，要求将其与有爆炸危险的甲、乙类厂房分开，单独建造。同时，考虑有些分控制室常常其厂房紧邻，甚至设在其中，有的要求能直接观察厂房中的设备，如分开设则要增加控制系统，增加建筑用地和造价，还给使用带来不便。所以本条提出分控制室在受条件限制时可与厂房贴邻建造，但必须靠外墙设置，尽可能减少其所受危害。

3.6.10 使用和生产甲、乙、丙类液体的厂房，发生生产事故时易造成液体在地面流淌或滴漏至地下管沟里，若遇火源即会引起燃烧爆炸事故。为避免殃及相邻厂房，规定管、沟不应与相邻厂房相通，并考虑到甲、乙、丙类液体通过下水道流失也易造成事故，规定下水道需设隔油设施。

另外，水溶性可燃易燃液体，采用常规的隔油设施不能有效地防止其蔓延与流散，而应根据具体生产情况采取相应的排放处理措施。

3.6.11 本条规定了可燃液体仓库和遇潮可发生燃烧爆炸物品仓库的防火防爆措施。

1 甲、乙、丙类液体如汽油、苯、甲苯、甲醇、乙醇、丙酮、煤油、柴油、重油等，一般采用桶装存放在仓库内。此类库房一旦起火，特别是上述桶装液体发生爆炸，容易流淌在库内地面，如未设置防止液体流散的设施，还会流淌到库房外，造成火势扩大蔓延。

2 防止液体流散的基本做法有两种：一是在桶装仓库门口修筑漫坡，一般高为 150～300mm；二是在仓库门口砌筑高度为 150～300mm 的门槛，再在门槛两边填沙土形成漫坡，便于装卸。

3 遇水燃烧爆炸的物品如金属钾、钠、锂、钙、锶、氢化锂等的仓库，规定应设置防止水浸渍的设施，如使室内地面高出室外地面、仓库屋面严密遮盖，防止渗漏雨水，装卸这类物品的仓库栈台有防雨水的遮挡等措施。

3.6.12 本条规定了有爆炸危险的筒仓的防爆泄压要求。

1 谷物粉尘爆炸事故屡屡发生，据有关资料的不完全统计，世界上每天约有一起谷物粉尘爆炸事故，而在每年 400～500 起的爆炸事故中，约有 10 次是相当严重的。例如：1977 年美国的一次谷物粉尘爆炸，死亡 65 人，伤 84 人；1979 年德国布莱梅的一起谷

物粉尘爆炸,死亡 12 人,损失达 50 万马克;1982 年法国梅茨一个麦芽厂的粮食筒仓发生爆炸,7 座大型筒仓有 4 座被毁,死亡 8 人,伤 4 人。我国南方某港口粮食筒仓,因焊接管道引起小麦粉尘爆炸,21 个钢筋混凝土筒仓顶盖和上通廊顶盖大部掀掉,仓内电气、传动装置以及附属设备等,遭到严重破坏,造成很大损失。

谷物粉尘爆炸必须具备一定浓度、助燃氧气和火源三个条件。表 15 列举了谷物粉尘的一些特性。

表 15　粮食粉尘爆炸特性

| 物质名称 | 最低着火温度(℃) | 最低爆炸浓度(g/m³) | 最大爆炸压力(kg/cm²) |
|---|---|---|---|
| 谷物粉尘 | 430 | 55 | 6.68 |
| 面粉粉尘 | 380 | 50 | 6.68 |
| 小麦粉尘 | 380 | 70 | 7.38 |
| 大豆粉尘 | 520 | 35 | 7.03 |
| 咖啡粉尘 | 360 | 85 | 2.66 |
| 麦芽粉尘 | 400 | 55 | 6.75 |
| 米粉尘 | 440 | 45 | 6.68 |

2 粮食筒仓的顶部设置一定的泄压面积,十分必要。本条未规定泄压面积与粮食筒仓容积比值的具体数值,主要由于国内这方面的试验研究尚不充分,还未获得成熟可靠的设计数据。故根据筒仓爆炸案例分析和国内某些粮食筒仓设计的实例,推荐采用0.008~0.010。建议粮食、轻工、医药等行业进一步总结这方面的实践经验,开展试验研究,以获得可用于工程设计的科学数据。

**3.6.13** 有关甲、乙类仓库防爆泄压的规定。

在生产、运输和储存可燃气体的场所,经常由于泄漏和其他事故,使得在建筑物或装置中产生可燃气体或液体蒸气与空气的混合物。当在这个场所的条件合适,如存在点火源且这些混合物的浓度合适时,则可能引发灾难性事故。为尽量减少事故的破坏程度,在建筑物或装置上预先开设面积足够大、用低强度材料做成的泄压口是有效措施之一。在爆炸事故发生时,及时打开这些泄压口,使建筑物或装置内由于可燃气体在密闭空间中燃烧而产生的压力迅速泄放出去,可以避免建筑物或储存装置受到严重危害。

在实际生产和储存过程中,还有许多因素影响着燃烧爆炸的发生与强度,这些很难在本规范中一一明确规定,特别是仓库的防爆与泄压,还有赖于专门标准进行专项研究确定。

### 3.7　厂房的安全疏散

**3.7.1** 本条规定了厂房安全出口布置的原则要求。

建筑物内的任一楼层上或任一防火分区中发生火灾时,其中一个或几个安全出口被烟火阻挡,仍要保证有其他出口可供疏散和救援使用。在有的国家还要求出口布置的位置应能使同一防火分区或同一房间内最远点与相邻 2 个出口中心点连线的夹角不应小于 45°,以确保相邻出口用于疏散时安全可靠。本条规定了 5m 这一最小水平间距,设计时应根据具体情况和保证人员有不同方向的疏散路径这一原则,从人员安全疏散和救援需要出发进行布置。

**3.7.2** 本条规定了厂房地上部分安全出口设置数量的一般要求。所规定的安全出口数目既是对一座厂房而言,也是对厂房内任一个防火分区或某一使用房间的安全出口数量要求。

足够数量的安全出口,对保证人和物资的安全疏散极为重要。火灾案例中常有因出口设计不当或在实际使用中部分出口被封堵,造成人员无法疏散而伤亡惨重的事故。要求厂房每个防火分区至少应有 2 个安全出口,可提高火灾时人员疏散通道和出口的可靠性。但所有的建筑不论面积大小、人数多少一概要求 2 个出口有一定的困难,也不符合实际情况。因此,对面积小、人员少的厂房分别按类分档,规定了允许设置 1 个安全出口的条件:对危险性大的厂房因火势蔓延快,要求严些,对火灾危险性小的要求低些。

在执行时,还可根据各行业生产的具体情况,按本规范的原则确定更具体的要求。

**3.7.3** 本条规定了独立建造的地下厂房及附建在建筑地下的厂房的一般安全疏散设计要求。

地下、半地下厂房因为不能直接天然采光和自然通风,排烟有很大困难,而疏散只能通过楼梯间;为保证安全,避免万一出口被堵住就无法疏散的情况,故要求至少具备 2 个安全出口。但考虑到如果每个防火分区均要求 2 个直通室外的出口有一定困难,所以规定至少要有 1 个直通室外,另一个可通向相邻防火分区。

**3.7.4** 本条针对不同火灾危险性的厂房,规定了其内部的最大疏散距离。

通常,人员疏散时能安全到达安全出口即可认为已到达安全地带。考虑单层、多层、高层厂房设计的实际情况,对甲、乙、丙、丁、戊类厂房分别作了不同的规定。将甲类厂房的最大疏散距离定为30m、25m 是以人流的疏散速度为 1m/s,或允许疏散时间为 30s、25s 确定的。而乙、丙类厂房较甲类厂房火灾危险性小,蔓延速度也慢些,故乙类厂房的最大疏散距离参照国外规范定为 75m。丙类厂房中工作人员较多,疏散时间按人员荷载 2 人/m² ,疏散速度办公室按 60m/min,学校按 22m/min,如取其两者的中间速度作为丙类生产车间的平均疏散速度则为(60m/min+22m/min)÷2 =41m/min。80m 的距离疏散时间需要 2min。对于纺织厂房、烟草厂房、联合造纸厂房和某些洁净厂房,一般具有占地面积大的特点,经协商,一、二级耐火等级的丙类单层和多层厂房的疏散距离分别为 80m 和 60m。丁、戊类厂房一般面积大、空间大,火灾危险性小,人员的允许安全疏散时间较长。根据我国的消防水平、消防站布局标准规定,一般城市消防站要求在 5min 内到达火灾现场。丁、戊类厂房如为一、二级耐火等级建筑物,在人员不很集中的情况下,疏散速度按 60m/min 确定时在 5min 内可走 300m。一般厂房布置出入口时,疏散距离不大可能超过 300m。因此,此条对一、二级耐火等级的丁、戊类厂房的安全疏散距离未作规定,三级耐火等级的戊类厂房,因建筑耐火等级低,安全疏散距离限在 100m。四级耐火等级的戊类厂房耐火等级更低,可和丙、丁类生产的三级耐火等级厂房相同,将其安全疏散距离定为 60m。

实际上火灾时的环境比较复杂,厂房内物品和设备布置以及人员的心理和生理因素都对疏散有直接影响,设计人员应根据不同的生产工艺和环境,充分考虑人员的疏散需要来确定其疏散距离以及厂房的布置与选型,尽量均匀布置安全出口,缩短人员的疏散距离。

**3.7.5** 本条规定了厂房的百人疏散宽度计算指标和疏散总宽度及最小净宽度的设计要求。

厂房的疏散走道、楼梯、门的总宽度计算是参照国外规范规定的,在多年的执行过程中能符合目前国内的条件,故未作修改。

考虑门洞尺寸应符合门窗的模数,将门洞最小宽度定为 1m,则门的净宽则在 0.9m 左右,故规定门最小宽度不小于 0.9m。走道最小净宽度与公共场所的门的最小净宽度相同,取不小于1.4m。

**3.7.6** 本条规定了厂房疏散楼梯的设计要求。

高层厂房和甲、乙、丙类厂房火灾危险性较大,高层建筑发生火灾时,由于普通客(货)用电梯无防烟、防火等措施,火灾时必须停止使用;云梯车等也只能作为消防队员扑救时专用,在高层部分的人员不可能靠普通电梯或云梯车等作为主要疏散手段,这时唯有依靠楼梯作为主要的人员疏散通道,因此楼梯间的防火必须安全可靠。高层建筑中的敞开楼梯(间),火灾时具有拔火抽烟作用,会使烟气很快通过敞开楼梯(间)向上扩散并蔓延至整幢建筑物,给安全疏散造成威胁。同时,随着高温烟气的流动也大大加快了火势蔓延。因此,根据火灾危险性类别和建筑高度规定了高层厂房设置封闭楼梯间和防烟楼梯间的要求。

厂房与民用建筑相比,一般层高较高,四、五层的厂房,其建筑高度即可达 24m,而楼梯的习惯做法是敞开式。同时考虑到有的厂房虽高,但人员不多,厂房建筑可燃装修较少,故对设置防烟楼梯间的条件作了调整,即如果高度低于 32m 的厂房,人数不足 10 人或只有 10 人时可以采用封闭楼梯间。另外,当厂房为开敞式时也可以不采用封闭楼梯间。但如厂房内人员较多,为保证人员疏散,宜采用封闭楼梯间。

有关防烟楼梯前室面积和防排烟要求在本规范第 7 章和第 9 章中均有规定,设计时应按有关规定执行。

**3.7.7** 本条规定了消防电梯的设置要求。

1 高层建筑发生火灾时,消防队员若靠攀登楼梯进入高层部分扑救,一是体力消耗大,队员会因体力不及而造成运送器材和抢救伤员的困难,影响战斗力。二是耗费时间长,影响火灾的早期扑救。1980 年 6 月曾在北京对 15 名消防队员利用住宅楼进行了登高能力测试。测试结果:队员上到 8 层楼以后有 67.5%的人员体能处于正常范围,登上 9 层后只有 50%的人有战斗力,攀登到 11 层后,心率与呼吸恢复正常者已无一人。而火场条件更为恶劣,目前尚无更好的对比资料可参考,根据正常情况的测试数值进行分析、比较,确定消防队员从楼梯攀登的登高高度为 23m 左右。

普通电梯在火灾时往往因切断电源等原因而停止使用,因此在进行高层建筑防火设计时,要为消防队员登高创造有利条件,尽可能设置消防电梯。考虑厂房的实际情况,按设置防烟楼梯间的标准将高度定在 32m,即规定高度超过 32m,设有电梯的高层厂房内每个防火分区宜设 1 台消防电梯。

2 对于贴邻设置在建、构筑物旁的独立消防电梯,当能直通室外并具有良好的通风排烟条件时,可以不设置电梯前室。

3 高层塔架设有检修用的电梯,每层塔架的同时生产人数只有 1~2 人,不设消防电梯亦可满足在发生火灾事故时的人员疏散。如洗衣粉生产厂中的喷粉厂房(丙类生产除外)属丁类生产的喷粉工段,局部多层建筑面积不大,升起高度多在 20m 以下,建筑总高度在 50m 以下,这种情况就可以不设置消防电梯。

### 3.8 仓库的安全疏散

**3.8.1** 有关说明见第 3.7.1 条。

**3.8.2** 本条规定了每座仓库的安全出口数目。

由于仓库的使用人数相对较少,因而在条文中规定每个防火分区的出口不宜少于 2 个。

火灾案例多次证明,有些火灾就发生在出口附近,出口常被烟火封住,使得人们无法利用其进行疏散。如果有了 2 个或 2 个以上的安全出口,一个被烟火封住,其他的出口还可供人们紧急疏散。故原则上一座仓库或其内部每个防火分区的出口数目不宜少于 2 个。

考虑到仓库平时工作人员少,对面积较小(如占地面积不超过 300m² 的多层仓库)和面积不超过 100m² 的防火隔间,可设置 1 个楼梯或 1 个门。

**3.8.3** 有关说明见 3.7.3 条。

**3.8.4~3.8.6** 粮食钢板筒仓、冷库、金库等场所由于平时库内无人,需要进入时人员也很少,且均为熟悉环境的工作人员,金库还有严格的保安管理需要,因此,这些建筑的安全疏散可以按照相应国家标准或规定的要求设置安全出口。其他形式的粮食筒仓当其上部操作层面积小于 1000m² 且人员不超过 2 人时,也可以设置 1 个疏散楼梯。

**3.8.7** 高层仓库内虽经常停留人数不多,但垂直疏散距离较长,如采用敞开式楼梯间不利于疏散和扑救,也不利于控制烟火向上蔓延,因此,要求高层仓库采用封闭楼梯间。

**3.8.8** 本条规定了垂直运输物品的提升设施的设计要求,以阻止火势向上蔓延,扩大灾情。

除戊类仓库外,其他类别仓库内的火灾荷载相对较大,物品存放较集中,火灾延续时间也可能较长,为避免因门的破坏而导致火灾蔓延扩大,并筒防火分隔处采用乙级防火门。

1 实践中不少多层仓库内供垂直运输物品的升降机(包括货梯)多设在仓库外,如北京某储运公司仓库、北京百货大楼仓库、北京五金交电公司仓库、上海服装进出口公司仓库等均紧贴仓库外墙设置电梯或升降机等。这样设置既利于平时使用,又有利于安全疏散。

2 据调查,有少数多层仓库,将升降机(货梯)设在仓库内,又不设在升降机竖井内,是敞开的。这样设置很容易在起火后,火焰通过升降机的楼板孔洞向上蔓延,是不安全的做法,在设计中应予避免。但戊类仓库的火灾危险性小,升降机可以设在仓库内。

**3.8.9** 本条规定了仓库消防电梯的设置要求。

设置消防电梯(可与货梯合用)在于火灾时供消防人员输送器材和人员用。消防电梯应符合本规范第 7.4.10 条对消防电梯的要求。

设在仓库连廊内和冷库穿堂内的消防电梯,其连廊和穿堂通风排烟条件较好,可不设电梯前室。

# 4 甲、乙、丙类液体、气体储罐(区)与可燃材料堆场

## 4.1 一般规定

**4.1.1** 本条规定了甲、乙、丙类液体储罐区,液化石油气储罐区,可燃、助燃气体储罐区,可燃材料堆场等的平面布局要求,以有利于保障城市、居住区的安全。

本规范中的可燃材料露天堆场,一般包括稻草、麦秸、芦苇、烟叶、草药、麻、甘蔗渣、木材、纸浆原料、煤炭等的堆场。

1 上述场所一旦发生火灾,危害巨大。根据我国城市的发展需要和《中华人民共和国消防法》第九条的规定,对原条文作了修订补充。

2 据调查,上述有的场所在布置时由于较好地选择了安全地点和注意了风向,效果良好。在实际选址时,应尽量将上述场所布置在城市全年最小频率风向的上风侧;确有困难时,也应尽量选择在本地区或本单位全年最小频率风向的上风侧。这对于防止飞火殃及其他建筑物或可燃物堆垛等,十分有利。

3 由于本条规定的这些场所起火后燃烧速度快、辐射热强、难以扑救,容易造成很大损失且火灾延续时间往往较长,扑救和冷却用水量较大。因而,应在选址时充分考虑消防水源的来源和保障程度,使消防水源充足。消防水源的确定应按本规范第 8 章的有关规定进行。

4 许多城市的煤气罐,一般都布置在用户集中的安全地带,如沈阳、鞍山、大连、上海等市的煤气储罐,大都分散在城市用户集中的安全地带,每个煤气储罐还设有煤气放散管(φ150~250mm),一旦煤气发生事故,可进行紧急放散,有的还设有中心煤气压缩机站用以调节各储气罐均衡性。

5 甲、乙、丙类液体储罐或储罐区发生火灾时,易导致储罐破裂或发生突沸,使液体外溢发生连续性火灾爆炸,危及范围较大。有的可使原油流散达 100~200m,有的油品燃烧时还会发生突沸现象,危及范围和经济损失都很大。因此,甲、乙、丙类液体储罐或储罐区应尽量布置在地势较低的地带。

但考虑到某些单位的具体情况,有时执行起来有较大困难,故在采取加强防火堤或另外增设防护墙等可靠的防护措施时,也可布置在地势较高的地带。

6 液化石油气储罐区的设置位置宜远离居住区、工业企业和建有影剧院、体育馆、学校、医院等重要公共建筑的地区,并选择在通风良好的地区单独布置。

4.1.2 汽油、苯、甲醇、乙醇、乙醚、丙酮等桶装、瓶装甲类液体的闪点较低，为防止夏季高温炎热气候条件下，因露天存放而发生超压爆炸起火事故，本条规定不应露天存放。

4.1.3 本条规定了液化石油气储罐防护墙的设置要求。

液化石油气泄漏时气化体积大、扩散范围大，并易积聚引发较严重的灾害。本条规定主要为保障公共安全，避免和减少储罐事故对周围建筑物，特别是民用建筑的危害。

关于罐区是否设置防护墙，有两种意见：一种意见是不设防护墙，以防储罐发生窜气时，使液化石油气窝存而引发爆炸事故。另一种意见是设防护墙，但其高度为1m。后一种做法通风较好，不会窝气，而且当储罐漏液时，不会导致外流而危及其他建筑物。目前国内除炼油厂的液化石油气储罐不做防护墙外，其余大部分均设防护墙。美国、前苏联有关规范均要求设置防护墙。日本各液化石油气罐区以及每个储罐也均设置防火堤。本规范组认为液化石油气罐区设置1m高的防护墙是合适的。但储罐距防护墙的距离，卧式储罐按其长度的一半，球形储罐按其直径的一半考虑为宜。

液化石油气储罐与周围建筑物之间的防火间距，应符合本规范第4.4节和现行国家标准《城镇燃气设计规范》GB 50028的有关规定。

4.1.4 目前国内有些单位的装卸设施设置在储罐区内，或距离储罐区较近，当储罐发生泄漏，有汽车出入或进行装卸作业时，十分危险。故本条明确规定这些场所应首先考虑按功能进行分区，储罐与其装卸设施及辅助管理设施分开布置。有关防火间距按本规范及国家相应现行专业规范的有关规定执行。

4.1.5 本条主要规定甲、乙、丙液体储罐，液化石油气储罐，可燃、助燃气体储罐区，可燃材料堆场等的布置，应考虑周边的架空电力线的影响；同时，设置架空电力线时也应考虑与周围储罐、堆场的间距。详细说明见本规范第11.2.1条条文说明。

### 4.2 甲、乙、丙类液体储罐（区）的防火间距

本节主要对工业企业内以及独立建设的甲、乙、丙类液体储罐的布置和防火间距作了具体规定。为便于规范执行和相互间的协调，本规范4.2.11条明确了有关专业石油库的储罐布置以及储罐与库内外的建筑物之间防火间距的设计要求应按现行国家标准《石油库设计规范》GB 50074的有关规定执行。

4.2.1 本条规定了甲、乙、丙类液体储罐和乙、丙类液体桶装堆场与建筑物的防火间距。

1 甲、乙、丙类液体储罐和乙、丙类液体桶装堆场的最大总储量，是根据工厂企业附属油库和其他甲、乙类液体储罐及仓库等的储量确定的。

对个别企业附属油库的储量按照本规定执行有困难时，可按照国家有关规定进行专门论证解决，以适应大型工业生产的需要。

2 规范表4.2.1中规定的防火间距主要是指根据火灾实例、基本满足灭火扑救要求和现行的一些实际做法提出的。火灾时，一般只考虑单罐的影响。不同单罐储量的火灾影响差异较大，目前还不能完全从理论上准确推导出燃烧辐射热等对相邻建筑物的影响。

从实际火灾案例看，一个1500m³的地下原油储槽，燃烧10h左右可烤着距着火部位30m一幢砖木结构房屋的木屋檐部分，且大部分碳化，但距40m的砖木结构厂房未碳化。一个120m³的苯罐爆炸起火，可引燃一相距19.5m的三级耐火等级建筑的屋檐。一个30m³的地上卧式油罐爆炸起火，能震碎相距15m范围的门窗玻璃，辐射热可引燃相距12m的可燃物。

根据扑救油罐火灾实践经验，油罐（池）着火时燃烧猛烈、辐射热强，小罐着火至少应有12～15m的距离，较大罐着火至少有15～20m的距离，才能满足灭火需要。

3 本条明确一个储罐区可能同时存放甲、乙、丙类液体时，应

经过折算（可折算成甲、乙类液体，也可折算成丙类液体）后，按本规范表4.2.1的规定确定其防火间距。甲、乙类液体与丙类液体按1：5进行折算的方法，是最早沿用国外规范的规定，实践证明是可行的。

4 将有关甲、乙、丙类液体储罐与变压器、变压站之间防火间距的规定纳入本表，便于使用。

5 关于表4.2.1注的说明：

1）注3：因甲、乙、丙类液体的固定顶储区、半露天堆场和乙、丙类液体桶装堆场与甲类厂房（仓库）以及民用建筑发生火灾时，相互影响和威胁较大。故它们相互间的防火间距应按本表的规定增加25%。上述储罐、堆场发生沸溢或破裂使油品外泄时，遇到点火源会引发火灾。故规定与明火或散发火花地点的防火间距应大些，即应在本表对四级耐火等级建筑要求的基础上增加25%。

2）注4：浮顶储罐的罐区或闪点大于120℃的液体储罐区危险性相对较小，故规定可按本表的规定减少25%。

3）注5：数个储罐区布置在同一库区内时，罐区与罐区应视为2座不同的建、构筑物，其防火间距原则上应按2个不同库区对待。但为了节约土地资源，同时考虑到扑救火灾需要以及同一库区的管理等因素，规定按不小于表4.2.1中相应储量的储罐区与四级耐火等级建筑之间防火间距的较大值考虑。

4）注6：因直埋式地下甲、乙、丙类液体储罐较地上式储罐安全些，故规定其防火间距可按本表规定减少50%。但为保证安全，单罐容积不应大于50m³，总容积不应大于200m³。

4.2.2 本条规定了储罐区内甲、乙、丙类液体储罐之间的防火间距要求。

甲、乙、丙类液体储罐之间的防火间距除考虑安装、检修的间距外，主要考虑火灾时避免相互危及和便于扑救火灾的需要。

1 目前国内大多数专业油库和工业企业内油库的地上储罐之间的距离多为相邻储罐的一个D（D——储罐的直径）或大于一个D，也有些小于一个D（0.7～0.9D）的。当其中一个储罐着火时，该距离能在一定程度上减少对相邻储罐的威胁。

2 扑救火灾有两种情况：一是消防人员采用水枪冷却油罐，其水枪喷水的仰角通常为45°～60°，0.60～0.75D的距离是可行的；二是当油罐上的固定或半固定泡沫管线被破坏时，消防队员向着火罐上挂泡沫钩管的操作距离也是足够的。根据我国有关油罐火灾扑救经验，地上储罐之间的距离规定0.60～0.75D基本可以满足扑救火灾的需要。

3 与国内有关规范基本协调一致。现行国家标准《石油库设计规范》GB 50074和《石油化工企业设计防火规范》GB 50160中对地上可燃液体储罐之间距离的规定也类同。

4 关于表4.2.2注的说明：

1）注2：主要明确不同火灾危险性的液体（甲类、乙类、丙类）、不同形式的储罐（立式罐、卧式罐；地上罐、半地下罐、地下罐等）布置在一起时，防火间距应按其中较大者确定，以利安全。对于矩形储罐，其当量直径为长边L与短边l之和的一半。设当量直径为D，则：

$$D = \frac{L+l}{2}$$

2）注3：主要考虑一排卧式储罐中的某个罐起火，不会导致很快蔓延到另一排卧式储罐，并为灭火操作创造条件。

3）注4：是调整要求。考虑到设有充氮保护设备的液体储罐比较安全，故其间距可按浮顶储罐间距确定。

4）注5：是调整要求。单罐容积小于1000m³的甲、乙类液体地上固定顶油罐，罐容相对较小，采用固定冷却水设备后，可有效地降低其燃烧辐射热对相邻罐的影响；同时，消防人员还在火场采用水枪进行冷却，故油罐之间的防火间距可减少些。

5）注6：基于下列三点考虑：一是设有液下喷射泡沫灭火设

备，不需用泡沫钩管（枪）；二是设有固定消防冷却水设备时，一般情况下不需用水枪进行冷却，三是在防火堤内如设有泡沫灭火设备（如固定泡沫产生器等），能及时扑灭流散液体火灾，故该储罐间防火间距可适当减小，但地上储罐不宜小于 0.4D。

6）注 7：闪点大于 120℃ 的液体，其引燃温度较高，相对较安全，故适当减少了储罐之间的距离。

**4.2.3** 本条是对小型甲、乙、丙类液体储罐成组布置时的规定。其目的在于在保证一定安全的前提下，更好地节约用地、节约输油管线，方便操作管理。

1 据调查，有的专业油库和企业内的小型甲、乙、丙类液体库，将容量较小油罐成组布置。实践证明，小容量的储罐发生火灾时，在一般情况下易于控制和扑救，也不像大罐那样需要较大的操作场地。

2 为防止火灾时火势蔓延扩大，有利扑救，减少损失，组内储罐的布置不应多于两排。组内储罐之间的距离主要考虑安装、检修的需要。储罐组与组之间的距离可按储罐的形式（地上式、半地下式、地下式等）和总储量相同的标准单罐确定。如：一组甲、乙类液体储量为 950m³，其中 100m³ 单罐 2 个，150m³ 单罐 5 个，则组与组的防火间距按小于或等于 1000m³ 的单罐 0.75D 确定。

3 当储量超过本条规定时，则应按照本规范的其他条款规定执行。

**4.2.4** 本条规定了防火堤内甲、乙、丙类液体储罐的布置要求。

1 把火灾危险性相同或接近的甲、乙、丙类液体地上、半地下储罐布置在一个防火堤分隔范围内，既有利于统一考虑消防设计，储罐之间也能互相调配管线布置，又可节省输送管线和消防管线，并便于管理。

2 沸溢性液体与非沸溢性液体不应布置在同一防火堤内，这样可比较有效地防止沸溢性液体储罐起火时，因突沸现象导致的火灾蔓延而危及非沸溢性液体储罐，增加扑灭难度，造成更大损失。

3 地上液体储罐与地下、半地下液体储罐不应布置在同一防火堤内，也是防止一旦地下储罐发生火灾时，其火焰会直接威胁地上、半地下储罐，使灾情扩大。

**4.2.5** 本条是对防火堤的设置和防火堤内的储罐布置要求。

实践证明，防火堤能使燃烧的流散液体限制在防火堤内，给扑救火灾创造有利条件。在甲、乙、丙类液体储罐区设置防火堤是火灾事故时，防止液体外溢流散而使火灾蔓延扩大，减少损失的有效措施。前苏联、美国、英国、日本等国家有关规范都明确规定甲、乙、丙类液体储罐区应设置防火堤，并对防火堤内储罐布置、总储量和具体做法作了相应规定。本条规定既总结了国内的成功经验，也参考了国外的类似规定与做法。

1 防火堤内储罐布置不宜超过两排，主要考虑储罐失火时便于扑救，如其布置超过两排，当中一排储罐发生事故时，将对两边储罐造成威胁，必然会给扑救带来较大困难。

对于单罐容量不大于 1000m³ 且闪点大于 120℃ 的液体储罐，其储罐形体较小、高度较低，若中间一行储罐发生事故是可以进行扑救，同时还可节省用地，故规定可不超过 4 排。

2 防火堤内的储罐发生火灾爆炸事故时，储罐内的油品通常不会全部流出，规定防火堤的有效容积不应小于其中较大储罐的容积是合适的。浮顶储罐发生火灾爆炸事故几率较低，故取其最大储罐容量的一半。

3 本条第 3、4 款规定主要考虑储罐爆炸起火后，油品因罐体破裂而大量外流时，能防止流散到防火堤外，并要能避免液体静压力冲击防火堤。

4 沸溢性液体储罐要求每个储罐设置一个防火堤或防火隔堤以防止发生火灾事故因液体沸溢，四处流散而威胁相邻储罐。

5 含油污水管道应设置水封装置以防止油品流至污水管道而造成事故隐患。雨水管道应设置阀门等隔离装置，主要为防止

储罐破裂时液体流向防火堤之外。

**4.2.6** 闪点大于 120℃ 的液体储罐或储罐区以及桶装、瓶装的乙、丙类液体堆场，甲类液体半露天堆场（有盖无墙的棚房），由于液体储罐爆裂可能性小或桶装液体爆裂外溢的量也较少，因此，当采取了有效防止液体流散的设施时，可以不设置防火堤。实际中，一般采用设置粘土、砖石等不燃材料的简易围堤和事故油池等方法来防止液体流散。

**4.2.7** 本条对甲、乙、丙类液体储罐与泵房、装卸鹤管的防火间距作了具体规定。

据调查，目前国内一些甲、乙类液体储罐与泵房的距离一般在 14～20m 之间，与铁路装卸栈桥一般在 18～23m 之间。

发生火灾时，储罐对泵房等的影响与罐容有关，而泵房等对储罐的影响相对较小。但从引发火灾情况看，是两者相互作用的结果。因此，根据各地反映，从保障安全、便于扑救火灾出发，储罐与泵房和铁路、汽车装卸设备要求保持一定的防火间距。前者宜为 10～15m。考虑到装卸鹤管无论是铁路还是汽车，其火灾危险性基本一致，故将有关防火间距统一，将后者定为 12～20m。

**4.2.8** 本条规定主要为减小火灾发生时装卸鹤管与建筑物、铁路线之间的相互影响，防止再次引发火灾。

1 根据对国内一些储罐区的调查，装卸鹤管与一、二、三级耐火等级建筑物之间的距离一般为 13～18m。对丙类液体鹤管与建筑物的距离，则据其危险性作了一定调整。

2 装卸设施与厂内其他铁路线的防火间距分别为 20m 和 10m 是防止装卸设施一旦发生事故危及厂内其他铁路线。

3 规定泵房与装卸设施的最小距离应保持 8m，主要考虑两者其一发生事故时的相互影响。

**4.2.9** 本条规定了甲、乙、丙类液体储罐与铁路、道路的防火间距。

1 甲、乙、丙类液体储罐与铁路走行线的距离，主要考虑蒸汽机车飞火对储罐的威胁。其最小间距控制在 20m，对甲、乙类储罐与厂外铁路走行线的间距规定大一些。

2 与道路的距离是据汽车和拖拉机排气管飞火对储罐的威胁确定的。据调查，机动车辆的飞火影响范围远者为 8～10m，近者为 3～4m，故厂内次要道路定为 5m 和 10m，与主要道路和厂外道路的间距则需适当大些。

**4.2.10** 本条规定了零位储罐与所属铁路作业线之间的距离。

零位储罐罐容较小，是铁路槽车向储罐卸油作业时的缓冲罐。零位罐置于低处，铁路槽车内的油品借助液位高程自流进零位罐，然后利用油泵送入储罐。

### 4.3 可燃、助燃气体储罐（区）的防火间距

**4.3.1** 本条规定了可燃气体储罐与建筑物、储罐、堆场的防火间距。

1 可燃气体储罐指盛装氢气、甲烷、乙烷、乙烯、氨气、天然气、油田伴生气、水煤气、半水煤气、发生炉煤气、高炉煤气、焦炉煤气、伍德炉煤气、矿井煤气等可燃气体的储罐。可燃气体储罐分低压和高压两种。

低压可燃气体储罐的几何容积是可变的，分湿式和干式两种。湿式可燃气体储罐又称水槽式储气罐，主要由水槽、塔节、钟罩和水封等组成。储气罐的设计压力通常小于 4kPa。干式可燃气体储气罐主要由筒形罐体、筒内可移动的活塞、导架装置和电梯等组成。储气罐的设计压力通常小于 8kPa。

低压可燃气体储气罐干式与湿式相比，具有下列优点：大容积者节省钢材、投资少、占地面积小，无水封，寒冷地区冬季不需保温，运行费用低。压力变化小，较湿式罐压力稳定；在不同大气温度下罐内燃气湿度变化小。

高压可燃气体储气罐的几何容积是固定的，其外形有卧式圆筒形和球形两种。卧式储气罐容积较小，通常不超过 120m³。球形

储气罐容积较大，最大容积可达 10000m³。这类储罐的设计压力通常为 1.0～1.6MPa。

**2** 为适应我国国民经济高速持续发展和储气罐单罐容积趋向于大型化的需要，此次修订对规范中表 4.3.1 内储罐总容积的分档作了调整。目前国内湿式可燃气储罐单罐容积档次有：小于 1000m³、1000m³、5000m³、10000m³、20000m³、30000m³、50000m³、100000m³、150000m³、200000m³；干式可燃气体储罐单罐容积档次有：小于 1000m³、1000m³、5000m³、10000m³、20000m³、30000m³、50000m³、80000m³、170000m³、300000m³。

本表将原表第四档改为 50000～100000m³，对其防火间距也进行了适当调整。表中储罐总容积小于等于 1000m³ 者，一般为小氮肥厂、小化工厂和其他小型工业企业的可燃气体储罐。储罐总容积为 1000～10000m³ 者，多是小城市的煤气储配站、中型氮肥厂、化工厂和其他中小型工业企业的可燃气体储罐。储罐总容积大于等于 10000m³ 至小于 50000m³ 者，为中小城市的煤气储配站、大型氮肥厂、化工厂和其他大中型工业企业的可燃气体储罐。储罐总容积大于等于 50000m³ 至小于 100000m³ 者，为大中城市的煤气储配站、焦化厂、钢铁厂和其他大型工业企业的可燃气体储罐。

**3** 确定有关间距的主要依据。

1）湿式储罐内可燃气体的密度大都比空气轻，泄漏时易向上扩散，万一发生事故也易扑救。同时，近年来我国储气罐制造和运行后的管理水平都有很大提高。如东北某煤气公司 14300m³ 湿式储罐罐壁穿孔，带气补焊而引起着火，厂内员工和消防人员利用湿棉被就将火扑灭，没有酿成火灾。

2）湿式储罐或堆场等发生火灾爆炸事故时，相互危及范围一般为 20～40m，近者 10m 多，远者 100～200m。

根据有关事故分析，湿式可燃气体储罐在工作时一般不会发生爆炸事故，只有在检修时因处理不当或违章焊接才引起爆炸。但这种储罐爆炸一般不会发生二次火灾或连续爆炸事故，因而也不大可能引起很大的伤亡和损失，只是碎片飞出可能伤人或砸坏建筑物。从危及范围来看，表 4.3.1 规定的防火间距可行。

3）考虑施工安装的需要，大、中型可燃气体储罐施工安装所需的距离一般为 20～25m。根据储气罐火灾扑救实践，人员与罐体之间至少要保持 15～20m 的间距。

4）国内外有关规范规定的湿式可燃气体储罐与建、构筑物之间的防火间距见表 16。从表中可以看出，规范中表 4.3.1 的规定与国内有关规范的规定相近，与德国规范相差稍大。

**表 16  有关规范规定的防火间距(m)**

| 规范名称<br>项目 | 气田设计防火规定 | 炼油设计防火规定(炼油篇) | 炼油设计防火规定(石油化工篇) | 原西德规范<br>DVGW G430 1964 |
|---|---|---|---|---|
| 明火或散发火花的地点 | 40 | 35 | 25 | 非本企业建筑、住宅为 25 |
| 易燃、可燃液体储罐 | 容积小于等于 1000m³ 时，为 20；容积 1001～5000m³ 时，为 20 | 顶距为 15；固定顶距为 20 | 顶距为 15；固定顶距为 20 | 距木材仓库和其他可能突然发生火灾的易燃品仓库为 50 |
| 液化石油气储罐 | 容积小于等于 200m³ 时，为 30；容积 201～500m³ 时为 35 | 相邻较大罐的半径 | 40 | |
| 压缩机室 | 4 | 35 | 30 | |
| 全厂性重要设施 | 40 | 35 | 30 | |
| 备注 | 当储罐容积小于 10000m³ 时，减 25%；当储罐容积大于 50000m³ 时，加 25% | 当储罐容积小于 10000m³ 时，减 25%；当储罐容积大于 50000m³ 时，加 25% | 与本企业建筑物的距离应考虑施工运行的需要自行确定 | |

5）干式储气罐的活塞和罐体间靠油或橡胶夹布密封，当密封部分漏气时，其可燃气体泄漏到活塞上部空间，经排气孔排至大气。当可燃气体密度大于空气时，不易向罐顶外扩散，比空气小

时，则易扩散，故前者防火间距应按表 4.3.1 增加 25%，后者可按表 4.3.1 的规定执行。

6）小于 20m³ 的可燃气体储罐，储量和危险性小，与其使用燃气厂房之间的防火间距可不限。

7）因湿式可燃气体储罐的燃气进出口阀门室、水封井和干式可燃气体储罐的阀门室、水封井、密封油循环泵和电梯间均是储罐不宜分割的附属设施，为节省用地，便于运行管理，可按工艺要求布置，其防火间距不受限制。

**4** 表 4.3.1 注：固定容积的可燃气体储罐设计压力较高，易漏气，危险性较大，其防火间距要先按其实际几何容积(m³)与设计压力(绝对压力，10⁵Pa)乘积折算出总容积，再按表 4.3.1 的规定确定。

**4.3.2** 可燃气体储罐或储罐区之间的防火间距，为发生事故时减少相互间的干扰和便于扑救火灾和施工、安装、检修所需的距离。

**1** 鉴于干式可燃气体储罐与湿式可燃气体储罐危险性基本相同，故其储罐之间的距离均规定不应小于相邻较大罐直径的一半。

**2** 固定容积的可燃气体储罐设计压力较高、危险性较湿式和干式可燃气体储罐大，卧式和球形储罐虽形式不同，但其危险性基本相同。故修订时改为不应小于相邻较大罐的 2/3。

**3** 固定容积的可燃气体储罐与湿式或干式可燃气体储罐之间的防火间距不应小于相邻较大罐的半径，主要考虑在一般情况下后者的直径大于前者，故此规定可以满足消防扑救和施工安装、检修需要。

**4** 本规范 1987 年版"一组卧式或固定容积的可燃气体储罐总容积不应超过 30000m³"的规定，目前已不适应我国经济发展的需要，特别是燃气事业发展的实际需要。根据我国天然气"西气东输"的战略决策，我国已建成一批大型天然气球形储罐，当设计压力为 1.0～1.6MPa 时，其容积相当于 50000～80000m³、100000～160000m³。据此，通过与燃气管理和燃气规范归口单位的专家共同调研，并对其实际火灾危险性进行研究后，将储罐分组布置的规定调整为"一组固定容积的可燃气体储罐总容积大于等于 200000m³（相当于设计压力为 1.0MPa 时的 10000m³ 球形储罐 2 台时），应分组布置"。由于本规范只涉及储罐平面布置的规定，未对其整体消防安全措施进行全面、系统的规定。在设计时不能片面考虑储罐区的总储量与间距的关系，而应根据《城镇燃气设计规范》GB 50028 的有关规定进行综合分析，确定合理和安全可靠的技术措施。

**4.3.3** 本条规定了氧气储罐与建筑物、储罐、堆场的防火间距。

**1** 本条表 4.3.3 中储量小于或等于 1000m³ 的湿式氧气储罐，一般为小型企业和一些使用氧气的事业单位的氧气储罐；储量为 1000～50000m³ 者，主要为大型机械工厂和中、小型钢铁企业的氧气储罐；储量大于 50000m³ 者，为大型钢铁企业的氧气储罐。

**2** 氧气储罐或储罐区与建筑物、储罐、堆场的防火间距，考虑了以下因素：

1）氧气为助燃气体，其火灾危险性属乙类，储存于钢罐内。确定防火间距时，可将氧气罐视为一、二级耐火等级建筑，与其他建筑物的距离原则上按厂房之间的防火间距考虑。

2）与民用建筑，甲、乙、丙类液体储罐，可燃材料堆场的防火间距，主要考虑火灾时相互影响和扑救火灾的需要。

**3** 氧气储罐与制氧厂房之间的间距可按现行国家标准《氧气站设计规范》GB 50030 的有关规定，根据工艺要求确定。氧气储罐之间的防火间距不小于相邻较大储罐的半径，则是火灾时扑救和施工、检修的需要。

**4** 氧气储罐与可燃气体储罐之间的防火间距不应小于相邻较大罐的直径，主要考虑可燃气体储罐发生爆炸事故时危及氧气储罐和消防扑救的需要。这一规定与现行国家标准《氧气站设计规范》GB 50030 进行了协调。

**4.3.4** 有关液氧储罐的防火设计要求。

**1** 确定液氧间距时，应将储罐容积按 1m³ 液氧折合成 800m³ 标准状态气氧计算后进行。其储罐与建筑物、储罐、堆场的防火间距，按本规范第 4.3.3 条的规定执行。如某厂有个 100m³ 液氧储罐，折合成气氧为 800×100＝80000（m³），按本规范第 4.3.3 条第三档（V＞50000m³）规定的防火间距执行，其余类推。

液氧储罐与其泵房的间距不宜小于 3m。这与国外有关规范规定和国内有关工程的实际做法一致。

**2** 总容积小于等于 3m³ 的液氧储罐设置在一、二级耐火等级的专用独立建筑物内时，与其使用建筑的防火间距不应小于 10m，与现行国家标准《氧气站设计规范》GB 50030 的有关规定一致。考虑医院等使用氧气单位的实际情况，本条还对设置足够防火间距有困难时作了规定。

对于低温储存的液氧，在实际使用过程中相对具有较好的安全性，故在采取可靠的防火措施后，对其有关间距作了一定调整。如在《低温液体贮运设备使用安全规则》JB 6898—1997 中规定：当液氧容器与其他建筑物、储罐、堆场之间建高于容器及防火物 0.5m 的防火隔墙时，可将距离减小到《建筑设计防火规范》规定值的一半。但液氧是强助燃剂，在液氧储罐周围 5m 内要禁止明火、杜绝一切火源，并要求设置明显的禁火标志。

**4.3.5** 当液氧储罐泄漏的液氧气化后，与稻草、木材、刨花、纸屑等可燃物以及溶化的沥青接触时，遇到火源容易引起更猛烈的燃烧，致使火势扩大，故规定其周围一定范围内不应存在可燃物。

**4.3.6** 可燃助燃气体储罐发生火灾事故时，对铁路、道路威胁较甲、乙、丙类液体储罐小，故其防火间距的规定较本规范表 4.2.9 小些。

**4.3.7** 液氢的闪点为 −50℃，爆炸极限范围为 4.0%～75.0%，密度比水轻（沸点时 0.07）。当液氢发生泄漏后，由于其密度比空气重（在 −25℃ 时，相对密度 1.04），而使汽化的气体能沉积在地面上，当温度升高后才扩散，并在空气中形成爆炸混合气体，遇到点火源发生爆炸，产生火球。氢气是最轻的气体，燃烧速度最快（D＝25.4mm，着火温度 400℃，速度为 4.85m/s，在化学反应浓度下着火能量为 1.5×10⁻⁵J）。

氢气在石油化工、冶金、电子等行业用途广泛，液氢和氧或氟在一起作为火箭燃料和核动力火箭推进剂，核加速器高能粒子研究等。液氢属甲类火灾危险，燃烧爆炸的速度猛烈程度和破坏威力等较气态氢大，所以防火间距也比气态氢大些。参考国外规范，本条规定与建筑物、甲、乙、丙类液体储罐和堆场等防火间距按本规范表 4.4.1 条规定的防火间距减小 25%。

## 4.4 液化石油气储罐（区）的防火间距

**4.4.1** 本条规定了液化石油气供应基地内的储罐与基地外建筑物的防火间距。

**1** 液化石油气是以丙烷、丙烯、丁烷、丁烯等低碳氢化合物为主要成分的混合物。闪点低于 −45℃，爆炸极限范围为 2%～9%，其火灾危险性属甲类。液化石油气通常以液态形式常温储存，其饱和蒸气压随环境温度变化而变化，一般在 0.2～1.2MPa。1m³ 液态液化石油气可汽化成 250～300m³ 的气态液化石油气，与空气混合形成 3000～15000m³ 的爆炸性混合气体。

液化石油气着火能量很低（3×10⁻⁴～4×10⁻⁴J），电话、步话机、手电筒开关时产生的火花即可成为爆炸、燃烧的点火源，其火焰扑灭后很易复燃。液态液化石油气的密度为水的一半（0.5～0.6t/m³），发生火灾后用水难以扑灭；气态液化石油气的比重比空气重一倍（2.0～2.5kg/m³），泄漏后易在低洼或通风不良处存而酿成爆炸事故隐患。此外，液化石油气储罐破裂时，其内部压力急剧下降，罐内液态液化石油气顿时汽化生成大量气体，并向上空喷出形成蘑菇云，继而降至地面向四周扩散，与空气混合形成爆炸性气体，遇到点火源发生空间爆炸，并引起着火。大火以火球形

式返回罐区形成一片火海，致使储罐发生连续性大爆炸，因此一旦漏气十分危险，危害极大。

**2** 本条表 4.4.1 将液化石油气储罐和储罐区分为 7 档，按单罐和罐区不同容积提出的防火间距要求。该规定与现行国家标准《城镇燃气设计规范》GB 50028 进行了充分协调，相关规定一致。

第一档主要为工业企业、事业等单位和居住小区内的气化站、混气站和小型灌装站的储量规模。第二档为中小城市调峰气源厂和大中型工业企业的气化站和混气站的储量规模。第三、四、五档为一般是大中型灌瓶站，大、中城市调峰气源厂的储量规模。第六、七档主要为特大型灌瓶站，大、中型储配站，储存站和石油化工厂的储罐区。

**3** 有关防火间距规定的主要依据：

1）根据国内外液化石油气火灾爆炸事故实例，当储罐破裂大量液化石油气泄漏后与空气混合，遇到点火源发生爆炸和火灾后，其危及范围与单罐和罐区总容积、破坏程度、泄漏量大小、地理位置、气象、风速以及安全消防设施和扑救等诸因素有关。

当储罐和罐区容积较小，泄漏量不大时，其爆炸和火灾事故危及范围近者 20～30m，远者 50～60m。当储罐和罐区容积较大，泄漏量很大时，其爆炸和火灾事故危及范围通常在 100～300m（根据资料记载最远可达 1500m。）

2）参考国内外有关规范规定。

①与现行国家标准《城镇燃气设计规范》GB 50028 的规定协调一致。

②参考国外有关规范的确定。

美国国家消防协会《国家燃气规范》NFPA 59—1998 规定的非冷冻液化石油气储罐与建筑物的防火间距参见表 17。

**表 17　非冷冻液化石油气储罐与建筑物的防火间距**

| 储罐充水容积　美加仑（m³） | 储罐距重要建筑物，或不与液化气体装置相连的建筑，或可供利用的相邻地界　ft（m） |
|---|---|
| 2001～30000（7.6～114） | 50（15） |
| 30001～70000（114～265） | 75（23） |
| 70001～90000（265～341） | 100（30） |
| 90001～120000（341～454） | 125（38） |
| 120001～200000（454～757） | 200（61） |
| 200001～1000000（747～3785） | 300（91） |
| ≥1000001（≥3785） | 400（122） |

注：储罐与用气厂房的间距可按上表减少 50%，但不得低于 50ft（15m），表中数字后括号内的数值为按公制单位换算值。

1 美加仑＝3.79×10⁻³m³。

日本液化石油气设备协会《液化石油气一般标准》LPA 001（1992）规定：第一种居住用地范围内不允许设置液化石油气储罐，其他用地区域设置储罐容量也作了严格限制，参见表 18。

**表 18　日本不同区域储罐容量的限制**

| 用地区域 | 一般居住区 | 商业区 | 准工业区 | 工业区或工业专用区 |
|---|---|---|---|---|
| 储存量（t） | 3.5 | 7.0 | 35 | 不限 |

在此基础上规定了地上储罐与第一种保护对象（学校、医院、托幼院、文物古迹、博物馆、车站候车室、百货大楼、酒店、旅馆等）的距离按下式计算确定：

$$L = 0.12\sqrt{X + 10000}$$

式中　L——储罐与保护对象的防火间距（m）；

X——液化石油气总储量（kg）。

在日本，液化石油气站储罐容量平均很小，当按上式计算超过 30m 时，可取不小于 30m。当采用地下储罐或采取水喷淋、防火墙等安全措施时，其防火间距可以按该规范的有关规定减小距离。

就液化石油气储罐与站内建筑物之间的防火间距而言，日本的规定也很小：与明火、耐火等级较低的建筑物的间距不应小于

8m，与非明火建筑、站内围墙的间距不应小于3m。

英国石油学会《液化石油气安全规范》规定的炼油厂及大型企业的压力储罐，与其他建筑物的防火间距参见表19。

表19　炼油厂和大型企业压力储罐与其他建筑物的防火间距

| 名称　英加仑(m³) | 间距　ft(m) | 备注 |
|---|---|---|
| 至其他企业的厂界或固定火源，当储罐水容积 <30000(136.2) | 50(15.24) | |
| >30000~125000(136.2~567.50) | 75(22.86) | |
| >125000(567.5) | 100(30.48) | |
| 有危险性的建筑物，如灌装间、仓库等 | 50(15.24) | |
| 甲、乙级储罐 | 50(15.24) | 自甲、乙类油品的储罐的围堤顶部起 |
| 至低温冷冻液化石油气储罐 | 最大低温罐直径，但不小于100(30.48) | |
| 压力液化石油气储罐之间 | 相邻储罐直径之和的1/4 | |

注：1英加仑=0.0045m³。表中括号内的数值是按公制单位换算值。

3)自本规范颁布10多年来，我国液化石油气的气站设计、运行的实践，证明本规范的有关规定可行。据此，本次规范修订根据液化石油气危险性、火灾爆炸事故、参考国外有关规范和本规范执行情况并考虑近年来我国液化石油气行业设备制造安装水平、安全设施装备水平和管理水平等均有较大提高等现实，对其防火间距作了适当调整。但容积大于1000m³的液化石油气单罐和总容积超过5000m³时，属特大型储存站，万一发生事故危及范围也大，故有必要加大其防火间距要求。

4　对注2的说明：埋地液化石油气储罐运行压力较低，且压力稳定，通常不超过0.6MPa，比地上储罐安全，故参考国内外有关规范其防火间距减一半。为了安全起见，对单罐容积和总容积作了限制。

4.4.2　本条对液化石油气储罐之间的防火间距作了具体规定。确定液化石油气储罐或罐组之间防火间距的因素：

1　液化石油气储罐之间的距离不宜小于相邻较大罐的直径。当一个储罐发生火灾时应减少其对相邻储罐的威胁，同时该间距应便于施工安装、检修和运行管理。本规定符合国内多年来的实际做法，与其他现行国家标准的规定协调一致。从火灾爆炸事故危及范围看，十分必要。

2　数个储罐的总容积大于3000m³时，应分组布置；组内储罐宜采用单排布置。这样可减少发生火灾时的相互作用，并便于消防扑救，保证至少有一只消防水枪的充实水柱能达到任一储罐的任何部位。罐组之间的距离应保证消防车畅通，便于进行消防扑救。

4.4.3　本条规定了液化石油气储罐与所属泵房的防火设计要求。

1　液化石油气储罐与所属泵房的距离不应小于15m，主要考虑储罐爆炸起火危及泵房，也是安全进行消防扑救所需的最小距离。

2　当泵房面向储罐一侧的外墙采用无门窗洞口的防火墙时，其防火间距可减少至6m是一种间距不足的调整措施，同时也是为满足液化石油气泵房正常运行的需要。

3　液化石油气泵露天设置时，对防火是有利的，为更好地满足工艺需要，对其与储罐的距离可不限。

4.4.4、4.4.5　目前国内已建造了一批全冷冻式液化石油气储罐，为保证安全和防火审核需要，经与现行国家标准《城镇燃气设计规范》GB 50028管理组协商，增加了本规定。有关防火间距在该规范中有详细要求。

关于位于居民区和工业企业内的液化石油气化站、混气站的储罐与重要公共建筑和其他民用建筑、道路之间的防火间距，经过充分协商，确定在现行国家标准《城镇燃气设计规范》GB 50028中作具体规定，本规范不再规定。设计时，可按该规范执行。

总容积不大于10m³的储罐，当设置在专用的独立建筑物内

时，通常设置2个。单罐容积小，又设置在建筑物内，危险性较小。故规定其外墙与相邻厂房及其附属设备之间的防火间距，可以按甲类厂房的防火间距执行。

4.4.6、4.4.7　本条规定了液化石油气瓶装供应站防火设计的基本要求。

1　液化石油气瓶装供应站的四周宜设置不燃烧体的实体围墙，不但有利于安全，并且可减少和防止瓶库发生火灾爆炸事故时对周围区域的危害。液化石油气瓶装供应站通常设置在居民区内，考虑与居住区环境协调和美化，面向出入口（居民区道路）一侧可设置不燃烧体非实体围墙，如装饰型花格围墙等，但面向该侧的瓶装供应站建筑外墙不宜用作泄压面积。

2　表4.4.6对液化石油气站的瓶库与站外建、构筑物之间的间距，按总存储容积分四档提出不同的防火间距要求。

目前，我国各城市液化石油气瓶装供应站的供应规模大都在5000~7000户，少数在10000户左右，个别站也有超过10000户的。根据各地运行经验，考虑方便用户、维修服务等因素，供气规模以5000~10000户为主。该供气规模日售瓶按15kg钢瓶计，为170~350瓶左右。瓶库通常应按1.5~2天的售瓶量存瓶，才能保证正常供应，需储存250~700瓶，相当于容积为4~20m³的液化石油气。

表4.4.6规定的与站外建、构筑物防火间距，考虑了液化石油气钢瓶单瓶容量较小，总存储量也严格限制最多不超过20m³，火灾危险性较液化石油气储罐小等因素。

3　注中总存瓶容积按实瓶个数与单瓶几何容积的乘积计算，具体计算可按下式进行：

$$V = N \cdot V \cdot 10^{-3}$$

式中　$V$——总存瓶容积(m³)；
　　　$N$——实瓶个数；
　　　$V$——单瓶几何容积，15kg钢瓶为35.5L，50kg钢瓶为112L。

## 4.5　可燃材料堆场的防火间距

4.5.1　本条规定了可燃材料堆场与建筑物的防火间距。

1　据调查，粮食囤垛堆场目前仍在使用，其总储量较大，且多利用稻草、竹竿等可燃物材料建造，容易引燃。本条根据过去粮食囤垛的火灾情况，对粮食囤垛的防火间距作了规定，并将粮食囤垛堆场的最大储量定为20000t。

2　尽管国家近几年正在大量建设棉花储备库，但我国不少地区对棉花、百货等采用露天或半露天堆放的方式储存仍有要求，且其堆放储量较大。以棉花为例，每个棉花堆场储量大都在5000t左右。麻、毛、化纤和百货等火灾危险性类同，故将每个堆场最大储量限制在5000t以内。

棉、麻、毛、百货等露天或半露天堆场与建筑物的防火间距主要根据火灾案例和现有堆场管理实际情况，并考虑发生火灾时避免和减少损失确定。

3　稻草、麦秸、芦苇、亚麻等的总储量较大，且在一些行业，如造纸厂或纸浆厂，其储量更大。这些材料堆场一旦发生火灾，火灾延续时间长、扑救难度较大且辐射热也大。因此，在实际设计时，一个堆场的最大储量限制不宜超过10000t。

根据以上情况，为了有效地防止火灾蔓延扩大，有利于火灾的扑救，将可燃材料堆场至建筑物的最小间距定为15~40m。

对于木材堆场，采用统堆方式较多，乱堆现象严重，堆垛过高、储量过大，故有必要对其每个堆垛储量和防火间距加以限制。但为节约土地资源，规定当一个木材堆场的总储量如大于25000m³或一个稻草、麦秸等可燃材料堆场的总储量大于20000t时，宜分设堆场，且各堆场之间的防火间距按不小于相邻较大堆场与四级建筑的间距确定。

4　关于表4.5.1的注的说明：

1)甲类厂房、甲类仓库较一般建筑发生火灾时，对可燃材料堆场威胁大，故规定其防火间距按表4.5.1的规定增加25%且不应小于25m。

电力系统电压在35～500kV且每台变压器容量在10MV·A以上的室外变、配电站，以及工业企业的变压器总油量大于5t的室外总降压变电站对堆场威胁也较大，故其防火间距规定不应小于50m。

2)为防止明火或散发火花地点的飞火飞到可燃材料堆场而发生火灾，露天、半露天可燃材料堆场与明火或散发火花地点的防火间距，应按本表四级建筑的规定增加25%。

**4.5.2** 本条规定了可燃材料堆场与甲、乙、丙类液体储罐的防火间距。

甲、乙、丙类液体储罐一旦发生火灾往往威胁较大、辐射强度大，故其防火间距规定不小于本表和表4.2.1中相应储量与四级建筑防火间距的较大值。

**4.5.3** 本条规定了可燃材料堆场与铁路、道路的防火设计要求。

**1** 露天、半露天堆场与铁路线的防火间距，主要考虑蒸汽机车飞火对堆场的影响。从火灾情况看，可燃材料堆场着火时影响范围较大，一般在20～40m之间。

**2** 露天、半露天堆场与道路的防火间距，主要考虑道路的通行情况、汽车和拖拉机排气管飞火的影响以及堆场的火灾危险性。据调查，汽车和拖拉机的排气管飞火距离远者一般为8～10m，近者为3～4m。

# 5 民用建筑

## 5.1 民用建筑的耐火等级、层数和建筑面积

**5.1.1** 本条规定了民用建筑的耐火等级分类，将民用建筑的有关规定与工业建筑中的厂房（仓库）的规定加以区分，以利在执行中更加明确。

**1** 表5.1.1中防火墙、楼梯间的墙、电梯井的墙等构件的燃烧性能和耐火极限的定性与定量要求，根据实际情况作了适当调整。

**2** 根据火灾统计，我国住宅火灾所占比例较高，且随着广大人民群众生活条件的改善和生活质量的提高，住宅内的火灾荷载及致火因素也随之增加。为将火灾控制在住宅户内，减少火灾损失，并为适当降低消防设施的设置要求提供条件，在表内明确了住宅分户墙的耐火性能要求。

**3** 单一建筑结构构件的耐火极限十分重要，但建筑整体的耐火性能是保证建筑结构在火灾时不发生较大破坏的根本。建筑物非承重外墙的耐火极限对于建筑物之间火灾的相互蔓延起到一定作用，但不是主要的，考虑到一般建筑火灾时的外部扑救和重要建筑内的消防设施与外部扑救要求，规定了该部分构件的耐火极限。

**4** 表中的有关规定是一般原则要求，建筑的形式多样、功能不一、火灾荷载密度及其分布与类型等在不同的建筑中均有较大差异，尽管本章有关条款作了一定调整，但仍不一定满足某些特殊建筑的设计要求。对此，可根据国家有关规定进行详细、科学、公正的技术论证后，确定其具体的耐火性能设计要求和采取适应的防火措施。

由于现行国家标准《住宅建筑规范》GB 50368在本规范批准发布前即将三、四级耐火等级住宅建筑构件的耐火极限作了较大调整，为保持国家标准间的协调一致，本规范根据有关部门的要求增加了规范条文表5.1.1中的注5。根据注5的规定，按照本规范和《住宅建筑规范》GB 50368进行防火设计均可，但如果在采用三级或四级耐火等级建筑的同时增加建筑的层数，则应符合《住宅建筑规范》GB 50368的有关规定。

**5.1.2** 为使一些新材料、新型建筑构件能够得到推广应用，同时能较好地保证建筑达到整体防火性能不降低，保障人员疏散安全和控制火灾蔓延，本条规定当降低建筑构件的燃烧性能要求时，其耐火极限应相应提高，且应注意这些材料的发烟性能及其毒性，但人员密集场所以及重要的公共建筑仍应严格控制。

**5.1.3～5.1.5** 上人平屋顶、屋面材料及住宅楼板的有关防火要求。

上人屋面的耐火极限除应考虑其整体性外，还应考虑应急避难人员在其上停留时的实际需要。

目前，预应力钢筋混凝土预制楼板主要用于住宅建筑中，如要求达到1.00h有很大困难，且住宅户内空间较小，有条件将楼板的耐火极限作适当降低。为此，明确了住宅楼板的耐火极限可降低到0.75h，比原规定0.50h有所提高；不允许降低公共建筑楼板的耐火极限。有关说明还可参见本条文说明第3.2节。

**5.1.6** 有关三级耐火等级的医院、疗养院等建筑及门厅、走道等部位的吊顶的耐火极限要求。

在医院、疗养院中，病人行动困难，有的卧床不起，需要人协助才能离开火场；托儿所、幼儿园的儿童需要有成年人照顾等一些特殊的要求。因此有必要为病人、儿童创造安全疏散的条件。门厅和走道等是疏散出路的要害部位，如果不采用耐火极限较高的吊顶，一旦发生火灾很可能塌下来把这些部位封堵，造成人员伤亡。

**5.1.7** 本条规定了民用建筑的耐火等级、层数和防火分区的设计要求。

**1** 规范表5.1.7"最多允许层数"一栏，对一、二级耐火等级的建筑按本规范第1.0.2条规定，为了使本规范与《高层民用建筑设计防火规范》GB 50045—2001能相互衔接，明确本章的民用建筑只适用于9层及9层以下的居住建筑、建筑高度小于等于24m的公共建筑、建筑高度大于24m的单层公共建筑以及地下、半地下民用建筑，包括民用建筑的地下室、半地下室。

1)表中所指防火分区的最大允许建筑面积为每层的水平防火分隔的建筑面积，但每层防火分区的分隔体严格地说需要在同一轴线位置贯通上下各层。

2)本规范表5.1.7中规定"商店、学校、菜市场等建筑如采用三级耐火等级的建筑时，其层数不得超过2层"。这类建筑均系人员较为密集的场所，人员组成较复杂，发生火灾容易造成较大的伤亡，故层数不宜过多，以利于人员疏散与安全。

**2** 据调查，新建的托儿所、幼儿园、医院没有采用四级耐火等级建筑的；从实际情况看，托儿所、幼儿园、医院发生事故后，婴幼儿、少儿缺乏逃生自救能力，人员疏散困难，极易造成人员伤亡事故。但考虑到我国地域广大，部分边远地区或山区采用一、二级或三级耐火等级的建筑尚有困难，允许这类建筑如为单层时可以采用四级耐火等级的建筑，但应严格控制其建筑面积和使用人员数量。本条文中的医院、疗养院均指其病房楼、门诊楼、手术部或疗养楼等，不包括其办公、宿舍、食堂等建筑。

目前，在一些大中城市的商业服务设施中将儿童游艺场所设置在建筑上部楼层的现象较多，这种做法危险性很大。另外，地下、半地下室的采光、疏散均较地上恶劣，为保障幼儿和儿童的生命安全，根据我国目前情况，这类场所不应设在地下或半地下室内。

**3** 体育馆、剧院的观众厅，展览建筑的展览厅等由于使用需要，往往要求较大面积和较高的空间，建筑也多以单层或2层为主，其防火分区面积可适当扩大。但这涉及建筑的综合防火设计问题，不能单纯考虑防火分区，而各地在具体执行时情况差别也较大，为确保这类建筑的防火安全，减少重大火灾隐患，最大限度地提高建筑的消防安全水平，在扩大时需要进行充分论证。

**4** 本条文所指地下、半地下建筑即包括附建在建筑中的地下室、半地下室以及单独建造的地下、半地下建筑。地下、半地下建

筑发生火灾时,不易疏散,扑救困难。因此,参照国外相关规范规定,本条作出了地下、半地下室的每个防火分区最大允许建筑面积不得超过500m²的规定。

5 表注:

1)本条内容在美国、英国、澳大利亚、加拿大等国家的有关规范中均有相同或相似的规定。

2)本条所指"局部设置时,增加面积可按该局部面积的1倍计算"应为建筑内某一局部位置与其他部位有防火分隔又需要增加面积时,可通过设置自动灭火系统的方式提高其防火安全水平来实现,但该部位包括所增加面积,均应同时设置自动灭火系统。自动灭火系统的设计应符合现行国家相关标准的规定。

**5.1.8** 本条规定了地下、半地下建筑(室)、重要公共建筑的耐火等级要求。

1 由于重要公共建筑均是某一地区的政治、经济和生活保障的重要建筑,或者文化、体育建筑或人员高度集中的大型建筑,这些建筑发生火灾后如不能尽快恢复或为火灾扑救提供足够的安全时间,则可能造成严重后果,故本条规定重要的公共建筑应采用一、二级耐火等级的建筑。

此外,商业建筑、学校、食堂等均属人员较为密集的建筑,在设计时应尽可能采用较高耐火等级的建筑。

2 地下、半地下建筑(室)发生火灾后,扑救难度大,火灾延续时间长,故对其耐火等级要求高。

**5.1.9、5.1.10** 为了控制和减小火灾蔓延的区域,本条规定了多层建筑的上下相连通的自动扶梯、中庭、敞开楼梯等开口部位的防火设计要求。

1 从建筑设计看,中庭—四季厅一共享空间,都是贯通数个楼层,甚至从首层直通到顶层,四周与建筑物楼层的廊道或窗口相连接;自动扶梯、敞开楼梯也是上下两层或数层相连通。这些部位开口大,与周围空间相互连通,是火灾竖向蔓延的主要通道。烟和热气流的竖向上升速度为3～4m/s,火灾时很快会从开口部位侵入上层建筑物内,对上层人员的疏散、火灾扑救带来一系列的困难。因此,这些相连通的空间实际上是处于同一个防火分区内。考虑到实际设计中各种情况千差万别,故在采取了能防止火灾蔓延的措施后,防火分区可以灵活处理,主要是要将中庭单独作为一个独立的防火单元。

2 应注意与中庭相通的过厅、通道等处,如设置防火门时,其门扇应在平时保持开启状态,火灾时通过自动释放装置自行关闭,以利兼容分隔与疏散的双重功能。

3 有关中庭部分的排烟设施与设计,在本规范第9章有详细规定。

**5.1.11** 当前,一、二级耐火等级建筑物每层建筑面积超过2500m²的日益增多,防火分区之间在防火分隔措施上应采用防火墙。当分隔某一部位采用防火墙有困难时,也可在防火墙上必须开设较大面积开口的部位采用防火卷帘、防火分隔水幕等措施进行分隔。对于该开口面积,加拿大的建筑规范规定不应超过20m²;我国由于缺乏相关的试验研究,因此,条文中未能给出具体的数值要求。但目前在民用建筑中大量采用大面积、大跨度的防火卷帘替代防火墙进行水平防火分隔的做法缺乏充分的依据,是不妥的。

**5.1.12、5.1.13** 根据目前国内对大型商业建设发展的情况,在加强其他防火设施的情况下,对地上、地下商店、展览建筑的防火分区面积作了适当调整,以适应我国当前发展的需要。

1 火灾危险性为甲、乙类储存物品属性的商品,极易燃烧、难以扑救,故严格规定营业厅不得经营、仓库不得储存此类物品。

2 营业厅设置在地下三层及三层以下时,由于经营和储存商品数量多,火灾荷载大,垂直疏散距离较长,一旦发生火灾,火灾扑救、烟气排除和人员疏散都较为困难,故规定不应设置在地下三层及三层以下。

3 为最大限度减少火灾的危害,同时考虑到使用和经营的需要,并参照国外有关标准和我国商场内人员密集和管理等多方面情况,对地下商店总建筑面积大于20000m²时,提出了比较严格的防火分隔规定,以解决目前实际工程中存在地下商店规模越建越大,并大量采用防火卷帘门作防火分隔,以致数万平方米的地下商店连成一片,不利于安全疏散和火灾扑救的问题。本条所指的总建筑面积包括营业面积、储存面积及其他配套服务面积。

为适应各类建设工程的需要,在遵循该原则且地下商店内部防火分区划分符合本规范要求,消火栓系统、自动喷水灭火系统、火灾自动报警系统、防排烟系统、疏散指示标志及应急照明等消防设施的设置严格执行本规范规定时,可以采取规范提出的措施进行局部连通。当然,实际中不限于这些措施,其他能够确保火灾不会通过连通空间蔓延的方式均可采用。

当商店上下层有开口或自动扶梯或敞开楼梯相互连通时,其防火分区面积应按本规范第5.1.9、5.1.10条的规定叠加计算或按有关中庭的防火要求进行分隔。

4 地下商店的防排烟对于疏散和救援都十分必要和重要。因此,对地下商店要求设置防排烟设施。有关防排烟设施的设计要求应按本规范第9章的规定进行。

5 有关消防疏散指示标志在本规范第11.3节作出了规定。

**5.1.14、5.1.15** 针对我国歌舞娱乐放映游艺场所火灾特点,为减少火灾损失和伤亡,规定了有关防火设计要求。有关规定还与现行国家标准《人民防空工程设计防火规范》GB 50098进行了协调。

近几年,公共娱乐场所火灾多,损失惨重。由于公共娱乐场所定义比较困难,故本规范未给出明确的定义。本规范所指歌舞娱乐放映游艺场所主要指本条所规定的歌舞厅、录像厅、夜总会、放映厅、卡拉OK厅、游艺厅、桑拿浴室、网吧等场所。

1 歌舞娱乐放映游艺场所内的房间如布置在口袋形走道的两侧或尽端,不利于人员疏散。如某地一歌舞厅设置在袋形走道内,火灾时疏散出口被烟火封堵,人员无法逃生,致使13人死亡。

2 "一个厅、室"是指歌舞娱乐放映游艺场所中一个相互分隔的独立单元,即采用耐火极限不低于2.00h的墙体和不低于1.00h的楼板与其他单元或场所分隔,且设有不少于2个疏散门,疏散门为耐火极限不低于乙级的防火门。单元之间或与其他场所之间的分隔构件上无任何门洞窗口。这些厅、室是建筑中实际使用需要形成的自然房间,其建筑面积要限定在200m²,以便将火灾限制在一定区域内。有关这些场所与其他场所的防火分隔在本规范第7.2.2条作了规定。有关最容纳人数指标在本规范第5.3.17条作了规定。

3 大多数火灾案例表明,人员死亡绝大部分均因吸入有毒烟气而窒息所致。故对这类场所作出了防烟、排烟要求。本规范第8.5.1条和第11.4节还对这类场所设置自动喷水灭火系统、火灾自动报警系统以及疏散指示标志作出了规定。

## 5.2 民用建筑的防火间距

**5.2.1** 一、二级耐火等级建筑之间的防火间距定为6m,比卫生、日照等要求都低,实际工作中可以行得通。根据灭火救援需要,6m的防火间距也是必要的,但考虑到旧城市在改建和扩建过程中,不可避免地会遇到一些具体困难,因此也作了一些有条件的调整,主要是:

1 当两座一、二级耐火等级的建筑,较高一面的外墙为防火墙时,或超出高度较高时,应主要考虑较低一面对较高一面的影响。本条注1是与现行国家标准《高层民用建筑设计防火规范》GB 50045的有关规定一致。

2 当两座一、二级耐火等级的建筑,较低一面的外墙为防火墙时,且屋顶承重构件和屋面板的耐火极限不低于1.00h,防火间距允许减少到3.5m。因为火灾通常都是从下向上蔓延,考虑较低的建筑物起火时,火焰不会导致迅速蔓延到较高的建筑物,采取防火墙和耐火屋盖是合理的，故规定屋面板的耐火极限不应低于1.00h。

较高一面建筑物起火时，火焰不会导致向较低一面建筑物窜出和落下，故较高建筑物可通过设置防火门（窗）或卷帘和水幕等防火设施来满足防火间距的要求。有关防火分隔水幕和防护冷却水幕的具体设计要求已在现行国家标准《自动喷水灭火系统设计规范》GB 50084中作了明确规定，设计时应按该规范有关规定执行。

防火间距不应小于3.5m，主要是考虑消防车通行的基本需要。

3 本条文注4主要考虑有的建筑物防火间距不足，而全部不开设门窗洞口又有困难，允许每一面外墙开设门窗洞口面积之和不超过该外墙全部面积的5％时，其防火间距可缩小25％。下面举例说明：

【例】有耐火等级为二级的甲、乙两座建筑物，甲座建筑物山墙的高度为10m，宽度为10m；乙座建筑物高度为12m，宽为12m。问两座建筑物相邻墙面允许开启门窗、洞口的面积分别为多少？两座建筑物间的防火间距最少应为多少？

甲座建筑物允许开启门窗、洞口面积：$10 \times 10 \times 5/100 = 5$（m²）；

乙座建筑物允许开启门窗、洞口面积：$12 \times 12 \times 5/100 = 7.2$（m²）；

两座建筑物间的防火间距最少应为$6 \times 3/4 = 4.5$（m）。

考虑到门窗洞口的面积仍然较大，故要求门窗洞口应错开、不应直对，以防起火时受到较强的热辐射和热对流影响。

**5.2.2** 本条规定了民用建筑与变电所、锅炉房的防火间距。

1 东北、华北和西北大部分地区建造的建筑大都采用集中供暖的形式，有的需要在住宅区或建筑群内设置锅炉房。据调查，在民用建筑中使用的锅炉其蒸发量除少数大体量建筑外，大都在4t/h以下，兼顾考虑消防安全和节约用地，确定额定功率小于等于2.8MW的燃煤锅炉房可按民用建筑防火间距要求执行。当单台锅炉蒸发量超过4t/h时，考虑规模较大，与工业用的锅炉房相当，故要求按厂房的有关防火间距执行。至于燃油、燃气锅炉房，因火灾危险性较大，还涉及储罐等问题，故亦要求严一些，按对厂房的有关防火间距执行。

2 民用建筑与所属单独建造的终端变电所，通常是指10kV降压至380V的最末一级变电所。这些变电所的变压器大致在630～1000kV·A之间，可以按民用建筑防火间距执行。但超过该容量时，则应按照工业厂房的有关规定执行。目前，在各地建设中出现不少箱式变压器，有干式和湿式两种。这种装置内部结构紧凑、用金属外壳罩住。据调查，其电压一般在10kV以下，使用过程中的安全性能较高。因此，此类型的变压器的防火间距要求可在原规定基础上减少一半。规模较大的油浸式箱式变压器的危险性较大，仍应按规范第3.4节的有关规定执行。

**5.2.3** 本条主要为解决在城市用地紧张条件下小型建筑的布局问题。

除6层以上住宅的成组布置外，占地面积不大的其他类型建筑，如办公楼等进行成组布置的也不少。本条主要针对住宅、办公楼等单一使用功能的建筑，当数座建筑占地面积总和不超过防火分区最大允许建筑面积时，可以把它视为一座建筑。允许占地面积在2500m²内的建筑可以成组布置，对组内建筑之间的间距不宜小于4m，这是考虑必要的消防车道和卫生、安全等要求，也是最低的间距要求。组与组、组与周围相邻建筑的间距，仍应按本规范第5.2.1条有关民用建筑防火间距的要求执行。

### 5.3 民用建筑的安全疏散

**5.3.1** 为避免安全出口之间设置距离太近，造成人员疏散拥堵现象，本条规定了安全出口布置的原则。

1 设置2个安全出口并且使人员能够双向疏散是建筑安全疏散设计的基本原则。建筑火灾说明，在人员较多的建筑物或房间如果仅有1个出口，一旦出口在火灾中被烟火封住易造成严重的伤亡事故。

2 目前在一些建筑设计中存在安全出口不合理的现象。如一座公共建筑内的一个建筑面积超过120m²的房间，应设置2个疏散门。但有的设计人员只在一侧邻近位置布置2个，发生火灾时实际上只起到1个出口的作用。在英国、新加坡、澳大利亚等国家的建筑规范中对此均有较严格的规定。美国《生命安全规范》NFPA 101也对安全出口或疏散门的设置有类似明确规定。

出口之间的距离是根据我国实际情况并参考国外有关标准确定的。如法国《公共建筑物安全防火规范》规定：2个疏散门之间相距不应小于5m；澳大利亚《澳大利亚建筑规范》规定：第9b类建筑（即公众聚集场所）内2个疏散门之间的距离不应小于9m。

**5.3.2、5.3.3** 本条规定了公共建筑安全出口或疏散楼梯数量的设计要求。

1 本条所指公共建筑的安全出口数目，既是对一座建筑物或建筑物内的一个楼层，也是对建筑物内一个防火分区的要求。由于在实际执行规范时，普遍认为安全出口和疏散门不易分清楚。为此，本规范作了明确区分。安全出口直接通向室外安全区域或室内的避难走道、避难层等安全区域，疏散门为直接通向疏散走道的门，疏散门有时也是安全出口。

2 对儿童、幼儿生活活动场所的防火设计在我国《托儿所、幼儿园建筑设计规范》JGJ 39—87中已有部分规定，但鉴于婴幼儿、少儿的疏散能力，根据我国托儿所、幼儿园及儿童游乐厅等儿童活动场所的使用特点和火灾情况，为保护该类场所的人员在火灾时的安全，从消防角度作了原则性要求，以便相关规范进一步细化。

3 本条还规定了公共建筑可设置1个安全出口的条件。

1)建筑物使用性质的限制。条文中明确了医院、疗养院、老年人建筑、托儿所和幼儿园建筑不允许设置1部疏散楼梯。病人、产妇和婴幼儿都需要别人护理，他们在安全疏散时的速度和秩序与一般人不同，其疏散条件应该从严要求。此外，设置2部疏散楼梯也有利于确保上述使用者的安全。

条文中所指医院，主要包括医院中的门诊、病房楼等病人较多和流量较大的医疗场所以及城市卫生院中的门诊病房楼等。疗养院是指医疗性的疗养院中病房楼或疗养楼、门诊楼等，其疗养者基本上都是慢性病人。对于休养性的疗养院则不包括在此范围之内。条文中所指托儿所包括哺乳室在内。

2)层数限制。目前我国消防队用来救人的三节梯长只有10.5m左右。当建筑物层数较低，楼梯间被火封住还可以用三节梯抢救未及疏散出来的人员。另外，层数低，其通向室外地坪的疏散距离短，有利疏散。

3)根据建筑物的耐火等级，对其每层最大建筑面积作了限制。根据火灾统计，民用建筑的火灾绝大部分发生在三、四级建筑，一、二级建筑也有火灾发生，但相对较少。因而，把一、二级和三、四级耐火等级的建筑物加以区别，做好火灾危险性大的重点防范。

**5.3.4** 本条规定了公共建筑局部开高部位的疏散设计要求。

本条规定基本上是按照三级耐火等级公共建筑设置1个疏散楼梯的条件制定的。据调查，有些办公楼或科研楼等公共建筑，往往在屋顶部分局部高出1～2层。在此部分房间中，设计上不宜布置会议室等面积较大、容纳人数较多的房间或存放可燃物品的仓库。同时，在高出部分的底层应考虑设置1个能直通主体部分平屋面的安全出口，以利在火灾时上部人员可以疏散到屋顶上临时避难或安全逃生。

**5.3.5** 本条规定了公共建筑疏散楼梯的设计要求。

1 由于剧院、电影院、礼堂、体育馆多是人员密集场所，楼梯间的人流量较大，使用者大都不熟悉内部环境，且这类建筑多为单层，因此规定中未规定剧院、电影院、礼堂、体育馆的室内疏散楼梯应设置封闭楼梯间。另外规范中对规模较大的上述建筑,规定了要求设置自动灭火系统的要求,也提高了消防安全水平。

**2** 对应设置封闭楼梯间的建筑,其底层楼梯间可以适当扩大封闭范围。所谓扩大封闭楼梯间,就是将楼梯间的封闭范围扩大,如图5所示。因为一般公共建筑首层入口处的楼梯往往比较宽大开敞,而且和门厅的空间合为一体,使得楼梯间的封闭范围变大。这基本上是一种量的调整,而非质的变化,是允许的。

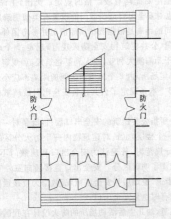

图5 扩大封闭楼梯间示意图

**3** 对于设在火灾危险性较小的公共建筑首层门厅内的主楼梯,如不计入疏散设计需要总宽度之内,则可不设楼梯间。这对于适应实际需要和保证使用安全来说可以做到统筹兼顾。

**4** 商场等空间开敞、人员集中等类似建筑,设有歌舞娱乐放映游艺场所的建筑内人员密度大、火灾时烟气大、疏散困难等火灾危险性较大的公共建筑,为防止火灾蔓延和保证人员安全疏散,根据近几年的火灾情况,对该类场所的楼梯间设置作了较严格的规定。

**5.3.6** 本条明确了在设计中不能将自动扶梯和电梯作为消防安全疏散设施进行考虑。

**1** 火灾时普通电梯的动力将被切断,且普通电梯既不防烟、不防火,又不防水,若火灾时作为人员的安全疏散是不安全的。

**2** 自动扶梯通常设置在上下空间连通处,一般作为一个相对独立的防火空间而用防火卷帘等设施分隔,火灾时自动扶梯将停止运行。尽管客观上自动扶梯在火灾初期能发挥一定的疏散功能,但从安全考虑,在规范中规定不得用于安全疏散设施。美国《生命安全规范》NFPA 101规定:自动扶梯与自动人行道不应视作规范中规定的安全疏散通道。

**3** 世界上大多数国家,在电梯的警示牌中几乎都规定电梯在火灾情况下不能使用,火灾时人员疏散只能使用楼梯。电梯不能用作火灾疏散设施。在这方面,从1974年就有人考虑利用电梯加快疏散速度和疏散残疾人员(Bazjanac 1974,1977,Pauls 1977,Pauls,Gatfield 和 Juillet 1991,Gatfield 1991,Degenkobl 1991 和Fox 1991)。1992年美国的 John H. Klote 和 Daniel M. Alvord对利用电梯疏散时人员的运动时间进行了模拟分析。其他学者对此还进行了系统概念、工程分析考虑和人的行为、烟气控制等研究(Klote & Tamura,1991)。研究认为,利用电梯进行应急疏散是一个十分复杂的问题,不同应用场所之间有很大差异,必须分别进行专门考虑和处理。在疏散时,电梯可能处于特殊的应急状态并在自动控制或手动控制模式下,将人员从不同楼层接送到室外或相对安全的地方。

目前已有许多关于使用电梯作为残疾或正常人员的辅助和快速疏散设施的建议,但应进一步考虑使用电梯疏散时设计要求和操作规程。我国建筑界和消防界对此问题也存在一些争论。为此,本规范参照国外相关要求对此问题作了明确,以便统一设计要求。

**5.3.7** 本条规定了客、货电梯的设置要求。

普通客货电梯不防烟、不防火、不防水,目前没有防火防烟电梯(除按消防电梯的要求设置外)。火灾时,电梯井就可能成为加速火势蔓延扩大的通道,而营业厅、展览厅、多功能厅等场所是人员密集、可燃物质较多的高大空间或大面积扁平空间,火势、烟气蔓延填充均较快。因此,应尽量避免将电梯井直接设在上述场所内;需要设置时,也要尽量设置电梯间或在公共走道的角落上,并设置电梯斗或前室,以减小火灾影响。

**5.3.8** 本条规定了公共建筑及通廊式宿舍建筑内房间疏散门的设计原则。

**1** 将位于两个安全出口之间的房间与位于走道尽端房间有关允许设1个安全出口的条件分别规定,便于使用。

**2** 为了保证安全疏散,对走道尽端房间的门宽作了具体要求。

考虑到婴幼儿在事故情况下不能自行疏散,要依靠大人帮助,而成人每次最多只能背抱2名幼儿,当房间位于袋形走道两侧时因只有1个疏散门,不利于安全疏散,故婴幼儿用房不应布置在袋形走道两侧及走道尽端。

**3** 歌舞娱乐放映游艺场所疏散门不少于2个的规定说明参见前面相关说明。对于建筑面积小于50m² 的厅室,面积不大、人员数量相对较少,故规定在有困难时可设置1个疏散门。

**5.3.9** 本条规定了剧院、电影院、礼堂的观众厅的疏散门数目设置要求及其疏散门的疏散人数限制。

**1** 实践中,一般观众厅容纳人数为1000～2000人的剧院、电影院,其疏散设计采用规范规定的疏散门数目和疏散宽度指标等要求基本可行。如一座容纳观众1500人的影剧院,其池座和楼座的总疏散门数目多在6～10个之间,每个疏散门的宽度多在1.50～1.80m。这样,无论是疏散门的数目还是疏散门的总宽度均符合规定的有关要求,设计人员对此基本上是赞同的。

**2** 本条疏散门数目规定的原则:人员从一、二级耐火等级建筑的观众厅疏散出去的时间按2min控制。据调查,剧院、电影院等观众厅的疏散宽度多在1.65m以上,即可通过3股疏散人流。这样,一座容纳人数不超过2000人的剧院或电影院,如果池座和楼座的每股人流通过能力按40人/min计算(池座平坡地面按43人,楼座阶梯地面按37人),则250人需要的疏散时间为250/(3×40)=2.08(min),与规定的控制疏散时间基本吻合。同理,如果剧院或电影院的容纳人数超过了2000人,则超过2000人的部分,每个疏散门的平均人数可按不超过400人考虑。这样对整个观众厅来说,每个疏散门的平均疏散人数就超过了250人。因此,也要相应调整每个疏散门的宽度。在这里,设计人员仍要注意掌握和合理确定每个疏散门的人流通行股数和控制疏散时间的协调关系。如一座容纳人数为2400人的剧院,按规定需要的疏散门数目为:2000/250+400/400=9(个),则每个疏散门的平均疏散人数约为:2400/9=267(人),按2min控制疏散时间计算出来的每个疏散门所需通过的人流股数为:267/(2×40)=3.3(股)。此时,一般宜按4股通行能力来考虑设计疏散门的宽度,即采用4×0.55=2.2(m)较为合适。

**3** 对于三级耐火等级的剧院、电影院等的观众厅,人员的疏散时间按1.5min控制。具体设计时,可根据每个疏散门平均担负的疏散人数,按上述办法对每个疏散门的宽度进行必要的校核和调整。

**5.3.10** 本条规定了体育馆观众厅的疏散门数目设置要求和每个疏散门的疏散人数限制。有关防火设计要求在《体育建筑设计规范》JGJ 31—2003中还有进一步规定。

**1** 对于体育馆观众厅每个疏散门的平均疏散人数要求一般不能超过400~700人。

1）根据对国内一部分已建成的体育馆调查，对于一、二级耐火等级的体育馆观众厅内人员的疏散时间，依据容量规模的不同按3~4min控制。

另外对部分体育馆的实测结果是：对于2000~5000座的观众厅，其平均疏散时间为3.17min；5000~20000座的观众厅其平均疏散时间为4min，故将一、二级耐火等级体育馆观众厅人员的疏散时间定为3~4min，作为安全疏散设计的一个基本依据。

2）体育馆观众厅容纳人数的规模变化幅度较大，由三四千人到一两万人。观众厅每个疏散门平均担负的疏散人数也应相应有个变化幅度，而这个变化又与观众厅疏散门的设计宽度密切相关。

从调查情况看，体育馆观众厅疏散门的平均宽度最小约为1.91m；最大约为2.75m。据此宽度和规定人员从观众厅疏散出去的时间可概算出每个疏散门的平均疏散人数分别为（1.91/0.55）×37×3＝385（人）和（2.75/0.55）×37×4＝740（人），其中37为楼座阶梯地面的每股人流通过能力。因此，规范将一、二级耐火等级体育馆观众厅疏散门平均疏散的人数定为400~700人。具体设计时，设计者可按上述计算方法，根据不同的容量规模，合理地确定观众厅疏散门的数目、宽度，以满足规定的控制疏散时间的要求。

【例】一座容量规模为8600人的一、二级耐火等级的体育馆，如果观众厅的疏散门设计为14个，则每个出口的平均疏散人数为8600/14＝614（人）。设每个出口的宽度为2.2m（即4股人流所需宽度），则通过每个疏散门需要的疏散时间为614/（4×37）＝4.15（min），超过3.5min，不符合规范要求。因此，应考虑增加疏散门的数目或加大疏散门的宽度。如果采取增加出口数目的办法，将疏散门数目增加到18个，则每个疏散门的平均疏散人数为8600/18＝478（人）。通过每个疏散门需要的疏散时间则缩短为478/（4×37）＝3.22（min），不超过3.5min，符合规范要求。

又如：容量规模为20000人的一座一、二级耐火等级的体育馆，如果观众厅的疏散门数目设计为30个，则每个疏散门的平均疏散人数为20000/30＝667（人）。设每个出口的宽度为2.2m，则通过每个出口需要的疏散时间为667/（4×37）＝4.5（min），超过4min，不符合规范要求。如把每个出口的宽度加大为2.75m（即5股人流所需宽度），则通过每个疏散门的疏散时间为667/（5×37）＝3.6（min），小于4min，符合规范要求。

3）体育馆的疏散设计，要注意将观众厅疏散门的数目与观众席位的连续排数和每排的连续座位数联系起来加以综合考虑。如图6所示一个观众席位区，观众通过两侧的2个出口进行疏散，其间共有可供4股人流通行的疏散走道。若规定出观众厅的疏散时间3.5min，则该席位区最多容纳的观众席位数为4×37×3.5＝518（人）。在这种情况下，疏散门的宽度就不应小于2.2m；而观众席位区的连续排数如定为20排，则每一排的连续座位就不宜超过518/20＝26（个）。如果一定要增加连续座位数，就必须相应加大疏散走道和疏散门的宽度。否则就会违反"来去相等"的设计原则。

图6 席位区示意图

**2** 体育馆室内空间体积比较大，发生火灾时，火场温度上升的速度和烟雾浓度增加的速度，要比在剧院、电影院、礼堂等的观众厅内的发展速度慢。因此，可供人员安全逃离火场的时间也较长。此外，体育馆观众厅内装修用的可燃材料常较剧院、电影院、礼堂的观众厅少，其火灾危险性也较这些场所小。

另外，体育馆的容纳人数较剧院、电影院、礼堂的观众厅多，往往是后者的几倍，甚至十几倍。在安全疏散设计上，由于受平面的座位排列和走道布置等技术和经济因素的制约，使体育馆观众厅每个疏散门所平均担负的疏散人数要比剧院和电影院的多。此外，由于体育馆观众厅的面积规模比较大，观众厅内最远处座位至最近疏散门的距离，一般也都比剧院、电影院大，加之体育馆观众厅的地面形式多为阶梯地面，疏散速度较慢，必然使人员所需的安全疏散时间增加。对体育馆来说，如果按剧院、电影院、礼堂的规定设计，则困难比较大，并且容纳人数越多、规模越大越困难。故两者的安全疏散设计要求应有所区别。

**5.3.11** 本条规定了居住建筑的安全出口和楼梯的设置要求。

**1** 对于居住建筑，根据实际疏散需要，规定设置楼梯间能通向屋面，并强调楼梯间通屋顶的门易于开启，而不应采取上锁或钉牢等不易打开的做法，门也要求向外开启，以利于人员的安全疏散。

**2** 考虑到电梯井是烟火竖向蔓延的通道，火灾时的火焰和高温烟气可能借助该竖井，很快蔓延到建筑中的其他层，给人员安全疏散和火灾的控制与扑救，带来更大困难和危害。设计时应注意电梯与疏散楼梯的位置尽量远离或采取分隔措施，或将疏散楼梯设置为封闭楼梯间。

但如每层每户通向楼梯间的门采用乙级防火门与楼梯间分隔，则由于防火门可有效地将烟火限制在着火区内，因而可以不设封闭楼梯间。

在住宅建筑物下部设置停车库的形式越来越普遍，但这也为火灾和烟气竖向蔓延提供了条件，故要求与住宅部分相通的楼梯间和电梯均要考虑阻止烟火蔓延的分隔措施，如封闭门斗、防烟前室等。

**5.3.12** 本条规定了地下、半地下建筑的安全疏散设计要求。

**1** 地下、半地下建筑每个防火分区的安全出口不应少于2个，这是建筑安全疏散的基本原则。考虑到地下建筑的实际情况，为适应地下较大面积建筑开设直通室外安全出口困难或不经济的现实，增加了可等价变通的设计措施要求。可在设置2个安全出口有困难时，将相邻防火分区之间的防火墙上的防火门作为第二安全出口，但每个防火分区必须有1个直通室外的安全出口（包括通过符合规范要求的底层楼梯间或具有防烟功能的疏散避难走道，再到达室外的安全出口）。其中，疏散避难走道的设置应经过充分论证后确定。

**2** 对于面积不超过50m²，且人数不超过15人的地下室、半地下室允许设1个安全出口。据调查，一般公共建筑的地下室或半地下室多作为车库、泵房等附属房间使用，除半地下室尚可有一部分通风、采光外，地下室一般均类似无窗厂房。发生火灾时容易充满烟气，给安全疏散和消防扑救等带来很大的困难。因此，对地下室和半地下室的防火设计要求应严于地面以上的部分。本条与现行国家标准《高层民用建筑设计防火规范》GB 50045和《人民防空工程设计防火规范》GB 50098规定一致。

有关说明还可参见前述相关说明。

**5.3.13** 本条规定了建筑内的允许最大安全疏散距离。

**1** 鉴于跃层式住宅的出现和建筑内各种公共活动空间增多且面积较大、人员集中的现实，对其内部疏散距离作了限制。根据本规范执行情况，本条明确了建筑内观众厅、营业厅、展览厅等的内部最大疏散距离要求。有关距离参照了国外有关标准规定，并考虑了我国的实际情况。美国相关建筑规范规定，在集会场所的大空间中从房间最远点至安全出口的步行距离为61m，设有自动喷水灭火系统后可增加25%。英国建筑规范规定，在没有紧靠的固定观众席的礼堂中，从最远点至安全出口的直线距离不应大于30m，步行距离不应大于45m。我国台湾地区的建筑法规规定：剧场、电影院、演艺场、歌厅、集体食堂、展览场以及其他类似用途的建筑物内楼面居住室内任一点至楼梯口之步行距离不应大于30m。

**2** 规范表 5.3.13 中规定的至外部出口或封闭楼梯间的最大距离的房间，是指直通公共走道的房间门或直接开向疏散楼梯间的分户门，而不包括套间里的隔间门或分户门内的居室门。

**3** 对于跃层式住宅房间内最远点至户门的距离规定，与现行国家标准《高层民用建筑设计防火规范》GB 50045 中有关跃层式住宅疏散距离的规定内容不尽相同：高层跃层式住宅是用较长的户外走廊和楼梯将较多的住户组合在一起的；而多层跃层式住宅则是在基本上不采用户外长廊和电梯的情况下，将很少的住户（一般多为一梯两户）组合在一起的，使得其疏散途径比较简捷、安全度较高。现行国家标准《高层民用建筑设计防火规范》GB 50045 的疏散距离是从户门算起，本规范规定的疏散距离是从户内最远点算起。

因此，在考虑多层跃层式住宅户内小楼梯的疏散距离时，按照接近实际楼梯踏步的高度与宽度的常用比例（一般为 1：0.6）折算出竖向疏散距离，而没有采用现行国家标准《高层民用建筑设计防火规范》GB 50045 按楼梯水平投影的 1.5 倍的计算方法。

根据各地执行过程中出现的问题，对楼梯间首层设置直通室外出口的要求作了可选的规定。考虑到建筑层数不超过 4 层的建筑内部垂直疏散距离相对较短，对多于 4 层和少于 4 层的建筑室外出口距离楼梯间的最小距离分别进行规定，以切合实际情况。

**4** 关于规范中表 5.3.13 的注 2 和注 3。

1）对于敞开式外廊建筑的有关要求作了调整。外廊式建筑的外廊是敞开的，其通风排烟、采光、降温等方面的情况一般均比内廊式建筑好，对安全疏散有利。

2）对设有自动喷水灭火系统的建筑物，其安全疏散距离可按规定增加 25%，主要考虑设置该类灭火系统后的效果和其他防火措施基本等效。

**5.3.14** 本条明确了疏散走道、安全出口、疏散楼梯及疏散门的净宽度要求。

**1** 民用建筑中疏散走道（包括单元式住宅户门内部的小走道）的最小宽度是按能通过 2 股人流的宽度确定的。这是保证安全疏散的最低要求，也是满足其他方面使用要求的一个最小尺度。

**2** 疏散楼梯在一侧设有楼梯栏杆时，其栏杆上侧有一部分空间可利用，因而条文中规定了不超过 6 层的单元式住宅的疏散楼梯在一侧设有楼梯栏杆时，允许楼梯段的最小净宽度可减少到 1.0m。

**5.3.15** 本条文的规定是要保证疏散人流的畅通与安全，有利于疏散门在紧急情况下能从内部快速打开。

**1** 设计采用带门槛的疏散门等，紧急情况下人流往外拥挤时很容易被摔倒，后面的人也会随之摔倒，以致造成疏散通路的堵塞，甚至造成严重伤亡。

**2** 人员密集的公共场所的室外疏散小巷，其宽度规定不应小于 3m，是规定的最小宽度，设计时应因地制宜地尽量加大。

为保证人流快速疏散，根据实际管理经验，增加了室外不小于 3m 净宽的疏散小巷，并应直接通向宽敞地带的规定。当基地面积比较狭小紧张时，设计人员也应积极地与城市规划、建筑管理等有关部门研究，力求能够在公共建筑周围提供一个比较开阔的室外疏散条件。主要出入口临街的剧院、电影院和体育馆等公共建筑，其主体建筑应后退红线一定的距离，以保证有较大的露天候场面积和疏散缓冲地，避免在散场的时候，密集的疏散人流拥入街道阻塞交通。此外，建筑物周围环境宽敞对展开室外灭火扑救等也是非常有利的。

本条规定的人员密集的公共场所主要指：设置有同一时间内聚集人数超过 50 人的公共活动场所的建筑。如宾馆、饭店、商场、市场、体育场馆会、会堂、公共展览馆的展览厅、证券交易厅、公共娱乐场所、医院的门诊楼、病房楼、养老院、托儿所、幼儿园、学校的教学楼、图书馆和集体宿舍、公共图书馆的阅览室、客运车站、码头、民用机场的候车、候船、候机厅（楼）等。

公共娱乐场所主要指向公众开放的下列室内场所：影剧院、录像厅、礼堂等演出、放映场所，舞厅、卡拉 OK 厅等歌舞娱乐场所，具有娱乐功能的夜总会、音乐茶座、餐饮场所，游艺、游乐场所和保龄球馆、旱冰场、桑拿沐浴等娱乐、健身、休闲场所。

**5.3.16** 本条规定了剧院、电影院、礼堂、体育馆等的疏散设计要求。

**1** 关于剧院、电影院、礼堂、体育馆等观众厅内疏散走道及座位的布置。

1）观众厅内疏散走道宽度按疏散 1 股人流考虑，如人体上身肩部按 0.55m 计算，同时并排行走 2 股人流需 1.1m，但考虑观众厅座椅高度在行人的身体下部，上部空间可利用，座椅不妨碍人体最宽处的通过，故 1.0m 宽度基本能保证 2 股人流通行需要。

2）观众厅内设有边走道不但对疏散有利，并且还能起到协调安全出口（或疏散门）和疏散走道通行能力的作用，从而充分发挥安全出口（或疏散门）的疏散功能。

3）对于剧院、电影院、礼堂等观众厅中的 2 条纵走道之间的最大连续排数和连续座位数，在具体工程设计中应与疏散走道和安全出口（或疏散门）的设计宽度联系起来综合考虑、合理设计。

4）对于体育馆观众厅中纵走道之间的座位数可增加到 26 个，主要是因为体育馆观众厅内的总容纳人数和每个席位分区内所包容的座位数都比剧院、电影院的多，用与剧院等相同的规定数据是不现实的，但又不能因此而任意加大每个席位分区中的连续排数、连续座位数，而要与观众厅内的疏散走道和安全出口（或疏散门）的设计相呼应、相协调。

本条规定的连续 20 排和每排连续 26 个座位，是基于出观众厅的控制疏散时间按不超过 3.5min 和每个安全出口或疏散门的宽度按 2.2m 考虑的。疏散走道之间布置座位连续 20 排、每排连续 26 个作为一个席位分区的包容座位数为 20×26＝520（人），通过能容 4 股人流宽度的走道和 2.2m 宽的安全（疏散）出口出去所需要的时间为 520/（4×37）＝3.51（min），基本符合规范的要求。对于体育馆观众厅平面中呈梯形或扇形布置的席位区，其纵走道之间的座位数，按最多一排和最少一排的平均座位数计算。

另外，在本条中"前后排座椅的排距不小于 0.9m 时，可增加 1.0 倍，但不得超过 50 个"的规定，在具体设计时，也应按上述道理认真考虑、妥善处理。

5）为限制超量布置座位和防止延误疏散时间，本条还规定了观众席位布置仅一侧有纵走道时的座位数。

**2** 关于剧院、电影院、礼堂等公共建筑的安全疏散宽度。

1）本条第 2 款规定的疏散宽度指标是根据人员疏散出观众厅的疏散时间按一、二级耐火等级建筑控制为 2min，三级耐火等级建筑控制为 1.5min 这一原则确定的。据此按照疏散净宽度指标公式计算出一、二级耐火等级建筑的观众厅中每 100 人所需疏散宽度为：

门和平坡地面：$B=100×0.55/（2×43）=0.64（m）$，取 0.65m。

阶梯地面和楼梯：$B=100×0.55/（2×37）=0.74（m）$，取 0.75m。

三级耐火等级建筑的观众厅中每 100 人所需要的疏散宽度为：

门和平坡地面：$B=100×0.55/（1.5×43）=0.85（m）$，取 0.85m。

阶梯地面和楼梯：$B=100×0.55/（1.5×37）=0.99（m）$，取 1m。

2）根据本条第 2 款规定的疏散宽度指标计算所得安全出口（或疏散门）总宽度为实际需要设计的最小宽度，在最后确定安全出口（或疏散门）的设计宽度时，还应按每个安全（疏散）出口的疏散时间进行校核和调整。

【例】一座耐火等级为二级、能容纳 1500 人的影剧院，其中池座容纳 1000 人，楼座部分容纳 500 人，安全出口总宽度按规范规定的疏散宽度指标计算结果分别为：

池座：$1000÷100×0.65=6.5（m）$。

楼座：$500÷100×0.75=3.75（m）$。

在确定安全出口时，如果池座部分设计 4 个、每个宽度为 1.65m（即 3 股人流所需宽度）的安全出口，则每个出口平均担负的疏散人数为 1000/4=250（人），每个出口所需疏散时间为 250/（3×43）=1.94（min）<2min，符合规范要求。如果楼座部分设计 2 个、每个宽度为 1.65m 的安全出口，则每个出口所需疏散时间为 250/（3×37）=2.25（min）>2min，根据规范要求应增加出口数目或加大出口宽度。如将出口数目增加到 3 个，则每个出口平均担负的疏散人数为 500/3=167（人），每个出口所需疏散时间为 167/（3×37）=1.5（min），符合要求。而观众厅的安全出口（或疏散门）实际需要总宽度为 4×1.65+3×1.65=11.55（m），依次推算出的每百人疏散宽度指标为（11.5/1500）×100=0.77（m）。如加大楼座出口宽度，将两个出口的宽度改为 2.2m，则每个出口所需要的疏散时间为 250/（4×37）=1.69（min），也是可行的，而观众厅的安全出口（或疏散门）实际需要总宽度为 4×1.65+2.2=11（m），依次推算出的每百人疏散宽度指标为（11/1500）×100=0.73（m）。

3）关于本款内容的适用范围。

本款适用规模为：对一、二级耐火等级的建筑，容纳人数不超过 2500 人；对三级耐火等级的建筑，容纳人数不超过 1200 人，其理由参见第 5.3.9 条的条文说明。

据了解，容量较大的会堂等的观众厅内部均设有多层楼座，且楼座部分的观众人数往往占整个观众厅容纳总人数的半数多。这和一般影剧院、电影院、礼堂的池座人数比例相反，并且楼座部分又都以阶梯式地面疏散为主，其疏散情况与体育馆的情况有些类似。本条对此没有明确的规定，设计时可根据工程的具体情况研究确定。

3　关于体育馆的安全疏散宽度。

1）国内各大、中城市已建成的体育馆，其容量规模多在 3000 人以上，甚至有些大城市中的区段体育馆、大型企业的体育馆也都在 3000 人以上。考虑到剧院、电影院的观众厅与体育馆的观众厅之间在容量规模和室内空间方面的差异，在规范中将其疏散宽度指标分别规定，并在规定容量规模的适用范围时，拉开距离，防止出现交叉或不一致现象，便于设计者使用。故将体育馆观众厅容量规模的最低限定为 3000 人。

2）考虑到体育馆建设的实际需要，将观众厅容量规模的最高限数规定为 20000 人，便于平面布局、人员疏散和火灾扑救。表 5.3.16-2 中规定的疏散宽度指标，按照观众厅容量规模的大小分为三档：3000～5000 人、5001～10000 人和 10001～20000 人。每个档次中所规定的百人疏散宽度指标（m），是根据出观众厅的疏散时间分别控制在 3min、3.5min、4min 来确定的。根据计算公式：

$$百人指标=\frac{单股人流宽度×100}{疏散时间×每分钟每股人流通过人数}$$

计算出一、二级耐火等级建筑观众厅中每百人所需要的疏散宽度分别为：

平坡地面：$B_1$=0.55×100/（3×43）=0.426（m）　取 0.43m；

　　　　　$B_2$=0.55×100/（3.5×43）=0.365（m）　取 0.37m；

　　　　　$B_3$=0.55×100/（4×43）=0.32（m）　取 0.32m。

阶梯地面：$B_1$=0.55×100/（3×37）=0.495（m）　取 0.50m；

　　　　　$B_2$=0.55×100/（3.5×37）=0.425（m）　取 0.43m；

　　　　　$B_3$=0.55×100/（4×37）=0.372（m）。　取 0.37m。

根据规定的疏散宽度指标计算出来的安全出口（或疏散门）总宽度，为实际需要设计的概算宽度，最后确定安全出口（或疏散门）的设计宽度时，还要对每个安全出口（或疏散门）的宽度进行核算和调整。

【例】一座二级耐火等级、容量 10000 人的体育馆，按上述规定疏散宽度指标计算的安全出口（或疏散门）总宽度为 100×0.43=43（m）。如果设计 16 个安全出口（或疏散门），则每个出口的平均疏散人数为 625 人，每个出口的平均宽度为 43/16=2.68（m）。如果每个出口的宽度采用 2.68m，则能通过 4 股人流，核算其疏散时间为 625/（4×37）=4.2（min）>3.5min，不符合规范要求。如果将

每个出口的设计宽度调整为 2.75m，则能够通过 5 股人流，则疏散时间为：625/（5×37）=3.4（min）<3.5min，符合规范要求。但推算出的每百人宽度指标为 16×2.75/100=0.44（m），比原指标高 2%。

3）本条表 5.3.16-2 的"注"，明确了采用指标进行计算和选定疏散宽度时的一条原则：即容量规模大的观众厅，其计算出的需要宽度不应小于根据容量规模小的观众厅计算出需要宽度。否则，应采用较大宽度。如：一座容量规模为 5400 人的体育馆，按规定指标计算出来的疏散宽度为 54×0.43=23.22（m），而一座容量规模为 5000 人的体育馆，按规定指标计算出来的疏散宽度则为 50×0.5=25（m），在这种情况下就应采用 25m 作为疏散宽度。

4）体育馆观众厅内纵横走道的布置是疏散设计中的一个重要内容，在工程设计中应注意以下几点：

①观众席位中的纵走道担负着把全部观众疏散到安全出口（或疏散门）的重要功能。因此，在观众席位中不设横走道时，其通向安全出口（或疏散门）的纵走道设计总宽度应与观众厅安全出口（或疏散门）的设计总宽度相等。

②观众席位中的横走道可以起到调剂安全出口（或疏散门）人流密度和加大出口疏散流通能力的作用。所以，一般容量规模超过 6000 人或每个安全出口（或疏散门）设计的通过人流股数超过 4 股时，宜在观众席位中设置横走道。

③经过观众席中的纵、横走道通向安全出口（或疏散门）的设计人流股数与安全出口（或疏散门）设计的通行股数，应符合"来去相等"的原则。如安全出口（或疏散门）设计的宽度为 2.2m，则经过纵、横走道通向安全出口（或疏散门）的人流股数不宜超过 4 股，超过了就会造成出口处堵塞、延误疏散时间。反之，如果经纵、横走道通向安全出口（或疏散门）的人流股数少于安全出口（或疏散门）的设计通行人流股数，则不能充分发挥安全出口（或疏散门）的疏散作用，在一定程度上造成浪费。

4　设计时还要注意以下两个方面：

1）应将安全出口（或疏散门）数目与控制疏散时间密切地联系起来。

安全出口（或疏散门）数目与控制疏散时间的关系，在疏散设计中主要体现在两个方面：一是疏散设计确定的安全出口（或疏散门）总宽度，必须大于根据控制疏散时间而规定出的宽度指标，即计算出来的需要总宽度，这是必要条件。二是设计的安全出口（或疏散门）数量，一定要满足每个安全出口（或疏散门）平均疏散人数的规定要求，并且根据此疏散人数所计算出来的疏散时间必须小于控制疏散时间（建筑火灾中可用的疏散时间）的规定要求。在实际工程设计中，这方面往往出现一些设计不合理现象。如有的工程设计虽然安全出口（或疏散门）的总宽度符合规范要求，但每个安全出口（或疏散门）的实际疏散时间却超过了应该控制的疏散时间。

2）应将安全出口（或疏散门）数目与安全出口（或疏散门）的设计宽度有机协调起来。

在疏散设计中，安全出口（或疏散门）的数目与安全出口（或疏散门）的宽度之间有着相互协调、相互配合的密切关系，并且也是严格控制疏散时间、合理执行疏散宽度指标所必须充分注意和精心设计的一个重要环节。这就要求设计者在确定观众厅安全出口（或疏散门）的宽度时，必须考虑通过人流股数的多少，如单股人流的宽度 0.55m，2 股人流的宽度为 1.1m，3 股人流的宽度为 1.65m。这就像设计门窗洞口要考虑建筑模数一样，只有合理的设计，才能更好地发挥安全出口（或疏散门）的疏散功能和经济效益。

5.3.17　本条规定了学校、商店、办公楼、候车（船）室、民航候机厅及歌舞娱乐放映游艺场所等民用建筑的疏散设计要求。

1　明确了民航候机厅、展览厅及歌舞娱乐放映游艺场所的疏散宽度计算原则与指标。为满足一些大型交通、民航旅客等候场所的设计需要，在对达到本规范百人疏散指标规定确有困难时，可以通过科学的评估计算预测或建筑整体消防安全水平论证，按照国家规定程序来确定。

**2** 在多层民用建筑中，各层的使用情况不同，每层上的使用人数也往往有所差异。如果整栋建筑物的楼梯按人数最多的一层计算，除非人数最多的一层是在顶层，否则不尽合理，也不经济。对此，每层楼梯的总宽度可按该层或该层以上人数最多的一层计算，即对楼梯分宽度分段进行计算，下层楼梯总宽度按其上层人数最多的一层计算。

如：一座二级耐火等级的 6 层民用建筑，第四层的使用人数最多为 400 人，第五层、第六层每层的人数均为 200 人。计算该建筑的楼梯总宽度时，根据楼梯宽度指标 1m/百人的规定，第四层和第四层以下每层楼梯的总宽度为 4m；第五层和第六层每层楼梯的总宽度可为 2m。

**3** 本条明确了商店建筑的疏散人数计算方法。

各地普遍反映商店建筑作为人员不确定场所的典型，其疏散人数的计算需要进一步深入调研，并要求提出切合实际的合理计算方法与原则。国家现行标准《商店建筑设计规范》JGJ 48 中有关条文的规定还不甚明确，或执行起来困难很大，导致出现多种计算方法，有的甚至是错误的。

经过查阅国内外有关资料和规范，广泛征求意见后明确了确定商店营业厅疏散人数时的计算面积与其建筑面积的定量关系为 0.5~0.7：1。从国内大量建筑工程实例的计算统计看，均在该比例范围内。为保持与国家现行标准《商店建筑设计规范》JGJ 48 有关规定的一致性，计算面积与疏散人数之间的换算关系仍采用国家现行标准《商店建筑设计规范》JGJ 48 中的数值。但鉴于国内商店建筑营业厅内容纳人数与国外相比相对较多，加上设施和管理上也存在一定差距，规范中规定的换算系数较国外标准高一些。

商店建筑内经营的商品类别差异较大，且不同地区或同一地区的不同地段，地上与地下商店等在实际使用过程中的人流和人员密度相差较大，因此，执行过程中应对工程所处位置的情况作充分分析，再依据本条规定选取合理的数值进行设计。本条所指"营业厅的建筑面积"包括营业厅内展示货架、柜台、走道等顾客参与购物的场所，以及营业厅内的卫生间、楼梯间、自动扶梯等的建筑面积。对于采用防火分隔措施分隔开且疏散时无需进入营业厅内的仓储、设备房、工具间、办公室等可不计入该建筑面积内。

**4** 建筑设计有时采用宽大楼梯，而有些楼梯间又需要进行封闭。调研发现封闭楼梯间的门宽度与楼梯梯段宽度不一致，并且往往小于实际疏散所需要的宽度。因此，设计时应防止总疏散宽度符合规范要求，且某一局部出现走道或楼梯宽度也符合规范要求，但出口门门不符合要求，导致实际疏散能力不能满足规范要求。

**5.3.18** 人员密集的公共建筑不宜在窗口、阳台等部位设置金属栅栏等设施，是考虑到这些设施有可能在发生火灾时阻碍消防救援。因此，设置时要有从内部便于开启的装置。此外，在窗口、阳台等部位设置辅助疏散设施对这类人员密集场所的消防疏散有一定的效果。

本条要求设置的辅助疏散设施为逃生袋、救生绳、缓降绳、折叠式人孔梯、滑梯等，设置位置应便于使用且安全可靠，但不一定需要在每一个窗口或阳台都设置。

## 5.4 其 他

**5.4.1、5.4.2** 这两条明确了民用燃煤、燃油、燃气锅炉房，可燃油油浸电力变压器室，充有可燃油的高压电容器、多油开关等的防火设计要求。

**1** 锅炉原用铸铁锅炉工作压力低，锅炉外形尺寸小，用人工往炉膛填煤，占用高度空间小，经过 20 世纪 80 年代前后的锅炉改革，铸铁锅炉已被淘汰，多数手烧锅炉已被快装锅炉代替。快装锅炉比铸铁锅炉体积大，用机械设备人工向锅炉上部加煤，加煤方式不同，要求房间高度高，进煤除灰问题也很多。这就给在地下室、半地下室布置锅炉房带来一些不易解决的问题。

据调查，快装锅炉的事故后果更严重。从事故看也不宜设在

地下室、半地下室。故规范对在地下室、半地下室布置锅炉房不提倡，也未明确相关要求。但近 10 余年来，随着环境保护政策和措施的不断落实，燃油燃气锅炉正逐步取代原来的燃煤锅炉，给消防带来了新的问题。为兼顾各种使用情况，规定常（负）压燃油、燃气锅炉可设置在地下二层。

**2** 本条取消了对锅炉总蒸发量及单台锅炉蒸发量的要求。

由于各地建筑规模的扩大和集中供热的需要，建筑所需锅炉的蒸发量越来越大。但锅炉在运行过程中又存在较大火灾危险、发生事故后的危害也较大，因而应严格控制。对此，国家劳动部制定的《蒸汽锅炉安全技术监察规程》和《热水锅炉安全技术监察规程》已对锅炉的蒸发量和蒸汽压力作了明确规定：锅炉房如设在多层或高层建筑的半地下室或第一层时，每台蒸汽锅炉的额定蒸发量必须小于 10t/h，额定蒸汽压力必须小于 1.6MPa。锅炉房如设在多层或高层建筑的地下室、中间楼层或顶层中时，每台蒸汽锅炉的额定蒸发量不应超过 4t/h，额定蒸汽压力不应大于 1.6MPa，必须采用油或气体作燃料或电加热的锅炉。锅炉房如设在多层或高层建筑的地下室、半地下室、第一层或顶层内时，热水锅炉的额定出口热水温度不应大于 95℃并有超温报警装置，同时必须装设可靠的点火程序控制和熄火保护装置。在现行国家标准《锅炉房设计规范》GB 50041 中也作了明确规定。故在本规范中仅作了原则性规定，以便协调一致。

**3** 现在公共建筑、居住建筑用电量都比过去大量增加，仅居住建筑中电视机、电冰箱、电风扇、洗衣机、电熨斗等家用电器大量地进入家庭，耗电量大增，特别是在夏季，易导致设备过负荷运行，引发火灾事故。为此，规范规定设在民用建筑内单台可燃油油浸电力变压器的容量不应超过 630kV·A，总容量不应超过 1260 kV·A，且要求采取严格的防火分隔措施。

**4** 本条规定上述用房宜独立建造，不宜布置在主体建筑内。

1）我国目前生产的锅炉，其工作压力较高（一般为 1~13kg/cm²），蒸发量较大（1~30t/h），如安全保护设备失灵或操作不慎等原因都有导致发生爆炸的可能，特别是燃油、燃气的锅炉，容易发生燃烧爆炸事故，故不宜安装在民用建筑主体建筑内。

有关锅炉本身的生产、使用、安装以及锅炉的额定蒸发量和额定蒸汽压力还应按国家劳动部制定的《蒸汽锅炉安全技术监察规程》和《热水锅炉安全技术监察规程》执行。

2）可燃油油浸电力变压器发生故障产生电弧时，将使变压器内的绝缘油迅速发生热分解，析出氢气、甲烷、乙烯等可燃气体，压力骤增，造成外壳爆裂而大量喷油，或者析出的可燃气体与空气混合形成爆炸性混合物，在电弧或火花的作用下极易引起燃烧爆炸。变压器爆裂后，火灾将随着高温变压器油的流淌而蔓延，容易形成大范围的火灾。充有可燃油的高压电容器、多油开关等，也有较大的火灾危险性，故规定油浸电力变压器、充有可燃油的高压电容器、多油开关等不宜布置在民用建筑的主体内。对于干式或非可燃油油浸变压器，因其火灾危险性小，不易发生爆炸，故本条文未作限制。但干式变压器工作时易升温，温度升高易起火，故应在专用房间内做好室内通风排烟，并应有可靠的降温散热措施。

**5** 由于受到规划用地限制、用地紧张、基建投资等条件的制约，必须将燃油、燃气锅炉房、可燃油油浸电力变压器室，充有可燃油的高压电容器、多油开关等布置在主体建筑内时，应采取符合本条规定要求的安全措施。

1）本条规定锅炉房、可燃油油浸电力变压器、电容器、多油开关等房间不应布置在人员密集场所的上一层、下一层或贴邻。其原因是：

锅炉具有爆炸危险，不允许设置在居住建筑和公共建筑中人员密集场所的上面、下面或相邻。

可燃油油浸电力变压器是一种多油的电气设备。当它长期过负荷运行时，变压器油温过高可能起火或发生其他故障产生电弧使油剧烈气化，而造成变压器外壳爆裂酿成火灾，所以要求有防止

油品流散的设施。为避免变压器发生燃烧或爆炸事故时,引起秩序混乱、造成不必要的伤亡事故,因此,本条规定不应布置在人员密集场所的上一层、下一层或相邻。

2)本条要求设1m宽的防火挑檐,是针对底层以上有开口的房间而言。据国外资料规定底层开口距上层房间的开口部位的实墙体高度应大于1.2m,如图7。

根据国内火灾实例,为防止由底层开口喷出的火焰卷入上层开口,要求上下层二个开口间的实墙高度应大于1.2m。为了保证上层开口不会经由底层开口垂直往上卷吸火焰,规定应在底层开口上方设置宽度大于1m的防火挑檐或高度不小于1.2m的窗间墙,参见图7。

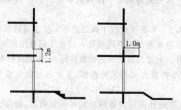

图7 防火挑檐示意图

6 对于燃气锅炉,根据现行国家标准《城镇燃气设计规范》GB 50028的相关规定,本条明确相对密度(与空气密度的比值)大于等于0.75的燃气不得设置在地下及半地下建筑(室)内。

**5.4.3、5.4.4** 本条规定了柴油发电机房在建筑内的防火设计要求。

目前民用建筑中使用柴油等可燃液体的用量越来越大,且设置此类燃料的锅炉、直燃机、发电机的建筑也越来越普遍,在本规范管理过程中也曾遇到此类储罐的布置问题。因此,有必要在规范中加以明确。但对于储存量超过15m³的储罐,则应按照本规范第4章第2节的有关规定进行设计。

对于发电机房内的灭火设施,应根据发电机组的大小、数量、用途等实际情况进行设计,可采用自动灭火系统,也可采用相适用的手提灭火器等移动式灭火设备。

本条明确了民用建筑中使用柴油等可燃液体的储存与布置。

**5.4.5** 本条规定严禁在民用建筑内设易燃易爆商店。

易燃易爆物品在民用建筑中存放或销售,引发火灾或爆炸的事故不少,且由于其后果较严重,故本规范对这些物品的设置作了明确规定。有关易燃易爆化学物品是指公安部令第18号发布的《易燃易爆化学物品消防安全监督管理办法》中规定的物品。

**5.4.6** 本条对居住部分与商店、办公等其他不同功能场所合建在一座建筑物内时的防火分隔构件作了较严格的限制。

本条内容是根据多次火灾教训确定的,规定了其他功能场所与居住部分的水平与竖向防火分隔要求,即要求用耐火极限不低于2.00h的不燃烧体隔墙和耐火极限不低于1.50h的不燃烧体楼板与居住部分隔开,疏散设施相互独立。

## 5.5 木结构民用建筑

为使国家标准体系完整、避免重复交叉,并为修订有关规范提供条件,根据主管部门要求,本规范直接从现行国家标准《木结构设计规范》GB 50005引用了有关木结构建筑防火设计的内容。下述说明均引自该规范。

**5.5.1** 本条参考1999年美国国家防火协会标准《建筑结构类型标准》NFPA 220、2000年美国的《国际建筑规范》(IBC)以及1995年《加拿大国家建筑规范》中对于木结构建筑的燃烧性能和耐火等级的有关规定,结合我国其他有关防火试验标准对于材料燃烧性能和构件耐火极限的要求而制定的。本规范中所采用的数据多为加拿大国家研究院建筑科学研究所提供的实验数据。

木结构建筑发生火灾的明显特点之一是容易产生飞火,古今实例颇多,仅以我国2002年海南木结构别墅群火灾为例,燃烧过

程中不断有燃烧着的木块飞向四周,引起草地起火,连续烧毁40多栋。为此,专门提出屋顶表层需采用不可燃材料。美国、加拿大的建筑亦如此规定。

当一座木结构建筑有不同的高度时,考虑到较低的部分发生火灾时,火焰会向较高部分的外墙蔓延,所以要求此时较低部分的屋盖的耐火极限不得低于1.00h。

同一类构件在不同施工工艺和不同截面、不同组分以及不同升温曲线等情况下的耐火极限是不一样的。表20中引自现行国家标准《木结构设计规范》GB 50005附录R,给出了一些木结构构件的耐火极限试验数据,设计时对于与表中所列情况完全一样的构件可以直接采用。如实际使用时,存在较大变化,对于某种构件的耐火极限一般应根据理论计算和试验测试验证相结合的方法进行确定。

表20 各类木结构构件的燃烧性能和耐火极限

| 构件名称 | 构件组合描述(mm) | 耐火极限(h) | 燃烧性能 |
|---|---|---|---|
| 墙体 | 1.墙骨柱间距:400～600;界面为40×90<br>2.墙体构造: | | |
| | 1)普通石膏板+空心隔层+普通石膏板=15+90+15 | 0.50 | 难燃 |
| | 2)防火石膏板+空心隔层+防火石膏板=12+90+12 | 0.75 | 难燃 |
| | 3)防火石膏板+绝热材料+防火石膏板=12+90+12 | 0.75 | 难燃 |
| | 4)防火石膏板+空心隔层+防火石膏板=15+90+15 | 1.00 | 难燃 |
| | 5)防火石膏板+绝热材料+防火石膏板=15+90+15 | 1.00 | 难燃 |
| | 6)普通石膏板+空心隔层+普通石膏板=25+90+25 | 1.00 | 难燃 |
| | 7)普通石膏板+绝热材料+普通石膏板=25+90+25 | 1.00 | 难燃 |
| 楼盖顶棚 | 楼盖顶棚采用规格材搁栅或工字形搁栅,搁栅中心间距为400～600,楼面板厚度为15的结构胶合板或定向木片板(OSB) | | |
| | 1)搁栅底部有12厚的防火石膏板,搁栅间空腔内填充绝热材料 | 0.75 | 难燃 |
| | 2)搁栅底部有两层12厚的防火石膏板,搁栅间空腔内无绝热材料 | 1.00 | 难燃 |
| 柱 | 1.仅支撑屋顶的柱: | | |
| | 1)由截面不小于140×190实心锯木制成 | 0.75 | 可燃 |
| | 2)由截面不小于130×190胶合木制成 | 0.75 | 可燃 |
| | 2.支撑屋顶及地板的柱: | | |
| | 1)由截面不小于190×190实心锯木制成 | 0.75 | 可燃 |
| | 2)由截面不小于180×190胶合木制成 | 0.75 | 可燃 |
| 梁 | 1.仅支撑屋顶的横梁: | | |
| | 1)由截面不小于90×140实心锯木制成 | 0.75 | 可燃 |
| | 2)由截面不小于80×160胶合木制成 | 0.75 | 可燃 |
| | 2.支撑屋顶及地板的横梁: | | |
| | 1)由截面不小于140×240实心锯木制成 | 0.75 | 可燃 |
| | 2)由截面不小于190×190实心锯木制成 | 0.75 | 可燃 |
| | 3)由截面不小于130×230胶合木制成 | 0.75 | 可燃 |
| | 4)由截面不小于180×190胶合木制成 | 0.75 | 可燃 |

**5.5.2** 木结构建筑从其构件的耐火性能来看,其耐火等级介于三级和四级之间。四级耐火等级的建筑只允许建2层,其针对的主要对象是我国以前的传统木结构。而符合规范规定要求的木结构构件,其耐火性能优于四级的木结构建筑建3层是安全的。表中的数据在吸收国外有关规范数据的基础上,与我国相关规定进行了分析比较。

**5.5.3** 木结构之间及其与其他耐火等级建筑之间的防火间距,是在充分分析了国内外相关建筑法规基础上,根据木结构和其他建筑结构的耐火等级的情况确定的。

**5.5.4、5.5.5** 本条参考了美国《国际建筑规范》(2000年版)(见表21)和《加拿大国家建筑规范》(1995年版)(见表22)的有关要求,并结合我国具体情况制定的。火灾试验证明,发生火灾的建筑对相邻建筑的影响与该建筑物外墙的耐火极限和外墙上的门窗洞口的开口比例有直接关系。

表 21　建筑物耐火等级和防火间距之间的关系

| 防火间距（m） | 耐火极限（h） | | |
|---|---|---|---|
| | 高火灾危险性 H 类 | 中等火灾危险性：厂房 F-1 类、商业建筑 M 类、仓库 S-1 类 | 低火灾危险性的建筑：其他厂房、仓库、居住和商业建筑 |
| 0～3 | 3 | 2 | 1 |
| 3～6 | 2 | 1 | 1 |
| 6～12 | 1 | 0 | 1 |
| 12 以上 | 0 | 0 | 0 |

表 22　开口比例和防火间距之间的关系

| 开孔分类 | 防火间距 L(m) | | | | | | | |
|---|---|---|---|---|---|---|---|---|
| | 0<L≤2 | 2<L≤3 | 3<L≤6 | 6<L≤9 | 9<L≤12 | 12<L≤15 | 15<L≤18 | 18<L |
| 无防火保护 | 不允许 | 不允许 | 10% | 15% | 25% | 45% | 70% | 不限制 |
| 有防火保护 | 不允许 | 15% | 25% | 45% | 77% | 不限制 | 不限制 | 不限制 |

如果相邻建筑的外墙无洞口，并且外墙能满足 1.00h 的耐火极限，防火间距可减少至 4m。考虑到有些建筑完全不开门窗比较困难，允许每一面外墙开孔不超过 10% 时，其木结构建筑之间的防火间距可减少至 6m，但要求外墙的耐火极限不小于 1.00h，同时每面外墙围护结构的材料必须是难燃材料。

# 6　消防车道

**6.0.1**　本条主要针对城市区域内建筑比较密集、消防车展开灭火困难的情况提出的要求。

由于室外消火栓的保护半径在 150m 左右，且室外消火栓按规定一般设在道路两旁，故将消防车道的间距定为 160m。

沿街建筑有不少是 U 形、L 形的，从建设情况看，其形状复杂且总长度和沿街的长度过长，必然会给消防人员扑救火灾和内部区域人员疏散带来不便，延误灭火时机。根据实际情况，考虑在满足消防扑救和疏散要求的前提下，对 U 形、L 形建筑物的两翼长度不加限制，而对总长度作了必要的防火规定。因此，规定当建筑物的总长度超过 220m 时，应设置穿过建筑物的消防车道。

对于近几年出现的许多大体量或超长建筑物，包括工业厂房，一般均有较大的间距和开阔的地带。因此，这些建筑只要在平面布局上能保证扑救火灾的需要，为便于建筑设计，可在设置穿过建筑物的消防车道的确困难时，采用设置环形消防车道的方式来满足灭火需要。但根据从扑救火灾和保护人员需要，建筑物的进深一般应控制在 50m 以内。对于空间较大或进深、面宽或长度都较大的建筑物，应设置能满足消防车穿过建筑物的消防车道或进出建筑内部的出入口。

另据调查，目前在住宅小区的建设和管理中，存在小区内道路宽度、承载能力或净空不能满足消防车通行需要的情况，给消防扑救带来不利影响。为此，小区的道路设计要考虑消防车的通行需要，住宅小区内的主要道路口不应设置影响消防车通行的设施。

计算建筑长度时，其内折线或内凹曲线，可按突出点间的直线

距离确定；其外折线或突出曲线，应按实际长度确定。

**6.0.2**　当建筑内院较大时，应考虑消防车在火灾时进入内院进行扑救操作，同时考虑消防车的回车需要，但如内院太小，消防车将无法展开，故规定内院或天井短边长度大于 24m 时宜设置进入内院或天井的消防车道。

**6.0.3**　实践证明，建筑物长度超过 80m 时，如没有连通街道和内院的人行通道，当发生火灾时也会妨碍扑救火灾的工作。为方便街区内疏散和消防施救，在建筑沿街长度每 80m 的范围内设置一个从街道经过建筑物的人行通道或公共楼梯是必要的。

本条所指街道为城市中建设的各种供人员和车辆通行的道路。

**6.0.4、6.0.5**　本条规定在于保证消防车快速通行和疏散人员的安全。在消防车道两侧不应设置人员或车辆进出的开口、开向车道的窗扇等。大型公共建筑的建筑体积大、占地面积大、人员多而密集，为便于扑救火灾和人员疏散，要求尽可能设置环形消防车道。

**6.0.6**　工厂或仓库区内各种功能的建筑物多，通常采用道路连接，但有些道路并不能满足消防车的通行和停靠要求，故规定要求设置专门的消防车道以便扑救火灾。这些消防车道可以和厂区或库区内的其他道路合用。

据各地反映，较大型的工厂和仓库火灾往往一次火灾延续时间较长，在实际灭火中用水量大，消防车辆投入多，如果没有环形车道或平坦空地等，必然造成消防车辆堵塞，靠不近扑救火灾现场，车辆再多也不能发挥战斗作用。对此，在平面布局设计时，应引起充分重视。

**6.0.7**　本条规定了可燃材料露天堆场区，液化石油气储罐区，甲、乙、丙类液体储罐区和可燃气体储罐区消防车道的设计要求。

**1**　据调查，有的甲、乙、丙液体及可燃气体储罐区的消防道路设置不当，道路狭窄简陋、路面坡度大、车辆进入后回转困难，对扑救罐区火灾不利。储罐区重大火灾扑救实践证明，环形消防道路能有效地保证消防车顺利通行，有利于扑救火灾。

**2**　露天、半露天堆场一旦着火，火势猛、燃烧快、辐射热强。一个大面积堆场没有分区，四周无消防车道，车辆开不进去，消防人员就无法扑救，造成巨大损失的实例和教训不少。对于堆场、储罐的总储量超过本规范表 6.0.7 规定的量时，则要求设环形消防车道。当一个可燃材料堆场占地面积超过 30000m² 时，则宜在堆场中增设与四周环形车道相通的纵横中间消防车道，其间距不宜超过 150m。有关可燃物品的堆场设置纵、横中间消防车道的具体面积规定，是根据实地调查确定的。

**6.0.8**　据调查，有的工厂、仓库和可燃材料堆场与消防水池距离较远，又未设置消防车道，采用河、湖等天然水源取水灭火的情况更为突出。当发生火灾时，有水而消防车不能靠近取水，延误取水时间，往往扩大灾情。因此，供消防车取水的天然水源和消防水池，设置消防车道是十分必要的。

**6.0.9**　本条规定了消防车道的净宽度和净空高度等通行要求。

**1**　消防车道的净宽和净高定为不小于 4m，是根据目前国内所使用的各种消防车辆外形尺寸、按照单车道并考虑消防车速一般较快，穿过建筑物时宽度上应有一定的裕度，便于车辆快速通行确定的。对于一些需要使用或穿过特种消防车辆的建筑物、道路桥梁，还应根据实际情况增加消防车道的宽度与净空高度。

据调查，一般中、小城市及消防队大都配备了泡沫消防车、水罐车。大城市，尤其是高层建筑居多的城市，除上述消防车外，还配备有曲臂登高车、登高平台车、举高喷射车、云梯车、消防通讯指挥车等。对于油库区及化工产品的生产场所配备的消防车辆主要为干粉车、泡沫车和干粉-泡沫联用车。从 1998 年的调查统计看，

在役消防战斗车辆中,消防车的最大长度为13.4m,最大宽度为4.5m,最大高度为4.15m,最大载重量为35.3t,最大转弯直径为24m;消防车的最小转弯直径为10m,最小长度为5.8m,最小宽度为1.95m,最小高度为1.98m。

**2** 根据一些地区公安消防监督机构的反映,在一些山地或丘陵地区城市中平地较少,坡地较多。另外,对于起伏较大的坡地,为保证消防灭火作业需要,规定了消防车道的坡度要求。一般举高消防车停留操作场地的坡度不宜大于3%。

**3** 在役消防车辆的宽度大都与3.5m这一宽度接近,如车道设计为3.5m则不便于消防车通行。对有些地区,消防车道穿过建筑物的门垛宽度在能保证消防车通行的前提下,可在4m内适当调整,但必须考虑当地消防车的发展需要。

**6.0.10** 本条规定了消防车的回车及消防车道路面的承载力等要求。

**1** 据公安消防监督机构实测,普通消防车的转弯半径为9m,登高车的转弯半径为12m,一些特种车辆的转弯半径为16~20m。本条规定12m×12m的回车场,是根据一般消防车的最小转弯半径而确定的,对于大型消防车的回车场则根据实际情况增大。比如有些大型消防车和特种消防车,由于车身长度和最小转弯半径已有12m左右,设置12m×12m回车场就行不通,而需设置更大面积的回车场才能满足使用要求。在某些城市已使用的少数消防车,其车身全长有15.7m,而15m×15m的回车场可能也满足不了使用要求,因此,在具体设计时,还应根据当地的具体情况与公安消防监督机构共同确定回车场的大小,但最小不应小于12m×12m,供大型消防车使用时不宜小于18m×18m。

**2** 在设置消防车道时,如果考虑不周,也会发生路面荷载过小,道路下面管道埋深过浅,沟渠选用轻型盖板等情况,从而不能承受大型消防车的通行荷载。表23为各种消防车的满载(不包括消防人员)总重,可供设计消防车道时参考。

**表23 各种消防车的满载总重量(kg)**

| 名称 | 型 号 | 满载重量 | 名称 | 型 号 | 满载重量 |
|---|---|---|---|---|---|
| 水罐车 | SG65、SG65A | 17286 | 泡沫车 | CPP181 | 2900 |
| | SHX5350、GXFSG160 | 35300 | | PM35GD | 11000 |
| | CG60 | 17000 | | PM50ZD | 12500 |
| | SG120 | 26000 | 供水车 | GS140ZP | 26325 |
| | SG40 | 13320 | | GS150ZP | 31500 |
| | SG55 | 14500 | | GS150P | 14100 |
| | SG60 | 14100 | | 东风144 | 5500 |
| | SG170 | 31200 | | GS70 | 13315 |
| | SG35ZP | 9365 | 干粉车 | GF30 | 1800 |
| | SG80 | 19000 | | GF60 | 2600 |
| | SG85 | 18525 | 干粉-泡沫联用消防车 | PF45 | 17286 |
| | SG70 | 13260 | | PF110 | 2600 |
| | SP30 | 9210 | 登高平台车 | CDZ53 | 33000 |
| | EQ144 | 5000 | | CDZ40 | 2630 |
| | SG36 | 9700 | | CDZ32 | 2700 |
| | EQ153A-F | 5500 | | CDZ20 | 9600 |
| | SG110 | 26450 | 举高喷射消防车 | CJQ25 | 11095 |
| | SG35GD | 11000 | 抢险救援车 | SHX5110TTXFQJ73 | 14500 |
| | SH5140GXFSG55GD | 4000 | | CX10 | 3230 |
| 泡沫车 | PM40ZP | 11500 | 消防通讯指挥车 | FXZ25 | 2160 |
| | PM55 | 14100 | | FXZ25A | 2470 |
| | PM60ZP | 1900 | | FXZ10 | 2200 |
| | PM80、PM85 | 18525 | 火场供应消防车 | XXFZM10 | 3864 |
| | PM120 | 26000 | | XXFZM12 | 5300 |
| | PM35ZP | 9210 | | TQXZ20 | 5020 |
| | PM55GD | 14500 | | QXZ16 | 4095 |
| | PP30 | 9410 | 供水车 | GS1802P | 31500 |
| | EQ140 | 3000 | | | |

**6.0.11** 多年实践证明,本条的规定对于保证消防车在任何时候能畅通无阻是需要和可行的。如有特殊超长车辆通过时,还应按实际情况确定。据成都铁路局提供的数据,目前列车的长度不超过900m。

# 7 建 筑 构 造

## 7.1 防 火 墙

**7.1.1~7.1.3** 规定了防火墙在不同情况下的构造要求。

**1** 实践证明,防火墙能在火灾初期和扑救火灾过程中,将火灾有效地限制在一定空间内,阻断在防火墙一侧而不蔓延到另一侧。国外相关建筑规范对于建筑内部及建筑物之间的防火墙设置十分重视,均有较严格的规定。如美国消防协会标准《防火墙与防火隔墙标准》NFPA 221对此还有专门规定,并被美国有关建筑规范引用为强制性要求。

严格说,防火墙从建筑基础部分就应与建筑物完全断开,独立建造。但目前在各类建筑物中设置的防火墙,大部分是建造在建筑框架上或与建筑框架相连接的。为保证防火墙在火灾时真正发挥作用,就应保证防火墙的结构安全且从上至下均应处在同一轴线位置,相应框架的耐火极限要与防火墙的耐火极限相适应。

**2** 为阻止火势通过屋面蔓延,还要求防火墙应截断屋顶承重结构,并根据实际情况确定突出屋面与否。对于一些建筑物的用途、建筑高度以及建筑的屋面具有一定耐火极限且燃烧性能不同时,应有所区别。

第7.1.1条中的数值是根据实际的调查和参考国外有关标准的规定提出的,国外的一些数值如表24。设计时,应结合工程具体情况,尽可能采用比本规范规定较大的数值。

**表24 不同国家对防火墙高出屋面高度的要求**

| 屋面构造 | 防火墙高出屋面的尺寸(mm) | | | |
|---|---|---|---|---|
| | 中国 | 日本 | 美国 | 苏联 |
| 不燃烧体 | 400 | 500 | 450~900 | 300 |
| 燃烧体 | 500 | 500 | 450~900 | 600 |

**3** 对于难燃烧体外墙,为防止火灾通过外墙横向蔓延,要求防火墙凸出外墙一定宽度,且在防火墙两侧每侧不小于2m范围内的外墙和屋面应采用不燃烧材料构筑,并不得开设孔洞。不燃烧体外墙具有一定耐火极限且不会被引燃,允许防火墙不凸出外墙。

防火墙两侧的门窗洞口最近的水平距离规定不应小于2m,是根据火场调查发现2m能起一定的阻止火灾蔓延的作用,但也存在个别蔓延现象。因此,设计时应尽可能加大该距离。如设有耐火极限不低于0.90h不燃烧体固定窗扇的开口时,可不受本条规定距离的限制。

**7.1.4** 本条规定了防火墙设置在内转角处时门窗洞口的防火设计要求。

火灾表明,防火墙设在建筑物的转角处且防火墙两侧开有门窗等洞口时,如门窗洞口不能采取防火措施,则不能阻止火势蔓延。因此,确需在转角附近开设洞口时,应从最近边缘算起,按相互水平距离不小于4m的要求设置。

**7.1.5** 本条规定是在于防止建筑物内火灾的浓烟和火焰穿过门窗洞口蔓延扩散。

**1** 设计中如遇到工艺或使用等要求,必须在防火墙上开口时,应在开口部位设置防火窗或其他相等效的防火分隔措施。用耐火极限不低于1.20h的甲级防火门,能基本满足控制火势的要求。但根据国外有关要求,在防火墙上设置的防火门,其耐火极限一般都应与相应防火墙的耐火极限一致。考虑到我国有关标准对防火门耐火极限的判定条件与国外有差异,故要求防火门的耐火极限不低于1.20h,在有条件时,应将防火墙上防火门的耐火极限提高到1.20h以上。其他洞口,包括观察窗、工艺孔等,由于大小不一,所设置的防火设施也各异,可采用防火窗、防火卷帘、防火阀、水幕等。但无论何种设施,均应具有较高的耐火极限,且能在火灾时自动关闭或是固定,能有效隔断火势。对于该部位的防火卷帘,如无喷水系统冷却防护时,其耐火极限要求按照现行国家标准《门和卷帘耐火试验方法》GB 7633所规定的背火面温升判定条件试验确定。

　　2　在布置氢气、煤气、乙炔等可燃气体和汽油、苯、甲醇、乙醇、煤油等甲、乙类液体的输送管道时,要充分考虑管道破损等情况下,大量可燃气体或蒸气逸漏对防火墙本身安全以及防火墙两侧空间的火灾危害。

　　其他管道(如水管以及输送无危险的液体管道等),因因条件限制必须穿过防火墙时,应用水泥砂浆等不燃材料或防火材料将管道周围的缝隙紧密填塞。对于采用塑料等遇高温或火焰易收缩变形或烧蚀的材质的管道,为减少火灾和烟气穿过防火分隔体,应采取措施使该类管道在受火后能被封闭,如设置热膨胀型阻火圈等。

　　**7.1.6**　本条规定主要为保证防火墙在发生火灾时能发挥作用,不会倒塌而致火势蔓延。

　　耐火等级较低一侧的建筑结构或其中耐火极限和燃烧性能较低的结构在火灾中易发生垮塌,从而会作用于防火墙以侧向力。因此,设计时应考虑这一因素。此外,独立建造的防火墙,也要考虑其高度与厚度的关系以及墙体的内部加固构造,使防火墙具有足够的稳固性与抗力。

### 7.2　建筑构件和管道井

　　**7.2.1**　本条规定了剧院等建筑的舞台与观众厅的防火分隔要求。

　　1　剧院等建筑的舞台与后台部分,常使用或存放着大量幕布、布景、道具,可燃装修和电气设备多。另外,由于演出需要,人为起火因素也随之增加,如烟火效果及演员在台上吸烟等,容易引发发火灾。起火后往往火势发展迅速,难以控制,因此引起的惨剧已有多次,有的甚至导致300多人死亡。本条规定舞台与观众厅之间的隔墙应采用耐火极限不低于3.00h的不燃烧体。舞台口上部与观众厅闷顶之间的隔墙,可采用耐火极限不低于1.50h的不燃烧体,隔墙上的门至少应采用乙级防火门。

　　剧院等建筑舞台下面的灯光操纵室和存放道具、布景的储藏室也是该场所的重点防火设计控制部位,故提出这些场所与其他部分要用不燃烧体墙分隔开的要求。鉴于此类场所的可燃物较多,并为与本规范的其他要求一致,将分隔构件的耐火极限规定不低于2.00h。

　　2　电影放映室有时放映旧影片(硝酸纤维片极易燃烧),也使用易燃液体丙酮接片子,电气设备又比较多,特别是硝酸纤维片不易处理。因此,起火机会较多,有必要对其外围结构提出一定的防火要求。

　　剧院、电影院内的其他建筑防火构造措施与规定,还应符合国家现行标准《剧场建筑设计规范》JGJ 57和《电影院建筑设计规范》JGJ 58的要求。

　　**7.2.2**　本条规定了建筑内一些特殊场所的防火分隔要求。

　　1　托儿所、幼儿园的婴幼儿、老年人建筑内的老弱者等人员行为能力较弱,容易在火灾时造成伤亡,因而应适当提高其分隔要求。其他防火要求还应符合国家现行标准《托儿所、幼儿园建筑设计规范》JGJ 39、《老年人建筑设计规范》JGJ 122和现行国家标准《老年人居住建筑设计标准》GB 50340的有关要求。

　　2　对于医院手术室,由于其使用功能决定了医院手术室应比医院中的其他场所的分隔要严格,应加强防火分隔。有关医院洁净手术部的具体防火要求,还应符合现行国家标准《医院洁净手术部建筑技术规范》GB 50333和国家现行标准《综合医院建筑设计规范》JGJ 49的有关要求。

　　3　根据歌舞娱乐放映游艺场所火灾情况,增加了该类场所的分隔要求。考虑到此类场所大多数是在原有建筑上改建的,采用防火墙分隔在构造上有一定困难。为解决这一实际问题,加强此类场所的内部分隔,规定采用耐火极限不低于2.00h的不燃烧体

隔墙和1.00h的不燃烧体楼板与其他场所或部位隔开。这类场所内各房间之间隔墙的防火要求见本规范第5章的有关规定。

　　**7.2.3**　本条对属于易燃、易爆、容易发生火灾或比较重要的地方、疏散的门厅的隔墙提出了专门的防火分隔要求。

　　住宅内的厨房分隔,原则上应按本条规定进行设计。本条中的厨房指集体宿舍、公寓等居住建筑、公共建筑和工厂中的厨房,不包括住宅。

　　在公共建筑中,厨房火灾时有发生,主要原因是电气设备过载老化、燃气泄漏或油烟机、排油烟管道着火等引起。目前许多餐饮或旅馆、工厂中的厨房内均设有火灾自动报警系统和自动灭火系统,并采取了较严格的分隔措施,发生火灾时均能迅速扑救和控制,有效地减少了火灾危害。

　　不同火灾危险性的生产除工艺要求必须布置在一起,除属丁、戊类火灾危险性的生产与储存场所外,厂房或仓库中甲、乙、丙类火灾危险性的生产或储存物品一般应分开设置,并应采用较高耐火极限的墙体分隔。在本规范第3章中有相关其他要求。

　　**7.2.4**　在单元式住宅中,单元之间的墙应无门窗洞口,单元之间的墙砌至屋面板底部的要求可使该隔墙真正起到防火隔断作用,从而把火灾限制在一个单元之内,防止延烧,减少损失。而对于其他建筑的隔墙,为了有效地控制火灾和烟气蔓延,特别是旅馆、公共娱乐场所等人员密集场所内的房间隔墙,更应注意将隔墙从地面或楼面砌至上一层楼板或屋面板底部。穿越墙体的管道及其缝隙、开口等应按照本规范有关规定采取防火措施。具体的防火封堵措施在中国工程建设标准化协会标准《建筑防火封堵应用技术规程》CECS 154：2003中有详细要求,可供设计参考。

　　**7.2.5**　本条规定了建筑内设置的重要设备房的构造与防火分隔要求。

　　附设在建筑物内的消防控制室、固定灭火系统的设备室等要保证该建筑发生火灾时,这些装置和设备不会受到火灾的威胁,确保灭火工作的顺利进行。通风、空调机房是通风管道汇集的地方,也是火势蔓延的主要部位。基于上述考虑,本条规定这些房间要采用2.00h的隔墙和1.50h的楼板与其他部位隔开,并规定隔墙上的门至少应为乙级防火门。本条规定将分隔墙的耐火极限从原要求2.50h降低到2.00h,既与本规范的其他建筑构造要求协调一致,同时2.00h耐火极限的隔墙已能有效地阻止绝大部分建筑内火灾的蔓延。但考虑到丁、戊类生产的火灾危险性较小,对这两类厂房中的通风机房分隔构件的耐火极限要求有所降低。

　　**7.2.6**　本条是对冷库的防火分隔的构造要求。

　　冷库的墙体保温采用难燃或可燃材料较多,面积大、数量多,且冷库内所存物品有些还是可燃的,包装材料也多是可燃的。

　　国内外冷库火灾比较多。火灾原因主要是采用聚苯乙烯硬泡沫、软木易燃物质等隔热材料所引起的。因此,有些国家对冷库采用可燃塑料作隔热材料有较严格的限制,在规范中确定小于150m²的冷库才允许用可燃材料隔热层。为了防止隔热层造成火势蔓延扩大,规定应做水平防火分隔,且应具备相当的耐火极限。其他有关构造要求还应符合现行国家标准《冷库设计规范》GB 50072的规定。

　　**7.2.7**　本条规定了建筑幕墙的防火构造要求。

　　建筑外墙幕墙采用玻璃和金属等材料制作。当幕墙受到火烧或受热时,易破碎或变形,甚至造成大面积的破碎、脱落事故,如不采取措施,会造成火势在水平和竖直方向蔓延而酿成大火。幕墙的窗间墙、窗槛墙的填充材料常有岩棉、玻璃棉、硅酸铝棉等不燃材料。但执行过程中发现受震动和温差的影响有易脱落、开裂等问题,故规定幕墙与每层楼板、隔墙处的缝隙,应采用防火材料填塞密实。这种防火材料可以是不燃材料也可以是难燃材料。但如采用难燃材料则应保证其在火焰或高温作用下除发生膨胀变形外,还应具有一定的耐火能力。

中国工程建设标准化协会标准《建筑防火封堵应用技术规程》CECS 154：2003 对建筑内有关防火封堵的技术要求作了规定，在设计和施工时可参照执行。

**7.2.8** 目前，在一些建筑，特别是民用建筑中越来越多地采用硬聚氯乙烯管道。这类管道遇高温和火焰容易导致楼板或墙体出现孔洞。为防止烟气或火势蔓延，要求采取一定的防火措施，如在管道的贯穿部位采用防火套箍和防火封堵等。本条及第 7.2.7 所述防火封堵材料，均应符合国家有关标准（如《防火密封件》GB 16807 和《防火封堵材料的性能要求和试验方法》GA 161）的有关要求。

**7.2.9～7.2.11** 这三条规定了电梯井、电缆井及管道井等以及通风、排烟管道穿越建筑楼板和墙体时的防火构造要求。

1 电梯井的耐火极限要求，见本规范第 3.2.1 条和第 5.1.1 条的规定。

2 建筑中的垂直管道井、电缆井、排烟道等竖向管井都是烟火竖向蔓延的通道，必须采取防火分隔措施，在每层楼板处用相当于楼板耐火极限的不燃材料封堵。考虑到为便于管子检修更换，有些垂直管井按层分隔确有困难，原规定可每隔 2～3 层加以分隔。但从目前建筑实际建造情况看，每层分隔也是可行的，对于检修影响不大，却能提高建筑的消防安全性。因此，要求这些竖井要在每层进行分隔。

此外，为防止火灾时这些管道或电缆竖井的完整性受到破坏，还要求管道井的井壁采用不燃材料制作，其耐火极限不低于1.00h。井壁上的检查门应采用丙级防火门，特别是在人员疏散部位以及开向疏散通道的门。

3 穿越墙体、楼板的风管或排烟管道设置防火阀、排烟防火阀，就是要防止烟气和火势蔓延到不同的区域，而如果阀门之间的管道不采取防火保护措施，则会因管道受热变形而破坏整个分隔的有效性和完整性，故作此要求。

### 7.3 屋顶、闷顶和建筑缝隙

**7.3.1～7.3.3** 闷顶火灾一般阴燃时间较长，不易发现，待发现之后火已着大，扑救难度大。阴燃开始后由于闷顶内空气供应不充足，燃烧不完全，如果让未完全烧的气体积热、积聚在闷顶内，一旦吊顶突然局部塌落，氧气充分供应就会引起局部轰燃。

1 第 7.3.1 条规定主要根据实际火灾情况，为防止火星通过冷摊瓦缝隙落入闷顶内引燃可燃物而酿成火灾。

2 闷顶起火后，闷顶内温度比较高、烟气弥漫，消防人员进入闷顶侦察火情、扑救火灾相当困难。为尽早发现火情，避免发展成较大火灾，有必要设置老虎窗。设置老虎窗的闷顶起火后，火焰、烟和热空气可以从老虎窗排出，不至于向两旁扩散而整个闷顶，有助于把火灾局限在老虎窗附近的范围内，并便于消防人员侦察火情、扑救火灾。

3 有的建筑物，其屋架、吊顶和其他屋顶构件为不燃材料，闷顶内又无可燃物，像这样的闷顶，可不设闷顶入口。

每个防火隔断范围，主要是指单元式住宅或其他采用实体墙分隔成较小空间（墙体隔断闷顶）的建筑。而教学楼、办公楼、旅馆等公共建筑，每个防火隔断范围面积较大（一般 1000m²，最大可达 2000m² 以上），要求设置不小于 2 个闷顶入口。

4 发生火灾时，消防人员一般通过楼梯上楼灭火。闷顶入口设在楼梯间附近，便于消防人员发现火情，迅速进入闷顶内灭火。

**7.3.4、7.3.5** 主要为防止因建筑变形而破坏管线，引发火灾并使烟气通过变形缝扩散。

建筑变形缝是为防止建筑变形影响建筑结构安全和使用功能而设。在建筑使用过程中，变形缝两侧的建筑可能发生位移等现象，故应避免将一些易引发火灾或爆炸的管线布置其中。当需要穿越变形缝时，应采用柔刚性管等方法，管线与套管之间的缝隙应采用不燃材料、防火材料或耐火材料紧密填塞。

因建筑内的孔洞或防火分隔处的缝隙未封堵或封堵不当导致人员死亡的火灾，在国内外均发生过。国际标准化组织标准及欧美等国家的建筑规范中均对此有明确的严格要求。这方面的防火功能容易被忽视，但却是建筑消防安全体系中的有机组成部分。

### 7.4 楼梯间、楼梯和门

**7.4.1** 本条规定了疏散楼梯间的共性防火设计要求。

1 疏散楼梯间是人员竖向疏散的安全通道，也是消防人员进入火场的主要路径。因此，疏散楼梯间应保证人员在楼梯间内疏散时能有较好的光线，有条件的情况下应首先选用天然采光。人工照明的暗楼梯间，在火灾发生时常会因中断正常供电而变暗，影响行动速度，不宜采用。

疏散楼梯间应尽量采用自然通风以排除烟气，提高楼梯间内的能见度，缩短烟气停留时间。楼梯间靠外墙设置，有利于楼梯间直接采光和自然通风。不能采用自然采光和自然通风的疏散楼梯间，应按规范要求设置消防应急照明和采取机械防烟措施。

2 附设在楼梯间内的天然气、液化石油气等燃气管道漏气，遇明火即可能爆炸起火；由于楼梯间内放置许多杂物，火势很快就会着楼梯向上蔓延，造成严重后果的火灾情况很多。为避免楼梯间内发生火灾或防止火灾通过楼梯间蔓延，规定楼梯间内不应附设烧水间、可燃材料储藏室、非封闭的电梯井、可燃气体管道、甲、乙、丙类液体管道等。

3 人员在紧急情况下容易发生拥挤现象，楼梯间的设计应保证楼梯间的有效疏散宽度不会因凸出物而减少，并应避免凸出物碰伤疏散人群。楼梯间的宽度也应采取措施保证人行宽度不宜过宽，防止人群疏散时失稳而导致意外。澳大利亚建筑规范就规定当阶梯式走道的宽度大于 4m 时，应在每 2m 宽度处设置栏杆扶手。

4 本条对住宅建筑，考虑其布置和使用功能，特别是近几年为方便管理，采用水表、电表、气表等均要求出户。为适应这一要求，本条规定允许可燃气体管道进入住宅建筑的楼梯间，但为防止管道意外损伤发生泄漏，规定要求采用金属管。现行国家标准《城镇燃气设计规范》GB 50028 允许在户内使用铝塑管等用于燃气输送，为防止燃气因该部分管道破坏而引发较大事故，应在计量表前或管道进入建筑物前安装紧急切断阀，并且该阀应具备自动切断管路和手动操作关断气源的装置。可靠的保护措施，包括可燃气体管道加套管、埋地、应急切断等措施。另外，管道的布置与安装位置，应注意避免人员通过楼梯间时与管道发生碰撞。有关具体设计还应符合现行国家标准《城镇燃气设计规范》GB 50028 的规定。其他非住宅类居住建筑的楼梯间内不允许敷设可燃气体管道或设置可燃气体计量表。

**7.4.2** 本条规定了封闭楼梯间的一些专门防火设计要求。

在采用扩大封闭楼梯间时，要注意扩大区域与周围空间采取防火措施分隔。垃圾道、管道井等的检查门等不能设计成直接开向楼梯间内。

通向封闭楼梯间的门，正常情况下应采用防火门。目前国内实际使用过程中采用常闭防火门时，闭门器经常损坏，使门无法在火灾时自动关闭；采用常开防火门时，如果能做到火灾时实现自动关闭功能，应尽量采用防火门。只有在这样做有困难时，通向居住建筑封闭楼梯间的门才考虑选择双向弹簧门。而厂房、仓库以及公共建筑中设置的封闭楼梯间则仍要求采用乙级防火门。

**7.4.3** 本条规定了防烟楼梯间的一些专门防火设计要求。

防烟楼梯间的平面布置要求必须经过防烟前室再进入楼梯间。前室应具有可靠的防烟设施，使防烟楼梯间具有比封闭楼梯间更好的防烟、防火能力，具有更高的可靠性。

前室不仅起防烟作用，而且可作为人群进入楼梯间的缓冲空间。设计中要注意使前室的大小与楼层中疏散进入楼梯间的人数相适应。本条中前室或合用前室的面积为可供人员使用的净面积。

根据现行国家标准《住宅建筑规范》GB 50368 的规定，如电缆井和管道井受条件限制需设置在前室或合用前室内时，其检查门应采用丙级防火门。其他建筑的防烟楼梯间及其前室或合用前室内，不允许开设除疏散门以外的其他开口。

**7.4.4** 为保证人员疏散畅通、快捷、安全，本条规定了疏散楼梯间在各层不允许改变其平面位置。

地下层与地上层如果没有进行有效分隔，容易造成地下层火灾蔓延到地上建筑。为防止烟气和火焰蔓延到上部楼层，同时避免上部人员疏散时误人地下层，本条规定在首层楼梯间通地下室、半地下室的入口处，应用防火分隔构件与其他部位分隔开。当地下室、半地下室与首层或地上部分共用一个楼梯间作为安全出口时，为防止在发生火灾时，上面人员在疏散过程中误入地下室，要求在首层楼梯间处进行分隔设施和设置明显的疏散标志，并根据执行规范过程中出现的问题和火灾时的照明条件，在设计时尽量采用灯光疏散指示标志。

国外有关标准也有类似规定，如美国《统一建筑规范》规定：地下室的出口楼梯应直通建筑外部，不应经过首层。法国《公共建筑物安全防火规范》也规定地上与地下疏散楼梯应断开。

**7.4.5** 本条规定了室外楼梯的疏散设计要求。

室外楼梯可供辅助人员应急疏散和消防人员直接从室外进入建筑物到达起火层扑救火灾。为了防止因楼梯倾斜度过大、楼梯过窄或栏杆扶手过低，并防止火灾时火焰从门内窜出而将楼梯烧坏，影响人员安全疏散，确定了本条基本规定。

由于室外楼梯在梯段宽度、坡度、防雨防滑等方面不一定能满足人员疏散的要求，因此，只有满足本条规定的情况下才可作为疏散楼梯与辅助防烟楼梯，并应注意防滑、防跌落等处理。

**7.4.6** 本条主要考虑丁、戊类厂房火灾危险性小，对相应疏散楼梯的防火要求作了适当调整。当然，作为第二安全出口的金属楼梯同样要考虑防滑、防跌落等措施。

**7.4.7** 本条规定了对疏散用楼梯和疏散通道上的阶梯的构造要求。

由于弧形楼梯、螺旋梯及楼梯斜踏步在内侧坡度陡、每级扇步深度小，很难保证疏散时的安全通行，特别是在紧急情况下，容易发生摔倒等意外。只有当这些楼梯满足一定要求时，才可作为疏散使用。美国《生命安全规范》NFPA 101 规定：螺旋梯符合下述条件，且相应建筑物允许使用时，可作为安全疏散通道：使用人数不超过 5 人，楼梯宽度不小于 660mm，阶梯高度不大于 241mm，最小净空高度为 1980mm，距最窄边 305mm 处的踏步深度不小于 191mm 且所有踏步均一致。本规范认为：当弧形楼梯的平面角度小于 10°，离扶手 250mm 处的每级踏步深度大于 220mm 时，对人员疏散影响较小，可以用于疏散。

**7.4.8** 本条规定主要考虑火灾发生后，消防人员进入失火建筑的楼梯间后，能迅速利用两梯段之间 150mm 宽的空隙向上吊挂水带展开救援作业，以节省时间和水带，减少水头损失，方便操作。

**7.4.9** 本条主要是根据一些地区消防队的实际装备情况及其灭火需要确定的。实际上，建筑师应在建筑中尽可能为消防人员进入建筑灭火提供专门的通道或路径，特别是地下、半地下建筑（室）。

**1** 为尽量减小火灾时消防人员进入建筑物时与建筑物内疏散人群的冲突，设计应充分考虑消防人员进入建筑物内的需要。有了室外消防梯，消防员就可以利用它方便地登上屋顶或由窗口进入楼层，以接近火源、控制火势，及时扑救火灾。在英国和我国香港地区的相关建筑规范中还要求为消防队员进入建筑物设置有防火保护的专门通道。

**2** 为避免阁顶起火时因老虎窗向外喷烟火而妨碍消防员登上屋顶、防止少儿攀爬，规定消防梯不应正面对老虎窗，室外消防梯距地面 3m 高度起设置。由于消防人员到火场，均带有单杠梯或挂钩梯，消防梯距地面的设置高度，不会影响扑救火灾。

**7.4.10** 本条规定了消防电梯的防火设计要求。

**1** 为使消防人员能够在建筑物内上下时不受烟气侵袭，在起火层有一个较为安全的地方放置必要的消防器材，并能顺利地展开火灾扑救行动，规定消防电梯间（井）应设置前室。该前室应具有与防烟楼梯间前室一样的防烟功能。

为使平面布置更紧凑、方便使用，消防电梯间和防烟楼梯间可合用一个前室，但必须保证有足够的使用面积。

**2** 消防电梯靠外墙设置既安全、又便于采用可靠的天然采光和自然排烟防烟方式。消防电梯视为火灾时相对安全的竖向通道，其出口在首层应直通室外。当受平面布置限制时，可采用受防火保护的通道直通室外，但不应经过任何其他房间。参考国外有关规定，该距离宜尽量短，最长不应超过 30m。

**3** 消防电梯应满足供消防队救援和建筑内行动不便者（如病人、残障人员等）的使用需要，其轿厢内的净面积、载重量一般按一个战斗班的配备设计，并应考虑对外联络与电力保障等的可靠性。

**4** 考虑到起火层灭火过程中，建筑内有大量水四处流散，电梯井内外要考虑设置排水和挡水设施，并应设置可靠的电源和供电线路。

**7.4.11** 本条规定要求设计能保持和保证人员安全疏散的畅通，不发生阻滞。在疏散楼梯间、电梯间或防烟楼梯间的前室或合用前室的门，应采用平开的防火门，而不应采用卷帘门、侧拉门、旋转门或电动门，包括帘中门。

防火分区处的疏散门要求能够防火防烟并便于人员疏散通行，要求满足较高的防火性能。

本规定在英国、澳大利亚的建筑规范及美国消防协会标准《生命安全规范》NFPA 101 中也有类似规定。如 NFPA 101 规定：通向室外的电控门和感应门均应设计成一旦断电即能自动开启或手动开启。距楼梯或电动扶梯的底部或顶部 3m 范围内不应设置旋转门。设有旋转门的墙上应设侧铰式双向弹簧门，且两扇门的间距应小于 3m。

**7.4.12** 疏散门包括设置在建筑内各房间直接通向疏散走道的门或安全出口上的门。为避免在发生火灾时由于人群惊慌、拥挤而压紧内开门扇，使其无法开启，要求疏散门应向疏散方向开启。当一些场所使用人员较少且对环境及门的开启形式熟悉时，疏散门的开启方向可不限。

电动门、侧拉门、卷帘门或转门在人群紧急疏散情况下无法保证安全、迅速疏散，不允许作为疏散门。英国建筑规范还规定："门厅或出口处的门，如果起火时使用该门疏散的人数超过 60 人，则疏散门合理、实用、可行的开启方向应朝向疏散方向。对危险程度高的工业建筑物，人数低于 60 人时，也应要求门朝疏散方向开启"。

公共建筑中一些通常不使用或很少使用的门，可能需要处于锁闭状态，但无论如何，设计时均应考虑采取措施使其能从内部方便打开，且在打开后能自行关闭。在美国《生命安全规范》NFPA 101 中还有更具体的性能要求。

考虑到仓库内的人员一般较少且门洞较大，故规定门设置在墙体的外侧时允许采用推拉门或卷帘门，但不允许设置在仓库外墙的内侧，以防止因货物翻倒等原因压住或阻碍而无法开启。对于甲、乙类仓库，因火灾时的火焰温度高、蔓延迅速，甚至会引起爆炸，故强调"甲、乙类仓库不应采用侧拉门或卷帘门"。

### 7.5　防火门和防火卷帘

本节规定了防火门和防火卷帘的有关设计要求。

**1** 为便于针对不同情况规定不同的防火要求，规定了防火门、防火窗的耐火极限和开启方式等要求。规定要求建筑中设置的防火门，应保证其防火和防烟性能符合相应构件的耐火要求以及人员的疏散需要。

设置防火门的部位，一般为疏散门或安全出口。防火门既是保持建筑防火分隔完整的主要物体之一，又常是人员疏散经过疏散出口或安全出口时需要开启的门。因此，防火门的开启方式、方向等均应满足紧急情况下人员迅速开启、快捷疏散的需要。

2 为尽量避免火灾时烟气或火势通过门洞窜入人员的疏散通道内，以保证疏散通道的相对安全和人员的安全疏散，应使防火门在平时处于关闭状态或在火灾时以及人员疏散后能自行关闭。

3 规定建筑变形缝处防火门的设置要求，主要为保证分区间的相互独立。

4 第7.5.3条规定了防火卷帘采用不同耐火极限测试方法时应采取的相应措施，以满足不同使用情况的要求。防火分区应采用防火墙进行分隔，但有时实现起来的确有困难，特别是工业厂房和部分大型公共建筑中，往往先满足生产、工艺或使用的需要。因此，需要采用其他分隔措施，采用防火卷帘分隔是其中措施之一。

由于现行国家标准《门和卷帘的耐火试验方法》GB 7633—87的耐火极限判定条件有按卷帘的背火面温升和背火面辐射热两种，而目前市场上分别按照这两种条件进行测试生产的产品均有。因此，为避免设计和使用的混乱，按不同试验测试判定条件，规定了卷帘在用于防火分隔时的不同防护要求。但在采用防火卷帘作防火分隔体时，应认真考虑分隔空间的宽度、高度及其在火灾情况下高温烟气对卷帘面、卷轴及电机的影响。采用多樘防火卷帘分隔一处开口时，还应考虑采取必要的控制措施，保证这些卷帘同时动作和同步下落。

由于在有关标准中均未严格要求防火卷帘的烟密性能，故根据使用情况，本条还规定防火卷帘周围的缝隙应做好严格的防火防烟封堵，防止烟气和火势通过卷帘周围的空隙传播蔓延。

### 7.6 天桥、栈桥和管沟

**7.6.1、7.6.2** 这两条规定了天桥、跨越房屋的栈桥，供输送可燃气体和甲、乙、丙类液体及可燃材料栈桥的燃烧性能等。

1 天桥系指连接不同建筑物、主要供人员通行的架空桥。栈桥系指主要供输送物料的架空桥。

2 天桥、越过建筑物的栈桥以及供输送煤粉、粮食、石油、各种可燃气体（如煤气、氢气、乙炔气、甲烷气、天然气等）的栈桥，应考虑采用钢筋混凝土结构或钢结构以及其他不燃材料制作的结构，栈桥不允许采用木质结构等可燃、难燃结构。

**7.6.3** 为了防止天桥、栈桥与建筑物之间在失火时出现火势蔓延扩大的危险，应该在与建筑物连接处设置防火隔断措施。特别是甲、乙、丙类液体管道的封闭管沟（廊），如果没有防止液体流散的设施，一旦管道破裂着火，就可能造成严重后果。

**7.6.4** 在新建、改建的工业与民用建筑中，采用天桥将两座建筑物连接起来的方式对于满足使用需要起到了良好的作用，同时也便于及时疏散。本条参照《生命安全规范》NFPA 101 的规定，明确了有关设计要求。但设计时应注意研究天桥周围是否有危及其安全的情况，如天桥下方的窗洞口，并积极采取相应的防护措施。此外，天桥两侧的门的开启方向以及计入疏散总宽度的门宽，在设计时也应实事求是、认真考虑。

## 8 消防给水和灭火设施

### 8.1 一般规定

本章对在建筑物内外设置灭火设施和消防供水设施作了原则性的基本规定。我国幅员辽阔，各地经济发展水平差异很大，气候、地理、人文等自然环境和文化背景各异，建筑物的用途也千差万别，难以在本章中一一规定其配置要求。因此，除本规范规定

外，在设计时还应从保障建筑物及人员的安全、减少火灾损失出发，根据有关专业建筑设计标准或防火标准的规定以及建筑物的实际火灾危险性，综合考虑确定设置合理和适用的消防给水与建筑灭火设施。

**8.1.1** 本条规定了消防给水设计和灭火设施配置设计的原则。

不同地区对建筑物重要性的界定不尽相同。因此，在设计建筑的消防给水和灭火设施时，应充分考虑各种因素，特别是建筑物的火灾危险性、建筑高度和使用人员的数量与特性，使之既保证建筑消防安全，快速控火灭火，又节约投资，合理设置。在执行条文时，本规范对有些场所消防设施的设置虽有规定，但并不限制应用更好、更有效或更经济合理的灭火手段。对于某些新技术、新设备的应用，应提出相应的使用和设计方案与报告，按照国家有关规定进行论证或试验，以切实保证其技术的可行性与应用的可靠性。

**8.1.2** 本条规定了城市、居住区、厂房、仓库等的消防给水的设计要求。

1 目前可用的灭火剂种类很多，有水、泡沫、卤代烷、二氧化碳和干粉等。其中水灭火剂使用方便、器材简单、价格便宜，对大多数可燃物火灾均有良好的灭火效果，是目前国内外广泛使用的主要灭火剂。

消防给水系统完善与否，直接影响火灾扑救的效果。据火灾统计，在扑救成功的火灾案例中，93%的火场消防给水条件较好，水量、水压有保障；而在扑救失利的火灾案例中，81.5%的火场消防供水不足。许多大火失去控制，造成严重后果，大多与消防给水系统不完善、火场缺水有密切关系。因此，进行城市、居住区、企业事业单位规划和建筑设计时，要整体规划，同时设计消防给水系统。

2 在我国，有些地区天然水源十分丰富（例如长江三角洲地区等），且建筑物紧靠天然水源；有的地区常年干旱，水资源十分缺乏（如西北地区等）；有的地区则冰冻期较长（如东北地区等）。因此，消防水源的选择应根据当地实际情况确定。有条件的应尽量采用天然水源作为消防给水的水源，但应采取必要的技术设施（例如，在天然水源地修建消防车道、消防码头、自流井、回车场等），使消防车能靠近水源，且在最低水位时也能吸上水（供消防车的取水深度，自消防泵高度算起不应大于 6m）。

采用季节性天然水源作为消防水源（例如，天然水源平时水面积较大，但天旱时由于农田排灌抽水，水泊中水位很低）时，必须研究其是否可保证常年有足够的水量，以确保消防用水的可靠性。在寒冷地区，采用天然水源作为消防用水时，要采取可靠的防冻措施，使其在冰冻期内仍能供应消防用水量。

一般情况下，城市、居住区、企业事业单位的天然水源的保证几率按 97% 计算。有关水源保证率的确定可参见现行国家标准《室外给水设计规范》GB 50013 的规定。

在城市改建、扩建过程中，若原设计消防用的天然水源及其取水设施需要或可能被填或受到影响时，应采取相应的措施（例如铺设管道、建造消防水池等）保证消防用水。

3 当建筑物的耐火等级较高（例如一、二级耐火等级）且体积较小，或建筑物内无可燃物或可燃物较少时，可不设计消防给水。

**8.1.3** 室外消防给水系统按管网内的水压一般可分为高压、临时高压和低压消防给水系统三种。

1 高压消防给水系统是指管网内经常保持足够的压力和消防用水量，火场上不需要使用消防车或其他移动式水泵等消防设备加压，直接由消火栓接出水带就可满足水枪出水灭火要求的给水系统。

根据火场实践，扑救建筑物室内火灾，当建筑高度不超过 24m 时，消防车可采用沿楼梯铺设水带单干线或从窗口竖直铺设水带双干线直接供水扑灭火灾。当建筑高度大于 24m 时，则立足于室内消防设备扑救火灾。因此，当建筑高度不超过 24m 时，室外高压给水管道的压力，应保证生产、生活、消防用水量达到最大（生产、生活用水量按最大小时流量计算，消防用水量按最大秒流量计

算），且水枪布置在保护范围内任何建筑物的最高处时，水枪的充实水柱不应小于10m，以防止消防人员受到辐射热和坍塌物体的伤害和保证有效地扑灭火灾。此时，高压管道最不利点处消火栓的压力可按下式计算：

$$H_栓 = H_标 + h_带 + h_枪$$

式中　$H_栓$——管网最不利点处消火栓应保持的压力（m 水柱）；

　　　$H_标$——消火栓与站在最不利点水枪手的标高差（m）；

　　　$h_带$——6 条直径 65mm 水带的水头损失之和（m 水柱）；

　　　$h_枪$——充实水柱不小于 10m，流量不小于 5L/s 时，口径 19mm 水枪所需的压力（m 水柱）。

**2**　临时高压消防给水系统是指在给水管道内平时水压不高，其水压和流量不能满足最不利点的灭火需要，在水泵站（房）内设有消防水泵，当接到火警时，启动消防水泵使管网内的压力达到高压给水系统水压要求的给水系统。采用屋顶消防水池、消防水泵和稳压设施等组成的给水系统以及气压给水装置，采用变频调速水泵恒压供水的生活（生产）和消防合用给水系统均为临时高压消防给水系统。

城市、居住区、企业事业单位的室外消防给水管道，在有可能利用地势设置高位水池或设置集中高压水泵房时，就有可能采用高压消防给水系统，一般情况多采用临时高压消防给水系统。

当城市、居住区或企业事业单位内有高层建筑时，采用室外高压或临时高压消防给水系统通常难以满足要求。因此，常采用区域（即数幢或十几幢建筑物合用泵房）或独立（即一幢建筑物设水泵房）的临时高压给水系统，保证数幢建筑的室内外消火栓（或室内其他消防给水设备）或一幢建筑物的室内消火栓（或室内其他消防给水设备）的水压要求。

区域高压或临时高压的消防给水系统，可以采用室外和室内均为高压或临时高压的消防给水系统，也可采用室内为高压或临时高压，而室外为低压的消防给水系统。当室内采用高压或临时高压消防给水系统时，室外常采用低压消防给水系统。

**3**　低压给水系统是指管网内平时水压较低，灭火时所需水压和流量要由消防车或其他移动式消防泵加压提供的给水系统。一般建筑内的生产、生活和消防合用给水系统多采用这种系统。

消防车从低压给水管网上的消火栓取水有两种形式：一是将消防车泵的吸水管直接接在消火栓上吸水；另一种是将消火栓接上水带往消防车水罐内注水，消防车泵从水罐内吸水加压，供应火场用水。后一种取水方式，从水力条件上看最为不利，但消防队取水时习惯采用这种方式，也有些情况，消防车不能接近消火栓，而需要采用这种方式供水。为及时扑灭火灾，在消防给水设计时应满足这种取水方式的水压要求。

通常，火场上一辆消防车占用一个消火栓，按一辆消防车出 2 支水枪，每支水枪的平均流量为 5L/s 计算，2 支水枪的出水量约为 10L/s。当流量为 10L/s、直径 65mm 的麻质水带长度为 20m 时，其水头损失为 8.6m 水柱。消火栓与消防车水罐入口的标高差约为 1.5m。两者合计约为 10m 水柱。因此，最不利点消火栓的压力不应小于 0.1MPa。

**4**　不论高压、临时高压还是低压消防给水系统，若生产、生活和消防合用一个给水系统时，均应按生产、生活用水量达到最大时，保证满足最不利点（一般为离泵站的最高、最远点）水枪或其他消防用水设备的水压和水量的要求。生产、生活用水量按最大日最大小时流量计算，消防用水量应按最大秒流量计算，确保消防用水量需要。

高层工业建筑若采用区域高压、临时高压消防给水系统时，应保证在生产、生活和消防用水量达到最大时，仍保证高层工业建筑物内最不利点（或储罐、露天生产装置的最高处）消防设备的水压要求。

**5**　为防止消防用水时形成的水锤损坏管网或其他用水设备，对消火栓给水管道内的水流速度作了一定限制。

8.1.4　城市、居住区、企业事业单位的室外消防给水，一般均采用低压给水系统。为了维护管理方便和节约投资，消防给水管道宜与生产、生活给水管道合并使用。

高压（或临时高压）室外消防给水管道、高层工业建筑的室内消防给水管道，要确保供水安全，与生产、生活给水管道应分开，并设置独立的消防给水管道。

城市、居住区、工业企业的室外消防给水，当采用生产、生活和消防合用一个给水系统时，应保证在生产、生活用水量达到最大小时用水量时，仍应保持室内和室外消防用水量。消防用水量按最大秒流量计算。

工业企业内生产和消防合用一个给水系统时，当生产用水转为消防用水，且不会导致二次灾害的，生产用水可作为消防用水，但生产检修时应能不间断供水。为及时保证消防用水，生产用水转换成消防用水的阀门不应超过 2 个，且开启阀门的时间不应超过 5min。若不能满足上述条件，生产用水不能作为消防用水。

8.1.5　本条明确了建筑物室内、室外消防用水总量的计算方法。

8.1.6　本条明确了应设置建筑灭火器的场所。

使用灭火器扑救建筑物内的初起火，既经济又有效。当人员发现建筑内的火情时，首先应考虑采用灭火器进行处置与扑救。灭火器的配置应根据建筑物内火灾的类型和可燃物的特性、不同场所中工作人员的特点等按照现行国家标准《建筑灭火器配置设计规范》GB 50140 的有关规定执行。尽管灭火器的配置是在建筑开业消防检查前进行配置，但当前建筑灭火器配置所存在的一些问题，与建筑防火设计时未在设计文件或图纸中予以明确有关。

**8.2　室外消防用水量、消防给水管道和消火栓**

8.2.1　本条规定了城市或居住区的室外消防用水量的计算原则。

**1**　同一时间内的火灾次数。

城市或居住区的甲地发生火灾，消防队出动去甲地灭火；在消防队的消防车还未归队时，在乙地又发生了火灾。此种情况视为该城市或居住区在同一时间内发生了 2 次火灾。如甲地和乙地消防队的消防车都未归队，在丙地又发生了火灾，消防队又去丙地灭火，则视为该城市或居住区在同一时间内发生了 3 次火灾。

本规范根据统计分析，按城市人口数量规定了在同一时间内发生火灾的次数。考虑到人口超过 100 万人的城市，均已有较完善的给水系统，改建和扩建消或市政给水工程往往是局部性的，故本规范对人口超过 100 万人的城市在同一时间内的火灾次数，未作明确规定。设计时，同一时间内的火灾次数可根据当地火灾统计资料，结合实际情况在 3 次的基础上适当增加。而如果属不同供水管网系统时，仍可按照 3 次或划分城市区域并以相应区域的人数为基础确定。

**2**　一次灭火用水量。

城市或居住区的一次灭火用水量，按同时使用的水枪数量与每支水枪平均水量的乘积计算。

我国大多数城市消防队第一出动力量到达火场时，常用 2 支口径 19mm 的水枪扑救建筑火灾，每支水枪的平均出水量为 5L/s，因此，室外消防用水量的基础设计流量不应小于 10L/s。

据统计，城市火灾的平均灭火用水量为 89L/s。大型石油化工厂、液化石油气储罐区等的消防用水量则更大。若采用管网来保证这些建、构筑物的消防用水量有困难时，可采用蓄水池等补充。我国高层民用建筑的最大室外和室内消防用水量之和为 70L/s。城市一次灭火用水量的确定，应综合考虑城市基本灭火需要和经济发展与城市整体给水系统状况。100 万人的城市一次灭火的用水量采用 100L/s，有条件者可在此基础上进行调整，但不能小于 100L/s。

根据火场用水量统计分析，城市或居住区的消防用水量与城市人口数量、建筑密度、建筑物的规模等因素有关。美国、日本和前苏联均按城市人口数的增加而相应增加消防用水量。例如，在美国,人口不超过 20 万人的城市消防用水量为 44~63L/s;人口超过 30 万人的城市消防用水量为 170.3~568L/s;日本、前苏联也基本如此。本规范根据火场用水量是以水枪数量递增的规律,以 2 支水枪的消防用水量(即 10L/s)作为下限值,以 100L/s 作为消防用水量的上限值,确定了城市或居住区的消防用水量。本规范与美国、日本和前苏联的城市消防用水量比较,见表 25。

**表 25　本规范与美国、日本和前苏联的城市消防用水量**

| 消防用水量(L/s)　　国家<br>人口数(万人) | 美国 | 日本 | 苏联 | 中国<br>(本规范) |
|---|---|---|---|---|
| ≤0.5 | 44~63 | 75 | 10 | 10 |
| ≤1 | 44~63 | 88 | 15 | 10 |
| ≤2.5 | 44~63 | 112 | 15 | 15 |
| ≤5 | 44~63 | 128 | 25 | 25 |
| ≤10 | 44~63 | 128 | 35 | 35 |
| ≤20 | 44~63 | 128 | 40 | 45 |
| ≤30 | 170.3~568 | 250~325 | 55 | 55 |
| ≤40 | 170.3~568 | 250~325 | 70 | 65 |
| ≤50 | 170.3~568 | 250~325 | 80 | 75 |
| ≤60 | 170.3~568 | 250~325 | 85 | 85 |
| ≤70 | 170.3~568 | 170.3~568 | 90 | 90 |
| ≤80 | 170.3~568 | 170.3~568 | 95 | 95 |
| ≤100 | 170.3~568 | 170.3~568 | 100 | 100 |

**3**　城市室外消防用水量包括工厂、仓库、堆场、储罐区和民用建筑的室外消防用水量。

在按照城市人口数量设计的消防用水量不能满足设置在该城市内规模和体量较大的工厂、仓库、堆场、储罐区和民用建筑物的灭火需要,即可能出现工厂、仓库、堆场、储罐区或较大民用建筑物的室外消防用水量超过本规范表 8.2.1 规定的情况时,该给水系统的消防用水量,要按工厂、仓库、堆场、储罐区或较大民用建筑物的室外消防用水量计算。

**8.2.2**　本条规定了工厂、仓库和民用建筑的室外消防用水量计算原则。

**1**　工厂、仓库和民用建筑的火灾次数。

本条表 8.2.2-1 中的火灾次数是根据统计分析确定的。对于厂区,按占地和人口数量为基础确定;对于仓库、机关、学校、医院等民用建筑物,同一时间内的火灾次数按 1 次考虑。

**2**　工厂、仓库和民用建筑的室外用水量以 10L/s 为基数,45L/s(平均用水量加 1 支水枪的水量)为上限值,以每支水枪平均用水量 5L/s 为递增单位,确定各类建筑物室外消火栓用水量。

一般,建筑物室外消防用水量与下述因素有关:

1)建筑物的耐火等级:一、二级耐火等级的建筑物,可不考虑建筑物本身的灭火用水量,而只考虑冷却用水和建筑物内可燃物的灭火用水量;三、四级耐火等级的建筑物,应考虑建筑物本身的灭火用水量;四级耐火等级的建筑物比三级耐火等级的建筑物的用水量应大些。

2)生产类别:丁、戊类生产的火灾危险性最小,甲、乙类生产的火灾危险性最大。丙类生产的火灾危险性介于甲、乙类和丁、戊类之间。但据统计,丙类生产可燃物较多,火场实际消防用水量最大。

3)建筑物容积:建筑物体积越大、层数越多,火灾蔓延的速度越快、燃烧的面积也越大,所需同时使用水枪的充实水柱长度要求也越长,消防用水量也增加。

4)建筑物用途:仓库储存物资较集中,其消防用水量比厂房的消防用水量大。公共建筑的消防用水量与丙类厂房的消防用水量接近。

据调查,有效扑救火灾的最小用水量为 10L/s,有效扑救火灾的平均用水量为 39.15L/s。各种建筑物用水量按由小到大依次为:一、二级耐火等级丁、戊类厂房(仓库)、一、二级耐火等级公共建筑,三级耐火等级丁、戊类厂房、仓库,一、二级耐火等级甲、乙类厂房,四级耐火等级丁、戊类厂房(仓库)、一、二级耐火等级丙类厂房,一、二级耐火等级乙、丙类仓库,三级耐火等级公共建筑,

三、四级耐火等级丙类厂房(仓库)。

**3**　建筑物成组布置时,防火间距较小。这种状况易在其中一座建筑物发生火灾时引发较大面积的火灾,但考虑到其分隔作用,室外消防用水量可不按成组建筑物同时起火计算,而规定按成组建筑物中室外消防用水量较大的相邻两座建筑物的水量之和计算。

对于火车站、码头和机场的中转库,尽管有些属于丁、戊类物品,但大都属于丙类物品且储存物品经常更换,因而以丙类火灾危险性确定是合适的,其室外消火栓用水量按丙类火灾危险性的仓库确定较安全。当然,对于设计建造后固定用于某一用途的中转库,还应根据实际情况来确定其火灾危险性,再确定所需消防用水量。

**4**　本条所指"一个单位"是指室外消防水量计算时的一个设计单元。一个单位或一座建筑物、一个堆场、一个罐区内设有多种用水灭火设备并可能同时开启使用,一般应按这些灭火设备的用水量之和计算设计流量。考虑到实际灭火情形和水量的设置,规定其他设施发挥效用时,消火栓的用水量可按 50%计入消防用水总量。不过,有时消火栓的用水量较大,其他用水灭火设备用水量较少,使计算出来的消防用水量少于消火栓的用水量。此时,则要求采用建筑物的室外消火栓用水量。

**8.2.3**　本条规定了可燃材料堆场和可燃气体储罐(区)等的室外消火栓用水量计算原则。

据统计,可燃材料堆场火灾的消防用水量一般为 50~55L/s,平均用水量为 58.7L/s。本条规定其消防用水量以 15L/s 为基数(最小值),以 5L/s 为递增单位,以 60L/s 为最大值,确定可燃材料堆场的消防用水量。

对于可燃气体储罐,由于储罐的类型较多,消防保护范围也不尽相同,本表中规定的消防用水量系指消火栓的用水量。

**8.2.4**　本条规定了甲、乙、丙类液体储罐消防用水量的计算原则。

甲、乙、丙类液体储罐火灾危险性较大,火灾的火焰高、辐射热大,还可能出现油品流散。对于原油、重油、渣油、燃料油等,若含水在 0.4%~4%之间且可产生热波作用时,发生火灾后还易发生沸溢现象。为防止油罐发生火灾,油罐变形、破裂或发生突沸,需要采用大量的水对甲、乙、丙类液体储罐进行冷却,并及时实施扑救工作。

**1**　灭火用水量。

扑救液体储罐火灾,可采用低倍数、中倍数氟蛋白泡沫、抗溶性泡沫等灭火剂。目前最常用的是氟蛋白低倍数空气泡沫。酒精等可溶性液体应采用抗溶性泡沫。有关灭火剂选型及相应的灭火系统设计应按现行国家标准《低倍数泡沫灭火系统设计规范》GB 50151 和《中倍数、高倍数泡沫灭火系统设计规范》GB 50196 等标准的规定执行。

灭火用水量系指配制泡沫的用水量,它与泡沫供给强度、泡沫液延续供给时间有关。

**2**　冷却用水量。

1)着火罐的罐壁直接受火焰作用,通常可在 5min 内使罐壁的温度上升到 500℃,并可能使罐壁的强度降低一半;在起火后 10min 内可使罐壁的温度达到 700℃以上,钢板的强度降低 90%以上,此时油罐将发生变形甚至破裂。因此,可燃液体储罐发生火灾后应及时进行冷却。储罐可设固定式冷却设备,亦可采用移动式水枪、水炮等进行冷却。

采用固定式冷却设备时,应设置固定的冷却给水系统,需要一次性投资,经常费用小。采用移动式水枪冷却时,应具备力量较强的消防队,足以对油罐进行冷却,经常费用大。设计时应根据该企业有无专职消防队以及该消防队的配备与力量、专业消防队的灭火能力、储罐所处地势、储量和罐的形式等情况,经安全、经济、技术条件比较后确定。

2)冷却用水量包括着火罐的冷却用水量和邻近罐的冷却用水量。

①采用移动式灭火设备时，着火罐的冷却用水量确定。

若采用移动式水枪进行冷却时，水枪的喷嘴口径不应小于19mm，且充实水柱长度不应小于17m。此时，水枪流量为7.5L/s，能控制8～10m的周长。若按火场操作水平较高的消防队考虑，以10m计，则着火罐每米周长冷却用水量为0.75L/s。综合考虑各种因素后，确定着火罐的冷却水供给强度不应小于0.6L/(s·m²)。

2000m³以下油罐和半地下固定顶立式罐的地上部分高度较小，浮顶罐和半地下浮顶罐的燃烧强度较低，水枪的充实水柱长度可采用15m，水枪口径19mm，流量为6.5L/s，按控制周长10m计，则供给强度可采用0.45L/(s·m²)计算。

为控制着火罐变形、破裂，地上卧式罐冷却水的供给强度应按全部罐表面积计算，供给强度不应小于0.1L/(s·m²)。设在地下、半地下的立式罐或卧式罐的冷却，应保证无覆土罐表面积均得到冷却，冷却水的供给强度不应小于0.1L/(s·m²)。

②采用移动式水枪时，邻近罐的冷却用水量确定。

邻近罐受到的辐射热强度一般比着火罐小（下风方向受到火焰的直接烘烤时，亦可能与着火罐相似），其冷却水的供给强度可适当降低，冷却范围可按半个周长计算。

邻近半地下、地下罐发生火灾时，半地下罐的无覆土罐壁将受到火焰辐射热的作用。直接覆土的地下油罐发生火灾后可能下塌，形成塌落坑的火灾；地下掩蔽室发生火灾后，掩蔽室盖可能塌落，形成整个掩蔽室燃烧，火焰接近地面，对四周威胁较大，特别是凹池内的油罐，与地上火灾相似，应按地上罐要求，其冷却用水量应按罐体无覆土的表面积一半计算。地上掩蔽室内的卧式油罐，仍按地上罐计算，冷却水供给强度按0.1L/(s·m²)计。

③采用固定式冷却设备时，着火罐的冷却用水量确定。

设置固定式冷却设备冷却立式罐时，其着火罐的冷却用水量按全部罐周长计算，冷却水供给强度不应小于0.5L/(s·m²)。设置固定式冷却设备冷却卧式罐时，其着火罐的冷却用水量按全部罐表面积计算，其冷却水的供给强度不应小于0.1L/(s·m²)。

④采用固定式冷却设备时，相邻罐的冷却用水量确定。

设置固定冷却设备冷却立式罐的相邻罐时，其冷却用水量可按半个罐周长计算，冷却水的供给强度不应小于0.5L/(s·m²)。应注意的是，在设计固定冷却设备时应有可靠的技术设施，保证相邻罐能开启靠近着火罐一面的冷却喷水设备。若没有这种可靠的控制设施，在开启冷却设备后整个周长不能分段或分成若干面控制时，则应按整个罐周长计算冷却用水量。

设置固定式冷却设备冷却卧式罐的相邻罐时，其冷却用水量应按罐表面积的一半计算，冷却水的供给强度不应小于0.1L/(s·m²)。若无可靠的技术设施来保证靠近着火罐一边洒水冷却时，则应按全部表面积计算。

**3** 校核冷却水供给强度，应从满足实际灭火需要冷却用水出发，一般以5000m³储罐采用φ16～19mm水枪充实水柱按60°倾角射程喷水灭火为基准。

相邻罐采用不燃烧材料进行保温时，油罐壁不易迅速升高到危险程度，冷却水供给强度可适当减少，并可按本规范表8.2.4的规定减少50%。

扑救油罐火灾采用移动式水枪进行冷却时，水枪的上倾角不应超过60°，一般为45°。若油罐的高度超过15m，则水枪的充实水柱长度为17.3～21.2m，口径19mm的水枪的反作用力可达19.5～37kg。水枪反作用力超过15kg时，一人将难以操作。因此，地上油罐的高度超过15m时，宜采用固定式冷却设备。

甲、乙、丙液体储罐着火，四邻罐受威胁很大，当成组布置时，在着火罐1.5倍直径范围内的相邻油罐数可达8个。为节约投资和保证基本安全，当相邻罐超过4个时仍可以按4个计算。

**4** 覆土保护的地下油罐一般均为掩蔽室内油罐，一旦掩蔽室因油罐燃烧而塌落，将敞开燃烧，火焰将沿地面扩散，对灭火人员威胁极大。为便于扑救火灾，应考虑防护冷却水，且防护冷却水

量应按最大着火罐顶的表面积（卧式罐按罐的投影面积）计算。如果冷却水的供给强度按不小于0.1L/s·m²考虑所计算出来的水量小于15L/s时，为满足2支喷雾水枪（或开花水枪）的水量要求，仍要求采用15L/s。

**8.2.5** 本条规定了液化石油气储罐（区）消防用水量的计算原则。

**1** 液化石油气罐发生火灾，燃烧猛烈、波及范围广、辐射热大。罐体受强火焰辐射热影响，罐温升高，使其内部压力急剧增大，极易造成严重后果。由于此类火灾在灭火时消防人员很难靠近，为及时冷却液化石油气罐，应在罐体上设置固定冷却设备，提高其自身防护能力。此外，在燃烧区周围亦需用水枪加强保护。因此，液化石油气罐应考虑固定冷却用水量和移动式水枪用水量。

**2** 为提高和补充液化石油气罐区内管网的压力和流量，可在给水管网上设置消防水泵接合器，以便消防车利用水泵接合器向管网供水和增压。

**3** 本规范未规定可燃气体储罐的固定冷却设备的用水与设置要求。

1）可燃气体储罐按其储存压力一般分为压力小于5kPa的常压罐和储存压力为0.5～1.6MPa的压力罐两类。常压罐按密封方式可分为干式和湿式储罐，其储气容积是变化的，储气压力很小。压力罐的储气容积是固定的，其储气量随压力变化而变化，储存压力较高。

2）从储气介质的性质看，煤气等可燃气体与液化石油气有较大差别。可燃气体储罐为单相介质储存，过程无相变。火灾时，着火部位对储罐内的介质影响较小，其温度、压力不会有较大变化，从实际使用情况看，可燃气体储罐基本无大事故发生。因此，可燃气体储罐可不设固定冷却设备。

**8.2.6** 本条规定了室外油浸电力变压器消防用水量的计算依据。

变压器火灾的消防用水量与变压器的储油量有关。变压器的储油量由变压器的容量决定，变压器的容量越大，其储油量和体积也越大。现行国家标准《水喷雾灭火系统设计规范》GB 50219对保护油浸电力变压器的所有设计参数均有具体规定，有关系统的设计应按该标准的规定执行。

在设计可燃油油浸电力变压器的消防给水时，除应考虑水喷雾灭火系统的用水量外，还应考虑消火栓用水量。因此，可燃油油浸电力变压器的消防用水量要按水喷雾灭火系统用水量与消火栓用水量之和进行计算。其中，水喷雾灭火系统的用水量应按照现行国家标准《水喷雾灭火系统设计规范》GB 50219的规定确定。

**8.2.7** 本条规定了室外消防给水管道的布置要求。

**1** 室外消防给水管道采用环状管网给水，可提高消防供水的可靠性。当建设初期输水干管要一次形成环状管道有时有困难时，允许采用枝状，但应逐步连成环状管网，以便适时施工建成。当消防用水量少于15L/s时，为节约投资亦可采用枝状管道，但有条件时，仍应首先考虑设计成环状。

**2** 为确保环状给水管网的水源，向环状管网输水的管道不应少于2条。当其中一条进水管发生故障或检修时，其余的进水管至少应能通过全部设计消防用水量。

工业企业内，当停止（或减少）生产用水会引起二次灾害（例如，引起火灾或爆炸事故）时，进水管中一条发生故障后，其余的进水管应仍能保证100%的生产、生活、消防用水量，不能降低供水保证率。

**3** 为保证环状管网供水的可靠性，规定管网上应设消防分隔阀门。阀门应设在管道的三通、四通分水处，阀门的数量按$n-1$原则确定（三通$n$为3，四通$n$为4）。当两阀门之间消火栓的数量超过5个时，在管网上应增设阀门。

**4** 设置消火栓的消防给水管道的直径，应通过计算确定。但计算出来的管道直径小于100mm时，仍应采用100mm。实践证明，直径100mm的管道只能勉强供应一辆消防车用水，因此，在条件许可时尽量采用较大的管径。

**8.2.8** 本条规定了室外消火栓的布置要求。

**1** 本条规定的室外消火栓包括市政消火栓和建筑物周围设置的消火栓。

我国在城市规划中,一直存在着城市消防给水无法可依或规定不明确的状况,给城市消防规划和城市基础消防设施的完善带来了一定困难,致使各地都不同程度地存在着城市消防设施欠账的状况。为此,本规范对此作了相关规定。为从根本上解决上述问题,在城市总体规划和各期建设中就应配套设计和建设完成相关消防给水设施。

**2** 消火栓沿道路布置便于消防队在灭火时使用,通常设置在十字路口附近。道路较宽时,应避免灭火时水带穿越道路,影响交通或水带被车辆压破,此时宜在道路两边设置消火栓。

甲、乙、丙类液体和液化石油气等罐区发生火灾,火场温度高,人员很难接近,同时还有可能发生逸漏和爆炸。因此,要求消火栓设置在防火堤或防护墙外的安全地点。

为了方便消防车从消火栓取水和保证消火栓使用安全,消火栓距路边不应超过2m,距建筑物的外墙不宜小于5m。

**3** 我国城市街区内的道路间距一般不超过160m,而消防干管一般沿道路设置。因此,2条消防干管之间的距离亦不超过160m。本条规定主要保证沿街建筑能有2个消火栓的保护(我国城市消防队一般第一出动力量多为2辆消防车,每辆消防车取水灭火时占用1个消火栓)。国产消防车的供水能力(双干线最大供水距离)为180m,火场水枪手需留机动水带长度10m,水带在地面的铺设系数为0.9,则消防车实际的供水距离为$(180-10)\times0.9=153(m)$。若按街区两边道路均设有消火栓计算,则每边街区消火栓的保护范围为80m。当直角三角形斜边长为153m时,竖边长为80m,则底边为123m。故规定消火栓的间距不应超过120m。

**4** 室外消火栓是供消防车使用的,消防车的保护半径即为消火栓的保护半径。消防车的最大供水距离(即保护半径)为150m,故消火栓的保护半径为150m。

一辆消防车出2支口径19mm的水枪,当充实水柱长度为15m时,每支水枪的流量为6.5L/s,则2支水枪的流量为$6.5\times2=13(L/s)$。因此,当消防用水量不超过15L/s(一辆消防车的供水量即能满足)时,本规范规定在市政消火栓保护半径150m内,可不再设置室外消火栓。

**5** 每个室外消火栓的用水量,即是每辆消防车的用水量。按一辆消防车出2支口径19mm的水枪考虑,当水枪的充实水柱长度为10~17m时,相应的流量则为10~15L/s,故每个室外消火栓的用水量可按10~15L/s确定。

**8.2.9** 为了便于使用,规定室外消火栓、阀门、消防水泵接合器等室外消防设施应设置相关的标志。

**8.2.10** 消防水鹤是一种快速加水的消防产品,适用于大、中型城市消防使用,能为迅速扑救特大火灾及时提供水源。消防水鹤能在各种天气条件下,尤其在北方寒冷或严寒地区有效地为消防车补水。

### 8.3 室内消火栓等的设置场所

室内消火栓是建筑内人员发现火灾后采用灭火器无法控制初期火灾时的有效灭火设备,但一般需要专业人员或受过训练的人员才能较好地使用和发挥作用。同时,室内消火栓也是消防人员进入建筑扑救火灾时需要使用的设备。本节规定了室内消防给水设施的设置范围,但实际设计中不应仅限于这些场所,有条件的建筑均应考虑设置室内消火栓系统。

**1** 仓库物资储存集中,厂房在生产过程中的火灾因素通常较多,加上其防火分区相对较大,发生火灾后易造成大面积的灾害或财产损失,甚至易造成建筑结构的严重损害,故应设室内消防给水设施。有些科研楼、实验楼与厂房相似,也应设有室内消防给水设施。

单层一、二级耐火等级的厂房内,如有生产性质不同的部位时,应根据火灾危险性确定各部位是否设置室内消防给水设备。一幢多层一、二级耐火等级的厂房内,如有生产性质不同的防火分区,若竖向用防火分隔物分隔开(例如用防火墙分开),可按各防火分区火灾危险性分别确定是否设置消防给水设备。多层一、二级耐火等级的厂房,当设有室内消防给水设施时,则每层均应设置消火栓。

一、二级耐火等级的单层、多层丁、戊类厂房(仓库)内,可燃物较少,即使发生火灾,也不会造成较大面积的火灾,例如,过火面积不超过100m²,且不会造成较大的经济损失,则该建筑物可以不考虑消防给水设施。若丁、戊类厂房内可燃物较多,例如,有淬火槽;丁、戊类仓库内可燃物较多,例如,有较多的可燃包装材料,如木箱包装机器、纸箱包装灯泡等,仍应设置室内消防给水设施。

建筑的耐火等级为三、四级,且建筑体积不超过3000m³的丁类厂房和建筑体积不超过5000m³的戊类厂房,虽然建筑物本身存在一定可燃性,但其生产过程中的火灾危险性较小。为节约投资,也可以不设置室内消火栓系统,其初期火灾可采取其他方式灭火或由消防队扑救。

**2** 车站、码头、机场的各类配套服务建筑,展览馆、商店、病房楼、图书馆等,剧院、电影院、礼堂和体育馆等公共活动或聚集场所,使用人员多,应设置室内消火栓及时控火、灭火,防止造成较大人员伤亡和较严重的社会影响。考虑到各地经济发展不平衡等因素,规定超过800座位的剧院、电影院、俱乐部和超过1200个座位的礼堂、体育馆,或车站、码头、机场及展览建筑、商店、旅馆、病房楼、门诊楼、图书馆等建筑体积超过5000m³时,应设室内消火栓。在此规模以下时,可根据各地实际情况确定是否设置室内消火栓。集体宿舍、公寓等非住宅类居住建筑的室内消防给水设计,要按照公共建筑的要求进行。

**3** 超过5层(不含5层)或体积超过10000m³的办公楼、教学楼等其他民用建筑,规模相对较大,使用人员和可燃物等也相应增加,应设室内消火栓。

**4** 规范规定超过7层(不含7层)的各类住宅,如单元式、塔式、通廊式以及底部设有商业服务网点的住宅,均应设置室内消防给水设施。根据住宅建筑内消火栓系统的实际使用情况,本规范对层数在7层或7层以下的建筑,主要采取加强被动防火措施和依靠外部扑救其火灾的途径解决。住宅建筑的室内消火栓可以根据地区气候、水源等情况设置干式消防竖管或湿式室内消火栓给水系统。干式消防竖管平时无水,火灾发生后由消防车通过首层外墙接口向室内干式消防竖管输水,消防队员自携水龙带接驳竖管的消火栓口投入扑救。有条件时,尽量考虑设置湿式室内消火栓给水系统。当住宅建筑中的楼梯间位置居中、不靠外墙时,应在首层外墙设置消防接口用管道与干式消防竖管连接。干式竖管的管径宜为70mm或80mm,消火栓口径应采用65mm。

**5** 古建筑是我国人民的宝贵财富,应加强防火保护。但古建筑的建造地点,有的水源丰富,有的则很贫乏,因此,国家级文物保护单位的重点砖木或木结构古建筑的室内消火栓设置,可以根据具体情况尽量考虑。对于不能设置室内消火栓的,应加强其他消防措施。

**6** 消防软管卷盘和轻便消防水龙也是控制建筑物内固体可燃物初期火灾的有效灭火设备,且用水量小、配备方便,在设置消火栓有困难或不经济时,可考虑配置这类灭火设备和建筑灭火器。

**7** 建筑物内存有与水接触能引起爆炸的物质,即与水能起强烈化学反应,发生爆炸燃烧的物质(例如,电石、钾、钠等物质)时,则不应在该部位设置消防给水设备,而应采取其他灭火设施或防火保护措施。但实验楼、科研楼内存有少数该物质时,仍应设置室内消火栓。

建筑体积不超过5000m³,且室内又不需要生产、生活用水,室外消防用水采用消防水池储存,供消防车或手抬泵用水,这样的建筑物的室内可不设消防给水。

### 8.4 室内消防用水量及消防给水管道、消火栓和消防水箱

**8.4.1** 本条规定了建筑物的室内消防用水量计算方法与最小用水量计算原则。

**1** 建筑物内设有消火栓、自动喷水灭火系统、水幕系统等数种消防设备时，应根据内部某个部位或区域着火后同时开启灭火设备的用水量之和计算。例如，百货楼内的营业厅设有消火栓、水自动喷水灭火系统和水幕系统，而百货楼地下室的库房内设有消火栓和自动喷水灭火系统，则应选用营业厅或地下室两者之中的用水总量较大者，作为设计用水量。总之，凡着火后需要同时开启的消防设施的用水量，应叠加起来作为消防设计流量。

**2** 本规范表8.4.1中规定的室内消火栓用水量是计算和确定消火栓用水量、消防水池储存水量、消防水箱容量以及消防增压泵供水量等消防设施的依据。对于消火栓每股水柱的实际出水量，应根据消火栓栓口、消防水带的口径、水枪喷嘴口径、充实水柱等多项参数计算确定。表中的水量与消火栓实际出水量两者计算方法不同，应按实际需要计算；住宅楼梯间设置的干式消防竖管可由消防车供水，不计入室内消火栓用水量之内。

建筑物内的消防用水量与建筑物的高度、建筑的体积、建筑物内可燃物的数量、建筑物的耐火等级和建筑物的用途等因素有关。

1)建筑物高度：普通消防车(例如解放牌消防车)按常规供水的高度约为24m。根据消防车的供水能力，建筑的消防给水可分为高层建筑消防给水系统和低层建筑消防给水系统，划分高度采用24m。

若一般消防车采用双干线并联的供水方法，能够达到的高度(一般情况下，从报警至出水需20多分钟)约为50m。国外进口的云梯车也达50m，在50m高度内，消防车还能协助高层建筑灭火，但不能作为主要灭火力量。

2)建筑物的体积：建筑物的体积越大，灭火力量需要越多，所需水枪的数量越多、充实水柱长度越长。因此，所需消防用水量越多。

3)建筑物内可燃物数量：建筑物内可燃物越多，消防用水量越大。如以室内火灾荷载为15kg/m²(等效木材)作为基数，其消防用水量为1，则火灾荷载为50kg/m²(与木材的等效换算值)时消防用水量就需要1.5。由于火灾的发展还受其他因素影响，这种关系是非线性的，可定性类推，不能定量类比计算。

4)建筑物用途：建筑物用途不同，消防用水量也各异。据灭火实战统计，消防用水量的递增顺序为民用建筑、工厂、仓库。工业建筑消防用水递增顺序按其火灾危险性为戊类、丁类、甲乙类、丙类。

建筑物内的消火栓用水量需综合上述各因素，按同时使用水枪数量和每支水枪的用水量的乘积计算确定。

**3** 低层建筑室内消火栓给水系统的消防用水量。

低层建筑室内消火栓给水系统的消防用水量是扑救初期火灾的用水量。根据扑救初期火灾使用水枪数量与灭火效果统计，在火场出1支水枪时的灭火控制率为40%，同时出2支水枪时的灭火控制率可达65%，可见扑救初期火灾使用的水枪数不应少于2支。

考虑到仓库内一般平时无人，着火后人员进入仓库使用室内消火栓的可能性亦不很大。因此，对高度不大(例如小于24m)、体积较小(例如小于5000m³)的仓库，可在仓库的门口处设置室内消火栓，故采用1支水枪的消防用水量。为发挥该水枪的灭火效能，规定水枪的用水量不应小于5L/s。其他情况的仓库和厂房的消防用水量不应小于2支水枪的用水量。

**4** 高层工业建筑室内消火栓给水系统的消防用水量。

高层工业建筑防火设计应立足于自救，应使其室内消火栓给水系统具有较大的灭火能力。根据灭火用水量统计，有成效地扑救较大火灾的平均用水量为39.15L/s，扑救大火的平均用水量达90L/s。根据室内可燃物的多少、建筑物高度及其体积，并考虑到

火灾发生几率和发生火灾后的经济损失、人员伤亡等可能的火灾后果以及投资等因素，高层厂房的室内消火栓用水量采用25～30L/s，高层仓库的室内消火栓用水量采用30～40L/s。若高层工业建筑内可燃物较少且火灾不易迅速蔓延时，消防用水量可适当减少。因此，丁、戊类高层厂房和高层仓库(可燃包装材料较多时除外)的消火栓用水量可减少10L/s，即同时使用水枪的数量可减少2支。

**5** 消防软管卷盘消防用水量较少。在设有室内消火栓的建筑物内，若设有这类设施时，一般首先使用其进行灭火。若还控制不了火势，需使用室内消火栓，关闭消防软管卷盘，在设计时可不计算其用水量。

**6** 舞台上的火灾使用雨淋灭火系统效果较好，在火灾较大时，舞台上部的自动喷水灭火系统一经使用，可不再使用雨淋灭火系统。计算水量时可考虑自动喷水灭火系统与雨淋灭火系统不按同时开启计算，选取两者中消防用水量较大者。因此，当舞台上设有消火栓、水幕、雨淋、闭式自动喷水灭火系统时，可按消火栓、水幕和雨淋消防用水量之和，或按消火栓、水幕和闭式自动喷水灭火系统用水量之和两者中的较大者作为设计消防用水量。

自动喷水灭火系统、水幕系统、雨淋喷水灭火系统用水量的计算，应按现行国家标准《水喷雾灭火系统设计规范》GB 50219和《自动喷水灭火系统设计规范》GB 50084等规范的规定执行。

**8.4.2** 本条规定了室内消防给水管道的设计要求。

室内消防给水管道是室内消防给水系统的主要组成部分，为可靠、有效地供应消防用水，应采取必要的保证措施。

**1** 环状管网供水安全，当其中某段损坏时，应仍能供应全部消防用水量。因此，室内消防管道应采用环状管道或环状管网。环状管道应有可靠的水源保证，且至少应有2条进水管分别与室外环状管道的不同管段连接，如图8。

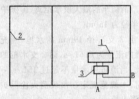

图8 进水管连接方法示意图
1—室内管网；2—室外环状管道；3—消防泵站；
A、B—进水管与室外环状管网的连接点

设计时应使进水管具有充分的供水能力，即任一进水管损坏时，其余进水管仍应能供应全部消防用水量。生产、生活和消防合并的给水管道的进水管，应保证在生产、生活用水量达到最大小时流量时仍能满足消防用水量；若为消防专用的进水管，应仍能保证100%的消防用水量。

另外，在实际中还存在进水管考虑了消防用水，但水表仅考虑了生产、生活用水，当设计对象的消防用水量较大时，难以保证火灾时的消防流量和消防水压的现象。因此，进水管上的计量设备(即水表结点)不应降低进水管的进水能力。对此，一般可采用以下办法解决：

1)当生产、生活用水量较大而消防流量较小时，进水管的水表应考虑消防流量。这不会影响水表计量的准确性，但要求在选用水表时将消防流量计入总流量中。

2)当生产、生活用水量较小而消防用水量较大时，应采用与生产、生活管网分开的独立消防管网，消防给水管网的进水管可不设水表。若要设置水表，应按消防流量进行选表。

**2** 多层建筑消防竖管的直径，应按灭火时最不利处消火栓出水要求经计算确定。最不利处一般是离水泵最远、标高最高的消火栓，但不包括屋顶消火栓。每根竖管最小流量不小于5L/s时，按最上1层进行计算；每根竖管最小流量不小于10L/s时，按最上2层消火栓出水计算；每根竖管最小流量不小于15L/s时，应按最

上 3 层消火栓出水计算。

**3** 高层厂房、高层仓库室内消防竖管的直径应按灭火时最不利处消火栓出水要求经计算确定,消防竖管上的流量分配可参考表 26 选择。当计算出来的竖管直径小于 100mm 时,应采用 100mm。

表 26 消防竖管流量的分配

| 建筑物名称 | 建筑高度(m) | 竖管流量分配不小于(L/s) | | |
|---|---|---|---|---|
| | | 最不利竖管 | 次不利竖管 | 第三竖管 |
| 高层厂房 | ≤50 | 15 | 10 | — |
| | >50 | 15 | 15 | — |
| 高层仓库 | ≤50 | 15 | 15 | — |
| | >50 | 15 | 15 | 10 |

**4** 为使消防人员到达场后能及时出水,减少消防人员登高扑救、铺设水带的时间,方便向建筑内加压和供水,规定超过 4 层且设置室内消火栓的厂房(仓库)、高层厂房(仓库)及设置消防给水且层数超过 5 层的公共建筑应设置消防水泵接合器。

消防水泵接合器的数量应按室内消防用水量计算确定。若室内设有消火栓、自动喷水等灭火系统时,应按室内消防总用水量(即室内消防供水最大秒流量)计算。消防水泵接合器的形式可根据便于消防车安全使用、不妨碍交通且易于寻找等原则选用。一个消防水泵接合器一般供一辆消防车向室内管网送水。

消防车长期正常运转且能发挥消防车较大效能时的流量一般为 10～15L/s。因此,每个水泵接合器的流量亦应按 10～15L/s 确定。为充分发挥消防水泵接合器向室内管网输水的能力,水泵接合器与室内管网的连接点(如图 9 内的 A、B 两点)应尽量远离固定消防泵输水管与室内管网的连接点(如图 9 内的 C、D 两点)。

消防水泵接合器应与室内环状管网连接。当采用分区给水时,每个分区均应按规定的数量设置消防水泵接合器,且要求其阀门能在建筑物室外进行操作,此阀门要采取保护设施,设置明显的标志。

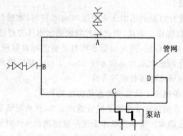

图 9 水泵接合器的布置要求
A、B—水泵接合器与室内管网连接点;
C、D—水泵送水管与室内管网的连接点

**5** 消防管道上应设有消防阀门。环状管网上的阀门布置应保证管网检修时,仍有必要的消防用水。单层厂房(仓库)的室内消防管网上两个阀门之间的消火栓数量不能超过 5 个。布置多层、高层厂房(仓库)和多层民用建筑室内消防给水管网上阀门时,要设法保证其中一条竖管检修时,其余的竖管仍能供应全部消防用水量。

**6** 当市政给水管道供水能力大,在生产、生活用水达到最大小时流量,且市政给水管道仍能供应建筑物的室内、外消防用水量时,建筑物内设置的室内消防用水泵的进水管尽可能直接连接。这样既可节约国家投资,对消防用水又无影响。否则,凡设有室内消火栓给水系统的建筑均需要设置消防水池。

我国有些城市(如上海、沈阳等)允许室内消防水泵直接从室外给水管道取水,不设调节水池。为保证消防给水系统的水压且不致因直接吸水而使城市管网产生负压,城市给水管网的最小水压不应低于 1MPa,并在系统中采取绕过消防水泵设置旁通管及

必要的阀门组件等安全措施。

**7** 为防止消火栓用水影响自动喷水灭火系统的用水,或者消火栓平日漏水引起自动喷水灭火系统发生误报警,自动喷水灭火系统的管网与消火栓给水管网尽量分别单独设置。当分开设置确有困难时,在自动报警阀后的管道必须与消火栓给水系统管道分开,即在报警阀后的管道上禁止设置消火栓,但可共用消防水泵,以减小其相互影响。

严寒和寒冷地区非采暖的建筑,冬季极易结冰,可采用干式系统,但要求在进水管上设置快速启闭装置,管道最高处设置自动排气阀,以保证火灾时消火栓能及时出水。

**8.4.3** 本条规定了室内消火栓的布置要求。

**1** 室内消火栓是建筑室内的主要灭火设备,消火栓设置合理与否,对建筑火灾的扑救效果影响很大。设计时应考虑在任何初期建筑火灾条件下,均可使用室内消火栓进行灭火,当一个消火栓受到火灾威胁不能使用时,相邻消火栓仍能保护该消火栓保护范围内的任何部位。因此,每个消火栓应按出 1 支水枪计算,除建筑物最上一层外,不应使用双出口消火栓。布置消火栓时,应保证相邻消火栓的水枪(不是双出口消火栓)充实水柱同时到达其保护范围内的室内任何部位,如图 10。

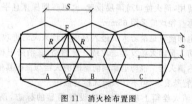

图 10 A、B、C、D、E、F、G、H、I—消火栓

对于多层民用建筑要尽可能利用市政管道水压设计消防给水系统,为确保市政供水压力达到扑救必需的水枪充实水柱($S_k$),应按建筑物层高和水枪的倾角(45°～60°)进行核算。

$$S_k = \frac{H_1 - H_2}{\sin\alpha}$$

验算市政供水压力能否满足消防管路水头损失要求,应按消防管道最远、最不利点扑救需要的充实水柱进行。如果市政供水压力不能达到按层高计算的水枪充实水柱,应设置消防增压水泵,此时水枪充实水柱应依照不应小于 7m、10m、13m 的规定来确定计算消防水泵的扬程。消防增压水泵的扬程 $H_b$,应能克服输水管的阻力 $H_z$ 和供水高度 $H_g$ 的重力,满足消火栓出口的水压力 $H_{xh}$,即:

$$H_b = H_z + H_g + H_{xh} (m)$$

消火栓的间距:$S = \sqrt{R^2 - b^2}$

同时使用水枪的数量只有 1 支时,应保证室内任意 1 支水枪的充实水柱到达其保护范围内的室内任何部位,消火栓的布置如图 11。

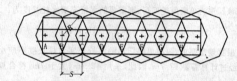

图 11 消火栓布置图

消火栓的间距:$S = 2\sqrt{R^2 - b^2}$

水枪的充实水柱长度可按下式计算[取消防水枪距地(楼)面的高度为 1m]:

$$S_k = \frac{H_{层高} - 1}{\sin\alpha}$$

式中 $S_k$——水枪的充实水柱长度(m);

$H_{层高}$——保护建筑物的层高(m);

$\alpha$——水枪的上倾角,一般可采用 45°,若有特殊困难时,亦可稍大些,考虑到消防队员的安全和扑救效果,水枪的最大上倾角不应大于 60°

**【例1】**有一厂房内设置有室内消火栓，该厂房的层高为10m，试求水枪的充实水柱长度。

解：采用水枪上倾角为45°，如图12。

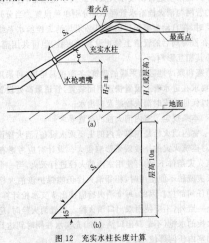

图12 充实水柱长度计算

该厂房为单层丙类厂房，则需要的水枪充实水柱长度为：

$$S_k = \frac{10-1}{\sin 45°} = \frac{9}{0.707} = 12.7(m)$$

根据规范要求，丙类单层厂房的水枪充实水柱长度不应小于7m，经过计算需要12.7m，因此，采用12.7m（大于7m，符合规范要求）。

若采用水枪的上倾角为60°，则水枪充实水柱长度为：

$$S_k = \frac{10-1}{\sin 60°} = \frac{9}{0.866} = 10.4(m)$$

该厂房若要求水枪充实水柱长度达到12.7m有困难时，亦可采用10.4m。

**【例2】**有一高层工业建筑，其层高为5m，试求水枪的充实水柱长度。

解：采用水枪的上倾角为45°。

$$S_k = \frac{5-1}{\sin 45°} = \frac{4}{0.707} = 5.66(m)$$

则水枪的充实水柱长度为5.66m。根据计算结果，水枪的充实水柱长度仅需5.66m，但规范规定高层工业建筑的水枪充实水柱长度不应小于13m。因此，该高层工业建筑的水枪充实水柱长度应采用13m，而不应采用5.66m。

**2** 建筑物内不允许有些楼层设置消火栓而有些楼层不设置消火栓，如需设置消火栓，则每层均应设置。对于单元式、塔式住宅，在楼梯间可设置干式消防竖管，消火栓间设在楼梯间供消防队员接水带使用，消火栓口可隔层设置，也可在楼梯休息平台设置，栓口的公称直径均应采用65mm。

消防电梯前室是消防人员进入室内扑救火灾的进攻桥头堡，为方便消防人员向火场发起进攻或开辟通路，在消防电梯前前室应设置室内消火栓。消防电梯前前室的消火栓与室内其他的消火栓一样，无特殊要求，但不计入消火栓总数内。

**3** 在消火栓箱上或其附近应设置明显的标志，消火栓外表应涂红色且不应伪装成其他东西，便于现场人员及时发现和使用。

为减小局部水压损失，在条件允许时，消火栓的出口宜向下或与设置消火栓的墙面成90°角。

**4** 冷库内的室内消火栓应采取防止冻结损坏措施，一般设在常温穿堂和楼梯间内。冷库进入阁顶的入口处设置消火栓，便于扑救顶部保温层的火灾。其他具体要求还应符合现行国家标准《冷库设计规范》GB 50072的规定。

**5** 消火栓的间距应经计算确定。为了防止布置不合理，保证

灭火使用的可靠性，规定了消火栓的最大间距。高层厂房（仓库）、高架仓库、甲乙类厂房、设有空气调节系统的旅馆以及重要的公共建筑等火灾危险性大、发生火灾后易产生较严重后果的建筑物，其室内消火栓的间距不应超过30m。其他单层和多层建筑室内消火栓的间距可扩大到50m。

同一建筑物内应用统一规格的消火栓、水带和水枪，便于管理和使用。我国消防队使用的水带长度一般为20m，有的地区也采用25m长的室内消防水带，但如水带长度过长，则不便于灭火使用，故综合考虑要求建筑内设置的消防水带，其单根长度不应超过25m。

除特殊情况或经当地的公安消防机构同意外，每个消火栓处均应设置消火栓箱，并应在箱内放置消火栓、水带和水枪。消火栓箱宜采用在紧急情况下能方便开启或破坏的门，如玻璃门等，不应采用锁闭的封闭金属门等开启困难的箱门。

**6** 设置在平屋顶上的屋顶消火栓，主要用以检查消防水泵运转状况以及消防人员检查该建筑物内消防供水设施的性能，以及扑救邻近建筑物的火灾。屋顶消火栓的数量一般可采用1个。寒冷地区可将其设置在顶层楼梯出口小间附近。

**7** 高层厂房（仓库）内的每个消火栓处均要求设置启动消防水泵的按钮，以便及时启动消防水泵，供应火场用水。其他建筑内当消防水箱不能满足最不利点消火栓的水压时，亦应在每个消火栓处设置远距离启动消防水泵的按钮。启动按钮应采取保护措施，例如，放在消火栓箱内或放在有玻璃保护的小壁龛内，防止误启动消防水泵。

常高压消防给水系统能经常保持室内给水系统的压力和流量，可不设置室内远距离启动消防水泵的按钮。采用稳压泵稳压时，当室内消防管网压力降低时能及时启动消防水泵的，也可不设远距离启动消防水泵的按钮。

**8** 如室内消火栓栓口处静水压力过大，再加上扑救火灾过程中，水枪的开闭产生水锤作用，可能使给水系统中的设备受到破坏。因此，消火栓栓口处的静水压力超过100m水柱时，应采用分区给水系统。

消火栓栓口处的出水压力超过50m水柱时，水枪的反作用力大，1人难以操作。为此，消火栓栓口处的出水压力超过50m水柱时，应采取减压设施，但为确保水枪有必要的有效射程，减压后消火栓栓口处的出水压力不应小于25m水柱。减压措施一般可采用设置减压阀或减压孔板等方式。

**8.4.4** 本条规定了设置消防水箱的相关要求。

**1** 干式消防竖管系统平时管道内无水，灭火时依靠消防队向管道内加压供水。常高压给水系统一般能满足灭火时管道以及建筑内任一处消火栓的水量和水压要求，可不设消防水箱。但当常高压给水系统不能满足此要求时，仍需要设置消防水箱。

**2** 临时高压给水系统给水可靠性较低，采用临时高压给水系统的建筑应设消防水箱。

1)由于重力自流的水箱供水安全可靠，因此，消防水箱应尽量采用重力自流式，并设置在建筑物的顶部（最高部位），且要求能满足最不利点消火栓栓口静压的要求。

2)室内消防水箱、气压水罐、水塔以及各分区的消防水箱（或气压水罐），是储存扑救初期火灾用水量的储水设备，一般考虑10min扑救初期火灾的用水量。但对于用水量较大的建筑，该水量常较大，而初期灭火时的实际出水枪数有限。因此，规定消防用水量不超过25L/s时，可采用12m³；超过25L/s时，可采用18m³。

**3** 消防用水与其他用水合并，可以防止水质腐败，并能及时检修。一般要求消防水箱与其他用水水箱合并，合并使用时，消防水箱内的水始终保持不少于消防用水的储备量。因此，要求在共用的水箱内采取措施，使该部分水量不被生产、生活用水所占用。例如，将生产、生活用水管置于消防水面以上，或在消防水面

处的生产、生活用水的出水管上打孔，保证消防用水安全。

消防用水的出水管应设在水箱的底部，保证供应消防用水。

**4** 固定消防水泵启动后，消防管路内的水不应进入水箱，以利于维持管网内的消防水压。消防水箱的补水应由生产或生活给水管道供应。采用消防水泵直接向消防水箱补水，容易导致灭火时消防用水进入水箱，在设计时应引起注意。

**8.4.5** 目前有些室内消防设施的标志无标志或不明显，有的标志也不规范或易脱落、损坏，因此，本条规定了室内消火栓、阀门等室内消防设施应设置永久性固定标志，以方便使用。

### 8.5 自动灭火系统的设置场所

自动喷水灭火系统、水幕系统、水喷雾灭火系统、卤代烷与二氧化碳等气体灭火系统、泡沫灭火系统等及其他自动灭火装置，对于扑救和控制建筑物内的初期火灾，减少火灾损失，有效地保障人身安全，具有十分明显的作用，在各类建筑内使用广泛。但由于建筑功能及其内部空间用途千差万别，本规范很难对所有建筑类型及其内部的各类场所一一给出具体的规定，而是从实际中总结出一些共性较强的建筑类型和场所，综合考虑作了一些原则性的基本规定。实际设计时，应根据不同灭火系统的特点及其适用范围、系统选型和设置场所的相关要求，经技术、经济等多方面比较后确定。

本节中各条的规定均有三个层次，一是这些场所应设置自动灭火系统。二是推荐了一种较适合该场所的灭火系统类型，正常情况下应采用该系统，但并不排斥采用其他适用系统或灭火装置。如在有的场所空间很大，只有部分设备是主要的危险源并需要灭火保护时，可对该局部危险性大的设备采用小型自动灭火装置（如"火探"自动灭火装置等）进行保护，而不必采用大型自动灭火系统保护整个空间的方法实现。三是在具体确定采用系统中的哪种灭火方式时，还应根据该场所的特点和条件、系统的特性以及国家相关政策来确定。在选择灭火系统时，应考虑在一座建筑物内尽量采用同一种或同一类型的灭火系统，为维护管理和简化系统设计提供条件。

此外，本规范未规定设置自动灭火系统的场所并不排斥或限制根据工程实际情况以及建筑的整体消防安全需要而设置相应的灭火系统。

**8.5.1** 本条规定了应设置自动灭火系统且宜采用自动喷水灭火系统的场所。

自动喷水灭火系统在国外使用十分广泛，从厂房、仓库到各类民用建筑。根据我国当前的条件，本条仅对火灾危险性大、火灾可能导致经济损失大、社会影响大或人员伤亡大的重点场所作了规定。本条规定中有的具体部位，有的是以建筑物为基础规定的。在执行时，如规定的建筑物中有些部位火灾危险性较小或火灾荷载密度较小时，也可不设。其原则是重点部位、重点场所，重点防护；不同分区，措施可以不同；总体上要能保证整座建筑物的消防安全，特别要考虑所设置的部位或场所在设置灭火系统后应能防止一个防火分区内的火灾蔓延到另一个防火分区中去。

**1** 邮政楼既有办公也有邮件处理和邮袋存放功能，在设计中一般按丙类厂房考虑，并按照不同功能实行较严格的防火分区或分隔。因此，其办公、空邮袋库应按规定设置自动喷水灭火系统。邮件处理车间，经公安部消防局与国家邮政局协商，可在处理好竖向连通部位的防火分隔条件下，不设置自动喷水灭火系统，但其中的重要部位仍宜采用其他对邮件及邮件处理设备无较大损害的灭火剂及其灭火系统保护。

**2** 建筑内采用送回风风道的集中空气调节系统具有较大的火灾蔓延传播危险。旅馆、商店、展览建筑使用人员较多，有的室内装修还采用了较多难燃或可燃材料，大多设置有集中空气调节系统。这些场所人员的流动性大、对环境不太熟悉且功能复杂，有的建筑内的使用人员还可能较长时间处于休息、睡眠状态。装修

材料的烟生成量及其毒性分解物较多、火源控制较复杂或易传播扩散火灾及其烟气。有固定座位的场所，人员疏散相对较困难，所需疏散时间可能较长。

**3** 本条第6款中所指"建筑面积"是指歌舞娱乐放映游艺场所每层的建筑面积。每个厅、室的防火设计应符合本规范第5章、第7章的有关规定。

**8.5.2** 本条规定了水幕系统的设置部位。

按国家规范要求设置的水幕系统正常动作后，可以防止火灾通过该开口部位蔓延，或辅助其他防火分隔物实施有效分隔。其主要设置位置有因生产工艺需要或装饰上需要而无法设置防火墙等作防火分隔物的开口部位，也有辅助防火卷帘和防火幕作防火分隔的地方。

水幕系统是现行国家标准《自动喷水灭火系统设计规范》GB 50084规定的系统之一，有关系统计算和设计应按照该规范的规定执行。

**8.5.3** 本条规定了雨淋自动喷水灭火系统的设置场所。

雨淋系统用以扑救大面积的火灾，在火灾燃烧猛烈、蔓延快的部位使用。雨淋系统应有足够的供水速度，保证其灭火效果。本条规定主要考虑到以下几个方面：

**1** 火灾危险性大、发生火灾后燃烧速度快或可能发生爆炸性燃烧的厂房或部位。

**2** 易燃物品仓库，当面积较大或储存量较大时，发生火灾后影响面较大，如面积超过60m² 硝化棉等仓库。

**3** 可燃物较多且空间较大、火灾易迅速蔓延扩大的演播室、电影摄影棚等场所。

**4** 乒乓球的主要原料是赛璐珞，在生产过程中还采用甲类液体溶剂，乒乓球厂的轧坯、切片、磨球、分球检验部位具有火灾危险性大且火灾发生后燃烧强烈、蔓延快等特点。

**8.5.4** 本条规定了应设置自动灭火系统且宜采用水喷雾灭火系统的场所。

水喷雾灭火系统喷出的水滴粒径一般在 1mm 以下，喷出的水雾表面积大、能吸收大量的热，具有迅速降温作用，同时水在热作用下会迅速变成水蒸气，并包裹保护对象，起到窒息灭火的作用。水喷雾灭火系统对于重质油品火灾具有良好的灭火效果。

**1** 试验证明，变压器油的闪点一般都在 120℃ 以上，水喷雾灭火系统有良好的灭火效果。室外大型变压器和洞室内的变压器宜采用水喷雾灭火系统。

缺水或寒冷地区以及设置在室内的电力变压器亦可采用二氧化碳等气体灭火系统。另外，对于变压器火灾，目前还有一些有效的其他灭火系统可以采用，如自动喷水-泡沫联用系统、变压器排油注氮装置等。

**2** 飞机发动机试验台的试车部位有燃料油管线和发动机内的润滑油，易发生火灾，设置自动灭火系统主要用于保护飞机发动机和试车台台架。该部位的灭火系统设计应全面考虑，一般可采用水喷雾灭火系统，也可以采用气体灭火系统、细水雾灭火系统或泡沫灭火系统等。

**8.5.5** 本条规定了应设置自动灭火系统且宜采用气体灭火系统的场所。

气体灭火剂不导电、不造成二次污染，是扑救电子设备、精密仪器设备、贵重仪器及档案图书等纸质、绢质或磁介质材料信息载体的良好灭火剂。气体灭火系统在密闭的空间里有良好的灭火效果，但系统投资较高，故本规范只要求在一些重要的机房、贵重设备室、珍藏室、档案库内设置。

**1** 本条规定的场所中有些未限制哈龙灭火系统的使用，主要考虑这些场所经常有人工作，以及某些情况下设置其他系统难以为灭火设备提供足够的建筑空间等情况。根据《中国消防行业哈龙整体淘汰计划》，我国将于 2005 年和 2010 年分别停止生产卤代烷 1211 和卤代烷 1301 灭火剂。另外，国家有关法规也规定：在允

许设置卤代烷灭火系统的场所不得采用卤代烷 1211 灭火系统。因此，在选用卤代烷 1211 和 1301 灭火系统时，应慎重考虑。

**2** 电子计算机机房的主机房和基本工作间按照现行国家标准《电子计算机房设计规范》GB 50174 的规定执行。图书馆的特藏库按照国家现行标准《图书馆建筑设计规范》JGJ 38 的规定执行。档案馆的珍藏库按照国家现行标准《档案馆建筑设计规范》JGJ 25 的规定执行。大、中型博物馆按照国家现行标准《博物馆建筑设计规范》JGJ 66 的规定执行。

**3** 特殊重要设备主要指设置在重要部位和场所中，发生火灾后将严重影响生产和生活的关键设备。如化工厂中的中央控制室和单台容量 300MW 机组及以上容量的发电厂的电子设备间、控制室、计算机房及继电器室等。

**4** 根据近几年二氧化碳灭火系统的使用情况，对该系统的设计、施工、调试开通及验收后的运行等，均应严格执行规范的规定，以确保人身安全。

**8.5.6** 本条规定了泡沫灭火系统的设置范围。

按照系统产生泡沫的倍数，分为低倍数、中倍数和高倍数泡沫灭火系统。低倍数泡沫的主要灭火机理是通过泡沫的遮断作用，将燃烧液体与空气隔离实现灭火。高倍数泡沫的主要灭火机理是通过密集状态的大量高倍数泡沫封闭火灾区域，阻断新空气的流入实现窒息灭火。中倍数泡沫的灭火机理取决于其发泡倍数和使用方式，当以较低的倍数用于扑救甲、乙、丙类液体流淌火灾时，其灭火机理与低倍数泡沫相同；当以较高的倍数用于全淹没方式灭火时，其灭火机理与高倍数泡沫相同。

低倍数泡沫灭火系统被广泛用于生产、加工、储存、运输和使用甲、乙、丙类液体的场所。

国际标准 ISO/DIS 7076，美国标准 NFPA 11A，英国标准 BS 5306 都规定了中倍数泡沫可以扑救固体和液体火灾，可应用于发动机实验室、油泵房、变压器室、地下室等场所。我国对中倍数泡沫灭火系统的研究已有二十余年的历史，经过近百次试验证明了该系统的灭火能力，验证了国际和国外标准给出的设计参数，并已在小型的油罐和其他一些场所应用。

美、英、德国和国际标准以及我国现行国家标准《高倍数、中倍数泡沫灭火系统设计规范》GB 50196 中都规定了高倍数泡沫可以扑救固体和液体火灾，它主要用于大空间和人员进入有危险以及用水难以灭火或灭火后水渍损失大的场所，如大型易燃液体仓库、橡胶轮胎库、纸张和卷烟仓库、电缆沟及地下建筑（汽车库）等。该类灭火系统具有灭火迅速、水渍损失小、抗交能力强的特点。

有关泡沫灭火系统的设计与选型应按照现行国家标准《低倍数泡沫灭火系统设计规范》GB 50151、《高倍数、中倍数泡沫灭火系统设计规范》GB 50196 和《固定消防炮灭火系统设计规范》GB 50338 等的有关规定执行。

**8.5.7** 本条规定了宜设置自动消防炮灭火系统的场所。

自动消防炮灭火系统，早期是一种常用于大型露天油库、码头等的灭火系统，近年被越来越多地用于类似飞机库、体育馆、展览厅等高大空间场所。自动消防炮灭火系统融入了自动控制技术，可以远程控制并自动搜索火源、对准着火点、自动喷洒灭火，可与火灾自动报警系统联动，既可手动控制，也可实现计算机自动操作，适宜于扑救大空间内的早期火灾。

**1** 建筑物内空间高度大于 8m 时，早期火灾的烟气羽流温度通常很难达到自动喷水灭火系统的启动温度，依靠温度变化而启动的洒水喷头及其安装高度不能有效地发挥早期火灾响应和灭火的作用。通常情况下，无论是高灵敏度感烟还是感温的火灾探测器，其灵敏度都比快速响应喷头的灵敏度要高得多，采用与火灾探测器联动的自动消防炮比快速响应喷头更能及时进行早期火灾的扑救。另外，快速响应早期抑制喷头主要用于保护高堆垛与高货架仓库等场所。

火源上方热羽流中心线温度：

$$T=T_0+\frac{Q_c}{\dot{m}c_p}$$

其中：$Q_c=0.7Q，\dot{m}=0.071Q_c^{1/3}Z^{5/3}+0.0018Q_c$

$T$ 为火源上方热羽流中心线温度；$T_0$ 为环境温度，单位为 ℃；$Q$ 为火源功率；$c_p$ 为定压热容；$Q_c$ 为火源功率的对流部分，单位为 kW；$Z$ 为中心线高度，单位为 m；$\dot{m}$ 为流入烟气层烟羽流质量流量，单位为 kg/s。

根据上式，当环境温度为 20℃ 时，若设火灾功率为 1MW，在距离火源中心高度为 8m 的位置，其烟气温度最高值约为 52.5℃，达不到快速响应喷头的正常启动温度 68℃；而在这样的火源情况下，通常火灾探测器完全可以正常报警，从而联动自动消防炮扑救火灾。

**2** 喷头高度、水滴粒径、流速决定了水滴实际能穿过火羽流到达火焰面的能力，即喷头的实际灭火效果。一般喷头所喷出的水滴粒径和流速都较小，当喷头距离火源高度较大时，水滴受空间高度的影响而无法穿透火羽流，在到达火焰面前已被火羽流蒸发或冲散。另外，喷头安装高度过高，喷出的水滴更加分散，其有效洒水密度降低，不利于灭火。

消防炮喷出的水量集中、流速快、冲量大，水流可以直接接触燃烧物而作用到火焰根部，将火焰剥离燃烧物使燃烧中止，能有效地扑救高大空间的火灾。

**3** 单台消防炮的保护面积比单只喷头的保护面积大得多，其喷水强度也是喷头的几十倍。一只喷头的最大保护面积约为 20m²；而小型消防炮按照最大射程 50m 计算，其半圆形最大保护面积可达 3900 m²，约为单只喷头的 200 倍。

灭火效果与单位面积的喷水强度有密切关系，自动消防炮扑救方式为点式，其单位面积的喷水强度比喷头大得多，例如：单只喷头的最大洒水强度一般为 20L/(min·m²)。单台普通小型消防炮的流量为 1200L/min，水柱落点覆盖面积按 9m² 计算，单位面积喷水强度可达到 1200/9＝133L/(min·m²)，是喷头的 6.7 倍。

**8.5.8** 本条规定了设置厨房自动灭火装置的范围。

本条规定的厨房均为商用厨房，规模较大的单位自用食堂厨房可参照执行。据统计，厨房火灾是常见的建筑火灾之一。厨房火灾主要发生在灶台操作部位及其排烟道。从试验情况看，厨房火灾一旦发生，发展迅速且常规灭火设施扑救易发生复燃，烟道的火灾扑救又比较困难。根据国外近 40 年的应用历史，在该部位采用自动灭火装置灭火，效果理想。

目前，国内外相关产品在国内市场均有销售，不同产品之间的性能差异较大。因此，设计时应注意选用能自动探测火灾与自动灭火动作且灭火前能自动切断燃料供应，具有防复燃功能且灭火效能（一般应以保护面积为参考指标）较高的产品，并且必须在排烟管道内设置喷头。有关装置的设计、安装可按照厨房设备灭火装置有关技术规定执行。

### 8.6　消防水池与消防水泵房

**8.6.1** 本条规定了应设置消防水池的条件。

水是扑救建筑火灾与防护相邻建、构筑物的主要介质，必须保证火灾时消防用水的可靠与充足。

**1** 市政给水管道直径太小，不能满足消防用水量要求（即在生产、生活用水量达到最大时，不能保证消防用水量），或进水管直径太小，不能保证消防用水量要求，均应设置消防水池储存消防用水。

对于天然水源，如其水位太低、水量太少或枯水季节不能保证用水的，仍应设置消防水池。

**2** 市政给水管道为枝状或只有 1 条进水管，则可能因检修而影响消防用水的可靠性。因此，室内外消防用水量超过 25L/s，且由枝状管道供水或仅有 1 条进水管供水，虽能满足流量要求，但考虑枝状管道或 1 条供水管的可靠性，规定仍应设置消防水池。如室内外消防用水量较小，在发生火灾时发生供水中断情况，消防队也可解决用水（即用消防车接力供水或运水解决）时，可不设置消防水池。

**8.6.2** 本条规定了消防水池的容量、布置等设计要求。

**1** 消防水池的容量应为消防水池的有效容积，即能够储存消防用水供扑灭火灾使用的有效水容积。有效容积应为水池溢流口以下且不包括水池底部无法取水的部分以及隔墙、柱所占的体积。

消防用水量应按火灾延续时间和消防流量计算确定。消防水池的有效容积应根据室外给水管网是否能保证室外消防用水量来确定。当室外消防用水能够得到保证时，消防水池只需满足室内消防用水的存水量；当室外给水管网不能保证室外消防用水时，则消防水池还需储存室外消防用水的不足部分。

**2** 消防水池容积与室外给水管网的供水能力有相互调节的关系。如果城市给水管网供水充足，除能保证室外消防用水量外，还有余量向室内消防水池补充水量，此时允许接室外给水管网在火灾延续时间内向消防水池补水。补水管道计算流速不应超过 2.5m/s，取 1～1.5m/s 较合适。

消防水池容量过大时应分成 2 个，以便水池检修、清洗时仍能保证消防用水，但 2 个水池都应具备独立使用的功能，各水泵吸水管、补水进水管、泄水管、溢水管等。2 个水池之间还应设置连通管和控制阀门。

**3** 消防用水与生产、生活用水合并时，为防止消防用水被生产、生活用水所占用，因此要求有可靠的技术设施（例如生产、生活用水的出水管设在消防水面之上）保证消防用水不作他用。在气候条件允许并利用游泳池、喷水池、冷却水池等用作消防水池时，必须具备消防水池的功能，设置必要的过滤装置，各种用作储存消防用水的水池，当清洗放空时，必须另有保证消防用水的水池。

消防水池的补水时间主要考虑第二次火灾扑救需要。一般情况下，补水时间不宜超过 48h；在无管网的缺水区，采用深井泵补水时，可延长到 96h。

**4** 在火灾情况下能确保连续补水时，消防水池的容量可以减去火灾延续时间内补充的水量。确保连续补水的条件为：

1）消防水池有 2 条补水管且分别从环状管网的不同管段取水，且其补水量是按最不利情况计算。例如，有 2 条进水管，其补水量就要按管径较小的补水管计算。如果水压不同时，就要按补水量较小的补水管计算。

2）若部分采用供水设备，该供水设备应设置有备用泵和备用电源（或内燃机作为备用动力），且能使供水设备不间断地向水池供水的输水管不少于 2 条时，可减去火灾延续时间内补充的水量。在计算补水量时，仍应按补水能力最小的补水管进行计算。

**5** 消防水池要供消防车取水时，根据消防车的保护半径（即一般消防车发挥最大供水能力时的供水距离为 150m）规定消防水池的保护半径为 150m。

消防水池要能够供应其保护半径内所有建、构筑物灭火所用消防用水，且不会受到建筑物火灾的威胁。因此，消防水池取水口距离建筑物不应小于 15m，距甲、乙、丙类液体储罐不宜小于 40m。距离可燃液体储罐的距离还应根据储罐的大小、储存液体的燃烧特性等进行调整。

**6** 水泵进水口的吸水高度，受吸水管阻力、气蚀余量和大气压力的影响。为保证消防车可靠取水，对于大气压力超过 10m 水柱的地区，消防车取水口的吸水高度不应大于 6m。对于大气压力低于 10m 水柱的地区，允许消防车取水口的吸水高度经计算确定减少。有关海拔高度与最大吸水高度的关系，参见表 27。其原则是：供消防车取水的消防水池应保证其最低水位低于消防车内消防水泵吸水管中心线的高度不大于消防水泵所在地的最大吸水高度，且最大不应大于 6m。建议各地公安消防监督机构制定出本地的"消防水泵最大吸水高度"。由于消防车内消防水泵进口中心线

离地面的高度已知（一般为 1m），因而消防水池最低水位低于取水口处消防车道的最大高度可以计算得出。

**表 27 海拔高度与最大吸水高度的关系**

| 海拔高度（m） | 0 | 200 | 300 | 500 | 700 | 1000 | 1500 | 2000 | 3000 | 4000 |
|---|---|---|---|---|---|---|---|---|---|---|
| 大气压（m 水柱） | 10.3 | 10.1 | 10.0 | 9.7 | 9.5 | 9.2 | 8.6 | 8.4 | 7.3 | 6.3 |
| 最大吸水高度（m） | 6.0 | 6.0 | 6.0 | 5.7 | 5.5 | 5.2 | 4.6 | 4.4 | 3.3 | 2.3 |

**8.6.3** 本条规定了不同场所的设计火灾延续时间。

火灾延续时间为消防车到达火场开始出水时起，至火灾被基本扑灭止的一段时间。

火灾延续时间是根据火灾统计资料、国民经济水平以及消防力量等情况综合权衡确定的。根据火灾统计，城市、居住区、工厂、丁戊类仓库的火灾延续时间较短，绝大部分在 2.0h 之内（如在统计数据中，北京市占 95.1%；上海市占 92.9%；沈阳市占 97.2%）。因此，民用建筑、丁戊类厂房、仓库的火灾连续时间，本规范采用 2.0h。

甲、乙、丙类仓库内大多储存着易燃易爆物品或大量可燃物品，其火灾燃烧时间一般均较长，消防用水量较大，且扑救也较困难。因此，甲、乙、丙类仓库、可燃气体储罐的火灾延续时间采用 3h；可燃材料的露天堆场起火，有的可延续灭火数天之久。经综合考虑，规定其火灾延续时间为 6.0h。

据统计，液体储罐发生火灾燃烧时间均较长，长者达数昼夜。显然，按这样长的时间设计消防用水量是不经济的。规范所确定的火灾延续时间主要考虑在灭火组织过程中需要立即投入灭火和冷却的用水量。一般浮顶罐、掩蔽室和半地下固定顶式罐，其冷却水延续时间按 4.0h 计算；直径超过 20m 的地上固定顶立式罐冷却水延续时间按 6.0h 计算。液化石油气火灾，一般按 6.0h 计算。设计时，应以这一基本要求为基础，根据各种因素综合考虑确定。相关专项标准也宜在此基础上进一步明确。

**8.6.4** 本条规定了消防水泵房的建筑防火设计要求。

**1** 设计应保证消防水泵在火灾情况下仍能坚持工作，不受到火灾的威胁。因此，消防水泵房宜独立建造，并采用耐火等级不低于二级的建筑物。当附设在其他建筑物内时，应采用耐火极限不低于 2.00h 的不燃烧体隔墙和 1.50h 的不燃烧体楼板与其他部位隔开。

**2** 为了便于在火灾情况下，操作人员坚持工作或方便人员进入泵房及安全疏散，规定设在首层的消防水泵房应设置直通室外的安全出口；设在地上、地下其他楼层内的泵房，应紧靠建筑物的安全出口，有条件的应设置直通室外的出口。

**8.6.5** 本条主要为提高消防水泵取水的可靠性，确保火灾时能及时向供水管道供水。

本条规定至少有 2 条出水管与环状管网连接，当其中 1 条出水管在检修时，其余的进出水管仍能供应全部消防用水量。泵房的出水管与环状管网连接时，应与环状管网的不同管段连接，确保供水的可靠性，参见图 13。

为便于试验和检查消防水泵，应在其出水管上安装压力表和公称直径为 65mm 的放水阀。应定期检查消防水泵是否能正常运转，并测试消防水泵的流量和压力。当试验用水取自消防水池时，可将试验水通过放水管回流水池。对于高层工业建筑，消防用水量大、水压力高，选定的消防水泵流量均大于实际消防用水量。由于试验时的水泵出水量小，容易超过管网允许压力而造成事故，因此需要设防超压设施，一般可采取选用流量-扬程曲线平的水泵、出水管上设置安全阀或泄压阀、设回流泄压管等方法。

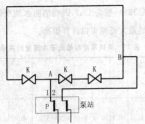

图 13　消防水泵房出水管与环状管道连接示意图

1、2—两条消防泵房的出水管；P—消防泵站；
A、B—泵房的出水管与环状管道的连接点；
K—环状管网上的阀门布置

**8.6.6** 本条规定要求提供在水源可靠的情况下能保证消防水泵不间断供水的措施，本规定不排斥其他与此等效的技术措施。

高压或临时高压消防水泵，每台工作消防泵（如一个系统，一台工作泵，一台备用泵，可共用一条吸水管）均应有独立的吸水管从消防水池（或市政管网）直接取水，保证不间断地供应火场用水。一组（2台或2台以上，包括备用泵）消防水泵应有2条吸水管。当其中1条吸水管在检修或损坏时，其余的吸水管仍能通过100%的用水总量。

消防水泵应经常充满水，以保证及时启动供水，因此，应采用自灌式引水方式。若采用自灌式引水有困难时，应有可靠迅速的充水设备，如同步排吸式消防水泵等。

**8.6.7** 为充分利用市政设施和水资源，本条规定了采用市政水源的保证措施。

市政管网水源可靠，当市政给水管允许直接供消防水泵吸水时，应首选此消防增压系统。市政给水管网的供水压力会随城市用水量大小而变化，消防水泵扬程应按市政给水管网最低压力计算，以免火灾发生时消防给水压力不足。消防给水系统的承压能力，应按市政给水管网最高压力和消防水泵最高出水压力验算，校核消防水泵的效率、消防给水系统是否超出规定的工作压力等，确保消防给水系统安全运行。

**8.6.8** 本条对火场用水不间断供应提出了保证措施。

设计选用的消防备用泵的流量和扬程不应小于消防水泵房内的最大一台工作泵的流量和扬程。符合下列条件之一的，可不设消防备用泵。

　　**1** 建筑物体积较小或厂房、仓库内可燃物较少，且需用消防用水量不大的，可不设消防备用泵，由消防队在灭火预案中制定的供水方案解决。本规范规定室外消防用水量不超过25L/s的工厂、仓库或居住区，可不设消防备用泵。

　　**2** 对于室内消防给水较小的建筑物，通常火灾危险性较小或建筑体量较小、高度较低，可充分利用外部救援力量，因此也可不设消防备用泵。

**8.6.9** 本条要求设计应采取措施保证消防水泵启动和持续工作的动力。

　　**1** 生产、生活用水和消防用水合用一个消防水泵房时，可能有数台水泵共用2条或2条以上吸水管（与消防合用时不应少于2条吸水管）。发生火灾后，生产、生活用水转为消防用水时，可能要启闭整个阀门。当消防水泵采用内燃机带动时（内燃机的储油量一般应按允许延续时间确定），启动内燃机需要时间；当采用发电机带动时，也需要一段时间。为保证消防水泵及时启动，应采取必要的技术措施，保证消防水箱内水用完之前，消防水泵能及时启动供水。

另外，实际火场可能在较低楼层内着火，水枪的出水量远远大于计算流量，加之消防水箱的容量较小，一般只能供应5～10min的消防水。根据实际使用情况，更短时间内启动消防水泵也容易实现，因此，本条要求消防水泵能在火警后30s内开始工作。

　　**2** 为保证消防水泵能发挥负荷运转，保证火场有必要的消防用水量和水压，消防水泵与动力机械应直接耦合。由于平皮带易打滑，影响消防水泵的供水能力，设计应避免采用平皮带；如采用三角皮带，不应少于4条。

# 9　防烟与排烟

火灾事故说明，烟气是造成建筑火灾人员伤亡的主要因素。烟气中携带有较高温度的有毒气体和微粒，对人的生命构成极大威胁。有关实验表明，人在浓烟中停留1～2min就会晕倒，接触4～5min就有死亡的危险。美国曾对1979～1990年的火灾死亡人数做过较详细的分类统计，结果显示烟气致死人数约占总死亡人数的70%。2000年12月洛阳某特大火灾，导致309人死亡，几乎全部为火灾中的有毒烟气所致。

火灾中的烟气蔓延速度很快，在较短时间内，即可从起火点迅速扩散到建筑物内的其他地方，有的还使楼梯间等疏散通道被烟气封堵，严重影响人员的疏散与消防救援，导致伤亡。据研究，烟气的蔓延速度，水平方向扩散约为0.3～0.8m/s，垂直向上扩散约为3～4m/s。在同一楼层中，层高为4～5m的商场，火灾持续燃烧数分钟后，烟气就可充满整个空间。另外，烟气在扩散初期，常使建筑内远离着火点的人员不易察觉。这些是火灾中烟气导致人员伤亡的重要原因。

十多年来，随着城市土地资源日趋紧缺，城市规模不断扩大，城市建设不得不向高空和地下延伸。另外，受城市规划和投资与功能的限制，使得地下空间的开发利用已成为城市立体发展的重要补充手段。地下空间相对封闭、与地上联系通道有限等特点，导致火灾时烟气排除困难，加快了烟气在地下空间内的积聚与蔓延，也对人员疏散及灭火救援十分不利。

此外，目前大空间或超大规模的工业与民用建筑日益增多，中庭在公共建筑中被广泛采用。在这些规模大、人员密集或可燃物质集聚的建筑或场所中，如何保证火灾时的人员安全疏散和消防人员救援工作安全、顺利，也是建筑防火设计与监督人员应认真考虑的内容。

防烟、排烟的目的是要及时排除火灾产生的大量烟气，阻止烟气向防烟分区外扩散，确保建筑物内人员的顺利疏散和安全避难，并为消防救援创造有利条件。建筑内的防烟、排烟是保证建筑内人员安全疏散的必要条件。

本章的规定是以近几年有关科研成果、现行国家标准《高层民用建筑设计防火规范》GB 50045和《人民防空工程设计防火规范》GB 50098的执行情况以及英、美、日等国家有关规范和研究文献为基础确定的，是关于建筑内防烟与排烟的一般性设计原则。建筑防烟与排烟的理论较多，至今尚无一种被广泛接受的权威理论，且实际工程中建筑的类别、使用功能和结构布局、建筑内的火灾荷载大小与分布、形态等均存在着多样化的可变因素，设计人员在设计时还应积极探索和利用一些较成熟的消防安全工程技术辅助进行设计。有关专项设计规范在制、修订时宜根据本规范的原则适时增补更具体的要求。

## 9.1　一般规定

**9.1.1** 本条规定了建筑中防烟与排烟的基本方式。

机械防烟或排烟与自然排烟方式，是目前各国均认可和采用的方式，在国内外有关规范中也有明确规定，在实际工程中应用普遍。

**9.1.2** 本条规定了应设置防烟设施的场所。

建筑物内的防烟楼梯间及其前室、消防电梯间前室或合用前室都是建筑物着火时最重要的安全疏散通道。火灾时可通过开启外窗等自然排烟设施将烟气排出，亦可采用机械加压送风的防烟设施，使重要疏散通道内的空气压力高于其周围的空气压力，阻止烟气侵入。

**9.1.3** 本条规定了建筑防火设计中应设置排烟设施的范围。在这些建筑或场所内，应根据实际情况确定是采用自然排烟设施还是机械排烟设施进行排烟设计。

**1** 工业建筑中，因生产工艺的需要，房间面积超过300m²的地上丙类厂房比比皆是，有的无窗或设有固定窗，如洁净厂房等，有的则开有大面积外窗；有的平面面积达几万平方米，如电子、纺织、造纸厂房、钢铁与汽车制造厂房等。丙类厂房中人员较多，过去一直没有要求设置排烟的规定，发生火灾时给人员疏散和火灾扑救带来一定隐患。平面面积巨大的建筑物发生火灾后，依靠自然排烟，烟气往往排除困难。

**2** 仓库中的使用人员较少，故其面积有所调整，但考虑火灾扑救需要和防止发生轰燃，规定面积超过1000m²的丙类仓库应设排烟设施。

近期以来，汽车工业发展较快，多在屋面上设置了自然排烟天窗，厂房高度一般多在8～10m左右，国内外类似建筑建成并投入使用的已有数百万平方米。因此，丁类厂房需要根据具体情况认真研究采取排烟措施。

**3** 公共建筑如体育馆、礼(会)堂、展览馆、商场、超市、各类大型交易市场等大空间建筑，体量较大、功能复杂、使用人员密集，而且每层面积和火灾荷载都很大。本条规定这些公共建筑中面积超过300m²，经常有人停留或可燃物较多的地上房间应设排烟设施，如体育馆的观众厅、展览馆的展览厅、商场的营业厅、礼(会)堂，还有多功能厅、餐饮等公共活动场所，可燃物较多的如书库、资料室、设备库等库房。

**4** 中庭在建筑中往往贯通数层，火灾时可能使火势和烟气迅速蔓延，易在较短时间内充填或弥漫到整个中庭，并通过中庭扩散到相邻空间。对此，设计者必须高度重视，结合中庭与相连通空间的特点和火灾荷载的大小与燃烧特性等采取有效的防烟、排烟设施。

中庭烟控是当前建筑防火研究的重点问题，但其基本方法包括减少烟气产生和控制烟气运动两方面。研究表明：要有效地进行中庭烟控，首先应限制中庭及相连空间内可燃物的存放数量，减少发生火灾的可能性。其次是安装自动喷水灭火系统，有效地降低火灾产生的热量和烟量，设置防烟隔断，限制烟气的扩散。设置机械排烟设施，能使烟气有序运动和排出建筑物，各楼层的烟层维持一定的高度，为人员赢得足够的逃生时间。

中庭排烟设计需注意的问题：

1) 现行国家标准《高层民用建筑设计防火规范》GB 50045中规定：净高小于12m的中庭可开启的天窗或侧高窗的面积不小于该中庭地面积的5%时，可采用自然排烟的方式。该标准将自然排烟设置条件限制在12m高度的原因是因为烟气在上升过程中会因烟气温度降低而出现"层化"现象。

2) 根据烟气控制理论，烟气在空间内蔓延很快，一般只需3～4s就可蔓延至12m高度。从实际火灾可证明这点，如某商业城是一幢耐火等级为一级的钢筋混凝土结构，整个中庭贯通6层(中庭长45m、宽26m)，顶部为半圆形玻璃罩。1996年4月该建筑一层西北角起火，烧至中庭后热气流很快到达六层，并将顶部的玻璃外罩烤裂烧穿，使中庭变成了一个巨大的烟火羽流柱。中庭火灾时的热气流很快升至12m以上，这样的实例在实际火场是常见现象。《中庭内火灾烟气流动规律的研究》(1999年8月，《消防科学与技术》)一文也指出：中庭内部一旦发生火灾，烟气在十几秒内就能升到27m的顶板处，并进一步形成烟层层。

根据所发生的中庭火灾实例和我国现在的经济状况及管理水平，结合自然排烟的特点，本次规范对中庭应设置机械排烟的高度未限制在12m。但因自然排烟受热压和密闭性等因素的影响，有条件时，虽具备自然排烟条件也宜采用机械排烟设施。

3) 设计中要考虑会影响烟控系统效果的一些不利因素，如对烟气浮升羽流的阻碍或在中庭中形成预分层。前一情况下，烟气有可能窜入相邻区域或其他需要保持一定安全时间的区域。后一情况下，烟气可能不能上升到中庭的顶部，不但无法排出，而且还可能使烟气扩散到与之相通的空间。此外，在某些条件下，当

排烟系统排除上部烟层中的烟气时，下部的冷空气会上升与之混合。这种现象也可能影响烟控系统的效果，导致中庭中的烟层高度下降。

**5** 根据中华人民共和国公安部第39号令《公共娱乐场所消防安全管理规定》中第十三条规定："在地下室建筑内设置公共娱乐场所除符合本规定其他条款的要求外，应当设机械防烟排烟设施"。此外，根据近几年的火灾教训，为切实保障人员生命安全，本条规定了建筑中的歌舞娱乐放映游艺场所应当设置防烟排烟设施。由于这些场所因功能要求而通常较密闭，故一般采用机械方式。

**6** 无论是附建于建筑内的地下室还是独立建造的地下建筑，都不同于地上建筑。地下、半地下建筑(室)中自然采光和自然通风条件差。因地下空间对流条件差，火灾燃烧过程中缺乏充足的空气补充，可燃物燃烧慢、烟气多、温升快、能见度降低很快，大大增加人员恐慌心理，对安全疏散十分不利。烟气中所含CO、$CO_2$、HF、HCl等多种有毒成分以及高温缺氧等都会对人体造成极大的危害。及时排除烟气，对保证人员安全疏散，控制火势蔓延，便于火灾扑救具有重要作用。

基于上述因素，地下空间的防排烟设置要求比地上空间严格。故本条规定地下室总建筑面积大于200m²或一个房间面积超过50m²，且经常有人停留或可燃物较多的房间等应设排烟设施。

**7** 根据试验观测，人在浓烟中低头掩鼻最大行走距离为20～30m。参考国外资料和我国国情，本条规定地下建筑、公共建筑及人员密集、可燃物较多的丙类厂房或高度大于32m的高层厂房及其长度超过20m的地上、地下疏散内走道，其他建筑如公寓和通廊式居住建筑中长度大于40m的疏散走道应设置排烟设施(自然排烟或机械排烟)。其他建筑中的疏散走道主要指地上走道。

**9.1.4** 机械排烟系统与通风、空气调节系统一般应分开设置。但某些工程中，因建筑条件限制，空间管道布置紧张，需将空调系统和排烟系统合用一套风管。这时，必须采取可靠的防火安全措施，使之既满足排烟时着火部位所在防烟分区排烟量的要求，也满足平时空调的送风要求。电气控制必须安全可靠，保证切换功能准确无误。

需说明的是，需设机械排烟系统的部位平时有通风系统，常常设计成一套风管，风机可采用双速风机。平时排风用低速，火灾排烟时用高速；也可采用2套风机，排风机和排烟机并联，火灾时切换，这种形式在设置机械排烟系统与通风系统的地下室多有采用。

**9.1.5** 本条规定了防烟与排烟系统中的风管、风口及阀门的制作材料以及排烟管道的布置要求。

**1** 排烟管道所排除的烟气温度较高，为保证火灾时送风、排烟系统安全可靠地运行，本条规定防烟与排烟系统的风管、风口及阀门等必须采用不燃材料制作。为避免排烟管道引燃附近的可燃物，规定排烟管道应采用不燃材料隔热，或与可燃物保持不小于150mm的间隙。

**2** 排烟金属管道厚度应按现行国家标准《通风与空调工程施工质量验收规范》GB 50243的有关要求进行设计，见表28。

表28 钢板风管板材厚度(mm)

| 风管直径D或长边尺寸b | 圆形风管 | 矩形风管 | |
|---|---|---|---|
| | | 中、低压系统 | 高压系统 |
| D(b)≤320 | 0.50 | 0.50 | 0.75 |
| 320＜D(b)≤450 | 0.60 | 0.60 | 0.75 |
| 450＜D(b)≤630 | 0.75 | 0.60 | 0.75 |
| 630＜D(b)≤1000 | 0.75 | 0.75 | 1.00 |
| 1000＜D(b)≤1250 | 1.00 | 1.00 | 1.00 |
| 1250＜D(b)≤2000 | 1.20 | 1.00 | 1.20 |
| 2000＜D(b)≤4000 | 按设计 | 1.20 | 按设计 |

注：1 螺旋风管的钢板厚度可适当减少10%～15%。
    2 排烟系统风管钢板厚度可按高压系统矩形风管板材厚度确定。

地下建筑的环境通常较潮湿，易使常用的金属通风管道受到腐蚀。地上的有些建筑，特别是一些工业生产场所，空间内的空气

相对湿度往往较大或具有较强的腐蚀性,也会发生类似情况。这些场所采用钢制管道时,钢板的厚度应当加厚。

**9.1.6** 本条根据国外有关资料,规定了机械送风和机械排烟管道内的设计风速。

## 9.2 自然排烟

**9.2.1** 本条规定主要强调建筑物在有条件时应尽可能采用自然排烟方式进行烟控设计。

燃烧时的高温会使气体膨胀产生浮力,火焰上方的高温气体与环绕火的冷空气流之间的密度不同将产生压力不均匀分布,从而使建筑内的空气和烟气产生流动。

自然排烟是利用建筑内气体流动的上述特性,采用靠外墙上的可开启外窗或高侧窗、天窗、敞开阳台与凹廊或专用排烟口、竖井等将烟气排除。此种排烟方式结构简单、经济,不需要电源及专用设备,且烟气温度升高时排烟效果也不下降,具有可靠性高、投资少、管理维护简便等优点。

因此,本条规定按本规范第9.1.2、9.1.3条规定应设防排烟设施的部位,宜优先采用自然排烟设施进行排烟。自然排烟方式受火灾时的建筑环境和气象条件影响较大,设计时应予以关注。

我国现有多层民用建筑和工业厂房中成功采用自然排烟的实例很多,如北京工人体育馆的比赛大厅,最高处在中间,各面均设有排烟窗,平时用来排除大厅内的余热和废气,火灾时用来排烟。《火灾与建筑》(英国 The Aqua Group 著)一书就高大空间民用建筑在火灾时如何避免火势蔓延、阻止烟气扩散、保证人员安全疏散等提出的具体建议之一就是"采用永久性高位自然通风。"

**9.2.2** 本条规定了采用自然排烟方式进行排烟或防烟时,排烟口所需要的最小净面积。

**1** 我国对防烟、排烟的试验研究尚不系统、深入,缺乏完整的相关技术资料。为了顺利并有效地排除烟气,本规范参考国外有关资料,规定了有条件采用自然排烟方式的部位应开启外窗的最小净面积。有条件时,应尽量加大相关开口面积。对于体育馆等高大空间建筑,应选用不小于该场所平面面积的5%。

**2** 两点说明:

1)采用自然排烟的防烟楼梯间可开启外窗的面积之和不应小于2m²。因火灾时产生的烟气和热气流向上浮升,顶层或上两层应有一定的开窗面积,除顶层外的各层之间可以灵活设置,例如,在一座5层的建筑中,1至3层可不开窗或间隔开窗。

2)现行国家标准《高层民用建筑设计防火规范》GB 50045 规定:"靠外墙的防烟楼梯间每5层内可开启外窗总面积之和不应小于2m²"。本标准采用了上述规定,当建筑层数超过5层时,总开口面积宜适当增加。

**9.2.3** 本条规定了防烟楼梯间内可不设防烟设施的条件。

根据现行国家标准《高层民用建筑设计防火规范》GB 50045 有关条文的执行情况(参见图14)和自然排烟时的烟气流动特性,当防烟楼梯间前室或合用前室利用阳台、凹廊自然排烟时,火灾时烟气经走廊扩散至敞开的前室而被排出,故此防烟楼梯间可不设防烟设施。另外,防烟楼梯间的前室或合用前室如有不同朝向的可开启外窗,且可开启外窗的面积分别不小于 2m² 和 3m²,前室或合用前室能顺利将烟气排出,因而该防烟楼梯间可不设置防烟设施。

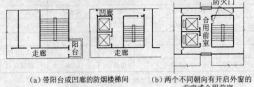

(a)带阳台或凹廊的防烟楼梯间　(b)两个不同朝向有开启外窗的前室或合用前室

图 14　带阳台或凹廊的防烟楼梯间及两个不同朝向
有开启外窗的前室或合用前室

**9.2.4** 本条规定了自然排烟设施的具体设置要求。

**1** 为了便于排除烟气,排烟窗宜设置在屋顶上或靠近顶板的外墙上方。例如,一座需进行自然排烟的5层建筑,一至五层的排烟窗可设在各层的顶板下,其中五层也可设在屋顶上。

**2** 有些建筑中用于自然排烟的开口正常使用时需处于关闭状态,需自然排烟时这些开口要能够应急打开。因此,本条规定排烟窗口应有方便开启的装置,包括手动和自动装置。

**3** 烟气的自然流动受较多条件的限制,本条为能有效地排除烟气,排烟窗距房间最远点的水平距离不应超过 30m。但在设计时,为减少室外风压对自然排烟的影响,提高排烟的效果,排烟口处宜尽量设置与建筑型体一致的挡风措施,并应根据空间高度与室内的火灾荷载情况尽量缩短该距离。内走道与房间应尽量设置2个或2个以上且朝向不同的排烟窗。

## 9.3 机械防烟

**9.3.1** 本条规定了建筑中应设置机械加压送风防烟设施的部位。

建筑物内的防烟楼梯间及其前室、消防电梯间前室或合用前室在火灾时若无法采用自然排烟,应采用机械加压送风的防烟措施,使这些部位内的空气压力高于火灾区域的空气压力。目前国内对不具备自然排烟条件的防烟楼梯间及其前室进行加压送风的做法有以下三种:

**1** 只对防烟楼梯间进行加压送风,其前室不送风;

**2** 防烟楼梯间及其前室分别设置两个独立的加压送风系统,进行加压送风;

**3** 对防烟楼梯间加压送风,并在楼梯间通往前室的门上或墙上设置余压阀,将楼梯间超压的风量通过余压阀送至前室。

**9.3.2** 本条规定了机械加压送风防烟系统中主要设计参数的基本要求。

**1** 由于建筑条件不同,如开门数量、门的尺寸和门扇数量、缝隙大小和风速等的差异均可直接影响机械加压送风系统的通风量,故设计时首先应进行计算确定。有关资料表明,对垂直疏散通道加压送风量的计算方法很多,其理论依据提出的共同点都是使加压部位的门关闭时要保持一定的正压值,门开启时门洞处应具有一定的风速才能有效地阻挡烟气。此外,设计确定其风量时还应考虑疏散人员推开门所需力量不宜过大。

参考国外有关资料和总结我国 10 多年来的设计经验,下面推荐目前国内建筑防烟设计中被公认和常用的两个基本公式(取自《实用供热空调设计手册》):

1)压差法:当疏散通道门关闭时,加压部位保持一定的正压值。

$$L_y = 0.827 \times A \times 1.25 \times \Delta P^{1/N} \times 3600$$

式中　0.827——计算常数(漏风率系数);

　　　$L_y$——加压送风量(m³/h);

　　　$A$——门、窗缝隙的计算漏风总面积(m²);

　　　$\Delta P$——门缝两侧的压差值(Pa)。对于防烟楼梯间,取40~50Pa;对于前室、消防电梯间前室、合用前室,取30~25Pa;

　　　$N$——指数,门缝及其较大漏风面积,取2;对于窗口缝隙,取1.6;

　　　1.25——不严密处附加系数;

2)风速法:开启着火层疏散门时,需要相对保持门洞处一定风速所需送风量。

$$L_y = \frac{nFv(1+b)}{a} \times 3600$$

式中　$L_y$——加压送风量(m³/h);

　　　$F$——樘门的开启面积(m²);

　　　$v$——开启门洞处的平均风速,取 0.6~1.0m/s;

$a$——背压系数，根据加压间的密封程度，取值范围为 0.6～1.0；

$b$——漏风附加率，取 0.1～0.2；

$n$——同时开启门的计算数量，对于多层建筑和高层工业建筑，取 2。

按风速法计算出的送风量一般比按压差法计算出的送风量大。从安全考虑，按以上压差法和风速法分别算出的风量，取其中较大值作为系统计算加压送风量；再将计算加压送风量与本规范第9.3.2条表9.3.2作比较，再取其中较大值作为加压送风系统的送风量。

当地上和地下部分在同一位置的防烟楼梯间需设置机械加压送风时，均要满足加压送风量的要求。

2 关于本规范表9.3.2的几点说明：

1）在加压送风防烟系统的设计中，多数设计对防烟楼梯间及其前室、消防电梯间前室或合用前室分别加压送风，其防烟效果较好。但国内也有只对防烟楼梯间加压送风而前室不送风的实例，这种系统设置较为简单。

理论上，对防烟楼梯间加压的空气气流将从防烟楼梯间与前室之间的门缝或疏散时开启的门洞向前室流动，再经前室与走道之间的门缝或开启的门洞流出。前室无疑是增加了空气的压力，受到一定程度的保护，因而只对防烟楼梯间加压送风，前室不送风的系统设置是合理的。实践中，国外曾对上述加压系统设置进行过试验，结果比较理想。

2）本条中的风量定值表取自现行国家标准《高层民用建筑设计防火规范》GB 50045，个别数据作了调整。因建筑层数、风道材料、防火门漏风量差异，现行国家标准《高层民用建筑设计防火规范》GB 50045中表8.3.2-1～8.3.2-4内的风量值有取值范围；而多层民用和工业建筑的层数较少，故只规定了下限数值；高层厂房（仓库）仍应按现行国家标准《高层民用建筑设计防火规范》GB 50045的取值范围合理取值后计算。

**9.3.3** 本条规定了机械加压送风系统最不利环路阻力损失外的余压值要求。

机械加压送风系统最不利环路阻力损失外的余压值是加压送风系统设计中的一个重要技术指标。该数值是指在加压部位相通的门窗关闭时，足以阻止着火层的烟气在热压、风压、浮力、膨胀力等联合作用下进入加压部位，而同时又不致过高造成人们推不开通向疏散通道的门。

吸风管道和最不利环路的送风管道的摩擦阻力与局部阻力的总和为加压送风机的全压。美国、英国、加拿大的有关规范规定的正压值一般取 25～50Pa。根据我国"高层建筑楼梯间正压送风机械排烟技术的研究"项目取得的成果，本规范规定防烟楼梯间正压值为 40～50Pa；前室、合用前室为 25～30Pa。

**9.3.4** 不同楼层的防烟楼梯间与合用前室之间的门、合用前室与走道之间的门同时开启或部分开启时，气流的走向和风量的分配十分复杂，而且防烟楼梯间与合用前室要维持的正压值不同。因此，本条规定防烟楼梯间和合用前室的机械加压送风系统宜分别独立设置。

**9.3.5** 规定防烟楼梯间的加压送风口宜每隔2～3层设1个，既可方便整个防烟楼梯间压力值达到均衡，又可避免在需要（通过计算确定或从本规范表9.3.2中选用）一定正压送风量的前提下，不因正压送风口数量少而导致风口断面太大。

**9.3.6** 本条是根据现行国家标准《高层民用建筑设计防火规范》GB 50045和《人民防空工程设计防火规范》GB 50098等的有关规定确定的。

### 9.4 机械排烟

**9.4.1** 本条规定了建筑中应设置机械排烟设施的部位。

**9.4.2** 本条规定了建筑中应划分防烟分区的原则与基本要求。

设置防烟分区能较好地保证在一定时间内，使火场上产生的高温烟气不致随意扩散，以便蓄积和迅速排除。防烟分区一般应结合建筑内部的功能分区和排烟系统的设计要求进行划分，不设排烟设施的部位（包括地下室）可不划分防烟分区。

1 防烟分区对于一个建筑面积较大空间的机械排烟是需要的。火灾中产生的烟气在遇到顶棚后将形成顶棚射流向周围扩散，没有防烟分区将导致烟气的横向迅速扩散，甚至引燃其他部位；如果烟气温度不是很高，则其在横向扩散过程中将与冷空气混合而变得较冷较薄并下降，从而降低排烟效果。设置防烟分区可使烟气比较集中、温度较高，烟层增厚，并形成一定压力差，有利于提高排烟效果。

国外对商店烟控系统的有关研究表明：必须将挡烟垂壁从天花板向下延伸，将天花板下的空间分隔成若干防烟分区。

本规范综合国内外有关标准的要求，规定每个防烟分区的建筑面积不宜超过500m²，既考虑与有关规范一致，又方便某些面积要求较大的建筑。当然，如果防烟分区过大，会使烟气波及面积扩大，不利于安全疏散和火灾扑救；若面积过小，则会提高工程造价。因此，设计时应根据具体情况确定合适的防烟分区大小。

2 本条还规定了用作防烟分区分隔物的要求。在火灾时，建筑物中防火分区内有时需要采用机械排烟方式将热量和烟气排除到建筑物外。为保证在排烟时间内能有效地组织和蓄积烟气，用于防烟分区的分隔物十分关键。为此，参考我国有关规范和国外有关建筑规范的要求，作了相应规定。

防烟分隔物可采用墙体、结构梁或具有一定耐火能力的装饰梁，也可采用下垂的不燃烧材料制作的帘板、防火玻璃等具有挡烟功能的物体。

3 执行本条时应注意以下几点：

1）防烟分区一般不应跨越楼层。某些情况下，如楼层面积过小，允许将多个楼层划分为同一个防烟分区，但不宜超过3层。

2）对地下室、防烟楼梯间、消防电梯间等有特殊用途的场所，应单独划分防烟分区。

3）需设排烟设施的走道、净高不超过6m的房间应采用挡烟垂壁、隔墙或从顶棚突出不小于0.5m的梁划分防烟分区，梁或垂壁至室内地面的高度不应小于2m；挡烟分隔体凸出顶棚的高度应尽可能大。

4）当走道按规定需设置排烟设施，而房间（包括半地下、地下房间）可不设，且房间与走道相通的门为防火门时，可只按走道划分防烟分区。若房间与走道相通的门不是防火门时，防烟分区的划分应包括这些房间。

5）当房间（包括半地下、地下房间）按规定需设置排烟设施，而走道可不设置排烟设施，且房间与走道相通的门为防火门时，可只按房间划分防烟分区；如房间与走道相通的门不是防火门时，防烟分区的划分应包括该走道。

**9.4.3** 本条规定了机械排烟系统的布置要求。

1 防火分区是控制建筑物内火灾蔓延的基本空间单元。机械排烟系统按防火分区设置就是要避免管道穿越防火分区，从根本上保证防火分区的完整性。但实际情况往往十分复杂，受建筑的平面形状、使用功能、空间造型及人流、物流等情况的限制，排烟系统往往不得不穿越防火分区。

2 排烟系统管道上安装排烟防火阀，在一定时间内能满足耐火稳定性和耐火完整性的要求，可起隔烟阻火作用。通常房间发生火灾时，房间内的排烟口开启，同时联动排烟风机启动排烟，人员进行疏散。当排烟管道内的烟气温度达到或超过280℃时，烟气中有可能卷吸火焰或夹带火种。因此，当排烟系统必须穿越防火分区时，应设置烟气温度超过280℃时能自行关闭的防火阀。

3 穿越防火分区的排烟管道设置防火阀的情况有两种：机械排烟系统水平不是按防火分区设置，或排烟风机和排烟口不在一个防火分区，管道在穿越防火分区处设置防火阀；竖向管道穿越防火分区时，在各防火分区水平支管与垂直风管的连接处设置防火阀。

**9.4.4** 本条规定了地下、半地下空间及其他密闭场所设置机械排烟系统时，要求考虑补风。

当一个设置了机械排烟系统的场所，自然补风不能满足要求时，应同时设置补风系统（包括机械进风和自然进风），且进风量不小于排烟量的50%，以便系统组织气流，使烟气尽快并畅通地被排除。但补风量也不能过大，据有关资料介绍，一般不宜超过80%。

对于一般有可开启门窗的地上建筑或自然通风良好的地下建筑，在排烟过程中空气在压差的作用下可通过通风口或门窗缝隙补充进入排烟空间内时，可不设补风系统。

本条规定的地下空间包括独立的地下、半地下建筑和附建在建筑中的地下室、半地下室。地上密闭空间主要指外墙和屋顶均未开设可开启外窗，不能进行自然通风或排烟的建筑。

**9.4.5** 本条规定了排烟风机的排烟量计算原则及方法。

排烟风机的排烟量是采用日本规范规定的数据。日本规范规定：排烟风机每分钟应能排出120m³（7200m³/h）以上，且满足防烟区每平方米地板面积排出1m³/min（60m³/h）排烟量，当排烟风机担负2个及2个以上防烟区排烟时，应按面积最大的防烟区每平方米地板面积排出2m³/min（120m³/h）的排烟量确定。

中庭排烟系统的排烟量国内尚无实验数据，本条系参照国外资料、按中庭的体积计算确定的。

走道排烟面积即为走道的地面积与连通走道的无窗房间或设固定窗的房间面积之和，不包括有可开启外窗的房间面积。同一防火分区内连接走道的门可以是一般门，也可以是防火门。

在排烟系统设计中划分防烟分区时，除特殊需要外，一般应避免面积差别太大，如100m²和500m²。若因特殊情况难以避免面积大小悬殊的防烟分区，设计时应合理布置系统和组织气流，使排烟风管和风口的速度均满足本规范的要求。

**9.4.6** 本条对机械排烟系统中排烟口和排烟阀的设置作了具体规定。

**1** 本条规定的排烟口或排烟阀应按防烟分区设置，较大的防烟分区常需设置数个排烟口。排烟时，需同时开启所有排烟口，其排烟量等于各排烟口排烟量的总和，故排烟口应尽量设在防烟分区的中央部位。排烟口至该防烟分区最远点的水平距离如超过30m，将可能使烟气过于冷却而与烟气层下的空气混合在一起，影响排烟效果。此时，应调整排烟口的布置。

本条规定的30m距离值是一个限值，设计时还应考虑实际排烟需要设置排烟口的位置。

**2** 本条还要求排烟阀应与排烟风机联锁，当任一排烟阀开启时，排烟风机均能自行启动。即一经报警，确认发生火灾后，由消防控制中心开启或手动开启排烟阀，则排烟风机应立即投入运行，同时关闭着火区的通风空调系统。

执行本条文时应注意：

1）排烟阀要注意设置与感烟探测器联锁的自动开启装置，或由消防控制中心远距离控制的开启装置以及手动开启装置，除火灾时将其打开外，平时需一直保持闭锁状态。

2）手动开启装置设置在墙上时，距地面宜为0.8～1.5m；设置在顶棚上时，距地面宜为1.8m。

**3** 根据前面的说明，排烟口应设置在顶棚或靠近顶棚的墙面上。为了使在疏散人员的安全出口前1.5m附近区域没有烟气，排烟口与附近安全出口（沿疏散方向）的水平距离不应小于1.5m。烟气温度较高，排烟口距可燃物较近易使可燃物引燃，故设在顶棚上的排烟口与可燃物的距离不应小于1m。由于烟气本身的特点，排烟风机宜设置在最高排烟口的上部以利于排除烟气。

**4** 排烟口风速不宜大于10m/s，过大会过多地吸入周围空气，使排出的烟气中空气所占的比例增大，影响实际排烟效果。

**5** 设置机械排烟系统的地下、半地下场所，除建筑面积大于

50m²的房间外，排烟口可设置在疏散走道。

1）此情况是指本规范第9.1.3条第6款中规定的总建筑面积大于200m²且经常有人停留或可燃物较多的地下空间。如房间内有人停留，发生的火灾可因房间较小而被人员及时发现，迅速采取施救措施。此时，烟气可经走道内的排烟口或排烟阀排除。如为可燃物较多的房间发生火灾，由于房间较小，每个房间均设置排烟口或排烟阀在实际安装时会有较大困难，而通过走道内的排烟口或排烟阀排除不会对该区域造成较大影响，但房间之间应做好防火分隔。

2）疏散走道按规定无论是否需要设置机械排烟设施，均应按本规范规定正确计算排烟量，设置排烟口或排烟阀以及排烟系统。

**9.4.7** 本条规定了进风口与烟气排出口若垂直布置时，进风口宜低于烟气排出口3m，距离太近会造成排出的烟气再次被吸入；水平布置时，其距离不宜小于10m。

**1** 上述水平距离不宜小于10m、垂直距离不小于3m，是对新鲜空气的进风口与烟气排出口在同一层或在隔层中时的规定。实际工程设计中，进风口与烟气排出口因建筑立面和功能等条件的限制而可能出现多种组合。例如，地下室或首层排烟，排烟口设在距室外地面2m以上的高度，进风口却在屋顶，虽然水平距离不能满足要求，但可以通过进风口与烟气排出口的进、排风的方向合理设置而满足进风的质量要求。

**2** 进风口和烟气排出口设在室外时，应考虑防止雨水、虫鸟等异物侵入、堵塞的措施。

**3** 烟气排出口的布置位置应根据建筑物所处环境条件（如风向、风速、周围建筑物以及道路等情况）综合考虑确定，不应将排出的烟气直接通向其他火灾危险性较大的建筑物上，也不应设置在可能妨碍人员避难和灭火活动的部位。

**9.4.8** 本条规定了排烟风机的选取和基本性能要求。

**1** 离心风机的耐热性能与防变形等均较好，排烟风机280℃环境条件下连续工作不少于30min是可行的。排烟风机可采用离心风机、轴流排烟风机或其他排烟专用风机。

在选择风机时，除满足排烟系统最不利环路的风压要求外，还必须在系统设计中考虑足够的漏风量。对于金属风道，其漏风量可选择10%或更大；对于混凝土等风道，则应向建筑专业提出风道的密封、平滑性能等要求，其漏风量要根据排烟系统管路的长短和施工质量等选取，最小不宜小于20%，排烟系统长或施工质量差，则宜取30%。

**2** 本条规定在排烟风机入口总管上应设置当烟气温度超过280℃时能自行关闭的排烟防火阀，且应与排烟风机联锁，使排烟管道中烟气温度超过280℃时能自行关闭，防止烟火扩散到其他部位。否则，仅关闭排烟风机，不能阻止烟火通过管道的蔓延。

**9.4.9** 本条规定了排烟风机和用于排烟补风的送风风机的布置要求。

排烟风道设置的软接头要能够耐高温且在280℃温度下可连续运转30min以上。

排烟风机和用于排烟补风的送风风机一般应设置在独立的机房内。当设在通风机房内时，该机房应采用耐火极限不小于2.00h的隔墙和耐火极限不小于1.50h的楼板与其他部位隔开。

# 10　采暖、通风和空气调节

## 10.1　一般规定

**10.1.1** 本条从建筑防火的角度规定通风、空气调节系统应考虑防火安全措施的总要求，相关专项标准可根据具体情况补充和完善相应的具体技术措施。

**10.1.2** 甲、乙类厂房，有的存在甲、乙类液体挥发可燃蒸气，有的

在生产使用过程中会产生可燃气体，在特定条件下易积聚而与空气混合形成有爆炸危险的混合气体云团。甲、乙类厂房内的空气如循环使用，尽管可减少一定能耗，但火灾危险性增大。因此，甲、乙类厂房应有良好的通风，室内空气应及时排出到室外，不应循环使用。

丙类厂房中有的存在可燃纤维（如纺织厂、亚麻厂）和粉尘，易造成火灾的迅速蔓延，除及时、经常清扫外，若要循环使用空气，要在通风机前设置滤尘器对空气进行净化后才能循环使用。

某些火灾危险性相对较低的场所，正常条件下不具有火灾爆炸危险，但只要条件适宜仍可能发生灾难性事故。因此，规定空气的含尘浓度要求低于含燃烧或爆炸危险粉尘、纤维的爆炸下限的25％。此定值的规定采用了国内外有关标准对类似场所的要求。

**10.1.3** 甲、乙类厂房在生产过程中需要送入新鲜空气，但其排风设备在通风机房内存在泄漏可燃气体的可能。为防止空气中的可燃气体再被送入甲、乙类厂房内，要求设计将甲、乙类厂房的送风设备和排风设备分别布置在不同通风机房内。此外，设计时还应防止将可燃气体送到其他生产类别的厂房内，以免引起火灾事故。故本条规定要求为甲、乙类厂房服务的排风机房不应与为其他用途房间服务的送、排风设备布置在同一机房内。

**10.1.4** 民用建筑内存放容易起火或爆炸物质的房间（例如，容易放出可燃气体氢气的蓄电池，或用甲类液体的小型零配件等），设置排风设备时应采用独立的排风系统，以免将这些容易起火或爆炸的物质送入该民用建筑中的其他房间内。此外，其排风系统所排出的气体应通向安全地点进行泄放。

对于通风设备自身还应具备一定的防火性能，在有爆炸危险场所使用时，应根据该场所的防爆等级选用相应的防爆设备。

本条中规定的"良好的自然通风"是指在该通风条件下，房间内如存在可燃液体或气体时，这些物质的蒸气或气体与空气的混合气体浓度能始终低于其爆炸下限的25％；如存在其他易燃易爆固体时，室内温度能始终保持在安全存放和使用温度条件以下。

**10.1.5** 为排除比空气轻的可燃气体混合物，防止在管道内局部积存而形成有爆炸危险的高浓度气体，要求在设计排风系统时将其排风水平管道顺气流方向的向上坡度敷设。

**10.1.6** 可燃气体管道，甲、乙、丙类液体管道发生事故或火灾，易造成较严重后果。在建筑中，风管易成为火灾蔓延的通道。因此，为避免这两类管道相互影响、防止火灾沿着通风管道蔓延，此类管道不应穿过通风管道、通风机房，也不应紧贴在通风管外壁敷设。

## 10.2 采　暖

**10.2.1** 本条规定了散发可燃粉尘、纤维的厂房和输煤廊的采暖散热器的表面平均温度。

**1** 为防止可燃粉尘、纤维与采暖设备接触引起自燃，应限制采暖设备散热器的表面温度。

要求热水采暖时，热媒温度不应超过130℃；蒸汽采暖时，热媒温度不应超过110℃，不能覆盖所有易燃物质的自燃点。例如，赛璐珞的自燃点为125℃、PS₃的自燃点为100℃、松香的自燃点为130℃，还有部分粉尘积聚厚度超过5mm时，在上述温度范围会产生融化或焦化，如树脂、小麦、淀粉、糊精粉等。

**2** 在《供暖与通风》（上册，前苏联马克西莫夫著）中，对有机尘埃环境的采暖，提出"……表面温度不应超过70℃"。

**3** 本条规定散热器表面温度不应超过82.5℃，是指散热器的表面平均温度。

目前我国采暖的热媒温度范围一般采用：130～70℃、110～70℃和95～70℃，其表面平均温度分别为100℃、90℃和82.5℃。当散热器表面温度为82.5℃时，相当于供水温度95℃、回水温度70℃。这时散热器入口处的最高温度为95℃，与自燃点最低的100℃相差5℃。因此，本条规定的温度比较安全、可行。

**10.2.2** 甲、乙类厂房（仓库）内有大量的易燃、易爆物质，若遇明

火就可能发生火灾爆炸事故。甲、乙类生产厂房内遇明火曾发生过严重的火灾后果，为吸取教训，规定甲、乙厂房（仓库）内严禁采用明火和电热散热器采暖。

**10.2.3** 本条规定应采用不循环使用的热风采暖的厂房，是要防止此类场所发生火灾爆炸事故。这些场所主要有：

**1** 生产过程中散发的可燃气体、可燃蒸气、可燃粉尘、可燃纤维与采暖管道、散热器表面接触，虽然采暖温度不高，也可能引起燃烧的厂房，例如，CS₂气体、黄磷蒸气及其粉尘等。

**2** 生产过程中散发的粉尘受到水、水蒸气的作用，能引起自燃爆炸的厂房，例如，生产和加工钾、钠、钙等物质的厂房。

**3** 生产过程中散发的粉尘受到水、水蒸气的作用能产生爆炸性气体的厂房，例如，电石、碳化铝、氢氧化钾、氢氧化钠、硼氢化钠等放出的可燃气体等。

**10.2.4** 房间内有燃烧、爆炸性气体、蒸气或粉尘的房间内不应穿过采暖管道。如受条件限制，采暖管道必须穿过这样的厂房、房间时，应将穿过该厂房房间的管道采用不燃烧的隔热材料进行隔热处理。

**10.2.5** 采暖管道长期与可燃物体接触，在特定条件下会引起可燃构件蓄热、分解或炭化而起火，故应采取必要的防火措施，一般应使采暖管道与可燃物保持一定的距离，预防可燃物体因长期被烘烤而燃烧。

本条强调采暖管道与可燃物间应保持一定距离，该距离应在有条件时尽可能大。一般，当采暖管道的温度小于等于100℃时，保持50mm的距离；若采暖管道的温度超过100℃时，保持的距离不应小于100mm。若保持一定距离有困难时，可采用不燃烧材料对采暖管道进行隔热处理，如外包覆导热性差的不燃烧材料等。

**10.2.6** 甲、乙类厂房（库房）的火灾发展迅速、热量大，采暖管道和设备的绝热材料应采用不燃烧材料，以防火灾沿着管道的绝热材料迅速蔓延到相邻房间或整个房间。对于其他建筑，可采用燃烧毒性小的难燃绝热材料，但应首先考虑采用不燃材料。

## 10.3 通风和空气调节

**10.3.1** 本条规定了通风和空气调节系统的管道布置要求。

**1** 试验证明，烟气的扩散速度较快。在真实火灾情况下，烟气的蔓延扩散速度更快。在建筑防火和通风系统设计中应采取措施限制火灾的横向蔓延，防止和控制火灾的竖向蔓延，使建筑的防火体系完整。本条结合实际设计和建筑布置，规定通风和空气调节系统的布置，横向尽量按每个防火分区设置，竖向一般不超过5层。当通风管道穿越防火分隔处设置了防火阀后，有效地控制了火灾蔓延时，也可以不进行分区布置。

**2** 本规范规定建筑内的管道井壁应采用耐火极限不低于1.00h的不燃烧体，故穿过楼层的垂直风管要求设在管井内。

**3** 排风管道防止回流的方法如下（图15）：

1）增加各层垂直排风支管的高度，使各层排风支管穿越2层楼板。

2）把排风竖管分成大小两个管道，总竖管直通屋面，小的排风支管分层与总竖管连通。

3）将排风支管顺气流方向插入竖风道，且支管到支管出口的高度不小于600mm。

4）在支管上安装止回阀。

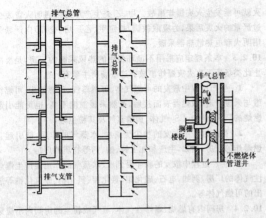

图 15  排气管防止回流示意图

**10.3.2、10.3.3**  有爆炸危险的厂房、车间发生事故后，火灾容易通过通风管道蔓延扩大到建筑的其他部分，因此，其排风管道严禁穿过防火墙和有爆炸危险的车间的隔墙等防火分隔物。

火灾危险性较大的甲、乙、丙类厂房内的送排风要尽量考虑分层设置。当进入生产车间的水平或垂直风管设有防火阀，能阻止火灾从起火层向相邻层蔓延时，各层的水平或垂直送风管可以共用一个系统。

**10.3.4、10.3.5**  风机停机时易使空气从风管倒流到风机。当空气中含有易燃或易爆炸物质且风机未做防爆处理时，这些物质将随之被带到风机内，从而可能因风机发生火花而引起燃烧爆炸。因此，为防止风机发生火花引起燃烧爆炸事故，应采用防爆型的通风设备。一般，可采用有色金属制造的风机叶片和防爆的电动机。

若通风机设在单独隔开的通风机房内，在送风干管内设有止回阀（即顺气流方向开启的单向阀），能防止危险物质倒流到风机内，且通风机房发生火灾后不致蔓延到其他房间时，可采用普通的通风设备。如前所述，含有燃烧和爆炸危险粉尘的空气不应进入排风机或应在进入排风机前进行净化。

空气中可燃粉尘的含量控制在 25％ 以下，一般认为是可防止可燃粉尘形成局部高浓度、满足安全要求的公认数值。美国消防协会（NFPA）《防火手册》指出：可燃蒸气和气体的警告响应浓度最好为其爆炸下限的 20％，当浓度达到其爆炸下限的 50％ 时，需要停止操作并进行惰化。国内大部分文献和标准均以物质爆炸下限的 25％ 为警告值。

为防止除尘器工作过程中产生火花引起粉尘、碎屑燃烧或爆炸事故，排风系统中应采用不产生火花的除尘器。遇湿易形成爆炸混合物的粉尘，禁止采用湿式除尘设备。

**10.3.6**  根据爆炸起火事故，有爆炸危险粉尘的排风机、除尘器采取分区、分组布置是必要的。如某亚麻厂十几台除尘器集中布置，而且相互连通（包括地沟），加上厂房本身结构未考虑防爆问题，导致严重损失和伤亡爆炸事故。而采用分区分组布置的，爆炸时均收到了减少损失的实效。

一个系统对应一种粉尘，便于粉尘回收；不同性质的粉尘在一个系统中，有引起化学反应的可能。如硫磺与过氧化铅、氯酸盐混合物能发生爆炸；碳黑混入氧化剂自燃点会降低到 100℃。因此，本条强调在有条件时应按单一粉尘分组布置。

**10.3.7、10.3.8**  从国内一些用于净化有爆炸危险粉尘的干式除尘器和过滤器发生爆炸的危害情况看，这些设备如果条件允许布置在厂房之外的独立建筑内，且与所属厂房保持一定的防火安全间距，对于防止爆炸发生和减少爆炸后的损失十分有利。

试验和爆炸事故分析均表明，用于排除有爆炸危险的粉尘、碎屑的除尘器、过滤器和管道，如果设有泄压装置，对于减轻爆炸时的破坏力较为有效。泄压面积大小应根据有爆炸危险的粉尘、纤维的危险程度，经计算确定。本条有关泄压装置的具体设计可参

见现行国家标准《石油化工企业设计防火规范》GB 50160（1999 年局部修订版）第 4.4.10 条的相应规定。

为尽量缩短含尘管道的长度，减少管道内的积尘，避免干式除尘器布置在系统的正压段上漏风而引起事故，要求除尘器和过滤器应布置在负压段上。

**10.3.9**  有燃烧或爆炸危险的气体、蒸气和粉尘的排风系统，根据事故分析，如不设导除静电接地装置，易形成燃烧或爆炸事故。

地下、半地下场所的通风条件较差，易积聚有爆炸危险的蒸气和粉尘等物质，且这些部位或场所发生火灾爆炸影响整座建筑物的安全且施救难度大。因此，排除有爆炸危险物质的排风设备，不应布置在建筑物的地下室、半地下室内。

**10.3.10**  为便于检查维修，本条规定排除含有爆炸、燃烧危险的气体、粉尘的排风管应明装，不应暗设。排气口应设在室外安全地点，并应尽量远离明火和人员通过或停留的地方。

采用金属管道有利于导除静电，消除静电危害。

**10.3.11**  温度超过 80℃ 的气体管道与可燃或难燃物体长期接触，易引起火灾；容易起火的碎屑也可能在管道内发生火灾，并易引燃邻近的可燃、难燃物体。因此，要求与可燃、难燃物体之间保持一定间隙或应用导热性差的不燃烧隔热材料进行隔热。

**10.3.12**  本条规定了应设置防火阀的部位。通风和空气调节系统的风管是建筑内部火灾蔓延的途径之一，要采取措施防止火灾穿过防火墙和不燃烧体防火分隔物等位置蔓延。

**1**  通风、空气调节系统的风管上应设防火阀的部位，主要有以下几种情况：

1）防火分隔处。主要防止防火分区或不同防火单元之间的火灾蔓延。在某些情况下，必须穿过防火墙或耐火墙体时，应在穿越处设防烟防火阀，此防烟防火阀一般依靠感烟探测器控制动作，用电讯号通过电磁铁等装置关闭，同时它还具有温度熔断器自动关闭以及手动关闭的功能。

2）风管穿越通风、空气调节机房或其他防火重点控制房间的隔墙和楼板处。主要防止机房的火灾通过风管蔓延到建筑物的其他房间，或者防止建筑内的火灾通过风管蔓延到机房内。此外，为防止火灾蔓延至性质重要的房间或有贵重物品、设备的房间，或火灾危险性大的房间使火灾传播出去，规定风管穿越这些房间的隔墙和楼板处应设防火阀。

性质重要的房间，如重要的会议室、贵宾休息室、多功能厅、贵重物品库等。火灾危险性大的房间，如易燃物品实验室及易燃仓库等。

3）垂直风管与每层水平风管交接处的水平管段上应设置防火阀，防止火灾垂直蔓延。

4）为使防火阀在一定时间内达到耐火完整性和耐火稳定性要求，有效地起到隔烟阻火作用，在穿越变形缝的两侧风管上应各设一个防火阀（参见图16）。

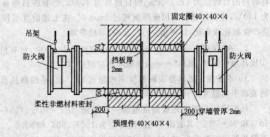

图 16  变形缝处的防火阀

**2**  有关防火阀的分类可参见表 29。

表29 防火阀、防排烟阀的基本分类

| 类别 | 名称 | 性能及用途 |
|---|---|---|
| 防火类 | 防火阀 | 采用70℃温度熔断器自动关闭（防火），可输出联动讯号。用于通风空调系统风管内，防止火势沿风管蔓延 |
| | 防烟防火阀 | 靠感烟探测器控制动作，用电讯号通过电磁铁关闭（防烟）；还可采用70℃温度熔断器自动关闭（防火）；用于通风空调系统风管内，防止烟火蔓延 |
| | 防火调节阀 | 70℃时自动关闭，手动复位，0～90°无级调节，可以输出关闭电讯号 |
| 防烟类 | 加压送风口 | 靠感烟探测器控制，电讯号开启，也可手动（或远距离缆绳）开启；可设280℃温度熔断器重新关闭装置，输出动作电讯号，联动送风机开启。用于加压送风系统的风口，起赶烟防烟作用 |
| 排烟类 | 排烟阀 | 电讯号开启或手动开启，输出开启电讯号联动排烟机开启，用于排烟系统风管上 |
| | 排烟防火阀 | 电讯号开启，手动开启，采用280℃温度熔断器重新关闭，输出动作电讯号，用于排烟机吸入口管道或排烟支管上 |
| | 排烟口 | 电讯号开启、手动（或远距离缆绳）开启，输出电讯号联动排烟机，用于排烟房间的顶棚或墙壁上，可设280℃重新关闭装置 |
| | 排烟窗 | 靠感烟探测器控制动作，电讯号开启，还可缆绳手动开启，用于自然排烟处的外墙上 |

**10.3.13** 为防止火灾通过建筑内的浴室、卫生间、厨房的垂直排风管道（自然排风或机械排风）蔓延，要求这些部位的垂直排风管采取防回流措施或在其支管上设置防火阀。

公共建筑厨房的排油烟管道，宜按防火分区设置。由于厨房中平时操作排出的废气温度较高，若在垂直排风管上设置70℃时动作的防火阀将会影响平时厨房操作中的排风。根据厨房操作需要和厨房常见火灾发生时的温度，本条规定公共建筑厨房的排油烟管道的支管与垂直排风管连接处应设150℃时动作的防火阀。

**10.3.14** 本条规定了防火阀的主要性能和具体设置要求。

**1** 为使防火阀能自行严密关闭，防火阀关闭的方向应与通风和空调的管道内气流方向相一致。采用感温元件控制的防火阀，其动作温度高于通风系统在正常工作的最高温度（45℃）时宜取70℃。参照国外有关标准，并符合现行国家标准《防火阀试验方法》GB 15930的规定，本条规定防火阀的动作温度应为70℃。

**2** 为使防火阀能及时关闭，控制防火阀关闭的易熔片或其他感温元件应设在容易感温的部位。设置防火阀的通风管应具备一定强度，设置防火阀处应设单独的支吊架防止管段变形。在暗装时，应在安装部位设置方便检修的检修口，参见图17。

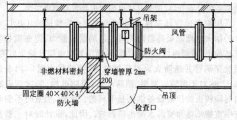

图17 防火阀检修口设置示意图

**3** 为保证防火阀能在火灾条件下发挥预期作用，穿过防火墙两侧各2m范围内的风管绝热材料应采用不燃烧材料且具备足够的刚性和抗变形能力，穿越处的空隙应用不燃烧材料或防火封堵材料严密填实。

**10.3.15** 国内外有不少因通风、空调系统风管蔓延烟火使火灾造成重大的人员和财产损失的实例，过去的教训使人们高度重视通风、空调系统的防火、防烟问题。本条规定通风、空调系统的风管应采用不燃材料制作。

近10年，国内外研发了不少新型风管材料并在一定条件下进行了应用。这些材料各方面的性能均较好，但其燃烧性能尚不能达到不燃材料的性能要求，并且不同材料之间的燃烧性能差别较大。为了更好地规范这些新产品的应用，保障建筑的消防安全和人身安全，经过认真研究国外有关标准作了本条规定。这些规定

一要控制材料的燃烧性能及其发烟性能热解产物的毒性，二要在万一发生火灾时能将其蔓延范围严格控制在一个防火分隔单元内。

**10.3.16** 目前市场上销售的加湿器的加湿材料常为可燃材料，这给类似设备留下了一定火灾隐患。因此，风管和设备的绝热材料、用于加湿器的加湿材料、消声材料及其粘结剂，应采用不燃材料。在采用不燃材料确有困难时，允许有条件地采用难燃烧材料。

为防止通风机已停而电加热器继续加热，引起过热而起火，电加热器的开关与风机的开关应进行联锁，风机停止运转，电加热器的电源亦应自动切断。同时，电加热器前后各800mm的风管采用不燃材料进行绝热，穿过有火源及容易起火的房间的风管，亦应采用不燃绝热材料。

目前，不燃绝热材料、消声材料有超细玻璃棉、玻璃纤维、岩棉、矿渣棉等。难燃烧材料有自熄性聚氨酯泡沫塑料、自熄性聚苯乙烯泡沫塑料等。

**10.3.17** 本条对燃油、燃气锅炉房的通风设施和通风量作了规定。本条所指锅炉房包括燃油、燃气的热水、蒸汽锅炉以及直燃型溴化锂冷（热）水机组的机房。

**1** 燃油、燃气锅炉房在使用过程中存在逸漏或挥发的可燃性气体，要在燃油、燃气锅炉房内保持良好的通风条件，使逸漏或挥发的可燃性气体与空气混合气体的浓度很快稀释到爆炸下限值的25%以下。该场所的通风方式一般有自然通风和机械通风两种。

**2** 燃油锅炉所用油的闪点温度一般大于60℃，个别轻柴油的闪点为55～60℃，大都属丙类火灾危险性。一般油泵房内温度不会超过60℃，因此，不会产生爆炸危险，机房的通风量可按泄漏量计算或按换气次数计算。本条规定参照了现行国家标准《锅炉房设计规范》GB 50041—92第13.3.8条的规定。通风量的规定参照现行国家标准《锅炉房设计规范》GB 50041—92相应条文及条文说明中的内容，同时参照《化工企业采暖通风设计技术措施》中的相应要求，确定正常通风的通风量为机房容积的6次换气量，事故通风量为正常通风量的2倍。

# 11 电 气

## 11.1 消防电源及其配电

**11.1.1** 本条规定了不同建构筑物的消防电源要求。

**1** 消防用电设备的负荷分级应符合现行国家标准《供配电系统设计规范》GB 50052的规定。根据该规范要求，一级负荷供电应由2个电源供电，且应满足下述条件：

1）当一个电源发生故障时，另一个电源不应同时受到破坏；

2）一级负荷中特别重要的负荷，除由2个电源供电外，尚应增设应急电源，并严禁将其他负荷接入应急供电系统。应急电源可以是独立于正常电源的发电机组、供电网中独立于正常电源的专用的馈电线路、蓄电池或干电池。

结合消防用电设备（包括消防控制室照明、消防水泵、消防电梯、防烟排烟设施、火灾报警装置、自动灭火装置、消防应急照明、疏散指示标志和电动的防火门窗、卷帘、阀门等）的具体情况，具备下列条件者，可视为一级负荷：

①电源来自两个不同发电厂；

②电源来自两个区域变电站（电压一般在35kV及以上）。

**2** 本条规定要求一级负荷供电的场所，主要从扑救难度和使用性质、重要性等因素来考虑的。

据对一些工厂、仓库和大型公共建筑的调查，这些场所一般都设置了2个电源（包括自备发电设备）供电，在实际火灾中发挥了作用，保证了火灾时的不间断供电，减少了火灾损失。

**3** 本条对室外消防用水量较大的建筑物、储罐、堆场的消防用电设备的供电，要求二级负荷供电。主要依据如下：

1）现行国家标准《供配电系统设计规范》GB 50052规定的二

级负荷供电系统原则上要求由两回线路供电。但在负荷较小或地区供电条件困难时，也可由一回 6kV 及以上专用的架空线路或电缆供电。从保障消防用电设备的供电和节约投资出发，规定本款的保护对象可按二级负荷最低要求供电。

2）本款规定的保护对象大多属于大、中型工厂、仓库和大型公共建筑或人员集聚的场所以及储罐、堆场，其消防用电设备应有较严格的要求，以提高火灾时的用电需要和相关动力设备的供电可靠性。另外，考虑到广播电视、电信和财贸金融楼的重要性，对省（市）级及以上的，也应按不低于二级负荷供电进行设计。

4　除了本条第一、二款以外的建筑物、储罐、堆场中的消防用电设备，其供电可以采用三级负荷供电。现有的建筑物、储罐（区）、堆场，要保障其消防用电设备的可靠性，满足三级负荷供电要求是最基本的要求，有条件的工厂应尽量设置 2 台终端变压器。

目前，一些较大的工厂、仓库（包括储罐、堆场）和民用建筑，为满足日常生产、生活用电，一般都设置有 2 台变压器（一备一用）。本条规定能提高消防供电的可靠性，但不会增加投资。

**11.1.2**　为尽快让自备发电设备发挥作用，对备用电源的设置及其启动作了要求，且规定其自动启动时间不应大于 30s。

**11.1.3**　本条规定了消防应急照明，包括灯光型疏散指示标志备用电源的连续供电时间。

1　据调查，一些建筑物采用蓄电池供电时的消防应急照明和疏散指示标志均在 30min 以上，有的达到 40～45min。试验和火灾证明，一般用途的建筑物发生火灾时，人员应在 10min 以内疏散完毕。否则，将会因火灾和烟气的蔓延、高温烟气以及火灾的有毒热分解物而增加人员窒息死亡的可能性。此外，日本有关规范规定采用蓄电池作为疏散指示灯的电源时，其连续供电时间不应小于 20min。

本条规定持续时间采用 30min，考虑了一定安全系数以及实际人员疏散状况和个别人员疏散困难等情况。但对于大型公共和建筑高度超过 50m 的高层工业建筑，由于疏散人员较多或疏散距离较长，可能出现疏散时间较长的情况，故对这些场所的连续供电时间要求有所提高。

2　一般，独立的自备电源的应急照明方式具有较高的可靠性。但当前我国这类设施的使用还存在许多问题，完好率较低。因此，为了保证应急照明和疏散指示标志用电的安全可靠，设计时应尽可能采用集中供电方式。应急备用电源无论采用何种方式，均应在主电源断电后能立即自动投入，并保持持续供电，其功率应满足所有应急用电照明和疏散指示标志连续供电 30min 的要求。采用集中供电方式时，应采取防火、防机械损伤等措施保护配电线路。

**11.1.4**　本条规定的供电回路，是指从低压总配电室或分配电室至消防设备或消防设备室（如消防水泵房、消防控制室、消防电梯机房等）最末级配电箱的配电线路。

根据实战需要，消防人员到达火场进行灭火时，要切断电源，防止火势沿电线电路蔓延扩大和避免触电事故。由于不少单位或建筑物的配电线路是混合敷设，不易分清哪些是消防用电设备的配电线路，消防人员常不得不全部切断电源，致使消防用电设备不能正常运行。因此，将消防用电设备的配电线路与其他动力、照明配电线路分开敷设。同时，为避免误操作、便于灭火战斗，应设置方便在紧急情况下操作的明显标志，如清晰、简捷易读的说明、指示等。

**11.1.6**　本条规定了消防用电设备配电线路在建筑内敷设的具体要求。

1　国外有关规范对消防用电设备配电线路的防火均有较严格的要求。如日本电气规范要求消防用电设备的配电线路要根据不同消防设备和配电线路分别选用耐火配线或耐热配线。耐火配线，系指按照规定的时间-温度标准曲线进行受火测试，升温达到 840℃ 时，在 30min 以内仍能继续有效供电的配线。耐热配线，系指按照规定的时间-温度标准曲线（1/2 的曲线）进行受火测试，升温达到 380℃ 时，在 15min 以内仍能继续供电的配线。英国规范和

美国规范也均有类似的严格规定。

2　目前国内市场上已有不少类型的阻燃、耐火和耐热型电线电缆。有的在遇热时易释放出大量有毒烟气，有的抗冲击能力较差，有的高温下负荷运行能力差，有的既具有较强的抗冲击能力又能在高温下可靠地负荷运行。因此，设计时应针对不同场所选用相应的配电线路。

对于消防用电设备配电线路的保护，比较经济、安全的敷设方法一般是采用穿金属管保护埋设在不燃烧体结构内。目前，国家对耐火电线电缆和阻燃电线电缆的测试有相应的标准，但相应产品的国家标准还不完善。对穿金属管保护后再敷设在不燃烧体结构内，保护层厚度不小于 30mm，主要是参考有关试验数据确定的。试验情况表明，按照标准时间-温度曲线进行受火测试，30mm 厚的保护层在 15min 以内，金属管的温度可达 105℃；30min 时，达到 210℃；到 45min 时，可达 290℃。试验还表明，金属达到该温度时，配电线路的温度约比上述温度低 1/3，在此温升范围内能保证继续供电。另外，采用穿金属管暗敷设，保护层厚度达到 30mm以上的线路在实际火灾中也能够保障继续供电。

3　考虑到钢筋混凝土装配式建筑或建筑物某些部位配电线路不能穿管暗敷，只能明敷。但明敷易受火或高温直接作用，故规定明敷设时要采取防火保护措施，如在保护管外表面涂刷丙烯酸乳胶防火涂料或采用隔热材料包覆等。

4　矿物绝缘电缆（GB 13033.1～3—91），是由铜芯、铜护套和氧化镁绝缘等全无机物组成的电缆，具有良好的导电性能、机械物理性能和耐火性能等特点。该电缆在火灾条件下不会产生任何烟雾或有害气体。

通过对矿物绝缘电缆及其他类型的电缆在模拟实际火灾条件下的供电能力试验，结果表明：在 1h 的实体火灾试验研究中，明敷时，矿物绝缘电缆的耐火性能优于其他类型的电缆，有防火桥架保护的耐火电缆次之。矿物绝缘电缆除能保持对电气设备的正常供电能力外，还应能够在火灾中承受试验重物坠落的冲击，经受喷淋水的冲击，并能在试验后再次正常通电启动相关供电设备，能够在火灾条件下保持规定时间的消防供电。

5　"阻燃电缆"和"耐火电缆"应符合国家行业标准《阻燃及耐火电缆：塑料绝缘阻燃及耐火电缆分级和要求》GA 306.1～306.2—2001 的定义与技术要求。但应注意的是，阻燃电线电缆抗失效的能力低于耐火电缆，因此，敷设在电缆井和电缆沟内的阻燃电线应和其他类电缆分隔开，以避免其他电缆失效导致其燃烧短路。

采用符合现行国家标准《电线电缆耐火特性试验》GB 12666.6—90 的耐火电缆能提高消防配电线路的耐火能力，但在模拟实体火灾试验中，普通电缆、阻燃电缆、阻燃隔氧层电缆及耐火电缆，在明敷及穿钢管并施防火涂料保护时，其持续供电时间均未达到 30min。这对于消防控制室、消防水泵、消防电梯、防排烟设施等供电时间较长的消防设备供电是不利的。此外，明敷时不能承受火灾中重物坠落和喷淋水冲击的影响。因此，设计时对一些重要建筑或场所内的供电线路或某些重要供电线路宜采用矿物绝缘铜护套电缆。

## 11.2　电力线路及电器装置

**11.2.1**　本条规定了甲类厂房、甲类库房、可燃材料堆垛、甲乙类液体储罐、液化石油气储罐、可燃、助燃气体储罐与电力架空线的最近水平距离。

1　规定上述厂房、库房、堆垛、储罐与电力架空线的水平距离不小于电杆（塔）高度的 1.5 倍，主要是考虑架空电力线在倒杆断线时的危害范围。据调查，架空电力线倒杆断线现象多在刮大风特别是刮台风时发生。据 21 起倒杆、断线事故统计，倒杆后偏移距离在 1m 以内的 6 起，2～4m 的 4 起，半杆高的 4 起，一杆高的 4 起，1.5 倍杆高的 2 起，2 倍杆高的 1 起。对于采用塔架方式架设电线时，由于顶部用于稳定部分较高，该杆高可按高度最高一路调

设线路的吊杆距地高度计算。

**2** 储存丙类液体的储罐，其闪点不低于 60℃，在常温下挥发可燃蒸气少，蒸气扩散达到燃烧爆炸范围的可能性更小。对此，可按不少于 1.2 倍电杆(塔)高的距离确定。

**3** 实践证明，高压架空电力线与储量大的液化石油气单罐，保持 1.5 倍杆(塔)高的水平距离，尚不能保障安全，需要适当加大。因此，本条规定 35kV 以上的高压电力架空线与单罐储量超过 200m³ 或总容积超过 1000m³ 的液化石油气储罐的最近水平距离不应小于 40m。

对于地下直埋的储罐，无论其储存的可燃液体或可燃气体的物性如何，均因这种储存方式有较高的安全性、不易大面积散发可燃蒸气或气体，该储罐与架空电力线路的距离可在相应规定距离的基础上减半。

**11.2.2** 本条对电力电缆不应和输送甲、乙、丙类液化管道、可燃气体管道、热力管道敷设在同一管沟内作了规定。

**1** 在厂矿企业，特别是大型工厂，将电力电缆与输送原油、苯、甲醇、乙醇、液化石油气、天然气、乙炔气、煤气等管道敷设在同一管沟内的现象较常见。由于上述液体或气体管道渗漏、电缆绝缘老化、线路出现破损、产生短路等原因，易引起爆炸起火、影响生产等，造成重大损失。

**2** 低压配电线路因使用时间长、绝缘老化，产生短路起火。因此，规定了配电线路不应敷设在金属风管内，但采用穿金属管保护的配电线路，可紧贴风管外壁敷设。

**3** 对于架空的开敞管廊，电力电缆的敷设应按相关专业规范的规定执行。一般可布置同一管廊中，但应根据甲、乙、丙类液体或可燃气体的性质，与其输送管道分开布置在管廊的两侧或不同标高层中。

**11.2.3** 多年来有不少电气火灾发生在有可燃物的闷顶(吊顶与屋盖或上部楼板之间的空间)或吊顶内。这些火灾大多因未采取穿金属管保护、电线使用年限长、绝缘老化，产生连电起火或电线过负荷运行发热起火等情况而引起，故作了本条规定。

对于可燃物的吊顶，如空间较高，则常设有火灾自动报警系统或自动灭火系统保护；如空间较低，则其上部即为耐火楼板，因而对这种情况适当降低了其配电线路保护措施的技术要求。

**11.2.4** 本条规定了照器表面的高温部位不应靠近可燃物以及靠近时应采取的防火保护措施，预防和减少这类火灾事故的发生。

**1** 卤钨灯(包括碘钨灯和溴钨灯)的石英玻璃表面温度很高，如 1000W 的灯管温度高达 500～800℃，很容易烤燃与其靠近的纸、布、干的木构件等可燃物，引起火灾。功率不小于 100W 的白炽灯泡的吸顶灯、槽灯、嵌入式灯，使用时间较长时，温度也会上升到 100℃ 以上甚至更高。因此，规定上述两类灯具的引入线，应采用瓷管、石棉、玻璃丝等不燃材料进行隔热保护。

**2** 对超过 60W 的白炽灯、卤钨灯、荧光高压汞灯、高压钠灯、金属卤灯光源等灯具表面温度高，如安装在木吊顶龙骨(包括木吊顶板)、木墙裙以及其他木构件上，易将这些可燃装修引燃起火。由于安装不符合安全要求，引起火灾事故累有发生。

根据试验，不同功率的白炽灯的表面温度及其烤燃可燃物的时间、温度如表 30。

**表 30 白炽灯泡将可燃物烤至起火的时间、温度**

| 灯泡功率(W) | 摆放形式 | 可燃物 | 烤至起火的时间(min) | 烤至起火的温度(℃) | 备注 |
|---|---|---|---|---|---|
| 75 | 卧式 | 稻草 | 2 | 360～367 | 埋入 |
| 100 | 卧式 | 稻草 | 12 | 342～360 | 紧贴 |
| 100 | 垂式 | 稻草 | 50 | 碳化 | 紧贴 |
| 100 | 卧式 | 稻草 | 2 | 360 | 埋入 |
| 100 | 垂式 | 棉絮被套 | 13 | 360～367 | 紧贴 |
| 100 | 卧式 | 乱纸 | 8 | 333～360 | 埋入 |
| 200 | 卧式 | 稻草 | 8 | 367 | 紧贴 |
| 200 | 卧式 | 乱稻草 | 3 | 342 | 紧贴 |
| 200 | 卧式 | 稻草 | 1 | 360 | 埋入 |

| 灯泡功率(W) | 摆放形式 | 可燃物 | 烤至起火的时间(min) | 烤至起火的温度(℃) | 备注 |
|---|---|---|---|---|---|
| 200 | 垂式 | 玉米秸 | 15 | 365 | 埋入 |
| 200 | 垂式 | 纸张 | 12 | 333 | 紧贴 |
| 200 | 垂式 | 多层报纸 | 125 | 333～360 | 紧贴 |
| 200 | 垂式 | 松木箱 | 57 | 398 | 紧贴 |
| 200 | 垂式 | 棉被 | 5 | 367 | 紧贴 |

**11.2.5** 本条依据为公安部令第 6 号《仓库防火安全管理规则》的有关规定。

从《仓库防火安全管理规则》的规定执行情况看，这样的要求对减少火灾发生起到了积极的作用，但其又属于技术规定的内容。因此，为从根本上解决该问题，将该规定纳入本规范，以便设计时就采取措施加以防范。有关说明还可参见第 11.2.4 条的说明。

**11.2.7** 本条规定了漏电火灾报警系统的设置范围，漏电火灾报警系统又称剩余电流动作电气火灾监控系统。

电气原因引起的火灾多年来一直是我国建筑火灾的主要原因。电气火灾隐患形成和存留时间长，且不易发现，一旦引发火灾往往造成很大损失。因此，有必要从设计和使用等多方面采取措施来预防和控制电气火灾。

现行国家标准《剩余电流动作保护装置安装和运行》GB 13955—2005 对"剩余电流动作保护装置"有所要求。国外一些发达国家普遍要求建筑物安装电气防火保护装置，发生电气火灾的现象大大减少。例如，日本于 1934 年颁布的《内线规程》JEAC 800 第 190 条明确了"漏电火灾报警器"的安装场所，在其 1978 年的修订稿中增加了有关安装场所。

漏电火灾报警系统一般由一台主机和若干个剩余电流探测器、控制模块经二总线连接而成。当被保护线路中发生接地剩余电流时，探测器测到报警信号，传送给控制模块，通过二总线网络传输到主机发出声光报警信号；主机显示屏同时显示报警地址，记录并保存报警和控制信息，值班人员可在主机处远程操作切断电源或派人到现场排除剩余电流故障。

漏电火灾报警系统集电气监测、分析、预警、报警及控制于一体，具有监控范围大、反应速度快、报警准确、操作灵活、安装维修方便等特点。该系统安装时对用户供电线路有一定要求，如果用户供电电路混乱或三相四线制时，先要对供电线路进行整改后才能安装。

### 11.3 消防应急照明和消防疏散指示标志

**11.3.1** 本条规定了应设置消防应急照明的部位。

俱乐部、电影院、剧院、公共娱乐场所等已经发生过火灾的，多数造成重大的人员伤亡。其原因很多，而着火后由于无可靠的应急照明，人员在光线黯淡或黑暗中逃生困难是个重要原因。据调查，许多影剧院、体育馆、旅馆、办公楼，在设计时都考虑了消防应急照明、维护管理良好，在火灾时均起了良好的疏散指示作用。

本条规定应设置消防应急照明的部位，主要为直接影响人员安全疏散的地方或火灾时需要继续工作的场所。对于本规范未明确规定的场所或部位，设计人员应根据实际情况，从有利于人员安全疏散需要出发考虑设置应急照明，如生产车间、仓库、重要办公楼中的会议室等。

**11.3.2** 本条规定设置消防应急照明场所的照度值，主要参照现行国家标准《建筑照明设计标准》GB 50034—2004 第 5.4.2 条的规定。

消防控制室、消防水泵房、自备发电机房等需在建筑物发生火灾时坚持正常工作，其消防应急照明的照度值仍应保证正常照明的照度要求。这些场所一般照明标准值参见现行国家标准《建筑照明设计标准》GB 50034—2004 第 5.3.1 条的规定。

**11.3.3、11.3.4** 条文规定了应急照明和疏散指示标志的设置位置，明确了灯光疏散指示标志的设置场所。

**1** 应急照明设置位置大致有：楼梯间，一般设在墙面或休息平台板下；走道，一般设在墙面或顶棚的下面；厅、堂，一般设在顶棚或墙面上；楼梯口、太平门等，一般设在门口的上部。

**2** 在日本和英国相关建筑规范中对应急照明和疏散诱导灯设置的位置，规定均较为具体。日本有关规范规定安装要求如图18所示。

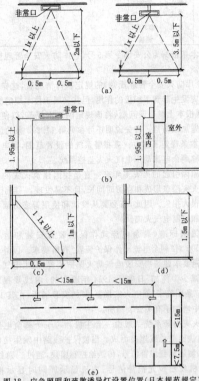

图18 应急照明和疏散诱导灯设置位置(日本规范规定)

**3** 规定疏散指示标志宜安装在疏散门或安全出口门的顶部或疏散走道及其转角处，距离地面高度1m以下的墙上，是参照国内外一些建筑物的实际做法以及火灾中人的行为习惯提出的。具体设计还可以结合实际情况，在这个范围内灵活地选定安装位置，比如也可设置在地面上等。总之，所设置的标志要便于人们辨认，并符合一般人行走时目视前方的习惯，能起诱导作用。但为防止被烟气遮挡，疏散标志设在顶棚处下时应考虑距顶棚一定高度，使之能不被烟气遮挡。

**4** 目前，在一些场所设置的标志存在不规范、不清晰等现象，如"疏散门"标成"安全出口"，"安全出口"标成"非常口"或"疏散口"等，还有的疏散指示方向混乱等。因此，有必要强调和明确建筑中设置这些标志时应按照现行国家标准《消防安全标志》GB 13495的要求制作。

另外，为防止火灾时应急照明灯和疏散指示标志被毁坏，影响安全疏散，应急照明灯和疏散指示标志的外表材料应考虑耐火耐高温性能或采取保护措施。

**5** 第11.3.4条强调要在公共建筑、高层厂房(仓库)及甲、乙、丙类厂房内沿疏散走道和在安全出口、人员密集场所的疏散门的正上方设置灯光疏散指示标志，引导紧急情况下人员快速、安全疏散。

**11.3.5** 本条要求展览建筑、商店、歌舞娱乐放映游艺场所、电影院、剧院和体育馆等大空间或人员密集的公共场所的建筑设计，应在其内的疏散走道和主要疏散路线的地面上增设能保持视觉连续的疏散指示标志，该标志是辅助疏散指示标志。

火灾中往往烟气较大，妨碍人们在紧急疏散时辨识方向。疏散指示标志的合理设置，对人员安全疏散具有重要作用。国内外实际应用表明，在疏散走道和主要疏散路线的地面上或靠近地面的墙上设置发光疏散指示标志，可以更好地帮助人们在浓烟弥漫的情况下，及时识别疏散位置和方向，迅速沿发光疏散指示标志顺

利疏散，避免造成伤亡事故。英国等国家的研究机构还对其实际作用进行过测试研究，并在规范中结合疏散距离作了规定。

**11.3.6** 在建筑中使用的标准样式及颜色多种多样，不便于辨识，为此，现行国家标准《消防安全标志》GB 13495对各种消防安全标志的标识、颜色、字样、标牌大小等均作了要求。设计应按此标准选用和确定相关参数。

## 11.4 火灾自动报警系统和消防控制室

**11.4.1** 本条规定了建筑中应设置火灾自动报警系统的部位。

**1** 火灾自动报警系统能起到早期发现和通报火灾，及时通知人员进行疏散和灭火，在预防和减少人员伤亡、控制火灾损失方面发挥了积极的作用。在经济、技术比较发达的国家，在各种建筑物中普遍设置了火灾自动报警系统。日本、美国、英国、德国等国家还规定，家庭住房也应安装该系统。现摘录日本《消防法实施令》(1997年修改公布)的第21条规定的附表1(见表31)。

下列各款规定的防火对象或其部分，必须设置火灾自动报警系统：

1)《消防法实施令》附表1第十三项2款列举的、总面积在200m²以上的防火对象。

2)《消防法实施令》附表1第九项1款列举的、总面积在200m²的防火对象。

3)《消防法实施令》附表1第一项至第四项、第五项列举的、总面积在300m²以上的防火对象。

4)《消防法实施令》附表1第五项第2款，第七项、第八项、第九项、第十项、第十二项、第十三项第1款及第十四项列举的、总面积在500m²以上的防火对象。

5)《消防法实施令》附表1第十项及第十五项列举的、总面积在1000m²以上的防火对象。

《消防法实施令》附表1第十六项第2款列举的、总面积在300m²以上的防火对象。

6)除前5款列举的以外、《消防法实施令》附表1规定的建筑物和其他设施中，当储存或管理有《消防法实施令》附表2规定数量的500倍以上准危险物或附表3规定数量500倍以上特殊可燃物的地方。

7)除前6款列举的防火对象外，《消防法实施令》附表1列举的、地板面积在300m²以上的建筑物的地下层、无窗层或3层以上楼层。

8)除前述各款列举的防火对象或其他部分外，附表1列举的作为停车场使用且面积在200m²以上的防火对象的地下层或2层以上的楼层(不包括停放的所有车辆同时开出的结构层)。

9)《消防法实施令》附表1第十六项第1款所列举的防火对象中，总面积在500m²以上的及用于该表中第一项至第四项、第五项1款、第六项或第九项1款所列举的防火对象的部分、总面积在300m²以上者。

10)《消防法实施令》附表1列举的、面积在500m²以上的防火对象的通信机器室。

11)除上述各款列举的以外，《消防法实施令》附表1的防火对象11层以上的楼层。

表31 日本《消防法实施令》第21条规定中的附表1

| 序 | 项目 |
|---|---|
| 一 | 1.剧院、电影院、艺术剧院或展览馆；<br>2.礼堂或集会场所 |
| 二 | 1.酒楼、咖啡馆、夜总会及其他类似场所；<br>2.游艺场、舞厅 |
| 三 | 1.会客厅、饭馆及其他类似场所；<br>2.饮食店 |
| 四 | 百货店、商场及其他经营出售物品的店铺和陈列馆 |
| 五 | 1.旅馆、旅店或招待所；<br>2.集体宿舍、公寓或公共住宅 |

| | |
|---|---|
| 六 | 1. 医院、门诊部或接生站；<br>2. 老人福利设施、收费老人公寓、救护设施、急救设施、儿童福利设施（不包括母子宿舍及儿童卫生设施）、残疾人员救护设施（只限收残废者）或神经衰弱者救护设施；<br>3. 幼儿园、盲校、聋哑学校或保育学校 |
| 七 | 小学、中学、高中、中等专业学校、大学、专科学校等，各种学校和其他类似的场所 |
| 八 | 图书馆、博物馆、美术馆及其他类似的场所 |
| 九 | 1. 公共浴池中土耳其式浴池、蒸汽浴及其他类似场所；<br>2. 1 款以外的公共浴池 |
| 十 | 停车场、码头或机场（只供旅客候机用的建筑物） |
| 十一 | 神社、寺院、教会及其他类似的场所 |
| 十二 | 1. 工厂、作业场；<br>2. 电影播音室、电视演播室 |
| 十三 | 1. 汽车库或停车场；<br>2. 飞机库或直升飞机库 |
| 十四 | 仓库 |
| 十五 | 不属于前述各项的事业单位 |
| 十六之一 | 1. 多用途的防火对象中，其一部分是供第一项至第四项、第五项 1 款、第六项或第九项 1 款列举的防火对象用的；<br>2. 上款列举的防火对象以外的多用途防火对象 |
| 十六之二 | 地下街 |
| 十七 | 根据文物保护法（1950 年法律第 214 号）的规定，被定为重要文物、重要民族色彩文物、古迹或重要文化财产的建筑物。或据指古老重要美术品等保存法律的规定认定为重要美术品的建筑物 |
| 十八 | 总长超过 50m 的拱顶商店街 |
| 十九 | 市、町、村长指定的山林 |
| 二十 | 自治省令规定的车、船 |

**2** 本条规定的设置范围，总结了国内安装火灾自动报警系统的实践经验，适当考虑了今后的发展和实际使用情况，主要为以下建筑或场所：

1）建筑中有需要与火灾自动报警系统联动的部位，如设有二氧化碳等自动灭火系统的其他房间或设置防火卷帘处等。这些场所多为大中型电子计算机房、重要通讯机房、重要资料档案库、珍藏库等或是需要进行防火分隔的部位，需要满足早报警、早扑救或有效分隔的目的。

2）每座占地面积超过 1000m² 棉、毛、丝、麻、化纤及其织物等丙类仓库。占地面积超过 500m² 或总建筑面积超过 1000m² 的卷烟仓库。这些仓库储量大、价值高，发生火灾后损失大。

3）商店和展览馆中的营业、展览厅和航空、水运、汽车、火车客运楼（站）中的旅客候车、休息、购票、娱乐的场所等，人员较密集、可燃物较多，容易发生火灾，要早报警、早疏散、早扑救。

4）图书、档案馆的书库或资料档案库，存有大量文献资料，有的还是价值高的绝本图书、珍贵文物文献等，火灾后的损失较大。其阅览室为公共场所，办公室也有大部分是用作研究或实验的场所，具有一定火灾危险性。本条中重要的档案馆，是根据与《档案馆设计规范》协调后确定的，主要指国家档案馆。对于其他专业档案馆，则视具体情况确定。

5）电力和防灾调度指挥楼、广播电视、电信和邮政楼的重要机房或资料库、邮袋库等。这些建筑的重要机房发生火灾，将会发生通信、广播电视中断或邮件、数据损失，造成重大经济损失和不良政治影响甚至严重影响生产、生活或防灾救灾指挥，要重点保护。鉴于我国各地经济发展不平衡、人口密度不一，对于地市级以下的这类建筑，可视工程具体情况确定是否设置火灾报警设施。

重要机房主要是指性质重要、价值特高的精密机器、仪器、仪表设备室。

6）体育馆观众厅、休息室、餐厅、有可燃物的吊顶内及其电信设备室等，影剧院、会堂、礼堂等的观众厅、舞台、化妆室、休息室、餐厅等，这些部位主要是有配电线路、木马道、风管可燃绝热材料、道具、布景等物，或是人员较密集的公共场所。关于影剧院的级别

是与国家现行标准《剧场建筑设计规范》JGJ 57—2000 等协调后确定的。

7）疗养院、老人与儿童福利院以及医院等，其使用人员特点是行为能力弱、常需要他人帮助。这些场所中供人员诊疗、住宿、休息的场所以及走道，应设置火灾自动报警系统。

8）设在地下、半地下的商店和歌舞娱乐放映游艺场所，具有人员密集、可燃物多、疏散困难、火灾时热烟排除困难等特点。

9）建筑中的一些设备房，可燃物较多的井道、夹层或局部封闭空间。

**11.4.2** 本条规定了应设置可燃气体探测报警装置的场所。

这些场所既包括工业生产过程、储存仓库，也包括民用建筑中可能散发可燃蒸气或气体，并存在火灾爆炸危险的场所与部位。使用和可能散发可燃蒸气与气体的场所，除甲、乙类厂房外，有些仓库，丙类生产甚至于丁类厂房中也有，如不采取措施仍可能发生较大事故。民用建筑中，如锅炉房等场所也存在此问题。故这些场所均需要考虑，要求设置防止发生火灾爆炸事故的措施，将火灾预防放在第一位考虑。

**11.4.3、11.4.4** 条文规定了需要设置消防控制室的建筑物及其设置要求。消防控制室的有关构造要求，见本规范第 7 章第 7.2.5 条的规定。

**1** 对于设有火灾自动报警系统和自动灭火系统（如自动喷水灭火系统、二氧化碳灭火系统等）的建筑，要尽可能采用集中控制方式，设置消防控制室，便于全面地了解建筑内的消防设施运行情况以及火灾时的控制与指挥。

**2** 鉴于消防控制室是建筑物内防火、灭火设施的显示控制中心，也是火灾时的扑救指挥中心，地位十分重要，结合建筑物的特点，确定了其布置位置与防火要求。

**3** 本条第 3、4 款是根据现行国家标准《火灾自动报警系统设计规范》GB 50116 规定的。

**11.4.5** 由于现行国家标准《火灾自动报警系统设计规范》GB 50116 中对有关消防控制室的控制设备组成、功能、设备布置以及火灾探测器、火灾应急广播、火灾警报装置等火灾自动报警系统的设计均作了明确规定。因此，设计时应按照该规范的要求进行。

# 12 城市交通隧道

## 12.1 一般规定

国内外发生的隧道火灾事故均表明，隧道特殊的火灾环境对人员逃生是一个严重的威胁，而且在短时间内对隧道设施会造成巨大的损坏。有限的逃生条件以及消防队员进入火灾隧道时的困难都要求对隧道进行防火设计时，应该采取与地面建筑不同的安全措施。

由于国家对地下铁道的防灾设计要求已有标准，而管线隧道、电缆隧道的情况与城市交通隧道有一定差异，加之隧道防火的研究在世界范围内还是一项正在不断研究的重大课题，本章主要根据国内外隧道火灾情况，为从技术层面规范和加强城市交通隧道的消防安全而确定的通用技术要求。在具体条文中仅规定了对人员危害较大的城市观光隧道和交通隧道的原则性设计要求。

**12.1.1** 隧道的防火设计应综合考虑各种因素后确定。一般，隧道的用途及交通组成、可燃物数量与种类决定了隧道火灾的可能规模及其火灾增长过程，影响隧道火灾时可能逃生人员数量及其疏散设施的布置；隧道的地理条件和隧道长度等决定了消防人员的进入速度及逃生难易程度、防排烟与通风要求；隧道的通风与排烟等因素也对火灾中的人员逃生和火灾控制与扑救影响很大。

**12.1.2** 交通隧道的潜在危险性主要在于：

**1** 现代隧道日益增长的长度；

**2** 危险材料的运输；

**3** 双向行驶隧道（没有单独分开的双向行车道）；

**4** 由于日益增长的车流量和更大的车载量而增大的火灾荷载；

**5** 机动车的机械故障造成火灾。

因此,在进行隧道分类时主要考虑其长度和通行车辆类型,即火灾可能规模及逃生救援的难易程度。确定本条时还参考了日本建设省道路隧道紧急用设施设置基准规定。

**12.1.3** 目前,各国以建筑构件为对象的标准防火试验,均以ISO 834的标准时间-温度曲线(纤维质类)为基础,如BS 476：20部分,DIN 4102,AS 1530及GB 9978等。该标准时间-温度曲线以通常的建筑物材料的燃烧率为基础,真实模拟了地面开放空间的火灾发展状况,但这种针对纤维质类火灾的测试曲线对某些建筑工程设计已不适用,如石油化工火灾。

石油、化合物等材料的燃烧率大大高于木材等的燃烧率,因此对于石油化工行业的建筑和材料进行防火试验需要采用更严格的方法,大多采用碳氢化合物(HC)曲线。HC标准时间-温度曲线的特点是其发展初期带有爆燃-热冲击现象,火灾温度在最初5min之内达到928℃,20min后稳定在1080℃。这种时间-温度曲线真实地模拟了在特定环境或高潜热值燃料燃烧的火灾发展状况,目前在国际石化工业领域已经得到了普遍应用。

近20年来,国际上已经进行了大量的研究来确定可能发生在隧道以及其他地下建筑中的火灾类型,特别是1990年前后欧洲开展的Eureka研究计划。这些研究是分别在废弃的隧道中和实验室条件下进行的。通过这些研究取得的数据结果,发展了一系列不同火灾类型的时间-温度曲线。

RABT曲线是德国有关研究机构通过一系列的真实隧道火灾实验研究结果发展来的。在RABT曲线中,温度在5min之内将快速升高到1200℃,比HC曲线还要快,在1200℃处持续90min,随后的30min内温度快速下降。这种实验曲线比较真实地模拟了隧道火灾的特点:隧道的空间相对封闭、热量难以扩散、火灾初期升温快、有较强的热冲击,随后由于缺氧状态快速降温。

另外,还有荷兰交通部与TNO实验室开发的RWS标准时间-温度曲线等。

试验研究表明,混凝土结构受热后由于产生高压水蒸气而导致表层受压,使混凝土产生爆裂。结构荷载压力和混凝土含水率越高,产生爆裂的可能性就越大。当混凝土的质量含水率超过3%时,肯定会发生爆裂现象。当充分干燥的混凝土长时间暴露在高温下时,混凝土内各种材料的结合水将会蒸发,从而使混凝土失去结合力产生爆裂,最终会一层一层地穿透整个隧道的混凝土拱顶结构。这种爆裂破坏会产生以下影响:影响人员逃生;使增强钢筋暴露于高温中,产生变形,从而垮塌;对于水底隧道,这种结构性破坏很难进行修复。因此,本条对内衬的耐火也作了相应规定。

由于国内尚无有关隧道结构耐火试验的方法,为满足隧道防火设计需要,本章在附录中增加了有关要求。

**12.1.4** 隧道内应严格控制装修材料的燃烧性能及其发烟情况,特别是毒性气体的分解量。

**12.1.5~12.1.7** 这三条主要规定了不同隧道的疏散联通通道和人员与车辆疏散通道的设置要求。

**1** 在隧道设计中可以采用多种逃生避难形式,如横通道、地下管廊、凹槽避难所等,但需注意逃生通道必须设置有效,易开启且有醒目的防火门等。根据荷兰及欧洲的一系列模拟实验,250m为隧道初期火灾逃生人员在烟雾浓度未造成影响的情况下逃生的最大距离。

**2** 灭火救援时,隧道内外的车辆调度与疏散均需要一定的场地。因此,尽管规范条文中未明确规定,在设计时也应予以适当考虑。

**3** 本规范中有关间隔和通道的宽度与高度参考了国内外相关标准的规定,并考虑了当前建造相关隧道并在其中开设横通道的造价较高这一实际情况。

**12.1.8** 隧道内的变电所、管廊、专用疏散通道、避难设施等是保障隧道日常运行和应急救援的重要设施,有的本身就具有一定的火灾危险性。因此,应在设计中采取一定的防火分隔措施与车行隧道分隔。其分隔要求可参照本规范第7章有关建筑物内重要房间的分隔要求确定。

根据欧洲有关隧道试验和研究报告,要求避难设施内设置机械防烟设施和一定量的饮用水。

## 12.2 消防给水与灭火设施

**12.2.1、12.2.2** 条文参照本规范第8章及国内外相关标准的要求,规定了隧道消防给水及其管道、设备等的一般设计要求。

**12.2.3** 本条规定的隧道排水主要考虑灭火过程中的水量排除以及防止因雨水、渗水、灭火用水的积聚导致可燃液体火灾蔓延和疏散与救援困难,防止运输可燃液体或有害液体车辆事故虽未发生火灾,但有可能因无有组织的排水措施而使这些液体漫流进入其他设备沟或疏散设施内。

**12.2.4** 隧道火灾主要引发部位有油箱、驾驶室、行李或货物、客箱座位等,火灾类型一般为A、B类混合火灾,部分可能因隧道内电器设备、配电线路引起。因此,应配置能扑灭ABC类火灾的灭火器。

**1** 有关数据的确定参考了现行国家标准《建筑灭火器配置设计规范》GB 50140、美国消防协会的标准规定和日本建设省的有关标准以及国外有关隧道的研究报告。

**2** 四类隧道一般为火灾危险性较小或长度较短的隧道,即使发生火灾,人员疏散和火灾扑救均较容易。因此,消防设施的配置以适用的灭火器为主。

**3** 一类隧道的情况比较复杂,且长度差异较大,因而应根据具体情况,从隧道的整体消防安全要求考虑防火设计。

## 12.3 通风和排烟系统

根据隧道火灾事故分析,由一氧化碳导致的死亡约占总数的50%,因直接烧伤及爆炸及其他有毒气体引起的约50%。通常,采用通风、防排烟措施控制烟气产物及烟气运动可以改善火灾环境,并降低火场温度以及热烟气和热分解产物的浓度,改善视线。但是机械通风会通过不同途径对不同类型和规模的火灾产生影响,在某些情况下反而会加剧火灾发展和蔓延。实验表明:在低速通风时,对小轿车火灾的影响不大;可以降低小型油池火灾(约10m²)的热释放速率,而加强通风控制的大型油池火灾(约100m²);在纵向机械通风下,载重货车的火灾增长率可以达到自然通风的10倍。

隧道通风主要有自然、横向、半横向和纵向通风4种方式。短隧道可以利用隧道内的"活塞风"采取纵向通风,长隧道则需采用横向和半横向通风。隧道内的通风系统在火灾中要起到排烟的作用,其通风管道和排烟设备必须具备一定的耐火性能。

对于隧道通风设计,一般需要针对特定隧道的特性参数(如长度、横截面、分级、主导风向、交通流向与流量、货物类型、设定火灾参数等)通过工程分析方法进行设计,并由多种场模型或区域模型对隧道内的烟气运动进行计算模拟,如FASIT、JASMIN等。

本规范规定的风速参数参考了美国NFPA标准和美国高速公路局的试验研究成果。风机的耐高温时间则是根据欧洲的设计要求和试验情况确定的。

## 12.4 火灾自动报警系统

**12.4.1** 隧道内发生火灾时,隧道外行驶的车辆往往还按正常速度行驶,对隧道内的事故情况多处于不知情的状态,故规定本条要求。

**12.4.2~12.4.4** 为早期发现火灾,及早通知隧道内外的人员与车辆采取疏散和救援行动,尽可能在火灾初期将其扑灭,要求设置合适的报警系统。其报警装置的设置应根据隧道类别分别考虑,并至少应具备手动或自动火灾报警功能。对于长隧道则还应具备报警联络电话、声光显示报警功能。由于隧道内环境差异较大，且一般较工业与民用建筑物内条件要恶劣，因此，报警装置的选择应充分考虑这些不利因素。

对于隧道内的重要设备与电缆通道，因平时几乎无人值守，发生火灾后人员很难及时发现，因此也应考虑设置必要的火灾探测与报警装置。

**12.4.5** 隧道内一般均具有一定的电磁屏蔽效应，可能导致通信中断或无法进行无线联络。因此，为保障灭火救援通信联络畅通，应在可能产生屏蔽的隧道内采取措施，使无线通信讯号，特别是城市公安消防机构的无线网络信号能进入隧道内。

**12.4.6** 有关消防控制室的控制设备组成、功能、设备布置以及火灾探测器、火灾应急广播、消防专用电话等的设计要求应符合现行国家标准《火灾自动报警系统设计规范》GB 50116 中有关规定。

### 12.5 供电及其他

**12.5.1～12.5.3** 隧道火灾一般延续时间较长，且火场环境条件恶劣、温度高，因此，应对其消防用电设备、电源、供电、配电及其配电线路等要求较一般工业与民用建筑高一些。本条所规定的延续供电时间长，在实际设计时应通过对配电导线的选型和对配电线路的防火保证措施，以确保安全配电。

**12.5.4** 为有效控制隧道内的灾害源，降低其火灾风险，并防止隧道火灾时高压线路、燃气管线等加剧火灾的发展，影响安全疏散与抢险救援等，特作本条规定。

**12.5.5** 隧道内的环境因隧道位置、隧道形式及地区条件而差异较大。隧道内所设置的相关消防设施必须能耐受隧道内小环境的影响，防止发生霉变、腐蚀、短路、变质等现象，确保设施有效。

隧道内空间易使人缺乏方向感，特别是在火灾条件下，人们的逃生欲望和心理与周围的恶劣环境形成强烈的反差。为保证人员顺利安全疏散，必须设置灯光型疏散指示标志。

## 附录 A 隧道内承重结构体的耐火极限试验升温曲线和相应的判定标准

欧洲一些权威机构已普遍采用针对隧道火灾的耐火极限判定标准。根据荷兰的标准，在计算隧道承重结构的耐火极限时，由于一般应用在受拉状态下的钢筋温度达到 500℃ 时开始塑性变形，规定必须由其温度低于 500℃ 的内芯取值。在高增强、高荷载的柱状构件中，混凝土结构中的钢筋温度效应使整个构件承担了很高的破坏风险，所以一般认为普通混凝土中钢材的临界温度为 500℃，受拉状态下钢材的临界温度为 400℃。荷兰交通部规定隧道中混凝土结构表面的允许最高温度不应超过 380℃，这个最高温度的设定不仅考虑到了在这个温度下构件将会失效的任何一种可能，而且考虑到了在实际应用中，这个温度下混凝土结构受破坏的可能性极小。在瑞典，这个最高值要求更严：隧道中混凝土结构表面的允许最高温度不应超过 250℃。同时，还规定了最底层增强钢筋的温度要保持很低，这样它的强度才不会降低。

混凝土结构暴露在 RABT 曲线火灾下的判定要求：

**1** 混凝土保护层内表面的温度不应超过 380℃（对于盾构式隧道结构隧道该值不应超过 200～250℃）。

**2** 混凝土覆层厚度最少为 25mm 的条件下，增强钢筋的表面温度不应超过 300℃。

中华人民共和国国家标准

# 农村防火规范

Gode for fire protection and prevention of rural area

GB 50039—2010

主编部门：中华人民共和国公安部
批准部门：中华人民共和国住房和城乡建设部
施行日期：2 0 1 1 年 6 月 1 日

# 中华人民共和国住房和城乡建设部
## 公　告

### 第 748 号

关于发布国家标准
《农村防火规范》的公告

现批准《农村防火规范》为国家标准，编号为 GB 50039—2011，自 2011 年 6 月 1 日起实施。其中，第 1.0.4、3.0.2、3.0.4、3.0.9、3.0.13、5.0.5、5.0.11、5.0.13、6.1.12、6.2.1（2）、6.2.2（3）、6.3.2（1、4）、6.4.1、6.4.2、6.4.3 条（款）为强制性条文，必须严格执行。原《村镇建筑设计防火规范》GBJ 39—90 同时废止。

本规范由我部标准定额研究所组织中国计划出版社出版发行。

中华人民共和国住房和城乡建设部
二○一○年八月十八日

## 前　言

根据原建设部《关于印发〈二○○五年工程建设国家标准制订、修订计划（第一批）〉的通知》（建标〔2005〕84 号）的要求，由山西省公安消防总队会同中国建筑设计研究院、公安部天津消防研究所、太原理工大学建筑设计研究院、贵州省公安消防总队、江苏省公安消防总队、黑龙江省公安消防总队等单位对国家标准《村镇建筑设计防火规范》GBJ 39—90 进行了全面修订。

在本规范的修订编制过程中，规范编制组依据国家有关法律、法规、技术规范和标准，总结了我国农村防火工作经验、消防科学技术研究成果和农村火灾事故教训，结合农村消防工作实际和经济发展现状，对农村消防规划、建筑耐火等级、火灾危险源控制、消防设施、合用场所消防安全技术要求、消防常识宣传教育的主要内容等作出了规定，与原规范的章节结构和具体内容相比都有了非常大的变化，是指导农村防火的综合性技术规范，故将规范的名称改为《农村防火规范》。在此基础上广泛征求了有关科研、设计、生产、消防监督、高等院校等部门和单位的意见，最后经有关部门和专家共同审查定稿。

本规范共分 6 章和 2 个附录，其主要内容为：总则、术语、规划布局、建筑物、消防设施、火灾危险源控制等。

本规范中以黑体字标志的条文为强制性条文，必须严格执行。

本规范由住房和城乡建设部负责管理和对强制性条文的解释，公安部负责日常管理，山西省公安消防总队负责具体技术内容的解释。请各单位在执行本规范过程中，认真总结经验、注意积累资料，并随时将有关意见和建议寄山西省公安消防总队（地址：山西省太原市桃园南路 59 号，邮编 030001），以便今后修订时参考。

本规范主编单位、参编单位和主要起草人、主要审查人：

**主编单位：**山西省公安消防总队

**参编单位：**中国建筑设计研究院
公安部天津消防研究所
太原理工大学建筑设计研究院
贵州省公安消防总队
江苏省公安消防总队
黑龙江省公安消防总队

**主要起草人：**李济成　马　恒　李彦军　张耀泽
沈　纹　郭益民　朱耀武　倪照鹏
朱　江　武丽珍　李立志　高　昇
李锦成　冯婧钰　王　宁　朱培仁
阚　强　任世英　徐　彤

**主要审查人：**李引擎　赵永代　高建民　申立新
罗　翔　董新民　王晓艳　汤　杰
郭国旗　鲁性旭　何蜀伟　费卫东
张静岩

# 目　次

# Contents

# 1 总　　则

**1.0.1** 为了预防农村火灾的发生，减少火灾危害，保护人身和财产安全，制定本规范。

**1.0.2** 本规范适用于下列范围：

1　农村消防规划；

2　农村新建、扩建和改建建筑的防火设计；

3　农村既有建筑的防火改造；

4　农村消防安全管理。

除本规范规定外，农村的厂房、仓库、公共建筑和建筑高度超过 15m 的居住建筑的防火设计应执行现行国家标准《建筑设计防火规范》GB 50016 等的规定。

**1.0.3** 农村的消防规划、建筑防火设计、既有建筑的防火改造和消防安全管理，应结合当地经济发展状况、民族习俗、村庄规模、地理环境、建筑性质等，采取相应的消防安全措施，做到安全可靠、经济合理、有利生产、方便生活。

**1.0.4** 农村的消防规划应根据其区划类别，分别纳入镇总体规划、镇详细规划、乡规划和村庄规划，并应与其他基础设施统一规划、同步实施。

**1.0.5** 村民委员会等基层组织应建立相应的消防安全组织，确定消防安全管理人，制定防火安全制度，进行消防安全检查，开展消防宣传教育，落实消防安全责任，配备必要的消防力量和消防器材装备。

**1.0.6** 农村的消防规划、建筑防火设计、既有建筑的防火改造和消防安全管理，除应符合本规范的规定外，尚应符合国家现行标准的规定。

# 2 术　　语

**2.0.1** 农村　rural area

县级及县级以上人民政府驻地的城市、镇规划区以外的镇、乡、村庄的统称。

**2.0.2** 村庄　village

农村居民生活和生产的聚居点。

**2.0.3** 消防点　firefighting spot

设置在农村的集中放置消防车辆、器材，并配有专职、义务或志愿消防队员的固定场所。

**2.0.4** 住宿与生产、储存、经营合用场所　the place combined with habitation, production, storage and business

住宿与生产、储存、经营等一种或几种用途混合设置在同一连通空间内的场所，俗称"三合一"。

# 3 规划布局

**3.0.1** 农村建筑应根据建筑的使用性质及火灾危险性、周边环境、生活习惯、气候条件、经济发展水平等因素合理布局。

**3.0.2** 甲、乙、丙类生产、储存场所应布置在相对独立的安全区域，并应布置在集中居住区全年最小频率风向的上风侧。

可燃气体和可燃液体的充装站、供应站、调压站和汽车加油加气站等应根据当地的环境条件和风向等因素合理布置，与其他建（构）筑物等的防火间距应符合国家现行有关标准的要求。

**3.0.3** 生产区内的厂房与仓库宜分开布置。

**3.0.4** 甲、乙、丙类生产、储存场所不应布置在学校、幼儿园、托儿所、影剧院、体育馆、医院、养老院、居住区等附近。

**3.0.5** 集市、庙会等活动区域应规划布置在不妨碍消防车辆通行的地段，该地段应与火灾危险性大的场所保持足够的防火间距，并应符合消防安全要求。

**3.0.6** 集贸市场、厂房、仓库以及变压器、变电所（站）之间及与居住建筑的防火间距应符合现行国家标准《建筑设计防火规范》GB 50016 等的要求。

**3.0.7** 居住区和生产区距林区边缘的距离不宜小于 300m，或应采取防止火灾蔓延的其他措施。

**3.0.8** 柴草、饲料等可燃物堆垛设置应符合下列要求：

1　宜设置在相对独立的安全区域或村庄边缘；

2　较大堆垛宜设置在全年最小频率风向的上风侧；

3　不应设置在电气线路下方；

4　与建筑、变配电站、铁路、道路、架空电力线路等的防火间距宜符合现行国家标准《建筑设计防火规范》GB 50016 的要求；

5　村民院落内堆放的少量柴草、饲料等与建筑之间应采取防火隔离措施。

**3.0.9** 既有的厂（库）房和堆场、储罐等，不满足消防安全要求的，应采取隔离、改造、搬迁或改变使用性质等防火保护措施。

**3.0.10** 既有的耐火等级低、相互毗连、消防通道狭窄不畅、消防水源不足的建筑群，应采取改善用火和用电条件、提高耐火性能、设置防火分隔、开辟消防通道、增设消防水源等措施。

**3.0.11** 村庄内的道路宜考虑消防车的通行需要，供消防车通行的道路应符合下列要求：

1　宜纵横相连，间距不宜大于 160m；

2　车道的净宽、净空高度不宜小于 4m；

3　满足配置车型的转弯半径；

4　能承受消防车的压力；

5　尽头式车道满足配置车型回车要求。

**3.0.12** 村庄之间以及与其他城镇连通的公路应满足消防车通行的要求，并应符合 3.0.11 条的有关规定。

**3.0.13** 消防车道应保持畅通，供消防车通行的道路严禁设置隔离桩、栏杆等障碍设施，不得堆放土石、柴草等影响消防车通行的障碍物。

3.0.14 学校、村民集中活动场地（室）、主要路口等场所应设置普及消防安全常识的固定消防宣传点；易燃易爆等重点防火区域应设置防火安全警示标志。消防安全常识宣传教育的主要内容宜采用附录B。

# 4 建 筑 物

4.0.1 农村建筑的耐火等级不宜低于一、二级，建筑耐火等级的划分应符合现行国家标准《建筑设计防火规范》GB 50016的规定。

4.0.2 三、四级耐火等级建筑之间的相邻外墙宜采用不燃烧实体墙，相连建筑的分户墙应采用不燃烧实体墙。建筑的屋顶宜采用不燃材料，当采用可燃材料时，不燃烧体分户墙应高出屋顶不小于0.5m。

4.0.3 住宿与生产、储存、经营合用场所应符合本规范附录A的相关规定。

4.0.4 一、二级耐火等级建筑之间或与其他耐火等级建筑之间的防火间距不宜小于4m，当符合下列要求时，其防火间距可相应减小：

　　1 相邻的两座一、二级耐火等级的建筑，当较高一座建筑的相邻外墙为防火墙且屋顶不设置天窗、屋顶承重构件及屋面板的耐火极限不低于1.00h时，防火间距不限；

　　2 相邻的两座一、二级耐火等级的建筑，当较低一座建筑的相邻外墙为防火墙且屋顶不设置天窗、屋顶承重构件及屋面板的耐火极限不低于1.00h时，防火间距不限；

　　3 当建筑相邻外墙上的门窗洞口面积之和小于等于该外墙面积的10%且不正对开设时，建筑之间的防火间距可减少为2m。

4.0.5 三、四级耐火等级建筑之间的防火间距不宜小于6m。当建筑相邻外墙为不燃烧体，墙上的门窗洞口面积之和小于等于该外墙面积的10%且不正对开设时，建筑之间的防火间距可为4m。

4.0.6 既有建筑密集区的防火间距不满足要求时，应采取下列措施：

　　1 耐火等级较高的建筑密集区，占地面积不应超过5000m²；当超过时，应在密集区内设置宽度不小于6m的防火隔离带进行防火分隔；

　　2 耐火等级较低的建筑密集区，占地面积不应超过3000m²；当超过时，应在密集区内设置宽度不小于10m的防火隔离带进行防火分隔。

4.0.7 存放柴草等材料和农具、农用物资的库房，宜独立建造；与其他用途房间合建时，应采用不燃烧实体墙隔开。

4.0.8 建筑物的其他防火要求应符合现行国家标准《建筑设计防火规范》GB 50016等的相关要求。

# 5 消 防 设 施

5.0.1 农村应根据规模、区域条件、经济发展状况及火灾危险性等因素设置消防站和消防点。

5.0.2 消防站的建设和装备配备可按有关消防站建设标准执行。

5.0.3 消防点的设置应满足以下要求：

　　1 有固定的地点和房屋建筑，并有明显标识；

　　2 配备消防车、手抬机动泵、水枪、水带、灭火器、破拆工具等全部或部分消防装备；

　　3 设置火警电话和值班人员；

　　4 有专职、义务或志愿消防队员；

　　5 寒冷地区采取保温措施。

5.0.4 农村应充分利用满足一定灭火要求的农用车、洒水车、灌溉机动泵等农用设施作为消防装备的补充。

5.0.5 农村应设置消防水源。消防水源应由给水管网、天然水源或消防水池供给。

5.0.6 具备给水管网条件的农村，应设室外消防给水系统。消防给水系统宜与生产、生活给水系统合用，并应满足消防供水的要求。

　　不具备给水管网条件或室外消防给水系统不符合消防供水要求的农村，应建设消防水池或利用天然水源。

5.0.7 室外消防给水管道和室外消火栓的设置应符合下列要求：

　　1 当村庄在消防站（点）的保护范围内时，室外消火栓栓口的压力不应低于0.1MPa；当村庄不在消防站（点）保护范围内时，室外消火栓应满足其保护半径内建筑最不利点灭火的压力和流量的要求；

　　2 消防给水管道的管径不宜小于100mm；

　　3 消防给水管道的埋设深度应根据气候条件、外部荷载、管材性能等因素确定；

　　4 室外消火栓间距不宜大于120m；三、四级耐火等级建筑较多的农村，室外消火栓间距不宜大于60m；

　　5 寒冷地区的室外消火栓应采取防冻措施，或采用地下消火栓、消防水鹤或将室外消火栓设在室内；

　　6 室外消火栓应沿道路设置，并宜靠近十字路口，与房屋外墙距离不宜小于2m。

5.0.8 江河、湖泊、水塘、水井、水窖等天然水源作为消防水源时，应符合下列要求：

　　1 能保证枯水期和冬季的消防用水；

　　2 应防止被可燃液体污染；

　　3 有取水码头及通向取水码头的消防车道；

　　4 供消防车取水的天然水源，最低水位时吸水高度不应超过 6.0m。

5.0.9 消防水池应符合下列要求：

    1 容量不宜小于 100m³。建筑耐火等级较低的村庄，消防水池的容量不宜小于 200m³；

    2 应采取保证消防用水不作它用的技术措施；

    3 宜建在地势较高处。供消防车或机动消防泵取水的消防水池应设取水口，且不宜少于 2 处；水池池底距设计地面的高度不应超过 6.0m；

    4 保护半径不宜大于 150m；

    5 设有 2 个及以上消防水池时，宜分散布置；

    6 寒冷和严寒地区的消防水池应采取防冻措施。

5.0.10 缺水地区宜设置雨水收集池等储存消防用水的蓄水设施。

**5.0.11 农村应根据给水管网、消防水池或天然水源等消防水源的形式，配备相应的消防车、机动消防泵、水带、水枪等消防设施。**

5.0.12 机动消防泵应储存不小于 3.0h 的燃油总用量，每台泵至少应配置总长不小于 150m 的水带和 2 支水枪。

**5.0.13 农村应设火灾报警电话。农村消防站与城市消防指挥中心、供水、供电、供气等部门应有可靠的通信联络方式。**

5.0.14 农村未设消防站（点）时，应根据实际需要配备必要的灭火器、消防斧、消防钩、消防梯、消防安全绳等消防器材。

5.0.15 公共消防设施、消防装备不足或者不适应实际需要的，应当增建、改建、配置或者进行技术改造。

# 6 火灾危险源控制

## 6.1 用　火

6.1.1 设置在居住建筑内的厨房宜符合下列规定：

    1 靠外墙设置；

    2 与建筑内的其他部位采取防火分隔措施；

    3 墙面采用不燃材料；

    4 顶棚和屋面采用不燃或难燃材料。

6.1.2 用于炊事和采暖的灶台、烟道、烟囱、火炕等应采用不燃材料建造或制作。与可燃物体相邻部位的壁厚不应小于 240mm。

    烟囱穿过可燃或难燃屋顶时，排烟口应高出屋面不小于 500mm，并应在顶棚至屋面层范围内采用不燃烧材料砌抹严密。

    烟道直接在外墙上开设排烟口时，外墙应为不燃烧体且排烟口应突出外墙至少 250mm。

6.1.3 烟囱穿过可燃保温层、防水层时，在其周围 500mm 范围内应采用不燃材料做隔热层，严禁在闷顶内开设烟囱清扫孔。

6.1.4 多层居住建筑内的浴室、卫生间和厨房的垂直排风管，应采取防回流措施或在支管上设置防火阀。

6.1.5 柴草、饲料等可燃物堆垛较多、耐火等级较低的连片建筑或靠近林区的村庄，其建筑的烟囱上应采取防止火星外逸的有效措施。

6.1.6 燃煤、燃柴炉灶周围 1.0m 范围内不应堆放柴草等可燃物。

6.1.7 燃气灶具的设置应符合下列要求：

    1 燃气灶具宜安装在有自然通风和自然采光的厨房内，并应与卧室分隔；

    2 燃气灶具的灶面边缘和烤箱的侧壁距木质家具的净距离不应小于 0.5m，或采取有效的防火隔热措施；

    3 放置燃气灶具的灶台应采用不燃材料或加防火隔热板；

    4 无自然通风的厨房，应选用带自动熄灭保护装置的燃气灶具，并应设置可燃气体探测报警器和与其连锁的自动切断阀和机械通风设施；

    5 燃气灶具与燃气管道的连接胶管应采用耐油燃气专用胶管，长度不应大于 2m，安装应牢固，中间不应有接头，且应定期更换。

6.1.8 既有厨房不满足第 6.1.1 条的规定时，炉灶设置应符合下列要求：

    1 与炉灶相邻的墙面应做不燃化处理，或与可燃材料墙壁的距离不小于 1.0m；

    2 灶台周围 1.0m 范围内应采用不燃地面或设置厚度不小于 120mm 的不燃烧材料隔热层；

    3 炉灶正上方 1.5m 范围内不应有可燃物。

6.1.9 火炉、火炕（墙）、烟道应当定期检修、疏通。炉灶与火炕通过烟道相连通时，烟道部分应采用不燃材料。

6.1.10 明火使用完毕后应及时清理余火，余烬与炉灰等宜用水浇灭或处理后倒在安全地带。炉灰宜集中存放于室外相对封闭且避风的地方，应设置不燃材料围挡。

6.1.11 使用蜡烛、油灯、蚊香时，应放置在不燃材料的基座上，距周围可燃物的距离不应小于 0.5m。

**6.1.12 燃放烟花爆竹、吸烟、动用明火应当远离易燃易爆危险品存放地和柴草、饲草、农作物等可燃物堆放地。**

6.1.13 五级及以上大风天气，不得在室外吸烟和动用明火。

## 6.2 用　电

6.2.1 电气线路的选型与敷设应符合下列要求：

    1 导线的选型应与使用场所的环境条件相适应，其耐压等级、安全载流量和机械强度等应满足相关规范要求；

**2** 架空电力线路不应跨越易燃易爆危险品仓库、有爆炸危险的场所、可燃液体储罐、可燃、助燃气体储罐和易燃、可燃材料堆场等，与这些场所的间距不应小于电杆高度的1.5倍；1kV及1kV以上的架空电力线路不应跨越可燃屋面的建筑；

**3** 室内电气线路的敷设应避开潮湿部位和炉灶、烟囱等高温部位，并不应直接敷设在可燃物上；当必须敷设在可燃物上或在有可燃物的吊顶内敷设时，应穿金属管、阻燃套管保护或采用阻燃电缆；

**4** 导线与导线、导线与电气设备的连接应牢固可靠；

**5** 严禁乱拉乱接电气线路，严禁在电气线路上搭、挂物品。

**6.2.2** 用电设备的使用应符合下列要求：

**1** 用电设备不应过载使用；

**2** 配电箱、电表箱应采用不燃烧材料制作；可能产生电火花的电源开关、断路器等应采取防止火花飞溅的防护措施；

**3** 严禁使用铜丝、铁丝等代替保险丝，且不得随意增加保险丝的截面积；

**4** 电热炉、电暖器、电饭锅、电熨斗、电热毯等电热设备使用期间应有人看护，使用后应及时切断电源；停电后应拔掉电源插头，关断通电设备；

**5** 用电设备使用期间，应留意观察设备温度，超温时应及时采取断电等措施；

**6** 用电设备长时间不使用时，应采取将插头从电源插座上拔出等断电措施。

**6.2.3** 照明灯具的使用应符合下列要求：

**1** 照明灯具表面的高温部位应与可燃物保持安全距离，当靠近可燃物时，应采取隔热、散热等防火保护措施；

**2** 卤钨灯和额定功率超过100W的白炽灯泡的吸顶灯、槽灯、嵌入式灯，其引入线应采用瓷管、矿棉等不燃材料作隔热保护；

**3** 卤钨灯、高压钠灯、金属卤化物光源、荧光高压汞灯、超过60W的白炽灯等高温灯具及镇流器不应直接安装在可燃装修材料或可燃构件上。

### 6.3 用 气

**6.3.1** 沼气的使用应符合下列要求：

**1** 沼气池周围宜设围挡设施，并应设明显的标志，顶部应采取防止重物撞击或汽车压行的措施；

**2** 沼气池盖上的可燃保温材料应采取防火措施，在大型沼气池盖上和储气缸上，应设置泄压装置；

**3** 沼气池进料口、出料口及池盖与明火散发点的距离不应小于25m；

**4** 当采用点火方式测试沼气时，应在沼气炉上点火试气，严禁在输气管或沼气池上点火试气；

**5** 沼气池检修时，应保持通风良好，并严禁在池内使用明火或可能产生火花的器具；

**6** 水柱压力计"U"型管上端应连接一段开口管并伸至室外高处；

**7** 沼气输气主管道应采用不燃材料，各连接部位应严密紧固，输气管应定期检查，并应及时排除漏气点。

**6.3.2** 瓶装液化石油气的使用应符合下列要求：

**1** 严禁在地下室存放和使用；

**2** 液化石油气钢瓶不应接近火源、热源，应防止日光直射，与灶具之间的安全距离不应小于0.5m；

**3** 液化石油气钢瓶不应与化学危险物品混放；

**4** 严禁使用超量罐装的液化石油气钢瓶，严禁敲打、倒置、碰撞钢瓶，严禁随意倾倒残液和私自灌气；

**5** 存放和使用液化石油气钢瓶的房间应通风良好。

**6.3.3** 管道燃气的使用应符合下列要求：

**1** 燃气管道的设计、敷设应符合现行国家标准《城镇燃气设计规范》GB 50028的要求，并应由专业人员设计、安装、维护；

**2** 进入建筑物内的燃气管道应采用镀锌钢管，严禁采用塑料管道，管道上应设置切断阀，穿墙处应加设保护套管；

**3** 燃气管道不应设在卧室内。燃气计量表具宜安装在通风良好的部位，严禁安装在卧室、浴室等场所；

**4** 使用燃气场所应通风良好，发生火灾应立即关闭阀门，切断气源。

### 6.4 用油（可燃液体）

**6.4.1** 汽油、煤油、柴油、酒精等可燃液体不应存放在居室内，且应远离火源、热源。

**6.4.2** 使用油类等可燃液体燃料的炉灶、取暖炉等设备必须在熄火降温后充装燃料。

**6.4.3** 严禁对盛装或盛装过可燃液体且未采取安全置换措施的存储容器进行电焊等明火作业。

**6.4.4** 使用汽油等有机溶剂清洗作业时，应采取防静电、防撞击等防止产生火花的措施。

**6.4.5** 严禁使用玻璃瓶、塑料桶等易碎或易产生静电的非金属容器盛装汽油、煤油、酒精等甲、乙类液体。

**6.4.6** 室内的燃油管道应采用金属管道并设有事故切断阀，严禁采用塑料管道。

**6.4.7** 含有有机溶剂的化妆品、充有可燃液体的打火机等应远离火源、热源。

**6.4.8** 销售、使用可燃液体的场所应采取防静电和防止火花发生的措施。

# 附录 A　住宿与生产、储存、经营合用场所防火要求

## A.1　基 本 规 定

**A.1.1**　住宿与生产、储存、经营合用场所（以下简称"合用场所"）严禁设置在下列建筑内：

1　有甲、乙类火灾危险性的生产、储存、经营的建筑；

2　建筑耐火等级为三级及三级以下的建筑；

3　厂房和仓库；

4　建筑面积大于 2500㎡ 的商场市场等公共建筑；

5　地下建筑。

**A.1.2**　符合下列情形之一的合用场所应采用不开门窗洞口的防火墙和耐火极限不低于 1.50h 的楼板将住宿部分与非住宿部分完全分隔，住宿与非住宿部分应分别设置独立的疏散设施；当难以完全分隔时，不应设置人员住宿：

1　合用场所的建筑高度大于 15m；

2　合用场所的建筑面积大于 2000㎡；

3　合用场所住宿人数超过 20 人。

**A.1.3**　除 A.1.2 条以外的其他合用场所，应执行 A.1.2 条的规定；当有困难时，应符合下列规定：

1　住宿与非住宿部分应设置火灾自动报警系统或独立式感烟火灾探测报警器；

2　住宿与非住宿部分之间应进行防火分隔；当无法分隔时，合用场所应设置自动喷水灭火系统或自动喷水局部应用系统；

3　住宿与非住宿部分应设置独立的疏散设施；当确有困难时，应设置独立的辅助疏散设施。

**A.1.4**　合用场所的疏散门应采用向疏散方向开启的平开门，并应确保人员在火灾时易于从内部打开。

**A.1.5**　合用场所使用的疏散楼梯宜通至屋顶平台。

**A.1.6**　合用场所中应配置灭火器、消防应急照明，并宜配备轻便消防水龙。

**A.1.7**　层数不超过 2 层、建筑面积不超过 300㎡，且住宿少于 5 人的小型合用场所，当执行本标准关于防火分隔措施和自动喷水灭火系统的规定确有困难时，宜设置独立式感烟火灾探测报警器；人员住宿宜设置在首层，并直通出口。

**A.1.8**　合用场所内的安全出口和辅助疏散出口的宽度应满足人员安全疏散的需要。

## A.2　防火分隔措施

**A.2.1**　A.1.3 条中的防火分隔措施应采用耐火极限不低于 2h 的不燃烧体墙和耐火极限不低于 1.5h 的楼板，当墙上确需开门时，应为常闭乙级防火门。

当采用室内封闭楼梯间时，封闭楼梯间的门应采用常闭乙级防火门，且封闭楼梯间首层应直通室外或采用扩大封闭楼梯间直通室外。

**A.2.2**　住宿内部隔墙应采用不燃烧体，并应砌筑至楼板底部。

**A.2.3**　两个合用场所之间或者合用场所与其他场所之间应采用不开门窗洞口的防火墙和耐火极限不低于 1.5h 的楼板进行防火分隔。

## A.3　辅助疏散设施

**A.3.1**　室外金属梯、配备逃生避难设施的阳台和外窗，可作为合用场所的辅助疏散设施。逃生避难设施的设置应符合有关建筑逃生避难设施配置标准。

**A.3.2**　合用场所的外窗或阳台不应设置金属栅栏，当必须设置时，应能从内部易于开启。

**A.3.3**　用于辅助疏散的外窗，其窗口高度不宜小于 1.0m，宽度不宜小于 0.8m，窗台下沿距室内地面高度不应大于 1.2m。

## A.4　自动灭火和火灾自动报警

**A.4.1**　合用场所自动喷水灭火系统和自动喷水局部应用系统的设置应符合现行国家标准《自动喷水灭火系统设计规范》GB 50084 的规定。

**A.4.2**　合用场所火灾自动报警系统和独立式感烟火灾探测报警器的设置应符合现行国家标准《火灾自动报警系统设计规范》GB 50116 和《独立式感烟火灾探测报警器》GB 20517 的规定。

**A.4.3**　火灾探测报警器应安装在疏散走道、住房、具有火灾危险性的房间、疏散楼梯的顶部。

**A.4.4**　设置非独立式感烟火灾探测报警器的场所，应设置应急广播扬声器或火灾警报装置。

**A.4.5**　独立式感烟火灾探测报警器、应急广播扬声器或火灾警报装置的播放声压级应高于背景噪声的 15db，且应确保住宿部分的人员能收听到火灾警报音响信号。

**A.4.6**　使用电池供电的独立式感烟火灾探测报警器，必须定期更换电池。

## A.5　其 他 要 求

**A.5.1**　合用场所火源控制应符合本规范的有关要求。

**A.5.2**　灭火器的配置应符合现行国家标准《建筑灭火器配置设计规范》GB 50140 的规定。消防应急照明的设置应符合现行国家标准《建筑设计防火规范》GB 50016 的规定。

**A.5.3**　合用场所的内部装修材料应符合现行国家标准《建筑内部装修设计防火规范》GB 50222 和《建筑内部装修防火施工及验收规范》GB 50354 的规定。

**A.5.4**　室外广告牌、遮阳棚等应采用不燃或难燃材

料制作，且不应影响房间内的采光、排风、辅助疏散设施的使用、消防车的通行以及灭火救援行动。

**A.5.5** 合用场所集中的地区，当市政消防供水不能满足要求时，应充分利用天然水源或设置室外消防水池，消防水池容量不应小于200m³。

**A.5.6** 合用场所集中的地区，应建立专、兼职消防队伍，并应配备相应的灭火车辆装备和救援器材。

**A.5.7** 合用场所的消防安全除符合本标准外，尚应符合国家现行有关标准的规定。

# 附录 B 消防安全常识

## B.1 火灾预防

**B.1.1** 应教育小孩不要玩火，不要玩弄电器和燃气设备。

**B.1.2** 不应乱扔烟头和火柴梗，丢弃前应熄灭。

**B.1.3** 不应躺在床上或沙发上吸烟。

**B.1.4** 不应在禁放区及楼道、阳台、柴草垛旁等地燃放烟花爆竹。

**B.1.5** 大风天严禁在室外动用明火。

**B.1.6** 使用蜡烛、油灯、蚊香时应放置在不燃材料的基座上和不燃材料制作的防护罩内。

**B.1.7** 电暖气和火炉等产生高温或明火的设备附近不应放置可燃物。

**B.1.8** 不得乱拉乱接电线，严禁用铜丝、铁丝等代替保险丝，不得随意增加保险丝的截面积。

**B.1.9** 严禁在电气线路上搭、挂物品。

**B.1.10** 使用电熨斗、电热炉、电暖器、电饭锅、电热毯等应有人看护，使用后应及时切断电源；停电后应拔掉电源插头，关断通电设备。

**B.1.11** 用电设备长时间不使用时，应切断电源。

**B.1.12** 照明灯具与窗帘等可燃物之间应保持安全距离。

**B.1.13** 燃气炉灶使用时应有人看管，防止溢锅、干锅等引起火灾或爆炸。

**B.1.14** 严禁超量充装液化气钢瓶，液化气瓶应远离火源、热源，严禁随意倾倒液化气残液。

**B.1.15** 严禁在地下室存放和使用液化气。

**B.1.16** 严禁携带易燃易爆危险品乘坐公共交通工具。

**B.1.17** 发现燃气泄漏，应及时关断气源阀门，打开门窗通风，不应开关电气设备和动用明火。

## B.2 初起火灾扑救

**B.2.1** 发现火灾，必须立即报警并采取措施迅速灭火，火警电话119。

**B.2.2** 拨打火警电话时，应讲清着火场所的详细地址、起火部位、着火物质、火势大小、是否有人员被

困、报警人姓名及电话号码，并派人到路口迎候消防车。

**B.2.3** 扑救初起火灾，应根据情况及时利用灭火器、消火栓或用盆、桶盛水等方法灭火。

**B.2.4** 电气设备或电气线路着火，宜先断电，后灭火。

**B.2.5** 燃气失火，应关闭燃气阀门、切断气源，迅速灭火。

**B.2.6** 油锅着火，应盖上锅盖，窒息灭火。

**B.2.7** 身上着火，应就地打滚，压灭火苗。

## B.3 逃生自救

**B.3.1** 疏散走道、楼梯和安全出口应保持畅通。

**B.3.2** 外窗或阳台不应设置金属栅栏，当必须设置时，不应影响逃生和灭火救援，应能从内部易于开启。

**B.3.3** 进入宾馆、饭店、商场、医院、歌舞厅等公共场所时，应了解和熟悉疏散路线、安全出口与周围环境。

**B.3.4** 遇火灾时不应乘坐电梯，应通过疏散楼梯逃生。

**B.3.5** 受到火灾威胁时，不应留恋财物，可用浸湿的衣物、被褥等披围身体，迅速向安全出口疏散。

**B.3.6** 穿过浓烟逃生时，宜用湿毛巾捂住口鼻，低姿行走。

**B.3.7** 逃生线路受阻时，应保持镇静，及时发出求救信号并积极采取自救措施，等待救援。

**B.3.8** 房间内起火逃生时，应随即关闭房间门。

**B.3.9** 房间外起火难以逃生时，应立即关闭房间门，用毛巾、被单等织物将门缝等开口部位严密封堵，并在房门上浇水冷却，打开外窗，等待救援。

# 本规范用词说明

1 为便于在执行本规范条文时区别对待，对要求严格程度不同的用词说明如下：

1) 表示很严格，非这样做不可的：
正面词采用"必须"，反面词采用"严禁"；

2) 表示严格，在正常情况下均应这样做的：
正面词采用"应"，反面词采用"不应"或"不得"；

3) 表示允许稍有选择，在条件许可时首先应这样做的：
正面词采用"宜"，反面词采用"不宜"；

4) 表示有选择，在一定条件下可以这样做的，采用"可"；

2 条文中指明应按其他有关标准执行的写法为："应符合……的规定"或"应按……执行"。

## 引用标准名录

《建筑设计防火规范》GB 50016

《城镇燃气设计规范》GB 50028

《自动喷水灭火系统设计规范》GB 50084

《火灾自动报警系统设计规范》GB 50116

《建筑灭火器配置设计规范》GB 50140

《建筑内部装修设计防火规范》GB 50222

《建筑内部装修防火施工及验收规范》GB 50354

《独立式感烟火灾探测报警器》GB 20517

中华人民共和国国家标准

# 农村防火规范

GB 50039—2010

条 文 说 明

# 目　次

# 1 总　则

**1.0.1** 本条规定了制定本规范的目的。

近年来，我国农村消防工作快速发展，但消防安全形势依然严峻，火灾起数、损失和人员伤亡居高不下，村庄消防安全问题突出。1997年～2006年的10年间，全国农村平均每年发生火灾6.9万起，死亡1531人，受伤2001人，直接财产损失6.3亿元，该4项数字分别占城乡年均火灾总数57.7%、62.1%、55.6%和58.7%。

农村防火要认真贯彻"预防为主，防消结合"的消防工作方针，预防农村火灾的发生，减少火灾危害，保护人身和财产安全是制定本规范的目的。

**1.0.2** 本条规定了本规范的适用范围。

鉴于当前我国农村经济相对落后的现状和农村消防安全的实际，有效预防农村火灾的发生，应综合采取编制和落实消防规划、进行必要的防火分隔、科学设定建筑的耐火等级、有效控制火灾危险源、合理设置消防设施等综合性的消防安全措施。本规范不只是一部建筑设计防火规范，而是一部涉及农村消防规划、建筑防火设计、既有建筑防火改造、消防安全管理等内容的指导农村防火的综合性技术规范。

在农村建设的厂房、仓库、公共建筑建筑高度超过15m的居住建筑，由于其火灾危险性较大，在保证消防资金投入、落实消防安全技术措施等方面具有可行性，除本规范规定外，应按现行国家标准《建筑设计防火规范》GB 50016等有关规范执行。

**1.0.3** 本条规定了农村防火的基本原则。

我国地域辽阔，大部分地区农村经济还相对落后，各地区农村建筑情况差异较大，在农村采取的建筑防火措施，应结合当地农村火灾特点和经济发展现状，充分考虑民族民俗、生活习惯、人文、地理环境、气候条件、建筑特点等多种因素，力求可操作性要强。正确处理好生产、生活与消防安全的关系，防火措施与消防投入的关系，按照科学合理、区别对待，有利于农村建筑多样化发展的原则实施农村防火措施。

本规范是农村防火的基本要求，在条件许可的地区，应积极提倡和鼓励采用先进的科学技术，应用先进的防火技术措施和消防装备设施，增强农村防火工作的科学性。

各地可以根据本规范的精神，结合当地实际制定相应的防火技术细则。

**1.0.4** 农村的消防规划应当包括消防安全布局、消防站（点）、消防供水、消防通信、消防车通道、消防装备和消防力量等内容。

经济比较发达、城市化进程较快的地区和城市郊区的农村，要提前谋划，适度超前开展消防规划。

**1.0.5** 本条规定了村民委员会等基层组织在做好农村消防工作中的职责。

**1.0.6** 本规范涉及面广，只能对农村的一般防火措施作出规定，在农村防火中，除执行本规范的规定外，尚应符合国家现行的有关法律、法规和标准的规定。

# 2 术　语

由于我国的有关法规和技术规范对"农村"没有明确的定义，其地域范围也不明确，结合本规范所指导的范围给出了农村的概念。

村庄在我国的各地有不同的称谓，例如村屯、村寨等。

住宿与生产、储存、经营场所俗称"三合一"建筑。该同一建筑空间可以是一独立建筑或一建筑中的一部分。

# 3 规　划　布　局

**3.0.1** 农村消防安全布局是指农村总体布局中应当考虑的消防安全要求，应坚持从实际出发，综合考虑地理环境、生活习惯、气候条件、经济发展水平和建筑的耐火等级、结构形式、使用性质及其火灾危险性等因素合理布局，既有利于生产和方便生活，保持地方特色，又能保证消防安全。

**3.0.2～3.0.4** 农村规划和建设的甲、乙、丙类生产、储存场所，可燃气体和液体的充装站、供应站、调压站，汽车加油加气站等场所发生火灾的危险性大，一旦失火易造成严重后果。其布置要考虑风向等因素设置在合理位置，与其他建筑之间的防火间距执行现行国家标准《建筑设计防火规范》GB 50016、《汽车加油加气站设计与施工规范》GB 50156等的要求，与居住、医疗、教育、集会、娱乐、市场等建筑之间的防火间距不应小于50m。

这里的汽车加油加气站是泛指加油站、加气站或加油加气合用站。

**3.0.5** 举办集市或庙会具有一定的火灾危险性，应规划专门的区域，该区域应设置在合理的位置，建设必要的安全出口、消防水源，配置消防设施和器材并保证完好有效，保持疏散通道、安全出口、消防车通道畅通。举办单位应当明确消防安全责任，确定消防安全管理人员，制定灭火和应急疏散预案并组织演练。

**3.0.6** 集贸市场、厂房、仓库以及变压器、变电所（站）等建（构）筑物之间以及这些建（构）筑物与农村居住等建筑之间要充分考虑其火灾危险性，满足防火间距的要求。

**3.0.7** 该条主要是根据国内外林区火灾的经验教训总结得出的。实践证明，防止山火进村和村火进山，在低火险气候条件下，300m的距离是有效的，如图

1 所示。

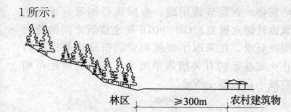

图 1　居住区和生产区距林区边缘的距离

**3.0.8**　据统计，农村的粮食、棉花、木材、柴草等堆场发生的火灾占农村火灾总数的 29.4%，柴草、饲草垛起火后燃烧快、火势猛、蔓延迅速、扑救困难，为了保障安全，作出了本条要求。较大堆垛宜设置在全年最小频率风向的上风侧，主要是考虑堆垛发生火灾时减小对居民区的火灾蔓延，保证居民安全；村民院落内堆放的少量柴草、饲料等与建筑之间应留出适当的防火间距，或采取必要防火隔离措施。

可燃物堆垛设置示意图如图 2 所示。

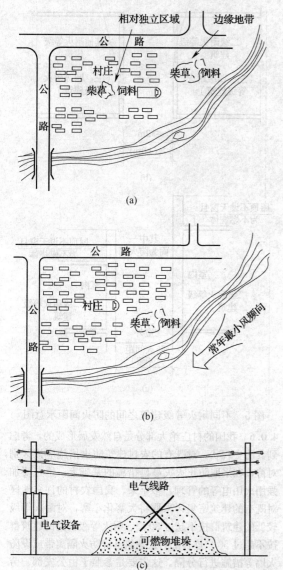

宜符合《建筑设计防火规范》GB 50016的要求

图 2　可燃物堆垛设置示意图

**3.0.9、3.0.10**　规定了对既有建（构）筑物的改造要求。

消防法规定"城乡消防安全布局不符合消防安全要求的，应当调整、完善"。对农村既有的厂（库）房和堆场、储罐等，应对其火灾危险性进行分析评估，不满足消防安全要求时应采取相应的防火保护措施。

**3.0.11～3.0.13**　规定了消防车道设置的有关要求，如图 3 所示。

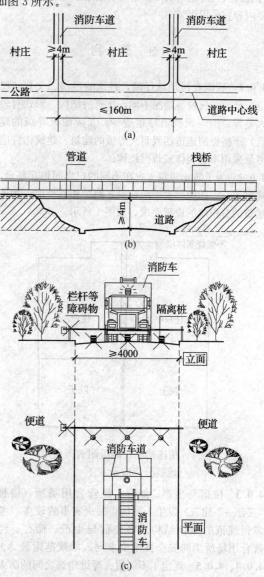

图 3　消防车道设置示意图

消防车道下的管道和暗沟等，应能承受消防车辆的满载轮压。尽头式消防车道应设有回车场或回车道。回车场面积不应小于 12m×12m，供大型车辆使用的回车场不应小于 15m×15m，对特大型消防车辆使用的回车场不应小于 18m×18m。

村庄之间以及与其他城镇连通的公路应满足消防车通行的要求，其设置要求应符合第 3.0.11 条第 2 款～第 5 款的要求。

**3.0.14** 为加强农村消防安全管理，提高村民消防安全素质，农村宜在学校、村民聚集的公共活动场地或举办群众活动的活动室、主要路口等场所设置普及消防安全常识的固定消防宣传标语、标牌、宣传栏或张贴宣传图画等形式对公众宣传防火、灭火和应急逃生等常识。

为了使农村的消防安全常识宣传具有针对性和切合农村火灾防范的实际，消防安全常识宣传教育的主要内容宜采用附录 B。

# 4 建 筑 物

**4.0.1** 我国农村地域辽阔，各地的经济、文化、民俗、环境、气候等情况不同，建筑的结构、形式有较大差异，但应积极倡导建造一、二级耐火等级的建筑，严格控制建造四级耐火等级的建筑，建筑构件应尽量采用不燃烧体或难燃烧体。

**4.0.2** 为了防止建筑火灾在不同的户之间相互蔓延，规定了三、四级耐火等级建筑之间的相邻外墙、相连建筑的分户墙的设置要求，如图 4 所示。

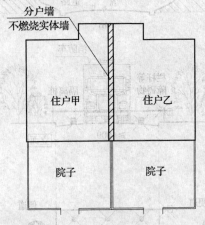

图 4　相连的三、四级耐火等级
建筑分户墙示意图

**4.0.3** 住宿与生产、储存、经营合用场所（俗称"三合一"建筑）发生人员伤亡的火灾事故较多，考虑到规范的体例结构，将住宿与生产、储存、经营合用场所消防安全技术要求列入本规范附录 A。

**4.0.4、4.0.5** 规定了不同耐火等级建筑之间的防火间距。农村建筑体量较小，根据限制火灾蔓延的实

际需要，兼顾节约用地，参照现行国家标准《建筑设计防火规范》GB 50016 规定建筑之间的防火间距要求，在采取了规范规定的措施或等效的防止火灾蔓延的有关措施情况下，其防火间距可相应减小，如图 5 所示。

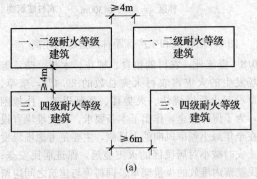

(a)

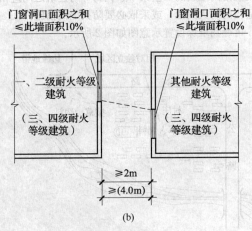

(b)

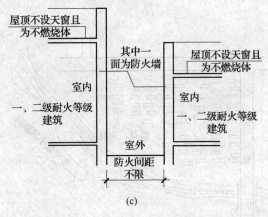

(c)

图 5　不同耐火等级建筑之间的防火间距示意图

**4.0.6** 我国的村庄绝大部分是自然发展形成的，考虑到其历史现状，对既有的农村建筑防火措施应该区别对待，在采取防止火灾蔓延措施的基础上，重点要加强用火用电等的管理。多年来，我国农村的许多地区对既有的建筑密集区采取将大寨化小寨，对耐火等级较低的建筑群按不超过 30 户、耐火等级较高的建筑群按不超过 50 户连片的村民建筑开辟防火隔离带或设防火墙等措施进行分隔。这主要是参照了由公安部、劳

动部、国家统计局公布自 1997 年 1 月 1 日起施行的原《火灾统计管理规定》中，受灾 50 户以上火灾为特大火灾，受灾 30 户以上为重大火灾的规定，为有效防止农村重特大火灾事故的发生所采取的措施。

本条中的占地面积 5000m²、3000m² 的规定是按照我国农村平均每户宅基地的占地面积为 100m² 考虑的。尽管 2007 年公安部下发了"关于调整火灾等级标准的通知"公消〔2007〕234 号文件，对火灾等级标准进行了调整，但各地在执行原《火灾统计管理规定》中，在预防火灾事故中积累了许多的经验，仍参照原来的火灾等级划分中的数据作了本条规定。

**4.0.7、4.0.8**　规定了村民农用库房建造的最基本要求和建筑物的安全疏散、建筑构造等其他防火要求尚应符合现行国家标准《建筑设计防火规范》GB 50016 等相关规定。

## 5　消 防 设 施

**5.0.1**　本条对农村消防站、点的设置范围作了原则性的规定。

**5.0.2**　消防站的建设可按有关消防站建设标准确定建设用地面积、设置站房，配备消防车辆、消防器材、消防通信等设施。

**5.0.3**　本条规定了消防点设置的最低标准。

配置小型消防车、手抬机动消防泵及其他灭火器具与破拆工具等设备既经济又便于操作，在初期火灾扑救中取得了较好的效果，值得在我国农村地区大力推广。

由于我国农村的消防给水普遍不足，因此，在农村的消防站、点根据实际需要配置一定数量的灭火器，当居民区或其他场所发生火灾时，由消防车或其他车辆运送到火灾现场，进行火灾扑救工作还是必要的。

**5.0.4**　农村应提倡充分利用已有的农机设备，进行必要的改造，实现一机多能，用于灭火救援。

**5.0.5**　本条规定了农村消防水源的种类。

水是有效、实用、廉价的主要灭火剂。在我国，有些地区天然水源十分丰富，有的地区常年干旱，水资源十分缺乏。因此，消防水源的选择应根据当地实际情况确定。

**5.0.6**　对具备给水管网条件的农村，应设室外消防给水管网；不具备给水管网条件时可利用天然水源作为消防水源；给水管网或天然水源不能满足消防用水时，应设置消防水池作为消防水源。

消防给水与生产、生活给水合用管网时，当生产、生活用水达到最大秒流量时，应仍能供应全部消防用水量。

**5.0.7**　本条规定了室外消防给水管网和室外消火栓的设置要求。

农村室外消防给水宜采用高压或临时高压给水系统。有条件利用地势建高位消防水池的，可利用自然高差形成高压给水系统。

对设有消防站（点）或在消防站（点）保护范围内的农村的消防给水系统可采用低压给水系统，其压力应满足给消防车加水的压力要求，即不应低于 0.1MPa。

对三、四级耐火等级建筑密集或消防车无法到达的农村，室外消火栓的主要功能是用来扑救初期火灾，可直接由消火栓接上水带水枪灭火，室外消火栓起室内消火栓作用，间距不宜大于 60m。

消防水鹤是一种快速加水的消防产品，能为扑救火灾及时提供水源。消防水鹤能在各种气候条件下，尤其是北方寒冷地区，有效地给消防车供水。

消火栓沿道路布置，目的是使消防队在救火时使用方便，十字路口设置消火栓效果更好。农村建筑一般层数不高，火灾跌落物不多，消防车可以靠近着火建筑进行灭火和救援，但与建筑的距离不应小于 2m。

**5.0.8**　规定了天然消防水源的设置要求。

消防用水一旦被可燃液体污染，非但不能灭火，反而会火上浇油。因此，无论从环境保护出发，还是从灭火需要出发，防止消防水源被可燃液体污染都是十分必要的。

**5.0.9**　本条规定了消防水池的设置要求。

**1**　消防水池的容量应按火灾延续时间和消防用水量计算确定。一、二级耐火等级建筑为主的农村民用建筑的火灾延续时间按 2h 计算，消防用水量按扑救初期火灾满足 1 台机动消防泵同时出两支水枪 10L/s（每只水枪按 5L/s）来计算，消防水池容量不宜小于 72m³，考虑一定的余量取 100m³。对耐火等级较低的建筑密集区，取 200m³。

**2**　消防用水与生产、生活用水合并时，为防止消防用水被生产、生活用水所占用，因此要求有可靠的技术措施（例如生产、生活用水的出水管设在消防用水之上），保证消防用水不被它用。

**3**　消防水池宜利用地形尽可能建在高处，以便利用高差，形成常高压供水。供消防车或机动消防水泵取水的消防水池，取水口不宜少于 2 处，取水高度不应超过 6m。

**4**　消防水池供消防车用水时，保护半径不宜大于 150m。

**5**　设 2 个以上消防水池时，宜分散布置，以利快速扑救火灾。

**6**　在寒冷地区消防水池应有防冻设施，保证消防车、消防水泵和火场用水的安全。

**5.0.10**　在水资源匮乏地区应设置天然降水的收集储存设施。如居民在居住建筑院落内设置的蓄水设施，它不仅可以作为居民的生活用水，还可以作为灭火时的消防水源。

**5.0.11**　在配置农村消防设施时应充分考虑消防供水的方式，如没有消防给水管网的村庄配置消防车、手抬机动泵的实用性和可操作性就比较强，设置了消防给水管网的应配置消防水带、水枪等。

**5.0.12** 虽然农村建筑耐火等级低，但一般建筑的规模都不大，火灾延续时间按 2.0h 计算，考虑一定的余量，规定机动消防泵储存油品总用量最少应满足所有机动消防泵 3.0h 的使用量。

**5.0.13** 本条规定了农村火灾报警电话的设置要求。近年来我国农村通信发展很快，有线电话和移动电话的普及率日益提高，尽管如此，在村庄集中居住区和工业区合理规划设置一定数量的电话对方便群众报警仍然是必要的。

**5.0.14** 农村应根据当地的火灾危险性、经济现状等因素，配置相应的灭火、逃生、救援器材。

**5.0.15** 根据消防法的规定，农村应完善公共消防设施和消防装备。

# 6 火灾危险源控制

从近年来的农村火灾分析来看，引发农村火灾的直接原因，有 48.3% 的火灾是由于村民生产、生活过程中用火、用电、用气、用油等不慎造成的。在当前我国农村经济相对落后，短时间内大幅增加农村的消防投入、在农村建筑中采取更严格的防火技术措施还有较大困难的情况下，应对村民的用火、用电、用气、用油等方面作出相应的技术规定，对火灾危险源采取相应的技术防范措施，加强消防安全管理，有效预防农村火灾的发生。

将"火灾危险源控制"作为单列的一章写入规范，在全国的消防技术规范编制中尚属首次，但更切合农村消防工作的实际。

## 6.1 用 火

**6.1.1** 厨房作为用火频繁的场所，火灾危险性较大，一旦发生火灾，为将其危害限制在一个区域内，作出了本条规定。居住建筑内厨房设置的防火要求，如图 6 所示。

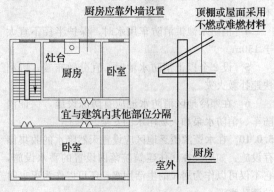

图 6 居住建筑内厨房防火设置示意图

**6.1.2** 为防止烟囱、烟道、火炕等的辐射热或窜出的火焰、火星引燃附近可燃物，对其建造材料和与周围可燃物的距离作出了防火要求，如图 7 所示。

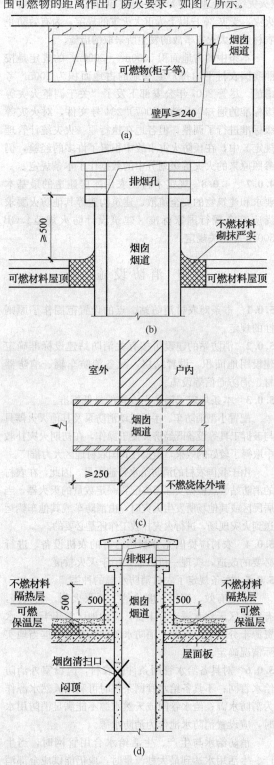

图 7 烟囱、烟道防火设置示意图

烟囱、烟道、火炕应选择不燃材料，一般在粘土内掺入适量的砂子，防止因高温引起开裂漏火。当与可燃物体的安全距离达不到要求时，应用石棉瓦、砖墙、金属板等不燃材料隔开。

**6.1.3** 在闷顶内开设烟囱清扫孔容易造成火星或高温烟气窜入闷顶，造成闷顶内的可燃物起火，应采取相应的措施，如图7（d）所示。

**6.1.4** 在火灾情况下，垂直排风管道能产生"烟囱"效应，为有效控制火灾的蔓延，应对排风管道采取必要的防止回流措施：增加各层垂直排风支管的高度，使各层排风支管穿越两层楼板，把排风竖管分成大小两个管道，总竖管直通屋面，小的排风支管分层与总竖管连通；将排风支管顺气流方向插入竖风道，且支管到支管出口的高度不小于600mm；在支管上安装止回阀。如图8所示。

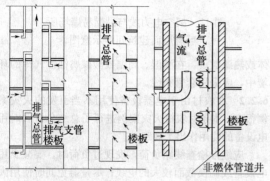

图8 排气管防回流措施示意图

**6.1.5** 为预防烟囱逸出火星造成火灾，可在烟囱上采取加防火帽等措施，以熄灭火星，如图9所示。

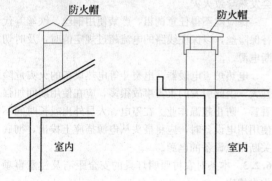

图9 烟囱防止火星外逸措施示意图

**6.1.6** 燃煤、燃柴草炉灶易飞溅火星或使灰烬跌落，柴草等可燃物距其较近易引发火灾，故作出本条规定，如图10所示。同时居住建筑的炉灶不应设置在疏散出口附近。

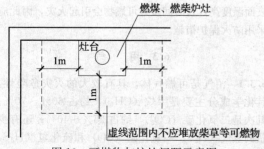

图10 可燃物与炉灶间距示意图

**6.1.7** 本条规定了燃气灶具的设置要求。燃气灶具要在通风良好的厨房中使用，应远离易燃物品，并要求放置在不易燃烧的物体上，如水泥板、石板、铁板等。其连接软管不应有接头；软管与燃气管道、接头管、燃烧设备的连接处采用压紧螺帽（锁母）或管卡固定，如图11所示。

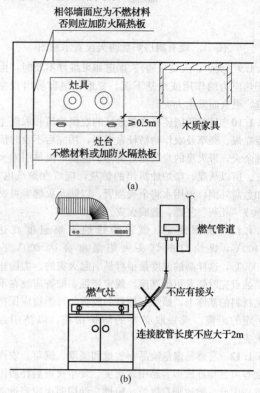

图11 燃气灶具防火设置示意图

**6.1.8** 为防止炉灶的明火引燃可燃物，对既有厨房不符合第6.1.1条的规定时，灶台周围的墙面、地面、隔热层等的防火要求作出本条规定，如图12所示。

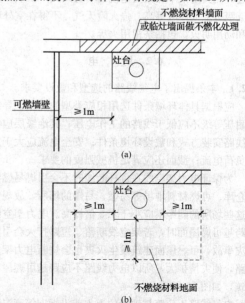

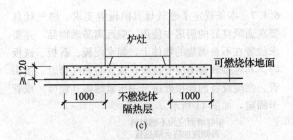

图 12　既有厨房炉灶防火设置示意图

**6.1.9**　火炉、火炕（墙）、烟道如果维修不及时，由于热应力的作用或地基下沉、变形，很容易出现裂缝，滋火而发生火灾。

**6.1.10**　目前我国还有许多地区的农民生活和取暖主要靠煤、柴草及农作物秸秆做燃料，用完后不及时清理余火，带火星的炭灰随处洒落、乱倒，极易引发火灾。所以从煤、柴炉灶扒出的炉灰，应放在炉坑内，如急需外倒，要用水将余火浇灭，以防余火燃着可燃物或"死灰"复燃，造成火灾。

**6.1.11**　根据测定，燃着的蜡烛火焰温度高达1400℃，煤油灯的灯头火焰温度高达 800℃ ～1000℃，这样高的温度是很容易引起火灾的。为防止蜡烛点完时烧着可燃基座，规定蜡烛、蚊香应放在不燃材料的基座上，蜡烛、油灯、蚊香与可燃物应保持一定的距离，或采取必要的防护措施，以防引起火灾。

**6.1.12**　易燃易爆危险品存放地和柴草、饲草、农作物等可燃物堆放地容易引发火灾，发生火灾后扑救困难，因此，燃放烟花爆竹、吸烟、动用明火应当远离这些危险区域。

**6.1.13**　五级风称为劲风，风速 8m/s～10.7m/s，大风天一旦发生火灾，火势蔓延迅速，使扑火人员难以靠近。尤其是柴草垛火灾呈现出"跳跃式"扩展。凡遇五级以上大风天等高、强风险天气，不得在室外吸烟和动用明火，包括祭祀用火等。

## 6.2　用　　电

**6.2.1**　本条提出了电气线路的选型和敷设要求。

　　应根据具体环境条件选用相应类型的导线，导线的耐压等级不应低于线路的工作电压；其绝缘层应符合线路安装方式和敷设环境条件；安全电流应大于用电负荷电流；截面还应满足机械强度的要求。

　　为保证电力架空线在倒杆断线时不会引燃易燃物品仓库、可燃材料堆场等易燃、易爆的场所，故规定与这些场所的间距不应小于 1.5 倍杆高。电力架空线路跨越可燃屋面时，若架空线断落、短路打火会引起火灾事故，可燃屋面建筑发生火灾也会烧断电力架空线路，使灾情扩大，所以电力线路不应跨越可燃屋面建筑，如图 13 所示。

　　电气线路不应跨越炉灶的上方或沿烟囱等高温物

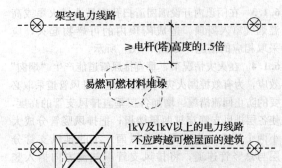

图 13　架空电力线与易燃易爆场所、可燃屋面建筑间距示意图

体或热源敷设。在潮湿、高温或酸碱腐蚀性气体的环境中，应采用套管布线。

**6.2.2**　在农村由于电器设备使用不当引发的火灾案例很多，本条对农村火灾案例进行了总结分析后对用电设备的使用作出了规定。

　　应经常检查线路负荷，发现过负荷时，要减少用电设备或调换截面较大的电线；尽量避免同时使用大功率电气设备。线路负载要平均分配，大功率用电设备宜单独布线。

　　电源插头要完全插入电源插座中，如果松脱可能会发热导致火灾。

　　保险丝不得任意调粗，严禁使用铜丝、铁丝等代替保险丝，以保证线路的电流超过规定值时，及时切断电源。

　　电热炉、电暖器、电熨斗等电热设备的火灾危险性大，由此引发的火灾事故很多，应在使用期间加强看管，防止超温作业。在停电、人员外出或长时间不使用用电设备时，应将插头从电源插座上拔出，彻底关断用电设备的电源。

**6.2.3**　本条对农村照明灯具的安全距离及注意事项作出规定。

　　照明灯具距可燃物过近或灯具破碎易引燃可燃物，应与可燃物保持一定的距离，当与其靠近时，应采取隔热等保护措施，严禁使用可燃材料制作的无骨架灯罩。

　　超过 60W 的白炽灯、卤钨灯、荧光高压汞灯的表面温度高，长时间接近可燃物会引起火灾，因此应采用防火保护措施。

## 6.3　用　　气

**6.3.1**　沼气是可燃气体，具有较大的火灾危险性，其化学成分主要是甲烷（$CH_4$），约占 60%～70%；其次是二氧化碳（$CO_2$），约占 25%～40%；还有少量的氢气（$H_2$）、一氧化碳（CO）和硫化氢（$H_2S$）等。本条结合沼气的火灾危险性规定了沼气的使用要求。

**1** 沼气池的周围宜设围挡设施，有利于预防明火和人员靠近。

**2** 北方冬季在沼气池盖上堆草等保温，应当采取必要的防火措施。沼气池在进出料、加水或试压灌水时，易造成池内反应激烈，产生过大压力，有使池盖爆裂的危险。因此，在大型沼气池盖上和储气缸上，应当装有安全阀或防爆安全薄膜，万一爆炸时就可以减少破坏危害。在沼气池周围还要修筑排水沟，防止夏季降雨量大，沼气池被淹发生池内超压爆炸危险，如图14所示。

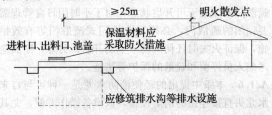

图14 沼气池防火设置示意图

**3** 沼气池在发酵过程中，进料口、出料口及池盖周围常漏出沼气，与明火散发点应保持一定的安全距离。

**4** 沼气池在建成投料后，如在池盖的导气管上点火试验，一旦池内有氧气或处在负压状态，火焰就会回窜进池内引起爆炸。所以，点火试验不能在池盖的导气管上进行，而要在输气管上装沼气炉点火。如果输气管不向外排气，出现负压时，则不能点火。

**5** 沼气池检修时，在打开池盖清完渣后，池内仍有残余沼气，所以应保持良好的通风，严禁在池内使用明火和能产生火花的器具。

**6** 水柱压力计"U"形管上端要连接一段开口管伸出室外高处，以防池内药理突然增大将水冲出，使沼气在室内跑出发生危险。

**7** 管道内的沼气泄漏是引起燃烧爆炸的主要危险。一旦在室内漏气就会发生沼气火灾爆炸事故。预防沼气泄漏的主要措施是：管道系统应选用不燃材料，还要根据实际情况，装设必要的总开关、分开关和水封式回火防止器（安全瓶）；输气管道各连接部位要严密紧固。

**6.3.2** 液化石油气是饱和的和不饱和的烃类混合物，具有燃烧爆炸性，主要组分有丙烷（$C_3H_8$）、丙烯（$C_3H_6$）、正异丁烷（$C_4H_{10}$）、正异丁烯（$C_4H_8$）等烃类，其爆炸极限约为 $2\% \sim 10\%$，此条是根据液化石油气的火灾危险性及其钢瓶的防火要求规定的。

**1** 液化石油气的气态相对密度为 $1.5 \sim 2$，是空气重量的1.5倍～2倍，如果发生泄漏，气化后的气体就会像水一样往低处流动，并积存在低洼处不易被风吹散，一旦达到爆炸浓度，遇火源就会发生燃烧爆炸。所以，钢瓶严禁在地下室存放。

**2** 液化石油气钢瓶是压力容器，钢瓶的最高工作压力取决于它的最高使用温度和充装量，当钢瓶的使用温度和充装量过高会使钢瓶内压超高引起爆炸。与热源太近或充气过量，可导致瓶体破裂引发爆炸，所以要严防高温及日光照射，钢瓶应远离热源，其环境温度不得大于45℃，禁止用火烤、开水烫或让太阳曝晒钢瓶，气瓶与散热器的净距不应小于1m，当散热器设置隔热板时，可减少到0.5m。

钢瓶应放置在干燥并便于操作的地点，上面不要放置杂物，与灶具应保持0.5m以上的安全距离，如图15所示，钢瓶必须直立放置，绝不允许卧放或倒放，连接钢瓶与灶具的输气胶管应沿墙处于自然下垂状态。

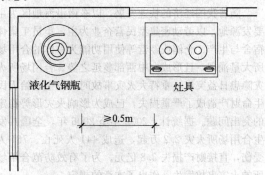

图15 液化气钢瓶与灶具间距示意图

**3** 由液化石油气的成分可以看出，遇其他化学物品容易发生聚合反应后产生大量的热量，从而引发火灾爆炸事故。

**4** 充装量过高会使钢瓶内压超高引起爆炸，违反操作程序敲打、倒置、碰撞钢瓶、倾倒残液、私自灌气或私自拆卸钢瓶部件、倒（卧）放置钢瓶等行为，极易使挥发的气体遇明火造成火灾爆炸事故。

**6.3.3** 农村除使用沼气、液化石油气外，还使用其他燃气，本条对其他管道燃气的使用作出规定。

**1** 我国因燃气设备安装使用不当引起的火灾事故时有发生，本条提出了燃气管道的设计、敷设、安装、维护的原则要求。室外燃气管道的敷设应满足城镇燃气输配的有关技术规范要求，并不应在燃气管道周围堆放可燃物。

**2** 燃气管道破坏时泄漏的气体，遇到明火就会燃烧爆炸。所以进入建筑物内的燃气管道应采用金属管道。为防止事故扩大，减少损失，应在总进、出气管上设有紧急事故自动切断阀，并在穿墙处加设保护套管。

**3** 燃气表具处存在管道燃气的接头，阀门密封不严，容易漏气，遇火源或高温作用或受潮气影响，容易发生爆炸起火，所以要保持安装场所的通风和干燥，严禁安装在卧室和浴室内。

**4** 如果发生燃气火灾时，只注重扑灭火焰而未切断气源，会引起复燃或爆炸，所以应立即关闭阀门，断绝气源，以防火灾扩大蔓延。

### 6.4 用油（可燃液体）

本节是在总结近年来我国的有关火灾案例的基础上，为有效防止此类火灾事故的发生作出的规定。为了保持规范章节体例的一致性和其前后对应，本节的名称使用了"用油"，但其主要是对油品等可燃液体的储存、销售、使用等作出的规定。

# 附录 A 住宿与生产、储存、经营合用场所防火要求

随着我国经济的快速发展，以东南沿海地区为主要发源地，以劳动密集型民营企业为主，集员工集体宿舍与生产、仓储或经营等使用功能为一体的合用场所大量涌现，且形成向中西部蔓延之势。合用场所火灾隐患日益突出，重特大火灾事故时有发生，给人民生命财产造成了严重损失，已成为影响火灾形势稳定的突出问题。据统计，2002 年至 2006 年，全国共发生合用场所火灾 2.2 万起，造成 441 人死亡、761 人受伤，直接财产损失 3.8 亿元。为了有效防范合用场所的火灾事故发生，作出了本章的规定。

## A.1 基本规定

**A.1.1** 本条是对合用场所的限制性规定，凡属于本规定任一款时，就不能设置人员住宿。

**A.1.2** 本条是对不属于 A.1.1 条情况的其他合用场所应采取的技术措施。

本条提出的措施是一种比较彻底的防火分隔措施，在实际工作中应当积极采取这种措施。住宿部分与其他部分采用这种措施分隔后，住宿部分与非住宿部分已不属于同一个连通空间，可以不再视为合用场所。

本条中"建筑高度"：当合用场所是独立建筑时，该建筑高度是指地面到该建筑最高处的高度；否则该建筑高度是指地面到合用场所最高处的高度；

本条中"建筑面积"：当合用场所是独立建筑时，建筑面积是整栋建筑的总面积；当合用场所处于一座建筑的局部空间时，建筑面积是合用场所内各功能区域的总面积。

**A.1.3** 本条是针对 A.1.2 条规定范围内的合用场所提出的措施。本条对于住宿与非住宿部分之间的防火分隔措施和疏散设施的规定与 A.1.2 的规定有所不同。A.1.2 条在这两方面的措施严于本条，但本条在消防设施的设置方面进行了加强，同时，还增加了辅助疏散设施。当一些合用场所受实际条件限制，难以满足 A.1.2 条时，应按照本条规定加强其他消防安全措施，以保证其整体消防安全水平。

火灾探测报警器投入运行后，易受污染，积聚灰尘可靠性降低，容易引起误报，因此，需重视对其进行清洗，最少每年进行一次。本条中的"自动喷水局部应用系统"即各地俗称的"简易喷淋系统"。

**A.1.4** 因疏散门锁闭，火灾时人员无法使用，造成人员在疏散门附近死亡的火灾案例曾多次发生，为避免此类情况的发生，本条作出了相关规定。

**A.1.5** 考虑到火灾情况下疏散楼梯有时会被烟火阻挡，人员难以通过楼梯向下疏散，如果疏散楼梯能够直通屋顶，将给人员的疏散提供更多机会，因此，本条提出了相关要求。需要特别注意的是，通往屋顶的疏散门必须处于可开启状态，对于平时因日常管理需要锁闭的疏散门，必须采取推闩式疏散门等有效措施，保证火灾时任何人易于手动开启。另外，屋面应考虑人员停留和疏散的保护等措施。

**A.1.6** 本条中提出的轻便消防水龙是一种可与自来水龙头直接连接的消防设备，该设备操作方便，尤其适用于非消防人员使用，对于及时扑救初期火灾具有积极作用。

**A.1.7** 考虑到人数不多的小型合用场所，其火灾风险相对较小，而这类场所又点多面广，为确保消防安全措施的可操作性，本条在消防设施的配备方面除提出设置独立式感烟火灾探测报警器外，不再提出更多要求，而重在加强对这类场所的消防安全管理。

**A.1.8** 合用场所的安全疏散应满足有关规范的要求。

## A.2 防火分隔措施

**A.2.1～A.2.3** 为防止烟、火对住宿的蔓延以及两个合用场所之间或者合用场所与其他场所之间的火灾蔓延，作出这三条规定。

## A.3 辅助疏散设施

**A.3.1** 本条针对辅助疏散设施的设置作出规定。辅助疏散设施包括移动式逃生避难器材和固定式逃生避难器材等多种类型，各种类型的逃生避难器材所适用的建筑高度有所不同，具体要求在相关标准中已有规定。

**A.3.2** 建筑不应在窗口、阳台等部位设置金属栅栏等设施，是考虑到这些设施有可能在发生火灾时阻碍人员逃生和消防救援。因此，设置时要有从内部便于人员开启的装置。

**A.3.3** 用于辅助疏散的外窗，如果设置的位置不合理，开口大小不合适，即使设置了外窗，仍不能发挥应有的作用。为此，本条对用于辅助疏散的外窗高度、窗口尺寸等作出规定。

## A.4 自动灭火和火灾自动报警

**A.4.1～A.4.6** 对合用场所设置自动喷水灭火系统、

自动喷水局部应用系统、火灾自动报警系统、独立式感烟火灾探测报警器作出了基本规定。从全国近几年发生的合用场所火灾案例分析，可以发现这类场所在发生火灾后由于没有警报装置，致使工作人员和其他相关人员不能及时疏散，造成大量的人员伤亡。在当前消防灭火和救援力量较为薄弱的情况下，设置火灾警报装置投入少，但却可以起到警示人员疏散、有效避免群死群伤恶性火灾发生的作用。

### A.5 其他要求

**A.5.1** 合用场所的用电防火等应符合本规范的有关要求。

**A.5.3、A.5.4** 规定了合用场所的内部装修材料和建筑室外广告牌、遮阳棚的设置。目前，一些建筑在室外设置了大量采用可燃材料制作的广告牌、遮阳棚，建筑一旦着火，这类物品不仅将直接导致火势的扩大蔓延，而且影响到室内房间的自然排烟、消防车通行和消防人员对建筑的火灾扑救。

**A.5.5、A.5.6** 合用场所集中的地区，火灾危险性大，发生火灾的几率高，应统筹建立专、兼职消防队伍，并应配备相应的灭火车辆装备和救援器材，设置可靠的消防水源。

**A.5.7** 本规范重点解决合用场所治理工作中面临的突出问题，对于合用场所可能涉及的其他消防安全要求，还要符合国家现行有关标准和地方相关规定的要求。各地可以结合实际，在此基础上提出不低于本规范的规定。

### 附录 B 消防安全常识

为了切实提高广大农民群众的消防安全意识，摒弃"新闻式"和口号式的空洞的消防宣传方式，增强消防宣传教育的针对性和有效性，使消防宣传的内容贴近群众、贴近实际、贴近生活，本附录结合农村的火灾实际，重点规定了安全用火、用电、用气等常识和初期火灾扑救、安全疏散及逃生自救技能的内容，这些内容主要是对人的日常行为作出的规定，目的是提升群众的火灾防控和自防自救能力。

中华人民共和国国家标准

# 高层民用建筑设计防火规范

Code for fire protection design of tall buildings

GB 50045—95

（2005 年版）

主编部门：中华人民共和国公安部
批准部门：中华人民共和国建设部
施行日期：1995 年 11 月 1 日

# 中华人民共和国建设部
# 公　告

## 第 361 号

### 建设部关于发布国家标准《高层民用建筑设计防火规范》局部修订的公告

现批准《高层民用建筑设计防火规范》GB 50045—95（2001 年版）局部修订的条文，自 2005 年 10 月 1 日起实施。其中，第 3.0.1、3.0.2、3.0.8、4.1.2、4.1.3、4.1.12、4.2.7、4.3.1、6.1.1、6.1.11（1、2、3、5、6）、6.1.16、7.4.2、7.4.6（1、2、7、8）、7.6.1、7.6.2、7.6.3、7.6.4、9.1.1、9.1.4（1、2、3）、9.4.1、9.4.2 条（款）为强制性条文，必须严格执行。经此次修改的原条文同时废止。

局部修订的条文及具体内容，将在近期出版的《工程建设标准化》刊物上登载。

中华人民共和国建设部
二〇〇五年七月十五日

## 工程建设标准局部修订公告

### 第 28 号

国家标准《高层民用建筑设计防火规范》GB 50045—95，由公安部四川消防科学研究所会同有关单位进行了局部修订，已经有关部门会审，现批准局部修订的条文，第 4.1.5A 条、第 4.1.5A.1 条、第 4.1.5A.2 条、第 4.1.5A.3 条、第 4.1.5A.4 条、第 4.1.5A.5 条、第 4.1.5A.6 条、第 4.1.5B 条、第 4.1.5B.1 条、第 4.1.5B.2 条、第 4.1.5B.3 条、第 4.1.5B.4 条、第 4.1.5B.5 条、第 4.1.5B.6 条、第 4.1.6 条、第 6.1.3A 条、第 6.2.8 条、第 7.6.4 条，自 2001 年 5 月 1 日起施行。此次局部修订的条款内容均为强制性条文，必须执行。该规范中相应的条文规定同时废止。现予公告。

中华人民共和国建设部
2001 年 4 月 24 日

## 工程建设标准局部修订公告

### 第 20 号

国家标准《高层民用建筑设计防火规范》GB 50045—95，由公安部四川消防科学研究所会同有关单位进行了局部修订，已经有关部门会审，现批准局部修订的条文，自一九九九年五月一日起施行，该规范中相应条文的规定同时废止。现予公告。

中华人民共和国建设部
1999 年 3 月 8 日

# 工程建设国家标准局部修订公告

## 第 8 号

国家标准《高层民用建筑设计防火规范》GB 50045—95，由公安部四川消防科研所会同有关单位进行了局部修订，已经有关部门会审，现批准局部修订的条文，自 1997 年 9 月 1 日起施行，该规范中相应的条文规定同时废止。现予公告。

**中华人民共和国建设部**

1997 年 6 月 24 日

## 关于发布国家标准
## 《高层民用建筑设计防火规范》的通知

### 建标〔1995〕265 号

根据国家计委计综〔1987〕2390 号文的要求，由公安部会同有关部门共同修订的《高层民用建筑设计防火规范》，已经有关部门会审。现批准《高层民用建筑设计防火规范》GB 50045—95 为强制性国家标准，自 1995 年 11 月 1 日起施行。原《高层民用建筑设计防火规范》GBJ 45—82 同时废止。

在执行本规范个别规定如确有困难时，应在地方建设主管部门的主持下，由建设单位、设计单位和当地消防监督机构协商解决。

本规范由公安部负责管理，其具体解释等工作由公安部消防局负责，出版发行由建设部标准定额研究所负责组织。

**中华人民共和国建设部**

一九九五年五月三日

# 目 次

# 1 总　则

**1.0.1** 为了防止和减少高层民用建筑(以下简称高层建筑)火灾的危害,保护人身和财产的安全,制定本规范。

**1.0.2** 高层建筑的防火设计,必须遵循"预防为主,防消结合"的消防工作方针,针对高层建筑发生火灾的特点,立足自防自救,采用可靠的防火措施,做到安全适用、技术先进、经济合理。

**1.0.3** 本规范适用于下列新建、扩建和改建的高层建筑及其裙房:

　　**1.0.3.1** 十层及十层以上的居住建筑(包括首层设置商业服务网点的住宅);

　　**1.0.3.2** 建筑高度超过24m的公共建筑。

**1.0.4** 本规范不适用于单层主体建筑高度超过24m的体育馆、会堂、剧院等公共建筑以及高层建筑中的人民防空地下室。

**1.0.5** 当高层建筑的建筑高度超过250m时,建筑设计采取的特殊的防火措施,应提交国家消防主管部门组织专题研究、论证。

**1.0.6** 高层建筑的防火设计,除执行本规范的规定外,尚应符合现行的有关国家标准的规定。

# 2 术　语

**2.0.1** 裙房　skirt building

　　与高层建筑相连的建筑高度不超过24m的附属建筑。

**2.0.2** 建筑高度　building altitude

　　建筑物室外地面到其檐口或屋面面层的高度,屋顶上的水箱间、电梯机房、排烟机房和楼梯出口小间等不计入建筑高度。

**2.0.3** 耐火极限　duration of fire resistance

　　建筑构件按时间-温度标准曲线进行耐火试验,从受到火的作用时起,到失去支持能力或完整性被破坏或失去隔火作用时止的这段时间,用小时表示。

**2.0.4** 不燃烧体　non-combustible component

　　用不燃烧材料做成的建筑构件。

**2.0.5** 难燃烧体　hard-combustible component

　　用难燃烧材料做成的建筑构件或用燃烧材料做成而用不燃烧材料做保护层的建筑构件。

**2.0.6** 燃烧体　combustible component

　　用燃烧材料做成的建筑构件。

**2.0.7** 综合楼　multiple-use building

　　由二种及二种以上用途的楼层组成的公共建筑。

**2.0.8** 商住楼　business-living building

　　底部商业营业厅与住宅组成的高层建筑。

**2.0.9** 网局级电力调度楼　large-scale power dispatcher's building

　　可调度若干个省(区)电力业务的工作楼。

**2.0.10** 高级旅馆　high-grade hotel

　　具备星级条件的且设有空气调节系统的旅馆。

**2.0.11** 高级住宅　high-grade residence

　　建筑装修标准高和设有空气调节系统的住宅。

**2.0.12** 重要的办公楼、科研楼、档案楼　important office building、laboratory、archive

　　性质重要,建筑装修标准高,设备、资料贵重,火灾危险性大、发生火灾后损失大、影响大的办公楼、科研楼、档案楼。

**2.0.13** 半地下室　semi-basement

　　房间地平面低于室外地平面的高度超过该房间净高1/3,且

不超过1/2者。

**2.0.14** 地下室　basement

　　房间地平面低于室外地平面的高度超过该房间净高一半者。

**2.0.15** 安全出口　safety exit

　　保证人员安全疏散的楼梯或直通室外地平面的出口。

**2.0.16** 挡烟垂壁　hang wall

　　用不燃烧材料制成,从顶棚下垂不小于500mm的固定或活动的挡烟设施。活动挡烟垂壁系指火灾时因感温、感烟或其它控制设备的作用,自动下垂的挡烟垂壁。

**2.0.17** 商业服务网点　commercial serving cubby

　　住宅底部(地上)设置的百货店、副食店、粮店、邮政所、储蓄所、理发店等小型商业服务用房。该用房层数不超过二层、建筑面积不超过300m²,采用耐火极限大于1.50h的楼板和耐火极限大于2.00h且不开门窗洞口的隔墙与住宅和其它用房完全分隔,该用房和住宅的疏散楼梯和安全出口应分别独立设置。

# 3 建筑分类和耐火等级

**3.0.1** 高层建筑应根据其使用性质、火灾危险性、疏散和扑救难度等进行分类。并应符合表3.0.1的规定。

建筑分类　　　　表3.0.1

| 名　称 | 一　类 | 二　类 |
|---|---|---|
| 居住建筑 | 十九层及十九层以上的住宅 | 十层至十八层的住宅 |
| 公共建筑 | 1.医院<br>2.高级旅馆<br>3.建筑高度超过50m或24m以上部分的任一楼层的建筑面积超过1000m²的商业楼、展览楼、综合楼、电信楼、财贸金融楼<br>4.建筑高度超过50m或24m以上部分的任一楼层的建筑面积超过1500m²的商住楼<br>5.中央级和省级(含计划单列市)广播电视楼<br>6.网局级和省级(含计划单列市)电力调度楼<br>7.省级(含计划单列市)邮政楼、防灾指挥调度楼<br>8.藏书超过100万册的图书馆、书库<br>9.重要的办公楼、科研楼、档案楼<br>10.建筑高度超过50m的教学楼和普通的旅馆、办公楼、科研楼、档案楼等 | 1.除一类建筑以外的商业楼、展览楼、综合楼、电信楼、财贸金融楼、商住楼、图书馆、书库<br>2.省级以下的邮政楼、防灾指挥调度楼、广播电视楼、电力调度楼<br>3.建筑高度不超过50m的教学楼和普通的旅馆、办公楼、科研楼、档案楼等 |

**3.0.2** 高层建筑的耐火等级应分为一、二两级,其建筑构件的燃烧性能和耐火极限不应低于表3.0.2的规定。

　　各类建筑构件的燃烧性能和耐火极限可按附录A确定。

建筑构件的燃烧性能和耐火极限　　表3.0.2

| 构件名称 | | 燃烧性能和<br>耐火极限(h)<br>耐火等级 | |
|---|---|---|---|
| | | 一级 | 二级 |
| 墙 | 防火墙 | 不燃烧体 3.00 | 不燃烧体 3.00 |
| | 承重墙、楼梯间的墙、电梯井的墙、住宅单元之间的墙、住宅分户墙 | 不燃烧体 2.00 | 不燃烧体 2.00 |
| | 非承重外墙、疏散走道两侧的隔墙 | 不燃烧体 1.00 | 不燃烧体 1.00 |
| | 房间隔墙 | 不燃烧体 0.75 | 不燃烧体 0.50 |
| 柱 | | 不燃烧体 3.00 | 不燃烧体 2.50 |
| 梁 | | 不燃烧体 2.00 | 不燃烧体 1.50 |
| 楼板、疏散楼梯、屋顶承重构件 | | 不燃烧体 1.50 | 不燃烧体 1.00 |
| 吊顶 | | 不燃烧体 0.25 | 难燃烧体 0.25 |

3.0.3 预制钢筋混凝土构件的节点缝隙或金属承重构件节点的外露部位,必须加设防火保护层,其耐火极限不应低于本规范表3.0.2相应建筑构件的耐火极限。

3.0.4 一类高层建筑的耐火等级应为一级,二类高层建筑的耐火等级不应低于二级。

裙房的耐火等级不应低于二级。高层建筑地下室的耐火等级应为一级。

3.0.5 二级耐火等级的高层建筑中,面积不超过100m²的房间隔墙,可采用耐火极限不低于0.50h的难燃烧体或耐火极限不低于0.30h的不燃烧体。

3.0.6 二级耐火等级高层建筑的裙房,当屋顶不上人时,屋顶的承重构件可采用耐火极限不低于0.50h的不燃烧体。

3.0.7 高层建筑内存放可燃物的平均重量超过200kg/m²的房间,当不设自动灭火系统时,其柱、梁、楼板和墙的耐火极限应按本规范第3.0.2条的规定提高0.50h。

3.0.8 建筑幕墙的设置应符合下列规定:

3.0.8.1 窗槛墙、窗间墙的填充材料应采用不燃烧材料。当外墙采用耐火极限不低于1.00h的不燃烧体时,其墙内填充材料可采用难燃烧材料。

3.0.8.2 无窗槛墙或窗槛墙高度小于0.80m的建筑幕墙,应在每层楼板外沿设置耐火极限不低于1.00h、高度不低于0.80m的不燃烧体裙墙或防火玻璃裙墙。

3.0.8.3 建筑幕墙与每层楼板、隔墙处的缝隙,应采用防火封堵材料封堵。

3.0.9 高层建筑的室内装修,应按现行国家标准《建筑内部装修设计防火规范》的有关规定执行。

# 4 总平面布局和平面布置

## 4.1 一般规定

4.1.1 在进行总平面设计时,应根据城市规划,合理确定高层建筑的位置、防火间距、消防车道和消防水源等。

高层建筑不宜布置在火灾危险性为甲、乙类厂(库)房,甲、乙、丙类液体和可燃气体储罐以及可燃材料堆场附近。

注:厂房、库房的火灾危险性分类和甲、乙、丙类液体的划分,应按现行的国家标准《建筑设计防火规范》的有关规定执行。

4.1.2 燃油或燃气锅炉、油浸电力变压器、充有可燃油的高压电容器和多油开关等宜设置在高层建筑外的专用房间内。

当上述设备受条件限制需与高层建筑贴邻布置时,应设置在耐火等级不低于二级的建筑内,并应采用防火墙与高层建筑隔开,且不应贴邻人员密集场所。

当上述设备受条件限制需布置在高层建筑中时,不应布置在人员密集场所的上一层、下一层或贴邻,并应符合下列规定:

4.1.2.1 燃油和燃气锅炉房、变压器室应布置在建筑物的首层或地下一层靠外墙部位,但常(负)压燃油、燃气锅炉可设置在地下二层;当常(负)压燃气锅炉房距安全出口的距离大于6.00m时,可设置在屋顶上。

采用相对密度(与空气密度比值)大于等于0.75的可燃气体作燃料的锅炉,不得设置在建筑物的地下室或半地下室。

4.1.2.2 锅炉房、变压器室的门均应直通室外或直通安全出口;外墙上的门、窗等开口部位的上方应设置宽度不小于1.0m的不燃烧体防火挑檐或高度不小于1.20m的窗槛墙;

4.1.2.3 锅炉房、变压器室与其它部位之间应采用耐火极限不低于2.00h的不燃烧体隔墙和1.50h的楼板隔开。在隔墙和楼板上不应开设洞口;当必须在隔墙上开门窗时,应设置耐火极限不低于1.20h的防火门窗;

4.1.2.4 当锅炉房内设置储油间时,其总储存量不应大于1.00m³,且储油间应采用防火墙与锅炉间隔开;当必须在防火墙上开门时,应设置甲级防火门。

4.1.2.5 变压器室之间、变压器室与配电室之间,应采用耐火极限不低于2.00h的不燃烧体墙隔开;

4.1.2.6 油浸电力变压器、多油开关室、高压电容器室,应设置防止油品流散的设施。油浸电力变压器下面应设置储存变压器全部油量的事故储油设施。

4.1.2.7 锅炉的容量应符合现行国家标准《锅炉房设计规范》GB 50041的规定。油浸电力变压器的总容量不应大于1260kVA,单台容量不应大于630kVA;

4.1.2.8 应设置火灾报警装置和除卤代烷以外的自动灭火系统;

4.1.2.9 燃气、燃油锅炉房应设置防爆泄压设施和独立的通风系统。采用燃气作燃料时,通风换气能力不小于6次/h,事故通风换气次数不小于12次/h;采用燃油作燃料时,通风换气能力不小于3次/h,事故通风换气能力不小于6次/h。

4.1.3 柴油发电机房布置在高层建筑和裙房内时,应符合下列规定:

4.1.3.1 可布置在建筑物的首层或地下一、二层,不应布置在地下三层及以下。柴油的闪点不应小于55℃;

4.1.3.2 应采用耐火极限不低于2.00h的隔墙和1.50h的楼板与其它部位隔开,门应采用甲级防火门;

4.1.3.3 机房内应设置储油间,其总储存量不应超过8.00h的需要量,且储油间应采用防火墙与发电机间隔开;当必须在防火墙上开门时,应设置能自动关闭的甲级防火门;

4.1.3.4 应设置火灾自动报警系统和除卤代烷1211、1301以外的自动灭火系统。

4.1.4 消防控制室宜设在高层建筑的首层或地下一层,且应采用耐火极限不低于2.00h的隔墙和1.50h的楼板与其它部位隔开,并应设直通室外的安全出口。

4.1.5 高层建筑内的观众厅、会议厅、多功能厅等人员密集场所,应设在首层或二、三层;当必须设在其它楼层时,除本规范另有规定外,尚应符合下列规定:

4.1.5.1 一个厅、室的建筑面积不宜超过400m²。

4.1.5.2 一个厅、室的安全出口不应少于两个。

4.1.5.3 必须设置火灾自动报警系统和自动喷水灭火系统;

4.1.5.4 幕布和窗帘应采用经阻燃处理的织物。

4.1.5A 高层建筑内的歌舞厅、卡拉OK厅(含具有卡拉OK功能的餐厅)、夜总会、录像厅、放映厅、桑拿浴室(除洗浴部分外)、游艺厅(含电子游艺厅)、网吧等歌舞娱乐放映游艺场所(以下简称歌舞娱乐放映游艺场所),应设在首层或二、三层;宜靠外墙设置,不应布置在袋形走道的两侧和尽端,其最大容纳人数按录像厅、放映厅为1.0人/m²,其它场所为0.5人/m²计算,面积按厅室建筑面积计算;并应采用耐火极限不低于2.00h的隔墙和1.00h的楼板与其它场所隔开,当墙上必须开门时应设置不低于乙级的防火门。

当必须设置在其它楼层时,尚应符合下列规定:

4.1.5A.1 不应设置在地下二层及二层以下,设置在地下一层时,地下一层地面与室外出入口地坪的高差不应大于10m;

4.1.5A.2 一个厅、室的建筑面积不应超过200m²;

4.1.5A.3 一个厅、室的出口不应少于两个,当一个厅、室的建筑面积小于50m²时,可设置一个出口;

4.1.5A.4 应设置火灾自动报警系统和自动喷水灭火系统。

4.1.5A.5 应设置防烟、排烟设施,并应符合本规范有关规定。

4.1.5A.6 疏散走道和其它主要疏散路线的地面或靠近地面的墙上,应设置发光疏散指示标志。

4.1.5B 地下商店应符合下列规定:

4.1.5B.1 营业厅不宜设在地下三层及三层以下;

**4.1.5B.2** 不应经营和储存火灾危险性为甲、乙类储存物品属性的商品；

**4.1.5B.3** 应设火灾自动报警系统和自动喷水灭火系统；

**4.1.5B.4** 当商店总建筑面积大于 20000m² 时，应采用防火墙进行分隔，且防火墙上不得开设门窗洞口；

**4.1.5B.5** 应设防烟、排烟设施，并应符合本规范有关规定；

**4.1.5B.6** 疏散走道和其它主要疏散路线的地面或靠近地面的墙面上，应设置发光疏散指示标志。

**4.1.6** 托儿所、幼儿园、游乐厅等儿童活动场所不应设置在高层建筑内，当必须设在高层建筑内时，应设置在建筑物的首层或二、三层，并应设置单独出入口。

**4.1.7** 高层建筑的底边至少有一个长边或周边长度的 1/4 且不小于一个长边长度，不应布置高度大于 5.00m，进深大于 4.00m 的裙房，且在此范围内必须设有直通室外的楼梯或直通楼梯间的出口。

**4.1.8** 设在高层建筑内的汽车停车库，其设计应符合现行国家标准《汽车库、修车库、停车场设计防火规范》GB 50067 的规定。

**4.1.9** 高层建筑内使用可燃气体作燃料时，应采用管道供气。使用可燃气体的房间或部位宜靠外墙设置。

**4.1.10** 高层建筑使用丙类液体作燃料时，应符合下列规定：

**4.1.10.1** 液体储罐总储量不应超过 15m³，当直埋于高层建筑或裙房附近，面向油罐一面 4.00m 范围内的建筑物外墙为防火墙时，其防火间距可不限。

**4.1.10.2** 中间罐的容积不应大于 1.00m³，并应设在耐火等级不低于二级的单独房间内，该房间的门应采用甲级防火门。

**4.1.11** 当高层建筑采用瓶装液化石油气作燃料时，应设集中瓶装液化石油气间，并应符合下列规定：

**4.1.11.1** 液化石油气总储量不超过 1.00m³ 的瓶装液化石油气间，可与裙房贴邻建造。

**4.1.11.2** 总储量超过 1.00m³、而不超过 3.00m³ 的瓶装液化石油气间，应独立建造，且与高层建筑和裙房的防火间距不应小于 10m。

**4.1.11.3** 在总进气管道、总出气管道上应设有紧急事故自动切断阀。

**4.1.11.4** 应设有可燃气体浓度报警装置。

**4.1.11.5** 电气设计应按现行的国家标准《爆炸和火灾危险环境电力装置设计规范》的有关规定执行。

**4.1.11.6** 其它要求应按现行的国家标准《建筑设计防火规范》的有关规定执行。

**4.1.12** 设置在建筑物内的锅炉、柴油发电机，其燃料供给管道应符合下列规定：

**4.1.12.1** 应在进入建筑物前和设备间内设置自动和手动切断阀；

**4.1.12.2** 储油间的油箱应密闭，且应设置通向室外的通气管，通气管应设置带阻火器的呼吸阀。油箱的下部应设置防止油品流散的设施。

**4.1.12.3** 燃料供给管道的敷设应符合现行国家标准《城镇燃气设计规范》GB 50028 的规定。

## 4.2 防火间距

**4.2.1** 高层建筑之间及高层建筑与其它民用建筑之间的防火间距，不应小于表 4.2.1 的规定。

**高层建筑之间及高层建筑与**
**其它民用建筑之间的防火间距(m)** 表 4.2.1

| 建筑类别 | 高层建筑 | 其它民用建筑 | | | |
|---|---|---|---|---|---|
| | | 裙房 | 耐火等级 | | |
| | | | 一、二级 | 三级 | 四级 |
| 高层建筑 | 13 | 9 | 9 | 11 | 14 |
| 裙 房 | 9 | 6 | 6 | 7 | 9 |

注：防火间距应按相邻建筑外墙的最近距离计算；当外墙有突出可燃构件时，应从其突出的部分外缘算起。

**4.2.2** 两座高层建筑或高层建筑与不低于二级耐火等级的单层、多层民用建筑相邻，当较高一面外墙为防火墙或比相邻较低一座建筑屋面高 15.00m 及以下范围内的墙为不开设门、窗洞口的防火墙时，其防火间距可不限。

**4.2.3** 两座高层建筑或高层建筑与不低于二级耐火等级的单层、多层民用建筑相邻，当较低一座的屋顶不设天窗、屋顶承重构件的耐火极限不低于 1.00h，且相邻较低一面外墙为防火墙时，其防火间距可适当减小，但不宜小于 4.00m。

**4.2.4** 两座高层建筑或高层建筑与不低于二级耐火等级的单层、多层民用建筑相邻，当相邻较高一面外墙耐火极限不低于 2.00h，墙上开口部位设有甲级防火门、窗或防火卷帘时，其防火间距可适当减小，但不宜小于 4.00m。

**4.2.5** 高层建筑与小型甲、乙、丙类液体储罐、可燃气体储罐和化学易燃物品库房的防火间距，不应小于表 4.2.5 的规定。

**高层建筑与小型甲、乙、丙类液体储罐、可燃气体储罐和**
**化学易燃物品库房的防火间距** 表 4.2.5

| 名称和储量 | | 防火间距(m) | |
|---|---|---|---|
| | | 高层建筑 | 裙房 |
| 小型甲、乙类液体储罐 | <30m³ | 35 | 30 |
| | 30～60m³ | 40 | 35 |
| 小型丙类液体储罐 | <150m³ | 35 | 30 |
| | 150～200m³ | 40 | 35 |
| 可燃气体储罐 | <100m³ | 30 | 25 |
| | 100～500m³ | 35 | 30 |
| 化学易燃物品库房 | <1t | 30 | 25 |
| | 1～5t | 35 | 30 |

注：①储罐的防火间距应从距建筑物最近的储罐外壁算起。

②当甲、乙、丙类液体储罐直埋时，本表的防火间距可减少 50%。

**4.2.6** 高层医院等的液氧储罐总容量不超过 3.00m³ 时，储罐可一面贴邻所属高层建筑外墙建造，但应采用防火墙隔开，并应设直通室外的出口。

**4.2.7** 高层建筑与厂(库)房的防火间距，不应小于表 4.2.7 的规定。

**高层建筑与厂(库)房的防火间距(m)** 表 4.2.7

| 厂(库)房 | | | 一 类 | | 二 类 | |
|---|---|---|---|---|---|---|
| | | | 高层建筑 | 裙房 | 高层建筑 | 裙房 |
| 丙 类 | 耐火等级 | 一、二级 | 20 | 15 | 15 | 13 |
| | | 三、四级 | 25 | 20 | 20 | 15 |
| 丁类、戊类 | | 一、二级 | 15 | 10 | 15 | 10 |
| | | 三、四级 | 18 | 12 | 15 | 10 |

**4.2.8** 高层民用建筑与燃气调压站、液化石油气气化站、混气站和城市液化石油气供应站瓶库之间的防火间距应按《城镇燃气设计规范》GB 50028 中的有关规定执行。

### 4.3 消防车道

**4.3.1** 高层建筑的周围，应设环形消防车道。当设环形车道有困难时，可沿高层建筑的两个长边设置消防车道，当建筑的沿街长度超过150m或总长度超过220m时，应在适中位置设置穿过建筑的消防车道。

有封闭内院或天井的高层建筑沿街时，应设置连通街道和内院的人行通道(可利用楼梯间)，其距离不宜超过80m。

**4.3.2** 高层建筑的内院或天井，当其短边长度超过24m时，宜设有进入内院或天井的消防车道。

**4.3.3** 供消防车取水的天然水源和消防水池，应设消防车道。

**4.3.4** 消防车道的宽度不应小于4.00m。消防车道距高层建筑外墙宜大于5.00m，消防车道上空4.00m以下范围内不应有障碍物。

**4.3.5** 尽头式消防车道应有回车道或回车场，回车场不宜小于15m×15m。大型消防车的回车场不宜小于18m×18m。

消防车道下的管道和暗沟等，应能承受消防车辆的压力。

**4.3.6** 穿过高层建筑的消防车道，其净宽和净空高度均不应小于4.00m。

**4.3.7** 消防车道与高层建筑之间，不应设置妨碍登高消防车操作的树木、架空管线等。

# 5 防火、防烟分区和建筑构造

### 5.1 防火和防烟分区

**5.1.1** 高层建筑内应采用防火墙等划分防火分区，每个防火分区允许最大建筑面积，不应超过表5.1.1的规定。

每个防火分区的允许最大建筑面积　　表5.1.1

| 建筑类别 | 每个防火分区建筑面积(m²) |
| --- | --- |
| 一类建筑 | 1000 |
| 二类建筑 | 1500 |
| 地下室 | 500 |

注：①设有自动灭火系统的防火分区，其允许最大建筑面积可按本表增加1.00倍；当局部设置自动灭火系统时，增加面积可按该局部面积的1.00倍计算。

②一类建筑的电信楼，其防火分区允许最大建筑面积可按本表增加50%。

**5.1.2** 高层建筑内的商业营业厅、展览厅等，当设有火灾自动报警系统和自动灭火系统，且采用不燃烧或难燃烧材料装修时，地上部分防火分区的允许最大建筑面积为4000m²；地下部分防火分区的允许最大建筑面积为2000m²。

**5.1.3** 当高层建筑与其裙房之间设有防火墙等防火分隔设施时，其裙房的防火分区允许最大建筑面积不应大于2500m²，当设有自动喷水灭火系统时，防火分区允许最大建筑面积可增加1.00倍。

**5.1.4** 高层建筑内设有上下层相通的走廊、敞开楼梯、自动扶梯、传送带等开口部位时，应按上下连通层作为一个防火分区，其允许最大建筑面积之和不应超过本规范第5.1.1条的规定。当上下开口部位设有耐火极限大于3.00h的防火卷帘或水幕等分隔设施时，其面积可不叠加计算。

**5.1.5** 高层建筑中庭防火分区面积应按上、下层连通的面积叠加计算，当超过一个防火分区面积时，应符合下列规定：

**5.1.5.1** 房间与中庭回廊相通的门、窗，应设自行关闭的乙级防火门、窗。

**5.1.5.2** 与中庭相通的过厅、通道等，应设乙级防火门或耐火

极限大于3.00h的防火卷帘分隔。

**5.1.5.3** 中庭每层回廊应设有自动喷水灭火系统。

**5.1.5.4** 中庭每层回廊应设火灾自动报警系统。

**5.1.6** 设置排烟设施的走道、净高不超过6.00m的房间，应采用挡烟垂壁、隔墙或从顶棚下突出不小于0.50m的梁划分防烟分区。

每个防烟分区的建筑面积不宜超过500m²，且防烟分区不应跨越防火分区。

### 5.2 防火墙、隔墙和楼板

**5.2.1** 防火墙不宜设在U、L等高层建筑的内转角处。当设在转角附近时，内转角两侧墙上的门、窗、洞口之间最近边缘的水平距离不应小于4.00m；当相邻一侧装有固定乙级防火窗时，距离可不限。

**5.2.2** 紧靠防火墙两侧的门、窗、洞口之间最近边缘的水平距离不应小于2.00m；当水平间距小于2.00m时，应设置固定乙级防火门、窗。

**5.2.3** 防火墙上不应开设门、窗、洞口，当必须开设时，应设置能自行关闭的甲级防火门、窗。

**5.2.4** 输送可燃气体和甲、乙、丙类液体的管道，严禁穿过防火墙。其它管道不宜穿过防火墙，当必须穿过时，应采用不燃烧材料将其周围的空隙填塞密实。

穿过防火墙处的管道保温材料，应采用不燃烧材料。

**5.2.5** 管道穿过隔墙、楼板时，应采用不燃烧材料将其周围的缝隙填塞密实。

**5.2.6** 高层建筑内的隔墙应砌至梁板底部，且不宜留有缝隙。

**5.2.7** 设在高层建筑内的自动灭火系统的设备室、通风、空调机房，应采用耐火极限不低于2.00h的隔墙，1.50h的楼板和甲级防火门与其它部位隔开。

**5.2.8** 地下室内存放可燃物平均重量超过30kg/m²的房间隔墙，其耐火极限不应低于2.00h，房间的门应采用甲级防火门。

### 5.3 电梯井和管道井

**5.3.1** 电梯井应独立设置，井内严禁敷设可燃气体和甲、乙、丙类液体管道，并不应敷设与电梯无关的电缆、电线等。电梯井井壁除开设电梯门洞和通气孔洞外，不应开设其它洞口。电梯门不应采用栅栏门。

**5.3.2** 电缆井、管道井、排烟道、排气道、垃圾道等竖向管道井，应分别独立设置；其井壁应为耐火极限不低于1.00h的不燃烧体；井壁上的检查门应采用丙级防火门。

**5.3.3** 建筑高度不超过100m的高层建筑，其电缆井、管道井应每隔2~3层在楼板处用相当于楼板耐火极限的不燃烧体作防火分隔；建筑高度超过100m的高层建筑，应在每层楼板处用相当于楼板耐火极限的不燃烧体作防火分隔。

电缆井、管道井与房间、走道等相连通的孔洞，其空隙应采用不燃烧材料填塞密实。

**5.3.4** 垃圾道宜靠外墙设置，不应设在楼梯间内。垃圾道的排气口应直接开向室外。垃圾斗宜设在垃圾道前室内，该前室应采用丙级防火门。垃圾斗应采用不燃烧材料制作，并能自行关闭。

### 5.4 防火门、防火窗和防火卷帘

**5.4.1** 防火门、防火窗应划分为甲、乙、丙三级，其耐火极限：甲级应为1.20h；乙级应为0.90h；丙级应为0.60h。

**5.4.2** 防火门应为向疏散方向开启的平开门，并在关闭后应能从任何一侧手动开启。

用于疏散的走道、楼梯间和前室的防火门，应具有自行关闭的功能。双扇和多扇防火门，还应具有按顺序关闭的功能。

常开的防火门，当发生火灾时，应具有自行关闭和信号反馈的

功能。

**5.4.3** 设在变形缝附近的防火门,应设在楼层数较多的一侧,且门开启后不应跨越变形缝。

**5.4.4** 在设置防火墙确有困难的场所,可采用防火卷帘作防火分区分隔。当采用包括背火面温升作耐火极限判定条件的防火卷帘时,其耐火极限不低于3.00h;当采用不包括背火面温升作耐火极限判定条件的防火卷帘时,其卷帘两侧应设独立的闭式自动喷水系统保护,系统喷水延续时间不应小于3.00h。

**5.4.5** 设在疏散走道上的防火卷帘应在卷帘的两侧设置启闭装置,并应具有自动、手动和机械控制的功能。

### 5.5 屋顶金属承重构件和变形缝

**5.5.1** 屋顶采用金属承重结构时,其吊顶、望板、保温材料等均应采用不燃烧材料,屋顶金属承重构件应采用外包敷不燃烧材料或喷涂防火涂料等措施,并应符合本规范第3.0.2条规定的耐火极限,或设置自动喷水灭火系统。

**5.5.2** 高层建筑的中庭屋顶承重构件采用金属结构时,应采用外包敷不燃烧材料、喷涂防火涂料等措施,其耐火极限不应小于1.00h,或设置自动喷水灭火系统。

**5.5.3** 变形缝构造基层应采用不燃烧材料。

电缆、可燃气体管道和甲、乙、丙类液体管道,不应敷设在变形缝内。当其穿过变形缝时,应在穿过处加设不燃烧材料套管,并应采用不燃烧材料将套管空隙填塞密实。

# 6 安全疏散和消防电梯

## 6.1 一般规定

**6.1.1** 高层建筑每个防火分区的安全出口不应少于两个。但符合下列条件之一的,可设一个安全出口:

**6.1.1.1** 十八层及十八层以下,每层不超过8户、建筑面积不超过650m²,且设有一座防烟楼梯间和消防电梯的塔式住宅。

**6.1.1.2** 十八层及十八层以下每个单元设有一座通向屋顶的疏散楼梯,单元之间的楼梯通过屋顶连通,单元与单元之间设有防火墙,户门为甲级防火门,窗间墙宽度、窗槛墙高度大于1.2m且为不燃烧体墙的单元式住宅。

超过十八层,每个单元设有一座通向屋顶的疏散楼梯,十八层以上部分每层相邻单元楼梯通过阳台或凹廊连通(屋顶可以不连通),十八层及十八层以下部分单元与单元之间设有防火墙,且户门为甲级防火门,窗间墙宽度、窗槛墙高度大于1.2m为不燃烧体墙的单元式住宅。

**6.1.1.3** 除地下室外,相邻两个防火分区之间的防火墙上有防火门连通时,且相邻两个防火分区的建筑面积之和不超过表6.1.1规定的公共建筑。

**两个防火分区之和最大允许建筑面积** 表6.1.1

| 建筑类别 | 两个防火分区建筑面积之和(m²) |
|---|---|
| 一类建筑 | 1400 |
| 二类建筑 | 2100 |

注:上述相邻两个防火分区设有自动喷水灭火系统时,其相邻两个防火分区的建筑面积之和仍应符合本表的规定。

**6.1.2** 塔式高层建筑,两座疏散楼梯宜独立设置,当确有困难时,可设置剪刀楼梯,并应符合下列规定:

**6.1.2.1** 剪刀楼梯间应为防烟楼梯间。

**6.1.2.2** 剪刀楼梯的梯段之间,应设置耐火极限不低于1.00h的不燃烧体墙分隔。

**6.1.2.3** 剪刀楼梯应分别设置前室。塔式住宅确有困难时可设置一个前室,但两座楼梯应分别设加压送风系统。

**6.1.3** 高层居住建筑的户门不应直接开向前室,当确有困难时,部分开向前室的户门均应为乙级防火门。

**6.1.3A** 商住楼中住宅的疏散楼梯应独立设置。

**6.1.4** 高层公共建筑的大空间设计,必须符合双向疏散或袋形走道的规定。

**6.1.5** 高层建筑的安全出口应分散布置,两个安全出口之间的距离不应小于5.00m。安全疏散距离应符合表6.1.5的规定。

**安全疏散距离** 表6.1.5

| 高层建筑 | | 房间门或住宅户门至最近的外部出口或楼梯间的最大距离(m) | |
|---|---|---|---|
| | | 位于两个安全出口之间的房间 | 位于袋形走道两侧或尽端的房间 |
| 医院 | 病房部分 | 24 | 12 |
| | 其它部分 | 30 | 15 |
| 旅馆、展览楼、教学楼 | | 30 | 15 |
| 其它 | | 40 | 20 |

**6.1.6** 跃廊式住宅的安全疏散距离,应从户门算起,小楼梯的一段距离按其1.50倍水平投影计算。

**6.1.7** 高层建筑内的观众厅、展览厅、多功能厅、餐厅、营业厅和阅览室等,其室内任何一点至最近的疏散出口的直线距离,不宜超过30m;其它房间内最远一点至房门的直线距离不宜超过15m。

**6.1.8** 公共建筑中位于两个安全出口之间的房间,当其建筑面积不超过60m²时,可设置一个门,门的净宽不应小于0.90m。公共建筑中位于走道尽端的房间,当其建筑面积不超过75m²时,可设置一个门,门的净宽不应小于1.40m。

**6.1.9** 高层建筑内走道的净宽,应按通过人数每100人不小于1.00m计算;高层建筑首层疏散外门的总宽度,应按人数最多的一层每100人不小于1.00m计算。首层疏散外门和走道的净宽不应小于表6.1.9的规定。

**首层疏散外门和走道的净宽(m)** 表6.1.9

| 高层建筑 | 每个外门的净宽 | 走道净宽 | |
|---|---|---|---|
| | | 单面布房 | 双面布房 |
| 医院 | 1.30 | 1.40 | 1.50 |
| 居住建筑 | 1.10 | 1.20 | 1.30 |
| 其它 | 1.20 | 1.30 | 1.40 |

**6.1.10** 疏散楼梯间及其前室的门的净宽应按通过人数每100人不小于1.00m计算,但最小净宽不应小于0.90m。单面布置房间的住宅,其走道出垛处的最小净宽不应小于0.90m。

**6.1.11** 高层建筑内设有固定座位的观众厅、会议厅等人员密集场所,其疏散走道、出口等应符合下列规定:

**6.1.11.1** 厅内的疏散走道的净宽应按通过人数每100人不小于0.80m计算,且不宜小于1.00m;边走道的最小净宽不宜小于0.80m。

**6.1.11.2** 厅的疏散出口和厅外疏散走道的总宽度,平坡地面应分别按通过人数每100人不小于0.65m计算,阶梯地面应分别按通过人数每100人不小于0.80m计算。疏散出口和疏散走道的最小净宽均不应小于1.40m。

**6.1.11.3** 疏散出口的门内、门外1.40m范围内不应设踏步,且门必须向外开,并不应设置门槛。

**6.1.11.4** 厅内座位的布置,横走道之间的排数不宜超过20排,纵走道之间每排座位不宜超过22个;当前后排座位的排距不小于0.90m时,每排座位可为44个;只一侧有纵走道时,其座位数应减半。

**6.1.11.5** 厅内每个疏散出口的平均疏散人数不应超过250人。

**6.1.11.6** 厅的疏散门,应采用推闩式外开门。

**6.1.12** 高层建筑地下室、半地下室的安全疏散应符合下列规定:

**6.1.12.1** 每个防火分区的安全出口不应少于两个。当有两个或两个以上防火分区,且相邻防火分区之间的防火墙上设有防火门时，每个防火分区可分别设一个直通室外的安全出口。

6.1.12.2 房间面积不超过 50m²，且经常停留人数不超过 15 人的房间，可设一个门。

6.1.12.3 人员密集的厅、室疏散出口总宽度，应按其通过人数每 100 人不小于 1.00m 计算。

6.1.13 建筑高度超过 100m 的公共建筑，应设置避难层（间），并应符合下列规定：

6.1.13.1 避难层的设置，自高层建筑首层至第一个避难层或两个避难层之间，不宜超过 15 层。

6.1.13.2 通向避难层的防烟楼梯应在避难层分隔、同层错位或上下层断开，但人员均必须经避难层方能上下。

6.1.13.3 避难层的净面积应能满足设计避难人员避难的要求，并宜按 5.00 人/m² 计算。

6.1.13.4 避难层可兼作设备层，但设备管道宜集中布置。

6.1.13.5 避难层应设消防电梯出口。

6.1.13.6 避难层应设消防专线电话，并应设有消火栓和消防卷盘。

6.1.13.7 封闭式避难层应设独立的防烟设施。

6.1.13.8 避难层应设有应急广播和应急照明，其供电时间不应小于 1.00h，照度不应低于 1.00lx。

6.1.14 建筑高度超过 100m，且标准层建筑面积超过 1000m² 的公共建筑，宜设置屋顶直升机停机坪或供直升机救助的设施，并应符合下列规定：

6.1.14.1 设在屋顶平台上的停机坪，距设备机房、电梯机房、水箱间、共用天线等突出物的距离，不应小于 5.00m。

6.1.14.2 出口不应少于两个，每个出口宽度不宜小于 0.90m。

6.1.14.3 在停机坪的适当位置应设置消火栓。

6.1.14.4 停机坪四周应设置航空障碍灯，并应设置应急照明。

6.1.15 除设有排烟设施和应急照明者外，高层建筑内的走道长度超过 20m 时，应设置直接天然采光和自然通风的设施。

6.1.16 高层建筑的公共疏散门均应向疏散方向开启，且不应采用侧拉门、吊门和转门。人员密集场所防止外部人员随意进入的疏散用门，应设置火灾时不需使用钥匙等任何器具即能迅速开启的装置，并应在明显位置设置使用提示。

6.1.17 建筑物直通室外的安全出口上方，应设置宽度不小于 1.00m 的防火挑檐。

## 6.2 疏散楼梯间和楼梯

6.2.1 一类建筑和除单元式和通廊式住宅外的建筑高度超过 32m 的二类建筑以及塔式住宅，均应设防烟楼梯间。防烟楼梯间的设置应符合下列规定：

6.2.1.1 楼梯间入口处应设前室、阳台或凹廊。

6.2.1.2 前室的面积，公共建筑不应小于 6.00m²，居住建筑不应小于 4.50m²。

6.2.1.3 前室和楼梯间的门均应为乙级防火门，并应向疏散方向开启。

6.2.2 裙房和除单元式和通廊式住宅外的建筑高度不超过 32m 的二类建筑应设封闭楼梯间。封闭楼梯间的设置应符合下列规定：

6.2.2.1 楼梯间应靠外墙，并应直接天然采光和自然通风，当不能直接天然采光和自然通风时，应按防烟楼梯间规定设置。

6.2.2.2 楼梯间应设乙级防火门，并应向疏散方向开启。

6.2.2.3 楼梯间的首层紧接主要出口时，可将走道和门厅等包括在楼梯间内，形成扩大的封闭楼梯间，但应采用乙级防火门等防火措施与其它走道和房间隔开。

6.2.3 单元式住宅每个单元的疏散楼梯均应通至屋顶，其疏散楼梯间的设置应符合下列规定：

6.2.3.1 十一层及十一层以下的单元式住宅可不设封闭楼梯间，但开向楼梯间的户门应为乙级防火门，且楼梯间应靠外墙，并

应直接天然采光和自然通风。

6.2.3.2 十二层及十八层的单元式住宅应设封闭楼梯间。

6.2.3.3 十九层及十九层以上的单元式住宅应设防烟楼梯间。

6.2.4 十一层及十一层以下的通廊式住宅应设封闭楼梯间；超过十一层的通廊式住宅应设防烟楼梯间。

6.2.5 楼梯间及防烟楼梯间前室应符合下列规定：

6.2.5.1 楼梯间及防烟楼梯间前室的内墙，除开设通向公共走道的疏散门和本规范第 6.1.3 条规定的户门外，不应开设其它门、窗、洞口。

6.2.5.2 楼梯间及防烟楼梯间前室内不应敷设可燃气体管道和甲、乙、丙类液体管道，并不应有影响疏散的突出物。

6.2.5.3 居住建筑内的煤气管道不应穿过楼梯间，当必须局部水平穿过楼梯间时，应穿钢套管保护，并应符合现行国家标准《城镇燃气设计规范》的有关规定。

6.2.6 除通向避难层错位的楼梯外，疏散楼梯间在各层的位置不应改变，首层应有直通室外的出口。

疏散楼梯和走道上的阶梯不应采用螺旋楼梯和扇形踏步，但踏步上下两级所形成的平面角不超过 10°，且每级离扶手 0.25m 处的踏步宽度超过 0.22m 时，可不受此限。

6.2.7 除本规范第 6.1.1 条及 6.1.1.1 款的规定以及顶层为外通廊式住宅外的高层建筑，通向屋顶的疏散楼梯不宜少于两座，且不应穿越其它房间，通向屋顶的门应向屋顶方向开启。

6.2.8 地下室、半地下室的楼梯间，在首层应采用耐火极限不低于 2.00h 的隔墙与其它部位隔开并应直通室外，当必须在隔墙上开门时，应采用不低于乙级的防火门。

地下室或半地下室与地上层不应共用楼梯间，当必须共用楼梯间时，应在首层与地下或半地下层的出入口处，设置耐火极限不低于 2.00h 的隔墙和乙级的防火门隔开，并应有明显标志。

6.2.9 每层疏散楼梯总宽度应按其通过人数每 100 人不小于 1.00m 计算，各层人数不相等时，其总宽度可分段计算，下层疏散楼梯总宽度应按其上层人数最多的一层计算。疏散楼梯的最小净宽不应小于表 6.2.9 的规定。

疏散楼梯的最小净宽度　　　表 6.2.9

| 高层建筑 | 疏散楼梯的最小净宽度（m） |
| --- | --- |
| 医院病房楼 | 1.30 |
| 居住建筑 | 1.10 |
| 其它建筑 | 1.20 |

6.2.10 室外楼梯可作为辅助的防烟楼梯，其最小净宽不应小于 0.90m。当倾斜角度不大于 45°，栏杆扶手的高度不小于 1.10m 时，室外楼梯宽度可计入疏散楼梯总宽度内。

室外楼梯和每层出口处平台，应采用不燃材料制作。平台的耐火极限不应低于 1.00h。在楼梯周围 2.00m 内的墙面上，除设疏散门外，不应开设其它门、窗、洞口。疏散门应采用乙级防火门、且不应正对楼梯段。

6.2.11 公共建筑内袋形走道尽端的阳台、凹廊，宜设上下层连通的辅助疏散设施。

## 6.3 消防电梯

6.3.1 下列高层建筑应设消防电梯：

6.3.1.1 一类公共建筑。

6.3.1.2 塔式住宅。

6.3.1.3 十二层及十二层以上的单元式住宅和通廊式住宅。

6.3.1.4 高度超过 32m 的其它二类公共建筑。

6.3.2 高层建筑消防电梯的设置数量应符合下列规定：

6.3.2.1 当每层建筑面积不大于 1500m² 时，应设 1 台。

**6.3.2.2** 当大于 1500m² 但不大于 4500m² 时,应设 2 台。

**6.3.2.3** 当大于 4500m² 时,应设 3 台。

**6.3.2.4** 消防电梯可与客梯或工作电梯兼用,但应符合消防电梯的要求。

**6.3.3** 消防电梯的设置应符合下列规定:

**6.3.3.1** 消防电梯宜分别设在不同的防火分区内。

**6.3.3.2** 消防电梯间应设前室,其面积:居住建筑不应小于 4.50m²;公共建筑不应小于 6.00m²。当与防烟楼梯间合用前室时,其面积:居住建筑不应小于 6.00m²;公共建筑不应小于 10m²。

**6.3.3.3** 消防电梯间前室宜靠外墙设置,在首层应设直通室外的出口或经过长度不超过 30m 的通道通向室外。

**6.3.3.4** 消防电梯间前室的门,应采用乙级防火门或具有停滞功能的防火卷帘。

**6.3.3.5** 消防电梯的载重量不应小于 800kg。

**6.3.3.6** 消防电梯井、机房与相邻其它电梯井、机房之间,应采用耐火极限不低于 2.00h 的隔墙隔开,当在隔墙上开门时,应设甲级防火门。

**6.3.3.7** 消防电梯的行驶速度,应按从首层到顶层的运行时间不超过 60s 计算确定。

**6.3.3.8** 消防电梯轿厢的内装修应采用不燃烧材料。

**6.3.3.9** 动力与控制电缆、电线应采取防水措施。

**6.3.3.10** 消防电梯轿厢内应设专用电话,并应在首层设供消防队员专用的操作按钮。

**6.3.3.11** 消防电梯间前室门口宜设挡水设施。

消防电梯的井底应设排水设施,排水井容量不应小于 2.00m³,排水泵的排水量不应小于 10L/s。

# 7 消防给水和灭火设备

## 7.1 一般规定

**7.1.1** 高层建筑必须设置室内、室外消火栓给水系统。

**7.1.2** 消防用水可由给水管网、消防水池或天然水源供给。利用天然水源应确保枯水期最低水位时的消防用水量,并应设置可靠的取水设施。

**7.1.3** 室内消防给水应采用高压或临时高压给水系统。当室内消防用水量达到最大时,其水压应满足室内最不利点灭火设施的要求。

室外低压给水管道的水压,当生活、生产和消防用水量达到最大时,不应小于 0.10MPa(从室外地面算起)。

<small>注:生活、生产用水量应按最大小时流量计算,消防用水量应按最大秒流量计算。</small>

## 7.2 消防用水量

**7.2.1** 高层建筑的消防用水总量应按室内、外消防用水量之和计算。

高层建筑内设有消火栓、自动喷水、水幕、泡沫等灭火系统时,其室内消防用水量应按需要同时开启的灭火系统用水量之和计算。

**7.2.2** 高层建筑室内、外消火栓给水系统的用水量,不应小于表 7.2.2 的规定。

**7.2.3** 高层建筑室内自动喷水灭火系统的用水量,应按现行的国家标准《自动喷水灭火系统设计规范》的规定执行。

**7.2.4** 高级旅馆、重要的办公楼、一类建筑的商业楼、展览楼、综合楼等和建筑高度超过 100m 的其它高层建筑,应设消防卷盘,其用水量可不计入消防用水总量。

**消火栓给水系统的用水量** 表 7.2.2

| 高层建筑类别 | 建筑高度 (m) | 消火栓用水量 (L/s) 室外 | 消火栓用水量 (L/s) 室内 | 每根竖管最小流量 (L/s) | 每支水枪最小流量 (L/s) |
|---|---|---|---|---|---|
| 普通住宅 | ≤50 | 15 | 10 | 10 | 5 |
| | >50 | 15 | 20 | 10 | 5 |
| 1.高级住宅<br>2.医院<br>3.二类建筑的商业楼、展览楼、综合楼、财贸金融楼、电信楼、商住楼、图书馆、书库<br>4.省级以下的邮政楼、防灾指挥调度楼、广播电视楼、电力调度楼<br>5.建筑高度不超过 50m 的教学楼和普通的旅馆、办公楼、科研楼、档案楼等 | ≤50 | 20 | 20 | 10 | 5 |
| | >50 | 20 | 30 | 15 | 5 |
| 1.高级旅馆<br>2.建筑高度超过 50m 或每层建筑面积超过 1000m² 的商业楼、展览楼、综合楼、财贸金融楼、电信楼<br>3.建筑高度超过 50m 或每层建筑面积超过 1500m² 的商住楼<br>4.中央和省级(含计划单列市)广播电视楼<br>5.网局级和省级(含计划单列市)电力调度楼<br>6.省级(含计划单列市)邮政楼、防灾指挥调度楼<br>7.藏书超过 100 万册的图书馆、书库<br>8.重要的办公楼、科研楼、档案楼等<br>9.建筑高度超过 50m 的教学楼和普通的旅馆、办公楼、科研楼、档案楼等 | ≤50 | 30 | 30 | 15 | 5 |
| | >50 | 30 | 40 | 15 | 5 |

<small>注:建筑高度不超过 50m,室内消火栓用水量超过 20L/s,且设有自动喷水灭火系统的建筑物,其室内、外消防用水量可按本表减少 5L/s。</small>

## 7.3 室外消防给水管道、消防水池和室外消火栓

**7.3.1** 室外消防给水管道应布置成环状,其进水管不宜少于两条,并宜从两条市政给水管道引入,当其中一条进水管发生故障时,其余进水管应仍能保证全部用水量。

**7.3.2** 符合下列条件之一时,高层建筑应设消防水池:

**7.3.2.1** 市政给水管道和进水管或天然水源不能满足消防用水量。

**7.3.2.2** 市政给水管道为枝状或只有一条进水管(二类居住建筑除外)。

**7.3.3** 当室外给水管网能保证室外消防用水量时,消防水池的有效容量应满足在火灾延续时间内室内消防用水量的要求;当室外给水管网不能保证室外消防用水量时,消防水池的有效容量应满足火灾延续时间内室内消防用水量和室外消防用水量不足部分之和的要求。

消防水池的补水时间不宜超过 48h。

商业楼、展览楼、综合楼、一类建筑的财贸金融楼、图书馆、书库,重要的档案楼、科研楼和高级旅馆的火灾延续时间应按 3.00h 计算,其它高层建筑可按 2.00h 计算。自动喷水灭火系统可按火灾延续时间 1.00h 计算。

消防水池的总容量超过 500m³ 时,应分成两个能独立使用的消防水池。

**7.3.4** 供消防车取水的消防水池应设取水口或取水井,其水深应保证消防车的消防水泵吸水高度不超过 6.00m。取水口或取水井与被保护高层建筑的外墙距离不宜小于 5.00m,并不宜大于 100m。

消防用水与其它用水共用的水池,应采取确保消防用水量不作他用的技术措施。

寒冷地区的消防水池应采取防冻措施。

**7.3.5** 同一时间内只考虑一次火灾的高层建筑群,可共用消防水池、消防泵房、高位消防水箱。消防水池、高位消防水箱的容量应按消防用水量最大的一幢高层建筑计算。高位消防水箱应满足7.4.7条的相关规定,且应设置在高层建筑群内最高的一幢高层建筑的屋顶最高处。

**7.3.6** 室外消火栓的数量应按本规范第7.2.2条规定的室外消火栓用水量经计算确定,每个消火栓的用水量应为10~15L/s。

室外消火栓应沿高层建筑均匀布置,消火栓距高层建筑外墙的距离不宜小于5.00m,并不宜大于40m;距路边的距离不宜大于2.00m。在该范围内的市政消火栓可计入室外消火栓的数量。

**7.3.7** 室外消火栓宜采用地上式,当采用地下式消火栓时,应有明显标志。

### 7.4 室内消防给水管道、室内消火栓和消防水箱

**7.4.1** 室内消防给水系统应与生活、生产给水系统分开独立设置。室内消防给水管道应布置成环状。室内消防给水环状管网的进水管和区域高压或临时高压给水系统的引入管不应少于两根,当其中一根发生故障时,其余的进水管或引入管应能保证消防用水量和水压的要求。

**7.4.2** 消防竖管的布置,应保证同层相邻两个消火栓的水枪的充实水柱同时到达被保护范围内的任何部位。每根消防竖管的直径应按通过的流量经计算确定,但不应小于100mm。

以下情况,当设两根消防竖管有困难时,可设一根竖管,但必须采用双阀双出口型消火栓:

1 十八层及十八层以下的单元式住宅;

2 十八层及十八层以下、每层不超过8户、建筑面积不超过650m² 的塔式住宅。

**7.4.3** 室内消火栓给水系统应与自动喷水灭火系统分开设置,有困难时,可合用消防泵,但在自动喷水灭火系统的报警阀前(沿水流方向)必须分开设置。

**7.4.4** 室内消防给水管道应采用阀门分成若干独立段。阀门的布置,应保证检修管道时关闭停用的竖管不超过一根。当竖管超过4根时,可关闭不相邻的两根。

裙房内消防给水管道的阀门布置可按现行的国家标准《建筑设计防火规范》的有关规定执行。

阀门应有明显的启闭标志。

**7.4.5** 室内消火栓给水系统和自动喷水灭火系统应设水泵接合器,并应符合下列规定:

**7.4.5.1** 水泵接合器的数量应按室内消防用水量经计算确定。每个水泵接合器的流量应按10~15L/s计算。

**7.4.5.2** 消防给水为竖向分区供水时,在消防车供水压力范围内的分区,应分别设置水泵接合器。

**7.4.5.3** 水泵接合器应设在室外便于消防车使用的地点,距室外消火栓或消防水池的距离宜为15~40m。

**7.4.5.4** 水泵接合器宜采用地上式;当采用地下式水泵接合器时,应有明显标志。

**7.4.6** 除无可燃物的设备层外,高层建筑和裙房的各层均应设室内消火栓,并应符合下列规定:

**7.4.6.1** 消火栓应设在走道、楼梯附近等明显易于取用的地点,消火栓的间距应保证同层任何部位有两个消火栓的水枪充实水柱同时到达。

**7.4.6.2** 消火栓的水枪充实水柱应通过水力计算确定,且建筑高度不超过100m的高层建筑不应小于10m;建筑高度超过100m的高层建筑不应小于13m。

**7.4.6.3** 消火栓的间距应由计算确定,且高层建筑不应大于30m,裙房不应大于50m。

**7.4.6.4** 消火栓栓口离地面高度宜为1.10m,栓口出水方向宜

向下或与设置消火栓的墙面相垂直。

**7.4.6.5** 消火栓栓口的静水压力不应大于1.00MPa,当大于1.00MPa时,应采取分区给水系统。消火栓栓口的出水压力大于0.50MPa时,应采取减压措施。

**7.4.6.6** 消火栓应采用同一型号规格。消火栓的栓口直径应为65mm,水带长度不应超过25m,水枪喷嘴口径不应小于19mm。

**7.4.6.7** 临时高压给水系统的每个消火栓处应设直接启动消防水泵的按钮,并应设有保护按钮的设施。

**7.4.6.8** 消防电梯间前室应设消火栓。

**7.4.6.9** 高层建筑的屋顶应设一个装有压力显示装置的检查用的消火栓,采暖地区可设在顶层出口处或水箱间内。

**7.4.7** 采用高压给水系统时,可不设高位消防水箱。当采用临时高压给水系统时,应设高位消防水箱,并应符合下列规定:

**7.4.7.1** 高位消防水箱的消防储水量,一类公共建筑不应小于18m³;二类公共建筑和一类居住建筑不应小于12m³;二类居住建筑不应小于6.00m³。

**7.4.7.2** 高位消防水箱的设置高度应保证最不利点消火栓静水压力。当建筑高度不超过100m时,高层建筑最不利点消火栓静水压力不应低于0.07MPa;当建筑高度超过100m时,高层建筑最不利点消火栓静水压力不应低于0.15MPa。当高位消防水箱不能满足上述静压要求时,应设增压设施。

**7.4.7.3** 并联给水方式的分区消防水箱容量应与高位消防水箱相同。

**7.4.7.4** 消防用水与其它用水合用的水箱,应采取确保消防用水不作他用的技术措施。

**7.4.7.5** 除串联消防给水系统外,发生火灾时由消防水泵供给的消防用水不应进入高位消防水箱。

**7.4.8** 设有高位消防水箱的消防给水系统,其增压设施应符合下列规定:

**7.4.8.1** 增压水泵的出水量,对消火栓给水系统不应大于5L/s;对自动喷水灭火系统不应大于1L/s。

**7.4.8.2** 气压水罐的调节水容量宜为450L。

**7.4.9** 消防卷盘的间距应保证有一股水流到达室内地面任何部位,消防卷盘的安装高度应便于取用。

注:消防卷盘的栓口直径宜为25mm;配备的胶带内径不小于19mm;消防卷盘喷嘴口径不小于6.00mm。

### 7.5 消防水泵房和消防水泵

**7.5.1** 独立设置的消防水泵房,其耐火等级不应低于二级。在高层建筑内设置消防水泵房,应采用耐火极限不低于2.00h的隔墙和1.50h的楼板与其它部位隔开,并应设甲级防火门。

**7.5.2** 当消防水泵房设在首层时,其出口宜直通室外。当设在地下室或其它楼层时,其出口应直通安全出口。

**7.5.3** 消防给水系统应设置备用消防水泵,其工作能力不应小于其中最大一台消防工作泵。

**7.5.4** 一组消防水泵,吸水管不应少于两条,当其中一条损坏或检修时,其余吸水管仍能通过全部水量。

消防水泵房应设不少于两条的供水管与环状管网连接。

消防水泵应采用自灌式吸水,其吸水管应设阀门。供水管上应装设试验和检查用压力表和65mm的放水阀门。

**7.5.5** 当市政给水环形干管允许直接吸水时,消防水泵应直接从室外给水管网吸水。直接吸水时,水泵扬程计算应考虑室外给水管网的最低水压,并以室外给水管网的最高水压校核水泵的工作情况。

**7.5.6** 高层建筑消防给水系统应采取防超压措施。

### 7.6 灭火设备

**7.6.1** 建筑高度超过100m的高层建筑及其裙房,除游泳池、溜

冰场、建筑面积小于 5.00m² 的卫生间、不设集中空调且户门为甲级防火门的住宅的户内用房和不宜用水扑救的部位外，均应设自动喷水灭火系统。

**7.6.2** 建筑高度不超过 100m 的一类高层建筑及其裙房，除游泳池、溜冰场、建筑面积小于 5.00m² 的卫生间、普通住宅、设集中空调的住宅的户内用房和不宜用水扑救的部位外，均应设自动喷水灭火系统。

**7.6.3** 二类高层公共建筑的下列部位应设自动喷水灭火系统：

**7.6.3.1** 公共活动用房；

**7.6.3.2** 走道、办公室和旅馆的客房；

**7.6.3.3** 自动扶梯底部；

**7.6.3.4** 可燃物品库房。

**7.6.4** 高层建筑中的歌舞娱乐放映游艺场所、空调机房、公共餐厅、公共厨房以及经常有人停留或可燃物较多的地下室、半地下室房间等，应设自动喷水灭火系统。

**7.6.5** 超过 800 个座位的剧院、礼堂的舞台口宜设防火幕或水幕分隔。

**7.6.6** 高层建筑内的下列房间应设置除卤代烷 1211、1301 以外的自动灭火系统：

**7.6.6.1** 燃油、燃气的锅炉房、柴油发电机房宜设自动喷水灭火系统；

**7.6.6.2** 可燃油油浸电力变压器、充可燃油的高压电容器和多油开关室宜设水喷雾或气体灭火系统。

**7.6.7** 高层建筑的下列房间，应设置气体灭火系统：

**7.6.7.1** 主机房建筑面积不小于 140m² 的电子计算机房中的主机房和基本工作间的已记录磁、纸介质库；

**7.6.7.2** 省级或超过 100 万人口的城市，其广播电视发射塔楼内的微波机房、分米波机房、米波机房、变、配电室和不间断电源（UPS）室；

**7.6.7.3** 国际电信局、大区中心，省中心和一万路以上的地区中心的长途通讯机房、控制室和信令转接点室；

**7.6.7.4** 二万线以上的市话汇接局和六万门以上的市话端局程控交换机房、控制室和信令转接点室；

**7.6.7.5** 中央及省级治安、防灾和网、局级以上的电力等调度指挥中心的通信机房和控制室；

**7.6.7.6** 其它特殊重要设备室。

  注：当有备用主机和备用已记录磁、纸介质量设置在不同建筑中、或同一建筑中的不同防火分区内时，7.6.7.1 条中指定的房间内可采用预作用自动喷水灭火系统。

**7.6.8** 高层建筑的下列房间应设置气体灭火系统，但不得采用卤代烷 1211、1301 灭火系统：

**7.6.8.1** 国家、省级或藏书量超过 100 万册的图书馆的特藏库；

**7.6.8.2** 中央和省级档案馆中的珍藏库和非纸质档案库；

**7.6.8.3** 大、中型博物馆中的珍品库房；

**7.6.8.4** 一级纸、绢质文物的陈列室；

**7.6.8.5** 中央和省级广播电视中心内，面积不小于 120m² 的音、像制品库房。

**7.6.9** 高层建筑的灭火器配置应按现行国家标准《建筑灭火器配置设计规范》的有关规定执行。

# 8 防烟、排烟和通风、空气调节

## 8.1 一般规定

**8.1.1** 高层建筑的防烟设施应分为机械加压送风的防烟设施和可开启外窗的自然排烟设施。

**8.1.2** 高层建筑的排烟设施应分为机械排烟设施和可开启外窗的自然排烟设施。

**8.1.3** 一类高层建筑和建筑高度超过 32m 的二类高层建筑的下列部位应设排烟设施：

**8.1.3.1** 长度超过 20m 的内走道。

**8.1.3.2** 面积超过 100m²，且经常有人停留或可燃物较多的房间。

**8.1.3.3** 高层建筑的中庭和经常有人停留或可燃物较多的地下室。

**8.1.4** 通风、空气调节系统应采取防火、防烟措施。

**8.1.5** 机械加压送风和机械排烟的风速，应符合下列规定：

**8.1.5.1** 采用金属风道时，不应大于 20m/s。

**8.1.5.2** 采用内表面光滑的混凝土等非金属材料风道时，不应大于 15m/s。

**8.1.5.3** 送风口的风速不宜大于 7m/s；排烟口的风速不宜大于 10m/s。

## 8.2 自然排烟

**8.2.1** 除建筑高度超过 50m 的一类公共建筑和建筑高度超过 100m 的居住建筑外，靠外墙的防烟楼梯间及其前室、消防电梯间前室和合用前室，宜采用自然排烟方式。

**8.2.2** 采用自然排烟的开窗面积应符合下列规定：

**8.2.2.1** 防烟楼梯间前室、消防电梯间前室可开启外窗面积不应小于 2.00m²，合用前室不应小于 3.00m²。

**8.2.2.2** 靠外墙的防烟楼梯每五层内可开启外窗总面积之和不应小于 2.00m²。

**8.2.2.3** 长度不超过 60m 的内走道可开启外窗面积不应小于走道面积的 2%。

**8.2.2.4** 需要排烟的房间可开启外窗面积不应小于该房间面积的 2%。

**8.2.2.5** 净空高度小于 12m 的中庭可开启的天窗或高侧窗的面积不应小于该中庭地面积的 5%。

**8.2.3** 防烟楼梯间前室或合用前室，利用敞开的阳台、凹廊或前室内有不同朝向的可开启外窗自然排烟时，该楼梯间可不设防烟设施。

**8.2.4** 排烟窗宜设置在上方，并应有方便开启的装置。

## 8.3 机械防烟

**8.3.1** 下列部位应设置独立的机械加压送风的防烟设施：

**8.3.1.1** 不具备自然排烟条件的防烟楼梯间、消防电梯间前室或合用前室。

**8.3.1.2** 采用自然排烟措施的防烟楼梯间，其不具备自然排烟条件的前室。

**8.3.1.3** 封闭避难层（间）。

**8.3.2** 高层建筑防烟楼梯间及其前室、合用前室和消防电梯间前室的机械加压送风量应由计算确定，或按表 8.3.2-1 至表 8.3.2-4 的规定确定。当计算值和本表不一致时，应按两者中较大值确定。

防烟楼梯间（前室不送风）的加压送风量　表 8.3.2-1

| 系统负担层数 | 加压送风量（m³/h） |
| --- | --- |
| <20 层 | 25000~30000 |
| 20 层~32 层 | 35000~40000 |

**防烟楼梯间及其合用前室的分别加压送风量　表 8.3.2-2**

| 系统负担层数 | 送风部位 | 加压送风量（m³/h） |
|---|---|---|
| <20 层 | 防烟楼梯间 | 16000～20000 |
| | 合用前室 | 12000～16000 |
| 20 层～32 层 | 防烟楼梯间 | 20000～25000 |
| | 合用前室 | 18000～22000 |

**消防电梯间前室的加压送风量　表 8.3.2-3**

| 系统负担层数 | 加压送风量（m³/h） |
|---|---|
| <20 层 | 15000～20000 |
| 20 层～32 层 | 22000～27000 |

**防烟楼梯间采用自然排烟，前室或**

**合用前室不具备自然排烟条件时的送风量　表 8.3.2-4**

| 系统负担层数 | 加压送风量（m³/h） |
|---|---|
| <20 层 | 22000～27000 |
| 20 层～32 层 | 28000～32000 |

注：①表 8.3.2-1 至表 8.3.2-4 的风量按开启 2.00m×1.60m 的双扇门确定。当采用单扇门时，其风量可乘以 0.75 系数计算；当有两个或两个以上出入口时，其风量应乘以 1.50～1.75 系数计算。开启门时，通过门的风速不宜小于 0.70m/s。

②风量上下限选取应按层数、风道材料、防火门漏风量等因素综合比较确定。

**8.3.3** 层数超过三十二层的高层建筑，其送风系统及送风量应分段设计。

**8.3.4** 剪刀楼梯间可合用一个风道，其风量应按二个楼梯间风量计算，送风口应分别设置。

**8.3.5** 封闭避难层（间）的机械加压送风量应按避难层净面积每平方米不小于 30m³/h 计算。

**8.3.6** 机械加压送风的防烟楼梯间和合用前室，宜分别独立设置送风系统，当必须共用一个系统时，应在通向合用前室的支风管上设置压差自动调节装置。

**8.3.7** 机械加压送风机的全压，除计算最不利环管道压头损失外，尚应有余压。其余压值应符合下列要求：

　**8.3.7.1** 防烟楼梯间为 40Pa 至 50Pa。

　**8.3.7.2** 前室、合用前室、消防电梯间前室、封闭避难层（间）为 25Pa 至 30Pa。

**8.3.8** 楼梯间宜每隔二至三层设一个加压送风口；前室的加压送风口应每层设一个。

**8.3.9** 机械加压送风机可采用轴流风机或中、低压离心风机，风机位置应根据供电条件、风量分配均衡、新风入口不受火、烟威胁等因素确定。

### 8.4　机械排烟

**8.4.1** 一类高层建筑和建筑高度超过 32m 的二类高层建筑的下列部位，应设置机械排烟设施：

　**8.4.1.1** 无直接自然通风，且长度超过 20m 的内走道或虽有直接自然通风，但长度超过 60m 的内走道。

　**8.4.1.2** 面积超过 100m²，且经常有人停留或可燃物较多的地上无窗房间或设固定窗的房间。

　**8.4.1.3** 不具备自然排烟条件或净空高度超过 12m 的中庭。

　**8.4.1.4** 除利用窗井等开窗进行自然排烟的房间外，各房间总面积超过 200m² 或一个房间面积超过 50m²，且经常有人停留或可燃物较多的地下室。

**8.4.2** 设置机械排烟设施的部位，其排烟风机的风量应符合下列规定：

　**8.4.2.1** 担负一个防烟分区排烟或净空高度大于 6.00m 的不

划防烟分区的房间时，应按每平方米面积不小于 60m³/h 计算（单台风机最小排烟量不应小于 7200m³/h）。

　**8.4.2.2** 担负两个或两个以上防烟分区排烟时，应按最大防烟分区面积每平方米不小于 120m³/h 计算。

　**8.4.2.3** 中庭体积小于或等于 17000m³ 时，其排烟量按其体积的 6 次/h 换气计算；中庭体积大于 17000m³ 时，其排烟量按其体积的 4 次/h 换气计算，但最小排烟量不应小于 102000m³/h。

**8.4.3** 带裙房的高层建筑防烟楼梯间及其前室，消防电梯间前室或合用前室，当裙房以上部分利用可开启外窗进行自然排烟，裙房部分不具备自然排烟条件时，其前室或合用前室应设置局部正压送风系统，正压值应符合 8.3.7 条的规定。

**8.4.4** 排烟口应设在顶棚上或靠近顶棚的墙上，且与附近安全出口沿走道方向相邻边缘之间的最小水平距离不应小于 1.50m。设在顶棚上的排烟口，距可燃构件或可燃物的距离不应小于 1.00m。排烟口平时关闭，并应设置有手动和自动开启装置。

**8.4.5** 防烟分区内的排烟口距最远点的水平距离不应超过 30m。在排烟支管上应设有当烟气温度超过 280℃ 时能自行关闭的排烟防火阀。

**8.4.6** 走道的机械排烟系统宜竖向设置；房间的机械排烟系统宜按防烟分区设置。

**8.4.7** 排烟风机可采用离心风机或采用排烟轴流风机，并应在其机房入口处设有当烟气温度超过 280℃ 时能自动关闭的排烟防火阀。排烟风机应保证在 280℃ 时能连续工作 30min。

**8.4.8** 机械排烟系统中，当任一排烟口或排烟阀开启时，排烟风机应能自行启动。

**8.4.9** 排烟管道必须采用不燃材料制作。安装在吊顶内的排烟管道，其隔热层应采用不燃烧材料制作，并应与可燃物保持不小于 150mm 的距离。

**8.4.10** 机械排烟系统与通风、空气调节系统宜分开设置。若合用时，必须采取可靠的防火安全措施，并应符合排烟系统要求。

**8.4.11** 设置机械排烟的地下室，应同时设置送风系统，且送风量不宜小于排烟量的 50%。

**8.4.12** 排烟风机的全压应按排烟系统最不利环管道进行计算，其排烟量应增加漏风系数。

### 8.5　通风和空气调节

**8.5.1** 空气中含有易燃、易爆物质的房间，其送、排风系统应采用相应的防爆型通风设备；当送风机设在单独隔开的通风机房内且送风干管上设有止回阀时，可采用普通型通风设备，其空气不应循环使用。

**8.5.2** 通风、空气调节系统，横向应按每个防火分区设置，竖向不宜超过五层，当管风道设有防止回流设施且各层设有自动喷水灭火系统时，其进风和排风管道可不受此限制。垂直风管应设在管井内。

**8.5.3** 下列情况之一的通风、空气调节系统的风管道应设防火阀：

　**8.5.3.1** 管道穿越防火分区处。

　**8.5.3.2** 穿越通风、空气调节机房及重要的或火灾危险性大的房间隔墙和楼板处。

　**8.5.3.3** 垂直风管与每层水平风管交接处的水平管段上。

　**8.5.3.4** 穿越变形缝处的两侧。

**8.5.4** 防火阀的动作温度宜为 70℃。

**8.5.5** 厨房、浴室、厕所等的垂直排风管道，应采取防止回流的措施或在支管上设置防火阀。

**8.5.6** 通风、空气调节系统的管道等，应采用不燃烧材料制作，但接触腐蚀性介质的风管和柔性接头，可采用难燃烧材料制作。

**8.5.7** 管道和设备的保温材料、消声材料和粘结剂应为不燃烧材料或难燃烧材料。

穿过防火墙和变形缝的风管两侧各 2.00m 范围内应采用不燃烧材料及其粘结剂。

8.5.8 风管内设有电加热器时，风机应与电加热器联锁。电加热器前后各 800mm 范围内的风管和穿过设有火源等容易起火部位的管道，均必须采用不燃保温材料。

# 9 电 气

## 9.1 消防电源及其配电

9.1.1 高层建筑的消防控制室、消防水泵、消防电梯、防烟排烟设施、火灾自动报警、漏电火灾报警系统、自动灭火系统、应急照明、疏散指示标志和电动的防火门、窗、卷帘、阀门等消防用电，应按现行的国家标准《供配电系统设计规范》GB 50052 的规定进行设计，一类高层建筑应按一级负荷要求供电，二类高层建筑应按二级负荷要求供电。

9.1.2 高层建筑的消防控制室、消防水泵、消防电梯、防烟排烟风机等的供电，应在最末一级配电箱处设置自动切换装置。

一类高层建筑自备发电设备，应设有自动启动装置，并能在 30s 内供电。二类高层建筑自备发电设备，当采用自动启动有困难时，可采用手动启动装置。

9.1.3 消防用电设备应采用专用的供电回路，其配电设备应有明显标志。其配电线路和控制回路宜按防火分区划分。

9.1.4 消防用电设备的配电线路应满足火灾时连续供电的需要，其敷设应符合下列规定：

9.1.4.1 暗敷设时，应穿管并应敷设在不燃烧体结构内且保护层厚度不应小于 30mm；明敷设时，应穿有防火保护的金属管或有防火保护的封闭式金属线槽。

9.1.4.2 当采用阻燃或耐火电缆时，敷设在电缆井、电缆沟内可不采取防火保护措施；

9.1.4.3 当采用矿物绝缘类不燃性电缆时，可直接敷设；

9.1.4.4 宜与其它配电线路分开敷设；当敷设在同一井沟内时，宜分别布置在井沟的两侧。

## 9.2 火灾应急照明和疏散指示标志

9.2.1 高层建筑的下列部位应设置应急照明：

9.2.1.1 楼梯间、防烟楼梯间前室、消防电梯间及其前室、合用前室和避难层（间）。

9.2.1.2 配电室、消防控制室、消防水泵房、防烟排烟机房、供消防用电的蓄电池室、自备发电机房、电话总机房以及发生火灾时仍需坚持工作的其它房间。

9.2.1.3 观众厅、展览厅、多功能厅、餐厅和商业营业厅等人员密集的场所。

9.2.1.4 公共建筑内的疏散走道和居住建筑内走道长度超过 20m 的内走道。

9.2.2 疏散用的应急照明，其地面最低照度不应低于 0.5lx。

消防控制室、消防水泵房、防烟排烟机房、配电室和自备发电机房、电话总机房以及发生火灾时仍需坚持工作的其它房间的应急照明，仍应保证正常照明的照度。

9.2.3 除二类居住建筑外，高层建筑的疏散走道和安全出口处应设灯光疏散指示标志。

9.2.4 疏散应急照明灯宜设在墙面上或顶棚上。安全出口标志宜设在出口的顶部；疏散走道的指示标志宜设在疏散走道及其转角处距地面 1.00m 以下的墙面上。走道疏散标志灯的间距不应大于 20m。

9.2.5 应急照明灯和灯光疏散指示标志，应设玻璃或其它不燃烧材料制作的保护罩。

9.2.6 应急照明和疏散指示标志，可采用蓄电池作备用电源，且连续供电时间不应少于 20min；高度超过 100m 的高层建筑连续供电时间不应少于 30min。

## 9.3 灯 具

9.3.1 开关、插座和照明器靠近可燃物时，应采取隔热、散热等保护措施。

卤钨灯和超过 100W 的白炽灯泡的吸顶灯、槽灯、嵌入式灯的引入线应采取保护措施。

9.3.2 白炽灯、卤钨灯、荧光高压汞灯、镇流器等不应直接设置在可燃装修材料或可燃构件上。

可燃物品库房不应设置卤钨灯等高温照明灯具。

## 9.4 火灾自动报警系统、火灾应急广播和消防控制室

9.4.1 建筑高度超过 100m 的高层建筑，除游泳池、溜冰场、卫生间外，均应设火灾自动报警系统。

9.4.2 除住宅、商住楼的住宅部分、游泳池、溜冰场外，建筑高度不超过 100m 的一类高层建筑的下列部位应设置火灾自动报警系统：

9.4.2.1 医院病房楼的病房、贵重医疗设备室、病历档案室、药品库。

9.4.2.2 高级旅馆的客房和公共活动用房。

9.4.2.3 商业楼、商住楼的营业厅，展览楼的展览厅。

9.4.2.4 电信楼、邮政楼的重要机房和重要房间。

9.4.2.5 财贸金融楼的办公室、营业厅、票证库。

9.4.2.6 广播电视楼的演播室、播音室、录音室、节目播出技术用房、道具布景。

9.4.2.7 电力调度楼、防灾指挥调度楼等的微波机房、计算机房、控制机房、动力机房。

9.4.2.8 图书馆的阅览室、办公室、书库。

9.4.2.9 档案楼的档案库、阅览室、办公室。

9.4.2.10 办公楼的办公室、会议室、档案室。

9.4.2.11 走道、门厅、可燃物品库房、空调机房、配电室、自备发电机房。

9.4.2.12 净高超过 2.60m 且可燃物较多的技术夹层。

9.4.2.13 贵重设备间和火灾危险性较大的房间。

9.4.2.14 经常有人停留或可燃物较多的地下室。

9.4.2.15 电子计算机房的主机房、控制室、纸库、磁带库。

9.4.3 二类高层建筑的下列部位应设火灾自动报警系统：

9.4.3.1 财贸金融楼的办公室、营业厅、票证库。

9.4.3.2 电子计算机房的主机房、控制室、纸库、磁带库。

9.4.3.3 面积大于 50m² 的可燃物品库房。

9.4.3.4 面积大于 500m² 的营业厅。

9.4.3.5 经常有人停留或可燃物较多的地下室。

9.4.3.6 性质重要或有贵重物品的房间。

注：旅馆、办公楼、综合楼的门厅、观众厅，设有自动喷水灭火系统时，可不设火灾自动报警系统。

9.4.4 应急广播的设计应按现行的国家标准《火灾自动报警系统设计规范》的有关规定执行。

9.4.5 设有火灾自动报警系统和自动灭火系统或设有火灾自动报警系统和机械防烟、排烟设施的高层建筑，应按现行国家标准《火灾自动报警系统设计规范》的要求设置消防控制室。

## 9.5 漏电火灾报警系统

9.5.1 高层建筑内火灾危险性大、人员密集等场所宜设置漏电火灾报警系统。

9.5.2 漏电火灾报警系统应具有下列功能：

9.5.2.1 探测漏电电流、过电流等信号，发出声光信号报警，准确报出故障线路地址，监视故障点的变化。

9.5.2.2 储存各种故障和操作试验信号，信号存储时间不应少于 12 个月。

9.5.2.3 切断漏电线路上的电源，并显示其状态。

9.5.2.4 显示系统电源状态。

# 附录A　各类建筑构件的燃烧性能和耐火极限

各类建筑构件的燃烧性能和耐火极限　　　表 A

| 构 件 名 称 | 结构厚度或截面最小尺寸(cm) | 耐火极限(h) | 燃烧性能 |
|---|---|---|---|
| **承 重 墙** | | | |
| 普通粘土砖、混凝土、钢筋混凝土实体墙 | 12 | 2.50 | 不燃烧体 |
| | 18 | 3.50 | 不燃烧体 |
| | 24 | 5.50 | 不燃烧体 |
| | 37 | 10.50 | 不燃烧体 |
| 加气混凝土砌块墙 | 10 | 2.00 | 不燃烧体 |
| 轻质混凝土砌块墙 | 12 | 1.50 | 不燃烧体 |
| | 24 | 3.50 | 不燃烧体 |
| | 37 | 5.50 | 不燃烧体 |
| **非 承 重 墙** | | | |
| 普通粘土砖墙（不包括双面抹灰厚） | 6 | 1.50 | 不燃烧体 |
| | 12 | 3.00 | 不燃烧体 |
| 普通粘土砖墙（包括双面抹灰1.5cm厚） | 15 | 4.50 | 不燃烧体 |
| | 18 | 5.00 | 不燃烧体 |
| | 24 | 8.00 | 不燃烧体 |
| 七孔粘土砖墙（不包括墙中空12cm厚） | 12 | 8.00 | 不燃烧体 |
| 双面抹灰七孔粘土砖墙（不包括墙中空12cm厚） | 14 | 9.00 | 不燃烧体 |
| 粉煤灰硅酸盐砌块砖 | 20 | 4.00 | 不燃烧体 |
| 加气混凝土构件（未抹灰粉刷） | | | |
| (1)砌块墙 | 7.5 | 2.50 | 不燃烧体 |
| | 10 | 3.75 | 不燃烧体 |
| | 15 | 5.75 | 不燃烧体 |
| | 20 | 8.00 | 不燃烧体 |
| (2)隔板墙 | 7.5 | 2.00 | 不燃烧体 |
| (3)垂直墙板 | 15 | 3.00 | 不燃烧体 |
| (4)水平墙板 | 15 | 5.00 | 不燃烧体 |
| 粉煤灰加气混凝土砌块墙（粉煤灰、水泥、石灰） | 10 | 3.40 | 不燃烧体 |
| 充气混凝土砌块墙 | 15 | 7.00 | 不燃烧体 |
| 碳化石灰圆孔板隔墙 | 9 | 1.75 | 不燃烧体 |
| 木龙骨两面钉下列材料： | | | |
| (1)钢丝网抹灰，其构造、厚度(cm)为：1.5+5(空)+1.5 | | 0.85 | 难燃烧体 |
| (2)石膏板，其构造、厚度(cm)为：1.2+5(空)+1.2 | | 0.30 | 难燃烧体 |
| (3)板条抹灰，其构造、厚度(cm)为：1.5+5(空)+1.5 | | 0.85 | 难燃烧体 |
| (4)水泥刨花板，其构造厚度(cm)为：1.5+5(空)+1.5 | | 0.30 | 难燃烧体 |
| (5)板条抹1∶4石棉水泥、隔热灰浆，其构造、厚度(cm)为：2+5(空)+2 | — | 1.25 | 难燃烧体 |

| 构 件 名 称 | 结构厚度或截面最小尺寸(cm) | 耐火极限(h) | 燃烧性能 |
|---|---|---|---|
| (1)木龙骨纸面玻璃纤维石膏板隔墙，其构造、厚度(cm)为：1.0+5.5(空)+1.0 | — | 0.60 | 难燃烧体 |
| (2)木龙骨纸面纤维石膏板隔墙，其构造、厚度(cm)为：1.0+5.5(空)+1.0 | — | 0.60 | 难燃烧体 |
| 石膏空心条板隔墙： | | | |
| (1)石膏珍珠岩空心条板（膨胀珍珠岩容量50~80kg/m³) | 6.0 | 1.50 | 不燃烧体 |
| (2)石膏珍珠岩空心条板（膨胀珍珠岩60~120kg/m³) | 6.0 | 1.20 | 不燃烧体 |
| (3)石膏硅酸盐空心条板 | 6.0 | 1.50 | 不燃烧体 |
| (4)石膏珍珠岩塑料网空心条板（膨胀珍珠岩60~120kg/m³) | 6.0 | 1.30 | 不燃烧体 |
| (5)石膏粉煤灰空心条板 | 9.0 | 2.25 | 不燃烧体 |
| (6)石膏珍珠岩双层空心条板，其构造、厚度(cm)为： | | | |
| 6.0+5(空)+6.0(膨胀珍珠岩50~80kg/m³) | — | 3.75 | 不燃烧体 |
| 6.0+5(空)+6.0(膨胀珍珠岩60~120kg/m³) | — | 3.25 | 不燃烧体 |
| 石膏龙骨两面钉下列材料： | | | |
| (1)纤维石膏板，其构造厚度(cm)为： | | | |
| 0.85+10.3(填矿棉)+0.85 | | 1.00 | 不燃烧体 |
| 1.0+6.4(空)+1.0 | | 1.35 | 不燃烧体 |
| 1.0+9(填矿棉)+1.0 | | 1.00 | 不燃烧体 |
| (2)纸面石膏板，其构造厚度(cm)为： | | | |
| 1.1+6.8(填矿棉)+1.1 | | 0.75 | 不燃烧体 |
| 1.1+2.8(空)+1.1+6.5(空)+1.1+2.8(空)+1.1 | | 1.50 | 不燃烧体 |
| 0.9+1.2+12.8(空)+1.2+0.9 | | 1.20 | 不燃烧体 |
| 2.5+13.4(空)+1.2+0.9 | | 1.50 | 不燃烧体 |
| 1.2+8(空)+1.2+1.2+8(空)+1.2 | — | 1.00 | 不燃烧体 |
| 1.2+8(空)+1.2 | — | 0.33 | 不燃烧体 |
| 钢龙骨两面钉下列材料： | | | |
| (1)水泥刨花板，其构造、厚度(cm)为：1.2+7.6(空)+1.2 | | 0.45 | 难燃烧体 |
| (2)纸面石膏板，其构造、厚度(cm)为： | | | |
| 1.2+4.6(空)+1.2 | | 0.33 | 不燃烧体 |
| 2×1.2+7(空)+3×1.2 | | 1.25 | 不燃烧体 |
| 2×1.2+7(填矿棉)+2×1.2 | | 1.20 | 不燃烧体 |
| (3)双层普通石膏板，板内掺纸纤维，其构造、厚度(cm)为： | | | |
| 2×1.2+7.5(空)+2×1.2 | | 1.10 | 不燃烧体 |
| (4)双层防火石膏板，板内掺玻璃纤维，其构造、厚度(cm)为： | | | |
| 2×1.2+7.5(空)+2×1.2 | | 1.35 | 不燃烧体 |
| 2×1.2+7.5(岩棉厚4cm)+2×1.2 | — | 1.60 | 不燃烧体 |
| (5)复合纸面石膏板，其构造、厚度(cm)为： | | | |
| 1.5+7.5(空)+0.15+0.95(双层板受火) | | 1.10 | 不燃烧体 |
| (6)双层石膏板，其构造、厚度(cm)为： | | | |
| 2×1.2+7.5(填岩棉)+2×1.2 | — | 2.10 | 不燃烧体 |
| 2×1.2+7.5(空)+2×1.2 | — | 1.35 | 不燃烧体 |

| 构 件 名 称 | 结构厚度或截面最小尺寸(cm) | 耐火极限(h) | 燃烧性能 |
|---|---|---|---|
| (7)单层石膏板,其构造,厚度(cm)为: | | | |
| 1.2+7.5(填 5cm 厚岩棉)+1.2 | — | 1.20 | 不燃烧体 |
| 1.2+7.5(空)+1.2 | — | 0.50 | 不燃烧体 |
| 碳化石灰圆孔空心条板隔墙 | 9 | 1.75 | 不燃烧体 |
| 菱苦土珍珠岩圆孔空心条板隔墙 | 8 | 1.30 | 不燃烧体 |
| 钢筋混凝土大板墙(200# 混凝土) | 6.00 | 1.00 | 不燃烧体 |
| | 12.00 | 2.60 | 不燃烧体 |
| 钢框架间用墙、混凝土砌筑的墙,当钢框架: | | | |
| (1)金属网抹灰的厚度为2.5cm | — | 0.75 | 不燃烧体 |
| (2)用砖砌面或混凝土保护,其厚度为: | | | |
| 6cm | — | 2.00 | 不燃烧体 |
| 12cm | — | 4.00 | 不燃烧体 |
| **柱** | | | |
| 钢筋混凝土柱 | 20×20 | 1.40 | 不燃烧体 |
| | 20×30 | 2.50 | 不燃烧体 |
| | 20×40 | 2.70 | 不燃烧体 |
| | 20×50 | 3.00 | 不燃烧体 |
| | 24×24 | 2.00 | 不燃烧体 |
| | 30×30 | 3.00 | 不燃烧体 |
| | 30×50 | 3.50 | 不燃烧体 |
| | 37×37 | 5.00 | 不燃烧体 |
| 钢筋混凝土圆柱 | 直径30 | 3.00 | 不燃烧体 |
| | 直径45 | 4.00 | 不燃烧体 |
| 无保护层的钢柱 | — | 0.25 | 不燃烧体 |
| 有保护层的钢柱: | | | |
| (1)用普通粘土砖作保护层,其厚度为: | | | |
| 12cm | — | 2.85 | 不燃烧体 |
| (2)用陶粒混凝土作保护层,其厚度为: | | | |
| 10cm | — | 3.00 | 不燃烧体 |
| (3)用 200# 混凝土作保护层,其厚度为: | | | |
| 10cm | — | 2.85 | 不燃烧体 |
| 5cm | — | 2.00 | 不燃烧体 |
| 2.5cm | — | 0.80 | 不燃烧体 |
| (4)用加气混凝土作保护层,其厚度为: | | | |
| 4cm | — | 1.00 | 不燃烧体 |
| 5cm | — | 1.40 | 不燃烧体 |
| 7cm | — | 2.00 | 不燃烧体 |
| 8cm | — | 2.30 | 不燃烧体 |
| (5)用金属网抹 50# 砂浆作保护层,其厚度为: | | | |
| 2.5cm | — | 0.80 | 不燃烧体 |
| 5cm | — | 1.30 | 不燃烧体 |
| (6)用薄涂型钢结构防火涂料作保护层,其厚度为: | | | |
| 0.55cm | — | 1.00 | 不燃烧体 |
| 0.70cm | — | 1.50 | 不燃烧体 |

| 构 件 名 称 | 结构厚度或截面最小尺寸(cm) | 耐火极限(h) | 燃烧性能 |
|---|---|---|---|
| (7)用厚涂型钢结构防火涂料作保护层,其厚度为: | | | |
| 1.5cm | — | 1.00 | 不燃烧体 |
| 2cm | — | 1.50 | 不燃烧体 |
| 3cm | — | 2.00 | 不燃烧体 |
| 4cm | — | 2.50 | 不燃烧体 |
| 5cm | — | 3.00 | 不燃烧体 |
| **梁** | | | |
| 简支的钢筋混凝土梁: | | | |
| (1)非预应力钢筋,保护层厚度为: | | | |
| 1cm | — | 1.20 | 不燃烧体 |
| 2cm | — | 1.75 | 不燃烧体 |
| 2.5cm | — | 2.00 | 不燃烧体 |
| 3cm | — | 2.30 | 不燃烧体 |
| 4cm | — | 2.90 | 不燃烧体 |
| 5cm | — | 3.50 | 不燃烧体 |
| (2)预应力钢筋或高强度钢丝,保护层厚度为: | | | |
| 2.5cm | — | 1.00 | 不燃烧体 |
| 3.0cm | — | 1.20 | 不燃烧体 |
| 4cm | — | 1.50 | 不燃烧体 |
| 5cm | — | 2.00 | 不燃烧体 |
| 无保护层的钢梁、楼梯 | — | 0.25 | 不燃烧体 |
| (1)用厚涂型钢结构防火涂料保护的钢梁,其保护层厚度为: | | | |
| 1.5cm | — | 1.00 | 不燃烧体 |
| 2cm | — | 1.50 | 不燃烧体 |
| 3cm | — | 2.00 | 不燃烧体 |
| 4cm | — | 2.50 | 不燃烧体 |
| 5cm | — | 3.00 | 不燃烧体 |
| (2)用薄涂型钢结构防火涂料保护的钢梁,其保护层厚度为: | | | |
| 0.55cm | — | 1.00 | 不燃烧体 |
| 0.70cm | — | 1.50 | 不燃烧体 |
| **楼板和屋顶承重构件** | | | |
| 简支的钢筋混凝土楼板: | | | |
| (1)非预应力钢筋,保护层厚度为: | | | |
| 1cm | — | 1.00 | 不燃烧体 |
| 2cm | — | 1.25 | 不燃烧体 |
| 3cm | — | 1.50 | 不燃烧体 |
| (2)预应力钢筋或高强度钢丝,保护层厚度为: | | | |
| 1cm | — | 0.50 | 不燃烧体 |
| 2cm | — | 0.75 | 不燃烧体 |
| 3cm | — | 1.00 | 不燃烧体 |

| 构 件 名 称 | 结构厚度或截面最小尺寸(cm) | 耐火极限(h) | 燃烧性能 |
|---|---|---|---|
| 四边简支的钢筋混凝土楼板,保护层厚度为: | | | |
| 1cm | 7 | 1.40 | 不燃烧体 |
| 1.5cm | 8 | 1.45 | 不燃烧体 |
| 2cm | 8 | 1.50 | 不燃烧体 |
| 3cm | 9 | 1.80 | 不燃烧体 |
| 现浇的整体式梁板,保护层厚度为: | | | |
| 1cm | 8 | 1.40 | 不燃烧体 |
| 1.5cm | 8 | 1.45 | 不燃烧体 |
| 2cm | 8 | 1.50 | 不燃烧体 |
| 1cm | 9 | 1.75 | 不燃烧体 |
| 2cm | 9 | 1.85 | 不燃烧体 |
| 1cm | 10 | 2.00 | 不燃烧体 |
| 1.5cm | 10 | 2.00 | 不燃烧体 |
| 2cm | 10 | 2.10 | 不燃烧体 |
| 3cm | 10 | 2.15 | 不燃烧体 |
| 1cm | 11 | 2.25 | 不燃烧体 |
| 1.5cm | 11 | 2.30 | 不燃烧体 |
| 2cm | 11 | 2.30 | 不燃烧体 |
| 3cm | 11 | 2.40 | 不燃烧体 |
| 1cm | 12 | 2.50 | 不燃烧体 |
| 2cm | 12 | 2.65 | 不燃烧体 |
| 简支钢筋混凝土圆孔空心楼板: | | | |
| (1)非预应力钢筋,保护层厚度为: | | | |
| 1cm | — | 0.90 | 不燃烧体 |
| 2cm | — | 1.25 | 不燃烧体 |
| 3cm | — | 1.50 | 不燃烧体 |
| (2)预应力钢筋混凝土圆孔楼板加保护层,其厚度为: | | | |
| 1cm | — | 0.40 | 不燃烧体 |
| 2cm | — | 0.70 | 不燃烧体 |
| 3cm | — | 0.85 | 不燃烧体 |
| 钢梁上铺不燃烧体楼板与屋面板时,梁、桁架无保护层 | | 0.25 | 不燃烧体 |
| 钢梁上铺不燃烧体楼板与屋面板时,梁、桁架用混凝土保护层,其厚度为: | | | |
| 2cm | — | 2.00 | 不燃烧体 |
| 3cm | — | 3.00 | 不燃烧体 |
| 梁、桁架用钢丝抹灰粉刷作保护层,其厚度为: | | | |
| 1cm | — | 0.50 | 不燃烧体 |
| 2cm | — | 1.00 | 不燃烧体 |
| 3cm | — | 1.25 | 不燃烧体 |
| 屋面板: | | | |
| (1)加气钢筋混凝土屋面板,保护层厚度为:1.5cm | | 1.25 | 不燃烧体 |

| 构 件 名 称 | 结构厚度或截面最小尺寸(cm) | 耐火极限(h) | 燃烧性能 |
|---|---|---|---|
| (2)充气钢筋混凝土屋面板,保护层厚度为:1cm | | 1.60 | 不燃烧体 |
| (3)钢筋混凝土方孔屋面板,保护层厚度为:1cm | | 1.20 | 不燃烧体 |
| (4)预应力钢筋混凝土槽形屋面板,保护层厚度为:1cm | | 0.50 | 不燃烧体 |
| (5)预应力钢筋混凝土槽瓦,保护层厚度为:1cm | | 0.50 | 不燃烧体 |
| (6)轻型纤维石膏屋面板 | | 0.60 | 不燃烧体 |
| 木吊顶搁栅: | | | |
| (1)钢丝网抹灰(厚1.5cm) | | 0.25 | 难燃烧体 |
| (2)板条抹灰(厚1.5cm) | | 0.25 | 难燃烧体 |
| (3)钢丝网板灰(1:4水泥石棉灰浆,厚2cm) | | 0.50 | 难燃烧体 |
| (4)板条抹灰(1:4水泥石棉灰浆,厚2cm) | | 0.50 | 难燃烧体 |
| (5)钉氧化镁锯末复合板(厚1.3cm) | | 0.25 | 难燃烧体 |
| (6)钉石膏装饰板(厚1cm) | | 0.25 | 难燃烧体 |
| (7)钉平面石膏板(厚1.2cm) | | 0.30 | 难燃烧体 |
| (8)钉纸面石膏板(厚0.95cm) | | 0.25 | 难燃烧体 |
| (9)钉双面石膏板(各厚0.8cm) | — | 0.45 | 难燃烧体 |
| (10)钉珍珠岩复合石膏板(穿孔板和吸音板各厚1.5cm) | | 0.30 | 难燃烧体 |
| (11)钉矿棉吸音板(厚2cm) | | 0.15 | 难燃烧体 |
| (12)钉硬质木屑板(厚1cm) | | 0.20 | 难燃烧体 |
| 钢吊顶搁栅: | | | |
| (1)钢丝网(板)抹灰(厚1.5cm) | | 0.25 | 不燃烧体 |
| (2)钉石棉板(厚1cm) | | 0.85 | 不燃烧体 |
| (3)钉双面石膏板(厚1cm) | | 0.30 | 不燃烧体 |
| (4)挂石棉型硅酸钙板(厚1cm) | | 0.30 | 不燃烧体 |
| (5)挂薄钢板(内填陶瓷棉复合板),其构造、厚度为:0.05+3.9(陶瓷棉)+0.05 | | 0.40 | 不燃烧体 |

注:①本表耐火极限数据必须符合相应建筑构、配件通用技术条件。
②确定墙的耐火极限不考虑墙上有无洞孔。
③墙的总厚度包括抹灰粉刷层。
④中间尺寸的构件,其耐火极限可按插入法计算。
⑤计算保护层厚度时,应包括抹灰粉刷层在内。
⑥现浇的无梁楼板按简支板数据采用。
⑦人孔盖板的耐火极限可按防火门确定。

# 附录B　本规范用词说明

**B.0.1** 为便于在执行本规范条文时区别对待,对要求严格程度不同的用词说明如下:

(1)表示很严格,非这样做不可的:

正面词采用"必须";

反面词采用"严禁"。

(2)表示严格,在正常情况下均应这样做的:

正面词采用"应";

反面词采用"不应"或"不得"。

（3）表示允许稍有选择，在条件许可时，首先应这样做的：
正面词采用"宜"或"可"；
反面词采用"不宜"。
**B.0.2** 条文中指定应按其他有关标准、规范执行时，写法为"应符合……的规定"或"应符合……要求（或规定）"。

## 附加说明

### 本规范主编单位、参加单位和
### 主要起草人名单

主 编 单 位：中华人民共和国公安部消防局

参 加 单 位：中国建筑科学研究院
北京市建筑设计研究院
上海市民用建筑设计院
天津市建筑设计院
中国建筑东北设计院
华东建筑设计院
北京市消防局
公安部天津消防科学研究所
公安部四川消防科学研究所

主要起草人：蒋永琨　马　恒　吴礼龙　李贵文　孙东远
姜文源　潘渊清　房家声　贺新年　黄天德
马玉杰　饶文德　纪祥安　黄德祥　李春镐

# 中华人民共和国国家标准

# 高层民用建筑设计防火规范

## GB 50045—95

## 条 文 说 明

# 修 订 说 明

根据国家计委计综〔1987〕2390 号文的要求，由我部消防局会同中国建筑科学研究院、北京市建筑设计研究院、上海市民用建筑设计院、天津市建筑设计院、中国建筑东北设计院、华东建筑设计院、北京市消防局、公安部天津、四川消防科研所共同修订了《高层民用建筑设计防火规范》。

在规范修订过程中，修订组遵照国家有关基本建设的方针和"预防为主、防消结合"的消防工作方针，进行了深入细致地调查研究，总结了国内高层建筑防火设计的实践经验，参考了国外有关标准规范，并广泛征求了有关部门、单位的意见。经反复讨论修改，最后经有关部门会审定稿。

本规范共有九章和两个附录。其内容包括：总则，术语，建筑分类和耐火等级，总平面布局和平面布置，防火、防烟分区和建筑构造，安全疏散和消防电梯，消防给水和自动灭火系统，防烟、排烟和通风、空气调节，电气等。

鉴于本规范是综合性的防火技术规范，政策性和技术性强，涉及面广，希望各单位在执行过程中，请结合工程实际，注意总结经验、积累资料。如发现有需要修改和补充之处，请将意见和有关资料寄给我部消防局（邮编 100741），以便今后修订时参考。

**中华人民共和国公安部**
一九九五年五月

# 目　次

# 1 总　则

1.0.1　本条是对原规范第 1.0.1 条的部分修改。本条主要是讲制定、修订本规范的目的。随着国家经济建设的迅速发展，改革、开放的深入，人民生活水平的不断提高，其它各项事业的兴旺发达，城市用地日益紧张，因而促进了高层建筑的发展。根据调查，截至 1991 年底止，全国已经建成的高层建筑共有 13000 余幢，其中高度超过 100m 的高层建筑近 70 幢，可以预料，在今后将会建造更多的高层建筑。

原规范从 1982 年颁布以来，对各种高层民用建筑防火设计起到了很好的指导作用。在 10 年多的时间中，我国高层建筑发展十分迅速，防火设计已积累了较丰富的经验；国外也有不少新经验，值得我们借鉴，同时有不少教训值得认真吸取。国内外许多高层建筑火灾的经验教训告诉我们，如果在高层建筑设计中，对防火设计缺乏考虑或考虑不周密，一旦发生火灾，会造成严重的伤亡事故和经济损失，有的还会带来严重的政治影响。1980 年，美国 27 层的米高饭店火灾，烧死 84 人，烧伤 679 人。1988 年元旦，泰国曼谷第一酒店发生火灾，大火延烧了 3h，熊熊烈火吞噬了整个大楼内的可燃装修、家具、陈设等物，经济损失十分惨重，烧死 13 人，烧伤 81 人。

我国有不少城市建造的高层建筑，由于防火设计考虑不周，存在许多潜在隐患，大火时有发生。1985 年 4 月 19 日，哈尔滨市天鹅饭店第十一层楼发生火灾，烧毁 6 间客房，烧坏 12 间，走道吊灯大部分被烧毁，家具、陈设也被大火吞噬，死亡 10 人，受伤 7 人，经济损失 25 万余元；1990 年 1 月 10 日，新疆奎屯市商贸大厦发生火灾，大火延烧了 6h，全大楼的百货商品化为灰烬，经济损失达 700 万元；1991 年 5 月 28 日，大连市的大连饭店，因其走廊聚氨泡沫板被灯泡表面高温烤着起火，烧死 5 人（其中 1 名为外宾），烧伤 19 人（其中外宾 3 人），烧毁建筑面积为 2200m²，经济损失 62 万余元；1992 年 3 月 21 日，沈阳市 21 层（高 80m）的金三角大厦起火，烧毁各种灯具和装饰材料，直接经济损失约 43 万余元。

由此可见，根据高层建筑防火设计的多年实践，以及发生火灾的经验教训，适时修改完善原规范内容，并在高层建筑设计中贯彻这些防火要求，对于防止和减少高层民用建筑火灾的危害，保护人身和财产的安全，是十分必要的、及时的。

1.0.2　本条是对原规范第 1.0.2 条部分内容的修改。本条主要是规定在高层民用建筑设计中，必须遵守国家的有关方针、政策和"预防为主，防消结合"的方针，针对高层建筑的火灾特点，从全局出发，结合实际情况，积极采用可靠的防火措施，保障消防安全。

高层建筑的火灾危险性：

一、火势蔓延快。高层建筑的楼梯间、电梯井、管道井、风道、电缆井、排气道等竖向井道，如果防火分隔或防火处理不好，发生火灾时好像一座高耸的烟囱，成为火势迅速蔓延的途径。尤其是高级旅馆、综合楼以及重要的图书楼、档案楼、办公楼、科研楼等高层建筑，一般室内可燃物较多，有的高层建筑还有可燃物品库房，一旦起火，燃烧猛烈，容易蔓延。据测定，在火灾初起阶段，因空气对流，在水平方向造成的烟气扩散速度为 0.3m/s，在火灾燃烧猛烈阶段，由于高温状态下的热对流而造成的水平方向烟气扩散速度为 0.5～3m/s；烟气沿楼梯间或其它竖向管井扩散速度为 3～4m/s。如一座高度为 100m 的高层建筑，在无阻挡的情况下，半分钟左右，烟气就能顺竖向管井扩散到顶层。例如，韩国汉城 22 层的"大然阁"旅馆，二楼咖啡间的液化石油气瓶爆炸起火，烟火很快蔓延到整个咖啡间和休息厅，并相继通过楼梯和其它竖向管井迅速向上蔓延，顷刻之间全楼变成一座"火塔"。大火烧了约 9h，烧死 163 人，烧伤 60 人，烧毁大楼内全部家具、装修等，造成了

严重损失。助长火势蔓延的因素较多，其中风对高层建筑火灾就有较大的影响。因为风速是随着建筑物的高度增加而相应加大的。据测定，在建筑物 10m 高的风速为 5m/s 时，在 30m 高处的风速为 8.7m/s，在 60m 高处的风速为 12.3m/s，在 90m 高处的风速为 15.0m/s。由于风速增大，势必会加速火势的蔓延扩大。

二、疏散困难。高层建筑的特点：一是层数多，垂直距离长，疏散到地面或其它安全场所的时间也会长些；二是人员集中；三是发生火灾时由于各种竖井拔力大，火势和烟雾向上蔓延快，增加了疏散的困难。有些城市从国外购置了为数很有限的登高消防车，而大多数建有高层建筑的城市尚无登高消防车；即使有，高度也不高，不能满足高层建筑安全疏散和扑救的需要。普通电梯在火灾时由于切断电源等原因往往停止运转，因此，多数高层建筑安全疏散主要是靠楼梯，而楼梯间内一旦窜入烟气，就会严重影响疏散。这些，都是高层建筑的不利条件。

三、扑救难度大。高层建筑高达几十米，甚至超过二三百米，发生火灾时从室外进行扑救相当困难，一般要立足于自救，即主要靠室内消防设施。但由于目前我国经济技术条件所限，高层建筑内部的消防设施还不可能很完善，尤其是二类高层建筑仍以消火栓系统扑救为主，因此，扑救高层建筑火灾往往遇到较大困难。例如：热辐射强，烟雾浓，火势向上蔓延的速度快和途径多，消防人员难以堵截火势蔓延，扑救高层建筑火灾缺乏实战经验，指挥水平不高；高层建筑的消防用水量是根据我国目前的技术经济水平，按一般的火灾规模考虑的，当形成大面积火灾时，其消防用水量显然不足，需要利用消防车向高楼供水，建筑物内如果没有安装消防电梯，消防队员因攀登高楼体力不够，不能及时到达起火层进行扑救，消防器材也不能随时补充，均会影响扑救。

四、火险隐患多。一些高层综合性的建筑，功能复杂，可燃物多，消防安全管理不严，火险隐患多。如有的建筑设有商业营业厅，可燃物仓库，人员密集的礼堂、餐厅等；有的办公建筑，出租给十几家或几十家单位使用，安全管理不统一，潜在火险隐患多，一旦起火，容易造成大面积火灾。火灾实例证明，这类建筑发生火灾，火势蔓延更快，扑救疏散更为困难，容易造成更大的损失。

1.0.3　本条是对原规范第 1.0.3 条部分内容的修改。

一、本条规定删除了不适用于建筑高度超过 100m 的规定。原规范自 1982 年公布之前，国内建造 100m 以上的高层建筑为数甚少（一幢是广州的白云宾馆，另一幢是正在施工中的南京金陵饭店），缺乏这方面的实际防火设计经验。从 1985 年以后，建筑高度超过 100m 的高层建筑逐渐增多，截至 1991 年底止，全国已经建成和正在施工的建筑高度超过 100m 的高层建筑已在 70 幢以上。现举例如表1。

超高层建筑举例　　　　　　　　　　　　表1

| 序号 | 建筑名称 | 层数 | 高度（m） | 用　途 |
|---|---|---|---|---|
| 1 | 北京京广大厦 | 52 | 208 | 旅馆、办公、公寓 |
| 2 | 北京京城大厦 | 51 | 183.5 | 旅馆、办公、公寓 |
| 3 | 北京国际贸易中心大厦 | 39 | 156.4 | 旅馆、办公、公寓 |
| 4 | 广州花园饭店主楼 | 32 | 124 | 旅馆、办公等 |
| 5 | 广州华侨大厦扩建楼 | 39 | 130.3 | 旅馆等 |
| 6 | 广州国际大厦 | 62 | 197.2 | 办公、旅馆等 |
| 7 | 深圳国际贸易中心 | 50 | 160 | 办公等 |
| 8 | 深圳亚洲大酒店 | 37 | 114 | 旅馆、办公等 |
| 9 | 广州珠江商业大厦 | 33 | 112 | 商业、旅馆、办公等 |
| 10 | 深圳发展中心大厦 | 42 | 165 | 商业、办公等 |
| 11 | 上海瑞金饭店 | 29 | 107 | 办公、旅馆等 |

| 序号 | 建筑名称 | 层数 | 高度(m) | 用途 |
|---|---|---|---|---|
| 12 | 上海联谊大厦 | 30 | 107 | 办公、旅馆等 |
| 13 | 上海静安希尔顿饭店 | 43 | 140 | 旅馆、办公等 |
| 14 | 上海锦江宾馆 | 43 | 153 | 旅馆等 |
| 15 | 深圳航空大厦 | 41 | 133 | 办公、旅馆等 |
| 16 | 北京国际饭店 | 29 | 102 | 旅馆等 |
| 17 | 南京金陵饭店 | 37 | 109 | 旅馆等 |
| 18 | 上海虹桥宾馆 | 31 | 110 | 旅馆 |
| 19 | 上海电讯大楼 | 20 | 125 | 电讯通讯 |
| 20 | 沈阳科技文化活动中心 | 32 | 130 | 综合用途 |
| 21 | 深圳外贸中心 | 88 | 310 | 综合用途 |
| 22 | 华鲁创律国际大厦 | 68 | 245 | 综合用途 |
| 23 | 深圳贤成大厦 | 55 | 227 | 综合用途 |

二、本条删除了不适用于建筑高度超过100m的限制,其依据是:

1. 国内已经建成或正在施工的建筑高度超过100m的高层建筑(包括国外设计的工程),在防火设计上,除了符合新修订的《高层民用建筑设计防火规范》要求外,没有更高的措施。

2. 总结了国内高层建筑实际防火设计经验,如表1中列出的高层建筑都分别作了较深入的了解,将其合理部分、行之有效的内容吸收到本规范中来。

3. 日本、美国、英国、新加坡和香港等国家和地区的防火规范没有封顶,我们认为是符合实际需要的,是合理的。

4. 吸收了国外有关建筑高度超过100m的高层建筑(美国的希尔顿大厦,高443m,109层;世界贸易中心,高442.8m,110层;日本的阳光大厦高240m,60层;香港的中银大厦高370m,75层)防火设计的合理内容。

三、将电信、广播、邮政、电力调度楼、防灾指挥调度楼和科研楼等包括在本规范的适用范围内,其理由是:

1. 据调查,电信、广播、邮政、电力调度楼,防灾指挥调度楼和科研楼等这一类高层建筑,虽然其内部设备与其它民用建筑有所不同,但在防火设计要求方面相同的比较多,如总图布置、耐火等级、防火分区、安全疏散、灭火设施、通风空气调节以及防、排烟和消防用电等防火设计要求上大体相同,对某些要求不同的部分,在本规范中则区别情况,分别作了规定。

2. 上述高层建筑内虽然不少设备比较精密,价值高,但大多属于一般火灾危险性,与其它民用建筑基本相同。为确保重点部位和设备的安全,在防火设计要求上要严一些,在本规范中则区别对待。

四、本条规定的高层民用建筑的起始高度或层数是根据下列情况提出的:

1. 登高消防器材。我国目前不少城市尚无登高消防车,只有部分城市配备了登高消防车。从火灾扑救实践来看,登高消防车扑救24m左右高度以下的建筑火灾最为有效,再高一些的建筑就不能满足需要了。

2. 消防车供水能力。目前一些大城市的消防装备虽然有所改善,从国外购进了登高消防车,但为数有限,而大多数城市消防装备特别是扑救高层建筑的消防装备没有多大改善。大多数的通用消防车在最不利情况下直接吸水扑救火灾的最大高度约为24m左右。

3. 住宅建筑定为十层及十层以上的原因,除了考虑上述因素以外,还考虑它占的数量,约占全部高层建筑的40%～50%,不论

是塔式或板式高层住宅,每个单元间防火分区面积均不大,并有较好的防火分离,火灾发生时蔓延扩大受到一定限制,危害性较少,故做了区别对待。

4. 首层设置商业服务网点,必须符合规定的服务网点,如超出规定或第二层也设置商业网点,应视为商住楼对待,不应以商业服务网点对待。

5. 参考了国外对高层建筑起始高度的划分。

国外对高层建筑起始高度的划分不尽相同,这主要是根据本国的经济条件和消防装备等情况来确定的。

中、美、日等几个国家对高层建筑起始高度的划分如表2。

**高层建筑起始高度划分界线表** 表2

| 国 别 | 起 始 高 度 |
|---|---|
| 中国(本规范) | 住宅:10层及10层以上,其它建筑:>24m |
| 德 国 | >22m(至底层室内地板面) |
| 法 国 | 住宅:>50m,其它建筑:>28m |
| 日 本 | 31m(11层) |
| 比 利 时 | 25m(至室外地面) |
| 英 国 | 24.3m |
| 原苏联 | 住宅:10层及10层以上,其它建筑:7层 |
| 美 国 | 22～25m或7层以上 |

1.0.4 本规范不适用范围的说明:

1. 单层主体建筑高度超过24m的体育馆、会堂、剧院等公共建筑。这是因为这类建筑空间大,容纳人数多,防火要求不同,故本规范未包括在内。

2. 附建和单建的人民防空工程地下室的设计及其防火设计,可分别按照现行的国家标准《人民防空工程地下室设计规范》(GBJ 88－79)及《人民防空工程设计防火规范》(GBJ 98－87)进行设计,本规范未包括在内是适当的。

3. 高层工业建筑(指高层厂房和库房),新修订的《建筑设计防火规范》已补充了高层工业建筑防火设计的内容,在设计中应按《建筑设计防火规范》(以下简称《建规》)执行。

1.0.5 随着建筑技术的发展和建设规模的不断扩大,高层建筑有日益增多的趋势。目前,我国建筑高度超过250m的民用建筑,数量还不多,在防火措施方面缺乏实践经验。尽管本规范总结了国内高层建筑设计防火经验和借鉴了国外的先进经验,对高层建筑防火应采取的措施做出了相应的规定,但是,由于缺乏经验,对于建筑高度超过250m的民用建筑,需要对消防给水、安全疏散和消防的装备水平进行专题研究,提出适当的防火措施。因此,为了保证高层建筑设计的防火安全,加强宏观控制,本条规定,凡是建筑高度超过250m的民用建筑,在建筑设计中采取的特殊的防火措施,要提交国家消防主管部门组织专题研究、论证。

本条所称"特殊的防火措施"是指设计中采取了本规范未作规定的或突破了本规范规定的防火措施。

# 2 术 语

2.0.1 裙房。与高层建筑相连的建筑高度超过24m的附属建筑,一律按高层建筑对待,本规范另有规定的除外。

2.0.2 建筑高度。建筑高度系指高层建筑室外地面到其檐口或屋面面层的高度。屋顶上的瞭望塔、水箱间、电梯机房、排烟机房和楼梯出口小间等不计入建筑高度和层数内。

2.0.3 耐火极限。建筑构件耐火极限系指对一建筑构件按时间—温度标准曲线进行耐火试验,从受到火的作用时起,到失去支

持能力或完整性被破坏或失去隔火作用时止的这段时间,以小时计。

一、标准升温。试验时炉内温度的上升随时间而变化,如图1及表3。

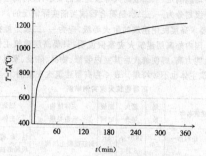

图1　时间—温度标准曲线图

"时间—温度标准曲线图"中,表示时间、温度相互关系的代表数值列于"随时间而变化的升温表"。

随时间而变化的升温表　　　表3

| 时　间<br>$t$　(min) | 炉　内　温　度<br>$T-T_0$(℃) |
| --- | --- |
| 5 | 556 |
| 10 | 659 |
| 15 | 718 |
| 30 | 821 |
| 60 | 925 |
| 90 | 986 |
| 120 | 1029 |
| 180 | 1090 |
| 240 | 1133 |
| 360 | 1193 |

试验中实测的时间—平均温度曲线下的面积与时间—温度标准曲线下的面积的允许误差:

1. 在开始试验的10min及10min以内为±15%。

2. 开始试验10min以上至30min范围内为±10%;试验进行到30min以后为±5%。

3. 当试验进行到10min以后的任何时间内,任何一个测温点的炉内温度与相应时间的标准温度之差不应大于±100℃。

二、压力条件。试验开始10min以后,炉内应保持正压,即按规定的布点(测试点),测得炉内压力应高于室内气压1.0±0.5mm水柱。

三、判定构件耐火条件。在通常情况下,试验的持续时间从试件受到火作用时起,直到失去支持能力或完整性被破坏或失去隔火作用等任一条件出现,即到了耐火极限。具体判定条件如下:

1. 失去支持能力——非承重构件失去支持能力的表现为自身解体或垮塌;梁、楼板等受弯承重构件,挠曲率发生突变,为失去支持能力的情况,当简支钢筋混凝土梁、楼板和预应力钢筋混凝土楼板跨度总挠度值分别达到试件计算长度的2%、3.5%和5%时,则表明试件失去支持能力。

2. 完整性——楼板、隔墙等具有分隔作用的构件,在试验中,当出现穿透裂缝或穿火的孔隙时,表明试件的完整性被破坏。

3. 隔火作用——具有防火分隔作用的构件,试验中背火面测点测得的平均温度升到140℃(不包括背火面的起始温度);或背火面测温点任一测点的温度到达220℃时,则表明试件失去隔火作用。

2.0.4～2.0.6

一、本规范一直沿用《建规》对建筑材料燃烧性能的叫法,即非燃烧体、难燃烧体、燃烧体一词。为了与现行国家标准一致,将"非燃烧体"改为"不燃烧体"。

二、只要按照GB 5464、GB 8625、GB 8626规定标准试验材料燃烧性能,均分别适用于本规范中的不燃、难燃和燃烧材料(亦可称可燃材料)及其制作的建筑构件。

三、塑料建筑材料燃烧性能的分级可按GB 8624—88的规定原则,确定其燃烧性能级别。

2.0.7　综合楼。

一、民用综合楼种类较多,形式各异,使用功能均在两种及两种以上。

二、综合楼组合形式多种多样,常见的形式为:若干层作商场,若干层作写字楼层(办公用),若干层作高级公寓;若干层作办公室、若干层作旅馆,若干层作车间、仓库;若干层作银行,经营金融业务,若干层作旅馆,若干层作办公室,等等。

2.0.8　商住楼。商住楼目前发展较快,如广东深圳特区在临街的高层建筑中,有不少为商住楼;其它沿海、内地城市也较多。

商住楼的形式,一般是下面若干层为商业营业厅,其上面为塔式普通或高级住宅。

2.0.9　网局级电力调度楼。网局级电力调度楼,可调度若干个省(区)电力业务工作楼,如中南电力调度楼、华北电力调度楼、东北电力调度楼等。

2.0.10、2.0.11

一、高级旅馆,指建筑标准高、功能复杂,火灾危险性较大和设有空气调节系统的,具有星级条件的旅馆。

二、高级住宅,指建筑装修标准高和设有空气调节系统的住宅。如何掌握这些原则呢?一是看装修复杂程度,二是看是否有满铺地毯,三是看家具、陈设高档与否,四是设有空调系统。四者均具备,应视为高级住宅,如北京京广大厦中的公寓、广州的中国大酒店公寓楼等。

2.0.12　重要的办公楼、科研楼、档案楼。对于评定重要的办公楼、科研楼、档案楼,总的原则是性质重要(有关国防、国计民生的重要科研楼等)、建筑装修标准高(与普通建筑相比,造价相差悬殊)、设备、资料贵重(主要指高、精、尖的设备,重要资料主要是指机密性大、价值高的资料)。

火灾危险性大,发生火灾后损失大、影响大。一般来说,可燃物多,火源或电源多,发生火灾后也容易造成损失大、影响大的后果,因此,必须作为重点保护。

2.0.16　挡烟垂壁。

一、此条亦是沿用原规范名词解释内容,实践表明,该解释较正确,是可行的,故保留了此项内容。

二、挡烟垂壁目前国内有厂家在试制,但尚未批量生产和推广应用。

三、国内合资工程或独资工程有采用的,如北京市的长富宫饭店,采用铝丝玻璃作挡烟垂壁。国外,日本的东京、大阪、横滨的高层公共建筑中,有些采用铝丝玻璃、不锈钢薄板等作挡烟垂壁。

四、挡烟垂壁的自动控制,主要指平时固定在吊顶平面上,与火灾自动报警系统联动,当发生火灾时,感温、感烟或其它控制设备的作用,就自动下垂,起阻挡烟气作用,为安全疏散创造有利条件。

2.0.17　本条为新增条文。

商业服务网点原规范没有确切定义,与综合楼、商住楼难以区别,现加以规定以便实施。

住宅底部(地上)设置的百货店、副食店、粮店、邮政所、储蓄所、理发店等或小型商业服务用房,该用房层数不超过二层、建筑面积不超过300m²,即地上一和二层可以是上述小型商业服务用房,但地上二层是上述小型商业服务用房,则地上一层必须是上述小型商业服务用房。一层、二层上述小型商业服务用房建筑面积之和不能超过 300m²。采用耐火极限大于 1.50h 的楼板和耐火极限大于 2.00h、不开门窗洞口的隔墙与住宅和其它房间完全分隔,此处的其它房间也可以是上述小型商业服务用房,该房和住宅的疏散楼梯和安全出口应分别独立设置并不得交叉也不能直接连通。

# 3 建筑分类和耐火等级

**3.0.1** 本条是对原条文的修改。

本条是根据各种高层民用建筑的使用性质、火灾危险性、疏散和扑救难易程度等将高层民用建筑分为两类,其分类的目的是为了针对不同高层建筑类别在耐火等级、防火间距、防火分区、安全疏散、消防给水、防烟排烟等方面分别提出不同的要求,以达到既保障各种高层建筑的消防安全,又能节约投资的目的。

对高层民用建筑进行分类是一个较为复杂的问题。从消防的角度将性质重要、火灾危险性大、疏散和扑救难度大的高层民用建筑定为一类。这类高层建筑有的同时具备上述几方面的因素,有的则具有较为突出的一二个方面的因素。例如医院病房楼不计高度皆划为一类,这是根据病人行动不便、疏散困难的特点来决定的。

在实践过程中,普遍感到原规范不分面积大小,一律将高度大于 24m 的商业楼、展览楼、财贸金融楼、电信楼等划分成一类,特别是一些中、小城市建造这些高层民用建筑,其建筑高度虽超过 24m,但每层建筑面积却不大,加上经济条件所限,就难以行得通。因此,在这次修改中,作了适当的调整。

在原规范中,有些高层民用建筑未明确,例如:电力调度楼、综合楼、商住楼、防灾指挥调度楼等,有的高层民用建筑已经制定了行业等级标准,在这次修改中作了补充。已有行业标准的(如广播电视建筑等),参照其标准进行了协调纳入分类中来,以利本规范的统一要求。例如中央级、省级、计划单列市级广播电视楼,网局级、省级、计划单列市级电力调度楼等划为一类,余下的为二类等。

本条使用了"高级旅馆","高级住宅","网局级和省级电力调度楼",中央级、省级、计划单列市级"邮政楼"、"广播电视楼"、"防灾指挥调度楼",以及"重要的办公楼"、"科研楼"、"综合楼"、"商住楼"等名词,主要是与有关规范协调,以利贯彻执行。对本条未列出的高层建筑,可参照本条划分类别的基本标准确定其相应类别。

原条文规定的"每层建筑面积"在执行过程中不明确,为便于理解和执行,将"每层建筑面积"改为"24m 以上部分的任一楼层的建筑面积"超过相应规定值时,该建筑即划分为一类高层建筑。

**3.0.2** 本条是对原条文的修改补充。

对高层民用建筑的耐火等级和各主要建筑构件的燃烧性能和耐火极限作了规定。

这次修改仍将高层民用建筑的耐火等级分为两级。主要是根据原规范十几年的实践和执行情况,高层建筑消防安全的需要和高层民用建筑结构的现实情况,并参照现行的国家标准《建规》和当前以及将来国内外发展的现状状况确定的。

一、据对北京、上海、大连、广州、南京、成都、福州、厦门、武汉、深圳等市的调查研究,目前已建成和正在设计、施工的高层民用建筑,1980 年以前,其主体结构均为钢筋混凝土框架结构,框架-剪力墙结构,剪力墙结构,或称为三大常规结构体系。高层住宅采用剪力墙结构居多;高层公共建筑则采用框架和剪力墙结构居多;而旅馆(包括宾馆、饭店、酒店等)采用剪力墙结构、框架结构,框架结构-剪力墙结构三者兼而有之。进入 80 年代以后,由于建筑功能、高度和层数等要求均在不断提高以及抗震设计的要求,三大常规结构体系难以满足高层建筑发展的更高要求,从而以结构整体性更好、空间受力为特征的简体结构体系为主体结构的高层建筑应运而生,如圆简体、矩形简体、简中简结构,并得到了广泛的应用和

发展,其特点是比三大常规结构体系性更好,可建高度更高、受力性能更好。

上述几种结构类型,绝大多数均采用钢筋混凝土结构,其主要承重构件均能满足一、二级耐火等级建筑的要求,故将高层民用建筑耐火等级划分为一、二级,是符合我国当前实际情况的。

二、要求高层民用建筑的耐火等级,应为一、二级是抵抗火灾的需要。国内外高层建筑火灾案例说明,只要高层建筑主体承重构件耐火能力高,即使着火后其室内装修、物品、陈设、家具等被烧毁,其建筑主体也不致垮塌。表 4 为高层建筑火灾案例。

高层建筑火灾实例举例　　　　　　表4

| 序号 | 建筑名称 | 层数 | 起火年月 | 燃烧时间 | 主体结构承重类别 | 燃烧情况(主体结构) |
|---|---|---|---|---|---|---|
| 1 | 美国 纽约第一商场 | 50 | 1970年8月 | 5h以上 | 钢筋混凝土结构 | 柱、梁、楼板、层面板局部被烧坏 |
| 2 | 哥伦比亚 阿维安卡大楼 | 36 | 1973年7月 | 12h以上 | 钢筋混凝土结构 | 部分承重构件被烧坏 |
| 3 | 巴西 焦马大楼 | 25 | 1974年2月 | 10h以上 | 钢筋混凝土结构 | 部分承重构件被烧坏 |
| 4 | 韩国 釜山一旅馆 | 10 | 1984年1月 | 3h左右 | 钢筋混凝土框架结构 | 个别承重构件被烧坏 |
| 5 | 日本 大洋百货商店 | 7 | 1973年11月 | 2.5h左右 | 钢筋混凝土框架结构 | 少数承重构件被烧坏 |
| 6 | 加拿大 诺托达田医院 | 12 | 1989年2月 | 3h左右 | 钢筋混凝土结构 | 部分承重构件被烧损 |
| 7 | 巴西 安得拉斯大楼 | 31 | 1972年2月 | 12h左右 | 钢筋混凝土结构 | 部分承重构件被烧损 |
| 8 | 香港 大重工业楼 | 16 | 1984年9月 | 68h左右 | 钢筋混凝土结构 | 相当部分承重构件烧损较严重 |
| 9 | 杭州 西冷宾馆 | 7 | 1981年8月 | 9h左右 | 钢筋混凝土结构 | 少数承重构件烧损 |
| 10 | 广州 南方大厦 | 11 | 1983年 | 90h左右 | 钢筋混凝土框架结构 | 部分承重构件烧损严重 |
| 11 | 东北 某旅社大楼 | 7 | 1969年2月 | | 钢筋混凝土结构 | 局部烧损较严重 |

从表 4 所列举的高层建筑火灾案例和其它高层建筑火灾实例都可以说明:只要高层建筑的主体结构的耐火性高,即使其室内装修、物品、陈设、家具等,乃至局部构件被烧损,高层建筑并未倒塌。同时还说明:被烧高层建筑在修复过程中,只要对火烧较严重的承重柱、梁、楼板等承重构件进行修复补强,即可全部修复使用。

三、本条所规定的各种建筑构件的燃烧性能和耐火极限是结合原规范十多年的实践以及目前已建和在建的高层民用建筑结构的实际情况而制定的,是可行的。高层民用建筑目前常用的柱、梁、墙、楼板等主要承重构件的燃烧性能、耐火极限均达到一、二级耐火等级的要求,有的大大超过了本条所规定的要求,见表 5。

从表 5 可以看出,墙、柱、梁的耐火极限均能达到一、二级高层民用建筑的要求,非预应力梁、板尚能满足或接近本规范的要求。预应力楼板的耐火极限达不到规定的要求,而且差距较大,但这种构件由于省材料,经济效益很大,目前在高层住宅和一些公共高层建筑中广泛采用,考虑到防火安全的需要,预应力钢筋混凝土楼板等构件如达不到本规范表 3.0.2 规定的耐火极限时,必须采取增加主筋(受力筋)的保护层厚度,采取喷涂防火材料或其它防火措施,提高其耐火能力,使其达到本规定的要求的耐火极限。事实证明,只要建筑、材料部门和施工部门重视这个问题,加强耐火实验研究工作,使这种构件的耐火极限达到规定要求是不难做到的,甚至可以超过本规定的要求。

建筑构件的实际耐火极限与
本规范规定的耐火极限对比　　　　　表5

| 构件名称 | | 结构厚度或截面最小尺寸（cm²） | 实际耐火极限（h） | 本规范规定的耐火极限（h） | |
|---|---|---|---|---|---|
| | | | | 一级 | 二级 |
| 承重墙 | 普通粘土砖墙、混凝土墙、钢筋混凝土实心墙 | 24～27 | 5.50～10.50 | 2.00 | 2.00 |
| | 轻质混凝土砌砖墙 | 37 | 5.50 | | |
| 钢筋混凝土柱 | | 30×30 | 3.00 | 3.00 | 2.50 |
| | | 20×50 | 3.00 | | |
| | | 30×50 | 3.50 | | |
| 钢筋混凝土梁 | | 主筋保护层厚度2.5cm | 2.00 | 2.00 | 1.50 |
| 四边简支的钢筋混凝土楼板或现浇整体式梁板 | | 主筋保护层厚度为1～2cm | 1.00～1.50（板厚8cm时） | 1.50 | 1.00 |
| 隔墙 | 非承重外墙，疏散走道两侧的隔墙 | 10cm厚的加气混凝土砌块墙 | 3.75 | 1.00 | 1.00 |
| | 房间隔墙 | 1+9(空气层填矿棉)+1 的石膏龙骨纤维石膏板 | 1.00 | 0.75 | 1.00 |
| 钢筋混凝土屋顶承重构件 | | 其主筋保护层厚为2.5cm | 2.00 | 1.50 | 1.00 |

四、本规范表3.0.2中规定的某些建筑构件的耐火极限比原规范的耐火极限有所降低，防火墙降低了1h，承重墙、楼梯间、电梯井和住宅单元之间的墙的耐火极限均相应降低了0.5h，其依据如下：

1. 经分析，24起高层建筑火灾中，在一个防火分区内连续延烧为1～2h的占起火总数的91%；在一个防火分区内连续延烧2～3h的占5%。

2. 楼房建筑从耐火要求来说，因为该构件是承重人或物的，是建筑构件最基本的耐火构件，其耐火极限没有降低，能够基本保证安全的条件，故根据高层建筑结构种类的发展，降低些要求是可行的。

3. 在既保障消防安全，又满足高层钢结构建筑发展需要的基础上，对部分建筑构件的耐火极限，作了相应调整。

五、吊顶与其它承重构件有所区别。因为它不是火灾发生时直接危及建筑物的主要构件，所以对吊顶耐火极限要求，主要是考虑在火灾发生时能保证一定的疏散时间。从高层建筑发生火灾的经验教训看，其吊顶应当比单层或多层建筑的吊顶要求要严些。目前我国已能够生产作吊顶的、耐火性能好的不燃烧材料，如：石膏板、石棉板、岩棉板、硅酸铝板、硅酸钠板、陶瓷复合棉板等。这些不燃烧材料板材配以轻钢龙骨就是不燃烧材料吊顶，在目前兴建的高层民用建筑中得到了广泛的应用，是非常可喜的，在今后的高层民用建筑设计、施工中应予以大力推广应用。

目前，我国各地仍有一部分已建、新建的高层民用建筑（尤其在公共高层民用建筑）采用木吊顶搁栅、木板吊顶等可燃装修材料，这是不符合本规范的规定的，一旦发生火灾，容易造成伤亡事故，应尽量避免采用可燃装修材料作吊顶。由于有些高层建筑近期内难以做到全部使用不燃材料，如必须采用可燃材料时，为了改善和提高建筑物的防火性能，减少火灾损失，对木、竹等可燃装修材料必须进行防火处理。处理的一般方法是在木材等表面涂刷防火涂料或在加工时浸渍防火浸剂，提高其防火耐火能力，以达到本规范规定的要求。

六、目前我国已研制了许多种防火涂料、浸剂等，有的已经用于工程实际，经历了火灾的考验，证明了其良好的防火效果。

原条文没有明确规定分户墙的燃烧性能和耐火极限，为避免将户与户之间的隔墙按照房间隔墙确定的误解，故补充规定分户墙与住宅单元之间的墙同等对待。

3.0.3 本条是原规范中的注释，这次改为正式条文。

3.0.4 本条是在原条文基础上修改补充的。

本条对不同类别的高层民用建筑及其与高层主体建筑相连的裙房应采用的耐火等级作了具体规定。

一、一类高层民用建筑。例如：医院病房楼，大型的商业楼、展览楼、综合楼、电信楼、财贸金融楼、网局级和省级电力调度楼、中央级和省广播电视楼、省级邮政楼和防灾指挥调度楼、高级旅馆、大型的藏书楼等一类高层民用建筑，不仅规模大，而且性质重要、设备贵重、功能复杂，还有风道、空调等竖向管井多，有的还要使用大量的可燃装修材料。防火分隔处理不好，往往成为火灾蔓延的途径；有的住有行动不便的老人、小孩和病人等，紧急疏散十分困难。一旦发生火灾，火势蔓延快，疏散和扑救都很困难，容易造成重大损失或伤亡事故。因此，对此类建筑物的耐火等级应比二类建筑物高一些，故仍规定一类高层民用建筑的耐火等级为一级，二类高层民用建筑的耐火等级不应低于二级。

二、考虑到高层主体建筑及与其相连的裙房，在重要性和扑救、疏散难度等方面有所差别，对其耐火要求不应一刀切。但是与主体建筑相连的裙房耐火能力也不能太低，结合当前的实际情况和执行原规范十多年的实践，以及目前的常规做法，故仍规定与高层民用建筑主体相连的裙房的耐火等级不应低于二级。

三、地下室空气流通不像在地上那样可以直接排到室外，发生火灾时，热量不易散发，温度高，烟雾大，疏散和扑救都非常困难。为了有利于防止火灾向地面以上部分和其它部位蔓延，本规范仍规定其耐火等级应为一级，是符合我国高层民用建筑地下室发展建设实际情况的，是可行的。

3.0.5、3.0.6 此两条是原规范的注释，这次改为正式条文。

3.0.7 本条保留了原条文。本条对高层民用建筑内存放可燃物，如：图书馆的书库，棉花、麻、化学纤维及其织物，毛、丝及其织物，如房间存放可燃物的平均重量超过200kg/m²，则其梁、楼板、隔墙等组成构件的耐火极限应提高要求。这是因为：

一、根据调查，有些高层民用建筑，例如：商业楼除了营业大厅外，附设有周转用仓库，存放大量的可燃物品，如衣服、棉、毛、麻、丝及其织物，纸张，布匹以及其它日用百货物品。且所存放的可燃物重量一般在200～500kg/m²；一些藏书楼、档案楼等，可燃物品重量一般在400～600kg/m²。火灾实例说明，这类建筑或房间发生火灾时，抢救物资和扑救火灾非常困难，而且楼板、梁是直接承受可燃物品和被烧的构件，被烧垮的可能性较大些，同样，其四周隔墙、柱等也是受火烧构件，也容易被烧坏，从而导致火灾很快蔓延到相邻房间和部位，甚至整个建筑物被烧毁，扩大灾情，所以要求其耐火极限提高0.50h是必要的，也是可行的。

二、根据每平方米地板面积的可燃物愈多（即火灾荷载愈多），则燃烧时间就愈长的道理，也需要适当的提高其构件的耐火极限，以满足实际的需要。可燃物多少与时间的关系见表6。

火灾荷载与燃烧的时间关系　　　　表6

| 可燃物数量（磅/英尺²）(kg/m²) | 热量（英热量单位/英尺²） | 燃烧时间相当标准温度曲线的时间(h) |
|---|---|---|
| 5(24) | 40000 | 0.50 |
| 10(49) | 80000 | 1.00 |
| 15(73) | 120000 | 1.50 |
| 20(98) | 160000 | 2.00 |
| 30(147) | 240000 | 3.00 |
| 40(195) | 320000 | 4.50 |
| 50(244) | 380000 | 7.00 |
| 60(293) | 432000 | 8.00 |
| 70(342) | 500000 | 9.00 |

注：一个英热量单位＝252卡。

从表 6 可以看出，根据不同可燃物数量的多少，对建筑结构构件分别提出不同耐火极限要求是合理的。但是考虑到这些建筑物房间内的可燃物的数量不是固定的；目前国内又缺乏这方面的统计数据和资料，故本规范中规定可燃物超过 $200kg/m^2$ 的房间，其梁、楼板、隔墙等构件的耐火极限应在本规范第 3.0.2 条规定的基础上相应提高 0.50h。安装有自动灭火系统的房间，消防保护能力有提高，对扑灭初起火灾有明显的效果，不容易酿成大火，所以对其组成构件的耐火极限可以不提高。

**3.0.8** 本条是对原条文的修改。

本条对高层民用建筑采用玻璃幕墙应采取的相应防火措施作了规定。

玻璃幕墙当受到火烧或受热时，易破碎，甚至造成大面积的破碎事故，造成火势迅速蔓延，酿成大火灾，危害人身和财产的安全，出现所谓的"引火风道"，这是一个较严重的问题。故本规范对采用玻璃幕墙作出了相应的规定是必要的。表 7 是国内外高层民用建筑采用玻璃幕墙实例。

**高层民用建筑采用玻璃幕墙实例**　　　表 7

| 建筑物名称 | 层数 | 用　途 | 外墙特征 |
|---|---|---|---|
| 北京京广大厦 | 52 | 办公、旅馆、公寓等 | 有窗间墙、窗槛墙的玻璃幕墙 |
| 北京国际贸易中心 | 39 | 办公、展览等 | 有窗间墙、窗槛墙的玻璃幕墙 |
| 北京长富大厦 | 24 | 办公、旅馆等 | 有窗间墙、窗槛墙的玻璃幕墙 |
| 北京华威大厦 | 18 | 办公、公寓、商店等 | 有窗间墙、窗槛墙的玻璃幕墙 |
| 昆明百货大楼 | 6 | 百货商店 | 无窗间墙、窗槛墙的玻璃幕墙 |
| 武汉桥口百货楼 | 6 | 百货商店 | 无窗间墙、窗槛墙的玻璃幕墙 |
| 美国亚特兰大海特摄政旅馆 | 23 | 旅　馆 | 黑色玻璃幕墙 |
| 香港交易所大楼 | 50 | 公共交易所、旅馆等 | 金黄色玻璃幕墙 |
| 香港新鸿基大厦 | 50 | 办公、商店、旅馆等 | 茶色玻璃幕墙 |

针对目前国内外高层民用建筑玻璃幕墙的实际做法和发生火灾的经验教训，本规范规定玻璃幕墙的窗间墙、窗槛墙的填充材料采用岩棉、矿棉、玻璃棉、硅酸铝棉等不燃烧材料，是合理的。当其外墙面采用耐火极限不低于 1.00h 的墙体（如轻质混凝土墙面）时，填充材料也可采用阻燃泡沫塑料等难燃材料。

为了防止火灾在垂直方向上迅速蔓延，故本规范规定：对不设窗间墙和窗槛墙的玻璃幕墙，必须在每层楼板外沿玻璃幕墙内侧设置高度不低于 0.80m 实体裙墙，其耐火极限不低于 1.00h，应为不燃烧材料制成，这样做有利于阻止和限制火灾垂直方向蔓延。

我国广州、福州、厦门、重庆、昆明等市的高层民用建筑，采用玻璃幕墙既无窗间墙也无窗槛墙。这些高层民用建筑的玻璃幕墙与每层楼板、房间隔墙（水平方向上）之间的缝隙相当大，有的甚至大到 15～20cm，一旦火灾发生就会成了"引火风道"。为此本规范规定玻璃幕墙每层楼板、隔墙处的缝隙，必须用不燃烧材料严密填实，阻止火势蔓延。

有无窗间墙不是影响火灾竖向蔓延的主要因素，对于窗槛墙高度小于 0.8m 的建筑幕墙的要求不明确，不燃烧体裙墙的表述不准确，故修改。此处防火玻璃裙墙不低于 1.00h 耐火极限的要求应按墙体构件耐火极限的测试方法进行测试。

**3.0.9** 本条是新增条文。本条规定高层民用建筑的公用房间或部位的室内装修材料，应按现行的国家标准《建筑内部装修设计防火规范》的规定执行。

# 4　总平面布局和平面布置

## 4.1　一般规定

**4.1.1** 本条基本上保留了原条文。本条对高层民用建筑位置、防火间距、消防车道、消防水源等作出了原则规定，这是针对高层建筑发生火灾时容易蔓延和疏散、扑灭难度大，往往造成严重损失和重大伤亡事故及易燃易爆厂房、仓库发生火灾时对高层建筑的威胁等因素确定的。如某化肥厂因液化石油气槽车连接管被拉破，大量液化气泄漏，遇有火发生爆炸，死伤数十人，在爆炸贮罐 70m 范围内的一座三层楼房全部震塌，200m 外的房屋也受到程度不同的损坏，3km 外的百货公司的窗玻璃被破坏；又如某市煤气厂液化石油气罐爆炸，大火持续 20 多个小时，燃烧面积达 420000m² （附近苗圃被烧光，高压线被烧断，造成 48 个工厂停电 26h），经济损失近 500 万元；北京某化工厂苯酚丙酮车间反应罐爆炸，厂房和设备被炸坏，数千平方米中烈火熊熊，死 27 人，伤 8 人。青岛市黄岛油库火灾波及范围数百米，死伤数十人，经济损失 4000 余万元，等等。为了保障高层民用建筑消防安全，吸取上述火灾教训，并考虑目前各地高层建筑设置的实际情况，本条提出必须注意合理布置总平面，选择安全地点，特别要避免在甲、乙类厂（库）房，易燃、可燃液体和可燃气体贮罐以及易燃、可燃材料堆场的附近布置高层民用建筑，以防止和减少火灾对高层民用建筑的危害。

**4.1.2** 本条是对原条文的修改。本条对布置在高层建筑及其裙房中的锅炉及锅炉房的设置要求作了修改。对可燃油浸电力变压器，充有可燃油的高压电容器、多油开关等保留了原条文的规定。

一、我国目前生产的快装锅炉，其工作压力一般为 0.10～1.30MPa，其蒸发量为 1～30t/h。如果产品质量差、安全保护设备失灵或操作不慎等都有导致发生爆炸的可能，特别是燃油、燃气的锅炉，容易发生爆炸事故，故不宜在高层建筑内安装使用，但考虑目前建筑用地日趋紧张，尤其旧城区改造，脱开高层建筑单独设置锅炉房困难较大，目前国产锅炉本体材料、生产质量与国外不相上下，有差距之处是控制设备，根据《热水锅炉安全技术监督规定》的要求，并参考了国外的一些做法，本条对锅炉房的设置部位作了规定。即如受条件限制，锅炉房不能与高层建筑脱开布置时，允许将其布置在高层建筑内，但应采取相应的防火措施。

对于常压类型热水锅炉设置问题，通过大量的调查，热水锅炉的危险性远比蒸汽锅炉低。目前作为一些双回程的热水锅炉（即锅炉为常压高温水，热交换器为承压设备），可以适当放宽该机房的设置位置，即设在地下一层或地下二层。同时，对所用燃料及机房的防火要求作了规定。

对于负压类型的锅炉——如直燃型溴化锂冷（热）水机组有别于蒸汽锅炉，它在制冷、供热以及提供卫生热水三种工况运行时，机组本身处于真空负压状态，所以是相对安全可靠的，可设于建筑物内。但考虑到溴化锂直燃机组用油用气，机房一旦失火，扑救难度较大等问题，对溴化锂直燃机组在高层建筑内的位置和机房的防火要求作出了规定。

对于常（负）压燃气锅炉房设置在屋顶问题，经过大量的调研和对常（负）压燃气锅炉房实际运行情况的考察，在燃料供给等有相应防火措施的情况下可设置在屋顶，但锅炉房的门距安全出口的距离应大于 6.0m。

另外，锅炉房的设置还必须符合本条相应条款的规定，采取相应的防火措施。

二、可燃油油浸电力变压器发生故障产生电弧时，将使变压器内的绝缘油迅速发生热分解，析出氢气、甲烷、乙烯等可燃气体，压力骤增，造成外壳爆裂大量喷油，或者析出的可燃气体与空气混合形成爆炸混合物，在电弧或火花的作用下引起燃烧爆炸。变压器爆裂后，高温的变压器油流到哪里就会烧到哪里，致使火势蔓延。如某水电站的变压器爆炸，将厂房炸坏，油火顺过道、管沟、电缆架蔓延，从一楼烧到地下室，又从地下室烧到二楼主控制室，将控制室全部烧毁，造成重大损失。充有可燃油的高压电容器、多油开关等，也有较大的火灾危险性，故规定可燃油油浸电力变压器和充有可燃油的高压电容器、多油开关等不宜布置在高层民用建筑裙房内。对干式或不燃液体的变压器，因其火灾危险性小，不易发生爆炸，故本条未作限制。

三、由于受到规划要求、用地紧张、基建投资等条件的限制，如必须将可燃油油浸变压器等布置在高层建筑内时，应采取符合本条要求的防火措施。

**4.1.3** 本条文是对原条文的修改。据调查，柴油发电机房与常（负）压锅炉房在燃料防火安全方面有类似之处，可布置在高层建筑、裙房的首层或地下一、二层，但不应低于地下二层，且应满足本条的有关规定。

卤代烷对环境有较大影响，依照国家有关规定对自动灭火系统的选用作了适当修改。

由于城市用地日趋紧张，自备柴油发电机房离开高层建筑单独修建比较困难，同时考虑柴油燃点较低，发生火灾危险性较小，故在采取相应的防火措施时，也可布置在高层主体建筑相连的裙房的首层或地下一层。并应设置火灾自动报警系统和固定灭火装置。

**4.1.4** 消防控制室是建筑物内防火、灭火设施的显示控制中心，是火灾的扑救指挥中心，是保障建筑物安全的要害部位之一，应设在交通方便和发生火灾时不易延烧的部位。故本条对消防控制室位置、防火分离和安全出口作了规定。

我国目前已建成的高层建筑中，不少建筑都设有消防控制室，但也有的把消防控制室设于地下层交通极不方便的部位，这样一旦发生大的火灾，在消防控制室坚持工作的人员就很难撤出大楼。故本条规定消防控制室应设直通室外的安全出口。

**4.1.5** 保留原条文。据调查，有些已建成的高层民用建筑内附设有观众厅、会议厅等人员密集的厅、室，有的设在接近首层或低层部位，有的设在顶层（如上海某百货公司顶层就设有一个能容纳千人的礼堂兼电影院，广州某大厦顶层设有能容纳二三百人的餐厅等）。一旦建筑物内发生火灾，将给安全疏散带来很大困难。因此，本条规定上述人员密集的厅、室最好设在首层或二、三层，这样就能比较经济、方便地在局部增设疏散楼梯，使大量人流能在短时间内安全疏散。如果设在其它层，必须采取本条规定的4条防火措施。

**4.1.5A** 本条是新增条文。

一、近几年，歌舞娱乐放映游艺场所群死群伤火灾多发，为保护人身安全，减少财产损失，对歌舞娱乐放映游艺场所做出相应规定。

二、歌舞娱乐放映游艺场所内的房间如果设置在袋形走道的两侧或尽端，不利于人员疏散。如某地一歌舞厅设置在袋形走道尽端，火灾时歌舞厅疏散出口被烟火封堵，人员无法逃生，致使13人死亡。

三、为保证歌舞娱乐放映游艺场所人员安全疏散，根据我国实际情况，并参考国外有关标准，规定了这些场所的人数计算指标。美国NFPA101《生命安全规范》对这类场所人员密度指标的规定：无固定座位及较多集中使用的集会场所，如礼堂、礼拜堂、舞池、舞厅等1.54人/m²，会议室、餐厅、宴会厅、展览室、健身房或休息室为0.71人/m²，人员密度指标是按该场所净面积计算确定的。

四、歌舞娱乐放映游艺场所，每个厅、室的出口不少于两个的规定，是考虑到当其中一个疏散出口被烟火封堵时，人员可以通过另一个疏散出口逃生。对于建筑面积小于50m²的厅、室，面积不大，人员数量较少，疏散比较容易，所以可设置一个疏散出口。

五、"一个厅、室"是指一个独立的歌舞娱乐放映游艺场所。其建筑面积限定在200m²是为了将火灾限制在一定的区域内，减少人员伤亡。对此类场所没有规定采用防火墙，而采用耐火极限不低于2.00h的隔墙与其它场所隔开，是考虑到这类场所一般是后改建的，采用防火墙进行分隔，在构造上有一定难度，为了解决这一实际问题，又加强这类场所的防火分隔，故做本条规定。这类场所内的各房间之间隔墙的防火要求在本规范中已有相应规定，本条不再做规定。

六、大多数火灾案例表明，人员死亡绝大部分都是由于吸入有毒烟气而窒息死亡的。因此，对这类场所做出了防排烟要求。

七、疏散指示标志的合理设置，对人员安全疏散具有重要作用，国内外实际应用表明，在疏散走道和主要疏散路线的地面上或靠近地面的墙上设置发光疏散指示标志，对安全疏散起到很好的作用，可以更有效地帮助人们在浓烟弥漫的情况下，及时识别疏散位置和方向，迅速沿发光疏散指示标志顺利疏散，避免造成伤亡事故。为此，特做本条规定。本条所指"发光疏散指示标志"包括电致发光型（如灯光型、电子显示型等）和光致发光型（如蓄光自发光型等）。这些疏散指示标志适用于歌舞娱乐放映游艺场所和地下大空间场所，作为辅助疏散指示标志使用。

**4.1.5B** 本条是新增条文。

一、火灾危险性为甲、乙类储存物品属性的商品，极易燃烧，难以扑救，本条参照《建筑设计防火规范》关于甲、乙类物品的商品不应布置（包括经营和储存）在半地下或地下各层的要求，制定了本规定。

二、营业厅设置在地下三层及三层以下时，由于经营和储存的商品数量多，火灾荷载大，垂直疏散距离较长，一旦发生火灾，火灾扑救、烟气排除和人员疏散都较为困难，故规定不宜设置在地下三层及三层以下。规定"不宜"是考虑到如经营不燃或难燃的商品，则可根据具体情况，设置在地下三层及三层以下。

三、为最大限度减少火灾的危害，同时考虑使用和经营的需要，并参照国外有关标准和我国商场内的人员密度和管理等多方面情况，对地下商店的总建筑面积做出了不应大于20000m²，并采用防火墙分隔，且防火墙上不应开设门窗洞口的限定。总建筑面积包括营业面积、储存面积及其他配套服务面积等。这样的规定，是为了解决目前实际工程中存在地下商店规模越建越大，并采用防火卷帘门作防火分隔，以致数万平方米的地下商店连成一片，不利于安全疏散和火灾扑救的问题。

四、关于设置发光疏散指示标志，见4.1.5A条的说明。

**4.1.6** 本条是对原条文的修改。

据调查，一些托儿所、幼儿园、游乐厅等儿童活动场所设在高层建筑的四层以上，由于儿童缺乏逃生自救能力，火灾时无法迅速疏散，容易造成伤亡事故。为此，做出相应规定。

**4.1.7** 对原条文的部分修改。

一、据北京、上海、广州等大、中城市的实践经验，在发生火灾时，消防车辆要迅速靠近起火建筑，消防人员要尽快到达着火层（火场），一般是通过直通室外的楼梯间或出入口，从楼梯间进入起火层，开展对该层及其上、下层的扑救作业。

登高消防车功能试验证明，高度在5m，进深在4m的附属建筑，不会影响扑救作业，故本条对其未加限制。

二、国内外不少火灾案例从正反两个方面证明了本条规定的必要性。1991年5月28日，大连饭店（高层建筑）发生火灾，云梯车救出无法逃生的人员；1993年5月13日，南昌万寿宫商城（高层建筑）发生火灾，云梯车发挥了很大作用，在这座建筑倒塌之前6min，云梯车把楼内所有人员疏散完毕；1979年7月29日，肯尼亚内罗毕市市中心一座17层的办公楼发生火灾，由于该大楼平面布置较为合理，为使用登高消防车创造了条件，减少了火灾损失；1970年7月23日，美国新奥尔良市路易斯安纳旅馆发生火灾，1973年11月28日，日本熊本县太洋百货商店大火，1985年4月

19日，我国哈尔滨市天鹅饭店火灾，都是由于平面布置比较合理，登高消防车能够靠近高层主体建筑，而救出了不少火场被困人员。反之，1984年1月4日，韩国釜山市一家旅馆发生火灾，由于大楼总平面不合理，周围都是裙房，街道又狭窄，交通拥挤，尽管消防队出动数十辆各种消防车，也无法靠近火场，只能进入狭窄的街道和旅馆大楼背面，进行人员抢救和灭火行动。云梯车虽说能伸至楼顶，但没有适当位置供它停靠，消防队员只得从楼顶放下救生绳和绳梯，让直升飞机发挥营救人员的作用。

三、由1/3周边改为1/4周边的理由是：

目前有些高层建筑，特别是商住楼的住宅部分平面布置为方形，还有些高层办公楼、旅馆等也是这样的平面布置，因此，根据基本满足扑救需要，也照顾到这些实际情况，故改为1/4周边不应布置相连的大裙房。

无论是建筑物底部留一长边或1/4周边长度，其目的要使登高消防车能展开工作，所以在布置时要考虑这一基本要求。

**4.1.8** 本条是对原条文的修改。不少建筑物在地下室或其它层设有汽车停车库，如深圳国贸中心、北京长城饭店、西苑饭店等，均在地下层设有汽车库。为了节约用地和方便管理使用，与高层民用建筑结合在一起修建的停车库将会逐渐增加。

根据实践经验和参考国外有关资料，对附设在高层民用建筑内的汽车停车库作了防火规定：

一、为了使停车库火灾限制在一定范围，一旦发生火灾，不致威胁到高层其它部位的安全，要求采用耐火极限不低于2.00h的墙和1.50h楼板与其它部位隔开。

二、汽车库的出口应与建筑物的其它出口分开布置，以避免发生火灾时造成混乱，影响疏散和扑救。

设在高层建筑内的汽车库，其防火设计，应符合现行的国家标准《汽车库、修车库、停车场设计防火规范》GB 50067的有关规定。

原《汽车库设计防火规范》已作修改，修改为现名称，故使其一致。

**4.1.9** 液化石油气是一种容易燃烧爆炸的可燃气体，其爆炸下限约2%以下，比重为空气的1.5～2倍，火灾危险性大。它通常以液态方式贮存在受压容器内，当容器、管道、阀门等设备破损而泄漏时，将迅速气化，遇到明火就会燃烧爆炸。如某厂家属宿舍一住户的液化石油气灶具阀门未关，液化气外漏，点火时发生爆炸，数人伤亡，建筑起火；某住户的液化石油气瓶角阀破坏，发生火灾，烧毁了一个单元房屋，并烧伤一人；上海某住宅火灾，抢出来的液化气瓶因未注意及时关闭阀门，跑出的液化气遇明火发生爆炸，死伤几十人。

在国外，高层建筑中使用瓶装液化石油气也有不少惨痛的教训。如韩国的大然阁饭店因二楼咖啡馆液化石油气瓶爆炸，将21层的大楼全部烧毁，死亡164人，伤60人；巴西圣保罗市31层的安得拉斯大楼火灾，由于液化石油气助长火势，火焰窜出窗口十几米，楼内装修全部烧毁，死伤340多人。

鉴于液化石油气火灾的危险性大和高层建筑运输不便，如用电梯运输气瓶，一旦液化气漏入电梯井，容易发生严重爆炸事故等因素，为了保障高层建筑的防火安全，故本条规定凡使用可燃气体的高层民用建筑，在设计时，必须考虑设置管道煤气或管道液化石油气。其具体设计要求应按现行的国家标准《城镇燃气设计规范》的有关规定执行。

燃气灶、开水器等燃气或其它一些可燃气体用具，当设备管道损坏或操作有误时，往往漏出大量可燃气体，达到爆炸浓度时，遇到明火就会引起燃烧爆炸事故。开水器爆炸事故时有发生。如某饭店15楼和某办公楼煤气开水器，因管理人员操作不慎，点火时产生燃爆，把大楼的一些窗户玻璃震碎。故本条规定。

**4.1.10** 在没有管道煤气的高层宾馆、饭店等，若使用丙类液体作燃料时，其储油设置的位置又无法满足本规范4.2.5条所规定的防火间距，在采取必要的防火安全措施后，也可直埋于高层主体建筑与其相连的附属建筑附近。其防火间距可以减少或不限。本条

中所说的"面向油罐一面4.00m范围内的建筑物外墙为防火墙时"，4.00m范围是指储罐两端和上、下部各4.00m范围，见图2。

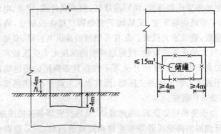

图2 油罐面4m范围外墙设防火墙示意图

**4.1.11** 本条为新增条文。据调查，目前全国470余个城市，约有1/3左右的城市使用可燃气体作为燃料，其中有一些是瓶装液化石油气。当其使用于高层建筑时，必须采用集中的瓶装液化石油气气化间，而后利用管道将燃气送至楼内。

一、我国近几年来，有不少城市如广东省的广州、深圳、佛山、中山等市，浙江省的杭州、宁波、温州等市，江苏省的无锡、常州、南通、苏州等市，有不少宾馆、饭店、综合建筑等，设有液化石油气气化间，其容量少则10瓶以上，多则三四十瓶（50kg/瓶）。

二、过去几年，国家虽没有对液化石油气气化间在防火要求上作出规定，但各地公安消防部门参考国外有关规定或安全资料，作了大量工作，在防火上积累了一些有益的安全做法，值得借鉴。

三、在总结各地实践经验和参考国外资料、规定的基础上，本条作了以下规定：

1. 为了安全，并与现行的国家标准《城镇燃气设计规范》的规定取得一致，规定总储量不超过1.00m³的瓶装液化石油气气化间，可与高层建筑直接相连的裙房贴邻建造，但不能与高层建筑主体贴邻建造。

2. 总储量超过1.00m³且不超过3.00m³的瓶装液化石油气气化间，一定要独立建造，且与高层主体建筑和直接相连的裙房保持10m以上的防火间距。

3. 瓶装液化石油气气化间的耐火等级不应低于二级，这与高层主体建筑和高层主体建筑直接相连的裙房的耐火等级相吻合。

4. 为防止事故扩大，减少损失，应在总进、出气管上设有紧急事故自动切断阀。

5. 为了迅速而有效地扑灭液化石油气火灾，在气化间内必须设有自动灭火系统，如1211或1301、$CO_2$等灭火系统。

6. 液化石油气如接头、阀门密封不严，容易漏气，达到爆炸浓度，遇火源或高温作用，容易发生爆炸起火，因此应设有可燃气体浓度检漏报警装置。

7. 为了防止因电气火花而引起的液化石油气火灾爆炸，造成不应有的损失，因此安装在气化间的灯具、开关等，必须采用防爆型，导线应穿金属管或采用耐火电线。

8. 液化石油气比空气重，一旦漏气，容易积聚达到爆炸浓度，发生爆炸，为防止类似事故发生，故作此规定。

9. 为了稀散可燃气体，使之不能达到爆炸浓度，气化间应根据条件，采取人工或自然通风措施。

**4.1.12** 本条为新增条文。为了防止储油间内油箱火灾，有效切断燃料供给，控制油品流散和油气扩散，本条对燃料供给管道及储油间内油箱的防火措施作出了规定。燃料供给管道的敷设在国家标准《城镇燃气设计规范》中已有明确要求，应按其规定执行。

## 4.2 防火间距

**4.2.1** 基本保留了原条文。本条规定的防火间距，主要是综合考虑满足消防扑救需要和防止火势向邻近建筑蔓延以及节约用地等几个因素，并参照已建高层民用建筑防火间距的现状确定的。

一、满足消防扑救需要。扑救高层建筑火灾需要使用消防水罐车、曲臂车、云梯登高消防车等车辆。消防车辆停靠、通行、操作，结合火灾实践经验，满足高层建筑火灾扑救，本条规定高层主体建筑之间的防火间距不应小于13m；与其它三、四级的低层民用建筑之间的防火间距，因耐火等级低，火势蔓延威胁大，故防火间距较一、二级建筑相应提高为11m和14m。

二、防止火势蔓延。造成火势蔓延，主要有"飞火"（与风力有关）、"热辐射"和"热对流"等几个因素。火灾实例证明，在大风的情况下，从火场飞出的"火团"可达数十米、数百米，甚至更远些。显然，如按这个因素确定防火间距，势必与节约用地精神不符。至于"热对流"，对相邻建筑蔓延威胁比"热辐射"要小些，因为热气流喷出门窗洞口后就向上升腾，对相邻建筑的影响比"热辐射"小，所以考虑这个因素的实际意义不大。由此可见，考虑防火间距的因素主要是"热辐射"强度。

影响热辐射强度的因素较多。诸如：发现和扑救火灾时间的长短、建筑的长度和高度、气象条件等。但国内目前还缺乏这方面的科学试验数据，国外虽有按"热辐射"强度理论计算防火间距的公式，但都没有把影响"热辐射"的一些主要因素（如发现和扑救火灾早晚、火灾持续时间）考虑进去，因而计算出来的数据往往偏大，在实际中难于行得通。因此，对热辐射也只能是结合一些火灾实例，视其对传播火灾的作用予以粗略考虑。

三、节约用地。从某种意义上讲，修建高层建筑是要达到少占空间少占地的目的，解决城市用地紧张问题。据调查，北京、上海、广州等一些城市兴建高层建筑是结合城市改造进行的，一般都是拆迁旧房原地建起新高层建筑，用地比较紧张，本条规定的防火间距考虑了这个因素。

据调查，有不少高层民用建筑底层周围，常常布置一些附属建筑，如附设商店、邮电、营业厅、餐厅、休息厅以及办公、修理服务用房等。这些附属建筑和高层主体建筑不区别对待，一律要求13m防火间距不利于节约用地，也是不现实的，故引用了《建规》的规定，其防火间距分别是6、7、9m。

四、防火间距现状。据调查，北京、上海、广州、深圳、武汉、呼和浩特、乌鲁木齐、长沙、南京、沈阳、哈尔滨、厦门、福州等市兴建的各种高层建筑，其实际间距，长边方向一般为20～30m，最大的达40～50m；短边方向一般在12～15m之间。上海、广州一些老高层建筑，与相邻建筑的距离一般为10～12m左右，个别的也有3～5m的。可见本条规定与现状大体相符。

现举一个火灾案例，供设计者参考。1972年2月24日，巴西圣保罗市安德拉斯大楼发生火灾。下午4时，发现起火，4时26分，消防队到达时火焰正席卷大楼正面，向屋顶延伸。火焰达40m宽，100m高，伸向街道至少有15m远。强烈的热辐射和外伸的火舌，使街对面30m远处的两幢公寓楼被卷入，受到严重损害。

**4.2.2～4.2.4** 这三条是对原条文的修改。为了便于理解和执行，这三条明确了高层建筑与一、二级耐火等级单层、多层民用建筑之间的防火要求。

**4.2.5** 本条基本保留原条文。对储量在本条规定范围内的甲、乙、丙类液体储罐，可燃气体储罐和化学易燃品库房的防火间距作了规定。

据调查，有些高层建筑的锅炉房，使用燃油（原油、柴油等）锅炉，并根据锅炉燃料每日的用量、来源的远近和运输条件等情况，设置燃料储罐，一般容量为几十到几百立方米。如广州某宾馆的燃料储罐总储量为200m³，距高层主体建筑在100m以上。

另外，有些科研楼、医院、通讯楼和多功能的高层建筑，需用一些化学易燃物品、可燃气体等。

为了保障高层建筑的防火安全，本条借鉴火灾爆炸事故的经验教训，参照《建规》有关规定，并根据高层建筑应比低层建筑要求严一些的精神，作了本条防火间距的规定。

**4.2.6** 液氧储罐如若操作使用不当，极易发生强烈燃烧，危害很大，所以本条对高层医院液氧储罐库房的总容量作了限制，对设置部位、采取的防火措施也作了规定。

**4.2.7** 本条是对原条文的修改。

本条表4.2.7规定的防火间距也是依据第4.2.1条说明中阐明的几个因素和下述情况确定的。

一、高层建筑不宜布置在甲、乙类厂房附近，如丙、丁、戊类的厂房、库房等必须布置时，其防火间距应符合表4.2.7的规定。

对丙、丁、戊类的厂房、库房，目前设在大、中城市市区的还比较多，需要规定其与高层民用建筑之间的防火间距。本条参照《建规》的有关规定和消防实践以及高层民用建筑的重要性等在表4.2.7中作了具体规定。

二、煤气调压站的防火间距是根据现行的国家标准《城镇燃气设计规范》的有关规定提出的，但考虑到二类高层建筑与一类高层建筑要有所区别，故前者比后者相应地减少。

三、液化石油气的气化站、混合站的总储量和防火间距是根据多次液化石油气火灾的经验教训提出的。火灾实例说明，液化石油气储罐一旦发生爆炸起火，燃烧快，火势猛烈，危及范围广（一般为40～50m，有的达100～200m）。本着既保障安全，又节约用地的原则，规定为35～50m，液化石油气瓶库为15～25m。

从火灾实例看，单罐容积的大小，将直接影响火灾燃烧范围的大小。根据液化石油气的爆炸极限和一般情况下的扩散范围等因素，在规范4.2.7条中规定了单罐容积不宜超过10m³。

鉴于一类高层民用建筑发生火灾后易造成更大的损失，因此，在防火间距上要求比二类建筑大些，故在表4.2.7规定中予以区别对待。

煤气调压站（箱）的进口压力，是根据现行的国家标准《城镇燃气设计规范》而修改的，亦可参照上述规范的规定执行。

将原表中高层建筑与燃气调压站（柜）、液化石油气气化站、混气站和城市液化石油气供应站瓶库之间的防火间距，纳入新增的4.2.8条。

**4.2.8** 本条为新增条文。由于《城镇燃气设计规范》GB 50028对高层民用建筑与燃气调压站、液化石油气气化站、混气站和城市液化石油气供应站瓶库之间的防火间距已经作了明确规定，经协调，高层建筑与上述部位之间的防火间距按《城镇燃气设计规范》GB 50028的有关规定执行。

## 4.3 消 防 车 道

**4.3.1** 本条是对原条文的修改。

高层建筑的平面布置和使用功能往往复杂多样，给消防扑救带来一些不利因素。有的底部附建有相连的各种附属建筑，如在设计中对消防车道考虑不周，火灾时消防车无法靠近建筑物，往往延误灭火战机，造成重大损失。如某厂大楼，由于其背面没有设置消防车道，发生火灾时延误了战机，致使大火燃烧了3个多小时，扩大了灾情。为了给消防扑救工作创造方便条件，保障建筑物的安全，并根据各地消防部门的经验，对高层建筑作了在其周围设置环形车道的规定。但不论建筑物规模大小，一律要求环形消防车道会有困难，为此作了放宽。

据调查，高层建筑的长度一般为80～150m，但也有少数高层建筑由于使用功能广、面积大，其长度超过200m。这种建筑也会给扑救带来不便。为了便于扑救，故规定了总长度超过220m的建筑，要设置穿越建筑物的消防车道。

原条文要求设置环形消防车道和沿两个长边设置消防车道的高层建筑，当其沿街长度超过150m或总长度超过220m时，都要在适中位置设置穿越建筑的消防车道。本次修订对原条文作了调整：对于设有环形车道的高层建筑，可以不设置穿过建筑的消防车道；对于无法设置环形消防车道，仅沿两个长边设置消防车道的高层建筑，当其沿街长度超过150m或总长度超过220m时，要求在适中位置设置穿过高层建筑的消防车道。

高层建筑如没有连通街道和内院的人行通道，发生火灾时不仅影响人员疏散，还会妨碍消防扑救工作，参照《建规》的有关规定，故在本条中作了相应的规定。人行通道也可利用前后穿通的楼梯间。

4.3.2 有些高层建筑由于通风采光或庭院布置、绿化等需要，常常设有面积较大的内院或天井，这种内院或天井一旦发生火灾，如果消防车进不去就难于扑救。

为了便于消防车迅速进入内院或天井，及时控制火势和车辆在天井或内院内有回旋余地，故规定了短边长度超过24m的内院或天井宜加设消防车道的要求。短边24m以上的要求，主要考虑消防车进得去，且易掉头出来。

4.3.3 为了在发生火灾时，能保证消防车迅速开到天然水源（如江、河、湖、海、水库、沟渠等）和消防水池取水灭火，故本条规定凡是供消防车取水的天然水源和消防水池，均应有消防车道。

4.3.4 本条规定的消防车道宽度是按单行线考虑的。消防车道距地面上部障碍物之间的净空是参照《建规》的要求拟定的，一般能满足目前通用的消防车辆尺寸的要求，如有特殊大型消防车辆通过，应与当地消防监督部门协商解决。

4.3.5 规定回车场面积一般不小于15m×15m（如图3所示），主要是根据目前使用较广泛的几种大型消防车而提出的。如曲臂登高消防车最小转弯半径为12m；CFP2/2型干粉泡沫联合消防车最小转弯半径为11.5m。个别大型车辆，如进口的"火鸟"曲臂登高消防车，车身全长达15.7m，15m×15m的回车场还不够用，遇有这种情况其回车场应按当地实际配置的大型消防车确定。

图3 回车场面积示意图

根据地形，回车场也可作成Y、T形的回车道。

据调查，有的消防车道下的管道和渠道的侧墙和盖板由于承载能力过小，不能满足大型消防车行驶的需要，故本条作出了原则规定。

4.3.6 本条规定的尺寸是根据目前我国各城市使用的消防车外形尺寸（如图4所示），并参照《建规》要求制定的。所规定的尺寸基本与《建规》尺寸一致，其目的在于发生火灾时便于消防车无阻挡地通过，迅速到达火场，顺利开展扑救工作。

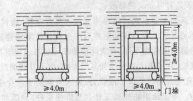

图4 消防车道净宽和净空高度示意图

4.3.7 本条规定是针对有些高层建筑，常常在消防车道靠近建筑物一侧有树木、架空管线等障碍物。这些障碍物有可能阻碍消防车的通行和扑救工作。故要求在设计总平面时，应充分考虑这个问题，合理布置上述设施，以确保消防车扑救工作的顺利进行。

# 5 防火、防烟分区和建筑构造

## 5.1 防火和防烟分区

5.1.1~5.1.4 这几条基本上保留了原规范该条的内容。

一、在高层建筑设计时，防火和防烟分区的划分是极其重要的。有的高层建筑规模大，空间大，尤其是商业楼、展览楼、综合大楼，用途广，可燃物量大，一旦起火，火势蔓延迅速、温度高，烟气也会迅速扩散，必然造成重大的经济损失和人身伤亡。因此，除应减少建筑物内部可燃物数量，对装修陈设尽量采用不燃或难燃材料以及设置自动灭火系统之外，最有效的办法是划分防火和防烟分区。

例如某医院大楼，每层建筑面积2700m²，没有设防火墙分隔，也无其它防火安全措施。三楼着火，将该楼层全部烧毁，由于楼板是钢筋混凝土板，火才未向下蔓延。而某学校一座耐火等级为三级的学生宿舍楼，占地面积为1312m²，由于设了三道防火墙，起火时，防火墙阻止了火势蔓延，使2/3的房间未被烧掉。又如美国二十六层的米高梅饭店，内部设有2076套客房、4600m²的赌场、1200个座位的剧场，可供11000人就餐的8个餐厅以及百货商场等。该饭店设备豪华、装修精致，是一个富丽堂皇的现代旅馆。但是，设计时忽略了建筑物的防火安全，致使建筑物内存在许多不安全因素。主要问题是：采用了大量的可燃建筑装修材料，家具和陈设大多数是木质等可燃材料，致使室内火灾荷载大；大楼又缺少必需的防火分隔，甚至4600m²的赌场内，没有采取任何防火分区和防烟措施。防火墙上开的一些大洞孔，穿过楼板的各种管道缝隙没有堵塞。因此，当1980年11月21日一楼餐厅发生火灾时，由于发现较晚，扑救不奏效，火势迅速蔓延（餐厅内有大量的可燃物），顿时，餐厅变成了一片火海。由于没有设防火分隔门，火很快通过门洞扩大到邻接的赌场。这场火灾导致84人死亡和679人受伤的惨重恶果。

巴西圣保罗三十一层的安得拉斯大楼和二十五层的焦马大楼，前者室内为大统间，没有采用不燃烧材料作隔断，加之窗间墙（多数为落地窗）；而后者结构是耐火的，但其内部没有采取防火分隔措施，而且只有一座敞开式楼梯间。在起火后，烟气迅速扩散，火势迅猛异常，由于不能及时使大量人员撤离大楼，造成了179人死亡、300人受伤的惨痛火灾事故。

二、防火分区的划分，既要从限制火势蔓延、减少损失方面考虑，又要顾及到便于平时使用管理，以节省投资。目前我国高层建筑防火分区的划分，由于用途、性能的不同，分区面积大小亦不同。如北京中医医院标准层面积为1662m²，按东西区病房划分为两个防火分区，每个防火分区面积为831m²；又如北京饭店新楼，标准层面积为2080m²，用防火墙划分为三个面积不等的防火分区，如图5。

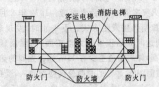

图5 北京饭店新楼防火分区划分示意图

三、比较可靠的防火分区应包括楼板的水平防火分区和垂直防火分区两部分，所谓水平防火分区，就是用防火墙或防火门、防火卷帘等将各楼层在水平方向分隔为两个或几个防火分区；所谓垂直防火分区，就是将具有1.5h或1.0h耐火极限的楼板和窗间墙（上、下窗之间的距离不小于1.2m）将上下层隔开。当上下层设有走廊、自动扶梯、传送带等开口部位时，应将相连通的各层作为一个防火分区考虑。

防火分区的作用在于发生火灾时，可将火势控制在一定的范围内，以有利于消防扑救、减少火灾损失。

以美国芝加哥的John Hancock大厦为例，在这幢高300m的塔式建筑物中，在上部楼层套间内，至少发生过20次火灾。但没有一次火灾蔓延到套间以外，其主要原因，就是防火分隔设计得当，又有较好的防火安全设备。

国外有关标准、规范中，也规定了高层建筑防火分区最大允许面积。例如法国的规范规定，每个防火分区最大允许面积为2500m²；德国规定高层住宅每隔30m设一道防火墙，一般高层建筑每隔40m设一道防火墙；日本规定每个防火分区最大允许面积：10层以下部分1500m²，11层以上部分，根据其吊顶、墙体材料的燃烧性能及防火门情况，分别规定为100、200、500m²；美国规定每个防火分区面积为1400m²；原苏联规定非单元式住宅的每个防火分区面积为500m²（地下室与此相同）。虽然各国划定防火分区面积各异，但其目的都是要求在设计中将建筑物的平面和空间以防火墙和防火门、窗等以及楼板分成若干防火分区，以便一旦发生火灾时，将火势控制在一定范围内，阻止火势蔓延扩大，减少损失。

规范5.1.1条根据我国一些高层建筑对防火分区划分的实际做法，并参照国外有关标准、规范资料，将防火分区的面积规定为表5.1.1中所列的三种数字。对一类高层建筑，如高级旅馆、商业楼、展览楼、图书情报楼等以及高度超过50m的普通旅馆、办公楼等，其内部装修、陈设等可燃物多，且有贵重设备，并且设有空调系统等，一旦失火，容易蔓延，危险性比二类建筑大。因此，将一类高层建筑每个防火分区最大允许建筑面积规定为1000m²。二类高层建筑，如普通旅馆、住宅和办公楼等建筑，内部装修、陈设等相对少些，火灾危险性也会比一类建筑相对少些。其防火分区最大允许建筑面积规定为1500m²。这样规定是根据我国目前经济水平以及消防扑救能力提出的。地下室规定建筑面积500m²为一个防火分区。因为地下室一般是无窗房间，其出口的楼梯既是疏散口，又是排烟口，同时又是消防扑救口。火灾时，人员交叉混乱，不仅造成疏散扑救困难，而且威胁地上建筑物的安全。因此，对地下室防火分区的面积要求严是必要的、合理的。表5.1.1规定的防火分区面积，如设有自动喷水灭火设备，能及时控制和扑灭初起火灾，能有效地控制火势蔓延，使建筑物的安全程度大为提高。例如某市第一百货商店，8楼的静电植绒车间失火，由于相邻部位都设有自动喷水头，对阻止火势蔓延起到了很好的作用，保证了相邻部位的安全。因此，对设有自动喷水灭火系统的防火分区，其最大允许建筑面积可增加1倍；当局部设置自动喷水灭火系统时，则该局部面积可增加1倍。

四、与高层建筑相连的裙房建筑高度较低，火灾时疏散较快，且扑救难度也比较小，易于控制火势蔓延。当高层主体建筑与裙房之间用防火墙等防火分隔设施分开时，其裙房的最大允许建筑面积可按《建规》的规定执行。

目前有些商业营业厅、展览厅附设在高层建筑下部，面积往往超过规范较多，还有些商业高层建筑每层面积较大，经过对20多个建筑的调查，4000m²能满足使用要求，故调整为4000m²，以利执行。

五、据调查，有些高层公共建筑，在门厅等处设有贯通2～3层或更多的各种开口，如走廊、开敞楼梯、自动扶梯、传送带等开口部位。为了既照顾实际需要，又能保障防火安全，应把连通部位作为一个整体看待，其建筑总面积不得超过本规范表5.1.1的规定，如果总面积超过规定，应在开口部位采取防火分隔设施，使其满足表5.1.1的要求。已有一些高层建筑是这样做的，例如北京国际贸易中心、北京长富宫饭店和北京亮马河大厦等。

**5.1.5** 本条是新增的。建筑物中的中庭这个概念由来已久。希腊人最早在建筑物中利用露天庭院（天井）这个概念。后来罗马人加以改进，在天井上盖屋顶，便形成了受到屋顶限制的大空间——中庭。今天的"中庭"还没有确切的定义，也有称"四季庭"或"共享空间"的。

中庭的高度不等，有的与建筑物同高，有的则只是在旅馆的上面或下部几层。例如美国1975年亚特兰大兴建的七十层桃树中心广场旅馆，中庭布置在底部六层，周围环境天窗采光，底层大厅有30m长的瀑布、花坛、盆景等物，这些景物与建筑物交映生辉。

国内外高层建筑设有中庭的举例见表8。

国内外设有中庭的高层建筑举例　　表8

| 序号 | 建筑名称 | 层数 | 中庭设置特点及消防设施 |
|---|---|---|---|
| 1 | 北京京广大厦 | 52 | 中庭12层高，回廊设有自动报警、自动喷水和水幕系统 |
| 2 | 广州白天鹅宾馆 | 31 | 中庭开度为70m×11.5m，高10.8m |
| 3 | 上海宾馆 | 26 | 中庭高13m，回廊设有自动喷水灭火设备 |
| 4 | 北京长城饭店 | 18 | 中庭6层高，回廊设有自动报警、自动喷水系统，设有挡烟系统、防火门 |
| 5 | 厦门假日酒店 | 6 | 中庭6层高，回廊设有自动报警、自动喷水系统，设有挡烟系统、防火门 |
| 6 | 厦门海景大酒店 | 26 | 中庭6层高，回廊设有自动报警、自动喷水系统，设有挡烟系统、防火门 |
| 7 | 西安（阿房宫）凯悦饭店 | 13 | 中庭10层高（36.9m），回廊设有自动报警、自动喷水系统和防火卷帘 |
| 8 | 厦门水仙大厦 | 18 | 中庭3层高，设有自动报警和自动喷水灭火设备 |
| 9 | 厦门闽南贸易大厦 | 33 | 中庭设在裙房幕墙主体建筑旁的连接处，设有自动报警和自动喷水灭火设备 |
| 10 | 深圳发展中心大厦 | 42 | 中庭设在大厦中间，回廊设有火灾自动报警系统和加密自动喷水灭火系统，房间通向走向走道为乙级防火门 |
| 11 | 上海国际贸易中心 | 41 | 中庭设在底下，高16m，设有自动报警和自动喷水灭火设备，中庭25层高，设有自动报警和自动喷水设备 |
| 12 | 美国田纳西州海厄特旅馆 | 25 | 中庭25层高，设有自动报警和自动喷水设备 |
| 13 | 美国旧金山海厄特摄政旅馆 | 22 | 中庭22层高，各种小空间与大空间相配合，信息交融 |
| 14 | 美国亚特兰大桃树广场旅馆 | 70 | 中庭6层高，设有自动报警、自动喷水水幕设备 |
| 15 | 新加坡泛太平洋酒店 | 37 | 中庭35层高，设有自动报警喷水和排烟设备 |
| 16 | 北京艺苑中心 | 10 | 中庭10层高，回廊设有自动报警和自动喷水设备 |
| 17 | 日本新宿NS大楼 | 30 | 贯通30层，防火重点是一、二层楼店铺火灾，用防火门和卷帘分隔。3楼设2台ITV摄影机、探测器 |

以上举出的只是部分高层建筑设有中庭的例子。进入本世纪90年代以来，我国各地有不少高层建筑仿效中庭的设计。仅以厦门市1980年实行经济特区以来，已经建成和还在施工设计的60余幢高层建筑，设有中庭建筑的就有10多幢。在防火设计方面，给我们提出了许多新课题。在设计中庭时碰到的最大问题是发生火灾时，如何保证室内人员的安全。一般建筑物防火处理的方法是设置防火分区，或是设法把局部发生的火灾限制在其发生的范围内，即设置防火隔断。然而中庭建筑，其防火分区被上下贯通的大空间所破坏。因此，中庭防火设计不合理时，其火灾危害性大。

1973年3月2日，美国芝加哥海厄特里金西奥黑尔旅馆夜总会中庭发生火灾，造成30多万美元的损失；1977年5月13日，美国华盛顿国际货币基金组织大厦火灾是由办公室烧到中庭的，造成30多万美元的损失；1967年5月22日，比利时布鲁塞尔伊诺巴施络百货大楼发生火灾，由于中庭与其它楼层未进行防火分隔，致使二层起火后很快蔓延到中庭，中庭玻璃屋顶倒塌，造成325人死亡，损失惨重。

美国、英国、澳大利亚等国对中庭防火作了严格规定。结合国外情况本规范作出了如下规定：

1. 房间与中庭回廊相通的门、窗应设自行关闭的乙级防火门、窗。

2. 与中庭相连的过厅、通道等相通处应设乙级防火门或复合型防火卷帘，主要起防火、防烟分隔作用，不论是中庭或是过厅等

3. 中庭每层回廊应设置自动喷水灭火系统，喷头间距不应小于 2.0m，但也不应大于 2.8m。

4. 中庭每层回廊应设火灾自动报警系统。

5. 设置排烟设施，在本规范第八章作了具体规定。

**5.1.6** 本条基本上保留原条文的内容。为了着火时将烟气控制在一定范围内，本规范要求设置排烟的走道、房间(但不包括净高超过 6m 的大空间房间如观众厅)等场所，应采用挡烟垂壁、隔墙或从顶棚下突出不小于 0.50m 的梁划分防烟分区。

高层建筑多用垂直排烟道(竖井)排烟，一般是在每个防烟区设一个垂直烟道。如防烟区面积过小，使垂直排烟道数量增多，会占用较大的有效空间，提高建筑造价。如防烟分区的面积过大，使高温的烟气波及面积加大，会使受灾面积增加，不利于安全疏散和扑救。本条对防烟分区的建筑面积作了规定。防烟分区的划分如下：

1. 不设排烟设施的房间(包括地下室)和走道，不划分防烟分区。

2. 走道和房间(包括地下室)按规定都设置排烟设施时，可根据具体情况分设或合设排烟设施，并按分设或合设的情况划分防烟分区。

3. 一座建筑物的某几层需设排烟设施，且采用垂直排烟道(竖井)进行排烟时，其余各层(按规定不需要设排烟设施的楼层)，如增加投资不多，可考虑扩大设置范围，各层也宜划分防烟分区，设置排烟设施。

### 5.2 防火墙、隔墙和楼板

**5.2.1、5.2.2** 防火墙是阻止火势蔓延的有效措施，在设计中我们应注意和重视。许多火灾实例说明，防火墙设在建筑物转角处，不能有效防止火势蔓延。为了防止火势从防火墙的内转角或防火墙两侧的门窗洞口蔓延，要求门、窗之间必须保持一定的距离，其具体数据采用了《建规》第 7.1.5 条的规定。从火灾实例说明，如相邻两窗之间一侧装有耐火极限不低于 0.9h 的不燃烧固定窗扇的采光窗，也可以防止火势蔓延，故可不受距离限制。

**5.2.3** 本条对在防火墙上开门、窗提出了要求。在建筑物内发生火灾时，浓烟和火焰通常穿过门、窗、洞口蔓延扩散。为此，规定了防火墙上不应开设门、窗、洞口，如必须开设时，应在开口部位设置防火门、窗。实践证明，耐火极限为 1.20h 的甲级防火门，基本能满足控制一般火灾所需要的时间。当然防火门的耐火极限再高些对防火就更好，但因目前经济技术条件所限，采用耐火极限为 1.20h 的防火门较为适宜。

**5.2.4** 经过近 10 年的实践，证明本条规定是十分必要的。本次修订时仍保留了本条。防火墙是阻止火势蔓延的重要分隔物，应有严格的要求，才能保证在火灾时充分发挥防火墙的作用。故规定输送煤气、氢气、汽油、乙醇、柴油等可燃气体或甲、乙、丙类液体的管道，严禁穿过防火墙。其它管道必须穿过防火墙时，为了防止通过空隙传播火焰，故要求用不燃烧材料紧密填塞。

为防止穿过防火墙处的管道保温材料扩大火势蔓延，要求管道外面的保温、隔热材料采用耐火性能好的材料，并对穿墙处的缝隙要用不燃烧材料仔细填塞好。

**5.2.5** 本条根据原规范第 4.2.5 条的内容修改。管道穿过隔墙和楼板时，若留有缝隙或堵塞不严，一旦室内发生火灾，是非常危险的。燃烧产物、烟气和其它有毒气体会很快穿过缝隙和孔洞而扩散到相邻房间和上部楼层，影响楼内人员疏散，甚至危及生命安全。如西班牙萨拉戈市中心科拉纳旅馆地下餐厅厨房着火，火势很快蔓延扩大，通过吊顶上没有堵死的管道洞口蔓延到上面一层直到十一层的办公室，造成火灾迅速蔓延，扩大了灾情。国内高层建筑这样的教训也不少，故作此条规定。

**5.2.6** 经实践证明，原规范本条的规定是必要的。根据某些现有

高层建筑发生的问题和火灾的经验教训，要求走道两侧的隔墙、面积超过 100m² 的房间隔墙、贵重设备房间隔墙、火灾危险性较大的房间隔墙以及病房等房间隔墙，均应砌至梁板的底部，不留缝隙，以防止烟火流窜蔓延，不致使灾情扩大。

据调查，目前有些高层建筑设计或施工中对此未引起注意，仍有不少装有吊顶的高层建筑，在房间与走廊之间的分隔墙，只做到吊顶底皮，没有做到梁板结构底部，一旦起火，容易在吊顶内蔓延，且难以及时发现，导致火灾蔓延扩大。就是没有吊顶，走道墙壁如不砌到结构底部，留有洞孔缝隙，也会成为火灾蔓延和烟气扩散的途径。对此，在设计和施工中，应特别注意。

**5.2.7** 附设在高层民用建筑内的固定灭火装置设备室，是固定灭火系统的"心脏"，建筑物发生火灾时，必须保证该装置不受火势威胁，确保灭火工作的顺利进行。本次局部修订时，考虑到通风、空调机房是通风、排烟管道汇集的房间，也是火势蔓延的重要部位，为阻止通风、空调机房内外失火时，相互蔓延扩大。所以本条规定对自动灭火系统设备室、通风、空调机房均采用耐火极限不低于 2.00h 的隔墙、1.50h 的楼板和甲级防火门与其它部位隔开。

**5.2.8** 本条基本上保留了原规范第 4.2.7 条的内容，只是在文字上做了个别改动。

原 4.2.7 条中"经常有人停留或可燃物较多"这一定性用语改为"可燃物平均重量超过 30kg/m²"的定量用语，以便于设计和建审人员掌握执行。地下室发生火灾时，高温烟气会很快充满整个地下室，给疏散和扑救工作带来更大的困难。故本条作了较严格的规定，其根据是日本某大楼防火设计中，火灾荷载不大于 30kg/m²。

### 5.3 电梯井和管道井

**5.3.1** 发生火灾时，电梯井往往会成为火势蔓延的通道，如与其它管井连通，一旦起火，容易通过电梯井威胁其它管井，扩大灾情，因此应独立设置。

电梯井一般都与梯厅及其它房间相连接，所处的位置重要，若在梯井内敷设可燃气体和易燃、可燃液体管道或敷设与电梯无关的电缆、电线是不安全的。据调查，有些单位忽视这一点，将无关的电缆混设在梯井。如某通信楼将其它通信电缆都敷设在梯井内，这不仅增加了火灾危险性，而且一旦失火，容易蔓延扩大，所以本条对此作了规定。

电梯是重要的垂直交通工具，其梯井是火灾蔓延的通道之一，一旦发生火灾，电梯井就很容易成为拔烟的通道，所以规定电梯井井壁上除开设电梯门和底部及顶部的通气孔外，不应开设其它洞口。

**5.3.2** 高层建筑的各种竖向管井都是火灾蔓延的途径，为了防止火灾蔓延扩大，要求电缆井、管道井、排烟道、排气道、垃圾道等单独设置，不应混设。某宾馆的垃圾道与烟道连在一起，后因 20 层处的烟道破裂不能使用。这种设计不安全，所以应加以限制。

为了防止火灾时管井烧毁，扩大灾情，规定上述管道井壁采用不燃烧材料制作，其耐火极限为 1.00h。

**5.3.3** 高层建筑的竖向管道井和电缆井，都是拔烟火的通道。若防火分隔不当或未作恰当的防火处理，当建筑物某层起火时竖井不仅会助长火势，而且还成为火与烟气迅速传播的途径，造成扑救困难，严重危及人身安全，使财产受到严重损失。北京、上海、沈阳等城市建成的许多高层建筑，其电缆井、管道井，在每层楼板处用相当于楼板耐火极限的不燃烧材料填堵密实。从实际出发，考虑到便于管子检修、更换，又要保证防火安全，有些竖井如果按层分隔确有困难，可每隔 2～3 层加以分隔。

100m 以上的超高层建筑，考虑到火灾扑救难度更大，垂直蔓延速度更快等不利情况，因此要求每层进行防火分隔。

**5.3.4** 垃圾道是容易起火的部位。因为经常堆积纸屑、棉纱、破布等可燃杂物，遇有烟头等火种极易引起火灾。这样的火灾事例不少。例如，日本东京都国际观光旅馆，1976 年 4 月，因旅客将未

熄灭的烟头扔进垃圾道底，底层垃圾着火，火焰由垃圾道蔓延，从上层垃圾门窜出，烧毁7～10层的客房；某候机楼，因烟头烧着垃圾道内的可燃物而起火，险些把放在垃圾道前室内的煤油烧着，因扑救及时而未造成重大火灾；某高层办公大楼，垃圾道设置在楼梯间的中央部位，曾多次起火。为此，本条要求垃圾道不得设在楼梯间内，宜设在靠外墙的安全部位，垃圾斗宜设在垃圾道前室，并应采用不燃烧材料制作。这样对防止烟、火的危害是必要的。

### 5.4 防火门、防火窗和防火卷帘

**5.4.1** 防火门、窗是建筑物防火分隔的措施之一，通常用在防火墙上、楼梯间出入口或管井开口部位，要求能隔烟、火。防火门、窗对防止烟、火的扩散和蔓延、减少损失起重要作用，因此，必须对其有严格要求。日本对防火门的规定是比较严格的，将防火门分为甲、乙两类，甲种防火门的耐火极限为1.50～2.00h；乙种防火门为0.50～1.50h。根据我国的实际情况，本条将防火门、窗定为甲、乙、丙三级，并对其最低耐火极限作了规定，即甲级1.20h，乙级0.90h，丙级0.60h。

**5.4.2** 为了充分发挥防火门的阻火防烟作用并便于使用，明确规定了防火门的开启方向，并根据其功能的不同，要求相应装设一些使门能自行关闭的装置，如设闭门器；双扇或多扇防火门还应增设顺序器；常开的防火门，干增设释放器和信号反馈等装置。

**5.4.3** 在高层主体建筑与配楼之间，一般留有变形缝（沉降缝、抗震缝、伸缩缝）。若将防火门设在变形缝中间，由于防火分区之间温度、地基等原因，发生火灾时，烟火易扩散蔓延成灾。因此，规定防火门设在楼层较多一侧，且向楼层较多一侧开启，以防止火焰通过变形缝蔓延而造成严重后果。

**5.4.4** 本条主要是针对一些公共建筑物中（如百货楼的营业厅、展览楼的展览厅等）因面积过大，超过了防火分区最大允许面积的规定，考虑到使用上的需要，若按规定设置防火墙确有困难时，可采取特殊的防火处理办法，设置作为划分防火分区分隔设施的防火卷帘，平时卷帘收拢，保持宽敞的场所，满足使用要求，发生火灾时，按控制程序下降，将火势控制在一个防火分区的范围之内，所以用于这种场合的防火卷帘，需要确保防火分隔作用。条文中规定了两种方法：一是防火卷帘按照现行国家标准GB 7633《门和卷帘的耐火试验方法》进行耐火试验，包括背火面温升在内的各项判定条件判定，耐火极限不低于3.00h；二是同样按照GB 7633进行耐火试验，根据该标准中关于"无隔热保护层的铁皮卷帘免测背火面温升"的规定和国家产品标准GB 14102《钢质防火卷帘通用技术条件》的要求，只以距火面一定距离的辐射热强度和帘面是否窜火来判定其耐火极限的卷帘。按照不包括背火面温升作耐火极限判定条件的非隔热防火卷帘，所得耐火极限数据，远比包括背火面温升作耐火极限判定条件的隔热型防火卷帘的耐火极限要长得多。所以不以背火面温升为判定条件，耐火极限不低于3.00h，能达到非隔热防火分隔的要求；而以背火面温升为判定条件，耐火极限不低于3.00h，则具有隔热功能，能达到防火分区分隔的要求。为便于区别，在国家防火卷帘新的分级标准出台之前，暂称后者，即包括背火面温升作耐火极限判定条件，且耐火极限不低于3.00h的防火卷帘为特级防火卷帘。而称前者为普通防火卷帘或简称防火卷帘。由于普通防火卷帘的隔火作用达不到防火分区分隔的要求，所以本条规定若采用这种卷帘，应在卷帘两侧设独立的闭式自动喷水系统保护，喷水延续时间不低于3.00h。喷头的喷水强度不应小于0.5L/s·m，喷头间距应为2.00m至2.50m，喷头距卷帘的距离宜为0.50m。以上喷水系统的技术参数详见《自动喷水灭火系统设计规范》有关条文规定。

本条这次修订首先删去原条文中"采用防火卷帘代替防火墙"的用语，避免不分场合都用防火卷帘代替防火墙的误解。现条文中用"在设置防火墙确有困难的场所，可采用防火卷帘作防火分区分隔"，避开了"代替"的词语，与5.1.1条相呼应，表明采用卷帘是在设防火墙有困难时的特殊处理方法。二是强调作防火分区分隔的防火卷帘，必须具备防火墙的防火分隔作用，原条文中要求"其防火卷帘应符合防火墙耐火极限的判定条件"，执行中人们自然会理解这种用途的防火卷帘应按防火墙的耐火试验方法进行耐火试验，并按其判定条件确定耐火极限。既然防火卷帘有专门试验方法，怎么又要求按《建筑构件耐火试验方法》GB 9978进行试验呢？原条文对试验方法的表述不确切。实际上《建筑构件耐火试验方法》GB 9978与《门和卷帘的耐火试验方法》GB 7633，虽然受火条件等基本内容是一致的，但构件结构形式、承载约束条件等是有差别的。GB 7633中规定了无隔热保护的铁皮卷帘免测背火面温升，当然也不以背火面温升作为判定条件；但有隔热保护的铁皮卷帘或非铁皮卷帘不属于前述范围，当然应当作为判定条件。现条文表述与GB 7633的规定一致，这种将背火面温升作耐火极限判定条件的防火卷帘，实际上满足了防火隔热要求，可称这种防火卷帘为特级防火卷帘，又与GB 14102《钢质防火卷帘通用技术条件》的普通防火卷帘分级相区别。三是条文中规定两种方法供设计选用：近几年国内市场上涌现的汽雾式钢质防火卷帘、双轨双帘无机复合防火卷帘、蒸发式汽雾防火卷帘等均属特级防火卷帘，是本条顺利实施的物质条件；同时对普通防火卷帘采用喷水系统保护，也作了更明确的要求，增强了条文的可行性。

**5.4.5** 发生火灾时，人们在紧急情况下进行疏散，常常是惊慌失措，一旦疏散路线被堵，更增加了人们的惊慌程度，很不利安全疏散。因此，用于疏散通道的防火卷帘，应在帘的两侧设有启闭装置，并有自动、手动和机械控制的功能。

### 5.5 屋顶金属承重构件和变形缝

**5.5.1** 本条是根据许多火灾事故教训提出的。有些体育馆、剧院、电影院、大礼堂的屋顶采用钢屋架，未作防火处理，耐火极限低，发生火灾时，很快塌架，造成严重损失和伤亡事故。如某市文化广场（6000座位以上），采用钢屋架承重，起火后不到20min就塌架，造成重大损失，又如某市体育馆（5000座位）的钢屋架，失火时，在十几分钟内就塌架，也造成重大损失。为了保证高层建筑的安全，在采用金属屋架时，应进行防火处理。1989年3月1日凌晨，北京中国国际贸易大厦起火，造成直接经济损失达10万美元之巨。这次火灾使楼板表面的混凝土酥松、脱落，钢筋部分裸露。然而，在这长达2h的火灾中，大厅钢梁和钢柱等却未受到丝毫损坏，其原因在于钢柱、钢梁等承重钢结构喷涂了一层防火涂料。事后经鉴定，钢梁、钢柱的强度没有受到多大影响，可以继续使用。这说明防火涂料经受了实际火灾的考验，涂料的防火性能是有效的、可靠的。本条规定屋顶承重钢结构应采取外包不燃烧材料或喷涂防火涂料等措施，或设置自动喷水灭火系统保护，使其达到规定的耐火极限的要求。同时吊顶、望板、保温材料等应采用不燃烧材料，以减少发生火灾时对屋顶钢结构的威胁。

**5.5.2** 本条是新增加的。其理由同5.5.1条。

**5.5.3** 此条基本保留了原规范的内容。高层建筑的变形缝因抗震等需要留得较宽，发生火灾时，有很强的拔火作用。如某饭店一次地下室失火，大量浓烟通过变形缝等竖向结构缝隙扩散到全楼，特别是靠近变形缝附近的房间更为严重，因此要求变形缝构件基层应采用不燃烧材料。

据调查，有些高层建筑的变形缝内还敷设电缆，这是不妥当的。万一电缆发生火灾，必然影响全楼的安全。为了消除变形缝的火灾危险因素，保证建筑物的安全，本条规定变形缝内不应敷设电缆、可燃气体管道和甲、乙、丙类液体管道等。对穿越变形缝的上述管道要按规定作处理。

# 6 安全疏散和消防电梯

## 6.1 一 般 规 定

**6.1.1** 本条是对原条的修改。高层建筑的高度高、层数多,人员集中。发生火灾时,烟和火通过垂直通道或各种管井向上蔓延速度快。由于垂直疏散距离长、人流密集使疏散困难。因此,要求每个防火分区的安全出口不少于两个,能使着火层的人员尽快脱离火灾现场。处于两个楼梯之间或是外部出口之间的人员,当其中一个出口被烟火堵住时,可利用另一处楼梯间或出口达到疏散的目的。对不超过十八层的塔式住宅和单元式住宅,放宽要求的理由如下:

一、塔式住宅布置的主要特点是,以疏散楼梯为中心,向各个方向布置住户,因此其疏散路线较相同面积的通廊式住宅要短,疏散路线也较简捷。每层面积由原定 500m² 改为 650m² 的理由是,随着经济发展和居住条件的改善,增加了各个房型的面积。限定每层500m²,会给工程设计和使用带来不便,在修订过程中,北京、上海等设计单位,对此提出要求修改的意见。经修订组研究作了每层面积的调整。仍然限定每层为8个住户,这样可以控制每层的总人数,不会由此产生疏散上的不安全因素。

塔式住宅设一座防烟楼梯间和一部兼用的消防电梯,在高度不超过十八层时,遇有火灾,基本上可以满足人员疏散和消防队员对火灾扑救的需要。

二、原条文要求单元式住宅从第十层起,每层相邻单元之间都要设置连通阳台或凹廊,在工程实践中执行困难较大又没有其它做法。为此,本次修订对这一规定进行了适当调整,对于采取一定措施的十八层及十八层以下的单元式住宅也允许设置一个安全出口;超过十八层的单元式住宅十八层及十八层以下部分采取同样的措施,十八层以上部分每层通过阳台或凹廊连通相邻单元的楼梯同样允许设置一个安全出口。每个单元设有一座通向屋顶的疏散楼梯,从第十层起,每层相邻单元之间都要设置连通阳台或凹廊的单元式住宅设置一个安全出口,是符合本规范要求的。

三、在允许设置一个安全出口的情况下,公共建筑内(地下室除外)的相邻两个防火分区,当防火墙上有防火门连通时,即使设置有自动喷水灭火系统,其最大允许建筑面积(即相邻两个防火分区的建筑面积之和)也不允许扩大。

**6.1.2** 本条是对原条文的修改。原条文"剪刀楼梯的梯段之间应设置耐火极限不低于1.00h的实体墙分隔"的表述不准确,故本次修订予以明确。

剪刀楼梯,有的称为叠合楼梯或是套梯。它是在同一楼梯间设置一对相互重叠、又互不相通的两个楼梯。在其楼层之间的梯段一般是单跑直梯段。剪刀楼梯最重要的特点是,在同一楼梯间里设置了两个楼梯,具有两条垂直方向疏散通道的功能。剪刀楼梯,在平面设计中可利用较为狭窄的空间,可起两个楼梯的作用,楼梯段应是完全分隔的。

国内外有相当数量的高层建筑,它的高层主体部分使用的是剪刀楼梯。

世界著名的美国芝加哥玛利娜双塔楼,是两座各为五十九层、高177m 的塔楼,其下部十八层为汽车库,十九层是机房,再上面有四十层住宅,如图6所示。塔中心是剪刀楼梯。

20世纪80年代建成的美国纽约市特鲁姆普塔楼,塔楼高五十八层,底层是商场,上部是住宅,楼梯间设置剪刀楼梯,如图7所示。

原规范对这种楼梯的使用,没有必要的规定,给设计单位和消防部门带来诸多不便。因此,在修订过程中增加了剪刀楼梯应用范围的条款。

为使设计过程中的剪刀楼梯满足建筑防火的要求,做了以下具体规定。

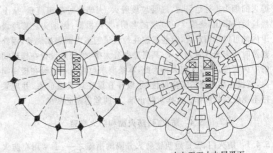

四至十八层平面　　　十九至五十九层平面

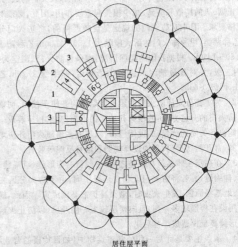

居住层平面

图6　美国芝加哥玛利娜双塔楼平面

1—起居室;2—餐室;3—卧室;4—厨房;5—浴室;6—储存间

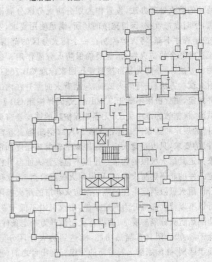

图7　美国纽约市特鲁姆普塔楼平面

1. 剪刀楼梯是垂直方向的两个疏散通道,两梯段之间如没有隔墙,则两条通道是处在同一空间内。若楼梯间的一个出口进烟,会使整个楼梯间充斥烟雾。为防止出现这种情况,在两个楼梯之间设分隔墙,使两条疏散通道成为各自独立的空间。即便有一个楼梯进烟,还能保证另一个楼梯是无烟区。作为一项技术措施,有利于安全度的提高,是必要的。

2. 高层住宅受面积指标限制,又要满足功能使用上的要求,平面设计上要求经过防烟前室,再进入楼梯间,有些情况十分困难。编写规范过程中,收集到不少国内外采用剪刀楼梯的高层住宅实例,摘录一部分来说明这个问题。

美国纽约大学三十层的住宅,如图8。美国福哈姆山公寓,高十六层,如图 9。

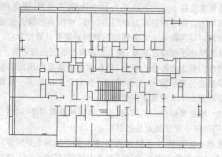

图 8　美国纽约大学高层住宅标准平面图
（每层面积 699.4m²，30层）

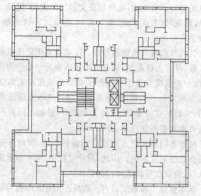

图 9　美国纽约福哈姆山公寓一部剪刀楼梯 8 户
（每层面积 727.9m²，16层）

采用了剪刀楼梯的高层住宅户门、主楼梯间的门一般开向共同使用的短通道内,使通道具有扩大前室的功能。采取相应的防火措施是:

所有的住户和过道、楼梯间、电梯井,相邻的墙都是有足够厚度的钢筋混凝土结构,具有防火墙的作用。

各住户之间的分户墙,有足够高的耐火极限。

各住户开向走道的户门,都采用防火门。防火门都设有闭门器。

遇有火灾,只要住户内的人走出门,就有了人身的安全。火灾损失也仅是个别住户的事情。火灾绝不会烧到同层的其它住户。

鉴于上述情况,楼内的住户发生火灾是不可避免的。但发生火灾之后,首先人员的生命要有安全保障,其次可以将火灾限制在最小的范围内。这就基本上能够满足防火要求。各种用途的高层建筑都存在着火灾危险性。现实情况是,生活在高层住宅的住户,对火灾的防患意识要更强一些,再加上必要的技术措施,基本安全是有保障的。

3. 高层旅馆、办公楼的剪刀楼梯间,设防烟前室的数量,要求每个楼层都布置两个防烟前室。剪刀楼梯是同一楼梯间的两个楼梯,楼梯之间设墙体分隔之后是两个独立空间,设计中应按这样的特点来考虑加压送风系统,才能保证前室和楼梯间是无烟区。

4. 特别要提出的是,有少数设计在剪刀楼梯梯段之间不加任何分隔,也不设防烟楼梯间,还有一种与消防电梯合用的前室,两个楼梯均开在一个合用前室之内。这两种设计,都不利于疏散,不能采用,更不能推广。

**6.1.3**　住宅走道不应作为扩大的前室,但对一些确有困难的住宅,部分户门可开向前室,而这些户门应为能自行关闭的乙级防火门。

**6.1.3A**　本条是新增条文。

商住楼一般上部是住宅,下部是商业场所。由于商业场所火

灾危险性较大,如果住宅和商店共用楼梯,一旦下部商店发生火灾,就会直接影响住宅内人员的安全疏散。为此,本条做出了相应规定。

**6.1.4**　本条是新增加的。国外高层办公楼等公共建筑,搞大空间设计的不少,即楼层内不进行分隔,而由使用者按照需要,进行装饰与分隔。但从一些国内工程看,有的使用木质等可燃板进行分隔,有的没有考虑安全疏散距离,往往偏大,不利于安全疏散,因此作了本条的规定。

**6.1.5**　本条是在原条文的基础上进行修改的。要求高层建筑安全疏散出口分散布置,目的在于在同一建筑中楼梯出口距离不能太小,因为两个楼梯出口之间距离太近,安全出口集中,会使人流疏散不均匀而造成拥挤;还会因出口同时被烟堵住,使人员不能脱离危险地区而造成人员重大伤亡事故。故本规范规定两个安全出口之间的距离不应小于 5.00m。本规范表 6.1.5 规定的距离,是根据人员在允许疏散时间内,通过走道迅速疏散,并以能透过烟雾看到安全出口或疏散标志的距离确定。考虑到各类建筑的使用性质、容纳人数、室内可燃物数量不等,规定的安全疏散距离也有一定幅度的变化。在确定安全疏散距离时,还参考了国外及香港地区规范的同类条文,举例如下:

原苏联《十层和十层以上居住建筑防火要求暂行规定》CH 295－64第 2、4 条规定,从每户门口或宿舍门口到最近外部出口的最大距离为 40m,位于袋形走道的住户或宿舍房间疏散距离为 25m。

美国国家消防协会《出口规范》表 8－207,建议对出口的疏散距离为:医院、疗养院、休养所、老人院、旅馆、公寓、集体宿舍、商业等建筑从房门口到出口的距离为 30.48m;位于袋形走道两侧或尽端房间的疏散距离,医院为 9.15m,居住建筑为 10.60m。

英国大伦敦市政委员会规定:如果外廊或走道只服务一层楼梯间到最远一户不超过 30m,在此范围内适当安排住户。

香港《建筑条例》规定:居住和学校建筑或任一建筑作为公共集会场所使用时,其第一部分至楼梯通道或其它正常出口的距离不应大于 24.38m。

法国对住宅疏散距离的要求:每户的出口与最近楼梯间的距离不超过 20m,袋形走道长度不超过 10m。

新加坡防火法规对安全出口距离的规定:商店、办公室、学校和教学楼的最大疏散距离为 45m,有水喷淋设施时可增大到 60m。医院、旅馆、招待所的最大疏散距离为 30m,有水喷淋设施时可增大到 45m。尽端房间最大的疏散距离,商店、办公室、旅馆、招待所是 15m,医院、学校和教学楼是 13m。

美国、英国、法国规定的安全疏散距离一般在 30m 左右,火灾进入中期时人在烟雾中的可见距离,一般也在 30m 左右。本条对教学楼、旅馆、展览楼的安全疏散距离为 30m。因为这些建筑内的人员较集中或对疏散路线不太熟悉。以旅馆来讲,可燃物较多,来往人员不固定,对建筑内的情况和疏散路线不太熟悉,尤其是夜间起火会给疏散带来很大困难。高层建筑的教学楼人员密集较大,为减少疏散时间将安全疏散距离也定为 30m。高层医院的病房部分,使用对象主要是病人,大多行动不便,发生火灾时有的人需要手推车或担架等协助疏散,根据不利的疏散条件并结合一个护理单元的面积,将安全疏散距离定为 24m。

其它高层建筑,如办公楼、通讯楼、广播电视楼、邮政楼、电力调度楼、防灾指挥楼等,一般面积较大,但人员密度不大。通廊式住宅虽然人员密度较大,但固定的住户对环境熟悉,对疏散是有利因素,所以安全疏散距离定为不大于 40m。同时参照《建规》第 5.3.8 条,对耐火等级为一、二级其它民用建筑的疏散距离规定;原苏联《十层和十层以上居住建筑防火要求暂行规定》中要求的位于两个楼梯间或外部出口间的住房或宿舍到安全出口的最大距离均为 40m 的规定。

袋形走道内最大安全距离的规定,考虑到火灾时该走道内房间里的人员疏散时,有可能在惊慌失措的情况下,会跑向走道的尽

头，发现此路不通时掉转方向再找疏散楼梯口。由于这样的原因，有必要缩短安全疏散距离。从国外的规范来看，袋形走道内的安全疏散距离，大多是位于两个楼梯间或外部出口间的房门或户门到楼梯间或外部出口距离的一半左右。这个距离，原苏联规定25m，大于最大距离的一半。美国根据不同的情况定为9.15m、10.60m，小于最大安全距离30.50m的一半。综合上述种种情况，本规范将袋形走道两侧或尽端房间的安全疏散距离，规定为最大安全疏散距离的1/2。

**6.1.6** 本条是原规范的一个注解，是对高层跃廊式住宅提出的。这类建筑除在各自走道层（公共层）设有主要疏散楼梯外，又在各跃层走廊内设若干通向上、下层住户的开敞式小楼梯或在各户内部设小楼梯。这些小楼梯因为是开敞的，容易灌烟，发生火灾时，影响疏散时间和速度，所以楼段长度应计入安全疏散距离内，并要求楼段的距离按楼梯水平投影的1.5倍折算。

**6.1.7** 设在高层民用建筑里的观众厅、展览厅、多功能厅、餐厅、商场营业厅等，这类房间的面积比较大，人员集中，疏散距离必须有所限制。因此规定这类房间，由室内任何一点到最近的安全出口或楼梯间的安全疏散距离不宜大于30m。由于近几年来火灾自动报警系统和灭火系统的日趋完善，建筑材料中不燃烧体和难燃烧体的普遍使用，建筑自身的安全性有不同程度的提高，因此这类建筑的安全疏散距离相应地放宽。故将原条文中"直线距离，不宜超过20m"改为"不宜超过30m"。如图10所示。

以图10为例，按正方形大厅来确定中心点到四个出口的距离都能达到30m，这个厅的最大面积是 $60m×60m=3600m^2$。与放宽的商业营业厅、展览厅的防火分区面积相一致，有利于贯彻执行。

本条中的"其它房间"，是指面积较小的一般房间，由室内最远一点到房间门或户门的距离，是参照《建规》第5.3.1条的有关规定制定的，目的在限制房间内最远点的疏散距离。相应地对房间面积也有一定的限制，以利于火灾时的疏散安全。

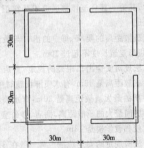

图10 方形大厅平面示意图

**6.1.8** 本条是对原条文的修改。明确此规定仅是对公共建筑中房间疏散门数量的要求。

为保障高层建筑内发生火灾时人员的疏散安全，本条对房间面积和开门的数量作了规定。只规定疏散走道和楼梯的宽度，而不考虑房间开门的数量，即使门的总宽度能满足安全疏散的使用要求，也会延长疏散时间。假如面积较大而人员数量又比较多的房间，只有一个出口，发生火灾时，较多的人势必拥向一个出口，这会延长疏散时间，甚至还会造成人员伤亡等意外事故。因此本条规定房间面积不超过60m²时，允许设一个门，门的净宽不应小于0.90m。

位于走道尽端，面积在75m²以内的房间，属于较大的房间。受平面布置的限制，有些情况下，如图11所示，不能开两个门。针对这样的具体情况，本条作了放宽，规定当门的宽度不小于1.40m时，允许设一个门。这可以使2～3股人流顺利疏散出来。

图11 走道尽端房间示意图

**6.1.9** 本条是对原条文的修改补充。本条规定高层建筑各层走道的总宽度按每100人不小于1.00m计算，是参照《建规》规定的数据编写的。规定首层疏散外门总宽度，应按该建筑人数最多的楼层计算。可同第6.2.9条规定的楼梯总宽度计算相对应。避免外门总宽度小于楼梯总宽度，使人员疏散在首层出现堵塞。

对外门和走道的最小规定，是根据国内高层民用建筑走道和外门净宽度的实际情况，并参考国外的规定提出的。一般都不小于本规范表6.1.9所规定的数字。

**6.1.10** 根据实际使用的情况，作出楼梯间及其前室（包括合用前室）的门的最小宽度规定是必要的。

通廊式住宅中，由于结构需要，长外廊外墙每个开间要向走道出垛，但这里的宽度应至少保证两个人通过（其中一个人侧身），由此作出需要0.90m的规定。

**6.1.11** 推闩式外开门具有便于开启和及时疏散的特点，有利于人员密集场所的安全疏散，将原条文的"宜"改成"应"。

参照《建规》第5.3.9条、第5.3.10条和5.3.14条编写，只在第四款作了些变动。

在建筑内常建有人员密集厅堂。厅堂设有固定座位是为了控制使用人数，没有人员限制，遇有火灾疏散极为困难。为有利于疏散，对座位布置纵横走道净宽度作了必要的规定。尤其强调疏散外门开启方向并均匀布置，缩短疏散时间。疏散外门还须采用推杠式门闩（只能从室内开启，借助人的推力，触动门闩将门打开），并与火灾自动报警系统联动，自动开启。

由于疏散外门的开启方向或启闭器件不当，国内外都有造成众多人员伤亡的火灾案例。因此，设计过程中，应十分重视人员密集的观众厅、会议厅等疏散外门的设计。

**6.1.12** 基本保留了原条文内容。高层民用建筑一般都有地下室或半地下室。在使用上往往安排各种机房、库房和工作间等。除半地下室可以解决一部分通风、采光外，地下室一般都属于无窗房间，发生火灾时烟雾弥漫，给安全疏散和消防扑救都造成极大困难。为此，对地下室、半地下室的防火设计，应该比地面以上部分的要求严格。

一、每个防火分区的安全出口数不应少于两个。考虑到相邻两个防火分区同时发生火灾的可能性较小，因此相邻分区之间防火墙上的防火门可用作第二个安全出口。但要求每个防火分区至少应有一个直通室外的安全出口，以保证安全疏散的可靠性。通过防火门进入相邻防火分区时，如果不是直通外部出口，而是经过其它房间时，也必须保证能由该房间安全疏散出去。

二、由于地下室部分的不安全因素较多，对房间的面积和使用人数的规定严于地上部分，目的是保证人员安全，缩短疏散时间。

三、较大空间的厅室及设在地下层的餐厅、商场，是人员比较密集的场所，为保证疏散安全，出口应有足够的宽度。所以要求其疏散出口总宽度，按通过人数每100人不小于1.00m计算。

**6.1.13** 本条是新增加的。

一、高度100m以上的建筑物，一旦遇有火灾，要将建筑内的人员完全疏散到室外比较困难。加拿大有关研究部门提出以下数据，使用一座1.10m的楼梯，将高层建筑的人员疏散到室外，所用时间见表9。

不同层数、人数的高层建筑，使用楼梯疏散需要的时间　表9

| 建筑层数 | 疏散时间（min） | | |
| --- | --- | --- | --- |
| | 每层240人 | 每层120人 | 每层60人 |
| 50 | 131 | 66 | 33 |
| 40 | 105 | 52 | 26 |
| 30 | 78 | 39 | 20 |
| 20 | 51 | 25 | 13 |
| 10 | 38 | 19 | 9 |

除十八层及十八层以下的塔式高层住宅和单元式高层住宅之外的高层民用建筑，每个防火分区的疏散楼梯不会少于两座，即便是采用剪刀楼梯的塔式高层建筑，其疏散楼梯也是两个。从表

9 中的数字可以看出,疏散时间可以减少 1/2。即使这样,当层数在三十层以上时,要将人员在尽短的时间里疏散到室外,仍然是不容易的事情。因此,本规范提出高度超过 100m 的公共建筑,应设避难层或避难间。

二、近几年国内高层建筑设置避难层或避难间的情况见表 10。

设置避难层(间)的高层建筑 表 10

| 建筑名称 | 楼层数 | 设避难层(间)的层数 |
|---|---|---|
| 广东国际大厦 | 62 | 23、41、61 |
| 深圳国际贸易中心 | 50 | 24、顶层 |
| 深圳新都酒店 | 26 | 14、23 |
| 深圳罗湖联检大厦 | 11 | 5、10(层高 5m) |
| 上海瑞金大厦 | 29 | 9、顶层 |
| 上海希尔顿饭店 | 42 | 5、22、顶层 |
| 北京国际贸易中心 | 39 | 20、38 |
| 北京京广大厦 | 52 | 23、42、51 |
| 北京京城大厦 | 51 | 28、29 层以上为公寓敞开式天井 |
| 沈阳科技文化活动中心 | 32 | 15、27 |

从表 10 可以看到,国内设计虽然无规范作依据,但参考了国外或是某一地区的规范或规定,设置了避难层或避难间,这是可取的技术措施。因此,本规范修订时,增加了设避难层的条款。避难层或避难间是发生火灾时,人员逃避火灾威胁的安全场所,应有较严格的要求。为此,对设置避难层的技术条件作了具体规定。这里对几个方面的问题,作简要说明。

1. 从首层到第一个避难层之间的楼层不宜超过十五层的原因是,发生火灾时集聚在第十五层左右的避难层人员,不能再经楼梯疏散,可由云梯车将人员疏散下来。目前国内有一部分城市配有 50m 高的云梯车,可满足十五层高度的需要。

还考虑到各种机电设备及管道等的布置需要,并能方便于建成后的使用管理,两个避难层之间的楼层,大致定在十五层左右。

2. 进入避难层的入口,如没有必要的引导标志,发生了火灾,处于极度紧张的人员不容易找到避难层。为此提出防烟楼梯间宜在避难层错动位置或上下层断开通过避难层,但均应通过避难层,使需要进入的人能尽早进入避难层。

3. 避难层的人员面积指标,是设计人员比较关心的事情。集聚在避难层的人员密度是要大一些,但又不致于过分地拥挤。考虑到我国人员的体型情况,就席地而坐来讲,平均每平方米容纳 5 个人还是可以的。

4. 其余条款在设计中应予满足,因为这些要求,是比较重要的、缺一不可的。

**6.1.14** 本条是新增加的。国外有不少层数较多的高层建筑,设有屋顶直升机停机坪。发生火灾时,将在楼顶上躲避火灾的人员,用直升机疏散到安全地区。对此,有过成功的事例。巴西圣保罗市高三十一层的安德拉斯大楼,设有直升机屋顶停机坪。1972 年 2 月 4 日,安德拉斯大楼发生火灾。当局出动 11 架直升机,经过 4 个多小时营救,从高三十一层的屋顶上,救出 400 多人。1973 年 7 月 23 日,哥伦比亚波哥大市高三十六层的航空楼发生火灾。当局出动 5 架直升机,经过 10 个多小时抢救,从屋顶救出 250 人。通过这两个案例,说明直升机用于高层建筑火灾时的人员疏散是可取的。

国内北京、上海等地的高层建筑,也有一些设置了屋顶直升机停机坪,见表 11。

国内直升机停机坪设置情况 表 11

| 建筑名称 | 用途 | 楼层数 | 停机坪位置情况 |
|---|---|---|---|
| 北京国际贸易中心 | 办公 | 39 | 顶部设停机坪 |
| 北京昆仑饭店 | 旅馆 | 28 | 顶部设停机坪 |
| 南京金陵饭店 | 旅馆 | 37 | 顶部设停机坪 |
| 深圳国际贸易中心 | 办公 | 50 | 顶部设停机坪 |
| 上海希尔顿饭店 | 旅馆 | 42 | 顶部设停机坪 |
| 北京急救中心 | 抢救病员 | | 顶部设停机坪 |

根据国内外情况看,高层建筑设置直升机停机坪,发生火灾时对人员疏散有积极作用,是一种可行的安全技术措施。本规范修订过程中,增加了设置直升机停机坪的条款。

考虑到我国的国情、经济上的承受能力、消防装备等方面的具体问题,本规范对高层建筑屋顶直升机停机坪的设置,没有作强制性规定。但对其设置的技术要求作了具体规定。

**6.1.15** 高层建筑里的走道如果过长,采光不足,通风也不佳,发生火灾时就更增加疏散上的困难,以致延误疏散时间,造成伤亡事故。如某地一座综合性高层建筑,上部作居住使用,由于走道长又曲折,没有自然采光,白天也要在黑暗中摸索行走,居民虽然对楼内情况熟悉,却仍感不便。一旦发生火灾,不易排出烟气,更加重了疏散上的困难。为此作本条规定。

**6.1.16** 本条文是对原条文的修改。人员密集场所的疏散门、安全出口的门等疏散用门,具有不需使用钥匙等任何器具即能迅速开启的功能,是火灾状态下人员安全疏散最基本的安全要求。火灾案例表明,群死群伤火灾事故多是由于业主使用普通门锁等人为锁闭疏散用门,致使人员不能安全顺利逃生,造成大量人员伤亡。故本次修订对疏散用门提出了相应要求。

高层建筑的公共疏散门,主要是高层建筑公用门厅的外门,展览厅、多功能厅、餐厅、舞厅、商场营业厅、观众厅的门,其它面积较大房间的门。这些地方往往人员较密集,因此要求所设的公共疏散门必须向疏散方向开启。疏散人流的方向与门的开启方向不一致,遇有紧急情况时,会使出口堵塞造成人员伤亡事故。例如,国外某一夜总会发生了火灾,造成人员重大伤亡的原因是出口的转门卡住了,旁边的弹簧门是向内开启的,使拥挤的人流无法疏散到室外的安全地方。

在大量拥挤人流急待疏散的情况下,侧拉门、吊门和转门,都会使出口卡住,造成人流堵塞,因此这类门都不能用作疏散出口。

## 6.2 疏散楼梯间和楼梯

**6.2.1** 基本保留原条文。高层建筑发生火灾时,建筑内的人员不能靠一般电梯或云梯车等作为主要疏散和抢救手段。因为一般客用电梯无防烟、防水等措施,火灾时必须停止使用,云梯车也只能为消防队员扑救时专用。这时楼梯间是用于人员垂直疏散的惟一通道,因此楼梯间必须安全可靠。高层建筑中的敞开楼梯,火灾时犹如高耸的烟囱,既拔烟又抽火。垂直方向烟的流动速度可达每秒 3~4m,烟气在短时间里就能经敞开楼梯向上扩散,并充满整幢建筑物,严重地威胁疏散人员的安全。随着烟气的流动也大大地加快了火势的蔓延。例如,国内某个宾馆四号楼火灾,首层起火后,烟、火很快从敞开楼梯灌入各个楼层靠近楼梯的客房,顶层靠近楼梯的客房内有几位住客,无法通过楼梯疏散到楼门,被迫从窗口跳出而身亡。这个多层建筑的宾馆尚且如此,高层建筑就可想而知了。又如,1974 年 2 月 1 日巴西圣保罗市焦马大楼火灾,损失惨重,伤亡众多的重要原因是,全楼唯一的一座楼梯,敞开在走道上,发生火灾之后烟、火迅速经过楼梯向上蔓延,从起火楼层第十二层到二十五层间的所有楼层,都充满了浓烟和烈火。起火层以上的人员,无法通过敞开楼梯疏散到室外安全地带。因此,对高层建筑楼梯间的安全可靠性需要严格要求。根据高层建筑的类别或不同高度,规定必须设置防烟楼梯间或是封闭楼梯间。

鉴于一类建筑可燃装修和陈设物较多,有些高级旅馆或办公室还设有空调系统,更增加了火灾的危险性。十八层及十八层以下的塔式住宅仅有一座楼梯。高度超过 32m 的二类建筑,垂直疏散距离较大。为了保障人员的安全疏散,应该防止烟气进入楼梯间。因此,本条规定一类建筑、塔式住宅和高度超过 32m 的二类建筑(单元式住宅和通廊式住宅除外),应设置防烟楼梯间。防烟楼梯间的平面布置是,必须先经过防烟前室再进入楼梯间。防烟前室应有可靠的防烟设施,这样的楼梯间比封闭楼梯间有更好的防烟、防火能力,可靠性强。具体要求作以下说明。

一、根据防烟楼梯间功能的需要,对平面布置提出了规定。

二、发生火灾时,起火层的前室不仅起防烟作用,还使不能同时进入楼梯间的人,在前室内作短暂的停留,以减缓楼梯间的拥挤程度。因此,前室应有与人数相适应的面积,来容纳停留疏散的人员。一般前室面积不应小于 6m²。加上楼梯间的面积,人员不太密集的楼层大多可满足实际需要。按前室的人员密度每平方米为 5 人计算,可容纳 30 人。楼梯间的面积要比前室大得多,还能容纳更多的人。另外,除塔式住宅、单元式住宅之外的其它高层建筑,每个楼层都有两座疏散楼梯间,基本上可以达到安全疏散的要求。

高层住宅的面积指标控制较严,前室都按 6m²,执行有困难,不少设计单位对此提出了意见。因此,本规范修订时作了放宽,高层住宅防烟楼梯间的前室面积,改为不应小于 4.5m²。以塔式住宅为例,每层 8 户,按平均每户 4.5 人计算,总人数为 36 人。发生火灾时,若其中有一半人经过前室已进入楼梯间,那么 4.5m² 的前室容纳另一半人,并不会造成前室逃生人员的拥挤。

受平面布置的限制,前室不能靠外墙设置时,必须在前室和楼梯间采用机械加压送风设施,以保障防烟楼梯间的安全。

三、进入前室的门和前室到楼梯间的门,规定采用乙级防火门,是为了确保前室和楼梯间抵御火灾的能力,以保障人员疏散的安全可靠性。

6.2.2 基本保留原条文。建筑高度不超过 32m 的二类建筑(单元式住宅和通廊式住宅除外),规定应设封闭楼梯间。这是考虑到目前国家的经济情况提出的规定。因为高度超过 24m 的建筑,都要求一律设防烟楼梯间,执行上有一定困难。因此,根据不同情况予以区别对待。高度在 24m 以上、32m 以下的二类建筑(单元式住宅和通廊式住宅除外),由于标准较低,建筑装修和内部陈设等可燃物少一些,一般又没有空调系统的蔓延火灾途径,所以允许设封闭楼梯间。这样发生火灾时,在一定时间内仍有隔绝烟、火垂直方向传播的能力。设置封闭楼梯间的说明如下。

一、楼梯间必须靠外墙设置,是为有利于楼梯间的直接采光和自然通风。如果没有通风条件,进入楼梯间的烟气不容易排除,疏散人员无法进入;没有直接采光,紧急疏散时,即使是白天,使用也不方便。例如:某高层公寓的第二出口是暗设的封闭楼梯间,既无天然采光和自然通风又没有应急照明和机械通风。在 1977 年的一次火灾中,这个楼梯间灌满了烟,根本起不到疏散作用。为此,32m 以下的二类建筑,当楼梯间没有直接采光和自然通风时,就应设置防烟楼梯间。

二、为了防止火灾威胁楼梯间的安全使用,封闭楼梯间的门必须是乙级防火门,并应向疏散方向开启。

三、高层建筑楼梯间在首层和门厅及主要出口相连时,一般都要求将楼梯间开敞地设在门厅或靠近主要出口。在首层将楼梯间封闭起来不容易做到。为适应某些公共建筑的实际要求,又能保障疏散安全,本条允许将通向室外的走道、门厅包括在楼梯间范围内,形成扩大的封闭楼梯间。但这个范围应尽可能小一些。门厅和通向房间的走道之间,应用与楼梯间有相同耐火时间的墙体和防火门予以分隔。在扩大封闭空间内使用的装修材料宜用难燃或不燃材料,所有穿过管道的洞口要做阻燃处理。

四、裙房的楼梯间的做法,过去要求不明确,有的要求裙房部分的楼梯间同高层主体建筑,同样做防烟楼梯间,建筑设计时既难以执行又不经济。为此,有必要明确规定与高层主体相连的裙房楼梯间,允许采用封闭楼梯间。这样,既对安全疏散提供安全保障,又利于节约投资。

6.2.3 基本保留原条文。单元式住宅,由于每单元只有一座楼梯,若中间楼层发生火灾,楼梯间一旦进烟,楼层上部的人员大都宁愿上屋顶,而不敢向下疏散。因此,楼梯间有必要通往屋顶。在屋顶的人,可以从其它单元通向屋顶的楼梯间而疏散到室外。

一、十一层及十一层以下的单元式住宅,总高度不算太高,适当降低对楼梯间的要求,可不设封闭楼梯间。为防止房内火灾蔓延到楼梯间,要求开向楼梯间的户门,必须是乙级防火门。

二、十二层至十八层的单元式住宅,有必要提高疏散楼梯的安全度,必须设封闭楼梯间,使之具有一定阻挡烟、火的能力,保障疏散安全。

三、十九层及十九层以上的单元式住宅,高度达 50m 以上,人员比较集中,为保障疏散安全和满足消防扑救的需要,必须设置防烟楼梯间。

经过 10 来年的实践,证明上述规定是可行的,因此,作了保留。

6.2.4 基本保留原条文。通廊式住宅的平面布置和一般内走道两边布置房间的办公楼相似。横向单元分隔墙少,发生火灾时,不如单元式住宅那样能有效地阻止、控制火势的蔓延、扩大。火灾范围大,不利于安全疏散。因此,对通廊式住宅的要求严于单元式住宅,当超过十一层时,就必须设防烟楼梯间。

6.2.5 本条作了修改补充。为提高防烟楼梯间和封闭楼梯间的安全可靠性,本规范已作了一系列规定。建筑设计是一项综合性工作,涉及到各个专业的相互交叉和相互影响。为协调好各个方面的工作,对几个共性问题作了规定。

一、第 6.2.5.1 款规定的目的在于提高防烟楼梯间的安全度,保障火灾时人员疏散的安全。如果要求不明确,会使与之相邻房间的门直接开向楼梯间或前室。一旦这样的房间起火成灾,就会造成楼梯间或前室的堵塞,影响人员安全疏散。

二、可燃气体管道穿过楼梯间或前室,发生火灾时容易爆炸,形成更大的灾难。由此作出 6.2.5.2 款的规定。

三、高层住宅中煤气管道水平穿越楼梯间,时有出现。为保障楼梯的安全使用,经过楼梯间的煤气管道,规定必须另加钢套管保护。

6.2.6 本条对原条文作了修改补充。

一、疏散楼梯间,要上下直通,不应变动位置。因为楼梯间位置变更,遇有紧急情况时人员不易找到楼梯,耽误疏散时间。例如某宾馆的主楼梯,首层与上层不在同一位置,疏散使用很不方便。避难层有防烟防火设施,其错位对安全避难有利,故此避难层除外。

二、发生火灾时,为使人员尽快疏散到室外,楼梯间在首层应有直通室外的出口。允许在短距离内通过公用门厅,但不允许经其它房间再到达室外。因为被穿行的房间门,若被锁住,无法使人员疏散出去,设计上要避免出现这种情况。

三、螺旋形或扇形楼梯,因其踏步板宽度变化,人员疏散时的拥挤,容易使人摔倒,堵塞通行,因此不应采用。

据实测,扇形踏步板,其上下两级形成的平面角不大于 10°,距扶手 0.25m 处踏步板宽度超过 0.22m 时,人员使用不易跌跤。具备上述条件的扇形踏步允许使用。

6.2.7 基本保留原条文。发生火灾时,下部起火楼层的烟、火向上蔓延,上部人员不敢经楼梯向下疏散。例如,上海某楼房火灾,烟火封住了楼梯,楼上的人无法向下疏散,只能经楼梯向上跑,由于屋顶没有出口而烧死在顶层。为使人员疏散到屋顶,及时摆脱火灾威胁,本条规定一幢建筑至少要有两座疏散楼梯通到屋顶上,以便于疏散到屋顶的人,经过另一座楼梯到达室外。楼梯间必须直通屋顶或有专用通道到达屋顶,不允许穿越其它房间再到屋顶。据调查,有的楼梯间在顶部,要经过电梯机房、水箱间等方能到达屋顶,这些房间的门又经常锁着,不利于紧急疏散。

6.2.8 本条是对原条文的修改。

地下层与地上层如果没有进行有效的分隔,容易造成地下层火灾蔓延到地上建筑。某商厦四层歌舞厅死亡 309 人的火灾,就是典型的案例。为防止地下层烟气和火焰蔓延到上部其它楼层,同时避免上面人员在疏散时误入地下层,本条对地上层和地下层的分隔措施以及指示标志做出具体规定。

国外有关标准也有类似规定，如美国《统一建筑规范》规定：地下室的出口楼梯应直通建筑外部，不应经过首层。法国《公共建筑物安全防火规范》也有地上与地下疏散楼梯应断开的规定。

**6.2.9** 基本保留原条文。

一、高层建筑的疏散楼梯总宽度，应按其通过人数每 100 人不小于 1.00m 计算。这是根据《建规》第 5.3.12 条规定的楼梯宽度指标提出的。

高层建筑中由于使用情况不同，每层人数往往不相等，如果按人数最多的一层计算楼梯的总宽度，除非人数最多的楼层在顶层时才合理，否则就不经济。因此，本条规定每层楼梯的总宽度，可按该层或该层以上，人数最多的一层计算。也就是楼梯总宽度可分段计算，即下层楼梯宽度，按其上层人数最多的一层计算。

举例：

一幢十五层楼的建筑。从首层到十层，人数最多的楼层第十层，有使用人数 400 人。从十层到十五层，人数最多的楼层在第十五层，使用人数是 200 人。计算该第十一层到第十五层的楼梯总宽度为 2.00m。

二、实际工程中有些高层建筑的楼层面积较大，但人数并不多。如按每 100 人 1.00m 宽度指标计算，设计宽度可能会不足 1.10m。出现这种情况时，楼梯宽度应按本规范表 6.2.9 的规定进行设计。这是因为《民用建筑设计通则》JGJ 37—87 第 4.2.1 条第二款规定"梯段净宽度除应符合防火规范的规定外……，并不应少于两股人流。"考虑到不同建筑功能要求上的差别，本规定作出不同最小宽度的规定。

**6.2.10** 基本保留原条文。室外楼梯具有防烟楼梯间等同的防烟、防火功能。由于设置在建筑的外墙上，发生火灾时，不易受到楼体内烟火威胁，可供人员应急疏散或消防队员直接从室外进入起火楼层进行火灾扑救。室外楼梯的最小净宽度，按通过一个消防队员，携带消防器具所需要的尺寸为 0.90m 确定。为方便使用，对其坡度和扶手的高度做了必要的规定。

为防止火灾时火焰从门、窗窜出烧毁楼梯，规定了每层出口楼梯平台的耐火极限。并规定距楼梯 2.00m 范围内，除用于人员疏散门之外，不能设其它洞口。还要强调的一点是，室外楼梯的疏散门不允许正对梯段，已建高层建筑，有这种情况出现是不对的。

**6.2.11** 高层建筑的旅馆、办公楼等与走道相连的外墙上设阳台、凹廊较常见。遇有火灾，烟雾弥漫，在走道内摸不准楼梯位置的情况下，阳台、凹廊是让人有安全感的地方。在 1985 年哈尔滨天鹅饭店的十一层火灾中，一日本客人跑到走道西尽端阳台避难，经过阳台相连的垂直墙壁，冒着生命危险下到第十层阳台上，脱离了着火层，这说明了阳台上设应急疏散口的必要性。

本条要求设上下层连通的辅助疏散设施，是 600mm×600mm 的折叠式人孔梯箱，安装后箱体高出阳台地面 3～5cm。使用时打开箱盖梯子自动落下。在阳台、凹廊上的人员，由此设施可很方便地到达安全地点，摆脱火灾的威胁。天鹅饭店火灾后在上述阳台上装了这样的梯子，当地消防部门反映很好。北京燕京饭店西阳台在十九、二十层装了这样的梯子，当时就受到外籍客人的欢迎。

### 6.3 消防电梯

**6.3.1** 普通电梯的平面布置，一般都敞开在走道或电梯厅。火灾时因电源切断而停止使用。因此，普通电梯无法供消防队员扑救火灾。若消防队员攀登楼梯扑救火灾，对其实际登高能力，又没有资料可参考。为此《高规》编制组和北京市消防总队，于 1980 年 6 月 28 日，在北京市长椿街 203 号楼进行实地消防队员攀登楼梯的能力测试。测试情况如下：

203 号住宅楼共十二层，每层高 2.90m，总高度为 34.80m。当天气温 32℃。

参加登高测试消防队员的体质为中等水平，共 15 人分为

3 组。身着战斗服装，脚穿战斗靴，手提两盘水带与 19mm 水枪一支。从首层楼梯口起跑，到规定楼层后铺设 65mm 水带两盘，并接上水枪成射水姿势（不出水）。

测试楼层为八层、九层、十一层，相应高分别为 20.39m、23.20m、29m。每个组登一个层/次。这次测试的 15 人登高前后的实际心率、呼吸次数，与一般短跑运动员允许的正常心率（180 次/min）、呼吸次数（40 次/min）数值相比，简要情况如下：

攀登上八层的一组，其中有两名战士心率超过 180 次/min，一名战士的呼吸数超过 40 次/min。心率和呼吸次数分别有 40% 和 20% 超过允许值。两项平均则有 30% 的战士超过允许值，不能坚持正常的灭火战斗。

攀登上九层的一组，其中有两名战士心率超过 180 次/min，有 3 名战士的呼吸次数超过 40 次/min。心率和呼吸次数分别有 40% 和 60% 超过允许值。两项平均则有 50% 的战士超过允许值，不能坚持正常的灭火战斗。

攀登上十一层的一组，其中有 4 名战士心率超过 180 次/min，5 名战士的呼吸次数全部超过 40 次/min，心率和呼吸次数分别有 80% 和 100% 超过允许值。徒步登上十一层的消防队员，都不能坚持正常的灭火战斗。

以上采用的是运动场竞技方式测试。实际火场的环境要恶劣得多，条件也会更复杂，消防队员的心理状态也会大不相同。即使被测试数据在允许数值以下的消防队员，如在高层建筑火灾现场，难以想象都能顺利地投入紧张的灭火战斗。目前还没有更科学的资料或测试方法比较参考。现场观察消防队员登上测试楼层的情况看，个个大汗淋漓、气喘嘘嘘，紧张地攀登，有的几乎是站立不住。

从实际测试来看，消防队员徒步登高能力有限。有 50% 的消防队员带着水带、水枪攀八层、九层还可以，对扑灭高层建筑火灾，这很不够。因此，高层建筑应设消防电梯。

具体规定是，高度超过 24m 的一类建筑、十层及十层以上的塔式住宅、十二层及十二层以上的其它类型住宅、高度超过 32m 的二类建筑，都必须设置消防电梯。

**6.3.2** 基本保留原条文。设置消防电梯的台数，国内没有实际经验。本条主要参考日本有关规定编写。为满足火灾扑救需要，又节约投资，根据不同楼层的建筑面积，规定了应设置的消防电梯台数。

**6.3.3** 在原条文的基础上，作了修改补充。对设置消防电梯的具体要求，作如下说明。

一、设置过程中，要避免将两台或两台以上的消防电梯设置在同一防火分区内。这样在同一高层建筑，其它防火分区发生火灾，会给扑救带来不便和困难。因此，消防电梯要分别设在不同防火分区里。

二、发生火灾，为使消防队员在起火楼层有一个较为安全的地方，放置必要的消防器材，并能顺利地进行火灾扑救，因此，规定消防电梯应该设置前室。这个前室和防烟楼梯间的前室一样，具有相同的防烟功能。

为使平面布置紧凑，方便日常使用和管理，消防电梯和防烟楼梯可合用一个前室。为满足消防电梯的需要，规定了前室或合用前室必须有足够的面积。

对住宅建筑，在不影响使用的前提下，为节省投资和面积，对高层住宅消防电梯间前室的面积，本规范在修订过程中，作了适当地调整。

三、消防电梯的前室靠外墙设置，可利用直通室外的窗户进行自然排烟。火灾时，为使消防队员尽快由室外进入消防电梯前室，因此，强调它在首层应有直通室外的出入口。若受平面布置的限制，外墙出入口不能靠近消防电梯前室时，要设置不穿越其它任何房间的走道，以保证路线畅通。这段走道长度不应大于 30m，是参考了日本有关的规定。

四、为保证消防电梯前室（也可能是日常使用的候梯厅）的安

全可靠性，前室的门必须是防火门或防火卷帘。但合用前室的门不能采用防火卷帘。

五、高层建筑的火灾扑救，常常以一个战斗班为一组，计有7～8名消防队员，携带灭火器具同时到达起火层。若消防电梯载重过小，会影响初期火灾扑救。因此，规定了消防电梯的载重量不应小于800kg。轿厢内净面积不小于1.4m²，其作用在于满足必要时搬运大型消防器具和抢救伤员的需要。

六、实际工程中，为便于维修管理，几台电梯的梯井往往连通或设开口相连通，电梯机房也合并使用，在发生火灾时，对消防电梯的安全使用不利。因此，要求它的梯井、机房与其它电梯的梯井、机房之间，应该用具有一定耐火等级的墙体分隔开，必须连通的开口部位应设防火门。

七、高层建筑火灾的扑救，要尽快地将火灾扑灭在初起阶段。这就能大大减少火灾对人员安全的威胁，使火灾造成的损失大大减小。为此对消防电梯的行驶速度作了必要的规定。

八、消防电梯轿厢装修材料不燃化，有利于提高自身的安全性，相应的不燃材料用于轿厢内装修的规定是必要的。

九、起火层在灭火过程中，会有大量的水流入消防电梯井道，同时还会有水蒸气进入。为保证消防电梯在灭火过程中正常运行，对井道内的动力、控制线路有必要采取防水措施，如在电梯门口设高4～5cm的漫坡。

1977年11月，国内某高层公寓火灾，1989年3月，国内某宾馆火灾的扑救过程中，都碰到过同样的问题。因此作了规定。

十、专用操纵按钮是消防电梯特有的装置。它设在首层靠近电梯轿厢门的开锁装置内。火灾时，消防队员使用此钮的同时，常用的控制按钮失去效用。专用操纵按钮使电梯降到首层，以保证消防队员的使用。

十一、灭火过程中有大量的水流出。以一支水枪流量5L/s计算，10min就有3t水流出。一般灭火过程，大多要用两支水枪同时出水。随着灭火时间增加，水流量不断地增大。在起火楼层要控制水的流量和流向，使梯井不进水是不可能的。这么多的水，使之不进入前室或是由前室内部全部排掉，在技术上也不容易实现。

但是，在消防电梯井底设排水口非常必要，对此作了明确规定。将流入梯井底部的水直接排向室外，有两种方法：

消防电梯不到地下层，有条件的可将井底的水直接排向室外。为防雨季的倒灌，排水管在外墙位置可设单流阀。

不能直接将井底的水排出室外时，参考国外做法，井底下部或旁边设容量不小于2.00m³的水池，排水量不小于10L/s的水泵，将流入水池的水抽向室外。

# 7 消防给水和灭火设备

## 7.1 一般规定

**7.1.1** 本条对高层民用建筑设置灭火设备作了原则规定。从目前我国经济、技术条件为出发点，强调以设置消火栓系统作为高层民用建筑最基本的灭火设备，就是说，不论何种类型的高层民用建筑，不论何种情况（不能用水扑救的部位除外）都必须设置室内和室外消火栓给水系统。

条文基于以下四个方面的情况：

一、高层民用建筑由于火势蔓延迅速、扑救难度大、火灾隐患多、事故后果严重等原因，因而有较大的火灾危险性，必须设置有效的灭火系统。

二、在用于灭火的灭火剂中，水和泡沫、卤代烷、二氧化碳、干粉等比较，具有使用方便、灭火效果好、价格便宜、器材简单等优点，目前水仍是国内外使用的主要灭火剂。

三、以水为灭火剂的消防系统，主要用消火栓给水系统和自动喷水灭火系统两类。自动喷水灭火系统尽管具有良好的灭火、控火效果，扑灭火灾迅速及时，但同消火栓灭火系统相比，工程造价高。因此从节省投资考虑，主要灭火系统采用消火栓给水系统。

**7.1.2** 基本保留了原条文内容。本条对消防给水的水源作出规定。为了节约投资，因地制宜，对消防用水规定由给水管网、消防水池或天然水源均可。消防给水系统的完善程度和能否确保消防给水水源，直接影响火灾扑救效果。而扑救失利的火灾案例中，根据上海、抚顺、武汉、株州等市火灾统计，有81.5%是由于缺乏消防用水而造成大火。

由于消防给水系统是目前国内外扑救高层建筑火灾的主要灭火设备，因此，周密地考虑消防给水设计，保证高层建筑灭火的需要，尤其是确保消防给水水源十分重要。

我国地域辽阔，许多地区有天然水源，而且与建筑距离较近，当条件许可时天然水源可作为消防用水的水源。天然水源包括存在于地壳表面裸露于大气的地表水（江、河、湖、泊、池、塘水等），也包括存在于地壳岩石裂缝或土壤空隙中的地下水（阴河、泉水等）。天然水源用作消防给水要保证水量和水质以及取水的方便。

一、水量。天然水源水量较大，采用天然水源作为消防用水时，应考虑枯水期最低水位时的消防用水量。消防用水具有以下特点：(1)在计算时，无最高日和平均日，最大时和平均时的区分；(2)消防用水量在火灾延续时间内必须保证；(3)天然水源水量不足时，可以采取设置消防水池等措施来确保消防用水所需。因此本条对枯水流量的保证率未提要求，这与用地表水作为生活、生产用水水源时需考虑枯水流量保证率是不同的。

二、水质。消防用水对水质无特殊要求，当高层民用建筑设置自动喷水灭火系统时，应考虑水中的悬浮物杂质不致堵塞喷头出口，被油污染或含有其它易燃、可燃液体的天然水源也不能作消防用水使用。

三、取水。天然水源水位变化较大，为确保取水可靠性应采取必要的技术措施，如在天然水源地修建消防取水码头和回车场，使消防车能靠近水源取水，且在最低水位时能吸上水，即保证消防车水泵的吸水高度（不大于6m。

在寒冷地区（采暖地区），利用天然水源作为消防用水时，应有可靠的防冻措施，保证在冰期内仍能供应消防用水。

在城市改建、扩建过程中，用于消防的天然水源及其取水设施应有相应的保护设施。

**7.1.3** 本条基本保留了原条文。高层建筑的火灾扑救应立足于自救，且以室内消防给水系统为主，应保证室内消防给水管网有满足消防需要的流量和水压，并应始终处于临战状态。为此，高层民用建筑的室内消防给水系统，应采用高压或临时高压消防给水系统，以便及时和有效地供应灭火用水。

一、消防给水系统按压力分类有：

1. 高压消防给水系统指管网内经常保持满足灭火时所需的压力和流量，扑救火灾时，不需启动消防水泵加压而直接使用灭火设备进行灭火。

2. 临时高压消防给水系统指管网内最不利点周围平时水压和流量不满足灭火的需要，在水泵房（站）内设有消防水泵，在火灾时启动消防水泵，使管网内的压力和流量达到灭火时的要求。

3. 低压消防给水系统指管网内平时水压较低（但不小于0.10MPa），灭火时要求的水压由消防车或其它方式加压达到压力和流量的要求。

还有一种情况，目前较广泛应用于消防给水系统，即管网内经常保持足够的压力，压力由稳压泵或气压给水设备等增压设施来保证。在水泵房（站）内设有消防水泵，在火灾时启动消防水泵，使管网的压力满足消防水压的要求，此情况也叫临时高压消防给水系统。

二、消防给水系统按范围分类有：

1. 独立高压（或临时高压）消防给水系统，每幢高层建筑设置独立的消防给水系统。

2. 区域或集中高压（或临时高压）消防给水系统，即两幢或两幢以上高层建筑共用一个泵房的消防给水系统。例如，上海市漕溪北路高层建筑群中，有 6 幢十三层的住宅共用一个泵房，另外 3 幢十六层的住宅共用另一个泵房；又如，北京前三门几十幢高层建筑采用同一泵房的消防给水系统等。

过去建造的高层建筑采用临时高压消防给水系统较多，近年来建造的成组、成排的高层建筑，采用区域或集中高压（或临时高压）消防给水系统较多，这种系统具有管理方便、投资省等优点。

为保证高层建筑的灭火效果，特别是控制和扑灭初期火灾的需要，高层建筑设置的消防水箱，应满足室内最不利点灭火设备（消火栓、自动喷水灭火系统喷水喷头、水幕喷头等）的水压和水量要求，如不能满足，应设气压给水、稳压泵等增压设施。

生活用水、生产用水和消防用水合用的室外低压给水管管道，当生活用水和生产用水达到最大流量时（按最大小时流量计算），应仍能保证室内消防用水量和室外消防用水量（按最大秒流量计算），且此时给水管道的水压不应低于 0.10MPa，以满足消防车利用水带从消火栓取水的要求。

消防车从低压给水管网消火栓取水，主要有以下两种形式：一是将消防车水泵的吸水管直接接在消火栓上吸水；另一种方式是将消火栓接上水带往消防车水罐内放水，消防车水泵从罐内吸水，供火场用水。后一种取水方式，从水力条件上来看最为不利，但由于消防队的取水习惯，常采用这种方式，也有由于某种情况下，消防车不能接近消火栓，需要采用此种方式供水。为及时扑灭火灾，在消防给水设计时应满足这种取水方式的水压要求。在火场上一辆消防车占用一个消火栓，一辆消防车平均两支水枪，每支水枪的平均流量为 5L/s，两支水枪的出水量约为 10L/s。当流量为 10L/s、直径 65mm 麻制水带长度为 20m 时的水头损失为 0.086MPa，消火栓与消防车水罐入口的标高差约为 1.5m。两者合计约为 0.10MPa。因此，最不利点消火栓的压力不应小于 0.10MPa。

### 7.2 消防用水量

7.2.1 本条基本上保留了原条文的内容。对高层民用建筑的消防用水量作了规定。要求消防用水总量按室内消防给水系统（包括消火栓给水系统和与室内消火栓给水系统同时开放的其它灭火设备）的消防用水量和室外消防给水系统的消防用水量之和计算。

当建筑物内设有数种消防用水灭火设备时，其室内消防用水量的计算，一般可根据建筑物内可能同时开启的下列数种灭火设备的情况确定：

一、消火栓系统加上自动喷水灭火设备（按第 7.2.3 条的规定计算）。

二、消火栓给水系统加上水幕消防设备或泡沫灭火设备。

三、消火栓给水系统加上水幕消防设备、泡沫灭火设备。

四、消火栓给水系统加上自动喷水灭火设备、水幕消防设备或泡沫灭火设备。

五、消火栓给水系统加上自动喷水灭火设备、水幕消防设备、泡沫灭火设备。

如果遇到上述三、四、五三种组合情况时，而几种灭火设备又确实需要同时开启进行灭火时，则应按其用水量之和计算。例如：高层建筑的剧院舞台口设有水幕设备和营业厅内的自动喷水灭火设备再加上室内消火栓给水系统需要同时开启进行灭火时，其室内消防用水量按其三者之和计算；如不需同时开启时，可按消火栓给水系统与自动喷水灭火设备或水幕设备的用水量较大者计算。又如某高级旅馆，其楼内设有消火栓给水系统，在敞开电梯厅的开口部位设有水幕设备，在自备发电机房的贮油间内设有泡沫灭火设备，如只需同时开启两种灭火设备进行灭火，则按其中两者较大者计算。

的计算，等等。

7.2.2 本条基本保留原条文内容。

高层建筑消火栓给水系统的用水量，是根据火场用水量统计资料、消防的供水能力和保证高层建筑的基本安全以及国民经济的发展水平等因素，综合考虑确定的。

一、不同用途的高层建筑的消防用水量与燃烧物数量及其基本特性、建筑物的可燃烧面积、空间大小、火灾蔓延的可能性、室内人员情况以及管理水平等有密切关系。高层住宅，一般有单元式、塔式和通廊式建筑等。单元式住宅的每个单元之间有耐火性能较好的分隔墙进行分隔，火灾在单元之间不易蔓延。每个单元的每层面积较小，一般为 $200\sim300\text{m}^2$，可燃物也较少。住户对建筑物内情况比较熟悉，且火源容易控制。因此，单元式住宅较少造成严重火灾，消防用水量可以小些。

塔式住宅每层住户约 8～9 户，每层面积一般为 $500\sim650\text{m}^2$，燃烧面积虽比单元式住宅要大，但总的每层面积还是较小的。普通塔式住宅具有单元式住宅同样的有利条件，因此，两者消防用水量要求相同。

通廊式住宅发生火灾时，火势蔓延危及面要大一些，因为通廊式住宅火灾的高温烟雾可能通过通廊扩大到其它房间。但考虑到一般住宅可燃装修少，走道没有可燃吊顶，有利于控制火势蔓延。因此，其水量与单元式、塔式住宅采用同一数值。而高级住宅常设有空调系统，可燃装修材料、家具、陈设也较多，火灾容易扩大蔓延。因此，应比普通住宅用水量要大。

医院、教学楼、普通旅馆、办公楼、科研楼、档案楼、图书馆、省级以下的邮政楼、广播电视楼，电力调度楼、防灾指挥调度楼等，其使用功能、室内设备、火灾危险虽然不同，但消防用水量则大体相同，故将这些建筑列为一栏。而高级旅馆，重要的办公楼、科研楼、档案楼、图书馆，中央级和省级的广播电视楼、网级和省级电力调度楼、商住楼等一类高层建筑，其使用功能、室内设备价值、重要性、火灾危险等较前者复杂些、高档些，消防用水量大些等，故另列一档。

二、高层建筑的高度不同对消防用水量有不同的要求。建筑高度越高火势垂直蔓延的可能性也越大，消防扑救工作也就越困难。目前消防登高车最大工作高度一般为 30～48m，国产 0023 型曲臂登高消防车的最大工作高度为 23m。我国消防队较广泛使用解放牌消防车和麻质水带，在建筑高度不超过 50m 时，可以利用解放牌消防车通过水泵接合器向室内管网供水，仍可加强室内消防给水系统的供水能力。解放牌消防车通过水泵接合器的供水高度为：

$$H_p = H_b - H_g - H_h \qquad (1)$$

式中　$H_p$——解放牌消防车通过水泵接合器向室内管网供水的最大高度（m）；

　　　$H_b$——消防车水泵出口压力（一般采用 0.8MPa）；

　　　$H_g$——室内管网压力损失（MPa），建筑高度不超过 50m 的室内管网压力损失一般不大于 0.08MPa；

　　　$H_h$——室内最不利点处消火栓的压力（一般为 0.235MPa）；

因此，解放牌消防车可辅助高层建筑室内消防供水的高度为：

$$H_p = H_b - H_g - H_h$$
$$= 0.80 - 0.08 - 0.235$$
$$= 0.485\text{MPa}（接近 50m 水柱）$$

从计算可知，建筑高度不超过 50m 时，可获得解放牌消防车（解放牌消防车以及与解放牌消防车供水能力相当的其它消防车，约占我国目前消防供水车辆总数的一半以上）的协助。若建筑高度超过 50m 时，采用大功率消防车和高强度水带，仍能协助室内管网供水，例如黄河牌、交通牌消防车和耐压强度大的尼纶、绵纶水带，协助室内管网供水可达 70～80m。由于大功率消防车目前生产不多，城市消防队配备不普遍，因此，以解放牌消防车作为计算标准，以 50m 为界限是合适的。

建筑高度超过50m时，由于解放牌消防车已难以协助供水，云梯车也难以从室外供水。高层建筑消防给水试验证明：建筑高度不超过50m时，解放牌消防车还可以协助扑救高层建筑火灾；超过50m的建筑，必须进一步加强内部消防设施。因此，其室内消火栓给水系统应比不超过50m的供水能力要大。

可见，本规范第7.2.2条规定的消防用水量对不同高度的建筑物区别对待，并以50m作为不同用水量的分界线，是合理的。

国外也有类似的规定。比如，日本对超过45m、法国对超过50m、原苏联对超过十五层的高层建筑室内消防给水系统，均提出了较高的要求。

三、高层建筑消火栓给水系统用水量的确定。

1. 高层建筑消防用水上限值的确定。消防用水量的上限值指扑救火灾危险性大、可燃物多、火灾蔓延快（例如设有空调系统）、建筑高度大于50m的建筑火灾所需要的用水量。根据我国各大中城市最大火灾平均用水量的统计为89L/s，以及我国目前技术、经济发展水平和消防装备情况，本规范以70L/s作为高层建筑消防用水量的上限值，考虑到以自救为主，有些高层建筑室内消防用水量需比室外消防用水量适当大些。

2. 消防用水量下限值的确定。消防用水量的下限值，系指扑救火灾危险性较小、可燃物较少、建筑高度较低（例如虽超过24m但不超过50m）的建筑物火灾所需要的用水量。根据上海、无锡、天津、沈阳、武汉、广州、深圳、南宁、西安等城市火场用水量统计，有成效地扑救较大火灾平均用水量为39.15L/s，扑救较大公共建筑火灾平均用水量为38.7L/s。《规范》对容积为10000～25000m³的建筑物规定为25～35L/s（其中室外为20～25L/s，室内为5～10L/s）。对低标准的高层建筑消防用水量，参照低层民用建筑的下限消防用水量，采用25L/s作为高层民用建筑室内、外消防用水量的下限值。

3. 室外和室内消防用水量的分配。高层建筑火灾立足于自救，室内消防给水系统的消防用水量理应满足扑救建筑物火灾的实际需水量。但鉴于目前满足这一要求，尚有一定困难，因此将建筑物的消防用水量分成室外和室内消防用水量，既可基本满足消防用水量要求，又有利节约投资。

室外消防用水量，一方面，供消防车从室外管网取水，通过水泵接合器向室内管网供水，增补室内的用水量不足。另一方面，消防车从室外消火栓（或消防池）取水，供消防车、曲臂车等的带架水枪用水，控制和扑救建筑物火灾；或用消防车从室外消火栓取水，铺水带接水枪，直接扑救或控制高层建筑较低部分或邻近建筑物的火灾。

室内消防用水量供室内消火栓扑救火灾使用。由于目前缺乏高层建筑系统消防用水量统计资料，下面介绍几起高层火灾消防用水量：上海某百货店顶层（第八层）起火，建筑高度40余米，燃烧面积200m²，火场使用8支口径19mm的水枪（水压较低），在自动喷水灭火设备（自动喷头开放4个）的配合下，控制和扑灭了火灾，消防用水量约45L/s。北京某饭店老楼第五层发生火灾，燃烧面积100m²，火场使用6支口径19mm的水枪，扑灭了火灾，用水量约50L/s。北京某公寓（塔式建筑，地上十六层）第六层发生火灾，燃烧面积约60m²，火场使用4支口径13mm的水枪，扑灭了火灾，用水量约12L/s。这几次火灾扑救基本成功，未造成大面积的火灾，其消防用水量约在12～45L/s之间。本规范规定室内消防用水量为10～40L/s，发生大火时，这样的水量可能是不够的。因此，在条件许可时，应采用较大的室内消防用水量。本条规定的室内消火栓给水系统的消防用水量，是扑救高层建筑物初中期火灾所必需的最低用水量，是保证建筑物消防安全所必需的最低用水量。

四、消防竖管流量的确定。高层建筑内任何一部位发生火灾，需要同层相邻两个消火栓同时出水扑救，以防止火灾蔓延扩大。当相邻两根竖管有一根在检修时，另一应仍能保证扑救初起火灾的需要。因此，每根竖管应供给一定的消防用水量，本规范表

7.2.2作了具体规定：室内消防用水量小于或等于20L/s的建筑物内，每根竖管的流量不小于两支水枪的用水量（即不小于10L/s）；室内消防用水量等于或大于30L/s的建筑物内，不小于3支水枪的用水量（即不小于15L/s）。

五、每支水枪的流量。每支水枪的流量是根据火场实际用水量统计和水力试验资料确定的。消防水力试验得出，口径19mm的水枪，当充实水柱长度为10～13m时，每支水枪的流量为4.6～5.7L/s，每支水枪的平均用水量约为5L/s左右。因此，本规范表7.2.2规定每支水枪的流量不小于5L/s。

在留有余地方面，主要考虑建筑用途有可能变动，如办公楼可能改为仓库，服装工厂、旅馆有可能改为办公楼、科研楼，因此用水量方面应适当留有余地。

**7.2.3** 对原条文的修改。自动喷水灭火系统的消防用水量，在现行的国家标准《自动喷水灭火系统设计规范》GBJ 84—85中已有具体规定。

我国对设有自动喷水灭火系统的建筑物，其危险级根据火灾危险性大小、可燃物数量、单位时间内放出的热量、火灾蔓延速度以及扑救难易程度等因素分为严重危险级、中危险级和轻危险级三级。各危险等级的建筑物，当设置湿式喷水灭火系统、干式喷水灭火系统、预作用喷水系统和雨淋喷水灭火系统时，其设计喷水强度、作用面积、喷头工作压力和系统设计秒流量等见表12。

自动喷水灭火系统的基本设计数据级　　表12

| 项目<br>建筑物的<br>危险等级 | | 设计喷水<br>强 度<br>(L/min·m²) | 作用<br>面积<br>(m²) | 喷头<br>工作压力<br>(Pa) | 设计流量<br>$Q_s$(L/s) | | 相当于喷<br>头开放数<br>(个) |
|---|---|---|---|---|---|---|---|
| | | | | | $Q_L$ | 1.15～1.30$Q_h$ | |
| 严重危险级 | 生产建筑物 | 10.0 | 300 | 9.8×10⁴ | 50 | 57.50～65.0 | 43～49 |
| | 储存建筑物 | 15.0 | 300 | 9.8×10⁴ | 75 | 86.25～97.5 | 65～73 |
| 中危险级 | | 6.0 | 200 | 9.8×10⁴ | 20 | 23.0～20.0 | 17～20 |
| 轻危险级 | | 3.0 | 180 | 9.8×10⁴ | 9 | 10.35～11.7 | 8～9 |

注：①最不利点处喷头最低工作压力，不应小于4.9×10⁴Pa(0.5kg/cm²)。

②每个喷头出水量按

$$q=\sqrt{K\frac{P}{9.8\times10^4}}=\frac{80.1}{60}=1.33L/s(K=80,P=9.8\times10^4Pa)$$

水幕系统的用水量为：

1. 当水幕仅起保护作用或配合防火幕和防火卷帘进行防火隔断时，其用水量不应小于0.5L/s·m。

2. 舞台口和孔洞面积超过3m²的开口部位以及防火水幕带的水幕用水量，不宜小于2L/s·m。

按照自动喷水系统的流量和与此相当的喷头开放数，其火灾总控制率分别达到82.79%（轻危险级）、91.89%（中危险级）、97.75%（严重危险级的储存建筑物），见表13。

自动喷水灭火设备火灾控制率　　表13

| 开放喷<br>头 数<br>(个) | 充水系统<br>控制率<br>(%) | 充气系统<br>控制率<br>(%) | 火灾累计数<br>(次) | 总控制率<br>(%) |
|---|---|---|---|---|
| 1 | 40.56 | 30.05 | 431 | 38.83 |
| 2 | 57.28 | 44.81 | 613 | 55.23 |
| 3 | 65.52 | 55.74 | 710 | 63.96 |
| 4 | 71.52 | 58.47 | 770 | 69.37 |
| 5 | 74.65 | 62.30 | 786 | 72.61 |
| 6 | 77.99 | 65.57 | 843 | 75.95 |
| 7 | 80.91 | 67.76 | 874 | 78.74 |
| 8 | 82.85 | 71.58 | 899 | 80.99 |
| 9 | 84.79 | 73.77 | 921 | 82.79 |
| 10 | 85.65 | 74.32 | 930 | 83.78 |

| 开放喷头数（个） | 充水系统控制率（%） | 充气系统控制率（%） | 火灾累计数（次） | 总控制率（%） |
|---|---|---|---|---|
| 11 | 86.73 | 75.96 | 943 | 84.95 |
| 12 | 88.35 | 79.78 | 965 | 86.94 |
| 13 | 88.78 | 80.33 | 970 | 87.39 |
| 14 | 89.97 | 81.42 | 983 | 88.58 |
| 15 | 90.29 | 84.15 | 991 | 89.28 |
| 16 | 90.72 | 85.80 | 998 | 89.91 |
| 17 | 91.04 | 87.43 | 1004 | 90.45 |
| 18 | 91.59 | 87.43 | 1009 | 90.90 |
| 19 | 92.02 | 87.98 | 1014 | 91.35 |
| 20 | 92.56 | 88.52 | 1020 | 91.89 |
| 25 | 93.64 | 91.80 | 1036 | 93.33 |
| 30 | 49.93 | 94.54 | 1052 | 94.86 |
| 35 | 96.01 | 96.17 | 1060 | 96.05 |
| 40 | 96.96 | 97.27 | 1066 | 96.85 |
| 50 | 97.73 | 97.81 | 1075 | 97.75 |
| 75 | 98.71 | 99.45 | 1085 | 98.83 |
| 100 | 99.03 | 99.45 | 1097 | 99.10 |
| 100 以上 | 100 | 100 | 1110 | 100 |

**7.2.4** 本条是新增加的。消防卷盘叫法不一,有小口径自救式消火栓、自救水枪、消防水喉、消防软管卷盘、消防软管转轮、急救消火枪等叫法,本条称之为消防卷盘。

消防卷盘由小口径室内消火栓(口径为25mm或32mm)、输水胶管(内径19mm)、小口径开关水枪(喷嘴口径为6.8mm或9mm)和转盘配套组成,长度20～40mm的胶管绕在由摇臂支撑并可旋转的转盘上,胶管一头与小口径消火栓连接,另一头连接小口径水枪,整套消防卷盘与普通消火栓共放在组合型消防箱内或单独放置在专用消防箱内。

消防卷盘属于室内消防装置,适用于扑救碳水化合物引起的初起火灾。它构造简单、价格便宜、操作方便,未经专门训练的非专业消防人员也能使用,是消火栓给水系统中一种重要的辅助灭火设备,在近年来兴建的高层民用建筑已有应用,并受到欢迎。本规范推荐在有服务人员的高层高级旅馆、重要的办公楼、商业楼、展览楼和建筑高度超过100m的高层建筑采用。

消防卷盘与消防给水系统连接,也可与生活给水系统连接。由于用水较少,消防队不使用这种设备进行灭火,只供本单位职工使用,因此在计算消防用水量时可不计入消防用水总量。

### 7.3 室外消防给水管道、消防水池和室外消火栓

**7.3.1** 本条是对原条文的修改。对消防给水管道的布置说明如下:

一、室外消防给水管网有环状和枝状两种。环状管网,管道纵横相互连通,局部管段检修或发生故障,仍能保证供水,可靠性大。枝状管网管道布置成树枝状,局部管段检修或发生故障,影响下游管道范围的供水。为保证火场供水要求,高层建筑的室外消防给水管道应布置成环状,如图12所示。

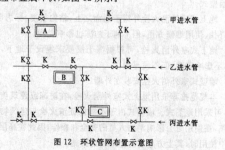

图12 环状管网布置示意图

为确保环状给水管道的水源,规范规定从市政给水管网接至高层建筑室外给水管道的进水数量不宜少于两条,并宜从两条市政给水管道引入,以提高供水安全度,其选择顺序如下:

1. 两条市政给水管道,分别由两个水厂供水。
2. 两条市政给水管道,在高层建筑的对向两侧,均由一个水厂供水。
3. 两条市政给水管道,在高层建筑的同向两侧,均由一个水厂供水。
4. 两条市政给水管道,在高层建筑的同向一侧,均由一个水厂供水。
5. 一条市政给水管道,允许设两条或两条以上进水管。
6. 一条市政给水管道,只允许设一条进水管。

二、当进水管数量不少于两条,而其中一条检修或发生故障时,其余进水管应仍能满足全部用水量,即满足生活、生产和消防的用水总量。保证措施为:

1. 合理确定进水管管径。进水管管径应按下式计算:

$$D = \sqrt{\frac{4Q}{\pi(n-1)V}} \tag{2}$$

式中　$D$——进水管管径;

$Q$——生活、生产和消防用水总量;

$V$——进水管水流速度;

$n$——进水管数量;

$\pi$——圆周率3.14。

2. 在环网的相应管段上设置必要的阀门,以控制水源和保证管网中某一管级维修或发生故障时,其余管段仍能通水并正常工作。

规范条文中的环状,首先应考虑室外消防给水管道与市政给水管道共同构成环状,环状平面形状不拘,矩形、方形、三角形、多边形均可。

**7.3.2** 本条是原条文的改写。高层民用建筑设置消防水池的条件,说明如下:

消防水池是用以贮存和供给消防用水的构筑物,在其它措施不能保证供用量的情况时,都需设置消防水池来确保消防用水量。

一、市政给水管道(不论其为环状或枝状)、进水管(不论其数量为多条或一条)或天然水源(不论其为地表水或地下水)的水量不能满足消防用水量时,如市政给水管道和进水管管径偏小,水压偏低不能满足消防用水量;天然水源水量偏少,水位偏低或在枯水期水量不能满足消防用水量。

二、市政给水管道为枝状管网或只有一条进水管,由于管道检修或发生故障,引起火场供水中断,影响扑救,这已为火场供水实际所证明,但考虑到条件所限,对二类建筑的住宅放宽要求。

**7.3.3** 本条是对原条文的修改。

一、消防水池的功能有储水和吸水两个方面,储水指储存消防用水供扑救火灾用,吸水指便于消防水泵从池中取水,其中贮水是主功能。

消防水池的储水功能靠水池容积来保证,容积分总容积、有效容积和无效容积。有效容积指该部分储存的消防用水能被消防水泵取用并用于扑灭火灾,它不包括水池在溢流管以上被空气占有的容积,也不包括水池下部无法被取用的那部分容积,更不包括被柱、隔墙所占用的容积。

消防水池的有效容积,应按消防流量与火灾延续时间的乘积计算,而与消防水池位置无关。

$$V_x = Q_x \cdot t \tag{3}$$

式中　$V_x$——消防水池有效容积;

$Q_x$——消防流量;

$t$——火灾延续时间。

火灾延续时间，指消防车到火场开始出水时起至火灾基本被扑灭止的时间。一般是根据火灾延续时间统计资料，并考虑国民经济水平、消防能力、可燃物多少及建筑物的性质用途等综合因素确定的。我国还没有高层民用建筑火灾延续时间的统计资料。从已发生的高层建筑火灾来看，有的时间不长，有的延续时间较长，如东北某大厦火灾延续时间为2h，某旅社火灾延续时间达7h，某宾馆的火灾延续时间为9h等。北京市对1950～1957年8年中2353次一般火灾的延续时间作过统计，见表14。

北京市2353次火灾延续时间统计表　　表14

| 火灾延续时间<br>(h) | 次数<br>(次) | 占总数的百分比<br>(%) | 累计百分比<br>(%) |
|---|---|---|---|
| <0.50 | 1276 | 54.3 | 54.3 |
| 0.50～1.00 | 625 | 26.6 | 80.9 |
| 1.00～2.00 | 334 | 14.2 | 95.1 |
| 2.00～3.00 | 82 | 3.4 | 98.5 |
| >3.00 | 36 | 1.5 | 100 |

参考一般火灾延续时间，从既能基本满足高层建筑物的消防用水量需要，又利于节约投资出发，本条规定高级旅馆，重要的档案楼、科研楼、一、二类建筑的商业楼、展览楼、综合楼，一类建筑的财贸金融楼、图书馆、书库的火灾延续时间采用3.00h；其它高层建筑的火灾延续时间按2.00h计算。当上述建筑物设有自动喷水灭火设备时，火灾延续时间可按1.00h计算，因为1.00h后未能将火扑灭，自动喷水灭火设备将被大火烧坏，不能再用或者灭火效果大减。

二、消防水池的有效容量，应根据室外给水管网能否保证室外消防用水量来确定。当室外给水管网能保证室外消防用水量时，消防水池只需保证室内消防用水量的要求；当室外给水管网不能保证室外消防用水量时，消防水池除所有室内消防用水量外，还需储存室外消防用水量的不足部分；当室外给水管网完全不能供室外消防用水量，则消防水池的有效容量应为在火灾延续时间内室内和室外消防用水总量除去连续补充的水量。

三、消防水池内的水一经动用，应尽快补充，以供在短时间内可能发生第二次火灾时使用，本条参考《建规》的要求，规定补水时间不超过48h。

为保证在清洗或检修消防水池时仍能供应消防用水，故要求总有效容积超过500m³的消防水池应分成两个，以便一个水池检修时，另一个水池仍能供应消防用水。

每个消防水池的有效容积为总有效容积的1/2，水池为两个时应采取下列措施之一，以保证正常供水。

1. 水池间设连通管，连通管上设置控制阀门。
2. 消防水泵分别向水池设吸水管。
3. 设公用吸水井，消防水泵从公用吸水井取水。

消防水池除设专用水池外，在条件许可时，也可利用游泳池、喷泉池、水景池、循环冷却水池，但必须满足作消防水池用的全部功能要求；寒冷地区，在冬季不能因冻而泄空。

**7.3.4**　新增条文。消防水池储水或供固定消防水泵或供消防车水泵取用。本条对供消防车取水的消防水池作了规定，说明如下：

一、为便于消防车取水灭火，消防水池应设取水口或取水井。取水口或取水井的尺寸应满足吸水管的布置、安装、检修和水泵正常工作的要求。

二、为使消防车水泵能吸上水，消防水池的水深应保证水泵的吸水高度不超过6m。

三、为便于扑救，也为了消防水池不受建筑物火灾的威胁，消防水池取水口或取水井的位置距建筑物，一般不宜小于5m，最好也不大于40m。但考虑到在区域或集中高压（或临时高压）给水系统的设计上这样做有一定困难。因此，本条规定消防水池取水口与被保护建筑物间的距离不宜超过100m。

当消防水池位于建筑物内时，取水口或取水井与建筑物的距离仍须按规范要求保证，而消防水池与取水口或取水井间用连通管连接，管径应能保证消防流量，取水井有效容积不得小于最大一台(组)水泵3min的出水量。

四、寒冷地区的消防水池应有防冻措施，如在水池上覆土保温，人孔和取水口处设双层保温井盖等。

消防水池有独立设置或与其它共用水池，当共用时为保证消防时的消防用水，消防水池内的消防用水在平时不应作为他用，因此，消防用水与其它用水合用的消防水池，应采取措施，防止消防用水作为他用。一般可采取下列办法：

1. 其它用水的出水管置于共用水池的消防最高水位上。
2. 消防用水和其它用水在共用水池隔开，分别设置出水管。
3. 其它用水出水管采用虹吸管形式，在消防最高水位处留进气孔。

**7.3.5**　本条是对原条文的修改。为节约用地、节省投资，同一时间内只考虑1次火灾的高层建筑群，消防水池和消防水泵房均可共用。共用消防水池的有效容量应按用水量最大的一幢建筑物计算确定工程实践证明，高层建筑群可以共用高位消防水箱。当共用高位消防水箱时，要进行水力计算，除应满足7.4.7条的相关规定外，而且还要设置在最高的一幢高层建筑的屋顶最高处，并采取措施保证其他建筑初期火灾的消防供水。

**7.3.6**　本条是对原文的修改。对室外消火栓的数量和位置提出要求。

室外消火栓的数量，应保证供应建筑物需要的灭火用水量。其中包括室外、室内两部分，室外部分需保证本规范第7.2.2条规定的消火栓给水系统室外消防用水量，以每台解放牌消防车出2支口径19mm的水枪，每台消防车用水在10～15L/s之间。一台消防车需占用一个消火栓。因此，每个消火栓的供水量按10～15L/s计算。例如，室外消防用水量为30L/s，每个消火栓的出水量按其平均数13L/s计算，则该建筑物室外消火栓数量为30÷13＝2.3个。即需采用3个消火栓（一般情况下，应设备用消火栓）。

室内部分即消防车从室外消火栓取水通过消防车水泵接至水泵接合器，每个水泵接合器的流量按10～15L/s计算，每个水泵接合器占用一台消防车和一个室外消火栓，需供水的水泵接合器数按本规范第7.2.2条规定的消火栓给水系统室内消防用水量和自动喷水灭火系统用水量之和计算。

为便于消防车使用，消火栓应沿消防车道均匀布置。如能布置在路边靠高层民用建筑一侧，可避免灭火时消防车碾压水带引起水带爆裂的弊病。

为便于消防车直接从消火栓取水，故消火栓距路边的距离不宜大于2.00m。

消火栓周围应留有消防队员的操作场地，故距建筑外墙不宜小于5.00m。同时，为便于使用，规定了消火栓距被保护建筑物，不宜超过40m。

为节约投资，同时也不影响灭火战斗，规定在上述范围内的市政消火栓可以计入建筑物室外需要设置消火栓的总数内。

**7.3.7**　本条基本保留原条文。室外消火栓种类有地上式、地下式和墙壁式。

地上式室外消火栓外露于地面之上，结构紧凑、标志明显、便于寻找，使用维修方便，但不利于防冻也影响美观。

地下式室外消火栓，可根据冻土层要求埋设于地下，进行防冻，不影响美观，但不便寻找。

墙壁式室外消火栓安装在外墙。

本规范推荐采用地上式室外消火栓，在防冻或建筑美观要求时，可采用地下式。墙壁式由于不能保证消火栓与建筑物外墙的距离，在使用时会影响消防人员的安全和操作，因此在高层民用建筑中使用时，其上方应有防坠落物的措施。

### 7.4 室内消防给水管道、室内消火栓和消防水箱

**7.4.1** 本条基本保留原条文。高层民用建筑室内消防给水系统，由于水压与生活、生产给水系统有较大差别，消防给水系统中水体滞留变质对生活、生产给水系统也有不利影响，因此要求室内消防给水系统与生活、生产给水系统分开设置。

室内消防给水管道的布置更直接与消防供水的安全可靠性密切相关，因此要求布置成供水安全可靠性高的环状管网（如图13），以便在管网某段维修或发生故障时，仍能保证火场用水。室内环网有水平环网、垂直环网和立体环网，可根据建筑体型、消防给水管道和消火栓布置确定，但必须保证供水干管和每条消防竖管都能做到双向供水。

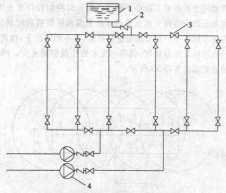

图 13　室内消防管网阀门布置图
1—消防水箱；2—止回阀；3—阀门；4—水泵

引入管是从室外给水管网接至建筑物，向建筑供水的管段。向室内环状消防给管道供水的引入管，其数量不应少于两条，当其中一条发生故障时，其余引入管仍能保证消防用水量和水压的要求。

**7.4.2** 本条是对原条文的修改。本条对消防竖管的布置、竖管的口径和数量作出了规定。确定消防竖管的直径首先应根据每根竖管最小流量值通过计算确定。

一、高层建筑发生火灾时，除了着火层的消火栓出水扑救外，其相邻上下两层均应出水储戒，以防火势扩大。因此，一根消防竖管上的上下相邻的消火栓，应能同时接出数支水枪灭火。为保证水枪的用水量，消防竖管的直径应按本规范第7.2.2条规定的流量计算。

竖管最小管径的规定是基于利用水泵接合器补充室内消防用水的需要，国外也有类似的规定，如波兰规定不小于80mm，日本规定消防队专用竖管不小于150mm，我国规定消防竖管的最小管径不应小于100mm。

二、考虑到高度在50m以下，每层住户不多和建筑面积不太大的普通塔式住宅，消防竖管往往布置在唯一的公用面积——电梯和楼梯间的小厅处，此时设置两条消防竖管确有困难，容许只设一条竖管。但由于消火栓室内消防用水量和每条消防竖管最小流量仍需保证10L/s，因此只能采用双阀双口消火栓来解决。禁止采用难以保证两支水枪同时有效使用的单阀双口消火栓。

三、单元式住宅的每个单元每层建筑面积不大，且各单元之间的墙采用了耐火极限不低于2.00h的不燃烧体隔墙分隔，其火灾危险性与十八层及十八层以下、每层不超过8户、建筑面积不超过650m²的塔式住宅基本一样。因此设置两条消防竖管确有困难，同样允许只设一条竖管，但必须采用双阀双出口型消火栓，且应保证消火栓的充实水柱可达最远点。

**7.4.3** 基本保留原条文的内容。

一、室内消防给水系统分室内消火栓给水系统和自动喷水灭火系统两类，两类系统可以有以下几种组合形式：

1. 安全独立设置，这种作法较多，可靠性好。

2. 消防泵合用，在报警阀后管网分开，实际作法较少。

3. 系统（包括消防泵、管网）完全合并。不太好，不宜采用。

二、由于两种消防给水系统的作用时间不同（室内消火栓使用延续时间为3h，自动喷水灭火装置为1h）；压力要求不同（室内消火栓压力一般在200kPa，自动喷水灭火系统喷头处工作压力一般为100kPa，最不利点处允许降至50kPa）；水质要求不同（消火栓系统对水质要求不甚严格，自动喷水灭火系统由于喷头孔径小，容易堵塞，要求水质较好），因此推荐室内消火栓给水系统与自动喷水灭火系统分开独立设置。独立设置还可防止消火栓用水影响自动喷水灭火系统用水，或因消火栓漏水而引起的误报警。如室内消火栓给水系统与自动喷水灭火系统共用消防泵房和消防泵时，为防止自动喷水灭火系统和室内消火栓用水相互影响，需将自动喷水灭火系统管网和消火栓给水系统管网分开设置。若分开设置有困难时，至少应将自动喷水系统的报警阀前（沿水流方向）的管网与消火栓给水管网分闸设置，即报警阀前不得设置消火栓。

**7.4.4** 为使室内消防给水管网在任何情况下都保证火场用水，应用阀门将室内环状管网分成若干独立段。阀门的布置要求高层主体建筑检修管道或检修阀门时，关闭的竖管不超过一条（当竖管为4条及4条以上时，可关闭不相邻的两条），如图14所示。

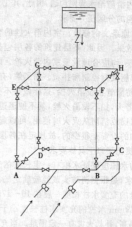

图 14　室内管网阀门布置图

与高层主体建筑相连的附属建筑，性质和多层建筑相似，阀门的布置按《建规》的有关规定执行。

室内消防管道上的阀门，应处于常开状态，当管段或阀门检修时，可以关闭相应的阀门。为防止检修后忘开阀门，要求阀门设有明显的启闭标志（例如采用明杆阀门），以便检查，及时开启阀门，保证管网水流畅通。

**7.4.5** 本条是对原条文的修改。本条对水泵接合器的设置、数量、布置、型式等作出了规定。

一、水泵接合器的主要用途，是当室内消防水泵发生故障或遇大火室内消防用水不足时，供消防车从室外消火栓取水，通过水泵接合器将水送到室内消防给水管网，供灭火使用。因此室内消火栓给水系统和自动喷水灭火系统，均应分别设水泵接合器。

二、消防水泵接合器的数量应根据本规范第7.2.1条、第7.2.2条和第7.2.4条规定的室内消防用水量确定。因为一个水泵接合器由一台消防车供水，则消防车的流量即为水泵接合器的流量，故每个水泵接合器的流量为10～15L/s。

高层民用建筑内部给水一般采用竖向分区给水方式，分区时各分区消防给水管各自独立，因此在消防车供水压力范围内的每个分区均需分别设置水泵接合器。只有采用串联给水方式时，上区用水从下区水箱抽水供给，可仅在下区设水泵接合器，供全楼使用。水泵接合器应与室内环网连接，连接应尽量远离固定消防水泵出水管与室内管网的接点。

三、水泵接合器由消防水泵从室外消火栓通过它向室内消防给水管网送水，其设置位置应考虑，连接消防车水泵的方便，即设

置水泵接合器的地点：

1. 设在室外。

2. 便于消防车使用。

3. 不妨碍交通。

4. 与建筑物外墙应有一定距离，目前规定离水源（室外消火栓或消防水池）不宜过远。

5. 水泵接合器间距要考虑停放消防车的位置和消防车转弯半径的需要。

四、水泵接合器的种类有地上式、地下式和墙壁式三种，地上式栓身与接口高出地面，目标显著，使用方便，规范推荐采用。地下式安装在路面下，不占地方，特别适用于寒冷地区和有美观要求的地点。墙壁式安装在建筑物墙根处，墙面上只露两个接口的装饰标牌。各种类型的水泵接合器，其外型不应与消火栓相同，以免误用，而影响火灾的及时扑救。地下式水泵接合器的井盖与消火栓井盖亦应有所区别。特别要注意水泵接合器设置位置，不致由于建筑物上部掉东西而影响供水和人员安全。

水泵接合器的附件有止回阀、安全阀、闸阀的泄水阀等。止回阀用于室内消防给水管网压力过高，保障系统的安全。水泵接合器在工作时与室内消防给水管网沟通，因此，其工作压力应能满足室内消防给水管网的分区压力要求。

**7.4.6** 本条是对原条文的修改。室内消火栓的合理设置直接关系到扑救火灾的效果。因此，高层建筑的各层包括和主体建筑相连的附属建筑各层，均应合理设置室内消火栓。以保证建筑物任何部位着火时，都能及时控制和扑救。据了解，有些高层住宅，仅在六层以上的消防竖管上设消火栓，这样做很不妥当。因为若六层以下的任一层着火，如不设消火栓，就不便迅速扑灭火灾；设了消火栓，就方便居民或消防队灭火时使用，可以起到快出水、早灭火的作用，而增加的投资是很少的，故规定在各层均应设消火栓。本条对消火栓还提出了以下具体要求：

一、消火栓的水压应保证水枪有一定长度的充实水柱。对充实水柱的长度要求，是根据消防实践经验确定的。我国扑救低层建筑火灾时，水枪的充实水柱长度一般在10～17m之间。火场实践证明，当口径19mm水枪的充实水柱长度小于10m时，由于火场烟雾大，辐射热高，扑救火灾有一定困难。当充实水柱长度增大时，水枪的反作用力也随之增大，如表15所示。经过训练的消防队员能承受的水枪最大反作用力不应超过20kg，一般不宜超过15kg。火场常用的充实水柱长度一般在10～15m。为节约投资和满足火场灭火的基本要求，规定消火栓的水枪充实水柱长度首先应通过水力计算确定，同时又规定建筑高度不超过100m的高层建筑的充实水柱的下限值不应小于10m。

水枪的充实水柱长度可按下式计算：

$$S_k = \frac{H_1 - H_2}{\sin\alpha} \qquad (4)$$

式中　$S_k$——水枪的充实水柱长度(m)；

　　　$H_1$——被保护建筑物的层高(m)；

　　　$H_2$——消火栓安装高度（一般为1.1m）；

　　　$\alpha$——水枪上倾角，一般为45°，若有特殊困难，可适当加大，但考虑消防人员的安全和扑救效果，水枪的最大上倾角不应大于60°。

**口径19mm水枪的反作用力**　　表15

| 充实水柱长度 | 水枪口压力 | 水枪反作用力 |
| --- | --- | --- |
| (m) | $(kg/cm^2)$ | (kg) |
| 10 | 1.35 | 7.65 |
| 11 | 1.50 | 8.51 |
| 12 | 1.70 | 9.63 |
| 13 | 2.05 | 11.62 |
| 14 | 2.45 | 13.80 |
| 15 | 2.70 | 15.31 |
| 16 | 3.25 | 18.42 |
| 17 | 3.55 | 20.13 |
| 18 | 4.33 | 24.38 |

二、消火栓的布置。规定消火栓应设在明显易于取用的地方，以便于用户和消防队及时找到和使用。消火栓应有明显的红色标志，且应标注"消火栓"的字样，不应隐蔽和伪装。

消火栓的出水方向应便于操作，并创造较好的水力条件，故规定消火栓出水方向宜与设置消火栓的墙面成90度角。栓口离地面高度宜为1.10m，便于操作。

关于消火栓的布置，最重要的是保证建筑物同层任何部位都有两个消火栓的水枪充实水柱同时到达。其原因是：初期火灾能否被及时地有效地控制和扑灭，关系到起火建筑物内人身和财产的安危。而火场供水实践说明，扑救初期火灾的水枪数量极为重要。统计资料表明，一支水枪扑救初期火灾的控制率仅40%左右，两支水枪扑救初期火灾的控制率达65%左右。因此，扑救初期火灾使用水枪数量不应小于两支。为及时控制和扑灭火灾，同层任何部分都应有两个消火栓的水枪充实水柱能够同时到达，以保证在正常情况下有两支水枪进行扑救，在不利情况下，也就是当其中一支水枪发生故障时，仍有一支水枪扑救初期火灾。同层消火栓的布置示意如图15所示。

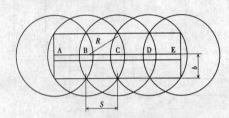

图15　同层消火栓的布置示意图

A、B、C、D、E—为室内消火栓；R—消火栓的保护半径(m)；

S—消火栓间距(m)；b—消火栓实际保护最大宽度(m)

消火栓的设置数量和位置，应结合建筑物各层平面图布局。图15只是一个例子，消火栓的保护半径R，也没有考虑房间的分隔情况。

对消火栓间距，规范还以不应大于30m的规定来控制和保证两支水枪充实水柱同时到达被保护部位。

三、消火栓栓口压力。火场实践说明，水枪的水压太大，一人难以握紧使用。同时，水枪的流量超过5L/s，水箱内的消防用水可能在较短的时间内被用完，对扑救初期火灾极为不利。所以规定栓口的出水压力不大于0.50MPa。当超过0.5MPa时，要采取减压措施。

随着我国供水管道产品质量和承压能力的提高，本此修订将消火栓的静水压力由0.80MPa调整为1.00MPa（日本规定不超过0.70MPa，原苏联规定不超过0.90MPa）。同时，为便于工程设计和施工，将消火栓的静水压力控制在1.00MPa，当超过1.00MPa时才要求采用分区给水。

四、室内消火栓规格。室内消火栓是用户和消防人员灭火的主要工具。室内消火栓口直径应与消防队通用的直径为65mm的水带配套，故室内消火栓所配备的栓口直径应为65mm。

在一幢建筑物内，如消火栓栓口、水带和水枪因规格、型号不一致，就无法配套使用，因此要求主体建筑和与主体建筑相连的附属建筑采用同一型号、规格的消火栓和与其配套的水带及水枪。

火场实践说明，室内消火栓配备的水带长度过长，不便于扑救室内初期火灾。消防队使用的水带长度一般为20m，为节约投资同时考虑火场操作的可能性，要求室内消火栓所配备的水带长度不应超过25m。

为适应扑救大火的需要，应采用较大口径的水枪，同时与消防队经常使用的水枪配合，以便火场使用，故规定室内消火栓配备水枪的喷嘴口径不应小于19mm。

五、为及时启动消防水泵，在水箱内的消防用水尚未用完以前，消防水泵应进入正常运转。故本条规定在高层建筑物内每个消火栓处均应设置启动消防水泵的按钮,以便迅速远距离启动。为防止小孩玩弄或误启动,要求按钮应有保护设施,一般可放在消火栓箱内或带有玻璃的壁龛内。

六、消防电梯是消防人员进入高层建筑物内进行扑救的重要设施,为便于消防人员尽快使用消火栓扑救火灾并开辟通路,故规定在消防电梯间前室设有消火栓。

七、屋顶消火栓供本单位和消防队定期检查室内消火栓给水系统使用,一般设一个。

避难层、屋顶直升机停机坪及其它重要部位需设置消火栓的规定,详见本规范有关条文。

**7.4.7** 本条对原条文作了修改。

一、消防水箱的主要作用是供给高层建筑初期火灾时的消防用水水量,并保证相应的水压要求。对高压消防给水系统的高层建筑,如经常能保证室内最不利点消火栓和自动喷水灭火设备的水量和水压时,可以不设消防水箱。而对临时高压给水系统(独立设置或区域集中)的高层建筑物,均应设置消防水箱。

消防水箱指屋顶消防水箱,也包括垂直分区采用并联给水方式的各分区减压水箱。

二、我国早期的高层建筑物中水箱容量较大,一般在 30～50m³ 左右,新建的广州白云宾馆水箱容量为 210m³,广州宾馆的屋顶水箱容量为 250m³。水箱容量太大,在建筑设计中有时处理比较困难,但若水箱容量太小,又势必影响初期火灾的扑救;水箱压力的高低对于扑救建筑物顶层及附近几层的火灾关系也很大,压力低可能出不了水或达不到要求的充实水柱,影响灭火效率。因此,本条对水箱容积、压力等作了必要的规定。

三、消防水箱的消防储水量。根据区别对待的原则,对不同性质的建筑规定了消防水箱的不同容量,住宅小些,公共建筑大些;当消火栓给水系统和自动喷水灭火系统分设水箱时,水箱容积应按系统分别保证。

一类建筑的消防水箱,当不能满足最不利点消火栓静水压力 0.07MPa(建筑高度超过 100m 的高层建筑,静水压力不应低于 0.15MPa)时,要设增压设施,增压设施可采用气压水罐或稳压泵。这些产品必须采用国家检测部门检测合格的产品,以满足最不利点的水压要求。

四、为防止消防水箱内的水因长期不用而变质,并作到经济合理,故提出消防用水与其它用水共用水箱,但共用水箱要有消防用水不作他用的技术措施(技术措施可参考消防水池不作他用的办法),以确保及时供应必需的灭火用水量。

五、据调查,有的高层建筑水箱采用消防管道进水或消防泵启动后消防用水经水箱再流入消防管网,这样不能保证消防设备的水压,充分发挥消防设备的作用。为此,应通过生活或其它给水管道向水箱供水,并在水箱的消防出水管上安装止回阀,以阻止消防水泵启动后消防用水进入水箱。

消防水箱也可以分成两格或设置两个,以便检修时仍能保证消防用水的供应。

**7.4.8** 本条对增压设施作出具体规定。设置增压设施的目的主要是在火灾初起时,消防水泵启动前,满足消火栓和自动喷水灭火系统的水压要求。对增压水泵,其出水量应满足一个消火栓用水量或一个自动喷水灭火系统喷头的用水量。对气压给水设备的气压水罐其调节水容量为两支水枪和 5 个喷头 30s 的用水量,即 $2 \times 5 \times 30 + 5 \times 1 \times 30 = 450L$。

**7.4.9** 消防卷盘,用于扑灭在普通消火栓正式使用前的初期火灾,因此只要求室内地面任何部位有一股水流能够到达,而不要求到达室内任何部位,其安装高度应便于取用。

## 7.5 消防水泵房和消防水泵

**7.5.1** 本条基本保留原条文。消防水泵是消防给水系统的心脏。在火灾延续时间内人员和水泵机组都需要坚持工作。因此,独立

设置的消防水泵房的耐火等级不应低于二级;设在高层建筑物内的消防水泵房层应用耐火极限不低于 2.00h 的隔墙和 1.50h 的楼板与其它部位隔开。

**7.5.2** 本条基本保留原条文。为保证在火灾延续时间内,人员的进出安全,消防水泵的正常运行,对消防水泵房的出口作了规定。

规定泵房当设在首层时,出口宜直通室外;设在楼层和地下室时,宜直通安全出口。

**7.5.3** 本条基本保留原条文。消防水泵是高层建筑消防给水系统的心脏,必须保证在扑救火灾时能坚持不间断供水,设置备用水泵为措施之一。

固定消防水泵机组,不论工作泵台数多少,只设一台备用水泵,但备用水泵的工作能力不小于消防工作泵中最大一台工作泵的工作能力,以保证任何一台工作泵发生故障或需进行维修时备用水泵投入后的总工作能力不会降低。

**7.5.4** 本条保留原条文。为保证消防泵及时、可靠地运行,一组消防水泵的吸水管不应少于两条,以保证其中一条维修或发生故障时,仍能正常工作。

消防水泵房向环状管网送水的供水管不应少于两条,当其中一条检修或发生故障时,其余的出水管仍能供应全部消防用水量。消防水泵为两台时,其出水管的布置如图 16 所示。

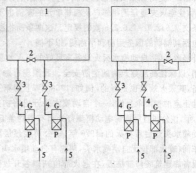

| (a)正确的布置方法 | (b)不正确的布置方法 |

图 16　消防水泵与室内管网的联结方法图
P—电动机;G—消防水泵;1—室内管网;2—消防分隔阀门;
3—阀门和单向阀;4—出水管;5—吸水管

自灌式吸水的消防水泵比充水式水泵节省充水时间,启动迅速,运行可靠。因此,规定消防水泵应采用自灌式吸水。由于近年来自灌式吸水种类多,而消防水泵又很少使用,因此规范推荐消防水池或消防水箱的工作水位高于消防水泵轴线标高的自灌式吸水方式。若采用自灌式有困难时,应有可靠迅速的充水设备。

为方便试验和检查消防水泵,规定在消防水泵的出水管上应装设压力表和放水阀门。为便于和水带连接,阀门的直径应为 65mm。

消防水泵应定期运转检查,以检验电控系统和水泵机组本身是否正常,能否迅速启动。检验时应测定水泵的流量和压力,试验用的水当来自消防水池时,可回归至水池。

**7.5.5**

一、当室外给水管网能满足消防用水量,且市政主管部门允许消防水泵直接从室外管网吸水时,应考虑消防水泵从室外给水管网直接吸水。直接吸水的优点是:

1. 充分利用室外给水管网水压。

2. 减少消防水池、吸水井等构筑物,节省投资,节约面积。

3. 可防止水在储水、取水构筑物的二次污染。

4. 水泵处于灌水状态,便于自动控制。

二、水泵直接从室外给水管网直接吸水,在吸水时会造成局部地区水压下降,一般说来,这是允许的。消防车在扑救火灾时,消防车水泵也直接从室外消火栓直接吸水,造成的后果与消防水泵房内消防水泵从室外给水管网直接吸水的后果和影响完全相同。

三、室外给水管网的水压有季节和昼夜的变化，直接吸水时，水泵扬程应按最不利情况考虑，即按室外给水管网的最低水压计算。而在室外给水管网为最高压力时，应防止遇水泵加压后而导致压力过高出现的各种弊病，如管道接口和附近渗漏、水泵效率下降等，因此应以室外给水管网的最高水压来校核水泵的工作情况。

直接吸水时，由于吸水管内充满水，为考虑水泵检修，在吸水管上应设阀门。

**7.5.6** 高层建筑消防用水量较大，但在火灾初期消火栓的实际使用数和自动喷水灭火系统的喷头实际开放数要比规范规定的数量少，其实际消防用水量远小于水泵选定的流量值，而消防水泵在试验和检查时，水泵出水量也较少，此时，管网压力升高，有时超过管网允许压力而造成事故。这需在工程设计时引起注意并采取相应措施。一般有以下办法：(1)多台水泵并联运行；(2)选用流量—扬程曲线平的消防水泵；(3)提高管道和附件承压能力；(4)设置安全阀或其它泄压装置；(5)设置回流管泄压；(6)减小竖向分区给水压力值；(7)合理布置消防给水系统。

## 7.6 灭火设备

**7.6.1、7.6.2** 是对原条文的修改。据调查，游泳池、溜冰场尚无火灾实例，住宅火灾蔓延到相邻户及相邻单元的案例也不多见，故取消原条文 7.6.2.1～7.6.2.5 款的规定。这两条所指游泳池、溜冰场不包括其辅助的服务用房和旱冰场，以下同。

国外经验证明，自动喷水灭火设备有良好的灭火效果，应积极推广采用，以保证高层建筑物的消防安全。我国现有的自动喷水灭火设备，其灭火效果也是好的，例如：1958年，上海第一百货公司由于地下室油布雨伞自燃，一个自动喷水头开启将初期火灾扑灭；1965年，该公司首层橱窗电动模型灯光将布景烤着起火，也是一个自动喷水头开启后扑灭的；1976年，该公司楼顶层加工厂静电植绒车间（着火部位无自动喷水头，两侧有自动喷水头）起火，内部机器设备和建筑装修被烧毁，在起火部位两侧各开放两个喷头，阻止了火势扩大，在水枪的配合扑救下，较顺利地扑灭了火灾。同样，上海大厦面包房熬油起火，上海国际饭店十四层和十八层油锅起火及六层客房烟头起火，都是一个喷头开启扑灭的。因此，7.6.1条规定了建筑高度超过100m的高层建筑，应设自动喷水灭火设备。为了节省投资，7.6.2条对低于100m的一类建筑及其裙房的一些重点部位、房间提出了应设置自动喷水灭火设备的要求。这些部位、房间或是火灾危险性较大，或是发生火灾后不易扑救、疏散困难，或是兼有上述不利条件，也有的是性质重要。国外这类设备设置相当普遍，如美、日等国要求高层建筑都要设置自动喷水灭火设备。

**7.6.3、7.6.4** 这两条是对原条文的修改。

为了贯彻建筑防火以人为本的指导思想，加强人员密集场所初期火灾的早期控火能力，借鉴发达国家的成功经验，本次修订适当增加了自动喷水灭火系统的设置场所。

一、据调查，有的二类高层公共建筑，其裙房及部分主体高层建筑，设有大小不等的展览厅、营业厅等，但没有设自动喷水系统和火灾自动报警系统，只有消火栓系统，不利于消防安全保护，故作了7.6.3条规定。

二、根据国内有些二类高层建筑公共活动用房安装自动喷水系统和火灾自动报警系统的实践，效果较为明显，故参考一些工程实际做法和国外规范，规定此类公共用房均应设自动喷水系统。

三、地下室一旦发生火灾，疏散和扑救难度大，故应设自动喷水灭火系统。

四、由于歌舞娱乐放映游艺场所人员密集，火灾危险性较大，为有效扑救初起火灾，减少人员伤亡和财产损失，所以做此规定。

五、公共活动用房主要指下列场所：

1. 商业楼、展览楼、财贸金融楼、综合楼、商住楼的商业部分、电信楼、邮政楼等建筑的营业厅、会议室、办公室、展览厅与走道；

2. 教学楼、办公楼、科研楼等建筑可燃物较多且经常有人停留的场所；

3. 旅馆、医院、图书馆、老年建筑、幼儿园；

4. 可燃物品库房。

**7.6.5** 本条基本保留原条文。实践证明，水幕与防火卷帘、防火幕等配合使用，阻火效果更好。

本条规定的水幕设置范围，其理由是：

一、剧院、礼堂的舞台，演戏时常有烟雾效果，幕布、可燃道具、照明灯具多，容易引起火灾。故规定设在高层建筑内超过800个座位的剧院、礼堂，在舞台口宜设防火幕或水幕。

二、火灾实例证明，舞台起火后容易威胁观众的安全，如设有防火幕或水幕，能在一定时间内阻挡火势向观众厅蔓延，赢得疏散和扑救时间。

**7.6.6** 本条是对原条文的修改。由于卤代烷对环境及大气层破坏严重，国家限制生产和使用，故予以修改。

高层建筑内的燃油、燃气锅炉房、可燃油浸电力变压器室、多油开关室、充可燃油的高压电容器室、自备发电机房等，有较大的火灾危险性。考虑到其火灾特点，可以采用水喷雾灭火系统。

**7.6.7** 本条是对原条文的修改和增加。

一、条文各项所提及的房间，一旦发生火灾将会造成严重的经济损失或政治后果，必须加强防火保护和灭火设施。因此，除应设置室内消火栓给水系统外，尚应增设相应的气体或预作用自动喷水灭火系统。

考虑到上述房间内，经常有人停留或工作，以及国内目前尚无有关含氢氟烃（HFC）和惰性气体灭火系统设计与施工的国家标准等实际情况，所以本条未限制卤代烷1211、1301灭火系统的使用。

二、卤代烷1211、1301、二氧化碳等气体灭火装置，对扑灭密闭的室内火灾有良好效果，不会造成水渍损失，但灭火效果受到周围环境和室内气流的影响较大。因此，计算灭火剂时需要考虑附加量。

三、具体技术要求，按卤代烷1211、1301灭火系统的有关规范执行。

四、电子计算机房，除其主机房和基本工作间的已记录磁、纸介质库之外，是可以采用预作用自动喷水灭火系统扑灭火灾的。当有备用主机和备用已记录磁、纸介质，且设置在其它建筑物中或在同一建筑物中的另一防火分区内，其主机房和基本工作间的已记录磁、纸介质库仍可采用预作用自动喷水灭火系统，故对7.6.7.1条专注说明。

五、"其它特殊重要设备室"是指装备有对生产或生活产生重要影响的设施的房间，这类设施一旦被毁将对生产、生活产生严重影响，所以亦需采取严格的防火灭火措施。

**7.6.8** 系新增条文。

本条文中所涉及到的房间内，存放的物品均系价值昂贵的文物或珍贵文史资料，且怕浸渍，故必需气体灭火。同时，这些房间大多无人停留或只有1～2名管理人员。他们熟悉本防护区的火灾疏散通道、出口和灭火设备的位置，能够处理意外情况或在火灾时迅速逃生。因此，可采用除卤代烷1211、1301以外的气体灭火系统。根据《中国消耗臭氧层物质淘汰国家方案》和《中国消防行业哈龙整体淘汰计划》的要求，对上述场所规定禁止使用卤代烷灭火系统。

**7.6.9** 系新增条文。

灭火器用于扑救初期火灾，既有效又经济，当发现火情时，首先考虑采用灭火器进行扑救。所以，应将灭火器配置的内容纳入本规范之中。具体设计应按《建筑灭火器配置设计规范》GBJ140—90的有关规定执行。

# 8 防烟、排烟和通风、空气调节

## 8.1 一般规定

**8.1.1、8.1.2** 规定了高层建筑的防烟设施和排烟设施的组成部分。

一、设置防、排烟设施的理由：当高层建筑发生火灾时，防烟楼梯间是高层建筑内部人员唯一的垂直疏散通道，消防电梯是消防队员进行扑救的主要垂直运输工具（国外一般要求是当发生火灾后，普通客梯的轿厢全部迅速落到底层。电梯厅一般用防火卷帘或防火门封隔起来）。为了疏散和扑救的需要，必须确保在疏散和扑救过程中防烟楼梯间和消防电梯井内无烟，首先在建筑布局上按本规范第 6.2.1 条及第 6.3.3 条的规定，对防烟楼梯间及消防电梯设置独立的前室或两者合用前室。设置前室的作用：(1)可作为着火时的临时避难场所；(2)阻挡烟气直接进入防烟楼梯间或消防电梯井；(3)作为消防队员到达着火层进行扑救工作的起始点和安全区；(4)降低建筑本身由热压差产生的所谓"烟囱效应"。特别是在冬天北方地区，室内温度高于室外温度，由于空气的容量不同而产生很大的热压差，在建筑比较密封的情况下，中和面在建筑高度 1/2 处，室外空气经低于中和面的门、窗缝渗入室内，室内热空气经过高于中和面的门、窗缝漏出，这就是"烟囱效应"。由于设有前室，把楼梯间、电梯井与走道前室的两道门隔开，这样楼梯间及电梯井的烟囱效应减弱，可以减缓火、烟垂直蔓延的速度；其次是按第 8.1.1 条、第 8.1.2 条的规定设置防、排烟设施，当发生火灾时，烟气水平方向流动速度为每秒 0.3～0.8m，垂直方向扩散速度为每秒 3～4m，即当烟气流动无阻挡时，只需 1min 左右就可以扩散到几十层高的大楼，烟气流动速度大大超过了人的疏散速度。楼梯间、电梯井又是高层建筑火灾时垂直方向蔓延的重要途径。因此，防烟楼梯间及其前室、消防电梯间前室和两者合用前室设置防排烟设施，是阻止烟气进入该部位或把进入该部位的烟气排出高层建筑外，从而保证人员安全疏散和扑救。

二、设置防、排烟设施的方式。对于防烟楼梯间及其前室、消防电梯间前室和两者合用前室设置防烟或排烟设施的方式很多，下面分别介绍几种。

自然排烟，有以下两种方式：

1. 利用建筑的阳台、凹廊或在外墙上设置便于开启的外窗或排烟窗进行无组织的自然排烟，如图 17(a)～(d)。

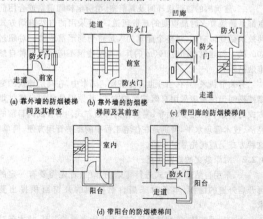

(a) 靠外墙的防烟楼梯间及其前室　(b) 靠凹墙的防烟楼梯间及其前室　(c) 带凹廊的防烟楼梯间

(d) 带阳台的防烟楼梯间

图 17　自然排烟方式示意图

其优点是：(1)不需要专门的排烟设备；(2)火灾时不受电源中断的影响；(3)构造简单、经济；(4)平时可兼作换气用。不足之处是：因受室外风向、风速和建筑本身的密封性或热压作用的影响，排烟效果不太稳定。据调查情况表明，这种自然排烟的方式一直被广泛采用。根据我国目前的经济、技术条件及管理水平，此方式值得推广，并宜优先采用。

2. 竖井排烟。在防烟楼梯间前室、消防电梯前室或合用前室内设置专用的排烟竖井，依靠室内火灾时产生的热压和室外空气的风压形成"烟囱效应"，进行有组织的自然排烟。这种排烟当着火层所处的高度与烟气排放口的高度差越大，其排烟效果越好，反之越差。这种排烟的优点是不需要能源，设备简单，仅用排烟竖井（各层还应设有自动或手动控制的排烟口），缺点是竖井占地面积大。按日本建筑基准法规定：前室排烟竖井的面积不小于 6m²（合用前室不小于 9m²），排烟口开口面积不小于 4m²（合用前室不小于 6m²）；进风口竖井截面不小于 2m²（合用前室不小于 3m²）；进风口面积不小于 1m²（合用前室不小于 1.5m²）。在我国一些新建的高层建筑防烟楼梯间中有的采用了这种方式，如：无锡滨湖饭店，南京工艺美术大楼，郑州宾馆等。但无锡滨湖饭店等几座高层建筑设置的自然排烟竖井及排烟口，其截面积与日本的规定相比小很多。目前尚无法肯定国内采用的竖井和排烟口截面能否有良好的排烟效果。据日本有关资料介绍，由于采用这种方法的排烟井与进风井需要占有很大的有效空间，所以在一般情况下很难被设计人员接受。我国的设计人员认为，这种方式由于竖井需要两个大的截面，给设计布置带来了很大的困难，同时也降低了建筑的使用面积。因此近年来已很少被采用了。

机械排烟，有以下两种方式：

1. 机械排烟与自然进风或机械进风。此方式是按照通风气流组织的理论，把侵入前室的烟气通过排烟风机和某种形式的进风（自然进风或机械进风）把烟气排出和形成透明的"避难气流"。排烟口设在前室的顶棚上或靠近顶棚的墙上，进风口设在靠近地面的墙面上。日本"排烟量的标准"规定其前室：排烟风机的排烟量应为 4m³/s(14400m³/h)，合用前室应为 6m³/s(21600m³/h)的排烟能力。进风靠自然进风时，应设截面积为 2m² 的进风竖井，进风靠机械进风时，其进风量为排烟量的 70%～80% 保持负压，这种方式前几年被广泛采用。如：天津内贸大厦、北京图书馆、上海宾馆等均为机械排烟、机械进风，北京昆仑饭店等均为机械排烟、自然进风。近几年来，随着国内外防、排烟的进一步发展，对这种排烟方式的采用提出异议，认为这种方式是在烟气或热空气已经侵入疏散通道的被动情况下再将它排除，没有从根本上达到疏散通道内无烟的目的，给疏散人员造成不安全感。设备投资、系统形式也比较复杂。另一方面，当前室处在人员拥挤的情况下，理想的气流组织受到破坏，使排烟效果受到影响。因此近几年高层建筑设计中也很少被采用。有些工程原设计为此方法，现在也在改造，如天津内贸大厦、深圳国贸中心等。

2. 机械加压送风。此方式是通过通风机所产生的气体流动和压力差来控制烟气的流动，即要求烟气不侵入的地区增加该地区的压力。机械加压送风方式早在第二次世界大战时期已出现，一些国家曾经利用它来防止敌人投放的化学毒气和细菌侵入军事防御作战部门的要害房间。在和平时期，又有人利用它在工厂里制造洁净车间，在医院里制造无菌手术室等，都取得明显的效果。如今，机械加压送风技术又广泛应用在高层建筑防烟方面，并已被广大的工程技术人员所承认，世界很多国家均设有研究中心和试验楼。如：美国的布鲁克弗研究所的十二层办公大厦、德国汉堡一座七层办公大楼等均被列为机械加压送风防烟方式的试验地或研究中心。我国近几年来高层建筑发展很快，对机械加压送风的防烟技术从研究到应用均取得了很大的进展。这种方式已广泛被设计人员接受并掌握，利用机械加压防烟技术的高层建筑在我国已有 2000 余幢。机械加压送风防烟达到了疏散通道无烟的目的，从而保证了人员疏散和扑救的需要。从建筑设备投资方面来说，均低于机械排烟的投资。因此，这种方式是值得推广采用的。

综合上述各种防烟方式的介绍与分析，结合目前国内外防、排烟技术发展情况,规定对防烟楼梯间及其前室、消防电梯前室和两者合用前室设置的防、排烟设施为机械加压送风的防烟设施或可开启外窗的自然排烟措施。除此之外,其它防、排烟方式均不宜采用。

**8.1.3** 本条是对原条文的修改。火灾产生大量的烟气和热量,如不排除,就不能保证人员的安全疏散和扑救工作的进行。根据日本、英国火灾统计资料中对火灾死亡人数的分析:由于被烟熏死的占比例较大,最高达 78.9%。在被火烧死的人数中,多数也是先中毒窒息晕倒后被火烧死的。例如:日本"千日"百货大楼火灾,死亡 118 人中就有 93 人是被烟熏死的。美国米高梅饭店火灾,死亡 84 人中有 67 人是被烟熏死的。因此排出火灾产生的烟气和热量,也是防、排烟设计的主要目的。据有关资料表明:一个设计优良的排烟系统在火灾时能排出 80% 的热量,使火灾温度大大降低。本条对一类高层建筑和建筑高度超过 32m 的二类高层建筑中长度超过 20m 的内走道、面积超过 100m² 且经常有人停留或可燃物较多的房间应设置排烟设施作出规定,其理由及排烟方式分别说明如下。

一、设置排烟设施的理由。

1. 一类高层建筑的可燃装修材料多,陈设及贵重物品多,空调、通风等管道也多。塔式建筑仅仅一个楼梯间,疏散困难。建筑高度超过 32m 的二类高层建筑其垂直疏散距离大。因此设置排烟设施时以一类高层建筑和建筑高度超过 32m 的二类高层建筑为条件。

2. 走道的排烟:据火灾实地观测,人在浓烟中低头掩鼻最大通行的距离为 20～30m。根据原苏联的防火设计规定:内廊式住宅的走廊长度超过 15m 时,在走廊中间必须设置排烟设备。根据德国的防火设计规定:高层住宅建筑中的内廊每隔 15m 应用防烟门隔开,每个分隔段必须有直接通向楼梯间的通道,并应直接采光和自然通风。参考国外资料及火灾实地观测的结果,本条规定长度超过 20m 的内走道应设置排烟设施。

3. 房间的排烟:以尽量减少排烟系统设置范围为出发点,房间的排烟只规定"面积超过 100m²,且经常有人停留或可燃物较多的房间"这句话只是定性的,人定量上如何确定,这个问题在过去的设计中给设计人员带来疑惑,考虑到建筑使用功能的复杂性等因素的限制,仍不宜按定量规定,只能列举一些例子供设计人员参考。例:多功能厅、餐厅、会议室、公共场所及书库、资料室、贵重物品陈列室、商品库、计算机房、电讯机房等。

4. 地下室的排烟见本说明第 8.4.1 条。

5. 中庭的排烟见本说明第 8.2.2 条和第 8.4.2 条。

二、设置排烟设施的方式。

1. 自然排烟:利用火灾时产生的热压,通过可开启的外窗或排烟窗(包括在火灾发生时破碎玻璃以打开外窗)把烟气排至室外。

2. 机械排烟:设置专用的排烟口、排烟管道及排烟风机把火灾产生的烟气与热量排至室外。

需要说明的是,设置专用的排烟竖井对走道与房间进行有组织的自然排烟方式,如唐山市唐山饭店等,由于竖井需要的截面很大,降低了建筑使用面积并漏风现象较严重等因素,故本条不推荐采用竖井的排烟方式。

**8.1.4** 新增条文。根据国内外高层建筑火灾案例经验教训,当高层建筑发生火灾时,由通风、空调系统的风管引起火灾迅速蔓延造成重大损失的案例是很多的。如韩国汉城"天然阁"饭店的火灾,从二层一直烧到顶层(二十一层),死伤 224 人,其中一条经验教训是,大火沿通风空调系统的管道迅速蔓延。又如,美国佐治亚州亚特兰大文考夫饭店的火灾,起火地点在三楼走道,建筑内的可燃装修物等几乎全部烧毁,死伤 220 多人,最主要的教训也是通风空调系统的竖向管道助长了火势的蔓延。我国杭州市一宾馆由于电焊时烧着了风管的可燃保温材料引起火灾,火势沿着风管和竖向孔

洞蔓延,从一层一直烧到顶层,大火延烧了八九个小时,造成重大经济损失。由此可见,通风、空调系统风道是高层建筑发生火灾时使火灾蔓延的主要途径之一,为此本条规定对通风、空调系统应有防火、防烟措施。

**8.1.5** 基本保留原条文。一般机械通风钢质风管的风速控制在 14m/s 左右;建筑风道控制在 12m/s 左右。因不是常开的,对噪音影响可不予考虑,故允许比一般通风的风速稍大些。日本有关资料推荐钢质排烟风管的最大风速一般为 20m/s。本条规定:"采用金属风道时,不应大于 20m/s";"采用内表面光滑的混凝土等非金属材料风道时,不应大于 15m/s"。一般排烟风管是设在竖井内或用竖井作为排烟风道(即非金属风道)。

据日本有关资料介绍,排烟口风速一般不大于 10m/s。并宜选用与烟的流型一致(如走道且按走道宽度设长条型风口),阻力小的排烟口;送风口的风速不宜过大,否则造成吹大风的感觉,对人很不舒服。本条规定:"送风口的风速不宜大于 7m/s;排烟口的风速不宜大于 10m/s"。

金属排烟风道壁厚设计时可参考表 16。

金属排烟风道壁厚　　　　　　表 16

| 风速区分 | 长方形风管长边 (mm) | 圆形风管直径(mm) | | 板厚 (mm) |
|---|---|---|---|---|
| | | 直管 | 管件 | |
| 低速风道<br>高速风 | <450 | <500 | — | 0.5 |
| | 450～750 | 500～<700 | <200 | 0.6 |
| | 750～1500 | 700～<1000 | 200～<600 | 0.8 |
| | 1500～2200 | 1000～<1200 | 600～<800 | 1.0 |
| | — | <1200 | <800 | 1.2 |
| | <450 | <450 | | 0.8 |
| | 450～1200 | 450～<700 | <450 | 1.0 |
| | 1200～2000 | >700 | >450 | 1.2 |

## 8.2 自然排烟

**8.2.1** 在原条文的基础上修改的。

一、由于利用可开启的外窗的自然排烟受自然条件(室外风带、风向,建筑所在地区北方或南方等)和建筑本身的密闭性或热压作用等因素的影响较大,有时使得自然排烟不但达不到排烟的目的,相反由于自然排烟系统会助长烟气的扩散,给建筑和居住人员带来更大的危害。所以,本条提出,只有靠外墙的防烟楼梯间及其前室、消防电梯间前室和合用前室,有条件要尽量采用自然排烟方式。

二、建筑内的防烟楼梯间及其前室、消防电梯间前室或合用前室都是建筑着火时最重要的疏散通道,一旦采用的自然排烟方式其效果受到影响时,对整个建筑的人员将受到严重威胁。对超过 50m 的一类建筑和超过 100m 的其它高层建筑不应采用这种自然排烟措施。

有关资料表明:在当今世界经济发达国家中,在高层建筑的防烟楼梯间仍保留着采用自然排烟的方式,其原因是认为自然排烟方式的确是一种经济、简单、易操作的排烟方式。结合我国目前的经济、技术管理水平,特别是在住宅工程中的维护管理方便、简单,这种方式仍应优先尽量采用。

**8.2.2** 对原条文的修改补充。

一、采用自然排烟方式进行排烟的部位,首先需要有一定的可开启外窗的面积,本条对采用自然排烟的开窗面积提出要求。

由于我国在防、排烟试验研究方面尚无完整的资料,故本条对可开启外窗面积仍参考国外有关资料确定。

日本《建筑法规执行条例》规定:房间在顶棚下 80cm 高度的范围内,能开启窗户的净面积不小于房间地板面积的 1/50,且与室外大气直接相通,不能满足上述要求时,应该设置机械排烟设

施。并规定：防烟楼梯间前室、消防电梯前室设自然排烟的竖井其截面积为 2m²。合用前室为 3m²。

德国《高层住宅设计规范》规定：楼梯间在 22m 和 22m 以上时，每隔四层应划分为一个防烟段。每段必须在最上部设排烟装置，其面积必须至少为楼梯间截面的 5％，但不小于 0.5m²。美国《PROGVESSIVE AICHIRECTUYE》刊物介绍，按国家防火协会规定，排烟设备的规格和占有空间，要根据建筑散热分类来决定。国家防火协会编印的"排烟装置指南"的文章中介绍：把用途不同的工业建筑物的散热性能分为低、中、高散热三类。其它的建筑类型，如会议厅、商业厅等可参考上述三类原则进行划分。国家防火协会推荐的排烟孔道顶部设置自动排烟装置。

走道与房间的开窗面积参考日本规范。考虑到把日本的规范内容直接搬到本规范中来，执行当中会有很大困难，因为距顶棚80cm高度的范围内，能开启的外窗面积不一定能满足房间地板面积 1/50 的要求，如按日本规定还必须设置机械排烟设施。日本规范还规定：距地板面高度超过 2m 的窗扇都要设手动开启装置，其手动操作手柄设在地板上 0.8～1.5m 的高度。这样一般的钢窗构造均要改动，还要设手动联杆机构，不仅改造比较困难，而且增加造价，这不适合我国当前的国情，所以未作这样的规定。考虑到在火灾时采取开窗或击碎玻璃的办法进行排烟是可以的，因此开窗面积按本条只计算可开启外窗的面积。

二、需要说明的几点。

1. 关于楼梯间的开窗面积：楼梯间是人员疏散的重要疏散通道，从原则上讲是不允许在火灾发生时有烟，但是从发生火灾的几个案例表明，当前室采用自然排烟时，虽能依靠前室的可开启外窗进行排烟，但由于楼梯间存在着热压差（即烟囱效应），烟气仍同进入楼梯间造成楼梯间内被烟气笼罩，使人们无法疏散，直至火灾被扑灭后，楼梯间内的烟气也无法被排除。为此要求楼梯间也应有一定的开窗面积，开窗面积能在五层内任意调整，如：当某高层建筑下部有三层裙房时，其靠外墙的防烟楼梯间可以保证四、五层内有可开启外窗面积 2m² 时，其一至三层内可无外窗。这样可满足裙房且裙房高度不太高的建筑的要求。从防火角度分析也是合理的。

2. 室内中庭净空高度不超过 12m 的限制，是由于室内中庭高度超过 12m 时，就不能采取可开启的高侧窗进行自然排烟，其原因是烟气上升有"层化"现象。所谓"层化"现象是当建筑较高而火灾温度较低（一般火灾初期的烟气温度为 50～60℃），或在热烟气上升流动中过冷（如空调影响），部分烟气不再朝竖向上升，按照倒塔形的发展而半途改变方向并停留在水平方向，也就是烟气过冷后其密度加大，当它流到与其密度相等空气高度时，便折转成水平方向扩展而不再上升。上升到一定高度的烟气随着温度的降低又会下降，使得烟气无法从高窗排出室外。

由于自然排烟受到自然条件、建筑本身热压、密闭性等因素的影响而缺乏保证。因此，根据建筑的使用性质（如极为重要、豪华等）、投资条件许可等情况，虽具有可开启外窗的自然排烟条件，但仍可采用机械防烟措施。如：日本新宿、野村大厦，上海华亭宾馆。

**8.2.3** 新增条文。按本规范第 8.1.1 条规定，当防烟楼梯间及其前室采用自然排烟时，防烟楼梯间及其前室均应设有可开启的外窗，且其面积符合本规范第 8.2.2 条规定。根据我国目前的经济技术管理水平，这对我国的一些工程（主要是高层住宅及二类高层建筑）在执行上有一定的困难，从前几年《高规》执行的情况以及从自然排烟的烟气流动的理论分析，当前室利用敞开的阳台、凹廊或前室内有两个不同朝向有可开启的外窗时，其排烟效果受风力、风向、热压的因素影响较小，能达到排烟的目的。因此本条规定，前室如利用阳台、凹廊或前室内有不同朝向的可开启外窗自然排烟时（如图18（a）、（b）），该楼梯间可不设防烟设施。例如北京前三门高层住宅群等。

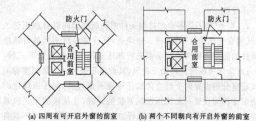

(a) 四周有可开启外窗的前室　　(b) 两个不同朝向有可开启外窗的前室

图18　有可开启外窗的前室示意图

**8.2.4** 新增条文。火灾产生的烟气和热气（负带热量的空气），因其容重较一般空气轻，所以都上升到着火层上部，为此，排烟窗应设置在上方，以利于烟气和热气的排出。需要注意的是，设置在上方的排烟窗要求有方便开启的装置。这种能在下部手动开启的排烟窗，目前在国内已有厂方生产，故作出本条规定。

### 8.3 机械防烟

**8.3.1** 新增条文。

一、从烟气控制的理论分析，对于一幢建筑，当某一部位发生火灾时，应迅速采取有效的防、排烟措施，对火灾区域应实行排烟控制，使火灾产生的烟气和热量能迅速排除，以利人员的疏散和消防扑救，故该部位的空气压力值为相对负压。对非火灾部位及疏散通道等应迅速采取机械加压送风的防烟措施，使该部位空气压力值为相对正压，以阻止烟气的侵入，控制火势蔓延。如：美国西雅图大楼的防、排烟方式，采用了计算机安全控制系统，当其收到烟（或热）感应发出讯号时，利用空调系统进入火警状态，火灾区域的风机立即自动停止运行，空调系统转而进入排烟，同时非火灾区域的空调系统继续送风，并停止回风与排风，对此造成正压状态阻止烟气侵入，这种防排烟系统对减少火灾的损失是很有保证的。但这种系统的控制和运行，需要有先进的技术管理水平。根据我国国情并征集了国内有关专家及工程技术人员的意见，本条规定了只对不具备自然排烟条件的垂直疏散通道（防烟楼梯间及其前室、消防电梯间前室或合用前室）和封闭式避难层采用机械加压送风的防烟措施。

二、由于本规范第 8.2.1 条与第 8.2.2 条规定当防烟楼梯间及其前室、消防电梯间前室或合用前室各部位当有可开启外窗时，能采用自然排烟方式，造成楼梯间与前室或合用前室在采用自然排烟方式与采用机械加压送风方式排烟组合上的多样化，而这两种排烟方式不能共用。这种组合关系及防烟设施设置部位分别列于表17。

垂直疏散通道防烟部位的设置表　　表17

| 组　合　关　系 | 防烟部位 |
| --- | --- |
| 不具备自然排烟条件的楼梯间与其前室 | 楼梯间 |
| 采用自然排烟的前室或合用前室与不具备自然排烟条件的楼梯间 | 楼梯间 |
| 采用自然排烟的楼梯间与不具备自然排烟条件的前室或合用前室 | 前室或合用前室 |
| 不具备自然排烟条件的楼梯间与合用前室 | 楼梯间、合用前室 |
| 不具备自然排烟条件的消防电梯间前室 | 前室 |

三、需要说明的几点：

1. 关于消防电梯井是否设置防烟设施的问题。这个问题也是当前国内外有关专家正在研究的课题，至今尚无定论。据有关资料介绍，利用消防电梯井作为加压送风有一定的实用意义和经济意义，现在正在研究之中。国外也有实例。由于我国目前在这方面尚未开展系统的研究，因尚无足够的资料，所以本条不规定对消防电梯井采用机械加压送风。

另一方面，考虑到防、排烟技术的发展和需要，在有技术条件和足够技术资料的情况下，允许采用对消防电梯井设置加压送风，但前室或合用前室不送风，这也是有利于防、排烟技术在今后得到进一步发展。

2. 关于"对不具备自然排烟条件的防烟楼梯间进行加压送风时,其前室可不送风"的讨论。经调查,目前国内对不具备自然排烟条件的防烟楼梯间及其前室进行加压送风的做法有以下三种:(1)只对防烟楼梯间进行加压送风,其前室不送风;(2)防烟楼梯间及其前室分别设置两个独立的加压送风系统,进行加压送风;(3)对防烟楼梯间设置一套加压送风系统的同时,又从该加压送风系统伸出一支管分别对各层前室进行加压送风。本条规定对不具备自然排烟条件的防烟楼梯间进行加压送风时,其前室可不送风理由是:

(1)从防烟楼梯间加压送风后的排泄途径来分析,防烟楼梯间与其前室除中间隔开一道门外,其加压送风的防烟楼梯间的风量只能通过前室与走廊的门排泄,因此对排泄楼梯间加压送风的同时,也可以说对其前室进行间接的加压送风。两者可视为同一密封体,其不同之处是前室受到一道门的阻力影响,使其压力、风量受节流。国外某国家研究所对上述情况进行了试验(如图19所示),其结果说明这一点。

(a) 当楼梯间及其前室门关闭时　(b) 开启前室与走道一樘门时(单位 Pa)括号内为五层处压力,括号外为十层压力

图19　只对消防楼梯间加压送风、前室不送风的试验情况

(2)从风量分配上分析:当不同楼层的防烟楼梯间与前室的门以及前室与走道之间的门同时开启时或部分开启时,气流风量分配与走向是十分复杂的,以致对防烟楼梯间及其前室的风量控制是很难实现的。

**8.3.2** 本条是新增加的。采用机械加压送风时,由于建筑有各种不同条件,如开门数量、风速不同,满足机械加压送风条件亦不同,宜首先进行计算,但计算结果的加压送风量不能小于本规范表 8.3.2-1~8.3.2-4 的要求。这样既可避免不能满足加压送风值,又有利于节省工时。

一、风量校核值的依据。资料表明,对防烟楼梯间及其前室、消防电梯间前室和合用前室的加压送风量的计算方法统计起来约有 20 多种,至今尚无统一。其原因主要是影响压力送风量计算的因素较复杂,且各种计算公式在研究加压送风量的计算时出发点不一致(如:有的从试验中得出,有的按维护加压部位的压力值求得,有的按开启门洞处的需要流速中求得……)等因素造成的。从理论上讲,每个公式的产生与其对应的研究背景是各有自己的理由,而当用某一公式去解决某一实际工程设计时,往往存在着一定的差别,这样就造成了即使同一条件的工程,因选择不同的计算公式,其结果差别也很大。另一方面,在加压送风量的设计计算中,由于某些计算公式缺乏系统的全面的介绍,特别是假设参数的选择不当,也容易造成设计计算的错误,即使在同一条件下,因使用公式不同,其结果差别很大。上述原因使当前在加压送风量的设计计算中存在着一定的盲目性、可变性。本规范在修订过程中,对加压送风量的计算问题作了较深入的调查研究及分析,考虑到我国目前在加压送风量的设计计算中存在的问题(如建筑构件的产生及建筑施工质量、设计资料不完整、设计参数不明确等)和对加压送风进行科学实验手段不完善等因素,为了避免计算发生误差太大,确立一个风量定值范围表,供设计人员对应设计中的条件进行计算考核是十分必要的。

二、公式的选取:

基本公式的选取。根据各种计算公式的理论依据,在保持疏散通道需要有一定正压值以及开启着火层疏散通道时要相对保持该门洞处的风速。作为计算理论依据,应分别选择目前国内在高层建筑防烟设计计算中使用较普遍的两个公式为基本计算公式。

1. 按保持疏散通道需要有一定正压值(俗称压差法)公式:

$$l = 0.827 \times A \times \Delta P^{1/n \times 1.25} \qquad (5)$$

式中　$l$——加压送风量($m^3/s$);

0.827——漏风系数;

$A$——总有效漏风面积($m^2$);

$\Delta P$——压力差(Pa);

$n$——指数(一般取 2);

1.25——不严密处附加系数。

2. 按开启着火层疏散通道时要相对保持该门洞处的风速(又称流速法)公式:

$$l = f, v, n \cdots\cdots(7.2) \qquad (6)$$

式中　$l$——加压送风量($m^3/s$);

$v$——门洞断面风速(m/s);

$F$——每档开启门的断面积($m^2$);

$n$——同时开启门的数量。

公式(5)、(6)均摘自《采暖通风设计手册》。

校核公式:除基本公式外的其它公式均作为计算校核使用。校核计算公式较多,不一一列举。

三、参数的确定:

1. 基本参数的确定。通过调研及与国内有关专家、工程技术人员座谈,对该参数基本认可和假设已定的条件参数等为基本参数。

　a. 开启门的数量:20 层以下 $n$ 取 2;20 层以上 $n$ 取 3。

　b. 正压值:楼梯间,$P = 50Pa$;前室,$P = 25Pa$。

　c. 开启面积:疏散门,$2.0m \times 1.6m$;电梯门,$2.0m \times 1.8m$。

2. 浮动参数的确定。通过调研及与国内有关专家、工程技术人员座谈,认为该参数有上、下限的可能以及受建筑构件的影响参数等为浮动参数。

　a. 门洞断面风速:$v = 0.7 \sim 1.2m/s$。

　b. 门缝宽度:疏散门,$0.002 \sim 0.004m$;电梯门,$0.005 \sim 0.006m$。

　c. 系数:按各公式要求浮动。

3. 计算方法。以基本参数为条件:分别选用基本公式与浮动参数定义组合进行计算,列出计算结果范围,再与各校核计算公式进行校核计算结果比较,确定公式计算结果的数值范围。

与国内外已建高层建筑正压送风量的比较,见表18。

国内外部分离高层建筑正压送风量举例　表18

| 建筑物名称 | 层数 | 总送风量($m^3/h$) | 每层平均($m^3/h$) | 加压送风部位 |
|---|---|---|---|---|
| 美国波士顿附属医疗大楼 | 16 | 16128 | 1008 | 楼梯间 |
| 美国旧金山办公大楼 | 31 | 31608 | 1008 | 楼梯间 |
| 美国波士顿 CUAC 大楼 | 36 | 121320 | 3370 | 楼梯间前室 |
| 美国明尼亚波利斯 IDS 中心 | 50 | 54720 | 1094 | 楼梯间 |
| 美国佛罗里达州办公大楼 | 55 | 68000 | 1236 | 楼梯间 |
| 美国麦克格罗希办公大楼 | 52 | 85000 | 1634 | 楼梯间 |
| 美国波士顿商业联合保险公司 | 36 | 51000 | 1416 | 楼梯间 |
| 上海联谊大厦 | 29 | 32500 | 1120 | 楼梯间 |
| 上海宾馆 | 27 | 21600 | 800 | 楼梯间 |
| 北京图书馆书库 | 19 | 19500 | 1026 | 楼梯间 |
| 深圳晶都大酒店 | 30 | 31000 | 1033 | 楼梯间及前室 |
| 深圳某办公大楼 | 20 | 14700 | 735 | 电梯前室 |
| 大连国际饭店 | 26 | 36000 | 1384 | 楼梯间及前室 |
| 福州大酒店 | 20 | 15850 | 792 | 楼梯间 |
| 山东齐鲁大厦 | 22 | 25000 | 1136 | 前室 |

| 建筑物名称 | 层数 | 总送风量（$m^3/h$） | 每层平均（$m^3/h$） | 加压送风部位 |
|---|---|---|---|---|
| 北京市某宾馆 | 30 | 46880 | 1536 | 楼梯间合用前室 |
| 南京金陵饭店 | 35 | 34500 | 985 | 楼梯间 |
| 北京某饭店 | 30 | 62170 | 2012 | 楼梯间 |
| 江苏省常州大厦 | 16 | 35000 | 1920 | 楼梯间合用前室 |
| | | 47500 | 2969 | |
| 中国大酒店 | 18 | 9600 | 533 | 楼梯间、前室 |
| | | 4200 | 233 | |
| 江苏省常州工贸大厦 | 24 | 18900 | 788 | 楼梯间、前室 |
| 上海华亭宾馆 | 29 | 34000 | 1172 | 消防电梯前室 |
| 上海市花园饭店 | 34 | 22500 | 662 | 消防电梯前室 |
| 日本新宿野村大楼 | 50 | 21200 | 424 | 前室 |

四、风量定值范围表的产生。通过一组假设条件下和各不同楼层的防烟楼梯间及其前室、消防电梯前室和合用前室利用公式法进行计算，并与国内外部分高层建筑加压送风量平衡比较，同时召开全国部分设计单位、有关专家及工程技术人员座谈会进一步征求意见，修改而成。

设计时还需注意的是，对于各表内风量上下限的选取，按层数范围、风道材料、防火门漏量等综合考虑选取。由于风量定值范围表的计算初始条件均为双扇门，当采用单扇门时，仍按上述步骤计算，其结果约为双扇门的 0.75%；当有两个出口时，风量按表中规定数值的 1.5～1.75 倍计算。

**8.3.3、8.3.4** 两条是新增加的。

一、本规范第 8.3.2 条的各表数值，最大在三十二层以下，如超过规定值时（即层数时），其送风系统及送风量要分段计算。

二、当疏散楼梯采用剪刀楼梯时，为保证其安全，规定按两个楼梯的风量计算并分别设置送风口。

**8.3.5** 新增条文。当发生火灾时，为了阻止烟气入侵，对封闭式避难层设置机械加压送风设施，不但可以保证避难层内的一定的正压值，而且也是为避难人员的呼吸需要提供室外新鲜空气，本条规定了对封闭避难层其机械加压送风量。其理由是参考我国人民防空地下室设计规范（GBJ 38—79）人员掩蔽室清洁式通风量取每人每小时 6～7$m^3$ 计。为了方便设计人员计算，本条以每平方米避难层（包括避难间）净面积需要 30$m^3/h$ 计算（即按每 $m^2$ 可容纳 5 人计算）。

**8.3.6** 新增条文。当防烟楼梯间及其合用前室需要加压送风时，由于两者要维持的正压值不同，以及当不同楼层的防烟楼梯间与合用前室之间的门和合用前室与走道之间的门同时开启或部分开启时，气流的走向和风量的分配较为复杂，为此本条规定这两部位的送风系统应分别独立设置。如共用一个系统时，应在通向合用前室的支风管上设置压差自动调节装置。

**8.3.7** 本条规定不仅是对选择送风机提出要求，更重要的是对加压送风的防烟楼梯间及前室、消防电梯前室和合用前室、封闭避难层需要保持的正压值提出要求。

关于加压部位正压值的确定，是加压送风量的计算及工程竣工验收很重要的依据，它直接影响到加压送风系统的防烟效果。正压值的要求是：当相通加压部位的门关闭的条件下，其值应足以阻止着火层的烟气在热压、风压、浮压等力量联合作用下进入楼梯间、前室或封闭避难层。为了促使防烟楼梯间内的加压空气向走道流动，发挥对着火层烟气的排斥作用，因此要求在加压送风时防烟楼梯间的空气压力大于前室的空气压力，而前室的空气压力大于走道的空气压力。仅从防烟角度来说，送风正压值越高越好，但由于一般疏散门的方向是朝着疏散方向开启，而加压作用力的方

向恰好与疏散方向相反，如果压力过高，可能会带来开门的困难，甚至使门不能开启。另一方面，压力过高也会使风机、风道等送风系统的设备投资增多。因此，正压值是正压送风的关键技术参数。

如何确定正压值，这是本规范第一个版本（GBJ 45—82）和修订后的第二个版本（GB 50045—95）都留待解决的问题。GBJ 45—82 中第 7.1.5 条规定："采用机械加压送风的防烟楼梯间及其前室、消防电梯前室和合用前室，应保持正压，且楼梯间的压力应略高于前室的压力"。条文说明中解释："如何保证楼梯间及其前室正压，风量和风压有何规定等，由于国内缺乏这方面的试验数据和实际设计经验，故本条仅提出了原则要求"。GB 50045—95 中 8.3.7 条虽然规定了楼梯间前室、合用前室，消防电梯间前室、封闭避难层（间）正压送风的正压值。但条文说明中解释："如何选择合适的正压值是一个需要进一步研究的问题，由于我国目前在这方面无试验条件，且无运行经验，因此设计均参照国外资料"。参照国外资料当然也是一个依据，但国外资料产生的背景和试验条件是各不相同的，因此各国确定的正压值也不尽相同。所以只有我国通过自己进行试验后，才能对正压值有较深刻的认识。

针对规范的需要，"七五"末期，公安部四川消防科学研究所开展了"高层建筑楼梯间防排烟的研究"，接着又承担了国家"八五"科技攻关专题"高层建筑楼梯间正压送风机械排烟技术的研究"，系统地开展了高层建筑火灾烟气流动规律及防排烟实验室模拟试验研究、实体火灾试验研究和楼梯间防排烟技术参数等试验研究，得到了高层民用建筑楼梯间与前室或合用前室正压送风最佳安全压力的研究结论。经专题鉴定、验收，其研究成果被专家评定为属于国际领先水平，可提供给《高层民用建筑设计防火规范》使用。这次对本条的修订直接采用了国内"八五"期间取得的重大科技成果。这次修订，防烟楼梯间的正压值由 50Pa 改为 40Pa 至 50Pa；前室、合用前室、消防电梯间、封闭避难层（间）由 25Pa 改为 25Pa 至 30Pa。这些规定主要是以国内科学试验为依据，是在对正压送风机械排烟技术有较深刻的认识，在有自己的实验数据的前提下，也参考国外资料而确定的，所以虽然修订变化不大，但意义显然不同；正压值要求规定一个范围，更加符合工程设计的实际情况，更易于掌握与检测。但在设计中要注意两组数据的合理搭配，保持一高一低，或都取中间值，而不要都取高值或都取低值。例如，楼梯间若取 40Pa，前室或合用前室则取 30Pa；楼梯间若取 50Pa，前室或合用前室则取 25Pa。

**8.3.8** 新增条文。楼梯间采用每隔二三层设置一个加压送风口的目的是保持楼梯间的全高度内的均衡一致。据加拿大、美国等国采用电子计算机模拟试验表明，当只在楼梯间顶部送风时，楼梯间中间十层以上内外压差超过 102Pa，使疏散门不易打开；如在楼梯间下部送风时，大量的空气从一层楼梯间门洞处流出。多点送风，则压力值可达均衡。

## 8.4 机 械 排 烟

**8.4.1** 本条是对原条文的修改。

一、设置排烟设施的部位，包括机械排烟和自然排烟两种情况。如果本规范第 8.1.3 条规定的部位属于本条规定的范围，那么就不能采用自然排烟，只能采用机械排烟设施。

二、关于"总面积超过 200$m^2$ 或一个房间面积超过 50$m^2$，且经常有人停留或可燃物较多的地下室"，设置机械排烟设施的理由是，考虑到地下室发生火灾时，疏散扑救比地上建筑困难得多，因为火灾时，高温烟气会很快充满整个地下室。如某饭店地下室和某地下铁道发生火灾时，扑救人员在浓烟、高温的情况下，很难接近火源进行扑救，所以地下室的防火要求应严格一些。对设有窗井等可采用开窗自然排烟措施的房间，其开窗面积仍应按本规范第 8.2.2 条的规定执行。

**8.4.2** 基本保留原条文。

一、本条规定了排烟风机的排烟量计算方法与原则，排烟风机

的排烟量是采用日本规范规定的数据。日本规定：每分钟能排出 120m³(7200m³/h)以上，且满足排烟区每平方米地板面积排出 1m³/min(60m³/h)排烟量，当排烟风机担负两个及两个以上防烟区排烟时，按面积最大的防烟区每平方米地板面积排出 2m³/min (120m³/h)的排烟量。

二、走道排烟面积即为走道的地面积与连通走道的无窗房间或设固定窗的房间面积之和，不包括有开启外窗的房间面积。同一防火分区内连接走道的门可以是一般门，不规定是防火门。

三、当排烟风机担负两个以上防烟分区时，应按最大防烟分区面积每平方米不小于 120m³/h 计算，这里指的是选择排烟风机的风量，并不是把防烟分区排烟量加大一倍(对每个防烟分区的排烟量仍然按防烟分区面积每平方米不小于 60m³/h 计算)，而是当排烟风机不论是水平方向或垂直方向担负两个或两个以上防烟分区排烟时，只按两个防烟分区同时排烟确定排烟风机的风量。每个排烟口排烟量的计算、排烟风管各管段风量分配见表19，排烟系统见图20。

排烟风管风量计算举例　　　表 19

| 管 段 间 | 负担防烟区 | 通过风量 (m³/h) | 备　注 |
|---|---|---|---|
| A₁～B₁ | A₁ | QA₁×60=22800 | |
| B₁～C₁ | A₁,B₁ | QA₁×120=45600 | |
| C₁～① | A₁～C₁ | QA₁×120=45600 | 一层最大 QA₁×120 |
| A₂～B₂ | A₂ | QA₂×60=28800 | |
| B₂～① | A₂,B₂ | QA₂×120=57600 | 二层最大 QA₂×120 |
| ①～② | A₁～C₁,A₂,B₂ | QA₂×120=57600 | 一、二层最大 QA₂×120 |
| A₃～B₃ | A₃ | QA₃×60=13800 | |
| B₃～C₃ | A₃,B₃ | QB₃×120=30000 | |
| C₃～D₃ | A₃～C₃ | QB₃×120=30000 | |
| D₃～② | A₃～D₃ | QB₃×120=30000 | 三层最大 QB₃×120 |
| ②～③ | A₁～C₁,A₂,B₂,A₃～D₃ | QA₂×120=57600 | 一、二、三层最大 QA₂×120 |
| A₄～B₄ | A₄ | QA₄×60=22800 | |
| B₄～C₄ | A₄,B₄ | QA₄×120=45600 | |
| C₄～③ | A₄～C₄ | QA₄×120=45600 | 四层最大 QA₄×120 |
| ③～④ | A₁～C₁,A₂,B₂,A₃～D₃,A₄～C₄ | QA₂×120=57600 | 全体最大 QA₂×120 |

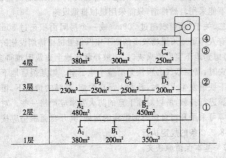

图 20　排烟系统示意图

四、关于室内中庭排烟量的计算问题，国内目前尚无实验数据及理论依据，参照了国外资料。据国外资料介绍：

1. 对容积不超过 600000ft³ 的室内中庭包括与其相连的同一防烟区各楼层的容积排烟量不得小于每小时 6 次换气量。

2. 对容积大于 600000ft³ 的室内中庭包括与其相连的同一防烟区各楼层的容积排烟量不得小于每小时 4 次换气量。

**8.4.3** 带裙房的高层建筑，有靠外墙的防烟楼梯间及其前室、消防电梯前室和合用前室，其裙房以上部分能采用可开启外窗自然排烟，裙房以内部分在裙房的包围之中无外窗，不具备自然排烟条件，这种建筑形式目前比较多，其防排烟设施应怎样设置？据调查，对这种形式的建筑其防排烟设置可分两种方式：一种方式不考虑裙房以上部分进行自然排烟的条件，按机械加压送风要求设置机械加压送风设施，但在风量的计算中应考虑由窗缝引起的渗漏量；另一种方式是凡符合自然排烟条件的部位仍采用自然排烟的方式，对不具备自然排烟条件的部位设置局部的机械排烟方式弥补。从防排烟的角度来讲，第一种方式较第二种方式效果好。第二种方式的优点是充分地利用了自然排烟条件，上部未被裙房包围的前室或合用前室可以利用直接向外开启的窗户自然排烟，由走道内进入前室或合用前室的烟直接从前室走掉，不一定进入楼梯间；问题是对下部不具备自然排烟条件的前室或合用前室，设置局部机械排烟设施，人为的在前室或合用前室造成负压区，不断地把走道内的烟气从门或门缝吸进前室或合用前室，一部分由机械排烟系统排至室外；一部分则进入楼梯间，由楼梯间上部直接通向室外的窗户，将烟排出室外，既降低了前室或合用前室的防烟效果，楼梯间内也成了烟气流经的路线，显然降低了安全性。当前室或合用前室设有局部正压送风系统时，在关门条件下，内部处于正压，仅从门缝向走道和楼梯间漏风；遇到开走道至前室或合用前室的门的瞬时，有少量的烟气带入前室或合用前室，则立即被排出，使前室或合用前室保持无烟安全区。以上的理论分析，已为科学实验所验证，国家"八·五"科技攻关专题"高层建筑楼梯间正压送风机械排烟技术的研究"结论之一，就是"防烟楼梯间的前室内不能设机械排烟系统"。近几年来，随着国内外防烟技术的进一步发展，对前室或合用前室设置机械排烟设施的方式在高层建筑设计中很少被采用，甚至如本规范 8.1.1、8.1.2条说明的那样："有些工程原设计为此方法，现在也在改造"。据调查，近几年来在高层建筑设计中，遇裙房所围部分不具备自然排烟条件的前室或合用前室，通常都采用局部正压送风系统。因此，总结工程设计的经验，采用国内最新科技成果，将本条原规定"设置局部机械排烟设施"改为了"设置局部正压送风系统"。本条规定的实施有利于充分发挥防排烟系统的作用，提高防烟楼梯间的安全性。

**8.4.4** 排烟口是机械排烟系统分支管路的端头，排烟系统排出的烟，首先由排烟口进入分支管，再汇入系统干管和主管，最后由风机排出室外。烟气因受热而膨胀，其容重较轻，向上运动并贴附在顶棚上再向水平方向流动，因此排烟口应尽量设在顶棚或靠近顶棚的墙面上，以有利于烟气的排出，再者，当机械排烟系统启动运行时，排烟口处于负压状态，把火灾烟气不断地吸引至排烟口，通过排烟口不断排走，同时又不断从着火区涌来，所以排烟口周围始终聚集一团浓烟，若排烟口的位置不避开安全出口，这团浓烟正好堵住安全出口，当疏散人员通过安全出口时，都要受到浓烟的影响，同时浓烟遮挡安全出口，也影响疏散人员识别安全出口位置，不利于安全疏散。上述现象的描述，系国内最新科学试验中的发现。以往在设计走道中的机械排烟系统时，为了保证疏散的安全，往往把排烟口布置在疏散出口前的正上方顶棚上，忽略了排烟口下集聚烟雾的特性，反而不利于安全。这次局部修订，规定排烟口与附近安全出口沿走道方向相邻边缘之间的最小水平距离不应小于1.50m，是要在通常情况下，遇火灾疏散时，疏散人员跨过排烟口下面的烟团，在 1.00m 的极限能见度的条件下，也能看清安全出口，使排烟系统充分发挥排烟防烟的作用。

**8.4.5** 基本保留原条文。

一、本条规定排烟口到该防烟分区最远点的水平距离不应超过 30m，这里指水平距离是烟气流动路线的水平长度。房间与走道排烟口至防烟分区最远点的水平距离示意图见图 21。

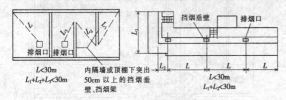

$L<30m$　$L_1+L_2+L_3<30m$　　　$L<30m$　$L_1+L_2<30m$

图 21　房间、走道排烟口至防烟分区最远水平距离示意图

走道的排烟口与防烟楼梯的疏散口的距离无关，但排烟口应尽量布置在与人流疏散方向相反的位置处，见图 22。

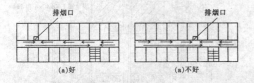

(a)好　　　　　　　(a)不好

图 22　走道排烟口与疏散口的位置

→烟气方向；→人流方向

二、关于排烟系统要求设有当烟气温度超过 280℃ 时能自动关闭的装置问题。当房间发生火灾后，房间的排烟口开启，同时启动排烟风机排烟，人员进行疏散，当排烟道内的烟气温度达到 280℃ 时，在一般情况下，房间人员已疏散完毕，房间排烟管道内的自动关闭装置关闭停止排烟。烟气如继续扩散到走道，走道的排烟口打开，同时启动排烟风机排烟，火势进一步扩大到走道排烟道内的烟气温度达到 280℃ 时，走道排烟道内的自动关闭装置关闭停止排烟。当排烟气道内烟气温度达到或超过 280℃ 时，烟气中已带火，如不停止排烟，烟火就有扩大到上层的危险造成新的危害。因此本条规定应在排烟支管上安装 280℃ 时能自动关闭的防火阀。

自动关闭是指熔环温度或温感器联动的关闭装置。

**8.4.6** 本条从便于排烟系统的设置和保证防火安全以及防、排烟效率等因素综合考虑而规定的。

从调查的情况看，目前国内的高层建筑中，机械排烟系统的设置一般均为走道的机械排烟系统，为竖向布置；房间的机械排烟系统按房间分区水平布置。但也有的走道每层设风机分别排烟，这种排烟系统投资较大，供电系统复杂，同时烟气的排放也应考虑对周围环境的威胁，因此不推荐这种方法。

**8.4.7** 基本保留原条文。对于排烟风机的耐热性，可采用普通的离心风机和专用排烟的轴流风机。

据日本有关资料介绍，排烟风机要求能在 280℃ 时运行 30min 以上。

为了弄清普通离心风机的耐热问题，公安部四川消防科研所对普通中、低压离心风机(4－72NO45A、4－72NObc)进行了多次试验，其结果表明，完全可以满足本规定的要求。

随着防火设备的开发、生产，目前国内外均已生产出专用排烟轴流风机，可供不同的排烟要求选取。

需要说明的是，关闭排烟风机并不能阻止烟火的垂直蔓延，也起不到不使烟气蔓延到排烟风机所在层(通常在顶层)的作用，所以要在排烟风机入口管上装自动关闭的排烟防火阀。

**8.4.8** 基本保留原条文。排烟口、排烟阀应与排烟风机联动。

机械排烟系统的控制程序举例如下：

图 23 为不设消防控制室的房间机械排烟控制程序。

图 24 为设有消防控制室的房间机械排烟控制程序。

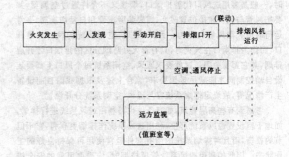

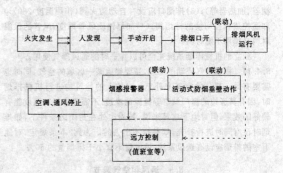

图 23　不设消防控制室的房间机械排烟控制程序

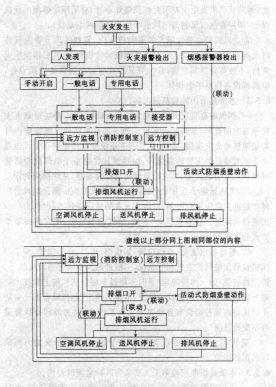

图 24　设有消防控制室的房间机械排烟控制程序

**8.4.9** 保留原条文。为了防止排烟口、排烟阀门、排烟道等本身和附近的可燃物被高温烤着起火，故本条规定，这些组件必须采用不燃烧材料制作，并与可燃物保持不小于 150mm 的距离。

8.4.10 机械排烟系统宜与通风、空气调节系统分开设置,是因为空调系统多为采用上送下回的送风方式,如利用空调系统作排烟时,一般是多用送风口代替排烟口,烟气又不允许通过空调器,并要把风管与风机联接位置改变,需要装旁通管和自动切换阀,平常运行时增大漏风量和阻力。另外,通风、空调系统的风口都是开口,而作为排烟口在火灾时,只有着火处防烟分区的排烟口才开启排烟,其它要关闭。这就要求通风、空调系统每个风口上都要装设自动控制阀才能满足排烟要求,综合上述及根据我国目前设备生产情况等,故规定排烟系统宜与通风、空调系统分开设置。

考虑到有些高层建筑,如有条件也可利用通风系统进行排烟。如地下室设置通风系统部位,利用通风系统作排烟更有利,它不但节约投资,而且对排烟系统的所有部件经常使用可保持良好的工作状态。因此如利用通风系统管道排烟时,应采取可靠的安全措施:(1)系统风量应满足排烟量;(2)烟气不能通过其它设备(如过滤器、加热器等);(3)排烟口应设有自动防火阀(作用温度280℃)和遥控或自控切换的排烟阀;(4)加厚钢质风管厚度,风管的保温材料必须用不燃材料。

独立的机械排烟系统完全可以作平时的通风排气使用。

8.4.11 根据空气流动的原理,需要排除某一区域的空气,同时也需要有另一部分的空气来补充。对地上的建筑物进行机械排烟时,因有其旁边的窗门洞口等缝隙的渗透,不需要进行补风就能有较好的效果;但对地下建筑来说,其周边处在封闭的条件下,如排烟时没有同时进行补风,烟是排不出去的。为此,本条规定,对地下室的排烟应设有送风系统,进风量不宜小于排烟量的50%。

## 8.5 通风和空气调节

8.5.1 基本保留原条文。空气中含有容易起火或爆炸的物质,当风机停机后,此种物质易从风管倒流,将这些物质带到风机内。因此,为防止风机发生火花引起燃烧爆炸事故,应采用防爆型的通风设备(即用有色金属制造的风机叶片和防爆的电动机)。

若送风机设在单独隔开的通风机房内,且在送风干管内设有防火阀及止回阀,能防止危险物质倒流到风机内,通风机房发生火灾后,不致蔓延到其它房间时,可采用普通型非防爆的通风设备,但通风设备应是不燃烧体。

8.5.2 本条是沿用原规范的内容。

一、烟气的垂直上升速度约为3～4m/s。阻止高层建筑火灾向垂直方向蔓延,是防止火灾扩大的一项重要措施。根据国内外高层建筑的火灾实例,通风、空气调节系统穿越楼板的垂直风道是火势垂直蔓延的主要途径之一,如我国某宾馆由于电焊烧着风管可燃保温层引起火灾,烟气沿风管倒向孔洞蔓延,从底层烧到顶层(七层),大火延烧了近9个小时,造成了巨大损失。据此对风管穿越楼层的层数应加以限制,以防止火灾的竖向蔓延,同时也为减少火灾横向蔓延。故本条规定"通风、空气调节系统,横向应按每个防火分区设置,竖向不宜超过五层"。

二、根据各地意见,有些建筑,如旅馆、医院、办公楼等,多采用风机盘管加进风式空气调节系统,一般进风及排风管道断面较小,密闭性较强,如一律按规定"竖向不超过五层",从经济上和技术处理上都带来不利。考虑这一情况,本条又规定"当排风管道设有防止回流设施且各层设有自动喷水灭火系统时,其进风和排风管道可不受此限制"。

至于"垂直风管应设在管井内"的规定,是增强防火能力而采取的保护措施。

8.5.3 本条是以原规范第7.3.2条为基础重新改写的。

一、高层建筑的通风、空调机房是通风管道汇集的房间,也是火灾蔓延的场所。为了阻止火势通过风管蔓延扩大,本条规定了在通风、空气调节系统中设置防火阀的部位。其中"重要的或火灾危险性大的房间"是指性质比较特殊的房间(如贵宾休息室、多功能厅、大会议室、易燃物质试验室、储存量较大的可燃物品库房及

贵重物品间等)。本条第8.5.3.4款的规定是为有效阻隔火势、保证防火阀的可靠性而提出的必要措施。防火阀的安装要求有单独支吊架等措施,以防止风管变形影响防火阀关闭,同时防火阀能顺气流方向自行严密关闭。如图25、26所示。

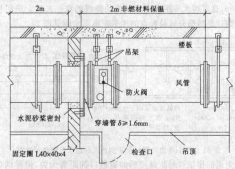

图25 防火墙处的防火阀示意图

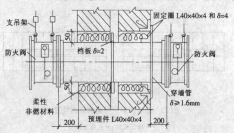

图26 变形缝处的防火阀示意图

8.5.3.1 本款原文为"管道穿越防火分区的隔墙处",因为防火分区处不仅有墙体,还可能有防火卷帘、水幕等特殊防火分隔设施,表述不全面。现在修订为"管道穿越防火分区处",表达就完整确切了。

8.5.4 关于防火阀动作温度的规定,根据民用建筑火灾初始温度状态,并参照国际上此类防火阀的动作温度通常为68～72℃,本规范仍沿用原规范值定为70℃。此温度一般是按比通风、空调系统在正常工作时的最高温度约高25℃确定的,而民用建筑内的最高送风时的温度一般为45～50℃,所以定为70℃是适宜的。这一温度与国家标准风管防火阀的动作温度以及自动喷水灭火系统的启动温度也是一致的。

8.5.5 本条是在原规范第7.2.4条的基础上改写的。为防止垂直排风管道扩散火势,本条规定"应采取防止回流的措施"。根据国内工程的实际做法,排风管道防止回流的措施有下列四种:

1. 加高各层垂直排风管的长度,使各层的排风管道穿过两层楼板,在第三层内接入总排风管道。如图27(a)所示。

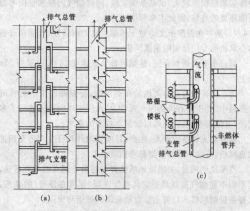

图27 排气管防止回流构造示意图

2. 将浴室、厕所、卫生间内的排风竖管分成大小两个管道,大

管为总管,直通屋面;而每间浴室、厕所的排风小管,分别在本层上部接入总排风管,如图27(b)所示。

3. 将支管顺气流方向插入排风竖管内,且使支管到支管出口的高度不小于600mm,如图27(c)所示。

4. 在排风支管上设置密闭性较强的止回阀。

**8.5.6** 本条是以原规范第7.2.5条为基础并参照《建规》有关条文改写的。首先明确了风机等设备和风管一样均应采用不燃材料制成。高层建筑中,通风、空气调节系统的管道是火灾蔓延的重要途径,国内外都有经通风管道蔓延火势的教训,尤其采用可燃材料的通风系统,扩大火灾的速度更快,危害更大。如东北某大厦厨房排风系统、排风罩、风管及通风机均采用阴燃型玻璃钢,因烧菜的油火引燃了排风罩,又经风管、风机一直烧到屋面。国外也有类似情况,造成过重大伤亡的火灾事故。为此本条对风管和风机等设备的选材提出了严格要求。

**8.5.7** 本条基本保留了原条文的内容。管道保温材料着火后,不仅蔓延快,而且扑救困难,如国内某建筑采用可燃泡沫塑料作风道保温材料,检修风道时由于焊接不慎烤着保温层起火,迅速蔓延,到处冒烟,却找不到起火部位,扑救困难。经试验,可燃泡沫塑料燃烧速度高达每分钟十几米。又如某饭店地下室失火,就是火种接触冷冻管道可燃泡沫塑料保温层而引起的。因此设计时对管道保温材料(包括粘结剂)应给予高度重视,一般首先考虑采用不燃保温材料,如超细玻璃棉、岩棉、矿渣棉、硅酸铝棉、膨胀珍珠岩等;但考虑到我国目前生产保温材料品种构成的实际情况,完全采用不燃材料尚有一定困难,因此管道和设备的保温材料、消声材料,也允许采用难燃材料。但粘结剂和保温层的外包材料仍应采用不燃烧材料,如玻璃布等。

对穿越变形缝两侧各2m范围,其保温材料及其粘结剂应要求严些,应当采用不燃烧材料。

**8.5.8** 本条基本保留原条文。

一、据调查,有的小型、中型通风、空调管道内,安装有电热装置,用于加温,如使用后忘记拔掉插销,导致发热,会引起火灾,造成较大损失。为了保证安全,作了此条规定。

二、电热器前后各800mm范围内的风管保温材料应采用不燃烧材料,主要根据国内工程实际作法和参考日本、美国等规范、资料而提出的。经过十几年的实践,是行之有效的,故予以保留。

# 9 电 气

## 9.1 消防电源及其配电

**9.1.1** 本条是对原条文的修改。漏电火灾报警系统能有效地对漏电及由于漏电可能引起火灾进行预报和监控,其供电能力直接关系火灾报警的可靠性,因此,其供电要求应当按照消防用电的规定执行。

一、为满足各种使用功能上的需要,高层建筑特别是高层公共建筑(如旅馆、宾馆、办公楼、综合楼等),常常要采用大量机械化、自动化、电气化的设备,需要较大电能供应。高层建筑的电源,分常用电源(即工作电源)和备用电源两种。常用电源一般是直接取自城市低压三相四线制输电网(又称低压市电网),其电压等级为380V/220V。而三相380V级电压则用于高层建筑的电梯、水泵等动力设备供电;单向220V级电压用于电气工作照明、应急照明和生活其它用电设备。

高层建筑的备用电源有取自城市两路高压(一般为10kV级)供电,其中一种为备用电源;在高层建筑群的规划区域内,供电电源常常取自35kV区域变电站;有的取自城市一路高压(10kV级)供电,另一种取自备用柴油发电机,等等。

二、备用电源的作用是当常用电源出现故障而发生停电事

时,能保证高层建筑的各种消防设备(如消防给水、消防电梯、防排烟设备、应急照明和疏散指示标志、应急广播、电动的防火门窗、卷帘、自动灭火装置)和消防控制室等仍能继续运行。

三、要求一类高层建筑采用一级负荷供电,二类高层建筑采用二级负荷供电,主要考虑以下因素:

1. 高层建筑发生火灾时,主要利用建筑物本身的消防设施进行灭火和疏散人员、物资。如没有可靠的电源,就不能及时报警、灭火,不能有效地疏散人员、物资和控制火势蔓延,势必造成重大的损失。因此,合理地确定负荷等级,保障高层建筑消防用电设备的供电可靠性是非常重要的。根据我国的具体情况,本条对一、二类建筑的消防用电的负荷等级分别作了规定:一类高层建筑应按一级负荷要求供电,二类高层建筑应按二级负荷要求供电。

2. 国内外高层建筑消防电源设置情况。

(1)国内外新建的一些大型饭店、宾馆、综合建筑等高层建筑均设有双电源。举例如表20。北京长城饭店消防用电设备供电线路如图28所示。

**高层建筑设有备用电源举例**　　　　　表20

| 序号 | 建筑名称 | 城市电网电压等级(kV) | 自备发电机容量(kW) |
|---|---|---|---|
| 1 | 北京长城饭店 | 35kV 两个不同变电站 | 750 |
| 2 | 日本东京阳光大厦 | 6.6kV 双电源 | 2500 蓄电池 {400AH×5 / 300AH×7 / 250AH×2 } |
| 3 | 日本新宿中心大厦 | 22kV 双电源 | 1500 蓄电池 {100V×1500AH / 100V×210AH / 100V×1500AH } |
| 4 | 深圳国际贸易中心 | 10kV 双回路电源 | 900 |
| 5 | 香港上海汇丰银行 | 6.6kV 双电源 | 900 |
| 6 | 日本新大谷饭店 | 22kV 双电源 | 415 |
| 7 | 南京金陵饭店 | 10kV 双回路电源 | 415 |
| 8 | 北京国际大厦 | 10kV 双回路电源 | 415 |
| 9 | 长富宫中心 | 10kV 双回路电源 | 1000 |
| 10 | 北京昆仑饭店 | 10kV 双回路电源 | 415 |
| 11 | 北京亮马河大厦 | 10kV 双回路电源 | 800 |

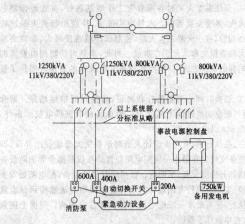

图28 北京长城饭店消防用电设备供电线路示意图

(2)据调查,上海、北京、天津、广州、南京、杭州、沈阳、深圳、大连、哈尔滨等地建成的电信楼、广播楼、电力调度楼、大型综合楼等高层公共建筑,一般除设有双电源以外,还设有自备发电机组,即设置了3个电源。

(3)二类高层建筑和高层住宅或住宅群,设置电源情况如下:

据对北京、上海、广州、杭州、南京、天津、沈阳、哈尔滨、长春等城市居住小区的调查,均按两回线路要求供电,经过近10年的实

践,对二类高层建筑和住宅小区要求两回路供电是可行的。

上海市城建、设计、供电部门规定,十二层以上的住宅建筑的消防水泵和电梯等应设有备用电源。

(4)体现区别对待,确保重点,兼顾一般的原则。

为确保高层建筑消防电,按一级负荷供电是很必要的。但考虑到我国目前的经济水平和城市供电水平有限,一律要求按一级负荷供电尚有困难,故本条对二类建筑作了适当放宽。据调查,通信、医院、大型商业和综合楼、高级旅馆、重要的科研楼等,一般都按一级负荷供电;高层住宅小区,有统一规划,供电问题也不难解决;困难的是零星建设的普通住宅,但从长远看,供电标准也不能再低,按二级负荷供电是需要的。

国外一般使用自备发电机设备和蓄电池作消防备用电源。如某些单位有条件,只要符合规定负荷等级和供电要求,也可采用上述电源为消防用电设备的备用电源。

四、结合目前我国经济、技术条件和供电情况,凡符合下列条件之一的,均可视为一级负荷供电:

1. 电源来自两个不同发电厂,如图29(a)。

2. 电源来自两个区域变电站(电压在35kV 及 35kV 以上),如图29(b)。

3. 电源来自一个区域变电站,另一个设有自备发电设备,如图29(c)。

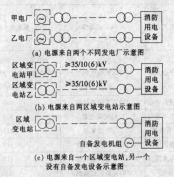

(a) 电源来自两个不同发电厂示意图

(b) 电源来自两区域变电站示意图

(c) 电源来自一个区域变电站,另一个设有自备发电设备示意图

图 29　一级负荷供电示意图

**9.1.2** 本条是原条文的修改补充。

一、保证发生火灾时各项救灾工作顺利进行,有效地控制和扑灭火灾,是至关重要的。大量事实证明,扑救初起火灾是比较容易办到的,当小火酿成大火后,控制和扑救难度增大,常常会造成重大经济损失和人员伤亡事故。对此,本条对消防用电设备的两个电源的切换方式、切换点和自备发电设备的启动时间作了规定。

二、切换时间。对消防扑救来说,切换时间越短越好。据介绍,国外规定切换时间不超过 15s,考虑目前我国供电技术条件,规定在30s 以内。

三、在执行中,有不少设计人员对原条文太笼统提出异议,即原规范条文规定在最末一级配电箱处自动互投是指全部消防设备还是指部分消防设备,不明确。如指所有消防设备,配电箱处均要求切换,实际上执行有困难,如:火灾应急照明及疏散指示标志就难以执行;还有最末一级配电箱是什么部位应明确。根据上述意见,故在本条作了修改。

第一,重点是高层建筑的消防控制室、消防电梯,防排烟风机等。

第二,切换部位是指各自的最末一级配电箱,如消防水泵应在消防水泵房的配电箱处切换;又如消防电梯应在电梯机房配电箱处切换,等等。

**9.1.3** 本条是对原条文的修改补充。

一、火灾实例证明,有了可靠电源,而消防设备的配电线路不可靠,仍不能保证消防用电设备的安全供电。如某高层建筑发生

火灾,设有备用电源,由于消防用电设备的配电线路与一般配电线路合在一起,当整个建筑用电拉闸后,电源被切断,消防设备不能运转发挥灭火作用,造成严重损失。因此,本条规定消防用电设备均应采用专用的(即单独的)供电回路。

二、建筑发生火灾后,可能会造成电气线路短路和其它设备事故,电气线路可能使火灾蔓延扩大,还可在救火中因触及带电设备或线路等漏电,造成人员伤亡。因此,发生火灾后,消防人员必须是先切断工作电源,然后救火,以策抢救中的安全。而消防用电设备,必须继续有电(不能停电),故消防用电必须采用单独回路,电源直接取自配电室的母线,当切断(停电)工作电源时,消防电源不受影响,保证扑救工作的正常进行。

三、本条所规定的供电回路,系指从低压总配电室(包括分配电室)至最末一级配电箱,与一般配电线路均应严格分开。

为防止火势沿电气线路蔓延扩大和预防触电事故等,消防人员在灭火时首先要切断起火部位的一般配电电源。如果高层建筑配电设计不区分火灾时哪些用电设备可以停电,哪些不能停电,一旦发生火灾只能切断全部电源,致使消防用电设备不能正常运行,这是不能允许的。发生火灾时消防电梯,消防水泵,事故照明,防、排烟等消防用电必须确保。因此,消防用电设备的配电线路不能与其它动力、照明共用回路,并且还应设有紧急情况下方便操作的明显标志,否则容易引起误操作,影响灭火战斗。

**9.1.4** 本条是对原条文的修改。

为保证消防用电气设备的配电线路可靠、安全供电,根据国内高层建筑对消防用电设备配电线路的实际作法、目前国内一些电缆电线厂家生产耐火电缆电线的水平和能力、国外对消防设备配线的防火要求等,本条对原规范消防用电设备的配电线路进行了修改。

一、据调查,目前国内许多高层建筑设计结合我国国情,消防用电设备配电线路多数是采用普通电缆电线而穿在金属管或阻燃塑料管内并埋设在不燃烧体结构内,这是一种比较经济、安全可靠的敷设方法。我们参照四川消防科研所对钢筋混凝土构件内钢筋温度与保护层的关系曲线(如图30和表21),并考虑一般钢筋混凝土楼板、隔墙的具体情况,对穿管暗敷线路作了保护层厚度的规定。

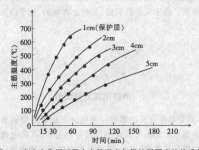

图 30　在火灾作用下梁内主筋温度与保护层厚度的关系曲线

大火灾温度作用下梁内主筋温度与保护层厚度的关系　表 21

| 主筋温度(℃) / 升温时间(min) / 主筋保护层(cm) | 15 | 30 | 45 | 60 | 75 | 90 | 105 | 140 | 175 | 210 |
|---|---|---|---|---|---|---|---|---|---|---|
| 1 | 245 | 390 | 480 | 540 | 590 | 620 | | | | |
| 2 | 165 | 270 | 350 | 410 | 460 | 490 | 530 | | | |
| 3 | 135 | 210 | 290 | 350 | 400 | 440 | | 510 | | |
| 4 | 105 | 175 | 225 | 270 | 310 | 340 | | | 500 | |
| 5 | 70 | 130 | 175 | 215 | 260 | 290 | | | | 480 |

当采用明敷时,要求做到:必须在金属管或金属线槽上涂防火涂料进行保护,以策安全。

二、矿物绝缘电缆是由铜芯、铜护套和氧化镁绝缘等全无机物组成的电缆,具有良好电气性能、机械物理性能、耐火性能,在火灾条件下不会放出任何烟雾及有害气体,其综合性能优于阻燃电缆、耐火电缆。因此,本条对阻燃电缆、耐火电缆和矿物绝缘电缆的敷设

分别作了规定。

## 9.2 火灾应急照明和疏散指示标志

**9.2.1** 本条是对原条文的修改。

一、火灾实例证明，有的建筑火灾造成严重的人员伤亡事故，其原因固然是多方面的，但与有无应急照明和疏散指示标志也有一定关系。为防止触电和通过电气设备、线路扩大火势，需要在火灾时及时切断起火部位及其所在防火分区的电源，如无事故照明，人们在惊慌之中势必混乱，加上烟气作用，更易引起不必要的伤亡。如某部队礼堂在演出中突然发生火灾，灯光熄灭一片漆黑，全场观众处于危急之中。这时剧场工作人员及时用四个手电筒照射疏散出口，引导观众疏散，避免了大的混乱，礼堂虽然烧毁了，但人员未伤亡，如果没有应急照明，就很难避免伤亡事故。

二、高层建筑在安全疏散方面有许多不利因素。一是层数多，垂直疏散距离长，则疏散到地面或其它安全场所的时间要相应增长；二是规模大、人员多的高层建筑，由于有些高层建筑疏散通路设置不合理，拐弯多，宽窄不一，容易出现混乱拥挤情况，影响安全疏散；三是各种竖向管井未作防火分隔处理或处理不合要求，火灾时抽烟、拔火作用大，导致蔓延快，给安全疏散增加了困难；四是目前国内生产的消防登高车辆数量少，质量不高，最大工作高度有限，不利于高层建筑火灾的抢救等。针对以上不利因素，设置符合规定的应急照明和疏散指示标志是十分必要的。

三、本条除规定疏散楼梯间、走道和防烟楼梯间前室、消防电梯间及其前室或合用前室以及观众厅、展览厅、多功能厅、餐厅和商场营业厅等人员密集的场所需设应急照明外，并对火灾时不许停电、必须坚持工作的场所（如配电室、消防控制室、消防水泵房、自备发电机房、电话总机房等）也规定了应设应急照明。

四、根据目前我国高层建筑火灾应急照明设计的实际做法，一般都采用城市电网的电源作为应急照明供电。为满足使用需要，又利于安全，允许使用城市电网供电，对其电压未作具体规定，即可用 220V 的电压。

有的高层建筑如果有条件，也可采用蓄电池组作为火灾应急照明和疏散指示标志的电源。

**9.2.2** 本条是对原条文的修改。

一、本条原则上保留了原规范的内容，个别内容进行修改补充。如防（排）烟机房、电话总机房以及发生火灾时必须坚持工作的其它房间。根据一些高层建筑实际作法和取得的效果，作此规定。

二、本条规定的照度主要是参照现行的国家标准《工业企业照明设计标准》有关规定提出的。该标准规定供人员疏散用的事故照明，主要通道的照度不应低于 0.5lx。

消防控制室、消防水泵房、配电室和自备发电机房要在高层建筑内任何部位发生火灾时坚持正常工作，这些部位应急照明的最低照度应与该部位工作面上的正常工作照明的最低照度相同，其有关数值见表 22。表 22 中数值引自《工业企业照明设计标准》。

**消防水泵房控制室、配电室等工作面上的最低照明度值　表 22**

| 序号 | 车间和工作场所 | 视觉工作等级 | 最低照度(lx) | | |
|---|---|---|---|---|---|
| | | | 混合照明 | 混合照明中的一般规定 | 一般照明 |
| 1 | 动力站：<br>泵房<br>锅炉房、煤气站的操作层 | Ⅶ<br>Ⅷ | —<br>— | —<br>— | 20<br>20 |
| 2 | 配、变电所：<br>变压器室<br>高低压配电室 | Ⅶ<br>Ⅵ | —<br>— | —<br>— | 20<br>30 |
| 3 | 控制室：<br>一般控制室<br>主控制室 | Ⅳ乙<br>Ⅱ乙 | —<br>— | —<br>— | 75<br>150 |

**9.2.4** 本条保留原条文的内容。

一、实践证明这样规定是符合实际情况的，执行中没有碰到什么困难。有些高层建筑结合工程实际，作了变动，有的变动较合理，有的不尽合理，在设计施工中应切实注意改进。

二、据调查，应急照明灯设置的位置，大致有如下几种：在楼梯间，一般设在墙面或休息平台板下；在走道，设在墙面或顶棚下；在厅、堂，设在顶棚或墙面上；在楼梯口、太平门，一般设在门口上部。

三、对应急照明灯和疏散指示标志的位置，本条中未作具体规定，主要考虑执行中有一定的灵活性。如对疏散指示标志规定设在距离地面不超过 1.00m 的墙面上，具体设计时可结合实际情况在这个范围内选定安装位置。这个范围符合一般人行走时目视前方的习惯，容易发现标志。但疏散指示标志如设在吊顶上有被烟气遮挡的可能，故在设计中应予避免。

**9.2.5** 为防止火灾时迅速烧毁应急照明灯和疏散指示标志，影响安全疏散，本条规定在应急照明灯具和疏散指示标志的外表面加设保护措施。由于我国尚未生产专用的应急照明灯和疏散指示标志，故仅考虑容易做到的简易办法。

**9.2.6** 本条保留了原规范第 8.1.1 条的注释。其供电时间是根据国内一些高层工程实际作法和参考日本等国的规范和资料而作出的规定，经近 10 年的实践证明是可行的，故保留了原条文内容。

## 9.3 灯　具

**9.3.1** 本条基本上保留了原条文的内容。

一、据调查，有些地方的高层旅馆、饭店、宾馆、办公楼、商业建筑、实验楼等的电气照明线路和设备安装位置不当，火灾时有发生。如某高层建筑，普通窗帘布搭在白炽灯泡上，经过较长时间烤燃起火，幸亏房间火灾报警设备准确及时报警，及时进行扑救，才未酿成重大火灾。又如某宾馆的白炽灯泡烤着可燃吊顶，引起火灾，不得不中断外事活动，造成了不良政治影响。为此，作了本条规定。

二、据了解，这些年来，在各种高层建筑的设计、安装中，基本上是按照本规定作的，实际中没有碰到什么困难，因此，保留了本条的内容。

为了有利于结合工程实际，充分发挥电气设计人员的积极性和创造性，对照明器表面的高温部位，应采取隔热、散热等防火保护措施，但未作具体规定，因为具体的保护措施较多，可根据实际情况处理。比如，将高温部位与可燃物之间垫绝缘隔热物，隔绝高温；加强通风降温散热措施；与可燃物保持一定距离，使可燃物的温度不超过 60～70℃ 等。

白炽灯泡：散热情况下的灯泡表面温度见表 23，白炽灯泡使可燃物烤至起火的时间、温度见表 24。

**白炽灯泡在一般散热情况下的灯泡表面温度　　表 23**

| 灯泡功率(W) | 灯泡表面温度(℃) |
|---|---|
| 40 | 50～60 |
| 75 | 140～200 |
| 100 | 170～220 |
| 150 | 150～230 |
| 200 | 160～300 |

**白炽灯泡将可燃物烤至起火的时间、温度　　表 24**

| 灯泡功率(W) | 摆放 | 可燃物 | 烤至起火的时间(min) | 烤至起火的温度(℃) | 备注 |
|---|---|---|---|---|---|
| 75 | 卧式 | 稻草 | 2 | 360～367 | 埋入 |
| 100 | 卧式 | 稻草 | 12 | 342～360 | 紧贴 |

白炽灯泡将可燃物烤至起火的时间、温度　　　表24

| 灯泡功率(W) | 摆放 | 可燃物 | 烤至起火的时间(min) | 烤至起火的温度(℃) | 备注 |
|---|---|---|---|---|---|
| 100 | 垂式 | 稻草 | 50 | 炭化 | 紧贴 |
| 100 | 卧式 | 稻草 | 2 | 360 | 埋入 |
| 100 | 垂式 | 棉絮被套 | 13 | 360~367 | 紧贴 |
| 100 | 卧式 | 乱纸 | 8 | 333~360 | 埋入 |
| 200 | 卧式 | 稻草 | 8 | 367 | 紧贴 |
| 200 | 卧式 | 乱稻草 | 4 | 342 | 埋入 |
| 200 | 卧式 | 稻草 | 1 | 360 | 埋入 |
| 200 | 垂式 | 玉米秸 | 15 | 365 | 埋入 |
| 200 | 垂式 | 纸张 | 12 | 333 | 紧贴 |
| 200 | 垂式 | 多层报纸 | 125 | 333~360 | 紧贴 |
| 200 | 垂式 | 松木箱 | 57 | 398 | 紧贴 |
| 200 | 垂式 | 棉被 | 5 | 367 | 紧贴 |

三、对容易引起火灾的卤钨灯和不易散热、功率较大白炽灯泡的吸顶灯、嵌入式灯等提出了防火要求。由于卤钨灯管表面温度达700~800℃，必须使用耐热线。白炽灯泡的吸顶灯、嵌入式灯的灯罩内或灯泡附近的温度，大大超过一般绝缘导线运行时的周围环境温度(允许温度详见表25)，若灯头的引入电源线不采取措施，其导线绝缘极易损坏，引起短路，甚至酿成火灾。

确定电线电缆允许载流量，周围环境温度均取25℃作标准。当敷设处的环境温度变化时，其载流量应乘以温度校正系数 $K$ (见表26)，温度校正系数 $K$ 由下式确定：

$$K = \sqrt{\frac{t_1 - t_0}{t_1 - 25℃}} \tag{7}$$

式中　$t_0$——敷设处实际环境温度(℃)；

$t_1$——电线长期允许工作温度(℃)。

绝缘电线的线芯长期允许工作温度　　　表25

| 电线名称 | 周围环境温度(℃) | 线芯允许工作温度(℃) |
|---|---|---|
| 铝芯或铜芯橡皮绝缘电线 | 25 | 65 |
| 铝芯或铜芯橡皮塑料电线 | 25 | 65 |

电线的温度校正系数　　　表26

| 周围环境温度(℃) | | 5 | 10 | 15 | 20 | 25 | 30 |
|---|---|---|---|---|---|---|---|
| 线芯允许工作温度(℃) | +65 | 1.22 | 1.17 | 1.12 | 1.06 | 1 | 0.95 |
| | +70 | 1.20 | 1.15 | 1.10 | 1.10 | 1 | 0.40 |
| 周围环境温度(℃) | | 35 | 40 | 45 | 50 | 55 | |
| 线芯允许工作温度(℃) | +65 | 0.865 | 0.79 | 0.706 | 0.61 | 0.5 | |
| | +70 | 0.885 | 0.815 | 0.745 | 0.666 | 0.577 | |

**9.3.2**　本条基本保留了原条文内容。

一、火灾实例表明，白炽灯、卤钨灯、荧光高压汞灯和镇流器等直接安装在可燃构件或可燃装修上，容易发生火灾。

卤钨灯管表面温度高达500~800℃，极易引起靠近的可燃物起火，如在可燃物品库内设置这类高温照明器更是危险。如北京某宾馆新楼，将一间客房作临时仓库，堆放枕头等可燃物，因紧压开关而发生故障起火成灾，由于自动喷水灭火系统起作用，才未酿成大祸。又如天桥宾馆，其空调设备开关装在墙面上，因开关质量差起火，烧着墙面的木装修和可燃防潮层，幸亏发现早，报警及时，扑救及时，才未酿成大灾。

二、据一些地方的同志反映，本条规定对实际设计、安装工作起到指导作用，目前有不少高层建筑是这样做的，没有遇到什么困难，是可行的。

### 9.4　火灾自动报警系统、火灾应急广播和消防控制室

**9.4.1～9.4.4**　其中9.4.1条是修订条文。

一、火灾自动报警系统发展概况。火灾自动报警系统，由触发器件、火灾报警装置，火灾警报装置以及具有其它辅助功能的装置组成。它是人们为了及早发现和通报火灾，并及时采取有效措施控制和扑灭火灾，而设置在建筑物中或其它场所的一种自动消防设施，是人们同火灾作斗争的有力工具。在国外发达国家，如美国、英国、日本、德国、法国和瑞士等，火灾自动报警设备的生产、应用相当普遍，美、英、日等国火灾自动报警设备甚至普及到一般家庭。我国火灾自动报警设备的研究、生产和应用起步较晚，50～60年代基本上是空白。70年代开始创建，并逐步有所发展。进入80年代以来，特别是最近几年，随着我国四化建设的迅速发展和消防工作的不断加强，火灾自动报警设备的生产和应用有了较大发展，生产厂家、产品种类和产量以及应用单位，都不断有所增加。据不完全统计，目前国内生产火灾自动报警设备的厂家60多个，国外生产和应用的几种典型的火灾探测器产品我国都有，各种火灾探测器的年产量估计可达15万只以上。产品的质量逐年有所提高，应用范围也不断扩大。特别是随着《高层民用建筑设计防火规范》、《建筑设计防火规范》等消防技术法规的贯彻执行，我国许多重要部门、重点单位和要害部位，如国家计委和一些省、市、自治区的电子计算中心，北京、上海、广州、深圳、大连、青岛等大城市和经济特区的许多高层建筑、高级旅馆、重要仓库、重点引进工程、重要的图书馆、档案馆、重要的公共建筑等，都装设了火灾自动报警系统。可以预料，随着我国四化建设的深入发展，各种建筑工程安装火灾自动报警系统会愈来愈广泛。

二、许多火灾、火警实例说明，火灾自动报警系统有着良好的作用，能够早期报告火灾，及时进行扑救，减少和避免重大火灾的发生。如北京某饭店，一位国外旅客吸烟，将未熄灭的烟头扔进塑料纸篓内就入睡了，烟头经过一段时间的阴燃起火，由于火灾自动报警系统准确地报了警，该饭店服务员打开房门，迅速扑灭了火苗，避免了一场火灾。

北京某饭店，安装在8楼的火灾自动报警装置，突然发出火警信号，火警灯发出了红光，指示灯一闪一闪，值班员见到87号探测器的楼道内烟雾弥漫，与此同时，电话间的火灾自动报警集中控制器也发出了火警信号，饭店安全部门也接到火警电话，这时值班员很快奔赴出事地点，经过一场紧张的灭火战斗，很快扑灭了火灾，避免了一场重大事故的发生。

三、据调查，原规范规定的安装部位不够全面、具体，执行中遇到困难。对此，本节根据各地工程实践，并考虑到目前我国的经济、技术水平，作了较详细的补充。

四、火灾自动报警系统的设计应按现行的国家标准《火灾自动报警系统设计规范》的规定执行。

五、据调查，原规范对安装火灾自动报警系统，较笼统，不便执行，根据各地安装的实际经验和国外有关规范、资料，本次修改时将需要安装的建筑、部位予以具体化，以便于执行。

六、游泳池、溜冰场、卫生间等场所的可燃物极少，亦未见火灾案例，根据这一实际情况，参照国外相关规定，作了必要的修改。

**9.4.5**

一、设置消防控制中心的必要性。在现代化的高层建筑中，不仅着火时辐射热强、蔓延快，扑救难度大，而且起火的潜在因素增多，特别是电气设备增多，用电量增大，一旦发生火灾危害大。例如，日本东京东芝大厦，主机械室设于地下，其中有2台7500kVA

的变压器和 1 台 2000kVA 的自备变压器;又如北京国际饭店(二十九层),设有 4 台 1000kVA 变压器,照明线和动力线纵横交错,电气火灾潜在危险大。

二、消防控制中心室应包含的功能。对消防控制室的控制功能,各国规范规定的繁简程度不同,国际上也无统一规定。日本规范对中央管理室的功能规定的比较细,主要包括以下四个方面:

1. 起到防火管理中心的作用。

2. 起到警卫管理中心的作用。

3. 起到设备管理中心的作用。

4. 起到信息情报咨询中心的作用。

根据当前我国经济技术水平和条件,消防控制设备的功能要求如下。

室内消火栓给水系统应有下列控制、显示功能:

1. 控制消防泵的启、停。

2. 显示启动按钮的工作状态。

3. 显示消防水泵的工作、故障状态。

自动喷水灭火系统应有下列控制、显示功能:

1. 控制系统的启、停。

2. 显示报警阀、闸阀及水流指示器的工作状态。

3. 显示消防水泵的工作、故障状态。

有管网的气体灭火系统应有下列控制、显示功能:

1. 控制系统的紧急启动与切断装置。

2. 由火灾自动报警系统与自动灭火系统联动的控制设备,要有 30s 可调的延时装置。

3. 显示系统的手动、自动工作状态。

4. 在报警、喷射各阶段,控制室应有相应的声、光报警信号,并能手动切除声响信号。

5. 在延时阶段,应能自动关闭防火门,停止通风、空气调节系统。

6. 应能关闭防火卷帘。

火灾报警,消防控制设备对联动控制对象应有下列功能:

1. 停止有关部位的风机,关闭防火阀,并接收其反馈信号。

2. 启动有关部位防烟、排烟风机和排烟阀,并接收其反馈信号。

当火灾确认后,消防控制设备对联动控制对象应有下列功能:

1. 关闭有关部位的防火门、防火卷帘,并接收其反馈信号。

2. 发出控制信号,强制所有电梯停在首层,并接收其反馈信号。

3. 接通应急照明灯和疏散指示灯。

4. 切断有关部位的非应急电源。

## 9.5　漏电火灾报警系统

本节为新增条文。

20 世纪的最后 20 年里,我国人均用电量翻了一番,但电气火灾也随之剧增,从而也给国家经济和人民生命财产造成巨大损失,据《中国火灾统计年鉴》统计,自 1993～2002 年全国范围内共发生电气火灾 203780 起,占火灾总数近 30%,在所有火灾起因中居首位。电气火灾造成人身伤亡的数字也是惊人的,仅 2000～2002 年,就造成 3215 人的伤亡。特别在重、特大火灾中,电气火灾所占比例更大。例如 1991～2002 年全国公共聚集场所共发生特大火灾 37 起,其中电气火灾 17 起,约占 46%。我国的电气火灾大部分是由短路引发的,特别是接地电弧性短路。根据公安部消防局电气火灾原因技术鉴定中心的统计资料来看,电气火灾大部分是由电气线路的直接或间接引起的,以 2002 年度为例,鉴定火灾 115 起。其中有 95 起是由电气线路直接或间接造成的。"漏电火灾报警系统"能准确监控电气线路的故障和异常状态,能发现电气火灾的火灾隐患,及时报警提醒人员去消除这些隐患。

日本 1978 年在其《内线规程》JEAC8001—1978 第 190 条明确要求建筑面积在 150m² 以上的旅馆、饭店、公寓、集体宿舍、家庭公寓、公共住宅、公共浴室等地必须安装能自动报警的漏电火灾报警器。此规程为日本电气火灾的控制起了重要作用,电气火灾只占总火灾的 2%～3%(其人均用电量为我国的 8 倍)。国际电工委员会 IEC1200—53 1994—10 中 593.3 条明确要求采用两级或三级剩余电流保护装置,防止由于漏电引起的电气火灾和人身触电事故。我国 20 世纪 90 年代开始在一些电气规范中对接地故障火灾作出了防范规定。例如《剩余电流保护装置安装和运行》GB 13955、《低压配电设计规范》GB 50054、《住宅设计规范》GB 50096、《民用建筑电气设计规范》JGJ/T 16。

目前国内在使用了漏电火灾报警系统的工程中,经调查,在使用过程中确实发现了不少起火隐患,得到了用户的认可和好评。例如:北京市某家具装饰城,在漏电火灾报警系统刚安装完之后,就发现了 18 个漏电故障点(主控机漏电报警)。经过勘察发现了 5 个严重漏电点,例如:在三层第 09 号配电箱第 5 照明供电回路中发现 1A 的漏电电流,而且漏电电流忽大忽小,第 5 照明回路为三层西侧通道日光灯照明供电回路,最后在三层的一照明日光灯的母线槽内发现了漏电点,给日光灯供电的火线(相线)头铜线太长,拧在接线端子上后,余下裸露部分与母线槽铁壳在不断的拉弧打火,长时间的打火已经将母线槽内其它的塑铜线的绝缘外皮损坏,若不及时发现漏电电流会不断增大,电弧也随之加大,早晚会引燃母线槽内的大量塑铜电线,引发火灾事故。

综上所述,漏电火灾报警系统能准确监控电气线路的故障和异常状态,能发现电气火灾的火灾隐患,及时报警提醒人员去消除这些隐患。结合我国实际情况,参照国际和国内的相关标准,增加了公共场所宜设置《漏电火灾报警系统》的规定。但这些设备要采用国家消防电子产品质量监督检验中心检测合格的产品,以确保质量安全。

中华人民共和国国家标准

# 建筑内部装修设计防火规范

GB 50222 — 95
（2001 年版）

主编部门：中华人民共和国公安部
批准部门：中华人民共和国建设部
施行日期：1995 年 10 月 1 日

## 关于发布国家标准
## 《建筑内部装修设计防火规范》的通知

### 建标〔1995〕181 号

根据国家计委计综合〔1990〕160 号文的要求，由公安部会同有关部门共同编制的《建筑内部装修设计防火规范》，已经有关部门会审。现批准《建筑内部装修设计防火规范》GB 50222—95 为强制性国家标准，自 1995 年 10 月 1 日起施行。

本规范由公安部负责管理，其具体解释等工作由中国建筑科学研究院负责，出版发行由建设部标准定额研究所负责组织。

**中华人民共和国建设部**

1995 年 3 月 29 日

# 目　次

# 1 总　则

1.0.1 为保障建筑内部装修的消防安全，贯彻"预防为主、防消结合"的消防工作方针，防止和减少建筑物火灾的危害，特制定本规范。

1.0.2 本规范适用于民用建筑和工业厂房的内部装修设计。本规范不适用于古建筑和木结构建筑的内部装修设计。

1.0.3 建筑内部装修设计应妥善处理装修效果和使用安全的矛盾，积极采用不燃性材料和难燃性材料，尽量避免采用在燃烧时产生大量浓烟或有毒气体的材料，做到安全适用，技术先进，经济合理。

1.0.4 本规范规定的建筑内部装修设计，在民用建筑中包括顶棚、墙面、地面、隔断的装修，以及固定家具、窗帘、帷幕、床罩、家具包布、固定饰物等；在工业厂房中包括顶棚、墙面、地面和隔断的装修。

> 注：(1) 隔断系指不到顶的隔断。到顶的固定隔断装修应与墙面规定相同；
> 　　(2) 柱面的装修应与墙面的规定相同。

1.0.5 建筑内部装修设计，除执行本规范的规定外，尚应符合现行的有关国家标准、规范的规定。

# 2 装修材料的分类和分级

2.0.1 装修材料按其使用部位和功能，可划分为顶棚装修材料、墙面装修材料、地面装修材料、隔断装修材料、固定家具、装饰织物、其他装饰材料七类。

> 注：(1) 装饰织物系指窗帘、帷幕、床罩、家具包布等；
> 　　(2) 其他装修材料系指楼梯扶手、挂镜线、踢脚板、窗帘盒、暖气罩等。

2.0.2 装修材料按其燃烧性能应划分为四级，并应符合表 2.0.2 的规定：

装修材料燃烧性能等级　　　　　表 2.0.2

| 等　　级 | 装修材料燃烧性能 |
|---|---|
| A | 不燃性 |
| B₁ | 难燃性 |
| B₂ | 可燃性 |
| B₃ | 易燃性 |

2.0.3 装修材料的燃烧性能等级，应按本规范附录 A 的规定，由专业检测机构检测确定。B₃级装修材料可不进行检测。

2.0.4 安装在钢龙骨上的纸面石膏板，可做为 A 级装修材料使用。

2.0.5 当胶合板表面涂覆一级饰面型防火涂料时，可做为 B₁级装修材料使用。

> 注：饰面型防火涂料的等级应符合现行国家标准《防火涂料防火性能试验方法及分级标准》的有关规定。

2.0.6 单位重量小于 300g/m² 的纸质、布质壁纸，当直接粘贴在 A 级基材上时，可做为 B₁级装修材料使用。

2.0.7 施涂于 A 级基材上的无机装饰涂料，可做为 A 级装修材料使用；施涂于 A 级基材上，湿涂覆比小于 1.5 kg/m² 的有机装饰涂料，可做为 B₁级装修材料使用。涂料施涂于 B₁、B₂基材上时，应将涂料连同基材一起按本规范附录 A 的规定确定其燃烧性能等级。

2.0.8 当采用不同装修材料进行分层装修时，各层装修材料的燃烧性能等级均应符合本规范的规定。复合型装修材料应由专业检测机构进行整体测试并划分其燃烧性能等级。

2.0.9 常用建筑内部装修材料燃烧性能等级划分，可按本规范附录 B 的举例确定。

# 3 民用建筑

## 3.1 一般规定

3.1.1 当顶棚或墙面表面局部采用多孔或泡沫状塑料时，其厚度不应大于 15mm，面积不得超过该房间顶棚或墙面积的 10%。

3.1.2 除地下建筑外，无窗房间的内部装修材料的燃烧性能等级，除 A 级外，应在本章规定的基础上提高一级。

3.1.3 图书室、资料室、档案室和存放文物的房间，其顶棚、墙面应采用 A 级装修材料，地面应采用不低于 B₁级的装修材料。

3.1.4 大中型电子计算机房、中央控制室、电话总机房等放置特殊贵重设备的房间，其顶棚和墙面应采用 A 级装修材料，地面及其他装修应采用不低于 B₁级的装修材料。

3.1.5 消防水泵房、排烟机房、固定灭火系统钢瓶间、配电室、变压器室、通风和空调机房等，其内部所有装修均应采用 A 级装修材料。

3.1.6 无自然采光楼梯间、封闭楼梯间、防烟楼梯间的顶棚、墙面和地面均应采用 A 级装修材料。

3.1.7 建筑物内设有上下层相连通的中庭、走马廊、开敞楼梯、自动扶梯时，其连通部位的顶棚、墙面应采用 A 级装修材料，其他部位应采用不低于 B₁级的装修材料。

3.1.8 防烟分区的挡烟垂壁，其装修材料应采用 A 级装修材料。

3.1.9 建筑内部的变形缝（包括沉降缝、伸缩缝、抗震缝等）两侧的基层应采用 A 级材料，表面装修应采用不低于 B₁级的装修材料。

3.1.10 建筑内部的配电箱不应直接安装在低于 B₁级的装修材料上。

3.1.11 照明灯具的高温部位，当靠近非 A 级装修材料时，应采取隔热、散热等防火保护措施。灯饰所用材料的燃烧性能等级不应低于 B₁级。

3.1.12 公共建筑内部不宜设置采用 B₃级装饰材料制成的壁挂、雕塑、模型、标本，当需要设置时，不应靠近火源或热源。

3.1.13 地上建筑的水平疏散走道和安全出口的门厅，其顶棚装饰材料应采用 A 级装修材料，其他部位应采用不低于 B₁级的装修材料。

3.1.14 建筑内部消火栓的门不应被装饰物遮掩，消火栓门四周的装修材料颜色应与消火栓门的颜色有明显区别。

3.1.15 建筑内部装修不应遮挡消防设施和疏散指示标志及出口，并且不应妨碍消防设施和疏散走道的正常使用。

3.1.16 建筑物内的厨房，其顶棚、墙面、地面均应采用A级装修材料。

3.1.17 经常使用明火器具的餐厅、科研试验室，装修材料的燃烧性能等级，除A级外，应在本章规定的基础上提高一级。

## 3.2 单层、多层民用建筑

3.2.1 单层、多层民用建筑内部各部位装修材料的燃烧性能等级，不应低于表3.2.1的规定。

3.2.2 单层、多层民用建筑内面积小于100㎡的房间，当采用防火墙和耐火极限不低于1.2h的防火门窗与其他部位分隔时，其装修材料的燃烧性能等级可在表3.2.1的基础上降低一级。

3.2.3 当单层、多层民用建筑内装有自动灭火系统时，除顶棚外，其内部装修材料的燃烧性能等级可在表3.2.1规定的基础上降低一级；当同时装有火灾自动报警装置和自动灭火系统时，其顶棚装修材料的燃烧性能等级可在表3.2.1规定的基础上降低一级，其他装修材料的燃烧性能等级可不限制。

单层、多层民用建筑内部各部位装修材料的燃烧性能等级　　表3.2.1

| 建筑物及场所 | 建筑规模、性质 | 装修材料燃烧性能等级 | | | | | | | |
|---|---|---|---|---|---|---|---|---|---|
| | | 顶棚 | 墙面 | 地面 | 隔断 | 固定家具 | 窗帘 | 帷幕 | 其他装饰材料 |
| 候机楼的候机大厅、商店、餐厅、贵宾候机室、售票厅等 | 建筑面积>10000㎡的候机楼 | A | A | B₁ | B₁ | B₁ | B₁ | | B₁ |
| | 建筑面积≤10000㎡的候机楼 | A | B₁ | B₁ | B₁ | B₂ | B₂ | | B₂ |
| 汽车站、火车站、轮船客运站的候车（船）室、餐厅、商场等 | 建筑面积>10000㎡的车站、码头 | A | A | B₁ | B₁ | B₂ | B₂ | | B₁ |
| | 建筑面积≤10000㎡的车站、码头 | B₁ | B₁ | B₁ | B₂ | B₂ | B₂ | | B₂ |
| 影院、会堂、礼堂、剧院、音乐厅 | >800座位 | A | A | B₁ | B₁ | B₁ | B₁ | | B₁ |
| | ≤800座位 | A | B₁ | B₁ | B₁ | B₂ | B₂ | | B₂ |
| 体育馆 | >3000座位 | A | A | B₁ | B₁ | B₁ | B₁ | B₁ | B₂ |
| | ≤3000座位 | A | B₁ | B₁ | B₁ | B₂ | B₂ | B₁ | B₂ |
| 商场营业厅 | 每层建筑面积>3000㎡或总建筑面积>9000㎡的营业厅 | A | B₁ | A | A | B₁ | B₁ | | B₂ |
| | 每层建筑面积1000～3000㎡或总建筑面积为3000～9000㎡的营业厅 | A | B₁ | B₁ | B₁ | B₂ | B₁ | | |
| | 每层建筑面积<1000㎡或总建筑面积<3000㎡营业厅 | B₁ | B₁ | B₁ | B₂ | B₂ | B₂ | | |
| 饭店、旅馆的客房及公共活动用房等 | 设有中央空调系统的饭店、旅馆 | A | B₁ | B₁ | B₁ | B₂ | B₂ | | B₂ |
| | 其他饭店、旅馆 | B₁ | B₁ | B₂ | B₂ | B₂ | B₂ | | |
| 歌舞厅、餐馆等娱乐、餐饮建筑 | 营业面积>100㎡ | A | A | B₁ | B₁ | B₁ | B₁ | | B₂ |
| | 营业面积≤100㎡ | B₁ | B₁ | B₁ | B₂ | B₂ | B₂ | | |
| 幼儿园、托儿所、医院病房楼、疗养院、养老院 | | A | B₁ | B₁ | B₁ | B₂ | B₂ | | B₂ |
| 纪念馆、展览馆、博物馆、图书馆、档案馆、资料馆等 | 国家级、省级 | A | B₁ | B₁ | B₁ | B₂ | B₂ | | B₂ |
| | 省级以下 | B₁ | B₁ | B₂ | B₂ | B₂ | B₂ | | B₂ |
| 办公楼、综合楼 | 设有中央空调系统的办公楼、综合楼 | A | B₁ | B₁ | B₁ | B₂ | B₂ | | B₂ |
| | 其他办公楼、综合楼 | B₁ | B₁ | B₂ | B₂ | B₂ | B₂ | | |
| 住宅 | 高级住宅 | B₁ | B₁ | B₁ | B₁ | B₂ | | | B₂ |
| | 普通住宅 | B₁ | B₂ | B₂ | B₂ | B₂ | | | |

和自动灭火系统时，除顶棚外，其内部装修材料的燃烧性能等级可在表3.3.1规定的基础上降低一级。

3.3.3 电视塔等特殊高层建筑的内部装修，均应采用A级装修材料。

## 3.3 高层民用建筑

3.3.1 高层民用建筑内部各部位装修材料的燃烧性能等级，不应低于表3.3.1的规定。

3.3.2 除100m以上的高层民用建筑及大于800座位的观众厅、会议厅，顶层餐厅外，当设有火灾自动报警装置

**高层民用建筑内部各部位装修材料的燃烧性能等级**　　　　　表3.3.1

| 建筑物 | 建筑规模、性质 | 装修材料燃烧性能等级 | | | | | | | | | |
| --- | --- | --- | --- | --- | --- | --- | --- | --- | --- | --- | --- |
| | | 顶棚 | 墙面 | 地面 | 隔断 | 固定家具 | 窗帘 | 帷幕 | 床罩 | 家具包布 | 其他装饰材料 |
| 高级旅馆 | >800座位的观众厅、会议厅；顶层餐厅 | A | B1 | B1 | B1 | B1 | B1 | B1 | | B1 | B1 |
| | ≤800座位的观众厅、会议厅 | A | B1 | B1 | B1 | B2 | B1 | B1 | | B2 | B1 |
| | 其他部位 | A | B1 | B1 | B2 | B2 | B2 | B2 | | B2 | B2 |
| 商业楼、展览楼、综合楼、商住楼、医院病房楼 | 一类建筑 | A | B1 | B1 | B1 | B2 | B1 | B1 | | B2 | B2 |
| | 二类建筑 | A | B1 | B2 | B2 | B2 | B2 | B2 | | B2 | B2 |
| 电信楼、财贸金融楼、邮政楼、广播电视楼、电力调度楼、防灾指挥调度楼 | 一类建筑 | A | A | B1 | B1 | B2 | B1 | B1 | | B2 | B2 |
| | 二类建筑 | B1 | B1 | B2 | B2 | B2 | B2 | B2 | | B2 | B2 |
| 教学楼、办公楼、科研楼、档案楼、图书馆 | 一类建筑 | A | B1 | B1 | B1 | B2 | B1 | B1 | | B2 | B1 |
| | 二类建筑 | B1 | B1 | B2 | B2 | B2 | B2 | B2 | | B2 | B2 |
| 住宅、普通旅馆 | 一类普通旅馆高级住宅 | A | B1 | B1 | B1 | B2 | B1 | B1 | | B2 | B2 |
| | 二类普通旅馆普通住宅 | B1 | B1 | B2 | B2 | B2 | B2 | B2 | | B2 | B2 |

注：①"顶层餐厅"包括设在高空的餐厅、观光厅等；
②建筑物的类别、规模、性质应符合国家现行标准《高层民用建筑设计防火规范》的有关规定。

## 3.4 地下民用建筑

3.4.1 地下民用建筑内部各部位装修材料的燃烧性能等级，不应低于表3.4.1的规定。

注：地下民用建筑系指单层、多层、高层民用建筑的地下部分，单独建造在地下的民用建筑以及平战结合的地下人防工程。

**地下民用建筑内部各部位装修材料的燃烧性能等级**
表3.4.1

| 建筑物及场所 | 装修材料燃烧性能等级 | | | | | | |
| --- | --- | --- | --- | --- | --- | --- | --- |
| | 顶棚 | 墙面 | 地面 | 隔断 | 固定家具 | 装饰织物 | 其他装饰材料 |
| 休息室和办公室等 旅馆的客房及公共活动用房等 | A | B1 | B1 | B1 | B1 | B1 | B2 |
| 娱乐场所、旱冰场等 舞厅、展览厅等 医院的病房、医疗用房等 | A | A | B1 | B1 | B1 | B1 | B2 |
| 电影院的观众厅 商场的营业厅 | A | A | B1 | B1 | B1 | B1 | B2 |
| 停车库 人行通道 图书资料库、档案库 | A | A | A | A | A | A | B2 |

3.4.2 地下民用建筑的疏散走道和安全出口的门厅，其顶棚、墙面和地面的装修材料应采用A级装修材料。

3.4.3 单独建造的地下民用建筑的地上部分，其门厅、休息室、办公室等内部装修材料的燃烧性能等级可在表3.4.1的基础上降低一级要求。

3.4.4 地下商场、地下展览厅的售货柜台、固定货架、展览台等，应采用A级装修材料。

## 4 工业厂房

4.0.1 厂房内部各部位装修材料的燃烧性能等级，不应低于表4.0.1的规定。

4.0.2 当厂房的地面为架空地板时，其地面装修材料的燃烧性能等级，除A级外，应在本章规定的基础上提高一级。

4.0.3 计算机房、中央控制室等装有贵重机器、仪表、仪器的厂房，其顶棚和墙面应采用A级装修材料；地面和其他部位应采用不低于B1级的装修材料。

4.0.4 厂房附设的办公室、休息室等的内部装修材料的燃烧性能等级，应符合表4.0.1的规定。

**工业厂房内部各部位装修材料的燃烧性能等级 表 4.0.1**

| 工业厂房分类 | 建筑规模 | 装修材料燃烧性能等级 | | | |
|---|---|---|---|---|---|
| | | 顶棚 | 墙面 | 地面 | 隔断 |
| 甲、乙类厂房<br>有明火的丁类厂房 | | A | A | A | A |
| 丙类厂房 | 地下厂房 | A | A | A | B₁ |
| | 高层厂房 | A | B₁ | B₁ | B₂ |
| | 高度>24m 的单层厂房<br>高度≤24m 的单层、多层厂房 | B₁ | B₁ | B₂ | B₂ |
| 无明火的丁类厂房<br>戊类厂房 | 地下厂房 | A | A | B₁ | B₁ |
| | 高层厂房 | B₁ | B₁ | B₂ | B₂ |
| | 高度>24m 的单层厂房<br>高度≤24m 的单层、多层厂房 | B₂ | B₂ | B₂ | B₂ |

# 附录 A  装修材料燃烧性能等级划分

## A.1  试验方法

**A.1.1**  A 级装修材料的试验方法，应符合现行国家标准《建筑材料不燃性试验方法》的规定。

**A.1.2**  B₁ 级顶棚、墙面、隔断装修材料的试验方法，应符合现行国家标准《建筑材料难燃性试验方法》的规定；B₂ 级顶棚、墙面、隔断装修材料的试验方法，应符合现行国家标准《建筑材料可燃性试验方法》的规定。

**A.1.3**  B₁ 级和 B₂ 地面装修材料的试验方法，应符合现行国家标准《铺地材料临界辐射通量的测定  辐射热源法》的规定。

**A.1.4**  装饰织物的试验方法，应符合现行国家标准《纺织织物  阻燃性能测试  垂直法》的规定。

**A.1.5**  塑料装修材料的试验方法，应符合现行国家标准《塑料燃烧性能试验方法  氧指数法》、《塑料燃烧性能试验方法  垂直燃烧法》、《塑料燃烧性能试验方法  水平燃烧法》的规定。

## A.2  等级的判定

**A.2.1**  在进行不燃性试验时，同时符合下列条件的材料，其燃烧性能等级应定为 A 级：

**A.2.1.1**  炉内平均温度不超过 50℃；

**A.2.1.2**  试样表面平均温升不超过 50℃；

**A.2.1.3**  试样中心平均温升不超过 50℃；

**A.2.1.4**  试样平均持续燃烧时间不超过 20s；

**A.2.1.5**  试样平均失重率不超过 50%。

**A.2.2**  顶棚、墙面、隔断装修材料，经难燃性试验，同时符合下列条件，应定为 B₁ 级：

**A.2.2.1**  试件燃烧的剩余长度平均值≥150mm。其中没有一个试件的燃烧剩余长度为零；

**A.2.2.2**  没有一组试验的平均烟气温度超过 200℃；

**A.2.2.3**  经过可燃性试验，且能满足可燃性试验的条件。

**A.2.3**  顶棚、墙面、隔断装修材料，经可燃性试验，同时符合下列条件，应定为 B₂ 级：

**A.2.3.1**  对下边缘无保护的试件，在底边缘点火开始后 20s 内，五个试件火焰尖头均未到达刻度线；

**A.2.3.2**  对下边缘有保护的试件，除符合以上条件外，应附加一组表面点火，点火开始后的 20s 内，五个试件火焰尖头均未到达刻度线。

**A.2.4**  地面装修材料，经辐射热源法试验，当最小辐射通量大于或等于 0.45W/cm² 时，应定为 B₁ 级；当最小辐射通量大于或等于 0.22W/cm² 时，应定为 B₂ 级。

**A.2.5**  装饰织物，经垂直法试验，并符合表 A.2.5 中的条件，应分别定为 B₁ 和 B₂ 级。

**装饰织物燃烧性能等级判定  表 A.2.5**

| 级别 | 损毁长度（mm） | 续燃时间（s） | 阻燃时间（s） |
|---|---|---|---|
| B₁ | ≤150 | ≤5 | ≤5 |
| B₂ | ≤200 | ≤15 | ≤10 |

**A.2.6**  塑料装饰材料，经氧指数、水平和垂直法试验，并符合表 A.2.6 中的条件，应分别定为 B₁ 和 B₂。

**塑料燃烧性能判定  表 A.2.6**

| 级别 | 氧指数法 | 水平燃烧法 | 垂直燃烧法 |
|---|---|---|---|
| B₁ | ≥32 | 1 级 | 0 级 |
| B₂ | ≥27 | 1 级 | 1 级 |

**A.2.7**  固定家具及其他装饰材料的燃烧性能等级，其试验方法和判定条件应根据材料的材质，按本附录的有关规定确定。

# 附录 B  常用建筑内部装修材料燃烧性能等级划分举例

表 B

| 材料类别 | 级别 | 材料举例 |
|---|---|---|
| 各部位材料 | A | 花岗石、大理石、水磨石、水泥制品、混凝土制品、石膏板、石灰制品、粘土制品、玻璃、瓷砖、马赛克、钢铁、铝、铜合金等 |
| 顶棚材料 | B₁ | 纸面石膏板、纤维石膏板、水泥刨花板、矿棉装饰吸声板、玻璃棉装饰吸声板、珍珠岩装饰吸声板、难燃胶合板、难燃中密度纤维板、岩棉装饰板、难燃木材、铝箔复合材料、难燃酚醛胶合板、铝箔玻璃钢复合材料等 |
| 墙面材料 | B₁ | 纸面石膏板、纤维石膏板、水泥刨花板、矿棉板、玻璃棉板、珍珠岩板、难燃胶合板、难燃中密度纤维板、防火塑料装饰板、难燃双面刨花板、多彩涂料、难燃墙纸、难燃墙布、难燃仿花岗岩装饰板、氯氧镁水泥装配式墙板、难燃玻璃钢平板、PVC 塑料护墙板、轻质高强复合墙板、阻燃模压木质复合板材、彩色阻燃人造板、难燃玻璃钢等 |
| | B₂ | 各类天然木材、木制人造板、竹材、纸制装饰板、装饰微薄木贴面板、印刷木纹人造板、塑料贴面装饰板、聚脂装饰板、复塑装饰板、塑纤板、胶合板、塑料壁纸、无纺贴墙布、墙布、复合壁纸、天然材料壁纸、人造革等 |
| 地面材料 | B₁ | 硬 PVC 塑料地板、水泥刨花板、水泥木丝板、氯丁橡胶地板等 |
| | B₂ | 半硬质 PVC 塑料地板、PVC 卷材地板、木地板氯纶地毯等 |
| 装饰织物 | B₁ | 经阻燃处理的各类难燃织物等 |
| | B₂ | 纯毛装饰布、纯麻装饰布、经阻燃处理的其他织物等 |
| 其他装饰材料 | B₁ | 聚氯乙烯塑料、酚醛塑料、聚碳酸酯塑料、聚四氟乙烯塑料、三聚氰胺、脲醛塑料、硅树脂塑料装饰型材、经阻燃处理的各类织物等。另见顶棚材料和墙面材料内中的有关材料 |
| | B₂ | 经阻燃处理的聚乙烯、聚丙烯、聚氨酯、聚苯乙烯、玻璃钢、化纤织物、木制品等 |

## 附录 C 本标准用词说明

**C.0.1** 为便于在执行本标准条文时区别对待，对要求严格程度不同的用词说明如下：

(1) 表示很严格，非这样作不可的：

正面词采用"必须"，

反面词采用"严禁"。

(2) 表示严格，在正常情况均应这样作的：

正面词采用"应"，

反面词采用"不应"或"不得"。

(3) 表示允许稍有选择，在条件许可时首先应这样作的：

正面词采用"宜"或"可"，

反面词采用"不宜"。

**C.0.2** 条文中指定应按其他有关标准，规范执行时，写法为"应符合……的规定"或"应按……执行"。

## 本规范主编单位、参加单位和主要起草人名单

**主编单位：** 中国建筑科学研究院

**参加单位：** 建设部建筑设计院

北京市消防局

上海市消防局

吉林省建筑设计院

轻工业部上海轻工业设计院

**主要起草人：** 陈嘉桢　李引擎　孟小平

马道贞　潘　丽　黄德龄

李庆民　许志祥　蔡守仁

王仁信

# 中华人民共和国国家标准

# 《建筑内部装修设计防火规范》
# GB 50222—95

## 1999 年局部修订条文

### 工程建设标准局部修订公告
### 第 22 号

国家标准《建筑内部装修设计防火规范》GB 50222—95 由中国建筑科学研究院会同有关单位进行了局部修订,已经有关部门会审,现批准局部修订的条文,自一九九九年六月一日起施行,该规范中相应条文的规定同时废止。

中华人民共和国建设部
1999 年 4 月 13 日

**第 1.0.4 条** 本规范规定的建筑内部装修设计,在民用建筑中包括顶棚、墙面、地面、隔断的装修,以及固定家具、窗帘、帷幕、床罩、家具包布、固定饰物等;在工业厂房中包括顶棚、墙面、地面和隔断的装修。

注:(1) 隔断系指不到顶的隔断,到顶的固定隔断装修应与墙面规定相同。

(2) 柱面的装修应与墙面的规定相同。

(3) 兼有空间分隔功能的到顶橱柜应认定为固定家具。

[说明] 本条规定了内部装修设计涉及的范围,包括装修部位及使用的装修材料与制品。顶棚、墙面、地面、隔断等的装修部位是最基本的部位;窗帘、帷幕、床罩、家具包布均属于装饰织物,容易引起火灾;固定家具一般系指大型、笨重的家具。它们或是与建筑结构永久地固定在一起,或是因其大、重而轻易不被改变位置。例如壁橱、酒吧台、陈列柜、大型货架、档案柜、有空间分隔功能的到顶柜橱等。

目前工业厂房中的内装修量相对较小且装修的内容也相对比较简单,所以在本规范中,对工业厂房仅对顶棚、墙面、地面和隔断提出了装修要求。

**第 2.0.4 条** 安装在钢龙骨上燃烧性能达到 $B_1$ 级的纸面石膏板、矿棉吸声板,可作为 A 级装修材料使用。

[说明] 纸面石膏板、矿棉吸声板按我国现行建材防火检测方法检测,大部分不能列入 A 级材料。但是如果认定它们只能作为 $B_1$ 级材料,则又有些不尽合理,尚且目前还没有更好的材料可替代它。考虑到纸面石膏板、矿棉吸声板用量极大这一客观实际,以及建筑设计防火规范中,认定贴在钢龙骨上的纸面石膏板为非燃材料这一事实,特规定如纸面石膏板、

注:局部修订条文中标有黑线的部分为修订的内容,以下同。

矿棉吸声板安装在钢龙骨上,可将其作为 A 级材料使用。但矿棉装饰吸声板的燃烧性能与粘结剂有关,只有达到 $B_1$ 级时才可执行本条。

**第 2.0.5 条** 当胶合板表面涂覆一级饰面型防火涂料时,可作为 $B_1$ 级装修材料使用。当胶合板用于顶棚和墙面装修并且不内含电器、电线等物体时,宜仅在胶合板外表面涂覆防火涂料;当胶合板用于顶棚和墙面装修并且内含有电器、电线等物体时,胶合板的内、外表面以及相应的木龙骨应涂覆防火涂料,或采用阻燃浸渍处理达到 $B_1$ 级。

[说明] 在装修工程中,胶合板的用量很大,根据国家防火建筑材料质量监督检测中心提供的数据,涂刷一级饰面型防火涂料的胶合板能达到 $B_1$ 级。为了便于使用,避免重复检测,特制定本条。但应根据实际工程情况采用单面涂刷或双面涂刷防火涂料。条文中的电线包括穿管和不穿管等情况。

**第 3.1.1 条** 当顶棚或墙面表面局部采用多孔或泡沫状塑料时,其厚度不应大于 15mm,且面积不得超过该房间顶棚或墙面积的 10%。

[说明] 规定此条的理由是为了减少火灾中的烟雾和毒气危害。多孔和泡沫塑料比较易燃烧,而且燃烧时产生的烟气对人体危害较大。但在实际工程中,有时因功能需要,必须在顶棚和墙的表面,局部采用一些多孔或泡沫塑料,对此特从使用面积和厚度两方面加以限制。在规定面积和厚度时,参考了美国的 NFPA-101《生命安全规程》。

需要说明三点:

（1）多孔或泡沫状塑料用于顶棚表面时，不得超过该房间顶棚面积的 10%；用于墙表面时，不得超过该房间墙面积的 10%。不应把顶棚和墙面合在一起计算。

（2）本条所说面积指展开面积，墙面面积包括门窗面积。

（3）本条是指局部采用多孔或泡沫塑料装修，这不同于墙面或吊顶的"软包"装修情况。

**第 3.1.6 条** 无自然采光楼梯间、封闭楼梯间、防烟楼梯间及其前室的顶棚、墙面和地面均应采用 A 级装修材料。

[说明] 本条主要考虑建筑物内纵向疏散通道在火灾中的安全。火灾发生时，各楼层人员都需要经过纵向疏散通道。尤其是高层建筑，如果纵向通道被火封住，对受灾人员的逃生和消防人员的救援都极为不利。另外对高层建筑的楼梯间，一般无美观装修的要求。

**第 3.1.15 条** 建筑内部装修不应遮挡消防设施、疏散指示标志及安全出口，并用不应妨碍消防设施和蔬散走道的正常使用。因特殊要求做改动时，应符合国家有关消防规范和法规的规定。

[说明] 建筑物内消防设施是根据国家现行有关规范的要求设计安装的，平时应加强维修管理，一旦需要使用时，操作起来迅速、安全、可靠。但是，有些单位为了追求装修效果，擅自改变消防设施的位置。还有的任意增加隔墙，影响了消防设施的有效保护范围。进行室内装修设计时要保证疏散指示标志和安全出口易于辨认，以免人员在紧急情况下发生疑问和误解。例如，蔬散走道和安全出口附近应避免采用镜面玻璃、壁画等进行装饰。为保证消防设施和疏散指示标志的使用功能，特制定本条规定。

**第 3.2.1 条** 单层、多层民用建筑内部各部位装修材料的燃烧性能等级，不应低于表 3.2.1 的规定。

[说明] 表 3.2.1 中给出的装修材料燃烧性能等级是允许使用材料的基准级制。

根据建筑面积将候机楼划为两大类，以 10000m² 为界线。候机楼的主要部位是候机大厅、商店、餐厅、贵宾候机室等。第一类性质所要求的装修材料燃烧性能等级为第一档。第二类性质所要求的装修材料燃烧性能等级为第二档。

汽车站、火车站和轮船码头这类建筑数量较多，本规范根据其规模大小分为两类。由于汽车站、火车站和轮船码头有相同的功能，所以把它列为同一类别。

建筑面积大于 10000m² 的，一般指在城市的车站、码头，如上海站、北京站、上海十六铺码头等。

建筑面积等于和小于 10000m² 的，一般指中、小城市及县城的车站、码头。

上述两类建筑物基本上按装修材料燃烧性能两个等级要求作出规定。

影院、会堂、礼堂、剧院、音乐厅、属人员密集场所，内装修要求相对较高，随着人民生活水平不断提高，影剧院的功能也逐步增加，如深圳大剧院就是一个多功能的剧院，其规模为亚洲第一，舞台面积近 3000m²。影剧院火灾危险性大，如上海某剧院在演出时因碘钨灯距幕布太近，引燃成火灾。另一电影院因吊顶内电线短路打出火花引燃可燃吊顶起火。

**单层、多层民用建筑内部各部位装修材料的燃烧性能等级**　　　　　表 3.2.1

| 建筑物及场所 | 建筑规模、性质 | 装修材料燃烧性能等级 | | | | | 装饰织物 | | 其他装饰材料 |
| | | 顶棚 | 墙面 | 地面 | 隔断 | 固定家具 | 窗帘 | 帷幕 | |
| 候机楼的候机大厅、商店、餐厅、贵宾候机室、售票厅等 | 建筑面积>10000m² 的候机楼 | A | A | B₁ | B₁ | B₁ | B₁ | | B₁ |
| | 建筑面积≤10000m² 的候机楼 | A | B₁ | B₁ | B₁ | B₂ | B₂ | | B₂ |
| 汽车站、火车站、轮船客运站的候车（船）室、餐厅、商场等 | 建筑面积>10000m² 的车站、码头 | A | A | B₁ | B₁ | B₁ | B₁ | | B₂ |
| | 建筑面积≤10000m² 的车站、码头 | B₁ | B₁ | B₁ | B₂ | B₂ | B₂ | | B₂ |
| 影院、会堂、礼堂、剧院、音乐厅 | >800 座位 | A | A | B₁ | B₁ | B₁ | B₁ | B₁ | B₁ |
| | ≤800 座位 | A | B₁ | B₁ | B₁ | B₁ | B₁ | B₁ | B₂ |
| 体育馆 | >3000 座位 | A | A | B₁ | B₁ | B₁ | B₁ | B₁ | B₂ |
| | ≤3000 座位 | A | B₁ | B₁ | B₁ | B₁ | B₁ | B₂ | B₂ |

| 建筑物及场所 | 建筑规模、性质 | 装修材料燃烧性能等级 | | | | | | | |
|---|---|---|---|---|---|---|---|---|---|
| | | 顶棚 | 墙面 | 地面 | 隔断 | 固定家具 | 装饰织物 | | 其他装饰材料 |
| | | | | | | | 窗帘 | 帷幕 | |
| 商场营业厅 | 每层建筑面积＞3000m² 或总建筑面积＞9000m² 的营业厅 | A | B₁ | A | A | B₁ | B₁ | | B₂ |
| | 每层建筑面积 1000～3000m² 或总建筑面积为 3000～9000m² 的营业厅 | A | B₁ | B₁ | B₁ | B₂ | B₁ | | |
| | 每层建筑面积＜1000m² 或总建筑面积＜3000m² 营业厅 | B₁ | B₁ | B₁ | B₁ | B₂ | B₂ | | |
| 饭店、旅馆的客房及公共活动用房等 | 设有中央空调系统的饭店、旅馆 | A | B₁ | B₁ | B₁ | B₂ | B₂ | | B₂ |
| | 其他饭店、旅馆 | B₁ | B₁ | B₁ | B₂ | B₂ | B₂ | | B₂ |
| 歌舞厅、餐馆等娱乐、餐饮建筑 | 营业面积＞100m² | A | B₁ | B₁ | B₁ | B₂ | B₁ | | B₂ |
| | 营业面积≤100m² | B₁ | B₁ | B₁ | B₂ | B₂ | B₂ | | B₂ |
| 幼儿园、托儿所、中、小学、医院病房楼、疗养院、养老院 | | A | B₁ | B₂ | B₁ | B₂ | B₁ | | B₂ |
| 纪念馆、展览馆、博物馆、图书馆、档案馆、资料馆等 | 国家级、省级 | A | B₁ | B₁ | B₁ | B₂ | B₁ | | B₂ |
| | 省级以下 | B₁ | B₁ | B₁ | B₂ | B₂ | B₂ | | B₂ |
| 办公楼、综合楼 | 设有中央空调系统的办公楼、综合楼 | A | B₁ | B₁ | B₁ | B₂ | B₂ | | B₂ |
| | 其他办公楼、综合楼 | B₁ | B₁ | B₁ | B₂ | B₂ | B₂ | | |
| 住宅 | 高级住宅 | B₁ | B₁ | B₁ | B₁ | B₂ | B₂ | | B₂ |
| | 普通住宅 | B₁ | B₁ | B₂ | B₂ | B₂ | B₂ | | B₂ |

根据这些建筑物的座位数将它们分为两类。考虑到这类建筑物的窗帘和幕布火灾危险性较大，均要求采用 B₁ 级材料的窗帘和幕布，比其他建筑物要求略高一些。

体育馆亦属人员密集场所，根据规模将其划分为两类。

百货商场的主要部位是营业厅，该部位货物集中，人员密集，且人员流动性大。全国各类百货商场数不胜数，百货商场三个类别的划分也是参照《建规》。

上海 90 年曾发生某百货商场火灾事故，该商场建筑面积为 14000m²，电器火灾引燃了大量商品，损失达数百万元。顶棚是个重要部位，故要求选用 A级和 B₁ 级材料。

国内多层饭店、旅馆数量大，情况比较复杂，这里将其划为两类。设有中央空调系统的一般装修要求高、危险性大。旅馆部位较多，这里主要指两个部分，即客房、公共场所。

歌舞厅、餐馆等娱乐、餐饮建筑，虽然一般建筑面积并不是很大，但因它们一般处于繁华的市区临街地段，且内容人员的密度较大，情况比较复杂，加之设有明火操作间和很强的灯光设备，因此引发火灾的危险概率高，火灾造成的后果严重，故对它们提出了较高的要求。

幼儿园，托儿所，中、小学为儿童或少年用房，他们尚缺乏独立疏散能力；医院、疗养院、养老院一般为病人、老年人居住，疏散能力亦很差，因此，须提高装修材料的燃烧性能等级。考虑到这些场所高档装修少，一般顶棚、墙面和地面都能达到规范要求，故特别着重提高窗帘等织物的燃烧性能等级。对窗帘等织物有较高的要求，这是此类建筑的重点所在。

将纪念馆、展览馆等建筑物按其重要性划分为两类。国家级和省级的建筑物装修材料燃烧性能等级要求较高，其余的要求低一些。

对办公楼和综合楼的要求基本上与饭店、旅馆相同。

**第 3.2.2 条** 单层、多层民用建筑内面积小于 100m² 的房间，当采用防火墙和甲级防火门窗与其他部位分隔时，其装修材料的燃烧性能等级可在表3.2.1的基础上降低一级。

[说明]　本条主要考虑到一些建筑物大部分房间的装修材料均可满足规范的要求，而在某一局部或某一房间因特殊要求，要采用的可燃装修不能满足规定，并且该部位又无法设立自动报警和自动灭火系统时，所做的适当放宽要求。但必须控制面积不得超过100m²，并采用防火墙，防火门窗与其他部位隔开，即使发生火灾，也不至于波及到其他部位。

第3.2.3条　当单层、多层民用建筑需做内部装修的空间内装有自动灭火系统时，除顶棚外，其内部装修材料的燃烧性能等级可在表3.2.1规定的基础上降低一级；当同时装有火灾自动报警装置和自动灭火系统时，其顶棚装修材料的燃烧性能等级可在表3.2.1规定的基础上降低一级，其他装修材料的燃烧性能等级可不限制。

【说明】　考虑到一些建筑物标准较高，要采用较多的可燃材料进行装修，但又不符合本规范表3.2.1中的要求，这就必须从加强消防措施着手，给设计部门、建设单位一些余地，也是一种弥补措施。美国标准NFPA101《人身安全规范》中规定，如采取自动灭火措施，所用装修材料的燃烧性能等级可降低一级。日本《建筑基准法》规定，"如采取水喷淋等自动灭火措施和排烟措施，内装修材料可不限"。本条是参照上述二国规定制定的。该条放松装修燃烧等级的前题是有附加的消防设施加以保护。

第3.3.3条　高层民用建筑的裙房内面积小于500m²的房间，当设有自动灭火系统，并且采用耐火等级不低于2h的隔墙、甲级防火门、窗与其它部位分隔时，顶棚、墙面、地面的装修材料的燃烧性能等级可在表3.3.1规定的基础上降低一级。

[说明]　新增加的条文，高层建筑裙房的使用功能比较复杂，其内装修与整栋高层取同为一个水平，在实际操作中有一定的困难。考虑到裙房与主体高层之间有防火分隔并且裙房的层数有限，所以特增加了此条。

第3.3.4条　电视塔等特殊高层建筑的内部装修，装饰织物应不低于B₁级，其它均应采用A级装修。

[说明]、该条文系规范的原第3.3.3条。现正在使用中的电视塔内均不同程度地存在一些装饰织物，对它们要求A级，显然不可能。从现实可能出发，将此条作出现在的修改。

第3.4.1条　地下民用建筑内部各部位装修材料的燃烧性能等级，不应低于表3.4.1的规定。

注：地下民用建筑系指单层、多层、高层民用建筑的地下部分，单独建造在地下的民用建筑以及平战结合的地下人防工程。

[说明]　本条结合地下民用建筑的特点，按建筑类别、场所和装修部位分别规定了装修材料的燃烧性能等级。人员比较密集的商场营业厅、电影院观众厅，以及各类库房选用装修材料燃烧性能等级应严，旅馆客房、医院病房，以及各类建筑的办公室等房间使用面积较小且经常有管理人员值班，选用装修材料燃烧性能等级可稍宽。

装修部位不同，如顶棚、墙面、地面等，火灾危险性也不同，因而分别对装修材料燃烧性能等级提出不同要求。表中娱乐场是指建在地下的体育及娱乐建筑，如篮球、排球、乒乓球、武术、体操、棋类等的比赛练习场馆。餐馆是指餐馆餐厅、食堂餐厅等地下饮食建筑。

本条的注解说明了地下民用建筑的范围。地下民用建筑也包括半地下民用建筑，半地下民用建筑的定义按有关防火规范执行。

### 地下民用建筑内部各部位装修材料的燃烧性能等级　表3.4.1

| 建筑物及场所 | 装修材料燃烧性能等级 | | | | | | |
| --- | --- | --- | --- | --- | --- | --- | --- |
| | 顶棚 | 墙面 | 地面 | 隔断 | 固定家具 | 装饰织物 | 其他装饰材料 |
| 休息室和办公室等　旅馆和客房及公共活动用房等 | A | B₁ | B₁ | B₁ | B₁ | B₂ | B₂ |
| 娱乐场所、旱冰场等　舞厅、展览厅等　医院的病房、医疗用房等 | A | A | B₁ | B₁ | B₁ | B₁ | B₂ |
| 电影院的观众厅　商场的营业厅 | A | A | A | B₁ | B₁ | B₁ | B₂ |
| 停车库人行通道图书资料库、档案库 | A | A | A | A | A | | |

第4.0.2条　当厂房中房间的地面为架空地板时，其地面装修材料的燃烧性能等级不应低于B₁级。

[说明]　从火灾的发展过程考虑，一般来说，对顶棚的防火性能要求最高，其次是墙面，地面要求最低。但如果地面为架空地板时，情况有所不同，万一失火，沿架空地板蔓延较快，受到的损失也大。故要求其地面装修材料的燃烧性能不低于B₁级。

第4.0.3条　装有贵重机器、仪器的厂房或房间，其顶棚和墙面应采用 A 级装修材料；地面和其他部位应采用不低于 $B_1$ 级的装修材料。

[说明]　本条"贵重"一词是指：

一、设备价格昂贵，火灾损失大。

二、影响工厂或地区生产全局的关键设施，如发电厂、化工厂的中心控制设备等。

第 A.2.1 条　在进行不燃性试验时，同时符合下列条件的材料，其燃烧性能等级应定为 A 级：

A2.1.1　炉内平均温度不超过 50℃；

A2.1.2　试样平均持续燃烧时间不超过 20s；

A2.1.3　试样平均失重率不超过 50%。

# 中华人民共和国国家标准

# 《建筑内部装修设计防火规范》
# GB 50222—95

## 局部修订条文及其条文说明

**工程建设标准局部修订公告**

**第 29 号**

国家标准《建筑内部装修设计防火规范》GB 50222—95，由中国建筑科学研究院会同有关单位进行了局部修订，已经有关部门会审，现批准局部修订的条文，第 3.1.15A 条、第 3.1.18 条、第 3.2.3 条、第 3.3.2 条，自 2001 年 5 月 1 日起施行。此次局部修订的条款内容均为强制性条文，必须执行。该规范中相应的条文规定同时废止。

现予公告。

中华人民共和国建设部
2001 年 4 月

**第 3.1.15A 条**　建筑内部装修不应减少安全出口、疏散出口和疏散走道的设计所需的净宽度和数量。

[说明]　本条为新增条文。

据调查，室内装修设计存在随意减少建筑内的安全出口，疏散出口和疏散走道的宽度和数量的现象，为防止这种情况出现，做出本条规定。

**第 3.1.18 条**　当歌舞厅、卡拉 OK 厅（含具有卡拉 OK 功能的餐厅）、夜总会、录像厅、放映厅、桑拿浴室（除洗浴部分外）、游艺厅（含电子游艺厅）、网吧等歌舞娱乐放映游艺场所（以下简称歌舞娱乐放映游艺场所）设置在一、二级耐火等级建筑的四层及四层以上时，室内装修的顶棚材料应采用 A 级装修材料，其它部位应采用不低于 B₁ 级的装修材料；当设置在地下一层时，室内装修的顶棚、墙面材料应采用 A 级装修材料，其它部位应采用不低于 B₁ 级的装修材料。

[说明]　本条为新增条文

近年来，歌舞娱乐放映游艺场所屡屡发生一次死亡数十人或数百人的火灾事故，其中一个重要的原因是这类场所使用大量可燃装修材料，发生火灾时，这些材料产生大量有毒烟气，导致人员在很短的时间内窒息死亡。因此，本条对这类场所的室内装修材料作出相应规定。当这类场所设在地下一层时，安全疏散和扑救火灾的条件更为不利，故本条对地下建筑的要求比地上建筑更加严格。符合本条所列情况的歌舞娱乐放映游艺场所，不论设置在多层、高层还是地下建筑中，其室内装修材料的燃烧性能等级按本条规定执行。当歌舞娱乐放映游艺场所设置在单层、多层或高层建筑中的首层或二、三层时，仍按本规范相应的规

定执行。

**第 3.2.3 条**　除第 3.1.18 条规定外，当单层、多层民用建筑内装有自动灭火系统时，除顶棚外，其内部装修材料的燃烧性能等级可在表 3.2.1 规定的基础上降低一级；当同时装有火灾自动报警装置和自动灭火系统时，其顶棚装修材料的燃烧性能等级可在表 3.2.1 规定的基础上降低一级，其它装修材料的燃烧性能等级可不限制。

[说明]　本条是对原条文的修改。

考虑到一些建筑物装修标准要求较高，需要采用可燃材料进行装修，为了满足现实需要，又不降低整体安全性能，故规定设置消防设施以弥补装修材料燃烧等级不够的问题。美国标准 NFPA101《人身安全规范》中规定，如采用自动灭火措施，所有装修材料的燃烧性能等级可降低一级。日本《建筑基本法》规定，"如采取水喷淋等自动灭火措施和排烟措施，内装修材料可不限"。本条是参照上述两国规定制定的。

由于歌舞娱乐放映游艺场所人员火灾危险性大，容易导致群死群伤，所以第 3.1.18 条所规定的场所当设置有火灾自动报警系统和自动喷水灭火系统时，其室内装修材料燃烧性能等级仍不降级。

**第 3.3.2 条**　除第 3.1.18 条所规定的场所和 100m 以上的高层民用建筑及大于 800 座位的观众厅、会议厅、顶层餐厅外，当设有火灾自动报警装置和自动灭火系统时，除顶棚外，其内部装修材料的燃烧性能等级可在表 3.3.1 规定的基础上降低一级。

[说明]　本条是对原条文的修改。说明同第 3.2.3 条。

中华人民共和国国家标准

# 建筑内部装修设计防火规范

## GB 50222—95
### (2001 年版)

### 条 文 说 明

# 编　制　说　明

本规范是根据国家计委计综合［1990］160 号文的要求，由中国建筑科学研究院会同建设部建筑设计院、北京市消防局、上海市消防局、吉林省建筑设计院、轻工业部上海轻工业设计院等单位共同编制的。

在编制过程中，规范编制组遵照国家的有关建设工作方针、政策和"以防为主、防消结合"的消防工作方针，在总结我国建筑内部装修设计经验的基础上，根据具体的火灾教训并参考国外发达国家相关的标准与文献资料，提出了本规范的征求意见稿，广泛征求了国内有关的科研、设计单位和消防监督机构以及大专院校等方面的意见，最后经有关部门共同审查定稿。

本规范共分四章和三个附录。内容包括：总则、装修材料的分类和分级、民用建筑、工业建筑、装修材料燃烧性能等级划分、常用建筑内部装修材料燃烧性能等级划分举例等。

鉴于本规范系初次编制，希望各单位在执行过程中注意积累资料，总结经验，如发现需要修改和补充之处，请将意见和有关资料寄交中国建筑科学研究院（地址：北京安外小黄庄；邮政编码：100013），以便今后修改时参考。

# 目　次

# 1 总　则

**1.0.1**　本条规定了制定《建筑内部装修设计防火规范》的目的和依据。本规范的制定是为了保障建筑内部装修的消防安全，防止和减少建筑物火灾的危害。条文规定，在建筑内部装修设计中要认真贯彻"预防为主，防消结合"这一主动积极的消防工作方针，要求设计、建设和消防监督部门的人员密切配合，在装修设计中，认真、合理的使用各种装修材料，并积极采用先进的防火技术，做到"防患于未然"从积极的方面预防火灾的发生和蔓延。这对减少火灾损失，保障人民生命财产安全，保卫四化建设的顺利进行，具有极其重要的意义。

本规范是依照现行的国家标准《建筑设计防火规范》GBJ 16（以下简称《建规》）、《高层民用建筑设计防火规范》GBJ 45（以下简称《高规》）、《人民防空工程设计防火规范》GBJ 98 等的有关规定和对近年来我国新建的中、高档饭店、宾馆、影剧院、体育馆、综合性大楼等实际情况进行调查总结，结合建筑内部装修设计的特点和要求，并参考了一些先进国家有关建筑物设计防火规范中对内装修防火要求的内容，结合国情而编制的。

**1.0.2**　本条规定了规范的适用范围和不适用范围。

本规范适用于民用建筑和工业厂房的内部装修设计。

随着人民生活水平的提高，室内装修发展很快，其中住宅量大面广，装修水平相差甚远。其中一部分住宅的装修是由专业装修单位设计和施工完成的。为了保障居民的生命财产安全，凡由专业装修单位设计和施工的室内装修，均应执行本规范。

**1.0.3**　根据中国消防协会编辑出版的《火灾案例分析》，许多火灾都是起因于装修材料的燃烧，有的是烟头点燃了床上织物；有的是窗帘、帷幕着火后引起了火灾；还有的是由于吊顶、隔断采用木制品，着火后很快就被烧穿。因此，要求正确处理装修效果和使用安全的矛盾，积极选用不燃材料和难燃材料，做到安全适用、技术先进、经济合理。

近年来，建筑火灾中由于烟雾和毒气致死的人数迅速增加。如英国在 1956 年死于烟毒窒息的人数占火灾死亡总数的 20％，1966 年上升为 40％，至 1976 年则高达 50％。日本"千日"百货大楼火灾死亡 118 人，其中因烟毒致死的为 93 人，占死亡人数的 78.8％。1986 年 4 月天津市某居民楼火灾中，有 4 户 13 人全部遇难。其实大火并没有烧到他们的家，甚至其中一户门外 2m 处放置的一只满装的石油气瓶，事后仍安然无恙。夺去这 13 条生命的不是火，而是烟雾和毒气。

1993 年 2 月 14 日河北省唐山市某商场发生特大火灾，死亡的 80 人全部都是因有毒气体窒息而死。

人们逐渐认识到火灾中烟雾和毒气的危害性，有关部门已进行了一些模拟试验的研究，在火灾中产生烟雾和毒气的室内装修材料主要是有机高分子材料和木材。常见的有毒有害气体包括一氧化碳、二氧化碳、二氧化硫、硫化氢、氯化氢、氰化氢、光气等。由于内部装修材料品种繁多，它们燃烧时产生的烟雾毒气数量种类各不相同，目前要对烟密度、能见度和毒性进行定量控制还有一定的困难，但随着社会各方面工作的进一步开展，此问题会得到很好的解决。为了从现在起就引起设计人员和消防监督部门对烟雾毒气危害的重视，在此条中对产生大量浓烟或有毒气体的内部装修材料提出尽量"避免使用"这一基本原则。

**1.0.4**　本条规定了内部装修设计涉及的范围，包括装修部位及使用的装修材料与制品。顶棚、墙面、地面、隔断等的装修部位是最基本的部位；窗帘、帷幕、床罩、家具包布均属于装饰织物，容易引起火灾；固定家具一般系指大型、笨重的家具。它们或是与建筑结构永久地固定在一起，或是因其大、重而轻易不被改变位置。例如壁橱、酒吧台、陈列柜、大型货架、档案柜等。

目前工业厂房中的内装修量相对较小且装修的内容也相对比较简单，所以在本规范中，对工业厂房仅对顶棚、墙面、地面和隔断提出了装修要求。

**1.0.5**　建筑内部装修设计是建筑设计工作中的一部分，各类建筑物首先应符合有关设计防火规范规定的防火要求，内部装修设计防火要求应与之相配合。同时，由于建筑内部装修设计涉及的范围较广，有些本规范不能全部包括进来。故规定除执行本规范的规定外，尚应符合现行的有关国家设计标准、规范的要求。

# 2　装修材料的分类和分级

**2.0.1**　建筑用途、场所、部位不同，所使用装修材料的火灾危险性不同，对装修材料的燃烧性能要求也不同。为了便于对材料的燃烧性能进行测试和分级，安全合理地根据建筑的规模、用途、场所、部位等规定去选用装修材料，按照装修材料在内部装修中的部位和功能将装修材料分为七类。

**2.0.2**　按现行国家标准《建筑材料燃烧性能分级方法》，将内部装修材料的燃烧性能分为四级。以利于装修材料的检测和本规范的实施。

**2.0.3**　选定材料的燃烧性能测试方法和建立材料燃烧性能分级标准，是编制有关设计防火规范性能指数的依据和基础。建筑内部装修材料种类繁多，各类材料的测试方法和分级标准也不尽相同，有些只有测试方法标准而没有制定燃烧性能等级标准，有些测试方法还未形成国家标准或测试方法不完善、不系统。鉴于我国目前已颁布的建筑材料和其他材料燃烧性能测试方法标准和分级标准，本着尽可能选用已有标准的原则，同时参考国外的一些标准，为了简便、明了、统一、合理，根据材料的分类，在附录 A 中规定了相应的测试方法，并分别根据各类材料测试的结果，将材料划分为相应的燃烧性能等级。

任何两种测试方法之间获得的结果很难取得完全一致地对应关系。本规范划分的材料燃烧性能等级虽然代号相同，但测试方法是按材料类别分别规定的，不同的测试方法获得的燃烧性能等级之间不存在完全对应的关系，因此应按材料的分类规定的测试方法由专业检测机构进行检测和确认燃烧性能等级。

**2.0.4** 纸面石膏板按我国现行建材防火检测方法检测，不能列入 A 级材料。但是如果认定它只能作为 $B_1$ 级材料，则又有些不尽合理，尚且目前还没有更好的材料可替代它。

考虑到纸面石膏板用量极大这一客观实际，以及建筑设计防火规范中，认定贴在钢龙骨上的纸面石膏板为非燃材料这一事实，特规定如纸面石膏板安装在钢龙骨上，可将其做为 A 级材料使用。

**2.0.5** 在装修工程中，胶合板的用量很大，根据国家防火建筑材料质量监督检测中心提供的数据，涂刷一级饰面型防火涂料的胶合板能达到 $B_1$ 级。为了便于使用，避免重复检测，特制定本条。

**2.0.6** 纸质、布质壁纸的材质主要是纸和布，这类材料热分解产生的可燃气体少、发烟小。尤其是被直接粘贴在 A 级基材上且质量 ≤300g/m² 时，在试验过程中，几乎不出现火焰蔓延的现象，为此确定这类直接贴在 A 级基材上的壁纸可作为 $B_1$ 级装修材料来使用。

**2.0.7** 涂料在室内装修中量大面广，一般室内涂料涂覆比小，涂料中的颜料、填料多，火灾危险性不大。法国规范中规定，油漆或有机涂料的湿涂覆比在 0.5～1.5kg/m² 之间，施涂于不燃烧性基材上时可划为难燃性材料。一般室内涂料湿涂覆比不会超过 1.5kg/m²，故规定施涂于不燃性基材上的有机涂料均可作为 $B_1$ 级材料。

**2.0.8** 当采用不同装修材料分几层装修同一部位时，各层的装修材料只有贴在等于或高于其耐燃等级的材料上，这些装修材料燃烧性能等级的确认才是有效的。但有时会出现一些特殊的情况，如一些隔音、保温材料与其他不燃、难燃材料复合形成一个整体的复合材料时，对此不宜简单地认定这种组合做法的耐燃等级，应进行整体的试验，合理验证。

# 3 民 用 建 筑

## 3.1 一 般 规 定

**3.1.1** 规定此条的理由是为了减少火灾中的烟雾和毒气危害。多孔和泡沫塑料比较易燃烧，而且燃烧时产生的烟气对人体危害较大。但在实际工程中，有时因功能需要，必须在顶棚和墙的表面，局部采用一些多孔或泡沫塑料，对此特从使用面积和厚度两方面加以限制。在规定面积和厚度时，参考了美国的 NF-PA—101《生命安全规程》。

需要说明两点：

（1）多孔或泡沫状塑料用于顶棚表面时，不得超过该房间顶棚面积的 10%；用于墙表面时，不得超过该房间墙面积的 10%。不应把顶棚和墙面合在一起计算。

（2）本条所说面积指展开面积，墙面面积包括门窗面积。

**3.1.2** 无窗房间发生火灾时有几个特点：（1）火灾初起阶段不易被发觉，发现起火时，火势往往已经较大。（2）室内的烟雾和毒气不能及时排出。（3）消防人员进行火情侦察和施救比较困难。因此，将无窗房间室内装修的要求提高一级。

**3.1.3** 本条专门针对各类建筑中用于存放图书、资料和文物的房间。图书、资料、档案等本身为易燃物，一旦发生火灾，火势发展迅速。有些图书、资料、档案文物的保存价值很高，一旦被焚，不可重得，损失更大。故要求顶棚、墙面均使用 A 级材料装修，地面应使用不低于 $B_1$ 级的材料装修。

**3.1.4** 本条"特殊贵重"一词沿用《建规》3.2.2 条的提法，其含义见该说明。此类设备或本身价格昂贵，或影响面大，失火后会造成重大损失。有些设备不仅怕火，也怕高温和水渍，即使火势不大，也会造成很大的经济损失。如 1985 年 5 月某大学微电子研究所火灾，烧毁 IBM 计算机 22 台，苹果计算机 60 台，红宝石激光器一台，直接经济损失 58 万余元。此外还烧毁大量资料，使多年的研究成果毁于一旦。

**3.1.5** 本条主要考虑建筑物内各类动力设备用房。这些设备的正常运转，对火灾的监控和扑救是非常重要的，故要求全部使用 A 级材料装修。

**3.1.6** 本条主要考虑建筑物内纵向疏散通道在火灾中的安全。火灾发生时，各楼层人员都需要经过纵向疏散通道。尤其是高层建筑，如果纵向通道被火封住，对受灾人员的逃生和消防人员的救援都极为不利。另外对高层建筑的楼梯间，一般无美观装修的要求。

**3.1.7** 本条主要考虑建筑物内上下层相连通部位的装修。这些部位空间高度很大，有的上下贯通几层甚至十几层。万一发生火灾时，能起到烟囱一样的作用，使火势无阻挡地向上蔓延，很快充满整幢建筑物，给人员疏散造成很大困难。

**3.1.8** 挡烟垂壁的作用是减慢烟气扩散的速度，提高防烟分区排烟口的吸烟效果。发生火灾时，烟气的温度可以高达200℃以上，如与可燃材料接触，会生成更多的烟气甚至引起燃烧。为保证挡烟垂壁在火灾中起到应有的作用，特规定本条。

**3.1.9** 规定本条的理由与3.1.7条相同。变形缝上下贯通整个建筑物，嵌缝材料也具有一定的燃烧性，为防止火势纵向蔓延，要求变形缝两侧的基层使用A级材料，表面允许使用B₁级材料。这主要是考虑到墙面装修的整体效果，如要求全部用A级材料有时难以做到。

**3.1.10** 进入80年代以来，由电气设备引发的火灾占各类火灾的比例日趋上升。1976年电气火灾仅占全国火灾总次数的4.9%；1980年为7.3%；1985年为14.9%；到1988年上升到38.6%。电气火灾日益严重的原因是多方面的：（1）电线陈旧老化；（2）违反用电安全规定；（3）电器设计或安装不当；（4）家用电器设备大幅度增加。另外，由于室内装修采用的可燃材料越来越多，增加了电气设备引发火灾的危险性。为防止配电箱产生的火花或高温熔珠引燃周围的可燃物和避免箱体传热引燃墙面装修材料，规定其不应直接安装在低于B₁级的装修材料上。

**3.1.11** 由照明灯具引发火灾的案例很多。如1985年5月某研究所微波暗室发生火灾。该暗室的内墙和顶棚均贴有一层可燃的吸波材料，由于长期与照明用的白炽灯泡相接触，引起吸波材料过热，阴燃起火。又如1986年10月某市塑料工业公司经营部发生火灾。其主要原因是日光灯的镇流器长时间通电过热，引燃四周紧靠的可燃物，并延烧到胶合板木龙骨的顶棚。

本条没有具体规定高温部位与非A级装修材料之间的距离。因为各种照明灯具在使用时散发出的热量大小、连续工作时间的长短，装修材料的燃烧性能，以及不同防火保护措施的效果，都各不相同，难以做出具体的规定。可由设计人员本着"保障安全、经济合理、美观实用"的原则根据具体情况采取措施。由于室内装修逐渐向高档化发展，各种类型的灯具应运而生，灯饰更是花样繁多。制作灯饰的材料包括金属、玻璃等不燃材料，但更多的是硬质塑料、塑料薄膜、棉织品、丝织品、竹木、纸类等可燃材料。灯饰往往靠近热源，故对B₂级和B₃级材料加以限制。如果由于装饰效果的要求必须使用B₂、B₃级材料，应进行阻燃处理使其达到B₁级。

**3.1.12** 在公共建筑中，经常将壁挂、雕塑、模型、标本等作为内装修设计的内容之一。为了避免这些饰物引发的火灾，特制定本条。

**3.1.13** 建筑物各层的水平疏散走道和安全出口门厅是火灾中人员逃生的主要通道，因而对装修材料的燃烧性能要求较高。

**3.1.14** 建筑内部设置的消火栓门一般都设在比较显眼的位置，颜色也比较醒目。但有的单位单纯追求装修效果，把消火栓门罩在木柜里面；还有的单位把消火栓门装修得几乎与墙面一样，不到近处看不出来。这些做法给消火栓的及时取用造成了障碍。为了充分发挥消火栓在火灾扑救中的作用，特制定本条规定。

**3.1.15** 建筑物内部消防设施是根据国家现行有关规范的要求设计安装的，平时应加强维修管理，以便一旦需要使用时，操作起来迅速、安全、可靠。但是，有些单位为了追求装修效果，擅自改变消防设施的位置。还有的任意增加隔墙，影响了消防设施的有效保护范围。进行室内装修设计时要保证疏散指示标志和安全出口易于辨认，以免人员在紧急情况下发生疑问和误解。例如，疏散走道和安全出口附近应避免采用镜面玻璃、壁画等进行装饰。为保证消防设施和疏散指示标志的使用功能，特制定本条规定。

**3.1.16** 厨房内火源较多，对装修材料的燃烧性能应严格要求。一般来说，厨房的装修以易于清洗为主要目的，多采用瓷砖、石材、涂料等材料，对本条的要求是可以做到的。

**3.1.17** 随着我国旅游业的发展，各地兴建了许多高档宾馆和风味餐馆。有的餐馆经营各式火锅，有的风味餐馆使用带有燃气灶的流动餐车。宾馆、餐馆人员流动大，管理不便，使用明火增加了引发火灾的危险性，因而在室内装修材料上比同类建筑物的要求高一级。

### 3.2 单层、多层民用建筑

**3.2.1** 表3.2.1中给出的装修材料燃烧性能等级是允许使用材料的基准级制。

根据建筑面积将候机楼划为两大类，以10000m²为界线。候机楼的主要部位是候机大厅、商店、餐厅、贵宾候机室等。第一类性质所要求的装修材料燃烧性能等级为第一档。第二类性质所要求的装修材料燃烧性能等级为第二档。

汽车站、火车站和轮船码头这类建筑数量较多，本规范根据其规模大小分为两类。由于汽车站、火车站和轮船码头有相同的功能，所以把它列为同一类别。

建筑面积大于10000m²的，一般指大城市的车站、码头，如上海站、北京站、上海十六铺码头等。

建筑面积等于和小于10000m²的，一般指中、小城市及县城的车站、码头。

上述两类建筑物基本上按装修材料燃烧性能两个等级要求作出规定。

影院、会堂、礼堂、剧院、音乐厅、属人员密集场所，内装修要求相对较高，随着人民生活水平不断提高，影剧院的功能也逐步增加，如深圳大剧院就是一个多功能的剧院，其规模为亚洲第一，舞台面积近3000m²。影剧院火灾危险性大，如上海某剧院在演出时因碘钨灯距幕布太近，引燃成火灾。另一电影院因吊顶内电线短路打出火花引燃可燃吊顶起火。

根据这些建筑物的座位数将它们分为两类。考虑到这类建筑物的窗帘和幕布火灾危险性较大，均要求采用 B₁ 级材料的窗帘和幕布，比其他建筑物要求略高一些。

体育馆亦属人员密集场所，根据规模将其划分为两类。

百货商场的主要部位是营业厅，该部位货物集中，人员密集，且人员流动性大。全国各类百货商场数不胜数，百货商场三个类别的划分也是参照《建规》。

上海 90 年曾发生某百货商场火灾事故，该商场建筑面积为 14000m²，电器火灾引燃了大量商品，损失达数百万元。顶棚是个重要部位，故要求选用 A 级和 B₁ 级材料。

国内多层饭店、旅馆数量大，情况比较复杂，这里将其划为两类。设有中央空调系统的一般装修要求高、危险性大。旅馆部位较多，这里主要指两个部分，即客房、公共场所。

歌舞厅、餐馆等娱乐、餐饮建筑，虽然一般建筑面积并不是很大，但因它们一般处于繁华的市区临街地段，且内容人员的密度较大，情况比较复杂，加之设有明火操作间和很强的灯光设备，因此引发火灾的危险概率高，火灾造成的后果严重，故对它们提出了较高的要求。

幼儿园、托儿所为儿童用房，儿童尚缺乏独立疏散能力；医院、疗养院、养老院一般为病人、老年人居住，疏散能力亦很差，因此，须提高装修材料的燃烧性能等级。考虑到这些场所高档装修少，一般顶棚、墙面和地面都能达到规范要求，故特别着重提高窗帘等织物的燃烧性能等级。对窗帘等织物有较高的要求，这是此类建筑的重点所在。

将纪念馆、展览馆等建筑物按其重要性划分为两类。国家级和省级的建筑物装修材料燃烧性能等级要求较高，其余的要求低一些。

对办公楼和综合楼的要求基本上与饭店、旅馆相同。

**3.2.2** 本条主要考虑到一些建筑物大部分房间的装修材料均可满足规范的要求，而在某一局部或某一房间因特殊要求，要采用的可燃装修不能满足规定，并且该部位又无法设立自动报警和自动灭火系统时，所做的适当放宽要求。但必须控制面积不得超过100m²，并采用防火墙，防火门窗与其他部位隔开，既使发生火灾，也不至于波及到其他部位。

**3.2.3** 考虑到一些建筑物标准较高，要采用较多的可燃材料进行装修，但又不符合本规范表 3.2.1 中的要求，这就必须从加强消防措施着手，给设计部门，建设单位一些余地，也是一种弥补措施。美国标准NFPA101《人身安全规范》中规定，如采取自动灭火措施，所用装修材料的燃烧性能等级可降低一级。日本《建筑基准法》有关规定，"如采取水喷淋等自动灭火措施和排烟措施，内装修材料可不限"。本条是参照上述二国规定制定的。

### 3.3 高层民用建筑

**3.3.1** 表中建筑物类别、场所及建筑规模是根据《高规》有关内容结合室内设计情况划分的。

对高级旅馆的其他部位定为同一的装修要求，而对其中内含的观众厅、会议厅、顶层餐厅等又按照座位的数量划分成两类。这都是基于《高规》对此类房间、场所的限制规定的。其中将顶层餐厅同时加以限制，虽性质有不同，但因部位特殊，也划为同一等级。

综合楼是《高规》中的概念，即除内部设有旅馆以外的综合楼。商业楼，展览楼，综合楼，商住楼具有相同的功能，在《高规》中同以面积概念提出，故划作一类。

电信、财贸、金融等建筑均为国家和地方政府政治经济要害部门，以其重要特性划为一类。

教学、办公等建筑其内部功能相近，均属国家重要文化、科技、资料、档案等范畴，装修材料的燃烧性能等级可取得一致。

普通旅馆和住宅，使用功能相近，参照《高规》对普通旅馆的划分，将其分为两类。

**3.3.2** 100m 以上的高层建筑与高层建筑内大于 800 座的观众厅、会议厅、顶层餐厅均属特殊范围。观众厅等不仅人员密集，采光条件也较差，万一发生火灾，人员伤亡会比较严重，对人的心理影响也要超过物质因素，所以在任何条件下都不应降低内装修材料的燃烧性能等级。

**3.3.3** 电视塔等特殊高耸建筑物，其建筑高度越来越大，且允许公众在高空中观赏和进餐。由于建筑型式所限，人员在危险情况下的疏散十分困难，所以特对此类建筑做出十分严格的要求。

### 3.4 地下民用建筑

**3.4.1** 本条结合地下民用建筑的特点，按建筑类别、场所和装修部位分别规定了装修材料的燃烧性能等级。人员比较密集的商场营业厅、电影院观众厅，以及各类库房选用装修材料燃烧性能等级应严，旅馆客房、医院病房，以及各类建筑的办公室等房间使用面积较小且经常有管理人员值班，选用装修材料燃烧性能等级可稍宽。

装修部位不同，如顶棚，墙面，地面等，火灾危险性也不同，因而分别对装修材料燃烧性能等级提出不同要求。表中娱乐场是指建在地下的体育及娱乐建筑，如篮球、排球、乒乓球、武术、体操、棋类等的比赛练习场馆。餐馆是指餐馆餐厅、食堂餐厅等地下饮食建筑。

本条的注解说明了地下民用建筑的范围。地下民用建筑也包括半地下民用建筑，半地下民用建筑的定义按有关防火规范执行。

**3.4.2** 本条特别提出公共疏散走道各部位装修材料的燃烧性能等级要求，是由于地下民用建筑的火灾特点及疏散走道部位在火灾疏散时的重要性决定的。

**3.4.3** 本条是指单独建造的地下民用建筑的地上部分。单层、多层民用建筑地上部分的装修材料燃烧性能等级在本规范 3.2 中已有明确规定。单独建造的地下民用建筑的地上部分，相对使用面积小且建在地上，火灾危险性和疏散扑救比地下建筑部分容易，故本条可按 3.4.2 条有关规定降低一级。

## 4 工业厂房

**4.0.1** 在对工业厂房进行分类时，主要参考了《建规》第三章，该规范第 3.1.1 条根据生产的火灾危险性特征将厂房分为甲、乙、丙、丁、戊五类。我们根据厂房内部装修的特点将甲类、乙类及有明火的丁类厂房归入序号 1，将丙类厂房归入序号 2，把无明火的丁类厂房和戊类厂房归入序号 3。

**4.0.2** 从火灾的发展过程考虑，一般来说，对顶棚的防火性能要求最高，其次是墙面，地面要求最低。但如果地面为架空地板时，情况有所不同，万一失火，沿架空地板蔓延较快，受到的损失也大。故要求其地面装修材料的燃烧性能提高一级。

**4.0.3** 本条"贵重"一词是指：

一、设备价格昂贵，火灾损失大。

二、影响工厂或地区生产全局的关键设施，如发电厂、化工厂的中心控制设备等。

**4.0.4** 本条规定有两层意思，一是不要因办公室、休息室的装修失火而波及厂房；二是为了保障办公室，休息室内人员的生命安全。所以要求厂房附设的办公室、休息室等的内装修材料的燃烧性能等级，应与厂房的要求相同。

## 附录 A 装修材料燃烧性能等级划分

不论材料属于哪一类，只要符合不燃性试验方法规定的条件，均定为 A 级材料。

对顶棚、墙面、隔断等材料按现行的有关建筑材料燃烧性能国家标准进行测试和分级。一般情况应将

饰面层连同基材一并制取试样进行试验，以作出整体综合评价。

我国目前尚未制订地面材料的燃烧性能分级标准，但测试方法基本上与 ASTME648—78 标准，ISO/DISN114 等标准相同，德国规定最小临界辐射通量≥0.45W/cm² 的地面材料才可应用，美国则规定了两级，即最小辐射通量≥0.22W/cm²。本规范参照美国的分级对地面材料燃烧性能进行分级。

我国已制订了一些有关纺织物燃烧性能测试的国家标准，经过调研和对比试验分析，对室内装饰织物采用垂直测试比较合理，由于国内尚未制订织物的燃烧性能分级标准，在参考国外资料和其他行业（如 HB5875—85《民用飞机机舱内部非金属材料阻燃要求和试验方法》）的有关规定。规定了这类材料的燃烧性能分级指标。

室内装饰织物是指窗帘、幕布、床罩、沙发罩等物品。对墙上贴的织物类不属于此类，对其应按墙面材料的方法进行测试和分级。

其他装饰材料和固定家具应按材质分别进行测试。塑料按目前国内常用的三个塑料燃烧测试标准综合考虑，织物按织物的测试方法测试和分级，其他材质的材料按 GB 8625—88 或 GB 6826—88 方法测试。对这一类装饰制品，一般难以从制品上截取试样达到有关的制样要求，应设法按与制品相同的材料制样进行测试。

## 1999 年局部修订条文

**第 1.0.4 条** 本规范规定的建筑内部装修设计，在民用建筑中包括顶棚、墙面、地面、隔断的装修，以及固定家具、窗帘、帷幕、床罩、家具包括、固定饰物等；在工业厂房中包括顶棚、墙面、地面和隔断的装修。

注：（1）隔断系指不到顶的隔断，到顶的固定隔断装修应与墙面规定相同。

（2）柱面的装修应与墙面的规定相同。

（3）兼有空间分隔功能的到顶橱柜应认定为固定家具。

[说明] 本条规定了内部装修设计涉及的范围，包括装修部位及使用的装修材料与制品。顶棚、墙面、地面、隔断等的装修部位是最基本的部位；窗帘、帷幕、床罩、家具包布均属于装饰织物，容易引起火灾；固定家具一般系指大型、笨重的家具。它们或是与建筑结构永久地固定在一起，或是因其大、重而轻易不被改变位置。例如壁橱、酒吧台、陈列柜、大型货架、档案柜、有空间分隔功能的到顶柜橱等。

目前工业厂房中的内装修量相对较小且装修的内容也相

---

注：局部修订条文中标有黑线的部分为修订的内容，以下同。

对比较简单，所以在本规范中，对工业厂房仅到顶棚、墙面、地面和隔断提出了装修要求。

**第2.0.4条** 安装在钢龙骨上燃烧性能达到 B₁ 级的纸面石膏板、矿棉吸声板，可作为 A 级装修材料使用。

[说明] 纸面石膏板、矿棉吸声板按我国现行建材防火检测方法检测，大部分不能列入 A 级材料。但是如果认定它们只能作为 B₁ 级材料，则又有些不尽合理，而且目前还没有更好的材料可替代它。考虑到纸面石膏板、矿棉吸声板用量极大这一客观实际，以及建筑设计防火规范中，认定贴在钢龙骨上的纸面石膏板为非燃材料这一事实，特规定如纸面石膏板、矿棉吸声板安装在钢龙骨上，可将其作为 A 级材料使用。但矿棉装饰吸声板的燃烧性能与粘结剂有关，只有达到 B₁ 级时才可执行本条。

**第2.0.5条** 当胶合板表面涂覆一级饰面型防火涂料时，可作为 B₁ 级装修材料使用。当胶合板用于顶棚和墙面装修并且不内含电器、电线等物体时，宜仅在胶合板外表面涂覆防火涂料；当胶合板用于顶棚和墙面装修并且内含有电器、电线等物体时，胶合板的内、外表面以及相应的木龙骨应涂覆防火涂料，或采用阻燃浸渍处理达到 B₁ 级。

[说明] 在装修工程中，胶合板的用量很大，根据国家防火建筑材料质量监督检测中心提供的数据，涂刷一级饰面型防火涂料的胶合板能达到 B₁ 级。为了便于使用，避免重复检测，特制定本条。但应根据实际工程情况采用单面涂刷或双面涂刷防火涂料。条文中的电线包括穿管和不穿管等情况。

**第3.1.1条** 当顶棚或墙面表面局部采用多孔或泡沫状塑料时，其厚度不应大于 15mm，且面积不得超过该房间顶棚或墙面积的 10%。

[说明] 规定此条的理由是为了减少火灾中的烟雾和毒气危害。多孔和泡沫塑料比较易燃烧，而且燃烧时产生的烟气对人体危害较大。但在实际工程中，有时因功能需要，必须在顶棚和墙的表面，局部采用一些多孔或泡沫塑料，对此特从使用面积和厚度两方面加以限制。在规定面积和厚度时，参考了美国的 NFPA—101《生命安全规程》。

需要说明三点：

（1）多孔或泡沫状塑料用于顶棚表面时，不得超过该房间顶棚面积的 10%；用于墙表面时，不得超过该房间墙面积的 10%。不应把顶棚和墙面合在一起计算。

（2）本条所说面积指展开面积，墙面面积包括门窗面积。

（3）本条是指局部采用多孔或泡沫塑料装修，这不同于墙面或吊顶的"软包"装修情况。

**第3.1.6条** 无自然采光楼梯间、封闭楼梯间、防烟楼梯间及其前室的顶棚、墙面和地面均应采用 A 级装修材料。

[说明] 本条主要考虑建筑物内纵向疏散通道在火灾中的安全。火灾发生时，各楼层人员都需要经过纵向疏散通道。尤其是高层建筑，如果纵向通道被火封住，对受灾人员的逃生和消防人员的救援都极为不利。另外对高层建筑的楼梯间，一般无美观装修的要求。

**第3.1.15条** 建筑内部装修不应遮挡消防设施、疏散指示标志及安全出口，并且不应妨碍消防设施和疏散走道的正常使用。因特殊要求做改动时，应符合国家有关消防规范和法规的规定。

[说明] 建筑物内部消防设施是根据国家现行有关规范的要求设计安装的，平时应加强维修管理，一旦需要使用时，操作起来迅速、安全、可靠。但是，有些单位为了追求装修效果，擅自改变消防设施的位置。还有的任意增加隔墙，影响了消防设施的有效保护范围。进行室内装修设计时要保证疏散指示标志和安全出口易于辨认，以免人员在紧急情况下发生疑问和误解。例如，疏散走道和安全出口附近应避免采用镜面玻璃、壁画等进行装饰。为保证消防设施和疏散指示标志的使用功能，特制定本条规定。

**第3.2.1条** 单层、多层民用建筑内部各部位装修材料的燃烧性能等级，不应低于表 3.2.1 的规定。

**表 3.2.1 单层、多层民用建筑内部各部位装修材料的燃烧性能等级**

| 建筑物及场所 | 建筑规模、性质 | 装修材料燃烧性能等级 | | | | | | | |
|---|---|---|---|---|---|---|---|---|---|
| | | 顶棚 | 墙面 | 地面 | 隔断 | 固定家具 | 窗帘 | 帷幕 | 其他装饰材料 |
| 候机楼的候机大厅、商店、餐厅、贵宾候机室、售票厅等 | 建筑面积＞10000m² 的候机楼 | A | A | B₁ | B₁ | B₁ | B₁ | | B₁ |
| | 建筑面积≤10000m² 的候机楼 | A | B₁ | B₁ | B₁ | B₂ | B₁ | | B₂ |
| 汽车站、火车站、轮船客运站的候车（船）室、餐厅、商场等 | 建筑面积＞10000m² 的车站、码头 | A | A | B₁ | B₁ | B₁ | B₁ | | B₂ |
| | 建筑面积≤10000m² 的车站、码头 | B₁ | B₁ | B₁ | B₂ | B₂ | B₂ | | B₂ |
| 影院、会堂、礼堂、剧院、音乐厅 | ＞800 座位 | A | A | B₁ | B₁ | B₁ | B₁ | B₁ | B₁ |
| | ≤800 座位 | A | B₁ | B₁ | B₁ | B₁ | B₁ | B₁ | B₂ |
| 体育馆 | ＞3000 座位 | A | A | B₁ | B₁ | B₁ | B₁ | B₂ | B₂ |
| | ≤3000 座位 | A | B₁ | B₁ | B₁ | B₁ | B₁ | B₂ | B₂ |

| 建筑物及场所 | 建筑规模、性质 | 装修材料燃烧性能等级 | | | | | | | |
|---|---|---|---|---|---|---|---|---|---|
| | | 顶棚 | 墙面 | 地面 | 隔断 | 固定家具 | 窗帘 | 帷幕 | 其他装饰材料 |
| 商场营业厅 | 每层建筑面积＞3000m² 或总建筑面积＞9000m² 的营业厅 | A | $B_1$ | A | A | $B_1$ | $B_1$ | | $B_2$ |
| | 每层建筑面积 1000～3000m² 或总建筑面积为 3000～9000m² 的营业厅 | A | $B_1$ | $B_1$ | $B_1$ | $B_2$ | $B_1$ | | |
| | 每层建筑面积＜1000m² 或总建筑面积＜3000m² 营业厅 | $B_1$ | $B_1$ | $B_1$ | $B_1$ | $B_2$ | $B_2$ | | |
| 饭店、旅馆的客房及公共活动用房等 | 设有中央空调系统的饭店、旅馆 | A | $B_1$ | $B_1$ | $B_1$ | $B_2$ | $B_1$ | | $B_2$ |
| | 其他饭店、旅馆 | $B_1$ | $B_1$ | $B_2$ | $B_2$ | $B_2$ | $B_2$ | | |
| 歌舞厅、餐馆等娱乐、餐饮建筑 | 营业面积＞100m² | A | $B_1$ | $B_1$ | $B_1$ | $B_2$ | $B_1$ | | $B_2$ |
| | 营业面积≤100mm² | $B_1$ | $B_1$ | $B_2$ | $B_2$ | $B_2$ | $B_2$ | | |
| 幼儿园、托儿所、中、小学、医院病房楼、疗养院、养老院 | | A | $B_1$ | $B_2$ | $B_1$ | $B_2$ | $B_1$ | | $B_2$ |
| 纪念馆、展览馆、博物馆、图书馆、档案馆、资料馆等 | 国家级、省级 | A | $B_1$ | $B_1$ | $B_1$ | $B_2$ | $B_1$ | | $B_2$ |
| | 省级以下 | $B_1$ | $B_1$ | $B_2$ | $B_2$ | $B_2$ | $B_2$ | | |
| 办公楼、综合楼 | 设有中央空调系统的办公楼、综合楼 | A | $B_1$ | $B_1$ | $B_1$ | $B_2$ | $B_1$ | | $B_2$ |
| | 其他办公楼、综合楼 | $B_1$ | $B_1$ | $B_2$ | $B_2$ | $B_2$ | $B_2$ | | |
| 住宅 | 高级住宅 | $B_1$ | $B_1$ | $B_1$ | $B_1$ | $B_2$ | $B_2$ | | $B_2$ |
| | 普通住宅 | $B_1$ | $B_2$ | $B_2$ | $B_2$ | $B_2$ | | | |

[说明]　表 3.2.1 中给出的装修材料燃烧性能等级是允许使用材料的基准级制。

根据建筑面积将候机楼划为两大类，以 10000m² 为界线。候机楼的主要部位是候机大厅、商店、餐厅、贵宾候机室等。第一类性质所要求的装修材料燃烧性能等级为第一档。第二类性质所要求的装修材料燃烧性能等级为第二档。

汽车站、火车站和轮船码头这类建筑数量较多，本规范根据其规模大小分为两类。由于汽车站、火车站和轮船码头有相同的功能，所以把它列为同一类别。

建筑面积大于 10000m² 的，一般指在城市的车站、码头，如上海站、北京站、上海十六铺码头等。

建筑面积等于和小于 10000m² 的，一般指中、小城市及县城的车站、码头。

上述两类建筑物基本上按装修材料燃烧性能两个等级要求作出规定。

影院、会堂、礼堂、剧院、音乐厅、属人员密集场所，内装修要求相对较高，随着人民生活水平不断提高，影剧院的功能也逐步增加，如深圳大剧院就是一个多功能的剧院，其规模为亚洲第一，舞台面积近 3000m²。影剧院火灾危险性大，如上海某剧院在演出时因碘钨灯距幕布太近，引燃成火灾。另一电影院因吊顶内电线短路打出火花引燃可燃吊顶

起火。

根据这些建筑物的座位数将它们分为两类。考虑到这类建筑物的窗帘和幕布火灾危险性较大，均要求采用 $B_1$ 级材料的窗帘和幕布，比其他建筑物要求略高一些。

体育馆亦属人员密集场所，根据规模将其划分为两类。

百货商场的主要部位是营业厅，该部位物货集中，人员密集，且人员流动性大。全国各类百货商场数不胜数，百货商场三个类别的划分也是参照《建规》。

上海 90 年曾发生某百货商场火灾事故，该商场建筑面积为 14000m²，电器火灾引燃了大量商品，损失达数百万元。顶棚是个重要部位，故要求选用 A 级和 $B_1$ 级材料。

国内多层饭店、旅馆数量大，情况比较复杂，这里将其划为两类。设有中央空调系统的一般装修要求高、危险性大。旅馆部位较多，这里主要指两个部分，即客房、公共场所。

歌舞厅、餐馆等娱乐、餐饮建筑，虽然一般建筑面积并不是很大，但因它们一般处于繁华的市区临街地段，且内容人员的密度较大，情况比较复杂，加之设有明火操作间和很强的灯光设备，因此引发火灾的危险概率高，火灾造成的后果严重，故对它们提出了较高的要求。

幼儿园，托儿所，中、小学为儿童或少年用房，他们尚

缺乏独立疏散能力；医院、疗养院、养老院一般为病人、老年人居住，疏散能力亦很差，因此，须提高装修材料的燃烧性能等级。考虑到这些场所高档装修少，一般顶棚、墙面和地面都能达到规范要求，故特别着重提高窗帘等织物的燃烧性能等级。对窗帘等织物有较高的要求，这是此类建筑的重点所在。

将纪念馆、展览馆等建筑物按其重要性划分为两类。国家级和省级的建筑物装修材料燃烧性能等级要求较高，其余的要求低一些。

对办公楼和综合楼的要求基本上与饭店、旅馆相同。

**第 3.2.2 条** 单层、多层民用建筑内面积小于 100m² 的房间，当采用防火墙和甲级防火门窗与其他部位分隔时，其装修材料的燃烧性能等级可在表 3.2.1 的基础上降低一级。

[说明] 本条主要考虑到一些建筑物大部分房间的装修材料均可满足规范的要求，而在某一局部或某一房间因特殊要求，要采用的可燃装修不能满足规定，并且该部位又无法设立自动报警和自动灭火系统时，所做的适当放宽要求。但必须控制面积不得超过 100m²，并采用防火墙，防火门窗与其他部位隔开，即使发生火灾，也不至于波及到其他部位。

**第 3.2.3 条** 当单层、多层民用建筑需做内部装修的空间内装有自动灭火系统时，除顶棚外，其内部装修材料的燃烧性能等级可在表 3.2.1 规定的基础上降低一级；当同时装有火灾自动报警装置和自动灭火系统时，其顶棚装修材料的燃烧性能等级可在表 3.2.1 规定的基础上降低一级，其他装修材料的燃烧性能等级可不限制。

[说明] 考虑到一些建筑物标准较高，要采用较多的可燃材料进行装修，但又不符合本规范表 3.2.1 中的要求，这就必须从加强消防措施着手，给设计部门、建设单位一些余地，也是一种弥补措施。美国标准 NFPA—101《人身安全规范》中规定，如采取自动灭火措施，所用装修材料的燃烧性能等级可降低一级。日本《建筑基准法》规定，"如采取水喷淋等自动灭火措施和排烟措施，内装修材料可不限"。本条是参照上述二国规定制定的。该条放松装修燃烧等级的前题是有附加的消防设施加以保护。

**第 3.3.3 条** 高层民用建筑的裙房内面积小于 500m² 的房间，当设有自动灭火系统，并且采用耐火等级不低于 2h 的隔墙、甲级防火门、窗与其他部位分隔时，顶棚、墙面、地面的装修材料的燃烧性能等级可在表 3.3.1 规定的基础上降低一级。

[说明] 新增加的条文，高层建筑裙房的使用功能比较复杂，其内装修与整栋高层取同为一个水平，在实际操作中有一定的困难。考虑到裙房与主体高层之间有防火分隔并且裙房的层数有限，所以特增加了此条。

**第 3.3.4 条** 电视塔等特殊高层建筑的内部装修，装饰织物应不低于 B₁ 级，其他均应采用 A 级装修。

[说明] 该条文系规范的原第 3.3.3 条。现正在使用中的电视塔内均不同程度地存在一些装饰织物，对它们要求

A 级，显然不可能。从现实可能出发，将此条作出现在的修改。

**第 3.4.1 条** 地下民用建筑内部各部位装修材料的燃烧性能等级，不应低于表 3.4.1 的规定。

注：地下民用建筑系指单层、多层、高层民用建筑的地下部分，单独建造在地下的民用建筑以及平战结合的地下人防工程。

**表 3.4.1 地下民用建筑内部各部位装修材料的燃烧性能等级**

| 建筑物及场所 | 装修材料燃烧性能等级 | | | | | | |
|---|---|---|---|---|---|---|---|
| | 顶棚 | 墙面 | 地面 | 隔断 | 固定家具 | 装饰织物 | 其他装饰材料 |
| 休息室和办公室等<br>旅馆和客房及公共活动用房等 | A | B₁ | B₁ | B₁ | B₁ | B₂ | B₂ |
| 娱乐场所、旱冰场等<br>舞厅、展览厅等<br>医院的病房、医疗用房等 | A | A | B₁ | B₁ | B₁ | B₁ | B₂ |
| 电影院的观众厅<br>商场的营业厅 | A | A | A | B₁ | B₁ | B₁ | B₁ |
| 停车库<br>人行通道<br>图书资料库、档案库 | A | A | A | A | A | | |

[说明] 本条结合地下民用建筑的特点，按建筑类别、场所和装修部位分别规定了装修材料的燃烧性能等级。人员比较密集的商场营业厅、电影院观众厅，以及各类库房选用装修材料燃烧性能等级应严，旅馆客房、医院病房，以及各类建筑的办公室等房间使用面积较小且经常有管理人员值班，选用装修材料燃烧性能等级可稍宽。

装修部位不同，如顶棚、墙面、地面等，火灾危险性也不同，因而分别对装修材料燃烧性能等级提出不同要求。表中娱乐场是指建在地下的体育及娱乐建筑，如篮球、排球、乒乓球、武术、体操、棋类等的比赛练习场馆。餐馆是指餐馆餐厅、食堂餐厅等地下饮食建筑。

本条的注解说明了地下民用建筑的范围。地下民用建筑也包括半地下民用建筑，半地下民用建筑的定义按有关防火规范执行。

**第 4.0.2 条** 当厂房中房间的地面为架空地板时，其地面装修材料的燃烧性能等级不应低于 B₁ 级。

[说明] 从火灾的发展过程考虑，一般来说，对顶棚的防火性能要求最高，其次是墙面，地面要求最低。但如果地面为架空地板时，情况有所不同，万一失火，沿架空地板蔓延较快，受到的损失也大。故要求其地面装修材料的燃烧性能不低于 B₁ 级。

**第 4.0.3 条** 装有贵重机器、仪器的厂房或房间，其顶棚和墙面应采用 A 级装修材料；地面和其他部位应采用不低于 B₁ 级的装修材料。

[说明] 本条"贵重"一词是指：

一、设备价格昂贵，火灾损失大。

二、影响工厂或地区生产全局的关键设施，如发电厂、化工厂的中心控制设备等。

**第 A.2.1 条** 在进行不燃性试验时，同时符合下列条件的材料，其燃烧性能等级应定为 A 级：

**A2.1.1** 炉内平均温度不超过 50℃；

**A2.1.2** 试样平均持续燃烧时间不超过 20s；

**A2.1.3** 试样平均失重率不超过 50%。

## 2001 年局部修订条文

**第 3.1.15A 条** 建筑内部装修不应减少安全出口、疏散出口和疏散走道的设计所需的净宽度和数量。

[说明] 本条为新增条文。

据调查，室内装修设计存在随意减少建筑内的安全出口、疏散出口和疏散走道的宽度和数量的现象，为防止这种情况出现，作出本条规定。

**第 3.1.18 条** 当歌舞厅、卡拉 OK 厅（含具有卡拉 OK 功能的餐厅）、夜总会、录像厅、放映厅、桑拿浴室（除洗浴部分外）、游艺厅（含电子游艺厅）、网吧等歌舞娱乐放映游艺场所（以下简称歌舞娱乐放映游艺场所）设置在一、二级耐火等级建筑的四层及四层以上时，室内装修的顶棚材料应采用 A 级装修材料，其他部位应采用不低于 $B_1$ 级的装修材料；当设置在地下一层时，室内装修的顶棚、墙面材料应采用 A 级装修材料，其他部位应采用不低于 $B_1$ 级的装修材料。

[说明] 本条为新增条文。

近年来，歌舞娱乐放映游艺场所屡屡发生一次死亡数十人或数百人的火灾事故，其中一个重要的原因是这类场所使用大量可燃装修材料，发生火灾时，这些材料产生大量有毒烟气，导致人员在很短的时间内窒息死亡。因此，本条对这类场所的室内装修材料作出相应规定。当这类场所设在地下一层时，安全疏散和扑救火灾的条件更为不利，故本条对地下建筑的要求比地上建筑更加严格。符合本条所列情况的歌舞娱乐放映游艺场所，不论设置在多层、高层还是地下建筑中，其室内装修材料的燃烧性能等级按本条规定执行。当歌舞娱乐放映游艺场所设置在单层、多层或高层建筑中的首层或二、三层时，仍按本规范相应的规定执行。

**第 3.2.3 条** 除第 3.1.18 条规定外，当单层、多层民用建筑内装有自动灭火系统时，除顶棚外，其内部装修材料的燃烧性能等级可在表 3.2.1 规定的基础上降低一级；当同时装有火灾自动报警装置和自动灭火系统时，其顶棚装修材料的燃烧性能等级可在表 3.2.1 规定的基础上降低一级，其他装修材料的燃烧性能等级可不限制。

[说明] 本条是对原条文的修改。

考虑到一些建筑物装修标准要求较高，需要采用可燃材料进行装修，为了满足现实需要，又不降低整体安全性能，故规定设置消防设施以弥补装修材料燃烧等级不够的问题。美国标准 NFPA—101《人身安全规范》中规定，如采用自动灭火措施，所有装修材料的燃烧性能等级可降低一级。日本《建筑基本法》规定，"如采取水喷淋等自动灭火措施和排烟措施，内装材料可不限"。本条是参照上述两国规定制定的。

由于歌舞娱乐放映游艺场所人员火灾危险性大，容易导致群死群伤，所以第 3.1.18 条所规定的场所当设置有火灾自动报警系统和自动喷水灭火系统时，其室内装修材料燃烧性能等级仍不降级。

**第 3.3.2 条** 除第 3.1.18 条所规定的场所和 100m 以上的高层民用建筑及大于 800 座位的观众厅、会议厅、顶层餐厅外，当设有火灾自动报警装置和自动灭火系统时，除顶棚外，其内部装修材料的燃烧性能等级可在表 3.3.1 规定的基础上降低一级。

[说明] 本条是对原条文的修改。说明同第 3.2.3 条。

中华人民共和国国家标准

# 人民防空工程设计防火规范

Code for fire protection design of civil air defence works

**GB 50098—2009**

主编部门：国 家 人 民 防 空 办 公 室
　　　　　中 华 人 民 共 和 国 公 安 部
批准部门：中华人民共和国住房和城乡建设部
施行日期：２ ０ ０ ９ 年 １ ０ 月 １ 日

# 中华人民共和国住房和城乡建设部
# 公　告

## 第 306 号

---

### 关于发布国家标准
### 《人民防空工程设计防火规范》的公告

现批准《人民防空工程设计防火规范》为国家标准，编号为 GB 50098—2009，自 2009 年 10 月 1 日起实施。其中，第 3.1.2、3.1.6（1、2）、3.1.10、4.1.1（5）、4.1.6、4.3.3、4.3.4、4.4.2（1、2、4、5）、5.2.1、6.1.1、6.4.1、6.5.2、7.2.6、7.8.1、8.1.2、8.1.5（1、2）、8.1.6、8.2.6 条（款）为强制性条文，必须严格执行。原《人民防工程设计防火规范》GB 50098—98 同时废止。

本规范由我部标准定额研究所组织中国计划出版社出版发行。

中华人民共和国住房和城乡建设部
二〇〇九年五月十三日

## 前　　言

本规范是根据原建设部"关于印发《2005 年工程建设标准规范制订、修订计划（第一批）》的通知"（建标函〔2005〕84 号），由总参工程兵第四设计研究院会同有关单位对《人民防空工程设计防火规范》GB 50098—98 进行全面修订而成。

本规范共分八章，其主要内容有：总则，术语，总平面布局和平面布置，防火、防烟分区和建筑构造，安全疏散，防烟、排烟和通风、空气调节，消防给水、排水和灭火设备，电气等。

本规范修订的主要内容有：

一、修改和删除了个别术语。

二、提出了超过 20000m² 地下商店进行防火分隔的办法；规定了地下商店疏散人数的计算；对在人防工程内设置旅店、病房、员工宿舍等提出了严格的要求；规定了防火卷帘的使用要求。

三、对防烟楼梯间和前室的送风余压值和送风量进行了修改；增加了中庭的排烟要求；机械加压送风防烟管道内自动防火阀的动作温度调整为大于 70℃时自动关闭。

四、增加了局部应用系统和设置气压给水装置的规定；对自动喷水灭火系统和气体灭火系统的设置场所进行了修改；室内消火栓用水量略作了调整。

五、修改了消防用电设备配电线路敷设的规定；对公众活动场所的疏散指示标志作出了具体规定。

本规范以黑体字标志的条文为强制性条文，必须严格执行。

本规范由住房和城乡建设部负责管理和对强制性条文的解释，由国家人民防空办公室和公安部负责日常管理，由总参工程兵第四设计研究院负责具体技术内容的解释。本规范在执行过程中，如发现需要修改和补充之处，请将意见和有关资料寄送本规范具体解释单位——总参工程兵第四设计研究院（地址：北京市太平路 24 号；邮政编码：100850），以便今后修订时参考。

本规范主编单位、参编单位和主要起草人：

**主编单位：**总参工程兵第四设计研究院

**参编单位：**北京市民防局
　　　　　　常州人防建筑设计研究院有限公司

**主要起草人：**朱林华　田川平　李国繁　陈宝旭
　　　　　　　陈培友　沈　纹　南江林　戴晓春
　　　　　　　李宗新　赵玉池　陈　琦

# 目　次

# 1 总 则

**1.0.1** 为了防止和减少人民防空工程(以下简称人防工程)的火灾危害,保护人身和财产的安全,制定本规范。

**1.0.2** 本规范适用于新建、扩建和改建供下列平时使用的人防工程防火设计:

  **1** 商场、医院、旅馆、餐厅、展览厅、公共娱乐场所、健身体育场所和其他适用的民用场所等;

  **2** 按火灾危险性分类属于丙、丁、戊类的生产车间和物品库房等。

**1.0.3** 人防工程的防火设计,应遵循国家的有关方针、政策,针对人防工程发生火灾时的特点,立足自防自救,采用可靠的防火措施,做到安全适用、技术先进、经济合理。

**1.0.4** 人防工程的防火设计,除应符合本规范外,尚应符合国家现行有关标准的规定。

# 2 术 语

**2.0.1** 人民防空工程 civil air defence works

  为保障人民防空指挥、通信、掩蔽等需要而建造的防护建筑。人防工程分为单建掘开式工程、坑道工程、地道工程和人民防空地下室等。

**2.0.2** 单建掘开式工程 cut-and-cover works

  单独建设的采用明挖法施工,且大部分结构处于原地表以下的工程。

**2.0.3** 坑道工程 undermined works with low exit

  大部分主体地坪高于最低出入口地面的暗挖工程。多建于山地或丘陵地。

**2.0.4** 地道工程 undermined works without low exit

  大部分主体地坪低于最低出入口地面的暗挖工程。多建于平地。

**2.0.5** 人民防空地下室 civil air defence basement

  为保障人民防空指挥、通信、掩蔽等需要,具有预定防护功能的地下室。

**2.0.6** 防护单元 protective unit

  人防工程中防护设施和内部设备均能自成体系的使用空间。

**2.0.7** 疏散出口 evacuation exit

  用于人员离开某一区域至疏散通道的出口。

**2.0.8** 安全出口 safe exit

  供人员安全疏散用的楼梯间出入口或直通室内外安全区域的出口。

**2.0.9** 疏散走道 evacuation walk

  用于人员疏散通行至安全出口或相邻防火分区的走道。

**2.0.10** 避难走道 fire-protection evacuation walk

  走道两侧为实体防火墙,并设置有防烟等设施,仅用于人员安全通行至室外的走道。

**2.0.11** 防烟楼梯间 smoke prevention staircase

  在楼梯间入口处设置有防烟前室,且通向前室和楼梯间的门均为不低于乙级的防火门的楼梯间。

**2.0.12** 消防疏散照明 lighting for fire evacuation

  当人防工程内发生火灾时,用以确保疏散出口和疏散走道能被有效地辨认和使用,使人员安全撤离危险区的照明。它由消防疏散

照明灯和消防疏散标志灯组成。

**2.0.13** 消防疏散照明灯 light for fire evacuation

  当人防工程内发生火灾时,用以确保疏散走道能被有效地辨认和使用的照明灯具。

**2.0.14** 消防疏散标志灯 marking lamp for fire evacuation

  当人防工程内发生火灾时,用以确保疏散出口或疏散方向标志能被有效地辨认的照明灯具。

**2.0.15** 消防备用照明 reserve lighting for fire risk

  当人防工程内发生火灾时,用以确保火灾时仍要坚持工作场所的照明,该照明由备用电源供电。

# 3 总平面布局和平面布置

## 3.1 一 般 规 定

**3.1.1** 人防工程的总平面设计应根据人防工程建设规划、规模、用途等因素,合理确定其位置、防火间距、消防水源和消防车道等。

**3.1.2** 人防工程内不得使用和储存液化石油气、相对密度(与空气密度比值)大于或等于 0.75 的可燃气体和闪点小于 60℃ 的液体燃料。

**3.1.3** 人防工程内不应设置哺乳室、托儿所、幼儿园、游乐厅等儿童活动场所和残疾人员活动场所。

**3.1.4** 医院病房不应设置在地下二层及以下层,当设置在地下一层时,室内地面与室外出入口地坪高差不应大于 10m。

**3.1.5** 歌舞厅、卡拉 OK 厅(含具有卡拉 OK 功能的餐厅)、夜总会、录像厅、放映厅、桑拿浴室(除洗浴部分外)、游艺厅(含电子游艺厅)、网吧等歌舞娱乐放映游艺场所(以下简称歌舞娱乐放映游艺场所),不应设置在地下二层及以下层;当设置在地下一层时,室内地面与室外出入口地坪高差不应大于 10m。

**3.1.6** 地下商店应符合下列规定:

  **1** 不应经营和储存火灾危险性为甲、乙类储存物品属性的商品;

  **2** 营业厅不应设置在地下三层及三层以下;

  **3** 当总建筑面积大于 20000m² 时,应采用防火墙进行分隔,且防火墙上不得开设门窗洞口,相邻区域确需局部连通时,应采取可靠的防火分隔措施,可选择下列防火分隔方式:

    1)下沉式广场等室外开敞空间,下沉式广场应符合本规范第 3.1.7 条的规定;

    2)防火隔间,该防火隔间的墙应为实体防火墙,并应符合本规范第 3.1.8 条的规定;

    3)避难走道,该避难走道应符合本规范第 5.2.5 条的规定;

    4)防烟楼梯间,该防烟楼梯间及前室的门应为火灾时能自动关闭的常开式甲级防火门。

**3.1.7** 设置本规范第 3.1.6 条 3 款 1 项的下沉式广场时,应符合下列规定:

  **1** 不同防火分区通向下沉式广场安全出口最近边缘之间的水平距离不应小于 13m,广场内疏散区域的净面积不应小于 169m²。

  **2** 广场应设置不少于一个直通地坪的疏散楼梯,疏散楼梯的总宽度不应小于相邻最大防火分区通向下沉式广场计算疏散总宽度。

  **3** 当确需设置防风雨棚时,棚不得封闭,并应符合下列规定:

    1)四周敞开的面积应大于下沉式广场投影面积的 25%,经计算大于 40m² 时,可取 40m²;

    2)敞开的高度不得小于 1m;

    3)当敞开部分采用防风雨百叶时,百叶的有效通风排烟面

积可按百叶洞口面积的 60% 计算。

4 本条第 1 款最小净面积的范围内不得用于除疏散外的其他用途;其他面积的使用,不得影响人员的疏散。

注:疏散楼梯总宽度可包括疏散楼梯宽度和 90% 的自动扶梯宽度。

3.1.8 设置本规范第 3.1.6 条 3 款 2 项的防火隔间时,应符合下列规定:

1 防火隔间与防火分区之间应设置常开式甲级防火门,并应在发生火灾时能自行关闭;

2 不同防火分区开设在防火隔间墙上的防火门最近边缘之间的水平距离不应小于 4m;该门不应计算在该防火分区安全出口的个数和总疏散宽度内;

3 防火隔间装修材料燃烧性能等级应为 A 级,且不得用于除人员通行外的其他用途。

3.1.9 消防控制室应设置在地下一层,并应邻近直接通向(以下简称直通)地面的安全出口;消防控制室可设置在值班室、变配电室等房间内;当地面建筑设置有消防控制室时,可与地面建筑消防控制室合用。消防控制室的防火分隔应符合本规范第 4.2.4 条的规定。

3.1.10 柴油发电机房和燃油或燃气锅炉房的设置除应符合现行国家标准《建筑设计防火规范》GB 50016 的有关规定外,尚应符合下列规定:

1 防火分区的划分应符合本规范第 4.1.1 条第 3 款的规定;

2 柴油发电机房与电站控制室之间的密闭观察窗除应符合密闭要求外,还应达到甲级防火窗的性能;

3 柴油发电机房与电站控制室之间的连接通道处,应设置一道具有甲级防火门耐火性能的门,并应常闭;

4 储油间的设置应符合本规范第 4.2.4 条的规定。

3.1.11 燃气管道的敷设和燃气设备的使用还应符合现行国家标准《城镇燃气设计规范》GB 50028 的有关规定。

3.1.12 人防工程内不得设置油浸电力变压器和其他油浸电气设备。

3.1.13 当人防工程设置直通室外的安全出口的数量和位置受条件限制时,可设置避难走道。

3.1.14 设置在人防工程内的汽车库、修车库,其防火设计应按现行国家标准《汽车库、修车库、停车场设计防火规范》GB 50067 的有关规定执行。

### 3.2 防火间距

3.2.1 人防工程的出入口地面建筑物与周围建筑物之间的防火间距,应按现行国家标准《建筑设计防火规范》GB 50016 的有关规定执行。

3.2.2 人防工程的采光窗井与相邻地面建筑的最小防火间距,应符合表 3.2.2 的规定。

表 3.2.2 采光窗井与相邻地面建筑的最小防火间距(m)

| 防火间距<br>人防工程类别 | 地面建筑类别和耐火等级 | | | | | | | |
|---|---|---|---|---|---|---|---|---|
| | 民用建筑 | | 丙、丁、戊类<br>厂房、库房 | | | 高层民用建筑 | | 甲、乙类<br>厂房、库房 |
| | 一、二级 | 三级 | 四级 | 一、二级 | 三级 | 四级 | 主体 | 附属 | |
| 丙、丁、戊类生产车间、物品库房 | 10 | 12 | 14 | 10 | 12 | 14 | 13 | 6 | 25 |
| 其他人防工程 | 6 | 8 | 10 | 6 | 8 | 10 | 13 | 6 | 25 |

注:1 防火间距按人防工程有窗外墙与相邻地面建筑外墙的最近距离计算;

2 当相邻的地面建筑物外墙为防火墙时,其防火间距不限。

### 3.3 耐火极限

3.3.1 除本规范另有规定者外,人防工程的耐火极限应符合现行国家标准《建筑设计防火规范》GB 50016 的相应规定。

## 4 防火、防烟分区和建筑构造

### 4.1 防火和防烟分区

4.1.1 人防工程内应采用防火墙划分防火分区,当采用防火墙确有困难时,可采用防火卷帘等防火分隔设施分隔,防火分区划分应符合下列要求:

1 防火分区应在各安全出口处的防火门范围内划分;

2 水泵房、污水泵房、水池、厕所、盥洗间等无可燃物的房间,其面积可不计入防火分区的面积之内;

3 与柴油发电机房或锅炉房配套的水泵间、风机房、储油间等,应与柴油发电机房或锅炉房一起划分为一个防火分区;

4 防火分区的划分宜与防护单元相结合;

5 工程内设置有旅店、病房、员工宿舍时,不得设置在地下二层及以下层,并应划分为独立的防火分区,且疏散楼梯不得与其他防火分区的疏散楼梯共用。

4.1.2 每个防火分区的允许最大建筑面积,除本规范另有规定者外,不应大于 500m²。当设置有自动灭火系统时,允许最大建筑面积可增加 1 倍;局部设置时,增加的面积可按该局部面积的 1 倍计算。

4.1.3 商业营业厅、展览厅、电影院和礼堂的观众厅、溜冰馆、游泳馆、射击馆、保龄球馆等防火分区划分应符合下列规定:

1 商业营业厅、展览厅等,当设置有火灾自动报警系统和自动灭火系统,且采用 A 级装修材料装修时,防火分区允许最大建筑面积不应大于 2000m²;

2 电影院、礼堂的观众厅,防火分区允许最大建筑面积不应大于 1000m²。当设置有火灾自动报警系统和自动灭火系统时,其允许最大建筑面积也不得增加;

3 溜冰馆的冰场、游泳馆的游泳池、射击馆的靶道区、保龄球馆的球道区等,其面积可不计入溜冰馆、游泳馆、射击馆、保龄球馆的防火分区面积内。溜冰馆的冰场、游泳馆的游泳池、射击馆的靶道区等,其装修材料应采用 A 级。

4.1.4 丙、丁、戊类物品库房的防火分区允许最大建筑面积应符合表 4.1.4 的规定。当设置有火灾自动报警系统和自动灭火系统时,允许最大建筑面积可增加 1 倍;局部设置时,增加的面积可按该局部面积的 1 倍计算。

表 4.1.4 丙、丁、戊类物品库房防火分区允许最大建筑面积(m²)

| 储存物品类别 | | 防火分区最大允许建筑面积 |
|---|---|---|
| 丙 | 闪点≥60℃的可燃液体 | 150 |
| | 可燃固体 | 300 |
| 丁 | | 500 |
| 戊 | | 1000 |

4.1.5 人防工程内设置有内挑台、走马廊、开敞楼梯和自动扶梯等上下连通层时,其防火分区面积应按上下层相连通的面积计算;其建筑面积之和应符合本规范有关规定,且连通的层数不宜大于 2 层。

4.1.6 当人防工程地面建有建筑物,且与地下一、二层有中庭相通或地下一、二层有中庭相通时,防火分区面积应按上下多层相连通的面积叠加计算;当超过本规范规定的防火分区最大允许建筑面积时,应符合下列规定:

1 房间与中庭相通的开口部位应设置火灾时能自行关闭的甲级防火门窗;

2 与中庭相通的过厅、通道等处,应设置甲级防火门或耐火极限不低于 3h 的防火卷帘;防火门或防火卷帘应能在火灾时自动关闭或降落;

3 中庭应按本规范第 6.3.1 条的规定设置排烟设施。

**4.1.7** 需设置排烟设施的部位,应划分防烟分区,并应符合下列规定:

　　**1** 每个防烟分区的建筑面积不宜大于 500m²,但当从室内地面至顶棚或顶板的高度在 6m 以上时,可不受此限;

　　**2** 防烟分区不得跨越防火分区。

**4.1.8** 需设置排烟设施的走道,净高不超过 6m 的房间,应采用挡烟垂壁、隔墙或从顶棚突出不小于 0.5m 的梁划分防烟分区。

### 4.2 防火墙和防火分隔

**4.2.1** 防火墙应直接设置在基础上或耐火极限不低于 3h 的承重构件上。

**4.2.2** 防火墙上不宜开设门、窗、洞口,当需要开设时,应设置能自行关闭的甲级防火门、窗。

**4.2.3** 电影院、礼堂的观众厅与舞台之间的墙,耐火极限不应低于 2.5h,观众厅与舞台之间的舞台口应符合本规范第 7.2.3 条的规定;电影院放映室(卷片室)应采用耐火极限不低于 1h 的隔墙与其他部位隔开,观察窗和放映孔应设置阻火闸门。

**4.2.4** 下列场所采用耐火极限不低于 2h 的隔墙和 1.5h 的楼板与其他场所隔开,并应符合下列规定:

　　**1** 消防控制室、消防水泵房、排烟机房、灭火剂储瓶室、变配电室、通信机房、通风和空调机房、可燃物存放量平均值超过 30kg/m² 火灾荷载密度的房间等,墙上应设置常闭的甲级防火门;

　　**2** 柴油发电机房的储油间,墙上应设置常闭的甲级防火门,并应设置高 150mm 的不燃烧、不渗漏的门槛,地面不得设置地漏;

　　**3** 同一防火分区内厨房、食品加工等用火用电用气场所,墙上应设置不低于乙级的防火门,人员频繁出入的防火门应设置火灾时能自动关闭的常开式防火门;

　　**4** 歌舞娱乐放映游艺场所,且一个厅、室的建筑面积不应大于 200m²,隔墙上应设置不低于乙级的防火门。

### 4.3 装修和构造

**4.3.1** 人防工程的内部装修应按现行国家标准《建筑内部装修设计防火规范》GB 50222 的有关规定执行。

**4.3.2** 人防工程的耐火等级应为一级,其出入口地面建筑物的耐火等级不应低于二级。

**4.3.3** 本规范允许使用的可燃气体和丙类液体管道,除可穿过柴油发电机房、燃油锅炉房的储油间与机房间的防火墙外,严禁穿过防火分区之间的防火墙;当其他管道需要穿过防火墙时,应采用防火封堵材料将管道周围的空隙紧密填塞,通风和空气调节系统的风管还应符合本规范第 6.7.6 条的规定。

**4.3.4** 通过防火墙或设置有防火门的隔墙处的管道和管线沟,应采用不燃材料将穿过处的空隙紧密填塞。

**4.3.5** 变形缝的基层应采用不燃材料,表面层不应采用可燃或易燃材料。

### 4.4 防火门、窗和防火卷帘

**4.4.1** 防火门、防火窗应划分为甲、乙、丙三级。

**4.4.2** 防火门的设置应符合下列规定:

　　**1** 位于防火分区分隔处安全出口的门应为甲级防火门;当使用功能上确实需要采用防火卷帘分隔时,应在其旁设置与相邻防火分区的疏散走道相通的甲级防火门;

　　**2** 公共场所的疏散门应向疏散方向开启,并在关闭后能从任何一侧手动开启;

　　**3** 公共场所人员频繁出入的防火门,应采用能在火灾时自动关闭的常开式防火门;平时需要控制人员随意出入的防火门,应设置火灾时不需使用钥匙等任何工具即能从内侧易于打开的常闭防火门,并应在明显位置设置标识和使用提示;其他部位的防火门,宜选用常闭的防火门;

　　**4** 用防护门、防护密闭门、密闭门代替甲级防火门时,其耐火性能应符合甲级防火门的要求;且不得用于平战结合公共场所的安全出口处;

　　**5** 常开的防火门应具有信号反馈的功能。

**4.4.3** 用防火墙划分防火分区有困难时,可采用防火卷帘分隔,并应符合下列规定:

　　**1** 当防火分隔部位的宽度不大于 30m 时,防火卷帘的宽度不应大于 10m;当防火分隔部位的宽度大于 30m 时,防火卷帘的宽度不应大于防火分隔部位宽度的 1/3,且不应大于 20m;

　　**2** 防火卷帘的耐火极限不应低于 3h;

　　当防火卷帘的耐火极限符合现行国家标准《门和卷帘耐火试验方法》GB 7633 有关背火面温升的判定条件时,可不设置自动喷水灭火系统保护;

　　当防火卷帘的耐火极限符合现行国家标准《门和卷帘耐火试验方法》GB 7633 有关背火面辐射热的判定条件时,应设置自动喷水灭火系统保护;自动喷水灭火系统的设计应符合现行国家标准《自动喷水灭火系统设计规范》GB 50084 的有关规定,但其火灾延续时间不应小于 3h;

　　**3** 防火卷帘应具有防烟性能,与楼板、梁和墙、柱之间的空隙应采用防火封堵材料封堵;

　　**4** 在火灾时能自动降落的防火卷帘,应具有信号反馈的功能。

# 5 安 全 疏 散

### 5.1 一 般 规 定

**5.1.1** 每个防火分区安全出口设置的数量,应符合下列规定之一:

　　**1** 每个防火分区的安全出口数量不应少于 2 个;

　　**2** 当有 2 个或 2 个以上防火分区相邻,且将相邻防火分区之间防火墙上设置的防火门作为安全出口时,防火分区安全出口应符合下列规定:

　　　　1)防火分区建筑面积大于 1000m² 的商业营业厅、展览厅等场所,设置通向室外、直通室外的疏散楼梯间或避难走道的安全出口个数不得少于 2 个;

　　　　2)防火分区建筑面积不大于 1000m² 的商业营业厅、展览厅等场所,设置通向室外、直通室外的疏散楼梯间或避难走道的安全出口个数不得少于 1 个;

　　　　3)在一个防火分区内,设置通向室外、直通室外的疏散楼梯间或避难走道的安全出口宽度之和,不宜小于本规范第 5.1.6 条规定的安全出口总宽度的 70%;

　　**3** 建筑面积不大于 500m²,且室内地面与室外出入口地坪高差不大于 10m,容纳人数不大于 30 人的防火分区,当设置有仅用于采光或进风用的竖井,且竖井内有金属梯直通地面,防火分区通向竖井处设置有不低于乙级的常闭防火门时,可只设置一个通向室外、直通室外的疏散楼梯间或避难走道的安全出口;也可设置一个与相邻防火分区相通的防火门;

　　**4** 建筑面积不大于 200m²,且经常停留人数不超过 3 人的防火分区,可只设置一个通向相邻防火分区的防火门。

**5.1.2** 房间建筑面积不大于 50m²,且经常停留人数不超过 15 人时,可设置一个疏散出口。

**5.1.3** 歌舞娱乐放映游艺场所的疏散应符合下列规定:

　　**1** 不宜布置在袋形走道的两侧或尽端,当必须布置在袋形走道的两侧或尽端时,最远房间的疏散门到最近安全出口的距离不

应大于9m;一个厅、室的建筑面积不应大于200m²;

**2** 建筑面积大于50m²的厅、室,疏散出口不应少于2个。

**5.1.4** 每个防火分区的安全出口,宜按不同方向分散设置;当受条件限制需要同一方向设置时,两个安全出口最近边缘之间的水平距离不应小于5m。

**5.1.5** 安全疏散距离应满足下列规定:

**1** 房间内最远点至该房间门的距离不应大于15m;

**2** 房间门至最近安全出口的最大距离:医院为24m;旅馆应为30m;其他工程为40m。位于袋形走道两侧或尽端的房间,其最大距离应为上述相应距离的一半;

**3** 观众厅、展览厅、多功能厅、餐厅、营业厅和阅览室等,其室内任意一点到最近安全出口的直线距离不宜大于30m;当该防火分区设置有自动喷水灭火系统时,疏散距离可增加25%。

**5.1.6** 疏散宽度的计算和最小净宽应符合下列规定:

**1** 每个防火分区安全出口的总宽度,应按该防火分区设计容纳总人数乘以疏散宽度指标计算确定,疏散宽度指标应按下列规定确定:

1)室内地面与室外出入口地坪高差不大于10m的防火分区,疏散宽度指标应为每100人不小于0.75m;

2)室内地面与室外出入口地坪高差大于10m的防火分区,疏散宽度指标应为每100人不小于1.00m;

3)人员密集的厅、室以及歌舞娱乐放映游艺场所,疏散宽度指标应为每100人不小于1.00m。

**2** 安全出口、疏散楼梯和疏散走道的最小净宽应符合表5.1.6的规定。

表5.1.6 安全出口、疏散楼梯和疏散走道的最小净宽(m)

| 工程名称 | 安全出口和疏散楼梯净宽 | 疏散走道净宽 | |
|---|---|---|---|
| | | 单面布置房间 | 双面布置房间 |
| 商场、公共娱乐场所、健身体育场所 | 1.40 | 1.50 | 1.60 |
| 医院 | 1.30 | 1.40 | 1.50 |
| 旅馆、餐厅 | 1.10 | 1.20 | 1.30 |
| 车间 | 1.10 | 1.20 | 1.50 |
| 其他民用工程 | 1.10 | 1.20 | — |

**5.1.7** 设置有固定座位的电影院、礼堂等的观众厅,其疏散走道、疏散出口等应符合下列规定:

**1** 厅内的疏散走道净宽应按通过人数每100人不小于0.80m计算,且不宜小于1.00m;边走道的净宽不小于0.80m;

**2** 厅的疏散出口和厅外疏散走道的总宽度,平坡地面应分别按通过人数每100人不小于0.65m计算,阶梯地面应分别按通过人数每100人不小于0.80m计算;疏散出口和疏散走道的净宽均不应小于1.40m;

**3** 观众厅座位的布置,横走道之间的排数不宜大于20排;纵走道之间每排座位不宜大于22个;当前后排座位的排距不小于0.90m时,每排座位可为44个;只一侧有纵走道时,其座位数应减半;

**4** 观众厅每个疏散出口的疏散人数平均不应大于250人;

**5** 观众厅的疏散门,宜采用推闩式外开门。

**5.1.8** 公共疏散出口处内、外1.40m范围内不应设置踏步,门必须向疏散方向开启,且不应设置门槛。

**5.1.9** 地下商店每个防火分区的疏散人数,应按该防火分区内营业厅使用面积乘以面积折算值和疏散人数换算系数确定。面积折算值宜为70%,疏散人数换算系数应按表5.1.9确定。经营丁、戊类物品的专业商店,可按上述确定的人数减少50%。

表5.1.9 地下商店营业厅内的疏散人数换算系数(人/m²)

| 楼层位置 | 地下一层 | 地下二层 |
|---|---|---|
| 换算系数 | 0.85 | 0.80 |

**5.1.10** 歌舞娱乐放映游艺场所最大容纳人数应按该场所建筑面积乘以人员密度指标来计算,其人员密度指标应按下列规定确定:

**1** 录像厅、放映厅人员密度指标为1.0人/m²;

**2** 其他歌舞娱乐放映游艺场所人员密度指标为0.5人/m²。

## 5.2 楼梯、走道

**5.2.1** 设有下列公共活动场所的人防工程,当底层室内地面与室外出入口地坪高差大于10m时,应设置防烟楼梯间;当地下为两层,且地下第二层的室内地面与室外出入口地坪高差不大于10m时,应设置封闭楼梯间。

**1** 电影院、礼堂;

**2** 建筑面积大于500m²的医院、旅馆;

**3** 建筑面积大于1000m²的商场、餐厅、展览厅、公共娱乐场所、健身体育场所。

**5.2.2** 封闭楼梯间应采用不低于乙级的防火门;封闭楼梯间的地面出口可用于天然采光和自然通风,当不能采用自然通风时,应采用防烟楼梯间。

**5.2.3** 人民防空地下室的疏散楼梯间,在主体建筑地面首层应采用耐火极限不低于2h的隔墙与其他部位隔开并应直通室外;当必须在隔墙上开门时,应采用不低于乙级的防火门。

人民防空地下室与地上层不应共用楼梯间;当必须共用楼梯间时,应在地面首层与地下室的入口处,设置耐火极限不低于2h的隔墙和不低于乙级的防火门隔开,并应有明显标志。

**5.2.4** 防烟楼梯间前室的面积不应小于6m²;当与消防电梯间合用前室时,其面积不应小于10m²。

**5.2.5** 避难走道的设置应符合下列规定:

**1** 避难走道直通地面的出口不应少于2个,并应设置在不同方向;当避难走道只与一个防火分区相通时,避难走道直通地面的出口可设置一个,但该防火分区至少应有一个不通向该避难走道的安全出口;

**2** 通向避难走道的各防火分区人数不等时,避难走道的净宽不应小于设计容纳人数最多一个防火分区通向避难走道各安全出口最小净宽之和;

**3** 避难走道的装修材料燃烧性能等级应为A级;

**4** 防火分区至避难走道入口处应设置前室,前室面积不应小于6m²,前室的门应为甲级防火门;其防烟应符合本规范第6.2节的规定;

**5** 避难走道的消火栓设置应符合本规范第7章的规定;

**6** 避难走道的火灾应急照明应符合本规范第8.2节的规定;

**7** 避难走道应设置应急广播和消防专线电话。

**5.2.6** 疏散走道、疏散楼梯和前室,不应有影响疏散的突出物;疏散走道应减少曲折,走道内不宜设置门槛、阶梯;疏散楼梯的阶梯不宜采用螺旋楼梯和扇形踏步,但踏步上下两级所形成的平面角小于10°,且每级离扶手0.25m处的踏步宽度大于0.22m时,可不受此限。

**5.2.7** 疏散楼梯在各层的位置不应改变;各层人数不等时,其宽度应按该层及以下层中通过人数最多的一层计算。

# 6 防烟、排烟和通风、空气调节

## 6.1 一般规定

**6.1.1** 人防工程下列部位应设置机械加压送风防烟设施:

**1** 防烟楼梯间及其前室或合用前室;

**2** 避难走道的前室。

**6.1.2** 下列场所除符合本规范第6.1.3条和第6.1.4条的规定外,应设置机械排烟设施:

**1** 总建筑面积大于 200m² 的人防工程；

**2** 建筑面积大于 50m²，且经常有人停留或可燃物较多的房间；

**3** 丙、丁类生产车间；

**4** 长度大于 20m 的疏散走道；

**5** 歌舞娱乐放映游艺场所；

**6** 中庭。

**6.1.3** 丙、丁、戊类物品库宜采用密闭防烟措施。

**6.1.4** 设置自然排烟设施的场所，自然排烟口底部距室内地面不应小于 2m，并应常开或发生火灾时能自动开启，其自然排烟口的净面积应符合下列规定：

**1** 中庭的自然排烟口净面积不应小于中庭地面面积的 5%；

**2** 其他场所的自然排烟口净面积不应小于该防烟分区面积的 2%。

## 6.2 机械加压送风防烟及送风量

**6.2.1** 防烟楼梯间送风系统的余压值应为（40～50）Pa，前室或合用前室送风系统的余压值应为（25～30）Pa。防烟楼梯间、防烟前室或合用前室的送风量应符合下列规定：

**1** 当防烟楼梯间和前室或合用前室分别送风时，防烟楼梯间的送风量不应小于 16000m³/h，前室或合用前室的送风量不应小于 13000m³/h；

**2** 当前室或合用前室不直接送风时，防烟楼梯间的送风量不应小于 25000m³/h，并应在防烟楼梯间和前室或合用前室的墙上设置余压阀。

注：楼梯间及其前室或合用前室的门按 1.5m×2.1m 计算，当采用其他尺寸的门时，送风量应根据门的面积按比例修正。

**6.2.2** 避难走道的前室送风余压值应为（25～30）Pa，机械加压送风量应按前室入口门洞风速（0.7～1.2）m/s 计算确定。

避难走道的前室宜设置条缝送风口，并应靠近前室入口门，且通向避难走道的前室两侧宽度均应大于门洞宽度 0.1m（图 6.2.2）。

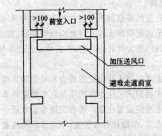

图 6.2.2 避难走道前室加压送风口布置图

**6.2.3** 避难走道的前室、防烟楼梯间及其前室或合用前室的机械加压送风系统宜分别设置。当需要共用系统时，应在支风管上设置压差自动调节装置。

**6.2.4** 避难走道的前室、防烟楼梯间及其前室或合用前室的排风应设置余压阀，并应按本规范第 6.2.1 条的规定值整定。

**6.2.5** 机械加压送风机可采用普通离心式、轴流式或斜流式风机。风机的全压值除应计算最不利环管路的压头损失外，其余压值应符合本规范第 6.2.1 条的规定。

**6.2.6** 机械加压送风系统送风口的风速不宜大于 7m/s。

**6.2.7** 机械加压送风系统和排烟补风系统应采用室外新风，采风口与排烟口的水平距离宜大于 15m，并宜低于排烟口。当采风口与排烟口垂直布置时，宜低于排烟口 3m。

## 6.3 机械排烟及排烟量

**6.3.1** 机械排烟时，排烟风机和风管的风量计算应符合下列规定：

**1** 担负一个或两个防烟分区排烟时，应按该部分面积每平方米不小于 60m³/h 计算，但排烟风机的最小排烟风量不应小于 7200m³/h；

**2** 担负三个或三个以上防烟分区排烟时，应按其中最大防烟分区面积每平方米不小于 120m³/h 计算；

**3** 中庭体积小于或等于 17000m³ 时，排烟量应按其体积的 6 次/h 换气计算；中庭体积大于 17000m³ 时，其排烟量应按其体积的 4 次/h 换气计算，但最小排烟风量不应小于 102000m³/h。

**6.3.2** 排烟区应有补风措施，并应符合下列要求：

**1** 当补风通路的空气阻力不大于 50Pa 时，可采用自然补风；

**2** 当补风通路的空气阻力大于 50Pa 时，应设置火灾时可转换成补风的机械送风系统或单独的机械补风系统，补风量不应小于排烟量的 50%。

**6.3.3** 机械排烟系统宜单独设置或与工程排风系统合并设置。当合并设置时，应采取在火灾发生时能将排风系统自动转换为排烟系统的措施。

## 6.4 排 烟 口

**6.4.1** 每个防烟分区内必须设置排烟口，排烟口应设置在顶棚或墙面的上部。

**6.4.2** 排烟口宜在该防烟分区内均匀布置，并应与疏散出口的水平距离大于 2m，且与该分区内最远点的水平距离不应大于 30m。

**6.4.3** 排烟口可单独设置，也可与排风口合并设置；排烟口的总排烟量应按该防烟分区面积每平方米不小于 60m³/h 计算。

**6.4.4** 排烟口的开闭状态和控制应符合下列要求：

**1** 单独设置的排烟口，平时应处于关闭状态；其控制方式可采用自动或手动开启方式；手动开启装置的位置应便于操作；

**2** 排风口和排烟口合并设置时，应在排风口或排风口所在支管设置自动阀门；该阀门必须具有防火功能，并应与火灾自动报警系统联动；火灾时，着火防烟分区内的阀门仍应处于开启状态，其他防烟分区内的阀门应全部关闭。

**6.4.5** 排烟口的风速不宜大于 10m/s。

## 6.5 机械加压送风防烟管道和排烟管道

**6.5.1** 机械加压送风防烟管道和排烟管道内的风速，当采用金属风道或内表面光滑的其他材料风道时，不宜大于 20m/s；当采用内表面抹光的混凝土或砖砌风道时，不宜大于 15m/s。

**6.5.2** 机械加压送风防烟管道、排烟管道、排烟口和排烟阀等必须采用不燃材料制作。

排烟管道与可燃物的距离不应小于 0.15m，或应采取隔热防火措施。

**6.5.3** 排烟管道的厚度应按现行国家标准《通风与空调工程施工质量验收规范》GB 50243 的规定执行，但当金属风道为钢制风道时，钢板厚度不应小于 1mm。

**6.5.4** 机械加压送风防烟管道和排烟管道不宜穿过防火墙。当需要穿过时，过墙处应符合下列规定：

**1** 防烟管道应设置温度大于 70℃ 时能自动关闭的防火阀；

**2** 排烟管道应设置温度大于 280℃ 时能自动关闭的防火阀。

**6.5.5** 人防工程内厨房的排油烟管道宜按防火分区设置，且在与垂直排风管连接的支管处应设置动作温度为 150℃ 的防火阀。

## 6.6 排 烟 风 机

**6.6.1** 排烟风机可采用普通离心式风机或排烟轴流风机；排烟风机及其进出口软接头应在烟气温度 280℃ 时能连续工作 30min。排烟风机必须采用不燃材料制作。排烟风机入口处的总管上应设置当烟气温度超过280℃时能自动关闭的排烟防火阀,该阀应与排烟风机联锁,当阀门关闭时,排烟风机应能停止运转。

**6.6.2** 排烟风机可单独设置或与排风机合并设置;当排烟风机与排风机合并设置时,宜选用变速风机。

**6.6.3** 排烟风机的全压应按排烟系统最不利环管路进行计算,排烟量应按本规范第6.3.1条计算确定,并应增加10%。

**6.6.4** 排烟风机的安装位置,宜处于排烟区的同层或上层。排烟管道宜顺气流方向向上或水平敷设。

**6.6.5** 排烟风机应与排烟口联动,当任何一个排烟口、排烟阀开启或排风口转为排烟口时,系统应转为排烟工作状态,排烟风机应自动转换为排烟工况;当烟气温度大于280℃时,排烟风机应随设置于风机入口处防火阀的关闭而自动关闭。

### 6.7 通风、空气调节

**6.7.1** 电影院的放映机室宜设置独立的排风系统。当需要合并设置时,通向放映机室的风管应设置防火阀。

**6.7.2** 设置气体灭火设备的房间,应设置有排除废气的排风装置;与该房间连通的风管应设置自动阀门,火灾发生时,阀门应自动关闭。

**6.7.3** 通风、空气调节系统的管道宜按防火分区设置。当需要穿过防火分区时,应符合本规范第6.7.6条的规定。穿过防火分区前、后0.2m范围内的钢板通风管道,其厚度不应小于2mm。

**6.7.4** 通风、空气调节系统的风机及风管应采用不燃材料制作,但接触腐蚀性气体的风管及柔性接头可采用难燃材料制作。

**6.7.5** 风管和设备的保温材料应采用不燃材料;消声、过滤材料及粘结剂应采用不燃材料或难燃材料。

**6.7.6** 通风、空气调节系统的风管,当出现下列情况之一时,应设置防火阀:

1 穿过防火分区处;

2 穿过设置有防火门的房间隔墙或楼板处;

3 每层水平干管同垂直总管的交接处水平管段上;

4 穿越防火分区处,且该处又是变形缝时,应在两侧各设置一个。

**6.7.7** 火灾发生时,防火阀的温度熔断器或与火灾探测器等联动的自动关闭装置一经动作,防火阀应能自动关闭。温度熔断器的动作温度宜为70℃。

**6.7.8** 防火阀应设置单独的支、吊架。当防火阀暗装时,应在防火阀安装部位的吊顶或隔墙上设置检修口,检修口不宜小于0.45m×0.45m。

**6.7.9** 当通风系统中设置电加热器时,通风机应与电加热器联锁;电加热器前、后0.8m范围内,不应设置消声器、过滤器等设备。

# 7 消防给水、排水和灭火设备

## 7.1 一般规定

**7.1.1** 消防用水可由市政给水管网、水源井、消防水池或天然水源供给。利用天然水源时,应确保枯水期最低水位时的消防用水量,并应设置可靠的取水设施。

**7.1.2** 采用市政给水管网直接供水,当消防用水量达到最大时,其水压应满足室内最不利点灭火设备的要求。

## 7.2 灭火设备的设置范围

**7.2.1** 下列人防工程和部位应设置室内消火栓:

1 建筑面积大于300m²的人防工程;

2 电影院、礼堂、消防电梯间前室和避难走道。

**7.2.2** 下列人防工程和部位宜设置自动喷水灭火系统;当有困难时,也可设置局部应用系统,局部应用系统应符合现行国家标准《自动喷水灭火系统设计规范》GB 50084的有关规定。

1 建筑面积大于100m²,且小于或等于500m²的地下商店和展览厅;

2 建筑面积大于100m²,且小于或等于1000m²的影剧院、礼堂、健身体育场所、旅馆、医院等;建筑面积大于100m²,且小于或等于500m²的丙类库房。

**7.2.3** 下列人防工程和部位应设置自动喷水灭火系统:

1 除丁、戊类物品库房和自行车库外,建筑面积大于500m²丙类库房和其他建筑面积大于1000m²的人防工程;

2 大于800个座位的电影院和礼堂的观众厅,且吊顶下表面至观众席室内地面高度不大于8m时;舞台使用面积大于200m²时;观众厅与舞台之间的台口宜设置防火幕或水幕分隔;

3 符合本规范第4.4.3条第2款规定的防火卷帘;

4 歌舞娱乐放映游艺场所;

5 建筑面积大于500m²的地下商店和和展览厅;

6 燃油或燃气锅炉房和装机总容量大于300kW柴油发电机房。

**7.2.4** 下列部位应设置气体灭火系统或细水雾灭火系统:

1 图书、资料、档案等特藏库房;

2 重要通信机房和电子计算机机房;

3 变配电室和其他特殊重要的设备房间。

**7.2.5** 营业面积大于500m²的餐饮场所,其烹饪操作间的排油烟罩及烹饪部位应设置自动灭火装置,且应在燃气或燃油管道上设置紧急事故自动切断装置。

**7.2.6** 人防工程应配置灭火器,灭火器的配置设计应符合现行国家标准《建筑灭火器配置设计规范》GB 50140的有关规定。

## 7.3 消防用水量

**7.3.1** 设置室内消火栓、自动喷水等灭火设备的人防工程,其消防用水量应按需要同时开启的上述设备用水量之和计算。

**7.3.2** 室内消火栓用水量,应符合表7.3.2的规定。

**表 7.3.2 室内消火栓最小用水量**

| 工程类别 | 体积 V (m³) | 同时使用水枪数量 (支) | 每支水枪最小流量 (L/s) | 消火栓用水量 (L/s) |
|---|---|---|---|---|
| 展览厅、影剧院、礼堂、健身体育场所等 | V≤1000 | 1 | 5 | 5 |
| | 1000<V≤2500 | 2 | 5 | 10 |
| | V>2500 | 3 | 5 | 15 |
| 商场、餐厅、旅馆、医院等 | V≤5000 | 1 | 5 | 5 |
| | 5000<V≤10000 | 2 | 5 | 10 |
| | 10000<V≤25000 | 3 | 5 | 15 |
| | V>25000 | 4 | 5 | 20 |
| 丙、丁、戊类生产车间、自行车库 | ≤2500 | 1 | 5 | 5 |
| | >2500 | 2 | 5 | 10 |
| 丙、丁、戊类物品库房、图书资料档案库 | ≤3000 | 1 | 5 | 5 |
| | >3000 | 2 | 5 | 10 |

注:消防软管卷盘的用水量可不计入消防用水量中。

**7.3.3** 人防工程内自动喷水灭火系统的用水量,应按现行国家标准《自动喷水灭火系统设计规范》GB 50084的有关规定执行。

## 7.4 消防水池

**7.4.1** 具有下列情况之一者应设置消防水池:

1 市政给水管道、水源井或天然水源不能满足消防用水量;

2 市政给水管道为枝状或人防工程只有一条进水管。

**7.4.2** 消防水池的设置应符合下列规定:

1 消防水池的有效容积应满足在火灾延续时间内室内消防用水总量的要求;火灾延续时间应符合下列规定:

1)建筑面积小于3000m²的单建掘开式、坑道、地道人防工程消火栓灭火系统火灾延续时间应按 1h 计算；

2）建筑面积大于或等于 3000m² 的单建掘开式、坑道、地道人防工程消火栓灭火系统火灾延续时间应按 2h 计算；改建人防工程有困难时，可按 1h 计算；

3）防空地下室消火栓灭火系统的火灾延续时间应与地面工程一致；

4）自动喷水灭火系统火灾延续时间应符合现行国家标准《自动喷水灭火系统设计规范》GB 50084 的有关规定；

**2** 消防水池的补水量应经计算确定，补水管的设计流速不宜大于 2.5m/s；在火灾情况下能保证连续向消防水池补水时，消防水池的容积可减去火灾延续时间内补充的水量；

**3** 消防水池的补水时间不应大于 48h；

**4** 消防用水与其他用水合用的水池，应有确保消防用水量的措施；

**5** 消防水池可设置在人防工程内，也可设置在人防工程外，严寒和寒冷地区的室外消防水池应有防冻措施；

**6** 容积大于 500m³ 的消防水池，应分成两个能独立使用的消防水池。

### 7.5 水泵接合器和室外消火栓

**7.5.1** 当人防工程内消防用水总量大于 10L/s 时，应在人防工程外设置水泵接合器，并应设置室外消火栓。

**7.5.2** 水泵接合器和室外消火栓的数量，应按人防工程内消防用水总量确定，每个水泵接合器和室外消火栓的流量应按（10～15）L/s 计算。

**7.5.3** 水泵接合器和室外消火栓应设置在便于消防车使用的地点，距人防工程出入口不宜小于 5m；室外消火栓距路边不宜大于 2m，水泵接合器与室外消火栓的距离不应大于 40m。

水泵接合器和室外消火栓应有明显的标志。

### 7.6 室内消防给水管道、室内消火栓和消防水箱

**7.6.1** 室内消防给水管道的设置应符合下列规定：

**1** 室内消防给水管道宜与其他用水管道分开设置；当有困难时，消火栓给水管道可与其他给水管道合用，但当其他用水达到最大小时流量时，应仍能供应全部消火栓的消防用水量；

**2** 当室内消火栓总数大于 10 个时，其给水管道应布置成环状，环状管网的进水管宜设置两条，当其中一条进水管发生故障时，另一条应仍能供应全部消火栓的消防用水量；

**3** 在同层的室内消防给水管道，应采用阀门分成若干独立段，当某段损坏时，停止使用的消火栓数不应大于 5 个；阀门应有明显的启闭标志；

**4** 室内消火栓给水管道应与自动喷水灭火系统的给水管道分开独立设置。

**7.6.2** 室内消火栓的设置应符合下列规定：

**1** 室内消火栓的水枪充实水柱应通过水力计算确定，且不应小于 10m；

**2** 消火栓栓口的出水压力大于 0.50MPa 时，应设置减压装置；

**3** 室内消火栓的间距应由计算确定，当保证同层相邻有两支水枪的充实水柱同时到达被保护范围内的任何部位时，消火栓的间距不应大于 30m；当保证有一支水枪的充实水柱到达室内任何部位时，不应大于 50m；

**4** 室内消火栓应设置在明显易于取用的地点，消火栓的出水方向宜向下或与设置消火栓的墙面相垂直；栓口离室内地面高度宜为 1.1m；同一工程内应采用统一规格的消火栓、水枪和水带，每根水带长度不应大于 25m；

**5** 设置有消防水泵给水系统的每个消火栓处，应设置直接启动消防水泵的按钮，并应有保护措施；

**6** 室内消火栓处应同时设置消防软管卷盘，其安装高度应便于使用，栓口直径宜为 25mm，喷嘴口径不宜小于 6mm，配备的胶带内径不宜小于 19mm。

**7.6.3** 单建掘开式、坑道式、地道式人防工程当不能设置高位消防水箱时，宜设置气压给水装置。气压罐的调节容积：消火栓系统不应小于 300L，喷淋系统不应小于 150L。

### 7.7 消防水泵

**7.7.1** 室内消火栓给水系统和自动喷水灭火系统，应分别独立设置供水泵；供水泵应设置备用泵，备用泵的工作能力不应小于最大一台供水泵。

**7.7.2** 每台消防水泵应设置独立的吸水管，并宜采用自灌式吸水，吸水管上应设置阀门，出水管上应设置试验和检查用的压力表和放水阀门。

### 7.8 消防排水

**7.8.1** 设置有消防给水的人防工程，必须设置消防排水设施。

**7.8.2** 消防排水设施宜与生活排水设施合并设置，兼作消防排水的生活污水泵（含备用泵），总排水量应满足消防排水量的要求。

# 8 电  气

### 8.1 消防电源及其配电

**8.1.1** 建筑面积大于 5000m² 的人防工程，其消防用电应按一级负荷要求供电；建筑面积小于或等于 5000m² 的人防工程可按二级负荷要求供电。

消防疏散照明和消防备用照明可用蓄电池作备用电源，其连续供电时间不应少于 30min。

**8.1.2** 消防控制室、消防水泵、消防电梯、防烟风机、排烟风机等消防用电设备应采用两路电源或两回路供电线路供电，并应在最末一级配电箱处自动切换。

当采用柴油发电机组作备用电源时，应设置自动启动装置，并应能在 30s 内供电。

**8.1.3** 消防用电设备的供电回路应引自专用消防配电柜或专用供电回路。其配电和控制线路宜按防火分区划分。

**8.1.4** 消防配电设备应采用防潮、防霉型产品；电缆、电线应选用铜芯线；蓄电池应采用封闭型产品。

**8.1.5** 消防用电设备的配电线路应符合下列规定：

**1** 当采用暗敷设时，应穿在金属管内，并应敷设在不燃烧体结构内，且保护层厚度不应小于 30mm；

**2** 当采用明敷设时，应敷设在金属管或封闭式金属线槽内，并应采取防火保护措施；

**3** 当采用阻燃或耐火电缆时，且敷设在电缆沟、槽、井内时，可不采取防火保护措施；

**4** 当采用矿物绝缘类不燃性电缆时，可直接明敷设；

**5** 消防用电设备的配电线路除矿物绝缘类不燃性电缆外，宜与其他配电线路分开敷设；当敷设在同一电缆沟、井内时，宜分别布置在电缆沟、井的两侧；当敷设在同一线槽内时，应采用不燃隔板分开。

**8.1.6** 消防用电设备、消防配电柜、消防控制箱等应设置有明显标志。

### 8.2 消防疏散照明和消防备用照明

**8.2.1** 消防疏散照明灯应设置在疏散走道、楼梯间、防烟前室、公共活动场所等部位的墙面上部或顶棚下，地面的最低照度不应低于 5 lx。

**8.2.2** 消防疏散标志灯应设置在下列部位：

**1** 有侧墙的疏散走道及其拐角处和交叉口处的墙面上；

**2** 无侧墙的疏散走道的上方；

**3** 疏散出入口和安全出口的上部。

**8.2.3** 歌舞娱乐放映游艺场所、总建筑面积大于 500m² 的商业营业厅等公众活动场所的疏散走道的地面上，应设置能保持视觉连续发光的疏散指示标志，并宜设置灯光型疏散指示标志。当地面照度较大时，可设置蓄光型疏散指示标志。

**8.2.4** 消防疏散指示标志的设置位置应符合下列规定：

**1** 沿墙面设置的疏散标志灯距地面不应大于 1m，间距不应大于 15m；

**2** 设置在疏散走道上方的疏散标志灯的方向指示应与疏散通道垂直，其大小应与建筑空间相协调；标志灯下边缘距室内地面不应大于 2.5m，且应设置在风管等设备管道的下部；

**3** 沿地面设置的灯光型疏散方向标志的间距不宜大于 3m，蓄光型发光标志的间距不宜大于 2m。

**8.2.5** 消防备用照明应设置在避难走道、消防控制室、消防水泵房、柴油发电机室、配电室、通风空调室、排烟机房、电话总机房以及发生火灾时仍需坚持工作的其他房间。其设置应符合下列规定：

**1** 建筑面积大于 5000m² 的人防工程，其消防备用照明照度值宜保持正常照明的照度值；

**2** 建筑面积不大于 5000m² 的人防工程，其消防备用照明的照度值不宜低于正常照明照度值的 50%。

**8.2.6** 消防疏散照明和消防备用照明在工作电源断电后，应能自动投合备用电源。

## 8.3 灯 具

**8.3.1** 人防工程内的潮湿场所应采用防潮型灯具；柴油发电机房的储油间、蓄电池室等房间应采用密闭型灯具；可燃物品库房不应设置卤钨灯等高温照明灯具。

**8.3.2** 卤钨灯、高压汞灯、白炽灯、镇流器等不应直接安装在可燃装修材料或可燃构件上。

**8.3.3** 卤钨灯和大于 100W 的白炽灯泡的吸顶灯、槽灯、嵌入式灯的引入线应采用瓷管、石棉等不燃材料作隔热保护。

开关、插座和照明灯具靠近可燃物时，应采取隔热、散热等保护措施。

## 8.4 火灾自动报警系统、火灾应急广播和消防控制室

**8.4.1** 下列人防工程或部位应设置火灾自动报警系统：

**1** 建筑面积大于 500m² 的地下商店、展览厅和健身体育场所；

**2** 建筑面积大于 1000m² 的丙、丁类生产车间和丙、丁类物品库房；

**3** 重要的通信机房和电子计算机机房，柴油发电机房和变配电室，重要的实验室和图书、资料、档案库房等；

**4** 歌舞娱乐放映游艺场所。

**8.4.2** 火灾自动报警系统和火灾应急广播系统的设计应按现行国家标准《火灾自动报警系统设计规范》GB 50116 的规定执行。

**8.4.3** 设置有火灾自动报警系统、自动喷水灭火系统、机械防烟排烟设施等的人防工程，应设置消防控制室，并应符合本规范第 3.1.9 条和第 4.2.4 条的规定。

**8.4.4** 燃气浓度检测报警器和燃气紧急自动切断阀的设置，应符合现行国家标准《城镇燃气设计规范》GB 50028 的有关规定。

# 本规范用词说明

**1** 为便于在执行本规范条文时区别对待，对要求严格程度不同的用词说明如下：

1)表示很严格，非这样做不可的：

正面词采用"必须"，反面词采用"严禁"；

2)表示严格，在正常情况下均应这样做的：

正面词采用"应"，反面词采用"不应"或"不得"；

3)表示允许稍有选择，在条件许可时首先应这样做的：

正面词采用"宜"，反面词采用"不宜"；

4)表示有选择，在一定条件下可以这样做的，采用"可"。

**2** 条文中指明应按其他有关标准执行的写法为："应符合……的规定"或"应按……执行"。

中华人民共和国国家标准

# 人民防空工程设计防火规范

GB 50098—2009

## 条 文 说 明

# 目 次

# 1 总 则

1.0.1 人防工程是具有特殊功能的地下建筑，其建设使用不但要满足战时的功能需要，贯彻"长期准备、重点建设、平战结合"的战略方针，同时，要与城市的经济建设协调发展，努力适应不断发展变化的新形式。

　　我国人防工程建设面积不断增长，大量的大、中型人防工程相继在全国各地建成，并投入使用，防火设计已积累了较丰富的经验，相关的防火规范相继均进行了修改，故适时修改完善原规范内容，并在人防工程设计中贯彻这些防火要求，对于防止和减少人防工程火灾的危害，保护人身和财产的安全，是十分必要的、及时的。

1.0.2 根据调查统计和当前的实际情况，规定了适用于新建、扩建、改建人防工程平时的使用用途。

　　公共娱乐场所一般指：礼堂、多功能厅、歌舞厅、卡拉 OK 厅（含具有卡拉 OK 功能的餐厅）、夜总会、录像厅、放映厅、桑拿浴室（除洗浴部分外）、游艺厅（含电子游艺厅）、网吧等歌舞娱乐放映游艺场所等；

　　健身体育场所一般指：溜冰馆、游泳馆、体育馆、保龄球馆、射击馆等。

　　为了确保人防工程的安全，人防工程不能用作甲、乙类生产车间和物品库房，只适用于丙、丁、戊类生产车间和物品库房，物品库房包括图书资料档案库和自行车库。

1.0.3 本条规定在工程防火设计中，除了应执行本规范所规定的消防技术要求外，还应遵循国家有关方针、政策。根据人防工程的火灾特点，采取可靠的防火措施。

　　根据人防工程的平时使用情况和火灾特点，在新建、扩建、改建时要做好防火设计，采取可靠措施，利用先进技术，预防火灾发生，一旦发生火灾，做到立足自救，即由工程内部人员利用火灾自动报警系统、自动喷水灭火系统、消防水源、消防排烟设施、消防应急照明等条件，完成疏散和灭火的任务，把火灾扑灭在初期阶段。

1.0.4 人防工程的防火设计涉及面较广，除符合本规范外，国家标准如《人民防空工程设计规范》GB 50225、《人民防空地下室设计规范》GB 50038、《建筑内部装修设计防火规范》GB 50222、《汽车库、修车库和停车场设计防火规范》GB 50067 等都是应当遵循的。

# 2 术 语

2.0.8 本条明确了安全出口的规定。

　　供人员安全疏散用的楼梯间指的是：封闭楼梯间、防烟楼梯间和符合疏散要求的其他楼梯间等。

　　直通室内外安全区域指的是：避难走道、用防火墙分隔的相邻防火分区和符合安全要求的室外地坪等。

2.0.11 本条明确了人防工程防烟楼梯间的规定。

　　防烟楼梯间是在发生火灾时防止烟和热气进入楼梯间的安全措施。通常情况下，由于人防工程布局和防护的特点，其防烟楼梯间的设置很难达到设置自然排烟的条件，正常做法是在楼梯间入口处设置防烟前室，并对楼梯间和前室采取机械加压送风措施，防止烟和热气进入楼梯间，保证疏散安全。

# 3 总平面布局和平面布置

## 3.1 一般规定

3.1.1 本条对人防工程的总平面设计提出了原则的规定。强调了人防工程与城市建设的结合，特别是与消防有关的地面出入口建筑、防火间距、消防水源、消防车道等应充分考虑，以便合理确定人防工程主体及出入口地面建筑的位置。

3.1.2 液化石油气和相对密度（与空气密度的比值）大于或等于0.75 的可燃气体一旦泄漏，极容易积聚在室内地面，不易排出工程外，故明确规定不得在人防工程内使用和储存。

　　闪点小于 60℃的液体，挥发性高，火灾危险性大，故规定不得在人防工程内使用。

3.1.3 婴幼儿、儿童和残疾人员缺乏逃生自救能力，尤其是在人防地下工程疏散更为困难，因此，规定这些场所不应设置在人防工程内。

3.1.4 医院病房里的病人由于病情、体质等因素，疏散比较困难，所以对上述场所的设置层数作出了限制。

3.1.5 歌舞娱乐放映游艺场所发生火灾时，容易造成群死群伤，为保护人身安全，减少财产损失，对这些场所在地下的设置位置作了规定。

　　当设置在地下一层时，如果垂直疏散距离过大，也无法保证人员安全疏散，故规定室内地面与室外出入口地坪高差不应大于10m。

3.1.6 本条规定了平时作为地下商店使用时的具体要求和做法。

　　1 火灾危险性为甲、乙类储存物品属性的商品，极易燃烧，难以扑救，故规定不应经营和储存。

　　2 营业厅不应设置在地下三层及三层以下，主要考虑如果经营和储存的商品数量多，火灾荷载大，再加上垂直疏散距离较长，一旦发生火灾，火灾扑救、烟气排除和人员疏散都较为困难。

　　3 为最大限度减少火灾的危害，同时考虑使用和经营的需要，并参照国外有关标准和我国商场内的人员密度和管理等多方面情况，对地下商店的总建筑面积规定了："当总建筑面积大于20000m² 时，应采用防火墙进行分隔，且防火墙上不得开设门窗洞口"；但考虑到地下人防工程战时需要连通，平时开发使用也需要连通，故对局部需要连通的部位，提出了几种可供选择的防火分隔技术措施。当然在实际工作中，其他能够确保火灾不会通过连通空间蔓延的防火分隔技术措施，经过论证后均可采用。

　　总建筑面积包括营业、储存及其他配套服务等的建筑面积。

3.1.7 本条针对总建筑面积大于 20000m² 时，采取下沉式广场分隔措施的做法提出了具体规定。该规定参照了重庆市地方标准《重庆市大型商业建筑设计防火标准》DJB 50-054-2006 和上海市消防局"关于印发《上海市公共建筑防火分隔消防设计若干规定（暂行）》的通知"（沪消〔2006〕439 号）。

　　下沉式广场防火分隔示意见图 1。

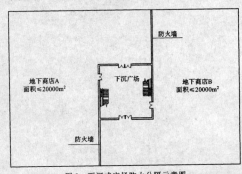

图 1 下沉式广场防火分隔示意图

　　广场内疏散区域的净面积指的是广场内人员应能按疏散方向疏散的区域，不包括如喷水池等建筑小品所占用的面积和商业所占用的面积。

下沉式广场设置防风雨棚示意见图2。

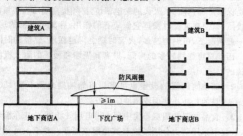

图2 下沉式广场设置防风雨棚示意图

3.1.8 本条针对总建筑面积大于20000m²时,采取防火隔间分隔措施的做法提出了具体规定。该规定参照了重庆市地方标准《重庆市大型商业建筑设计防火标准》DJB 50-054-2006和上海市消防局"关于印发《上海市公共建筑防火分隔消防设计若干规定(暂行)》的通知"(沪消〔2006〕439号)。

防火隔间防火分隔示意见图3。

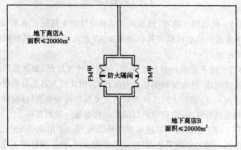

图3 防火隔间防火分隔示意图

防火分区与防火隔间之间设置的常开式甲级防火门,主要用于正常时的连通用,不用于发生火灾时疏散人员用,故不应计入防火分区安全出口的个数和总疏散宽度内,防火分区安全出口的设置应按本规范的有关规定执行。

3.1.9 消防控制室是工程防火、灭火设施的控制中心,也是发生火灾时的指挥中心,值班人员需要在工程内人员基本疏散完后才能最后离开,出入口方便极为重要;故对上述场所设置位置作了规定。

3.1.10 柴油发电机和锅炉的燃料是柴油、重油、燃气等,在采取相应的防火措施,并设置火灾自动报警系统和自动灭火装置后是可以在人防工程内使用的。储油间储油量,燃油锅炉房不应大于1.00m³,柴油发电机房不应大于8h的需要量,其规定是指平时的储油量;战时根据战时的规定确定储油量,不受平时规定的限制;

1 使用燃油、燃气的设备房间有一定的火灾危险性,故需要独立划分防火分区;

2 柴油发电机房与电站控制室属于两个不同的防火分区,故密闭观察窗应达到甲级防火窗的性能,并应符合人防工程密闭的要求;

3 柴油发电机房与电站控制室之间连接通道处的连通门是用于不同防火分区之间分隔用的,除了防护上需要设置密闭门外,需要设置一道甲级防火门,如采用密闭门代替,则其中一道密闭门应达到甲级防火门的性能,由于该门仅操作人员使用,对该门的开启和关闭是熟悉的,故可以采用具有防火功能的密闭门;也可增加设置一道甲级防火门。

3.1.12 油浸电力变压器和油浸电气设备一旦发生故障会造成火灾,这是因为发生故障时会产生电弧,绝缘油在电弧和高温的作用下迅速分解,析出氢气、甲烷和乙烯等可燃气体,压力增加,造成设备外壳破裂,绝缘油流出,析出的可燃气体与空气混合,形成爆炸混合物,在电弧和火花的作用下引起燃烧和爆炸,电力设备外壳破

裂后,高温的绝缘油,流到哪里就烧到哪里,致使火灾扩大蔓延,所以本规范规定不得设置。

3.1.13 大型单建掘开式工程和人民防空地下室在城市繁华地区或广场下,由于受地面规划的限制,直通地面的安全出口数量受到限制,根据已有工程的试设计经验,并参考现行国家标准《高层民用建筑设计防火规范》GB 50045有关"避难层"和"防烟楼梯间"的做法,在工程内设置避难走道,在避难走道内,采取有效的技术措施,解决安全疏散问题;坑道和地道工程,由于受工程性质的限制,也采用上述的办法来加以解决。

3.1.14 汽车库的防火设计,应按照现行国家标准《汽车库、修车库和停车场设计防火规范》GB 50067的规定执行。因为平时使用的人防工程汽车库其防火要求与地下汽车库的防火要求是一致的。

## 3.2 防火间距

3.2.1 本条与相关规范协调一致,所以应执行现行国家标准《建筑设计防火规范》GB 50016的有关规定。

3.2.2 有采光窗井的人防工程其防火间距是按照耐火等级为一级的相应地面建筑所要求的防火间距来考虑的,由于人防工程设置在地下,所以无论人防工程对周围建筑物的影响,还是周围建筑物对人防工程的影响,比起地面建筑相互之间的影响来说都要小,因此按此规定是偏于安全的。

关于排烟竖井,从平时环境保护角度来要求是不允许任意设置的,如较靠近相邻地面建筑物,则排烟竖井应紧贴地面建筑物外墙一直至建筑物的房顶,所以在条文中对"排烟竖井"没有再作出规定。

## 3.3 耐火极限

3.3.1 除本规范有特别规定外,本规范中涉及的各类生产车间、库房、公共场所以及其他用途场所,其耐火极限应按现行国家标准《建筑设计防火规范》GB 50016对相应建筑或场所耐火极限的有关规定执行。

# 4 防火、防烟分区和建筑构造

## 4.1 防火和防烟分区

4.1.1 防火分区之间一般应采用防火墙进行分隔,但有时使用上采用防火墙进行分隔有困难,因此需要采用其他分隔措施,采用防火卷帘分隔是其中措施之一。其他的分隔措施还有防火分隔水幕等。

为了防止火灾的扩大和蔓延,使火灾控制在一定的范围内,减少火灾所带来的损失,人防工程应划分防火分区,防火分区从安全出口处的防火门范围内划分。对于通向地面的安全出口为敞开式或有防风雨棚架,且与相邻地面建筑物的间距等于或大于表3.2.2规定的最小防火间距时,可不设置防火门。

人防工程内的水泵房、水池、厕所、盥洗间等因无可燃物或可燃物甚少,不易产生火灾危险,在划分防火分区时,可将此类房间的面积不计入防火分区的面积之内。

柴油发电机房、锅炉房与各自配套的储油间、水泵间、风机房等,它们均使用液体或气体燃料,所以规定应独立划分防火分区。该防火分区包括柴油发电机房(或锅炉房)和配套的储油间、水泵间、风机房等。

对人防工程内设置旅店、病房、员工宿舍作出了严格的规定,独立的防火分区,且疏散楼梯不得与其他防火分区的疏散楼梯共用,实际上构成了一个独立的工程,目的是与其他防火分区彻底分开,确保人员的安全。

4.1.2 防火分区的划分，既要从限制火灾的蔓延和减少经济损失，又要结合人防工程的使用要求不能过小的角度综合考虑，并做到与相关防火规范相一致，本条规定一个防火分区的最大建筑面积为500m²。当设置有自动灭火系统时，防火分区面积可增加1倍；当局部设置时，增加的面积可按该局部面积的1倍计算。

避难走道由于采取了具体的防火措施，所以它是属于安全区域，不需要划分防火分区，所以在条文中也不作规定。

4.1.3 人防工程内的商业营业厅、展览厅等，从当前实际需要以及人防工程防护单元的划分看，面积控制在2000m²较为合适。

电影院、礼堂等的观众厅，一方面，因功能上的要求，不宜设置防火墙划分防火分区；另一方面，对人防工程来说，像电影院、礼堂这种大厅式工程，规模过大，无论从防火安全上讲，还是从防护上、经济上讲都是不合适的。从上述情况考虑，对人防工程的规模加以限制是必要的。因此规定电影院、礼堂的观众厅作为一个防火分区最大建筑面积不超过1000m²。

溜冰馆的冰场、游泳馆的游泳池、射击馆的靶场区和保龄球馆的球道区等因无可燃物或无人员停留，故可不计入防火分区面积之内。

4.1.4 人防工程内的自行车库属于戊类物品库，摩托车库属于丁类物品库。甲、乙类物品库不准许设置在人防工程内，因为该类物品火灾危险性太大。

4.1.5 在人防工程中，有时因使用功能和空间高度等方面的需要，可能在两层间留有各种开口，如内挑台、走马廊、开敞楼梯和自动扶梯等。火灾时这些开口部位是燃烧蔓延的通道，故本条规定将有开口的上下连通层，作为一个防火分区对待。

4.1.6 该条规定与相关防火规范的规定相一致，对地上与地下相通的中庭，防火分区的面积计算从严规定，以地下防火分区的最大允许建筑面积计算。

本条第2款规定了与中庭的防火分隔可设置甲级防火门或耐火极限不低于3h的防火卷帘，由于中庭的特殊性（不能设置防火墙），故防火卷帘的宽度可根据需要确定。

4.1.7、4.1.8 需设置排烟设施的走道、净高不超过6m的房间，应用挡烟垂壁划分防烟分区。划分防烟分区的目的有两条：一是为了在火灾时，将烟气控制在一定范围内；二是为了提高排烟口的排烟效果。防烟分区用顶棚下突出不小于0.5m的梁和挡烟垂壁、隔墙等来划分。

当顶棚（或顶板）高度为6m时，根据标准发烟量试验得出，在无排烟设施的500m²防烟分区内，着火3min后，从地板到烟层下端的距离为4m，这就可以看出，在规定的疏散时间里，由于顶棚较高，顶棚下积累了烟层后，室内的空间仍在比较安全的范围内，对人员的疏散影响不大。因此，大空间的房间只设一个防烟分区，可不再划分。所以本条规定，当工程的顶棚（或顶板）高度不超过6m时要划分防烟分区。

## 4.2 防火墙和防火分隔

4.2.2 人防工程内发生火灾时，烟和火必然通过各种洞口向其他部位蔓延，所以，防火墙上如开设门、窗、洞口，且不采取防火措施，防火墙就失去了防火分隔作用，因此，在防火墙上不宜设置门、窗、洞口。但因功能需要而必须开设时，应设甲级防火门或窗，并应能自行关闭阻火。当然，防火门的耐火极限如能高些，则与防火墙所要求的耐火极限更能匹配些。但因目前经济技术条件所限，尚不易做到，而实践证明，耐火极限为1.2h的甲级防火门，基本上可满足控制或扑救一般火灾所需要的时间。因此，规定采用甲级防火门、窗。

4.2.3 本条对舞台与观众厅之间的舞台口、电影院放映室（卷片室）、观察窗和放映孔作出规定。

4.2.4 本条规定了采用耐火极限不低于2h的隔墙和1.5h的楼板与其他部位隔开的场所。

1 人防工程内的消防控制室、消防水泵房、排烟机房、灭火剂储瓶室、变配电室、通信机房、通风和空调机房等与消防有关的房间是保障工程内防火、灭火的关键部位，必须提高隔墙和楼板的耐火极限，以便在火灾时发挥它们应有的作用；存放可燃物的房间，在一般情况下，可燃物越多，火灾时燃烧得越猛烈，燃烧的时间越长。因此对可燃物较多的房间，提高其隔墙和楼板的耐火极限是应该的。

2 储油间门槛的设置也可采用将储油间地面下负150mm的做法，目的是防止地面渗漏油的外流。

3 食品加工和厨房等集中用火用电用气场所，火灾危险性较大，故要求采用防火分隔措施与其他部位隔开。对于人员频繁出入的防火门，规范要求设置火灾时能自动关闭的防火门的目的是，一旦发生火灾，确保防火门接到火灾信号后能及时关闭，以免火灾向其他场所蔓延。

4 "一个厅、室"是指一个独立的歌舞娱乐放映游艺场所。将其建筑面积限定在200m²，是为了将火灾限制在一定的区域内，减少人员伤亡。

## 4.3 装修和构造

4.3.1 现行国家标准《建筑内部装修设计防火规范》GB 50222对地下建筑的装修材料有具体的规定，因此人防工程内部装修应按此规范执行。

4.3.2 地下建筑一旦发生火灾，与地面建筑相比，烟和热的排出都比较困难，且火灾燃烧持续时间较长，因此将人防工程的耐火等级定为一级；同时人防工程因战时使用功能的要求，结构都是较厚的钢筋混凝土，它完全可以满足耐火等级一级的要求。

人防工程的出入口地面建筑是工程的一个组成部分，它是人员出入工程的咽喉要地，其防火上的安全性，将直接影响工程主体内人员疏散的安全，如果按地面建筑的耐火等级来划分，则三、四级耐火等级的出入口地面建筑均有燃烧体构件，一旦着火，对工程内的人员安全疏散会造成威胁。出入口数量越少，这种威胁就越大，为了保证人防工程内人员的安全疏散，本规范规定出入口地面建筑的耐火等级不应低于二级。

4.3.3 可燃气体和丙类液体管道不允许穿过防火墙进入另一个防火分区，只允许在一个防火分区内敷设，这是为了确保一旦发生事故，使事故只局限在一个防火分区内。

其他管道如穿越防火墙，管道和墙之间的缝隙是防火的薄弱处，因此，穿越防火墙的管道应用不燃材料制作，管道周围的空隙应紧密填塞。其保温材料应用不燃材料。

4.3.4 楼板是划分垂直方向防火分区的分隔物；设置有防火门、窗的防火墙，是划分水平方向防火分区的分隔物。它们是阻止火灾蔓延的重要分隔物。必须有严格的要求，才能确保在火灾时充分发挥它的阻火作用。管道或管线沟如穿越防火墙或防火隔墙，与墙之间的缝隙是防火的薄弱处，因此，穿越防火墙或防火隔墙的管道应用不燃材料制作，管道周围的空隙应紧密填塞。其保温材料应用不燃材料。

4.3.5 变形缝在火灾时有拔火作用，一般地下室的变形缝是与它上面的建筑物的变形缝相通的，所以一旦着火，烟气会通过变形缝等竖向缝隙向地面建筑蔓延，因此变形缝的表面装饰层不应采用可燃材料，基层亦应采用不燃材料。

## 4.4 防火门、窗和防火卷帘

4.4.1 防火门、防火窗是进行防火分隔的措施之一，要求能隔绝烟火，它对防止火灾蔓延，减少火灾损失关系很大，我国将防火门、窗定为甲、乙、丙三级。

4.4.2 根据近年来的火灾案例和相关规范的规定，对本条进行了修改。

1 安全出口位于防火分区分隔处时，应采用甲级防火门分隔,是考虑到防火卷帘不十分可靠,在发生火灾时,有群死群伤在防火卷帘处的案例教训,故规定此款;但考虑到建筑平面布局上的需要,完全禁止用防火卷帘也不可行,故又规定当采用防火卷帘时,必须在旁边设置甲级防火门。

**2** 疏散门是供人员疏散用,包括设置在人防工程内各房间通向疏散走道的门或安全出口的门。为避免在发生火灾时,由于人群惊慌拥挤而压紧内开门扇,使其无法开启,疏散门应向疏散方向开启;当一些场所人员较少,且对环境及门的开启形式比较熟悉时,疏散门的开启方向可不限。防火门在关闭后能从任何一侧手动开启,是考虑在关闭后可能仍有个别人员未能在关闭前疏散,及外部人员进入着火区进行扑救的需要。用于疏散楼梯和主要通道上的防火门,为达到迅速安全疏散的目的,应使防火门向疏散方向开启。许多火灾实例说明,由于门不向疏散方向开启,在紧急疏散时,使人员堵塞在门前,以致造成重大伤亡。

**3** 人员频繁出入的防火门,如采用常闭的防火门,往往无法保持常闭状态,且可能遭到破坏,故规定采用常开的防火门更实际、可行,但在发生火灾时,应具有自行关闭和信号反馈的功能;人员不频繁出入或正常情况下不出入人员的防火门,正常情况下可处于关闭状态,故采用常闭防火门是合适的。

**4** 防护门、防护密闭门或密闭门不便于紧急情况下开启,故明确规定,在公共场所不得采用具有防火功能的防护门、防护密闭门或密闭门代替。公共场所指的是:对工程内部环境不熟悉的人均可进入的场所,如商场、展览厅、歌舞娱乐放映游艺场所等。

对非公共场所的专用人防工程,则没有限制使用,因为工程内的工作人员对具有防火功能的防护门、防护密闭门或密闭门开启和关闭的使用比较熟悉、了解,不会发生无法开启和关闭的情况。

**5** 要求常开的防火门具有信号反馈功能,是为了使消防值班人员能知道常开防火门的开启情况。

**4.4.3** 本条主要是针对一些大型人防工程,面积较大,考虑到使用上的需要,在确实难以采用防火墙进行分隔的部位允许采用防火卷帘代替防火墙。但本条对防火卷帘代替防火墙的设置宽度、防火卷帘的耐火极限、防火卷帘安装部位周围缝隙的封堵,以及防火卷帘信号反馈等内容作出了具体规定,其目的是提高防火卷帘作为防火分隔物的可靠性。

防火分隔部位指的是相邻防火分区之间需要进行防火分隔的地方。

# 5 安全疏散

## 5.1 一般规定

**5.1.1** 人防工程安全疏散是一个非常重要的问题。

**1** 人防工程处在地下,发生火灾时,会产生高温浓烟,且人员疏散方向与烟气的扩散方向有可能相同,人员疏散较为困难。另外排烟和进风完全依靠机械排烟和进风,因此规定每个防火分区安全出口数量不应少于2个。这样当其中一个出口被烟火堵住时,人员还可由另一个出口疏散出去。

**2** 当人防工程的规模有2个或2个以上的防火分区时,由于人防工程受环境及其他条件限制,有可能满足不了一个防火分区有两个出口都通向室外的疏散出口、直通室外的疏散楼梯间(包括封闭楼梯间和防烟楼梯间)或避难走道,故规定每个防火分区要确保有一个,相邻防火分区上设置的连通口可作为第二安全出口。考虑到大于1000m² 的商业营业厅和展览厅人员较多,故规定不得少于2个。避难走道和直通室外的疏散楼梯间从安全性来讲与直通室外的疏散口是等同的。

规定通向室外的疏散出口、直通室外的疏散楼梯间或避难走道等疏散出口的宽度之和不应小于本规范第5.1.6条规定的安全出口总宽度的70%,目的是防止设计人员将防火分区之间的连通

疏散口开设较大,而通向室外的疏散出口、直通室外的疏散楼梯间或避难走道等的宽度开设较小。规定安全出口总宽度70%的理由是:根据第5.1.6条疏散宽度的计算和最小净宽的规定,室内地面与室外出入口地坪高差不大于10m的防火分区,疏散宽度指标为0.75m/百人;该疏散宽度指标已经具有50%的安全系数,故在发生火灾的特殊情况下,70%的安全出口总宽度是可以在3min的疏散时间内将所有人员疏散至非相邻防火分区的安全区域。

人防工程的地下各层一般是由若干个防火分区组成,人员疏散是按每个防火分区分别计算,当相邻防火分区共用一个非相邻防火分区之间的安全出口时,该安全出口的宽度可分别计算到各相邻防火分区安全出口的总宽度内。地下各层不需要计算各层的安全出口总宽度。

**3** 竖井爬梯疏散比较困难,故对建筑面积和容纳人数都有严格限制,增加了防火分区通向竖井处设置有不低于乙级的常闭防火门,用来阻挡烟气进入竖井。

**4** 通风和空调机室、排风排烟室、变配电室、库房等建筑面积不超过200m² 的房间,如设置为独立的防火分区,考虑到房间内的操作人员很少,一般不会超过3人,而且他们很熟悉内部疏散环境,设置一个通向相邻防火分区的防火门,对人员的疏散是不会有问题的,同时也符合当前工程的实际情况。

**5.1.2** 对于建筑面积不大于50m² 的房间,一般人员数量较少,疏散比较容易,所以可设置一个疏散出口。

**5.1.3** 歌舞娱乐放映游艺场所内的房间如果设置在袋形走道的两侧或尽端,不利于人员疏散。

歌舞娱乐放映游艺场所,一个厅、室的出口不应少于2个的规定,是考虑到当其中一个疏散出口被烟火封堵时,人员可以通过另一个疏散出口逃生。对于建筑面积小于50m² 的厅、室,面积不大,人员数量较少,疏散比较容易,所以可设置一个疏散出口。

**5.1.4** 本条规定安全出口宜按不同方向分散设置,目的是为了避免因为安全出口之间距离太近形成人员疏散集中在一个方向,造成人员拥挤;还可能由于出口同时被烟火堵住,使人员不能脱离危险地区造成重大伤亡事故。故本条规定同方向设置时,两个安全出口之间的距离不应小于5m。

**5.1.5** 疏散距离是根据允许疏散时间和人员疏散速度确定的。由于工程中人员密度不同、疏散人员类型不同、工程类型不同及照明条件不同等,所以规定的安全疏散距离也有一定幅度的变化。

**1** 房间内最远点至房间门口的距离不应大于15m,这一条是限制房间面积的。

**2** 平时使用的人防医院,主要是用于外科手术室和急诊病人的临时观察室等,有行动不便的人员,故将安全疏散距离定为24m。

旅馆内可燃物较多,进入的人员不固定,人员进入人防工程后,一般分不清方位,不易找到安全出口,尤其在睡觉以后发生火灾,疏散迟缓,所以安全疏散距离定为30m。

其他工程(如商业营业厅、餐厅、展览厅、生产车间等)均为人们白天活动场所,安全疏散距离定为40m。

袋形走道两侧或尽端房间的最大距离定为上述距离的一半,因为疏散方向只有一个,走错了方向,还要返回。袋形走道安全疏散距离示意图见图4。

图 4 袋形走道安全疏散距离示意
a—位于两个安全出口之间的房间门至最近安全出口的距离;
b—位于袋形走道两侧或尽端的房间门至最近安全出口的距离;
c—房间内最远一点至门口的距离

**3** 对观众厅、展览厅、多功能厅、餐厅、营业厅和阅览室等，其室内任意一点到最近安全出口的直线距离可按没有设置座位、展板、餐桌、营业柜等来计算直线距离。

**5.1.6** 人员从着火的防火分区全部疏散出该防火分区的时间要求在 3min 内完成，根据实测数据，阶梯地面每股人流每分钟通过能力为 37 人，单股人流的疏散宽度为 550mm，则每股人流 3min 可疏散 111 人，人防工程均按最不利条件考虑，即均按阶梯地面来计算，其疏散宽度指标为 0.55m/111 人＝0.5m/百人，为了确保人员的疏散安全，增加 50% 的安全系数，则一般情况下的疏散宽度指标为 0.75m/百人；对使用层地面与室外出入口地坪高差超过 10m 的防火分区，再加大安全系数，安全系数取 100%，则疏散宽度指标为 1.00m/百人。

人员密集的厅、室以及歌舞娱乐放映游艺场所，疏散宽度指标的规定与相关规范相一致。

**5.1.7** 在电影院、礼堂内设置固定座位是为了控制使用人数，遇有火灾时，由于人员较多，疏散较为困难，为有利于疏散，对座位之间的纵横走道净宽作了必要的规定。

**5.1.8** 为了保证疏散时的畅通，防止人员跌倒造成堵塞疏散出口，制定本规定。

**5.1.9** 人防工程的结构所占面积比一般地下建筑多，且不同抗力等级的工程所占的比例不同，掘开式工程和坑道、地道式工程所占的比例也不同，为了在工程设计中便于操作，本规范不采用"营业厅的建筑面积"，采用了"营业厅的使用面积"作为基础计算依据，按该防火分区内营业厅的使用面积乘以面积折算值和疏散人数换算系数确定。面积折算值根据工程实际使用情况取 70%。

本条所指的"防火分区内营业厅使用面积"包括营业厅内展示货架、柜台、走道等所占用的使用面积，对于处于与营业厅同一个防火分区内的仓储间、设备间、工具间、办公室等房间，则分别计算疏散人数。

本条计算出的疏散人数就是设计容纳人数。

经营丁、戊类物品的专业商店，设计容纳人数可减少 50%，主要是考虑到该类专业商店营业厅内顾客较少，且经营的商品是不燃和难燃的物品。

**5.1.10** 为保证歌舞娱乐放映游艺场所人员安全疏散，根据我国实际情况，并参考国外有关标准，规定了这些场所的人数计算指标。

### 5.2 楼梯、走道

**5.2.1** 人防工程发生火灾时，工程内的人员不可能像地面建筑那样还可以通过阳台或外墙上的门窗，依靠云梯等手段救生，只能通过疏散楼梯垂直向上疏散，因此楼梯间必须安全可靠。

本条规定了设置防烟楼梯间和封闭楼梯间的场所。

**5.2.2** 人防工程的封闭楼梯间与地面建筑略有差别，封闭楼梯间连通的层数只有两层，垂直高度不大于 10m，封闭楼梯间全部在地下，只能采用人工采光或由靠近地坪的出口来天然采光，通风同样可由地面出口来实现自然通风。人防工程的封闭楼梯间一般在单建式人防工程和普通板式住宅中能较容易符合本条的要求；对大型建筑的附建式防空地下室，当封闭楼梯间开设在室内时，就不能满足本条要求，则需设置防烟楼梯间。

**5.2.3** 为防止地下层烟气和火焰蔓延到上部其他楼层，同时避免上面人员在疏散时误入地下层，本条对地上层和地下层的分隔措施以及指示标志作出具体规定。

**5.2.4** 本条规定了前室的设置位置和面积指标。

**5.2.5** 避难走道的设置是为了解决坑、地道工程和大型集团式工程防火设计的需要，这类工程或是疏散距离过长，或是直通室外的出口很难根据一般的规定设置，故作了本条规定。

避难走道和防烟楼梯间的作用是相同的，防烟楼梯间是竖向布置的，而避难走道是水平布置的，人员疏散进入避难走道，就可视为进入安全区域，故避难走道不得用于除人员疏散外的其他用途，避难走道的设置示意见图 5。

避难走道在人防工程内可能较长，为确保人员安全疏散，规定了不应少于 2 个直通地面的出口；但对避难走道只与一个防火分区相通时，作出了特殊规定。

通向避难走道的防火分区有若干个，人数也不相等，由于只考虑一个防火分区着火，所以避难走道的净宽不应小于设计容纳人数最多一个防火分区通向避难走道安全出口净宽的总和。另外考虑到各安全出口为了平时使用上的需要，往往净宽超过最小疏散宽度的要求，这样会造成避难走道宽度过宽，所以加了限制性用语，即"各安全出口最小净宽之和"。

为了确保避难走道的安全，所以规定装修材料燃烧性能等级应为 A 级，即不燃材料。

为了便于联系，故要求设置应急广播和消防专线电话。

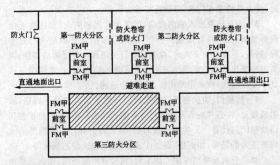

图 5 避难走道的设置示意图

**5.2.6** 为了保证疏散走道、疏散楼梯和前室畅通无阻，防止前室兼作他用，故作此条规定。

螺旋形或扇形踏步由于踏步宽度变化，在紧急疏散时人流密集拥挤，容易使人摔倒，堵塞楼梯，故不应采用。

对于螺旋形楼梯和扇形踏步，其踏步上下两级所形成的平面角不大于 10°，且每级离扶手 0.25m 的地方，其宽度超过 0.22m 时不易发生人员跌跤情况，故不加限制。

**5.2.7** 疏散楼梯间各层的位置不应改变，要上下直通，否则，上下层楼梯位置错动，紧急情况下人员就会找不到楼梯，特别是地下照明差，更会延误疏散时间。二层以上的人防工程，由于使用情况不同，每层人数往往不相等，所以，其宽度应按该层以及以下层中通过人数最多的一层来计算。

# 6 防烟、排烟和通风、空气调节

### 6.1 一般规定

**6.1.1** 本条具体规定了设置机械加压送风防烟设施的部位。

由于防烟楼梯间、避难走道及其前室（或合用前室），在工程一旦发生火灾时，是人员撤离的生命通道和消防人员进行扑救的通行走道，必须确保其各方面的安全，故列为强制性条文。以往的工程实践经验证明，设置机械加压送风，是防止烟气侵入、确保空气质量的最为有效的方法。

防火隔间不用于火灾时的人员疏散，故可不设置机械加压送风防烟。

**6.1.2** 本条具体规定了设置机械排烟设施的部位。

发生火灾时，会产生大量的烟气和热量，如不立即排除，就不能保证人员的安全撤离和消防人员扑救工作的进行，故必须设置机械排烟设施，将烟气和热量很快排除。机械排烟系统一般能在火灾时排出 80% 的热量及绝大部分烟气，是消防救灾必不可少的设施。

总建筑面积大于 200m² 的人防工程，不包括第 6.1.3 条的物品库和第 6.1.4 条的能设置自然排烟设施的场所。

"经常有人停留或可燃物较多的房间"这句话很难予以定量规定，在此列举一些例子供设计人员参考：商场、医院、旅馆、餐厅、会议室、计算机房等。

规定长度超过 20m 的疏散走道需设排烟设施的根据来源于火灾现场的实地观测：在浓烟中，正常人以低头、掩鼻的姿态和方法最远可通行(20～30m)。

**6.1.3** "密闭防烟"是指火灾发生时采取关闭设于通道上(或房间)的门和管道上的阀门等措施，达到火区内外隔断，让火情由于缺氧而自行熄灭的一种方法。采取这种方法，可不另设防排烟通风系统，既经济简便，又行之有效。

**6.1.4** 设置有采光窗井和采光亮顶的工程，应尽可能利用可开启的采光窗和亮顶作为自然排烟口，采用自然排烟。

### 6.2 机械加压送风防烟及送风量

**6.2.1** 防烟楼梯间及其前室或合用前室的机械加压送风防烟设计的要领是同时保证送风风量和维持正压值。很显然，正压值维持过低不利于防烟，但正压值过高又可能妨碍门的开启而影响使用。根据科研成果确定为：防烟楼梯间的送风余压值为(40～50)Pa，前室或合用前室送风余压值为(25～30)Pa。

送风风量的确定通常用"压差法"和"风速法"进行计算，并以其中大者为准进行确定。

采用压差法计算送风量 $L_y$(m³/h)时，计算公式如下：
$$L_y = 0.827 f \Delta P^{1/b} \times 3600 \times 1.25 \qquad (1)$$
式中：0.827——计算常数；

$\Delta P$——门、窗两侧的压差值；根据加压方式及部位取(25～50)Pa；

$b$——指数；对于门缝及较大漏风面积取 2，对于窗缝取 1.6；

1.25——不严密附加系数；

$f$——门、窗缝隙的计算漏风总面积(m²)。

0.8m×2.1m 单扇门，$f=0.02$m²；
1.5m×2.1m 双扇门，$f=0.03$m²；
2m×2m 电梯门，$f=0.06$m²。

由于人防工程的层数不多，门、窗缝隙的计算漏风总面积不大，按风压法计算的送风量较小，故实际工程设计时，应按风速法进行计算。

采用风速法计算送风量 $L_v$(m³/h)时，计算公式如下：
$$L_v = \frac{nFV(1+b)}{a} \times 3600 \qquad (2)$$
式中：$F$——每个门的开启面积(m²)；

$V$——开启门洞处的平均风速，在(0.6～1.0)m/s 间选择，通常取(0.7～0.8)m/s；

$a$——背压系数；按密封程度在 0.6～1.0 间选择，人防工程取 0.9～1.0；

$b$——漏风附加率，取 0.1；

$n$——同时开启的门数，人防工程按最少门数(即一进一出)$n=2$ 计算。

本条所列送风量即为按风速法计算结果并参考相关规范的取值。当门的尺寸非 1.5m×2.1m 时，应按比例进行修正。

**6.2.2** 避难走道是人员疏散至地面的安全通路，其前室是确保避难走道安全的重要组成部分，前室的送风量和送风口设置要求是根据上海消防部门的试验结果确定的。前室送风余压值与防烟楼梯间的前室或合用前室的送风余压值相同。

避难走道的前室设置条缝送风口的目的是使空气形成气幕，阻止烟气侵入前室内。

**6.2.3** 提倡设置独立的送风系统，同时也指出设用共用系统时应

采取的技术措施。

**6.2.4** 加压空气的排出问题必须考虑，没有排就没有进。排风口或排风管设余压阀是必需的，其作用是在条件变化情况下维持稳定的正压值，以防止烟气倒流侵入。

**6.2.5** 本条规定了加压送风机可以选用的型式及其在风压计算中应注意的问题。

**6.2.6** 送风口风速太大，在送风口附近的人员会感到很不舒服，故作出本条规定。

**6.2.7** 本条强调机械加压送风和排烟补风的质量，如混有烟气，不能确保人员的安全。人防工程采风口与排烟口受各方面条件限制，有时只能垂直布置，距离太近会造成排出的烟气再次被吸入，为了保证新风质量，对高差作了具体要求。

### 6.3 机械排烟及排烟风量

**6.3.1** 排烟通风的核心是保证发生火灾的分区每平方米面积的排烟量不小于 60m³/h。对于担负三个或三个以上防烟分区的排烟系统，按最大防烟分区面积每平方米不小于 120m³/h 计算，是考虑这个排烟系统连接的防烟分区多、系统大、管线长、漏风点多的特点，为确保着火防烟分区的排烟量(仍为每平方米 60m³/h)而特意在选择风机和风管时加大计算风量的一种保险措施。

对于担负一个或二个防烟分区的排烟系统，由于系统小、漏风少，故可不予加大，仍按实际风量选择计算。按照调整后的新方法计算排烟风量，在保证排烟需要的前提下，具有以下特点：

**1** 当两个防烟分区面积大小相等时，排风量与原计算方法相等；当两个防烟分区面积大小不等时，排烟风量较小，更为经济合理。例如两个面积分别为 400m² 和 200m² 的防烟分区，排烟风机的排风量按原方法计算应为 400×120m³/h=48000m³/h，而按调整后的新方法计算，仅为(400＋200)×60m³/h＝36000m³/h 即可。

**2** 由于人防工程的通风系统(包括防排烟通风系统)通常按防护单元划分成区域布置，大多数包括两个防烟分区，此时如按新方法计算排烟风量，可不考虑两个防烟分区之间的系统转换，简化通风和控制设施，同时也更为安全。

中庭排烟量的计算是参照现行国家标准《建筑设计防火规范》GB 50016 的规定，与该规范协调一致。

**6.3.2** 人防工程是一个相对封闭的空间，能否顺畅补风是能否有效排烟的重要条件。北京某住宅区地下室排烟试验时，就曾发生因补风不畅而严重影响排烟效果的事例。

通常，机械补风系统可由平时空调或通风的送风系统转换而成，不需要单独设置。但此时的空调或送风系统设计时应注意以下几点：空调或通风系统的送风机应与排烟系统同步运行；通风量应满足排烟补风量要求；如有回风，此时应立即断开；系统上的阀门(包括防火阀)应与之相适应。

**6.3.3** 利用工程的空调系统转换成为排烟系统，系统设置和转换都较复杂，可靠性差，故不提倡。对于特别重要的部位，排烟系统最好单独设置。一般部位的排烟系统宜与排风系统合并设置。

### 6.4 排 烟 口

**6.4.1** 烟气由于受热而膨胀，容重较轻，故向上运动并贴附于顶棚上再向水平方向流动，因此要求排烟口的设置尽量设于顶棚或靠近顶棚墙面上部排烟有效的部位，以利于烟气的收集和排出。

**6.4.2** 本条规定排烟口宜在该防烟分区内均匀布置，主要考虑：均匀布置可以尽快截获火灾时的烟气和热量，可以较好地布置排烟口和利用排风口兼作排烟口。

规定排烟口避开出入口，其目的是避免出现人流疏散方向与烟气流方向相同的不利局面。

规定排烟口与该排烟分区内最远点的水平距离不应超过30m，这里的"水平距离"是指烟气流动路线的水平长度。

**6.4.3** 本条规定排烟口设置中的各种方式。单独设置的排烟口，平时处于闲置无用状态，且体形较大，很难与顶棚上的其他设施匹配，故很多工程设计采用排风口兼作排烟口的方法予以协调解决。

**6.4.4** 本条规定排烟口特别是由排风口兼作排烟口时的开闭和控制要求。

**6.4.5** 本条规定了排烟口风速的最大值。

### 6.5 机械加压送风防烟管道和排烟管道

**6.5.1** 不少非金属材料的风道内表面也很光滑，按"金属"和"非金属"来分别划分风管风速的规定不尽合理，故将金属风道和内表面光滑的其他材料风道合并为同一类。此外，风道风速是经济流速，可以按具体情况选取，所以条文中采用了"宜"的用词。

**6.5.2** 由于排烟系统需要输送280℃的高温烟气，为防止管道等本身及附近的可燃物因高温烤着起火，故规定这些组件要采用不燃材料制作。为避免排烟管道引燃附近的可燃物，规定排烟管道应采用不燃材料隔热，或与可燃物保持一定距离。

**6.5.3** 近年来通风管道材料发展很广，有些风管的材料是防火的，但结构很不利防火，遇热（火）严重变形，甚至出现孔洞。故对这类风管规定不得采用是必要的。钢制排烟管道的钢板厚度不应小于1mm的规定，是参照现行国家标准《人民防空工程设计规范》GB 50225制定的。

**6.5.4** 加压系统风道上的防火阀熔断器熔断温度为70℃，是因为火灾初期进风道内送入低温新风，防火阀熔断器不会很快熔断而影响使用，如设置280℃的熔断器，则因熔断时间迟于排烟阀的动作，造成不安全。

烟气温度达到280℃，即有可能出现明火，为隔断明火传播，应配置防火阀。

**6.5.5** 为防止火灾通过厨房的垂直排风管道蔓延，本条规定应在与垂直排风管道连接的支管处设置防火阀。

由于厨房中平时操作排出的废气温度较高，若在垂直排风管上设置70℃时动作的防火阀将会影响平时厨房操作中的排风，根据厨房操作需要和厨房常见火灾发生时的温度，本条规定与垂直排风管道连接的支管处设置150℃时动作的防火阀。

### 6.6 排烟风机

**6.6.1** 排烟风机采用普通离心式风机和轴流风机是普遍采用的做法，并规定了进出口软接头耐高温和连续工作时间的要求。

**6.6.2** 本条规定了排烟风机与排风机合用时的要求。

**6.6.3** 本条规定了排烟风机的风量和风压计算。

**6.6.4** 对排烟风机的安装位置、排烟管的敷设等提出要求。

**6.6.5** 烟气温度超过280℃时，火灾区可能已出现明火，人员已撤离，风机的运行也已达温度极限，故随防火阀的关闭风机也随之关闭，消防排烟系统的工作即告结束。

### 6.7 通风、空气调节

**6.7.1** 电影放映机室的排风量很小，独立设置排风系统很不经济，故规定了合并设置系统的要求。

**6.7.2** 本条明确了自动阀门关闭的时机。

**6.7.3** 通风、空调系统按防火分区设置是最为理想的，不仅避免了管道穿越防火墙或楼板，减少火灾的蔓延途径，同时对火灾时通风、空调系统的控制也提供了方便。由于人防工程通风、空调系统的进、排风管道按防火分区设置有时难以做到，故适当放宽此要求，但同时又规定了管道穿越防火墙的要求。

对穿过防火分区的钢板风管提出厚度要求，避免因风管耐火极限不够而变形导致烟气蔓延到其他防火分区。

**6.7.4** 本条对通风、空气调节的风机及风管和柔性接头的制作材料提出了要求。

**6.7.5** 本条对风管和设备的保温材料、过滤材料、粘结剂提出了要求。

**6.7.6** 通风、空调风管是火灾蔓延的渠道，防火墙、楼板、防火卷帘、水幕等防火分区分隔处是阻止火灾蔓延和划分防火分区的重要分隔设施，为了确保防火分隔的作用，故规定风管穿过防火分区处要设置防火阀，以防止火势蔓延。垂直风管是火灾蔓延的主要途径，对多层工程，要求每层水平干管与垂直总管交接处的水平管段上设置防火阀，目的是防止火灾向相邻层扩大。穿越防火分区处，该处又是变形缝时，两侧设置防火阀是为了确保当变形缝处管道损坏时，不会影响两侧管道的密闭性。

**6.7.7** 本条对防火阀的关闭和温度熔断器的动作温度作出了规定。

**6.7.8** 本条对防火阀的安装和检修口作出了规定。

**6.7.9** 本条对电加热器安装提出具体要求。

# 7 消防给水、排水和灭火设备

## 7.1 一般规定

**7.1.1** 本条对消防给水的水源作出规定。人防工程消防水源的选择，应本着因地制宜、经济合理、安全可靠的原则，采用市政给水管网、人防工程内（外）水源井、消防水池或天然水源均可，并首先考虑直接利用市政给水管网供水。本条又特别强调了利用天然水源时，应确保枯水期最低水位时的消防用水量。在我国许多地区有天然水源，即江、河、湖、泊、池、塘以及暗河、泉水等可利用。但应选择那些离工程较近、水量较大、水质较好、取水方便的天然水源。

在严寒和寒冷地区（采暖地区），利用天然水源时，应保证在冰冻期内仍能供应消防用水。

为了战时供水需要，有些工程设置了战备水源井，也可利用其作为平时消防用水水源。

当市政给水管网、人防工程内（外）水源井和天然水源均不能满足工程消防用水量要求时，必须在工程内或工程外设置消防水池。

**7.1.2** 人防工程的火灾扑救应立足于自救，消防给水利用市政给水管网直接供水，保证室内消防给水系统的水量和水压十分重要。因此，一定要经过计算，当消防用水量达到最大，如市政给水管网不能满足室内最不利点消防设备的水压要求时，应采取必要的技术措施。

## 7.2 灭火设备的设置范围

**7.2.1** 本条规定了室内消火栓的设置范围。

室内消火栓是我国目前室内的主要灭火设备，消火栓设置合理与否，将直接影响灭火效果。在确定消火栓设置范围时，一方面考虑我国人防工程发展现状和经济技术水平，同时参照国外有关地下建筑防火设计标准和规定，吸取了他们的经验。

为使设计人员便于掌握标准，修改为统一用建筑面积300㎡界定设置范围。电影院、礼堂、消防电梯间前室和避难走道等也应设置消火栓。

**7.2.2** 本条规定了在人防工程内宜设置自动喷水灭火系统的场所，由于这些场所规模都较小，可能设置自动喷水灭火系统有困难，故也允许设置局部应用系统。

**7.2.3** 本条规定了人防工程内应设置自动喷水灭火系统的场所。

国内外经验证明，自动喷水灭火系统具有良好的灭火效果。我国自1987年颁布了国家标准《人民防空工程设计防火规范》以来，大、中型平战结合人防工程都设置了自动喷水灭火系统，对预防和扑救人防工程火灾起到了良好的作用。

**1** 丁、戊类物品库房和自行车库属于难燃和不燃物品，故可不设自动喷水灭火系统;建筑面积小于500m²丙类库房也可不设置自动喷水灭火系统,与现行国家标准《建筑设计防火规范》GB 50016的规定相一致。人防工程内的柴油发电机房和燃油锅炉房的储油间属于丙类库房,均在500m²以下,且用防火墙与其他部位分隔,故可采用本规范第6.1.3条规定的密闭防烟措施。

由于人防工程平时使用功能可能是综合性的,一个工程内既有商业街、文体娱乐设施,又有可能是库房、旅馆或医疗设施等,所以规定除了可不设置的场所外,当其他场所的建筑面积超过1000m²,就应设置自动喷水灭火系统。

2 电影院和礼堂的观众厅,由于建筑装修限制严格,不允许用可燃材料装修,因此,只规定吊顶高度小于8m时设置自动喷水灭火系统。

3 耐火极限符合现行国家标准《门和卷帘耐火试验方法》GB 7633有关背火面辐射热判定条件的防火卷帘,该卷帘不能完全等同于防火墙,故需要设置自动喷水灭火系统来保护。

4 由于歌舞娱乐放映游艺场所,火灾危险性较大、人员较多,为有效扑救初起火灾,减少人员伤亡和财产损失,所以作出此规定。

5 建筑面积大于500m²的地下商店和展览厅,也属于火灾危险性较大、人员较多的场所,故应设置。

6 300kW及以下的小型柴油发电机房规模较小,故可只配置建筑灭火器。

对燃油或燃气锅炉房,300kW以上的柴油发电机房等设备房间,设置自动喷水灭火系统是最低要求,所以设置气体灭火系统或水喷雾灭火系统都是更好的选择,且对设备的保护更有利。

**7.2.4** 图书、资料、档案等特藏库房,是指存放价值昂贵的图书、珍贵的历史文献资料和重要的档案材料等库房,一般的图书、资料、档案等库房不属本条规定范围。

重要通信机房和电子计算机机房是指人防指挥通信工程中的指挥室、通信值班监控室、空情接收与标图室、程控电话交换室、终端室等。

为减少火灾时喷水灭火对电气设备和贵重物品的水渍影响,本条规定了设置气体或细水雾灭火系统的房间或部位。试验研究和实际应用表明,气体灭火系统和细水雾灭火系统对于扑救电气设备和贵重物品火灾均有成效。本条中涉及的场所通常无人或只有少量工作人员和管理人员,他们熟悉工程内的情况,发生火灾时能及时处置火情并能迅速逃生,因此采用气体灭火系统是安全可靠的。

变配电室是人防工程供配电系统中的重要设施。现行国家标准《人民防空工程设计规范》GB 50225和《人民防空地下室设计规范》GB 50038已明确规定:不采用油浸电力变压器和其他油浸电气设备,要求采用无油的电气设备。因此,干式变压器和配电设备可以设置在同一个房间内,该房间通常称为变配电室。由于变配电室发生火灾后对生产和生活产生严重影响或起火后会向人防工程蔓延,所以对变配电室应设气体灭火系统或细水雾灭火系统。

**7.2.5** 本条规定了餐饮场所的厨房应设置自动灭火装置的部位。

厨房内的火灾主要发生在灶台操作部位及其排烟道。厨房火灾一旦发生,发展迅速且采用常规灭火设施扑救易发生复燃现象;烟道内的火灾扑救比较困难。根据国外近40年的应用经验,在该部位采用自动灭火装置进行灭火,效果比较理想。

目前在国内市场销售的产品,不同产品之间的性能差异较大。应注意选用能自动探测火灾与自动灭火动作,灭火前能自动切断燃料供应,具有防复燃功能、灭火效能(一般应以保护面积为参考指标)较高的产品。

**7.2.6** 灭火器用于扑救人防工程中的初起火灾,既有效,又经济。当人员发现火情时,一般首先考虑采用灭火器进行扑救,对于不同物质的火灾,不同场所工作人员的特点,需要配置不同类型的灭火器。具体设计时,应按现行国家标准《建筑灭火器配置设计规范》GB 50140的有关规定执行。

## 7.3 消防用水量

**7.3.1** 本条对人防工程的消防用水量作了规定。要求消防用水总量按室内消火栓和自动喷水及其他用水灭火的设备需要同时开启的上述设备用水量之和计算。

人防工程消防用水总量确定,没有规定包括室外消火栓用水量,理由是发生火灾时室外消火栓扑救室内火灾十分困难,人防工程灭火主要立足于室内灭火设备进行自救。人防工程设置室外消火栓只考虑火灾时作为向工程内消防管道临时加压的补水设施。所以,在计算人防工程消防用水总量时,不需要加上室外消火栓用水量,只按室内消防用水总量计算即可。

**7.3.2** 人防工程室内消火栓用水量,主要是参照了相关国家标准的有关规定,并根据人防工程特点以及其他因素,综合考虑确定的。

室内消火栓是扑救初期火灾的主要灭火设备。根据地面建筑火灾统计资料,在火场出一支水枪,火灾的控制率为40%,同时出两支水枪,火灾控制率可达65%。因此,对规模较大、可燃物较多、人员密集和疏散困难的工程,同时使用的水枪数规定为最多3支,其水量应按水枪的用水量计算;对于工程规模较小、人员较少的工程,规定使用一支水枪。工程类别主要是依据平战结合人防工程平时使用功能的大量统计资料划分的。

规定每支水枪的最小流量为5.0L/s。理由一是为了增强人防工程消火栓灭火能力;二是经全国100多项大、中型平战结合工程验收统计资料,安装水枪喷嘴口径为16mm消火栓的工程极少,安装口径为19mm的较普遍,如果消火栓最小流量选2.5L/s,而实际安装的消火栓最小流量是(4.6~5.7)L/s,使消防水池容积相差较多,保证不了在火灾延续时间内的消防用水量。

增设的消防软管卷盘,由于用水量较少,因此,在计算消防用水量时可不计入消防用水总量。消防软管卷盘属于室内消防装置,宜安装在消火栓箱内,一般人员均能操作使用,是消火栓给水系统中一种重要的辅助灭火设备。它可与消防给水系统连接,也可与生活给水系统连接。

**7.3.3** 自动喷水灭火系统的消防用水量,在现行国家标准《自动喷水灭火系统设计规范》GB 50084中已有具体规定。

人防工程的危险等级为中危险级,其设计喷水强度为6.0L/min·m²,作用面积为200m²,喷头工作压力为9.8×10⁴Pa,最不利点处喷头最低工作压力不应小于4.9×10⁴Pa(0.5kg/cm²),设计流量约为(23.0~26.0)L/s,相当于喷头开放数为(17~20)个。按此设计,中危险级人防工程的火灾总控制率可达91.89%。

## 7.4 消防水池

**7.4.1** 本条规定了人防工程设置消防水池的条件。消防水池是用以储存和供给消防用水的构筑物,当其他技术措施不能保证消防用水量时,均需设消防水池。

当市政给水管网,不论是枝状还是环状,工程进水管不论是多条或一条,或天然水源,不管是地表水或地下水,只要水量不满足消防用水量时,如市政给水管道和进水管偏小、水压偏低、天然水源水量少、枯水期水量不足等,凡上述情况,均需设置消防水池。

当市政给水管网为枝状或工程只有一条进水管,由于检修或发生故障,引起火场供水中断,影响火灾扑救,所以也需设消防水池。

**7.4.2** 消防水池主要功能是储水,其储水功能也靠水池的容积来保证,容积分总容积、有效容积和无效容积。有效容积是指储存能被消防水泵取用并用于灭火的消防用水的实际容积,它不包括水池在溢流管以上被空气占用的容积,也不包括水池下部无法被取用的那部分容积,更不包括被墙、柱所占用的容积,即不包括无效容积。

1 人防工程消防水池有效容积的确定,应考虑以下情况:

1）当人防工程为单建式工程时，室外消火栓基本无室外建筑的灭火任务，只起向工程内补水作用，此时消防水池有效容积只考虑室内消防用水量的总和。

2）人防工程为附建式工程（防空地下室），室外消火栓有扑救地面建筑火灾任务，当室外市政给水管网不能保证室外消防用水量，地面和地下建筑合用消防水池时，消防水池存储容积应包括室外消火栓用水量不足部分。室外消火栓用水量标准应按同类地面建筑设计防火规范规定选择。

消防水池的有效容积应按室内消防流量与火灾延续时间的乘积计算。所谓火灾延续时间，是指消防车到火场开始出水时起至火灾基本被扑灭时止的时间。

本规范将消火栓火灾延续时间分为两种情况，分别为 1h 和 2h，理由是：

1）现在人防工程消防设备比较完善，除设置有室内消火栓外，大部分工程还设置有自动喷水灭火系统，气体灭火装置、灭火器等，自救能力较强，但工程内温度高，排烟困难，能见度差，扑救人员难以坚持较长时间，所以，室内消火栓用水的储水时间无需太长。因此，对建筑面积小于3000m²的工程和改建工程，消火栓火灾延续时间按1h计算。

2）根据人防工程平战结合实际情况，从建设规模看，一般都在（3000～20000）m²；从使用功能看，多数为地下商场、文体娱乐场所、物品仓库、汽车库等；从存放物质看，可燃物较多；在地下滞留人数也较多。因此，人防工程消火栓消防用水储存时间又不能太短，同时，也应与相关防火规范相协调，所以，对建筑面积大于或等于3000m²的人防工程，其火灾延续时间提高到2h是合理的，是安全可行的。

3）防空地下室消火栓灭火系统的火灾延续时间，由于它的消防水池一般不单独修建，而是与地面建筑的消防水池合用，故可与地面建筑一致。

2 在保证火灾时能连续向消防水池补水的条件下，消防水池有效容积可减去在火灾延续时间内的补充水量。

3 消防水池内的水一经动用，应尽快补充，以供在短时间内可能发生的第二次火灾时使用，故规定补水时间不应超过48h。

4 消防水池与其他用水合用的水池，为了确保消防水，应有确保消防用水的措施。

5 消防水池可建在人防工程内，也可建在人防工程外，理由是：

1）附建式人防工程，一般与地面建筑合用消防水池，容积较大，建在造价很高的人防工程内不经济，经过技术经济比较，有条件时可建在室外，并可不考虑抗力等级问题。

2）单建式人防工程，如果室外有位置，也应用消防水池兼作战时人员生活饮用水储水池，则应建在人防工程的清洁区内。

### 7.5 水泵接合器和室外消火栓

7.5.1 水泵接合器是供消防车向室内消防给水管道临时补水的设备，对于大、中型平战结合人防工程，当室内消防用水量超过10L/s时，应在人防工程外设置水泵接合器，并设置相应的室外消火栓，以保证消防车快速投入供水。

7.5.2 人防工程水泵接合器和室外消火栓的数量，应根据室内消火栓和自动喷水灭火系统用水量总和计算确定。因为一个水泵接合器由一台消防车供水，一台消防车又要从一个室外消火栓取水，因此设置水泵接合器时，需要设置相同数量的室外消火栓。每台消防车的输水量约为（10～15）L/s，故每个水泵接合器和室外消火栓的流量也应按（10～15）L/s计算。

7.5.3 为了便于消防车使用，本条规定了水泵接合器和室外消火栓距人防工程出入口不宜小于5m，目的是便于操作和出入口人员疏散。规定消火栓距路边不宜超过2m，水泵接合器与室外消火栓

间距宜为40m以内，主要是便于消防车取水。规定水泵接合器和室外消火栓应有明显标志，主要是便于消防队员在火场操作，避免出现差错。

### 7.6 室内消防给水管道、室内消火栓和消防水箱

7.6.1 室内消防管道是室内消防给水系统的重要组成部分，为有效地供给消防用水，应采取必要的技术措施：

1 室内消防给水管道宜与其他用水管道分开设置，特别是对于大、中型人防工程，其他用水如空调冷却水、柴油电站冷却水及生活用水较多时，宜与消防给水管道分开设置，以保证消防用水供水安全；当分开设置有困难时，可与消火栓管道合用，但其他用水量达到最大小时流量时，应保证仍能供给全部消防用水量。

2 环状管网供水比较安全，当某段损坏时，仍能供应必要的水量，本条规定主要指当消火栓超过10个的消防给水管道设置环状管网。为了保证消防供水安全可靠，规定环状管网宜设置两条进水管，使进水管有充分的供水能力，即任一进水管损坏时，其余进水管应仍能供应全部消防用水量。若室外给水管网为枝状或引入两条进水管有困难，可设置一条进水管，但消防泵房的供水管必须有两条与消火栓环状管网连接。

坑道式、地道式工程设置环状管网有困难时，可采用支状管网，同时在管网相距最远的两端均应按本规范第7.5.2条设置水泵结合器。

人防工程一般生活、生产用水量较小，消防进水管可以单独设置，并不设水表，以免影响进水管供水能力，若要设置水表时，应按消防流量选表。

3 环状管网上设置阀门分成若干独立管段，是为了保证管网检修或某段损坏时，仍能供给必要的消防用水，两个阀门之间停止使用的消火栓数量不应超过5个。多层人防工程消防给水竖管上阀门的布置应保证一条竖管检修时，其余竖管仍能供应消防用水量。

4 规定消火栓给水管道和自动喷水灭火系统给水管道应分开独立设置，主要是防止消火栓或其他用水设备漏水或用水时，引起自动喷水系统的水力报警阀误报；另外，火灾时两个系统储水时间及用水量相差较大，难以保证各系统同时满足规范要求。

7.6.2 本条对消火栓的设置作了规定。

1 消火栓的水压应保证水枪有一定长度的充实水柱。充实水柱的长度要求是根据消防实践经验确定的。我国扑救低层建筑火灾的水枪充实水柱长度一般在（10～17）m之间。火场实践证明，当口径19mm水枪的充实水柱长度小于10m时，由于火场烟雾较大、辐射热高，尤其是地下建筑，排烟困难，温升又快，很难扑救火灾。当充实水柱增大，水枪的反作用力也随之增大，如表1所示。经过训练的消防队员能承受的水枪最大反作用力不应超过20kg，一般人员不大于15kg。火场常用的充实水柱长度一般在（10～15）m。为了节省投资和满足火场灭火的基本要求，规定人防工程室内消火栓充实水柱长度不应小于10m，并应经过水力计算确定。

水枪的充实水柱长度可按下式计算：

$$S_k = \frac{H_1 - H_2}{\sin\alpha} \quad (3)$$

式中：$S_k$——水枪的充实水柱长度（m）；

$H_1$——被保护建筑物的层高（m）；

$H_2$——消火栓安装高度（一般距地面 1.1m）；

$\alpha$—— 水枪上倾角，一般为45°，若有特殊困难可适当加大，但不应大于60°。

表1 口径 19mm 水枪的反作用力

| 充实水柱长度(m) | 水枪口压力(kg/cm²) | 水枪反作用力(kg) |
| --- | --- | --- |
| 10 | 1.35 | 7.65 |
| 11 | 1.50 | 8.51 |
| 12 | 1.70 | 9.63 |

| 充实水柱长度(m) | 水枪口压力(kg/cm²) | 水枪反作用力(kg) |
|---|---|---|
| 13 | 2.05 | 11.62 |
| 14 | 2.45 | 13.80 |
| 15 | 2.70 | 15.31 |
| 16 | 3.25 | 18.42 |
| 17 | 3.55 | 20.13 |
| 18 | 4.33 | 24.38 |

2　消火栓栓口的压力,火场实践证明,水枪的水压过大,开闭时容易产生水锤作用,造成给水系统中的设备损坏;一人难以握紧使用;同时水枪流量也大大超过 5L/s,易在短时间内用完消防储水量,对扑救初期火灾极为不利。当栓口出水压力大于 0.50MPa 时,应设置减压装置,减压装置一般采用减压孔板或减压阀,减压后消火栓处压力应仍能满足水枪充实水柱要求。

3　消火栓的间距十分重要,它关系到初期火灾能否被及时有效地控制和扑灭,关系到起火建筑物内人身和财产安危。统计资料表明,一支水枪扑救初期火灾的控制率仅为 40% 左右,两支水枪扑救初期火灾的控制率达 65% 左右。因此,本条规定当同时使用水枪数量为两支时,应保证同层相邻的两支水枪(不是双出口消火栓)的充实水柱同时到达被保护范围内的任何部位,其间距不应大于30m,如图6所示。

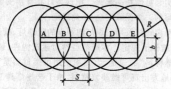

图6　同层消火栓的布置示意图
A、B、C、D、E—室内消火栓;R—消火栓的保护半径(m);
S—消火栓间距(m);b—消火栓实际保护最大宽度

消火栓的间距可按下式计算:

$$S = \sqrt{R^2 - b^2} \qquad (4)$$

当同时使用水枪数量为一支时,保证有一支水枪的充实水柱到达室内任何部位,其间距不应大于50m,消火栓的布置如图7所示。

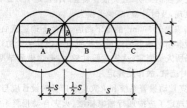

图7　一股水柱到达任何一点的消火栓布置
A、B、C—室内消火栓;R—消火栓的保护半径(m);
S—消火栓间距(m);b—消火栓实际保护最大宽度

消火栓的间距可按下式计算:

$$S = 2\sqrt{R^2 - b^2} \qquad (5)$$

4　消火栓应设置在工程内明显而便于灭火时取用的地方。为了使人员能及时发现和使用,消火栓应有明显的标志,消火栓应涂红色,并不应伪装成其他东西。

为了减少局部水压损失,消火栓的出口宜与设置消火栓的墙面成 90°角。

在同一工程内,如果消火栓栓口、水带和水枪的规格、型号不同,就无法配套使用,因此规定同一工程内应用统一规格的消火栓、水枪和水带。火场实践证明,室内消火栓配备的水带过长,不便于扑救室内初期火灾。消防队使用的水带长度一般为 20m,为节省投资,同时考虑火场操作的可能性,要求水带长度不应大于25m。

5　为及时启动消防水泵,本条规定设置有消防水泵给水系统的每个消火栓处应设置直接启动消防水泵的按钮,以便迅速远距离启动。为了防止误启动,要求按钮应有保护措施,一般可放在消火栓箱内或装有玻璃罩的壁龛内。

6　室内消火栓处设置消防软管卷盘,以方便非消防专业人员进行操作灭火。

7.6.3　单建掘开式、坑道式、地道式人防工程由于受条件限制,有时设置高位消防水箱很难,故规定在此类人防工程中,当不能设置高位消防水箱时,宜设置气压给水装置,一旦发生火灾,气压给水装置是可以保证及时供水的。

防空地下室可以与地面建筑的消防稳压水箱合用。

## 7.7　消防水泵

7.7.1　为了保证不间断地供应火场用水,消防水泵应设置备用泵。备用泵的工作能力不应小于消防工作泵中最大一台工作泵的工作能力,以保证任何一台工作泵发生故障或需进行维修时备用水泵投入后的总工作能力不会降低。

7.7.2　人防工程消防水泵一般分两组,一组为消火栓系统消防水泵,用一备一,共两台水泵;另一组为自动喷水灭火系统消防水泵,也是用一备一,共两台水泵;每台水泵设置独立吸水管,以便保证一组水泵当一台泵吸水管维修或发生故障时,另一台泵仍能正常吸水工作。

采用自灌式吸水比充水式吸水启动迅速,运行可靠。

为了便于检修、试验和检查消防水泵,规定吸水管上设置阀门,供水管上设置压力表和放水阀门。为了便于水带连接,阀门的直径为 65mm,以便使试验用过的水回流至消防水池。

## 7.8　消防排水

7.8.1　因为人防工程与地面建筑不同,除少数坑道工程外,均不能自流排水,需设置机械排水设施,否则会造成二次灾害,故作了本条规定。

一般消防排水量可按消防设计流量的 80% 计算,采用生活排水泵排放消防水时,可按双泵同时运行的排水方式设计。

7.8.2　人防工程消防废水的排除,一般可通过地面明沟或消防排水管道排入工程生活污水集水池,再由生活污水泵(含备用泵)排至市政下水道。这样既简化排水系统,又节省设备投资。但在选择污水泵时,应平战结合。既应满足战时要求,又应满足平时污水、消防废水排水量的要求。

# 8　电　气

## 8.1　消防电源及其配电

8.1.1　本条对消防电源及其负荷的等级作了规定。

消防电源是指人防工程的消防设备(如消防水泵、防烟排烟设施、消防应急照明、电动防火门、防火卷帘、自动灭火设备、自动报警装置和消防控制室等)所用的电源。

在发生火灾后,有消防电源,才能保证消防设备进行工作和疏散人员、物资。因此,合理地确定消防电源的负荷等级,对保证工程安全,是非常重要的。

对于一些较小的工程,消防用电设备少,也可用蓄电池(EPS)作备用电源。采用蓄电池(EPS)作备用电源时应注意两个问题:一个是蓄电池的容量,在正常电源断电后,对消防应急照明、排烟风机、火灾报警装置等,应能连续供电 30min 以上;对消防水泵,应与消火栓灭火系统和自动喷水灭火系统的火灾延续时间相一致;二是注意蓄电池平时保养及充电,使其能起到备用电源的作用。

对于汽车库的供电等级,平时可按现行国家标准《汽车库、修车库、停车场设计防火规范》GB 50067执行,战时按现行国家标准《人民防空工程设计规范》GB 50225和《人民防空地下室设计规范》GB 50038规定的要求设置柴油发电机组。

**8.1.2** 本条对消防设备的两路电源的切换方式、切换点及自备发电设备的启动方式作了规定。这是消防设备工作的性质决定的,只有在末级配电盘(箱)上自动切换,才能保证消防用电设备可靠的电源。

由于一般自动转换开关和自启动的时间基本上均能满足消防的需要,故对切换和启动时间未作具体规定。

**8.1.3** 为了保证消防用电设备供电安全可靠,本条规定了消防用电设备供电设计应采用专用的供电回路,以便把消防用电与其他一般用电严格分开。

为了防止火灾从电气线路蔓延和发生触电事故,在灭火前,首先要切断起火部位的电源。如果不把消防电源同一般电源分开,火灾时将会把全部电源切断(包括消防电源),消防用电设备就会断电,这是不允许的。发生火灾时,消防水泵、消防应急照明、防排烟设备等要保证工作。因此,消防用电线路同普通用电线路必须严格分开。

**8.1.4** 本条规定在电气设计和设备、电缆、电线选型时应选用防潮、防霉型。因为一般人防工程内的湿度比较大,普通型号的电气设备在潮湿的条件下长期工作,会使其绝缘降低,有可能引起事故,发生火灾。

根据使用的经验,一般铝芯线可安全使用(6~8)年,而在潮湿场所有的只用(2~3)年就出了问题。为了保证安全,减少浪费,对人防工程内电气线路作了选用铜芯线的规定。

人防工程内使用蓄电池比较多,由于一般的蓄电池在工作过程中要放出有害气体,容易造成事故。所以,人防工程内使用的蓄电池应选用封闭型产品。

**8.1.5** 为了保证消防用电设备正常工作,本条对消防用电设备配电线路的敷设方式和部位作了具体的规定。

**8.1.6** 由于消防用电设备都是在火灾时才启用,在紧急情况下进行操作,如没有明显的标志,往往会延误操作,故作此规定。

#### 8.2 消防疏散照明和消防备用照明

**8.2.1** 本条对消防疏散照明灯的设置部位和照度作了规定。

人防工程火灾造成人员伤亡的原因是多方面的,但与消防疏散照明有直接关系。工程内一旦发生火灾,为了防止触电和通过电气设备、电气线路扩大火灾,需要切断火灾部位的电源,如无消防疏散照明,工程将一片漆黑,人员在火灾时不知所措,加上烟气熏烤,势必造成人员伤亡。因此,在人防工程内,为了保障安全疏散,消防疏散照明灯是不可缺少的。尤其是在一些人员集中、疏散通道复杂的情况下,消防疏散照明必须保证。

消防疏散照明灯的照度确定为最低照度不低于5 lx,这是根据火场的需要和国内的实际情况确定的。确定消防疏散照明灯的照度,主要考虑烟雾对照度的影响,在有烟雾的情况下,地面照度在(1~2)lx时,人员就难以辨别方向,低于0.3 lx时,就不可能辨别方位了;所以定为5 lx。

**8.2.2** 本条规定了疏散标志灯的设置部位,因为这些部位是人员疏散的必经之路。人们在火灾时,情况紧急,如果在这些部位没有疏散标志灯,就不知道疏散方向,不能安全疏散。

**8.2.3** 歌舞娱乐放映游艺场所、规模较大的商业营业厅等公众活动场所,人员密集且流动性较大,国内外实际应用表明,在疏散通道的地面上设置发光疏散指示标志,可以有效地帮助人们在浓烟弥漫的情况下,及时识别疏散位置和方向,迅速沿发光疏散指示标志顺利疏散,避免造成伤亡事故。为此,作出本条规定。

本条所指"发光疏散指示标志"包括电致发光型(如灯光型、电子显示型等)和光致发光型(如蓄光自发光型等),作为辅助疏散指示标志使用。

在地面上设置的疏散指示标志,一般按连续设置;如确有困难,需要间断设置时,灯光型标志的间距不宜大于3m,蓄光自发光型标志的间距不宜大于2m。

**8.2.4** 本条对沿墙面、地面、疏散走道上方等方式设置疏散标志灯的间距、安装高度、设置方式等作了规定。标志灯沿墙面的安装高度定为距地面1m以下,悬挂时的安装高度定为2.5m,主要是考虑到人们在行走时平视的习惯,使标志容易被人们发现。

**8.2.5** 避难走道、消防控制室、消防水泵房、柴油发电机室、配电室、通风空调室、排烟机房、电话总机房,以及发生火灾时仍需坚持工作的其他房间是保证人员安全疏散和消防设备火灾时能够正常运行的重要场所,为此,本条对这些场所作出应设置消防备用照明的规定,其最低工作照明的要求是工作性质决定的。

**8.2.6** 消防疏散照明和消防备用照明关系到人员安全疏散和人身安全,不允许间断。因此规定工程内的消防疏散照明和消防备用照明,当其工作电源断电后,应能自动投合。

#### 8.3 灯 具

**8.3.1** 所谓"潮湿"场所,是指工程内湿度较大的水泵房、厨房、洗漱间等房间。

**8.3.2** 卤钨灯、高压汞灯这类灯具的表面温度一般高达(500~800)℃,极易引起可燃物品起火。把这类灯具直接安装在可燃材料上,是很危险的。为保障安全,作此规定。

**8.3.3** 本条对卤钨灯及用白炽灯泡制作的吸顶灯、槽灯、嵌入式灯具的防火措施作了规定。本规范虽然对建筑构件、装修材料作了"应采用不燃材料"的规定,大面积使用可燃材料是不允许的。但是可能局部地方出现可燃装修材料,由于这些灯具工作时温度高,所以对容易引起火灾的卤钨灯和散热条件差的吸顶灯、嵌入式灯具提出防火要求是必要的。

#### 8.4 火灾自动报警系统、火灾应急广播和消防控制室

**8.4.1** 为了对火灾能做到早期发现、早期报警、及时扑救,减少国家和人民生命财产的损失,保障人防工程的安全,参照国内外资料,原则地规定了人防工程设置火灾自动报警装置的范围。

许多火灾实例说明,火灾报警装置的作用是十分显著的,使火灾能早期发现,及时扑救,减少了损失。

建筑面积大于500m² 的地下商店,以及不论建筑面积大小的歌舞娱乐放映游艺场所均设置火灾自动报警装置的规定,是考虑到上述场所人员密集,火灾危险性较大,必须做到早期发现、早期报警、及时疏散,故作此规定。

**8.4.2** 火灾自动报警系统和火灾应急广播的设计应与相关规范相一致,故规定了应按现行国家标准《火灾自动报警系统设计规范》GB 50116的有关规定执行。

**8.4.3** 将火灾自动报警系统、自动灭火设备、防排烟设施、消防应急照明及电源管理等,组成一个防灾系统,设置消防中心控制室,通过电子计算机和闭路电视实行自动化管理。

消防控制中心,一般由火灾自动报警装置、确认判断机构、自动灭火控制系统、消防备用照明、消防疏散照明、防烟排烟等控制系统组成。这些系统,在火灾时要迅速、准确地完成各种复杂的功能。靠人工一个一个操作,或分散在几个地方,由几个人来控制是不可行的。为了便于管理人员能在一个地方进行管理和指挥灭火,建立消防控制室,实行统一管理,统一指挥是十分必要的。当然,对于小型工程,消防控制室和配电室、值班室合为一室,也是允许的。

**8.4.4** 燃气浓度检测报警器和燃气紧急自动切断阀的设置,在现行国家标准《城镇燃气设计规范》GB 50028中已有规定,故按该规范执行。

中华人民共和国国家标准

# 汽车库、修车库、停车场设计防火规范

Code for fire protection design of garage,
motor—repair—shop and parking—area

GB 50067—97

主编部门：中华人民共和国公安部
批准部门：中华人民共和国建设部
施行日期：1998 年 5 月 1 日

# 关于发布国家标准《汽车库、修车库、停车场设计防火规范》的通知

## 建标〔1997〕280号

根据国家计委计综合〔1991〕290号文的要求，由公安部会同有关部门共同修订的《汽车库、修车库、停车场设计防火规范》，已经有关部门会审。现批准《汽车库、修车库、停车场设计防火规范》GB 50067—97为强制性国家标准，自一九九八年五月一日起施行。原《汽车库设计防火规范》（GBJ 67—84）同时废止。

本规范由公安部负责管理，其具体解释等工作由上海市消防局负责，出版发行由建设部标准定额研究所负责组织。

中华人民共和国建设部
一九九七年十月五日

# 目　次

# 1 总 则

**1.0.1** 为了防止和减少火灾对汽车库、修车库、停车场的危害,保护人身和财产的安全,制定本规范。

**1.0.2** 本规范适用于新建、扩建和改建的汽车库、修车库、停车场(以下统称车库)防火设计,不适用于消防站的车库防火设计。

**1.0.3** 车库的防火设计,必须从全局出发,做到安全适用、技术先进、经济合理。

**1.0.4** 车库的防火设计除应执行本规范外,尚应符合国家现行的有关设计标准和规范的要求。

# 2 术 语

**2.0.1** 汽车库 garage

停放由内燃机驱动且无轨道的客车、货车、工程车等汽车的建筑物。

**2.0.2** 修车库 motor repair shop

保养、修理由内燃机驱动且无轨道的客车、货车、工程车等汽车的建(构)筑物。

**2.0.3** 停车场 parking area

停放由内燃机驱动且无轨道的客车、货车、工程车等汽车的露天场地和构筑物。

**2.0.4** 地下汽车库 under ground garage

室内地坪面低于室外地坪面高度超过该层车库净高一半的汽车库。

**2.0.5** 高层汽车库 high-rise garage

建筑高度超过 24 m 的汽车库或设在高层建筑内地面以上楼层的汽车库。

**2.0.6** 机械式立体汽车库 mechanical and stereoscopic garage

室内无车道且无人员停留的,采用机械设备进行垂直或水平移动等形式停放汽车的汽车库。

**2.0.7** 复式汽车库 compound garage

室内有车道、有人员停留的,同时采用机械设备传送,在一个建筑层里叠 2～3 层存放车辆的汽车库。

**2.0.8** 敞开式汽车库 open garage

每层车库外墙敞开面积超过该层四周墙体总面积的 25% 的汽车库。

# 3 防火分类和耐火等级

**3.0.1** 车库的防火分类应分为四类,并应符合表 3.0.1 的规定。

车库的防火分类 表 3.0.1

| 名称 \ 数量 \ 类别 | Ⅰ | Ⅱ | Ⅲ | Ⅳ |
|---|---|---|---|---|
| 汽车库 | >300 辆 | 151～300 辆 | 51～150 辆 | ≤50 辆 |
| 修车库 | >15 车位 | 6～15 车位 | 3～5 车位 | ≤2 车位 |
| 停车场 | >400 辆 | 251～400 辆 | 101～250 辆 | ≤100 辆 |

注:汽车库的屋面亦停放汽车时,其停车数量应计算在汽车库的总车辆数内。

**3.0.2** 汽车库、修车库的耐火等级应分为三级。各级耐火等级建筑物构件的燃烧性能和耐火极限均不应低于表 3.0.2 的规定。

**3.0.3** 地下汽车库的耐火等级应为一级。

甲、乙类物品运输车的汽车库、修车库和Ⅰ、Ⅱ、Ⅲ类的汽车库、修车库的耐火等级不应低于二级。

Ⅳ类汽车库、修车库的耐火等级不应低于三级。

注:甲、乙类物品的火灾危险性分类应按现行的国家标准《建筑设计防火规范》的规定执行。

**各级耐火等级建筑物构件的
燃烧性能和耐火极限** 表 3.0.2

| 构件名称 | | 耐火等级 | | |
|---|---|---|---|---|
| | 燃烧性能和耐火极限(h) | 一 级 | 二 级 | 三 级 |
| 墙 | 防火墙 | 不燃烧体 3.00 | 不燃烧体 3.00 | 不燃烧体 3.00 |
| | 承重墙、楼梯间的墙、防火隔墙 | 不燃烧体 2.00 | 不燃烧体 2.00 | 不燃烧体 2.00 |
| | 隔墙、框架填充墙 | 不燃烧体 0.75 | 不燃烧体 0.50 | 不燃烧体 0.50 |
| 柱 | 支承多层的柱 | 不燃烧体 3.00 | 不燃烧体 2.50 | 不燃烧体 2.50 |
| | 支承单层的柱 | 不燃烧体 2.50 | 不燃烧体 2.00 | 不燃烧体 2.00 |
| 梁 | | 不燃烧体 2.00 | 不燃烧体 1.50 | 不燃烧体 1.00 |
| 楼 板 | | 不燃烧体 1.50 | 不燃烧体 1.00 | 不燃烧体 0.50 |
| 疏散楼梯、坡道 | | 不燃烧体 1.50 | 不燃烧体 1.00 | 不燃烧体 1.00 |
| 屋顶承重构件 | | 不燃烧体 1.50 | 不燃烧体 0.50 | 燃 烧 体 |
| 吊顶(包括吊顶搁栅) | | 不燃烧体 0.25 | 不燃烧体 0.25 | 难燃烧体 0.15 |

注:预制钢筋混凝土构件的节点缝隙或金属承重构件的外露部位应加设防火保护层,其耐火极限不应低于本表相应构件的规定。

# 4 总平面布局和平面布置

## 4.1 一般规定

**4.1.1** 车库不应布置在易燃、可燃液体或可燃气体的生产装置区和贮存区内。

**4.1.2** 汽车库不应与甲、乙类生产厂房、库房以及托儿所、幼儿园、养老院组合建造;当病房楼与汽车库有完全的防火分隔时,病房楼的地下可设置汽车库。

**4.1.3** 甲、乙类物品运输车的汽车库、修车库应为单层、独立建造。当停车数量不超过 3 辆时,可与一、二级耐火等级的Ⅳ类汽车库贴邻建造,但应采用防火墙隔开。

**4.1.4** Ⅰ类修车库应单独建造;Ⅱ、Ⅲ、Ⅳ类修车库可设置在一、二级耐火等级的建筑物的首层或与其贴邻建造,但不得与甲、乙类生产厂房、库房、明火作业的车间或托儿所、幼儿园、养老院、病房楼与人员密集的公共活动场所组合或贴邻建造。

**4.1.5** 为车库服务的下列附属建筑,可与汽车库、修车库贴邻建造,但应采用防火墙隔开,并应设置直通室外的安全出口:

**4.1.5.1** 贮存量不超过 1.0 t 的甲类物品库房;

**4.1.5.2** 总安装容量不超过 5.0 m³/h 的乙炔发生器间和贮存量不超过 5 个标准钢瓶的乙炔气瓶库;

**4.1.5.3** 一个车位的喷漆间;

**4.1.5.4** 面积不超过 50 m² 的充电间和其他甲类生产的房间。

**4.1.6** 地下汽车库内不应设置修理车位、喷漆间、充电间、乙炔间和甲、乙类物品贮存室。

**4.1.7** 汽车库和修车库内不应设置汽油罐、加油机。

**4.1.8** 停放易燃液体、液化石油气罐车的汽车库内,严禁设置地下室和地沟。

**4.1.9** Ⅰ、Ⅱ类汽车库、停车场宜设置耐火等级不低于二级的消防器材间。

**4.1.10** 车库区内的加油站、甲类危险物品仓库、乙炔发生器间不应布置在架空电力线的下面。

## 4.2 防火间距

**4.2.1** 车库之间以及车库与除甲类物品库房外的其他建筑物之间的防火间距不应小于表4.2.1的规定。

车库之间以及车库与除甲类物品的库房外的<br>其他建筑物之间的防火间距     表4.2.1

| 车库名称和耐火等级 | 防火间距（m）<br>汽车库、修车库、厂房、库房、民用建筑耐火等级 | | |
| --- | --- | --- | --- |
| | 一、二级 | 三级 | 四级 |
| 汽车库<br>修车库 | 一、二级 | 10 | 12 | 14 |
| | 三级 | 12 | 14 | 16 |
| 停车场 | 6 | 8 | 10 |

注：① 防火间距应按相邻建筑物外墙的最近距离算起，如外墙有凸出的可燃构件时，则应从其凸出部分外缘算起，停车场从靠近建筑物的最近停车位置边缘算起。
② 高层汽车库与其他建筑物之间，汽车库、修车库与高层工业、民用建筑之间的防火间距应按本表规定值增加3 m。
③ 汽车库、修车库与甲类厂房之间的防火间距应按本表规定值增加2 m。

**4.2.2** 两座建筑物相邻较高一面外墙为不开设门、窗、洞口的防火墙或当较高一面外墙比较低建筑高15 m及以下范围内的墙为不开门、窗、洞口的防火墙时，其防火间距可不限。

当较高一面外墙上，同较低建筑等高的以下范围内的墙为不开设门、窗、洞口的防火墙时，其防火间距可按本规范表4.2.1的规定值减小50%。

**4.2.3** 相邻的两座一、二级耐火等级建筑，当较高一面外墙耐火极限不低于2.00 h，墙上开口部位设有甲级防火门、窗或防火卷帘、水幕等防火设施时，其防火间距可减小，但不宜小于4 m。

**4.2.4** 相邻的两座一、二级耐火等级建筑，当较低一座的屋顶不设天窗，屋顶承重构件的耐火极限不低于1.00 h，且较低一面外墙为防火墙时，其防火间距可减小，但不宜小于4 m。

**4.2.5** 甲、乙类物品运输车的车库与民用建筑之间的防火间距不应小于25 m，与重要公共建筑的防火间距不应小于50 m。甲类物品运输车的车库与明火或散发火花地点的防火间距不应小于30 m，与厂房、库房的防火间距应按本规范表4.2.1的规定值增加2 m。

**4.2.6** 车库与易燃、可燃液体储罐，可燃气体储罐，液化石油气储罐的防火间距，不应小于表4.2.6的规定。

车库与易燃、可燃液体储罐，可燃气体储罐，<br>液化石油气储罐的防火间距     表4.2.6

| 名称 | 总贮量<br>（m³） | 防火间距（m）<br>汽车库、修车库 | | 停车场 |
| --- | --- | --- | --- | --- |
| | | 一、二级 | 三级 | |
| 易燃液体储罐 | 1～50 | 12 | 15 | 12 |
| | 51～200 | 15 | 20 | 15 |
| | 201～1000 | 20 | 25 | 20 |
| | 1001～5000 | 25 | 30 | 25 |
| 可燃液体储罐 | 5～250 | 12 | 15 | 12 |
| | 251～1000 | 15 | 20 | 15 |
| | 1001～5000 | 20 | 25 | 20 |
| | 5001～25000 | 25 | 30 | 25 |
| 水槽式可燃气体储罐 | ≤1000 | 12 | 15 | 12 |
| | 1001～10000 | 15 | 20 | 15 |
| | >10000 | 20 | 25 | 20 |

续表4.2.6

| 名称 | 总贮量<br>（m³） | 防火间距（m）<br>汽车库、修车库 | | 停车场 |
| --- | --- | --- | --- | --- |
| | | 一、二级 | 三级 | |
| 液化石油气储罐 | 1～30 | 18 | 20 | 18 |
| | 31～200 | 20 | 25 | 20 |
| | 201～500 | 25 | 30 | 25 |
| | >500 | 30 | 40 | 30 |

注：① 防火间距应从距车库最近的储罐外壁算起，但设有防火堤的储罐，其防火堤外侧基脚线距车库的距离不应小于10 m。
② 计算易燃、可燃液体储罐区总贮量时，1 m³的易燃液体按5 m³的可燃液体计算。
③ 干式可燃气体储罐与车库的防火间距按本表规定值增加25%。

**4.2.7** 小于1 m³的易燃液体储罐或小于5 m³的可燃液体储罐与车库之间的防火间距，当采用防火墙隔开时，其间距可不限。

**4.2.8** 车库与甲类物品库房的防火间距不应小于表4.2.8的规定。

车库与甲类物品库房的防火间距     表4.2.8

| 名称 | | 总容量（t） | 防火间距（m）<br>汽车库、修车库 | | 停车场 |
| --- | --- | --- | --- | --- | --- |
| | | | 一、二级 | 三级 | |
| 甲类物品库房 | 3、4项 | ≤5 | 15 | 20 | 15 |
| | | >5 | 20 | 25 | 20 |
| | 1、2、5、6项 | ≤10 | 12 | 15 | 12 |
| | | >10 | 15 | 20 | 15 |

注：甲类物品的分项应按现行的国家标准《建筑设计防火规范》的规定执行。

**4.2.9** 车库与可燃材料露天、半露天堆场的防火间距不应小于表4.2.9的规定。

汽车库与可燃材料露天、半露天堆场的防火间距    表4.2.9

| 名称 | | 总贮量（t） | 防火间距（m）<br>汽车库、修车库 | | 停车场 |
| --- | --- | --- | --- | --- | --- |
| | | | 一、二级 | 三级 | |
| 稻草、麦秸、芦苇等 | | 10～5000 | 15 | 20 | 15 |
| | | 5001～10000 | 20 | 25 | 20 |
| | | 10001～20000 | 25 | 30 | 25 |
| 棉麻、毛、化纤、百货 | | 10～500 | 10 | 15 | 10 |
| | | 501～1000 | 15 | 20 | 15 |
| | | 1001～5000 | 20 | 25 | 20 |
| 煤和焦炭 | | 1000～5000 | 6 | 8 | 6 |
| | | >5000 | 8 | 10 | 8 |
| 粮食 | 筒仓 | 10～5000 | 10 | 15 | 10 |
| | | 5001～20000 | 15 | 20 | 15 |
| | 席穴围 | 10～5000 | 15 | 20 | 15 |
| | | 5001～20000 | 20 | 25 | 20 |
| 木材等可燃材料 | | 50～1000 m³ | 10 | 15 | 10 |
| | | 1001～10000 m³ | 15 | 20 | 15 |

**4.2.10** 车库与煤气调压站之间，车库与液化石油气的瓶装供应站之间的防火间距，应按现行的国家标准《城镇燃气设计规范》的规定执行。

**4.2.11** 车库与石油库、小型石油库、汽车加油站的防火间距应按现行国家标准《石油库设计规范》、《小型石油库及汽车加油站设计规范》的规定执行。

**4.2.12** 停车场的汽车宜分组停放，每组停车的数量不宜超过50辆，组与组之间的防火间距不应小于6 m。

## 4.3 消防车道

**4.3.1** 汽车库、修车库周围应设环形车道，当设环形车道有困难时，可沿建筑物的一个长边和另一边设置消防车道，消防车道宜利用交通道路。

**4.3.2** 消防车道的宽度不应小于4 m。尽头式消防车道应设回车道或回车场，回车场不宜小于12 m×12 m。

**4.3.3** 穿过车库的消防车道，其净空高度和净宽均不应小于4 m；当消防车道上空遇有障碍物时，路面与障碍物之间的净空不应小于4 m。

# 5 防火分隔和建筑构造

## 5.1 防火分隔

5.1.1 汽车库应设防火墙划分防火分区。每个防火分区的最大允许建筑面积应符合表5.1.1的规定。

**汽车库防火分区最大允许建筑面积（m²）　表5.1.1**

| 耐火等级 | 单层汽车库 | 多层汽车库 | 地下汽车库或高层汽车库 |
|---|---|---|---|
| 一、二级 | 3000 | 2500 | 2000 |
| 三级 | 1000 | | |

注：①敞开式、错层式、斜楼板式的汽车库的上下连通层面积应叠加计算，其防火分区最大允许建筑面积可按本表规定值增加一倍。
②室内地坪低于室外地坪面高度超过该层汽车库净高1/3且不超过净高1/2的汽车库，或设在建筑物首层的汽车库的防火分区最大允许建筑面积不应超过2500 m²。
③复式汽车库的防火分区最大允许建筑面积应按本表规定值减少35%。

5.1.2 汽车库内设有自动灭火系统时，其防火分区的最大允许建筑面积可按本规范表5.1.1的规定增加一倍。

5.1.3 机械式立体汽车库的停车数超过50辆时，应设防火墙或防火隔墙进行分隔。

5.1.4 甲、乙类物品运输车的汽车库、修车库，其防火分区最大允许建筑面积不应超过500 m²。

5.1.5 修车库防火分区最大允许建筑面积不应超过2000 m²，当修车部位与相邻的使用有机溶剂的清洗和喷漆工段采用防火墙分隔时，其防火分区最大允许建筑面积不应超过4000 m²。

设有自动灭火系统的修车库，其防火分区最大允许建筑面积可增加1倍。

5.1.6 汽车库、修车库贴邻其他建筑物时，必须采用防火墙隔开。设在其他建筑物内的汽车库（包括屋顶的汽车库）、修车库与其他部分应采用耐火极限不低于3.00 h的不燃烧体隔墙和2.00 h的不燃烧体楼板分隔，汽车库、修车库的外墙门、窗、洞口的上方应设置不燃烧体的防火挑檐。外墙的上、下窗间墙高度不应小于1.2 m。

防火挑檐的宽度不应小于1 m，耐火极限不应低于1.00 h。

5.1.7 汽车库内设置修理车位时，停车部位与修车部位之间应设耐火极限不低于3.00 h的不燃烧体隔墙和2.00 h的不燃烧体楼板分隔。

5.1.8 修车库内，其使用有机溶剂清洗和喷漆的工段，当超过3个车位时，均应采取防火分隔措施。

5.1.9 燃油、燃气锅炉、可燃油油浸电力变压器，充有可燃油的高压电容器和多油开关不宜设置在汽车库、修车库内。当受条件限制时，除液化石油气作燃料的锅炉以外的上述设备，需要布置在汽车库、修车库内时，应符合下列规定：

5.1.9.1 锅炉的总蒸发量不应超过6 t/h，且单台锅炉蒸发量不应超过2 t/h；油浸电力变压器的单台容量不应超过1260 kV·A，且单台容量不应超过630 kV·A；

5.1.9.2 锅炉房、变压器室应布置在首层或地下一层靠外墙部位，并设有直接对外的安全出口，外墙开口部位的上方应设置宽度不小于1 m且耐火极限不低于1.00 h的不燃烧体防火挑檐；

5.1.9.3 变压器室、高压电容器室、多油开关室、锅炉房应采用防火隔墙和耐火极限不低于1.50 h的楼板与其他部位隔开；

5.1.9.4 变压器下面应设有储存变压器全部油量的事故储油设施，变压器室、多油开关室、高压电容器室、燃油锅炉房的日用油箱室应设置防止油品流散的设施。

5.1.10 自动灭火系统的设备室、消防水泵房应采用防火隔墙和耐火极限不低于1.50 h的不燃烧体楼板与相邻部位分隔。

## 5.2 防火墙和防火隔墙

5.2.1 防火墙应直接砌在汽车库、修车库的基础或钢筋混凝土的框架上。防火隔墙可砌筑在不燃烧体地面或钢筋混凝土梁上，防火墙、防火隔墙均应砌至梁、板的底部。

5.2.2 当汽车库、修车库的屋盖为耐火极限不低于0.50 h的不燃烧体时，防火墙、防火隔墙可砌至屋面基层的底部。

5.2.3 防火墙、防火隔墙应截断三级耐火等级的汽车库、修车库的屋顶结构，并应高出其不燃烧体屋面且不应小于0.4 m；高出燃烧体或难燃烧体屋面不应小于0.5 m。

5.2.4 防火墙不宜设置在汽车库、修车库的内转角处。当设在转角处时，内转角两侧墙上的门、窗、洞口之间的水平距离不应小于4 m。

防火墙两侧的门、窗、洞口之间的水平距离不应小于2 m。当防火墙两侧的采光窗装有耐火极限不低于0.90 h的不燃烧体固定窗扇时，可不受距离的限制。

5.2.5 防火墙或防火隔墙上不应设置通风孔道，也不宜穿过其他管道（线）；当管道（线）穿过防火墙时，应采用不燃烧材料将孔洞周围的空隙紧密填塞。

5.2.6 防火墙或防火隔墙上不宜开设门、窗、洞口，当必须开设时，应设置甲级防火门、窗或耐火极限不低于3.00 h的防火卷帘。

## 5.3 电梯井、管道井和其他防火构造

5.3.1 电梯井、管道井、电缆井和楼梯间应分开设置。管道井、电缆井的井壁应采用耐火极限不低于1.00 h的不燃烧体。电梯井的井壁应采用耐火极限不低于2.50 h的不燃烧体。

5.3.2 电缆井、管道井应每隔2～3层在楼板处采用相当于楼板耐火极限的不燃烧体作防火分隔，井壁上的检查门应采用丙级防火门。

5.3.3 除敞开式汽车库、斜楼板式汽车库以外的多层、高层、地下汽车库，汽车坡道两侧应用防火墙与停车区隔开，坡道的出入口应采用水幕、防火卷帘或设置甲级防火门等措施与停车区隔开。当汽车库和汽车坡道上均设有自动灭火系统时，可不受此限。

# 6 安 全 疏 散

6.0.1 汽车库、修车库的人员安全出口和汽车疏散出口应分开设置。设在工业与民用建筑内的汽车库，其车辆疏散出口应与其他部分的人员安全出口分开设置。

6.0.2 汽车库、修车库的每个防火分区内，其人员安全出口不应少于两个，但符合下列条件之一的可设一个：

6.0.2.1 同一时间的人数不超过25人；

6.0.2.2 Ⅳ类汽车库。

6.0.3 汽车库、修车库的室内疏散楼梯应设置封闭楼梯间。建筑高度超过32 m的高层汽车库的室内疏散楼梯应设置防烟楼梯间，楼梯间和前室的门应向疏散方向开启。地下汽车库和高层汽车库以及设在高层建筑裙房内的汽车库，其楼梯间、前室的门应采用乙级防火门。

疏散楼梯的宽度不应小于1.1 m。

6.0.4 室外的疏散楼梯可采用金属楼梯。室外楼梯的倾斜角度不应大于45°，栏杆扶手的高度不应小于1.1 m，每层楼梯平台均应采用不低于1.00 h耐火极限的不燃烧材料制作。在室外楼梯周围2 m范围内的墙面上，除设置疏散门外，不应开设其他的门、窗、洞口。高层汽车库的室外楼梯，其疏散门应采用乙级防火门。

6.0.5 汽车库室内最远工作地点至楼梯间的距离不应超过45 m，当设有自动灭火系统时，其距离不应超过60 m。单层或设在建筑物首层的汽车库，室内最远工作地点至室外出口的距离不应超过60 m。

6.0.6 汽车库、修车库的汽车疏散出口不应少于两个，但符合下列条件之一的可设一个：

**6.0.6.1** Ⅳ类汽车库;

**6.0.6.2** 汽车疏散坡道为双车道的Ⅲ类地上汽车库和停车数少于100辆的地下汽车库;

**6.0.6.3** Ⅱ、Ⅲ、Ⅳ类修车库。

**6.0.7** Ⅰ、Ⅱ类地上汽车库和停车数大于100辆的地下汽车库,当采用错层或斜楼板式且车道、坡道为双车道时,其首层或地下一层至室外的汽车疏散出口不应少于两个,汽车库内的其他楼层汽车疏散坡道可设一个。

**6.0.8** 除机械式立体汽车库外,Ⅳ类的汽车库在设置汽车坡道有困难时,可采用垂直升降梯作汽车疏散出口,其升降梯的数量不应少于两台,停车数少于10辆的可设一台。

**6.0.9** 汽车疏散坡道的宽度不应小于4 m,双车道不宜小于7 m。

**6.0.10** 两个汽车疏散出口之间的间距不应小于10 m;两个汽车坡道毗邻设置时应采用防火隔墙隔开。

**6.0.11** 停车场的汽车疏散出口不应少于两个。停车数量不超过50辆的停车场可设一个疏散出口。

**6.0.12** 汽车库的车道应满足一次出车的要求,汽车与汽车之间以及汽车与墙、柱之间的间距,不应小于表6.0.12的规定。

注:一次出车系指汽车在启动后不需要调头、倒车而直接驶出汽车库。

**汽车与汽车之间以及汽车与墙、柱之间的间距   表6.0.12**

| 项目 \ 间距(m) \ 汽车尺寸(m) | 车长<6 或 车宽≤1.8 | 6<车长<8 或 1.8<车宽≤2.2 | 8<车长≤12 或 2.2<车宽≤2.5 | 车长>12 或 车宽>2.5 |
|---|---|---|---|---|
| 汽车与汽车 | 0.5 | 0.7 | 0.8 | 0.9 |
| 汽车与墙 | 0.5 | 0.5 | 0.5 | 0.5 |
| 汽车与柱 | 0.3 | 0.3 | 0.4 | 0.4 |

注:当墙、柱外有暖气片等突出物时,汽车与墙、柱的间距应从其凸出部分外缘算起。

# 7 消防给水和固定灭火系统

## 7.1 消防给水

**7.1.1** 车库应设置消防给水系统。消防给水可由市政给水管道、消防水池或天然水源供给。利用天然水源时,应设有可靠的取水设施和通向天然水源的道路,并应在枯水期最低水位时,确保消防用水量。

**7.1.2** 符合下列条件之一的车库可不设消防给水系统:

**7.1.2.1** 耐火等级为一、二级且停车数不超过5辆的汽车库;

**7.1.2.2** Ⅳ类修车库;

**7.1.2.3** 停车数不超过5辆的停车场。

**7.1.3** 当室外消防给水采用高压或临时高压给水系统时,车库的消防给水管道的压力应保证在消防用水量达到最大时,最不利点水枪充实水柱不应小于10 m;当室外消防给水采用低压给水系统时,管道内的压力应保证灭火时最不利点消火栓的水压不小于0.1 MPa(从室外地面算起)。

**7.1.4** 车库的消防用水量应按室内、外消防用水量之和计算。

车库内设有消火栓、自动喷水、泡沫等灭火系统时,其室内消防水量应按需要同时开启的灭火系统用水量之和计算。

**7.1.5** 车库应设室外消火栓给水系统,其室外消防用水量应按消防水量最大的一座汽车库、修车库、停车场计算,并不应小于下列规定:

**7.1.5.1** Ⅰ、Ⅱ类车库   20 L/s;

**7.1.5.2** Ⅲ类车库   15 L/s;

**7.1.5.3** Ⅳ类车库   10 L/s。

**7.1.6** 车库室外消防给水管道、室外消火栓、消防泵房的设置应

按现行的国家标准《建筑设计防火规范》的规定执行。

停车场的室外消火栓宜沿停车场周边设置,且距离最近一排汽车不宜小于7 m,距加油站或油库不宜小于15 m。

**7.1.7** 室外消火栓的保护半径不应超过150 m,在市政消火栓保护半径150 m及以内的车库,可不设置室外消火栓。

**7.1.8** 汽车库、修车库应设室内消火栓给水系统,其消防用水量不应小于下列要求:

**7.1.8.1** Ⅰ、Ⅱ、Ⅲ类汽车库及Ⅰ、Ⅱ类修车库的用水量不应小于10 L/s,且应保证相邻两个消火栓的水枪充实水柱同时达到室内任何部位。

**7.1.8.2** Ⅳ类汽车库及Ⅲ、Ⅳ类修车库的用水量不应小于5 L/s,且应保证一个消火栓的水枪充实水柱到达室内任何部位。

**7.1.9** 室内消火栓水枪的充实水柱不应小于10 m,消火栓口径应为65 mm,水枪口径应为19 mm,保护半径不应超过25 m。同层相邻室内消火栓的间距不应大于50 m,但高层汽车库和地下汽车库的室内消火栓的间距不应大于30 m。

室内消火栓应设在明显易于取用的地点,栓口离地面高度宜为1.1 m,其出水方向宜与设置消火栓的墙面相垂直。

**7.1.10** 汽车库、修车库室内消火栓超过10个时,室内消防管道应布置成环状,并应有两条进水管与室外管道相连接。

**7.1.11** 室内消防管道应采用阀门分段,如某段损坏时,停止使用的消火栓在同一层内不应超过5个。高层汽车库内管道阀门的布置,应保证检修管道时关闭的竖管不超过1根,当竖管超过4根时,可关闭不相邻的2根。

**7.1.12** 四层以上多层汽车库和高层汽车库及地下汽车库,其室内消防给水管网应设水泵接合器。水泵接合器的数量应按室内消防用水量计算确定,每个水泵接合器的流量应按10~15 L/s计算。

水泵接合器应有明显的标志,并设在便于消防车停靠使用的地点,其周围15~40 m范围内应设置室外消火栓或消防水池。

**7.1.13** 设置高压给水系统的汽车库、修车库,当能保证最不利点消火栓和自动喷水灭火系统等的水量和水压时,可不设消防水箱。

设置临时高压消防给水系统的汽车库、修车库,应设屋顶消防水箱,其水箱容量应能储存10 min的室内消防用水量,当计算消防用水量超过18 m³时仍可按18 m³确定。消防用水量与其他用水合并的水箱,应采取保证消防水不作它用的技术措施。

**7.1.14** 临时高压消防给水系统的汽车库、修车库的每个消火栓处应设直接启动消防水泵的按钮,并应设有保护按钮的设施。

**7.1.15** 采用消防水池作为消防水源时,其容量应满足2.00 h火灾延续时间内室内外消防用水量总量的要求,但自动喷水灭火系统可按火灾延续时间1.00 h计算,泡沫灭火系统可按火灾延续时间0.50 h计算;当室外给水管网能保证连续补水时,消防水池的有效容量可减去火灾延续时间内连续补充的水量。

消防水池的补水时间不宜超过48 h,保护半径不宜大于150 m。

**7.1.16** 供消防车取水的消防水池应设取水口或取水井,其水深应保证消防车的消防水泵吸水高度不得超过6 m。

消防用水与其他用水共用的水池,应采取保证消防水不作它用的技术措施。

寒冷地区的消防水池应采取防冻措施。

## 7.2 自动喷水灭火系统

**7.2.1** Ⅰ、Ⅱ、Ⅲ类地上汽车库、停车数超过10辆的地下汽车库、机械式立体汽车库或复式汽车库以及采用垂直升降梯作汽车疏散出口的汽车库、Ⅰ类修车库,均应设置自动喷水灭火系统。

**7.2.2** 汽车库、修车库自动喷水灭火系统的危险等级可按中危险级确定。

**7.2.3** 汽车库、修车库自动喷水灭火系统的设计除应按现行国家

标准《自动喷水灭火系统设计规范》的规定执行外,其喷头布置还应符合下列要求:

7.2.3.1 应设置在汽车库停车位的上方;

7.2.3.2 机械式立体汽车库、复式汽车库的喷头除在屋面板或楼板下按停车位的上方布置外,还应按停车的托板位置分层布置,且应在喷头的上方设置集热板;

7.2.3.3 错层式、斜楼板式的汽车库的车道、坡道上方均应设置喷头。

### 7.3 其他固定灭火系统

7.3.1 Ⅰ类地下汽车库、Ⅰ类修车库宜设置泡沫喷淋灭火系统。

7.3.2 泡沫喷淋系统的设计、泡沫液的选用应按现行国家标准《低倍数泡沫灭火系统设计规范》的规定执行。

7.3.3 地下汽车库可采用高倍数泡沫灭火系统。机械式立体汽车库可采用二氧化碳等气体灭火系统。

7.3.4 设置泡沫喷淋、高倍数泡沫、二氧化碳等灭火系统的汽车库、修车库可不设自动喷水灭火系统。

# 8 采暖通风和排烟

### 8.1 采暖和通风

8.1.1 车库内严禁明火采暖。

8.1.2 下列汽车库或修车库需要采暖时应设集中采暖:

8.1.2.1 甲、乙类物品运输车的汽车库;

8.1.2.2 Ⅰ、Ⅱ、Ⅲ类汽车库;

8.1.2.3 Ⅰ、Ⅱ类修车库。

8.1.3 Ⅳ类汽车库、Ⅲ、Ⅳ类修车库,当采用集中采暖有困难时,可采用火墙采暖,但其炉门、节风门、除灰门严禁设在汽车库、修车库内。

汽车库采暖的火墙不应贴邻甲、乙类生产厂房、库房布置。

8.1.4 喷漆间、电瓶间均应设置独立的排气系统,乙炔站的通风系统设计应现行国家标准《乙炔站设计规范》的规定执行。

8.1.5 设有通风系统的汽车库,其通风系统宜独立设置。

8.1.6 风管应采用不燃烧材料制作,并不应穿过防火墙、防火隔墙,当必须穿过时,除应满足本规范第5.2.5条的要求外,还应在穿过处设置防火阀。

防火阀的动作温度宜为70℃。

风管的保温材料应采用不燃烧或难燃烧材料;穿过防火墙的风管,其位于防火墙两侧各2m范围内的保温材料应为不燃烧材料。

### 8.2 排 烟

8.2.1 面积超过2000m²的地下汽车库应设置机械排烟系统。机械排烟系统可与人防、卫生等排气、通风系统合用。

8.2.2 设有机械排烟系统的汽车库,其每个防烟分区的建筑面积不宜超过2000m²,且防烟分区不应跨越防火分区。

防烟分区可采用挡烟垂壁、隔墙或从顶棚下突出不小于0.5m的梁划分。

8.2.3 每个防烟分区应设置排烟口,排烟口宜设在顶部或靠近顶棚的墙面上;排烟口距该防烟分区内最远点的水平距离不应超过30m。

8.2.4 排烟风机的排烟量应按换气次数不小于6次/h计算确定。

8.2.5 排烟风机可采用离心风机或排烟轴流风机,并应在排烟支管上设有烟气温度超过280℃时能自动关闭的排烟防火阀。排烟风机应保证280℃时能连续工作30min。

排烟防火阀应联锁关闭相应的排烟风机。

8.2.6 机械排烟管道风速,采用金属管道时不应大于20m/s;采

用内表面光滑的非金属材料风道时,不应大于15m/s。排烟口的风速不宜超过10m/s。

8.2.7 汽车库内无直接通向室外的汽车疏散出口的防火分区,当设置机械排烟系统时,应同时设置进风系统,且送风量不宜小于排烟量的50%。

# 9 电 气

9.0.1 消防水泵、火灾自动报警、自动灭火、排烟设备、火灾应急照明、疏散指示标志等消防用电和机械停车设备以及采用升降梯作车辆疏散出口的升降梯用电应符合下列要求:

9.0.1.1 Ⅰ类汽车库、机械停车设备以及采用升降梯作车辆疏散出口的升降梯用电应按一级负荷供电;

9.0.1.2 Ⅱ、Ⅲ类汽车库和Ⅰ类修车库应按二级负荷供电。

9.0.2 消防用电设备的两个电源或两个回路应在最末一级配电箱处自动切换。消防用电的配电线路,必须与其他动力、照明等配电线路分开设置。

9.0.3 消防用电的配电线路,应穿金属管保护并敷设在不燃烧体结构内。当采用防火电缆时,应敷设在耐火极限不小于1.00h的防火线槽内。

9.0.4 除机械式立体汽车库外,汽车库内应设火灾应急照明和疏散指示标志。火灾应急照明和疏散指示标志,可采用蓄电池作备用电源,但其连续供电时间不应少于20min。

9.0.5 火灾应急照明灯宜设在墙面或顶棚上,其地面最低照度不应低于0.5lx。

疏散指示标志宜设在疏散出口的顶部或疏散通道及其转角处,且距地面高度1m以下的墙面上。通道上的指示标志,其间距不宜大于20m。

9.0.6 甲、乙类物品运输车的汽车库、修车库,以及修车库内的喷漆间、电瓶间、乙炔间等室内的电气设备均应按现行国家标准《爆炸和危险环境电力装置设计规范》的规定执行。

9.0.7 除敞开式汽车库以外的Ⅰ类汽车库、Ⅱ类地下汽车库和高层汽车库以及机械式立体汽车库、复式汽车库、采用升降梯作汽车疏散出口的汽车库,应设置火灾自动报警系统。

9.0.8 火灾自动报警系统的设计应按现行国家标准《火灾自动报警系统设计规范》的规定执行。

采用气体灭火系统、开式泡沫喷淋灭火系统以及设有防火卷帘、排烟设施的汽车库、修车库应设置与火灾报警系统联动的设施。

9.0.9 设有火灾自动报警系统和自动灭火系统的汽车库、修车库应设置消防控制室,消防控制室宜独立设置,也可与其他控制室、值班室组合设置。

# 附录A 本规范用词说明

A.0.1 为便于在执行本规范条文时区别对待,对要求严格程度不同的用词说明如下:

(1)表示很严格,非这样做不可的用词:

正面词采用"必须";

反面词采用"严禁"。

(2)表示严格,在正常情况均应这样做的用词:

正面词采用"应";

反面词采用"不应"或"不得"。

(3)表示允许稍有选择,在条件许可时首先应这样做的用词:

正面词采用"宜"或"可";

反面词采用"不宜"。

A.0.2 条文中指定按其他有关标准、规范执行时,写法为"应符合……的规定"或"应按……执行"。

**附加说明**

本规范主编单位、参加单位
和主要起草人名单

主 编 单 位：上海市消防局

参 编 单 位：上海市建筑设计研究院
　　　　　　上海市公共交通总公司建筑设计院

主要起草人：徐耀标　张永杰　纪武功　曾　杰
　　　　　　潘　丽　徐武歆　周秋琴　华清梅
　　　　　　南江林

中华人民共和国国家标准

# 汽车库、修车库、停车场设计防火规范

**GB 50067—97**

条 文 说 明

# 目　次

# 1 总 则

**1.0.1** 本条阐明了制定规范的目的和意义。本规范是我国工程防火设计规范的一个组成部分，其目的是为我国汽车库建设的建筑防火设计提供依据，防止和减少火灾对汽车库的危害，保障社会主义经济建设的顺利进行和人民生命财产的安全。

近几年来，随着我国改革开放形势的不断深入发展，城市汽车的拥有量成倍增长，据上海市公安交通部门统计：1979 年全市共有机动车 7.3 万余辆，到 1989 年全市机动车增加到 19 万辆，平均每年增加 1 万余辆，从 1990 年以后，每年增加 2 万辆，1992 年后的每年增加近 4 万辆。1993 年底上海共有机动车达 30 万辆，至 1995 年底，上海市已有机动车 42 万辆。根据汽车向居民家庭发展的趋势，汽车的增长将更加迅猛，经对北京、沈阳、西安、重庆、广州、深圳、厦门、福州、上海等大中城市和沿海、沿江城市的调查，近几年来，大型汽车库的建设也在成倍增长，许多城市的政府部门都把建设配套汽车库作为工程项目审批的必备条件，并制订了相应的地方性行政法规予以保证。特别是近几年来随着房地产开发经营增多，在新建大楼中都配套建设与大楼停车要求相适应的汽车库，由于城市用地紧张、地价昂贵，近几年来新的汽车库均向高层和地下空间发展。目前国内已建成 24m 以上，停车 300 至近千辆的七八层汽车库 10 多个；地下二、三层，停车数在 500 辆以上的亦有近百个。而且目前汽车库的建设在沿海沿江开放城市发展更快。

大量汽车库的建设，是城市解决停车难的根本途径，由于新建的汽车库大都为多层和地下汽车库，其投资费用都较大，如果设计中缺乏防火设计或者防火设计考虑不周，一旦发生火灾，往往会造成严重的经济损失和人员伤亡事故。另外，原来的《汽车库设计防火规范》（GBJ67—84）对多层和地下汽车库的组合建造规定的条文较严，对防排烟、消防设施和安全疏散等规定的条文较少，与建设的实际要求差距较大，更没有对新兴的机械式汽车库提出防火要求，与国外先进国家的有关规范、规定也有一定的差距。由此可见，修订编制本规范对汽车库设计中贯彻预防为主，防消结合的消防工作方针、防止和减少火灾危害、促进改革开放、保卫社会主义经济建设和公民的生命财产安全是十分必要的。

**1.0.2** 本规范包括汽车库、修车库、停车场（以下统称为车库）的防火设计。根据国家规范的管理要求，将原规范（GBJ 67—84）的汽车库的定义，现统一为车库，将原停车库的定义，现统一为汽车库。

本条在原规范的基础上适当扩大了适用范围，其内容包括了高层民用建筑所属的汽车库和人防地下车

库及农村乡、村的车库，这是因为《高层民用建筑设计防火规范》、《人民防空工程设计防火规范》中已明确规定，其汽车库按《汽车库设计防火规范》的规定执行。由于国内目前新建的人防地下车库，基本上都是平战两用的汽车库，这类车库除了应满足战时防护的要求，其他均与一般汽车库的要求一样；农村乡、村汽车库过去较少，而且要求也不高，考虑到近几年来农村发展较快，许多乡、村都配备、购买了不少较好的小轿车和运输车辆，需要建设较正规的汽车库，对于有条件购买小汽车并建造汽车库的乡村，按照本规范执行是能够办到的，但对一些边远农村建造的拖拉机库可按《村镇建筑设计防火规范》的有关规定执行。

对于消防站的汽车库，由于在平面布置和建筑构造等要求上都有一些特殊要求，而且公安部已制订颁发了《消防站建筑设计标准》，所以仍列入了本规范不适用的范围。

**1.0.3** 本条主要规定了车库建筑防火设计必须遵循的基本原则。随着改革开放不断深入，沿海城市大量新建了与大楼配套的汽车库，不少汽车库内停放了豪华的进口小轿车，这类小汽车价格昂贵，且大都为地下汽车库。而北方内陆地区大都为地上汽车库，停放的车辆普通车较多，因此在车库的防火设计中，应从国家经济建设的全局出发，结合车库的实际情况，积极采用先进的防火与灭火技术，做到确保安全、方便使用、技术先进、经济合理。

**1.0.4** 车库建筑的防火设计，涉及的面较广，与国家现行的《建筑设计防火规范》、《高层民用建筑设计防火规范》、《乙炔站设计规范》、《人民防空工程设计防火规范》等规范均有联系。本规范不可能，也没有必要全部把它们包括进来，为了车库的设计兼顾有关规范的规定，故制订了本条文。

# 2 术 语

本章是根据 1991 年国家技术监督局、建设部关于《工程建设国家标准发布程序问题的商谈纪要》的精神和《工程建设技术标准编写暂行办法》中的有关规定编写的。

主要拟定原则是列入本标准的术语是本规范专用的，在其他规范标准中未出现过的；对于本规范中出现较多，其他定义不统一或不全面，容易造成误解，有必要列出的，也择重考虑列出。

**2.0.1** 本术语在《汽车库设计防火规范》（GBJ 67—84）中，定义为停车库，而将汽车库定义为停车库、修车库、停车场的总称。本规范在修订时，根据建设部的统一协调，为与《汽车库设计规范》的名词相统一，将停车库的名词改为汽车库，原汽车库的名词改为车库。

**2.0.2、2.0.3** 修车库、停车场的名词定义仍基本延用原标准 GBJ 67—84 的名词解释。

**2.0.4～2.0.8** 主要是指按各种标准分类来确定的汽车库，由于分析角度不同，汽车库的分类有很多，通常主要有以下几种方法：

（1）按照数量来划分，本规范第 3 章对汽车库的防火分类即按照其数量来划分。

（2）按照高度来划分，一般可划分为：

地下汽车库（即术语的 2.0.4）；

单层汽车库；

多层汽车库；

高层汽车库（即术语的 2.0.5）。

高层汽车库的定义包括两个类型：一种是汽车库自身高度已超过 24m 的，另一种是汽车库自身高度虽未到 24m，但与高层工业或民用建筑在地面以上组合建造的。这两种类型在防火设计上的要求基本相同，故定义在同一名称上。

汽车库与建筑物组合建造在地面以下的以及独立在地面以下建造的汽车库都称为地下汽车库，并按照地下汽车库的有关防火设计要求予以考虑。

（3）按照停车方式的机械化程度可分为：

机械式立体汽车库（即术语的 2.0.6）；

复式汽车库（即术语 2.0.7）；

普通车道式汽车库。

机械式立体停车与复式汽车库都属于机械式汽车库。机械式汽车库是近年来新发展起来的一种利用机械设备提高单位面积停车数量的停车形式，主要分为两大类：一类是室内无车道、且无人员停留的机械立体汽车库，类似高架仓库，根据机械设备运转方式又可分为：垂直循环式（汽车上、下移动）、电梯提升式（汽车上、下、左、右移动）、高架仓储式（汽车上、下、左、右、前、后移动）等；另一类是室内有车道、且有人员停留的复式汽车库，机械设备只是类似于普通仓库的货架，根据机械设备的不同又可分为二层杠杆式、三层升降式、二/三层升降横移式等。

（4）按照汽车坡道形式可分为：

楼层式汽车库；

斜楼板式汽车库（即车道坡道与停车区同在一个斜面）；

错层式汽车库（即汽车坡道只跨越半层车库）；

交错式汽车库（即汽车坡道跨越二层车库）；

采用垂直升降机作为汽车疏散的汽车库。

（5）按照组合形成可分为：

独立式汽车库；

组合式汽车库。

（6）按照围封形式可分为：

敞开式汽车库（即术语的 2.0.8）；

有窗的汽车库；

无窗的汽车库。

对不同类型、不同构造的汽车库，其汽车疏散、火灾扑救、经济价值的情况是不一样的，在进行设计时，既要满足其自身停车功能的要求，也要合适地提出防火设计要求。

# 3　防火分类和耐火等级

**3.0.1** 汽车库的防火分类原规范参照了前苏联的《汽车库设计标准和技术规范》（H 113-54）的有关条文以及 70 年代我国汽车库的实际情况确定的分类标准。

随着改革开放的不断发展，原汽车库分类规定已远远不适应目前汽车库建设的要求，甚至起了阻碍作用。这次修改，调查了全国 14 个大城市汽车库的建设情况，对防火分类的停车数量在原规范的基础上调整放大了近一倍。其主要依据，一是汽车库的火灾案例较少，在调查的 14 个城市的 34 个汽车库均没有发生过大的火灾；二是目前新建汽车库的停车数量，一般单位内部使用的为 30～50 辆，与高层宾馆、大厦配套建造的汽车库为 100～200 辆，而供社会停车用的公共汽车库的停车库为 200～300 辆，有的还超过 300 辆；三是鉴于目前城市汽车数量增加迅猛。据上海公安交通部门统计，1970～1984 年上海每年车辆增长 5000 辆，全市只有 9 万辆。1985 年以后，每年增加近 2 万辆，90 年代以后，每年增加 3 万辆，1993 年增加数超过了 4 万辆。至 1995 年底上海全市的机动车辆已达 42 万辆。近年来上海、广州等一些大城市在市中心实行禁止非机动车通行的规定，进一步促进了机动车的发展。鉴于上述原因，汽车库的防火分类中停车数量的放大是符合我国汽车库的实际的。另外，车库的防火分类仍然按停车的数量多少来划分类别也是符合我国国情的。这是因为车库建筑发生火灾后确定车库损失的大小，也是按烧毁车库中车辆的多少来确定的。按停车数量划分的车库类别，可便于按类提出车库的耐火等级、防火间距、防火分隔、消防给水、火灾报警等建筑防火要求。

表 3.0.1 的注是指一些楼层的汽车库，为了充分利用停车面积，在停车库的屋面露天停放车辆。这一部分的车辆也应计算在内，这是因为屋顶车辆与下面车库内的车辆是共用一个上下的车道，共用一套消防设施，屋顶车辆发生火灾对下面的车库同样也会影响，应作为车库的整体来考虑。如在其他建筑的屋顶上单独停车的，可按停车场来考虑。

**3.0.2** 根据 1992 年规范修订组对南方、东北、西北等地 14 个城市的调查，原规范对汽车库和修车库的耐火等级规定是符合国情的。本条耐火等级以现行《建筑设计防火规范》、《高层民用建筑设计防火规范》的规定为基准，结合汽车库的特点，增加了"防火隔墙"一项，防火隔墙比防火墙的耐火时间低，比一般分隔墙的耐火时间要高，且不必按防火墙的要求必须砌筑在梁或基础上，只须从楼板砌筑至顶板，这样分隔也较自由。这些都是鉴于汽车库内的火灾负载较少而提出的防火分隔措施，具体执行证明还是可行的。

**3.0.3** 本条对各类车库的耐火等级分别作了相应的规定。地下汽车库发生火灾时，因缺乏自然通风和采光、扑救难度大，火势易蔓延，同时由于结构、防火等需要，地下车库通常为钢筋混凝土结构，可达一级耐火等级要求，所以不论其停车数量多少，其耐火等级不应低于一级是可行的。

Ⅰ、Ⅱ、Ⅲ类汽车库其停车数量较多，车库一旦遭受火灾，损失较大；Ⅰ、Ⅱ、Ⅲ类修车库有修理车位3个以上，并配设各种辅助工间，起火因素较多，如耐火等级偏低，属三级耐火等级建筑，一旦起火，火势冲向屋顶木结构，容易延烧扩大，着火物落到下面汽车上又会将其引燃，导致大面积火灾，因此这些车库均应采用不低于二级耐火等级的建筑。

甲、乙类物品运输车由于槽罐内有残存物品，危险性高，所以要求车库的耐火等级不应低于二级。

本条修改中将"重要停车库"删去了，所谓重要停车库是指车内装有贵重仪器设备或经济价值较大的汽车停车库。从当前形势和发展趋势看，现代科学技术不断发展，贵重仪器在各大城市及地区使用很普通，因此载运也广泛，很难确定和划分哪些是属贵重设备，哪些经济价值较大。为了使条文更严密，便于执行，删除了重要停车库一词。

近年来在北京、深圳、上海等地发展机械式立体汽车库，这类车库占地面积小，采用机械化升降停放车辆，充分利用空间面积。目前国内建造的这类车库停车数量都在50辆以下，属Ⅳ类汽车库，车库建筑的结构都为钢筋混凝土，内部的停车支架、托架均为钢结构，从国外的一些资料介绍，这类车库的结构采用全钢结构的较多，但由于停车数量少，内部的消防设施全，火灾危险性较小。为了适应新型车库的发展，我们对这类车库的耐火等级未作特殊要求，但采用全钢结构，其梁、柱等承重构件均应进行防火处理，满足三级耐火等级的要求。同时我们也希望生产厂家能对设备主要承受支撑能力的构件作防火处理，提高自身的耐火性能。

# 4 总平面布局和平面布置

## 4.1 一般规定

**4.1.1** 规范修订组对北京、广州、成都等14个城市的汽车库、修车库和公共交通、运输部门的停车场、保养场进行了调查研究，从汽车库火灾实例来看，由于汽车是用汽油或柴油作燃料，特别是汽油闪点低，易燃易爆，在修车时往往由于违反操作规程或缺乏防

火知识引起火灾，造成严重的财产损失。因此，汽车库与其他建筑应保持一定的防火间距，并需设置必要的消防通道和消防水源，以满足防火与灭火的需要。

本条还规定不应将汽车库布置在易燃、可燃液体和可燃气体的生产装置区和贮存区内，这对保证防火安全是非常必要的。国内外石油装置的火灾是不少的。如某市化工厂丁二烯气体漏气，汽车驶入该区域引起爆燃，造成了重大伤亡事故。据化工部设计院对10个大型石油化工厂的调查，他们的汽车库都是设在生产辅助区或生活区内。

**4.1.2** 原规范对汽车库不能组合建造的限制过于严格，已不适应汽车库的发展。根据修订组的调查，国内许多高层建筑和商场、影剧院等公共民用建筑的地下都已建造了大型的汽车库，这在国外也非常普遍。为了适应当前汽车库建设发展的需要，本条对汽车库与一般工业、民用建筑的组合或贴邻不作限制规定，只对与甲、乙类易燃易爆危险品生产车间、储存仓库和民用建筑中的托儿所、幼儿园、养老院和病房楼等较特殊建筑的组合建造作了限制。这是因为哺乳室、托儿所、幼儿园的孩子、养老院的老人和病房中的病人，行动不方便，如直接在汽车库的上、下面组合建造，由于孩子、老人和病人等疏散困难，一旦发生火灾，对扑救火灾极为不利，且平时汽车噪声、废气对孩子、老人和病人的健康也不利。为此，规定在以上这些部位限制组合建造汽车库是必要的。当汽车库与病房楼有完全的防火分隔，汽车的进出口和病房楼人员的出入口完全分开、不会相互干扰时，可考虑在病房楼的地下设置汽车库。

**4.1.3** 甲、乙类物品运输车在停放或修理时有时有残留的易燃液体和可燃气体，散发在室内并漂浮在地面上，遇到明火就会燃烧、爆炸。这些车库如与其他建筑组合建造或附建在其他建筑物底层，一旦发生爆燃，就会影响上层结构安全，扩大灾情。所以，对甲、乙类物品运输车的汽车库、修车库强调单层独立建造。但考虑到一些较小修车库的实际情况，对停车数不超过3辆的车库，在有防火墙隔开的条件下，允许与一、二级耐火等级的Ⅵ类汽车库贴邻建造。

**4.1.4** Ⅰ类修车库的特点是车位多、维修任务量大，为了保养和修理车辆方便，在一幢建筑内往往包括很多工种，并经常需要进行明火作业和使用易燃物品。如用汽油清洗零件、喷漆时使用有机溶剂等，火灾危险性大。为保障安全起见，本条规定Ⅰ类修车库宜单独建造。

从目前国内已有的大中型修车库中来看，一般都是单独建造的。但本规范如不考虑修车库类别，不加区别的一律要求单独建造也不符合节约用地、节省投资的精神，故本条对Ⅱ、Ⅲ、Ⅳ类修车库允许有所机动，可与没有明火作业的丙、丁、戊类危险性生产厂房、库房及一、二级耐火等级的一般民用建筑（除托

儿所、幼儿园、养老院、病房楼及人员密集的公共活动场所，如商场、展览、餐饮、娱乐场所等）贴邻建造或附设在建筑底层。但必须用防火墙、楼板、防火挑檐措施进行分隔，以保证安全。

**4.1.5** 根据甲类危险品库及乙炔发生间、喷漆间、充电间以及其他甲类生产工间的火灾危险性的特点，这类房间应该与其他建筑保持一定的防火间距。调查中发现有不少汽车库为了适应汽车保养、修理、生产工艺的需要，将上述生产工间贴邻建造在汽车库的一侧。由于过去没有统一的规定，所以有的将规模较大的生产工间与汽车库贴邻建造而没有任何防火分隔措施，有的又将规模很小的甲类生产工间单独建造，占了大片土地，很不合理。为了保障安全，有利生产，并考虑节约用地，根据《建筑设计防火规范》有关条文的精神，对为修理、保养车辆服务，且规模较小的生产工间，作了可以贴邻建造的规定。

根据目前国内乙炔发生器逐步淘汰而以瓶装乙炔气代替的状况，条文中增设了乙炔气瓶库。每标准钢瓶乙炔气贮量相当于 $0.9m^3$ 的乙炔气，故按 5 瓶相当于 $5m^3$ 计算，对一些地区目前仍用乙炔发生器的，短期内还要予以照顾，故仍保留"乙炔发生器间"一词。

**4.1.6** 汽车的修理车位，不可避免的要有明火作业和使用易燃物品，火灾危险性较大。而地下汽车库一般通风条件较差，散发的可燃气体或蒸气不易排除，遇火源极易引起燃烧爆炸，一旦失火，难于疏散扑救。喷漆间容易产生有机溶剂的挥发蒸气，电瓶充电时容易产生氢气，乙炔气是很危险的可燃气体，它的爆炸下限（体积比）为 2.5%，上限为 81%，汽油的爆炸下限 1.2%~1.4%，上限为 6%，喷漆中的二甲苯爆炸（体积比）下限为 0.9%，上限为 7%，上述均为易燃易爆的气体。为了确保地下汽车库的消防安全，进行限制是必须的。

**4.1.7** 由于汽油罐、加油机容易挥发出可燃蒸气和达到爆炸浓度而引发火灾、爆炸事故，如某市出租汽车公司有一个遗留下来的加油站，该站设在一个汽车库内，职工反映：平日加油时要采取紧急措施，实行三停，即停止库内用电，停止库内食堂用火，停止库内汽车出入。该站曾经因为加油时大量可燃蒸气扩散在室内，遇到明火、电气火花发生燃烧事故。因此，从安全考虑，本条规定汽油罐、加油机不应设在汽车库和修车库内是合适的。

**4.1.8** 许多火灾爆炸实例证明，比重大于空气的可燃气体、可燃蒸气，火灾、爆炸的危险性要比一般的液体、气体大得多。其主要特点是由于这类可燃气体、可燃蒸气泄漏在空气中后，浮沉在地面或地沟、地坑等低注处，当浓度达到爆炸极限后，一遇明火就会发生燃烧和爆炸。《石油化工企业设计防火规范》和《城镇燃气设计规范》中都明确规定了石油液化气

管道严禁设在管沟内，就是防止气体泄出后引起管沟爆炸。如某市一幢办公用房设有地下室，上面存放桶装汽油，因漏油后地下室积聚了油蒸气，从楼梯间散发出来，适逢办公室人员抽烟，结果发生爆炸，上层局部倒塌，死伤 10 余人。

**4.1.9** 在车库内，一般都配备各种消防器材，对预防和扑救火灾起到了很好的作用。我们在调查中，发现有不少大型停车场、汽车库内的消防器材没有专门的存放、管理和维护的房间，不但平时维护保养困难，更新用的消防器材也无处存放，一旦发生火灾，将贻误灭火时机。因此本条根据消防安全需要，规定了停车数量较多的Ⅰ、Ⅱ类汽车库、停车场要设置专门的消防器材间，此消防器材间是消防员的工作室和对灭火器等消防器材进行定期保养、换药检修的场所。

**4.1.10** 加油站、甲类危险品库房、乙炔间等是火灾危险性很大的场所，如果在其上空有架空输（配）电线路跨越，一旦这些场所发生火灾，危及到架空输（配）电线路后，轻则造成输（配）电线路短路停电，酿成电气火灾，重则造成区域性断电事故。

若跨越加油站等场所的输（配）电线路发生断线、短路等事故，也易引起上述场所发生火灾或爆炸事故，所以规定输（配）电线路均不应从这些场所上空跨越。

### 4.2 防火间距

**4.2.1** 造成火灾蔓延的因素很多，诸如飞火、热对流、热辐射等。确定防火间距，主要以防热辐射为主，即在着火后，不应由于间距过小，火从一幢建筑物向另一幢建筑物蔓延，并且不影响消防人员正常的扑救活动。

根据汽车使用易燃可燃液体为燃料容易引起火灾的特点，结合多年贯彻《建筑设计防火规范》和消防灭火战斗的实际经验，车库按一般厂房的防火要求考虑，汽车库、修车库与一、二级耐火等级建筑物之间，在火灾初期有 10m 左右的间距，一般能满足扑救的需要和防止火势的蔓延。高度超过 24m 的汽车库发生火灾时需使用登高车灭火抢救，间距需大些。露天停车场由于自然条件好，汽油蒸气不易积聚，遇明火发生事故的机会要少一些，发生火灾时进行扑救和车辆疏散条件较室内有利，对建筑物的威胁亦较小。所以，停车场与其他建筑物的防火间距作了相应减少。

**4.2.2~4.2.4** 本三条是原《汽车库设计防火规范》的注，根据现行的《高层民用建筑设计防火规范》进行了改写，由注改为条文更加明确，便于执行。条文中的两座建筑物是指相邻的车库与车库或车库与相邻的其他建筑物。

**4.2.5** 确定甲、乙类物品运输车的车库与相邻厂房、

库房的防火间距，主要根据这类车库一旦发生火灾、燃烧、爆炸的危险性较大，因此，适当加大防火间距是必要的。修订组研究了一些火灾实例后，认为甲、乙类物品运输车的车库与民用建筑和有明火或散发火花地点的防火间距采用 25～30m，与重要公共建筑的防火间距采用 50m 是适当的，与《建筑设计防火规范》也是相吻合的。

**4.2.6** 本条根据《建筑设计防火规范》有关易燃液体储罐、可燃液体储罐、可燃气体储罐、液化石油气储罐与建筑物的防火间距作出相应规定。

**4.2.7** 本条系原《汽车库设计防火规范》的注，针对注与表的关系是主从关系，且注又提出一些新的防火间隔要求，改为条文更为明确，便于操作。

**4.2.8** 本条是参照现行《建筑设计防火规范》的有关规定条文提出的。在汽车发动和行驶过程中，都可能发生火花，过去由于这些火花引起的甲、乙类物品库房等发生火灾事故是不少的。例如，某市在一次扑救火灾事故中，由于一辆消防车误入生产装置泄漏出的丁二烯气体区域，引起了一场大爆炸，当场烧伤10 名消防员，烧死 1 名驾驶员。因此，规定车库与火灾危险性较大的甲类物品库房之间留出一定的防火间距是很有必要的。

**4.2.9** 本条主要规定了车库可燃材料堆场的防火间距。由于可燃材料是露天堆放的，火灾危险性大，汽车使用的燃料也有较大危险，因此，本条将车库与可燃材料堆场的防火间距参照《建筑设计防火规范》有关内容作了相应规定。

**4.2.10** 由于煤气调压站、液化气的瓶装供应站有其特殊的要求，在《城镇燃气设计规范》中已作了明确的规定，该规定也适合汽车库、修车库的情况，因此不另行规定。汽车库参照规范中民用建筑的标准来要求防火间距，修车库参照明火、散发火花地点来要求。

**4.2.11** 石油库、小型石油库、汽车加油站与建筑物的防火间距，在国家标准《石油库设计规范》、《小型石油库及汽车加油站设计规范》的规定中都明确这些条文也适用于汽车库，所以本条不另作规定。停车库参照规范中民用建筑的标准来要求防火间距，修车库按照明火或散发火花的地点来要求。

**4.2.12** 国内大、中城市公交运输部门和工矿企业，都新建了规模不等的露天停车场，但停车场很少考虑消防扑救、车辆疏散等安全措施。编制组在调查中了解到绝大部分停车场停放车辆混乱，既不分组也不分区，车与车前后间距很小，甚至有些在行车道上也停满了车辆，如果发生火灾，车辆疏散和扑救火灾十分困难。本条本着既保障安全生产又便于扑救火灾的精神，对停车场的停车要求作了规定。

### 4.3 消 防 车 道

**4.3.1** 在车库设计中对消防车道考虑不周，发生火

灾时消防车无法靠近建筑物往往延误灭火时机，造成重大损失。为了给消防扑救工作创造方便条件，保障建筑物的安全，规定了汽车库、修车库周围应设环形车道，对设环形车道有困难的，作了适当的技术处理。

**4.3.2** 本条是根据《建筑设计防火规范》关于消防车通道的有关规定制订的，目前我国消防车的宽度大都为 2.4～2.6m，消防车道的宽度不小于 4m 是按单行线考虑的，许多火灾实践证明，设置宽度不小于 4m 的消防车道，对消防车能够顺利迅速到达火场扑救起着十分重要的作用。规定回车道或回车场是根据消防车回转需要而要求的，各地也可根据当地消防车的实际需要而确定回转的半径。

**4.3.3** 国内现有消防车的外形尺寸，一般高度为 2.4～3.5m，宽度在 2.4～2.6m 之间，因此本条对消防车道穿过建筑物和上空遇其他障碍物时规定的所需净高、净宽尺寸是符合消防车行驶实际需要的。但各地可根据本地消防车的实际情况予以确定。

## 5 防火分隔和建筑构造

### 5.1 防 火 分 隔

**5.1.1** 本条是根据目前国内汽车库建造的情况和发展趋势以及参照日本、美国的有关规定，并参照《建筑设计防火规范》丁类库房防火隔间的规定制订的。目前国内新建的汽车库一般耐火等级均为一、二级，且都在车库内安装了自动喷水灭火系统，这类汽车库发生大火的事故较少。本条文制订立足于提高汽车库的耐火等级，增强车库的自救能力，根据不同的汽车库的形式，不同的耐火等级分别作了防火分区面积的规定。单层的一、二级耐火等级的汽车库，其疏散条件和火灾扑救都比其他形式的汽车库有利方便，其防火分区的面积大些，而三级耐火等级的汽车库，由于建筑物燃烧容易蔓延扩大火灾，其防火分区控制得小些。多层汽车库较单层汽车库疏散和扑救困难些，其防火分区的面积相应减少些；地下和高层汽车库疏散和扑救条件更困难些，其防火分区的面积要再减少些。这都是根据汽车库火灾的特点而规定的。这样规定既确保了消防安全的有关要求，又能适应汽车库建设的要求。一般一辆小汽车的停车面积为 30m² 左右，一般大汽车的停车面积为 40m² 左右。根据这一停车面积计算，一个防火分区内最多停车数为 80～100 辆，最少的停车数为 30 辆。这样的分区在使用上较为经济合理。

半地下室车库即室内地坪低于室外地坪面，高度超过该层车库的净高 1/3 且不超过 1/2 的汽车库，和设在建筑首层的汽车库（不论是否是高层汽车库）按照多层汽车库对待。

复式汽车库与一般的汽车库相比由于其设备能叠放停车，相同的面积内可多停30%～50%的小汽车，故其防火分区面积应当减少，以保证安全。

**5.1.2** 是原《汽车库设计防火规范》的一条注，针对注与表关系不太密切，改为条文更为明确，便于执行。

**5.1.3** 鉴于目前北京、深圳、上海等地陆续开始新建机械式立体汽车库，归纳其机械立体停车的形式，主要有竖直循环式（汽车停放上、下移动）、电梯提升式（汽车停放上、下、左、右移动）、货架仓储式（汽车停放上、下、左、右、前、后移动），这些停车设备一般都在50辆以下为一组。由于这类车库的特点是立体机械化停车，一旦发生火灾上下蔓延迅速，容易扩大成灾。对这类新型停车库国内尚缺乏经验，为了推广新型停车设备的应用，在满足使用要求的前提下，对其防火分隔作了相应的限制，这一限制符合国内目前机械立体停车库的实际情况。

**5.1.4** 甲、乙类危险物品运输车的汽车库、修车库，其火灾危险性较一般的汽车库大，若不控制防火分区的面积，一旦发生火灾事故，造成的火灾损失和危害都较大。如首都机场和上海虹桥国际机场的油槽车库、氧气瓶车库，都按3～6辆车进行分隔，面积都在300～500m²。参照《建筑设计防火规范》乙类危险品库防火隔间的面积为500m²的规定，本条规定此类汽车库的防火分区为500m²。

**5.1.5** 本条是新增内容，修车库是类似厂房的建筑，由于其工艺上需使用有机溶剂，如汽油等清洗和喷漆工段，火灾危险性可按甲类危险性对待。参照《建筑设计防火规范》甲类厂房的要求，防火分区面积控制在2000m²以内是合适的，对于危险性较大的工段已进行完全分隔的修车库，参照乙类厂房的防火分区面积和实际情况的需要适当调整至4000m²。

**5.1.6** 由于汽车库的燃料为汽油，一辆高级小汽车的价值又较高，为确保车库的安全，当车库与其他建筑贴邻建造时，其相邻的墙应为防火墙。当车库组合在办公楼、宾馆、电信大楼及公共建筑物时，其水平分隔主要靠楼板，而一般预应力楼板的耐火极限较低，火灾后容易被破坏，将影响上、下层人员和物资的安全。由于上述原因，本条对汽车库与其他建筑组合在一起的建筑楼板和隔墙提出了较高的耐火极限要求。如楼板比一级耐火等级的建筑物提高了0.5h，隔墙需3h耐火时间。这一规定与国外一些规范的规定也是相类似的，如美国国家防火协会NFPA《停车构筑物标准》第3.1.2条规定的设于其他用途的建筑物中，或与之相连的地下停车构筑物，应用耐火极限2h以上的墙、隔墙、楼板或带平顶的楼板来隔开。

同时为了防止火灾通过门窗洞口蔓延扩大，本条还规定汽车库门窗洞口上方应挑出宽度不小于1m的防雨棚，作为阻止火焰从门窗洞口向上蔓延的措施。

对一些多层、高层建筑，若采用防火挑檐可能会影响建筑物外型立面的美观，亦可采用提高上、下层窗坎墙的高度达到阻止火焰蔓延的目的。窗坎墙的高度规定1.2m在建筑上是能够做到的。英国《防火建筑物指南》论述墙壁的防火功能时用实物作了火灾从一层扩散至另一层的实验，结果证明：当上下层窗坎墙高度为0.9m（其在楼板以上的部分墙高不小于0.6m）时，可延缓上层结构和家具的着火时间达15min。突出墙0.6m的防火挑板不足以防止火灾向上下扩散，因此本条规定窗坎墙的高度为1.2m，防火挑檐的宽度1m是能达到阻止火灾蔓延作用的。

**5.1.7** 因为修车的火灾危险性比较大，停车与修车部位之间如不设防火隔墙，在修理时一旦失火容易烧着停放的汽车，造成重大损失。如某市医院汽车库，司机在车库内检修摩托车，不慎将油箱汽油点着，很快烧着了附近一辆价值很高的进口医用车；又如某市造船厂，司机在停车库内的一辆汽车底下用行灯检修车辆，由于行灯碰碎，冒出火花遇到汽油着火，烧毁了其他3台车。因此，本条规定汽车库内停车与修车车位之间，必须设置防火隔墙和耐火极限较高的楼板，确保汽车库的安全。

**5.1.8** 使用有机溶剂清洗和喷涂的工段，其火灾危险性较大，为防止发生火灾时向相邻的危险场所蔓延，采取防火分隔措施是十分必要的，也是符合实际情况的。

**5.1.9** 本条是根据现行国家标准《高层民用建筑设计防火规范》的有关要求制订的。当锅炉安全保护设备失灵或操作不慎时，将有可能发生爆炸，故不宜在汽车库内安装使用，但如受条件限制、必须设置时，对燃油、燃气锅炉（不含液化石油气作燃料的锅炉）的单台蒸发量和锅炉房的总蒸发量作了限制。这样规定是为了尽量减少发生火灾爆炸带来的危险性和发生事故的几率。可燃油油浸变压器发生故障产生电弧时，将使变压器内的绝缘油迅速发生热分解，析出氢气、甲烷、乙烯等可燃气体，压力剧增，造成外壳爆炸、大量喷油或者析出的可燃气体与空气混合形成爆炸混合物，在电弧或火花的作用下引起燃烧爆炸。变压器爆炸后，高温的变压器油流到哪里就会燃烧到哪里。充有可燃油的高压电容器、多油开关等，也有较大火灾危险性，故对可燃油油浸变压器等也作了相应的限制。对干式的或不燃液体的变压器，因其火灾危险性小，不易发生火灾，故本条未作限制。

**5.1.10** 自动灭火系统的设备室，消防水泵房是灭火系统的"心脏"，汽车库发生火灾时，必须保证该装置不受火势威胁，确保灭火工作的顺利进行。因此本条规定，应采用防火墙和楼板将其与相邻部位分隔开。

### 5.2 防火墙和防火隔墙

**5.2.1** 本条沿用《建筑设计防火规范》的规定，对防火墙的砌筑作了较为明确的规定。

**5.2.2** 因为防火墙的耐火极限 3h，防火隔墙的耐火时间为 2h，故防火墙和防火隔墙上部的屋盖也应有一定的耐火极限要求，当屋面达到 0.5h、已达到二级耐火等级的要求时，防火墙和防火隔墙砌至屋面基层的底部就可以了，不必高出屋面也能满足防火分隔的要求。

**5.2.3** 本条对三级耐火等级的车库屋顶结构、防火墙必须高出屋面 0.4m 和 0.5m 的规定，是沿用《建筑设计防火规范》的规定。

**5.2.4** 火灾实例说明，防火墙设在转角处不能阻止火势蔓延，如确有困难需设在转角附近时，转角两侧门、窗、洞口之间最近的水平距离不应小于 4m。不在转角处的防火墙两侧门、窗、洞口的最近水平距离可为 2m，这一间距就能控制一定的火势蔓延。当装有角铁加固的铅丝玻璃或防火玻璃的固定窗等耐火极限为 0.9h 的钢窗时，其间距不受限制。

**5.2.5** 为了确保防火墙耐火极限，防止火灾时火势从孔洞的缝隙中蔓延，本条作了这一规定。这一点往往在施工中被人们忽视，特别在管道敷设结束后，必须用不燃烧材料将孔洞周围的缝隙紧密填塞，应引起设计、施工单位和公安消防部门高度重视。

**5.2.6** 本条对防火隔墙开设门、窗、洞口提出了严格要求。在建筑物内发生火灾，烟火必然穿过孔洞向另一处扩散，墙上洞口多了，就会失去防火墙、防火隔墙应有的作用。为此，规定了这些墙上不应开设门、窗、洞口，如必须开设时，应在开口部位设置耐火极限为 1.2h 的防火门、窗。实践证明，这样处理，基本上能满足控制或扑救一般火灾所需的时间。

### 5.3 电梯井、管道井和其他防火构造

**5.3.1** 建筑物内各种竖向管井，是火灾蔓延的途径之一。为了防止火势向上蔓延，要求多层汽车库、地下汽车库以及与其他建筑物组合在一起的底层、多层、地下汽车库的电梯井、管道井、电缆井以及楼梯间应各自独立分开设置。为防止火灾时竖管井烧毁并扩大灾情，规定了管道井井壁耐火极限为 1.00h，电梯井壁的耐火极限不低于 2.50h 的不燃烧体结构。

**5.3.2** 电缆井、管道井应作竖向防火分隔，在每层楼板处用相当于楼板耐火极限的不燃烧材料封堵。考虑到便于检修更换，有些竖向按层分隔确有困难，可每隔 2～3 层分隔，且各层的检查门必须采用丙级防火门封闭，防止火势蔓延。

**5.3.3** 非敞开式的多层、高层、地下汽车库的自然通风条件较差，一旦发生火灾，火焰和烟火很快地向上、下、左、右蔓延扩散，若车库与汽车疏散坡道无防火分隔设施，对车辆疏散和扑救是很不利的。为保证车辆疏散坡道的安全，本条规定，汽车库的汽车坡

道与停车区之间用防火墙分隔，开口的部位设耐火极限为 1.2h 的防火门、防火卷帘、防火水幕进行分隔。

车库内和坡道上均设有自动灭火设备的汽车库的消防安全度较高；敞开式的多层停车库，通风条件较好；另外不少非敞开式的汽车库采用斜楼板式停车的设计，车道和停车区之间不易分隔，故条文对于设有自动灭火设备的多层、高层、地下汽车库和敞开式汽车库、斜楼板式汽车库作了另行处理的规定，也是与国外规范相统一的。美国防火协会《停车构筑物标准》规定，封闭式停车的构筑物、贮存汽车库以及地下室和地下停车构筑物中的斜楼板不需要封闭，但需要具备下述安全措施：第一，经认可的自动灭火系统；第二，经认可的监视性自动火警探测系统；第三，一种能够排烟的机械通风系统。

## 6 安全疏散

**6.0.1** 制定本条的目的，主要是为了确保人员的安全，不管平时还是在火灾情况下，都应做到人车分流、各行其道，避免造成交通事故，发生火灾时不影响人员的安全疏散。某地卫生局的一个汽车库和宿舍合建在一起，宿舍内人员的进出没有单独的出口，进出都要经过停车库。有一次车辆失火后，宿舍的出口被烟火封死，宿舍内 3 人因无路可逃而被烟熏死在房间内。所以汽车库、修车库与办公、宿舍、休息用房组合的建筑，其人员出口和车辆的出口应分开设置。

条文中设在工业与民用建筑内的汽车库是指汽车库与其他建筑平面贴邻或上下组合的建筑，如上海南泰大楼下面一至七层为停车库，八至二十层为办公和电话机房；又如深圳发展中心前侧为超高层建筑，后侧为六层停车库；也有单层建筑，前面为停车，后面为办公、休息用房。这一类建筑均称为组合式汽车库。国内外也有一些高层建筑，如上海海仑宾馆底层为汽车库，二层以上为宾馆的大堂、客房；新加坡的不少高层住宅底层均为汽车库；二层以上为住宅。这一类底层停车的汽车库也是组合式汽车库的一种类型。对这些组合式汽车库应做到车辆的疏散出口和人员的安全出口分开设置，这样设置既方便平时的使用管理，又可确保火灾时安全疏散的可靠性。

**6.0.2** 汽车库、修车库人员安全疏散出口的数量，一般都应设置两个。目的是可以进行双向疏散，一旦一个出口被火灾封死时，另一个出口还可进行疏散。但多设出口会增加车库的建筑面积和投资，不加区别地一律要求设置两个出口，在实际执行中有困难，因此，对车库内人员较少、停车数量在 50 辆以下的Ⅳ类汽车库作了适当调整处理的规定。

**6.0.3** 多层、高层地下的汽车库、修车库内的人员疏散主要依靠楼梯进行。因此要求室内的楼梯必须安全可靠。敞开楼梯间犹如垂直的风井，是火灾蔓延的

重要途径。为了确保楼梯间在火灾情况下不被烟气侵入，避免因"烟囱效应"而使火灾蔓延，所以在楼梯间入口处应设置封闭门使之形成封闭楼梯间。对地下汽车库和高层汽车库以及设在高层建筑裙房内的汽车库，由于楼层高以及地下疏散困难，为了提高封闭楼梯间的安全性，其楼梯间的封闭门应采用耐火时间为0.90h的乙级防火门。

**6.0.4** 室外楼梯烟气的扩散效果好，所以在设计时尽可能把楼梯布置在室外，这对人员疏散和灭火扑救都有利。室外楼梯大都采用钢扶梯，由于钢楼梯耐火性能较差，所以条文中对设置室外楼梯作了较为详细的规定，当满足条文规定的室外钢楼梯技术要求时，可代替室内的封闭疏散楼梯或防烟楼梯间。

**6.0.5** 汽车库的火灾危险性按照《建筑设计防火规范》划分为丁类，但毕竟汽车还有许多可燃物，如车内的座垫、轮胎和汽油箱均为可燃和易燃材料，一旦发生火灾燃烧比较迅速，因此在确定安全疏散距离时，参考了国外资料的规定和《建筑设计防火规范》对丁类生产厂房的规定，定为45m。装有自动喷淋灭火设备的汽车库安全性较高，所以距离也可适当放大，定为60m。对底层汽车库和单层汽车库因都能直接疏散到室外，要比楼层停车库疏散方便，所以在楼层汽车库的基础上又作了相应的调整规定。这是因为汽车库的特点空间大、人员少，按照自由疏散的速度1m/s计算，一般在1min左右都能到达安全出口。

**6.0.6** 车库发生火灾，车辆能不能疏散、要不要疏散，这是大家争论激烈的一个问题。不少同志认为汽车经济价值较高，它和其他物资一样发生火灾后应尽力组织疏散抢救。修订组在调研中了解到，一些单位车库内汽车着火后，也有组织人员将着火汽车的邻近汽车推出车库、抢救出来的。当然也有一些同志认为汽车停到车库后，一般司机都关好车门到外面去休息，一旦汽车着火，司机找不到车辆，无法从车库内疏散出来。在实际执行中，在一些主要干道上的汽车库，由于受到交通干道上开口的限制，出口的布置难度较大，特别是一些地下汽车库，设置出口的难度更大。在这次修改时，规范修订组在作了大量调查研究的基础上，对出口的指标作了较大的修改。这次确定车辆疏散出口的主要原则是，在汽车库满足平时使用要求的基础上，适当考虑火灾时车辆的安全疏散要求。对大型的汽车库，平时使用也需要设置两个以上的出口，所以原则规定出口不应少于两个，但对设置一个出口的汽车库停车数条件比原条文放大了一倍左右。如设置的是单车道时，停车数控制在50辆以下，这样与公安交通管理部门的规定还是一致的。

地下汽车库，由于设置出口不仅占用的面积大，而且难度大，这次修改比原规范放宽了4倍，即100辆以下双车道的地下汽车库也可设一个出口。这些汽车库按要求设置自动喷淋灭火系统，最大的防火分区

可为4000m²，按每辆车平均需建筑面积40m²计，差不多是一个防火分区。在平时，对于地下多层汽车库，在计算每层设置汽车疏散出口数量时，应尽量按总数量予以考虑，即总数在100辆以上的应不少于两个，总数在100辆以下的可为一个双车道出口，但在确有困难，当车道上设有自动喷淋灭火系统时，可按本层地下车库所担负的车辆疏散数量是否超过50或100辆，来确定汽车出口数。例如三层停车库，地下一层为54辆，地下二层为38辆，地下三层为34辆，在设置汽车出口有困难时，地下三层至地下二层因汽车疏散数小于50辆，可设一个单车道的出口，地下二层至地下一层，因汽车疏散为38＋34＝72辆，大于50辆，小于100辆，可设一个双车道的出口，地下一层至室外，因汽车疏散数为54＋38＋34＝126辆，大于100辆，应设两个汽车疏散出口。

**6.0.7** 错层式、斜楼板式汽车库内，一般汽车疏散是螺旋单向式、同一时针方向行驶的，楼层内难以设置两个疏散车道，但一般都为双车道，当车道上设置自动喷淋灭火系统时，楼层内可允许只设一个出口，但到了地面及地下至室外时，Ⅰ、Ⅱ类地上汽车库和超过100辆的地下汽车库应设两个出口，这样也便于平时汽车的出入管理。

**6.0.8** 在一些城市的闹市中心，由于基地面积小，车库建筑的周围毗邻马路，使楼层或地下汽车库的汽车坡道无法设置，为了解决少量停车的需要，新增了设置机械升降出口的条文。目前国内上海、北京等地已有类似的停车库，但停车的数量都比较少。因此条文规定了Ⅳ类汽车库方能适用。控制50辆以下，主要根据目前国内已建的使用升降梯的汽车库和正在发展使用的机械式立体汽车库的停车数提出的。国内已建成的升降机汽车库都在30辆左右，而机械式立体汽车库一般一组都在40辆左右。条文中讲的升降梯是指采用液压升降梯或设有备用电源的电梯。升降梯应尽量做到分开布置。对停车数少于10辆的，可只设一台升降梯。

**6.0.9** 由于楼层和地下汽车库车道转弯太多、宽度太小不利于车辆疏散，更容易出交通事故，本条规定车道宽度是依据交通管理部门的规定制定的。

**6.0.10** 为了确保坡道出口的安全，对两个出口之间的距离作了限制，10m的间距是考虑平时确保车辆安全转弯进出的需要，一旦发生火灾也为消防灭火双向扑救创造基本的条件。当两个车道相毗邻时，如剪刀式等，为保证车道的安全，要求车道之间应设防火墙予以分隔。

**6.0.11** 停车场的疏散出口实际是指停车场开设的大门，据对许多大型停车场的调查，基本都设有两个以上的大门，但也有一些停车数量少，受到周围环境的限制，设置两个出口有困难，本条规定不超过50辆的停车场允许设置一个出口。

**6.0.12** 留出必要的疏散通道，是为了在火灾情况下车辆能顺利疏散，减少损失。室内外汽车停放情况大致有这样几种：库内有车行道的汽车停放大多采用单行尽头式，如图1 (a)，库内无车行道的汽车停放采用单行尽头式，如图1 (b)，也有采用双行或多行尽头式，如图1 (c)，露天停车有采用上述停车方式。图1 (a)、(b) 的停车形式，对消防有利，任何一辆汽车起火，其他车辆能不受影响较顺利的疏散。图1 (c) 的停车形式，其特点是中间车辆行动受前列汽车的限制。只有当第一辆车疏散后，其后的汽车才能一辆接一辆地疏散。不论采取何种停放形式，也不论停放何种型号的车辆，为达到迅速疏散的目的，疏散通道的宽度必须满足一次出车的要求，同时不能小于6m，这两个条件应同时满足。

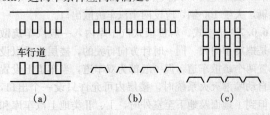

图1　汽车停放形式

此外，汽车之间以及汽车与墙、柱之间的距离也应考虑消防安全要求。有些单位只考虑停车，不顾安全，如某大学在一幢 $2000m^2$ 的大礼堂内杂乱地停放了39辆汽车；某市公交汽车一场，停放车辆数比原来增加了3倍多，车辆停放拥挤，大型铰接车之间的间距仅0.4m。在这种情况下，中间的汽车失火，人员无法进入抢救。国外有的资料提到英国对于通常采用的停车距离为0.5～1m；前苏联《汽车库设计标准的技术规范》，根据汽车不同宽度和长度分别规定了汽车之间的距离为0.5～0.7m，汽车与墙、柱之间的距离为0.3～0.5m。本条综合研究了各方面的意见，考虑到中间车辆起火，在未疏散前，人员难侧身携带灭火器进入扑救，所以汽车之间以及汽车与墙、柱之间的距离作了不小于0.3～0.9m的规定。

# 7　消防给水和固定灭火系统

## 7.1　消　防　给　水

**7.1.1** 汽车库发生火灾，开始时大多是由汽车着火而引起的，但当汽车库着火后，往往汽油燃烧很快结束，接着是汽车本身的可燃材料，如木材、皮革、塑料、棉布、橡胶等继续燃烧。从目前的情况来看，扑灭这些可燃材料的火灾最有效、最经济、最方便的灭火剂，还是用水比较适宜。

在调查国内15次汽车库重大火灾案例中，有些汽车库发生火灾初期，职工群众虽然使用了各种小型灭火器，但当汽车库火烧大了以后，都是消防队用泵浦车或水罐泵浦车出水扑救的。在国外汽车库设计中，不少国家在汽车库内设置消防给水系统，将其作为重要的灭火手段。

根据上述情况，本规范对汽车库消防给水作了必要的规定。

**7.1.2** 本条规定耐火等级为一、二级的Ⅳ类修车库和停放车辆不超过5辆的Ⅰ、Ⅱ级耐火等级的汽车库、停车场，可不设室内、外消防用水。因为这种车库建筑物不燃烧，停放车辆又较少，配备一些灭火器就行了。

**7.1.3** 本条按《建筑设计防火规范》的规定，车库区域内的室外消防给水，采用高压、低压两种给水方式，多数是能够办到的。在城市消防力量较强或企业设有专职消防队时，一般消防队能及时到达火灾现场，故采用低压给水系统是比较经济合理的，它只要敷设一些消防给水管道和根据需要安装一些室外消火栓就行了；高压制消防给水系统主要是在一些距离城市消防队较远和市政给水管网供水压力不足情况下才采用的。高压制时，还要增加一套加压设施，以满足灭火所需的压力要求，这样，相应地要增加一些投资，所以在一般情况下是很少采用的。本条对车库区域室外消防给水系统，规定低压制或高压制均可采用，这样可以根据每个车库的具体要求和条件灵活选用。

**7.1.4** 本条对车库的消防用水量作了规定。要求消防用水总量按室内消防给水系统（包括室内消火栓系统和与其同时开放的其他灭火系统，如喷淋或泡沫等）的消防用水量和室外消防给水系统用水量之和计算。在Ⅰ、Ⅱ类多层、地下汽车库内，由于建筑体积大，停车数量多，扑救火灾困难，有时要同时设置室内消火栓和室内自动喷淋等几种灭火设备。在计算消防用水量时，一般应将上述几种需要同时开启的设备按水量最大一处叠加计算。这与联合扑救的实际火场情况是相符合的。自动喷水灭火设备，无需人去操作，一遇火灾，首先是它起到灭火作用。室内消防给水主要是供本单位职工用来扑救火灾的；室外消防给水是为公安消防队扑救火灾提供必须的水源，所以它们各有需求，缺一不可。

**7.1.5** 车库消防室外用水量，主要是参照《建筑设计防火规范》对丁类仓库的室外消防用水量的有关要求来确定的。其规定建筑物体积小于 $5000m^3$ 的为10L/s，$5000m^3$ 相当于Ⅳ类汽车库；建筑物体积大于 $5000m^3$ 但小于 $50000m^3$ 的为15L/s，相当于Ⅲ类汽车库；建筑物体积大于 $50000m^3$ 的为20L/s，$50000m^3$，相当于Ⅰ、Ⅱ类的汽车库。

在调查15次重大汽车库重大火灾案例中，消防队一般出车是2～4辆，使用水枪3～6支，某市招待所三级耐火等级的汽车库着火，市消防支队出动消防车4辆，使用4支水枪（每支水枪出水量约5L/s）就将火扑灭。某造船厂一座四级耐火等级的汽车库着火，火场面积 237m²，当时有 3 辆消防车参加了灭火。用 4 支水枪扑救汽车库火灾，用 2 支水枪保护汽车库附近的总变电所，扑救 20min 就将火灾扑灭，这次水量约 30L/s。根据汽车库的规模大小，对汽车库室外用水量确定为 10～20L/s，这与实际情况比较接近。

**7.1.6** 对车库室外消防管道、消火栓、消防水泵房的设置，没有特殊要求，因此可按照《建筑设计防火规范》的有关规定执行。对停车场室外消火栓的位置，本规范规定要沿停车场周边设置。这是因为在停车中间设置地上式消火栓，容易被汽车撞坏，所以作了本条规定。

本条还根据实践经验，规定了室外消火栓距最近一排汽车不应小于 7m，是考虑到一旦遇有火情，消防车靠消火栓吸水时，还能留出 3～4m 的通道，可以供其他车辆通行，不至影响场内车辆出入。消火栓距离油库或加油站不小于 15m 是考虑油库火灾产生的辐射，不至影响到消防车的安全。

**7.1.7** 本条是参照《建筑设计防火规范》的有关规定制订的。

在市政消火栓保护半径 150m 以内，可以不设室外消火栓，因为这个范围，一旦发生火灾，消防车可以依靠市政消火栓进行扑救。

**7.1.8** 汽车库、修车库的室内消防用水量是参照《建设计防火规范》对性质相类似的工业厂房、仓库消防用水量的规定而确定的，这与目前国内的汽车库实际情况基本相符。另外，有些大型汽车库设置移动式空气泡沫设备，这种设备的用水量本规范未作另外规定，因为移动式空气泡沫设备是利用室内消火栓供水的，使用泡沫灭火设备时，室内消火栓就不用了，所以用水量也不另作规定。

**7.1.9** 本条对车库室内消火栓设计的技术要求作了一些规定，如室内消火栓间距、口径、保护半径、充实水柱等，都采用了《建筑设计防火规范》、《高层民用建筑设计防火规范》、《人民防空工程设计防火规范》等规定的数据，这些要求是长期灭火实践形成的经验总结，对有效补救车库火灾是必要的。

规定室内消火栓应设置在明显易于取用的地方，以便于用户和消防队及时找到和使用，消火栓应有明显的红色标志，且应标注"消火栓"字样，不应隐蔽和伪装。

室内消火栓的出水方向应便于操作，并创造较好的水力条件，故规定室内消火栓宜与设置消火栓的墙成 90°角，栓口离地面高度应为 1.1m。

**7.1.10** 本条是对车库室内消防管道的设计提出的技术要求，它是保障火灾时消防用水正常供给不可缺少的措施。本条内容是按照《建筑设计防火规范》、《高层民用建筑设计防火规范》的有关规定提出来的。超

过 10 个以上室内消火栓的车库，一般规模都比较大，消防用水量也大，如果采用环状给水管道供水，安全性高。因此，要求室内采用环状管道，并有两条进水管与室外管道相接，是为了保证供水可靠性。

**7.1.11** 为了确保汽车库内消火栓的正常使用，提出了设置阀门的具体要求，保证在管道检修时仍应有部分消火栓能正常使用。

**7.1.12** 本条规定了多层汽车库及地下汽车库要设置水泵接合器的要求，包括室内消火栓系统的水泵接合器和自动喷淋灭火系统的水泵接合器，地下汽车库主要是设喷淋用水泵接合器。水泵接合器的主要作用是：一、一旦火场断电，消防泵不能工作时，由消防车向室内消防管道加压，代替固定泵工作；二、万一出现大面积火灾，利用消防车抽吸室外管道或水池的水，补充室内消防用水量。增加这种设备投资不大，但对扑灭汽车库火灾却很有利，具体要求是按照《建筑设计防火规范》的有关规定制定的。目前国内公安消防队配备的车辆供水能力完全可以直接扑救四层以下多层汽车库的火灾。因此，规定四层以下汽车库可不设消防水泵接合器。

**7.1.13** 室内消防给水，有时由于市政管网压力和水量不足，需要设置加压设施，并在车库屋顶上设置消防水箱，储存一部分消防用水，作为扑救初期火灾使用。按照《建筑设计防火规范》的规定，汽车库屋顶消防水箱的容量确定为能储存 10min 的消防用水量，因为城市的消防队一般能在 10min 内到达起火点扑救火灾。并且考虑到水箱容量太大，在建筑设计中有时处理比较困难，但若太小又势必影响初期火灾的扑救，因此本条对水箱容积作了必要的规定。

**7.1.14** 为及时启动消防水泵，在水箱内的消防用水尚未用完以前，消防水泵应正常运行。故本条规定在汽车库、修车库内的每个消火栓处均应设置启动消防水泵的按钮，以便迅速就近距离启动。为防止小孩等玩弄或误启动，要求按钮应有保护设施，一般可放在消火栓箱内或带有玻璃的壁龛内。

**7.1.15** 在缺少市政给水管网和其他天然水源的情况下，车库可采用消防水池作为消防水源。水池的容量与一次灭火的时间有关，在调查的 15 次汽车库重大火灾中，绝大部分灭火时间都是在 2h。本条规定消防水池的容量为 2h 之内，与《建筑设计防火规范》的规定和实际灭火需要是相符的。

保护半径规定为 150m，是根据我国目前普遍装备的消防泵浦车的供水能力而定的。补水时间也是参照《建筑设计防火规范》的规定而定的。

为了减少消防水池的容量，节省投资造价，在不影响消防供水的情况下，水池的容量可以考虑减去火灾延续时间内补充的水量。

**7.1.16** 消防水池贮水可供固定消防水泵或供消防车水泵取用，为便于消防车取水灭火，消防水池应设取

水口或取水井，取水口或取水井的尺寸应满足吸水管的布置、安装、检修和水泵正常工作的要求，为使消防车消防水泵能吸上水，消防水池的水深，应保证水泵的吸水高度不超过 6m。

消防水池有独立设置或与其他共用水池，当共用时，为保证消防用水量，消防水池内的消防用水在平时应不作它用，因此，消防用水与其他用水合用的消防水池应采取措施，防止消防用水移作它用，一般可采用下列办法：

1. 其他用水的出水管置于共用水池的消防最高水位上；

2. 消防用水和其他用水在共用水池隔开，分别设置出水管；

3. 其他用水出水管采用虹吸管形式，在消防最高水位处留进气孔。

寒冷地区的消防水池应有防冻措施，如在水池上覆土保温，人孔和取水口设双层保温井盖等。

## 7.2 自动喷水灭火系统

**7.2.1** 本条规定，Ⅰ、Ⅱ、Ⅲ类汽车库、机械式立体汽车库、复式汽车库和超过 10 辆的Ⅳ类地下汽车库均要设置自动喷水灭火设备。这几种类型的汽车库有的规模大，停车数量多，有的没有车行道，车辆进出靠机械传送，有的设在地下一、二层，疏散极为困难。根据调查，目前国内多层汽车库已建成九层（广州），停车数达 800 余辆；地下汽车库停车规模已达 800 余辆（北京）；大型公共高层建筑的地下一、二层大部分都设了汽车库，规模也很大，停车 200～300 辆已很多。这些车库都设置了自动喷水灭火设备，是十分必要的，这是及时扑灭火灾、防止火灾蔓延扩大、减少财产损失的有效措施。国外的汽车库设置自动喷水灭火设备也很普遍，我国近年来建造的大型汽车库都设置了自动喷水灭火设备。本条规定需要安装自动喷水灭火设备的汽车库，主要依据停车规模和汽车库的形式来确定的，这是符合我国国情和实际情况的。

**7.2.2** 本条规定汽车库的火灾危险等级为中危险级，这是按照我国《自动喷水灭火系统设计规范》中有关规定和要求制定的。在我国《建筑设计防火规范》仓库火灾危险性分类举例中，将汽车库划为丁类，这与中危险级也是相似的。从汽车本身的结构等特点来看，它是一个综合性的甲、丙、丁、戊类的火灾危险性的物品，燃料汽油为甲类（但数量很少），轮胎、坐垫为丙类（数量也不多），车身的金属、塑料材料为丁、戊类。如果将汽车划为甲、丙类火灾危险性，显然是高了，划为戊类则低了，不合理，所以将汽车火灾危险划为丁类和中危险级比较适宜。

**7.2.3** 水喷淋灭火系统的设计在现行国家标准《自动喷水灭火系统设计规范》中已有具体规定，在设计

汽车库、修车库的自动喷水灭火系统时，对喷水强度、作用面积、喷头的工作压力、最大保护面积、最大水平距离等以及自动喷水的用水量都应按《自动喷水灭火系统设计规范》的有关规定执行。除此之外，根据汽车库自身的特点，本条制定了喷头布置的一些特殊要求。绝大多数汽车库的停车位置是固定的，在调查中我们发现绝大部分的汽车库设置的喷头是按照一般常规做法，以面积多少和喷头之间的距离均匀布置，结果汽车停放部位不在喷头的直接保护下部，汽车发生火灾，喷头保护不到，灭火效果差。所以本条规定要将喷头布置在停车位上。机械式立体汽车库、复式汽车库的停车位置既固定又是上、下、左、右、前、后移动的，而且库房很高，所以本条规定了既要有下喷头又要有侧喷头的布置要求，这是保证机械式立体汽车库，复式汽车库自动喷水灭火系统有效灭火所必须做到的。错层式、斜板式的汽车库，由于防火分区较难分隔，停车区与车道之间也难分隔，在防火分区做了一些适当调整处理，但为了保证这些车库的安全，防止火灾的蔓延扩大，在车道、坡道上加设喷头是十分必要的一种补救措施。

## 7.3 其他固定灭火系统

**7.3.1** 本条规定了Ⅰ类地下汽车库、Ⅰ类修车库设置固定泡沫灭火系统的要求。本规范在 1975 年制订时，曾经设想过要制定这一规定，由于当时国内的技术条件不成熟，只提了设置移动式泡沫灭火的条款。现在，国内固定泡沫灭火的技术条件已成熟，上海震旦消防器材厂已从美国引进技术，生产既可以喷射泡沫、又可以喷水的开式固定泡沫喷淋灭火设备，而且已在室内卧式油罐群安装使用。国外设备中也有闭式泡沫喷淋灭火设备，这些设备在一些石油化工企业以及燃油锅炉房等工程中得到应用，反映良好。鉴于上述原因，并适应大型汽车库建设发展的要求，在本次规范修订中增设了固定泡沫灭火设备的条文。

**7.3.2** 泡沫喷淋的设计在现行国家标准《低倍数泡沫灭火系统设计规范》中已有要求，可以按照执行。对其条文尚未明确要求的可根据泡沫喷淋生产单位的一些技术指标参照执行。

**7.3.3** 随着灭火系统的发展，高倍数泡沫灭火系统、$CO_2$ 气体灭火系统也有国家标准颁布，对机械式立体汽车库，由于是一个无人的封闭空间，采取 $CO_2$ 灭火系统灭火效果很好，国内外不少工程已经采用了。故本条文对这些新技术也作了一些规定，在具体设计时，可按照现行国家标准《高倍数、中倍数泡沫灭火系统设计规范》、《$CO_2$ 灭火系统设计规范》中的有关规定执行。

**7.3.4** 在一个汽车库内，如果安装了固定泡沫喷淋、高倍数泡沫、$CO_2$ 灭火系统，就可以不装自动喷水灭火设备，二者选一，都可以用于灭火，泡沫喷淋比自

动水喷淋更有效，并且从经济上来说，固定泡沫喷淋与自动喷水灭火设备相比，只是固定泡沫喷淋灭火系统的喷头、泵房价格比较高一些，其他设备价格差不多。

# 8 采暖通风和排烟

## 8.1 采暖和通风

**8.1.1、8.1.2** 在我国北方，为了保持冬季汽车库、修车库的室内温度不影响汽车的发动，不少车库内设置了采暖系统。据调查，有相当一部分汽车库火灾，是由于车库采暖方式不当引起的。如某市某厂的车库，采用火炉采暖，因汽车油箱漏油，室内温度较高，油蒸气挥发较快，与空气混合成一定比例，遇明火引起火灾；又如某大学的砖木结构汽车库与司机休息室毗邻建造，用火炉采暖，司机捅炉子飞出火星遇汽油蒸气引起火灾。

鉴于上述情况，为防止这些事故发生，从消防安全考虑，本条规定在汽车库和甲、乙类物品运输车的车库内，应设置热水、蒸汽或热风等采暖设备，不应用火炉或者其他明火采暖方式，以策安全。

**8.1.3** 考虑到寒冷地区的车库，不论其规模大小，全部要求蒸汽或热水等采暖，可能会有困难，因此，允许Ⅳ类汽车库和Ⅲ、Ⅳ类修车库可采用火墙采暖，但必须采取相应的安全措施。对容易暴露明火的部位，如炉门、节风门、除灰门，必须设置在车库外，并要求用一定耐火极限的不燃烧体墙与汽车库、修车库隔开。

在汽车库的设计中，往往附有修理车间的工种，在修理汽车中，进行甲、乙类火灾危险性生产还是不少的，如汽车喷漆、充电作业等。在北方寒冷地区冬季都要采暖，火墙的温度较高，如这些车间贴邻火墙布置，有的火墙年久失修，一旦产生裂缝，可燃气体碰到火墙内的明火就会引起燃烧、爆炸，所以本条规定，甲、乙类火灾危险性的生产作业不允许贴近火墙布置。

**8.1.4** 修车库中，因维修、保养车辆的需要，生产过程中常常会产生一些可燃气体，火灾危险性较大。如乙炔气、修理蓄电池组重新充电时放出的氢气以及喷漆使用的易燃液体等等，这些易燃液体的蒸气和可燃气体与空气混合达到一定浓度时，遇明火就能爆炸。如汽油蒸气爆炸下限为 1.2%～1.4%，乙炔气的爆炸下限为 2.3%～2.5%，氢气爆炸下限为 4.1%，尤以乙炔气和氢气爆炸范围幅度大，其危险性也大。所以，这些工间的排风系统应各自单独设置，不能与其他用途房间的排风系统混设，防止相互影响，其系统的风机应按防爆要求处理，乙炔间的通风要求还应按照《乙炔站设计规范》的规定执行。

**8.1.5** 汽车库如通风不良，容易积聚油蒸气而引起爆炸，还会使车辆发动机启动时产生一氧化碳，影响库内工作人员的健康。因此，从某种意义上讲，汽车库内有无良好的通风，是预防火灾发生的一个重要条件。

从调查了解到的汽车库现状来看，绝大多数是利用自然通风，这对节约能源和投资都是有利的。地下汽车库和严寒地区的非敞开式汽车库，因受自然通风条件的限制，必须采取机械通风方式。卫生部门要求车库每小时换气次数为 6～10 次，根据国外资料介绍，一般情况每小时换气 6 次，足以避免由于油蒸气挥发而引起的火灾或爆炸的危险。因此，如达到卫生标准，消防安全也有了基本保证。

组合建筑内的汽车库和地下汽车库的通风系统应独立设置，不应和其他建筑的通风系统混设。

**8.1.6** 通风管道是火灾蔓延的重要途径，国内外都有这方面的严重教训。如某手表厂、某饭店等单位，都有因风道为可燃烧材料使火灾蔓延扩大的教训。因此，为堵塞火灾蔓延途径，规定风管应采用不燃烧材料制作。

防火墙、防火隔墙是建筑防火分区的主要手段，它阻止火势蔓延扩大的作用已为无数次火灾实例所证实。所以，防火墙、防火隔墙，除允许开设防火门外，不应在其墙面上开洞留孔，降低其防火作用。因考虑设有机械通风的车库里，风管可能穿越防火墙、防火隔墙，为保证它们应有的防火作用，故规定风管穿越这些墙体时，其四周空隙应用不燃烧材料填实，并在穿过防火墙、防火隔墙处设防火阀。风管的保温材料，同样是十分重要的，为了减少火灾蔓延的途径，同样也规定风管保温材料应采用不燃烧材料或难燃烧材料，并要求在穿过防火墙两侧各 2m 范围内的保温材料应采用不燃烧材料。由于地下车库通风排烟困难的特点，如果地下车库的通风、空调系统的风管需保温，保温材料不得使用泡沫塑料等会产生有毒气体的高分子材料。

## 8.2 排烟

**8.2.1** 地下汽车库一旦发生火灾，会产生大量的烟气，而且有些烟气含有一定的毒性，如果不能迅速排出室外，极易造成人员伤亡事故，也给消防员进入地下扑救带来困难。根据国内 20 多座地下汽车库的调查，一些规模较大的汽车库，都设有独立的排烟系统，而一些中、小型车库，一般均与地下车库内的通风系统组合设置。平时作为排风排气作用，一旦发生火灾时，转换为排烟使用。当采用排烟、排风组合系统时，其风机应采用离心风机或耐高温的轴流风机，确保风机能在 280℃时连续工作 30min，并具有在超过 280℃时风机能自行停止的技术措施。排风风管的材料应为不燃烧材料制作。由于排气口要求设置在建筑的下部，而排烟口应设置在上部，因此各自的风口应上、下分开设置，确保火灾时能及时进行排烟。

**8.2.2** 本条规定了防烟分区的建筑面积。防烟分区太小，增设了平面内的排烟系统的数量，不易控制；防烟分区面积太大，风机增大，风管加宽，不利于设计。规范修订组召集了上海市华东建筑设计院、上海市建筑设计院的部分专家进行了研讨，结合具体工程，按层高为 3m，换气次数为 6 次/h·m³ 计算，2000m² 的排烟量 3.6 万 m³，是比较合适的，符合实际情况。

**8.2.3** 地下汽车库发生火灾时产生的烟气，开始绝大多数积聚在车库的上部，将排烟口设在车库的顶棚上或靠近顶棚的墙面上，排烟效果更好，排烟口与防烟分区最远地点的距离是关系到排烟效果好坏的重要问题，排烟口与最远排烟地点太远了，就会直接影响排烟速度，太近了要多设排烟管道，不经济。

**8.2.4** 地下汽车库汽车发生火灾，可燃物较少，发烟量不大，且人员较少，基本无人停留，设置排烟系统，其目的一方面是为了人员疏散，另一方面便于扑救火灾。鉴于地下车库的特点，经专家们研讨，认为 6 次/h 的换气次数的排烟量是基本符合汽车库火灾的实际情况和需要的。参照了美国 NFPA88A 有关规定，其要求汽车库的排烟量也是 6 次/h,因此规范修订组将风机的排烟量定量为 6 次/h。

**8.2.5** 据测试，一般可燃物发生燃烧时火场中心温度高达 800～1000℃。火灾现场的烟气温度也是很高的，特别是地下汽车库火灾时产生的高温散发条件较差，温度比地上建筑要高，排烟风机能在较高气温下正常工作，是直接关系到火场排烟很重要的技术问题。排烟风机一般设在屋顶上或机房内，与排烟地点有相当一段距离，烟气经过一段时间方能扩散到风机，温度要比火场中心温度低很多。据国外有关资料介绍，排烟风机能在 280℃时连续工作 30min，就能满足要求，本条的规定，与《高层民用建筑设计防火规范》、《人民防空工程设计防火规范》的有关规定是一致的。

排烟风机、排烟防火阀、排烟管道、排烟口，是一个排烟系统的主要组成部分，它们缺一不可，排烟防火阀关闭后，光是排烟风机启动也不能排烟，并可能造成设备损坏。所以，它们之间一定要做到相互联锁，目前国内的技术已经完全做到了，而且都能做到自动和手动两用。

此外，还要求排烟口平时宜处于关闭状态，发生火灾时做到自动和手动都能打开。目前，国内多数是采用自动和手动控制的，并与消防控制中心联动起来，一旦遇有火警需要排烟时，由控制中心指令打开排烟阀或排烟风机进行排烟。因此凡设置消防控制室的车库排烟系统应用联动控制的排烟或排烟风机。

**8.2.6** 本条规定了排烟管道内最大允许风速的数据，金属管道内壁比较光滑，风速允许大一些。混凝土等非金属管道内壁比较粗糙，风速要求小一些，内壁光滑、风速阻力要小，内壁粗糙阻力要大一些，在风机、排烟口等相同条件下，阻力越大，排烟效果越差，阻力越小，排烟效果越好。这些数据的规定，都是与《高层民用建筑设计防火规范》的有关规定相一致的。

**8.2.7** 根据空气流动的原理，需要排除某一区域的空气，同时也需要有另一部分的空气补充。地下车库由于防火分区的防火墙分隔和楼层的楼板分隔，使有的防火分区内无直接通向室外的汽车疏散出口，也就无自然进风条件，对这些区域，因是周边处于封闭的条件，如排烟时没有同时进行补风，烟是排不出去的。因此，本条规定应在这些区域内的防烟分区增设进风系统，进风量不宜小于排烟量的 50%，在设计中，应尽量做到送风口在下，排烟口在上，这样能使火灾发生时产生的浓烟和热气顺利排除。

# 9 电 气

**9.0.1** 消防水泵、火灾自动报警、自动灭火、排烟设备、火灾应急照明、疏散指示标志等都是火灾时的主要消防设施。为了确保其用电可靠性，根据汽车库的类别分别作一级、二级负荷供电的规定，采用一级、二级负荷供电与《建筑设计防火规范》和《高层民用建筑设计防火规范》的规定相一致。但有的地区受供电条件的限制不能做到时，应自备柴油发电机来确保消防用电。

机械停车设备需要电源操作控制，一旦停电、断电，停车架上的车辆无法进出，平时会影响车辆的使用，发生火灾时车辆无法疏散。一些停车数量较少的汽车库采用升降梯作车辆的疏散出口，当采用电梯时，一旦断电会影响车辆的疏散，因此应有可靠的供电电源。本条对上述设备用电作了较严格的规定。

**9.0.2** 本条规定主要是为了保证在火灾时能立即用得上备用电源，使扑救火灾工作迅速进行，使其在一定时间内不被火灾烧毁，保证安全疏散和灭火工作的顺利进行。

**9.0.3** 本条对配电线路的敷设作了必要的规定。据调查，目前国内许多建筑设计结合我国国情，消防用电设备线路多数采用普通电缆电线穿在金属管内并埋设在不燃烧结构内，这是一种比较经济、安全可靠的敷设方法。根据火灾实践，采用防火电缆并敷设在耐火极限不小于 1.00h 的防火线槽内也能满足防火要求。

**9.0.4** 地下汽车库的环境条件较差，无自然采光，或虽有自然采光，但光线暗弱，多层以及高层汽车库因为停放车辆多，占地面积大，一般工作照明线路在发生火灾时要切断，为了保证库内人员、车辆的安全疏散和扑救火灾的顺利进行，需要设置火灾应急照明和安全疏散指示标志。

火灾应急照明、疏散指示标志如采用蓄电池作为电源时，为满足一定疏散时间的要求，规定连续供电时间不应少于20min。

**9.0.5** 本条对火灾应急照明灯和疏散指示标志分别作了规定。本条规定的火灾应急照明灯的照度是参照《工业企业照明设计规范》有关规定提出的。该规范规定，供人员疏散的事故照明，主要通道照度不应低于0.5lx。

为防止被积聚在天花板下的烟雾遮住疏散指示标志的照度，对疏散指示灯设置位置规定为距地面1m以下的高度。并根据调查，驾驶员坐在驾驶室的位置时，指示标志的高度应与人眼差不多等高，不致被汽车遮挡。20m范围内的疏散指示标志是容易被驾驶员辨识的，所以本条规定，指示标志的间距20m是合适的。

**9.0.6** 危险场所的电气设备，现行国家标准《爆炸和危险环境电力装置设计规范》已有明确的要求，同样也适用于汽车库的危险场所，所对本条不另作规定。

**9.0.7** 根据对国内14个城市汽车库进行的调查，目前较大型的汽车库都安装了火灾自动报警设施。但由于汽车库内通风不良，又受车辆尾气的影响，不少安装了烟感报警的设备经常发生故障。因此，在汽车库安装何种自动报警设备应根据汽车库的通风条件而定。在通风条件较好的车库内可采用烟感报警设施，一般的汽车库内可采用温感报警设施。但鉴于汽车库火灾危险性的实际情况，本次修改时对安装火灾自动报警设施作了适当调整的规定，这样规定确保了重点，又节省了建设投资，是符合我国国情的。

**9.0.8** 火灾自动报警系统的设计，现行国家标准《火灾自动报警系统设计规范》已有明确的规定，同样也适用于汽车库的设计，所以本条不另作规定。

$CO_2$灭火系统、泡沫灭火系统、防火卷帘、排烟系统的动作都必须有探测联动装置，故设置这些设备时，报警系统的探头应与它们联动。

**9.0.9** 设置火灾报警和自动灭火装置的汽车库，都是规模较大的汽车库，为了确保火灾报警和灭火设施的正常运行，应设置消防控制室，并有专人值班管理。由于汽车库内工作管理人员较少，如设置独立的消防控制室并由专人值班有困难时，可与车库内的设备控制室、值班室组合设置，控制室、值班室的值班人员可兼作消防控制的值班，这样可减少车库的工作人员。

中华人民共和国国家标准

# 飞机库设计防火规范

Code for fire protection design of aircraft hangar

GB 50284—2008

主编部门：中 国 航 空 工 业 集 团 公 司
中 华 人 民 共 和 国 公 安 部
中 国 民 用 航 空 局
批准部门：中华人民共和国住房和城乡建设部
施行日期：２ ０ ０ ９ 年 ７ 月 １ 日

# 中华人民共和国住房和城乡建设部
# 公 告

## 第 158 号

### 关于发布国家标准
### 《飞机库设计防火规范》的公告

现批准《飞机库设计防火规范》为国家标准，编号为GB 50284—2008，自 2009 年 7 月 1 日起实施。其中，第 3.0.2、3.0.3、4.1.4、4.2.2、4.3.1、5.0.1、5.0.2、5.0.5、5.0.8、9.1.1、9.1.2、9.2.1、9.2.2、9.2.3、9.3.1、9.3.4 (1、2)、9.3.6、9.4.2、9.4.3、9.5.4 条（款）为强制性条文，必须严格执行。原《飞机库设计防火规范》GB 50284—98 同时废止。

本规范由我部标准定额研究所组织中国计划出版社出版发行。

中华人民共和国住房和城乡建设部
二○○八年十一月十二日

## 前 言

根据建设部"关于印发《2006 年工程建设标准规范制定、修订计划（第二批）》的通知"（建标〔2006〕136 号）的要求，本规范由中国航空工业规划设计研究院会同公安部消防局、中国民用航空局公安局及首都机场公安分局、公安部天津消防研究所、公安部上海消防研究所以及准信投资控股有限公司、海湾集团、科大立安公司、美国安素公司、上海普东特种消防装备有限公司等单位共同修订而成。

本规范的修订，遵照国家有关基本建设的方针政策以及"预防为主，防消结合"的消防工作方针，对飞机库设计防火进行了调查、研究和测试工作，在总结了多年来我国飞机库设计防火实践经验的基础上，广泛征求了有关科研、设计、消防监督和飞机维修安全管理等部门和单位的意见，同时研究、消化和吸收了国外有关标准、规范的技术内容，最后经有关部门共同审查定稿。

本规范共 9 章，主要内容包括总则、术语、防火分区和耐火等级、总平面布局和平面布置、建筑构造、安全疏散、采暖和通风、电气、消防给水和灭火设施等。根据飞机库的火灾是烃类火和飞机贵重的特点，按飞机库停放和维修区的面积将飞机库划分为三类，有区别地采取不同的灭火措施。

本次修订的主要内容有：

1. 对 I 类飞机库的防火分区面积限制进行了修改。

2. 增加了 I 类飞机库灭火系统的种类。

3. 补充了自动喷水灭火系统对飞机库及机库屋架保护的内容。

4. 增加了飞机库采用燃气辐射采暖系统的规定。

5. 明确了飞机库屋架做了防火涂料保护后，与其他灭火措施的关系等内容。

本规范中以黑体字标志的条文为强制性条文，必须严格执行。

本规范由住房和城乡建设部负责管理和对强制性条文的解释，公安部消防局负责日常管理，中国航空工业规划设计研究院负责具体内容的解释。在执行过程中如有需要修改和补充的建议，请将相关资料和建议寄送中国航空工业规划设计研究院（地址：北京市西城区德外大街 12 号，邮政编码：100120），以供再修订时参考。

本规范主编单位、参编单位和主要起草人：

主 编 单 位：中国航空工业规划设计研究院

参 编 单 位：公安部消防局
　　　　　　　中国民用航空局公安局
　　　　　　　首都机场公安分局
　　　　　　　公安部天津消防研究所
　　　　　　　公安部上海消防研究所
　　　　　　　准信投资控股有限公司
　　　　　　　海湾集团
　　　　　　　科大立安公司
　　　　　　　美国安素公司
　　　　　　　上海普东特种消防装备有限公司

**主要起草人：** 沈顺高　马　恒　李学良　彭吉兴　　　　郝爱玲　张晓明　刘卫华　吴龙标
戚小专　杨　妹　刘　芳　谢哲明　　　　云　虹　徐　敏　蔡民章　王丽晶
魏　旗　付建勋　张立峰　裴永忠　　　　孙　瑛　崔忠余　王瑞林
王宝伟　顾南平　倪照鹏　闵永林

# 目　次

# 目　　次

# 1 总　则

**1.0.1** 为了防止和减少火灾对飞机库的危害，保护人身和财产的安全，制定本规范。

**1.0.2** 本规范适用于新建、扩建和改建飞机库的防火设计。

**1.0.3** 飞机库的防火设计，必须遵循"预防为主，防消结合"的消防工作方针，针对飞机库火灾的特点，采取可靠的消防措施，做到安全适用、技术先进、经济合理。

**1.0.4** 飞机库的防火设计除应符合本规范外，尚应符合现行的国家有关标准的规定。

# 2 术　语

**2.0.1** 飞机库　aircraft hangar

用于停放和维修飞机的建筑物。

**2.0.2** 飞机库大门　aircraft access door

为飞机进出飞机库专门设置的门。

**2.0.3** 飞机停放和维修区　aircraft storage and servicing area

飞机库内用于停放和维修飞机的区域。不包括与其相连的生产辅助用房和其他建筑。

**2.0.4** 翼下泡沫灭火系统　foam extinguishing system for area under wing

用于飞机机翼下的泡沫灭火系统。

# 3 防火分区和耐火等级

**3.0.1** 飞机库可分为Ⅰ、Ⅱ、Ⅲ类，各类飞机库内飞机停放和维修区的防火分区允许最大建筑面积应符合表3.0.1的规定。

**表3.0.1　飞机库分类及其停放和维修区的防火分区允许最大建筑面积**

| 类　别 | 防火分区允许最大建筑面积（m²） |
|---|---|
| Ⅰ | 50000 |
| Ⅱ | 5000 |
| Ⅲ | 3000 |

注：与飞机停放和维修区贴邻建造的生产辅助用房，其允许最多层数和防火分区允许最大建筑面积应符合现行国家标准《建筑设计防火规范》GB 50016 的有关规定。

**3.0.2** Ⅰ类飞机库的耐火等级应为一级。Ⅱ、Ⅲ类飞机库的耐火等级不应低于二级。飞机库地下室的耐火等级应为一级。

**3.0.3** 建筑构件均应为不燃烧体材料，其耐火极限不应低于表3.0.3的规定。

**表3.0.3　建筑构件的耐火极限**

| 构件名称 | | 耐火极限（h）<br>耐火等级 一级 | 耐火极限（h）<br>耐火等级 二级 |
|---|---|---|---|
| 防火墙 | | 3.00 | 3.00 |
| 墙 | 承重墙 | 3.00 | 2.50 |
| 墙 | 楼梯间、电梯井的墙 | 2.00 | 2.00 |
| 墙 | 非承重墙、疏散走道两侧的隔墙 | 1.00 | 1.00 |
| 墙 | 房间隔墙 | 0.75 | 0.50 |
| 柱 | 支承多层的柱 | 3.00 | 2.50 |
| 柱 | 支承单层的柱 | 2.50 | 2.00 |
| 柱 | 柱间支撑 | 1.50 | 1.00 |
| 梁 | | 2.00 | 1.50 |
| 楼板、疏散楼梯、屋顶承重构件 | | 1.50 | 1.00 |
| 吊顶 | | 0.25 | 0.25 |

**3.0.4** 在飞机停放和维修区内，支承屋顶承重构件的钢柱和柱间钢支撑应采取防火隔热保护措施，并应达到相应耐火等级建筑要求的耐火极限。

**3.0.5** 飞机库飞机停放和维修区屋顶金属承重构件应采取外包敷防火隔热板或喷涂防火隔热涂料等措施进行防火保护，当采用泡沫-水雨淋灭火系统或采用自动喷水灭火系统后，屋顶可采用无防火保护的金属构件。

# 4 总平面布局和平面布置

## 4.1 一般规定

**4.1.1** 飞机库的总图位置、消防车道、消防水源及与其他建筑物的防火间距等应符合航空港总体规划要求。

**4.1.2** 飞机库与其贴邻建造的生产辅助用房之间的防火分隔措施，应根据生产辅助用房的使用性质和火灾危险性确定，并应符合下列规定：

  **1** 飞机库应采用防火墙与办公楼、飞机部件喷漆间、飞机座椅维修间、航材库、配电室和动力站等生产辅助用房隔开，防火墙上的门窗应采用甲级防火门窗，或耐火极限不低于3.00h的防火卷帘。

  **2** 飞机库与单层维修工作间、办公室、资料室和库房等应采用耐火极限不低于2.00h的不燃烧体墙隔开，隔墙上的门窗应采用乙级防火门窗，或耐火极限不低于2.00h的防火卷帘。

**4.1.3** 在飞机库内不宜设置办公室、资料室、休息室等用房，若确需设置少量这些用房时，宜靠外墙设置，并应有直通安全出口或疏散走道的措施，与飞机停放和维修区之间应采用耐火极限不低于 2.00h 的不燃烧体墙和耐火极限不低于 1.50h 的顶板隔开，墙体上的门窗应为甲级防火门窗。

**4.1.4** 飞机库内的防火分区之间应采用防火墙分隔。确有困难的局部开口可采用耐火极限不低于 **3.00h** 的防火卷帘。防火墙上的门应采用在火灾时能自行关闭的甲级防火门。门或卷帘应与其两侧的火灾探测系统联锁关闭，但应同时具有手动和机械操作的功能。

**4.1.5** 甲、乙、丙类物品暂存间不应设置在飞机库内。当设置在贴邻飞机库的生产辅助用房区内时，应靠外墙设置并应设置直接通向室外的安全出口，与其他部位之间必须用防火隔墙和耐火极限不低于 1.50h 的不燃烧体楼板隔开。

甲、乙类物品暂存量应按不超过一昼夜的生产用量设计，并应采取防止可燃液体流淌扩散的措施。

**4.1.6** 甲、乙类火灾危险性的使用场所和库房不得设在地下或半地下室。

**4.1.7** 附设在飞机库内的消防控制室、消防泵房应采用耐火极限不低于 2.00h 的隔墙和耐火极限不低于 1.50h 的楼板与其他部位隔开。隔墙上的门应采用甲级防火门，其疏散门应直接通向安全出口或疏散楼梯、疏散走道。观察窗应采用甲级防火窗。

**4.1.8** 危险品库房、装有油浸电力变压器的变电所不应设置在飞机库内或与飞机库贴邻建造。

**4.1.9** 飞机库应设置从室外地面或附属建筑屋顶通向飞机停放和维修区屋面的室外消防梯，且数量不应少于 2 部。当飞机库长边长度大于 250.0m 时，应增设 1 部。

## 4.2 防火间距

**4.2.1** 除下列情况外，两座相邻飞机库之间的防火间距不应小于 13.0m。

**1** 两座飞机库，其相邻的较高一面的外墙为防火墙时，其防火间距不限。

**2** 两座飞机库，其相邻的较低一面外墙为防火墙，且较低一座飞机库屋顶结构的耐火极限不低于 1.00h 时，其防火间距不应小于 7.5m。

**4.2.2** 飞机库与其他建筑物之间的防火间距不应小于表 4.2.2 的规定。

表 4.2.2　飞机库与其他建筑物之间的防火间距（m）

| 建筑物名称 | 喷漆机库 | 高层航材库 | 一、二级耐火等级的丙、丁、戊类厂房 | 甲类物品库房 | 乙、丙类物品库房 | 机场油库 | 其他民用建筑 | 重要的公共建筑 |
|---|---|---|---|---|---|---|---|---|
| 飞机库 | 15.0 | 13.0 | 10.0 | 20.0 | 14.0 | 100.0 | 25.0 | 50.0 |

注：1　当飞机库与喷漆机库贴邻建造时，应采用防火墙隔开。
　　2　表中未规定的防火间距，应根据现行国家标准《建筑设计防火规范》GB 50016 的有关规定确定。

## 4.3 消防车道

**4.3.1** 飞机库周围应设环形消防车道，Ⅲ类飞机库可沿飞机库的两个长边设置消防车道。当设置尽头式消防车道时，尚应设置回车场。

**4.3.2** 飞机库的长边长度大于 220.0m 时，应设置进出飞机停放和维修区的消防车出入口，消防车道出入飞机库的门净宽度不应小于车宽加 1.0m，门净高度不应低于车高加 0.5m，且门的净宽度和净高度均不应小于 4.5m。

**4.3.3** 消防车道的净宽度不应小于 6.0m，消防车道边线距飞机库外墙不宜小于 5.0m，消防车道上空 4.5m 以下范围内不应有障碍物。消防车道与飞机库之间不应设置妨碍消防车操作的树木、架空管线等。消防车道下的管道和暗沟应能承受大型消防车满载时的压力。

**4.3.4** 供消防车取水的天然水源或消防水池处，应设置消防车道或回车场。

# 5　建筑构造

**5.0.1** 防火墙应直接设置在基础上或相同耐火极限的承重构件上。

**5.0.2** 飞机库的外围护结构、内部隔墙和屋面保温隔热层均应采用不燃烧材料。飞机库大门及采光材料应采用不燃烧或难燃烧材料。

**5.0.3** 飞机库大门轨道处应采取排水措施，寒冷及易结冰地区其轨道处尚应采取融冰措施。

**5.0.4** 飞机停放和维修区的地面标高应高于室外地坪、停机坪和道路路面 0.05m 以上，并应低于与其相通房间地面 0.02m 以下。

**5.0.5** 输送可燃气体和甲、乙、丙类液体的管道严禁穿过防火墙。其他管道不宜穿过防火墙，当确需穿过时，应采用防火封堵材料将空隙紧密填实。

**5.0.6** 飞机停放和维修区的地面应有不小于 5‰ 的坡度坡向排水口。设计地面坡度时应符合飞机牵引、称重、平衡检查等操作要求。

**5.0.7** 飞机停放和维修区的工作间壁、工作台和物品柜等均应采用不燃烧材料制作。

**5.0.8** 飞机停放和维修区的地面应采用不燃烧体材料。飞机库地面下的沟、坑均应采用不渗透液体的不燃烧材料建造。

# 6　安全疏散

**6.0.1** 飞机停放和维修区的每个防火分区至少应有

2个直通室外的安全出口，其最远工作地点到安全出口的距离不应大于75.0m。当飞机库大门上设有供人员疏散用的小门时，小门的最小净宽不应小于0.9m。

6.0.2 在飞机停放和维修区的地面上应设置标示疏散方向和疏散通道宽度的永久性标线，并应在安全出口处设置明显指示标志。

6.0.3 飞机停放和维修区内的地下通行地沟应设有不少于2个通向室外的安全出口。

6.0.4 当飞机库内供疏散用的门和供消防车辆进出的门为自控启闭时，均应有可靠的手动开启装置。飞机库大门应设置使用拖车、卷扬机等辅助动力设备开启的装置。

6.0.5 在防火分隔墙上设置的防火卷帘门应设逃生门，当同时用于人员通行时，应设疏散用的平开防火门。

# 7 采暖和通风

7.0.1 飞机停放和维修区及其贴邻建造的建筑物，其采暖用的热媒宜为高压蒸汽或热水。飞机停放和维修区内严禁使用明火采暖。

7.0.2 当飞机停放和维修区采用吊装式燃气辐射采暖时，应符合以下规定：

1 燃料可采用天然气、液化石油气、煤气等。

2 燃气辐射采暖设备必须经过安全认证。燃气辐射采暖系统应有安全保护自检功能，并应有防泄漏、监测、自动关闭等功能。

3 用于燃烧器燃烧的空气宜直接从室外引入，且燃烧后的尾气应直接排至室外。

4 在飞机停放和维修区内，加热器应安装在距飞机机翼或最高飞机发动机外壳的上表面以上至少3.0m的位置，并应按二者中距地面较高者确定安装高度。

5 燃烧器及辐射管的外表面温度宜为300～500℃，且辐射管上的反射罩外表面温度不宜高于60℃。

6 在醒目便于操作的位置应设置能直接切断采暖系统及燃气供应系统的控制开关。

7 燃气输配系统及安全技术要求应符合现行国家标准《城镇燃气设计规范》GB 50028的有关规定。

7.0.3 当飞机停放和维修区内发出火灾报警信号时，在消防控制室应能控制关闭空气再循环采暖系统的风机。在飞机停放和维修区内应设置便于工作人员关闭风机的手动按钮。

7.0.4 飞机停放和维修区内为综合管线设置的通行或半通行地沟，应设置机械通风系统，且换气次数不应少于5次/h。当地沟内存在可燃蒸气时，应设计每小时不少于15次换气的事故通风系统，可燃气体探测器报警时，火灾报警控制器联动启动排风机。

# 8 电 气

## 8.1 供 配 电

8.1.1 飞机库消防用电设备的供电电源应符合现行国家标准《供配电系统设计规范》GB 50052的规定。Ⅰ、Ⅱ类飞机库的消防电源负荷等级应为一级，Ⅲ类飞机库消防电源等级不应低于二级。

8.1.2 当飞机库设有变电所时，消防用电的正常电源宜单独引自变电所；当飞机库远离变电所或难以取得单独的电源线路时，应接自飞机库低压电源总开关的电源侧。

8.1.3 消防用电设备的双路电源线路应分开敷设。

8.1.4 采用TT接地系统、TN接地系统装设剩余电流保护器时，或上一级装设电气火灾监控系统时，低压双电源转换开关应能同时断开相线和中性线。

8.1.5 飞机库低压线路应按下列规定设置接地故障保护：

1 变电所低压出线处，或第二级低压配电箱内应设置能延时发出信号的电气火灾监控系统，其报警信号应引至消防控制室，对不设消防控制室的Ⅲ类飞机库，应引至值班室。

2 插座回路上应设置额定动作电流不大于30mA、瞬时切断电路的漏电保护器。

8.1.6 当电线、电缆成束集中敷设时，应采用阻燃型铜芯电线、电缆。

8.1.7 飞机停放和维修区内电源插座距离地面的安装高度不应小于1.0m。

8.1.8 飞机库内爆炸危险区域的划分应符合本规范附录A的规定。在爆炸危险区域内的电气设备和电气线路的选用、安装应符合现行国家标准《爆炸和火灾危险环境电力装置设计规范》GB 50058的有关规定。

8.1.9 消防配电设备应有明显标志。

## 8.2 电 气 照 明

8.2.1 飞机停放和维修区内疏散用应急照明的地面照度不应低于1.0 lx。

8.2.2 当应急照明采用蓄电池作电源时，其连续供电时间不应少于30min。

8.2.3 安全照明用电源应采用特低电压，应由降压隔离变压器供电。特低电压回路导线和所接灯具金属外壳不得接保护地线。

## 8.3 防雷和接地

8.3.1 在飞机停放和维修区应设置泄放飞机静电电荷的接地端子。连接接地端子的接地导线宜就近连接至机库接地系统。

**8.3.2** 飞机库低压电气装置应采用 TN-S 接地系统。自备发电机组当既用于应急电源又用于备用电源时，可采用 TN-S 系统；当仅用于应急电源时宜采用 IT 系统。

**8.3.3** 飞机库内电气装置应实施等电位联结。

**8.3.4** 飞机库的防雷设计尚应符合现行国家标准《建筑物防雷设计规范》GB 50057 的有关规定。

### 8.4 火灾自动报警系统与控制

**8.4.1** 飞机库内应设火灾自动报警系统，在飞机停放和维修区内设置的火灾探测器应符合下列要求：

　　**1** 屋顶承重构件区宜选用感温探测器。

　　**2** 在地上空间宜选用火焰探测器和感烟探测器。

　　**3** 在地面以下的地下室和地面以下的通风地沟内有可燃气体聚集的空间、燃气进气间和燃气管道阀门附近应选用可燃气体探测器。

**8.4.2** 飞机停放和维修区内的火灾报警按钮、声光报警器及通讯装置距地面安装高度不应小于 1.0m。

**8.4.3** 消防泵的电气控制设备，应具有手动和自动启动方式，并应采取措施使消防泵逐台启动。

**8.4.4** 稳压泵应按灭火设备的稳压要求自动启/停。当灭火系统的压力达不到稳压要求时，控制设备应发出声、光信号。

**8.4.5** 泡沫-水雨淋灭火系统、翼下泡沫灭火系统、远控消防泡沫炮灭火系统和高倍数泡沫灭火系统宜由 2 个独立且不同类型的火灾信号组合控制启动，并应具有手动功能。

**8.4.6** 泡沫-水雨淋灭火系统启动时，应能同时联动开启相关的翼下泡沫灭火系统。

**8.4.7** 泡沫枪、移动式高倍数泡沫发生器和消火栓附近应设置手动启动消防泵的按钮，并应将反馈信号引至消防控制室。

**8.4.8** 在Ⅰ、Ⅱ类飞机库的飞机停放和维修区内，应设置手动启动泡沫灭火装置，并应将反馈信号引至消防控制室。

**8.4.9** Ⅰ、Ⅱ类飞机库应设置消防控制室，消防控制室宜靠近飞机停放和维修区，并宜设观察窗。

**8.4.10** 除本节规定外，尚应符合现行国家标准《火灾自动报警系统设计规范》GB 50116 的有关规定。

# 9 消防给水和灭火设施

### 9.1 消防给水和排水

**9.1.1** 消防水源及消防供水系统必须满足本规范规定的连续供给时间内室内外消火栓和各类灭火设备同时使用的最大用水量。

**9.1.2** 消防给水必须采取可靠措施防止泡沫液回流污染公共水源和消防水池。

**9.1.3** 供给泡沫灭火设施的水质应符合设计采用的泡沫液产品标准的技术要求。

**9.1.4** 在飞机库的停放和维修区内应设排水系统，排水系统宜采用大口径地漏、排水沟等，地漏或排水沟的设置应采取防止外泄燃油流淌扩散的措施。

**9.1.5** 排水系统采用地下管道时，进水口的连接管处应设水封。排水管宜采用不燃材料。

**9.1.6** 排水系统的油水分离器应设置在飞机库室外，并应采取灭火时跨越油水分离器的旁通排水措施。

### 9.2 灭火设备的选择

**9.2.1** Ⅰ类飞机库飞机停放和维修区内灭火系统的设置应符合下列规定之一：

　　**1** 应设置泡沫-水雨淋灭火系统和泡沫枪；当飞机机翼面积大于 280m² 时，尚应设置翼下泡沫灭火系统。

　　**2** 应设置屋架内自动喷水灭火系统，远控消防泡沫炮灭火系统或其他低倍数泡沫自动灭火系统，泡沫枪；当符合本规范第3.0.5条的规定时，可不设屋架内自动喷水灭火系统。

**9.2.2** Ⅱ类飞机库飞机停放和维修区内灭火系统的设置应符合下列规定之一：

　　**1** 应设置远控消防泡沫炮灭火系统或其他低倍数泡沫自动灭火系统，泡沫枪。

　　**2** 应设置高倍数泡沫灭火系统和泡沫枪。

**9.2.3** Ⅲ类飞机库飞机停放和维修区内应设置泡沫枪灭火系统。

**9.2.4** 在飞机停放和维修区内设置的消火栓宜与泡沫枪合用给水系统。消火栓的用水量应按同时使用两支水枪和充实水柱不小于13m的要求，经计算确定。消火栓箱内应设置统一规格的消火栓、水枪和水带，可设置 2 条长度不超过 25m 的消防水带。

**9.2.5** 飞机停放和维修区贴邻建造的建筑物，其室内消防给水和灭火器的配置以及飞机库室外消火栓的设计应符合现行国家标准《建筑设计防火规范》GB 50016 和《建筑灭火器配置设计规范》GB 50140 的有关规定。

### 9.3 泡沫-水雨淋灭火系统

**9.3.1** 在飞机停放和维修区内的泡沫-水雨淋灭火系统应分区设置，一个分区的最大保护地面面积不应大于 1400m²，每个分区应由一套雨淋阀组控制。

**9.3.2** 泡沫-水雨淋灭火系统的喷头宜采用带溅水盘的开式喷头或吸气式泡沫喷头，开式喷头宜选用流量系数 $K=80$ 或 $K=115$ 的喷头。

**9.3.3** 喷头应设置在靠近屋面处，每只喷头的保护面积不应大于 12.1m²，喷头的间距不应大于 3.7m，喷头距墙及机库大门内侧不应大于 1.8m。

**9.3.4** 系统的泡沫混合液的设计供给强度应符合下列规定：

**1** 当采用氟蛋白泡沫液和吸气式泡沫喷头时，不应小于8.0L/（min·m²）。

**2** 当采用水成膜泡沫液和开式喷头时，不应小于6.5L/（min·m²）。

**3** 经水力计算后的任意四个喷头的实际保护面积内的平均供给强度不应小于设计供给强度。

**9.3.5** 泡沫-水雨淋灭火系统的用水量应满足以火源点为中心，30m半径水平范围内所有分区系统的雨淋阀组同时启动时的最大用水量。

注：当屋面板最大高度小于23m时，半径可减为22m。

**9.3.6** 泡沫-水雨淋灭火系统的连续供水时间不应小于45min。不设置翼下泡沫灭火系统时，连续供水时间不应小于60min。泡沫液的连续供给时间不应小于10min。

**9.3.7** 泡沫-水雨淋灭火系统的设计除执行本规范的规定外，尚应符合现行国家标准《自动喷水灭火系统设计规范》GB 50084 和《低倍数泡沫灭火系统设计规范》GB 50151 的有关规定。

## 9.4 翼下泡沫灭火系统

**9.4.1** 翼下泡沫灭火系统宜采用低位消防泡沫炮、地面弹射泡沫喷头或其他类型的泡沫释放装置。低位消防泡沫炮应具有自动或远控功能，并应具有手动及机械应急操作功能。

**9.4.2** 系统的泡沫混合液的设计供给强度应符合下列规定：

**1** 当采用氟蛋白泡沫液时，不应小于6.5L/（min·m²）。

**2** 当采用水成膜泡沫液时，不应小于4.1L/（min·m²）。

**9.4.3** 泡沫混合液的连续供给时间不应小于10min，连续供水时间不应小于45min。

**9.4.4** 翼下泡沫灭火系统的泡沫释放装置，其数量和规格应根据飞机停放位置和飞机机翼下的地面面积经计算确定。

## 9.5 远控消防泡沫炮灭火系统

**9.5.1** 远控消防泡沫炮灭火系统应具有自动或远控功能，并应具有手动及机械应急操作功能。

**9.5.2** 泡沫混合液的设计供给强度应符合本规范第9.4.2条的规定。

**9.5.3** 泡沫混合液的最小供给速率为：Ⅰ类飞机库应为泡沫混合液的设计供给强度乘以5000m²；Ⅱ类飞机库应为泡沫混合液的设计供给强度乘以2800m²。

**9.5.4** 泡沫液的连续供给时间不应小于10min，连续供水时间Ⅰ类飞机库不应小于45min、Ⅱ类飞机库不应小于20min。

**9.5.5** 消防泡沫炮的配置应使不少于两股泡沫射流同时到达飞机停放和维修区内飞机机位的任一部位。

## 9.6 泡 沫 枪

**9.6.1** 一支泡沫枪的泡沫混合液流量应符合下列规定：

**1** 当采用氟蛋白泡沫液时，不应小于8.0L/s。

**2** 当采用水成膜泡沫液时，不应小于4.0L/s。

**9.6.2** 飞机停放和维修区内任一点应能同时得到两支泡沫枪保护，泡沫液连续供给时间不应小于20min。

**9.6.3** 泡沫枪宜采用室内消火栓接口，公称直径为65mm，消防水带的总长度不宜小于40m。

## 9.7 高倍数泡沫灭火系统

**9.7.1** 高倍数泡沫灭火系统的设置应符合下列规定：

**1** 泡沫的最小供给速率（m³/min）应为泡沫增高速率(m/min)乘以最大一个防火分区的全部地面面积（m²），泡沫增高速率应大于0.9m/min。

**2** 泡沫液和水的连续供给时间应大于15min。

**3** 高倍数泡沫发生器的数量和设置地点应满足均匀覆盖飞机停放和维修区地面的要求。

**9.7.2** 移动式高倍数泡沫灭火系统的设置应符合下列规定：

**1** 泡沫的最小供给速率应为泡沫增高速率乘以最大一架飞机的机翼面积，泡沫增高速率应大于0.9m/min。

**2** 泡沫液和水的连续供给时间应大于12min。

**3** 为每架飞机设置的移动式泡沫发生器不应少于2台。

**9.7.3** 高倍数泡沫灭火系统的设计除执行本节的规定外，尚应符合现行国家标准《高倍数、中倍数泡沫灭火系统设计规范》GB 50196 的有关规定。

## 9.8 自动喷水灭火系统

**9.8.1** 飞机停放和维修区内的自动喷水灭火系统宜采用湿式或预作用灭火系统。

**9.8.2** 飞机停放和维修区设置的自动喷水灭火系统，其设计喷水强度不应小于7.0L/（min·m²），Ⅰ类飞机库作用面积不应小于1400m²，Ⅱ类飞机库作用面积不应小于480m²，一个报警阀控制的面积不应超过5000m²。喷头宜采用快速响应喷头，公称动作温度宜采用79℃，周围环境温度较高区域宜采用93℃。Ⅱ类飞机库也可采用标准喷头，喷头公称动作温度宜为162～190℃。

**9.8.3** 自动喷水灭火系统的连续供水时间不应小于45min。

**9.8.4** 自动喷水灭火系统的喷头布置要求应符合本规范第9.3.3条的规定。

**9.8.5** 自动喷水灭火系统的设计除执行本规范的规定外，尚应符合现行国家标准《自动喷水灭火系统设计规范》GB 50084 的有关规定。

### 9.9 泡沫液泵、比例混合器、泡沫液储罐、管道和阀门

**9.9.1** 泡沫液泵必须设置备用泵，其性能应与工作泵相同。

**9.9.2** 泡沫液泵应符合现行国家标准《消防泵》GB 6245 的有关规定，泵的轴承和密封件应符合泡沫液性能要求。

**9.9.3** 泡沫系统应采用平衡式比例混合装置、计量注入式比例混合装置或压力式比例混合装置，以正压注入方式将泡沫液注入灭火系统与水混合。

**9.9.4** 泡沫灭火设备的泡沫液均应有备用量，备用量应与一次连续供给量相等，且必须为性能相同的泡沫液。

**9.9.5** 泡沫液备用储罐应与泡沫液供给系统的管道相接。

**9.9.6** 泡沫液储罐必须设在为泡沫液泵提供正压的位置上，泡沫液储罐应符合现行国家标准《低倍数泡沫灭火系统设计规范》GB 50151 的有关规定。

**9.9.7** 泡沫液管宜采用不锈钢管、钢衬不锈钢或钢塑复合管。安装在泡沫液管道上的控制阀宜采用衬胶蝶阀、不锈钢球阀或不锈钢截止阀。

**9.9.8** 泡沫液储罐、泡沫液泵等宜设在靠近飞机停放和维修区的附属建筑内，其环境条件应符合所用泡沫液的技术要求。

**9.9.9** 控制阀、雨淋阀宜接近保护区，当设在飞机停放和维修区内时，应采取防火隔热措施。

**9.9.10** 常开或常闭的阀门应设锁定装置。控制阀和需要启闭的阀门均应设启闭指示器。

**9.9.11** 在泡沫液管和泡沫混合液管的适当位置宜设冲洗接头和排空闸。泡沫液供给管道应充满泡沫液，当长度大于 50m 时，泡沫液供给系统应设循环管路，定期对泡沫液进行循环，以防止其在管内结块，堵塞管路。

**9.9.12** 在泡沫枪、泡沫炮供水总管的末端或最低点宜设置用于日常检修维护的放水阀门。

### 9.10 消防泵和消防泵房

**9.10.1** 消防水泵应采用自灌式吸水方式，泵体最高处宜设自动排气阀，并应符合现行国家标准《消防泵》GB 6245 的有关规定。

**9.10.2** 消防水泵的吸水口处宜设置过滤网，并应采取防止吸入空气的措施。水泵吸水管上应设置明杆式闸阀。

**9.10.3** 消防泵出水管上的阀门应为明杆式闸阀或带启闭指示标志的蝶阀。

**9.10.4** 消防泵的出水管上应设泄压阀和试验、检查用的放水阀及回流管。

**9.10.5** 消防水泵及泡沫液泵的出水管上应安装流量计及压力表装置。

**9.10.6** 泡沫炮及泡沫-水雨淋系统等功率较大的消防泵宜由内燃机直接驱动，当消防泵功率较小时，宜由电动机驱动。

**9.10.7** 消防泵房宜采用自带油箱的内燃机，其燃油料储备量不宜小于内燃机 4h 的用量，并不大于 8h 的用量。当内燃机采用集中的油箱（罐）供油时，应设置储油间，储油间应采用防火墙与水泵间隔开，当必须在防火墙上开门时应采用甲级防火门，供油管、油箱（罐）的安全措施应符合现行国家标准《建筑设计防火规范》GB 50016 的有关规定。

消防泵房可设置自动喷水灭火系统或其他灭火设施。内燃机的排气管应引至室外，并应远离可燃物。

**9.10.8** 消防泵房应设置消防通讯设施。

## 附录 A 飞机库内爆炸危险区域的划分

**A.0.1** 飞机库内爆炸危险区域的划分应符合下列规定：

  **1** 1区：飞机停放和维修区地面以下与地面相通的地沟、地坑及与其相通的地下区域。

  **2** 2区：

    1）飞机停放和维修区及与其相通而无隔断的地面区域，其空间高度到地面上 0.5m 处。

    2）飞机停放和维修区内距飞机发动机或飞机油箱水平距离 1.5m，并从地面向上延伸到机翼和发动机外壳表面上方 1.5m 处。

## 本规范用词说明

  **1** 为便于在执行本规范条文时区别对待，对要求严格程度不同的用词说明如下：

    1）表示很严格，非这样做不可的用词：
        正面词采用"必须"，反面词采用"严禁"。

    2）表示严格，在正常情况下均应这样做的用词：
        正面词采用"应"，反面词采用"不应"或"不得"。

    3）表示允许稍有选择，在条件许可时首先应这样做的用词：
        正面词采用"宜"，反面词采用"不宜"；
        表示有选择，在一定条件下可以这样做的用词，采用"可"。

  **2** 本规范中指明应按其他有关标准、规范执行的写法为"应符合……的规定"或"应按……执行"。

中华人民共和国国家标准

# 飞机库设计防火规范

GB 50284—2008

条 文 说 明

# 目　次

# 1 总　则

**1.0.1** 本条说明制定本规范的目的。随着我国改革开放的深入，经济建设规模的扩大，人民生活水平的提高，航空运输业也保持持续、快速的发展。当前我国空中交通运输网络已基本形成，航线近1300条，其中国际航线近250条，通航城市140余个，国际机场40多个，现役大、中型客机780多架，机队总规模居世界第三，预计2010年大、中型飞机将增加到1600架，2020年各类民航飞机达6000架。目前，全国民航执管大型客机的航空公司已近30家，都需要建设航线维修飞机库，以便完成特检和定检工作。

飞机库的火灾危险性：

**1** 燃油火灾：飞机进库维修时，飞机油箱和系统内带有航空煤油，载油量从几吨到上百吨不等，在维修过程中有可能发生燃油泄漏事故，出现易燃液体流散火灾。火灾面积和燃油泄漏量虽难以估计，但从美国工厂相互保险组织进行的相关实验说明，当流散火的面积为$85 \sim 120 m^2$，泄漏量$2 \sim 3 m^3$，平均油层厚度$20 \sim 30 mm$时，将产生巨大的火舌卷流，上升气浪流速达到$22 m/s$，位于建筑物18.5m高处的屋顶温度在3min内达到$425 \sim 650℃$以上。在易燃液体火灾的飞机受热面，飞机机身蒙皮在短时间内发生破坏。另一种火灾危险是发生燃油箱爆炸。据国外报道，一架正在维修的DC-8型飞机与其他8架飞机同时停放在一座大型钢屋架飞机库里，机械师正在拆换一台燃油箱的燃油增压泵，机翼油箱中的部分燃油已被抽出，但在油箱内仍留有约$11.3 m^3$的燃油。当机械师接通电路，跨过增压泵的电火花点燃了油箱中的易燃气体，引起爆炸，摧毁了这架DC-8飞机，并在屋顶上炸开一个约$100 m^2$的洞，爆炸和大火破坏了另外两架DC-8飞机，燃烧持续30min以上。

目前国内大量使用的航空煤油RP-1和RP-2的闪点温度为28℃，RP-3的闪点温度为38℃。为减少火灾的危险已逐步改用RP-3的航空煤油。

**2** 氧气系统火灾：1968年9月7日在里约热内卢国际机场飞机库内，当机械师为一架波音707氧气系统充氧时，误用液压油软管进行充氧操作引发大火，整架飞机报废，飞机库也受到破坏。

**3** 清洗飞机座舱火灾：飞机机舱内部装修多采用塑料制品、化纤织物等易燃材料，虽经阻燃处理后可达到难燃材料的标准，但在清洗和维修机舱时，常使用溶剂、粘接剂和油漆等。1965年11月25日，美国迈阿密国际机场的飞机库内正维修一架DC-8飞机，当清洗座舱时因使用可燃溶剂发生火灾，造成一人死亡。飞机库装有雨淋灭火系统，火被控制在飞机内部，而飞机油箱内的30t燃油安然无恙，灭火历时3h，启用168个喷头，耗水$2293 m^3$。

**4** 电气系统火灾：1996年3月12日在美国堪萨斯州的一个国际机场飞机库内，当一架波音707飞机大修时，由于厨房的电气设备短路引发火灾。

**5** 人为的火灾：违反维修安全规程等。

现代飞机是高科技的产物，价值昂贵，表1列出了各种机型的近似价格。

飞机库需要高大的空间，其屋顶承重构件除承受屋面荷载外，还要求承受吊车和悬挂维修机坞等附加荷载。因此，飞机库的建筑造价也很高。一座两机位波音747的飞机库及其配套设施的工程造价约4亿元人民币；一座四机位波音747的飞机库及其配套设施的工程造价约6亿元人民币。

首都机场四机位维修机库可同时维修波音747四架、波音767两架、波音737四架，飞机总价值约75亿元人民币。飞机库一旦发生火灾，就可能引发易燃液体火灾，如不采取有效、快速的灭火措施，造成的人员伤亡和财产损失是难以估计的。

**表1　各种机型的近似价格**

| 机　型 | 基本价格<br>（亿美元/架） | 机　型 | 基本价格<br>（亿美元/架） |
| --- | --- | --- | --- |
| B737-300 | 0.41 | B767-400ER | $1.15 \sim 1.27$ |
| B737-400 | 0.465 | B777-200 | $1.37 \sim 1.54$ |
| B737-500 | 0.37 | B777-200ER | $1.44 \sim 1.64$ |
| B737-600 | 0.385 | B777-300 | $1.6 \sim 1.84$ |
| B737-700 | 0.45 | A300-66R | 0.95 |
| B737-800 | 0.55 | A310-300 | 0.85 |
| B737-900 | 0.58 | A318 | $0.39 \sim 0.45$ |
| B747-400 | $1.58 \sim 1.75$ | A320-200 | $0.505 \sim 0.78$ |
| B757-200 | $0.65 \sim 0.72$ | A321-100 | 0.565 |
| B757-300 | $0.74 \sim 0.8$ | A330-300 | 1.17 |
| B767-200ER | $0.89 \sim 1$ | A340 | 1.2 |
| B767-300ER | $1.05 \sim 1.17$ | A380 | $2.6 \sim 2.9$ |

**1.0.2** 进入飞机库的飞机，其油箱内载有燃油，在维修过程中可能发生燃油火灾，本规范的内容是针对飞机库的火灾特点制定的。执行时需要注意，喷漆机库是从事整架飞机喷漆作业的车间或厂房，与本规范所指的飞机库是两种不同性质的建筑物。喷漆机库已制定有行业标准，本规范不适用于喷漆机库。

**1.0.3** 本条是飞机库防火设计的指导思想。在设计中正确处理好生产与安全的关系，设计合理与经济的关系是落实本条内容的关键。设计部门、建设部门和消防建设审查部门应密切配合，使防火设计做到安全适用、技术先进、经济合理。

# 2 术　语

**2.0.1** 飞机库是我国习惯用语。用飞机库的功能定义，它应是从事飞机维修工艺的车间或厂房。日本称"格纳"库，有"储存"的意思，美国称"hangar"，有"库"或"棚"的含义。本规范仍沿用飞机库这一习惯名称。与飞机库配套建设的独立建筑物或与飞机停放和维修区贴邻建造的建筑物，凡不具有飞机维修功能的，如公司办公楼、发动机维修车间、附件维修车间、特设维修车间、航材中心库等均不属本规范的范围。

**2.0.3** 一座飞机库可包括若干个飞机停放和维修区，一个飞机停放和维修区可以停放和维修一架或多架飞机。区和区之间必须用防火墙隔开，否则应被视为一个飞机停放和维修区，与飞机停放和维修区直接相通又无防火隔断的维修工作间也应视为飞机停放和维修区。

**2.0.4** 翼下泡沫灭火系统是泡沫-水雨淋灭火系统的辅助灭火系统。当飞机机翼面积大于或等于 280m² 时，泡沫-水雨淋灭火系统释放的泡沫被机翼遮挡，影响灭火效果，故设置翼下泡沫灭火系统。当飞机机翼面积小于 280m² 时，可不设翼下泡沫灭火系统。系统的功能是将泡沫直接喷射到机翼和中央翼下部的地面，控制和扑灭泄漏燃油发生的流散火，同时对机身下部有冷却作用。系统的释放装置可采用自动摆动的泡沫炮或泡沫喷嘴。当条件允许时也可采用设在地面下的弹射泡沫喷头。机翼面积 280m² 的界线是等效采用美国《飞机库防火标准》NFPA-409（2004年版）的有关规定。

## 3 防火分区和耐火等级

**3.0.1** 飞机库的分类是按飞机停放和维修区每个防火分区建筑面积的大小进行区别对待的原则制定的。在确保飞机库消防安全的前提下，适当减少消防设施投资是必要的。

　　本规范将飞机库按照上述原则分为三类：Ⅰ类：凡在飞机停放和维修区内一个防火分区的建筑面积 5001～50000m² 的飞机库为Ⅰ类飞机库。美国《飞机库防火标准》NFPA-409（2004年版）规定飞机停放和维修区占地面积大于 3716m² 的飞机库均为Ⅰ类飞机库。

　　本规范对Ⅰ类飞机库设置了完善的自动报警和自动灭火系统，能有效地实施监控和扑灭初期火灾，确保飞机与飞机库建筑免受火灾损害。在此前提下，从飞机库的建设和飞机维修实际需要出发，对Ⅰ类飞机库一个防火分区允许最大建筑面积确定为 50000m²。

　　Ⅱ类飞机库一个防火分区建筑面积为 3001～5000m²。该类飞机库仅能停放和维修 1～2 架中型飞机，火灾面积和火灾损失相对要小。

　　Ⅲ类飞机库一个防火分区建筑面积等于或小于 3000m²。它只能停放和维修小型飞机，火灾面积和火灾损失相对更小。

　　以上规定含飞机停放和维修区内附设的不经常有人员停留的少量生产辅助用房。

**3.0.2** 几十年以来所有设计和建设的飞机库其耐火等级均为一、二级，考虑到飞机库的防火要求和建筑的特点，本规范不规定采用三、四级耐火等级的建筑。Ⅰ类飞机库价值贵重，规定耐火等级为一级。Ⅱ、Ⅲ类飞机库可适当降低，但不应低于二级。与飞机停放和维修区贴邻建造的生产辅助用房的耐火等级应符合现行国家标准《建筑设计防火规范》GB 50016—2006 的有关规定，但也不应低于二级。

**3.0.3** 本条是以现行国家标准《建筑设计防火规范》GB 50016—2006 和《高层民用建筑设计防火规范》GB 50045—95（2005年版）为依据，参考国外标准，结合飞机库防火设计的特点制定的。

**3.0.4、3.0.5** 根据现行国家标准《建筑设计防火规范》GB 50016—2006 第3.2.4条的规定，并结合飞机库屋顶承重构件多为钢构件的特点而制定。支承屋顶承重构件的钢柱和柱间钢支撑可采用防火隔热涂料保护。本规范规定飞机库钢屋顶承重构件的保护可采用多种措施，如泡沫-水雨淋灭火系统、自动喷水灭火系统、外包防火隔热板或喷涂防火隔热涂料等措施供选择采用，这样可在不降低飞机库钢屋顶承重构件防火安全的前提下，防止重复设置造成资源浪费。

## 4 总平面布局和平面布置

### 4.1 一般规定

**4.1.1** 飞机库的总图位置通常远离航站楼，靠近滑行道或停机坪。飞机库的高度受到飞机进场净空需要的限制，又不能遮挡指挥塔台至整条跑道的视线，所以要符合航空港总体规划要求。飞机库一般设在飞机维修基地内，有时由几座飞机库组成机库群。飞机库之间，飞机库与其他建筑物之间应有一定的防火间距。消防车道等应按消防要求合理布局。此外，用于飞机库的消防水池容量较大，是分建还是合建也需要统筹安排。

**4.1.2** 为了节约用地和方便生产管理，有可能将生产管理办公大楼、各种维修车间（包括发动机、附件、特设等）、航材库、变配电室和动力站等生产辅助用房与飞机维修大厅贴建，按防火分区的要求，要用防火墙将其隔开。采用防火卷帘代替防火门时，防火卷帘的耐火极限应按现行国家标准《门和卷帘的耐火试验方法》GB 7633 中背火面升温的判定条件进行。

　　飞机部件喷漆间和座椅维修间的火灾危险性较大，国外的飞机库将其视为飞机停放和维修区的一部分，一般不采取防火分隔，按照我国相关规范要求，本条采取了较为严格的防火分隔措施。

**4.1.3** 根据飞机维修具体情况，确需在飞机停放和维修区内设置少量办公室、休息室等用房的，本条对其防火分隔和安全疏散采取了较为严格的措施。

4.1.4 飞机库用防火墙分隔为两个或两个以上飞机停放和维修区时，为了生产的需要往往在此防火墙上需开设尺寸较大的门，为此，本规范规定采用甲级防火门或耐火极限大于3.00h的防火卷帘门。要求该门两侧均设火灾探测器联动关闭装置，并具有手动和机械操作的功能。

4.1.5、4.1.6 根据现行国家标准《建筑设计防火规范》GB 50016—2006 的有关规定，结合飞机库的特点制定。

4.1.7 飞机库消防控制室能俯视整个飞机停放和维修区为最佳。消防泵房设在地下室或一层，应能通向疏散走道、疏散楼梯或直通安全出入口。

4.1.8 由于飞机库价值高，为避免火源，应将火灾危险性大或与飞机维修工作无直接关系的附属建筑分开建设。

4.1.9 消防梯是方便消防人员准确快捷到达屋面作业的固定设施。为此，至少应有2部消防梯由室外地坪直达飞机停放和维修区屋面。

#### 4.2 防火间距

4.2.1 根据现行国家标准《建筑设计防火规范》GB 50016—2006 对厂房的防火间距的规定，在防火间距10.0m的基础上，由于生产火灾危险性大，飞机库比较高大等特点，同时参考了国外对飞机库防火间距的规定，防火间距增加为13.0m。

4.2.2 本条是根据现行国家标准《建筑设计防火规范》GB 50016—2006，并参考行业标准《民用机场供油工程建设技术规范》MH 5008—2005 制定的。但当实际需要飞机库与喷漆机库贴邻建造时，应将其用防火墙与飞机停放和维修区隔开，防火墙上的门应为甲级防火门或耐火极限大于3.00h的防火卷帘门，喷漆机库设计执行《喷漆机库设计规定》HBJ 12—95。表中未规定的防火间距，应根据现行国家标准《建筑设计防火规范》GB 50016—2006 的有关规定参考乙类厂房确定。

#### 4.3 消防车道

本节是根据现行国家标准《建筑设计防火规范》GB 50016—2006 第6章的有关规定并结合飞机库的特点制定的。当飞机库的长边长度大于220.0m时，应在长边适当位置设消防车出入口。飞机停放和维修区（含整机喷漆工位）的每个防火分区应有消防车出入口。

机场消防车一般尺度大、质量大，如尺寸为3.2m×11.7m×3.87m，质量达38t。《民用航空运输机场安全保卫设施建设标准》MH 7003 规定门宽为车宽加1.00m，门高不低于车高加0.30m。

## 5 建 筑 构 造

5.0.1 强调防火墙的荷载落在承重构件上，则该承重构件应有与防火墙相等的耐火极限。

5.0.2 飞机库的价值高，建设周期长，是重要的工业建筑，飞机库的外围护结构、内部隔墙等不应使用燃烧材料或难燃烧材料，但随着技术的发展国内外已有一些机库采用了难燃烧材料的大门，美国《飞机库防火标准》NFPA-409（2004年版）第5.7节规定，门可采用阻燃材料，故本条规定作此修改。

5.0.3 飞机库大门地轨处应设置排水系统，寒冷及严寒地区还应设融冰措施，以保证大门正常启闭。

5.0.4 本条是根据现行国家标准《建筑设计防火规范》GB 50016—2006 第3.6.11 条的规定制定的。与飞机停放和维修区相通房间地面高、飞机停放和维修区的燃油流散火不易波及这些房间。室外地面低，有利于飞机停放和维修区的燃油流向室外，同时消防用水也可排向室外。

5.0.5 强调用防火堵料将空隙填塞密实。

5.0.6 在飞机库内飞机停放和维修区的地面设计应满足多种使用功能。因此，只在设计有排水沟或排水口周围局部设坡度，以统筹解决多种要求。

5.0.7、5.0.8 目的是减少可燃物或难燃物并消除引发火灾的条件。

## 6 安 全 疏 散

本章是根据现行国家标准《建筑设计防火规范》GB 50016—2006 第3.7节"厂房的安全疏散"的要求，结合飞机库特点制定的。大型飞机库（含附楼）深度约80～150m，最远工作点到安全出口的距离不大于75.0m的规定是可行的。在设计时要尽可能地将疏散距离缩短，从而保证人员的安全。

飞机库大门应有手动启闭装置和使用拖车、卷扬机等辅助动力设备启闭的装置。

飞机库内的消防车道边设有人行道时，应在它们之间设防护栏，以保证人、车各行其道。

## 7 采暖和通风

7.0.1 飞机停放和维修区内一旦发生易燃液体泄漏，其蒸气达到一定浓度遇明火会发生爆炸，故禁止使用明火采暖。

7.0.2 飞机停放和维修区为高大空间的建筑物，采用吊装式燃气辐射采暖是一种较为合适的方式，在欧美等国已有许多机库采用这种采暖系统，我国近年也有近10座机库采用了这种采暖系统。根据中国航空工业规划设计研究院和清华大学合作在新疆乌鲁木齐地窝铺机库现场的实测及模拟仿真研究，这种采暖方式用于机库效果良好，该机库自使用燃气辐射采暖后，其运行费用节省了 30% 左右。

**1** 我国幅员辽阔，气源有天然气、液化石油气、煤气等可供使用，但在使用时应注意燃气成分、杂质和供气压力等应满足燃气辐射采暖设备的用气要求。

**2** 燃气辐射采暖设备的质量应有保证，产品必须具有防泄漏、监测、自动关闭等功能，以确保安全运行。当发生意外时，导致辐射管断裂或连接点脱开，燃烧器及风机应立即关闭，同时产品应有故障自动报警功能，当设备运行遇到问题和故障时，应自动显示，如燃气压力不够，电路故障，设备损坏，管道温度过高等，故而能迅速判断，快速恢复。目前国内用于机库的燃气辐射采暖产品均为欧美等国的原装产品，并均具有欧美等国的相关质量及安全认证，同时燃烧器均经过国家燃气用具监督检验中心严格测试。当设备具有上述的安全认证或检测报告之一时方可采用。

**3** 由于燃气燃烧后的尾气为二氧化碳和水，当燃烧不完全时，还会产生少量一氧化碳，所以应将燃烧后的尾气直接排至室外。

**4** 根据美国《飞机库防火标准》NFPA-409（2004 年版）第 5.12 节加热与通风中第 5.12.5.2 款的规定，在飞机存放与服务区内，加热器应安装在至少距机翼或机库可能存放的最高飞机发动机外壳的上表面 3m 的位置。在测量机翼或发动机外壳到加热器底部距离时，应选择机翼或发动机外壳二者中距地板较高者进行测量。本款的参数等效采用了美国《飞机库防火标准》NFPA-409（2004 年版）第 5.12 节中有关的规定。

**5** 我国已建成飞机库中所采用的燃气辐射采暖系统，均是低强度燃气红外线辐射采暖系统，其辐射加热器的表面温度在 300～500℃ 之间，经多年使用安全可靠，为保证辐射管周围钢结构的安全并减少无效散热量，对燃烧器及辐射管的外表面和辐射管上反射罩外表面温度作了限定。

**6** 本款规定主要是考虑飞机库的重要性，这是为了飞机库万一发生事故时，能在室外比较安全的地带迅速切断燃气，有利于保证飞机库的安全。

**7.0.3** 考虑到飞机停放和维修区内有可能发生燃油泄漏，其蒸气比空气重，主要分布在机库停放和维修区的下部，因此回风口应尽量抬高布置。当火灾发生时，不允许使用空气再循环采暖系统，应就地手动按钮关闭风机，也可经消防控制室自动关闭风机。

**7.0.4** 飞机停放和维修区内的动力系统（压缩空气、电气、给水、排水和通风管等）接口地坑有可能不够严密，泄漏在地面的燃油会流入综合地沟内。为防止易燃气体的聚集，故设置机械通风换气，并将其排至飞机库外。当地沟内可燃气体探测器发出报警时，要

求进行事故排风。

# 8 电 气

## 8.1 供 配 电

**8.1.1** 本条为飞机库消防用电负荷分级的具体划分。消防用电设备包括机库大门传动机构、人员疏散应急照明、火灾报警和控制系统、防排烟设备、消防泵等。关于电源的设置，现行国家标准《供配电系统设计规范》GB 50052—95 中已有较具体的说明。

**8.1.2** 这里强调的是电源及线路的可靠性，消防用电的正常电源单独引自变电所或接自低压电源总开关的电源侧时，可在飞机库断开电源进行电气检修时仍能保证由正常电源供给消防用电。

**8.1.3** 两条电源线的路径分开敷设，可减少被同时损坏的几率。

**8.1.4** 电源线路发生接地故障或其他某些故障可导致中性线对地电位带危险电位，当在飞机库内进行电气检修时，此电位可引起电击事故，也可因对地打火引起爆炸或火灾事故。因此两个电源倒换处的开关应能断开相线和中性线，以实施电气隔离，消除电气检修时的电击和爆炸火灾事故。

**8.1.5** 接地故障可引起人身电击事故，也可因电弧、电火花和高温引起电气火灾。由于其故障电流较小，熔断器、断路器等过流保护电器往往不能有效及时地将其切断。剩余电流报警器，以其高灵敏度的动作性能，可靠和及时地发现接地故障。插座回路上 30mA 瞬时剩余电流保护器用作防人身电击兼防电气火灾。

**8.1.6** 铝导体极易氧化，氧化层具有高电阻率使连接处电阻增大，通过电流时易发热。铜、铝接头处容易形成局部电池而使铝表面腐蚀，增大接触电阻。加上其他一些原因，铝线连接处处理不当很易起火，而铜线的连接接头起火的危险小得多。电缆的绝缘材料阻燃，可减少火势蔓延危险。

**8.1.7** 燃油蒸气相对密度较空气大，易积聚在低处，而插座在接用电源时易产生火花，因此即便在 1 区和 2 区外的区域内，插座的安装高度也不宜小于 1.0m，以策安全。

## 8.2 电 气 照 明

**8.2.1、8.2.2** 疏散用应急照明的地面照度和蓄电池供电时间按照现行国家标准《建筑设计防火规范》GB 50016—2006 作了相应修改。

**8.2.3** 本条是按国际电工标准《建筑物电气装置第 4～41 部分：安全防护 电击防护》IEC 60364-4-41 第 411.1 节编写。按此条要求进行设计后，当 220/380V 线路 PE 线带故障电压和特低电压回路绝缘损坏时，都不会发生包括电气火灾在内的电气事

故。在本条中安全照明指手提照明灯具、在特定环境中进行检修工作的照明，如采用市电直接供电，应采用特低电压。

## 8.3 防雷和接地

**8.3.1** 泄放飞机机身所带静电电荷的接地极接地电阻不大于1000Ω即可，一般情况下接地端子均设置在多功能供应地井内，近些年来国内外维修机库中越来越多地采用可升降式地井，还装有丰富的数据接口，地井内设有公共接地排，已不单单具有防静电接地功能，应遵照有关共用接地的要求。

**8.3.2、8.3.3** TN-S系统的PE线不通过工作电流，不产生电位差；等电位联结能使电气装置内的电位差减少或消除，它对一般环境内的电气装置也是基本的电气安全要求，它们都能在爆炸和火灾危险电气装置中有效地避免电火花的发生。对于低压供电的建筑，总等电位联结可消除电源线路中PEN线电压降在建筑内引起的电位差，PE线和N线必须在总配电箱内即开始分开。

关于飞机库应急发电机电源装置采用IT系统的规定是引用国际电工标准《应急供电》IEC 364-5-56：2002的第561.1及561.2节，在短路故障中绝大多数为接地短路故障，而IT系统在发生第一次接地短路故障后仍能安全地继续供电，提高了消防应急电源持续供电的可靠性。由于我国一般工业与民用电气装置采用IT系统尚缺乏经验，因此条文采用了"宜"这一用词。

**8.3.4** 飞机库的防雷设计应符合现行国家标准《建筑物防雷设计规范》GB 50057—94（2000年版）的有关规定。防雷等级的确定，应根据机库的规模、当地雷暴气象条件计算数据来确定。

## 8.4 火灾自动报警系统与控制

**8.4.1** 针对飞机载油进库维修和飞机价值昂贵的特点，本条规定Ⅰ、Ⅱ、Ⅲ类飞机库均应设置火灾自动报警系统。

1 屋顶承重构件设感温探测器的目的主要是保护钢屋架，鉴于飞机维修库内空间高大，宜采用缆式感温探测器以便于安装、维护。当屋顶承重构件区不设置泡沫-水雨淋灭火系统时可不设置感温探测器。

2 早期探测火灾可以极大地减少人员、财产损失，飞机维修工作区设置火焰探测器的作用是快速发现燃油火，火焰探测器可采用红外-紫外复合式、多频段式火焰探测器或双波段图像式火焰探测器以减少误报。随着飞机体积和尺寸的增大，在建筑高度大于20.0m的飞机库，可采用吸气式感烟探测器。

3 可燃气管道阀门是可燃气体易泄漏的场所，为此需要设置相应可燃气体探测器。设置规定参见《石油化工企业可燃气体和有毒气体检测报警设计规

范》SH 3063—1999。

**8.4.2** 燃油蒸气相对密度较空气大，易积聚在低处，而火警及通讯装置工作时可能产生火花，因此安装高度不应小于1.0m，以策安全。

**8.4.3** 同时启动多台电动消防泵会使供电电压过低导致消防泵电动机无法启动，或使消防水管道超压而损坏，故规定逐台启动消防泵。明确提出在消防水泵间就地启停消防水泵，在消防值班室或控制室自动和手动控制。

**8.4.4** 灭火系统达不到稳定的压力，说明系统发生漏水事故，控制设备应发出信号通报值班人员进行检查找出原因及时维修，恢复灭火系统的正常工作压力。

**8.4.5** Ⅰ类飞机库包括若干套泡沫-水雨淋灭火系统，其保护区应与感温探测器的位置相对应，从而实现分区控制。为保障自动启动泡沫-水雨淋灭火系统的可靠性，宜采用感温探测器与火焰探测器或感烟探测器组合控制。

对飞机库的灭火设计要求是快速反应，快速灭火。美国《飞机库防火标准》NFPA-409（2004年版）第6.2.3条要求翼下泡沫灭火系统30s内控制火灾，60s内扑灭火灾。所以要求自动灭火。

**8.4.6** 泡沫-水雨淋灭火系统喷出的泡沫被飞机机翼遮挡，所以要同时启动翼下泡沫灭火系统。单独启动翼下泡沫灭火系统时，不要求同时启动泡沫-水雨淋灭火系统。

**8.4.8** 为及时启动泡沫灭火系统，在机库内应设置手动启动泡沫灭火装置。

**8.4.9** Ⅰ、Ⅱ类飞机库需要在消防控制室内手动操纵远控消防泡沫炮，观察窗的位置要使消防值班人员能看到整个飞机停放和维修区，尽量避免飞机遮挡视线使值班人员无法看到泡沫炮转动的情况。当条件所限不能观察到飞机停放和维修区的全貌时，宜在飞机库内设置电视监控系统，辅助观察飞机停放和维修区。

# 9 消防给水和灭火设施

## 9.1 消防给水和排水

**9.1.1** 飞机库的消防水源及供水系统要满足火灾延续时间内所有泡沫灭火系统、自动喷水灭火系统和室内外消火栓系统同时供水的要求。为保证安全，通常要设专用消防水池。

**9.1.2** 飞机库消防所用的泡沫液为动、植物蛋白与添加剂混合的有机物和氟碳表面活性剂，如果设计不合理，维修使用不适当，泡沫液会回流入水源或消防水池造成环境污染。

**9.1.3** 氟蛋白泡沫液、水成膜泡沫液可使用淡水。

某些型号也可使用海水或咸水。含有破乳剂、防腐剂和油类的水不适合配制泡沫混合液，因而要对消防用水的水质进行调查、化验，并向泡沫液生产厂商咨询。

**9.1.4** 飞机维修需要清洗飞机和地面，通常情况下飞机停放和维修区内设有地漏或排水沟。地漏或排水沟的排水能力宜按最大消防用水量设计。合理地布置地漏或排水沟可使外泄燃油限制在最小的区域内，以防止火灾蔓延。

**9.1.5** 当飞机停放和维修区排水系统采用管道时，冲洗飞机及地面的水带油进入管道。故管道内积油及产生油蒸气是难以避免的。在地面进水口处设置水封和排水管采用不燃材料等措施，有助于防止地面火沿管道传播。

**9.1.6** 设置油水分离器是为了减少油对环境的污染。为防止发生火灾事故，油水分离器应设置在飞机库的室外。油水分离器不能承受消防水量，故设跨越管。

### 9.2 灭火设备的选择

**9.2.1** 根据欧美等国及国内已建飞机库所设灭火系统状况，参考美国《飞机库防火标准》NFPA-409（2004 年版），结合我国国情对 I 类飞机库的灭火系统给出两种选择，以便设计时可根据具体情况进行综合经济技术比较后确定。

**1** I 类飞机库采用泡沫-水雨淋灭火系统。将飞机停放和维修区内的灭火系统分成若干个分区，每个分区设置一个由雨淋阀组控制的灭火系统，通过火灾自动报警系统控制雨淋阀动作，使安装在屋面板下的开式喷头喷出泡沫灭火。该系统既可灭飞机库地面油火，冷却屋顶承重钢构件，又可保护工作人员疏散和消防救援人员的安全。作为辅助功能的翼下泡沫灭火系统和泡沫枪用于扑灭机翼下和机身内的火，共同组成完整的灭火系统。

飞机机翼面积大于 $280m^2$ 是等效采用了美国《飞机库防火标准》NFPA-409（2004 年版）的数据。翼下泡沫灭火系统和泡沫枪还可以灭初期火灾。常见飞机机翼面积见表 2。

**表 2 常见飞机的总翼面积**

| 飞机型号 | 总翼面积（$m^2$） |
|---|---|
| Airbus A-380* | 830.0 |
| Antonov An-124* | 628.0 |
| Lockheed L-500-Galacy* | 576.0 |
| Boeing 747* | 541.1 |
| Airbus A-340-500，-600* | 437.0 |
| Boeing 777* | 427.8 |
| Ilyushin II-96* | 391.6 |

续表 2

| 飞机型号 | 总翼面积（$m^2$） |
|---|---|
| DC-10-20，30* | 367.7 |
| Airbus A-340-200，-300，A-330-200，-300* | 361.6 |
| DC-10-10* | 358.7 |
| Concord* | 358.2 |
| Boeing MD-11* | 339.9 |
| Boeing MD-17* | 353.0 |
| L-1011* | 321.1 |
| Ilyushin II-76* | 300.0 |
| Boeing 767* | 283.4 |
| Ilyushin II-62* | 281.5 |
| DC-10 MD-10 | 272.4 |
| DC-8-63，-73 | 271.9 |
| DC-8-62，-72 | 271.8 |
| DC-8-62，71 | 267.8 |
| Airbus A-300 | 260.0 |
| Airbus A-310 | 218.9 |
| Tupolev TU-154 | 201.5 |
| Boeing 757 | 185.2 |
| Tupolev TU-204 | 182.4 |
| Boeing 727-200 | 157.9 |
| Lockheed L-100J Hercules | 162.1 |
| Yakovlev Yak-42 | 150.0 |
| Boeing 737-600，-700，-800，-900 | 125.0 |
| Airbus A-318，A-319，A-320，A-321 | 122.6 |
| Boeing MD 80 | 112.3 |
| Gulfstream V | 105.6 |
| Boeing 737-300，-400，-500 | 105.4 |

注：* 机翼面积超过 $279m^2$（$3000ft^2$）的飞机。

本表数据来源于美国《飞机库防火标准》NFPA-409（2004 年版）。

**2** 在飞机库屋架内设闭式自动喷水灭火系统用于灭火、降温以保护屋架，飞机库内较低位置设置的远控消防泡沫炮等低倍数泡沫自动灭火系统和泡沫枪用于扑灭飞机库地面油火。当屋架内金属承重构件采取外包防火隔热板或喷涂防火隔热涂料等措施使其达到规定的耐火极限后，可不设屋架内自动喷水灭火系统。

**9.2.2** 本条为 II 类飞机库的灭火系统提供了两种选择，设计时可以进行综合技术经济比较后确定。

美国《飞机库防火标准》NFPA-409（2004 年版）第 7.1.1 条 II 类飞机库采用的是低倍数或高倍

泡沫灭火系统与自动喷水灭火系统联用。考虑到我国用防火隔热涂料保护屋顶承重构件的技术措施已使用多年，也得到消防部门的认可，故本条不要求一定设自动喷水灭火系统，但可在防火隔热涂料和自动喷水二者中选其一。

**9.2.3** Ⅲ类飞机库面积小，一般停放小型飞机，火灾损失相对比较小，故采用泡沫枪为主要灭火设施。但应注意在Ⅲ类飞机库内不应从事输油、焊接、切割和喷漆等作业，否则宜按Ⅱ类飞机库选择灭火系统。Ⅲ类飞机库内如停放和维修特殊用途和价值昂贵的飞机，也可按Ⅱ类飞机库选用灭火系统。

**9.2.4** 在飞机停放和维修区内已经设置了泡沫枪，故相应减少消火栓的同时使用数量。但消防水带的长度应加长以适应飞机停放和维修区面积较大的特点。

**9.2.5** 由于飞机库飞机停放和维修区面积很大，对建筑灭火器配置做具体规定比较困难，可根据各航空公司飞机维修规程对灭火器配置的要求并参照现行国家标准《建筑灭火器配置设计规范》GB 50140的有关规定配置灭火器，计算灭火器数量时，其计算单元面积可采用飞机维修或停放工位面积，计算单元的灭火器级别计算按 B 类火灾、严重危险等级、修正系数采用0.15～0.2。灭火器可按飞机维修和停放具体情况临时布置在飞机附近。

### 9.3 泡沫-水雨淋灭火系统

**9.3.1** 泡沫-水雨淋灭火系统由水源、泡沫液储罐、消防泵、稳压泵、比例混合器、雨淋阀、开式喷头、管道及其配件、火灾自动报警和控制装置等组成。本条参数等效采用了美国《飞机库防火标准》NFPA-409（2004 年版）第 6.2.2 条的规定。

**9.3.2** 泡沫-水雨淋灭火系统的释放装置有两种：标准喷头和专用泡沫喷头。

标准喷头是非吸气的开式喷头，适用于水成膜（AFFF），如图1所示。

专用泡沫喷头是开式空气吸入型喷头，在开式桶体泡沫发生器下端装有溅水盘，适用于各类泡沫液，如图 2 所示。

**9.3.3～9.3.5** 设计参数均等效采用了美国《飞机库防火标准》NFPA-409（2004 年版）第 6.2.2.3、6.2.2.12、6.2.2.13 款的内容，同时参考现行国家标准《低倍数泡沫灭火系统设计规范》GB 50151 的有关规定。

国际标准《低倍数和高倍数泡沫灭火系统标准》ISO/DIS 7076—1990 中对泡沫-水雨淋灭火系统的供给强度规定见表 3：

**表 3　泡沫-水雨淋灭火系统的供给强度**

| 喷头型式 | 泡沫液 | 喷头在保护区的安装高度(m) | |
|---|---|---|---|
| | | ≤10 | >10 |
| | | 供给强度〔L/(min·m²)〕 | |
| 空气吸入型 | 蛋白泡沫(P)合成泡沫(S) | 6.5 | 8 |
| | 氟蛋白泡沫(FP)水成膜泡沫(AFFF) | 6.5 | 8 |
| 非空气吸入型 | 水成膜泡沫(AFFF) | 4 | 6.5 |

水力计算应按现行国家标准《自动喷水灭火系统设计规范》GB 50084 的规定和消防部门认可的电算程序进行优化后确定。标准喷头和空气吸入型喷头的出口压力可按泡沫混合液的设计供给强度由计算确定，并用生产厂商提供的喷头特性曲线校核。

**9.3.6** 泡沫-水雨淋灭火系统的用水量、泡沫液和消防用水的连续供给时间均等效采用了美国《飞机库防火标准》NFPA-409（2004 年版）第 6.2.10、6.2.2、6.2.6 条中的有关规定。

### 9.4 翼下泡沫灭火系统

**9.4.1** 翼下泡沫灭火系统是泡沫-水雨淋灭火系统的辅助灭火系统。其作用有三：

**1** 对飞机机翼和机身下部喷洒泡沫，弥补泡沫-水雨淋灭火系统被大面积机翼遮挡之不足。

**2** 控制和扑灭飞机初期火灾和地面燃油流散火。

**3** 当飞机在停放和维修时发生燃油泄漏，可及时用泡沫覆盖，防止起火。

翼下泡沫灭火系统常用的释放装置为固定式低位消防泡沫炮，可由电机或水力摇摆驱动，并具有机械应急操作功能。

**9.4.2** 现行国家标准《低倍数泡沫灭火系统设计规范》GB 50151—92（2000 年版）第 3.2.1 条规定，泡沫混合液的供给强度为 6.0L/（min·m²）；国际标准《低倍数和高倍数泡沫灭火系统标准》ISO/DIS

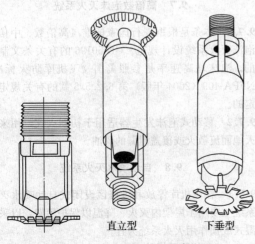

图1　标准喷头　　图 2　专用泡沫喷头

直立型　　下垂型

7076—1990 中规定的泡沫混合液供给强度为 6.5L/（min·m²）；美国《飞机库防火标准》NFPA-409（2004 年版）第 6.2.3 条规定为 6.5L/（min·m²）。

我国目前没有用水成膜泡沫液进行大型灭油类火的试验研究，因此本规范等效采用了美国《飞机库防火标准》NFPA-409（2004 年版）第 6.2.3 条中有关的规定。

**9.4.3** 本条等效采用了美国《飞机库防火标准》NFPA-409（2004 年版）第 6.2.3、6.2.6 条中有关的规定。

### 9.5 远控消防泡沫炮灭火系统

**9.5.1** 本条总结了我国现有飞机库的消防设备使用经验，将人工操作的泡沫炮发展为远控、自动消防泡沫炮，随着我国消防科学技术的进步，我国自行研制和生产的远控、自动消防泡沫炮已开始在码头上和飞机库中使用。此外，还吸收了德国飞机库的消防技术。消防泡沫炮具有结构简单、射程远、喷射流量大、可直达火源、操作灵活等特点。

**9.5.2** 本条规定的泡沫混合液供给强度是等效采用了美国《飞机库防火标准》NFPA-409（2004 年版）第 6.2.5 条中有关的规定，也参考了国际标准《低倍数和高倍数泡沫灭火系统标准》ISO/DIS 7076—1990 的相关规定。

**9.5.3** 泡沫混合液供给速率的确定，美国《飞机库防火标准》NFPA-409（2004 年版）第 6.2.5.4.2 项中为泡沫混合液供给强度乘以飞机停放和维修区的地面面积计算，我国已设计建成的首都机场四机位机库、天津张贵庄机库、乌鲁木齐地窝铺等机库均按泡沫混合液供给强度乘以 2 倍的飞机在地面的投影面积计算，西欧某消防工程公司按泡沫混合液供给强度乘以 1.4 倍的飞机在地面的投影面积加 0.5 倍泡沫混合液供给强度乘以 1.4 倍的飞机停放和维修区的地面面积计算。

由于近年来随着科学技术的发展和管理水平的不断提高，飞机库火灾案例趋于减少，国内飞机库还未发生过较大火灾事故，因此暂时无法验证各种计算方法确定的泡沫混合液供给量的合理性和可靠性。

在分析各种确定泡沫混合液供给量计算方法后，考虑到飞机库停放和维修区的面积有不断增大的趋势，结合我国的具体国情提出Ⅰ、Ⅱ类飞机库泡沫混合液供给速率的计算方法。

5000m² 约为以着火点为中心、以 40m 为半径水平区域的全部地面面积，是考虑了能完全覆盖目前最大飞机 A380 的翼展 79.8m 的要求，另外，这个地面面积也相当于或大于一般Ⅰ类飞机库采用泡沫-水雨淋灭火系统时，同时启动的所有雨淋阀组分区系统所覆盖的地面面积，因此是比较适当的。

2800m² 约为以着火点为中心、以 30m 为半径水平区域的全部地面面积，是考虑了能覆盖 A340、波音 777 等飞机翼展的要求。

**9.5.4** 泡沫液连续供给时间和连续供水时间等设计参数是等效采用了美国《飞机库防火标准》NFPA-409（2004 年版）第 6.2.6、7.8.2 条中有关的规定，并参考了现行国家标准《低倍数泡沫灭火系统设计规范》GB 50151—92（2000 年版）中第 3.6.2、3.6.4 条的有关规定。连续供水时间Ⅰ类飞机库 45min、Ⅱ类飞机库 20min 是既要保证泡沫混合液用水，又要供给冷却用水。泡沫炮有吸气型和非吸气型的，要根据所用的泡沫液来选用。

**9.5.5** 泡沫炮的固定位置应保证两股泡沫射流同时到达被保护的飞机停放和维修机位的任一部位。泡沫炮可设置在高位也可设置在低位，一般是高、低位配合使用。

### 9.6 泡 沫 枪

**9.6.1**

**1** 本款是根据现行国家标准《低倍数泡沫灭火系统设计规范》GB 50151—92（2000 年版）中第 3.1.4 条扑救甲、乙、丙类液体流散火时，采用氟蛋白泡沫液，配置 PQ8 型泡沫枪的规定制定的。

**2** 本款是根据国际标准《低倍数和高倍数泡沫灭火系统标准》ISO/DIS 7076—1990 第 2.3.4 条和美国《飞机库防火标准》NFPA-409（2004 年版）第 6.2.9 条中有关的规定制定的。

**9.6.2** 根据现行国家标准《低倍数泡沫灭火系统设计规范》GB 50151-92（2000 年版）中第 3.1.4 条和美国《飞机库防火标准》NFPA-409（2004 年版）第 6.2.9 条中有关规定制定。

**9.6.3** 接口与消火栓一致，有利于与消火栓系统合并使用。因为飞机停放和维修区面积大，故需要较长的水带。

### 9.7 高倍数泡沫灭火系统

**9.7.1** 本条是根据现行国家标准《高倍数、中倍数泡沫灭火系统设计规范》GB 50196 的有关条文制定的。泡沫增高速率是参照美国《飞机库防火标准》NFPA-409（2004 年版）第 6.2.5.5 款的有关规定制定的。

**9.7.2** 移动式泡沫发生器适用于初期火灾，用来扑灭地面流散火或覆盖泄漏的燃油。

### 9.8 自动喷水灭火系统

**9.8.1** 在飞机库停放和维修区设闭式自动喷水灭火系统主要用于屋架内灭火、降温以保护屋架，以采用湿式或预作用灭火系统为宜。

**9.8.2** 本条是根据美国《飞机库防火标准》NFPA-

409（2004 年版）第 6.2.4、7.2.5、7.2.6、7.2.7 条的有关规定制定的。

**9.8.3** 本条是根据美国《飞机库防火标准》NFPA-409（2004 年版）第 6.2.10.4 款的规定制定的。

### 9.9 泡沫液泵、比例混合器、泡沫液储罐、管道和阀门

**9.9.1** 泡沫液泵的流量小，只需一台工作泵。备用泵的型号一般与工作泵的型号相同。可选用一台电动泵和一台内燃机直接驱动的泵。

**9.9.2** 泡沫液具有一定的腐蚀性，美国 3M 公司提供的《水成膜 AFFF 泡沫液技术参考指南》，对泡沫液泵制造材料的选择为：壳体和叶轮可采用铸铁或青铜，传动轴用不锈钢，密封装置用乙丙橡胶或天然橡胶，填料用石棉等。3M 公司的试验资料证明，不锈钢对泡沫液的抗腐蚀性较好。

**9.9.3** 用正压注入的方法将泡沫液经供给管道引入系统是较好的方法，它是利用动量平衡原理调节泡沫液供给量并按比例与水混合。正压型混合器使用安全可靠，能将泡沫液压入水系统的任何主管路中形成泡沫混合液，注入点能够靠近泡沫释放装置，减少了泡沫混合液在管路中的流动时间，有利于实现快速灭火的目的。正压型混合器连接管布置示意图见图 3。

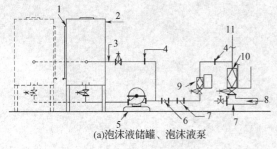

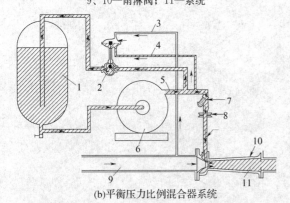

(a)泡沫液储罐、泡沫液泵

1—液位计；2—泡沫液罐；3—试验管；4—孔板；
5—泡沫液泵；6—止回阀；7—过滤器；8—水；
9、10—雨淋阀；11—系统

(b)平衡压力比例混合器系统

1—泡沫液；2—压力比例控制阀；3—水导管；4—泡沫液导管；5—回流管；6—泡沫液泵；7—过滤器；8—计量孔板；9—水；10—比例混合器；11—混合液

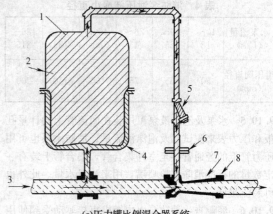

(c)压力罐比例混合器系统

1—泡沫液罐；2—泡沫液；3—水；4—柔性隔膜；
5—过滤器；6—计量孔板；7—比例混合器；8—混合液

图 3　计量孔板注入式混合器和连接管布置

**9.9.6** 泡沫液泵为离心泵，正压位置可保证自吸。

**9.9.7** 泡沫液有一定的腐蚀性，选用管材和配件时应慎重。蝶阀的内部衬胶有防腐作用，用乙丙橡胶或天然橡胶防腐效果好。

**9.9.8～9.9.10** 为了尽快将泡沫混合液送至防护区，国外的飞机库也有将泡沫液储罐、泡沫液泵设在防护区内的，采取了水喷淋保护或用防火隔热板封闭等措施。

**9.9.11** 本条是为保证泡沫液和泡沫混合液管道系统使用或试验后用淡水冲洗干净不留残液，同时对长期充有泡沫液且供应管较长的管道为保证泡沫液不因长期停滞而结块，要求设循环管路定期运行。

### 9.10 消防泵和消防泵房

**9.10.1** 当消防水泵工作一段时间后发生停泵，此时消防水池的水位已下降，不能自灌，消防水泵无法再启动，为了安全可将水泵位置尽量降低。设排气阀可防止水泵产生气蚀，吸水管直径小于 200mm 的水泵可不装排气阀。

**9.10.2** 水泵吸水管上宜设过滤器，当从天然水源或开敞式水源取水时，为防止杂质堵塞水泵，在吸水口处要设过滤网，滤网要采用黄铜、紫铜或不锈钢等耐腐蚀材料。蝶阀增加吸水管的阻力，产生紊流，影响水泵性能，故不应使用。

**9.10.3** 消防泵包括水泵和泡沫液泵。闸阀和蝶阀的启闭状态要方便观察，防止误操作。

**9.10.4** 泄压阀是防止水泵超压的有效措施。泄压阀的回流管和试泵用的回流管可接至蓄水池，试泵用的回流管上的控制阀是常闭状态。

参考美国《固定消防泵安装标准》NFPA-20，泄压阀的公称直径可按水泵流量选定，见表 4：

**表4  消防泵泄压阀最小直径**

| 水泵流量<br>(L/s) | 10～<br>18 | 19～<br>25 | 26～<br>45 | 46～<br>80 | 81～<br>185 | 186～<br>315 |
|---|---|---|---|---|---|---|
| 泄压阀直径<br>(mm) | 50 | 65 | 75 | 100 | 150 | 200 |

**9.10.5**  水泵及泡沫液泵可用装在回流管上的计量孔板和压力表来测试水及泡沫液流量。消防水泵也可用压力管上的旁通管接至室外集合管，集合管上装有一定数量的标准消防水枪喷嘴，用来测量水量。此外也可装流量计。

**9.10.6**  经调查，消防泵由内燃机直接驱动受到使用部门的好评。其优点是省去电气设备费，节约了投资，免除了机电转换环节，设备简化、安全可靠，数台消防泵可同时启动，缩短了灭火系统的启动时间，内燃机可自动启动，使用方便。

当消防泵功率较小时，只需将应急柴油发电机和配电设备适当增大即可满足消防泵用电要求，此时消防泵宜由电动机驱动。

**9.10.7**  内燃机的油箱内仅存有4～8h的柴油用量，故一般采用建筑灭火器灭火。美国《飞机库防火标准》NFPA-409（2004年版）第6.2.10.2.8项规定设自动喷水灭火系统，因此，当消防泵房与飞机库停放和维修区贴邻建造时，可设置自动喷水灭火系统。

供油管、油箱（罐）的安全措施应符合现行国家标准《建筑设计防火规范》GB 50016—2006中第5.4.4条的有关规定。

## 附录A  飞机库内爆炸危险区域的划分

**A.0.1**  飞机库内的爆炸和火灾危险的性质见本规范总则的说明。由于现行国家标准《爆炸和火灾危险环境电力装置设计规范》GB 50058内无飞机库类型的等级和范围划分的典型示例，故本规范等效采用《美国国家电气法规》NFPA 70第513节对飞机库的规定进行划分。

中华人民共和国国家标准

# 石油化工企业设计防火规范

Fire prevention code of petrochemical enterprise design

GB 50160—2008

主编部门：中国石油化工集团公司
批准部门：中华人民共和国住房和城乡建设部
施行日期：2009年7月1日

# 中华人民共和国住房和城乡建设部
# 公　告

## 第 214 号

## 关于发布国家标准
### 《石油化工企业设计防火规范》的公告

　　现批准《石油化工企业设计防火规范》为国家标准，编号为GB 50160—2008，自 2009 年 7 月 1 日起实施。其中，第 4.1.6、4.1.8、4.1.9、4.2.12、4.4.6、5.1.3、5.2.1、5.2.7、5.2.16、5.2.18（2、3、5）、5.3.3（1、2）、5.3.4、5.5.1、5.5.2、5.5.12、5.5.13、5.5.14、5.5.17、5.5.21（1、2）、5.6.1、6.2.6、6.2.8、6.3.2（1、2、4、5）、6.3.3、6.4.1（2、3）、6.4.2（6）、6.4.3（1、2）、6.4.4（1）、6.5.1（2）、6.6.3、6.6.5、7.1.4、7.2.2、7.2.16、7.3.3、8.3.1、8.3.8、8.4.5（1）、8.7.2（1、2）、8.10.1、8.10.4（1、2、3）、8.12.1、8.12.2（1）、9.1.4、9.2.3（1）、9.3.1 条（款）为强制性条文，必须严格执行。原《石油化工企业设计防火规范》GB 50160—92（1999 年版）同时废止。

　　本规范由我部标准定额研究所组织中国计划出版社出版发行。

中华人民共和国住房和城乡建设部
二○○八年十二月三十日

## 前　　言

　　本规范是根据原建设部《关于印发"二○○二年至二○○三年度工程建设国家标准制订、修订计划"的通知》（建标〔2003〕102 号）的要求，由中国石化集团洛阳石油化工工程公司、中国石化工程建设公司会同有关单位在对《石油化工企业设计防火规范》GB 50160—92（1999 年版）进行全面修订的基础上编制而成。

　　在编制过程中，规范编制组对国内部分石油化工厂进行了调研，总结了我国石油化工工程建设的防火设计经验，并在此基础上进行了国外调研，积极吸收国内外有关规范的成果，开展了必要的专题研究和技术研讨，广泛征求有关设计、生产、安全消防监督等部门和单位的意见，对主要问题进行反复修改，最后经审查定稿。

　　本规范共分 9 章和 1 个附录，其主要内容有：总则、术语、火灾危险性分类、区域规划与工厂总平面布置、工艺装置和系统单元、储运设施、管道布置、消防、电气等。

　　与原国家标准《石油化工企业设计防火规范》GB 50160—92（1999 年版）相比，本规范主要有下列变化：

　　1. 增加了"术语"一章，并对其他章节进行调整，取消了"含可燃液体的生产污水管道、污水处理场与循环水场"一章，将其主要内容分散至相关章节，将各章节中有关管道设计的内容集中，新增一章"管道布置"。

　　2. 增加了石油化工企业与同类企业的防火间距，"火灾报警系统"增加了相关内容。

　　3. 章节更合理，内容更全面，减少不必要的重复。

　　本规范以黑体字标志的条文为强制性条文，必须严格执行。

　　本规范由住房和城乡建设部负责管理和对强制性条文的解释，由中国石油化工集团公司负责日常管理，由中国石化集团洛阳石油化工工程公司负责具体技术内容的解释。

　　鉴于本规范是石油化工工程综合性的防火技术规范，政策性和技术性强，涉及面广，希望各单位在本规范执行过程中，结合工程实践，认真总结经验，注意积累资料，如发现需要修改和补充之处，请将意见和资料寄往中国石化集团洛阳石油化工工程公司（地址：河南省洛阳市中州西路 27 号，邮政编码：471003）。

　　本规范主编单位、参编单位和主要起草人：

　　**主编单位：**中国石化集团洛阳石油化工工程公司

中国石化工程建设公司

**参 编 单 位：** 中国成达工程公司

公安部天津消防研究所

公安部沈阳消防研究所

海湾安全技术有限公司

**主要起草人：** 李苏秦　胡　晨　董继军　秦新才

周家祥　吴绍平　张晓鹏　葛春玉

秦新才　范慰颉　王秀云　张晋峰

文科武　王延宗　张发有　陈永亮

何龙辉　王惠勤　张晋武　李　生

汤晓林　林　融　吴如璧　郭昊豫

朱晓明　何跃华　钱徐根　李　佳

邹喜权　秘义行　杜　霞　王宗存

王文清　曹　榆

# 目　次

# 1 总　则

**1.0.1** 为了防止和减少石油化工企业火灾危害，保护人身和财产的安全，制定本规范。

**1.0.2** 本规范适用于石油化工企业新建、扩建或改建工程的防火设计。

**1.0.3** 石油化工企业的防火设计除应执行本规范外，尚应符合国家现行有关标准的规定。

# 2 术　语

**2.0.1** 石油化工企业　petrochemical enterprise

以石油、天然气及其产品为原料，生产、储运各种石油化工产品的炼油厂、石油化工厂、石油化纤厂或其联合组成的工厂。

**2.0.2** 厂区　plant area

工厂围墙或边界内由生产区、公用和辅助生产设施区及生产管理区组成的区域。

**2.0.3** 生产区　production area

由使用、产生可燃物质和可能散发可燃气体的工艺装置或设施组成的区域。

**2.0.4** 公用和辅助生产设施　utility & auxiliary facility

不直接参加石油化工生产过程，在石油化工生产过程中对生产起辅助作用的必要设施。

**2.0.5** 全厂性重要设施　overall major facility

发生火灾时，影响全厂生产或可能造成重大人身伤亡的设施。全厂性重要设施可分为以下两类：

第一类：发生火灾时可能造成重大人身伤亡的设施。

第二类：发生火灾时影响全厂生产的设施。

**2.0.6** 区域性重要设施　regional major facility

发生火灾时影响部分装置生产或可能造成局部区域人身伤亡的设施。

**2.0.7** 明火地点　fired site

室内外有外露火焰、赤热表面的固定地点。

**2.0.8** 明火设备　fired equipment

燃烧室与大气连通，非正常情况下有火焰外露的加热设备和废气焚烧设备。

**2.0.9** 散发火花地点　sparking site

有飞火的烟囱、室外的砂轮、电焊、气焊（割）、室外非防爆的电气开关等固定地点。

**2.0.10** 装置区　process plant area

由一个或一个以上的独立石油化工装置或联合装置组成的区域。

**2.0.11** 联合装置　multiple process plants

由两个或两个以上独立装置集中紧凑布置，且装置间直接进料，无供大修设置的中间原料储罐，其开工或停工检修等均同步进行，视为一套装置。

**2.0.12** 装置　process plant

一个或一个以上相互关联的工艺单元的组合。

**2.0.13** 装置内单元　process unit

按生产流程完成一个工艺操作过程的设备、管道及仪表等的组合体。

**2.0.14** 工艺设备　process equipment

为实现工艺过程所需的反应器、塔、换热器、容器、加热炉、机泵等。

**2.0.15** 封闭式厂房（仓库）　enclosed industrial building（warehouse）

设有屋顶，建筑外围护结构全部采用封闭式墙体（含门、窗）构造的生产性（储存性）建筑物。

**2.0.16** 半敞开式厂房　semi-enclosed industrial building

设有屋顶，建筑外围护结构局部采用封闭式墙体，所占面积不超过该建筑外围护体表面面积的1/2（不含屋顶的面积）的生产性建筑物。

**2.0.17** 敞开式厂房　opened industrial building

设有屋顶，不设建筑外围护结构的生产性建筑物。

**2.0.18** 装置储罐（组）　storage tanks within process plant

在装置正常生产过程中，不直接参加工艺过程，但工艺要求，为了平衡生产、产品质量检测或一次投入等需要在装置内布置的储罐（组）。

**2.0.19** 液化烃　liquefied hydrocarbon

在15℃时，蒸气压大于0.1MPa的烃类液体及其他类似的液体，不包括液化天然气。

**2.0.20** 液化石油气　liquefied petroleum gas（LPG）

在常温常压下为气态，经压缩或冷却后为液态的$C_3$、$C_4$及其混合物。

**2.0.21** 沸溢性液体　boil-over liquid

当罐内储存介质温度升高时，由于热传递作用，使罐底水层急速汽化，而会发生沸溢现象的黏性烃类混合物。

**2.0.22** 防火堤　dike

可燃液态物料储罐发生泄漏事故时，防止液体外流和火灾蔓延的构筑物。

**2.0.23** 隔堤　intermediate dike

用于减少防火堤内储罐发生少量泄漏事故时的影响范围，而将一个罐组分隔成多个分区的构筑物。

**2.0.24** 罐组　a group of storage tanks

布置在一个防火堤内的一个或多个储罐。

**2.0.25** 罐区　tank farm

一个或多个罐组构成的区域。

**2.0.26** 浮顶罐　floating roof tank（external floating roof tank）

在敞开的储罐内安装浮舱顶的储罐，又称为外浮顶罐。

**2.0.27 常压储罐** atmospheric storage tank

设计压力小于或等于 6.9kPa（罐顶表压）的储罐。

**2.0.28 低压储罐** low-pressure storage tank

设计压力大于 6.9kPa 且小于 0.1MPa（罐顶表压）的储罐。

**2.0.29 压力储罐** pressurized storage tank

设计压力大于或等于 0.1MPa（罐顶表压）的储罐。

**2.0.30 单防罐** single containment storage tank

带隔热层的单壁储罐或由内罐和外罐组成的储罐。其内罐能适应储存低温冷冻液体的要求，外罐主要是支撑和保护隔热层，并能承受气体吹扫的压力，但不能储存内罐泄漏出的低温冷冻液体。

**2.0.31 双防罐** double containment storage tank

由内罐和外罐组成的储罐。其内罐和外罐都能适应储存低温冷冻液体，在正常操作条件下，内罐储存低温冷冻液体，外罐能够储存内罐泄漏出来的冷冻液体，但不能限制内罐泄漏的冷冻液体所产生的气体排放。

**2.0.32 全防罐** full containment storage tank

由内罐和外罐组成的储罐。其内罐和外罐都能适应储存低温冷冻液体，内外罐之间的距离为 1～2m，罐顶由外罐支撑，在正常操作条件下内罐储存低温冷冻液体，外罐既能储存冷冻液体，又能限制内罐泄漏液体所产生的气体排放。

**2.0.33 火炬系统** flare system

通过燃烧方式处理排放可燃气体的一种设施，分高架火炬、地面火炬等。由排放管道、分液设备、阻火设备、火炬燃烧器、点火系统、火炬筒及其他部件等组成。

**2.0.34 稳高压消防水系统** stabilized high pressure fire water system

采用稳压泵维持管网的消防水压力大于或等于 0.7MPa 的消防水系统。

## 3 火灾危险性分类

**3.0.1** 可燃气体的火灾危险性应按表 3.0.1 分类。

**表 3.0.1 可燃气体的火灾危险性分类**

| 类别 | 可燃气体与空气混合物的爆炸下限 |
| --- | --- |
| 甲 | <10%（体积） |
| 乙 | ≥10%（体积） |

**3.0.2** 液化烃、可燃液体的火灾危险性分类应按表 3.0.2 分类，并应符合下列规定：

1 操作温度超过其闪点的乙类液体应视为甲B类液体；

2 操作温度超过其闪点的丙A类液体应视为乙A类液体；

3 操作温度超过其闪点的丙B类液体应视为乙B类液体；操作温度超过其沸点的丙B类液体应视为乙A类液体。

**表 3.0.2 液化烃、可燃液体的火灾危险性分类**

| 名称 | 类别 | | 特 征 |
| --- | --- | --- | --- |
| 液化烃 | 甲 | A | 15℃时的蒸气压力>0.1MPa 的烃类液体及其他类似的液体 |
| | | B | 甲A类以外，闪点<28℃ |
| 可燃液体 | 乙 | A | 28℃≤闪点≤45℃ |
| | | B | 45℃<闪点<60℃ |
| | 丙 | A | 60℃≤闪点≤120℃ |
| | | B | 闪点>120℃ |

**3.0.3** 固体的火灾危险性分类应按现行国家标准《建筑设计防火规范》GB 50016 的有关规定执行。

**3.0.4** 设备的火灾危险类别应按其处理、储存或输送介质的火灾危险性类别确定。

**3.0.5** 房间的火灾危险性类别应按房间内设备的火灾危险性类别确定。当同一房间内布置有不同火灾危险性类别设备时，房间的火灾危险性类别应按其中火灾危险性类别最高的设备确定。但当火灾危险类别最高的设备所占面积比例小于 5%，且发生事故时，不足以蔓延到其他部位或采取防火措施能防止火灾蔓延时，可按火灾危险性类别较低的设备确定。

## 4 区域规划与工厂总平面布置

### 4.1 区域规划

**4.1.1** 在进行区域规划时，应根据石油化工企业及其相邻工厂或设施的特点和火灾危险性，结合地形、风向等条件，合理布置。

**4.1.2** 石油化工企业的生产区宜位于邻近城镇或居民区全年最小频率风向的上风侧。

**4.1.3** 在山区或丘陵地区，石油化工企业的生产区应避免布置在窝风地带。

**4.1.4** 石油化工企业的生产区沿江河岸布置时，宜位于邻近江河的城镇、重要桥梁、大型锚地、船厂等重要建筑物或构筑物的下游。

**4.1.5** 石油化工企业应采取防止泄漏的可燃液体和受污染的消防水排出厂外的措施。

**4.1.6** 公路和地区架空电力线路严禁穿越生产区。

**4.1.7** 当区域排洪沟通过厂区时：

1 不宜通过生产区；

2 应采取防止泄漏的可燃液体和受污染的消防水流入区域排洪沟的措施。

**4.1.8** 地区输油（输气）管道不应穿越厂区。

**4.1.9** 石油化工企业与相邻工厂或设施的防火间距不应小于表 4.1.9 的规定。

高架火炬的防火间距应根据人或设备允许的辐射热强度计算确定，对可能携带可燃液体的高架火炬的防火间距不应小于表 4.1.9 的规定。

表 4.1.9　石油化工企业与相邻工厂或设施的防火间距

| 相邻工厂或设施 | | 防火间距（m） | | | | |
|---|---|---|---|---|---|---|
| | | 液化烃罐组（罐外壁） | 甲、乙类液体罐组（罐外壁） | 可能携带可燃液体的高架火炬（火炬筒中心） | 甲、乙类工艺装置或设施（最外侧设备外缘或建筑物的最外轴线） | 全厂性或区域性重要设施（最外侧设备外缘或建筑物的最外轴线） |
| 居民区、公共福利设施、村庄 | | 150 | 100 | 120 | 100 | 25 |
| 相邻工厂（围墙或用地边界线） | | 120 | 70 | 120 | 50 | 70 |
| 厂外铁路 | 国家铁路线（中心线） | 55 | 45 | 80 | 35 | — |
| | 厂外企业铁路线（中心线） | 45 | 35 | 80 | 30 | — |
| 国家或工业区铁路编组站（铁路中心线或建筑物） | | 55 | 45 | 80 | 35 | 25 |
| 厂外公路 | 高速公路、一级公路（路边） | 35 | 30 | 80 | 30 | — |
| | 其他公路（路边） | 25 | 20 | 60 | 20 | — |
| 变配电站（围墙） | | 80 | 50 | 120 | 40 | 25 |
| 架空电力线路（中心线） | | 1.5倍塔杆高度 | 1.5倍塔杆高度 | 80 | 1.5倍塔杆高度 | — |
| Ⅰ、Ⅱ级国家架空通信线路（中心线） | | 50 | 40 | 80 | 40 | — |
| 通航江、河、海岸边 | | 25 | 25 | 80 | 20 | — |
| 地区埋地输油管道 | 原油及成品油（管道中心） | 30 | 30 | 60 | 30 | 30 |
| | 液化烃（管道中心） | 60 | 60 | 80 | 60 | 60 |
| 地区埋地输气管道（管道中心） | | 30 | 30 | 60 | 30 | 30 |
| 装卸油品码头（码头前沿） | | 70 | 60 | 120 | 60 | 60 |

注：1　本表中相邻工厂指除石油化工企业和油库以外的工厂；
　　2　括号内指防火间距起止点；
　　3　当相邻设施为港区陆域、重要物品仓库和堆场、军事设施、机场等，对石油化工企业的安全距离有特殊要求时，应按有关规定执行；
　　4　丙类可燃液体罐组的防火间距，可按甲、乙类可燃液体罐组的规定减少 25%；
　　5　丙类工艺装置或设施的防火间距，可按甲、乙类工艺装置或设施的规定减少 25%；
　　6　地面敷设的地区输油（输气）管道的防火间距，可按地区埋地输油（输气）管道的规定增加 50%；
　　7　当相邻工厂围墙内为非火灾危险性设施时，其与全厂性或区域性重要设施防火间距最小可为 25m；
　　8　表中"—"表示无防火间距要求或执行相关规范。

**4.1.10** 石油化工企业与同类企业及油库的防火间距不应小于表 4.1.10 的规定。

高架火炬的防火间距应根据人或设备允许的辐射热强度计算确定，对可能携带可燃液体的高架火炬的防火间距不应小于表4.1.10的规定。

**表 4.1.10　石油化工企业与同类企业及油库的防火间距**

| 项　　目 | 防火间距（m） | | | | |
|---|---|---|---|---|---|
| | 液化烃罐组（罐外壁） | 可燃液体罐组（罐外壁） | 可能携带可燃液体的高架火炬（火炬筒中心） | 甲、乙类工艺装置或设施（最外侧设备外缘或建筑物的最外轴线） | 全厂性或区域性重要设施（最外侧设备外缘或建筑物的最外轴线） |
| 液化烃罐组（罐外壁） | 60 | 60 | 90 | 70 | 90 |
| 可燃液体罐组（罐外壁） | 60 | 1.5D（见注2） | 90 | 50 | 60 |
| 可能携带可燃液体的高架火炬（火炬筒中心） | 90 | 90 | （见注4） | 90 | 90 |
| 甲、乙类工艺装置或设施（最外侧设备外缘或建筑物的最外轴线） | 70 | 50 | 90 | 40 | 40 |
| 全厂性或区域性重要设施（最外侧设备外缘或建筑物的最外轴线） | 90 | 60 | 90 | 40 | 20 |
| 明火地点 | 70 | 40 | 60 | 40 | 20 |

注：1　括号内指防火间距起止点；
　　2　表中 $D$ 为较大罐的直径。当 $1.5D$ 小于 30m 时，取 30m；当 $1.5D$ 大于 60m 时，可取 60m；当丙类可燃液体罐相邻布置时，防火间距可取 30m；
　　3　与散发火花地点的防火间距，可按与明火地点的防火间距减少 50%，但散发火花地点应布置在火灾爆炸危险区域之外；
　　4　辐射热不应影响相邻火炬的检修和运行；
　　5　丙类工艺装置或设施的防火间距，可按甲、乙类工艺装置或设施的规定减少 10m（火炬除外），但不应小于 30m；
　　6　石油化工工业园区内公用的输油（气）管道，可布置在石油化工企业围墙或用地边界线外。

## 4.2　工厂总平面布置

**4.2.1**　工厂总平面应根据工厂的生产流程及各组成部分的生产特点和火灾危险性，结合地形、风向等条件，按功能分区集中布置。

**4.2.2**　可能散发可燃气体的工艺装置、罐组、装卸区或全厂性污水处理场等设施宜布置在人员集中场所及明火或散发火花地点的全年最小频率风向的上风侧。

**4.2.3**　液化烃罐组或可燃液体罐组不应毗邻布置在高于工艺装置、全厂性重要设施或人员集中场所的阶梯上。但受条件限制或有工艺要求时，可燃液体原料储罐可毗邻布置在高于工艺装置的阶梯上，但应采取防止泄漏的可燃液体流入工艺装置、全厂性重要设施或人员集中场所的措施。

**4.2.4**　液化烃罐组或可燃液体罐组不宜紧靠排洪沟布置。

**4.2.5**　空分站应布置在空气清洁地段，并宜位于散发乙炔及其他可燃气体、粉尘等场所的全年最小频率风向的下风侧。

**4.2.6**　全厂性的高架火炬宜位于生产区全年最小频率风向的上风侧。

**4.2.7**　汽车装卸设施、液化烃灌装站及各类物品仓库等机动车辆频繁进出的设施应布置在厂区边缘或厂区外，并宜设围墙独立成区。

**4.2.8**　罐区泡沫站应布置在罐组防火堤外的非防爆区，与可燃液体罐的防火间距不宜小于 20m。

**4.2.9**　采用架空电力线路进出厂区的总变电所应布置在厂区边缘。

**4.2.10**　消防站的位置应符合下列规定：

　　**1**　消防站的服务范围应按行车路程计，行车路程不宜大于 2.5km，并且接火警后消防车到达火场的时间不宜超过 5min；对丁、戊类的局部场所，消防站的服务范围可加大到 4km；

　　**2**　应便于消防车迅速通往工艺装置区和罐区；

　　**3**　宜避开工厂主要人流道路；

　　**4**　宜远离噪声场所；

　　**5**　宜位于生产区全年最小频率风向的下风侧。

**4.2.11**　厂区的绿化应符合下列规定：

　　**1**　生产区不应种植含油脂较多的树木，宜选择含水分较多的树种；

　　**2**　工艺装置或可燃气体、液化烃、可燃液体的罐组与周围消防车道之间不宜种植绿篱或茂密的灌木丛；

　　**3**　在可燃液体罐组防火堤内可种植生长高度不超过 15cm、含水分多的四季常青的草皮；

　　**4**　液化烃罐组防火堤内严禁绿化；

　　**5**　厂区的绿化不应妨碍消防操作。

**4.2.12**　石油化工企业总平面布置的防火间距除本规范另有规定外，不应小于表 4.2.12 的规定。工艺装

## 表 4.2.12　石油化工厂总平面布置的防火间距(m)

| 项目 | | 工艺装置(单元) 甲 | 工艺装置(单元) 乙 | 工艺装置(单元) 丙 | 全厂重要设施 一类 | 全厂重要设施 二类 | 明火地点 | 地上甲B乙固定顶 >5000m³ | >1000~5000m³ | >500~1000m³ | ≤500m³或卧式罐 | 浮顶内浮顶丙A >20000m³ | >5000~20000m³ | >1000~5000m³ | >500~1000m³ | ≤500m³或卧式罐 | 沸点低于45℃甲类液体全压力储罐 | 液化烃全压力半冷冻 >1000m³ | >100~1000m³ | ≤100m³ | 全冷冻 >10000m³ | ≤10000m³ | 可燃气体储罐 >1000~50000m³ | 码头装卸区 | 汽车装卸站 | 铁路装卸设施、槽车洗罐站 | 灌装站 液化烃 | 灌装站 甲B乙类液体及可燃与助燃气体 | 甲类物品仓库(库棚)或堆场 | 罐区甲乙类泵(房)等 | 污水处理场(隔油池、污油罐) | 铁路走行线(中心线)、原料及产品运输道路(路面边) | 备注 |
|---|---|---|---|---|---|---|---|---|---|---|---|---|---|---|---|---|---|---|---|---|---|---|---|---|---|---|---|---|---|---|---|---|---|
| 工艺装置(单元) | 甲 | 30/25 | 25/20 | 20/15 | 40 | 35 | 30 | 50 | 40 | 30 | 25 | 40 | 35 | 30 | 25 | 20 | 40 | 60 | 50 | 40 | 70 | 60 | 25 | 35 | 25 | 30 | 30 | 25 | 30 | 20 | 20 | 15 | 注1、2 |
| | 乙 | 25/20 | 20/15 | 15/10 | 35 | 30 | 25 | 35 | 30 | 25 | 20 | 35 | 30 | 25 | 20 | 15 | 35 | 55 | 45 | 35 | 65 | 55 | 25 | 30 | 20 | 25 | 25 | 20 | 25 | 15 | 25 | 15 | |
| | 丙 | 20/15 | 15/10 | 10 | 30 | 25 | 20 | 35 | 30 | 25 | 15 | 30 | 25 | 20 | 15 | 10 | 35 | 50 | 40 | 30 | 60 | 50 | 15 | 25 | 15 | 20 | 20 | 15 | 20 | 15 | 15 | 10 | |
| 全厂重要设施 | 一类 | 40 | 35 | 30 | — | — | | 60 | 50 | 45 | 40 | 50 | 45 | 40 | 35 | 50 | 50 | 80 | 70 | 55 | 90 | 80 | 30 | 40 | 40 | 45 | 45 | 40 | 45 | 30 | 35 | — | 注3 |
| | 二类 | 35 | 30 | 25 | — | — | | 50 | 45 | 40 | 35 | 40 | 35 | 30 | 25 | 40 | 40 | 70 | 60 | 45 | 80 | 70 | 30 | 40 | 35 | 45 | 35 | 40 | 30 | 35 | | — | |
| 明火地点 | | 30 | 25 | 20 | 30 | 25 | | 40 | 35 | 30 | 25 | 40 | 35 | 30 | 25 | 20 | 35 | 45 | 40 | 35 | 70 | 60 | 30 | 35 | 25 | 30 | 30 | 25 | 30 | 15 | 25 | — | 注4 |
| 地上可燃液体储罐 | 甲B、乙类固定顶 >5000m³ | 50 | 40 | 35 | 60 | 50 | 40 | 见表6.2.8 | | | | | | | | | 40 | 50 | 40 | 30 | | | 30 | 35 | 25 | 30 | 30 | 25 | 30 | 20 | 25 | 20 | |
| | >1000~5000m³ | 40 | 35 | 30 | 50 | 40 | 35 | | | | | | | | | | 30 | 40 | 35 | 30 | | | 25 | 30 | 20 | 25 | 25 | 20 | 25 | 15 | 25 | 15 | |
| | >500~1000m³ | 25 | 20 | 15 | 40 | 35 | 30 | | | | | | | | | | 25 | 35 | 30 | 25 | | | 20 | 30 | 15 | 25 | 20 | 15 | 20 | 10 | 15 | 12 | |
| | ≤500m³或卧式罐 | 25 | 20 | 15 | 40 | 35 | 25 | | | | | | | | | | 20 | 30 | 25 | 20 | | | 15 | 30 | 15 | 20 | 15 | 10 | 15 | | 10 | | |
| | 浮顶、内浮顶或丙A类固定顶 >20000m³ | 40 | 35 | 30 | 50 | 40 | 30 | | | | | | | | | | 35 | 45 | 40 | 35 | | | 25 | 45 | 25 | 25 | 20 | 15 | 20 | 15 | 25 | 20 | 注5、2 |
| | >5000~20000m³ | 35 | 30 | 25 | 45 | 35 | 30 | | | | | | | | | | 30 | 40 | 35 | 30 | | | 20 | 45 | 25 | 20 | 15 | 10 | 15 | | 20 | 15 | |
| | >1000~5000m³ | 30 | 25 | 20 | 40 | 30 | 25 | | | | | | | | | | 25 | 35 | 30 | 25 | | | 15 | 35 | 15 | 15 | 20 | 12 | 12 | | 15 | 12 | |
| | >500~1000m³ | 25 | 20 | 15 | 35 | 25 | 20 | | | | | | | | | | 20 | 30 | 25 | 20 | | | 12 | 30 | 12 | 12 | 17 | 12 | 15 | | 15 | 12 | |
| | ≤500m³或卧式罐 | 20 | 15 | 10 | 30 | 15 | 15 | | | | | | | | | | 15 | 20 | 15 | 10 | | | 8 | 25 | 10 | 10 | 12 | 10 | 10 | | 8 | | |
| 液化烃储罐 | 沸点低于45℃的甲类液体全压力储罐 | 40 | 35 | 30 | 40 | 35 | 35 | 40 | 30 | 25 | 30 | 25 | 20 | 15 | | | 见表6.3.3 | | | | | 40 | 40 | 30 | 25 | 25 | 20 | | 30 | 20 | 15 | | 注5、2 |
| | 全压力和半冷冻式储存 >1000m³ | 60 | 55 | 50 | 80 | 70 | 60 | 50 | 40 | 35 | 30 | 45 | 40 | 35 | 30 | 25 | | | | | | 40 | 40 | 55 | 45 | 50 | 45 | 40 | 60 | 35 | 30 | 25 | |
| | >100~1000m³ | 50 | 45 | 40 | 70 | 60 | 50 | 45 | 35 | 30 | 25 | 40 | 35 | 30 | 20 | 15 | | | | | | 40 | 30 | 45 | 35 | 40 | 40 | 35 | 50 | 30 | 30 | 25 | |
| | ≤100m³ | 40 | 35 | 30 | 55 | 45 | 40 | 40 | 30 | 25 | 25 | 35 | 30 | 20 | 15 | 10 | | | | | | 40 | 30 | 30 | 30 | 35 | 30 | 30 | 40 | 30 | 30 | 15 | |
| | 全冷冻式储存 >10000m³ | 70 | 65 | 60 | 90 | 80 | 70 | 40 | 40 | 40 | 40 | 40 | 40 | 40 | 40 | | 40 | 40 | 40 | 40 | 见表6.3.3 | | 40 | 50 | 65 | 55 | 60 | 55 | 50 | 70 | 45 | 40 | 25 | |
| | ≤10000m³ | 60 | 55 | 50 | 80 | 70 | 60 | 40 | 30 | 30 | 30 | 40 | 30 | 30 | 30 | | 40 | 40 | 40 | 30 | | | 40 | 55 | 45 | 50 | 45 | 40 | 60 | 35 | 30 | 25 | |
| 可燃气体储罐 >1000~50000m³ | | 25 | 20 | 15 | 30 | 30 | 30 | 40 | 35 | 30 | 15 | 25 | 15 | 15 | 15 | 8 | 25 | 40 | 30 | 25 | 50 | 40 | 见表6.3.3 | 25 | 15 | 20 | 20 | 15 | 20 | 15 | 20 | 10 | 注6、2 |
| 液化烃及甲B、乙类液体 | 码头装卸区 | 35 | 30 | 25 | 50 | 40 | 35 | 50 | 40 | 35 | 30 | 45 | 40 | 35 | 30 | 25 | 40 | 55 | 45 | 40 | 65 | 55 | 25 | — | 20 | 25 | 30 | 25 | 35 | 25 | 30 | 10 | |
| | 汽车装卸站 | 25 | 20 | 15 | 40 | 30 | 30 | 25 | 20 | 15 | 10 | 25 | 20 | 15 | 12 | 10 | 20 | 45 | 35 | 30 | 55 | 45 | 15 | 20 | — | 15 | 20 | 15 | 25 | 15 | 10 | | |
| | 铁路装卸设施、槽车洗罐站 | 30 | 25 | 20 | 45 | 35 | 30 | 30 | 25 | 20 | 15 | 25 | 20 | 15 | 12 | 10 | 20 | 50 | 40 | 35 | 60 | 50 | 20 | 25 | 15 | 10 | 25 | 20 | 30 | 12 | 25 | 15(10) | 注7、2 |
| 灌装站 | 液化烃 | 30 | 25 | 20 | 45 | 35 | 40 | 30 | 25 | 20 | 15 | 25 | 20 | 15 | 17 | 15 | 30 | 45 | 40 | 30 | 55 | 45 | 20 | 30 | 20 | 25 | — | | 30 | 25 | 25 | 10 | |
| | 甲B、乙类液体及可燃与助燃气体 | 25 | 20 | 15 | 40 | 30 | 30 | 25 | 20 | 15 | 10 | 20 | 15 | 12 | 12 | 10 | 15 | 40 | 30 | 20 | 50 | 40 | 15 | 25 | 15 | 20 | | — | 25 | 20 | 10 | | |
| 甲类物品仓库(库棚)或堆场 | | 30 | 25 | 20 | 45 | 35 | 30 | 30 | 25 | 20 | 15 | 20 | 15 | 12 | 10 | 10 | 20 | 60 | 50 | 40 | 70 | 60 | 20 | 35 | 25 | 30 | 30 | 25 | — | 20 | 25 | 10 | 注8、2 |
| 罐区甲、乙类泵(房)、全冷冻式液化烃储存的压缩机(包括添加剂设施及其专用变配电室、控制室) | | 20 | 15 | 10 | 30 | 20 | 20 | 20 | 15 | 12 | | 20 | 15 | 12 | 10 | 8 | 20 | 35 | 30 | 25 | 45 | 35 | 15 | 15 | 10 | 12 | 25 | 20 | 20 | — | 15 | 10 | 注9、2 |
| 污水处理场(隔油池、污油罐) | | 25 | 20 | 15 | 35 | 25 | 25 | 20 | 15 | 12 | | 15 | 12 | 10 | | | 20 | 30 | 25 | 20 | 40 | 30 | 20 | 30 | 10 | 25 | 25 | 15 | 25 | 15 | — | 10 | 注10、2 |
| 铁路走行线(中心线)、原料及产品运输道路(路面边) | | 15 | 10 | 10 | — | — | | 20 | 15 | 12 | 10 | 20 | 15 | 12 | 10 | | 25 | 25 | 20 | 15 | 25 | 25 | 10 | 10 | 15(10) | 15 | 10 | 10 | 10 | 10 | 10 | — | 注11 |
| 可能携带可燃液体的高架火炬 | | 90 | 90 | 90 | 90 | 90 | 60 | 90 | 90 | 90 | 90 | 90 | 90 | 90 | 90 | 90 | 90 | 90 | 90 | 90 | 90 | 90 | 90 | 90 | 90 | 90 | 90 | 90 | 90 | 60 | 90 | | |
| 厂区围墙(中心线)或用地边界线 | | 25 | 25 | 20 | | | | 35 | 35 | 25 | 25 | 30 | 30 | 25 | 20 | 20 | 30 | 30 | 30 | 30 | 40 | 40 | 30 | — | 25 | 30 | 25 | 15 | 15 | 15 | | 50 | |

注：
1 分子适用于石油化工装置，分母适用于炼油装置；
2 工艺装置或可能散发可燃气体的设施与工艺装置明火加热炉的防火间距应按明火地点的防火间距确定；
3 工厂消防站与甲类工艺装置的防火间距不应小于50m。区域性重要设施与相邻设施的防火间距可减少25%(火炬除外)；
4 与散发火花地点的防火间距，可按明火地点的防火间距减少50%(火炬除外)，但散发火花地点应布置在火灾爆炸危险区域之外；
5 罐组与其他设施的防火间距按相邻最大罐容积确定；埋地储罐与其他设施的防火间距可减少50%(火炬除外)。当固定顶可燃液体罐采用氮气密封时，其与相邻设施的防火间距可按浮顶、内浮顶罐处理；丙B类固定顶罐与其他设施的防火间距可按丙A类固定顶罐减少25%(火炬除外)；
6 单罐容积等于或小于1000m³，防火间距可减少25%(火炬除外)；大于50000m³，应增加25%(火炬除外)；
7 丙类液体，防火间距可减少25%(火炬除外)。当甲B、乙类液体铁路装卸采用全密闭装卸时，装卸设施的防火间距可减少25%，但不应小于10m(火炬除外)；
8 本项包括可燃气体、助燃气体的实瓶库。乙、丙类物品库(棚)和堆场防火间距可减少25%(火炬除外)；丙类可燃固体堆场可减少50%(火炬除外)；
9 丙类泵(房)，防火间距可减少25%(火炬除外)，但当地上可燃液体储罐单罐容积大于500m³时，不应小于10m；地上可燃液体储罐单罐容积小于或等于500m³时，不应小于8m；
10 污油泵的防火间距可按隔油池的防火间距减少25%(火炬除外)；其他设备或构筑物防火间距不限；
11 铁路走行线和原料产品运输道路应布置在火灾爆炸危险区域之外。括号内的数字用于原料及产品运输道路；
12 表中"—"表示无防火间距要求或执行相关规范。

置或设施（罐组除外）之间的防火间距应按相邻最近的设备、建筑物确定，其防火间距起止点应符合本规范附录 A 的规定。高架火炬的防火间距应根据人或设备允许的安全辐射热强度计算确定，对可能携带可燃液体的高架火炬的防火间距不应小于表 4.2.12 的规定。

## 4.3　厂内道路

**4.3.1**　工厂主要出入口不应少于 2 个，并宜位于不同方位。

**4.3.2**　2 条或 2 条以上的工厂主要出入口的道路应避免与同一条铁路线平交；确需平交时，其中至少有 2 条道路的间距不应小于所通过的最长列车的长度；若小于所通过的最长列车的长度，应另设消防车道。

**4.3.3**　厂内主干道宜避免与调车频繁的厂内铁路线平交。

**4.3.4**　装置或联合装置、液化烃罐组、总容积大于或等于 120000m³ 的可燃液体罐组、总容积大于或等于 120000m³ 的 2 个或 2 个以上可燃液体罐组应设环形消防车道。可燃液体的储罐区、可燃气体储罐区、装卸区及化学危险品仓库区应设环形消防车道，当受地形条件限制时，也可设有回车场的尽头式消防车道。消防车道的路面宽度不应小于 6m，路面内缘转弯半径不宜小于 12m，路面上净空高度不应低于 5m。

**4.3.5**　液化烃、可燃液体、可燃气体的罐区内，任何储罐的中心距至少 2 条消防车道的距离均不应大于 120m；当不能满足此要求时，任何储罐中心与最近的消防车道之间的距离不应大于 80m，且最近消防车道的路面宽度不应小于 9m。

**4.3.6**　在液化烃、可燃液体的铁路装卸区应设与铁路线平行的消防车道，并符合下列规定：

　　**1**　若一侧设消防车道，车道至最远的铁路线的距离不应大于 80m；

　　**2**　若两侧设消防车道，车道之间的距离不应大于 200m，超过 200m 时，其间尚应增设消防车道。

**4.3.7**　当道路路面高出附近地面 2.5m 以上、且在距道路边缘 15m 范围内，有工艺装置或可燃气体、液化烃、可燃液体的储罐及管道时，应在该段道路的边缘设护墩、矮墙等防护设施。

**4.3.8**　管架支柱（边缘）、照明电杆、行道树或标志杆等距道路路面边缘不应小于 0.5m。

## 4.4　厂内铁路

**4.4.1**　厂内铁路宜集中布置在厂区边缘。

**4.4.2**　工艺装置的固体产品铁路装卸线可布置在该装置的仓库或储存场（池）的边缘。建筑限界应按现行国家标准《工业企业标准轨距铁路设计规范》GBJ 12 执行。

**4.4.3**　当液化烃装卸栈台与可燃液体装卸栈台布置在同一装卸区时，液化烃栈台应布置在装卸区的一侧。

**4.4.4**　在液化烃、可燃液体的铁路装卸区内，内燃机车至另一栈台鹤管的距离应符合下列规定：

　　**1**　甲、乙类液体鹤管不应小于 12m；甲_B、乙类液体采用密闭装卸时，其防火间距可减少 25%；

　　**2**　丙类液体鹤管不应小于 8m。

**4.4.5**　当液化烃、可燃液体或甲、乙类固体的铁路装卸线为尽头线时，其车档至最后车位的距离不应小于 20m。

**4.4.6**　液化烃、可燃液体的铁路装卸线不得兼作走行线。

**4.4.7**　液化烃、可燃液体或甲、乙类固体的铁路装卸线停放车辆的线段应为平直段。当受地形条件限制时，可设在半径不小于 500m 的平坡曲线上。

**4.4.8**　在液化烃、可燃液体的铁路装卸区内，两相邻栈台鹤管之间的距离应符合下列规定：

　　**1**　甲、乙类液体的栈台鹤管与相邻栈台鹤管之间的距离不应小于 10m；甲_B、乙类液体采用密闭装卸时，其防火间距可减少 25%；

　　**2**　丙类液体的两相邻栈台鹤管之间的距离不应小于 7m。

# 5　工艺装置和系统单元

## 5.1　一般规定

**5.1.1**　工艺设备（以下简称设备）、管道和构件的材料应符合下列规定：

　　**1**　设备本体（不含衬里）及其基础，管道（不含衬里）及其支、吊架和基础应采用不燃烧材料，但储罐底板垫层可采用沥青砂；

　　**2**　设备和管道的保温层应采用不燃烧材料，当设备和管道的保冷层采用阻燃型泡沫塑料制品时，其氧指数不应小于 30；

　　**3**　建筑物的构件耐火极限应符合现行国家标准《建筑设计防火规范》GB 50016 的有关规定。

**5.1.2**　设备和管道应根据其内部物料的火灾危险性和操作条件，设置相应的仪表、自动联锁保护系统或紧急停车措施。

**5.1.3**　在使用或产生甲类气体或甲、乙_A 类液体的工艺装置、系统单元和储运设施区内，应按区域控制和重点控制相结合的原则，设置可燃气体报警系统。

## 5.2　装置内布置

**5.2.1**　设备、建筑物平面布置的防火间距，除本规范另有规定外，不应小于表 5.2.1 的规定。

表5.2.1 设备、建筑物平面布置的防火间距(m)

| 项目 | | | 控制室、机柜间、变配电所、化验室、办公室 | 明火设备 | 可燃气体压缩机或压缩机房 | 装置储罐（总容积）可燃气体200~1000m³ 甲 | 乙 | 液化烃50~100m³ 甲A | 可燃液体100~1000m³ 甲B、乙A | 乙B、丙A | 其他工艺设备或房间 可燃气体 甲 | 乙 | 液化烃 甲A | 可燃液体 甲B、乙A、丙 | 操作温度等于或高于自燃点的工艺设备 | 含可燃液体的污水池、隔油池、酸性污水罐、含油污水罐 | 丙类物品仓库、乙类物品储存间 | 备注 |
|---|---|---|---|---|---|---|---|---|---|---|---|---|---|---|---|---|---|---|
| 控制室、机柜间、变配电所、化验室、办公室 | | | — | 15 | 15 | 9 | 15 | 9 | 22.5 | 15 | 9 | 15 | 9 | 15 | 15 | 15 | 15 | — |
| 明火设备 | | | 15 | — | 22.5 | 9 | 15 | 9 | 22.5 | 15 | 9 | 15 | 9 | 22.5 | 4.5 | 15 | 15 | — |
| 操作温度低于自燃点的工艺设备 | 装置储罐（总容积） | 可燃气体压缩机或压缩机房 甲 | 15 | 22.5 | — | 9 | 7.5 | 15 | 9 | 7.5 | | 9 | 7.5 | 9 | | | 15 | 注1 |
| | | 乙 | 9 | 9 | 9 | — | 7.5 | 9 | 7.5 | | | 7.5 | | | 4.5 | | 9 | |
| | | 可燃气体200~1000m³ 甲 | 15 | 15 | 9 | 7.5 | — | | | | 9 | 7.5 | 9 | 7.5 | | | 15 | 注2 |
| | | 乙 | 9 | 9 | 7.5 | 7.5 | | — | | | 7.5 | 7.5 | 7.5 | | 7.5 | | 9 | |
| | | 液化烃50~100m³ 甲A | 22.5 | 22.5 | 15 | 9 | | — | | | | 9 | | | | | 15 | |
| | | 可燃液体100~1000m³ 甲B、乙A | 15 | 15 | 9 | 7.5 | | | — | | 7.5 | 7.5 | 7.5 | | | | 9 | |
| | | 乙B、丙A | 9 | 9 | | | | | | — | | | | | | | 9 | |
| | 其他工艺设备或房间 | 可燃气体 甲 | 15 | 15 | 9 | | | | | | — | | 9 | 7.5 | 4.5 | | 9 | |
| | | 乙 | 9 | 9 | 7.5 | | | | | | | — | 7.5 | | | | 9 | |
| | | 液化烃 甲A | 15 | 22.5 | | | | | | | | | — | 7.5 | | 7.5 | 15 | |
| | | 可燃液体 甲B、乙A | 15 | | | | | | | | 7.5 | | | — | 4.5 | | 9 | |
| | | 乙B、丙 | 9 | | | | | | | | | | | | | | 9 | |
| 操作温度等于或高于自燃点的工艺设备 | | | 15 | 4.5 | 9 | | | | | | 4.5 | | 7.5 | 4.5 | — | 4.5 | 15 | 注3 |
| 含可燃液体的污水池、隔油池、酸性污水罐、含油污水罐 | | | 15 | 15 | 9 | | | | 7.5 | | | 7.5 | | | 4.5 | — | 9 | |
| 丙类物品仓库、乙类物品储存间 | | | 15 | 15 | 15 | 9 | 9 | 15 | 9 | 9 | 15 | 9 | 9 | 9 | 15 | 9 | — | |
| 装置储罐组（总容积） | 可燃气体 >1000~5000m³ | 甲、乙 | 20 | 15 | 15 | 15 | | * | | | 20 | 15 | 15 | 15 | 20 | 15 | 15 | 注4 |
| | 液化烃 >100~500m³ | 甲A | 30 | 30 | 30 | 25 | | * | | | 30 | 25 | 30 | 25 | 30 | 25 | 25 | |
| | 可燃液体 >1000~5000m³ | 甲B、乙A | 25 | 25 | 25 | 25 | | * | | | 25 | 15 | 25 | 20 | 25 | 20 | 20 | |
| | | 乙B、丙A | 20 | 20 | 20 | 20 | | * | | | 20 | 15 | 20 | 15 | 20 | 15 | 15 | |

注：1 单机驱动功率小于150kW的可燃气体压缩机，可按操作温度低于自燃点的"其他工艺设备"确定其防火间距；

2 装置储罐（组）的总容积应符合本规范第5.2.23条的规定。当装置储罐的总容积：液化烃储罐小于50m³、可燃液体储罐小于100m³、可燃气体储罐小于200m³时，可按操作温度低于自燃点的"其他工艺设备"确定其防火间距；

3 查不到自燃点时，可取250℃；

4 装置储罐组的防火设计应符合本规范第6章的有关规定；

5 丙B类液体设备的防火间距不限；

6 散发火花地点与其他设备防火间距同明火设备；

7 表中"—"表示无防火间距要求或执行相关规范，"＊"表示装置储罐集中成组布置。

5.2.2 为防止结焦、堵塞，控制温降、压降，避免发生副反应等有工艺要求的相关设备，可靠近布置。

5.2.3 分馏塔顶冷凝器、塔底重沸器与分馏塔，压缩机的分液罐、缓冲罐、中间冷却器等与压缩机，以及其他与主体设备密切相关的设备，可直接连接或靠近布置。

5.2.4 明火加热炉附属的燃料气分液罐、燃料气加热器等与炉体的防火间距不应小于6m。

5.2.5 以甲B、乙A类液体为溶剂的溶液法聚合液所用的总容积大于800m³的掺和储罐与相邻的设备、建筑物的防火间距不宜小于7.5m；总容积小于或等于800m³时，其防火间距不限。

5.2.6 可燃气体、液化烃和可燃液体的在线分析仪表间与工艺设备的防火间距不限。

5.2.7 布置在爆炸危险区的在线分析仪表间内设备为非防爆型时，在线分析仪表间应正压通风。

5.2.8 设备宜露天或半露天布置，并宜缩小爆炸危险区域的范围。爆炸危险区域的范围应按现行国家标准《爆炸和火灾危险环境电力装置设计规范》GB 50058的规定执行。受工艺特点或自然条件限制的设备可布置在建筑物内。

5.2.9 联合装置视同一个装置，其设备、建筑物的防火间距应按相邻设备、建筑物的防火间距确定，其防火间距应符合表5.2.1的规定。

5.2.10 装置内消防道路的设置应符合下列规定：

1 装置内应设贯通式道路，道路应有不少于2个出入口，且2个出入口宜位于不同方位。当装置外两侧消防道路间距不大于120m时，装置内可不设贯通式道路；

2 道路的路面宽度不应小于4m，路面上的净空高度不应小于4.5m；路面内缘转弯半径不宜小于6m。

5.2.11 在甲、乙类装置内部的设备、建筑物区的设置应符合下列规定：

1 应用道路将装置分割成为占地面积不大于

10000m² 的设备、建筑物区；

2 当大型石油化工装置的设备、建筑物区占地面积大于 10000m² 小于 20000m² 时，在设备、建筑物区四周应设环形道路，道路路面宽度不应小于 6m，设备、建筑物区的宽度不应大于 120m，相邻两设备、建筑物区的防火间距不应小于 15m，并应加强安全措施。

5.2.12 设备、建筑物、构筑物宜布置在同一地平面上；当受地形限制时，应将控制室、机柜间、变配电所、化验室等布置在较高的地平面上；工艺设备、装置储罐等宜布置在较低的地平面上。

5.2.13 明火加热炉宜集中布置在装置的边缘，且宜位于可燃气体、液化烃和甲$_B$、乙$_A$类设备的全年最小频率风向的下风侧。

5.2.14 当在明火加热炉与露天布置的液化烃设备或甲类气体压缩机之间设置不燃烧材料实体墙时，其防火间距可小于表 5.2.1 的规定，但不得小于 15m。实体墙的高度不宜小于 3m，距加热炉不宜大于 5m，实体墙的长度应满足由露天布置的液化烃设备或甲类气体压缩机经实体墙至加热炉的折线距离不小于 22.5m。

当封闭式液化烃设备的厂房或甲类气体压缩机房面向明火加热炉一面为无门窗洞口的不燃烧材料实体墙时，加热炉与厂房的防火间距可小于表 5.2.1 的规定，但不得小于 15m。

5.2.15 当同一建筑物内分隔为不同火灾危险性类别的房间时，中间隔墙应为防火墙。人员集中的房间应布置在火灾危险性较小的建筑物一端。

5.2.16 装置的控制室、机柜间、变配电所、化验室、办公室等不得与设有甲、乙$_A$类设备的房间布置在同一建筑物内。装置的控制室与其他建筑物合建时，应设置独立的防火分区。

5.2.17 装置的控制室、化验室、办公室等宜布置在装置外，并宜全厂性或区域性统一设置。当装置的控制室、机柜间、变配电所、化验室、办公室等布置在装置内时，应布置在装置的一侧，位于爆炸危险区范围以外，并宜位于可燃气体、液化烃和甲、乙$_A$类设备全年最小频率风向的下风侧。

5.2.18 布置在装置内的控制室、机柜间、变配电所、化验室、办公室等的布置应符合下列规定：

1 控制室宜设在建筑物的底层；

2 平面布置位于附加 2 区的办公室、化验室室内地面及控制室、机柜间、变配电所的设备层地面应高于室外地面，且高差不应小于 0.6m；

3 控制室、机柜间面向有火灾危险性设备侧的外墙应为无门窗洞口、耐火极限不低于 3h 的不燃烧材料实体墙；

4 化验室、办公室等面向有火灾危险性设备侧的外墙宜为无门窗洞口不燃烧材料实体墙。当确需设置门窗时，应采用防火门窗；

5 控制室或化验室的室内不得安装可燃气体、液化烃和可燃液体的在线分析仪器。

5.2.19 高压和超高压的压力设备宜布置在装置的一端或一侧；有爆炸危险的超高压反应设备宜布置在防爆构筑物内。

5.2.20 装置的可燃气体、液化烃和可燃液体设备采用多层构架布置时，除工艺要求外，其构架不宜超过四层。

5.2.21 空气冷却器不宜布置在操作温度等于或高于自燃点的可燃液体设备上方；若布置在其上方，应用不燃烧材料的隔板隔离保护。

5.2.22 装置储罐（组）的布置应符合下列规定：

1 当装置储罐总容积：液化烃罐小于或等于 100m³、可燃气体或可燃液体罐小于或等于 1000m³ 时，可布置在装置内，装置储罐与设备、建筑物的防火间距不应小于表 5.2.1 的规定；

2 当装置储罐组总容积：液化烃罐大于 100m³ 小于或等于 500m³、可燃液体罐或可燃气体罐大于 1000m³ 小于或等于 5000m³ 时，应成组集中布置在装置边缘；但液化烃单罐容积不应大于 300m³，可燃液体单罐容积不应大于 3000m³。装置储罐组的防火设计应符合本规范第 6 章的有关规定，与储罐相关的机泵应布置在防火堤外。装置储罐组与装置内其他设备、建筑物的防火间距不应小于表 5.2.1 的规定。

5.2.23 甲、乙类物品仓库不应布置在装置内。若工艺需要，储量不大于 5t 的乙类物品储存间和丙类物品仓库可布置在装置内，并位于装置边缘。丙类物品仓库的总储量应符合本规范第 6 章的有关规定。

5.2.24 可燃气体和助燃气体的钢瓶（含实瓶和空瓶），应分别存放在位于装置边缘的敞棚内。可燃气体的钢瓶距明火或操作温度等于或高于自燃点的设备防火间距不应小于 15m。分析专用的钢瓶储存间可靠近分析室布置，钢瓶储存间的建筑设计应满足泄压要求。

5.2.25 建筑物的安全疏散门应向外开启。甲、乙、丙类房间的安全疏散门，不应少于 2 个；面积小于等于 100m² 的房间可只设 1 个。

5.2.26 设备的构架或平台的安全疏散通道应符合下列规定：

1 可燃气体、液化烃和可燃液体的塔区平台或其他设备的构架平台应设置不少于 2 个通往地面的梯子，作为安全疏散通道，但长度不大于 8m 的甲类气体和甲、乙$_A$类液体设备的平台或长度不大于 15m 的乙$_B$、丙类液体设备的平台，可只设 1 个梯子；

2 相邻的构架、平台宜用走桥连通，与相邻平台连通的走桥可作为一个安全疏散通道；

3 相邻安全疏散通道之间的距离不应大于 50m。

5.2.27 装置内地坪竖向和排污系统的设计应减少可

能泄漏的可燃液体在工艺设备附近的滞留时间和扩散范围。火灾事故状态下，受污染的消防水应有效收集和排放。

5.2.28 凡在开停工、检修过程中，可能有可燃液体泄漏、漫流的设备区周围应设置不低于150mm的围堰和导液设施。

## 5.3 泵和压缩机

5.3.1 可燃气体压缩机的布置及其厂房的设计应符合下列规定：

　　1 可燃气体压缩机宜布置在敞开或半敞开式厂房内；

　　2 单机驱动功率等于或大于150kW的甲类气体压缩机厂房不宜与其他甲、乙和丙类房间共用一座建筑物；

　　3 压缩机的上方不得布置甲、乙和丙类工艺设备，但自用的高位润滑油箱不受此限；

　　4 比空气轻的可燃气体压缩机半敞开式或封闭式厂房的顶部应采取通风措施；

　　5 比空气轻的可燃气体压缩机厂房的楼板宜部分采用钢格板；

　　6 比空气重的可燃气体压缩机厂房的地面不宜设地坑或地沟；厂房内应有防止可燃气体积聚的措施。

5.3.2 液化烃泵、可燃液体泵宜露天或半露天布置。液化烃、操作温度等于或高于自燃点的可燃液体的泵上方，不宜布置甲、乙、丙类工艺设备；若在其上方布置甲、乙、丙类工艺设备，应用不燃烧材料的隔板隔离保护。

5.3.3 液化烃泵、可燃液体泵在泵房内布置时，应符合下列规定：

　　1 液化烃泵、操作温度等于或高于自燃点的可燃液体泵、操作温度低于自燃点的可燃液体泵应分别布置在不同房间内，各房间之间的隔墙应为防火墙；

　　2 操作温度等于或高于自燃点的可燃液体泵房的门窗与操作温度低于自燃点的甲$_B$、乙$_A$类液体泵房的门窗或液化烃泵房的门窗的距离不应小于4.5m；

　　3 甲、乙$_A$类液体泵房的地面不宜设地坑或地沟，泵房内应有防止可燃气体积聚的措施；

　　4 在液化烃、操作温度等于或高于自燃点的可燃液体泵房的上方，不宜布置甲、乙、丙类工艺设备；

　　5 液化烃泵不超过2台时，可与操作温度低于自燃点的可燃液体泵同房间布置。

5.3.4 气柜或全冷冻式液化烃储存设施内，泵和压缩机等旋转设备或其房间与储罐的防火间距不应小于15m。其他设备之间及非旋转设备与储罐的防火间距应按本规范表5.2.1执行。

5.3.5 罐组的专用泵区应布置在防火堤外，与储罐的防火间距应符合下列规定：

　　1 距甲$_A$类储罐不应小于15m；

　　2 距甲$_B$、乙类固定顶储罐不应小于12m，距小于或等于500m³的甲$_B$、乙类固定顶储罐不应小于10m；

　　3 距浮顶及内浮顶储罐、丙$_A$类固定顶储罐不应小于10m，距小于或等于500m³的内浮顶储罐、丙$_A$类固定顶储罐不应小于8m。

5.3.6 除甲$_A$类以外的可燃液体储罐的专用泵单独布置时，应布置在防火堤外，与可燃液体储罐的防火间距不限。

5.3.7 压缩机或泵等的专用控制室或不大于10kV的专用变配电所，可与该压缩机房或泵房等共用一座建筑物，但专用控制室或变配电所的门窗应位于爆炸危险区范围之外，且专用控制室或变配电所与压缩机房或泵房等的中间隔墙应为无门窗洞口的防火墙。

## 5.4 污水处理场和循环水场

5.4.1 隔油池的保护高度不应小于400mm。隔油池应设难燃烧材料的盖板。

5.4.2 隔油池的进出水管道应设水封。距隔油池池壁5m以内的水封井、检查井的井盖与盖座接缝处应密封，且井盖不得有孔洞。

5.4.3 污水处理场内的设备、建（构）筑物平面布置防火间距不应小于表5.4.3的规定。

表5.4.3 污水处理场内的设备、建（构）筑物平面布置的防火间距 （m）

| 类　别 | 变配电所、化验室、办公室等 | 含可燃液体的隔油池、污水池等 | 集中布置的水泵房 | 污油罐、含油污水调节罐 | 焚烧炉 | 污油泵房 |
|---|---|---|---|---|---|---|
| 变配电所、化验室、办公室等 | — | 15 | | 15 | 15 | 15 |
| 含可燃液体的隔油池、污水池等 | 15 | — | 15 | 15 | 15 | |
| 集中布置的水泵房 | | 15 | — | 15 | | — |
| 污油罐、含油污水调节罐 | 15 | 15 | 15 | — | 15 | |
| 焚烧炉 | 15 | 15 | — | 15 | | 15 |
| 污油泵房 | 15 | — | — | | 15 | |

　　注：表中"—"表示无防火间距要求或执行相关规范。

**5.4.4** 循环水场冷却塔应采用阻燃型的填料、收水器和风筒，其氧指数不应小于30。

### 5.5 泄压排放和火炬系统

**5.5.1** 在非正常条件下，可能超压的下列设备应设安全阀：

　1　顶部最高操作压力大于等于0.1MPa的压力容器；

　2　顶部最高操作压力大于0.03MPa的蒸馏塔、蒸发塔和汽提塔（汽提塔顶蒸汽通入另一蒸馏塔者除外）；

　3　往复式压缩机各段出口或电动往复泵、齿轮泵、螺杆泵等容积式泵的出口（设备本身已有安全阀者除外）；

　4　凡与鼓风机、离心式压缩机、离心泵或蒸汽往复泵出口连接的设备不能承受其最高压力时，鼓风机、离心式压缩机、离心泵或蒸汽往复泵的出口；

　5　可燃气体或液体受热膨胀，可能超过设计压力的设备；

　6　顶部最高操作压力为0.03～0.1MPa的设备应根据工艺要求设置。

**5.5.2** 单个安全阀的开启压力（定压），不应大于设备的设计压力。当一台设备安装多个安全阀时，其中一个安全阀的开启压力（定压）不应大于设备的设计压力；其他安全阀的开启压力可以提高，但不应大于设备设计压力的1.05倍。

**5.5.3** 下列工艺设备不宜设安全阀：

　1　加热炉炉管；

　2　在同一压力系统中，压力来源处已有安全阀，则其余设备可不设安全阀；

　3　对扫线蒸汽不宜作为压力来源。

**5.5.4** 可燃气体、可燃液体设备的安全阀出口连接应符合下列规定：

　1　可燃液体设备的安全阀出口泄放管应接入储罐或其他容器，泵的安全阀出口泄放管宜接至泵的入口管道、塔或其他容器；

　2　可燃气体设备的安全阀出口泄放管应接至火炬系统或其他安全泄放设施；

　3　泄放后可能立即燃烧的可燃气体或可燃液体应经冷却后接至放空设施；

　4　泄放可能携带液滴的可燃气体应经分液罐后接至火炬系统。

**5.5.5** 有可能被物料堵塞或腐蚀的安全阀，在安全阀前应设爆破片或在其出入口管道上采取吹扫、加热或保温等防堵措施。

**5.5.6** 两端阀门关闭且因外界影响可能造成介质压力升高的液化烃、甲$_B$、乙$_A$类液体管道应采取泄压安全措施。

**5.5.7** 甲、乙、丙类的设备应有事故紧急排放设施，

并应符合下列规定：

　1　对液化烃或可燃液体设备，应能将设备内的液化烃或可燃液体排放至安全地点，剩余的液化烃应排入火炬；

　2　对可燃气体设备，应能将设备内的可燃气体排入火炬或安全放空系统。

**5.5.8** 常减压蒸馏装置的初馏塔顶、常压塔顶、减压塔顶的不凝气不应直接排入大气。

**5.5.9** 较高浓度环氧乙烷设备的安全阀前应设爆破片。爆破片入口管道应设氮封，且安全阀的出口管道应充氮。

**5.5.10** 氨的安全阀排放气应经处理后放空。

**5.5.11** 受工艺条件或介质特性所限，无法排入火炬或装置处理排放系统的可燃气体，当通过排气筒、放空管直接向大气排放时，排气筒、放空管的高度应符合下列规定：

　1　连续排放的排气筒顶或放空管口应高出20m范围内的平台或建筑物顶3.5m以上，位于排放口水平20m以外斜上45°的范围内不宜布置平台或建筑物（图5.5.11）；

　2　间歇排放的排气筒顶或放空管口应高出10m范围内的平台或建筑物顶3.5m以上，位于排放口水平10m以外斜上45°的范围内不宜布置平台或建筑物（图5.5.11）；

　3　安全阀排放管口不得朝向邻近设备或有人通过的地方，排放管口应高出8m范围内的平台或建筑物顶3m以上。

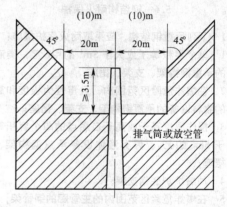

图5.5.11　可燃气体排气筒、放空管高度示意图
注：阴影部分为平台或建筑物的设置范围

**5.5.12** 有突然超压或发生瞬时分解爆炸危险物料的反应设备，如设安全阀不能满足要求时，应装爆破片或爆破片和导爆管，导爆管口必须朝向无火源的安全方向；必要时应采取防止二次爆炸、火灾的措施。

**5.5.13** 因物料爆聚、分解造成超温、超压，可能引起火灾、爆炸的反应设备应设报警信号和泄压排放设施，以及自动或手动遥控的紧急切断进料设施。

**5.5.14** 严禁将混合后可能发生化学反应并形成爆炸

性混合气体的几种气体混合排放。

5.5.15 液体、低热值可燃气体、含氧或卤元素及其化合物的可燃气体、毒性为极度和高度危害的可燃气体、惰性气体、酸性气体及其他腐蚀性气体不得排入全厂性火炬系统，应设独立的排放系统或处理排放系统。

5.5.16 可燃气体放空管道在接入火炬前，应设置分液和阻火等设备。

5.5.17 可燃气体放空管道内的凝结液应密闭回收，不得随地排放。

5.5.18 携带可燃液体的低温可燃气体排放系统应设置气化器，低温火炬管道选材应考虑事故排放时可能出现的最低温度。

5.5.19 装置的主要泄压排放设备宜采用适当的措施，以降低事故工况下可燃气体瞬间排放负荷。

5.5.20 火炬应设长明灯和可靠的点火系统。

5.5.21 装置内高架火炬的设置应符合下列规定：

**1** 严禁排入火炬的可燃气体携带可燃液体；

**2** 火炬的辐射热不应影响人身及设备的安全；

**3** 距火炬筒 30m 范围内，不应设置可燃气体放空。

5.5.22 封闭式地面火炬的设置除按明火设备考虑外，还应符合下列规定：

**1** 排入火炬的可燃气体不应携带可燃液体；

**2** 火炬的辐射热不应影响人身及设备的安全；

**3** 火炬应采取有效的消烟措施。

5.5.23 火炬设施的附属设备可靠近火炬布置。

### 5.6 钢结构耐火保护

5.6.1 下列承重钢结构，应采取耐火保护措施：

**1** 单个容积等于或大于 $5m^3$ 的甲、$乙_A$ 类液体设备的承重钢构架、支架、裙座；

**2** 在爆炸危险区范围内，且毒性为极度和高度危害的物料设备的承重钢构架、支架、裙座；

**3** 操作温度等于或高于自燃点的单个容积等于或大于 $5m^3$ 的 $乙_B$、丙类液体设备承重钢构架、支架、裙座；

**4** 加热炉炉底钢支架；

**5** 在爆炸危险区范围内的主管廊的钢管架；

**6** 在爆炸危险区范围内的高径比等于或大于 8，且总重量等于或大于 25t 的非可燃介质设备的承重钢构架、支架和裙座。

5.6.2 第 5.6.1 条所述的承重钢结构的下列部位应覆盖耐火层，覆盖耐火层的钢构件，其耐火极限不应低于 1.5h：

**1** 支承设备钢构架：

　1）单层构架的梁、柱；

　2）多层构架的楼板为透空的钢格板时，地面以上 10m 范围内的梁、柱；

　3）多层构架的楼板为封闭式楼板时，地面至该层楼板面及其以上 10m 范围的梁、柱；

**2** 支承设备钢支架；

**3** 钢裙座外侧未保温部分及直径大于 1.2m 的裙座内侧；

**4** 钢管架：

　1）底层支承管道的梁、柱；地面以上 4.5m 内的支承管道的梁、柱；

　2）上部设有空气冷却器的管架，其全部梁、柱及承重斜撑；

　3）下部设有液化烃或可燃液体泵的管架，地面以上 10m 范围的梁、柱；

**5** 加热炉从钢柱柱脚板到炉底板下表面 50mm 范围内的主要支承构件应覆盖耐火层，与炉底板连续接触的横梁不覆盖耐火层；

**6** 液化烃球罐支腿从地面到支腿与球体交叉处以下 0.2m 的部位。

### 5.7 其 他 要 求

5.7.1 甲、乙、丙类设备或有爆炸危险性粉尘、可燃纤维的封闭式厂房和控制室等其他建筑物的耐火等级、内部装修及空调系统等设计均应按现行国家标准《建筑设计防火规范》GB 50016、《建筑内部装修设计防火规范》GB 50222 和《采暖通风与空气调节设计规范》GB 50019 的有关规定执行。

5.7.2 散发爆炸危险性粉尘或可燃纤维的场所，其火灾危险性类别和爆炸危险区范围的划分应按现行国家标准《建筑设计防火规范》GB 50016 和《爆炸和火灾危险环境电力装置设计规范》GB 50058 的规定执行。

5.7.3 散发爆炸危险性粉尘或可燃纤维的场所应采取防止粉尘、纤维扩散、飞扬和积聚的措施。

5.7.4 散发比空气重的甲类气体、有爆炸危险性粉尘或可燃纤维的封闭厂房应采用不发生火花的地面。

5.7.5 有可燃液体设备的多层建筑物或构筑物的楼板应采取防止可燃液体泄漏至下层的措施。

5.7.6 生产或储存不稳定的烯烃、二烯烃等物质时应采取防止生成过氧化物、自聚物的措施。

5.7.7 可燃气体压缩机、液化烃、可燃液体泵不得使用皮带传动；在爆炸危险区范围内的其他转动设备若必须使用皮带传动时，应采用防静电皮带。

5.7.8 烧燃料气的加热炉应设长明灯，并宜设置火焰监测器。

5.7.9 除加热炉以外的有隔热衬里设备，其外壁应涂刷超温显示剂或设置测温点。

5.7.10 可燃气体的电除尘、电除雾等电滤器系统，应有防止产生负压和控制含氧量超过规定指标的设施。

5.7.11 正压通风设施的取风口宜位于可燃气体、液化烃和甲$_B$、乙$_A$类设备的全年最小频率风向的下风侧，且取风口高度应高出地面9m以上或爆炸危险区1.5m以上，两者中取较大值。取风质量应按现行国家标准《采暖通风与空气调节设计规范》GB 50019的有关规定执行。

# 6 储运设施

## 6.1 一般规定

**6.1.1** 可燃气体、助燃气体、液化烃和可燃液体的储罐基础、防火堤、隔堤及管架（墩）等，均应采用不燃烧材料。防火堤的耐火极限不得小于3h。

**6.1.2** 液化烃、可燃液体储罐的保温层应采用不燃烧材料。当保冷层采用阻燃型泡沫塑料制品时，其氧指数不应小于30。

**6.1.3** 储运设施内储罐与其他设备及建构筑物之间的防火间距应按本规范第5章的有关规定执行。

## 6.2 可燃液体的地上储罐

**6.2.1** 储罐应采用钢罐。

**6.2.2** 储存甲$_B$、乙$_A$类的液体应选用金属浮舱式的浮顶或内浮顶罐。对于有特殊要求的物料，可选用其他型式的储罐。

**6.2.3** 储存沸点低于45℃的甲$_B$类液体宜选用压力或低压储罐。

**6.2.4** 甲$_B$类液体固定顶罐或低压储罐应采取减少日晒升温的措施。

**6.2.5** 储罐应成组布置，并应符合下列规定：

1 在同一罐组内，宜布置火灾危险性类别相同或相近的储罐；当单罐容积小于或等于1000m³时，火灾危险性类别不同的储罐也可同组布置；

2 沸溢性液体的储罐不应与非沸溢性液体储罐同组布置；

3 可燃液体的压力储罐可与液化烃的全压力储罐同组布置；

4 可燃液体的低压储罐可与常压储罐同组布置。

**6.2.6** 罐组的总容积应符合下列规定：

1 固定顶罐组的总容积不应大于120000m³；

2 浮顶、内浮顶罐组的总容积不应大于600000m³；

3 固定顶罐和浮顶、内浮顶罐的混合罐组的总容积不应大于120000m³；其中浮顶、内浮顶罐的容积可折半计算。

**6.2.7** 罐组内单罐容积大于或等于10000m³的储罐个数不应多于12个；单罐容积小于10000m³的储罐个数不应多于16个；但单罐容积均小于1000m³储罐以及丙$_B$类液体储罐的个数不受此限。

**6.2.8** 罐组内相邻可燃液体地上储罐的防火间距不应小于表6.2.8的规定。

表6.2.8 罐组内相邻可燃液体地上储罐的防火间距

| 液体类别 | 储罐型式 | | | |
|---|---|---|---|---|
| | 固定顶罐 | | 浮顶、内浮顶罐 | 卧罐 |
| | ≤1000m³ | >1000m³ | | |
| 甲$_B$、乙类 | 0.75D | 0.6D | | |
| 丙$_A$类 | 0.4D | | 0.4D | 0.8m |
| 丙$_B$类 | 2m | 5m | | |

注：1 表中 D 为相邻较大罐的直径，单罐容积大于1000m³的储罐取直径或高度的较大值；

2 储存不同类别液体的或不同型式的相邻储罐的防火间距采用本表规定的较大值；

3 现有浅盘式内浮顶罐的防火间距同固定顶罐；

4 可燃液体的低压储罐，其防火间距按固定顶罐考虑；

5 储存丙$_B$类可燃液体的浮顶、内浮顶罐，其防火间距大于15m时，可取15m。

**6.2.9** 罐组内的储罐不应超过2排；但单罐容积小于或等于1000m³的丙$_B$类的储罐不应超过4排，其中润滑油罐的单罐容积和排数不限。

**6.2.10** 两排立式储罐的间距应符合表6.2.8的规定，且不应小于5m；两排直径小于5m的立式储罐及卧式储罐的间距不应小于3m。

**6.2.11** 罐组应设防火堤。

**6.2.12** 防火堤及隔堤内的有效容积应符合下列规定：

1 防火堤内的有效容积不应小于罐组内1个最大储罐的容积，当浮顶、内浮顶罐组不能满足此要求时，应设置事故液池储存剩余部分，但罐组防火堤内的有效容积不应小于罐组内1个最大储罐容积的一半；

2 隔堤内有效容积不应小于隔堤内1个最大储罐容积的10%。

**6.2.13** 立式储罐至防火堤内堤脚线的距离不应小于罐壁高度的一半，卧式储罐至防火堤内堤脚线的距离不应小于3m。

**6.2.14** 相邻罐组防火堤的外堤脚线之间应留有宽度不小于7m的消防空地。

**6.2.15** 设有防火堤的罐组内应按下列要求设置隔堤：

1 单罐容积小于或等于5000m³时，隔堤所分隔的储罐容积之和不应大于20000m³；

2 单罐容积大于5000～20000m³时，隔堤内的储罐不应超过4个；

3 单罐容积大于20000～50000m³时，隔堤内的储罐不应超过2个；

4 单罐容积大于50000m³时，应每1个罐一隔；

5 隔堤所分隔的沸溢性液体储罐不应超过2个。

6.2.16　多品种的液体罐组内应按下列要求设置隔堤：

　　1　甲B、乙A类液体与其他类可燃液体储罐之间；

　　2　水溶性与非水溶性可燃液体储罐之间；

　　3　相互接触能引起化学反应的可燃液体储罐之间；

　　4　助燃剂、强氧化剂及具有腐蚀性液体储罐与可燃液体储罐之间。

6.2.17　防火堤及隔堤应符合下列规定：

　　1　防火堤及隔堤应能承受所容纳液体的静压，且不应渗漏；

　　2　立式储罐防火堤的高度应为计算高度加0.2m，但不应低于1.0m（以堤内设计地坪标高为准），且不宜高于2.2m（以堤外3m范围内设计地坪标高为准）；卧式储罐防火堤的高度不应低于0.5m（以堤内设计地坪标高为准）；

　　3　立式储罐组内隔堤的高度不应低于0.5m；卧式储罐组内隔堤的高度不应低于0.3m；

　　4　管道穿堤处应采用不燃烧材料严密封闭；

　　5　在防火堤内雨水沟穿堤处应采取防止可燃液体流出堤外的措施；

　　6　在防火堤的不同方位上应设置人行台阶或坡道，同一方位上两相邻人行台阶或坡道之间距离不宜大于60m；隔堤应设置人行台阶。

6.2.18　事故存液池的设置应符合下列规定：

　　1　设有事故存液池的罐组应设导液管（沟），使溢漏液体能顺利地流出罐组并自流入存液池内；

　　2　事故存液池距防火堤的距离不应小于7m；

　　3　事故存液池和导液沟距明火地点不应小于30m；

　　4　事故存液池应有排水设施。

6.2.19　甲B、乙类液体的固定顶罐应设阻火器和呼吸阀；对于采用氮气或其他气体气封的甲、乙类液体的储罐还应设置事故泄压设备。

6.2.20　常压固定顶罐顶板与包边角钢之间的连接应采用弱顶结构。

6.2.21　储存温度高于100℃的丙B类液体储罐应设专用扫线罐。

6.2.22　设有蒸汽加热器的储罐应采取防止液体超温的措施。

6.2.23　可燃液体的储罐应设液位计和高液位报警器，必要时可设自动联锁切断进料设施；并宜设自动脱水器。

6.2.24　储罐的进料管应从罐体下部接入；若必须从上部接入，宜延伸至距罐底200mm处。

6.2.25　储罐的进出口管道应采用柔性连接。

## 6.3　液化烃、可燃气体、助燃气体的地上储罐

6.3.1　液化烃储罐、可燃气体储罐和助燃气体储罐应分别成组布置。

6.3.2　液化烃储罐成组布置时应符合下列规定：

　　1　液化烃罐组内的储罐不应超过2排；

　　2　每组全压力式或半冷冻式储罐的个数不应多于12个；

　　3　全冷冻式储罐的个数不宜多于2个；

　　4　全冷冻式储罐应单独成组布置；

　　5　储罐材质不能适应该罐组内介质最低温度时，不应布置在同一罐组内。

6.3.3　液化烃、可燃气体、助燃气体的罐组内，储罐的防火间距不应小于表6.3.3的规定。

表6.3.3　液化烃、可燃气体、助燃气体的罐组内储罐的防火间距

| 介质 | 储存方式或储罐型式 | | 球罐 | 卧（立）罐 | 全冷冻式储罐 | | 水槽式气柜 | 干式气柜 |
| --- | --- | --- | --- | --- | --- | --- | --- | --- |
| | | | | | ≤100m³ | >100m³ | | |
| 液化烃 | 全压力式或半冷冻式储罐 | 有事故排放至火炬的措施 | 0.5D | 1.0D | * | * | * | * |
| | | 无事故排放至火炬的措施 | 1.0D | | * | * | * | * |
| | 全冷冻式储罐 | ≤100m³ | * | * | 1.5m | 0.5D | * | * |
| | | >100m³ | * | * | 0.5D | 0.5D | * | * |
| 助燃气体 | 球罐 | | 0.5D | 0.65D | * | * | * | * |
| | 卧（立）罐 | | 0.65D | 0.65D | * | * | * | * |
| 可燃气体 | 水槽式气柜 | | * | * | * | * | 0.5D | 0.65D |
| | 干式气柜 | | * | * | * | * | 0.65D | 0.65D |
| | 球罐 | | 0.5D | * | * | * | 0.65D | 0.65D |

　　注：1　D为相邻较大储罐的直径；

　　　　2　液氨储罐间的防火间距要求应与液化烃储罐相同；液氧储罐间的防火间距应按现行国家标准《建筑设计防火规范》GB 50016的要求执行；

　　　　3　沸点低于45℃的甲B类液体压力储罐，按全压力式液化烃储罐的防火间距执行；

　　　　4　液化烃单罐容积≤200m³的卧（立）罐之间的防火间距超过1.5m时，可取1.5m；

　　　　5　助燃气体卧（立）罐之间的防火间距超过1.5m时，可取1.5m；

　　　　6　"*"表示不应同组布置。

6.3.4 两排卧罐的间距不应小于3m。

6.3.5 防火堤及隔堤的设置应符合下列规定：

1 液化烃全压力式或半冷冻式储罐组宜设不高于0.6m的防火堤，防火堤内堤脚线距储罐不应小于3m，堤内应采用现浇混凝土地面，并应坡向外侧，防火堤内的隔堤不宜高于0.3m；

2 全压力式储罐组的总容积大于8000m³时，罐组内应设隔堤，隔堤内各储罐容积之和不宜大于8000m³，单罐容积等于或大于5000m³时应每1个罐一隔；

3 全冷冻式储罐组的总容积不应大于200000m³，单防罐应每1个罐一隔，隔堤应低于防火堤0.2m；

4 沸点低于45℃甲$_B$类液体压力储罐组的总容积不宜大于60000m³；隔堤内各储罐容积之和不宜大于8000m³，单罐容积等于或大于5000m³时应每1个罐一隔；

5 沸点低于45℃的甲$_B$类液体的压力储罐，防火堤内有效容积不应小于1个最大储罐的容积。当其与液化烃压力储罐同组布置时，防火堤及隔堤的高度尚应满足液化烃压力储罐组的要求，且二者之间应设隔堤；当其独立成组时，防火堤距储罐不应小于3m，防火堤及隔堤的高度设置尚应符合第6.2.17条的要求；

6 全压力式、半冷冻式液氨储罐的防火堤和隔堤的设置同液化烃储罐的要求。

6.3.6 液化烃全冷冻式单防罐罐组应设防火堤，并应符合下列规定：

1 防火堤内的有效容积不应小于1个最大储罐的容积；

2 单防罐至防火堤内顶角线的距离$X$不应小于最高液位与防火堤堤顶的高度之差$Y$加上液面上气相当量压头的和（图6.3.6）；当防火堤的高度等于或大于最高液位时，单防罐至防火堤内顶角线的距离不限；

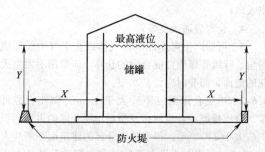

图6.3.6 单防罐至防火堤内顶角线的距离

3 应在防火堤的不同方位上设置不少于2个人行台阶或梯子；

4 防火堤及隔堤应为不燃烧实体防护结构，能承受所容纳液体的静压及温度变化的影响，且不渗漏。

6.3.7 液化烃全冷冻式双防或全防罐罐组可不设防火堤。

6.3.8 全冷冻式液氨储罐应设防火堤，堤内有效容积应不小于1个最大储罐容积的60%。

6.3.9 液化烃、液氨等储罐的储存系数不应大于0.9。

6.3.10 液氨储罐应设液位计、压力表和安全阀；低温液氨储罐尚应设温度指示仪。

6.3.11 液化烃储罐应设液位计、温度计、压力表、安全阀，以及高液位报警和高高液位自动联锁切断进料措施。对于全冷冻式液化烃储罐还应设真空泄放设施和高、低温度检测，并应与自动控制系统相联。

6.3.12 气柜应设上、下限位报警装置，并宜设进出管道自动联锁切断装置。

6.3.13 液化烃储罐的安全阀出口管应接至火炬系统。确有困难时，可就地放空，但其排气管口应高出8m范围内储罐罐顶平台3m以上。

6.3.14 全压力式液化烃储罐宜采用有防冻措施的二次脱水系统，储罐根部宜设紧急切断阀。

6.3.15 液化烃蒸发器的气相部分应设压力表和安全阀。

6.3.16 液化烃储罐开口接管的阀门及管件的管道等级不应低于2.0MPa，其垫片应采用缠绕式垫片。阀门压盖的密封填料应采用难燃烧材料。全压力式储罐应采取防止液化烃泄漏的注水措施。

6.3.17 全冷冻卧式液化烃储罐不应多层布置。

## 6.4 可燃液体、液化烃的装卸设施

6.4.1 可燃液体的铁路装卸设施应符合下列规定：

1 装卸栈台两端和沿栈台每隔60m左右应设梯子；

2 甲$_B$、乙、丙$_A$类的液体严禁采用沟槽卸车系统；

3 顶部敞口装车的甲$_B$、乙、丙$_A$类的液体应采用液下装车鹤管；

4 在距装车栈台边缘10m以外的可燃液体（润滑油除外）输入管道上应设便于操作的紧急切断阀；

5 丙$_B$类液体装卸栈台宜单独设置；

6 零位罐至罐车装卸线不应小于6m；

7 甲$_B$、乙$_A$类液体装卸鹤管与集中布置的泵的距离不应小于8m；

8 同一铁路装卸线一侧的两个装卸栈台相邻鹤位之间的距离不应小于24m。

6.4.2 可燃液体的汽车装卸站应符合下列规定：

1 装卸站的进、出口宜分开设置；当进、出口合用时，站内应设回车场；

2 装卸车场应采用现浇混凝土地面；

3 装卸车鹤位与缓冲罐之间的距离不应小于

5m，高架罐之间的距离不应小于 0.6m；

　　**4** 甲、乙<sub>A</sub>类液体装卸车鹤位与集中布置的泵的距离不应小于 8m；

　　**5** 站内无缓冲罐时，在距装卸车鹤位 10m 以外的装卸管道上应设便于操作的紧急切断阀；

　　**6** 甲<sub>B</sub>、乙、丙<sub>A</sub>类液体的装卸车应采用液下装卸车鹤管；

　　**7** 甲<sub>B</sub>、乙、丙<sub>A</sub>类液体与其他类液体的两个装卸车栈台相邻鹤位之间的距离不应小于 8m；

　　**8** 装卸车鹤位之间的距离不应小于 4m；双侧装卸车栈台相邻鹤位之间或同一鹤位相邻鹤管之间的距离应满足鹤管正常操作和检修的要求。

**6.4.3** 液化烃铁路和汽车的装卸设施应符合下列规定：

　　**1** 液化烃严禁就地排放；

　　**2** 低温液化烃装卸鹤位应单独设置；

　　**3** 铁路装卸栈台宜单独设置，当不同时作业时，可与可燃液体铁路装卸同台设置；

　　**4** 同一铁路装卸线一侧的两个装卸栈台相邻鹤位之间的距离不应小于 24m；

　　**5** 铁路装卸栈台两端和沿栈台每隔 60m 左右应设梯子；

　　**6** 汽车装卸车鹤位之间的距离不应小于 4m；双侧装卸车栈台相邻鹤位之间或同一鹤位相邻鹤管之间的距离应满足鹤管正常操作和检修的要求，液化烃汽车装卸栈台与可燃液体汽车装卸栈台相邻鹤位之间的距离不应小于 8m；

　　**7** 在距装卸车鹤位 10m 以外的装卸管道上应设便于操作的紧急切断阀；

　　**8** 汽车装卸车场应采用现浇混凝土地面；

　　**9** 装卸车鹤位与集中布置的泵的距离不应小于 10m。

**6.4.4** 可燃液体码头、液化烃码头应符合下列规定：

　　**1** 除船舶在码头泊位内外档停靠外，码头相邻泊位船舶间的防火间距不应小于表 6.4.4 的规定：

**表 6.4.4　码头相邻泊位船舶间的防火间距（m）**

| 船长（m） | 279～236 | 235～183 | 182～151 | 150～110 | <110 |
|---|---|---|---|---|---|
| 防火间距 | 55 | 50 | 40 | 35 | 25 |

　　**2** 液化烃泊位宜单独设置，当不同时作业时，可与其他可燃液体共用一个泊位；

　　**3** 可燃液体和液化烃的码头与其他码头或建筑物、构筑物的安全距离应按有关规定执行；

　　**4** 在距泊位 20m 以外或岸边处的装卸船管道上应设便于操作的紧急切断阀；

　　**5** 液化烃的装卸应采用装卸臂或金属软管，并应采取安全放空措施。

## 6.5　灌 装 站

**6.5.1** 液化石油气的灌装站应符合下列规定：

　　**1** 液化石油气的灌瓶间和储瓶库宜为敞开式或半敞开式建筑物，半敞开式建筑物下部应采取防止油气积聚的措施；

　　**2** 液化石油气的残液应密闭回收，严禁就地排放；

　　**3** 灌装站应设不燃烧材料隔离墙。如采用实体围墙，其下部应设通风口；

　　**4** 灌瓶间和储瓶库的室内应采用不发生火花的地面，室内地面应高于室外地坪，其高差不应小于 0.6m；

　　**5** 液化石油气缓冲罐与灌瓶间的距离不应小于 10m；

　　**6** 灌装站内应设有宽度不小于 4m 的环形消防车道，车道内缘转弯半径不宜小于 6m。

**6.5.2** 氢气灌瓶间的顶部应采取通风措施。

**6.5.3** 液氨和液氯等的灌装间宜为敞开式建筑物。

**6.5.4** 实瓶（桶）库与灌装间可设在同一建筑物内，但宜用实体墙隔开，并各设出入口。

**6.5.5** 液化石油气、液氨或液氯等的实瓶不应露天堆放。

## 6.6　厂 内 仓 库

**6.6.1** 石油化工企业应设置独立的化学品和危险品库区。甲、乙、丙类物品仓库，距其他设施的防火间距见表 4.2.12，并应符合下列规定：

　　**1** 甲类物品仓库宜单独设置；当其储量小于 5t 时，可与乙、丙类物品仓库共用一座建筑物，但应设独立的防火分区；

　　**2** 乙、丙类产品的储量宜按装置 2～15d 的产量计算确定；

　　**3** 化学品应按其化学物理特性分类储存，当物料性质不允许相互接触时，应用实体墙隔开，并各设出入口；

　　**4** 仓库应通风良好；

　　**5** 可能产生爆炸性混合气体或在空气中能形成粉尘、纤维等爆炸性混合物的仓库，应采用不发生火花的地面，需要时应设防水层。

**6.6.2** 单层仓库跨度不应大于 150m。每座合成纤维、合成橡胶、合成树脂及塑料单层仓库的占地面积不应大于 24000m²，每个防火分区的建筑面积不应大于 6000m²；当企业设有消防站和专职消防队且仓库设有工业电视监视系统时，每座合成树脂及塑料单层仓库的占地面积可扩大至 48000m²。

**6.6.3** 合成纤维、合成树脂及塑料等产品的高架仓库应符合下列规定：

　　**1** 仓库的耐火等级不应低于二级；

**2 货架应采用不燃烧材料。**

**6.6.4** 占地面积大于 1000m² 的丙类仓库应设置排烟设施，占地面积大于 6000m² 的丙类仓库宜采用自然排烟，排烟口净面积宜为仓库建筑面积的 5%。

**6.6.5** 袋装硝酸铵仓库的耐火等级不应低于二级。仓库内严禁存放其他物品。

**6.6.6** 盛装甲、乙类液体的容器存放在室外时应设防晒降温设施。

# 7 管道布置

## 7.1 厂内管线综合

**7.1.1** 全厂性工艺及热力管道宜地上敷设；沿地面或低支架敷设的管道不应环绕工艺装置或罐组布置，并不应妨碍消防车的通行。

**7.1.2** 管道及其桁架跨越厂内铁路线的净空高度不应小于 5.5m；跨越厂内道路的净空高度不应小于 5m。在跨越铁路或道路的可燃气体、液化烃和可燃液体管道上不应设置阀门及易发生泄漏的管道附件。

**7.1.3** 可燃气体、液化烃、可燃液体的管道穿越铁路线或道路时应敷设在管涵或套管内。

**7.1.4** 永久性的地上、地下管道不得穿越或跨越与其无关的工艺装置、系统单元或储罐组；在跨越罐区泵房的可燃气体、液化烃和可燃液体的管道上不应设置阀门及易发生泄漏的管道附件。

**7.1.5** 距散发比空气重的可燃气体设备 30m 以内的管沟应采取防止可燃气体窜入和积聚的措施。

**7.1.6** 各种工艺管道及含可燃液体的污水管道不应沿道路敷设在路面下或路肩上下。

## 7.2 工艺及公用物料管道

**7.2.1** 可燃气体、液化烃和可燃液体的金属管道除需要采用法兰连接外，均应采用焊接连接。公称直径等于或小于 25mm 的可燃气体、液化烃和可燃液体的金属管道和阀门采用锥管螺纹连接时，除能产生缝隙腐蚀的介质管道外，应在螺纹处采用密封焊。

**7.2.2** 可燃气体、液化烃和可燃液体的管道不得穿过与其无关的建筑物。

**7.2.3** 可燃气体、液化烃和可燃液体的采样管道不应引入化验室。

**7.2.4** 可燃气体、液化烃和可燃液体的管道应架空或沿地敷设。必须采用管沟敷设时，应采取防止可燃气体、液化烃和可燃液体在管沟内积聚的措施，并在进、出装置及厂房处密封隔断；管沟内的污水应经水封井排入生产污水管道。

**7.2.5** 工艺和公用工程管道共架多层敷设时宜将介质操作温度等于或高于 250℃ 的管道布置在上层，液化烃及腐蚀性介质管道布置在下层；必须布置在下层

的介质操作温度等于或高于 250℃ 的管道可布置在外侧，但不应与液化烃管道相邻。

**7.2.6** 氧气管道与可燃气体、液化烃和可燃液体的管道共架敷设时应布置在一侧，且平行布置时净距不应小于 500mm，交叉布置时净距不应小于 250mm。氧气管道与可燃气体、液化烃和可燃液体管道之间宜用公用工程管道隔开。

**7.2.7** 公用工程管道与可燃气体、液化烃和可燃液体的管道或设备连接时应符合下列规定：

  **1** 连续使用的公用工程管道上应设止回阀，并在其根部设切断阀；

  **2** 间歇使用的公用工程管道上应设止回阀和一道切断阀或设两道切断阀，并在两切断阀间设检查阀；

  **3** 仅在设备停用时使用的公用工程管道应设盲板或断开。

**7.2.8** 连续操作的可燃气体管道的低点应设两道排液阀，排出的液体应排放至密闭系统；仅在开停工时使用的排液阀，可设一道阀门，并加丝堵、管帽、盲板或法兰盖。

**7.2.9** 甲、乙_A 类设备和管道应有惰性气体置换设施。

**7.2.10** 可燃气体压缩机的吸入管道应有防止产生负压的措施。

**7.2.11** 离心式可燃气体压缩机和可燃液体泵应在其出口管道上安装止回阀。

**7.2.12** 加热炉燃料气调节阀前的管道压力等于或小于 0.4MPa（表），且无低压自动保护仪表时，应在每个燃料气调节阀与加热炉之间设置阻火器。

**7.2.13** 加热炉燃料气管道上的分液罐的凝液不应敞开排放。

**7.2.14** 当可燃液体容器内可能存在空气时，其入口管应从容器下部接入；若必须从上部接入，宜延伸至距容器底 200mm 处。

**7.2.15** 液化烃设备抽出管道应在靠近设备根部设置切断阀。容积超过 50m³ 的液化烃设备与其抽出泵的间距小于 15m 时，该切断阀应为带手动功能的遥控阀，遥控阀就地操作按钮距抽出泵的间距不应小于 15m。

**7.2.16** 进、出装置的可燃气体、液化烃和可燃液体的管道，在装置的边界处应设隔断阀和 8 字盲板，在隔断阀处应设平台，长度等于或大于 8m 的平台应在两个方向设梯子。

## 7.3 含可燃液体的生产污水管道

**7.3.1** 含可燃液体的污水及被严重污染的雨水应排入生产污水管道，但可燃气体的凝结液和下列水不得直接排入生产污水管道：

  **1** 与排水点管道中的污水混合后，温度超过

40℃的水；

　2　混合时产生化学反应能引起火灾或爆炸的污水。

**7.3.2**　生产污水排放应采用暗管或覆土厚度不小于200mm的暗沟。设施内部若必须采用明沟排水时，应分段设置，每段长度不宜超过30m，相邻两段之间的距离不宜小于2m。

**7.3.3**　生产污水管道的下列部位应设水封，水封高度不得小于250mm：

　1　工艺装置内的塔、加热炉、泵、冷换设备等区围堰的排水出口；

　2　工艺装置、罐组或其他设施及建筑物、构筑物、管沟等的排水出口；

　3　全厂性的支干管与干管交汇处的支干管上；

　4　全厂性支干管、干管的管段长度超过300m时，应用水封井隔开。

**7.3.4**　重力流循环回水管道在工艺装置总出口处应设水封。

**7.3.5**　当建筑物用防火墙分隔成多个防火分区时，每个防火分区的生产污水管道应有独立的排出口并设水封。

**7.3.6**　罐组内的生产污水管道应有独立的排出口，且应在防火堤外设置水封；在防火堤与水封之间的管道上应设置易开关的隔断阀。

**7.3.7**　甲、乙类工艺装置内生产污水管道的支干管、干管的最高处检查井宜设排气管。排气管的设置应符合下列规定：

　1　管径不宜小于100mm；

　2　排气管的出口应高出地面2.5m以上，并应高出距排气管3m范围内的操作平台、空气冷却器2.5m以上；

　3　距明火、散发火花地点15m半径范围内不应设排气管。

**7.3.8**　甲、乙类工艺装置内，生产污水管道的检查井井盖与盖座接缝处应密封，且井盖不得有孔洞。

**7.3.9**　工艺装置内生产污水系统的隔油池应符合本规范第5.4.1、5.4.2条的规定。

**7.3.10**　接纳消防废水的排水系统应按最大消防水量校核排水系统能力，并应设有防止受污染的消防水排出厂外的措施。

# 8　消　防

## 8.1　一般规定

**8.1.1**　石油化工企业应设置与生产、储存、运输的物料和操作条件相适应的消防设施，供专职消防人员和岗位操作人员使用。

**8.1.2**　当大型石油化工装置的设备、建筑物区占地面积大于10000m²小于20000m²时，应加强消防设施的设置。

## 8.2　消　防　站

**8.2.1**　大中型石油化工企业应设消防站。消防站的规模应根据石油化工企业的规模、火灾危险性、固定消防设施的设置情况，以及邻近单位消防协作条件等因素确定。

**8.2.2**　石油化工企业消防车辆的车型应根据被保护对象选择，以大型泡沫消防车为主，且应配备干粉或干粉-泡沫联用车；大型石油化工企业尚宜配备高喷车和通信指挥车。

**8.2.3**　消防站宜设置向消防车快速灌装泡沫液的设施，并宜设置泡沫液运输车，车上应配备向消防车输送泡沫液的设施。

**8.2.4**　消防站应由车库、通信室、办公室、值勤宿舍、药剂库、器材库、干燥室（寒冷或多雨地区）、培训学习室及训练场、训练塔以及其他必要的生活设施等组成。

**8.2.5**　消防车库的耐火等级不应低于二级；车库室内温度不宜低于12℃，并宜设机械排风设施。

**8.2.6**　车库、值勤宿舍必须设置警铃，并应在车库前场地一侧安装车辆出动的警灯和警铃。通信室、车库、值勤宿舍以及公共通道等处应设事故照明。

**8.2.7**　车库大门应面向道路，距道路边不应小于15m。车库前场地应采用混凝土或沥青地面，并应有不小于2%的坡度坡向道路。

## 8.3　消防水源及泵房

**8.3.1**　当消防用水由工厂水源直接供给时，工厂给水管网的进水管不应少于2条。当其中1条发生事故时，另1条应能满足100%的消防用水和70%的生产、生活用水总量的要求。消防用水由消防水池（罐）供给时，工厂给水管网的进水管，应能满足消防水池（罐）的补充水和100%的生产、生活用水总量的要求。

**8.3.2**　当工厂水源直接供给不能满足消防用水量、水压和火灾延续时间内消防用水总量要求时，应建消防水池（罐），并应符合下列规定：

　1　水池（罐）的容量，应满足火灾延续时间内消防用水总量的要求。当发生火灾能保证向水池（罐）连续补水时，其容量可减去火灾延续时间内的补充水量；

　2　水池（罐）的总容量大于1000m³时，应分隔成2个，并设带切断阀的连通管；

　3　水池（罐）的补水时间，不宜超过48h；

　4　当消防水池（罐）与生活或生产水池（罐）合建时，应有消防用水不作他用的措施；

　5　寒冷地区应设防冻措施；

**6** 消防水池（罐）应设液位检测、高低液位报警及自动补水设施。

**8.3.3** 消防水泵房宜与生活或生产水泵房合建，其耐火等级不应低于二级。

**8.3.4** 消防水泵应采用自灌式引水系统。当消防水池处于低液位不能保证消防水泵再次自灌启动时，应设辅助引水系统。

**8.3.5** 消防水泵的吸水管、出水管应符合下列规定：

**1** 每台消防水泵宜有独立的吸水管；2台以上成组布置时，其吸水管不应少于2条，当其中1条检修时，其余吸水管应能确保吸取全部消防用水量；

**2** 成组布置的水泵，至少应有2条出水管与环状消防水管道连接，两连接点间应设阀门。当1条出水管检修时，其余出水管应能输送全部消防用水量；

**3** 泵的出水管道应设防止超压的安全设施；

**4** 直径大于300mm的出水管道上阀门不应选用手动阀门，阀门的启闭应有明显标志。

**8.3.6** 消防水泵、稳压泵应分别设置备用泵；备用泵的能力不得小于最大一台泵的能力。

**8.3.7** 消防水泵应在接到报警后2min以内投入运行。稳高压消防给水系统的消防水泵应能依靠管网压降信号自动启动。

**8.3.8** 消防水泵应设双动力源；当采用柴油机作为动力源时，柴油机的油料储备量应能满足机组连续运转6h的要求。

## 8.4 消防用水量

**8.4.1** 厂区的消防用水量应按同一时间内的火灾处数和相应处的一次灭火用水量确定。

**8.4.2** 厂区同一时间内的火灾处数应按表8.4.2确定。

表8.4.2 厂区同一时间内的火灾处数

| 厂区占地面积（m²） | 同一时间内火灾处数 |
| --- | --- |
| ≤1000000 | 1处：厂区消防用水量最大处 |
| >1000000 | 2处：一处为厂区消防用水量最大处，另一处为厂区辅助生产设施 |

**8.4.3** 工艺装置、辅助生产设施及建筑物的消防用水量计算应符合下列规定：

**1** 工艺装置的消防用水量应根据其规模、火灾危险类别及消防设施的设置情况等综合考虑确定。当确定有困难时，可按表8.4.3选定；火灾延续供水时间不应小于3h；

**2** 辅助生产设施的消防用水量可按50L/s计算；火灾延续供水时间不宜小于2h；

**3** 建筑物的消防用水量应根据相关国家标准规范的要求进行计算；

**4** 可燃液体、液化烃的装卸栈台应设置消防给水系统，消防用水量不应小于60L/s；空分站的消防用水量宜为90～120L/s，火灾延续供水时间不宜小于3h。

表8.4.3 工艺装置消防用水量表（L/s）

| 装置类型 | 装置规模 | |
| --- | --- | --- |
| | 中型 | 大型 |
| 石油化工 | 150～300 | 300～600 |
| 炼油 | 150～230 | 230～450 |
| 合成氨及氨加工 | 90～120 | 120～200 |

**8.4.4** 可燃液体罐区的消防用水量计算应符合下列规定：

**1** 应按火灾时消防用水量最大的罐组计算，其水量应为配置泡沫混合液用水及着火罐和邻近罐的冷却用水量之和；

**2** 当着火罐为立式储罐时，距火罐罐壁1.5倍着火罐直径范围内的邻近罐应进行冷却；当着火罐为卧式储罐时，着火罐直径与长度之和的一半范围内的邻近地上罐应进行冷却；

**3** 当邻近立式储罐超过3个时，冷却水量可按3个罐的消防用水量计算；当着火罐为浮顶、内浮顶罐（浮盘用易熔材料制作的储罐除外）时，其邻近罐可不考虑冷却。

**8.4.5** 可燃液体地上立式储罐应设固定或移动式消防冷却水系统，其供水范围、供水强度和设置方式应符合下列规定：

**1** 供水范围、供水强度不应小于表8.4.5的规定；

表8.4.5 消防冷却水的供水范围和供水强度

| 项目 | 储罐型式 | | 供水范围 | 供水强度 | 附注 |
| --- | --- | --- | --- | --- | --- |
| 移动式水枪冷却 | 着火罐 | 固定顶罐 | 罐周全长 | 0.8L/s·m | — |
| | | 浮顶罐、内浮顶罐 | 罐周全长 | 0.6L/s·m | 注1、2 |
| | 邻近罐 | | 罐周半长 | 0.7L/s·m | — |
| 固定式冷却 | 着火罐 | 固定顶罐 | 罐壁表面积 | 2.5L/min·m² | — |
| | | 浮顶罐、内浮顶罐 | 罐壁表面积 | 2.0L/min·m² | 注1、2 |
| | 邻近罐 | | 罐壁表面积的1/2 | 2.5L/min·m² | 注3 |

注：**1** 浮盘用易熔材料制作的内浮顶罐按固定顶罐计算；
　　**2** 浅盘式内浮顶罐按固定顶罐计算；
　　**3** 按实际冷却面积计算，但不得小于罐壁表面积的1/2。

**2** 罐壁高于 17m 储罐、容积等于或大于 10000m³ 储罐、容积等于或大于 2000m³ 低压储罐应设置固定式消防冷却水系统；

**3** 润滑油罐可采用移动式消防冷却水系统；

**4** 储罐固定式冷却水系统应有确保达到冷却水强度的调节设施；

**5** 控制阀应设在防火堤外，并距被保护罐壁不宜小于 15m。控制阀后及储罐上设置的消防冷却水管道应采用镀锌钢管。

**8.4.6** 可燃液体地上卧式罐宜采用移动式水枪冷却。冷却面积应按罐表面积计算。供水强度：着火罐不应小于 6L/min·m²；邻近罐不应小于 3L/min·m²。

**8.4.7** 可燃液体储罐消防冷却用水的延续时间：直径大于 20m 的固定顶罐和直径大于 20m 浮盘用易熔材料制作的内浮顶罐应为 6h；其他储罐可为 4h。

## 8.5 消防给水管道及消火栓

**8.5.1** 大型石油化工企业的工艺装置区、罐区等，应设独立的稳高压消防给水系统，其压力宜为 0.7～1.2MPa。其他场所采用低压消防给水系统时，其压力应确保灭火时最不利点消火栓的水压不低于 0.15MPa（自地面算起）。消防给水系统不应与循环冷却水系统合并，且不应用于其他用途。

**8.5.2** 消防给水管道应环状布置，并应符合下列规定：

**1** 环状管道的进水管不应少于 2 条；

**2** 环状管道应用阀门分成若干独立管段，每段消火栓的数量不宜超过 5 个；

**3** 当某个管段发生事故时，独立的消防给水管道的其余环段应能满足 100% 的消防用水量的要求；与生产、生活合用的消防给水管道应能满足 100% 的消防用水和 70% 的生产、生活用水的总量要求；

**4** 生产、生活用水量应按 70% 最大小时用水量计算；消防用水量应按最大秒流量计算。

**8.5.3** 消防给水管道应保持充水状态。地下独立的消防给水管道应埋设在冰冻线以下，管顶距冰冻线不应小于 150mm。

**8.5.4** 工艺装置区或罐区的消防给水干管的管径应经计算确定。独立的消防给水管道的流速不宜大于 3.5m/s。

**8.5.5** 消火栓的设置应符合下列规定：

**1** 宜选用地上式消火栓；

**2** 消火栓宜沿道路敷设；

**3** 消火栓距路面边不宜大于 5m；距建筑物外墙不宜小于 5m；

**4** 地上式消火栓距城市型道路路边不宜小于 1m；距公路型双车道路肩边不宜小于 1m；

**5** 地上式消火栓的大口径出水口应面向道路。当其设置场所有可能受到车辆冲撞时，应在其周围设

置防护设施；

**6** 地下式消火栓应有明显标志。

**8.5.6** 消火栓的数量及位置，应按其保护半径及被保护对象的消防用水量等综合计算确定，并应符合下列规定：

**1** 消火栓的保护半径不应超过 120m；

**2** 高压消防给水管道上消火栓的出水量应根据管道内的水压及消火栓出口要求的水压计算确定，低压消防给水管道上公称直径为 100mm、150mm 消火栓的出水量可分别取 15L/s、30L/s。

**8.5.7** 罐区及工艺装置区的消火栓应在其四周道路边设置，消火栓的间距不宜超过 60m。当装置内设有消防道路时，应在道路边设置消火栓。距被保护对象 15m 以内的消火栓不应计算在该保护对象可使用的数量之内。

**8.5.8** 与生产或生活合用的消防给水管道上的消火栓应设切断阀。

## 8.6 消防水炮、水喷淋和水喷雾

**8.6.1** 甲、乙类可燃气体、可燃液体设备的高大构架和设备群应设置水炮保护。

**8.6.2** 固定式水炮的布置应根据水炮的设计流量和有效射程确定其保护范围。消防水炮距被保护对象不宜小于 15m。消防水炮的出水量宜为 30～50L/s，水炮应具有直流和水雾两种喷射方式。

**8.6.3** 工艺装置内固定水炮不能有效保护的特殊危险设备及场所宜设水喷淋或水喷雾系统，其设计应符合下列规定：

**1** 系统供水的持续时间、响应时间及控制方式等应根据被保护对象的性质、操作需要确定；

**2** 系统的控制阀可露天设置，距被保护对象不宜小于 15m；

**3** 系统的报警信号及工作状态应在控制室控制盘上显示；

**4** 本规范未作规定者，应按现行国家标准《水喷雾灭火系统设计规范》GB 50219 的有关规定执行。

**8.6.4** 工艺装置内加热炉、甲类气体压缩机、介质温度超过自燃点的泵及换热设备、长度小于 30m 的油泵房附近等宜设消防软管卷盘，其保护半径为 20m。

**8.6.5** 工艺装置内的甲、乙类设备的构架平台高出其所处地面 15m 时，宜沿梯子敷设半固定式消防给水竖管，并应符合下列规定：

**1** 按各层需要设置带阀门的管牙接口；

**2** 平台面积小于或等于 50m² 时，管径不宜小于 80mm；大于 50m² 时，管径不宜小于 100mm；

**3** 构架平台长度大于 25m 时，宜在另一侧梯子处增设消防给水竖管，且消防给水竖管的间距不宜大于 50m。

8.6.6 液化烃泵、操作温度等于或高于自燃点的可燃液体泵，当布置在管廊、可燃液体设备、空冷器等下方时，应设置水喷雾（水喷淋）系统或用消防水炮保护泵，喷淋强度不低于 9L/m² · min。

8.6.7 在寒冷地区设置的消防软管卷盘、消防水炮、水喷淋或水喷雾等消防设施应采取防冻措施。

### 8.7 低倍数泡沫灭火系统

8.7.1 可能发生可燃液体火灾的场所宜采用低倍数泡沫灭火系统。

8.7.2 下列场所应采用固定式泡沫灭火系统：

**1** 甲、乙类和闪点等于或小于 90℃ 的丙类可燃液体的固定顶罐及浮盘为易熔材料的内浮顶罐：

    **1)** 单罐容积等于或大于 10000m³ 的非水溶性可燃液体储罐；

    **2)** 单罐容积等于或大于 500m³ 的水溶性可燃液体储罐；

**2** 甲、乙类和闪点等于或小于 90℃ 的丙类可燃液体的浮顶罐及浮盘为非易熔材料的内浮顶罐：单罐容积等于或大于 50000m³ 的非水溶性可燃液体储罐；

**3** 移动消防设施不能进行有效保护的可燃液体储罐。

8.7.3 下列场所可采用移动式泡沫灭火系统：

**1** 罐壁高度小于 7m 或容积等于或小于 200m³ 的非水溶性可燃液体储罐；

**2** 润滑油储罐；

**3** 可燃液体地面流淌火灾、油池火灾。

8.7.4 除本规范第 8.7.2 条及第 8.7.3 条规定外的可燃液体罐宜采用半固定式泡沫灭火系统。

8.7.5 泡沫灭火系统控制方式应符合下列规定：

**1** 单罐容积等于或大于 20000m³ 的固定顶罐及浮盘为易熔材料的内浮顶罐应采用远程手动启动的程序控制；

**2** 单罐容积等于或大于 100000m³ 的浮顶罐及内浮顶罐应采用远程手动启动的程序控制；

**3** 单罐容积等于或大于 50000m³ 并小于 100000m³ 的浮顶罐及内浮顶罐宜采用远程手动启动的程序控制。

### 8.8 蒸汽灭火系统

8.8.1 工艺装置有蒸汽供给系统时，宜设固定式或半固定式蒸汽灭火系统，但在使用蒸汽可能造成事故的部位不得采用蒸汽灭火。

8.8.2 灭火蒸汽管应从主管上方引出，蒸汽压力不宜大于 1MPa。

8.8.3 半固定式灭火蒸汽快速接头（简称半固定式接头）的公称直径应为 20mm；与其连接的耐热胶管长度宜为 15～20m。

8.8.4 灭火蒸汽管道的布置应符合下列规定：

**1** 加热炉的炉膛及输送腐蚀性可燃介质或带堵头的回弯头箱内应设固定蒸汽灭火筛孔管（简称固定式筛孔管），筛孔管的蒸汽管道应从蒸汽分配管引出，蒸汽分配管距加热炉不宜小于 7.5m，并至少应预留 2 个半固定式接头；

**2** 室内空间小于 500m³ 的封闭式甲、乙、丙类泵房或甲类气体压缩机房内应沿一侧墙高出地面 150～200mm 处设固定式筛孔管，并沿另一侧墙壁适当设置半固定式接头，在其他甲、乙、丙类泵房或可燃气体压缩机房内应设半固定式接头；

**3** 在甲、乙、丙类设备区附近宜设半固定式接头，在操作温度等于或高于自燃点的气体或液体设备附近宜设固定蒸汽筛孔管，其阀门距设备不宜小于 7.5m；

**4** 在甲、乙、丙类设备的多层构架或塔类联合平台的每层或隔一层宜设半固定式接头；

**5** 甲、乙、丙类设备附近设置软管站时，可不另设半固定式灭火蒸汽快速接头；

**6** 固定式筛孔管或半固定式接头的阀门应安装在明显、安全和开启方便的地点。

8.8.5 固定筛孔管灭火系统的蒸汽供给强度应符合下列规定：

**1** 封闭式厂房或加热炉炉膛不宜小于 0.003kg/s · m³；

**2** 加热炉管回弯头箱不宜小于 0.0015kg/s · m³。

### 8.9 灭火器设置

8.9.1 生产区内宜设置干粉型或泡沫型灭火器，控制室、机柜间、计算机室、电信站、化验室等宜设置气体型灭火器。

8.9.2 生产区内设置的单个灭火器的规格宜按表 8.9.2 选用。

表 8.9.2 灭火器的规格

| 灭火器类型 | 干粉型（碳酸氢钠） | | 泡沫型 | | 二氧化碳 | |
| --- | --- | --- | --- | --- | --- | --- |
| | 手提式 | 推车式 | 手提式 | 推车式 | 手提式 | 推车式 |
| 灭火剂充装量　容量（L） | — | — | 9 | 60 | — | — |
| 灭火剂充装量　重量（kg） | 6 或 8 | 20 或 50 | — | — | 5 或 7 | 30 |

**8.9.3** 工艺装置内手提式干粉型灭火器的选型及配置应符合下列规定：

**1** 扑救可燃气体、可燃液体火灾宜选用钠盐干粉灭火剂，扑救可燃固体表面火灾应采用磷酸铵盐干粉灭火剂，扑救烷基铝类火灾宜采用 D 类干粉灭火剂；

**2** 甲类装置灭火器的最大保护距离不宜超过 9m，乙、丙类装置不宜超过 12m；

**3** 每一配置点的灭火器数量不应少于 2 个，多层构架应分层配置；

**4** 危险的重要场所宜增设推车式灭火器。

**8.9.4** 可燃气体、液化烃和可燃液体的铁路装卸栈台应沿栈台每 12m 处上下各分别设置 2 个手提式干粉型灭火器。

**8.9.5** 可燃气体、液化烃和可燃液体的地上罐组宜按防火堤内面积每 400m² 配置 1 个手提式灭火器，但每个储罐配置的数量不宜超过 3 个。

**8.9.6** 灭火器的配置，本规范未作规定者，应按现行国家标准《建筑灭火器配置设计规范》GB 50140 的有关规定执行。

## 8.10 液化烃罐区消防

**8.10.1** 液化烃罐区应设置消防冷却水系统，并应配置移动式干粉等灭火设施。

**8.10.2** 全压力式及半冷冻式液化烃储罐采用的消防设施应符合下列规定：

**1** 当单罐容积等于或大于 1000m³ 时，应采用固定式水喷雾（水喷淋）系统及移动消防冷却水系统；

**2** 当单罐容积大于 100m³，且小于 1000m³ 时，应采用固定式水喷雾（水喷淋）系统或固定式水炮及移动式消防冷却系统；当采用固定式水炮作为固定消防冷却设施时，其冷却用水量不宜小于水量计算值的 1.3 倍，消防水炮保护范围应覆盖每个液化烃罐；

**3** 当单罐容积小于或等于 100m³ 时，可采用移动式消防冷却水系统，其罐区消防冷却用水量不得低于 100L/s。

**8.10.3** 液化烃罐区的消防冷却总水量应按储罐固定式消防冷却用水量与移动消防冷却用水量之和计算。

**8.10.4** 全压力式及半冷冻式液化烃储罐固定式消防冷却水系统的用水量计算应符合下列规定：

**1** 着火罐冷却水供给强度不应小于 9 L/min·m²；

**2** 距着火罐罐壁 1.5 倍着火直径范围内的邻近罐冷却水供给强度不应小于 9L/min·m²；

**3** 着火罐冷却面积应按其罐体表面积计算；邻近罐冷却面积应按其半个罐体表面积计算；

**4** 距着火罐罐壁 1.5 倍着火直径范围内的邻近罐超过 3 个时，冷却水量可按 3 个罐的用水量计算。

**8.10.5** 移动消防冷却用水量应按罐组内最大一个储罐用水量确定，并应符合下列规定：

**1** 储罐容积小于 400m³ 时，不应小于 30L/s；大于或等于 400m³ 小于 1000m³ 时，不应小于 45L/s；大于或等于 1000m³ 时，不应小于 80L/s；

**2** 当罐组只有一个储罐时，计算用水量可减半。

**8.10.6** 全冷冻式液化烃储罐的固定消防冷却供水系统的设置应符合下列规定：

**1** 当单防罐外壁为钢制时，其消防用水量按火罐和距着火罐 1.5 倍直径范围内邻近罐的固定消防冷却用水量及移动消防用水量之和计算。罐壁冷却水供给强度不小于 2.5L/min·m²，邻近罐冷却面积按半个罐壁考虑，罐顶冷却水强度不小于 4L/min·m²；

**2** 当双防罐、全防罐外壁为钢筋混凝土结构时，管道进出口等局部危险处应设置水喷雾系统，冷却水供给强度为 20L/min·m²，罐顶和罐壁可不考虑冷却；

**3** 储罐四周应设固定水炮及消火栓。

**8.10.7** 液化烃罐区的消防用水延续时间按 6h 计算。

**8.10.8** 全压力式、半冷冻式液化烃储罐固定式冷却水系统可采用水喷雾或水喷淋系统等型式；但当储罐储存的物料燃烧，在罐壁可能生成碳沉积时，应设水喷雾系统。

**8.10.9** 当储罐采用固定式消防冷却水系统时，对储罐的阀门、液位计、安全阀等宜设水喷雾或水喷淋喷头保护。

**8.10.10** 全压力式、半冷冻式液化烃储罐固定式消防冷却水管道的设置应符合下列规定：

**1** 储罐容积大于 400m³ 时，供水竖管应采用 2 条，并对称布置；采用固定水喷雾系统时，罐体管道设置宜分为上半球和下半球 2 个独立供水系统；

**2** 消防冷却水系统可采用手动或遥控控制阀，当储罐容积等于或大于 1000m³ 时，应采用遥控控制阀；

**3** 控制阀应设在防火堤外，距被保护罐壁不宜小于 15m；

**4** 控制阀前应设置带旁通阀的过滤器，控制阀后与储罐上设置的管道，应采用镀锌管。

**8.10.11** 移动式消防冷却水系统可采用水枪或移动式消防水炮。

**8.10.12** 沸点低于 45℃甲$_B$类液体压力球罐的消防冷却应按液化烃全压力式储罐要求设置。

**8.10.13** 全压力式及半冷冻式液氨储罐宜采用固定式水喷雾系统和移动式消防冷却水系统，冷却水供给强度不宜小于 6L/min·m²，其他消防要求与全压力式及半冷冻式液化烃储罐相同。

全冷冻式液氨储罐的消防冷却水系统按照全冷冻式液化烃储罐外壁为钢制单防罐的要求设置。

## 8.11 建筑物内消防

**8.11.1** 建筑物内消防系统的设置应根据其火灾危险性、操作条件、建筑物特点和外部消防设施等情况，综合考虑确定。

**8.11.2** 室内消火栓的设置应符合下列要求：

**1** 甲、乙、丙类厂房（仓库）、高层厂房及高架仓库应在各层设置室内消火栓，当单层厂房长度小于30m时可不设；

**2** 甲、乙类厂房（仓库）、高层厂房及高架仓库的室内消火栓间距不应超过30m，其他建筑物的室内消火栓间距不应超过50m；

**3** 多层甲、乙类厂房和高层厂房应在楼梯间设置半固定式消防竖管，各层设置消防水带接口；消防竖管的管径不小于100mm，其接口应设在室外便于操作的地点；

**4** 室内消火栓给水管网与自动喷水灭火系统的管网可引自同一消防给水系统，但应在报警阀前分开设置；

**5** 消火栓配置的水枪应为直流-水雾两用枪，当室内消火栓栓口处的出水压力大于0.50MPa时，应设置减压设施。

**8.11.3** 控制室、机柜间、变配电所的消防设施应符合下列规定：

**1** 建筑物的耐火等级、防火分区、内部装修及空调系统设计等应符合国家相关规范的有关规定；

**2** 应设置火灾自动报警系统，且报警信号盘应设在24h有人值班场所；

**3** 当电缆沟进口处有可能形成可燃气体积聚时，应设可燃气体报警器；

**4** 应按现行国家标准《建筑灭火器配置设计规范》GB 50140 的要求设置手提式和推车式气体灭火器。

**8.11.4** 单层仓库的消防设计应符合下列规定：

**1** 占地面积超过3000m² 的合成橡胶、合成树脂及塑料等产品的仓库及占地面积超过1000m² 的合成纤维仓库，应设自动喷水灭火系统且应由厂区稳高压消防给水系统供水；

**2** 高架仓库的货架间运输通道宜设置遥控式高架水炮；

**3** 应设置火灾自动报警系统；

**4** 设有自动喷水灭火系统的仓库宜设置消防排水设施。

**8.11.5** 挤压造粒厂房的消防设计应满足下列要求：

**1** 各层应设置室内消火栓，并应配置消防软管卷盘或轻便消防水龙；

**2** 在楼梯间应设置室内消火栓系统，并在室外设置水泵结合器；

**3** 应设置火灾自动报警系统；

**4** 应按现行国家标准《建筑灭火器配置设计规范》GB 50140 的要求设置手提式和推车式干粉灭火器。

**8.11.6** 烷基铝类催化剂配制区的消防设计应符合下列规定：

**1** 储罐应设置在有钢筋混凝土隔墙的独立半敞开式建筑物内，并宜设有烷基铝泄漏的收集设施；

**2** 应设置火灾自动报警系统；

**3** 配制区宜设置局部喷射式 D 类干粉灭火系统，其控制方式应采用手动遥控启动；

**4** 应配置干砂等灭火设施。

**8.11.7** 烷基铝类储存仓库应设置火灾自动报警系统，并配置干砂、蛭石、D 类干粉灭火器等灭火设施。

**8.11.8** 建筑物内消防设计，本规范未作规定者，应按现行国家标准《建筑设计防火规范》GB 50016 的有关规定执行。

## 8.12 火灾报警系统

**8.12.1** 石油化工企业的生产区、公用及辅助生产设施、全厂性重要设施和区域性重要设施的火灾危险场所应设置火灾自动报警系统和火灾电话报警。

**8.12.2** 火灾电话报警的设计应符合下列规定：

**1** 消防站应设置可受理不少于 2 处同时报警的火灾受录音电话，且应设置无线通信设备；

**2** 在生产调度中心、消防水泵站、中央控制室、总变配电所等重要场所应设置与消防站直通的专用电话。

**8.12.3** 火灾自动报警系统的设计应符合下列规定：

**1** 生产区、公用及辅助生产设施、全厂性设施和区域性重要设施等火灾危险场所应设置区域性火灾自动报警系统；

**2** 2 套及 2 套以上的区域性火灾自动报警系统宜通过网络集成为全厂性火灾自动报警系统；

**3** 火灾自动报警系统应设置警报装置。当生产区有扩音对讲系统时，可兼作为警报装置；当生产区无扩音对讲系统时，应设置声光警报器；

**4** 区域性火灾报警控制器应设置在该区域的控制室内；当该区域无控制室时，应设置在24h有人值班的场所，其全部信息应通过网络传输到中央控制室；

**5** 火灾自动报警系统可接收电视监视系统（CCTV）的报警信息，重要的火灾报警点应同时设置电视监视系统；

**6** 重要的火灾危险场所应设置消防应急广播。当使用扩音对讲系统作为消防应急广播时，应能切换至消防应急广播状态；

**7** 全厂性消防控制中心宜设置在中央控制室或生产调度中心，宜配置可显示全厂消防报警平面图的终端。

**8.12.4** 甲、乙类装置区周围和罐组四周道路边应设置手动火灾报警按钮，其间距不宜大于100m。

**8.12.5** 单罐容积大于或等于30000m³的浮顶罐密封圈处应设置火灾自动报警系统；单罐容积大于或等于10000m³并小于30000m³的浮顶罐密封圈处宜设置火灾自动报警系统。

**8.12.6** 火灾自动报警系统的220V AC主电源应优先选择不间断电源（UPS）供电。直流备用电源应采用火灾报警控制器的专用蓄电池，应保证在主电源事故时持续供电时间不少于8h。

**8.12.7** 火灾报警系统的设计，本规范未作规定者，应按现行国家标准《火灾自动报警系统设计规范》GB 50116的有关规定执行。

# 9 电　气

## 9.1　消防电源、配电及一般要求

**9.1.1** 当仅采用电源作为消防水泵房设备动力源时，应满足现行国家标准《供配电系统设计规范》GB 50052所规定的一级负荷供电要求。

**9.1.2** 消防水泵房及其配电室应设消防应急照明，照明可采用蓄电池作备用电源，其连续供电时间不应少于30min。

**9.1.3** 重要消防低压用电设备的供电应在最末一级配电装置或配电箱处实现自动切换，其配电线路宜采用耐火电缆。

**9.1.4** 装置内的电缆沟应有防止可燃气体积聚或含有可燃液体的污水进入沟内的措施。电缆沟通入变配电所、控制室的墙洞处应填实、密封。

**9.1.5** 距散发比空气重的可燃气体设备30m以内的电缆沟、电缆隧道应采取防止可燃气体窜入和积聚的措施。

**9.1.6** 在可能散发比空气重的甲类气体装置内的电缆应采用阻燃型，并宜架空敷设。

## 9.2　防　雷

**9.2.1** 工艺装置内建筑物、构筑物的防雷分类及防雷措施应按现行国家标准《建筑物防雷设计规范》GB 50057的有关规定执行。

**9.2.2** 工艺装置内露天布置的塔、容器等，当顶板厚度等于或大于4mm时，可不设避雷针、线保护，但必须设防雷接地。

**9.2.3** 可燃气体、液化烃、可燃液体的钢罐必须设防雷接地，并应符合下列规定：

　　**1** 甲$_B$、乙类可燃液体地上固定顶罐，当顶板厚度小于4mm时，应装设避雷针、线，其保护范围应包括整个储罐；

　　**2** 丙类液体储罐可不设避雷针、线，但应设防感应雷接地；

　　**3** 浮顶罐及内浮顶罐可不设避雷针、线，但应将浮顶与罐体用两根截面不小于25mm²的软铜线作电气连接；

　　**4** 压力储罐不设避雷针、线，但应做接地。

**9.2.4** 可燃液体储罐的温度、液位等测量装置应采用铠装电缆或钢管配线，电缆外皮或配线钢管与罐体应做电气连接。

**9.2.5** 防雷接地装置的电阻要求应按现行国家标准《石油库设计规范》GB 50074、《建筑物防雷设计规范》GB 50057的有关规定执行。

## 9.3　静电接地

**9.3.1** 对爆炸、火灾危险场所内可能产生静电危险的设备和管道，均应采取静电接地措施。

**9.3.2** 在聚烯烃树脂处理系统、输送系统和料仓区应设置静电接地系统，不得出现不接地的孤立导体。

**9.3.3** 可燃气体、液化烃、可燃液体、可燃固体的管道在下列部位应设静电接地设施：

　　**1** 进出装置或设施处；

　　**2** 爆炸危险场所的边界；

　　**3** 管道泵及泵入口永久过滤器、缓冲器等。

**9.3.4** 可燃液体、液化烃的装卸栈台和码头的管道、设备、建筑物、构筑物的金属构件和铁路钢轨等（作阴极保护者除外），均应做电气连接并接地。

**9.3.5** 汽车罐车、铁路罐车和装卸栈台应设静电专用接地线。

**9.3.6** 每组专设的静电接地体的接地电阻值宜小于100Ω。

**9.3.7** 除第一类防雷系统的独立避雷针装置的接地体外，其他用途的接地体，均可用于静电接地。

**9.3.8** 静电接地的设计，本规范未作规定者，尚应符合现行有关标准、规范的规定。

# 附录A　防火间距起止点

**A.0.1** 区域规划、工厂总平面布置以及工艺装置或设施内平面布置的防火间距起止点为：

　　设备——设备外缘；

　　建筑物（敞开或半敞开式厂房除外）——最外侧轴线；

　　敞开式厂房——设备外缘；

　　半敞开式厂房——根据物料特性和厂房结构型式确定；

　　铁路——中心线；

道路——路边；

码头——输油臂中心及泊位；

铁路装卸鹤管——铁路中心线；

汽车装卸鹤位——鹤管立管中心线；

储罐或罐组——罐外壁；

高架火炬——火炬筒中心；

架空通信、电力线——线路中心线；

工艺装置——最外侧的设备外缘或建筑物的最外侧轴线。

## 本规范用词说明

1　为便于在执行本规范条文时区别对待，对要求严格程度不同的用词说明如下：

　　1) 表示很严格，非这样做不可的用词：

　　　　正面词采用"必须"，反面词采用"严禁"。

　　2) 表示严格，在正常情况下均应这样做的用词：

　　　　正面词采用"应"，反面词采用"不应"或"不得"。

　　3) 表示允许稍有选择，在条件许可时首先应这样做的用词：

　　　　正面词采用"宜"，反面词采用"不宜"；

　　　　表示有选择，在一定条件下可以这样做的用词，采用"可"。

2　本规范中指明应按其他有关标准、规范执行的写法为"应符合……的规定"或"应按……执行"。

# 中华人民共和国国家标准

# 石油化工企业设计防火规范

GB 50160—2008

条 文 说 明

# 目　次

# 1 总 则

**1.0.1** 本条体现了在石油化工企业防火设计过程中"以人为本"、"预防为主、防消结合"的理念,做到设计本质安全。要求设计、建设、生产管理和消防监督部门人员密切结合,防止和减少石油化工企业火灾危害,保护人身和财产安全。

**1.0.2** 本条规定了本规范的适用范围。规范内容主要是针对石油化工企业加工物料及产品易燃、易爆的特性和操作条件高温、高压的特点制订的。

新建石油化工工程的防火设计应严格遵守本规范。以煤为原料的煤化工工程,除煤的运输、储存、处理等以外,后续加工过程与石油化工相同,可参照执行本规范。就地扩建或改建的石油化工工程的防火设计应首先按本规范执行,当执行本规范某些条款确有困难时,在采取有效的防火措施后,可适当放宽要求,但应进行风险分析和评估,并得到有关主管部门的认可。

组成石油化工企业的工艺装置或装置内单元参见本规范第 4.2.12 条的条文说明。

**1.0.3** 本规范编制过程中,先后调查了多个石油化工企业,了解和收集了原规范执行情况,总结了石油化工企业防火设计的经验和教训,对有些技术问题进行了专题研究;同时,吸收了国外石油化工防火规范中先进的技术和理念,并与国内相关的标准规范相协调。

另外,石油化工企业防火设计涉及专业较多,对于一些专业性较强,本规范已有明确规定的均应按本规范执行,本规范未作规定者应执行国家现行的有关标准规范。

# 2 术 语

**2.0.3** 生产区的设施包括罐组、装卸设施、灌装站、泵或泵房、原料(成品)仓库、污水处理场、火炬等。

**2.0.4** 石油化工企业内的公用和辅助生产设施主要指锅炉房和自备电站、变电所、电信站、空压站、空分站、消防水泵房(站)、循环水场、环保监测站、中心化验室、备品备件库、机修厂房、汽车库等。

**2.0.5** 第一类全厂性重要设施主要指全厂性的办公楼、中央控制室、化验室、消防站、电信站等。

第二类全厂性重要设施主要指全厂性的锅炉房和自备电站、变电所、空压站、空分站、消防水泵房(站)、循环水场的冷却塔等。

**2.0.6** 区域性重要设施主要指区域性的办公楼、控制室、变配电所等。

**2.0.8** 明火设备主要指明火加热炉、废气焚烧炉、乙烯裂解炉等。

**2.0.13** 装置内单元,如催化裂化装置的反应单元、分馏单元;乙烯装置的裂解单元、压缩单元等。

**2.0.21** 沸溢性液体主要指原油、渣油、重油等。

**2.0.33** 地面火炬分为封闭式和敞开式。

# 3 火灾危险性分类

**3.0.1** 与现行国家标准《建筑设计防火规范》GB 50016 对可燃气体的分类(分级)相协调,本规范对可燃气体也采用以爆炸下限作为分类指标,将其分为甲、乙两类。可燃气体的火灾危险性分类举例见表 1。

**表 1 可燃气体的火灾危险性分类举例**

| 类别 | 名 称 |
|---|---|
| 甲 | 乙炔,环氧乙烷,氢气,合成气,硫化氢,乙烯,氰化氢,丙烯,丁烯,丁二烯,顺丁烯,反丁烯,甲烷,乙烷,丙烷,丁烷,丙二烯,环丙烷,甲胺,环丁烷,甲醛,甲醚(二甲醚),氯甲烷,氯乙烯,异丁烷,异丁烯 |
| 乙 | 一氧化碳,氨,溴甲烷 |

**3.0.2** 可燃液体的火灾危险性分类:

**1** 规定可燃液体的火灾危险性的最直接指标是蒸气压。蒸气压越高,危险性越大。但可燃液体的蒸气压较低,很难测量。所以,世界各国都是根据可燃液体的闪点(闭杯法)确定其火灾危险性。闪点越低,危险性越大。

在具体分类方面与现行国家标准《石油库设计规范》GB 50074、《建筑设计防火规范》GB 50016 是协调的。

考虑到应用于石油化工企业时,需要确定可能释放出形成爆炸性混合物的可燃气体所在的位置或点(释放源),以便据之确定火灾和爆炸危险场所的范围,故将乙类又细分为乙$_A$(闪点≥28℃至≤45℃)、乙$_B$(闪点>45℃至<60℃)两小类。

将丙类又细分为丙$_A$(闪点 60℃至 120℃)、丙$_B$(闪点>120℃)两小类。与现行国家标准《石油库设计规范》GB 50074 是协调一致的。

**2** 关于液化烃的火灾危险性分类问题。

液化烃在石油化工企业中是加工和储存的重要物料之一,因其蒸气压大于"闪点<28℃的可燃液体",故其火灾危险性大于"闪点<28℃"的其他可燃液体。

液化烃泄漏而引起的火灾、爆炸事故,在我国石油化工企业的火灾、爆炸事故中所占比例也较大。

法国、荷兰及英国等国家的有关标准在其可燃液体的火灾危险性分类中,都将液化烃列为第Ⅰ类,美国、德国、意大利等国都单独制定液化烃储存和运输规范。

结合我国国家标准《石油库设计规范》GB 50074、《建筑设计防火规范》GB 50016 对油品生产的火灾危险性分类的具体情况，本规范将液化烃和其他可燃液体合并在一起统一进行分类，将甲类又细分为甲$_A$（液化烃）、甲$_B$（除甲$_A$类以外，闪点＜28℃）两小类。

3 操作温度对乙、丙类可燃液体火灾危险性的影响问题。

各国在其可燃液体的危险性分类、有关石油化工企业的安全防火规范及爆炸危险场所划分的规范中，都有关于操作温度对乙、丙类液体的火灾危险性影响的规定。我国的生产管理人员对此也有明确的意见和要求。因为乙、丙类液体的操作温度高于其闪点时，气体挥发量增加，危险性也随之而增加。故本规范在这方面也作了类似的、相应的规定。

丙$_B$类液体的操作温度高于其闪点时，气体挥发量增加，危险性也随之而增加，将其危险性升至乙$_A$类又太高，实际上由于泄漏扩散时周围环境温度的影响，其危险性又有所降低。故本次修改火灾危险性升至乙$_B$类。但丙$_B$类液体的操作温度高于其沸点时，一旦发生泄漏，危险性较大，此种情况下丙$_B$类液体火灾危险性升至乙$_A$。

4 关于"液化烃"、"可燃液体"的名称问题。

1）因为液化石油气专指以$C_3$、$C_4$或由其为主所组成的混合物。而本规范所涉及的不仅是液化石油气，还涉及乙烯、乙烷、丙烯等单组分液化烃类，故统称为"液化烃"。

2）在国内外的有关规范中，对烃类液体和醇、醚、醛、酮、酸、酯类及氨、硫、卤素化合物的称谓有两种：有的按闪点细分为"易燃液体和可燃液体"，有的统称为"可燃液体"。本规范采用后者，统称为"可燃液体"。

5 液化烃、可燃液体的火灾危险性分类举例见表2。

**表2 液化烃、可燃液体的火灾危险性分类举例**

| 类别 | | 名 称 |
|---|---|---|
| 甲 | A | 液化氯甲烷，液化顺式-2-丁烯，液化乙烯，液化乙烷，液化反式-2-丁烯，液化环丙烷，液化丙烯，液化环丁烷，液化新戊烷，液化丁烯，液化丁烷，液化氯乙烯，液化环氧乙烷，液化丁二烯，液化异丁烷，液化异丁烯，液化石油气，液化二甲胺，液化三甲胺，液化二甲基亚硫，液化甲醚（二甲醚） |

续表2

| 类别 | | 名 称 |
|---|---|---|
| 甲 | B | 异戊二烯，异戊烷，汽油，戊烷，二硫化碳，异己烷，己烷，石油醚，异庚烷，环戊烷，环己烷，辛烷，异辛烷，苯，庚烷，石脑油，原油，甲苯，乙苯，邻二甲苯，间、对二甲苯，异丁醇，乙醚，乙醛，环氧丙烷，甲酸甲酯，乙胺，二乙胺，丙酮，丁醛，三乙胺，醋酸乙烯，甲乙酮，丙烯腈，醋酸乙酯，醋酸异丙酯，二氯乙烯，甲醇，异丙醇，乙醇，醋酸丙酯，丙醇，醋酸异丁酯，甲酸丁酯，吡啶，二氯乙烷，醋酸丁酯，醋酸异戊酯，甲酸戊酯，丙烯酸甲酯，甲基叔丁基醚，液态有机过氧化物 |
| 乙 | A | 丙苯，环氧氯丙烷，苯乙烯，喷气燃料，煤油，丁醇，氯苯，乙二胺，戊醇，环己酮，冰醋酸，异戊醇，异丙苯，液氨 |
| | B | 轻柴油，硅酸乙酯，氯乙醇，氯丙醇，二甲基甲酰胺，二乙基苯 |
| 丙 | A | 重柴油，苯胺，锭子油，酚，甲酚，糠醛，20号重油，苯甲醛，环己醇，甲基丙烯酸，甲酸，乙二醇丁醚，甲醛，糖醇，辛醇，单乙醇胺，丙二醇，乙二醇，二甲基乙酰胺 |
| | B | 蜡油，100号重油，渣油，变压器油，润滑油，二乙二醇醚，三乙二醇醚，邻苯二甲酸二丁酯，甘油，联苯-联苯醚混合物，二氯甲烷，二乙醇胺，三乙醇胺，二乙二醇，三乙二醇，液体沥青，液硫 |

6 闪点小于60℃且大于或等于55℃的轻柴油，当储罐操作温度小于或等于40℃时，其火灾危险性可视为丙$_A$类。其原因如下：随着轻柴油标准和国际标准接轨，柴油闪点由60℃降至45~55℃，柴油的火灾危险性分类就由原来的丙$_A$类变成乙$_B$类。有关研究表明：柴油闪点降低以后，其发生火灾的几率增加了，但其危害性后果没有增加，特别是当其操作温度小于或等于40℃时，其发生火灾的几率和火灾事故后果的严重性都没有增加。因此，对闪点小于60℃且大于或等于55℃的轻柴油，当储罐操作温度小于或等于40℃时，其火灾危险性可视为丙$_A$类。由于石油化工企业生产过程中，轻柴油的操作温度一般大于40℃，此时，轻柴油仍应按乙$_B$类。

**3.0.3** 甲、乙、丙类固体的火灾危险性分类举例见表3。

**表3 甲、乙、丙类固体的火灾危险性分类举例**

| 类别 | 名　称 |
|------|--------|
| 甲 | 黄磷，硝化棉，硝化纤维胶片，喷漆棉，火胶棉，赛璐珞棉，锂，钠，钾，铯，锶，铷，铯，氢化锂，氢化钾，磷化钙，碳化钙，四氢化锂铝，硝汞齐，碳化铝，过氧化钾，过氧化钠，过氧化钡，过氧化锶，过氧化钙，高氯酸钾，高氯酸钠，高氯酸钡，高氯酸铵，高氯酸镁，高锰酸钾，高锰酸钠，硝酸钠，硝酸铵，硝酸钡，氯酸钾，氯酸钠，氯酸铵，次亚氯酸钙，过氧化二乙酰，过氧化二苯甲酰，过氧化二异丙苯，过氧化氢苯甲酰，（邻、间、对）二硝基苯，2-2二硝基苯酚，二硝基甲苯，二硝基奈，三硫化四磷，五硫化二磷，赤磷，氨基化钠 |
| 乙 | 硝酸镁，硝酸钙，亚硝酸钾，过硫酸钾，过硫酸钠，过硫酸铵，过硼酸钠，重铬酸钾，重铬酸钠，高锰酸钙，高氯酸银，高碘酸钾，溴酸钠，碘酸钠，亚氯酸钠，五氧化二碘，三氧化铬，五氧化二磷，奈，蒽，菲，樟脑，铁粉，铝粉，锰粉，钛粉，咔唑，三聚甲醛，松香，均四甲苯，聚甲醛偶氮二异丁腈，赛璐珞片，联苯胺，噻吩，苯磺酸钠，环氧树脂，酚醛树脂，聚丙烯腈，季戊四醇，己二酸，炭黑，聚氨酯，硫黄（颗粒度小于2mm） |
| 丙 | 石蜡，沥青，苯二甲酸，聚酯，有机玻璃，橡胶及其制品，玻璃钢，聚乙烯醇，ABS塑料，SAN塑料，乙烯树脂，聚碳酸酯，聚丙烯酰胺，己内酰胺，尼龙6，尼龙66，丙纶纤维，蒽醌，（邻、间、对）苯二酚，聚苯乙烯，聚乙烯，聚丙烯，聚氯乙烯，精对苯二甲酸，双酚A，硫黄（工业成型颗粒度大于等于2mm），过氯乙烯，偏氯乙烯，三聚氰胺，聚醚，聚苯硫醚，硬酯酸钙，苯酐，顺酐 |

**3.0.4** 设备的火灾危险性类别是根据设备操作介质的火灾危险性类别确定的。例如汽油为甲$_B$类，汽油泵的火灾危险性类别定为甲$_B$。

**3.0.5** 厂房的火灾危险性类别是以布置在厂房内设备的火灾危险性类别确定的。例如布置甲$_B$类汽油泵的厂房，其火灾危险性类别为甲类，确切地说为甲$_B$类，但现行国家标准《建筑设计防火规范》GB 50016统定为甲类。

布置有不同火灾危险类别设备的同一房间，当火灾危险类别最高的设备所占面积比例小于5%时，即使发生火灾事故，其不足以蔓延到其他部位或采取防火措施能防止火灾蔓延，故可按火灾危险类别较低的设备确定。

# 4 区域规划与工厂总平面布置

## 4.1 区域规划

**4.1.3** 石油化工企业生产区应避免布置在通风不良的地段，以防止可燃气体积聚，增加火灾爆炸危险。

**4.1.4** 江河内通航的船只大小不一，尤其是民用船

经常在船上使用明火，生产区泄漏的可燃液体一旦流入水域，很可能与上述明火接触而发生火灾爆炸事故，从而可能给下游的重要设施或建筑物、构筑物带来威胁。

**4.1.5** 石油化工企业泄漏的可燃液体一旦流出厂区，有可能与明火接触而引发火灾爆炸事故，造成人员伤亡和财产损失；泄漏的可燃液体和受污染的消防水未经处理直接排放，会对居住区、水域及土壤造成重大环境污染。例如：2005年11月13日吉林石化公司双苯厂苯胺装置发生爆炸，爆炸事故中受污染的消防水排入松花江，形成了80km长的污染带，污染带沿江而下，不仅对下游居民的饮水安全、渔业生产等构成了威胁，而且殃及中俄边界的水体。但本条所要求采用的措施不含罐组应设的防火堤。为了防止泄漏的可燃液体和受污染的消防水流出厂区，需另外增设有效设施。如设置路堤道路、事故存液池、受污染的消防水池（罐）、雨水监控池、排水总出口设置切断阀等设施，确保泄漏的可燃液体和受污染的消防水不直接排至厂外。

**4.1.6** 公路系指国家、地区、城市以及除厂内道路以外的公用道路，这些公路均有公共车辆通行，甚至工厂专用的厂外道路，也会有厂外的汽车、拖拉机、行人等通行。如果公路穿行生产区，会给防火、安全管理、保卫工作带来很大隐患。

地区架空电力线电压等级一般为35kV以上，若穿越生产区，一旦发生倒杆、断线或导线打火等意外事故，便有可能影响生产并引发火灾造成人员伤亡和财产损失。反之，生产区内一旦发生火灾或爆炸事故，对架空电力线也有威胁。

**4.1.7** 建在山区的石油化工企业，由于受地形限制，区域性排洪沟往往可能通过厂区，甚至贯穿生产区，若发生事故，可燃气体和液体流入排洪沟内，一旦遇明火即可能被引燃，燃烧的水面顺流而下，会对下游邻近设施带来威胁。区域性排洪沟一般会汇入下游某一水体，泄漏的可燃液体和受污染的消防水一旦流入区域排洪沟，会对下游水体造成重大环境污染。例如，某厂排水沟（实际是排洪沟）因沟内积聚大量油气，检修时遇明火而燃烧，致使长达200多米的排洪沟起火，所以当区域排洪沟通过厂区时应采取防止泄漏的可燃液体和受污染的消防水流入区域排洪沟的措施。

**4.1.8** 地区输油（输气）管道系指与本企业生产无关的输油管道、输气管道。此类管道若穿越厂区，其生产管理与石油化工企业的生产管理相互影响，且一旦泄漏或发生火灾会对石油化工企业造成威胁。同样，石油化工企业生产区发生火灾爆炸事故也会对输油、输气管道造成影响。

**4.1.9**

**1** 高架火炬的防火间距应根据人或设备允许的

辐射热强度计算确定。

1）根据美国石油协会标准 API RP521 Guide for Pressure-Relieving and Depressuring Systems（泄压和降压系统导则）和一些国外工程公司关于火炬设计布置原则，可以考虑在火炬辐射热强度大于 1.58kW/m² 的区域内布置一些设备和设施，但应按照表 4 的要求检查操作人员工作条件，以采取适当的防护措施确保操作人员的安全。

2）厂外居民区、公共福利设施、村庄等公众人员活动的区域，火炬辐射热强度应控制在不大于 1.58kW/m²。

**表 4　火炬辐射热对人员影响（不包括太阳辐射）**

| 辐射热强度 $q$（kW/m²） | 裸露皮肤达到痛感的时间（s） | 条　件 |
|---|---|---|
| 1.58 | — | 人员穿有适当衣服可长期停留的地点 |
| 1.74 | 60 | — |
| 2.33 | 40 | — |
| 2.90 | 30 | — |
| 4.73 | 16 | 无热辐射屏蔽设施，操作人员穿有适当防护衣时，可停留几分钟的地点 |
| 6.31 | 8（20s 起泡） | 无热辐射屏蔽设施，操作人员穿有适当防护衣时，最多可停留 1min 的地点 |
| 9.46 | 6 | 在火炬设计流量排放燃烧时，操作人员有可能进入的区域，如火炬塔架根部或火炬附近高耸设备的操作平台处，但暴露时间应限于几秒钟，并应有充分的逃离通道 |
| 11.67 | 4 | — |

注：太阳的辐射热强度一般为 0.79～1.04kW/m²。

3）设备能够安全地承受比对人体高得多的热辐射强度。在热辐射强度 1.58～3.20kW/m² 的区域可布置设备，如果在此区域布置的设备为低熔点材料（如铝、塑料）设备、热敏性介质设备等时，需要考虑热辐射所造成的影响；在热辐射强度大于 3.20kW/m² 的区域布置设备时，需要对热辐射的影响做出安全评估。

4）不仅要考虑火炬辐射热对地面人员安全的影响，也要考虑对在高塔和构架上操作人员安全的影响。在可能受到火炬热辐射强度达到 4.73kW/m² 区域的高塔和构架平台的梯子应设置在背离火炬的一侧，以便在火炬气突然排放时操作人员可迅速安全撤离。

5）当火炬排放的可燃气体中携带可燃液体时，可能因不完全燃烧而产生火雨。据调查，火炬火雨洒落范围为 60～90m。因此，为了确保安全，对可能携带可燃液体的高架火炬的防火间距作了特别规定。

**2**　居民区、公共福利设施及村庄都是人员集中的场所，为了确保人身安全和减少与石油化工企业相互间的影响，规定了较大的防火间距，其中液化烃罐组至居民区、公共福利设施及村庄的防火间距采用了现行国家标准《建筑设计防火规范》GB 50016 的规定。

**3**　至相邻工厂的防火间距：表中相邻工厂指除石油化工企业和油库以外的工厂。由于相邻工厂围墙内的规划与实施不可预见，故防火间距的计算从石油化工企业内距相邻工厂最近的设备、建筑物起至相邻工厂围墙止。当相邻工厂围墙内的设施已经建设或规划并批准，防火间距可算至相邻工厂围墙内已经建设或规划并批准的设施，但应与相邻工厂达成一致意见，并经安全主管部门批准。

**4**　与厂外铁路线、厂外公路、变配电站的防火间距，参照现行国家标准《建筑设计防火规范》GB 50016 的规定。为了确保国家铁路线、国家或工业区编组站、高等级公路的安全，对此适当增加防火间距。

**5**　甲、乙类可燃液体罐组的火灾规模、扑救难度均大于生产装置，且发生泄漏后造成的危害更大。因此，甲、乙类可燃液体罐组与相邻工厂或设施之间规定了较大的防火间距。

**6**　石油化工企业的重要设施一旦受火灾影响，会影响生产并可能造成人员伤亡。为了减少相邻工厂或设施发生火灾时对石油化工企业重要设施的影响，规定了重要设施与相邻工厂或设施的防火间距。但当相邻工厂的设施不生产或储存可燃物质时，防火间距可减少。

**7**　石油化工企业与地区输油（输气）管道的防火间距参照现行国家标准《输油管道工程设计规范》GB 50253、《输气管道工程设计规范》GB 50251 的规定。

**8**　装卸油品码头系指非本企业专用的装卸油品码头。为了减少装卸油品码头和石油化工企业发生火灾时相互的影响，规定了"与装卸油品码头的防火间距"。

**4.1.10**　目前，全国各地出现不少石油化工工业区，在石油化工工业区内各企业生产性质类同，企业间不设围墙或共用围墙现象较多，这些企业生产性质、管理水平、人员素质、消防设施的配备等类似，执行的防火规范相同或相近，因此在满足安全、节约用地的前提下，规定了石油化工企业与同类企业及油库的防火间距。

## 4.2 工厂总平面布置

**4.2.1** 石油化工企业的生产特点：

**1** 工厂的原料、成品或半成品大多是可燃气体、液化烃和可燃液体。

**2** 生产大多是在高温、高压条件下进行，可燃物质可能泄漏的几率高，火灾危险性较大。

**3** 工艺装置和全厂储运设施占地面积较大，可燃气体散发较多，是全厂防火的重点；水、电、蒸汽、压缩空气等公用设施，需靠近工艺装置布置；工厂管理是全厂生产指挥中心，人员集中，要求安全、环保等。

根据上述石油化工企业的生产特点，为了安全生产，满足各类设施的不同要求，防止或减少火灾的发生及相互间的影响，在总平面布置时，应结合地形、风向等条件，将上述工艺装置、各类设施等划分为不同的功能区，既有利于安全防火，也便于操作和管理。

**4.2.3** 在山丘地区建厂，由于地形起伏较大，为减少土石方工程量，厂区大多采用阶梯式竖向布置。若液化烃罐组或可燃液体罐组，布置在高于工艺装置、全厂性重要设施或人员集中场所的阶梯上，则可能泄漏的可燃气体或液体会扩散或漫流到下一个阶梯，易发生火灾爆炸事故。因此，储存液化烃或可燃液体的储罐应尽量布置在较低的阶梯上。如因受地形限制或有工艺要求时，可燃液体原料罐也可布置在比受油装置高的阶梯上，但为了确保安全，应采取防止泄漏的可燃液体流入工艺装置、全厂性重要设施或人员集中场所的措施。如：阶梯上的可燃液体原料罐组可设钢筋混凝土防火堤或土堤；防火堤内有效容积不小于一台最大储罐的容量；罐区周围可采用路堤式道路等措施。

**4.2.4** 若将液化烃或可燃液体储罐紧靠排洪沟布置，储罐一旦泄漏，泄漏的可燃气体或液体易进入排洪沟；而排洪沟顺厂区延伸，难免因明火或火花落入沟内，引起火灾。因此，规定对储存大量液化烃或可燃液体的储罐不宜紧靠排洪沟布置。

**4.2.5** 空分站要求吸入的空气应洁净，若空气中含有乙炔及其他可燃气体等，一旦被吸入空分装置，则有可能引起设备爆炸等事故。如1997年我国某石油化工企业空分站因吸入甲烷等可燃气体，引起主蒸发器发生粉碎性爆炸造成重大人员伤亡和财产损失。因此，要求将空分站布置在不受上述气体污染的地段，若确有困难，也可将吸风口用管道延伸到空气较清洁的地段。

**4.2.6** 全厂性高架火炬在事故排放时可能产生"火

雨"，且在燃烧过程中，还会产生大量的热、烟雾、噪声和有害气体等。尤其在风的作用下，如吹向生产区，对生产区的安全有很大威胁。为了安全生产，故规定全厂性高架火炬宜位于生产区全年最小频率风向的上风侧。

**4.2.7** 汽车装卸设施、液化烃灌装站和全厂性仓库等，由于汽车来往频繁，汽车排气管可能喷出火花，若穿行生产区极不安全；而且，随车人员大多数是外单位的，情况比较复杂。为了厂区的安全与防火，上述设施应靠厂区边缘布置，设围墙与厂区隔开，并设独立出入口直接对外，或远离厂区独立设置。

**4.2.8** 泡沫站应布置在非防爆区，为避免罐区发生火灾产生的辐射热使泡沫站失去消防作用，并与现行国家标准《低倍数泡沫灭火系统设计规范》GB 50151相协调，规定"与可燃液体罐的防火间距不宜小于20m。"

**4.2.9** 由厂外引入的架空电力线路的电压一般在35kV以上，若架空伸入厂区，一是需留有高压走廊，占地面积大，二是一旦发生火灾损坏高压架空电力线，影响全厂生产。若采用埋地敷设，技术比较复杂也不经济。为了既有利于安全防火，又比较经济合理，故规定总变电所应布置在厂区边缘，但宜尽量靠近负荷中心。距负荷中心过远，由总变电所向各用电设施引线过多过长也不经济。

**4.2.10** 消防站服务半径以行车距离和行车时间表示，对现行国家标准《建筑设计防火规范》GB 50016规定的丁、戊类火灾危险性较小的场所则放宽要求，以便区别对待。

行车车速按每小时30km考虑，5min的行车距离即为2.5km。当前我国石油化工厂主要依靠移动消防设备扑救火灾，故要求消防车的行车时间比较严格，若主要依靠固定消防设施灭火，行车时间可适当放宽。故执行本条时，尚应考虑固定消防设施的设置情况。为使消防站能满足迅速、安全、及时扑救火灾的要求，故对消防站的位置做出具体规定。

**4.2.11** 绿化是工厂的重要组成部分，合理的绿化设计既可美化环境，改善小气候，又可防止火灾蔓延，减少空气污染。但绿化设计必须紧密结合各功能区的生产特点，在火灾危险性较大的生产区，应选择含水分较多的树种，以利防火。如某厂在道路一侧的油罐起火，道路另一侧的油罐未加水喷淋冷却保护，只因有行道树隔离，仅被大火烤黄烤焦但未起火，油罐未受威胁。可见绿化的防火作用。假如行道树是含油脂较多的针叶树等，其效果就会完全相反，不仅不能起隔离保护作用，甚至会引燃树木而扩大火势。因此，选择有利防火的树种是非常重要的。但在人员集中的生产管理区，进行绿化设计则以美化环境、净化空气为主。

在绿化布置形式上还应注意，在可能散发可燃气体的工艺装置、罐组、装卸区等周围地段，不得种植绿篱或茂密的连续式的绿化带，以免可燃气体积聚，且不利于消防。

可燃液体罐组内植草皮是南方某些厂多年实践经验的结果，由于罐组内植草皮，有利于降低环境温度，减少可燃液体挥发损失，有利于防火。但生长高度不得超过15cm，而且应能保持四季常绿，否则，冬季枯黄反而对防火不利。

为避免泄漏的气体就地积聚，液化烃罐组内严禁任何绿化。否则，不利于泄漏的可燃气体扩散，一旦遇明火引燃，危及储罐安全。

**4.2.12**

**1** 制定防火间距的原则和依据：

1) 防止或减少火灾的发生及发生火灾时工艺装置或设施间的相互影响。参考国外有关火灾爆炸危险范围的规定，将可燃液体敞口设备的危险范围定为22.5m，密闭设备定为15m。

2) 辐射热影响范围。根据天津消防研究所有关油罐灭火实验资料：5000m³油罐火灾，距罐壁 $D$（22.86m）、距地面 $H$（13.63m）的测点，辐射热强度最大值为 4.92kW/m²，平均值为 3.21 kW/m²；100m³油罐火灾，距罐壁 $D$（5.42m）、距地面 $H$（5.51m）的测点，辐射热强度最大值为 12.79kW/m²，平均值为 8.28kW/m²。

3) 火灾几率及其影响范围。根据1954～1984年炼油厂较大火灾事例的统计分析，各类设施的火灾比例：工艺装置为69%、储罐为10%、铁路装卸站台为5%、隔油池为3%、其他为13%。其中火灾比例较大的装置火灾影响范围约10m。1996～2002年石油化工企业较大火灾事例的统计分析，各类设施的火灾比例：工艺装置为66%、储罐为19%、铁路装卸站台为7%、隔油池为3%、其他为5%。国外调研装置火灾影响范围约50ft（15m）。

4) 重要设施重点保护。对发生火灾可能造成全厂停产或重大人身伤亡的设施，均应重点保护，即使该设施火灾危险性较小，也需远离火灾危险性较大的场所，以确保其安全。在本次修订中，为了突出对人员的保护，贯彻"以人为本"的理念，将重要设施分为两类。发生火灾时可能造成重大人身伤亡的设施为第一类重要设施，制定了更大的防火间距。如：全厂性办公楼、中央控制室、化验室、消防站、电信站等；发生火灾时影响全厂生产的设施为第二类重要设施，也制定了较大的防火间距。如：全厂性锅炉房和自备电站、变电所、空压站、空分站、消防水泵房、新鲜水加压泵房、循环水场冷却塔等。

5) 减少对厂外公共环境的影响。国外石油化工企业非常重视在事故状态下对社会公共环境的影响，厂内危险设备距厂区围墙（边界）的间距一般较大，将火灾事故状态下一定强度的辐射热控制在厂区围墙

内。在本次修订中，适当加大了厂内危险设备与厂区围墙的间距，可以使爆炸危险区范围控制在厂区围墙内，并将厂内的火灾影响范围有效控制在厂区围墙内；同时也可降低厂外明火及火花对厂内危险设备的威胁。

6) 消防能力及水平。石油化工企业在长期生产实践过程中，总结了丰富的消防经验，扑救工艺装置火灾有得力措施，尤其是油罐消防技术比较成熟，消防设备也更加先进，在设计上也提高了企业的整体消防能力和水平。防火间距的制定结合目前的消防能力和水平，并为扑救火灾创造条件。

7) 扑救火灾的难易程度。一般情况下，油罐的火灾、工艺装置重大火灾爆炸事故扑救较困难，其他设施的火灾比较容易扑救。

8) 节约用地。在满足防火安全要求的前提下，尽可能减少工程占地。

9) 与国际接轨。在结合我国国情、满足安全生产要求的基础上，参考国外有关标准，吸取先进技术和成功经验。

**2** 制定防火间距的基本方法。组成石油化工企业的设施种类繁多，各有其特点，因此，在制定防火间距时，首先对主要设施（如工艺装置、储罐、明火及重要设施）之间进行分析研究，确定其防火间距，然后以此为基础对其他设施进行对照，再综合分析比较，逐一制定防火间距。其中，对建筑物之间的防火间距，本规范未作规定的均按现行国家标准《建筑设计防火规范》GB 50016执行。

**3** 执行本规范表4.2.12时，需注意以下问题：

1) 工厂内工艺装置、设施之间防火间距按此表执行，工艺装置或设施内防火间距不按此表执行。

2) 工艺装置、设施之间的防火间距，无论相互间有无围墙，均以装置或设施相邻最近的设备或建筑物作为起止点（装置储罐组以防火堤中心线作为起止点）。防火间距起止点的规定见本规范附录A。

3) 工艺装置的防火间距：①工艺装置均以装置或装置内生产单元的火灾危险性确定与相邻装置或设施的防火间距。②炼油装置以装置的火灾危险性确定与相邻装置或设施的防火间距；但对于联合装置应以联合装置内各装置的火灾危险性确定与相邻装置或设施的防火间距，联合装置内重要的设施（如：控制室、变配电所、办公楼等）均比照甲类火灾危险性装置确定与相邻装置或设施的防火间距；当两套装置的控制室、变配电所、办公室相邻布置时，其防火间距可执行现行国家标准《建筑设计防火规范》GB 50016。焦化装置的焦炭池和硫黄回收装置的硫黄仓库可按丙类装置确定与相邻装置或设施的防火间距。③石油化工装置以装置内生产单元的火灾危险性确定与相邻装置或设施的防火间距；装置内重要的设施（如：控制室、变配电所、办公楼等）均比照甲类

火灾危险性单元确定与相邻装置或设施的防火间距；当两套装置的控制室、变配电所、办公室相邻布置时，其防火间距可执行现行国家标准《建筑设计防火规范》GB 50016。

4）与可燃气体、液化烃或可燃液体罐组的防火间距，均以相邻最大容积的单罐确定。因罐组内火灾的影响范围取决于单罐容积的大小，大罐影响范围大，小罐影响范围小。国外标准也以单罐为准。含可燃液体的酸性水罐、废碱液等储罐，与相邻设施的防火间距按其所含可燃液体的最大量确定。

5）与码头装卸设施的防火间距，均以相邻最近的装卸油臂或油轮停靠的泊位确定。

6）与液化烃或可燃液体铁路装卸设施的防火间距，均以相邻最近的铁路装卸线（中心线）、泵房或零位罐等确定。

7）与液化烃或可燃液体汽车装卸台的防火间距无论相互间有无围墙，均以相邻最近的装卸鹤管、泵房或计量罐等确定。

8）与高架火炬的防火间距，即使火炬筒附近设有分液罐等，均以火炬筒中心确定。火炬之间的防火间距要保证辐射热不影响相邻火炬的检修和运行，同时考虑风向、火焰长度等因素，其他要求详见第4.1.9条条文说明。

9）与污水处理场的防火间距，指与污水处理场内隔油池、污油罐的防火间距，与污水处理场内其他设备或建（构）筑物的防火间距，见表4.2.12注2、注10。

10）当石油化工企业与同类企业相邻布置时，石油化工企业内的设施与厂区围墙（同类企业相邻侧）的间距，满足消防操作、检修、管线敷设等要求即可。

11）对于石油化工企业内已建装置或设施改扩建工程，已建装置或设施与厂区围墙的间距不能满足本规范要求时，可结合历史原因及周边现状考虑。

12）消防站作为消防的重要设施必须考虑自身人员和设备的安全。消防站内24h有人值班，与一些重大危险区域应保持一定的安全间距，故规定与甲类装置的防火间距不小于50m。

**4** 可燃液体储罐采用氮气密封，既能防止油气与空气接触，又能避免油气向外扩散，对安全防火有利，其效果类似浮顶罐。

可燃液体采用密闭装卸，设油气密闭回收系统，可防止或减少油气就地散发，极大地减少火灾爆炸事故发生的可能性。

**5** 当为本石油化工企业设置的输油首末站布置在石油化工企业厂区内时，执行石油化工企业总平面布置的防火间距。

**6** 工艺装置或装置内单元的火灾危险性分类举例见表5～表7。

**表5 工艺装置或装置内单元的火灾危险性分类举例（炼油部分）**

| 类别 | 装置（单元名称） |
| --- | --- |
| 甲 | 加氢裂化，加氢精制，制氢，催化重整，催化裂化，气体分馏，烷基化，叠合，丙烷脱沥青，气体脱硫，液化石油气硫醇氧化，液化石油气化学精制，喷雾蜡腊油，延迟焦化，常减压蒸馏，汽油再蒸馏，汽油电化学精制，酮苯脱蜡脱油，汽油硫醇氧化，减黏裂化，硫黄回收 |
| 乙 | 轻柴油电化学精制，酚精制，煤油电化学精制，煤油硫醇氧化，空气分离，煤油尿素脱蜡，煤油分子筛脱蜡，轻柴油分子筛脱蜡 |
| 丙 | 糠醛精制，润滑油和蜡的白土精制，蜡成型，石蜡氧化，沥青氧化 |

**表6 工艺装置或装置内单元的火灾危险性分类举例（石油化工部分）**

| 类别 | 装置（单元）名称 |
| --- | --- |
| | Ⅰ 基本有机化工原料及产品 |
| 甲 | 管式炉（含卧式、立式、毫秒炉等各型炉）蒸汽裂解制乙烯、丙烯装置；裂解汽油加氢装置；芳烃抽提装置；对二甲苯装置；对二甲苯二甲酯装置；环氧乙烷装置；石脑油催化重整装置；制氢装置；环己烷装置；丙烯腈装置；苯乙烯装置；碳四抽提丁二烯装置；丁烯氧化脱氢制丁二烯装置；甲烷部分氧化制乙炔装置；乙烯直接法制乙醛装置；苯酚丙酮装置；乙烯氧化法制氯乙烯装置；乙烯直接水合法制乙醇装置；对苯二甲酸装置（精对苯二甲酸装置）；合成甲醇装置；乙醛氧化制乙酸（醋酸）装置的乙醛储罐、乙醛氧化单元；环氧氯丙烷装置的丙烯储罐组和丙烯压缩、氯化、精馏、次氯酸化单元；羰基合成制丁醇装置的一氧化碳、氢气、丙烯储罐组和压缩、合成、蒸馏缩合、丁醛加氢单元；羰基合成制异辛醇装置的一氧化碳、氢气、丙烯储罐组和压缩、合成丁醛、缩合脱水、2-乙基己烯醛加氢单元；烷基苯装置的煤油加氢、分子筛脱蜡（正戊烷，异辛烷，对二甲苯脱附），正构烷烃（$C_{10}$～$C_{13}$）催化脱氢、单烯烃（$C_{10}$～$C_{13}$）与苯用HF催化烷基化和苯、SO$_2$、脱附剂、液化石油气，轻质油等储运单元；双酚A装置的原料预制及回收、反应及脱水、反应物精制单元；MTBE装置；二甲醚装置；1-4丁烯二醇装置 |
| 乙 | 乙醛氧化制乙酸（醋酸）装置的乙酸精馏单元和乙酸、氧气储罐组；乙酸裂解制醋酐装置；环氧氯丙烷装置的中和环化单元、环氧氯丙烷储罐组；羰基合成制丁醇装置的蒸馏精制单元和丁醇储罐组；烷基苯装置的原料煤油、脱蜡煤油、轻蜡、燃料油储运单元；合成洗衣粉装置的烷基苯与SO$_3$磺化单元；合成洗衣粉装置的硫黄储运单元；双酚A装置的造粒包装单元 |
| 丙 | 乙二醇装置的乙二醇蒸发脱水精制单元和乙二醇储罐组；羰基合成制异辛醇装置的异辛醇蒸馏精制单元和异辛醇储罐组；烷基苯装置的热油（联苯＋联苯醚）系统，含HF物质中和处理系统单元；合成洗衣粉装置的烷基苯磺酸与苛性钠中和、烷基苯磺酸钠与添加剂（羰甲基纤维素，三聚磷酸钠等）合成单元 |

| 类别 | 装置（单元）名称 |
|---|---|
| | Ⅱ　合成橡胶 |
| 甲 | 丁苯橡胶和丁腈橡胶装置的单体、化学品储存、聚合、单体回收单元；乙丙橡胶、异戊橡胶和顺丁橡胶装置的单体、催化剂、化学品储存和配置、聚合、胶乳储存混合、凝聚、单体与溶剂回收单元；氯丁橡胶装置的乙炔催化合成乙烯基乙炔、催化加成或丁二烯氯化成氯丁二烯，聚合、胶乳储存混合、凝聚单元；丁基橡胶装置的丙烯乙烯冷却、聚合凝聚、溶剂回收单元 |
| 丙 | 丁苯橡胶和丁腈橡胶装置的化学品配制、胶乳混合、后处理（凝聚、干燥、包装）、储运单元；乙丙橡胶、顺丁橡胶、氯丁橡胶和异戊橡胶装置的后处理（脱水、干燥、包装）、储运单元；丁基橡胶装置的后处理单元 |
| | Ⅲ　合成树脂及塑料 |
| 甲 | 高压聚乙烯装置的乙烯储罐、乙烯压缩、催化剂配制、聚合、分离、造粒单元；气相法聚乙烯装置的烷基铝储运、原料精制、催化剂配制、聚合、脱气、尾气回收单元；液相法（淤浆法）聚乙烯装置的原料精制、烷基铝储运、催化剂配制、聚合、分离、干燥、溶剂回收单元；高压聚乙烯装置的乙烯储罐、乙烯压缩、催化剂配制、聚合、造粒单元；低密度聚乙烯装置的丁二烯、$H_2$、丁基铝储运、净化、催化剂配制、聚合、溶剂回收单元；低压聚乙烯装置的乙烯、化学品储运、配料、聚合、醇解、过滤、溶剂回收单元；聚氯乙烯装置的氯乙烯储运、聚合单元；聚乙烯醇装置的乙炔、甲醇储运、配料、合成醋酸乙烯、聚合、精馏、回收单元；本体法连续制聚苯乙烯装置的通用型聚苯乙烯的乙苯储运、脱氢、配料、聚合、脱气及高抗冲聚苯乙烯的橡胶溶解配料、其余单元同通用型ABS塑料装置的丙烯腈、丁二烯、苯乙烯储运、预处理、配料、聚合、凝聚单元；SAN塑料装置的苯乙烯、丙烯腈储运、配料、聚合脱气、凝聚单元；聚丙烯装置的本体法连续聚合的丙烯储运、催化剂配制、聚合，闪蒸、干燥、单体精制与回收及溶剂法的丙烯储运、催化剂配制、聚合、醇解、洗涤、过滤、溶剂回收单元；聚甲醛装置；聚醚装置；聚苯硫醚装置；环氧树脂装置；酚醛树脂装置 |
| 乙 | 聚乙烯醇装置的醋酸储运单元 |
| 丙 | 高压聚乙烯装置的掺合、包装、储运单元<br>气相法聚乙烯装置的后处理（挤压造粒、料仓、包装）、储运单元<br>液相法（淤浆法）聚乙烯装置的后处理（挤压造粒、料仓、包装）、储运单元<br>聚氯乙烯装置的过滤、干燥、包装、储运单元<br>聚乙烯醇装置的干燥、包装、储运单元<br>聚丙烯装置的挤压造粒、料仓、包装单元<br>本体法连续制聚苯乙烯装置的造粒、包装、储运单元<br>ABS塑料和SAN塑料装置的干燥、造粒、料仓、包装、储运单元<br>聚苯乙烯装置的本体法连续聚合的造粒、料仓、包装、储运及溶剂法的干燥、掺和、包装、储运单元 |

| 类别 | 装置（单元）名称 |
|---|---|
| | Ⅳ　合成氨及氨加工产品 |
| 甲 | 合成氨装置的烃类蒸气转化或部分氧化法制合成气（$N_2+H_2+CO$）、脱硫、变换、脱$CO_2$、铜洗、甲烷化、压缩、合成、原料烃类单元和煤气储罐组<br>硝酸铵装置的结晶或造粒、输送、包装、储运单元 |
| 乙 | 合成氨装置的氨冷冻、吸收单元和液氨储罐<br>合成尿素装置的氨储罐组和尿素合成、气提、分解、吸收、液氨泵、甲胺泵单元<br>硝酸装置<br>硝酸铵装置的中和、浓缩、氨储运单元 |
| 丙 | 合成尿素装置的蒸发、造粒、包装、储运单元 |

### 表7　工艺装置或装置内单元的火灾危险性分类举例（石油化纤部分）

| 类别 | 装置（单元）名称 |
|---|---|
| 甲 | 涤纶装置（DMT法）的催化剂、助剂的储存、配制、对苯二甲酸二甲酯与乙二醇的酯交换、甲醇回收单元；锦纶装置（尼龙6）的环己烷氧化、环己醇与环己酮分馏、环己醇脱氢、己内酰胺用苯萃取精制、环己烷储运单元；尼纶装置（尼龙66）的环己烷储运、环己烷氧化、环己醇与环己酮氧化制己二酸、己二腈加氢制己胺单元；腈纶装置的丙烯腈、丙烯酸甲酯、醋酸乙烯、二甲胺、异丙醚、异丙醇储运和聚合单元；硫氰酸钠（NaSCN）回收的萃取单元，二甲基乙酰胺（DMAC）的制造单元；维尼纶装置的原料中间产品储罐组和乙炔或乙烯与乙酸催化合成乙酸乙烯、甲醇醇解生产聚乙烯醇、甲醇氧化生产甲醛、缩合为聚乙烯醇缩甲醛单元；聚酯装置的催化剂、助剂的储存、配制、己二腈加氢制己二胺单元 |
| 乙 | 锦纶装置（尼龙6）的环己酮肟化，贝克曼重排单元<br>尼纶装置（尼龙66）的己二酸氨化、脱水制己二腈单元<br>煤油、次氯酸钠库 |
| 丙 | 涤纶装置（DMT）的对苯二甲酸乙二酯缩聚、造粒、熔融、纺丝、长丝加工、中间库、成品库单元；涤纶装置（PTA法）的酯化、聚合单元；锦纶装置（尼龙6）的聚合、切片、料仓、熔融、纺丝、长丝加工、储运单元<br>尼纶装置（尼龙66）的成盐（己二胺己二酸盐）、结晶、料仓、熔融、纺丝、长丝加工、包装、储运单元<br>腈纶装置的纺丝（NaSCN为溶剂除外）、后干燥、长丝加工、毛条、打包、储运单元<br>维尼纶装置的聚乙烯醇熔融抽丝、长丝加工、包装、储运单元<br>维纶装置的丝束干燥及干热拉伸、长丝加工、包装、储运单元<br>聚酯装置的酯化、缩聚、造粒、纺丝、长丝加工、料仓、中间库、成品库单元 |

## 4.3 厂内道路

**4.3.2** 最长列车长度，是根据走行线在该区间的牵引定数和调车线或装卸线上允许的最大装卸车的数量确定的，应避免最长列车同时切断工厂主要出入口道路。

**4.3.3** 厂区主干道是通过人流、车流最多的道路，因此宜避免与厂内铁路线平交。如某厂渣油、柴油铁路装车线与工厂主干道在厂内平交，多次发生撞车事故。

**4.3.4** 环形道路便于消防车从不同方向迅速接近火场，并有利于消防车的调度。API RP 2001 Fire Protection in Refineries《炼油厂防火》中规定：足够的交通和运输道路的设置在防火中十分重要。应当保证炼油厂区的道路足够宽，满足应急车辆进出和停放。道路转弯半径应当允许机动设备有足够空间，不至于碰到管道支架和设备。

对于布置在山丘地区的小容积可燃液体的储罐区及装卸区、化学危险品仓库区，因受地形条件限制，全部设置环形道路需开挖大量土石方，很不经济。因此，在局部困难地段，也可设能满足消防车辆回车用的尽头式消防车道。

**4.3.5** 因为消火栓的保护半径不宜超过120m，故规定从任何储罐中心距至少两条消防道路的距离不应超过120m；目前某些大型油罐的布置无法满足该规定，但为了满足安全需要，特采取以下措施：

**1** 减少储罐中心至消防车道的距离，由最大120m变为最大80m，因为只有一条道路可供消防，为了满足消防用水量的要求，需有较多消火栓。

**2** 最近消防车道的路面宽度不应小于9m，有利于消防车的调度和错车。

## 4.4 厂内铁路

**4.4.1** 铁路机车或列车在启动、走行或刹车时，均可能从排气筒、钢轨与车轮摩擦或闸瓦处散发火花。若厂内铁路线穿行于散发可燃气体较多的地段，有可能被上述火花引燃。因此，铁路线应尽量靠厂区边缘集中布置。这样布置也利于减少与道路的平交，缩短铁路长度，减少占地。

**4.4.2** 工艺装置的固体产品铁路装卸线可以靠近该装置的边缘布置，其原因是：

**1** 生产过程要求装卸线必须靠近；

**2** 装卸的固体物料火灾危险性相对较小，多年来从未发生过由于机车靠近而引起的火灾事故。

**4.4.3** 液化烃和可燃液体的装卸栈台，都是火灾危险性较大的场所，但性质不尽相同，液化烃火灾危险性较大。但如均采用密闭装车，亦较安全。因此，液化烃装卸栈台可与可燃液体装卸栈台同区布置。但由于液化烃一旦泄漏被引燃，比可燃液体对周围影响更大，故应将液化烃装卸栈台布置在装卸区的一侧。

**4.4.5** 对尽头式线路规定停车车位至车挡应有20m是因为：

**1** 当车辆发生火灾时，便于将其他车辆与着火车辆分离，减少火灾影响及损失；

**2** 作为列车进行调车作业时的缓冲段，有利于安全。

**4.4.6** 液化烃和可燃液体在装卸过程中，经常散发可燃气体，在装卸作业完成后，可能仍有可燃气体积聚在装卸栈台附近或装卸鹤管内，若机车利用装卸线走行，机车一旦散发火花，是很危险的。

**4.4.7** 液化烃、可燃液体和甲、乙类固体的铁路装卸线停放车辆的线段为平直段时，其优点为：①有利于调车时司机的瞭望、引导列车进出站台和调对鹤位，有利于车辆的挂钩连接；②在平直段对罐车内油品的计量较准确，卸油较净；③平坡不致发生溜车事故。

某公司工业站，有一货车停在2.5‰纵坡的站线上，由于风大和制动器失灵而发生溜车。

当在地形复杂地区建厂时，若满足上述要求，可能需开挖大量土石方，很不经济。在这种情况下亦可将装卸线放在半径不小于500m的平坡曲线上。但若设在半径过小的平坡曲线上，则列车自动挂钩、脱钩困难。

# 5 工艺装置和系统单元

## 5.1 一般规定

**5.1.1** 本条第2款所述设备、管道的保冷层材料，目前可供选用的不燃烧材料很少，故允许用阻燃型泡沫塑料制品，但其氧指数不应小于30。

**5.1.2** 本条是为保证设备和管道的工艺安全，根据实际情况而提出的几项原则要求。

**5.1.3** 本条是根据国外经验和国内石油化工企业的事故教训制定的。例如：某厂催化车间气分装置的丙烷抽出线焊口开裂，造成特大爆炸火灾事故；某厂液化石油气罐区管道泄漏出大量液化石油气，直到天亮才被发觉，因附近无明火，未酿成更大事故；某厂液化石油气球罐区因在脱水时违反操作规程，造成大量液化石油气进入污水池而酿成火灾爆炸和人身伤亡事故。这些事故若能及早发现并采取措施，就可能避免火灾和爆炸，减小事故的危害程度。因此，在可能泄漏可燃气体的设备区，设置可燃气体报警系统，可及时得到危险信号并采取措施，以防止火灾爆炸事故的发生。

可燃气体报警系统一般由探测器和报警器组成，也可以是专用的数据采集系统与探测器组成。可燃气体报警信号不仅要送到控制室，也应该在现场就地发出声/光报警信号，以警告现场人员和车辆及时采取必要的措施，防止事态扩大。

## 5.2 装置内布置

**5.2.1** 确定本规范表 5.2.1 的项目和防火间距的主要原则和依据如下：

**1** 与本规范第 3 章"火灾危险性分类"相协调。

**2** 与现行国家标准《爆炸和火灾危险环境电力装置设计规范》GB 50058 的下列规定相协调：

1) 释放源，即可能释放出形成爆炸性混合物的物质所在的位置或地点。

2) 爆炸危险场所范围为 15m。

**3** 吸取国外有关标准的适用部分。本规范表 5.2.1 的项目和防火间距，与大部分国外工程公司的有关防火和装置平面布置规定基本一致。

**4** 充分考虑装置内火灾的影响距离和可燃气体的扩散范围（可能形成爆炸性气体混合物的范围）。

1) 装置内火灾的影响距离约 10m。

2) 可燃气体的扩散范围：

（1）正常操作时，甲、乙$_A$ 类工艺设备周围 3m 左右；

（2）液化烃泄漏后，可燃气体的扩散范围一般为 10～30m；

（3）甲$_B$、乙$_A$ 类液体泄漏后，可燃气体的扩散范围为 10～15m；

（4）操作温度等于或高于其闪点的乙$_B$、丙类液体泄漏后，可燃气体的扩散范围一般不超过 10m；

（5）氢气的水平扩散距离一般不超过 4.5m。

3)《英国石油工业防火规范的报告》：汽油风洞试验，油气向下风侧的扩散距离为 12m。

**5** 确定项目的依据：

1) 点火源。点火源主要有明火、赤热表面、电气火花、静电火花、冲击和摩擦、化学反应及发热自燃等。根据石油化工企业工艺装置的实际情况，在确定规范表 5.2.1 的项目时，主要考虑明火、赤热表面和电气火花，故在表中列入下列设备或建筑物：

（1）明火设备；

（2）控制室、机柜间、变配电所、化验室、办公室等建筑物是装置内重要设施，同时又是产生明火及火花的地点，有些还是人员集中场所，其防火要求相同，故合并为一项。

（3）操作温度等于或高于自燃点的设备。

2) 释放源。

根据现行国家标准《爆炸和火灾危险环境电力装置设计规范》GB 50058 中对于释放源的规定，结合石油化工企业工艺装置的实际情况，根据不同的防火要求，将释放源分成四项：

（1）可燃气体压缩机或压缩机房；

（2）装置储罐；

（3）其他工艺设备或房间；

（4）含可燃液体的隔油池、污水池（有盖）、酸性污水罐、含油污水罐。

**6** 表 5.2.1 的可燃物质类别和防火间距补充说明如下：

1) 甲$_B$、乙$_A$ 类液体和甲类气体及操作温度等于或高于其闪点的乙$_B$、丙$_A$ 类液体设备是释放源，其与明火或与有电火花的地点的最小防火间距，与爆炸危险场所范围相协调，定为 15m；

2) 甲$_A$ 类液体，即液化烃，其蒸气压高于甲$_B$、乙$_A$ 类液体，事故分析也证明，其危险性也较甲$_B$、乙$_A$ 类液体大，其设备与明火设备的最小防火间距定为 22.5m（15m 的 1.5 倍）；

3) 乙$_B$、丙$_A$ 类液体和乙类气体设备不是释放源，但因易受外界影响而形成释放源，其与明火或有电火花的地点的最小防火间距为 9m；

4) 丙$_B$ 类液体，闪点高于 120℃，既不是释放源，也不易受外界影响而超过其闪点，故未规定这类设备的防火间距。在设计上，可只考虑其他方面的间距要求；

5) 操作温度等于或高于自燃点的工艺设备，一旦泄漏，立即燃烧，故不作为释放源，其与明火设备的间距只考虑消防的要求，本规范规定其与明火设备的最小间距为 4.5m。

6) 确定明火加热炉与其他设施防火间距时，自明火加热炉本体最外缘算起。

**7** 某些石油化工装置根据其生产特点需在装置内设置丙类仓库或乙类物品储存间，本次修订补充了丙类仓库或乙类物品储存间与其他设施的防火间距。

**8** 装置储罐组为工艺装置的一部分，故本次修改将 99 版规范表 4.2.8 与表 4.2.1 合并组成表 5.2.1。

**9** 部分装置内设有含油污水预处理设施，故表 5.2.1 中增加含可燃液体的隔油池、污水池（有盖）一项；硫黄回收装置中的酸性污水罐，焦化装置除焦含油污水罐也具备隔油作用，因此与其同列一项。

**5.2.2** 本条主要指与明火设备密切相关、联系紧密的设备。例如：

**1** 催化裂化装置的反应器与再生器及其辅助燃烧室可靠近布置。反应器是正压密闭的，再生器及其辅助燃烧室都属内部燃烧设备，没有外露火焰，同时辅助燃烧室只在开工初期点火，此时反应设备还没有进油，影响不大，所以防火间距可不限。

**2** 减压蒸馏塔与其加热炉的防火间距，应按转油线的工艺设计的最小长度确定；该管道生产要求散热少，压降小，管道过长或过短都对蒸馏效果不利，故不受防火间距限制。

**3** 加氢裂化、加氢精制装置等的反应加热炉与反应器，因其加热炉的转油线生产要求温降和压降应尽量小，且该管道材质是不锈钢或合金钢，价格昂贵，所以反应加热炉与反应器的防火间距不限。反应器一般位于反应产物换热器和反应加热炉之间，反应产物换热器一般紧靠反应器布置，所以以反应产物换热器与反应加热炉之间防火间距也不限。

**4** 硫黄回收装置的酸性气燃烧炉属内部燃烧设备，没有外露火焰。液体硫黄的凝点约为117℃，在生产过程中，硫黄不断转化，需要几次冷凝、捕集。为防止设备间的管道被硫黄堵塞，要求酸性气燃烧炉与其相关设备布置紧凑，故对酸性气燃烧炉与其相关设备之间的防火间距，可不加限制。

**5.2.4** 燃料气分液罐、燃料气加热器等为加热炉附属设备，但又存在火灾危险，故规定了6m的最小间距。

**5.2.5** 以甲$_B$、乙$_A$类液体为溶剂的溶液法聚合液，如以加氢汽油为溶剂的溶液法聚合工艺的顺丁橡胶的胶液，含胶浓度为20%，有80%左右是加氢汽油或抽余油，虽火灾危险性较大，但因黏度大，易堵塞管道，输送过程中压降大，因此，既要求有较小的间距，又要满足消防的需要。溶液法聚合胶液的掺和罐、储存罐与相邻设备应有一定间距。当掺和罐、储存罐总容积大于800m³时，防火间距不宜小于7.5m；小于或等于800m³时不作规定，可根据实际情况确定。

**5.2.8** 露天或半露天布置设备，不仅是为了节省投资，更重要的是为了安全。因为露天或半露天，可燃气体便于扩散。"受自然条件限制"系指建厂地区是属于风沙大、雨雪多的严寒地区。工艺装置的转动机械、设备，例如套管结晶机、真空过滤机、压缩机、泵等因受自然条件限制的设备，可布置在室内。

"工艺特点"系指生产过程的需要，例如化纤设备不能露天或半露天布置。"半露天布置"包括敞开或半敞开式厂房布置。

**5.2.9** 考虑到联合装置内各装置或单元同开同停，同时检修。因此，各装置或单元之间的距离以同一装置相邻设备间的防火间距而定，不按装置与装置之间的防火间距确定。这样，既保证安全又节约了占地。

**5.2.10** 在大型联合装置或装置发生火灾事故时，消防车在必要时需进入装置进行扑救，考虑消防车进入装置后不必倒车，比较安全，装置内消防道路要求两端贯通。道路应有不少于2个出入口与装置四周的环形消防道路相连，且2个出入口宜位于不同方位，便于消防作业。在小型装置中，消防车救火时一般不进入装置内，在装置外两侧有消防道路且两道路间距不大于120m时，装置内可不设贯通式道路，并控制设备、建筑物区占地面积不大于10000m²。

规定路面内缘转弯半径是为了方便消防车通行。

对大型石油化工装置，道路路面宽度、净空高度及路面内缘转弯半径可根据需要适当增加。

**5.2.11** 各种石油化工工艺装置占地面积有很大不同，由数千平方米到数万平方米。例如某石油化工企业2000kt/a连续重整装置占地面积为32200m²，某石油化工企业900kt/a乙烯装置占地面积为98300m²。考虑到检修、消防要求，防止火灾蔓延，减少财产损失等因素，大型装置用道路将装置内设备、建筑物区进行分割是必要的。

《石油化工企业设计防火规范》GB 50160发布实施以来，"用道路将装置分割成为占地面积不大于10000m²的设备、建筑物区"，满足了大多数装置的布置需要。伴随装置规模大型化，有的大型石油化工装置用道路将装置分割成为占地面积不大于10000m²的设备、建筑物区已经难以做到。将防火分区面积扩大到20000m²，其理由如下：

**1** 本条文中的大型石油化工装置指的是单系列原油加工能力大于或等于10000kt/a石油化工厂中的主要炼油工艺装置、800kt/a及其以上的乙烯装置、200kt/a及其以上的高压聚乙烯装置、450kt/a及其以上的对苯二甲酸装置等。

**2** 同一工艺单元的设备必须连为一体布置。如：某石油化工企业1000kt/a乙烯装置的裂解炉及其炉前管廊，无法分隔，裂解炉区（含炉前管廊）的长度为180m，宽度为70m，面积为12600m²；某石油化工企业900kt/a乙烯装置的压缩区长度为164m，宽度为103m，面积为16892m²。

**3** 因工艺要求，在两个工艺单元之间不允许用道路分隔。如：某石油化工企业高压聚乙烯装置中的反应区和压缩区，两工艺单元之间有超高压管道相连，超高压管道必须沿地敷设，从而使两单元之间无法设置消防道路，两工艺单元总占地面积为15500m²。

考虑现有的消防水平，在增加部分消防设施情况下，限制用道路分割的设备、建筑物区宽度不大于120m，且在设备、建筑物区四周设环形道路，同时对道路宽度加以规定时，可适当扩大设备、建筑物区块面积至20000m²。为减少事故情况下设备、建筑物区块间的相互影响，方便消防作业，对区块间防火间距规定不小于15m。当两相邻设备、建筑物区块占地面积总和不大于20000m²，两相邻设备、建筑物区块的防火间距可小于15m。

装置设备、建筑物区占地面积指装置内道路间或装置内道路与装置边界间占地面积。

在装置平面布置中，每一设备、建筑物区块面积首先按10000m²进行控制。

**5.2.12** 工艺装置（含联合装置）内的地坪在通常情况下标高差不大，但是在山区或丘陵地区建厂，当工程土石方量过大，经技术经济比较，必须阶梯式布置，即整个装置布置在两阶或两阶以上的平面时，应将控制室、变配电所、化验室、办公室等布置在较高一阶平面上，将工艺设备、装置储罐等布置在较低的地平面上，以减少可燃气体侵入或可燃液体漫流的可能性。

**5.2.13** 一般加热炉属于明火设备，在正常情况下火焰不外露，烟囱不冒火，加热炉的火焰不可能被风吹走。但是，可燃气体或可燃液体设备如大量泄漏，可燃气体有可能扩散至加热炉而引起火灾或爆炸。因此，明火加热炉宜布置在可燃气体、可燃液体设备的全年最小频率风向的下风侧。

明火加热炉在不正常情况下可能向炉外喷射火焰，也可能发生爆炸和火灾，如将其分散布置，必然增加发生事故的几率；另外，明火加热炉距可燃气体、液化烃和甲$_B$、乙$_A$类设备均要求有较大的防火间距，如将其分散布置必然会增加装置占地，所以宜将加热炉集中布置在装置的边缘。

**5.2.14** 不燃烧材料实体墙可以有效地阻隔比空气重的可燃气体或火焰。因此当明火加热炉与露天液化烃设备或甲类气体压缩机之间若设置不燃烧材料的实体墙，其防火间距可小于表5.2.1的规定，但考虑到明火加热炉仍必须位于爆炸危险场所范围之外，故其防火间距仍不得小于15m，且对实体墙长度有明确要求便于实施，有利于安全。

同理，当液化烃设备的厂房、甲类气体压缩机房面向明火加热炉一侧为无门窗洞口的不燃烧材料实体墙时，其防火间距可小于表5.2.1的规定，但其防火间距仍不得小于15m。

**5.2.15** 在同一幢建筑物内当房间的火灾危险类别不同时，其着火或爆炸的危险性就有差异，为了减少损失，避免相互影响，其中间隔墙应为防火墙。人员集中的房间应重点保护，应布置在火灾危险性较小的建筑物一端。

**5.2.16** 装置的控制室、机柜间、变配电所、化验室、办公室等为装置内人员集中场所或重要设施，且又可能是点火源，因此其与发生火灾爆炸事故几率较高的甲、乙$_A$类设备的房间不应布置在同一建筑物内，应独立设置。

**5.2.17** 装置的控制室、化验室、办公室是装置的重要设施，是人员集中场所，为保护人员安全，要求将其集中布置在装置外，从集中控制管理理念出发，提倡全厂或区域统一考虑设置。若生产要求上述设施必须布置在装置内时，也应布置在装置内相对安全的位置。

**5.2.18** 本条第2款规定的"高差不应小于0.6m"是爆炸危险场所附加2区的高度范围，附加2区的水平范围是距释放源15～30m的范围。

第3款是为了防止装置发生事故时能有效的保护室内设备及人员安全。"耐火极限不低于3h的不燃烧材料实体墙"是按照现行防火墙的定义要求制定的。

第4款的化验室、办公室是人员集中工作的场所，由于布置在装置区内，一旦周围设备发生火灾事故就有可能危及人员生命。为了保护室内人员安全，面向有火灾危险性设备侧的外墙应尽量采用无门窗洞口的不燃烧材料实体墙。

第5款的制定是因为，在人员集中的房间设置可燃介质的设备和管道存在安全隐患。

**5.2.19** 高压设备是指表压为10～100MPa的设备，超高压设备是指表压超过100MPa的设备。尽可能将高压和超高压设备布置在装置的一端或一侧，是为了减小可能发生事故对装置的波及范围，以减少损失。

有爆炸危险的超高压甲、乙类反应设备，尤其是放热反应设备和反应物料有可能分解、爆炸的反应设备，宜布置在防爆构筑物内。

超高压聚乙烯装置的釜式或管式聚合反应器布置在防爆构筑物内，并与工艺流程中其前后处理过程的设备联合集中布置。

**5.2.20** 可燃气体、液化烃和可燃液体设备火灾危险性大，采用构架式布置时增加了火灾危险程度，对消防、检修等均带来一定困难，装置内设备优先考虑地面布置。

当装置占地受限制等其他制约因素存在时，装置内设备可采用构架式布置，但构架层数不宜超过四层（含地面层）。当工艺对设备布置有特殊要求（如重力流要求）时，构架层数可不受此限。

**5.2.21** 空气冷却器是比较脆弱的设备，等于或大于自燃点的可燃液体设备是潜在的火源。为了保护空冷器，故作此规定。

**5.2.22** 工艺装置是石油化工企业生产的核心，生产条件苛刻，危险性较大。装置储罐是为了平衡生产、产品质量检测或一次投入而需要在装置内设置的原料、产品或其他专用储罐。为尽可能地减少影响装置生产的不安全因素，减小灾害程度，故即使是为满足工艺要求，平衡生产而需要在装置内设置装置储罐，其储量也不应过大。

作为装置储罐，液化烃储罐的总容积小于或等于100m³；可燃气体或可燃液体储罐的总容积小于或等于1000m³时，可布置在装置内。当装置储罐超过上述总容积且液化烃罐大于100m³小于或等于500m³、可燃气体罐或可燃液体罐大于1000m³小于或等于5000m³时，可在装置边缘集中布置，形成装置储罐组。但对液化烃和可燃液体单罐容积加以限制，主要是为确保安全，方便生产管理。装置储罐组属于装置的一部分。

伴随装置规模的大型化，在装置边缘集中布置的装置储罐组总容积液化烃储罐由300m³扩大为500m³、可燃液体罐由3000m³扩大为5000m³。

考虑到对装置储罐组总容积已有所限制，装置储罐组的专用泵仅要求布置在防火堤外，其与装置储罐的防火间距可不执行第5.3.5条的规定。

5.2.23 甲、乙类物品仓库火灾危险性大，其发生火灾事故后影响大，不应布置在装置内。为保证连续稳定生产，工艺需要的少量乙类物品储存间、丙类物品仓库布置在装置内时，为减少影响装置生产的不安全因素，要求位于装置的边缘。

5.2.24 可燃气体的钢瓶是释放源，明火或操作温度等于或高于自燃点的设备是点火源，释放源与点火源之间应有防火间距。分析专用的钢瓶储存间可靠近分析室布置，但钢瓶储存间的建筑设计应满足泄压要求，以保证分析室内人员安全。

5.2.25 危险性较大且面积较大的房间只设1个门是不利于安全疏散的。

5.2.26 各装置设备、构筑物的平台一般都有2个以上的梯子通往地面，直梯、斜梯均可。有的平台虽只有1个梯子通往地面，但另一端与邻近平台用走桥连通，实际上仍有2个安全出口。一般来说，只有1个梯子是不安全的。例如某厂热裂化装置柴油汽提塔着火，起火时就封住下塔的直梯，造成3人伤亡。事后，增设了1m长的走桥使汽提塔与邻近的分馏塔连接起来。

5.2.27 为控制可燃液体泄漏引发火灾影响的范围，对装置内地坪竖向设计和含可燃液体的污水收集和排污系统设计提出原则要求。同时，对受污染的消防水收集和排放提出原则要求。

### 5.3 泵和压缩机

5.3.1 本条第1款：可燃气体压缩机是容易泄漏的旋转设备，为避免可燃气体积聚，故条件许可时，应首先布置在敞开或半敞开厂房内。

第2款：单机驱动功率等于或大于150kW的甲类气体压缩机是贵重设备，其压缩机房是危险性较大的厂房，单独布置便于重点保护并避免相互影响，减少损失。其他甲、乙和丙类房间指非压缩机类厂房。同一装置的多台甲、乙类气体压缩机可布置在同一厂房内。

第3款：本款针对所有压缩机而言。

第4款、第5款、第6款强调防止可燃气体积聚。

5.3.2 为避免可燃气体积聚，工艺设备尽量采用露天、半露天布置，半露天布置包括敞开式或半敞开式厂房布置。液化烃泵、操作温度等于或高于自燃点的可燃液体泵发生火灾事故的几率较高，应尽量避免在其上方布置甲、乙、丙类工艺设备。

5.3.3 本条第1款：操作温度等于或高于自燃点的可燃液体泵发生火灾事故的几率较高，液体泄漏后自燃是"潜在的点火源"；液化烃泵泄漏的可能性及泄漏后挥发的可燃气体都大于操作温度低于自燃点的可燃液体泵，故规定应分别布置在不同房间内。

5.3.4 API 2510 Design and Construction of Lique-fied Petroleum Gas（LPG）Installations［液化石油气（LPG）设施的设计和建造］第5.1.2.5条规定旋转设备与储罐的防火间距为15m（50ft）。

5.3.5 一般情况下，罐组防火堤内布置有多台罐，如将罐组的专用泵区布置在防火堤内，一旦某一储罐发生罐体破裂，泄漏的可燃液体会影响罐组的专用泵的使用。罐组的专用泵区通常集中布置了多个品种可燃液体的输送泵，为了避免发生事故时，泵与储罐之间及不同品种可燃液体系统之间的相互影响，故规定了泵区与储罐之间的防火间距。泵区包括泵棚、泵房及露天布置的泵组。

5.3.6 当可燃液体储罐的专用泵单独布置时，其与该储罐是一个独立的系统，无论哪一部分出现问题，只影响自身系统本身。储罐的专用泵是指专罐专用的泵，单独布置是指与其他泵不在同一个爆炸危险区内。因此，当可燃液体储罐的专用泵单独布置时，其与该储罐的防火间距不做限制。甲$_A$类可燃液体的危险性较大，无论其专用泵是否单独布置，均应与储罐之间保持一定的防火间距。

5.3.7 本条规定与现行国家标准《建筑设计防火规范》GB 50016基本一致。该规范规定"变、配电所不应设置在爆炸性气体、粉尘环境的危险区域内。供甲、乙类厂房专用的10kV及以下的变、配电所，当采用无门窗洞口的防火墙隔开时，可一面贴邻建造，并应符合现行国家标准《爆炸和火灾危险场所电力装置设计规范》GB 50058等规范的有关规定"。本条规定专用控制室、配电所的门窗应位于爆炸危险区之外，是为了保证控制室、配电所位于爆炸危险场所范围之外。

### 5.4 污水处理场和循环水场

5.4.1 本条规定主要考虑以下因素：

1 保护高度规定是为了防止隔油池超负荷运行时污油外溢，导致发生火灾或造成环境污染。例如，某石油化工厂由于下大雨致使隔油池负荷过大，油品自顶部溢出，遇蒸汽管道油气大量挥发，又遇电火花引起大火，蔓延1500m$^2$，火灾持续2h。

2 隔油池设置难燃烧材料盖板可以防止可燃液体大量挥发，减少火灾危险。

5.4.2 要求距隔油池5m以内的水封井、检查井的井盖密封，是防止排水管道着火不致蔓延至隔油池，隔油池着火也不致蔓延到排水管道。

5.4.3 污水处理场内设备、建筑物、构筑物平面布置防火间距的确定依据是：

1 需要经常操作和维修的"集中布置的水泵房"；有明火或火花的"焚烧炉、变配电所"及人员集中场所的"办公室、化验室"应位于爆炸危险区范围之外。

2 根据现行国家标准《爆炸和火灾危险场所电

力装置设计规范》GB 50058 的规定，爆炸危险场所范围为15m。故本规范规定上述设备和建筑物距隔油池、污油罐的最小距离为15m。

**5.4.4** 循环水场的冷却塔填料等近年来大量采用聚氯乙烯、玻璃钢等材料制造。发生过多起施工安装过程中在塔顶上动火，由于焊渣掉入塔内，引起火灾的情况。由于这些部件都很薄，表面积大，遇赤热焊渣很易引起燃烧，故制定本条规定。此外，石油化工企业也要加强安全动火措施的管理，避免同类事故发生。

## 5.5 泄压排放和火炬系统

**5.5.1** 需要设置安全阀的设备如下：

**1** 根据国家现行法规规定，操作压力大于等于0.1MPa（表）的设备属于压力容器，因此应设置安全阀。

**2** 气液传质的塔绝大部分是有安全阀的，因为停电、停水、停回流、气提量过大、原料带水（或轻组分）过多等原因，都可能促使气相负荷突增，引起设备超压，所以当塔顶操作压力大于0.03MPa（表）时，都应设安全阀。

**3** 压缩机和泵的出口都设有安全阀，有的安全阀附设在机体上，有的则安装在管道上，是因为机泵出口管道可能因故堵塞，造成系统超压，出口阀可能因误操作而关闭。

**5.5.2** 本条规定与《压力容器安全技术监察规程》第146条"固定式压力容器上只安装一个安全阀时，安全阀的开启压力不应大于压力容器的设计压力。"和"固定式压力容器上安装多个安全阀时，其中一个安全阀的开启压力不应大于压力容器的设计压力，其余安全阀的开启压力可适当提高，但不得超过设计压力的1.05倍。"相协调。

**5.5.3** 一般不需要设置安全阀的设备如下：

**1** 加热炉出口管道如设置安全阀容易结焦堵塞，而且热油一旦泄放出来也不好处理。入口管道如设置安全阀则泄放时可能造成炉管进料中断，引起其他事故。关于预防加热炉超压事故一般采用加强管理来解决。

**2** 同一压力系统中，如分馏塔顶油气冷却系统，分馏塔的顶部已设安全阀，则分馏塔顶油气换热器、油气冷却器、油气分离器等设备可不再设安全阀。

**3** 工艺装置中，常用蒸汽作为设备和管道的吹扫介质，虽然有时蒸汽压力高于被吹扫的设备和管道的设计压力，但在吹扫过程中由于蒸汽降温、冷凝、压力降低，且扫线的后部系统为开放式的，不会产生超压现象，因此扫线蒸汽不作为压力来源。

**5.5.4** 本条为安全阀出口连接的规定。

**1** 安全阀出口流体的放空：

1）应密闭泄放。安全阀起跳后，若就地排放，易引起火灾事故。例如：某厂常减压装置初馏塔顶安全阀起跳后，轻汽油随油气冲出并喷洒落下，在塔周围引起火灾。

2）应安全放空。安全放空应满足本规范第5.5.11条的规定。

**2** 安全阀出口接入管道或容器的理由如下：

1）可燃气体如就地排放，既不安全，又污染周围环境。

2）延迟焦化装置的焦炭塔、减黏裂化装置的反应塔等的高温可燃介质泄放后可能立即燃烧，因此，泄放时需排至专门设备并紧急冷却。

3）氢气在室内泄放可能发生爆炸事故，大量氢气泄放应排至火炬，少量氢气泄放应接至压缩机厂房外的上空，以便于气体扩散。

4）安全阀出口的放空管可不设阻火器。

5）当可燃气体安全阀泄放有可能携带少量可燃液体时，可不增加气液分离设施（如旋风分离器）。

6）大量可燃液体的泄放管，一般先接入储罐回收或者排入带加热设施的储罐、气化器或分液罐，这些设备宜远离工艺设备密集区，经气化或分液后再去火炬系统，以尽量减少液体的排放量。

**5.5.5** 有压力的聚合反应器或类似压力设备内的液体物料中，有的含有固体淤浆或悬浮液，有的是高黏度和易凝固的可燃液体，有的物料易自聚，在正常情况下会堵塞安全阀，导致在超压事故时安全阀超过定压而不能开启。根据调查，有些装置的设备，在安全阀前安装爆破片，或者用惰性气体或蒸汽吹扫。对于易凝物料设备上的安全阀应采取保温措施或带有保温套的安全阀。

**5.5.6** 对轻质油品而言，一般封闭管段的液体接近或达到其闪点时，每上升1℃，则压力增加0.07～0.08MPa以上。所以，对不排空的液化烃、汽油、煤油等管道均需考虑停用后的安全措施，如设置管道排空阀或管道安全阀。

**5.5.7** 当发生事故时，为防止事故的进一步扩大，应将事故区域内甲、乙、丙类设备的可燃气体、可燃液体紧急泄放。

**1** 大量液化烃、可燃液体的泄放管，一般先排至远离事故区域的储罐回收或经分液罐分液后气体排放至火炬。低温液体（如液化乙烯、液化丙烯等）经气化器气化后再排入火炬系统，以尽量减少液体的排放量。

**2** 将可燃气体设备内的可燃气体排入火炬或安全放空系统。当采用安全放空系统时应满足本规范第5.5.11条的规定。

**5.5.8** 塔顶不凝气直接排向大气很不安全，目前多排入不凝气回收系统回收。

**5.5.9** 在紧急排放环氧乙烷的地方，为防止环氧乙烷聚合，安全阀前应设爆破片。爆破片入口管道设氮封，以防止其自聚堵塞管道；安全阀出口管道上设氮气，以稀释所排出环氧乙烷的浓度，使其低于爆炸极限。

**5.5.10** 氨气就地排放达到一定浓度易发生燃烧爆炸，并使人员中毒，故应经处理后再排放。常见氨排放气处理措施有：用水或稀酸吸收以降低排放气浓度。

**5.5.11** 原则上可燃气体不允许就地放空，应排入火炬系统或装置的处理排放系统。条文中连续排放的可燃气体、间歇排放的可燃气体是指受工艺条件或介质特性所限，无法排入火炬或装置的处理排放系统的可燃气体，可直接向大气排放。如低热值可燃气体、由惰性气体置换出的可燃气体、停工时轻污油罐排放的可燃气体等。含氧气、卤元素及其化合物或极度危害、高度危害的介质（如丙烯腈）的可燃气体不允许排入火炬系统，其排放气应接入本装置的处理排放系统。只有在工艺条件不允许接入火炬系统或装置的处理排放系统时，可燃气体才能直接向大气排放。

**5.5.12** 可能突然超压的反应设备主要有：设备内的可燃液体因温度升高而压力急剧升高；放热反应的反应设备，因在事故时不能全部撤出反应热，突然超压；反应物料有分解爆炸危险的反应设备，在高温、高压下因催化剂存在会发生分解放热，压力突然升高不可控制。上述这些设备没有安全阀是不可能安全泄压排放的，应装设爆破片并装导爆筒来解决突然超压或分解爆燃超压事故时的安全泄压排放。

**5.5.15** 低热值可燃气体排入火炬系统会破坏火炬稳定燃烧状态或导致火炬熄火；含氧气的可燃气体排入火炬系统会使火炬系统和火炬设施内形成爆炸性气体，易导致回火引起爆炸，损坏管道或设备；酸性气体及其他腐蚀性气体会造成大气污染、管道和设备的腐蚀，宜设独立的酸性气火炬。毒性为极度和高度危害或含有腐蚀性介质的气体独立设置处理和排放系统，有助于安全生产。毒性分级应根据现行国家标准《职业性接触毒物危害程度分级》GB 5044 和《高毒物品目录》（卫法监发〔2003〕142 号）确定。但是，石油化工企业中排放的苯、一氧化碳经过火炬系统充分燃烧后失去毒性，因此上述介质或含此类介质的可燃气体仍允许排至公用火炬系统。

**5.5.18** 液化烃全冷冻或半冷冻式储存时，储存温度较低。液化乙烯储存温度为 $-104℃$，事故放空时，液化乙烯由液体转变为气体时大量吸热。因此，设置能力足够的气化器使液体完全气化，防止进入火炬的气体带液。

**5.5.19** 据国内外经验，限制火炬气体瞬间排放负荷的主要措施有：

    **1** 在主要泄压设备上设置紧急切断热源联锁，减少安全阀的排放或采用分级排放，如：在主要塔器等设备上设置高安全级别的联锁，在安全阀启跳前快

速切断重沸器热源，防止设备继续超压，减缓安全阀的排放。

    **2** 与减少火炬气事故排放负荷措施相关的系统应具有较高的安全可靠性。

    **3** 设置必要的其他联锁，减少发生紧急泄放的可能性或降低火炬气紧急泄放量的可能性。

**5.5.21** 据调查，引进的石油化工装置内火炬的设置情况是：兰化石油化工厂砂子裂解炉制乙烯装置的裂解反应系统，装置内火炬高出框架上部砂子储斗 10m 以上；上海石化总厂乙醛装置的装置内火炬高出最高设备 5m 以上；辽阳石油化纤公司悬浮法聚乙烯装置的装置内火炬设在厂房上部，高出厂房 10m 以上。这些装置内火炬燃烧可燃气体量较小，有足够高度，辐射热对人身及设备影响较小。装置内火炬系统应有气液分离设备、“长明灯”或可靠的电点火措施。在装置内距火炬 30m 范围内，不应有可燃气体放空。

据调查，曾有一个装置内火炬因“下火雨”而引起火灾事故。因此，装置内火炬必须有非常可靠的分液设施。

火炬的辐射热影响见本规范第 4.1.9 条条文说明。

**5.5.22** 封闭式地面火炬（或称地面燃烧器）在国内已开始应用，与高架火炬所不同的是排放的可燃气体在地面燃烧，设备平面布置时应按明火设施考虑；并要充分考虑燃烧时排放的高温烟气的辐射热对人体及设备的影响，还要考虑重组分易沉积的影响。

**5.5.23** 火炬设施的附属设备如分液罐、水封罐等是火炬系统的必备设备，靠近火炬布置有利于火炬系统的安全操作，其位置应根据人或设备允许的辐射热强度确定，以保证人和设备的安全。在事故放空时，操作人员可及时撤离，且在短时间内可承受较高的辐射热强度。火炬设施的附属设备可承受比人更高的辐射热强度。

### 5.6 钢结构耐火保护

**5.6.1** 无耐火保护层的钢柱，其构件的耐火极限只有 0.25h 左右，在火灾中很容易丧失强度而坍塌。因此，为避免产生二次灾害，使承重钢结构能在一般火灾事故中，在一定时间内，仍保持必需的强度，故规定应采取耐火保护措施。

此条中“承重”的概念为直接承受设备或管道重量，“非承重”的概念为仅承受人员操作平台或承受和传递水平荷载，不直接承受设备或管道重量。

爆炸危险区范围内的高径比等于或大于 8 的设备承重钢构架，一旦倒塌会造成较大范围的次生危害。

在爆炸危险区范围内，毒性为极度或高度危害的物料设备的承重钢构架、支架、裙座，一旦倒塌会造成环境污染、人员中毒。

**5.6.2** 耐火层包括：水泥砂浆、保温砖、耐火涂料

等。标准火灾（即建筑火灾）与烃类火灾的主要区别是升温曲线不同，标准火灾的升温曲线，在 30min 时的火焰温度约 700～800℃；而烃类火灾的升温曲线，在 10min 时的火焰温度便达到 1000℃。石油化工企业的火灾绝大多数是烃类火灾。因此，耐火层选用应适用于烃类火灾，且其耐火极限不应低于 1.5h。建筑物的钢构件耐火极限执行相关规范。耐火层的覆盖范围是根据我国的生产实践，结合 API Publ 2218《Fireproofing Practices in Petroleum and Petrochemical Processing Plants》（炼油和石油化工厂防火）确定的。钢结构需覆盖耐火层的范围举例如下：

**1** 支承设备钢构架：

1）单层构架见图 1；

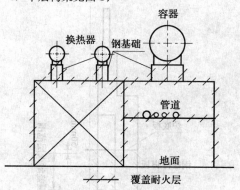

图 1 单层构架

2）多层构架的楼板为透空的钢格板时，见图 2；

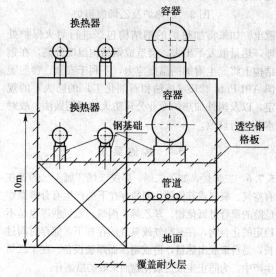

图 2 多层构架（楼板为透空的钢格板）

3）多层构架的楼板为封闭式楼板时，见图 3；

**2** 支承设备钢支架见图 4；

**3** 钢裙座外侧未保温部分及直径大于 1.2m 的裙座见图 5；

**4** 钢管架见图 6、图 7、图 8。

上述举例中除另有要求外，承重钢构架、支架及

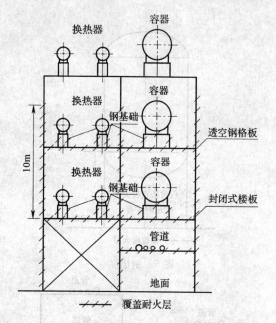

图 3 多层构架（楼板为封闭式楼板）

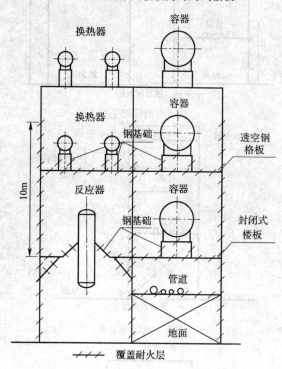

图 4 支承设备钢支架

管架的下列部位，可不覆盖耐火层：

1）不直接承受或传递设备、管道垂直荷载的次梁、联系梁；

2）用于支承楼板、钢格板的梁；

3）仅用于抵抗风和地震荷载的支撑；

4）卧式设备和换热器的鞍座。

**5** 加热炉及乙烯裂解炉见图 9。

加热炉的钢结构不宜做整体耐火保护，是由于加热炉炉膛内的温度较高，且钢结构有一部分热量需要

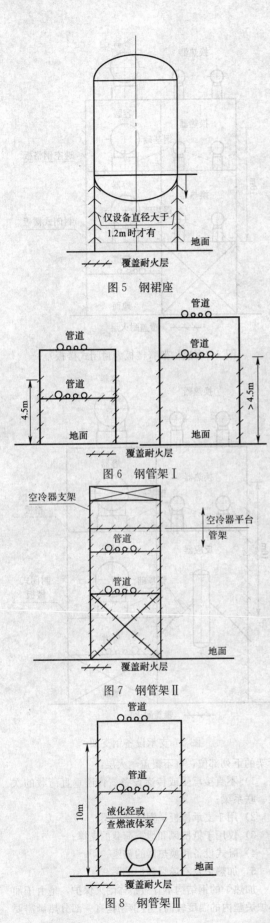

图 5 钢裙座

图 6 钢管架Ⅰ

图 7 钢管架Ⅱ

图 8 钢管架Ⅲ

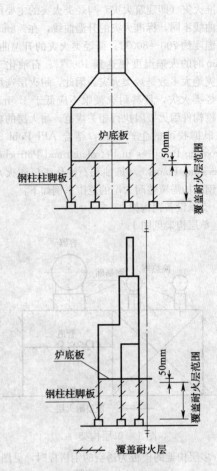

图 9 加热炉及乙烯裂解炉

散出。如果将加热炉的钢结构包严进行耐火保护处理，热量散发不出去，会造成钢结构温度升高，在钢结构上将产生附加的温度应力，不利于安全。参照美国 API Publ 2218《炼油和石油化工厂的防火》的规定，以及国外加热炉专业公司防火的通用做法，故对本条进行修改。

## 5.7 其他要求

**5.7.6** 二烯烃，如丁二烯、异戊二烯、氯丁二烯等在有空气、氧气或其他催化剂的存在下能产生有分解爆炸危险的聚合过氧化物。苯乙烯、丙烯、氰氢酸等也是不稳定的化合物，在有空气或氧气的存在下，储存时间过长，易自聚放出热量，造成超压而爆破设备。在丁二烯生产中，为防止生成过氧化物而采取的措施有：

**1** 生产丁二烯的精馏、储存过程中加入抗氧剂，如叔丁基邻苯二酚（TBC）、对苯二酚等。

**2** 回收丁二烯宜有除氧过程。为防止精馏塔底部积聚和聚合过氧化物，宜加芳烃油稀释。

**3** 用大于或等于 20% 的苛性钠溶液与丁二烯单体混合，在高于 49℃温度下能破坏过氧化物及聚合过氧化物。

**4** 丁二烯储存温度要低于 27℃，储存时间不宜过长。现国内丁二烯储罐一般采用硫酸亚铁蒸煮后再清洗，大约每周清洗1次。

5 生产、储存过程中严禁与空气、氧化氮和含氧的氮气长时间接触。一般控制丁二烯气相中含氧量小于0.3%。例如，某厂丁苯橡胶生产、储存过程中，发生过几次丁二烯氧化物的分解爆炸事故。

总之，对于烯烃和二烯烃等生产和储存，应控制含氧量和加相应的抗氧化剂、阻聚剂，防止因生成过氧化物或自聚物而发生爆炸、火灾事故。

**5.7.7** 平皮带传动易积聚静电，可能会产生火花。据北京劳动保护研究所在某厂测定，三角皮带传动积聚的静电压可达2500~7000V，这是很危险的，所以本条规定可燃气体压缩机、液化烃、可燃液体泵不得使用皮带。如果其他传动设备确实需要采用时，应采用防静电皮带。空气冷却器安装在高处，有强制通风，可采用防静电的三角皮带传动。

**5.7.10** 可燃气体的电除尘、电除雾等的电滤器是释放源，与点火源处于同一设备中，危险性比较大，一旦空气渗入达到可燃气体爆炸极限就有爆炸的危险。有几个化肥厂都发生过电除尘设施爆炸。设计时应根据各生产工艺的要求来确定允许含氧量，设置防止负压和含氧量超过指标都能自动切断电源、并能放空的安全措施。

**5.7.11** 本条规定的取风口高度系参照美国凯洛格公司标准的规定："正压通风建筑物的空气吸入管口的高度取以下两者中较大值：

**1** 高出地面9m以上；

**2** 在爆炸危险区范围垂直向上的高度1.5m以上。"

# 6 储运设施

## 6.1 一般规定

**6.1.1** 增加防火堤的耐火极限的要求，是为了防止油罐区一旦发生池火时，防火堤能够承受一定的高温烘烤，不易发生扭曲、崩裂，以便减少火灾事故的蔓延。

**6.1.2** 调研中了解到，可燃液体储罐和管道的外隔热层，由于采用了可燃的或不合格的阻燃型材料，如聚氨酯泡沫材料，而引起火灾事故。如某厂在厂房内电焊作业中引燃管道及设备的隔热层，造成了一场火灾和人身伤亡。所以规定外隔热层应采用不燃烧材料。

## 6.2 可燃液体的地上储罐

**6.2.1** 根据我国石油化工企业实践经验，采用地上钢罐是合理的。地上钢罐造价低，施工快，检修方便，寿命长。

**6.2.2** 浮顶罐或内浮顶罐储存甲B、乙A类液体可减少储罐火灾几率，降低火灾危害程度。罐内基本没有气体空间，一旦起火，也只在浮顶与罐壁间的密封处燃烧，火势不大，易于扑救，且可大大降低油气损耗和对大气的污染。

鉴于目前浅盘式浮盘已淘汰，明确规定选用金属浮舱式的浮盘，避免使用浅盘式浮盘。金属浮舱式浮盘包括钢浮盘、铝浮盘和不锈钢浮盘等。

对于有特殊要求的甲B、乙A液体物料，如苯乙烯、酯类、加氢原料等易聚合或易氧化的液体物料，选用固定顶储罐加氮封储存也是可行的；对于拔头油、轻石脑油等饱和蒸汽压较高的物料，可通过降温采用固定顶罐储存或采用低压固定顶罐储存。

**6.2.3** 储存沸点低于45℃的甲B类液体，除了采用压力储罐储存外，还可采用冷冻式储罐储存或采用低压固定顶罐储存，故将原条文中的"应"改为"宜"。

**6.2.4** 采用固定顶罐或低压储罐储存甲B类液体时，为了防止油气大量挥发和改善储罐的安全状况，应采取减少日晒升温的措施。其措施主要包括固定式冷却水喷淋（雾）系统、气体放空或气体冷凝回流、加氮封或涂刷合格的隔热涂料等。对设有保温层或保冷层的储罐，日晒对储罐影响较小，没有必要再采取防日晒措施。

**6.2.5** 本条为可燃液体的地上储罐成组布置的规定。

第1款：火灾危险性类别相同或相近的储罐布置在一个罐组内，有利于油罐之间相互调配和统一考虑消防设施，既节约占地，又便于管理。考虑到石油化工企业进行改扩建的过程中，有些储罐可能改作储存其他物料，从而造成同一罐组内物料的火灾危险性类别不同，但从其危险性来看，由于其容量比较小，不会造成大的危害，因此，规定"单罐容积小于或等于1000m³时，火灾危险性类别不同的储罐也可同组布置在一起。"

第2款：沸溢性液体在发生火灾等事故时可能从储罐中溢出，导致火灾蔓延，影响非沸溢性液体储罐安全，故沸溢性液体储罐不应与非沸溢性液体储罐布置在同一罐组内。

第3款：可燃液体的压力储罐的储存形式、发生火灾时的表现形态、采取的消防措施等与液化烃全压力储罐相似，因此，可以与液化烃全压力储罐同组布置。

第4款：可燃液体的低压储罐的储存形式、采取的消防冷却措施等与可燃液体的常压储罐相似；可燃液体采用低压储罐储存时，减少了油气挥发损耗，比常压储罐储存更安全。因此，可与可燃液体的常压储罐同组布置。

**6.2.6** 罐组的总容积是根据我国目前石油化工企业多年的实际情况确定的，随着企业规模的扩大及原油进口量的增加，由50000m³、100000m³、150000m³的浮顶油罐组成的罐组已建成使用，且罐组自动控制水平及消防水平亦有很大提高，同时考虑罐组平面的合理布置，减少占地，故规定不应大于 600000m³。

混合罐组在设计中经常出现，由于浮顶、内浮顶油罐发生整个罐内表面火灾事故的几率极小，据国外有关机构统计：浮顶、内浮顶油罐发生整个罐内表面火灾事故的频率为 $1.2 \times 10^{-4}$/罐·年，目前还没有着火的浮顶、内浮顶油罐引燃邻近油罐的案例。所以浮顶、内浮顶油罐比固定顶油罐安全性高，故规定浮顶、内浮顶油罐的容积可折半计算。

**6.2.7** 储罐组内的储罐个数愈多，发生火灾的几率愈大。为了控制火灾范围和减少火灾造成的损失，本条对储罐组内的储罐个数作了限制。但容积小于 1000m³ 的储罐在发生火灾时较易扑救，丙B 类液体储罐不易发生火灾。所以，对这两种情况的储罐个数不加限制。

**6.2.8** 储罐区占地大，管道长，故在保证安全的前提下罐间距宜尽可能小，以节约占地和投资。储罐的间距主要根据下列因素确定：

**1** 储罐着火几率。根据过去油罐火灾的统计资料，建国后至 1976 年 8 月，储罐年火灾几率仅为 0.47‰。1982 年 2 月调查统计的油罐年火灾几率为 0.448‰。多数火灾事故是在操作中不遵守安全规定或违反操作规程造成的。因此，只要提高管理水平，严格遵守各项安全制度和操作规程，就可以减少事故的发生。

**2** 储罐起火后，能否引燃相邻储罐爆炸起火，是由该罐的破裂状况和液体溢出或涌出情况而定的。如果火灾中储罐顶盖掀开但罐体完好，且可燃液体未流出罐外，则一般不会引燃邻罐。如：东北某厂一个轻柴油罐着火历时 5h 才扑灭，相距约 2m 的邻罐并未引燃；上海某厂一个油罐起火后烧了 20min，与其相距 2.3m 的油罐也未被引燃。实践证明，只要采取有效的冷却保护措施，因辐射热而烤爆或引燃邻罐的可能性不大。

**3** 消防操作要求。考虑对着火罐的扑救和对着火罐或邻罐的冷却保护等消防操作场地要求，不能将相邻罐靠得很近。消防人员用水枪冷却油罐时，水枪喷射仰角一般为 $50° \sim 60°$，冷却保护范围为 $8 \sim 10m$。泡沫发生器破坏时，消防人员需往着火罐上挂泡沫钩管。因此，只要不小于 $0.4D$ 的防火间距就能满足消防操作要求。对于小于等于 1000m³ 的固定顶罐，如果操作人员站的位置避开两个储罐之间最小间距的地方，$0.4 \sim 0.6D$ 的间距也能满足上述操作要求。

**4** $0.4 \sim 0.6D$ 的罐间距在国内石油化工企业中已执行多年，证明是安全经济的。

**5** 储罐类型。浮顶罐罐内几乎不存在油气空间，散发出的可燃气体很少，火灾几率小，国内的生产实践和消防实验均证明，浮顶罐引燃后火焰不大，一般只在浮顶周围密封圈处燃烧，热辐射强度不高，无需冷却相邻储罐，对扑救人员在罐平台上的操作基本无

威胁。例如：某厂曾有一个 5000m³ 和一个 10000m³ 浮顶罐着火，都是工人用手提泡沫灭火器扑灭的。所以，浮顶罐的防火间距可比固定顶罐适当缩小。

**6** 近年来，某些石油化工企业在改、扩建工程中，为了减少占地，储罐采用了细高的罐型，占地虽然有所减少，但不利于消防，为此提出用罐高与直径的较大值确定其防火间距。日本防火法规中也有类似的规定。

**7** 丙类液体也有采用浮顶罐、内浮顶罐储存方式，所以增加丙类浮顶罐、内浮顶罐的防火间距。

**6.2.9** 可燃液体储罐的布置不允许超过 2 排，主要是考虑在储罐起火时便于扑救。如超过 2 排，当中间 1 个罐起火时，由于四周都有储罐，会给灭火操作和对相邻储罐的冷却保护带来困难。但考虑到石油化工企业丙B 类液体储罐区储存的品种多，单罐容积小，总容积不大的特点，可不超过四排布置。丙B 类液体储罐不易起火，且扑救容易，尤其是润滑油储罐从未发生过火灾，因此润滑油罐可集中布置成多排。

**6.2.10** 增加 2 排立式储罐的最小间距要求，主要是为了满足发生火灾事故时消防、操作便利和安全，是对本规范表 6.2.8 的储罐之间的防火间距作出最小要求的补充。

**6.2.11** 地上可燃液体储罐一旦发生破裂事故，可燃液体便会流到储罐外，若无防火堤，流出的液体即会蔓流。为避免此类事故，故规定罐组应设防火堤。

**6.2.12** 本条为防火堤及隔堤内有效容积的规定：

防火堤内有效容积：日本规范规定为防火堤内最大储罐容积的 110%，美国规范 NFPA 30 Flammable & Commbustible Liquids Code《易燃和可燃液体规范》规定为防火堤内最大储罐容积的 100%。99 版规范规定固定顶罐为防火堤内最大储罐容积的 100%，浮顶、内浮顶罐为防火堤内最大储罐容积的 50%。与国外规范相比，99 版规范对浮顶、内浮顶罐组防火堤内有效容积的要求偏小。虽然国内外爆炸火灾事故事例中，尚未出现过浮顶罐罐底炸裂的事故，但一旦发生此类重大事故，产生的大量泄漏可燃液体不仅会对周围设施产生火灾事故威胁，对周围环境也将产生重大污染及影响。因此，本次修订将浮顶、内浮顶罐防火堤内有效容积改为防火堤内最大储罐容积的 100%，以将可能泄漏的大量可燃液体控制在防火堤内。当不能满足此要求时，可以设事故存液池，但仍规定浮顶、内浮顶罐组防火堤内有效容积不小于罐组内一个最大储罐容积的一半。

油罐破裂，存油全部流出的情况虽然罕见，但一旦发生破裂，其产生的后果是非常严重的。例如：20 世纪 50 年代，英国一台 20000m³ 油罐在上水试压时发生脆性破裂，水在瞬间流出油罐，冲毁防火堤并冲入泵房，造成灾害；1974 年，日本三菱石油水岛炼厂一台 50000m³ 油罐，由于不均匀沉降，在罐体底

部角焊缝处发生破裂，沿罐壁撕开，罐中油品瞬时冲出将防火堤冲毁，油品四处蔓流；1997 年，某石化厂 4# 原油罐由于罐底搭接焊缝开裂 24.5m，造成大量原油泄漏，1500t 原油流入污油池，5500t 原油流入水库；1998 年，该石化厂 1# 原油罐由于罐基础局部下沉，罐底搭接焊缝开裂，造成大量原油泄漏，1000t 原油流入隔油池，400t 原油流入污油池，3000t 原油流入水库。以上示例表明，油罐罐底发生破裂的可能性是存在的。因此规定：防火堤内的有效容积不应小于罐组内 1 个最大储罐的容积；这包括了浮顶罐、内浮顶罐组。但考虑到现有的浮顶罐、内浮顶罐组的布置现状及个别项目用地的情况，允许设置事故存液池。

在罐组外设事故存液池，其作用与设防火堤是一样的，是把流出的液体引至罐组外的事故存液池暂存。罐附近残存可燃液体愈少，着火罐及相邻罐受威胁愈小，有利于灭火和保护相邻储罐。

事故存液池正常情况下是空的，而石油化工企业的事故仅考虑一处，所以全厂的浮顶罐、内浮顶罐组可共用一个事故存液池。

隔堤内有效容积：设置隔堤的目的是减少可燃液体少量泄漏时的污染范围，并不是储存大量油品的，美国规范 NFPA 30《易燃可燃液体规范》规定隔堤内有效容积为最大储罐容量的 10%，这样规定是合适的。

**6.2.13** 立式储罐至防火堤内堤脚线的距离采用罐壁高度的一半的理由是：

**1** 当油罐罐壁某处破裂或穿孔时，其最大喷散水平距离等于罐壁高度的一半，所以留出罐壁高度一半的空地，即使储罐破损，罐内液体也不会喷散到防火堤外。

**2** 留出罐壁高度一半的空地也可满足灭火操作要求。

**3** 日本对小罐要求放宽，规定罐壁高度的 1/3，所以取罐壁高度的一半还是较安全的。

**6.2.14** 相邻罐组防火堤的外堤脚线之间应留有宽度不小于 7m 的消防空地的要求，主要是为了满足油罐区发生火灾时，方便消防人员及消防设备操作，实施消防救援。该空地也可与消防道路合并考虑。

**6.2.15** 虽然油罐破裂极为罕见，但冒罐、管道破裂泄漏难免发生，为了将溢漏油品控制在较小范围内，以减小事故影响，增设隔堤是必要的。容积每 20000m³ 一隔是根据我国石油化工企业油罐过去多以中小型罐为主，1000~5000m³ 的罐较多，而现在汽、柴油罐大多在 5000~20000m³ 之间，故每 4 个罐用隔堤隔开是较合适的。

单罐容积 20000~50000m³ 的罐主要是浮顶罐，破裂和溢漏机会比固定顶罐少得多，虽然总容积大，但每 2 个罐一隔，还是合理的。

单罐容积大于 50000m³ 的罐基本上是浮顶罐，虽然破裂和溢漏机会比固定顶罐少得多，但一旦发生泄漏，影响范围较大，因此，每 1 个罐一隔是合理的。

沸溢性可燃液体储罐，在着火时可能向罐外沸溢出泡沫状油品，为了限制其影响范围，不管储罐容量大小，规定每一隔堤内不超过 2 个罐。

**6.2.16** 本条是根据石油化工企业内各装置的原料、中间产品和成品储罐布置情况而制订的。石油化工企业中间罐区和成品罐区内原料、产品品种较多而容积较小，故单罐容积小于或等于 1000m³ 的火灾危险性类别不同的可燃液体储罐可布置在同一罐组内，这样可节约占地并易于管理。为了防止泄漏的水溶性液体、相互接触能起化学反应的液体或腐蚀性液体流入其他储罐附近而发生意外事故，故对设置隔堤作出规定。

**6.2.17** 本条为可燃液体罐组防火堤及隔堤设置规定。

第 2 款：防火堤过高对操作、检修以及消防十分不利，若因地形限制，防火堤局部高于 2.2m 时，可做台阶便于消防及操作。考虑到防火堤内可燃液体着火时用泡沫枪灭火易冲击造成喷溅，故防火堤最好不低于 1m；为了消防方便，又不宜高于 2.2m。最低高度限制主要是为了防范泡沫喷溅，故从防火堤内侧设计地坪算起，最高高度限制主要是为了方便消防操作，故从防火堤外侧设计地坪算起。注明起算点，便于设计执行。

第 3 款：根据美国规范 NFPA 30《易燃可燃液体规范》规定，可燃液体立式储罐组隔堤的高度不应低于 0.45m，据此将隔堤的高度规定为不应低于 0.5m，既能将少量泄漏的可燃液体限制在隔堤内，又方便操作人员通行。

第 4 款：管道穿越防火堤的开洞处用不燃烧材料严密封闭，以防止事故状态下可燃液体到处流散。

第 5 款：防火堤内雨水可以排出堤外，但事故溢出的可燃液体不应排走，故必要时要采取排水阻油措施，可以采用安装有切断阀的排水井，也可采用排水阻油器等。

第 6 款：防火堤内人行踏步是供操作人员进出防火堤之用，考虑平时工作方便和事故时能及时逃生，故不应少于 2 处，两相邻人行台阶或坡道之间距离不宜大于 60m，且应处于不同方位上。

**6.2.18** 本条是事故存液池的设置规定。

第 2 款：事故存液池与防火堤的作用相同，故其要求与防火堤一致，即规定其与防火堤间留有 7m 的消防空地。

**6.2.19** 对于采用氮气或其他气体气封的甲B、乙类液体的固定顶罐，设置事故泄压设备，如卸压人孔、呼吸人孔等以确保罐的安全。

**6.2.20** 常压固定顶罐不论何种原因发生爆炸起火或突沸，应使罐顶先被炸开，以确保罐体不被破坏。所以规定凡使用固定顶罐，均应采用弱顶结构。

**6.2.21** 本条规定是为了防止将水（水蒸汽凝结液）扫入热油罐内而造成突沸事故。

**6.2.22** 设有加热器的储罐，若加热温度超过罐内液体的闪点或 100℃ 时，便会产生火灾危险或冒罐事故。如：某厂蜡油罐长期加温，使油温达 115℃ 造成冒罐事故；有两个厂的蜡油罐加温后，不检查油温，致使油温达到 113～130℃ 而发生突沸，造成油罐撕裂跑油事故。故规定应设置防止油温超过规定储存温度的措施。

**6.2.23** 自动脱水器是近年来经生产实践证明比较成熟的新产品，能防止和减少油罐脱水时的油品损失和油气散发，有利于安全防火、节能、环保，减少操作人员的劳动强度。

**6.2.24** 储罐进料管要求从储罐下部接入，主要是为了安全和减少损耗。可燃液体从上部进入储罐，如不采取有效措施，会使可燃液体喷溅，这样除增加物料损耗外，同时增加了液流和空气摩擦，产生大量静电，达到一定电位，便会放电而发生爆炸起火。例如，某厂一个油罐从上部进油而发生爆炸起火；某厂的一个 500m³ 的柴油罐，因为油品从扫线管进入油罐，落差 5m，产生静电引起爆炸；某厂添加剂车间 400m³ 的煤油罐，也是因进油管从上部接入，油品落差 6.1m，进油时产生静电引起爆炸，并引燃周围油罐，造成较大损失。所以要求进油管从油罐下部接入。当工艺要求需从上部接入时，应将其延伸到储罐下部。对于个别储罐，如催化油浆罐，进料管距罐底太近容易被催化剂堵塞，可适当抬高。因为其产生静电的危害性较小，故将原条文中"应"改为"宜"。

**6.2.25** 此规定是为了防止储罐与管道之间产生的不均匀沉降引起破坏。

### 6.3 液化烃、可燃气体、助燃气体的地上储罐

**6.3.2** 本条为液化烃储罐成组布置的规定：

**1** 液化烃罐组包括全压力式罐组、全冷冻式罐组和半冷冻式罐组，液化烃储罐的布置不允许超过两排，主要是考虑在储罐起火时便于扑救。如超过 2 排，中间一个罐起火，由于四周都有储罐，会给灭火操作和对相邻储罐的冷却保护带来一些困难。全压力式罐组、全冷冻式罐组和半冷冻式罐组的命名与现行国家标准《城镇燃气设计规范》GB 50028 一致。

**2** 对液化烃罐组内储罐个数限制的根据：

1）罐组内液化烃泄漏的几率，主要取决于储罐数量，数量越多，泄漏的几率越高，与单罐容积大小无关，故液化烃罐组内储罐个数需加以限制。

2）全压力式或半冷冻式储罐：目前，国内引进的大型石油化工企业内液化烃罐组的储罐个数均在

10 个以上，如某石油化工企业液化烃罐组内 1000m³ 罐有 12 个、乙烯装置中间储罐组内有 13 个储罐。某石油化工厂新建液化烃罐组内设有 9 个 2000m³ 储罐。为了减少和限制液化烃储罐泄漏后影响范围，规定每组全压力式或半冷冻式储罐的个数不应多于 12 个是合适的。

**3** API Std 2510 Design and Construction of LPG Installations《液化石油气（LPG）设施的设计和建造》对全冷冻式储罐的规定："两个具有相同基本结构的储罐可置于同一围堤内。在两个储罐间设隔堤，隔堤的高度应比周围的围堤低 1ft。围堤内的容积考虑该围堤内扣除其他容器或储罐占有的容积后，至少为最大储罐容积的 100%"。本规范按此要求规定全冷冻式储罐的个数不宜多于 2 个。

**4** 不同储存介质的储罐选材不同。当储存某一介质的储罐发生泄漏后，在常压下的介质温度很低，如果储存其他介质储罐的罐体材质不能适应其温度，就会对这些储罐的罐体产生不利影响，从而影响这些储罐的安全。

**5** 液化烃的储存方式包括全压式、半冷冻式和全冷冻式；全压力式储存方式是指在常温和较高压力下储存液化烃或其他类似可燃液体的方式，半冷冻式储存方式是指在较低温度和较低压力下储存液化烃或其他类似可燃液体的方式，全冷冻式储存方式是指在低温和常压下储存液化烃或其他类似可燃液体的方式。NFPA 58 Liquefied Petroleum Gas Code《液化石油气规范》规定"冷藏液化石油气容器，不能放置在易燃液体储罐的防火堤内，也不应放置在非冷藏加压的液化石油气容器的防火堤或拦蓄墙内"。API Std 2510《液化石油气（LPG）设施的设计和建造》规定："低温液化石油气储罐不应布置在建筑物内，不应在 NFPA 30《易燃可燃液体规范》规定的其他易燃或可燃液体储罐流出物的防护区域内，且不应在压力储罐流出物的防护区域内。"

**6.3.3** 储罐的防火间距主要根据下列因素确定：

**1** 液化烃压力储罐比常压甲_B 类液体储罐安全。例如，某厂液化乙烯卧罐的接管处泄漏，漏出的液化乙烯气化后，扩散至加热炉而燃烧并回火在泄漏部位燃烧。经打开放空火炬阀后，虽然燃烧一直持续到罐内乙烯全部烧光为止，但相邻 1.5m 处的储罐在水喷淋保护下却安全无事。又如，某厂动火检修液化石油气罐安全阀，由于切断阀不严，漏出液化石油气被引燃，火焰 2m 多高，只在泄漏处燃烧，没有引起储罐爆炸。可见：①液化石油气因漏气而着火的火焰并不大；②罐内为正压，空气不能进入，火焰不会窜入罐内而引起爆炸；③对邻罐只要有冷却水保护就不会使事故扩大。

**2** 全冷冻式储罐防火间距参照 NFPA 58《液化石油气规范》规定："若容积大于或等于 265m³，其

储罐间的间距至少为大罐直径的一半"；API Std 2510《液化石油气（LPG）设施的设计和建造》规定："低温储罐间距取较大罐直径的一半"。

3 可燃气体干式气柜的防火间距，与现行国家标准《建筑设计防火规范》GB 50016 一致。

4 大型卧式储罐在国外已有应用，国内引进项目中也开始使用。防火间距按 1.0D 要求，可以满足生产和检修的要求。对于小容积的卧罐，仍按原规范的要求是合适的。

**6.3.4** 两排卧罐的最小间距要求，主要是为了满足发生火灾事故时消防、操作便利和安全。

**6.3.5** 本条为防火堤及隔堤的设置规定：

第 1 款：液化烃罐组设置防火堤的目的是：①作为限界防止无关人员进入罐组；②防火堤较低，对少量泄漏的液化烃气体便于扩散；③一旦泄漏量较多，堤内必有部分液化烃积聚，可由堤内设置的可燃气体浓度报警器报警，有利于及时发现，及时处理；④其竖向布置坡向外侧是为了防止泄漏的液化烃在储罐附近滞留。

第 5 款：沸点低于 45℃ 的甲$_B$ 类液体的压力储罐，此类储罐的液体泄漏后，短期会有一定量挥发，但大部分仍以液态形式存于堤内，因此防火堤应考虑其储存容积。

第 6 款：执行此款时，应注意液氨储罐与液化烃储罐的储存方式相对应。即全压力式液氨储罐的防火堤和隔堤要求与全压力式液化烃的防火堤和隔堤要求一致，全冷冻式液氨储罐的防火堤和隔堤要求与全冷冻式液化烃的防火堤和隔堤要求一致。

**6.3.6** 此条规定是按 NFPA 59A Standard for the Production, Sroeage, and Handling of Liquefied Natural Gas（LNG）《液化天然气（LNG）的生产、储存和运输》的规定确定的，用图示能够明确表达对单防罐的要求。

API Std 2510《液化石油气（LPG）设施的设计和建造》规定："低温常压储罐应设置围堤，围堤内的容积应至少为储罐容积的 100％"；"围堤最低高度为 1.5ft，且应从堤内测量；当围堤高 6ft 时，应设置平时和紧急出入围堤的设施；当围堤必须高于 12ft 或利用围堤限制通风时，应设不需要进入围堤即可对阀门进行一般操作和接近罐顶的设施。所有堤顶的宽度至少为 2ft"。

**6.3.7** 全冷冻双防式或全防式液化烃储罐，一旦储存液化烃内罐发生泄漏，泄漏出的液化烃能 100％ 被外罐所容纳，不会发生液化烃蔓延而造成事态扩大，外罐已具备防火堤作用，不需另设防火堤。

**6.3.8** 参考美国凯洛格公司标准的规定。石油化工企业引进合成氨厂低温液氨储罐的防火堤内容积取最大储罐容积的 60％，经多年的实践，已证明此规定是安全经济的。

**6.3.9** "储存系数不应大于 0.9"是为了避免在储存过程中，因环境温度上升、膨胀、升压而危及储罐安全所采取的必要措施。

**6.3.11** NFPA 58《液化石油气规范》中规定："冷藏液化石油气容器上应设置高液位报警器"。"冷藏液化石油气容器上应装备高液位流量切断设施，该装置应与所有仪表无关。"即使常温储罐，这样规定也更加安全。高液位自动联锁切断进料装置是避免油罐冒罐的最后有效手段，目前比较普遍使用，是合理的设置。API Std 2510《液化石油气（LPG）设施的设计和建造》规定："全冷冻式液化烃储罐需设置真空泄放装置。"对于全冷冻式液化烃储罐增设高、低温度检测，并应与自动开停机系统相联的要求是为了确保全冷冻式液化烃储罐的安全。

**6.3.13** 若液化烃罐组离厂区较远，无共用的火炬系统可利用，一般不单独设置火炬。在正常情况下，偶然超压致使安全阀放空，其排放量极少，因远离厂区，其他火灾对此影响较小，故对此类罐组规定可不排放至火炬而就地排放。

**6.3.14** 液化烃储罐脱水跑气（和可燃液体脱水跑油一样）时有发生。储罐根部设紧急切断阀可以减少管道系统发生事故时损失。目前有些石油化工企业对液化烃罐区进行了类似的改造。根据目前国内情况，规定采用二次脱水系统，即另设一个脱水容器，将储罐内底部的水先放至脱水容器内，再把罐上脱水阀关闭，待气水分离后，再打开脱水容器的排水阀把水放掉。但脱水容器的设计压力应与液化烃储罐的设计压力一致，若液化烃中不含水时，可不设二次脱水系统。

**6.3.16** 本条是对液化烃储罐阀门、管件、垫片等的规定。

1 由储灌站及石油化工企业液化烃罐区引出液化烃时，因阀门、法兰、垫片选用不当而引发的事故常有发生。例如，某液化烃储灌站的管道上因为垫片选用不当，引起较大火灾事故。

2 生产实践证明：当全压力式储罐发生泄漏时，向储罐注水使液化烃液面升高，将破损点置于水面以下，可减少液化烃泄漏。

**6.3.17** 全冷冻卧式液化烃储罐多层布置时，一旦某一层的储罐发生泄漏，直接影响布置在其他层的液态烃储罐的操作及安全，易造成更大的事故。为了方便操作及安全，参照 NFPA 58 的有关规定，本规范规定"全冷冻卧式液化烃储罐不应多层布置"。

### 6.4 可燃液体、液化烃的装卸设施

**6.4.1** 本条为可燃液体铁路装卸设施的规定。

第 2 款：采用明沟卸可燃液体易引起火灾事故。例如，某厂采用明沟卸原油，由于电火花而引起着火，沿明沟烧至 2000m³ 的混凝土零位罐，造成油罐

爆炸起火，并烧毁距罐壁 10m 远的泵房和油罐车 5 辆；又如，某厂采用有盖板明沟卸原油，一次动火检修栈台，焊渣落入沟内发生爆炸起火。以上两例说明，明沟卸原油极不安全。丙 B 类油品不易着火，较安全。如电厂等企业所用燃料油多采用明沟卸车，实践多年，未发生过重大事故。

第 3 款：我国目前装车鹤管有三种：喷溅式、液下式（浸没式）和密闭式。对于轻质油品或原油，应采用液下式（浸没式）装车鹤管。这是为了降低液面静电位，减少油气损耗，以达到避免静电引燃油气事故和节约能源，减少大气污染。

第 4 款：为了防止和控制罐车火灾的蔓延与扩大，当罐车起火时，立即切断进料非常重要。如，某厂装车时着火，由于未能及时关闭操作台上切断阀，致使大量汽油溢出车外，加大了火势；直到关闭紧急切断阀、切断油源，才控制了火势。紧急切断阀设在地面较好，如放在阀井中，井内易积存油水，不利于紧急操作。

第 8 款：在石油化工企业的改造过程中，充分利用现有铁路装卸线资源，同一铁路装卸线一侧布置两个装卸栈台的情况时有出现，国外工厂也有类似情况。为了减少一个栈台发生事故时对另一栈台的影响，在两个栈台之间至少保持一个事故隔离车的位置，因此，规定同一铁路装卸线一侧两个装卸栈台相邻鹤位之间的距离不应小于 24m。

**6.4.2** 本条为可燃液体汽车装卸站的规定。

第 4 款：泵区的泵较多，一旦发生事故，对装车作业的影响较大，故对其间距作出规定。当泵区只有一台泵时，因其影响较小，可不受此限。

第 7 款：这里的其他类可燃液体是指甲 A、丙 B 类可燃液体，甲 A 类可燃液体的危险性较高，丙 B 类可燃液体，有些操作温度较高，有些黏度较大，易造成污染，为减少其影响，故规定了甲 B、乙、丙 A 类可燃液体装车鹤位与其他类液体装车鹤位的间距要求。

**6.4.3** 液化烃装卸作业已有成熟操作管理经验，当与可燃液体装卸共台布置而不同时作业时，对安全防火无影响。

第 1 款：液化烃罐车装车过程中，其排气管应采用气相平衡或接至低压燃料气或火炬放空系统，若就地排放极不安全。例如，某厂液化石油气装车台在装一辆 25t 罐车时，将排空阀打开直排大气，排出的大量液化石油气沉滞于罐车附近并向四周扩散，在离装车点 15m 处的更衣室内，一工人违规点火吸烟，将火柴杆扔到地上时，引起室外空间爆炸，罐车排空阀处立即着火，同时引燃在栈台堆放的航空润滑油桶及附近房屋和沥青堆场。又如，某厂在充装汽车罐车时，因就地排放的液化烃气被另一辆罐车启动时打火引燃，将两台罐车烧坏。所以规定液化烃装卸应采用

密闭系统，不得向大气直接排放。

第 2 款：低温液化烃装卸设施的材质要求严格，独立成系统会更加安全，不会对其他系统构成威胁。

**6.4.4** 本条是对可燃液体码头、液化烃码头的规定。

第 2 款：液化烃泊位火灾危险性较大，若与其他可燃液体泊位合用，会因相互影响而增加火灾危险性，故有条件时宜单独设置。近年来沿海、沿河建设了不少液化石油气基地和石油化工企业的液化石油气装卸泊位，有先进成熟的工艺及设备，管理水平及自动控制水平也较高。为节约水域资源和充分利用泊位的吞吐能力，共用一个泊位在国内已有实践，但严格要求不能同时作业。日本水岛气体加工厂也是多种危险品共用一个泊位，但严格控制不能同时作业。因此，规定当不同时作业时，液化烃泊位可与其他可燃液体共用一个泊位。

第 3 款：本款按国家现行标准《装卸油品码头防火设计规范》JTJ 237 的规定执行。

## 6.5 灌 装 站

**6.5.1** 本条为液化石油气的灌装站规定。

第 1 款：为了安全操作，有利于油气扩散，推荐在敞开式或半敞开式建筑物内进行灌装作业。但半敞开式建筑四周下部有墙，容易产生油气积聚，故要求下部应设通风设施，即自然通风或机械排风。

第 2 款：液化石油气钢瓶内残液随便就地倾倒所造成的灾害时有发生。如，某厂灌瓶站曾发生两次火灾事故，都是对残液处理不当引起的。一次是残液窜入下水井，油气散到托儿所内，遇明火引燃；一次是残液顺下水管排至河内，因小孩玩火引燃。又如，某厂装瓶站投用时，残液回收设备暂未投用，而把几百瓶残液倒入厂内一个坑里，造成液化石油气四处扩散至 20m 左右的工棚内；由于有人吸烟引燃草棚，火焰很快烧回坑内，大火冲天，结果把其中 29 个钢瓶烧爆，烧毁高压线并烧伤 11 人。因此，规定灌装站残液应密闭回收。

第 6 款：该条款参考了现行国家标准《液化石油气瓶充装站安全技术条件》GB 17267 的规定，并结合石油化工企业的特点制定。

## 6.6 厂 内 仓 库

**6.6.1** 化学品和危险品存在潜在火灾爆炸危险，不宜在石油化工企业内分散储存。因此，石油化工企业应设置独立的化学品和危险品库区。

第 1 款：目前，随着石油化工装置规模的大型化，工艺生产过程需要的催化剂、添加剂等用量和产品储存量也大大增加。为了满足生产需要，又要保证安全生产，本次修订取消了甲类物品仓库储存量的限制，其主要理由如下：

**1** 由于各工艺装置所需的甲类催化剂和添加剂

等化学物品的类别和数量不同，且供货来源不同（有国外和国内），故无法对储存周期作出统一规定。

2 现行国家标准《建筑设计防火规范》GB 50016对甲类物品仓库的耐火等级、层数、每座仓库的最大允许占地面积、防火分区的最大允许建筑面积及防火间距有明确规定，但对甲类物品储量未明确规定。

3 本规范对甲类物品仓库设计未作规定，其防火设计应执行现行国家标准《建筑设计防火规范》GB 50016的相关规定。

第5款：根据储存物品的物理化学性质及当地水文地质情况，确定是否设防水层。

6.6.2 石油化工装置规模的大型化，使合成纤维、合成橡胶、合成树脂及塑料类的产品仓库面积大幅增加。由于产品储量增加，需要使用机械化运输和机械化堆垛，小型仓库已无法满足装置规模大型化的需要，因此，当丙类的合成纤维、合成橡胶、合成树脂及塑料固体产品仓库面积超过现行国家标准《建筑设计防火规范》GB 50016要求时，应满足本条款的规定和对仓库占地面积及防火分区面积的限值。考虑到合成纤维、合成橡胶固体产品燃烧性质复杂，故将其与合成树脂及塑料仓库分别对待。

6.6.3 为了节省占地面积，石油化工企业合成纤维、合成树脂及塑料可采用高架仓库。根据国内目前正在使用的几个高架仓库情况，考虑到我国石化工业的发展需要，本次修订明确规定了高架仓库消防设施的要求，详见本规范第8.11.4条。

6.6.4 大型仓库应优先采用自然排烟方式，并按照现行国家标准《建筑设计防火规范》GB 50016要求，规定大型仓库自然排烟口净面积宜为建筑面积的5%。易熔采光带可作为自然排烟措施之一。

6.6.5 铁道部及有关单位曾对硝铵性能进行了试验，试验项目有高空坠落、车辆轧压、碰撞、明火点燃及雷管引爆等。试验结果证明：纯硝铵并不易燃易爆。各大型化肥厂多年来的生产实践也证明，硝铵仓库储量可不限，但在硝铵中若掺入其他物质，则极易引起火灾爆炸事故。因此，需要确保仓库内无其他物品混放。

# 7 管道布置

## 7.1 厂内管线综合

7.1.1 工艺管沟是火灾隐患，易渗水、积油，不好清扫，不便检修，一旦沟内充有油气，遇明火则爆炸起火，沿沟蔓延，且不好扑救。例如，某厂管沟曾发生过多次重大火灾爆炸事故。有一次一个小油罐着火，着火油飞溅引燃14m外积有柴油的管沟，火焰高达60m，使消防队无法冷却邻罐，致使邻罐被烤

爆起火，造成重大火灾事故。又如，某厂装油栈台附近管沟内管道腐蚀漏油，沟内积存大量油气，检修动火时被引燃，使130m长管沟着火，形成火龙，对周围威胁极大。该厂有许多埋地工艺管道，腐蚀渗漏不易查找，形成火灾隐患。因此，工艺管道及热力管道应尽量避免管沟或埋地敷设，若非采用管沟不可，则在管沟进入泵房、罐组处应妥善封闭，防止油或油气窜入，一旦管沟起火也可起到隔火作用。

沿地面或低支架敷设的管带，对消防作业有较大影响，因此规定此类管带不应环绕工艺装置或罐组四周布置。尤其在老厂改扩建时，应予足够重视。

7.1.2、7.1.3 易发生泄漏的管道附件是指金属波纹管或套筒补偿器、法兰和螺纹连接等。

7.1.4 外部管道通过工艺装置或罐组，操作、检修相互影响，管理不便。因此，凡与工艺装置或罐组无关的管道均不得穿越装置或罐组。

7.1.5 比空气重的可燃气体一般扩散的范围在30m以内，这类气体少量泄漏扩散被稀释后无大危险，一旦在管沟内积聚与空气混合易达到爆炸极限浓度，遇明火即可引起燃烧或爆炸。所以，应有防止可燃气体窜入管沟内积聚的措施，一般采用填砂。

7.1.6 各种工艺管道或含可燃液体的污水管道内输送的大多是可燃物料，检修更换较多，为此而开挖道路必然影响车辆正常通行，尤其发生火灾时，影响消防车通行，危害更大。公路型道路路肩也是可行车部分，因此，也不允许敷设上述管道。

## 7.2 工艺及公用物料管道

7.2.1 本条规定应采用法兰连接的地方为：

1 与设备管嘴法兰的连接、与法兰阀门的连接等；

2 高黏度、易黏结的聚合淤浆液和悬浮液等易堵塞的管道；

3 凝固点高的液体石蜡、沥青、硫黄等管道；

4 停工检修需拆卸的管道等。

管道采用焊接连接，不论从强度上、密封性能上都是好的。但是，等于或小于DN25的管道，其焊接强度不佳且易将焊渣落入管内引起管道堵塞，因此多采用承插焊管件连接，也可采用锥管螺纹连接。当采用锥管螺纹连接时，有强腐蚀性介质，尤其像含HF等易产生缝隙腐蚀性的介质，不得在螺纹连接处施以密封焊，否则一旦泄漏，后果严重。

7.2.3 化验室内有非防爆电气设备，还有电烘箱、电炉等明火设备，所以不应将可燃气体，液化烃和可燃液体的取样管引入化验室内，以防止因泄漏而发生火灾事故。某厂将合成氨反应后的气体管道引入化验室内，因泄漏发生了爆炸。

7.2.4 新建的工艺装置，采用管沟和埋地敷设管道已越来越少。因为架空敷设的管道的施工、日常检

查、检修各方面都比较方便，而管沟和埋地敷设恰好相反，破损不易被及时发现。例如某厂循环氢压缩机入口埋地管道破裂，没有检查出来，引起一场大爆炸。管沟敷设管道，在沟内容易积存污油和可燃气体，成为火灾和爆炸事故的隐患。例如某厂蜡油管沟曾四次自燃着火。现在管沟和埋地敷设的工艺管道主要是泵的入口管道，必须按本条规定采取安全措施。

管沟在进出厂房及装置处应妥善隔断，是为了阻止火灾蔓延和可燃气体或可燃液体流窜。

**7.2.5** 大多数塔底泵的介质操作温度等于或高于250℃，当塔底泵布置在管廊（桥）下时，为尽可能降低塔的液面高度，并能满足泵的有效气蚀余量的要求，本条规定其管道可布置在管廊下层外侧。

**7.2.6** 氧气管道与可燃介质管道共架敷设时，两管道平行布置的净距本次修订改为不应小于500mm，与现行国家标准《工业金属管道设计规范》GB 50316的规定相一致。但当管道采用焊接连接结构并无阀门时，其平行布置的净距可取上述净距的50%，即250mm。

**7.2.7** 止回阀是重要的安全设施，但只能防止大量气体、液体倒流，不能阻止小量泄漏。本条主要是使用经验的综合。

公用工程管道在工艺装置中是经常与可燃气体、液化烃、可燃液体的设备和管道相连接的。当公用工程管道压力因故障降低时，大量可燃液体可能倒流入公用工程管道内，容易引发事故。如大量可燃液体倒流入蒸汽管道内，当用蒸汽灭火时起了"火上浇油的作用"。防止的方法有以下三种：

1 连续使用时，应在公用工程管道上设止回阀，并在其根部设切断阀，两阀次序不得颠倒，否则一旦止回阀坏了无法更换或检修；

2 间歇使用（例如停工吹扫）时，一般在公用工程管道上设止回阀和一道切断阀或设两道切断阀，并在两道切断阀中间设常开的检查阀；

3 为减少对公用工程系统的污染，对供冲洗、吹扫、催化剂再生和烧焦等仅在设备停工时使用的蒸汽、空气、水、惰性气体等公用工程管道有安全断开的措施。

**7.2.8** 连续操作的可燃气体管道的低点设两道排液阀，第一道（靠近管道侧）阀门为常开阀，第二道阀门为经常操作阀。当发现第二道阀门泄漏时，关闭第一道阀门，更换第二道阀门。

**7.2.9** 甲、乙A类设备和管道停工时应用惰性气体置换，以防检修动火时发生火灾爆炸事故。

**7.2.10** 可燃气体压缩机，要特别注意防止产生负压，以免渗进空气形成爆炸性混合气体。多级压缩的可燃气体压缩机各段间应设冷却和气液分离设备，防止气体带液体进气缸内而发生超压爆炸事故。当由高压段的气液分离器减压排液至低压段的分离器内或排

油水到低压油水槽时，应有防止串压、超压爆破的安全措施。

据调查，有些厂因安全技术措施不当或误操作而发生爆炸事故。例如：某厂石油气车间，由于裂解气浮顶气柜的滑轨卡住了，浮顶落不下来，抽成负压进入空气，裂解气四段出口发生爆鸣。某厂冷冻车间，氨压缩机段间冷却分离不好，大量液氨带进气缸，发生气缸爆破。某厂氯丁橡胶车间，乙烯基乙炔合成工段，用水环式压缩机压缩乙炔气，吸入管阻力大，造成负压渗入空气形成爆炸性混合物，因过氧化物分解或静电火花引起出口管爆炸。

**7.2.11** 因停电、停汽或操作不正常，离心式可燃气体压缩机和可燃液体泵出口管道介质倒流，由于未装止回阀或止回阀失灵，曾发生过一些火灾、爆炸事故。例如：某厂加氢裂化原料油泵氢气倒流引起大爆炸；某厂催化裂化的高温待生催化剂倒流入主风机，烧坏了主风机及邻近设备。

**7.2.12** 加热炉低压（等于或小于0.4MPa）燃料气管道如不设低压自动保护仪表（压力降低到0.05MPa，发出声光警报；降低到0.03MPa，调节阀自动关闭），则应设阻火器。

某石油化工企业常减压装置加热炉点火，因燃料气体管道空气未排净，发生回火爆炸。

阻火器中的金属网能够降低回火温度，起冷却作用；同时金属网的窄小通道能够减少燃烧反应自由基的产生，使火焰迅速熄灭。阻火器的结构并不复杂，是通用的安全措施。

燃料气管道压力大于0.4MPa（表），而且比较稳定，不波动，没有回火危险，可不设阻火器。

**7.2.13** 燃料气中往往携带少量可燃液滴及冷凝水，当操作不正常时，还可能从某些回流油罐带来较多的可燃液体，使加热炉火嘴喷灭。例如，某石油化工企业加氢裂化装置燃料气管道窜油，从火嘴喷洒到圆筒炉底部，引起一场火灾。因此加热炉的燃料气管道应有加热设施或分液罐。分液罐的冷凝液，不得任意敞开排放，以防火灾发生。例如，某石油化工企业催化裂化装置加热炉分液罐的冷凝液排至附近下水道，因油气回窜到加热炉，引起一场大火。

**7.2.14** 从容器上部向下喷射输入容器内时，液体可能形成很高的静电压，据北京劳动保护研究所测定，汽油和航空煤油喷射输入形成的静电压高达数千伏，甚至在万伏以上，这是很危险的。因为带电荷的液体被喷射输入其他容器时，液体内同符号的电荷将互相排斥而趋向液体的表面，这种电荷称为"表面电荷"。表面电荷与器壁接触，与吸引在器壁上的异符号电荷再结合，电荷即逐渐消失，所需时间称为"中和时间"。中和时间主要决定于液体的电阻，可能是几分之一秒至几分钟。当液体表面与金属器壁的电压差达到相当高并足以使空气电离时，就可能产生电击穿，

并有火花跳向器壁，这就是点火源。容器的任何接地都不能迅速消除这种液体内部的电荷。若必须从上部接入，应将入口管延伸至容器底部200mm处。

**7.2.15** 本条规定是为了当与罐直接相连的下游设备发生火灾时，能及时切断物料。如某厂产品精制装置液化烃罐下游泵发生事故着火，人员无法靠近泵、关闭切断阀，且在泵和罐间靠近罐根部管道上无切断阀，使罐中液化烃烧光后火才熄灭，造成重大损失。

API Std 2510《液化石油气（LPG）设施的设计和建造》规定：液化烃管道上的切断阀应尽可能靠近罐布置，最好位于罐壁嘴子上。为便于操作和维修，切断阀安装位置应易于迅速接近。当液化烃罐容积超过10000gal（≈38m³）时，在火灾发生15min内，所有位于罐最高液面下管道上的切断阀应能自动关闭或遥控操作。切断阀控制系统应耐火保护，切断阀应能手动操作。

**7.2.16** 长度等于或大于8m的平台应从两个方向设梯子，以利迅速关闭阀门。

根据安全需要，除工艺管道在装置的边界处应设隔断阀和8字盲板外，公用工程管道也应在装置边界处设隔断阀，但因不属于本规范范围，故本条未列入。

### 7.3 含可燃液体的生产污水管道

**7.3.1** 从防止环境污染考虑，对排放含有可燃液体的雨水比防火的要求严格得多，故此条只对被严重污染的雨水作了规定。严重污染的雨水指工艺装置内的塔、泵、冷换设备围堰内及可燃液体装卸栈台区等的初期雨水。

可燃气体凝结液，例如加热炉区设置的燃料气分液罐脱出的凝结液及液化烃罐的脱出水都含C₄、C₅烃类，排出后极易挥发，遇明火会造成火灾。某石化公司炼油厂由于液化烃脱出水带大量液化烃类，排入下水道挥发为可燃气体向外蔓延，结果造成大爆炸。本条规定"不得直接排入生产污水管道"，要求排出的凝结液再进行二次脱水，从而可使脱出水在最大限度地减少液化烃类后，再排入生产污水管道，以减少发生火灾的危险。

第1款：高温污水和蒸汽排入下水道，造成污水温度升高油气蒸发，增加了火灾危险。例如，某公司合成橡胶厂的厂外排水管道爆炸，11个下水井盖飞起，分析原因是排水中带有可燃液体，遇食堂排出的热水，油气加速挥发遇明火（可能是烟头）引起爆炸。某石化公司也曾多次发生过因井盖小孔排出油气遇明火而爆炸。例如，在下水道井盖上修汽车，发动机尾气把下水道引爆；小孩在井盖小孔上放爆竹，引爆了下水道。事故多发生于冬季，分析其原因是由于蒸汽及冷凝水排入，污水温度升高促使产生大量油气，故从防火角度对排水温度提出了限制的要求。

第2款：石油化工厂中有时会遇到由于排放的多种污水含有两种或多种能够产生化学反应而引起爆炸及着火的物质。例如某化工厂、某电化厂曾多次发生过乙炔气和次氯酸钠在下水道中起化学反应引起爆炸事故。所以本条要求含有上述物质的污水，在未消除引起爆炸、火灾的危险性之前，不得直接混合排到同一生产污水系统中。

**7.3.2** 明沟或只有盖板而无覆土的沟槽（盖板经常被搬开而易被破坏），受外来因素的影响容易与火源接触，起火的机会多，且着火时火势大，蔓延快，火灾的破坏性大，扑救困难，且常因火灾爆炸而使盖板崩开，造成二次破坏。

某炼油厂蒸馏车间检修，在距排水沟3m处切割槽钢，火星落入排水沟引燃油气，使960m排水沟相继起火，600m地沟盖不同程度破坏，着火历时4h。

某炼油厂检修时，火星落入明沟，沟内油气被点燃，串到污油池燃烧了2h。

某石化公司炼油厂重整原料罐放水，所带油气放入排水沟，被下游施工人员点火引燃。200m排水沟相继起火。

上述事例都说明了用明沟或带盖板而无覆土的沟槽排放生产污水有较高的火灾危险性。

暗沟指有覆土的沟槽，密封性能好，可防止可燃气体窜出，又能保证盖板不会被搬动或破坏，从而减少外来因素的影响。

设施内部往往还需要在局部采用明沟，当物料泄漏发生火灾时，可能导致沿沟蔓延。为了控制着火蔓延范围，要求限制每段的长度不超过30m，各段分别排入生产污水管道。

**7.3.3** 本条对生产污水管道设水封作出规定。

**1** 水封高度，我国过去采用250mm，美、法、德等国都采用150mm。考虑施工误差，且不增加较多工程量，却增加了安全度，故本条仍规定不得小于250mm。

**2** 生产污水管道的火灾事故各厂都曾多次发生，有的沿下水道蔓延几百米甚至上千米，数个井盖崩起，且难于扑救。所以对设置水封要求较严。过去对不太重要的地方，如管沟或一般的建筑物等往往忽视，由于下水道出口不设水封，曾发生过几次事故。例如，某炼厂在工艺阀井中进行管道补焊，阀井的排水管无水封，火星自阀井的排水管串入下水管，400多米管道相继起火，多个井盖被崩开。又如有多个石油化工厂发生过由于厕所的排水排至生产污水管道，在其出口处没有设置水封，可燃气体自外部下水道串入厕所内，遇有人吸烟，而引起爆炸。

**3** 排水管道在各区之间用水封隔开，确保某区的排水管道发生火灾爆炸事故后，不致串入另一区。

**7.3.4** 对重力流循环热水排水管道，由于热水中含微量可燃液体，长时间积聚遇火源也曾发生过爆炸事故。国外有关标准也有类似规定，故提出在装置排出口设置水封，将装置与系统管道隔开。

**7.3.7** 为了防止火灾蔓延，排水管道中多处设置了水封，若不设排气管，污水中挥发出的可燃气体无法排出，只能通过井盖处外溢，遇火源可能引起爆炸着火。可燃气体无组织排放是引起排水管道着火的重要因素之一，支干管、干管均设排气管，可使水封井隔开的每一管段中的可燃气体都能得到有组织排放，从而避免或减少可燃气体与明火接触，减少火灾事故。

本条是参考国外标准制定的。近年来引进的石油化工装置中，生产污水管道中设了排气管。实践表明，这种措施的防火效果非常有效。

参考国外的有关标准，对排气管的设计作出了具体规定。

**7.3.8** 本条是参考国外标准制定的，与第7.3.7条配合使用。第7.3.7条解决排水管道中挥发出的可燃气体的出路，本条是限制可燃气体从下水井盖处溢出，可以有效地减少排水管道的火灾爆炸事故。经在某化纤厂实施，效果较好。

**7.3.10** 本条是吸取国内发生的火灾爆炸事故引发的重大环境污染的事故教训而修订的。应急措施和手段可根据现场具体情况采用事故池、排水监控池、利用现有的与外界隔开的池塘、河渠等进行排水监控、在排水管总出口处安装切断阀等方法来确保泄漏的物料或被污染的排水不会直接排出厂外。

# 8 消 防

## 8.1 一般规定

**8.1.1** "设置与生产、储存、运输的物料和操作条件相适应的消防设施"，是指石油化工企业中，生产和储存、运输具有不同特点和性质的物料（如物理、化学性质的不同，气态、液态、固态的不同，储存方式不同，露天或室内的场合不同等），必须采用不同的灭火手段和不同的灭火药剂。

设置消防设施时，既要设置大型消防设备，又要配备扑灭初期火灾用的小型灭火器材。岗位操作人员使用的小型灭火器及灭火蒸汽快速接头，在扑救初起火灾上起着十分重要的作用，具有便于操作人员掌握、灵活机动、及时扑救的特点。

**8.1.2** 当装置的设备、建筑物区占地面积在10000m²~20000m²时，为了防止可能发生的火灾造成的大面积重大损失，应加强消防设施的设置，主要措施有：增设消防水炮、设置高架水炮、水喷雾（水喷淋）系统、配备高喷车、加强火灾自动报警和可燃气体探测报警系统设置等。

## 8.2 消 防 站

**8.2.1** 设计中确定消防站的规模时，应考虑的几个主要因素：

　　**1** 企业的大小和火灾危险性；

　　**2** 企业内固定消防设施的设置情况，当固定消防设施比较完善时，消防站的规模可减小；

　　**3** 邻近有关单位有无消防协作条件，主要的协作条件指：

　　1）协作单位能提供适用于扑救石油化工火灾的消防车；

　　2）赶到火场的行车时间不超过10~20min（其中，装置火灾按10min、罐区火灾按20min）。装置火灾应尽快扑救，以防蔓延。罐区灭火一般先进行控制冷却，然后组织扑灭。据介绍，钢结构、钢储罐的一般抗烧能力在8~15min，因此只要控制冷却及时，在10~20min内协作单位消防车到达是可以的。

　　**4** 工业园区内的石油化工企业或小型石油化工企业距所在地区的公用消防站的车程不超过8min时，且公用消防站配备的车辆、灭火剂储量及特性符合企业的消防要求，可不单独设置消防站。

**8.2.2** 大型泡沫车是指泡沫混合液的供给能力大于或等于60L/s，压力大于或等于1MPa的消防车辆。

**8.2.3** 消防站内储存泡沫液多时，不宜用桶装。因桶装泡沫液向消防车灌装时间长且劳动量大，往往不能满足火场灭火要求。宜将泡沫液储存于高位罐中，依靠重力直接装入消防车，或从低位罐中用泡沫液泵将泡沫液提升到消防车内，保证消防车连续灭火。在泡沫液运输车的协助下，消防车无需回站装泡沫液，可在火场更有效地发挥作用。

**8.2.4** 消防站的组成，应视消防站的车辆多少、规模大小以及当地的具体情况考虑确定。各部分的具体要求，可参照《城市消防站建设标准》（建标〔2006〕42号文）的有关规定进行设计。

**8.2.5** 车库室内温度不低于12℃，有利于消防车迅速发动。车库在冬季时门窗关闭，为使消防车每天试车时排出的大量烟气迅速排出室外，故提出消防站宜设机械排风设施。

**8.2.7** 车库大门面向道路便于消防车出动。距道路边15m的要求高于城镇消防站，是因为石油化工企业多设置大型消防车，车身长。车库前的场地要求铺砌并有坡度，是为便于消防车迅速出车。

## 8.3 消防水源及泵房

**8.3.1** 当消防用水由工厂水源直接供给，工厂给水管网的进水管的其中1条发生事故时，另1条应能在火灾延续时间内满足100%的消防水量的要求，并且同时在火灾延续时间内能满足生活、生产用水70%的水量要求。

**8.3.2** 为保证消防水池（罐）储存满足需求的水量，同时也便于人员操作，对消防水池（罐）要求增设液位检测、高低液位报警及自动补水设施。

8.3.3 消防水泵房与生产或生活水泵房合建主要是能减少操作人员，并能保证消防水泵经常处于完好状态，火灾时能及时投入运转。据调查，一些厂的独立消防水泵房虽有专人值班，但由于水泵不经常使用，操作不熟练，致使使用时出现问题。

8.3.4 为了保证启动快，要求水泵采用自灌式引水。在灭火过程中有时停泵后还需再启动，在此情况下为了满足再启动，消防泵应有可靠的引水设备。若采用自灌式引水有困难时，应有可靠迅速的充水设备，如同步排吸式消防水泵等。

8.3.5 为避免消防水泵启动后水压过高，在泵出口管道应设置回流管或其他防止超压的安全设施。

泵出口管道直径大于 300mm 的阀门人工操作比较费力、费时，可采用电动阀门、液动阀门、气动阀门或多功能水泵控制阀。

8.3.8 消防水泵应设双动力源，是指消防水泵的供电方式应满足现行国家标准《供配电系统设计规范》GB 50052 所规定的一级负荷供电要求。当不能满足一级负荷供电要求时，应设置柴油机作为第二动力源。消防泵不宜全部采用柴油机作为消防动力源。

### 8.4 消防用水量

8.4.2 对厂区占地面积小于或等于 1000000m² 的规定与现行国家标准《建筑设计防火规范》GB 50016 相同。关于大于 1000000m² 的规定，通过对 7 个大型厂调查，只有某石油化工企业曾发生过由于雷击同时引燃非金属的 15000m³ 地下罐及相邻 5000m³ 半地下罐，且二者发生于同一地点，可以认为是一处火灾，两处同时发生大火尚无实例。所以本条规定按两处计算时，一处考虑发生于消防用水量最大的地点，另一处按火灾发生于辅助生产设施考虑。

8.4.3 本条对工艺装置、辅助生产设施及建筑物的消防用水量作出规定。

1 根据与美国消防协会 NFPA 及美国石油学会 API 及一些国外工程公司等单位交流，不能简单地按照装置规模去确定消防水量。

由于各公司的经验和要求不同，同样的生产装置消防水量相差很大，有的差别高达数倍。国外的一般做法是：首先对工艺装置进行火灾危险分析，识别可能发生的主要火灾危险事故；然后确定可能发生的火灾规模和影响范围，针对每种火灾事故分别确定需要同时使用的消防设施和所需水量，并将可能发生的最不利火灾事故所需的消防水量作为该装置的消防设计水量。

同时使用的消防设施包括：固定式消防设施、消防水炮和消火栓等设施。当所考虑的火灾区域被固定式水喷雾、自动喷淋或泡沫系统全部或部分保护时，消防水量应为需要操作的固定消防水系统所需水量之和，再加上同时操作水炮和水枪的用水量。当火灾区域内有多个固定式消防水系统时，消防水量计算应考虑相邻系统是否需要同时操作。

2 API RP 2001《炼油厂防火》关于装置消防用水量确定方法如下：

1）消防水供给应能满足装置内任一处火灾区域所需的最大计算流量的要求，具体流量取决于工厂的设计、布置及工艺危险性、实际设计等，可根据火灾事故预案、应急响应时间、装置构筑物及设备布置等，对火灾区域提供 4.1～20.4L/min·m² 的水量；

2）参考类似装置的历史经验估算；

3）当消防水系统仅采用水炮和水枪等移动设施进行手动消防时，消防水量范围可参考表 8。

**表 8 消防水量参考表**

| | 场所 | 消防水流量范围（L/s） | 根据保护面积计算的单位面积消防水量（L/min·m²） |
|---|---|---|---|
| 1 | 辐射热保护区 | | 4.1 |
| 2 | 易燃液体、高压易燃气体工艺装置区 | 250～633 | 冷却：8.2～12.3 灭火：12.3～20.4 |
| 3 | 气体、可燃液体工艺装置区 | 183～316 | 8.2～12.3 |

3 因为装置消防水量不是简单地根据装置规模确定，国外也没有工艺装置的消防用水量表。考虑近年来装置大型化、合理化集中布置，且设置了比较完善的固定消防设施，并参考国外工程公司经验及 API RP 2001《炼油厂防火》给出的消防水流量范围，本次修订将大型石油化工装置的水量由 450L/s 调整为 600L/s，大型炼油装置的水量由 300L/s 调整为 450L/s，大型合成氨及氨装置的水量调整为 200L/s。

由于国家对大中型装置的划分无明确规定，只能参照国内生产装置规模的现状，根据消防水确定原则确定消防水量，而不应简单地套用表 8.4.3 中的数值。

8.4.4 着火储罐的罐壁直接受到火焰威胁，对于地上的钢储罐火灾，一般情况下 5min 内可以使钢壁温度达到 500℃，使钢板强度降低一半，8～10min 以后钢板会失去支持能力。为控制火灾蔓延、降低火焰辐射热，保证邻近罐的安全，应对着火罐及邻近罐进行冷却。

浮顶罐着火，火势较小，如某石油化工企业发生的两起浮顶罐火灾，其中 10000m³ 轻柴油浮顶罐着火，15min 后扑灭，而密封圈只着了 3 处，最大处仅为 7m 长，因此不需要考虑对邻近罐冷却。浮盘用易熔材料（铝、玻璃钢等）制作的内浮顶罐消防冷却按固定顶罐考虑。

8.4.5 本条对可燃液体地上立式储罐设固定或移动式消防冷却水系统作出规定。

**1** 移动式水枪冷却按手持消防水枪考虑，每支水枪按操作要求能保护罐壁周长 8～10m，其冷却水强度是根据操作需要确定的，采用不同口径的水枪冷却水强度也不同。采用 φ19mm 水枪进口压力为 0.35MPa 时，一个体力好的人操作水枪已感吃力，此时可满足罐壁高 17m 的冷却要求，若再增高水枪进口压力，加大水枪射高操作有困难。大容量罐采用移动式冷却需要人员多。条文中固定式冷却水强度是根据天津消防科研所 5000m³ 罐，壁高 13m 的固定顶罐灭火实验反算推出的。冷却水强度以周长计算为 0.5L·s·m，此时单位罐壁表面积的冷却水强度为：0.5×60÷13＝2.3L/min·m²，条文中取 2.5L/min·m²。对邻罐计算出的冷却水强度为：0.2×60÷13＝0.92L/min·m²，但用此值冷却系统无法操作，故按实际固定式冷却系统进行校核后，规定为 2L/min·m²。

**2** 润滑油罐火灾我国尚未发生过，故规定采用移动式消防冷却。

**3** 冷却水强度的调节设施在设计中应予考虑。比较简易的方法是在罐的供水总管的防火堤外控制阀后装设压力表，系统调试标定时辅以超声波流量计，调节阀门开启度，分别标出着火罐及邻罐冷却时压力表的刻度，作出永久标记，以确保火灾时调节阀门达到冷却水的供水强度。

**4** 经调查，地上立式罐消防冷却水系统的喷头，常发生被管道内部锈蚀物堵塞现象，故要求控制阀后及储罐上设置的消防冷却水管道采用镀锌管或防腐性能不低于镀锌管的钢管。

**8.4.7** 储罐火灾冷却水供给时间为自开始对储罐冷却起至储罐不会复燃止的时间。据 17 例地上钢储罐火灾统计，燃烧时间最长的 3 次分别为 4.5h、1.5h、1h，其余均小于 40min。燃烧 4.5h 的是储罐爆炸将泡沫液管道拉断，又因有防护墙使扑救及冷却较困难，以致最后烧光，此为特例。据统计，一般燃烧时间均不大于 1h。

本条规定直径大于 20m 的固定顶罐冷却水供给时间，按 6h 计；对直径小于 20m 的罐，沿用过去的规定，按 4h 计。浮盘用铝等易熔材料制造的内浮顶罐，着火时浮盘易被破坏，故应按固定顶储罐考虑。其他型式浮顶罐着火时，火势易于扑救，国内扑救实践表明一般不超过 1h，故冷却水供给时间也规定为 4h。

## 8.5 消防给水管道及消火栓

**8.5.1** 低压消防给水系统的压力，本条规定不低于 0.15MPa，主要考虑石油化工企业的消防供水管道压力均较高，压力是有保证的，从而使消火栓的出水量可相应加大，满足供水量的要求，减少消火栓的设置数量。

近年来大型石油化工企业相继建成投产，工艺装置、储罐也向大型化发展，要求消防用水量加大。若低压消防给水系统采用消防车加压供水，需车辆及消防人员较多。另外，大型现代化工艺装置也相应增加了固定式的消防设备，如消防水炮、水喷淋等，也要求设置稳高压消防给水系统。

消防给水管道若与循环水管道合并，消防时大量用水，将引起循环水水压下降而导致二次灾害。

稳高压消防给水系统，平时采用稳压设施维持管网的消防水压力，但不能满足消防时的用水量要求。当发生火灾启动消防水设施时，管网系统压力下降，靠管网压力联锁自动启动消防水泵。设置稳高压消防给水系统，比临时高压系统供水速度快，能及时向现场供水，尽快地将火灾在初期阶段扑灭或有效控制。

稳压泵的设计水量要考虑消防水管网系统泄漏量和一支水枪出水量（5L/s）。

**8.5.2** 对与生产、生活合用的消防水管网的要求是为了在局部管网发生事故时，供水总量除能满足 100% 的消防水量外，还要满足 70% 的生产、生活用水量，即要求发生火灾时，全厂仍能维持生产运行，避免由于全厂紧急停产而再次发生火灾事故造成更大损失。

**8.5.4** 考虑消防水系统管网的安全及消防设备操作，同时参考国外有关标准，将消防水流速由 5m/s 调小至 3.5m/s。

**8.5.5** 对地上式消火栓的布置，增加了距路边的最小距离要求，主要防止消火栓被车撞坏，地上式消火栓被车辆撞毁时有发生，尤其在施工和检修中，常常将消火栓撞坏，为保护消火栓，可在消火栓周围设置三根短桩，形成三角形的保护围栏。

消火栓选用时宜选用具有调压、防撞功能型式的消火栓，调压功能是考虑稳高压消防水系统的压力较高，为了在各种情况下方便安全的使用消火栓，防撞功能是考虑即使消火栓被撞，也只是影响被撞消火栓，不至于影响消防系统的使用。

**8.5.6** 消火栓的保护半径，本条定为不应超过 120m。根据石油化工企业生产特点，火灾事故多且蔓延快，要求扑救及时，出水带以不多于 7 根为好。若以 7 根为计算依据，则：（20m×7－10m）×0.9＝117m，规定保护长度为 120m。上式的计算中，10m 为消防队员使用水带的自由长度；0.9 为敷设水带长度系数。

**8.5.7** 随着装置的大型化、联合化，一套装置的占地面积大大增加，装置内有时布置多条消防道路，装置发生火灾时，消防车需进入装置扑救，故要求在装置的消防道路边也设置消火栓。

## 8.6 消防水炮、水喷淋和水喷雾

**8.6.1** 固定消防水炮亦属岗位应急消防设施，一人可操作，能够及时向火场提供较大量的消防水，达到对初期火灾控火、灭火的目的。

**8.6.2** 消防水炮有效射程的确定应考虑灭火条件下可能受到的风向、风力及辐射热等因素影响。

要求水炮可按两种工况使用：喷雾状水，覆盖面积大，射程短，可用于保护地面上的危险设备群；喷直流水，射程远，可用于保护高的危险设备。

**8.6.3** 本条对工艺装置内设水喷淋或水喷雾系统的设计作出规定。

**1** 消防炮不能有效覆盖，人员又难以靠近的特殊危险设备及场所指着火后若不及时给予水冷却保护会造成重大的事故或损失，例如，无隔热层的可燃气体设备，若自身无安全泄压设施，受到火灾烘烤时，可能因内压升高、设备金属强度降低而造成设备爆炸，导致灾害扩大。

**2** 对于不属于上述的特殊危险设备（如高塔、高脱气仓等），可不设水喷雾（水喷淋）系统的原因如下：

1）高塔顶部泄漏而导致火灾的可能性较小，因其位置较高而受其他着火设备影响较小；

2）高塔顶部一般设有安全阀，当高塔发生火灾时，可对塔进行泄压保护，切断物料使火熄灭，同时对塔底部和周围设备进行冷却保护；

3）塔器的支撑裙座进行了耐火保护，并在高塔周围设置消防水炮和消火栓，可在发生火灾事故时保护塔体不会坍塌。

**3** 水喷雾（水喷淋）系统的控制阀可采用符合消防要求的雨淋阀、电动或气动控制阀，并能满足远程手动控制和现场手动控制要求。

**8.6.4** 消防软管卷盘可由一人操作用于控制局部小火，辅以工艺操作进行应急处理，能够扑灭小泄漏的初期火灾或达到控火目的，国外装置中设置比较多。设置于泄漏、火灾多发的危险场所，能提高应急防护能力。

消防软管卷盘性能指标如下：

1）软管内径为 25mm 或 32mm，长度不小于 25m；

2）喷嘴为直流喷雾混合型；

3）压力等级不低于 1.6MPa。

**8.6.5** 扑救火灾常用 φ19mm 手持水枪，水枪进口压力一般控制在 0.35MPa，可由一人操作，若水压再高则操作困难。在 0.35MPa 水压下水枪充实水柱射高约为 17m，故要求火灾危险性大的构架（设备布置在构架上的构架平台）高于 15m 时，需设置半固定式消防竖管。竖管一般供专职消防人员使用，由消防车供水或供泡沫混合液，设置简单、便于使用，可加快控火、灭火速度。

竖管接水带枪可对水炮作用不到的地方进行保护。

消防竖管的管径，应根据所需供给的水量计算，每支 φ19mm 的水枪控制面积可按 50m² 考虑。

**8.6.6** 液化烃、操作温度等于或高于自燃点的可燃液体泵为火灾多发设备，尽量不要将这些泵布置在管架、可燃液体设备、空冷器等下方，如确实需要这样布置时，应采取保护措施。

## 8.7 低倍数泡沫灭火系统

**8.7.2** 增加闪点等于或小于 90℃的丙类可燃液体采用固定式泡沫灭火系统是考虑到此前发生的几起丙类火灾的情况，并参考 NFPA 30《易燃可燃液体规范》关于可燃液体的分类确定的。

机动消防设施不能进行有效保护系指消防站距罐区远或消防车配备不足等，需注意后者是针对装储保护对象所用灭火剂的车辆，例如，有水溶性可燃液体储罐时，应注意核算装储抗溶性泡沫灭火剂的车辆灭火能力。当储罐组建于山区，地形复杂，消防道路环行设置有困难，移动消防不能有效保护时，故需考虑设置固定泡沫灭火系统。

**8.7.3** 国外及国内有关标准均有相似的规定。润滑油罐火灾危险性小，国内尚未发生过润滑油罐火灾。而可燃液体储罐的容量小于 200m³、壁高小于 7m 时，燃烧面积不大，7m 壁高可以将泡沫钩管与消防拉梯二者配合使用进行扑救，操作亦比较简单，故其泡沫灭火系统可以采用移动式灭火系统。

**8.7.5** 对容量大的储罐，若火灾蔓延则损失巨大，故要求可在控制室启动远程手动控制的泡沫灭火系统，以便尽快在火灾初期将火扑灭。

## 8.8 蒸汽灭火系统

工艺装置设置固定式蒸汽灭火系统简单易行，对于初期火灾灭火效果好。例如，某炼厂裂化车间泵房着火，利用固定式灭火蒸汽，迅速将火扑灭；又如某炼油厂液化石油气泵房着火也用蒸汽灭掉。

使用蒸汽系统时，当蒸汽流速过高时会产生静电，应在设计和使用时引起注意，防止静电产生火花。

固定式蒸汽灭火管道的筛孔管，长期不用，可能生锈堵塞，故亦可按照范围大小，设置若干半固定式蒸汽灭火接头。

固定式蒸汽筛孔管排汽孔径可取 3～5mm，孔心间距 30～80mm，孔径宜从进汽端开始由小逐渐增大。开孔方向应能使蒸汽水平方向喷射。

蒸汽幕排汽管孔径可取 3～5mm，孔心间距 100～150mm。蒸汽灭火和蒸汽幕配汽管截面积应大于或等于所有开孔面积之和。

## 8.9 灭火器设置

**8.9.2** 结合石油化工企业火灾危险性大的特点，根据现行灭火器产品规格及人员操作方便，经归类分析，对石油化工企业配置的灭火器类型、灭火能力提出了推荐性要求，以方便选用、维护和检修。

**8.9.3** 干粉灭火剂对扑救石油化工厂的初期火灾，尤其是用于气体火灾是一种灭火效果好、速度快的有效灭火剂，但扑救后易于复燃，故宜与氟蛋白泡沫灭火系统联用。大型干粉灭火设备普遍设置为移动式干粉车，用于扑救工艺装置的初期火灾及液化烃罐区火灾效果较好。固定式系统一般用于某些物质的储存、装卸等的封闭场所及室外需重点保护的场所。干粉灭火系统的设计按现行国家标准《干粉灭火系统设计规范》GB 50347 的有关规定执行。

**8.9.4** 铁路装卸栈台易起火部位是装卸口，尤其是在装车时产生静电，槽车罐口起火曾多次发生。灭火方法可用干粉或盖上罐口。槽车长度一般为 12m，故提出每隔 12m 栈台上下各设灭火器。在停工检修管道时有可能发生小火，一般只在检修地点临时配置灭火器。

**8.9.5** 储罐区很少发生小火，各厂大多不配置灭火器或配置数量较少。在停工检修管道时有可能发生小火，一般只在检修地点临时配置灭火器。考虑罐区泄漏点多发生在阀组附近，故提出灭火器的配置总量还应按储罐个数进行核算，每个储罐配置灭火器的数量不宜超过 3 个。

**8.9.6** 据统计，14 个石油化工企业 12 年期间共发生装置火灾事故 167 起，从扑救手段分析，使用蒸汽灭火占 31%，切断油源自灭 16%，消防车出动灭火 13%，小型灭火器灭火 40%，又据某石化公司 2 年期间统计 69 起火灾事故中，使用小型灭火器成功扑救的 16 起，约占 23%，说明小型灭火器的重要作用。

## 8.10 液化烃罐区消防

**8.10.1** 液化烃罐包括全压力式、半冷冻式、全冷冻式储罐。

**8.10.2** 大多数石油化工企业设有消防站，配置一定数量的消防车，可以满足容量小于或等于 100m³ 液化烃储罐的消防冷却要求。

**8.10.3～8.10.5**

1 消防冷却水的作用：

液化烃储罐火灾的根本灭火措施是切断气源。在气源无法切断时，要维持其稳定燃烧，同时对储罐进行水冷却，确保罐壁温度不致过高，从而使罐壁强度不降低，罐内压力也不升高，可使事故不扩大。

2 火焰烘烤下，储罐的罐壁受热状态：

对湿罐壁（即储罐内液面以下罐壁部分）的影响：湿壁受热后，热量可通过罐壁传到罐内液体，使液体蒸发带走传入的热量，液体温度将维持与其压力相对应的饱和温度。湿壁本身只有较小的温升，一

般不会导致金属强度的降低而造成储罐被破坏。

对干罐壁（罐内液面以上罐壁部分）的影响：干壁受热后罐内为气体，不能及时将热量传出，将导致罐壁温度升高、金属强度降低而使储罐遭到破坏。火焰烘烤下，干壁被破坏的危险性比湿壁更大。

3 国内对液化烃储罐火灾受热喷水保护试验的结论：

1）储罐火灾喷水冷却，对应喷水强度 5.5～10L/min·m² 湿壁热通量比不喷水降低约 70%～85%；

2）储罐被火焰包围，喷水冷却干壁强度在 6L/min·m² 时，可以控制壁温不超过 100℃；

3）喷水强度取 10L/min·m² 较为稳妥可靠。

4 国外有关标准的规定：

国外液化烃储罐固定消防冷却水的设置情况一般为：冷却水供给强度除法国标准规定较低外，其余均在 6～10L/min·m²。美国某工程公司规定，有辅助水枪供水，其强度可降低到 4.07L/min·m²。

关于连续供水时间。美国规定要持续几小时，日本规定至少 20min，其他无明确规定。日本之所以规定 20min，是考虑 20min 后消防队已到火场，有消防供水可用。

对着火邻罐的冷却及冷却范围除法国有所规定外，其他国家多未述及。

**8.10.6** 单防罐罐顶部的安全阀及进出罐管道易泄漏发生火灾，同时考虑罐顶受到的辐射热较大，参考 API Std 2510A Fire Protection Considerations for the Design and Operation of Liquefied Petroleum Gas (LPG) Storage Facilities《液化石油气储存设施设计和操作的防火条件》标准，冷却水强度取 4L/min·m²。罐壁冷却主要是为了保护罐外壁在着火时不被破坏，保护隔热材料，使罐内的介质稳定气化，不至于引起更大的破坏。按照单防罐着火的情形，罐壁的消防冷却水供给强度按一般立式罐考虑。

对于双防罐、全防罐由于外部为混凝土结构，一般不需设置固定消防喷水冷却水系统，只是在易发生火灾的安全阀及沿进出罐道管处设置水喷雾系统进行冷却保护。在罐组周围设置消火栓和消防炮，既可用于加强保护管架及罐顶部的阀组，又可根据需要对罐壁进行冷却。

美国《石油化工厂防火手册》曾介绍一例储罐火灾：A 罐装丙烷 8000m³，B 罐装丙烷 8900m³，C 罐装丁烷 4400 m³，A 罐超压，顶壁结合处开裂 180°，大量蒸气外溢，5s 后遇火点燃。A 罐烧了 35.5h 后损坏；B、C 罐顶部阀件烧坏，造成气体泄漏燃烧，B 罐切断阀无法关闭烧 6d，C 罐充 N₂ 并抽料，3d 后关闭切断阀灭火。B、C 罐罐壁损坏较小，隔热层损坏大。该案例中仅由消防车供水冷却即控制了火灾，推算供水量小于 200L/s。

**8.10.8** 丁二烯或比丁烷分子量高的碳氢化合物燃烧时，会在钢的表面形成抗湿的碳沉积，应采用具有冲击作用的水喷雾系统。

**8.10.10** 本条对全压力式、半冷冻式液化烃储罐固定式消防冷却水管道设置作出规定。

第1款：供水竖管采用两条对称布置，以保证水压均衡，罐表面积的冷却水强度相同。

第3款：阀门设于防火堤外距罐壁15m以外的地点，火灾时不影响开阀供冷却水。罐区面积大或罐多时，手动操作阀门需时间长，此种情况下可采用遥控。当储罐容积大于等于1000m³时，考虑到罐容积大，若不及时冷却，后果严重，要求控制阀为遥控操作。

第4款：控制阀后的管道长期不充水，易受腐蚀。若用普通钢管，多年后管内部锈蚀成片脱落堵塞管道，故要求用镀锌管。

**8.10.13** 本条规定的冷却水供给强度不宜小于6L/min·m²，是根据现行国家标准《水喷雾灭火系统设计规范》GB 50219的规定，全压力式及半冷冻式液氨储罐属于该规范中表3.1.2规定的甲乙丙类液体储罐。

## 8.11 建筑物内消防

**8.11.1** 本条是参照现行国家标准《建筑设计防火规范》GB 50016有关条款并结合石油化工企业的厂房、仓库、控制室、办公楼等的特点，提出了建筑物消防设施的设置原则。

**8.11.2** 室内消火栓是主要的室内消防设备，其设置合理与否直接影响灭火效果，为此本条提出了室内消火栓的设置要求。

第1款：可燃液体、气体一旦发生泄漏火灾，火势猛烈，对小厂房，着火后人员无法进入室内使用消火栓扑救，故当厂房长度小于30m时可不设。

第3款：为了便于消防人员火灾时使用，要求多层厂房和高层厂房楼梯间应设半固定式消防竖管。

第4款：要求室内消火栓给水系统与自动喷水系统应在报警阀前分开设置，是为了防止消火栓用水影响自动喷水灭火设备用水或防止消火栓漏水引起自动喷水灭火系统误报警、误动作。

第5款：由于石油化工厂一般均采用稳高压消防给水系统，为了便于室内人员安全操作水枪，要求消火栓口处压力大于0.50MPa时需设置减压设施。为防止热设备受到直流水柱冲击后急冷受损，扩大泄漏事故，故要求水枪具有喷射雾化水流功能。为了便于人员安全操作宜选用带消防软管卷盘型式的室内消火栓。

**8.11.3** 石油化工企业控制室、机柜间、变配电所与一般计算机房相比具有其特殊性，不要求设置固定自动气体灭火装置理由如下：

1 石油化工厂控制室24h有人值班，出现火情，值班人员能及时发现，尽快扑救。

2 各建筑物均按照国家有关规范要求设有火灾自动报警系统，如变配电所、机柜间和电缆夹层等空间发生火情，火灾探测系统能及时向24h有人值班的场所报警，使相关人员及时采取措施。

3 固定的气体灭火设施一旦启动，需要控制室内值班人员立即撤离，可能导致装置控制系统因无人监护而瘫痪，引发二次火灾或造成更大事故。

4 本规范对控制室、机柜室、变配电所的建筑防火、平面布置、设备选用等均提出了明确的防火要求，加强了建筑物的自身安全性。

**8.11.4** 石油化工企业大型化致使合成纤维、合成橡胶、合成树脂及塑料仓库面积大幅增加，该类产品的火灾危险性属丙类可燃固体。为了及时扑灭可能发生的初期火灾，宜采用早期抑制快速响应喷头的自动喷水灭火系统，并应采取防冻措施，确保冬季系统的可靠运行。

要求自动喷水灭火系统应由厂区稳高压消防给水系统供水，是因为石化企业设置的独立稳高压消防给水系统具有可靠的水量水压保证。

为了节省占地，某些企业采用高架仓库，这相对增加了火灾危险性。考虑石油化工行业发展的需要，保证安全生产，参照国内外相关规范及实际的做法，提出了本条要求。

**8.11.5** 聚乙烯、聚丙烯等大型聚烯烃装置的挤压造粒厂房一般为封闭式高层厂房。通常上层为固体添加剂加料器，往下依次经计量、螺杆加料、与树脂掺混后进入到布置在一层的挤压造粒机，经熔融挤压切粒后变为塑料颗粒产品。添加剂的加料口设有防止粉尘逸散的设施。整个生产过程都是密闭操作，并设有氮封系统。挤压造粒机模头通常用高压蒸汽加热。根据需要，有时采用丙ʙ类重油作为热油加热介质。

挤压造粒厂房的生产物料主要是属于火灾危险性丙类的聚烯烃类塑料产品，由于整个生产过程都是在设备内密闭操作，不会接触到点火源，多年来该类厂房也从未发生过火灾事故。此类厂房不属于劳动密集型或生产人员集中场所，厂房内空间体积大，易于发现火情和疏散与扑救。因此，要求厂房内设置火灾自动报警系统，并设置室内消火栓、消防软管卷盘或轻便消防水龙和灭火器等消防设施可满足消防要求。

**8.11.6** 烷基铝（烷基锂）是聚丙烯、低压聚乙烯、全密度聚乙烯、橡胶等装置的助催化剂，具有遇空气自燃、遇水激烈燃烧或爆炸特性。以前，在配制间曾不止一次发生因阀门操作不当引发火灾的事故。经试验，该物质应采用D类干粉扑救。国内引进的多套装置目前均设有局部喷射式D类干粉灭火装置，故本条作此规定。

在启动局部喷射式D类干粉灭火装置前，应首先关闭烷基铝设备的紧急切断阀。

**8.11.7** 烷基铝储存仓库只是作为储存场所，不需要进行开关阀门等生产操作，发生烷基铝泄漏引发火灾的几率很小。因此，可采用干砂、蛭石、D类干粉灭火器等灭火设施。

### 8.12 火灾报警系统

**8.12.1** 在石油化工企业的火灾危险场所设置火灾报警系统可及时发现和通报初期火灾，防止火灾蔓延和重大火灾事故的发生。火灾自动报警系统和火灾电话报警，以及可燃和有毒气体检测报警系统、电视监视系统（CCTV）等均属于石油化工企业安全防范和消防监测的手段和设施，在系统设置、功能配置、联动控制等方面应有机结合，综合考虑，以增强安全防范和消防监测的效果。

**8.12.2** 本条规定了火灾电话报警的设计原则：

**1** 设置无线通信设备，是因为随着无线通信技术的发展，其所具有可移动的优点，已经成为石油化工企业内对于火灾受警、确认和扑救指挥有效的通信工具。

**2** "直通的专用电话"是指在两个工作岗位之间成对设置的电话机，摘机即通，专门用于两个或多个工作岗位之间的电话通信联系，一般通过程控交换机的热线功能实现。因为当石化企业发生火灾时，尤其是工艺装置火灾，需要从生产工艺角度采取切断物料及卸料等紧急措施，需要生产操作人员与消防人员及时电话通信联系，密切配合，以防止火灾的蔓延与次生灾害的发生。

**8.12.3** 本条规定了火灾自动报警系统的设计原则：

第1款和第2款：对于石油化工企业内火灾自动报警系统的设计应全盘考虑，各个石油化工装置、辅助生产设施、全厂性重要设施和区域性重要设施所设置的区域性火灾自动报警系统宜通过光纤通信网络连接到全厂性消防控制中心，使其构成一套全厂性的火灾自动报警系统。

强调火灾自动报警系统的网络集成功能是因为现代化石油化工企业的特点是高度集成的流程工业，局部的火灾危险往往会造成大面积的灾害，而集成化的火灾自动报警系统能很好地指挥和调动消防的力量和及时有效地扑救。

第5款："重要的火灾报警点"主要是指大型的液化烃及可燃液体罐区、加热炉、可燃气体压缩机及火炬头等场所。

第6款："重要的火灾危险场所"是指当发生火灾时，有可能造成重大人身伤亡和需要进行人员紧急疏散和统一指挥的场所。在工艺生产装置区内，火灾自动报警系统的警报设施可采用生产扩音对讲系统来替代，因此要求生产扩音对讲系统具有在确认火灾后能够切换到消防应急广播状态的功能。

**8.12.4** 装置及储运设施多已采用DCS控制，且伴随着石油化工装置的大型化，中央控制室距离所控制的装置及储运设施越来越远，现场值班的人员很少，为发现火灾时能及时报警，要求在甲乙类装置区四周道路边、罐区四周道路边等场所设置手动火灾报警按钮。

**8.12.5** 在罐区浮顶罐的密封圈处推荐设置无电型的线型光纤光栅感温火灾探测器或其他类型的线型感温火灾探测器，既可以监视密封圈处的温度值又可设定超温火灾报警，该类型的线型感温火灾探测器目前在石油化工企业已取得了较好的应用业绩。

储罐上的光纤型感温探测器应设置在储罐浮顶的二次密封圈处。当采用光纤光栅型感温探测器时，光栅探测器的间距不应大于3m。储罐的光纤感温探测器应根据消防灭火系统的要求进行报警分区，每台储罐至少应设置一个报警分区。

## 9 电 气

### 9.1 消防电源、配电及一般要求

**9.1.4** 某石油化工企业石油气车间压缩厂房内的电缆沟未填砂，裂解气通过电缆沟窜进配电室遇电火花而引起配电室爆炸。事故后在电缆沟内填满了砂，并且将电缆沟通向配电室的孔洞密封住，这类事故没有再发生过。某氮肥厂合成车间发生爆炸事故时，与厂房相邻的地区总变电所墙被炸倒，因通向变电所的电缆沟未填砂，爆炸发生时，气浪由地沟窜进变压器室，将地沟盖板炸翻，站在盖板上的3人受伤。某化工厂氮氢压缩机厂房外有盖的电缆沟，沟最低点排水管接到污水下水井内，因压缩机段间分油罐的油水也排入污水井内，氢气窜进电缆沟内由电火花引起电缆沟爆炸。所以要求有防止可燃气体沉积和污水流渗沟内的措施。一般做法是：电缆沟填满砂，沟盖用水泥抹死，管沟设有高出地坪的防水台以及加水封设施，防止污水井可燃气体窜进电缆沟内等。在电缆沟进入变配电所前设沉砂井，井内黄砂下沉后再补充新砂，效果较好。

### 9.3 静电接地

**9.3.2** 过去聚烯烃树脂处理、输送、掺混储存系统由于静电接地系统不完善，发生过料仓静电燃爆事故。因此在物料处理系统和料仓内严禁出现不接地的孤立导体，如排风过滤器的紧固件、管道或软连接管的紧固件、振动筛的软连接、临时接料的手推车或器具等。料仓内若有金属突出物，必须做防静电处理。

中华人民共和国国家标准

# 石油天然气工程设计防火规范

Code for fire protection design of petroleum
and natural gas engineering

**GB 50183—2004**

主编部门：中国石油天然气集团公司
　　　　　中华人民共和国公安部
批准部门：中华人民共和国建设部
施行日期：2 0 0 5 年 3 月 1 日

# 中华人民共和国建设部
## 公　告

### 第 281 号

---

## 建设部关于发布国家标准
## 《石油天然气工程设计防火规范》的公告

现批准《石油天然气工程设计防火规范》为国家标准，编号为 GB 50183—2004，自 2005 年 3 月 1 日起实施。其中，第 3.1.1 (1) (2) (3)、3.2.2、3.2.3、4.0.4、5.1.8 (4)、5.2.1、5.2.2、5.2.3、5.2.4、5.3.1、6.1.1、6.4.1、6.4.8、6.5.7、6.5.8、6.7.1、6.8.7、7.3.2、7.3.3、8.3.1、8.4.2、8.4.3、8.4.5、8.4.6、8.4.7、8.4.8、8.5.4、8.5.6、8.6.1、9.1.1、9.2.2、9.2.3、10.2.2 条（款）为强制性条文，必须严格执行。原《原油和天然气工程设计防火规范》GB 50183—93 及其强制条文同时废止。

本规范由建设部标准定额研究所组织中国计划出版社出版发行。

**中华人民共和国建设部**
二〇〇四年十一月四日

## 前　言

本规范是根据建设部建标〔2001〕87 号《关于印发"二〇〇〇至二〇〇一年度工程建设国家标准制订、修订计划"的通知》要求，在对《原油和天然气工程设计防火规范》GB 50183—93 进行修订基础上编制而成。

在编制过程中，规范编制组对全国的油气田、油气管道和海上油气田陆上终端开展了调研，总结了我国石油天然气工程建设的防火设计经验，并积极吸收了国内外有关规范的成果，开展了必要的专题研究和技术研讨，广泛征求有关设计、生产、消防监督等部门和单位的意见，对主要问题进行了反复修改，最后经审查定稿。

本规范共分 10 章和 3 个附录，其主要内容有：总则、术语、基本规定、区域布置、石油天然气站场总平面布置、石油天然气站场生产设施、油气田内部集输管道、消防设施、电气、液化天然气站场等。

与原国家标准《原油和天然气工程设计防火规范》GB 50183—93 相比，本规范主要有下列变化：

1. 增加了成品油和液化石油气管道工程、液化天然气和液化石油气低温储存工程、油田采出水处理设施以及电气方面的规定。
2. 提高了油气站场消防设计标准。
3. 内容更为全面、合理。

本规范以黑体字标志的条文为强制性条文，必须严格执行。

本规范由建设部负责管理和对强制性条文的解释，由油气田及管道建设设计专业标准化委员会负责日常管理工作，由中国石油天然气股份有限公司规划总院负责具体技术内容的解释。在本规范执行过程中，希望各单位结合工程实践认真总结经验，注意积累资料，如发现需要修改和补充之处，请将意见和资料寄往中国石油天然气股份有限公司规划总院节能与标准研究中心（地址：北京市海淀区志新西路 3 号；邮政编码：100083），以便今后修订时参考。

本规范主编单位、参编单位和主要起草人：

**主编单位：** 中国石油天然气股份有限公司规划总院

**参编单位：** 大庆油田工程设计技术开发有限公司

中国石油集团工程设计有限责任公司西南分公司

中油辽河工程有限公司

公安部天津消防研究所

胜利油田胜利工程设计咨询有限责任公司

中国石油天然气管道工程有限公司

大庆石油管理局消防支队

中国石油集团工程设计有限责任公

司北京分公司

西安长庆科技工程有限责任公司

**主要起草人：** 云成生　韩景宽　章申远　陈辉璧

朱　铃　秘义行　裴　红　董增强

刘玉身　鞠士武　余德广　段　伟

严　明　杨春明　张建杰　黄素兰

李正才　曾亮泉　刘兴国　卜祥军

邢立新　刘利群　郭桂芬

## 目　次

# 目　次

# 1 总　则

**1.0.1** 为了在石油天然气工程设计中贯彻"预防为主，防消结合"的方针，规范设计要求，防止和减少火灾损失，保障人身和财产安全，制定本规范。

**1.0.2** 本规范适用于新建、扩建、改建的陆上油气田工程、管道站场工程和海洋油气田陆上终端工程的防火设计。

**1.0.3** 石油天然气工程防火设计，必须遵守国家有关方针政策，结合实际，正确处理生产和安全的关系，积极采用先进的防火和灭火技术，做到保障安全生产，经济实用。

**1.0.4** 石油天然气工程防火设计除执行本规范外，尚应符合国家现行的有关强制性标准的规定。

# 2 术　语

## 2.1　石油天然气及火灾危险性术语

**2.1.1** 油品　oil

系指原油、石油产品（汽油、煤油、柴油、石脑油等）、稳定轻烃和稳定凝析油。

**2.1.2** 原油　crude oil

油井采出的以烃类为主的液态混合物。

**2.1.3** 天然气凝液　natural gas liquids（NGL）

从天然气中回收的且未经稳定处理的液体烃类混合物的总称，一般包括乙烷、液化石油气和稳定轻烃成分。也称混合轻烃。

**2.1.4** 液化石油气　liquefied petroleum gas（LPG）

常温常压下为气态，经压缩或冷却后为液态的丙烷、丁烷及其混合物。

**2.1.5** 稳定轻烃　natural gasoline

从天然气凝液中提取的，以戊烷及更重的烃类为主要成分的油品，其终沸点不高于190℃，在规定的蒸气压下，允许含有少量丁烷。也称天然汽油。

**2.1.6** 未稳定凝析油　gas condensate

从凝析气中分离出的未经稳定的烃类液体。

**2.1.7** 稳定凝析油　stabilized gas condensate

从未稳定凝析油中提取的，以戊烷及更重的烃类为主要成分的油品。

**2.1.8** 液化天然气　liquefied natural gas（LNG）

主要由甲烷组成的液态流体，并且包含少量的乙烷、丙烷、氮和其他成分。

**2.1.9** 沸溢性油品　boil over

含水并在燃烧时具有热波特性的油品，如原油、渣油、重油等。

## 2.2　消防冷却水和灭火系统术语

**2.2.1** 固定式消防冷却水系统　fixed water cooling fire systems

由固定消防水池（罐）、消防水泵、消防给水管网及储罐上设置的固定冷却水喷淋装置组成的消防冷却水系统。

**2.2.2** 半固定式消防冷却水系统　semi-fixed water cooling fire systems

站场设置固定消防给水管网和消火栓，火灾时由消防车或消防泵加压，通过水带和水枪喷水冷却的消防冷却水系统。

**2.2.3** 移动式消防冷却水系统　mobile water cooling fire systems

站场不设消防水源，火灾时消防车由其他水源取水，通过车载水龙带和水枪喷水冷却的消防冷却水系统。

**2.2.4** 低倍数泡沫灭火系统　low-expansion foam fire extinguishing systems

发泡倍数不大于20的泡沫灭火系统。

**2.2.5** 固定式低倍数泡沫灭火系统　fixed low-expansion foam fire extinguishing systems

由固定泡沫消防泵、泡沫比例混合器、泡沫混合液管道以及储罐上设置的固定空气泡沫产生器组成的低倍数泡沫灭火系统。

**2.2.6** 半固定式低倍数泡沫灭火系统　semi-fixed low-expansion foam fire extinguishing systems

储罐上设置固定的空气泡沫产生器，灭火时由泡沫消防车或机动泵通过水龙带供给泡沫混合液的低倍数泡沫灭火系统。

**2.2.7** 移动式低倍数泡沫灭火系统　mobile low-expansion foam fire extinguishing systems

灭火时由泡沫消防车通过车载水龙带和泡沫产生装置供应泡沫的低倍数泡沫灭火系统。

**2.2.8** 烟雾灭火系统　smoke fire extinguishing systems

由烟雾产生器、探测引燃装置、喷射装置等组成，在发生火灾后，能自动向储罐内喷射灭火烟雾的灭火系统。

**2.2.9** 干粉灭火系统　dry-powder fire extinguishing systems

由干粉储存装置、驱动装置、管道、喷射装置、火灾报警及联动控制装置等组成，能自动或手动向被保护对象喷射干粉灭火剂的灭火系统。

## 2.3　油气生产设施术语

**2.3.1** 石油天然气站场　petroleum and gas station

具有石油天然气收集、净化处理、储运功能的站、库、厂、场、油气井的统称，简称油气站场或站场。

**2.3.2** 油品站场　oil station

具有原油收集、净化处理和储运功能的站场或天然汽油、稳定凝析油储运功能的站场以及具有成品油管输功能的站场。

**2.3.3** 天然气站场 natural gas station

具有天然气收集、输送、净化处理功能的站场。

**2.3.4** 液化石油气和天然气凝液站场 LPG and NGL station

具有液化石油气、天然气凝液和凝析油生产与储运功能的站场。

**2.3.5** 液化天然气站场 liquefied natural gas (LNG) station

用于储存液化天然气，并能处理、液化或气化天然气的站场。

**2.3.6** 油罐组 a group of tanks

由一条闭合防火堤围成的一个或几个油罐组成的储罐单元。

**2.3.7** 油罐区 tank farm

由一个或若干个油罐组组成的储油罐区域。

**2.3.8** 浅盘式内浮顶油罐 internal floating roof tank with shallow plate

钢制浮盘不设浮舱且边缘板高度不大于 0.5m 的内浮顶油罐。

**2.3.9** 常压储罐 atmospheric tank

设计压力从大气压力到 6.9kPa（表压，在罐顶计）的储罐。

**2.3.10** 低压储罐 low-pressure tank

设计承受内压力大于 6.9kPa 到 103.4kPa（表压，在罐顶计）的储罐。

**2.3.11** 压力储罐 pressure tank

设计承受内压力大于等于 0.1MPa（表压，在罐顶计）的储罐。

**2.3.12** 防火堤 dike

油罐组在油罐发生泄漏事故时防止油品外流的构筑物。

**2.3.13** 隔堤 dividing dike

为减少油罐发生少量泄漏（如冒顶）事故时的污染范围，而将一个油罐组的多个油罐分成若干分区的构筑物。

**2.3.14** 集中控制室 control centre

站场中集中安装显示、打印、测控设备的房间。

**2.3.15** 仪表控制间 instrument control room

站场中各单元装置安装测控设备的房间。

**2.3.16** 油罐容量 nominal volume of tank

经计算并圆整后的油罐公称容量。

**2.3.17** 天然气处理厂 natural gas treating plant

对天然气进行脱水、凝液回收和产品分馏的工厂。

**2.3.18** 天然气净化厂 natural gas conditioning plant

对天然气进行脱硫、脱水、硫磺回收、尾气处理的工厂。

**2.3.19** 天然气脱硫站 natural gas sulphur removal station

在油气田分散设置对天然气进行脱硫的站场。

**2.3.20** 天然气脱水站 natural gas dehydration station

在油气田分散设置对天然气进行脱水的站场。

# 3 基本规定

## 3.1 石油天然气火灾危险性分类

**3.1.1** 石油天然气火灾危险性分类应符合下列规定：

**1** 石油天然气火灾危险性应按表 3.1.1 分类。

**表 3.1.1 石油天然气火灾危险性分类**

| 类 别 | | 特 征 |
|---|---|---|
| 甲 | A | 37.8℃时蒸气压力>200kPa 的液态烃 |
| | B | 1. 闪点<28℃的液体（甲A类和液化天然气除外）<br>2. 爆炸下限<10%（体积百分比）的气体 |
| 乙 | A | 1. 闪点≥28℃至≤45℃的液体<br>2. 爆炸下限≥10%的气体 |
| | B | 闪点>45℃至<60℃的液体 |
| 丙 | A | 闪点≥60℃至≤120℃的液体 |
| | B | 闪点>120℃的液体 |

**2** 操作温度超过其闪点的乙类液体应视为甲$_B$类液体。

**3** 操作温度超过其闪点的丙类液体应视为乙$_A$类液体。

**4** 在原油储运系统中，闪点等于或大于 60℃、且初馏点等于或大于 180℃的原油，宜划为丙类。

注：石油天然气火灾危险性分类举例见附录 A。

## 3.2 石油天然气站场等级划分

**3.2.1** 石油天然气站场内同时储存或生产油品、液化石油气和天然气凝液、天然气等两类以上石油天然气产品时，应按其中等级较高者确定。

**3.2.2** 油品、液化石油气、天然气凝液站场按储罐总容量划分等级时，应符合表 3.2.2 的规定。

**表 3.2.2 油品、液化石油气、天然气凝液站场分级**

| 等级 | 油品储存总容量 $V_p$（m³） | 液化石油气、天然气凝液储存总容量 $V_1$（m³） |
|---|---|---|
| 一级 | $V_p \geqslant 100000$ | $V_1 > 5000$ |
| 二级 | $30000 \leqslant V_p < 100000$ | $2500 < V_1 \leqslant 5000$ |
| 三级 | $4000 < V_p < 30000$ | $1000 < V_1 \leqslant 2500$ |
| 四级 | $500 < V_p \leqslant 4000$ | $200 < V_1 \leqslant 1000$ |
| 五级 | $V_p \leqslant 500$ | $V_1 \leqslant 200$ |

注：油品储存总容量包括油品储罐、不稳定原油作业罐和原油事故罐的容量，不包括零位罐、污油罐、自用油罐以及污水沉降罐的容量。

**3.2.3** 天然气站场按生产规模划分等级时，应符合下列规定：

1 生产规模大于或等于 $100×10^4m^3/d$ 的天然气净化厂、天然气处理厂和生产规模大于或等于 $400×10^4m^3/d$ 的天然气脱硫站、脱水站定为三级站场。

2 生产规模小于 $100×10^4m^3/d$，大于或等于 $50×10^4m^3/d$ 的天然气净化厂、天然气处理厂和生产规模小于 $400×10^4m^3/d$，大于或等于 $200×10^4m^3/d$ 的天然气脱硫站、脱水站及生产规模大于 $50×10^4m^3/d$ 的天然气压气站、注气站定为四级站场。

3 生产规模小于 $50×10^4m^3/d$ 的天然气净化厂、天然气处理厂和生产规模小于 $200×10^4m^3/d$ 的天然气脱硫站、脱水站及生产规模小于或等于 $50×10^4m^3/d$ 的天然气压气站、注气站定为五级站场。

集气、输气工程中任何生产规模的集气站、计量站、输气站（压气站除外）、清管站、配气站等定为五级站场。

# 4 区域布置

4.0.1 区域布置应根据石油天然气站场、相邻企业和设施的特点及火灾危险性，结合地形与风向等因素，合理布置。

4.0.2 石油天然气站场宜布置在城镇和居住区的全年最小频率风向的上风侧。在山区、丘陵地区建设站场，宜避开窝风地段。

4.0.3 油品、液化石油气、天然气凝液站场的生产区沿江河岸布置时，宜位于邻近江河的城镇、重要桥梁、大型锚地、船厂等重要建筑物或构筑物的下游。

4.0.4 石油天然气站场与周围居住区、相邻厂矿企业、交通线等的防火间距，不应小于表 4.0.4 的规定。

表 4.0.4 石油天然气站场区域布置防火间距（m）

| 序 号 | | 1 | 2 | 3 | 4 | 5 | 6 | 7 | 8 | 9 | 10 | 11 | 12 | 13 |
|---|---|---|---|---|---|---|---|---|---|---|---|---|---|---|
| | | | | | 铁路 | | 公路 | | | 架空电力线路 | | 架空通信线路 | | |
| 名 称 | | 100人以上的居住区、村镇、公共福利设施 | 100人以下的散居房屋 | 相邻厂矿企业 | 国家铁路线 | 工业企业铁路线 | 高速公路 | 其他公路 | 35kV及以上独立变电所 | 35kV及以上 | 35kV以下 | 国家Ⅰ、Ⅱ级 | 其他通信线路 | 爆炸作业场地(如采石场) |
| 油品站场、天然气站场 | 一级 | 100 | 75 | 70 | 50 | 40 | 35 | 25 | 60 | 1.5倍杆高且不小于30m | 1.5倍杆高 | 40 | 1.5倍杆高 | 300 |
| | 二级 | 80 | 60 | 60 | 45 | 35 | 30 | 20 | 50 | | | | | |
| | 三级 | 60 | 45 | 50 | 40 | 30 | 25 | 15 | 40 | | | 1.5倍杆高 | | |
| | 四级 | 40 | 35 | 40 | 35 | 25 | 20 | 15 | 40 | 1.5倍杆高 | | | | |
| | 五级 | 30 | 30 | 30 | 30 | 20 | 20 | 10 | 30 | | | | | |
| 液化石油气和天然气凝液站场 | 一级 | 120 | 90 | 120 | 60 | 55 | 40 | 30 | 80 | 40 | 1.5倍杆高 | | 1.5倍杆高 | 300 |
| | 二级 | 100 | 75 | 100 | 60 | 50 | 40 | 30 | 80 | | | | | |
| | 三级 | 80 | 60 | 80 | 50 | 45 | 35 | 25 | 70 | | | | | |
| | 四级 | 60 | 50 | 60 | 50 | 40 | 35 | 25 | 60 | 1.5倍杆高且不小于30m | | 40 | | |
| | 五级 | 50 | 45 | 50 | 40 | 35 | 30 | 20 | 50 | 1.5倍杆高 | | | | |
| 可能携带可燃液体的火炬 | | 120 | 120 | 120 | 80 | 80 | 80 | 60 | 120 | 80 | 80 | 80 | 60 | 300 |

注：1 表中数值系指石油天然气站场内甲、乙类储罐外壁与周围居住区、相邻厂矿企业、交通线等的防火间距，油气处理设备、装卸区、容器、厂房与序号 1~8 的防火间距可按本表减少 25%。单罐容量小于或等于 $50m^3$ 的直埋卧式油罐与序号 1~12 的防火间距可减少 50%，但不得小于 15m（五级油品站场与其他公路的距离除外）。

2 油品站场当仅储存丙A或丙A和丙B类油品时，序号 1、2、3 的距离可减少 25%，当仅储存丙B类油品时，可不受本表限制。

3 表中 35kV 及以上独立变电所系指变电所内单台变压器容量在 10000kV·A 及以上的变电所，小于 10000kV·A 的 35kV 变电所防火间距可按本表减少 25%。

4 注 1~注 3 所述折减不得迭加。

5 放空管可按本表中可能携带可燃液体的火炬间距减少 50%。

6 当油罐区按本规范 8.4.10 规定采用烟雾灭火时，四级油品站场的油罐区与 100 人以上的居住区、村镇、公共福利设施的防火间距不应小于 50m。

7 防火间距的起算点应按本规范附录 B 执行。

火炬的防火间距应经辐射热计算确定，对可能携带可燃液体的火炬的防火间距，尚不应小于表 4.0.4 的规定。

4.0.5 石油天然气站场与相邻厂矿企业的石油天然

气站场毗邻建设时，其防火间距可按本规范表5.2.1、表5.2.3的规定执行。

**4.0.6** 为钻井和采输服务的机修厂、管子站、供应站、运输站、仓库等辅助生产厂、站应按相邻厂矿企业确定防火间距。

**4.0.7** 油气井与周围建（构）筑物、设施的防火间距应按表4.0.7的规定执行，自喷油井应在一、二、三、四级石油天然气站场围墙以外。

**4.0.8** 火炬和放空管宜位于石油天然气站场生产区最小频率风向的上风侧，且宜布置在站场外地势较高处。火炬和放空管与石油天然气站场的间距：火炬由本规范第5.2.1条确定；放空管放空量等于或小于$1.2×10^4 m^3/h$时，不应小于10m；放空量大于$1.2×10^4 m^3/h$且等于或小于$4×10^4 m^3/h$时，不应小于40m。

**表4.0.7 油气井与周围建（构）筑物、设施的防火间距（m）**

| 名　称 | | 自喷油井、气井、注气井 | 机械采油井 |
|---|---|---|---|
| 一、二、三、四级石油天然气站场储罐及甲、乙类容器 | | 40 | 20 |
| 100人以上的居住区、村镇、公共福利设施 | | 45 | 25 |
| 相邻厂矿企业 | | 40 | 20 |
| 铁路 | 国家铁路线 | 40 | 20 |
| | 工业企业铁路线 | 30 | 15 |
| 公路 | 高速公路 | 30 | 20 |
| | 其他公路 | 15 | 10 |
| 架空通信线 | 国家一、二级 | 40 | 20 |
| | 其他通信线 | 15 | 10 |
| 35kV及以上独立变电所 | | 40 | 20 |
| 架空电力线 | 35kV以下 | 1.5倍杆高 | |
| | 35kV及以上 | | |

注：1 当气井关井压力或注气井注气压力超过25MPa时，与100人以上的居住区、村镇、公共福利设施及相邻厂矿企业的防火间距，应按本表规定增加50%。

　2 无自喷能力且井场没有储罐和工艺容器的油井按本表执行有困难时，防火间距可适当缩小，但应满足修井作业要求。

# 5 石油天然气站场总平面布置

## 5.1 一般规定

**5.1.1** 石油天然气站场总平面布置，应根据其生产工艺特点、火灾危险性等级、功能要求，结合地形、风向等条件，经技术经济比较确定。

**5.1.2** 石油天然气站场总平面布置应符合下列规定：

　1 可能散发可燃气体的场所和设施，宜布置在人员集中处及明火或散发火花地点的全年最小频率风向的上风侧。

　2 甲、乙类液体储罐，宜布置在站场地势较低处。当受条件限制或有特殊工艺要求时，可布置在地势较高处，但应采取有效的防止液体流散的措施。

　3 当站场采用阶梯式竖向设计时，阶梯间应有防止泄漏可燃液体漫流的措施。

　4 天然气凝液，甲、乙类油品储罐组，不宜紧靠排洪沟布置。

**5.1.3** 石油天然气站场内的锅炉房、35kV及以上的变（配）电所、加热炉、水套炉等有明火或散发火花的地点，宜布置在站场或油气生产区边缘。

**5.1.4** 空气分离装置，应布置在空气清洁地段并位于散发油气、粉尘等场所全年最小频率风向的下风侧。

**5.1.5** 汽车运输油品、天然气凝液、液化石油气和硫磺的装卸车场及硫磺仓库等，应布置在站场的边缘，独立成区，并宜设单独的出入口。

**5.1.6** 石油天然气站场内的油气管道，宜地上敷设。

**5.1.7** 一、二、三、四级石油天然气站场四周宜设不低于2.2m的非燃烧材料围墙或围栏。站场内变配电站（大于或等于35kV）应设不低于1.5m的围栏。

　道路与围墙（栏）的间距不应小于1.5m；一、二、三级油气站场内甲、乙类设备、容器及生产建（构）筑物至围墙（栏）的间距不应小于5m。

**5.1.8** 石油天然气站场内的绿化，应符合下列规定：

　1 生产区不应种植含油脂多的树木，宜选择含水分较多的树种。

　2 工艺装置区或甲、乙类油品储罐组与其周围的消防车道之间，不应种植树木。

　3 在油品储罐组内地面及土筑防火堤坡面可植生长高度不超过0.15m，四季常绿的草皮。

　**4 液化石油气罐组防火堤或防护墙内严禁绿化。**

　5 站场内的绿化不应妨碍消防操作。

## 5.2 站场内部防火间距

**5.2.1** 一、二、三、四级石油天然气站场内总平面布置的防火间距除另有规定外，应不小于表5.2.1的规定。火炬的防火间距应经辐射热计算确定，对可能携带可燃液体的高架火炬还应满足表5.2.1的规定。

**5.2.2** 石油天然气站场内的甲、乙类工艺装置、联合工艺装置的防火间距，应符合下列规定：

　1 装置与其外部的防火间距应按本规范表5.2.1中甲、乙类厂房和密闭工艺设备的规定执行。

　2 装置间的防火间距应符合表5.2.2-1的规定。

　3 装置内部的设备、建（构）筑物间的防火间距，应符合表5.2.2-2的规定。

表5.2.1　一、二、三、四级油气站场总平面布置防火间距（m）

| 名称 | 地上油罐 单罐容量（m³） | | | | | | | | | | 全压力式天然气凝液、液化石油气储罐单罐容量（m³） | | | | | 全冷冻式液化石油气储罐 | 天然气储气罐总容量（m³） | | 甲类气厂房和密闭工艺装置及设备（含热炉房设备） | 有明火或密闭工艺装置及火花地点（含热炉房） | 敞口容器和除油池（m³） | | 全厂性重要设施 | 液化石油气灌装站 | 火车装卸鹤管 | 汽车装卸鹤管 | 码头装卸油臂及泊位 | 辅助生产厂房及辅助生产设施及10kV及以下户外变压器 |
|---|---|---|---|---|---|---|---|---|---|---|---|---|---|---|---|---|---|---|---|---|---|---|---|---|---|---|---|---|
| | 甲B、乙类固定顶 | | | | 浮顶或丙类固定顶 | | | | | | >1000 | ≤1000 | ≤400 | ≤100 | ≤50 | | ≤10000 | ≤50000 | | | ≤30 | >30 | | | | | | |
| | >10000 | ≤10000 | ≤1000 | ≤500或卧式罐 | >50000 | ≤50000 | >10000 | ≤10000 | ≤1000 | ≤500或卧式罐 | | | | | | | | | | | | | | | | | | |
| 全压力式天然气凝液、液化石油气储罐单罐容量（m³）　>1000 | 60 | 50 | 40 | 30 | 45 | 45 | 45 | 30 | 30 | 30 | 见6.6节 | | | | | | 30 | 30 | 25 | 30 | 30 | 30 | 40 | 35 | 30 | 25 | 50 | 25 |
| ≤1000 | 55 | 45 | 35 | 25 | 41 | 41 | 35 | 25 | 25 | 25 | | | | | | | 30 | 30 | 20 | 25 | 25 | 25 | 35 | 30 | 25 | 20 | 40 | 20 |
| ≤400 | 50 | 40 | 30 | 25 | 37 | 37 | 30 | 22 | 19 | 19 | | | | | | | 35 | 30 | 20 | 25 | 25 | 20 | 30 | 25 | 20 | 15 | 35 | 15 |
| ≤100 | 40 | 30 | 25 | 20 | 30 | 30 | 22 | 19 | 15 | 15 | | | | | | | 30 | 30 | 15 | 20 | 20 | 20 | 30 | 20 | 20 | 15 | 30 | — |
| ≤50 | 35 | 25 | 20 | 15 | 26 | 26 | 19 | 15 | 15 | 15 | | | | | | | 30 | 30 | 15 | 15 | 15 | 20 | 25 | 20 | 20 | 15 | 30 | 90 |
| 全冷冻式液化石油气储罐 | 30 | 30 | 30 | 30 | 30 | 30 | 30 | 30 | 30 | 30 | | | | | | | 30 | 35 | 35 | 35 | 30 | 25 | 40 | 30 | 30 | 30 | 90 | 90 |
| 天然气储气罐总容量（m³）　≤10000 | 30 | 25 | 20 | 15 | 30 | 30 | 25 | 15 | 15 | 15 | | | | | | | 35 | 45 | 25/20 | — | 25 | 20 | 30 | 30 | 25 | 20 | 90 | 90 |
| ≤50000 | 35 | 30 | 25 | 20 | 35 | 35 | 30 | 20 | 20 | 20 | | | | | | | 25 | 50 | 20 | 25 | 20 | 25 | 30 | 25 | 30 | 30 | 90 | 90 |
| 甲、乙类厂房和密闭工艺装置（设备） | 25 | 20 | 15 | 15/12 | 25 | 25 | 20 | 15/12 | 15/12 | 15/12 | | | | | | | 20 | 45 | 25 | 30 | 25 | 20 | 25 | 30 | 25 | 20 | 90 | 90 |
| 有明火的密闭工艺装置及加热炉 | 40 | 35 | 30 | 25 | 40 | 40 | 35 | 22 | 22 | 22 | | | | | | | 25 | 50 | 30 | 35 | 25 | 20 | 40 | 30 | 30 | 20 | 90 | 90 |
| 有明火或散发火花地点（含锅炉房） | 45 | 40 | 35 | 30 | 45 | 45 | 40 | 26 | 26 | 26 | | | | | | | 35 | 45 | 35 | 35 | 30 | 25 | 40 | 35 | 30 | 30 | 90 | 90 |
| 敞口容器和除油池（m³）　≤30 | 28 | 24 | 20 | 16 | 30 | 30 | 20 | 12 | 16 | 16 | | | | | | | 25 | 55 | 25/15 | — | 20 | 25 | 35 | 25 | 25 | 20 | 90 | 90 |
| >30 | 35 | 30 | 25 | 22 | 35 | 35 | 26 | 15 | 22 | 22 | | | | | | | 30 | 60 | 35 | 35 | 25 | 25 | 30 | 30 | 25 | 20 | 90 | 90 |
| 全厂性重要设施 | 40 | 30 | 30 | 25 | 45 | 45 | 35 | 20 | 25 | 25 | | | | | | | 35 | 60 | 25 | — | 20 | 25 | — | 30 | 35 | 30 | 90 | 90 |
| 液化石油气灌装站 | 35 | 30 | 25 | 20 | 40 | 40 | 26 | 18 | 15 | 15 | | | | | | | 25 | 60 | 15 | 30 | — | 20 | 30 | — | 30 | 30 | 90 | 20 |
| 火车装卸鹤管 | 30 | 25 | 20 | 15 | 30 | 30 | 20 | 15 | 20 | 20 | | | | | | | 40 | 60 | 15 | 30 | 25 | 25 | 35 | 30 | — | 30 | 90 | 15 |
| 汽车装卸鹤管 | 25 | 20 | 15 | 15 | 25 | 25 | 15 | 12 | 15 | 15 | | | | | | | 30 | 50 | 15 | 30 | 15 | 15 | 30 | 30 | 30 | — | 90 | 20 |
| 码头装卸油臂及泊位 | 50 | 40 | 35 | 30 | 45 | 45 | 35 | 20 | 25 | 25 | | | | | | | 25 | 40 | 40 | 60 | 25 | 25 | 90 | 90 | 90 | 90 | — | 90 |
| 10kV及以下户外变压器 | 30 | 30 | 25 | 20 | 30 | 30 | 26 | 15 | 20 | 20 | | | | | | | 25 | 60 | 35 | 30 | 20 | 15 | 25 | 20 | 20 | 15 | 90 | 25 |
| 仓库　硫磺及其他甲、乙类物品 | 30 | 25 | 25 | 20 | 35 | 35 | 30 | 20 | 15 | 15 | | | | | | | 30 | 50 | 25 | 30 | 15 | 25 | 25 | 25 | 25 | 20 | 90 | 20 |
| 丙类物品 | 30 | 25 | 20 | 15 | 30 | 30 | 25 | 15 | 15 | 15 | | | | | | | 25 | 40 | 25 | 30 | 15 | 25 | 25 | 20 | 20 | 15 | 90 | 15 |
| 可能携带可燃液体的高架火炬 | 90 | 90 | 90 | 90 | 90 | 90 | 90 | 90 | 90 | 90 | | | | | | | 90 | 90 | 60 | 60 | 90 | 90 | 90 | 90 | 90 | 90 | 90 | 90 |

注：
1　两个丙类液体生产设施之间的防火间距，可按甲、乙类生产设施之间的防火间距减少25%。
2　油田采出水处理设施内除油罐（沉降罐）、缓冲罐等（设备）与污油池的防火间距减少25%，污油罐可按小于或等于500m³的甲B、乙类罐确定。
3　全厂生产重要设施（设备）与污水处理系统中除油设施的防火间距不限。
4　处理甲、乙类液体及重要设施中集中控制中心、车间维修系统、工具间、消防泵站和消防器材库、泵与塔类提升泵、回流泵、压缩机与其直接相关的附属设备，与污油回收油泵的防火间距不限。
5　全厂性重要设施（设备）与污水处理系统中集中控制中心、车间办公室、总机房和变配电所、35kV及以上的变电所、自备电站、化验室、总机房和变配电所、排注水泵房、深井泵房、换热站、应急发电设施、阴极保护设施、给水处理与污水处理厂房和设施。
6　天然气凝液储量总容量按储存体积计算。大于50000m³时，防火间距不得折算减少。
7　表中数字分子表示甲B，乙类示其有关示甲B、乙类厂房和密闭液化石油气灌瓶、加压及其有关的附属生产设施。
8　可能携带可燃液体的高架火炬、乙类厂房和密闭液化石油气灌瓶、加压及其有关的附属生产设施，按本规范6.7节执行。
9　液化石油气灌装站系指进行液化石油气灌瓶、加压、储存及其有关的附属生产设施。
10　事故存液的防火间距，可按敞口容器和除油池的防火间距执行。
11　表中"—"表示两设施之间的防火间距只需满足各设施的规定或设施间距内的内容；表中"*"表示本规范未涉及的内容。

**表 5.2.2-1 装置间的防火间距（m）**

| 火灾危险类别 | 甲A类 | 甲B、乙A类 | 乙B、丙类 |
|---|---|---|---|
| 甲A类 | 25 | | |
| 甲B、乙A类 | 20 | 20 | |
| 乙B、丙类 | 15 | 15 | 10 |

注：表中数字为装置相邻面工艺设备或建（构）筑物的净距，工艺装置与工艺装置的明火加热炉相邻布置时，其防火间距应按与明火的防火间距确定。

**表 5.2.2-2 装置内部的防火间距（m）**

| 名　称 | 明火或散发火花的设备或场所 | 仪表控制间、10kV及以下的变配电室、化验室、办公室 | 可燃气体压缩机或其厂房 | 中间储罐 甲A类 | 中间储罐 甲B、乙A类 | 中间储罐 乙B、丙类 |
|---|---|---|---|---|---|---|
| 仪表控制间、10kV及以下的变配电室、化验室、办公室 | 15 | | | | | |
| 可燃气体压缩机或其厂房 | 15 | 15 | | | | |
| 其他工艺设备及厂房 甲A类 | 22.5 | 15 | 9 | 9 | 9 | 7.5 |
| 其他工艺设备及厂房 甲B、乙A类 | 15 | 15 | 9 | 9 | 9 | 7.5 |
| 其他工艺设备及厂房 乙B、丙类 | 9 | 9 | 7.5 | 7.5 | 7.5 | |
| 中间储罐 甲A类 | 22.5 | 22.5 | 15 | | | |
| 中间储罐 甲B、乙A类 | 15 | 15 | 9 | | | |
| 中间储罐 乙B、丙类 | 9 | 9 | 7.5 | | | |

注：1 由燃气轮机或天然气发动机直接拖动的天然气压缩机对明火或散发火花的设备或场所、仪表控制间等的防火间距按本表可燃气体压缩机或其厂房确定；对其他工艺设备及厂房、中间储罐的防火间距按本表明火或散发火花的设备或场所确定。

2 加热炉与分离器组成的合一设备、三甘醇火焰加热再生釜、溶液脱硫的直接火焰加热重沸器等带有直接火焰加热的设备，应按明火或散发火花的设备或场所确定防火间距。

3 克劳斯硫磺回收工艺的燃烧炉、再热炉、在线燃烧器等正压燃烧炉，其防火间距按其他工艺设备和厂房确定。

4 表中的中间储罐的总容量：全压力式天然气凝液、液化石油气储罐应小于或等于100m³；甲B、乙类液体储罐应小于或等于1000m³。当单个全压力式天然气凝液、液化石油气储罐小于50m³、甲B、乙类液体储罐小于100m³时，可按其他工艺设备对待。

5 含可燃液体的水池、隔油池等，可按本表其他工艺设备对待。

6 缓冲罐与泵，零位罐与泵，除油池与污油提升泵，塔与塔底泵、回流泵，压缩机与其直接相关的附属设备，泵与密封漏油回收容器的防火间距可不受本表限制。

5.2.3 五级石油天然气站场总平面布置的防火间距，不应小于表5.2.3的规定。

5.2.4 五级油品站场和天然气站场值班休息室（宿舍、厨房、餐厅）距甲、乙类油品储罐不应小于30m，距甲、乙类工艺设备、容器、厂房、汽车装卸设施不应小于22.5m；当值班休息室墙向甲、乙类工艺设备、容器、厂房、汽车装卸设施的墙壁为耐火等级不低于二级的防火墙时，防火间距可减小（储罐除外），但不应小于15m，并应方便人员在紧急情况下安全疏散。

5.2.5 天然气密闭隔氧水罐和天然气放空管排放口与明火或散发火花地点的防火间距不应小于25m，与非防爆厂房之间的防火间距不应小于12m。

5.2.6 加热炉附属的燃料气分液包、燃料气加热器等与加热炉的防火距离不限；燃料气分液包采用开式排放时，排放口距加热炉的防火间距应不小于15m。

## 5.3 站场内部道路

5.3.1 一、二、三级油气站场，至少应有两个通向外部道路的出入口。

5.3.2 油气站场内消防车道布置应符合下列要求：

1 油气站场储罐组宜设环形消防车道。四、五级油气站场或受地形等条件限制的一、二、三级油气站场内的油罐组，可设有回车场的尽头式消防车道，回车场的面积应按当地所配消防车辆车型确定，但不宜小于15m×15m。

2 储罐组消防车道与防火堤的外坡脚线之间的距离不应小于3m。储罐中心与最近的消防车道之间的距离不应大于80m。

3 铁路装卸设施应设消防车道，消防车道应与站场内道路构成环形，受条件限制的，可设有回车场的尽头车道，消防车道与装卸栈桥的距离不应大于80m且不应小于15m。

4 甲、乙类液体厂房及油气密闭工艺设备距消防车道的间距不宜小于5m。

5 消防车道的净空高度不应小于5m；一、二、三级油气站场消防车道转弯半径不应小于12m，纵向坡度不宜大于8%。

6 消防车道与站场内铁路平面相交时，交叉点应在铁路机车停车限界之外；平交的角度宜为90°，困难时，不应小于45°。

5.3.3 一级站场内消防车道的路面宽度不宜小于6m，若为单车道时，应有往返车辆错车通行的措施。

5.3.4 当道路高出附近地面2.5m以上，且在距道路边缘15m范围内有工艺装置或可燃气体、可燃液体储罐及管道时，应在该段道路的边缘设护墩、矮墙等防护设施。

表 5.2.3　五级油气站场防火间距（m）

| 名　称 | 油气井 | 露天油气密闭设备及阀组 | 可燃气体压缩机及压缩机房 | 天然气凝液泵、油泵及其泵房、阀组间 | 水套炉 | 加热炉、锅炉房 | 10kV及以下户外变压器、配电间 | 隔油池、事故污油池（罐）、卸油池（m³）≤30 | 隔油池… >30 | ≤500m³油罐（除甲A类外）及装卸车鹤管 | 天然气凝液、液化石油气储罐（m³）单罐且罐容量≤50时 | 储罐 总容量≤100 | 储罐 100<总容量≤200，单罐容量≤100 | 计量仪表间、值班室或配水间 | 辅助生产厂房及辅助生产设施 | 硫磺仓库 |
|---|---|---|---|---|---|---|---|---|---|---|---|---|---|---|---|---|
| 油气井 | | | | | | | | | | | | | | | | |
| 露天油气密闭设备及阀组 | 5 | | | | | | | | | | | | | | | |
| 可燃气体压缩机及压缩机房 | 20 | | | | | | | | | | | | | | | |
| 天然气凝液泵、油泵及其泵房、阀组间 | 20 | | | | | | | | | | | | | | | |
| 水套炉 | 9 | 5 | 15 | 15/10 | | | | | | | | | | | | |
| 加热炉、锅炉房 | 20 | 10 | 15 | 22.5/15 | | | | | | | | | | | | |
| 10kV及以下户外变压器、配电间 | 15 | 10 | 12 | 22.5/15 | — | — | | | | | | | | | | |
| 隔油池、事故污油池（罐）、卸油池（m³）　≤30 | 20 | — | 9 | — | 15 | 15 | 15 | | | | | | | | | |
| 　　　　　　　　　　　　　>30 | | 12 | 15 | 15 | 22.5 | 22.5 | | | | | | | | | | |
| ≤500m³油罐（除甲A类外）及装卸车鹤管 | 15 | 10 | 15 | 10 | 15 | 20 | 15 | 15 | 15 | | | | | | | |
| 天然气凝液、液化石油气储罐（m³）　单罐且罐容量<50时 | * | — | 9 | — | 22.5 | 22.5 | 15 | 30 | 25 | | | | | | | |
| 　　　　　总容量≤100 | | 10 | 15 | 10 | 30 | 22.5 | 15 | 30 | 25 | | | | | | | |
| 　100<总容量≤200，单罐容量≤100 | | 30 | 30 | 30 | 40 | 40 | 40 | 30 | 30 | 30 | | | | | | |
| 计量仪表间、值班室或配水间 | 9 | 5 | 10 | 10 | — | 20 | 15 | 10 | 15 | | 22.5 | 22.5 | 40 | | | |
| 辅助生产厂房及辅助生产设施 | 20 | 12 | 15/10 | 15 | | 22.5 | 15 | | | | 22.5 | 30 | 40 | | | |
| 硫磺仓库 | 15 | 10 | 15 | 15 | 15 | 15 | 10 | 15 | 15 | | | | | 10 | 15 | |
| 污水池 | 5 | 5 | 5 | 5 | 5 | 5 | 5 | 5 | 5 | 5 | | * | | 10 | 10 | 5 |

注：1　油罐与装车鹤管之间的防火间距，当采用自流装车时不受本表的限制，当采用压力装车时不应小于15m。

2　加热炉与分离器组成的合一设备、三甘醇火焰加热再生釜、溶液脱硫的直接火焰加热重沸器等带有直接火焰加热的设备，应按水套炉确定防火间距。

3　克劳斯硫磺回收工艺的燃烧炉、再热炉、在线燃烧器等正压燃烧炉，其防火间距可按露天油气密闭设备确定。

4　35kV及以上的变配电所应按本规范表5.2.1的规定执行。

5　辅助生产厂房系指发电机房及使用非防爆电气的厂房和设施，如：站内的维修间、化验间、工具间、供注水泵房、办公室、会议室、仪表控制间、药剂泵房、掺水泵房及掺水计量间、注汽设备、库房、空压机房、循环水泵房、空冷装置、污水泵房、卸药台等。

6　计量仪表间系指油气井分井计量用计量仪表间。

7　缓冲罐与泵、零位罐与泵、除油池与污油提升泵、压缩机与直接相关的附属设备、泵与密封漏油回收容器的防火间距不限。

8　表中数字分子表示甲A类，分母表示甲B、乙类设备的防火间距。

9　油田采出水处理设施内除油罐（沉降罐）、污油罐的防火间距（油气井除外）可按≤500m³油罐及装卸车鹤管的间距减少25%，污油泵（或泵房）的防火间距可按油泵及油泵房间距减少25%，但不应小于9m。

10　表中"—"表示设施之间的防火间距应符合现行国家标准《建筑设计防火规范》的规定或者设施间距仅需满足安装、操作及维修要求；表中"*"表示本规范未涉及的内容。

# 6　石油天然气站场生产设施

## 6.1　一般规定

6.1.1　进出天然气站场的天然气管道应设截断阀，并应能在事故状况下易于接近且便于操作。三、四级站场的截断阀应有自动切断功能。当站场内有两套及两套以上天然气处理装置时，每套装置的天然气进出口管道均应设置截断阀。进站场天然气管道上的截断阀前应设泄压放空阀。

6.1.2　集中控制室设置非防爆仪表及电气设备时，应符合下列要求：

1　应位于爆炸危险范围以外。

2　含有甲、乙类油品、可燃气体的仪表引线不得直接引入室内。

6.1.3　仪表控制间设置非防爆仪表及电气设备时，应符合下列要求：

1　在使用或生产天然气凝液和液化石油气的场所，仪表控制间室内地坪宜比室外地坪高0.6m。

2　含有甲、乙类油品和可燃气体的仪表引线不宜直接引入室内。

3　当与甲、乙类生产厂房毗邻时，应采用无门窗洞口的防火墙隔开。当必须在防火墙上开窗时，应设固定甲级防火窗。

6.1.4 石油天然气的人工采样管道不得引入中心化验室。

6.1.5 石油天然气管道不得穿过与其无关的建筑物。

6.1.6 天然气凝液和液化石油气厂房、可燃气体压缩机厂房和其他建筑面积大于或等于150m² 的甲类火灾危险性厂房内,应设可燃气体检测报警装置。天然气凝液和液化石油气罐区、天然气凝液和凝析油回收装置的工艺设备区应设可燃气体检测报警装置。其他露天或棚式布置的甲类生产设施可不设可燃气体检测报警装置。

6.1.7 甲、乙类油品储罐、容器、工艺设备和甲、乙类地面管道当需要保温时,应采用非燃烧保温材料;低温保冷可采用泡沫塑料,但其保护层外壳应采用不燃烧材料。

6.1.8 甲、乙类油品储罐、容器、工艺设备的基础;甲、乙类地面管道的支、吊架和基础应采用非燃烧材料,但储罐底板垫层可采用沥青砂。

6.1.9 站场生产设备宜露天或棚式布置,受生产工艺或自然条件限制的设备可布置在建筑物内。

6.1.10 油品储罐应设液位计和高液位报警装置,必要时可设自动联锁切断进液装置。油品储罐宜设自动截油排水器。

6.1.11 含油污水应排入含油污水管道或工业下水道,其连接处应设水封井,并应采取防冻措施。含油污水管道在通过油气站场围墙处应设置水封井,水封井与围墙之间的排水管道应采用暗渠或暗管。

6.1.12 油品储罐进液管宜从罐体下部接入,若必须从上部接入,应延伸至距罐底200mm处。

6.1.13 总变(配)电所,变(配)电间的室内地坪应比室外地坪高0.6m。

6.1.14 站场内的电缆沟,应有防止可燃气体积聚及防止含可燃液体的污水进入沟内的措施。电缆沟通入变(配)电室、控制室的墙洞处,应填实、密封。

6.1.15 加热炉以天然气为燃料时,供气系统应符合下列要求:

1 宜烧干气,配气管网的设计压力不宜大于0.5MPa(表压)。

2 当使用有凝液析出的天然气作燃料时,管道上宜设置分液包。

3 加热炉炉膛内宜设常明灯,其气源可从燃料气调节阀前的管道上引向炉膛。

## 6.2 油气处理及增压设施

6.2.1 加热炉或锅炉燃料油的供油系统应符合下列要求:

1 燃料油泵和被加热的油气进、出口阀不应布置在烧火间内;当燃料油泵与烧火间毗邻布置时,应设防火墙。

2 当燃料油储罐总容积不大于20m³ 时,与加热炉的防火间距不应小于8m;当大于20m³ 至30m³ 时,不应小于15m。燃料油储罐与燃料油泵的间距不限。

加热炉烧火口或防爆门不应直接朝向燃料油储罐。

6.2.2 输送甲、乙类液体的泵,可燃气体压缩机不得与空气压缩机同室布置。空气管道不得与可燃气体、甲、乙类液体管道固定相联。

6.2.3 甲、乙类液体泵房与变配电室或控制室相毗邻时,变配电室或控制室的门、窗应位于爆炸危险区范围之外。

6.2.4 甲、乙类油品泵宜露天或棚式布置。若在室内布置时,应符合下列要求:

1 液化石油气泵和天然气凝液泵超过2台时,与甲、乙类油品泵应分别布置在不同的房间内,各房间之间的隔墙应为防火墙。

2 甲、乙类油品泵房的地面不宜设地坑或地沟。泵房内应有防止可燃气体积聚的措施。

6.2.5 电动往复泵、齿轮泵或螺杆泵的出口管道上应设安全阀;安全阀放空管应接至泵入口管道上,并宜设事故停车联锁装置。

6.2.6 甲、乙类油品离心泵,天然气压缩机在停电、停气或操作不正常工作情况下,介质倒流有可能造成事故时,应在出口管道上安装止回阀。

6.2.7 负压原油稳定装置的负压系统应有防止空气进入系统的措施。

## 6.3 天然气处理及增压设施

6.3.1 可燃气体压缩机的布置及其厂房设计应符合下列规定:

1 可燃气体压缩机宜露天或棚式布置。

2 单机驱动功率等于或大于150kW 的甲类气体压缩机厂房,不宜与其他甲、乙、丙类房间共用一幢建筑物;该压缩机的上方不得布置含甲、乙、丙类介质的设备,但自用的高位润滑油箱不受此限。

3 比空气轻的可燃气体压缩机棚或封闭式厂房的顶部应采取通风措施。

4 比空气轻的可燃气体压缩机厂房的楼板,宜部分采用算子板。

5 比空气重的可燃气体压缩机厂房内,不宜设地坑或地沟,厂房内应有防止气体积聚的措施。

6.3.2 油气站场内,当使用内燃机驱动泵和天然气压缩机时,应符合下列要求:

1 内燃机排气管应有隔热层,出口处应设防火罩。当排气管穿过屋顶时,其管口应高出屋顶2m;当穿过侧墙时,排气方向应避开散发油气或有爆炸危险的场所。

2 内燃机的燃料油储罐宜露天设置。内燃机供油管道不应架空引至内燃机油箱。在靠近燃料油储罐出口和内燃机油箱进口处应分别设切断阀。

**6.3.3** 明火设备（不包括硫磺回收装置的主燃烧炉、再热炉等正压燃烧设备）应尽量靠近装置边缘集中布置，并应位于散发可燃气体的容器、机泵和其他设备的年最小频率风向的下风侧。

**6.3.4** 石油天然气在线分析一次仪表间与工艺设备的防火间距不限。

**6.3.5** 布置在爆炸危险区内的非防爆型在线分析一次仪表间（箱），应正压通风。

**6.3.6** 与反应炉等高温燃烧设备连接的非工艺用燃料气管道，应在进炉前设两个截断阀，两阀间应设检查阀。

**6.3.7** 进出装置的可燃气体、液化石油气、可燃液体的管道，在装置边界处应设截断阀和8字盲板或其他截断设施，确保装置检修安全。

**6.3.8** 可燃气体压缩机的吸入管道，应有防止产生负压的措施。多级压缩的可燃气体压缩机各段间，应设冷却和气液分离设备，防止气体带液进入气缸。

**6.3.9** 正压通风设施的取风口，宜位于含甲、乙类介质设备的全年最小频率风向的下风侧。取风口应高出爆炸危险区1.5m以上，并应高出地面9m。

**6.3.10** 硫磺成型装置的除尘设施严禁使用电除尘器，宜采用袋滤器。

**6.3.11** 液体硫磺储罐四周应设闭合的不燃烧材料防护墙，墙高应为1m。墙内容积不应小于一个最大液体硫磺储罐的容量；墙内侧至罐的净距不宜小于2m。

**6.3.12** 液体硫磺储罐与硫磺成型厂房之间应设有消防通道。

**6.3.13** 固体硫磺仓库的设计应符合下列要求：

　　**1** 宜为单层建筑。

　　**2** 每座仓库的总面积不应超过2000m²，且仓库内应设防火墙隔开，防火墙间的面积不应超过500m²。

　　**3** 仓库可与硫磺成型厂房毗邻布置，但必须设置防火隔墙。

### 6.4　油田采出水处理设施

**6.4.1** 沉降罐顶部积油厚度不应超过0.8m。

6.4.2　采用天然气密封工艺的采出水处理设施，区域布置应按四级站场确定防火间距。其他采出水处理设施区域布置应按五级站场确定防火间距。

**6.4.3** 采用天然气密封工艺的采出水处理设施，平面布置应符合本规范第5.2.1条的规定。其他采出水处理设施平面布置应符合本规范第5.2.3条的规定。

**6.4.4** 污油罐及污水沉降罐顶部应设呼吸阀、阻火器及液压安全阀。

**6.4.5** 采用收油槽自动回收污油，顶部积油厚度不超过0.8m的沉降罐可不设防火堤。

**6.4.6** 容积小于或等于200m³，并且单独布置的污油罐，可不设防火堤。

**6.4.7** 半地下式污油污水泵房应配置机械通风设施。

**6.4.8** 采用天然气密封的罐应满足下列规定：

　　**1** 罐顶必须设置液压安全阀，同时配备阻火器。

　　**2** 罐顶部透光孔不得采用活动盖板，气体置换孔必须加设阀门。

　　**3** 储罐应设高、低液位报警和液位显示装置，并将报警及液位显示信号传至值班室。

　　**4** 罐上经常与大气相通的管道应设阻火器及水封装置，水封高度应根据密闭系统工作压力确定，不得小于250mm。水封装置应有补水设施。

　　**5** 多座水罐共用一条干管调压时，每座罐的支管上应设截断阀和阻火器。

### 6.5　油 罐 区

**6.5.1** 油品储罐应为地上式钢罐。

**6.5.2** 油品储罐应分组布置并符合下列规定：

　　**1** 在同一罐组内，宜布置火灾危险性类别相同或相近的储罐。

　　**2** 常压油品储罐不应与液化石油气、天然气凝液储罐同组布置。

　　**3** 沸溢性的油品储罐，不应与非沸溢性油品储罐同组布置。

　　**4** 地上立式油罐同高位罐、卧式罐不宜布置在同一罐组内。

**6.5.3** 稳定原油、甲$_B$、乙$_A$类油品储罐宜采用浮顶油罐。不稳定原油用的作业罐应采用固定顶油罐。稳定轻烃可根据相关标准的要求，选用内浮顶罐或压力储罐。钢油罐建造应符合国家现行油罐设计规范的要求。

**6.5.4** 油罐组内的油罐总容量应符合下列规定：

　　**1** 固定顶油罐组不应大于120000m³。

　　**2** 浮顶油罐组不应大于600000m³。

**6.5.5** 油罐组内的油罐数量应符合下列要求：

　　**1** 当单罐容量不小于1000m³时，不应多于12座。

　　**2** 当单罐容量小于1000m³或者仅储存丙$_B$类油品时，数量不限。

**6.5.6** 地上油罐组内的布置应符合下列规定：

　　**1** 油罐不应超过两排，但单罐容量小于1000m³的储存丙$_B$类油品的储罐不应超过4排。

　　**2** 立式油罐排与排之间的防火距离，不应小于5m，卧式油罐的排与排之间的防火距离，不应小于3m。

**6.5.7** 油罐之间的防火距离不应小于表6.5.7的规定。

**表 6.5.7　油罐之间的防火距离**

| 油品类别 | | 固定顶油罐 | 浮顶油罐 | 卧式油罐 |
|---|---|---|---|---|
| 甲、乙类 | | $1000m^3$ 以上的罐: $0.6D$ | $0.4D$ | $0.8m$ |
| | | $1000m^3$ 及以下的罐, 当采用固定式消防冷却时: $0.6D$, 采用移动式消防冷却时: $0.75D$ | | |
| 丙类 | A | $0.4D$ | — | $0.8m$ |
| | B | $>1000m^3$ 的罐: 5m　$\leqslant1000m^3$ 的罐: 2m | — | |

注: 1　浅盘式和浮舱用易熔材料制作的内浮顶油罐按固定顶油罐确定罐间距。

2　表中 $D$ 为相邻较大罐的直径, 单罐容积大于 $1000m^3$ 的油罐取直径或高度的较大值。

3　储存不同油品的油罐、不同型式的油罐之间的防火间距, 应采用较大值。

4　高架(位)罐的防火间距, 不应小于 $0.6m$。

5　单罐容量不大于 $300m^3$, 罐组总容量不大于 $1500m^3$ 的立式油罐间距, 可按施工和操作要求确定。

6　丙$_A$ 类油品固定顶油罐之间的防火距离按 $0.4D$ 计算大于 15m 时, 最小可取 15m。

**6.5.8**　地上立式油罐组应设防火堤, 位于丘陵地区的油罐组, 当有可利用地形条件设置导油沟和事故存油池时可不设防火堤。卧式油罐组应设防护墙。

**6.5.9**　油罐组防火堤应符合下列规定:

1　防火堤应是闭合的, 能够承受所容纳油品的静压力和地震引起的破坏力, 保证其坚固和稳定。

2　防火堤应使用不燃烧材料建造, 首选土堤, 当土源有困难时, 可用砖石、钢筋混凝土等不燃烧材料砌筑, 但内侧应培土或涂抹有效的防火涂料。土筑防火堤的堤顶宽度不小于 $0.5m$。

3　立式油罐组防火堤的计算高度应保证堤内的有效容积需要。防火堤实际高度应比计算高度高出 $0.2m$。防火堤实际高度不应低于 $1.0m$, 且不应高于 $2.2m$(均以防火堤外侧路面或地坪算起)。卧式油罐组围堰高度不应低于 $0.5m$。

4　管道穿越防火堤处, 应采用非燃烧材料封实。严禁在防火堤上开孔留洞。

5　防火堤内场地可不做铺砌, 但湿陷性黄土、盐渍土、膨胀土等地区的罐组内场地应有防止雨水和喷淋水浸害罐基础的措施。

6　油罐组内场地应有不小于 $0.5\%$ 的地面设计坡度, 排雨水管应从防火堤内设计地面以下通向堤外, 并应采取排水阻油措施。年降雨量不大于 200mm 或降雨在 24h 内可以渗完时, 油罐组内可不设雨水排除系统。

7　油罐组防火堤上的人行踏步不应少于两处, 且应处于不同方位。隔堤均应设置人行踏步。

**6.5.10**　地上立式油罐的罐壁至防火堤内坡脚线的距离, 不应小于罐壁高度的一半。卧式油罐的罐壁至围堰内坡脚线的距离, 不应小于 3m。建在山边的油罐, 靠山的一面, 罐壁至挖坡坡脚线距离不得小于 3m。

**6.5.11**　防火堤内有效容量, 应符合下列规定:

1　对固定顶油罐组, 不应小于储罐组内最大一个储罐有效容量。

2　对浮顶油罐组, 不应小于储罐组内一个最大罐有效容量的一半。

3　当固定顶和浮顶油罐布置在同一油罐组内, 防火堤内有效容量应取上两款规定的较大者。

**6.5.12**　立式油罐罐组内隔堤的设置, 应符合国家现行防火堤设计规范的规定。

**6.5.13**　事故存液池的设置, 应符合下列规定:

1　设有事故存液池的油罐或罐组四周应设导油沟, 使溢漏油品能顺利地流出罐组并自流入事故存液池内。

2　事故存液池距离储罐不应小于 30m。

3　事故存液池和导油沟距离明火地点不应小于 30m。

4　事故存液池应有排水设施。

5　事故存液池的容量应符合 6.5.11 条的规定。

**6.5.14**　五级站内, 小于等于 $500m^3$ 的丙类油罐, 可不设防火堤, 但应设高度不低于 $1.0m$ 的防护墙。

**6.5.15**　油罐组之间应设置宽度不小于 4m 的消防车道。受地形条件限制时, 两个罐组防火堤外侧坡脚线之间应留有不小于 7m 的空地。

## 6.6　天然气凝液及液化石油气罐区

**6.6.1**　天然气凝液和液化石油气罐区宜布置在站场常年最小频率风向的上风侧, 并应避开不良通风或窝风地段。天然气凝液储罐和全压力式液化石油气储罐周围宜设置高度不低于 $0.6m$ 的不燃烧体防护墙。在地广人稀地区, 当条件允许时, 可不设防护墙, 但应有必要的导流设施, 将泄漏的液化石油气集中引导到站外安全处。全冷冻式液化石油气储罐周围应设置防火堤。

**6.6.2**　天然气凝液和液化石油气储罐成组布置时, 天然气凝液和全压力式液化石油气储罐或全冷冻式液化石油气储罐组内的储罐不应超过两排, 罐组周围应设环行消防车道。

**6.6.3**　天然气凝液和全压力式液化石油气储罐组内的储罐个数不应超过 12 个, 总容积不应超过 $20000m^3$; 全冷冻式液化石油气储罐组内的储罐个数不应超过 2 个。

**6.6.4**　天然气凝液和全压力式液化石油气储罐组内的储罐总容量大于 $6000m^3$ 时, 罐组内应设隔墙, 单罐容量等于或大于 $5000m^3$ 时应每个罐一隔, 隔墙高度应低于防护墙 $0.2m$。全冷冻式液化石油气储罐内储罐应设隔堤, 且每个罐一隔, 隔堤高度应低于防火堤 0.2m。

**6.6.5** 不同储存方式的液化石油气储罐不得布置在同一个储罐组内。

**6.6.6** 成组布置的天然气凝液和液化石油气储罐到防火堤（或防护墙）的距离应满足如下要求：

　　**1** 全压力式球罐到防护墙的距离应为储罐直径的一半，卧式储罐到防护墙的距离不应小于 3m。

　　**2** 全冷冻式液化石油气储罐至防火堤内堤脚线的距离，应为储罐高度与防火堤高度之差，防火堤内有效容积应为一个最大储罐的容量。

**6.6.7** 防护墙、防火堤及隔堤应采用不燃烧实体结构，并应能承受所容纳液体的静压及温度的影响。在防火堤或防护墙的不同方位上应设置不少于两处的人行踏步或台阶。

**6.6.8** 成组布置的天然气凝液和液化石油气罐区，相邻组与组之间的防火距离（罐壁至罐壁）不应小于 20m。

**6.6.9** 天然气凝液和液化石油气储罐组内储罐之间的防火距离应不小于表 6.6.9 的规定。

表 6.6.9　储罐组内储罐之间的防火间距

| 防火间距　　储罐型式　介质类别 | 全压力式储罐 | | 全冷冻式储罐 |
|---|---|---|---|
| | 球罐 | 卧罐 | |
| 天然气凝液或液化石油气 | $1.0D$ | $1.0D$ 且不宜大于 1.5m。两排卧罐的间距，不应小于 3m | |
| 液化石油气 | | | $0.5D$ |

注：1 $D$ 为相邻较大罐直径。
　　2 不同型式储罐之间的防火距离，应采用较大值。

**6.6.10** 防火堤或防护墙内地面应有由储罐基脚线向防火堤或防护墙方向的不小于 1% 的排水坡度，排水出口应设有可控制开启的设施。

**6.6.11** 天然气凝液及液化石油气罐区内应设可燃气体检测报警装置，并在四周设置手动报警按钮，探测和报警信号引入值班室。

**6.6.12** 天然气凝液储罐及液化石油气储罐的进料管管口宜从储罐底部接入，当从顶部接入时，应将管口接至罐底处。全压力式储罐罐底应安装为储罐注水用的管道、阀门及管道接头。天然气凝液储罐及液化石油气储罐宜采用有防冻措施的二次脱水系统。

**6.6.13** 天然气凝液储罐及液化石油气储罐应设液位计、温度计、压力表、安全阀，以及高液位报警装置或高液位自动联锁切断进料装置。对于全冷冻式液化石油气储罐还应设真空泄放设施。天然气凝液储罐及液化石油气储罐容积大于或等于 50m³ 时，其液相出

口管线上宜设远程操纵阀和自动关闭阀，液相进口应设单向阀。

**6.6.14** 全压式天然气凝液储罐及液化石油气储罐进、出口阀门及管件的压力等级不应低于 2.5MPa，且不应选用铸铁阀门。

**6.6.15** 全冷冻式储罐的地基应考虑温差影响，并采取必要措施。

**6.6.16** 天然气凝液储罐及液化石油气储罐的安全阀出口管应接至火炬系统。确有困难时，单罐容积等于或小于 100m³ 的天然气凝液储罐及液化石油气储罐安全阀可接入放散管，其安装高度应高出储罐操作平台 2m 以上，且应高出所在地面 5m 以上。

**6.6.17** 天然气凝液储罐及液化石油气罐区内的管道宜地上布置，不应地沟敷设。

**6.6.18** 露天布置的泵或泵棚与天然气凝液储罐和全压力式液化石油气储罐之间的距离不限，但宜布置在防护墙外。

**6.6.19** 压力储存的稳定轻烃储罐与全压力式液化石油气储罐同组布置时，其防火间距不应小于本规范第 6.6.9 条的规定。

## 6.7　装卸设施

**6.7.1** 油品的铁路装卸设施应符合下列要求：

　　**1** 装卸栈桥两端和沿栈桥每隔 60～80m，应设安全斜梯。

　　**2** 顶部敞口装车的甲$_B$、乙类油品，应采用液下装车鹤管。

　　**3** 装卸泵房至铁路装卸线的距离，不应小于 8m。

　　**4** 在距装车栈桥边缘 10m 以外的油品输入管道上，应设便于操作的紧急切断阀。

　　**5** 零位油罐不应采用敞口容器，零位罐至铁路装卸线距离，不应小于 6m。

**6.7.2** 油品铁路装卸栈桥至站场内其他铁路、道路间距应符合下列要求：

　　**1** 至其他铁路线不应小于 20m。

　　**2** 至主要道路不应小于 15m。

**6.7.3** 油品的汽车装卸站，应符合下列要求：

　　**1** 装卸站的进出口，宜分开设置；当进、出口合用时，站内应设回车场。

　　**2** 装卸车场宜采用现浇混凝土地面。

　　**3** 装卸车鹤管之间的距离，不应小于 4m；装卸车鹤管与缓冲罐之间的距离，不应小于 5m。

　　**4** 甲$_B$、乙类液体的装卸车，严禁采用明沟（槽）卸车系统。

　　**5** 在距装卸鹤管 10m 以外的装卸管道上，应设便于操作的紧急切断阀。

　　**6** 甲$_B$、乙类油品装卸鹤管（受油口）与相邻生产设施的防火间距，应符合表 6.7.3 的规定。

## 表6.7.3 鹤管与相邻生产设施之间的防火距离（m）

| 生产设施 | 装卸油泵房 | 生产厂房及密闭工艺设备 | | |
|---|---|---|---|---|
| | | 液化石油气 | 甲B、乙类 | 丙类 |
| 甲B、乙类油品装卸鹤管 | 8 | 25 | 15 | 10 |

## 表6.7.9 灌装站内储罐与有关设施的防火间距（m）

| 设施名称 \ 单罐容量(m³) | ≤50 | ≤100 | ≤400 | ≤1000 | >1000 |
|---|---|---|---|---|---|
| 压缩机房、灌瓶间、倒残液间 | 20 | 25 | 30 | 40 | 50 |
| 汽车槽车装卸接头 | 20 | 25 | 30 | 30 | 40 |
| 仪表控制间、10kV及以下变配电间 | 20 | 25 | 30 | 40 | 50 |

注：液化石油气储罐与其泵房的防火间距不应小于15m，露天及棚式布置的泵不受此限制，但宜布置在防护墙外。

6.7.4 液化石油气铁路和汽车的装卸设施，应符合下列要求：

1 铁路装卸栈台宜单独设置；若不同时作业，也可与油品装卸鹤管共台设置。

2 罐车装车过程中，排气管宜采用气相平衡式，也可接至低压燃料气或火炬放空系统，不得就地排放。

3 汽车装卸鹤管之间的距离不应小于4m。

4 汽车装卸车场应采用现浇混凝土地面。

5 铁路装卸设施尚应符合本规范第6.7.1条第1、4款和第6.7.2条的规定。

6.7.5 液化石油气灌装站的灌瓶间和瓶库，应符合下列要求：

1 液化石油气的灌瓶间和瓶库，宜为敞开式或半敞开式建筑物；当为封闭式或半敞开式建筑物时，应采取通风措施。

2 灌瓶间、倒瓶间、泵房的地沟不应与其他房间连通；其通风管道应单独设置。

3 灌瓶间和储瓶库的地面，应采用不发生火花的表层。

4 实瓶不得露天存放。

5 液化石油气缓冲罐与灌瓶间的距离，不应小于10m。

6 残液必须密闭回收，严禁就地排放。

7 气瓶库的液化石油气瓶装总容量不宜超过10m³。

8 灌瓶间与储瓶库的室内地面，应比室外地坪高0.6m。

9 灌装站应设非燃烧材料建造的，高度不低于2.5m的实体围墙。

6.7.6 灌瓶间与储瓶库可设在同一建筑物内，但宜用实体墙隔开，并各设出入口。

6.7.7 液化石油气灌装站的厂房与其所属的配电间、仪表控制间的防火间距不宜小于15m。若毗邻布置时，应采用无门窗洞口防火墙隔开；当必须在防火墙上开窗时，应设甲级耐火材料的密封固定窗。

6.7.8 液化石油气、天然气凝液储罐和汽车装卸台，宜布置在油气站场的边缘部位。

6.7.9 液化石油气灌装站内储罐与有关设施的防火间距，不应小于表6.7.9的规定。

## 6.8 泄压和放空设施

6.8.1 可能超压的下列设备及管道应设安全阀：

1 顶部操作压力大于0.07MPa的压力容器；

2 顶部操作压力大于0.03MPa的蒸馏塔、蒸发塔和汽提塔（汽提塔顶蒸汽直接通入另一蒸馏塔者除外）；

3 与鼓风机、离心式压缩机、离心泵或蒸汽往复泵出口连接的设备不能承受其最高压力时，上述机泵的出口；

4 可燃气体或液体受热膨胀时，可能超过设计压力的设备及管道。

6.8.2 在同一压力系统中，压力来源处已有安全阀，则其余设备可不设安全阀。扫线蒸汽不宜作为压力来源。

6.8.3 安全阀、爆破片的选择和安装，应符合国家现行标准《压力容器安全监察规程》的规定。

6.8.4 单罐容量等于或大于100m³的液化石油气和天然气凝液储罐应设置2个或2个以上安全阀，每个安全阀担负经计算确定的全部放空量。

6.8.5 克劳斯硫回收装置反应炉、再热炉等，宜采用提高设备设计压力的方法防止超压破坏。

6.8.6 放空管道必须保持畅通，并应符合下列要求：

1 高压、低压放空管宜分别设置，并应直接与火炬或放空总管连接；

2 不同排放压力的可燃气体放空管接入同一排放系统时，应确保不同压力的放空点能同时安全排放。

6.8.7 火炬设置应符合下列要求：

1 火炬的高度，应经辐射热计算确定，确保火炬下部及周围人员和设备的安全。

2 进入火炬的可燃气体应经凝液分离罐分离出气体中直径大于300μm的液滴；分离出的凝液应密闭回收或送至焚烧坑焚烧。

3 应有防止回火的措施。

4 火炬应有可靠的点火设施。

**5** 距火炬筒 30m 范围内，严禁可燃气体放空。

**6** 液体、低热值可燃气体、空气和惰性气体，不得排入火炬系统。

**6.8.8** 可燃气体放空应符合下列要求：

**1** 可能存在点火源的区域内不应形成爆炸性气体混合物。

**2** 有害物质的浓度及排放量应符合有关污染物排放标准的规定。

**3** 放空时形成的噪声应符合有关卫生标准。

**4** 连续排放的可燃气体排气筒顶或放空管口，应高出 20m 范围内的平台或建筑物顶 2.0m 以上。对位于 20m 以外的平台或建筑物顶，应满足图 6.8.8 的要求，并应高出所在地面 5m。

**5** 间歇排放的可燃气体排气筒顶或放空管口，应高出 10m 范围内的平台或建筑物顶 2.0m 以上。对位于 10m 以外的平台或建筑物顶，应满足图 6.8.8 的要求，并应高出所在地面 5m。

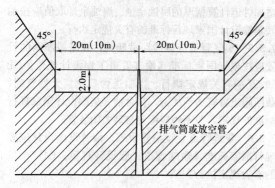

图 6.8.8 可燃气体排气筒顶或
放空管允许最低高度示意图
注：阴影部分为平台或建筑物的设置范围

**6.8.9** 甲、乙类液体排放应符合下列要求：

**1** 排放时可能释放出大量气体或蒸汽的液体，不得直接排入大气，应引入分离设备，分出的气体引入可燃气体放空系统，液体引入有关储罐或污油系统。

**2** 设备或容器内残存的甲、乙类液体，不得排入边沟或下水道，可集中排入有关储罐或污油系统。

**6.8.10** 对存在硫化铁的设备、管道，排污口应设喷水冷却设施。

**6.8.11** 原油管道清管器收发筒的污油排放，应符合下列要求：

**1** 清管器收发筒应设清扫系统和污油接收系统；

**2** 污油池中的污油应引入污油系统。

**6.8.12** 天然气管道清管作业排出的液态污物若不含甲、乙类可燃液体，可排入就近设置的排污池；若含有甲、乙类可燃液体，应密闭回收可燃液体或在安全位置设置凝液焚烧坑。

## 6.9 建（构）筑物

**6.9.1** 生产和储存甲、乙类物品的建（构）筑物耐火等级不宜低于二级，生产和储存丙类物品的建（构）筑物耐火等级不宜低于三级。当甲、乙类火灾危险性的厂房采用轻质钢结构时，应符合下列要求：

**1** 所有的建筑构件必须采用非燃烧材料。

**2** 除天然气压缩机厂房外，宜为单层建筑。

**3** 与其他厂房的防火间距应按现行国家标准《建筑设计防火规范》GBJ 16 中的三级耐火等级的建筑物确定。

**6.9.2** 散发油气的生产设备，宜为露天布置或棚式建筑内布置。甲、乙类火灾危险性生产厂房泄压面积、泄压措施应按现行国家标准《建筑设计防火规范》GBJ 16 的有关规定执行。

**6.9.3** 当不同火灾危险性类别的房间布置在同一栋建筑物内时，其隔墙应采用非燃烧材料的实体墙。天然气压缩机房或油泵房宜布置在建筑物的一端，将人员集中的房间布置在火灾危险性较小的一端。

**6.9.4** 甲、乙类火灾危险性生产厂房应设向外开启的门，且不宜少于两个，其中一个应能满足最大设备（或拆开最大部件）的进出要求，建筑面积小于或等于 100m² 时，可设一个向外开启的门。

**6.9.5** 变、配电所不应与有爆炸危险的甲、乙类厂房毗邻布置。但供上述甲、乙类生产厂房专用的 10kV 及以下的变、配电间，当采用无门窗洞口防火墙隔开时，可毗邻布置。当必须在防火墙上开窗时，应设非燃烧材料的固定甲级防火窗。变压器与配电间之间应设防火墙。

**6.9.6** 甲、乙类工艺设备平台、操作平台，宜设 2 个通向地面的梯子。长度小于 8m 的甲类设备平台和长度小于 15m 的乙类设备平台，可设 1 个梯子。

相邻的平台和框架可根据疏散要求设走桥连通。

**6.9.7** 火车、汽车装卸油栈台、操作平台均应采用非燃烧材料建造。

**6.9.8** 立式圆筒油品加热炉、液化石油气和天然气凝液储罐的钢柱、梁、支撑、塔的框架钢支柱，罐组砖、石、钢筋混凝土防火堤无培土的内侧和顶部，均应涂抹保护层，其耐火极限不应小于 2h。

# 7 油气田内部集输管道

## 7.1 一般规定

**7.1.1** 油气田内部集输管道宜埋地敷设。

**7.1.2** 管线穿跨越铁路、公路、河流时，其设计应符合《原油和天然气输送管道穿跨越工程设计规范 穿越工程》SY/T 0015.1、《原油和天然气输送管道穿跨越工程设计规范 跨越工程》SY/T 0015.2 及油气集输设计等国家现行标准的有关规定。

**7.1.3** 当管道沿线有重要水工建筑、重要物资仓库、军事设施、易燃易爆仓库、机场、海（河）港码头、国家重点文物保护单位时，管道设计除应遵守本规定外，尚应服从相关设施的设计要求。

**7.1.4** 埋地集输管道与其他地下管道、通信电缆、电力系统的各种接地装置等平行或交叉敷设时，其间距应符合国家现行标准《钢质管道及储罐腐蚀控制工程设计规范》SY 0007 的有关规定。

**7.1.5** 集输管道与架空输电线路平行敷设时，安全距离应符合下列要求：

　　**1** 管道埋地敷设时，安全距离不应小于表7.1.5 的规定。

**表 7.1.5　埋地集输管道与架空输电线路安全距离**

| 名　称 | 3kV 以下 | 3~10kV | 35~66kV | 110kV | 220kV |
|---|---|---|---|---|---|
| 开阔地区 | 最高杆（塔）高 | | | | |
| 路径受限制地区(m) | 1.5 | 2.0 | 4.0 | 4.0 | 5.0 |

注：1　表中距离为边导线至管道任何部分的水平距离。
　　2　对路径受限制地区的最小水平距离的要求，应计及架空电力线路导线的最大风偏。

　　**2** 当管道地面敷设时，其间距不应小于本段最高杆（塔）高度。

**7.1.6** 原油和天然气埋地集输管道同铁路平行敷设时，应距铁路用地范围边界 3m 以外。当必须通过铁路用地范围内时，应征得相关铁路部门的同意，并采取加强措施。对相邻电气化铁路的管道还应增加交流电干扰防护措施。

　　管道同公路平行敷设时，宜敷设在公路用地范围外。对于油田公路，集输管道可敷设在其路肩下。

### 7.2　原油、天然气凝液集输管道

**7.2.1** 油田内部埋地敷设的原油、稳定轻烃、20℃时饱和蒸气压力小于 0.1MPa 的天然气凝液、压力小于或等于 0.6MPa 的油田气集输管道与居民区、村镇、公共福利设施、工矿企业等的距离不宜小于10m。当管道局部管段不能满足上述距离要求时，可降低设计系数，提高局部管道的设计强度，将距离缩短到 5m；地面敷设的上述管道与相应建（构）筑物的距离应增加 50%。

**7.2.2** 20℃时饱和蒸气压力大于或等于 0.1MPa、管径小于或等于 DN200 的埋地天然气凝液管道，应按现行国家标准《输油管道工程设计规范》GB 50253 中的液态液化石油气管道确定强度设计系数。管道同地面建（构）筑物的最小间距符合下列规定：

　　**1** 与居民区、村镇、重要公共建筑物不应小于 30m；一般建（构）筑物不应小于 10m。

　　**2** 与高速公路和一、二级公路平行敷设时，其管道中心线距公路用地范围边界不应小于 10m，三级及以下公路不宜小于 5m。

　　**3** 与铁路平行敷设时，管道中心线距铁路中心线的距离不应小于 10m，并应满足本规范第 7.1.6 条的要求。

### 7.3　天然气集输管道

**7.3.1** 埋地天然气集输管道的线路设计应根据管道沿线居民户数及建（构）筑物密集程度采用相应的强度设计系数进行设计。管道地区等级划分及强度设计系数取值应按现行国家标准《输气管道工程设计规范》GB 50251 中有关规定执行。当输送含硫化氢天然气时，应采取安全防护措施。

**7.3.2** 天然气集输管道输送湿天然气，天然气中的硫化氢分压等于或大于 **0.0003MPa（绝压）** 或输送其他酸性天然气时，集输管道及相应的系统设施必须采取防腐蚀措施。

**7.3.3** 天然气集输管道输送酸性干天然气时，集输管道建成投产前的干燥及集输气质的脱水深度必须达到现行国家标准《输气管道工程设计规范》GB 50251 中的相关规定。

**7.3.4** 天然气集输管道应根据输送介质的腐蚀程度，增加管道计算壁厚的腐蚀余量。腐蚀余量取值应按油气集输设计国家现行标准的有关规定执行。

**7.3.5** 集气管道应设线路截断阀，线路截断阀的设置应按现行国家标准《输气管道工程设计规范》GB 50251 的有关规定执行。当输送含硫化氢天然气时，截断阀设置宜适当加密，符合油气集输设计国家现行标准的规定，截断阀应配置自动关闭装置。

**7.3.6** 集输管道宜设清管设施。清管设施设计应按现行国家标准《输气管道工程设计规范》GB 50251 的有关规定执行。

# 8　消防设施

### 8.1　一般规定

**8.1.1** 石油天然气站场消防设施的设置，应根据其规模、油品性质、存储方式、储存容量、储存温度、火灾危险性及所在区域消防站布局、消防站装备情况及外部协作条件等综合因素确定。

**8.1.2** 集输油工程中的井场、计量站等五级站，集输气工程中的集气站、配气站、输气站、清管站、计量站及五级压气站、注气站，采出水处理站可不设消防给水设施。

**8.1.3** 火灾自动报警系统的设计，应按现行国家标准《火灾自动报警系统设计规范》GB 50116 执行。当选用带闭式喷头的传动管传递火灾信号时，传动管的长度不应大于 300m，公称直径宜为 15~25mm，传动管上闭式喷头的布置间距不宜大于 2.5m。

**8.1.4** 单罐容量大于或等于 500m³ 的油田采出水立式沉降罐宜采用移动式灭火设备。

**8.1.5** 固定和半固定消防系统中的设备及材料应符合下列规定：

**1** 应选用消防专用设备。

**2** 油罐防火堤内冷却水和泡沫混合液管道宜采用热镀锌钢管。油罐上泡沫混合液管道设计应采取防爆炸破坏的措施。

**8.1.6** 钢制单盘式和双盘式内浮顶油罐的消防设施应按浮顶油罐确定，浅盘式内浮顶和浮盘用易熔材料制作的内浮顶油罐消防设施应按固定顶油罐确定。

## 8.2 消 防 站

**8.2.1** 消防站及消防车的设置应符合下列规定：

**1** 油气田消防站应根据区域规划设置，并应结合油气站场火灾危险性大小、邻近的消防协作条件和所处地理环境划分责任区。一、二、三级油气站场集中地区应设置等级不低于二级的消防站。

**2** 油气田三级及以上油气站场内设置固定消防系统时，可不设消防站，如果邻近消防协作力量不能在 30min 内到达（在人烟稀少、条件困难地区，邻近消防协作力量的到达时间可酌情延长，但不得超过消防冷却水连续供给时间），可按下列要求设置消防车：

1）油田三级及以上的油气站场应配 2 台单车泡沫罐容量不小于 3000L 的消防车。

2）气田三级天然气净化厂配 2 台重型消防车。

**3** 输油管道及油田储运工程的站场设置固定消防系统时，可不设消防站，如果邻近消防协作力量不能在 30min 内到达，可按下列要求设置消防车或消防站：

1）油品储罐总容量等于或大于 50000m³ 的二级站场中，固定顶罐单罐容量不小于 5000m³ 或浮顶罐单罐容量不小于 20000m³ 时，应配备 1 辆泡沫消防车。

2）油品储罐总容量大于或等于 100000m³ 的一级站场中，固定顶罐单罐容量不小于 5000m³ 或浮顶油罐单罐容量不小于 20000m³ 时，应配备 2 台泡沫消防车。

3）油品储罐总容量大于 600000m³ 的站场应设消防站。

**4** 输气管道的四级压气站设置固定消防系统时，可不设消防站和消防车。

**5** 油田三级油气站场未设置固定消防系统时，如果邻近消防协作力量不能在 30min 内到达，应设三级消防站或配备 1 台单车泡沫罐容量不小于 3000L 的消防车及 2 台重型水罐消防车。

**6** 消防站的设计应符合本规范第 8.2.2 条～第 8.2.6 条的要求。站内消防车可由生产岗位人员兼管，并参照消防泵房确定站内消防车库与油气生产设施的距离。

**8.2.2** 消防站的选址应符合下列要求：

**1** 消防站的选址应位于重点保护对象全年最小频率风向的下风侧，交通方便、靠近公路。与油气站场甲、乙类储罐区的距离不应小于 200m。与甲、乙类生产厂房、库房的距离不应小于 100m。

**2** 主体建筑距医院、学校、幼儿园、托儿所、影剧院、商场、娱乐活动中心等容纳人员较多的公共建筑的主要疏散口应大于 50m，且便于车辆迅速出动的地段。

**3** 消防车库大门应朝向道路。从车库大门墙基至城镇道路规划红线的距离：二、三级消防站不应小于 15m；一级消防站不应小于 25m；加强消防站、特勤消防站不应小于 30m。

**8.2.3** 消防站建筑设计应符合下列要求：

**1** 消防站的建筑面积，应根据所设站的类别、级别、使用功能和有利于执勤战备、方便生活、安全使用等原则合理确定。消防站建筑物的耐火等级应不小于 2 级。

**2** 消防车库应设置备用车位及修理间、检车地沟。修理间与其他房间应用防火墙隔开，且不应与火警调度室毗邻。

**3** 消防车库应有排除发动机废气的设施。滑杆室通向车库的出口处应有废气阻隔装置。

**4** 消防车库应设有供消防车补水用的室内消火栓或室外水鹤。

**5** 消防车库大门开启后，应有自动锁定装置。

**6** 消防站的供电负荷等级不宜低于二级，并应设配电室。有人员活动的场所应设紧急事故照明。

**7** 消防站车库门前公共道路两侧 50m，应安装提醒过往车辆注意，避让消防车辆出动的警灯和警铃。

**8.2.4** 消防站的装备应符合下列要求：

**1** 消防车辆的配备，应根据被保护对象的实际需要计算确定，并按表 8.2.4 选配。

**表 8.2.4 消防站的消防车辆配置**

| 种 类 | 普通消防站 | | | 加强消防站 | 特勤消防站 |
|---|---|---|---|---|---|
| 消防站类别 | 一级站 | 二级站 | 三级站 | | |
| 车辆配备数（台） | 6～8 | 4～6 | 3～6 | 8～10 | 10～12 |
| 通讯指挥车 | √ | √ | | √ | √ |
| 中型泡沫消防车 | √ | √ | √ | √ | √ |
| 重型水罐消防车 | √ | √ | √ | √ | √ |
| 重型泡沫消防车 | √ | √ | √ | √ | √ |
| 泡沫运输罐车 | √ | | | √ | √ |
| 干粉消防车 | √ | √ | √ | √ | √ |
| 举高云梯消防车 | √ | | | √ | √ |
| 高喷消防车 | √ | | | √ | √ |
| 抢险救援工具车 | √ | | | √ | √ |
| 照明车 | √ | | | √ | √ |

注：1 表中"√"表示可选配的设备。

　　2 北方高寒地区，可根据实际需要配备解冻锅炉消防车。

　　3 为气田服务的消防站必须配备干粉消防车。

**2** 消防站主要消防车的技术性能应符合下列要求：

 1）重型消防车应为大功率、远射程炮车。

 2）消防车应采用双动式取力器，重型消防车应带自保系统。

 3）泡沫比例混合器应为3%、6%两档，或无级可调。

 4）泡沫罐应有防止泡沫液沉降装置。

 5）根据东、西部和南、北方油气田自然条件的不同及消防保卫的特殊需要，可在现行标准基础上增减功能。

**3** 支队、大队级消防指挥中心的装备配备，可根据实际需要选配。

**4** 油气田地形复杂，地面交通工具难以跨越或难以作出快速反应时，可配备消防专用直升飞机及与之配套的地面指挥设施。

**5** 消防站兼有水上责任区的，应加配消防艇或轻便实用的小型消防船、卸载式消防舟，并有供其停泊、装卸的专用码头。

**6** 消防站灭火器材、抢险救援器材、人员防护器材等的配备应符合国家现行有关标准的规定。

**8.2.5** 灭火剂配备应符合下列要求：

**1** 消防站一次车载灭火剂最低总量应符合表8.2.5的规定。

**表8.2.5 消防站一次车载灭火剂最低总量**（t）

| 消防站类别<br>灭火剂 | 普通消防站 | | | 加强消防站 | 特勤消防站 |
|---|---|---|---|---|---|
| | 一级站 | 二级站 | 三级站 | | |
| 水 | 32 | 30 | 26 | 32 | 36 |
| 泡沫灭火剂 | 7 | 5 | 2 | 12 | 18 |
| 干粉灭火剂 | 2 | 2 | 2 | 4 | 6 |

**2** 应按照一次车载灭火剂总量1∶1的比例保持储备量，若邻近消防协作力量不能在30min内到达，储备量应增加1倍。

**8.2.6** 消防站通信装备的配置，应符合现行国家标准《消防通信指挥系统设计规范》GB 50313的规定。支队级消防指挥中心，可按Ⅰ类标准配置；大队级消防指挥中心，可按Ⅱ类标准配置；其他消防站，可参照Ⅲ类标准，根据实际需要增、减配置。

### 8.3 消防给水

**8.3.1** 消防用水可由给水管道、消防水池或天然水源供给，应满足水质、水量、水压、水温要求。当利用天然水源时，应确保枯水期最低水位时消防用水量的要求，并设置可靠的取水设施。处理达标的油田采出水能满足消防水质、水温的要求时，可用于消防给水。

**8.3.2** 消防用水可与生产、生活给水合用一个给水系统，系统供水量应为100%消防用水量与70%生产、生活用水量之和。

**8.3.3** 储罐区和天然气处理厂装置区的消防给水管网应布置成环状，并应采用易识别启闭状态的阀将管网分成若干独立段，每段内消火栓的数量不宜超过5个。从消防泵房至环状管网的供水干管不应少于两条。其他部位可设支状管道。寒冷地区的消火栓井、阀井和管道等应有可靠的防冻措施。采用半固定低压制消防供水的站场，如条件允许宜设2条站外消防供水管道。

**8.3.4** 消防水池（罐）的设置应符合下列规定：

**1** 水池（罐）的容量应同时满足最大一次火灾灭火和冷却用水要求。在火灾情况下能保证连续补水时，消防水池（罐）的容量可减去火灾延续时间内补充的水量。

**2** 当消防水池（罐）和生产、生活用水水池（罐）合并设置时，应采取确保消防用水不作它用的技术措施，在寒冷地区专用的消防水池（罐）应采取防冻措施。

**3** 当水池（罐）的容量超过1000m³时应分设成两座，水池（罐）的补水时间，不应超过96h。

**4** 供消防车取水的消防水池（罐）的保护半径不应大于150m。

**8.3.5** 消火栓的设置应符合下列规定：

**1** 采用高压消防供水时，消火栓的出口水压应满足最不利点消防供水要求；采用低压消防供水时，消火栓的出口压力不应小于0.1MPa。

**2** 消火栓应沿道路布置，油罐区的消火栓应设在防火堤与消防道路之间，距路边宜为1～5m，并应有明显标志。

**3** 消火栓的设置数量应根据消防方式和消防用水量计算确定。每个消火栓的出水量按10～15L/s计算。当油罐采用固定式冷却系统时，在罐区四周应设置备用消火栓，其数量不应少于4个，间距不应大于60m。当采用半固定冷却系统时，消火栓的使用数量应由计算确定，但距罐壁15m以内的消火栓不应计算在该储罐可使用的数量内，2个消火栓的间距不宜小于10m。

**4** 消火栓的栓口应符合下列要求：

 1）给水枪供水时，室外地上式消火栓应有3个出口，其中1个直径为150mm或100mm，其他2个直径为65mm；室外地下式消火栓应有2个直径为65mm的栓口。

 2）给消防车供水时，室外地上式消火栓的栓口与给水枪供水时相同；室外地下式消火栓应有直径为100mm和65mm的栓口各1个。

**5** 给水枪供水时，消火栓旁应设水带箱，箱内应配备 2~6 盘直径 65mm、每盘长度 20m 的带快速接口的水带和 2 支入口直径 65mm、喷嘴直径 19mm 水枪及一把消火栓钥匙。水带箱距消火栓不宜大于 5m。

6 采用固定式灭火时，泡沫栓旁应设水带箱，箱内应配备 2~5 盘直径 65mm、每盘长度 20m 的带快速接口的水带和 PQ8 或 PQ4 型泡沫管枪 1 支及泡沫栓钥匙。水带箱距泡沫栓不宜大于 5m。

### 8.4 油罐区消防设施

**8.4.1** 除本规范另有规定外，油罐区应设置灭火系统和消防冷却水系统，且灭火系统宜为低倍数泡沫灭火系统。

**8.4.2** 油罐区低倍数泡沫灭火系统的设置，应符合下列规定：

1 单罐容量不小于 10000m³ 的固定顶罐、单罐容量不小于 50000m³ 的浮顶罐、机动消防设施不能进行保护或地形复杂消防车扑救困难的储罐区，应设置固定式低倍数泡沫灭火系统。

2 罐壁高度小于 7m 或容积不大于 200m³ 的立式油罐、卧式油罐可采用移动式泡沫灭火系统。

3 除 1 与 2 款规定外的油罐区宜采用半固定式泡沫灭火系统。

**8.4.3** 单罐容量不小于 20000m³ 的固定顶油罐，其泡沫灭火系统与消防冷却水系统应具备连锁程序操纵功能。单罐容量不小于 50000m³ 的浮顶油罐应设置火灾自动报警系统。单罐容量不小于 100000m³ 的浮顶油罐，其泡沫灭火系统与消防冷却水系统应具备自动操纵功能。

**8.4.4** 储罐区低倍数泡沫灭火系统的设计，应按现行国家标准《低倍数泡沫灭火系统设计规范》GB 50151 的规定执行。

**8.4.5** 油罐区消防冷却水系统设置形式应符合下列规定：

1 单罐容量不小于 10000m³ 的固定顶油罐、单罐容量不小于 50000m³ 的浮顶油罐，应设置固定式消防冷却水系统。

2 单罐容量小于 10000m³、大于 500m³ 的固定顶油罐与单罐容量小于 50000m³ 的浮顶油罐，可设置半固定式消防冷却水系统。

3 单罐容量不大于 500m³ 的固定顶油罐、卧式油罐，可设置移动式消防冷却水系统。

**8.4.6** 油罐区消防水冷却范围应符合下列规定：

1 着火的地上固定顶油罐及距着火油罐罐壁 1.5 倍直径范围内的相邻地上油罐，应同时冷却；当相邻地上油罐超过 3 座时，可按 3 座较大的相邻油罐计算消防冷却水用量。

2 着火的浮顶罐应冷却，其相邻油罐可不冷却。

3 着火的地上卧式油罐及距着火油罐直径与长度之和的一半范围内的相邻油罐应冷却。

**8.4.7** 油罐的消防冷却水供给范围和供给强度应符合下列规定：

1 地上立式油罐消防冷却水供给范围和供给强度不应小于表 8.4.7 的规定。

2 着火的地上卧式油罐冷却水供给强度不应小于 6.0L/min·m²，相邻油罐冷却水供给强度不应小于 3.0L/min·m²。冷却面积应按油罐投影面积计算。总消防水量不应小于 50m³/h。

3 设置固定式消防冷却水系统时，相邻罐的冷却面积可按实际需要冷却部位的面积计算，但不得小于罐壁表面积的 1/2。油罐消防冷却水供给强度应根据设计所选的设备进行校核。

**表 8.4.7 消防冷却水供给范围和供给强度**

| 油罐形式 | | | 供给范围 | 供给强度 | |
|---|---|---|---|---|---|
| | | | | φ16mm 水枪 | φ19mm 水枪 |
| 移动、半固定式冷却 | 着火罐 | 固定顶罐 | 罐周全长 | 0.6L/s·m | 0.8L/s·m |
| | | 浮顶罐 | 罐周全长 | 0.45L/s·m | 0.6L/s·m |
| | 相邻罐 | 不保温罐 | 罐周半长 | 0.35L/s·m | 0.5L/s·m |
| | | 保温罐 | 罐周半长 | 0.2L/s·m | |
| 固定式冷却 | 着火罐 | 固定顶罐 | 罐壁表面 | 2.5L/min·m² | |
| | | 浮顶罐 | 罐壁表面 | 2.0L/min·m² | |
| | 相邻罐 | | 罐壁表面积的 1/2 | 2.0L/min·m² | |

注：φ16mm 水枪保护范围为 8~10m，φ19mm 水枪保护范围为 9~11m。

**8.4.8** 直径大于 20m 的地上固定顶油罐的消防冷却水连续供给时间，不应小于 6h；其他立式油罐的消防冷却水连续供给时间，不应小于 4h；地上卧式油罐的消防冷却水连续供给时间不应小于 1h。

**8.4.9** 油罐固定式消防冷却水系统的设置，应符合下列规定：

1 应设置冷却喷头，喷头的喷水方向与罐壁的夹角应在 30°~60°。

2 油罐抗风圈或加强圈无导流设施时，其下面应设冷却喷水圈管。

3 当储罐上的环形冷却水管分割成两个或两个以上弧形管段时，各弧形管段间不应连通，并应分别从防火堤外连接水管；且应分别在防火堤外的进水管道上设置能识别启闭状态的控制阀。

4 冷却水立管应用管卡固定在罐壁上，其间距不宜大于 3m。立管下端应设锈渣清扫口，锈渣清扫口距罐基础顶面应大于 300mm，且集锈渣的管段长度不宜小于 300mm。

5 在防火堤外消防冷却水管道的最低处应设置放空阀。

6 当消防冷却水水源为地面水时，宜设置过滤器。

**8.4.10** 偏远缺水处总容量不大于 4000m³、且储罐直径不大于12m的原油罐区（凝析油罐区除外），可设置烟雾灭火系统，且可不设消防冷却水系统。

**8.4.11** 总容量不大于200m³、且单罐容量不大于100m³的立式油罐区或总容量不大于500m³、且单罐容量不大于100m³的井场卧式油罐区，可不设灭火系统和消防冷却水系统。

### 8.5 天然气凝液、液化石油气罐区消防设施

**8.5.1** 天然气凝液、液化石油气罐区应设置消防冷却水系统，并应配置移动式干粉等灭火设施。

**8.5.2** 天然气凝液、液化石油气罐区总容量大于50m³或单罐容量大于20m³时，应设置固定式水喷雾或水喷淋系统和辅助水枪（水炮）；总容量不大于50m³或单罐容量不大于20m³时，可设置半固定式消防冷却水系统。

**8.5.3** 天然气凝液、液化石油气罐区设置固定式消防冷却水系统时，其消防用水量应按储罐固定式消防冷却用水量与移动式水枪用水量之和计算；设置半固定式消防冷却水系统时，消防用水量不应小于20 L/s。

**8.5.4** 固定式消防冷却水系统的用水计算，应符合下列规定：

　　**1** 着火罐冷却水供给强度不应小于0.15L/s·m²，保护面积按其表面积计算。

　　**2** 距着火罐直径（卧式罐按罐直径和长度之和的一半）1.5倍范围内的邻近罐冷却水供给强度不应小于0.15L/s·m²，保护面积按其表面积的一半计算。

**8.5.5** 全冷冻式液化石油气储罐固定式消防冷却水系统的冷却水供给强度与冷却面积，应满足下列规定：

　　**1** 着火罐及邻罐罐顶的冷却水供给强度不宜小于4L/min·m²，冷却面积按罐顶全表面积计算。

　　**2** 着火罐及邻罐罐壁的冷却水供给强度不宜小于2L/min·m²，着火罐冷却面积按罐全表面积计算，邻罐冷却面积按罐表面积的一半计算。

**8.5.6** 辅助水枪或水炮用水量应按罐区内最大一个储罐用水量确定，且不应小于表8.5.6的规定。

表8.5.6　水枪用水量

| 罐区总容量（m³） | <500 | 500～2500 | ≥2500 |
|---|---|---|---|
| 单罐容量（m³） | ≤100 | <400 | ≥400 |
| 水量（L/s） | 20 | 30 | 45 |

**注：** 水枪用水量应按本表罐区总容量和单罐容量较大者确定。

**8.5.7** 总容量小于220m³或单罐容量不大于50m³的储罐或储罐区，连续供水时间可为3h；其他储罐或储罐区应为6h。

**8.5.8** 储罐采用水喷雾固定式消防冷却水系统时，喷头应按储罐的全表面积布置，储罐的支撑、阀门、液位计等，均宜设喷头保护。

**8.5.9** 固定式消防冷却水管道的设置，应符合下列规定：

　　**1** 储罐容量大于400m³时，供水竖管不宜少于两条，均匀布置。

　　**2** 消防冷却水系统的控制阀应设于防火堤外且距罐壁不小于15m的地点。

　　**3** 控制阀至储罐间的冷却水管道应设过滤器。

### 8.6 装置区及厂房消防设施

**8.6.1** 石油天然气生产装置区的消防用水量应根据油气、站场设计规模、火灾危险类别及固定消防设施的设置情况等综合考虑确定，但不应小于表8.6.1的规定。火灾延续供水时间按3h计算。

表8.6.1　装置区的消防用水量

| 场站等级 | 消防用水量（L/s） |
|---|---|
| 三级 | 45 |
| 四级 | 30 |
| 五级 | 20 |

**注：** 五级场站专指生产规模小于$50×10^4 m^3/d$的天然气净化厂和五级天然气处理厂。

**8.6.2** 三级天然气净化厂生产装置区的高大塔架及其设备群宜设置固定水炮；三级天然气凝液装置区，有条件时可设固定泡沫炮保护；其设置位置距离保护对象不宜小于15m，水炮的水量不宜小于30L/s。

**8.6.3** 液体硫磺储罐应设置固定式蒸汽灭火系统；灭火蒸汽应从饱和蒸汽主管顶部引出，蒸汽压力宜为0.4～1.0MPa，灭火蒸汽用量按储罐容量和灭火蒸汽供给强度计算确定，供给强度为0.0015kg/m³·s，灭火蒸汽控制阀应设在围堰外。

**8.6.4** 油气站场建筑物消防给水应符合下列规定：

　　**1** 本规范第8.1.2条规定范围之外的站场宜设置消防给水设施。

　　**2** 建筑物室内消防给水设施应符合本规范第8.6.5条的规定。

　　**3** 建筑物室内外消防用水量应符合现行国家标准《建筑设计防火规范》GBJ 16的规定。

**8.6.5** 石油天然气生产厂房、库房内消防设施的设置应根据物料性质、操作条件、火灾危险性、建筑物体积及外部消防设施的设置情况等综合考虑确定。室外设有消防给水系统且建筑物体积不超过5000m³的建筑物，可不设室内消防给水。

**8.6.6** 天然气四级压气站和注气站的压缩机厂房内宜设置气体、干粉等灭火设施，其设置数量应符合现行国家标准规范的有关规定；站内宜设置消防给水系统，其水量按本规范第8.6.1条确定。

**8.6.7** 石油天然气生产装置采用计算机控制的集中控制室和仪表控制间，应设置火灾报警系统和手提式、推车式气体灭火器。

8.6.8 天然气、液化石油气和天然气凝液生产装置区及厂房内宜设置火灾自动报警设施，并宜在装置区和巡检通道及厂房出入口设置手动报警按钮。

## 8.7 装卸栈台消防设施

8.7.1 火车和一、二、三、四级站场的汽车油品装卸栈台，附近有消防车的，宜设置半固定消防给水系统，供水压力不应小于0.15MPa，消火栓间距不应大于60m。

8.7.2 火车和一、二、三、四级站场的汽车油品装卸栈台，附近有固定消防设施可利用的，宜设置消防给水及泡沫灭火设施，并应符合下列规定：

1 有顶盖的火车装卸油品栈台消防冷却水量不应小于45L/s。

2 无顶盖的火车装卸油品栈台消防冷却水量不应小于30 L/s。

3 火车装卸油品栈台的泡沫混合液量不应小于30L/s。

4 有顶盖的汽车装卸油品栈台消防冷却水量不应小于20L/s。

5 无顶盖的汽车装卸油品栈台消防冷却水量不应小于16L/s。

6 汽车装卸油品栈台泡沫混合液量不应小于8L/s。

7 消防栓及泡沫栓间距不应大于60m，消防冷却水连续供给时间不应小于1h，泡沫混合液连续供给时间不应小于30min。

8.7.3 火车、汽车装卸液化石油气栈台宜设置消防给水系统和干粉灭火设施，并应符合下列规定：

1 火车装卸液化石油气栈台消防冷却水量不应小于45L/s，冷却水连续供水时间不应小于3h。

2 汽车装卸液化石油气栈台冷却水量不应小于15L/s，冷却水连续供水时间不应小于3h。

## 8.8 消 防 泵 房

8.8.1 消防冷却供水泵房和泡沫供水泵房宜合建，其规模应满足所在站场一次最大火灾的需要。一、二、三级站场消防冷却供水泵和泡沫供水泵均应设备用泵，消防冷却供水泵和泡沫供水泵的备用泵性能应与各自最大一台操作泵相同。

8.8.2 消防泵房的位置应保证启泵后5min内，将泡沫混合液和冷却水送到任何一个着火点。

8.8.3 消防泵房的位置宜设在油罐区全年最小频率风向的下风侧，其地坪宜高于油罐区地坪标高，并应避开油罐破裂可能波及到的部位。

8.8.4 消防泵房应采用耐火等级不低于二级的建筑，并应设直通室外的出口。

8.8.5 消防泵组的安装应符合下列要求：

1 一组水泵的吸水管不宜少于2条，当其中一条发生故障时，其余的应能通过全部水量。

2 一组水泵宜采用自灌式引水，当采用负压上水时，每台消防泵应有单独的吸水管。

3 消防泵应设置自动回流管。

4 公称直径大于300mm经常启闭的阀门，宜采用电动阀或气动阀，并能手动操作。

8.8.6 消防泵房值班室应设置对外联络的通信设施。

## 8.9 灭火器配置

8.9.1 油气站场内建（构）筑物应配置灭火器，其配置类型和数量按现行国家标准《建筑灭火器配置设计规范》GBJ 140的规定确定。

8.9.2 甲、乙、丙类液体储罐区及露天生产装置区灭火器配置，应符合下列规定：

1 油气站场的甲、乙、丙类液体储罐区当设有固定式或半固定式消防系统时，固定顶罐配置灭火器可按应配置数量的10%设置，浮顶罐按应配置数量的5%设置。当储罐组内储罐数量超过2座时，灭火器配置数量应按其中2个较大储罐计算确定；但每个储罐配置的数量不宜多于3个，少于1个手提式灭火器，所配灭火器应分组布置；

2 露天生产装置当设有固定式或半固定式消防系统时，按应配置数量的30%设置。手提灭火器的保护距离不宜大于9m。

8.9.3 同一场所应选用灭火剂相容的灭火器，选用灭火器时还应考虑灭火剂与当地消防车采用的灭火剂相容。

8.9.4 天然气压缩机厂房应配置推车式灭火器。

# 9 电 气

## 9.1 消防电源及配电

9.1.1 石油天然气工程一、二、三级站场消防泵房用电设备的电源，宜满足现行国家标准《供配电系统设计规范》GB 50052所规定的一级负荷供电要求。当只能采用二级负荷供电时，应设柴油机或其他内燃机直接驱动的备用消防泵，并应设蓄电池满足自控通讯要求。当条件受限制或技术、经济合理时，也可全部采用柴油机或其他内燃机直接驱动消防泵。

9.1.2 消防泵房及其配电室应设应急照明，其连续供电时间不应少于20min。

9.1.3 重要消防用电设备当采用一级负荷或二级负荷双回路供电时，应在其最末一级配电装置或配电箱处实现自动切换。其配电线路宜采用耐火电缆。

## 9.2 防 雷

9.2.1 站场内建筑物、构筑物的防雷分类及防雷措施，应按现行国家标准《建筑物防雷设计规范》GB

50057 的有关规定执行。

**9.2.2** 工艺装置内露天布置的塔、容器等，当顶板厚度等于或大于 4mm 时，可不设避雷针保护，但必须设防雷接地。

**9.2.3** 可燃气体、油品、液化石油气、天然气凝液的钢罐，必须设防雷接地，并应符合下列规定：

1 避雷针（线）的保护范围，应包括整个储罐。

2 装有阻火器的甲B、乙类油品地上固定顶罐，当顶板厚度等于或大于 4mm 时，不应装设避雷针（线），但必须设防雷接地。

3 压力储罐、丙类油品钢制储罐不应装设避雷针（线），但必须设防感应雷接地。

4 浮顶罐、内浮顶罐不应装设避雷针（线），但应将浮顶与罐体用 2 根导线作电气连接。浮顶罐连接导线应选用截面积不小于 25mm² 的软铜复绞线。对于内浮顶罐，钢质浮盘的连接导线应选用截面积不小于 16mm² 的软铜复绞线；铝质浮盘的连接导线应选用直径不小于 1.8mm 的不锈钢钢丝绳。

**9.2.4** 钢储罐防雷接地引下线不应少于 2 根，并应沿罐周均匀或对称布置，其间距不宜大于 30m。

**9.2.5** 防雷接地装置冲击接地电阻不应大于 10Ω，当钢罐仅做防感应雷接地时，冲击接地电阻不应大于 30Ω。

**9.2.6** 装于钢储罐上的信息系统装置，其金属外壳应与罐体做电气连接，配线电缆宜采用铠装屏蔽电缆，电缆外皮及所穿钢管应与罐体做电气连接。

**9.2.7** 甲、乙类厂房（棚）的防雷，应符合下列规定：

1 厂房（棚）应采用避雷带（网）。其引下线不应少于 2 根，并应沿建筑物四周均匀对称布置，间距不应大于 18m。网格不应大于 10m×10m 或 12m×8m。

2 进出厂房（棚）的金属管道、电缆的金属外皮、所穿钢管或架空电缆金属槽，在厂房（棚）外侧应做一处接地，接地装置应与保护接地装置及避雷带（网）接地装置合用。

**9.2.8** 丙类厂房（棚）的防雷，应符合下列规定：

1 在平均雷暴日大于 40d/a 的地区，厂房（棚）宜装设避雷带（网）。其引下线不应少于 2 根，间距不应大于 18m。

2 进出厂房（棚）的金属管道、电缆的金属外皮、所穿钢管或架空电缆金属槽，在厂房（棚）外侧应做一处接地，接地装置应与保护接地装置及避雷带（网）接地装置合用。

**9.2.9** 装卸甲B、乙类油品、液化石油气、天然气凝液的鹤管和装卸栈桥的防雷，应符合下列规定：

1 露天装卸作业的，可不装设避雷针（带）。

2 在棚内进行装卸作业的，应装设避雷针（带）。避雷针（带）的保护范围应为爆炸危险 1 区。

3 进入装卸区的油品、液化石油气、天然气凝液输送管道在进入点应接地，冲击接地电阻不应大于 10Ω。

### 9.3 防 静 电

**9.3.1** 对爆炸、火灾危险场所内可能产生静电危险的设备和管道，均应采取防静电措施。

**9.3.2** 地上或管沟内敷设的石油天然气管道，在下列部位应设防静电接地装置：

1 进出装置或设施处。

2 爆炸危险场所的边界。

3 管道泵及其过滤器、缓冲器等。

4 管道分支处以及直线段每隔 200～300m 处。

**9.3.3** 油品、液化石油气、天然气凝液的装卸栈台和码头的管道、设备、建筑物与构筑物的金属构件和铁路钢轨等（做阴极保护者除外），均应做电气连接并接地。

**9.3.4** 汽车罐车、铁路罐车和装卸场所，应设防静电专用接地线。

**9.3.5** 油品装卸码头，应设置与油船跨接的防静电接地装置。此接地装置应与码头上油品装卸设备的防静电接地装置合用。

**9.3.6** 下列甲、乙、丙A类油品（原油除外）、液化石油气、天然气凝液作业场所，应设消除人体静电装置：

1 泵房的门外。

2 储罐的上罐扶梯入口处。

3 装卸作业区内操作平台的扶梯入口处。

4 码头上下船的出入口处。

**9.3.7** 每组专设的防静电接地装置的接地电阻不宜大于 100Ω。

**9.3.8** 当金属导体与防雷接地（不包括独立避雷针防雷接地系统）、电气保护接地（零）、信息系统接地等接地系统相连接时，可不设专用的防静电接地装置。

# 10 液化天然气站场

## 10.1 一般规定

**10.1.1** 本章适用于下列液化天然气站场的工程设计：

1 液化天然气供气站；

2 小型天然气液化站。

**10.1.2** 液化天然气站场内的液化天然气、制冷剂的火灾危险性划为甲A类。

**10.1.3** 液化天然气站场爆炸危险区域等级范围，应根据释放物质的相态、温度、密度变化、释放量和障碍等条件按国家现行标准的有关规定确定。

**10.1.4** 所有组件应按现行相关标准设计和建造,物理、化学、热力学性能应满足在相应设计温度下最高允许工作压力的要求,其结构应在事故极端温度条件下保持安全、可靠。

## 10.2 区域布置

**10.2.1** 站址应选在人口密度较低且受自然灾害影响小的地区。

**10.2.2** 站址应远离下列设施:

**1** 大型危险设施(例如,化学品、炸药生产厂及仓库等);

**2** 大型机场(包括军用机场、空中实弹靶场等);

**3** 与本工程无关的输送易燃气体或其他危险流体的管线;

**4** 运载危险物品的运输线路(水路、陆路和空路)。

**10.2.3** 液化天然气罐区邻近江河、海岸布置时,应采取措施防止泄漏液体流入水域。

**10.2.4** 建站地区及与站场间应有全天候的陆上通道,以确保消防车辆和人员随时进入和站内人员在必要时安全撤离。

**10.2.5** 液化天然气站场的区域布置应按以下原则确定:

**1** 液化天然气储存总容量不大于 3000m³ 时,可按本规范表 3.2.2 和表 4.0.4 中的液化石油气站场确定。

**2** 液化天然气储存总容量大于或等于 30000m³ 时,与居住区、公共福利设施的距离应大于 0.5km。

**3** 液化天然气储存总容量介于第 1 款和第 2 款之间时,应根据对现场条件、设施安全防护程度的评价确定,且不应小于本条第 1 款确定的距离。

**4** 本条 1~3 款确定的防火间距,尚应按本规范第 10.3.4 条和第 10.3.5 条规定进行校核。

## 10.3 站场内部布置

**10.3.1** 站场总平面,应根据站的生产流程及各组成部分的生产特点和火灾危险性,结合地形、风向等条件,按功能分区集中布置。

**10.3.2** 单罐容量等于或小于 265m³ 的液化天然气罐成组布置时,罐组内的储罐不应超过两排,每组个数不宜多于 12 个,罐组总容量不应超过 3000m³。易燃液体储罐不得布置在液化天然气罐组内。

**10.3.3** 液化天然气设施应设围堰,并应符合下列规定:

**1** 操作压力小于或等于 100kPa 的储罐,当围堰与储罐分开设置时,储罐至围堰最近边沿的距离,应为储罐最高液位高度加上储罐气相空间压力的当量压

头之和与围堰高度之差;当罐组内的储罐已采取了防低温或火灾的影响措施时,围堰区内的有效容积应不小于罐组内一个最大储罐的容积;当储罐未采取防低温和火灾的影响措施时,围堰区内的有效容积应为罐组内储罐的总容积。

**2** 操作压力小于或等于 100kPa 的储罐,当混凝土外罐围堰与储罐布置在一起,组成带预应力混凝土外罐的双层罐时,从储罐罐壁至混凝土外罐围堰的距离由设计确定。

**3** 在低温设备和易泄漏部位应设置液化天然气液体收集系统;其容积对于装车设施不应小于最大罐车的罐容量,其他为某单一事故泄漏源在 10min 内最大可能的泄漏量。

**4** 除第 2 款之外,围堰区均应配有集液池。

**5** 围堰必须能够承受所包容液化天然气的全部静压头,所圈闭液体引起的快速冷却、火灾的影响、自然力(如地震、风雨等)的影响,且不渗漏。

**6** 储罐与工艺设备的支架必须耐火和耐低温。

**10.3.4** 围堰和集液池至室外活动场所、建(构)筑物的隔热距离(作业者的设施除外),应按下列要求确定:

**1** 围堰区至室外活动场所、建(构)筑物的距离,可按国际公认的液化天然气燃烧的热辐射计算模型确定,也可使用管理部门认可的其他方法计算确定。

**2** 室外活动场所、建(构)筑物允许接受的热辐射量,在风速为 0 级、温度 21℃ 及相对湿度为 50% 条件下,不应大于下述规定值:

1) 热辐射量达 4000W/m² 界线以内,不得有 50 人以上的室外活动场所;

2) 热辐射量达 9000W/m² 界线以内,不得有活动场所、学校、医院、监狱、拘留所和居民区等在用建筑物;

3) 热辐射量达 30000W/m² 界线以内,不得有即使是能耐火且提供热辐射保护的在用构筑物。

**3** 燃烧面积应分别按下列要求确定:

1) 储罐围堰内全部容积(不包括储罐)的表面着火;

2) 集液池内全部容积(不包括设备)的表面着火。

**10.3.5** 本规范第 10.3.4 条 2 款 1)、2) 项中的室外活动场所、建筑物,以及站内重要设施不得设置在天然气蒸气云扩散隔离区内。扩散隔离区的边界应按下列要求确定:

**1** 扩散隔离区的边界应按国际公认的高浓度气体扩散模型进行计算,也可使用管理部门认可的其他方法计算确定。

**2** 扩散隔离区边界的空气中甲烷气体平均浓度

不应超过2.5%;

3 设计泄漏量应按下列要求确定:

    1) 液化天然气储罐围堰区内,储罐液位以下有未装内置关闭阀的接管情况,其设计泄漏量应按照假设敞开流动及流通面积等于液位以下接管管口面积,产生以储罐充满时流出的最大流量,并连续流动到0压差时为止。储罐成组布置时,按可能产生最大流量的储罐计算;

    2) 管道从罐顶进出的储罐围堰区,设计泄漏量按一条管道连续输送10min的最大流量考虑;

    3) 储罐液位以下配有内置关闭阀的围堰区,设计泄漏量应按照假设敞开流动及流通面积等于液位以下接管管口面积,储罐充满时持续流出1h的最大量考虑。

**10.3.6** 地上液化天然气储罐间距符合下列要求:

1 储存总容量小于或等于265m³时,储罐间距可按表10.3.6确定。储存总容量大于265m³时,储罐间距可按表10.3.6确定,并应满足本规范第10.3.4条和第10.3.5条的规定。

表 10.3.6　储罐间距

| 储罐单罐容量 (m³) | 围堰区边沿或储罐排放系统至建筑物或建筑界线的最小距离 (m) | 储罐之间的最小距离 (m) |
| --- | --- | --- |
| 0.5 | 0 | 0 |
| 0.5~1.9 | 3 | 1 |
| 1.9~7.6 | 4.6 | 1.5 |
| 7.6~56.8 | 7.6 | 1.5 |
| 56.8~114 | 15 | 1.5 |
| 114~265 | 23 | 相邻储罐直径之和的1/4(最小为1.5) |
| 大于265 | 容器直径的0.7倍,但不小于30 | |

2 多台储罐并联安装时,为便于接近所有隔断阀,必须留有至少0.9m的净距。

3 容量超过0.5m³的储罐不应设置在建筑物内。

**10.3.7** 气化器距建筑界线应大于30m,整体式加热气化器距围堰区、导液沟、工艺设备应大于15m;间接加热气化器和环境式气化器可设在按规定容量设计的围堰区内。其他设备间距可参照本规范表5.2.1的有关规定。

**10.3.8** 液化天然气放空系统的汇集总管,应经过带电热器的气液分离罐,将排放物加热成比空气轻的气体后方可排入放空系统。

禁止将液化天然气排入封闭的排水沟内。

## 10.4　消防及安全

**10.4.1** 液化天然气设施应配置防火设施。其防护程度应根据防火工程原理、现场条件、设施内的危险性,结合站界内外相邻设施综合考虑确定。

**10.4.2** 液化天然气储罐,应设双套带高液位报警和记录的液位计、显示和记录罐内不同液相高度的温度计、带高低压力报警和记录的压力计、安全阀和真空泄放设施。储罐必须配备一套与高液位报警联锁的进罐流体切断装置。液位计应能在储罐运行情况下进行维修或更换,选型时必须考虑密度变化因素,必要时增加密度计,监视罐内液体分层,避免罐内"翻混"现象发生。

**10.4.3** 火灾和气体泄漏检测装置,应按以下原则配置:

1 装置区、罐区以及其他存在潜在危险需要经常观测处,应设火焰探测报警装置。相应配置适量的现场手动报警按钮。

2 装置区、罐区以及其他存在潜在危险需要经常观测处,应设连续检测可燃气体浓度的探测报警装置。

3 装置区、罐区、集液池以及其他存在潜在危险需要经常观测处,应设连续检测液化天然气泄漏的低温检测报警装置。

4 探测器和报警器的信号盘应设置在其保护区的控制室或操作室内。

**10.4.4** 容量大于或等于30000m³的站场应配有遥控摄像、录像系统,并将关键部位的图像传送给控制室的监控器上。

**10.4.5** 液化天然气站场的消防水系统,应按如下原则配置:

1 储存总容量大于或等于265m³的液化天然气罐组应设固定供水系统。

2 采用混凝土外罐的双层壳罐,当管道进出口在罐顶时,应在罐顶泵平台处设置固定水喷雾系统,供水强度不小于20.4L/min·m²。

3 固定消防水系统的消防水量应以最大可能出现单一事故设计水量,并考虑200m³/h余量后确定。移动式消防冷却水系统应能满足消防冷却水总用量的要求。

4 罐区以外的其他设施的消防水和消火栓设置见本规范消防部分。

**10.4.6** 液化天然气站场应配有移动式高倍数泡沫灭火系统。液化天然气储罐总容量大于或等于3000m³的站场,集液池应配固定式全淹没高倍数泡沫灭火系统,并应与低温探测报警装置联锁。系统的设计应符合现行国家标准《高倍数、中倍数泡沫灭火系统设计规范》GB 50196的有关规定。

**10.4.7** 扑救液化天然气储罐区和工艺装置内可燃气

体、可燃液体的泄漏火灾，宜采用干粉灭火。需要重点保护的液化天然气储罐通向大气的安全阀出口管应设置固定干粉灭火系统。

**10.4.8** 液化天然气设施应配有紧急停机系统。通过该系统可切断液化天然气、可燃液体、可燃冷却剂或可燃气体源，能停止导致事故扩大的运行设备。该系统应能手动或自动操作，当设自动操作系统时应同时具有手动操作功能。

**10.4.9** 站内必须有书面的应急程序，明确在不同事故情况下操作人员应采取的措施和如何应对，而且必须备有一定数量的防护服和至少2个手持可燃气体探测器。

## 附录 A　石油天然气火灾危险性分类举例

**表 A　石油天然气火灾危险性分类举例**

| 火灾危险性类别 | | 石油天然气举例 |
|---|---|---|
| 甲 | A | 液化石油气、天然气凝液、未稳定凝析油、液化天然气 |
| | B | 原油、稳定轻烃、汽油、天然气、稳定凝析油、甲醇、硫化氢 |
| 乙 | A | 原油、氨气、煤油 |
| | B | 原油、轻柴油、硫磺 |
| 丙 | A | 原油、重柴油、乙醇胺、乙二醇 |
| | B | 原油、二甘醇、三甘醇 |

注：石油产品的火灾危险性分类应以产品标准中确定的闪点指标为依据。经过技术经济论证，有些炼厂生产的轻柴油闪点若大于或等于60℃，这种轻柴油在储运过程中的火灾危险性可视为丙类。闪点小于60℃并且大于或等于55℃的轻柴油，如果储运设施的操作温度不超过40℃，其火灾危险性可视为丙类。

## 附录 B　防火间距起算点的规定

**1**　公路从路边算起。

**2**　铁路从中心算起。

**3**　建（构）筑物从外墙壁算起。

**4**　油罐及各种容器从外壁算起。

**5**　管道从管壁外缘算起。

**6**　各种机泵、变压器等设备从外缘算起。

**7**　火车、汽车装卸油鹤管从中心线算起。

**8**　火炬、放空管从中心算起。

**9**　架空电力线、架空通信线从杆、塔的中心线算起。

**10**　加热炉、水套炉、锅炉从烧火口或烟囱算起。

**11**　油气井从井口中心算起。

**12**　居住区、村镇、公共福利设施和散居房屋从邻近建筑物的外壁算起。

**13**　相邻厂矿企业从围墙算起。

## 本规范用词说明

**1**　为便于在执行本规范条文时区别对待，对要求严格程度不同的用词说明如下：

1）表示很严格，非这样做不可的用词：
正面词采用"必须"，反面词采用"严禁"。

2）表示严格，在正常情况下均应这样做的用词：
正面词采用"应"，反面词采用"不应"或"不得"。

3）表示允许稍有选择，在条件许可时首先应这样做的用词：
正面词采用"宜"，反面词采用"不宜"；
表示有选择，在一定条件下可以这样做的用词，采用"可"。

**2**　本规范中指明应按其他有关标准、规范执行的写法为"应符合……的规定"或"应按……执行"。

中华人民共和国国家标准

# 石油天然气工程设计防火规范

**GB 50183—2004**

## 条 文 说 明

# 目　次

# 1 总 则

**1.0.1** 油气田生产和管道输送的原油、天然气、石油产品、液化石油气、天然气凝液、稳定轻烃等，都是易燃易爆产品，生产、储运过程中处理不当，就会造成灾害。因此，在工程设计时，首先要分析各种不安全的因素，对其采取经济、可靠的预防和灭火技术措施，以防止火灾的发生和蔓延扩大，减少火灾发生时造成的损失。

**1.0.2** 本条中"陆上油气田工程、管道站场工程"包括两大类工程，其一是陆上油气田为满足原油及天然气生产而建设的油气收集、净化处理、计量、储运设施及相关辅助设施；其二是原油、石油产品、天然气、液化石油气等输送管道中的各种站场及相关辅助设施，包括与天然气管道配套的液化天然气设施和地下储气库的地面设施等。油气输送管道线路部分的防火设计应执行国家标准《输油管道工程设计规范》GB 50253 和《输气管道工程设计规范》GB 50251。

本条中"海洋油气田陆上终端工程"系指来自海洋（包括滩海）生产平台的油气管道登陆后设置的站场。原标准《原油和天然气工程设计防火规范》GB 50183—93 第 1.0.2 条说明中，明确指出海洋石油工程的陆上部分可以参考使用。多年来，我国的海洋石油工程陆上终端一直按照 GB 50183—93 进行防火设计，实践证明是切实可行的，故本规范这次修订时将其纳入适用范围。本规范不适用于海洋（包括滩海）石油工程，但在滩海潮间带地区采用陆上开发方式的石油工程可按照本规范执行。

本规范适用于油气田和管道建设的新建工程，对于已建工程仅适用于扩建和改建的那一部分的设计。若由于扩建和改建使原有设施增加不安全因素，则应做相应改动。例如，扩建储罐后，原有消防设施已不能满足扩建后的要求或能力不够时，则相应消防设计需要做必要的改建，增加消防能力。考虑到地下站场，地下和半地下非金属储罐和隐蔽储罐等地下建筑物，一方面目前油田已不再建设，原有的已逐渐被淘汰，另一方面实践证明地下储罐防感应雷技术尚不成熟，而且一旦着火很难扑救，故本规范不适用于地下站场工程，也不适用地下、半地下和隐蔽非金属储油罐，但石油天然气站场可设置工艺需要的小型地下金属油罐。

**1.0.3** 我国于 1998 年 4 月 29 日颁布了《消防法》，又于 2002 年 6 月 29 日颁布了《安全生产法》。这两部法律的颁布实施，对于依法加强安全生产监督管理，防止和减少生产安全事故，保障人民群众生命和财产安全，促进经济发展有重要意义。石油天然气工程的防火设计，必须遵循这两部法律确定的方针政策。

我国石油天然气工程的防火设计又具有自己的特点。油气站场由于主要为油气田开发服务，必须设置在油气田上或附近，站址可选择性较小。站场的类型繁多，规模和复杂程度相差悬殊，且布局分散。站场周围的自然环境和人文环境复杂多变，许多油气站场地处沙漠、戈壁和荒原，自然条件恶劣，交通不便，人烟稀少，缺乏水源。所以石油天然气站场的防火设计必须结合实际，针对不同地区和不同种类的站场，根据具体情况合理确定防火标准，选择适用的防火技术，做到保证生产安全，经济实用。

**1.0.4** 本规范编制过程中，先后调查了多个油气田和管道站场的现状，总结了工程设计和生产管理方面的经验教训；对主要技术问题开展了试验研究；调查吸收了美国、英国、原苏联、加拿大等国家油气站场设计规范中先进的技术和成果；与国内有关建筑、石油库、石油化工、燃气等设计规范进行了协调。由于本规范是在以上基础上编制成的，体现了油气田、管道工程的防火设计实践和生产特点，符合油气田和管道工程的具体情况，故本规范已做了规定的，应按本规范执行。但防火安全问题涉及面广，包括的专业较多，随着油气田、管道工程设计和生产技术的发展，也会带来一些新问题，因此，对于其他本规范未做规定的部分和问题，如油气田内民用建筑、机械厂、汽修厂等辅助生产企业和生活福利设施的工程防火设计，仍应执行国家现行的有关标准、规范。

现行国家标准《爆炸和火灾危险环境电力装置设计规范》GB 50058—92 第 2.3.2 条规定了确定爆炸危险区域等级和范围的原则，但同时指出油气田及其管道工程、石油库的爆炸危险区域范围的确定除外。原中国石油天然气总公司于 1995 年颁布了石油天然气行业标准《石油设施电气装置场所分类》SY 0025—95（第二版，代替 SYJ 25—87）。考虑到上述情况，本规范第 9 章（电气）不再编写关于场所分类及电气防爆的内容。

石油天然气站场含油污水排放系统的防火设计，除执行 6.1.11 条外，可参照国家标准《石油化工企业设计防火规范》GB 50160 和《石油库设计规范》GB 50074 的相关要求。

# 2 术 语

本章所列术语，仅适用于本规范。

# 3 基 本 规 定

## 3.1 石油天然气火灾危险性分类

**3.1.1** 目前，国际上对易燃物资的火灾危险性尚无统一的分类方法。国家标准《建筑设计防火规范》GBJ 16—87 中的火灾危险性分类，主要是按当时我国石油产品的性能指标和产量构成确定的。我国其他工程建设标准中的火灾危险性分类与《建筑设计防火规范》GBJ 16—87 基本一致，只是视需要适当细化。本标准的火灾危险性分类是在现行国家标准《建筑设计防火规范》易燃物质火灾危险性分类的基础上，根据我国石油天然气的特性以及生产和储运的特点确定的。

**1** 甲<sub>A</sub> 类液体的分类标准。

在原规范《原油和天然气工程设计防火规范》GB 50183—93 中没有将甲类液体再细分为甲<sub>A</sub> 和甲<sub>B</sub>，但在储存物品的火灾危险性分类举例中将 37.8℃时蒸气压＞200kPa 的液体单列，并举例液化石油气和天然气凝液属于这种液体。在该规范条文说明中阐述了液化石油气和天然气凝液的火灾特点，并列举了以蒸气压（38℃）200kPa 划分的理由。本规范将甲类液体细分为甲<sub>A</sub> 和甲<sub>B</sub>，并仍然延用 37.8℃蒸气压＞200kPa 作为甲<sub>A</sub> 类液体的分类标准，主要理由是：

1) 国家标准《稳定轻烃》（又称天然气油）GB 9053—1998 规定，1 号稳定轻烃的饱和蒸气压为 74~200kPa，对 2 号稳定轻烃为＜74kPa（夏）或＜88kPa（冬）。饱和蒸气压按国家标准《石油产品蒸气压测定（雷德法）》确定，测试温度 37.8℃。

2) 国家标准《油气田液化石油气》GB 9052.1—1998 规定，商业丁烷 37.8℃时饱和蒸气压（表压）为不大于 485kPa。蒸气压按国家标准《液化石油蒸气压测定法（LPG 法）》GB/T 6602—89 确定。

3) 在 40℃时 $C_5$ 和 $C_4$ 组分的蒸气压：正戊烷为 115.66kPa，异戊烷为 151.3kPa，正丁烷为 377kPa，异丁烷为 528kPa。按本规范的分类标准，液化石油气、天然气凝液、凝析油（稳定前）属于甲<sub>A</sub> 类，稳定轻烃（天然气油）、稳定凝析油属于甲<sub>B</sub> 类。

4) 美国防火协会标准《易燃与可燃液体规程》NFPA 30 和美国石油学会标准《石油设施电气装置物所分类推荐作法》API RP 500 将液体分为易燃液体、可燃液体和高挥发性液体。高挥发性液体指 37.8℃温度下，蒸气压大于 276kPa（绝压）的液体，如丁烷、丙烷、天然气凝液。易燃液体指闪点＜37.8℃，并且雷德蒸气压≤276kPa 的液体，如汽油、稳定轻烃（天然汽油），稳定凝析油。

**2** 原油火灾危险性分类。

GB 50183—93 将原油划为甲、乙类。1993 年以后，随着国内稠油油田的不断开发，辽河油田年产稠油 800 多万吨，胜利油田年产稠油 200 多万吨，新疆克拉玛依油田稠油产量也达到 200 多万吨，同时认识到稠油火灾危险性与正常的原油有着明显的区别。具体表现为闪点高、燃点高、初馏点高、沥青胶质含量高。

从稠油的成因可以清楚地知道，稠油（重油）是烃类物质从微生物发展成原油过程中的未成熟期的产物，其轻组分远比常规原油少得多。因此，引起火灾事故的程度同正常原油相比相对小，燃烧速度慢。中油辽河工程有限公司、新疆时代石油工程有限公司、胜利油田设计院针对稠油的这些特点做了大量的现场取样化验分析工作。辽河油田的超稠油取样（以井口样为主）分析结果，闭口闪点大于 120℃的占 97%，初馏点大于 180℃的大于 97%；胜利油田的稠油闭口闪点大于 120℃的占 42%，初馏点大于 180℃的占 33%；新疆油田的稠油初馏点大于 180℃的有 1 个样品即 180℃，占 17%。以上这类油品的闭口闪点处在火灾危险性丙类范围内，其中大多数超稠油的闭口闪点在火灾危险性分类中处于丙<sub>B</sub> 类范围内。

因此，通过试验研究和技术研讨确定，当稠油或超稠油的闪点大于 120℃、初馏点大于 180℃时，可以按丙类油品进行设计。对于其他范围内的油品，要针对不同的操作条件，如掺稀油情况、气体含量情况以及操作温度条件加以区别对待。同时，对于按丙类油品建成的设施，其随后的操作条件要进行严格限制。

美国防火协会标准《易燃与可燃液体规范》NFPA 30，把原油定义为闪点低于 65.6℃且没有经过炼厂处理的烃类混合物。美国石油学会标准《石油设施电气装置场所分类推荐作法》API RP 500，在谈到原油火灾危险性时指出，由于原油是多种烃的混合物，其组分变化范围广，因而不能对原油做具体分类。由上述资料可以看出，稠油的火灾危险性分类问题比较复杂。我国近几年开展稠油火灾危险性研究，做了大量的测试和技术研讨，为稠油火灾危险性分类提供了技术依据，但由于研究时间还较短，有些问题，例如，稠油掺稀油后的火灾危险性，还需加深认识和积累实践经验。所以对于稠油的火灾危险性分类，除闭口闪点作为主要指标外，增加初馏点作为辅助指标，具体指标是参照柴油的初馏点确定的。按本规范的火灾危险性分类法，部分稠油的火灾危险性可划为丙类。

**3** 操作温度对火灾危险性分类的影响。

在原油脱水、原油稳定和原油储运过程中，有可能出现操作温度高于原油闪点的情况。本规范修订时考虑了操作温度对火灾危险性分类的影响。这方面的要求主要依据下列资料：

1) 美国防火协会标准《易燃与可燃液体规程》NFPA 30 总则中指出，液体挥发性随着加热而增强，当Ⅱ级（闪点≥37.8℃至＜60℃）或Ⅲ级（闪点≥60℃）液体受自然或人工加热，储存、使用或加工的操作温度达到或超过其闪点时，必须有补充要求。这些要求包括对于诸如通风、离开火源的距离、筑堤和电气场所等级的考虑。

2) 美国石油学会标准《石油设施电气装置场所分类推荐作法》API RP 500，考虑操作温度对液体火灾危险性的影响，并将温度高于其闪点的易燃液体或Ⅱ类液体单独划分为挥发性易燃液体。

3）英国石油学会《石油工业典型操作安全规范》亦考虑操作温度对液体火灾危险性的影响，Ⅱ级液体（闪点21~55℃）和Ⅲ级液体（闪点大于55~100℃）按照处理温度可以再细分为Ⅱ（1）、Ⅱ（2）、Ⅲ（1）、Ⅲ（2）级。Ⅱ（1）级或Ⅲ（1）级液体指处理温度低于其闪点的液体。Ⅱ（2）级或Ⅲ（2）级液体指处理温度等于或高于其闪点的液体。

4）国家标准《石油化工企业设计防火规范》GB 50160—92（1999年版）明确规定，操作温度超过其闪点的乙类液体，应视为甲$_B$类液体，操作温度超过其闪点的丙类液体，应视为乙$_A$类液体。

**4** 轻柴油火灾危险性分类。

附录A提供了石油天然气火灾危险性分类示例，并针对轻柴油火灾危险性分类加了一段注，下面说明有关情况：从2002年1月1日起，我国实施了新的轻柴油产品质量国家标准，即《轻柴油》GB 252—2000。该标准规定10号、5号、0号、—10号、—20号等五种牌号轻柴油的闪点指标为大于或等于55℃，比旧标准GB 252—1994的闪点指标降低5~10℃，火灾危险性由丙$_A$类上升到乙$_B$类。在用轻柴油储运设施若完全按乙$_B$类进行防火技术改造，不仅耗资巨大，而且有些要求（例如，增加油罐间距）很难满足。根据近几年我国石油、石化和公安消防部门合作开展的研究，闪点小于60℃并且大于或等于55℃的轻柴油，如果储运设施的操作温度不超过40℃，正常条件下挥发的烃蒸气浓度在爆炸下限的50%以下，火灾危险性较小，火灾危害性（例如，热辐射强度）亦较低，所以其火灾危险性分类可视为丙类。

## 3.2 石油天然气站场等级划分

**3.2.1** 本条规定了确定石油天然气站场等级的原则，仍采用原规范第3.0.3条第1款的内容。有些石油天然气站场，如油气输送管道的各种站场和气田天然气处理的各种站场，一般仅储存或输送油品或天然气、液化石油气一种物质。还有一些站场，如油气集中处理站可能同时生产和储存原油、天然气、天然气凝液、液化石油气、稳定轻烃等多种物质。但是这些生产和储存设施一般是处在不同的区段，相互保持较大的距离，可以避免火灾情况下不同种类的装置、不同罐区之间的相互干扰。从原规范多年执行情况看，生产和储存不同物质的设施分别计算规模和储罐总容量，并按其中等级较高者确定站场等级是切实可行的。

**3.2.2** 石油天然气站场的分级，根据原油、天然气生产规模和储存油品、液化石油气、天然气凝液的储罐容量大小而定。因为储罐容量大小不同，发生火灾

后，爆炸威力、热辐射强度、波及的范围、动用的消防力量、造成的经济损失大小差别很大。因此，油气站场的分级，从宏观上说，根据油品储油、液化石油气和天然气凝液储罐总容量来确定等级是合适的。

**1** 油品站场依其储罐总容量仍分为五级，但各级站场的储罐总容量作了较大调整，这是参照现行的国家有关规范，并根据对油田和输油管道现状的调查确定的。目前，油田和管道工程的站场中已建造许多100000m³油罐，有些站、库的总库容达到几十万立方米，所以将一级站场由原来的大于50000m³增加到大于或等于100000m³。我国一些丛式井场和输油管道中间站上的防水击缓冲罐容积已达到500m³，所以将五级站场储罐总容量由不大于200m³增加到不大于500m³。二、三、四级站场的总容量也相应调整。

成品油管道的站场一般不进行油品灌桶作业，所以油品储存总容量中未考虑桶装油品的存放量。在大中型站场中，储油罐、不稳定原油作业罐和原油事故罐是确定站场等级的重要因素，所以应计为油品储罐总容量，而零位罐、污油罐、自用油罐的容量较小，其存在不应改变大中型油品站场的等级，故不计入储存总容量。高架罐的设置有两种情况，第一种是大中型站场自流装车采用的高架罐，这种高架罐是作业罐，且容量较小，不计为站场的储存总容量；第二种是拉油井场上的高架罐，其作用是为保证油井连续生产和自流装车，这种高架罐是决定井场划为五级或四级的重要依据，其容量应计为站场油品储罐容量。同样道理，输油管道中间站上的混油罐和防水击缓冲罐也是决定站场划为五级或四级的重要依据，其容量应计为站场油品储罐容量。另外，油气站场上为了接收集气或输气管道清管时排出的少量天然气凝液、水和防冻剂混合物设置的小型卧式容器，如果总容量不大于30m³，可视为甲$_B$类工艺容器。

**2** 天然气凝液和液化石油气储罐总容量级别的划分，参照现行国家标准《建筑设计防火规范》GBJ 16中有关规定，并通过对6个油田18座气体处理站、轻烃储存站的统计资料分析确定的。6个油田液化石油气和天然气凝液储罐统计结果如下：

储罐总容量在5000m³以上，3座，占16.7%；使用单罐容量有150、200、700、1000m³。

2501~5000m³，5座，占27.8%；使用单罐容量有200、400、1000m³。

201~2500m³，1座，占5.6%；使用单罐容量有50、200m³。

200m³以下，1座，占5.6%；使用单罐容量有30m³。

以上数字说明，按五个档次确定罐容量和站场等级，可满足要求。所以本次修订仍采用原规范液化石油气和天然气凝液站场的分级标准。

**3.2.3** 天然气站场的生产过程都是带压生产，天然

气站场火灾危险性大小除天然气站场的生产规模外，还同天然气站场生产工艺过程的繁简程度有很大关系。相同规模和压力的天然气站场，生产工艺过程的繁简程度不同时，天然气站场的工艺装置数量、储存的可燃物质、占地面积、火灾危险性等差别很大。生产规模为 $50×10^4 m^3/d$ 含有脱硫、脱水、硫磺回收等净化装置的天然气净化厂和生产规模为 $400×10^4 m^3/d$ 的脱硫站、脱水站的工艺装置数量、储存的可燃物质、占地面积都基本相当。因此，天然气站场的等级应以天然气净化厂的规模为基础，并考虑天然气脱硫、脱水站生产工艺的繁简程度。

天然气处理厂主要是对天然气进行脱水、轻油回收、脱二氧化碳、脱硫，生产工艺比较复杂。天然气处理厂的级别划分应与天然气净化厂一致。

# 4 区 域 布 置

**4.0.1** 区域布置系指石油天然气站场与所处地段其他企业、建（构）筑物、居民区、线路等之间的相互关系。处理好这方面的关系，是确保石油天然气站场安全的一个重要因素。因为石油天然气散发的易燃、易爆物质，对周围环境存在着发生火灾的威胁，而其周围环境的其他企业、居民区等火源种类杂而多，对其带来不安全的因素。因此，在确定区域布置时，应根据其周围相邻的外部关系，合理进行石油天然气站场选址，满足安全距离的要求，防止和减少火灾的发生和相互影响。

合理利用地形、风向等自然条件，是消除和减少火灾危险的重要一环。当一旦发生火灾事故时，可免于大幅度地蔓延以及便于消防人员作业。

**4.0.2** 石油天然气站场在生产运行和维修过程中，常有油气散发随风向下风向扩散，居民区及城镇常有明火存在，遇到明火可引燃油气逆向回火，引起火灾或爆炸。因此，石油天然气站场宜布置在居民区及城镇的最小频率风向上风侧。其他产生明火的地方也应按此原则布置。

关于风向的提法，建国后一直沿用前苏联"主导风向"的原则，进行工业企业布置。即把某地常年最大风向频率的风向定为"主导风向，然后在其上风安排居民区和忌烟污的建筑物，下风安排工业区和有火灾、爆炸危险的建（构）筑物。实践证明，按"主导风向"的概念进行区域布置不符合我国的实际，在某些情况下它不但未消除火灾影响，还加大了火灾危险。

我国位于低中纬度的欧亚大陆东岸，特别是行星系的西风带被西部高原和山地阻隔，因而季风环流十分典型，成为我国东南大半壁的主要风系。我国气象工作者认为东亚季风主要由海陆热力差异形成，行星风带的季节位移也对其有影响，加之我国幅员广大，

地形复杂，在不同地理位置气象不同、地形不同，因而各地季风现象亦各有地区特征，各地区表现的风向玫瑰图亦不相同。一般同时存在偏南和偏北两个盛行风向，往往两风向风频相近，方向相反。一个在暖季起控制作用，一个在冷季起控制作用，但均不可能在全年各季起主导作用。在此场合，冬季盛行风的上风侧正是夏季盛行风的下风侧，反之亦然。如果笼统用主导风向原则规划布局，不可避免地产生严重污染和火灾危险。鉴于此，在规划设计中以盛行风向或最小风频的概念代替主导风向，更切合我国实际。

盛行风向是指当地风向频率最多的风向，如出现两个或两个以上方向不同，但风频均较大的风向，都可视为盛行风向（前苏联和西方国家采用的主导风向，是只有单一优势风向的盛行风向，是盛行风向的特例）。在此情况下，需找出两个盛行风向（对应风向）的轴线。在总体布局中，应将厂区和居民区分别设在轴线两侧，这样，工业区对居民区的污染和干扰才能较小。

最小风频是指盛行风向对应轴的两侧，风向频率最小的方向。因而，可将散发有害气体以及有火灾、爆炸危险的建筑物布置在最小风频的上风侧，这样对其他建筑的不利影响可减少到最小程度。

对于四面环山、封闭的盆地等窝风地带，全年静风频率超过 30% 的地区，在总体规划设计中，可将工业用地尽量集中布置，以减少污染范围；适当加大厂区和居民区的距离，并用净化地带隔开，同时要考虑到除静风外的相对盛行风向或相对最小风频。

另外，对于其他更复杂的情况，在总体规划设计中，则需对当地风玫瑰图做具体的分析。

根据上述理论，在考虑风向时本规范摒弃了"主导风向"的提法，采用最小频率风向原则决定石油天然气站场与居民点、城镇的位置关系。

**4.0.3** 江河内通航的船只大小不一，尤其是民用船、水上人家，经常在船上使用明火，生产区泄漏的可燃液体一旦流入水域，很可能与上述明火接触而发生火灾爆炸事故，从而对下游的重要设施或建筑物、构筑物带来威胁。因此，当生产区靠近江河岸时，宜布置在重要建、构筑物的下游。

**4.0.4** 为了减少石油天然气站场与周围居住区、相邻厂矿企业、交通线等在火灾事故中的相互影响，规定了其安全防火距离。表 4.0.4 中的防火距离与原规范（1993 年版）的相关规定基本相同。对表 4.0.4 说明如下：

1 本次修订，油品、天然站场等级仍划分为五个档次，虽然各级油品、天然气站场的库容和生产规模作了调整，但考虑到工艺技术进步和消防标准的提高，所以表 4.0.4 基本保留了原规范（1993 年版）原油厂、站、库的防火距离。经与美国、英国和原苏联相关标准对比，表 4.0.4 规定的防火距离在世界上

属中等水平。

2 石油天然气站场内火灾危险性最大的是油品、天然气凝液储罐，油气处理设备、容器、装卸设施、厂房的火灾危险性相对较小，因此，其区域布置防火间距可以减少 25%。

3 火炬的防火间距一般根据人或设备允许的最大辐射热强度计算确定，但火炬排放的可燃气体中如果携带可燃液体时，可能因不完全燃烧而产生火雨。据调查，火炬火雨洒落范围为 60m 至 90m，而经辐射热计算确定的防火间距有可能比此范围小。为了确保安全，对此类火炬的防火间距同时还作了特别规定。

据调查，火炬高度 30～40m，风力 1～2 级时，在火炬下风方向"火雨"波及范围为 100m，上风方向为 30m，宽度为 30m。

据炼油厂调查资料：火炬高度 30～40m，"火雨"影响半径一般为 50m。

据化工厂调查资料：当火炬高度在 45m 左右时，在下风侧，"火雨"的涉及范围为火炬高的 1.5～3.5 倍。

"火雨"的影响范围与火炬气体的排放量、气液分离状况、火炬竖管高度、气压和风速有关。根据调查资料和石油天然气站场火炬排放系统的实际情况，表 4.0.4 中规定可能携带可燃液体的火炬与居住区、相邻厂矿企业、35kV 及以上独立变电所的防火间距为 120m，与其他建筑的间距相应缩小。

4 油品、天然气站场与 100 人以上的居住区、村镇、公共福利设施、相邻厂矿企业的防火距离仍按照原规范（1993 年版）的要求。石油天然气站场选址时经常遇到散居房屋，根据许多单位的建议，修订时补充了站场与 100 人以下散居房屋的防火距离，对一、二、三级站场比居住区减少 25%，四级站场减少 5m，五级站场仍保持 30m。调查中发现不少站场在初建时与周围建筑物的防火间距符合要求，但由于后来相邻企业或居民区向外逐步扩展，致使防火间距不符合要求。为了保障石油天然气站场长期生产的安全，选址时必须与相邻企业或当地政府签订协议，不得在防火间距范围内设置建（构）筑物。

5 根据我国公路的发展，本规范修订时补充了石油天然气站场与高速公路的防火间距，比一般公路增加 10m（或 5m）距离。

6 变电所系重要动力设施，一旦发生火灾影响面大，油气在生产过程中，特别是在发生事故时，大量散发油气，若这些油气扩散到变电所是很危险的。参照有关规范的规定，确定一级油品站场至 35kV 及以上的独立变电所最小防火间距为 60m；二级油品站场至独立变电所为 50m。其他三、四、五级站场相应缩小。独立变电所是指 110kV 及以上的区域变电所或不与站场合建的 35kV 变电所。

7 与通信线的距离主要根据通信线的重要性来确定。考虑到石油天然气站场发生火灾事故时，不致影响通信业务的正常进行。参照国内现行的有关规范，确定一、二、三级油品站场、天然气站场与国家一、二级通信线路防火间距为 40m，与其他通信线为 1.5 倍杆高。

8 根据架空送电线路设计技术标准的有关规定，送电线路与甲类火灾危险性的生产厂房、甲类物品库房、易燃、易爆材料堆场以及可燃或易燃、易爆液（气）体储罐的防火间距，不应小于杆塔高度的 1.5 倍。要求 1.5 倍杆高的距离，主要考虑到倒杆、断线时电线偏移的距离及其危害的范围而定。有关资料介绍，据 15 次倒杆、断线事故统计，起因主要刮大风时倒杆、断线，倒杆后电线偏移距离在 1m 以内的 6 起，2～3m 的 4 起，半杆高的 2 起，一杆高的 2 起，一倍半杆高的 1 起。为保证安全生产，确定油气集输处理站（油气井）与电力架空线防火间距为杆塔高度的 1.5 倍。参照《城镇燃气设计规范》GB 50028，确定一、二、三级液化石油气、天然气凝液站场距 35kV 及以上架空电力线路不小于 40m。

另外，杆上变压器亦按架空电力线对待。

9 石油天然气站场与爆炸作业场所的安全距离，主要考虑到爆炸石块飞行的距离。

10 本规范这次修订对液化石油气和天然气凝液站场的等级和区域布置防火间距未作调整，仅补充了站场与 100 人以下散居房屋、高速公路、爆炸业场所（例如采石场）的安全防火距离，并将工艺设备、厂房与储罐区别对待。

4.0.5 石油天然气站场与相邻厂矿企业的石油天然气站场生产、储存、输送的可燃物质性质相同或相近，而且各自均有独立的消防系统。因此，当石油天然气站场与相邻厂矿企业的石油天然气站场毗邻布置时，其防火间距按本规范表 5.2.1、表 5.2.3 执行。

4.0.7 自喷油井、气井至各级石油天然气站场的防火间距，根据生产操作、道路通行及一旦火灾事故发生时的消防操作等因素，本规范确定其对一、二、三、四级站场内储罐、容器的防火距离均为 40m，并要求设计时，将油井置于站场的围墙以外，避免互相干扰和产生火灾危险。

油气井防火间距的调查：

（1）油气井在一般事故状况下，泄漏出的气体，沿地面扩散到 40m 以外浓度低于爆炸下限。

（2）消防队在进行救火时，由于辐射热的影响，一般距井口 40m 以内消防人员无法进入。

（3）油气井在修井过程中容易发生井喷，一旦着火，火势不易控制。如某油井，在修井时发生井喷，油柱高度达 30m，喷油半径 35m，消防人员站在上风向灭火，由于辐射热的影响，40m 以内无法进入。某油田职工医院附近一口油井，因距医院楼房防火距离不够，修井发生井喷，原油喷射到医院楼房上。

根据上述情况，考虑到居民区、村镇、公共福利设施人员集中，经常有明火，火灾危险性大，其防火间距定为45m；相邻企业的火灾危险性小于居民区，防火间距定为40m。压力超过25MPa的气井，由于一旦失火危害很大，所以与100人以上居住区、村镇、公共福利设施及相邻厂矿企业的防火间距增加50%。

机械采油井压力较低，火灾危险性比自喷井小，故其与周围设施的防火距离相应调小。

无自喷能力且井场没有储罐和工艺容器的油井火灾危险性较小，其区域布置防火间距可按修井作业所需间距确定。

# 5 石油天然气站场总平面布置

## 5.1 一般规定

**5.1.1** 为了安全生产，石油天然气站场内部平面布置应结合地形、风向等条件，对各类设施和工艺装置进行功能分区，防止或减少火灾的发生及相互间的影响。

**5.1.2** 为防止事故情况下，大量泄漏的可燃气体扩散至明火地点或火源不易控制的人员集中场所引起爆燃，故规定可能散发可燃气体的场所和设施，宜布置在人员集中场所及明火或散发火花地点的全年最小频率风向的上风侧。

甲、乙类液体储罐布置在地势较高处，有利于泵的吸入，有条件时还可以自流作业。但从安全角度考虑，若毗邻油罐区的低处布置有工艺装置、明火设施，或是人员集中的场所，将会酿成大的事故，所以宜将油罐布置在站场较低处。

在山区或在丘陵地区建设油气站场，由于地形起伏较大，为了减少土石方工程量，场区一般采用阶梯式竖向布置，为防止可燃液体流到下一个台阶上，本规范这次修订明确规定"阶梯间应有防止泄漏可燃液体漫流的措施"。

为防止泄漏的可燃液体进入排洪沟而引起火灾，规定甲、乙类可燃液体储罐不宜紧靠排洪沟布置，但允许在储罐与排洪沟之间布置其他设施。

**5.1.3** 油气站场内锅炉房、35kV及以上的变（配）电所、加热炉及水套炉是站场的动力中心，又是有明火和散发火花的地点，遇有泄漏的可燃气体会引起爆炸和火灾事故，为减少事故的可能性，宜将其布置在油气生产区的边部。

**5.1.4** 空分装置要求吸入的空气应洁净，若空气中含有可燃气体，一旦被吸入空分装置，则有可能引起设备爆炸等事故，因此应将空分装置布置在不受可燃气体污染的地段，若确有困难，亦可将吸风口用管道延伸到空气较清洁的地段。

**5.1.5** 汽车运输油品、天然气凝液、液化石油气和硫磺的装卸车场及硫磺仓库等布置在场区边缘部位，独立成区，并宜设单独的出入口的原因是：

(1) 车辆来往频繁，行车过程中又可能因摩擦而产生静电或因排烟管可能喷出火花，穿行生产区是不安全的。

(2) 装卸车场及硫磺仓库是外来人员和车辆来往较多的区域，为有利于安全管理，限制外来人员活动的范围，独立成区，设单独的出入口是必要的。

**5.1.6** 为安全生产，石油天然气站场内输送油品、天然气、液化石油气及天然气凝液的管道，宜在地面以上敷设，一旦泄漏，便于及时发现和检修。

**5.1.7** 设置围墙或围栏系从安全防护考虑；规定一、二、三级油气站场内甲、乙类设备、容器及生产建（构）筑物至围墙（栏）的距离，是考虑到围墙以外的明火无法控制，需要有一定的间距，以保证生产的安全。

规定道路与围墙的间距是为满足消防车辆的通道要求；站场的最小通道宽度应能满足移动式消防器材的通过。在小型站场，应考虑在发生事故时，生产人员能迅速离开危险区。

**5.1.8** 站场绿化，可以美化环境，改善小气候，又可减少环境污染。但绿化设计必须结合站场生产的特点，在油气生产区应选择含水分较多的树种，且不宜种植绿篱或灌木丛，以免引起油气积聚和影响消防。

可燃液体罐组内地面及土筑防火堤坡面种植草皮可减少地面的辐射热，有利于减少油气损耗，有利于防火。但生长高度必须小于15cm，且能保持一年四季常绿。

液化烃罐区在液化烃切水时，可能会有少量泄漏，为避免泄漏的气体就地积聚，液化烃罐组内严禁绿化。

## 5.2 站场内部防火间距

**5.2.1** 本条是在总结原规范的基础上，参照国内外有关防火安全规范制定的。制定本条的依据是：

**1** 参考《石油设施电气装置场所分类》SY 0025，将爆炸危险场所范围定为15m，由于甲$_A$类液体，即液化烃，其蒸汽压高于甲$_B$、乙$_A$类，危险性较甲$_B$、乙$_A$类大，所以，其与明火的防火间距定为22.5m。

**2** 据资料介绍，设备在正常运行时，可燃气体扩散，能形成危险场所的范围为8~15m；在正常进油和检修清罐时，油罐油气扩散距离为21~24m。据资料介绍，英国石油学会《销售安全规范》规定，油罐与明火和散发火花的建（构）筑物距离为15m。日本丸善石油公司的油库管理手册，按油罐内油面的状态规定油罐区内动火的最大距离为20m。

**3** 按火灾危险性归类，如维修间、车间办公室、工具间、供注水泵房、深井泵房、排涝泵房、仪表控制间、应急发电设施、阴极保护间、循环水泵房、给水处理、污水处理等使用非防爆电气的厂房和设施，均有产生火花的可能，在表5.2.1将其归为辅助生产厂房及辅助设施；而将中心控制室、消防泵房和消防器材间、35kV及以上的变电所、自备电站、中心化验室、总机房和厂部办公室，空压站和空分装置归为全厂性重要设施。

4　为了减少占地，在将装置、设备、设施分类的基础上，采用了区别对待的原则，火灾危险性相同的尽量减小防火间距，甚至不设间距，如这次修改中，取消了全厂性重要设施和辅助生产厂房及辅助设施的间距；取消了全厂性重要设施、辅助生产厂房及辅助设施和有明火或散发火花地点（含锅炉房）的间距；取消了容量小于或等于30m³的敞口容器和除油池与甲、乙类厂房和密闭工艺装置（设备）的距离。

5　按油品危险性、油罐型式及油罐容量规定不同的防火间距。对于储存甲B、乙类液体的浮顶油罐和储存丙类液体的固定顶油罐的防火间距均在甲B、乙类固定顶油罐间距的基础上减少了25%。考虑到丙类油品的闪点高，着火的危险性小，所以规定两个丙类液体的生产设施（厂房和密闭工艺装置、敞口容器和除油池、火车装车鹤管、汽车装车鹤管、码头装卸油臂及泊位等）之间的防火间距可按甲B、乙类液体的生产设施减少25%。

6　对于采出水处理设施内的除油罐（沉降罐），由于规定了顶部积油厚度不超过0.8m，所以采出水处理设施内的除油罐（沉降罐）均按小于或等于500m³的甲B、乙类固定顶地上油罐的防火间距考虑，且由于采出水处理设施回收的污油均是乳化程度高的老化油，所以在甲B、乙类固定顶地上油罐的防火间距基础上减少了25%。

7　油气站场内部各建（构）筑物防火间距的确定，主要是考虑到发生火灾时，他们之间的相互影响。站场内散发油气的油罐，尤其是天然气凝液和液化石油气储罐，由于危险性较大，所以和其他建（构）筑物的防火间距就比较大。而其他油气生产设施，由于其油气扩散范围小，所以防火间距就比较小。

**5.2.2**　根据石油工业和石油炼厂的事故统计，工艺生产装置或加工过程中的火灾发生几率，远远大于油品储存设施的火灾几率。装置火灾一般影响范围约10m，因工艺生产装置发生的火灾，而波及全装置的不多见，多因及时扑救而消灭于火灾初起时。其所以如此，一是因为装置内有较为完备的消防设备，另外，也因为在明火和散发火花的设备、场所与油气工艺设备之间有较大的、而且是必要的防火间距。

装置内部工艺设备和建（构）筑物的防火间距是参照现行国家标准《石油化工企业设计防火规范》GB 50160的防火间距标准而制定的，《石油化工企业

设计防火规范》考虑到液化烃泄漏后，可燃气体的扩散范围为10～30m，其蒸气压高于甲B、乙类液体，其危险性较甲B、乙类液体大，将甲A类密闭工艺设备、泵或泵房、中间储罐离明火或散发火花的设备或场所的防火间距定为22.5m。所以本次修订石油天然气工程设计防火规范，也将甲A类密闭工艺设备、油泵或油泵房、中间储罐离明火或散发火花的设备或场所的防火间距定为22.5m。

**5.2.3**　由于石油天然气站场分级的变化，五级站储罐总容量由200m³增加到500m³，所以本条的适用范围是油罐总容量小于或等于500m³的采油井场、分井计量站、接转站、沉降分水站、气井井场装置、集气站、输油管道工程中油罐总容量小于或等于500m³的各类站场，输气管道的其他小型站场以及未采取天然气密闭的采出水处理设施。这类站场在油气田、管道工程中数量多、规模小、工艺流程较简单，火灾危险性小；从统计资料看，火灾次数较少，损失也较少。由于这类站场遍布油气田，防火间距扩大，将增加占地。规范中表5.2.3的间距是按原规范《原油和天然气工程设计防火规范》GB 50183—93和储存油品的性质、油罐的大小，参考了装置内部工艺设备和建（构）筑物的防火间距结合石油天然气工程设计特点确定的。

对于生产规模小于50×10⁴m³/d的天然气净化厂和天然气处理厂，考虑到天然气处理厂有设置高挥发性液体泵的可能，参考《石油设施电气装置场所分类》SY 0025，增加了其对加热炉及锅炉房、10kV及以下户外变压器、配电间与油泵及油泵房、阀组间的防火间距为22.5m。本规范还参考原《原油和天然气工程设计防火规范》GB 50183和《石油化工企业设计防火规范》装置内部防火间距的要求，增加了天然气凝液罐对各生产装置（设备）、设施的防火间距要求。参照《石油化工企业设计防火规范》，确定装置只有一座液化烃储罐且其容量小于50m³时，按装置内其他工艺设备确定防火间距；当总容量等于或小于100m³时，按装置储罐对待；当储罐总容量大于100m³且小于或等于200m³时，由于储罐容量增加，危险性加大，防火间距随之加大。

对于增加的硫磺仓库、污水池和其他设施的距离，是参考四川石油管理局的实践经验确定的，但必须说明这里指的污水池，应是盛装不含污油和不含其他可燃烧物的污水池。

**5.2.4**　为了解决边远地区小站的人员值班问题，本次规范修订规定了除液化石油气和天然气凝液站场外的五级石油天然气站场可以在站内设值班休息室（宿舍、厨房、餐厅）。为了减少值班休息室与甲、乙类工艺设备和装置在火灾时的相互影响，采用站场外部区域布置中五级站场甲、乙类储油罐、工艺设备、容器、厂房、火车和汽车装卸设施与100人以下的散居

房屋的防火间距；不能满足按站场外部区域布置的防火间距要求时，可采用将朝向甲、乙类工艺设备、容器（油罐除外）、厂房、火车和汽车装卸设施的墙壁设为耐火等级不低于二级的防火墙，采用不小于 15m 的防火间距，可使值班休息室（宿舍、厨房、餐厅）位于爆炸危险场所范围以外。但应方便人员在紧急情况下安全疏散。

**5.2.5** 油田注水储水罐天然气密闭隔氧是目前注水罐隔氧、防止管道与设备腐蚀的有效措施。按照原规范《原油和天然气工程设计防火规范》GB 50183—93 确定的防火间距已使用了多年，本条保留了原规范的内容。

**5.2.6** 加热炉附属的燃料气分液包、燃料气加热器是加热炉的一部分，所以规定燃料气分液包、燃料气加热器与加热炉防火间距不限；但考虑到部分边远小站的燃料气分液包有可能就地排放凝液，故规定其排放口距加热炉的防火间距应不小于 15m。

### 5.3 站场内部道路

**5.3.1** 从安全出发，站场内铺设管道、装置检修、车辆及人员来往，或因事故切断等阻碍了入口通道，当另设有出入口及通道时，消防车辆、生产用车及工作人员就可以通过另一出入口进出。

**5.3.2** 本条对油气站场内消防道路布置提出了要求。

1 一、二、三级站场内油罐组的容量较大，是火灾危险性最大的场所，其周围设置环形道路，便于消防车辆及人员从不同的方向迅速接近火场，并有利于现场车辆调度。

四级以下站场及山区罐组如因地形或用地面积的限制等，建设环形道路确有困难者，可设计有回车场的尽头式道路。

尽头式道路回车场的面积应根据消防车辆的外形尺寸，以及该种型号车辆的回转轨迹的各项半径要求来确定。15m×15m 的回车场面积，是目前消防车型中最起码的要求。

2 消防车道边到防火堤外基脚线之间的最小间距按 3m 确定是考虑道路肩、排水沟所需要的尺寸之后，尚能有 1m 左右的距离。其间若需敷设管线、消火栓等，可按实际需要适当放大。

3 铁路装卸作业区着火几率虽小，但着火后仍需扑救，故规定应设有消防车道，并与站场内道路构成环形，以利于消防车辆的现场调度与通行。在受地形或用地面积限制的地区，也可设置有回车场的尽头消防车道。

消防车道与装卸栈桥的距离，规定为不大于 80m，是考虑到沿消防道要设消火栓，在一般情况下，消火栓的保护半径可取 120m，但在仅有一条消防车道的情况下，栈台附近敷设水带障碍较多，水带敷设系数较小，着火时很可能将受到火灾威胁的槽车

拉离火场，扑救条件差，适当缩小这一距离是必要的。不小于 15m 的要求是考虑到消防作业的需要。

4 消防车道的净空距离、转弯半径、纵向坡度、平交角度的要求等都与有关国家现行规范规定相符合。

5 当扑救油罐火灾时，利用水龙带对着火罐进行喷水冷却保护，水龙带连接的最大长度一般为 180m，水枪需有 10m 的机动水龙带，水龙带的敷设系数为 0.9，故消火栓至灭火地点不宜超过（180－10）×0.9＝153m。根据消防人员的反映，以不超过 120m 为宜。只有一侧有消防道路时，为了满足消防用水量的要求，需有较多的消火栓，此时规定任何储罐中心至道路的距离不应大于 80m。

**5.3.3** 一级站场内油罐组及生产区发生火灾时，往往动用消防车辆数量较多，为了便于调度、避免交通阻塞，消防车道宜采用双车道，路面宽度不小于 6m。若采用单车道时，郊区型路基宽度不小于 6m，城市型单车道则应设错车设施或改变道路缘石的铺砌方式，满足错车要求。

**5.3.4** 当石油天然气站场采用阶堤式布置并且阶堤高差大于 2.5m 时，为避免车辆从上阶的道路冲出，砸坏安装在下阶的生产设施，规定上阶道路边缘应设护墩、矮墙等设施，加以保护。

## 6 石油天然气站场生产设施

### 6.1 一般规定

**6.1.1** 对于天然气处理站场由可燃气体引起的火灾，扑救或灭火的最重要、最基本的措施是迅速切断气源。在进出站场（或装置）的天然气总管上设置紧急截断阀，是确保事故时能迅速切断气源的重要措施。为确保原料天然气系统的安全和超压泄放，在进站场的天然气总管上的紧急截断阀前，应设置安全阀和泄压放空阀。

截断阀应设在安全、操作方便的地方，以便事故发生时能及时关闭而不受火灾等事故的影响。紧急切断阀可根据工程情况设置远程操作、自动控制系统，以便事故时能迅速关闭。三、四级天然气站场一旦发生事故，影响较大，故规定进出三、四级天然气站场的天然气管道截断阀应有自动切断功能。

**6.1.2、6.1.3** 集中控制室是指站场内的集中控制中心，仪表控制间是指站场内单元装置配套的仪表操作间。两者既有相同之处，也有其规模大小、重要程度不同之别，故分两条提出要求。

集中控制室要求独立设置在爆炸危险区以外，主要原因它是站场中枢，加之仪表设备数量大，又是非防爆仪表，操作人员比较集中，属于重点保护建筑。在爆炸危险区以外可减少不必要的灾害和损失，又有

利于安全生产。

油气生产的站场经常散发油气，尤其油气中所含液化石油气成分危险性更大，它的相对密度大，爆炸危险范围宽，当其泄漏时，蒸气可在很大范围接近地面之处积聚成一层雾状物，为防止或减少这类蒸气侵入仪表间，参照现行国家标准《爆炸和火灾危险场所电力装置设计规范》GB 50058 的要求，故规定了仪表间室内地坪高于室外地坪 0.6m。

为保证集中控制室和仪表间是一个安全可靠的非爆炸危险场所，非防爆仪表设备又能正常运行，本条中又规定了含有甲、乙类液体、可燃气体的仪表引线严禁直接引入集中控制室和不得引入仪表间的内容。但在特殊情况下，小型站场的小型仪表控制间，仅有少量的仪表，且又符合防爆场所的要求时，方可引入。

**6.1.4** 化验室是非防爆场所，室内有非防爆电气设备和明火设备，所以不应将石油天然气的人工采样管引入化验室内，以防止因泄漏而发生火灾爆炸事故。

**6.1.5** 站内石油天然气管道不穿过与其无关的建筑物，对于施工、日常检查、检修各方面都比较方便，减少火灾和爆炸事故的隐患，规定了本条要求。

**6.1.6** 天然气凝液和液化石油气厂房、可燃气体压缩机厂房，例如，液化石油气泵房、灌瓶间、天然气压缩机房等，以及建筑面积大于和等于 150m² 的甲类生产厂房等在生产或维修过程中，泄漏的气体聚集危险性大，通风设备也可能失灵。如某油田压气站曾因检修时漏气，又无检测和报警装置，参观人员抽烟引起爆炸着火事故，故提出在这些生产厂房内设置报警装置的要求。

天然气凝液和液化石油气罐区、天然气凝液和凝析油回收装置的工艺设备区，在储罐和工艺设备出现泄漏时，天然气凝液、未稳定凝析油和液化石油气快速气化，形成相对密度接近或大于 1 的蒸气，延地面扩散和积聚。安装在地面附近的气体浓度检测报警装置可以及时检测气体浓度，按规定程序发出报警。故规定在这些场所应设可燃气体浓度检测报警装置。

其他露天或棚式安装的甲类生产设施，如露天或棚式安装的油泵和天然气压缩机、露天安装的油气阀组和油气处理设备等，可不设气体浓度检测报警装置，这主要是考虑两方面的情况：

一是天然气比空气轻，从压缩机和处理容器中漏出的气体不会积聚在地面，而是快速上升并随风扩散。对于挥发性不高的油品，例如原油，出现一般的油品泄漏时仅挥发出少量油蒸气，也会快速随风扩散。所以在露天场地上安装气体浓度检测装置，并不能及时、准确地测定天然气和油品（高挥发性油品除外）的泄漏。

另一方面，在露天或棚式安装的甲类生产设施场地上，如果大量设置气体浓度检测报警装置，不仅需

要增加投资，而且日常维护、检验工作量很大，会给长期生产管理造成困难。结合我国石油天然气站场目前还需要有人值守的情况，建议给值班人员配备少量的便携式气体浓度检测仪表，加强巡回检查，及时发现安全隐患。

高含硫气田集输和净化装置从工业卫生角度可能需要安装可燃气体报警装置，其配置应按其他有关法规和规范要求确定。

**6.1.7** 目前设备、管道保冷层材料尚无合适的非燃烧材料可选用，故允许用阻燃型泡沫塑料制品，但其氧指数不应低于 30。

**6.1.8** 本条是为保证设备和管道的工艺安全而提出的要求。

**6.1.9** 站场的生产设备宜露天或棚式布置，不仅是为了节省投资，更重要的是为了安全。采用露天或棚式布置，可燃气体便于扩散。

"工艺特点"系指生产过程的需要。

"受自然条件限制"系指属于严寒地区或风沙大、雨雪多的地区。

**6.1.10** 自动截油排水器（自动脱水器）是近年来经生产实践证明比较成熟的新产品，能防止和减少油罐脱水时的油品损失和油气散发，有利于安全防火、节能、环保，减少操作人员的劳动强度。

**6.1.11** 含油污水是要挥发可燃气的。明沟或有盖板而无覆土的沟槽（无覆土时盖板经常被搬走，且易被破坏，密封性也不好），易受外来因素的影响，容易与火源接触，起火的机会多，着火后火势大，蔓延快，火灾的破坏性大，扑救也困难。所以本条规定应排入含油污水管道或工业下水道，连接处应设置有效的水封井，并采取防冻措施。本条的含油污水排出系统指常压自流排放系统。

调研中了解到，一些村民在石油天然气站场围墙外用火，引燃外排污水中挥发的可燃气体，并将火源引到站场内，造成火险。为防止事故时油气外逸或站场外火源蔓延到围墙内，规定在围墙处应增设水封和暗管。

**6.1.12** 储罐进油管要求从储罐下部接入，主要是为了安全和减少损耗。可燃液体从上部进入储罐，如不采取有效措施，会使油品喷溅，这样除增加油品损耗外，同时增加了液流和空气摩擦，产生大量静电，达到一定的电位，便会放电而发生爆炸起火。所以要求进油管从油罐下部接入。当工艺要求需从上部接入时，应将其延伸到储罐下部。

**6.1.14** 为防止可燃气体通过电缆沟串进配电室遇电火花引起爆炸，规定本条要求。

**6.1.15** 使用没有净化处理过的天然气作为锅炉燃料时，往往有凝液析出，容易使燃料气管线堵塞或冻结，使燃料气供给中断，炉火熄灭。有时由于管线暂时堵塞，使管线压力增高，将堵塞物排除，供气又开

始，向炉堂内充气，甚至蔓延到炉外，容易引起火灾，故作了本规定。还应指出，安装了分液包还需加强管理，定期排放凝液才能真正起到作用。以原油、天然气为燃料的加热炉，由于油、气压力不稳，时有断油、断气后，又重新点火，极易引起爆炸着火。在炉膛内设立"常明灯"和光敏电阻，就可防止这类事故发生。气源从调节阀前接管引出是为避免调节阀关闭时断气。

## 6.2 油气处理及增压设施

**6.2.1** 油气集输过程中所用的加热炉、锅炉与其附属设备、燃料油罐应属于同一单元，同类性质的防火间距其内部应有别于外部。站场内不同单元的明火与油罐，由于储油罐容量比加热炉的燃料油罐容量大，作用也不相同，所以应有防火距离。而加热炉、锅炉与其燃料油罐之间防火间距如按明火与原油储罐对待，就要加大距离，使工艺流程不合理。

**6.2.4** 液化石油气泵泄漏的可能性及泄漏后挥发的可燃气体量都大于甲、乙类油品泵，故规定应分别布置在不同房间内。

**6.2.5** 电动往复泵、齿轮泵、螺杆泵等容积式泵出口设置安全阀是保护性措施，因为出口管道可能被堵塞，或出口阀门可能因误操作被关闭。

**6.2.6** 机泵出口管道上由于未装止回阀或止回阀失灵，曾发生过一些火灾、爆炸事故。

## 6.3 天然气处理及增压设施

**6.3.1** 可燃气体压缩机是容易泄漏的设备，采用露天或棚式布置，有利于可燃气体扩散。

单机驱动功率等于或大于150kW的甲类气体压缩机是重要设备，其压缩机房是危险性较大的厂房，为便于重点保护，也为了避免相互影响，减少损失，故推荐单独布置，并规定在其上方不得布置含甲、乙、丙类介质的设备。

**6.3.2** 内燃机和燃气轮机排出烟气的温度可达几百摄氏度，甚至可能排出火星或灼热积炭，成为点火源。如某油田注水站，因柴油机排烟管出口水封破漏不能存水，风吹火星落在泵房屋顶（木板泵房、屋面用油毡纸挂瓦）引起火灾；又如某输油管线加压泵站，采用柴油机直接带输油泵，发生刺漏，油气溅到排烟管上引起着火。由这些事故可以看出本条规定是必要的。

**6.3.3** 燃气和燃油加热炉等明火设备，在正常情况下火焰不外露，烟囱不冒火，火焰不可能被风吹走。但是，如果可燃气体或可燃液体大量泄漏，可燃气体可能扩散至加热炉而引起火灾或爆炸，因此，明火加热炉应布置在散发可燃气体的设备的全年最小频率风向的下风侧。

**6.3.6** 本条是防止燃料气漏入设备引发爆炸的措施。

**6.3.7** 本条是装置停工检修时，保证可燃气体、可燃液体不会串入装置的安全措施。

**6.3.8** 可燃气体压缩机，要特别注意防止吸入管道产生负压，以避免渗进空气形成爆炸性混合气体。多级压缩的可燃气体压缩机各段间应设冷却和气液分离设备，防止气体带液体进入缸内而发生超压爆炸事故。当由高压段的气液分离器减压排液至低压段的分离器内或排油水到低压油水槽时，应有防止串压、超压爆破的安全措施。

**6.3.9** 本条系参照国家标准《石油化工企业设计防火规范》GB 50160—92（1999年版）第4.6.17条规定的。

**6.3.10** 硫磺成型装置的除尘器所分离的硫磺粉尘，是爆炸性粉尘，而电除尘器是火源。

**6.3.11** 本条的闭合防护墙，其作用与可燃液体储罐周围的防火堤相近。目的是当液硫储罐发生火灾或其他原因造成储罐破裂时，防止液体硫磺漫流，以便于火灾扑救和防止烫伤。

**6.3.13** 固体硫磺仓库宜为单层建筑。如采用多层建筑，一旦发生火灾，固体硫磺熔化、流淌会增加火灾扑救的难度。同时，单层建筑的固体硫磺库也符合液体硫磺成型的工艺需要且便于固体硫磺装车外运。目前，国内各天然气净化厂的固体硫磺仓库均为单层建筑。

每座固体硫磺仓库的面积限制和仓库内防火墙的设置要求，是根据现行国家标准《建筑设计防火规范》的有关规定确定的。

## 6.4 油田采出水处理设施

**6.4.1** 经调研发现，沉降罐顶部气相空间烃类气体的浓度与油品性质、进罐污水含油率、顶部积油厚度等多种因素有关，有些沉降罐气体空间烃浓度能达到爆炸极限范围，具有一定的火灾危险性。为了保证生产安全，降低沉降罐的火灾危险性，规定沉降罐顶部积油厚度不得超过0.8m。

**6.4.2、6.4.3** 采用天然气密封工艺的采出水处理站，主要工艺容器顶部经常通入天然气，与普通采出水处理站相比水灾危险性较大，故规定按四级站场确定防火间距。其他采出水处理站，如污油量不超过500m³，沉降罐顶部积油厚度不超过0.8m时，可按五级站场确定防火间距。

**6.4.4** 规定污油罐及污水沉降罐顶部应设呼吸阀、液压安全阀及阻火器的目的是防止罐体因超压或形成真空导致破裂，造成罐内介质外泄。同时防止外部火源引爆引燃罐内介质。每个呼吸阀及液压安全阀均应配置阻火器，它们的性能应分别满足《石油储罐呼吸阀》SY/T 0511、《石油储罐液压安全阀》SY/T 0525.1、《石油储罐阻火器》SY/T 0512的要求。

**6.4.5** 调研中发现，油田采出水处理工艺中的沉降罐是否设防火堤做法不一致，但多数沉降罐没设防火堤。如果沉降罐不设防火堤，为了保证安全应限制沉降罐顶部积油厚度不超过0.8m。

**6.4.7** 油田采出水处理工艺中的污油污水泵房室内地坪如果低于室外地坪，容易集聚可燃气体，故规定配机械通风设施。风机入口应设在底部。

**6.4.8** 本条主要从防止采出水容器液位超高冒顶、超压破坏并防止火灾蔓延等方面做出了具体规定。

## 6.5 油 罐 区

**6.5.1** 油罐建成地上式具有施工速度快、施工方便、土方工程量小，因而可以降低工程造价。另外，与之相配套的管线、泵站等也可建成地上式，从而也降低了配套工程建设费，维修管理也方便。但由于地上油罐目标暴露，防护能力差，受温度影响大，油气呼吸损耗大，在军事油库和战略储备油罐等有特殊要求时，可采用覆土式或人工洞式。根据工艺要求可设置小型地下钢油罐，如零位油罐。

钢油罐与非金属油罐比，具有造价低、施工快、防渗防漏性能好、检修容易、占地面积小、便于电视观测及自动化控制，故油罐要求采用钢油罐。

**6.5.2** 本条是对油品储罐分组布置的要求。

**1** 火灾危险性相同或相近的油品储罐，具有相同或相近的火灾特点和防护要求，布置在同一个罐组内有利于油罐之间相互调配和采取统一的消防设施，可节省输油管道和消防管道，提高土地利用率，也方便了管理。

**2** 液化石油气、天然气凝液储罐是在外界物理条件作用下，由气态变成液态的储存方式，这样的储罐往往是在常温情况下压力增大，储罐处在内压力较大的状态下，储存物质的闪点低、爆炸下限低。一旦出现事故，就是瞬间的爆炸，而且，除了切断气源外还没有有效的扑救手段，事故危害的距离和范围都非常大，产生的次生灾害严重，而无论何种油品储罐，均为常温常压液态储存，事故分跑、冒、滴、漏和裂罐起火燃烧，可以有有效的扑救措施，事故的可控制性也较大。在火灾危险性质不一样，事故性质和波及范围不一样，消防和扑救措施不相同的这两种储罐，是不能同组布置在一起的。

**3** 沸溢性油品消防时，油品容易从油罐中溢出来，导致火油流散，扩大火灾范围，影响非沸溢油品储罐的安全，故不宜布置在同一罐组内。

**4** 地上立式油罐同高位油罐、卧式油罐的罐底标高、管线标高等均不相同，消防要求也不尽相同，放在一个罐组内对操作、管理、设计和施工等都不方便。

**6.5.3** 稳定原油、甲$_B$和乙$_A$类油品采用浮顶油罐储存。主要是这些油品易挥发，采用浮顶油罐储存，可以减少油品蒸发损耗85%以上，从而减少了油气对

空气的污染，也相对减少了空气对油品的氧化，既保证了油品的质量，又提高了防火安全性。尽管其建设投资较大些，但很快即可回收。不稳定原油的作业罐油液进出频繁、数量变化也大，进罐油品的含气量较高，影响浮盘平稳运行，还有许多作业操作的需要，往往都用固定顶油罐作为操作设施。

**6.5.4** 随着石油工业的发展，油罐的单罐容量越来越大，浮顶油罐单罐容量已经达到$10 \times 10^4 m^3$及以上，固定顶油罐也达到了$2 \times 10^4 m^3$，面对日益增大的罐容量和库容量，参照国内外的大容量油库设计规定和经验，为节约土地面积，适当加大油罐组内的总容量，既是必要的，也是可行的。

**6.5.5** 一个油罐组内，油罐座数越多发生火灾的机会就越多，单罐容量越大，火灾损失及危害也越大，为了控制一定的火灾范围和灾后的损失，故根据油罐容量大小规定了罐组内油罐最多座数。由于丙$_B$类油品油罐不易发生火灾，而罐容小于$1000 m^3$时，发生火灾容易扑救，因此，对应这两种情况下，油罐组内油罐数量不加限制。

**6.5.6** 油罐在油罐组内的布置不允许超过两排，主要是考虑油罐火灾时便于消防人员进行扑救操作，因四周都为油罐包围，给扑救工作带来较大的困难，同时，火灾范围也容易扩大，次生灾害损失也大。

储存丙$_B$类油品的油罐，除某炼油厂外，其他油库站场均未发生过火灾事故，单罐容量小于$1000 m^3$的油罐火灾易扑灭，影响面也小，故这种情况的油罐可以布置成不越过4排，以节省投资和用地。为了火灾时扑救操作需要和平时维修检修的要求，立式油罐排与排之间的距离不应小于5m，卧式油罐排与排之间的距离不应小于3m。

**6.5.7** 油罐与油罐之间的间距，主要是根据下列因素确定：

**1** 油罐组（区）用地约占油库总面积的3/5～1/2。缩小间距，减少油罐区占地面积，是缩小站场用地面积的一个重要途径。节约用地是基本国策，是制定规范应首要考虑的主题。按照尽可能节约用地的原则，在保证安全和生产操作要求前提下，合理确定油罐之间间距是非常必要的。

**2** 确定油罐间间距的几个技术要素：

1）油罐着火几率：根据调查材料统计，油罐着火几率很低，年平均着火几率为0.448‰，而多数火灾事故是因操作时不遵守安全防火规定或违反操作规程而造成的。绝大多数站场安全生产几十年，没有发生火灾事故。因此，只要遵守各项安全防火制度和操作规程，提高管理水平，油罐火灾事故是可以避免的。不能因为以前曾发生过若干次油罐火灾事故而增大油罐间距。

2）着火油罐能否引起相邻油罐爆炸起火，主要决定于油罐周围的情况，如某炼油厂添加剂车间的

20号罐起火、罐底破裂、油品大量流出，周围又没有设防火堤，油流到处，一片火海。同时，对火灾的扑救又不能短时间奏效，火焰长时间烧烤邻近油罐，而邻罐又多为敞口，故而被引燃。而与着火罐相距仅7m的酒精罐，因处在高程较高处，油流不能到达罐前，该罐就没有引燃起火。再如，上海某厂油罐起火后烧了20min，与其相邻距离2.3m的油罐也没有起火。我们认为，着火罐起火后，就对着火罐和邻近罐进行喷水冷却，油罐上又装有阻火器，相邻油罐是很难引燃的。根据油罐着火实际情况的调查，可以看出真正由于着火罐烘烤而引燃相邻油罐的事故很少。因此，相邻油罐引燃与否是油罐间距考虑的主要问题，但不能因此而无限加大相邻油罐的间距。

3）油罐消防操作要求：油罐间距要满足消防操作的要求。即油罐着火后，必须有一个扑救和冷却的操作场地，其含义有二：一是消防人员用水枪冷却油罐，水枪喷射仰角一般为50°～60°，故需考虑水枪操作人员到被冷却油罐的距离；二是要考虑泡沫产生器破坏时，消防人员要有一个往着火罐上挂泡沫钩管的场地。对于油罐组内常出现的1000～5000m³钢油罐，按0.6D的间距是可以满足上述两项要求的。小于1000m³的钢油罐，当采用移动式消防冷却时，油罐间距增加到0.75D。

4）我国当前有许多站场在布置罐组内油罐时，大都采用0.5～0.7D的间距，经过几十年的时间考验没有出现过问题，足以证明本条规定间距是有事实根据的。

5）浮顶油罐几乎没有气体空间，散发油气很少，发生火灾的可能性很小，即使发生火灾，也只在浮盘的周围小范围内燃烧，比较易于扑灭，也不需要冷却相邻油罐，其间距更可缩小，故定为0.4D。

3 国外标准规范对油罐防火间距的要求：
1）美国防火协会标准《易燃与可燃液体规范》NFPA 30（2000版）的要求见表1。

**表1 最小罐间距**

| 项 目 | | 浮顶罐 | 固定顶储罐 | |
|---|---|---|---|---|
| | | | Ⅰ类或Ⅱ类液体 | ⅢA类液体 |
| 直径≤45m的储罐 | | 相邻罐直径之和的1/6且不小于0.9 | 相邻罐直径总和的1/6且不小于0.9m | 相邻罐直径总和的1/6且不小于0.9m |
| 直径>45m的储罐 | 设置拦蓄区 | 相邻罐直径之和的1/6 | 相邻罐直径之和的1/4 | 相邻罐直径之和的1/6 |
| | 设置防火堤 | 相邻罐直径之和的1/4 | 相邻罐直径之和的1/3 | 相邻罐直径之和的1/6 |

注：以下有两种情况例外：
1 单个容量不超过477m³的原油罐，如位于孤立地区的采油设施中，其间距不需要大于0.9m。
2 仅储存ⅢB级液体的储罐，假如它们不位于储存Ⅰ级或Ⅱ级液体储罐的同一防火堤或排液通道中，其间距不需要大于0.9m。

美国NFPA 30规范按闪点划分液体的火灾危险性等级，Ⅰ级——闪点<37.8℃，Ⅱ级——闪点≥37.8℃到<60℃，ⅢA级——闪点≥60℃至<93℃，ⅢB级——闪点≥93℃。

2）原苏联标准《石油和石油制品仓库设计标准》1970年版规定，浮顶罐或浮船罐罐组总容积不应超过120000m³，浮顶罐间距为0.5D，但不大于20m；浮船罐的间距为0.65D，但不大于30m。固定顶罐罐组总容量在储存易燃液体（闪点≤45℃）时不应超过80000m³，罐间距为0.75D，但不大于30m；在储存可燃液体（闪点>45℃）时不应超过120000m³，罐间距为0.5D，但不大于20m。

原苏联标准《石油和石油产品仓库防火规范》СНИП 2.11.03—93对油罐组总容量、单罐容量和罐间距的规定见表2。

**表2 地上罐组的总容积和同一罐组罐之间的距离**

| 罐类型 | 罐组内单罐公称容积（m³） | 储存石油和石油产品的类型 | 许可的罐组公称容量（m³） | 同一罐组罐之间的最小距离 |
|---|---|---|---|---|
| 浮顶罐 | ≥50000 | 各种油品 | 200000 | 30m |
| | <50000 | 各种油品 | 120000 | 0.5D，但不大于30m |
| 浮船罐 | 50000 | 各种油品 | 200000 | 30m |
| | <50000 | 各种油品 | 120000 | 0.65D，但不大于30m |
| 固定顶罐 | ≤50000 | 闪点大于45℃的石油和石油产品 | 120000 | 0.75D，但不大于30m |
| | ≤50000 | 闪点45℃和以下的石油和石油产品 | 80000 | 0.75D，但不大于30m |

罐组总容量不超过4000m³，单罐容量不大于400m³的一组小罐，罐间距不做规定。

3）英国石油学会（IP）石油安全规范第2部分《分配油库的设计、建造和操作》（1998版）规定：

a 固定顶罐罐组总容量不应超过60000m³，罐间距为0.5D，但不小于10m，不需要超过15m；浮顶油罐罐组总容量不超过120000m³，罐径等于或小于45m时罐间距10m，罐径大于45m时罐间距15m。

b 罐组总容量不超过8000m³，罐直径不大于10m和高度不大于14m的一组小罐，罐间距只需按建造和操作方便确定。

**6.5.8** 地上油罐组内油罐一旦发生破裂、爆炸事故，油品会流出油罐以外，如果没有防火堤油品到处流淌，必须筑堤以限制油品的流淌范围。但位于山丘地区的油罐组，当有地形条件的地方，可设导油沟加存油池的设施来代替防火堤的作用。卧式油罐组，因单罐容量小，只设围堰，保证安全即可。

**6.5.9** 本条是对油罐组防火堤设置的要求。

**1** 防火堤的闭合密封要求，是对防火堤的功能提出的最基本要求，必须满足，否则就失去了防火堤的作用。防火堤的建造除了密封以外，还应是坚固和稳定的，能经得住油品静压力和地震作用力的破坏，应经过受力计算，提出构造要求，保证坚固稳定。

**2** 油罐发生火灾时，火场温度能达到1000℃以上。防火堤和隔堤只有采用非燃烧材料建造并满足耐火极限4h的要求，才能抵抗这种高温的烧烤，给消防扑救赢得时间。能满足上述要求的材料中，土筑堤是最好的，应为首选。但往往有许多地方土源困难，土堤占地多且维护工作量大，故可采用砖、石、钢筋混凝土等材料筑造防火堤，为保证耐火极限4h，这些材料筑成堤的内表面应培土或涂抹有效的耐火涂料。

**3** 立式油罐组的防火堤堤高上限规定为2.20m，比原规范增加了0.2m，主要是考虑当前单罐容积越来越大，罐区占地面积急剧增加。为此，在基本满足消防人员操作视野要求的前提下，适当提高防火堤高度，在同样占地面积情况下，增大了防火堤的有效容积，对节约用地是大有意义。防火堤的下限高度规定为1m，是为了掩护消防人员操作受不到热辐射的伤害，另一方面也限制罐组占地过大的现象发生。

**4** 管道穿越防火堤堤身一般是不允许的，必须穿越时，需事先预埋套管，套管与堤身是严密结合的构造，穿越管道从套管内伸入需设托架，其与套管之间，应采用非燃烧材料柔性密封。

**5** 防火堤内场地地面设计，是一个比较复杂的问题，难以用一个统一的标准来要求，应分别以下情况采取相应措施：

1）除少数雨量很少的地区（年降雨量不大于200mm），或防火堤内降水能很快渗入地下因而不需要设计地面排水坡度外，对于大部分地区，为了排除雨水或消防运行水，堤内均应有不小于0.3%的设计地面坡度；一般地区堤内地面不做铺砌，这是为了节省投资，同时降低场地地面温度。

2）调研发现，湿陷性比较严重的黄土、膨胀土、盐渍土地区，在降雨或喷淋试水后地面产生沉降或膨胀，可能危害油罐和防火堤基础的稳定。故这样的地区应采取措施，防治水害。

3）南方地区雨水充足，四季常青，堤内种植四季常绿，不高于15cm的草皮，既可降低地面温度又可增加绿化面积，美化环境。

**6** 防火堤上应有方便工人进出罐组的踏步，一个罐组踏步数不应少于2个，且应设在不同周边位置上，是防止火灾在风向作用下，便于罐组人员安全脱离火场。隔堤是同一罐组内的间隔，操作人员经常需翻越往来操作，故必须每隔堤均设人行踏步。

**6.5.10** 油罐罐壁与防火堤内基脚线的间距为罐壁高度的一半是原规范的规定，本处不作变动。在山边的

油罐罐壁距挖坡坡脚间距取为3m，一是防止油流从这个方向射流出罐组，安全可以保证。二是3m间距是可以满足抢修要求。为节约用地作此规定。

**6.5.11** 本条是对防火堤内有效容积的规定。

**1** 固定顶油罐，油品装满半罐的油罐如果发生爆炸，大部分是炸开罐顶，因为罐顶强度相对较小，且油气聚集在液面上，一旦起火爆炸，掀开罐顶的很多，而罐底罐壁则能保持完好。根据有关资料介绍，在19起油罐火灾导致油罐破坏事故中，有18起是破坏罐顶的，只有一次是爆炸后撕裂罐底的（原因是罐的中心柱与罐底板焊死）。另外在一个罐组内，同时发生一个以上的油罐破裂事故的几率极小。因此，规定油罐组防火堤内的有效容积不小于罐组内一个最大油罐的容积是合适的。

**2** 浮顶（内浮顶）油罐，因浮船下面基本没有气体空间，发生爆炸的可能性极小，即使爆炸，也只能将浮顶盘掀掉，不会破坏油罐罐体。所以油品流出油罐的可能性也极小，即使有些油品流出，其量也不大。故防火堤内的有效容积，对于浮顶油罐来说，规定不小于最大罐容积的一半是安全合理的。

## 6.6 天然气凝液及液化石油气罐区

**6.6.1** 将液化石油气和天然气凝液罐区布置在站场全年最小风频风向的上风侧，并选择在通风良好的地区单独布置。主要是考虑储罐及其附属设备漏气时容易扩散，发生事故时避免和减少对其他建筑物的危害。

目前，国际上对于液化石油气的罐区周围是否设置防护墙有两种意见。一是设置防护墙，当有液化石油气泄漏时，可以使泄漏的气体聚积，以达到可燃气体探头报警的浓度，防止泄漏的液化石油气扩散。根据现行国家标准《爆炸危险场所电力装置设计规范》有关规定，液化石油气泄漏时0.6m以上高度为安全区，因此将防护墙高度定为不低于0.6m。另外一种说法，不设置防护墙，以防止储罐泄漏时使液化石油气窝存，发生爆炸事故。因此，本条款规定了如果不设防护墙，应采取一定的疏导措施，将泄漏的液化石油气引至安全地带。考虑到实际需要，在边远人烟稀少地区可以采取该方法。

全冷冻式液化石油气储罐周围设置防火堤是根据美国石油学会标准《液化石油气设施的设计和建造》API Std 2510（2001版）第11.3.5.3条规定"低温常压储罐应设单独的围堤，围堤内的容积应至少为储罐容积的100%。"

现行国家标准《城镇燃气设计规范》GB 50028中将低温常压液化石油气储罐命名为"全冷冻式储罐"，压力液化石油气储罐命名为"全压力式储罐"。本规范液化石油气的不同储存方式采用以上命名。

**6.6.2** 不超过两排的规定主要是方便消防操作，如

果超过两排储罐，对中间储罐的灭火非常不利，而且目前所有防火规范对储罐排数的规定均为两排，所以规定了该条款。为了方便灭火，满足火灾条件下消防车通行，规定罐组周围应设环行消防路。

**6.6.3、6.6.4** 对于储罐个数的限制主要根据国家标准《石油化工企业设计防火规范》GB 50160—92（1999年版）和石油天然气站场的实际情况确定的。储罐数量越多，泄漏的可能性越大，所以限制罐组内储罐数量。API Std 2510（2001版）第5.1.3.3条规定"单罐容积等于或大于12000加仑的液化石油气卧式储罐，每组不超过6座。"但考虑到与我国相关标准的协调，本规范规定了压力储罐个数不超过12座。对于低温液化石油储罐的数量 API Std 2510（2001版）第11.3.5.3条规定"两个具有相同基本结构的储罐可置于同一围堤内。在两个储罐间设隔堤，隔堤的高度应比周围的围堤低 1ft（0.3m）。"

**6.6.6** 规定球罐到防护墙的距离为储罐直径的一半，卧式储罐到防护墙的距离不小于3m，主要考虑夏季降温冷却和消防冷却时防止喷淋水外溅，同时兼顾一旦储罐有泄漏时不至于喷到防护墙外扩大影响范围。API Std 2510（2001版）第11.3.5.3条规定"围堤内的容积应考虑该围堤内扣除其他容器或储罐占有的容积后，至少为最大储罐容积的100%。"

**6.6.9** 全压力式液化石油气储罐之间的距离要求，主要考虑火灾事故时对邻罐的热辐射影响，并满足设备检修和管线安装要求。国家标准《建筑设计防火规范》GBJ 16—87（2001年版）和《城镇燃气设计规范》GB 50028—93（2002年版）对全压力式储罐的间距均规定为储罐的直径。国家标准《石油化工企业设计防火规范》GB 50160—92（1999年版）规定"有事故排放至火炬的措施的全压力式液化石油气储罐间距为储罐直径的一半"。考虑到液化石油气储罐的火灾危害大、频率高，并且一般石油站场的消防力量不如石化厂强大，有些站场的排放系统不如石化厂完善，所以罐间距仍保持原规范的要求，规定为1倍罐径。

全冷冻式储罐防火间距参照美国防火协会标准《液化石油气的储存和处置》NFPA 58（1998版）第9.3.6条"若容积大于或等于265m³，其储罐间的间距至少为大罐直径的一半"；API Std 2510（2001版）第11.3.1.2条规定"低温储罐间距取较大罐直径的一半。"

**6.6.10** API 2510 第3.5.2条规定"容器下面和周围区域的斜坡应将泄漏或溢出物引向围堤区域的边缘。斜坡最小坡度应为1‰"。API 2510 第3.5.7条规定"若用于液化石油气溢流封拦的堤或墙组成的圈围区域内的地面不能在24小时内耗尽雨水，应设排水系统。设置的任何排水系统应包括一个阀或截断闸板，并位于圈围区域外部易于接近的位置。阀或截断闸板应保持常闭状态。"

**6.6.12** 为了防止进料时，进料物流与储罐上部存在的气体发生相对运动，产生静电可能引起的火灾。规定进料为储罐底部进入。

储罐长期使用后，储罐底板、焊缝因腐蚀穿孔或法兰垫片处泄漏时，为防止液化石油气泄漏出来，向储罐注水使液化石油气液面升高，将漏点置于水面以下，减少液化石油气泄漏。

为防止储罐脱水时跑气的发生，根据目前国内情况采用二次脱水系统，另设一个脱水容器或称自动切水器，将储罐内底部的水先放至自动切水器内，自动切水器根据天然气凝液及液化石油气与水的密度差，将天然气凝液及液化石油气由自动切水器顶部返回储罐内，水由自动切水器底部排出。是否采用二次脱水设施，应根据产品质量情况确定。

**6.6.13** 安装远程操纵阀和自动关闭阀可防止管路发生破裂事故时泄漏大量液化石油气。全冷冻式液化石油气储罐设真空泄放装置是根据《石油化工企业设计防火规范》GB 50160—92（1999年版）第5.3.11条、API Std 2510（2001版）第11.5.1.2条确定的。

**6.6.14** 《石油化工企业设计防火规范》GB 50160—92（1999年版）第5.3.16条规定液化烃储罐开口接管的阀门及管件的压力等级不应低于2.0MPa。考虑石油企业系统常用设计压力为1.6MPa、2.5MPa、4.0MPa等管道级，因此，压力等级为等于或大于2.5MPa。

**6.6.16** 天然气凝液和液化石油气安全排放到火炬，主要为了在储罐发生火灾时，可以泄压放空至安全处理系统，不致因高温烘烤使储罐超压破裂而造成更大灾害。若有条件，也可将受火灾威胁的储罐倒空，以减少损失和防止事故扩大。

## 6.7 装卸设施

**6.7.1** 我国目前装车鹤管有三种：喷溅式、液下式（浸没式）和密闭式。对于轻质油品或原油，应采用液下式（浸没式）装车鹤管。这是为了降低液面静电位，减少油气损耗，以达到避免静电引燃油气事故和节约能源，减少大气污染。

为了防止和控制油罐车火灾的蔓延与扩大，当油罐车起火时，立即切断油源是非常重要的。紧急切断阀设在地上较好，如放在阀井中，井内易积存油水，不利于紧急操作。

**6.7.2** 考虑到在栈桥附近，除消防车道外还有可能布置别的道路，故提出本条要求，其距离的要求是从避免汽车排气管偶尔排出的火星，引燃装油场的油气为出发点提出来的。

**6.7.3** 本条第6款的防火间距是参照国家标准《建筑设计防火规范》GBJ 16—87（2001年版）第4.4.10条制定的。因本规范规定甲、乙类厂房耐火等级不宜低于二级;汽车装油鹤管与其装油泵房属同一操作单元,其间距可缩小,故参照《建筑设计防火规范》GBJ 16—87(2001 年版)第 4.4.9 条注④将其间距定为 8m;汽车装油鹤管与液化石油气生产厂房及密闭工艺设备之间的防火间距是参照美国防火协会标准《煤气厂液化石油气的储存和处理》NFPA 59 有关条文编写的。

**6.7.4** 液化石油气装车作业已有成熟操作管理经验,若与可燃液体装卸共台布置而不同时作业,对安全防火无影响。

液化石油气罐车装车过程中,其排气管应采用气相平衡式或接至低压燃料气或火炬放空系统,若就地排放极不安全。曾有类似爆炸、火灾事故就是就地排放造成的。

**6.7.5** 本条是对灌瓶间和瓶库的要求。

**1** 液化石油气灌装站的生产操作间主要指灌瓶、倒瓶升压操作间,在这些地方不管是人工操作或自动控制操作都不可避免液化石油气泄漏。由于敞开式和半敞开式建筑自然通风良好,产生的可燃气体扩散快,不易聚集,故推荐采用敞开式或半敞开式的建筑物。在集中采暖地区的非敞开式建筑内,若通风条件不好可能达到爆炸极限。如某站灌瓶间,在冬季测定时曾达到过爆炸极限。可见在封闭式灌瓶间,必须设置效果较好的通风设施。

**2** 液化石油气灌装间、倒瓶间、泵房的暖气地沟和电缆沟是一种潜在的危险场所和火灾爆炸事故的传布通道。类似的火灾事故曾经发生过,为消除事故隐患,特提出这些建筑物不应与其他房间连通。

根据某市某液化石油气灌瓶站火灾情况,是工业灌瓶间发生火灾,因通风系统串通,故火焰由通风管道窜至民用灌瓶间,致使 4000 多个小瓶爆炸着火,进而蔓延至储罐区,造成了上百万元损失的严重教训。又根据"供热通风空调制冷设计技术措施"的规定,空气中含有容易起火或有爆炸危险物质的房间,空气不应循环使用,并应设置独立的通风系统,通风设备也应符合防火防爆的要求。从防止火灾蔓延角度出发,本款规定了关于通风管道的要求。

**3** 在经常泄漏液化石油气的灌瓶间,应铺设不发生火花的地面,以避免因工具掉落、搬运气瓶与地面摩擦、撞击,产生火花引起火灾的危险。

**4** 装有液化石油气的气瓶不得在露天存放的主要原因是:液化石油气饱和蒸气压力随温度上升而急剧增大,在阳光下暴晒很容易使气瓶内液体气化,压力超过一般气瓶工作压力,引起爆炸事故。

**5** 目前各炼厂生产的液化石油气,残液含量较少的为 5%～7%,较多的达 15%～20%,平均残液量在 8%～10%左右。油田生产的液化石油气残液量也是不少的,残液随便就地排放所造成的火灾时有发生,在油田也曾引起火灾事故。因此,规定了残液必

须密闭回收。

**6** 瓶库的总容量不宜超过 10m³,是根据现行国家标准《城镇燃气设计规范》而定。同时也是为了减小危害程度。

**6.7.9** 本条主要规定了液化石油气灌装站内储罐与有关设施的防火间距。灌装站内储罐与泵房、压缩机房、灌瓶间等有直接关系。储罐容量大,发生火灾造成的损失也大。为尽量减少损失,按罐容量大小分别规定防火间距。

**1** 储罐与压缩机房、灌装间、倒残液间的防火间距与国家标准《建筑设计防火规范》GBJ 16—87(2001 年版)表 4.6.2 中一、二级耐火的其他建筑一致,且与现行国家标准《城镇燃气设计规范》GB 50028 一致。

**2** 汽车槽车装卸接头与储罐的防火间距,美国标准 API Std 2510、NFPA59 均规定为 15m,现行国家标准《城镇燃气设计规范》与本规范表 6.7.9 均按罐容量大小分别提出要求。以实际生产管理和设备质量来看,我国的管道接头、汽车排气管上的防火帽,仍不十分安全可靠。如带上防火帽进站,行车途中防火帽丢失的现象仍然存在。从安全考虑,本表按储罐容量大小确定间距,其数值与燃气规范一致。

**3** 仪表控制间、变配电间与储罐的间距,是参照现行国家标准《城镇燃气设计规范》的规定确定的。

## 6.8 泄压和放空设施

**6.8.1** 本条是设置安全阀的要求。

**1** 顶部操作压力大于 0.07MPa(表压)的设备,即为压力容器,应设置安全阀。

**2** 蒸馏塔、蒸发塔等气液传质设备,由于停电、停水、停回流、气提量过大、原料带水(或轻组分)过多等诸多原因,均可能引起气相负荷突增,导致设备超压。所以,塔顶操作压力大于 0.03MPa(表压)者,均应设安全阀。

**6.8.4** 本条是参照国家标准《城镇燃气设计规范》GB 50028—93(2002 年版)的有关规定制定的。

**6.8.5** 国内早期设计的克劳斯硫回收装置反应炉采用爆破片防止设备超压破坏。但在爆破片爆破时,设备内的高温有毒气体排入装置区大气中,污染了操作环境,甚至危及操作人员的人身安全。

由于克劳斯硫磺回收反应炉、再热炉等设备的操作压力低,可能产生的爆炸压力亦低,采用提高设备设计压力的方法防止超压破坏不会过分增加设备壁厚。有时这种低压设备为满足刚度要求而增加的厚度就足以满足提高设计压力的要求。因此,采用提高设备设计压力的方法防止超压破坏,不会增加投资或只需增加很小的投资。化学当量的烃-空气混合物可能产生的最大爆炸压力约为爆炸前压力(绝压)的 7～

8倍。必要时可用下式计算爆炸压力：

$$P_e = P_f \cdot T_e/T_f \cdot (m_e/m_f) \qquad (1)$$

式中　　$P_e$——爆炸压力（kPa）（绝压）；

　　　　$P_f$——混合气体爆炸前压力（kPa）（绝压）；

　　$T_e$、$T_f$——爆炸时达到温度及爆炸前温度（K）；

　　$m_e/m_f$——爆炸后及爆炸前气体标准体积比（包括不参加反应的气体如 $N_2$ 等）。

**6.8.6** 为确保放空管道畅通，不得在放空管道上设切断阀或其他截断设施；对放空管道系统中可能存在的积液，及由于高压气体放空时压力骤降或环境温度变化而形成的冰堵，应采取防止或消除措施。

**1** 高、低压放空管压差大时，分别设置通常是必要的。高、低压放空同时排入同一管道，若处置不当，可能发生事故。例如，四川气田开发初期，某厂酸性气体紧急放空管与 $DN100$ 原料气放空管相连并接入 40m 高的放空火炬，发生过原料气与酸气同时放空时，由于原料气放空量大、压力高（4MPa），使紧急放空管压力上升，造成酸性气体系统压力升高，致使酸性气体水封罐防爆孔憋爆的事故。

高、低压放空管分别设置往往还可降低放空系统的建设费用，故大型站场宜优先选择这样的放空系统。

**2** 当高压放空气量较小或高、低压放空的压差不大（例如其压差为 0.5～1.0MPa）时，可只设一个放空系统，以简化流程。这时，必须对可能同时排放的各放空点背压进行计算，使放空系统的压降减少到不会影响各排放点安全排放的程度。根据美国石油学会标准《泄压和减压系统导则》API RP521 规定，在确定放空管系尺寸时，应使可能同时泄放的各安全阀后的累积回压限制在该安全阀定压的10%左右。

**6.8.7** 本条是对火炬设置的要求。

**1** 火炬高度与火炬筒中心至油气站场各部位的距离有密切关系，热辐射计算的目的是保证火炬周围不同区域所受热辐射均在允许范围内。现将美国石油学会标准《泄压和减压系统导则》API RP 521 的有关计算部分摘录如下，供参考。

1) 本计算包括确定火炬筒直径、高度，并根据辐射热计算，确定火炬筒中心至必须限制辐射热强度（或称热流密度）的受热点之间的安全距离。火炬对环境的影响，如噪声、烟雾、光度及可燃气体焚烧后对大气的污染，不包括在本计算方法内。

2) 计算条件：

①视排放气体为理想气体；

②火炬出口处的排放气体允许线速度与声波在该气体中的传播速度的比值——马赫数，按下述原则取值：

对站场发生事故，原料或产品气体需要全部排放时，按最大排放量计算，马赫数可取 0.5；单个装置开、停工或事故泄放，按需要的最大气体排放量计算，马赫数可取 0.2。

③计算火炬高度时，按表3确定允许的辐射热强度。太阳的辐射热强度约为 0.79～1.04kW/m²，对允许暴露时间的影响很小。

④火焰中心在火焰长度的 1/2 处。

**表3　火炬设计允许辐射热强度（未计太阳辐射热）**

| 允许辐射热强度 $q$（kW/m²） | 条　件 |
|---|---|
| 1.58 | 操作人员需要长期暴露的任何区域 |
| 3.16 | 原油、液化石油气、天然气凝液储罐或其他挥发性物料储罐 |
| 4.73 | 没有遮蔽物，但操作人员穿有合适的工作服，在紧急关头需要停留几分钟的区域 |
| 6.31 | 没有遮蔽物，但操作人员穿有合适的工作服，在紧要关头需要停留1min的区域 |
| 9.46 | 有人通行，但暴露时间必须限制在几秒钟之内能安全撤离的任何场所，如火炬下面地面或附近塔、设备的操作平台。除挥发性物料储罐以外的设备和设施 |

注：当 $q$ 值大于 6.3kW/m² 时，操作人员不能迅速撤离的塔上或其他高架结构平台，梯子应设在背离火炬的一侧。

3) 计算方法：

①火炬筒出口直径：

$$d = \left[\frac{0.1161W}{m \cdot P}\left(\frac{T}{K \cdot M}\right)^{0.5}\right]^{0.5} \qquad (2)$$

式中　　$d$——火炬筒出口直径（m）；

　　　　$W$——排放气质量流率（kg/s）；

　　　　$m$——马赫数；

　　　　$T$——排放气体温度（K）；

　　　　$K$——排放气绝热系数；

　　　　$M$——排放气体平均分子量；

　　　　$P$——火炬筒出口内侧压力（kPa）（绝压）。

火炬筒出口内侧压力比出口处的大气压略高。简化计算时，可近似为等于该处的大气压。必要时可按下式计算：

$$P = P_0 / (1 - 60.15 \times 10^{-6}MV^2/T) \qquad (3)$$

式中　　$P_0$——当地大气压（kPa）（绝压）；

　　　　$V$——气体流速（m/s）。

②火焰长度及火焰中心位置：

火焰长度随火炬释放的总热量变化而变化。火焰长度 $L$ 可按图1确定。

火炬释放的总热量按下式计算：

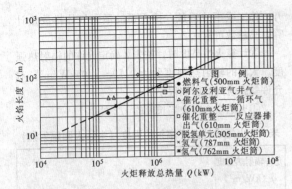

图1 火焰长度与释放总热量的关系

$$Q = H_L \cdot W \qquad (4)$$

式中 $Q$——火炬释放的总热量（kW）；

$H_L$——排放气的低发热值（kJ/kg）。

风会使火焰倾斜，并使火焰中心位置改变。风对火焰在水平和垂直方向上的偏移影响，可根据火炬筒顶部风速与火炬筒出口气速之比，按图2确定。

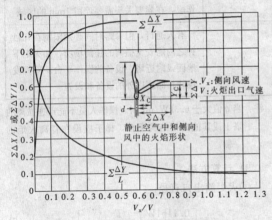

图2 由侧向风引起的火焰大致变形

火焰中心与火炬筒顶的垂直距离 $Y_C$ 及水平距离 $X_C$ 按下列公式计算：

$$Y_C = 0.5 \left[ \Sigma \left( \Delta Y/L \right) \cdot L \right] \qquad (5)$$

$$X_C = 0.5 \left[ \Sigma \left( \Delta X/L \right) \cdot L \right] \qquad (6)$$

③火炬筒高度：火炬筒高度按下列公式计算（参见图3）。

$$H = \left[ \frac{\tau F Q}{4\pi q} - \left( R - X_C \right)^2 \right]^{0.5} - Y_C + h \qquad (7)$$

式中 $H$——火炬筒高度（m）；

$Q$——火炬释放总热量（kW）；

$F$——辐射率，可根据排放气体的主要成分，按表4取值；

$q$——允许热辐射强度（kW/m²），按表3规定取值；

$Y_C$、$X_C$——火焰中心至火炬筒顶的垂直距离及水平距离（m）；

$R$——受热点至火炬筒的水平距离（m）；

$h$——受热点至火炬筒下地面的垂直高差（m）；

$\tau$——辐射系数，该系数与火焰中心至受热点的距离及大气相对湿度、火焰亮度等因素有关，对明亮的烃类火焰，当上述距离为30～150m时，可按下式计算辐射系数：

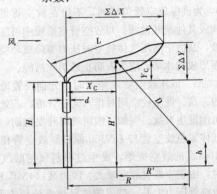

图3 火炬示意图

$$\tau = 0.79 \left( \frac{100}{r} \right)^{1/16} \cdot \left( \frac{30.5}{D} \right)^{1/16} \qquad (8)$$

式中 $r$——大气相对湿度（%）；

$D$——火焰中心至受热点的距离（m）（见图3）。

表4 气体扩散焰辐射率 $F$

| 燃烧器直径（mm） | 5.1 | 9.1 | 19.0 | 41.0 | 84.0 | 203.0 | 406.0 |
|---|---|---|---|---|---|---|---|
| 辐射率 $F$（$F=$辐射热/总热量） $H_2$ | 0.095 | 0.091 | 0.097 | 0.111 | 0.156 | 0.154 | 0.169 |
| $C_4H_{10}$ | 0.215 | 0.253 | 0.286 | 0.285 | 0.291 | 0.280 | 0.299 |
| $CH_4$ | 0.103 | 0.116 | 0.160 | 0.161 | 0.147 | | |
| 天然气（$CH_4$ 95%） | | | | | | 0.192 | 0.232 |

**2** 液体、低热值气体、空气和惰性气体进入火炬系统，将影响火炬系统的正常操作。有资料介绍，热值低于 8.37MJ/m³ 的气体不应排入可燃气体排放系统。

**6.8.8** 从保护环境及安全上考虑，可燃气体应尽量通过火炬系统排放，含硫化氢等有毒气体的可燃气更是如此。

美国石油学会标准《泄压和减压系统导则》API RP521 认为：可燃气体直接排入大气，当排放口速度大于 150m/s 时，可燃气体与空气迅速混合并稀释至可燃气体爆炸下限以下是安全的。

**6.8.9** 甲、乙类液体排放时，由于状态条件变化，可能释放出大量可燃气体。这些气体如不经分离，会从污油系统扩散出来，成为火灾隐患。故在这类液体放空时应先进入分离器，使气液分离后再分别引入各自的放空系统。

设备、容器内残存的少量可燃液体，不得就地排放或排入边沟、下水道，也是为了减少火灾事故隐患，并有利于保护环境。

**6.8.10** 积存于管线和分离设备中的硫化铁粉末，在排入大气时易自燃，成为火源。四川某输气管道末站分离器放空管管口曾发生过这种情况。故应在这种排污口设喷水冷却设施。

**6.8.12** 天然气管道清管器收发筒排污已实现低压排放。经分离后排放，可在保证安全的前提下减少占地。

### 6.9 建（构）筑物

**6.9.1** 根据不同生产火灾危险性类别，正确选择建（构）筑物的耐火等级，是防止火灾发生和蔓延扩大的有效措施之一。火灾实例中可以看出，由于建筑物的耐火等级与生产火灾危险性类别不相适应而造成的火灾事故，是比较多的。

当甲、乙类火灾危险性的厂房采用轻型钢结构时，对其提出了要求。从火灾实例说明，钢结构着火之后，钢材虽不燃烧，但其耐火极限较低，一烧就垮，500℃时应力折减一半，相当于三级耐火等级的建筑。采用单层建筑主要从安全出发，加强防护，当一旦发生火灾事故时，可及时扑救初期的火灾，防止蔓延。

**6.9.2** 有油气散发的生产设备，为便于扩散油气，不使聚集成灾，故应为敞开式的建筑形式。若必须采用封闭式厂房，则应按现行国家标准《建筑设计防火规范》的规定，设置强制通风和必保的泄压面积及措施，保证防火防爆的安全。

事实说明，具有爆炸危险的厂房，设有足够的泄压面积，一旦发生爆炸事故时，易于通过泄压屋顶、门窗、墙壁等进行泄压，减少人员伤亡和设备破坏。

**6.9.3** 对隔墙的耐火要求，主要是为了防止甲、乙类危险性生产厂房的可燃气体通过孔洞、沟道侵入不同火灾危险性的房间内，引起火灾事故。

天然气压缩机房和油泵房，均属甲、乙类生产厂房，在综合厂房布置时，应根据风频风向、防火要求等条件，尽量布置在厂房的某一端部，并用防护隔墙与其他用房隔开，其目的在于一旦发生火灾、爆炸事故，能减少其对其他生产厂房的影响。

**6.9.4** 门向外开启和甲、乙类生产厂房的门不得少于两个的规定，是为了确保发生火灾事故时，生产操作人员能迅速撤离火场或火灾危险区，确保人身安全。建筑面积小于或等于100m² 时，可设一个向外开启的门，这是原规范的规定，并且符合现行国家标准《建筑设计防火规范》的要求。

**6.9.5** 供甲、乙类生产厂房专用的10kV 及以下的变、配电间，须采用无门窗洞口的防火墙隔开方能毗邻布置，为的是防止甲、乙类厂房内的可燃气体通过

孔洞、沟道流入变配电室（所），以减少事故的发生。

配电室（所）在防火墙上所开的窗，要求采用固定甲级防火窗加以密封，同样是为了防止可燃气体侵入的措施之一。

**6.9.6** 甲、乙类工艺设备平台、操作平台，设两个梯子及平台间用走桥连通，是为了防止当一个梯子被火焰封住或烧毁时，可通过连桥或另一个梯子进行疏散操作人员。

**6.9.8** 一般钢立柱耐火极限只有 0.25h 左右，容易被火烧毁坍塌。为了使承重钢立柱能在一定时间内保持完好，以便扑救火灾，故规定钢立柱上宜涂敷耐火极限不小于 2h 的保护层。

## 7 油气田内部集输管道

### 7.1 一般规定

**7.1.1** 站外管道的敷设方式可分为埋地敷设、地面架设及管堤敷设几种。一般情况下，埋地敷设较其他敷设方式经济安全，占地少，不影响交通和农业耕作，维护管道方便，故应优先采用。但在地质条件不良的地区或其他特殊自然条件下，经过经济对比，如果采用埋地敷设投资大、工程量大、对管道安全及寿命有影响，可考虑采用其他敷设方式。

**7.1.2** 管线穿跨越铁路、公路、河流等的设计还可参照《输油管道工程设计规范》GB 50253、《输气管道工程设计规范》GB 50251 以及《油气集输工程设计规范》等国家现行标准的有关规定执行。

**7.1.3** 当管道沿线有重要水工建筑、重要物资仓库、军事设施、易燃易爆仓库、机场、海（河）港码头、国家重点文物保护单位时，管道与相关设施的距离还应同有关部门协商解决。

**7.1.4** 阴极保护通常有强制电流保护和牺牲阳极保护两种。行业标准《钢质管道及储罐腐蚀控制工程设计规范》SY 0007—1999 规定了"外加电流阴极保护的管道"与其他管道、埋地通信电缆相遇时的要求。

交流电干扰主要来自高压交流电力线路及其设施、交流电气化铁路及其设施，对管线的影响比较复杂。交流电力系统的各种接地装置是交流输电线路放电的集中点，危害性最大，《钢质管道及储罐腐蚀控制工程设计规范》SY 0007—1999 根据国内外研究成果，提出了管线与交流电力系统的各种接地装置之间的最小安全距离。

**7.1.5** 集输管道与架空送电线路平行敷设时的安全距离，是参照国家标准《66kV 及以下架空电力线路设计规范》GB 50061—97 和行业标准《110～500kV 架空送电线路设计技术规程》DL/T 5092—1999 确定的。

**7.1.6** 本条是参照石油和铁路方面的相关标准和文

件确定的。

**1** 铁道部、石油部 1987 年关于铁路与输油、输气管道平行敷设相互距离的要求。

**2** 行业标准《铁路工程设计防火规范》TB 10063—99 第 2.0.8 条要求输油、输气管道与铁路平行敷设时防火间距不小于 30m，并距铁路界线外 3m。上述规范中 30m 的规定依据是《原油长输管道线路设计规范》SYJ 14 第 3.0.5 条的规定，此规范已作废。新规范《输油管道工程设计规范》GB 50253—2003 第 4.1.5 条规定：管道与铁路平行敷设时应在铁路用地范围边线 3m 以外。管道与铁路平行敷时防火间距不小于 30m 的规定已取消。

**3** 电气化铁路的交流电干扰受外部条件影响较大，如对敷设较好的管道与 50Hz 电气化铁路平行敷设，当干扰电源较小时铁路与管道的间距可小于30m。因此，本规范不宜规定具体距离要求。

**4** 行业标准《公路工程技术标准》JTG B01—2003 规定"公路用地范围为公路路堤两侧排水沟外边缘（无排水沟时为路堤或护坡道坡脚）以外，或路堑坡顶截水沟外边缘（无截水沟为坡顶）以外不少于 1m 范围内的土地；在有条件的地段，高速公路、一级公路不少于 3m，二级公路不少于 2m 范围内的土地为公路用地范围。"因此，有条件的地区，油田内部原油集输管道应敷设在公路用地范围以外；执行起来有困难而需要敷设在路肩下时，应与当地有关部门协商解决。而油田公路是为油田服务的，集输管道可敷设在其路肩下。

## 7.2 原油、天然气凝液集输管道

**7.2.1** 多年来油田内部集输管道设计一直采用"防火距离"来保护其自身以及周围建（构）筑物的安全。但是，一方面，当管道发生火灾、爆炸事故时，规定的距离难以保证周围设施的安全；另一方面，随着油田的开发和城市的建设，目前按原规范规定的距离进行设计和建设已很困难。而国际上通常的做法是加强管道自身的安全。因此，本次修订对此章节作了重大修改，由"距离安全"改为"强度安全"，向国际标准接轨。

美国国家标准《输气和配气管道系统》ASME B31.8 及国际标准《石油及天然气行业 管道输送系统》ISO 13623—2000，将天然气、凝析油、液化石油气管道的沿线地区按其特点进行分类，不同的地区采用不同的设计系数，提高管道的设计强度。美国标准《石油、无水氨和醇类液体管道输送系统》ASME B31.4 既没有规定管道与周围建（构）筑物的距离，又没有将沿线地区分类，规范了管道及其附件的设计、施工及检验要求。前苏联标准《大型管线》СНИП—2.05.06—85 将管道按压力、管径、介质等进行分级，不同级别采用不同的距离。

国家标准《输气管道工程设计规范》GB 50251—2003 是根据 ASME B31.8，将管道沿线地区分成 4 个等级，不同等级的地区采用不同的设计系数。《输油管道工程设计规范》GB 50253—2003 规定了管道与周围建（构）筑物的距离，其中对于液态液化石油气还按不同地区规定了设计系数。

油田内部原油、稳定轻烃、压力小于或等于 0.6MPa 的油田气集输管道，因其管径一般较小、压力较低、长度较短，周围建（构）筑物相对长输管道密集，若将管道沿线地区分类，按不同地区等级选用相应的设计系数，一是无可靠的科学依据，二是从区域的界定、可操作性及经济性来看，不是很合适。因此，此次修订取消了原油管道与建（构）筑物的防火间距表，但仍规定了原油管道与周围建（构）筑物的距离，该距离主要是从保护管道，以及方便管道施工及维修考虑的。管道的强度设计应执行有关油气集输设计的国家现行标准。当管道局部管段不能满足上述距离要求时，可将强度设计系数由 0.72 调整到 0.6，缩短安全距离，但不能小于 5m。若仍然不能满足要求，必须采取有效的保护措施，如局部加套管、此段管道焊口做 100% 探伤检验以及提高探伤等级、加强管道的防腐及保温、此段管道两端加截断阀、设置标志桩并加强巡检等。

**7.2.2** 天然气凝液是液体烃类混合物，前苏联标准《大型管线》СНИП—2.05.06—85 将 20℃温度条件下，其饱和蒸气压力小于 0.1MPa 的烃及其混合物，视为稳定凝析油或天然汽油，故在本规范中将其划在稳定轻烃一类中。

20℃温度条件下，其饱和蒸气压力大于或等于 0.1MPa 的天然气凝液管道，目前各油田所建管道均在 DN200 以下，故本规范限定在小于或等于 DN200。管道沿线按地区划分等级，选用不同的设计系数是国际标准《石油及天然气行业管道输送系统》ISO 13623—2000 所要求的。《油田油气集输设计规范》SY/T 0004—98 规定野外地区设计系数为 0.6，通过其他地区时的设计系数可参照国家标准《输油管道工程设计规范》GB 50253—2003 选取。天然气凝液管道与建（构）筑物、公路的距离是参考《城镇燃气设计规范》GB 50028—93（1998 年版），在考虑了按地区等级选取设计系数后取其中最小值得出的。

## 7.3 天然气集输管道

**7.3.1** 在原规范《原油和天然气工程设计防火规范》GB 50183—93 中规定：气田集输管道设计除按设计压力选取设计系数 F 外（如 PN＜1.6MPa 时，F 取 0.6；PN＞1.6MPa 时，F 取 0.5），埋地天然气集输管道与建（构）筑物还应保持一定的距离（如 PN≤1.6MPa、DN＞400 集输管道距居民住宅、重要工矿的防火间距要求大于 40m；$PN=1.6\sim4.0$MPa、$DN>400$ 防火距离大于 60m；$PN>4.0$MPa、$DN>400$ 防火距离大于 75m）。实践证明，我国人口众多，地面建筑物稠密，特别是近几年国民经济迅速发展，按原规范要求的安全距离建设集输管道已很困难，已建成的管道随着工业建设的发展也很难保持规范规定的距离。

气田集输管道与长距离输气管道的区别主要是管输天然气中往往含有水、$H_2S$、$CO_2$。气田集输管道输送含水天然气时，天然气中 $H_2S$ 分压等于或大于 0.0003MPa（绝压）或含有 $CO_2$ 酸性气体的气田集输管道，在内壁及相应系统应采取防腐蚀措施，管道壁厚增加腐蚀余量后，集气管道线路工程设计所考虑的安全因素与输气管道工程基本一致。因此，采用输气管道工程线路设计的强度安全原则，就能较简单的处理好与周围民用建筑物之间的关系。可由控制集输管道与周围建（构）筑物的距离改成参照输气管道线路设计采用的按地区等级确定设计系数。根据周围人口活动密度，用提高集输管道强度、降低管道运行应力达到安全的目的。

当管道输送含硫化氢的酸性气体时，为防止天然气放空和管道破裂造成的危害，一般采取以下防护措施：

1) 点火放空；

2) 输送含 $H_2S$ 酸性气体管道避开人口稠密区的四级地区；

3) 适当加密线路截断阀的设置；

4) 截断阀配置感测压降速率的控制装置。

**7.3.2** 我国气田产天然气部分携带有 $H_2S$、$CO_2$。干天然气中 $H_2S$、$CO_2$ 不产生腐蚀。湿天然气中 $H_2S$、$CO_2$ 的酸性按《天然气地面设施抗硫化物应力开裂金属材料要求》SY/T 0599—1997 界定。该规范中对酸性天然气系统的定义是：含有水和硫化氢的天然气，当气体总压大于或等于 0.4MPa（绝压），气体中硫化氢分压大于或等于 0.0003 MPa（绝压）时称酸性天然气。

天然气中二氧化碳含量的酸性界定值目前尚无标准。行业标准《井口装置和采油树规范》SY/T 5127—2002 的附录 A 表 A.2 对 $CO_2$ 腐蚀性界定可供参考，见表 5。

**表 5　$CO_2$ 分压相对应的封存流体腐蚀性**

| 封存流体 | 相对腐蚀性 | 二氧化碳分压（MPa） |
|---|---|---|
| 一般使用 | 无腐蚀 | <0.05 |
| 一般使用 | 轻度腐蚀 | 0.05～0.21 |
| 一般使用 | 中度至高度腐蚀 | >0.21 |
| 酸性环境 | 无腐蚀 | <0.05 |
| 酸性环境 | 轻度腐蚀 | 0.05～0.21 |
| 酸性环境 | 中度至高度腐蚀 | >0.21 |

从表中可以看到，当 $CO_2$ 分压 $\geq0.21$MPa 时不论是酸性环境（天然气中含有 $H_2S$）还是非酸性环境中都将有腐蚀发生，应采取防腐措施。表中所列数值为非流动流体的腐蚀性，含水天然气中影响 $CO_2$ 腐蚀的因素除 $CO_2$ 分压外，还有气体流速、流态、管道内表面特征（粗糙度、清洁度）、温度、$H_2S$ 含量等，在设计中应予考虑。

**7.3.3** 输送脱水后含 $H_2S$、$CO_2$ 的干天然气不会发生酸性腐蚀。但实际运行中由于各种因素如脱水深度及控制管理水平等影响往往达不到预期的干燥效果，污物清除不干净特别是有积水。当酸性天然气进入管道后，$H_2S$ 及 $CO_2$ 的水溶液将对管线产生腐蚀，甚至出现硫化物应力腐蚀的爆管或生成大量硫化铁粉末在管道中形成潜在的危害。投产前干燥未达到预期效果造成危害事故已发生多次，因此，投产前的干燥是十分重要的。

管道干燥结束后，如果没有立即投入运行，还应当充入干燥气体，保持内压大于 0.2MPa 的干燥状态下密封，防止外界湿气重新进入管道。

**7.3.4** 气田集输管道输送酸性天然气时，管道的腐蚀余量取值按国家现行油气集设计标准规范执行。

集气管道输送含有水和 $H_2S$、$CO_2$ 等酸性介质时，管壁厚度按下式计算：

$$\delta=\frac{PD}{2\sigma_sF\varphi t}+C \tag{9}$$

式中　$C$——腐蚀裕量附加值（cm）（根据腐蚀程度及采取的防腐措施，$C$ 值取 0.1～0.6cm）；

其他符号意义及取值按现行国家标准《输气管道工程设计规范》GB 50251 执行，但输送酸性天然气时，$F$ 值不得大于 0.6。

**7.3.5** 气田集输管道上间隔一定距离设截断阀，其主要目的是方便维修和当管道破坏时减少损失，防止事故扩大。长距离输气管道是按地区等级以不等间距设置截断阀，集输管道原则上可参照输气管道设置。但对输送含硫化氢的天然气管道为减少事故的危害程度和环境污染的范围，特别是通过人口稠密区时截断阀适当加密，配置感测压降速率控制装置，以便事故发生时能及时切断气源，最大限度地减少含硫天然气对周围环境的危害。

**7.3.6** 气田集输系统设置清管设施主要清除气田天然气中的积液和污物以减少管道阻力及腐蚀。清管设计应按现行国家标准《输气管道工程设计规范》GB 50251 中有关规定执行。

# 8　消防设施

## 8.1　一般规定

**8.1.1** 石油天然气站场的消防设施，应根据其规模、重要程度、油品性质、储存容量、存储方式、储存温度、火灾危险性及所在区域消防站布局、消防站装备情况及外部协作条件等综合因素，通过技术经济比较确定。对容量大、火灾危险性大、站场性质和所处地理位置重要、地形复杂的站场，应适当提高消防设施的标准。反之，应从降低基建投资出发，适当降低消防设施的标准。但这一切，必须因地制宜，结合国情，通过技术经济比较来确定，使节省投资和安全生产这一对应的矛盾得到有机的统一。

**8.1.2** 采油、采气井场、计量站、小型接转站、集气站、配气站等小型站场，其特点是数量多、分布广、单罐容量小。若都建一套消防给水设施，总投资甚大；这类站功能单一布局分散，火灾的影响面较小，不易造成重大火灾损失，故可不设消防给水设施，这类站场应按规范要求设置一定数量的小型移动式灭火器材，扑救火灾应以消防车为主。

**8.1.3** 防火系统的火灾探测与报警应符合现行国家标准《火灾自动报警系统设计规范》的有关规定，由于某些场所适宜选用带闭式喷头的传动管传递火灾信号，许多工程也是这样做的，为了保证其安全可靠制订了该条文。

**8.1.4** 因为本规范 6.4.1 条规定"沉降罐顶部积油厚度不应超过 0.8m"，并且沉降罐顶部存油少、油品含水率较高，消防设施标准应低于油罐。

**8.1.5** 目前，消防水泵、消防雨淋阀、冷却水喷淋喷雾等消防专用产品已成系列，为保证消防系统可靠性，应优先采用消防专用产品。防火堤内过滤器至冷却喷头和泡沫产生器的消防管道、采出水沉降罐上设置的泡沫液管道容易锈蚀，若用普通钢管，管内锈蚀碎片将堵塞管道和喷头，故规定采用热镀锌钢管。为保证管道使用寿命应先套扣或焊接法兰、环状管道焊完喷头短接后，再热镀锌。

**8.1.6** 内浮顶储罐的浮顶又称浮盘，有多种结构形式。对于浅盘或铝浮盘及由其他不抗烧非金属材料制作浮盘的内浮顶储罐，发生火灾时，沉盘、熔盘的可能性大，所以应按固定顶储罐对待。对于钢制单盘或双盘式内浮顶储罐，浮盘失效的可能性极小，所以按外浮顶储罐对待。

## 8.2 消 防 站

**8.2.1** 油气田及油气管道消防站的设置，不同于其他工业区和城镇消防站。突出特点是点多、线长、面广、布局分散、人口密度小。由于油气田生产的特殊性，不可能完全按照《城市消防站建设标准》套搬。譬如，规划布局不可能按城市规划区的要求，在接到报警后 5min 内到达责任区边缘。而且，责任区面积不可能也没有必要按"标准型普通消防站不应大于 7km²，小型普通消防站不应大于 4km²"的规定建站。历史上也从未达到过上述时空要求。调研中通过

征求设计部门、消防监督部门，以及生产单位等各方面的意见，一致认为：鉴于油气田是矿区、域内人口密度小、人员高度分散、消防保卫对象不集中的现状，不应仅以所占地理面积大小和居住人口数量的多少来决定是否建站。而应从实际出发，按站场生产规模的大小、火灾种类、危险性等级、所处地理环境等因素综合考虑划分责任区。

设有固定灭火和消防冷却水设施的三级及其以上油气站场，根据《低倍数泡沫灭火系统设计规范》GB 50151—92（2000 年版）的规定："非水溶性的甲、乙、丙类液体罐上固定灭火系统，泡沫混合液供给强度为 6.0L/min·m² 时，连续供给时间为 40min"，如果实际供给强度大于此规定，混合液连续供给时间可缩短 20%，即 32min。如果按最大供给量和最短连续供给时间计算，邻近消防协作力量在 30min 内到达现场是可行的。

输油管道及油田储运系统站库设置消防站和消防车的规定，主要参考原苏联石油库防火规范和我国国家标准《石油库设计规范》GB 50074—2003。原苏联标准《石油和石油制品仓库防火规范》（1993 年版）规定，设置固定消防系统的石油库，当油罐总容量 100000m³ 及以下时，设置面积不小于 20m² 存放消防器材的场地；油罐总容量 100000～500000m³ 时，设1 台消防车，油罐总容量大于 500000m³ 时，设 2 台消防车。

消防站和消防车的设置体现重要站场与一般站场区别对待，东部地区与西部地区区别对待的原则。重要油气站场，例如塔里木轮南油气处理站和管输首站等，站内设固定消防系统，同时按区域规划要求在其附近设置等级不低于二级的消防站，消防车 5min 之内到达现场，确保其安全。一般油气站场站内设固定消防系统，并考虑适当的外部消防协作力量。一些小型的三级油气站场，站内油罐主要是事故罐或高含水原油沉降罐，火灾危险性较小，可适当放宽消防站和消防车设置标准。我国西部地区的油气田，由于自然条件恶劣，且人烟稀少，油气站场的防火以提高站内工艺安全可靠性和站内消防技术水平为重点，消防站和消防车的配置要求适当放宽。随着西部更多油气田的开发建设，及时调整消防责任区，这些油气站场外部消防协作力量会逐步加强。

站内消防车是站内义务消防力量的组成部分，可以由生产岗位人员兼管，并可参照消防泵房确定站内消防车库与油气生产设施的距离。

本条是在原规范第 7.2.1 条基础上修订的，与原规范比较，适当提高了消防站和站内消防车的设置标准，增加了可操作性。

**8.2.2** 本条对消防站设置的位置提出了要求。首先要保证消防救援力量的安全，以便在发生火灾时或紧急情况下能迅速出动。1989 年黄岛油库特大火灾事

故，爆炸起火后最先烧毁了岛上仅有的一个消防站并死伤多人。1997年北京东方红炼油厂特大火灾事故，爆炸冲击波将消防站玻璃全部震碎，多人受伤，钢混结构的建筑物被震裂，消防车库的门扭曲变形打不开，以致消防车出不了库。这些火灾事故的经验教训引起人们对消防站设置位置的认真思考。

目前，还没有收集到美国和欧洲标准关于消防站及消防车与油气生产设施安全距离的规定。原苏联标准《石油和石油制品仓库防火规范》（1993年版）规定消防大楼（无人居住）、办公楼和生活大楼距地面储罐40m，距装卸油装置40m。我国国家标准《石油化工企业设计防火规范》GB 50160—92（1999年版）规定消防站距油品储罐50m，距液化烃储罐70m，距其他石油设施40m。我国国家标准《石油库设计规范》GB 50074—2002规定消防车库距油罐、厂房的最大距离为40m。炼油厂和油库的消防站主要为本单位服务，一般布置在工厂围墙之内，距油罐和生产厂房较近。油气田的多数消防站是为责任区内的多个油气站场服务，在主要服务对象的油气站场围墙外单独设置，所以与储油罐、厂房之间有较大距离。综合考虑上述情况，消防站与甲、乙类储油罐的距离仍保持原规范的规定，与甲、乙类生产厂房的距离由原规范的50m增加到100m。对于新建的特大型石油天然气站场，如果经过分析储罐或厂房一旦发生火灾会对消防站构成严重威胁，可酌情增加油气站场与消防站的距离。

**8.2.3** 消防站是战备执勤、待机出动的专业场所，其建筑必须功能齐全，既满足快速反应的需要，又符合环保标准。本条除按传统做法提出一般要求外，还特别规定了："消防车库应有排除发动机废气设施。滑竿室通向车库的出口处应有废气阻隔装置"。由于消防站的设计必须满足人员快速出动的要求。因此，传统的房屋功能组合，总是把执勤待机室和消防车库连在一起。火警出动时，人员从二楼的待机室通过滑竿直接进入消防车库。过去由于消防车库未有排除废气设施，室内通风又不好，加之滑竿出口处不密封，发动车时的汽车尾气，通过滑竿口的抽吸作用，将烟抽到二楼以上人员活动的场所，常常造成人员集体中毒。这样的事故在我国西部和北方地区的冬季经常发生。为保证人身健康，创造良好的、无污染的工作和生活环境，本条对此作出明确规定，以解决多年来基层反映最强烈的问题。

**8.2.4** 油气田和管道系统发生的火灾，具有热值高、辐射热强、扑救难度大的特点。实践证明，扑救这类火灾需要载重量大、供给强度大、射程远的大功率消防车。经调查发现，有些站的技术装备标准很不统一，甚至十分落后，没有按照火灾特点配备消防车辆和器材。考虑到油气田和管道系统所在地区多数水源不足，消防站布局高度分散，增援力量要在2~3h乃至

更长的时间才能到达火场的现实。在本条中给出了消防车技术性能要求。为了使有关部门有据可依，参照国内外有关标准规定，制成表8.2.4，供选配消防车辆用。

泡沫液在消防车罐内如果长期不用会自然沉降，粘液难用，影响灭火，所以要求泡沫罐设置防止泡沫液沉降装置。

"油气田地形复杂"主要是考虑我国西北各油气田的地理条件，例如，黄土高原、沙漠、戈壁，地面普通交通工具难以跨越和迅速到达，有条件的地区或经济承受能力允许，可配消防专用直升飞机。有水上责任区的，应配消防艇或轻便实用的小型消防船、卸载式消防舟。配消防艇的消防站应有供消防艇靠泊的专用码头。

北方高寒地区冬季灭火经常因泵的出水阀冻死而打不开，出不了水。过去曾用气焊或汽油喷灯烘烤，虽然能很快解冻，但对车辆破坏太大。所以规定可根据实际需要配解冻锅炉消防车。解冻锅炉消防车既可以解冻，又可以用于蒸汽灭火。因不是统配设备，故把这条要求写在了"注"里。

考虑我国东部和西部的具体情况，从实际出发，实事求是，统配设备中可根据实际需要调整车型。

**8.2.5** 本条是按独立消防站所配车辆的最大总荷载，规定一次出动应带到火场的灭火剂总量，也是扑救重点保卫对象一处火灾的最低需要量。

"按灭火剂总量1∶1的比例保持储备量"是指除水以外的其他灭火剂。目前在我国常用的，主要是各种泡沫灭火剂和各类干粉灭火剂，如表8.2.5所列。

**8.2.6** 加强消防通信建设，是实现消防现代化、推进消防改革与发展的重要环节。现行国家标准《消防通信指挥系统设计规范》GB 50313是国家强制性技术法规，油气田和管道系统消防站应严格按照该规范要求，建设消防通信线路，保证"119"火灾报警专线和调度专线；实现有线通信数字化；实现有线、无线、计算机通信的联动响应；达到45s完成接受和处理火警过程的法规要求。依托社会公用网或公安专用网，建设消防虚拟的信息传输网络。

### 8.3 消防给水

**8.3.1** 根据石油天然气站场的实际情况，本条对消防用水水源作了较具体的规定和要求。若天然水源较充足，可以就地取用；配制泡沫混合液用水对水温的要求详见现行国家标准《低倍数泡沫灭火系统设计规范》GB 50151。处理达标的油田采出水能满足消防的水质、水温要求时，可用于消防给水。当油田采出水用作消防水源时，采出水的物理化学性质应与采用的泡沫灭火剂相容，不能因为水质、水温不符合要求而降低泡沫灭火剂的性能。

**8.3.2** 目前，石油天然气站场内的消防供水管道有

两种类型，一种是敷设专用的消防供水管，另一种是消防供水管道与生产、生活给水管道合并。经过调查，专用消防供水管道由于长期不使用，管道内的水质易变质；另外，由于管理工作制度不健全，特别是寒冷地区，有的专用消防供水管道被冻裂，如采用合并式管道时，上述问题即可得到解决又可省建设资金。为了减轻火灾对生产、生活用水的干扰，规定系统水量应为消防用水量与70%生产、生活用水量之和。生产用水量不包括油田注水用水量。

**8.3.3** 环状管网彼此相通，双向供水安全可靠。储罐区是油气站场火灾危险性最大、可燃物最多的区域；天然气处理厂的生产装置区是全厂生产的关键部位，根据多年生产经验应采用环状供水管网，可保证供水安全可靠。其他区域可根据具体情况采用环网或枝状给水管道。

为了保证火场用水，避免因个别管段损坏而导致管网中断供水，环状管网应用阀门分割成若干独立段，两阀门之间的消火栓数量不宜超过5个。

对寒冷地区的消火栓井、阀池和管道应有可靠的防渗、保温措施，如大庆油田由于地下水位较高，消火栓井、阀池内进水，每到冬季常有消火栓、阀门、管道被冻裂，不能正常使用。

**8.3.4** 当没有消防给水管道或消防给水管道不能满足消防水量和水压等要求时，应设置消防水池储存消防用水。消防水池的容量应为灭火连续供给时间和消防用水量的乘积。若能确保连续供水时，其容量可以减去灭火延续时间内补充的水量。

当消防水池（罐）和给水或注水池（罐）合用时，为了保证消防用水不被给水或注水使用，应在池（罐）内采取技术措施。如将给水、注水泵的吸水管入口置于消防用水高水位以上；或将给水、注水泵的吸水管在消防用水高水位处开孔等，以确保消防用水的可靠性。

消防用水量较大时应设2座水池（罐）以便在检修、清池（罐）时能保证有一座水池（罐）正常供水。补水时间不超过96h是从油田的具体情况、从安全和经济相结合考虑的。设有火灾自动报警装置，灭火及冷却系统操作采取自动化程序控制的站场，消防水罐的补水时间不应超过48h。设有小型消防系统的站场，消防水罐的补水时间限制可放宽，但不应超过96h。

消防车从消防水池取水，距消防保护对象的距离是根据消防车供水最大距离确定的。

**8.3.5** 对消火栓的设置提出了要求：

**1** 油气站场当采用高压消防供水时，其水源无论是由油气田给水干管供给，还是由站场内部消防泵房供给，消防供水管网最不利点消火栓出口水压和水量，应满足在各种消防设备扑救最高储罐或最高建（构）筑物火灾时的要求。采用低压制消防供水时，由消防车或其他移动式消防水泵提升灭火所需的压力。为保证管道内的水能进入消防车储水罐，低压制消防供水管道最不利点消火栓出口水压应保证不小于0.1MPa（10m水柱）。

**2** 储罐区的消火栓应设在防火堤和消防道路之间，是考虑消防实际操作的需要及水带敷设不会阻碍消防车在消防道路上的行驶。消火栓距离路边1～5m，是为使用方便和安全。

**3** 通常一个消火栓供一辆消防车或2支口径19mm水枪用水，其用水量为10～13L/s，加上漏损，故消火栓出水量按10～15L/s计算。当罐区采用固定式冷却给水系统时，在罐区四周应设消火栓，是为了罐上固定冷却水管被破坏时，给移动式灭火设备供水。2支消火栓的间距不应小于10m是考虑满足停靠消防车等操作要求。

**4** 对消火栓的栓口做了具体规定。低压制消火栓主要是为消防车供水应有直径100mm出口，高压制消火栓主要是通过水龙带为消防设备直接供水，应有两个直径65mm出口。

**5** 设置水龙带箱是参照国外规范制定的，该箱用途很大，特别是对高压制消防供水系统，自救工具必须设在取水地点，箱内的水带及水枪数量是根据消火栓的布置要求配置的。

### 8.4 油罐区消防设施

**8.4.1** 石油是最重要的能源和化工原料，并已成为关系国计民生的重要战略物资，其火灾安全举世关注。据1982年2月我国有关单位调查统计，油罐年平均着火几率约为0.448‰，其中石油化工行业最高，为0.69‰。调查材料同时表明，油罐火灾比例随储存油品的不同而异，以汽油等低闪点油罐及操作温度较高的重油储罐火灾为主。由于油品本身的易燃、火灾易蔓延及扑救难等特性，如果发生火灾不能及时有效扑救，特别是大储量油罐往往后果惨重。这方面的案例很多，如1989年黄岛油库大火，除造成重大财产损失和生态灾难外，还因油罐沸溢导致了灭火人员的重大伤亡。

油罐火的火焰温度通常在1000℃以上。油罐、尤其是地上钢罐着火后，受火焰直接作用，着火罐的罐壁温升很快，一般5min内可使油面以上的罐壁温度达到500℃，8～10min后，达到甚至超过700℃。若不对罐壁及时进行水冷却，油面以上的罐壁钢板将失去支撑能力；并且泡沫灭火时，因泡沫不易贴近炽热的罐壁而导致长时间的边缘火，影响灭火效果，甚至不能灭火。再者，发生或发展为全液面火灾的油罐，其一定距离内的相邻油罐受强烈热辐射、对流等的影响，罐内油品温度会明显升高。距着火油罐越近、风速越大，温升速度越快、温度越高，且非常明显。为防止相邻油罐被引燃，一定距离内的相邻油罐也需要冷却。

综上所述，为防止油罐火灾进一步失控与及时灭火，除一些危险性较小的特定场所（详见第8.4.10条、第8.4.11条的规定）外，油罐区应设置灭火系统和消防冷却水系统。国内外的相关标准、规范也作了类似的规定。有关冷却范围及消防冷却水强度，本节另有规定。

低倍数泡沫灭火系统用于扑救石油及其产品火灾，可追溯到20世纪初。1925年，厄克特发明干法化学泡沫后，出现了化学泡沫灭火装置，并逐步得到了广泛应用。1937年，萨莫研制出蛋白泡沫灭火剂后，空气泡沫灭火系统逐步取代化学泡沫灭火装置，且应用范围不断扩展。随着泡沫灭火剂和泡沫灭火设备及工艺不断发展完善，低倍数泡沫灭火系统作为成熟的灭火技术，在世界范围内，被广泛用于生产、加工、储存、运输和使用甲、乙、丙类液体的场所，并早已成为甲、乙、丙类液体储罐区及石油化工装置区等场所的消防主力军。世界各国的相关工程标准、规范普遍推荐石油及其产品储罐设置低倍数泡沫灭火系统。

**8.4.2** 本条规定是在原规范1993年版的基础上，对设置固定式系统的条件进行了补充和细化，与现行国家标准《石油化工企业设计防火规范》、《石油库设计规范》的规定相类似。本条各款规定的依据或含义如下：

**1** 单罐容量10000m³及以上的固定顶罐与单罐容量不小于50000m³及以上的浮顶罐发生火灾后，扑救其火灾所需的泡沫混合液流量较大，灭火难度也较大。而且其储罐通常总容量较大，可接受的火灾风险相对较小，火灾一旦失控，造成的损失巨大。另外，这类储罐若设置半固定式系统，所需的泡沫消防车较多，协调、操作复杂，可靠性低，也不经济。

机动消防设施不能进行有效保护指消防站距油罐区远或消防车配备不足等。地形复杂指建于山坡区，消防道路环行设置有困难的油罐区。

**2** 容量小于200m³、罐壁高小于7m的储罐着火时，燃烧面积不大，7m罐壁高可以将泡沫勾管与消防拉梯二者配合使用进行扑救，操作亦比较简单，故可以采用移动式灭火系统。

**3** 目前，在油田站场单罐容量大于200m³、小于10000m³范围内的固定顶罐中，5000～10000m³储罐较少，多为5000m³及以下的储罐；单罐容量小于50000m³的浮顶罐，多为20000m³、10000m³、5000m³的储罐。正常条件下，这些储罐采用半固定式系统是可行的。当然，这也不是绝对的。当储罐区总容量较大、人员和机动消防设施保障性差时，最好设置固定式系统。另外，对于原油储罐，尚需考虑其火灾特性。一般认为，原油储罐火灾持续30min后，可能形成了一定厚度的高温层。若待到此时才喷射泡沫，则可能发生溅溢事故，且火灾持续时间越长，这种可能性越大。为此，泡沫消防车等机动设施30min内不能供给泡沫的，最好设置固定式系统。再者，本规定含单罐容量大于或等于200m³的污油罐。

**8.4.3** 本条规定的依据和出发点如下：

**1** 单罐容量不小于20000m³的固定顶油罐发生火灾后，如果错过初期最佳灭火时机，其灭火难度会大大增加，并且一般消防队可能难以扑灭其火灾。所以，为了尽快启动其泡沫灭火系统和消防冷却水系统灭火于初期，参照了国家标准《低倍数泡沫灭火系统设计规范》GB 50151—92（2000年版）"当储罐区固定式泡沫灭火系统的泡沫混合液流量大于或等于100L/s时，系统的泵、比例混合装置及其管道上的控制阀、干管控制阀宜具备遥控操纵功能"的规定，作了如此规定。

**2** 外浮顶油罐初期火灾多为密封处的局部火灾，尤其低液面时难于及时发现。对于单罐容量等于或大于50000m³的储罐，若火灾蔓延则损失巨大。所以需要设自动报警系统，能尽快准确探知火情。为与现行国家标准《石油化工企业设计防火规范》、《石油库设计规范》的相关规定一致，对原规范1993年版的规定作了修改。

**3** 单罐容量等于或大于100000m³的油罐区，其泡沫灭火系统和消防冷却水系统的管道一般较长。《低倍数泡沫灭火系统设计规范》规定了泡沫进入储罐的时间不应超过5min。若消防系统手动操作，泡沫和水到达被保护储罐的时间较长，不利于灭火于初期，也难满足相关规范的规定。另外，此类油罐区不但单罐容量大，通常总容量巨大，可接受的火灾风险相对较小。本规定和《石油化工企业设计防火规范》、《石油库设计规范》一样，对浮顶油罐的防御标准为环形密封处的局部火灾，并可不冷却相邻储罐。若油罐高位着火并持续较长时间，相邻油罐将受到威胁，火灾一旦蔓延，后果难以估量。所以，在着火初期灭火非常重要。为此，参考上述两部规范作了如此规定，以在一定程度上降低火灾风险。

**8.4.5** 本条的规定并未改变原规范1993年版规定的实质内容，仅在编写格式和表述方式上作了变动。本条规定的出发点与8.4.2相同，需要补充说明如下：

在对保温油罐的消防冷却水系统设置上，《石油库设计规范》及《石油化工企业设计防火规范》与本规范的规定有所不同。如《石油库设计规范》规定："单罐容量不小于5000m³或罐壁高度不小于17m的油罐，应设置固定式消防冷却水系统；相邻保温油罐，可采用带架喷雾水枪或水炮的移动式消防冷却水系统"。又如《石油化工企业设计防火规范》规定："罐壁高于17m或储罐容量大于等于10000m³的非保温罐应设置固定式消防冷却水系统"。根据实际火灾案例，油罐保温层的作用是有限的。如1989年8月

12 日发生在黄岛油库火灾，上午 9 时 55 分，5 号 20000m³ 的地下钢筋混凝土储罐遭雷击爆炸起火。12 时零 5 分，顺风而来的大火不但将 4 号 20000m³ 的地下钢筋混凝土储罐引爆，而且 1 号、2 号、3 号 10000m³ 的地上钢制油罐也相继爆炸，几万吨原油横溢，形成了近两平方公里的火海，造成了重大人员伤亡和财产损失及环境污染，留下深刻的教训。为此，本规定将保温罐与非保温罐同等对待，这不但能最大限度地保障灭火人员的人身安全，防止相邻储罐被引燃，且经济合理，适合油气田的实际情况。

另外，本规范规定了半固定式系统，与《石油库设计规范》、《石油化工企业设计防火规范》是有别的，这体现了油气田的特点。不过，若油罐区设置了固定式泡沫灭火系统，还是设置固定式消防冷却水系统为宜。

**8.4.6** 对原规范 1993 年版第 7.3.3 条第二款第 1 项规定地上油罐的冷却范围作了补充。根据调研，某些油气田中设有卧式油罐。所以，本次修订，补充了对地上卧式油罐冷却要求，并对编写格式和表述方式进行了修改。另外，本规定与现行国家标准《石油库设计规范》、《石油化工企业设计防火规范》及《建筑设计防火规范》的规定基本相同。

**1** 本款规定是在综合试验和辐射热强度与距离（$L/D$）平方成反比的热力学理论及现实工程中油罐的布置情况的基础上做出的。

为给相关规范的制订提供依据，有关单位分别于 1974 年、1976 年、1987 年，在公安部天津消防科学研究所试验场进行了全敞口汽油储罐泡沫灭火及其热工测试试验。现将有关辐射热测试数据摘要汇总，见表 6。不过，由于试验时对储罐进行了水冷却，且燃烧时间仅有 2～3min 左右，测得的数据可能偏小。即使这样，1974 年的试验显示，距离 5000m³ 低液面着火油罐 1.5 倍直径、测点高度等于着火储罐罐壁高度处的辐射热强度，平均值为 2.17kW/m²，四个方向平均最大值为 2.39kW/m²，最大值为 4.45kW/m²；1976 年的 5000m³ 汽油储罐试验显示，液面高度为 11.3m，测点高度等于着火储罐罐壁高度时，距离着火储罐罐壁 1.5 倍直径处四个方向辐射热强度平均值为 3.07kW/m²，平均最大值为 4.94kW/m²，最大值为 5.82kW/m²。尽管目前国内外标准、规范并未明确将辐射热强度的大小作为消防冷却的条件，但根据试验测试，热辐射强度达到 4kW/m² 时，人员只能停留 20s；12.5kW/m² 时，木材燃烧、塑料熔化；37.5 kW/m²时，设备完全损坏。可见辐射热强度达到 4kW/m² 时，必须进行水冷却，否则，相邻储罐被引燃的可能性较大。

试验证明，热辐射强度与油品种类有关，油品的轻组分愈多，其热辐射强度愈大。现将相关文献给出的汽油、煤油、柴油和原油的主要火灾特征参数摘录

汇总成表 7，供参考。由该表可见，主要火灾特征参数值，汽油最高、原油最低。汽油的质量燃烧速度约为原油的 1.33 倍；火焰高度约为原油的 2.14 倍；火焰表面的热辐射强度约为原油的 1.62 倍。所以，只要满足汽油储罐的安全要求，就能满足其他油品储罐的安全要求。

**表 6  国内油罐灭火试验辐射热测试数据摘要汇总表**

| 试验年份 | 试验油罐参数（m） | | | 测定位置 | | 辐射热量（kW/m²） | | |
|---|---|---|---|---|---|---|---|---|
| | 直径 | 高度 | 液面 | $L/D$ | $h$ | 平均值 | 平均最大值 | 最大值 |
| 1974 | 5.4 | 5.4 | 高液面 | 1.5 | 1.0$H$ | 6.88 | 7.76 | 8.26 |
| | | | 低液面 | 1.5 | 0.5$H$ | 1.62 | | 2.44 |
| | | | | 1.5 | 1.0$H$ | 3.88 | 4.77 | 11.62 |
| | | | | 1.5 | 1.5$H$ | 8.58 | 9.98 | 17.32 |
| | 22.3 | 11.3 | 低液面 | 1.0 | 1.0$H$ | 6.30 | 6.80 | 13.41 |
| | | | | 1.5 | 1.0$H$ | 2.52 | 2.83 | 4.91 |
| | | | | 2.0 | 1.0$H$ | 2.17 | 2.39 | 4.45 |
| 1976 | 22.3 | 11.3 | 高液面 | 1.0 | 1.0$H$ | 8.84 | 13.57 | 23.84 |
| | | | | 1.5 | 1.0$H$ | 4.42 | 5.93 | 9.25 |
| | | | | 2.0 | 1.0$H$ | 3.07 | 4.94 | 5.82 |
| 1987 | 5.4 | 5.4 | 中液面 | 1.0 | 1.0$H$ | 17.10 | 30.70 | 35.90 |
| | | | | 1.5 | 1.0$H$ | 9.50 | 17.40 | 18.00 |
| | | | | 1.5 | 1.8m | 3.95 | 7.20 | 7.80 |
| | | | | 2.0 | 1.0$H$ | 2.95 | 4.95 | 6.10 |
| | 22.3 | 11.3 | 低液面 | 1.0 | 1.0$H$ | 10.53 | 14.30 | 17.90 |
| | | | | 1.5 | 1.0$H$ | 4.45 | 5.65 | 6.10 |
| | | | | 1.5 | 1.8m | 3.15 | 4.30 | 5.20 |

注：$L$——测点至试验油罐中心的距离；$D$——试验油罐直径；$H$——试验油罐高度。

**表 7  汽油、煤油、柴油和原油的主要火灾特征参数**

| 油品 | 燃烧速度[1]（kg/m²·s） | 火焰高度[2]（$D$） | 燃烧热值（MJ/kg） | 火焰表面热辐射强度（kW/m²） |
|---|---|---|---|---|
| 汽油 | 0.056 | 1.5 | 44 | 97.2 |
| 煤油 | 0.053 | | 41 | |
| 柴油 | 0.0425～0.047 | 0.9 | 41 | 73.0 |
| 原油 | 0.033～0.042 | 0.7 | | 60.0 |

注：1  当风速达到 8～10m/s 时，油品的燃烧速度可增加 30%～50%。

2  $D$ 为储罐直径。火焰高度与油品直径有关。国内试验：直径 5.4m、22.3m 敞口汽油储罐的平均火焰高度分别为 2.12$D$、1.56$D$；日本试验：储罐越大，火焰高度越接近 1.5$D$；德国试验：小罐 3.0$D$、大罐 1.7$D$。

**2** 对于浮顶罐，发生全液面火灾的几率极小，更多的火灾表现为密封处的局部火灾，所以本规范与《石油库设计规范》及《石油化工企业设计防火规范》一样，设防基点均为浮顶罐环形密封处的局部火灾。环形密封处的局部火灾的火势较小，如某石化总厂发生的两起浮顶罐火灾，其中 10000m³ 轻柴油浮顶罐着火，15min 后扑灭，而密封圈只着了 3 处，最大处仅为 7m 长，相邻油罐无需冷却。

**3** 卧式油罐的容量相对较小，并且不乏长径比超过 2 倍的，为尽可能做到安全、合理，故将冷却范围与其直径和长度一并考虑。

**8.4.7** 本条规定了油罐消防冷却水供给范围和供给强度，其依据如下：

**1** 地上立式油罐消防冷却水最小供给强度的依据。

（1）半固定、移动式冷却水供给强度。

半固定、移动式冷却方式多是采用直流水枪进行冷却的。受风向、消防队员操作水平的影响，冷却水不可能完全喷到罐壁上，故比固定式冷却水供给强度要大。1962 年公安、石油、商业三部在公安部天津消防研究所进行泡沫灭火试验时，对 400m³ 固定顶油罐进行的冷却水量进行测定，当冷却水量为 0.635L/s·m 时，未发现罐壁有冷却不到的空白点；当冷却水量为 0.478L/s·m 时，发现罐壁有冷却不到的空白点，水量不足。可见，着火固定顶油罐的冷却水量不应小于 0.6L/s·m。根据水枪移动速度经验，φ16mm 水枪能满足这一最小冷却水量的要求；若达到同一射高，φ19mm 水枪耗水量在 0.8L/s·m 以上。为此，根据试验数据及水枪的耗水量，按水枪口径的不同分别规定了最小冷却水供给强度。

浮顶、内浮顶储罐着火时，通常火势不大，且不是罐壁四周都着火，故冷却水供给强度小些。

相邻不保温、保温油罐的冷却水供给强度是根据测定的热辐射强度进行推算确定的。

单纯从被保护油罐冷却水用量的角度，按单位罐壁表面积表示冷却水供给强度较为合理。但由于在操作上水枪移动范围是有限的，即水枪保护的罐壁周长有一定限度，所以将原规范 1993 年版规定的冷却水供给强度单位，由 L/min·m² 变为 L/s·m。当然，对于小储罐，按此冷却水供给强度单位，冷却水流到下部罐壁处的水量会多些。

（2）固定式冷却水供给强度。

1966 年公安、石油、商业三部在公安部天津消防研究所进行泡沫灭火试验时，对 100m³ 敞口汽油储罐采用固定式冷却，测得冷却水强度最低为 0.49L/s·m，最高为 0.82L/s·m。1000m³ 油罐采用固定式冷却，测得冷却水强度为 1.2～1.5L/s·m。上述试验，冷却效果较好，试验油罐温度控制在 200～325℃之间，仅发现罐壁部分出现焦黑，罐体未发

生变形。当时认为：固定式冷却水供给强度可采用 0.5L/s·m，并且由于设计时不能确定哪是着火罐、哪是相邻罐，国家标准《建筑设计防火规范》GBJ 16 与《石油库设计规范》GBJ 74 最先规定着火罐和相邻罐固定式冷却水最小供给强度同为 0.5L/s·m。此后，国内石油库工程项目基本都采用了这一参数。并且《建筑设计防火规范》至今仍未对这一参数进行修改。

随着储罐容量、高度的不断增大，以单位周长表示的 0.5L/s·m 冷却水供给强度对于高度大的储罐偏小；为使消防冷却水在罐壁上分布均匀，罐壁设加强圈、抗风圈的储罐需要分几圈设消防冷却水环管供水；国际上已通行采用"单位面积法"来表示冷却水供给强度。所以，现行国家标准《石油库设计规范》和《石油化工企业设计防火规范》将以单位周长表示的冷却水供给强度，按罐壁高 13m 的 5000m³ 固定顶储罐换算成单位罐壁表面积表示的冷却水供给强度，即 0.5L/s·m × 60÷13m≈2.3L/min·m²，适当调整取 2.5L/min·m²。故规定固定顶储罐、浅盘式或浮盘由易熔材料制作的内浮顶储罐的着火罐冷却水供给强度为 2.5L/min·m²。浮顶、内浮顶储罐着火时，通常火势不大，且不是罐壁四周都着火，故冷却水供给强度小些。本规范也是这种思路。

相邻储罐的冷却水供给强度至今国内未开展过试验，国家标准《石油库设计规范》和《石油化工企业设计防火规范》对此参数的修改是根据测定的热辐射强度进行推算确定的。思路是：甲、乙类固定顶储罐的间距为 0.6D，接近 0.5D。假设消防冷却水系统的水温为 20℃，冷却过程中一半冷却水达到 100℃并汽化吸收的热量为 1465kJ/L，要带走表 8.4.1 所示距着火油罐罐壁 0.5D 处绝对最大值为 23.84kW/m² 辐射热，所需的冷却水供给强度约为 1.0L/min·m²。《石油库设计规范》和《石油化工企业设计防火规范》曾一度规定相邻储罐固定式冷却水供给强度为 1.0L/min·m²。后因要满足这一参数，喷头的工作压力需降至着火罐冷却水喷头工作压力的 1/6.25，在操作上难以实现。于是，《石油化工企业设计防火规范》1999 年修订版率先修改，不管是固定顶储罐还是浮顶储罐，其冷却强度均调整为 2.0L/min·m²。全面修订的《石油库设计规范》GB 50074—2002 予以修改。由于是相同问题，所以本规范也采纳了这一做法。

冷却水强度的调节设施在设计中应予考虑。比较简易的方法是在罐的供水总管的防火堤外控制阀后装设压力表，系统调试标定时辅以超声波流量计，调节阀门开启度，分别标出着火罐及邻罐冷却时压力表的刻度，做出永久标记，以确保火灾时调节阀门达到设计的冷却水供水强度。

值得说明的是，100m³ 试验罐高 5.4m，若将

1966 年国内试验时测得的最低冷却水强度 0.49L/s·m 一值进行换算，结果应大致为 6.0L/min·m²；相邻储罐消防冷却水供给强度的推算思路也不一定成立；与国外相关标准规范的规定相比（见表 8），我国规范规定的消防冷却水供给强度偏低。然而，设置消防冷却水系统的储罐区大都设置了泡沫灭火系统，及时供给泡沫可快速灭火，并且着火储罐不一定为辐射热强度大的汽油、不一定处于中低液位、不一定形成全敞口。所以，本规范规定的冷却水供给强度是能发挥一定作用的。

**表 8  部分国外标准、规范规定的可燃液体储罐消防冷却水供给强度**

| 序号 | 标准、规范名称 | 冷却水供给强度 | |
| --- | --- | --- | --- |
| | | 着火罐 | 相邻罐 |
| 1 | 美国消防协会 NFPA 15 固定水喷雾消防系统标准 | 10.2L/min·m² | 最小 2L/min·m²、通常 6L/min·m²、最大 10.2L/min·m² |
| 2 | 俄罗斯 СИНП 2.11.03—93 石油和石油制品仓库设计标准 | 罐高 12m 及以上：0.75L/s·m；罐高 12m 以下：0.50L/s·m | 罐高 12m 及以上：0.30L/s·m；罐高 12m 以下：0.20L/s·m |
| 3 | 英国石油学会石油工业安全规范第 19 部分炼油厂与大容量储存装置的防火措施 | 10L/min·m² | 大于 2L/min·m² |

**2  地上卧式罐。**

地上卧式罐的火灾多发生在顶部人孔处。考虑到卧式罐爆炸着火时，部分油品溅出形成小范围地面火，故冷却范围最初是按储罐表面积计算的。但由于人孔处的燃烧面积较小，地面局部火焰主要作用在储罐底部，只要消防冷却水供给强度足够，水从储罐上部喷洒后基本能流到罐底部，从而冷却整个储罐，所以将冷却范围调整为储罐的投影面积。

参考国内相关试验，冷却水供给强度，着火罐不小于 6.0L/min·m²、相邻罐不小于 3.0L/min·m²，应能保证着火罐不变形、不破裂。

**3  对于相邻储罐。**

靠近着火罐的一侧接收的辐射热最大，且越靠近罐顶，辐射热越大。所以冷却的重点是靠近着火罐一侧的罐壁，冷却面积可按实际需要冷却部位的面积计算。但现实中冷却面积很难准确计算，并且相邻关系需考虑罐组内所有储罐。为了安全，规定设置固定式消防冷却水系统时，冷却面积不得小于罐壁表面积的 1/2。为实现相邻罐的半壁冷却，设计时，可将固定

冷却环管等分成 2 段或 4 段，着火时由阀门控制冷却范围，着火罐开启整圈喷淋管，而相邻油罐仅开启靠近着火油罐的半圈。这样虽然增加了阀门，但水量可减少。

工程设计时，通常是根据设计参数选择设备等，但所选设备的参数不一定与设计参数吻合，为了稳妥，需要根据所选设备校核冷却水供给强度。

**8.4.8**  从收集的油罐火灾案例来看，燃烧时间最长的是发生在 1954 年 10 月东北某炼油厂一座 300m³（直径 7m）轻柴油固定顶储罐火灾，燃烧了 6h。另外是 20 世纪 70 年代发生在东北另一家炼油厂 5000m³（直径 23m）轻柴油固定顶储罐火灾，因三个泡沫产生器立管连接在一起，罐顶局部炸开时拉断了其中一个泡沫产生器立管，使泡沫系统不能工作。又因罐顶未全部掀开，车载泡沫炮也无法将泡沫打进，泡沫钩管又无法挂，历时 4.5h，罐内油品全部烧光。其他火灾的持续时间均小于 4h。地上卧式油罐火灾的火势较小，扑救较容易。本着安全又经济的原则，规定直径大于 20m 的地上固定顶油罐和浅盘式或浮盘式为易熔材料制作的内浮顶油罐消防冷却水供给时间不应小于 6h，其他立式油罐消防冷却水供给时间不应小于 4h，地上卧式油罐消防冷却水供给时间不应小于 1h。

另外，油罐消防冷却水供给时间应从开始对油罐喷水算起，直至不会发生复燃为止，其与灭火时间有直接关系。为此，在保障消防冷却水供给强度与供给时间的同时，保障灭火系统的合理可靠尤为重要。

**8.4.9**  本条规定了油罐固定式消防冷却水系统的设置，其依据如下：

**1**  最初，是通过在消防冷却水环管上钻孔的方式向被保护储罐罐壁喷放冷却水的。实践证明，因现场加工误差较大，消防冷却水供给强度难以控制，并且冷却效果也不理想，所以不推荐这种方式。设置冷却喷头，冷却水供给强度便于控制，冷却效果也较理想。

喷头的喷水方向与罐壁保持 30°～60° 的夹角，是为了减小水流对罐壁的冲击力，减少反弹水量，以便有效冷却罐壁。

**2**  消防冷却水环管通常设在靠近储罐上沿处。若油罐设有抗风圈或加强圈，并且没有设置导流设施时，上部喷放的冷却水难以有效冷却油罐抗风圈或加强圈下面的罐壁。所以需在其抗风圈或加强圈下面设冷却喷水圈管。设置多圈冷却水环管时，需按各环圈实际保护的储罐罐壁面积分配冷却水量。

**3**  本规定是为了保证各管段间相互独立，及安全、方便地操作。

**4**  本规定是参照现行国家标准《低倍数泡沫灭火系统设计规范》相关规定做出的。旨在保障冷却水立管牢固地固定在罐壁上；冷却水管道便于清除

锈渣。

　　5　便于系统运行后排出积水。

　　6　防止水中杂物损坏水泵及堵塞喷头等系统部件。

**8.4.10**　烟雾灭火系统是我国自主研究开发的一项主要用于甲、乙、丙类液体固定顶和内浮顶储罐的自动灭火技术。在其30多年的使用过程中，有多起成功灭火的案例，也有失败的教训。业内普遍认为它不如低倍数泡沫灭火系统可靠。另外，至今所进行的7次原油固定顶储罐灭火试验所用原油为密度0.9129g/cm³、初馏点84℃、190℃以下馏出体积量5%的大港油田原油；2002年4月在大庆油田进行的3000m³原油罐低压烟雾灭火试验，其原油190℃以下组分也不超过12%。为此，将烟雾灭火系统应用场所限定在偏远缺水处的四、五级站场，并且将凝析原油储罐排除。本规定与原规范1993年版规定的不同处，就是增加了油罐区总容量和凝析油限制。

　　对于偏远缺水处的四、五级站场，考虑到其规模较小、取水困难、交通闭塞、供电质量差、且油田产量低等，若设置泡沫灭火系统和防冷却水系统或消防站，不少油田难以承受其高昂的开发成本。然而，多数站场远离居民区、且转油站的储罐只有事故时才储油，即使发生火灾不能及时扑灭，造成的危害和损失也较小。所以从全局的角度，设置烟雾灭火系统是可行的。

**8.4.11**　目前，在石油天然气站场中，总容量不大于200m³、且单罐容量不大于100m³的立式油罐区很少，主要分布在长庆油田，且为转油站的事故油罐。这类站场规模较小，且储罐事故时才储油，即使发生火灾也基本不会造成大的危害和损失，所以规定可不设灭火系统和消防冷却水系统。

　　目前，我国油气田单井拉油的井场卧式油罐区中，多数总容量不超过200m³，少数总容量达到500m³，但单罐容量不超过100m³。这类站场的卧式油罐区多为临时性的，且火灾案例极少，设灭火系统和消防冷却水系统往往难以操作。所以，规定可不设灭火系统和消防冷却水系统。

### 8.5　天然气凝液、液化石油气罐区消防设施

**8.5.1**　LPG储罐，尤其是压力储罐，火灾事故较多，其主要原因是泄漏。LPG泄漏后迅速气化形成LPG蒸气云，遇火源爆炸（称作蒸气云爆炸），并回火点燃泄漏源。泄漏源着火将使储罐暴露于火焰中，若不能对储罐进行有效的消防水冷却，液态LPG将迅速气化，火灾进一步失控。

　　压力储罐暴露于火焰中，罐内压力上升，液面以上的罐壁（干壁）温度快速升高，强度下降，一定时间后干壁处会发生热塑性裂口而导致灾难性的沸腾液体蒸气爆炸火灾（一般称为沸液蒸气爆炸），造成储罐的整体破裂，同时伴随的冲击波、强大的热辐射及储罐碎片等还会导致重大人员伤亡和财产损失。某些发达国家的试验研究表明，在开阔区域的大气中，LPG泄漏量超过450kg就有可能发生蒸气云爆炸，并随泄漏量的增加发生蒸气云爆炸可能性会显著增加。

　　通常全冷冻式LPG罐区总容量与单罐容量都较大，着火后如不进行有效消防水冷却，后果难以设想。美国《石油化工厂防火手册》曾介绍一例储罐火灾：A罐、B罐分别装丙烷8000m³、8900m³，C罐装丁烷4400m³，A罐超压，顶壁结合处开裂了180°，大量蒸气外溢，5s后遇火爆燃。在消防车供水冷却控制火灾的情况下，A罐燃烧了35.5h后损坏，B、C罐顶阀件被烧坏，造成气体泄漏燃烧。B罐切断阀无法关闭，结果烧了6d；C罐充N₂并抽料，3d后关闭切断阀灭火。B、C罐壁损坏较小，隔热层损坏大。

　　综上所述，LPG储罐发生火灾后，破坏力较大，许多国家都发生过此类储罐爆炸火灾，尤其是压力储罐火灾，且都造成了重大财产损失和人员伤亡，各国都非常重视LPG储罐的消防问题。LPG储罐发生泄漏后，最好的消防措施是喷射水雾稀释惰化LPG蒸气云，防止蒸气云爆炸；发生火灾后，应及时对着火罐及相邻罐喷水保护，防止暴露于火焰中的储罐发生沸液蒸气爆炸。另天然气凝液与液化石油气性质相近，为此，一并规定天然气凝液与液化石油气罐区应设置消防冷却水系统。

　　另外，本条规定移动式干粉灭火设施系指干粉枪、炮或车。

**8.5.2**　单罐容量较大和（或）储罐数量较多的储罐区，所需的消防冷却水量较大，只靠移动式系统难以胜任，所以应设置固定式消防水冷却系统。但具体如何规定，目前，国家标准《建筑设计防火规范》、《石油化工企业设计防火规范》、《城镇燃气设计规范》等其他主要现行防火规范的规定不尽相同。由于石油天然气站场与石油化工企业不同，消防站大都在站场外，有的相距甚远，且消防车配备较少，往往短时间内难以组织起所需灭火救援力量。所以采纳了《建筑设计防火规范》与《城镇燃气设计规范》的规定。

　　另外，同时设置辅助水枪或水炮的作用是：当高速扩散火焰直接喷射到局部罐壁时，该局部需要较大的供水强度，此时应采用移动式水枪、水炮的集中水流加强冷却局部罐壁；用于因固定系统局部遭破坏而冷却不到地方；燃烧区周围亦需用水枪加强保护；稀释惰化及搅拌蒸气云，使之安全扩散，防止泄漏的LPG爆炸着火。这需要在罐区四周设置消火栓，并且消火栓的设置数量和工作压力要满足规定的水枪用水量。

　　对于总容量不大于50m³或单罐容量不大于20m³的储罐区，着火的可能性相对要小，特别是发生沸液

蒸气爆炸的可能性小，并且着火后需冷却的储罐数量少、面积小，所以，规定可设置半固定式消防冷却水系统。

**8.5.3** 天然气凝液、液化石油气罐区发生火灾后，其固定系统与辅助水枪（水炮）大都同时使用，所以固定系统的消防用水量应按储罐固定式消防冷却用水量与移动式水枪用水量之和计算。

设置半固定式消防冷却水系统的罐区，着火后需冷却的面积基本不会超过120m²，所以规定消防用水量不应小于20L/s。这与现行国家标准《建筑设计防火规范》、《城镇燃气设计规范》的规定是相同的。

**8.5.4** 本条规定了固定冷却水供给强度与冷却面积，依据或解释如下：

**1** 消防冷却水供给强度。

1) 国内外试验研究数据：

①英国消防研究所的皮·内斯在其"水喷雾扑救易燃液体火灾的特性参数"一文中，介绍的液化石油气储罐喷雾强度试验数据为9.6L/min·m²。

②英国消防协会G·布雷在其"液化石油气储罐的水喷雾保护"的论文中指出："只有以10L/min·m²的喷雾强度向罐壁喷射水雾才能为火焰包围的储罐提供安全保护。"

③美国石油学会（API）和日本工业技术院资源技术试验所分别在20世纪50年代和60年代进行了液化石油气储罐水喷雾保护的试验，结果表明：液化石油气储罐的喷雾强度大于6L/min·m²，罐壁温度可维持在100℃左右，即是安全的，采用10L/min·m²是可靠的。

④公安部天津消防研究所1982~1984年进行的"液化石油气储罐火灾受热时喷水冷却试验"获得了与美国、日本基本相同的结果，即喷雾强度大于6L/min·m²时，储罐可得到良好的冷却。

⑤美国J·J·Duggan、C·H·Gilmour、P·F·Fisher等人研究认为：未经隔离设计的容器一旦陷入火中，罐壁表面吸热量最小约为63100W/m²（见1944年1月A·S·M·E学报"暴露于火中容器的超压释放要求"、1943年10月NFPA季刊"暴露于火中的储罐放散"、橡胶设备用品公司备忘录89"容器的热量输入"等论文或文献）。当向被火包围的容器表面以8.2L/min·m²供给强度喷水时，罐壁表面吸热量将减小到18930W/m²（见橡胶设备用品公司备忘录123即"暴露火中容器的防护"一文）。

2) 国外标准规范的规定。从搜集到的欧美、日本等国家的协会、学会标准来看，大都规定液化石油气储罐的最小消防水雾喷射强度为10L/min·m²。

3) 国内相关规范的规定。《建筑设计防火规范》是第一部规定液化石油气储罐冷却水供给强度的国家规范。其主要依据就是上述美国石油学会（API）和日本工业技术院资源技术试验所的试验数据以及美国

消防协会标准《固定式水喷雾灭火系统》NFPA 15的规定，并且为了便于计算规定最小冷却水供给强度为0.15L/s·m²。以后颁布的国家标准《石油化工企业设计防火规范》、《水喷雾灭火系统设计规范》、《城镇燃气设计规范》等均采纳了该规定。

综上所述，尽管我国规范规定的冷却水供给强度稍小于国外标准的规定，但还是可靠的，且得到了一些火灾案例的检验。

**2** 冷却范围。

目前，我国现行各规范的实质规定是一致的，本规定采纳了《建筑设计防火规范》的规定。所谓邻近储罐是指与着火储罐贴邻的储罐。

**8.5.5** 本条主要依据是现行国家标准《石油化工企业设计防火规范》的规定。

全冷冻式液化烃储罐一般为立式双壁罐，有较厚的隔热层，安全设施齐全。有关资料介绍，在某些方面比汽油罐安全，即使发生泄漏，泄漏后初始闪蒸气化，可能在20~30s的短时间会产生大量蒸气形成膜式沸腾状态，扩散比较远的距离，其后蒸发速度降低达到稳定状态，可燃性混合气体被限制在泄漏点附近。稳定状态时的燃烧速度和辐射热与相同燃烧面积的汽油相似。因此，此类罐的消防冷却水供给强度按一般立式油罐考虑。根据美国API 2510A标准，当受到暴露辐射而无火焰接触时，冷却水强度为0~4.07L/min·m²。本条按较大值考虑。

关于消防冷却水系统设置形式，可参照现行国家标准《石油化工企业设计防火规范》的规定。对于罐壁的冷却，设置固定水炮或在罐壁顶部设置带喷头的环形冷却水管都是可行的，具体采用哪一种，应结合实际工程确定。从美国《石油化工厂防火手册》介绍的该类火灾案例来看，水炮能起到冷却作用。

**8.5.6** 现行国家标准《建筑设计防火规范》、《城镇燃气设计规范》与本规范一样，均按储罐区总容量和单罐容量分为三个级别，分别规定了水枪用水量。由于石油化工企业单罐容量100m³以下的储罐极少，所以《石油化工企业设计防火规范》以储罐容积400m³为界分了两个级别，分别规定了与上述规范相同的水枪用水量。而石油天然气站场中单罐容量100m³以下的储罐为数不少，故采纳了《建筑设计防火规范》与《城镇燃气设计规范》的规定。不过上述各规范的规定并不矛盾。

**8.5.7** 关于消防冷却水连续供给时间，我国现行各规范的规定大同小异。《建筑设计防火规范》与《城镇燃气设计规范》规定：总容积小于220m³或单罐容积小于或等于50m³的储罐或储罐区，连续供水时间可为3h；其他储罐或储罐区应为6h。《石油化工企业设计防火规范》规定：消防用水的延续时间应按火灾时储罐安全放空所需时间确定，当其安全放空时间超过6h时，按6h计算。

国外相关标准因各自情况或体制不同，其规定消防冷却水连续供给时间差异较大，尚难借鉴。

据统计，LPG 储罐火灾延续时间大都较长，有些长达数昼夜。显然，按这样长的时间设计消防用水量在经济上是不能接受的。规范所规定的连续供给时间主要考虑在灭火组织过程中需要立即投入的冷却用水量，是综合火灾统计资料与国民经济水平以及消防力量等情况确定的。

LPG 储罐泄漏后，不一定立即着火，需要喷射一定时间的水雾稀释、惰化、驱散蒸气云。另外，石油天然气站场与石油化工企业不同，特别是小站，大都无放空火炬系统，并且天然气凝液储罐中的油品组分不能放空。所以本条采纳了《建筑设计防火规范》与《城镇燃气设计规范》的规定。

再者，对于单罐容量 400m³ 以上的储罐区，如有条件，尽可能回收利用冷却水。

**8.5.8** 本条为水喷雾固定式消防冷却水系统设置的基本要求，现行国家标准《石油化工企业设计防火规范》也做了类似的规定，与之相比，本规定只是增加了对储罐支撑的冷却要求。

**8.5.9** 本条主要依据是现行国家标准《石油化工企业设计防火规范》的规定。主要目的是保证系统各喷头的工作压力基本一致，发生火灾时便于及时开启系统控制阀，以及防止因管道锈蚀等堵塞喷头。

### 8.6 装置区及厂房消防设施

**8.6.1** 天然气净化处理站场的消防用水量与生产装置的规模、火灾危险性、占地面积等有关。四川某气田由日本设计的卧龙河引进"天然气处理装置成套设备"，天然气处理量为 $400×10^4 m^3/d$，消防用水量为 70L/s，连续供给时间按 30min 计算。通过多年生产考察，消防用水供水强度可减少。根据我国国情和多座天然气净化厂（站）的设计经验、生产运行考核，将消防用水量依据其生产规模类型、火灾危险类别及固定消防设施情况等因素计算确定，而将原第 7.3.8 条"不宜少于 30L/s"具体划分为三档。各级厂站的最小消防用水量可按表 8.6.1 选用，而将生产规模大于 $50×10^4 m^3/d$ 的压气站纳入第二档并定为 30L/s，是根据德国 PLE 公司设计并已建成投运的陕京输气管道工程，压气站设置一次消防用水量 200～300m³ 和压缩机房设置气体灭火系统等设施，同时考虑到油气田压气站、注气站的消防供水现状等因素确定的。当压缩机房设有气体灭火系统时，可不设或减少消防用水量。第三档是生产过程较复杂而规模又小于 $50×10^4 m^3/d$ 的天然气净化厂，因占地面积、着火几率、经济损失等较单一站大，需要一定量的消防用水。但常常处于气田内部生产规模小于 $200×10^4 m^3/d$ 的天然气脱水站、脱硫站和生产规模小于或等于 $50×10^4 m^3/d$ 的压气站则可不设消防给水设施。

**8.6.2** 由于扑救火灾常用 φ19mm 手持水枪，其枪口压力一般控制在 0.35MPa 以内，可由一人操作，若水压再高则操作困难。当水压为 0.35MPa 时，其水枪充实水柱射高约为 17m，而 φ19mm 的水枪每支控制面积一般为 50m² 左右，当三级站场装置区的高大塔架和设备群发生火灾时，难以用手持水枪有效灭火。而固定消防炮亦属岗位应急消防设施，一人可以操作，并能及时向火场提供较大的消防水（泡沫、干粉等）量和足够射程的充实水柱，达到对初期火灾的控火、灭火及保护设备的目的。

水炮的喷嘴宜为直流-水雾两用喷嘴，以便于分别保护高大危险设备和地面上的危险设备群。炮的设置距离和出水量是参考国内外有关企业资料和国内此类产品确定的。

**8.6.3** 本条是在原规范 7.1.11 条的基础上参照国家标准《气田天然气净化厂设计规范》SY/T 0011—96 第 6.1.5.6 款和《石油化工企业设计防火规范》GB 50160—92（1999 年版）第 7.6.5 条有关规定编制的。

**8.6.4、8.6.5** 这两条是参照《建筑设计防火规范》有关条款并结合油气站场的厂房、库房、调度办公楼等的特点，提出了建筑物消防给水设施的范围和原则。

**8.6.6** 干粉灭火剂用于扑灭天然气初期火灾是一种灭火效果好、速度快的有效灭火剂，而碳酸氢钠是 BC 类干粉中较成熟、较经济并广泛应用的灭火剂。二氧化碳等气体的灭火性能好、灭火后对保护对象不产生二次损害，是扑救站内重点保护对象压缩机组及电器控制设备火灾的良好灭火剂，故在本规范作了这一规定。扑救天然气火灾最根本的措施是截断气源，但是，当火灾蔓延，对设备（可用水降温，不致于造成损害）的冷却、建筑物的灭火和消防人员的保护等，水具有不可替代的重要作用，因此，凡水源充足、有条件的场站设置消防给水系统是十分必要的。有的压气站位于边远山区、沙漠腹地、人迹罕至、水资源匮乏、规模较小等诸多因素的存在，则不作硬性规定，适当留有余地，这与国外敞开式压缩机组不设水消防一致。

**8.6.7** 无论是装置区域还是全厂，凡采用计算机监控的控制室都有人值守，一旦出现火警，值班人员都能立即发现，若是机柜、线路发生火灾事故，计算机亦会显示故障报警，而发生初期火警值班人员可用手提式灭火器及时扑灭。目前，国内天然气生产装置的中央控制室大多设置有火灾自动报警系统，同时配备了一定数量的手提式气体（干粉）灭火器，经生产运行考核是可行的。据考察国外类似工业生产的计算机控制室，除火灾报警系统外，多采用手提式灭火器。所以，控制室内不要求设置固定式气体自动灭火系统。若使用气体自动灭火系统，一旦发生火灾，气体即自动释放，值班人员必须撤离，但控制室值班人员需要坚守岗位，甚至需采取一系列手动切换措施的操作，否则可能造成更大事故。因此，在有人值守的控制室内设置固定自动气体消防，不利于及时排除故障，确保安全生产。

### 8.7 装卸栈台消防设施

**8.7.1** 目前我国相关现行国家标准，如《石油化工企业设计防火规范》、《石油库设计规范》等，均未规定火车与汽车油品装卸区设置消防给水系统，并且《汽车加油加气站设计与施工规范》GB 50156—2002规定加油站可不设消防给水系统。尽管火车和汽车油罐车装卸油时发生过火灾，但烧毁多节或多辆油罐车的案例比较罕见。油罐车火灾多发生在罐口部位，用灭火器等大都能扑灭。少数因底阀漏油引发的火灾一般也是局部的，基本不会形成大面积火灾。为此，在充分考虑安全与经济的前提下，做出了本规定。

关于消防车到达时间，应按本规范第8.2节的规定执行。按照上述认识，提出了火车和汽车装卸油品栈台的消防要求。

**8.7.2** 本条规定的依据与思路同第8.7.1条。

一、二、三级油品站场以及除偏僻缺水处的四级油品站场，按本规范规定应设置消防冷却水系统与泡沫灭火系统。为此，从经济、安全的角度规定这些站场的装卸站台宜设置消防冷却水系统与泡沫灭火系统。

对其消防冷却水与泡沫混合液用量的规定，一方面考虑不超过油罐区的流量；另一方面火车装卸站台的用量要能供给一台水炮和泡沫炮，汽车装卸站台的用量要能供给2支以上水枪和1支泡沫枪；再者考虑到冷却顶盖的需要，规定带顶盖的消防水用量要大些。

**8.7.3** 尽管国内外火车、汽车液化石油气装卸站台装卸过程的火灾案例不多，但其运行中的火灾案例并不少，有的还造成了重大人员伤亡。所以，LPG列车或汽车槽车一旦在装卸过程中发生泄漏，如不能及时保护，可能发生灾难性爆炸事故。为了降低风险，规定火车、汽车液化石油气装卸站台宜设置消防给水系统和干粉灭火设施。另外，设有装卸站台的石油天然气站场都有LPG储罐，并且都设有消防给水系统，本规定执行起来并不困难。此外，现行国家标准《汽车加油加气站设计与施工规范》规定液化石油气加气站应设消防给水系统。

关于消防冷却水量，火车站台是参照本规范第8.5.6条水枪用水量的规定，并取了最大值，主要考虑能供给一台水炮冷却着火罐及出两支以上水枪冷却邻罐；汽车站台参照了《汽车加油加气站设计与施工规范》对采用埋地储罐的一级加气站消防用水量的规定。

### 8.8 消防泵房

**8.8.1** 消防泵房分消防供水泵房和消防泡沫供水泵房两种。中小型站场一般只设消防供水泵房不设消防泡沫供水泵房，大型站场通常设消防供水泵房和消防泡沫供水泵房两种，这时宜将两种消防泵房合建，以便统一管理。

确定消防泵房规模时，凡泡沫供水泵和冷却供水泵均应满足扑救站场可能的最大火灾时的流量和压力要求。当采用环泵式比例混合器时，泡沫供水泵的流量还应增加动力水的回流损耗，消耗水量可根据有关公式计算。当采用压力比例混合器时，进口压力应满足产品使用说明书的要求。

为确保泡沫供水泵和冷却供水泵能连续供水，一、二、三级站场的消防供水泵和泡沫供水泵均应设备用泵，如果主工作泵规格不一致，备用泵的性能应与最大一台泵相等。

**8.8.2** 本条提出了选择消防泵房位置的要求。距储罐区太近，罐区火灾将威胁消防泵房；离储罐区太远将会延迟冷却水和泡沫液抵达着火点的时间，增加占地面积。

据资料介绍，油罐一旦发生火灾，其辐射热对罐的影响很大，如钢罐在火烧的情况下，5min内就可使罐壁温度升高到500℃，致使油罐钢板的强度降低50%；10min内可使油罐罐壁温度升到700℃，油罐钢板的强度降低90%以上，此时油罐将发生变形或破裂，所以应在最短时间内进行冷却或灭火。一般认为钢罐的抗烧能力约为8min左右，故消防灭火，贵在神速，将火灾扑灭在初期。本条规定启泵后5min内将泡沫混合液和冷却水送到任何一个着火点。根据这一要求，采取可能的技术措施，优化消防泵房的布局。

对于大型站场，为了满足5min上罐要求，在优化消防泵房布局的同时，还应考虑节省启动消防水泵和开启泵出口阀门的时间。消防系统宜采用稳高压方式供水，水泵出口宜设置多功能水泵控制阀。如采用临时高压供水方式，水泵出口宜采用改良型多功能水泵控制阀。启泵时，多功能水泵控制阀能使水泵出口压力自动满足启泵要求，自动完成离心泵闭阀启泵操作过程，节省人力和时间。多功能水泵控制阀还能有效防止消防系统的水击危害。

**8.8.3** 油罐一旦起火爆炸、储油外溢，将会向低洼处流淌，尤其在山区，若消防泵房地势比储罐区低，流淌火焰将会直接威胁消防泵房。另外，消防泵房位于油罐区全年最小频率风向的下风侧，受火灾的威胁最小。从消防泵房的安全考虑，本条规定消防泵房的地势不应低于储罐区，且在储罐区全年最小风频风向的下风侧。

**8.8.4** 本条是为确保消防设备和人员安全而规定。

**8.8.5** 本条是对消防泵组安装的要求。

**1** 消防管道长时间不用会被腐蚀破裂，如吸水和出水均为双管道时，就能保证消防时有一条可正常工作。

**2** 为了争取灭火时间，消防泵一般采用自灌式启泵，若没有特殊原因，消防泵不宜采用负压上水。

**3** 消防泵设自动回流管，主要考虑当消防系统只用1支消火栓，供水量低时，防止消防水泵超压引起故障。同时便于定期对消防泵做试车检查。自动回流系统采用安全泄压阀（持压/泄压阀）自动调节回流水量，实际应用效果较好。

**4** 对于经常启闭、口径大于300mm的阀门，为了便于操作，宜采用电动或气动。为防止停电、断气时也能启闭，故提出要同时能快速手动操作。

**8.8.6** 通信设施首先能进行119火灾专线报警，同时满足向上级主管部门进行火灾报警的要求。

### 8.9 灭火器配置

**8.9.1** 灭火器轻便灵活机动，易于掌握使用，适于扑救初起火灾，防止火灾蔓延，因此，油气站场的建（构）物内应配置灭火器。建筑物内灭火器的配置标准可按现行国家标准《建筑灭火器配置设计规范》执行，本规范不再单独做出规定。

**8.9.2** 现行国家标准《建筑灭火器配置设计规范》GBJ 140—1990（1997年版），第4.0.6条规定：甲、乙、丙类液体储罐，可燃气体储罐的灭火器配置场所，灭火器的配置数量可相应减少70%。但从调查了解，油罐区很少发生火灾，以往油气站场油罐区都没有配置过灭火器；并且灭火器只能用来扑救零星的初起火灾，一旦酿成大火。就不起作用了，而需依靠固定式、半固定式或移动式泡沫灭火设施来扑灭火灾。灭火器的配置经认真计算，并与公安部消防局进行协商后，确定了一个符合大型油罐防火实际的数值，同时根据固定顶油罐和浮顶油罐火灾时，由于燃烧面积的大小不同，分别做出了10%和5%的规定，减少了配置数量。考虑到阀组滴漏、油罐冒顶。在罐区内、浮盘上可能发生零星火灾。因此，可根据储罐大小不同，每个罐可配置1～3个灭火器，用于扑救初起火灾。

随着油、气田开发及深加工处理能力的扩大，油气生产厂、站内出现了露天生产装置区，如原油稳定和天然气深冷、浅冷装置等，而这些装置占地面积也较大，而且设有消防给水，结合这种情况，根据国家标准对配置数量也做了适当的调整。

**8.9.3** 现行国家标准《建筑灭火器配置设计规范》做出了具体规定，详见该规范第3.0.4条及附录四。

**8.9.4** 天然气压缩机厂房相对比较重要，灭火器的配置应高于现行国家标准《建筑灭火器配置设计规范》的规定。配置大型推车式灭火器是合理的。

## 9 电 气

### 9.1 消防电源及配电

**9.1.1** 本条规定是为了确保一、二、三级石油天然气站场在发生火灾事故时，消防泵有两个动力源，能可靠工作。

很多一、二、三级石油天然气站场（如油气田的集中处理站、长输管道的首、末站）都要求采用一级负荷供电。在有双电源的情况下，首先应该考虑消防泵全部用电作为动力源，可以节省投资，方便维护管理。

但是有些一、二、三级石油天然气站场地处边远，或达不到一级负荷供电的要求，只能采用二级负荷供电。现在柴油机或其他内燃机驱动消防泵快速启动技术已经成熟，因此将其作为电动泵的备用泵，是可以保证消防泵可靠工作的。

有的一、二、三级石油天然气站场除消防泵功率较大外，其余设备负荷都较小，如果经过技术、经济比较，当全部采用柴油机或其他内燃机直接驱动消防泵更合理时，也可以采用这种方案。

**9.1.2** 石油天然气站场的消防泵房及其配电室是比较重要的场所，应保证其有可靠照明，需设以直流电源连续供电不少于20min的应急照明灯。

**9.1.3** 本条规定是为了以电作为动力源时备用消防泵能自动投入，并提高消防设备电缆抵御火灾的能力。

### 9.2 防 雷

**9.2.2** 本条与现行国家标准《石油化工企业设计防火规范》一致。当露天布置的塔、容器顶板厚度等于或大于4mm时，对雷电有自身保护能力，不需要装设避雷针保护。当顶板厚度小于4mm时，为防止直击雷击穿顶板引起事故，需要装设避雷针保护工艺装置的塔和容器。

**9.2.3** 储存可燃气体、油品、液化石油气、天然气凝液的钢罐的防雷规定说明如下：

**1** 铝顶油罐应装设避雷针（线），保护整个储罐。

**2** 甲$_B$、乙类油品虽为易燃油品，但装有阻火器的固定顶钢油罐在导电性能上是连续的，当顶板厚度等于或大于4mm时，直击雷无法击穿，做好接地后，雷电流可以顺利导入大地，不会引起火灾。

按照现行国家标准《立式圆筒型钢制焊接油罐设计规范》，地上固定顶钢油罐的顶板厚度最小为4.5mm。所以新建的这种油罐和改扩建石油天然气站场的顶板厚度等于或大于4mm的老油罐，都完全可以不装设避雷针、线保护。但对经检测顶板厚度小于

4mm 的老油罐，储存甲$_B$、乙类油品时，应装设避雷针（线），保护整个储罐。

3 丙类油品属可燃油品，闪点高，同样条件下火灾的危险性小于易燃油品。雷电火花不能点燃钢罐中的丙类油品，所以储存可燃油品的钢油罐也不需要装设避雷针（线），而且接地装置只需按防感应雷装设。

4 浮顶罐由于浮顶上的密封严密，浮顶上面的油气浓度一般都达不到爆炸下限，故不需要装设避雷针（线）。

浮顶罐采用两根截面不小于 25mm$^2$ 的软铜复绞线将浮顶与罐体进行电气连接，是为了导走浮盘上的感应雷电荷和油品传到浮盘上的静电荷。

对于内浮顶油罐，浮盘上没有感应雷电荷，只需导走油品传到浮盘上的静电荷。因此，钢制浮盘的连接导线用截面不小于 16mm$^2$ 的软铜复绞线、铝制浮盘的连接导线用直径不小于1.8mm 的不锈钢钢丝绳就可以了。铝质浮盘用不锈钢钢丝绳，主要是为了防止接触点铜铝之间发生电化学腐蚀，接触不良造成火花隐患。

5 压力储罐是密闭的，罐壁钢板厚度都大于4mm，雷电流无法击穿，也不需要装设避雷针（线），但应做好防雷接地，冲击接地电阻不应大于 30Ω。

**9.2.4** 钢储罐防雷主要靠做好接地，以降低雷击点的电位、反击电位和跨步电压，所以防雷接地引下线不得少于 2 根。其间距是指沿罐周长的距离。

**9.2.5** 规定防雷接地装置冲击接地电阻值的要求，是根据现行国家标准《建筑物防雷设计规范》的规定。因为现场实测只能得到工频接地电阻值与土壤电阻率，而钢储罐防雷接地引下线接地点至接地最远端一般都不大于 20m，所以，可用表 9 进行接地装置冲击接地电阻与工频接地电阻的换算。如土壤电阻率在表列两个数值之间时，用插入法求得相应的工频接地电阻值。

**表 9 接地装置冲击接地电阻与工频接地电阻换算表（Ω）**

| 本规范要求的冲击接地电阻值 | 在以下土壤电阻率（Ω·m）下的工频接地电阻允许极限值 ρ | | | |
| --- | --- | --- | --- | --- |
| | ≤100 | 100~500 | 500~1000 | >1000 |
| 10 | 10 | 10~15 | 15~20 | 30 |
| 30 | 30 | 30~45 | 45~60 | 90 |

**9.2.6** 本条规定是采用等电位连接的方法，防止信息系统被雷电过电压损坏，避免雷电波沿配线电缆传输到控制室。

**9.2.7** 甲、乙类厂房（棚）的防雷：

1 该厂房（棚）属爆炸和火灾危险场所，应采

取现行国家标准《建筑物防雷设计规范》中第二类防雷建筑物的防雷措施，装设避雷带（网）防直击雷。

2 当金属管道、电缆的金属外皮、所穿钢管或架空电缆金属槽被雷直击，或在附近发生雷击时，都会在其上产生雷电过电压。将其在厂房（棚）外侧接地，接地装置与保护接地装置及避雷带（网）接地装置合用，可以使雷电流在甲、乙类厂房（棚）外侧就泄入地下，避免过电压进入厂房（棚）内。

**9.2.8** 丙类厂房（棚）的防雷：

1 丙类厂房（棚）属火灾危险场所，防雷要求要比甲、乙类厂房（棚）宽一些。在雷暴日大于40d/a的地区才装设避雷带（网）防直击雷。

2 本款条文说明与 9.2.7 条第 2 款相同。

**9.2.9** 装卸甲$_B$、乙类油品、液化石油气、天然气凝液的鹤管和装卸栈桥的防雷：

1 雷雨天不应也不能进行露天装卸作业，此时不存在爆炸危险区域，所以不必装设防直击雷的避雷针（带）。

2 在棚内进行装卸作业时，雷雨天可能也要工作，此时就存在爆炸危险区域，所以要要装设避雷针（带）防直击雷。1 区存在爆炸危险混合物的概率高于 2 区，在正常情况下就可能产生，而 2 区只有在事故情况下才可能产生，所以避雷针（带）只保护1 区。

3 装卸区属爆炸危险场所，进入该区的输油（液化石油气、天然气凝液）管道在进入点接地，可将沿管道传输过来的雷电流泄入地下，避免在装卸区出现雷电火花。接地装置冲击接地电阻按防直击雷要求。

### 9.3 防 静 电

**9.3.1** 石油天然气站场内有很多爆炸和火灾危险场所，在加工或储运油品、液化石油气、天然气凝液时，设备和管道会因摩擦产生大量静电荷，如不通过接地装置导入地下，就会聚集形成高电位，可能产生放电火花，引起爆炸着火事故。因此，对其应采取防静电措施。

**9.3.2** 石油天然气管道只有在地上或地沟内敷设时，才会产生静电。本条规定可以防止静电在管道上的聚积。

**9.3.3** 本条规定是为了使铁路、汽车的装卸站台和码头的管道、设备、建筑物与构筑物的金属构件、铁路钢轨等（做阴极保护者除外）形成等电位，避免鹤管与运输工具之间产生电火花。

**9.3.4** 本条规定是为了导走汽车罐车和铁路罐车上的静电。

**9.3.5** 为消除油船在装卸油品过程中产生的大量静电荷，需在油品装卸码头上设置跨接油船的防静电接地装置。此接地装置与码头上油品装卸设备的防静电

接地装置合用，可避免装卸设备连接时产生火花。

**9.3.6** 由于人们普遍穿着的人造织物服装极易产生静电，往往聚积在人体上。为防止静电可能产生的火花，需在甲、乙、丙A类油品（原油除外）、液化石油气、天然气凝液作业场所的入口处设置消除人体静电的装置。此消除静电装置是指用金属管做成的扶手，在进入这些场所前应抚摸此扶手以消除人体静电。扶手应与防静电接地装置相连。

**9.3.7** 静电的电位虽高，电流却较小，所以每组专设的防静电接地装置的接地电阻值一般不大于100Ω即可。

**9.3.8** 因防静电接地装置要求的接地电阻值较大，当金属导体与其他接地系统（不包括独立避雷针防雷接地系统）相连接时，其接地电阻值完全可以满足防静电要求，故不需要再设专用的防静电接地装置。

# 10 液化天然气站场

## 10.1 一般规定

**10.1.1** 规定了本章适用范围。

**1** 从20世纪90年代起，我国陆续建设液化天然气设施，积累了设计、建造和运行经验，还广泛收集和深入研究了国外有关的标准和规范，为我国制订液化天然气设施的防火规范创造了条件。本章是在参考国外标准和总结我国液化天然气设施建设经验的基础上编制的。考虑到液化天然气防火设计的特点，独立成章，但本章与前面各章有着密切联系，例如，储存总容量小于或等于3000m³的液化天然气站场区域布置的安全距离、工艺容器（不包括储罐）和设备的消防要求，电气、站场围墙、道路、灭火器设置等都参照本规范其他各章的内容。

**2** 这里指的液化天然气供气站包括调峰站和卫星站。

调峰站主要由液化天然气储罐、小型天然气液化设备、蒸沸气压缩机、输出设备（液化天然气泵、气化器、计量、加臭等）组成。其液化天然气储罐容量一般在30000～100000m³。上海浦东事故气源备用调峰站的储罐容量为20000m³。

卫星站又称液化天然气接收和气化站。这种站本身无天然气液化设备，所需液化天然气通过专用汽车罐车或火车专用集装箱罐运来。站内设有液化天然气储罐和输出设备。

**3** 小型天然气液化站是指设在油气田和输气管道站场上的小型天然气液化装置。该站仅有天然气液化和储存设施，生产的液化天然气用汽车罐车运到卫星站。例如，中原油田天然气净化液化处理设施就是一座小型天然气液化站。

**10.1.2** 制冷剂的主要成分是乙烯、乙烷或丙烷，所以火灾危险性属于甲A类。

**10.1.3** 在大气压力下，将天然气（指甲烷）温度降到约－162℃即可被液化。液化天然气从储存容器内释放到大气中时，将气化并在大气温度下成为气体。其气体体积约为被气化液体体积的600倍。通常，温度低于－112℃时，该气体比15.6℃下的空气重，但随着温度的升高，该气体变得比空气轻。

由于液化天然气的上述特性，其站场电气装置场所分类比较复杂，需要分析释放物质的相态、温度、密度变化，考虑释放量和障碍条件，按国家现行有关标准确定，详见本规范第1.0.2条说明的相关内容。

**10.1.4** 这是液化天然气设施设计和建造的通行做法，如美国防火协会的《液化天然气（LNG）生产、储存及输送标准》NFPA 59A，以及美国联邦政府规章《液化天然气设施：联邦安全标准》49CFR193部分等，世界各国普遍采用。我国也正在参照国外标准制定相应的国家标准，规范所有组件的设计和建造要求。

## 10.2 区域布置

**10.2.1～10.2.3** 一旦液化天然气泄漏，将快速蒸沸成为气体，使大气中的水蒸气冷凝形成蒸气云，并迅速向远处扩散，与空气形成可燃气体混合物，遇明火则着火；泄漏到水中会产生有噪声的冷爆炸。为防止本工程对周围环境的影响提出相关要求。

液化天然气设施是采用高科技设计建造的高度安全的设施，其关键设施的设计潜在的事故年概率为10⁻⁶。在NFPA 59A中对厂址选择只提到对潜在外部事件应加以考虑，但未具体化。参考法国索菲公司资料以及国家标准《核电厂总平面及运输设计规范》GB/T 50294—1999，将其具体化。条文中未提出的内容可参照国内现行标准执行。

**10.2.4** 本条参照NFPA 59A2.1工厂现场准备中的要求编制。

**10.2.5** 液化天然气设施外部区域布置安全间距，美国NFPA 59A只规定将可能产生的危害降至最低，未给出距离。法国索菲公司资料提出距附近居住区几百米远，按照可能的液化天然气泄漏量形成的蒸气云扩散至浓度低于爆炸混合物下限的最大距离考虑。比利斯泽布勒赫液化天然气接收终端位于旅游区，有3座87000m³储罐，为自支撑式，外罐为预应力混凝土，建于地下15m深的沉箱基础上。比利斯政府和管理单位要求，其设施与海岸线最近居民区之间有一个最小的限定距离，即距LNG船卸载臂及储罐1500m，距气化器1300m。

参考以上资料，结合国内已建液化天然气站场的经验，确定原则如下：

**1** 按储罐总容量划分。美国NFPA 59A分为小于或等于265m³与大于265m³两种情况。本条划分为三种情况：不大于3000m³系按《城镇燃气设计规范》GB 50028—93（2002年版）划分，罐是由工厂预制成品罐或由工厂预制成品内罐和由现场组装外罐构成的子母罐组成；大于或等于30000m³情况是参考法国索菲公司资料，该资料介绍液化天然气调峰站储罐通常在30000m³以上。

**2** 液化天然气储存总容量不大于3000m³时，可按本规范表3.2.2中液化石油气、天然气凝液储存总容量确定站场等级，然后可按照本规范第4.0.4条中相应等级的液化石油气、天然气凝液站场确定区域布置防火间距。这样做主要是考虑到液化石油气站场的工艺和设备已比较成熟，并且有丰富的管理经验，制定标准依据的储罐总容积和单罐容积基本匹配。但是，液化天然气站场在国内才刚刚起步，储罐总容积和单罐容积还不能最合理匹配，并且，液化天然气储罐等级划分与液化石油气也不完全相同。实际使用中如果储罐总容积和单罐容积基本符合表4.0.4的等级划分要求，并且围堰尺寸较小，即可初步采用此表中的相关间距。

**3** 液化天然气储存总容量大于或等于30000m³时与居住区、公共福利设施安全距离应大于0.5km，是采用了广东深圳液化天然气接收终端大鹏半岛西岸称头角场址选择数据，该终端最终储存总容量48×10⁴m³。

**4** 考虑工程设计中储罐个数、单罐容积、储罐操作压力、布置、围堰和安全防火设计以及自然气象条件不同，为将液化天然气泄漏引起的对站外财产和人员的危害降至可接受的程度，条文中提出还要按本规范10.3.4和10.3.5条的规定进行校核。

### 10.3 站场内部布置

**10.3.2** 本条是针对小型储罐提出的要求。这是参照《石油化工企业设计防火规范》GB 50160—92（1999年版）全压力式储罐布置要求和山东淄博市煤气公司液化天然气供气站储罐区内建有12台106m³立式储罐建设经验而定。总容量3000m³是根据本章的划分等级确定的。易燃液体储罐不得布置在液化天然气罐组内，在NFPA 59A中也有明确规定。

**10.3.3** 本条参照美国标准NFPA 59A和49CFR193编制。NFPA 59A规定围堰区内最小盛装容积应考虑扣除其他容器占有容积以及雪水积集后，至少为最大储罐容积100%。子母罐应看作单容罐而设围堰。

**10.3.4** 本条参照美国标准NFPA 59A和49CFR193编制。关于隔离距离的确定，上述标准均规定采用美国天然气研究协会GRI 0176报告中有关"LNG火灾"所描述的模型："LNG火灾辐射模型"进行计算。本条改为"国际公认"，实际指此模型。

目标物中"辐射量达4000W/m²界线以内"的条款，在NFPA 59A中为5000W/m²。考虑到

4000W/m²辐射量处对人的损害是20s以上感觉痛，未必起泡的界限，5000W/m²人更难于接受，故改为4000W/m²。

另外，NFPA 59A中规定，围堰为矩形且长宽比不大于2时，可用如下公式决定隔离距离：

$$d = F\sqrt{A} \tag{10}$$

式中 $d$——到围堰边沿的距离（m）；

$A$——围堰的面积（m²）；

$F$——热通量校正系数，即：对于5000W/m²为3；对于9000W/m²为2；对于30000W/m²为0.8。

由于本章将5000W/m²改为4000W/m²，如采用此公式时其值应大于3，经测算约为3.5，但有待实践后修正。

**10.3.5** 本条参照美国标准NFPA 59A和49CFR193编制。关于扩散隔离距离确定，上述标准均规定采用美国天然气研究协会GRI 0242报告中的有关"利用DEGADIS高浓度气体扩散模型所做的LNG蒸气扩散预测"所描述的模型进行计算。本条改为"国际公认"，实际指此模型。在NFPA 59A（2001年版）中还给出一种计算模型，这里就不再列举。

**10.3.6** 本条参照美国标准NFPA 59A（2001年版）的2.2.3.6、2.2.4.1、2.2.4.2和2.2.4.3条编制。

**10.3.7** 气化器是液化天然气供气站中将液态天然气变成气态的专有设备。气化器可分为加热式、环境式和工艺蒸发式等类型。加热式又可分为整体式，如浸没燃烧式和间接加热式。环境式其热取自自然界，如大气、海水或地热水等。在本章中常用的气化器为浸没燃烧式和大气式。气化器布置要求参照NFPA 59A编制。

**10.3.8** 液化天然气的蒸沸气体可能温度很低，达到—150℃，比空气重。为此气液分离罐内必须配电热器。当放空阀打开时，电加热自动接通，加热排出的气体，使其变得比空气轻并迅速上升，到达排放系统顶部。

"禁止将液化天然气排入封闭的排水沟内"是NFPA 59A第2.2.2.3条的要求。

### 10.4 消防及安全

**10.4.1** 本条为美国标准NFPA 59A第9.1.2条的前半部分。其后半部分是规定评估要求的内容，现摘录供参考。

这种评估所要求的最低因素如下：

（1）LNG、易燃冷却剂或易燃液体的着火、泄漏及渗漏的检测及控制所需设备的类型、数量及安装位置。

（2）非工艺及电气的潜在着火的检测及控制所需设备类型、数量及安装位置。

（3）暴露于火灾环境中的设备及建筑物的防护

方法。

　　（4）消防水系统。

　　（5）灭火及其他火灾控制设备。

　　（6）包括在紧急停机（ESD）系统内的设备与工艺，包括对子系统的分析，如果存在该系统的话，在火灾发生的紧急情况下必须设置专门的泄压容器或设备。

　　（7）启动 ESD 系统或其子系统自动操作所需探测器的类型及设置位置。

　　（8）在紧急情况下，每个装置坚守岗位人员及职责和外部人员调配。

　　（9）根据人员在紧急事故情况下的责任，对操作装置的每个人员提供防护设备及进行专门的培训。

　　通常，气体着火（包括 LNG 着火），只有在燃料源被切断后方可灭火。

**10.4.2** 本条参照美国标准 NFPA 59A 和 49CFR193 编制。

**10.4.3** 本条参照美国标准 NFPA 59A（2001 年版），第 9.3 节"火灾及泄漏控制"进行编制。

**10.4.4** 较大型液化天然气站，设施多、占地大，配遥控摄像录像系统在控制室对现场出现的情况进行监视，有助于提高站的安全程度。上海浦东事故气源备用调峰站设有此系统。

**10.4.5** 消防冷却水设置。

　　**1** 关于总储存容量大于或等于 265m³ 之划分及设置固定供水系统的要求来自 49CFR 的 §193.2817。

　　**2** 采用混凝土外罐与储罐布置在一起组成双层壳罐，储罐液面以下无开口也不会泄漏。此类储罐根据法国索菲公司为国内某工程提供的概念设计以及上海浦东事故气源备用调峰站的设计，仅在罐顶泵平台处设固定水喷雾系统。其供水强度来自美国防火协会标准《固定式水喷雾灭火系统》NFPA 15。

　　**3** 一个站的设计消防水量确定是根据 NFPA 59A（2001 年版）第 9.4 节内容，但在摘编时将余量 63L/s，即 226.8m³/h 改为 200m³/h。移动式消防冷却水用水量参照《石油化工企业设计防火规范》GB 50160—92（1999 年版）第 7.9.2 条规定。

**10.4.6** 液化天然气泄漏或着火，采用高倍数泡沫可以减少和防止蒸气云形成；着火时高倍数泡沫不能扑灭火，但可以降低热辐射量。这种类型泡沫会快速烧毁以及需维持 1m 以上厚度，限制了其应用，但仍在液化天然气设施上广泛采用。目前采取的措施是如何减少泄漏的蒸发面积，减少泡沫用量。国外做过比较，一座 57250m³ 储罐，采用防火堤蒸发表面积为 21000m²，采用与罐间隔 6m 设围墙蒸发表面积降至 1060m²，泄漏时蒸发率降低 95%，这不仅降低了泡沫用量，同时还不受大风天气等因素影响。更进一步是采用混凝土外罐，泄漏时根本不向外漏出，罐也不用配泡沫系统了。但这种罐在罐顶泵出口以及起下沉没泵时会有液化天然气泄漏，为此需建有集液池。此时集液池应配有高倍数泡沫灭火系统。经国外试验，用于液化天然气的泡沫控制发泡倍数为 1∶500 效果最好。

**10.4.7** 液化天然气储罐通向大气的安全阀出口管应设固定干粉灭火系统，这是从上海浦东事故气源备用调峰站 20000m³ 储罐安装实例得出的。

**10.4.8** 本条是依据 NFPA 59A 编制的。

**10.4.9** 本条在 NFPA 59A 中有详细的要求，这是根据实践总结出来的最基本要求。

中华人民共和国国家标准

# 火力发电厂与变电站设计防火规范

Code for design of fire protection for fossil fuel
power plants and substations

GB 50229—2006

主编部门：中华人民共和国公安部
　　　　　中国电力企业联合会
批准部门：中华人民共和国建设部
施行日期：２００７年４月１日

# 中华人民共和国建设部公告

## 第 486 号

### 建设部关于发布国家标准
### 《火力发电厂与变电站设计防火规范》的公告

现批准《火力发电厂与变电站设计防火规范》为国家标准，编号为 GB 50229—2006，自 2007 年 4 月 1 日起实施。其中，第 3.0.1、3.0.9、3.0.11、4.0.8、4.0.11、5.1.1、5.1.2、5.2.1、5.2.6、5.3.5、5.3.12、6.2.3、6.3.5、6.3.13、6.4.2、6.6.2、6.6.5、6.7.2、6.7.3、6.7.4、6.7.5、6.7.8、6.7.9、6.7.10、6.6.12、6.7.13、7.1.1、7.1.3、7.1.4、7.1.7、7.1.8、7.1.9、7.1.10、7.1.11、7.2.2、7.3.1、7.3.3、7.5.3、7.6.2、7.6.4、7.6.5、7.6.6、7.10.1、7.12.4、7.12.8、8.1.2、8.1.5、8.5.4、9.1.2、9.1.4、9.1.5、9.2.1、9.2.2、10.1.1、10.2.1、10.2.2、10.3.1、10.6.1、10.6.3、10.6.4、11.1.1、11.1.3、11.1.4、11.1.7、11.2.2、11.4.4、11.5.1、11.5.3、11.5.8、11.5.9、11.5.11、11.5.14、11.5.17、11.5.20、11.5.21、11.6.1、11.7.1 条为强制性条文，必须严格执行。原《火力发电厂与变电所设计防火规范》GB 50229—96 同时废止。

本规范由建设部标准定额研究所组织中国计划出版社出版发行。

中华人民共和国建设部
二〇〇六年九月二十六日

## 前　言

本规范是根据建设部《关于印发"2001～2002 年度工程建设国家标准制定、修订计划"的通知》（建标〔2002〕85 号）要求，由东北电力设计院会同有关单位对原国家标准《火力发电厂与变电所设计防火规范》GB 50229—96 进行修订基础上编制完成的。

在编制过程中，规范编制组遵照国家有关基本建设的方针和"预防为主，防消结合"的消防工作方针，在总结我国电力工业防火设计实践经验，吸收消防科研成果，借鉴国内外有关规范的基础上，广泛征求了有关设计、科研、生产、消防产品制造、消防监督及高等院校等单位的意见，最后经专家审查由有关部门定稿。

本规范共分 11 章，主要内容：总则，术语，燃煤电厂建（构）筑物的火灾危险性分类、耐火等级及防火发区，燃煤电厂厂区总平面布置，燃煤电厂建（构）筑物的安全疏散和建筑构造，燃煤电厂工艺系统，燃煤电厂消防给水、灭火设施及火灾自动报警，燃煤电厂采暖、通风和空气调节，燃煤电厂消防供电及照明，燃机电厂，变电站。

本次修订的主要内容如下：

1. 调整了规范的适用范围，增加了术语一章，协调了本规范与其他相关国家标准和有关行业标准的关系。

2. 对建（构）筑物的火灾危险性及其耐火等级、主厂房内重点部位的防火措施、运煤系统建筑构件的防火性能、脱硫系统的消防措施、建筑物的安全疏散、管道和电缆穿越防火墙的防火要求、煤粉仓的爆炸内压、消防电缆和动力电缆的选型和敷设，各类建筑灭火、探测报警、防排烟、疏散指示标志和应急照明系统的选型、技术参数和选用范围等内容进行了修订完善。

3. 增加了燃机电厂一章。

4. 对变电站建筑物的种类作了调整与补充，增加了地下变电站、无人值守变电站的防火要求和建筑物内消防水量及火灾自动报警系统的设置要求。

本规范以黑体字标志的条文为强制性条文，必须严格执行。

本规范由建设部负责管理和对强制性条文的解释，由公安部消防局和中国电力企业联合会负责日常管理工作，由东北电力设计院负责具体技术内容的解释。在本规范执行中，希望各有关单位结合工程实践和科学技术研究，认真总结经验，注意积累资料，如发现需要修改和补充之处，请将意见、建议和有关资料寄送东北电力设计院（地址：长春市人民大街 4368 号，邮编：130021），以便今后修订时参考。

本规范主编单位、参编单位及主要起草人：

主 编 单 位：中国电力工程顾问集团东北电力设
　　　　　　计院
参 编 单 位：华东电力设计院
　　　　　　天津消防科学研究所
　　　　　　中国电力规划设计总院
　　　　　　浙江省消防局
　　　　　　广东省消防局
　　　　　　首安工业消防股份有限公司

Hilti 有限（中国）公司
弘安泰消防工程有限公司

主要起草人：李向东　徐文明　龙　建　李　标
　　　　　　郑培钢　张焕荣　龙　辉　王立民
　　　　　　孙相军　马　恒　沈　纹　倪照鹏
　　　　　　李岩山　王爱东　徐海云　余　威
　　　　　　肖裔平　李佩举　丁国锋　徐凯讯
　　　　　　王东方

# 目　　次

| 建（构）筑物名称 | 火灾危险性分类 | 耐火等级 |
|---|---|---|
| 脱硫控制楼 | 丁 | 二级 |
| 吸收塔 | 戊 | 三级 |
| 增压风机室 | 戊 | 二级 |
| 屋内卸煤装置 | 丙 | 二级 |
| 碎煤机室、转运站及配煤楼 | 丙 | 二级 |
| 封闭式运煤栈桥、运煤隧道 | 丙 | 二级 |
| 简仓、干煤棚、解冻室、室内贮煤场 | 丙 | 二级 |
| 供、卸油泵房及栈台（柴油、重油、渣油） | 丙 | 二级 |
| 油处理室 | 丙 | 二级 |
| 主控制楼、网络控制楼、微波楼、继电器室 | 丁 | 二级 |
| 屋内配电装置楼（内有每台充油量＞60kg 的设备） | 丙 | 二级 |
| 屋内配电装置楼（内有每台充油量≤60kg 的设备） | 丁 | 二级 |
| 屋外配电装置室（内有含油电气设备） | 丙 | 二级 |
| 油浸变压器室 | 丙 | 一级 |
| 岸边水泵房、中央水泵房 | 戊 | 二级 |
| 灰浆、灰渣泵房 | 戊 | 二级 |
| 生活、消防水泵房、综合水泵房 | 戊 | 二级 |
| 稳定剂室、加药设备室 | 戊 | 二级 |
| 进水建筑物 | 戊 | 二级 |
| 冷却塔 | 戊 | 三级 |
| 化学水处理室、循环水处理室 | 戊 | 二级 |
| 供氢站 | 甲 | 二级 |
| 启动锅炉房 | 丁 | 二级 |
| 空气压缩机室（无润滑油或不喷油螺杆式） | 戊 | 二级 |
| 空气压缩机室（有润滑油） | 丁 | 二级 |
| 热工、电气、金属试验室 | 丁 | 二级 |
| 天桥 | 戊 | 二级 |
| 天桥（下面设置电缆夹层时） | 丙 | 二级 |
| 变压器检修间 | 丁 | 二级 |
| 雨水、污（废）水泵房 | 戊 | 二级 |
| 检修车间 | 戊 | 二级 |
| 污水处理构筑物 | 戊 | 二级 |
| 给水处理构筑物 | 戊 | 二级 |
| 电缆隧道 | 丙 | 二级 |
| 柴油发电机房 | 丙 | 二级 |
| 特种材料库 | 乙 | 二级 |
| 一般材料库 | 戊 | 二级 |
| 材料棚库 | 戊 | 二级 |
| 机车库 | 丁 | 二级 |
| 推煤机库 | 丁 | 二级 |
| 消防车库 | 丁 | 二级 |

注：1　除本表规定的建（构）筑物外，其他建（构）筑物的火灾危险性及耐火等级应符合国家现行的有关标准的规定。

　　2　主控制楼、网络控制楼、微波楼、天桥、继电器室，当未采取防止电缆着火延燃的措施时，火灾危险性应为丙类。

**3.0.2**　建（构）筑物构件的燃烧性能和耐火极限，应符合现行国家标准《建筑设计防火规范》GB 50016 的有关规定。

**3.0.3**　主厂房的地上部分，防火分区的允许建筑面积不宜大于6台机组的建筑面积；其地下部分不应大于1台机组的建筑面积。

**3.0.4**　当屋内卸煤装置的地下部分与地下转运站或运煤隧道连通时，其防火分区的允许建筑面积不应大于 3000m²。

**3.0.5**　承重构件为不燃烧体的主厂房及运煤栈桥，其非承重外墙为不燃烧体时，其耐火极限不应小于 0.25h；为难燃烧体时，其耐火极限不应小于 0.5h。

**3.0.6**　除氧间与煤仓间或锅炉房之间的隔墙应采用不燃烧体。汽机房与合并的除氧煤仓间或锅炉房之间的隔墙应采用不燃烧体。隔墙的耐火极限不应小于 1h。

**3.0.7**　汽轮机头部主油箱及油管道阀门外缘水平 5m 范围内的

# 1　总　则

**1.0.1**　为确保火力发电厂和变电站的消防安全，预防火灾或减少火灾危害，保障人身和财产安全，制定本规范。

**1.0.2**　本规范适用于下列新建、改建和扩建的电厂和变电站：

　　1　3～600MW 级机组的燃煤火力发电厂（以下简称"燃煤电厂"）；

　　2　燃气轮机标准额定出力 25～250MW 级的简单循环或燃气—蒸汽联合循环电厂（以下简称为"燃机电厂"）；

　　3　电压为 35～500kV、单台变压器容量为 5000kV·A 及以上的变电站。

　　600MW 级机组以上的燃煤电厂、燃气轮机标准额定出力 25MW 级以下及 250MW 级以上的燃机电厂、500kV 以上变电站可参照使用。

**1.0.3**　火力发电厂和变电站的消防设计应结合工程具体情况，积极采用新技术、新工艺、新材料和新设备，做到安全适用、技术先进、经济合理。

**1.0.4**　本规范未作规定者，应符合国家现行的有关标准的规定。

# 2　术　语

**2.0.1**　主厂房　main power house

　　燃煤电厂的主厂房系由汽机房、集中控制楼（机炉控制室）、除氧间、煤仓间、锅炉房等组成的综合性建筑。

　　燃机电厂的主厂房系由燃气轮机房、汽机房、集中控制室及余热锅炉等组成的综合性建筑。

**2.0.2**　集中控制楼　central control building

　　由集中控制室、电子设备间、电缆夹层、蓄电池室、交接班室及辅助用房等组成的综合性建筑。

**2.0.3**　主控制楼　main control building

　　由主控制室、电子设备间、电缆夹层、蓄电池室、交接班室及辅助用房等组成的综合性建筑。

**2.0.4**　网络控制楼　net control building

　　由网络控制室、电子设备间、电缆夹层、蓄电池室、交接班室及辅助用房等组成的综合性建筑。

**2.0.5**　特种材料库　special warehouse

　　存放润滑油和氢、氧、乙炔等气瓶的库房。

**2.0.6**　一般材料库　general warehouse

　　存放精密仪器、钢材、一般器材的库房。

# 3　燃煤电厂建（构）筑物的火灾危险性分类、耐火等级及防火分区

**3.0.1**　建（构）筑物的火灾危险性分类及其耐火等级不应低于表 3.0.1 的规定。

表 3.0.1　建（构）筑物的火灾危险性分类及其耐火等级

| 建（构）筑物名称 | 火灾危险性分类 | 耐火等级 |
|---|---|---|
| 主厂房（汽机房、除氧间、集中控制楼、煤仓间、锅炉房） | 丁 | 二级 |
| 吸风机室 | 丁 | 二级 |
| 除尘构筑物 | 丁 | 二级 |
| 烟囱 | | |
| 脱硫工艺楼 | 戊 | 二级 |

钢梁、钢柱应采取防火隔热措施进行全保护,其耐火极限不应小于1h。

汽轮发电机为岛式布置或主油箱对应的运转层楼板开孔时,应采取防火隔热措施保护其对应的屋面钢结构;采用防火涂料防护屋面钢结构时,主油箱上方楼面开孔水平外缘5m范围所对应的屋面钢结构承重构件的耐火极限不应小于0.5h。

**3.0.8** 集中控制室、主控制室、网络控制室、汽机控制室、锅炉控制室和计算机房的室内装修应采用不燃烧材料。

**3.0.9** 主厂房电缆夹层的内墙应采用耐火极限不小于1h的不燃烧体。电缆夹层的承重构件,其耐火极限不应小于1h。

**3.0.10** 当栈桥、转运站等运煤建筑设置自动喷水灭火系统或水喷雾灭火系统时,其钢结构可不采取防火保护措施。

**3.0.11** 当干煤棚或室内贮煤场采用钢结构时,堆煤高度范围内的钢结构应采取有效的防火保护措施,其耐火极限不应小于1h。

**3.0.12** 其他厂房的层数和防火分区的最大允许建筑面积应符合现行国家标准《建筑设计防火规范》GB 50016的有关规定。

# 4 燃煤电厂厂区总平面布置

**4.0.1** 厂区应划分重点防火区域。重点防火区域的划分及区域内的主要建(构)筑物宜符合表4.0.1的规定。

表4.0.1 重点防火区域及区域内的主要建(构)筑物

| 重点防火区域 | 区域内主要建(构)筑物 |
|---|---|
| 主厂房区 | 主厂房、除尘器、吸风机室、烟囱、靠近汽机房的各类油浸变压器及脱硫建筑物(干法) |
| 配电装置区 | 配电装置的带电气设备、网络控制楼或继电器室 |
| 点火油罐区 | 卸油铁路、栈台或卸油码头、供卸油泵房、贮油罐、含油污水处理站 |
| 贮煤场区 | 贮煤场、转运站、卸煤装置、运煤隧道、运煤栈桥、筒仓 |
| 供氢站区 | 供氢站、贮氢罐 |
| 贮氧罐区 | 贮氧罐 |
| 消防水泵房区 | 消防水泵房、蓄水池 |
| 材料库区 | 一般材料库、特种材料库、材料棚库 |

**4.0.2** 重点防火区域之间的电缆沟(电缆隧道)、运煤栈桥、运煤隧道及油管沟应采取防火分隔措施。

**4.0.3** 主厂房区、点火油罐区及贮煤场区周围应设置环形消防车道,其他重点防火区域周围宜设置消防车道。消防车道可利用交通道路。当山区燃煤电厂的主厂房区、点火油罐区及贮煤场区周围设置环形消防车道有困难时,可沿长边设置尽端式消防车道,并应设回车道或回车场。回车场的面积不应小于12m×12m;供大型消防车使用时,不应小于15m×15m。

**4.0.4** 消防车道的宽度不应小于4.0m。道路上空遇有管架、栈桥等障碍物时,其净高不应小于4.0m。

**4.0.5** 厂区的出入口不应少于2个,其位置应便于消防车出入。

**4.0.6** 厂区围墙内的建(构)筑物与墙外其他工业或民用建(构)筑物的间距,应符合现行国家标准《建筑设计防火规范》GB 50016的有关规定。

**4.0.7** 消防车库的布置应符合下列规定:

1 消防车库宜单独布置;当与汽车库毗连布置时,消防车库的出入口与汽车库的出入口应分设。

2 消防车库的出入口的布置应使消防车驶出时不与主要车流、人流交叉,并便于进入厂区主要干道;消防车库的出入口距道路边沿线不宜小于10.0m。

**4.0.8** 油浸变压器与汽机房、屋内配电装置楼、主控楼、集中控制楼及网控楼的间距不应小于10m;当符合本规范第5.3.8条的规定时,其间距可适当减小。

**4.0.9** 点火油罐区的布置应符合下列规定:

1 应单独布置。

2 点火油罐区四周,应设置1.8m高的围栅;当利用厂区围墙作为点火油罐区的围墙时,该段厂区围墙应为2.5m高的实体围墙。

3 点火油罐区的设计,应符合现行国家标准《石油库设计规范》GB 50074的有关规定。

**4.0.10** 供氢站、贮氧罐的布置,应分别符合现行国家标准《氢氧站设计规范》GB 50177及《氧气站设计规范》GB 50030的有关规定。

**4.0.11** 厂区内建(构)筑物之间的防火间距不应小于表4.0.11的规定。

表4.0.11 各建(构)筑物之间的防火间距(m)

| 建(构)筑物名称 | | 丙、丁、戊类建筑 耐火等级 | | 屋外配电装置 | 露天卸煤装置或贮煤场 | 供氢站 | 贮氢罐 | 点火油罐区贮油罐 | 露天油库 | 办公、生活建筑 耐火等级 | | 铁路中心线 | | 厂外道路(路边) | 厂内道路(路边) | |
|---|---|---|---|---|---|---|---|---|---|---|---|---|---|---|---|---|
| | | 一、二级 | 三级 | | | | | | | 一、二级 | 三级 | 厂外 | 厂内 | | 主要 | 次要 |
| 丙、丁、戊类生产建筑 | 耐火等级 一、二级 | 10 | 12 | 10 | 8 | 12 | 12 | 20 | 12 | 10 | 12 | — | | | | |
| | 三级 | 12 | 14 | 12 | 10 | 14 | 15 | 25 | 12 | 12 | 14 | — | | | | |
| 屋外配电装置 | | 10 | 12 | — | 15 | 25 | 25 | 25 | 25 | 10 | 12 | — | | | | |
| 主变压器或屋外厂用变压器 油量(t/台) | <10 | 12 | 15 | 10 | 15 / 25(褐煤) | 25 | 25 | 40 | 30 | 10 | 20 | — | | | | |
| | 10~50 | 15 | 20 | — | | | | | | 20 | 25 | | | | | |
| | >50 | 20 | 25 | 30 | | | | | | 20 | 30 | | | | | |
| 露天卸煤装置或贮煤场 | | 8 | 10 | 15 / 25(褐煤) | — | 25(褐煤) | | | 15 | 8 | 10 | | | | | |
| 供氢站 | | 12 | 14 | 25 | 15 / 25(褐煤) | 12 | 12 | 25 | 25 | 25 | | 30 | 20 | 15 | 10 | 5 |
| 贮氢罐 | | 12 | 14 | 25 | | 12 | 注3 | 25 | 25 | 25 | | 25 | 25 | 15 | 10 | 5 |
| 点火油罐区贮油罐 | | 20 | 25 | 25 | 25(褐煤) | 25 | 25 | 注6 | — | 32 | | 30 | 20 | 15 | 10 | 5 |
| 露天油库 | | 12 | 15 | 25 | 15 | 15 | 25 | — | 注4 | 20 | | 30 | 20 | 15 | 10 | 5 |

| 建(构)筑物名称 | | 丙、丁、戊类建筑耐火等级 | | 屋外配电装置 | 露天卸煤装置或贮煤场 | 供氢站 | 贮氢罐 | 点火油罐区贮油罐 | 露天油库 | 办公、生活建筑耐火等级 | | 铁路中心线 | | 厂外道路(路边) | 厂内道路(路边) | |
|---|---|---|---|---|---|---|---|---|---|---|---|---|---|---|---|---|
| | | 一、二级 | 三级 | | | | | | | 一、二级 | 三级 | 厂外 | 厂内 | | 主要 | 次要 |
| 办公、生活建筑 | 耐火等级 一、二级 | 10 | 12 | 10 | 8 | 25（褐煤） | 25 | 25 | 15 | 6 | 7 | — | | | | |
| | 三级 | 12 | 14 | 12 | 10 | | | 32 | 20 | 7 | 8 | — | | | | |

注：1 防火间距应按相邻两建(构)筑物外墙的最近距离计算，当外墙有凸出的燃烧构件时，应从其凸出部分外缘算起；建(构)筑物与屋外配电装置的防火间距应从构架算起；屋外油浸变压器之间的间距由工艺确定。

2 表中油浸变压器外轮廓同丙、丁、戊类建筑物的防火间距，不包括汽机房、屋内配电装置楼、主控制楼及网络控制楼。

3 贮氢罐的防火间距应为相邻较大贮氢罐的直径。

4 一组露天油库区的总贮油量不大于 $1000m^3$，且可按数个贮油罐分两行成组布置，其贮油罐的防火距离不宜小于 1.5m。

5 贮氢罐与建筑物的防火间距按贮氢罐总贮量小于或等于 $1000m^3$ 考虑，贮氢罐总贮量是以贮罐的总水容积($m^3$)与其工作压力(绝对压力)与大气压力的比值的乘积计算的。当贮氢罐总贮量大于 $1000m^3$ 时，贮氢罐与建筑物的防火间距按现行国家标准《建筑设计防火规范》GB 50016 和《氢氧站设计规范》GB 50177 中的有关规定执行。

6 点火油罐之间的防火距离应符合现行国家标准《石油库设计规范》GB 50074 的规定。

**4.0.12** 高层厂房之间及与其他厂房之间的防火间距，应在表 4.0.11 规定的基础上增加 3m。

**4.0.13** 甲、乙类厂房与重要公共建筑的防火间距不宜小于 50m。

**4.0.14** 当主厂房呈□形或凵形布置时，相邻两翼之间的防火间距，应符合现行国家标准《建筑设计防火规范》GB 50016 的有关规定。

# 5 燃煤电厂建(构)筑物的安全疏散和建筑构造

## 5.1 主厂房的安全疏散

**5.1.1** 主厂房各车间(汽机房、除氧间、煤仓间、锅炉房、集中控制楼)的安全出口均不应少于 2 个。上述安全出口可利用通向相邻车间的门作为第二安全出口，但每个车间地面层至少须有 1 个直通室外的出口。主厂房内最远工作地点到外部出口或楼梯的距离不应超过 50m。

**5.1.2** 主厂房的疏散楼梯可为敞开式楼梯间；至少应有 1 个楼梯通至各层及屋面且能直接通向室外。集中控制楼至少应设置 1 个通至各层的封闭楼梯间。

**5.1.3** 主厂房室外疏散楼梯的净宽不应小于 0.8m，楼梯坡度不应大于 45°，楼梯栏杆高度不应低于 1.1m。主厂房室内疏散楼梯净宽不宜小于 1.1m，疏散走道的净宽不宜小于 1.4m，疏散门的净宽不宜小于 0.9m。

**5.1.4** 集中控制楼内控制室的疏散出口不应少于 2 个，当建筑面积小于 60m² 时可设 1 个。

**5.1.5** 主厂房的带式输送机层应设置通向汽机房、除氧间屋面或锅炉平台的疏散出口。

## 5.2 其他建(构)筑物的安全疏散

**5.2.1** 碎煤机室、转运站及筒仓带式输送机层至少应设置 1 个安全出口。安全出口可采用敞开式钢楼梯，其净宽不应小于 0.8m、坡度不应大于 45°。与其相连的运煤栈桥不应作为安全出口，当运煤栈桥长度超过 200m 时，应加设中间安全出口。

**5.2.2** 主控制楼、屋内配电装置楼各层及电缆夹层的安全出口不应少于 2 个，其中 1 个安全出口可通室外楼梯。当屋内配电装置楼长度超过 60m 时，应加设中间安全出口。

**5.2.3** 电缆隧道两端均应设通往地面的安全出口；其长度超过 100m 时，安全出口的间距不应超过 75m。

**5.2.4** 卸煤装置的地下室两端及运煤系统的地下建筑物尽端，应设置通至地面的安全出口。当地下室的长度超过 200m 时，安全出口的间距不应超过 100m。

**5.2.5** 控制室的疏散出口不应少于 2 个，当建筑面积小于 60m² 时可设 1 个。

**5.2.6** 配电装置室内最远点到疏散出口的直线距离不应大于 15m。

## 5.3 建筑构造

**5.3.1** 主厂房的电梯能供消防使用，须符合下列要求：

1 在首层的电梯井外壁上应设置供消防队员专用的操作按钮。电梯轿厢的内装修应采用不燃烧材料，且其内部应设置专用消防对讲电话。

2 电梯的载重量不应小于 800kg。

3 电梯的动力与控制电缆、电线应采取防水措施。

4 电梯井和电梯机房的墙应采用不燃烧体。

5 电梯的供电应符合本规范第 9.1 节的有关规定。

6 电梯的行驶速度，应按从首层到顶层的运行时间不超过 60s 计算确定。

7 电梯的井底应设置排水设施，排水井的容量不应小于 2m³，排水泵的排水量不应小于 10L/s。

**5.3.2** 主厂房及辅助厂房的室外疏散楼梯和每层出口平台，均应采用不燃烧材料制作，其耐火极限不应小于 0.25h，在楼梯周围 2m 范围内的墙面上，除疏散门外，不应开设其他门窗洞口。

**5.3.3** 变压器室、配电装置室、发电机出线小室、电缆夹层、电缆竖井等室内疏散门应为乙级防火门，但上述房间中间隔墙上的门可为不燃烧材料制作的双向弹簧门。

**5.3.4** 主厂房各车间隔墙上的门均应采用乙级防火门。

**5.3.5** 主厂房疏散楼梯间内部不应穿越可燃气体管道、蒸汽管道和甲、乙、丙类液体的管道。

5.3.6 主厂房与天桥连接处的门应采用不燃烧材料制作。

5.3.7 蓄电池室、通风机室、充电机室以及蓄电池室前套间通向走廊的门,均应采用向外开启的乙级防火门。

5.3.8 当汽机房侧墙外5m以内布置有变压器时,在变压器外轮廓投影范围外侧各3m内的汽机房外墙上不应设置门、窗和通风孔;当汽机房侧墙外5～10m范围内布置有变压器时,在上述外墙上可设甲级防火门。变压器高度以上可设防火窗,其耐火极限不应小于0.90h。

5.3.9 电缆沟及电缆隧道在进出主厂房、主控制楼、配电装置室时,在建筑物外墙处应设置防火墙。电缆隧道的防火墙上应采用甲级防火门。

5.3.10 当管道穿过防火墙时,管道与防火墙之间的缝隙应采用防火材料填塞。当直径大于或等于32mm的可燃或难燃管道穿过防火墙时,除填塞防火材料外,还应采取阻火措施。

5.3.11 当柴油发电机布置在其他建筑物内时,应采用防火墙与其他房间隔开,并应设置单独出口。

5.3.12 **特种材料库与一般材料库合并设置时,二者之间应设置防火墙。**

5.3.13 发电厂建筑中二级耐火等级的丁、戊类厂(库)房的柱、梁均可采用无保护层的金属结构,但使用甲、乙、丙类液体或可燃气体的部位,应采取防火保护措施。

5.3.14 火力发电厂内各类建筑物的室内装修应按现行国家标准《建筑内部装修设计防火规范》GB 50222执行。

# 6 燃煤电厂工艺系统

## 6.1 运煤系统

6.1.1 褐煤、高挥发分烟煤及低质烟煤应分类堆放。相邻煤堆底边之间应留有不小于10m的距离。

6.1.2 贮存褐煤或易自燃的高挥发分煤种的煤场,应符合下列规定:

　　1 煤场机械在选型或布置上宜提高堆取料机的回取率。

　　2 当采用斗轮机时,煤场的布置及煤场机械的选型应为燃煤先进先出提供条件。

　　3 贮煤场应定期翻烧,翻烧周期应根据燃煤的种类及其挥发分来确定,一般应为2～3个月,在炎热季节翻烧周期宜为15d。

　　4 按不同煤种的特性,应采取分层压实、喷水或洒石灰水等方式堆放。

　　5 对于易自燃的煤种,当露天煤堆较高时,可设置高度为1～1.5m的挡煤墙,但不应妨碍堆取料设备及煤场辅助设备的正常工作。

6.1.3 贮存褐煤或易自燃的高挥发分煤种的筒仓宜采用通过式布置,并应采取下列措施:

　　1 设置防爆装置。

　　2 监测温度。

　　3 监测烟气、可燃气体浓度。

　　4 设置喷水装置或降低煤粉及可燃气体浓度。

6.1.4 室内贮煤场应采取下列防火、防爆措施:

　　1 喷水设施。

　　2 通风设施。

　　3 贮存褐煤或易自燃的高挥发分煤种时,应设置烟气及可燃气体浓度监测设施,电气设施应采用防爆型。

6.1.5 卸煤装置以及筒仓煤斗斗形的设计应符合下列规定:

　　1 斗壁光滑耐磨,交角呈圆角状,避免有凸出或凹陷。

　　2 壁面与水平面的交角不应小于60°,料口部位为等截面收

缩或双曲线斗型。

　　3 按煤的流动性确定卸料口直径。必要时设置助流设施。

6.1.6 金属煤斗及落煤管的转运部位,应采取防撒或防积措施。

6.1.7 运煤系统的带式输送机应设置速度信号、输送带跑偏信号、落煤斗堵煤信号和紧急拉绳开关安全防护设施。

6.1.8 燃用褐煤或易自燃的高挥发分煤种的燃煤电厂应采用难燃胶带。导料槽的防尘密封部分应采用难燃型。卸煤装置、筒仓、混凝土或金属煤斗、落煤管的内衬应采用不燃烧材料。

6.1.9 燃用褐煤或易自燃的高挥发分煤种时,从贮煤设施取煤的第一条胶带上应设置明火监测装置。

6.1.10 运煤系统的消防通信设备宜与运煤系统配置的通信设备共用。

## 6.2 锅炉煤粉系统

6.2.1 原煤仓和煤粉仓的设计应符合下列规定:

　　1 原煤仓和煤粉仓内表面应平整、光滑、耐磨和不积煤、不堵粉,仓的几何形状和结构应使煤及煤粉能够顺畅自流。

　　2 圆筒形原煤斗出口段截面收缩率不应小于0.7,下口直径不宜小于600mm,原煤斗出口段壁面与水平面的交角不应小于60°。非圆筒形结构的原煤斗,其相邻两壁交线与水平面交角不应小于55°,壁面与水平面的交角不应小于60°;对于黏性大、高挥发分或易燃的烟煤和褐煤,相邻两壁交线与水平面交角不应小于65°,壁面与水平面的交角不应小于70°。相邻两壁交角的内侧应成圆弧形,圆弧的半径不应小于200mm。

　　3 金属煤粉仓的壁面与水平面的交角不应小于65°,相邻两壁间交线与水平面交角不应小于60°,相邻两壁交角的内侧应成圆弧形,圆弧的半径不应小于200mm。

　　4 煤粉仓应防止受热和受潮,对金属煤粉仓外壁应采取保温措施,在严寒地区靠近厂房外墙或外露的原煤仓和煤粉仓,应采取防冻保温措施。

　　5 煤粉仓及其顶盖应具有整体坚固性和严密性,煤粉仓上应设置防爆门,除无烟煤外的其他设计煤种,煤粉仓应按承受40kPa以上的爆炸内压设计。

　　6 煤粉仓应设置测量煤粉温度、粉位和吸潮、放粉及防爆设施。

6.2.2 在任何锅炉负荷下,送粉系统管道的布置应符合以下规定:

　　1 送粉管道满足下列流速条件时允许水平布置,否则与水平面的夹角不应小于45°:

　　　　1)热风送粉系统:从一次风箱到燃烧器和从排粉机到乏气燃烧器之间的送粉管道,流速不小于25m/s;

　　　　2)干燥剂送粉系统:从排粉机到燃烧器的送粉管道,流速不小于18m/s;

　　　　3)直吹式制粉系统:从磨煤机到燃烧器的送粉管道,流速不小于18m/s。

　　2 除必须用法兰与设备和部件连接外,煤粉系统的管道应用焊接连接。

6.2.3 煤粉系统的设备保温材料、管道保温材料及在煤仓间穿过的汽、水、油管道保温材料均应采用不燃烧材料。

6.2.4 磨制高挥发分煤种的制粉系统不宜设置系统之间的输送煤粉机械;必须设置系统之间的输粉机械时应布置输粉机械的温度测点、吸潮装置。

6.2.5 锅炉及制粉系统的维护平台和扶梯踏步应采用格栅板平台。位于煤粉系统、炉膛及烟道处的防爆门排出口之上及油喷嘴之下的维护平台应采用花纹钢板制作。

6.2.6 煤粉系统的防爆门设置应符合下列规定:

　　1 煤粉系统设备和其他部件按小于最大爆炸压力设计时,应设置防爆门。

　　2 磨制无烟煤的煤粉系统以及在惰性气氛下运行的风扇磨

煤机煤粉系统,可不设置防爆门。

3 防爆门动作时喷出的气流,不应危及附近的电缆、油气管道和经常有人通行的部位。

6.2.7 磨煤机出口的气粉混合物温度,不应大于表6.2.7的规定。

表6.2.7 磨煤机出口的气粉混合物温度(℃)

| 类 别 | 空气干燥 | | 烟气空气混合干燥 | |
|---|---|---|---|---|
| | 煤种 | 温度 | 煤种 | 温度 |
| 风扇磨煤机直吹式系统(分离器后) | 贫煤 | 150 | | |
| | 烟煤 | 130 | | 180 |
| | 褐煤、页岩 | 100 | | |
| 钢球磨煤机储仓式系统(磨煤机后) | 无烟煤 | 不受限制 | 褐煤 | 90 |
| | 贫煤 | 130 | 烟煤 | 120 |
| | 烟煤、褐煤 | 70 | | |
| 双进双出钢球磨煤机直吹式系统(分离器后) | 烟煤 | 70~75 | | |
| | 褐煤 | 70 | | |
| | $V_{daf} \leqslant 15\%$的煤 | 100 | | |
| 中速磨煤机直吹式系统(分离器后) | 当$V_{daf} < 40\%$时,$t_{M2} = [(82 - V_{daf})5/3 \pm 5]$ | | | |
| | 当$V_{daf} \geqslant 40\%$时,$t_{M2} \leqslant 70$ | | | |
| RP、HP中速磨煤机直吹式系统(分离器后) | 高热值烟煤<82,低热值烟煤<77,次烟煤、褐煤<66 | | | |

注:$t_{M2}$指磨煤机出口气粉混合物温度。

6.2.8 磨制混合品种燃料时,磨煤机出口的气粉混合物的温度,应按其中最易爆的煤种确定。

6.2.9 采用热风送粉时,对干燥无灰基挥发分15%及以上的烟煤及贫煤,热风温度的确定,应使燃烧器前的气粉混合物的温度不超过160℃;对无烟煤和干燥无灰基挥发分15%以下的烟煤及贫煤,其热风温度可不受限制。

6.2.10 当制粉系统设置有中间煤粉储仓时,宜设置该系统停止运行后的放粉系统。

## 6.3 点火及助燃油系统

6.3.1 锅炉点火及助燃用油品火灾危险性分类应符合现行国家标准《石油库设计规范》GB 50074的有关规定。

6.3.2 从下部接卸铁路油罐车的卸油系统,应采用密闭式管道系统。

6.3.3 加热燃油的蒸气温度,应低于油品的自燃点,且不应超过250℃。

6.3.4 储存丙类液体的固定顶油罐应设置通气管。

6.3.5 油罐的进、出口管道,在靠近油罐处及防火堤外面应分别设置隔离阀。油罐区的排水管在防火堤外应设置隔离阀。

丙类液体和可燃、助燃气体管道穿越防火墙时,应在防火墙两侧设置隔离阀。

6.3.6 油罐的进油管宜从油罐的下部进入,当工艺布置需要从油罐的顶部接入时,进油管宜延伸到油罐的下部。

6.3.7 管道不宜穿过防火堤。当需要穿过时,管道与防火堤间的缝隙应采用防火堵料紧密填塞,当管道周边有可燃物时,还应在堤体两侧1m范围内的管道上采取绝热措施;当直径大于或等于32mm的可燃或难燃管道穿过防火堤时,除填塞防火堵料外,还应设置阻火圈或阻火带。

6.3.8 容积式油泵安全阀的排出管,应接至油罐与油泵之间的回油管道上,回油管道不应装设阀门。

6.3.9 油管道宜架空敷设。当油管道与热力管道敷设在同一地沟时,油管道应布置在热力管道的下方。

6.3.10 油管道及阀门应采用钢质材料。除必须用法兰与设备和其他部件相连接外,油管道管段应采用焊接连接。严禁采用填函式补偿器。

6.3.11 燃烧器油枪接口与固定油管道之间,宜采用带金属编织网套的波纹管连接。

6.3.12 在每台锅炉的供油总管上,应设置快速关断阀和手动关断阀。

**6.3.13** 油系统的设备及管道的保温材料,应采用不燃烧材料。

**6.3.14** 油系统的卸油、贮油及输油的防雷、防静电设施,应符合现行国家标准《石油库设计规范》GB 50074的有关规定。

**6.3.15** 在装设波纹管补偿器的燃油管道上宜采取防超压的措施。

## 6.4 汽轮发电机

6.4.1 汽轮机油系统的设计应符合下列规定:

1 汽轮机主油箱应设置排油烟机,排油烟管道应引至厂房外无火源处且避开高压电气设施。

2 汽轮机的主油箱、油泵及冷油器设备,宜集中布置在汽机房零米层机头靠A列柱侧处并远离高温管道。

3 在汽机房外,应设密封的事故排油箱(坑),其布置标高和排油管道的设计,应满足事故发生时排油畅通的需要;事故排油箱(坑)的容积,不应小于1台最大机组油系统的油量。

4 压力油管道应采用无缝钢管及钢制阀门,并应按高一级压力选用。除必须用法兰与设备和部件连接外,应采用焊接连接。

5 200MW及以上容量的机组宜采用组合油箱及套装油管,并宜设单元组装式油净化装置。

6 油管道应避开高温蒸汽管道,不能避开时,应将其布置在蒸汽管道的下方。

7 在油管道与汽轮机前轴封箱的法兰连接处,应设置防护槽和将漏油引至安全处的排油管道。

8 油系统管道的阀门、法兰及其他可能漏油处敷设有热管道或其他载热体时,载热体管道外面应包敷严密的保温层,保温层外面应采用镀锌铁皮或铝皮做保护层。

9 油管道法兰接合面应采用质密、耐油和耐热的垫料,不应采用塑料垫、橡皮垫和石棉垫。

10 在油箱的事故排油管上,应设置两个钢制阀门,其操作手轮应设在距油箱外缘5m以外的地方,并应有两个以上的通道。操作手轮不得加锁,并应设置明显的"禁止操作"标志。

11 油管道及其附件的水压试验压力应符合下列规定:
1)调节油系统试验压力为工作压力的1.5~2倍;
2)润滑油系统的试验压力不应低于0.5MPa;
3)回油系统的试验压力不应低于0.2MPa。

12 300MW及以上容量的汽轮机调节油系统,宜采用抗燃油。

6.4.2 发电厂氢系统的设计应符合下列规定:

1 汽机房内的氢管道,应布置在通风良好的区域。

2 发电机的排氢阀和气体控制站(氢置换设施),应布置在能使氢气直接排往厂房外部的安全处。

排氢管必须排至厂房外安全处。排氢管的排氢能力应与汽轮机破坏真空停机的惰走时间相配合。

3 与发电机相接的氢管道,应采用带法兰的短管连接。

4 氢管道应有防静电的接地措施。

## 6.5 辅助设备

6.5.1 在电气除尘器的进、出口烟道上,应设置烟温测量和超温报警装置。

6.5.2 柴油发电系统的设计应符合下列规定:

1 柴油发电机的油箱,应设置快速切断阀,油箱不应布置在柴油机的上方。

2 柴油机排气管的室内部分,应采用不燃烧材料保温。

3 柴油机曲轴箱宜采用正压排气或离心排气;当采用负压排气时,连接通风管的导管应设置钢丝网阻火器。

## 6.6 变压器及其他带油电气设备

**6.6.1** 屋外油浸变压器及屋外配电装置与各建(构)筑物的防火间距应符合本规范第4.0.8条及第4.0.11条的规定。

**6.6.2** 油量为2500kg及以上的屋外油浸变压器之间的最小间距应符合表6.6.2的规定。

表6.6.2 屋外油浸变压器之间的最小间距(m)

| 电压等级 | 最小间距 |
|---|---|
| 35kV及以下 | 5 |
| 66kV | 6 |
| 110kV | 8 |
| 220kV及以上 | 10 |

**6.6.3** 当油量为2500kg及以上的屋外油浸变压器之间的防火间距不能满足表6.6.2的要求时,应设置防火墙。

防火墙的高度应高于变压器油枕,其长度不应小于变压器的贮油池两各边1m。

**6.6.4** 油量为2500kg及以上的屋外油浸变压器或电抗器与本回路油量为600kg以上且2500kg以下的带油电气设备之间的防火间距不应小于5m。

**6.6.5** 35kV及以下屋内配电装置当未采用金属封闭开关设备时,其油断路器、油浸电流互感器和电压互感器,应设置在两侧有不燃烧实体墙的间隔内;35kV以上屋内配电装置应安装在有不燃烧实体墙的间隔内,不燃烧实体墙的高度不应低于配电装置中带油设备的高度。

总油量超过100kg的屋内油浸变压器,应设置单独的变压器室。

**6.6.6** 屋内单台总油量为100kg以上的电气设备,应设置贮油或挡油设施。挡油设施的容积宜按油量的20%设计,并应设置能将事故油排至安全处的设施。当不能满足上述要求时,应设置能容纳全部油量的贮油设施。

**6.6.7** 屋外单台油量为1000kg以上的电气设备,应设置贮油或挡油设施。挡油设施的容积宜按油量的20%设计,并应设置将事故油排至安全处的设施;当不能满足上述要求且变压器未设置水喷雾灭火系统时,应设置能容纳全部油量的贮油设施。

当设置有油水分离措施的总事故贮油池时,其容量宜按最大一个油箱容量的60%确定。

贮油或挡油设施应大于变压器外廓每边各1m。

**6.6.8** 贮油设施内应铺设卵石层,其厚度不应小于250mm,卵石直径宜为50~80mm。

## 6.7 电缆及电缆敷设

**6.7.1** 容量为300MW及以上机组的主厂房、运煤、燃油及其他易燃易爆场所宜选用C类阻燃电缆。

**6.7.2** 建(构)筑物中电缆引至电气柜、盘或控制屏、台的开孔部位,电缆贯穿隔墙、楼板的空洞应采用电缆防火封堵材料进行封堵,其防火封堵组件的耐火极限不应低于被贯穿物的耐火极限,且不应低于1h。

**6.7.3** 在电缆竖井中,每间隔约7m宜设置防火封堵。在电缆隧道或电缆沟中的下列部位,应设置防火墙:

1 单机容量为100MW及以上的发电厂,对应于厂用母线分段处。

2 单机容量为100MW以下的发电厂,对应于全厂一半容量的厂用配电装置划分处。

3 公用主隧道或沟引接的分支处。

4 电缆沟内每间距100m处。

5 通向建筑物的入口处。

6 厂区围墙处。

**6.7.4** 当电缆采用架空敷设时,应在下列部位设置阻火措施:

1 穿越汽机房、锅炉房和集中控制楼之间的隔墙处。

2 穿越汽机房、锅炉房和集中控制楼外墙处。

3 架空敷设每间距100m处。

4 两台机组连接处。

5 电缆桥架分支处。

**6.7.5** 防火墙上的电缆孔洞应采用电缆防火封堵材料进行封堵,并应采取防止火焰延燃的措施。其防火封堵组件的耐火极限应为3h。

**6.7.6** 主厂房到网络控制楼或主控制楼的每条电缆隧道或沟道所容纳的电缆回路,应满足下列规定:

1 单机容量为200MW及以上时,不应超过1台机组的电缆。

2 单机容量为100MW及以上且200MW以下时,不宜超过2台机组的电缆。

3 单机容量为100MW以下时,不宜超过3台机组的电缆。

当不能满足上述要求时,应采取防火分隔措施。

**6.7.7** 对直流电源、应急照明、双重化保护装置、水泵房、化学水处理及运煤系统公用重要回路的双回路电缆,宜将双回路分别布置在两个相互独立或有防火分隔的通道内。当不能满足上述要求时,应对其中一回路采取防火措施。

**6.7.8** 对主厂房内易受外部火灾影响的汽轮机头部、汽轮机油系统、锅炉防爆门、排渣孔朝向的邻近部位的电缆区段,应采取防火措施。

**6.7.9** 当电缆明敷时,在电缆中间接头两侧各2~3m长的区段以及沿该电缆并行敷设的其他电缆同一长度范围内,应采取防火措施。

**6.7.10** 靠近带油设备的电缆沟盖板应密封。

**6.7.11** 对明敷的35kV以上的高压电缆,应采取防止着火延燃的措施,并应符合下列规定:

1 单机容量大于200MW时,全部主电源回路的电缆不宜明敷在同一条电缆通道中。当不能满足上述要求时,应对部分主电源回路的电缆采取防火措施。

2 充油电缆的供油系统,宜设置火灾自动报警和闭锁装置。

**6.7.12** 在电缆隧道和电缆沟道中,严禁有可燃气、油管路穿越。

**6.7.13** 在密集敷设电缆的电缆夹层内,不得布置热力管道、油气管以及其他可能引起着火的管道和设备。

**6.7.14** 架空敷设的电缆与热力管路应保持足够的距离,控制电缆、动力电缆与热力管道平行时,两者距离分别不应小于0.5m及1m;控制电缆、动力电缆与热力管道交叉时,两者距离分别不应小于0.25m及0.5m。当不能满足要求时,应采取有效的防火隔热措施。

# 7 燃煤电厂消防给水、灭火设施及火灾自动报警

## 7.1 一般规定

**7.1.1** 消防给水系统必须与燃煤电厂的设计同时进行。消防用水应与全厂用水统一规划,水源应有可靠的保证。

**7.1.2** 100MW机组及以下的燃煤电厂消防给水宜采用与生活用水或生产用水合用的给水系统。125MW机组及以上的燃煤电厂消防给水应采用独立的消防给水系统。

**7.1.3** 消防给水系统的设计压力应保证消防用水总量达到最大时,在任何建筑物内最不利点处,水枪的充实水柱不应小于13m。

注:1 在计算水压时,应采用喷嘴口径19mm的水枪和直径65mm、长度25m、有衬里消防水带,每支水枪的计算流量不应小于5L/s。

2 消火栓给水管道设计流速不宜大于2.5m/s。

**7.1.4** 厂区内消防给水水量应按同一时间内发生火灾的次数及一次最大灭火用水量计算。建筑物一次灭火用水量应为室外和室内消防用水量之和。

**7.1.5** 厂区内应设置室内、外消火栓系统。消火栓系统、自动喷水灭火系统、水喷雾灭火系统等消防给水系统可合并设置。

**7.1.6** 机组容量为50～135MW的燃煤电厂，在电缆夹层、控制室、电缆隧道、电缆竖井及屋内配电装置处设置火灾自动报警系统。

**7.1.7** 机组容量为200MW及以上但小于300MW的燃煤电厂应按表7.1.7的规定设置火灾自动报警系统。

表7.1.7 主要建(构)筑物和设备火灾自动报警系统

| 建(构)筑物和设备 | 火灾探测器类型 |
|---|---|
| 集中控制楼(单元控制室)、网络控制楼 | |
| 1. 电缆夹层 | 感烟或缆式线型感温 |
| 2. 电子设备间 | 吸气式感烟或点型感烟 |
| 3. 控制室 | 吸气式感烟或点型感烟 |
| 4. 计算机房 | 吸气式感烟或点型感烟 |
| 5. 继电器室 | 吸气式感烟或点型感烟 |
| 6. 配电装置室 | 感烟 |
| 微波楼和通信楼 | 感烟 |
| 脱硫控制楼 | |
| 1. 控制室 | 感烟 |
| 2. 配电装置室 | 感烟 |
| 3. 电缆夹层 | 感烟或缆式线型感温 |
| 汽机房 | |
| 1. 汽轮机油箱 | 缆式线型感温或火焰 |
| 2. 电液装置 | 缆式线型感温或火焰 |
| 3. 氢密封油装置 | 缆式线型感温或火焰 |
| 4. 汽机轴承 | 感温或火焰 |
| 5. 汽机运转层下及中间层油管道 | 缆式线型感温 |
| 6. 给水泵油箱 | 缆式线型感温 |
| 7. 配电装置室 | 感烟 |
| 锅炉房及煤仓间 | |
| 1. 锅炉本体燃烧器区 | 缆式线型感温 |
| 2. 磨煤机润滑油箱 | 缆式线型感温 |
| 运煤系统 | |
| 1. 控制室与配电间 | 感烟 |
| 2. 转运站 | 缆式线型感温 |
| 3. 碎煤机室 | 缆式线型感温 |
| 4. 运煤栈桥 | 缆式线型感温 |
| 5. 煤仓及煤仓层 | 缆式线型感温 |
| 其他 | |
| 1. 柴油发电机室 | 感烟 |
| 2. 点火油罐 | 缆式线型感温 |
| 3. 汽机房架空电缆处 | 缆式线型感温 |
| 4. 锅炉房零米以上架空电缆处 | 缆式线型感温 |
| 5. 汽机房至主控制楼电缆通道 | 缆式线型感温 |
| 6. 电缆交叉、密集及中间接头部位 | 缆式线型感温 |
| 7. 电缆竖井 | 缆式线型感温或感烟 |
| 8. 主厂房内主蒸汽管道与油管道交叉处 | 缆式线型感温 |

**7.1.8** 机组容量为300MW及以上的燃煤电厂应按表7.1.8的规定设置火灾自动报警系统、固定灭火系统。

表7.1.8 主要建(构)筑物和设备火灾自动报警系统与固定灭火系统

| 建(构)筑物和设备 | 火灾探测器类型 | 灭火介质及系统型式 |
|---|---|---|
| 集中控制楼、网络控制楼 | | |
| 1. 电缆夹层 | 吸气式感烟或缆式线型感温和点型感烟组合 | 水喷雾、细水雾或气体 |
| 2. 电子设备间 | 吸气式感烟或点型感烟组合 | 固定式气体或其他介质 |
| 3. 控制室 | 吸气式感烟或点型感烟 | — |
| 4. 计算机房 | 吸气式感烟或点型感烟组合 | 固定式气体或其他介质 |
| 5. 继电器室 | 吸气式感烟或点型感烟组合 | 固定式气体或其他介质 |
| 6. DCS工程师室 | 吸气式感烟或点型感烟组合 | 固定式气体或其他介质 |
| 7. 配电装置室 | 吸气式感烟或点型感烟 | 固定式气体或其他介质 |
| 微波楼和通信楼 | 吸气式感烟或点型感烟 | — |
| 汽机房 | | |
| 1. 汽轮机油箱 | 缆式线型感温或火焰 | 水喷雾 |
| 2. 电液装置(抗燃油除外) | 缆式线型感温或火焰 | 水喷雾或细水雾 |
| 3. 氢密封油装置 | 缆式线型感温或火焰 | 水喷雾或细水雾 |
| 4. 汽机轴承 | 感温或火焰 | — |
| 5. 汽机运转层下及中间层油管道 | 缆式线型感温 | 水喷雾或雨淋 |
| 6. 给水泵油箱(抗燃油除外) | 缆式线型感温 | 水喷雾、雨淋或细水雾 |
| 7. 配电装置室 | 感烟 | — |
| 8. 电缆夹层 | 吸气式感烟或缆式线型感温和点型感烟组合 | 水喷雾、细水雾或气体 |
| 9. 汽机贮油箱(主厂房内) | 缆式线型感温或火焰 | 水喷雾或细水雾 |
| 10. 电子设备间 | 吸气式感烟或点型感烟和点型感温组合 | 固定式气体或其他介质 |
| 11. 汽机房架空电缆处 | 缆式线型感温 | — |
| 锅炉房及煤仓间 | | |
| 1. 锅炉本体燃烧器 | 缆式线型感温 | 雨淋或水喷雾 |
| 2. 磨煤机润滑油箱 | 缆式线型感温 | 水喷雾或细水雾 |
| 3. 回转式空气预热器 | 感温(设备温度自检) | 提供设备内消防水源 |
| 4. 原煤仓、煤粉仓(无烟煤除外) | 缆式线型感温 | 惰性气体 |
| 5. 锅炉房零米以上架空电缆处 | 缆式线型感温 | — |
| 脱硫系统 | | |
| 1. 脱硫控制楼控制室 | 感烟 | — |
| 2. 脱硫控制楼配电装置室 | 感烟 | — |
| 3. 脱硫控制楼电缆夹层 | 感烟或缆式线型感温 | — |
| 变压器 | | |
| 1. 主变压器 | 感温 | 水喷雾或其他介质 |
| 2. 启动/备用变压器 | 感温 | 水喷雾或其他介质 |
| 3. 联络变压器 | 感温 | 水喷雾或其他介质 |
| 4. 高压厂用变压器 | 感温 | 水喷雾或其他介质 |
| 运煤系统 | | |
| 1. 控制室 | 感烟或感温 | — |
| 2. 配电装置室 | 感烟或感温 | — |
| 3. 电缆夹层 | 缆式线型感温或吸气式感烟 | — |
| 4. 转运站及筒仓 | 缆式线型感温 | 水幕 |
| 5. 碎煤机室 | 缆式线型感温 | 水幕 |

续表 7.1.8

| 建(构)筑物和设备 | 火灾探测器类型 | 灭火介质及系统型式 |
|---|---|---|
| 6. 封闭式运煤栈桥或运煤隧道(燃用褐煤或易自燃高挥发分煤种) | 缆式线型感温 | 水喷雾或自动喷水 |
| 7. 煤仓间带式输送机层 | 缆式线型感温 | 水幕及水喷雾或自动喷水 |
| 8. 室内贮煤场 | 可燃气体 | — |
| 其他 | | |
| 1. 柴油发电机室及油箱 | 感烟和感温组合 | 水喷雾、细水雾及其他介质 |
| 2. 油浸变压器室 | 缆式线型感温 | — |
| 3. 屋内高压配电装置 | 感烟 | — |
| 4. 汽机房至主控制楼电缆通道 | 缆式线型感温 | — |
| 5. 电缆竖井、电缆交叉、密集及中间接头部位 | 缆式线型感温 | 灭火装置 |
| 6. 主厂房内主蒸汽管道与油管道(在蒸汽管道上方)交叉处 | 感温 | 灭火装置 |
| 7. 电除尘控制室 | 感烟 | — |
| 8. 供氢站 | 可燃气体 | — |
| 9. 办公楼[设置有风道(管)的集中空气调节系统且建筑面积大于3000㎡] | 感烟 | 自动喷水 |
| 10. 点火油罐 | 缆式线型感温 | 泡沫灭火或其他介质 |
| 11. 油处理室 | 感温 | — |
| 12. 电缆隧道 | 缆式线型感温 | 水喷雾、细水雾及其他介质 |
| 13. 消防水泵房的柴油机驱动消防泵泵间 | 感温 | 水喷雾、细水雾及自动喷水 |

注:对于设置固定灭火系统的场所,宜采用两种同类或不同类的探测器组合探测方式。

**7.1.9** 50MW 机组容量以上的燃煤电厂,其运煤栈桥及运煤隧道与转运站、筒仓、碎煤机室、主厂房连接处应设水幕。

**7.1.10** 封闭式运煤系统建筑为钢结构时,应设置自动喷水灭火系统或水喷雾灭火系统。

**7.1.11** 机组容量为 300MW 以下的燃煤电厂,当油浸变压器容量为 $9×10^4$kV·A 及以上时,应设置火灾探测报警系统、水喷雾灭火系统或其他灭火系统。

## 7.2 室外消防给水

**7.2.1** 厂区内同一时间内的火灾次数,应符合现行国家标准《建筑设计防火规范》GB 50016 的有关规定。

**7.2.2** 室外消防用水量的计算应符合下列规定:

　　1 建(构)筑物室外消防一次用水量不应小于表 7.2.2 的规定。

表 7.2.2　建(构)筑物室外消防一次用水量

| 耐火等级 | 建筑物名称 | 1501～3000 | 3001～5000 | 5001～20000 | 20000～50000 | >50000 |
|---|---|---|---|---|---|---|
| 二级 | 主厂房 | 15 | 20 | 25 | 30 | 35 |
| | 特种材料库 | 15 | 25 | 25 | 35 | — |
| | 其他建筑 | 15 | 15 | 20 | 25 | 30 |
| 三级 | 其他厂房或一般材料库 | 10 | 15 | 25 | 30 | 35 |
| | 其他建筑 | 15 | 20 | 25 | 30 | — |

注:1　消防用水量应按消防需水量最大的一座建筑物或防火墙间最大的一段计算,成组布置的建筑物应按消防需水量较大的相邻两座计算。

　　2　甲、乙类建(构)筑物的消防用水量应符合现行国家标准《建筑设计防火规范》GB 50016 的有关规定。

　　3　变压器室外消火栓用水量不应小于 10L/s。

　　4　当建筑物内有自动喷水、水喷雾及其他消防水设备时,一次消防用水量应为上述室内需要同时使用设备的全部消防用水量加上室外消火栓用水量的 50% 计算确定,但不得小于本表的规定。

　　2　点火油罐区的消防用水量应符合现行国家标准《低倍数泡沫灭火系统设计规范》GB 50151、《高倍数、中倍数泡沫灭火系统设计规范》GB 50196 和《石油库设计规范》GB 50074 的有关规定。

　　3　贮煤场的消防用水量不应少于 20L/s。

　　4　消防用水与生活用水合并的给水系统,在生活用水达到最大小时用水时,应确保消防用水量(消防时淋浴用水可按计算淋浴用水量的 15% 计算)。

　　5　主厂房、贮煤场(室内贮煤场)、点火油罐区周围的消防给水管网应为环状。

　　6　点火油罐宜设移动式冷却水系统。

　　7　室外消防给水管道和消火栓的布置应符合现行国家标准《建筑设计防火规范》GB 50016 的有关规定。

　　8　在道路交叉或转弯处的地上式消火栓附近,宜设置防撞设施。

## 7.3 室内消火栓与室内消防给水量

**7.3.1** 下列建筑物或场所应设置室内消火栓:

　　1　主厂房(包括汽机房和锅炉房的底层、运转层;煤仓间各层;除氧器层;锅炉燃烧器各层平台)。

　　2　集中控制楼,主控制楼,网络控制楼,微波楼,继电器室,屋内高压配电装置(有充油设备),脱硫控制楼。

　　3　屋内卸煤装置,碎煤机室,转运站,筒仓皮带层,室内贮煤场。

　　4　解冻室,柴油发电机房。

　　5　生产、行政办公楼,一般材料库,特殊材料库。

　　6　汽车库。

**7.3.2** 下列建筑物或场所可不设置室内消火栓:

　　脱硫工艺楼,增压风机室,吸收塔,吸风机室,屋内高压配电装置(无油),除尘构筑物,运煤栈桥,运煤隧道,油浸变压器检修间,油浸变压器室,供、卸油泵房,油处理室,岸边水泵房、中央水泵房,灰浆、灰渣泵房,生活消防水泵房,稳定剂室,加药设备室,进水、净水构筑物,冷却塔,化学水处理室,循环水处理室,启动锅炉房,供氢站,推煤机库,消防车库,贮氢库,空气压缩机室(有润滑油),热工、电气、金属实验室,天桥,排水、污水泵房,各分场维护间,污水处理构筑物,电缆隧道,材料库棚,机车库,警卫传达室。

**7.3.3** 室内消火栓的用水量应根据同时使用水枪数量和充实水柱长度由计算确定,但不应小于表 7.3.3 的规定。

表 7.3.3　室内消火栓系统用水量

| 建筑物名称 | 高度、层数、体积 | 消火栓用水量(L/s) | 同时使用水枪数量(支) | 每根竖管最小流量(L/s) |
|---|---|---|---|---|
| 主厂房 | 高度≤24m、体积≤10000㎡ | 5 | 2 | 5 |
| | 高度≤24m、体积>10000㎡ | 10 | 2 | 5 |
| | 24m<高度≤50m | 15 | 3 | 15 |
| | 高度>50m | 20 | 4 | 15 |
| 集中控制楼、网络控制楼、微波楼、电气控制楼、脱硫控制楼、配煤楼 | 高度≤24m、体积≤10000㎡ | 10 | 2 | 10 |
| | 高度≤24m、体积>10000㎡ | 15 | 3 | 10 |
| 办公楼、其他建筑 | 层数≥5 或体积>10000㎡ | 10 | 2 | 10 |
| 一般材料库 | 高度≤24m、体积≤5000㎡ | 5 | 1 | 5 |
| 特殊材料库 | 高度≤24m、体积≤5000㎡ | 10 | 2 | 10 |

注:消防软管卷盘的消防用水量可不计入室内消防用水量。

## 7.4 室内消防给水管道、消火栓和消防水箱

**7.4.1** 室内消防给水管道设计应符合下列要求:

1 室内消火栓超过 10 个且室外消防用水量大于 15L/s 时,室内消防给水管道至少应有 2 条进水管与室外管网连接,并应将室内管道连接成环状管网,与室外管网连接的进水管道,每条应按满足全部用水量设计。

2 主厂房内应设置水平环状管网;消防竖管应引自水平环状管网成枝状布置。

3 室内消防给水管道应采用阀门分段,对于单层厂房、库房,当某段损坏时,停止使用的消火栓不应超过 5 个;对于办公楼、其他厂房、库房,消防给水管道上阀门的布置,当超过 3 条竖管时,可按关闭 2 条设计。

4 消防用水与其他用水合并的室内管道,当其他用水达到最大流量时,应仍能供全部消防用水量。洗刷用水量可不计算在内。合并的管网上应设置水泵接合器,水泵接合器的数量应通过室内消防用水量计算确定。主厂房内独立的消防给水系统可不设水泵接合器。

5 室内消火栓给水管网与自动喷水灭火系统、水喷雾灭火系统的管网应在报警阀或雨淋阀前分开设置。

**7.4.2** 室内消火栓布置应符合下列要求:

1 消火栓的布置应保证有 2 支水枪的充实水柱同时到达室内任何部位;建筑高度小于等于 24m 且体积小于等于 5000m³ 的材料库,可采用 1 支水枪充实水柱到达室内任何部位。

2 水枪的充实水柱长度应由计算确定。对于主厂房及二层或二层以上建筑高度超过 24m 的建筑,充实水柱长度不应小于 13m;对于超过 4 层且建筑高度 ≤24m 的建筑,水枪的充实水柱长度不应小于 10m;对于其他建筑,水枪的充实水柱长度不宜小于 7m。

3 消防给水系统的静水压力不应超过 1.2MPa,当超过 1.2MPa 时,应采用分区给水系统。当消火栓栓口处的出水压力超过 0.5MPa 时,应设置减压设施。

4 室内消火栓应设在明显易于取用的地点,栓口距地面高度宜为 1.1m,其出水方向宜向下或与设置消火栓的墙面呈 90°角。

5 室内消火栓的间距应由计算确定。主厂房内消火栓的间距不应超过 30m。

6 应采用同一型号的配有自救式消防水喉的消火栓箱,消火栓水带直径宜为 65mm,长度不应超过 25m,水枪喷嘴口径不应小于 19mm。

7 主厂房的煤仓间最高处应设检验用的压力显示装置。

8 当室内消火栓设在寒冷地区非采暖的建筑物内时,可采用干式消火栓给水系统,但在进水管上应安装快速启闭阀,在室内消防给水管路最高处应设自动排气阀。

9 带电设施附近的消火栓应配备喷雾水枪。

**7.4.3** 主厂房宜设置消防水箱。消防水箱的设置应符合下列要求:

1 设在主厂房煤仓间最高处,且为重力自流水箱。

2 消防水箱应储存 10min 的消防用水量。当室内消防用水量不超过 25L/s 时,经计算消防储水量超过 12m³ 时,可采用 12m³;当室内消防用水量超过 25L/s,经计算水箱消防储水量超过 18m³ 时,可采用 18m³。

3 消防用水与其他用水合并的水箱,应采取消防用水不作他用的技术措施。

4 火灾发生时由消防水泵供给的消防用水,不应进入消防水箱。

当设置高位消防水箱确有困难时,可设置符合下列要求的临时高压给水系统:

1 系统由消防水泵、稳压装置、压力监测及控制装置等构成。

2 由稳压装置维持系统压力,着火时,压力控制装置自动启动消防泵。

3 稳压泵应设备用泵。稳压泵的工作压力应高于消防泵工作压力,其流量不宜少于 5L/s。

## 7.5 水喷雾与自动喷水灭火系统

**7.5.1** 水喷雾灭火设施与高压电气设备带电(裸露)部分的最小安全净距应符合国家现行标准的有关规定。

**7.5.2** 当在寒冷地区设置室外变压器水喷雾灭火系统、油罐固定冷却水系统时,应设置管路放空设施。

**7.5.3** 设有自动喷水灭火系统的建筑物与设备的火灾危险等级不应低于表 7.5.3 的规定。

表 7.5.3 建筑物与设备的火灾危险等级

| 建(构)筑物与设备 | | 火灾危险等级 |
|---|---|---|
| 电缆夹层 | | 中Ⅱ级 |
| 汽机运转层下及中间层油管道 | | 中Ⅰ级 |
| 锅炉本体燃烧器区 | | 中Ⅰ级 |
| 运煤栈桥(燃用褐煤或易自燃高挥发分煤) | | 中Ⅱ级 |
| 煤仓间、筒仓带式输送机层 | | 中Ⅱ级 |
| 柴油发电机房 | | 中Ⅱ级 |
| 生产、行政办公楼 (当设置有风道集中空调系统时) | 建筑高度小于 24m | 轻 |
| | 建筑高度大于等于 24m | 中Ⅰ级 |

**7.5.4** 运煤系统建筑物设闭式自动喷水灭火系统时,宜采用快速响应喷头。

**7.5.5** 自动喷水灭火系统、水喷雾灭火系统的设计应符合现行国家标准《自动喷水灭火系统设计规范》GB 50084 或《水喷雾灭火系统设计规范》GB 50219 的有关规定。细水雾灭火系统的喷水强度、响应时间及供水持续时间宜符合现行国家标准《水喷雾灭火系统设计规范》GB 50219 的有关规定。

## 7.6 消防水泵房与消防水池

**7.6.1** 消防水泵房应有直通室外的安全出口。

**7.6.2** 一组消防水泵的吸水管不应少于 2 条;当其中 1 条损坏时,其余的吸水管应能满足全部用水量。吸水管上应装设检修用阀门。

**7.6.3** 消防水泵应采用自灌式引水。

**7.6.4** 消防水泵房应有不少于 2 条出水管与环状管网连接,当其中 1 条出水管检修时,其余的出水管应能满足全部用水量。试验回水管上应设检查用的放水阀门、水锤消除、安全泄压及压力、流量测量装置。

**7.6.5** 消防水泵应设置备用泵。机组容量为 125MW 以下燃煤电厂的备用泵的流量和扬程不应小于最大一台消防泵的流量和扬程。

机组容量为 125MW 及以上燃煤电厂,宜设置柴油驱动消防泵作为消防水泵的备用泵,其性能参数及泵的数量应满足最大消防水量、水压的需要。

**7.6.6** 燃煤电厂应设消防水池。容积大于 500m³ 的消防水池应分格并设公用吸水设施。消防水池的设计应符合现行国家标准《建筑设计防火规范》GB 50016 的有关规定。

**7.6.7** 当冷却塔数量多于 1 座且供水有保证时,冷却塔水池可兼作消防水源。

**7.6.8** 消防水泵房应设置与消防控制室直接联络的通信设备。

**7.6.9** 消防水泵房的建筑设计应符合现行国家标准《建筑设计防火规范》GB 50016 的有关规定。

## 7.7 消防排水

**7.7.1** 消防排水、电梯井排水可与生产、生活排水统一设计。

**7.7.2** 变压器、油系统等设施的消防排水,除应按消防流量设计外,在排水设施上应采取油水分隔措施。

### 7.8 泡沫灭火系统

**7.8.1** 点火油罐区宜采用低倍数或中倍数泡沫灭火系统。

**7.8.2** 点火油罐的泡沫灭火系统的型式,应符合下列规定:

1 单罐容量大于 200m³ 的油罐应采用固定式泡沫灭火系统。

2 单罐容量小于或等于 200m³ 的油罐可采用移动式泡沫灭火系统。

**7.8.3** 泡沫灭火系统的设计应符合现行国家标准《低倍数泡沫灭火系统设计规范》GB 50151 或《高倍数、中倍数泡沫灭火系统设计规范》GB 50196 的有关规定。

### 7.9 气体灭火系统

**7.9.1** 气体灭火剂的类型、气体灭火系统型式的选择,应根据被保护对象的特点、重要性、环境要求并结合防护区的布置,经技术经济比较后确定。宜采用组合分配系统。

**7.9.2** 灭火剂的设计用量应按需要提供保护的最大防护区的体积计算确定。灭火剂宜设 100%备用。

**7.9.3** 采用低压二氧化碳灭火系统时,其贮罐宜布置在零米层。

**7.9.4** 固定式气体灭火系统的设计应符合国家现行标准的规定。

### 7.10 灭火器

**7.10.1** 各建(构)筑物及设备应按表 7.10.1 确定火灾类别及危险等级并配置灭火器。

表 7.10.1 建(构)筑物与设备火灾类别及危险等级

| 配置场所 | 火灾类别 | 危险等级 |
|---|---|---|
| 电缆夹层 | E(A) | 中 |
| 高、低压配电装置室 | E(A) | 中 |
| 电子设备间 | E(A) | 中 |
| 控制室 | E(A) | 严重 |
| 计算机室,DCS 工程师室,SIS 机房,远动工程师室 | E(A) | 中 |
| 继电器室 | E(A) | 中 |
| 蓄电池室 | C(A) | 中 |
| 汽轮机油箱 | B | 严重 |
| 电液装置 | B | 中 |
| 氢密封油装置 | B | 中 |
| 汽机轴承 | B | 中 |
| 汽机运转层下及中间层油管道 | B | 严重 |
| 给水泵油箱 | B | 严重 |
| 汽机贮油箱 | B | 严重 |
| 主厂房内主蒸汽管道与油管道交叉处 | B | 严重 |
| 汽机房架空电缆处 | E(A) | 中 |
| 电缆交叉、密集及中间接头部位 | E(A) | 中 |
| 汽机发电机运转层 | 混合(A) | 中 |
| 锅炉本体燃烧器区 | B | 中 |
| 润滑油箱 | B | 中 |
| 磨煤机 | A | 严重 |
| 回转式空气预热器 | A | 中 |
| 煤仓间带式输送机层 | A | 中 |
| 锅炉房零米以上架空电缆处 | E(A) | 中 |
| 微波楼和通信楼 | E(A) | 中 |
| 屋内配电装置楼(内有充油设备) | E(A) | 中 |
| 室外变压器 | B | 中 |
| 脱硫工艺楼 | A | 轻 |

续表 7.10.1

| 配置场所 | 火灾类别 | 危险等级 |
|---|---|---|
| 脱硫控制楼 | E(A) | 中 |
| 增压风机室 | A | 轻 |
| 吸风机室 | A | 轻 |
| 除尘构筑物 | A | 中 |
| 转运站及筒仓皮带层 | A | 中 |
| 碎煤机室 | A | 中 |
| 运煤隧道 | A | 中 |
| 屋内卸煤装置 | A | 中 |
| 解冻室 | A | 中 |
| 堆取料机、装卸桥 | A | 轻 |
| 贮煤场、干煤棚 | A | 中 |
| 室内贮煤场 | A | 中 |
| 柴油发电机室及油箱 | B | 中 |
| 点火油罐 | B | 严重 |
| 油处理室 | B | 中 |
| 供(卸)油泵房、栈台 | B | 中 |
| 油浸变压器室 | B | 中 |
| 化学水处理室、循环水处理室 | A | 轻 |
| 启动锅炉房 | B | 中 |
| 供氢站 | C(A) | 严重 |
| 空气压缩机室(有润滑油) | B | 中 |
| 热工、电气、金属实验室 | A | 中 |
| 油浸变压器检修间 | B | 中 |
| 各分场维护间 | A、B | 轻 |
| 生活、消防水泵房(有柴油发动机) | B | 中 |
| 生活、消防水泵房(无柴油发动机)及其他水泵房 | A | 轻 |
| 生产、行政办公楼(各层) | A | 中 |
| 一般材料库 | 混合(A) | 中 |
| 特种材料库 | 混合(A) | 严重 |
| 机车库 | B | 中 |
| 汽车库、推煤机库 | B | 中 |
| 消防车库 | A(B) | 中 |
| 警卫传达室 | A | 轻 |

注:1 柴油发电机房如采用了闪点低于 60℃ 的柴油,则应按严重危险级考虑。

2 严重危险级的场所,宜设推车式灭火器。

**7.10.2** 点火油罐区防火堤内面积每 400m² 应配置 1 具 8kg 手提式干粉灭火器,当计算数量超过 6 具时,可采用 6 具。

**7.10.3** 露天设置的灭火器应设置遮阳棚。

**7.10.4** 控制室、电子设备间、继电器室及高、低压配电装置室可采用卤代烷灭火器。

**7.10.5** 灭火器的配置设计,应符合现行国家标准《建筑灭火器配置设计规范》GB 50140 的规定。

### 7.11 消 防 车

**7.11.1** 消防车的配置应符合下列规定:

1 单机容量为 50MW 及以上机组:

1)总容量大于 1200MW 时不少于 2 辆;

2)总容量为 600～1200MW 时为 2 辆;

3)总容量小于 600MW 时为 1 辆。

2 机组容量为 25MW 及以下的机组,当地消防部门的消防车在 5min 内不能到达火场时为 1 辆。

**7.11.2** 设有消防车的燃煤电厂,应设置消防车库。

### 7.12 火灾自动报警与消防设备控制

**7.12.1** 单机容量为 50～135MW 的燃煤电厂,应设置区域报警系统。

7.12.2 单机容量为 200MW 及以上的燃煤电厂，应设置控制中心报警系统。系统应配有火灾部位显示装置、打印机、火灾警报装置、电话插孔及应急广播系统。

7.12.3 200MW 级机组及以上容量的燃煤电厂，宜按以下原则划分火灾报警区域：

   1 每台机组为 1 个火灾报警区域(包括单元控制室、汽机房、锅炉房、煤仓间以及主变压器、启动变压器、联络变压器、厂用变压器、机组柴油发电机、脱硫系统的电控楼、空冷控制楼)。

   2 办公楼、网络控制楼、微波楼和通信楼火灾报警区域(包括控制室、计算机房及电缆夹层)。

   3 运煤系统火灾报警区域(包括控制室与配电间、转运站、碎煤机室、运煤栈桥及隧道、室内贮煤场或筒仓)。

   4 点火油罐火灾报警区域。

7.12.4 消防控制室应与单元控制室或主控制室合并设置。

7.12.5 集中火灾报警控制器应设置在运行值班负责人所在的单元控制室或主控制室内；区域报警控制器应设置在对应的火灾报警区域内。报警控制器的安装位置应便于操作人员监控。

7.12.6 火灾探测器的选择，应符合本规范第 7.1.7 条、第 7.1.8 条的规定。

7.12.7 主厂房内的缆式线型感温探测器宜选用金属层结构型。

7.12.8 点火油罐区的火灾探测器及相关连件应为防爆型。

7.12.9 运煤系统内的火灾探测器及相关连件应为防水型。

7.12.10 火灾自动报警系统的警报音响应区别于其他系统的音响。

7.1 2.11 当火灾确认后，火灾自动报警系统应能将生产广播切换到火灾应急广播。

7.12.12 消防设施的就地启动、停止控制设备应具有明显标志，并应有防误操作保护措施。消防水泵的停运，应为手动控制。

7.12.13 可燃气体探测器的信号应接入火灾自动报警系统。

7.12.14 火灾自动报警系统的设计，应符合现行国家标准《火灾自动报警系统设计规范》GB 50116 的有关规定。

# 8 燃煤电厂采暖、通风和空气调节

## 8.1 采暖

8.1.1 运煤建筑采暖，应选用表面光洁易清扫的散热器；运煤建筑采暖散热器入口处的热媒温度不应超过 160℃。

8.1.2 蓄电池室、供氢站、供(卸)油泵房、油处理室、汽车库及运煤(煤粉)系统建(构)筑物严禁采用明火取暖。

8.1.3 蓄电池室的采暖散热器应采用钢制散热器，管道应采用焊接，室内不应设置法兰、丝扣接头和阀门。采暖管道不宜穿过蓄电池室楼板。

8.1.4 采暖管道不应穿过变压器室、配电装置室等电气设备间。

8.1.5 室内采暖系统的管道、管件及保温材料应采用不燃烧材料。

## 8.2 空气调节

8.2.1 计算机室、控制室、电子设备间，应设排烟设施；机械排烟系统的排烟量可按房间换气次数每小时不少于 6 次计算。其他空调房间，应按现行国家标准《建筑设计防火规范》GB 50016 的有关规定设置排烟设施。

8.2.2 空气调节系统的送、回风道，在穿越重要房间或火灾危险性大的房间时应设置防火阀。

8.2.3 空气调节风道不宜穿过防火墙和楼板，当必须穿过时，应在穿过处风道内设置防火阀。穿过防火墙两侧各 2m 范围内的风道应采用不燃烧材料保温，穿过处的空隙应采用防火材料封堵。

8.2.4 空气调节系统的送风机、回风机应与消防系统连锁，当出现火警时，应立即停运。

8.2.5 空气调节系统的新风口应远离废气口和其他火灾危险区的烟气排气口。

8.2.6 空气调节系统的电加热器应与送风机连锁，并应设置超温断电保护信号。

8.2.7 空气调节系统的风道及其附件应采用不燃烧材料制作。

8.2.8 空气调节系统风道的保温材料、冷水管道的保温材料、消声材料及其黏结剂，应采用不燃烧材料或者难燃烧材料。

## 8.3 电气设备间通风

8.3.1 配电装置室、油断路器室应设置事故排风机，其电源开关应设在发生火灾时能安全方便切断的位置。

8.3.2 当几个屋内配电装置室共设一个通风系统时，应在每个房间的送风支风道上设置防火阀。

8.3.3 变压器室的通风系统应与其他通风系统分开，变压器室之间的通风系统不应合并。凡具有火灾探测器的变压器室，当发生火灾时，应能自动切断通风机的电源。

8.3.4 当蓄电池室采用机械通风时，室内空气不应再循环，室内应保持负压。通风机及其电机应为防爆型，并应直接连接。

8.3.5 蓄电池室送风设备和排风设备不应布置在同一风机室内；当采用新风机组，送风设备在密闭箱体内时，可与排风设备布置在同一个房间。

8.3.6 采用机械通风系统的电缆隧道和电缆夹层，当发生火灾时应立即切断通风机电源。通风系统的风机应与火灾自动报警系统连锁。

## 8.4 油系统通风

8.4.1 当油系统采用机械通风时，室内空气不应再循环，通风设备应采用防爆型，风机应与电机直接连接。当在送风管道上设置逆止阀时，送风机可采用普通型。

8.4.2 油泵房应设置机械通风系统，其排风道不应设在墙体内，并不宜穿过防火墙；当必须穿过防火墙时，应在穿墙处设置防火阀。

8.4.3 通行和半通行的油管沟应设置通风设施。

8.4.4 含油污水处理站应设置通风设施。

8.4.5 油系统的通风管道及其部件均应采用不燃材料。

## 8.5 运煤系统通风除尘

8.5.1 运煤建筑采用机械通风时，通风设备的电机应采用防爆型。

8.5.2 运煤系统采用电除尘器时，煤尘的性质应符合相关规程的要求，与电除尘器配套的电机应选用防爆电机。

8.5.3 运煤系统的各转运站、碎煤机室、翻车机室、卸煤装置和煤仓间应设通风、除尘装置。当煤质干燥无灰基挥发分等于或大于 46% 时，不应采用高压静电除尘器。

8.5.4 运煤系统中除尘系统的风道及部件均应采用不燃烧材料制作。

8.5.5 室内除尘设备配套电气设施的外壳防护应达到 IP54 级。

## 8.6 其他建筑通风

8.6.1 氢冷式发电机组的汽机房应设置排氢装置；当排氢装置为电动或有电动执行器时，应具有防爆和直联措施。

8.6.2 联氢间、制氢间的电解间及贮氢罐间应设置排风装置。当采用机械排风时，通风设备应采用防爆型，风机应与电机直接连接。

8.6.3 柴油发电机房通风系统的通风机及电机应为防爆型,并应直接连接。

# 9 燃煤电厂消防供电及照明

## 9.1 消防供电

9.1.1 自动灭火系统、与消防有关的电动阀门及交流控制负荷,当单台发电机容量为 200MW 及以上时应按保安负荷供电;当单机容量为 200MW 以下时应按 I 类负荷供电。

9.1.2 单机容量为 25MW 以上的发电厂,消防水泵及主厂房电梯应按 I 类负荷供电。单机容量为 25MW 及以下的发电厂,消防水泵及主厂房电梯应按不低于 II 类负荷供电。

9.1.3 发电厂内的火灾自动报警系统,当本身带有不停电电源装置时,应由厂用电源供电。当本身不带有不停电电源装置时,应由厂内不停电电源装置供电。

9.1.4 单机容量为 200MW 及以上燃煤电厂的单元控制室、网络控制室及柴油发电机房的应急照明,应采用蓄电池直流系统供电。主厂房出入口、通道、楼梯间及远离主厂房的重要工作场所的应急照明,宜采用自带电源的应急灯。

其他场所的应急照明,应按保安负荷供电。

9.1.5 单机容量为 200MW 以下燃煤电厂的应急照明,应采用蓄电池直流系统供电。应急照明与正常照明可同时运行,正常时由厂用电源供电,事故时应能自动切换到蓄电池直流母线供电;主控制室的应急照明,正常时可不运行。远离主厂房的重要工作场所的应急照明,可采用应急灯。

9.1.6 当消防用电设备采用双电源供电时,应在最末一级配电装置或配电箱处切换。

## 9.2 照 明

9.2.1 当正常照明因故障熄灭时,应按表 9.2.1 中所列的工作场所,装设继续工作或人员疏散用的应急照明。

表 9.2.1 发电厂装设应急照明的工作场所

| 工作场所 | | 应急照明 | |
| --- | --- | --- | --- |
| | | 继续工作 | 人员疏散 |
| 锅炉房及其辅助车间 | 锅炉房运转层 | √ | — |
| | 锅炉房底层的磨煤机、送风机处 | √ | — |
| | 除灰间 | — | √ |
| | 引风机室 | √ | — |
| | 燃油泵房 | √ | — |
| | 给粉机平台 | √ | — |
| | 锅炉本体楼梯 | — | √ |
| | 司水平台 | — | √ |
| | 回转式空气预热器处 | √ | — |
| | 燃油控制台 | √ | — |
| | 给煤机处 | √ | — |
| | 运输胶带机层 | — | √ |
| | 除灰控制室 | √ | — |
| 汽机房及其辅助车间 | 汽机房运转层 | √ | — |
| | 汽机房底层的凝汽器、凝结水泵、给水泵、循环水泵、备用励磁机等处 | √ | — |
| | 加热器平台 | √ | — |
| | 发电机出线小室 | √ | — |
| | 除氧间除氧器层 | √ | — |
| | 除氧间管道层 | √ | — |
| | 供氢站 | √ | — |

续表 9.2.1

| 工作场所 | | 应急照明 | |
| --- | --- | --- | --- |
| | | 继续工作 | 人员疏散 |
| 运煤系统 | 碎煤机室 | √ | — |
| | 转运站 | — | √ |
| | 运煤栈桥 | — | √ |
| | 运煤隧道 | — | √ |
| | 运煤控制室 | √ | — |
| | 筒仓 | √ | — |
| | 室内贮煤场 | √ | — |
| | 翻车机室 | √ | — |
| 供水系统 | 岸边和水泵房、中央水泵房 | √ | — |
| | 生活、消防水泵房 | √ | — |
| 化学水处理室 | 化学水处理控制室 | √ | — |
| 电气车间 | 主控室 | √ | — |
| | 网络控制室 | √ | — |
| | 集中控制室 | √ | — |
| | 单元控制室 | √ | — |
| | 继电器室及电子设备间 | √ | — |
| | 屋内配电装置 | √ | — |
| | 主厂房厂用配电装置(动力中心) | √ | — |
| | 蓄电池室 | √ | — |
| | 计算机主机室 | √ | — |
| | 通信转接室、交换机室、载波机室、微波机室、特高频室、电源室 | √ | — |
| | 保安电源、不停电电源、柴油发电机房及其配电室 | √ | — |
| | 直流配电室 | √ | — |
| 脱硫系统 | 脱硫控制室 | √ | — |
| 通道楼梯及其他 | 控制楼至主厂房天桥 | — | √ |
| | 生产办公楼至主厂房天桥 | — | √ |
| | 运行总负责人值班室 | √ | — |
| | 汽车库、消防车库 | √ | — |
| | 主要楼梯间 | — | √ |

9.2.2 表 9.2.1 中所列工作场所的通道出入口应装设应急照明。

9.2.3 锅炉汽包水位计、就地热力控制屏、测量仪表屏及除氧器水位计处应装设局部应急照明。

9.2.4 继续工作用的应急照明,其工作面上的最低照度值,不应低于正常照明照度值的 10%。

人员疏散用的应急照明,在主要通道地面上的最低照度值,不应低于 1lx。

9.2.5 当照明灯具表面的高温部位靠近可燃物时,应采取隔热、散热等防火保护措施。

配有卤钨灯和额定功率为 100W 及以上的白炽灯光源的灯具(如吸顶灯、槽灯、嵌入式灯),其引入线应采用瓷管、矿物棉等不燃材料作隔热保护。

9.2.6 超过 60W 的白炽灯、卤钨灯、高压钠灯、金属卤化物灯和荧光高压汞灯(包括电感镇流器)不应直接设置在可燃装修材料或可燃构件上。

可燃物品库房不应设置卤钨灯等高温照明灯具。

9.2.7 建筑内设置的安全出口标志灯和火灾应急照明灯具,除应符合本规范的规定外,还应符合现行国家标准《消防安全标志》GB 13495 和《消防应急灯具》GB 17945 的有关规定。

# 10 燃机电厂

## 10.1 建(构)筑物的火灾危险性分类及其耐火等级

**10.1.1** 建(构)筑物的火灾危险性分类及其耐火等级应符合表10.1.1的规定。

表 10.1.1 建(构)筑物的火灾危险性分类及其耐火等级

| 建(构)筑物名称 | 火灾危险性分类 | 耐火等级 |
|---|---|---|
| 主厂房(汽机房、燃机厂房、余热锅炉、集中控制室) | 丁 | 二级 |
| 网络控制楼、微波楼、继电器室 | 丁 | 二级 |
| 屋内配电装置楼(内有每台充油量>60kg的设备) | 丙 | 二级 |
| 屋内配电装置楼(内有每台充油量≤60kg的设备) | 丁 | 二级 |
| 屋内配电装置楼(无油) | 丁 | 二级 |
| 屋外配电装置(内有含油设备) | 丙 | 二级 |
| 油浸变压器室 | 丙 | 二级 |
| 柴油发电机房 | 丙 | 二级 |
| 岸边水泵房、中央水泵房 | 戊 | 二级 |
| 生活、消防水泵房 | 戊 | 二级 |
| 冷却塔 | 戊 | 三级 |
| 稳定剂室、加药设备室 | 戊 | 二级 |
| 油处理室 | 丙 | 二级 |
| 化学水处理室、循环水处理室 | 戊 | 二级 |
| 供氢站 | 甲 | 二级 |
| 天然气调压站 | 甲 | 二级 |

续表 10.1.1

| 建(构)筑物名称 | 火灾危险性分类 | 耐火等级 |
|---|---|---|
| 空气压缩机室(无润滑油或不喷油螺杆式) | 戊 | 二级 |
| 空气压缩机室(有润滑油) | 丁 | 二级 |
| 天桥 | 戊 | 二级 |
| 天桥(下面设置电缆夹层时) | 丙 | 二级 |
| 变压器检修间 | 丙 | 二级 |
| 排水、污水泵房 | 戊 | 二级 |
| 检修间 | 戊 | 二级 |
| 进水建筑物 | 戊 | 二级 |
| 给水处理构筑物 | 戊 | 二级 |
| 污水处理构筑物 | 戊 | 二级 |
| 电缆隧道 | 丙 | 二级 |
| 特种材料库 | 丙 | 二级 |
| 一般材料库 | 戊 | 二级 |
| 材料棚库 | 戊 | 三级 |
| 消防车库 | 戊 | 二级 |

注：1 除本表规定的建(构)筑物外，其他建(构)筑物的火灾危险性及耐火等级应符合现行国家标准《建筑设计防火规范》GB 50016 的有关规定。

2 油处理室，处理重油及柴油时，为丙类；处理原油时，为甲类。

**10.1.2** 其他厂房的层数和防火分区的允许建筑面积应符合现行国家标准《建筑设计防火规范》GB 50016 的有关规定。

## 10.2 厂区总平面布置

**10.2.1** 天然气调压站、燃油处理室及供氢站应与其他辅助建筑分开布置。

**10.2.2** 燃气轮机或主厂房、余热锅炉、天然气调压站及燃油处理室与其他建(构)筑物之间的防火间距，应符合表10.2.2的规定。

表 10.2.2 建(构)筑物之间的防火间距(m)

| 序号 | 建(构)筑物名称 | | 丙、丁、戊类建筑 耐火等级 | | 燃气轮机或主厂房 | 天然气调压站 | 燃油处理室 | | 主变压器或屋外厂用变压器 油量(t/台) | | | 屋外配电装置 | 供氢站 | 贮氢罐 | 行政生活福利建筑 耐火等级 | | 铁路中心线 | | 厂外道路(路边) | 厂内道路(路边) | |
|---|---|---|---|---|---|---|---|---|---|---|---|---|---|---|---|---|---|---|---|---|---|
| | | | 一、二级 | 三级 | | | 原油 | 重油 | ≤10 | >10≤50 | >50 | | | | 一、二级 | 三级 | 厂外 | 厂内 | 厂外道路(路边) | 主要 | 次要 |
| 1 | 燃气轮机或主厂房 | | 10 | 12 | — | 30 | 30 | 10 | 12 | 15 | 20 | 10 | 12 | 12 | 10 | 12 | 5 | 5 | — | — | — |
| 2 | 天然气调压站 | | 12 | 14 | 30 | — | 12 | 12 | 25 | | | 25 | 12 | 12 | 25 | | 30 | 20 | 15 | 10 | 5 |
| 3 | 燃油处理室 | 原油 | 12 | 14 | 30 | 12 | | | 25 | | | 25 | 12 | 12 | 25 | | 30 | 20 | 15 | 10 | 5 |
| | | 重油 | 10 | 12 | 10 | 12 | 12 | | 15 | | 20 | 12 | 12 | 12 | 10 | | 5 | 5 | — | — | — |

注：燃油燃机电厂的油罐的防火间距应执行现行国家标准《石油库设计规范》GB 50074 的有关规定。

## 10.3 主厂房的安全疏散

**10.3.1** 主厂房的疏散楼梯，不应少于2个，其中应有一个楼梯直接通向室外出入口，另一个可为室外楼梯。

## 10.4 燃料系统

**10.4.1** 天然气气质应分别符合现行国家标准《输气管道工程设计规范》GB 50251 及燃气轮机制造厂对天然气气质各项指标(包括温度)的规定和要求。

**10.4.2** 天然气管道设计应符合下列要求：

1 厂内天然气管道宜高支架敷设、低支架沿地面敷设或直埋敷设，在跨越道路时应采用套管。

2 除必须用法兰与设备和阀门连接外，天然气管道管段应采用焊接连接。

**3** 进厂天然气总管应设置紧急切断阀和手动关断阀,并且在厂内天然气管道上应设置放空管、放空阀及取样管。在两个阀门之间应提供自动放气阀,其设置和布置原则应按现行国家标准《输气管道工程设计规范》GB 50251 的有关规定执行。

**4** 天然气管道试压前需进行吹扫,吹扫介质宜采用不助燃气体。

**5** 天然气管道应以水为介质进行强度试验,强度试验压力应为设计压力的 1.5 倍;强度试验合格后,应以水和空气为介质进行严密性试验,试验压力应为设计压力的 1.05 倍;再以空气为介质进行气密性试验,试验压力为 0.6MPa。

**6** 天然气管道的低点应设排液管及两道排液阀,排出的液体应排至密闭系统。

**10.4.3** 燃油系统采用柴油或重油时,应符合本规范第 6.3 节的规定;采用原油时应采取特殊措施。

**10.4.4** 燃机供油管道应串联两只关断阀或其他类似断阀门,并应在两阀之间采取泄放这些阀门之间过剩压力的措施。

### 10.5 燃气轮机的防火要求

**10.5.1** 燃气轮机采用的燃料为天然气或其他类型气体燃料时,外壳应装设可燃气体探测器。

**10.5.2** 当发生熄火时,燃机入口燃料快速关断阀宜在 1s 内关闭。

### 10.6 消防给水、固定灭火设施及火灾自动报警

**10.6.1** 消防给水系统必须与燃机电厂的设计同时进行。消防用水应与全厂用水统一规划,水源应有可靠的保证。

**10.6.2** 本规范第 7.1.2 条~第 7.1.4 条及第 7.1.6 条适用于燃机电厂。

**10.6.3** 燃机电厂同一时间的火灾次数为一次。厂区内消防给水水量应按发生火灾时一次最大灭火用水量计算。建筑物一次灭火用水量应为室外和室内消防用水量之和。

**10.6.4** 多轴配置的联合循环燃机电厂,除燃气轮发电机组外,燃机电厂的火灾自动报警装置、固定灭火系统的设置,应按汽轮发电机组容量对应执行本规范第 7.1 节的规定;单轴配置的联合循环燃煤电厂,应按单套机组容量对应执行本规范第 7.1 节的规定。

**10.6.5** 燃气轮发电机组(包括燃气轮机、齿轮箱、发电机和控制间),宜采用全淹没气体灭火系统,并应设置火灾自动报警系统。

**10.6.6** 当燃气轮机整体采用全淹没气体灭火系统时,应遵循以下规定:

**1** 喷放灭火剂前应使燃气轮机停机,关闭箱体门、孔口及自动停止通风机。

**2** 应有保持气体浓度的足够时间。

**10.6.7** 燃气发电机组及其附属设备的灭火及火灾自动报警系统宜随主机设备成套供货,其火灾报警控制器可布置在燃机控制间并将火灾报警信号上传至集中报警控制器。

**10.6.8** 室内天然气调压站,燃气轮机与联合循环发电机组厂房应设可燃气体泄漏探测装置,其报警信号应引至集中火灾报警控制器。

**10.6.9** 燃机电厂的油罐区设计应符合现行国家标准《石油库设计规范》GB 50074 的有关规定。

**10.6.10** 燃气轮机标准额定出力 50MW 及以上的燃气燃机电厂,消防车的配置应符合以下规定:

**1** 总容量大于 1200MW 时不少于 2 辆。

**2** 总容量为 600~1200MW 时为 2 辆。

**3** 总容量小于 600MW 时为 1 辆。

燃气轮机标准额定出力 25MW 及以下的机组,当地消防部门

---

的消防车在 5min 内不能到达火场时为 1 辆。

燃油燃机电厂消防车的配备应符合现行国家标准《石油库设计规范》GB 50074 的有关规定。

### 10.7 其 他

**10.7.1** 燃机厂房及天然气调压站,应采取通风、防爆措施。

**10.7.2** 燃机电厂的电缆及电缆敷设设计,应符合下列规定:

**1** 主厂房及输气、输油和其他易燃易爆场所宜选用 C 类阻燃电缆。

**2** 燃机附近的电缆沟盖板应密封。

**10.7.3** 燃机电厂与燃煤电厂相同部分的设计,应符合本规范燃煤电厂的相关规定。

# 11 变 电 站

## 11.1 建(构)筑物火灾危险性分类、耐火等级、防火间距及消防道路

**11.1.1** 建(构)筑物的火灾危险性分类及其耐火等级应符合表 11.1.1 的规定。

表 11.1.1 建(构)筑物的火灾危险性分类及其耐火等级

| 建(构)筑物名称 | | 火灾危险性分类 | 耐火等级 |
|---|---|---|---|
| 主控通信楼 | | 戊 | 二级 |
| 继电器室 | | 戊 | 二级 |
| 电缆夹层 | | 丙 | 二级 |
| 配电装置楼(室) | 单台设备油量 60kg 以上 | 丙 | 二级 |
| | 单台设备油量 60kg 及以下 | 丁 | 二级 |
| | 无含油电气设备 | 戊 | 二级 |
| 屋外配电装置 | 单台设备油量 60kg 以上 | 丙 | 二级 |
| | 单台设备油量 60kg 及以下 | 丁 | 二级 |
| | 无含油电气设备 | 戊 | 二级 |
| 油浸变压器室 | | 丙 | 二级 |
| 气体或干式变压器室 | | 丁 | 二级 |
| 电容器室(有可燃介质) | | 丙 | 二级 |
| 干式电容器室 | | 丁 | 二级 |
| 油浸电抗器室 | | 丙 | 二级 |
| 干式铁芯电抗器室 | | 丁 | 二级 |
| 总事故贮油池 | | 丙 | 一级 |
| 生活、消防水泵房 | | 戊 | 二级 |
| 雨淋阀室、泡沫设备室 | | 戊 | 二级 |
| 污水、雨水泵房 | | 戊 | 二级 |

注:1 主控通信楼当未采取防止电缆着火后延燃的措施时,火灾危险性应为丙类。

2 当地下变电站、城市户内变电站采用不同使用用途的变配电部分布置在一幢建筑物或联合建筑物内时,则其建筑物的火灾危险性分类及其耐火等级除另有防火隔离措施外,需按火灾危险性类别高者选用。

3 当电缆夹层采用 A 类阻燃电缆时,其火灾危险性可为丁类。

**11.1.2** 建(构)筑物构件的燃烧性能和耐火极限,应符合现行国家标准《建筑设计防火规范》GB 50016 的有关规定。

**11.1.3** 变电站内的建(构)筑物与变电站外的民用建(构)筑物及各类厂房、库房、堆场、贮罐之间的防火间距应符合现行国家标准《建筑设计防火规范》GB 50016 的有关规定。

**11.1.4** 变电站内各建(构)筑物及设备的防火间距不应小于表 11.1.4 的规定。

表11.1.4 变电站内建(构)筑物及设备的防火间距(m)

| 建(构)筑物名称 | | 丙、丁、戊类生产建筑 耐火等级 | | 屋外配电装置 每组断路器油量(t) | | 可燃介质电容器(室、棚) | 总事故贮油池 | 生活建筑 耐火等级 | |
|---|---|---|---|---|---|---|---|---|---|
| | | 一、二级 | 三级 | <1 | ≥1 | | | 一、二级 | 三级 |
| 丙、丁、戊类生产建筑 耐火等级 | 一、二级 | 10 | 12 | — | — | 10 | 5 | 10 | 12 |
| | 三级 | 12 | 14 | — | — | 10 | 5 | 12 | 14 |
| 屋外配电装置 每组断路器油量(t) | <1 | — | — | | 10 | 10 | 5 | 10 | 12 |
| | ≥1 | — | — | 10 | | 10 | 5 | 10 | 12 |
| 油浸变压器(t) 单台设备 | 5~10 | 10 | 10 | 见第11.1.6条 | 见第11.1.6条 | 10 | 5 | 15 | 20 |
| | 10~50 | 10 | 10 | 见第11.1.6条 | 见第11.1.6条 | 10 | 5 | 20 | 25 |
| | >50 | 10 | 10 | 见第11.1.6条 | 见第11.1.6条 | 10 | 5 | 25 | 30 |
| 可燃介质电容器(室、棚) | | 10 | 10 | 10 | 10 | | 5 | 15 | 20 |
| 总事故贮油池 | | 5 | 5 | 5 | 5 | 5 | | 5 | 5 |
| 生活建筑 耐火等级 | 一、二级 | 10 | 12 | 10 | 10 | 15 | 5 | 6 | 7 |
| | 三级 | 12 | 14 | 12 | 12 | 20 | 5 | 7 | 8 |

注：1 建(构)筑物防火间距应按相邻两建(构)筑物外墙的最近距离计算，如外墙有凸出的燃烧构件时，则应从其凸出部分外缘算起。

2 相邻两座建筑两面的外墙为非燃烧体且无门窗洞口、无外露的燃烧屋檐，其防火间距可按本表减少25%。

3 相邻两座建筑较高一面的外墙如为防火墙时，其防火间距不限，但两座建筑门窗之间的净距不应小于5m。

4 生产建(构)筑物侧墙外5m内以布置油浸变压器或可燃介质电容器等电气设备时，该墙为设备总高度加3m的水平线以下与设备外廓两侧各3m的范围内，不应设有门窗、洞口；建筑物外墙距设备外廓5~10m时，在上述范围内的外墙可设甲级防火门，设备高度以上可设防火窗，其耐火极限不应小于0.90h。

11.1.5 控制室室内装修应采用不燃材料。

11.1.6 屋外油浸变压器之间的防火间距及变压器与本回路带油电气设备之间的防火间距应符合本规范第6.6节的有关规定。

11.1.7 设置带油电气设备的建(构)筑物与贴邻或靠近该建(构)筑物的其他建(构)筑物之间应设置防火墙。

11.1.8 当变电站内建筑的火灾危险性为丙类且建筑的占地面积超过3000m²时，变电站内的消防车道宜布置成环形；当为尽端式车道时，应设回车场地或回车道。消防车道宽度及回车场的面积应符合现行国家标准《建筑设计防火规范》GB 50016的有关规定。

## 11.2 变压器及其他带油电气设备

11.2.1 带油电气设备的防火、防爆、挡油、排油设计，应符合本规范第6.6节的有关规定。

11.2.2 地下变电站的变压器应设置能贮存最大一台变压器油量的事故贮油池。

## 11.3 电缆及电缆敷设

11.3.1 电缆从室外进入室内的入口处、电缆竖井的出口处、电缆接头处、主控制室与电缆夹层之间以及长度超过100m的电缆沟或电缆隧道，均应采取防止电缆火灾蔓延的阻燃或分隔措施，并应根据变电站的规模及重要性采取下列一种或数种措施：

1 采用防火隔墙或隔板，并用防火材料封堵电缆通过的孔洞。

2 电缆局部涂防火涂料或局部采用防火带、防火槽盒。

11.3.2 220kV及以上变电站，当电力电缆与控制电缆或通信电缆敷设在同一电缆沟或电缆隧道内时，宜采用防火槽盒或防火隔板进行分隔。

11.3.3 地下变电站电缆夹层宜采用C类或C类以上的阻燃电缆。

## 11.4 建(构)筑物的安全疏散和建筑构造

11.4.1 变压器室、电容器室、蓄电池室、电缆夹层、配电装置室的门应向疏散方向开启；当门外为公共走道或其他房间时，该门应采用乙级防火门。配电装置室的中间隔墙上的门应采用由不燃材料制作的双向弹簧门。

11.4.2 建筑面积超过250m²的主控通信室、配电装置室、电容器室、电缆夹层，其疏散出口不宜少于2个，楼层的第二个出口可设在固定楼梯的室外平台处。当配电装置室的长度超过60m时，应增设1个中间疏散出口。

11.4.3 地下变电站每个防火分区的建筑面积不应大于1000m²。设置自动灭火系统的防火分区，其防火分区面积可增大1.0倍；当局部设置自动灭火系统时，增加面积可按该局部面积的1.0倍计算。

11.4.4 地下变电站安全出口数量不应少于2个。地下室与地上层不应共用楼梯间，当必须共用楼梯间时，应在地上首层采用耐火极限不低于2h的不燃烧体隔墙和乙级防火门将地下或半地下部分与地上部分的连通部分完全隔开，并应有明显标志。

11.4.5 地下变电站楼梯间应设乙级防火门，并向疏散方向开启。

## 11.5 消防给水、灭火设施及火灾自动报警

11.5.1 变电站的规划和设计，应同时设计消防给水系统。消防水源应有可靠的保证。

注：变电站内建筑物满足耐火等级不低于二级，体积不超过3000m³，且火灾危险性为戊类时，可不设消防给水。

11.5.2 变电站同一时间内的火灾次数应按一次确定。

11.5.3 变电站建筑室外消防用水量不应小于表11.5.3的规定。

表11.5.3 室外消火栓用水量(L/s)

| 建筑物耐火等级 | 建筑物火灾危险性类别 | 建筑物体积(m³) | | | | |
|---|---|---|---|---|---|---|
| | | ≤1500 | 1501~3000 | 3001~5000 | 5001~20000 | 20001~50000 |
| 一、二级 | 丙类 | 10 | 15 | 20 | 25 | 30 |
| | 丁、戊类 | 10 | 10 | 15 | 15 | 15 |

注：当变压器采用水喷雾灭火系统时，变压器室外消火栓用水量不应小于10L/s。

11.5.4 单台容量为125MV·A及以上的主变压器应设置水喷雾灭火系统、合成型泡沫喷雾系统或其他固定式灭火装置。其他带油电气设备，宜采用干粉灭火器。地下变电站的油浸变压器，宜采用固定式灭火系统。

11.5.5 变电站户外配电装置区域（采用水喷雾的主变压器消火栓除外）可不设消火栓。

11.5.6 变电站建筑室内消防用水量不应小于表11.5.6的规定。

表11.5.6 室内消火栓用水量

| 建筑物名称 | 高度、层数、体积 | 消火栓用水量(L/s) | 同时使用水枪数量(支) | 每支水枪最小流量(L/s) | 每根竖管最小流量(L/s) |
|---|---|---|---|---|---|
| 主控通信楼、配电装置楼、继电器室、变压器室、电容器室、电抗器室 | 高度≤24m 体积≤10000m³ | 5 | 2 | 2.5 | 5 |
| | 高度≤24m 体积>10000m³ | 10 | 2 | 5 | 10 |
| | 高度24~50m | 25 | 5 | 5 | 15 |
| 其他建筑 | 高度≥6层或体积≥10000m³ | 10 | 2 | 5 | 15 |

11.5.7 变电站内建筑物满足下列条件时可不设室内消火栓：

1 耐火等级为一、二级且可燃物较少的丁、戊类建筑物。

2 耐火等级为三、四级且建筑体积不超过3000m³的丁类厂房和建筑体积不超过5000m³的戊类厂房。

3 室内没有生产、生活给水管道，室外消防用水取自贮水池且建筑体积不超过5000m³的建筑物。

11.5.8 当室内消防用水总量大于10L/s时，地下变电站外应设置水泵接合器及室外消火栓。水泵接合器和室外消火栓应有永久性的明显标志。

**11.5.9** 变电站消防给水量应按火灾时一次最大室内和室外消防用水量之和计算。

**11.5.10** 消防水泵房应设直通室外的安全出口,当消防水泵房设置在地下时,其疏散出口应靠近安全出口。

**11.5.11** 一组消防水泵的吸水管不应少于 2 条;当其中 1 条损坏时,其余的吸水管应能满足全部用水量。吸水管上应装设检修用阀门。

**11.5.12** 消防水泵宜采用自灌式引水。

**11.5.13** 消防水泵房应有不少于 2 条出水管与环状管网连接,当其中 1 条出水管检修时,其余的出水管应能满足全部用水量。出水管上宜设检查用的放水阀门、安全卸压及压力测量装置。

**11.5.14** 消防水泵应设置备用泵,备用泵的流量和扬程不应小于最大 1 台消防泵的流量和扬程。

**11.5.15** 消防管道、消防水池的设计应符合现行国家标准《建筑设计防火规范》GB 50016 的有关规定。

**11.5.16** 水喷雾灭火系统的设计,应符合现行国家标准《水喷雾灭火系统设计规范》GB 50219 的有关规定。

**11.5.17** 变电站应按表 11.5.17 的要求设置灭火器。

表 11.5.17　建筑物火灾危险类别及危险等级

| 建筑物名称 | 火灾危险类别 | 危险等级 |
|---|---|---|
| 主控制通信楼(室) | E(A) | 严重 |
| 屋内配电装置楼(室) | E(A) | 中 |
| 继电器室 | E(A) | 中 |
| 油浸变压器(室) | 混合 | 中 |
| 电抗器(室) | 混合 | 中 |
| 电容器(室) | 混合 | 中 |
| 蓄电池室 | C | 中 |
| 电缆夹层 | E | 中 |
| 生活、消防水泵房 | A | 轻 |

**11.5.18** 灭火器的设计应符合现行国家标准《建筑灭火器配置设计规范》GB 50140 的有关规定。

**11.5.19** 设有消防给水的地下变电站,必须设置消防排水设施,并应符合本规范第 7.7 节的有关规定。

**11.5.20** 下列场所和设备应采用火灾自动报警系统:

　　1　主控通信室、配电装置室、可燃介质电容器室、继电器室。

　　2　地下变电站、无人值班的变电站,其主控通信室、配电装置室、可燃介质电容器室、继电器室应设置火灾自动报警系统,无人值班变电站应将火灾信号传至上级有关单位。

　　3　采用固定灭火系统的油浸变压器。

　　4　地下变电站的油浸变压器。

　　5　220kV 及以上变电站的电缆夹层及电缆竖井。

　　6　地下变电站、户内无人值班的变电站的电缆夹层及电缆竖井。

**11.5.21** 变电站主要设备用房和设备火灾自动报警系统应符合表 11.5.21 的规定。

表 11.5.21　主要建(构)筑物和设备火灾探测报警系统

| 建筑物和设备 | 火灾探测器类型 | 备注 |
|---|---|---|
| 主控通信室 | 感烟或吸气式感烟 | |
| 电缆层和电缆竖井 | 线型感温、感烟或吸气式感烟 | |
| 继电器室 | 感烟或吸气式感烟 | |
| 电抗器室 | 感烟或吸气式感烟 | 如选用含油设备时,采用感温 |
| 可燃介质电容器室 | 感烟或吸气式感烟 | |
| 配电装置室 | 感烟、线型感烟或吸气式感烟 | |
| 主变压器 | 线型感温或吸气式感烟(室内变压器) | |

**11.5.22** 火灾自动报警系统的设计,应符合现行国家标准《火灾自动报警系统设计规范》GB 50116 的有关规定。

**11.5.23** 户内、外变电站的消防控制室应与主控制室合并设置,地下变电站的消防控制室宜与主控制室合并设置。

## 11.6　采暖、通风和空气调节

**11.6.1** 地下变电站采暖、通风和空气调节设计应符合下列规定:

　　1　所有采暖区域严禁采用明火取暖。

　　2　电气配电装置室应设置机械排烟装置,其他房间的排烟设计应符合现行国家标准《建筑设计防火规范》GB 50016 的规定。

　　3　当火灾发生时,送、排风系统、空调系统应能自动停止运行。当采用气体灭火系统时,穿过防护区的通风或空调风道上的防火阀应能立即自动关闭。

**11.6.2** 地下变电站的空气调节,地上变电站的采暖、通风和空气调节,应符合本规范第 8 章的有关规定。

## 11.7　消防供电及应急照明

**11.7.1** 变电站的消防供电应符合下列规定:

　　1　消防水泵、电动阀门、火灾探测报警与灭火系统、火灾应急照明应按 Ⅱ 类负荷供电。

　　2　消防用电设备采用双电源或双回路供电时,应在最末一级配电箱处自动切换。

　　3　应急照明可采用蓄电池作备用电源,其连续供电时间不应少于 20min。

　　4　消防用电设备应采用单独的供电回路,当发生火灾切断生产、生活用电时,仍应保证消防用电,其配电设备应设置明显标志。

　　5　消防用电设备的配电线路应满足火灾时连续供电的需要,当暗敷时,应穿管并敷设在不燃烧体结构内,其保护层厚度不应小于 30mm;当明敷时(包括附设在吊顶内),应穿金属管或封闭式金属线槽,并采取防火保护措施。当采用阻燃或耐火电缆时,敷设在电缆井、电缆沟内可不采取防火保护措施;当采用矿物绝缘类等具有耐火、抗过载和抗机械破坏性能的不燃性电缆时,可直接明敷。宜与其他配电线路分开敷设,当敷设在同一井、沟内时,宜分别布置在井、沟的两侧。

**11.7.2** 火灾应急照明和疏散标志应符合下列规定:

　　1　户内变电站、户外变电站主控通信室、配电装置室、消防水泵房和建筑疏散通道应设置应急照明。

　　2　地下变电站的主控通信室、配电装置室、变压器室、继电器室、消防水泵房、建筑疏散通道和楼梯间应设置应急照明。

　　3　地下变电站的疏散通道和安全出口应设置发光疏散指示标志。

　　4　人员疏散用的应急照明的照度不应低于 0.5lx,继续工作应急照明不应低于正常照明照度值的 10%。

　　5　应急照明灯宜设置在墙面或顶棚上。

# 本规范用词说明

　　1　为便于在执行本规范条文时区别对待,对要求严格程度不同的用词说明如下:

　　1)表示很严格,非这样做不可的用词:
　　　　正面词采用"必须",反面词采用"严禁"。

　　2)表示严格,在正常情况下均应这样做的用词:
　　　　正面词采用"应",反面词采用"不应"或"不得"。

　　3)表示允许稍有选择,在条件许可时首先应这样做的用词:
　　　　正面词采用"宜",反面词采用"不宜";
　　　　表示有选择,在一定条件下可以这样做的用词,采用"可"。

　　2　本规范中指明应按其他有关标准、规范执行的写法为"应符合……的规定"或"应按……执行"。

中华人民共和国国家标准

# 火力发电厂与变电站设计防火规范

GB 50229—2006

## 条 文 说 明

# 目　次

# 1 总 则

**1.0.1** 系原规范第 1.0.1 条的修改。

我国的发电厂与变电站火灾事故自 1969 年 11 月至 1985 年 6 月的 15 年间,在比较大的多起火灾中,发电厂的火灾占 87.9%,变电站的火灾占 12.1%。发电厂的火灾事故率在整个电力系统中占主要地位。发电厂和变电站发生火灾后,直接损失和间接损失都很大,直接影响了工农业生产和人民生活。因此,为了确保发电厂和变电站的建设和安全运行,防止或减少火灾危害,保障人民生命财产的安全,做好发电厂和变电站的防火设计是十分必要的。在发电厂和变电站的防火设计中,必须贯彻"预防为主,防消结合"的消防工作方针,从全局出发,针对不同机组、不同类型发电厂和不同电压等级及变压器容量的特点,结合实际情况,做好发电厂和变电站的防火设计。

**1.0.2** 系原规范第 1.0.2 条的修改。

本条规定了规范的适用范围。发电厂从 3MW 至 600MW 机组的范围较大,变电站从 35kV 至 500kV 的电压范围也较大,发电厂发生火灾的主要部位是在电气设备、电缆、运煤系统、油系统,变电站发生火灾的主要部位是在变压器等地方,因此,做好以上部位的防火设计对保障发电厂和变电站的安全生产至关重要。对于不同发电机组的发电厂和不同电压等级的变电站需根据其容量大小、所处环境的重要程度和一旦发生火灾所造成的损失等情况综合分析,制定适当的防火设施设计标准。既要做到技术先进,又要经济合理。

近十几年来,燃气-蒸汽联合循环电厂数量与日俱增,相应消防设计也已经积累了丰富的经验。为适应这一形势的发展,本次修订增设独立一章。

随着城市建设规模的扩大,地下变电站的建设呈现了上升的趋势,在总结地下变电站消防设计经验的基础上,本着成熟一条编写一条的原则,本次修订充实了有关地下变电站设计的规定。

目前,600MW 机组的燃煤电厂是火力发电的主流,但也有更大型机组在设计、建设、运行中,如 800MW 机组、900MW 机组甚至 1000MW 机组等。鉴于 600MW 级机组以上容量的电厂在国内业绩较少,本着规范的成熟可靠编制原则,现阶段超过 600MW 机组的,可参照本规范执行。

根据《建筑设计防火规范》的适用范围制定的原则,本规范也作出适用于改建项目的规定。

**1.0.3** 系原规范第 1.0.3 条。

本条规定了发电厂和变电站有关消防方面新技术、新工艺、新材料和新设备的采用原则。防火设计涉及法律,在采用新技术、新工艺、新材料和新设备时一定要慎重而积极,必须具备实践总结和科学试验的基础。在发电厂和变电站的防火设计中,要求设计、建设和消防监督部门的人员密切配合,在工程设计中采用先进的防火技术,做到防患于未然,从积极的方面预防火灾的发生和蔓延,这对减少火灾损失、保障人民生命财产的安全具有重大意义。发电厂的防火设计标准应从技术、经济两方面出发,要正确处理好生产和安全、重点和一般的关系,积极采用行之有效的先进防火技术,切实做到既促进生产、保障安全,又方便使用、经济合理。

**1.0.4** 系原规范第 1.0.4 条的修改。

本规范属专业标准,针对性很强,本规范在制定和修订中已经与相关国家标准进行了协调,因而在使用中一旦发现同样问题本规范有规定但与其他标准有不一致时,必须遵循本规范的规定。

考虑到消防技术的飞速发展,工程项目的多变因素,本规范还不能将各类建筑、设备的防火防爆等技术全部内容包括进来,在执行中难免会遇到本规范没有规定的问题,因此,凡本规范未作规定者,应该执行国家现行的有关强制性消防标准的规定(如《建筑设计防火规范》、《城市煤气设计规范》、《氧气站设计规范》、《汽车库、修车库、停车场设计防火规范》等),必要时还应进行深入严密的论证、试验等工作,并经有关部门按照规定程序审批。

# 2 术 语

**2.0.1~2.0.6** 新增条文。

# 3 燃煤电厂建(构)筑物的火灾危险性分类、耐火等级及防火分区

**3.0.1** 系原规范第 2.0.1 条的修改。

厂区内各车间的火灾危险性基本上按现行国家标准《建筑设计防火规范》分类。建(构)筑物的最低耐火等级按国内外火力发电厂设计和运行的经验确定。现将发电厂有关车间的火灾危险性说明如下:

主厂房内各车间(汽机房、除氧间、煤仓间、锅炉房或集中控制楼、集中控制室)为一整体,其火灾危险性绝大部分属丁类,仅煤仓间所属运煤带式输送机层的火灾危险性属丙类。带式输送机层均布置在煤仓间的顶层,其宽度与煤仓间宽度相同,一般为 13.50m 左右,长度与煤仓间相同。带式输送机层的面积不超过主厂房总面积的 5%,故将主厂房的火灾危险性定为丁类。

集中控制楼内一般都布置有蓄电池室。近年来,电厂都采用不产生氢气的免维护的蓄电池,且在蓄电池室中都有良好的通风设备,蓄电池室与其他房间之间有防火墙分隔。故不影响集中控制楼的火灾危险性。

脱硫建筑物一般由脱硫工艺楼、脱硫电控楼、吸收塔、增压风机室等组成,根据工艺性质,火灾危险性很小,故确定为戊类。吸收塔没有维护结构,可按设备考虑。

屋内卸煤装置室一般指缝隙式卸煤装置室、卸煤沟、桥抓等运煤建筑。

一般材料库中主要存放钢材、水泥、大型阀门等,故属戊类。

特种材料库中可能存放少量的氢、氧、乙炔气瓶、部分润滑油,故属乙类。

**3.0.2** 系原规范第 2.0.2 条。

厂区内建(构)筑物构件的燃烧性能和耐火极限与一般建筑物的性质一样,《建筑设计防火规范》已对这些性能作了明确规定,故按《建筑设计防火规范》执行。

**3.0.3** 系原规范第 2.0.8 条。

主厂房面积较大,根据生产工艺要求,常常是将主厂房综合建筑看作一个防火分区,目前大型电厂一期工程机组容量即达 4×300MW 或 2×600MW,其占用地面积多达 10000m² 以上,由于工艺要求不能再分隔。主厂房高度虽然较高,但一般汽机房只有 3 层,除氧间、煤仓间也只有 5~6 层,在正常运行情况下,有些层没有人,运转层也只有十多个人。况且汽机房、锅炉房里各处都有工作梯可供疏散用。建国 50 多年还没有因主厂房未设防火隔墙而造成火灾蔓延的案例。根据电厂建设的实践经验,全厂一般不超过 6 台机组。

汽机房往往设地下室,根据工艺要求,一般每台机之间可设置一个防火隔墙。在地下室中有各种管道、电缆和废油箱(闪点大于 60℃)等,正常运行情况下地下室无人值班,因此地下室占地面积有所放宽。

**3.0.4** 系原规范第 2.0.9 条。

屋内卸煤装置的地下室常常与地下转运站或运煤隧道相连，地下室面积较大，已无法做防火墙分隔，考虑生产工艺的实际情况，地下室正常情况下只有一两个人在工作，所以地下室最大允许占地面积有所放宽。

对东北地区建设的几个发电厂的卸煤装置地上、地下建筑面积的统计见表1。

表1　部分发电厂卸煤装置地上、地下建筑面积（m²）

| 序号 | 建筑物 | 地下建筑面积 | 地上建筑面积 |
|---|---|---|---|
| 1 | 双鸭山电厂卸煤装置 | 1743 | 2823 |
| 2 | 双鸭山电厂1号地道 | 292 | |
| 3 | 哈尔滨第三发电厂卸煤装置 | 2223 | 3127 |
| 4 | 铁岭电厂卸煤装置 | 1899 | 3167 |
| 5 | 铁岭电厂1号地道 | 234 | |
| 6 | 铁岭电厂2号地道 | 510 | |
| 7 | 大庆自备电站卸煤装置 | 2142 | 3659 |
| 8 | 大庆自备电站地下转运站 | 242 | |

从表1中可以看出，卸煤装置本身，地下部分面积只有2000m²左右，但电厂的卸煤装置往往与1号转运站、1号隧道连接，两者之间又不能设隔墙，为满足生产需要，故提出丙类厂房地下室面积为3000m²。

**3.0.5** 系原规范第2.0.3条。

近几年来，随着大机组的出现，厂房体积也随之增大，采用金属墙板围护结构日益增多，故提出本条。

**3.0.6** 系原规范第2.0.11条的修改。

根据发电厂生产工艺要求，一般汽机房与除氧间管道联系较多，看作一个生产区域；锅炉房和煤仓间工艺联系密切，二者又都有较多的灰尘，划为一个生产区域。

考虑近几年的工程实际情况，对于电厂钢结构厂房，除氧间与煤仓间之间的隔墙，汽机房与锅炉房或合并的除氧煤仓间之间的墙无法满足防火墙的要求，故要求除氧间与煤仓间或锅炉房之间的隔墙应采用不燃烧体，汽机房与合并的除氧煤仓间或锅炉房之间的隔墙也应采用不燃烧体，该隔墙的耐火极限不应小于1h，墙内承重柱子的耐火极限不作要求。

**3.0.7** 系原规范第2.0.4条的修改。

主厂房跨度变大，施工工期紧，钢结构应用越来越普遍，从过去发电厂火灾情况调查中可以看出，汽轮机头部主油箱、油管路火灾较多，但除西北某电厂外，其他电厂火灾直接影响面积小，没有烧到屋架。如某电厂汽轮机头部油系统着火，影响半径为5m左右。目前由于主油箱及油管路布置位置不同，考虑火灾对周边钢结构可能有影响，因此在主油箱及油管道附近的钢结构构件应采取外包敷不燃材料、涂刷防火涂料等防火隔热措施，保护其对应的钢结构屋面的承重构件和外缘5m范围内的钢结构构件，以提高其耐火极限，提供充足时间灭火，减少火灾造成的损失。

在主厂房的夹层往往采用钢柱、钢梁现浇板，为了安全，在上述范围内的钢梁、钢柱应采取保护措施，多年的生产实践证明，没有因火灾造成钢梁、钢柱的破坏，故其耐火极限有所放宽。

与主油箱对应的屋面钢结构，可在主油箱上部采用防火隔断防止火焰蔓延等措施保护对应的钢结构屋面的承重构件。如只对屋面钢结构采取防火保护措施（例如涂刷防火涂料），主油箱对应的楼面开孔水平外缘5m范围内的屋面钢结构承重构件耐火极限可考虑不小于0.5h。

**3.0.8** 系原规范第2.0.5条。

集中控制室、主控制室、网络控制室、汽机控制室、锅炉控制室及计算机房等是发电厂的核心，是人员比较集中的地方，应限制上述房间的可燃物放烟量，以减少火灾损失。

**3.0.9** 系原规范第2.0.7条的修改。

调查资料表明，发电厂的火灾事故中，电缆火灾占的比例较

大。电缆夹层又是电缆比较集中的地方，因此适当提高了隔墙的耐火极限。

发电厂电缆夹层可能位于控制室下面，又常常采用钢结构，如发生火灾将直接影响控制室地面或钢结构构件。某电厂电缆夹层发生火灾，因钢梁刷了防火涂料，因此钢梁没有破坏，只发生一些变形，修复很快。因此要求对电缆夹层的承重构件进行防火处理，以减少火灾造成的损失。

**3.0.10** 新增条文。

调查结果表明，钢结构输煤栈桥涂刷的防火涂料由于涂料的老化、脱落、涂刷不均等，问题较多，难以满足防火规范的要求；建国以来，发电厂运煤系统火灾案例很少，自动喷水灭火系统能较好地扑灭运煤系统的火灾；运煤系统普遍采用钢结构形式又是必然的趋势，所以采用主动灭火措施——自动喷水灭火系统，既能提高运煤系统建筑的消防标准，又能解决复杂结构构件的防火保护问题。

**3.0.11** 新增条文。

干煤棚、室内储煤场多为钢结构形式，考虑其面积大，钢结构构件多，结合多年的工程实践经验，煤场的自燃现象虽然普遍存在，但自燃的火焰高度一般仅为0.5~1.0m，不足以威胁到上部钢结构构件，并且煤场的堆放往往是支座以下200mm作为煤堆的起点。因此，钢结构根部以上5m范围的承重构件应有可靠的防火保护措施以确保结构本身的安全性。

**3.0.12** 系原规范第2.0.10条。

# 4　燃煤电厂厂区总平面布置

**4.0.1** 系原规范第3.0.1条的修改。

电厂厂区的用地面积较大，建（构）筑物的数量较多，而且建（构）筑物的重要程度、生产操作方式、火灾危险性等方面的差别也较大，因此根据上述几方面划分厂区内的重点防火区域。这样就突出了防火重点，做到火灾时能有效控制火灾范围，有效控制易燃、易爆建筑物，保证电厂正常发电的关键部位的建（构）筑物及设备和工作人员的安全，相应减少电厂的综合性损坏。所谓"重点防火区域"是指在设计、建设、生产过程中应特别注意防火问题的区域。提出"重点防火区域"概念的另一目的，也是为了增强总图专业设计人员从厂区整体着眼的防火设计观念，便于厂区防火区域的划分。

美国消防协会标准NFPA850（1990年版）第3章"电厂防火设计"中也对防火区域的划分作了若干规定。

按重要程度划分，主厂房是电厂生产的核心，围绕主厂房划分为一个重点防火区域，鉴于干法脱硫系统靠近主厂房，本次修订将脱硫建筑物纳入此分区。

屋外配电装置区内多为带油电器设备，且母线与隔离开关处时常闪火花。其安全运行是电厂及电网安全运行的重要保证，应划分为一个重点防火区域。

点火油罐区一般贮存可燃油品，包括卸油、贮油、输油和含油污水处理设施，火灾几率较大，应划分为一个重点防火区域。

按生产过程中的火灾危险性划分，供氢站为甲类，其应划分为一个重点防火区域。

据调查，电厂的贮煤场常有自燃现象，尤其是褐煤，自燃现象严重，应划分为一个重点防火区域。

消防水泵房是全厂的消防中枢，其重要性不容忽视，应划分为一个重点防火区域。据调查，由于工艺要求，有些电厂将消防水泵房同生活水泵房或循环水泵房布置在一个泵房内，这也是可行的。

电厂的材料库及棚库是贮存物品的场所，同生产车间有所区别，应将其划分为一个重点防火区域。

重点防火区域的区分是由我国现阶段的技术经济政策、设备

及工艺的发展水平、生产的管理水平及火灾扑救能力等因素决定的,它不是一成不变的,随着上述各方面的发展,也将产生相应变化。

**4.0.2** 系原规范第3.0.3条的修改。本次修订强调规定重点防火区域之间的电缆沟(隧道)、运煤栈桥、运煤隧道及油管沟应采取防火分隔措施。

**4.0.3** 系原规范第3.0.2条与第3.0.5条的修改合并。根据现行《建筑设计防火规范》的规定,细化了回车场面积要求。重点防火区之间设置消防车道或消防通道,便于消防车通过或停靠,且发生火灾时能够有效地控制火灾区域。

火力发电厂多年的设计实践是在主厂房、贮煤场和点火油罐区周围设置环形道路或消防车道。当山区发电厂的主厂房、点火油罐和贮煤场设环形道路确有困难时,其四周应设置尽端式道路或通道,并应增加设回车道或回车场。

现行国家标准《建筑设计防火规范》及《石油库设计规范》中对环形消防车道设置也作了规定,综合上述情况,作此条规定。

**4.0.4** 新增条文。根据现行国家标准《建筑设计防火规范》编制。

**4.0.5** 系原规范第3.0.4条。

厂区内一旦着火,则邻近城镇、企业的消防车必前来支援、营救,那时出入厂的车辆、人员较多,如厂区只有1个出入口,则显紧张,可能延长营救时间,增加损失。

当厂区的2个出入口均与铁路平交时,可执行《建筑设计防火规范》中的规定:"消防车道应尽量短捷,并宜避免与铁路平交。如必须平交,应设备用车道,两车道之间的间距不应小于一列火车的长度。"

**4.0.6** 系原规范第3.0.7条。

**4.0.7** 系原规范第3.0.8条。

本条是根据火力发电厂多年的设计实践编制的。企业所属的消防车库与为城市服务的公共消防站是有区别的。因此不能照搬消防站的有关规定。

**4.0.8** 系原规范第3.0.9条的修改。

汽机房、屋内配电装置楼、集中控制楼及网络控制楼同油浸变压器有着紧密的工艺联系,这是发电厂的特点。如果拉大上述建筑同油浸变压器的间距,势必增加投资,增加用地及电能损失。根据发电行业多年的设计实践经验,将油浸变压器与汽机房、屋内配电装置楼、集中控制楼及网络控制楼的间距,同油浸变压器与其他的火灾危险性为丙、丁、戊类建筑的间距要求(条文中表4.0.11)区别对待。因此,作此条规定。

**4.0.9** 系原规范第3.0.10条。本条规定基于以下原因:

1 点火油罐区贮存的油品多为渣油和重油,属可燃油品,该油品有流动性,着火后容易扩大蔓延。

2 围在油罐区围栅(或围墙)内的建(构)筑物应有卸油铁路、栈台、供卸油泵房、贮油罐;含油污水处理站可在其内,也可在其外。围栅及围墙同建(构)筑物的间距,一般为5m左右。

3 《石油库设计规范》术语一章中对"石油库"的定义是:"收发和储存原油、汽油、煤油、柴油、喷气燃料、溶剂油、润滑油和重油等整装、散装油品的独立或企业附属的仓库或设施"。

4 《建筑设计防火规范》第4.4.9条、第4.4.5条及第4.4.2条的注中都写有"……防火间距,可按《石油库设计规范》有关规定执行"。

因此发电厂点火油罐区的设计,应执行现行国家标准《石油库设计规范》的有关规定。

**4.0.10** 系原规范第3.0.11条。文字略有调整。

**4.0.11** 系原规范第3.0.12条的修改。本条是根据《建筑设计防火规范》的原则规定,结合发电厂设计的实践经验,依照发电行业设计人员已应用多年的表格形式编制的。

条文中的发电厂各建(构)筑物之间的防火间距表是基本防火

间距,现行的国家标准《建筑设计防火规范》中关于在某些特定条件下防火间距可以减小的规定对本表同样有效。本表中未规定的有关防火间距,应符合现行国家标准《建筑设计防火规范》的有关规定。现行的行业标准《火力发电厂设计技术规程》规定了发电厂各建(构)筑物之间的最小间距,为防火间距、安全、卫生间距之综合。最小间距包容防火间距,防火间距不包容最小间距。

**4.0.12** 系原规范第3.0.13条。

**4.0.13** 系原规范第3.0.14条。

**4.0.14** 新增条文。依据现行国家标准《建筑设计防火规范》制定。

集控楼通常布置在两台锅炉之间,除非集控楼的两侧外墙与锅炉房外墙紧靠,否则,两者的间距应该符合规范的要求。

# 5 燃煤电厂建(构)筑物的安全疏散和建筑构造

## 5.1 主厂房的安全疏散

**5.1.1** 系原规范第4.1.1条与第4.1.3的合并。

主厂房按汽机房、除氧间、集中控制楼、锅炉房、煤仓间分,每个车间面积都很大,为保证人员的安全疏散,要求每个车间不应少于2个安全出口。在某些情况下,特别是地下室可能有一定困难,所以提出2个出口可有1个通往相邻车间。从运行人员工作地点到安全出口的距离,其长短将直接影响疏散所需时间,为了满足允许疏散时间的要求,所以应计算求得由工作地点到安全出口允许的最大距离。

根据资料统计,在人员不太密集的情况下,人员的行动速度按60m/min,下楼的速度按15m/min计。300MW和600MW机组的司水平台标高约为60m,在正常运行情况下,运行人员到这里巡视,从司水平台到底层,梯段长度约为60m,所需时间大约为4min。如果允许疏散时间按6min计,则在平面上的允许疏散时间还有2min,考虑从工作地点到楼梯以及从底层楼梯口到室外出口两段距离,每段按一半计算,则从工作地点到楼梯的距离应为60m左右。为此,我们认为从工作地点到楼梯口的距离定为50m比较合理。在正常运行情况下,主厂房内的运行人员多数都在运转层的集中控制室内,从运转层到底层最多需要1min,集中控制室的人员疏散到室外,共需2.5min左右,完全能满足安全疏散要求。

**5.1.2** 系原规范第4.1.5条与第4.1.6的合并。

主厂房虽然较高,但一般也只有5～6层。在正常运行情况下人员很少,厂房内可燃的装修材料很少,厂房除疏散楼梯外,还有很多工作梯,多年来都习惯做敞开式楼梯。在扩建端布置有室外钢梯。为保证人员的安全疏散和消防人员扑救火灾,要求至少应有1个楼梯间通到各层和屋面。

**5.1.3** 系原规范第4.1.4条与第4.3.3的合并。

主厂房中人员较多,如按人流计算,门和走道都很窄。根据门窗标准图规定的模数,规定门和走道的净宽分别不宜小于0.9m和1.4m。主厂房室外楼梯是供疏散和消防人员从室外直接到达建筑物起火层扑救火灾而设置的。为防止楼梯坡度过大、楼梯宽度过窄或栏杆高度不够而影响安全,作此规定。

**5.1.4** 系原规范第4.1.2条的修改。

主厂房单元控制室是电厂的生产运行指挥中心,又是人员比较集中的地方,为保证人员安全疏散,故要求有2个疏散出口;但考虑近几年一些项目控制室建筑面积小于60m²,如果强调2个出口,对设备布置和生产运行都将带来不便,故对此类控制室的出口数量作了适当放宽。

**5.1.5** 系原规范第4.1.7条。

主厂房的带式输送机层较长,一般在固定端和扩建端都有楼梯,中间楼梯往往不易通至带式输送机层,因此要求有通至锅炉房或除氧间、汽机房屋面的出口,以保证人员安全疏散。

## 5.2 其他建(构)筑物的安全疏散

**5.2.1** 系原规范第4.2.1条的修改。

碎煤机室和转运站每层面积都不大,过去工程中均设置0.8m宽敞开式钢梯。在正常运行情况下,也只有一两个人值班,况且还有运煤栈桥也可以作为安全出口利用。所以设一个净宽不小于0.8m的钢梯是可以的。

**5.2.2** 系原规范第4.2.2条的修改。文字稍作调整。

当配电装置楼室内装有每台充油量大于60kg的设备时,其火灾危险性属于丙类,按《建筑设计防火规范》的要求,对一、二级建筑安全疏散距离应为60m,故提出安全出口的间距不应大于60m。

**5.2.3** 系原规范第4.2.3条。

电缆隧道火灾危险性属于丙类,安全疏散距离应为80m,但考虑隧道中疏散不便,因此提出间距不超过75m。

**5.2.4** 系原规范第4.2.5条与第4.2.6条的合并。

卸煤装置和翻车机室地下室的火灾危险性属丙类,在正常运行情况下只有一两个人,为安全起见,提出2个安全出口通至地面。运煤系统中地下构筑物有一端与地道相通,为保证人员安全疏散,所以要求在尽端设一通至地面的安全出口。

**5.2.5** 系新增条文。关于集控室除外的各类控制室疏散出口的规定。

**5.2.6** 系原规范第4.2.4条的修改。根据配电装置室安全疏散的需要,作此规定,增强条文的可操作性。

## 5.3 建筑构造

**5.3.1** 系原规范第4.3.1条的修改。

考虑到发电厂房的特殊性,由于主厂房内人员较少,大量采用钢结构所带来的困难,如完全按消防电梯考虑,前室布置和电梯围护墙体耐火要求等难以满足消防要求,故提出当发生火灾时,电梯的消防控制系统、消防专用电话、基坑排水设施应满足消防电梯的设计要求。

**5.3.2** 系原规范第4.3.2条的修改。

因主厂房比较高大,锅炉房很高,上部有天窗排热气,还有室内吸风口在吸风,因此主厂房总是处于负压状态,即使发生火灾,火焰也不会从门中窜出。所以对休息平台未作特殊要求。根据燃煤电厂的运行经验,辅助厂房火灾危险性很小,故对休息平台亦未作特殊要求。

**5.3.3** 系原规范第4.3.4条与第4.3.5条的合并改。

变压器室、屋内配电装置室、发电机出线小室的火灾危险性属丙类,火灾危险性较大,因此要求用乙级防火门。为避免发生火灾时,由于人员惊慌拥挤而使门开门无法开启而造成不应有的伤亡,因此要求门向疏散方向开启。考虑采用双向开启的防火门有困难,故作了放宽。电缆夹层、电缆竖井火灾危险性属丙类,火灾危险性又较大,里面又经常无人,为防止火灾蔓延,也要求用乙级防火门。

**5.3.4** 系原规范第4.3.4条的修改。

主厂房各车间的隔墙不完全是防火墙,为安全起见,要求用乙级防火门。

**5.3.5** 新增条文。

近几年工程中常有可燃气体管道或甲、乙、丙类液体的管道穿越楼梯间,为保证疏散楼梯的作用,作此规定。

**5.3.6** 系原规范第4.3.6条。

主厂房与控制楼、生产办公楼间常常有天桥联结,为防止火灾

蔓延,需要设门,可以为钢门或铝合金门。

**5.3.7** 系原规范第4.3.7条。

蓄电池室、通风机室及蓄电池室前套间均有残存氢气的可能,火灾危险性较大,应采用向外开启的防火门。

**5.3.8** 系原规范第4.3.8条。

厂区中主变压器火灾较多,变压器本身又装有大量可燃油,有爆炸的可能,一旦发生火灾,火势又很大,所以,当变压器与主厂房较近时,汽机房外墙上不应设门窗,以免火灾蔓延至主厂房内。当变压器距主厂房较远时,火灾影响的可能性小些,可以设置防火门、防火窗,以减少火灾对主厂房的影响。

**5.3.9** 系原规范第4.3.9条。

主厂房、控制楼等主要建筑物内的电缆隧道或电缆沟与厂区电缆沟相通。为防止火灾蔓延,在与外墙交叉处设防火墙及相应的防火门。实践证明这是防止火灾蔓延的有效措施。

**5.3.10** 系原规范第4.3.10条的修改。

厂房内隔为防火墙且可能有管道穿越,管道安装后孔洞往往不封或封堵不好,易使火灾通过孔洞蔓延,造成不应有的损失。因此规定当管道穿过防火墙时,管道与防火墙之间的缝隙应采用不燃烧材料将缝隙填塞,当可燃或难燃管道公称直径大于32mm时,应采用阻火圈或阻火带并辅以如防火泥或防火密封胶的有机堵料等封堵。

**5.3.11** 系原规范第4.3.11条。

柴油发电机房火灾危险性属丙类,且往往有油箱与其放在一个房间内,火灾危险性较大,为防止火灾蔓延,要求做防火墙与其他车间隔开。

**5.3.12** 系原规范第4.3.13条的修改。

材料库中的特种材料主要指润滑油、易燃易爆气体等,其存放量较少,若与一般材料同置一库中,为保证材料库的安全,应用防火墙分隔开。

**5.3.13、5.3.14** 新增条文。

# 6 燃煤电厂工艺系统

## 6.1 运煤系统

**6.1.1** 系原规范第5.1.2条的修改。

根据《电力网和火力发电厂省煤节电工作条例》总结的经验,化学性质不同的煤种应分别堆放,在贮煤场容量计算上,应按分堆堆放的条件确定贮煤场的面积。

**6.1.2** 系原规范第5.1.2条的修改。

由于电厂燃用煤种不同,本条重点列出了对于燃用褐煤或高挥发分煤种堆放所应采取的措施,对于燃用其他非自燃性的煤可参照进行。

高挥发分易自燃煤种,按国家煤炭分类,干燥无灰基挥发分大于37%的长烟煤属高挥发分易自燃煤种。对于干燥无灰基挥发分为28%～37%的烟煤,在实际使用中因其具有自燃性亦应视作高挥发分易自燃煤种。

贮煤场在设计上应采取下列措施,以降低火灾发生的概率:

**1** 对于燃用褐煤或高挥发分易自燃的煤种,由于其总贮量水平低(通常为10～15d的锅炉耗煤量),翻烧的频率较高,为利于自燃煤的处理,推荐采用较高的回取率,以不低于70%为宜。

**2** 根据燃用褐煤或高挥发分煤的部分电厂的实际运行经验,煤场的煤难以先进先出,往往先进后出,导致煤堆自燃严重,在贮煤场容量计算上,应按先进先出的条件确定贮煤场的面积。

**3** 为尽可能防止煤的自燃,大型贮煤场应定期翻烧,翻烧周期应根据燃煤的种类及其挥发分来确定,根据电厂的实际运行经

验，一般为 2～3 个月，在炎热的夏秋季一般为 15d。在煤场设备的选择上，应考虑定期翻烧的条件。

4 为减缓煤堆的氧化速度，应视不同的煤种采用最有效的延迟氧化速度的建堆方式，可采用分层压实、喷水、洒石灰水等方式。

5 由于煤堆底部一般为块状煤，通风条件较好，当贮存易自燃煤种且煤堆高于 10m 时，为减少或抑制煤堆的烟雾现象，减少自燃的概率，可设置挡煤墙，挡煤墙的高度可根据煤场底部大块煤的厚度确定。

**6.1.3** 系原规范第 5.1.13 条的修改。

由于环境保护条件的提高，近年来筒仓贮煤的方案在发电厂建设中已占有相当的比重。单仓贮量由初期的 500t 发展成 30000t 级的大型筒仓。对于贮存褐煤或高挥发易自燃煤种的筒仓，应对仓内温度、可燃气体、烟气进行必要的监测并采取相应的措施，以利安全运行。国内已有筒仓爆燃的先例，充分说明制定相关安全措施是十分必要的。防爆装置是防止筒仓遭到爆炸破坏的最后防线，其防爆总面积应以不低于筒仓实际体积数值的 1‰ 为宜。喷水设施的主要目的是为了降低煤的温度，应以手动喷水为宜；降低煤粉尘、可燃气体浓度可采用向仓内或煤层内喷注惰性气体（如氮气、二氧化碳气体及烟气）的方法，二者可视具体情况选取其一。

**6.1.4** 新增条文。

由于环境保护条件的提高，近年来大型室内贮煤场已有较多应用，比如：封闭式干煤棚和封闭式圆形贮煤场等。封闭式室内贮煤场除应满足露天煤场的相关要求外，还应设置强制通风和手动喷水设施。当贮存易自燃煤种时，其内的电气设施应能防爆。

**6.1.5** 系原规范第 5.1.3 条的修改。本次修订将主厂房原煤斗的规定移出至第 6.2 节。

本条是对运煤系统承担煤流转运功能的各种型式煤斗的设计要求，为使其活化率达到 100%，避免煤的长期积存引起自燃而作出的规定。

**6.1.6** 系原规范第 5.1.4 条。

运煤系统运输机落煤管转运部位，为减少燃煤撒落和积存，可采取的措施有：

1 增大头部漏斗的包容范围。

2 采用双级高效清扫器。

3 落煤管底部加装给料流调节器或导流挡板，增加物料的对中性。

4 与导煤槽连接的落煤管采用矩形断面。

5 采用拱形导料槽增大其内空间，利于粉尘的沉降。

6 承载托辊间距加密并可采用 45°槽角。

7 设置适当的助流设施。

在转运点的设计时，尤其对于燃用易自燃煤种，应避免撒料、积料现象。若煤粉沉积在运输机尾部，而且长时间得不到清理，就会形成自燃，这是造成发电厂多起烧毁输送带重大火灾事故的主要原因。为杜绝此类事故的发生，制定重点反事故措施非常必要。

**6.1.7** 系原规范第 5.1.9 条的修改。

自身摩擦升温的设备是导致运煤系统发生火灾的隐患。近年来发电厂运煤系统的火灾事故中，不少是由于输送带变向滚筒被拉断，输送带与栈桥钢结构直接摩擦发热而升温，引起堆积煤粉的燃烧，酿成烧毁输送带及栈桥塌落的重大事故。鉴于此，对带式输送机安全防护设施作了规定。

**6.1.8** 系原规范第 5.1.10 条的修改。易自燃煤种的界定见第 6.1.2 条说明。

**6.1.9** 新增条文。

由于易自燃煤经过一段时间的堆放会产生自燃，从贮煤设施取煤的带式输送机上应设置明火监测装置，发现明火后应紧急停机并采取措施灭火，以防止着火的煤进入运煤系统。

**6.1.10** 系原规范第 5.1.12 条。

目前运煤系统配置的通信设备具有呼叫、对讲、传呼及会议功能。当发生火灾警报时，可用本系统报警及时下达处置命令，因此可不必单独设置消防通信系统。

## 6.2 锅炉煤粉系统

**6.2.1** 系原规范第 5.2.1 条的修改。

本次修改主要根据《火力发电厂设计技术规程》第 6.4.5 节第 1 条，对原煤仓及煤粉仓的形状及结构提出要求。向磨煤机内不间断而可控制地供煤，是减少煤粉系统着火和爆炸的重要措施。本条对原煤仓和煤粉仓设计提出要求主要目的是为避免由于设计的不合理致使运行中发生堵煤、积粉而引起爆炸着火。电力行业标准《火力发电厂采暖通风与空气调节设计技术规程》DL/T 5035—2004 附录 L 名词解释对严寒地区进行了定义，严寒地区是指累年最冷月平均温度（即冬季通风室外计算温度）不高于 −10℃ 的地区。

当煤粉仓设置防爆门时，防爆门上方还应注意避开电缆，以免出现着火现象。

本次修订煤粉仓按承受 40kPa 以上的爆炸内压设计，主要依据：

1 前苏联在 1990 年版防爆规程已经将防爆设计压力提高到 40kPa。

2 如果按照美国、德国等标准计算防爆门，防爆门面积将很大，并且仍会出现局部爆炸问题。

3 东北电力设计院主编的《火力发电厂煤和制粉系统防爆设计技术规程》DL/T 5203—2005 明确规定"煤粉仓装设防爆门时，煤粉仓按减压后的最大爆炸压力不小于 40kPa 设计，防爆门额定动作压力按 1～10kPa 设计，对煤粉云爆炸烈度指数高的煤种，减压后的最大爆炸压力和防爆门额定动作压力应通过计算确定。

**6.2.2** 系原规范第 5.2.2 条的修改。

前苏联 1990 年版《防爆规程》规定：对于直吹式制粉系统，送粉管道水平布置时防沉积的极限流速在锅炉任何负荷下均不应小于 18m/s。对于热风送粉系统，该规程规定，在锅炉任何负荷下要求不小于 25m/s。对于干燥剂送粉系统，其气粉混合物的温度与直吹式制粉系统取相同的下限流速，即不小于 18m/s。

因此此次修改要求煤粉管道的流速应不小于输送煤粉所要求的最低流速，以防止由于沉积煤粉的自然而引起煤粉系统内的爆炸而酿成的火灾。

**6.2.3** 系原规范第 5.2.3 条的修改。将原条文细化，以便理解。原文中煤粉间谓不够准确，故本次将其改为煤粉间。

**6.2.4** 系原规范第 5.2.4 条的修改。原条文不够完整，本次增加了"必须设置系统之间的输粉机械时应布置输粉机械的温度测点、吸潮装置"的要求。

**6.2.5** 系原规范第 5.2.5 条的修改。原规范中网眼平台现已不采用。设置花纹钢板平台的目的是为防止防爆门爆破时排出物伤人或烧坏设备及抽出燃油枪时，油滴到其下方的人员或设备上造成损害。

**6.2.6** 系原规范第 5.2.6 条。文字略加整理。

煤粉系统爆炸而引起的火灾是燃煤电厂运行中常发生且具有很大危害的事故。为防止或限制爆炸性破坏可以从如下方面采取措施：

1 煤粉系统设备、元件的强度按小于最大爆炸压力进行设计的煤粉系统设置防爆门。

2 煤粉系统按惰性气体设计，使其含氧量降到爆炸浓度之下。

3 煤粉系统设备、元件的强度按承受最大爆炸压力设计，系统不设置防爆门。关于防爆门的装设要求及煤粉系统抗爆设计强度计算的标准各国有所差异。前苏联较多利用防爆门来降低爆炸对设备和系统的破坏，1990年出版的《燃料输送、粉状燃料制备和燃烧设备的防爆规程》中，对防爆门装设的位置、数量以及面积选择原则等都有详细的规定。而美国、德国则多采用提高设备和部件的设计强度来防止爆炸产生的设备损坏，仅在个别系统的某些设备上才允许装设防爆门。国内电力系统正准备颁布有关制煤粉系统防爆方面的设计规程。

**6.2.7** 系原规范第5.2.8条的修改。对于表中内容予以充实。

煤中的挥发分含量是区分煤的类别的主要指标。挥发分对制粉系统爆炸又起着决定因素。当干燥无灰基挥发分 $V_{daf}$ ＞19％时，就有可能引起煤粉系统的爆炸。而挥发分的析出与温度有关，温度愈高挥发分愈容易被析出，煤粉着火时间越短，越能引起煤粉混合物的爆炸。为此，本条根据磨煤机所磨制的不同煤种，参考了行业标准《火力发电厂制粉系统设计计算技术规定》DL/T 5145—2002等有关资料，根据电厂实践，规定了磨煤机出口气粉混合物的温度值，并且增加了双进双出钢球磨煤机直吹式制粉系统、中速磨煤机直吹式制粉系统分离器后气粉混合物的温度要求。

**6.2.8** 系原规范第5.2.9条的保留条文。

**6.2.9** 系原规范第5.2.10条的保留条文。

**6.2.10** 新增条文。

为防止制粉系统停用时煤粉仓爆炸，宜设置放粉系统。

## 6.3 点火及助燃油系统

**6.3.1** 系原规范第5.3.1条。

**6.3.2** 系原规范第5.3.2条。

**6.3.3** 系原规范第5.3.3条。

该条所指的加热燃油系统，主要指重油加热系统，为铁路油罐车（或水运油船）的卸油加热，储油罐的保温加热以及锅炉油烧器的供油加热等三部分用的加热蒸气。重油在空气中的自燃着火点为250℃。而含硫石油与铁接触生成硫化铁，黏附在油罐壁或其他管壁上，在高温作用下会加速其氧化以致发生自燃。此外，加热燃油的加热器，一旦由于超压爆管，或者焊（胀）口渗漏，油品喷至遇有保温破损处的温度较高的蒸气管上容易引发火灾。

**6.3.4** 系原规范第5.3.5条的保留条文。

油罐运行中罐内的气体空间压力是变化的，若罐顶不设置通向大气的通气管，当油泵向罐内注油或从油罐内抽油时，罐内的气体空间会被压缩或扩张，罐内压力也就随之变大或变小。如果罐内压力急剧下降，罐内形成真空，油罐壁就会被压瘪变形；若罐内压力急剧增大超过油罐结构所能承受的压力时，油罐就会爆裂，油品外泄引发火灾。如果油罐的顶部设有与大气相通的通气管，来平衡罐内外的压力，就会避免上述事故的发生。

**6.3.5** 系原规范第5.3.6条的修改。

油罐区排水有时带油，为彻底隔离可能出现的着火外延，故设置隔离阀门。

**6.3.6** 系原规范第5.3.7条。

为了供给电厂锅炉点火和助燃油品的安全和减少油品损耗，参照《石油库设计规范》的有关规定制定本条。这样，除会增加油品的呼吸损耗外，由于油流与空气的摩擦，会产生大量静电，当达到一定电位时就会放电而引起爆炸着火。根据《石油库设计规范》的条文说明介绍，1977年和1978年上海和大连某厂从上部进油的柴油罐，都因油罐在低油位、高落差的情况下进油而先后发生爆炸起火事故，故制定本条规定。

**6.3.7** 系原规范第5.3.8条的修改。

国家标准《建筑防火设计规范》和协会标准《建筑防火封堵应用技术规程》、《建筑聚氯乙烯排水管道阻火圈》等相关标准中，都对管道贯穿物进行了分类，分为钢管、铁管等（熔点大于1000℃

的）不燃烧材质管道和PE、PVC等难燃烧或可燃烧材质管道。这两类管道在遇火后的性能完全不同，可燃或难燃在遇火后会软化甚至燃烧，普通防火堵料无法将墙体上的孔洞完全密闭，需要加设阻火圈或阻火带。加设绝热材料主要是满足耐火极限的绝热性要求，防止引起背火面可燃物的自燃。对于可燃烧或难燃烧材质管道中管径32mm的划分是国际通用的。

**6.3.8** 系原规范第5.3.9条的修改。

根据美国 ASMEB31.1 动力管道中第122.6.2条，要求溢流回油管不应带阀门，以防误操作。

**6.3.9** 系原规范第5.3.10条。

沿地面敷设的油管道，容易被碰撞而损坏发生爆管，造成油品外泄事故，不但影响机组的安全运行，而且通明火还易发生火灾。为此，要求厂区燃油管道宜架空敷设。对采用地沟内敷设油管道提出了附加条件。

**6.3.10** 系原规范第5.3.11条。

本条规定的"油管道及阀门应采用钢质材料……"，其中包括储油罐的进、出口油管上工作压力较低的阀门。主要从两方面考虑，一是考虑地处北方严寒地区的电厂储油罐的进出口阀门，在周围空气温度较低时，如发生保温结构不合理或保温层脱落破损，阀门体外露，会使阀门冻坏。此外，当油管停运需要蒸汽吹扫时，一般吹扫蒸汽温度都在200℃以上。在此吹扫温度下，一般铸铁阀门难以承受。在高温蒸汽的作用下，铸铁阀门很容易被损坏。特别是在紧靠油罐外壁处的阀门，当其罐内油位较高时，阀门一旦发生破损漏油，难以对其进行修复。为此，油罐出入管上的阀门也应是钢质的。

**6.3.11** 系原规范第5.3.12条。

**6.3.12** 系原规范第5.3.13条。

在每台锅炉的进油总管上装设快速关断阀的主要目的是，当该炉发生火灾事故时，可以迅速地切断油源，防止炉内发生爆炸事故。手动关断阀的作用是，当速断阀失灵出现故障时，以手动关断阀来切断油源。

**6.3.13** 系原规范第5.3.14条。

**6.3.14** 系原规范第5.3.15条。

**6.3.15** 新增条文。

在南方夏季烈日曝晒的情况下，管道中的油品有可能产生油气，使管道内的压力升高，导致波纹管补偿器破坏，造成事故。

## 6.4 汽轮发电机

**6.4.1** 系原规范第5.4.1条的修改。

**1** 增加了汽轮机主油箱排油烟管道应避开高压电气设施的要求。

**2** 与《火力发电厂设计技术规程》DL 5000—2000中第6.6.4条强制性条款要求相对应。对大容量汽轮机纵向布置的汽机房而言，因为在纵向布置的汽机房零米靠A列柱处，油系统的主油箱、油泵及冷油器等设备距汽轮机本体高温管道区较远，对防止火灾有利。

**3** 原规范中"布置高程"不准确，本次修改改成"布置标高"，并与《火力发电厂设计技术规程》DL 5000—2000中第6.6.4条强制性条款要求相对应。

**4** 汽轮机机头的前轴封箱处，是高温蒸汽管道与汽机油管道布置较为集中的区域，也是最容易发生因漏油而引起火灾的地方。因此应设置防油槽，并应设置排油管道，将漏油引至安全处。

**5** 原条文只提到镀锌铁皮做保温，此次增加镀锌铁皮、铝皮，二者均可做保温的保护层。

**6** 根据国家有关标准要求，垫料已不允许使用石棉垫。管道的法兰结合面若采用塑料或橡胶垫料，遇火垫料会迅速烧毁，造成喷油酿成大火。同时，塑料或橡胶垫长期使用后还会发生老化碎裂、收缩，亦会发生上述事故。

7 事故排油阀的安装位置，直接关系到汽轮机油系统火灾处理的速度，据发生过汽轮机油系统火灾事故的电厂反映，如果排油阀的位置设置不当，一旦油系统发生火灾，排油阀被火焰包围，运行人员无法靠近操作，致使火灾蔓延。根据原国家电力公司制定的"防止电力生产重大事故的二十五项重点要求"（国电发[2000]589号）的第1.2.8条及《电力建设施工及验收技术规范（汽轮机机组篇）》第4.6.21条要求，本次修订对油箱事故排油管道阀门设置作进一步明确。

8 本次修改根据反馈意见，将润滑油系统的试验压力改为不应低于0.5MPa，回油系统的试验压力改为不应低于0.2MPa，明确了可按汽机厂设计的润滑及回油系统实际压力要求进行水压试验，但不应低于0.2MPa。

9 为防止汽轮机油系统火灾发生，提高机组运行的安全性，早在很多年前，国外大型汽轮机的调节油系统就广泛使用了抗燃油品，并积累了丰富的运行实践经验。从20世纪70年代开始，我国陆续投产以及正在设计和施工的（包括国产和引进的）300MW及以上容量的汽轮机调速系统，大部分也都采用了抗燃油。

抗燃油品与以往使用的普通矿质透平油相比，其最突出的优点是：油的闪点和自燃点较高，闪点一般大于235℃，自燃点大于530℃（热板试验大于700℃），而透平油的自燃点只有300℃左右。同时，抗燃油的挥发性低，仅为同黏度透平油的1/10～1/5，所以抗燃油的防火性能大大优于透平油，成为今后发展方向。为此，本条规定，300MW及以上容量的汽轮机调节油系统，宜采用抗燃油品。

**6.4.2** 系原规范第5.4.2条。

对发电机的氢系统提出了有关要求：

1 室内不准排放氢气是防止形成爆炸性气体混合物的重要措施之一。同时为了防止氢气爆炸，排氢管应远离明火作业点并高出附近地面、设备以及距屋顶有一定的距离。

2 与发电机氢气管接口处加装法兰短管，以备发电机进行检修或进行电火焊时，用来隔绝氢气源，以防止发生氢气爆炸事故。

### 6.5 辅 助 设 备

**6.5.1** 系原规范第5.5.1条。

锅炉在启动、低负荷、变负荷或从燃油转到燃煤的过渡燃烧过程中，以及在正常运行中的不稳定燃烧时，均会有固态和液态的未燃尽的可燃物，这些未燃烧产物会随烟气被带入电气除尘器并聚积在极板表面上而被静电除尘器内电弧引燃起火损坏设备。为及时发现和扑灭火灾防止事态扩大，规定在电气除尘器的进、出口烟道上装设烟温测量和超温报警装置。

**6.5.2** 系原规范第5.5.2条的保留条文。对柴油发电机系统提出了有关要求：

1 设置快速切断阀是为防止油系统漏油或柴油机发生火灾事故时能快速切断油源。

日用油箱不应设置在柴油机上方，以防止油品漏到机体或排气管上而发生火灾。

2 柴油机排气管的表面温度高达500～800℃，燃油、润滑油若喷滴在排气管上或其他可燃物贴在排气管上，就会引起火灾，因此排气管上应用不燃烧材料进行保温。

3 四冲程柴油机曲轴箱内的油受热蒸发，易形成爆炸性气体，为了避免发生爆炸危险，一般采用正压排气或离心排气。但也有用负压排气的，即用一根金属导管，一头接曲轴箱，另一头接在进气管的头部，利用进风的抽力将曲轴箱里的油气抽出，但连接风管一头的导管应装置铜丝网阻火器，以防止回火发生爆燃。

### 6.6 变压器及其他带油电气设备

**6.6.1** 系原规范第5.6.1条。

**6.6.2** 系原规范第5.6.2条。

油浸变压器内部贮有大量绝缘油，其闪点在135～150℃，与丙类液体贮罐相似，按照《建筑设计防火规范》的规定，丙类液体贮罐之间的防火间距不应小于0.4D（D为两相邻贮罐中较大罐的直径）。可设想变压器的长度为丙类液体罐的直径，通过对不同电压、不同容量的变压器之间的防火间距按0.4D计算得出：电压等级为220kV，容量为90～400MV·A的变压器之间的防火间距在6.0～7.8m范围内；电压为110kV，容量为31.5～150MV·A的变压器之间的防火间距在4.00～5.80m范围内；电压为35kV及以下，容量为5.6～31.5MV·A的变压器之间的防火间距在2.00～3.80m范围内。

因为油浸变压器的火灾危险性比丙类液体贮罐大，而且是发电厂的核心设备，其重要性远大于丙类液体贮罐，所以变压器之间的防火间距就大于0.4D的计算数值。

根据变压器着火后，其四周对人的影响情况来看，当其着火后对地面最大辐射强度是在与地面大致成45°的夹角范围内，要避开最大辐射温度，变压器之间的水平间距必须大于变压器的高度。

因此，将变压器之间的防火间距按电压等级分为10m、8m、6m及5m是适宜的。

日本"变电站防火措施导则"规定油浸设备间的防火间距标准如表2所示。

表2 油浸设备间的防火间距

| 标称电压（kV） | 防火距离（m） | |
|---|---|---|
| | 小型油浸设备 | 大型油浸设备 |
| 187 | 3.5 | 10.5 |
| 220、275 | 5.0 | 12.5 |
| 500 | 6.0 | 15.0 |

表中所列防火距离是指从受灾设备的中心到保护设备外侧的水平距离。经计算，间距与本条所规定的距离是比较接近的。

至于单相变压器之间的防火间距，因目前一般只有330～759kV变压器采用单相，虽然有些国家对单相及三相变压器之间防火间距采取不同数值，如加拿大某些水电局规定，单相之间的防火间距可较三相之间的防火间距减少1/3，但单相之间不得小于12.1m，考虑到变压器的重要性，为防止事故蔓延，单相之间的防火间距仍宜与三相之间距离一致。

高压并联电抗器亦属大型油浸设备，所以也应采用本条规定的防火间距。

**6.6.3** 系原规范第5.6.3条的修改。

变压器之间当防火间距不够时，要设置防火墙，防火墙除有足够的高度及长度外，还应有一定的耐火极限。根据几次变压器火灾事故的情况，防火墙的耐火极限不宜低于3h（与《建筑设计防火规范》中防火墙的耐火极限取得一致）。

由于变压器事故中，不少是高压套管爆炸喷油燃烧，一般火焰都是垂直上升，故防火墙不宜太低。日本"变电站防火措施导则"规定，在单相变压器组之间及变压器之间设置的防火墙，以变压器的最高部分的高度为准，对没有引出套管的变压器，比变压器的高度再加0.5m；德国则规定防火墙的上缘需要超过变压器蓄油容器。考虑到目前500kV变压器高压套管离地高约10m左右，而国内500kV工程的变压器防火墙高度一般均低于高压套管顶部，但略高于油枕高度，所以规定防火墙高度不应低于油枕顶端高度。对电压较低、容量较小的变压器，套管离地高度不太高时，防火墙高度宜尽量与套管顶部取齐。

考虑到贮油池比变压器两侧各长1m，为了防止贮油池中的热气流影响，防火墙长度应大于贮油池两侧各1m，也就是比变压器外廓每侧大2m。日本的防火规程也是这样规定的。

设置防火墙将影响变压器的通风及散热，考虑到变压器散热、运行维修方便及事故时灭火的需要，防火墙离变压器外廓距离以不小于 2m 为宜。

**6.6.4** 系原规范第 5.6.4 条的修改。

为了保证变压器的安全运行,对油量超过 600kg 的消弧线圈及其他带油电气设备的布置间距,作了本条的规定。当电厂接入 330kV 和 500kV 电力系统时,主变压器中性点有时设置电抗器,在这种情况下,主变压器和电抗器之间的布置间距和防火墙的设置应符合本规范第 6.6.2 条和第 6.6.3 条的规定。

**6.6.5** 系原规范第 5.6.6 条的修改。

对于油断路器、油浸电流互感器和电压互感器等带油电气设备,按电压等级来划分设防标准,既在一定程度上考虑到油量的多少,又比较直观,使用方便,能满足运行安全的要求。例如 20kV 及以下的少油断路器油量均在 60kg 以下,绝大部分只有 5~10kg,虽然火灾爆炸事故较多,爆炸时的破坏力也不小(能使房屋建筑受到一定损伤,两侧带隔板板炸碎或变形,门炸出,危及操作人员安全等),但爆炸时向上扩展的较多,事故损害基本局限在间隔范围内。因此,两侧的隔板只要采用不燃烧材料的实体隔板或墙,从结构上进行加强处理(通常采用厚度 2~3mm 钢板、砖墙、混凝土墙均可,但不宜采用石棉水泥板等易碎材料),是可以防止此类事故的。

根据调查,35kV 油断路器,目前国内生产的屋内型,油量只有 15kg,一般工程安装于有不燃烧实体墙(板)的间隔内,运行情况良好。至于 35kV 手车式成套开关柜,则因其两侧均有钢板隔离,不必再采取其他措施。

目前 110kV 屋内配电装置一般装 SF6 断路器,但有少量工程装设少油断路器,其总油量均在 600kg 以下,根据对全国 40 多个 110kV 屋内配电装置的调查,装在有不燃烧实体墙的间隔内的油断路器未发生过火灾爆炸事故。

220kV 屋内配电装置投入运行的较少,且一般装 SF6 断路器,但有少量工程装设少油断路器,其油量约 800kg,已投运的工程,其断路器均装在有不燃烧实体墙的间隔内,运行巡视较方便,能满足安全运行要求。至于油浸电流互感器和电压互感器,应与相同电压等级的断路器一样,安装于同等设防标准的间隔内。

发电厂的低压厂用变压器当采用油浸变压器时多数设置在厂房或配电装置室内,根据国内近年来几次变压器火灾事故教训及变压器的重要性,安装在单独的防火小间内是合适的。这样,配电装置的火灾事故不会影响变压器,变压器的火灾也不会影响其他设备。所以,本条规定油量超过 100kg 的变压器一般安装在单独的防火小间内(35kV 变压器和 10kV、80kV·A 及以上的变压器油量均超过 100kg)。

**6.6.6** 系原规范第 5.6.7 条。

目前投运及设计的屋内 35kV 少油断路器及电压互感器,其油量分别为 100kg 及 95kg,均未设置贮油或挡油设施,事故油外流的现象很少。所以将贮、挡油设施的界限提高到 100kg 以上(油断路器、互感器为三相总油量,变压器为单台含油量)。同时提出,设置挡油设施时,不论门是向建筑物内开或外开,都应将事故油排到安全处,以限制事故范围的扩大。

**6.6.7** 系原规范第 5.6.8 条的修改。

当变压器不需要设置水喷雾灭火系统时,变压器事故排油如果设置就地贮油池,则贮油池只需考虑贮存变压器的全部油量即可。然而,通常变压器的事故排油是集中排至总事故贮油池。根据调查,主变压器发生火灾爆炸等事故后,真正流到总事故贮油池内的油量一般只为变压器总油量的 10%~30%,只有某一电厂曾发生 31.5MV·A 变压器事故后,流入总事故贮油池的油量超过 50%一个例外。根据上述的调查总结,并参考国外的有关规定(如日本规定总事故贮油池容量按最大一个油罐的 50%油量考虑),本规范按最大一个油箱的 60%油量确定。

**6.6.8** 系原规范第 5.6.9 条。

贮油池内铺设卵石,可起隔火降温作用,防止绝缘油燃烧扩散。卵石直径,根据国内的实践及参考国外规程可为 50~80mm,若当地无卵石,也可采用无孔碎石。

## 6.7 电缆及电缆敷设

**6.7.1** 新增条文。

据调查,近年新建电厂,特别是容量为 300MW 及以上机组的主厂房、输煤、燃油及其他易燃易爆场所均选用 C 类阻燃电缆。

**6.7.2** 系原规范第 5.7.1 条的修改。

采用电缆防火封堵材料对通向控制室、继电保护室和配电装置室墙洞及楼板开孔进行严密封堵,可以隔离或限制燃烧的范围,防止火势蔓延。否则,会使事故范围扩大造成严重后果。例如某发电厂 1 台 125MW 的汽轮发电机组,因油系统漏油着火,大火沿着汽轮机平台下面的电缆,迅速向集中控制室蔓延,不到半小时,控制室内已烟雾弥漫,对面不见人,整个控制室被大火烧毁。

电缆防火封堵材料分为有机堵料、无机堵料、防火板材、阻火包等,有机堵料一般具有遇火膨胀、防火、防烟和隔热性能。无机堵料一般具有防火、防烟、防水、隔热和抗机械冲击的性能。

**6.7.3** 系原规范第 5.7.2 条的修改。本条是防止火灾蔓延,缩小事故损失的基本措施。

**6.7.4** 新增条文。据调查,近年新建电厂,特别是容量为 300MW 及以上机组电缆采用架空敷设较多,故增加此条款。

**6.7.5** 系原规范第 5.7.3 条的修改。

在电厂中,防火分隔构件包括防火区域划分的防火墙及电缆通道中的防火墙,其防火封堵组件的耐火极限应不低于相应的防火墙耐火极限。

通道中的防火墙可用砖砌成,也可采用防火封堵材料(如阻火包等)构成,电缆穿墙孔应采用防火封堵材料(如有机堵料)进行封堵,如果存在小的孔隙,电缆着火时,火就会透过封堵层,破坏了封堵作用。采用防火封堵材料构成的防火墙,不致损伤电缆,还具有方便可拆性,其中某些材料如选用、施工得当,在满足有效阻火前提下,还不致引起穿墙孔内电缆局部温升过高。

**6.7.6** 系原规范第 5.7.4 条。

**6.7.7** 系原规范第 5.7.5 条。

公用重要回路或有保安要求回路的电缆着火后,不再维持通电,所造成极大的事故及损失已屡见不鲜,本条是基于事故教训所制定的对策。防火措施可以是耐火防护或选用耐火电缆等。

**6.7.8** 系原规范第 5.7.6 条的修改。

按自 1960 年以来全国电力系统统计到的发生电缆火灾事故分析,由于外界火源引起电缆着火延燃的占总数 70%以上。外界因素大致可分为以下几个方面:

**1** 汽轮机油系统漏油,喷到高温热管道上起火,而将其附近的电缆引燃。

**2** 制粉系统防爆门爆破,喷出火焰,冲到附近电缆层上,而使电缆着火。

**3** 电缆上积煤粉,靠近高温管道引起煤粉自燃而使电缆着火。

**4** 油浸电气设备故障喷油起火,油流入电缆隧道内而引起电缆着火。

**5** 电缆沟盖板不严,电焊渣火花落入沟道内而使电缆着火。

**6** 锅炉的热灰渣喷出,遇到附近电缆引燃着火。

因此,在发电厂主厂房内易受外部着火影响的区段,应重点防护,对电缆实施防火或阻止延燃的措施。防火措施可采取在电缆上施加防火涂料、防火包袋或防火槽盒等措施。

**6.7.9** 系原规范第 5.7.7 条的修改。

电缆本身故障引起火灾主要有绝缘老化、受潮以及接头爆炸等原因,其中电缆中间接头由于制作不良、接触不良等原因故障率较高。本条规定是针对性措施，以尽量少的投资来防范火灾几率高的关键部位，以避免大多数情况的电缆火灾事故。为了预防电缆中间接头爆破和防止电缆火灾事故扩大，电缆中间接头也可用耐火防爆槽盒将其封闭，加装电缆中间接头温度在线监测系统，对电缆中间接头温度实施在线监测。防火措施可采用防火涂料或防火包带等。

**6.7.10** 系原规范第5.7.8条。

含油设备因受潮等原因发生爆炸溢油，流入电缆沟引起火灾事故扩大的例子，已有多起，因此作本条规定。

**6.7.11** 系原规范第5.7.9条。

本条对高压电缆敷设的要求与本规范第6.7.6条是一致的，其目的也是为了限制电缆着火延燃范围，减少事故损失。

充油电缆的漏油故障，国内外都曾发生过，有些属于外部原因难以避免，另一方面由于运行水平等因素，油压整定实际上可能与设计有较大出入，故对油压过低或过高的越限报警应实施监察。明敷充油电缆的火灾事故扩大，主要在于电缆内的油，在压力油箱作用下会喷涌出，不断提供燃烧质。为此，宜设置能反映喷油状态的火灾自动报警和闭锁装置。

**6.7.12** 系原规范第5.7.10条的修改。本条是基于事故教训所制定的对策。

**6.7.13、6.7.14** 新增条文。是基于事故教训所制定的对策。

# 7 燃煤电厂消防给水、灭火设施及火灾自动报警

## 7.1 一般规定

**7.1.1** 系原规范第6.1.1条的规定。

灭火剂有水、泡沫、气体和干粉等。用水灭火，使用方便，器材简单，价格便宜，灭火效果好。因此，水是目前国内外主要的灭火剂。

为了保障发电厂的安全生产和保护发电厂工作人员的人身安全及财产免受损失或少受损失，在进行发电厂规划和设计时，必须同时设计消防给水。

消防用水的水源可由给水管道或其他水源供给（如发电厂的冷却塔集水池或循环水管沟）。

发电厂的天然水源其枯水期保证率一般都在97%以上。

**7.1.2** 系原规范第6.1.2条的修改。

我国20世纪60年代以前建成的发电厂的消防系统大多数是生活、消防给水合并系统。由于那时的单机容量较小，主厂房的最高处在40m以下，因此，生活、消防给水合并系统既能满足生活用水又能保证消防用水。20世纪70年代之后，大容量机组相继出现，消防水压逐渐升高，如元宝山电厂一期锅炉房高达90m，消防水压达117.6×10⁴Pa（120mH₂O）。另一方面，我国所生产的卫生器具部件承压能力在58.8×10⁴Pa（60mH₂O）静水压力时就会遭受不同程度的损坏或漏水，如某发电厂，水泵压力达到70.56×10⁴Pa（72mH₂O）左右时，给水龙头因压力过高而脱落。因此，根据我国国情，当消防给水计算压力超过68.6×10⁴Pa（70mH₂O）时，宜独立的消防给水系统。在设计发电厂消防系统时可参考表3的主厂房各层高度，确定是生活、消防合并水系统还是独立的高压消防给水系统。

表3 主厂房各层高度（参考数值）

| 机组(MW) | 汽机房屋顶(m) | 锅炉房屋顶(m) | 煤仓间屋顶(m) | 运行层(m) | 除氧层(m) | 运煤皮带层(m) |
|---|---|---|---|---|---|---|
| 50 | 19 | 37 | <30 | 8 | 20 | 23 |
| 100 | 22～24 | 45 | 30 | 8 | 20～23 | 32 |
| 200 | 30～34 | 55～64 | 43 | 10 | 20～23 | 32 |
| 300 | 33～39 | 57～80 | 56 | 12 | 23 | 40 |
| 600 | 36～39 | 80～89 | 58 | 14 | 36 | 45 |

**7.1.3** 系原规范第6.1.3条的修改。

根据建规，高层工业建筑的高压或临时高压给水系统的压力，应满足室内最不利危险点消火栓设备的压力要求。本次修订规定了消防水量达到最大，在电厂内的任何建筑物内的最不利点处，水枪的充实水柱不应小于13m。在计算消防给水压力时，消火栓的水带长度应为25m。通常，主厂房为电厂的最高建筑，系统设计压力的确定应该尤其关注主厂房内的消火栓的布置，合理选取最不利点。

**7.1.4** 系原规范第6.1.4条的修改。

从目前情况看，燃煤电厂的机组数量、机组容量及占地面积将在不远的将来超过一次火灾所限定的条件。因此，电厂消防用水量应该按火灾的次数加上一次火灾最大用水量综合考虑。一次灭火水量应为建筑物室外和室内用水量之和，系指建筑物而言，不适用于露天布置的设备。

**7.1.5** 系原规范第5.8.1条的修改。

消火栓灭火系统是工业企业中最基本的灭火系统，也是一种常规的、传统型的系统。无论机组容量大小，消火栓系统应该作为火力发电厂的基础性首选消防设施配备。

根据我国50年来小机组发电厂的运行经验、对小型机组火力发电厂消防设计技术的设计总结及对火灾案例的分析，50MW机组及以下的小机组电厂，可以消火栓灭火系统为主要灭火手段，不必配置固定自动灭火系统。而大型火力发电厂，既要设置消火栓给水系统，又要配备其他固定灭火系统。

针对火力发电厂，消火栓系统与自动喷水系统分开设置，将给厂区管路布置，厂房内布置带来很大困难，投资也将大幅增加，按600MW级机组计算，大约要增加近200万元投资。国内电厂多年来是按照二者合并设置设计的，至今没有出现过由此引发的消防事故，考虑到火力发电厂自身的特点，水源、动力有可靠保证，消火栓系统与自动喷水灭火系统、水喷雾灭火系统管网合并设置并共用消防泵，符合我国国情，技术上是可行的，经济上也是合理的。因此允许两个消防管网合并设置。

需要说明的是，本条如此规定，并不排斥二者分开设置，如果电厂条件允许，也可以将二者分开设置。

**7.1.6** 系原规范第5.8.2条的修改。

所谓的机组容量，系指单台机组容量。原规定50～125MW机组的若干场所宜设置火灾自动报警系统。近些年，135MW机组电厂上马不少，其与125MW机组容量接近，属于一个档次。故将原范围略加扩大，避免了125MW与200MW机组之间规定的空白。除此之外，随着我国国力的上升，小机组电厂的消防水平有了明显的提高，主要表现在自动报警系统的普遍设置及标准的提高。强制要求这个范围的电厂设置自动报警系统，符合国情及消防方针，增加投资不多，在当前经济发展的形势下，已经具备了提高标准的条件，也是电厂自身安全所需要的。

**7.1.7** 系原规范第5.8.5条的修改。

总结我国电力系统多年的设计经验，根据我国的技术、经济状况，作了本条的规定。随着国民经济的发展，国家综合实力的提高，在200MW机组级的电厂，适当提高报警系统的水平，符合消防方针的要求。为此，在控制室等重要场所增加了极早期报警系统。高灵敏度吸气感烟探测器相对于传统的点式探测器具有更灵敏、发现火情早的优点。我国已在制定针对吸气式感烟探测器的国家标准（GB 4717.5）。

根据运煤系统建筑的环境特点，本规范规定了采用缆式感温探测器。根据近年来的火灾实例、消防实践及试验，缆式模拟量感温探测器在反应速度上要优于缆式开关量感温探测器，有条件时，应尽量选用缆式模拟量感温探测器，并采取悬挂式布设，以及早发现火灾并方便电缆的安装维护。

**7.1.8** 系原规范第5.8.6条的修改。

表 7.1.8 中，给出了一种或多种固定灭火系统的形式，可从中任选一种。鉴于发电厂单机容量的不断增大，火灾危险因素增大，1985 年开始，电力系统便积极探索我国大机组发电厂的主要建筑物和设备的火灾探测报警与灭火系统的模式。我国发电厂的消防技术在 1985 年之前同发达国家相比，差距很大。其原因，一是我国是发展中国家，在设计现代化消防设施时不能不考虑经济因素，二是电力系统的设计人员对现代消防还不太熟悉，三是我国的火灾探测报警产品还满足不了大型发电厂特殊环境的需要。因此，从 1986 年开始，电力系统的设计部门进行了较长时间标准制定的准备工作，包括编制有关技术规定。东北电力设计院结合东北某电厂、华北电力设计院结合华北某电厂进行了 2×200MW 机组主厂房及电力变压器水消防通用设计工作。该通用设计总结了我国大机组发电厂的消防设计经验，对我国引进的美国、日本、英国及前苏联等国家的发电厂消防设计技术进行了消化。结合我国国情，使我国发电厂的消防设计上了一个新台阶。进入 21 世纪后，国内外消防产业的发展有了长足的进步，新技术，新产品层出不穷。已经有很多国内外的产品、技术在我国火电厂中得以应用。在近十年的实践中，电力行业消防应用技术已经积累了大量成熟丰富的经验。

1 原条文中规定电子设备间等处采用卤代烷灭火设施，主要是指"1211"、"1301"灭火设施。众所周知，1971 年美国科学家提出氯氟烃类释放后进入大气层，由于它的化学稳定性，会从对流层浮升进入平流层（距地球表面 25～50km 区），并在平流层中破坏对地球起屏蔽紫外线辐射作用的臭氧层。1987 年 9 月联合国环境规划署在蒙特利尔会议上制定了限制对环境有害的五种氯氟烃类物质和三种卤代烷生产的《蒙特利尔议定书》。根据《蒙特利尔议定书》修正案，技术发达国家到公元 2000 年将完全停止生产和使用氟利昂、卤代烷和氯氟烃类，人均消耗量低于 0.3kg 的发展中国家，这一期限可延迟至 2010 年。我国的人均消耗低于 0.3kg。因此。卤代烷灭火系统可以使用至 2010 年。出现这一情况后，国内设计人员不失时机地进行了替代气体的应用探索与设计实践，目前，卤代烷已经基本停止应用。鉴于目前工程实际应用的情况并依据公安部《关于进一步加强哈龙替代品及其替代技术管理的通知》，本条文规定，在电子设备间等场所，使用固定式气体灭火系统。这些气体的种类较多，如 IG541、七氟丙烷、二氧化碳（高、低压）、三氟甲烷及氮气等。可以根据工程的具体情况，酌情选择。目前，在国内应用比较普遍的是 IG541、七氟丙烷及二氧化碳。

2 近年来，控制室的设置，已经随着科学技术的发展，发生了很大的变化。在控制室内，基本上已经淘汰了传统的盘柜，取而代之的是大屏幕监视装置以及计算机终端，可燃物大为减少。考虑到控制室是 24 小时有人值班，所以，在控制室有条件取消也没有必要设置固定气体灭火系统。配备灭火器即能应对极少可能发生的零星火灾。

3 多年的实践表明，水喷淋在电缆夹层的应用存在较多问题，如排水、系统布置困难等。面临当前诸多灭火手段，不能局限于自动喷水的方式。细水雾是近几年国际上以及国内备受关注的技术，其突出特点是用水量少，便于布置，灭火效率较高。在国内冶金行业的电缆夹层、电缆隧道已经取得多项业绩。本次修订针对电缆夹层增加了水喷雾、细水雾等灭火形式。其他灭火方式，如气溶胶(SDE)、超细干粉灭火装置亦有应用实例。

4 汽机贮油箱的布置有室内和室外两种形式。当其布置在室内时，其火灾危险性与汽轮机油箱相类同，因此，应为其配备相应的消防设施。

5 据了解，国内相当多的电厂的原煤仓设有消防设施，形式多样，以二氧化碳居多。美国 NFPA850，建议采用泡沫和惰性气体（如二氧化碳及氮气），而不推荐采用水蒸气。考虑到布置的方便及操作的安全，本规范规定采用惰性气体。

6 目前，随着生活水平的提高，一些电厂（尤其是南方）办公楼的内部设施相当完善，具有集中空调的屡见不鲜。按照《建筑设计防火规范》，规定了设置有风道的集中空调系统且建筑面积大于 3000m² 的办公楼，应设自动喷水系统。

7 就电厂整体而言，消防的重点在主厂房，而主厂房的要害部位为电子设备间、继电器室等。大机组电厂的这些场所应配置固定灭火系统，根据我国国情，以组合分配气体灭火系统为宜。对于主厂房比较分散的场所，如高低压配电间、电缆桥架交叉密集处、主厂房以外的运煤系统电缆夹层及配电间等，可采取灵活多样的灭火手段，如悬挂式超细干粉灭火装置、火探管式自动探火灭火装置及气溶胶灭火装置等。

火探管式自动探火灭火装置是一种新型的灭火设备，可由传统的气体灭火系统对较大封闭空间的房间保护改为直接对各种较小封闭空间的保护，特别适宜于扑救相对密闭、体积较小的空间或设备火灾，在这类场所，火探管式自动探火灭火装置与传统固定式组合分配式气体灭火系统相比，有如下优点：

1)灭火的针对性、有效性强。火探管式自动探火灭火装置是将火探管直接设置在易发生火灾的电子、电气设备内，并将其直接作为火灾探测元件，特别是直接式火探管式自动探火灭火装置还将火探管作为灭火剂喷放元件，利用火探管对温度的敏感性，在 160℃ 的温度环境下几秒至十几秒钟内，靠管内压力的作用，火探管自动爆破形成喷射孔洞，将灭火剂直接喷射到火源部位灭火。它反应快速、准确，灭火剂释放更及时，灭火的针对性和有效性更强，将火灾控制在很小的范围内，是一种早期灭火系统。而传统的固定式气体灭火系统需要等到火势已经很大才能对整个房间或大空间进行灭火。

2)系统简单、成本低。火探管式自动探火灭火装置不需要设置专门的储瓶间，占地面积小。系统只依靠一条火探管与一套灭火剂瓶、阀，利用自身储压就能将火灾扑灭在最初期阶段。无需电源和复杂的电控设备及管线。系统大大简化，施工简单，节约了建筑面积，可降低工程造价。

3)灭火剂用量小。传统固定式气体灭火系统把较大封闭空间的房间作为防护区，而火探管式自动探火灭火装置只将较大封闭空间的房间里体积较小的变配电柜、通信机柜、电缆槽盒等被保护的电子、电器设备作为防护区。灭火剂的用量大为减少，降低了一次灭火的费用。

4)安全、环保。由于这种灭火装置是将灭火剂释放在有封闭外壳的机柜里，无论选用规范允许的哪一种灭火剂，即使稍有毒性，对现场人员的影响较小，危害减至最低，无需人员紧急疏散；同时，由于灭火剂用量大大减少，减小了对环境的污染。

目前，这种装置在山西的一些大机组电厂的电子设备间、配电间、电缆竖井等场所已经有应用。山西省已经为此编制了有关地方标准。

8 吸气式感烟探测器虽然具有早期报警的优点，但对于环境具有湿度的要求，具体工程中应结合产品要求及场所的实际情况决定如何采用。

9 据统计，各个行业电缆火灾均占较大比重，发电厂厂房内外电缆密布，火灾频发，损失较大。电缆的结构型式多为塑料外层，火灾具有发展迅速、扑救困难的特点，具有相当大的火灾危险性。针对电缆火灾危险区域应当选择适应性强的消防报警设施。火灾初期，有大量烟雾发生。因此，规定在电缆夹层应该优先选用感烟探测器。根据现行国家标准《火灾自动报警系统设计规范》的相关规定和以往的使用经验，缆式线型感温探测器是电缆架设场所一种适宜、可靠的探测报警系统，该规范规定"缆式线型定温探测器在电缆桥架或支架上设置时，宜采用接触式敷设"。目前随着消防技术的发展，缆式线型感温探测器已发展出模拟量型差温、差定温等特性,由于这些产品具有反映温升速率、早期发现火灾等特点,用于非接触式敷设的场所,有效性更高,可突破传统的接触式布设的局限,架空布置,为电缆的维护提供了方便条件。另外,由于缆式线型差定温探测器属复合型探测器,用于设置自动灭火系统的场所,可直接提供灭火设施启动联动信号。

根据国内一些单位的模拟试验,固体火灾采用开关量缆式线型感温电缆在悬挂安装时响应时间很长,反之模拟缆式线型感温探测器(定温或差温)则具有灵敏的响应,尤其适用于运动中的运煤皮带火灾监测。

10 原规范运煤栈桥的灭火设施规定,燃烧褐煤或高挥发分煤且栈桥长度超过200m者,需要设置自动喷水灭火系统。近年来的工程实践表明,大机组的燃煤电厂多超出原规范的限制,即无论栈桥长度多少,只要符合煤种条件便配置自动喷水或水喷雾灭火系统,考虑到我国目前的经济实力,运煤系统的重要性,本次修订取消了栈桥长度方面的限制。

11 据调查,我国火电厂1965年到1979年间的1000多台变压器(大部分容量在31.5MV·A以上),变压器的线圈短路事故率为0.117次/(年·台),其中发展成火灾事故的仅占总数的4.45%,即火灾事故率约为0.0005次/(年·台)。又根据水电部的资料,从20世纪50年代初到1986年底,水电部所属的35kV及以上的变电站在此期间调查到的变压器火灾事故共几十起,按这些数据来计算,火灾事故率为0.0002~0.0004次/(年·台)。这说明,我国电力部门的主变压器火灾事故率低于0.005次/(年·台)。另据调查,20世纪末,我国220kV及以上变压器,每年投产在200~300台。发生火灾的台数5年间为8台,火灾事故率较低。若今后按每5年全国投运变压器1500台计算,则这期间至多有8台变压器发生火灾,设备的损失费(按修复费用每台30万元计)将为240万元。至于间接损失,实际上当变压器发生火灾之后变压器遭到损坏,其不能继续运行,采用消防保护和不保护其损失是一样的,采用消防保护的最终结果是防止火灾蔓延。基于此,考虑到火电厂水消防系统的常规设置,火电厂变压器的灭火设施应以水喷雾灭火系统为主。近年来,国内在引进消化国外产品的基础上,有多家企业研制了变压器排油注氮灭火装置,深圳的华香龙公司则推出了具有防爆防火、快速灭火多项功能于一体的新一代产品,获得了许多用户的青睐,我国大型变压器已开始使用(经国家固定灭火系统和耐火构件质量监督检验测试中心检测,其灭火时间小于2min,注氮时间为30min)。变压器防爆防火灭火装置的突出特点是可以有效防止火灾的发生,避免重大损失。这种装置在国际上已经广泛采用,单是法国的瑟吉公司就已在20多个国家安装了"排油注氮"灭火设备5000多台。目前,这项技术已经趋于成熟,相应的标准也在制定中。当业主需要或因其他特殊原因需要时,可以采用这种装置,但要经当地消防部门认可。据调查,需要注意的是,变压器火灾后大部分有箱体开裂现象,一旦火灾发生油从箱体开裂处喷出,在变压器外部燃烧,该装置将不能对其发挥作用,需要采取其他手段防止火灾的蔓延。应用时要注意把握产品的质量,必须使用经国家检测通过且有良好应用业绩的产品。变压器的灭火系统采用水喷雾灭火系统还是其他灭火系统,应经过技术经济比较后确定。

12 回转式空气预热器往往由设备生产厂自行配套温度检测和内部灭火设施,因此,在设计时要注意设计与制造的联系配合,根据制造厂的水量要求提供消防水管路的接口。

13 为将传统的烟感探测器区别于吸气式感烟探测装置,在表中将各种点型烟感探测器统称为"点型烟感";此外表中不加限制条件的"感烟"和"感温"是广义的探测形式,可自行选择。

14 针对电缆竖井等处采用的"灭火装置",系指各种可用的小型灭火装置,其中包括悬挂式超细干粉灭火装置。

**7.1.9** 新增条文。

《火力发电厂设计规程》规定,与运煤栈桥连接的建筑物应设水幕,为此,本条文作了相应的规定。

**7.1.10** 新增条文。

运煤系统是燃煤电厂中相对重要的系统。其建筑物为钢结构者愈来愈多。针对钢结构的传统做法是涂刷防火涂料,这样的结果是造价甚高,大机组电厂将达数百万,而且使用效果并不理想。从电厂全局出发,为降低防火措施的造价,采取主动灭火措施(如自动喷水或水喷雾的系统)是必要的,因此根据火电厂消防设计的实践,取消了原规范第4.3.12条,提高了灭火设施的标准。本条规定适用于各种容量的电厂,凡采用钢结构的运煤系统各类建筑,如栈桥、转运站、碎煤机室等消防设计均应执行本条规定。

**7.1.11** 系原规范第5.8.7条的修改。

机组容量小于300MW的火电厂,其变压器容量可能超过90MV·A,因此这些变压器也要设置火灾自动报警系统、水喷雾或其他灭火系统。

### 7.2 室外消防给水

**7.2.1** 系原规范第6.2.1条的修改。

我国发电厂的厂区面积一般都小于1.0km²,电厂所属居民区的人口都在1.5万人以下,而且电厂以燃煤为主。建国以来电厂的火灾案例表明,一般在同一时间内的火灾次数为一次。然而,近年来,国内大容量电厂逐渐增多,黑龙江鹤岗电厂三期建成后全厂总占地面积可达127ha,将超出《建筑设计防火规范》限定的100ha。这种情况下,同一时间的火灾次数如果仍限定在1次,显然是不合理的。一旦全厂同一时间火灾次数达到2次,室外消防用水量将增大,为避免投资过大,消防设施的规模与系统的布置型式,消防给水系统按机组台数分开设置还是合并设置,应该经技术经济比较确定。

电厂的建设一般分期进行,厂区占地面积也是逐渐扩大的,新厂建设同时考虑远期规划并配置消防给水系统是不现实的,电厂初建时占地面积小,同一时间火灾次数可为1次,随着电厂规模的逐渐扩大,达到一定程度时同一时间火灾次数极可能升为2次,于是,扩建厂的消防给水系统往往需要在老厂已有消防设施的基础上增容新建消防给水系统。最终全厂的总消防供水能力应满足电厂两座最大建筑(包括设备)同时着火需要的室内外用水量之和。为充分利用电厂已有设施,新老厂的消防系统间宜设置联络。

**7.2.2** 系原规范第6.2.2条的修改。

电厂的主厂房体积较大,一般都超过50000m³,其火灾的危险性基本属于丁、戊类。

据公安部对我国百余次火灾灭火用水统计,有效扑灭火灾的室外消防用水量的起点流量为10L/s,平均流量为39.15L/s。为了保证安全和节省投资,以10L/s为基数,45L/s为上限,每支水枪平均用水量5L/s为递增单位,来确定电厂各类建筑物室外消火栓用水量是符合国情的。汽机房外露天布置的变压器,周围通常布置有防火墙,达到一定容量者,将设有固定灭火设施,为其考虑消火栓水量,旨在用于扑救流淌火焰,按照两支水枪计算,一般在10L/s。

火电厂中,主厂房、煤场、点火油罐区的火灾危险性较大,灭火的主要介质也是水,因此,有必要在这些区域周围布置环状管网,增加供水的可靠性。

根据《石油库设计规范》GB 50074,单罐容量小于5000m³且罐壁高度小于17m的油罐,可设移动式消防冷却水系统。火力发电厂点火油罐最大不超过2000m³,所以作此规定。

据了解,燃煤电厂煤场的总贮量基本都在5000t以上,所以统一规定贮煤场的消防水量为20L/s。

### 7.3 室内消火栓与室内消防给水量

**7.3.1** 系原规范第6.3.1条的修改。

火力发电厂为工业建筑，为了便于操作，根据各建筑的内部情况和火灾危险性，明确了设置室内消火栓的建筑物和场所。见表4。在电气控制楼等带电设备区，应配置喷雾水枪，增强消防人员的安全性。

集中控制楼内，消火栓布置往往受到建筑物平面布置的限制，为了保证两股水柱同时到达着火点，允许在封闭楼梯间同一楼层设置两个消火栓或双阀双出口消火栓。

主厂房电梯一般设于锅炉房，因而规定在燃烧器以下各层平台(包括燃烧器各层)应设置室内消火栓。

表4 建(构)筑物室内消火栓设置

| 建(构)筑物名称 | 耐火等级 | 可燃物数量 | 火灾危险性 | 室内消火栓 | 备注 |
|---|---|---|---|---|---|
| 主厂房(包括汽机房和锅炉房的底层、运煤层、煤仓间各层)除(间层)燃烧器以下各层平台和集中控制楼梯间 | 二级 | 多 | 丁 | 设置 | |
| 脱硫控制楼 | 二级 | 多 | 戊 | 设置 | |
| 脱硫工艺楼 | 二级 | 少 | 戊 | 不设置 | |
| 吸收塔 | 二级 | 少 | 戊 | 不设置 | |
| 增压风机室 | 二级 | 少 | 戊 | 不设置 | |
| 吸风机室 | 二级 | 少 | 丁 | 不设置 | |
| 除尘构筑物 | 二级 | 少 | 戊 | 不设置 | |
| 烟囱 | 二级 | | | 不设置 | |
| 屋内卸煤装置、翻车机室 | 二级 | 多 | 丙 | 设置 | |
| 碎煤机室、转运站及配煤楼 | 二级 | 多 | 丙 | 设置 | |
| 筒仓皮带层、室内贮煤场 | 二级 | 多 | 丙 | 设置 | |
| 封闭式运煤栈桥、运煤隧道 | 二级 | 多 | 丙 | 不设置 | 特殊环境，无法操作 |
| 解冻室 | 二级 | 多 | 丙 | 设置 | |
| 卸油泵房 | 二级 | 多 | 丙 | 设置 | |
| 集中控制楼(主控制楼、网络控制楼)、微波楼、继电器室 | 二级 | 多 | 戊 | 设置(配雾状水枪) | |
| 屋内高压配电装置(内有充油设备) | 二级 | 多 | 丙 | 设置(配雾状水枪) | |
| 油浸变压器室 | 一级 | 多 | 丙 | 不设置 | 无法操作，设在油浸变压器室外 |
| 岸边水泵房、中央水泵房 | 二级 | 少 | 戊 | 不设置 | |
| 灰浆、灰渣泵房 | 二级 | 少 | 戊 | 不设置 | |
| 生活消防水泵房 | 二级 | 少 | 戊 | 不设置 | |
| 稳定剂室、加药设备室 | 二级 | 少 | 戊 | 不设置 | |
| 进水、净水建(构)筑物 | 二级 | 少 | 戊 | 不设置 | |
| 自然通风冷却塔 | 三级 | 少 | 戊 | 不设置 | |
| 化学水处理室、循环水处理室 | 二级 | 多 | 戊 | 设置 | |
| 启动锅炉房 | 二级 | 少 | 丁 | 设置 | |
| 油处理室 | 二级 | 多 | 丙 | 设置 | |
| 供氢站、贮氢罐 | 二级 | 多 | 甲 | 不设置 | 不适合用水 |
| 空气压缩机室(有润滑油) | 二级 | 少 | 戊 | 不设置 | |
| 柴油发电机房 | 二级 | 多 | 丙 | 设置 | |
| 热工、电气、金属实验室 | 二级 | 少 | 戊 | 设置 | |
| 天桥 | 二级 | 无 | | 不设置 | |
| 油浸变压器检修间 | 二级 | 多 | 丙 | 设置 | |
| 排水、污水泵房 | 二级 | 少 | 戊 | 不设置 | |
| 各分落维护间 | 二级 | 少 | 戊 | 不设置 | |
| 污水处理构筑物 | 二级 | 少 | 戊 | 不设置 | |
| 生产、行政办公楼(各层) | 二级 | 多 | 戊 | 设置 | |
| 一般材料库 | 二级 | 多 | 丙 | 设置 | |
| 特殊材料库 | 二级 | 多 | 乙 | 设置 | |
| 材料库棚 | 二级 | 少 | 戊 | 不设置 | |
| 机车库 | 二级 | 少 | 丁 | 设置 | |

续表4

| 建(构)筑物名称 | 耐火等级 | 可燃物数量 | 火灾危险性 | 室内消火栓 | 备注 |
|---|---|---|---|---|---|
| 汽车库、推煤机库 | 二级 | 少 | 丁 | 设置 | |
| 消防车库 | 二级 | 少 | 丁 | 设置 | |
| 电缆隧道 | 二级 | 多 | 丙 | 不设置 | 无法使用 |
| 警卫传达室 | 二级 | 少 | | 不设置 | |
| 自行车棚 | 二级 | 无 | | 不设置 | |

**7.3.2** 新增条文。规定了不设置室内消火栓的建筑物和场所。

**7.3.3** 系原规范第6.3.2条的修改。根据现行国家标准《建筑设计防火规范》，控制楼等建筑比照科研考虑，当控制楼与其他行政、生产建筑合建时，亦应按控制楼设计消防水量。

### 7.4 室内消防给水管道、消火栓和消防水箱

**7.4.1** 系原规范第6.4.1条的修改。

火电厂主厂房属高层工业厂房，其建筑高度参差不齐，布置竖向环管很困难。为了保证消防供水的安全可靠，规定在厂房内应形成水平环状管网，各消防竖管可以从该环状管网上引接成枝状。

消防水与生活水合并的管网，消防水量可能受生活水的影响，为此，二者合并的，应设水泵结合器。一般而言，水泵结合器的作用是当室内消防水泵出现故障时，通过水泵结合器由室外向室内供水，另一个主要作用，当室内消防水量不足时，由其向室内增加消防水量，前提是消防车从附近的室外消火栓或消防水池吸水(建规对于水泵结合器与室外消火栓的距离有要求)。火电厂的消防，基本上立足于自救，消防水泵房独立于主厂房之外，双电源或双动力，泵有100%的备用，因此，几乎不存在因建筑物室内火灾导致消防泵瘫痪的可能。其次，室外消火栓的消防水，来于电厂厂区独立的消防给水管网，消防泵的压力按最不利条件设置，系统流量按最大要求计算，只要消防水泵不出故障，系统压力与流量就有保证，不需要采用消防车加压补水，即使消防车从室外消火栓上吸水加压，仍然是从系统上取水再打回系统，没有必要。一旦消防水泵全部故障，室外消火栓也将无水可取，水泵结合器将为虚设。因此，根据火力发电厂的实际情况，主厂房的消防水系统若为独立系统，可不设水泵结合器。

本条第5款，系针对消火栓管网与自动喷水系统合并设置而作出的规定。

**7.4.2** 系原规范第6.4.2条的修改。

消火栓是我国当前基本的室内灭火设备。因此，应考虑在任何情况下均可使用室内消火栓进行灭火。当相邻一个消火栓受到火灾威胁不能使用时，另一个消火栓仍能保护任何部位，故每个消火栓应按一支水枪计算。为保证建筑物的安全，要求在布置消火栓时，保证相邻消火栓的水枪充实水柱同时到达室内任何部位。600MW机组，主厂房最危险点的高度，大约在50～60m。考虑消防设备的压力及各种损失，消防泵的出口压力可近1.0MPa。如果竖向分区，那么将使系统复杂化，实施难度大。美国NFPA14规定，当每个消火栓出口安装了控制水枪的压力装置时，分区高度可以达到122m，根据我国消防器材、管件、阀门的额定压力情况，自喷报警阀、雨淋阀的工作压力一般为1.2MPa，而普通闸阀、蝶阀、球阀及室内消火栓均承受1.6MPa的压力。国内的减压阀，也能承受1.6MPa的入口压力。《自动喷水灭火系统设计规范》规定，配水管路的工作压力不超过1.2MPa。国内其他行业也有消防给水管网压力为1.2MPa的标准规定。综上，将压力分区提高到1.2MPa是可行的。这样既可简化系统，减少不安全因素，又可合理降低工程造价。当然，在消防管网上的适当位置需要采取减压措施，使得消火栓入口的动压小于0.5MPa。在低区的一定标高处设置减压阀，是国内一些工程普遍采取的手段。原规范限定

的 0.8MPa 与 0.5MPa 是两个概念,前者目的是预防消防设施因水压过大造成损坏,后者是防止水压过大,消防队员操作困难。消火栓静水压力提高到 1.2MPa 后,系统设计的关键是防止消火栓栓口压力过高,可采用减压孔板、减压阀或减压稳压消火栓。当采用减压阀减压时,应设备用阀,以备检修用。

主厂房内带电设备很多,直流水枪灭火给予消防人员人身安全带来威胁。美国 NFPA850 规定,在带电设备附近的水龙带上应装设可关闭的且已注册用于电气设备上的水喷雾水枪。我们国内已有经国家权威部门检测过的喷雾水枪,这种水枪多为直流、喷雾两用,可自由切换,机械原理可分为离心式、机械撞击式、簧片式,其工作压力在 0.5MPa 左右。

本条还根据建规增加了水枪充实水柱的规定。

考虑到火电厂多远离城市,运行人员对于消火栓的使用能力有限,而消防软管易于操作,故本次修订强调消火栓箱应配备消防软管卷盘,这对于控制初期火灾将具有积极而重要的意义。

**7.4.3** 系原规范第 6.4.3 条的修改。

消防水箱设置的目的,源于火灾初期由于某种原因消防管网不能正常供水。根据《建筑设计防火规范》,为安全起见,有条件情况下,宜设消防水箱。

管网能否供水,除管路能正常通流外,主要取决于消防水泵能否正常运行。火电厂在动力的提供保障上相对其他行业具有得天独厚的优势。它既能提供双回路电源,又能配备柴油发动机。按照国际上的通行做法,设置了电动泵及柴油发动机驱动泵,再有双格蓄水池者,可视为双水源;设置了双水源,即可不设置高位水箱。国内近十几年绝大多数电厂设置了俗称为稳高压的消防给水系统(不设高位水箱),运行实践表明该系统在火电厂是适用的。事实上,在火电厂设置高位水箱由于各种原因存在很大难度。鉴于此,当设置高位水箱确有困难时,可以取消,但是,消防给水系统必须符合规范规定的各项要求。这些要求归结起来,很重要的一点是配备有稳压泵。考虑到安全贮备,稳压泵应设备用泵。正常情况下,稳压泵用于弥补管网的漏失水量,因此,稳压泵的出力应通过漏失水量计算确定。但是,对于新建厂,影响漏失量的因素很多,很难计算确定,至少应按不低于满足 1 支消防水枪的能力选择泵。国内已经投运的部分电厂的经验表明,消防管网漏失量较大,配备更大流量的稳压泵也是可能的,设计时可酌情确定。根据国内消防业的大量实践,稳压泵的额定压力往往高于消防泵的额定压力,约为 1.05 倍。

煤仓间的运煤皮带头部,通常设有水幕。这里将是主厂房消防设施的最高点。因此,如果设置了高位消防水箱就必须保证该处的消防水压,因此需要设置在煤仓间转运站的上方,才能满足各消防设施的水压要求。

## 7.5 水喷雾与自动喷水灭火系统

**7.5.1** 新增条文。

变压器的水喷雾安装,要特别注意灭火系统的喷头、管道与变压器带电部分(包括防雷设施)的安全距离。

**7.5.2** 新增条文。

寒冷地区,为了防止变压器灭火后水喷雾管管内水结冰,必须迅速放空管路,确保水喷雾系统保持空管状态。其放空阀设置在室内、外可根据管路的敷设形式确定。此外,系统还可利用放空管进行排污。

**7.5.3** 新增条文。

自动喷水设置场所的火灾危险等级的确定,涉及因素较多,如火灾荷载、空间条件、人员密集程度、灭火的难易以及疏散及增援条件等。

火电厂建筑物内,具有火灾危险性的物质以电缆、润滑油及煤为主。对应于主厂房内自动喷水灭火系统的设置,主要是柴油、润滑油、煤粉、煤及电缆等。

根据近年原国家电力公司的统计,比较大的火灾多属电缆火灾。据统计,1 台 600MW 机组的电缆总长度可达 1000km,可见电缆防火的重要性。电厂电缆的防火,历来为电厂运行部门所重视。原国家电力公司曾经专门制定过《防止电力生产重大事故的二十五项重点要求》,其中电缆防火列为首位。目前,普遍采用阻燃电缆,个别地方可能采用耐火电缆,因此电缆的火灾危险性已经有所降低。

在主厂房中,主要的生产用油为汽轮机油(透平油),属润滑油。其闪点(开口)不低于 105℃,折合闭杯闪点也在 70℃以上,高于国家规定的 61℃,属于高闪点油品,不易燃烧,不属于易燃液体。对照国家标准《自动喷水灭火系统设计规范》,它既不属于可燃液体制品,也不属于易燃液体喷雾区。锅炉燃烧器处,虽然可能采用较低闪点的油品,但是往往是少量漏油,构不成严重危险。

运煤系统建筑的火灾危险性为丙类,煤可界定为可燃固体。其中无烟煤的自燃点达 280℃以上,褐煤的自燃点为 250~450℃。

日本将发电厂定为中危险级。

美国消防协会标准 NFPA850 建议的自动喷水系统设置场所与喷水强度见表 5。

表 5　自动喷水系统设置场所与喷水强度[L/(min·m²)]

| 自喷设置场所 | 喷水强度值 |
| --- | --- |
| 电缆夹层 | 12 |
| 汽机房供油管道 | 12 |
| 锅炉燃烧器 | 10.2 |
| 运煤栈桥 | 10.2 |
| 运煤皮带层 | 10.2 |
| 柴油发电机 | 10.2 |

从表 5 所列数值中可看出,美国标准 NFPA850 略高于我国《自动喷水灭火系统设计规范》。

如何确定自喷设置场所的危险等级,国内没有针对性很强的标准,量化很困难。据调查,国内火电厂的自动喷水设计,绝大部分按中危险级计算喷水强度。参照《自动喷水灭火系统设计规范》的规定,综合以上因素,确定主厂房内自喷最高危险等级为中 Ⅱ 级。

**7.5.4** 新增条文。

运煤栈桥的皮带,行进速度达 2m/s 以上。一旦发生火灾,在烟囱效应的作用下,蔓延的速度将很快。所以,闭式喷头能否及早动作喷水,对于栈桥的灭火举足轻重。快速响应喷头可以早期探测到火灾并及早动作,有利于火灾的快速扑灭,避免更大损失。国内外均有性能先进的快速响应喷头产品可供选用。

**7.5.5** 系原规范第 6.5.2 条的修改。

细水雾灭火系统,具有很好的应用空间。然而,截至目前,尚无细水雾灭火系统设计的国家标准。已经正式颁布执行的地方标准,对于系统的关键性能参数规定不一,多强调要结合工程实际确定具体的性能设计参数。为安全起见,要求细水雾灭火系统的灭火强度和持续时间宜符合现行国家标准《水喷雾灭火系统设计规范》的有关规定。

## 7.6 消防水泵房与消防水池

**7.6.1** 系原规范第 6.6.1 条。

消防水泵房是消防给水系统的核心,在火灾情况下应能保证正常工作。为了在火灾情况下操作人员能坚持工作并利于安全疏散,消防水泵房应设直通室外的出口。

**7.6.2** 系原规范第 6.6.2 条的修改。

为了保证消防水泵不间断供水,一组消防工作水泵(两台或两台以上,通常为一台工作泵,一台备用泵)至少应有两条吸水管。当其中一条吸水管发生破坏或检修时,另一条吸水管应仍能通过

100%的用水总量。

独立消防给水系统的消防水泵、生活消防合并的给水系统的消防水泵均应有独立的吸水管从消防水池直接取水,保证灭火用水。当消防蓄水池分格设置时,如一格水池需要清洗时,应能保证消防水泵的正常引水,可设公用吸水井、大口径公用吸水管等。

**7.6.3** 系原规范第6.6.3条。

为使消防水泵能及时启动,消防水泵泵腔内应经常充满水,因此消防水泵应设计成自灌式引水方式。如果采用自灌式引水方式有困难而改用高位布置时,必须具有迅速可靠的引水装置,但要特别注意水泵的快速出水。国内沈阳耐蚀合金泵厂的同步排液泵能保证1s内出水,这样既可节约占地又能节省投资,重要的是,还能做到水池任意水位均能启动出水。

**7.6.4** 系原规范第6.6.4条的修改。

本条规定了消防水泵房应有两条以上的出水管与环状管网直接连接,旨在使环状管网有可靠的水源保证。当采用两条出水管时,每条出水管均应能供应全部用水量。泵房出水管与环状管网连接时,应与环状管网的不同管段连接,以确保安全供水。

为了方便消防泵的检查维护,规定了在出水管上设置放水阀门、压力及流量测量装置。为防水锤对系统的破坏,在出水管上,推荐设置水锤消除装置。近年来国内很多工程(包括市政系统)在泵站设置了多功能控制阀。为了防止系统的超压,本条还规定系统应设置安全泄压装置(如安全阀、卸压阀等)。

**7.6.5** 系原规范第6.6.5条的修改。

为了保证不间断地向火场供水,消防泵应有备用泵。当备用泵为电力电源且工作泵为多台时,备用泵的流量和扬程不应小于最大一台消防泵的流量和扬程。

根据电力行业有关规定及火电厂的实际情况,火电厂能够满足双电源或双回路向消防水泵供水的要求。但是,客观上,无论火电厂的机组容量多大,机组数量多少,均存在全厂停电的可能性。火电厂多远离市区,借助城市消防能力极为困难。为了在全厂停电并发生火灾时消防供水不致中断,考虑我国小于125MW机组的电厂严格限制建设的实际,规定125MW机组以上的火电厂宜配备柴油机驱动消防泵,而且其能力应为最大消防供水能力。通常柴油机消防泵的数量为1台。

**7.6.6** 系原规范第6.2.5条的修改。

《建筑设计防火规范》规定消防水池大于500m³应分格。燃煤电厂消防水池的容积至少为500m³,目前,600MW机组消防水池容量可达1000m³。考虑电厂消防给水供水的重要性,规定容量大于500m³的消防水池应分格,便于水池的清洗维护,增强水池的供水可靠性。为在任何情况下能保证水池的供水,规定两格水池宜设公用吸水设施,使得水池清洗时不间断供水。

**7.6.7** 新增条文。

据了解,利用冷却塔为消防水源已有实例。冷却塔内水池容量很大,水质也较好,有条件作为消防蓄水池。但必须保证冷却塔检修放空不间断消防供水。因此,强调当利用冷却塔作为水源时,其数量应至少为两座,并均有管(沟)引向消防水泵吸水井。

**7.6.8** 系原规范第6.6.6条的修改。文字略有调整。

**7.6.9** 新增条文。对于消防水泵房的建筑设计要求。

## 7.7 消防排水

**7.7.1** 系原规范第6.8.1条。消防排水、电梯井排水与生产、生活排水应统一设计。

消防排水是指消火栓灭火时的排水,可进入生产或生活排水管网。

**7.7.2** 系原规范第6.8.2条。

关于变压器、油系统等设施消防排水的规定。变压器、油系统的消防排水流量很大,而且消防排水中含有油污,造成污染;此外

变压器、油系统发生火灾时有燃油溢(喷)出,油火在水面上燃烧,因此,这种消防排水应单独排放。为了不使火灾蔓延,排水设施上还要加设水封分隔装置。

## 7.8 泡沫灭火系统

**7.8.1** 新增条文。

燃煤火电厂点火用油均为非水溶性油。按《低倍数泡沫灭火系统设计规范》及《高倍数、中倍数泡沫灭火系统设计规范》,低倍数泡沫、中倍数泡沫灭火系统均适用于点火油罐的灭火。目前,国内电厂的油罐灭火以低倍数泡沫灭火系统居多。其他灭火方式,如烟雾灭火,也适用于油罐,但在电力系统中应用较少,使用时需慎重考虑。

**7.8.2** 新增条文。根据《石油库设计规范》的要求,结合燃煤电厂的工程实践规定了泡沫灭火系统的型式及适用条件。

**7.8.3** 新增条文。规定了泡沫灭火系统的计算、布置原则。

## 7.9 气体灭火系统

**7.9.1** 新增条文。

虽然火电厂原设置1301系统的场所未被列为非必要性场所,但是,近年来,1301气体灭火系统在电厂的应用已经趋于终止。随着卤代烷在中国停止生产的日期的临近,其替代产品及技术不断涌现,国内电力工程建设也有了大量的实践。公安部2001年"关于进一步加强哈龙替代品及其替代技术管理的通知"列出的哈龙替代品的介质很多,如IG-541、七氟丙烷、二氧化碳、细水雾、气溶胶、三氟甲烷及其他惰性气体等。国内电力行业使用IG-541、七氟丙烷及二氧化碳为最多。这些替代品,各有千秋。七氟丙烷不导电,不破坏臭氧层,灭火后无残留物,可以扑救A(表面火)、B、C类和电气火灾,可用于保护经常有人的场所,但其系统管路长度不宜太长。IG-541为氩气、氮气、二氧化碳三种气体的混合物,不破坏臭氧层,不导电、灭火后不留痕迹,可以扑救A(表面火)、B、C类和电气火灾,可以用于保护经常有人的场所,为很多用户青睐,但该系统为高压系统,对制造、安装要求非常严格。二氧化碳分为高压、低压两种系统,近年来,低压应用相对普遍。二氧化碳灭火系统,可以扑救A(表面火)、B、C类和电气火灾,不能用于经常有人的场所。低压系统的制冷及安全阀是关键部件,对其可靠性的要求极高。在二氧化碳的释放中,由于干冰的存在,会使防护区的温度急剧下降,可能对设备产生影响。对释放管路的计算和布置、喷嘴的选型也有严格要求,一旦出现设计施工不合理,会因干冰阻塞管道或喷嘴,造成事故。

气溶胶灭火后有残留物,属于非洁净灭火剂。可用于扑救A(表面火)、部分B类、电气火灾。不能用于经常有人、易燃易爆的场所。使用中要特别注意残留物对于设备的影响。火电厂的电子设备间、继电器室等,属于电气火灾,设备也是昂贵的,因此,灭火介质以气体为首选。各种哈龙替代物系统的灭火性能不同,造价也有较大差别,设计单位、使用单位应该结合工程的实际,经技术经济比较综合确定气体灭火系统的型式。

**7.9.2** 新增条文。

目前,针对哈龙替代气体的国家标准已经颁布(如《气体灭火系统设计规范》)。过去,气体的备用量如何考虑,各个使用单位很多是参照已有的国家标准比照设定。针对IG-541、七氟丙烷,广东省的地方标准规定,用于需不间断保护的,超过8个防护区的组合分配系统,应设置100%备用量。针对三氟甲烷,北京地方标准(报批稿)规定,用于需不间断保护防护区灭火系统和超过8个防护区组成的组合分系统,应设100%备用量。陕西省地方标准,《洁净气体IG-541灭火系统设计、施工、验收规范》,原则与前述一样。上海市《惰性气体IG-541灭火系统技术规程》规定,当防护区为不间断保护的重要场所,或者在48小时内补充灭火剂有困难

者,应设置备用量,备用量应为100%灭火剂设计用量。上述地方标准一致处,均要求有不间断保护需要的,应设备用,多数标准,当保护区数量超过8个时,需设备用。《气体灭火系统设计规范》规定,灭火系统的灭火剂储存装置72小时内不能重新充装恢复工作的,应按原储存量的100%设置备用量。电厂往往远离市区,交通不便,电厂设置气体灭火系统的场所多为电厂控制中枢,在电厂生产安全运行中占有极为重要的位置,没有理由中断保护,考虑灭火气体的备用量具有重要意义,根据我国目前经济实力与一些工程的实践(国内有电厂如定州电厂、沁北电厂采用烟粉尽气体,设置了百分之百的备用量),本规范作出了灭火介质宜考虑100%备用的规定,工程中可根据有关国家和地方消防法规、标准和建设单位的要求综合论证确定。

**7.9.3** 新增条文。

气体灭火系统多为高压系统,为了在尽可能短的时间内将药剂输送到保护区内,以保证喷头的出口压力和流量,要求瓶组间尽量靠近防护区。

低压二氧化碳贮罐罐体较大,高位布置可能给安装、充灌带来不便,实践中,曾有过贮罐设于二层运行平台发生事故的先例,因此推荐将整套贮存装置设置在靠近保护区的零米层以利于安装、维护与灌装。另一方面,该系统允许管路长度范围较大,也为低位安装创造了条件。

**7.9.4** 新增条文。目前,二氧化碳灭火系统具有国家标准,其他如IG-541、七氟丙烷等常用气体的国家标准也已颁布执行。

## 7.10 灭 火 器

**7.10.1** 新增条文。

按《建筑设计防火规范》的要求,建筑物应配置灭火器。本条结合火电厂的建筑物的特点,规定了需要配置灭火器的场所,火灾类别和危险程度。

国家标准《建筑灭火器配置设计规范》对于使用灭火器的场所,划分为6类,火灾危险程度划分为三种,分别为严重、中、轻。

根据《建筑灭火器配置设计规范》,工业建筑灭火器配置的场所的危险等级,应根据其生产、使用、贮存物品的火灾危险性、可燃物数量、火灾蔓延速度以及扑救难易程度,划分为三类,即严重危险级、中危险级、轻危险级。就火电厂总体而言,根据上述原则,将大部分建筑及设备归为中危险级,是适宜的。参照该规范的火灾种类的定义,结合国内电厂消防设计实际,火电厂的大多数场所,定为中危险级。但是,由于火电厂各建筑设备种类繁多,仍有一些场所,不能简单地定为中危险级。

各类控制室,是生产指挥的中心,地位重要,一旦发生火灾,将严重影响电厂的生产运行,将其定为严重危险级,符合《建筑灭火器配置设计规范》的要求。此外,《建筑灭火器配置设计规范》中明确定为严重危险级的还有供氢站。考虑到主厂房内的一些贮存油的装置,一旦发生火灾,后果的严重性,将其定为严重危险级。磨煤机为煤粉碾磨设备,列为严重危险级。消防水泵房内的柴油发动机消防泵组,配套有柴油油箱,又是水消防系统的关键,所以应予特别重视,故将其定为严重危险级。

**7.10.2** 新增条文。本条基于《石油库设计规范》中的有关规定制定。

**7.10.3** 新增条文。

鉴于灭火器有环境温度的限制条件,考虑地域差异,南方地区室外气温可能很高,煤场、油区等处的灭火器将考虑设置遮阳设施,保证灭火剂有效使用。

**7.10.4** 新增条文。

现行国家标准《建筑灭火器配置设计规范》仍将哈龙灭火器作为有条件使用的灭火器。电厂的控制室、电子设备间、继电器室等不属于非必要场所。事实上,二氧化碳灭火器对于A类火不能发挥效用,所以,在这些场所,哈龙灭火器仍然是可以采用的最佳灭

火设施。

**7.10.5** 新增条文。关于灭火器配置的具体要求。

## 7.11 消 防 车

**7.11.1** 系原规范第6.7.1条。

关于电厂设置消防车的原则规定。20世纪90年代以来,我国许多大型电厂由于水源、环境、交通运输以及占地等因素而建在远离城镇的地区,并且形成一个居民点及福利设施区域,这样,消防问题便较为突出。由于各地公安部门对电厂区域的消防提出要求,所以有些大厂设置了消防车和消防站。应当指出,我国火力发电厂的消防设计原则一直是以发生火灾时立足自救为基点。发电厂均有完善的消防供水系统,实践也证明只有依靠发电厂本身的消防系统才可控制和扑灭火灾。我国的消防车绝大多数是解放牌汽车的动力,其水泵流量和扬程很难满足发电厂主厂房发生火灾时的需要,加上没有相应的登高设备,所以,在发电厂主厂房发生火灾时,消防车不起作用。但考虑到发电厂厂区的其他建筑物和电厂区域内居民建筑的火灾防范,制定了本条的规定。本条文解释与电力工业部、公安部联合文件电电规(1994)486号文中"消防站设置方式与管理"的说明和本条文中设置消防车库是一致的。

**7.11.2** 系原规范第6.7.2条。

## 7.12 火灾自动报警与消防设备控制

**7.12.1** 新增条文。

规定了50~135MW机组火电厂的火灾探测报警系统的型式。根据《火灾自动报警系统设计规范》,火灾自动报警系统可以划分为三种,最为简单的是区域报警系统。对于小机组,侧重于预防,可以将其界定为区域报警系统。该系统最为显著的特征,是以火灾探测报警为主要功能,没有火灾联动设备。

**7.12.2** 新增条文。

按照消防工作"以防为主,防消结合"方针,200MW机组电厂规模较大,其火灾探测报警系统的重要性不容忽视。在工程实践中,随着消防科学技术的进展,200MW机组级别的火电厂的火灾自动报警系统的水平已经有了很大提高。一些辅助监测、报告手段,得以普遍应用,而且投资增加甚微,功能增强。本条规定了报警系统应配有打印机、火灾警报装置、电话插孔等辅助装置。根据当前报警系统技术与产品的应用情况,推荐采用总线制,减少布线提高系统的可靠性。

**7.12.3** 系原规范第5.8.3条的修改。

从近年的工程实践看,火灾报警区域的划分具有一定灵活性。由于电厂建筑布置的不确定性(如脱硫区域可能距主厂房稍远),不宜对火灾报警区域的划分作硬性规定。

**7.12.4** 新增条文。

火电厂的单元控制室或主控制室,24小时有人值班,是全厂生产调度的中心。100MW以下机组,一般设主控室(电气为主),另设机炉控制室;125MW以上机组,设单元控制室,机、炉、电按单元集中控制;若为两机一控,两个单元控制室集中设置为集中控制室,中间可能设玻璃墙等分隔。一旦电厂发生火灾,不单纯是投入力量实施灭火,还要有一系列的生产运行方面的控制,只有消防控制与生产调度指挥有机结合,值班人员有条件及时了解掌握火灾情况,才能有效灭火并使损失降到最小。要求消防控制与生产控制合为一体,符合火电厂的实际,也是国际上的普遍做法。

**7.12.5** 系原规范第8.3.1条与第8.3.2条的合并。

当发电厂采用单元控制室控制方式时,火灾自动报警及灭火设备的监测也将按单元制设置。为了及时正确地处理火灾引发的问题,要求各种报警信号、消防设备状态等要在运行值长所在控制室反映,使运行值长能及时了解火灾发生情况,调度指挥各类人员进行相关处理。

**7.12.6** 系原规范第5.8.4条的修改。

对于火灾探测器的选型,在本规范表7.1.7和表7.1.8中有具体规定,应该按其执行。

**7.12.7** 新增条文。

具有金属结构层的感温电缆具有一定抗机械损伤能力,可有效防止误报。

**7.2.8** 新增条文。

点火油罐区是易燃易爆区,设置在油区内的探测器,尤应注意选择防爆类型的探测器,以避免引起意外损失。

**7.12.9** 新增条文。

运煤栈桥及转运站等建筑经常采用水力冲洗室内地面。在运行中,探测器的分线盒等进水导致故障的现象时有发生。在设计时,应注意提出防水保护要求。

**7.12.10** 系原规范第8.3.3条。

由于火灾事故在发电厂中具有危害性大、不易控制且必须及时正确处理的特殊性,要求运行人员能正确判断火灾事故,消除麻痹思想,特规定消防报警的音响应区别于所在处的其他音响。

**7.12.11** 系原规范第8.3.4条。

**7.12.12** 系原规范第8.3.5条的修改。

消防供水灭火过程中,管网的压力可能比较稳定地维持在工作压力状态,甚至更高。灭火过程中,管网压力升高到额定值不一定代表已经完全灭掉火灾,应该由现场人员根据实际情况判定。所以,消防水泵应该由人工停运。美国规范NFPA850也有这样规定。

**7.12.13** 新增条文。

可燃气体在电厂中大量存在,一旦发生爆炸,后果严重。因此,应该将其危险信号纳入火灾报警系统。

**7.12.14** 系原规范第8.3.6条。

# 8 燃煤电厂采暖、通风和空气调节

## 8.1 采暖

**8.1.1** 系原规范第7.1.1条的修改。

火力发电厂的运煤系统在原煤的输送、转运、破碎过程中会产生不同程度的煤粉粉尘,这些粉尘在沉降过程中会逐渐积落在地面、设备和管道外表面上。煤尘积聚到一定程度会引起火灾,所以,运煤系统建(构)筑物地面、设备、管道外表面都要经常进行清扫,采暖系统的散热器更应保持清洁,因此应选用表面光洁易清扫的散热器。限定运煤建筑采暖散热器入口处的热媒温度不应超过160℃的理由如下:

**1** 受系统形式的制约,运煤系统的建筑围护结构必须采用轻型结构,其传热系数大,冷风渗透严重,围护结构的保温性能差。对于严寒地区来说,如果热媒温度太低,不仅满足不了采暖热负荷的要求,而且容易发生采暖系统冻结的重大事故。从我国几十年来积累的运行经验来看,运煤系统采暖热媒采用压力为0.4~0.5MPa、温度在160℃以下的饱和蒸汽是适宜的。

**2** 在《建筑设计防火规范》中,输煤廊的采暖系统热媒温度被限定在130℃以下,依据是运行的安全性。但从我国和其他寒带国家(如俄罗斯)的运行实践看,采用160℃以下采暖热媒,没有发生过由采暖散热器表面温度过高而引起的火灾或爆炸事故,这也是编写该条文的重要依据。

**3** 与其他发达国家的相关防火规范对比,该条文也是适宜的,比如,美国防火规范中规定运煤系统散热器表面温度不超过165℃。

**4** 界定散热器入口处热媒最高温度主要是考虑使用该规范时的可操作性。

**8.1.2** 系原规范第7.1.2条的修改。

**8.1.3** 系原规范第7.1.3条的修改。

蓄电池室如果采用散热器采暖系统,从散热器的选型到系统安装,都必须考虑防漏水措施,不能采用承压能力差的铸铁散热器,管道与散热器的连接以及管道、管件间的连接必须采用焊接。

**8.1.4** 系原规范第7.1.4条的修改。

采暖管道不应穿过变压器室、配电装置等电气设备间。这些电气设备间装有各种电气设备、仪器、仪表和高压带电的各种电缆,所以在这些房间不允许管道漏水,也不允许采暖管道加热这些设备和电缆,因此,作了本条规定。

**8.1.5** 系原规范第7.1.5条的修改。

## 8.2 空气调节

**8.2.1** 系原规范第7.2.1条的修改。

电子计算机室、电子设备间、集中控制室(包括机炉控制室、单元控制室)等,是电厂正常运行的指挥中心,其建筑物耐火等级属二级,室内都安装有贵重的仪器、仪表,因此当发生火灾时必须尽快扑灭,并彻底排除火灾后的烟气和毒气,让运行人员及时进入室内处理事故,以便尽早恢复生产,因此本节将上述房间的排烟设计界定为以恢复生产为目的。其他空调房间系指以舒适性为目的的空调房间,应按国家标准《建筑设计防火规范》的有关规定设置排烟设施。

**8.2.2** 系原规范第7.2.2条的修改。

简化了与《建筑设计防火规范》重复的内容,执行过程中可参照《建筑设计防火规范》执行。对于火力发电厂而言,重要房间和火灾危险性大的房间主要指集中控制室(单元控制室、机炉控制室)、电子设备间、计算机室等。

**8.2.3** 系原规范第7.2.4条的修改。

通风管道是火灾蔓延的通道,不应穿过防火墙和非燃烧体等防火分隔物,以免火灾蔓延和扩大。

在某些情况下,通风管道需要穿过防火墙和非燃烧体楼板时,则应在穿过防火分隔物处设置防火阀,当火灾烟雾穿过防火分隔物处时,该防火阀应能立即关闭。

**8.2.4** 系原规范第7.2.5条的修改。

当发生火灾时,空气调节系统应立即停运,以免火灾蔓延,因此,空气调节的自动控制应与消防系统连锁。

**8.2.5** 系原规范第7.2.7条。

**8.2.6** 系原规范第7.2.8条。

要求电加热器与送风机连锁,是一种保护控制措施。为了防止通风机已停而电加热器继续加热引起过热而起火,必须做到无风、超温时的断电保护,即风机一旦停止,电加热器的电源即应自动切断。近年来发生多次空调设备因电加热器过热而失火,主要原因是未设置保护控制。

设置工作状态信号是从安全角度提出来的,如果由于控制失灵,风机未启动,先开了电加热器,会造成火灾危险。设显示信号,可以协助管理人员进行监督,以便采取必要的措施。

**8.2.7** 系原规范第7.2.9条。

**8.2.8** 系原规范第7.2.10条的修改。

空调系统的风管是连接空调机和空调房间的媒介,因此也是火灾的传播媒介。为了防止火灾通过风管在不同区域间的传播,要求风管的保温材料、空调设备的保温材料、消声材料和黏接剂采用不燃烧材料,只有通过综合技术经济比较后认为采用难燃保温材料更经济合理时,才允许使用B1级的难燃保温材料。

## 8.3 电气设备间通风

**8.3.1** 系原规范第7.3.1条的修改。

当屋内配电装置发生火灾时,通风系统应立即停运,以免火灾蔓延,因此应考虑切断电源的安全性和可操作性。

**8.3.2** 系原规范第7.3.2条的修改。

当几个屋内配电装置室共设一个送风系统时，为了防止一个房间发生火灾时，火灾蔓延到另外一个房间，应在每个房间的送风支道上设置防火阀。

**8.3.3** 系原规范第7.3.3条的修改。

变压器室的耐火等级为一级，因此变压器室通风系统不能与其他通风系统合并，各变压器室的通风系统也不应合并。

考虑到实际应用中的可操作性，本条规定了具有火灾自动报警系统的油浸变压器室发生火灾时，通风系统应立即停运，以免火灾蔓延。

**8.3.4** 系原规范第7.3.4条的修改，使该条文具有更强的可操作性。

**8.3.5** 系原规范第7.3.5条。

《建筑设计防火规范》规定：甲、乙类厂房用的送风设备和排风设备不应布置在同一通风机房内，且排风设备不应与其他房间的送、排风设备布置在同一通风机房内。蓄电池室的火灾危险性属于甲级，所以送、排风设备不应布置在同一通风机房内，但送风设备采用新风机组并设置在密闭箱体内时，可以看作另外一个房间，其可与排风设备布置在同一个房间内。

**8.3.6** 系原规范第7.3.7条的修改。

电缆隧道采用机械通风时，火灾时应能立即切断通风机的电源，通风系统应立即停运，以免火灾蔓延，因此，通风系统的风机应与火灾自动报警系统连锁。

### 8.4 油系统通风

**8.4.1** 系原规范第7.4.1条。

油泵房属于甲、乙类厂房，根据《建筑设计防火规范》的规定，室内空气不应循环使用，通风设备应采用防爆式。

**8.4.2** 系原规范第7.4.2条。

**8.4.3** 系原规范第7.4.3条。

**8.4.4** 系原规范第7.4.4条。

**8.4.5** 系原规范第7.4.5条。

### 8.5 运煤系统通风除尘

**8.5.1** 新增条文。

运煤建筑设置机械通风系统的目的是排除含有煤尘的污浊空气，保持室内一定的空气环境。由于排除的空气中含有遇火花可爆炸的煤尘，因此通风设备应采用防爆电机。

**8.5.2** 新增条文。

运煤系统采用电除尘方式已经很普遍，最近又有大量应用的趋势。从电除尘的机理分析，并非所有运煤系统都适合采用电除尘方式，而是应当根据煤尘的性质来确定，目前可参照《火力发电厂运煤系统煤尘防治设计规程》执行。

**8.5.3** 系原规范第5.1.7条。

**8.5.4** 系原规范第5.1.8条。

**8.5.5** 系原规范第5.1.6条的修改。

在转运站和碎煤机室设置的除尘设备，其电气设备主要指配电盘和操作箱，其外壳防护等级应符合现行的国家标准。本次修订进一步明确了室内除尘配套电机外壳所应达到的防护等级。

### 8.6 其他建筑通风

**8.6.1** 系原规范第7.5.1条的修改。

氢冷式发电机组的汽机房，发电机组上方应设置排氢风帽，以免泄漏的氢气聚集在汽机房屋顶，发生爆炸事故，因此制定本条文。当排氢装置用通风装置替代，比如双坡屋面的汽机房设计了屋顶自然通风器时，就不再设计专门的排氢装置，而屋顶通风器常常采用电动驱动装置。如果氢冷发电机出现大量泄漏或汽机房屋面下积聚一定浓度的氢气时，遇火花便可能发生爆炸，所以要求电动装置采用直联方式和防爆措施。

**8.6.2** 系原规范第7.5.2条。

**8.6.3** 系原规范第7.5.3条的修改。

## 9 燃煤电厂消防供电及照明

### 9.1 消防供电

**9.1.1** 系原规范第8.1.1条的修改。

电厂内部发生火灾时，必须靠电厂自身的消防设施指示人员安全疏散、扑救火灾和排烟等。据调查，多数火灾造成机组停机甚至厂用电消失，而消防控制装置、阀门及电梯等消防设备都离不开用电。火灾案例表明，如无可靠的电源，发生火灾时，上述消防设施由于断电将不能发挥作用，即不能及时报警、有效地排除烟气和扑救火灾，进而造成重大设备损失或人身伤亡。本条所指自动灭火系统系指除消防水泵以外的其他用电负荷，消防水泵的供电见第9.1.2条。保安负荷供电是为保证电厂安全运行和不发生重大人身伤亡事故的供电。

**9.1.2** 系原规范第8.1.2条的修改。

消防水泵是全厂消防水系统的核心，如果消防水泵因供电中断不能启动，对火灾扑救十分不利。因此本条提出了消防水泵、主厂房电梯的供电要求。电力系统供电负荷等级用罗马字母表述，如Ⅰ、Ⅱ类负荷，基本等同于《建筑设计防火规范》中一、二级负荷。消防水泵机组的设置见第7.6.5条。

**9.1.3** 系原规范第8.1.3条。

因消防自动报警系统内有微机，对供电质量要求较高，且报警控制器等火灾自动报警设备，一般都布置在单元控制室内可与热工控制装置联合供电，故作此规定。辅助车间的自动报警装置本身宜带有不停电电源装置。

**9.1.4** 系原规范第8.1.4条。

造成许多火灾重大伤亡事故的原因虽然是多方面的，但与有无应急照明有着密切关系，这是因为火灾时为防止电气线路和设备损失扩大，并为扑救火灾创造安全条件，常常需要立即切断电源，如果未设置应急照明或者由于断电使应急照明不能发挥作用，在夜间发生火灾时往往是一片漆黑，加上大量烟气充塞，很容易引起混乱造成重大损失。因此，应急照明供电应绝对安全可靠。国外许多规程规范强调采用蓄电池作火灾应急照明的电源。考虑到目前我国电厂的实际情况，一律要求采用蓄电池供电有一定困难，而且也不尽经济合理。单机容量为200MW及以上的发电厂，由于有交流事故保安电源，因此当发生交流厂用电停电事故时，除有蓄电池组对照明负荷供电外，还有条件利用交流事故保安电源供电。为了尽量减少事故照明回路对直流系统的影响，保证大机组的控制、保护、自动装置等回路安全可靠的运行，因此，对200MW及以上机组的应急照明，根据生产场所的重要性和供电的经济合理性，规定了不同的供电方式。

因蓄电池组一般都设置在主厂房或网控楼内，远离主厂房重要场所的应急照明若由主厂房的蓄电池组供电，不仅供电电压质量得不到保证而且增加了电缆费用，同时也增加了直流系统的故障几率。因此，规定其他场所的应急照明由保安段供电。

**9.1.5** 系原规范第8.1.5条。

单机容量为200MW以下的发电厂，一般不设保安电源，当发生全厂停电事故时，只有蓄电池组可继续对照明负荷供电。因此，规定应急照明宜由蓄电池组供电。

应急灯是一种自带蓄电池的照明灯具，平时蓄电池处于长期浮充状态，当正常照明电源消失时，由蓄电池继续供电保持一段时间的照明。因此，推荐远离主厂房重要车间的应急照明采用应急灯方式。

**9.1.6** 系原规范第8.1.6条的修改。

由于电厂厂用电系统供电可靠性较高,因此,当消防用电设备采用双电源供电时,可以在厂用配电装置或末级配电箱处进行切换。

## 9.2 照 明

**9.2.1** 系原规范第8.2.1条的修改。

在正常照明因故障熄灭后,供事故情况下暂时继续工作或消防安全疏散用的照明装置为应急照明,本条规定了发电厂应装设应急照明的场所。

**9.2.2** 系原规范第8.2.2条。

**9.2.3** 系原规范第8.2.3条。

事故发生时,锅炉汽包水位计、就地热力控制屏、测量仪表屏、(如发电机氢冷装置、给水、热力网、循环水系统等)及除氧器水位计等处仍需监视或操作。因此,需装设局部应急照明。

**9.2.4** 系原规范第8.2.4条的修改。

火灾发生时,由于控制室、配电间、消防泵房、自备发电机房等场所不能停电也不能离人,还必须坚持工作,因此,应急照明的照度应能满足运行人员操作要求。

消防安全疏散应急照明是为了使人员能够较清楚地看出疏散路线,避免相互碰撞,在主要通道上的照度值尽量大一些,一般不低于1lx。

**9.2.5** 系原规范第8.2.5条的修改。

本条规定了照明器表面的高温部位,靠近可燃物时,应采取防火保护措施,其原因是:

**1** 由于照明器设计、安装位置不当而引起过许多事故。

**2** 卤灯的石英玻璃表面温度很高部位,如1000W的灯管温度高达500~800℃,当纸、布、干木构件靠近时,很容易被烤燃引起火灾。鉴于配有功率在100W及以上的白炽灯光源的灯具(如:吸顶灯、槽灯、嵌入式灯)使用时间较长时,温度也会上升到100℃甚至更高的温度,规定上述两类灯具的引入线应采用瓷管、矿物棉等不燃烧材料进行隔热保护。

**9.2.6** 系原规范第8.2.6条的修改。

因为超过60W的白炽灯、卤钨灯、荧光高压汞灯等灯具表面温度高,如安装在木吊顶龙骨、木吊顶板、木墙裙以及其他木构件上,会造成这些可燃装修物起火。一些电气火灾实例说明,由于安装不符合要求,火灾事故多有发生,为防止和减少这类事故,作了本条规定。

**9.2.7** 新增条文。本条强调了建筑物内设置的安全出口标志灯和火灾应急照明灯具应遵循有关标准设计。

# 10 燃机电厂

## 10.1 建(构)筑物的火灾危险性分类及其耐火等级

**10.1.1** 新增条文。

厂区内各车间的火灾危险性基本上按现行的国家标准《建筑设计防火规范》第3.1.1条分类。建(构)筑物的最低耐火等级按国内外火力发电厂设计和运行的经验确定。汽机房、燃机厂房、余热锅炉房和集中控制室基本布置在主厂房构成一个整体,其火灾危险性绝大部分属丁类。

**10.1.2** 新增条文。

## 10.2 厂区总平面布置

**10.2.1** 新增条文。与电力行业标准《燃气-蒸汽联合循环电厂设计规定》有关条文协调确定。

**10.2.2** 新增条文。与电力行业标准《燃气-蒸汽联合循环电厂设计规定》有关条文协调确定。

## 10.3 主厂房的安全疏散

**10.3.1** 新增条文。

燃机厂房高度一般不超过24m,也只有2~3层。在正常运行情况下人员很少,厂房内可燃的装修材料很少,厂房内除疏散楼梯外,还有很多工作梯,多年来都习惯作敞开式楼梯。在扩建端都布置有室外钢梯。为保证人员的安全疏散和消防人员扑救,要求至少应有一个楼梯间通至各层。

## 10.4 燃料系统

**10.4.1** 新增条文。

国家标准《输气管道工程设计规范》GB 50251中第3.1.2条规定:"进入输气管道的气体必须清除机械杂质;水露点应比输送条件下最低环境温度低5℃;烃露点应低于或等于最低环境温度;气体中硫化氢含量不应大于20mg/m³。当被输送的气体不符合上述要求时,必须采取相应的保护措施。"该标准的规定主要考虑了管输气体的防止电化学腐蚀、其他形式的腐蚀以及防止气体中凝析出液态烃,以保证天然气管道的安全。同时还增加了燃气轮机制造厂对天然气气质的要求。

**10.4.2** 新增条文。

**1** 厂内天然气管道敷设方式常根据工程具体情况而定,国内、外运行电厂有架空、地面布置和地下敷设三种形式。但不应采用管沟敷设,避免气体泄漏在管沟中聚集引起火灾。

**2** 除需检修拆卸的部位外,天然气管道应采用焊接连接,以防止泄漏。

**3** 参照国家标准《输气管道工程设计规范》GB 50251第3.4.2条和美国国家标准 ANSI B31.8《输气和配气管线系统》846.21条(c)的规定。设置放空管是为了输送系统停运时排除管道内剩余气体。

**4** 规定了厂内天然气管道吹扫的具体要求。

**5** 规定了天然气管道应以水作强度试验的具体要求和对天然气管道严密性试验的具体要求,并在严密性试验合格之后进行气密性试验,还规定气密性试验压力为0.6MPa。

**6** 规定了天然气管道的低点设两道排液阀,第一道(靠近管道侧)阀门为常开阀,第二道阀门为经常操作阀,当发现第二道阀门泄漏时,关闭第一道阀门,更换第二道阀门。

**10.4.3** 新增条文。

联合循环机组燃油系统采用0#柴油、重油时建(构)筑物(如油处理室等)及油罐火灾危险性按丙类防火要求是和火电厂燃油系统的防火要求一致的。但采用原油时,原油中含有大量的可燃气体和挥发性气体,其闪点小于280℃,故对其所涉及的建(构)筑物(如油处理室等)及油罐等应特殊考虑防火要求,火灾危险性按甲类考虑。《火力发电厂劳动安全和工业卫生设计规程》DL 5053第4.0.9.4条强制性条文要求:贮存闪点低于600℃燃油的油罐,必须设置安全阀、呼吸阀及阻火器,故对原油罐设计时可参照该标准执行。

**10.4.4** 新增条文。

本条根据美国国家防火协会标准NFPA8506《余热锅炉标准》(1998年版)第5.2.1.1节要求制定,以防在停机时燃油泄漏进燃机。

## 10.5 燃气轮机的防火要求

**10.5.1** 新增条文。

本条根据美国国家防火协会标准850《电厂及高压直流变流站消防推荐标准》(2000版)的6.5.2.1节要求制定。安装火焰探测器,旨在探测火焰熄灭或启动时点火失败,如果火焰熄灭,需迅速切断燃料,以防止气体的快速聚集。

**10.5.2** 新增条文。

本条根据美国国家标准850《电厂及高压直流交流站消防推

荐标准》的 6.5.2.1 节要求制定。该标准指出,当燃料未能在 3s 内被隔离时,系统中曾发生过火灾及爆炸。

## 10.6 消防给水、固定灭火设施及火灾自动报警

**10.6.1** 新增条文。

燃机电厂与燃煤电厂有很多相似之处。因此,燃煤电厂的一些规定尤其是系统方面的要求适用于燃机电厂。据调查,国内很多燃气-蒸汽联合循环电站的消防给水系统是独立的。燃气-蒸汽联合循环电站多燃烧油品,消防给水量很大,在条件合适的情况下,应尽可能采用独立的消防给水系统。

**10.6.2** 新增条文。

**10.6.3** 新增条文。

我国燃气-蒸汽联合循环电站厂区占地面积一般小于 1km²,而且其燃料与燃煤电厂不同,占地更加紧凑。因而规定为同一时间火灾次数为一次。这里的燃气-蒸汽联合循环电站,也包含单循环燃机电站。

**10.6.4** 新增条文。基于国内的燃机电厂工程实践制定。

燃煤电厂与燃机电厂的区别主要在于燃料不同,前者工艺系统复杂,建筑物多且庞大,危险点不集中;后者占地少,系统简单,建(构)筑物相对较少,危险集中于燃机及油罐,主厂房往往不是消防的关注重点。燃气轮机组的布置有两种形式,其一为独立布置,与汽轮发电机组脱开,常为露天布置,往往对应于多轴配置;其二为联合布置,燃机与汽轮发电机组同轴,置于一个厂房内,也称之为单轴布置。由此,燃机电厂的消防设施便因总体布置的不同而有差别,宜根据对象更为合理地配置消防系统。对于多轴配置,以燃机发电为主,燃机电厂的消防重在油库、燃机本体;主厂房内是汽轮发电机组,与燃煤电厂主厂房内的布置类似,可以以汽轮发电机组容量为基准,对应执行燃煤电厂等同机组容量的消防配置要求,例如,汽轮发电机组容量为 200MW,那么就执行本规范第 7.1.8 条的规定。当燃机电厂为单轴布置时,应以整套机组容量与燃煤电厂机组容量比对执行。例如,单套机组容量(燃机容量与汽轮发电机组容量之和)为 350MW,那么就应该执行本规范第 7.1.9 条的规定。

**10.6.5** 新增条文。

燃气轮机是广义的称谓,它通常包括燃气轮机、发电机、控制小室等。燃气轮机整体是燃机电厂的核心,也是消防的重点保护对象。根据国内外的实际做法,燃气轮机无论机组容量的大小,基本上都采用气体灭火系统。据调查,近年来多应用二氧化碳灭火系统。

**10.6.6** 新增条文。

燃气轮机通常具有金属外罩,因而具备了应用全淹没气体灭火系统的可能性。着火时应注意在喷放气体灭火剂之前,关闭燃气轮机内部的门、通风挡板、风机及其他孔口,以使外罩泄漏量最少。关于气体保持时间的原则性规定乃基于美国 NFPA850 的有关规定。

**10.6.7** 新增条文。

根据调查,国内燃机电厂之燃气轮机的报警系统与固定灭火系统,均为设备制造厂的成套配备。这样有利于外壳内的消防设施的布置。在技术谈判中尤应注意。燃气轮机通常有独立的控制小间,其内配备了报警装置。燃机配备的火灾自动报警系统及灭火联动信号宜传送至集中控制室,以便全厂的调度指挥。

全厂火灾自动报警系统的消防报警控制器应布置在集中控制室。

**10.6.8** 新增条文。

对于以气体为燃料的燃机电厂,露天布置的燃机本体内及布置有燃机的主厂房内的气体浓度的测定,是消防安全中的重要一环,有必要强调设置气体泄漏报警装置。

**10.6.9** 新增条文。

**10.6.10** 新增条文。

对于以可燃气体为燃料的电厂,其消防车的配备和消防车库设置参照燃煤电厂是适宜的。但是对于以燃油为燃料的电厂,油区消防是突出重要的,消防车的配备应该遵循石油库设计的有关规定。

## 10.7 其 他

**10.7.1** 新增条文。关于燃机电厂厂房和天然气调压站通风防爆的规定。

**10.7.2** 新增条文。关于燃机电厂电缆设计的规定。

**10.7.3** 新增条文。燃机电厂与燃煤电厂有很多相同之处。本章仅对二者不同之处,即具有自身特点者作出规定。相同处应对应执行本规范燃煤电厂各章的有关规定。

# 11 变 电 站

## 11.1 建(构)筑物火灾危险性分类、耐火等级、防火间距及消防道路

**11.1.1** 系原规范第 9.1.1 条的修改。

表 11.1.1 是根据现行的国家标准《建筑设计防火规范》的规定,结合变电站内建筑物的特性确定的,对原规范的部分建筑进行增减,删除了一些不常用的建筑,增加了气体式或干式变压器室、干式电容器室、干式电抗器室等建筑。气体式或干式变压器、干式电容器、干式电抗器等电气设备属无油设备,可燃物大大减少,火灾危险性降低,因此建筑火灾危险性分类定为丁类。主控通信楼的火灾危险性为戊类,是按照电缆采取了防止火灾蔓延的措施确定的,可以采用下列措施:用防火堵料封堵电缆孔洞,采用防火隔板分隔,电缆局部涂防火涂料,局部用防火带包扎等。如果未采取电缆防止火灾蔓延的措施,主控通信楼的火灾危险性为丙类。

按国家标准《电缆在火焰条件下的燃烧试验第三部分:成束电线和电缆的燃烧试验方法》GB/T 18380.3,A 类阻燃电缆的燃烧特性为,成束电缆每米长度非金属材料含量 7L,供火时间 40min,自熄时间小于等于 60min。因此当电缆夹层采用 A 类阻燃电缆时,火灾危险性降低,火灾危险性分类可为丁类。

**11.1.2** 系原规范第 9.1.2 条。

**11.1.3** 系原规范第 9.1.3 条。

**11.1.4** 系原规范第 9.1.4 条的修改。

对于表 11.1.4 注 3,两座建筑相邻较高一面的外墙如为防火墙时,其防火间距不限。但是当建筑物侧面设置了门窗时,如果门窗之间距离太近,火灾时浓烟和火焰可能通过门窗洞口蔓延扩散,因此规定距离要求。

**11.1.5** 新增条文。

主控制室是变电站的核心,是人员比较集中的地方,有必要限制其可燃物放烟量,以减少火灾损失。

**11.1.6** 系原规范第 9.1.5 条。

**11.1.7** 系原规范第 9.1.10 条的修改。

**11.1.8** 系原规范第 9.1.11 条的修改。参照《建筑设计防火规范》GB 50016 有关消防车道的规定确定。

## 11.2 变压器及其他带油电气设备

**11.2.1** 系原规范第 9.2.3 条。

**11.2.2** 新增条文。

地下变电站有其自身特点,因其常位于城市市区,相对于地上变电站其危险性更大。变压器事故贮油池的容量系参照燃煤电

厂部分制定,考虑到地下变电站的特殊性,容量要求从严,要求为100%的最大一台变压器的容量。鉴于该油池应该具有排水设施,兼有油水分离功能,所以不另考虑消防水的容积。

### 11.3 电缆及电缆敷设

**11.3.1** 系原规范第9.3.1条。

电缆的火灾事故率在变电站较低,考虑到电缆分布较广,如在变电站内设置固定的灭火装置,则投资太高不现实,又鉴于电缆火灾的蔓延速度很快,仅仅灭火还不一定能及时防止火灾蔓延,为了尽量缩小事故范围,缩短修复时间并节约投资,本规范规定在变电站应采用分隔和阻燃作为应对电缆火灾的主要措施。

**11.3.2** 系原规范第9.3.2条的修改。

**11.3.3** 新增条文。

地下变电站电缆夹层内敷设的电缆数量多,发生火灾时人员进入开展灭火比较困难,火灾蔓延造成的损失大,阻燃电缆能够减少火灾扩大可能性,降低电缆夹层的火灾危险性,且阻燃电缆应用逐渐增多,比普通电缆费用增加量不大,对地下变电站宜采用阻燃电缆。

### 11.4 建(构)筑物的安全疏散和建筑构造

**11.4.1** 系原规范第9.4.3条的修改。

**11.4.2** 系原规范第9.4.4条的修改。

**11.4.3** 新增条文。

《建筑设计防火规范》GB 50016对厂房地下室的火灾危险性为丙类的防火分区面积为500m²,丁、戊类的防火分区面积为1000m²。地下变电站内一些房间,如变压器室、蓄电池室、电缆夹层等房间,在本规范中已经要求设置防火墙,使得地下变电站的危险房间对于其他房间的威胁减小,从而提高了整体建筑的安全性。如果将防火分区面积设置较小,那么为了满足疏散的要求,势必将为此设置很多通向地面的竖向通道,这在实际工程中难以实现,况且,地下变电站内值班人员很少,且通常工作在控制室内,设置大量通向地面的出口也无必要。所以,防火分区的大小,既要考虑限制火灾的蔓延,又要结合变电站生产工艺布置的特点和要求。考虑近年来国内地下变电站实践,加之地下变电站的火灾探测报警和灭火设施比较完善,规定防火分区的最大面积为1000m²。

**11.4.4** 新增条文。

地下变电站因为不能直接采光、通风,火灾时排烟困难,为保证人员安全,要求至少应设置2个出口。地下变电站出口一般应直通地面室外,如果变电站出口上部有多层建筑,地下层和地上层没有有效分隔,容易造成火灾蔓延到地上层,因此规定分隔要求。

**11.4.5** 新增条文。

地下变电站疏散楼梯是人员逃生的唯一通道,为了保证楼梯间抵御火灾的能力,保障人员疏散的安全,规定楼梯间采用乙级防火门。

### 11.5 消防给水、灭火设施及火灾自动报警

**11.5.1** 系原规范第9.5.1条的修改。

根据现行国家标准《建筑设计防火规范》GB 50016,确定变电站消防给水、灭火设施及火灾自动报警系统设计的基本原则。

**11.5.2** 新增条文。

变电站人员少、占地面积小,根据现行国家标准《建筑设计防火规范》GB 50016,确定其同一时间内的火灾次数为一次。

**11.5.3** 新增条文。

当变压器采用户外布置时,变压器不属于一般的建筑物,因此不能按建筑物体积确定室外消防水量。对不设固定灭火系统的中、小型变压器,可以采用灭火器灭火。对于按规定设置水喷雾灭火系统的变压器,为了防止火灾扩大,作为一种辅助灭火和保护的

措施,考虑不小于10L/s的消火栓水量。

**11.5.4** 系原规范第9.2.1条的修改。

变压器是变电站内最重要的设备,油浸变压器的油具有良好的绝缘性和导热性,变压器油的闪点一般为130℃,是可燃液体。当变压器内部故障发生电弧闪络,油受热分解产生蒸气形成火灾。变压器灭火试验和应用实践证明水喷雾灭火系统是有效的。但是我国幅员辽阔,各地气候条件差异很大,变压器一般安装在室外,经过几十年的运行实践,在缺水、寒冷、风沙大、运行条件恶劣的地区,水喷雾灭火的使用效果可能不佳。对于中、小型变电站,水喷雾灭火系统费用相对较高,因此中小型变电站的变压器宜采用费用较低的化学灭火器。对于容量125MV·A以上的大型变压器,考虑其重要性,应设置火灾探测报警系统和固定灭火系统。对于地下变电站,火灾的危险性较大,人工灭火比较困难,也应设置火灾探测报警系统和固定灭火系统。固定灭火系统除了可采用水喷雾灭火系统外,排油注氮灭火装置和合成泡沫喷淋灭火系统在变电站中的应用也逐渐增多,这两种灭火方式各有千秋,且均通过了消防检测机构的检测,因此也可作为变压器的消防灭火措施。对于地下和户内等封闭空间内的变压器也可采用气体灭火系统。

**11.5.5** 新增条文。

**11.5.6** 新增条文。根据《建筑设计防火规范》GB 50016确定。

**11.5.7** 新增条文。

**11.5.8** 新增条文。

地下变电站一般采用水消防。当需要采用消防车向室内消防供水时,为了缩短敷设消防水带的时间,应设置水泵接合器。

**11.5.9** 系原规范第9.5.4条。

**11.5.10** 系原规范第9.5.2条的修改。

消防水泵房是消防给水系统的核心,在火灾情况下应能保证正常工作。为了在火灾情况下操作人员能坚持工作并利于安全疏散,消防水泵房应设直通室外的出口,地下变电站的消防水泵房如果需要与变电站合并布置时,其疏散出口应靠近安全出口。

**11.5.11** 系原规范第9.5.2条的修改。

为了保证消防水泵不间断供水,一组消防工作水泵(两台或两台以上,通常为一台工作泵,一台备用泵)至少应有两条吸水管。当其中一条吸水管发生破坏或检修时,另一条吸水管应仍能通过100%的用水总量。

**11.5.12** 系原规范第9.5.2条的修改。

消防水泵应能及时启动,确保火场消防用水。因此消防水泵应经常充满水,以保证消防水泵及时启动供水。消防水泵应设计成自灌式引水方式,如果采用自灌式引水方式有困难,应设有可靠迅速的充水设备,也可考虑采用强自吸消防水泵,但要特别注意水泵的快速出水。

**11.5.13** 系原规范第9.5.2条的修改。

本条规定了消防水泵房应有2条以上的出水管与环状管网直接连接,旨在使环状管网有可靠的水源保证。

为了方便消防泵的检查维护,规定了在出水管上设置放水阀门、压力测量装置。为了防止系统的超压,还规定了设置安全泄压装置,如安全阀、卸压阀等。

**11.5.14** 新增条文。

为了保证不间断地向火场供水,消防泵应设有备用泵。当备用泵为电力电源且工作泵为多台时,备用泵的流量和扬程不应小于最大一台消防泵的流量和扬程。

**11.5.15** 系原规范第9.5.2条的修改。

**11.5.16** 系原规范第9.5.3条。

**11.5.17** 新增条文。

根据现行国家标准《建筑灭火器配置设计规范》,结合变电站的实际情况,规定了主要建筑物火灾危险类别和危险等级。

**11.5.18** 新增条文。

**11.5.19** 新增条文。

地下变电站采用水消防时,大量的消防水进入变电站,排水系统如果不能满足消防排水的要求,将造成水淹、电气设备故障使损失扩大。因此地下变电站应设置消防排水系统。

**11.5.20** 新增条文。

根据《建筑设计防火规范》GB 50016 和变电站的实际情况,规定火灾探测报警系统设置范围。根据变电站的火灾危险性、人员疏散和扑救难度,地下变电站、户内无人值班变电站对火灾探测报警系统设置要求应高于一般变电站。

变压器布置在室内时,具有更大火灾危险性,必须为所设置的固定灭火系统配备自动报警系统,以及早发现火灾,适时启动灭火系统。

根据近年来的工程实践,提出了 220kV 及以上变电站的电缆夹层及电缆竖井应设置火灾自动报警装置的要求。

变电站中,除变压器外,电缆夹层与电缆竖井相对火灾危险性更大。显而易见,处于地下变电站或无人值班的变电站中的上述场所,其防护等级较地上或有人值班变电站应该提高。

**11.5.21** 新增条文。根据多年来变电站的实践总结制定。

**11.5.22** 新增条文。

**11.5.23** 新增条文。

变电站运行值班人员很少,但在主控室有值班人员 24 小时值班,因此消防报警盘设置在主控室,能够保证火灾报警信号的监控并方便变电站的调度指挥。

## 11.6 采暖、通风和空气调节

**11.6.1** 新增条文。地下变电站是一个比较特殊的场所,设计中要充分考虑安全、卫生和维护检修方面的要求。

**1** 地下变电站很多是无人值守的变电站,同时存在疏散困难等问题,因此所有采暖区域严禁采用明火取暖,防止火灾事故发生。

**2** 地下变电站的电气配电装置室一般都设计消防系统,一旦发生火灾事故,灭火后需尽快进行排烟,因此应设置机械排烟装置。其他房间可根据其使用功能及房间布置格局而设计自然或机械排烟设施。

**3** 地下变电站的消防系统设计要比地上变电站严格,因此,送、排风系统、空调系统应具有与消防报警系统连锁的功能。当消防系统采用气体灭火系统时,通风或空调风道上应设置与消防系统相配套的防火阀和隔离阀,以保证灭火系统运行。

**11.6.2** 新增条文。

常规的地上变电站,其采暖、通风和空气调节系统的设计有多种方式,不同地区都不尽相同。但由于缺少相关规范规定作支持,因此本次修订中可参照本规范第 8 章的有关规定执行。

## 11.7 消防供电及应急照明

**11.7.1** 系原规范第 9.6.1 条的修改。

消防电源采用双电源或双回路供电,为了避免一路电源或一路母线故障造成消防电源失去,延误消防灭火的时机,保证消防供电的安全性和消防系统的正常运行,规定两路电源供电至末级配电箱进行自动切换。但是在设置自动切换设备时,要有防止由于消防设备本身故障且开关拒动时造成的全站站用电停电的保护措施,因此应配置必要的控制回路和备用设备,保证可靠的切换。

**11.7.2** 系原规范第 9.6.2 条的修改。

变电站主控通信室、配电装置室、消防水泵房在发生火灾时应能维持正常工作,疏散通道是人员逃生的途径,应设置火灾事故照明。地下变电站全部靠人工照明,对事故照明的要求更高,因此规定主要的电气设备间、消防水泵房、疏散通道和楼梯间应设置事故照明,同时规定地下变电站的疏散通道和安全出口应设疏散指示标志。

中华人民共和国国家标准

# 钢铁冶金企业设计防火规范

Code of design on fire protection and prevention for
iron & steel metallurgy enterprises

**GB 50414—2007**

主编部门：中 国 冶 金 建 设 协 会
中华人民共和国公安部
批准部门：中华人民共和国建设部
施行日期：2 0 0 8 年 1 月 1 日

# 中华人民共和国建设部
# 公　告

## 第 629 号

### 建设部关于发布国家标准
### 《钢铁冶金企业设计防火规范》的公告

现批准《钢铁冶金企业设计防火规范》为国家标准，编号为 GB 50414—2007，自 2008 年 1 月 1 日起实施。其中，第 4.3.2、4.3.3、4.3.4、5.2.2、5.3.1、6.6.1、6.6.4（1）、6.7.2（8）、6.7.3、6.7.6、6.8.4（4）、6.9.3、6.10.2、6.10.3、6.10.4、6.10.5、6.11.4（1）、6.12.1、6.13.1、6.13.3、9.0.5、10.3.6、10.4.3 条（款）为强制性条文，必须严格执行。

本规范由建设部标准定额研究所组织中国计划出版社出版发行。

中华人民共和国建设部
二〇〇七年四月十三日

## 前　　言

根据建设部《关于印发"二〇〇四年工程建设国家标准制定、修订计划"的通知》（建标〔2004〕67号）的要求，在主编部门中国冶金建设协会和公安部的组织下，由主编单位中冶京诚工程技术有限公司和首安工业消防有限公司会同各参编单位，并在有关钢铁冶金企业、设计研究单位、公安消防部门等的协助下编制而成。

本规范的制定，遵照国家有关的基本建设方针和"预防为主、防消结合"的消防工作方针，在总结我国钢铁冶金企业建筑防火设计经验、有关消防科研成果和钢铁冶金企业火灾经验教训的基础上，广泛征求了有关科研、设计、生产、消防监督、高等院校等部门和单位的意见，同时研究和消化吸收了国外有关规范标准，最后经有关部门共同审查定稿。

本规范共 10 章，主要内容有：总则，术语，火灾危险性分类、耐火等级及防火分区，总平面布置，安全疏散和建筑构造，工艺系统，火灾自动报警系统，消防给水和灭火设施，采暖、通风、空气调节和防烟排烟，电气以及 3 个附录。

本规范正文中以黑体字标志的条文为强制性条文，必须严格执行。

本规范由建设部负责管理和对强制性条文的解释，中冶京诚工程技术有限公司负责具体技术内容的解释。请各单位在执行本规范过程中，注意总结经验，积累资料，并及时把意见和有关资料寄往中冶京诚工程技术有限公司（国家标准《钢铁冶金企业设计防火规范》管理组，地址：北京市北京经济技术开发区建安街 7 号，邮政编码：100176），以供今后修订时参考。

本规范的主编单位、参编单位和主要起草人：

主 编 单 位：中冶京诚工程技术有限公司
　　　　　　　首安工业消防有限公司

参 编 单 位：中冶赛迪工程技术股份有限公司
　　　　　　　中冶南方工程技术有限公司
　　　　　　　中冶长天国际工程有限责任公司
　　　　　　　中冶焦耐工程技术有限公司
　　　　　　　马鞍山钢铁股份有限公司
　　　　　　　武汉钢铁（集团）公司
　　　　　　　上海宝钢工程技术有限公司
　　　　　　　鞍钢集团设计研究院
　　　　　　　公安部天津消防研究所
　　　　　　　公安部沈阳消防研究所
　　　　　　　辽宁省公安消防总队
　　　　　　　山西省公安消防总队

主要起草人：陆　波　李刚进　阎鸿鑫　张道坚
　　　　　　　潘国友　蔡令放　刘东海　高少青
　　　　　　　蔡承祐　高海建　卢少龙　谈健芳
　　　　　　　丁国锋　李龙珍　经建生　厉　剑
　　　　　　　郭树林　郭益民　李彦军　唐葆华

# 目　次

# 1 总　则

**1.0.1** 为了防止和减少钢铁冶金企业火灾危害，保护人身和财产安全，制定本规范。

**1.0.2** 本规范适用于钢铁冶金企业新建、扩建和改建工程的防火设计，不适用于钢铁冶金企业内加工、贮存、分发、使用炸药或爆破器材的场所。

**1.0.3** 钢铁冶金企业的防火设计应结合工程实际，积极采用新技术、新工艺、新材料和新设备，做到安全适用、技术先进、经济合理。

**1.0.4** 二个及以上工艺厂区的钢铁冶金企业宜统一消防规划、统一防火设计。

**1.0.5** 钢铁冶金企业的防火设计除应符合本规范的规定外，尚应符合国家现行有关标准的规定。

# 2 术　语

**2.0.1** 主厂房 main workshop

包容主要生产工艺设备的厂房，如：炼钢主厂房、热轧主厂房等。

**2.0.2** 工艺厂区 process plant

相对独立的生产单元区域，如炼钢厂、自备电厂等。

**2.0.3** 主电室 main electrical room

轧钢车间内，安装轧钢主电机、变流装置、变（配）电设备、自动化控制设备等的建筑。

**2.0.4** 主控楼（室） main control building

除轧钢车间外，设有自动化控制设备、变（配）电设备等的建筑。

**2.0.5** 总降压变电所 general step-down transformer substation

钢铁冶金企业内单独设置，对外从电力系统受电，经变压器降低电压后，向全厂供、配电的场所。

**2.0.6** 区域变电所 area transformer substation

钢铁冶金企业在用电负荷比较集中的区域内设置的变电所。

**2.0.7** 硐室 chamber

在地下矿井内各生产部位开凿的独立空间。

# 3 火灾危险性分类、耐火等级及防火分区

**3.0.1** 生产和储存物品的火灾危险性分类应符合现行国家标准《建筑设计防火规范》GB 50016 的有关规定。

**3.0.2** 建（构）筑物的耐火等级及其构件的燃烧性能、耐火极限应符合现行国家标准《建筑设计防火规范》GB 50016 的有关规定。

**3.0.3** 单层丁、戊类主厂房的承重构件可采用无防火保护的金属结构，其中能受到甲、乙、丙类液体或可燃气体火焰影响的部位，或生产时辐射热温度高于200℃的部位，应采取防火隔热保护措施。

**3.0.4** 地下液压站、地下润滑油站（库）宜采用钢筋混凝土结构或砖混结构，其耐火等级不应低于二级。油浸变压器室、高压配电室的耐火等级不应低于二级。

**3.0.5** 电缆夹层、电气地下室宜采用钢筋混凝土结构或砖混结构，其耐火等级不应低于二级。当电缆夹层采用钢结构时，应对各建筑构件进行防火保护，并应达到二级耐火等级的要求。

**3.0.6** 当干煤棚或室内贮煤场采用钢结构时，煤堆设计高度及以上 1.5m 范围内的钢结构应采取有效的防火保护措施，其耐火极限不应低于 1.00h。

**3.0.7** 建（构）筑物的防火分区最大允许建筑面积应符合下列规定：

1 地上电缆夹层不应大于 1000m²，地下室不应大于 500m²；当设置自动灭火系统时，可扩大1.0 倍。

2 主厂房符合本规范第 3.0.3 条和第 5.2.5 条的规定时，其防火分区面积不限。

3 受煤坑的防火分区不应大于 3000m²。

4 其他建筑物防火分区最大允许建筑面积应符合现行国家标准《建筑设计防火规范》GB 50016 的有关规定。

**3.0.8** 室内装修应符合现行国家标准《建筑内部装修设计防火规范》GB 50222 的有关要求。

# 4 总平面布置

## 4.1 一般规定

**4.1.1** 在进行厂区规划时，应同时进行消防规划，并应根据企业及其相邻建（构）筑物、工厂或设施的特点和火灾危险性，结合地形、风向、交通、水源等条件，合理布置。

**4.1.2** 贮存或使用甲、乙、丙类液体，可燃气体，明火或散发火花以及产生大量烟气、粉尘、有毒有害气体的车间，宜布置在厂区边缘或主要生产车间、职工生活区全年最小频率风向的上风侧。

**4.1.3** 矿山厂区的平面布置应符合下列规定：

1 地下矿井井口和平硐口必须置于安全地带。

2 地下矿井的提升竖井作为安全出口时，井口地面应平整通达。

3 地下矿井井口周围 200.0m 内不应布置易燃易爆物品堆场及仓库，距井口 20.0m 内不应布置锻造、铆焊等有明火或散发火花的工序；木材堆场、有自燃火灾危险的排土场、炉渣场应布置在进风井口常

年最小频率风向的上风侧，且距进风井口距离不应小于80.0m；丁类建（构）筑物（井架、提升机房、井塔除外）距井口的防火间距不应小于15.0m。

**4.1.4** 带式输送机通廊与高压线交叉或平行布置时，其间距应符合现行国家标准《城市电力规划规范》GB 50293 的有关规定。

**4.1.5** 厂区的绿化应符合下列规定：

1 生产或储存甲、乙、丙类物品的厂房、仓库、储罐区及堆场等的绿化，应选择难燃树种或水分大、油脂及蜡质少的常绿树种。

2 可燃液体储罐（区）的防火堤内不宜绿化，如必须绿化时，应种植生长高度不超过 150mm 且含水分多的四季常青草皮。

3 厂区绿化不应妨碍消防操作，不应在室外消火栓及水泵结合器四周 1.0m 以内种植乔木、灌木、花卉及绿篱。

4 液化烃储罐的防火堤内严禁绿化。

**4.1.6** 企业消防站宜独立建造，且距甲、乙、丙类液体储罐（区），可燃、助燃气体储罐（区）的距离不宜小于 200.0m，并应布置在交通方便、利于消防车迅速出动的主要道路边。消防车库的布置应符合下列规定：

1 消防车库宜单独布置，当与汽车库毗连布置时，出入口应分开布置。

2 消防车库出入口的布置应使消防车驶出时不与主要车流、人流交叉，且便于进入厂区主要干道；并距道路最近边缘线不宜小于 10.0m。

**4.1.7** 钢铁冶金企业内应设置消防车道，当与生产、生活道路合用时，应满足消防车道的要求。消防车道的设置应符合现行国家标准《建筑设计防火规范》GB 50016 的有关规定。

### 4.2 防火间距

**4.2.1** 钢铁冶金企业内建（构）筑物之间的防火间距应符合现行国家标准《建筑设计防火规范》GB 50016 的有关规定。

**4.2.2** 浮选药剂库、油脂库距进风井、通风井扩散器的防火间距不应小于表 4.2.2 的规定。

**表 4.2.2 浮选药剂库、油脂库距进风井、通风井扩散器的防火间距**

| 贮药、油容积 V（m³） | V<10 | 10≤V<50 | 50≤V<100 | V≥100 |
|---|---|---|---|---|
| 间距（m） | 20.0 | 30.0 | 50.0 | 80.0 |

**4.2.3** 甲、乙、丙类液体储罐（区）或堆场与明火或散发火花的地点的防火间距不应小于表 4.2.3 的规定。

**表 4.2.3 甲、乙、丙类液体储罐（区）或堆场与明火或散发火花的地点的防火间距**

| 项 目 | 一个罐（区）或堆场的总储量 V（m³） | 与明火或散发火花地点的防火距离（m） |
|---|---|---|
| 地上甲、乙类液体固定顶储罐（区）或堆场 | 1≤V<500 或卧式罐 | 25.0 |
| | 500≤V<1000 | 30.0 |
| | 1000≤V<5000 | 35.0 |
| 地上浮顶及丙类可燃液体固定顶储罐（区）或堆场 | 5≤V<500 或卧式罐 | 15.0 |
| | 500≤V<1000 | 20.0 |
| | 1000≤V<5000 | 25.0 |
| | 5000≤V<25000 | 30.0 |

**4.2.4** 湿式可燃气体储罐与建筑物、储罐、堆场的防火间距不应小于表 4.2.4 的规定。

**表 4.2.4 湿式可燃气体储罐与建筑物、储罐、堆场的防火间距（m）**

| 名 称 | | 湿式可燃气体储罐的总容积 V（m³） | | | | |
|---|---|---|---|---|---|---|
| | | V≤1000 | 1000<V≤10000 | 10000<V≤50000 | 50000<V≤100000 | 100000<V≤300000 |
| 甲类物品仓库，明火或散发火花的地点，甲、乙、丙类液体储罐可燃材料堆场，室外变、配电站 | | 20.0 | 25.0 | 30.0 | 35.0 | 40.0 |
| 民用建筑 | | 18.0 | 20.0 | 25.0 | 30.0 | 35.0 |
| 其他建筑 | 一、二级 | 12.0 | 15.0 | 20.0 | 25.0 | 25.0 |
| 耐火等级 | 三级 | 15.0 | 20.0 | 25.0 | 30.0 | 35.0 |
| | 四级 | 20.0 | 25.0 | 30.0 | 35.0 | 40.0 |

注：1 固定容积可燃气体储罐的总容积按储罐几何容积（m³）和设计储存压力（绝对压力，$10^5$Pa）的乘积计算。

2 干式可燃气体储罐与建筑物、储罐、堆场的防火间距，当可燃气体的密度比空气大时，应按本表规定增加 25%；当可燃气体的密度比空气小时，应按本表的规定执行。

**4.2.5** 煤气柜区四周应设置围墙，当总容积小于等于 200000m³ 时，柜体外壁与围墙的间距不宜小于 15.0m；当总容积大于 200000m³ 时，不宜小于 18.0m。

**4.2.6** 容积不超过 20m³ 的可燃气体储罐和容积不超过 50m³ 的氧气储罐与所属使用厂房的防火间距不限。

**4.2.7** 烧结厂的主厂房与电气楼的防火间距可按工艺要求确定，但不应小于 6.0m。

**4.2.8** 为同一厂房输入（出）物料的二个及以上的带式输送机通廊之间或与其他厂房、仓库等建（构）

筑物之间的防火间距可按工艺要求确定。

为不同厂房输入（出）物料的二个及以上的带式输送机通廊之间或与其他厂房、仓库等建（构）筑物之间的防火间距应按现行国家标准《建筑设计防火规范》GB 50016 的规定执行。

**4.2.9** 露天布置的可燃气体与不可燃气体固定容积储罐之间的净距，氧气固定容积储罐与不可燃气体固定容积储罐之间的净距及不可燃气体固定容积储罐之间的净距，应满足施工和检修的要求，且不宜小于 2.0m。

**4.2.10** 露天布置的液氧储罐与不可燃的液化气体储罐之间的净距，不可燃的液化气体储罐之间的净距应满足施工和检修的要求，且不宜小于 2.0m。

**4.2.11** 液氧储罐与建筑物、储罐、堆场等的防火间距应符合现行国家标准《建筑设计防火规范》GB 50016 的要求，但距氧气槽车停放场地的间距可按工艺要求确定。

**4.2.12** 液化石油气储配站、液化石油气瓶组供气站的布置及站内（外）设施的防火间距应符合现行国家标准《城镇燃气设计规范》GB 50028 的有关要求。

**4.2.13** 车间供油站的防火间距应符合现行国家标准《石油库设计规范》GB 50074 的有关规定。

**4.2.14** 自备电厂及变（配）电所的防火间距应符合现行国家标准《火力发电厂与变电所设计防火规范》GB 50229 的有关规定。

### 4.3 管 线 布 置

**4.3.1** 敷设甲、乙、丙类液体管道和可燃气体管道的全厂性综合管廊，宜避开火灾危险性较大、腐蚀性较强的生产、储存和装卸设施以及有明火作业的场所。

**4.3.2** 甲、乙、丙类液体管道和可燃气体管道不得穿过与其无关的建（构）筑物、生产装置及储罐区等。

**4.3.3** 高炉煤气、发生炉煤气、转炉煤气和铁合金电炉煤气的管道不应埋地敷设。

**4.3.4** 氧气管道不得与燃油管道、腐蚀性介质管道和电缆、电线同沟敷设，动力电缆不得与可燃、助燃气体和燃油管道同沟敷设。

**4.3.5** 燃油管道和可燃、助燃气体管道宜架空敷设，若架空敷设有困难时，可采用管沟敷设，但应符合下列规定：

   **1** 燃油管道和可燃、助燃气体管道宜独立敷设，可与不燃气体、水管道（消防供水管道除外）共同敷设在不燃烧体作盖板的地沟内。

   **2** 燃油管道和可燃、助燃气体管道可与使用目的相同的可燃气体管道同沟敷设，但沟内应用细砂充填且不得与其他地沟相通。

   **3** 其他用途的管道横穿地沟时，其穿过地沟部

分应用套管保护，套管伸出地沟两壁的长度应大于 200mm。

   **4** 应有防止含甲、乙、丙类液体的污水流渗沟内的措施。

**4.3.6** 架空电力线路设置应符合下列规定：

   **1** 架空电力线路不得跨越爆炸危险性场所，在跨越非爆炸危险性场所时，其距地面的净空高度应满足车辆通行及作业设备安全操作的要求。

   **2** 甲类厂（库）房，易燃材料堆垛，甲、乙类液体储罐，液化石油气储罐，可燃、助燃气体储罐与架空电力线的最近水平距离不应小于电杆（塔）高度的 1.5 倍；丙类液体储罐不应小于 1.2 倍。35kV 以上的架空电力线路与单罐容量大于 200m³ 或总容量大于 1000m³ 的液化石油气储罐（区）的最小水平间距不应小于 40.0m，当储罐为地下直埋式时，架空电力线与相应储罐的最近水平距离可减小 50%。

   **3** 架空电力线路和架空煤气管道之间的距离应符合表4.3.6的规定。

**表 4.3.6 架空电力线路和架空煤气管道之间的距离**

| 架空电力线路电压等级 | 最小水平净距（m）（导线最大风偏时） | 最小垂直净距（m） | |
| --- | --- | --- | --- |
| | | 管道下 | 管道上 |
| 1kV 以下 | 1.5 | 1.5 | 3.0 |
| 1～20kV | 3.0 | 3.0 | 3.5 |
| 35～110kV | 4.0 | 不允许架设 | 4.0 |

注：最小垂直净距是指最大弧垂时应满足的最小净距。

**4.3.7** 热力管道与甲、乙、丙类液体管道和可燃、助燃气体管道的距离应符合现行国家标准《锅炉房设计规范》GB 50041 的有关规定。

## 5 安全疏散和建筑构造

### 5.1 安 全 疏 散

**5.1.1** 厂房、仓库、办公楼、食堂等建筑物的安全疏散，应符合现行国家标准《建筑设计防火规范》GB 50016 和《高层民用建筑设计防火规范》GB 50045 的有关规定。

**5.1.2** 主控楼（室）、主电室、配电室等的疏散出口设计应符合现行国家标准《建筑设计防火规范》GB 50016 的规定。但当其建筑面积小于 60m² 时，可设置 1 个。

**5.1.3** 建筑面积不超过 250m² 的电缆夹层及不超过 100m² 的电气地下室、地下液压站、地下润滑油站（库）且无人值守时，可设 1 个安全出口。

**5.1.4** 长度大于 50.0m 的电缆隧（廊）道的端部应设置安全出口。安全出口距隧道顶端的距离不应大于 5.0m。当电缆隧（廊）道长度超过 200.0m 时，中间

应增设疏散出口，其间距不应超过 100.0m。

## 5.2 建筑构造

**5.2.1** 防火墙的设计应符合现行国家标准《建筑设计防火规范》GB 50016 的有关规定。

**5.2.2** 甲、乙类液体管道和可燃气体管道严禁穿过防火墙。丙类液体管道不应穿过防火墙，其他管道不宜穿过防火墙，必须穿过时，应采用不燃烧材质的管道，并应在穿过防火墙处采用防火封堵材料紧密填塞缝隙。丙类液体管道应在防火墙两侧设置切断阀。当穿过防火墙的管道周边有可燃物时，应在墙体两侧 1.0m 范围内的管道上加设不燃烧绝热材料。

**5.2.3** 防火分隔构件的建筑缝隙应采用防火材料封堵，且该防火封堵材料的耐火极限不应低于相应防火分隔构件的耐火极限。

**5.2.4** 建（构）筑物有可能被铁水、钢水或熔渣喷溅造成危害的建筑构件，应有绝热保护。运载铁水罐、钢水罐、渣罐、红锭、红（热）坯等高温物品的过跨车、底盘铸车、（空）钢锭模车和（热）铸锭车等车辆及运载物的外表面距楼板和厂房（平台）柱的外表面不应小于 0.8m，且楼板和柱应有绝热保护。

**5.2.5** 设置在丁、戊类主厂房内的甲、乙、丙类辅助生产房间应单独划分防火分区，并应采用耐火极限不低于 3.00h 的不燃烧体墙和 1.50h 的不燃烧体楼板与其他部位隔开。

**5.2.6** 设置在生产厂房内的油浸变压器室、地上封闭式液压站和润滑油站（库）直接开向厂房内的门，应采用常闭甲级防火门。当上述室、站、库）设置在非单位建筑的底层，其直接向外开的门不采用防火门时，门的上方应设置宽度不小于 1.0m 的防火挑檐。

**5.2.7** 在电缆隧（廊）道进出主厂房、主电室、电气地下室等建（构）筑物的部位应设置防火分隔，其出入口应设置常闭式甲级防火门，且应向主厂房、主电室、电气地下室等建（构）筑物方向开启。电缆竖井的门应采用甲级防火门。

**5.2.8** 电缆隧（廊）道内的防火门应采用火灾时能自行关闭的常开式防火门。

**5.2.9** 柴油发电机房宜单独设置，当柴油发电机房设置在建筑物内时，应符合现行国家标准《建筑设计防火规范》GB 50016 的有关规定。

## 5.3 建（构）筑物防爆

**5.3.1** 存放、运输液体金属和熔渣的场所，不应设有积水的沟、坑等。如生产确需设置地面沟或坑等时，必须有严密的防水措施，且车间地面标高应高出厂区地面标高 0.3m 及以上。

**5.3.2** 炼铁、炼钢等有液体金属与熔渣运作的厂房，必须采取防止屋面漏水和防止天窗飘雨等措施。

**5.3.3** 变电所、配电所不应设在有爆炸危险的甲、乙类厂房内或贴邻建造。供上述甲、乙类厂房专用的 10kV 及以下的变（配）电所，当采用无门窗洞口的防火墙隔开时，可一面贴邻建造。

**5.3.4** 电力装置设计的爆炸和火灾危险环境区域划分应符合本规范附录 C 的规定。

**5.3.5** 厂房和仓库的其他防爆设计应符合现行国家标准《建筑设计防火规范》GB 50016 的有关规定。

# 6 工艺系统

## 6.1 采矿和选矿

**6.1.1** 井（坑）口处的建（构）筑物构件宜采用不燃烧体，且应符合下列规定：

1 井塔（井架）、提升机房和井口配电室的耐火等级不低于二级。

2 空压机室、机修间、井口仓库和办公室等的耐火等级不低于三级。

**6.1.2** 地下矿井（含露天矿平硐溜井系统和井下带式运输系统）应设置 2 个及 2 个以上的出口。

**6.1.3** 矿井井筒、巷道及硐室需要支护时，宜采用混凝土锚杆、锚网及钢材支架。若采用木材支架时，木材支护段应采取防火措施。

**6.1.4** 井下桶装油库应布置在井底车场 15.0m 以外，且其储量不应超过 1 昼夜的需要量。井下油库与主运输通道的连接处应设置甲级防火门，且不应与易燃材料共用一个硐室。

**6.1.5** 容易自燃的矿山，其设计应符合下列要求：

1 必须采用后退式回采，并宜采用黄泥灌浆或充填采矿法。

2 必须采用压入式通风。

3 回采必须专设降温水管及增设降温风机。

4 通向采空区的废旧坑道应及时密闭。

**6.1.6** 选矿焙烧厂房的设计应符合下列要求：

1 输送不同温度焙烧产品的带式输送机应选用不同耐热性能的输送带。

2 焙烧厂房搬出机跨间的顶部应设排雾天窗。

## 6.2 综合原料场

**6.2.1** 带式输送机系统的设计应符合下列规定：

1 带式输送机通廊两侧均设人行道时，人行道的净宽不应小于 0.8m；一侧设人行道时，其净宽不应小于 1.3m；相邻两条带式输送机之间的共用人行道净宽不应小于 1.0m；带式输送机通廊的净空高度不应低于 2.2m，运输热返矿的通廊净空高度不应低于 2.6m。

2 带式输送机通廊的人行道坡度在 6°～12° 之间时，应设有防滑条；超过 12° 时，应设踏步。地下通廊出地面处应设 1 个出口。

　　3　带式输送机通廊应采用不燃材料。

　　4　带式输送机应设置防打滑、防跑偏、防堵塞和紧急停机等设施，当其电动机功率大于 55kW 时，应设置速度检测装置。

　　5　漏斗溜槽宜采用密闭结构，并便于清理洒落物料，其倾角应适应物料特性，且不宜小于 50°；漏斗溜槽应根据物料磨损性设置衬板；当输送物料为煤或焦炭时，衬板应为不燃材料或难燃材料。

**6.2.2**　煤场设施的设计应符合下列规定：

　　1　贮煤场内煤堆应分煤种堆放，相邻煤堆底边间距不应小于 2.0m。

　　2　运煤系统的卸车装置、破碎冻块室、贮配煤槽、各转运站及煤焦制样室应设自然通风装置。煤粉碎机室应设机械除尘装置。

　　3　贮煤槽及煤斗的设计应符合下列规定：

　　　1）槽壁光滑耐磨，交角成圆角状，避免有凸出或凹陷部位；

　　　2）槽壁面与水平面夹角不得小于 60°，料口宜采用等截面收缩率的双曲线形；

　　　3）按煤的流动性确定卸料口直径，必要时设置助流装置。

　　4　运煤系统的转运站、通廊、厂房宜设水力清扫设施。

　　5　运煤系统的消防通讯设备，宜与运煤系统配置的通讯设备共用。

　　6　卸料溜槽交角应设计为圆角状，其倾角不宜小于 55°。

**6.2.3**　可燃物的整粒（破碎筛分）系统应设置抽风除尘设施。

**6.2.4**　原料场机械设备电动机的外壳防护等级，当机械设备室外布置时，宜采用 IP54 级；当机械设备室内布置时，其整粒系统、运煤系统（煤料水分≥10%的除外）和煤粉碎机宜采用 IP54 级；其他宜采用 IP44 级。煤粉碎机的电动机应采用防爆型。

### 6.3　焦　　化

**6.3.1**　焦化厂的布置应符合下列规定：

　　1　煤气净化区应布置在焦炉的机侧或一端，其建（构）筑物距焦炉炉体的净距不应小于 40.0m。

　　2　精苯车间不宜布置在厂区中心地带，与焦炉炉体的净距不得小于 50.0m。

　　3　甲、乙类液体及危险品的铁路装卸线宜为直线，如为曲线，其弯曲半径不应小于 500.0m，且纵向坡度应为 0。在尽头线上取送车时，其终端车位的末端至车挡前的安全距离不宜小于 10.0m。

　　4　煤气放散装置宜布置在远离建筑物和人员集中地点的厂区边缘地带。

**6.3.2**　备煤系统的设计应符合本规范第 6.2.2 条的

规定。

**6.3.3**　焦炉的设计应符合下列规定：

　　1　焦炉的布置和煤气设备的结构应符合现行国家标准《焦化安全规程》GB 12710 的有关规定。

　　2　焦炉炉组的两端及煤塔均应设有从炉底层到炉顶层的走梯。

　　3　当寒冷地区煤塔漏嘴采用煤气明火烘烤保温时，必须采取相应的安全措施。

　　4　集气管压力超过放散压力上限时，应能自动放散，并应设自动点火装置；低于放散压力下限时，应能自动关闭，放散管口应高出集气管操作走台台面 4.0m。

　　5　机侧、焦侧的操作平台应采取防止红焦和火种下漏的措施。

　　6　机侧、焦侧抵抗墙四角，距离操作平台上方 1.0m 处应设置压缩空气管接头。

　　7　焦炉应设置通风换气设施。

　　8　拦焦机、电机车的液压站和电气室内受高温烘烤的墙壁与地板均应衬有不燃烧绝热材料。

**6.3.4**　在熄焦车运行范围内，与熄焦车轨道邻近的建筑物不得采用可燃材料。

**6.3.5**　干熄槽的运焦输送机宜采用耐热温度不小于 200℃的输送带，湿法熄焦的运焦输送机宜采用耐热温度不小于 120℃的输送带。

**6.3.6**　交换机室、焦炉地下室和烟道走廊的设计应符合下列规定：

　　1　烟道走廊的出入口必须设在煤塔、大炉间台的机侧和炉端台的尽头。

　　2　引进煤气管道的地沟应加盖板并应便于检修和放水操作，沟内空气应能自然流通。

　　3　地下室焦炉煤气管道应在末端设防爆装置，并设导爆管把爆后气体引向烟道走廊外（室外），或设有煤气低压自动充氮保护设施。

　　4　地下室煤气管道末端放散管易于积尘和液体的部位应设清扫孔。

**6.3.7**　煤气净化及化工产品精制应符合下列规定：

　　1　工艺装置、泵类及槽罐等宜露天布置，或布置在敞开、半敞开的建（构）筑物内。

　　2　甲、乙类火灾危险生产场所的设备和管道应采用不燃或难燃的保温材料保温。

　　3　进入甲类液体槽罐区内作业的机车宜采用安全型内燃机车，如采用普通蒸汽机车，必须采取相应的安全措施。

　　4　煤气设备、煤气管道及管道附属装置的设计应符合现行国家标准《工业企业煤气安全规程》GB 6222 的有关规定。

　　5　贮存甲、乙类液体的固定顶式贮槽，其槽顶排气口与呼吸阀或放散管之间应设置阻火器。

　　6　露天设置的苯类贮槽宜设淋水冷却装置或隔

热设施。

7 初馏分贮槽应布置在油槽（库）区的边缘，其四周应设防火堤，堤内地面及堤脚应做防水层。

**6.3.8** 化验室的设计应符合下列要求：

1 煤气净化区、化工产品精制区的现场化验室应独立设置。如必须与有爆炸危险的甲、乙类厂房毗邻设置时，应采用耐火极限不低于 3.00h 的非燃烧体墙与其他部位隔开，其门窗应设置在非防爆区。化验室与油槽（罐）的间距应符合表 4.2.3 的规定。

2 易燃易爆及有毒的化验室应设通风设施，宜采用机械通风装置。

## 6.4 耐火材料和冶金石灰

**6.4.1** 生产中使用的易燃易爆类添加剂应符合下列规定：

1 当在室内贮存铝粉、硅粉、铝镁粉等易燃类添加剂时，应设单独的机械通风装置，换气次数应大于 8 次/h。混合设备必须密闭操作并设机械通风除尘装置，该装置应与混合设备电气联锁。

2 乙醇仓库宜采用半地下式贮槽。

3 铝粉（镁铝合金粉）仓库应采取隔潮和防止水浸渍的措施。

4 应与其他物品间隔存放或单独贮存。

**6.4.2** 油系统的设计应符合下列规定：

1 下列油罐的通气管必须装设阻火器：

1）储存闪点小于 60℃ 油品的卧式油罐；

2）储存闪点大于等于 60℃ 且小于等于 120℃ 油品的地上卧式油罐；

3）储存闪点大于等于 120℃ 油品的固定顶油罐。

2 油罐内油品加热，宜采用罐底管式加热器。油罐内油品的最高加热温度必须低于油闪点 10℃，用于脱水的油罐油品的加热温度不应高于 95℃。

**6.4.3** 煤粉系统的设计应符合下列规定：

1 入磨煤机的热风（或热烟气），设计温度不应大于 400℃。

2 烘干煤粉介质宜采用烟气，且含氧量应小于 16%。

3 煤粉制备系统应设泄爆阀。

## 6.5 烧结和球团

**6.5.1** 烧结冷却系统的设计应符合下列规定：

1 点火应设置空气、煤气低压自动切断煤气的装置，低压报警装置和指示信号。

2 点火器烧嘴的空气支管应采取防爆措施，煤气管道应设置煤气紧急事故快速切断阀。

3 点火器宜设置火焰监测装置。

4 烧结矿冷却后平均温度应小于 150℃。

**6.5.2** 主抽风系统的机头电除尘器应根据烟气和粉尘性质设置防爆、防腐和降温装置。

**6.5.3** 球团焙烧和风流系统的设计应符合下列规定：

1 回热多管除尘器、抽风干燥电除尘器应根据烟气和粉尘性质设置防腐和降温装置，电除尘器应根据烟气和粉尘性质设置防爆装置。

2 抽干风机和回热风机及管道应根据设定的风流温度采取调温措施，风机及管道接头处应严密。

**6.5.4** 磨煤、喷煤系统的设计应符合下列规定：

1 煤粉制备烘干介质应符合下列规定：

1）以环冷机热废气为烘干介质时，宜在热风进入磨煤机前设置除尘装置；

2）热风炉提供煤粉制备烘干介质时，热风炉应设放散烟囱，并宜采用耐火极限不小于 1.00h 的不燃烧体隔墙与煤磨机完全隔开；燃煤热风炉提供的热风含尘粒度大于 0.5mm 时，应设置降尘装置。

2 煤粉制备与输送应符合下列规定：

1）设备的防爆要求应符合现行国家标准《爆炸和火灾危险环境电力装置设计规范》GB 50058 的有关规定；

2）磨煤室应设置消防车道；

3）磨煤机出口管道、除尘器、煤粉仓应设置泄爆孔，泄爆孔的朝向应考虑泄爆时不危及人员和设备；

4）除尘器的进口处必须设有快速截断阀或电动阀；

5）磨煤机进出口处必须设置温度监测装置，煤粉仓和除尘器必须设置温度和一氧化碳监测及报警装置；

6）磨煤机出口处、煤粉仓及布袋除尘器中的烟煤煤粉温度不应高于 70℃，无烟煤煤粉温度不应高于 80℃；

7）除尘器、煤粉仓等设备应设置灭火装置。

3 喷煤系统停止喷吹时，烟煤煤粉在仓内贮存的时间不得超过 5.00h，无烟煤煤粉在仓内贮存的时间不得超过 8.00h。煤粉仓仓体结构应能保证煤粉完全从仓内自动流出。

## 6.6 炼 铁

**6.6.1** 厂内各操作室、值班室严禁布置在热风炉燃烧器、除尘器清灰口等可能泄漏煤气的危险区内。

**6.6.2** 高炉的重力除尘器应位于高炉铁口、渣口 10.0m 以外，且不应正对铁口、渣口。

**6.6.3** 渣罐车、铁水罐车及清灰车必须单设运输专线。禁止热罐车利用重力除尘器下方的作业线作为正常的停放线和走行线。

**6.6.4** 高炉系统的设计应符合下列规定：

1 风口、渣口及水套必须密封严密和固定牢固，进出水管应设有固定支撑，风口二套，渣口二、三套均应设有各自的固定支撑。

2　固定冷却设备进出水管应严密密封。

3　鼓风系统中连接富氧鼓风处的氧气管及设备设计，应符合现行国家标准《氧气及相关气体安全技术规程》GB 16912 的有关规定。

6.6.5　炉前敷设的氧气管、胶管应脱净油脂。

6.6.6　煤粉制备及喷吹系统的设计应符合下列规定：

1　制粉、喷吹系统主厂房应通风良好，采用钢结构时宜采用敞开式。对封闭式的制粉、喷吹系统主厂房应防止粉尘积聚。

2　磨煤机出口的煤粉温度应确保煤粉不结露，并不应超过 90℃。

3　喷吹烟煤和混合煤时，制粉干燥介质应采用热风炉烟道废气或惰化气体，负压系统末端的设计氧含量不应大于 12%，保安气源宜采用氮气，并应有防止氮气泄漏的安全措施。

4　喷吹烟煤和混合煤时，必须在制粉和喷吹系统的关键部位设置温度、压力和一氧化碳浓度、氧浓度监控设施，并应有安全防护措施。

5　喷吹烟煤和混合煤时，煤粉仓、仓式泵、贮煤罐和喷吹罐等容器的加压和流化介质应采用惰化气体。

6　输送和喷吹系统的充压、流化、喷吹等供气管道均应设置逆止阀。

7　煤粉输送、分离管道及容器设计不应有死角。

8　设计氧煤喷吹时，氧气管道及阀门设计必须符合现行国家标准《氧气及相关气体安全技术规程》GB 16912 的有关规定。氧煤喷枪与氧气支管相接处应设置一段阻火管。

9　设计氧煤喷吹时，应保证风口处氧气压力比热风压力大 0.05MPa；保安用的氮气压力不应小于 0.6MPa，且应大于热风围管处热风压力 0.1MPa。

10　氧煤混喷管网设计时，必须设置氧氮置换管线；氧气管道应隔热。

11　制煤系统中的煤粉管道，宜采用非水平布置方式。

6.6.7　热风炉烟气余热回收装置采用可燃介质的热媒式的热管换热器时，其设备、配管及贮槽等应采取防静电接地措施，热媒体应设置温度监控报警及自动洒水（降温）装置。

## 6.7　炼　钢

6.7.1　铁水、钢水、液态炉渣作业和运行区域的设计应符合下列规定：

1　铁水、钢水、液态炉渣、红热固体炉渣和铸坯等高温物质运输线上方的可燃介质管道和电线电缆，必须隔热防护。

2　装有铁水、钢水、液态炉渣的容器，必须用铸造级桥式起重机吊运。其作业与运行区域内所有设备、电线电缆、管线和建（构）筑物等均应采取隔热防护，并应防止区域内地面积水。

3　不得在铁水、钢水、液态炉渣作业或运行区域内的地表及地下设置水管、氧气管道、燃气管道、燃油管道和电线电缆等，如必须设置时，应采取隔热防护。

6.7.2　主体工艺系统的设计应符合下列规定：

1　转炉主控室不宜正对转炉炉口，若无法避开时，转炉主控室前窗应设置能升降的安全保护挡板；电炉主控室不得正对电炉炉门。转炉、电炉、精炼与连铸的主控室前窗应采用双层钢化玻璃。电炉炉后出钢操作室的门不应正对出钢方向，窗户应有防喷溅保护。

2　转炉和炉外精炼装置（VOD、AOD、RH-KTB 等）的氧枪中的冷却水出水温度和进、出水流量差应有监测，并设置事故报警信号及氧枪和转炉的联锁控制。

3　电炉水冷炉壁和炉盖、真空吹氧脱碳装置（VOD）水冷钢包盖各冷却系统的出水温度和进、出水流量差应有监测，并应设置事故报警信号及与电炉供电的联锁控制。

4　氧枪的氧气阀站及由阀站到氧枪软管的氧气管线，宜采用不锈钢管；采用碳素钢管时，应在与软管连接前加设阻火铜管。

5　竖井式电弧炉的竖井停放位下方，不应布置氧气与燃料介质阀站、管线及电线电缆，必须布置时应有可靠的防护措施。

6　带废钢预热的电炉，在预热段出口处应设置烟气成分连续测量装置。炉内排烟系统应设置防爆泄压装置。转炉煤气回收系统应设置一氧化碳和氧气连续检测和自动控制装置，当煤气中的氧含量超过 2%时，应打开放散阀，并保证煤气经点火燃烧后排入大气。真空吹氧脱碳精炼装置（VOD、RH-KTB 等）宜采用氮气稀释法破坏真空。

7　电炉炉下炉渣热泼区的地面与周围应设铸铁板防火围挡结构，其上空电炉工作平台应隔热防护，热泼区地面应避免积水。

8　钢包车升降式循环真空脱氧装置（RH）必须防止漏钢钢水浸入地下液压装置。

6.7.3　严禁利用城市道路运输铁水与液渣。

6.7.4　厂内无轨方式运输铁水与液渣时，宜设置专用道路。

6.7.5　直接还原铁（DRI）等具有自燃特性材料的贮存仓应有氮气保护。

**6.7.6　增碳剂等易燃物料的粉料加工间必须设置防爆型粉尘收集装置。**

## 6.8　铁　合　金

6.8.1　铁水、液态炉渣作业和运行区域的设计应符合本规范第 6.7.1 条的规定。

**6.8.2** 铁合金高炉冶炼工艺的设计应符合本规范第 6.6 节的相关规定。

**6.8.3** 铁合金转炉工艺的设计应符合本规范第 6.7 节的相关规定。

**6.8.4** 原料及粉料的设计应符合下列规定：

1 铝粒、硝石、硅钙粉、硅铁粉等原料必须储存在专用仓库内。仓库及储存应防爆、防雨和防潮。

2 铝、镁、钙、硅和碳化钙等易燃物料的粉料加工间必须设置通风和粉尘收集净化设施。

3 铝粉操作间的装置和工具必须采用不产生火花的材料制作。硅钙合金及其他易燃易爆粉料等必须在惰性气体的保护下制备，并应设置空气含尘量、含氧量、可燃气体浓度的检测装置和超限自动停车装置。门窗和墙等应符合防爆、泄爆要求，电器设备应采用防爆型。

**4 铝粒车间粒化室必须设置泄爆孔和除尘设施。**

**6.8.5** 主体设施的设计应符合下列规定：

1 铁合金电炉的水冷却系统应设温度极限指示及报警器。

2 封闭铁合金电炉炉盖和真空炉炉体必须设置泄爆孔。

3 铁合金电炉电极壳焊接平台和出铁口操作平台应铺设绝缘层。

4 铁合金粒化必须设缓冲模。

5 浇铸间、炉渣间应选用铸造级桥式起重机吊运盛有液态合金的铁水罐、锭模、液渣的渣罐或渣盘。

6 液渣热泼或水淬必须设置可靠的安全防爆设施。

**6.8.6** 辅助设施的设计应符合下列规定：

1 封闭铁合金电炉煤气净化系统的负压管道及设备不应多炉共用。

2 封闭铁合金电炉煤气净化回收装置应设泄爆孔，泄爆膜外宜设保护罩。

3 封闭铁合金电炉煤气净化抽风机的出口应设逆止水封，放散水封高度按系统压力增加 5kPa 计算。

4 铁合金电炉煤气回收系统应设置一氧化碳和氧气连续检测和自动控制装置，当煤气中的氧含量超过 2% 时，应打开放散阀，经点火燃烧后排入大气。

5 在多层的管架上，热料管道和蒸汽管道宜布置在上层，腐蚀性液体管道宜布置在下层。易燃液体管道与热料管道或蒸汽管道不宜相邻布置。

## 6.9 热轧及热加工

**6.9.1** 横跨轧机辊道的主操作室、经常受热坯烘烤的操作室和有氧化铁皮飞溅环境的操作室，均应设置不燃烧绝热设施。

**6.9.2** 输送重油的管路应设置快速切断专用阀。

**6.9.3** 可燃介质管道或电线电缆下方禁止停留红钢坯等高温物体，当有高温物体经过时，必须采取隔热防护措施。

**6.9.4** 高速轧制设备和飞剪机处应设安全罩或挡板，靠近轧线的液压润滑软管和电缆必须采用金属防护层。

**6.9.5** 轧线上的电热设备应有保证机电设备安全操作的闭锁装置。水冷却电热设备的排水管应有高水温报警及断水时自动断电的安全装置。

**6.9.6** 地表面及操作平台台面不宜设置氧气管线、燃气管线、燃油管线及电线电缆，必须设置时，应采取确保安全的防护措施。

**6.9.7** 加热系统的设计应符合下列规定：

1 加热设备应设可靠的隔热层，其表面温度应符合现行国家标准《工业炉窑保温技术通则》GB/T 16618 的有关要求。

2 加热炉应设备安全回路的仪表装置和工艺安全报警系统。

3 渗碳介质（甲烷、丙烯等）的储存间不宜设在主厂房内，必须设置时，应符合本规范第 5.2.5 条的规定。

**6.9.8** 油质淬火间和轴承清洗间内的电加热油槽或油箱应设温度控制及报警装置。

## 6.10 冷轧及冷加工

**6.10.1** 热处理炉的设计应符合本规范第 6.9.7 条的规定。

**6.10.2** 镀层与涂层的溶剂室、配制室以及涂层黏合剂配制间应设置机械通风装置和除尘装置。

**6.10.3** 退火炉炉坑应设煤气浓度监测装置。

**6.10.4** 热镀锌作业线锌锅电感应加热器所处空间应设置通风装置。

**6.10.5** 涂胶机及其辅助设备应设有消除静电积聚的装置。

**6.10.6** 油质淬火间和轴承清洗间内的电加热油槽或油箱的设计应符合本规范第 6.9.8 条的规定。

**6.10.7** 保护气体站宜独立建造，并应设防护围墙。

## 6.11 金属加工与检化验

**6.11.1** 冲天炉、感应电炉冶炼作业区应符合本规范第 6.6 节和第 6.7 节的有关规定。

**6.11.2** 加热系统的设计应符合本规范第 6.9.7 条的规定。

**6.11.3** 金属熔液浇注易发生泄漏的工位（场所），应设有容纳漏淌熔液的应急设施。

**6.11.4** 淬火系统的设计应符合下列规定：

1 应选用专用淬火起重机，驾驶室不得设在油槽（箱）的上方。

2 淬火油槽的地下循环油冷却库油管路应设置

紧急切断阀。

**6.11.5** 辅助生产设施的设计应符合下列规定：

**1** 喷漆间、树脂间、油料和溶剂间、木模间、聚苯乙烯造型间、石墨型加工间、石墨电极加工间应设置通风及除尘装置，其电气设备应按本规范附录 C 的要求进行设计。

**2** 汽车、柴油车、机车等库房和车辆维修的零件清洗间应设置通风装置。

**6.11.6** 检化验系统的设计应符合下列规定：

**1** 输送氧气的管道应设置紧急切断阀。

**2** 电缆隧（廊）道及电缆夹层与检化验室的相通部位应有防火封堵。

**3** 可燃气体化验室内所有插座、照明、电源开关、电缆敷设及机械排风系统应做防爆设计。

### 6.12 液压润滑系统

**6.12.1** 液压站、阀台、蓄能器和液压管路应设有安全阀、减压阀和截止阀，蓄能器与油路之间应设有紧急开闭装置。

**6.12.2** 液压站、润滑油站（库）不宜与电缆隧（廊）道、电气室地下室连通，确需连通时，必须设置防火墙和甲级防火门。

**6.12.3** 丙类液压、润滑油品站（库）可设在其所属设备或机组附近的地下室内。

**6.12.4** 桶装丙类油库的设计应符合下列规定：

**1** 桶装丙类油品库应为不低于二级耐火等级的单层建筑，净空高度不得小于 3.5m，与库区围墙的间距不得小于 5.0m。丙类桶装油品与甲、乙类桶装油品储存在同一个仓库内时，应设防火墙隔开。

**2** 桶装丙类油品库应设外开门，也可设推拉门。建筑面积大于或等于 100m² 的防火隔间，门的数量不应少于 2 个；面积小于 100m² 的防火隔间，可设 1 个门。门宽不应小于 2.0m。并应设置斜坡式门槛，门槛应采用不燃烧材料，且应高出室内地坪 150mm。

**3** 桶装丙类油品库应防雷和自然通风。

### 6.13 助燃气体和燃气、燃油设施

**6.13.1** 煤气加压站应在地面上建造。其站房下方禁止设地下室或半地下室。

**6.13.2** 氧化验室和使用氧气的在线仪表控制室等，均应设置氧浓度检测装置，并应具备当氧含量体积组分≥23％时进行富氧报警的功能。

**6.13.3** 当煤气设备及煤气管道采用水封隔离煤气时，其水封高度应按现行国家标准《工业企业煤气安全规程》GB 6222 的有关规定执行。

**6.13.4** 助燃气体和燃气、燃油设施的工艺布置应符合下列规定：

**1** 制氢系统、发生炉煤气系统、煤气净化冷却系统的露天设备之间的间距及与其所属厂房的间距，

可根据保证工艺流程畅通、靠近布置的原则确定。露天设备间的距离不宜小于 2.0m，露天设备与其所属厂房的距离不宜小于 3.0m。

**2** 制氧系统露天设备之间的距离与其所属厂房的间距按本条第 1 款的规定执行。

**3** 本条第 1、2 款所述系统的产品储存容器宜按系统集中布置，其与所属厂房的间距可根据工艺需要确定，但不宜小于 3.0m。

**4** 氧气调压阀门室和与其相连的氧气储存容器之间的间距可根据工艺布置要求确定。

**5** 液化石油气储配站、乙炔站、电石库和供气站的防火设计应符合现行国家标准《城镇燃气设计规范》GB 50028 和《建筑设计防火规范》GB 50016 等的有关要求。

**6** 高炉煤气调压放散、焦炉煤气调压放散、转炉和封闭铁合金电炉煤气回收切换放散应设置燃烧放散装置及防回火设施；煤气放散管燃烧器顶端的高度应符合现行国家标准《工业企业煤气安全规程》GB 6222 的有关规定；在燃烧放散器 30.0m 以内不应有可燃气体的放空设施。

**7** 散发比空气重的可燃气体的制气、供气、调压阀间应在房间底部设置可燃气体泄漏报警设施；散发比空气轻的可燃气体的制气、供气、调压阀间应在房间上部设置可燃气体泄漏报警装置，房间应设置机械排风系统，排风口位置按现行国家标准《采暖通风与空气调节设计规范》GB 50019 的有关规定执行。

**8** 燃油库和液化石油气罐围堤内的地面排水、燃油泵房和液化石油气管沟的排水应设水封井等密封隔断设施。

**9** 液化石油气球罐的钢支柱应采取防火保护措施，其耐火极限不应低于 2.00h。

**6.13.5** 燃气的净化和加压应符合下列规定：

**1** 燃气电除尘装置应设氧含量报警装置及煤气防爆泄压装置。

**2** 燃气加压机入口应设低压报警及联锁装置。

**3** 干法布袋煤气净化的脉冲气源应采用氮气。

**6.13.6** 使用燃气的设施和装置应符合下列规定：

**1** 当燃烧装置采用强制送风的烧嘴时，在空气管道上应设泄爆阀。

**2** 使用氢气的热处理炉应设氧气分析仪、自动切断放散装置以及显示和报警装置。

**3** 使用燃气的炉、窑点火器宜设置火焰监测装置。

**4** 钢材切割点采用乙炔气体时，应设置岗位回火防止器；采用其他燃气介质时，宜设置岗位回火防止器。

**5** 炼钢连铸工序用于切割的氧气、乙炔、煤气或液化石油气的管道上宜设置紧急切断阀。

**6.13.7** 煤气柜应设低压和高压报警及放散装置。

**6.13.8** 车间供油站的设计应符合下列规定：

**1** 车间供油站的防火设计应符合现行国家标准《石油库设计规范》GB 50074 的有关规定。

**2** 设置在厂房内的车间供油站的存油量，应符合下列规定：

　　1) 甲、乙类油品的存油量，不应大于车间一昼夜的需用量，且不宜大于 2m³；

　　2) 柴油（闪点≥60℃）的存油量不宜大于 10m³；

　　3) 重油的存油量不应大于 30m³。

**3** 设置在厂房内的车间供油站应靠厂房外墙布置，并应采用耐火极限不低于 3.00h 的不燃烧体隔墙和耐火极限不低于 1.50h 的不燃烧体屋顶与厂房隔开。

**4** 储存甲、乙类油品的车间供油站应为不低于二级耐火等级的单层建筑，并设有直通室外的出口和防止油品流散的设施。

**5** 地上重油泵房和地上重柴油泵房的正常通风换气量应按换气次数不少于 5 次/h 和 7 次/h 计算，地下油泵房的正常通风换气量应按换气次数不少于 10 次/h 计算。

### 6.14　其他辅助设施

**6.14.1** 可燃性玻璃钢材质的冷却塔应避免布置在热源、废气、烟气发生点、化学品堆放处和煤堆附近。

**6.14.2** 液氯（氨）间设计应满足下列要求：

**1** 必须与其他工作间隔开，设有观察窗及直通室外的外开门。

**2** 加氯间及氯库宜设置测定空气中氯气浓度的仪表和报警装置。

**3** 加氯间不应采用明火取暖。

**4** 通风设备和照明灯具的开关应设置在室外。

**6.14.3** 厂房内动力管线的布置应符合下列规定：

**1** 燃气管线应架空敷设，并应在车间入口设总管切断阀。

**2** 可燃气体管道不宜与起重设备的裸露滑线布置在同一侧，且严禁通过值班室、控制室等非生产用房。

**3** 各种水平管道在垂直方向的布置，自上而下宜按下列次序排列：氢气、乙炔、氧气、氮（氖）气、天然气、煤气、液化石油气，燃油，输送腐蚀性介质的管道应敷设在管线带的下部。

**4** 输送易挥发介质的管道不得架设在热力管道之上。

**5** 水平共架敷设时，油管道和氧气管道应敷设在煤气管道两侧。

**6** 氧气、乙炔、煤气、燃油管道上不得敷设动力电缆、电线，供自身专用者除外。

**7** 氧气、乙炔、煤气、燃油管道支架应采用不燃烧体，当沿厂房的外墙或屋顶敷设时，该厂房的耐火等级不应低于二级。

**8** 氧气、乙炔管道靠近热源敷设时，应采取隔热措施，并应确保管壁温度不超过 70℃。

**6.14.4** 机械和运输设备保养及维修设施应符合下列规定：

**1** 重型柴油机械的保养车间宜单独建造。车位在 10 个及以下时，可与采矿（选矿）机械维修间厂房及仓库合建或与其贴邻建造，合建时应靠外墙布置；但不得与甲、乙类生产厂房仓库组合或贴邻建造。

**2** 面积不大于 60m² 的充电间可与停车库、修车库、充电机房及厂房贴邻建造，但应采用防火墙分隔，并应设置直通室外的安全出口。充电间应采取防酸腐蚀和设置机械通风措施，会释放氢气的充电间尚需设置防爆措施。

**3** 汽车及重型柴油机械保养车间内的喷油泵试验间应靠车间外墙布置，且应采取防爆和机械通风措施。

## 7　火灾自动报警系统

**7.0.1** 下列场所应设置火灾自动报警系统：

**1** 主控制楼（室）、主电室、通讯中心（含交换机室、总配线室、电力室等）、主操作室、调度室等；计算（信息）中心、区域管理计算站及各主要生产车间的计算机主机房、硬软件开发维护室、不间断电源室、缓冲室、纸库、光或磁记录材料库；特殊贵重或火灾危险性大的机器、仪表、仪器设备室、实验室、贵重物品库房，重要科研楼的资料室。

**2** 单台设备油量 100kg 及以上或开关柜的数量大于 15 台的配电室，有可燃介质的电容器室，单台容量在 8MV·A 及以上的油浸变压器（室）、油浸电抗器室。

**3** 柴油发电机房。

**4** 电缆夹层，电气地下室，厂房内的电缆隧（廊）道，连接总降压变电所的电缆隧（廊）道，厂房外长度大于 100.0m 且电缆桥架层数大于 4 层的电缆隧（廊）道，液压站、润滑油站（库）内的电缆桥（支）架，与电缆夹层、电气地下室、电缆隧（廊）道连通的或穿越三个及以上防火分区的电缆竖井。

**5** 地下液压站、地下润滑油站（库）、地下油管廊、地下储油间；距地坪标高大于 24.0m 且油箱总容积大于等于 2m³ 的平台上的封闭液压站房；距地坪标高 24.0m 以下且油箱总容积大于等于 10m³ 的地上封闭液压站和润滑油站（库）。

**6** 油质淬火间、地下循环油冷却库、成品涂油间、燃油泵房、桶装油库、油箱间、油加热器间、油泵房（间）。

**7** 苯精制装置区、古马隆树脂制造装置区、焦油加工装置区。

**8** 不锈钢冷轧机区、修磨机区（含机舱、机坑、附属地下油库和烟气排放系统）。

**9** 彩涂车间涂料库、涂层室（地坑）、涂料预混间、彩涂混合间、成品喷涂间、溶剂室、硅钢片涂层间。

**10** 乙醇仓库、酚醛树脂仓库、铝粉（镁铝合金粉）仓库、硅粉仓库、化工材料等甲类和乙类物品贮存仓库，纸张等丙类物品贮存仓库。

**7.0.2** 下列场所宜设置火灾自动报警系统：

**1** 屏、柜数量大于 12 台的电气室，屏、柜数量大于 5 台的仪表室。

**2** 铁路运输信号楼。

**3** 单台设备油量不大于 60kg 且开关柜数量不大于 15 台的配电室，变（配）电系统的主控制室、继电器室、蓄电池室、干式变压器室、干式电容器室、干式空（铁）芯电抗器室。

**4** 除第 7.0.1 条规定外的电缆隧（廊）道和电缆竖井，厂房内层数大于等于 4 层的架空电缆桥（支）架，敷设有动力电缆的电缆沟。

**5** 煤、焦炭的运输、贮存及处理系统的建（构）筑物。

**6** 石墨型加工车间、喷漆（沥青）车间、喷锌处理间、树脂间、木模间、聚苯乙烯造型间、液氮深冷处理间。

**7** 高炉煤气余压发电系统（TRT）和燃气-蒸汽联合循环发电系统（CCPP）的压缩机、鼓风机等的罩内。

**8** 物理化学分析中心、炉前快速分析室、氧气化验室、氢气化验室、燃气化验室、油分析室。

**7.0.3** 可能散发可燃气体、可燃蒸气的煤气净化系统的鼓冷、脱硫、粗苯、油库等工段，苯精制，焦炉地下室，煤气烧嘴操作平台等工艺装置区和储运区等，在其爆炸和火灾危险环境 2 区内以及附加 2 区内，应设置可燃气体检测报警系统。

**7.0.4** 具有 2 个及以下工艺厂区的企业，其消防控制室可与主控制室、主操作室或调度室合用。

**7.0.5** 具有 3 个及以上工艺厂区的企业应设置企业消防安全监控中心，并应有消防安全系统实时监视、消防安全信息管理、火警受理与网络通信、消防安全辅助决策与指挥、关键消防安全设备冗余控制的功能。其各工艺厂区内的火灾报警控制器可设置在报警区域内的主控制室、主操作室或调度室。

**7.0.6** 火灾自动报警系统的设计应符合现行国家标准《火灾自动报警系统设计规范》GB 50116 和本规范附录 A 的要求。

# 8 消防给水和灭火设施

## 8.1 一般规定

**8.1.1** 钢铁冶金企业消防用水应统一规划，水源应有可靠保证。

**8.1.2** 钢铁冶金企业厂区消防给水可与生活、生产给水管道系统合并。合并的给水管道系统，当生活、生产用水达到最大小时用水量时，应仍能保证全部消防用水量。

**8.1.3** 钢铁冶金企业的设计占地面积大于等于 100hm² 时，应按同一时间不少于 2 次火灾设计。小于 100hm² 时，可按同一时间 1 次火灾设计。

**8.1.4** 厂区内消防给水量应按同一时间内的火灾次数和 1 次火灾的最大消防用水量确定。当火灾次数为 2 次时，消防用水量应按需水量最大的 2 座建筑物（或堆场、储罐）之和计算；当火灾次数为 1 次时，消防用水量应按需水量最大的 1 座建筑物（或堆场、储罐）计算。建筑物的 1 次灭火用水量应为室内和室外消防用水量之和。

**8.1.5** 储存锌粉、碳化钙、低亚硫酸钠等遇水燃烧物品的仓库不得设置室内、外消防给水。

**8.1.6** 生产、使用、储存可燃物品的厂房、仓库等应设置灭火器。灭火器的配置应符合现行国家标准《建筑灭火器配置设计规范》GB 50140 的有关规定。

## 8.2 室内和室外消防给水

**8.2.1** 下列建筑物或场所应设置室内消火栓：

**1** 炼铁车间、炼钢车间、连铸车间、热轧及热加工车间、冷轧及冷加工车间等丁、戊类厂房内，使用或储存甲、乙、丙类物品的区域。

**2** 焦化厂的煤和焦炭的粉碎机室、破碎机室、出焦台的第 1 个焦转站。

**3** 矿山的井下主运输通道。

**8.2.2** 下列建筑物或场所可不设置室内消火栓：

**1** 运输煤、焦炭和矿石的地上及地下的带式输送机通廊和带式输送机驱动站。

**2** 受煤坑、煤塔、切焦机室、配煤室、筛焦楼、贮焦槽。

**3** 设置了自动灭火设施的电缆隧（廊）道和电气地下室。

**8.2.3** 矿山井下主运输通道上设置的室内消火栓符合下列规定：

**1** 矿山井下消防给水系统宜与生产给水管道系统合并，合并的给水管道系统，当生产用水达到最大小时用水量时，应仍能保证全部消防给水量。

**2** 消防用水量应按火灾延续时间和井下同一时间内发生 1 次火灾经计算确定。火灾延续时间不应小于 3.00h。

**3** 消火栓的用水量应根据水枪充实水柱长度和同时使用水枪数量经计算确定，且不应小于 5L/s；最不利点水枪充实水柱不应小于 7.0m，同时使用水枪的数量不应少于 2 支。

**4** 消火栓的布置应保证每个防火分区同层有 2 支水枪的充实水柱同时到达任何部位。间距不应大于 50.0m。

**5** 在矿井的出入口处应设置消防水泵结合器及室外消火栓。

**6** 给水管道应沿主运输通道敷设，且管径不应小于 100mm。

**8.2.4** 室内消火栓给水管网宜与自动喷水、水喷雾、细水雾灭火系统的管网分开设置。当合用消防泵时，供水管路应在报警阀、雨淋阀等阀前分开设置。

**8.2.5** 加热炉、甲类气体压缩机、介质温度超过自燃点的热油泵及热油换热设备、长度小于 30.0m 的油泵房附近宜设箱式消火栓，其保护半径不宜超过 30.0m。

**8.2.6** 煤粉喷吹装置的框架平台高于 15.0m 时宜沿梯子敷设半固定式消防给水竖管，并应符合下列规定：

**1** 按各层需要设置带阀门的管牙接口。

**2** 平台面积不大于 50m² 时，管径不宜小于 80mm；大于 50m² 时，管径不宜小于 100mm。

**3** 框架平台长度大于 25.0m 时，宜在另一侧梯子处增设消防给水竖管，且消防给水竖管的间距不宜大于 50.0m。

**8.2.7** 带电设施附近的消火栓宜配备喷雾水枪。

**8.2.8** 室内、外消防给水的设计尚应符合现行国家标准《建筑设计防火规范》GB 50016 的有关规定。

## 8.3 自动灭火系统的设置场所

**8.3.1** 钢铁冶金企业自动灭火系统的设置应符合表 8.3.1 的规定。

**表 8.3.1　自动灭火系统的设置要求**

| 设置场所 | 设置要求 | 宜选用的系统类型 |
|---|---|---|
| 控制室、电气室、通讯中心（含交换机室、总配线室和电力室等）、操作室、调度室 | 宜设 | 气体、S型气溶胶、细水雾等 |
| 大、中型钢铁企业的计算（信息）中心、区域管理计算站及各主要生产车间计算机室的主机房、硬软件开发维护室、不间断电源室、缓冲室、纸库、光或磁记录材料库等 | 宜设 | 气体、S型气溶胶等 |

续表 8.3.1

| | 设置场所 | 设置要求 | 宜选用的系统类型 |
|---|---|---|---|
| 变配电系统 | 单台设备油量 100kg 以上的配电室、大于等于 8MV·A 且小于 40MV·A 的油浸变压器室、油浸电抗器室、有可燃介质的电容器室 | 宜设 | 水喷雾、细水雾、气体、S型气溶胶等 |
| | 单台容量在 40MV·A 及以上的油浸电力变压器 | 应设 | 水喷雾、细水雾、气体等 |
| | 单台容量在 125MV·A 及以上的总降压变电所油浸电力变压器 | 应设 | 水喷雾等 |
| 柴油发电机房 | 总装机容量≥400kV·A | 应设 | 水喷雾、细水雾、气体等 |
| | 总装机容量≤400kV·A | 宜设 | |
| | 电气地下室、厂房内的电缆隧（廊）道、厂房外的连接总降压变电所〔或其他变（配）电所〕的电缆隧（廊）道、建筑面积＞500m² 的电缆夹层 | 应设 | 细水雾、水喷雾等 |
| | 厂房外长度＞100.0m 的非连接总降压变电所〔或其他变（配）电所〕且电缆桥架层数≥4 层的电缆隧（廊）道，建筑面积≤500m² 的电缆夹层，与电缆夹层、电气地下室、电缆隧（廊）道连通或穿越 3 个及以上防火分区的电缆竖井 | 宜设 | 细水雾、水喷雾等 |
| 液压站、润滑油站（库）、轧制油系统、集中供油系统、储油间、油管廊 | 储油总容积≥2m³ 的地下液压站和润滑油站（库），储油总容积≥10m³ 的地下油管廊和储油间，距地坪标高 24.0m 以上且储油总容积≥2m³ 的平台封闭液压站房；距地坪标高 24.0m 以下且储油总容积≥10m³ 的地上封闭液压站和润滑油站（库） | 应设 | 细水雾、水喷雾等 |
| | 油质淬火间、地下循环油冷却库、成品涂油间、燃油泵房、桶装油库、油箱间、油加热器间、油泵房（间） | 宜设 | 泡沫、细水雾等 |
| | 不锈钢冷轧机组、修磨机组（含机舱、机坑、附属地下油库和烟气排放系统） | 应设 | 气体等 |
| | 热连轧高速轧机机架（未设油雾抑制系统） | 宜设 | 水喷雾、细水雾等 |

续表 8.3.1

| 设置场所 | 设置要求 | 宜选用的系统类型 |
|---|---|---|
| 燃气-蒸汽联合循环发电系统（CCPP）的罩内 | 宜设 | 气体等 |
| 彩涂车间涂料库、涂层室、涂料预混间 | 应设 | 气体、泡沫等 |
| 激光焊机室等特殊贵重的设备室 | 宜设 | 气体、S型气溶胶等 |

注：1 本表未列的建（构）筑物或工艺设施的自动灭火系统的设计，应符合现行国家标准的有关规定。
　　2 气体或 S 型气溶胶仅用于室内场所。

**8.3.2** 水喷雾灭火系统的设计应符合现行国家标准《水喷雾灭火系统设计规范》GB 50219 的有关规定。

**8.3.3** 细水雾灭火系统的设计宜符合本规范附录 B 的有关规定。

**8.3.4** 气体灭火系统的设计应符合现行国家标准《气体灭火系统设计规范》GB 50370 和《二氧化碳灭火系统设计规范》GB 50193 等的规定。

**8.3.5** 泡沫灭火系统的设计应符合下列规定：

**1** 焦化厂泡沫灭火系统的设置应符合现行国家标准《石油化工企业设计防火规范》GB 50160 的有关要求。

**2** 泡沫灭火系统的设计应符合现行国家标准《低倍数泡沫灭火系统设计规范》GB 50151 和《高倍数、中倍数泡沫灭火系统设计规范》GB 50196 的有关规定。

### 8.4 消防水池、消防水泵房和消防水箱

**8.4.1** 符合下列情况之一者应设消防水池：

**1** 当生产、生活用水达到最大小时用水量时，厂区给水干管、引入管不能满足室内外消防水量。

**2** 厂区给水干管为枝状或只有一条引入管，且消防用水量之和超过 25L/s。

**8.4.2** 自动喷水灭火系统、水喷雾灭火系统、细水雾灭火系统的水源可采用工厂新水、净循环水，并应设置过滤装置。

**8.4.3** 消防水泵房宜与生活或生产的水泵房合建。消防水泵、稳压泵应分别设置备用泵。备用泵的流量和扬程不应小于最大一台消防泵（稳压泵）的流量和扬程。

**8.4.4** 钢铁冶金企业宜设置高位消防水箱，并应符合下列要求：

**1** 消防水箱应储存 10min 的消防用水量。当室内消防用水量不超过 25L/s 时，经计算消防储水量超过 12m³ 时，可采用 12m³；当室内消防用水量超过 25L/s，经计算水箱消防储水量超过 18m³ 时，可采用 18m³。

**2** 消防用水与其他用水合并的水箱应采用消防用水不作他用的技术措施。

**3** 火灾发生时，由消防水泵供给的消防用水不应进入消防水箱。

**4** 当设置高位消防水箱确有困难时，可设置符合下列要求的临时高压给水系统：

　　1）系统由消防水泵、稳压装置、压力监测及控制装置等构成；

　　2）由稳压装置维持系统压力，着火时，压力控制装置自动启动消防泵；

　　3）稳压泵应设备用泵。稳压泵的工作压力应高于消防泵工作压力，其流量不宜少于 5L/s。

**8.4.5** 消防水池的设置应符合现行国家标准《建筑设计防火规范》GB 50016 的有关规定。当工厂的生产用水水池具有保证消防用水的技术手段时，也可作为消防水池使用。

### 8.5 消防排水

**8.5.1** 消防排水、电梯井排水宜与生产、生活排水统一设计。

**8.5.2** 电缆隧（廊）道、电缆夹层和电气地下室等电气防护空间，应对其墙面和地面做防水处理，并应设置排水坑。

**8.5.3** 变压器、油系统等设施的消防排水应设油、水分隔措施。

## 9 采暖、通风、空气调节和防烟排烟

**9.0.1** 在散发可燃粉尘、纤维的厂房内，应选用光滑易清扫的散热器。散热器入口处的热媒温度，热媒为热水时，不宜超过 130℃；热媒为蒸汽时，不宜超过 110℃。输煤廊的散热器入口处的热媒温度，不应超过 160℃。

**9.0.2** 采用燃气、燃油或电采暖时，应符合现行国家标准《采暖通风与空气调节设计规范》GB 50019 的要求。

**9.0.3** 采暖管道不得与输送可燃气体和闪点不高于 120℃的可燃液体管道在同一条管沟内平行或交叉敷设。

**9.0.4** 采暖管道不应穿过变压器室，不宜穿过无关的电气设备间，若必须穿过时，应采用焊接连接方式，并应有保温和隔热措施。

**9.0.5** 凡属下列情况之一时，应单独设置排风系统：

**1** 两种或两种以上的有害物品混合后能引起燃烧或爆炸的。

**2** 建筑物内设有储存易燃易爆品的单独房间或有防火防爆要求的单独房间。

9.0.6 可能突然放散大量爆炸危险气体的建筑物应设置事故通风装置。事故通风的通风机应分别在室内、外便于操作的地点设置启停开关。事故通风设计应符合现行国家标准《采暖通风与空气调节设计规范》GB 50019 的有关要求。

9.0.7 凡属下列情况之一时，应采用防爆型设备，但当通风机布置在室外时，通风机应采用防爆型，电动机可采用密闭型。

　　1 直接布置在有甲、乙类物品场所中的通风、空气调节和热风采暖的设备。

　　2 排除有甲、乙类物品的通风设备。

　　3 排除含有燃烧或爆炸危险的粉尘、纤维等丙类物品，且含尘浓度大于或等于其爆炸下限的25%时的通风设备。

9.0.8 防火阀的设置应符合现行国家标准《建筑设计防火规范》GB 50016 的有关规定，并应与通风、空气调节系统的通风机、空调设备联锁；宜采用带位置反馈的防火阀，其位置信号应接入消防控制室。

9.0.9 排除爆炸危险物质的排风系统应在现场设置通风机启、停状态的显示信号，并将该信号反馈至消防控制室。

9.0.10 处理有燃烧爆炸危险的气体或粉尘的除尘器和过滤器可露天布置，其与主厂房的距离不宜小于10.0m；若小于10.0m时，毗邻的主厂房外墙的耐火极限不应低于3.00h，严禁小于2.0h。若布置于厂房外的独立建筑物内且与所属的厂房贴邻建造时，应采用耐火极限分别不低于3.00h的隔墙和1.50h的楼板与主厂房分隔。

9.0.11 钢铁冶金企业的采暖、通风及防烟排烟的设计应符合现行国家标准《建筑设计防火规范》GB 50016 及《高层民用建筑设计防火规范》GB 50045 的有关规定。

# 10 电　气

## 10.1 消防供配电

10.1.1 消防控制室、消防电梯、火灾自动报警系统、自动灭火系统、防烟排烟设施、应急照明、疏散指示标志和电动的防火门、窗、卷帘、阀门等消防用电设备，应按现行国家标准《供配电系统设计规范》GB 50052 所规定的二级负荷供电。

10.1.2 消防水泵的供电应满足现行国家标准《供配电系统设计规范》GB 50052 所规定的一级负荷供电要求。当采用二级负荷供电时，应设置柴油机驱动的备用消防水泵。

10.1.3 消防控制室、消防水泵房、消防电梯、防烟风机、排烟风机等消防用电设备的供电，应在最末一级配电装置处实现自动切换。其供电线路宜采用耐火

电缆或经耐火保护的阻燃电缆。

10.1.4 消防用电设备应采用单独供电回路，其配电设备应有明显标志。

10.1.5 消防供电线路的敷设应符合现行国家标准《建筑设计防火规范》GB 50016 的有关规定。

## 10.2 变（配）电系统

10.2.1 电抗器的磁距内不应有导磁性金属，无功补偿（含滤波装置 FC 和静止型动态无功补偿装置SVC）的空芯电抗器安装在室内时，室内应安装强迫散热系统。

10.2.2 当油量为2500kg 及以上的室外油浸变压器之间的防火间距小于表10.2.2 中的规定值时，应设置防火隔墙，防火隔墙的设置应符合下列规定：

　　1 高度应高于变压器油枕。

　　2 当电压为35～110kV 时，长度应大于贮油坑两侧各0.5m；当电压为220kV 时，长度应大于贮油坑两侧各1.0m。

　　3 耐火极限不宜小于4.00h。

**表10.2.2　室外油浸变压器间的防火间距（m）**

| 等　　级 | 35kV 及以下 | 110kV | 220kV |
|---|---|---|---|
| 防火间距 | 5.0 | 8.0 | 10.0 |

10.2.3 室内单台油量为100kg 以上的电气设备应设置贮油或挡油设施，其容积宜按油量的20%设计，并应设置将事故油排至安全处的设施。当不能满足上述要求时，应设置能容纳100%油量的贮油设施。

　　单台油量为100kg 及以上的室内油浸变压器，宜设置单独的变压器室。

10.2.4 总降室外充油电气设备应符合下列规定：

　　1 单个油箱的充油量在1000kg 以上时，应设置贮油或挡油设施。当设置容纳油量20%的贮油或挡油设施时，应设置将油排至安全处的设施。不能满足上述要求时，应设置能容纳全部油量的贮油或挡油设施。

　　2 设置油水分离措施的总事故贮油池，其容量宜按最大一个油箱容量的60%确定。

　　3 贮油或挡油设施应大于充油电气设备外廓每边各1.0m。

10.2.5 变（配）电所内的主控制室、配电室、变压器室、电容器室以及电缆夹层，不应有与其无关的管道和线路通过。当采用集中通风系统时，不宜在配电装置等电气设备的正上方敷设风管。

10.2.6 变（配）电所内通向电缆隧（廊）道或电缆沟的接口处，控制室、配电室与电缆夹层和电缆隧（廊）道等之间的电缆孔洞，电缆夹层、电气地下室和电缆竖井等电缆敷设区，应采用下列一种或数种防止火灾蔓延及分隔的措施：

　　1 电缆夹层、电气地下室应按本规范第3.0.7

条的规定进行防火分区；电缆竖井宜每隔 7.0m 或按建（构）筑物楼层设置防火分隔。

2 穿过建（构）筑物或电气盘（柜）的孔洞的电缆、电缆桥架，应采用耐火极限不小于 1.00h 的防火材料进行封堵。

3 电缆局部涂刷防火涂料或局部采用防火带、防火槽盒。

**10.2.7** 10kV 及以下变（配）电所或电气室建（构）筑物的防火间距及电缆防火等要求，按现行国家标准《10kV 及以下变电所设计规范》GB 50053 的有关规定执行。

### 10.3 电缆和电缆敷设

**10.3.1** 主电缆隧（廊）道应满足人员进入检查、检修、维护和事故状态下施救的要求。两边有支架的电缆隧（廊）道，支架间的水平净距（通道宽）不宜小于 1.0m；一边有支架的电缆隧（廊）道，支架端头与墙壁的水平净距（通道宽）不宜小于 0.9m。隧道高度不宜小于 2.0m。

**10.3.2** 电缆隧（廊）道与其他沟道交叉时，局部段的净空高度不得小于 1.4m。

**10.3.3** 电缆夹层、电缆隧（廊）道应保持通风良好，宜采取自然通风。当有较多电缆缆芯工作温度持续达到 70℃以上或其他因素导致环境温度显著升高时，应设机械通风；长距离的隧道，宜分区段设置相互独立的通风。机械通风装置应在火灾发生时可靠地自动关闭。地面以上大型电缆夹层的外墙上宜设置排烟和通风装置。

**10.3.4** 电缆隧（廊）道每隔 70.0～100.0m 应设防火墙和防火门进行防火分隔。当电缆隧（廊）道内设置自动灭火设施时，防火分隔的间隔长度可为 150.0m。

**10.3.5** 电缆隧（廊）道内应设排水设施，并采取防渗水和防渗油的措施。

**10.3.6** 可燃气体管道、可燃液体管道严禁穿越和敷设于电缆隧（廊）道或电缆沟。

**10.3.7** 密集敷设电缆的电气地下室、电缆夹层等，不应敷设油、气管或其他可能引起火灾的管道和设备，且不宜敷设热力管道。

**10.3.8** 电缆的选择和敷设及电缆隧（廊）道、电缆沟的设计应符合现行国家标准《电力工程电缆设计规范》GB 50217 的有关要求，并宜采用铜芯电缆。

**10.3.9** 对有重要负荷的 10kV 及以上变（配）电所，两回路及以上的主电源回路电缆不宜在同一条电缆隧（廊）道中明敷。不能满足要求时，应分别设在电缆隧（廊）道两侧的电缆桥架上；对于只有单侧电缆桥架的隧道，电缆应分层敷设，并应对主电源回路电缆采取防火涂料、防火隔板、耐火槽盒或阻燃包带等防火措施。

**10.3.10** 电缆明敷且无自动灭火设施保护时，电缆中间接头两侧 2.0～3.0m 长的区段及沿该电缆并行敷设的其他电缆同一长度范围内，应采取防火涂料或防火包带等防火措施。

**10.3.11** 厂房内的地下电缆槽沟宜避开固定明火点或散发火花地点。

**10.3.12** 架空敷设的电缆与热力管道的间距，应符合表 10.3.12 的规定；当不能满足要求时，应采取有效的防火隔热措施。

**表 10.3.12 架空敷设的电缆与热力管道的间距（m）**

| 敷设方式 \ 电缆类别 | 控制电缆 | 动力电缆 |
|---|---|---|
| 平行敷设 | ≥0.5 | ≥1.0 |
| 交叉敷设 | ≥0.3 | ≥0.5 |

**10.3.13** 高温车间的特殊区域或部位，其电缆选择和敷设应符合下列规定：

1 电气管线的敷设应避开出铁口、出渣口和热风管等高温部位。

2 穿越或临近高温辐射区的电缆应选用耐高温电缆并采取隔热措施，必要时，应采取防喷铁水、铁渣的措施。

3 下列场所或部位不宜敷设电缆，如确需敷设时应选用耐高温电缆并应有隔热保护：

1）炼铁车间的高炉本体、出铁场、热风炉的地下；

2）炼钢车间的浇铸区地下；

3）铁水罐车和渣罐车的走行线下方；

4）焦化车间的焦炉炉顶栏杆等高温场所；

5）耐火材料车间内的隧道窑之间、窑顶上方。

4 热装钢锭或钢坯的场所附近不宜设置电缆沟，如需设置时，沟内不应明敷电缆。

5 钢水罐车和渣罐车采用软电缆供电时，应装设拉紧装置，并应有防止喷溅及隔热措施。

6 电弧炉、钢包精炼炉的短网在穿过钢筋混凝土墙时，短网周围的墙体应采取防磁措施。

7 电炉水冷电缆应远离磁性钢梁或采用非磁性钢梁。

8 横穿热轧车间铁皮沟的电缆管线应敷设在铁皮沟的过梁内，或在管线外部加装隔热层及钢板保护。

**10.3.14** 矿区电缆的选择和敷设应符合下列规定：

1 入坑电缆的选择和敷设应符合现行国家标准《金属、非金属地下矿山安全规程》GB 16424 的有关规定。

2 只有井下照明用电设施的小型矿山宜参照本条第 1 款的规定执行。

3 木支架的进风竖井筒中必须敷设电缆时，应采用耐火电缆。

**4** 溜井中禁止敷设电缆。

**5** 地面至井下变电所不同回路的电源电缆线路，其电缆间距不应小于 0.3m，在竖井中不应敷设在同一层电缆桥架上。

**6** 竖井井筒中的电缆不应有中间接头。

**7** 巷道个别地段地面必须敷设电缆时，应采用铁质或其他不燃烧材料将电缆覆盖。

**10.3.15** 爆炸危险场所电气线路的设计应符合现行国家标准《爆炸和火灾危险环境电力装置设计规范》GB 50058 中的有关规定。

### 10.4 防雷和防静电

**10.4.1** 钢铁冶金企业内厂房、仓库等的防雷设计应符合现行国家标准《建筑物防雷设计规范》GB 50057 的有关规定。

**10.4.2** 工艺装置区内露天布置的塔、容器等，当顶板的钢板厚度大于等于 4mm 时，可不设避雷针保护，但必须设防雷接地。

**10.4.3** 露天设置的可燃气体、可燃液体钢质储罐必须设防雷接地，并应符合下列规定：

**1** 避雷针、线的保护范围应包括整个储罐。

**2** 装有阻火器的甲、乙类液体地上固定顶罐，当顶板厚度小于 4mm 时，应装设避雷针、线。

**3** 可燃气体储罐、丙类液体钢质储罐必须设防感应雷接地。

**4** 罐顶设有放散管的可燃气体储罐应设避雷针。

**10.4.4** 防雷接地引下线不应少于 2 根，其间距应满足现行国家标准《建筑物防雷设计规范》GB 50057 中建筑物防雷分类的有关规定。

**10.4.5** 防雷接地装置引下线的冲击接地电阻值应满足现行国家标准《建筑物防雷设计规范》GB 50057 中建筑物防雷分类的有关规定。

**10.4.6** 装设于钢质储罐上的信号、消防报警等弱电系统装置，其金属外壳应与罐体做电气连接，配线电缆宜采用铠装屏蔽电缆，电缆外层及所穿金属管应与罐体做电气连接。

**10.4.7** 下列处所应有导除静电的接地措施：

**1** 易燃、可燃物的生产装置、设备、储罐、管线及其放散管。

**2** 易燃、可燃油品装卸站及其相连的管线、鹤管等。

**3** 易燃、可燃油品装卸站的铁道。

**4** 易爆的粉尘金属仓（罐）、设备、管道。

**5** 对于爆炸、火灾危险场所内可能产生静电危险的设备和管道。

**10.4.8** 储罐的接地应符合下列规定：

**1** 储罐直径小于 5.0m 时，1 处接地。

**2** 储罐直径大于等于 5.0m 且小于等于 20.0m 时，2～3 处接地。

**3** 储罐直径大于 20.0m 时，4 处接地。

**10.4.9** 管线的接地应符合下列规定：

**1** 需接地的管线，其两端必须接地。

**2** 接地管线的法兰两侧应用导线连接。

**3** 轻质油品管线每隔 200.0～300.0m 设 1 个接地栓。

**10.4.10** 甲、乙、丙<sub>A</sub>类油品（原油除外），液化石油气，天然气凝液作业场所等的下列部位，应设有消除人体静电的装置：

**1** 泵房的入口处。

**2** 上储罐的扶梯入口处。

**3** 装卸作业区内上操作平台的扶梯入口处。

**4** 码头上下船的出入口处。

**10.4.11** 每组专设的防静电接地装置的接地电阻不宜大于 100Ω。

**10.4.12** 输送氧气、乙炔、煤气、燃油等可燃或助燃的气体、液体管道应设置防静电装置，其接地电阻不应大于 10Ω，法兰间总电阻应小于 0.03Ω。每隔 80.0～100.0m 应重复接地，进车间的分支法兰处也应接地，接地电阻均不应大于 10Ω。

**10.4.13** 当金属导体与防雷（不包括独立避雷针防雷接地系统）、电气保护接地（接零）等接地系统连接时，可不设置专用的防静电接地装置。

**10.4.14** 铁路进入化工产品生产区和油品装卸站之前，应与外部铁路各设两道绝缘。两道绝缘之间的距离不得小于一列车皮的长度。焦化厂铁路与电气化铁路连接时，进厂铁路也应绝缘。化工产品生产区和油品装卸站内的铁路应每隔 100.0m 重复接地。

### 10.5 消防应急照明和消防疏散指示标志

**10.5.1** 下列部位应设置消防应急照明：

**1** 疏散楼梯、疏散走道、消防电梯间及其前室。

**2** 消防控制室、自备电源室（包括发电机房、UPS 室和蓄电池室等）、配电室、消防水泵房、防烟排烟机房等。

**3** 通讯机房、大中型电子计算机房、主操作室、中控室等电气控制室和仪表室。

**4** 电气地下室、地下液压润滑油站（库）等火灾危险性较大的场所。

**10.5.2** 电气地下室和润滑液压站等地下空间的疏散走道和主要疏散路线的地面或靠近地面的墙面上，应设置疏散指示标志。

**10.5.3** 人员疏散用的消防应急照明在主要通道地面上的最低照度值不应低于 1 lx。

**10.5.4** 消防应急照明和消防疏散指示标志的设置除应符合本规范的规定外，尚应符合现行国家标准《建筑设计防火规范》GB 50016 的有关规定。

## 附录 A 钢铁冶金企业火灾探测器选型举例和电缆区域火灾报警系统设计

**A.0.1** 火灾探测器的选型举例见表 A.0.1。

**表 A.0.1 钢铁冶金企业火灾探测器的选型举例**

| 设置场所 | | 适用的火灾探测器类型 |
|---|---|---|
| 控制楼（室）、通讯中心（含交换机室、总配线室、电力室等）、操作室、调度室、电气室、仪表室 | | 感烟型探测器 |
| 计算（信息）中心、区域管理计算站及各主要生产车间的计算机主机房、硬软件开发维护室、不间断电源室、缓冲室、纸库、光或磁记录材料库等 | | 感烟型探测器 |
| 变（配）电系统 | 油浸电抗器室、有可燃介质的电容器室、主控制室、继电器室、蓄电池室、高压配电室、低压配电室 | 感烟型探测器 |
| | 干式变压器室、干式电容器室、干式空（铁）芯电抗器室 | 点型感烟探测器 |
| | 油浸变压器 室内场所 | 缆式线型感温或红外火焰探测器 |
| | 油浸变压器 室外或半室外 | 缆式线型感温探测器 |
| 柴油发电机房 | | 红外火焰探测器或缆式线型感温探测器 |
| 电缆夹层、电缆隧（廊）道、电缆沟、电缆竖井、电缆桥（支）架 | | 缆式线型感温探测器 |
| 液压润滑系统 | 液压站、润滑油站（库）、储油间、油管廊等 | 红外火焰探测器、缆式线型感温探测器。地上的建筑可采用感烟、感温型探测器 |
| | 油质淬火间、地下循环油冷却库、成品涂油间、燃油泵房、桶装油库、油箱间、油加热器间、油泵房（间）等 | |
| 煤、焦炭的转运站，破碎机室等运输、贮存及处理系统的建（构）筑物 | | 感烟探测器、缆式线型感温探测器 |
| 苯精制装置区、古马隆树脂制造装置区、焦油加工装置区 | | 缆式线型感温探测器、点型感烟探测器、点型感温探测器 |
| 石墨型加工车间、喷漆（沥青）车间、喷锌处理间、树脂间、木模间、聚苯乙烯造型间、液氮深冷处理间 | | 红外火焰探测器、缆式线型感温探测器 |
| 不锈钢冷轧机区、修磨机区（含机舱、机坑、附属地下油库和烟气排放系统） | | 感温型探测器 |
| 彩涂车间涂料库、涂层室（地坑）、涂料预混间、涂料混合间、成品喷涂间、溶剂室、硅钢片涂层间 | | 缆式线型感温探测器、红外火焰探测器 |

续表 A.0.1

| 设置场所 | | 适用的火灾探测器类型 |
|---|---|---|
| 高炉煤气余压发电（TRT）和燃气-蒸汽联合循环发电系统（CCPP）的压缩机及鼓风机等的罩内 | | 感烟、感温型探测器 |
| 检化验设施 | 理化分析中心、化学实验室、炉前快速分析室、氧气化验室、氢气化验室、燃气化验室、油分析室 | 感烟、感温型探测器 |
| 材料仓库 | 乙醇仓库，酚醛树脂仓库，铝粉（镁铝合金粉）仓库，硅粉库，化工材料等甲、乙类物品贮存仓库 | 线型光束感烟探测器、缆式线型差定温探测器或红外火焰探测器 |
| | 纸张等丙类仓库 | 感烟型探测器 |
| 特殊贵重的仪器、仪表和设备室，重要科研楼的资料室、火灾危险性较大的实验室等辅助生产设施 | | 感烟型探测器 |

**A.0.2** 电缆区域火灾探测应采用缆式线型差定温探测器；设置自动灭火系统时，应采用双回路缆式线型差定温探测器组合探测。

**A.0.3** 线型火灾探测器的一个探测回路不应跨越 2 个及以上探测区域。

**A.0.4** 线型差定温探测器的敷设应符合下列规定：

**1** 应逐层并宜采用正弦波接触式敷设；当保护区域的电缆需要经常更换或添加时，宜采用水平正弦波悬挂方式敷设。

**2** 悬挂敷设的线型感温探测器距被保护电缆表面的垂直高度不应大于 300mm，在悬挂高度为 300mm 时，其定温报警温度与接触式敷设时的定温报警温度之差不应大于额定报警值的 20%。

**3** 每个回路的探测器长度不宜大于 120.0m。

**A.0.5** 缆式线型感温探测器宜采用金属屏蔽型。

**A.0.6** 线型差定温探测器应满足在环境温度不低于 49℃、1.0m 长度受热条件下的定温和差温准确报警的要求。

## 附录 B 钢铁冶金企业细水雾灭火系统设计

**B.0.1** 细水雾灭火系统不得用于遇水发生化学反应造成燃烧、爆炸或产生大量危险物质，以及遇水造成剧烈沸溢的可燃液体或液化气体火灾。

**B.0.2** 细水雾灭火系统的设计应在综合分析设置场所的火灾特点、危险等级和环境条件后，确定系统型式、设计参数和性能要求。

**B.0.3** 当细水雾灭火系统用于可燃液体火灾危险场所时，宜在灭火介质中加入适量添加剂。

B.0.4 计算机房、控制室、通讯机房、操作室等场所应采用中、高压细水雾灭火系统；液压站、润滑油站（库）、电缆隧（廊）道、电缆夹层、电气地下室、室外油浸变压器和柴油发电机房等场所设置细水雾灭火系统时应选用中、低压系统，并应采用可循环启闭的雨淋控水阀。

B.0.5 细水雾灭火系统应采取雨淋控水阀或其他电动控水阀误动作时，系统不发生误喷的措施，防误喷措施不应显著降低系统的可靠性。

B.0.6 细水雾喷头的布置应根据被保护对象的特性、设计喷雾强度、保护（作用）面积和喷头性能等确定。对于双侧布置桥架的电缆隧（廊）道，喷头应采用双排交错布置方式，左排喷头保护右侧电缆，右排喷头保护左侧电缆；对于电气地下室、电缆夹层中分排布置的电缆桥架，每排均应设置细水雾喷头进行保护。

B.0.7 用于电气火灾危险场所和可燃固体火灾危险场所的细水雾灭火系统不宜采用撞击雾化型细水雾喷头。

B.0.8 细水雾灭火系统的过滤器滤芯、雨淋控水阀和喷头等宜采用不锈钢材质。

B.0.9 采用喷口最小过流孔径大于 2mm 的单喷嘴喷头或喷口最小过流孔径大于 1.2mm 的多喷嘴喷头的中、低压单流体细水雾灭火系统，雨淋控水阀前长期充满稳压水的主管道可采用内外热镀锌钢管，雨淋控水阀后应采用不锈钢管或铜管；其他类型的系统应采用不锈钢管或铜管。

B.0.10 雨淋控水阀组前的管道应就近设置过滤器，过滤网的最大网孔尺寸应保证不大于喷头最小过流尺寸的 80%。细水雾喷头中应有两级或两级以上的过滤网，并应具有滤网堵塞时喷头可正常工作的措施。

B.0.11 细水雾灭火系统适用的火灾危险场所、空间尺寸应符合国家授权的产品检验检测机构出具的实体单元火灾灭火型式检验报告的规定。

# 附录 C 爆炸和火灾危险环境区域划分举例

**表 C 爆炸和火灾危险环境区域划分**

| 系　　统 | | 区域场所或装置名称 | 室内爆炸和火灾危险环境区域划分 |
|---|---|---|---|
| 采　矿 | | 木材加工间 | 22 区 |
| | | 木材堆场 | 23 区 |
| 综合原料场 | 固体燃料储运及配备 | 解冻库、破碎机室（破冻块）、配煤室、室内煤库、贮煤塔顶、粉碎机室、成型机室、转运站、带式输送机通廊、煤制样室、推土机库 | 22 区 |
| | | 翻车机室、受煤坑 | 23 区 |

续表 C

| 系　　统 | | 区域场所或装置名称 | 室内爆炸和火灾危险环境区域划分 |
|---|---|---|---|
| | 烧结 | 燃料破碎室、熔剂-燃料缓冲仓 | 22 区 |
| | | 配料室 | 23 区 |
| | 球团 | 封闭煤粉制备室 | 11 区 |
| | | 敞开或半敞开煤粉制备室 | 22 区 |
| | | 配料室 | 23 区 |
| 焦化 | 炼焦车间 | 焦炉地下室、侧入式焦炉烟道走廊、变送器室 | 1 区 |
| | | 直接式仪表室、炉间台及炉端台底层、集气管仪表室（直接式） | 2 区 |
| | 筛焦工段 | 焦台、切焦机室、筛焦楼、贮焦槽、转运站、带式输送机通廊、焦制样室 | 22 区 |
| | 煤气净化 | 煤气鼓风机室、轻吡啶生产装置（室内）、粗苯产品回流泵房、精脱硫装置高架脱硫塔（箱）下部、轻苯/粗苯作萃取剂的溶剂泵房、苯类产品泵房（分开布置） | 1 区 |
| | | 氨硫系统尾气洗涤泵房、蒸氨脱酸泵房、煤气水封（室内） | 2 区 |
| | | 硫磺包装设施及硫磺库、硫磺切片机室、硫磺排放冷却厂房 | 11 区 |
| | | 冷凝泵房、粗苯洗涤泵房、煤气中间冷却泵房（油泵房）、硫浆离心、过滤及熔硫厂房、浆液离心机废液浓缩装置（室内）、洗萘油泵房、重苯溶剂油作萃取剂的溶剂泵房、焦油洗油泵房（分开布置）、含水焦油输送泵房、焦油氨水输送泵房 | 21 区 |
| | 苯精制 | 油水分离器平台（封闭）、精苯蒸馏泵房、精苯硫酸洗涤泵房、精苯油库泵房 | 1 区 |
| | | 苯类产品装桶间 / 装桶口、高位槽呼吸阀 | 1 区 |
| | | 苯类产品装桶间 / 其他 | 2 区 |
| | | 油槽车清洗泵房、加氢泵房、循环气体压缩机房 | 1 区 |
| | 古马隆树脂制造 | 树脂馏分蒸馏闪蒸厂房 | 2 区 |
| | | 树脂制片包装厂房 | 11 区 |
| | | 树脂馏分油洗涤厂房、树脂聚合装置厂房 | 21 区 |

续表 C

| 系 统 | | 区域场所或装置名称 | 室内爆炸和火灾危险环境区域划分 |
|---|---|---|---|
| 焦化 | 焦油加工 | 吡啶精制泵房、吡啶产品装桶和仓库、吡啶蒸馏真空泵房 | 1 区 |
| | | 工业萘蒸馏泵房、萘结晶与包装库分开布置、酚蒸馏真空泵房、萘精制泵房、萘洗涤室、酚产品泵房 | 2 区 |
| | | 萘结晶与包装库一起布置、萘制片包装室、精制萘仓库、精蒽包装间、精蒽仓库、蒽醌主厂房、蒽醌包装间及仓库、萘酐冷却成型、萘酐仓库 | 11 区 |
| | | 焦油蒸馏泵房、粗蒽结晶、分离室、泵房、仓库和装车、连续或间歇馏分脱酚厂房、馏分脱酚泵房、氨气法硫酸吡啶分解（室内）、碳酸钠法硫酸吡啶分解（室内）、沥青烟捕集装置泵房、精蒽洗涤厂房、蒸馏溶剂法蒽精馏泵房、精蒽油库泵房、洗油精制厂房、沥青焦油类泵房、改质沥青泵房 | 21 区 |
| | | 固体沥青装车仓库 | 23 区 |
| | 酚产品装桶和仓库 | 装桶口 | 1 区 |
| | | 其他 | 2 区 |
| 耐火材料和冶金石灰 | 仓库 | 桶装酚醛树脂、柴油库 | 21 区 |
| | | 桶装铝粉（镁铝合金粉） | 22 区 |
| | | 分装铝粉间 | 11 区 |
| | | 乙醇储库、乙醇泵房 | 1 区 |
| | 混炼工段 | 混炼设备（加酚醛树脂时） | 21 区 |
| | | 混炼设备（加乙醇） | $R=4.5\text{m}$ 半径范围内为 2 区 |
| | | 添加铝粉（镁铝合金粉）、硅粉等易燃易爆含量大于 5% 且小于等于 12% 的混炼设备 | 22 区 |
| | | 添加铝粉（镁铝合金粉）、硅粉、树脂粉等易燃易爆物含量小于等于 5% 的混炼设备 | 非易燃易爆区 |
| | 沥青、焦油车间 | 沥青厂房、焦油厂房、导热油炉厂房 | 21 区 |
| | 炼铁 | 喷吹无烟煤的喷煤制粉站、煤粉喷吹站 | 22 区 |
| | | 喷吹有烟煤的喷煤制粉站、煤粉喷吹站 | 22(注) 区 |
| | | 高炉矿焦槽 | 23 区 |

续表 C

| 系 统 | | 区域场所或装置名称 | 室内爆炸和火灾危险环境区域划分 |
|---|---|---|---|
| 铁合金 | 金属热法生产 | 铝粒粒化间、收尘间、筛分间、成品间 | 11 区 |
| | 电炉、高炉、锰、铬、硅锰生产间 | 煤气净化回收系统，风机房、加压站 | 2 区 |
| 炼钢 | | 增碳剂等易燃易爆粉料的加工和储存间 | 11 区 |
| | | 厂房内的转炉煤气净化回收设备边缘外 3.0m 范围内转炉煤气回收风机房 | 2 区 |
| 热轧及热加工 | | 渗碳介质（甲烷、丙烯等）储存间 | 2 区 |
| | | 油质淬火间、轴承清洗间 | 21 区 |
| 冷轧及冷加工 | | 用闪点小于 28℃ 液体的彩涂混合间、成品喷涂间 | 1 区 |
| | | 用闪点小于 28℃ 液体的溶剂室、硅钢片涂层间；用闪点大于等于 28℃ 且小于 60℃ 液体的彩涂混合间、成品喷涂间、熔剂室、硅钢片涂层间 | 2 区 |
| | | 油质淬火间、轴承清洗间 | 21 区 |
| 金属加工 | | 石墨型加工间、石墨电极加工间 | 11 区 |
| | | 大型工件油质淬火间、油料和溶剂间、树脂间、聚苯乙烯造型间、地下循环油冷却库、汽车、柴油车、机车和特种车辆零件清洗间 | 21 区 |
| | | 木模加工间 | 23 区 |
| 检化验 | | 可燃气体化验室 | 2 区 |
| 工艺辅助生产间与设施 | 修理设施 | 汽车、柴油机车修理间 | 21 区 |
| | 材料仓库 | 包装材料或纸品库、劳保用品库、橡胶制品库、电气材料库、木材库 | 23 区 |
| | 车间附属动力设施 | 氧气 | 氧气瓶组间、氧气调压阀间 | 21 区 |
| | | 氢气 | 氢气瓶组间 | 1 区 |
| | | 乙炔 | 乙炔气瓶组间 | 1 区 |
| | | 液化石油气 | 液化石油气瓶组间及调压阀间 | 1 区 |
| | | 天然气 | 天然气调压阀间 | 1 区 |
| | | 燃油 | 重、柴油库，重、柴油泵房 | 21 区 |
| | | 润滑、液压油 | 润滑油站（房）、可燃介质的液压站（房） | 21 区 |

| 系　　统 | | 区域场所或装置名称 | 室内爆炸和火灾危险环境区域划分 |
|---|---|---|---|
| 燃气设施 | 氧气站 | 氧压机防护墙内、液氧储配区和氧气调压阀组间 | 21 区 |
| | | 灌氧站房、氧气储气囊间 | 22 区 |
| | | 独立氢气催化炉间 | 2 区 |
| | 氢气站 | 水电解制氢间、焦炉煤气加压机间、天然气加压机间、氢气压缩机间、氢气调压阀间、氢气充瓶间 | 1 区 |
| | | 与水电解制氢间、氢压缩机间、氢充瓶间毗邻的控制室 | 按 GB 50028 的规定进行划分 |
| | 乙炔站 | 乙炔发生器间、乙炔压缩机间、乙炔灌瓶间、乙炔储罐间、乙炔瓶库、电石库、电石渣泵间、电石渣坑、电石渣处理间、净化器间、露天设置的乙炔储罐 | 1 区 |
| | | 气瓶修理间、干渣堆场 | 2 区 |
| | 燃油、重油库 | 燃油、重油泵房，燃油、重油卸车区，燃油、重油库围堤内 | 21 区 |
| | | 与燃油、重油泵房、卸车区毗邻的控制室 | 按 GB 50058 的规定进行划分 |
| | 煤气加压站 | 焦炉煤气加压机间 | 1 区 |
| | | 转炉煤气、高炉煤气加压机间 | 2 区 |
| | | 与焦炉煤气、转炉煤气加压机间毗邻的控制室 | 按 GB 50058 的规定进行划分 |
| | | 高炉煤气余压发电（TRT） | 2 区（不含发电机） |
| | 煤气柜 | 煤气柜活塞与柜顶之间空间 | 1 区 |
| | | 煤气柜进气管地下室 | |
| | | 煤气柜侧板外 3.0m 范围内，柜顶上 4.5m 范围内 | 2 区 |
| | | 煤气柜的密封油站内 | |

| 系　　统 | | 区域场所或装置名称 | 室内爆炸和火灾危险环境区域划分 |
|---|---|---|---|
| 燃气设施 | 燃气净化 | 燃气净化设备边缘外 3.0m 范围以内及其净化管道上的电气设备 | 2 区 |

注：喷吹有烟煤的煤粉喷吹站、喷煤制粉间在同时满足以下 4 项要求时，为非爆炸性粉尘危险区域，火灾危险场所等级为 22 区；当不能同时达到以下 4 项要求时，电气设备应严格按 11 区设计：

1　主厂房为敞开式或有良好的负压除尘系统的封闭式；室内空气煤粉浓度达不到爆炸浓度的下限。

2　制粉为负压系统，没有漏粉的可能性。

3　储装煤粉的容器有良好的气密性，没有漏粉的可能性。

4　全自动化操作，设有可靠的程序控制及防火防爆安全联锁控制系统、有效的启动程序及停机程序。各个自动阀门（电动或气动）的执行机构、限位开关应十分可靠。喷吹系统故障，如突然停电、高炉事故休风等，各阀门均应转向安全方位。

# 本规范用词说明

**1**　为便于在执行本规范条文时区别对待，对要求严格程度不同的用词说明如下：

1）表示很严格，非这样做不可的用词：
正面词采用"必须"，反面词采用"严禁"。

2）表示严格，在正常情况下均应这样做的用词：
正面词采用"应"，反面词采用"不应"或"不得"。

3）表示允许稍有选择，在条件许可时首先应这样做的用词：
正面词采用"宜"，反面词采用"不宜"；
表示有选择，在一定条件下可以这样做的用词，采用"可"。

**2**　本规范中指明应按其他有关标准、规范执行的写法为"应符合……的规定"或"应按……执行"。

中华人民共和国国家标准

# 钢铁冶金企业设计防火规范

GB 50414—2007

## 条 文 说 明

# 目 次

# 1 总　　则

**1.0.1**　本条规定了制定本规范的目的。

钢铁工业是国民经济的重要基础产业，是国家经济、社会发展水平和综合实力的重要标志。1996年我国的钢产量就突破了1亿t，2005年达到了3.49亿t，占全世界产量的30%。随着科技进步和钢铁工业的发展，我国正由钢铁大国迈向钢铁强国，钢铁工业对国民经济的发展起到了重要作用。

然而，多起特、大型火灾事故和各类中、小型火灾事故却给企业管理者、工程设计师、消防监督部门等提出了警示，钢铁冶金企业的消防安全形势不容乐观，其防火设计必须引起高度重视。

制订一个能够体现钢铁企业的特点，较好处理生产工艺、成本控制、节约能源与防火安全的关系，实现经济、有效地预防火灾事故发生的防火设计规范是迫切需要的。

**1.0.2**　本条规定了本规范的适用和不适用范围。

本规范覆盖了钢铁冶金企业的采矿、选矿、综合原料场、焦化、耐火、石灰、烧结、球团、炼铁、炼钢、铁合金、热轧及热加工、冷轧及冷加工、金属加工与检化验等生产工艺过程。

本条规定适用于钢铁冶金企业的新建、扩建和改建工程的防火设计，尤其对于消防改造工程的设计也应遵照本规范进行。

在采矿等工艺中还存在着贮存、分发和使用炸药或爆破器材的场所，而炸药和爆破器材的专业性强、防火要求特殊，且国家已经有专门规范，故本规范不适用于这些场所的防火设计。

设在厂区内的独立公共建筑，如办公楼、研究所、食堂、浴室等应按民用建筑进行防火设计。但为厂房服务而专设的生活间，如车间办公室、工人更衣休息室、浴室（不包括锅炉间）、就餐室（不包括厨房）等可与厂房合并建设，也可独立布置，其防火设计应符合现行国家标准《建筑设计防火规范》GB 50016的有关规定。

**1.0.3**　本条规定了钢铁冶金企业的防火设计原则，就是要结合工程实际，确定不同层面的防火设计目标，以实现防火设计的安全适用、技术先进和经济合理。

防火设计的责任重大，因此在采用新技术、新工艺、新材料和新设备时，一定要慎重而积极，必须具备实践总结和科学实验的基础。在钢铁冶金企业的防火设计中，要求设计、建设和消防监督部门的人员密切配合，在工程设计中采用先进的防火技术，做到防患于未然，从积极方面防止火灾的发生和蔓延，对于减少火灾损失，保障人民生命和财产的安全具有重大意义。钢铁冶金企业的防火设计标准应从技术、经济两方面出发，正确处理生产和安全、重点和一般的关系，积极采用行之有效的先进防火技术，切实做到既促进生产、保障安全，又方便实用、经济合理。

**1.0.4**　钢铁冶金企业由于发展的需要，每年都有大量的新建、改建或扩建项目，这些项目由于建造时间不一，所遵循的建造标准也不统一，导致各工艺系统的防火安全保障能力不一致。对于钢铁冶金企业来说，生产工艺中任一环节的不安全都会导致整个系统不能正常生产，因此钢铁冶金企业应统一消防规划和防火设计。考虑到我国目前的经济水平和企业发展状况，本规范只对大型的钢铁冶金企业，即具有二个及以上工艺厂区的企业提出此要求。

**1.0.5**　本规范具有很强的针对性，在制定过程中，已经与国家相关标准进行了协调。

《建筑设计防火规范》从上个世纪50年代颁布实施以来，几经全面修订，在指导工业与民用建筑的防火设计工作中，发挥着不可估量的作用，是防火设计的基础，因此，凡现行国家标准《建筑设计防火规范》GB 50016已经规定的内容，本规范原则上就不再重复规定，应执行其有关规定。

总降压变电站（所）、氧（氮）气站、压缩空气站、乙炔站、煤气站、制氢站、锅炉房等动力公用设施的布置应符合现行国家标准《工业企业总平面设计规范》GB 50187的相关规定。制氧站、制氢站、乙炔站、压缩空气站和锅炉房的设计应分别符合现行国家标准《氧气站设计规范》GB 50030、《氢气站设计规范》GB 50177、《氧气及相关气体安全技术规程》GB 16912、《乙炔站设计规范》GB 50031、《压缩空气站设计规范》GB 50029及《锅炉房设计规范》GB 50041的相关规定。液化石油气和天然气储存设施的设计应符合现行国家标准《城镇燃气设计规范》GB 50028的相关规定。自备发电厂及变（配）电所的设计应符合现行国家标准《火力发电厂与变电所设计防火规范》GB 50229的相关规定。

随着新工艺的出现，钢铁冶金企业的防火设计中也会出现一些本规范或相关国家规范未规定的防火设计问题，应按国家规定程序报有关部门审定后，方可实施设计。

# 3　火灾危险性分类、耐火等级及防火分区

**3.0.1**　本条给出了生产、储存物品的火灾危险性分类的原则，就是应按现行国家标准《建筑设计防火规范》GB 50016的有关要求进行划分。由于生产、储存物品的火灾危险性分类受到众多因素的影响，实际设计时，需要根据生产工艺、生产过程中使用的原材料以及产品、副产品的火灾危险性等实际情况确定，为了便于使用，表1列举了大部分钢铁冶金企业生产、储存物品的火灾危险性分类。

**表 1　生产、储存物品的火灾危险性分类举例**

| 工艺(设施)名称 | | 举例 | 火灾危险性分类 |
|---|---|---|---|
| 采矿 | 地面 | 木材加工间及木材堆场 | 丙 |
| | | 井塔、井口房、提升机房 | 丁 |
| | | 通风机房、钢(混凝土)井架、架空索道站房及支架 | 戊 |
| | 井下硐室 | 铲运机修理室、凿岩设备修理室、电机车(矿车)修理室、装卸矿设备硐室、井下带式输送机驱动站、提升机室 | 丁 |
| | | 办公室、调度室、破碎室、通风机硐室等其他辅助生产硐室 | 戊 |
| 综合原料场 | 选矿 | 药剂库、药剂制备厂房 | 丙 |
| | | 焙烧厂房 | 丁 |
| | | 磨矿选别厂房(或称主厂房)、破碎厂房、中间矿仓、磨矿矿仓、筛分厂房、干选厂房、洗矿厂房、过滤厂房及精矿仓、浓缩池、尾矿输送泵站及尾矿库 | 戊 |
| | 带式输送设施 | 运送煤、焦炭等可燃物料的地上及地下的转运站、带式输送机通廊和带式输送机驱动站 | 丙 |
| | | 运送矿石等不燃物料的地上及地下的转运站、带式输送机通廊和带式输送机驱动站 | 戊 |
| | 原料储存及配备 | 火车受料槽、火车装卸槽、汽车受料槽、汽车装卸槽、矿槽(含返矿槽)、制取样机房、翻车机室、解冻库(室)、破碎机室、筛分机室、原料仓库、堆场、混匀配矿槽、原料检验站、矿石库、推土机室、装载机室 | 戊 |
| | 固体燃料储存及配备 | 煤、焦炭的运输、贮存及处理系统的建(构)筑物,如:贮槽、室内堆场、破碎机室、筛分机室、贮焦槽、原煤仓(间)、干煤棚、受煤槽、翻车机室、破冻块室、配煤室(槽)、室内煤库、贮煤塔顶、成型机室 | 丙 |
| | | 煤解冻库(室)、煤制样室等 | 丁 |
| | 烧结 | 燃料库、燃料粗破和细破室 | 丙 |
| | | 烧结冷却室 | 丁 |
| | | 精矿仓、熔剂破碎筛分室、熔剂-燃料缓冲仓、冷返矿槽、余热利用、混合制粒室、一(二、三)次成品筛分室、成品取样检验室、成品矿槽、除尘系统风机室、主抽风机室、粉尘处理室、粉尘受料槽、粉尘加湿机室、配汽室、热交换站、配料室、受料槽 | 戊 |
| | 球团 | 煤粉制备室 | 乙 |
| | | 链箅机-回转窑室、精矿干燥室 | 丁 |
| | | 受矿槽、精矿缓冲仓、高压辊磨机室、强力混合室、造球、配料室、球磨机室 | 戊 |

**续表 1**

| 工艺(设施)名称 | | 举例 | 火灾危险性分类 |
|---|---|---|---|
| 焦化 | 炼焦车间 | 焦炉煤气管沟和地沟、焦炉集气管直接式仪表室、侧入式焦炉烟道走廊 | 甲 |
| | | 高炉煤气及发生炉煤气的管沟和地沟 | 乙 |
| | | 干熄焦构架 | 丁 |
| | 筛焦工段 | 焦台、切焦机室、筛焦楼 | 丙 |
| | | 焦制样室 | 丁 |
| | 煤气净化 | 焦炉煤气鼓风机室、轻吡啶生产厂房、粗苯产品回流泵房、溶剂泵房(轻苯/粗苯作萃取剂)、苯类产品泵房(分开布置) | 甲 |
| | | 氨硫系统尾气洗涤泵房、蒸氨脱酸泵房、硫磺包装设施及硫磺库、硫磺切片机室、硫磺仓库、硫浆离心和过滤及熔硫厂房、硫磺排放冷却厂房、硫泡沫槽和浆液离心机废液浓缩厂房 | 乙 |
| | | 冷凝泵房、粗苯洗涤泵房、煤气中间冷却油泵房、洗萘油泵房、溶剂泵房(重苯溶剂油作萃取剂)、焦油洗油泵房(分开布置)、含水焦油输送泵房、焦油氨水输送泵房 | 丙 |
| | | 硫酸铵干燥燃烧炉及风机房 | 丁 |
| | | 硫酸铵制造厂房、硫酸铵包装设施仓库、试剂仓库及酸泵房、冷凝鼓风循环水泵房、氨-硫洗涤泵房、氨水蒸馏泵房、煤气中间冷却水泵房、黄血盐主厂房及仓库、制酸泵房、硫氰化钠盐类提取厂房、脱硫液洗涤泵房、脱硫液槽及泵房、酸碱泵房、磷铵溶液泵房、烟道气加压机房、制氮机房 | 戊 |
| | 苯精制 | 油水分离器厂房、精苯蒸馏泵房、精苯硫酸洗涤泵房、精苯油库泵房、苯类产品装桶间、油槽车清洗泵房、加氢泵房、循环气体压缩机房 | 甲 |
| | 古马隆树脂制造 | 树脂馏分蒸馏闪蒸厂房、树脂馏分油洗涤厂房、树脂聚合装置厂房、树脂制片包装厂房 | 乙 |

| 工艺（设施）名称 | | 举 例 | 火灾危险性分类 |
|---|---|---|---|
| 焦化 | 焦油加工 | 吡啶精制泵房、吡啶产品装桶和仓库、吡啶蒸馏真空泵房 | 甲 |
| | | 焦油蒸馏泵房（含轻油系）、氨气法硫酸砒啶分解厂房、工业萘蒸馏泵房、萘结晶室、工业萘包装和仓库、酚产品泵房、酚产品装桶和仓库、酚蒸馏真空泵房、萘精制泵房、萘制片包装室、萘洗涤室、精制萘仓库、精蒽洗涤厂房、溶剂蒸馏法蒽精馏泵房、精蒽包装间、精蒽仓库、精蒽油库泵房、蒽醌主厂房、蒽醌包装间及仓库、萘酐冷却成型、萘酐仓库 | 乙 |
| | | 粗蒽结晶、分离室及泵房、粗蒽仓库和装车、连续或馏分脱酚厂房、馏分脱酚泵房、碳酸钠法硫酸砒啶分解厂房、固体沥青装车仓库、沥青烟捕集装置泵房、蒸馏溶剂法蒽精馏泵房、洗油精制厂房、沥青焦油类泵房、改质沥青泵房 | 丙 |
| | | 固体碱库 | 戊 |
| | 耐火材料和冶金石灰 | 乙醇仓库及泵房 | 甲 |
| | | 煤粉间、木模间、焦油沥青间、导热油系统及库房 | 丙 |
| | | 干燥厂房、竖窑厂房、回转窑厂房、烧成厂房、白云石砂加热厂房、添加铝粉、硅粉、镁铝合金粉等易燃易爆物（含量占混合物量5%～12%）的混合厂房 | 丁 |
| | | 破粉碎厂房、筛分厂房、火泥厂房、混合成型厂房、困泥厂房、石灰乳厂房、添加铝粉、硅粉、镁铝合金粉等易燃易爆物（含量占混合物量≤5%）的混合厂房 | 戊 |
| | 炼铁 | 封闭式喷煤制粉站和喷吹站 | 乙 |
| | | 敞开式或半敞开式喷煤制粉站和喷吹站 | 丙 |
| | | 风口平台及出铁场，高炉矿焦槽，汽动、电动鼓风机站，鱼雷罐车检修及倒渣间，铸铁机及烤罐间等 | 丁 |
| | | 出铁场及矿、焦槽除尘风机房 | 戊 |

| 工艺（设施）名称 | 举 例 | 火灾危险性分类 |
|---|---|---|
| 炼钢 | 易燃易爆粉料与直接还原铁（DRI）贮存间、转炉一次除尘风机房 | 乙 |
| | 转炉二次除尘风机房、电炉除尘风机房 | 丙 |
| | 转炉炼钢主厂房、电炉主厂房、精炼车间主厂房、连铸车间主厂房、废钢配料间、汽化冷却间、修罐间、炉渣间 | 丁 |
| | 废钢处理设施（废钢切割、剪切打包、落锤、铁皮干燥） | 戊 |
| 铁合金 | 铝粉及硅钙粉工作间、电炉一次除尘风机房 | 乙 |
| | 主厂房 | 丁 |
| 热轧及热加工 | 渗碳介质（甲烷、丙烯等）储存库、氢保护气体站房 | 甲 |
| | 热处理车间、热轧车间 | 丁 |
| | 精整车间、板坯库、成品库 | 戊 |
| 冷轧及冷加工 | 使用闪点<28℃的液体作为原料的彩涂混合间、成品喷涂（涂层）间、溶剂室、硅钢片涂层间、氢保护气体站房 | 甲 |
| | 使用闪点≥28℃至<60℃的液体作为原料的彩涂混合间、成品喷涂（涂层）间、溶剂室、硅钢片涂层间 | 乙 |
| 冷轧及冷加工 | 成品涂油间、油封包装间 | 丙 |
| | 冷轧乳化液站、焊管高频室、热处理车间、有热处理的管加工车间、酸再生间、酸再生焙烧间 | 丁 |
| | 冷轧车间、冷拔车间、无热处理的管加工车间、钢材精整车间、拉丝车间 | 戊 |
| 金属加工、机修设施 | 使用和贮存闪点<28℃的油料及溶剂间、清洗间 | 甲 |
| | 使用和贮存闪点≥28℃至<60℃的油料及溶剂间、清洗间、油介质淬火间 | 乙 |
| | 石墨型加工车间、喷漆（沥青）车间、喷锌处理间、树脂间、木模间、聚苯乙烯造型间、地下循环油冷却库、液氮深冷处理间 | 丙 |

| 工艺(设施)名称 | 举例 | | 火灾危险性分类 |
|---|---|---|---|
| 金属加工、机修设施 | 锻造（锻钎）车间，铸造车间，铆焊车间，机加工车间，金属制品车间，电镀车间，热处理车间，制芯车间，试样加工车间，汽车、机车及重型柴油机械保养及维修间，特种车辆维修间，汽（机）车电瓶充电间 | | 丁 |
| | 酸洗车间、机械备品备件库 | | 戊 |
| 检化验设施 | 助燃、可燃气体分析室 | | 丙 |
| | 理化分析中心、化学实验室、物理实验室、炉前快速分析室、油分析室 | | 戊 |
| 电气设施 | 电缆夹层、电缆隧道（沟）、电缆竖井、电缆通廊（吊廊） | | 丙 |
| | 电气地下室、计算中心、通讯中心等 | | 丙 |
| | 操作室、主电室、控制室等 | | 丁 |
| | 变（配）电所 | 室内配电室（单台设备油重60kg以上）、室外配电装置、油浸变压器室、总事故储油池、有可燃介质的电容器室 | 丙 |
| | | 室内配电室（单台设备油重60kg及以下） | 丁 |
| | | 继电器室、全密封免维护蓄电池室 | 戊 |
| 液压润滑系统 | 润滑油站（系统）、桶装润滑油站、液压站（库）等 | | 丙 |
| 动力设施 | 煤气系统 | 焦炉煤气加压机房、混合煤气（热值＞3000×4.18kJ/m³）加压机厂房、水煤气生产厂房及加压机厂房、天然气压缩机厂房、天然气调压站、制氢站 | 甲 |
| | | 发生炉生产厂房及加压机房、半水煤气生产厂房及加压机房、高炉煤气、转炉煤气、混合煤气（热值≤3000×4.18kJ/m³）的加压机厂房、高炉煤气余压发电（TRT）厂房 | 乙 |
| | | 干式煤气柜密封油泵房、煤气净化控制、调度、值班室 | 丙 |
| | 液化石油气系统 | 压缩机间、储瓶库、气化间、调压阀室、液化石油气调压间、瓶装供应站、瓶组间 | 甲 |
| | | 独立控制室 | 丙 |

| 工艺(设施)名称 | 举例 | | 火灾危险性分类 |
|---|---|---|---|
| 动力设施 | 燃气-蒸汽联合循环发电系统（CCPP） | 轻柴油泵房（闪点≥60℃） | 丙 |
| | | 燃气轮机主厂房、蒸汽轮机主厂房 | 丁 |
| | | 氮气压缩机室 | 戊 |
| | 燃油库 | 柴油泵房、柴油库(闪点<60℃) | 乙 |
| | | 重油泵房、柴油库（闪点≥60℃）、重油库、井下桶装油库 | 丙 |
| | 锅炉房 | 天然气调压间 | 甲 |
| | | 油箱间、油泵间、油加热器间 | 丙 |
| | | 锅炉间、独立控制室 | 丁 |
| | 柴油发电机房 | | 丙 |
| | 给排水系统 | 给（排）水泵房、过滤池（间）、冷轧废水处理站房、其他水处理站房、化水间、污泥脱水间、加氯间、加药间、贮酸间、冷却塔 | 戊 |
| | 材料仓库 | 酚醛树脂仓库、铝粉（镁铝合金粉）仓库、硅粉仓库、电石库 | 乙 |
| | | 包装材料库、劳保用品库、橡胶制品库、电气材料库、锯末仓库、有机纤维仓库、油脂库 | 丙 |
| | | 工具保管室 | 丁 |
| | | 金属材料库、耐火材料库、铁合金库、成品库、镁砂仓库、耐火原料库、机械备品库 | 戊 |

生产、储存物品的火灾危险性分类举例的说明：

**1** 烧结和球团工艺中的烧结冷却室、链箅机-回转窑室和精矿干燥室是使用气体或固体作为原料进行燃烧的生产过程，其特点是均在固定设备内燃烧，而且所用的燃料量较少。多年的生产实践表明，烧结和球团生产主厂房均未发生过火灾，因此将其定位丁类是合适的。

**2** 氨硫洗涤泵房是焦炉煤气洗氨和脱除硫化氢（$H_2S$）装置中的一个泵房，其任务是输送稀氨水或稀碱液等非燃烧液体，故氨硫洗涤泵房的火灾危险为戊类。

**3** 彩涂车间内大量使用油漆，醇酸油漆可以粗略地认为稀料占一半左右，常用的稀料其闪点大多在28℃以下，试验表明，油漆成品虽然含有树脂、苯酐、颜料，但其闪点仍与纯稀料基本相仿，属于甲类液体。在硝基油漆中还含有硝化棉，硝化棉是非常容易燃烧的物质，它含有很多硝基基团，能放出一氧化氮、二氧化氮，产生酸根和亚酸根，发热引起自燃。故在本规范中以溶剂的闪点来界定使用油漆工段的火灾危险性。

4 耐火工程设计中采用导热油，以融化、保温"中温沥青"，使之有较好的流动性。常用的导热油牌号是上海某牌导热油和盘锦某公司的有机载热体，特性见表2和表3。

**表2 上海某牌导热油质量指标**

| 项目 | HD -330 | HD -320 | HD -310 | HD -300 | 试验方法 |
|---|---|---|---|---|---|
| 外观 | 淡黄色至深黄色，无浑浊，无沉淀 | | | | 目测 |
| 闪点（开口）（℃） | ≥200 | ≥195 | ≥190 | ≥180 | 应符合现行国家标准《石油产品闪点和燃点测定方法》GB 3536的规定 |

**表3 盘锦某公司有机载热体性质**

| 项目 | NeoSK-OIL 1400 | NeoSK-OIL 1300 | NeoSK-OIL 600 | NeoSK-OIL 500 | NeoSK-OIL 400 |
|---|---|---|---|---|---|
| 化学组成 | 二苄基甲苯 | 苄基甲苯 | 改性三联苯 | 合成烃 | 烷烃 |
| 闪点（℃） | ≥200 | ≥135 | ≥195 | ≥190 | ≥170 |

从表中可知，常用导热油的闪点均大于120℃，故导热油的火灾危险性为丙类。

5 近年来钢铁冶金企业开始大量采用阻燃电缆，这往往造成人们的麻痹，实际上阻燃或阻止火焰传播的电缆并不意味着该电缆是非燃的，"在适当的条件下，阻燃电缆会支持自持燃烧"（引自我国《核安全法规》HAF0202附录Ⅷ"电缆绝缘层"）。另外美国的电缆耐火研究也表明，不仅阻燃电缆支持燃烧，而且涉及阻燃电缆的火灾比起非阻燃的含聚氯乙烯的电缆火灾更难扑灭。近年来，钢铁冶金企业发生的电缆火灾也说明了这一点（因为这些区域多已采用了阻燃电缆）。鉴于此，电缆夹层、电缆隧（廊）道等的火灾危险性应为丙类。

6 钢铁冶金企业存在大量的电气地下室，其特点是位于地坪以下且内部敷设有大量的电缆，并集中有大量的电气设备。生产实践和火灾案例的分析都表明，这些场所中曾发生过多起火灾事故，因此该区域的火灾危险性为丙类。

7 焦炉视为生产装置。

3.0.2 建（构）筑物的耐火等级取决于生产或储存物品的火灾危险性、建筑物层数和防火分区最大允许占地面积，而钢铁冶金企业中建（构）筑物种类繁多，规模不一，因此本条不便于给出所有建（构）筑

物的耐火等级。但可以根据火灾危险性分类和实际建筑的占地面积，按照现行国家标准《建筑设计防火规范》GB 50016的有关规定执行。

3.0.3 钢结构这种建筑结构形式以其重量轻、承载力大、施工简便、布局灵活等特点已经广泛应用于钢铁冶金行业的大型厂房建筑中。经过编制组与业主、设计院、消防监督管理部门、科研院（所）等各方面专家的充分研讨，并依据现行国家标准《建筑设计防火规范》GB 50016和其他行业规范的相关规定，确定了本条和第3.0.7条的第2款。

3.0.4 地下液压站、润滑油站（库）往往储油量大，火灾荷载大，一旦发生燃烧，不便于人工施救，火灾危险性和危害性均较大，因此要求较高的耐火等级，并宜采用钢筋混凝土结构或砖混结构。油浸式变压器室可燃油较多，火灾荷载大，且涉及高、低压输变电，危害也很大，因此耐火等级不应低于二级；高压配电装置室可燃物主要是动力电缆、配电装置等，火灾荷载大，易蔓延，因此耐火等级不应低于二级。

3.0.5 电气地下室、电缆夹层中电缆密集，火灾荷载大，火灾危险性较大，且上部一般均为电气或控制室等，发生火灾后会对上部空间造成危害，火灾危险性大，本条规定这些场所的建筑物宜采用钢筋混凝土结构或砖混结构，其耐火等级不应低于二级。对于结构中存在的可能造成火灾蔓延的孔洞等应采取有效措施，如设置防火泥、防火堵料等进行封堵，防止因电缆燃烧而将火源引向控制室等部位。另外，目前也有部分厂房的电缆夹层采用钢结构，为了保证生产安全，本条规定应对建筑构件进行防火保护，保证耐火等级不低于二级。

3.0.6 干煤棚、室内储煤场多采用钢结构形式，考虑其面积大，钢结构构件多，结合多年的工程实践经验，煤场的自燃现象虽然存在，但自燃的火焰高度一般为0.5~1.0m左右，不足以威胁到上部钢结构构件，因此规定对堆煤高度及以上的1.5m范围内的钢结构应采取有效的防火保护措施。

3.0.7

1 钢铁冶金企业的电缆夹层一般位于控制室、操作室的下方，电缆数量多，火灾荷载大，性质重要。火灾案例表明，电缆火灾是钢铁冶金企业中发生次数最多的火灾，而且因电缆夹层发生火灾而发展成为大型、特大型的火灾事故较多。对电缆夹层进行防火分隔，成本较低，施工难度不大，却可以大大提高工艺安全；由于电缆夹层内敷设有大量的电缆，因此将电缆夹层视为存放电缆的仓库进行防火设计更符合实际，因此对其防火分区的最大允许面积在参考现行国家标准《建筑设计防火规范》GB 50016表3.3.1的有关要求的同时，结合钢铁冶金企业的建筑特点，规定"地上电缆夹层的防火分区面积不应大于1000m²"。钢铁冶金企业还存在着大量的地下室，如

地下润滑油站（库）、液压站和电气地下室地下部分等，参考现行国家标准《建筑防火设计规范》GB 50016对厂房地下室和半地下室的规定，其防火分区面积不应超过500m²。

2 如生产工艺需要，不能采用防火墙对防火分区进行防火分隔时，可以采取以下两种措施：第一，可以设置自动消防系统，从而使防火分区面积扩大1倍；第二，可采用防火卷帘或水幕保护分隔。对于面积很大的地下火灾危险场所，则可以采用自动消防系统和防火墙、防火卷帘或水幕保护的综合技术措施。目前而言，采用防火卷帘或水幕保护分隔在技术可靠性、经济性和实用性方面都是比较好的处理措施。

3 受煤坑为地下结构，其建筑长度是由生产需要的火车货位决定的。受煤坑的火灾危险性为丙类。根据实践经验，其防火分区的允许建筑面积均超过现行国家标准《建筑设计防火规范》GB 50016 的相关规定，而且由于生产特点也无法采用防火墙进行防火分区隔断。正常生产时，该场所只有1～2名流动操作工。

在现行国家标准《火力发电厂与变电所设计防火规范》GB 50229 中也有类似规定，"当屋内卸煤装置的地下部分与地下转运站或运煤隧道连通时，其防火分区的允许建筑面积不应大于3000m²"。

焦化厂用煤的种类与火电厂不同，在焦化工艺中使用的炼焦煤一般为含水率10%左右的洗精煤，火灾发生的几率比火电小得多。为了保证生产和安全作此规定。

**3.0.8** 现行国家标准《建筑内部装修设计防火规范》GB 50222 适用于民用和工业建筑的内部装修设计。随着经济的发展，钢铁冶金企业的主控制楼（室）、电气室、计算机房等多进行了内部装修。由于目前的装修设计和施工队伍良莠不齐，市场混乱，消防意识相差甚远，因此特别强调应遵守的规范名称。

# 4 总平面布置

## 4.1 一般规定

**4.1.1** 钢铁冶金企业的生产特点是：

1 工艺复杂，涉及技术面广，在生产中大量使用可燃固体（煤、焦炭等）、可燃液体（重油、润滑油等）和可燃气体（煤气、氢气等）。

2 许多生产过程是在高温条件下进行的。

3 厂区总占地面积大，主厂房占地面积也较大。

4 属于流程性原料的生产，上、下游的连续对于保证正常生产非常重要；工艺厂区之间及各工艺厂区内部生产工序的连续性强。

5 水、电、煤气等设施遍布生产的各个工艺过程。

6 自动化程度高，电缆隧（廊）道分布广。

为了保证安全生产，满足各类设施的不同要求，防止或减少火灾的发生并避免和减少对相邻建筑的影响，在进行厂区规划时应同时进行消防规划。厂区规划应结合地形、风向、交通和水源等条件，将工艺装置和各类设施进行合理规划，既有利于防火安全，也便于生产和管理。

**4.1.3** 地下矿井井口和平硐口（含露天矿采用有井巷工程布置时）必须置于安全地带。由于出入沟口、地面井口是生死攸关的部位，因此井口的防火至关重要。地面井口布置应注意风频、风向，避开火源，不乱设易燃易爆物堆场及加工设施。火源火花工序应距井口20.0m以外设置，以保证安全。木材场、炉渣场及丁类、丙类和丙类以上建筑与进风井的位置关系是根据现行国家标准《金属非金属地下矿山安全规程》GB 16424 的有关规定制定的。

本条规定中的"易爆物品"主要指爆破器材、易爆燃料，其存放地点须符合现行国家标准《金属非金属地下矿山安全规程》GB 16424 的相关规定。

**4.1.5** 绿化是工厂的重要组成部分，合理的绿化设计，既可美化环境，改善小气候，又可以防止火灾蔓延，减少空气污染。但绿化设计必须紧密结合各工艺厂区的生产特点，在火灾危险性较大的生产区，应选择含水分较多的树种，以利于防火。例如某化工厂道路一侧的油罐起火，道路另一侧的油罐未加水喷淋冷却保护，只因为有行道树隔离，行道树被大火烤黄烤焦但未起火，油罐未受到威胁，可见绿化的防火作用。假若行道树是含油脂较多的针叶树等，其效果就会完全相反，不仅不能起隔离保护作用，甚至会引燃树木而扩大火势。因此选择有利防火的树种是非常重要的。

在绿化布置形式上还应注意，在可能散发可燃气体的储罐区周围地段不要种植绿篱或茂密的连续式的绿化带，以免可燃气体积聚。一般钢铁企业在可燃液体储罐的防火堤内不采用绿化，即使采用草皮绿化，也会因泄漏的可燃液体污染草皮而导致死亡枯竭成可燃物体。

液化烃罐组一般需设喷淋水对储罐降温，其地面应利于排水。另外，因管道、阀门破损或泄漏时，液化烃可能有少量泄漏，应避免泄漏气体就地聚集。因此，液化烃罐组内严格禁止任何绿化。否则，泄漏的可燃气体越积越多，一旦遇明火引燃，便危及储罐。

**4.1.6** 钢铁冶金企业占地面积很大，要保证消防车在规定的时间内赶到现场，在进行消防站的选址时就应充分考虑消防站的位置，本条给出了设置原则。

## 4.2 防火间距

**4.2.1** 本条为钢铁冶金企业相邻建（构）筑物防火间距的规定。表4和表5是根据现行国家标准《建筑设计防火规范》GB 50016 的相关规定，结合钢铁冶金企业的生产特点以及几十年设计实施的经验，并参照国内外其他行业或专业规范进行综合整理而成的。本表所规定的间距均为最小间距要求。从防火和保障人身安全、减少财产损失角度看，在有条件时，设计者应尽可能采用较大的间距。

**表 4　散发可燃气体、可燃蒸气的甲类厂房、仓库、储罐、堆场与铁路、道路的防火间距 (m)**

| 名　　称 | 厂外铁路中心线 | 厂内铁路中心线 | 厂外道路路边 | 厂内道路路边 主要 | 厂内道路路边 次要 |
|---|---|---|---|---|---|
| 散发可燃气体、可燃蒸气的甲类厂房 | 30 | 20 | 15 | 10 | 5 |
| 甲类仓库、乙类（除第6项）物品仓库 | 40 | 30 | 20 | 10 | 5 |
| 甲、乙类液体储罐 | 35 | 25 | 20 | 15 | 10 |
| 丙类液体储罐 | 30 | 20 | 15 | 10 | 5 |
| 可燃、助燃气体储罐 | 25 | 20 | 15 | 10 | 5 |

注：1　散发比空气轻的可燃气体、可燃蒸气的甲类厂房与电力牵引机车的厂外铁路线的防火间距可减为 20m。

2　厂内铁路装卸线与设置卸载站台的甲类仓库的防火间距，可不受本表规定的限制。

3　上述甲类厂房所属厂内铁路装卸线当有安全措施时，可不受本表规定的限制。

4　钢铁冶金企业内铁水运输线与散发可燃气体、可燃蒸气的甲类厂房、库房、储罐、堆场的防火间距应按表 5 中明火或散发火花的地点与上述建（构）筑物的要求执行。

对表 5 的说明：

1　两座厂房相邻较高一面的外墙为防火墙时，其防火间距不限，但甲类厂房之间不应小于 4.0m。

2　两座耐火等级为一、二级的厂房，当相邻较低一面外墙为防火墙且较低一座厂房的屋顶耐火极限不低于 1.00h，或相邻较高一面外墙的门窗等开口部位设置耐火极限不低于 1.20h 的防火门或防火分隔水幕或安防火卷帘时，甲、乙类厂房之间的防火间距不应低于 6.0m；丙、丁、戊类厂房之间的防火间距不应小于 4.0m。

3　下列情况，表中防火间距可减少 25%：

1）两座丙、丁、戊类厂房或民用建筑相邻两面的外墙均为不燃烧体，如无外露的燃烧体屋檐，每面外墙上的门窗洞口面积之和各不大于该外墙面积的 5%，且门窗口不正对开设；

2）浮顶储罐区或闪点大于 120℃ 的液体储罐区与建筑物的防火间距。

4　下列情况，表中防火间距可减少：

1）单层、多层戊类生产厂房之间及其与戊类仓库之间的防火间距，可按本表规定减少 2m；

2）一、二级耐火等级的丁、戊类高层厂房与民用建筑的防火间距，可按本表规定减少 3m；

3）为丙、丁、戊类厂房服务而单独设立的生活用房应按民用建筑确定，与所属厂房之间的防火间距不应小于 6m；必须贴邻建造时，应符合本表说明第 1、2 款以及第 3 款第 1 项的规定；

4）为车间服务而独立设置的车间变电所、办公室等，与所属厂房之间的防火间距，可相应减少 25%。

5　储罐防火堤外侧基脚线至建筑物的距离，不应小于 10.0m。

6　直埋地下的甲、乙、丙类液体卧式罐，当单罐容积不大于 50m³，总容积不大于 200m³ 时，与建筑物之间的防火间距可按本表规定减少 50%。

7　固定容积的可燃气体和氧气储罐的总容积按储罐几何容积（m³）和工作压力（绝对压力，$1 \times 10^5$Pa）的乘积计算，1m³ 液氧折合标准状态下 800m³ 气态氧。

8　地上甲、乙类液体固定顶储罐区或堆场，与明火或散发火花地点的防火间距，当储量不大于 500m³ 时，其防火间距不应小于 25m。

9　地上浮顶及丙类液体固定顶储罐或堆场与明火或散发火花地点的防火间距，当储量不大于 500m³ 时，其防火间距可适当减小，但不应小于 15m。

10　湿式或干式可燃气体储罐的水封井、油泵房和电梯间等附属设施与该储罐的防火间距，可按工艺要求布置。

11　生产、使用和贮存物品的火灾危险性分类，建（构）筑物耐火等级的确定，建（构）筑物防火分区最大允许占地面积的有关规定，建（构）筑物设防火墙等防火措施，甲、乙、丙类液体的泵房及其装卸设施的防火间距以及本表中未列入的不常用的防火间距等，均按现行国家标准《建筑设计防火规范》GB 50016 的有关规定执行。

12　防火间距从相邻建筑物外墙的最近距离计算；室外变、配电站从距建筑物最近的变压器外壁算起；储罐、堆垛、储罐防火堤，分别从储罐外壁、防火堤外侧基脚线算起。

13　室外变、配电站，对于电力系统是指电压为 35～500kV 且每台变压器容量在 10MV·A 以上的室外变、配电站，对于工业企业指变压器总油量超过 5t

## 表5 相邻建(构)筑物防火间距(m)

| 序号 | 厂房、库房类别 | 耐火等级/储(容)量 | [1]甲类厂房 一、二级 | [2]乙类厂房 一、二级 | [3]丙丁 一、二 | [3]三 | [3]四 | [4]戊 一、二 | [4]三 | [4]四 | [5]高层 一、二 | [6]甲仓≤5 | [6]>5≤10 | [6]>10 | [6]1·2·5·6项 | [7]明火 | [8]民用一、二 | [8]三 | [8]四 | [9]变电 | A | B | C | D | E | F | G | H | I | J | K | L | M | N | O | P | Q | R | S | T | U |
|---|---|---|---|---|---|---|---|---|---|---|---|---|---|---|---|---|---|---|---|---|---|---|---|---|---|---|---|---|---|---|---|---|---|---|---|---|---|---|---|---|---|
| 1 | 甲类厂房 | 一、二级 | 12 |  |  |  |  |  |  |  |  |  |  |  |  |  |  |  |  |  |  |  |  |  |  |  |  |  |  |  |  |  |  |  |  |  |  |  |  |  |  |
| 2 | 单层、多层乙类厂房 | 一、二级 | 12 | 10 |  |  |  |  |  |  |  |  |  |  |  |  |  |  |  |  |  |  |  |  |  |  |  |  |  |  |  |  |  |  |  |  |  |  |  |  |  |
| 3 | 单层、多层丙、丁类厂房 | 一、二级 | 12 | 10 | 10 |  |  |  |  |  |  |  |  |  |  |  |  |  |  |  |  |  |  |  |  |  |  |  |  |  |  |  |  |  |  |  |  |  |  |  |  |
| | | 三级 | 14 | 12 | 12 | 14 |  |  |  |  |  |  |  |  |  |  |  |  |  |  |  |  |  |  |  |  |  |  |  |  |  |  |  |  |  |  |  |  |  |  |  |
| | | 四级 | 16 | 14 | 14 | 16 | 18 |  |  |  |  |  |  |  |  |  |  |  |  |  |  |  |  |  |  |  |  |  |  |  |  |  |  |  |  |  |  |  |  |  |
| 4 | 单层、多层戊类厂房(仓库) | 一、二级 | 12 | 10 | 10 | 12 | 14 | 10 |  |  |  |  |  |  |  |  |  |  |  |  |  |  |  |  |  |  |  |  |  |  |  |  |  |  |  |  |  |  |  |  |  |
| | | 三级 | 14 | 12 | 12 | 14 | 16 | 12 | 14 |  |  |  |  |  |  |  |  |  |  |  |  |  |  |  |  |  |  |  |  |  |  |  |  |  |  |  |  |  |  |  |  |
| | | 四级 | 16 | 14 | 14 | 16 | 18 | 14 | 16 | 18 |  |  |  |  |  |  |  |  |  |  |  |  |  |  |  |  |  |  |  |  |  |  |  |  |  |  |  |  |  |  |  |
| 5 | 高层厂房(库房) | 一、二级 | 13 | 13 | 13 | 15 | 17 | 13 | 15 | 17 | 13 |  |  |  |  |  |  |  |  |  |  |  |  |  |  |  |  |  |  |  |  |  |  |  |  |  |  |  |  |  |  |
| 6 | 甲类仓库 3、4项 | W≤5 | 15 | 15 | 15 | 20 | 25 | 15 | 20 | 25 | 15 | 20（当第3、4项的物品储量小于等于2t，第1、2、5、6项物品储量小于等于5t时，不应小于12m） |  |  |  |  |  |  |  |  |  |  |  |  |  |  |  |  |  |  |  |  |  |  |  |  |  |  |  |  |  |
| | | W>5 | 20 | 20 | 20 | 25 | 30 | 20 | 25 | 30 | 20 |  |  |  |  |  |  |  |  |  |  |  |  |  |  |  |  |  |  |  |  |  |  |  |  |  |  |  |  |  |  |
| | 1、2、5、6项 | W≤10 | 12 | 12 | 12 | 15 | 20 | 12 | 15 | 20 | 13 |  |  |  |  |  |  |  |  |  |  |  |  |  |  |  |  |  |  |  |  |  |  |  |  |  |  |  |  |  |  |
| | | W>10 | 15 | 15 | 15 | 20 | 25 | 15 | 20 | 25 | 15 |  |  |  |  |  |  |  |  |  |  |  |  |  |  |  |  |  |  |  |  |  |  |  |  |  |  |  |  |  |  |
| 7 | 明火或散发火花的地点 | | 30 | — | — | — | — | — | — | — | — | 30 | 40 | 25 | 30 | — |  |  |  |  |  |  |  |  |  |  |  |  |  |  |  |  |  |  |  |  |  |  |  |  |  |  |
| 8 | 民用建筑 | 一、二级 | 25 | 25（除乙类第6项物品外的乙类仓库） | 10 | 12 | 14 | 6 | 7 | 9 | 13 | 30 | 40 | 25 | 30 | — | 6 | 7 | 9 |  |  |  |  |  |  |  |  |  |  |  |  |  |  |  |  |  |  |  |  |  |  |  |
| | | 三级 | | | 12 | 14 | 16 | 7 | 8 | 10 | 15 |  |  |  |  | — | 7 | 8 | 10 |  |  |  |  |  |  |  |  |  |  |  |  |  |  |  |  |  |  |  |  |  |  |  |
| | | 四级 | | | 14 | 16 | 18 | 9 | 10 | 12 | 17 |  |  |  |  | — | 9 | 10 | 12 |  |  |  |  |  |  |  |  |  |  |  |  |  |  |  |  |  |  |  |  |  |  |  |
| 9 | 室外变、配电站(所) 变压器总油量W(t) | 5≤W≤10 | 25 | 25 | 12 | 15 | 20 | 12 | 15 | 20 | 12 | 30 | 40 | 25 | 30 | — | 15 | 20 | 25 | 见《火力发电厂与变电站设计防火规范》GB 50229 |  |  |  |  |  |  |  |  |  |  |  |  |  |  |  |  |  |  |  |  |  |
| | | 10<W≤50 | | | 15 | 20 | 25 | 15 | 20 | 25 | 15 |  |  |  |  | — | 20 | 25 | 30 | |  |  |  |  |  |  |  |  |  |  |  |  |  |  |  |  |  |  |  |  |  |  |
| | | W>50 | | | 20 | 25 | 30 | 20 | 25 | 30 | 20 |  |  |  |  | — | 25 | 30 | 35 | |  |  |  |  |  |  |  |  |  |  |  |  |  |  |  |  |  |  |  |  |  |  |
| 10 | 地上甲、乙类液体固定顶储罐(区)或堆场 一个罐区或堆场的总储量V(m³) | A 1≤V<50或卧式罐 | 25 | 12 | 12 | 15 | 20 | 12 | 15 | 20 | 13 | 25 |  |  |  | 25 | 25 | 25 | 25 | 30 | 20 |  |  |  |  |  |  |  |  |  |  |  |  |  |  |  |  |  |  |  |  |
| | | B 50≤V<200 | 25 | 15 | 15 | 20 | 25 | 15 | 20 | 25 | 15 | 25 |  |  |  | 25 | 25 | 25 | 31 | 35 | 25 | 25 |  |  |  |  |  |  |  |  |  |  |  |  |  |  |  |  |  |  |  |
| | | C 200≤V<1000 | 25 | 20 | 20 | 25 | 30 | 20 | 25 | 30 | 20 | 25 |  |  |  | 25/30 | 25 | 31 | 38 | 40 | 30 | 30 | 30 |  |  |  |  |  |  |  |  |  |  |  |  |  |  |  |  |  |  |
| | | D 1000≤V<5000 | 31 | 25 | 25 | 30 | 40 | 25 | 30 | 40 | 25 | 31 |  |  |  | 35 | 31 | 38 | 50 | 50 | 40 | 40 | 40 | 40 |  |  |  |  |  |  |  |  |  |  |  |  |  |  |  |  |  |
| 11 | 地上浮顶及丙类可燃液体固定顶储罐(区)或堆场 一个罐区或堆场的总储量V(m³) | E 5≤V<250或卧式罐 | 15 | 12 | 12 | 15 | 20 | 12 | 15 | 20 | 13 | 15 |  |  |  | 15 | 15 | 19 | 25 | 24 | 20 | 30 | 40 | 40 | 20 |  |  |  |  |  |  |  |  |  |  |  |  |  |  |  |  |
| | | F 250≤V<1000 | 19 | 15 | 15 | 20 | 25 | 15 | 20 | 25 | 15 | 19 |  |  |  | 15/20 | 19 | 25 | 31 | 28 | 25 | 25 |  |  | 25 | 25 |  |  |  |  |  |  |  |  |  |  |  |  |  |  |  |
| | | G 1000≤V<5000 | 25 | 20 | 20 | 25 | 30 | 20 | 25 | 30 | 25 | 25 |  |  |  | 25 | 25 | 25 | 32 | 32 | 30 | 30 | 30 | 40 | 30 | 30 | 30 |  |  |  |  |  |  |  |  |  |  |  |  |  |  |
| | | H 5000≤V<25000 | 31 | 25 | 25 | 30 | 40 | 25 | 30 | 40 | 25 | 31 |  |  |  | 30 | 31 | 38 | 50 | 40 | 40 | 40 | 40 | 40 | 40 | 40 | 40 | 40 |  |  |  |  |  |  |  |  |  |  |  |  |  |
| 12 | 湿式可燃气体储罐 总容量V(m³) | I V<1000 | 12 | 12 | 12 | 15 | 20 | 12 | 15 | 20 | 13 | 20 |  |  |  | 20 | 18 |  |  | 20 | 20 |  |  |  | 20 |  |  |  | 20 |  |  |  |  | 20 |  |  |  |  |  |  |  |
| | | J 1000<V<10000 | 15 | 15 | 15 | 20 | 25 | 15 | 20 | 25 | 15 | 25 |  |  |  | 25 | 20 |  |  | 25 | 25 |  |  |  | 25 |  |  |  |  | 25 |  |  |  | 25 |  |  |  |  |  |  |  |
| | | K 10000≤V<50000 | 20 | 20 | 20 | 25 | 30 | 20 | 25 | 30 | 15 | 30 |  |  |  | 30 | 25 |  |  | 30 | 30 |  |  |  | 30 |  |  |  |  | 30 |  |  |  | 30 |  |  |  |  |  |  |  |
| | | L 50000≤V<100000 | 25 | 25 | 25 | 30 | 35 | 25 | 30 | 35 | 25 | 35 |  |  |  | 35 | 30 |  |  | 35 | 35 |  |  |  | 35 |  |  |  |  | 35 |  |  |  | 35 |  |  |  |  |  |  |  |
| | | M V>100000 | 30 | 30 | 30 | 35 | 40 | 30 | 35 | 40 | 30 | 40 |  |  |  | 40 | 35 |  |  | 40 | 40 |  |  |  | 40 |  |  |  |  | 40 |  |  |  | 40 |  |  |  |  |  |  |  |
| 13 | 湿式氧气储罐、液氧储罐 总容量V(m³) | N V≤1000 | 10 | 10 | 10 | 12 | 14 | 10 | 12 | 14 | 13 | 20 |  |  |  | — | 18 |  |  | 20 |  |  |  |  | 20 |  |  |  | 20 |  |  |  |  | 20 |  |  |  |  |  |  |  |
| | | O 1000<V<50000 | 12 | 12 | 12 | 14 | 16 | 12 | 14 | 16 | 13 | 25 |  |  |  | — | 20 |  |  | 25 |  |  |  |  | 25 |  |  |  | 25 |  |  |  |  | 25 |  |  |  |  |  |  |  |
| | | P V>50000 | 14 | 14 | 14 | 16 | 18 | 14 | 16 | 18 | 14 | 30 |  |  |  | — | 25 |  |  | 30 |  |  |  |  | 30 |  |  |  | 30 |  |  |  |  | 30 |  |  |  |  |  |  |  |
| 14 | 露天、半露天堆场 煤、焦炭 总储量W(t) | Q 100≤W≤5000 | 6 | 6 | 6 | 8 | 10 | 6 | 8 | 10 | — | — |  |  |  | — | 6 | 8 | 10 | — | 20 | 25 | 30 | 40 | 20 | 25 | 30 | 40 | 20 | 25 | 30 | 35 | 40 | 20 | 25 | 30 | 10 |  |  |  |  |
| | | R W>5000 | 8 | 8 | 8 | 10 | 12 | 8 | 10 | 12 | 8 | — |  |  |  | — | 8 | 10 | 12 | — | 25 | 30 | 40 | | 25 | 30 | 40 | | | | | | | | | | 12 | 12 |  |  |  |
| 15 | 木材等可燃材料 总储量V(m³) | S 50≤V<1000 | 10 | 10 | 10 | 15 | 20 | 10 | 15 | 20 | 13 | — |  |  |  | — | 10 | 15 | | — | 20 | 30 | 40 | | 20 | 30 | 40 | | | | | | | | | | 20 | 20 | 20 |  |  |
| | | T 1000<V<10000 | 15 | 15 | 15 | 20 | 25 | 15 | 20 | 25 | 15 | — |  |  |  | — | 15 | 20 | | — | 25 | 30 | 40 | | 25 | 30 | 40 | | | | | | | | | | 25 | 25 | 25 | 25 |  |
| | | U V≥10000 | 20 | 20 | 20 | 25 | 30 | 20 | 25 | 30 | 20 | — |  |  |  | — | 20 | 25 | | — | 30 | 30 | 40 | | 30 | 30 | 40 | | | | | | | | | | 30 | 30 | 30 | 30 | 30 |

注：
- 第12项、第13项（湿式可燃气体储罐、湿式氧气储罐、液氧储罐）相互间防火间距：见《建筑设计防火规范》GB 50016 的相关规定。
- 湿式氧气储罐、液氧储罐与湿式可燃气体储罐的间距：不应小于相邻较大罐的直径。
- 湿式氧气储罐、液氧储罐相互间的间距：不应小于相邻较大罐的半径。

的室外降压变电站。

**4.2.2** 本条规定依据原冶金工业部颁布的《冶金企业安全卫生设计规定》（冶生〔1996〕204 号）第 6.4.5 条而制定。

**4.2.3** 地上甲、乙类可燃液体固定顶储罐（区）或堆场及丙类可燃液体固定顶储罐（区）或堆场与明火或散发火花地点的防火间距，是根据现行国家标准《石油化工企业设计防火规范》GB 50160 表 3.2.11 制定的。

**4.2.4** 钢铁冶金企业中由于工艺的要求，存在大容积的可燃气体储罐。如目前新建和已经建成投入使用的高炉煤气柜的容积达到 30 万 m³ 左右，所以在本规范中对可燃气体储罐的容积扩大到了 30 万 m³。并依据现行国家标准《城镇燃气设计规范》GB 50028 表 5.4.3 "储气罐与站内建（构）筑物的防火间距"进行统一规定。

**4.2.5** 钢铁冶金企业中有较多常压的煤气柜，而且容积较大，为了管理方便和防止火灾发生，一般采用围墙的形式将其隔离保护。在现行国家标准《建筑设计防火规范》GB 50016 中没有对煤气柜和围墙防火间距的相关规定，本规范中依据现行国家标准《城镇燃气设计规范》GB 50028 表 5.4.3 "储气罐与站内建（构）筑物的防火间距"进行统一规定。

**4.2.7** 烧结厂的电气楼与主厂房之间的距离受多种因素的制约。从生产工艺要求来说，两座建筑需尽可能靠近，否则将造成生产工艺以及供电负荷配置上的不合理，增大投资，增加能耗，总平面布置困难，甚至成为改、扩建厂以及能否建厂的关键（当前烧结厂建设以改、扩建或拆除老厂建新厂的情况居多）。从厂房结构设计合理性考虑，因厂房高度、荷载的不同等因素导致了两者又不宜做成一座建筑；从防火要求来说，两座建筑通常都是采用钢筋混凝土结构，耐火等级可达到一、二级要求，火灾危险性类别（为丁类）较低。五十年来的生产实践表明，未发生过火灾。综合考虑上述因素，作此规定。

**4.2.8** 带式运输机通廊作为燃料、原料的转输设施大量存在于钢铁冶金企业中，其设置位置、高度和长度等均根据工艺的需要进行布置和建设。带式运输通廊的火灾危险性取决于其运输的物品，输煤和焦炭通廊的火灾危险性为丙类，其余为戊类。总结五十年来的生产实践经验，皮带运输机通廊因皮带跑偏、摩擦等原因有起火的现象，但从未出现过引燃附近建（构）筑物，导致火灾蔓延的情况。为保证生产安全、节约投资、工艺合理和降低能耗，作此规定。

**4.2.9、4.2.10** 可燃气体、氧气储罐与不可燃气体储罐之间的间距，不可燃气体储罐之间的间距，在现行国家标准《建筑设计防火规范》GB 50016 中无明确规定，为了便于设计和消防管理，参照国外工业气体委员会 IGC 的相关资料（最小为 1m）以及现行国

家标准《建筑设计防火规范》GB 50016 第 4.3 节和《石油库设计规范》GB 50074 的第 7.0.7 条及《石油化工企业设计防火规范》GB 50160 的第 4.2.3 条而制定。

**4.2.11** 液氧储罐往槽车（或长管拖车）充装氧气或槽车往用户的液氧储罐充装氧气时，为了减少充装损失，工艺要求储罐与槽车的间距越小越好。现行国家标准《建筑设计防火规范》GB 50016 中也明确规定"氧气储罐与其制氧厂房的间距，可按工艺要求确定"。因此，结合钢铁冶金企业的生产特点，规定液氧储罐与道路的防火间距应符合现行国家标准《建筑设计防火规范》GB 50016 的要求，如"可燃气体储罐、助燃气体储罐与厂内次要道路边不小于 5m，与厂内主要道路边不小于 10m"等，但如果在路边设有液氧槽车的停放场地时（如图 1 所示），该停放场地边距氧气储罐的距离可按工艺要求确定。

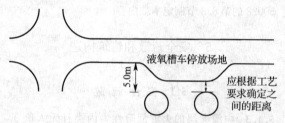

图 1　液氧槽车停放场地与储罐间距示意图

### 4.3　管线布置

**4.3.2** 本条规定了甲、乙、丙类液体管道和可燃气体管道不得穿过与其无关的建（构）筑物、生产装置及储罐区等是总结了实践中的经验，为防止扩大危害而制定的。

**4.3.3** 高炉煤气、发生炉煤气、转炉煤气及铁合金电炉煤气中一氧化碳的含量较高，如果采用地下直埋式，一旦泄漏将会造成极大的危害，所以不允许埋地敷设。

**4.3.4** 由于油质管道泄漏时油品会渗到氧气管道上，有可能引发火灾，电缆线本身也有可能发生火灾，故严禁氧气管道与油管、电缆等在狭小的地沟内同沟敷设。

**4.3.5** 架空敷设容易早期发现管道泄漏等问题，并便于修复，因此应优先选用架空敷设。

钢铁冶金企业中有大量的燃油管道（丙类管道），无论自流或在压力下流动，在长期的生产过程中都难免会发生介质泄漏，如果采用地下直埋式，出现泄漏等事故不宜发现，而一旦透出地面，事故已非初期，危害较大，同时也不便于检修和维护。如采用管沟，泄漏的可燃液体挥发后容易形成可燃蒸气，特别是比重大的可燃气体或易于挥发的气体，容易在管沟内聚积，酿成火灾或爆炸的潜在危险，所以应该特别注意，防止事故的发生。另外，当管沟进出厂房及生产

装置时，应采取可靠的防火隔断，以免外部火灾蔓延造成过大损失。

氧气、乙炔、煤气在不通行的地沟有泄漏时，容易产生积聚，此时如地沟内有油质流入或有水积存，则会发生火灾或者有严重腐蚀破坏管道的可能性，故作出本规定。工艺需要与可燃介质同沟敷设时，沟内填满细砂是为了使发生泄漏的气体不积聚，且在着火时有阻火灭火作用。

**4.3.6** 架空电力线路的规定。

**1** 现行国家标准《66千伏及以下架空电力线路设计规范》GB 50061、《电力线路防护规程》及《工业企业通讯设计规范》GBJ 42等有关规定对相应的架空线的布置均有较详细的规定，管线综合布置时应符合这些规范的规定。

**2** 根据现行国家标准《民用建筑电气设计规范》JGJ/T 16中第7.2节及《城镇燃气设计规范》GB 50028的第8.3节制定本款内容。

# 5 安全疏散和建筑构造

## 5.1 安 全 疏 散

**5.1.3** 电缆夹层的火灾危险性为丙类且无人值守，根据现行国家标准《建筑设计防火规范》GB 50016的规定执行。

**5.1.4** 钢铁冶金企业中的电缆隧（廊）道长度往往达数百米，甚至可达千米以上。对于自然通风的电缆隧道，在100.0m左右会设一进一出2个风井，并在井壁上配有爬梯。为了保证火灾发生时的人员安全，本条规定"当电缆隧（廊）道长度超过200.0m时，中间应增设疏散出口"。考虑到电缆隧（廊）道平时无人值守，只有巡检人员熟悉现场情况，所以在这里所指的"疏散口"并不要求为安全出口，如上述的通风井也是可以起到疏散的作用。另外，鉴于电缆隧（廊）道中专门增加中间出口的结构工作量较大，颇费建设资金，在满足疏散出口设置规定的同时，应尽量节省投资，规定其间距不应超过100.0m。

还需要注意的是电缆隧（廊）道的形式是由工艺决定的，一般多分支。因此，在本条中规定应在"端部"设置安全出口，不仅是指主电缆隧（廊）道的两头，电缆隧（廊）道分支的端部也应设置安全出口，如Y形分支的电缆隧（廊）道，其端部即为3个；X形分支的电缆隧（廊）道其端部即4个；另外，考虑到火灾发生时人的疏散行为模式，安全出口的位置距离隧道顶端不宜过大，故本条规定不应大于5.0m。

## 5.2 建 筑 构 造

**5.2.2** 依据现行国家标准《建筑设计防火规范》GB 50016的规定和钢铁冶金企业的具体情况，丙类液体

管道往往较长，涉及场所多、区域广，一旦发生火灾易于在工厂内传播，所以作此规定。其他管道（如水管以及输送无危险的液化管道等）如因条件限制必须穿过防火墙时，应用水泥砂浆等不燃材料或防火材料将管道周围的缝隙紧密填塞。管道应采用不燃或难燃材质。避免管道遇高温或火焰收缩变形并减少火灾和烟气穿过防火分隔体，应采取措施使该类管道在受火后能被封闭，如设置热膨胀型阻火圈等，保证火灾发生时，可以及时关闭。

**5.2.3** 防火分隔构件的缝隙会造成防火分隔构件的耐火等级下降，甚至丧失隔断能力。因此，本条规定应采用耐火极限不低于相应防火分隔构件的防火材料封堵，从而保证隔断能力。

**5.2.4** 钢铁冶金企业由于冶炼工艺的需要，存在高温的铁水、钢水、熔渣、钢锭和钢坯以及运输这些物料的车辆，而这些高温物料引发的灾害也不少，如某钢铁公司炼铁厂的铁水罐经过高炉皮带通廊时，由于水进入罐车内引起铁水喷溅，从而引燃运输皮带，造成较大损失。本条规定了应采取的基本防护措施，对直接受到危害的建（构）筑物，采取耐热和隔热的保护措施；而易受运输车辆高温物料危害的厂房及其柱、楼板和平台柱应保持与运输车辆及运载物一定的安全距离，并对柱、楼板采取必要的防护措施。

**5.2.6** 油浸变压器室、地上封闭式液压站和润滑油站（库）等均为火灾易发场所，如可燃油油浸变压器发生故障产生电弧时，将使变压器内的绝缘油迅速发生热分解，析出氢气、甲烷、乙烯等可燃气体，压力骤增，造成外壳爆裂，大量喷油；或者析出的可燃气体与空气混合形成爆炸混合物，在电弧或火花的作用下引起燃烧爆炸。变压器爆裂后，火势会随着高温变压器油的流淌而蔓延。充有可燃油的高压电容器、多油开关、地上封闭式液压站和润滑油站（库）等，也有上述类似的火灾危险。为防止其火灾向厂房内蔓延，殃及其他部位，故本条文规定，这类建筑物通向厂房内的门，应采用甲级防火门，并能自行关闭，以确保大厂房的安全。这个规定与现行国家标准《10kV及以下变电所设计规范》GB 50053的规定是一致的。

关于设置在非单层建筑物内底层的装有可燃油的电气设备用的房间设计，在《10kV及以下变电所设计规范》GB 50053和《建筑设计防火规范》GB 50016、《高层民用建筑设计防火规范》GB 50045中都有明确的规定，即在其直通室外或直通安全出口的外墙开口部位的上方应设置宽度不小于1.0m的不燃烧体防火挑檐或高度不小于1.2m的窗槛墙。这是为防止由底层开口喷出的火焰卷入上层房间的开口，使火灾蔓延而采取的预防措施。如果在底层这类房间采用了防火门，即可不设置防火挑檐，但需要设置机械通风，增加了投资。在一般情况下，为了变压器的散

热、通风，对外开的门都不采用防火门，这时设置防火挑檐就十分必要。

**5.2.7** 电缆隧（廊）道是钢铁冶金企业的火灾易发场所，为了有效地避免火灾蔓延，在电缆隧（廊）道进入主厂房、主电室、电气地下室等部位应设置防火墙和常闭的甲级防火门。

**5.2.8** 电缆隧（廊）道一般要求采用自然或主动送排风两种形式，为了使空气能够在隧道内流动，并方便电缆隧（廊）道的维护维修，防火门应为常开式防火门。当发生火灾时，防火门应能够自行关闭，并应向疏散方向开启。"自行关闭"包括自动控制、机械、手动、温控等各种关闭手段。

### 5.3 建（构）筑物防爆

**5.3.1、5.3.2** 对于一般建筑防爆所指的爆炸主要是指可燃气体（如煤气、乙炔气、氢气等）与空气混合形成的爆炸；可燃蒸气（如汽油、酒精等液体的蒸发气）与空气混合形成的爆炸；以及可燃粉尘（如煤粉、铝粉、镁粉等）和可燃纤维（如棉纤维、腈纶纤维等）与空气混合形成的爆炸。而在钢铁冶金企业中的某些厂房除存在上述爆炸危险外，其炼铁、炼钢等有液体金属（铁水、钢水）和液体熔渣运作的厂房内，一旦有一定量的水与液体金属或熔渣相遇，水被突然汽化膨胀，将产生极为猛烈的爆炸，会将大量的液体金属或熔渣抛向空中，破坏力很大。为防止这类爆炸事故的发生，条文中严格规定这类厂房的地面标高应高出厂区地面 0.3m 以上，以防暴雨时厂房进水，同时应确保厂房内不得有存水的坑、沟等，尤其要严防厂房屋面漏雨和天窗飘雨。值得注意的是，当前不少热加工厂房的开敞式通风天窗，在大风雨的情况下多有飘雨现象，因此，设计时应采取更为严密可靠的防飘雨措施。

# 6 工艺系统

## 6.1 采矿和选矿

采矿和选矿的工艺组成及范围如下：

1 露天采矿工艺包括开拓运输系统（如铁路、公路、平硐溜井、架空索道、带式运输及联合开拓）、开沟采剥系统、供水系统、排水系统、供配电系统、压气系统。还有机修、仓贮、化验、行政福利等辅助设施。

2 地下采矿工艺包括开拓系统（如平硐、斜井、斜坡道、竖井及联合开拓）、回采系统、运输系统、提升系统、排水系统、供水系统、通风系统、压气系统、供配电系统。地下辅助设施有设备修理、仓贮等。地面生产及辅助设施同露天矿。

3 选矿工艺包括破碎筛分（洗矿）系统、磨矿

选别系统、脱水系统、尾矿系统。若采用焙烧工艺时，还有焙烧系统。

针对以上工艺流程，确定重点的防火区域或主要建（构）筑物及设施是井（坑）口建（构）筑物、井下硐室、供配电设施以及选矿焙烧厂、选矿药剂制备厂和药剂库。

**6.1.1** 井（坑）口建（构）筑物如压缩空气站、多绳提升井塔、提升机房、带式输送机及驱动站、通风机房、钢（钢筋混凝土）井架、架空索道站及支架均宜采用不燃烧体材料建造。

**6.1.3** 以往矿山发生火灾与木材支护有极大关系，随着工业发展，支护材料越来越多地采用混凝土、钢材等不燃材料，到目前为止，多数矿山已基本不用和少用木材支护。但在小型矿山仍存在用木材作为支护材料的情况。如 2004 年 11 月 20 日，河北省沙河市白塔镇一铁矿，由于电焊引燃用于支护的荆笆上，发生火灾，造成 106 人被困井下，70 名矿工遇难的恶性事故。因此，本规范规定若采用木材支护，应在木材支护段采用阻燃电缆和铺设消防水管，设置消火栓等灭火设施。

**6.1.4** 根据目前冶金地下矿山规模及采用的柴油设备情况，柴油油耗量在 300～1000kg/d 以内，因此井下桶装油库应布置在距离井底车场 15.0m 以外；有的矿山将桶装油库设在铲运机修理硐室内，这种布置对消防十分不利，应分开设置。

**6.1.5** 容易自燃的矿山主要指含硫较高的锰矿，含硫高的铁矿及硫铁矿。

1 采用后退式回采，可以在矿山工作面发生火灾时，隔绝火区，更易恢复生产。实践已经证实，采用黄泥灌浆对防火有一定效果，特别是采用充填采矿法可基本杜绝火灾发生。

2 因抽出式通风会使火区有毒气体及高温矿尘更易溢入工作面，严重恶化工作面作业条件，并使主扇遭受酸雾快速腐蚀，故应采用压入式通风。

3 为防止工作面钻孔内炸药自爆，须采取工作面降温，降低孔底温度。

4 及时密闭采空区是防止火灾发生的有效办法。

## 6.2 综合原料场

综合原料场是指对原料、燃料进行受卸、贮存、处理和运输的设施。综合原料场的范围包括从卸船机下带式输送机或火（汽）车卸车开始，经贮（堆）存及处理后，将原料、燃料输送到高炉矿焦槽、烧结配料槽、球团原料仓、焦化配煤槽、高炉喷煤磨煤机原煤槽（仓）、电厂原煤槽（仓）、石灰焙烧原料槽（仓）顶面的设施。

综合原料场的工艺系统组成包括受卸系统、料（煤）场系统、混匀系统、整粒（破碎筛分）系统、取制样系统、输送系统、干煤棚系统。

针对以上工艺流程，确定重点的防火区域或主要建（构）筑物及设施是带式输送机系统，可燃物的贮存、加工和输送系统。

**6.2.1** 根据原冶金工业部《烧结球团安全规程》第2.6条和《冶金企业安全卫生设计规定》第4.6.6、6.5.5条的有关规定制定。带式输送机通廊在钢铁冶金生产工艺流程中是联系各生产车间和转运站的通道，数量较多，宽窄、长度、倾角各有不同。发生火灾时，带式输送机通廊也是疏散通道。因此，对其净空高度、宽度及倾角应有明确的设计规定，才能确保火灾发生时人员的疏散安全。

设备自身摩擦升温是导致运煤系统发生火灾的隐患。近年焦化厂发生的运煤通廊火灾事故中，多因带式输送机改向滚筒轴拉断、托辊不转动及胶带跑偏等，致使胶带与钢结构件直接摩擦发热而升温，引起堆积煤粉的燃烧，酿成烧毁胶带及通廊的重大事故。鉴于此，对带式输送机安全防护设施作了规定。

**6.2.2**

**2** 焦化炼焦用煤一般为含水10%左右的洗精煤，输送及转运过程中有少量粉尘溢出，贮配煤槽、各转运站及地上、地下通廊应设自然通风装置；粉碎机室的粉碎机运行时，从上部溜槽入口和下部出口有大量粉尘溢出，应设机械除尘装置。

**3** 本款是对运煤系统承担煤流转运功能的各种形式的煤斗设计，为使其活化率达到100%，避免煤的长期积存引起自然而作出的规定。

**5** 备煤系统设置集中控制室统一指挥系统操作，配置的通讯设备具有呼叫、对讲、传呼及会议功能。当发生火灾时，利用本系统及时下达处置命令，因此不宜再单独设消防用通讯系统。

### 6.3 焦 化

焦化工艺的组成包括备煤系统、炼焦系统、煤气净化系统及化产品精制系统。由于大量使用煤，产生出焦炭、煤气等可燃物，因此焦化属于防火的重点，应采取有效的防火措施。

**6.3.1**

**1** 焦炉生产过程中，炭化室成熟的焦炭由焦炉机侧的推焦机推出，在焦炉焦侧红焦（约1000℃）经拦焦机装入熄焦车后送熄焦塔熄焦。煤气净化车间主要生产可燃气体、甲、乙类液体等，遇火易发生爆炸燃烧引起火灾。因此，煤气净化区应布置在焦炉的机侧或一端。

**2** 精苯是可燃易挥发的液体，要远离焦炉高温区。

**6.3.3**

**2** 每座焦炉的两端都应有上下通道，一旦发生火灾，有利于灭火。

**3** 近年来的生产实践表明，我国寒冷地区的焦化企业在冬季气温较低时不采用煤气明火保温，难以保证煤塔漏嘴出口处煤不冻结。我国炼焦用煤的水分一般在10%及以上，且煤塔漏嘴出口处的煤处于周期性流动状态，如采用铸铁材质的煤塔漏嘴、控制煤气火焰的大小以及火焰与煤塔漏嘴的距离等安全措施后，可以保证在采用煤气明火烘烤保温时不会发生煤塔内装炉煤的燃烧。装煤车在煤塔下受煤过程中，散发粉尘的时间短，粉尘量不大；且焦炉炉顶至煤塔漏嘴底部不封闭，空间较大，空气流动，不会产生粉尘积聚，故不会发生粉尘爆炸。近年来我国焦化企业的生产实践也证明了这一点。

**4** 当集气管内压力值达到某一规定值时，集气管放散管自动放散煤气并自动点火燃烧，如不及时放散和自动点火燃烧，将造成整个焦炉冒烟冒火，一片火海。放散煤气的压力值应根据焦炉的状况来决定。

**5** 操作台下的烟道走廊与地下室和炉间台煤气区直接相通，一旦红焦和火种漏入地下室和炉间台煤气区，可能发生着火和爆炸。

**6** 机侧、焦侧操作平台工况特殊，炉门、炉框等设施表面温度为200～300℃。若机侧、焦侧的小炉门和炉门密封不严则会冒烟着火。炉门一旦冒火，只能用压缩气体吹灭，若用常温水灭火，设备极易炸裂，因此应设置压缩空气管接头。

**7** 焦炉结构要求设有地下室且距离明火（装载红焦炭的熄焦车）约3.0m，作为特殊的工业炉装置考虑，焦炉区域为非爆炸危险环境，符合现行国家标准《爆炸和危险环境电力装置设计规范》GB 50058第2.2.2条的规定。这种结构的焦炉在国内已有近六十年的生产运行经验，安全可靠。考虑焦炉地下室及烟道走廊内布置有煤气管道和煤气设备，应设置通风换气装置，使易燃物质的最高浓度不超过爆炸下限的10%，并设置火灾自动报警系统和灭火装置。

**8** 防止因高温烘烤而引起电气室和液压站内着火。

**6.3.4** 本条规定的目的在于防止满载红焦的熄焦车通过邻近的建筑物时，烘烤可燃材料而引起火灾。

**6.3.6**

**1** 焦侧有熄焦车频繁往来行驶，因而不能在焦侧烟道走廊设置出入口。机侧比焦侧安全，焦炉上操作工人大部分集中在煤塔和端台处，因此出入口设置在这三处较合适，也便于消防人员出入。

**2** 进煤气管道的地沟应加盖板且盖板应能打开，是为了便于煤气管道检修；能在地沟内进行检查和放水，是为了便于煤气管道安全检查；沟内空气应自然流通，是为了不使漏失的煤气在地沟内积累起来，形成爆炸性气体。

**3** 焦炉煤气爆炸极限为6%～30%，极易爆炸，以往亦有这种事故，因此很有必要设末端防爆装置，把爆后气体引向室外以防止引起二次火灾。

**4** 地下室煤气管道的末端放散管是不常用的管道，天长日久易于堵塞，故在易于积尘和液体的部位开设清扫孔，便于使用前清扫。

**6.3.7**

**3** 槽罐区一般包括油品的贮存和油品的装卸。机车在该区作业主要是将空槽车送到装卸台区，将装完油品的槽车牵引出去。所谓安全型内燃机车是指在运行过程中不会产生火花等隐患。如用普通的蒸汽机车，采取的安全措施一般是在烟筒上装防火罩、进出油品装卸应关闭炉门和除灰室等。

**5** 设置阻火器的作用是阻止火（星）进入甲、乙类油品槽里。

对于只设放散管的贮槽，阻火器的安装位置顺序是：贮槽通气管-阻火器-放散管-大气。如贮槽设呼吸阀时，阻火器的安装位置顺序是：贮槽通气管-阻火器-呼吸阀-大气。但贮槽必须同时也设置放散管。放散管的安装仍应符合以上规定的顺序，如图2所示。

图 2 阻火器设置示意图

**7** 纯二硫化碳（CS$_2$）的密度为 1.292g/mL，沸点是46.25℃，与苯等有机溶剂按任意比例互溶可挥发，极易着火，需存贮在−12℃以下的暗处。生产使用时必须防火、防中毒。一般是向 CS$_2$ 贮槽内注水，以形成 200～300mm 以上的水层，进行密封存贮。在该贮槽周围地面上需维持 20～30mm 以上的水层，以防止因 CS$_2$ 泄漏、挥发而引起的人员中毒及造成火灾隐患。

轻苯分馏出的初馏分，CS$_2$ 含量一般波动在 8%～35%范围内，此外还有较多的环戊二烯、苯（一般15%～20%），以及少量的饱和烃、硫化氢、丙酮、乙腈和其他不饱和化合物。经几十年的生产实践表明，初馏分可以在露天贮槽贮存，应布置在油槽（库）区的边缘，四周应设防火堤，堤内地面及堤脚做防水层。

### 6.4 耐火材料和冶金石灰

耐火材料和冶金石灰的重点防火区域是乙醇仓库

及泵房、含乙醇液态酚醛树脂仓库、铝粉（镁铝合金粉）仓库、硅粉仓库、柴油库及泵房、煤气发生炉间、Sialon 结合制品车间、金属陶瓷滑板车间、塑性相结合刚玉砖车间。相关的车间主要有长水口车间、镁碳砖车间、不定形车间以及需要采用柴油、煤气的车间。

**6.4.1** 依据现行国家标准《采暖通风与空气调节设计规范》GB 50019 第 5.1.12、5.4.2、5.4.3 条要求制定。

**6.4.2** 本条文根据现行国家标准《石油库设计规范》GB 50074 第 6.0.12 条制定。

**6.4.3** 本条文参考《钢铁厂工业炉设计手册》（1979年 5 月第一版）第 424 页四、（四）条："悬浮在含氧量大的气体介质中的煤粉，可爆性大并爆炸力强，实践表明在氧含量小于 16%的气体中，煤粉不会爆炸"而制定。

### 6.5 烧结和球团

烧结主要工艺组成如下：原燃料接受及制备系统、配料混合系统、烧结冷却系统、主抽风系统、整粒筛分系统、成品输出系统。

球团主要工艺组成如下：原燃料及黏结剂进料系统、精矿干燥及高压辊磨系统、配料混合造球系统、球团焙烧冷却及风流系统、煤粉制备及喷煤系统、燃油贮存输送及供油系统、燃气净化加压及燃烧系统、成品输出系统。

针对以上流程确定烧结和球团的重点防火区域或主要建（构）筑物及设施是：烧结冷却系统、主抽风系统、球团焙烧冷却及风流系统、煤粉制备及喷煤系统、燃油贮存输送及供油系统、燃气净化加压及燃烧系统及其相关建（构）筑物和设施。

**6.5.1** 烧结冷却系统包括烧结机室和冷却机室，点火器布置在烧结机室，需要 24h 不间断地使用煤气（焦炉煤气、高炉煤气或混合煤气），是烧结厂发生火灾的高危场所。因此，本规范对点火器的防火设计提出了严格具体的要求。

但点火器只是烧结厂煤气设施的一个重要组成部分，本规范也只是对点火器在烧结工艺中的特殊要求进行了规定，其他涉及煤气的通用规定（如煤气管道的防雷接地、排水、焊接及热膨胀等）和烧结工艺中使用煤气的其他设施都必须遵守现行国家标准《工业企业煤气安全规程》GB 6222 的有关规定。

烧结矿冷却后的平均温度对于冷却机卸料胶带是否能正常工作至关重要，很多钢铁冶金企业均发生过因烧结矿冷却不好而导致烧结运料皮带及通廊毁于火灾的案例，严重影响了设备作业率，因此本规范明确规定在冷却机设计时要求冷却后的烧结矿的平均温度应低于 150℃。

**6.5.2** 根据原冶金工业部《烧结球团安全规程》第

3.3.6条的有关条款制定。机头电除尘器处理的烟气是来自烧结机大烟道的烧结含尘废气，由于烧结配料的不同，烟气和粉尘的性质会有所不同。当机头电除尘处理烧结配料中加入了可燃含铁杂料（如含油轧钢皮）或因烧结生产固体燃料以无烟煤为主而产生的烟气，都有可能引起机头电除尘器的燃烧或爆炸。因此，为了保证机头电除尘器的安全运行，应严格控制可燃物或气体进入机头电除尘器，同时机头电除尘器的外壳设计应设置防爆门（或防爆阀）。

**6.5.4** 球团煤粉制备系统与水泥焙烧的煤粉制备系统工况十分相似，而与高炉喷吹烟煤系统的工况相距甚远，本条依据现行国家标准《水泥厂设计规范》GB 50295的有关规定制定。

**1** 关于煤粉制备的烘干介质的规定是依据现行国家标准《水泥厂设计规范》GB 50295第6.6.5条的规定，以及某120万t/a球团厂因燃煤热风炉提供的热风中夹带火星（大颗粒煤灰）引起布袋收尘器燃烧爆炸的火灾案例而制定的。

**2** 当磨煤机断煤时，利用旁通放散烟囱调节入磨干燥介质温度，需防止出磨气体温度过高引起爆炸；煤磨间为易燃易爆场所，而煤粉制备热风炉属易散发火花地点，从满足生产和防火安全角度考虑，作出专门规定。对磨煤机的出口煤粉和除尘器的煤尘温度的要求是依据原冶金工业部《烧结球团安全规程》的相关规定制定的。

**3** 对不同煤种在煤仓内的贮存时间要求是依据原冶金工业部《烧结球团安全规程》的相关规定制定的。

### 6.6 炼 铁

炼铁的主要工艺组成有供料及上料系统、炉顶装料系统、高炉炉体系统、风口平台及出铁场系统、炉渣处理系统、煤粉制备及喷吹系统、热风炉及煤气系统、鼓风系统、铸铁机室、碾泥机室、铁水罐修理库、倒渣间和混铁车修理间等。

针对以上工艺流程确定的重点防火区域或主要建（构）筑物及设施是煤粉制备及喷吹系统、热风炉系统、高炉运输皮带、炉顶液压系统。

供料及上料系统的带式输送机的防火要求见本规范第6.2节。

炼铁厂使用煤气的管道设备的防火要求见本规范第6.13节。

炉顶液压站、热风炉液压站的防火要求，见本规范第6.12节和第7、8章。

**6.6.4** 国家现行标准《炼铁安全规程》AQ 2002—2004将炼铁系统分为三类煤气作业区。炉体系统基本上属于一类煤气作业区，易于产生煤气。为防煤气中毒和爆炸，要求风口、渣口及水套和固定冷却设备的进出水管等密封严密，不得泄漏煤气。

**6.6.6**

**3** 考虑到当煤粉喷吹设施在热风炉附近时，便于利用热风炉烟道废气，以节约能源。

**4** 安全防护措施包括自动报警，同时自动充入保护性气体、系统紧急停机等。

**9** "应保证风口处氧气压力比热风压力大0.05MPa；保安用的氮气压力不应小于0.6MPa"的规定同国家现行标准《炼铁安全规程》AQ 2002—2004第10.3.5条；"应大于热风围管处热风压力0.1MPa"是根据多年设计高炉的经验和实践验证而确定的。

### 6.7 炼 钢

炼钢的重点防火区域或主要建（构）筑物及设施是主厂房、主控楼、液压润滑站（库）、电缆夹层、电缆隧（廊）道、可燃气体的使用和贮存场所。

**6.7.2**

**1** 转炉在兑铁水时易发生严重的喷溅事故，若主控室正对炉口，可能造成人员伤亡和引发主控室火灾，故本款规定转炉主控室不宜正对转炉炉口；电炉在吹氧喷碳制造泡沫渣时，如控制不当，易从炉门跑渣；当电炉采用铁水热装工艺时，如前一炉氧化渣多，兑铁水时也易从炉门喷渣，这些都可能引发主控室火灾事故，故本款规定电炉主控室不得正对电炉炉门。

**5** 竖井式电弧炉在出钢时，竖井将开至停放位，会流下高温钢液滴，若其下方有可燃物质或地面有积水极易引发火灾。例如，某钢厂150t竖炉位于竖井停放位下方的阀站就因此而发生过火灾，故本条对此作了规定。

**6** 在预热段出口处设置烟气成分连续测量装置的目的是保证烟气在进入烟气净化设备前被完全燃烧。

**8** 2005年4月，某钢铁集团第一炼钢厂的钢包车升降式RH装置，因钢包漏钢水流入地下液压提升机构引发火灾，造成人员伤亡，故对这类装置设计时必须采取防止漏钢钢水浸入地下液压装置的可靠措施。

**6.7.3** 近年来，个别无炼铁生产的电炉钢厂，为实现电炉热装铁水工艺，从邻近地区的炼铁厂购买铁水，通过城市公共道路将铁水运入本厂，铁水运输车与城市公共道路上的各种车辆混行，极易酿成严重的人身安全与火灾事故，故炼钢安全规程已对此作了禁止的规定，本规范从防火角度考虑再次予以规定。

**6.7.4** 某钢厂曾发生渣罐运输车因在铁路道口前急停造成液渣外抛，引发司机室大火烧死司机的重大事故，所以当采用无轨运输液渣或铁水时，宜设置专用道路。

**6.7.6** 增碳剂等易燃物料的粉料加工间，必须做好粉尘收集净化工作，其目的在于防止因粉尘逸散酿成爆炸事故。

## 6.8 铁合金

铁合金生产按所使用设备可分为电炉法、炉外法、真空电阻炉法、高炉法及转炉法。主要工艺由原料准备、湿法或火法冶炼、产物处理三大部分组成。

铁合金厂一般与钢铁联合企业相对独立，产品品种多，生产工艺多样，包含原料、选矿、焙烧、浸出、沉淀、烧结、球团、碳素、高炉、转炉、电炉、摇炉、熔炉、电阻炉、浇注、破碎、筛分、精整、称量、包装等工序，涉及化工、有色冶金、黑色冶金等领域。

针对以上工艺流程，确定铁合金的重点防火区域或主要建（构）筑物及设施是易燃物料的粉料加工间及库房、煤气系统、液压站和电气室。

铁合金厂属于化工和有色冶金部分工艺系统的防火设计还应遵从其他相关规定。

**6.8.1～6.8.3** 铁合金熔体和熔渣与铁水、钢水及液体炉渣类似，锰铁高炉与炼铁高炉类似，中碳锰铁转炉和低碳铬铁转炉与炼钢转炉类似，所以遵从相关规定。

**6.8.4** 粉料加工间容易发生爆炸，是重点防火部位。

## 6.9 热轧及热加工

热轧指将原料加热至足够高的温度然后进行轧制加工的工艺过程。热轧宽带钢轧机、中厚板轧机、炉卷轧机、薄板坯连铸连轧机、开坯轧机、大中小型（棒）材轧机、高速线材轧机、各种热轧无缝钢管轧机等均属热轧机。

热加工指将原料加热至足够高的温度进行非轧制的压力加工工艺过程，如锻造（快锻、精锻等）、挤压等。

针对以上工艺流程，确定重点防火区域或主要建（构）筑物及设施是液压润滑系统、电缆夹层、电缆隧（廊）道、地下电气室、油质淬火间和轴承清洗间等可燃油质的使用场所、热轧机架。

**6.9.1** 主操作室应尽量不设置在输送热坯的辊道上方，但在某些情况下（如需操作工用手动操作的二辊可逆开坯机等），为视线良好，则需将操作室设在辊道上方，其底部会经受热坯烘烤。

为获得良好视线，操作室需设置在距辊道较近的位置，此时就会经常受到热坯烘烤。未经除磷的热钢坯在轧机中轧制时，轧机冷却水进入氧化铁皮与钢坯之间，水汽化就会引起铁皮爆裂、飞溅。采用高压水除磷时，若除磷箱进出口防护不严，也会有铁皮飞溅。在这些类似情况下，操作室需要设置绝热设施。

**6.9.2** 所谓快速切断的专用阀是指能在瞬时动作关闭油路的阀，平时不用。

**6.9.3** 可燃介质指可燃气体及甲、乙、丙类液体。

这类管道及电缆下禁止温度高于 500℃ 的红钢停留，但允许其通过。

**6.9.4** 设置安全罩或挡板的目的，在于防止热轧件及热切头窜出设备而引起地面和平台表面上的可燃介质管线及电缆线发生火灾。

**6.9.7** 安全回路的仪表装置包括加热炉启停联锁装置、风机启停连锁装置、总管煤气切断阀、自动温控系统等。报警主要包括超温报警、断热电偶报警、热电偶温差超限报警。

**6.9.8** 因轧机润滑系统用油为可燃油，所以需要设置监测和报警装置。

## 6.10 冷轧及冷加工

冷轧指在常温下对原料进行轧制加工的工艺过程。如冷轧带钢轧机、冷轧钢筋轧机、各种冷轧钢管轧机。

冷加工指在常温下对原料进行非轧制加工的工艺过程。如冷拔、冷弯（焊管）、冷挤压。冷轧的后续加工如涂镀工序也归入冷加工工艺中。

针对以上工艺流程，确定冷轧及冷加工的重点防火区域或主要建（构）筑物及设施是液压润滑系统、电缆夹层、电缆隧（廊）道、电气地下室、镀层与涂层的溶剂室或配制室以及涂层黏合剂配制间、保护气体站、油质淬火间和轴承清洗间等可燃油质的使用场所、轧机区。

**6.10.7** 冷轧钢带热处理所用保护气为纯氢气或含氢气体，属易燃易爆气体，因此保护气体站宜为独立建筑，并设有围墙保护。

## 6.11 金属加工与检化验

金属加工和检化验工艺系统重点防火区域及区域内的主要建（构）筑物和设施是高炉、冲天炉、感应电炉等热作业场所；以及可燃气体与燃油的使用和储存场所；大型工件淬火油槽、地下循环油冷却库、木模间、聚苯乙烯造型间；石墨型加工间、石墨电极加工间、化验室、可燃气体化验分析室、电缆隧（廊）道、电缆夹层等。

**6.11.3** 铸造车间在铁水、钢水等熔液浇注时，易发生高温熔液喷溅事故；感应电炉熔炼时易发生炉体烧穿造成损坏设备事故。故应有容纳漏淌熔液的设施以及保护感应电源的应急措施。

**6.11.4** 由于大型工件的淬火油槽深达十几米，已有数起淬火过程中因起重机故障，工件不能快速进入油槽，导致火焰顺工件燃烧至驾驶室的事故，为防止此类事故发生，故作此规定。

**6.11.5** 可燃气体与燃油的使用和储存场所、石墨型加工间、石墨电极加工间是易燃易爆区域，因此应按本规范附录 C 的要求采用防爆电气设备和照明设备。

**6.11.6**

**1** 理化分析中心、燃气化验室、可燃气体分析室内采用管道输送可燃气体时，为防止发生火灾，应设置紧急切断阀并设置火灾自动报警装置。

**2** 某钢厂炼钢主控制楼近期发生重大火灾事故，火焰顺电缆夹层燃烧至化验室，造成化验室人员死亡。故本款特别进行规定。

### 6.12 液压润滑系统

**6.12.1** 液压系统一般工作压力较高，供油系统管道破裂或其他原因引起泄漏，易造成高压喷射油雾，油雾的闪点较低，易于燃烧，因此要求液压系统有完善的安全、减压和闭锁措施。

**6.12.2** 液压站、润滑油站（库）和电缆隧（廊）道、电气地下室都是钢铁冶金企业的重点防火区域，火灾危险性较大，而油库区域易产生油气，鉴于此要求设计中两类场所不宜连通。如确需连通时，则应做防火隔断，所使用的防火门应为甲级且常闭。

**6.12.3** 为满足工艺要求，液压润滑油库距离其所属设备或机组的距离不应太远。我国钢铁冶金企业自20世纪60年代以来引进的轧机，均设有地下润滑油库和液压油库，由于外方对该类地下油库的消防、通风及电气设施的设计提出了较为严格的要求，运行至今，未发生过重大事故。故作此规定。

**6.12.4** 为避免油桶的摔、撞，便于装卸，故规定桶装油品库应为单层建筑。从安全性和经济性考虑，规定当丙类桶装润滑油品与甲、乙类桶装油品储存在同一栋库房内时，两者之间应设防火墙隔开。

为利于发生火灾事故时人员和油桶的疏散，规定应设外开门。丙类桶装润滑油品的危险性较低，所以也可以在墙外侧设推拉门。每个防火隔间的开门数量，与现行国家标准《建筑设计防火规范》GB 50016 的相关规定一致。规定设置斜坡式门槛，主要是为了在发生事故时，防止油品流到室外而使火灾蔓延。但斜坡式门槛也不宜过高，过高将给平时作业造成不便。

按桶装油品的性质，规定库房建筑应采取相应的防火、防雷和自然通风措施。

### 6.13 助燃气体和燃气、燃油设施

钢铁冶金企业生产中使用的助燃气体如氧气，可燃气体如氢气、乙炔气、煤气、天然气、液化石油气，可燃液体如柴油、重油等，其生产或储存的火灾危险类别在本规范有关章节已作规定。本规范未规定的，尚需遵循现行的专业设计规范、安全规程，如现行国家标准《氧气站设计规范》GB 50030、《氧气及相关气体安全技术规程》GB 16912、《氢气站设计规范》GB 50177、《氢气使用安全技术规程》GB 4962、《乙炔站设计规范》GB 50031、《工业企业煤气安全规程》GB 6222、《发生炉煤气站设计规范》GB 50195、《汽车加油加气站设计与施工规范》GB 50156、《石油库设计规范》GB 50074、《石油化工企业设计防火规范》GB 50160 等。

**6.13.2** 当场所内的氧含量体积组分≥23％时，则成易燃空间。因富氧发生燃烧造成人员伤亡事故有多次报道。2002年西北某企业的氧气站控制室，因未设置氧浓度报警，在氧气导压管泄漏后，值班人员没有及时发现，氧气不断富集，直至控制室的电器盘首先冒烟着火，紧接着可燃物全部着火，一片火海，当场烧死值班人员3名。氧含量体积组分＜23％是钢铁企业动火的界限，本规范的氧含量体积组分≥23％，引自现行国家标准《氧气及相关气体安全技术规程》GB 16912。对于氧浓度的报警（缺氧＜18％、富氧≥23％）设置，参照现行国家标准《缺氧危险作业安全规程》GB 8958，且近几年开始大量采用氧浓度的报警，故用"应设置"。对于有人员集中的场所如控制室，若仪表导管内有氧气介质并引入房间者，应设置氧浓度报警。

**6.13.4**

**1** 制氢系统、发生炉煤气系统、煤气净化冷却系统中的露天设备是指工艺水冷却塔、制氢的变压吸附器、洗涤塔、除尘器、电扑焦油器、煤气脱硫塔、中间罐、反应槽、脱液器、压缩机等设备。这些设备是钢铁企业公辅设施系统的中间环节，与公辅系统流程的上、下游设备有紧密联系，其安全主要靠工艺流程的各种检测仪表、联锁功能、设备的自身安全设置、管理制度来保证。其间距和与所属厂房的间距不能简单地按照甲、乙类气体容器的防火间距作为一种防火安全措施。间距是根据工艺流程畅通、靠近布置来确定，且不影响检查、操作、维修的要求。

**6** 现行国家标准《工业企业煤气安全规程》GB 6222 第4.3.2条规定，煤气调压放散管必须点燃并有灭火设施，管口高度应高出周围建筑物，一般距离地面不小于30.0m。化工系统的可燃气体点燃放散装置，称为火炬，火炬点燃放散后的热量对周围设备和人员的影响均有计算，现行国家标准《石油化工企业设计防火规范》GB 50160 第4.4.9条和第4.4.13条对可燃气体放散提出了相应要求。相比较而言，化工企业对可燃气体的放散点燃设计更为合理，现行国家标准《石油化工企业设计防火规范》GB 50160 规定："距燃烧放散装置30.0m内严禁可燃气体放空"，本规范部分采用该规定。"距燃烧放散装置30.0m"是指以煤气放散管顶部的燃烧器为中心，半径为30.0m的球体范围。

**8** 设置排污水的水封井等隔断设施，是为了防止比空气重的可燃气体、可燃液体随着污水管沟流向系统外，造成意外事故。

**9** 现行国家标准《石油天然气工程设计防火规范》GB 50183 及《城镇燃气设计规范》GB 50028 中

规定液化石油气储罐钢制支柱的耐火极限为 2.00h，故本款按 2.00h 要求。

**6.13.5** 高炉煤气干法布袋装置内的温度较高，一般在 180～200℃，高炉事故时可能超过 300℃，脉冲气源若采用空气，空气中的氧将加入到煤气中，存在发生事故的可能，故应用氮气源。

### 6.14　其他辅助设施

**6.14.3**

　　6　氧气、乙炔、煤气、燃油管道供自身用的电缆，是指管道上的电动阀门用电、仪表用电、操作平台梯子照明用电的电缆。

**6.14.4**

　　1　采矿剥岩及矿石运输汽车，一般都采用柴油车辆，只有少量辅助运输汽车是汽油车。国内的矿山设计，过去基本上将其保养车间单独设置。而国外矿山设计，也有将矿用汽车及推土机、装载机等重型柴油机械与采掘机械合建维修车间的。考虑今后发展及国内相关设计防火规范的要求，规定其保养车间一般宜单独建造，但当维修车位在 10 个及以下时可与采选机械维修间厂房及库房合建。考虑到小部分厂房内的铆焊工部有焊接火花及火焰产生，故规定不得与汽车加油站、桶装润滑油库、氧气瓶及乙炔气瓶库等甲、乙类物品库房组合或贴邻建造。

　　2　因工艺需要，汽车及重型柴油机械保养车间与电机车定检需要附设蓄电池（俗称电瓶）充电间。某些电瓶充电时会散发氢气，对该类充电间，参考现行国家标准《汽车库、修车库、停车场设计防火规范》GB 50067 的相关规定，充电间应布置在附属厂房靠外墙的位置，并对其与相邻充电机房及厂房之间的防火间隔、安全出口等作出规定。同时设计应采用防火、防爆、防酸腐蚀及机械通风措施。

　　3　因工艺需要，矿山汽车及重型柴油机械保养车间需要附设喷油泵试验间。由于喷油泵试验时容易产生柴油雾气，因此喷油泵试验间应布置在附属厂房靠外墙的位置，并应设计机械通风和与油品介质相应的防爆措施，如采用轻柴油、煤油、汽油试验时，就应采用防爆措施。

## 7　火灾自动报警系统

**7.0.1、7.0.2** 本条是在总结几十年来中国钢铁冶金企业火灾案例分析、消防安全系统运行有效性、可靠性分析等经验的基础上，本着系统安全可靠、先进适用、经济合理的原则对钢铁冶金企业的各类主要的防护区域火灾自动报警作出了明确规定。

　　1　根据统计，钢铁冶金行业中电缆火灾占了很大的比重，其中有几起造成了巨大损失。钢铁冶金企业内涉及供配电、控制、信号、动力等方面的电缆遍

布全厂，尤其在电缆隧（廊）道、电缆夹层、电气地下室、电缆沟和车间内电缆桥架等建筑或区域内电缆密集程度很高，火灾具有发展速度快、扑救困难等特点，另外这些电缆往往贯通全厂，火灾易于蔓延，危害性很大。近年来冶金企业也开始大量采用阻燃电缆，这往往造成人们的麻痹，实际上阻燃或阻止火焰传播的电缆并不意味着该电缆是非可燃的，"在适当的条件下，阻燃电缆会支持自持燃烧"（引自我国《核安全法规》HAF 0202 附录Ⅷ"电缆绝缘层"）。另外美国的电缆耐火研究也表明：不仅阻燃电缆支持燃烧，而且涉及阻燃电缆的火灾比起非阻燃含聚氯乙烯的电缆火灾更难扑灭。鉴于此，本条对电缆火灾危险场所作了详尽的规定。

　　2　钢铁冶金企业电气地下室火灾场景十分复杂，一般包含大量的电缆托架、电气设备，甚至还有油类设备等，一旦发生火灾，危害性很大，因此本规范将其作为重点保护对象，规定应设置火灾自动报警系统。

　　3　由于冷轧轧机使用轧制油的特点，不锈钢冷轧机组、修磨机组（含机舱、机坑、附属地下油库和烟气排放系统）也很容易发生火灾，因此本规范规定应设置火灾自动报警系统。

　　4　钢铁冶金企业存在着大量的液压润滑油库，常使用的液压油主要是乳化液、脂肪酸脂、水乙二醇等难燃油类，但根据近几年工艺加工精度的要求，可燃液压油得到了更广泛的使用。润滑油多为石油基，闪点（开口）一般高于 120℃。根据油库所处的位置、用油量的大小、发生火灾后的危害程度不同，采取了不同的设置原则：

　　1）油箱总容积指油箱内储存的油的体积。油液总容积指油管廊中油管内所储存油的总体积。地上的封闭式液压站和润滑油站（库）的设置位置包括在地面和高空平台上的。

　　2）地下的液压站、润滑油库油罐廊等，由于处于地下，出现问题不易发现，而且扑救困难，火灾危害大，应设置自动探测报警系统。

　　3）距离地坪标高 24.0m 及以上的液压润滑站房（如高炉炉顶液压站等），当其油箱总容积大于等于 2m³ 时，火灾危险性较大，而且位于高空，扑救困难，应设置火灾自动报警系统，以便尽早发现火灾，及时扑救，避免或限制火灾蔓延，减少火灾损失。

　　4）距离地坪标高小于 24.0m 的，油箱总容量大于 10m³ 的地上封闭液压站、润滑油库，火灾危险性大，这些场所也应设置火灾自动报警系统。

　　5）对于钢铁冶金企业中大量存在的小型地上液压站、润滑油站，多设置于敞开空间，而且位置分散。另外由于这些场所可燃油少，即使发生火灾影响范围也很小。因此本规范未作规定，但有条件时，宜设置火灾自动报警系统。

**5** 钢铁冶金企业中存在较多一般性质的电气室、仪表室，其内部可燃物很少，因此本规范依据国家现行标准《冶金企业火灾自动报警系统设计》YB/T 4125 的相关规定，对于这些场所中屏、柜数量大于一定数量的电气室和仪表室宜设火灾自动报警系统。

**6** 矿区车间变电所及井下变电所往往容量较小，火灾危险性小，且发生火灾时对周边影响较小，人员也不便于监控。因此本规范不作规定，但如果条件允许，宜设置火灾自动报警系统。

**7.0.3** 钢铁冶金企业焦化、耐火、石灰等工艺中均使用煤气等可燃气体，且不同工艺中煤气的成分也会有所不同，例如焦炉煤气含 $H_2$ 约 58.8%、含 $CH_4$ 约 25.6%，仅含约 5.9% 的 CO，爆炸性可燃气体成分高，而转炉煤气含 CO 约 58.5%、含 $N_2$ 约 21.5%、含 $CO_2$ 约 15.1%。总体而言，煤气富含 CO、$CO_2$、$H_2$、$CH_4$、$O_2$ 等。总结冶金行业以往的成功做法，并参考国家现行标准《石油化工企业可燃气体和有毒气体检测报警设计规范》SH 3063 和现行国家标准《火灾自动报警系统设计规范》GB 50116 的相关规定，本条对可燃气体检测报警系统的设置作了规定。

工艺装置包括各工艺内按本规范附录 C 所示的爆炸和火灾危险环境区域属于 2 区以及附加 2 区内的所有区域，如煤气净化系统的鼓冷、脱硫、粗苯、油库等工段，苯精制、焦炉地下室、煤气烧嘴操作平台等；储运设备包括符合本规范附录 C 所示的爆炸和火灾危险环境等级属于 2 区以及附加 2 区内的储罐区、装卸设备、灌装站等。

可燃气体检测报警装置的设置要求可以参考国家现行标准《石油化工企业可燃气体和有毒气体检测报警设计规范》SH 3063 和现行国家标准《火灾自动报警系统设计规范》GB 50116 的相关规定。

**7.0.4** 对于只有二个工艺厂区的小型企业，宜采用控制中心报警系统，另外由于许多新建或改、扩建工程中往往建筑面积十分紧张，工厂设专人管理的可能性很小，不能单独设置消防控制室，根据近几年来冶金企业的成功做法，此时消防控制室可与其他生产过程的主控制室或中央控制室等合并建设。因为中央控制室、主控制室等长期 24h 有人值守，并且合并建设便于在火灾时结合生产的实际状况进行消防救灾，统一指挥管理。

**7.0.5** 按照我国目前规定的钢、铁产能 100 万 t 以上的即为大型企业，这样的企业往往会包含多条工艺生产线，即多个工艺厂区，工艺复杂，保护对象类型多，火灾的直接和间接危害性较大。为了快速反应、及时处理、控制和扑灭火灾，本条规定对于一定规模以上的企业，应设消防安全监控中心。这样做还有如下好处：第一，实现消防安全系统的集中监控和管理；第二，减少业主的人员和资金投入；第三，便于

工厂根据灾害情况进行决策，及时恢复生产。

根据钢铁冶金企业的特点，并结合现行国家标准《消防通信指挥系统设计规范》GB 50313 的相关规定，本条规定了钢铁冶金企业消防安全监控中心应具有的功能。与城市 119 消防指挥系统不同的是：本系统更强调实时监控功能，要求达到远程的监视和控制，目的在于立足自救，提高系统的应对速度和能力。

# 8 消防给水和灭火设施

## 8.1 一 般 规 定

**8.1.1** 消防系统的规划设计应与全厂的规划设计统一考虑，尤其是消防用水、给水管网等更应该与全厂用水统一规划设计，从而降低消防系统的投资，提高消防管理水平。

**8.1.6** 凡是生产、使用、贮存可燃物的工业与民用建筑均应配置灭火器。因为有可燃物的场所，就存在着火灾危险性，需要配置灭火器加以保护。反之，对那些确实不生产、使用和贮存可燃物的建筑，则可以不配置灭火器。

## 8.2 室内和室外消防给水

**8.2.1** 钢铁冶金企业的炼钢、连铸车间，热轧及热加工车间，冷轧及冷加工车间等丁、戊类厂房，耐火等级多为一、二级，而且可燃物少，根据现行国家标准《建筑设计防火规范》GB 50016 的规定，可不设室内消防给水。但存放甲、乙、丙类设施或物品的区域还应该设置。

**8.2.2** 以下建筑物和场所可不设置室内消防给水的理由是：

煤储存的火灾危险主要来源于煤炭具有自燃的特性，但煤的自燃是需要经过 90d 左右聚热的潜伏期才会发生的。焦化厂所使用的煤是经洗煤厂机械加工后，降低了灰分、硫分，去掉了一些杂质，含水率 10% 左右的洗精煤，而且煤种、煤的运输量也与火力发电厂不同，而且从近五十年的生产实践经验来看，钢铁冶金企业中煤和焦炭的运输、贮存、加工场所火灾发生的几率也很小。

运输煤、焦炭和矿石的地上及地下的带式输送机通廊和带式输送机驱动站、受煤坑，煤塔，切焦机室等，有的是工艺装置高度较高，有的因建筑内生产使用的煤或矿料较难点燃，采用室外消火栓可以解决问题，因此可不设室内消防给水。

对于煤仓，煤在储仓中停留时间一般不超过 15d，中转时间短，不会发生自燃；一旦发生火灾，将会在上部或周边产生大量的水煤气，对消防人员的人身安全构成危害，正确的处理方式是将仓内煤卸到

仓下部，利用室外消火栓将其扑灭。

电缆隧（廊）道和电气地下室由于位于地下，平时无人值守，一旦发生火灾，人员很难利用设置的室内消火栓进行灭火操作，所以当此类场所设置了自动灭火设施时，可不设置室内消火栓。

在钢铁冶金企业中还存在大量的耐火等级为一、二级且可燃物较少的单层、多层丁、戊类厂房（仓库），如洗矿厂房、选矿主厂房等，以及耐火等级为三、四级且建筑体积小于3000m³的丁类厂房和建筑体积小于等于5000m³的戊类厂房（仓库），应根据现行国家标准《建筑设计防火规范》GB 50016的相关规定不再设置室内消火栓。

**8.2.5** 设置箱式消火栓是为了岗位人员及时对设备进行冷却保护，适合在加热炉、可燃气体压缩机、介质温度高于自燃点的可燃液体泵及热油换热等设备的附近设置，并要求配以多用雾化水枪（即可以喷水雾或直流水柱），以免高温设备遇水急冷导致设备破裂。

**8.2.7** 对于用电设备，普通的水枪会导致漏电、导电等现象发生，故宜采用喷雾水枪。

### 8.3 自动灭火系统的设置场所

**8.3.1** 根据钢铁冶金企业几十年的火灾案例分析，自动灭火系统的防护范围主要集中在以下场所：变（配）电系统，电缆隧（廊）道、电缆夹层、电气地下室等电缆类火灾危险场所，液压站和润滑油库等可燃液体火灾危险场所，以及彩涂车间的涂料库、涂层室、涂料预混间等。

**1** 电缆火灾事故在国内外屡有发生，美国1965～1975年间电线电缆火灾共1000余起，直接损失上亿美元。我国在各行业的工矿企业和民用建筑中，几乎都有电缆火灾事故的发生。统计表明，电缆火灾事故的几率分布主要在钢铁冶金企业、电厂、石化企业的电缆群密集场所。钢铁冶金企业的电缆密集场所更多，并且二十年来，发生了多次特大火灾，有的损失高达十多亿元，可见其危害性是非常大的。本规范中对电缆火灾危险场所设置的自动灭火系统的制定原则和依据如下：

1）对于易于发生火灾，且发生火灾后会造成对控制室、电气设备室等重要区域有致命损害的，应设自动灭火系统。这些区域包括：电气地下室、厂房内的电缆隧（廊）道、厂房外的连接总降压变电所的电缆隧（廊）道、建筑面积大于500m²的电缆夹层。其中电气地下室较为特殊，布置有密集电缆和电气设备，甚至还有油类设备，火灾危险性很大，一旦发生火灾，其火灾危害也很大。对于电缆夹层，根据几十年来钢铁冶金企业的设计和实践，大于500m²的多为重要建筑、火灾负荷大且火灾危害性大，因此大于500m²的电缆夹层应设定自动灭火系统。

2）对于易于发生火灾，发生火灾后对周边区域

有较大损害的，本规范规定宜设自动灭火系统，这些区域包括：建筑面积小于等于500m²的电缆夹层，厂房外非连接总降压变电所，长度>100.0m且电缆桥架层数大于等于4层的电缆隧（廊）道；与电缆夹层、电气地下室、电缆隧（廊）道连通的，或穿越三个及以上防火分区的电缆竖井。

3）根据我国的标准，阻燃电缆分为A、B、C三种类别，它是根据试验时垂直成束布放的电缆根数（即燃烧物的体积）和燃烧时间的不同来分类的。A类的试样根数应使每米电缆所含的非金属材料的总体积为7L，B类为3.5L，C类为1.5L；外火源燃烧时间A、B类为40min，C类为20min。当试验结束，外火源撤除后，电缆炭化部分所达到的高度应不超过2.5m。很显然，A类的阻燃性能最优。如果用户在购阻燃电缆时不注明类别，通常购的都是C类阻燃电缆，其价格大约比普通电缆高5%～10%。A、B类阻燃电缆只有在用户明确提出要求时，电缆生产厂才会专门安排生产。不同等级的阻燃电缆，其使用场合有所不同，一般应根据电缆敷设时的密集程度、使用场合、安全性要求等来选用。目前，A、B类阻燃电缆只有在敷设密集程度高、火灾危险性大的电缆线路，或者比较重要的场所才使用。

阻燃电缆并不意味着该电缆是非可燃的，在适当的条件下，阻燃电缆会支持自持燃烧。我国《核安全法规》HAF 0202附录Ⅷ"电缆绝缘层"中指出，"不仅阻燃电缆会支持燃烧，而且涉及阻燃电缆的火灾比非阻燃的含聚氯乙烯的电缆火灾更难扑灭，即使采用了阻燃电缆，由于电缆火灾使安全重要物项遭到损坏的可能性依然存在"。

4）《核安全法规》HAF 0202附录Ⅷ"电缆绝缘层"指出：电缆火灾危险场所往往是成组电缆的深位燃烧火灾。

基于窒息原理的二氧化碳和基于切断燃烧链原理的Halon气体对于燃烧热已穿透导体层或温度已达到塑料的燃烧点的火灾的扑救是无效的。美国FM公司针对汽轮机房灭火系统研究指出，气体灭火系统的失败率高达49%，其中37%是由于保护场所密闭性差而导致。在钢铁冶金企业中，电缆隧（廊）道纵横贯通，容积大，密闭性差。综合以上两点，气体灭火系统是不适用于电缆区域火灾的扑救的。

水介质有着对灭火十分有利的物理特性。它有高的热容〔4.2J/（g·K）〕和高的汽化潜能（2442J/g），可以从火焰或可燃物上吸收大量的热量；水汽化时体积膨胀1680倍，可以迅速稀释和排挤火灾周边的氧气和可燃蒸气。水的浸润作用可以有效扑救深位燃烧的火灾。

根据钢铁冶金企业成功的火灾扑救案例和专家的多次论证，并参照我国《核安全法规》HAF 0202附录Ⅷ"电缆绝缘层"的相关论述——"设置自动灭火

系统的电缆火灾危险场所，应考虑水基灭火系统为主要灭火手段"进行规定。

**2** 钢铁冶金企业的液压站、润滑油库等可燃液体火灾危险场所特点也是非常鲜明的，即所使用的油多为可燃介质，防护空间往往较大，有储油箱和不同压力等级的供油设备和系统，存在压力油雾、流淌、平面火灾，同时这些场所内还设有电缆桥架和电气设备。鉴于此，在此类场所设置自动灭火系统是遵循如下原则和方法的：

1）地下液压润滑油库往往储油量大，发生火灾后的破坏性大，可能导致厂房结构的重大损毁或造成火灾的极大蔓延，另外产生的大量烟雾还将对厂房区域的各类设备造成二次损失。因此本规范规定储油量大于等于 $2m^3$ 的应设自动灭火系统。其中 $2m^3$ 的参数确定是根据钢铁冶金企业的特点：储油量大于等于 $2m^3$ 的地下液压润滑油库均属比较重要的场所。

2）地面的液压站及润滑油库在钢铁冶金企业非常多，根据目前设计的实际情况，重要的地上液压站储油量均在 $10m^3$ 以上，一旦发生火灾，不及时扑救控制将严重危害生产和设备，因此规定储油量大于等于 $10m^3$ 的地面封闭式液压润滑油库宜设自动灭火系统。

3）由于地下油管廊往往布置有输油管线、储油间和阀台等工艺设施，发生火灾后易于蔓延扩大，不易控制，因此考虑贮存的油类总容量大于等于 $10m^3$ 的此类场所应设自动灭火系统。

4）地上架空设置的液压润滑站，如高炉炉顶液压站、高炉炉前液压站等，往往其火灾的扑救控制困难，易造成对周边区域设备或建筑的损毁，因此本条规定储油量大于等于 $2m^3$ 的应设自动灭火系统。

**3** 近年来，彩涂车间建设较多，而彩涂车间的涂料库、涂层室、涂料预混间等大量使用油漆等易挥发可燃液体，火灾危险性大，本条规定这些场所应设自动灭火系统，设计师可根据空间的具体情况选用气体、泡沫等自动灭火系统。

**4** 控制室、电气室、通讯中心（含交换机室、总配线室和电力室等）、操作室等场所性质重要，一旦发生火灾会造成很大的损失，参考现行国家标准《建筑设计防火规范》GB 50016 的有关规定，结合钢铁冶金企业特点，规定面积大于等于 $140m^2$ 的此类场所应设置固定灭火设施，面积小于 $140m^2$ 的此类场所宜设置固定灭火设施。

**5** 其他场所虽未作强制要求，但实际设计时也应根据火灾危害性分析的情况确定是否设置自动灭火系统。对于发生火灾后，可能会造成较大损失和影响安全生产的，经火灾危害性评估后，宜设自动灭火系统。

### 8.4 消防水池、消防水泵房和消防水箱

**8.4.1** 本条规定了应设置消防水池的条件。

当厂区给水干管的管道直径小，不能满足消防用水量，即在生产、生活用水量达到最大时，不能保证消防用水量；或引入管的直径太小，不能保证消防用水量要求时，均应设置消防水池储存消防用水。

厂区给水管道为枝状或只有 1 条进水管，在检修时可能停水，影响消防用水的安全，因此，当室外消防用水量超过 25L/s，且由枝状管道供水或仅有 1 条进水管供水，虽能满足流量要求，但考虑枝状管道或 1 条供水管的可靠性仍应设置消防水池。

**8.4.2** 自动喷水、水喷雾、细水雾等灭火系统的水源可以取自工厂的新水和净循环水，但消防供水系统应增设过滤装置。通常在水泵入口处设置过滤器，并在供水管网中增设过滤器，过滤等级可根据相关灭火系统国家标准的规定确定。

**8.4.3** 为保证不间断地供应火场用水，消防水泵应设有备用泵。备用泵的流量和扬程应不小于消防泵站内的最大一台泵的流量和扬程。

### 8.5 消防排水

**8.5.1** 在以往的工厂设计中，曾出现因未考虑消防排水而造成损失或消防系统使用不便的情况，另外考虑到消防排水往往无污染，可进入生产、生活排水管网，因此宜统一设计，而且排水管网的流量应考虑消防的排水量。

**8.5.2** 电缆隧（廊）道、电缆夹层、电气地下室等电气空间，如果其墙面和地面出现渗水、漏水的现象，并形成积水，不仅会给经常性的维护工作带来诸多麻烦和不安全，而且在雨季，电缆长时间受到水的浸泡，其绝缘会遭到破坏，尤其当遇有含侵蚀性的地下水时，其遭受的破坏更为严重。因此，条文中规定，对于这类电气防护空间，均应根据地下水位情况对其墙面和地面做必要的防水处理，并设置排水坑。设置排水坑的目的在于一旦防水处理因施工或材质等原因出现局部渗漏时，也可设法及时将水排除，以避免事故的发生。

**8.5.3** 变压器、油系统的消防水量往往较大，排水中含有油污，易造成污染。另外如果变压器或油系统在燃烧时还有油溢（喷）出，水面上会有油火燃烧，因此消防排水应单独设置排放。同时还应在排水设施中设油、水分隔装置，以避免火灾蔓延。

## 9 采暖、通风、空气调节和防烟排烟

**9.0.1** 为防止可燃粉尘、纤维与采暖设备接触引起自燃，应限制采暖设备散热器的表面平均温度。

要求热水采暖时，热媒温度不应超过130℃；蒸汽采暖时，热媒温度不应超过110℃，这不能覆盖所有易燃物质的自燃点。例如松香的自燃点为130℃，

赛璐珞的自燃点为 125℃、PS₃ 的自燃点为 100℃，还有部分粉尘积聚厚度超过 5mm 时，在上述温度范围会产生融化或焦化，如树脂、小麦、淀粉、糊精粉等。由于易燃物质种类繁多，具体情况颇为繁杂，条文中难以作出明确的规定，故设计时应根据不同情况妥善处理。

运煤通廊等建筑物采暖耗热量很大，采暖散热装置布置困难，需要提高采暖热媒温度。现行国家标准《火力发电厂与变电所设计防火规范》GB 50229 规定，"运煤建筑采暖，应选用光滑易清扫的散热器，散热器表面温度不应超过 160℃"，这是符合实际的。因此，作出本条规定。

**9.0.4** 变压器室、配电装置等电气设备间装有各种电气设备、仪器、仪表和高压带电的电缆，不允许管道漏水、漏气，也不允许采暖管道加热这些设备和电缆。

**9.0.6** 事故通风是保障安全生产和人民生命安全的一项必要措施。对生产、工艺过程中可能突然散发有害气体的建筑物，在设计中均应设置事故排风系统。有时虽然很少或没有使用，但不等于可以不设，应以预防为主。

事故排风系统的通风机开关应装在室内、外便于操作的地点，以便发生紧急事故时，能够立即投入运行。

**9.0.7** 直接布置在有甲、乙类物品产生的场所中的通风、空气调节和热风采暖设备，用于排除甲、乙类物品的通风设备以及排除含有燃烧或爆炸危险的粉尘、纤维等丙类物质，其含尘浓度高于或等于其爆炸下限的 25% 时的设备，由于设备内、外的空气中均含有燃烧或爆炸危险性物质，遇火花即可能引起燃烧或爆炸事故，为此，在本规范中规定，其通风机和电动机及调节装置等均应采用防爆型的。同时，当上述设备露天布置时，通风机应采用防爆型的，电动机可采用密闭型的。

**9.0.10** 根据现行国家标准《建筑防火设计规范》GB 50016 的规定，符合下列规定之一的干式除尘器和过滤器，可布置在厂房内的单独房间内，但应采用耐火极限分别不低于 3.00h 的隔墙和 1.50h 的楼板与其他部位分隔：

**1** 有连续清灰设备。

**2** 定期清灰的除尘器和过滤器，且其风量不超过 15000m³/h、集尘斗的储灰量小于 60kg。

但在钢铁冶金企业中的焦化和铁合金等工艺中存在着可燃气体或有爆炸危险粉尘的除尘器或过滤器需要露天布置，这在现行国家标准《建筑设计防火规范》GB 50016 中是没有规定的，因此本条参考现行国家标准《建筑设计防火规范》GB 50016 的有关规定进行制定，露天布置的间距不应小于 10.0m，如图 3（a）所示。若露天布置的间距不够 10.0m 时，应采

用防火隔断措施，即与所属主厂房的隔墙应为耐火极限为 3.00h 的隔墙，隔墙的长度应大于设备本体长度，并应保证与设备的距离大于等于 10.0m，如图 3（b）所示。同时考虑到防火安全，除尘器或过滤器与所属主厂房的间距不应小于 2.0m。

如果除尘器或过滤器需要设置在厂房外的单独建筑物内时，可以与主厂房贴邻建造，但应采用耐火极限不低于 3.00h 的隔墙和 1.50h 的楼板与主厂房分隔，如图 3（c）所示，值得注意的是，因为该除尘器（过滤器）室是具有爆炸危险的厂房，在设计时应充分考虑。

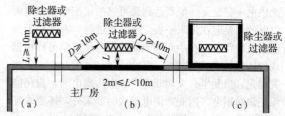

图 3　除尘器或过滤器的布置示意图

# 10　电　气

## 10.1　消防供配电

**10.1.1** 本条是对消防设备用电负荷的规定。

消防设备的用电负荷分级，应符合现行国家标准《供配电系统设计规范》GB 50052 的规定。根据该规范要求，一级负荷供电应由 2 个电源供电，且应满足下述条件：

**1** 当一个电源发生故障时，另一个电源不应同时受到破坏；

**2** 一级负荷中特别重要的负荷，除由 2 个电源供电外，尚应增设应急电源，并严禁将其他负荷接入应急供电系统。应急电源可以是独立于正常电源的发电机组、供电网络中独立于正常电源的专用馈电线路、蓄电池或干电池。

结合消防用电设备（消防控制室、消防电梯、自动灭火系统、火灾自动报警系统、防烟排烟设备、应急照明、疏散指示标志和电动的防火门、窗、卷帘、阀门）的具体情况，具备下列条件之一的供电，可视为一级负荷：

1) 电源来自 2 个不同发电厂；

2) 电源来自 2 个区域变电站（电压一般为 35kV 及以上）；

3) 电源来自一个区域变电站，另一个设有自备发电设备。

二级负荷供电系统原则上要求由两回线路供电。但在负荷较小或地区供电条件困难时，也可由一回 6kV 及以上专用的架空线路或电缆供电。

从保障消防用电设备的供电和节约投资出发，规定本款的保护对象应按不低于二级负荷要求供电。

**10.1.2** 消防水泵属于二级负荷中特别重要的负荷，应按一级负荷要求供电。重要的消防用电设备决定着消防的成败，因此供电十分重要，而要达到最可靠的供配电，则根据现行国家标准《建筑防火设计规范》GB 50016 的相关规定，当发生火灾切断生产、生活用电时，应仍能保证消防用电不中断。

从保障消防用电设备的供电和节约投资出发，规定本款的保护对象应按不低于二级负荷要求供电。

**10.1.3** 重要的消防用电设备决定着消防的成败，因此供电十分重要，而要达到最可靠的供配电，双电源供电的切换应在最末一级配电装置进行，否则会因为供配电线路中存在中间环节而降低可靠度。另外根据现行国家标准《建筑防火设计规范》GB 50016 的相关规定，当发生火灾切断生产、生活用电时，应仍能保证消防用电，因此除供电形式的要求外，还要求配电线路采用耐火电缆或经耐火保护的阻燃电缆。

**10.1.4** 鉴于工业企业用电设备多、电缆量大等复杂性，在消防系统设计时消防用电设备的供电回路应单独设置，不应与其他系统的供电回路混合。回路敷设、配电设备设置均应独立，且有明显的标志。

**10.1.5** 消防用电设备的负荷十分重要，应保证其供电的可靠性。钢铁冶金企业的设计采用传统的由上级变电所（该变电所至少有两个电源，两台变压器，二次侧有两段母线）的不同母线段取得两回路供电电源，且该两回供电线路（一般为电缆线路）要求采用耐火电缆或阻燃电缆。若在同一电缆沟或隧道中敷设时，应尽量分别敷设在沟或隧道两侧的电缆桥架（或支架）上。若沟或隧道只单侧有电缆桥架（或支架）时，则该两回路电缆不应敷设在同一层托架中，且两层托架间需设隔火措施，当一条线路故障时，一般不会影响另一条线路的正常供电，且在线路最末一级配电装置处，设有两路电源自动切换装置，可以保证消防电源的正常供电。这样的两路供电电源是可靠的。当然如果有条件，消防泵站可以再取得另一独立于本供电系统的一路相同电压等级的电源（如相邻车间不同电源的变电所、自备电厂、自设柴油发电机、高炉煤气余压发电等），或者采用非电气措施（如柴油水泵），这样更为可靠。

因此本条规定消防供电线路的敷设应符合现行国家标准《建筑防火设计规范》GB 50016 的相关规定。

### 10.2 变（配）电系统

**10.2.1** 电抗器安装在主电室内而不采取电磁防护措施时，电抗器的强磁场在厂房钢筋混凝土及钢结构中会因邻近效应及涡流而导致钢筋混凝土基础和钢筋混凝土墙体温度升高，引发火灾，故本条规定安装在室内时，应有强迫散热系统。"电抗器的磁距"应根据生产厂家提供的数据确定。

**10.2.2** 屋外油浸变压器之间，当防火净距达不到规定值时，应设置防火隔墙。防火隔墙的耐火极限在现行国家标准《火力发电厂与变电所设计规范》GB 50229 第 5.6.3 条中，对油量在 2500kg 及以上发电厂的变压器作了规定。鉴于冶金工厂变电所的重要性，本条参照该条提出了设置防火隔墙，其耐火极限不得小于 4.00h 的要求。

**10.2.3、10.2.4** 依据现行国家标准《火力发电厂与变电所设计规范》GB 50229 第 5.6.7 和 5.6.8 条制定，主要目的在于保证事故状态下油能排到安全处，以限制事故范围的扩大。

**10.2.6** 依据现行国家标准《电力工程电缆设计规范》GB 50217 第 5.1.10.3 条制定。根据冶金行业特点，电缆火灾发生的频率较高，往往会通过孔洞蔓延、扩散烧毁电气盘、柜造成重大损失。如根据火灾年鉴中记载，2000 年 2 月 28 日某钢铁集团公司炼钢厂转炉一分厂电缆竖井发生了火灾，进而蔓延至电缆夹层，因无防火分隔和封堵措施，导致过火面积达 1295.4㎡，烧红部分电气控制系统、设备，造成转炉停产，直接财产损失 615.7 万元。故作此明确规定是非常必要的。具体的电缆防火措施可以参照以下做法：

**1** 电缆隧（廊）道的防火分隔宜采用阻火墙或用槽盒设阻火段。电缆隧（廊）道阻火墙可用有机堵料、无机堵料、阻火包、防火隔板等防火阻燃材料构筑，阻火墙两侧电缆涂刷防火涂料或缠绕防火包带，如图 4 和图 5 所示。

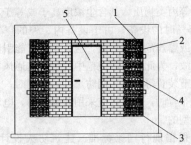

图 4　电缆隧道（双侧桥架）封堵断面图
1—阻火包；2—有机堵料；3—过水钢管；
4—电缆；5—防火门

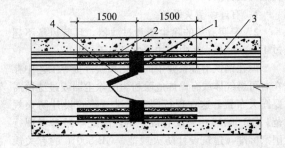

图 5　电缆隧道（双侧桥架布置）阻燃隔断平面图
1—阻火包；2—电缆防火涂料；3—电缆；4—防火门

**2** 电缆沟防火分隔宜采用阻火墙，电缆沟阻火墙可用有机堵料、无机堵料、阻火包等防火阻燃材料构筑。阻火墙两侧电缆涂刷防火涂料或缠绕防火包带，如图6所示。

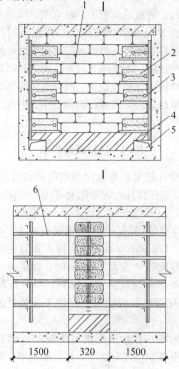

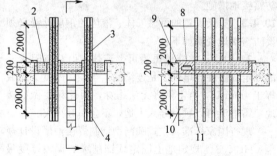

图 6　电缆沟阻火墙

1—阻火包；2—有机堵料；3—电缆；4—砖块；
5—排水孔；6—防火涂料

**3** 大型电缆竖井的防火封堵可采用防火隔板、阻火包、有机堵料、无机堵料、防火涂料或防火包带等防火封堵材料构筑，如图7所示。

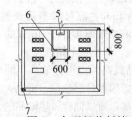

图 7　大型竖井封堵

1—无机堵料；2—有机堵料；3—防火涂料；4—电缆；
5—爬梯；6—铰链；7—螺栓；8—防火隔板；
9—角钢；10—爬梯；11—钢铁架

**4** 竖井、电缆穿楼板孔洞可采用防火隔板、阻火包、有机堵料和无机堵料等防火封堵材料封堵，如图8所示。

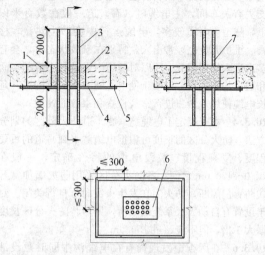

图 8　穿楼板孔洞封堵

1—无机堵料；2—有机堵料；3—防火涂料；
4—防火隔板；5—膨胀螺栓；
6—预留孔洞；7—电缆

**5** 电缆进入柜、屏、盘、台、箱等的空洞宜采用有机堵料、无机堵料、阻火包、防火隔板等防火阻燃材料进行组合封堵，用有机堵料设预留孔，如图9所示。

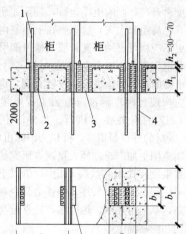

图 9　柜、盘孔洞封堵

1—电缆；2—无机堵料；3—有机堵料；
4—防火涂料；5—预留孔

## 10.3　电缆和电缆敷设

**10.3.1～10.3.3** 钢铁冶金企业内电缆敷设方式种类繁多，主要有：直埋，明敷，暗敷（墙内、埋地），电缆沟内敷设，电缆隧（廊）道内敷设，沿电缆桥架敷设，架空敷设，在电缆夹层、电缆室内敷设等，本节规定了与防火设计有关的电缆敷设要求。

主电缆隧（廊）道是指由总降〔或其他变（配）电所〕至各主要车间去的主干隧道，一般它有多条分支去有关车间，主电缆隧（廊）道一般在数百米以上，隧道内电缆较多，电缆运行中会产生热量，检查、维护人员也经常出入，特别在事故状态时，会有多人进入处理事故。所以对隧道内人员最小活动空间和通风均有要求，以便于使电缆隧（廊）道降温、延长电缆使用寿命、进行常规检查和事故的处理。

**10.3.4** 本条规定了电缆隧（廊）道防火分区的划分方法，防火分区的长度可根据电缆隧（廊）道的重要程度、复杂程度、敷设电缆的特性确定，一般在70.0～100.0m 之间。各防火分区采用防火墙加常开式防火门隔断，防火门在发生火灾时可自行关闭。对于设置有自动灭火系统的场所，则可将防火分区长度增大 1 倍，但不应超过 150.0m。

**10.3.6** 在调查中发现确有在电缆沟中同时敷设油管，甚至可燃气体管道的现象，这是十分危险的。若油管漏油，可燃气体漏气，聚集在电缆沟内，一旦电缆绝缘损坏冒火或放炮，必将引燃电缆或可燃油、气，引起火灾甚至爆炸，后果不堪设想，故必须禁止。

**10.3.7** 地下电缆室、电缆夹层内一般均敷设大量电力电缆及控制电缆，它们在运行中将产生热量并散发在这些空间内，如果有热力管道布置在室内，必将使室内的温度再升高，影响电缆运行，甚至加速电缆绝缘的老化，容易引起火灾，故不宜在上述室内布置热力管道，更不应将可燃油、气管或其他可能引起火灾的管道和非电气设备布置在上述室内。

**10.3.8** 电缆的选择、敷设及电缆隧（廊）道、电缆沟的设计应按现行国家标准《电力工程电缆设计规范》GB 50217 的有关要求执行。另外，中国加入WTO 后，铜材的进口渠道多，价格为国际市场价格，铜材的使用范围更加广泛。经大量调查研究统计，铝芯线缆火灾事故要比铜芯线缆高出 50 倍以上，故条文规定宜采用铜芯线缆。另外，钢铁冶金企业车间温度一般较高，车间内热点、热区多，故靠近高温区的电缆采用铜芯耐高温电缆为宜。

**10.3.9** 工业企业中控制直流电源、消防电源等的两路电源供电重要回路，对于工艺系统的自动控制，消防系统的正常可靠运行至关重要。本条规定意在保证两路供电电源在火灾等恶劣事故状态下，至少保证一路供电能够继续工作。

**10.3.10** 本条依据现行国家标准《电力工程电缆设计规范》GB 50217 第 7.0.4 条制定。

**10.3.11** 厂房内的地下电缆槽沟避开固定明火点或有火花产生的地点，目的在于防止火星、粉尘和油脂掉入或渗入槽沟内，引发火灾。

**10.3.13、10.3.14** 电缆火灾是钢铁冶金企业中最常

发生的，也是可能导致重大损失的火灾。导致电缆火灾的原因不外乎内因和外因，而对于钢铁冶金企业来说，外因导致的电缆火灾次数要高于其他大量使用电缆的工业企业，究其原因，与钢铁冶金企业存在大量的高温物料、高温场所有关。在炼铁、炼钢车间，铁水、钢水的温度在 1400℃ 以上，高温辐射严重，铁水、钢水及热渣还有飞溅的可能，故电气管线的敷设应避开这些热区，无法避开时，应选用耐高温电缆并采用隔热措施。外机械损伤、酸碱腐蚀等情况也会导致电缆绝缘的破损，造成火灾的发生。因此给予规定是非常必要的。

### 10.4 防雷和防静电

**10.4.1** 现行国家标准《建筑物防雷设计规范》GB 50057 对防雷分类及防雷措施有详细的规定，设计时应参照执行。

**10.4.2** 本条依据现行国家标准《石油化工企业设计防火规范》GB 50160 制定。当露天布置的塔、容器等的顶板厚度等于或大于 4mm 时，对雷电有自身保护能力，不需要装设避雷针保护。当顶板厚度小于4mm 时，则需要装设避雷针保护工艺装置的塔和容器等。

本条的塔、容器是泛指可燃与不可燃介质的设备：塔式设备如空气分馏塔、煤气脱硫塔，氢气、氧气、氮气、氩气、空气压力球罐和立式储罐，燃油罐等。露天设置的不可燃介质的塔和容器不是不用防雷设施，而是根据现行国家标准《建筑物防雷设计规范》GB 50057 的要求，防雷级别可较低。钢制的塔和容器，其钢板厚度≥4mm 时，对雷电有自身保护能力，不需要装设避雷针（线），但必须符合规定的防雷接地措施。

**10.4.3** 露天设置的可燃气体、液体的钢质储罐必须设防雷接地说明如下：

**2** 甲、乙类液体虽为可燃液体，但装有阻火器的固定顶罐在导电性上是连续的，当顶板厚度大于或等于 4mm 时，直击雷将无法击穿，因此只要做好接地，雷电流可以顺利导入大地，不会引起火灾。

现行国家标准《立式圆筒型钢制焊接油罐设计规范》GB 50341 规定地上固定顶钢制罐的顶板厚度最小为 4.5mm。所以新建或改、扩建的这种油罐顶板厚度大于或等于 4mm，都可以不装设避雷针（线）保护。但对经检测顶板厚度小于 4mm 的老油罐，应装设避雷针（线），保护整个储罐。

**3** 丙类油品属高闪点可燃油品，同样条件下火灾的危险性小于低闪点易燃油品。雷电火花不能点燃钢罐中的丙类油品，所以储存可燃油品的钢油罐也不需要装设避雷针（线），而且接地装置只需按防感应雷装设。压力储罐是密闭的，罐壁钢板厚度都大于4mm，雷电流无法击穿，也不需要装设避雷针（线）

但应做好防雷接地，冲击接地电阻不应大于 30Ω。

**4** 对于可燃气体塔、罐容器顶上设有放散管时，因放散管一般高出顶板 2.0～3.0m，当在雷电天气时，放散管有引雷效应，故此时应设避雷针。

**10.4.4** 现行国家标准《建筑物防雷设计规范》GB 50057 就建筑物防雷分类及各类防雷建筑物的防雷引下线的根数、布置、间距等都有明确的规定，应遵照执行。

**10.4.5** 现行国家标准《建筑物防雷设计规范》GB 50057 就各类防雷建筑物的防雷接地装置冲击接地电阻都有明确规定，应遵照执行。

**10.4.6** 本条目的在于采用等电位连接方法，防止弱电系统被雷电过电压损坏，并防止雷电波沿配线电缆传输到控制室。

**10.4.7** 钢铁冶金企业中爆炸和火灾危险场所，在加工或储运油品、可燃气体时，设备和管道引起摩擦产生大量静电荷，如不通过接地装置导入大地，就会集聚形成高电位，可能产生放电火花，引起爆炸和火灾事故。因此，对其应采取防静电措施。

　　**1、2** 使油品装卸站及与其相连的管线、铁道等形成等电位，并导走其中的静电，避免鹤管与运输工具之间产生电火花。

　　**3** 导出生产装置、设备、贮罐、管线及其放散管的静电。

　　**4** 在钢铁冶金企业中大量使用了易爆的粉状料等，因此对于此类生产装置、设备、贮罐、管线上应设置静电导出装置，如煤粉，在煤粉制备系统、喷吹系统的设备、管道上等均应设置。

**10.4.8** 本条目的在于更清楚地规定不同贮罐直径情况下接地数量的要求。

**10.4.10** 由于人们普遍穿着的人造织物服装极易产生静电，它往往聚积在人体上。为防止静电可能产生的火花，需在甲、乙、丙_A 类油品（原油除外）、液化石油气、天然气凝液作业场所的入口处设置消除人体静电的装置。此类消除静电装置是指用金属管做成的扶手，在进入这些场所前应抚摸此扶手以消除人体静电。扶手应与防静电接地装置相连。

**10.4.11** 通常静电的电位较高，电流却较小，所以每组专设的防静电接地装置的接地电阻一般不大于 100Ω 即可。

**10.4.13** 防静电接地装置要求的接地电阻值较大，当金属导体与防雷（不包括独立避雷针防雷接地系统）等其他接地系统相连接时，其接地电阻值完全可以满足防静电要求，故不需要再设专用的防静电接地装置。

### 10.5 消防应急照明和消防疏散指示标志

**10.5.1** 钢铁冶金企业厂区环境和建筑结构较为复杂，有地上、地下和性质、火灾危险等级不同的建筑物，系统工艺也较复杂，因此发生火灾时由于大量烟气的产生，易造成火灾扑救困难，进而引起更大的损失。为了保证厂区火灾危险性较大且重要的区域可以在火灾事故状态下及时疏散人员、财物和进行火灾的扑救，本条特作出规定。

**10.5.2** 对于地下液压润滑油库、电气地下室等火灾危险性较大且疏散困难的区域，以及工厂内主要的疏散路线，设置疏散指示标志非常重要，可以保障火灾情况下的人员疏散、火灾扑救人员撤离和必要的救援人员撤离等，因此作出本条规定。

**10.5.3** 在工业企业中消防安全涉及人员安全、生产安全等多个方面，因此许多重要的场所，如各主控室、主操作室、主电室等主要的工艺场所，应设置在发生事故且正常照明因故障熄灭后可以保证继续工作和人员安全疏散的应急照明。为了保证基本的照明条件，本条规定了应急照明的最低照度要求。

**10.5.4** 关于灯具、火灾事故照明、消防疏散指示标志的设置位置和要求，在现行国家标准《建筑设计防火规范》GB 50016 中有较全面的规定，因此防火设计时应予以执行。

## 附录 A 钢铁冶金企业火灾探测器选型举例和电缆区域火灾报警系统设计

**A.0.1** 火灾探测方法应根据设置场所的情况选择适宜的方式，它是火灾自动报警系统有效和可靠运行的基础。近十几年来，我国消防安全技术有了快速的发展，研制生产出了许多先进、可靠、经济的产品。为了方便设计，在总结了近几十年钢铁冶金企业的火灾自动报警系统设计、运行和管理经验后，对探测器的选型推荐如表 A.0.1 所示。

**A.0.2** 火灾的早期探测是防止火灾蔓延和降低火灾损失的关键。线型定温探测器难以及时探测电缆温度的快速上升或外来火源引发的电缆火灾；光纤、光栅类线型感温探测器由于巡检时间长，并存在对直径小于 10cm 的火源或热源无法检测等缺陷，不适用于电缆类火灾的探测；缆式线型差定温探测器可以在温度异常升高的初期及时报警。因此，本条规定电缆火灾危险场所应采用缆式线型差定温探测器。依据现行国家标准《火灾自动报警系统设计规范》GB 50116 规定，在设置自动灭火系统的场所宜采用同类型或不同类型探测器的组合，结合钢铁冶金企业的特点，本条规定应采用双回路组合探测。

**A.0.3** 设定探测分区的目的是为了迅速而准确地探测出被保护区内发生火灾的部位，如果线型火灾探测器跨越了探测区域，就无法准确地区分报警位置，甚至当一个分区的火灾报警设备出现故障时，会导致其他区域内的火灾报警系统无法工作，降低了系统的可靠性。尤其是对于设有自动灭火系统的情况，更加要求准确报出发生火灾的部位，以便于启动系统进行火灾扑救。

**A.0.4** 电缆火灾的发生将经历温度升高→蓄热（受热）→产生可燃气体→产生可燃烟气→产生明火的过程，火灾早期探测的关键在于温度升高阶段。线型感温探测器较好的敷设方式是接触式水平正弦波，但这种敷设方式不利于被保护电缆的维护和检修。采用悬挂敷设方式时，可以避免对被保护电缆的维护检修的影响，但将相对降低对电缆火灾探测的灵敏度。为保证火灾探测的有效性，要求悬挂敷设的线型感温探测器距被保护电缆表面的垂直高度不应大于 300mm，同时对报警温度也作出要求，即在悬挂高度为 300mm 时，探测器的定温报警温度与接触式敷设时的定温报警温度之差不应大于额定报警值的 20%。具体试验方法为：若缆式线型感温探测器的额定报警温度为 88℃，将 1.0m 长的线型感温探测器以正弦波水平敷设在一个加热板上，以不超过 1℃/min 的升温速率缓慢提高加热板温度，测得缆式探测器报警温度值，再将该缆式探测器沿垂直方向提高 300mm 后，仍按正弦波水平敷设安装，在探测器额定报警温度和其他条件不变的情况下再测得一个报警温度值，两个报警温度的差值不应大于额定报警温度值（88℃）的 20%，即 17.6℃。该性能应由国家认可的检测机构进行检定。

**A.0.5** 考虑冶金企业内电磁干扰强度大，且环境恶劣复杂，易受机械损伤，因此推荐采用金属屏蔽型线型感温探测器，金属屏蔽层是指独立于探测信号传输导体，用于屏蔽电磁干扰的金属包裹层。

**A.0.6** 电缆火灾事故发生原因归纳起来有两个：一个是由于电缆过流、短路、绝缘老化或接头阻抗过大等内部原因引发的火灾；另一个是由于焊接火花、钢水泄漏等外界火源引起的火灾。本规范编制组对钢铁冶金企业发生的 26 例电缆火灾进行统计分析发现：火灾初期，电缆受热长度在 1.0m 或以下的案例有 24 例，如果线型感温探测器不能满足 1.0m 或以下准确报警的要求，则可能会造成电缆火灾漏报警或晚报警的严重后果。

线型感温探测器的报警温度会受到环境温度和受热长度的影响，线型感温探测器用于电缆火灾危险场所时，所处的局部环境温度可能达到 49℃，因此予以明确规定。

以上性能应由国家认可的检测机构进行检定。

## 附录 B　钢铁冶金企业细水雾灭火系统设计

**B.0.1** 由于细水雾仍然是以水为介质，因此关于细

水雾系统不得用于过氧化钾、过氧化钠等过氧化物或金属钾、金属钠、金属钙等遇水燃烧的物质，这些物质遇水后均会造成燃烧或爆炸的恶果。另外，遇水造成剧烈沸溢的可燃液体或液化气体场所也不得采用水基灭火系统。

**B.0.2** 细水雾灭火系统的系统型式涉及以下几方面：系统的应用方式、喷头的类型、系统的动作方式、系统的介质类型。实际应用中，系统型式应根据被保护场所的火灾特状、点火源、燃烧源、工艺设备运行特点和环境特点进行比较选择。遵循的原则是灭火高效、水渍损失最小、系统动作灵活可靠、介质的保存获取方便可靠。

**B.0.3** 细水雾可以用于扑灭闪点小于 38℃ 的可燃液体火灾，但存在灭火时间长等问题，尤其是针对水溶性液体灭火时，灭火时间更长，国内外研究表明，加入一定量的添加剂，可以提高 30%～70% 的灭火效率，因此本条作此规定。

**B.0.4** 大中型计算机房、主控制室、通信中心等火灾危险场所属弱电设备空间，细水雾对弱电板路的影响较小，国外在这些场所已有大量的应用案例。就这些场所的特点而言，往往房间布置较为集中，便于中、高压系统实施，另外要求在保证快速灭火的同时应尽量减少水渍损失，因此主要采用的是中、高压的细水雾系统，这样可以保证水雾在 2 级以上。分布全厂的液压润滑油库、电缆隧（廊）道等保护对象具有覆盖范围大、环境相对恶劣，现场环境中存在超细粉尘、油气等污染物，因此要求细水雾灭火系统管网覆盖范围足够广泛，灭火介质输送距离足够远，系统可以承受相对恶劣的环境要求。鉴于此，宜选用中、低压系统。由于高压细水雾系统对水质和环境要求较高，不宜应用于以上场所。

**B.0.5** 细水雾灭火系统的正常开启通常包括下列几种情况：第一，自动探测报警系统自动探测到火灾，发出启动命令；第二，人员发现火灾通过手动报警按钮进行报警，之后由联动控制系统启动灭火系统；第三，人员发现火灾通过现场机械手动启动灭火系统。以上情况之外发生的系统启动均属于误动作。由于水基灭火系统误动作可能会造成水渍损失，因此本条规定，应采取措施防止系统发生误喷，同时，防误喷措施的采用不应显著降低系统的可靠性。例如，可采用定压喷放式细水雾喷头，并在雨淋控水阀与喷头之间安装溢流阀，用以泄放雨淋控水阀误动作时流过的水，使系统不发生误喷，系统可靠性也不会有明显变化。又如在雨淋控水阀阀前或阀后串联一个或多个定压开启式阀门，虽能起到一定防误喷作用，但由于部件的增加导致系统不能正常打开的概率增加，因而不能将其作为防误喷措施。

**B.0.7** 研究表明，冲击或溅射式雾化原理的喷头形成的水雾冲量小，不适于扑救深位火灾。

**B.0.8** 主要依据美国国家防火协会《细水雾灭火系统标准》NFPA 750的相关条文作出规定。目的在于保证喷头能够正常喷出细水雾，确保灭火效果。细水雾系统中，由于喷头孔径往往较小，因此管道设备锈蚀很容易造成喷头堵塞。为了避免这一问题，本条规定过滤器滤芯、专用雨淋控水阀、喷头等设备材料宜选用不锈钢材质。

**B.0.9** 本条依据美国国家防火协会《细水雾灭火系统标准》NFPA 750的相关条文作出规定。目的在于保证喷头能够正常喷出细水雾，确保灭火效果。

**B.0.11** 根据国际细水雾灭火系统检验认证的常规做法，以及国际细水雾检验标准的发展情况，细水雾灭火系统在投入工程应用前，应通过权威检测机构关于被保护场所的实体单元火灾灭火试验检验。例如，对于可燃液体火灾危险场所涉及平面盘面火、喷雾火、流淌火和立体交叉火灾等不同形式、不同火灾荷载和不同位置的火灾灭火问题，实际上较为复杂。鉴于目前国内消防工程实施过程中存在的实际情况，为可靠起见，本条作出明确规定。

# 附录 C  爆炸和火灾危险环境区域划分举例

**1** 本附录的爆炸和火灾危险区域划分举例是指，按现行国家标准《爆炸和火灾危险环境电力装置设计规范》GB 50058 中的环境区域划分而对电气设施的要求，该规范对环境有不同的分类级别。需要说明的是，这个环境级别不是现行国家标准《建筑设计防火规范》GB 50016 对建筑物爆炸和火灾危险所用的词语。根据现行国家标准《爆炸和火灾危险环境电力装置设计规范》GB 50058 规定的原则，对于生产、加工、处理、转运或贮存过程中出现或可能出现：爆炸性气体混合物环境之时，应进行爆炸性气体环境的电力设计；爆炸性粉尘、可燃性导电粉尘、可燃性非导电粉尘和可燃纤维与空气形成的爆炸性粉尘混合物环境时，应进行爆炸性粉尘环境的电力设计；火灾危险物质时，应进行火灾危险环境的电力设计。

本附录根据现行国家标准《爆炸和火灾危险环境电力装置设计规范》GB 50058 下述的规定进行电器设施的环境区域划分举例：

1) 对于爆炸性气体混合物环境，其区域的划分，现行国家标准《爆炸和火灾危险环境电力装置设计规范》GB 50058 是按环境内的情况和气体释放源级别及距离确定。本附录根据钢铁冶金企业的工艺特点和管理实践，并结合各专业规范，以厂房内环境为单位进行划分和举例。但某些专业规范以介质特性、释放源及距离确定者，仍以《爆炸和火灾危险环境电力装置设计规范》GB 50058 为准。现行国家标准《爆炸

和火灾危险环境电力装置设计规范》GB 50058 规定：

0区：连续出现或长期出现爆炸性气体混合物的环境；

1区：在正常运行时可能出现爆炸性气体混合物的环境；

2区：在正常运行时不可能出现爆炸性气体混合物的环境，或即使出现也仅是短时存在的爆炸性气体混合物的环境。

注：正常运行是指正常的开车、运转、停车，易燃物质产品的装卸，密闭容器盖的开闭，安全阀、排放阀以及所有工厂设备都在其设计参数范围内工作的状态。

当通风良好时，应降低爆炸危险区域等级，反之亦然。在障碍物、凹坑和死角处，应局部提高爆炸危险区域等级。

符合下列条件之一时，可划为非爆炸危险区域：

①没有释放源并不可能有易燃物质侵入的区域；

②易燃物质可能出现的最高浓度不超过爆炸下限值的 10%；

③在生产过程中使用明火的设备附近，或炽热部件的表面温度超过区域内易燃物质引燃温度的设备附近；

④在生产装置以外，露天或开敞设置的输送易燃物质的架空管道地带，但其阀门处按具体情况定。

对于露天的可燃气体设备的电器区域环境划分，按现行国家标准《爆炸和火灾危险环境电力装置设计规范》GB 50058 规定，按释放源的级别和距离范围划分区域：

①存在连续级释放源的区域可划为 0 区，即预计长期释放或短时频繁释放的释放源；

②存在第一级释放源的区域可划为 1 区，即预计正常运行时周期或偶尔释放的释放源；

③存在第二级释放源的区域可划为 2 区，即预计在正常运行下不会释放，即使释放也仅是偶尔短时释放的释放源。

2) 对于粉尘爆炸混合物环境，应根据爆炸性粉尘混合物出现的频繁程度和持续时间，按以下划分：

10区：连续出现或长期出现爆炸性粉尘环境；

11区：有时会将积留下的粉尘扬起而偶然出现爆炸性粉尘混合物的环境。

符合下列条件之一时，可划为非爆炸危险区域：

①装有良好除尘效果的除尘装置，当该除尘装置停车时，工艺机组能联锁停车；

②设有为爆炸性粉尘环境服务，并用墙隔绝的送风机室，其通向爆炸性粉尘环境的风道设有能防止爆炸性粉尘混合物侵入的安全装置，如单向流通风道及能阻火的安全装置；

③区域内使用爆炸性粉尘的量不大，且在排风柜内或风罩下进行操作。

3）对于火灾环境应根据火灾事故发生的可能性和后果，以及危险程度及物质状态的不同，按下列规定进行分区：

21区：具有闪点高于环境温度的可燃液体，在数量和配置上能引起火灾危险的环境。

22区：具有悬浮状、堆积状的可燃粉尘或可燃纤维，虽不可能形成爆炸混合物，但在数量和配置上能引起火灾危险的环境。

23区：具有固体状可燃物质，在数量和配置上能引起火灾危险的环境。

**2** 有屋顶、无围墙的建筑物也按室外考虑。

**3** 汽油是易挥发物，其蒸气易燃，并具爆炸性。使用汽油的车库不像工业设备那样有严密的密封装置，有可能会出现第一级释放源的情况，故定为1区。

**4** 氢瓶、乙炔瓶、液化石油气瓶间，在切换气瓶时会出现介质泄漏情况，故属正常运行时会周期或偶尔释放的释放源，定为1区。

**5** 氧气不是爆炸性气体，但纯氧是强氧化剂，助燃介质，在压力氧情况下能使一些物质的燃点降低，有发生火灾的危险。现行国家标准《爆炸和危险环境电力装置设计规范》GB 50058 中对于火灾环境区域的电气设施，主要是从其壳体的防固体颗粒、防水性能来采取措施。故本附录依据现行国家标准《氧气及相关气体安全技术规程》GB 16912 的规定，界定其为21区火灾危险区。同时现行国家标准《爆炸和危险环境电力装置设计规范》GB 50058 第4.3.8条规定，21区、22区内的电动起重机不应采用滑触线供电。

**6** 独立氢气催化炉间爆炸危险环境等级的划分说明：钢铁冶金企业中的制高纯氩、氮气流程中，用加氢催化除去普氩、普氮中氧的工艺设施。由于普氩、普氮纯度一般已≥99.9%，再除氧制得≥99.995%以上的高纯气，使用氢气量较少。并且加氢除氧催化炉非旋转设备。故本规范不按有些规程所规定的为1区，而将加氢设施作为正常运行情况下不会释放的第二级释放源，取为2区。

**7** 水电解制氢间爆炸危险环境等级的划分说明：水电解制氢设备是由许多电解小室连接构成，每个小室之间用填片密封。由于小室较多，故定为在正常情况下会偶尔出现氢释放源的第一级释放源，将水电解制氢的设备间定为1区。

**8** 焦炉煤气加压机间、天然气加压机间爆炸危险环境等级的划分说明：焦炉煤气（含 $H_2$ 59%）、天然气（含 $CH_4$ 90%）的压缩机，调压阀设备，在施工验收中应规定气密试验合格，正常运行时这些设备的密封结构、阀门、接口的法兰、螺纹接口不会偶尔地或周期性地成为第一级释放源。但一些规范将该类设施区域划为1区，故本规范也定为爆炸危险1区。氢气压缩机间、氢气调压阀间、氢气充瓶间的爆炸危险环境等级的划分也同样规定为1区。

**9** 乙炔电气设施区域的划分，按照现行国家标准《乙炔站设计规范》GB 50031 的规定。

**10** 钢铁冶金企业中的高炉副产品——高炉煤气，随着高炉效率提高，焦比降低，煤气中的主要可燃成分为一氧化碳，一般在 21%～24%，而纯一氧化碳的爆炸下限为 12.5%。故高炉煤气与其他燃气介质相比，需泄漏较多的气体才会形成爆炸性气氛。高炉煤气中的一氧化碳又是毒性危害介质，其泄漏的中毒浓度远远低于爆炸下限。从安全出发，本规范对于高炉煤气区域的 TRT 发电装置、加压机电机等电气设施区域定为 2 区。另外，20 世纪 80 年代钢铁企业引进的高炉煤气余压发电装置所配的发电机不是防爆型，目前国产高炉煤气余压发电的发电机也未配防爆型电机，但采取了一定防护措施。故在采取措施后，发电机可采取非防爆电机。

**11** 钢铁冶金企业中的干式煤气柜：曼型柜或新型柜，主要盛装高炉煤气、焦炉煤气，威金斯柜主要盛装转炉煤气，气柜为封闭结构，内有钢结构活塞，活塞随进出煤气量而上下移动，活塞与气柜内壁之间采用油槽或橡皮膜密封，防止煤气外泄。气柜活塞上部与气柜顶为人员正常检修时活动空间。煤气进气管有的柜设有专门地下室。考虑到活塞与柜顶之间及进气的地下室通风条件不良，故对于无论何种介质的煤气柜，该类区域均按电气设施爆炸危险区1区考虑。

**12** 对于煤气柜周围，依据现行国家标准《爆炸和火灾危险环境电力装置设计规范》GB 50058 第2.3.9条的墙壁外 3m 范围、房顶上 4.5m 范围，作为正常运行不会释放的第二级释放源区域，定为爆炸危险 2 区。

**13** 在煤气及其他可燃气体的净化、储存、输配装置区域外，露天或开敞设置的管道，其阀门等电气设施环境可根据现行国家标准《爆炸和火灾危险环境电力装置设计规范》GB 50058 的规定，按具体情况而定。

**14** 电容器可能因击穿等内部故障原因发生着火等现象，故设置电容器的房间按 23 区火灾危险环境划分。

**15** 关于桶装铝粉库。铝粉的包装形式有 15kg 镀锌铁罐、50kg 塑料桶等。购入后储存于仓库，不可能扬尘形成爆炸性粉尘危险环境，考虑到铝粉有可能泄漏，故按现行国家标准《爆炸和火灾危险环境电力装置设计规范》GB 50058 第 4.1.2 条规定作为火灾危险物质，按火灾危险 22 区考虑。

**16** 关于分装铝粉间。一般镁碳砖、不定形耐火材料中的加入量为 0.1%～0.3%。每吨泥料中用量为 1～3kg，要求在防尘条件下分装小袋（设计能够控制），如果按 10000t/a 生产规模计算，日分装铝粉

33～100kg，考虑处理量虽少，但操作不当，日积月累，偶然会出现爆炸性粉尘环境，按现行国家标准《爆炸和火灾危险环境电力装置设计规范》GB 50058第3.2.1条之二划分为11区是合适的。

**17** 含 Al、Si 或 MgAl 较高的耐火材料有新开发的金属陶瓷滑板、塑性相结合刚玉砖、Sialon 类耐火材料等。这些品种还没有相应标准，从耐火材料最新发展看，应该把铝粉、镁铝合金粉、硅粉等易燃易爆物高含量的耐火制品生产提前纳入防火规范。目前还没有消防试验数据或规模生产经验，考虑到混合机是密封的并采取了通风除尘措施，混合机在混合机厂房中占地小，易燃易爆物添加量较少等原因，可根据加入铝粉、镁铝合金粉、硅粉等易燃易爆物含量来划分危险等级，拟划分为：易燃易爆物含量占混合量不大于 5％时，按非易燃易爆考虑；易燃易爆物含量占混合量的 5％～12％时，按火灾危险 22 区考虑。

中华人民共和国国家标准

# 纺织工程设计防火规范

Code for design of textile engineering on
fire protection and prevention

GB 50565—2010

主编部门：中 国 纺 织 工 业 协 会
　　　　　中 华 人 民 共 和 国 公 安 部
批准部门：中华人民共和国住房和城乡建设部
施行日期：２０１０ 年 １２ 月 １ 日

# 中华人民共和国住房和城乡建设部
# 公　告

## 第 615 号

## 关于发布国家标准
## 《纺织工程设计防火规范》的公告

现批准《纺织工程设计防火规范》为国家标准，编号为 GB 50565—2010，自 2010 年 12 月 1 日起实施。其中，第 4.1.4、4.1.7、4.2.10、5.1.3、5.1.4、5.1.5、5.1.6、5.1.8、5.2.1、5.2.2、5.2.5、5.2.9、5.2.12、5.4.2、6.1.1、6.2.2、6.4.1、6.5.2、6.6.2(1)、7.3.1、7.4.1、7.4.3(2)、7.5.1(1、3、4)、7.5.2、7.5.3、8.0.3、9.1.1(1)、9.2.3、9.2.4、9.2.10(1)、9.2.13、10.1.3(1、2)、10.1.4、10.1.6(2、3)、10.1.7、10.1.8、10.2.1 条(款)为强制性条文，必须严格执行。

本规范由我部标准定额研究所组织中国计划出版社出版发行。

中华人民共和国住房和城乡建设部
二〇一〇年五月三十一日

## 前　　言

根据原建设部《关于印发〈2005 年工程建设标准规范制订、修订计划（第二批）〉的通知》（建标函〔2005〕124 号）的要求，规范编制组对国内主要纺织工程的防火设计现状开展了调查研究，认真总结了已建工程防火设计中的实践经验，积极吸收了国内外防火设计中的技术成果，开展了必要的技术研讨，并在广泛征求有关设计、生产、消防监督、消防研究等单位意见的基础上，制定本规范。最后经有关部门共同审查定稿。

本规范共分 10 章和 3 个附录，其主要内容有：总则、术语、火灾危险性分类、总体规划和工厂总平面布置、生产和储存设施、建筑和结构、消防给水排水和灭火设施、防烟和排烟、采暖通风和空气调节、电气等。

本规范中以黑体字标志的条文为强制性条文，必须严格执行。

本规范由住房和城乡建设部负责管理和对强制性条文的解释，由中国纺织工业协会和公安部负责日常管理，由中国纺织工业设计院负责具体技术内容的解释。

鉴于纺织工程涉及面广，技术性强，各类工厂的生产工艺要求不同，随着纺织工业的迅速发展，生产规模逐步扩大，生产技术和设备不断更新。因此在本规范执行过程中，希望各单位结合工程实践认真总结经验，注意积累资料，执行过程中如有意见或建议，请寄送中国纺织工业设计院（地址：北京市海淀区增光路 21 号，邮政编码：100037，传真号：010—68395215），以便今后修订时参考。

本规范主编单位、参编单位、主要起草人和主要审查人：

主 编 单 位：中国纺织工业设计院
参 编 单 位：中国纺织勘察设计协会
　　　　　　　湖南省轻工纺织设计院
　　　　　　　广东省轻纺建筑设计院
　　　　　　　江西省纺织工业科研设计院
主要起草人：李熊兆　李学志　孙今权　罗文德
　　　　　　　马　恒　沈　纹　徐　炽　黄志恭
　　　　　　　刘　强　李道本　黄志刚　徐福官
　　　　　　　谢祥志　钱锦国　徐皞东　张英才
　　　　　　　卢美胜　赵志润　杜家林　李世光
　　　　　　　叶庆胜
主要审查人：黄承平　倪照鹏　刘承彬　施鲁申
　　　　　　　马如恒　胡　晨　王宗存　李苏秦
　　　　　　　郑大中

# 目　次

# Contents

# 1 总　则

**1.0.1** 为了预防和减少纺织工程中的火灾危害，保障人身和财产安全，制定本规范。

**1.0.2** 本规范适用于新建、扩建和改建的纺织工程防火设计，其中纺织服装加工厂的防火设计还应符合现行国家标准《建筑设计防火规范》GB 50016 的有关规定。

**1.0.3** 纺织工程的防火设计，必须遵守"预防为主，防消结合"的消防工作方针，针对各类纺织工程的生产特点，正确处理生产和安全的关系，采用行之有效的消防措施，做到安全适用、技术先进、经济合理。

**1.0.4** 纺织工程的防火设计除应执行本规范外，尚应符合国家现行有关标准的规定。

# 2 术　语

**2.0.1** 纺织工程　textile engineering

纺织产品生产工厂的建设工程。包括各种纺织及染整工厂、纺织服装加工厂、化学纤维制造厂、化学纤维原料制造厂，或由上述工厂联合组成的建设工程。

**2.0.2** 化学纤维制造厂（简称化纤厂）　manufactory of chemical fibre

以天然的或合成的高分子化合物为原料，经过化学和物理方法制得纤维的工厂。包括合成纤维制造厂、半合成纤维制造厂、再生纤维素纤维制造厂等。

**2.0.3** 化学纤维原料制造厂（简称化纤原料厂）　manufactory of raw material for chemical fibre

为化学纤维生产提供主要原料的工厂。本规范中指生产粘胶纤维原料的浆粕制造厂、生产石油化纤原料的聚合物制造厂。

**2.0.4** 厂区　factory area

工厂用地红线范围内，由生产装置、辅助生产设施、罐区、公用工程站、行政生活设施及道路、管线、绿化等系统组成的区域。

**2.0.5** 露天装置区　open installation area

由按生产流程完成一个或一个以上工艺操作过程的露天设备、管线、仪表等组成的区域。必要时该区域内可包括泵房、变配电室、控制室等小型建筑物。

**2.0.6** 辅助生产设施　auxiliary production facilities

不直接参加生产过程，对生产起辅助作用的环保监测站、计量站、控制室、化验室、各种仓库、维修车间、电瓶车库等设施。

**2.0.7** 公用工程站　utility station

为生产和辅助生产装置提供水、电、汽、气等能源及废水、废渣、废气处理与排放的设施。如软化水站、循环冷却水站、变配电站、热力站、空分站、空压站、制冷站、污水处理站（场）等。

**2.0.8** 封闭式厂房　enclosed-type factory building

设有屋顶，建筑四周围护结构全部采用墙体（含门窗）封闭，或仅有局部敞开，敞开部分长度小于建筑外围周长 1/3 的生产性建筑。

**2.0.9** 敞开式厂房　open-type factory building

设有屋顶，建筑外围每层设有实体窗槛墙或栏杆，无其他围护结构的生产性建筑。

**2.0.10** 半敞开式厂房　semi-enclosed-type factory building

设有屋顶，建筑外围敞开部分长度不小于外围周长的 1/3，其余部分采用墙体（含门窗）封闭的生产性建筑。

**2.0.11** 开清棉　opening and cleaning

棉纺工艺中，对经包装被压实的原料进行开松、除杂、混合，并制成梳棉用的棉卷或棉层的工艺过程。

**2.0.12** 烧毛　singeing

将织物或纱线快速通过火焰或灼热的金属表面，烧去其表面绒毛的工艺过程。

**2.0.13** 火星探除器　spark detecting and eliminating device

能够自动检测并排除输棉管道或除尘管道内纺织纤维中火花的装置。

**2.0.14** 巡回检查　circuit inspection

生产过程中不设固定的或限定范围的操作岗位，生产人员按一定程序和技术要求进行的流动性生产活动。

**2.0.15** 爆炸性气体环境　explosive gas atmosphere

在大气条件下，气体或蒸气可燃物质与空气的混合物被点燃后，燃烧将传至全部未燃混合物的环境。

**2.0.16** 爆炸性粉尘环境　explosive dust atmosphere

在大气条件下，粉尘、纤维碎屑或飞絮的可燃物质与空气的混合物被引燃后，燃烧将传至全部未燃混合物的环境。

# 3 火灾危险性分类

**3.0.1** 生产的火灾危险性应根据生产中使用或产生的物质性质及其数量等因素，分为甲、乙、丙、丁、戊类，并应符合现行国家标准《建筑设计防火规范》GB 50016 的有关规定。

**3.0.2** 纺织工业生产的火灾危险性类别应符合本规范附录 A 的规定。

**3.0.3** 纺织工业物品储存的火灾危险性类别应符合本规范附录 B 的规定。

**3.0.4** 当一座厂房内存在不同火灾危险性生产时，宜按其火灾危险性将厂房分隔为不同的防火分区，各防火分区内可按各自的火灾危险性进行防火设计。

当厂房的一个防火分区内存在不同火灾危险性生

产时，应按现行国家标准《建筑设计防火规范》GB 50016和本规范的有关规定确定该防火分区生产的火灾危险性。

**3.0.5** 当一座仓库或仓库的任一防火分区内储存不同火灾危险性的物品时，应按现行国家标准《建筑设计防火规范》GB 50016确定该仓库或防火分区物品储存的火灾危险性。

# 4 总体规划和工厂总平面布置

## 4.1 总体规划

**4.1.1** 纺织工程的厂址应符合国家工业布局和地区规划的要求，符合环境保护和安全卫生的要求，并应根据所建纺织工程及相邻工厂或设施的特点和火灾危险性，结合地形与风向等因素，合理确定。

**4.1.2** 化纤厂、化纤原料厂等宜布置在城镇和居住区全年最小频率风向的上风侧，并宜避开窝风地段及经常无风、有害气体扩散条件差的地区。

**4.1.3** 当邻近存在散发可燃气体、可燃蒸气的场所时，纺织工程宜位于该场所全年最小频率风向的下风侧。

**4.1.4** 化纤厂和化纤原料厂的厂区、可燃液体罐区邻近江、河、湖、海岸布置时，应采取防止泄漏的可燃液体和灭火时含有可燃液体或粉尘（包括纤维和飞絮等固体微小颗粒）的污水流入水域的措施。

**4.1.5** 在山区或丘陵地区建厂时，排洪沟不宜通过厂区。可燃液体罐区及装卸区不宜紧靠排洪沟。当排洪沟确需通过厂区或可燃液体罐区及装卸区确需靠近排洪沟布置时，应采取防止泄漏的可燃液体和灭火时含有可燃液体或粉尘（包括纤维和飞絮等固体微小颗粒）的污水流入排洪沟的措施。

**4.1.6** 公路、非本厂使用的架空电力线路及输油（输气）管道不应穿越厂区。

**4.1.7** 纺织工程中的设施与厂外建筑物或其他设施的防火间距，不应小于表4.1.7的规定。

表4.1.7　纺织工程中的设施与厂外建筑物或其他设施的防火间距（续表4.1.7）

| 纺织工程中的设施　防火间距（m）　厂外建筑物或其他设施 | 可燃液体罐区 | | 生产、辅助生产设施及公用工程站（建筑物或露天装置） | | |
|---|---|---|---|---|---|
| | 甲、乙类（总储量≤5000m³） | 丙类（总储量≤25000m³） | 甲、乙类仓库 | 甲、乙类（甲、乙类仓库除外） | 丙类 |
| 1. 厂外民用建筑 | 注1 | 注1 | 25 | | 17 |
| 2. 厂外铁路 | 35 | 30 | 40 | 30 | 25 |
| 3. 高速公路、一级公路 | 30 | 22 | 30 | | 22 |
| 4. 厂外其他公路 | 20 | 15 | 20 | 15 | 12 |
| 5. 室外变、配电站（变压器总油量＞10t，≤50t） | 50 | 40 | 25 | | 15 |
| 6. 架空电力线路 | 1.5倍杆（塔）高度 | 1.2倍杆（塔）高度 | 1.5倍杆（塔）高度 | | — |
| 7. I、II级国家架空通信线路 | 40 | 30 | 40 | | 30 |
| 8. 通航江、河、海岸边 | 25 | 20 | 20 | | 15 |
| 9. 地区地面敷设输油（气）管道（管道中心） | 45 | 34 | 45 | | 34 |
| 10. 地区埋地敷设输油（气）管道（管道中心） | 30 | 22 | 30 | | 22 |

注：1　标明"注1"栏中的防火间距应符合现行国家标准《建筑设计防火规范》GB 50016的有关规定；

2　纺织工程中的建筑物、构筑物与相邻工厂内建筑物、构筑物之间的防火间距应符合本规范表4.2.10的规定；

3　露天或有棚的可燃材料堆场与厂外建筑物、构筑物、厂外铁路、厂外公路等设施之间的防火间距应符合本规范表4.2.9的规定；

4　当纺织工程中甲、乙类可燃液体罐区的总储量大于5000m³或丙类可燃液体罐区的总储量大于25000m³时，与厂外建筑物或其他设施之间的防火间距应符合现行国家标准《石油化工企业设计防火规范》GB 50160的规定；

5　当甲、乙类液体和丙类液体储罐布置在同一罐区时，其总量可按1m³甲、乙类液体相当于5m³丙类液体折算；

6　表中甲类仓库的储存物品为现行国家标准《建筑设计防火规范》GB 50016中储存物品的火灾危险性分类表内甲类1、2、5、6项。一座甲类仓库中物品的储量小于或等于10t；

7　纺织工程中的甲、乙类厂房及甲、乙类仓库与重要公共建筑的防火间距不应小于50m；

8　当一座建筑物内存在不同火灾危险性的防火分区时，应依据其中火灾危险性最大防火分区的类别确定该座建筑物与相邻建筑物或其他设施的防火间距；

9　当相邻公路为高架路时，以高架路水平投影的边线计算防火间距；

10　表中"—"表示执行相关规范；

11　表中防火间距按本规范附录C所规定的起止点计算。

## 4.2 工厂总平面布置

**4.2.1** 工厂总平面应根据生产流程及各组成部分的功

能要求、生产特点、火灾危险性，结合厂址地形、风向等条件，按功能分区布置。

**4.2.2** 一个厂区至少应有 2 个供消防车进出的出入口。出入口的位置宜分别设在厂区不同的方向，当只能设在同一方向时，2 个出入口的间距不宜小于 50m。

**4.2.3** 散发可燃气体、可燃蒸气的场所和设施，宜布置在人员集中场所及明火或散发火花地点的全年最小频率风向的上风侧。

**4.2.4** 棉、毛、麻纺织厂的原料堆场，化纤浆粕厂的原料堆场，各类纺织工程的废料堆场，煤场等可燃材料的露天堆场（含有棚的堆场）宜布置在明火或散发火花地点的全年最小频率风向的下风侧。

**4.2.5** 厂区采用阶梯式竖向布置时，可燃液体罐区不宜毗邻布置在高于生产厂房、露天生产装置、主要辅助生产设施、主要公用工程站或行政生活设施的台阶上。当确需毗邻布置在高于上述场所的台阶上时，应采取防止火灾蔓延和可燃液体流散的措施。

**4.2.6** 可燃液体汽车装卸站、大宗原材料库宜布置在厂区的边缘。

**4.2.7** 接入 35kV 以上外部电源的总变电所、配电站应独立设置。

**4.2.8** 厂区绿化不应妨碍消防车通行及消防操作。厂区绿化树种应适应工厂生产特点，当厂房、仓库、露天装置区的火灾危险性为甲、乙类时，附近不宜种植含油脂较多的植物，宜选择含水分较多的树种。散发可燃气体、可燃蒸气设施的周围不宜种植茂密的连续式绿化带。

**4.2.9** 可燃材料的露天堆场（含有棚的堆场）与厂内、外建筑物、构筑物、铁路、道路等设施之间的防火间距不应小于表 4.2.9 的规定。

**表 4.2.9  可燃材料堆场（含有棚的堆场）与其他设施的防火间距**

| 序号 | 材料名称 | 一个堆场的总储量 | 防火间距（m） | | | | | | | | |
| --- | --- | --- | --- | --- | --- | --- | --- | --- | --- | --- | --- |
| | | | 建筑物、构筑物 | | | | 铁路 | | 道路 | | |
| | | | 甲类厂房及仓库 | 其他类别厂房及仓库 | 明火或散发火花地点 | 厂内、外民用建筑 | 厂外铁路 | 厂内铁路 | 厂外道路 | 厂内主要道路 | 厂内次要道路 |
| 1 | 经压实包装的可燃材料：原棉、棉短绒、毛、浆粕、化学纤维等 | 10t~500t | 13 | 10 | 25 | 13 | 25 | 12 | 12 | 10 | 5 |
| | | 501t~1000t | 19 | 15 | 31 | 19 | 25 | 15 | 15 | | |
| | | 1001t~5000t | 25 | 20 | 37 | 25 | | | | | |
| 2 | 松散的可燃材料：棉、毛、麻、化学纤维、泡沫塑料等 | 10t~500t | 25 | 15 | 31 | 25 | 30 | 20 | 15 | 10 | 5 |
| 3 | 原麻 | 10t~500t | 16 | 13 | 28 | 16 | 25 | 15 | 12 | 10 | 5 |
| | | 501t~5000t | 19 | 15 | 31 | 19 | 30 | 18 | 15 | | |
| | | 5001t~10000t | 25 | 20 | 37 | 25 | | | | | |
| 4 | 去枝椏木材 | 50m³~1000m³ | 13 | 10 | 25 | 13 | 25 | 12 | 12 | 10 | 5 |
| | | 1001m³~10000m³ | 19 | 15 | 31 | 19 | 30 | 20 | 15 | | |
| | | 1001m³~25000m³ | 25 | 20 | 37 | 25 | | | | | |

| 序号 | 材料名称 | 一个堆场的总储量 | 甲类厂房及仓库 | 其他类别厂房及仓库 | 明火或散发火花地点 | 厂内、外民用建筑 | 厂外铁路 | 厂内铁路 | 厂外道路 | 厂内主要道路 | 厂内次要道路 |
|---|---|---|---|---|---|---|---|---|---|---|---|
| | | | 建筑物、构筑物 | | | | 铁路 | | 道路 | | |
| 5 | 煤 | 100t~5000t | 8 | 6 | 12 | 8 | 25 | 12 | 12 | 10 | 5 |
| | | >5000t | 10 | 8 | 15 | 10 | — | — | — | — | — |

注：1 可燃材料堆场（含有棚的堆场）与甲、乙、丙类可燃液体储罐的防火间距应符合现行国家标准《建筑设计防火规范》GB 50016 的有关规定；

2 表中建筑物的耐火等级不低于二级。当建筑物的耐火等级为三级时，与可燃材料堆场之间的防火间距按本表规定增加 30%，当厂外建筑物耐火等级为四级时，与可燃材料堆场之间的防火间距按本表规定增加 60%，"明火或散发火花地点"一栏除外；

3 当一座建筑物内存在不同火灾危险性的防火分区时，应依据其中火灾危险性最大防火分区的类别确定该座建筑物与可燃材料堆场的防火间距；

4 当一个堆场的总储量大于表中规定的最大堆场储量时，宜分设堆场；

5 两个堆场之间的防火间距不应小于较大堆场与四级耐火等级建筑物之间的防火间距；

6 表中防火间距按本规范附录 C 所规定的起止点计算。

**4.2.10** 工厂总平面布置的防火间距不应小于表 4.2.10 的规定。

表 4.2.10 纺织工业工厂总平面布置的防火间距（m）

| 项目名称 | | | 甲类 | 乙类 | 丙类 | 丁、戊类 | 三级 丁、戊类 | 一、二级 | 三级 | 明火及散发火花地点 | 甲类仓库（储量≤10t） | 罐区甲、乙类泵或泵房 | 码头装卸区 | 汽车装卸站 | 铁路装卸设施、槽车洗罐站 | 厂内铁路（中心线） | 厂内主要道路 |
|---|---|---|---|---|---|---|---|---|---|---|---|---|---|---|---|---|---|
| 生产厂房、辅助生产建筑（甲类仓库除外）、公用工程站 | 耐火等级 一、二级 | 甲类 | 12 | 12 | 12 | 12 | 14 | 25 | 25 | 30 | 12 | 20 | 35 | 25 | 30 | 20 | 10 |
| | | 乙类 | 12 | 10 | 10 | 10 | 12 | 25 | 25 | 30 | 12 | 15 | 30 | 20 | 25 | 10 | 10 |
| | | 丙类 | 12 | 10 | 10 | 10 | 12 | 10 | 12 | 20 | 12 | 12 | 25 | 15 | 20 | 10 | 10 |
| | | 丁、戊类 | 12 | 10 | 10 | 10 | 12 | 10 | 12 | 15 | 12 | 12 | 25 | 15 | 20 | 10 | 10 |
| | 三级 | 丁、戊类 | 14 | 12 | 12 | 12 | 14 | 14 | 14 | 20 | 15 | 14 | 25 | 15 | 20 | 10 | |
| 行政、生活建筑 | 耐火等级 | 一、二级 | 25 | 25 | 10 | 10 | 12 | 6 | 7 | 15 | 25 | 25 | 40 | 30 | 35 | — | |
| | | 三级 | 25 | 25 | 12 | 12 | 14 | 7 | 8 | 20 | 25 | 25 | 40 | 30 | 35 | — | |
| 明火及散发火花地点 | | | 30 | 30 | 20 | 15 | 20 | 15 | 20 | — | 30 | 30 | 35 | 25 | 30 | 20 | 10 |
| 甲类仓库（储量≤10t） | | | 12 | 12 | 12 | 12 | 25 | 25 | 25 | 30 | | 20 | 35 | 25 | 30 | 30 | 10 |
| 罐区甲、乙类泵或泵房 | | | 20 | 15 | 12 | 12 | 14 | 25 | 25 | 30 | 20 | — | 15 | 10 | 12 | 20 | 10 |

| 项目名称 | | | 生产厂房、辅助生产建筑（甲类仓库除外）、公用工程站 | | | | | 行政、生活建筑 | | 明火及散发火花地点 | 甲类仓库（储量≤10t） | 罐区甲、乙类泵或泵房 | 甲、乙类液体 | | | 厂内铁路（中心线） | 厂内主要道路 |
|---|---|---|---|---|---|---|---|---|---|---|---|---|---|---|---|---|---|
| | | | 耐火等级 | | | | | 耐火等级 | | | | | 码头装卸区 | 汽车装卸站 | 铁路装卸设施、槽车洗罐站 | | |
| | | | 一、二级 | | | | 三级 | 一、二级 | 三级 | | | | | | | | |
| | | | 甲类 | 乙类 | 丙类 | 丁、戊类 | 丁、戊类 | | | | | | | | | | |
| 地上可燃液体储罐 | 甲、乙类固定顶罐 | 1000m³<V≤5000m³ | 40 | 35 | 30 | 25 | 30 | 30 | 38 | 35 | 30 | 15 | 40 | 20 | 20 | 15 | 15 |
| | | 500m³<V≤1000m³ | 30 | 25 | 20 | 15 | 30 | 25 | 30 | 30 | 25 | 12 | 35 | 15 | 15 | 12 | 12 |
| | | V≤500m³ 或卧式罐 | 25 | 20 | 15 | 12 | 15 | 20 | 25 | 25 | 20 | 10 | 30 | 10 | 10 | 10 | 10 |
| | 浮顶、内浮顶或丙类（闪点60℃~120℃）固定顶罐 | 5000m³<V≤25000m³ | 35 | 30 | 25 | 20 | 30 | 30 | 38 | 35 | 30 | 15 | 40 | 15 | 15 | 15 | 15 |
| | | 1000m³<V≤5000m³ | 30 | 25 | 20 | 15 | 30 | 25 | 30 | 30 | 25 | 12 | 35 | 15 | 15 | 12 | 12 |
| | | 500m³<V≤1000m³ | 25 | 20 | 15 | 12 | 15 | 20 | 25 | 25 | 20 | 10 | 30 | 12 | 12 | 12 | 10 |
| | | V≤500m³ 或卧式罐 | 20 | 15 | 12 | 10 | 15 | 15 | 25 | 20 | 20 | 8 | 25 | 10 | 10 | 10 | 10 |

注：1 表中生产厂房、辅助生产建筑、公用工程站、行政生活建筑均指单层或多层建筑。高层建筑之间或高层与其他建筑之间的防火间距，按本表规定增加 3m；

2 两座建筑物相邻较高一面的外墙为防火墙或比相邻较低一座建筑屋面高 15m 及以下范围内的外墙为防火墙时，其防火间距不限，但甲类厂房之间不应小于 4m。两座丁、戊类生产厂房，当符合以下各项条件时其防火间距可按本表规定减少 25%：相邻两面的外墙均为不燃烧体；无外露的燃烧体屋檐；每面外墙上的门窗洞口面积之和不大于该外墙面积的 5%，且门窗洞口不正对开设；

3 两座一、二级耐火等级的厂房，当相邻较低一面外墙为防火墙，且较低一座厂房的屋顶耐火极限不低于 1.00h 时，其防火间距可减少为：甲、乙类生产厂房之间不应小于 6m；丙、丁、戊类生产厂房之间不应小于 4m；

4 当一座建筑物内存在不同火灾危险性的防火分区时，应依据其中火灾危险性最大防火分区的类别确定该座建筑物与相邻建筑物或其他设施的防火间距；

5 丙类泵或泵房，防火间距可按本表中甲、乙类泵或泵房与其他设施的防火间距减少 25%，但不应小于 8m。丙类闪点大于 120℃可燃液体储罐与其他设施之间的防火间距可按表中丙类（闪点 60℃~120℃）固定顶罐减少 25%，但不应小于 8m；

6 表中"V"为储罐公称容积；

7 罐区与其他设施的防火间距按相邻最大罐容积确定，埋地储罐可减少 50%；

8 当纺织工程中甲、乙类可燃液体罐区的储量大于表中数字时，与相邻设施之间的防火间距应符合现行国家标准《石油化工企业设计防火规范》GB 50160 的规定；

9 除甲类仓库外，其余类别的仓库包含在辅助生产建筑中。甲类仓库中的储存物品为现行国家标准《建筑设计防火规范》GB 50016 储存物品的火灾危险性分类表内甲类 1、2、5、6 项；

10 厂区围墙与厂内建筑物之间的防火间距不应小于 5m，且围墙两侧的建筑物或其他设施之间还应满足相应的防火间距要求；

11 表中"—"表示无防火间距要求或执行相关规范；

12 表中防火间距按本规范附录 C 所规定的起止点计算。

### 4.3 厂内消防车道

4.3.1 厂区内消防车道的设置应符合现行国家标准《建筑设计防火规范》GB 50016 的有关规定，并应确保消防车能到达任何需要灭火的区域。

需沿厂区围墙内侧设置消防车道时，当厂区围墙外侧已设有消防车道，且该处围墙采用通透栏杆时，可利用厂区围墙外侧的消防车道，但应与厂区内消防车道相连接，形成环状。兼有消防扑救功能的消防车道与建筑物之间的距离应满足消防扑救的要求。

4.3.2 消防车道的路面边缘与管架支柱（边缘）、照明电杆、行道树或标志杆等的最近距离，双车道不应小于 0.5m，单车道不应小于 1.0m。

4.3.3 当"匚"形或"E"形建筑物的总长度及总宽度均大于 150m 时，应在其两翼之间设置贯通的消防车道，消防车道两侧不应设置影响消防车通行或人员安全疏散的设施。

4.3.4 消防车道的净宽度不应小于 4m，路面上方净空高度不应低于 4m，路面内侧转弯半径宜为 9m，不应小于 6m；供大型消防车使用时，消防车道的净宽不应小于 6m，路面上方净空高度不应低于 5m，路面内侧转弯半径宜为 12m，不应小于 9m。

# 5 生产和储存设施

## 5.1 一般规定

5.1.1 生产和储存设施应根据生产和物品储存的火灾危险性，采取相应的报警、自动联锁保护、紧急处理等防范措施。

5.1.2 工艺条件允许时，具有甲、乙类火灾危险性生产部位的设备宜露天布置或布置在敞开式厂房中。

5.1.3 丙、丁、戊类厂房中具有甲、乙类火灾危险性的生产部位，应设置在单独房间内，且应靠外墙或在顶层布置。

5.1.4 控制室、变配电室、电动机控制中心、化验室、物检室、办公室、休息室不得设置在爆炸性气体环境、爆炸性粉尘环境的危险区域内。

5.1.5 对生产中使用或产生甲、乙类可燃物而出现爆炸性气体环境的场所，应采取有效的通风措施。

5.1.6 对存在爆炸性粉尘环境的场所，应采取防止产生粉尘云的措施。

5.1.7 对处于爆炸性粉尘环境中的设备外部和它的储存场所，应采取现场清理以控制粉尘层厚度的措施，并应根据粉尘层厚度选定用电设备。

5.1.8 存在爆炸性气体环境或爆炸性粉尘环境的厂房、露天装置和仓库，应根据现行国家标准《爆炸性气体环境用电气设备 第 14 部分：危险场所分类》GB 3836.14、《可燃性粉尘环境用电气设备 第 3 部分：存在或可能存在可燃性粉尘的场所分类》GB 12476.3 等相关标准划分爆炸危险区域。

5.1.9 存在可燃体的设备和管道系统，应采取能把设备、管道中可燃液体紧急排空的措施。

5.1.10 输送甲类、闪点小于 45℃的乙类可燃液体泵的地面不应设地沟或地坑。

5.1.11 外表面温度大于 100℃的设备和管道，其绝热材料应采用不燃烧材料。

5.1.12 对生产中易产生静电的设备和管道，应采取消除静电的措施。

## 5.2 生产设施

5.2.1 操作压力大于 0.1MPa 的甲、乙类可燃物质和丙类可燃液体的设备，应设安全阀。安全阀出口的泄放管应接入储槽或其他容器。

5.2.2 甲、乙类可燃物质和闪点小于 120℃的丙类可燃液体设备上的视镜，必须采用能承受设计温度、压力的材料。

5.2.3 厂房内输送甲类液体的泵，应选用屏蔽泵等无泄漏泵。

5.2.4 厂房内甲类液体设备搅拌装置，应采用带密封液罐的双端面机械密封。

5.2.5 化纤厂采用湿法、干法纺丝工艺时，对浴液或溶剂中有甲、乙类可燃物质和闪点小于 120℃丙类可燃液体的蒸气逸出的设备，应采取有效的排气、通风措施。

5.2.6 化纤原料厂、化纤厂中接收可燃性粉尘的设备应采取有效的抽气、除尘措施。

5.2.7 化纤厂、非织造布厂处理纤维或可燃性粉尘的干燥机内，应设置着火监测设施和喷水或喷蒸汽等灭火设施。

5.2.8 化纤厂粘胶纤维纺练二浴槽及切断工序排出的气体应进行处理，并应采取防火措施。

5.2.9 棉纺厂开清棉和废棉处理的输棉管道系统中应安装火星探除器。

5.2.10 采用梳理成网法的非织造布厂原料喂入系统上应配置金属排除装置。

5.2.11 纺织工程中工艺设备有滤尘要求的应设置滤尘设施。滤尘室宜设置在靠外墙的独立房间内，不应设置在地下室或半地下室场所。

5.2.12 印染厂、毛纺织厂、麻纺织厂等放置液化石油气钢瓶的房间应远离明火设备。

5.2.13 苎麻原料脱胶烘干后，在把精干麻存放到仓库之前，应采取措施将其冷却到 40℃以下。

## 5.3 储存设施

5.3.1 化纤厂及化纤原料厂的化工原料、燃料罐区设计，应符合现行国家标准《石油化工企业设计防火规范》GB 50160 的有关规定。

5.3.2 防火堤及隔堤应能承受可容纳液体的静压，且不应渗漏。立式储罐防火堤的高度应为计算高度加 0.2m，其总高度应为 1.0m～2.2m；卧式储罐防火堤高度不应低于 0.5m。计算防火堤总高度时，以堤内设计地坪标高为准。

5.3.3 当汽车槽车卸料时，甲类可燃液体不宜采用软管直接卸料；乙类可燃液体采用软管直接卸料时，槽车车位与泵的距离不应小于 5m。

5.3.4 甲、乙类物品的仓库不应布置在生产厂房或露天装置区内。

5.3.5 属于甲、乙类氧化剂的物品应设置独立仓库，并应采取通风措施。

## 5.4 管道布置

5.4.1 厂区综合管线、厂房和露天装置区内工艺和公用工程的管道布置应符合现行国家标准《石油化工企业设计防火规范》GB 50160 的相关规定。

5.4.2 可燃气体和甲、乙类液体的管道严禁穿过防火墙。

**5.4.3** 丙类液体的管道不应穿过防火墙，当受工艺条件限制必须穿过防火墙时，应采用不燃材质的管道，并应采用防火封堵材料将墙与管道之间的空隙紧密填实，且在防火墙两侧的管道上应分别设置阀门。当穿过防火墙的管道周围有可燃物时，在墙体两侧1.0m范围内的管道上应采用不燃烧材料保护。

# 6 建筑和结构

## 6.1 一般规定

**6.1.1** 甲、乙类生产和甲、乙类物品储存、丙类麻原料储存不应设置在地下或半地下场所。

**6.1.2** 生产中散发可燃气体、可燃蒸气的厂房，当生产要求及气候条件允许时，宜采用敞开或半敞开式厂房。半敞开式厂房的敞开面宜朝向全年最大频率风向的迎风面，并组织良好的自然通风。自然通风不能满足相应要求的部位，应采用机械通风。

**6.1.3** 纺织工程中粘胶纤维的黄化、腈纶纤维的聚合、阳离子可染聚酯用第三单体制备的甲类生产部位可设置在高层厂房内，并应符合本规范第 6.4 节的有关规定。

**6.1.4** 当少量甲、乙类物品必须靠近或贴邻厂房的外墙设置钢瓶间时，钢瓶间应采用敞开或半敞开式建筑，生产厂房与钢瓶间之间应采用耐火极限不低于3.00h的不燃烧实体墙隔开。

**6.1.5** 厂房的层数应根据生产工艺要求确定，并应按其层数及高度采取相应的防火措施。

**6.1.6** 建筑屋顶上局部凸出屋面的小间，当同时满足以下各项条件时可不计入建筑高度：

　　**1** 生产的火灾危险性为丙类或丙类以下；

　　**2** 凸出部分的面积不超过该部分所在屋面面积的 25%，且不大于 300m²；

　　**3** 无固定的生产操作岗位或限定范围的操作岗位，仅需巡回检查。

**6.1.7** 建筑物的内部装修应符合现行国家标准《建筑内部装修设计防火规范》GB 50222 的规定。无窗厂房或固定窗扇厂房的内部装修不应采用在燃烧时产生大量浓烟和有毒气体的材料。

**6.1.8** 化纤厂及化纤原料厂露天装置区内建筑、结构的防火设计除本规范已有规定外，应符合现行国家标准《石油化工企业设计防火规范》GB 50160 的有关规定。

## 6.2 耐火等级

**6.2.1** 甲、乙、丙类厂房及仓库的耐火等级不应低于二级，其他建筑物的耐火等级不应低于三级。

**6.2.2** 在生产厂房中，下列支承设备的钢结构应采取防火保护措施：

　　**1** 爆炸危险区范围内支承设备的钢构架（钢支架）、钢裙座；

　　**2** 支承单个容积等于或大于 5m³ 甲类物质设备及闪点小于或等于 45℃乙类物质设备的钢构架（钢支架）、钢裙座；

　　**3** 支承操作温度等于或大于自燃点且单个容积等于或大于 5m³ 的闪点在 45℃～60℃ 之间的乙类可燃液体设备及丙类可燃液体设备的钢构架（钢支架）、钢裙座。

当上述钢结构设置在厂房的梁、楼板上时，其耐火极限不应低于所在厂房梁的耐火极限；当上述钢结构独立设置在地面上时，其耐火极限不应低于所在厂房柱的耐火极限。

## 6.3 防火分区

**6.3.1** 厂房中任一防火分区的最大允许建筑面积、每座仓库和仓库中任一防火分区的最大允许建筑面积，除本规范另有规定外，应符合现行国家标准《建筑设计防火规范》GB 50016 的有关规定。

**6.3.2** 除麻纺厂和服装厂外，生产的火灾危险性为丙类可燃固体的厂房，每个防火分区的最大允许建筑面积应符合下列规定：

　　**1** 当厂房的耐火等级为一级时，每个防火分区的建筑面积：单层厂房面积不限，多层厂房不应大于 9000m²，高层厂房不应大于 3000m²。

　　**2** 当厂房的耐火等级为二级时，每个防火分区的建筑面积：单层厂房面积不应大于 12000m²，多层厂房不应大于 6000m²，高层厂房不应大于 2000m²。

　　**3** 一、二级耐火等级厂房的地下室、半地下室，每个防火分区的最大允许建筑面积不应大于 500m²。

**6.3.3** 变配电室，棉纺厂的分级室、回花室、开清棉间，毛纺织厂、麻纺织厂、印染厂的烧毛间与其他部位之间应采用耐火极限不低于 2.50h 的不燃烧墙体分隔，当墙上需开门时，应采用甲级防火门。

**6.3.4** 敞开或半敞开式厂房的上、下层为不同防火分区时，两层之间梁及不燃烧实体窗槛墙的高度之和不应小于 2.0m，或在敞开部分的上方设置宽度不小于 1.2m 的不燃烧体防火挑檐。窗槛墙及防火挑檐的耐火极限不应低于相应耐火等级楼板的耐火极限。

敞开式厂房、半敞开式或封闭式厂房的敞开部分设置挡雨板或通风百叶时，挡雨板或通风百叶应采用不燃烧材料制作。

**6.3.5** 当建筑物的上、下层为不同的防火分区时，楼板上的设备安装孔等孔洞应采取防火分隔措施。当设备或管道穿过建筑物的楼板时，与楼板之间的缝隙应采用防火封堵材料紧密填实。

**6.3.6** 化纤原料生产中的聚合物制备区、化学纤维生产中的长丝及短纤维纺丝区，当建筑物上、下层为不同不同的防火分区而楼板上有生产中不可封闭的孔洞时，应采取以下措施：

**1** 建筑物的耐火等级应为一级。

**2** 生产区域与相邻附房之间应设置防火墙或耐火极限不低于 2.50h 的不燃烧体隔墙，当墙上必须开门时，应采用甲级防火门。

**6.3.7** 丙、丁、戊类单层厂房与多层附房同属一个防火分区，且多层部分的楼层建筑面积占该防火分区建筑面积的比例小于 5% 时，该防火分区的最大允许建筑面积可按单层厂房的规定确定。但多层部分的安全疏散应符合现行国家标准《建筑设计防火规范》GB 50016 中有关多层厂房安全疏散的规定。

**6.3.8** 单层厂房内部设置架空夹层（不包括总风道）时，其建筑面积应合并计入所在防火分区的面积。当架空夹层的建筑面积占该防火分区建筑面积的比例小于 5% 时，该防火分区可按单层厂房进行防火设计。

**6.3.9** 合成纤维原料厂及化纤厂中一、二级耐火等级的单层原料库及成品库，当设置自动灭火系统时，每座仓库的最大允许占地面积不应大于 24000m²，每个防火分区的最大允许建筑面积不应大于 6000m²。

## 6.4 防 爆

**6.4.1** 当有爆炸危险的甲、乙类生产部位必须与其他类别的厂房贴邻布置或设置在其他类别的厂房内时，该部位与相邻部位之间应采用防爆墙分隔，该部位所在的房间应设置泄压设施，且应采用不发生火花的楼地面。

**6.4.2** 设置泄压设施的厂房，其泄压面积宜根据现行国家标准《建筑设计防火规范》GB 50016 的规定，经计算确定。当缺少计算泄压面积的参数时，化纤厂、化纤原料厂可按泄压面积与厂房体积的比值（m²/m³）不小于 0.07 确定。当粘胶纤维厂的原液车间中应设泄压设施的区域，其体积超过 1000m³，且采用上述比值有困难时，可适当降低，但不应小于 0.05。

**6.4.3** 有爆炸危险的设备宜避开厂房的梁、柱等主要承重构件布置，当不能避开时，工艺和设备设计应采取防爆、泄压措施，厂房的梁、柱等主要承重构件应采取防止倒塌的加强措施。

**6.4.4** 存在可燃粉尘的厂房或仓库应采用不发火花的楼地面，不宜设置地沟、地坑，当确需设置时，地坑应采用不发火花的材料制作，并应采取防止粉尘进入地沟或在地沟、地坑内积聚的措施。当地沟与相邻厂房或仓库相连时，应在地沟内设防火分隔设施。

**6.4.5** 存在较空气重的可燃气体、可燃蒸气的厂房及仓库楼地面及地沟的防火设计，应符合现行国家标准《建筑设计防火规范》GB 50016 及本规范的有关规定。当上述场所必须设置地坑或排水明沟时，地坑应采用不发火花的材料制作；排水明沟的深度不应大

于 0.4m，需设沟盖板的部位应采用不发火花的镂空沟盖板。

## 6.5 安 全 疏 散

**6.5.1** 生产的火灾危险性为丙类的棉、毛、麻纺织厂中的前纺区、后纺区、织布区，化纤厂长丝、短纤维生产中的纺丝、后加工区，帘子布生产中的捻织区，当有 2 个或 2 个以上防火分区相邻布置，且每个防火分区已至少设有 2 个安全出口时，每个防火分区可利用防火墙上通向相邻防火分区的甲级防火门作为安全出口，但其疏散总净宽度计算值不应大于该防火分区安全出口最小总净宽度计算值的 30%。

**6.5.2** 一座多层或高层厂房中，疏散楼梯的形式应按其中火灾危险性最大防火分区的要求确定。

**6.5.3** 当粘胶厂中无人值守的黄化间为独立防火分区时，其直通室外或疏散楼梯的安全出口的数量不应少于 1 个。可利用相邻防火分区的安全出口作黄化间的第二安全出口。

**6.5.4** 厂房内无人值守的地坑可采用无防火保护层的钢梯。

**6.5.5** 厂房的疏散门宜采用平开门。自动下滑式防火门、自动门、厂房的推拉门不应作为疏散门，当采用时，宜在附近另设疏散门或采用其他措施。

## 6.6 建 筑 构 造

**6.6.1** 防爆墙设计应符合下列规定：

**1** 防爆墙应设置在需要防护爆炸的非爆炸区域的一侧，其耐火极限不应低于 3.00h。

防爆墙应与地面、楼（屋）面及其他墙体一起，将存在爆炸危险的工艺装置与非爆炸区域完全隔开。

防爆墙应为自承重墙。

**2** 防爆墙下部应直接设置在基础上或钢筋混凝土梁上，周边应与钢筋混凝土梁、柱进行连接。

**3** 防爆墙的设计可只进行承载能力极限状态计算。设计荷载应采用等效静荷载，或根据爆炸力计算出的等效静荷载。

**4** 防爆墙可采用钢筋轻骨料混凝土墙，轻骨料混凝土强度等级不应低于 LC15。

钢筋轻骨料混凝土墙的墙厚不应小于 150mm，配筋应按计算确定，应采用双层配筋方式，并应满足国家现行标准《轻骨料混凝土结构技术规程》JGJ 12 的构造要求。

**6.6.2** 防火墙设计应按现行国家标准《建筑设计防火规范》GB 50016 执行，并应符合下列规定：

**1** 敞开式厂房、半敞开式或封闭式厂房的敞开部分设置防火墙时，防火墙应凸出厂房外侧柱的外表面 1m，或在防火墙两侧设置总宽度不小于 4m、耐火极限不低于 2.00h 的不燃烧体外墙。

**2** 屋面板为无防火保护层金属构件的厂房或仓

库中设置防火墙时，防火墙高出屋面确有困难的部位，当对防火墙两侧各3m范围内的屋面板采取防火保护措施使其耐火极限不低于1.00h时，防火墙可设至屋面结构层的底部，缝隙处应采用防火封堵材料封堵。

**3** 当防火墙上有不可封闭的孔洞时，孔洞处应采用能承受火灾延续时间不小于3.00h的防火卷帘或防火分隔水幕分隔。防火分隔水幕应符合现行国家标准《自动喷水灭火系统设计规范》GB 50084的有关规定。

**6.6.3** 钢疏散梯设计应按现行国家标准《建筑设计防火规范》GB 50016执行，并应符合下列规定：

**1** 室外钢疏散梯的平台应采用不燃烧材料制作，其耐火极限应符合以下规定：设在安全出口处的平台，耐火极限不应低于1.00h；当平台设在两楼层之间，且无通往平台的门时，该平台的耐火极限不应低于0.25h。

**2** 露天装置中仅用于巡回检查的钢操作台及钢梯，其耐火极限不应低于0.25h。钢梯宽度不宜小于0.8m，倾斜角度不宜大于60°。

# 7 消防给水排水和灭火设施

## 7.1 一般规定

**7.1.1** 纺织工程设计必须按国家现行有关标准、规范要求配置消防给水排水与灭火设施。

**7.1.2** 纺织工程消防用水宜采用市政给水管网供给。当远离城镇或市政给水管网，供水能力不能满足消防要求时，应自建消防水池或给水厂。

**7.1.3** 纺织工程的循环冷却水塔塔底水池和水泵吸水池不应兼作消防水池。

**7.1.4** 消防用水与生产用水宜合建水池。合建水池应有确保消防用水不作他用的技术措施。

消防水池不应与生活水池合建。

**7.1.5** 纺织工程宜设置高位消防水箱，并应符合下列规定：

**1** 消防水箱应储存10min的消防用水量，当室内消防用水量不超过25L/s时，经计算，消防储水量超过12m³时，可采用12m³。

当室内消防用水量超过25L/s时，经计算，水箱消防储水量超过18m³时，可采用18m³。

**2** 消防用水与其他用水合并的水箱应采用消防用水不作他用的措施。

**3** 火灾发生时，由消防水泵供给的消防用水不应进入消防水箱。

**4** 当设置高位消防水箱确有困难时，可设置符合下列要求的临时高压给水系统：

1）系统由消防水泵、稳压装置、压力检测及

控制装置等构成。

2）由稳压装置维持系统压力，着火时，压力控制装置自动启动消防泵。

3）稳压泵应设备用泵，稳压泵工作压力应高于消防泵工作压力，其流量不宜小于5L/s。

**7.1.6** 纺织工程建筑物消防用水量应符合现行国家标准《建筑设计防火规范》GB 50016的有关规定；化纤厂和化学原料厂的露天装置区消防用水量应符合现行国家标准《石油化工企业设计防火规范》GB 50160的有关规定。

**7.1.7** 纺织工程消火栓的布置应符合本规范第7.2节、第7.3节的规定，同时应符合现行国家标准《建筑设计防火规范》GB 50016的有关规定。

## 7.2 室外消火栓

**7.2.1** 合成纤维工厂室外工艺装置内的甲、乙类设备的框架平台高于15m时，宜沿梯子敷设半固定式消防给水竖管，并应符合下列规定：

**1** 按各层需要设置带阀门的管牙接口。

**2** 平台面积小于或等于50m²时，管径不宜小于80mm；大于50m²时，管径不宜小于100mm。

**3** 框架平台长度大于25m时，宜在另一侧梯子处增设消防给水竖管，且消防给水竖管的间距不宜大于50m。

**7.2.2** 生产装置和仓库区的消火栓，其间距不宜大于60m。合成纤维工厂生产装置区的室外消火栓宜选用地上式消火栓。

## 7.3 室内消火栓

**7.3.1** 下列纺织工程建筑物应设置室内消火栓：

**1** 甲、乙、丙类厂房、仓库；

**2** 丁、戊类高层厂房、仓库；

**3** 耐火等级为三级且建筑体积大于或等于3000m³的丁类厂房、仓库和建筑体积大于或等于5000m³的戊类厂房、仓库。

注：棉纺厂的开包、清花车间及麻纺厂的分级、梳麻车间，服装加工厂、针织服装工厂的生产车间及纺织厂的除尘室，除设置消火栓外，还应在消火栓箱内设置消防软管卷盘。

**7.3.2** 下列纺织工程建筑物可不设置室内消火栓：

**1** 单层厂房占地面积小于300m²时（服装加工厂、针织服装工厂或人员密集的厂房除外）；

**2** 耐火等级为一、二级的单层、多层丁、戊类厂房（仓库）；

**3** 耐火等级为三级且建筑体积小于3000m³的丁类厂房、仓库和建筑体积小于5000m³的戊类厂房、仓库。

**7.3.3** 消火栓的布置应符合下列规定：

**1** 室内消火栓的间距应经计算确定，且不宜大于30m。

**2** 棉纺厂的开包、清花车间及麻纺厂的分级、梳麻车间，服装加工厂、针织服装工厂的生产车间和纺织厂的除尘室，当室内消火栓间距大于20m时，除在消火栓箱内设有消防软管卷盘外，还宜在其中间增设消防软管卷盘或轻便消防水龙。

**3** 消防电梯前室应设置室内消火栓，该消火栓可不计入设计要求的消火栓总数内。

**4** 设有室内消火栓系统的建筑中，有通向屋面楼梯间的平屋顶建筑时，宜设置一个供试验和检查用的屋顶消火栓，并配置压力表。严寒、寒冷地区可设在顶层楼梯间内。

**5** 室内消火栓不得采用单阀双口消火栓。在固相缩聚、聚酯厂房等高层工业建筑顶层面积不大，设置多根消防竖管和布置多个消火栓确有困难的场所，可采用双阀双口消火栓。

**6** 同一建筑物内应采用统一规格的消火栓、水枪和水带。每条水带的长度不应超过25m。

**7** 室内消火栓箱内配置的水枪宜采用直流-喷雾两用水枪。

**8** 甲、乙类厂房应在楼梯间增设室内消火栓。

**9** 室内消火栓栓口处的出水压力大于0.5MPa时，应设置减压设施；静水压力大于1.0MPa时，宜采用分区给水系统。当采用减压阀减压时，减压阀前宜设置Y形过滤器，阀前、阀后宜设置压力表。

**7.3.4** 室内消防给水管道的布置应符合下列规定：

**1** 多层建筑的室内消防给水管道底层和顶层宜采用环状布置。检修阀门的布置应保证检修管道时关闭的竖管不超过一根，但设置的竖管超过三根时，可关闭不相邻的两根。

**2** 消防给水管道设置在严寒和寒冷地区的非采暖厂房和仓库内时，管道系统宜采用电伴热保温。当采用干式系统时，在进水管上应设置快速启闭装置，管道最高处应设置自动排气阀，快速启闭装置上部应设置排空设施。

### 7.4 固定灭火设施

**7.4.1** 下列场所应设置闭式自动喷水灭火系统：

**1** 大于或等于50000纱锭棉纺厂的开包、清花车间及除尘器室；

**2** 大于或等于5000锭麻纺厂的分级、梳麻车间；

**3** 亚麻纺织厂的除尘器室；

**4** 占地面积大于1500m² 或总建筑面积大于3000m² 的服装加工厂和针织服装工厂生产厂房；

**5** 甲、乙类生产厂房，高层丙类厂房；

**6** 每座占地面积大于1000m² 的棉、毛、麻、丝、化纤、毛皮及其制品仓库；

**7** 建筑面积大于500m² 的棉、毛、丝、化纤、毛皮及制品和麻纺制品的地下仓库；

**8** 合成纤维厂中建筑面积大于3000m² 的丙类原料仓库和切片仓库，化纤厂中建筑面积大于1000m² 的成品库、中间库；

**9** 化纤厂的可燃、难燃物品高架仓库和高层仓库。

自动喷水灭火系统的设计应符合现行国家标准《自动喷水灭火系统设计规范》GB 50084 的有关规定。

**7.4.2** 下列化纤厂中的高层丙类厂房可不设置自动喷水灭火系统：

**1** 粘胶纤维厂的原液车间；

**2** 聚酯厂的聚酯车间、固相缩聚；

**3** 锦纶纤维厂的聚合车间。

**7.4.3** 可燃液体储罐泡沫灭火系统设置应符合下列规定：

**1** 单罐储量大于200m³ 的水溶性可燃液体储罐、单罐储量大于500m³ 的非水溶性可燃液体储罐宜设置泡沫灭火系统。

**2** 单罐储量大于或等于500m³ 的水溶性可燃液体储罐、单罐储量大于或等于10000m³ 的非水溶性可燃液体储罐以及移动消防设施不足或地形复杂、消防车扑救困难的可燃液体储罐区应设置泡沫灭火系统。

**3** 泡沫灭火系统的设计应符合现行国家标准《低倍数泡沫灭火系统设计规范》GB 50151 等标准的有关规定。

**7.4.4** 敷设电缆密集的夹层宜设置悬挂式干粉灭火器。

### 7.5 污 水 排 水

**7.5.1** 下列部位应设置消防排水设施：

**1** 消防电梯井底应设置专用排水井，有效容积不应小于2m³，排水泵的排水量不应小于10L/s。

**2** 设有自动喷水灭火系统的厂房和库房，其火灾事故排水受到有机物污染的应设置排水收集设施。自动喷水灭火系统的报警阀及末端试水装置或末端试水阀应设置排水设施，其排水管不应与地下排水管道系统直接相连。

**3** 消防水泵房。

**4** 纺织工程的生产装置区、化工物料仓库、储罐区应有火灾事故排水收集措施。火灾事故排水系统的排水能力应按事故排水流量校核。火灾事故排水流量至少应包括物料泄漏量和消防水量。厂区排水管线应设有防止受污染的火灾事故排水直接排出厂区的应急措施。火灾事故排水应处理后排放。

**7.5.2** 纺织工程含可燃液体的生产污水和被可燃液体严重污染的雨水管道系统的下列部位应设置水封，且水封高度不得小于250mm。

**1** 工艺装置内的塔、炉、泵、冷换设备等围堰的排水管（渠）出口处。

**2** 工艺装置、储罐组或其他设施及建筑物、构筑物、管沟等的排水出口处。

**3** 全厂性的支干管与主干管交汇处的支干管上。

**4** 全厂性干管、主干管的管段长度超过300m时。

**5** 建筑物用防火墙分隔成多个房间，每个房间的生产污水管道应有独立的排出口，并应设置水封井。

**7.5.3** 可燃液体储罐区的生产污水管道应有独立的排出口，并应在防火堤与水封井之间的管道上设置易启闭的隔断阀。防火堤内雨水沟排出管道出防火堤后应设置易启闭的隔断阀，将初期污染雨水与未受到污染的清洁雨水分开，分别排入生产污水系统和雨水系统。

含油污水应在防火堤外隔油处理后再排入生产污水系统。

# 8 防烟和排烟

**8.0.1** 建筑物中的防、排烟设计除本规范另有规定外，应符合《建筑设计防火规范》GB 50016 等国家现行标准的有关规定。

**8.0.2** 建筑中的排烟可采用自然排烟或机械排烟方式。当生产工艺允许时，宜采用自然排烟方式。

**8.0.3** 纺织工程的下列场所应设置排烟设施：

**1** 服装加工厂的裁剪、缝纫、整烫、包装间；

**2** 棉纺织厂的分级室、开清棉间、废棉处理间；

**3** 毛纺织厂的选毛间；

**4** 缫丝厂的干茧堆放间；

**5** 丝绸织造厂的坯绸检验间、坯绸修整间及其他纺织工厂的坯布整理间、检验间；

**6** 绢纺织厂的精干绵选别间、落绵堆放间、开清绵间；

**7** 麻纺织厂的梳前准备间（含软麻、给油加湿、分束、分磅、堆仓、初梳工序）、梳麻间；

**8** 针织厂的成衣间。

**8.0.4** 纺织工程的下列场所可不设置排烟设施：

**1** 化纤原料厂连续聚合厂房、化纤厂熔体直纺的熔体输送和熔体分配间以及切片纺的切片干燥和螺杆挤压间。

**2** 化纤厂原液制备厂房、化纤厂的纺丝间、化纤厂熔融纺的卷绕间、化纤厂后加工和加弹厂房以及生产非织造布的厂房。

**3** 纺织工厂的络并捻、织布准备、缫丝、亚麻湿纺细纱区域。

# 9 采暖通风和空气调节

## 9.1 采 暖

**9.1.1** 散发可燃气体、蒸气或粉尘的厂房，散热器采暖热媒温度应符合下列规定：

**1** 必须低于散发物质的引燃温度。

**2** 散发物质为可燃粉尘、纤维时，热水不应超过130℃，蒸汽不应超过110℃。输煤廊的采暖蒸汽温度不应超过130℃。

**3** 散发物质为可燃气体、蒸气时，热水不应超过150℃，蒸汽不应超过130℃。

**9.1.2** 散发比室内空气重的可燃气体、蒸气或粉尘的厂房，采暖管道不应采用地沟敷设。必须采用时，应密封沟盖，并在地沟内填满黄砂。

**9.1.3** 采暖管道不得与输送可燃气体或闪点低于或等于120℃的可燃液体的管道在同一条管沟内敷设。

**9.1.4** 散发可燃粉尘、纤维的厂房，应采用不易积聚灰尘、便于清扫的散热器。

## 9.2 通风、空气调节

**9.2.1** 散发可燃粉尘、纤维较多的厂房，宜设置吸尘清扫装置。

**9.2.2** 甲、乙类厂房送风系统的室外进风口，应设在无火花溅落的安全处，并不得与其他房间的进风口共用。

**9.2.3** 排除、输送有爆炸危险物质的风管，不应穿过防火墙，且不应穿过人员密集或可燃物较多的房间。

**9.2.4** 下列情况之一，应采用防爆型设备：

**1** 甲、乙类厂房或其他厂房爆炸危险区域内的通风、空气调节或热风采暖设备。

**2** 排除、输送有燃烧或爆炸危险物质的通风设备。

**9.2.5** 甲、乙类厂房的送风系统应采用防爆型通风设备。当通风设备设置在爆炸危险区域外，且送风干管上设置了止回阀时，可采用普通型通风设备。

**9.2.6** 防爆型通风设备应配用防爆型电动机。防爆型电动机应按现行国家标准《爆炸和火灾危险环境电力装置设计规范》GB 50058 的有关规定选型。

防爆型通风设备露天布置在爆炸危险区域外，且电动机位于排风气流之外时，可采用密闭型电动机。

**9.2.7** 排除有燃烧或爆炸危险物质的排风设备，应靠近系统排出端设置。

**9.2.8** 当甲、乙类厂房送风设备与其他房间的送风设备布置在同一个送风机房内时，甲、乙类厂房送风设备的出口处应设置止回阀。

**9.2.9** 棉、毛、麻纺织工厂处理可燃粉尘的除尘系统，当排风机必须布置在除尘器之前时，应采用防缠绕、防堵塞的排风机。

**9.2.10** 棉、毛、麻纺织工厂处理可燃粉尘的干式除尘器应符合下列规定：

 **1** 应能连续过滤、连续排杂。严禁采用沉降室。

 **2** 除尘器入口宜采取防止火花进入的措施。

**9.2.11** 通风、空气调节系统的风管上，应按现行国家标准《建筑设计防火规范》GB 50016 的有关规定设置防火阀。

 棉、毛、麻纺织工厂，当空气调节机房、除尘器室与其所辖区域设置在同一防火分区内时，风管穿越机房的隔墙和楼板处，可不设防火阀。

**9.2.12** 防火阀的动作温度应符合现行国家标准《建筑设计防火规范》GB 50016 的有关规定。

 风管内空气温度接近或高于 70℃ 时，防火阀的动作温度应高于空气温度约 25℃。

**9.2.13** 甲、乙类厂房或其他厂房爆炸危险区域内的通风、空气调节或热风采暖系统，以及排除、输送有燃烧或爆炸危险的气体、蒸气或粉尘的通风系统，其设备和风管均应设置导除静电的接地装置，并应采用金属或其他不易积聚静电的材料制作；其防火阀、调节阀等活动部件均应采用防爆型。

# 10 电 气

## 10.1 消防用电设备的供配电

**10.1.1** 纺织工程消防设备用电负荷应按照现行国家标准《建筑设计防火规范》GB 50016 的规定分类，相应的供电系统应符合现行国家标准《供配电系统设计规范》GB 50052 的规定。

**10.1.2** 预期公用电力网不能满足消防设备供电要求时，应设置柴油发电机组或其他低压发电设备。当技术经济合理时，也可采用柴油泵等由其他动力源拖动的消防泵。

**10.1.3** 当应急照明采用蓄电池组作为备用电源时，其连续供电时间应符合下列规定：

 **1** 疏散通道、安全出口设置的标志灯具及疏散指示标志灯具不应少于 30min。

 **2** 厂房内部与消防疏散兼用的运输、操作、检修等通道，其应急照明不应少于 30min。

 **3** 暂时继续工作房间的应急照明时间不应少于现行国家标准《建筑设计防火规范》GB 50016 规定的火灾延续时间。

**10.1.4** 消防泵房、消防控制室、消防值班室、中央控制室、变配电所及空调机房应设置应急照明。操作

点所需应急照明的照度不应低于现行国家标准规定的照度标准。

**10.1.5** 安全出口、疏散通道的疏散照明的照度值不应低于 5lx。

**10.1.6** 存放可燃物品库房的配电系统应符合下列规定：

 **1** 总电源箱应布置在库外。

 **2** 存放可燃物品的库房，其总电源箱的进线应设置剩余电流保护器。保护器的额定剩余电流动作值不应超过 500mA。

 **3** 馈电线路应有过载保护、短路保护和电击保护，保护电器应设在总电源箱内。

**10.1.7** 存放可燃物品库房，其照明设备的防护等级应满足 IP4X。库房内不应设置卤钨灯等高温照明器，灯泡不应大于 60W。当确需选用大于 60W 的灯泡时，应采取隔离、隔热、加大灯具的散热面积等措施确保灯的表面温度不可能引燃附近物质。

**10.1.8** 服装加工、开棉、并条等易燃生产场所及存放可燃物品的库房严禁采用 TN—C 接地系统及有 PEN 线。其电气线路严禁直敷布线，应穿金属导管或可挠金属电线保护管敷设，也可采用封闭式金属线槽敷设。

**10.1.9** 存放可燃物品的库房及易积聚可燃性粉尘的场所，吊车应采用橡套电缆等移动电缆供电，不应采用滑导线、滑触线等裸导体。

## 10.2 火灾自动报警系统

**10.2.1** 下列场所应设置火灾自动报警系统：

 **1** 任一层建筑面积超过 1500m² 或总建筑面积大于 3000m² 的制衣、棉针织品、印染厂成品等生产厂房；

 **2** 棉花、棉短绒开包等厂房；

 **3** 麻纺粗加工厂房；

 **4** 选毛厂房；

 **5** 纺织、印染、化纤生产的电加热及电烘干部位；

 **6** 每座占地面积超过 1000m² 的棉、毛、麻、丝、化纤及其织物的库房；

 **7** 丙类厂房中的变配电室、电动机控制中心、中央控制室；

 **8** 需火灾自动报警系统联动启动自动灭火系统的场所。

**10.2.2** 火灾自动报警系统的选择应符合下列规定：

 **1** 由多个独立工厂集中布置组成的工业联合体，其消防为统一管理时，火灾自动报警宜选择控制中心报警系统。

 **2** 纺织化纤工厂应根据所设置火灾报警装置的容量选择集中报警系统、区域报警系统。集中报警系统的消防值班室宜设在生产装置的中央控制室或生产

调度室，区域报警系统的火灾报警控制器宜设在生产装置的中央控制室、生产调度室等有人值班的房间或场所。

**10.2.3** 火灾探测器、火灾报警按钮的选择应符合下列规定：

**1** 丙类生产厂房内烘干、烧毛、联苯炉等处宜选择点型感温探测器。

**2** 丙类物品的原料库、成品库、废料库、纺部、加工部、织部（湿加工除外）、化纤后加工车间、印染后整理、服装加工、成品检验及打包等部位应根据现行国家标准《火灾自动报警系统设计规范》GB 50116 的要求，针对可燃物的初期燃烧特性、空间高度和设备遮挡等环境条件选择点型感烟探测器、红外光束感烟探测器。在精对苯二甲酸仓库等粉尘爆炸环境设置探测器有困难的场所，应设置火灾报警按钮和声光报警装置。

**3** 电子计算机的主机房、控制室、记录介质库宜设点型感烟探测器。

**4** 采用燃气加热、烧毛的场所宜设可燃气体探测器。

**10.2.4** 涤纶、锦纶、干纺腈纶、丙纶、氨纶等纺丝、卷绕等设置火灾探测器有困难的部位及湿纺腈纶、粘胶纤维、印染等湿加工车间，应设置火灾报警按钮和声光报警装置。

**10.2.5** 亚麻栉梳车间、精对苯二甲酸仓库、聚酯装置精对苯二甲酸投料等粉尘爆炸危险环境及以有机溶剂制备原液的腈纶原液车间、醋酸纤维原液车间、聚酯生产等存在爆炸性气体的危险环境，其火灾自动报警设备应符合现行国家标准《爆炸和火灾危险环境电力装置设计规范》GB 50058 的规定。

**10.2.6** 火灾自动报警系统的设计尚应符合现行国家标准《火灾自动报警系统设计规范》GB 50116 的规定。

### 10.3 防雷与防静电接地

**10.3.1** 纺织工程的建筑物、构筑物应按照现行国家标准《建筑物防雷设计规范》GB 50057 的规定划分防雷类别，并采取相应的防雷措施。

**10.3.2** 纺织工程的户外燃料油、润滑油储罐应按照现行国家标准《石油库设计规范》GB 50074 采取相应的防雷措施。

**10.3.3** 化工原料罐、可燃气体罐应按照现行国家标准《石油化工企业设计防火规范》GB 50160 采取相应的防雷措施。

**10.3.4** 纺织工程中存在静电引燃、引爆的危险场所，应设置静电防护措施。

**10.3.5** 静电防护措施应符合现行国家标准《防止静电事故通用导则》GB 12158 等的规定。

## 附录 A 纺织工业生产的火灾危险性分类举例

**表 A　纺织工业生产的火灾危险性分类举例**

| 工厂 | 生产部位 | 危险物 | 火灾危险性 | 备注 |
|---|---|---|---|---|
| 聚酯 | 浆料调配、酯化、缩聚、熔体输送、添加剂调配 | 乙二醇、氢化三联苯、联苯和联苯醚 | 丙 | — |
| | 铸带、造粒、称量打包 | 聚酯熔体和切片 | 丙 | — |
| | 阳离子可染聚酯第三单体制备 | 甲醇 | 甲 | — |
| | 酯交换、甲醇回收 | 甲醇 | 甲 | — |
| | 对苯二甲酸开包卸料 | 对苯二甲酸 | 丙 | 注1 |
| | 固相聚合 | 氢化三联苯 | 丙 | — |
| | 固相聚合的氢气瓶放置 | 氢气 | 甲 | — |
| 腈纶 | 丙烯腈聚合、单体回收 | 丙烯腈、醋酸乙烯、丙烯酸甲酯 | 甲 | — |
| | 聚丙烯腈的干燥、输送 | 聚丙烯腈粉末 | 乙 | — |
| | 硫氰酸钠为溶剂的原液、溶剂回收 | 硫氰酸钠 | 丁 | — |
| | 硫氰酸钠为溶剂的纺丝、后处理 | 湿腈纶纤维 | 丁 | — |
| | 硫氰酸钠为溶剂的纺丝组件清洗 | 硫氰酸钠 | 丁 | — |
| | 二甲基乙酰胺为溶剂的原液制备 | 二甲基乙酰胺 | 丙 | — |
| | 二甲基乙酰胺为溶剂的纺丝 | 湿腈纶纤维、二甲基乙酰胺 | 丁 | 注2 |
| | 二甲基乙酰胺为溶剂的后处理 | 干腈纶纤维 | 丙 | — |
| | 二甲基乙酰胺的回收 | 二甲基乙酰胺 | 丙 | — |
| | 二甲基乙酰胺的制备 | 二甲胺、醋酸 | 甲 | — |
| | 二甲基乙酰胺为溶剂纺丝组件清洗 | 二甲基乙酰胺 | 丙 | — |
| | 二甲基甲酰胺为溶剂的原液、溶剂回收 | 二甲基甲酰胺 | 乙 | — |

| 工厂 | 生产部位 | 危险物 | 火灾危险性 | 备注 |
|------|---------|--------|-----------|------|
| 腈纶 | 二甲基甲酰胺为溶剂的纺丝 | 二甲基甲酰胺 | 丙 | 注2 |
| | 二甲基甲酰胺为溶剂的纤维后处理 | 干腈纶纤维 | 丙 | — |
| | 二甲基甲酰胺为溶剂纺丝组件清洗 | 硝酸 | 乙 | — |
| | 打包、毛条 | 干腈纶纤维 | 丙 | — |
| 涤纶 | 切片输送、结晶、干燥 | 聚酯切片 | 丙 | — |
| | 切片熔融、熔体输送 | 联苯和联苯醚、氢化三联苯 | 丙 | — |
| | 长丝生产：纺丝到成品包装 | 涤纶纤维 | 丙 | — |
| | 短纤维生产：纺丝到打包 | 涤纶纤维 | 丙 | — |
| | 涤纶丝束生产 | 涤纶纤维 | 丙 | — |
| | 涤纶毛条生产 | 涤纶纤维 | 丙 | — |
| | 工业丝生产 | 涤纶纤维 | 丙 | — |
| | 帘子布生产：捻线、织布、包装 | 涤纶纤维 | 丙 | — |
| | 帘子布浸胶 | 甲醛 | 丙 | 注2 |
| | 胶料调配 | 甲醛 | 丙 | 注2 |
| | 甲醛溶液储存 | 甲醛 | 丙 | 注2 |
| 粘胶纤维 | 浸压粉、老成 | 浆粕 | 丙 | — |
| | 黄化、二硫化碳计量和回收 | 二硫化碳 | 甲 | — |
| | 原液：溶解到纺前过滤 | 二硫化碳 | 丙 | 注2 |
| | 短纤维：纺丝到打包 | 硫化氢 | 丙 | 注2 |
| | 长丝：离心纺丝、精练 | 硫化氢 | 丙 | 注2 |
| | 长丝：连续纺丝 | 硫化氢 | 丙 | 注2 |
| | 酸站 | 硫化氢 | 丁 | 注2 |
| | 精密室 | 重铬酸钾、浓硫酸 | 乙 | — |
| | 废气处理 | 二硫化碳、硫化氢 | 甲 | — |
| | 污水处理 | 二硫化碳、硫化氢 | 甲 | — |

| 工厂 | 生产部位 | 危险物 | 火灾危险性 | 备注 |
|------|---------|--------|-----------|------|
| 锦纶 | 己内酰胺、尼龙66盐的开包卸料 | 己内酰铵、尼龙66盐 | 丙 | 注1 |
| | 己内酰胺聚合 | 联苯、联苯醚、氢化三联苯 | 丙 | — |
| | 尼龙66缩聚 | 联苯、联苯醚、氢化三联苯 | 丙 | — |
| | 切片生产、萃取、干燥 | 锦纶切片 | 丙 | — |
| | 切片熔融、熔体输送、纺丝 | 联苯、联苯醚、氢化三联苯 | 丙 | — |
| | 卷绕 | 锦纶纤维 | 丙 | — |
| | 后加工（短纤维、长丝、毛条） | 锦纶纤维 | 丙 | — |
| | 帘子布：捻线、织布 | 锦纶纤维 | 丙 | — |
| | 帘子布浸胶 | 甲醛 | 丙 | 注2 |
| | 胶料调配 | 甲醛 | 丙 | 注2 |
| | 甲醛溶液储存 | 甲醛 | 丙 | 注2 |
| | 己内酰胺回收 | 己内酰胺 | 丙 | 注1 |
| 氨纶 | 聚合 | 4,4二苯基甲烷二异氰酸酯等 | 丙 | — |
| | 二甲基乙酰胺为溶剂的干法纺丝 | 二甲基乙酰胺 | 丙 | — |
| | 二甲基乙酰胺为溶剂的湿法纺丝 | 二甲基乙酰胺 | 丙 | — |
| | 胺调配 | 二乙胺 | 甲 | — |
| | 分级包装 | 氨纶纤维 | 丙 | — |
| | 二甲基乙酰胺的回收 | 二甲基乙酰胺 | 丙 | — |
| 丙纶 | 切片输送、干燥、熔融 | 聚丙烯切片 | 丙 | — |
| | 纺丝 | 联苯和联苯醚、氢化三联苯 | 丙 | — |
| | 后加工 | 丙纶纤维 | 丙 | — |

续表A

| 工厂 | 生产部位 | 危险物 | 火灾危险性 | 备注 |
|---|---|---|---|---|
| 维纶 | 聚乙烯醇卸料 | 聚乙烯醇粉 | 丙 | 注1 |
| | 原液制备 | 聚乙烯醇溶液 | 丁 | — |
| | 纺丝、湿热拉伸 | 湿的维纶纤维 | 丁 | — |
| | 整理:干燥到卷绕 | 干的维纶纤维 | 丙 | — |
| | 整理:缩醛化、水洗 | 甲醛 | 丙 | 注2 |
| | 整理:干燥到打包 | 干的维纶纤维 | 丙 | — |
| | 凝固浴循环 | 硫酸钠 | 戊 | — |
| | 醛化液循环 | 甲醛 | 丙 | 注2 |
| | 酸碱站 | 稀硫酸、氢氧化钠 | 丁 | — |
| | 精密室 | 蒸汽 | 戊 | — |
| 印染 | 原布、白布、印花、整理、整装 | 干布 | 丙 | — |
| | 练漂、染色、皂洗、水洗 | 湿布 | 丁 | — |
| | 烧毛 | 干布 | 丙 | — |
| | 涂层、气相整理 | 甲苯、二甲基甲酰胺 | 甲 | — |
| | 涂层的溶剂调配 | 甲苯、二甲基甲酰胺 | 甲 | — |
| | 染化液调配 | 活性染料、分散染料 | 丙 | — |
| | 印花调浆 | 糊料(海藻酸钠) | 丙 | — |
| | 汽油气化室 | 汽油 | 甲 | — |
| | 碱回收站 | 碱液 | 戊 | — |
| | 液氨整理 | 氨气 | 丙 | 注2 |
| | 氨回收 | 氨气 | 乙 | — |
| 棉纺织 | 纺纱(清梳联到成纱)、加工(络筒到成包)、织布(络筒到包装) | 棉层、棉条、纱线、布 | 丙 | — |
| | 开清棉、回花、废棉处理、滤尘室 | 棉粉尘 | 丙 | 注1 |

续表A

| 工厂 | 生产部位 | 危险物 | 火灾危险性 | 备注 |
|---|---|---|---|---|
| 毛纺织 | 选毛、前纺、后纺、坯布、干整理 | 毛球、条、纱、线、织物 | 丙 | — |
| | 染色、煮呢、缩呢、洗呢 | 湿毛呢 | 丁 | — |
| | 滤尘室 | 毛粉尘 | 丙 | 注1 |
| | 汽油气化室 | 汽油 | 甲 | — |
| | 放置液化气钢瓶、液化石油气罐 | 液化石油气 | 甲 | — |
| 麻纺织 | 亚麻的制麻、纺纱、织造 | 麻、麻纱、麻布 | 丙 | — |
| | 苎麻的纺纱、织造 | 软麻、麻纱、麻布 | 丙 | — |
| | 黄麻的纺纱、织造 | 原麻、麻纱、麻布 | 丙 | — |
| | 亚麻的漂染、苎麻的脱胶、黄麻的脱胶 | 湿麻 | 丁 | — |
| | 亚麻的梳麻、并条、粗纱;黄麻、苎麻的梳麻 | 麻粉尘 | 丙 | 注1 |
| | 除尘室 | 麻粉尘 | 乙 | — |
| | 染化液调配 | 染料 | 丙 | — |
| | 汽油气化室 | 汽油 | 甲 | — |
| | 液化石油气钢瓶间 | 液化石油气 | 甲 | — |
| 丝绸 | 丝整理、绢丝、纺纱、织造 | 干茧、生丝、锦条、绢丝绸 | 丙 | — |
| | 缫丝 | 湿茧、湿丝 | 丁 | — |
| 针织 | 原料、编织、检验修补、烘干、起绒、轧光整理、剪裁、成衣 | 纱线、针织物、羊毛衫、成衣、袜子 | 丙 | — |
| | 漂染、印花 | 湿的针织物 | 丁 | — |
| 非织造布 | 梳理成网到成品包装 | 纤维网、非织造布 | 丙 | — |
| | 给棉、开松 | 棉粉尘 | 丙 | 注1 |
| | 切片结晶、干燥、输送 | 丙纶、涤纶切片 | 丙 | — |
| | 切片熔融、过滤、纺丝 | 联苯、联苯醚 | 丙 | — |
| | 纺丝冷却成形到成品包装 | 丙纶、涤纶纤维、非织造布 | 丙 | — |
| | 粘合剂调配 | 氨气 | 丙 | 注2 |

| 工厂 | 生产部位 | 危险物 | 火灾危险性 | 备注 |
|---|---|---|---|---|
| 辅助生产设施 | 油剂调配 | 油剂及油剂单体 | 丙 | — |
| | 熔融纺丝的过滤器清洗 | 三甘醇 | 丙 | — |
| | 熔融纺丝的组件清洗 | 三甘醇 | 丙 | — |
| | 化验室 | 化学试剂 | 丙 | — |
| | 物理检验室 | 纤维样品 | 丙 | — |
| | 热媒站 | 联苯、联苯醚、氢化三联苯 | 丙 | — |

注：表中注1：粉尘在释放源周围爆炸危险区域范围内空气中的浓度应小于其爆炸下限的25%；

表中注2：相应危险物在释放源周围爆炸危险区域范围内空气中的浓度应小于其爆炸下限的10%。

## 附录 B　纺织工业物品储存的火灾危险性分类举例

**表 B　纺织工业物品储存的火灾危险性分类举例**

| 工厂 | 物品储存场所 | 危险物 | 火灾危险性 | 备注 |
|---|---|---|---|---|
| 聚酯 | 切片库 | 聚酯切片 | 丙 | — |
| | 乙二醇储罐 | 乙二醇 | 丙 | — |
| | 燃料油储罐 | 燃料油 | 丙 | — |
| | 对苯二甲酸库 | 对苯二甲酸粉尘 | 丙 | 注1 |
| 腈纶 | 纤维成品库 | 腈纶纤维 | 丙 | — |
| | 丙烯腈罐 | 丙烯腈 | 甲 | — |
| | 二甲基乙酰胺罐 | 二甲基乙酰胺 | 丙 | — |
| | 二甲基甲酰胺罐 | 二甲基甲酰胺 | 乙 | — |
| | 二甲胺罐 | 二甲胺 | 甲 | — |
| | 醋酸乙烯罐 | 醋酸乙烯 | 甲 | — |
| | 二氧化硫罐 | 二氧化硫 | 乙 | — |
| | 丙烯酸甲酯罐 | 丙烯酸甲酯 | 甲 | — |
| | 酸罐 | 醋酸、硝酸 | 乙 | — |

| 工厂 | 物品储存场所 | 危险物 | 火灾危险性 | 备注 |
|---|---|---|---|---|
| 腈纶 | 硫氰酸钠库 | 硫氰酸钠 | 丁 | — |
| | 化学品库 | 甲基丙烯酸甲酯 | 甲 | — |
| | 化学品库 | 氯酸钠 | 甲 | — |
| | 化学品库 | 过硫酸铵 | 乙 | — |
| | 化学品库 | 焦亚硫酸钠、硫酸亚铁 | 丁 | 还原剂 |
| 涤纶 | 成品库 | 涤纶纤维 | 丙 | — |
| | 切片库 | 聚酯切片 | 丙 | — |
| | 甲醛溶液库 | 甲醛 | 丙 | 注2 |
| | 化学品库 | 间苯二酚 | 丙 | — |
| | 化学品库 | 三甘醇 | 丙 | — |
| 粘胶纤维 | 二硫化碳库 | 二硫化碳 | 甲 | — |
| | 纤维成品库、浆粕库 | 粘胶纤维、浆粕 | 丙 | — |
| | 芒硝库 | 硫酸钠 | 戊 | — |
| | 碱液罐 | 氢氧化钠 | 戊 | — |
| | 硫酸罐 | 浓硫酸 | 乙 | — |
| | 化学品库 | 重铬酸钾 | 乙 | — |
| | 化学品库 | 过氧化氢 | 甲 | — |
| | 化学品库 | 硫酸锌 | 戊 | — |
| 锦纶 | 己内酰胺库 | 己内酰胺 | 丙 | 注1 |
| | 尼龙66盐库 | 尼龙66盐 | 丙 | 注1 |
| | 切片库 | 锦纶切片 | 丙 | — |
| | 成品库 | 锦纶纤维、帘子布 | 丙 | — |
| | 甲醛溶液库 | 甲醛 | 丙 | 注2 |
| | 化学品库 | 三甘醇、间苯二酚 | 丙 | — |
| | 燃料油储罐 | 燃料油 | 丙 | — |
| 氨纶 | 成品库 | 氨纶 | 丙 | — |
| | 原料库 | 4，4二苯基甲烷二异氰酸酯，聚四亚甲基醚二醇 | 丙 | — |
| | 化学品库 | 二乙胺 | 甲 | — |

| 工厂 | 物品储存场所 | 危险物 | 火灾危险性 | 备注 |
|---|---|---|---|---|
| 丙纶 | 成品库 | 丙纶纤维 | 丙 | — |
| | 聚丙烯切片库 | 聚丙烯切片 | 丙 | — |
| 维纶 | 原料库 | 聚乙烯醇粉 | 丙 | 注1 |
| | 成品库 | 干的维纶 | 丙 | — |
| | 酸罐 | 醋酸 | 乙 | — |
| | 酸罐 | 浓硫酸 | 乙 | — |
| | 碱罐 | 氢氧化钠 | 戊 | — |
| | 燃料油储罐 | 燃料油 | 丙 | — |
| | 芒硝库 | 硫酸钠 | 戊 | — |
| 印染 | 坯布库、成品库 | 干布 | 丙 | — |
| | 染化料库 | 活性染料、分散染料 | 丙 | — |
| | 油品库 | 汽油 | 甲 | — |
| | 化学品库 | 重铬酸钠（钾）、次氯酸钙 | 乙 | — |
| | 化学品库 | 过氧化氢、氯酸钾、氯酸钠 | 甲 | — |
| | 化学品库 | 硫酸 | 乙 | — |
| | 化学品库 | 甲苯 | 甲 | — |
| | 化学品库 | 二甲基甲酰胺 | 乙 | — |
| | 液氨储存 | 氨气 | 丙 | 注2 |
| 棉纺织 | 原棉库 | 原棉 | 丙 | — |
| | 成品库 | 纱、布 | 丙 | — |
| | 废棉库 | 棉粉尘 | 丙 | 注1 |
| | 浆料库 | 聚丙烯酸酯 | 丙 | — |
| 麻纺织 | 麻原料库 | 麻 | 丙 | — |
| | 麻屑库 | 麻粉尘 | 丙 | 注1 |
| | 成品库 | 麻纱、麻布 | 丙 | — |
| | 废品库 | 麻纱、麻布 | 丙 | — |
| | 油品库 | 汽油 | 甲 | — |
| | 化学品库 | 过氧化氢 | 甲 | — |
| | 化学品库 | 次氯酸钠 | 乙 | — |
| | 化学品库 | 浓硫酸 | 乙 | — |
| | 氯气瓶存放 | 氯气 | 乙 | — |

| 工厂 | 物品储存场所 | 危险物 | 火灾危险性 | 备注 |
|---|---|---|---|---|
| 毛纺织 | 原料库 | 毛、化学纤维 | 丙 | — |
| | 成品库 | 毛织物 | 丙 | — |
| | 油品库 | 汽油 | 甲 | — |
| | 化学品库 | 醋酸 | 乙 | — |
| | 液氨储存 | 氨气 | 丙 | 注2 |
| | 化学品库 | 重铬酸钠、硫酸、硝酸 | 乙 | — |
| 非织造布 | 原料库 | 涤纶、丙纶、棉 | 丙 | — |
| | 切片库 | 涤纶、丙纶切片 | 丙 | — |
| | 成品库 | 非织造布 | 丙 | — |
| | 液氨储存 | 氨气 | 丙 | 注2 |

注：表中注1：粉尘在释放源周围爆炸危险区域范围内空气中的浓度应小于其爆炸下限的25%；

表中注2：相应危险物在释放源周围爆炸危险区域范围内空气中的浓度应小于爆炸下限的10%。

## 附录C 防火间距起止点

总体规划、工厂总平面布置、露天装置区内平面布置的防火间距起止点为：

设备——设备外缘；

建筑物——外墙外侧结构面。如建筑物的外墙有凸出的燃烧构件，应从其凸出部分外缘算起；

敞开及半敞开式厂房——最外柱外侧结构面；

铁路——中心线；

道路——路边；

码头——输油臂中心及泊位；

铁路装卸鹤管——铁路中心线；

汽车装卸鹤位——鹤管立管中心线；

储罐或罐区——罐外壁；

架空通信、电力线——线路中心线；

露天装置——最外侧的设备外缘；

堆场——材料堆的外缘；

有棚的堆场——最外柱外侧结构面（当外侧有柱时）；

有棚的堆场——棚外缘投影线（当外侧无柱时）。

## 本规范用词说明

**1** 为便于在执行本规范条文时区别对待，对要求严格程度不同的用词说明如下：

　　1）表示很严格，非这样做不可的：
　　　正面词采用"必须"，反面词采用"严禁"；
　　2）表示严格，在正常情况下均应这样做的：
　　　正面词采用"应"，反面词采用"不应"或"不得"；
　　3）表示允许稍有选择，在条件许可时首先应这样做的：
　　　正面词采用"宜"，反面词采用"不宜"；
　　4）表示有选择，在一定条件下可以这样做的，采用"可"。
　　**2**　条文中指明应按其他有关标准执行的写法为："应符合……的规定"或"应按……执行"。

## 引用标准名录

《建筑设计防火规范》GB 50016

《供配电系统设计规范》GB 50052

《建筑物防雷设计规范》GB 50057

《爆炸和火灾危险环境电力装置设计规范》GB 50058

《石油库设计规范》GB 50074

《自动喷水灭火系统设计规范》GB 50084

《火灾自动报警系统设计规范》GB 50116

《低倍数泡沫灭火系统设计规范》GB 50151

《石油化工企业设计防火规范》GB 50160

《建筑内部装修设计防火规范》GB 50222

《爆炸性气体环境用电气设备　第 14 部分：危险场所分类》GB 3836.14

《防止静电事故通用导则》GB 12158

《可燃性粉尘环境用电气设备　第 3 部分：存在或可能存在可燃性粉尘的场所分类》GB 12476.3

《轻骨料混凝土结构技术规程》JGJ 12

# 中华人民共和国国家标准

# 纺织工程设计防火规范

GB 50565—2010

## 条 文 说 明

# 制 定 说 明

《纺织工程设计防火规范》GB 50565—2010，经住房和城乡建设部 2010 年 5 月 31 日以第 615 号公告批准发布。

本规范制订过程中，编制组对国内主要纺织工程的防火设计现状开展了调查研究，总结了我国纺织工程防火设计中的实践经验，同时积极吸收了国内外防火设计中的技术成果，开展了必要的技术研讨，并广泛征求有关单位的意见，最后经有关部门共同审查定稿。

为便于纺织工程的建设、规划、设计、施工和监督等部门的有关人员在使用本规范时能正确理解和执行条文规定，本规范编制组按章、节、条顺序编制了本规范的条文说明，对条文规定的目的、依据及执行中需注意的有关事项进行了说明，还着重对强制性条文的强制性理由作了解释。但是，本条文说明不具备与规范正文同等的法律效力，仅供使用者作为理解和把握规范规定的参考。

# 目 次

# 1 总 则

**1.0.1** 本条概括地阐述了制定本规范的理由和要达到的目的。

**1.0.2** 本条规定了本规范的适用范围。本规范所称"纺织工程"，是"大纺织"的概念，涵盖各类纺织及印染工程、化学纤维及部分化学纤维原料制造工程、纺织服装制造工程等。即现行国家标准《国民经济行业分类》GB/T 4754—2002 中第 17 大类纺织业（包括棉、化纤纺织及印染加工，毛纺织和染整加工，麻纺织，丝绢纺织及精加工，纺织制成品制造中的非织造布制造、帘子布制造，针织品、编织品制造等），第 18 大类中的纺织服装制造业，第 28 大类化学纤维制造业，也包括部分化学纤维原料制造业（本规范涉及的化学纤维原料制造指粘胶纤维的浆粕制造、石油化纤聚合物制造中的聚合部分等）。本规范中不包括正在开发、研制和试生产的高新技术纤维工程，详见图 1。

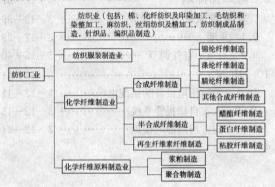

图 1 本规范适用的"纺织工程"范围

**1.0.3** 本条提出了本规范的要求。设计中必须遵循国家有关基本建设的方针政策，认真贯彻"预防为主，防消结合"的消防工作方针，做到"防患于未然"。设计人员应针对纺织工程的实际情况，研究生产工艺特点，控制火源，防止和减少火灾发生。并应正确处理生产和安全的关系，做到安全适用、技术先进、经济合理，采用行之有效的消防措施，从积极方面预防火灾的发生和蔓延。

**1.0.4** 本条阐明了本规范与相关规范的关系。《纺织工程设计防火规范》是专业性较强的技术规范，纺织工程的防火设计应执行本规范的规定。

本规范未作规定者，应执行国家现行的相关标准，并严格遵守《工程建设标准强制性条文》的有关规定。例如：纺织工程中，职工生活区及工厂内独立建造的综合办公楼、职工食堂等行政生活设施或行政生活设施贴邻生产厂房建造，且划为独立的防火分区时，其防火设计应执行现行国家标准《建筑设计防火规范》GB 50016 或《高层民用建筑设计防火规范》GB 50045 的有关规定；建筑构件燃烧性能和耐火极限应执行现行国家标准

《建筑设计防火规范》GB 50016 的有关规定。又如：化纤厂和化纤原料厂中露天装置的防火设计，本规范未作规定者，应执行现行国家标准《石油化工企业设计防火规范》GB 50160 的有关规定；爆炸环境的电气设计应执行现行国家标准《爆炸和火灾危险环境电力装置设计规范》GB 50058 的有关规定；自动喷水灭火系统的设计应符合现行国家标准《自动喷水灭火系统设计规范》GB 50084 的有关规定；泡沫灭火系统的设计应符合现行国家标准《低倍数泡沫灭火系统设计规范》GB 50151 的有关规定；火灾自动报警系统的设计符合现行国家标准《火灾自动报警系统设计规范》GB 50116 的有关规定；静电防护设计应符合现行国家标准《防止静电事故通用导则》GB 12158 的有关规定等。

# 2 术 语

本章所列术语，仅适用于本规范。

**2.0.5** 凡直接参加由原料投入至成品产出生产过程的设施，无论设置在露天还是设置在厂房内，均称作生产装置。本规范中，因露天装置和设在厂房内的装置防火要求有所不同，为了分别阐明两者各自的防火要求及需采取的防火措施，将设在露天的生产设施称作露天装置，将露天生产设施及与其相关的泵房、变配电室、控制室等小型建筑物组成的区域称为露天装置区。

**2.0.8** 本规范中的"封闭式厂房"与"无窗厂房"的区别是："封闭式厂房"外墙上开设可开启的窗，或建筑外围局部敞开，敞开部分的长度小于建筑外围周长的 1/3，在每层敞开处设实体窗槛墙或栏杆，此类厂房可自然通风、采光；"无窗厂房"外墙上不设窗或仅设不可开启的固定窗，此类厂房一般用于防尘或温度、湿度要求较严格的厂房。

**2.0.13** 当开清棉机械中的打手因打击到金属等杂物或打手轴端缠花等原因而产生火花时，火花会点燃周围的纺织纤维形成新的火花或火星。含有火花或火星的纺织纤维在管道内气流的作用下顺着气流移动，当火花或火星通过火星探除器的探头时，控制程序会自动停止风机和相关设备的运行，同时火星探除器的执行机构会切断输棉或除尘管道，接通火星落物箱，将含有火花或火星的纺织纤维排至火星落物箱，以确保火花或火星不进入下一道工序，从而消除火灾隐患。火星探除器也可以与具有其他探除功能的装置组合在一起，形成一个含有火星探除功能在内的多功能探除器。

**2.0.14** 本条中所述"巡回检查"，不同于"限定范围的操作岗位"，"限定范围的操作岗位"虽然操作人员的生产活动不是固定在某一位置，但应在规定的范围内来回进行生产活动，工作时间内，操作人员应在操作现场，例如棉纺织厂中挡车工的岗位。而"巡回

检查"是指生产人员按一定程序和技术要求进行流动性生产活动，巡回人员间隔一定时间进行巡检，不经常在操作现场。

# 3 火灾危险性分类

**3.0.1** 本条规定了生产的火灾危险性分类原则，与《建筑设计防火规范》GB 50016 中第 3.1.1 条的规定完全一致。值得注意的是，在纺织工程中（特别是化纤及化纤原料的生产），使用或产生可燃物质的数量对确定其生产的火灾危险性起关键作用。

**3.0.2、3.0.3** 根据各类纺织工程生产部位和物品储存的实际情况及实践经验，在本规范附录 A 和附录 B 中分别规定了其各自火灾危险性的类别。

表 A 和表 B 中所列的部分生产或储存场所，虽有少量可燃性粉尘散落，但符合注 1 规定的条件时，可划为丙类火灾危险性。注 1 中所述的"粉尘在释放源周围爆炸危险区域范围内空气中的浓度"是指可燃性粉尘释放源周围 1m 距离范围内的可燃性粉尘浓度；把可燃性粉尘在释放源周围爆炸危险区域范围内空气中的浓度不超过"其爆炸下限的 25%"作为表中该部分场所划分为丙类的判据，是依据《建筑设计防火规范》GB 50016—2006 中第 10.3.4 条、第 10.3.5 条的条文说明，即"空气中可燃粉尘的含量控制在其爆炸下限的 25% 以下，一般认为是可防止可燃粉尘形成局部高浓度、满足安全的公认数值"。

表 A 和表 B 中还有部分场所，虽有少量甲、乙类可燃气体或蒸气散发，但符合注 2 规定的条件时，可划为丙类火灾危险性。注 2 所述"相应危险物"指的是上述可燃气体或蒸气；所述"在释放源周围爆炸危险区域范围内空气中的浓度"是指在释放源周围所划定的爆炸危险区域范围内的浓度。把可燃性气体或蒸气在空气中的浓度不超过"其爆炸下限的 10%"作为该部分场所划分为丙类的判据，是依据《爆炸和火灾危险环境电力装置设计规范》GB 50058—92 的第 2.2.2 条，即"易燃物质可能出现的最高浓度不超过爆炸下限的 10%，可划为非爆炸危险区域"。

# 4 总体规划和工厂总平面布置

## 4.1 总 体 规 划

**4.1.2** 化纤厂及化纤原料厂等布置在城镇和居住区的全年最小频率风向的上风侧，除有利于城镇和居住区的环境保护外，也是为了避免因化纤厂及化纤原料厂等工厂中可能泄出的可燃气体随风飘向城镇和居住区而增加城镇和居住区的火灾危险。上述工厂的厂址应

避开窝风及经常无风地段，是为了防止因可燃气体积聚而带来火灾危险。

**4.1.4** 化纤厂和化纤原料厂的厂区或可燃液体储罐区，如发生可燃液体泄漏，就有可能与明火接触而引发火灾、爆炸。如泄漏的可燃液体流入江河，不仅对水体造成污染，也可能与船上的明火接触而发生火灾，造成人员伤亡和财产损失。火灾扑救中，如含有可燃液体的污水未经处理直接流入水体，亦将对水域造成重大环境污染。例如 2005 年 11 月吉林石化公司爆炸事故发生后，导致哈尔滨松花江流域水体严重污染，带来一系列社会问题，造成巨大经济损失。因此作本条规定，且列为强制性条文，要求严格执行。

**4.1.5** 排洪沟若穿越厂区，一旦厂内发生可燃气体或可燃液体泄漏，可燃气体就有可能积聚在沟内，可燃液体也可能流入排洪沟，如遇明火或火花，可能被引燃、引爆，对下游邻近设施带来威胁，并对下游水体造成污染。可燃液体罐区或装卸区若紧靠排洪沟布置，一旦储罐泄漏，可燃液体可能流入排洪沟并积聚在沟内，造成火灾隐患，故作此规定。但有些厂址地形复杂，总图布置受限制，当无法避免排洪沟穿越厂区，或可燃液体罐区及装卸区只能靠近排洪沟布置时，应采取防止泄漏的可燃液体和灭火时含有可燃液体或粉尘的污水流入排洪沟的措施。

**4.1.6** 公路指非本厂专用的公用道路，厂外的汽车、拖拉机、行人等都将在公路上通行，极易带进火花等引发火灾的因素，因此公路不应穿越厂区。非本厂使用的架空电力线路若穿越厂区，一旦发生断线或导线打火等意外事故，便可能引起火灾。非本厂使用的输油（输气）管道若穿越厂区，一旦泄漏，亦可能引起火灾，使工厂造成损失。此外，若厂内发生火灾事故，亦将影响公路、非本厂使用的架空电力线路及输油（输气）管道的正常使用，故作本条规定。

**4.1.7** 表 4.1.7 中纺织工程中的设施与表中序号 1 "厂外民用建筑"，序号 2 "厂外铁路"，序号 4 "厂外其他公路"，序号 5 "变、配电站"，序号 6 "架空电力线路"之间的防火间距是根据纺织工业生产的特点，并参照现行国家标准《建筑设计防火规范》GB 50016—2006 的规定得出；表中纺织工程中的设施与其他序号厂外设施之间的防火间距是根据纺织工业生产的特点，并参照现行国家标准《石油化工企业设计防火规范》GB 50160—2008 的规定得出。

纺织工业工厂甲类仓库中的储存物品主要为：腈纶厂化学品库中的甲基丙烯酸甲酯、氯酸钠；粘胶厂二硫化碳库中的二硫化碳、化学品库中的过氧化氢；氨纶厂化学品库中的二乙胺；印染厂化学品库中的过氧化氢、氯酸钾、氯酸钠等。除粘胶厂二硫化碳库外，其他工厂甲类仓库中物品储量均较少。表中甲、乙类仓库与厂外民用建筑或其他设施之间的防火间距按甲类或乙类仓库中物品储量小于或等于 10t 考虑，

当一座甲类或乙类仓库中物品储量超过 10t 时，应符合现行国家标准《建筑设计防火规范》GB 50016 中的防火间距要求。

表 4.1.7 所列厂外建筑物或其他设施中"室外变、配电站"的变压器总油量按＞10t，≤50t 考虑。当总油量为其他数值时，该变、配电站与纺织工程中设施的防火间距应符合现行国家标准《建筑设计防火规范》GB 50016 的有关规定。

表 4.1.7 中对厂内、外不同耐火等级建筑物之间的防火间距未作区分，其原因是：厂外建筑物情况复杂，有的建筑物耐火等级可能较低，例如村庄中的建筑物。此外，对厂外建筑的变化情况也很难预料。所以本条按厂外民用建筑为四级耐火等级，厂内甲、乙、丙类厂房（仓库）为二级耐火等级，丁、戊类厂房（仓库）为三级耐火等级的不利情况规定厂内、外建筑物之间的防火间距，并考虑满足高层建筑之间防火间距的要求。但当纺织工程与其他工厂相邻建造时，则应按表 4.1.7 注 2 的要求，执行本规范表 4.2.10 的规定。因为相邻工厂内不仅可能存在耐火等级不同的建筑物，而且生产或物品储存的火灾危险性也可能不同，在此情况下，建筑物之间防火间距的要求会有较大的差异，所以应按本规范表 4.2.10 的规定区别对待。

表 4.1.7 注 7 中的"重要公共建筑"指人员密集，发生火灾后伤亡大、损失大、影响大的公共建筑。

本条为强制性条文。

## 4.2　工厂总平面布置

**4.2.2**　条文中规定："一个厂区至少应有 2 个供消防车进出的出入口。出入口的位置宜分别设在厂区不同的方向"，是为了使消防车顺利进入厂区，当其中的一条道路受阻时，消防车可从另一方向的出入口进入。当受条件限制，厂区仅有一个方向面向厂区外道路，其余各方向都与其他单位贴邻，只能在同一方向开设出入口时，如 2 个出入口之间的距离很近，一旦工厂内发生火情，当有多辆消防车驶向厂区时，就容易在厂区门口造成拥堵，影响消防车进入，从而使火灾不能得到及时扑救。因此条文中规定：厂区 2 个出入口的间距不宜小于 50m。

**4.2.3**　为了避免可燃气体随风飘向人员集中场所或散发火花地点而引起爆炸和火灾，故作此规定。

**4.2.4**　条文中所述各种堆场（含有棚的堆场）指所堆放物品为火灾危险性属丙类（可燃固体）的堆场。规定此类可燃材料的露天堆场（含有棚的堆场）宜布置在明火或散发火花地点的全年最小频率风向的下风侧，是为了防止火星随风飘入堆场而引起火灾。

**4.2.5**　条文中的"行政生活设施"是指工厂内为生产管理及为职工生活服务的设施。如综合办公楼、职工食堂、浴室、倒班宿舍等。

**4.2.8**　纺织工程的绿化设计中，不同的工厂应根据各自的生产特点和气候条件选择合适的树种和绿化布置形式。如绿化设计合理、树种选择恰当，绿化可以阻挡火灾蔓延，有利于防火。反之则会对防火不利，甚至会因引燃树木而扩大火势。含油脂较多的植物易燃烧，因此不宜种植在甲、乙类露天装置和甲、乙类厂房及仓库附近。茂密的绿化带内如积聚可燃气体、可燃蒸气或可燃粉尘，则易形成火灾隐患，因此在散发上述物质的设施附近不宜种植茂密的连续式绿化带。

**4.2.9**　表 4.2.9 中所列可燃材料为纺织工业生产中常用的材料。一个堆场的总储量既考虑了目前纺织工程的实际情况，也考虑了今后发展的需要。表 4.2.9 中材料堆场与建筑物、构筑物、铁路、道路的防火间距以及表注 5 中两个堆场之间的防火间距，是根据目前纺织工业工厂生产的情况并参考现行国家标准《建筑设计防火规范》GB 50016—2006 与本条文中性质相近材料堆场的防火间距作出的规定。

条文中的可燃材料堆场包括露天堆场及有棚的堆场。"有棚的堆场"指有顶的单层设施，棚四周无围护结构，或四周仅设实体栏板或通透栏杆。计算"有棚的堆场"与其他设施之间的防火间距时，如棚有外柱，以柱外侧的结构面为起止点；如无外柱，则以棚外缘的投影线为起止点。当棚的周围设有未到顶外墙时，则按仓库而非按"有棚的堆场"确定防火间距。

**4.2.10**　影响防火间距的因素很多，如辐射热、风向、风速、建筑物的耐火等级、相邻厂房或仓库内生产或储存物品的火灾危险性、相邻建筑的高度、室内消防设施情况、消防能力及水平、扑救火灾的难易程度等。本规范规定的防火间距主要考虑了防止热辐射作用造成的火灾蔓延，满足扑救火灾时消防车工作回转半径、消防人员操作的需要，以及节约用地的原则。

从表 4.2.10 中可以看出：火灾危险性不同的厂房、仓库及其他设施，相互之间的防火间距各不相同。当一座建筑物内存在不同火灾危险性的防火分区时，应按表 4.2.10 注 4 的规定，依据其中火灾危险性最大防火分区的类别确定该座建筑物与相邻建筑物或其他设施的防火间距。表 4.2.10 中对地上可燃液体储罐仅规定了储罐与相邻设施之间的防火间距，储罐相互之间的防火间距应按现行国家标准《石油化工企业设计防火规范》GB 50160 的规定执行。

表 4.2.10 中的防火间距是根据纺织工业生产的实际情况，参照现行国家标准《建筑设计防火规范》GB 50016—2006 和《石油化工企业设计防火规范》GB 50160—2008 的规定作出的。当上述两本规范的规定不相同时，是根据以往纺织工程设计经验与生产实践情况加以确定的。

本条为强制性条文。

## 4.3 厂内消防车道

**4.3.1** 现行国家标准《建筑设计防火规范》GB 50016中已对厂区内应设置环形消防车道的部位作了规定，纺织工程应按照该规范进行消防车道的设计。

根据以往纺织工程设计的经验，沿厂区围墙内侧设置环形消防车道有利于消防车迅速接近火场，所以纺织工程进行工厂总平面布置时，往往沿厂区围墙内侧设置环形消防车道。但当厂区围墙外侧靠近围墙处已有消防车道，且该处围墙采用通透栏杆时，此段围墙内侧可不另设消防车道，而利用围墙外侧的消防车道，并使该消防车道与厂区内的消防车道相连接，形成环状，以便消防车顺利达到厂区内的任何部位。

将此段围墙设计为通透栏杆的规定也是吸取了现有工程的做法，实践证明此做法能满足使用要求。

**4.3.2** 单车道的路面较窄，为便于错车，规定路面边缘与管架支柱等的距离不应小于1.0m。条文中照明电杆、行道树、标志杆等以杆中心为起止点计算间距。

**4.3.3** 条文中建筑物的总宽度指连接各翼之间的建筑物的总尺寸。如果建筑物的总长度和总宽度均超过150m，当建筑物中部发生火灾时，消防车在建筑物的外侧进行扑救较困难，因此应在两翼之间设置贯通的消防车道。在"E"形建筑物两翼之间设置1条贯通的消防车道后，如该车道与建筑物外侧消防车道的间距不大于150m，该建筑物的另外两翼之间可不再设置消防车道。

条文中"贯通的消防车道"指该消防车道的两端均能与建筑物外围的消防车道相连接，即在"匸"形或"E"形有建筑物封闭的一端，需设穿过建筑物的消防车道。

**4.3.4** 消防车道的宽度、路面上方的净空高度及路面内侧转弯半径的大小，与消防车的外形尺寸、行车速度、扑救火灾时消防车的数量等密切相关。条文中的规定是根据我国目前常用消防车的性能和外形尺寸作出，车道净宽和路面上方净高不应小于4m、路面内侧转弯半径宜为9m（有困难的地段可适当减小，但不应小于6m）的消防车道，适用于一般消防车。火灾时火势猛、燃烧快、辐射热强，动用的消防车车型大、数量多的工厂，应采用车道宽度不小于6m，路面上方净高不小于5m，路面内侧转弯半径为12m（有困难的地段可适当减小，但不应小于9m）的消防车道。防火设计中应了解当地消防设施配备情况，合理设计消防车道。

# 5 生产和储存设施

## 5.1 一般规定

**5.1.2** 绝大多数纺织工程属于丙类火灾危险，但是

在不少纺织工程中，也有属于甲、乙类火灾危险的生产，如腈纶厂二甲基乙酰胺的制备、二甲基甲酰胺的回收，粘胶纤维厂的污水和废气的处理、聚酯厂阳离子可染聚酯用第三单体的制备、印染厂的氨回收等。把上述生产设施布置在生产厂房中，将使生产的火灾危险性增大，所以条件许可时首先应把如上述具有甲、乙类火灾危险性生产部位的设备露天布置或布置在敞开式厂房中。腈纶厂的丙烯腈聚合和聚丙烯腈的干燥和输送、粘胶纤维厂的黄化，是具有甲、乙类火灾危险的生产部位，但受生产工艺条件限制，目前上述生产部位一般布置在厂房内。

**5.1.3** 具有甲、乙类火灾危险性的生产部位存在发生爆炸的可能性，把它们设置在单独房间内且靠外墙或顶层布置，如果发生爆炸，可降低爆炸带来的损失和危害。本条为强制性条文。

**5.1.4** 本条为强制性条文。现行国家标准《建筑设计防火规范》GB 50016—2006中规定，"变、配电所不应设置在爆炸性气体、粉尘环境的危险区域内"，"办公室、休息室等不应设置在甲、乙类厂房内"。本条规定的原则与上述规定是一致的。

**5.1.5** 本条为强制性条文。本条规定是落实本规范第3.0.2条相关规定所必须采取的措施之一。通风即空气的流动，它可以促进可燃气体的逸散，能避免爆炸性气体环境的持久存在。通风形式包括自然通风和机械通风，在有可能利用自然通风的场所，应首先采取自然通风方式，如果自然通风条件不能满足相应要求，应设置机械通风。条文中的"有效的通风措施"指的是应达到现行国家标准《爆炸性气体环境用电设备 第14部分：危险场所分类》GB 3836.14的有关规定。在采取有效的通风措施后，可把环境中可燃气体或蒸气的浓度降低到其爆炸下限10%以下，从而避免引起爆炸。以粘胶纤维厂为例，在制备原液的过程中有二硫化碳产生，在纺丝过程中有硫化氢产生，它们都是甲类可燃气体。当设计上采取有效通风措施使危险场所中上述可燃气体的浓度降低到其爆炸下限10%以下时，这些生产部位所在场所的火灾危险性可划为丙类。

**5.1.6** 本条为强制性条文，本条规定也是落实本规范第3.0.2条和第3.0.3条相关规定所应采取的措施之一。在存在爆炸性粉尘环境的场所，通过采取措施，使危险场所空气中可燃性粉尘的浓度降低到其爆炸下限的25%以下。例如，在麻纺厂、棉纺厂、毛纺厂，通过采取滤尘措施，降低生产部位场所空气中粉尘浓度，避免由此可能引起的爆炸；在聚酯厂、锦纶厂，通过在对苯二甲酸、己内酰胺卸料的接收料仓设置抽气设施，减少开包卸料时粉尘的外扬。当采取以上措施把空气中可燃性粉尘浓度降低到其爆炸下限的25%以下时，上述生产部位所在场所的火灾危险性可划为丙类。

5.1.7 存在可燃性粉尘的环境，在设备表面以及它的储存场所会形成粉尘层。粉尘层本身是可燃性粉尘云的释放源之一，在发生一次爆炸后粉尘层会上升形成粉尘云，而产生较一次爆炸破坏性更大的二次爆炸。另外，在设备表面形成的粉尘层有可能被设备产生的热量点燃而引起火灾。为此需要通过现场清理来控制粉尘层的厚度。另外，鉴于粉尘层有被热表面点燃引起火灾的危险，应根据粉尘层的厚度来确定用电设备的最高允许表面温度。这方面的具体规定在现行国家标准《可燃性粉尘环境用电气设备 第三部分：存在或可能存在可燃性粉尘的场所分类》GB 12476.3—2007的附录B中有相应说明。

5.1.8 本条为强制性条文。划分爆炸危险区域是指在设计文件中相关的平面图和剖面图上标示危险区域的类型及其范围的尺寸、可燃气体或蒸气和可燃性粉尘释放源的位置。在划分爆炸危险区域范围基础上，根据相关标准对在危险区域范围内的用电设备作选型，这样才能避免出现可燃气体或蒸气以及可燃性粉尘引起的爆炸。本条列的两个规范：《爆炸性气体环境用电气设备 第14部分：危险场所分类》GB 3836.14和《可燃性粉尘环境用电气设备 第3部分：存在或可能存在可燃性粉尘的场所分类》GB 12476.3，分别等同于国际电工委员会标准IEC 60079—10：1995和IEC 61241—10：2004。

5.1.9 厂房内出现火情时，产生的高温有可能引燃设备、管道中可燃液体而使火灾进一步扩大，所以应在设计中采取能紧急排放设备、管道中可燃液体的措施。

5.1.10 本条所列的可燃液体，其闪点低于或接近环境温度，属于极易引起爆炸的危险物。输送上述可燃液体泵的轴封以及管道上的阀门、法兰都是可燃性气体或蒸气的释放源，如果在泵周围场所设有地沟或地坑，它们将成为可燃性气体或蒸气的集聚处。鉴于在纺织工程中绝大多数工艺设备布置在厂房内，为此本条中程度用词采用了"不应"。

5.1.11 本条规定是避免由于可燃液体泄漏而引起绝热材料的燃烧。对不燃烧材料性能指标的要求，应参见国家现行标准的相关规定。

## 5.2 生 产 设 施

5.2.1 根据现行国家标准的规定，操作压力超过表压0.1MPa的设备为压力容器，所以应设安全阀。本条为强制性条文。

5.2.2 如果一旦视镜破裂，会造成设备内可燃物质的大量外泄，有可能引起火灾或爆炸。在聚酯厂，曾发生过酯化反应器上的视镜破裂而造成高温乙二醇蒸气的外泄。故本条为强制性条文。

5.2.3 使用屏蔽泵，不会产生被输送液体的外泄。磁力泵也属于无泄漏的泵。

5.2.4 使用带密封罐的机械密封，自机械密封外泄的流体进入密封罐，而不会泄漏到外界。

5.2.5 本条为强制性条文。化纤厂的湿法、干法纺丝、整理过程中，使用或产生甲、乙类可燃气体或蒸气，如粘胶纤维纺丝过程产生的硫化氢，腈纶纺丝用溶剂二甲基甲酰胺，维纶整理过程使用的甲醛溶液。本条中"应采取有效的排气、通风措施"包括两层含义，一是相关设备本身应带有抽气排风设施，防止可燃物从设备内逸散到外界；二是设备所在的场所应采取通风措施，通过空气流动降低逸散到设备之外可燃物的浓度。

5.2.6 如聚酯厂，当采用人工开包方式投料（对苯二甲酸），在接收料仓设置抽气除尘设施，可防止粉尘自料仓飞扬到周围空间，避免形成粉尘云而引起爆炸。

5.2.7 干燥状态下的纤维是可燃的。在化纤厂生产过程中，纤维的干燥机以及聚丙烯腈的干燥机内，都曾出现过局部过热引起燃烧、爆炸，为此应采取监测或灭火措施。

5.2.8 本条所述排出的气体中有硫化氢，应作回收。另外，硫化氢是甲类可燃物质，需采取相应措施防止引起燃烧和爆炸。

5.2.9 本条规定是为了避免因金属碰撞引发火花，引燃松散状态的纤维而出现火灾事故。调研表明，设置火星探除器是有效的防火措施，已为许多现有工厂的实践所证明。本条为强制性条文。

5.2.10 金属排除装置包括永久磁铁吸铁装置、金属探除器等。永久磁铁吸铁装置通常装在设备和管道上，金属探除器通常装在管道上。

5.2.11 纺织工程中，有些工艺设备在生产中是有滤尘要求的，需要滤尘设施来配套，以满足工艺生产的要求和达到改善生产环境的目的。如棉纺织厂的开清棉设备、梳棉机、刷布机等，亚麻纺织厂的栉梳机、成条机、长麻并条机、长麻粗纱机、混麻加湿机、联合梳麻机、针梳机、精梳机、短麻粗纱机等，苎麻纺织厂的梳麻机等，黄麻纺织厂的软麻机、头道梳麻机、二道梳麻机等，这些设备有滤尘要求，需要设置滤尘设施。在其滤尘器内空气中含有可燃粉尘，存在高浓度区域，易于引发燃烧，特定条件下，可能发生爆炸。因此除对滤尘器的选型提出安全要求（见本规范第9.2.10条）外，本条对滤尘室的布置也作了安全规定，即规定滤尘室宜设置在靠外墙的独立房间内，不应设置在地下或半地下场所。

5.2.12 液化石油气为甲类可燃气体，一旦有泄漏而遇到明火就会产生爆炸。故本条为强制性条文。

5.2.13 麻纺生产过程中，苎麻脱胶烘干后的精干麻温度高于60℃以上，曾因未经降温入库而引起火灾，所以在精干麻的堆放和堆仓发酵过程中，应注意测量精干麻的温度。

## 5.3 储存设施

**5.3.4** 绝大多数纺织工业生产为丙类火灾危险，如果把甲、乙类物品仓库布置在生产厂房中，必须提高生产厂房的火灾危险类别，不仅增加投资，而且增加火灾损失。

**5.3.5** 在《常用化学危险物品安全手册》的"储运注意事项"中要求，甲、乙类氧化剂"应与可燃物、还原剂、硫、磷、酸类等分开存放。切忌混储混运"，并要求库房通风、干燥。目的是避免因氧化剂引起或加剧燃烧或爆炸。

## 5.4 管道布置

**5.4.1** 本节所述的"管道"包括厂区的综合管道、生产厂房和露天装置区内工艺和公用工程的管道。现行国家标准《石油化工企业设计防火规范》GB 50160—2008 第7.1节、第7.2节对管道布置有全面、具体的规定，本规范不再作重复规定。

**5.4.2** 一旦管道破损而引起管道中可燃物外泄，将造成火灾迅速蔓延而使防火墙失去它的作用，并会加剧防火墙两侧的火灾危害。故本条为强制性条文。

**5.4.3** 丙类液体管道不应穿过防火墙的道理同第5.4.2条条文说明所述。但是，在有些情况下，如涤纶、锦纶66的直接纺丝，被生产工艺条件限制，输送纺丝熔体的夹套管和为纺丝箱体供热的热媒管道必须穿过聚合厂房和纺丝厂房之间的防火墙。在出现如上述丙类液体管道不得不穿过防火墙的类似情况时，应采取本条规定的措施。在防火墙两侧的管道上设置阀门的目的是防止未燃烧侧管道中的可燃流体泄漏到燃烧侧而加剧火灾危害。

# 6 建筑和结构

## 6.1 一般规定

**6.1.1** 甲、乙类生产场所及甲、乙类仓库的火灾危险性大，如发生火灾，火势蔓延快且有爆炸危险。麻原料虽属丙类，但沤麻时易散发有害气体，堆放麻原料的场所如通风散热差，堆内温度过高，则易产生自燃现象，在麻纺厂的仓库及堆场中，曾经出现过由于麻自燃而引起的火灾。

地下室或半地下室采光、通风较差，排烟亦较困难，其出入口的楼梯既是疏散口，又是消防救援人员的出入口，一旦发生火灾事故，不但人员疏散和消防扑救工作有困难，而且威胁地上厂房或仓库的安全，因此本条规定：甲、乙类生产和甲、乙类物品储存，丙类麻原料储存不应设置在地下或半地下场所。并列

为强制性条文，要求严格执行。

**6.1.3** 条文中所述情况属于高层工业厂房内布置有甲类生产的部分。现行国家标准《建筑设计防火规范》GB 50016 中规定：甲类生产不允许建高层厂房。但在纺织工业生产中，由于生产工艺的需要，有些甲类生产必须布置在高层厂房内。为使厂房既符合生产需要又满足防火要求，应采取有效的防火措施来保证安全生产，并在万一发生火灾时避免人员伤亡和减少财产损失。所以条文中规定，上述甲类生产部位应按本规范第6.4节的规定设置泄压设施，与相邻部位之间应采用防爆墙分隔等安全措施。

**6.1.4** 甲、乙类物品的火灾危险性大，与相邻设施之间应满足防火间距要求。但有时因生产工艺需要，需在厂房附近或贴邻厂房储存少量甲、乙类物品，为了安全，应设置钢瓶间放置此类物品。钢瓶间可独立设置在厂房附近，当钢瓶间与厂房之间的距离小于规定的防火间距时，与钢瓶间相邻的厂房外墙应采用耐火极限不低于3.00h的不燃烧实体墙；如钢瓶间需贴邻厂房外墙设置，为了避免或减少钢瓶发生事故时对厂房内人员及生产设施的影响，应采用耐火极限不低于3.00h的不燃烧实体墙将钢瓶间与厂房隔开。钢瓶间采用敞开或半敞开式建筑是为了有良好的自然通风，避免泄漏的可燃气体积聚在钢瓶间内。

**6.1.5** 条文中"厂房的层数应根据生产工艺要求确定"是指厂房的生产部分，即按生产流程完成各道生产工序所必需的层数。条文中"应按其层数及高度采取相应的防火措施"是指设计时应按照现行国家标准《建筑设计防火规范》GB 50016 的规定，对单层、多层、高层厂房采取相应的防火措施。

**6.1.7** 以往纺织工程厂房设计中，对主体结构的防火性能很重视，而有时对内部装修材料的燃烧性能不够注意。例如：为解决某丙类厂房中的噪声问题，在吊顶板下部附加了可燃的吸声材料，此材料燃烧时会产生浓烟和有毒气体，成为火灾蔓延的潜在隐患，后来作了设计修改。为避免再次发生类似问题，故作本条规定。

## 6.2 耐火等级

**6.2.1** 纺织工程中，生产厂房及仓库耐火等级的划分按照现行国家标准《建筑设计防火规范》GB 50016 的划分办法，但《建筑设计防火规范》GB 50016 中将建筑物的耐火等级分为四级，而本规范规定：甲、乙、丙类厂房及仓库的耐火等级不应低于二级，其他类别建筑物的耐火等级不应低于三级，不采用四级耐火等级的建筑物。其原因是：甲、乙类厂房或仓库中，生产或储存的物品属于易燃易爆品，容易发生火灾，有些场所有爆炸危险，如发生火灾，火势蔓延快，且扑救较困难；丙类生产主厂房，一般建筑面积较大，如发生火灾对生产影响大，造成的损失也大；

丙类仓库内储存的可燃物品较多，一旦发生火灾，燃烧时间较长，燃烧过程中释放的热量较大，扑救也较困难。所以上述厂房和仓库应有较高的耐火等级，本规范中作了不应低于二级的规定。

丁、戊类厂房或仓库的耐火等级，应根据实际情况区别对待，在火灾危险性较小的场所，为鼓励采用地方建筑材料，降低建筑造价，除另有规定者外，允许采用三级耐火等级的建筑物。

四级耐火等级的建筑物较难满足纺织工业生产和物品储存的防火要求，在纺织工程中一般不采用。从实际情况看，自20世纪60年代之后，纺织工业新建、改建、扩建工程已基本不采用四级耐火等级的建筑物。部分老厂中的四级耐火等级建筑物在厂房改造中也逐步得到改善，减少或取消了四级耐火等级的建筑物。

**6.2.2** 本条为强制性条文。本条规定了生产厂房中支承哪些设备的钢结构应采取防火保护措施以及采取防火保护后这些钢结构应达到的耐火极限。

无耐火保护层的钢结构，其耐火极限仅为0.25h左右。如支承设备的钢结构在火灾中坍塌，必导致设备坍塌，造成二次灾害。为使上述钢结构在火灾中一定时间内保持必须的强度，故作此规定。

条文中对所述钢结构耐火极限的规定，是按该钢结构加防火保护层后的耐火极限与它所在部位厂房主要构件的耐火极限相同的原则考虑的。例如：一级耐火等级的厂房中，支承设备的钢结构设在厂房的梁上时耐火极限为2.00h，独立设在地面上时耐火极限为3.00h。这样在火灾情况下就不会发生由于设备先坍塌而对厂房造成更大的火灾威胁。

### 6.3 防火分区

**6.3.2** 条文中"生产的火灾危险性为丙类可燃固体的厂房"指棉、毛、丝、化纤纺织厂房及化纤厂长丝、短纤维及工业丝生产中的纺丝、后加工、打包厂房等。在现行国家标准《建筑设计防火规范》GB 50016—2006表3.3.1注2中规定"除麻纺厂房外，一级耐火等级的多层纺织厂房和二级耐火等级的单层、多层纺织厂房，其每个防火分区的最大允许建筑面积可按本表的规定增加0.5倍……"在执行中经常遇到对"纺织厂房"所含范围有不同的理解，有的认为"纺织厂房"仅指棉纺织厂房；有的认为"纺织厂房"指除麻纺厂外的棉、毛、丝、化纤等各种纺织厂房，其中也应包括化纤厂的长丝、短纤维生产厂房及工业丝生产厂房。由于看法不统一，在工程项目设计和审查中经常产生意见分歧。本规范对允许增加防火分区建筑面积的范围作了明确规定，便于执行。

《建筑设计防火规范》中关于允许增加纺织厂房防火分区建筑面积的规定源于1987年前，当时国内已有许多5万锭、10万锭棉纺织厂，由于厂房建筑

面积大，生产工艺又不宜设置太多防火墙，按《建筑设计防火规范》TJ 16—74原规定的防火分区最大允许面积设计确有困难，同时随着辽阳、金山、仪征等大型化纤工程的建设，也已感到化纤厂设计中按原规定的防火分区最大允许面积设计亦有困难。当时的纺织工业部设计院向《建筑设计防火规范》编制单位发函，以棉纺织厂为例说明情况，要求加大纺织工程丙类厂房防火分区的最大允许面积。《建筑设计防火规范》编制单位在规范修订时采纳了此意见，扩大了除麻纺厂外纺织厂房防火分区的最大允许面积，但条文中对化纤厂中长丝、短纤维、工业丝生产厂房防火分区的最大允许面积是否可增加未作明确规定。

随着纺织工业的迅速发展，化纤厂生产规模加大，厂房的建筑面积也相应加大，由于连续生产需要，厂房中不宜设太多防火墙，迫切需要增加化纤长丝、短纤维生产厂房防火分区的最大允许面积。本规范编制组经调查认为：从物质的火灾危险性分析，化纤长丝、短纤维、工业丝火灾危险性类别和棉、毛等纤维相同，均属丙类（可燃固体）；从厂房中生产情况看，可燃物一般分散在设备上，不密集，化纤厂的平衡间虽然纤维较集中，但都紧密排列在条桶内或紧密缠绕成丝饼挂在丝架车上，纤维含水率较高，不易引起燃烧，且因化纤生产中很少产生飞花，生产的火灾危险比棉纺织略小一些；从安全疏散方面比较，在建筑面积相近的厂房中，化纤厂长丝、短纤维、工业丝生产厂的定员比棉、毛等纺织厂定员少，更便于疏散。因此化纤厂中生产的火灾危险性为丙类（可燃固体）的厂房也可与其他纺织厂房一样扩大防火分区的最大允许建筑面积。

麻纺厂的火灾危险性较大。1987年3月15日哈尔滨亚麻厂主厂房曾发生爆炸事故，使厂房损毁约13000m²，180多台（套）设备损坏，并造成人员伤亡。服装厂的缝纫车间等人员密集，厂房内可燃物多，一旦发生火灾较难控制。因此对麻纺厂和服装厂防火分区的最大允许面积不予扩大。

厂房内设置自动喷水灭火系统时，上述每个防火分区的最大允许面积按现行国家标准《建筑设计防火规范》GB 50016的规定可再增加1倍。

**6.3.4** 本条对敞开、半敞开式厂房或封闭式厂房的敞开部分垂直方向防火分区的分隔措施作了规定。敞开及半敞开式厂房或封闭式厂房的局部敞开部分，上、下层为不同防火分区时，如下层发生火灾，火焰的热辐射将通过敞开部分烤着相邻的楼层，而且火舌会直接向上，通过敞开部分窜到上层厂房内，这样逐层向上蔓延，会使整幢建筑起火。为了防止烟、火由一个防火分区向另一个防火分区蔓延，厂房的上、下层敞开面之间应有防火分隔。设计中可利用建筑物的钢筋混凝土梁及不燃烧的实体窗槛墙作为垂直分隔，垂直分隔体的总高度不应小于2.0m。当不足2.0m

时，应在敞开部分的上方设置宽度不小于1.2m的不燃烧体防火挑檐，使烟、火偏离上层敞开口，阻止火势向上蔓延。

垂直分隔体的高度、耐火极限以及防火挑檐的耐火极限参考了现行国家标准《建筑设计防火规范》GB 50016及《高层民用建筑设计防火规范》GB 50045中关于建筑幕墙防火设计的规定。现行国家标准《建筑设计防火规范》GB 50016—2006中指出："无窗间墙和窗槛墙的幕墙，应在每层楼板外沿设置耐火极限不低于1.00h，高度不低于0.8m的不燃烧实体裙墙。"考虑到和幕墙相比，烟、火更容易从敞开口蔓延，所以将垂直分隔体的高度定为2.0m。条文中将窗槛墙及防火挑檐的耐火极限规定为不低于相应耐火等级楼板的耐火极限，即当厂房为一级耐火等级时，窗槛墙及防火挑檐的耐火极限为1.50h，二级耐火等级时为1.00h。

6.3.6　纺织工程中，因生产需要，设备和管道常穿过楼板，当上、下两层为不同的防火分区时，以往设计中要求将设备、管道与楼板之间的缝隙用防火封堵材料填实。实施中，有些工程未能按此要求做，主要原因是有些孔洞由于生产要求不能封堵。为了达到既能维持正常生产又符合安全要求，本条对允许楼板上存在不封闭孔洞的范围作了规定，并提出了该厂房应采取的防火措施。在执行了条文中规定的防火措施，并将楼板上除生产中不能封堵的孔洞外，其他孔洞、缝隙都进行了防火封堵的情况下，不同楼层仍可划为不同的防火分区。

6.3.7　条文中"多层部分的楼层建筑面积占该防火分区建筑面积的比例小于5%时"中的"楼层建筑面积"不包括多层部分底层的建筑面积。

6.3.8　条文中的"架空夹层"是指在单层厂房内利用空间架空设置的值班室等用房，不是指总风道。

6.3.9　本条参照现行国家标准《石油化工企业设计防火规范》GB 50160—2008的有关规定。粘胶厂每座浆粕库及库中任一防火分区的最大允许面积参照现行国家标准《建筑设计防火规范》GB 50016—2006中有关造纸厂独立成品仓库的规定。

## 6.4　防　爆

6.4.1　有爆炸危险的甲、乙类生产部位，有时由于生产工艺要求，需设在其他类别的生产厂房内或紧邻其他类别的生产厂房。如粘胶纤维厂的黄化间和二硫化碳计量间，其火灾危险性为甲类，而它们所在的生产部位（原液）为丙类厂房；又如聚酯（DMT）法酯交换产生甲醇，生产的火灾危险性为甲类，因酯交换后的酯化物去预聚合的管道不宜过长，通常将酯交换贴邻于缩聚厂房（丙类）的墙外布置。为减少爆炸事故时的损失及对相邻生产场所的影响，甲、乙类生产部位应设置泄压设施，与相邻的生产部位之间应用防爆墙隔开。防爆墙的设计要求见本规范第6.6.1条。为防止金属配件或工具等与地面碰撞时产生火花，条文中规定甲、乙类生产部位所在的房间应采用不发生火花的楼地面。本条为强制性条文。

6.4.2　现行国家标准《建筑设计防火规范》GB 50016—2006第3.6.3条中对有爆炸危险的甲、乙类厂房的泄压面积作出宜按式（3.6.3）进行计算的规定。

即：
$$A = 10\,CV^{2/3}$$

式中：$A$——泄压面积（$m^2$）；

$V$——厂房的容积（$m^3$）；

$C$——厂房容积为1000$m^3$时的泄压比（$m^2$/$m^3$），可按现行国家标准《建筑设计防火规范》GB 50016—2006 表 3.6.3选取。

现行国家标准《建筑设计防火规范》表3.6.3中列出了部分物质的"$C$"值，但缺少纺织工业生产中使用或产生的主要物质的"$C$"值。为此，原计划委托有试验资质的研究单位经试验取得所需物质的"$C$"值，纳入本规范，以便在执行中采用，但因试验人员及部分设备未落实，未能进行试验。因此，本规范参照《建筑设计防火规范》GBJ 16—87（2001年版）中"泄压面积与厂房体积的比值（$m^2$/$m^3$）宜采用0.05～0.22"及"体积超过1000$m^3$的建筑，如采用上述比值有困难时，可适当降低，但不宜小于0.03"的规定，并适当从严，规定为：可按不小于0.07的比值确定泄压面积。当粘胶纤维厂的原液车间中应设泄压设施的区域，其体积超过1000$m^3$，且采用上述比值有困难时，可适当降低，但不应小于0.05。

当已取得上述公式中的"$C$"值时，则应根据现行国家标准《建筑设计防火规范》GB 50016—2006中的规定，经计算确定泄压面积。

6.4.3　梁、柱是建筑物的主要承重构件。有些有爆炸危险的设备布置在多层厂房内时，要靠厂房的梁、柱等承重构件支承，因此工艺及设备设计时应考虑超压保护设施，如设安全阀、防爆膜等。设备的孔、口应尽量避开梁、柱等构件，加强对厂房主要承重构件的保护。

6.4.4　条文中规定在散发可燃粉尘的生产厂房或仓库内应采用不发火花的楼地面、地坑，是为了避免金属物与地面碰撞时产生火花；规定上述场所不宜设置地沟、地坑，当确需设置时应采取防止粉尘进入地沟或在地沟、地坑内积聚的措施是为了防止粉尘积聚，以达到消除火灾隐患之目的。

6.4.5　在可能散发较空气重的可燃气体、可燃蒸气的生产厂房或仓库中，当因生产需要而设置地坑时，可燃气体、可燃蒸气可能进入地坑。为防止金属配件或工具与地坑壁碰撞产生火花而形成爆炸危险，故规定地坑应采用不发火花的材料制作。当上述场所必须设置排水明沟时，沟深不应大于 0.4m，需设沟盖板的部位应采用不发火花的镂空沟盖板，以避免可燃气体积聚和产生火花。其余地沟则应按现行国家标准《建筑设计防火规范》GB 50016 的有关规定采取防止可燃气体、可燃蒸气进入地沟及在沟内积聚的措施，地坑也应采取防止可燃气体、可燃蒸气在坑内积聚的措施。例如：采用密闭的沟盖板、在地沟内充砂、地沟加强封闭、地坑内通风等。

排水明沟不能密闭，故规定其沟深不应大于 0.4m。其原因是：

1 排水明沟要收纳地面水，如在沟内充砂或加盖密闭的盖板，地面水就无法汇入。

2 排水明沟很浅，可燃气体、可燃蒸气虽有可能进入沟道，但空气流动时会被吹散，且地沟内有水，沟盖板为不发火花材料制作的镂空盖板，不会形成爆炸危险。

## 6.5 安 全 疏 散

**6.5.1** 条文中指定的生产部位，可燃物分散在各种设备上，不是密集堆放，生产操作人员较少，但由于生产需要，厂房面积较大，往往有 2 个以上防火分区相邻布置，疏散距离有时会超过规定的要求。因考虑同一时间、同一厂房，只一处发生火灾，所以当某一防火分区发生火灾时，因不同防火分区之间有防火墙等设施分隔，火不会立即蔓延到其他防火分区，此时其他防火分区是相对安全的。人员除直接疏散到室外，也可经过相邻防火分区疏散到室外，所以条文中对这些生产部位规定，每个防火分区可利用防火墙上通往相邻防火分区的甲级防火门作为安全出口。但不能因设置了此安全出口而减少其他安全出口的数量，因此条文中又作了"每个防火分区已至少设有 2 个安全出口"的规定。这 2 个安全出口不包括通向相邻防火分区的甲级防火门。

**6.5.2** 本条为强制性条文。疏散楼梯不仅是人员竖向安全通道，也是消防人员进入火场进行火灾扑救的主要途径。为保证人员安全疏散，并在火灾紧急情况下为消防人员进出火场提供条件，当同一座厂房内存在不同类别的防火分区而对疏散楼梯有不同要求时，应按其中要求较严格的执行。以一座高度不超过 24m 的四层封闭式厂房为例，如果每层为一个防火分区，其中某一防火分区为丙类生产，其余各防火分区为丁类生产，该座厂房的疏散楼梯应按丙类多层厂房的要求，设置封闭楼梯间或室外楼梯。

**6.5.3** 粘胶厂黄化间的火灾危险性为甲类，其建筑面积一般超过 100m²，当设为独立的防火分区时，按现行国家标准《建筑设计防火规范》GB 50016 的规定，安全出口的数量不应少于 2 个，但黄化间建筑面

积较小，靠厂房外侧布置时，可供设置疏散梯和泄压设施的面积也较小，设 2 座疏散梯需占用一定外墙面积，致使可设置泄压设施的面积相对减少。再则黄化间内无人值守，亦无需定时巡回检查，操作工在仪表室内进行操作和监控，仅在发现工艺参数不正常时，才需进入黄化间进行处理，故作此规定。

**6.5.4** 厂房内的地坑不同于局部地下室，区别是：局部地下室与地上首层之间设有楼板，而地坑对地上首层是敞开的，没有楼板隔开。无人值守的地坑内平时无人，仅在巡回检查时有人短暂停留，又因纺织工业生产厂房内地坑面积较小，巡检人员能迅速疏散到地面。以往设计中地坑通向厂房首层地面的梯子，一般采用无保护层的钢梯，使用情况良好。

**6.5.5** 纺织工程中，由于生产要求各不相同，门的形式也有多种。有些门不适宜作疏散门，如自动下滑式防火门、自动门、厂房中的推拉门等。自动下滑式防火门在发生火灾时自动关闭后就不能通行；自动门的控制设施若在火灾情况下受损，门就不能自动启闭，即使设有手动装置，在发生火灾时人员心情紧张、惊慌的情况下，也较难操作；厂房内的推拉门启闭不方便，因此这类门不应作为疏散门。现有纺织工程中，有些工厂在需要采用上述门时，在附近另设疏散门，实践证明此做法可行，故列入本条规定。

## 6.6 建 筑 构 造

**6.6.1** 防爆墙采用钢筋轻骨料混凝土墙，仅考虑其防爆作用，而不考虑其为水平抗侧力结构，在满足承载能力极限状态计算及耐火极限的前提下，尽可能采用较低的混凝土体积密度及较小的墙厚。按此原则在第 4 款中对轻骨料混凝土强度等级和墙厚作了规定。

钢筋一般采用 HRB335 级钢筋，也可采用 HPB235 级钢筋，在满足计算及相关规范的构造要求前提下，钢筋的最小直径通常不小于 10mm，间距不大于 200mm，也不宜小于 100mm。

**6.6.2** 本条对防火墙的设计要求作了规定。

1 敞开、半敞开式或封闭式厂房的敞开部分，因无围护结构，发生火灾时烟、火能从防火墙的一侧窜向另一侧。将防火墙向外延伸 1m，是为了阻挡火势向相邻防火分区蔓延。但防火墙突出柱外 1m，建筑外的管线、道路等都要相应外移，占用了室外用地。为了节约用地，防火墙也可不凸出柱外表面，而在防火墙端部两侧设总宽度不小于 4m 的不燃烧墙体，阻挡火势蔓延。此墙体的耐火极限不应低于 2.00h，是考虑与一级耐火等级建筑物梁的耐火极限相同。本款所作规定是为了阻止火灾蔓延，应严格执行，故列为强制性条款。

2 随着轻钢结构屋面的普遍采用，防火墙高出屋面的问题逐渐突出。防火墙高出屋面是为阻止火势通过屋面蔓延，一般情况下防火墙应高出屋面。但有

些大型厂房，由于面积大，仅设置横向防火墙不能满足防火分区要求，还须设置纵向防火墙。纵向防火墙如高出屋面，就阻挡了屋面排水，为解决执行中的困难，作此规定。

3 因连续生产的要求，防火墙上有时需开设不能封闭的孔洞，如涤纶短纤维生产中，当集束和后加工之间设置防火墙分隔为不同的防火分区时，由于丝束要穿过防火墙进入牵伸机，只能在丝束穿墙处设丝束窗，此窗洞不能封闭。又如涤纶短纤维成品经打包后进入中间库，出包装置一般穿过打包间与中间库之间的防火墙，需在防火墙上留不能封闭的大洞。遇到上述情况时，应在洞口设置水幕，防止火势向另一防火分区蔓延。

**6.6.3** 本条对钢疏散梯的设计作了规定。

1 未加防火保护层的钢梯，其耐火极限仅为 0.25h。为了使人在紧急情况下能在平台上呼救及等待救援，平台的耐火极限要求达到 1.00h，一般设计为钢筋混凝土平台。若在两楼层之间设悬挑的钢筋混凝土平台，结构设计有一定困难，况且在钢梯被烧毁的情况下，即使平台是完好的，人员也无法到达平台。因此条文中规定："当平台设在两楼层之间，且无通往平台的门时，该平台的耐火极限不应低于 0.25h"，即可与钢梯一样采用不加防火保护层的钢平台。

# 7 消防给水排水和灭火设施

## 7.1 一般规定

**7.1.1** 本条依据《中华人民共和国消防法》第十条和第十四条的规定，针对目前有些工程项目建设过程中不同程度地存在忽视消防设施配套建设的实际情况，强调纺织工程设计必须按照国家工程建筑消防技术标准进行消防工程设计，按照国家现行有关标准、规范要求合理配置消防给水排水与灭火设施。

**7.1.2** 本条对纺织工程的消防水源作了原则规定。

水是火灾的克星。水用作灭火剂在扑灭火灾中发挥了巨大作用。用水灭火不仅灭火效果好，而且使用方便，器材简单，价格便宜，具有独特优势。

消防水源是否可靠，直接影响灭火效果。火灾统计资料表明，成功扑灭火灾的案例中，有93%的火场消防给水条件较好，而扑救失利的案例中，有81.5%的火场缺少消防用水，许多火灾失控造成严重后果，大多是消防给水不完善、火场缺水造成的。

可以作为消防水源的有市政给水管网、消防水池、企业自建给水厂、天然水源（江河、湖泊、池塘等）及其他水源（游泳池、水景水池等）。

使用天然水源及其他水源作为消防给水水源是有条件的，必须采取必要的技术措施，保证消防用水的可靠性。天然水源应确保枯水期的最低水位时有足够的水量；在寒冷地区应有可靠的防冻措施；水中悬浮物等杂质及油品污染物不能影响消防设备的正常运行；取水方便，在天然水源地能修建消防码头、自流井、回车场等，消防车能靠近水源地且在最低水位时能吸上水。其他水源（游泳池、水景水池等）的有效容量应能满足消防用水要求，水池检修时或寒冷季节仍能保证消防水量。

纺织工程由于生产产品品种多样，生产和储存物品的火灾危险性差别较大，消防用水量和消防水压要求相差很大，因此在确保安全供水的前提下，对消防水源的选择应区别对待。中小型纺织工程生产规模较小，产品品种单一，生产、生活和消防用水量较少，一般多建于城镇郊区或经济开发区内，有条件就近依托市政给水管网供水，既可降低工程建设投资和运行费用，又有利于水资源的合理利用，因此中小型纺织工程的消防用水宜优先考虑市政给水管网供给。当企业远离城镇，或者市政给水管网供水能力不能满足消防用水要求时，如当市政供水管道为枝状或只有一条进水管，且室内外消防水量之和大于 25L/s 时，应建消防水池或自建给水站。在江苏和浙江一带的很多化纤工厂（聚酯工程）都设有给水净化成套设备处理净化河水，处理净化后的河水作为生产和消防用水。大型、特大型纺织工程建设规模大、生产装置多，生产、生活和消防用水量大，应配套建设给水厂。如江苏某化纤工业联合公司建有 25 万吨/日给水厂、湖北某化纤（集团）公司建有 20 万吨/日给水厂。

大部分纺织工程属于丙类。室内外消防用水量之和一般都大于 25L/s，有的大于 100L/s。消防用水压力要求较高，中小型纺织工程一般要求 0.4MPa～0.6MPa，大型和特大型化纤工厂要求 0.7MPa～1.2MPa。若采用市政给水管网供水，对保证消防水量和水压要求有困难。为确保消防供水安全可靠，纺织工程一般都设置消防水池和消防水泵房。

纺织工程一般不直接使用天然水源及其他水源作为消防给水水源，除非具备可靠供水条件或者重大火灾非动用不可时。

**7.1.3** 纺织工程消防用水量较大，循环冷却水系统中的总储水量难以保证消防用水总量，且循环冷却水的补充水量未考虑消防时的用水。当循环冷却水大量用作消防用水时，循环冷却水系统由于水量不足、水压下降会导致换热设备冷却效果下降而直接影响正常生产，甚至造成设备损坏等二次灾害的发生。此外，循环冷却水系统投加的水质稳定剂品种多样、成分复杂，是否会对泡沫灭火系统所用的泡沫灭火剂发泡率有影响，目前尚无定论。另外，循环冷却水系统在主装置大检修时也需放空清洗维修，保证消防用水很困难。因此，纺织工程的循环冷却水不应用作消防水源。

**7.1.4** 纺织工程的消防用水和生产用水量一般都较大，分建水池占地面积大，独立设置的消防水池因长年不动用会形成"死水"，因此消防用水宜与生产用水合建水池。合建水池可以采取下列技术措施之一防止消防用水被挪用：

**1** 生产用水的水泵吸水管置于合建水池的消防最高设计水位之上。

**2** 生产用水水泵吸水管采用虹吸管形式，在消防最高设计水位管段处留有进气孔或设置真空破坏管。

**3** 在水池中设置溢流墙，溢流墙顶为消防最高设计水位。

依据现行国家标准《民用建筑设计通则》GB 50352 的规定，消防用水不应与生活饮用水合建水池。

**7.1.5** 根据现行国家标准《建筑设计防火规范》GB 50016—2006 的规定："设置临时高压给水系统的建筑物应设置高位消防水箱。"由于消防水箱经常储存规定容量的消防用水量，并借助重力流保证初期火灾时的消防用水，因而供水是安全可靠的。化纤生产工厂当设置高位消防水箱有困难时，可按现行国家标准《石油化工企业设计防火规范》GB 50160 规定，设置稳高压消防给水系统。稳高压消防给水系统主要由消防水泵、稳压装置（稳压水泵、气压罐）、管网和配套的电气和自控设备组成。稳高压消防给水系统的特点是必须借助稳压设施，使消防给水系统平时处在准工作状态，一旦发生火灾，借助压力联动装置快速启动消防水泵供水。由于稳高压消防给水系统启动及时，消防供水是安全可靠的。参照美国、德国等国规范要求及我国陆续引进国外成套技术和设备建成的石油化工、化纤生产企业近 30 年的实际运行经验，采用稳高压消防给水系统的建筑物可以不设置消防水箱。

## 7.2 室外消火栓

**7.2.2** 本条对生产装置区室外消火栓的设置作出规定，室外消火栓应优先采用地上式消火栓。室外消火栓的口径应结合当地消防车辆配备情况选用。

## 7.3 室内消火栓

**7.3.1** 本条为强制性条文，对室内消火栓的设置作出规定（存有与水接触能引起燃烧爆炸物品的部位除外）。

纺织工程建筑物室内消火栓的设置应根据生产和储存物品的火灾危险性、建筑物耐火等级、建筑高度和建筑体积等因素综合考虑确定。

室内消火栓是纺织工程建筑物内的主要灭火设施之一。消火栓设置合理与否，直接影响灭火效果。根据纺织工程生产和储存物品的火灾危险性有甲类、乙类、多数为丙类，火灾危险性较大的特点，以及纺织、针织、服装类生产用工较多等实际情况，因此本规范规定，甲、乙、丙类厂房、仓库都应设置室内消火栓。火灾危险性较小的丁、戊类高层厂房、仓库，一旦发生火灾扑救较困难，也要求设置室内消火栓。

为能及时扑救初期火灾特规定在棉纺厂的开包、清花车间及麻纺厂的分级、梳麻车间，服装加工厂、针织服装工厂的生产车间及纺织厂的除尘室的消火栓箱内设置消防软管卷盘。

纺织、针织、服装类工厂属劳动密集型产业，生产和储存物品的火灾危险性属于丙类，可燃物数量较多，火灾危险性较大，是火灾易发、多发场所。如棉纺厂开清棉联合机和梳棉机内，因棉花中夹杂铁等金属物品撞击机器设备产生火花而引燃棉花着火；梳棉机因棉纤维缠辊发热起火；粗纱或细纱锭带和电缆托盘等覆盖的棉花绒因静电着火以及回风地沟积存的棉花绒遇火花而着火等。2004 年 8 月，某棉纺厂经轴机皮带摩擦发热起火，火沿回风沟窜至织布机，烧毁织布机 4 台。麻纺厂梳麻机因麻纤维夹杂铁等金属物品撞击机器设备产生火花而着火，或夹麻器掉落在明敷电线上打火引燃麻纤维着火；前纺并条机麻纤维缠辊摩擦发热起火也时有发生。亚麻厂栉梳车间空气中含有大量亚麻粉尘，是粉尘爆炸危险场所。1987 年 3 月 15 日，哈尔滨亚麻厂不慎引起除尘室爆炸，并引燃车间地沟积尘，火焰窜至生产车间引发二次爆炸，造成人员伤亡，并损毁设备 189 台（套），毁坏厂房 1.3 万 $m^2$ 的特大事故。

**7.3.2** 条文中规定，耐火等级为一、二级的丁、戊类单层、多层厂房（仓库）；耐火等级为三级且建筑体积小于 3000$m^3$ 的丁类厂房、仓库和建筑体积小于 5000$m^3$ 的戊类厂房、仓库可不设置室内消火栓。

耐火等级为四级的建筑物属临建性质，本规范不涵盖。

纺织工程下列丁类建筑物一般符合上述规定，可不设置室内消火栓：如印染厂练漂工段、化纤湿法纺丝、后加工湿加工工段、粘胶纤维厂酸站。

下列戊类建筑物一般符合上述规定，可不设置室内消火栓：如化纤浆粕蒸煮工段，碱回收站，冷冻站，空压站，制氮站，热力站，机、电、仪维修站，机车库，电瓶车库，给水泵房（站），污水泵房（站），雨水泵房（站），阀门间，消防水泵房（站），泡沫消防站，消防站，给水处理厂（站），冷却塔及水泵房（站），软化除盐水站，污水处理厂（站），中水回收站，门卫传达室。

**7.3.3** 消防软管卷盘或轻便消防水龙是用于辅助灭火、及时有效扑灭初期火灾的室内固定消防装置。具有结构简单、价格便宜、操作方便，未经专门训练的非专业消防人员也能操作等优点，近年来在工业和民用建筑中的应用受到好评。

本规范规定在棉纺厂的开包、清花车间及麻纺厂的分级、梳麻车间等除设置消火栓及箱内配软管卷盘外，在室内消火栓间距较大的部位应增设消防软管卷盘或轻便消防水龙，以便及时有效扑灭初期火灾。

消防软管卷盘或轻便消防水龙只供车间操作工等非专业消防人员使用，其用水量较少，因此在计算消防用水量时可不计入消防用水总量。

平屋顶建筑若没有通屋面的楼梯间，设了试验消火栓时，使用起来会很不方便，所以没有通屋面的楼梯间的建筑可不设试验用消火栓。

单阀双口消火栓难以保证两支水枪同时有效使用，因此纺织工程不得采用单阀双口消火栓。

纺织工程有较多精密设备和仪表，合成纤维工艺装置有较多高温设备，一旦发生火灾，设备和仪表受到消火栓直流水柱冲击急冷，极易造成设备破裂泄漏或者损毁。因此宜采用可调的直流-喷雾两用水枪，既可灭火，又可通过喷雾对设备和建筑物降温。消防人员可根据火场具体情况，选择喷射直流或者喷雾状水流，既有利于灭火控火，也有利于保护消防人员的人身安全。

当消防给水系统需减压时，管道系统减压应采用减压阀，消火栓减压宜采用减压式消火栓。

**7.3.4** 本条依据现行国家标准《建筑设计防火规范》GB 50016 的有关规定，结合纺织工程防火实践经验，对室内消防给水管道的布置提出具体要求。

本条提出"设置的竖管超过三根时，可关闭不相邻的两根"，理由是当同时关闭相邻的两条竖管时，会造成消火栓保护不到的空白区在发生火灾时难以保证有效的扑救。纺织工程生产和储存物品的火灾危险性多数属于丙类，有些属于甲、乙类，生产和储存的可燃物数量较多，火场上实际使用的消防用水量较大，为确保消防安全供水，本规范提出上述规定。

严寒和寒冷地区非采暖厂房和仓库内的消防管道只做保温层还是有结冰的可能，主要是由于消防水不流动，没有热量补充，所以这些消防管道系统宜采用电伴热保温。当采用干式系统时，应注意系统的排空和排气。

严寒和寒冷地区的划分见现行国家标准《民用建筑热工设计规范》GB 50176。

### 7.4 固定灭火设施

**7.4.1** 本条为强制性条文。自动喷水灭火系统是世界公认的最有效的自救灭火设施，是应用最广、用量最大的自动灭火系统，具有安全可靠、经济实用、灭火成功率高等优点。

1926 年由英国人开办的上海毛纺厂（原上海第十七毛纺厂）就在厂房、库房和办公室都设置了自动喷水灭火系统。20 世纪 50 年代原苏联援建的一些纺织工厂和我国自行设计的一些纺织工厂也采用了自动喷水灭火系统，并成功扑灭过多起火灾。如 1958 年建成的厦门纺织厂，曾发生 4 次火灾，均由自动喷水灭火系统自动启动成功将火扑灭，充分证明了自动喷水灭火系统的安全可靠性和主动灭火控火效能。

本规范依据纺织工程生产和储存物品的火灾危险性和历年发生火灾案例的实际情况，确定现阶段纺织工程设置闭式自动喷水灭火系统的原则如下：

**1** 生产和储存可燃物品数量多、火灾危险性大的场所，为及时控火灭火，应设置自动喷水灭火系统。如大于或等于 50000 纱锭棉纺厂的开包、清花车间及除尘器室，大于或等于 5000 锭麻纺厂的分级、梳麻车间，亚麻纺织厂的除尘室，每座占地面积大于 1000m² 的棉、毛、麻、丝、化纤、毛皮及其制品仓库应设置自动喷水灭火系统。

**2** 人员密集、发生火灾容易造成群死群伤的场所，为便于人员及时疏散，减少火灾损失，应配置自动喷水灭火系统。如占地面积大于 1500m² 或总建筑面积大于 3000m² 的服装类生产厂房。

**3** 火灾危险性大、扑救难度大的场所，以自救为主，应配置自动喷水灭火系统。如甲、乙类生产厂房和高层丙类生产厂房。

**4** 棉、毛、丝、化纤、毛皮及其制品和麻纺制品仓库火灾负载较大，设置在地下的仓库扑救困难；对可燃、难燃物品的高架库房和高层仓库，由于高架库房物品堆积密度大和高层仓库建筑物高大，发生火灾时扑救困难。因此，建筑面积大于 500m² 的棉、毛、丝、化纤等的地下仓库和可燃、难燃物品的高架库房和高层仓库应设置自动喷水灭火系统。

**5** 合成纤维工厂的丙类原料〔如精对苯二甲酸（PTA）〕仓库和切片仓库，储存的 PTA 等原料和切片通常采用袋装，一般破袋不入库，散落的原料很少，所以建筑面积小于 3000m² 时可不设置自动喷水灭火系统。

化纤厂的成品库，主要包括短纤维仓库和长丝仓库，当建筑面积大于 1000m² 时应设置自动喷水灭火系统。

**7.4.2** 化学纤维工厂的生产厂房，有很多属于高层丙类生产厂房。如粘胶纤维工厂原液车间、聚酯工厂聚酯车间、固相聚合（SSP）生产厂房、锦纶工厂聚合车间。生产中多为封闭式，易燃物很少。我国粘胶纤维生产已有 50 多年的历史，随着生产技术和设备不断改进，生产的安全性大幅度提高，近些年新建工程没有发生过火灾。聚酯生产在我国已有 30 多年的经验，锦纶生产在我国已有 29 年的经验。聚酯和锦纶装置生产为封闭式，物料在封闭的设备和管道内。我国聚酯和锦纶装置近 30 年没有发生过火灾，只是在开车初期曾有数起火情发生，原因为热媒管道的焊缝漏检，有砂眼，泵组连接法兰密封垫渗漏，造成热媒渗漏到保温材料中冒烟，扑救采用手提式干粉灭火器灭火后，回流放空热媒，修补焊缝和更换密封垫。

针对化纤工厂，规范组对仪征化纤进行了调研，所调研的工厂均未安装自动喷水灭火系统，且多年运行不曾发生过火灾。

另外，聚酯装置在南方采用开敞式或半开敞式厂房，楼板下集热困难，设置了自动喷水灭火系统难以启动。固相聚合（SSP）为全封闭式生产，厂房为框架结构，面积很小，在南方均采用开敞式厂房，我国固相聚合（SSP）装置从未发生过火灾，由于采用开放式厂房（高度大于50m），上部根本集不了热，设置的自动喷水灭火系统启动很困难。因此这类高层丙类生产厂房可不设置自动喷水灭火系统。

**7.4.3** 本条依据现行国家标准《低倍数泡沫灭火系统设计规范》GB 50151 的有关规定，结合纺织工程的实际情况，对泡沫灭火系统的设置场所作出原则规定。

泡沫灭火系统的选择应根据工程所在地的移动消防设施水平综合考虑。一般大型和特大型化纤工厂均配有大型泡沫消防车和水罐车，移动消防力量很强，这类企业的可燃液体储罐区，当储罐较小时可以设置半固定式泡沫灭火系统；中小型化纤工厂如地处城镇远郊或地形复杂的地区，由于机动消防力量配备不足或消防车扑救困难，这类企业的可燃液体储罐区应设置固定式泡沫灭火系统。

储罐区的泡沫液管道和冷却水管道由于长期处于不使用状态，为防止管道内铁锈等杂物堵塞泡沫产生器喷嘴和冷却水喷头或喷孔，按照石油化工行业多年使用经验，储罐区敷设的泡沫消防管和冷却水管应采用热镀锌钢管。由于直接采用镀锌钢管安装和加工可能损伤原有镀锌层，影响防腐蚀效果，故当钢管管径大于等于100mm时，宜将预制管道和管件进行二次镀锌处理，以确保镀锌层完好无损。

本条第2款为强制性条款。

**7.4.4** 本条是针对化学纤维工厂中心控制室电缆夹层敷设的电缆密集，发热量大而作出的规定。

### 7.5 污水排水

**7.5.1** 为保证消防电梯安全运行，电梯井底应设置排水设施。

排水设施做法通常是在井底下部或旁边开设一个不小于2m³的排水井和设置不小于10L/s的提升水泵。如果消防电梯不到地下层，可以根据室内外高差采用重力流排水，采用重力流排水时应防止雨季水倒灌措施。

自动喷水灭火系统报警阀和末端试水装置的排水不应采用直接与排水管连接的方式，可采用漏斗或地漏方式排水，以便可以观察排水状况。

为保证消防水泵房安全运行，防止被水淹没，消防水泵房应设排水系统。

火灾事故排水指在扑灭火灾中消防设施排泄或消防设施在试运行、维修和测试过程中排泄的消防用水或泡沫消防水。

纺织工程一旦发生火灾，消防用水量较大，如高层工业厂房（24m＜h≤50m）室内消火栓用水量要求25L/s，同时使用水枪数量5支，消防用水量约90m³/h；采用自动喷水灭火系统的中危险级为Ⅱ级的工业厂房，消防用水量约77m³/h；危险级为Ⅱ级的仓库，消防用水量达120m³/h～264m³/h；而储罐区发生火灾时，消防用水量更大。某聚酯工厂的储罐区储存乙二醇和燃料油，火灾危险性为丙类。该储罐区设置6000m³乙二醇罐4座，1000m³燃料油罐4座，150m³污乙二醇罐1座。其中立式乙二醇罐单罐直径24m，高度17m。经计算一次灭火要求的低倍数泡沫灭火用水量和冷却罐壁用水量之和达2000m³。

火灾事故排水不仅水量较大，而且在灭火过程中可能受到可燃液体或有毒、有害液体的污染，如设备和管道泄漏、储罐因火灾导致液体沸溢或储罐破裂导致液体流淌等情况，可能造成二次灾害甚至产生严重后果，因此妥善处置火灾事故排水是很重要的。厂区排水管线应设有防止受污染的火灾事故排水直接排出厂区的应急措施和收集设施，受污染的火灾事故排水收集后送污水处理设施处理达标后排放。

吉林石化公司发生火灾后，造成松花江水体污染。因此当灭火时生产装置区、储罐区等火灾事故排水中含有有毒、有害物污染时，其排水管线应设有防止受污染的排水直接排出厂区的应急措施。并应能收集污水送处理装置的措施。火灾事故排水的计算可参照中国石化《水体环境风险防控要点》和中石油《事故状态下水体污染的预防与控制技术要求》Q/SY 1190—2009。

本条第1、3、4款为强制性条款。

**7.5.2** 化学纤维工厂生产装置和储罐区排出的生产污水、初期雨水及火灾事故排水，因含有可燃液体遇到明火（烟头、电焊渣等）引起爆炸燃烧，并沿排水管渠迅速蔓延，可能造成严重后果。如1975年某化学纤维工厂含油废水管道，因设备焊接电焊渣掉落检查井内引起爆炸，9个检查井盖被掀翻，险些酿成伤亡事故。按照现行国家标准《石油化工企业设计防火规范》GB 50160 和《室外排水设计规范》GB 50014 的有关规定，在某些部位应设置水封，将排水系统分段隔开，防止火灾蔓延，并规定水封高度不得小于250mm。

本条为强制性条文。

**7.5.3** 可燃液体储罐一旦发生爆炸破罐泄漏或沸溢事故，可燃液体便会流淌到围堤内，继而沿生产污水管道大量排到污水处理装置，或者沿雨水管道直接排到江河湖海，造成严重的环境污染事故。为此，可燃液体储罐区的生产污水管道在防火堤与水封井之间应设置易启闭的隔断阀，以便当储罐发生泄漏或沸溢或流淌时，能快速关闭管道阀门，及时将可燃液体堵截在防火堤内。雨水管道出防火堤后应设置易启闭的隔断阀，含油雨水在防火堤外还应设置隔油池，并应设置切换阀和切换井。目的是将被可燃液体污染的初期雨水截留排入生产污水管道，含油污水进行油水分离处理后排入生产污水管道，而将大量的、未受到污染的清洁雨水排入雨水系统。当储罐发生泄漏或沸溢或流淌时，也能快速关闭阀门，及时将可燃液体堵截在防火堤内。

本条为强制性条文。

# 8 防烟和排烟

8.0.1 条文中指出的国家现行标准，除《建筑设计防火规范》GB 50016外，还有目前正在编制中的国家标准《建筑防排烟系统技术规范》，待发布后执行。另外，《上海市工程建设规范——建筑防排烟技术规程》DGJ 08—88等地方标准中的有些排烟措施也可在设计时作参考。

8.0.3 本条为强制性条文，条文中列举了纺织工程中应设置排烟设施的场所。此外，防烟楼梯间及其前室、消防电梯间前室等，应根据现行国家标准《建筑设计防火规范》GB 50016的规定设置防、排烟设施。

1 服装厂内操作人员多，其中缝纫车间人员最为密集，普通缝纫机的间距前后为0.6m～0.8m，左右两侧中，一侧紧靠另一台缝纫机，另一侧为走道，设备排列紧凑，一个车间内往往有数百名操作人员。服装厂内可燃物品较多，服装的面料、里料、填充物、辅料等均为可燃固体，燃烧时生成的烟气中携带有较高温度的有毒气体和微粒，对人的生命构成极大威胁。此场所一旦发生火灾，烟气能使人们辨认目标的能力大大降低，影响人员安全疏散，以往火灾实例中曾有群死群伤的情况。因此服装厂等人员密集、可燃物较多的厂房应设置排烟系统，及时排除火灾时产生的大量烟气，使厂房内人员顺利疏散，并为消防救援创造有利条件。

2～8 这几款规定应设置排烟设施的场所中，有的可燃物较多，有的可燃物密集堆放。一旦发生火灾，亦会产生大量烟气，为及时排除火灾时产生的烟气，维持火场内必要的视距与呼吸条件，使厂房内人员安全疏散，应设置排烟设施。

8.0.4 本条规定了纺织工业生产中可以不设排烟设施的场所。

1 设置排烟设施的主要目的是确保建筑物内人员顺利疏散和安全避难。本款所列场所的特点是不设固定操作岗位。如化纤原料厂的连续聚合是自动化生产线，由生产人员在中控室对生产进行监控，操作人员每隔一定时间（一般为每两个小时一次）到现场作巡检，操作人员不经常在现场。所以一旦发生火灾，生产现场操作人员疏散不存在问题。

2 本款中，化纤厂的"原液制备"一般指腈纶和粘胶纤维的原液制备；化纤厂的纺丝间包括熔融纺和干法、湿法的纺丝；化纤厂后加工指长丝后加工、短纤维后加工和工业长丝后加工。长丝后加工包括拉伸、拉伸变形、加捻变形、空气变形、加捻、络筒等处理过程。短纤维后加工包括集束、上油、拉伸、热定型、卷曲、干燥、切断、打包等过程。工业长丝后加工包括捻线、织布、浸胶等处理过程。

本款所列场所有以下特点：一是单位生产场所中的操作人员少（平均每百平方米建筑面积内同时出现的操作人员不足一人）；二是生产中加工的物质是具有相当密实度的丝筒、丝饼（如熔融纺的卷绕丝筒和长丝后加工的丝筒、丝饼），或由于含水率较高而呈湿态（如在湿法纺丝和短纤维后加工过程中），它们属于不易被引燃的固体；三是在设计上已经采取了可靠的安全措施（如在采用电加热、电烘干的部位都设有火灾自动报警等）。

过去几十年国内建设的数百个化纤原料厂、化纤厂，没有在上述部位设置专门的排烟设施，实践中并未出现过由于火灾产生的烟气造成操作人员无法从生产岗位安全疏散和阻碍消防救援的情况。

3 本款中规定的场所，生产的火灾危险性虽属丙类可燃固体，但可燃物相对较少，可燃物的卷装较小或可燃物呈纱线紧密卷绕状态，不易被引燃，有些生产工序在湿润状态下加工。这些场所即使发生火情，产生的热量和烟量较少，容易被及时扑灭。

由于设备水平的提高，操作人员较少，人员密度低，同一时间内平均每$50m^2$建筑面积不足1人，一旦发生火情，人员能迅速疏散。故作此规定。

条文中的"络并捻"指络筒、并纱、捻线或倍捻。

# 9 采暖通风和空气调节

## 9.1 采 暖

9.1.1 本条文第1款是强制性条款。以散发可燃物质的引燃温度（又称自燃温度）对采暖热媒温度加以限制，是为了安全而提出的基本要求，防止可燃物质与采暖设备、管道接触引发燃烧或爆炸。散发物质为粉尘时，引燃温度应取粉尘云与粉尘层两者中的低值。

确定采暖热媒温度需考虑可能的温度正偏差，并留有安全裕量。国家现行标准《石油化工采暖通风与空气调节设计规范》SH 3004—1999规定，在散发可燃气体、蒸气或粉尘的厂房内，散热器热媒温度必须低于引燃温度的20%以上。

设计中如遇特殊情况，无法执行本条文第2、3款的规定时，可在满足第1款的前提下，适当提高采暖热媒的温度，并应取得消防部门的批准。

**9.1.2** 比室内空气重的可燃气体、蒸气或可燃粉尘、纤维，常温下在厂房下部地带其含量较高，通过缝隙进入并积聚在地沟内，易于引发燃烧或爆炸。故该类厂房中，采暖管道不应采用地沟敷设。必须采用时，应采取措施，防止可燃气体、蒸气或可燃粉尘、纤维积聚在地沟内。

## 9.2 通风、空气调节

**9.2.1** 可燃粉尘、纤维沉积在地面或其他物体表面形成粉尘、纤维层，易于引发或加剧燃烧；粉尘、纤维扬起与空气混合形成粉尘云，易于引发或加剧爆炸，应及时清除。故作本条规定。

**9.2.2** 本条文的规定旨在避免火花经送风系统进入车间，并在甲、乙类厂房的送风系统停运时，避免其他房间的送风系统吸入甲、乙类厂房中的易燃、易爆物质并送入室内。

**9.2.3** 本条是强制性条文，有关规定旨在限制灾害可能波及的范围。

现行国家标准《爆炸和火灾危险环境电力装置设计规范》GB 50058规定，易燃物质可能出现的最高浓度不超过爆炸下限的10%，可划为非爆炸危险区域。现行国家标准《建筑设计防火规范》GB 50016指出，空气中可燃粉尘的含量低于其爆炸下限的25%以下，一般认为是可以防止可燃粉尘形成局部高浓度、满足安全要求的公认数值。界定"有爆炸危险"，可参照上述规定。

**9.2.4** 本条是强制性条文。本条所列两种情况中，通风设备内、外的空气中含有燃烧或爆炸危险物质，遇火花后可能引起燃烧或爆炸事故，故通风设备及其传动调节装置均应采用防爆型。

**9.2.5** 风机停运时易使空气自风管倒流至风机。甲、乙类厂房中的空气含有燃烧或爆炸危险物质。若风机未做防爆处理，再次启动时，可能因风机产生火花而引发燃烧或爆炸。在送风干管内设置止回阀，可以防止危险物质倒流至风机内。

**9.2.6** 根据现行国家标准《爆炸和火灾危险环境电力装置设计规范》GB 50058的规定，防爆型电机的选型，因爆炸环境、危险区以及可燃物质的性质不同而异。在设计文件中对防爆型风机配套的电机仅注明"防爆型"是不够的。这样，风机制造厂将配套供应其默认型号的电机，可能与实际需求不符。如果防范不足，会降低安全性；如果防范过度，则造成不必要的浪费。故应按现行国家标准《爆炸和火灾危险环境

电力装置设计规范》GB 50058的规定选择防爆型电动机。

**9.2.7** 本条文的规定旨在缩短室内排风管的正压段，避免有燃烧或爆炸危险的物质泄漏到室内。

**9.2.8** 本条文的规定旨在当甲、乙类厂房的送风系统停运时，避免其他房间的送风系统吸入甲、乙类厂房中的易燃易爆物质并送入室内。

**9.2.9** 现行国家标准《建筑设计防火规范》GB 50016有关条款规定，含有燃烧和爆炸危险粉尘的空气，在进入排风机前应采用不产生火花的除尘器进行处理。本条文在此基础上，针对棉、毛、麻纺织工厂的特点作了进一步规定。

棉、毛、麻纺织工厂一般按工艺生产线配置除尘系统，连续滤除工艺设备排风中的尘杂。同一生产线上不同设备的排风余压不尽相同，有时个别设备的排风余压很低，为减少电耗，余压过低的设备排风需先经风机加压，再进入除尘器。此外，纺织工厂中普遍采用多筒除尘器或圆笼除尘器，其自洁系统采用布袋式集尘器，限于其结构，排风机必需布置在集尘器之前。

尘杂以可燃短纤维为主，直接进入普通风机，易挂附在风机部件上，或缠绕在转动部件上，致使摩擦过热，引燃纤维；或堵塞风机，影响正常生产并导致风管中可燃粉尘沉降，使其浓度增高，增加安全隐患。

工程中普遍采用纺织除尘风机，该风机具有防缠绕、防堵塞功能，并可根据需要配用有色金属叶轮。但是，"纺织除尘风机"尚未列入国家风机产品名录，故本规范代以"防缠绕、防堵塞的排风机"。

**9.2.10** 现行国家标准《建筑设计防火规范》GB 50016的有关条款规定，含有燃烧和爆炸危险粉尘的空气应采用不产生火花的除尘器进行处理。本条文在此基础上，针对棉、毛、麻纺织工厂的特点作了进一步规定，其中第1款是强制性条款。

除尘器内空气中含有可燃粉尘，存在高浓度区域，并产生积尘，易于引发燃烧，特定条件下可能发生爆炸。生产实践表明，除尘器室是纺织工厂中火情发生较多的区域之一，国内外均有个别纺织工厂的除尘器发生爆炸的事例。在此意义上，处理可燃粉尘的除尘器，其运行的安全与否，对纺织工厂的安全生产具有重要的影响。

沉降室或具有沉降功能的除尘器内，空气中可燃粉尘浓度高的区域大（清灰时更甚），除尘器内积尘量多且停留时间长，易于引发燃烧或爆炸，灾害发生时，燃烧或爆炸强度大。

20世纪80年代，可连续过滤、连续排杂的干式除尘器开始用于纺织工厂，历经不断改进。目前国内新建纺织工厂普遍采用复合式除尘器，第一级为圆盘，第二级为多筒或圆笼。可连续过滤、连续排杂。

该类除尘器内，空气可燃粉尘浓度高的区域小，积尘量很少，具有较高的安全性，至今尚无发生爆炸的事例。故作第 1 款之规定。

纺织工厂的前纺工段，工艺设备可能在运行中产生火花。为防止火花随工艺设备排风进入除尘器，引发燃烧甚至爆炸，故作本条第 2 款之规定。

工程中可在除尘器入口前的管道上设置火焰探测器并配置切断阀门，以便及时发现火花，将其阻隔在除尘器外，同时停运通风设备，从而提高系统的安全性。目前国内企业可以生产火焰探测器，但配套的切断阀门尚无系列产品。因而作推荐性规定。

**9.2.11** 现行国家标准《建筑设计防火规范》GB 50016 相关条款规定，穿越通风、空气调节机房的房间隔墙和楼板处，通风、空气调节系统的风管上应设置防火阀。本条文针对棉、毛、麻纺织工厂的特点作出进一步规定。

纺织工厂生产车间的空气调节系统为生产工艺维持车间所需的温、湿度。纺织工厂的除尘系统处理工艺设备的排风或抽吸工艺设备的落棉，处理后的空气回至空气调节系统循环使用，需要与工艺设备同时运行。

空气调节系统的风管及除尘管道中均含有大量短纤维。目前可供选择的防火阀产品，其叶片置于空气流道之内，各零、部件难免带有"毛刺"。安装在纺织工厂的空气调节系统的风管及除尘风管上，易产生"挂花"现象，甚至堵塞风管，严重影响系统的运行，进而影响生产的正常进行；除尘风管内，还会导致粉尘沉降，使得局部空气中可燃粉尘浓度增高，增加系统的安全隐患。

在防火阀的上述问题得以解决之前，纺织工厂的除尘风管上不应设置防火阀；空气调节系统的风管上应避免设置防火阀，必需时，应尽量减少设置数量。

为在纺织工厂内避免或减少防火阀的设置，同时维持厂房基本的防火分隔，本条文规定："当空气调节机房、除尘器室与其所辖区域设置在同一防火分区内时，风管穿越机房的隔墙和楼板处，可不设置防火阀。"

**9.2.12** 现行国家标准《建筑设计防火规范》GB 50016 相关条文规定，除另有规定者外，防火阀的动作温度应为 70℃。

化纤工厂中排风系统的空气温度有时接近或超过 70℃。此时，动作温度若为 70℃，防火阀容易误动作。故作本条规定。

**9.2.13** 本条是强制性条文。所列情况下，通风设备和风管的内部或外部存在燃烧或爆炸危险物质，遇火花后可能引发燃烧或爆炸，故应防止产生静电火花及机械火花。

# 10 电 气

## 10.1 消防用电设备的供配电

纺织工程的特点是有大量的丙类生产厂房和丙类物品仓库，部分生产场所和仓库存在气体爆炸环境及粉尘爆炸环境。由于火灾事故照明、火灾疏散指示标志、自动报警系统的设置、消防专用电话、火灾紧急广播、消防联动、消防控制室及消防值班室等方面，在现行国家标准《建筑设计防火规范》GB 50016—2006、《火灾自动报警系统设计规范》GB 50116—98 中都已有规定，所以在《纺织工程设计防火规范》中，电气专业的条文仅围绕纺织工程的特点，从消防用电设备的供电、火灾自动报警系统的确定、防雷及防静电等部分作出相应的规定。

**10.1.1** 现行国家标准《建筑设计防火规范》GB 50016—2006 规定的消防用电设备的负荷等级是依据建筑物的高度和消防用水量来确定的。目前国内纺织工程中，不少厂房的建筑高度是超过 24m 的高层工业建筑，除固相聚合构筑物外一般厂房建筑高度均不会超过 50m；鉴于各纺织、化纤企业的新产品、新品种层出不穷，且生产能力不同，很难逐个具体规定出其消防用电负荷级别。所以纺织工程消防用电设备的负荷等级仍采用现行国家标准《建筑设计防火规范》GB 50016—2006 的规定来划分。

**10.1.2** 纺织工程中，消防用电设备的负荷容量所占比例很小，平时也不运行；生产用电设备一般为二、三级负荷，电力系统按二、三级负荷供电较为普遍，而消防用电设备的负荷等级往往是一、二级，所以对于供电不能满足消防用电需要的企业，本规范要求须有相应的供电措施来确保消防用电设备供电的可靠性。条文中"预期公用电力网不能满足消防设备供电要求"包括了供电公司不承诺消防用电的可靠性和用户不能解决从邻近单位获取第二电源等诸多可能。柴油发电机组等其他低压发电设备独立于公用电力网，是公用电力网发生故障时能够确保消防用电的最有效措施，为此规定了当公用电网不能满足要求时应设置低压发电设备。

对于仅设有消防泵的用户，许多单位采用电动机拖动的消防泵并同时设置柴油泵已有成熟的运行经验，且柴油泵也是公用电力网发生故障时能够确保继续用水灭火的最有效措施之一。采用电动机拖动的消防泵需要有电源供给，但柴油泵不需要动力电源，所以在本条文中提示用户："当技术经济合理时，也可采用柴油泵等由其他动力源拖动的消防泵"，不必只认准电动机拖动的消防泵。

**10.1.3** 应急照明包括疏散照明、安全照明、备用照明。在条文中对于安全照明、备用照明均用"应急照明"表述。

消防应急照明灯具和灯光疏散指示标志的备用电源除采用公网、柴油发电机等交流供电外，采用蓄电池直流供电及利用蓄电池通过逆变器交流供电已十分普遍，采用电子镇流器的荧光灯可以直流供电，所以本条明确疏散照明、备用照明可以采用蓄电池组作为备用电源。

纺织工程中的厂房面积大，内部的一些运输、操作、检修等通道由于其功能的需要，往往除按规定设置消防标志灯具和灯光疏散指示照明外，还设有备用照明，在火灾补救时也具有疏散通道、消防通道的功能，为此本规范规定了"厂房内部与消防疏散兼用的运输、操作、检修等通道，其应急照明不应少于30min"，与现行国家标准《建筑设计防火规范》GB 50016—2006 第 11.1.3 条对消防应急照明灯具和灯光疏散指示标志照明的规定一致。

因现行国家标准《建筑设计防火规范》GB 50016—2006 第 8.6.3 条规定有不同场所最小火灾延续时间，第 11.3.1 条第 2 款"消防控制室、消防水泵房、自备发电机房、配电室、防烟与排烟机房以及发生火灾时仍需坚持工作的其他房间"要求设消防应急照明，但对于上述场所备用照明供电时间未作规定，因备用照明工作时间需涵盖火灾扑救的整个过程，所以本条规定了备用照明时间不得少于现行国家标准《建筑设计防火规范》GB 50016—2006 第 8.6.3 条规定的最小火灾延续时间。

本条第 1 款和第 2 款为强制性条款。

**10.1.4** 消防泵房、消防控制室、消防值班室、中央控制室、变配电所及空调机房的照明直接关系到火灾扑救期间消防设备的正确操控及安全运行，为此规定了设置应急照明及操控设备处应急照明的照度要求。本条为强制性条文。

**10.1.6～10.1.9** 纺织工程中的原料库、成品库是防火重点，原纺织部对于防火安全管理作出了规定："库房内不得装设电源线和电器装置，更不得架设临时电线。库区照明采用投光灯采光。"现行国家标准《建筑设计防火规范》GB 50016—2006 第 11.2.4 条规定了"大于 60W 的白炽灯、卤钨灯、高压钠灯、金属卤灯光源、荧光高压汞灯（包括电感镇流器）等不应直接安装在可燃装修材料或可燃构件上"，但随着生产的需要，库房越来越大，火灾危险性也加大，且采用投光灯照明已无法满足需要。库房不设照明、不进电源线及电气装置是不现实的，为此本规范规定了相应的安全措施。

库房的总电源箱设在库外合适的位置，可使电源的进线与火灾危险场所的物料隔开。通过管理措施使人员离开库房时将库房的电源切断，做到库房无人及不操作时无电，避免因电气线路引发火灾。所以第10.1.6 条第 1 款规定了仓库的总配电箱不应设在存

放可燃物资的库房内。

现行国家标准《低压配电设计规范》GB 50054—95 第 4.4.21 条规定了"为减少接地故障引起的电气火灾危险而装设的漏电电流动作保护器，其额定动作电流不应超过 0.5A。"现行国家标准《建筑电气装置 第 4—42 部分：安全防护 热效应保护》GB 16895.2—2005/IEC 60364-4—42：2001 第 422.3.10 条也规定了"从火灾危险的观点，在必需限制布线系统中故障电流引起后果的地方，应采用以下两种回路之一：

——由剩余电流动作保护器保护，保护器的额定剩余电流动作值不超过 0.5A；

——由持续的绝缘监视器，监视器在出现绝缘故障时发出警告"。鉴于库房的工作特点，为防止因电气线路引发电气火灾，第 10.1.6 条第 2 款规定装设剩余电流保护器，当接地故障电流超过预定值时，能自动切断电源。该款为强制性条文。

现行国家标准《建筑电气装置 第 5 部分：电气设备的选择和安装 第 53 章：开关设备和控制设备》GB 16895.4—1997 第 531.2.1.3 款要求剩余电流动作保护器的选择和回路的划分，应做到：该回路所接的负荷正常运行时，其预期可能出现的任何对地泄漏电流不致引起保护电器的误动作。虽然原料、成品库房为末端负荷，照明线路、动力线路数量有限，可能对地泄漏电流不会超过 0.5A，但仍需采取补偿措施，避免剩余电流动作保护器的误动。

造成电气火灾是由电气设备产生的热积聚或热辐射造成的，馈电线路过载及线路短路、单相接地造成的发热及电弧都有可能引起火灾，完善电气设备保护是抑制电气火灾的有效措施。所以规定了库房总电源箱设剩余电流保护器，确保接地故障电流不会超过危险值；总电源箱馈出回路设过载保护、短路保护及电击保护防止引发电气火灾和触电；为防止可能的机械性损伤，灯泡及灯具部件应具备足够的保护等。正在修订的国家标准《爆炸和火灾危险环境电力装置设计规范》GB 50058 取消了"火灾危险环境"部分，灯泡及灯具部件的保护等级是参照现行国家标准《建筑电气装置 第 4—42 部分：安全防护 热效应保护》GB 16895.2—2005/IEC 60364-4—42：2001 第 422.3.9 条"灯具应适合 BE2 场所并且应配备能提供保护等级至少为 IP4X 的外护物"的要求作出规定。

由于科学进步，新的光源会不断出现，防止灯泡表面温度引燃火灾，所以要求：选用大于 60W 灯时，要求能确保其温度不会引起火灾。

PEN 线是保护中性线，有电流流过，PEN 线采用裸导线或 PEN 对地放电电弧有可能引发火灾，本规范依据现行国家标准《建筑电气装置 第 4—42 部分：安全防护 热效应保护》GB 16895.2—2005/IEC 60364-4—42：2001"向 BE2 场所供电的电路不

允许有 PEN 线"的要求，规定严禁采用 TN-C 系统。

易燃环境的厂房和库房的电气火灾多因线路短路、接地故障、线路接头不好发热、导线选用截面偏小、导线敷设在易燃物旁或易燃物中等原因造成，严格按照国家现行规范设计、施工、维护，会使电气火灾的发生受到抑制。调研到的用户普遍认为：电气线路穿金属导管或可挠金属电线保护管敷设可将电弧、导线绝缘碳化及燃烧控制在金属管内，与 BE2 火灾危险的物料隔开，是简单有效的措施，所以本条对线路敷设作出了规定。

第 10.1.6 条第 3 款、第 10.1.7 条、第 10.1.8 条为强制性条文。

吊车供电线路采用滑导线、滑触线等裸导体，因碳刷及集电器在移动的过程中会产生电火花，电火花有可能引燃堆积的可燃性粉尘及其他可燃物品，而移动电缆可避免电源接入产生电火花。移动电缆可采用满足移动需要的丁腈聚氯乙烯绝缘及护套扁平软电缆等型号电缆。橡套电缆分为轻型、中型、重型，根据可能承受的机械外力、耐油性能等条件选用，是目前移动电缆应用最广的一种，本条按选用橡套电缆作出规定，不排除选用适用的其他型号的软电缆。

### 10.2 火灾自动报警系统

**10.2.1** 根据纺织工程的特点，依据现行国家标准《建筑设计防火规范》GB 50016—2006 第 11.4.1 条的规定对一些场所需设置火灾自动报警系统作了具体规定。

生产火灾危险性为丙类的场所，由于变配电室、电动机控制中心、中央控制室的安全性直接关系到生产能否继续，虽然大量的电线、电缆、电器设备、电气连接的接头等采用不延燃或不可燃的材料，但短路、接头连接不好造成的高温是引发火灾的因素，鉴于丙类生产环境有大量的可燃物质，预防其相互促成火灾，所以在第 7 款作出要在上述房间设置有火灾自动报警系统的规定。

本条为强制性条文。

**10.2.2** 按照现行国家标准《火灾自动报警系统设计规范》GB 50116—98 保护对象的分级，纺织、化纤工厂的厂房为二级；仓库依据建筑面积的不同可分为一级或二级，并规定区域报警系统宜用于二级保护对象；集中报警系统宜用于一、二级保护对象；控制中心报警系统宜用于特级、一级保护对象。纺织、化纤工厂具有大厂房、大库房、地址码少的特点，本条依据纺织、化纤工厂的规模、生产管理模式，对火灾报警系统形式和火灾报警控制器的设置作出规定。

纺织化纤联合体指由多个独立工厂集中布置组成的工业联合体，其消防统一管理，一般设消防站或消防职能部门，每个工厂设置火灾报警控制器自成体系，联合体为分布式火灾报警系统，所以火灾报警系统宜选择控制中心报警系统。

现行国家标准《火灾自动报警系统设计规范》GB 50116—98 第 5.2.3.4 条规定：集中报警系统的"集中火灾报警控制器或火灾报警控制器，应设置在有专人值班的消防控制室或值班室内"，根据化纤厂连续生产线的特点，生产操作、监控及紧急停车装置均在中控室，消防值班室设在中央控制室有利于火灾扑救，所以本条文规定了集中报警系统的消防值班室宜与中央控制室合用房间的内容。生产调度室是生产中枢，消防值班室与生产调度室合用房间，可方便调度生产停车及指挥火灾扑救，也规定了消防值班室与生产调度室宜合用房间的内容。

现行国家标准《火灾自动报警系统设计规范》GB 50116—98 第 5.2.2.2 条规定：区域报警系统的"区域火灾报警控制器或火灾报警控制器应设置在有人值班的房间或场所"，从纺织工业生产的特点出发，本条规定了区域火灾报警系统的火灾报警控制器宜设在生产装置的中央控制室、生产调度室等有人值班的房间或场所。

**10.2.3～10.2.5** 纺织工程的生产环境中，许多场合不适合安装某些类型的火灾探测器，如有的棉纺厂的开清棉、粗纱、细纱间空气中有许多棉花粉尘，影响感烟探测器正常工作。鉴于各工厂的环境不同，火灾探测器的设置也不尽相同，对按本规范第 10.2.1 条设置火灾探测器的场所，作出了如何选择火灾探测器或报警按钮的规定。

丙类生产厂房内烘干、烧毛、联苯炉等处宜选择点型感温探测器。丙类物品的无遮挡大空间原料库、成品库、废料库、纺部、加工部、织部（湿加工除外）、化纤后加工车间、印染后整理、服装加工、成品检验及打包等宜选择红外光束感烟探测器。有管道、吊车及设备遮挡的丙类物品的原料库、成品库、废料库、纺部、加工部、织部（湿加工除外）、化纤后加工车间（湿加工除外）、印染后整理、服装加工、成品检验及打包等部位宜选择点型感烟探测器或红外光束感烟探测器。

目前国内尚无满足粉尘爆炸危险场所的火灾探测器。所以对于精对苯二甲酸（PTA）仓库等存在粉尘爆炸环境的场所规定了"在精对苯二甲酸仓库等粉尘爆炸环境设置探测器有困难的场所，应设置火灾报警按钮和声光报警装置"。对于亚麻工厂栉梳车间粉尘爆炸危险场所在调研时了解到，现场都有操作工人，着火系生产过程中金属碰撞造成的火花或电线短路电弧引燃的，以及机器缺油或缠绕摩擦发热造成的，在生产过程中，着火能被及时发现，设报警按钮即可。粉尘爆炸危险场所为防止线路短路、接地的电弧引发电气火灾，电气线路需穿钢管敷设；粉尘爆炸危险场所选用的电气设备应满足现行国家标准《爆炸和火灾危险环境电力装置设计规范》GB 50058 及《可燃性粉尘环境用电气设备》GB 12476 的规定。

对于气体和粉尘爆炸环境的火灾自动报警设备，本规范进一步提出应符合现行国家标准《爆炸和火灾危险环境电力装置设计规范》GB 50058 的规定。

规范组对仪征化纤进行了调研，鉴于涤纶短纤维、涤纶长丝厂房生产过程中除后打包工序外，生产线上存在的可燃物很少，因物质意外燃烧致灾的可能性极小，但设备布置密集，生产人员少，故认为在纺丝、卷绕、牵引喂入生产厂房应设置报警按钮和声光警报系统；打包机部分应设置火灾自动报警系统。

锦纶、干纺腈纶、丙纶、氨纶等纺丝、卷绕为连续生产，与仪征化纤涤纶生产环境相仿，上述工厂现场都有操作工人，设备密集，管线很多，环境条件差，电磁污染严重，安装、维护探测器困难，因空气中有油气、电磁污染会使探测器失效，故所调研的工厂均未安装火灾探测器，仅设了报警按钮，且多年运行不曾发生过火灾。鉴于上述生产的全过程有运行人员在场，选择火灾报警按钮报警及开启消防泵是有效的措施。

湿纺腈纶、粘胶纤维、印染等湿加工车间，丙类物品湿加工不会着火，且生产的全过程现场都有操作工人在岗，为了方便火灾的报警，规定了选择火灾报警按钮。

对于安装在爆炸危险环境的火灾自动报警系统的设备，强调应符合现行国家标准《爆炸和火灾危险环境电力装置设计规范》GB 50058 的规定。

## 10.3  防雷与防静电接地

**10.3.2**  现行国家标准《石油库设计规范》GB 50074 "术语"定义"石油库"为："收发和储存原油、汽油、煤油、柴油、喷气燃料、溶剂油、润滑油和重油等整装、散装油品的独立或企业附属的仓库或设施"。纺织、化纤工厂采用柴油、重油加热的联苯炉及干燥装置等需有储存设施；润滑油是生产离不开的润滑剂，现行国家标准《石油库设计规范》GB 50074 既适用于易燃油品，也适用于上述可燃油品储存设施的新建、扩建和改建的设计，所以作了本条规定。

**10.3.4**  纺织工程的某些生产环境中（如粘胶纤维、干纺腈纶、涤纶纤维、聚酯、亚麻等工厂）存在气体爆炸及粉尘爆炸危险环境。为了防止因静电放电电弧引发爆炸，上述爆炸危险环境均要设置防静电事故的措施。在规范调研中，重点分析亚麻粉尘爆炸的成因及访问参加哈尔滨亚麻厂爆炸事件的调查人员，均提及静电造成事故的可能性。静电放电电弧温度很高，除对于爆炸危险环境会引发爆炸，对于火灾危险场所也具有引发火灾的可能性。所以本章增加了静电防护部分。

**10.3.5**  静电防护国家标准有《防止静电事故通用导则》GB 12158—2006，行业标准有《石油化工静电接地设计规范》SH 3097—2000、《化工企业静电接地设计规程》HG/T 20675—1990 等，其他一些标准针对爆炸危险环境也有相关静电防护的规定，本规范仅列出国家标准中静电防护专题的《防止静电事故通用导则》GB 12158。

中华人民共和国国家标准

# 酒厂设计防火规范

Code for design of fire protection and prevention
of alcoholic beverages factory

GB 50694—2011

主编部门：中 华 人 民 共 和 国 公 安 部
批准部门：中华人民共和国住房和城乡建设部
施行日期：2 0 1 2 年 6 月 1 日

# 中华人民共和国住房和城乡建设部
# 公　告

### 第 1098 号

### 关于发布国家标准
### 《酒厂设计防火规范》的公告

现批准《酒厂设计防火规范》为国家标准，编号为 GB 50694—2011，自 2012 年 6 月 1 日起实施。其中，第 3.0.1、4.1.4、4.1.5、4.1.6、4.1.9、4.1.11、4.2.1、4.2.2、4.3.3、5.0.1、5.0.11、6.1.1、6.1.2、6.1.3、6.1.4、6.1.6、6.1.8、6.1.11、6.2.1、6.2.2、6.2.3、7.1.1、7.3.3、8.0.1、8.0.2、8.0.5、8.0.6、8.0.7、9.1.3、9.1.5、9.1.7、9.1.8 条为强制

性条文，必须严格执行。

本规范由我部标准定额研究所组织中国计划出版社出版发行。

中华人民共和国住房和城乡建设部

二〇一一年七月二十六日

# 前　言

本规范是根据住房和城乡建设部《关于印发〈2008 年工程建设标准规范制订、修订计划（第二批）〉的通知》（建标〔2008〕105 号）的要求，由四川省公安消防总队会同有关单位编制而成。

本规范在编制过程中，编制组进行了广泛的调查研究，总结了酒厂的防火设计实践经验和火灾教训，吸取了先进的科研成果，开展了必要的专题研究和试验论证，广泛征求了有关科研、设计、生产、消防监督等部门和单位的意见，对主要问题进行了反复修改，最后经审查定稿。

本规范共分 9 章，其主要内容有：总则，术语，火灾危险性分类、耐火等级和防火分区，总平面布局和平面布置，生产工艺防火防爆，储存，消防给水、灭火设施和排水，采暖、通风、空气调节和排烟，电气等。

本规范中以黑体字标志的条文为强制性条文，必须严格执行。

本规范由住房和城乡建设部负责管理和对强制性条文的解释，公安部负责日常管理，四川省公安消防总队负责具体技术内容的解释。本规范在执行过程中，如发现需要修改和补充之处，请将意见和资料寄往四川省公安消防总队（地址：成都市金牛区迎宾大道 518 号；邮政编码：610036)，以便今后修订时

参考。

本规范主编单位、参编单位、主要起草人和主要审查人：

**主编单位：** 四川省公安消防总队

**参编单位：** 公安部天津消防研究所
山西省公安消防总队
贵州省公安消防总队
四川省宜宾五粮液集团有限公司
泸州老窖股份有限公司
四川剑南春（集团）有限责任公司
中国贵州茅台酒厂有限责任公司
四川省商业建筑设计院有限公司
中国轻工业广州设计工程有限公司
贵州省建筑设计研究院
四川威特龙消防设备有限公司
首安工业消防有限公司

**主要起草人：** 宋晓勇　倪照鹏　潘京　杨庆
祁晓霞　朱渝生　刘海燕　黄勇
刘沙　李彦军　郭捷　郭小明
唐奎　党纪　李修建　王宁
李孝权　董辉　汪映标　刘敏

**主要审查人：** 刘宝珺　林祥棣　方汝清　刘家铎
杨光　王祥文　亓延军　赵庆平

# 目 次

# Contents

# 1 总　则

**1.0.1** 为了防范酒厂火灾，减少火灾危害，保护人身和财产安全，制定本规范。

**1.0.2** 本规范适用于白酒、葡萄酒、白兰地、黄酒、啤酒等酒厂和食用酒精厂的新建、改建和扩建工程的防火设计，不适用于酒厂自然洞酒库的防火设计。

**1.0.3** 酒厂的防火设计应遵循国家的有关方针政策，做到安全可靠、技术先进、经济合理。

**1.0.4** 酒厂的防火设计除应执行本规范的规定外，尚应符合国家现行有关标准的规定。

# 2　术　语

**2.0.1** 酒厂 alcoholic beverages factory

生产饮料酒的工厂。包括生产白酒、葡萄酒、白兰地酒、黄酒和啤酒等各类饮料酒的工厂，主要有原料库、原料粉碎车间、酿酒车间、酒库、勾兑车间、灌装包装车间、成品库等生产、储存设施。

**2.0.2** 酒精度 alcohol percentage

乙醇在饮料酒中的体积百分比。

**2.0.3** 酒库 alcoholic beverages warehouse

采用陶坛、橡木桶或金属储罐等容器存放饮料酒的室内场所。

**2.0.4** 人工洞白酒库 man-made cave Chinese spirits depot

在人工开挖洞内采用陶坛等陶制容器储存白酒的场所。

**2.0.5** 半敞开式酒库 semi-enclosed alcoholic beverages warehouse

设有屋顶，外围护封闭式墙体面积不超过该建筑外围护墙体外表面面积 1/2 的酒库。

**2.0.6** 储罐区 tank farm

由一个或多个储罐组成的露天储存场所。

**2.0.7** 常储量 steady reserves

酒厂保持相对稳定的储酒量，一般为酒库、储罐区和成品库的储存容量之和。

# 3　火灾危险性分类、耐火等级和防火分区

**3.0.1** 酒厂生产、储存的火灾危险性分类及建（构）筑物的最低耐火等级应符合表 3.0.1 的规定。本规范未作规定者，应符合现行国家标准《建筑设计防火规范》GB 50016 的有关规定。

**3.0.2** 同一座厂房、仓库或厂房、仓库的任一防火分区内有不同火灾危险性生产、物品储存时，其生产、储存的火灾危险性分类应按现行国家标准《建筑设计防火规范》GB 50016 的有关规定执行。

表 3.0.1　生产、储存的火灾危险性分类及建（构）筑物的最低耐火等级

| 火灾危险性分类 | 最低耐火等级 | 白酒、食用酒精厂 | 葡萄酒厂、白兰地酒厂 | 黄酒厂 | 啤酒厂 | 其他建（构）筑物 |
|---|---|---|---|---|---|---|
| 甲 | 二级 | 液态法酿酒车间、酒精蒸馏塔、勾兑车间、灌装车间、酒泵房；酒精度大于或等于38度的白酒库、人工洞白酒库、食用酒精库、白酒储罐区、食用酒精储罐区 | 白兰地蒸馏车间、白兰地勾兑车间、白兰地酒泵房；白兰地陈酿库 | 采用槽烧白酒、高粱酒等代替酿造用水的发酵车间 | — | 燃气调压站、乙炔间 |
| 乙 | 二级 | 粮食筒仓的工作塔、制曲原料粉碎车间、制曲原料粉碎车间 | 白兰地灌装车间、葡萄酒灌装车间、葡萄酒泵房；葡萄酒陈酿储罐区 | 粮食筒仓的工作塔、制曲原料粉碎、压榨车间、煎酒车间、灌装车间、储罐区 | 粮食筒仓的工作塔、大麦清选车间、麦芽粉碎车间 | 氨压缩机房 |
| 丙 | 二级 | 固态制曲车间、包装车间；成品库、粮食仓库 | 白兰地灌装车间；白兰地成品库 | 原料筛选车间、制曲车间；粮食仓库 | 粮食仓库 | 自备发电机房；包装材料库、塑料瓶库 |
| 丁 | 三级 | 蒸煮、糖化、发酵车间、固态法固态法酿酒车间、制酒母房、葡萄酒利用车间 | 原料分选、破碎除梗、浸提压榨车间；发酵、固态法酿酒、制酒母曲车间、酒糟利用车间 | 原料浸渍、蒸煮车间、发酵车间、SO₂储瓶间、葡萄酒包装车间；原料糊化车间、陶坛等陶制容器酒库、成品库 | 大麦浸渍车间、发芽车间、原料麦芽干燥车间、麦芽粉碎车间、包装车间、原料糊化、糖化、过滤、煮沸、冷却车间、灌装、包装车间；成品库 | 排水、污水泵房、空气压缩机房、洗瓶车间、机修车间；仪表、电修车间、玻璃瓶库、陶瓷瓶库 |

注：1　采用增湿粉碎、湿法粉碎的原料粉碎车间，其火灾危险性可划分为丁类；采用密闭型粉碎设备的原料粉碎车间，其火灾危险性可划分为丙类。

2　黄酒厂采用黄酒糟生产白酒时，其生产、储存的火灾危险性分类及建（构）筑物的耐火等级应按白酒厂的要求确定。

**3.0.3** 除本规范另有规定者外，厂房、仓库的耐火等级、允许层数和每个防火分区的最大允许建筑面积应符合现行国家标准《建筑设计防火规范》GB 50016 的有关规定。

**3.0.4** 白酒、白兰地生产联合厂房内的勾兑、灌装、

包装、成品暂存等生产用房应采取防火分隔措施与其他部位进行防火分隔，当工艺条件许可时，应采用防火墙进行分隔。当生产联合厂房内设置有自动灭火系统和火灾自动报警系统时，其每个防火分区的最大允许建筑面积可按现行国家标准《建筑设计防火规范》GB 50016规定的面积增加至2.5倍。

# 4 总平面布局和平面布置

## 4.1 一般规定

**4.1.1** 酒厂选址应符合城乡规划要求，并宜设置在规划区的边缘或相对独立的安全地带。酒厂应根据其生产工艺、火灾危险性和功能要求，结合地形、气象等条件，合理确定不同功能区的布局，设置消防车道和消防水源。

**4.1.2** 白酒储罐区、食用酒精储罐区宜设置在厂区相对独立的安全地带，并宜设置在厂区全年最小频率风向的上风侧。人工洞白酒库的库址应具备良好的地质条件，不得选择在有地质灾害隐患的地区。

**4.1.3** 白酒库、人工洞白酒库、食用酒精库、白酒储罐区、食用酒精储罐区、白兰地陈酿库应与其他生产区及办公、科研、生活区分开布置。

**4.1.4** 除人工洞白酒库、葡萄酒陈酿库外，酒厂的其他甲、乙类生产、储存场所不应设置在地下或半地下。

**4.1.5** 厂房内严禁设置员工宿舍，并应符合下列规定：

　　**1** 甲、乙类厂房内不应设置办公室、休息室等用房。当必须与厂房贴邻建造时，其耐火等级不应低于二级，应采用耐火极限不低于3.00h的不燃烧体防爆墙隔开，并应设置独立的安全出口。

　　**2** 丙类厂房内设置的办公室、休息室，应采用耐火极限不低于2.50h的不燃烧体隔墙和不低于1.00h的楼板与厂房隔开，并应至少设置1个独立的安全出口。当隔墙上需要开设门窗时，应采用乙级防火门窗。

**4.1.6** 仓库内严禁设置员工宿舍，并应符合下列规定：

　　**1** 甲、乙类仓库内严禁设置办公室、休息室等用房，并不应贴邻建造。

　　**2** 丙、丁类仓库内设置的办公室、休息室以及贴邻建造的管理用房，应采用耐火极限不低于2.50h的不燃烧体隔墙和不低于1.00h的楼板与库房隔开，并应设置独立的安全出口。如隔墙上需要开设门窗时，应采用乙级防火门窗。

**4.1.7** 白酒、白兰地灌装车间应符合下列规定：

　　**1** 应采用耐火极限不低于3.00h的不燃烧体隔墙与勾兑车间、洗瓶车间、包装车间隔开。

　　**2** 每条生产线之间应留有宽度不小于3m的通道。

　　**3** 每条生产线设置的成品酒灌装罐，其容量不应大于3m³。

　　**4** 当每条生产线的成品酒灌装罐的单罐容量大于3m³但小于或等于20m³，且总容量小于或等于100m³时，其灌装罐可设置在建筑物的首层或二层靠外墙部位，并应采用耐火极限不低于3.00h的不燃烧体隔墙和不低于1.50h的楼板与灌装车间、勾兑车间、包装车间、洗瓶车间等隔开，且设置灌装罐的部位应设置独立的安全出口。

　　**5** 当每条生产线的成品酒灌装罐的单罐容量大于20m³或者总容量大于100m³时，其灌装罐应在建筑物外独立设置。

**4.1.8** 当白酒勾兑车间与其酒库、白兰地勾兑车间与其陈酿库设置在同一建筑物内时，勾兑车间应设置在建筑物的首层靠外墙部位，并应划分为独立的防火分区和设置独立的安全出口，防火墙上不得开设任何门窗洞口。

**4.1.9** 消防控制室、消防水泵房、自备发电机房和变、配电房等不应设置在白酒储罐区、食用酒精储罐区、白酒库、人工洞白酒库、食用酒精库、葡萄酒陈酿库、白兰地陈酿库内或贴邻建造。设置在其他建筑物内时，应采用耐火极限不低于2.00h的不燃烧体隔墙和不低于1.50h的楼板与其他部位隔开，隔墙上的门应采用甲级防火门。消防控制室应设置直通室外的安全出口，门上应有明显标识。消防水泵房的疏散门应直通室外或靠近安全出口。

**4.1.10** 供白酒库、食用酒精库、白兰地陈酿库、酒泵房专用的10kV及以下的变、配电房，当采用无门窗洞口的防火墙隔开并符合下列条件时，可一面贴邻建造。

　　**1** 仅有与变、配电房直接相关的管线穿过隔墙，且所有穿墙的孔洞均应采用防火封堵材料紧密填实。

　　**2** 室内地坪高于白酒库、食用酒精库、白兰地陈酿库、酒泵房室外地坪0.6m。

　　**3** 门、窗设置在白酒库、食用酒精库、白兰地陈酿库、酒泵房的爆炸危险区域外。

　　**4** 屋面板的耐火极限不低于1.50h。

**4.1.11** 供白酒库、人工洞白酒库、白兰地陈酿库专用的酒泵房和空气压缩机房贴邻仓库建造时，应设置独立的安全出口，与仓库间应采用无门窗洞口且耐火极限不低于3.00h的不燃烧体隔墙分隔。

**4.1.12** 氨压缩机房的自动控制室或操作人员值班室应与设备隔开，观察窗应采用固定的密封窗。供其专用的10kV及以下的变、配电房与氨压缩机房贴邻时，应采用防火墙分隔，该墙不得穿越与变、配电无关的管线，所有穿墙的孔洞均应采用防火封堵材料紧密填实。当需在防火墙上开窗时，应设置固定的甲级防火窗。氨压缩机房和变、配电房的门应向外开启。

**4.1.13** 厂房、仓库的安全疏散应符合现行国家标准《建筑设计防火规范》GB 50016 的有关规定。

**4.1.14** 白酒储罐区、食用酒精储罐区的防火堤内严禁植树。

**4.1.15** 厂区的其他绿化应符合下列规定：

1 不应妨碍灭火救援。

2 生产区不应种植含油脂较多的树木。

3 白酒储罐区、食用酒精储罐区与其周围的消防车道之间不宜种植绿篱或茂盛的灌木。

## 4.2 防火间距

**4.2.1** 白酒库、食用酒精库、白兰地陈酿库之间及其与其他建筑、明火或散发火花地点、道路等之间的防火间距不应小于表 4.2.1 的规定。

**表 4.2.1 白酒库、食用酒精库、白兰地陈酿库之间及其与其他建筑物、明火或散发火花地点、道路等之间的防火间距（m）**

| 名　称 | | 白酒库、食用酒精库、白兰地陈酿库 |
|---|---|---|
| 重要公共建筑 | | 50 |
| 白酒库、食用酒精库、白兰地陈酿库及其他甲类仓库 | | 20 |
| 高层仓库 | | 13 |
| 民用建筑、明火或散发火花地点 | | 30 |
| 其他建筑 | 一、二级耐火等级 | 15 |
| | 三级耐火等级 | 20 |
| | 四级耐火等级 | 25 |
| 室外变、配电站以及工业企业的变压器总油量大于 5t 的室外变电站 | | 30 |
| 厂外道路路边 | | 20 |
| 厂内道路 | 主要道路路边 | 10 |
| | 次要道路路边 | 5 |

注：设置在山地的白酒库、白兰地陈酿库，当相邻较高一面外墙为防火墙时，防火间距可按本表的规定减少 25%。

**4.2.2** 白酒储罐区、食用酒精储罐区与建筑物、变配电站之间的防火间距不应小于表 4.2.2 的规定。

**表 4.2.2 白酒储罐区、食用酒精储罐区与建筑物、变配电站之间的防火间距（m）**

| 项　目 | | 建筑物的耐火等级 | | | 室外变配电站以及工业企业的变压器总油量大于 5t 的室外变电站 |
|---|---|---|---|---|---|
| | | 一、二级 | 三级 | 四级 | |
| 一个储罐区的总储量 V（m³） | 50≤V＜200 | 15 | 20 | 25 | 35 |
| | 200≤V＜1000 | 20 | 25 | 30 | 40 |
| | 1000≤V＜5000 | 25 | 30 | 40 | 50 |
| | 5000≤V≤10000 | 30 | 35 | 50 | 60 |

注：1 防火间距应从距建筑物最近的储罐外壁算起，但储罐防火堤外侧基脚线至建筑物的距离不应小于 10m。

2 固定顶储罐区与甲类厂房（仓库）、民用建筑的防火间距，应按本表的规定增加 25%，且不应小于 25m。

3 储罐区与明火或散发火花地点的防火间距，应按本表四级耐火等级建筑的规定增加 25%。

4 浮顶储罐区与建筑物的防火间距，可按本表的规定减少 25%。

5 数个储罐区布置在同一库区内时，储罐区之间的防火间距不应小于本表相应储量的储罐区与四级耐火等级建筑之间防火间距的较大值。

6 设置在山地的储罐区，当设置事故存液池和自动灭火系统时，防火间距可按本表的规定减少 25%。

**4.2.3** 白酒储罐区、食用酒精储罐区储罐与厂外道路路边之间的防火间距不应小于 20m，与厂内主要道路路边之间的防火间距不应小于 15m，与厂内次要道路路边之间的防火间距不应小于 10m。

**4.2.4** 供白酒储罐区、食用酒精储罐区专用的酒泵房或酒泵区应布置在防火堤外。白酒储罐、食用酒精储罐与其酒泵房或酒泵区之间的防火间距不应小于表 4.2.4 的规定。

**表 4.2.4 白酒储罐、食用酒精储罐与其酒泵房或酒泵区之间的防火间距（m）**

| 储罐形式 | 酒泵房或酒泵区 |
|---|---|
| 固定顶储罐 | 15 |
| 浮顶储罐 | 12 |

注：总储量小于或等于 1000m³ 时，其防火间距可减少 25%。

**4.2.5** 事故存液池与相邻建筑、储罐区、明火或散发火花地点、道路等之间的防火间距按其有效容积对应白酒储罐区、食用酒精储罐区固定顶储罐的要求执行。

**4.2.6** 厂区围墙与厂区内建（构）筑之间的间距不宜小于 5m，围墙两侧的建（构）筑物之间应满足相应的防火间距要求。

**4.2.7** 除本规范另有规定者外，酒厂内不同厂房、仓库之间的防火间距应符合现行国家标准《建筑设计防火规范》GB 50016 的有关规定。

## 4.3 厂 内 道 路

**4.3.1** 常储量大于或等于 1000m³ 的白酒厂、年产量大于或等于 5000m³ 的葡萄酒厂、年产量大于或等于 10000m³ 的黄酒厂、年产量大于或等于 100000m³ 的啤酒厂，其通向厂外的消防车出入口不应少于 2 个，并宜位于不同方位。

**4.3.2** 厂区的道路宜采用双车道，单车道应满足消防车错车要求。

**4.3.3** 生产区、仓库区和白酒储罐区、食用酒精储罐区应设置环形消防车道。当受地形条件限制时，应设置有回车场的尽头式消防车道。白酒储罐区、食用酒精储罐区相邻防火堤的外堤脚线之间，应留有净宽不小于 7m 的消防通道。

**4.3.4** 消防车道净宽不应小于 4m，净空高度不应小于 5m，坡度不宜大于 8%，路面内缘转弯半径不宜小于 12m。消防车道距建筑物的外墙宜大于 5m。供消防车停留的作业场地，其坡度不宜大于 3%。消防车道与厂房、仓库、储罐区之间不应设置妨碍消防车作业的障碍物。

## 4.4 消 防 站

**4.4.1** 下列白酒厂应建消防站：

　　1 常储量大于或等于 10000m³ 的白酒厂。

　　2 城市消防站接到火警后 5min 内不能抵达火灾现场且常储量大于或等于 1000m³ 的白酒厂。

**4.4.2** 白酒厂消防站的设置要求及消防车、泡沫液的配备标准应符合表 4.4.2 的规定。

**表 4.4.2　消防站的设置要求及消防车、泡沫液的配备标准**

| 常储量 V（m³） | 消防站设置要求 | 消防车配备标准 | 泡沫液配备标准 |
|---|---|---|---|
| V≥50000m³ | 应设置一级普通消防站或特勤消防站 | 不应少于 5 辆，其中泡沫消防车不应少于 2 辆 | ≥30m³ |
| 10000m³≤V<50000m³ | 应设置二级普通消防站 | 不应少于 3 辆，其中泡沫消防车不应少于 1 辆 | ≥20m³ |
| 5000m³≤V<10000m³ | 宜设置二级普通消防站 | 不应少于 2 辆，其中泡沫消防车不应少于 1 辆 | ≥10m³ |
| 1000m³≤V<5000m³ | — | 不宜少于 2 辆，至少应配备泡沫消防车 1 辆 | ≥5m³ |

**4.4.3** 冷却白酒储罐、食用酒精储罐用水罐消防车的数量和技术性能，应按冷却白酒储罐、食用酒精储罐最大需水量配备；扑救白酒储罐、食用酒精储罐火灾用泡沫消防车的数量和技术性能，应按着火白酒储罐、食用酒精储罐最大需用泡沫液量配备。

**4.4.4** 消防站的分级应符合国家现行有关标准的规定，消防站的设计、其他装备和人员配备可按照有关标准和现行国家标准《消防通信指挥系统设计规范》GB 50313 的有关规定执行。

# 5　生产工艺防火防爆

**5.0.1** 酒厂具有爆炸危险性的甲、乙类生产、储存场所应进行防爆设计。

**5.0.2** 泄压面积的计算应符合现行国家标准《建筑设计防火规范》GB 50016 的有关规定。爆炸危险物质为乙醇时，其泄压比 C 值不应小于 0.110m²/m³；爆炸危险物质为氨以及 $K_{尘}$<10MPa·m·s⁻¹ 的粮食粉尘时，其泄压比 C 值不应小于 0.030m²/m³。

**5.0.3** 厂房、仓库内不应使用敞开式粮食溜管（槽）等设备。具有粉尘爆炸危险性的机械设备，宜设置在单层建筑靠近外墙或多层建筑顶层靠近外墙部位。

**5.0.4** 输送具有粉尘爆炸危险性的原料时，其机械输送设备应符合下列规定：

　　1 带式输送机、螺旋输送机、斗式提升机等输送设备，应在适当的位置设置磁选装置及其他清理装置，应在输送设备运转进入筒仓前的适当位置设置防火、防爆阀门。

　　2 斗式提升机应设置在单独的工作塔内或筒仓外。提升机入口处应单独设置负压抽风除尘系统。提升机的外壳、机头、机座和连接溜管应具有良好的密封性能，机壳的垂直段上应设置泄爆口，机座处应设置清料口，机头处应设置检查口。提升机应设置速度监控、故障报警停机等装置。

　　3 螺旋输送机全部机体应由金属材料包封，并应具有良好的密封性能。卸料口应采取措施防止堵塞，并应设置堵塞停机装置。

　　4 带式输送机应设置拉线保护、输送带打滑检测和防跑偏装置，必须采用阻燃输送带且不得采用金属扣连接，设备的进料口和卸料口处应设置吸风口。

　　5 输送栈桥应采用不燃材料制作。

**5.0.5** 输送具有粉尘爆炸危险性的原料时，其气流输送设备应符合下列规定：

　　1 从多个不同的进料点向一个卸料点输送原料时，应采用真空输送系统，卸料器应具有良好的密封性能。

　　2 从一个进料点向多个不同的卸料点输送原料时，可采用压力输送系统，加料器应具有良好的密封性能。

**3** 多个气流输送系统并联时，每个系统应设置截止阀。各粮仓间的气流输送系统不应相互连通，如确需连通时，应设置截止阀。

**5.0.6** 原料清选、粉碎和制曲设备应具有良好的密封性能，内部构件应连接牢固。原料粉碎设备应设置便于操作的检修孔、清理孔。原料粉碎车间不宜设置非生产性电气设备。

**5.0.7** 原料蒸煮设备宜采用不燃烧材料制作，蒸煮宜采用蒸汽加热。采用木质甑桶时，不宜采用明火加热。

**5.0.8** 蒸馏应符合下列规定：

**1** 蒸馏设备宜采用不燃材料制作。

**2** 蒸馏宜采用蒸汽加热，采用明火加热时应有安全防护措施。采用地锅蒸酒的车间，地锅火门及储煤场地必须设于车间外。

**3** 蒸馏设备及其管道、附件等应具有良好的密封性能。

**4** 采用塔式蒸馏设备生产酒精，各塔的排醛系统中应设置酒精捕集器，并应有足够的容积。排醛管出口宜接至室外，且不宜安装阀门。

**5** 酿酒车间的中转储罐容量不得超过车间日产量的 2 倍且储存时间不宜超过 24h。

**5.0.9** 白酒储罐、食用酒精储罐、白兰地陈酿储罐应符合下列规定：

**1** 进、出输酒管道必须固定并应采用柔性连接。输酒管入口距储罐底部的高度不宜大于 0.15m；确有困难时，输酒管出口标高应大于入口标高，高差不应小于 0.1m。

**2** 每根输酒管道至少应设置两个阀门，阀门应采用密封性良好的快开阀，快速接口处应设置防漏装置。

**3** 储罐应设置液位计和高液位报警装置，必要时可设自动联锁启闭进液装置或远距离遥控启闭装置。储罐不宜采用玻璃管（板）等易碎材料液位计。

**4** 应急储罐的容量不应小于库内单个最大储罐容量。

**5** 酒取样器、罐盖及现场工具等严禁使用碰撞易产生火花的材料制作。

**5.0.10** 白酒、白兰地的加浆、勾兑、灌装生产过程应符合下列规定：

**1** 加浆、勾兑作业时，严禁采用纯氧搅拌工艺，可采用压缩空气作搅拌介质，但加浆、勾兑作业场所应有良好的通风，必要时宜采用负压抽风系统。

**2** 真空灌装机灌装口排出的酒蒸气应采用负压抽风系统回收，并应直接排至室外。

**3** 封盖机应采用缓冲柔性封盖机构。

**5.0.11** 甲、乙类生产、储存场所应采用不发火花地面。采用绝缘材料作整体面层时，应采取防静电措施。粮食仓库、原料粉碎车间的内表面应平整、光滑，并易于清扫。

**5.0.12** 采用糟烧白酒、高粱酒等代替酿造用水发酵时，发酵罐的输酒管入口距罐内搭窝原料底部的高度不应大于 0.15m。黄酒煎酒设备采用薄板式热交换器时，灌酒桶上方的酒蒸气应回流入薄板式热交换器预热段，酒汗出口应设置回收装置，其管道应具有良好的密封性能。

**5.0.13** 氨制冷系统应设置安全保护装置，且应符合下列规定：

**1** 氨压缩机应在机组控制台上设事故紧急停机按钮。

**2** 氨泵应设断液自动停泵装置，排液管上应设压力表和止逆阀，排液总管上应设旁通泄压阀。

**3** 低压循环储液器、氨液分离器和中间冷却器应设超高液位报警装置及正常液位自控装置；低压储液器应设超高液位报警装置。

**4** 压力容器（设备）应按产品标准要求设安全阀；安全阀应设置泄压管，泄压管出口应高于周围 50m 内最高建筑物的屋脊 5m。

**5** 应设置紧急泄氨装置。

**6** 管道应采用无缝钢管，其质量应符合现行国家标准《流体输送用无缝钢管》GB 8163 的要求，应根据管内的最低工作温度选用材质，设计压力应采用 2.5MPa（表压）。

**7** 应采用氨专用阀门和配件，其公称压力不应小于 2.5MPa（表压），并不得有铜质和镀锌的零配件。

**5.0.14** 储罐、容器和工艺设备需要保温隔热时，其绝热材料应选用不燃材料。低温保冷可采用阻燃型泡沫，但其保护层外壳应采用不燃材料。

**5.0.15** 输酒管道的设计应符合现行国家标准《工业金属管道设计规范》GB 50316 的有关规定。输送白酒、食用酒精、葡萄酒、白兰地、黄酒的管道设置应符合下列规定：

**1** 输酒管道宜架空或沿地敷设。必须采用管沟敷设时，应采取防止酒液在管沟内积聚的措施，并应在进出厂房、仓库、酒泵房、储罐区防火堤处密封隔断。输酒管道严禁与热力管道敷设在同一管沟内，不应与电力电缆敷设在同一管沟内。

**2** 输酒管道不得穿过与其无关的建筑物。跨越道路的输酒管道上不应设置阀门及易发生泄漏的管道附件。输酒管道穿越道路时，应敷设在管涵或套管内。

**3** 输酒管道严禁穿过防火墙和不同防火分区的楼板。

**4** 输酒管道除需要采用螺纹、法兰连接外，均应采用焊接连接。

**5.0.16** 输酒管道应采用食品用不锈钢管，输酒软管宜采用不锈钢软管。各种物料管线应有明显区别标识，阀门应有明显启闭标识。处置紧急事故的阀门，应设于安全和方便操作的地方，并应有保证其可靠启闭的措施。

5.0.17　其他管道必须穿过防火墙和楼板时，应采用防火封堵材料紧密填实空隙。受高温或火焰作用易变形的管道，在其穿越墙体和楼板的两侧应采取阻火措施。严禁在防火墙和不同防火分区的楼板上留置孔洞。采样管道不应引入化验室。

# 6　储　　存

## 6.1　酒　　库

6.1.1　白酒库、食用酒精库的耐火等级、层数和面积应符合表6.1.1的规定。

表6.1.1　白酒库、食用酒精库的耐火
等级、层数和面积（m²）

| 储存类别 | 耐火等级 | 允许层数（层） | 每座仓库的最大允许占地面积和每个防火分区的最大允许建筑面积 | | | | |
| | | | 单层 | | 多层 | | 地下、半地下 |
| | | | 每座仓库 | 防火分区 | 每座仓库 | 防火分区 | 防火分区 |
| 酒精度大于或等于60度的白酒库、食用酒精库 | 一、二级 | 1 | 750 | 250 | — | — | — |
| 酒精度大于或等于38度、小于60度的白酒库 | | 3 | 2000 | 250 | 900 | 150 | — |

注：半敞开式的白酒库、食用酒精库的最大允许占地面积和每个防火分区的最大允许建筑面积可增加至本表规定的1.5倍。

6.1.2　全部采用陶坛等陶制容器存放白酒的白酒库，其耐火等级、层数和面积应符合表6.1.2的规定。

表6.1.2　陶坛等陶制容器白酒库的耐火
等级、层数和面积（m²）

| 储存类别 | 耐火等级 | 允许层数（层） | 每座仓库的最大允许占地面积和每个防火分区的最大允许建筑面积 | | | | |
| | | | 单层 | | 多层 | | 地下、半地下 |
| | | | 每座仓库 | 防火分区 | 每座仓库 | 防火分区 | 防火分区 |
| 酒精度大于或等于60度 | 一、二级 | 3 | 4000 | 250 | 1800 | 150 | — |
| 酒精度大于或等于52度、小于60度 | | 5 | 4000 | 350 | 1800 | 200 | — |

6.1.3　白兰地陈酿库、葡萄酒陈酿库的耐火等级、层数和面积应符合表6.1.3的规定。

表6.1.3　白兰地陈酿库、葡萄酒陈酿库的耐火
等级、层数和面积（m²）

| 储存类别 | 耐火等级 | 允许层数（层） | 每座仓库的最大允许占地面积和每个防火分区的最大允许建筑面积 | | | | |
| | | | 单层 | | 多层 | | 地下、半地下 |
| | | | 每座仓库 | 防火分区 | 每座仓库 | 防火分区 | 防火分区 |
| 白兰地 | 一、二级 | 3 | 2000 | 250 | 900 | 150 | — |
| 葡萄酒 | | 3 | 4000 | 250 | 1800 | 150 | 250 |

6.1.4　白酒库、食用酒精库、白兰地陈酿库、葡萄酒陈酿库及白酒、白兰地的成品库严禁设置在高层建筑内。

6.1.5　白酒库、食用酒精库、白兰地陈酿库、葡萄酒陈酿库内设置自动灭火系统时，每座仓库最大允许占地面积可分别按表6.1.1、表6.1.2、表6.1.3的规定增加至3.0倍，每个防火分区最大允许建筑面积可分别按表6.1.1、表6.1.2、表6.1.3的规定增加至2.0倍。

6.1.6　白酒库、食用酒精库内的储罐，单罐容量不应大于1000m³，储罐之间的防火间距不应小于相邻较大立式储罐直径的50%；单罐容量小于或等于100m³、一组罐容量小于或等于500m³时，储罐可成组布置，储罐之间的防火间距不应小于0.5m，储罐组之间的防火间距不应小于2m。当白酒库、食用酒精库内的储罐总容量大于5000m³时，应采用不开设门窗洞口的防火墙分隔。

6.1.7　当采用陶坛、酒海、酒篓、酒箱、储酒池等容器储存白酒时，白酒库内的储酒容器应分组存放，每组总储量不宜大于250m³，组与组之间应设置不燃烧体隔堤。若防火分区之间采用防火门分隔时，门前应采取加设挡坎等挡液措施。地震烈度大于6度以上的地区，陶坛等陶制容器应采取防震防撞措施。

6.1.8　人工洞白酒库的设置应符合下列规定：

　　1　人工洞白酒库应由巷道和洞室构成。

　　2　一个人工洞白酒库总储量不应大于5000m³，每个洞室的净面积不应大于500m²。

　　3　巷道直通洞外的安全出口不应少于两个。每个洞室通向巷道的出口不应少于两个，相邻出口最近边缘之间的水平距离不应小于5m。洞室内最远点距出口的距离不超过30m时可只设一个出口。

**4** 巷道的净宽不应小于 3m，净高不应小于 2.2m。相邻洞室通向巷道的出口最近边缘之间的水平距离不应小于 10m。

**5** 当两个洞室相通时，洞室之间应设置防火隔间。隔间的墙应为防火墙，隔间的净面积不应小于 6m²，其短边长度不应小于 2m。

**6** 巷道与洞室之间、洞室与防火隔间之间应设置不燃烧体隔堤和甲级防火门。防火门应满足防锈、防腐的要求，且应具有火灾时能自动关闭和洞外控制关闭的功能。

**7** 巷道地面坡向洞口和边沟的坡度均不应小于 0.5%。

**6.1.9** 人工洞白酒库陶坛等陶制容器的存放应符合下列规定：

**1** 陶坛等陶制容器应分区存放，每区总储量不宜大于 200m³，区与区之间应设置不燃烧体隔堤或利用地形设置事故存液池。

**2** 每个分区内的陶坛等陶制容器应分组存放，每组的总储量不宜大于 50m³，组与组之间的防火间距不应小于 1.2m。

**6.1.10** 白酒库、食用酒精库、白兰地陈酿库的承重结构不应采用钢结构、预应力钢筋混凝土结构。

**6.1.11** 白酒库、人工洞白酒库、食用酒精库、白兰地陈酿库应设置防止液体流散的设施。

**6.1.12** 多层白酒库、食用酒精库、白兰地陈酿库外墙窗户上方应设置宽度不小于 0.5m 的不燃烧体防火挑檐。

**6.1.13** 事故排酒设施应符合下列规定：

**1** 多层白酒库、食用酒精库、白兰地陈酿库的每个防火分区宜设置事故排酒口及阀门，库外应设置垂直导液管（道），并应用混凝土管道连接排酒口和导液管（道）至室外事故存液池。

**2** 人工洞白酒库的每个分区应设置事故排酒口及阀门，洞内应设置导液管（暗沟）至室外事故存液池，导液管（暗沟）通过分区的隔断处应设置阀门或防火挡板。

**3** 多层白酒库、食用酒精库、白兰地陈酿库、人工洞白酒库地面向事故排酒口方向的坡度不应小于 0.5%。

**6.1.14** 白酒库、人工洞白酒库不燃烧体隔堤的设置应符合下列规定：

**1** 隔堤的高度、厚度均不应小于 0.2m。

**2** 隔堤应能承受所容纳液体的静压，且不应渗漏。

**3** 管道穿堤处应采用不燃材料密封。

## 6.2 储 罐 区

**6.2.1** 白酒储罐区、食用酒精储罐区内储罐之间的防火间距不应小于表 6.2.1 的规定。

表 6.2.1 白酒储罐区、食用酒精储罐区储罐之间的防火间距

| 类　　别 | 储 罐 形 式 | | | |
|---|---|---|---|---|
| | 固定顶罐 | | 浮顶罐 | 卧式罐 |
| | 地上式 | 半地下式 | | |
| 单罐容量 V≤1000 | 0.75D | 0.5D | 0.4D | ≥0.8m |
| V（m³） V>1000 | 0.6D | | | |

注：**1** D 为相邻较大立式储罐的直径（m）。

**2** 不同形式储罐之间的防火间距不应小于本表规定的较大值。

**3** 两排卧式储罐之间的防火间距不应小于 3m。

**4** 单罐容量小于或等于 1000m³ 且采用固定式消防冷却水系统时，地上式固定顶罐之间的防火间距不应小于 0.6D。

**6.2.2** 白酒储罐区、食用酒精储罐区单罐容量小于或等于 200m³、一组罐容量小于或等于 1000m³ 时，储罐可成组布置。但组内储罐的布置不应超过两排，立式储罐之间的防火间距不应小于 2m，卧式储罐之间的防火间距不应小于 0.8m。储罐组之间的防火间距应根据组内储罐的形式和总储量折算为相同类别的标准单罐，并应按本规范第 6.2.1 条的规定确定。

**6.2.3** 白酒储罐区、食用酒精储罐区的四周应设置不燃烧体防火堤等防止液体流散的设施。

**6.2.4** 白酒储罐区、食用酒精储罐区防火堤的设置应符合下列规定：

**1** 防火堤内白酒、食用酒精总储量不应大于 10000m³。防火堤内的有效容积不应小于其中最大储罐的容量；对于浮顶储罐，防火堤内的有效容积可为其中最大储罐容量的一半。

**2** 防火堤高度应比计算高度高出 0.2m。立式储罐的防火堤内侧距堤内地面高度不应小于 1.0m，且外侧距堤外地面高度不应大于 2.2m；卧式储罐的防火堤内、外侧高度均不应小于 0.5m。防火堤应在不同方位设置两个及以上进出防火堤的人行台阶或坡道。

**3** 立式储罐的罐壁至防火堤内堤脚线的距离，不应小于罐壁高度的一半。卧式储罐的罐壁至防火堤内堤脚线的距离，不应小于 3m。依山建设的储罐，可利用山体兼作防火堤，储罐的罐壁至山体的距离不应小于 1.5m。

**4** 雨水排水管（渠）应在防火堤出口处设置水封装置，水封高度不应小于 0.25m，水封装置应采用金属管道排出堤外，并在管道出口处设置易于开关的隔断阀门。

**5** 防火堤应能承受所容纳液体的静压，且不应渗漏。

**6** 进出储罐区的各类管线、电缆宜从防火堤顶部跨越或从地面以下穿过。当必须穿过防火堤时，应设置套管并应采取有效的密封措施，也可采用固定短管且两端采用软管密封连接。

**7** 防火堤内的储罐布置、防火堤的选型与构造应符合现行国家标准《建筑设计防火规范》GB 50016和《储罐区防火堤设计规范》GB 50351的有关规定。

# 7 消防给水、灭火设施和排水

## 7.1 消防给水和灭火器

**7.1.1** 酒厂应设计消防给水系统。厂房、仓库、储罐区应设置室外消火栓系统。

**7.1.2** 酒厂消防用水应和生产、生活用水统一规划，水源应有可靠保证。消防用水由酒厂自备水源给水管网供给时，其给水工程和给水管网应符合现行国家标准《室外给水设计规范》GB 50013和《建筑设计防火规范》GB 50016等标准的有关规定。

**7.1.3** 除下列耐火等级不低于二级的建筑可不设置室内消火栓外，酒厂的其他厂房、仓库均应设置室内消火栓系统：

**1** 白酒厂的蒸煮、糖化、发酵车间，固态、半固态法酿酒车间，制酒母车间，液态制曲车间，酒糟利用车间。

**2** 葡萄酒厂的原料库房，原料分选、破碎除梗、浸提压榨车间，发酵车间，$SO_2$瓶间。

**3** 黄酒厂的原料浸渍、蒸煮车间，制酒母车间，酒糟利用车间。

**4** 啤酒厂的大麦浸渍、发芽车间，麦芽干燥车间，原料糊化、糖化、过滤、煮沸、冷却车间，发酵车间。

**5** 粮食仓库、玻璃瓶库、陶瓷瓶库、洗瓶车间、机修车间、仪表、电修车间、空气压缩机房。

**7.1.4** 白酒库、人工洞白酒库、食用酒精库、白兰地陈酿库的室内消火栓箱内应配备喷雾水枪。人工洞白酒库的消防用水量不应小于20L/s，室内消火栓宜布置在巷道靠近洞室出口处。

**7.1.5** 消防给水必须采取可靠措施防止泡沫液等灭火剂回流污染生活、生产水源和消防水池。供给泡沫灭火设备的水质应符合有关泡沫液的产品标准及技术要求。

**7.1.6** 厂房、仓库、白酒储罐区、食用酒精储罐区、酒精蒸馏塔、办公及生活建筑应按现行国家标准《建筑灭火器配置设计规范》GB 50140的有关规定配置灭火器，其中白酒库、人工洞白酒库、食用酒精库、白酒储罐区、食用酒精储罐区、液态法酿酒车间、酒精蒸馏塔、白兰地蒸馏车间、陈酿库、白酒、白兰地勾兑、灌装车间的灭火器配置场所危险等级应为严重

危险级。

**7.1.7** 除本规范另有规定者外，其他室内外消防给水设计应符合现行国家标准《建筑设计防火规范》GB 50016的有关规定。

## 7.2 灭火系统和消防冷却水系统

**7.2.1** 下列场所应设置自动喷水灭火系统：

**1** 高层原料筛选车间、原料制曲车间。

**2** 白酒、白兰地灌装、包装车间。

**3** 白酒、白兰地成品库。

**4** 建筑面积大于500m²的地下白酒、白兰地成品库。

**7.2.2** 下列场所应设置水喷雾灭火系统或泡沫灭火系统：

**1** 白酒勾兑车间、白兰地勾兑车间。

**2** 液态法酿酒车间、酒精蒸馏塔。

**3** 人工洞白酒库。

**4** 占地面积大于750m²的白酒库、食用酒精库、白兰地陈酿库。

**5** 地下、半地下葡萄酒陈酿库。

**6** 白酒储罐区、食用酒精储罐区。

**7.2.3** 白酒库、食用酒精库、白酒储罐区、食用酒精储罐区的泡沫灭火系统设置应符合下列规定：

**1** 单罐容量大于或等于500m³的储罐，移动式消防设施不能进行保护或地形复杂、消防车扑救困难的储罐区，应采用固定式泡沫灭火系统。

**2** 单罐容量小于500m³的储罐，可采用半固定式泡沫灭火系统。

**7.2.4** 白酒、食用酒精金属储罐应设置消防冷却水系统，并应符合下列规定：

**1** 白酒库、食用酒精库的储罐应采用固定式消防冷却水系统。当储罐设有水喷雾灭火系统时，水喷雾灭火系统可兼作消防冷却水系统，但该储罐的消防用水量应按水喷雾灭火系统灭火和防护冷却的最大者确定。

**2** 白酒储罐区、食用酒精储罐区的储罐多排布置或储罐高度大于15m或单罐容量大于1000m³时，应采用固定式消防冷却水系统。

**3** 白酒储罐区、食用酒精储罐区的储罐高度小于或等于15m且单罐容量小于或等于1000m³时，可采用移动式消防冷却水系统或固定式水枪与移动式水枪相结合的消防冷却系统。

**7.2.5** 自动喷水灭火系统的设计，应符合现行国家标准《自动喷水灭火系统设计规范》GB 50084的有关规定。

**7.2.6** 水喷雾灭火系统的设计除应符合现行国家标准《水喷雾灭火系统设计规范》GB 50219的有关规定外，尚应符合下列规定：

**1** 设计喷雾强度和持续喷雾时间不应小于表

7.2.6 的规定。

**表 7.2.6 设计喷雾强度和持续喷雾时间**

| 防护目的 | 设计喷雾强度<br>（L/min·m²） | 持续喷雾时间<br>（h） |
|---|---|---|
| 灭火 | 20 | 0.5 |
| 防护冷却 | 6 | 4 |

2 水雾喷头的工作压力，当用于灭火时，不应小于 0.4MPa；当用于防护冷却时，不应小于 0.2MPa。

3 系统的响应时间，当用于灭火时，不应大于 45s；当用于防护冷却时，不应大于 180s。

4 保护面积应按每个独立防火分区的建筑面积确定。

7.2.7 泡沫灭火系统必须选用抗溶性泡沫液，固定顶、浮顶白酒储罐、食用酒精储罐应选用液上喷射泡沫灭火系统，系统设计应符合现行国家标准《泡沫灭火系统设计规范》GB 50151 的有关规定。

7.2.8 白酒库、食用酒精库或白酒储罐区、食用酒精储罐区的固定式泡沫灭火系统采用手动操作不能保证 5min 内将泡沫送入着火罐时，泡沫混合液管道控制阀应能远程控制开启。

7.2.9 消防系统的启动、停止控制设备应具有明显的标识，并应有防误操作保护措施。供水装置停止运行应为手动控制方式。

### 7.3 排　水

7.3.1 酒厂应采取防止泄漏的酒液和消防废水排出厂外的措施，并不得排向库区。

7.3.2 事故存液池的设置应符合下列规定：

1 设有事故存液池的储罐区四周应设导液管（沟），使溢漏酒液能顺利地流出罐区并自流入存液池内。

2 导液管（沟、道）距明火或散发火花地点不应小于 30m。

3 事故存液池的有效容积不应小于其中最大储罐的容量。对于浮顶罐，事故存液池的有效容积可为其中最大储罐容量的一半。人工洞白酒库和多层白酒库、食用酒精库、白兰地陈酿库设置的事故存液池的有效容积不宜小于 50 m³。

4 事故存液池应有符合防火要求的排水措施。

7.3.3 含酒液的污水排放应符合下列规定：

1 含酒液的污水应采用管道单独排放，不得与其他污水混排。

2 排放出口应设置水封装置，水封装置与围墙之间的排水通道必须采用暗渠或暗管。水封井的水封高度不应小于 0.25m。水封井应设沉泥段，沉泥段自最低的管底算起，其深度不应小于 0.25m。水封装置出口应易于开关的隔断阀门。

## 8　采暖、通风、空气调节和排烟

8.0.1 甲、乙类生产、储存场所不应采用循环热风采暖，严禁采用明火采暖和电热散热器采暖。原料粉碎车间采暖散热器表面温度不应超过82℃。

8.0.2 甲、乙类生产、储存场所应有良好的自然通风或独立的负压机械通风设施。机械通风的空气不应循环使用。

8.0.3 白酒库、人工洞白酒库、食用酒精库、白兰地陈酿库、氨压缩机房及白酒、白兰地酒泵房应设置事故排风设施，其事故排风量宜根据计算确定，但换气次数不应小于 12 次/h。人工洞白酒库事故排风量应根据最大一个洞室的净空间进行计算确定。事故排风系统宜与机械通风系统合用，应分别在室内、外便于操作的地点设置开关。

8.0.4 甲、乙类生产、储存场所的通风管道及设备宜采用气动执行器与调节水阀、风阀配套使用。

8.0.5 甲、乙类生产、储存场所的通风管道及设备应符合下列规定：

1 排风管道严禁穿越防火墙和有爆炸危险场所的隔墙。

2 排风管道应采用金属管道，并应直接通往室外或洞外的安全处，不应暗设。

3 通风管道及设备均应采取防静电接地措施。

4 送风机及排风机应选用防爆型。

5 送风机及排风机不应布置在地下、半地下，且不应布置在同一通风机房内。

8.0.6 输送白酒、食用酒精、葡萄酒、白兰地、黄酒的管道，不应穿过通风机房和通风管道，且不应沿通风管道的外壁敷设。

8.0.7 下列情况之一的通风、空气调节系统的风管上应设置防火阀：

1 穿越防火分区处。

2 穿越通风、空气调节机房的房间隔墙和楼板处。

3 穿越防火分隔处的变形缝两侧。

8.0.8 机械排烟系统与机械通风、空气调节系统宜分开设置。当合用时必须采取可靠的防火措施，并应符合机械排烟系统的有关要求。

8.0.9 厂房、仓库采用自然排烟设施时，排烟口宜设置在外墙上方或屋面上，并应有方便开启的装置或火灾时自动开启的装置。

8.0.10 需要排烟的厂房、仓库不具备自然排烟条件时，应设置机械排烟设施。当排烟风管竖向穿越防火分区时，垂直排烟风管宜设置在管井内。

8.0.11 采暖、通风、空气调节系统的防火、防爆设计和建筑排烟设计的其他防火要求应符合现行国家标准《采暖通风与空气调节设计规范》GB 50019 和

《建筑设计防火规范》GB 50016 等标准的有关规定。

# 9 电 气

## 9.1 供配电及电器装置

**9.1.1** 酒厂的消防用电负荷等级不应低于现行国家标准《供配电系统设计规范》GB 50052 规定的二级负荷。

**9.1.2** 甲、乙类生产、储存场所设置的机械通风设施应按二级负荷供电，其事故排风机的过载保护不应直接停排风机。

**9.1.3** 消防用电设备应采用专用供电回路，其配电设备应有明显标识。当生产、生活用电被切断时，仍应保证消防用电。

**9.1.4** 消防控制室、消防水泵房、消防电梯等重要消防用电设备的供电应在最末一级配电装置或配电箱处实现自动切换，其配电线路宜采用铜芯耐火电缆。

**9.1.5** 甲、乙类生产、储存场所与架空电力线的最近水平距离不应小于电杆（塔）高度的 1.5 倍。

**9.1.6** 白酒储罐区、食用酒精储罐区、酒精蒸馏塔的供配电电缆宜直接埋地敷设。直埋深度不应小于 0.7m，在岩石地段不应小于 0.5m。

**9.1.7** 厂房和仓库的下列部位，应设置消防应急照明，且疏散应急照明的地面水平照度不应小于 5.0 lx：

　　**1** 封闭楼梯间、防烟楼梯间及其前室、消防电梯间的前室或合用前室。

　　**2** 消防控制室、消防水泵房、自备发电机房、变、配电房以及发生火灾时仍需正常工作的其他房间。

　　**3** 人工洞白酒库内的巷道。

　　**4** 参观走道、疏散走道。

**9.1.8** 液态法酿酒车间、酒精蒸馏塔、白兰地蒸馏车间、酒精度大于或等于 38 度的白酒库、人工洞白酒库、食用酒精库、白兰地陈酿库，白酒、白兰地勾兑车间、灌装车间、酒泵房，采用糟烧白酒、高粱酒等代替酿造用水的黄酒发酵车间的电气设计应符合爆炸性气体环境 2 区的有关规定；机械化程度高、年周转量较大的散装粮房式仓，粮食筒仓及工作塔，原料粉碎车间的电气设计应符合可燃性非导电粉尘 11 区的有关规定。

**9.1.9** 甲、乙类生产、储存场所的其他电气设计应符合现行国家标准《爆炸和火灾危险环境电力装置设计规范》GB 50058 的有关规定。

## 9.2 防雷及防静电接地

**9.2.1** 酒厂应按现行国家标准《建筑物防雷设计规范》GB 50057 和《建筑物电子信息系统防雷技术规范》GB 50343 的有关规定进行防雷设计。

**9.2.2** 甲、乙类生产、储存场所和生产工艺的中心控制室应按第二类防雷建筑物进行防雷设计。

**9.2.3** 金属储罐必须设防雷接地，其接地点不应少于两处，接地点沿储罐周长的间距不宜大于 30m。当储罐顶装有避雷针或利用罐体作闪器时，防雷接地装置冲击接地电阻不宜大于 10Ω。

**9.2.4** 金属储罐的防雷设计应符合下列规定：

　　**1** 装阻火器的地上固定顶储罐应装设避雷针（线），避雷针（线）的保护范围，应包括整个储罐。当储罐顶板厚度大于或等于 4mm 时，可利用罐体作接闪器。

　　**2** 浮顶储罐可不装设避雷针（线），但应将浮顶与罐体用两根截面不小于 25mm² 的软铜复绞线做电气连接。

**9.2.5** 金属储罐上的信息装置，其金属外壳应与罐体做电气连接，配线电缆宜采用铠装屏蔽电缆，电缆外皮及所穿钢管应与罐体做电气连接。铠装电缆的埋地长度不应小于 15m。

**9.2.6** 防静电接地应符合下列规定：

　　**1** 金属储罐、酒泵、过滤机、输酒管道、真空灌装机和本规范第 8.0.5 条规定的通风管道及设备等应作防静电接地。

　　**2** 白酒库、人工洞白酒库、食用酒精库、白酒储罐区、食用酒精储罐区、白兰地陈酿库的收酒区，应设置与酒罐车和酒桶跨接的防静电接地装置，其出入口处宜设置防静电接地装置。

　　**3** 每组专设的防静电接地装置的接地电阻不宜大于 100Ω。

**9.2.7** 地上和管沟敷设的输酒管道的下列部位应设置防静电和防感应雷的接地装置：

　　**1** 始端、末端、分支处以及直线段每隔 200m～300m 处。

　　**2** 爆炸危险场所的边界。

　　**3** 管道泵、过滤器、缓冲器等。

**9.2.8** 金属储罐的防雷接地装置可兼作防静电接地装置。地上和管沟敷设的输酒管道的防静电接地装置可与防感应雷的接地装置合用，接地电阻不宜大于 30Ω，接地点宜设在固定管墩（架）处。

**9.2.9** 酒库、储罐区的防雷接地、防静电接地、电气设备的工作接地、保护接地及信息系统的接地等，宜共用接地装置，其接地电阻应按接入设备中要求的最小值确定。

## 9.3 火灾自动报警系统

**9.3.1** 下列场所应设置火灾自动报警系统：

　　**1** 白酒、白兰地成品库。

　　**2** 有消防联动控制的厂房、仓库和其他场所。

**9.3.2** 甲、乙类生产、储存场所的火灾探测器宜采用感温、感光、图像型探测器或其组合，火灾自动报警系统设计应符合现行国家标准《爆炸和火灾危险环境电力装置设计规范》GB 50058 的有关规定。

**9.3.3** 生产区、仓库区和储罐区的值班室应设火灾报警电话。白酒储罐区、食用酒精储罐区应设置室外手动报警设施。

**9.3.4** 下列场所应设置乙醇蒸气浓度检测报警装置：

**1** 液态法酿酒车间、酒精蒸馏塔、白酒勾兑车间、灌装车间、酒泵房，酒精度大于或等于 38 度的白酒库、人工洞白酒库、食用酒精库。

**2** 白兰地蒸馏车间、勾兑车间、灌装车间、酒泵房、陈酿库。

**3** 葡萄酒灌装车间、酒泵房、陈酿库。

**4** 采用糟烧白酒、高粱酒等代替酿造用水的黄酒发酵车间、黄酒压榨车间、煎酒车间、灌装车间。

**9.3.5** 乙醇蒸气浓度检测报警装置的报警设定值不应大于乙醇蒸气爆炸下限浓度值的 25%。乙醇蒸气浓度检测器宜设置在检测场所的低洼处，距楼（地）面高度宜为 0.3m～0.6m。

**9.3.6** 氨压缩机房应设置氨气浓度检测报警装置。

**9.3.7** 当氨压缩机房内空气中的氨气浓度达到 100ppm～150ppm 时，氨气浓度检测报警装置应能自动发出声光报警信号，并自动联动开启事故排风机。氨气浓度检测器应设置在氨制冷机组、氨泵及液氨储罐上方的机房顶板上。

**9.3.8** 乙醇蒸气浓度检测报警装置应与机械通风设施或事故排风设施联动，且机械通风设施或事故排风设施应设手动开启装置。

**9.3.9** 设有火灾自动报警系统和自动灭火系统的酒厂应设消防控制室。消防控制室宜独立设置或与其他控制室、值班室组合设置。消防控制室的设置应符合现行国家标准《建筑设计防火规范》GB 50016 的有关规定。

## 本规范用词说明

**1** 为便于在执行本规范条文时区别对待，对要求严格程度不同的用词说明如下：

1）表示很严格，非这样做不可的：

正面词采用"必须"，反面词采用"严禁"；

2）表示严格，在正常情况下均应这样做的：

正面词采用"应"，反面词采用"不应"或"不得"；

3）表示允许稍有选择，在条件许可时首先应这样做的：

正面词采用"宜"，反面词采用"不宜"；

4）表示有选择，在一定条件下可以这样做的，采用"可"。

**2** 条文中指明应按其他有关标准执行的写法为："应符合……的规定"或"应按……执行"。

## 引用标准名录

《室外给水设计规范》GB 50013
《建筑设计防火规范》GB 50016
《采暖通风与空气调节设计规范》GB 50019
《供配电系统设计规范》GB 50052
《建筑物防雷设计规范》GB 50057
《爆炸和火灾危险环境电力装置设计规范》GB 50058
《自动喷水灭火系统设计规范》GB 50084
《建筑灭火器配置设计规范》GB 50140
《泡沫灭火系统设计规范》GB 50151
《水喷雾灭火系统设计规范》GB 50219
《消防通信指挥系统设计规范》GB 50313
《工业金属管道设计规范》GB 50316
《建筑物电子信息系统防雷技术规范》GB 50343
《储罐区防火堤设计规范》GB 50351
《流体输送用无缝钢管》GB 8163

# 中华人民共和国国家标准

# 酒厂设计防火规范

## GB 50694—2011

## 条 文 说 明

# 制 订 说 明

《酒厂设计防火规范》GB 50694—2011，经住房和城乡建设部 2011 年 7 月 26 日以第 1098 号公告批准发布。

为便于广大设计、施工、科研、学校等单位有关人员在使用本规范时能正确理解和执行条文规定，《酒厂设计防火规范》编制组按章、节、条顺序编制了本规范的条文说明，对条文规定的目的、依据以及执行中需注意的有关事项进行了说明。但是，本条文说明不具备与规范正文同等的法律效力，仅供使用者作为理解和把握规范规定的参考。在使用中如发现本条文说明有不妥之处，请将意见函寄四川省公安消防总队。

# 目　次

# 1 总 则

**1.0.1** 本条规定了制定本规范的目的。

我国是酒类生产、消费大国，有着悠久的酿酒历史和源远流长的酒文化，酒类行业对经济社会、人民生活的影响广泛而深远。

近年来，酒厂生产规模迅速扩大，昔日小作坊式的手工生产为机械化、半机械化的大规模工业化生产所取代，但目前国内外尚无专门的酒厂防火技术规范，酒厂的防火防爆技术仍然停滞在小作坊式的手工生产阶段，加之管理不严或操作不当等原因，导致酒厂火灾尤其是白酒厂火灾时有发生，且后果十分严重，成为影响酒类行业可持续发展的突出问题。据不完全统计，仅 1985 年到 1990 年的 6 年间，在我国最重要的白酒产区川黔两省就发生白酒火灾 27 起，死伤 48 人。2005 年 8 月 4 日四川某酒厂在向酒罐注酒作业过程中因静电放电引发白酒蒸气爆炸，死亡 6 人，重伤 1 人（送医后不治死亡）。泄漏的白酒和扑救火灾的泡沫液及消防用水在一定地域范围内造成了严重的环境污染。因此，保障酒厂的消防安全是酒类行业可持续发展的需要，防止酒类火灾和减少火灾危害，保护人身和财产安全是制定本规范的目的。

**1.0.2** 本条规定了本规范的适用范围。

截至 2009 年，全国有白酒生产企业 18000 余家，其中规模以上企业 1200 余家，实现年产量 706.93 万吨，主营业务收入 1858 亿元，利税总额 457 亿元；有规模以上啤酒生产企业 510 余家，实现年产量 4236.38 万吨（居世界第一），主营业务收入 1143 亿元，利税总额 232 亿元；有葡萄酒（含白兰地）生产企业 600 余家，其中规模以上企业 140 余家，实现年产量 96.96 万吨，主营业务收入 222 亿元，利税总额 48 亿元；有黄酒生产企业 700 余家，其中规模以上企业 100 余家，实现年产量 106.29 万吨，主营业务收入 75 亿元，利税总额 12 亿元。这四类酒的工业总产值、利税总额分别占全国饮料酒厂的 97.3%、98.0%。

本规范编制过程中，编制组先后对我国主要酒类品种白酒、啤酒、葡萄酒、黄酒的部分生产企业进行了调研，针对我国主要酒类品种确定了规范的适用范围。其他饮料酒（如果酒、中药泡酒等）产量较小，生产、储存与上述主要酒类相似，可参照本规范执行。本规范适用于食用酒精厂的防火设计，主要是考虑一些新型白酒以食用酒精为基础酒进行调配，在其酿造过程中会涉及食用酒精的生产、储存、勾兑等环节。

自然洞酒库是利用天然洞穴储存酒，受地形和环境影响较大，出口少、洞身长、面积容积大，且多数情况下不能进行改造，目前没有可供借鉴的防火防爆技术和成熟的经验，一旦发生火灾，很难扑救。这类自然洞酒库应针对具体情况进行专家论证，采取相应的防火防爆措施。

# 2 术 语

**2.0.1** 根据现行国家标准《饮料酒分类》GB/T 17204，本规范定义的饮料酒是指酒精度在 0.5%vol 以上的酒精饮料，包括各种发酵酒、蒸馏酒及配制酒。白酒是指以粮谷为主要原料，用大曲、小曲或麸曲及酒母等为糖化发酵剂，经蒸煮、糖化、发酵、蒸馏而制成的蒸馏酒。葡萄酒是指以鲜葡萄或葡萄汁为原料，经全部或部分发酵酿制而成的、含有一定酒精度的发酵酒。黄酒是指以稻米、黍米等为主要原料，加曲、酵母等糖化发酵剂酿制而成的发酵酒。啤酒是指以麦芽、水为主要原料，加啤酒花（包括酒花制品），经酵母发酵酿制而成的、含有二氧化碳的、起泡的、低酒精度的发酵酒。本规范定义的白兰地为葡萄白兰地，简称白兰地，是指以鲜葡萄或葡萄汁为原料，经发酵、蒸馏、陈酿、调配而成的葡萄蒸馏酒。

**2.0.2～2.0.7** 针对酒厂防火防爆设计所涉及的部分专用名词给出定义。

# 3 火灾危险性分类、耐火等级和防火分区

**3.0.1** 本条按照白酒厂、葡萄酒厂、白兰地酒厂、黄酒厂、啤酒厂分类对酒厂生产、储存的火灾危险性及建（构）筑物的最低耐火等级作了规定。

国外对液体的火灾危险性一般以液体的闪点和沸点为基础进行分类。按照化学品的分类与标注的全球协调系统所列分类指标，白酒危险性分类属于"非常易燃的液体或蒸气"和"易燃液体或蒸气"之间；按美国交通部（DOT）所列分类指标，白酒危险性应属Ⅱ～Ⅲ；按美国国家标准研究院（ANSI）分类指标，白酒危险性水平为"易燃的"；按美国消防协会（NFPA）的分类指标，白酒危险性属 IB～IC，危险性评价为 3，仅低于最高危险级 4。上述分类标准见表 1。

**表 1 液体危险性和分类[1]**

| 化学品的分类与标注的全球协调系统 | | NFPA型30/704 | | | DOT分类 | | ANSI型Z129.1分类 | |
|---|---|---|---|---|---|---|---|---|
| 危险性分类 | 指标（℃） | 分类 | 危险性评价 | 指标（℃）[2] | 分级 | 指标（℃） | 危险性水平 | 指标（℃）[3] |
| 1 | IBP≤35 极易燃的液体或蒸气 | ⅠA | 4 | $T_b < 38$; $T_f < 23$ | Ⅰ | IBP≤35 | 极易燃的 | $T_f \leqslant -7$ 或 $T_b < 35$; $T_f \leqslant 61$ |
| | | ⅠB | 3 | $T_b \geqslant 38$; $T_f < 23$ | | | | |
| | | ⅠC | 3 | $23 \leqslant T_f < 38$ | | | | |

| 化学品的分类与标注的全球协调系统 | | NFPA型30/704 | | | DOT分类 | | ANSI型Z129.1分类 | |
|---|---|---|---|---|---|---|---|---|
| 危险性分类 | 指标(℃) | 分类 | 分级 | 危险性评价 | 指标(℃)² | 分级 | 指标(℃) | 危险性水平 | 指标(℃)³ |
| 2 | IBP>35; $T_f$<23 | 非常易燃的液体或蒸气 | Ⅱ | 2 | 38≤$T_f$<60 | Ⅱ | IBP>35; $T_f$<23 | 易燃的 | $T_b$>35; $T_f$≤61 |
| 3 | IBP>35; 23≤$T_f$<60 | 易燃的液体或蒸气 | ⅢA | 2 | 60≤$T_f$<93 | Ⅲ | IBP>35; 23≤$T_f$≤61 | 燃烧的 | 61<$T_f$<93 |
| | | | ⅢB | 1 | 93≤$T_f$ | | | | |
| 4 | 60<$T_f$≤93 | 可燃液体 | 0 | 0 | 5min后 $T_{ig}$>816 | | | | |

注：1　IBP：起始沸点；$T_b$：沸点；$T_f$：闭杯闪点；$T_{ig}$：着火温度。

2　对于单组分液体，蒸气压力等于101.33kPa（1个标准大气压）时的温度。对于没有固定沸点的混合物，根据ASTME 86，蒸馏20%作为沸点。

3　假定沸点为IBP。

我国现行国家标准《建筑设计防火规范》GB 50016对液体生产和储存的火灾危险性则只根据其闪点进行分类，不考虑沸点的影响，将"闪点小于28℃的液体"和"闪点大于或等于60℃的液体"分别划归为甲类第1项、丙类第1项；在条文说明"储存物品的火灾危险性分类举例"中将"60度及以上的白酒"和"大于50度小于60度的白酒"分别划归为甲类第1项和丙类第1项，但并未给出白酒的闪点值，而只是比照乙醇水溶液的闪点作了粗略的对比确定，使得甲、丙类之间缺失了乙类的合理连续过渡，并产生了极为严重的问题：60度以下白酒所适用的防火防爆措施偏于不安全，导致爆炸和火灾时有发生。

按照我国根据闪点（闭杯法）划分液体火灾危险性的原则，为科学地确定白酒的火灾危险性，编制组测定了17种白酒的闪点（表2）。经回归分析，建立了白酒闪点一度回归方程$\hat{y}=36.6619-0.2430x$（式中：$x$—白酒度数；$\hat{y}$—闪点），并对此方程进行了相关性检验，表明在99.9%的置信度下，$x$与$y$线性相关显著，在工程中具有实用价值。由此可知，38度及以上白酒的闪点小于28℃。

**表2　17种白酒度数与闪点的关系**

| 白酒种类 | 五粮液曲酒 | | | 泸州老窖曲酒 | | | 剑南春曲酒 | | | 珍酒 | 茅台 | 鸭溪大曲 | 鸭溪窖酒 | 董窖 | 董酒 |
|---|---|---|---|---|---|---|---|---|---|---|---|---|---|---|---|
| 白酒度数（%vol） | 52 | 45 | 39 | 52 | 45 | 38 | 52 | 46 | 39 | 51 | 59 | 53 | 58 | 58 | 59 |
| 实测闪点（℃） | 25 | 26 | 27 | 25 | 26 | 27 | 25 | 26 | 27 | 24 | 22 | 24 | 24 | 24 | 22 |

据此确定38度及以上白酒的火灾危险性为甲类，

将酒精度为38度及以上的白酒库、人工洞白酒库、白酒储罐区、勾兑车间、灌装车间、酒泵房等的火灾危险性确定为甲类。

液态法白酒采用酒精生产的方式，即液态配料、液态糖化发酵和蒸馏，因此将液态法酿酒车间、酒精蒸馏塔、食用酒精库、食用酒精储罐区等火灾危险性确定为甲类。

经测试，酒精度12度的张裕葡萄酒闪点为47℃～48℃，酒精度40度的张裕白兰地闪点为28℃；酒精度16度的绍兴黄酒闪点为39℃。因此，葡萄酒、白兰地、黄酒的火灾危险性均属乙类。但白兰地蒸馏车间所用原料酒的酒精度一般为8度～12度，经蒸馏得到的原白兰地酒精度为70度左右，白兰地勾兑车间和陈酿库内酒液的酒精度一般为65度～70度，因此将其火灾危险性确定为甲类。

黄酒生产的副产品酒糟中尚有10%左右的酒精及20%～25%的可溶性无氮物，多利用其蒸馏白酒，工艺称为"糟烧"，生产的白酒称为糟烧白酒，其生产、储存火灾危险性与白酒厂相同。

**3.0.4**　据调查，白酒、白兰地勾兑、灌装、包装、成品暂存等生产联合厂房多为单层建筑，生产规模大，生产自动化程度较高，生产工段连续，按甲类生产厂房设置防火分区面积难以满足生产需求。由于此类厂房的火灾危险部位主要集中在每条生产线上，因此本条规定当设有自动灭火系统和火灾自动报警系统，并将危险工段和空间采取防火分隔措施与其他部位进行防火分隔时，此类厂房防火分区的最大允许建筑面积可增加至2.5倍。

# 4　总平面布局和平面布置

## 4.1　一　般　规　定

**4.1.1**　本条规定了酒厂的规划选址要求，有利于保障城市、镇和村庄建成区的安全。

酒厂内各建（构）筑物的火灾危险性类别不同，各厂的生产工艺和储存方式亦不完全相同，因此本条规定酒厂不同功能区的布局应根据其生产工艺、火灾危险性和功能要求，结合地形、气象条件，合理布置，做到既相对集中又相对隔离，防止或减少发生火灾时相互间的不利影响，并为火灾扑救创造有利条件。

**4.1.2**　白酒储罐区、食用酒精储罐区在露天集中设置有利于统一管理，但发生火灾时，容易形成连锁反应，尤其是储罐破裂或发生爆炸将导致酒液流淌，若毗邻低处有工艺装置、明火设施或人员集中场所，将会导致严重后果。因此，白酒储罐区、食用酒精储罐区应布置在相对独立的安全地带并宜布置在厂区全年最小频率风向的上风侧，以免火灾危及毗邻低处和下风侧的建（构）筑物及人员的安全。

　　人工洞白酒库主要用陶坛等陶制容器储酒。洞库窖藏利于白酒的催化老熟，极大地避免了酒体的挥发损失，是精华酒积淀留存、生产优质白酒的重要手段。人工洞白酒库多建于山地丘陵地带，库址应选择在地质构造简单、岩性均一、石质坚硬且不宜风化的地区，不得选择在有断层、密集的破碎带等地质灾害隐患地区。

**4.1.4**　本条规定的目的在于减少爆炸的危害。地下、半地下室采光差，其出入口既是疏散出口又是排烟口和泄压口，同时还是消防救援人员的入口，一旦发生火灾或爆炸事故，疏散和扑救都非常困难。

　　本规范第3.0.1条确定的酒厂的甲、乙类生产、储存场所，在生产、储存过程中难免跑、冒、滴、漏、瓶、坛破碎的情况也时有发生。当自然通风不良或机械通风系统故障时，可能形成爆炸性混合物引发爆炸，因此该类场所不应设置在地下或半地下。本条规定与现行国家标准《建筑设计防火规范》GB 50016规定甲、乙类生产场所和甲、乙类仓库不应设置在地下或半地下规定一致。人工洞白酒库、葡萄酒陈酿库确因生产工艺需要设置在地下、半地下时，本规范对其消防技术措施另有规定。

**4.1.5、4.1.6**　火灾案例证明，在厂房、仓库内设置员工宿舍，或在有爆炸危险的场所内设置办公室、休息室，一旦发生火灾，可能导致严重的人员伤亡。因此，厂房、仓库内严禁设置员工宿舍，在具有爆炸危险性的车间、仓库内严禁设置休息室、办公室。必须与厂房贴邻设置休息室、办公室时，应采用防爆墙分隔并设置独立的安全出口；贴邻丙、丁类仓库建造的管理用房和在丙、丁类仓库内设置的办公室、休息室应采取相应的防火分隔措施避免用火用电不慎等引发火灾。

**4.1.7**　由于工艺的需要，白酒、白兰地灌装车间与勾兑车间、洗瓶车间、包装车间通常设在同一建筑内，而白酒、白兰地灌装车间火灾危险性为甲类，有必要采用耐火极限不低于3.00h的不燃烧体隔墙与勾兑车间、洗瓶车间、包装车间分隔开。当每条生产线成品酒灌装罐容量不大于3m³时，其容量相对较小，发生火灾时容易控制，可设置在灌装车间内；当容量增加，特别是达到100m³时，已经相当一个小型储罐容量，这时火灾的危险性大大增加，因此有必要对总容量和单罐的容量加以限制且不能设置在灌装车间内，但可设置在建筑物的首层或二层靠外墙部位，并与灌装车间、勾兑车间、包装车间、洗瓶车间等隔开。

**4.1.8**　白酒库、白兰地陈酿库火灾危险性属甲类，但白酒、白兰地陈酿一般都装在密闭的容器里，相对于勾兑车间而言，安全性较高。而勾兑车间因为品尝、理化指标检测以及加浆、勾兑等工序，使火灾危

险性相对增大。因此，当工艺需要白酒勾兑车间与其酒库、白兰地勾兑车间与其陈酿库设置在同一建筑物内时，勾兑车间应自成独立的防火分区并设置独立的安全出口。

**4.1.9**　消防控制室、消防水泵房，自备发电机房和变、配电房等是灭火救援的重要设备用房，必须保证自身的相对安全，才能持续提供灭火救援保障，因此不应设在白酒库、人工洞白酒库、食用酒精库、白酒储罐区、食用酒精储罐区、葡萄酒陈酿库、白兰地陈酿库等火灾危险性大的区域内或贴邻建造。

**4.1.10**　由于10kV及以下的变、配电房的电气设备是非防爆型的，操作时容易产生电弧或电火花，而白酒库、食用酒精库、白兰地陈酿库、酒泵房又属于爆炸和火灾危险性场所，因此贴邻建造时应符合一定的构造要求。

　　采用防火墙是为防止可燃气体爆炸混合物通过隔墙孔洞、沟道窜入变、配电房发生事故，也可以防止变、配电房发生火灾时蔓延到白酒库、食用酒精库、白兰地陈酿库、酒泵房。

　　白酒、白兰地和酒精的主要成分是乙醇，乙醇蒸气密度为1.59，易向低洼处流动和积聚，因此规定变、配电房的室内地坪应高出白酒库、食用酒精库、白兰地陈酿库、酒泵房的室外地坪0.6m。规定变、配电房的门窗应设在爆炸危险区域以外，是为了防止乙醇蒸气通过门窗进入变、配电房。

**4.1.11**　经调研，供白酒库、人工洞白酒库、白兰地陈酿库专用的酒泵房和空气压缩机房因工艺的需要，多贴邻仓库建造，其中多数并未严格与仓库进行分隔，且采用半敞开式建筑。酒厂火灾案例分析表明，约73%的火灾因电气引发，酒泵房和空气压缩机房用电频繁，其火灾危险性较仓库相对较大，因此本条规定应采用无门窗洞口的耐火极限不低于3.00h的不燃烧体隔墙与仓库隔开，并应设置独立的安全出口。

**4.1.12**　氨压缩机房的火灾危险性为乙类，酒厂的氨压缩机房作用与冷库类似，本条规定与现行国家标准《冷库设计规范》GB 50072相关要求一致。

**4.1.13**　厂房、仓库的安全疏散在现行国家标准《建筑设计防火规范》GB 50016中已有明确规定，且酒厂厂房、仓库操作人员相对较少，出入管理严格，因此酒厂设计涉及安全疏散的问题可按《建筑设计防火规范》GB 50016执行。

**4.1.14、4.1.15**　在不妨碍消防操作的前提下，合理的绿化既可美化环境，又可防止火灾蔓延。防火堤内严禁植树，但可种植生长高度不超过0.15m、含水分多的四季常青草皮。

## 4.2　防火间距

**4.2.1、4.2.2**　白酒库、食用酒精库、白兰地陈酿库之间及其与其他建筑、明火或散发火花地点、道路等

之间的防火间距，白酒储罐区、食用酒精储罐区与建筑物、变配电站之间的防火间距，主要考虑白酒、食用酒精、白兰地陈酿储存的火灾危险性，结合酒厂火灾案例，参照现行国家标准《建筑设计防火规范》GB 50016 中的相关条文确定。

**4.2.3** 白酒储罐区、食用酒精储罐区与厂内其他厂房、仓库没有生产上的直接联系和工作上的往来，与收酒房、灌装包装车间一般是通过酒泵、管道输送，大多数白酒厂的储罐区通常集中布置，自成一区，禁止机动车辆和无关人员进入。因此，白酒厂储罐区、食用酒精储罐区与厂内道路路边之间的防火间距可适当小一些，与厂内主要道路路边不小于 15m，与次要道路路边不小于 10m 即可满足要求。厂外道路行驶的车辆车速不受厂内监控约束，车辆排气筒的飞火距离相对较大。据有关资料显示：大车排气筒飞火一般可达 8m～10m，小车排气筒飞火可达 3m～4m，因此白酒储罐区、食用酒精储罐区与厂外道路路边之间的防火间距应适当加大。考虑到酒厂通常设有不低于 2.2m 高的实体围墙和围墙两侧绿化等原因，规定防火间距不应小于 20m 可满足防火要求。

**4.2.4** 本条规定了白酒储罐、食用酒精储罐与其酒泵房（区）的防火间距。白酒储罐、食用酒精储罐发生火灾时，酒泵房（区）需实施白酒、食用酒精倒罐操作，因此要求酒泵房（区）在火灾时不受储罐火势威胁，确保酒泵房（区）内的泵和人员在火灾延续时间内坚持正常工作。

**4.2.5** 白酒库、人工洞白酒库、白兰地陈酿库等建（构）筑物为减少酒液泄漏或火灾时的危害，通常设有事故存液池。事故存液池的火灾风险相对易于控制。因此，本条规定事故存液池与相邻建筑、储罐区、明火或散发火花地点、道路等之间的防火间距按其有效容积对应白酒储罐区、食用酒精储罐区固定顶储罐的要求执行。

**4.2.6** 酒厂设计时一般将交通运输道路兼作消防车道，四通八达、形成环状。火灾发生时，消防车和消防人员均可抵达厂区任一角落施救。厂区与围墙之间的距离主要考虑消防队员能够在水枪的保护下操作和通过的可能性，因此提出不宜小于 5m 的规定，按此标准两个不同单位围墙两侧将有 10m 距离，基本能满足一般生产厂房和仓库的防火间距要求。对于火灾危险性大的建筑或场所，则应按修建先后关系退让，直至满足相应的防火间距要求或采用有效的保护措施。

## 4.3 厂内道路

**4.3.1** 常储量大于或等于 1000m³ 的白酒厂规模较大、人员较多，所投入的原料、辅料也很多。以年产 3000m³ 白酒规模计，所投入的原料、辅料约在 20000t 以上，而成品及附产物也在 10000t 以上，员

工一般在 400 人左右。如此规模的白酒厂，如果仅有 1 个出入口，一旦发生火灾，外面的消防车、救护车、消防器材及救援、救护人员进不来，而内部疏散物资、疏散人员又出不去。年产量大于或等于 5000m³ 的葡萄酒厂、年产量大于或等于 10000m³ 的黄酒厂、年产量大于或等于 100000m³ 的啤酒厂，其厂区规模也较大。因此，规定这些酒厂通向厂外的消防车出入口不应少于 2 个。

**4.3.2** 酒厂生产区发生火灾时，动用消防车数量较多，为便于调度、避免交通堵塞，生产区的道路宜采用双车道。若采用单车道，应选用路基宽度大于 6m 的公路型单车道；若采用城市型单车道，应设错车道或改变道牙铺设方式满足消防车错车要求。在白酒储罐区、食用酒精储罐区周围宜采用公路型道路，既可减少路面宽度，又可起到第二道防火堤作用。

**4.3.3、4.3.4** 参照现行国家标准《石油化工企业设计防火规范》GB 50160、《石油库设计规范》GB 50074 和《建筑设计防火规范》GB 50016 作此规定。环形消防车道便于消防车从不同方向迅速接近火场，并有利于消防车的调度。但对于布置在山地的白酒储罐区、食用酒精储罐区，因受地形条件限制，全部设置环形消防车道需开挖大量土石方，很不经济。因此，在局部地段应设置能满足厂内最大消防车辆回车的尽头式消防车道。

规定白酒储罐区、食用酒精储罐区相邻防火堤的外堤脚线之间留有净宽不小于 7m 的消防通道，有利于消防车辆的通行和调度，及时转移占据有利的扑救地点。

消防车取水或操作扑救火灾时，地面往往积水流淌，车辆容易溜滑，因此提出供消防车停留的作业场地的坡度不宜大于 3%，这一数据是针对山地平地较少、坡地较多，按消防车停留作业场地的坡度限制要求。若按停车场的有关坡度分析，在平缓的地方，以不大于 1% 的坡度为宜。

## 4.4 消 防 站

**4.4.1** 根据对全国部分白酒厂的调研，结合白酒厂的生产经营条件、经济实力和对消防力量的实际需要，规定常储量大于或等于 10000m³ 的白酒厂应建消防站。当常储量大于或等于 1000m³、小于 10000m³ 的白酒厂位于城市消防站接到火警后 5min 内能够抵达火灾现场的区域时，可不建消防站。

本规范所称的城市消防站，是指建设在城市规划区内、由政府统一投资和管理的各类消防站，或由民间集资兴建、政府统一管理的多种形式的消防站。

**4.4.2** 参照住房和城乡建设部、国家发展和改革委员会批准的《城市消防站建设标准》（建标〔2011〕118 号）和扑救白酒火灾的需要，本条规定了白酒厂消防站的设置要求及消防车、泡沫液的配备标准。由

于白酒属水溶性液体，抗溶性泡沫对于扑救白酒火灾特别是流淌火灾效果显著，因此，规定白酒厂消防站应配备一定数量的泡沫消防车。

**4.4.3** 当白酒储罐、食用酒精罐的高度和容量小于本规范规定必须设置固定式消防冷却水系统或固定式泡沫灭火系统的标准时，可以采用水罐消防车和泡沫消防车进行冷却、灭火时，水罐消防车、泡沫消防车的数量和技术性能应满足最不利条件下的冷却、灭火需求。

**4.4.4** 消防站的分级应符合《城市消防站建设标准》（建标152—2011）的有关规定。

# 5 生产工艺防火防爆

**5.0.1** 本条对酒厂具有粉尘、可燃气体爆炸危险性的场所应进行防爆设计作了原则规定。酒厂应进行防爆设计的场所主要包括本规范第3.0.1条确定的甲、乙类厂房、仓库。

**5.0.2** 本条规定了酒厂有爆炸危险性的厂房、仓库泄压面积的计算方法。根据酒厂的特点，规定了乙醇、氨以及 $K_{尘}<10MPa \cdot m \cdot s^{-1}$ 的粮食粉尘的泄压比 $C$ 值。在设计中应尽量采用轻质屋盖、轻质墙体和易于泄压的门窗加大泄压比，并采取措施尽量减少泄压面积的单位质量和连接强度。

**5.0.3** 本条规定目的是防止粮食粉尘自由散失。为避免具有粉尘爆炸危险性的机械设备设置在多层建筑底层及其中间各层爆炸时因结构破坏而危及上层，降低爆炸事故的破坏程度，减少人员伤亡，因此，本条要求其宜设置在单层建筑靠近外墙或多层建筑顶层靠近外墙的部位。

**5.0.4** 酒厂原料的出入仓及粉碎、供料过程，均需进行物料输送，通常采用机械输送或气流输送。本条主要依据现行国家标准《粮食加工、储运系统粉尘防爆安全规程》GB 17440、《带式输送机工程设计规范》GB 50431对具有粉尘爆炸危险性的原料输送机械设备的设置要求作出规定。

1 带式输送机、螺旋输送机、斗式提升机等输送设备，工艺设计中应在适当的位置设置磁选装置及其他清理装置，以除去粮食中所含金属、泥沙、石块、纤维质等杂质，避免杂质与机械输送设备撞击产生火花，引起粉尘爆炸，也避免原料中混入的草秆、麻绳、布屑等进入机械输送设备，造成缠绕或堵塞、摩擦发热引起火灾。为防止火灾通过转运设备蔓延至粮食筒仓，因此输送设备与筒仓连接处应设置防火、防爆阀门。

2 原料在输送过程中，产生大量浮游状态粉尘，极易形成爆炸性混合物。设置负压抽风除尘系统，主要在于减少室内粉尘悬浮。斗式提升机在运行时易释放大量的粮食粉尘，为防止粉尘泄漏，其外壳、机头、机座和连接溜管应具有良好的密封性能，且在机壳的垂直段上应设置泄爆口，在机头处应尽可能增大泄爆面积。机座处设适当的清料口，可用于检查机座、传动轮、畚斗和皮带。机头处设检查口，可对机头挡板、畚斗皮带和提升机卸料口进行全面检查。提升机设置速度监控等装置，便于发生故障时能立即自动切断电动机电源，及时停止进料并进行声光故障报警。

3 规定螺旋输送机全部机体应由金属材料包封并具有良好的密封性能，是为了避免粉尘泄漏。在卸料口发生堵塞时，应立即停车，停止进料。对于立筒仓的进料设备，其卸料口应足够大，以便筒仓内的含尘空气顺利排出仓外。

4 规定带式输送机设置拉紧保护、输送带打滑检测和防跑偏装置，目的是提高带式输送机运行的安全性和可靠性；在设备的进料口和卸料口处设吸风口，以防止粉尘外逸。

5 规定输送栈桥应采用不燃材料制作、带式输送机必须采用阻燃输送带，目的是保证安全，避免或减少可能出现的事故。

**5.0.5** 本条规定了具有粉尘爆炸危险性的原料气流输送设备的设置要求。

气流输送的设备主要包括旋风分离器、旋转加料器、除尘设备和风机等，常采用的气流输送类型有真空输送和压力输送两种。真空输送是将空气和物料吸入输料管中，在负压下进行输送，然后将物料分离出来，从旋风分离器出来的空气，经除尘后由风机排出。这种输送方式的特点是能从多个不同的地点向一指定地点送料，不需要加料器，卸料器对密封性要求较高。由于物料在负压状态下工作，因此能消除输送系统粉尘飞扬的现象。压力输送是靠鼓风机输出的气体将物料送到规定的地方，整个系统处于正压状态。在原料进料处应采用密封性能较好的加料器，防止物料反吹。如将真空输送与压力输送结合起来使用，就组成了真空压力输送系统。

如需从多个不同的进料点向一个卸料点输送原料时，采用真空输送系统较为合适；如需从一个进料点向多个不同的卸料点输送原料时，可采用压力输送系统。

**5.0.6** 本条规定原料清选、粉碎和制曲设备应具有良好的密封性能是为了减少粉尘飞扬逸出。原料粉碎车间产生大量粉尘，易形成爆炸性混合物，应尽量减少不必要的电气设备。

**5.0.7、5.0.8** 规定了蒸煮、蒸馏设备的材质、加热方式等内容。

1 据调查，绝大多数酒厂蒸煮、蒸馏采用蒸汽加热，少数采用明火加热。对于采用可燃材料制作的甑桶、甑盖，若甑锅内水分不慎蒸干容易引起甑桶、甑盖甚至原料燃烧，因此本条规定蒸煮、蒸馏设备宜采用不燃材料制作，并宜采用蒸气加热。

2 规定蒸馏设备及其管道、附件等应具有良好的密封性能，目的是杜绝跑、冒、滴、漏现象。

3 塔式蒸馏设备各塔的排醛系统中应设置酒精捕集器，并应有足够的容积，以免当冷凝系统温度偏高时，导致大量的酒精从排醛管喷出，不仅造成酒精的过多损失，而且极易发生火灾爆炸事故。排醛管上不宜安装阀门，当大量酒精从排醛管喷射而出时，更不宜将此阀关死，以免整个系统压力偏高，导致渗漏及损坏。

4 为满足生产过程需要和便于安全管理，对中转储罐的储量作了控制规定，避免在车间内设置小酒库。

5.0.9 本条规定了白酒储罐、食用酒精储罐、白兰地陈酿储罐的安全要求。

1 固定储罐进、出输酒管道，并采用柔性连接，可以有效预防拉裂弯管或焊接点，防止原酒跑、冒、滴、漏造成事故。火灾案例及相关实验表明，白酒在管道输送和喷溅过程中有可能发生静电积累和放电事故，因此规定储罐的输酒管入口应贴近罐底，或出口标高大于入口标高构成液封，避免输酒管入口酒液喷溅产生静电放电引发爆炸事故。

2 输酒管道连接处阀门腐蚀会产生泄漏，为便于安全管理，规定每根输酒管道应设置两个阀门，并明确了阀门的形式和防漏装置的设置要求。

3 为随时掌握罐内液位，便于生产控制和防止储罐溢酒引发事故，要求储罐设置液位计和高液位报警装置，必要时自动联锁或远距离遥控启闭进酒装置。规定不宜采用玻璃管（板）等易碎材料液位计，主要是防止因玻璃等易碎材料破裂引起酒液泄漏。

4 据调查，酒库常常会发生储罐泄漏或渗漏事故，为便于安全管理，需要及时将有泄漏或渗漏的储罐的酒转移至另一个完好的储罐内，因此在酒库内需要设置应急储罐。

5 储罐周围一定空间范围内属气体爆炸危险场所。为避免罐盖、取样器等工具与储罐碰撞产生火花，要求采用不易产生火花的材料制作这些器具。

5.0.10 本条规定了白酒、白兰地的加浆、勾兑、灌装生产过程的安全要求。

1 可燃蒸气的爆炸极限与空气中的含氧量有关，含氧量多，爆炸浓度范围扩大，含氧量少，爆炸浓度范围缩小。部分酒厂已采用压缩空气作搅拌介质，实践证明是安全可行的。

2 酒液灌装时常有大量酒蒸气逸出。实践证明，采用负压抽风系统可有效降低室内酒蒸气浓度，减少燃爆危险。

3 实践证明，缓冲柔性封盖机构不易产生碰撞火花。

5.0.11 为防止具有粉尘、气体爆炸危险性场所的地面因摩擦或撞击发火，避免粉尘积聚，因此对地面、墙面的设计等提出了一般要求。不发火花地面其面层一般分为不发火屑料类、木质类、橡皮类、菱苦土类和塑料类等五大类，在爆炸危险场所一般应采用不发火屑料类面层。不发火花地面面层的施工应在所有设备管线敷设完毕及设备基础浇捣完毕或预留后进行，其技术要求应符合现行国家标准《建筑地面工程施工质量验收规范》GB 50209 的规定。

粮食筒仓工作塔和筒仓内壁、原料粉碎车间内壁表面平整光滑，是为了减少积尘并便于清扫。工程实践中，内壁表面与楼、地面、天棚交接处一般做成圆角处理。

5.0.12 本条规定黄酒生产采用糟烧白酒、高粱酒等代替酿造用水发酵时，发酵罐的输酒管入口距罐内搭窝原料底部的高度不应大于 0.15m，目的是为了避免白酒喷溅产生静电火花引发爆炸事故。

5.0.13 根据酒厂调研并结合实际情况，参照现行国家标准《冷库设计规范》GB 50072 对氨制冷系统的安全保护装置和自动控制作出规定。

5.0.14 酒厂的多次火灾案例表明，由于储罐、容器和工艺设备采用易燃可燃保温材料，在施工、检修中因操作不当极易引发火灾。因此，本条规定储罐、容器和工艺设备保温隔热材料应选用不燃材料，避免或减少可能出现的事故。目前储罐、容器、工艺设备保冷层材料可供选择的不燃材料很少，因此允许采用阻燃型泡沫，但其氧指数不应小于 30。

5.0.15 本条规定了输送白酒、食用酒精、葡萄酒、白兰地、黄酒的管道设置要求。

1 架空或沿地敷设的管道，施工、日常检查、维修等都比较方便，而管沟和埋地敷设的管道破损不易被及时发现，尤其是管沟敷设管道，沟内容易积存可燃酒液和蒸气，成为火灾和爆炸事故的隐患，新建的工艺装置采用管沟和埋地敷设管道已越来越少。因此，必须采用管沟敷设时应按规定采取安全措施。

2 易发生泄漏的管道附件是指金属波纹管或套筒补偿器、法兰和螺纹连接等。

3 在布置白酒、食用酒精、葡萄酒、白兰地、黄酒输送管道时，要充分考虑管道破损逸漏对防火墙功能以及防火墙两侧空间的不利影响。因此，禁止输送白酒、食用酒精、葡萄酒、白兰地、黄酒的管道穿过防火墙和不同防火分区的楼板。

4 需要采用法兰连接的地方主要是与设备管嘴法兰的连接、与法兰阀门的连接、停工检修需拆卸的管道等。管道采用焊接连接，强度、密封性能较好。但是，公称直径小于或等于 25mm 的管道和阀门连接，其焊接强度不佳且易将焊渣落入管内，因此多采用承插焊管件连接，也可采用锥管螺纹连接。

5.0.17 其他管道如因条件限制必须穿过防火墙和楼板时，应用水泥砂浆等不燃材料或防火材料将管道周围的空隙紧密填实。如采用塑料等遇高温、火焰易收缩变形或烧蚀材质的管道，应采取设置热膨胀型阻火圈、在管道的贯穿部位采用防火套箍和防火封堵等措施使该类管道在受火时能被封闭。为防止高温气流向上蔓延或燃烧的酒向下流淌，严禁在防火墙和楼板上留置孔洞。

化验室内有非防爆电气设备和一些明火设备，因此不应将可燃酒液的采样管引入化验室内，防止因泄漏而发生火灾事故。

# 6 储 存

## 6.1 酒 库

**6.1.1、6.1.2** 根据白酒库、食用酒精库的火灾危险性类别，确定其耐火等级不应低于二级，并分别对其允许层数、最大允许占地面积和每个防火分区的最大允许建筑面积作出了规定。

白酒库、食用酒精库内多采用金属储罐和陶坛为容器，储存物品的火灾危险性为甲类，如果完全按现行国家标准《建筑设计防火规范》GB 50016 规定的甲类仓库的层数、防火分区的最大建筑面积要求，在实际执行中有困难，也和酒厂现状有较大差异。因此本规范在调研基础上，广泛征求了设计单位、生产企业和消防部门的意见，研究了白酒库火灾案例，进行了水喷雾自动灭火试验，结合酒厂的实际情况作了适当调整。

白酒库火灾案例证明，白酒库的层数以 1 层、2 层建筑较妥，3 层建筑次之，层数越多，火灾危害相对就越大。据此，本规范对层数作了适当放宽。

对全部采用陶坛等陶制容器存放白酒的白酒库，经调研，储存的白酒大都在 70 度左右，最低也在 52 度以上，但一般储存周期较长，酒的进出作业相对较少。其建筑有单层和多层两种，建筑规模较大，占地面积可达 6000m² 左右，酒库内设有水喷雾等自动灭火设施，防火分区面积约为 200m²～700m²（表3）。调研中看到，某名酒厂地处山地，又处于滑坡地带，坡度大于 26°，用地极度紧张，加之酒储存期一般在 3 年以上，造成生产量与库容量的尖锐矛盾。考虑到企业用地紧张，发展受限等实际情况，经请示公安部消防局，原则同意该厂 52 度～60 度的白酒库房可以建到 5 层，但不能超过 5 层，且应设置水喷雾灭火系统等自动灭火设施。现该酒厂的陶坛酒库均按 5 层设计，40 栋酒库建筑总面积为 326288m²，可储存原酒 54380 m³，库内的白酒均为 53 度左右，耐火等级一级，防火分区小于 700 m²。因此在条文中对 52 度～60 度的陶坛等陶制容器白酒库的层数放宽到 5 层。

规定的仓库面积为仓库的占地面积，非仓库的总建筑面积，而仓库内的防火分区是强调防火墙之间的

建筑面积，即仓库内的防火分区必须采用防火墙分隔。

**表3 白酒厂已建陶坛酒库建筑规模（m²）**

| 酒厂名称 | 陶坛酒库层数（层） | 总建筑面积 | 防火分区面积 |
|---|---|---|---|
| 五粮液酒厂 | 5 | 17000 | 720 |
| 剑南春酒厂 | 3 | 5856.7 | 233 |
| 绵阳丰谷酒厂 | 4 | 6507.5 | 303 |
| | 1 | 1793 | 562 |

**6.1.3** 本条根据白兰地陈酿库、葡萄酒陈酿库的火灾危险性类别，确定其耐火等级，并结合现状分别对允许层数、最大允许占地面积和每个防火分区的最大允许建筑面积作出了规定。

**6.1.4** 根据现行国家标准《建筑设计防火规范》GB 50016 的有关规定，结合本规范第 6.1.1 条、第 6.1.2 条有关层数、面积的调整，为降低可能的火灾危害，本条强调严禁在高层建筑内设置白酒库、食用酒精库、白兰地陈酿库、葡萄酒陈酿库和白酒、白兰地的成品库以及严禁设置高层白酒库、食用酒精库、白兰地陈酿库、葡萄酒陈酿库和白酒、白兰地的成品库。

本规范所称成品库，是指存放完成全部生产过程、可供销售的饮料酒仓库。

**6.1.6** 金属储罐布置在白酒库、食用酒精库内时，如按照储罐区的要求确定储罐之间的防火间距难以实现，也不符合酒厂实际情况。因此，综合考虑室内储罐的扑救难度，在限制储罐容量、采取成组布置以及按照本规范的要求设置水喷雾灭火系统或泡沫灭火系统和设置消防冷却水系统时，本条对白酒库、食用酒精库内的储罐之间的防火间距要求作了适当放宽。

**6.1.7** 本条规定了白酒库内分组存放、设置不燃烧体隔堤的要求。1987 年 5 月 8 日，贵州某酒厂酒库因酒泵电机不防爆引发火灾，452 个陶坛在高温和直流水枪的冲击下四分五裂，189t 白酒四处流淌，构成一个失控的立体火场。1989 年 8 月 18 日，贵州某酒厂因酒泵电机不防爆引发火灾，1241 个陶坛在高温下相继爆裂，350t 白酒汇成一条燃烧的酒溪，烧毁流域内的农作物，流入 100m 以外的玉溪河，在河面上构成约 40m² 的火场。因此白酒库内因工艺需要采用陶坛、酒海、酒篓、酒箱、储酒池等作为白酒储存容器时，要分组存放，组与组之间设置不燃烧体隔堤，以控制流淌火灾。

为防止地震时陶坛等陶制容器相互碰撞破裂、导致酒液外溢事故，本条规定陶坛等陶制容器应采取防震防撞措施。如某酒厂将陶坛放在竹筐内，起到了一定的减震保护作用。地震时，单个酒坛摇晃剧烈，如将多个酒坛相互连接固定，可以大大提高稳定性。

**6.1.8** 本条规定了人工洞白酒库的设置要求。泸州老窖酒厂、郎酒厂等名酒厂都有规模不小的洞库，用陶坛等陶制容器储存优质原酒。陶坛等陶制容器洞库的防火设计，需要结合传统工艺和安全生产综合考虑。

**1** 将具备疏散救援功能的巷道与储存白酒的洞室分隔开，形成相对独立的区域，可以有效控制火灾蔓延，有利于人员逃生和扑救工作的开展。但巷道不应用于储存、加工、分装等生产作业。

**2** 洞室的面积在 $500m^2$ 以下，一个洞室内陶坛等陶制容器储存的总储量在 $400m^3$ 左右，控制洞室的面积可以有效控制酒储量，进而控制火灾风险。

**3** 规定了巷道和洞室安全疏散的设置要求。人工洞常常设置在山体内，距山体地表的垂直距离数十米以上，设置楼梯间较为困难，疏散条件较地下室更差。但洞室内平时极少有人员停留，考虑将巷道作为疏散主通道，使洞室内的人到达巷道基本就能安全地疏散到洞外，因此对巷道的净宽净高、相邻洞室通向巷道的出口之间的最小水平距离等作出规定。

**4** 本条对洞室相通时提出了比较严格的防火分隔规定，以利火灾控制和人员疏散。

**5** 由于酒窖内空气含酯、含酸成分重，微生物繁多，特别对洞库内设置的防火门提出防锈、防腐的要求。人工洞内防火门起着重要的防火分隔作用，因此强调其关闭功能。在无火警时，防火门应开启，以利洞内通风；若库内一旦发生火情，则需迅速关闭防火门。

**6** 规定了巷道地面的坡度要求，使消防废水能够及时排出洞外。

**6.1.9** 本条规定了人工洞白酒库陶坛等陶制容器的存放要求，明确规定了分区、分组的储量，分区间的隔堤和分组间的防火间距。

**6.1.10** 本条规定了白酒库、食用酒精库、白兰地陈酿库建筑结构要求。钢结构和预应力钢筋混凝土结构的耐火性能相对较差，而酒液燃烧温度高，对无保护的金属柱、梁和预应力钢筋混凝土结构威胁较大。因此本条规定白酒库、食用酒精库、白兰地陈酿库不应选用钢结构、预应力钢筋混凝土结构。

**6.1.11** 酒库火灾案例表明，酒库如未设置防止液体流散的设施，发生火灾时，陶坛等陶制容器在高温下炸裂后，流淌的酒很快就使整座酒库陷入火海，甚至还会流散到酒库外，造成火势扩大蔓延。因此在白酒库、人工洞白酒库、食用酒精库、白兰地陈酿库设计中楼层地面标高应低于楼梯平台及货运电梯前室标高，底层地面标高应低于室外地坪标高。通常做法是在酒库门口修筑高度为 15cm～30cm 斜坡或门槛，设置门槛时可在门槛两边填沙土构成斜坡。

**6.1.12** 由于酒库火灾荷载大，火灾温度高，火灾持续时间长，多层白酒库、食用酒精库、白兰地陈酿库

外墙上的窗户上方设置防火挑檐，能阻隔火焰及高温气流侵入上层库内，防止火灾竖向蔓延构成立体火灾。

**6.1.13** 设置事故排酒口及阀门可及时排出泄漏酒液，降低火灾风险。

**6.1.14** 本条对白酒库、人工洞白酒库不燃烧隔堤的设置提出基本要求，规定隔堤的高度、厚度均不应小于 0.2m，既能将泄漏酒液限制在最小范围内，又方便操作人员通行。

## 6.2 储 罐 区

**6.2.1、6.2.2** 本规范对白酒储罐区、食用酒精储罐区内储罐之间防火间距的要求与现行国家标准《建筑设计防火规范》GB 50016 和《石油库设计规范》GB 50074 规定基本一致。与现行国家标准《石油化工企业设计防火规范》GB 50160 规定的地上可燃液体储罐之间的防火间距也相当。

本规范综合考虑节约用地、酒厂现状和消防扑救的需要，规定了储罐成组布置的要求。储罐组之间的防火间距可按储罐的形式和总储量相同的标准单罐确定。如一组地上式固定顶白酒储罐储量为 $950m^3$，其中 $100m^3$ 单罐 5 个，$150m^3$ 单罐 3 个，则组与组的防火间距按小于或等于 $1000m^3$ 的单罐 0.75D 确定。

**6.2.3** 在白酒储罐区、食用酒精储罐区周围设置防火堤，是防止液体外溢流散，阻止火灾蔓延、减少损失的有效措施。位于山地的白酒储罐区、食用酒精储罐区，有地形条件可利用时，可设导液沟加存液池的措施来代替防火堤的作用。当白酒储罐区、食用酒精储罐区布置在地势较高的地带时，应采取加强防火堤或另外增设防护墙等可靠的防护措施。

**6.2.4** 本条对白酒储罐区、食用酒精储罐区防火堤的设置提出基本要求，主要依据是现行国家标准《建筑设计防火规范》GB 50016 和《储罐区防火堤设计规范》GB 50351 的有关规定。

## 7 消防给水、灭火设施和排水

### 7.1 消防给水和灭火器

**7.1.1** 酒厂消防给水系统完善与否，直接影响火灾扑救的效果。本条规定了酒厂消防给水设计的基本要求。以水作为灭火剂使用方便、器材简单、经济可靠。

**7.1.2** 消防给水系统的规划设计应与酒厂的规划设计统一考虑，尤其是消防用水、给水管网等应与酒厂生产生活用水统一规划设计，从而降低投资，提高消防安全保障水平。

**7.1.3** 本条依据现行国家标准《建筑设计防火规范》GB 50016 规定了酒厂一些可燃物较少、耐火等级不

低于二级的丁类、戊类厂房、仓库可不设置室内消火栓。

**7.1.5** 从生活、生产给水管道直接接驳消防用水管道时，应在用水管道上设置倒流防止器。供给泡沫灭火设备的水质不应对泡沫液的性能产生不利影响。

**7.1.6** 现行国家标准《建筑灭火器配置设计规范》GB 50140 附录规定酒精度为 60 度以上的白酒库房为严重危险级，酒精度小于 60 度的白酒库房为中危险级。火灾案例和闪点实验数据表明，白酒库、人工洞白酒库、食用酒精库、白酒储罐区、食用酒精储罐区、液态法酿酒车间、酒精蒸馏塔、白兰地蒸馏车间、陈酿库、白酒、白兰地勾兑、灌装车间应按严重危险等级配置灭火器。

## 7.2 灭火系统和消防冷却水系统

**7.2.1** 本条依据现行国家标准《建筑设计防火规范》GB 50016 和酒厂的火灾危险性规定了酒厂应设置自动喷水灭火系统的场所。

**7.2.2** 扑救酒类火灾，必须在满足食品安全要求的前提下，寻求环保、高效、可靠的灭火剂和灭火系统。由于泡沫灭火剂不符合食品安全要求且灭火后会造成严重的环境污染，泡沫管枪射流会导致陶坛等陶制容器破损、形成流淌火。因此，不到万不得已不宜选用泡沫灭火剂灭火，更不应采用固定泡沫灭火系统保护每坛价值高达百万元的名酒库。

规范编制组通过研究和实验，确认水喷雾灭火系统适用于扑救白酒火灾。白酒库采用陶坛等陶制容器储存白酒时，本规范推荐采用水喷雾灭火系统。据调研，四川省获国家名酒称号的白酒厂和常储量较大的白酒厂的陶坛酒库都根据规范编制组的相关实验数据设置了水喷雾灭火系统。

目前白酒厂的金属储罐大都采用泡沫灭火系统，因此酒厂采用金属储罐储存白酒、食用酒精时，可采用泡沫灭火系统，储罐的保护面积根据储罐形式确定。

**7.2.3** 本条规定了白酒库、食用酒精库、白酒储罐区、食用酒精储罐区泡沫灭火系统的设置方式。

**1** 单罐容量大于或等于 500m³ 的储罐，火灾扑救难度较大，采用固定式泡沫灭火系统，启动迅速、操作简单可靠。

**2** 单罐容量小于 500m³ 的储罐，采用半固定式泡沫灭火系统，可节省消防投资。

**7.2.4** 本条规定了白酒、食用酒精金属储罐消防冷却水系统的设置要求。

**1** 白酒库、食用酒精库内金属储罐一般多排布置，储量较大，库墙可能阻挡移动式水枪的射流，充实水柱不易抵达需要保护的储罐，应采用固定式消防冷却水系统。

**2** 白酒储罐区、食用酒精储罐区单罐容量大于

1000m³ 储罐若采用移动式消防冷却水系统，所需水枪和操作人员较多。对于罐壁高度大于 15m 的储罐，移动水枪要满足充实水柱要求，水枪后坐力很大，操作人员不易控制，因此应采用固定式消防冷却水系统。

**7.2.6** 现行国家标准《水喷雾灭火系统设计规范》GB 50219 规定水雾喷头的工作压力当用于灭火时不应小于 0.35MPa。但经规范编制组一系列模拟试验和在酒厂的工程实践运用表明，当工作压力为 0.4MPa 及以上时，灭火效果极佳。经技术经济比对，提高这一参数，几乎不增加系统工程造价，设备也能完全满足要求，因此将工作压力标准适当提高。此外，本条规定水喷雾灭火系统用于防护冷却时的响应时间不应大于 180s，目的是迅速启动系统避免造成较大损失或严重后果。

**7.2.7** 白酒、食用酒精属水溶性液体，主要成分是乙醇，对普通泡沫有较强的脱水作用。抗溶性泡沫中含有抗醇性物质，在水溶性液体表面能形成一层高分子胶膜，保护液表泡沫免受脱水破坏，从而达到灭火目的。

以液下喷射的方式将泡沫注入水溶性液体后，由于水溶性液体分子的极性和脱水作用，泡沫会遭到破坏，大部分泡沫无法浮升到液面。因此液下、半液下喷射泡沫灭火方式不适用于白酒、食用酒精储罐。

**7.2.8** 白酒库、食用酒精库、白酒储罐区、食用酒精储罐区发生火灾后扑救难度大，快速启动灭火系统使抗溶泡沫覆盖燃烧液面至关重要。但目前运用于该类场所的泡沫灭火系统，对其控制功能的设计要求一般低于其他灭火系统，为了提高泡沫灭火系统的灭火效能提出此规定。

## 7.3 排 水

**7.3.1** 本条是吸取国内扑救火灾爆炸事故引发重大环境污染事故的教训而制定。泄漏的可燃酒液一旦流出厂区或排向库区，有可能引发次生事故；泄漏的酒液和消防废水未经处理直接排放，会造成环境污染。因此，本条规定应采取有效措施如设置事故存液池、消防废水储水池等设施，确保泄漏的酒液和消防废水不直接排至厂外和库区。

本条所要求采用的措施不含应设的防火堤和不燃烧体隔堤。

**7.3.2** 本条规定了事故存液池的设置要求。在储罐区、酒库外设事故存液池，可把流出的液体引至罐区、库区以外集存或燃烧，较滞留在防火堤、库内更利于处置。但应注意设置存液池需具备一定的地形条件，导液沟应能重力自流。事故存液池的排水设施应在排放出口处设置水封装置，水封高度不应小于 0.25m，水封装置应采用金属管道排出池外，不应排入雨水管和自然水体中，并应在管道出口处设置易于

开关的隔断阀门。

**7.3.3** 本条规定了排水设计应考虑泄漏酒液、燃烧酒液和消防废水的排放。曾有观点认为燃烧的酒淌入密闭管道或地沟可能发生爆炸。事实上,当密闭管道(地沟)处于满排放状态时,由于缺氧,燃烧将被窒息,不可能发生爆炸。在排放出口设置水封设施,问题则完全得以解决。

# 8 采暖、通风、空气调节和排烟

**8.0.1** 酒厂的甲、乙类生产、储存场所,若遇明火可能发生火灾爆炸事故。因此规定这类场所严禁采用明火和电热散热器采暖,不应采用循环热风采暖。

为防止原料粉碎车间散发的可燃粉尘与采暖设备接触引发燃烧爆炸事故,应限制采暖散热器的表面温度。

**8.0.2** 本条规定酒厂甲、乙类生产、储存场所应有良好的通风换气,目的是使这些场所内的可燃液体蒸气或气体与空气的混合物浓度始终低于其爆炸下限的25%。设置负压机械通风设施是为了防止可燃蒸气或气体外溢至建筑的其他部分。许多火灾案例表明,含甲、乙类物质的空气再循环使用,不仅卫生上不许可,而且火灾危险性增大,因此酒厂的甲、乙类生产、储存场所不应采用循环空气。

**8.0.3** 白酒库、人工洞白酒库、食用酒精库、白兰地陈酿库、氨压缩机房及白酒、白兰地酒泵房在生产、储存过程中有可能发生管道或者容器泄漏事故,造成可燃液体蒸气大量放散,因此,在设计中应设置事故排风设施。

事故排风机应分别在室内、外便于操作的地点设置开关,以便一旦发生紧急事故时,使其立即投入运行。

**8.0.5** 本条规定了酒厂甲、乙类生产、储存场所的通风管道及设备的设置要求。

1 具有爆炸危险性的场所发生事故后,火灾容易通过通风管道蔓延扩大到其他部位。因此,排风管道严禁穿过防火墙和有爆炸危险的隔墙。

2 采用金属管道有利于导除静电。排气口应设在室外安全地点,且远离明火和人员通过或停留的地方。为便于检查维修,本条规定排风管应明装,不应暗设。

3 防止静电引起灾害的最有效办法是防止其积聚,采用导电性能良好(电阻率小于$10^6\Omega \cdot cm$)的材料接地。风管连接时,两法兰之间须用金属线搭接。

4 风机停机时易使空气从风管倒流到风机,当空气中含有可燃液体蒸气、气体、粉尘且风机不防爆时,这些物质被带到风机内可能因风机产生火花而引起燃烧爆炸。因此,为防止此类火灾爆炸事故,风机

应采用防爆型风机。一般可采用有色金属制造的风机叶片和防爆的电动机。

5 地下、半地下场所的通风条件较差,易积聚有燃烧或爆炸危险的可燃液体蒸气、气体、粉尘等物质。因此,送、排风机不应布置在地下、半地下。排风机在通风机房内存在泄漏可燃液体蒸气、气体的可能,为防止空气中的可燃液体蒸气、气体被再次送入厂房、仓库内,要求送、排风机分别布置在不同的通风机房内。

**8.0.6** 输送白酒、食用酒精、葡萄酒、白兰地、黄酒的管道发生事故或火灾,易造成较严重后果。火灾案例表明,风管极易成为火灾蔓延的通道。为避免输酒管道和风管互相影响,防止火灾沿通风管道蔓延,作出此规定。

**8.0.7** 本条依据现行国家标准《建筑设计防火规范》GB 50016作出规定。通风和空气调节系统的风管是火灾蔓延途径之一,应采取措施防止火灾穿过防火墙和不燃烧体防火分隔物等位置蔓延。

**8.0.8** 机械排烟系统与机械通风、空气调节系统分开设置,能够更好地保障机械排烟系统及机械通风、空气调节系统的正常运行,防止误操作。但在某些工程中,受空间条件限制,机械通风、空气调节系统和排烟系统需合用一套风管时,必须采取可靠的防火措施,使系统既满足排烟时着火部位所在防烟分区排烟量的要求,也满足平时通风、空气调节的要求。电气控制系统必须安全可靠,保证切换功能准确无误,安全可靠。

**8.0.9** 本条规定了自然排烟设施的设置要求。

排烟口可采用侧窗和天窗,或者采用易熔材料制作的天窗采光带,也可混合采用。采用侧窗和天窗进行排烟设计时,由于排烟口平时常处于关闭状态,因此,本条规定排烟口应有方便开启的装置(距地面高度宜为1.2m~1.5m)或者火灾时自动开启的装置,便于及时排出烟气。

采用易熔材料制作的天窗采光带,材料熔点不应大于70℃,且在高温条件下自行熔化时不应产生熔滴。易熔材料制作的天窗采光带的面积不宜小于可开启排烟口面积的2.5倍。

**8.0.10** 本条规定了机械排烟系统的设置要求。机械排烟设施可采用排烟管道连接排烟风机进行排烟,也可在屋顶或者靠近屋顶的墙面设置多个消防轴流风机直接排烟。

# 9 电　气

## 9.1　供配电及电器装置

**9.1.1** 对于常储量大于或等于1000m³的白酒厂、年产量大于或等于5000m³的葡萄酒厂、年产量大于或

等于 10000m³ 的黄酒厂、年产量大于或等于 100000m³ 的啤酒厂，当有条件时，消防用电负荷等级尽可能采用一级负荷。

**9.1.2** 本条是根据爆炸和火灾危险场所供电可靠性要求所做的规定。

事故状态下，若因过载停止事故排风机运行，会使事故进一步扩大，因此当排风机过载时，应仅发出报警信号提醒值班人员注意，过载保护不应直接停排风机。

**9.1.3** 本条规定的供电回路，是指从低压总配电室或分配电室至消防设备或消防设备室（如消防水泵房、消防控制室、消防电梯机房等）最末级配电箱的配电线路。

根据实战需要，消防人员到达火场进行灭火时，要切断电源，避免触电事故、防止火势沿配电线路蔓延扩大。如果混合敷设配电线路，不易分清哪些是消防用电设备的配电线路，消防人员不得不全部切断电源，致使消防用电设备不能正常运行。因此，应将消防用电设备的配电线路与其他动力、照明配电线路分开敷设。同时，为避免误操作、便于灭火战斗，应设置方便在紧急情况下操作的明显标识，如清晰、简捷易读的说明、指示等。

**9.1.5** 本条根据现行国家标准《建筑设计防火规范》GB 50016 及其他相关规范而制定，主要是考虑架空电力线倒杆断线时的危害性。

**9.1.7** 为保障生产操作人员和参观人员的安全疏散，本条规定了应设置消防应急照明的部位和疏散应急照明的地面水平照度要求。

**9.1.8** 规定了酒厂内属于爆炸性气体环境 2 区、可燃性非导电粉尘 11 区的场所，界定标准和现行国家标准《爆炸和火灾危险环境电力装置设计规范》GB 50058 的有关规定基本一致。

## 9.2 防雷及防静电接地

**9.2.1、9.2.2** 规定了酒厂的防雷设计原则。界定了应按第二类防雷建筑物进行防雷设计的场所。防护标准和现行国家标准《建筑物防雷设计规范》GB 50057 基本一致。

**9.2.3** 在金属储罐的防雷措施中，储罐的良好接地非常重要，它可以降低雷击点的电位、反击电位和跨步电压。规定接地点不少于 2 处，是为了提高其接地的可靠性。规定防雷接地装置冲击接地电阻值的要求，是根据现行国家标准《建筑物防雷设计规范》GB 50057 的规定。据调查，20 多年来这样的接地电阻在石油化工企业中运行情况良好。

**9.2.4** 本条根据现行国家标准《建筑物防雷设计规范》GB 50057 及其他相关规范而制定。

**1** 装有阻火器的固定顶金属储罐，当罐顶钢板厚度大于或等于 4mm 时，对雷电有自身保护能力，

不需要装设避雷针（线）保护；当钢板厚度小于 4mm 时，其闪击通道接触处有可能由于熔化而烧穿，因此需要装设避雷针（线）保护整个储罐。

**2** 浮顶储罐由于浮顶上的密封严密，浮顶上面的酒蒸气较少，一般不易达到爆炸下限，即使雷击起火，也只发生在密封圈不严处，容易扑灭，因此不需要装设避雷针（线）保护。

**9.2.5** 本条规定是采用等电位连接的方法，防止信息系统被雷过电压损坏，避免雷电波沿配线电缆传输到控制室。

**9.2.6** 输送白酒、食用酒精、葡萄酒、白兰地、黄酒等酒类时，液体与输酒管道、过滤器等的摩擦会产生大量静电荷，若不通过接地装置把电荷导走，就可能聚集形成高电位放电引起爆炸火灾事故。静电的电位虽高，但电流却较小，因此其接地电阻一般不大于 100Ω 即可。

**9.2.7** 本条规定可防止静电积聚，并保证防静电接地装置的接地电阻不超过安全值。

**9.2.8** 因防静电接地装置允许的接地电阻值较大，当金属储罐的防雷接地装置兼作防静电接地装置时，其接地电阻值完全可以满足防静电要求，因此不需要再设专用的防静电接地装置。当输酒管道的防静电接地装置与防感应雷接地装置合用时，其接地电阻值是根据防感应雷接地装置的要求确定，确定接地点主要是为了防止机械或外力对接地装置的损害。

**9.2.9** 共用接地系统是由接地装置和等电位连接网络组成。采用共用接地系统的目的是达到均压、等电位以减小各种设备间、不同系统之间的电位差。其接地电阻因采取了等电位连接措施，因此按接入设备中要求的最小值确定。为防止防雷装置与邻近的金属物体之间出现高电位反击，除了将金属物体做好等电位连接外，应将各种接地共用一组接地装置，各种接地的接地线可与环形接地体相连形成等电位连接，但防雷接地在环形接地体上的接地点与其他几种接地的接地点之间的距离不宜小于 10m。

## 9.3 火灾自动报警系统

**9.3.1、9.3.2** 条文规定的设置范围和火灾探测器选型，总结了酒厂安装火灾自动报警系统的实践经验，适当考虑了今后的发展和实际使用情况，根据保护对象的火灾特性和联动控制功能要求确定。对于其他厂房、仓库可根据实际情况确定是否设置火灾自动报警系统。试验表明，紫红外复合感光探测器、分布式光纤温度探测器、图像型火灾探测器或其组合对酒类火灾的探测及时有效，而且误报率较低。

**9.3.3** 本条规定目的在于当发现异常情况时，可以通过电话联络报警，也可作为巡检、维护工作的联络工具。设置室外手动报警设施可迅速报警，减少火灾损失。

**9.3.4、9.3.5** 在总结酒类行业以往成功做法的基础上，参照现行国家标准《石油化工企业可燃气体和有毒气体检测报警设计规范》GB 50493 和《火灾自动报警系统设计规范》GB 50116 的有关要求对乙醇蒸气浓度检测报警装置的设置作了规定。乙醇蒸气密度为 1.59，易向低洼处流动和积聚，本条据此规定了乙醇蒸气浓度检测器的安装位置。

**9.3.6、9.3.7** 氨气是一种有刺激臭味的无色有毒气体，爆炸极限为 15.7%～27.4%，在储存、使用等

环节，应当采取必要的措施，防止发生泄漏爆炸事故。氨气比空气轻，泄漏后易停滞在机房的顶部空间，条文据此规定了氨气浓度检测器的安装位置。

**9.3.9** 考虑到许多新建、改建、扩建工程不能设专人管理的消防控制室，根据近年来企业的成功做法，消防控制室可与生产主控制室或中央控制室等合并建设。但要求消防控制室应满足现行国家标准《建筑设计防火规范》GB 50016 的有关规定。

中华人民共和国国家标准

# 建筑灭火器配置设计规范

Code for design of extinguisher
distribution in buildings

**GB 50140—2005**

主编部门：中华人民共和国公安部
批准部门：中华人民共和国建设部
施行日期：2 0 0 5 年 1 0 月 1 日

# 中华人民共和国建设部公告

## 第 355 号

### 建设部关于发布国家标准
### 《建筑灭火器配置设计规范》的公告

现批准《建筑灭火器配置设计规范》为国家标准，编号为 GB 50140—2005，自 2005 年 10 月 1 日起实施。其中，第 4.1.3、4.2.1、4.2.2、4.2.3、4.2.4、4.2.5、5.1.1、5.1.5、5.2.1、5.2.2、6.1.1、6.2.1、6.2.2、7.1.2、7.1.3 条为强制性条文，必须严格执行。原《建筑灭火器配置设计规范》GBJ 140—90 同时废止。

本规范由建设部标准定额研究所组织中国计划出版社出版发行。

中华人民共和国建设部
二〇〇五年七月十五日

## 前　言

本规范是根据建设部建标 [2001] 087 号文《关于印发"二〇〇〇～二〇〇一年工程建设国家标准制订、修订计划"的通知》的要求，由公安部上海消防研究所会同有关单位对原国家标准《建筑灭火器配置设计规范》GBJ 140—90 的 1997 年版进行全面修订的基础上编制完成的。

本规范在编制过程中，以国内外有关同类规范为参考，深入进行调查研究，多次与科研、设计、施工和使用单位进行交流，在广泛征求意见的基础上，积极吸纳国内外建筑灭火器配置的工程设计和应用的成熟经验，结合我国现阶段工程实际，经反复讨论、认真修改，最后经有关部门共同审查定稿。

本规范共分 7 章 13 节，6 个附录，此次全面修订的内容主要包括：

①增加了"术语和符号"一章；②增加了"灭 B 类火灾的水型灭火器"，改变了以往我国的水型灭火器只能灭 A 类火，不能灭 B 类火的状况；③灭火器底部离地面高度从不宜小于 0.15m 调整为 0.08m；④对有视线障碍的灭火器设置点，应设置指示其位置的发光标志；⑤A 类灭火器配置基准；⑥B 类灭火器配置基准；⑦灭火器的减配系统；⑧建筑灭火器配置设计计算程序；⑨将"灭火有效程度"修改为"灭火器的灭火效能和通用性"，并作为选择灭火器应考虑的因素之一；⑩当同一场所存在不同种类火灾时，应选用通用型灭火器；⑪删去有关卤代烷灭火器的管理性条文；⑫增加了"灭火器设置点的位置和数量应根据灭火器的最大保护距离确定"的规定等。

本规范若需要进行局部修订，有关局部修订的信息和条文内容将刊登在《工程建设标准化》杂志上。

本规范以黑体字标志的条文为强制性条文，必须严格执行。

本规范由建设部负责管理和对强制性条文的解释，由公安部消防局负责日常管理，由公安部上海消防研究所负责具体内容解释。本规范在执行过程中，请各单位结合工程实践，认真总结经验，如发现需要修改或补充之处，请将意见和建议寄至公安部上海消防研究所《建筑灭火器配置设计规范》管理组（地址：上海市中山南二路 601 号，邮编：200032，传真：021-54961900），以便今后修改和补充。

本规范主编单位、参编单位和主要起草人：

**主 编 单 位：** 公安部上海消防研究所

**参 编 单 位：** 西藏自治区消防局
中煤国际工程集团北京华宇工程有限公司
邯郸市公安消防局
深圳市公安消防局
中国人民武装警察部队学院
青岛市公安消防局
重庆市消防局
北京市消防科学研究所
大连市公安消防局
南京板桥消防器材厂
安徽华星芜湖铁扇消防集团

**主要起草人：** 胡传平　唐祝华　刘保平　诸　容
南江林　张之立　郭秀艳　陈庆沅
张学魁　赵　锐　刘　康　高晓斌
衣永生　王宝伟　赵伦元　奚正玉

# 目　次

# 1 总 则

**1.0.1** 为了合理配置建筑灭火器(以下简称灭火器),有效地扑救工业与民用建筑初起火灾,减少火灾损失,保护人身和财产的安全,制定本规范。

**1.0.2** 本规范适用于生产、使用或储存可燃物的新建、改建、扩建的工业与民用建筑工程。

本规范不适用于生产或储存炸药、弹药、火工品、花炮的厂房或库房。

**1.0.3** 灭火器的配置类型、规格、数量及其设置位置应作为建筑消防工程设计的内容,并应在工程设计图上标明。

**1.0.4** 灭火器的配置,除执行本规范外,尚应符合国家现行有关标准、规范的规定。

# 2 术语和符号

## 2.1 术 语

**2.1.1** 灭火器配置场所 distribution place of fire extinguisher

存在可燃的气体、液体、固体等物质,需要配置灭火器的场所。

**2.1.2** 计算单元 calculation unit

灭火器配置的计算区域。

**2.1.3** 保护距离 travel distance

灭火器配置场所内,灭火器设置点到最不利点的直线行走距离。

**2.1.4** 灭火级别 fire rating

表示灭火器能够扑灭不同种类火灾的效能。由表示灭火效能的数字和灭火种类的字母组成。

建筑灭火器配置类型、规格和灭火级别基本参数举例见本规范附录A。

## 2.2 符 号

**2.2.1** 灭火器配置设计计算符号:

$Q$——计算单元的最小需配灭火级别(A或B);

$S$——计算单元的保护面积($m^2$);

$U$——A类或B类火灾场所单位灭火级别最大保护面积($m^2$/A或$m^2$/B);

$K$——修正系数;

$Q_e$——计算单元中每个灭火器设置点的最小需配灭火级别(A或B);

$N$——计算单元中的灭火器设置点数(个)。

**2.2.2** 灭火器配置设计图例见本规范附录B。

# 3 灭火器配置场所的火灾种类和危险等级

## 3.1 火灾种类

**3.1.1** 灭火器配置场所的火灾种类应根据该场所内的物质及其燃烧特性进行分类。

**3.1.2** 灭火器配置场所的火灾种类可划分为以下五类:

  1 A类火灾:固体物质火灾。

  2 B类火灾:液体火灾或可熔化固体物质火灾。

  3 C类火灾:气体火灾。

  4 D类火灾:金属火灾。

  5 E类火灾(带电火灾):物体带电燃烧的火灾。

## 3.2 危险等级

**3.2.1** 工业建筑灭火器配置场所的危险等级,应根据其生产、使用、储存物品的火灾危险性,可燃物数量,火灾蔓延速度,扑救难易程度等因素,划分为以下三级:

  1 严重危险级:火灾危险性大,可燃物多,起火后蔓延迅速,扑救困难,容易造成重大财产损失的场所;

  2 中危险级:火灾危险性较大,可燃物较多,起火后蔓延较迅速,扑救较难的场所;

  3 轻危险级:火灾危险性较小,可燃物较少,起火后蔓延较缓慢,扑救较易的场所。

工业建筑灭火器配置场所的危险等级举例见本规范附录C。

**3.2.2** 民用建筑灭火器配置场所的危险等级,应根据其使用性质,人员密集程度,用电用火情况,可燃物数量,火灾蔓延速度,扑救难易程度等因素,划分为以下三级:

  1 严重危险级:使用性质重要,人员密集,用电用火多,可燃物多,起火后蔓延迅速,扑救困难,容易造成重大财产损失或人员群死群伤的场所;

  2 中危险级:使用性质较重要,人员较密集,用电用火较多,可燃物较多,起火后蔓延较迅速,扑救较难的场所;

  3 轻危险级:使用性质一般,人员不密集,用电用火较少,可燃物较少,起火后蔓延较缓慢,扑救较易的场所。

民用建筑灭火器配置场所的危险等级举例见本规范附录D。

# 4 灭火器的选择

## 4.1 一般规定

**4.1.1** 灭火器的选择应考虑下列因素:

  1 灭火器配置场所的火灾种类;

  2 灭火器配置场所的危险等级;

  3 灭火器的灭火效能和通用性;

  4 灭火剂对保护物品的污损程度;

  5 灭火器设置点的环境温度;

  6 使用灭火器人员的体能。

**4.1.2** 在同一灭火器配置场所,宜选用相同类型和操作方法的灭火器。当同一灭火器配置场所存在不同火灾种类时,应选用通用型灭火器。

**4.1.3** 在同一灭火器配置场所,当选用两种或两种以上类型灭火器时,应采用灭火剂相容的灭火器。

**4.1.4** 不相容的灭火剂举例见本规范附录E的规定。

## 4.2 灭火器的类型选择

**4.2.1** A类火灾场所应选择水型灭火器、磷酸铵盐干粉灭火器、泡沫灭火器或卤代烷灭火器。

**4.2.2** B类火灾场所应选择泡沫灭火器、碳酸氢钠干粉灭火器、磷酸铵盐干粉灭火器、二氧化碳灭火器、灭B类火灾的水型灭火器或卤代烷灭火器。

极性溶剂的B类火灾场所应选择灭B类火灾的抗溶性灭火器。

**4.2.3** C类火灾场所应选择磷酸铵盐干粉灭火器、碳酸氢钠干粉灭火器、二氧化碳灭火器或卤代烷灭火器。

**4.2.4** D类火灾场所应选择扑灭金属火灾的专用灭火器。

**4.2.5** E类火灾场所应选择磷酸铵盐干粉灭火器、碳酸氢钠干粉灭火器、卤代烷灭火器或二氧化碳灭火器,但不得选用装有金属喇叭喷筒的二氧化碳灭火器。

**4.2.6** 非必要场所不应配置卤代烷灭火器。非必要场所的举例见本规范附录F。必要场所可配置卤代烷灭火器。

# 5 灭火器的设置

## 5.1 一般规定

**5.1.1** 灭火器应设置在位置明显和便于取用的地点,且不得影响安全疏散。

**5.1.2** 对有视线障碍的灭火器设置点,应设置指示其位置的发光标志。

**5.1.3** 灭火器的摆放应稳固,其铭牌应朝外。手提式灭火器宜设置在灭火器箱内或挂钩、托架上,其顶部离地面高度不应大于1.50m;底部离地面高度不宜小于0.08m。灭火器箱不得上锁。

**5.1.4** 灭火器不宜设置在潮湿或强腐蚀性的地点。当必须设置时,应有相应的保护措施。

灭火器设置在室外时,应有相应的保护措施。

**5.1.5** 灭火器不得设置在超出其使用温度范围的地点。

## 5.2 灭火器的最大保护距离

**5.2.1** 设置在A类火灾场所的灭火器,其最大保护距离应符合表5.2.1的规定。

表5.2.1 A类火灾场所的灭火器最大保护距离(m)

| 危险等级 \ 灭火器型式 | 手提式灭火器 | 推车式灭火器 |
|---|---|---|
| 严重危险级 | 15 | 30 |
| 中危险级 | 20 | 40 |
| 轻危险级 | 25 | 50 |

**5.2.2** 设置在B、C类火灾场所的灭火器,其最大保护距离应符合表5.2.2的规定。

表5.2.2 B、C类火灾场所的灭火器最大保护距离(m)

| 危险等级 \ 灭火器型式 | 手提式灭火器 | 推车式灭火器 |
|---|---|---|
| 严重危险级 | 9 | 18 |
| 中危险级 | 12 | 24 |
| 轻危险级 | 15 | 30 |

**5.2.3** D类火灾场所的灭火器,其最大保护距离应根据具体情况研究确定。

**5.2.4** E类火灾场所的灭火器,其最大保护距离不应低于该场所内A类或B类火灾的规定。

# 6 灭火器的配置

## 6.1 一般规定

**6.1.1** 一个计算单元内配置的灭火器数量不得少于2具。

**6.1.2** 每个设置点的灭火器数量不宜多于5具。

**6.1.3** 当住宅楼每层的公共部位建筑面积超过100m²时,应配置1具1A的手提式灭火器;每增加100m²时,增配1具1A的手提式灭火器。

## 6.2 灭火器的最低配置基准

**6.2.1** A类火灾场所灭火器的最低配置基准应符合表6.2.1的

规定。

表6.2.1 A类火灾场所灭火器的最低配置基准

| 危险等级 | 严重危险级 | 中危险级 | 轻危险级 |
|---|---|---|---|
| 单具灭火器最小配置灭火级别 | 3A | 2A | 1A |
| 单位灭火级别最大保护面积(m²/A) | 50 | 75 | 100 |

**6.2.2** B、C类火灾场所灭火器的最低配置基准应符合表6.2.2的规定。

表6.2.2 B、C类火灾场所灭火器的最低配置基准

| 危险等级 | 严重危险级 | 中危险级 | 轻危险级 |
|---|---|---|---|
| 单具灭火器最小配置灭火级别 | 89B | 55B | 21B |
| 单位灭火级别最大保护面积(m²/B) | 0.5 | 1.0 | 1.5 |

**6.2.3** D类火灾场所的灭火器最低配置基准应根据金属的种类、物态及其特性等研究确定。

**6.2.4** E类火灾场所的灭火器最低配置基准不应低于该场所内A类(或B类)火灾的规定。

# 7 灭火器配置设计计算

## 7.1 一般规定

**7.1.1** 灭火器配置的设计与计算应按计算单元进行。灭火器最小需配灭火级别和最少需配数量的计算值应进位取整。

**7.1.2** 每个灭火器设置点实配灭火器的灭火级别和数量不得小于最小需配灭火级别和数量的计算值。

**7.1.3** 灭火器设置点的位置和数量应根据灭火器的最大保护距离确定,并应保证最不利点至少在1具灭火器的保护范围内。

## 7.2 计算单元

**7.2.1** 灭火器配置设计的计算单元应按下列规定划分:

1 当一个楼层或一个水平防火分区内各场所的危险等级和火灾种类相同时,可将其作为一个计算单元。

2 当一个楼层或一个水平防火分区内各场所的危险等级和火灾种类不相同时,应将其分别作为不同的计算单元。

3 同一计算单元不得跨越防火分区和楼层。

**7.2.2** 计算单元保护面积的确定应符合下列规定:

1 建筑物应按其建筑面积确定;

2 可燃物露天堆场,甲、乙、丙类液体储罐区,可燃气体储罐区应按堆垛、储罐的占地面积确定。

## 7.3 配置设计计算

**7.3.1** 计算单元的最小需配灭火级别应按下式计算:

$$Q = K \frac{S}{U} \tag{7.3.1}$$

式中 $Q$——计算单元的最小需配灭火级别(A或B);

$S$——计算单元的保护面积(m²);

$U$——A类或B类火灾场所单位灭火级别最大保护面积(m²/A或m²/B);

$K$——修正系数。

**7.3.2** 修正系数应按表7.3.2的规定取值。

表 7.3.2　修正系数

| 计算单元 | $K$ |
|---|---|
| 未设室内消火栓系统和灭火系统 | 1.0 |
| 设有室内消火栓系统 | 0.9 |
| 设有灭火系统 | 0.7 |
| 设有室内消火栓系统和灭火系统 | 0.5 |
| 可燃物露天堆场<br>甲、乙、丙类液体储罐区<br>可燃气体储罐区 | 0.3 |

7.3.3　歌舞娱乐放映游艺场所、网吧、商场、寺庙以及地下场所等的计算单元的最小需配灭火级别应按下式计算：

$$Q = 1.3K\frac{S}{U} \qquad (7.3.3)$$

7.3.4　计算单元中每个灭火器设置点的最小需配灭火级别应按下式计算：

$$Q_e = \frac{Q}{N} \qquad (7.3.4)$$

式中　$Q_e$——计算单元中每个灭火器设置点的最小需配灭火级别（A 或 B）；

　　　$N$——计算单元中的灭火器设置点数（个）。

7.3.5　灭火器配置的设计计算可按下述程序进行：

　　1　确定各灭火器配置场所的火灾种类和危险等级；

　　2　划分计算单元，计算各计算单元的保护面积；

　　3　计算各计算单元的最小需配灭火级别；

　　4　确定各计算单元中的灭火器设置点的位置和数量；

　　5　计算每个灭火器设置点的最小需配灭火级别；

　　6　确定每个设置点灭火器的类型、规格与数量；

　　7　确定每具灭火器的设置方式和要求；

　　8　在工程设计图上用灭火器图例和文字标明灭火器的型号、数量与设置位置。

# 附录 A　建筑灭火器配置类型、规格和灭火级别基本参数举例

表 A.0.1　手提式灭火器类型、规格和灭火级别

| 灭火器类型 | 灭火剂充装量（规格） L | kg | 灭火器类型规格代码（型号） | 灭火级别 A类 | B类 |
|---|---|---|---|---|---|
| 水型 | 3 | — | MS/Q3 | 1A | — |
| | | | MS/T3 | | 55B |
| | 6 | — | MS/Q6 | 1A | — |
| | | | MS/T6 | | 55B |
| | 9 | — | MS/Q9 | 2A | — |
| | | | MS/T9 | | 89B |
| 泡沫 | 3 | | MP3,MP/AR3 | 1A | 55B |
| | 4 | | MP4,MP/AR4 | 1A | 55B |
| | 6 | | MP6,MP/AR6 | 1A | 55B |
| | 9 | | MP9,MP/AR9 | 2A | 89B |
| 干粉（碳酸氢钠） | | 1 | MF1 | — | 21B |
| | | 2 | MF2 | — | 21B |
| | | 3 | MF3 | — | 34B |
| | | 4 | MF4 | — | 55B |
| | | 5 | MF5 | — | 89B |
| | | 6 | MF6 | — | 89B |
| | | 8 | MF8 | — | 144B |
| | | 10 | MF10 | — | 144B |

续表 A.0.1

| 灭火器类型 | 灭火剂充装量（规格） L | kg | 灭火器类型规格代码（型号） | 灭火级别 A类 | B类 |
|---|---|---|---|---|---|
| 干粉（磷酸铵盐） | | 1 | MF/ABC1 | 1A | 21B |
| | | 2 | MF/ABC2 | 1A | 21B |
| | | 3 | MF/ABC3 | 2A | 34B |
| | | 4 | MF/ABC4 | 2A | 55B |
| | | 5 | MF/ABC5 | 3A | 89B |
| | | 6 | MF/ABC6 | 3A | 89B |
| | | 8 | MF/ABC8 | 4A | 144B |
| | | 10 | MF/ABC10 | 6A | 144B |
| 卤代烷（1211） | | 1 | MY1 | — | 21B |
| | | 2 | MY2 | (0.5A) | 21B |
| | | 3 | MY3 | (0.5A) | 34B |
| | | 4 | MY4 | 1A | 34B |
| | | 6 | MY6 | 1A | 55B |
| 二氧化碳 | | 2 | MT2 | — | 21B |
| | | 3 | MT3 | — | 21B |
| | | 5 | MT5 | — | 34B |
| | | 7 | MT7 | — | 55B |

表 A.0.2　推车式灭火器类型、规格和灭火级别

| 灭火器类型 | 灭火剂充装量（规格） L | kg | 灭火器类型规格代码（型号） | 灭火级别 A类 | B类 |
|---|---|---|---|---|---|
| 水型 | 20 | | MST20 | 4A | — |
| | 45 | | MST40 | 4A | — |
| | 60 | | MST60 | 4A | — |
| | 125 | | MST125 | 6A | — |
| 泡沫 | 20 | | MPT20,MPT/AR20 | 4A | 113B |
| | 45 | | MPT40,MPT/AR40 | 4A | 144B |
| | 60 | | MPT60,MPT/AR60 | 4A | 233B |
| | 125 | | MPT125,MPT/AR125 | 6A | 297B |
| 干粉（碳酸氢钠） | | 20 | MFT20 | — | 183B |
| | | 50 | MFT50 | — | 297B |
| | | 100 | MFT100 | — | 297B |
| | | 125 | MFT125 | — | 297B |
| 干粉（磷酸铵盐） | | 20 | MFT/ABC20 | 6A | 183B |
| | | 50 | MFT/ABC50 | 8A | 297B |
| | | 100 | MFT/ABC100 | 10A | 297B |
| | | 125 | MFT/ABC125 | 10A | 297B |
| 卤代烷（1211） | | 10 | MYT10 | — | 70B |
| | | 20 | MYT20 | — | 144B |
| | | 30 | MYT30 | — | 183B |
| | | 50 | MYT50 | — | 297B |
| 二氧化碳 | | 10 | MTT10 | — | 55B |
| | | 20 | MTT20 | — | 70B |
| | | 30 | MTT30 | — | 113B |
| | | 50 | MTT50 | — | 183B |

# 附录 B　建筑灭火器配置设计图例

表 B.0.1　手提式、推车式灭火器图例

| 序号 | 图例 | 名称 |
|---|---|---|
| 1 | △ | 手提式灭火器<br>Portable fire extinguisher |
| 2 | △ | 推车式灭火器<br>wheeled fire extinguisher |

**表 B.0.2 灭火剂种类图例**

| 序号 | 图例 | 名称 |
|---|---|---|
| 3 | | 水 Water |
| 4 | | 泡沫 Foam |
| 5 | | 含有添加剂的水 Water with additive |
| 6 | | BC类干粉 BC powder |
| 7 | | ABC类干粉 ABC powder |
| 8 | | 卤代烷 Halon |
| 9 | | 二氧化碳 Carbon dioxide ($CO_2$) |
| 10 | | 非卤代烷和二氧化碳类气体灭火剂 Extinguishing gas other than Halon or CO2 |

**表 B.0.3 灭火器图例举例**

| 序号 | 图例 | 名称 |
|---|---|---|
| 11 | | 手提式清水灭火器 Water Portable extinguisher |
| 12 | | 手提式 ABC 类干粉灭火器 ABC powder Portable extinguisher |
| 13 | | 手提式二氧化碳灭火器 Carbon dioxide Portable extinguisher |
| 14 | | 推车式 BC 类干粉灭火器 Wheeled BC powder extinguisher |

# 附录 C 工业建筑灭火器配置场所的危险等级举例

**表 C 工业建筑灭火器配置场所的危险等级举例**

| 危险等级 | 举例 | |
|---|---|---|
| | 厂房和露天、半露天生产装置区 | 库房和露天、半露天堆场 |
| 严重危险级 | 1. 闪点<60℃的油品和有机溶剂的提炼、回收、洗涤部位及其泵房、灌桶间 | 1. 化学危险物品库房 |
| | 2. 橡胶制品的涂胶和胶浆部位 | 2. 装卸原油或化学危险物品的车站、码头 |
| | 3. 二硫化碳的粗馏、精馏工段及其应用部位 | 3. 甲、乙类液体储罐区、桶装库房、堆场 |
| | 4. 甲醇、乙醇、丙酮、丁酮、异丙醇、醋酸乙酯、苯等的合成、精制厂房 | 4. 液化石油气储罐区、桶装库房、堆场 |
| | 5. 植物油加工厂的浸出厂房 | 5. 棉花库房及散装堆场 |
| | 6. 洗涤剂厂房石蜡裂解部位、冰醋酸裂解厂房 | 6. 稻草、芦苇、麦秸等堆场 |
| | 7. 环氧氯丙烷、苯乙烯厂房或装置区 | 7. 赛璐珞及其制品、漆布、油布、油纸及其制品,胶网及其制品库房 |
| | 8. 液化石油气灌瓶间 | 8. 酒精度为60度以上的白酒库房 |

**续表 C**

| 危险等级 | 举例 | |
|---|---|---|
| | 厂房和露天、半露天生产装置区 | 库房和露天、半露天堆场 |
| 严重危险级 | 9. 天然气、石油伴生气、水煤气或焦炉煤气的净化(如脱硫)厂房压缩机室及鼓风机室 | |
| | 10. 乙炔站、氢气站、煤气站、氧气站 | |
| | 11. 硝化棉、赛璐珞厂房及其应用部位 | |
| | 12. 黄磷、赤磷制备厂房及其应用部位 | |
| | 13. 樟脑或松香提炼厂房,焦化厂精萘厂房 | |
| | 14. 煤粉厂房和面粉厂房的碾磨部位 | |
| | 15. 谷物筒仓工作塔、亚麻厂的除尘器和过滤器室 | |
| | 16. 氯酸钾厂房及其应用部位 | |
| | 17. 发烟硫酸或发烟硝酸浓缩部位 | |
| | 18. 高锰酸钾、重铬酸钠厂房 | |
| | 19. 过氧化钠、过氧化钾、次氯酸钙厂房 | |
| | 20. 各工厂的总控制室、分控制室 | |
| | 21. 国家和省级重点工程的施工现场 | |
| | 22. 发电厂(站)和电网经营企业的控制室、设备间 | |
| 中危险级 | 1. 闪点≥60℃的油品和有机溶剂的提炼、回收工段及其抽送泵房 | 1. 丙类液体储罐区、桶装库房、堆场 |
| | 2. 柴油、机器油或变压器油灌桶间 | 2. 化学、人造纤维及其织物和棉、毛、丝、麻及其织物的库房、堆场 |
| | 3. 润滑油再生部位或沥青加工厂房 | 3. 纸、竹、木及其制品的库房、堆场 |
| | 4. 植物油加工精炼部位 | 4. 火柴、香烟、糖、茶叶库房 |
| | 5. 油浸变压器室和高、低压配电室 | 5. 中药材库房 |
| | 6. 工业用燃油、燃气锅炉房 | 6. 橡胶、塑料及其制品的库房 |
| | 7. 各种电缆廊道 | 7. 粮食、食品库房、堆场 |
| | 8. 油淬火处理车间 | 8. 电脑、电视机、收录机等电子产品及家用电器库房 |
| | 9. 橡胶制品压延、成型和硫化厂房 | 9. 汽车、大型拖拉机停车库 |
| | 10. 木工厂房和竹、藤加工厂房 | 10. 酒精小于60度的白酒库房 |
| | 11. 针织品厂房和纺织、印染、化纤生产的干燥部位 | 11. 低温冷库 |
| | 12. 服装加工厂房、印染成品厂房 | |
| | 13. 麻纺厂粗加工厂房、毛涤厂选毛厂房 | |
| | 14. 谷物加工厂房 | |
| | 15. 卷烟厂的切丝、卷制、包装厂房 | |
| | 16. 印刷厂的印刷厂房 | |
| | 17. 电视机、收录机装配厂房 | |
| | 18. 显像管厂装配工段烧枪间 | |
| | 19. 磁带装配厂房 | |
| | 20. 泡沫塑料厂的发泡、成型、印片、压花部位 | |
| | 21. 饲料加工厂房 | |
| | 22. 地市级以下的重点工程的施工现场 | |
| 轻危险级 | 1. 金属冶炼、铸造、铆焊、热轧、锻造、热处理厂房 | 1. 钢材库房、堆场 |
| | 2. 玻璃原料熔化厂房 | 2. 水泥库房、堆场 |
| | 3. 陶瓷制品的烘干、烧成厂房 | 3. 搪瓷、陶瓷制品库房、堆场 |
| | 4. 酚醛泡沫塑料的加工厂房 | 4. 难燃烧或非燃烧的建筑装饰材料库房、堆场 |
| | 5. 印染厂的漂炼部位 | 5. 原木库房、堆场 |
| | 6. 化纤厂后加工润湿部位 | 6. 丁、戊类液体储罐区、桶装库房、堆场 |

| 危险等级 | 举例 | |
|---|---|---|
| | 厂房和露天、半露天生产装置区 | 库房和露天、半露天堆场 |
| 轻危险级 | 7.造纸厂或化纤厂的浆粕蒸煮工段 | |
| | 8.仪表、器械或车辆装配车间 | |
| | 9.不燃液体的泵房和阀门室 | |
| | 10.金属(镁合金除外)冷加工车间 | |
| | 11.氟里昂厂房 | |

# 附录D 民用建筑灭火器配置场所的危险等级举例

## 表D 民用建筑灭火器配置场所的危险等级举例

| 危险等级 | 举例 |
|---|---|
| 严重危险级 | 1.县级及以上的文物保护单位、档案馆、博物馆的库房、展览室、阅览室 |
| | 2.设备贵重或可燃物多的实验室 |
| | 3.广播电台、电视台的演播室、道具间和发射塔楼 |
| | 4.专用电子计算机房 |
| | 5.城镇及以上的邮政信函和包裹分检房、邮袋库、通信枢纽及其电信机房 |
| | 6.客房数在50间以上的旅馆、饭店的公共活动用房、多功能厅、厨房 |
| | 7.体育场(馆)、电影院、剧院、会堂、礼堂的舞台及后台部位 |
| | 8.住院床位在50张及以上的医院的手术室、理疗室、透视室、心电图室、药房、住院部、门诊部、病历室 |
| | 9.建筑面积在2000m²及以上的图书馆、展览馆的珍藏室、阅览室、书库、展览厅 |
| | 10.民用机场的候机厅、安检厅及空管中心、雷达机房 |
| | 11.超高层建筑和一类高层建筑的写字楼、公寓楼 |
| | 12.电影、电视摄影棚 |
| | 13.建筑面积在1000m²及以上的经营易燃易爆化学物品的商场、商店的库房及铺面 |
| | 14.建筑面积在200m²及以上的公共娱乐场所 |
| | 15.老人住宿床位在50张及以上的养老院 |
| | 16.幼儿住宿床位在50张及以上的托儿所、幼儿园 |
| | 17.学生住宿床位在100张及以上的学校集体宿舍 |
| | 18.县级及以上的党政机关办公大楼的会议室 |
| | 19.建筑面积在500m²及以上的车站和码头的候车(船)室、行李房 |
| | 20.城市地下铁道、地下观光隧道 |
| | 21.汽车加油站、加气站 |
| | 22.机动车交易市场(包括旧机动车交易市场)及其展销厅 |
| | 23.民用液化气、天然气灌装站、换瓶站、调压站 |
| 中危险级 | 1.县级以下的文物保护单位、档案馆、博物馆的库房、展览室、阅览室 |
| | 2.一般的实验室 |
| | 3.广播电台电视台的会议室、资料室 |
| | 4.设有集中空调、电子计算机、复印机等设备的办公室 |
| | 5.城镇以下的邮政信函和包裹分检房、邮袋库、通信枢纽及其电信机房 |
| | 6.客房数在50间以下的旅馆、饭店的公共活动用房、多功能厅和厨房 |
| | 7.体育场(馆)、电影院、剧院、会堂、礼堂的观众厅 |
| | 8.住院床位在50张以下的医院的手术室、理疗室、透视室、心电图室、药房、住院部、门诊部、病历室 |
| | 9.建筑面积在2000m²以下的图书馆、展览馆的珍藏室、阅览室、书库、展览厅 |
| | 10.民用机场的检票厅、行李厅 |
| | 11.二类高层建筑的写字楼、公寓楼 |
| | 12.高级住宅、别墅 |

| 危险等级 | 举例 |
|---|---|
| 中危险级 | 13.建筑面积在1000m²以下的经营易燃易爆化学物品的商场、商店的库房及铺面 |
| | 14.建筑面积在200m²以下的公共娱乐场所 |
| | 15.老人住宿床位在50张以下的养老院 |
| | 16.幼儿住宿床位在50张以下的托儿所、幼儿园 |
| | 17.学生住宿床位在100张以下的学校集体宿舍 |
| | 18.县级以下的党政机关办公大楼的会议室 |
| | 19.学校教室、教研室 |
| | 20.建筑面积在500m²以下的车站和码头的候车(船)室、行李房 |
| | 21.百货楼、超市、综合商场的库房、铺面 |
| | 22.民用燃油、燃气锅炉房 |
| | 23.民用的油浸变压器室和高、低压配电室 |
| 轻危险级 | 1.日常用品小卖店及经营难燃或非燃的建筑装饰材料商店 |
| | 2.未设集中空调、电子计算机、复印机等设备的普通办公室 |
| | 3.旅馆、饭店的客房 |
| | 4.普通住宅 |
| | 5.各类建筑物中以难燃烧或非燃烧的建筑构件分隔的并主要存贮难燃烧或非燃烧材料的辅助房间 |

# 附录E 不相容的灭火剂举例

## 表E 不相容的灭火剂举例

| 灭火剂类型 | 不相容的灭火剂 | |
|---|---|---|
| 干粉与干粉 | 磷酸铵盐 | 碳酸氢钠、碳酸氢钾 |
| 干粉与泡沫 | 碳酸氢钠、碳酸氢钾 | 蛋白泡沫 |
| 泡沫与泡沫 | 蛋白泡沫、氟蛋白泡沫 | 水成膜泡沫 |

# 附录F 非必要配置卤代烷灭火器的场所举例

## 表F.0.1 民用建筑类非必要配置卤代烷灭火器的场所举例

| 序号 | 名称 |
|---|---|
| 1 | 电影院、剧院、会堂、礼堂、体育馆的观众厅 |
| 2 | 医院门诊部、住院部 |
| 3 | 学校教学楼、幼儿园及托儿所的活动室 |
| 4 | 办公楼 |
| 5 | 车站、码头、机场的候车、候船、候机厅 |
| 6 | 旅馆的公共场所、走廊、客房 |
| 7 | 商店 |
| 8 | 百货楼、营业厅、综合商场 |
| 9 | 图书馆一般书库 |
| 10 | 展览厅 |
| 11 | 住宅 |
| 12 | 民用燃油、燃气锅炉房 |

表 F.0.2 工业建筑类非必要配置卤代烷灭火器的场所举例

| 序号 | 名　　称 |
|------|----------|
| 1 | 橡胶制品的涂胶和胶浆部位;压延成型和硫化厂房 |
| 2 | 橡胶、塑料及其制品库房 |
| 3 | 植物油加工厂的浸出厂房;植物油加工精炼部位 |
| 4 | 黄磷、赤磷制备厂房及其应用部位 |
| 5 | 樟脑或松香提炼厂房、焦化厂精萘厂房 |
| 6 | 煤粉厂房和面粉厂房的碾磨部位 |
| 7 | 谷物筒仓工作塔、亚麻厂的除尘器和过滤器室 |
| 8 | 散装棉花堆场 |
| 9 | 稻草、芦苇、麦秸等堆场 |
| 10 | 谷物加工厂房 |
| 11 | 饲料加工厂房 |
| 12 | 粮食、食品库房及粮食堆场 |
| 13 | 高锰酸钾、重铬酸钠厂房 |
| 14 | 过氧化钠、过氧化钾、次氯酸钙厂房 |
| 15 | 可燃材料工棚 |
| 16 | 可燃液体贮罐、桶装库房或堆场 |
| 17 | 柴油、机器油或变压器油灌桶间 |
| 18 | 润滑油再生部位或沥青加工厂房 |
| 19 | 泡沫塑料厂的发泡、成型、印片、压花部位 |
| 20 | 化学、人造纤维其织物和棉、毛、丝、麻及其织物的库房 |
| 21 | 酚醛泡沫塑料的加工厂房 |
| 22 | 化纤厂后加工润湿部位;印染厂的漂炼部位 |
| 23 | 木工厂房和竹、藤加工厂房 |
| 24 | 纸张、竹、木及其制品的库房、堆场 |

续表 F.0.2

| 序号 | 名　　称 |
|------|----------|
| 25 | 造纸厂或化纤厂的浆粕蒸煮工段 |
| 26 | 玻璃原料熔化厂房 |
| 27 | 陶瓷制品的烘干、烧成厂房 |
| 28 | 金属(镁合金除外)冷加工车间 |
| 29 | 钢材库房、堆场 |
| 30 | 水泥库房 |
| 31 | 搪瓷、陶瓷制品库房 |
| 32 | 难燃烧或非燃烧的建筑装饰材料库房 |
| 33 | 原木堆场 |

# 本规范用词说明

1　为便于在执行本规范条文时区别对待,对要求严格程度不同的用词说明如下:

　1)表示很严格,非这样做不可的用词:
　　正面词采用"必须",反面词采用"严禁"。

　2)表示严格,在正常情况下均应这样做的用词:
　　正面词采用"应",反面词采用"不应"或"不得"。

　3)表示允许稍有选择,在条件许可时首先应这样做的用词:
　　正面词采用"宜",反面词采用"不宜";

　　表示有选择,在一定条件下可以这样做的用词,采用"可"。

2　本规范中指明应按其他有关标准、规范执行的写法为"应符合……的规定"或"应按……执行"。

中华人民共和国国家标准

# 建筑灭火器配置设计规范

## GB 50140—2005

## 条 文 说 明

# 目　次

# 1 总　则

**1.0.1** 本条阐述了制订和修订本规范的意义和目的,强调只有合理、正确地配置灭火器,才能真正加强建筑物内的灭火力量,及时、有效地扑救各类工业与民用建筑的初起火灾。

众所周知,灭火器的应用范围很广,全国各地的各类大、中、小型工业与民用建筑都在使用,到处皆有;灭火器是扑救初起火灾的重要消防器材,轻便灵活,稍经训练即可掌握其操作使用方法,可手提或推拉至着火点附近,及时灭火,确属消防实战灭火过程中较理想的第一线灭火装备。在建筑物内正确地选择灭火器的类型,确定灭火器的配置规格与数量,合理地定位及设置灭火器,保证足够的灭火能力(即需配灭火级别),并注意定期检查和维护灭火器,就能在被保护场所一旦着火时,迅速地用灭火器扑灭初起小火,减少火灾损失,保障人身和财产安全。

**1.0.2** 本条规定了本规范的适用范围和不适用范围。本规范适用于应配置灭火器的、生产、使用和储存可燃物的,新建、改建、扩建的各类工业与民用建筑工程(包括装修工程),亦即:凡是存在(包括生产、使用和储存)可燃物的工业与民用建筑场所,均应配置灭火器。这是因为有可燃物的场所,就存在着火灾危险,需要配置灭火器加以保护。反之,对那些确实不生产、使用和储存可燃物的建筑场所,当然可以不配置灭火器。这里还需要说明的是:本规范中的可燃物系指广义范围的可燃烧物质,亦即除了不燃物之外,凡可燃固体物质、易燃液体、可燃气体、可燃金属等都归属于可燃物的范畴。因此,即使是耐燃物,由于其仍然还是能够燃烧的,故也属于可燃物。

鉴于目前我国尚无专门用于扑救炸药、弹药、火工品、花炮火灾的定型灭火器,因此,本规范暂定不适用于生产和贮存炸药、弹药、火工品、花炮的厂房和库房。

**1.0.3** 本条规定系根据国内目前尚有少数地区和单位不同程度地存在着在工程设计阶段不够重视建筑灭火器配置设计的情况和实际需求而提出的。本条要求在建筑消防工程设计时就应当按照本规范的各章规定正确选择和配置灭火器,进行建筑灭火器配置的设计与计算,应将配置灭火器的类型、规格、数量及其设置位置作为建筑消防工程的设计内容,并在工程设计图上标明。建设单位需将新建、改建、扩建的各类工业与民用建筑工程(包括装修工程)的建筑灭火器配置设计图、设计计算书和建筑灭火器配置清单送建筑工程所在地的县级以上公安消防监督部门审核,并将配置灭火器的所需费用计入基建设备概算。各地各级公安消防监督部门根据公安部 30 号令、61 号令和本规范,在审核建筑消防工程设计时就要着手审核建筑灭火器的配置设计情况,把好这重要的第一关。这样做,可避免在建筑灭火器配置的事务上前后脱节,互相推诿,杜绝以往个别单位一直拖延到建筑物竣工后,或开业前,才考虑灭火器的配置事务的情况发生,否则就会完全失去制订本规范的根本意义。各地各级公安消防监督部门在对建筑物进行防火检查时需按照本规范的规定,检查灭火器的实际配置情况,看其是否符合本规范的要求,是否与消防建审时审定的设计图、计算书相吻合,特别要注意有个别单位为应付竣工验收或防火检查,临时购买或挪借几具灭火器凑数,更要防止有个别单位甚至在需配灭火器的建筑场所根本就不配置任何灭火器的异常情况发生。

**1.0.4** 本规范是一本专业性较强的技术法规,其内容涉及范围较广,故在为各类建筑物配置设计灭火器时,除执行本规范外,尚应符合国家现行的有关规范、标准的规定,且不能与之相抵触,以保证国家各相关规范、标准之间的协调和一致。

# 2 术语和符号

## 2.1 术　语

本节内容是根据建设部关于“工程建设国家标准管理办法”和“工程建设国家标准编写规定”中的有关要求编写的。主要拟定原则是:所列术语是本规范专用的,在其他规范、标准中未出现过的;在具体定义中,根据有关规定,在全面分析的基础上,突出特性,尽量做到定义准确、简明易懂。

本规范现列入 4 条术语。

**2.1.1** 灭火器配置场所是指存在可燃物(广义的可燃物范畴,见1.0.2 的条文说明),并需要配置灭火器的建筑场所。

灭火器配置场所可能是建筑物内的一个房间,诸如:办公室、会议室、实验室、资料室、阅览室、油漆间、配电室、厨房、餐厅、客房、歌舞厅、更衣室、厂房、库房、观众厅、舞台以及计算机房和网吧等;灭火器配置场所也可以是构筑物所占用的一个区域,如可燃物堆场或油罐区等。

**2.1.2** 建筑灭火器配置设计的计算单元可分为两大类,即:或指建筑物中的一个独立的灭火器配置场所,一个特殊的房间,例如,某一办公楼层中的电子计算机房,或者是某一宾馆客房楼层中的多功能厅,可称之为独立计算单元;或指若干个相邻的且危险等级和火灾种类均相同的灭火器配置场所的组合部分,例如,办公楼层中除电子计算机房外的所有的办公室房间,或者是某一宾馆客房楼层中除多功能厅外的所有的客房房间,可称之为组合计算单元。

**2.1.3** 独立计算单元中灭火器的保护距离,系指由灭火器设置点到最不利点(距灭火器设置点最远的地点)的直线行走距离,可忽略该计算单元(即一个房间,一个灭火器配置场所)内桌椅/冰箱等小型家具/家电的影响;组合计算单元中灭火器的保护距离,在有隔墙阻挡的情况下,可按从灭火器设置点出发,通过房门中点,到达最不利点的直线行走路线的各段折线长度之和计算。

灭火器的最大保护距离仅受火灾种类、危险等级和灭火器型式的制约,而与设置点配置灭火器的规格、数量无关。

**2.1.4** 灭火级别的举例说明:8kg 的手提式磷酸铵盐干粉灭火器灭火级别为 4A,144B;其中 A 表示该灭火器扑灭 A 类火灾的灭火级别的一个单位值,亦即灭火器扑灭 A 类火灾效能的基本单位,4A 组合表示该灭火器能扑灭 4A 等级(定量)的 A 类火试模型火(定性);B 表示该灭火器扑灭 B 类火灾的灭火级别的一个单位值,亦即灭火器扑灭 B 类火灾效能的基本单位,144B组合表示该灭火器能扑灭 144B 等级(定量)的 B 类火试模型火(定性)。

附录 A 中的各类灭火器的类型、规格和灭火级别基本参数举例是为方便建筑灭火器的配置设计和等效替代的计算而给出的,是已批准、发布的灭火器产品质量的国家标准和行业标准中规定的,或已通过国家消防装备检测中心定型检验的数据。鉴于我国的灭火器产品质量标准 GB 4351(手提式灭火器)和 GB 8109(推车式灭火器)现已全面修订,分别与国际标准 ISO 7165(手提式灭火器)和 ISO 11601(推车式灭火器)接轨,修改采用国际标准,因此,关于各种类型、规格灭火器的型号代码、灭火剂充装量和灭火级别值当以国家标准的最新、有效版本为准。

灭火器产品质量标准 GB 4351 和 GB 8109 的 2005 年版中关于各种类型、规格灭火器的型号代码举例说明:

MPZ/AR6——6L 手提贮压式抗溶性泡沫灭火器;

MF/ABC5——5kg 手提储气瓶式通用(磷酸铵盐)干粉灭火器;

MPTZ/AR45——45L 推车贮压式抗溶性泡沫灭火器;

MFT/ABC20——20kg 推车储气瓶式通用(磷酸铵盐)干粉
灭火器。

## 2.2 符　号

**2.2.1** 本条系根据本规范第 6、7 章建筑灭火器的配置设计与计算的需求,本着简化和必要的原则,列出了 6 个有关的工程设计参数的符号、名称及量纲,其内含见本条和相关章节条文的定义和说明。

**2.2.2** 附录 B 中的 14 个建筑灭火器配置的设计图例均节选自 GB/T 4327《消防技术文件用消防设备图形符号》,修改采用了国际标准 ISO 6790 的规定。具体设计时,应当以国家标准和国际标准的最新、有效版本为准。

与本章条文相关的附录 A 和附录 B 都是为了便于建筑消防工程设计,均系根据建设部和公安部的规范主管部门和各地设计院的要求而编制的。

# 3 灭火器配置场所的火灾种类和危险等级

## 3.1 火灾种类

**3.1.1** 为了便于建筑灭火器配置设计人员能正确判定灭火器配置场所的火灾种类,合理选择与配置灭火器,根据现行国际标准和国家标准《火灾分类》,结合灭火器灭火的特点和灭火器配置设计工作的需求,本条对灭火器配置场所中生产、使用和储存的可燃物有可能发生的火灾种类的分类作了原则规定。

**3.1.2** 本条将灭火器配置场所的火灾种类划分为以下五类,并作了列举,以方便有关人员的正确理解及合理应用。对于未列举到的场所,可比对本条各款的定义和举例,然后予以确定。

　1　A 类火灾:指固体物质火灾。如木材、棉、毛、麻、纸张及其制品等燃烧的火灾。

　2　B 类火灾:指液体火灾或可熔化固体物质火灾。如汽油、煤油、柴油、原油、甲醇、乙醇、沥青、石蜡等燃烧的火灾。

　3　C 类火灾:指气体火灾。如煤气、天然气、甲烷、乙烷、丙烷、氢气等燃烧的火灾。

　4　D 类火灾:指金属火灾。如钾、钠、镁、钛、锆、锂、铝镁合金等燃烧的火灾。

　5　E 类(带电)火灾:指带电物体的火灾。如发电机房、变压器室、配电间、仪器仪表间和电子计算机房等在燃烧时不能及时或不宜断电的电气设备带电燃烧的火灾。E 类火灾是建筑灭火器配置设计的专用概念,主要是指发电机、变压器、配电盘、开关箱、仪器仪表和电子计算机等在燃烧时仍旧带电的火灾,必须用能达到电绝缘性能要求的灭火器来扑救。对于那些仅有常规照明线路和普通照明灯具而且并无上述电气设备的普通建筑场所,可不按 E 类火灾的规定配置灭火器。

## 3.2 危险等级

**3.2.1** 英国(BS 5306)、美国(NFPA 10)和澳大利亚(AS 2444)等国家的建筑灭火器配置设计技术法规和国际标准(ISO 11602)都将建筑场所划分为三个危险等级:严重危险级、中危险级和轻危险级。而且上述各国规范、标准划分危险等级的原则是基本相同的,均以建筑物中生产、使用和储存的可燃物为主要保护对象,并且以可燃物的火灾危险性和可燃物数量为主要考虑因素,结合起火后的火灾蔓延速度和扑救难易程度等因素来划分危险等级,它与建筑本身的耐火等级并无直接关系,这是因为扑救建筑物中的大型建筑构件所发生的火灾,并非是仅能用于扑救初起火灾的灭火器所能承担的任务。

本条将工业建筑的危险等级划分为严重、中、轻三级。工业建筑包括厂房及露天、半露天生产装置区和库房及露天、半露天堆场,划分其危险等级主要考虑以下几个因素:

　1　工业建筑场所内生产、使用和储存可燃物的火灾危险性是划分危险等级的主要因素。按照现行国家标准《建筑设计防火规范》对厂房和库房中的可燃物的火灾危险性分类来划分工业场所的危险等级。原则上将甲、乙类生产场所和甲、乙类储存场所列入严重危险级;将丙类生产场所和丙类储存场所列入中危险级;将丁、戊类生产场所和丁、戊类储存场所列入轻危险级。其对应关系如表 1 所示:

**表 1　配置场所与危险等级对应关系**

| 配置场所 危险等级 | 严重危险级 | 中危险级 | 轻危险级 |
|---|---|---|---|
| 厂房 | 甲、乙类物品 生产场所 | 丙类物品 生产场所 | 丁、戊类物品 生产场所 |
| 库房 | 甲、乙类物品 储存场所 | 丙类物品 储存场所 | 丁、戊类物品 储存场所 |

　2　工业建筑场所内可燃物的数量越多,火灾荷载增大,使起火后的火灾强度与火灾破坏程度提高,因此将可燃物数量多的场所划为严重危险级,可燃物数量少的场所定为轻危险级,而居于两者之间的可燃物数量较多的场所则可定为中危险级。

　3　对于蔓延迅速的火灾,有可能在短时间内酿成大火,使灭火器失去作用,出现灭火器灭不了火的情况。因此,在灭火器配置场所中,火灾蔓延速度越迅速,相应的危险等级就高。可燃物的火灾蔓延速度,除了同可燃物本身的燃烧特性有关之外,还与场所内的环境条件等情况有关。例如,若采取良好的防火分隔措施和生产工艺密闭操作等安全设施,则可将火灾危险性局限在一定的部位内,减缓火灾蔓延速度;又如将可燃物堆积储存得较高,或松散包装,敞开贮存,则起火后就会增加火灾蔓延速度。

因此,可将起火后火灾蔓延迅速的场所定为严重危险级,起火后火灾蔓延较迅速的场所定为中危险级,起火后火灾蔓延较缓慢的场所定为轻危险级。

　4　一般来说,扑救火灾困难的场所,发生特大火灾或重大火灾的可能性就大,造成的后果就越严重,其危险等级就应提高。因此,可将扑救困难的场所定为严重危险级,扑救较难的场所定为中危险级,扑救较易的场所定为轻危险级。

　5　在一旦发生火灾就会容易引起重大损失的某些场所,为了确保在这些场所中有足够的灭火力量,以避免因扑灭不了初起火灾而产生重大损失,应将其定为严重危险级。

在本规范的附录 C 中,根据上述因素,列举了工业建筑三个危险等级的相应场所。对其中没有列举到的场所,可按本条的原则规定和/或附录 C 中的举例,进行类比,以确定其危险等级。

**3.2.2** 民用建筑大体上可分为公共建筑和居住建筑两大类,在划分危险等级的问题上要比工业建筑复杂,但主要应依据灭火器配置场所的使用性质、人员密集程度、用火用电多少、可燃物数量、火灾蔓延速度、扑救难易程度等因素来划分危险等级。

从使用性质来看:凡使用性质重要,设备与物资贵重的场所,一旦失火社会影响重大,损失严重者系消防重点保护对象,应列入严重危险级;根据 2001 年 11 月发布的第 61 号公安部令第 13 条及其条文说明,本规范附录 D 将公安部 61 号令中界定标准清晰的若干消防安全重点单位的相关场所纳入严重危险级。

从人员密集程度来看:凡人群密集、来往客流众多,且人群有可能聚集、停留一段较长时间的建筑场所,诸如大型商场、超市、网吧、寺庙大殿,以及影剧院、体育场馆等歌舞娱乐放映游艺场所,一旦发生火灾，就有可能造成群死群伤的场所，其危险性很大，则应列入严重危险级；

从可燃物数量和用火用电多少来看：凡可燃物数量多、可燃装修多、功能复杂、用火用电多等火险隐患大的场所也应列入严重危险级。

从火灾蔓延速度来看：起火后会迅速蔓延的民用建筑场所，一方面容易引起大火；另一方面，由于火灾蔓延迅速，也会加剧现场人员的恐慌，影响逃生和救援，将会增加人员的伤亡和财产损失，因此应列入严重危险级。

从扑救难度来看：建筑结构和功能复杂的场所，其竖向管井多、隐蔽空间多、火灾蔓延途径也多，起火后扑救难度大；有大量的有毒烟气产生的场所或人群密集的场所，尤其是在地下建筑场所起火时，由于火场混乱，外援困难，也往往会增大扑救火灾的难度；因此应将上述场所划为严重危险级。

同理，按照上述各因素的表现程度的依次降低，可分别定为中危险级和轻危险级场所。

上述因素与危险等级的具体对应关系如表2所示。

**表2　危险因素与危险等级对应关系**

| 危险因素<br>危险等级 | 使用<br>性质 | 人员密<br>集程度 | 用电用<br>火设备 | 可燃物<br>数量 | 火灾蔓延<br>速度 | 扑救<br>难度 |
|---|---|---|---|---|---|---|
| 严重危险级 | 重要 | 密集 | 多 | 多 | 迅速 | 大 |
| 中危险级 | 较重要 | 较密集 | 较多 | 较多 | 较迅速 | 较大 |
| 轻危险级 | 一般 | 不密集 | 较少 | 较少 | 较缓慢 | 较小 |

在本规范附录D中，根据上述因素，列举了民用建筑三个危险等级的若干场所。对其中没有列举到的场所，可按本条的原则规定和/或附录C中的举例，进行类比，以确定其危险等级。

# 4　灭火器的选择

## 4.1　一般规定

**4.1.1**　本条规定的目的是要求设计单位和使用部门能按照下述六个因素来选配适用类型、规格、型式的灭火器。

1　根据灭火器配置场所的火灾种类，可判断出应选哪一种类型的灭火器。如果选择不合适的灭火器不仅有可能灭不了火，而且还有可能引起灭火剂对燃烧的逆化学反应，甚至会发生爆炸伤人事故。目前各地比较普遍存在的问题是在A类火灾场所配置不能扑灭A类火的B、C干粉（碳酸氢钠干粉）灭火器。

另外，对碱金属（如钾、钠）火灾，不能用水型灭火器去灭火。其原因之一是由于水与碱金属作用后，会生成大量的氢气，氢气与空气中的氧气混合后，容易形成爆炸性的气体混合物，从而有可能引起爆炸事故。

2　根据灭火器配置场所的危险等级和火灾种类等因素，可确定灭火器的保护距离和配置基准，这是着手建筑灭火器配置设计和计算的首要步骤。

3　从附录A中可以看出：虽然有几种类型的灭火器均适用于扑灭同一种类的火灾，但值得注意的是，他们在灭火有效程度（包括灭火能力即灭火级别的大小，以及扑灭同一灭火级别时火试模型的灭火剂用量的多少，和灭火速度的快慢等）方面尚有明显的差异。例如，对于同一级别为55B的标准油盘火灾，需用7kg的二氧化碳灭火器才能灭火，而且速度较慢；而改用4kg的干粉灭火器不但也能灭火，而且其灭火时间较短，灭火速度也快得多。以上举例充分说明适用于扑救同一种类火灾的不同类型灭火器，在灭火剂用量和灭火速度上有较大的差异，即其灭火有效程度有较大差异。因此，在选择灭火器时应考虑灭火器的灭火效能和通用

性。

4　为了保护贵重物资与设备免受不必要的污渍损失，灭火器的选择应考虑其对被保护物品的污损程度。例如，在专用的电子计算机房内，要考虑被保护的对象是电子计算机等精密仪表设备，若使用干粉灭火器灭火，肯定能灭火，但其灭火后所残留的粉末状覆盖物对电子元器件则有一定的腐蚀作用和粉尘污染，而且也难以清洁。水型灭火器和泡沫灭火器也有类同的污损作用。而选用气体灭火器去灭火，则灭火后不仅没有任何残迹，而且对贵重、精密设备也没有污损、腐蚀作用。

5　灭火器设置点的环境温度对灭火器的喷射性能和安全性能均有明显影响。若环境温度过低则灭火器的喷射性能显著降低，若环境温度过高则灭火器的内压剧增，灭火器则会有爆炸伤人的危险。本款要求灭火器设置点的环境温度应在灭火器使用温度范围之内。

6　灭火器是靠人来操作的，要为某建筑场所配置适用的灭火器，也应对该场所中人员的体能（包括年龄、性别、体质和身手敏捷程度等）进行分析，然后正确地选择灭火器的类型、规格、型式。通常，在办公室、会议室、卧室、客房，以及学校、幼儿园、养老院的教室、活动室等民用建筑场所内，中、小规格的手提式灭火器应用较广，而在工业建筑场所的大车间和古建筑场所的大殿内，则可考虑选用大、中规格的手提式灭火器或推车式灭火器。

在上述民用建筑场所内，推荐选配手提式灭火器是为了便于使用和维护，布局美观，而且，这些场所本身及其走道的面积均较小，通常并没有设置推车式灭火器的合适部位。而在多数工业建筑场所的大车间和古建筑的大殿内，都有较大的空间和适当的部位来设置推车式灭火器。当然，有条件时亦可在同一场所内同时选用手提式灭火器和推车式灭火器。

另外，在体质强壮的青年男工人较多的炼钢车间中适当配置大规格的手提式灭火器和推车式灭火器，而在体质较弱的女护士较多的医院病房、女教师较多的小学校、幼儿园内，选择配置小规格的手提式灭火器，也是对本款规定的一种考虑。

**4.1.2**　本条之所以推荐在同一场所选配类型相同和操作方法也相同的灭火器，一是为培训灭火器使用人员提供方便；二是在灭火实战中灭火人员可方便地用同一种方法连续使用多具灭火器灭火；三是便于灭火器的维修和保养。

当在同一灭火器配置场所内存在不同种类的火灾时，通常应选择配置可扑灭A、B、C、E多类火灾的磷酸铵盐干粉（俗称ABC干粉）灭火器等通用型灭火器。

**4.1.3**　本条是为防止在同一场所内选配的各类灭火器的灭火剂之间发生不利于灭火的相互反应而制订的。选择灭火器时应保证不同类型灭火器内充装的灭火剂，如干粉和泡沫，干粉和干粉，泡沫和泡沫之间能够联用，不论是同时使用还是依次（先后）使用，都应防止因灭火剂选择不当而引起干粉与泡沫、干粉与干粉、泡沫与泡沫之间的不利于灭火的相互作用，以避免因发生泡沫消失等不利因素而导致灭火效力明显降低。

### 4.2　灭火器的类型选择

**4.2.1～4.2.5**　灭火器的正确选型是建筑灭火器配置设计的关键之一。本节的前5条规定主要是依据国际标准、国外标准的有关规定，并根据国内几十年的消防实战经验和实验验证而确定的。根据各种类型灭火器的不同灭火机理，决定不同类型灭火器可灭A、B、C、D和/或E类火灾。

从表3"灭火器的适用性"中可以看出：磷酸铵盐干粉灭火器适用于扑灭A、B、C和E多类火灾。

表3 灭火器类型适用性

| 灭火器类型 / 火灾场所 | 水型灭火器 | 干粉灭火器 | | 泡沫灭火器 | | 卤代烷1211灭火器 | 二氧化碳灭火器 |
|---|---|---|---|---|---|---|---|
| | | 磷酸铵盐干粉灭火器 | 碳酸氢钠干粉灭火器① | 机械泡沫灭火器① | 抗溶泡沫灭火器① | | |
| A类场所 | 适用。水能冷却并穿透固体燃烧物质而灭火,并可有效地防止复燃 | 适用。粉剂能附着在燃烧物的表面层上,起到窒息火焰的作用 | 不适用。碳酸氢盐对固体燃烧物无粘着作用,只能控制火,不能灭火 | 适用。有冷却和覆盖燃烧物,使与空气隔绝的作用 | 适用。具有扑灭A类火灾的效能 | 不适用。喷出的化学液流作用于物质表面,灭火后,对火类、A类火灾无效 | |
| B类场所 | 不适用①。水射到石油面,会激起油花,致使着火,火势蔓延,灭火困难 | 适用。干粉灭火剂能快速灭火,具有中断燃烧过程的连锁反应的化学活性 | | 适用于扑救非极性油类火灾,使可燃液体表面与空气隔绝 | 适用于扑救极性溶剂火灾 | 适用。洁净气体灭火剂能快速灭火,抑制燃烧连锁反应,而中止燃烧过程 | 适用。二氧化碳积聚燃烧物表面稀释空气 |
| C类场所 | 不适用。灭火器喷出的细小水流对气体火灾作用很小,基本无效 | 适用。干粉灭火剂能快速扑灭气体火焰,具有中断燃烧过程的连锁反应的化学活性 | | 不适用。对可燃液体灭火有效,但扑救可燃气体火灾基本无效 | | 适用。洁净气体灭火剂抑制燃烧连锁反应,灭火后无残迹,不污染设备 | 适用。二氧化碳窒息燃烧物表面释放气 |
| E类场所 | 不适用 | 适用 | 适用于带电的B类火灾 | 不适用 | | 适用 | 适用于带电的B类火 |

注:①新型的添加了能灭B类火灾的添加剂的水型灭火器具有B类灭火级别,可灭B类火灾。
②化学泡沫灭火器已淘汰。
③目前,抗溶泡沫灭火器常用机械泡沫类型灭火器。

此外,对D类火灾即金属燃烧的火灾,就我国目前情况来说,还没有定型的灭火器产品。目前国外对D类火灾的灭火器主要有粉状石墨灭火器和灭金属火灾的专用干粉灭火器。在国内尚未生产这类灭火器和灭火剂的情况下,可采用干砂或铸铁屑末来替代。

本规范之所以提出并强调在存在带电物质燃烧的E类火灾场所配置灭火器的要求,是为了防止因选配灭火器不当而造成不必要的电击伤人或设备事故。这一规定同国际标准和英、美等国家规范的要求基本吻合。

**4.2.6** 为了保护大气臭氧层和人类生态环境,在非必要场所应当停止再配置卤代烷灭火器。本规范附录F中的非必要场所是根据国家消防主管部门和国家环保主管部门的有关文件而列举的。今后,更多的非必要配置卤代烷灭火器的场所需经国家消防主管部门和国家环保主管部门共同确认。

在撤换了卤代烷灭火器的原灭火器设置点的位置上,重新配置的适用灭火器(可选配磷酸铵盐干粉灭火器等)的灭火级别不得低于原配卤代烷灭火器的灭火级别。新配灭火器应按等效替代的原则和本规范的规定,进行建筑灭火器配置的设计和计算。

本条规定必要场所可配置卤代烷灭火器,主要是针对当前国内现状而提出来的,有个别地区和单位,片面地理解必要场所和非必要场所的概念,超前地执行了'彻底'淘汰卤代烷灭火器的'文件精神',致使在某些必要场所本应配置卤代烷灭火器却没有配置,从而削弱了消防灭火力量。

必要场所和非必要场所的概念与范畴,详见联合国环境署(UNEP)、国家环保总局(CEPA)以及公安部消防局的有关文件和规定。

# 5 灭火器的设置

## 5.1 一般规定

**5.1.1** 本条对灭火器的设置位置主要作了以下两个方面的规定:
一是要求灭火器的设置位置明显、醒目。这是为了在平时和发生火灾时,能让人们一目了然地知道何处可取灭火器,减少因寻找灭火器所花费的时间,从而能及时有效地将火扑灭在初起阶段。通常在建筑场所(室)内的合适部位设置灭火器是及时、就近取得灭火器的可靠保证之一。另外,沿着经常有人路过的建筑场所的通道、楼梯间、电梯间和出入口处设置灭火器,也是及时、就近取得灭火器的可靠保证之一。当然,上述部位的灭火器的设置位置和设置方式均不得影响行人走路,更不能影响在火灾紧急情况时的安全疏散。

二是要求灭火器的设置位置能够便于取用。即当发现火情后,要求人们在没有任何障碍的情况下,就能够跑到灭火器设置点处方便地取得灭火器并进行灭火。这是因为扑灭初起火灾是有一定的时间限度的,而能否及时地取到灭火器,在某种程度上决定了用灭火器灭火的成败。如果取用不便,那么即使灭火器设置点离着火点再近,也有可能因时间的拖延致使火势蔓延而造成大火,从而使灭火器失去扑救初起火灾的最佳时机。因此,便于取用灭火器是值得我们重视的一项要求。

美国、英国、澳大利亚的标准也对此作了类同的规定:
美国标准规定:"灭火器应设置在能够迅速接近而且在火灾发生时能立即取用的明显场所。最好放置在正常的通道,包括出口处"。

英国标准规定:"一般灭火器应放置在托架或置物架等明显的位置,在这些位置,灭火器将被沿着安全路线撤退的人群看到,在距房间的出口、走廊、门厅及楼梯平台较近的位置设置灭火器是最合适的"。

澳大利亚标准要求:"每具灭火器均应设置在醒目的和能很快取得的位置,并用一定的标志来表示;采用橱柜安放灭火器的场所,在使用灭火器时,要求顺利、方便拿取,且橱柜的门打开时,不应占据疏散通道"。

本规范将国外标准和国内经验归纳起来,要求将灭火器设置在那些不易被货物或家具堵塞、平时经常有人路过、明显易见、且便于取用的位置。

灭火器的设置不得影响安全疏散的规定不仅关系到人们在火灾发生时能否及时安全撤离的问题,也涉及到人们取用灭火器时通道是否通畅的问题,故必须作出明确的规定。

**5.1.2** 对于那些必须设置灭火器而又难以做到明显易见的特殊场所,例如,在有隔墙或屏风的亦即存在视线障碍的大型房间内,设置醒目的指示标志来指出灭火器的设置位置,可使人们能明确方向并及时地取到灭火器。美国标准也规定:"在大型房间内或因视线障碍而不能直接看见灭火器的场所,须设置指明灭火器设置位置的标记"。

在大型房间和不能完全避免视线障碍的场所,指示灭火器所在位置的标志不仅应当醒目,而且应能在火灾紧急断电(即在黑暗时)情况下发光。同理灭火器箱的箱体正面和灭火器筒体的铭牌上也有粘贴发光标志的必要。目前,《灭火器箱》产品行业标准拟在修订时增加此项规定,建议国家产品标准《手提式灭火器》也能考虑在修订时补充此项规定。

发光标志应选用经国家检测中心定型检验合格的产品,其所采用的发光材料应无毒、无放射性,亮度等性能指标均须达到国家标准要求。

**5.1.3** 建筑灭火器的设置方式主要有墙式灭火器箱、落地式灭火器箱、挂钩、托架或直接放置在洁净、干燥的地面上等几种;本规范不提倡将灭火器直接放置在地面上,推荐将灭火器放置在灭火器箱内;其中,设置在墙式灭火器箱内和挂钩、托架上的灭火器的位置是相对固定的;而设置在落地式灭火器箱内和直接放置在地面上的灭火器则亦需设计定位;既要保证灭火器的设置位置能达到本规范关于保护距离的规定,又便于人们在紧急状况下能快速地到熟知的灭火器设置点取得灭火器。

本条规定灭火器的设置应稳固,很有必要。这是因为如果灭火器摆放得不稳固,就有可能发生手提式灭火器跌落或推车式灭火器滑动,从而有可能造成灭火器不能正常使用,甚至伤人事故。美国标准和澳大利亚标准等也有类同的规定。

灭火器在设置时,其铭牌应朝外。这样规定的目的是为了让人们能够经常看到铭牌,了解灭火器的性能,熟悉灭火器的用法。美国标准也规定:"灭火器的操作、分类、警告标记应朝外"。另外,澳大利亚标准还规定:"灭火器的铭牌应朝外、可见"。

手提式灭火器宜设置在灭火器箱内、挂钩或托架上的规定是根据国外标准和国内情况而作出的。

美国标准规定:"灭火器一般不宜放在地上,宜悬挂或放在托架上";"除推车式灭火器外,灭火器应放置在挂钩或托架上或固定在壁橱(灭火器箱)内或搁架上"。

英国标准规定:"一般灭火器应放置在托架或置物架等明显的位置"。

澳大利亚标准规定:"每一种灭火器应由坚固、合适的挂钩或托架来支承,固定到墙上或其他合适的结构上";"灭火器可设置在一个不上锁的壁橱或墙柜内……并用与柜橱表面色差明显的50mm高的字体写成"灭火器"三个字来标志。灭火器可能受到异常干扰的场所,其柜橱可以上锁,但要求能在需要时可以顺利取出灭火器"。

我国各地一般是要求将灭火器设置在灭火器箱(1998年我国已颁布了行业标准 GA 139《灭火器箱》)内、挂钩或托架上。本条规定一方面是为了使灭火器的设置不影响人们的正常生产和生活;另一方面对灭火器的保管、维护、使用和美化环境也有一定的益处。

本条关于灭火器箱不得上锁的规定是吸取了国内外多年来许多惨痛的火灾教训而制定的。例如,2004年2月15日,吉林某4层商厦大火,造成50多人死亡,70多人受伤。其深刻教训之一就是:误将几十具灭火器统地过于集中地放置在一处(一个铁笼或一个小房间内),而且还上了锁,致使在这次火灾骤然起火之后,现场人员在慌乱之中,根本就不能在其附近找到灭火器。且不讲这些灭火器中的不少已经过期的应予维修或报废的灭火器,也不讲这些灭火器过于集中地设置在一起从而使其远远达不到本规范关于灭火器保护距离的要求,仅就灭火器室(灭火器箱)的房门(箱门)上锁这一点而言,就有可能因之而失去了扑救初起火灾的最佳时机。

关于灭火器的设置高度(即灭火器顶部离地面的距离和灭火器底部离地面的距离)是综合了国内外的标准与经验而作出规定的。美国标准规定:"对于总重不大于40磅(18.14kg)的灭火器,其顶部离地面不应超过5英尺(1.53m);总重量大于40磅(18.14kg)磅的灭火器(除推车式灭火器外),其顶部离地面不应超过3英尺(1.07m)。在任何情况下,灭火器底部或托架底部离地面距离均不应小于4英寸(0.102m)"。

英国标准规定:"灭火器的手柄离地面大约1m左右"。

澳大利亚标准规定:"灭火器的顶部应离地面1m到1.5m之间,其底部离地面不得小于0.15m,二氧化碳和干粉灭火器允许较低的安装高度,但其底部离地面也不得小于0.15m"。

国际标准规定灭火器底部离地面高度不宜小于0.03m,《灭火器箱》GA 139标准规定灭火器箱的底脚高度大于等于0.08m。

根据上述情况,编制组认为1.5m这一数据比较适合我国的实际状况,也同大多数国家提出的要求相同,因而是能够接受和执行的。对于较重的灭火器,本规范没有采用的国家具体规定某一个数据的做法。因为本规范的规定是小于或等于1.5m,只要符合这一要求,将重的灭火器设置得低一些也就包含在其中了。这样规定可使人们因地制宜,比较灵活。在大的方面进行限制,小的方面放开,我们认为这样比较切合实际,也符合标准既要统一,又

不要统死的方针。

本条的另一要求是灭火器底部离地面高度不宜小于0.08m,从而规定了灭火器的设置高度不能无限制地低下去,即一般不允许直接放在地面上。当然,对于那些环境条件很好的场所,如洁净室、专用电子计算机房等高档场所,也可以考虑将灭火器直接放在干燥、洁净的地面、地毯之上,但本规范不提倡将灭火器直接放置在地面上,推荐将灭火器放置在灭火器箱内。

5.1.4 由于灭火器是一种常规、备用的灭火器材,一般来说存放时间较长,使用时间较短,使用次数较少。显而易见,灭火器如果长期设置在有强腐蚀性或潮湿的地点,会严重影响灭火器的使用性能和安全性能。因此,在强腐蚀性或潮湿的地点一般是不能设置灭火器的。但考虑到某些工业建筑的特殊情况,如实在无法避免,则本条规定要有相应的保护措施才能设置灭火器。

本条也参照了英国标准的规定,即"灭火器不应放置在可能处于腐蚀性强的大气中,能被腐蚀性液体溅着的地方。除非经过厂商特殊处理过或特殊地装上了外罩的灭火器。"

设置在室外的灭火器也要有保护措施。这是由于灭火器配置的需要,不可避免地要使多数推车式灭火器和部分手提式灭火器设置在室外。对灭火器来说,室外的环境条件比起室内要差得多。因此,为了使灭火器随时都能正常使用,就要有一定的保护措施,例如,给推车式灭火器搭一个既能遮雨水又能挡阳光的棚,可使该灭火器得到一定的保护。

上述保护措施通常具有遮阳防晒、挡雨防潮、保温隔热,以及防止撞击等作用。

5.1.5 正如4.1.1之5的条文说明所述,在环境温度超出灭火器使用温度范围的场所设置灭火器,必然会影响灭火器的喷射性能和安全使用,并有可能爆炸伤人或贻误灭火时机。所以本条规定灭火器不得设置在环境温度超出其使用温度范围的地点。本条也参照了美国标准的规定:"灭火器不得安放在温度超出适用温度范围的场所内"和英国标准的要求:"灭火器不应被置于标记在灭火器上的温度范围之外的贮藏温度"。

灭火器的使用温度范围举例,如表4所示:

表4 灭火器的使用温度范围

| 灭火器类型 | | 使用温度范围(℃) |
|---|---|---|
| 水型灭火器 | 不加防冻剂 | +5～+55 |
| | 添加防冻剂 | −10～+55 |
| 机械泡沫灭火器 | 不加防冻剂 | +5～+55 |
| | 添加防冻剂 | −10～+55 |
| 干粉灭火器 | 二氧化碳驱动 | −10～+55 |
| | 氮气驱动 | −20～+55 |
| 洁净气体(卤代烷)灭火器 | | −20～+55 |
| 二氧化碳灭火器 | | −10～+55 |

注:灭火器的使用温度范围应符合现行灭火器产品质量标准 GB 4351 和 GB 8109 的有关规定。

## 5.2 灭火器的最大保护距离

5.2.1 在发生火灾后,及时、有效地用灭火器扑灭初起火灾,取决于多种因素,而灭火器保护距离的远近,显然是其中的一个重要因素。它实际上关系到人们是否能及时取用灭火器,进而是否能够迅速扑灭初起小火,或者是否会使火势失控成灾等一系列问题。

美国、英国、澳大利亚等国的标准和我国有关地方法规对灭火器的保护距离各有如下规定:

美国划分A类、B类火灾场所,对各类场所又划分为轻、中、严重危险级级,对A类配置场所各危险等级的灭火器的保护距离要求小于22.7m。

英国划分A类、B类火灾场所,不划分危险等级,对于A类配

置场所,要求灭火器的保护距离应小于 30m。

澳大利亚划分 A 类、B 类火灾场所,对各场所划分为轻、中、严重危险级,对 A 类场所各危险等级的灭火器的保护距离均要求小于 15m。

我国以往的部分省、自治区、直辖市的地方法规:不划分火灾场所和危险等级,一般规定灭火器的保护距离 15～30m,其中手提式灭火器的保护距离为 15～23m。

考虑到国人的身材和体能等各方面因素,参照上述几国的保护距离均值,本条规定了中危险级的 A 类场所的手提式灭火器的保护距离取 20m,而轻危险级和严重危险级显而易见距离应该远些和近些,分别规定为 25m 和 15m。这样,就使这些数据既同各国标准的规定基本吻合,又符合我国的实际情况。

推车式灭火器的保护距离主要是根据我国的国情,并基于上述手提式灭火器保护距离确定的相同思路而作出的规定。通过讨论和征求意见,编制组一致认为推车式灭火器的保护距离应为手提式灭火器的 2 倍较合适宜,而且这一规定已经执行了 10 多年。

**5.2.2** 对于 B 类和 C 类场所,国外标准大多是一并考虑的,编制组认为这种处理方法在目前国际上均尚无 C 类灭火定级标准的情况下是可行的。

在具体确定灭火器的最大保护距离时,由于 B 类火灾的燃烧和蔓延速度通常比 A 类火灾要快,危险性也较 A 类火灾大,故 B 类场所的最大保护距离应比 A 类小。至于本条其他方面的说明与本规范第 5.2.1 条的条文说明大体相同。

本条规定参考了两方面的情况:一是国外标准;二是我国以往的地方法规和目前我国的实际情况,然后加以综合、确定。

国内外对 B 类场所的灭火器最大保护距离的规定如表 5 所示。

**表 5　国外对 B 类场所的灭火器最大保护距离**

| 国别 | B 类场所 | | | | | |
|---|---|---|---|---|---|---|
| | 轻危险级 | | 中危险级 | | 严重危险级 | |
| | 灭火级别 | 保护距离 | 灭火级别 | 保护距离 | 灭火级别 | 保护距离 |
| 澳大利亚 | 5B | 2m | 20B | 5m | 40B | 10m |
| | 10B | 3.5m | 30B | 7.5m | 60B | 12.5m |
| | 20B | 5m | 40B | 10m | 80B | 15m |
| 美国 | 5B | 9.15m | 10B | 9.15m | 40B | 9.15m |

从表 5 中可以看出,澳大利亚、美国是在每一危险等级下,对某一灭火级别各规定一个保护距离,但两国数据不相一致,而英国的规定又太笼统,与本规范的编写格式不一样,可比性差。综合这些情况,编制组参照美国标准,规定了手提式灭火器在三个危险等级的 B 类火灾场所的保护距离分别为 9m、12m 和 15m,并且不考虑灭火级别规格这一因素,而代之以用手提式和推车式的灭火器型式的不同来加以区别,从而使其更为合理,易于理解,便于实施。

**5.2.3** D 类火灾是实际存在的,但由于目前世界各国和国际标准对适用于扑救该类火灾的灭火器均未明确规定其灭火级别,也未确定其标准火试模型,况且国内至今尚无此类灭火器的定型产品,因而本条只能对其保护距离作原则性的规定。

**5.2.4** 因为 E 类火灾通常是伴随着 A 类或 B 类火灾而同时存在的,所以设置在 E 类火灾场所的灭火器,其最大保护距离可按照与之同时存在的 A 类或 B 类火灾的规定执行。

# 6　灭火器的配置

## 6.1　一般规定

**6.1.1** 本规范 1990 年版、1997 年版均规定在一个灭火器配置场所内配置的灭火器数量不应少于 2 具,全面修订时将"配置场所"改为"计算单元",这样不仅更符合本规范的编制意图,而且比较合理。

本条规定还考虑到在发生火灾时,若能同时使用两具灭火器共同灭火,则对迅速、有效地扑灭初起火灾非常有利。同时,两具灭火器还可起到相互备用的作用,即使其中一具失效,另一具仍可正常使用。英国国家标准也规定对普通楼层,每层灭火器的最小配置数量为 2 具。

**6.1.2** 本条规定每个灭火器设置点的灭火器配置数量不宜多于 5 具,这主要是从消防实战考虑,就是说在失火后可能会有许多人同时参加紧急灭火行动。如果同时到达同一个灭火器设置点来取用灭火器的人员太多。而且许多人都手提 1 具灭火器到同一个着火点去灭火,则会互相干扰,使得现场非常杂乱,影响灭火,容易贻误战机。况且一个设置点中的灭火器数量太多,亦有灭火器展览之嫌。而且为放置数量过多的灭火器而设计的灭火器箱、挂钩、托架的尺寸则会过大,所占用的空间亦相对较大,对正常办公、生产、生活均不利。

**6.1.3** 住宅楼的公共部位应当配置灭火器。当住宅楼每层的公共部位的建筑面积超过 100m² 时,需要配置 1 具 1A 的手提式灭火器;这是最低的要求;即目前可按照每 100m² 配置 1 具 1A 手提式灭火器的基准执行。

## 6.2　灭火器的最低配置基准

**6.2.1** 随着我国灭火器产品质量标准 GB 4351(手提式灭火器)和 GB 8109(推车式灭火器)的全面修订,并分别与国际标准 ISO 7165(手提式灭火器)和 ISO 11601(推车式灭火器)接轨,修改采用国际标准,A 类灭火级别体系修订为国际标准的 A 类灭火级别体系;本规范亦应与时俱进,同步修订。

本规范对 A 类灭火器的最低配置基准(包括单具灭火器最小配置灭火级别和单位灭火级别最大保护面积的规定)的修订,主要是参照采用国际标准 ISO 11602-1:2000《灭火器的选择与配置》,并且结合我国国情,保持规范修订前后的标准定额相当。

**6.2.2** 随着我国灭火器产品质量标准与国际标准接轨,B 类灭火级别体系也修订为国际标准的 B 类灭火级别体系;本规范亦应与时俱进,同步修订。

本规范对 B 类灭火器的最低配置基准(包括单具灭火器最小配置灭火级别和单位灭火级别最大保护面积的规定)的修订,主要是参照采用国际标准 ISO 11602-1:2000《灭火器的选择与配置》,并且结合我国国情,保持规范修订前后的标准定额相当。

目前世界各国,也包括中国,通过灭火试验的方法,仅就灭火器对 A 类火灾和 B 类火灾的灭火效能确定了灭火级别,并规定了灭火器的配置基准,而对于 C 类火灾(以及 D 类、E 类)。鉴于 ISO 国际标准尚未确定扑灭 C 类火灾的标准火试模型,以及 C 类火灾的灭火级别目前难以准确测定等因素,因而至今世界各国和国际标准均无灭火器对 C 类火灾的灭火级别确认值,也没有关于 C 类火灾场所灭火器配置基准的规定。因此,灭火器的配置基准值实际上是以 A 类和 B 类灭火级别值为根据而制定的。当然,这也符合大多数火灾是 A 类和 B 类火灾的客观事实。由于 C 类火灾的特性与 B 类火灾比较接近,故按照世界各国的惯例,依据国际标准,本规范规定 C 类火灾场所的最低配置基准可按 B 类火灾场所的最低配置基准执行。

**6.2.3** 本条是参考了现行国际标准 ISO 11602-1:2000《灭火器的选择与配置》和一些国外标准中的有关规定而制定的。对于 D 类火灾,鉴于其标准火试模型尚未确定且灭火器的灭火效能难以准确测定等因素,至今世界各国和国际标准均无灭火器对 D 类火灾的灭火级别确认值。因此,本条只能对 D 类火灾场所的灭火器配置基准作原则性的规定。

**6.2.4** 因为 E 类火灾通常总是伴随 A 类或 B 类火灾而发生的,所以 E 类火灾场所灭火器的最低配置基准可按 A 类或 B 类火灾场所灭火器的最低配置基准执行。

# 7 灭火器配置设计计算

## 7.1 一般规定

**7.1.1** 按计算单元进行建筑灭火器配置的设计与计算,既可简化设计计算,相同楼层的建筑灭火器配置设计图、计算书和配置清单均可套用,减少设计工作量;也便于监督和管理。灭火器的最少需配数量和最小需配灭火级别的计算值的小数点之后的数字要求只进不舍,并进位成正整数,也是为了保证扑灭初起火灾的最低灭火力量。

**7.1.2** 为了保证扑灭初起火灾的最低灭火力量,本条规定经建筑灭火器配置的设计与计算后,每个灭火器设置点实配的各具灭火器的灭火级别合计值和灭火器的配置数量不得小于按本章公式计算得出的最小需配灭火级别和最少需配数量的计算值,从而也保证了计算单元实配灭火器的数量不小于最少需配数量。

**7.1.3** 本条规定的实际含义是要求在计算单元内配置的灭火器能完全保护到该计算单元内的任一可能着火点,不能出现空白区(死角)。也就是说本规范要求计算单元内的任一点,尤其是最不利点(距灭火器设置点的最远点),均应至少得到1具灭火器的保护,即任一可能着火点(包括最不利点)都应在至少1个灭火器设置点的保护圆(以灭火器设置点为圆心,以灭火器的最大保护距离为半径)的范围内。

在计算单元内,灭火器的配置规格和数量应同时满足第6章规定的灭火器最低配置基准和第5章规定的灭火器最大保护距离的要求,而对灭火器最大保护距离的要求又是通过对灭火器设置点的定位和布置来实现的。在每个灭火器设置点上至少有1具灭火器,最多不超过5具灭火器。美国标准《移动式灭火器标准》NFPA 10-1998 第 E-3.2 条中也规定:"对准确判定其危险等级的火灾危险场所,在选择灭火器时,有必要既满足配置数量的要求,又满足保护距离的要求。"

在建筑灭火器配置设计与计算时,如果选择了规格较大的灭火器,则会使计算出的灭火器数量较少,而根据本规范关于保护距离的规定,则需保证足够的灭火器设置点数。这时要维持原定选配的灭火器的规格,则还需再增加几具符合要求的灭火器,以达到灭火器保护距离的要求。

## 7.2 计 算 单 元

**7.2.1** 本条从科学、合理、经济、方便的角度对灭火器配置场所规定了计算单元的划分原则。由于防火分区之间的防火墙、防火门或防火卷帘可能会直接阻碍灭火人员携带灭火器走动和通过,并影响灭火器的保护距离;而楼梯则会增加灭火人员携带灭火器上下楼层赶往火点的反应时间,也有可能因之而失去灭火器扑救初起火灾的最佳时机,故本条规定建筑灭火器配置设计的计算单元不应跨越防火分区和楼层,只能局限在一个楼层或一个水平防火分区之内。此外,在划分计算单元时,按楼层或防火分区进行考虑,也易于为消防工程设计、工程监理和监督审核人员所掌握;同时,相同楼层的建筑灭火器配置设计可套用设计图、计算书和配置清单等,也方便和简化了设计计算和监督管理工作。

对危险等级和火灾种类均相同的各个场所,只要它们是相邻的并同属于一个楼层或一个水平防火分区,那么就可将这些场所组合起来作为一个计算单元来考虑。如办公楼内每层成排的办公室,宾馆内每层成排的客房等。这就是组合计算单元的概念。

某一灭火器配置场所,当其危险等级和火灾种类有一项或二项与相邻的其他场所不相同时,都应将其单独作为一个计算单元来考虑。例如,办公楼内某楼层中有一间专用的计算机房和若干间办公室,则应将计算机房单独作为一个计算单元来配置灭火器,并可将其他若干间办公室组合起来作为一个计算单元(可称之为组合计算单元)来配置灭火器。这时,一间计算机房(即一个灭火器配置场所,一个房间或一个套间)就是一个计算单元,这也是一个计算单元等于一个灭火器配置场所的特例,可称之为独立计算单元。

住宅楼的公用部位包括走廊、通道、楼梯间、电梯间等,所设置的灭火器需要进行有效的管理。

**7.2.2** 在计算单元确定后,为了进行建筑灭火器配置的设计与计算,首先要确定计算单元内需用灭火器保护的场所面积。保护面积(即 7.3.1 式中的 S)原则上应按建筑场所的净使用面积计算。但是在本规范 10 多年的执行过程中,发现这种计算使用面积的方法还是比较烦琐的。因为需要从建筑面积中逐一扣除所有外墙、隔墙和柱等建筑构件的占地面积,实际计算起来很不方便。经过本规范全面修订编制组讨论并征求有关专家的意见,决定简化为就以建筑面积作为保护面积,这样做计算起来既快捷又比较准确,所增加的面积不到 10%,而增配灭火器的数量也并不多,且有利于加强扑灭初起火灾的灭火力量。

由于广义上的建筑概念中还包括构筑物,例如,可燃物露天堆垛,可燃液体、气体储罐等,所以还不能一概用建筑面积来代表保护面积,需对这些场所单独进行考虑。鉴于可燃物露天堆场或可燃液体、气体储罐区的区域面积可能会很大,配置的灭火器数量也可能会很多,在讨论和征求意见的基础上,编制组决定将其保护面积定为可燃物露天堆垛或可燃液体、气体储罐的占地面积。

## 7.3 配置设计计算

**7.3.1** 对于一个计算单元,如何得到其最小需配灭火级别(即 7.3.1 式中的 Q)的计算值呢?为此,本条提出一个算式来解决这个问题。其中,灭火器的最低配置基准(U)可按照第 6 章第 2 节的规定取值,修正系数(K)应按照本章本节的规定取值。

实际上,通过 7.3.1 式得到的计算单元的最小需配灭火级别计算值就是本规范规定的该计算单元扑救初起火灾所需灭火器的灭火级别最低值。如果实配灭火器的灭火级别合计值不能正好等于最小需配灭火级别的计算值,那么就应使其大于或等于最小需配灭火级别,这是执行本规范的基本原则。例如,如果某计算单元的最小需配灭火级别的计算值是 10A,而选配的且符合表 6.2.1 规定的各具灭火器的灭火级别均是 2A,则灭火器最少需配数量就是 5 具;如果该计算单元的最小需配灭火级别的计算值是 9A,则灭火器最少需配数量仍然是 5 具,因为 2A×5=10A 是大于 9A 的数值里的最小整数值。

**7.3.2** 关于灭火器是否需要减配的问题,有部分专家建议:既然灭火器是扑救初起火灾的一线工具,为体现对扑救初起火灾的重视程度,就不应当对灭火器的数量进行减配,即使在安装有消火栓系统和固定灭火系统的情况下也应如此。本规范全面修订编制组认为这个建议是有一定道理的,但考虑到国内外关于灭火器的配置数量与其他灭火设施之间都是存在着一定的减配关系;同时还要避免增加消防投入,故此项建议未予采纳。

另外,关于如何减配灭火器的问题也一直是争论的话题。在本规范执行 10 多年的过程中,有一种意见认为消火栓系统和固定灭火系统可完全替代灭火器,即灭火器的减配系数为零,这种意见很值得商榷。现行国际标准 ISO 11602-1:2000 第 1 章中讲到:"灭火器是用来作为一线的规模有限的灭火工具而使用的。即使在设有自动喷淋设施、立管和软管或其他固定灭火装置保护财产的情况下也是需要配置灭火器的";在美国国家标准 NFPA 10《移动式灭火器标准》、英国国家标准 BS 5306《手提式灭火器——选择与配置》和澳大利亚国家标准 AS 2444《手提式灭火器——选与配置》中也都有类似的规定。

本规范全面修订编制组在充分讨论的基础上一致认为：即使在设置有消火栓系统和固定灭火系统的场所，仍需配置灭火器作为一线灭火工具。特别是对那些安装了投资较大的气体灭火系统的场所，尤其需要配置灭火器；因为不可能一点点小火的发生就启动气体灭火系统，这时首先用灭火器来扑灭初起火灾，则既经济又实用。因此，本规范决定不采纳减配到零的意见。当然那种认为配置灭火器可以完全取代消火栓系统和固定灭火系统的观点更是错误的，这种意见是一种错误的理念，既缺乏工程概念和规范概念，也违背了分规范与主规范之间的逻辑层次及责权关系。

下面简单介绍国外相关标准中关于灭火器减配程度的规定。美国标准 NFPA 10(1998版)的第3-2.2条中规定：所配置的灭火器最多有半数允许用均匀布置的 DN40 室内消火栓来代替，即在设有室内消火栓的场所，其最大减配系数为 $K=0.5$。

澳大利亚国家标准《手提式灭火器——选择和配置》(AS 2444—1995)第2.3.8条规定："在安装了符合 AS 2441(澳大利亚国家标准)规定的消防卷盘的场所，主管当局允许减少 A 类灭火器的配置数量。"其第4.2节的备注(b)表明：在同时存在 A、B 类火灾的场所，如果按 B 类火灾场所的要求配置了 B 类灭火器，而这些 B 类灭火器兼具 2A 灭火级别，则 A 类灭火器可减少配置数量。其第4.2节的备注(c)中规定："在提供了符合 AS 2118(澳大利亚国家标准)规定的自动喷水灭火系统的(A 类火灾)场所，灭火器的最大保护面积可增加 50%"。

英国国家标准中规定："规范中(关于灭火器配置数量的)推荐值是在假设没有提供其他的消防设备或系统而提出来的，如果有别的消防设备时，专家意见是应对手提式灭火器的配置数量按规定适当减少。"

本规范在广泛征求意见的基础上，根据我国的国情，并参考澳大利亚和美、英等国的有关规定，将设有固定灭火系统(包括自动喷水灭火系统、水喷雾灭火系统、气体灭火系统等，但不包括水幕系统)的计算单元、设有室内消火栓系统的计算单元及同时设有室内消火栓和灭火系统的计算单元的修正系数(或称减配系数)K 区分列。并采纳了"当建筑物中未设室内消火栓和灭火系统时，不应减配灭火器的数量"的专家意见，将仅设有室外消火栓而未设室内消防设施的计算单元的修正系数 K 定为 1.0。

**7.3.3** 由于地下建筑场所在发生火灾时，灭火和救援均较地面建筑困难，因而本条规定地下建筑场所可比地上建筑相应场所增配30%的灭火器，即其增配系数为1.3。本条未作修订，已经执行了10多年。

结合近年来全国各地在人群密集的公共场所，经常发生群死群伤的火灾事故的深刻教训，本条对若干消防安全重点保护场所的灭火器增配系数作了明确规定，将古建筑(例如寺庙的大殿)和歌舞娱乐放映游艺场所(其定义和范畴详见国家标准《建筑设计防火规范》)、网吧等公共场所，以及商场、超市的灭火器增配系数也定为1.3，即允许增配30%的灭火器。这是因为在上述人群密集的消防安全重点保护场所一旦发生火灾，伤亡惨痛，损失严重，影响恶劣，亟需加强第一线的灭火力量。

**7.3.4** 在得出了计算单元最小需配灭火级别的计算值和确定了计算单元内的灭火器设置点的数目后，接着需计算出每一个设置点的最小需配灭火级别。7.3.4式体现了在每个灭火器设置点均衡布置灭火器的要求。

例如，某计算单元的最小需配灭火级别 $Q=9A$。在考虑了灭火器的最大保护距离和其他设置因素后，最终确定了3个设置点，那么每个设置点的最小需配灭火级别 $Q_e=9/3=3(A)$。本规范要求每个设置点的实配灭火器的灭火级别均至少应等于3A。

**7.3.5** 为便于有关人员特别是工程设计人员能更好地理解和掌握本规范，并按照本规范的规定正确地和有条理地进行建筑灭火器配置的设计与计算，本条根据建设部、公安部等国家规范主管部门和各地设计院的要求，专门规定了建筑灭火器配置的设计与计算程序。1997年版的本规范第6.0.7条曾规定了10个步骤的配置设计程序，现根据本规范执行10余年的经验和专家建议，本条给出了更为简化和便捷的8个步骤的设计计算程序。

中华人民共和国国家标准

# 火灾自动报警系统设计规范

Code for design of automatic fire alarm system

**GB 50116—98**

主编部门：中华人民共和国公安部
批准部门：中华人民共和国建设部
施行日期：1 9 9 9 年 6 月 1 日

# 关于发布国家标准《火灾自动报警系统设计规范》的通知

建标〔1998〕245 号

根据国家计委《一九九四年工程建设标准定额制订修订计划》（计综合〔1994〕240 号文附件九）的要求，由公安部会同有关部门共同修订的《火灾自动报警系统设计规范》，经有关部门会审。批准《火灾自动报警系统设计规范》GB 50116—98 为强制性国家标准，自一九九九年六月一日起施行。原《火灾自动报警系统设计规范》GBJ 116—88 同时废止。

本规范由公安部负责管理，由公安部沈阳消防科学研究所负责具体解释工作，由建设部标准定额研究所负责组织中国计划出版社出版发行。

中华人民共和国建设部
一九九八年十二月七日

# 目　次

# 1 总 则

**1.0.1** 为了合理设计火灾自动报警系统，防止和减少火灾危害，保护人身和财产安全，制定本规范。

**1.0.2** 本规范适用于工业与民用建筑内设置的火灾自动报警系统，不适用于生产和贮存火药、炸药、弹药、火工品等场所设置的火灾自动报警系统。

**1.0.3** 火灾自动报警系统的设计，必须遵循国家有关方针、政策，针对保护对象的特点，做到安全适用、技术先进、经济合理。

**1.0.4** 火灾自动报警系统的设计，除执行本规范外，尚应符合现行的有关强制性国家标准、规范的规定。

# 2 术 语

**2.0.1** 报警区域 Alarm Zone

将火灾自动报警系统的警戒范围按防火分区或楼层划分的单元。

**2.0.2** 探测区域 Detection Zone

将报警区域按探测火灾的部位划分的单元。

**2.0.3** 保护面积 Monitoring Area

一只火灾探测器能有效探测的面积。

**2.0.4** 安装间距 Spacing

两个相邻火灾探测器中心之间的水平距离。

**2.0.5** 保护半径 Monitoring Radius

一只火灾探测器能有效探测的单向最大水平距离。

**2.0.6** 区域报警系统 Local Alarm System

由区域火灾报警控制器和火灾探测器等组成，或由火灾报警控制器和火灾探测器等组成，功能简单的火灾自动报警系统。

**2.0.7** 集中报警系统 Remote Alarm System

由集中火灾报警控制器、区域火灾报警控制器和火灾探测器等组成，或由火灾报警控制器、区域显示器和火灾探测器等组成，功能较复杂的火灾自动报警系统。

**2.0.8** 控制中心报警系统 Control Center Alarm System

由消防控制室的消防控制设备、集中火灾报警控制器、区域火灾报警控制器和火灾探测器等组成，或由消防控制室的消防控制设备、火灾报警控制器、区域显示器和火灾探测器等组成，功能复杂的火灾自动报警系统。

# 3 系统保护对象分级及火灾探测器设置部位

## 3.1 系统保护对象分级

**3.1.1** 火灾自动报警系统的保护对象应根据其使用性质、火灾危险性、疏散和扑救难度等分为特级、一级和二级，并宜符合表3.1.1的规定。

火灾自动报警系统保护对象分级　　表 3.1.1

| 等级 | 保护对象 | |
|---|---|---|
| 特级 | 建筑高度超过 100 m 的高层民用建筑 | |
| 一级 | 建筑高度不超过 100 m 的高层民用建筑 | 一类建筑 |

| 等级 | 保护对象 | |
|---|---|---|
| 特级 | 建筑高度超过 100 m 的高层民用建筑 | |
| 一级 | 建筑高度不超过 24 m 的民用建筑及建筑高度超过 24 m 的单层公共建筑 | 1. 200 床及以上的病房楼，每层建筑面积 1 000 m² 及以上的门诊楼；<br>2. 每层建筑面积超过 3 000 m² 的百货楼、商场、展览楼、高级旅馆、财贸金融楼、电信楼、高级办公楼；<br>3. 藏书超过 100 万册的图书馆、书库；<br>4. 超过 3 000 座位的体育馆；<br>5. 重要的科研楼、资料档案楼；<br>6. 省级（含计划单列市）的邮政楼、广播电视楼、电力调度楼、防灾指挥调度楼；<br>7. 重点文物保护场所；<br>8. 大型以上的影剧院、会堂、礼堂。 |
| 一级 | 工业建筑 | 1. 甲、乙类生产厂房；<br>2. 甲、乙类物品库房；<br>3. 占地面积或总建筑面积超过 1 000 m² 的丙类物品库房；<br>4. 总建筑面积超过 1 000 m² 的地下丙、丁类生产车间及物品库房。 |
| 一级 | 地下民用建筑 | 1. 地下铁道、车站；<br>2. 地下电影院、礼堂；<br>3. 使用面积超过 1 000 m² 的地下商场、医院、旅馆、展览厅及其他商业或公共活动场所；<br>4. 重要的实验室，图书、资料、档案库 |
| 二级 | 建筑高度不超过 100 m 的高层民用建筑 | 二类建筑 |
| 二级 | 建筑高度不超过 24 m 的民用建筑 | 1. 设有空气调节系统的或每层建筑面积超过 2 000 m²、但不超过 3 000 m² 的商业楼、财贸金融楼、电信楼、展览楼、旅馆、办公楼、车站、海河客运站、航空港等公共建筑及其他商业或公共活动场所；<br>2. 市、县级的邮政楼、广播电视楼、电力调度楼、防灾指挥调度楼；<br>3. 中型以下的影剧院；<br>4. 高级住宅；<br>5. 图书馆、书库、档案楼。 |
| 二级 | 工业建筑 | 1. 丙类生产厂房；<br>2. 建筑面积大于 50 m²、但不超过 1 000 m² 的丙类物品库房；<br>3. 总建筑面积大于 50 m²、但不超过 1 000 m² 的地下丙、丁类生产车间及地下物品库房 |
| 二级 | 地下民用建筑 | 1. 长度超过 500 m 的城市隧道；<br>2. 使用面积不超过 1 000 m² 的地下商场、医院、旅馆、展览厅及其他商业或公共活动场所 |

注：① 一类建筑、二类建筑的划分，应符合现行国家标准《高层民用建筑设计防火规范》GB 50045 的规定；工业厂房、仓库的火灾危险性分类，应符合现行国家标准《建筑设计防火规范》GBJ 16 的规定。
② 本表未列出的建筑的等级可按同类建筑的类比原则确定。

## 3.2 火灾探测器设置部位

**3.2.1** 火灾探测器的设置部位应与保护对象的等级相适应。

**3.2.2** 火灾探测器的设置应符合国家现行有关标准、规范的规定，具体部位可按本规范建议性附录 D 采用。

# 4 报警区域和探测区域的划分

## 4.1 报警区域的划分

4.1.1 报警区域应根据防火分区或楼层划分。一个报警区域宜由一个或同层相邻几个防火分区组成。

## 4.2 探测区域的划分

4.2.1 探测区域的划分应符合下列规定：

4.2.1.1 探测区域应按独立房（套）间划分。一个探测区域的面积不宜超过 500 $m^2$；从主要入口能看清其内部，且面积不超过 1 000 $m^2$ 的房间，也可划为一个探测区域。

4.2.1.2 红外光束线型感烟火灾探测器的探测区域长度不宜超过 100 m；缆式感温火灾探测器的探测区域长度不宜超过 200 m；空气管差温火灾探测器的探测区域长度宜在 20~100 m 之间。

4.2.2 符合下列条件之一的二级保护对象，可将几个房间划为一个探测区域：

4.2.2.1 相邻房间不超过 5 间，总面积不超过 400 $m^2$，并在门口设有灯光显示装置。

4.2.2.2 相邻房间不超过 10 间，总面积不超过 1 000 $m^2$，在每个房间门口均能看清其内部，并在门口设有灯光显示装置。

4.2.3 下列场所应分别单独划分探测区域：

4.2.3.1 敞开或封闭楼梯间；

4.2.3.2 防烟楼梯间前室、消防电梯前室、消防电梯与防烟楼梯间合用的前室；

4.2.3.3 走道、坡道、管道井、电缆隧道；

4.2.3.4 建筑物闷顶、夹层。

# 5 系 统 设 计

## 5.1 一 般 规 定

5.1.1 火灾自动报警系统应设有自动和手动两种触发装置。

5.1.2 火灾报警控制器容量和每一总线回路所连接的火灾探测器和控制模块或信号模块的地址编码总数，宜留有一定余量。

5.1.3 火灾自动报警系统的设备，应采用经国家有关产品质量监督检测单位检验合格的产品。

## 5.2 系统形式的选择和设计要求

5.2.1 火灾自动报警系统形式的选择应符合下列规定：

5.2.1.1 区域报警系统，宜用于二级保护对象；

5.2.1.2 集中报警系统，宜用于一级和二级保护对象；

5.2.1.3 控制中心报警系统，宜用于特级和一级保护对象。

5.2.2 区域报警系统的设计，应符合下列要求：

5.2.2.1 一个报警区域宜设置一台区域火灾报警控制器或一台火灾报警控制器，系统中区域火灾报警控制器或火灾报警控制器不应超过两台。

5.2.2.2 区域火灾报警控制器或火灾报警控制器应设置在有人值班的房间或场所。

5.2.2.3 系统中可设置消防联动控制设备。

5.2.2.4 当用一台区域火灾报警控制器或一台火灾报警控制器警戒多个楼层时，应在每个楼层的楼梯口或消防电梯前室等明显部位，设置识别着火楼层的灯光显示装置。

5.2.2.5 区域火灾报警控制器或火灾报警控制器安装在墙上时，其底边距地面高度宜为 1.3~1.5 m，其靠近门轴的侧面距墙

不应小于 0.5 m，正面操作距离不应小于 1.2 m。

5.2.3 集中报警系统的设计，应符合下列要求：

5.2.3.1 系统中应设置一台集中火灾报警控制器和两台及以上区域火灾报警控制器，或设置一台火灾报警控制器和两台及以上区域显示器。

5.2.3.2 系统中应设置消防联动控制设备。

5.2.3.3 集中火灾报警控制器或火灾报警控制器，应能显示火灾报警部位信号和控制信号，亦可进行联动控制。

5.2.3.4 集中火灾报警控制器或火灾报警控制器，应设置在有专人值班的消防控制室或值班室内。

5.2.3.5 集中火灾报警控制器或火灾报警控制器、消防联动控制设备等在消防控制室或值班室内的布置，应符合本规范第 6.2.5 条的规定。

5.2.4 控制中心报警系统的设计，应符合下列要求：

5.2.4.1 系统中至少应设置一台集中火灾报警控制器、一台专用消防联动控制设备和两台及以上区域火灾报警控制器；或至少设置一台火灾报警控制器、一台消防联动控制设备和两台及以上区域显示器。

5.2.4.2 系统应能集中显示火灾报警部位信号和联动控制状态信号。

5.2.4.3 系统中设置的集中火灾报警控制器或火灾报警控制器和消防联动控制设备在消防控制室内的布置，应符合本规范第 6.2.5 条的规定。

## 5.3 消防联动控制设计要求

5.3.1 当消防联动控制设备的控制信号和火灾探测器的报警信号在同一总线回路上传输时，其传输总线的敷设应符合本规范第 10.2.2 条规定。

5.3.2 消防水泵、防烟和排烟风机的控制设备当采用总线编码模块控制时，还应在消防控制室设置手动直接控制装置。

5.3.3 设置在消防控制室以外的消防联动控制设备的动作状态信号，均应在消防控制室显示。

## 5.4 火灾应急广播

5.4.1 控制中心报警系统应设置火灾应急广播，集中报警系统宜设置火灾应急广播。

5.4.2 火灾应急广播扬声器的设置，应符合下列要求：

5.4.2.1 民用建筑内扬声器应设置在走道和大厅等公共场所。每个扬声器的额定功率不应小于 3 W，其数量应能保证从一个防火分区内的任何部位到最近一个扬声器的距离不大于 25 m。走道内最后一个扬声器至走道末端的距离不应大于 12.5 m。

5.4.2.2 在环境噪声大于 60 dB 的场所设置的扬声器，在其播放范围内最远点的播放声压级应高于背景噪声 15 dB。

5.4.2.3 客房设置专用扬声器时，其功率不宜小于 1.0 W。

5.4.3 火灾应急广播与公共广播合用时，应符合下列要求：

5.4.3.1 火灾时应能在消防控制室将火灾疏散层的扬声器和公共广播扩音机强制转入火灾应急广播状态。

5.4.3.2 消防控制室应能监控用于火灾应急广播时的扩音机的工作状态，并具有遥控开启扩音机和采用传声器播音的功能。

5.4.3.3 床头控制柜内设有服务性音乐广播扬声器时，应有火灾应急广播功能。

5.4.3.4 应设置火灾应急广播备用扩音机，其容量不应小于火灾时需同时广播的范围内火灾应急广播扬声器最大容量总和的 1.5 倍。

## 5.5 火灾警报装置

5.5.1 未设置火灾应急广播的火灾自动报警系统，应设置火灾警报装置。

5.5.2 每个防火分区至少应设一个火灾警报装置,其位置宜设在各楼层走道靠近楼梯出口处。警报装置宜采用手动或自动控制方式。

5.5.3 在环境噪声大于60 dB的场所设置火灾警报装置时,其声警报器的声压级应高于背景噪声15 dB。

### 5.6 消防专用电话

5.6.1 消防专用电话网络应为独立的消防通信系统。

5.6.2 消防控制室应设置消防专用电话总机,且宜选择共电式电话总机或对讲通信电话设备。

5.6.3 电话分机或电话塞孔的设置,应符合下列要求:

5.6.3.1 下列部位应设置消防专用电话分机:

(1) 消防水泵房、备用发电机房、配变电室、主要通风和空调机房、排烟机房、消防电梯机房及其他与消防联动控制有关的且经常有人值班的机房。

(2) 灭火控制系统操作装置处或控制室。

(3) 企业消防站、消防值班室、总调度室。

5.6.3.2 设有手动火灾报警按钮、消火栓按钮等处宜设置电话塞孔。电话塞孔在墙上安装时,其底边距地面高度宜为1.3~1.5 m。

5.6.3.3 特级保护对象的各避难层应每隔20 m设置一个消防专用电话分机或电话塞孔。

5.6.4 消防控制室、消防值班室或企业消防站等处,应设置可直接报警的外线电话。

### 5.7 系 统 接 地

5.7.1 火灾自动报警系统接地装置的接地电阻值应符合下列要求:

5.7.1.1 采用专用接地装置时,接地电阻值不应大于4 Ω;

5.7.1.2 采用共用接地装置时,接地电阻值不应大于1 Ω;

5.7.2 火灾自动报警系统应设专用接地干线,并应在消防控制室设置专用接地板。专用接地干线应从消防控制室专用接地板引至接地体。

5.7.3 专用接地干线应采用铜芯绝缘导线,其线芯截面面积不应小于25 mm²。专用接地干线宜穿硬质塑料管埋设至接地体。

5.7.4 由消防控制室接地板引至各消防电子设备的专用接地线应选用铜芯绝缘导线,其线芯截面面积不应小于4 mm²。

5.7.5 消防电子设备凡采用交流供电时,设备金属外壳和金属支架等应作保护接地,接地线应与电气保护接地干线(PE线)相连接。

# 6 消防控制室和消防联动控制

### 6.1 一 般 规 定

6.1.1 消防控制设备应由下列部分或全部控制装置组成:

6.1.1.1 火灾报警控制器;

6.1.1.2 自动灭火系统的控制装置;

6.1.1.3 室内消火栓系统的控制装置;

6.1.1.4 防烟、排烟系统及空调通风系统的控制装置;

6.1.1.5 常开防火门、防火卷帘的控制装置;

6.1.1.6 电梯回降控制装置;

6.1.1.7 火灾应急广播的控制装置;

6.1.1.8 火灾警报装置的控制装置;

6.1.1.9 火灾应急照明与疏散指示标志的控制装置。

6.1.2 消防控制设备的控制方式应根据建筑的形式、工程规模、管理体制及功能要求综合确定,并应符合下列规定:

6.1.2.1 单体建筑宜集中控制;

6.1.2.2 大型建筑群宜采用分散与集中相结合控制。

6.1.3 消防控制设备的控制电源及信号回路电压宜采用直流24 V。

### 6.2 消防控制室

6.2.1 消防控制室的门应向疏散方向开启,且入口处应设置明显的标志。

6.2.2 消防控制室的送、回风管在其穿墙处应设防火阀。

6.2.3 消防控制室内严禁与其无关的电气线路及管路穿过。

6.2.4 消防控制室周围不应布置电磁场干扰较强及其他影响消防控制设备工作的设备用房。

6.2.5 消防控制室内设备的布置应符合下列要求:

6.2.5.1 设备面盘前的操作距离:单列布置时不应小于1.5 m;双列布置时不应小于2 m。

6.2.5.2 在值班人员经常工作的一面,设备面盘至墙的距离不应小于3 m。

6.2.5.3 设备面盘后的维修距离不宜小于1 m。

6.2.5.4 设备面盘的排列长度大于4 m时,其两端应设置宽度不小于1 m的通道。

6.2.5.5 集中火灾报警控制器或火灾报警控制器安装在墙上时,其底边距地面高度宜为1.3~1.5 m,其靠近门轴的侧面距墙不应小于0.5 m,正面操作距离不应小于1.2 m。

### 6.3 消防控制设备的功能

6.3.1 消防控制室的控制设备应有下列控制及显示功能:

6.3.1.1 控制消防设备的启、停,并应显示其工作状态;

6.3.1.2 消防水泵、防烟和排烟风机的启、停,除自动控制外,还应能手动直接控制;

6.3.1.3 显示火灾报警、故障报警部位;

6.3.1.4 显示保护对象的重点部位、疏散通道及消防设备所在位置的平面图或模拟图等;

6.3.1.5 显示系统供电电源的工作状态;

6.3.1.6 消防控制室应设置火灾警报装置与应急广播的控制装置,其控制程序应符合下列要求:

(1) 二层及以上的楼房发生火灾,应先接通着火层及其相邻的上、下层;

(2) 首层发生火灾,应先接通本层、二层及地下各层;

(3) 地下室发生火灾,应先接通地下各层及首层;

(4) 含多个防火分区的单层建筑,应先接通着火的防火分区及其相邻的防火分区;

6.3.1.7 消防控制室的消防通信设备,应符合本规范5.6.2~5.6.4条的规定;

6.3.1.8 消防控制室在确认火灾后,应能切断有关部位的非消防电源,并接通警报装置及火灾应急照明和疏散标志灯;

6.3.1.9 消防控制室在确认火灾后,应能控制电梯全部停于首层,并接收其反馈信号。

6.3.2 消防控制设备对室内消火栓系统应有下列控制、显示功能:

6.3.2.1 控制消防水泵的启、停;

6.3.2.2 显示消防水泵的工作、故障状态;

6.3.2.3 显示启泵按钮的位置。

6.3.3 消防控制设备对自动喷水和水喷雾灭火系统应有下列控制、显示功能:

6.3.3.1 控制系统的启、停;

6.3.3.2 显示消防水泵的工作、故障状态;

6.3.3.3 显示水流指示器、报警阀、安全信号阀的工作状态。

6.3.4 消防控制设备对管网气体灭火系统应有下列控制、显示功能：

6.3.4.1 显示系统的手动、自动工作状态；

6.3.4.2 在报警、喷射各阶段，控制室应有相应的声、光警报信号，并能手动切除声响信号；

6.3.4.3 在延时阶段，应自动关闭防火门、窗，停止通风空调系统，关闭有关部位防火阀；

6.3.4.4 显示气体灭火系统防护区的报警、喷放及防火门（帘）、通风空调等设备的状态。

6.3.5 消防控制设备对泡沫灭火系统应有下列控制、显示功能：

6.3.5.1 控制泡沫泵及消防水泵的启、停；

6.3.5.2 显示系统的工作状态。

6.3.6 消防控制设备对干粉灭火系统应有下列控制、显示功能：

6.3.6.1 控制系统的启、停；

6.3.6.2 显示系统的工作状态。

6.3.7 消防控制设备对常开防火门的控制，应符合下列要求：

6.3.7.1 门任一侧的火灾探测器报警后，防火门应自动关闭；

6.3.7.2 防火门关闭信号应送到消防控制室。

6.3.8 消防控制设备对防火卷帘的控制，应符合下列要求：

6.3.8.1 疏散通道上的防火卷帘两侧，应设置火灾探测器组及其警报装置，且两侧应设置手动控制按钮；

6.3.8.2 疏散通道上的防火卷帘，应按下列程序自动控制下降：

（1）感烟探测器动作后，卷帘下降至距地（楼）面1.8 m；

（2）感温探测器动作后，卷帘下降到底；

6.3.8.3 用作防火分隔的防火卷帘，火灾探测器动作后，卷帘应下降到底；

6.3.8.4 感烟、感温火灾探测器的报警信号及防火卷帘的关闭信号应送至消防控制室。

6.3.9 火灾报警后，消防控制设备对防烟、排烟设施应有下列控制、显示功能：

6.3.9.1 停止有关部位的空调送风，关闭电动防火阀，并接收其反馈信号；

6.3.9.2 启动有关部位的防烟和排烟风机、排烟阀等，并接收其反馈信号；

6.3.9.3 控制挡烟垂壁等防烟设施。

# 7 火灾探测器的选择

## 7.1 一般规定

7.1.1 火灾探测器的选择，应符合下列要求：

7.1.1.1 对火灾初期有阴燃阶段，产生大量的烟和少量的热，很少或没有火焰辐射的场所，应选择感烟探测器。

7.1.1.2 对火灾发展迅速，可产生大量热、烟和火焰辐射的场所，可选择感温探测器、感烟探测器、火焰探测器或其组合。

7.1.1.3 对火灾发展迅速，有强烈的火焰辐射和少量的烟、热的场所，应选择火焰探测器。

7.1.1.4 对火灾形成特征不可预料的场所，可根据模拟试验的结果选择探测器。

7.1.1.5 对使用、生产或聚集可燃气体或可燃液体蒸气的场所，应选择可燃气体探测器。

## 7.2 点型火灾探测器的选择

7.2.1 对不同高度的房间，可按表7.2.1选择点型火灾探测器。

7.2.2 下列场所宜选择点型感烟探测器：

7.2.2.1 饭店、旅馆、教学楼、办公楼的厅堂、卧室、办公室

等；

7.2.2.2 电子计算机房、通讯机房、电影或电视放映室等；

7.2.2.3 楼梯、走道、电梯机房等；

7.2.2.4 书库、档案库等；

7.2.2.5 有电气火灾危险的场所。

对不同高度的房间点型火灾探测器的选择　表7.2.1

| 房间高度 $h$ （m） | 感烟探测器 | 感温探测器 | | | 火焰探测器 |
| --- | --- | --- | --- | --- | --- |
| | | 一级 | 二级 | 三级 | |
| $12<h\leqslant20$ | 不适合 | 不适合 | 不适合 | 不适合 | 适　合 |
| $8<h\leqslant12$ | 适　合 | 不适合 | 不适合 | 不适合 | 适　合 |
| $6<h\leqslant8$ | 适　合 | 适　合 | 不适合 | 不适合 | 适　合 |
| $4<h\leqslant6$ | 适　合 | 适　合 | 适　合 | 不适合 | 适　合 |
| $h\leqslant4$ | 适　合 | 适　合 | 适　合 | 适　合 | 适　合 |

7.2.3 符合下列条件之一的场所，不宜选择离子感烟探测器：

7.2.3.1 相对湿度经常大于95%；

7.2.3.2 气流速度大于5 m/s；

7.2.3.3 有大量粉尘、水雾滞留；

7.2.3.4 可能产生腐蚀性气体；

7.2.3.5 在正常情况下有烟滞留；

7.2.3.6 产生醇类、醚类、酮类等有机物质。

7.2.4 符合下列条件之一的场所，不宜选择光电感烟探测器：

7.2.4.1 可能产生黑烟；

7.2.4.2 有大量粉尘、水雾滞留；

7.2.4.3 可能产生蒸气和油雾；

7.2.4.4 在正常情况下有烟滞留。

7.2.5 符合下列条件之一的场所，宜选择感温探测器：

7.2.5.1 相对湿度经常大于95%；

7.2.5.2 无烟火灾；

7.2.5.3 有大量粉尘；

7.2.5.4 在正常情况下有烟和蒸气滞留；

7.2.5.5 厨房、锅炉房、发电机房、烘干车间等；

7.2.5.6 吸烟室等；

7.2.5.7 其他不宜安装感烟探测器的厅堂和公共场所。

7.2.6 可能产生阴燃火或发生火灾不及时报警将造成重大损失的场所，不宜选择感温探测器；温度在0℃以下的场所，不宜选择定温探测器；温度变化较大的场所，不宜选择差温探测器。

7.2.7 符合下列条件之一的场所，宜选择火焰探测器：

7.2.7.1 火灾时有强烈的火焰辐射；

7.2.7.2 液体燃烧火灾等无阴燃阶段的火灾；

7.2.7.3 需要对火焰做出快速反应。

7.2.8 符合下列条件之一的场所，不宜选择火焰探测器：

7.2.8.1 可能发生无焰火灾；

7.2.8.2 在火焰出现前有浓烟扩散；

7.2.8.3 探测器的镜头易被污染；

7.2.8.4 探测器的"视线"易被遮挡；

7.2.8.5 探测器易受阳光或其他光源直接或间接照射；

7.2.8.6 在正常情况下有明火作业以及X射线、弧光等影响。

7.2.9 下列场所宜选择可燃气体探测器：

7.2.9.1 使用管道煤气或天然气的场所；

7.2.9.2 煤气站和煤气表房以及存储液化石油气罐的场所；

7.2.9.3 其他散发可燃气体和可燃蒸气的场所；

7.2.9.4 有可能产生一氧化碳气体的场所，宜选择一氧化碳气体探测器。

7.2.10 装有联动装置、自动灭火系统以及用单一探测器不能有效确认火灾的场合，宜采用感烟探测器、感温探测器、火焰探测器（同类型或不同类型）的组合。

### 7.3 线型火灾探测器的选择

**7.3.1** 无遮挡大空间或有特殊要求的场所,宜选择红外光束感烟探测器。

**7.3.2** 下列场所或部位,宜选择缆式线型定温探测器:

**7.3.2.1** 电缆隧道、电缆竖井、电缆夹层、电缆桥架等;

**7.3.2.2** 配电装置、开关设备、变压器等;

**7.3.2.3** 各种皮带输送装置;

**7.3.2.4** 控制室、计算机室的闷顶内、地板下及重要设施隐蔽处等;

**7.3.2.5** 其他环境恶劣不适合点型探测器安装的危险场所。

**7.3.3** 下列场所宜选择空气管式线型差温探测器:

**7.3.3.1** 可能产生油类火灾且环境恶劣的场所;

**7.3.3.2** 不易安装点型探测器的夹层、闷顶。

# 8 火灾探测器和手动火灾报警按钮的设置

## 8.1 点型火灾探测器的设置数量和布置

**8.1.1** 探测区域内的每个房间至少应设置一只火灾探测器。

**8.1.2** 感烟探测器、感温探测器的保护面积和保护半径,应按表8.1.2确定。

**感烟探测器、感温探测器的保护面积和保护半径** 表8.1.2

| 火灾探测器的种类 | 地面面积 $S$ (m²) | 房间高度 $h$ (m) | 一只探测器的保护面积 $A$ 和保护半径 $R$ | | | | | |
|---|---|---|---|---|---|---|---|---|
| | | | 屋顶坡度 $\theta$ | | | | | |
| | | | $\theta \leqslant 15°$ | | $15° < \theta \leqslant 30°$ | | $\theta > 30°$ | |
| | | | $A$ (m²) | $R$ (m) | $A$ (m²) | $R$ (m) | $A$ (m²) | $R$ (m) |
| 感烟探测器 | $S \leqslant 80$ | $h \leqslant 12$ | 80 | 6.7 | 80 | 7.2 | 80 | 8.0 |
| | $S > 80$ | $6 < h \leqslant 12$ | 80 | 6.7 | 100 | 8.0 | 120 | 9.9 |
| | | $h \leqslant 6$ | 60 | 5.8 | 80 | 7.2 | 100 | 9.0 |
| 感温探测器 | $S \leqslant 30$ | $h \leqslant 8$ | 30 | 4.4 | 30 | 4.9 | 30 | 5.5 |
| | $S > 30$ | $h \leqslant 8$ | 20 | 3.6 | 30 | 4.9 | 40 | 6.3 |

**8.1.3** 感烟探测器、感温探测器的安装间距,应根据探测器的保护面积 $A$ 和保护半径 $R$ 确定,并不应超过本规范附录A探测器安装间距的极限曲线 $D_1 \sim D_{11}$(含 $D_9'$)所规定的范围。

**8.1.4** 一个探测区域内所需设置的探测器数量,不应小于下式的计算值:

$$N = \frac{S}{K \cdot A} \qquad (8.1.4)$$

式中 $N$——探测器数量(只),$N$ 应取整数;

$S$——该探测区域面积(m²);

$A$——探测器的保护面积(m²);

$K$——修正系数,特级保护对象宜取 0.7~0.8,一级保护对象宜取 0.8~0.9,二级保护对象宜取 0.9~1.0。

**8.1.5** 在有梁的顶棚上设置感烟探测器、感温探测器时,应符合下列规定:

**8.1.5.1** 当梁突出顶棚的高度小于200 mm时,可不计梁对探测器保护面积的影响。

**8.1.5.2** 当梁突出顶棚的高度为200~600 mm时,应按本规范附录B、附录C确定梁对探测器保护面积的影响和一只探测器能够保护的梁间区域的个数。

**8.1.5.3** 当梁突出顶棚的高度超过600 mm时,被梁隔断的每个梁间区域至少应设置一只探测器。

**8.1.5.4** 当被梁隔断的区域面积超过一只探测器的保护面积时,被隔断的区域应按本规范8.1.4条规定计算探测器的设置数量。

**8.1.5.5** 当梁间净距小于1 m时,可不计梁对探测器保护面积的影响。

**8.1.6** 在宽度小于3 m的内走道顶棚上设置探测器时,宜居中布置。感温探测器的安装间距不应超过10 m;感烟探测器的安装间距不应超过15 m;探测器至端墙的距离,不应大于探测器安装间距的一半。

**8.1.7** 探测器至墙壁、梁边的水平距离,不应小于0.5 m。

**8.1.8** 探测器周围0.5 m内,不应有遮挡物。

**8.1.9** 房间被书架、设备或隔断等分隔,其顶部至顶棚或梁的距离小于房间净高的5%时,每个被隔开的部分至少应安装一只探测器。

**8.1.10** 探测器至空调送风口边的水平距离不应小于1.5 m,并宜接近回风口安装。探测器至多孔送风顶棚孔口的水平距离不应小于0.5 m。

**8.1.11** 当屋顶有热屏障时,感烟探测器下表面至顶棚或屋顶的距离,应符合表8.1.11的规定。

**感烟探测器下表面至顶棚或屋顶的距离** 表8.1.11

| 探测器的安装高度 $h$ (m) | 感烟探测器下表面至顶棚或屋顶的距离 $d$ (mm) | | | | | |
|---|---|---|---|---|---|---|
| | 顶棚或屋顶坡度 $\theta$ | | | | | |
| | $\theta \leqslant 15°$ | | $15° < \theta \leqslant 30°$ | | $\theta > 30°$ | |
| | 最小 | 最大 | 最小 | 最大 | 最小 | 最大 |
| $h \leqslant 6$ | 30 | 200 | 200 | 300 | 300 | 500 |
| $6 < h \leqslant 8$ | 70 | 250 | 250 | 400 | 400 | 600 |
| $8 < h \leqslant 10$ | 100 | 300 | 300 | 500 | 500 | 700 |
| $10 < h \leqslant 12$ | 150 | 350 | 350 | 600 | 600 | 800 |

**8.1.12** 锯齿型屋顶和坡度大于15°的人字型屋顶,应在每个屋脊处设置一排探测器,探测器下表面至屋顶最高处的距离,应符合本规范8.1.11的规定。

**8.1.13** 探测器宜水平安装。当倾斜安装时,倾斜角不应大于45°。

**8.1.14** 在电梯井、升降机井设置探测器时,其位置宜在井道上方的机房顶棚上。

## 8.2 线型火灾探测器的设置

**8.2.1** 红外光束感烟探测器的光束轴线至顶棚的垂直距离宜为0.3~1.0 m,距地高度不宜超过20 m。

**8.2.2** 相邻两组红外光束感烟探测器的水平距离不应大于14 m。探测器至侧墙水平距离不应大于7 m,且不应小于0.5 m。探测器的发射器和接收器之间的距离不宜超过100 m。

**8.2.3** 缆式线型定温探测器在电缆桥架或支架上设置时,宜采用接触式布置;在各种皮带输送装置上设置时,宜设置在装置的过热点附近。

**8.2.4** 设置在顶棚下方的空气管式线型差温探测器,至顶棚的距离宜为0.1 m。相邻管路之间的水平距离不宜大于5 m;管至墙壁的距离宜为1~1.5 m。

## 8.3 手动火灾报警按钮的设置

**8.3.1** 每个防火分区应至少设置一个手动火灾报警按钮。从一个防火分区内的任何位置到最邻近的一个手动火灾报警按钮的距离不应大于 30 m。手动火灾报警按钮宜设置在公共活动场所的出入口处。

**8.3.2** 手动火灾报警按钮应设置在明显的和便于操作的部位。当安装在墙上时，其底边距地高度宜为 1.3～1.5 m，且应有明显的标志。

# 9 系 统 供 电

**9.0.1** 火灾自动报警系统应设有主电源和直流备用电源。

**9.0.2** 火灾自动报警系统的主电源应采用消防电源，直流备用电源宜采用火灾报警控制器的专用蓄电池或集中设置的蓄电池。当直流备用电源采用消防系统集中设置的蓄电池时，火灾报警控制器应采用单独的供电回路，并应保证在消防系统处于最大负载状态下不影响报警控制器的正常工作。

**9.0.3** 火灾自动报警系统中的 CRT 显示器、消防通讯设备等的电源，宜由 UPS 装置供电。

**9.0.4** 火灾自动报警系统主电源的保护开关不应采用漏电保护开关。

# 10 布 线

## 10.1 一 般 规 定

**10.1.1** 火灾自动报警系统的传输线路和 50 V 以下供电的控制线路，应采用电压等级不低于交流 250 V 的铜芯绝缘导线或铜芯电缆。采用交流 220/380 V 的供电和控制线路应采用电压等级不低于交流 500 V 的铜芯绝缘导线或铜芯电缆。

**10.1.2** 火灾自动报警系统的传输线路的线芯截面选择，除应满足自动报警装置技术条件的要求外，还应满足机械强度的要求。铜芯绝缘导线、铜芯电缆线芯的最小截面面积不应小于表 10.1.2 的规定。

铜芯绝缘导线和铜芯电缆的线芯最小截面面积　　表 10.1.2

| 序　号 | 类　　　别 | 线芯的最小截面面积（mm²） |
|---|---|---|
| 1 | 穿管敷设的绝缘导线 | 1.00 |
| 2 | 线槽内敷设的绝缘导线 | 0.75 |
| 3 | 多芯电缆 | 0.50 |

## 10.2 屋 内 布 线

**10.2.1** 火灾自动报警系统的传输线路应采用穿金属管、经阻燃处理的硬质塑料管或封闭式线槽保护方式布线。

**10.2.2** 消防控制、通信和警报线路采用暗敷设时，宜采用金属管或经阻燃处理的硬质塑料管保护，并应敷设在不燃烧体的结构层内，且保护层厚度不宜小于 30 mm。当采用明敷设时，应采用金属管或金属线槽保护，并应在金属管或金属线槽上采取防火保护措施。

采用经阻燃处理的电缆时，可不穿金属管保护，但应敷设在电缆竖井或吊顶内有防火保护措施的封闭式线槽内。

**10.2.3** 火灾自动报警系统用的电缆竖井，宜与电力、照明用的低压配电线路电缆竖井分别设置。如受条件限制必须合用时，两种电缆应分别布置在竖井的两侧。

**10.2.4** 从接线盒、线槽等处引到探测器底座盒、控制设备盒、扬声器箱的线路均应加金属软管保护。

**10.2.5** 火灾探测器的传输线路，宜选择不同颜色的绝缘导线或

电缆。正极"＋"线应为红色，负极"－"线应为蓝色。同一工程中相同用途导线的颜色应一致，接线端子应有标号。

**10.2.6** 接线端子箱内的端子宜选择压接或带锡焊接点的端子板，其接线端子上应有相应的标号。

**10.2.7** 火灾自动报警系统的传输网络不应与其他系统的传输网络合用。

# 附录 A 探测器安装间距的极限曲线

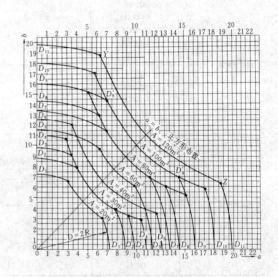

图 A　探测器安装间距的极限曲线

注：A—探测器的保护面积（m²）；

　　a、b—探测器的安装间距（m）；

D₁～D₁₁（含 D₉'）—在不同保护面积 A 和保护半径 R 下确定探测器安装间距 a、b 的极限曲线；

Y、Z—极限曲线的端点（在 Y 和 Z 两点间的曲线范围内，保护面积可得到充分利用）。

# 附录 B 不同高度的房间梁对探测器设置的影响

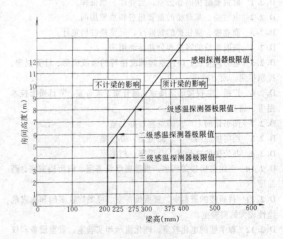

图 B　不同高度的房间梁对探测器设置的影响

## 附录 C　按梁间区域面积确定一只探测器保护的梁间区域的个数

按梁间区域面积确定一只探测器
保护的梁间区域的个数　　　表 C

| 探测器的保护面积 A (m²) | | 梁隔断的梁间区域面积 Q (m²) | 一只探测器保护的梁间区域的个数 |
|---|---|---|---|
| 感温探测器 | 20 | Q>12 | 1 |
| | | 8<Q≤12 | 2 |
| | | 6<Q≤8 | 3 |
| | | 4<Q≤6 | 4 |
| | | Q≤4 | 5 |
| | 30 | Q>18 | 1 |
| | | 12<Q≤18 | 2 |
| | | 9<Q≤12 | 3 |
| | | 6<Q≤9 | 4 |
| | | Q≤6 | 5 |
| 感烟探测器 | 60 | Q>36 | 1 |
| | | 24<Q≤36 | 2 |
| | | 18<Q≤24 | 3 |
| | | 12<Q≤18 | 4 |
| | | Q≤12 | 5 |
| | 80 | Q>48 | 1 |
| | | 32<Q≤48 | 2 |
| | | 24<Q≤32 | 3 |
| | | 16<Q≤24 | 4 |
| | | Q≤16 | 5 |

## 附录 D　火灾探测器的具体设置部位（建议性）

### D.1　特级保护对象

D.1.1　特级保护对象火灾探测器的设置部位应符合现行国家标准《高层民用建筑设计防火规范》GB 50045 的有关规定。

### D.2　一级保护对象

D.2.1　财贸金融楼的办公室、营业厅、票证库。

D.2.2　电信楼、邮政楼的重要机房和重要房间。

D.2.3　商业楼、商住楼的营业厅，展览楼的展览厅。

D.2.4　高级旅馆的客房和公共活动用房。

D.2.5　电力调度楼、防灾指挥调度楼等的微波机房、计算机房、控制机房、动力机房。

D.2.6　广播、电视楼的演播室、播音室、录音室、节目播出技术用房、道具布景房。

D.2.7　图书馆的书库、阅览室、办公室。

D.2.8　档案楼的档案库、阅览室、办公室。

D.2.9　办公楼的办公室、会议室、档案室。

D.2.10　医院病房楼的病房、贵重医疗设备室、病历档案室、药品库。

D.2.11　科研楼的资料室、贵重设备室、可燃物较多的和火灾危险性较大的实验室。

D.2.12　教学楼的电化教室、理化演示和实验室、贵重设备和仪器室。

D.2.13　高级住宅（公寓）的卧房、书房、起居室（前厅）、厨房。

D.2.14　甲、乙类生产厂房及其控制室。

D.2.15　甲、乙、丙类物品库房。

D.2.16　设在地下室的丙、丁类生产车间。

D.2.17　设在地下室的丙、丁类物品库房。

D.2.18　地下铁道的地铁站厅、行人通道。

D.2.19　体育馆、影剧院、会堂、礼堂的舞台、化妆室、道具室、放映室、观众厅、休息厅及其附设的一切娱乐场所。

D.2.20　高级办公室、会议室、陈列室、展览室、商场营业厅。

D.2.21　消防电梯、防烟楼梯的前室及合用前室，除普通住宅外的走道、门厅。

D.2.22　可燃物品库房、空调机房、配电室（间）、变压器室、自备发电机房、电梯机房。

D.2.23　净高超过 2.6 m 且可燃物较多的技术夹层。

D.2.24　敷设具有可延燃绝缘层和外护层电缆的电缆竖井、电缆夹层、电缆隧道、电缆配线桥架。

D.2.25　贵重设备间和火灾危险性较大的房间。

D.2.26　电子计算机的主机房、控制室、纸库、光或磁记录材料库。

D.2.27　经常有人停留或可燃物较多的地下室。

D.2.28　餐厅、娱乐场所、卡拉 OK 厅（房）、歌舞厅、多功能表演厅、电子游戏机房等。

D.2.29　高层汽车库、I 类汽车库，I、II 类地下汽车库，机械立体汽车库、复式汽车库、采用升降梯作汽车疏散出口的汽车库（敞开车库可不设）。

D.2.30　污衣道前室、垃圾道前室、净高超过 0.8 m 的具有可燃物的闷顶、商业用或公共厨房。

D.2.31　以可燃气为燃料的商业和企、事业单位的公共厨房及燃气表房。

D.2.32　需要设置火灾探测器的其他场所。

### D.3　二级保护对象

D.3.1　财贸金融楼的办公室、营业厅、票证库。

D.3.2　广播、电视、电信楼的演播室、播音室、录音室、节目播出技术用房、微波机房、通讯机房。

D.3.3　指挥、调度楼的微波机房、通讯机房。

D.3.4　图书馆、档案楼的书库、档案室。

D.3.5　影剧院的舞台、布景道具房。

D.3.6　高级住宅（公寓）的卧房、书房、起居室（前厅）、厨房。

D.3.7　丙类生产厂房、丙类物品库房。

D.3.8　设在地下室的丙、丁类生产车间，丙、丁类物品库房。

D.3.9　高层汽车库、I 类汽车库，I、II 类地下汽车库，机械立体汽车库、复式汽车库、采用升降梯作汽车疏散出口的汽车库（敞开车库可不设）。

D.3.10　长度超过 500 m 的城市地下车道、隧道。

D.3.11　商业餐厅，面积大于 500 m² 的营业厅、观众厅、展览厅等公共活动用房，高级办公室，旅馆的客房。

D.3.12　消防电梯、防烟楼梯的前室及合用前室，除普通住宅外的走道、门厅，商业用厨房。

D.3.13　净高超过 0.8 m 的具有可燃物的闷顶，可燃物较多的技术夹层。

D.3.14　敷设具有可延燃绝缘层和外护层电缆的电缆竖井、电缆夹层、电缆隧道、电缆配线桥架。

D.3.15　以可燃气体为燃料的商业和企、事业单位的公共厨房及其燃气表房。

D.3.16　歌舞厅、卡拉 OK 厅（房）、夜总会。

D.3.17　经常有人停留或可燃物较多的地下室。

D.3.18　电子计算机的主机房、控制室、纸库、光或磁记录材料库，重要机房、贵重仪器房和设备房、空调机房、配电房、变压器房、自备发电机房、电梯机房、面积大于 50 m² 的可燃物品库房。

**D.3.19** 性质重要或有贵重物品的房间和需要设置火灾探测器的其他场所。

## 附录 E 本规范用词说明

**E.0.1** 执行本规范条文时，对于要求严格程度的用词说明如下，以便在执行中区别对待。

  **E.0.1.1** 表示很严格，非这样做不可的用词：

    正面词采用"必须"；

    反面词采用"严禁"。

  **E.0.1.2** 表示严格，在正常情况下均应这样做的用词：

    正面词采用"应"；

    反面词采用"不应"或"不得"。

  **E.0.1.3** 表示允许稍有选择，在条件许可时首先应这样做的词：

    正面词采用"宜"或"可"；

    反面词采用"不宜"。

**E.0.2** 条文中指定应按其他有关标准、规范的规定执行时，写法为"应按……执行"或"应符合……的要求或规定"。

### 附加说明

#### 本规范主编单位、参加单位和主要起草人名单

**主 编 单 位：** 公安部沈阳消防科学研究所

**参 加 单 位：** 北京市消防局

         中国建筑西南设计研究院

         广东省建筑设计研究院

         华东建筑设计研究院

         中国核工业总公司国营二六二厂

         上海市松江电子仪器厂

**主要起草人：** 徐宝林　焦兴国　丁宏军　胡世超　周修华

         袁乃忠　丁文达　罗崇嵩　骆传武　李　涛

         冯修远　沈　纹

中华人民共和国国家标准

# 火灾自动报警系统设计规范

## GB 50116—98

## 条 文 说 明

# 编　制　说　明

　　本规范的修订是根据国家计委计综合［1994］240号文的要求，由公安部下达修订任务，具体由公安部沈阳消防科学研究所会同北京市消防局、中国建筑西南设计研究院、华东建筑设计研究院、广东省建筑设计研究院、中国核工业总公司国营二六二厂、上海市松江电子仪器厂等七个单位共同编制的。

　　在编制过程中，规范编制组遵照国家的有关方针、政策和"预防为主、防消结合"的消防工作方针，进行了调查研究，认真总结了我国火灾自动报警系统工程设计和应用的实践经验，吸取了这方面行之有效的科研成果，参考了国外有关标准规范，并征求了全国各省、自治区、直辖市和有关部、委所属设计、科研、高等院校、生产、使用和公安消防等单位的意见，最后经有关部门会审定稿。

　　本规范共分十章和五个附录，其主要内容包括：总则、术语、系统保护对象分级及火灾探测器设置部位、报警区域和探测区域的划分、系统设计、消防控制室和消防联动控制、火灾探测器的选择、火灾探测器和手动火灾报警按钮的设置、系统供电、布线等。

　　为便于广大设计、施工、科研、教学、生产、使用和公安消防监督等有关单位人员在使用本规范时能正确理解和执行条文规定，本规范编制组根据建设部关于《工程建设技术标准编写暂行办法》及《工程建设技术标准编写细则》的要求，按本规范的章、节、条、款顺序，编写了本规范条文说明，供有关部门和单位的有关人员参考。

　　各单位在执行本规范过程中，请注意总结经验，积累资料。如发现有需要修改和补充之处，请将意见和有关资料寄给公安部沈阳消防科学研究所（沈阳市皇姑区蒲河街7号，邮政编码：110031），供今后修订时考虑。

中华人民共和国公安部
一九九七年七月

# 目　　次

# 1 总 则

**1.0.1** 本条说明制订本规范的目的。

火灾自动报警系统是由触发器件、火灾报警装置、火灾警报装置，以及具有其他辅助功能的装置组成的火灾报警系统。它是人们为了早期发现和通报火灾，并及时采取有效措施，控制和扑灭火灾，而设置在建筑中或其他场所的一种自动消防设施，是人们同火灾作斗争的有力工具。在国外，许多发达国家，如美、英、日、德、法、俄和瑞士等国，火灾自动报警设备的生产、应用相当普遍，美、英、日等国，火灾自动报警设备甚至普及到一般家庭。在我国，火灾自动报警设备的研究、生产和应用起步较晚，50～60年代基本上是空白。70年代开始创建，并逐步有所发展。进入 80 年代以来，随着我国四化建设的迅速发展和消防工作的不断加强，火灾自动报警设备的生产和应用有了较大发展，生产厂家、产品种类和产量，以及应用单位，都不断有所增加。特别是随着《高层民用建筑设计防火规范》、《建筑设计防火规范》等消防技术法规的深入贯彻执行，全国各地许多重要部门、重点单位和要害部位，都装设了火灾自动报警系统。据调查，绝大多数都发挥了重要作用。

本规范的制订适应了消防工作的实际需要，不仅为广大工程设计人员设计火灾自动报警系统提供了一个全国统一的、较为科学合理的技术标准，也为公安消防监督管理部门提供了监督管理的技术依据。这对更好地发挥火灾自动报警系统在建筑防火中的重要作用，防止和减少火灾危害，保护人身和财产安全，保卫社会主义现代化建设，具有十分重要的意义。

**1.0.2** 本条规定了本规范的适用范围和不适用范围。

工业与民用建筑是火灾自动报警系统最基本的保护对象，最普遍的应用场合。本规范的制订主要是针对工业与民用建筑中设置的火灾自动报警系统，而未涉及其他对象和场合，例如船舶、飞机、火车等。因此本条规定："本规范适用于工业与民用建筑内设置的火灾自动报警系统"。国外同类规范的范围规定，大体上也都类似，主要针对建筑中设置的火灾自动报警系统。例如，英国规范 BS5839《建筑内部安装的火灾探测和报警系统》第一部分"安装和使用的实用规程"中规定："本实用规程对建筑内部及其周围安装的火灾探测和报警系统的设计、安装和使用几个方面作了规定"。德国保险商协会（VdS）规范《火灾自动报警装置设计安装规范》规定："本规范适用于由点型火灾探测器组成的火灾自动报警装置在建筑中的安装"。

本规范不适用于生产和贮存火药、炸药、弹药、火工品等场所设置的火灾自动报警系统。这是因为生产和贮存火药、炸药、弹药、火工品等场所属于有爆炸危险的特殊场所，这种场合安装火灾自动报警装置有其特殊要求，应由有关规范另行规定。

**1.0.3** 本条规定了火灾自动报警系统的设计工作必须遵循的基本原则和应达到的基本要求。

火灾自动报警系统的设计是一项专业性很强的技术工作，同时也具有很强的政策性，在设计工作中必须认真贯彻执行国家有关方针、政策，如必须认真贯彻执行《中华人民共和国消防法》，认真贯彻执行"预防为主，防消结合"的消防工作方针，还有可能涉及到有关基本建设、技术引进、投资、能源等方面的方针政策，都必须认真贯彻执行，不得违反和抵触。

针对保护对象的特点，也是火灾自动报警设计必须遵循的一条重要原则。火灾自动报警系统的保护对象是建筑物（或建筑物的一部分）。不同的建筑物，其使用性质、重要程度、火灾危险性、建筑结构形式、耐火等级、分布状况、环境条件，以及管理形式等等各不相同。作为技术标准，本规范主要是针对各种保护对象的共同特点，提出基本的技术要求，作出原则规定。从总体上说，本规范对各种保护对象具有普遍的指导意义。但是，具体到某一对象如何应用规范，则需要设计人员首先认真分析对象的具体特点，然后根据本规范的原则规定和基本精神，提出具体而切实可行的设计方案，必要时还应通过调查研究，与有关方面协商，并征得当地公安消防监督部门的同意。

必须做到安全适用，技术先进、经济合理，这是对火灾自动报警系统设计的基本要求。这些要求既有区别，又相互联系，不可分割。"安全适用"是对系统设计的首要要求，必须保证系统本身是安全可靠的，设备是适用的，这样才能有效地发挥其对建筑物的保护作用。"技术先进"是要求系统设计时，尽可能采用新的比较成熟的先进技术、先进设备和科学的设计、计算方法。"经济合理"是要求系统设计时，在满足使用要求的前提下，力求简单实用、节省投资、避免浪费。

**1.0.4** 本条规定了本规范与其他有关规范的关系。条文中规定："火灾自动报警系统的设计，除执行本规范外，尚应符合现行的有关强制性国家标准、规范的规定"。

本规范是一本专业技术规范，其内容涉及范围较广。在设计火灾自动报警系统时，除本专业范围的技术要求应执行本规范规定外，还有一些属于本专业范围以外的涉及其他有关标准、规范的要求，应当执行有关标准、规范，而不能与之相抵触。这就保证了各相关标准、规范之间的协调一致性。条文中所提到的"现行的有关强制性国家标准、规范"，主要有《高层民用建筑设计防火规范》、《建筑设计防火规范》、《人民防空工程设计防火规范》、《汽车库、修车库、停车场设计防火规范》、《供配电系统设计规范》以及《自动喷水灭火系统设计规范》、《低倍数泡沫灭火系统设计规范》、《高倍数、中倍数泡沫灭火系统设计规范》、《二氧化碳灭火系统设计规范》、《水喷雾灭火系统设计规范》等。

# 2 术 语

本章所列术语是理解和执行本规范所应掌握的几个最基本的术语。解释或定义注重实用性，即着重从系统设计方面给出基本含义的说明，而不涉及更多的技术特征和概念。

**2.0.1、2.0.2** 报警区域和探测区域划分的实际意义在于便于系统设计和管理。一个报警区域内一般设置一台区域火灾报警控制器（或火灾报警控制器）。一个探测区域的火灾探测器组成一个报警回路，对应于火灾报警控制器上的一个部位号。

**2.0.3** 本条给出了火灾探测器保护面积的一般定义。

**2.0.6～2.0.8** "区域报警系统"、"集中报警系统"、"控制中心报警系统"这三个术语在原规范中已有定义。本次修订时，考虑到随着技术的发展，近年来编码传输总线制火灾探测报警系统产品在自动火灾探测报警系统工程中逐渐应用，原术语的解释已不能确切地表达其实际含义，因此对其释义作了必要的修改补充。但仍保留了这三个术语名称。这主要是考虑到现实情况，传统的火灾探测报警系统和编码传输总线制火灾探测报警系统并存，各有其存在的需要，不可互相取代，也不可互相排斥。规范编制组经过反复认真研究，认为继续沿用这三个术语名称（即继续保留这三个系统基本形式），同时赋予其新的释义，既可以反映出技术的发展，又照顾到当前的现实，并保持了规范的连续性。因此，这三个术语仍具有其合理性和现实性，而不必建立新的概念。

# 3 系统保护对象分级
# 及火灾探测器设置部位

## 3.1 系统保护对象分级

《建筑设计防火规范》、《高层民用建筑设计防火规范》、《人民防空工程设计防火规范》、《汽车库、修车库、停车场设计防火规范》对火灾自动报警系统的设置规定仅列出有代表性的部位。经多年实践，有较多的设计及监管部门认为规定不够具体、明确，随意性大，难以贯彻执行，要求具体规定设置部位。因此《火灾自动报警系统设计规范》编制组，在修订中增加了设置部位的内容。由于各类防火规范在建筑物分类问题上表述各有不同的侧重，如《建筑设计防火规范》侧重于建筑物的耐火等级、防火分区、层数、面

积、火灾危险性；《高层民用建筑设计防火规范》侧重于建筑物的高度、疏散和扑救难度、使用性质。各种防火规范对火灾自动报警装置设置的阐述不多，仅列举出设置的个别部位，对未列出的，在执行上只能按性质类比参照。本规范力求与有关各种防火规范衔接，采取视建筑物为保护对象，按火灾自动报警系统设计的特点和要求，将各种建筑物归类分级，并对各级保护对象火灾探测器设置部位作出相应规定的办法，使之既与有关各种防火规范协调一致，又起到充实互补的作用。

表3.1.1将建筑物视为保护对象，并划分为三级。特级保护对象是建筑高度超过100m的高层民用建筑。它属于严重危险级，本表列为特级保护对象。超过100m高度的建筑不包括构架式电视塔、纪念性或标志性的构架或塔类，以及工业厂房的烟囱、高炉、冷却塔、化学反应塔、石油裂解塔等构筑物。

一级保护对象包括《高层民用建筑设计防火规范》范围的建筑高度不超过100m的一类建筑；《建筑设计防火规范》范围的甲、乙类生产厂房和物品库房，以及面积1000m²及以上的丙类物品库房。在《建筑设计防火规范》中仅规定散发可燃气体、可燃蒸气的甲类厂房和场所，应设置可燃气体检漏报警装置。我们知道闪点低于或等于环境温度的可燃气体、可燃蒸气达到一定浓度与空气混合就形成爆炸性气体混合物。故有部分乙类生产厂房和库房也属该范畴，因而也列入本规范。因工业厂房、库房类名称太多，也会不断发展，而且生产工艺、布局、管理、环境温度、地域气象等因素也是变化的，不可能用同一模式处理，故本表亦不列出具体名称，若遇到难于辨别的工程，需在设计时协同有关部门具体商定。另从此类厂房、库房属严重危险级出发，其附属的或与其有一定防火分隔的房、室也需充分考虑设置火灾探测器。对于丙类物品库房面积问题以《建筑设计防火规范》为准，因《建筑设计防火规范》规定有些是占地面积超过1000m²（棉、麻、丝、毛、化纤及其织物库房），有些是总建筑面积超过1000m²（卷烟库房）。表列一级保护对象的还有属《建筑设计防火规范》范围的重要民用建筑，属《人民防空工程设计防火规范》的重要的地下工业建筑和地下民用建筑。以其重要性、火灾危险性、疏散和扑救难度等方面综合比较，均较《高层民用建筑设计防火规范》二类建筑高，故与《高层民用建筑设计防火规范》一类建筑同列为一级保护对象。200床的病房楼，可为3～4万人的区域服务，病人行动不便，需人照料，假若发生火灾是很难疏散的。建筑面积1000m²的门诊楼每日门诊病人约400～500人次，可为2.5～3.5万人的区域服务；每层1000m²三层高的门诊楼每日门诊病人约1200～1500人次，可为7.5～10万人的区域服务；每层1000m²六层高的门诊楼每日门诊病人约2400～

3000 人次，可为 15～21 万人的区域服务；如此规模的门诊楼内随时有数百人在看病和工作。重要的科研楼、资料档案楼、省级（含计划单列市）的邮政楼、广播电视楼、电力调度楼、防灾指挥楼，该类建筑特点是性质重要，设备、资料贵重，建筑装修标准高，火灾危险性大。电影院 801～1200 座为大型，1201 座以上为特大型；剧院 1201～1600 座为大型，1601 座以上为特大型。大型以上的电影院、剧院、会堂、礼堂人员密集，可燃物多、疏散难度大。以上均列入一级保护对象。

二级保护对象以《高层民用建筑设计防火规范》的二类建筑为主。由于我国经济发展的步伐加快了，人民生活水平提高了，绝大部分的公共建筑装修豪华，可燃物品多，装了空调设备的也为数不少，用电量猛增，火灾危险性普遍增大，故本规范将《建筑设计防火规范》或《人民防空工程设计防火规范》中未有明确要求设置火灾自动报警装置的某些公共建筑或场所列入二级保护对象。列入二级保护对象的建筑高度不超过 24m 的民用建筑基本是每层建筑面积 2000～3000m² 的公共建筑及有空调系统的公共建筑。二级保护对象的火灾探测器设置要求也比较宽松，很多情况下设有自动喷水灭火系统的可以不装探测器，具体见附录 D 的内容。

表列保护对象分为三级，分属各级内的建筑侧重于难以定性定量判别危险等级的民用建筑，但也不可能包罗万象。未列入的应类比参照性质相同的建筑要求处理。保护对象分级中，较低级特别列出需设置火灾探测器的部位，如出现在较高级别的建筑中时，当然必须设置火灾探测器。各级保护对象火灾探测器的设置部位有所不同。特级保护对象基本全面设置，一级保护对象大部分设置，二级保护对象局部设置。对于工业建筑和库房火灾危险等级分类，按《建筑设计防火规范》附录三生产的火灾危险性分类举例和附录四储存物品的火灾危险性分类举例，甲、乙类属严重危险级，丙类属中危险级，丁、戊类属轻危险级。在有爆炸性、可燃性气体和粉尘的场所，其选用的探测报警设备及线路敷设必须符合《爆炸和火灾危险环境电力装置设计规范》的相应要求。地下建筑因其疏散、扑救难度比地面建筑难度大，因而按基本提高一级考虑。

### 3.2 火灾探测器设置部位

火灾探测器的设置部位应与保护对象的等级相适应，并应符合国家现行有关标准、规范的规定。具体部位可按本规范建议性附录 D 采用。

## 4 报警区域和探测区域的划分

### 4.1 报警区域的划分

**4.1.1** 本条主要是给出报警区域的划分依据。在火灾自动报警系统的工程设计中，只有按照保护对象的保护等级、耐火等级，合理正确地划分报警区域，才能在火灾初期及早地发现火灾发生的部位，尽快扑灭火灾。

目前，国内、外设置火灾自动报警系统的建筑中，较大规模的高层、多层、单层民用建筑及工业建筑等，在实际工程设计中，一般都是将整个保护对象划分为若干个报警区域，并设置相应的报警系统。在国外一些发达国家，如英国、美国、日本、德国等，为了使报警区域划分得比较合理，都在本国的规范中作了明确而具体的规定。如德国 VdS 标准 1992 年版《火灾自动报警装置设计与安装规范》第四章中规定："安全防护区域必须划分为若干报警区域，而报警区域的划分应以能迅速确定报警及火灾发生部位为原则"。在本条中，我们吸收了国外一些先进国家规范中的合理部分，同时考虑到我国目前建筑和产品的实际状况及发展趋势，作了明确规定，且考虑了《高层民用建筑设计防火规范》和《建筑设计防火规范》有关防火分区和防烟分区的规定，及建筑物的用途、设计不同，有的按防火分区划分比较合理，有的则需按楼层划分。因此本条一开始明确规定："报警区域应根据防火分区或楼层划分"。在报警区域的划分中既可将一个防火分区划分为一个报警区域，也可将同层的几个防火分区划为一个报警区域，但这种情况下，不得跨越楼层。

### 4.2 探测区域的划分

**4.2.1** 本条主要给出了探测区域的划分依据。为了迅速而准确地探测出被保护区内发生火灾的部位，需将被保护区按顺序划分成若干探测区域。在国内外的工程中都是这样做的。在一些先进国家的规范中，如英国的 BS5839 规范 1988 年版和德国 VdS 规范 1992 年版中都详细地规定了探测区域的划分方法。本条参考国外先进国家规范，结合我国的具体情况，作了规定。

线型光束感烟火灾探测器的探测区域长度，是根据产品标准《线型光束感烟火灾探测器技术要求及试验方法》GB 14003—92 中的该探测器的相对部件间的光路长度为 1～100m 而规定的。

缆式感温火灾探测器的探测区域的长度不宜超过 200m，是参考《电力工程电缆设计规范》GB 50217—94 第七章中关于"长距离沟道中相隔约 200m 或通风区段处"宜设置防火墙的规定，并结合工程实践经验而定的。

空气管差温火灾探测器的探测区域长度是参照日本规范，并根据该产品的特性而定的。由于产品的特性要求，其暴露长度为 20～100m 之间，才能充分发挥作用。

**4.2.2** 本条是对二级保护对象而定的。特级、一级保护对象，不适用于本条。本条规定参考了德国 VdS

标准 1992 年版的有关部分。

**4.2.3** 采用原规范条文。条文中给出的场所都是比较特殊或重要的公共部位。为了保证发生火灾时能使人员安全疏散，就必须确保这些部位所发生的火灾能够及早而准确地发现，并尽快扑灭。所以这些部位应分别单独划分其探测区域，而不能与同楼层的房间（或其他部位）混合。多年来的实际应用也证明了这一规定是必要的、可行的。

# 5 系 统 设 计

## 5.1 一 般 规 定

**5.1.1** 本条对火灾自动报警系统中的手动和自动两种触发装置作了规定。条文指出设计火灾自动报警系统时，自动和手动两套触发装置应同时设置。也就是说在火灾自动报警系统中设置火灾探测器的同时，还应设置一定数量的手动火灾报警按钮。

本条规定的目的是为了进一步提高火灾自动报警系统的可靠性和报警的准确性。

**5.1.2** 生产火灾报警控制器的厂家，都规定了报警控制器的额定容量或各输出总线回路的地址编码总数量。这一规定应是产品的基本要求，在消防工程中选择火灾报警控制器容量时，宜考虑留有一定余量，以便今后的系统发展和有利于维护工作。该余量可根据工程规模大小和重要程度而定，一般可按火灾报警控制器额定容量或总线回路地址编码总数额定值的 $80\%\sim85\%$ 来选择。即：

$$KQ \geqslant N \qquad (1)$$

式中　$N$——设计时统计火灾探测器数量或探测器编码底座和控制模块或信号模块等的地址编码数量总和；

　　　$K$——容量备用系数，一般取 $0.8\sim0.85$；

　　　$Q$——实际选用火灾报警控制器的额定容量或地址编码总数量。

**5.1.3** 本条根据公安部、国家标准局、建设部（86）公发 39 号文件精神，对火灾自动报警系统设备规定应采用经国家有关产品质量监督检测单位检验合格产品。这一规定主要是指经国家消防电子产品质量监督检验中心检验合格的产品。

## 5.2 系统形式的选择和设计要求

**5.2.1** 随着电子技术迅速发展和计算机软件技术在现代消防技术中的大量应用，火灾自动报警系统的结构、形式越来越灵活多样，很难精确划分成几种固定的模式。火灾自动报警技术的发展趋向是智能化系统，这种系统可组合成任何形式的火灾自动报警网络结构，它既可以是区域报警系统，也可以是集中报警系统和控制中心报警系统形式，它们无绝对明显的区

别，设计人员可任意组合设计成自己需要的系统形式。但在当前，本条列出的三种基本形式，应该说依然是适用的，对设计人员来说，也是必要的。这三种形式在设计中具体要求有所不同。特别是对联动功能要求有简单、较复杂和复杂之分，对报警系统的保护范围要求有小、中、大之分。条文中还规定了设置区域、集中、控制中心等三种报警系统的适用范围。

区域报警系统、集中报警系统、控制中心报警系统的系统结构、形式如图 1～5 所示。

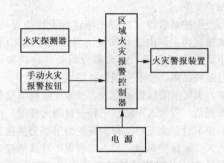

图 1　区域报警系统

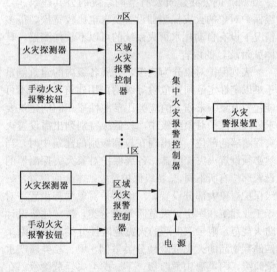

图 2　集中报警系统（1）

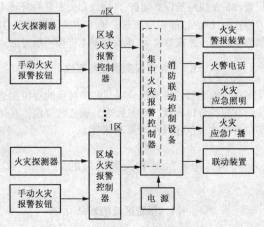

图 3　控制中心报警系统（1）

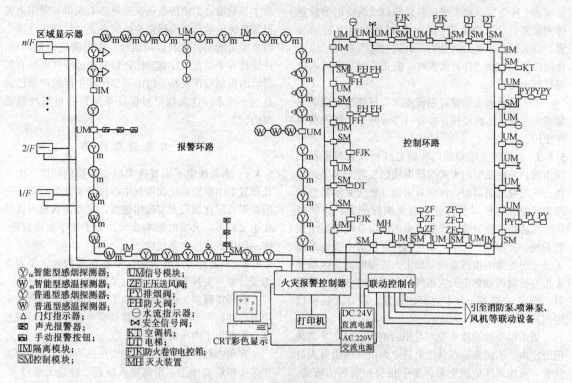

区域显示器

Ym 智能型感烟探测器；　UM 信号模块；
Wm 智能型感温探测器；　ZF 正压送风阀；
Y 普通型感烟探测器；　PY 排烟阀；
W 普通型感温探测器；　FH 防火阀；
△ 门灯指示器；　⊖ 水流指示器；
📢 声光报警器；　⊠ 安全信号阀；
🔲 手动报警按钮；　KT 空调机；
IM 隔离模块；　DT 电梯；
SM 控制模块；　FJK 防火卷帘电箱；
　　　　　　　　　MH 灭火装置

火灾报警控制器　联动控制台

打印机　DC.24V 直流电源　AC.220V 交流电源

引至消防泵、喷淋泵、风机等联动设备

CRT彩色显示

图 4　集中报警系统（2）

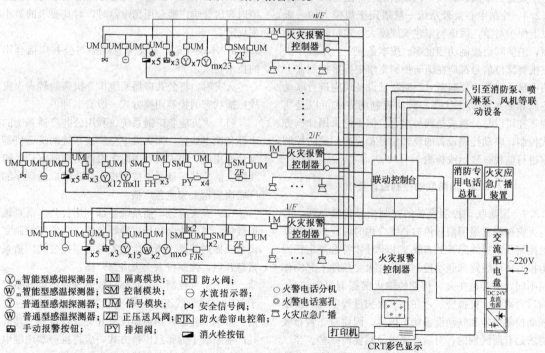

Ym 智能型感烟探测器；　IM 隔离模块；　FH 防火阀；
Wm 智能型感温探测器；　SM 控制模块；　⊖ 水流指示器；　○ 火警电话分机
Y 普通型感烟探测器；　UM 信号模块；　⊠ 安全信号阀；　◎ 火警电话塞孔
W 普通型感温探测器；　ZF 正压送风阀；　FJK 防火卷帘电箱；　▱ 火灾应急广播
🔲 手动报警按钮；　PY 排烟阀；　▰ 消火栓按钮

火灾报警控制器　联动控制台　消防专用电话总机　火灾应急广播装置

交流配电盘　~220V　DC 24V 直流电源

打印机　CRT彩色显示

引至消防泵、喷淋泵、风机等联动设备

图 5　控制中心报警系统（2）

**5.2.2** 本条规定采用区域报警系统时，设置火灾报警控制器的总数不应超过两台，这主要是为了限制区域报警系统的规模，以便于管理。一般设置区域报警系统的建筑规模较小，火灾探测区域不多且保护范围不大，多为局部性保护的报警区域，故火灾报警控制器的台数不应设置过多。

区域火灾报警控制器的设置，若受建筑用房面积的限制，可以不专门设置消防值班室，而由有人值班的房间（如保卫部门值班室、配电室、传达室等）代管，但该值班室应昼夜有人值班，并且应由消防、保卫部门直接领导管理。

当用一台区域火灾报警控制器或火灾报警控制器

警戒多个楼层时，每个楼层各楼梯口或消防电梯前室等明显部位，都应装设识别火灾楼层的灯光显示装置，即火警显示灯。这是为了火灾时能明确显示火灾楼层位置，以便于扑救火灾时，能正确引导有关人员寻找着火楼层。

关于区域火灾报警控制器或火灾报警控制器的安装高度，根据实践经验，1.3～1.5m便于工作人员操作使用。

**5.2.3** 近几年来随着编码传输总线制火灾报警系统的出现，一种新型的火灾报警系统已发展起来了，即由火灾报警控制器配合区域显示器（楼层复示器）和声、光警报装置以及各种类型火灾探测器、控制模块、消防联动控制设备等组成编码传输总线制集中报警系统。在实际工程中，不论选择新型集中报警系统还是传统的集中报警系统（即由火灾探测器、区域火灾报警控制器和集中火灾报警控制器等组成的火灾报警系统），二者都符合本规范的规定。设计人员可以根据具体情况选择。

集中报警控制器应设在专用的消防控制室或消防值班室内，不能安装在其他值班室内由其他值班人员代管，或用其他值班室兼作集中报警控制器值班室，这主要是为了加强管理，保证系统可靠运行。

**5.2.4** 控制中心报警系统一般适用于规模大的一级以上保护对象，因该类型建筑规模大，建筑防火等级高，消防联动控制功能也多。按本条规定，系统中火灾报警部位信号都应在消防控制室集中报警控制器上集中显示。消防控制室对消防联动设备均应进行联动控制和显示其动作状态。联动控制的方式可以是集中，亦可以是分散或是两种组合。但不论采用什么方式控制，联动控制设备的反馈信号都应送到消防控制室进行监视、显示或检测。

## 5.3 消防联动控制设计要求

**5.3.1** 消防联动控制设备的控制信号传输总线，若与火灾探测器报警信号传输总线合用时，应按消防联动控制及警报线路等的布线要求设计才符合规定。因为报警传输线路和联动控制线路在火灾条件下起的作用不同，前者是在火灾初期传输火灾探测报警信号，而后者则是火灾报警后，在扑灭火灾过程中用以传输联动控制信号和联动设备状态信号。因而对二者布线要求是有所区别的，对后者要求显然要严一些。当二者合用时，应首先满足后者的要求，即满足本规范第10.2.2条规定。

**5.3.2** 消防水泵、防烟和排烟风机等属重要消防设备，它们的可靠性直接关系到消防灭火工作的成败。这些设备除接收火灾探测器发来的报警信号可自动启动进行工作外，还应能独立控制其启、停，不应因其他非灭火设备故障因素而影响它们的启、停。也就是说，一旦火灾报警系统失灵也不应影响它们启动。

故本条规定这类消防联动控制设备不能单一采用火灾报警系统传输总线编码模块控制方式（包括手动操作键盘发出的编码控制启动信号）去控制它们的启动，还应具有手动直接控制功能，建立通过硬件电路直接启动的控制操作线路。国内不少厂家生产的产品已满足这一要求。这条规定对保证系统设备可靠性是必要的。

## 5.4 火灾应急广播

**5.4.1** 本条规定了设置火灾应急广播的范围。由于凡设置集中报警系统和控制中心报警系统的建筑，一般都属高层建筑或大型民用建筑，这些建筑物内人员集中又较多，火灾时影响面大，为了便于火灾疏散，统一指挥，故作本条规定。

**5.4.2** 本条对扬声器容量和安装距离的规定主要参考了日本火灾报警规程中的有关条文。

在环境噪声大的场所，如工业建筑内，设置火灾应急广播扬声器时，考虑到背景噪声大、环境情况复杂，故提出了声压级要求。

客房内如设火灾应急广播专用扬声器，一般都设于床头柜后面墙上，距离客人很近，容量无须过大，故规定为1W即可。这一规定亦应适用于与床头控制柜内客房音响广播合用扬声器时，对其要求的最小功率规定。

**5.4.3** 本条规定了火灾应急广播与公共广播合用时的技术要求。

火灾时，将公共广播系统扩音机强制转入火灾事故广播状态的控制切换方式一般有二种：

（1）火灾应急广播系统仅利用公共广播系统的扬声器和馈电线路，而火灾应急广播系统的扩音机等装置是专用的。当火灾发生时，由消防控制室切换输出线路，使公共广播系统按照规定的疏散广播顺序的相应层次播送火灾应急广播。

（2）火灾应急广播系统全部利用公共广播系统的扩音机、馈电线路和扬声器等装置，在消防控制室只设紧急播送装置，当发生火灾时可遥控公共广播系统紧急开启，强制投入火灾应急广播。

以上二种控制方式，都应该注意使扬声器不管处于关闭或播放状态时，都应能紧急开启火灾应急广播。特别应注意在扬声器设有开关或音量调节器的公共广播系统中的紧急广播方式，应将扬声器用继电器强制切换到火灾应急广播线路上。

与公共广播系统合用的火灾应急广播系统，如果广播扩音装置不是装在消防控制室内，不论采用哪种遥控播音方式，都应能使消防控制室用话筒直接播音和遥控扩音机的开、关、自动或手动控制相应分区，播送火灾应急广播，并且扩音机的工作状态应能在消防控制室进行监视。

在客房内设有床头控制柜音乐广播时，不论床头控制柜内扬声器在火灾时处于何种工作状态（开、关），都应能紧急切换到火灾应急广播线路上，播放火灾疏散广播。

本条规定的火灾应急广播备用扩音机容量计算方法，是以火灾时，需同时广播的范围内扬声器容量总和 $\Sigma P_i$ 来计算的容量。这里所说的需同时广播的范围内是指火灾应急广播接通疏散楼层时的控制程序规定范围，如本层着火时则先接通本层和上、下各一层（指首层以上各楼层）。首层着火时先接通本层、二层和地下各层的扬声器。很明显，需同时广播的范围有不同的组合方式，故在选用 $\Sigma P_i$ 值时（$P_i$ 为某个扬声器容量），应选取需同时广播的范围内，看哪一组合方式楼层内扬声器数量为最多即 $\Sigma P_i$ 值最大，则取其为计算依据，计算公式 $P=K_1 \cdot K_2 \cdot \Sigma P_i$，其中，$K_1 \cdot K_2$ 取 $1.2 \times 1.3 = 1.56$，取近似值 1.5 即可。

还需说明，若设置专用火灾应急广播系统时，主用扩音机容量是否考虑一齐播放容量（即全部楼层扬声器容量总和），本规范未作具体规定，也就是说主用扩音机与备用扩音机容量相同亦可。如条件允许时，主用扩音机宜考虑一齐播放所需容量为最佳。

### 5.5 火灾警报装置

**5.5.1** 采用区域报警系统的建筑，本规范中未规定其设置火灾应急广播，故对这类保护对象，本条规定"应设置火灾警报装置"，以满足火灾时的火灾警报信号的发送需要。而采用集中报警系统和控制中心报警系统的建筑中，按本规范第 5.4.1 条规定，都设置有火灾应急广播，故对这类保护对象，设置火灾警报装置与否未作规定。因为这类建筑物在火灾时可用火灾应急广播发送火灾警报信号。

**5.5.2** 本条规定了在建筑中设置火灾警报装置的数量要求及各楼层装设警报装置时的安装位置。这主要是考虑便于在各楼层楼梯间和走道上都能听到警报信号声，以满足火灾时疏散要求。

### 5.6 消防专用电话

**5.6.1** 消防专用电话线路的可靠性关系到火灾时消防通信指挥系统是否灵活畅通，故本条规定消防专用电话网络应为独立的消防通信系统，就是说不能利用一般电话线路或综合布线网络（PDS 系统）代替消防专用电话线路，应独立布线。

**5.6.2** 本条规定了设置消防专用电话总机的要求。消防专用电话总机与电话分机或塞孔之间呼叫方式应该是直通的，中间不应有交换或转接程序，即应选用共电式直通电话机或对讲电话机为宜。

**5.6.3** 本条规定了消防专用电话分机和电话塞孔的设置要求。火灾时，条文所列部位是消防作业的主要场所，与这些部位的通信一定要畅通无阻，以确保消防作业的正常进行。

**5.6.4** 消防控制室应设"119"专用电话分机。

### 5.7 系统接地

**5.7.1** 本条规定了对火灾自动报警系统接地装置的接地电阻值的要求。

当采用专用接地装置时，接地电阻值不应大于 $4\Omega$，这一取值是与计算机接地要求有关规范一致的。

当采用共用接地装置时，电阻值不应大于 $1\Omega$，这也是与国家有关接地规范中对与电气防雷接地系统共用接地装置时，接地电阻值的要求一致的。

对于接地装置是专用还是共用（原规范条文中用"联合接地"名称）要依新建工程的情况而定，一般尽量采用专用为好，若无法达到专用亦可共用（见图 6、7）。

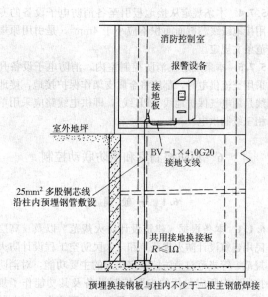

图 6　共用接地装置示意图

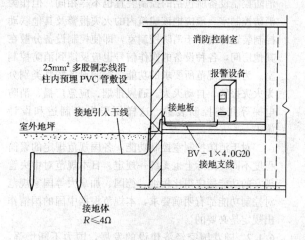

图 7　专用接地装置示意图

**5.7.2、5.7.3** 规定火灾自动报警系统应在消防控制室设置专用的接地板是必要的，这有利于保证系统正常工作。专用接地干线，是从消防控制室接地板引至接地体这一段，若设专用接地体则是指从接地板引至室外这一段接地干线。计算机及电子设备接地干线的引入段一般不能采用扁钢或裸铜排等方式，主要是为了与防雷接地（建筑构件防雷接地、钢筋混凝土墙体等）分开，需有一定绝缘，以免直接接触，影响消防电子设备接地效果。为此 5.7.3 条规定专用接地干线应采用铜芯绝缘导线，其线芯截面面积不应小于 $25mm^2$。此规定是参考"IEC"标准，这主要是为提高可靠性和尽量减小导线电阻。

采用共用接地装置时，一般接地板引至最底层地下室相应钢筋混凝土柱基础作共用接地点，不宜从消防控制室内柱子上直接焊接钢筋引出，作为专用接地板。

**5.7.4** 本条规定从接地板引至各消防电子设备的专用接地线线芯截面面积不应小于 $4mm^2$，是引用原规范条文规定。

**5.7.5** 本条规定在消防控制室内，消防电子设备凡采用交流供电时，都应将金属支架作保护接地，接地线是用电气保护地线（PE 线），即供电线路应采用单相三线制供电。

# 6 消防控制室和消防联动控制

## 6.1 一般规定

**6.1.1** 本条根据《建筑设计防火规范》以及《高层民用建筑设计防火规范》和《人民防空工程设计防火规范》等规范对消防控制室规定的主要功能，对消防控制室内所应包括的主要控制设备及其功能作了规定。由于每个建筑的使用性质和功能不完全一样，其消防控制设备所包括的控制装置也不尽相同。但作为消防控制室一般应把该建筑内的火灾报警及其他联动控制装置都集中于消防控制室，即使控制设备分散在其他房间，各种设备的操作信号也应反馈到消防控制室。为完成规范所要求的功能，控制设备按其类别分为火灾报警、自动灭火、通风排烟、应急广播、消防电梯等九类控制装置，这样便于生产制造和设计施工。

对于消防控制室控制功能，各国规范规定的繁简程度不同，国际上也无统一规定。日本规范对中央管理室的功能规定得比较细，德国、加拿大等国家规范对控制功能都有明确要求，本规范根据中国的国情作出规定是必要的。

**6.1.2** 随着国家经济建设的发展，国力不断增强，建筑业迅猛增长。建筑工程形式多样化，情况各异，控制功能繁简不同，设计单位在满足功能的前提下，可按本条所确定的原则，根据建筑的形式、工程规模及管理体制，综合确定消防系统控制方式。对于单体

建筑宜采用集中控制方式，即要求在消防控制室集中显示报警点、控制消防设备及设施。而对于占地面积大、较分散的建筑群，由于距离较大、管理单位多等原因，若采用集中管理方式将会造成系统大、不易使用和管理等诸多不便，因此本条规定可根据实际情况，采取分散与集中相结合的控制方式。信号及控制需集中的，可由消防控制室集中显示和控制；不需集中的，设置在分控室就近显示和控制。

**6.1.3** 随着火灾自动报警设备及消防控制设备的发展，使消防系统的操作电源及信号回路的电压值趋于统一，国际上在电子技术和工程应用中，操作电源及信号采用直流 24V，因此本规范将操作电源和信号电压规定为直流 24V。

## 6.2 消防控制室

**6.2.1** 消防控制室是火灾扑救时的信息、指挥中心。为了便于消防人员扑救时联系工作，消防控制室门上应设置明显标志。如果消防控制室设在建筑的首层，消防控制室门的上方应设标志牌或标志灯，地下的消防控制室门上的标志必须是带灯光的装置。设标志灯的电源应从消防电源上接入，以保证标志灯电源可靠。

为了防止烟、火危及消防控制室工作人员的安全，对控制室门的开启方向作了规定，同时要求门应有一定的耐火能力。

**6.2.2** 为了保证消防控制室的安全，控制室的通风管道上设置防火阀是十分必要的。在火灾发生后，烟、火通过空调系统的送、排风管扩大蔓延的实例很多。如 1979 年，某火车站空调机发生火灾，由于通风管道上没有防火措施，烟火沿通风管蔓延到贵宾室及其他候车室，造成了不良的政治影响。又如某宾馆礼堂着火后，由于通风管上没有安装防火阀门，火灾沿通风管道蔓延，烧毁了通风机房、餐厅及地下仓库。为了确保消防控制室在火灾时免受火灾影响，在通风管道上应设置防火阀门。

我国《高层民用建筑设计防火规范》等建筑设计防火规范对这方面有类似规定。为此，根据消防控制室实际工作的需要，特作此条规定。

**6.2.3** 根据消防控制室的功能要求，火灾自动报警、固定灭火装置、电动防火门、防火卷帘及消防专用电话、火灾应急广播等系统的信号传输线、控制线路等均必须进入消防控制室，控制室内（包括吊顶上、地板下）的线路管道已经很多，大型工程更多，为保证消防控制设备安全运行，便于检查维修，其他无关电气线路和管网不得穿过消防控制室，以免互相干扰造成混乱和事故。

**6.2.4** 电磁场干扰对火灾报警控制器及联动控制设备的正常工作影响较大。为保证报警设备正常运行，要求控制室周围不布置干扰场强超过消防控制室设备

承受能力的其他设备用房。

**6.2.5** 本条从使用的角度对消防控制室的设备布置作出了原则规定。根据对重点城市、重点工程消防控制室设置情况的调查，不同地区、不同工程消防控制室的规模差别很大，控制室面积有的大到 60～80m²，有的小到 10m²。面积大了造成一定的浪费，面积小了又影响消防值班人员的工作。为满足消防控制室值班维修人员工作的需要，便于设计部门各专业协调工作，参照建筑电气设计的有关规程，对建筑内消防控制设备的布置及操作、维修所必须的空间作了原则性规定，以便使建设、设计、规划等有关部门有章可循，使消防控制室的设计既满足工作的需要，又避免浪费。

对消防控制室规模大小，各国都是根据自己的国情作规定。本条规定是为了满足消防值班人员的实际工作需要，保证消防值班人员有一个应有的工作场所。在设计中根据实际需要还需考虑到值班人员休息和维修活动的面积。

### 6.3 消防控制设备的功能

**6.3.1** 作为消防控制室对消防设备的工作状态、报警情况及被保护建筑的重点部位、消防通道和消防器材放置与位置要全面掌握。要掌握这些情况，可以绘图列表，也可以用模拟盘显示及电视屏幕显示。采用什么方法显示上述情况，可根据消防控制室设备的具体情况来确定，如果消防控制室的总控台上有电视屏幕或模拟盘显示，可不另设置显示装置。

本条规定消防控制室的消防控制设备除自动控制外，还应能手动直接控制消防水泵、防烟和排烟风机的启、停。

根据国外资料和我国实际情况，为了便于消防值班人员工作，对消防控制室应具备的基本资料作了规定。控制室内的图表及显示的图像要简明扼要，一目了然。

火灾发生后，及时向着火区发出火灾警报，有秩序地组织人员疏散，是保证人身安全的重要方面。

本条规定了火灾警报装置与应急广播控制装置的控制程序。按照人员所在位置距火场的远近依顺序发出警报，组织人员有秩序地进行疏散。一般是着火本层和上层的人员危险较大，单层建筑多个防火分区，着火的防火分区和相邻的防火分区危险性较大，也有的是向着火层及上、下层同时发出警报进行广播，组织疏散的。为了避免人为的紧张，造成混乱，影响疏散，应先在最小范围内发出警报信号进行应急广播。除了紧急情况外都应顺序疏散。对于多层建筑中每层有多个防火分区的疏散，除按 6.3.1.6 款（1）、（2）、（3）项执行外，还应执行第（4）项，即本着火层的相邻防火分区外，还加上着火层上、下层的相邻防火分区。

根据国内情况，一般工程内的火灾警报信号和应急广播的范围都是在消防控制室手动操作。只有在自动化程度比较高的场所是按程序自动进行的。本条规定可作为手动操作的程序或自动控制的程序。

消防控制室设置对内联系、对外报警的电话是我国目前阶段的主要通信手段。消防人员常说："报警早、损失小"，要作到报警早，在目前条件下还是用电话好。我国北方某市某饭店火灾发生后，由于没有设消防控制室，没有可供工作人员向消防机关报警的外线电话，结果报警不及时，贻误了扑救火灾时间，造成重大伤亡和损失。可见，在消防控制室设置一部向 119 报警的外线电话是消防工作所必需的。为了保证消防控制室同有关设备间的工作联系，规定消防控制室与单位的值班室、消防水泵房等有关房间应设固定的对讲电话，有些技术、经济条件好，管理严的单位可设对讲录音电话。国外，在一些发达和比较发达国家，消防报警和内部联系也还是以电话和对讲电话为主。无线对讲机可作为消防值班人员辅助的通讯设备。

应急照明、疏散标志灯是火灾时人员疏散必备的设备。为了扑救方便，火灾时切断非消防电源是必要的。但是切断非消防电源时应该控制在一定范围之内。有关部位是指着火的那个防火分区或楼层，一旦着火应切断本防火分区或楼层的非消防电源。切断方式可以人工切断，也可以自动切断，切断顺序应考虑按楼层或防火分区的范围，逐个实施，以减少断电带来的不必要的惊慌。

对电梯的控制有两种方式：一种是将电梯的控制显示盘设在消防控制室，消防值班人员在必要时可直接操作。另一种是在人工确认真正是火灾后，消防控制室向电梯控制室发出火灾信号及强制电梯下降的指令，所有电梯下行停位于首层。电梯是纵向通道的主要交通工具，联动控制一定要安全可靠。在对自动化程度要求较高的建筑内，可用消防电梯前室的烟探测器联动控制电梯。

**6.3.2** 室内消火栓是建筑内最基本的消防设备。消火栓启泵装置及消防水泵等都是室内消火栓必须配套的设备。在消防控制室的控制设备上设置消防水泵的启、停装置，显示消防水泵启动按钮启泵的位置及消防水泵的工作状态，使控制室的值班人员在发生火灾时，对什么地方需要使用消火栓、消防水泵启动没启动都一目了然，这样有利于火灾扑救和平时维修调试工作。

消防水泵的故障，一般是指水泵电机断电、过载及短路。由于消火栓系统都是由主泵和备用泵组成，只有当两台泵都不能启动时，才显示故障。一般按钮启动后，先启动 1# 泵，1# 泵启动失灵，自动转启 2# 泵，当 1# 和 2# 泵均不能启动时，控制盘上显示故障。

**6.3.3** 自动喷水灭火系统是目前最经济的室内固定灭火设备，使用的面比较广。按照《自动喷水灭火系统设计规范》的要求，最好显示监测以下六方面：

一、系统的控制阀开启状态；

二、消防水泵电源供应和工作情况；

三、水池、水箱的水位；

四、干式喷水灭火系统的最高和最低气温；

五、预作用喷水灭火系统的最低气压；

六、报警阀和水流指示器的动作情况。

同时，要求在消防控制室实行集中监控。按照《自动喷水灭火系统设计规范》所规定的内容，规定消防控制室的控制设备应设置自动喷水灭火系统启、停装置（包括消防水泵等）。并显示管道阀、水流报警阀及水流指示器的工作状态，显示水泵的工作及故障。消防水泵显示故障的内容及显示方法与消火栓系统消防水泵的故障显示相同。

**6.3.4** 《建筑设计防火规范》以及《高层民用建筑设计防火规范》、《人民防空工程设计防火规范》对建筑物应设置卤代烷、二氧化碳等固定灭火装置的部位或房间作了明确规定。《卤代烷1211灭火系统设计规范》和《卤代烷1301灭火系统设计规范》等对如何设卤代烷、二氧化碳等灭火系统作出了规定。本条对消防控制设备控制卤代烷、二氧化碳等管网气体灭火系统的功能作出了规定。

为了保证卤代烷等固定灭火装置安全可靠运行，应具有手动和自动两种启动方式。而且是在火灾报警后经过设备确认或人工确认方可启动灭火系统。设备确认一般作法是两组探测器同时发出报警后可确认为真正的灭火信号。当第一组探测器发出报警，值班人员应立即赶到现场进行人工确认。人工确认后，由值班人员在现场决定是否启动固定灭火系统。在设计上虽然有自动和手动两种启动方式，有人值班时应以手动启动方式为主。对有管网卤代烷、二氧化碳等灭火系统，为了准确可靠，应以保护区现场的手动启动为主，因为设置灭火系统的场所，都一定设置了火灾报警系统，消防中心的值班人员不可能在未去保护区进行火灾确认的情况下，就在控制室强制手动放气。因此，本条没有要求消防控制室必须控制灭火系统的紧急启动。

管网气体自动灭火装置原理见图8。

**6.3.5、6.3.6** 在设置泡沫、干粉灭火系统的工程内，消防控制设备有系统的启、停装置，并显示系统的工作状态（包括故障状态）是必要的。

**6.3.7** 对常开防火门，要求在火灾时应能自动关闭，以起到防火分隔作用，因此常开防火门两侧应设置火灾探测器，任何一侧报警后，防火门应能自动联动关闭，且关闭后应有信号送到消防控制室。

**6.3.8** 对防火卷帘，一般都以两个探测器的"与"门信号作为控制信号比较安全。

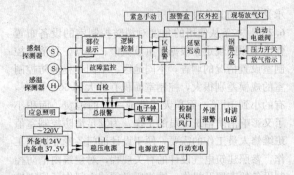

图8 管网气体自动灭火装置原理图

**6.3.9** 火灾发生后，空调系统对火灾发展影响大，而防排烟设备有利于防止火灾蔓延和人员疏散，因此本条规定了火灾探测器报警后消防控制设备对防排烟设施的控制、显示功能。

# 7 火灾探测器的选择

## 7.1 一般规定

**7.1.1** 本条提出了选择火灾探测器种类的基本原则。在选择火灾探测器种类时，要根据探测区域内可能发生的初期火灾的形成和发展特征、房间高度、环境条件以及可能引起误报的原因等因素来决定。本条依据目前先进国家的有关火警设计安装规范，并根据近几年来我国设计安装火灾自动报警系统的实际情况和经验教训，以及从初期火灾形成和发展过程产生的物理化学现象，提出对火灾探测器选择的原则性要求。

## 7.2 点型火灾探测器的选择

**7.2.1** 本条是参考德国（VdS）《火灾自动报警装置设计与安装规范》制定的。在执行中应注意这仅仅是按房间高度对探测器选择的大致划分，具体选择时尚需结合系统的危险度和探测器本身的灵敏度来进行设计。如果判定不准确时，仍需按7.1.1.4款作模拟燃烧试验后最终确定。

**7.2.2～7.2.4** 规定了宜选择和不宜选择点型离子感烟探测器或点型光电感烟探测器的场所。事实上，感烟探测器的响应行为基本上是由它的工作原理决定的。不同烟粒径、烟的颜色和不同可燃物产生的烟对两种探测器适用性是不一样的。从理论上讲，离子感烟探测器可以探测任何一种烟，对粒子尺寸无特殊限制，只存在响应行为的数值差异。而光电感烟探测器对粒径小于$0.4\mu m$的粒子的响应较差。三种感烟探测器对不同烟粒径的响应特性如图9所示。图10给出了两种点型感烟探测器对不同颜色的烟的响应。

图11给出了点型离子感烟探测器和点型散射型光电感烟探测器在标准燃烧实验中，燃烧不同的物质使探测器报警所需的物料消耗。可以看出，对油毡、

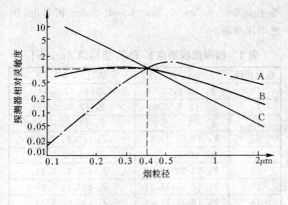

图 9 感烟探测器对不同烟粒径的响应

A—散射型光电感烟探测器；

B—减光型光电感烟探测器；

C—离子感烟探测器

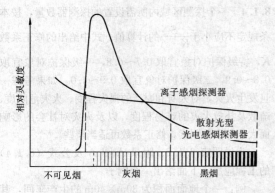

图 10 两种点型感烟探测器
对不同颜色烟的响应

棉绳、山毛榉等阴燃火，安装光电感烟探测器比离子感烟探测器更合适。而对于石蜡、乙醇、木材等明火，则用离子感烟探测器比光电感烟探测器更合适。

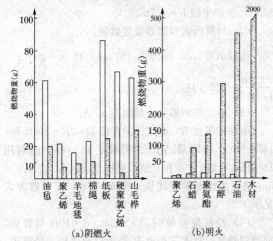

图 11 感烟探测器报警时所耗不同燃烧物质重量

□ 离子感烟探测器；

▨ 散射光型光电感烟探测器

**7.2.5、7.2.6** 规定了感温探测器宜选择和不宜选择的场所。一般说来，感温探测器对火灾的探测不如感烟探测器灵敏，它们对阴燃火不可能响应。并且根据经验，只有当火焰高度达到至顶棚的距离为 1/3 房间净高时，感温探测器才能响应。因此感温探测器不适宜保护可能由小火造成不能允许损失的场所，例如计算机房等。在最后选定探测器类型之前，必须对感温探测器动作前火灾可能造成的损失作出评估。

**7.2.7、7.2.8** 规定了宜选择和不宜选择火焰探测器的场所。由于火焰探测器不能探测阴燃火，因此火焰探测器只能在特殊的场所使用，或者作为感烟或感温探测器的一种辅助手段，不作为通用型火灾探测器。火焰探测器只靠火焰的辐射就能响应，而无需燃烧产物的对流传输，对明火的响应也比感温和感烟探测器快得多，且又无须安装在顶棚上。所以火焰探测器特别适合仓库和储木场等大的开阔空间或者明火的蔓延可能造成重大危险的场所，如可燃气体的泵站、阀门和管道等。因为从火焰探测器到被探测区域必须有一个清楚的视野，所以如果火灾可能有一个初期阴燃阶段，在此阶段有浓烟扩散则不宜选择火焰探测器。

**7.2.9** 本条规定了可燃气体探测器的选择场所。近年来，随着可燃气体使用的增加，发生泄漏引起火灾的数量亦增加，国内这方面产品和技术标准也日趋完善，所以必须对其使用场所作出规定。

**7.2.10** 任何一种探测器对火灾的探测都有局限性，所以对联动或自动灭火等可靠性要求高的场合用感烟探测器、感温探测器、火焰探测器的组合是十分必要的，组合也包括同类型但不同灵敏度的探测器的组合。

### 7.3 线型火灾探测器的选择

**7.3.1** 本条规定了适合红外光束感烟探测器的场所。大型库房、博物馆、档案馆、飞机库等经常是无遮挡大空间的情形，发电厂、变配电站、古建筑、文物保护建筑的厅堂馆所，有时也适合安装这种类型探测器。

**7.3.2、7.3.3** 规定了线型感温探测器适合的场所。缆式线型定温火灾探测器特别适合于保护厂矿或电缆设施。当用于这些场所时，线型探测器应尽可能贴近可能发生燃烧或过热的地点，或者安装在危险部位上，使其与可能过热处接触。

## 8 火灾探测器和手动火灾报警按钮的设置

### 8.1 点型火灾探测器的设置数量和布置

**8.1.1** 本条规定"探测区域内的每个房间至少应设置一只火灾探测器"。这里提到的"每个房间"是指一个探测区域中可相对独立的房间，即使该房间的面积比一只探测器的保护面积小得多，也应设置一只探测器保护。此条规定可避免在探测区域中几个独立房间共用一只探测器。这一条参考了国外先进国家的规范中类似的规定。

**8.1.2** 本条规定的点型火灾探测器的保护面积，是在一个特定的试验条件下，通过五种典型的试验火试验提供的数据，并参照国外先进国家的规范制订的，用来作为设计人员确定火灾自动报警系统中采用探测器数量的主要依据。

凡经国家消防电子产品质量监督检验中心按现行国家标准《点型感烟火灾探测器技术要求及试验方法》GB 4715 和《点型感温火灾探测器技术要求及试验方法》GB 4716 检验合格的产品，其保护面积均符合本规范的规定。

1. 当探测器装于不同坡度的顶棚上时，随着顶棚坡度的增大，烟雾沿斜顶棚和屋脊聚集，使得安装在屋脊或顶棚的探测器进烟或感受热气流的机会增加。因此，探测器的保护半径可相应地增大。

2. 当探测器监视的地面面积 $S > 80m^2$ 时，安装在其顶棚上的感烟探测器受其他环境条件的影响较小。房间越高，火源和顶棚之间的距离越大，则烟均匀扩散的区域越大。因此，随着房间高度增加，探测器保护的地面面积也增大。

3. 随着房间顶棚高度增加，使感温探测器能响应的火灾规模相应增大。因此，探测器需按不同的顶棚高度划分三个灵敏度级别。较灵敏的探测器（例如一级探测器）宜使用于较大的顶棚高度上。参见本规范 7.2.1 条规定。

4. 感烟探测器对各种不同类型火灾的灵敏度有所不同，因此难以规定灵敏度与房间高度的对应关系。但考虑到房间越高烟越薄的情况，当房间高度增加时，可将探测器的灵敏度档次相应地调高。

**8.1.3** 感烟探测器、感温探测器的安装间距 $a$、$b$ 是指本条文说明图 12 中 1# 探测器和 2#～5# 相邻探测器之间的距离，不是 1# 探测器与 6#～9# 探测器之间的距离。

一、本规范附录 A 由探测器的保护面积 $A$ 和保护半径 $R$ 确定探测器的安装间距 $a$、$b$ 的极限曲线 $D_1 \sim D_{11}$（含 $D'_9$）是按照下列方程

$$a \cdot b = A$$
$$a^2 + b^2 = (2R)^2 \qquad (2)$$

绘制的，这些极限曲线端点 $Y_i$ 和 $Z_i$ 坐标值（$a_i$、$b_i$），即安装间距 $a$、$b$ 在极限曲线端点的一组数值。如下表所示。

二、极限曲线 $D_1 \sim D_4$ 和 $D_6$ 适宜于保护面积 $A$ 等于 $20m^2$、$30m^2$ 和 $40m^2$ 及其保护半径 $R$ 等于 3.6m、4.4m、4.9m、5.5m、6.3m 的感温探测器；极限曲线 $D_5$ 和 $D_7 \sim D_{11}$（含 $D'_9$）适宜于保护面积 $A$ 等于 $60m^2$、$80m^2$、$100m^2$ 和 $120m^2$ 及其保护半径 $R$ 等于 5.8m、6.7m、7.2m、8.0m、9.0m 和 9.9m 的感烟探测器。

**表1 极限曲线端点 $Y_i$ 和 $Z_i$ 坐标值（$a_i$，$b_i$）**

| 极限曲线 | $Y_i$（$a_i$，$b_i$）点 | $Z_i$（$a_i$，$b_i$）点 |
|---|---|---|
| $D_1$ | $Y_1$ (3.1, 6.5) | $Z_1$ (6.5, 3.1) |
| $D_2$ | $Y_2$ (3.8, 7.9) | $Z_2$ (7.9, 3.8) |
| $D_3$ | $Y_3$ (3.2, 9.2) | $Z_3$ (9.2, 3.2) |
| $D_4$ | $Y_4$ (2.8, 10.6) | $Z_4$ (10.6, 2.8) |
| $D_5$ | $Y_5$ (6.1, 9.9) | $Z_5$ (9.9, 6.1) |
| $D_6$ | $Y_6$ (3.3, 12.2) | $Z_6$ (12.2, 3.3) |
| $D_7$ | $Y_7$ (7.0, 11.4) | $Z_7$ (11.4, 7.0) |
| $D_8$ | $Y_8$ (6.1, 13.0) | $Z_8$ (13.0, 6.1) |
| $D_9$ | $Y_9$ (5.3, 15.1) | $Z_9$ (15.1, 5.3) |
| $D'_9$ | $Y'_9$ (6.9, 14.4) | $Z'_9$ (14.4, 6.9) |
| $D_{10}$ | $Y_{10}$ (5.9, 17.0) | $Z_{10}$ (17.0, 5.9) |
| $D_{11}$ | $Y_{11}$ (6.4, 18.7) | $Z_{11}$ (18.7, 6.4) |

**8.1.4** 一个探测区域内所需设置的探测器数量，按本条规定不应小于 $\dfrac{S}{K \cdot A}$ 的计算值。式中给出的修正系数 $K$，特级保护对象宜取 0.7～0.8，一级保护对象宜取 0.8～0.9，二级保护对象宜取 0.9～1.0。如果考虑一旦发生火灾，对人身和财产的损失程度、火灾危险度、疏散及扑救火灾的难易程度，以及火灾对社会的影响面大小等多种因素，修正系数可适当严些。

为说明表 8.1.2、附录 A 图 A 及公式（8.1.4）的工程应用，下面给出一个例子。

例：一个地面面积为 30m×40m 的生产车间，其屋顶坡度为 15°，房间高度为 8m，使用感烟探测器保护。试问，应设多少只感烟探测器？应如何布置这些探测器？

解：（1）确定感烟探测器的保护面积 $A$ 和保护半径 $R$。查表 8.1.2，得感烟探测器保护面积为 $A = 80m^2$，保护半径 $R = 6.7m$。

（2）计算所需探测器设置数量。

选取 $K = 1.0$，按公式（8.1.4）有 $N = \dfrac{S}{K \cdot A} = \dfrac{1200}{1.0 \times 80} = 15$（只）。

（3）确定探测器的安装间距 $a$、$b$。

由保护半径 $R$，确定保护直径 $D = 2R = 2 \times 6.7 = 13.4$（m），由附录 A 图 A 可确定 $D_i = D_7$，应利用 $D_7$ 极限曲线确定 $a$ 和 $b$ 值。根据现场实际，选取 $a = 8m$（极限曲线两端点间值），得 $b = 10m$。其布置方式见图 12。

（4）校核按安装间距 $a = 8m$，$b = 10m$ 布置后，探测器到最远点水平距离 $R'$ 是否符合保护半径要求。参考图 12，按式

$$R' = \sqrt{\left(\frac{a}{2}\right)^2 + \left(\frac{b}{2}\right)^2} = 6.4(m)$$

即 $R' = 6.4m < R = 6.7m$，在保护半径之内。

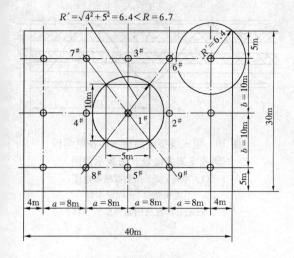

$R' = \sqrt{4^2 + 5^2} = 6.4 < R = 6.7$

图 12　探测器布置示例

**8.1.5**　本条主要是对顶棚有梁时安装探测器的原则规定。由于梁对烟的蔓延会产生阻碍，因而使探测器的保护面积受到梁的影响。如果梁间区域（指高度在 200mm 至 600mm 之间的梁所包围的区域）的面积较小，梁对热气流（或烟气流）形成障碍，并吸收一部分热量，因而探测器的保护面积必然下降。探测器保护面积验证试验表明，梁对热气流（或烟气流）的影响还与房间高度有关。本条规定参考了德国规范的内容。

1. 当梁突出顶棚的高度小于 200mm 时，在顶棚上设置感烟、感温探测器，可不计梁对探测器保护面积的影响。

2. 当梁突出顶棚的高度在 200～600mm 时，应按附录 B、附录 C 确定梁的影响和一只探测器能够保护的梁间区域的个数。

由附录 B 图 B 可以看出，房间高度在 5m 以上，梁高大于 200mm 时，探测器的保护面积受梁高的影响按房间高度与梁高之间的线性关系考虑。还可看出，三级感温探测器房高极限值为 4m，梁高限度为 200mm；二级感温探测器房高极限值为 6m，梁高限度为 225mm；一级感温探测器房高极限值为 8m，梁高限度为 275mm；感烟探测器（各灵敏度档次）均按房高极限值为 12m，梁高限度为 375mm。若梁高超过上述限度，即线性曲线右边部分，均须计梁的影响。

3. 当梁突出顶棚的高度超过 600mm 时，被梁隔断的每个梁间区域应至少设置一只探测器（参考日本规范规定）。

4. 当被梁隔断的区域面积超过一只探测器的保护面积时，则应将被梁隔断的区域视为一个探测区域，并应按 8.1.4 条规定计算探测器的设置数量。

5. 当梁间净距小于 1m 时，可视为平顶棚，不计梁对探测器保护面积的影响。

**8.1.6**　本条规定参考德国标准制订。

**8.1.7**　本条规定参考德国标准和英国规范规定。探测器至墙壁、梁边的水平距离，不应小于 0.5m。

**8.1.8、8.1.9**　参考德国标准制订。

**8.1.10**　在设有空调的房间内，探测器不应安装在靠近空调送风口处。这是因为气流阻碍极小的燃烧粒子扩散到探测器中去，使探测器探测不到烟雾。此外，通过电离室的气流在某种程度上改变电离模型，可能使探测器更灵敏（易误报）。本条规定参考日本规范和英国规范制订。

**8.1.11**　当屋顶有热屏障时，感烟探测器下表面至顶棚或屋顶的距离，应符合表 8.1.11 的规定。本条规定参考德国标准制订。

由于屋顶受辐射热作用或因其他因素影响，在顶棚附近可能产生空气滞留层，从而形成热屏障。火灾时，该热屏障将在烟雾和气流通向探测器的道路上形成障碍作用，影响探测器探测烟雾。同样，带有金属屋顶的仓库，夏天，屋顶下边的空气可能被加热而形成热屏障，使得烟在热屏障下边开始分层。而冬天，降温作用也会妨碍烟的扩散。这些都将影响探测器的灵敏度，而这些影响通常还与顶棚或屋顶形状以及安装高度有关。为此，按表 8.1.11 规定感烟探测器下表面至顶棚或屋顶的必要距离安装探测器，以减少上述影响。

在人字型屋顶和锯齿型屋顶情况下，热屏障的作用特别明显。图 13 给出探测器在不同形状顶棚或屋顶下，其下表面至顶棚或屋顶的距离 $d$ 的示意图。

感温探测器通常受这种热屏障的影响较小，所以感温探测器总是直接安装在顶棚上（吸顶安装）。

**8.1.12**　本条参考德国规范制订。在房屋为人字型屋顶的情况下，如果屋顶坡度大于 15°，在屋脊（房屋最高部位）的垂直面安装一排探测器有利于烟的探测，因为房屋各处的烟易于集中在屋脊处。在锯齿型屋顶的情况下，按探测器下表面至屋顶或顶棚的距离 $d$（见第 8.1.11 条和图 13）在每个锯齿型屋顶上安装一排探测器。这是因为，在坡度大于 15° 的锯齿型屋顶情况下，屋顶有几米高，烟不容易从一个屋顶扩散到另一个屋顶，所以对于这种锯齿型厂房，须按分隔间处理。

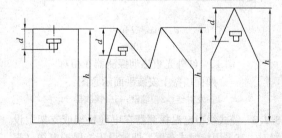

图 13　感烟探测器在不同形状顶棚或屋顶下，其下表面至顶棚或屋顶的距离 $d$

**8.1.13**　本条参考日本规范制订。探测器在顶棚上宜水平安装。当倾斜安装时，倾斜角 $\theta$ 不应大于 45°。

当倾斜角 θ 大于 45°时，应加木台安装探测器。如图 14 所示。

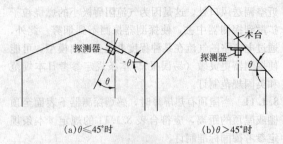

(a)θ≤45°时    (b)θ>45°时

图 14　探测器的安装角度
θ—屋顶的法线与垂直方向的交角

**8.1.14**　本条规定有利于探测器探测井道中发生的火灾，且便于平时检修工作进行。

### 8.2　线型火灾探测器的设置

**8.2.1**　此条规定根据我国工程实践经验制订。一般情况下，当顶棚高度不大于 5m 时，探测器的红外光束轴线至顶棚的垂直距离为 0.3m；当顶棚高度为 10～20m 时，光束轴线至顶棚的垂直距离可为 1.0m。

**8.2.2**　相邻两组红外光束感烟探测器的水平距离不应大于 14m。探测器至侧墙水平距离不应大于 7m 且不应小于 0.5m。超过规定距离探测烟的效果很差。为有利于探测烟雾，探测器的发射器和接收器之间的距离不宜超过 100m，见图 15。

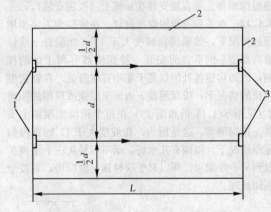

d：max<14m
L：1～100m

图 15　红外光束感烟探测器在相对
两面墙壁上安装平面示意图
1—发射器；2—墙壁；3—接收器

**8.2.3**　缆式线型定温探测器在电缆桥架或支架上设置时，宜采用接触式布置，即敷设于被保护电缆（表层电缆）外护套上面，如图 16 所示。在各种皮带输送装置上设置时，在不影响平时运行和维护的情况下，应根据现场情况而定，宜将探测器设置在装置的过热点附近，如图 17 所示。本条主要依据我国工程实践经验规定。

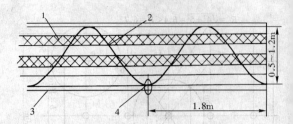

图 16　缆式线型定温探测器在电缆桥
架或支架上接触式布置示意图
1—动力电缆；2—探测器热敏电缆；
3—电缆桥架；4—固定卡具
注：固定卡具宜选用阻燃塑料卡具。

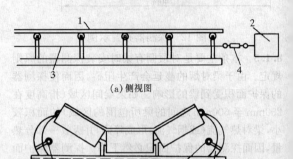

(a)侧视图

(b)正视图

图 17　缆式线型定温探测器在皮
带输送装置上设置示意图
1—传送带；2—探测器终端电阻；
3、5—探测器热敏电缆；4—拉线
螺旋；6—电缆支撑件

**8.2.4**　本条参考日本规范规定，如图 18 所示。

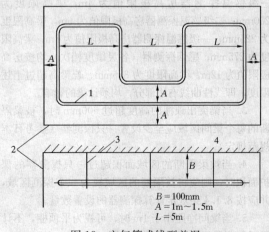

B=100mm
A=1m～1.5m
L=5m

图 18　空气管式线型差温
探测器在顶棚下方设置示意图
1—空气管；2—墙壁；
3—固定点；4—顶棚

### 8.3　手动火灾报警按钮的设置

**8.3.1**　本条主要参考英国规范制订。英国规范规定："手动报警按钮的位置，应使场所内任何人去报警均不需走 30m 以上距离"。手动火灾报警按钮设置在公共活动场所的出入口处有利于及时报出火警。

**8.3.2**　手动报警按钮应设置在明显的和便于操作的部位，参考国外先进国家规范。当安装在墙上时，其底边距地高度宜为 1.3～1.5m，且应有明显的标志，以便于识别。

# 9　系 统 供 电

**9.0.1、9.0.2**　火灾自动报警系统的主电源宜按一级或二级负荷来考虑。因为安装火灾自动报警系统的场所均为重要的建筑或场所，火灾报警装置如能及时、正确报警，可以使人民的生命、财产得到保护或少受损失。所以要求其主电源的可靠性高，有二个或二个以上电源供电，在消防控制室进行自动切换。同时，还要有直流备用电源，来确保其供电的切实可靠。

**9.0.3**　火灾自动报警系统有 CRT 显示器、计算机主机、消防通信设备、应急广播等装置时，其主电源宜采用 UPS 电源。这一要求是为了防止突然断电造成以上装置不能正常工作。

**9.0.4**　火灾自动报警系统主电源不应采用漏电保护开关进行保护。其原因是，漏电与保证装置供电可靠性来比较，后者为第一位。

# 10　布　　线

## 10.2　屋 内 布 线

**10.2.1**　火灾自动报警系统的传输线路穿线导管与低压配电系统的穿线导管相同，应采用金属管、经阻燃处理的硬质塑料管或封闭式线槽等几种，敷设方式采用暗敷或明敷。

当采用硬质塑料管时，就应用阻燃型，其氧指数要求不小于 30。如采用线槽配线时，要求用封闭式防火线槽。如采用普通型线槽，其线槽内的电缆为干线系统时，此电缆宜选用防火型。

**10.2.2**　消防控制、通信和警报线路与火灾自动报警系统传输线路相比较，更加重要，所以这部分的穿线导管选择要求更高，只有在暗敷时才允许采用阻燃型硬质塑料管，其他情况下只能采用金属管或金属线槽。

消防控制、通信和警报线路的穿线导管，一般要求敷设在非燃烧体的结构层内（主要指混凝土层内），其保护层厚度不宜小于 30mm。因管线在混凝土内可以起到保护作用，防止火灾发生时消防控制、通信和

警报线路中断，使灭火工作无法进行，造成更大的经济损失。

在本条中规定，当采用明敷时应采用金属管或金属线槽保护，并应在金属管或金属线槽上采取防火保护措施。从目前的情况来看，主要的防火措施就是在金属管、金属线槽表面涂防火涂料。

**10.2.3**　这里主要是防止强电系统对弱电系统的火灾自动报警设备的干扰。不宜火灾自动报警系统的电缆与高压电力电缆在同一竖井内敷设。

**10.2.4**　本条规定主要为防止火灾自动报警系统的线路被老鼠等动物咬断。

**10.2.5**　本条规定主要为便于接线和维修。

**10.2.6**　目前施工中压接技术已被广泛应用，采用压接可以提高运行的可靠性。

**10.2.7**　本条按我国目前的实际情况而定。

# 附录 D　火灾探测器的具体设置
# 部位（建议性）

## D.1　特级保护对象

**D.1.1**　本节对列为特级保护对象的建筑提出火灾探测器设置部位的建议性意见。按现行国家标准《高层民用建筑设计防火规范》的有关规定，特级保护对象除面积小于 5.00m² 的厕所、卫生间外，均应设火灾探测器。

## D.2　一 级 保 护 对 象

**D.2.1～D.2.32**　本节对列为一级保护对象的建筑提出火灾探测器设置部位的建议性意见。1～19 条是单指所列建筑的部位，20～32 条是共性的，适用于一级保护对象的所有建筑的部位。29 条引自《汽车库、修车库、停车场设计防火规范》，它适用于独立的汽车库，也适用于附属在建筑内的汽车库。本节 1～10 条、23 条、25～27 条全部引自《高层民用建筑设计防火规范》；21、22 条基本转引《高层民用建筑设计防火规范》，其中 21 条增加了防烟楼梯、消防电梯的前室及合用前室，火灾发生时，它是人员逃生和消防扑救的主要竖向通道和出入口，为确保安全，需设置探测器。22 条增加了变压器室，它的火灾危险不比配电室低。11、12、14、15 条引自《建筑设计防火规范》。16、17 条引自《人民防空工程设计防火规范》。13 条高级住宅指建筑装修标准高，有中央空调系统的住宅或公寓。在欧美防火标准都有保护人身安全的条款，火灾报警设施已开始进入家庭。我国国情不同，经济能力、生活水平与发达国家相比尚有较大差距，住宅单元量大面广，普遍设置火灾报警设施承受不了；但对高级住宅或高级公寓来说，设置火灾探测器是必要的。18 条地铁站、厅、行人通道同欧、

美、香港地区等的做法一致。19条是针对一些火灾危险性大和较难疏散的部位而定的。20条高级办公室、会议室、陈列室、展览室、商场营业厅是指属一级保护对象的所有建筑，属此功能的部位均需装设探测器。24条可延燃绝缘和外护层电缆常是引起火灾的根源，其通道应设探测器。28条基本是特别易发多发火灾的商业活动场所。30条污衣道前室、垃圾道前室、净高超过0.8m的具有可燃物的闷顶，部位隐蔽加强防范是必要的，如同易发火灾的商业用或公共厨房，若设有自动喷水灭火系统的可不装探测器。

## D.3  二级保护对象

**D.3.1～D.3.19**  本节对列为二级保护对象的建筑提出火灾探测器设置部位的建议性意见。1～8条是单指所列建筑的场所，9～19条是共性的、适用于二级保护对象的所有建筑的场所，9条适用于独立的汽车库，也适用于附属在建筑内的汽车库。

中华人民共和国国家标准

# 自动喷水灭火系统设计规范

Code of design for sprinkler systems

GB 50084—2001

（2005 年版）

主编部门：中华人民共和国公安部
批准部门：中华人民共和国建设部
施行日期：2 0 0 1 年 7 月 1 日

# 中华人民共和国建设部公告

## 第 360 号

### 建设部关于发布国家标准《自动喷水灭火系统设计规范》局部修订的公告

现批准《自动喷水灭火系统设计规范》GB 50084—2001 局部修订的条文，自 2005 年 10 月 1 日起实施。其中，第 5.0.1、5.0.1A、5.0.5、5.0.6、5.0.7、6.2.7、6.5.1、7.1.3、8.0.2、10.3.2、12.0.1、12.0.2、12.0.3 条为强制性条文，必须严格执行。经此次修改的原条文同时废止。

局部修订的条文及具体内容，将在近期出版的《工程建设标准化》刊物上登载。

中华人民共和国建设部

二〇〇五年七月十五日

### 关于发布国家标准《自动喷水灭火系统设计规范》的通知

建标〔2001〕68 号

根据我部《关于印发 1995～1996 年工程建设国家标准制订修订计划的通知》（建标〔1996〕4 号）的要求，由公安部会同有关部门共同修订的《自动喷水灭火系统设计规范》，经有关部门会审，批准为国家标准，编号为 GB 50084—2001，自 2001 年 7 月 1 日起施行。其中，3.0.1、3.0.2、4.1.2、4.2.1、4.2.2、4.2.5、4.2.6、4.2.9（1、3、4 款）、4.2.10、5.0.1、5.0.2、5.0.3、5.0.4（1 款）、5.0.5、5.0.6、5.0.7、5.0.8、5.0.9、5.0.10、5.0.11、6.1.1、6.1.3、6.2.1、6.2.5、6.2.7、6.2.8、6.3.1、6.3.2、6.3.3、6.5.1、6.5.2、7.1.1、7.1.2、7.1.3、7.1.4、7.1.5、7.1.6、7.1.8、7.1.9、7.1.10、7.1.11、7.1.12、7.1.13、7.1.14、7.1.15、8.0.1、8.0.2、8.0.3、8.0.6、8.0.7、8.0.8、8.0.9、9.1.3、9.1.4、9.1.5、9.1.6、9.1.7、9.1.8、10.1.1、10.1.2、10.1.3、10.2.1、10.2.3、10.2.4、10.3.1、10.3.3、10.4.1、10.4.2、11.0.1、11.0.2、11.0.3、11.0.4、11.0.5 为强制性条文，必须执行。原国家标准《自动喷水灭火系统设计规范》（GBJ 84—85）同时废止。

本规范由公安部负责管理，公安部天津消防科学研究所负责具体解释工作，建设部标准定额研究所组织中国计划出版社出版发行。

中华人民共和国建设部

二〇〇一年四月五日

## 前　言

根据建设部《关于印发 1995～1996 年工程建设国家标准制订修订计划的通知》（建标〔1996〕4 号）的要求，本规范由公安部天津消防科学研究所会同北京市消防局、上海市消防局、四川省消防局、公安部四川消防科学研究所、大连市消防局、深圳市消防局、建设部建筑设计院、天津市建筑设计院、化工部第一设计院、天津大学、深圳市捷星消防工程公司等单位共同修订。

本规范的修订，遵照国家有关基本建设的方针，和"预防为主、防消结合"的消防工作方针，在总结我国自动喷水灭火系统的科研成果、设计和使用现状的基础上，广泛征求了国内有关科研、设计、生产、消防监督、高校等部门的意见，同时参考了国际标准化组织和美国、英国等发达国家的相关标准，最后经有关部门共同审查定稿。

本规范修订本，共分十一章和四个附录。内容包括：总则、术语符号、设置场所火灾危险等级、系统选型、设计基本参数、系统组件、喷头布置、管道、水力计算、供水、操作与控制等。

此次修订的主要内容包括：

1. 按设计系统的工作步骤重新编排了章节顺序；

2. 充实了设置场所火灾危险等级、系统与组件选型、设计基本参数、喷头布置、管道及供水设施的配置等相关章节的技术内容；

3. 补充了新型系统和新型洒水喷头及各类仓库设置该系统的技术要求；

4. 特别强调合理的系统选型和配置，对保证自动喷水灭火系统整体性能的重要作用。

本规范具体解释工作由公安部天津消防科学研究所负责（地址：天津市南开区卫津南路 110 号　邮政编码 300381）。

本规范的主编单位、参编单位和主要起草人名单：

**主 编 单 位：** 公安部天津消防科学研究所

**参 编 单 位：** 北京市消防局

上海市消防局

四川省消防局

公安部四川消防科学研究所

大连市消防局

深圳市消防局

建设部建筑设计院

天津市建筑设计院

化工部第一设计院

天津大学

深圳市捷星消防工程公司

**主要起草人：** 韩占先　何以申　王万钢　韩　磊

马　恒　赵克伟　曾　杰　陈正昌

刘淑金　张兴权　刘跃红　刘国祝

章崇伦　黄建跃　于志成　万雪松

孔祥徵

# 目 次

# 1 总 则

**1.0.1** 为了正确、合理地设计自动喷水灭火系统,保护人身和财产安全,制订本规范。

**1.0.2** 本规范适用于新建、扩建、改建的民用与工业建筑中自动喷水灭火系统的设计。

本规范不适用于火药、炸药、弹药、火工品工厂、核电站及飞机库等特殊功能建筑中自动喷水灭火系统的设计。

**1.0.3** 自动喷水灭火系统的设计,应密切结合保护对象的功能和火灾特点,积极采用新技术、新设备、新材料,做到安全可靠、技术先进、经济合理。

**1.0.4** 设计采用的系统组件,必须符合国家现行的相关标准,并经国家固定灭火系统质量监督检验测试中心检测合格。

**1.0.5** 当设置自动喷水灭火系统的建筑变更用途时,应校核原有系统的适用性。当不适应时,应按本规范重新设计。

**1.0.6** 自动喷水灭火系统的设计,除执行本规范外,尚应符合国家现行的相关强制性标准。

# 2 术语和符号

## 2.1 术 语

**2.1.1** 自动喷水灭火系统 sprinkler systems

由洒水喷头、报警阀组、水流报警装置(水流指示器或压力开关)等组件,以及管道、供水设施组成,并能在发生火灾时喷水的自动灭火系统。

**2.1.2** 闭式系统 close-type sprinkler system

采用闭式洒水喷头的自动喷水灭火系统。

**1** 湿式系统 wet pipe system

准工作状态时管道内充满用于启动系统的有压水的闭式系统。

**2** 干式系统 dry pipe system

准工作状态时配水管道内充满用于启动系统的有压气体的闭式系统。

**3** 预作用系统 preaction system

准工作状态时配水管道内不充水,由火灾自动报警系统自动开启雨淋报警阀后,转换为湿式系统的闭式系统。

**4** 重复启闭预作用系统 recycling preaction system

能在扑灭火灾后自动关阀、复燃时再次开阀喷水的预作用系统。

**2.1.3** 雨淋系统 deluge system

由火灾自动报警系统或传动管控制,自动开启雨淋报警阀和启动供水泵后,向开式洒水喷头供水的自动喷水灭火系统。亦称开式系统。

**2.1.4** 水幕系统 drencher systems

由开式洒水喷头或水幕喷头、雨淋报警阀组或感温雨淋阀,以及水流报警装置(水流指示器或压力开关)等组成,用于挡烟阻火和冷却分隔物的喷水系统。

**1** 防火分隔水幕 water curtain for fire compartment

密集喷洒形成水墙或水帘的水幕。

**2** 防护冷却水幕 drencher for cooling protection

冷却防火卷帘等分隔物的水幕。

**2.1.5** 自动喷水—泡沫联用系统 combined sprinkler-foam system

配置供给泡沫混合液的设备后,组成既可喷水又可喷泡沫的自动喷水灭火系统。

**2.1.6** 作用面积 area of sprinklers operation

一次火灾中系统按喷水强度保护的最大面积。

**2.1.7** 标准喷头 standard sprinkler

流量系数 $K=80$ 的洒水喷头。

**2.1.8** 响应时间指数($RTI$) response time index

闭式喷头的热敏性能指标。

**2.1.9** 快速响应喷头 fast response sprinkler

响应时间指数 $RTI \leqslant 50(\text{m} \cdot \text{s})^{0.5}$ 的闭式洒水喷头。

**2.1.10** 边墙型扩展覆盖喷头 extended coverage sidewall sprinkler

流量系数 $K=115$ 的边墙型快速响应喷头。

**2.1.11** 早期抑制快速响应喷头 early suppression fast response sprinkler(ESFR)

响应时间指数 $RTI \leqslant 28 \pm 8(\text{m} \cdot \text{s})^{0.5}$,用于保护高堆垛与高货架仓库的大流量特种洒水喷头。

**2.1.12** 一只喷头的保护面积 area of one sprinkler operation

同一根配水支管上相邻喷头的距离与相邻配水支管之间距离的乘积。

**2.1.13** 配水干管 feed mains

报警阀后向配水管供水的管道。

**2.1.14** 配水管 cross mains

向配水支管供水的管道。

**2.1.15** 配水支管 branch lines

直接或通过短立管向喷头供水的管道。

**2.1.16** 配水管道 system pipes

配水干管、配水管及配水支管的总称。

**2.1.17** 短立管 sprig-up

连接喷头与配水支管的立管。

**2.1.18** 信号阀 signal valve

具有输出启闭状态信号功能的阀门。

## 2.2 符 号

$a$——喷头与障碍物的水平间距

$b$——喷头溅水盘与障碍物底面的垂直间距

$c$——障碍物横截面的一个边长

$d$——管道外径

$d_g$——节流管的计算内径

$d_j$——管道的计算内径

$d_k$——减压孔板的孔口直径

$e$——障碍物横截面的另一个边长

$f$——喷头溅水盘与不到顶隔墙顶面的垂直间距

$g$——重力加速度

$h$——系统管道沿程和局部的水头损失

$H$——水泵扬程或系统入口的供水压力

$H_g$——节流管的水头损失

$H_k$——减压孔板的水头损失

$i$——每米管道的水头损失

$k$——喷头流量系数

$L$——节流管的长度

$n$——最不利点处作用面积内的喷头数

$P$——喷头工作压力

$P_0$——最不利点处喷头的工作压力

$q$——喷头流量

$q_i$——最不利点处作用面积内各喷头节点的流量

$Q_s$——系统设计流量

$V$——管道内水的平均流速

$V_g$——节流管内水的平均流速

$V_k$——减压孔板后管道内水的平均流速

$Z$——最不利点处喷头与消防水池最低水位或系统入口管水平中心线之间的高程差

$\zeta$——节流管中渐缩管与渐扩管的局部阻力系数之和

$\xi$——减压孔板的局部阻力系数

# 3 设置场所火灾危险等级

3.0.1 设置场所火灾危险等级的划分,应符合下列规定:

　　1 轻危险级

　　2 中危险级

　　　　Ⅰ级

　　　　Ⅱ级

　　3 严重危险级

　　　　Ⅰ级

　　　　Ⅱ级

　　4 仓库危险级

　　　　Ⅰ级

　　　　Ⅱ级

　　　　Ⅲ级

3.0.2 设置场所的火灾危险等级,应根据其用途、容纳物品的火灾荷载及室内空间条件等因素,在分析火灾特点和热气流驱动喷头开放及喷水到位的难易程度后确定。举例见本规范附录 A。

3.0.3 当建筑物内各场所的火灾危险性及灭火难度存在较大差异时,宜按各场所的实际情况确定系统选型与火灾危险等级。

# 4 系统选型

## 4.1 一般规定

4.1.1 自动喷水灭火系统应在人员密集、不易疏散、外部增援灭火与救生较困难的性质重要或火灾危险性较大的场所中设置。

4.1.2 自动喷水灭火系统不适用于存在较多下列物品的场所:

　　1 遇水发生爆炸或加速燃烧的物品;

　　2 遇水发生剧烈化学反应或产生有毒有害物质的物品;

　　3 洒水将导致喷溅或沸溢的液体。

4.1.3 自动喷水灭火系统的系统选型,应根据设置场所的火灾特点或环境条件确定,露天场所不宜采用闭式系统。

4.1.4 自动喷水灭火系统的设计原则应符合下列规定:

　　1 闭式喷头或启动系统的火灾探测器,应能有效探测初期火灾;

　　2 湿式系统、干式系统应在开放一只喷头后自动启动,预作用系统、雨淋系统应在火灾自动报警系统报警后自动启动;

　　3 作用面积内开放的喷头,应在规定时间内按设计选定的强度持续喷水;

　　4 喷头洒水时,应均匀分布,且不应受阻挡。

## 4.2 系统选型

4.2.1 环境温度不低于4℃,且不高于70℃的场所应采用湿式系统。

4.2.2 环境温度低于4℃,或高于70℃的场所应采用干式系统。

4.2.3 具有下列要求之一的场所应采用预作用系统:

　　1 系统处于准工作状态时,严禁管道漏水;

　　2 严禁系统误喷;

　　3 替代干式系统。

4.2.4 灭火后必须及时停止喷水的场所,应采用重复启闭预作用系统。

4.2.5 具有下列条件之一的场所,应采用雨淋系统:

　　1 火灾的水平蔓延速度快、闭式喷头的开放不能及时使喷水有效覆盖着火区域;

　　2 室内净空高度超过本规范6.1.1条的规定,且必须迅速扑救初期火灾;

　　3 严重危险级Ⅱ级。

4.2.6 符合本规范5.0.6条规定条件的仓库,当设置自动喷水灭火系统时,宜采用早期抑制快速响应喷头,并宜采用湿式系统。

4.2.7 存在较多易燃液体的场所,宜按下列方式之一采用自动喷水—泡沫联用系统:

　　1 采用泡沫灭火剂强化闭式系统性能;

　　2 雨淋系统前期喷水控火,后期喷泡沫强化灭火效能;

　　3 雨淋系统前期喷泡沫灭火,后期喷水冷却防止复燃。

　　系统中泡沫灭火剂的选型、储存及相关设备的配置,应符合现行国家标准《低倍数泡沫灭火系统设计规范》GB 50151—92 的规定。

4.2.8 建筑物中保护局部场所的干式系统、预作用系统、雨淋系统、自动喷水—泡沫联用系统,可串联接入同一建筑物内湿式系统,并应与其配水干管连接。

4.2.9 自动喷水灭火系统应有下列组件、配件和设施:

　　1 应设有洒水喷头、水流指示器、报警阀组、压力开关等组件和末端试水装置,以及管道、供水设施;

　　2 控制管道静压的区段宜分区供水或设减压阀,控制管道动压的区段宜设减压孔板或节流管;

　　3 应设有泄水阀(或泄水口)、排气阀(或排气口)和排污口;

　　4 干式系统和预作用系统的配水管道应设快速排气阀。有压充气管道的快速排气阀入口前应设电动阀。

4.2.10 防护冷却水幕应直接将水喷向被保护对象;防火分隔水幕不宜用于尺寸超过15m(宽)×8m(高)的开口(舞台口除外)。

# 5 设计基本参数

5.0.1 民用建筑和工业厂房的系统设计参数不应低于表5.0.1的规定。

表 5.0.1　民用建筑和工业厂房的系统设计参数

| 火灾危险等级 | | 净空高度<br>(m) | 喷水强度<br>(L/min·m²) | 作用面积<br>(m²) |
|---|---|---|---|---|
| 轻危险级 | | | 4 | |
| 中危险级 | Ⅰ级 | ≤8 | 6 | 160 |
| | Ⅱ级 | | 8 | |

| 火灾危险等级 | | 净空高度 (m) | 喷水强度 (L/min·m²) | 作用面积 (m²) |
|---|---|---|---|---|
| 严重危险级 | Ⅰ级 | ≤8 | 12 | 260 |
| | Ⅱ级 | | 16 | |

注：系统最不利点处喷头的工作压力不应低于 0.05MPa。

**5.0.1A** 非仓库类高大净空场所设置自动喷水灭火系统时，湿式系统的设计基本参数不应低于表 5.0.1A 的规定。

表 5.0.1A 非仓库类高大净空场所的系统设计基本参数

| 适用场所 | 净空高度 (m) | 喷水强度 (L/min·m²) | 作用面积 (m²) | 喷头选型 | 喷头最大间距 (m) |
|---|---|---|---|---|---|
| 中庭、影剧院、音乐厅、单一功能体育馆等 | 8～12 | 6 | 260 | K=80 | 3 |
| 会展中心、多功能体育馆、自选商场等 | 8～12 | 12 | 300 | K=115 | |

注：1 喷头溅水盘与顶板的距离应符合 7.1.3 条的规定。

　　2 最大储物高度超过 3.5m 的自选商场应按 16L/min·m² 确定喷水强度。

　　3 表中"～"两侧的数据，左侧为"大于"、右侧为"不大于"。

**5.0.2** 仅在走道设置单排喷头的闭式系统，其作用面积应按最大疏散距离所对应的走道面积确定。

**5.0.3** 装设网格、栅板类通透性吊顶的场所，系统的喷水强度应按本规范表 5.0.1 规定值的 1.3 倍确定。

**5.0.4** 干式系统与雨淋系统的作用面积应符合下列规定：

　　**1** 干式系统的作用面积应按本规范表 5.0.1 规定值的 1.3 倍确定。

　　**2** 雨淋系统中每个雨淋阀控制的喷水面积不宜大于本规范表 5.0.1 中的作用面积。

**5.0.5** 设置自动喷水灭火系统的仓库，系统设计基本参数应符合下列规定：

　　**1** 堆垛储物仓库不应低于表 5.0.5-1、表 5.0.5-2 的规定；

　　**2** 货架储物仓库不应低于表 5.0.5-3～表 5.0.5-5 的规定；

　　**3** 当Ⅰ级、Ⅱ级仓库中混杂储存Ⅲ级仓库的货品时，不应低于表 5.0.5-6 的规定。

　　**4** 货架储物仓库应采用钢制货架，并应采用通透层板，层板中通透部分的面积不应小于层板总面积的 50%。

　　**5** 采用木制货架及采用封闭层板货架的仓库，应按堆垛储物仓库设计。

表 5.0.5-1 堆垛储物仓库的系统设计基本参数

| 火灾危险等级 | 储物高度 (m) | 喷水强度 (L/min·m²) | 作用面积 (m²) | 持续喷水时间 (h) |
|---|---|---|---|---|
| 仓库危险级 Ⅰ级 | 3.0～3.5 | 8 | 160 | 1.0 |
| | 3.5～4.5 | 8 | 200 | 1.5 |
| | 4.5～6.0 | 10 | | |
| | 6.0～7.5 | 14 | | |
| 仓库危险级 Ⅱ级 | 3.0～3.5 | 10 | 200 | 2.0 |
| | 3.5～4.5 | 12 | | |
| | 4.5～6.0 | 16 | | |
| | 6.0～7.5 | 22 | | |

注：本表及表 5.0.5-3、表 5.0.5-4 适用于室内最大净空高度不超过 9.0m 的仓库。

表 5.0.5-2 分类堆垛储物的Ⅲ级仓库的系统设计基本参数

| 最大储物高度 (m) | 最大净空高度 (m) | 喷水强度 (L/min·m²) | | | |
|---|---|---|---|---|---|
| | | A | B | C | D |
| 1.5 | 7.5 | 8.0 | | | |
| 3.5 | 4.5 | 16.0 | 16.0 | 12.0 | 12.0 |
| | 6.0 | 24.5 | 22.0 | 20.5 | 16.5 |
| | 9.5 | 32.5 | 28.5 | 24.5 | 18.5 |
| 4.5 | 6.0 | 20.5 | 18.5 | 16.5 | 12.0 |
| | 7.5 | 32.5 | 28.5 | 24.5 | 18.5 |
| 6.0 | 7.5 | 24.5 | 22.5 | 18.5 | 14.5 |
| | 9.0 | 36.5 | 34.5 | 28.5 | 22.5 |
| 7.5 | 9.0 | 30.5 | 28.5 | 22.5 | 18.5 |

注：1 A—袋装与无包装的发泡塑料橡胶；B—箱装的发泡塑料橡胶；
　　　C—箱装与袋装的不发泡塑料橡胶；D—无包装的不发泡塑料橡胶。

　　2 作用面积不应小于 240m²。

表 5.0.5-3 单、双排货架储物仓库的系统设计基本参数

| 火灾危险等级 | 储物高度 (m) | 喷水强度 (L/min·m²) | 作用面积 (m²) | 持续喷水时间 (h) |
|---|---|---|---|---|
| 仓库危险级 Ⅰ级 | 3.0～3.5 | 8 | 200 | 1.5 |
| | 3.5～4.5 | 12 | | |
| | 4.5～6.0 | 18 | | |
| 仓库危险级 Ⅱ级 | 3.0～3.5 | 12 | 240 | 1.5 |
| | 3.5～4.5 | 15 | 280 | 2.0 |

表 5.0.5-4 多排货架储物仓库的系统设计基本参数

| 火灾危险等级 | 储物高度 (m) | 喷水强度 (L/min·m²) | 作用面积 (m²) | 持续喷水时间 (h) |
|---|---|---|---|---|
| 仓库危险级 Ⅰ级 | 3.5～4.5 | 12 | 200 | 1.5 |
| | 4.5～6.0 | 18 | | |
| | 6.0～7.5 | 12+1J | | |
| 仓库危险级 Ⅱ级 | 3.0～3.5 | 12 | 200 | 1.5 |
| | 3.5～4.5 | 18 | | |
| | 4.5～6.0 | 12+1J | | 2.0 |
| | 6.0～7.5 | 12+2J | | |

表 5.0.5-5 货架储物Ⅲ级仓库的系统设计基本参数

| 序号 | 室内最大净高 (m) | 货架类型 | 储物高度 (m) | 货顶上方净空 (m) | 顶板下喷头喷水强度 (L/min·m²) | 货架内置喷头 | | |
|---|---|---|---|---|---|---|---|---|
| | | | | | | 层数 | 高度 (m) | 流量系数 |
| 1 | — | 单、双排 | 3.0～6.0 | <1.5 | 24.5 | — | — | — |
| 2 | ≤6.5 | 单、双排 | 3.0～4.5 | — | 18.0 | — | — | — |
| 3 | — | 单、双、多排 | 3.0 | <1.5 | 12.0 | — | — | — |
| 4 | — | 单、双、多排 | 3.0 | 1.5～3.0 | 18.0 | — | — | — |
| 5 | — | 单、双、多排 | 3.0～4.5 | 1.5～3.0 | 12.0 | 1 | 3.0 | 80 |
| 6 | — | 单、双、多排 | 4.5～6.0 | <1.5 | 24.5 | — | — | — |
| 7 | ≤8.0 | 单、双、多排 | — | — | 24.5 | — | — | — |
| 8 | — | 单、双、多排 | 4.5～6.0 | 1.5～3.0 | 18.0 | 1 | 3.0 | 80 |
| 9 | — | 单、双、多排 | 6.0～7.5 | <1.5 | 18.5 | 1 | 4.5 | 115 |
| 10 | ≤9.0 | 单、双、多排 | 6.0～7.5 | — | 32.5 | — | — | — |

注：1 持续喷水时间不低于 2h，作用面积不小于 200m²。

　　2 序号 5 与序号 8：货架内设置一排货架内置喷头时，喷头的间距不应大于 3.0m；设置两排或多排货架内置喷头时，喷头的间距不应大于 3.0×2.4 (m)。

　　3 序号 9：货架内设置一排货架内置喷头时，喷头的间距不应大于 2.4m；设置两排或多排货架内置喷头时，喷头的间距不应大于 2.4×2.4 (m)。

　　4 设置两排和多排货架内置喷头时，喷头应交错布置。

　　5 货架内置喷头的最低工作压力不应低于 0.1MPa。

　　6 表中字母"J"表示货架内喷头，"J"前的数字表示货架内喷头的层数。

表 5.0.5-6 混杂储物仓库的系统设计基本参数

| 货品类别 | 储存方式 | 储物高度(m) | 最大净空高度(m) | 喷水强度(L/min·m²) | 作用面积(m²) | 持续喷水时间(h) |
|---|---|---|---|---|---|---|
| 储物中包括沥青制品或箱装A组塑料橡胶 | 堆垛与货架 | ≤1.5 | 9.0 | 8 | 160 | 1.5 |
| | | 1.5~3.0 | 4.5 | 12 | 240 | 2.0 |
| | | 1.5~3.0 | 6.0 | 16 | 240 | 2.0 |
| | | 3.0~3.5 | 5.0 | 16 | 240 | 2.0 |
| | 堆垛 | 3.0~3.5 | 8.0 | 16 | 240 | 2.0 |
| | 货架 | 1.5~3.5 | | 8+1J | 160 | 2.0 |
| 储物中包括袋装A组塑料橡胶 | 堆垛与货架 | ≤1.5 | 9.0 | 8 | 160 | 1.5 |
| | | 1.5~3.0 | 4.5 | 16 | 240 | 2.0 |
| | | 3.0~3.5 | 5.0 | 16 | 240 | 2.0 |
| | 堆垛 | 1.5~2.5 | 9.0 | 16 | 240 | 2.0 |
| 储物中包括袋装不发泡A组塑料橡胶 | 堆垛与货架 | 1.5~3.0 | 6.0 | 16 | 240 | 2.0 |
| 储物中包括袋装发泡A组塑料橡胶 | 堆垛与货架 | 1.5~3.0 | | 8+1J | 160 | 2.0 |
| 储物中包括轮胎或纸卷 | 堆垛与货架 | 1.5~3.5 | 9.0 | 12 | 240 | 2.0 |

注:1 无包装的塑料橡胶视同纸袋、塑料袋包装。
2 货架内置喷头应采用与顶板下喷头相同的喷水强度,用水量应按开放6只喷头确定。

**5.0.6** 仓库采用早期抑制快速响应喷头的系统设计基本参数不应低于表 5.0.6 的规定。

表 5.0.6 仓库采用早期抑制快速响应喷头的系统设计基本参数

| 储物类别 | 最大净空高度(m) | 最大储物高度(m) | 喷头流量系数K | 喷头最大间距(m) | 作用面积内开放的喷头数(只) | 喷头最低工作压力(MPa) |
|---|---|---|---|---|---|---|
| I级、II级、沥青制品、箱装不发泡塑料 | 9.0 | 7.5 | 200 | 3.7 | 12 | 0.35 |
| | 9.0 | 7.5 | 360 | | 12 | 0.10 |
| | 10.5 | 7.5 | 200 | | 12 | 0.50 |
| | 10.5 | 7.5 | 360 | | 12 | 0.15 |
| | 12.0 | 7.5 | 200 | 3.0 | 12 | 0.50 |
| | 12.0 | 7.5 | 360 | | 12 | 0.20 |
| | 13.5 | 12.0 | 360 | | 12 | 0.30 |
| 袋装不发泡塑料 | 9.0 | 7.5 | 200 | 3.7 | 12 | 0.35 |
| | 9.0 | 7.5 | 240 | | | 0.25 |
| | 9.5 | 7.5 | 200 | | 12 | 0.40 |
| | 9.5 | 7.5 | 240 | | | 0.30 |
| | 12.0 | 7.5 | 200 | | | 0.50 |
| | 12.0 | 7.5 | 240 | | | 0.35 |
| 箱装发泡塑料 | 9.0 | 7.5 | 200 | 3.7 | 12 | 0.35 |
| | 9.5 | 7.5 | 200 | | 12 | 0.40 |
| | 9.5 | 7.5 | 240 | | | 0.30 |

注:快速响应早期抑制喷头在保护最大高度范围内,如有货架应为通透性层板。

**5.0.7** 货架储物仓库的最大净空高度或最大储物高度超过本规范表 5.0.5-1~表 5.0.5-6、表 5.0.6 的规定时,应设货架内置喷头。宜在自地面起每 4m 高度处设置一层货架内置喷头。当喷头流量系数 $K=80$ 时,工作压力不应小于 0.20MPa;当 $K=115$ 时,工作压力不应小于 0.10MPa。喷头间距不应大于 3m,也不宜小于 2m。计算喷头数量不应小于表 5.0.7 的规定。货架内置喷头上方的层间隔板应为实层板。

表 5.0.7 货架内开放喷头数

| 仓库危险级 | 货架内置喷头的层数 | | |
|---|---|---|---|
| | 1 | 2 | >2 |
| I | 6 | 12 | 14 |
| II | 8 | 14 | |
| III | 10 | | |

**5.0.7A** 仓库内设有自动喷水灭火系统时,宜设消防排水设施。

**5.0.8** 闭式自动喷水—泡沫联用系统的设计基本参数,除执行本规范表 5.0.1 的规定外,尚应符合下列规定:

1 湿式系统自喷水至喷泡沫的转换时间,按 4L/s 流量计算,不应大于 3min;

2 泡沫比例混合器应在流量等于和大于 4L/s 时符合水与泡沫灭火剂的混合比规定;

3 持续喷泡沫的时间不应小于 10min。

**5.0.9** 雨淋自动喷水—泡沫联用系统应符合下列规定:

1 前期喷水后期喷泡沫的系统,喷水强度与喷泡沫强度均不应低于本规范表 5.0.1、表 5.0.5-1~表 5.0.5-6 的规定;

2 前期喷泡沫后期喷水的系统,喷泡沫强度与喷水强度均应执行现行国家标准《低倍数泡沫灭火系统设计规范》GB 50151—92 的规定;

3 持续喷泡沫时间不应小于 10min。

**5.0.10** 水幕系统的设计基本参数应符合表 5.0.10 的规定:

表 5.0.10 水幕系统的设计基本参数

| 水幕类别 | 喷水点高度(m) | 喷水强度(L/s·m) | 喷头工作压力(MPa) |
|---|---|---|---|
| 防火分隔水幕 | ≤12 | 2 | 0.1 |
| 防护冷却水幕 | ≤4 | 0.5 | |

注:防护冷却水幕的喷水点高度每增加 1m,喷水强度应增加 0.1L/s·m,但超过 9m 时喷水强度仍采用 1.0L/s·m。

**5.0.11** 除本规范另有规定外,自动喷水灭火系统的持续喷水时间,应按火灾延续时间不小于 1h 确定。

**5.0.12** 利用有压气体作为系统启动介质的干式系统、预作用系统,其配水管道内的气压值,应根据报警阀的技术性能确定;利用有压气体检测管道是否严密的预作用系统,配水管道内的气压值不宜小于 0.03MPa,且不宜大于 0.05MPa。

# 6 系统组件

## 6.1 喷　头

**6.1.1** 采用闭式系统场所的最大净空高度不应大于表 6.1.1 的规定,仅用于保护室内钢屋架等建筑构件和设置货架内置喷头的闭式系统,不受此表规定的限制。

表 6.1.1 采用闭式系统场所的最大净空高度(m)

| 设置场所 | 采用闭式系统场所的最大净空高度 |
|---|---|
| 民用建筑和工业厂房 | 8 |
| 仓库 | 9 |
| 采用早期抑制快速响应喷头的仓库 | 13.5 |
| 非仓库类大空间场所 | 12 |

**6.1.2** 闭式系统的喷头,其公称动作温度宜高于环境最高温度 30℃。

**6.1.3** 湿式系统的喷头选型应符合下列规定:

1 不做吊顶的场所,当配水支管布置在梁下时,应采用直立型喷头;

**2** 吊顶下布置的喷头，应采用下垂型喷头或吊顶型喷头；

**3** 顶板为水平面的轻危险级、中危险级Ⅰ级居室和办公室，可采用边墙型喷头；

**4** 自动喷水—泡沫联用系统应采用洒水喷头；

**5** 易受碰撞的部位，应采用带保护罩的喷头或吊顶型喷头。

**6.1.4** 干式系统、预作用系统应采用直立型喷头或干式下垂型喷头。

**6.1.5** 水幕系统的喷头选型应符合下列规定：

**1** 防火分隔水幕采用开式洒水喷头或水幕喷头；

**2** 防护冷却水幕应采用水幕喷头。

**6.1.6** 下列场所宜采用快速响应喷头：

**1** 公共娱乐场所、中庭环廊；

**2** 医院、疗养院的病房及治疗区域，老年、少儿、残疾人的集体活动场所；

**3** 超出水泵接合器供水高度的楼层；

**4** 地下的商业及仓储用房。

**6.1.7** 同一隔间内应采用相同热敏性能的喷头。

**6.1.8** 雨淋系统的防护区内应采用相同的喷头。

**6.1.9** 自动喷水灭火系统应有备用喷头，其数量不应少于总数的1%，且每种型号均不得少于10只。

## 6.2 报警阀组

**6.2.1** 自动喷水灭火系统应设报警阀组。保护室内钢屋架等建筑构件的闭式系统，应设独立的报警阀组。水幕系统应设独立的报警阀组或感温雨淋阀。

**6.2.2** 串联接入湿式系统配水干管的其他自动喷水灭火系统，应分别设置独立的报警阀组，其控制的喷头数计入湿式阀组控制的喷头总数。

**6.2.3** 一个报警阀组控制的喷头数应符合下列规定：

**1** 湿式系统、预作用系统不宜超过800只；干式系统不宜超过500只。

**2** 当配水支管同时安装保护吊顶下方和上方空间的喷头时，应只将数量较多一侧的喷头计入报警阀组控制的喷头总数。

**6.2.4** 每个报警阀组供水的最高与最低位置喷头，其高程差不宜大于50m。

**6.2.5** 雨淋阀组的电磁阀，其入口应设过滤器。并联设置雨淋阀组的雨淋系统，其雨淋控制腔的入口应设止回阀。

**6.2.6** 报警阀组宜设在安全及易于操作的地点，报警阀距地面的高度宜为1.2m。安装报警阀的部位应设有排水设施。

**6.2.7** 连接报警阀进出口的控制阀应采用信号阀。当不采用信号阀时，控制阀应设锁定阀位的锁具。

**6.2.8** 水力警铃的工作压力不应小于0.05MPa，并应符合下列规定：

**1** 应设在有人值班的地点附近；

**2** 与报警阀连接的管道，其管径应为20mm，总长不宜大于20m。

## 6.3 水流指示器

**6.3.1** 除报警阀组控制的喷头只保护不超过防火分区面积的同层场所外，每个防火分区、每个楼层均应设水流指示器。

**6.3.2** 仓库内顶板下喷头与货架内喷头应分别设置水流指示器。

**6.3.3** 当水流指示器入口前设置控制阀时，应采用信号阀。

## 6.4 压力开关

**6.4.1** 雨淋系统和防火分隔水幕，其水流报警装置宜采用压力开关。

**6.4.2** 应采用压力开关控制稳压泵，并能调节启停压力。

## 6.5 末端试水装置

**6.5.1** 每个报警阀组控制的最不利点喷头处，应设末端试水装置，其他防火分区、楼层均应设置直径为25mm的试水阀。末端试水装置和试水阀应便于操作，且应有足够排水能力的排水设施。

**6.5.2** 末端试水装置应由试水阀、压力表以及试水接头组成。试水接头出水口的流量系数，应等同于同楼层或防火分区内的最小流量系数喷头。末端试水装置的出水，应采取孔口出流的方式排入排水管道。

# 7 喷头布置

## 7.1 一般规定

**7.1.1** 喷头应布置在顶板或吊顶下易于接触到火灾热气流并有利于均匀布水的位置。当喷头附近有障碍物时，应符合本规范7.2节的规定或增设补偿喷水强度的喷头。

**7.1.2** 直立型、下垂型喷头的布置，包括同一根配水支管上喷头的间距及相邻配水支管的间距，应根据系统的喷水强度、喷头的流量系数和工作压力确定，并不应大于表7.1.2的规定，且不宜小于2.4m。

表7.1.2 同一根配水支管上喷头的间距及相邻配水支管的间距

| 喷水强度<br>(L/min·m²) | 正方形布置<br>的边长<br>(m) | 矩形或平行<br>四边形布置<br>的长边边长<br>(m) | 一只喷头<br>的最大<br>保护面积<br>(m²) | 喷头与端墙<br>的最大距离<br>(m) |
|---|---|---|---|---|
| 4 | 4.4 | 4.5 | 20.0 | 2.2 |
| 6 | 3.6 | 4.0 | 12.5 | 1.8 |
| 8 | 3.4 | 3.6 | 11.5 | 1.7 |
| ≥12 | 3.0 | 3.6 | 9.0 | 1.5 |

注：1 仅在走道设置单排喷头的闭式系统，其喷头间距应按走道地面不留漏喷空白点确定。

2 喷水强度大于8L/min·m²时，宜采用流量系数K>80的喷头。

3 货架内置喷头的间距均不应小于2m，且不应大于3m。

**7.1.3** 除吊顶型喷头及吊顶下安装的喷头外，直立型、下垂型标准喷头，其溅水盘与顶板的距离，不应小于75mm，不应大于150mm。

**1** 当在梁或其他障碍物底面下方的平面上布置喷头时，溅水盘与顶板的距离不应大于300mm，同时溅水盘与梁等障碍物底面的垂直距离不应小于25mm，不应大于100mm。

**2** 当在梁间布置喷头时，应符合本规范7.2.1条的规定。确有困难时，溅水盘与顶板的距离不应大于550mm。梁间布置的喷头，喷头溅水盘与顶板距离达到550mm仍不能符合7.2.1条规定时，应在梁底面的下方增设喷头。

**3** 密肋梁板下方的喷头，溅水盘与密肋梁板底面的垂直距离，不应小于25mm，不应大于100mm。

**4** 净空高度不超过8m的场所中，间距不超过4×4(m)布置的十字梁，可在梁间布置1只喷头，但喷水强度仍应符合表5.0.1的规定。

**7.1.4** 早期抑制快速响应喷头的溅水盘与顶板的距离，应符合表7.1.4的规定：

表7.1.4 早期抑制快速响应喷头的溅水盘与顶板的距离(mm)

| 喷头安装方式 | 直立型 | | 下垂型 | |
|---|---|---|---|---|
| | 不应小于 | 不应大于 | 不应小于 | 不应大于 |
| 溅水盘与顶板的距离 | 100 | 150 | 150 | 360 |

**7.1.5** 图书馆、档案馆、商场、仓库中的通道上方宜设有喷头。喷头与被保护对象的水平距离，不应小于0.3m；喷头溅水盘与保护

对象的最小垂直距离不应小于表7.1.5的规定:

表7.1.5　喷头溅水盘与保护对象的最小垂直距离(m)

| 喷头类型 | 最小垂直距离 |
|---|---|
| 标准喷头 | 0.45 |
| 其他喷头 | 0.90 |

**7.1.6**　货架内置喷头宜与顶板下喷头交错布置,其溅水盘与上方层板的距离,应符合本规范7.1.3条的规定,与其下方货品顶面的垂直距离不应小于150mm。

**7.1.7**　货架内喷头上方的货架层板,应为封闭层板。货架内喷头上方如有孔洞、缝隙,应在喷头的上方设置集热挡水板。集热挡水板应为正方形或圆形金属板,其平面面积不宜小于0.12m²,周围弯边的下沿,宜与喷头的溅水盘平齐。

**7.1.8**　净空高度大于800mm的闷顶和技术夹层内有可燃物时,应设置喷头。

**7.1.9**　当局部场所设置自动喷水灭火系统时,与相邻不设自动喷水灭火系场所连通的走道或连通门窗的外侧,应设喷头。

**7.1.10**　装设通透性吊顶的场所,喷头应布置在顶板下。

**7.1.11**　顶板或吊顶为斜面时,喷头应垂直于斜面,并应按斜面距离确定喷头间距。

尖屋顶的屋脊处应设一排喷头。喷头溅水盘至屋脊的垂直距离,屋顶坡度≥1/3时,不应大于0.8m;屋顶坡度<1/3时,不应大于0.6m。

**7.1.12**　边墙型标准喷头的最大保护跨度与间距,应符合表7.1.12的规定:

表7.1.12　边墙型标准喷头的最大保护跨度与间距(m)

| 设置场所火灾危险等级 | 轻危险级 | 中危险级Ⅰ级 |
|---|---|---|
| 配水支管上喷头的最大间距 | 3.6 | 3.0 |
| 单排喷头的最大保护跨度 | 3.6 | 3.0 |
| 两排相对喷头的最大保护跨度 | 7.2 | 6.0 |

注:1　两排相对喷头应交错布置。
2　室内跨度大于两排相对喷头的最大保护跨度时,应在两排相对喷头中间增设一排喷头。

**7.1.13**　边墙型扩展覆盖喷头的最大保护跨度、配水支管上的喷头间距、喷头与两侧端墙的距离,应按喷头工作压力下能够喷湿对面墙和邻近端墙距溅水盘1.2m高度以下的墙面确定,且保护面积内的喷水强度应符合本规范表5.0.1的规定。

**7.1.14**　直立式边墙型喷头,其溅水盘与顶板的距离不应小于100mm,且不宜大于150mm,与背墙的距离不应小于50mm,并不应大于100mm。

水平式边墙型喷头溅水盘与顶板的距离不应小于150mm,且不应大于300mm。

**7.1.15**　防火分隔水幕的喷头布置,应保证水幕的宽度不小于6m。采用水幕喷头时,喷头不应少于3排;采用开式洒水喷头时,喷头不应少于2排。防护冷却水幕的喷头宜布置成单排。

## 7.2　喷头与障碍物的距离

**7.2.1**　直立型、下垂型喷头与梁、通风管道的距离宜符合表7.2.1的规定(见图7.2.1)。

表7.2.1　喷头与梁、通风管道的距离(m)

| 喷头溅水盘与梁或通风管道的底面的最大垂直距离b | | 喷头与梁、通风管道的水平距离a |
|---|---|---|
| 标准喷头 | 其他喷头 | |
| 0 | 0 | a<0.3 |
| 0.06 | 0.04 | 0.3≤a<0.6 |

续表 7.2.1

| 喷头溅水盘与梁或通风管道的底面的最大垂直距离b | | 喷头与梁、通风管道的水平距离a |
|---|---|---|
| 标准喷头 | 其他喷头 | |
| 0.14 | 0.14 | 0.6≤a<0.9 |
| 0.24 | 0.25 | 0.9≤a<1.2 |
| 0.35 | 0.38 | 1.2≤a<1.5 |
| 0.45 | 0.55 | 1.5≤a<1.8 |
| >0.45 | >0.55 | a=1.8 |

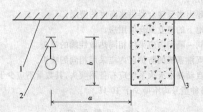

图7.2.1　喷头与梁、通风管道的距离
1—顶板;2—直立型喷头;3—梁(或通风管道)

**7.2.2**　直立型、下垂型标准喷头的溅水盘以下0.45m、其他直立型、下垂型喷头的溅水盘以下0.9m范围内,如有屋架等间断障碍物或管道时,喷头与邻近障碍物的最小水平距离宜符合表7.2.2的规定(见图7.2.2)。

表7.2.2　喷头与邻近障碍物的最小水平距离(m)

| 喷头与邻近障碍物的最小水平距离a | |
|---|---|
| c、e或d≤0.2 | c、e或d>0.2 |
| 3c或3e(c与e取大值)或3d | 0.6 |

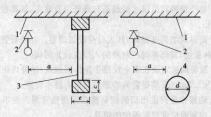

图7.2.2　喷头与邻近障碍物的最小水平距离
1—顶板;2—直立型喷头;3—屋架等间断障碍物;4—管道

**7.2.3**　当梁、通风管道、成排布置的管道、桥架等障碍物的宽度大于1.2m时,其下方应增设喷头(见图7.2.3)。增设喷头的上方如有缝隙时应设集热板。

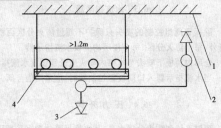

图7.2.3　障碍物下方增设喷头
1—顶板;2—直立型喷头;3—下垂型喷头;
4—排管(或梁、通风管道、桥架等)

**7.2.4** 直立型、下垂型喷头与不到顶隔墙的水平距离,不得大于喷头溅水盘与不到顶隔墙顶面垂直距离的2倍(见图7.2.4)。

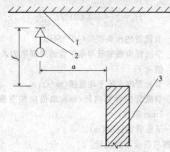

图7.2.4　喷头与不到顶隔墙的水平距离
1—顶板;2—直立型喷头;3—不到顶隔墙

**7.2.5** 直立型、下垂型喷头与靠墙障碍物的距离,应符合下列规定(见图7.2.5):

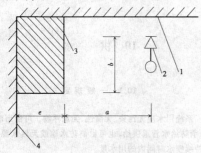

图7.2.5　喷头与靠墙障碍物的距离
1—顶板;2—直立型喷头;3—靠墙障碍物;4—墙面

**1** 障碍物横截面边长小于750mm时,喷头与障碍物的距离,应按公式7.2.5确定:

$$a \geqslant (e-200)+b \qquad (7.2.5)$$

式中　$a$——喷头与障碍物的水平距离(mm);

　　　$b$——喷头溅水盘与障碍物底面的垂直距离(mm);

　　　$e$——障碍物横截面的边长(mm),$e<750$。

**2** 障碍物横截面边长等于或大于750mm或$a$的计算值大于本规范表7.1.2中喷头与端墙距离的规定时,应在靠墙障碍物下增设喷头。

**7.2.6** 边墙型喷头的两侧1m及正前方2m范围内,顶板或吊顶下不应有阻挡喷水的障碍物。

# 8　管　　道

**8.0.1** 配水管道的工作压力不应大于1.20MPa,并不应设置其他用水设施。

**8.0.2** 配水管道应采用内外壁热镀锌钢管或符合现行国家或行业标准,并同时符合本规范1.0.4条规定的涂覆其他防腐材料的钢管,以及铜管、不锈钢管。当报警阀入口前管道采用不防腐的钢管时,应在该段管道的末端设过滤器。

**8.0.3** 镀锌钢管应采用沟槽式连接件(卡箍)、丝扣或法兰连接。报警阀前采用内壁不防腐钢管时,可焊接连接。

铜管、不锈钢管应采用配套的支架、吊架。

除镀锌钢管外,其他管道的水头损失取值应按检测或生产厂提供的数据确定。

**8.0.4** 系统中直径等于或大于100mm的管道,应分段采用法兰或沟槽式连接件(卡箍)连接。水平管道上法兰间的管道长度不宜

大于20m;立管上法兰间的距离,不应跨越3个及以上楼层。净空高度大于8m的场所内,立管上应有法兰。

**8.0.5** 管道的直径应经水力计算确定。配水管道的布置,应使配水管入口的压力均衡。轻危险级、中危险级场所中各配水管入口的压力均不宜大于0.40MPa。

**8.0.6** 配水管两侧每根配水支管控制的标准喷头数,轻危险级、中危险级场所不应超过8只,同时在吊顶上下安装喷头的配水支管,上下侧均不应超过8只。严重危险级及仓库危险级场所均不应超过6只。

**8.0.7** 轻危险级、中危险级场所中配水支管、配水管控制的标准喷头数,不应超过表8.0.7的规定。

表8.0.7　轻危险级、中危险级场所中配水支管、配水管控制的标准喷头数

| 公称管径(mm) | 控制的标准喷头数(只) | |
| --- | --- | --- |
| | 轻危险级 | 中危险级 |
| 25 | 1 | 1 |
| 32 | 3 | 3 |
| 40 | 5 | 4 |
| 50 | 10 | 8 |
| 65 | 18 | 12 |
| 80 | 48 | 32 |
| 100 | — | 64 |

**8.0.8** 短立管及末端试水装置的连接管,其管径不应小于25mm。

**8.0.9** 干式系统的配水管道充水时间,不宜大于1min;预作用系统与雨淋系统的配水管道充水时间,不宜大于2min。

**8.0.10** 干式系统、预作用系统的供气管道,采用钢管时,管径不宜小于15mm;采用铜管时,管径不宜小于10mm。

**8.0.11** 水平安装的管道宜有坡度,并应坡向泄水阀。充水管道的坡度不宜小于2‰,准工作状态不充水管道的坡度不宜小于4‰。

# 9　水　力　计　算

## 9.1　系统的设计流量

**9.1.1** 喷头的流量应按下式计算:

$$q=K\sqrt{10P} \qquad (9.1.1)$$

式中　$q$——喷头流量(L/min);

　　　$P$——喷头工作压力(MPa);

　　　$K$——喷头流量系数。

系统最不利点处喷头的工作压力应计算确定。

**9.1.2** 水力计算选定的最不利点作用面积宜为矩形,其长边应平行于配水支管,其长度不宜小于作用面积平方根的1.2倍。

**9.1.3** 系统的设计流量,应按最不利点处作用面积内喷头同时喷水的总流量确定:

$$Q_s=\frac{1}{60}\sum_{i=1}^{n}q_i \qquad (9.1.3)$$

式中　$Q_s$——系统设计流量(L/s);

　　　$q_i$——最不利点处作用面积内各喷头节点的流量(L/min);

　　　$n$——最不利点处作用面积内的喷头数。

**9.1.4** 系统设计流量的计算,应保证任意作用面积内的平均喷水强度不低于本规范表5.0.1和表5.0.5-1~表5.0.5-6的规定值。最不利点处作用面积内任意4只喷头围合范围内的平均喷水强

度,轻危险级、中危险级不应低于本规范表5.0.1规定值的85%;严重危险级和仓库危险级不应低于本规范表5.0.1和表5.0.5-1~表5.0.5-6的规定值。

**9.1.5** 设置货架内置喷头的仓库,顶板下喷头与货架内喷头应分别计算设计流量,并应按其设计流量之和确定系统的设计流量。

**9.1.6** 建筑内设有不同类型的系统或有不同危险等级的场所时,系统的设计流量,应按其设计流量的最大值确定。

**9.1.7** 当建筑物内同时设有自动喷水灭火系统和水幕系统时,系统的设计流量,应按同时启用的自动喷水灭火系统和水幕系统的用水量计算,并取二者之和中的最大值确定。

**9.1.8** 雨淋系统和水幕系统的设计流量,应按雨淋阀控制的喷头的流量之和确定。多个雨淋阀并联的雨淋系统,其系统设计流量,应按同时启用雨淋阀的流量之和的最大值确定。

**9.1.9** 当原有系统延伸管道、扩展保护范围时,应对增设喷头后的系统重新进行水力计算。

### 9.2 管道水力计算

**9.2.1** 管道内的水流速度宜采用经济流速,必要时可超过5m/s,但不应大于10m/s。

**9.2.2** 每米管道的水头损失应按下式计算:

$$i = 0.0000107 \cdot \frac{V^2}{d_j^{1.3}} \quad (9.2.2)$$

式中 $i$——每米管道的水头损失(MPa/m);
　　　$V$——管道内水的平均流速(m/s);
　　　$d_j$——管道的计算内径(m),取值应按管道的内径减1mm确定。

**9.2.3** 管道的局部水头损失,宜采用当量长度法计算。当量长度表见本规范附录C。

**9.2.4** 水泵扬程或系统入口的供水压力应按下式计算:

$$H = \sum h + P_0 + Z \quad (9.2.4)$$

式中 $H$——水泵扬程或系统入口的供水压力(MPa);
　　　$\sum h$——管道沿程和局部水头损失的累计值(MPa),湿式报警阀取值0.04MPa或按检测数据确定,水流指示器取值0.02MPa,雨淋阀取值0.07MPa;
　　　$P_0$——最不利点处喷头的工作压力(MPa);
　　　$Z$——最不利点处喷头与消防水池的最低水位或系统入口管水平中心线之间的高程差,当系统入口管或消防水池最低水位高于最不利点处喷头时,$Z$应取负值(MPa)。

### 9.3 减压措施

**9.3.1** 减压孔板应符合下列规定:
　　**1** 应设在直径不小于50mm的水平直管段上,前后管段的长度均不宜小于该管段直径的5倍;
　　**2** 孔口直径不应小于设置管段直径的30%,且不应小于20mm;
　　**3** 应采用不锈钢板材制作。

**9.3.2** 节流管应符合下列规定:
　　**1** 直径宜按上游管段直径的1/2确定;
　　**2** 长度不宜小于1m;
　　**3** 节流管内水的平均流速不应大于20m/s。

**9.3.3** 减压孔板的水头损失,应按下式计算:

$$H_k = \xi \frac{V_k^2}{2g} \quad (9.3.3)$$

式中 $H_k$——减压孔板的水头损失($10^{-2}$MPa);
　　　$V_k$——减压孔板后管道内水的平均流速(m/s);
　　　$\xi$——减压孔板的局部阻力系数,取值应按本规范附录D

确定。

**9.3.4** 节流管的水头损失,应按下式计算:

$$H_g = \zeta \frac{V_g^2}{2g} + 0.00107L \frac{V_g^2}{d_g^{1.3}} \quad (9.3.4)$$

式中 $H_g$——节流管的水头损失($10^{-2}$MPa);
　　　$\zeta$——节流管中渐缩管与渐扩管的局部阻力系数之和,取值0.7;
　　　$V_g$——节流管内水的平均流速(m/s);
　　　$d_g$——节流管的计算内径(m),取值应按节流管内径减1mm确定;
　　　$L$——节流管的长度(m)。

**9.3.5** 减压阀应符合下列规定:
　　**1** 应设在报警阀组入口前;
　　**2** 入口前应设过滤器;
　　**3** 当连接两个及以上报警阀组时,应设置备用减压阀;
　　**4** 垂直安装的减压阀,水流方向宜向下。

# 10 供　水

### 10.1 一般规定

**10.1.1** 系统用水应无污染、无腐蚀、无悬浮物。可由市政或企业的生产、消防给水管道供给,也可由消防水池或天然水源供给,并应确保持续喷水时间内的用水量。

**10.1.2** 与生活用水合用的消防水箱和消防水池,其储水的水质,应符合饮用水标准。

**10.1.3** 严寒与寒冷地区,对系统中遭受冰冻影响的部分,应采取防冻措施。

**10.1.4** 当自动喷水灭火系统中设有2个及以上报警阀组时,报警阀组前宜设环状供水管道。

### 10.2 水　泵

**10.2.1** 系统应设独立的供水泵,并应按一运一备或二运一备比例设置备用泵。

**10.2.2** 按二级负荷供电的建筑,宜采用柴油机泵作备用泵。

**10.2.3** 系统的供水泵、稳压泵,应采用自灌式吸水方式。采用天然水源时,水泵的吸水口应采取防止杂物堵塞的措施。

**10.2.4** 每组供水泵的吸水管不应少于2根。报警阀入口前设置环状管道的系统,每组供水泵的出水管不应少于2根。供水泵的吸水管应设控制阀;出水管应设控制阀、止回阀、压力表和直径不小于65mm的试水阀。必要时,应采取控制供水泵出口压力的措施。

### 10.3 消防水箱

**10.3.1** 采用临时高压给水系统的自动喷水灭火系统,应设高位消防水箱,其储水量应符合现行有关国家标准的规定。消防水箱的供水,应满足系统最不利点处喷头的最低工作压力和喷水强度。

**10.3.2** 不设高位消防水箱的建筑,系统应设气压供水设备。气压供水设备的有效水容积,应按系统最不利处4只喷头在最低工作压力下的10min用水量确定。

干式系统、预作用系统设置的气压供水设备,应同时满足配水管道的充水要求。

**10.3.3** 消防水箱的出水管,应符合下列规定:
　　**1** 应设止回阀,并应与报警阀入口前管道连接;
　　**2** 轻危险级、中危险级场所的系统,管径不应小于80mm,严重危险级和仓库危险级不应小于100mm。

## 10.4 水泵接合器

**10.4.1** 系统应设水泵接合器，其数量应按系统的设计流量确定，每个水泵接合器的流量宜按 10～15L/s 计算。

**10.4.2** 当水泵接合器的供水能力不能满足最不利点处作用面积的流量和压力要求时，应采取增压措施。

# 11 操作与控制

**11.0.1** 湿式系统、干式系统的喷头动作后，应由压力开关直接连锁自动启动供水泵。

预作用系统、雨淋系统及自动控制的水幕系统，应在火灾报警系统报警后，立即自动向配水管道供水。

**11.0.2** 预作用系统、雨淋系统和自动控制的水幕系统，应同时具备下列三种启动供水泵和开启雨淋阀的控制方式：

    **1** 自动控制；

    **2** 消防控制室（盘）手动远控；

    **3** 水泵房现场应急操作。

**11.0.3** 雨淋阀的自动控制方式，可采用电动、液（水）动或气动。

当雨淋阀采用充液（水）传动管自动控制时，闭式喷头与雨淋阀之间的高程差，应根据雨淋阀的性能确定。

**11.0.4** 快速排气阀入口前的电动阀，应在启动供水泵的同时开启。

**11.0.5** 消防控制室（盘）应能显示水流指示器、压力开关、信号阀、水泵、消防水池及水箱水位、有压气体管道气压，以及电源和备用动力等是否处于正常状态的反馈信号，并应能控制水泵、电磁阀、电动阀等的操作。

# 12 局部应用系统

**12.0.1** 局部应用系统适用于室内最大净空高度不超过 8m 的民用建筑中，局部设置且保护区域总建筑面积不超过 1000m² 的湿式系统。

除本章规定外，局部应用系统尚应符合本规范其他章节的有关规定。

**12.0.2** 局部应用系统应采用快速响应喷头，喷水强度不应低于 6L/min·m²，持续喷水时间不应低于 0.5h。

**12.0.3** 局部应用系统保护区域内的房间和走道均应布置喷头。喷头的选型、布置和按开放喷头数确定的作用面积，应符合下列规定：

    **1** 采用流量系数 $K=80$ 快速响应喷头的系统，喷头的布置应符合中危险级 I 级场所的有关规定，作用面积应符合表 12.0.3 的规定。

表 12.0.3 局部应用系统采用流量系数 $K=80$
快速响应喷头时的作用面积

| 保护区域总建筑面积和最大厅室建筑面积 | | 开放喷头数 |
|---|---|---|
| 保护区域总建筑面积超过 300m² 或最大厅室建筑面积超过 200m² | | 10 |
| 保护区域总建筑面积不超过 300m² | 最大厅室建筑面积不超过 200m² | 8 |
| | 最大厅室内喷头少于 6 只 | 大于最大厅室内喷头数 2 只 |
| | 最大厅室内喷头少于 3 只 | 5 |

    **2** 采用 $K=115$ 快速响应扩展覆盖喷头的系统，同一配水支管上喷头的最大间距和相邻配水支管的最大间距，正方形布置时

不应大于 4.4m，矩形布置时长边不应大于 4.6m，喷头至墙的距离不应大于 2.2m，作用面积应按开放喷头数不少于 6 只确定。

**12.0.4** 当室内消火栓水量能满足局部应用系统用水量时，局部应用系统可与室内消火栓合用室内消防用水、稳压设施、消防水泵及供水管道等。当不满足时应按本规范 12.0.7 条执行。

**12.0.5** 采用 $K=80$ 喷头且喷头总数不超过 20 只，或采用 $K=115$ 喷头且喷头总数不超过 12 只的局部应用系统，可不设报警阀组。

不设报警阀组的局部应用系统，配水管可与室内消防竖管连接，其配水管的入口处应设过滤器和带有锁定装置的控制阀。

**12.0.6** 局部应用系统应设报警控制装置。报警控制装置应具有显示水流指示器、压力开关及水泵、信号阀等组件状态和输出启动水泵控制信号的功能。

不设报警阀组或采用消防加压水泵直接从城市供水管吸水的局部应用系统，应采取压力开关联动消防水泵的控制方式。不设报警阀组的系统可采用电动警铃报警。

**12.0.7** 无室内消火栓的建筑或室内消火栓系统设计供水量不能满足局部应用系统要求时，局部应用系统的供水应符合下列规定：

    **1** 城市供水能够同时保证最大生活水量和系统的流量与压力时，城市供水管可直接向系统供水；

    **2** 城市供水不能同时保证最大生活水量和系统的流量与压力，但允许水泵从城市供水管直接吸水时，系统可设直接从城市供水管吸水的消防加压水泵；

    **3** 城市供水不能同时保证最大生活水量和系统的流量与压力，也不允许从城市供水管直接吸水时，系统应设储水池（罐）和消防水泵，储水池（罐）的有效容积应按系统用水量确定，并可扣除系统持续喷水时间内仍能连续补水的补水量；

    **4** 可按三级负荷供电，且可不设备用泵；

    **5** 应采取防止污染生活用水的措施。

# 附录 A 设置场所火灾危险等级举例

表 A 设置场所火灾危险等级举例

| 火灾危险等级 | | 设置场所举例 |
|---|---|---|
| 轻危险级 | | 建筑高度为 24m 及以下的旅馆、办公楼；仅在走道设置闭式系统的建筑等 |
| 中危险级 | I 级 | 1）高层民用建筑：旅馆、办公楼、综合楼、邮政楼、金融电信楼、指挥调度楼、广播电视楼（塔）等<br>2）公共建筑（含单多层）：医院、疗养院；图书馆（书库除外）、档案馆、展览馆（厅）；影剧院、音乐厅和礼堂（舞台除外）及其他娱乐场所；火车站和飞机场及码头的建筑；总建筑面积小于 5000m² 的商场、总建筑面积小于 1000m² 的地下商场等<br>3）文化遗产建筑：木结构古建筑、国家文物保护单位等<br>4）工业建筑：食品、家用电器、玻璃制品等工厂的备料与生产车间等；冷藏库、钢屋架等建筑构件 |
| | II 级 | 1）民用建筑：书库、舞台（葡萄架除外）、汽车停车场、总建筑面积 5000m² 及以上的商场、总建筑面积 1000m² 及以上的地下商场、净空高度不超过 8m、物品高度不超过 3.5m 的自选商场等<br>2）工业建筑：棉毛麻丝及化纤的纺织、织物及制品、木材木器及胶合板、谷物加工、烟草及制品、饮用酒（啤酒除外）、皮革及制品、造纸及纸制品、制药等工厂的备料与生产车间 |
| 严重危险级 | I 级 | 印刷厂、酒精制品、可燃液体制品等工厂的备料与车间、净空高度不超过 8m、物品高度不超过 3.5m 的自选商场等 |
| | II 级 | 易燃液体喷雾操作区域、固体易燃物料、可燃的气溶胶制品、溶剂清洗、喷涂、油漆、沥青制品等工厂的备料与生产车间、摄影棚、舞台葡萄架下部 |

## 续表A

| 火灾危险等级 | | 设置场所举例 |
|---|---|---|
| 仓库危险级 | Ⅰ级 | 食品、烟酒;木箱、纸箱包装的不燃难燃物品等 |
| | Ⅱ级 | 木材、纸、皮革、谷物及制品、棉毛麻丝化纤及制品、家用电器、电缆、B组塑料与橡胶及其制品、钢塑混合材料制品、各种塑料瓶盒包装的不燃物品及各类物品混杂储存的仓库等 |
| | Ⅲ级 | A组塑料与橡胶及其制品;沥青制品等 |

注:表中的A组、B组塑料橡胶的举例见本规范附录B。

## 续表C

| 管件名称 | 管件直径(mm) | | | | | | | | |
|---|---|---|---|---|---|---|---|---|---|
| | 25 | 32 | 40 | 50 | 70 | 80 | 100 | 125 | 150 |
| 蝶阀 | | | | 1.8 | 2.1 | 3.1 | 3.7 | 2.7 | 3.1 |
| 闸阀 | | | | 0.3 | 0.3 | 0.3 | 0.6 | | 0.9 |
| 止回阀 | 1.5 | 2.1 | 2.7 | 3.4 | 4.3 | 4.9 | 6.7 | 8.3 | 9.8 |

| 异径接头 | 32/25 | 40/32 | 50/40 | 70/50 | 80/70 | 100/80 | 125/100 | 150/125 | 200/150 |
|---|---|---|---|---|---|---|---|---|---|
| | 0.2 | 0.3 | 0.3 | 0.5 | 0.8 | 0.8 | 1.1 | 1.3 | 1.6 |

注:1　过滤器当量长度的取值,由生产厂提供。

　　2　当异径接头的出口直径不变而入口直径提高1级时,其当量长度应增大0.5倍;提高2级或2级以上时,其当量长度应增大1.0倍。

## 附录B　塑料、橡胶的分类举例

A组:丙烯腈-丁二烯-苯乙烯共聚物(ABS)、缩醛(聚甲醛)、聚甲基丙烯酸甲酯、玻璃纤维增强聚酯(FRP)、热塑性聚酯(PET)、聚丁二烯、聚碳酸酯、聚乙烯、聚丙烯、聚苯乙烯、聚氨基甲酸酯、高增塑聚氯乙烯(PVC,如人造革、胶片等)、苯乙烯-丙烯腈(SAN)等。

丁基橡胶、乙丙橡胶(EPDM)、发泡类天然橡胶、腈橡胶(丁腈橡胶)、聚酯合成橡胶、丁苯橡胶(SBR)等。

B组:醋酸纤维素、醋酸丁酸纤维素、乙基纤维素、氟塑料、锦纶(锦纶6、锦纶66)、三聚氰胺甲醛、酚醛塑料、硬聚氯乙烯(PVC,如管道、管件等)、聚偏二氟乙烯(PVDC)、聚偏氟乙烯(PVDF)、聚氟乙烯(PVF)、脲甲醛等。

氯丁橡胶、不发泡类天然橡胶、硅橡胶等。

粉末、颗粒、压片状的A组塑料。

## 附录C　当量长度表

### 表C　当量长度表(m)

| 管件名称 | 管件直径(mm) | | | | | | | | |
|---|---|---|---|---|---|---|---|---|---|
| | 25 | 32 | 40 | 50 | 70 | 80 | 100 | 125 | 150 |
| 45°弯头 | 0.3 | 0.3 | 0.6 | 0.6 | 0.9 | 0.9 | 1.2 | 1.5 | 2.1 |
| 90°弯头 | 0.6 | 0.9 | 1.2 | 1.5 | 1.8 | 2.1 | 3.1 | 3.7 | 4.3 |
| 三通或四通 | 1.5 | 1.8 | 2.4 | 3.1 | 3.7 | 4.6 | 6.1 | 7.6 | 9.2 |

## 附录D　减压孔板的局部阻力系数

减压孔板的局部阻力系数,取值应按下式计算或按表D确定:

$$\xi = \left[1.75\frac{d_i^2}{d_k^2}\cdot\frac{1.1-\frac{d_k^2}{d_i^2}}{1.175-\frac{d_k^2}{d_i^2}}-1\right]^2$$

式中　$d_k$——减压孔板的孔口直径(m)。

### 表D　减压孔板的局部阻力系数

| $d_k/d_i$ | 0.3 | 0.4 | 0.5 | 0.6 | 0.7 | 0.8 |
|---|---|---|---|---|---|---|
| $\xi$ | 292 | 83.3 | 29.5 | 11.7 | 4.75 | 1.83 |

## 本规范用词说明

1　为便于在执行本规范条文时区别对待,对要求严格程度不同的用词,说明如下:

1)表示很严格,非这样做不可的用词:

正面词采用"必须",反面词采用"严禁";

2)表示严格,在正常情况下均应这样做的用词:

正面词采用"应",反面词采用"不应"或"不得";

3)表示允许稍有选择,在条件许可时首先应这样做的用词:

正面词采用"宜",反面词采用"不宜"。

2　表示有选择,在一定条件下可以这样做的用词,采用"可"。

规范中指明应按其他有关标准、规范执行的写法为"应按……执行"或"应符合……要求或规定"。

中华人民共和国国家标准

# 自动喷水灭火系统设计规范

## GB 50084—2001

## 条 文 说 明

# 目　次

# 1 总　则

**1.0.1** 本条是对原《自动喷水灭火系统设计规范》(GBJ 84—85，以下简称原规范)第1.0.1条的部分修改。本条主要说明制订本规范的意义和目的：为了正确合理地设计自动喷水灭火系统，使之充分发挥保护人身和财产安全的作用。

自动喷水灭火系统，是当今世界上公认的最为有效的自救灭火设施，是应用最广泛、用量最大的自动灭火系统。国内外应用实践证明：该系统具有安全可靠、经济实用、灭火成功率高等优点。

国外应用自动喷水灭火系统已有一百多年的历史。在这长达一个多世纪的时间内，一些经济发达的国家，从研究到应用，从局部应用到普遍推广使用，有过许许多多成功和失败的教训。在总结经验的基础上，制订了本国的自动喷水灭火系统设计安装规范或标准，而且进行了一次又一次的修订(如英国的《自动喷水灭火系统安装规则》)、美国《自动喷水灭火系统安装标准》等。自动喷水灭火系统不仅已经在高层建筑、公共建筑、工业厂房和仓库中推广应用，而且发达国家已在住宅建筑中开始安装使用。

在建筑防火设计中推广应用自动喷水灭火系统，获得了巨大的社会与经济效益。表1为美国1965年统计资料，数据表明：早在技术远不如目前发达的1925～1964年间，在安装喷淋灭火系统的建筑物中，共发生火灾75290次，灭控火的成功率高达96.2%，其中工业厂房和仓库占有的比例高达87.46%。

**表1　自动喷水灭火系统灭火成功率统计表**

| 建筑类型 | 灭火成功 | | 灭火不成功 | | 累计数 | |
|---|---|---|---|---|---|---|
| 成功次数、概率 | 次数 | % | 次数 | % | 次数 | % |
| 学校 | 204 | 91.9 | 18 | 8.1 | 222 | 0.3 |
| 公共建筑 | 259 | 95.6 | 12 | 4.4 | 271 | 0.36 |
| 办公建筑 | 403 | 97.1 | 12 | 2.9 | 415 | 0.6 |
| 住宅 | 943 | 95.5 | 43 | 4.4 | 986 | 1.3 |
| 公共集会场所 | 1321 | 96.6 | 47 | 3.4 | 1368 | 1.8 |
| 仓库 | 2957 | 89.9 | 334 | 10.1 | 3291 | 4.4 |
| 百货小卖市场 | 5642 | 97.1 | 167 | 2.9 | 5809 | 7.7 |
| 工业厂房 | 60383 | 95.6 | 2156 | 3.4 | 62539 | 83.0 |
| 其他 | 307 | 78.9 | 82 | 21.1 | 389 | 0.51 |
| 合计 | 72419 | 96.2 | 2871 | 3.8 | 75290 | 100.0 |

注：本表根据 NFPA"Fire Journal"VOL 59. No. 4—July 1965 编制。

美国纽约对1969～1978年10年中1648起高层建筑喷淋灭火案例的统计表明，灭控火成功率为高层办公楼98.4%，其他高层建筑97.7%。又如澳大利亚和新西兰，从1886年到1968年的几十年中，安装这一灭火系统的建筑物，共发生火灾5734次，灭火成功率达99.8%。有些国家和地区，近几年安装这一灭火系统的，有的灭火成功率达100%。

国外安装自动喷水灭火系统的建筑物，将在投保时享受一定的优惠条件，一般在该系统安装后的几年时间内，因优惠而少缴的保险费就够安装系统的费用了。一般在一年半到三年的时间内，就可以抵消建设资金。

推广应用自动喷水灭火系统，不仅可从减少火灾损失中受益，而且可减少消防总开支。如美国加利福尼亚州的费雷斯诺城，在市区制定的建筑条例中，要求在非居住区安装自动喷水灭火系统，结果使这一城市的火灾损失大大减小，从1955年到1975年的20年间，非居住区火灾损失从占该市火灾总损失的61.6%，降低到43.5%。

20世纪30年代我国开始应用自动喷水灭火系统，至今已有70年的历史。首先在外国人开办的纺织厂、烟厂以及高层民用建筑中应用。如上海第十七毛纺厂，是1926年由英国人所建，在厂房、库房和办公室装设了自动喷水灭火系统。1979年，该厂从日本和联邦德国引进生产设备，在新建的厂房也设计安装了国产的湿式系统。又如上海国际饭店是1934年建成投入使用的。该建筑中所有客房、厨房、餐厅、走道、电梯间等部位均装设了喷头，并扑灭过数起初期火灾。50年代，苏联援建的一些纺织厂和我国自行设计的一些工厂中，也装设了自动喷水灭火系统。1956年兴建的上海乒乓球厂，我国自行设计安装了自动喷水灭火系统，并于1978年10月成功地扑救了由于赛璐珞丝绕马引起的火灾。又如1958年建的厦门纺织厂，至80年代曾四次发生火灾，均成功地将火扑灭。时至今日，该系统已经成为国际上公认的最为有效的自动扑救室内火灾的消防设施，在我国的应用范围和使用量也在不断扩展与增长。

原规范自1985年颁布执行以来，对指导系统的设计，发挥了积极、良好的作用。十几年来，国民经济持续快速发展，新技术不断涌现，使该规范面临着不断适应新情况、解决新问题、推广新技术的社会需求。此次修订该规范的目的，是为了总结十几年来自动喷水灭火系统技术发展和工程设计积累的宝贵经验，推广科技成果，借鉴发达国家先进技术，使之更加充实与完善。

**1.0.2** 本条是对原规范第1.0.3条的修改，规定了本规范的适用与不适用范围。新建、扩建及改建的民用与工业建筑，当设置自动喷水灭火系统时，均要求按本规范的规定设计，但火药、炸药、弹药、火工品工厂，以及核电站、飞机库等性质上超出常规的特殊建筑，属于本规范的不适用范围。上述各类性质特殊的建筑设计自动喷水灭火系统时，按其所属行业的规范设计。

**1.0.3** 要求按本规范设计自动喷水灭火系统时，必须同时遵循国家基本建设和消防工作的有关法律法规、方针政策，并在设计中密切结合保护对象的使用功能、内部物品燃烧时的发热发烟规律，以及建筑物内部空间条件对火灾热烟气流流动规律的影响，做到使系统的设计，既能为保证安全而可靠启动操作，又要力求技术上的先进性和经济上的合理性。

自动喷水灭火系统的类型较多，基本类型包括湿式、干式、预作用及雨淋自动喷水灭火系统和水幕系统等。用量最多的是湿式系统。在已安装的自动喷水灭火系统中，有70%以上为湿式系统。

湿式系统由闭式洒水喷头、水流指示器、湿式报警阀组，以及管道和供水设施等组成，并且管道内始终充满有压水。湿式系统必须安装在全年不结冰及不会出现过热危险的场所内，该系统在喷头动作后立即喷水，其灭火成功率高于干式系统。

干式自动喷水灭火系统，处于戒备状态时配水管道内充有压气体，因此使用场所不受环境温度的限制。与湿式系统的区别在于：采用干式报警阀组，并设置保持配水管道内气压的充气设施。该系统适用于有冰冻危险或环境温度有可能超过70℃，使管道内的充水汽化升压的场所。

干式系统的缺点是：发生火灾时，配水管道必须经过排气充水过程，因此推迟了开始喷水的时间，对于可能发生蔓延速度较快火灾的场所，不适合采用此种系统。

预作用系统采用预作用报警阀组，并由火灾自动报警系统启动。系统的配水管道内平时不充水，发生火灾时，由比闭式喷头更灵敏的火灾报警系统联动雨淋阀和供水泵，在闭式喷头开放前完成管道充水过程，转换为湿式系统，使喷头能在开放后立即喷水。预作用系统既兼有湿式、干式系统的优点，又避免了湿式、干式系统的缺点，在不允许出现误喷或管道漏水的重要场所，可替代湿式系统使用；在低温或高温场所中替代干式系统使用，可避免喷头开启后延迟喷水的缺点。

雨淋系统的特点，是采用开式洒水喷头和雨淋报警阀组，并由火灾报警系统或传动管联动雨淋阀和供水泵，使与雨淋阀连接的开式喷头同时喷水。雨淋系统应安装在发生火灾时火势发展迅猛、蔓延迅速的场所，如舞台等。

水幕系统用于挡烟阻火和冷却分隔物。系统组成的特点是采用开式洒水喷头或水幕喷头，控制供水通断的阀门，可根据防火需要采用雨淋报警阀组或人工操作的通用阀门，小型水幕可用感温雨淋阀控制。水幕系统包括防火分隔水幕和防护冷却水幕两种类型。利用密集喷洒形成的水墙或水帘阻水挡烟、起防火分隔作用的，为防火分隔水幕；防护冷却水幕则利用水的冷却作用，配合防火卷帘等分隔物进行防火分隔。

自动喷水灭火系统的一百多年历史，一直在不断研究开发新技术、新设备与新材料，并获得持续发展和水平的不断提高。改革开放以来，我国建筑业迅速发展，兴建了一大批高层建筑、大空间建筑及地下建筑等内部空间条件复杂和功能多样的建筑物，使系统的设计不断遇到新情况、新问题。只有积极合理地吸收新技术、新设备与新材料，才能使系统的设计技术适应社会进步与发展的需求。系统采用的新技术、新设备与新材料，不仅要具备足够的成熟程度，同时还要符合可靠适用、经济合理，并与系统相配套、与规范合理衔接等条件，以避免出现偏差或错误。

表2　英、美、日、苏、德等国常用的系统类型

| 国家 | 常用的系统类型 |
| --- | --- |
| 英国 | 湿式系统、干式系统、干湿式系统、尾端干湿式或尾端干式系统、预作用系统、雨淋系统等 |
| 美国 | 湿式系统、干式系统、预作用系统、干式—预作用联合系统、闭路循环系统（与非消防用水设施连接，平时利用共用管道供给采暖或冷却用水，水不排出，循环使用）、防冻系统（用防冻液充满系统管网，火灾时，防冻液喷出后，随即喷水）、雨淋系统等 |
| 日本 | 湿式系统、干式系统、预作用系统、干式—预作用联合系统、雨淋系统、限量供水系统（由高压水罐供水的湿式系统）等 |
| 德国 | 湿式系统、干式系统、干湿式系统、预作用系统等 |
| 原苏联 | 湿式系统、干式系统、干湿式系统、雨淋系统、水幕系统等 |

1.0.4　本条对自动喷水灭火系统采用的组件提出了要求。系统组件属消防专用产品，质量把关至关重要，因此要求设计中采用符合现行的国家或行业标准，并经过国家固定灭火系统质量监督检验测试中心检测合格的产品。未经检测或检测不合格的不能采用。

1.0.5　经过改建后变更使用功能的建筑，当其重要性、房间的空间条件、内部纳容物品的性质或数量及人员密集程度发生较大变化时，要求根据改造后建筑的功能和条件，按本规范对原来已有的系统进行校核。当发现原有系统已经不再适用改造后建筑时，要求按本规范和改造后建筑的条件重新设计。

1.0.6　本规范属于强制性国家标准。本规范的制订，将针对建筑物的具体条件和防火要求，提出合理设计自动喷水灭火系统的有关规定。另外，设置自动喷水灭火系统的场所，还要求同时执行现行国家标准《建筑设计防火规范》GBJ 16—87(1997年版)、《高层民用建筑设计防火规范》GB 50045—95、《汽车库、修车库、停车场设计防火规范》GB 50067—97、《人民防空工程设计防火规范》GBJ 98—87等规范的相关规定。

# 3　设置场所火灾危险等级

3.0.1、3.0.2　由强制性条文改为非强制性条文。根据火灾荷载（由可燃物的性质、数量及分布状况决定）室内空间条件（面积、高度）、人员密集程度、采用自动喷水灭火系统扑救初期火灾的难易程度，以及疏散及外部增援条件等因素，划分设置场所的火灾危险等级。

建筑物内存在物品的性质、数量以及其结构的疏密、包装和分布状况，将决定火灾荷载及发生火灾时的燃烧速度与放热量，是划分自动喷水灭火系统设置场所火灾危险等级的重要依据。

1　可燃物性质对燃烧速度的影响因素，包括制造材料的燃烧性能、制造结构的疏密程度以及堆积摆放的形式等。不同性质的可燃物，火灾时表现的燃烧性能及扑救难度不同，例如纸制品和发泡塑料制品，就具有不同的燃烧性能，造纸及纸制品厂被划归中危险级，发泡塑料及制品按固体易燃物品被划归严重危险级。火灾荷载大，燃烧时蔓延速度快、放热量大、有害气体生成量大的保护对象，需要设置反应速度快、喷水强度大以及作用面积大的系统。火灾荷载的大小，对确定设置场所火灾危险等级是十分重要的依据。表3给出了不同火灾荷载密度情况下的火灾放热量数据。火灾荷载密度，是指单位面积占有的可燃物相当于木材的数量，是衡量可燃物密度的指标。

2　物品的摆放形式，包括密集程度及堆积高度，是划分设置场所火灾危险等级的另一个重要依据。松散堆放的可燃物，因与空气的接触面积大，燃烧时的供氧条件比紧密堆放要好，所以燃烧速度快，放热速率高，因此需求的灭火能力强。可燃物的堆积高度大，火焰的竖向蔓延速度快，另外由于高堆物品的遮挡作用，使喷水不易直接送位于可燃物底部的起火部位，导致灭火的难度增大，容易使火灾得以水平蔓延。为了避免这种情况的发生，要求以较大的喷水强度或具有较强穿透力的喷水，以及开放较多喷头，形成较大的喷水面积控制火势。

表3　火灾载荷密度与燃烧特性

| 可燃物数量 (1b/ft²)(kg/m²) | 热量 (MJ/m²) | 燃烧时间——相当标准温度曲线的时间(h) |
| --- | --- | --- |
| 5　(24) | 454 | 0.5 |
| 10　(49) | 909 | 1.0 |
| 15　(73) | 1363 | 1.5 |
| 20　(98) | 1819 | 2.0 |
| 30　(147) | 2727 | 3.0 |
| 40　(195) | 3636 | 4.5 |
| 50　(244) | 4545 | 7.0 |
| 60　(288) | 5454 | 8.0 |
| 70　(342) | 6363 | 9.0 |

3　建筑物的室内空间条件，也将影响闭式喷头受热开放时间和喷水灭火效果。小面积场所，火灾烟气流因受墙壁阻挡而很快在顶板或吊顶下积聚并淹没喷头，而使喷头热敏元件迅速升温动作；而大面积场所，火灾烟气流则可在顶板或吊顶下不受阻挡的自由流散，喷头热敏元件只受对流传热的影响，升温较慢，动作较迟钝。室内净空高度的增大，使火灾烟气流在上升过程中，与被卷吸的空气混合而逐渐降低温度和流速的作用增大，流经喷头热气流温度与速度的降低将造成喷头推迟动作。喷头开放时间的推迟，将为火灾继续蔓延提供时间，喷头开放时即面临放热速率更大，更难扑救的火势，使系统喷水控灭火的难度增大。对于喷头的洒水，则因与上升热烟气流接触的时间和距离的加大，使被热烟气流吹布水轨迹和汽化的水量增大，导致送达到位的灭火水量减少，同样会加大灭火的难度。有些建筑构造，还会影响喷头的布置和均匀布水。上述影响喷头开放和喷水送达灭火的因素，由于影响系统控灭火的效果，将导致设置场所火灾危险等级的改变。

各国规范将自动喷水灭火系统的设置场所划分为三个或四个火灾危险等级。如英国将设置场所划分为三个危险等级，即轻、中、严重(其中又分为生产工艺级和贮存级)危险级。德国分为Ⅰ、Ⅱ、Ⅲ、Ⅳ级，分别为轻、中、严重(其中又分为生产级和堆积级)危

险级。美国和日本则划分为轻、中、严重危险级。

本规范参考了发达国家规范，结合我国目前实际情况，在增加仓库危险级的基础上，将设置场所划分为四级，分别为轻、中（其中又分为Ⅰ级和Ⅱ级）、严重（其中又分为Ⅰ级和Ⅱ级）及仓库（其中又分为Ⅰ级、Ⅱ级和Ⅲ级）危险级。

轻危险级，一般是指下述情况的设置场所，即可燃物品较少、可燃性较低和火灾发热量较低，外部增援和疏散人员较容易。

中危险级，一般是指下列情况的设置场所，即内部可燃物数量为中等，可燃性也为中等，火灾初期不会引起剧烈燃烧的场所。大部分民用建筑和工业厂房划归中危险级。根据此类场所种类多、范围广的特点，划分中Ⅰ级和中Ⅱ级，并在本规范附录A中举例予以说明。商场内物品密集、人员密集，发生火灾的频率较高，容易酿成大火造成群死群伤和高额财产损失的严重后果，因此将大规模商场列入中Ⅱ级。

严重危险级，一般是指火灾危险性大，且可燃物品数量多，火灾时容易引起猛烈燃烧并可能迅速蔓延的场所。除摄影棚、舞台葡萄架下部外，包括存在较多数量易燃固体、液体物品工厂的备料和生产车间。

仓库火灾危险等级的划分，参考了美国的《一般储存仓库标准》NFPA—231（1995年版）和《货架式储存仓库标准》NFPA—231C（1995年版）。将上述标准中的1、2、3、4类和塑料橡胶类储存货品，结合我国国情，综合归纳并简化为Ⅰ、Ⅱ、Ⅲ级仓库。由于仓库自动喷水灭火系统涉及面广，较为复杂，美国标准NFPA—13（1996年版）没有针对货品堆高超过3.7m（12ft）的仓库提出规定，而是由《一般储存仓库标准》NFPA—231（1995年版）和《货架储存仓库标准》NFPA—231C（1995年版）提出具体规定。此次修订，规定三个仓库危险级，即Ⅰ级、Ⅱ级、Ⅲ级。仓库危险级Ⅰ级与美国标准 NFPA—231（1995年版）的1、2类货品相一致，仓库危险级Ⅱ级与3、4类货品一致，仓库危险级Ⅲ级为A组塑料、橡胶制品等。

上述两个美国标准中的储存物品分类：

1类货品 指纸箱包装的不燃货品，例如：

不燃食品和饮料：不燃容器包装的食品；冷冻食品、肉类；非塑料托盘或容器盛装的新鲜水果和蔬菜；无涂蜡层或塑料覆膜的纸容器包装牛奶；不燃容器盛装，但容器外有纸箱包装的酒精含量≤20%的啤酒或葡萄酒；玻璃制品。

金属制品：包括塑料覆面或装饰的桌椅；金属外壳家电；电动机、干电池、交铁罐、金属柜。

其他：包括变压器、袋装水泥、电子绝缘材料、石膏板、惰性颜料、固体农药。

2类货品 包括木箱及多层纸箱或类似可燃材料包装的1类货品，例如：

纸箱包装的漆包线线圈，日光灯泡，木桶包装的酒精含量不超过20%的啤酒和葡萄酒。

3类货品 木材、纸张、天然纤维纺织品或C组塑料及制品，含有限量A组或B组塑料的制品，例如：

皮革制品：鞋、皮衣、手套、旅行袋等。

纸制品：书报杂志、有塑料覆膜的纸制容器等。

纺织品：天然与合成纤维及制品，不含发泡类塑料橡胶的床垫。

木制品：门窗及家具、可燃纤维板等。

其他：纸箱包装的烟草制品及可燃食品，塑料容器包装的不燃液体。

4类货品 纸箱包装的含有一定量A组塑料的1、2、3类货品，小包装采用A组塑料、大包装采用纸箱包装的1、2、3类货品，B组塑料和粉状、颗粒状A组塑料，例如：照相机、电话、塑料家具，含发泡类塑料填充物的床垫，含有一定量塑料的建材、电缆，塑料容器包装的物品。

塑料橡胶类 分为A组、B组和C组。

A组：ABS（丙烯腈-丁二烯-苯乙烯共聚物）、缩醛（聚甲醛）、丙烯酸类（聚甲基丙烯酸甲酯）、丁基橡胶、EPDM（乙丙橡胶）、FRP（玻璃纤维增强聚酯）、发泡类天然橡胶、腈橡胶（丁腈橡胶）、PET（热塑性聚酯）、聚碳酸酯、聚酯合成胶、聚乙烯、聚丙烯、聚苯乙烯、聚氨基甲酸酯、PVC（高增塑聚氯乙烯，如人造革、胶片等）、SAN（苯乙烯-丙烯腈）、SBR（丁苯橡胶）。

B组：纤维素类（醋酸纤维素、醋酸丁酸纤维素、乙基纤维素）、氯丁橡胶、氟塑料（ECTFE——乙烯-三氟氯乙烯共聚物、ETFE——乙烯-四氟乙烯共聚物、FEP——四氟乙烯-六氟丙烯共聚物）、不发泡类天然橡胶、锦纶（锦纶6、锦纶66）、硅橡胶。

C组：氟塑料（PCTFE——聚三氟氯乙烯、PTFE——聚四氟乙烯）、三聚氰胺（三聚氰胺甲醛）、酚醛类、PVC（硬聚氯乙烯，如：管道、管件）、PVDC（聚偏二氯乙烯）、PVDF（聚偏氟乙烯）、PVF（聚氟乙烯）、尿素（脲甲醛）。

本规范附录A的举例参考了国内外有关规范标准的有关规定。由于建筑物的使用功能、内容容纳物品和空间条件千差万别，不可能全部列举，设计时可根据设置场所的具体情况类比判断。现将美、英、日、德等国规范的火灾危险等级举例列出（见表4、表5、表6），供有关设计人员、公安消防监督人员参考。

**3.0.3** 当建筑物内各场所的使用功能、火灾危险性或灭火难度存在较大差异时，要求遵循"实事求是"和"有的放矢"的原则，按各自的实际情况选择适宜的系统和确定其火灾危险等级。

表4　轻危险级

| 国家 | 举　例 |
|---|---|
| 德国 | 办公室，教育机构，旅馆（无食堂），幼儿园，托儿所，医院，监狱，住宅等 |
| 美国 | 教堂，俱乐部，学校，医院，图书馆（大型书库除外），博物馆，疗养院，办公楼，住宅，饭店的餐厅，剧院及礼堂（舞台及前后台口除外），不住人的阁楼等 |
| 日本 | 办事处，医院，住宅，旅馆，图书馆，体育馆，公共集合场所等 |
| 英国 | 医院，旅馆，社会福利机构，图书馆，博物馆，托儿所，办公楼，监狱，学校等 |

表5　中危险级

| 国家 | 举　例 |
|---|---|
| 德国 | 废纸加工厂，废纸加工厂，铝材厂，制药厂，石棉制品厂，汽车车辆装配厂，汽车厂，烧制食品厂，酒吧间，白铁制品加工厂，酿酒厂，书刊装订厂，书库，数据处理室，舞厅，拉丝厂，印刷厂，宝石加工厂，无线电仪器厂，电机厂，电子元件厂，酿醋厂，印染厂，自行车厂，门窗厂（包括铝制结构、木结构、合成材料结构），胶片保管处，光学试验室，照相器材厂，胶合板厂，汽车库，气体制品厂，橡胶制品厂，木材加工厂，电缆厂，咖啡加工厂，可可加工厂，纸板厂，陶瓷厂，电影院，教室，服装厂，罐头食品厂，音乐厅，家用冷却器厂，化肥厂，塑料制品厂，干菜食品厂，皮革厂，轻金属制品厂，机床厂，橡胶气垫厂（无泡沫塑料），交易大厅，奶粉厂，家具厂，摩托车厂，面粉厂，造纸厂，皮革制品厂，衬垫厂（无多孔塑料），瓷器厂，信封厂，饭馆，唱片厂，屠宰场，首饰厂（无合成材料），巧克力制造厂，制鞋厂，丝绸厂（天然和合成丝绸），肥皂厂，苏打厂，木屑板制造厂，加压浇铸厂（合成材料），洗衣机厂，钢制制品厂，烟草厂，面包厂，地毯厂（无橡胶和泡沫塑料），毛巾厂，变压器制造厂，钟表厂，缎带材料厂，制蜡厂，洗涤剂厂，洗衣房，武器制造厂，车厢制造厂，百货商店，洗涤剂厂，砖瓦厂，制糖厂等 |
| 美国 | 面包房，饮料生产厂，罐头厂，奶制品厂，电子设备厂，玻璃及制品厂，洗衣房，饭店服务区，谷物加工厂，一般危险的化学品工厂，机加工车间，皮革制品厂，糖果厂，酿酒厂，图书馆大型书库区，商店，印刷及出版社，纺织厂，烟草制品厂，木材及制品厂，饲料厂，造纸及纸品加工厂，码头及栈桥，机动车停车场与修理车间，轮胎生产厂，舞台等 |
| 日本 | 饮食店，公共游乐场，百货商店（超级市场），酒吧间，电影电视制片厂，电影院，剧场，停车场，仓库（严重级的除外），发电厂，锅炉房，金属机械器具制造厂（包括油漆部分），面粉厂，造纸厂，纺织厂（包括棉、毛、丝、化纤）织布厂，染色整理工厂，化纤厂（纺纱以后的工序），橡胶制品厂，合成树脂厂（普通），普通化工厂，木材加工厂（在湿润状态下加工的工厂） |

| 国家 | 举例 |
|---|---|
| 英国 | 砂轮及粉磨制造厂,屠宰场,酿酒厂,水泥厂,奶制品厂,宝石加工厂,饭馆及咖啡馆,面包房,饼干厂,一般危险的化学品工厂,食品厂,机械加工厂(包括轻金属加工厂),洗染房,汽车库,机动车制造及修理厂,陶瓷厂,零售商店,调料,腌菜及罐头食品厂,烟草厂,飞机制造厂(不包括飞机库),印染厂,制鞋厂,播音室及发射台,制图厂,制毯厂,谷物、面粉及饲料加工厂,纺织厂(不包括准备工序),玻璃厂,针织厂,花边厂,造纸及纸制品厂,塑料及制品厂(不包括泡沫塑料),印刷及有关行业,橡胶及制品厂(不包括泡沫塑料),木材及制品厂,服装厂,肥皂厂,蜡烛厂,糖厂,制革厂,壁纸厂,毛料及毛坯厂,剧院,电影电视制片厂 |

**表 6　严重危险级**

| 国家 | 举例 |
|---|---|
| 德国 | 酒精蒸馏厂,棉纱厂,沥青加工厂,陶瓷窑炉,赛璐珞厂,沥青油纸厂,颜料厂,油漆厂,电视摄像棚,亚麻加工厂,饲料厂,木刨花板厂,麻加工厂,炼焦厂,合成橡胶厂,露酒厂,漆布厂,橡胶气垫厂(有泡沫塑料),粮食、饲料、油料加工厂(有多孔塑料),化学净化剂厂,米制品厂,泡沫橡胶厂,多孔塑料加工厂,绳索厂,茶叶加工厂,地毯厂(有橡胶和泡沫塑料),鞋油厂,火柴厂 |
| 美国 | 可燃液体使用区,压铸成型及热挤压作业区,胶合板及木屑板生产车间,印刷车间(油墨闪点低于 37.9℃),橡胶的再生、混合、干燥、破碎、硫化车间,锯木间,纺织厂中棉花、合成纤维、再生花纤维、麻等的粗选、松解、配料、梳理前纤维回收、梳理及并纱车间(工段),泡沫塑料制品装修的场所,沥青制品加工区,低闪点易燃液体的喷雾作业区,浇林涂层作业区,拖车住房或预制构件房屋的组装区,清漆及油漆浸涂作业区,塑料加工厂 |
| 日本 | 木材加工厂,胶合板厂,赛璐珞厂,海绵橡胶厂,合成树脂厂(使用或制造普通产品的除外),合成树脂成型加工厂(使用普通产品的除外),化学工厂(使用或制造普通产品的除外),仓库(贮存赛璐珞、海绵橡胶及其他类似物品的仓库) |
| 英国 | 刨花板加工厂,焰火制造厂,发泡塑料与橡胶及其制品厂,地毯及油毡厂,油漆、颜料及清漆厂,树脂、油墨及松节油厂,橡胶代用品厂,焦油蒸馏厂,硝酸纤维加工厂,火工品工厂,以及贮存以下物品的仓库:地毯、布匹、电气设备、纤维板、玻璃器皿及陶瓷(纸箱装)、食品、金属品(纸箱装)、纺织品、纸张及成卷纸张、软木、纸箱包装的听装或瓶装的酒精、纸箱包装的听装油漆、木屑板、毛毡制品、涂沥青或蜡的纸张、发泡塑料与橡胶及其制品、橡胶制品、木材堆、木板等 |

注:德国将生产和贮存类场所(或堆垛)列入Ⅲ级及Ⅳ级火灾危险级,本表将其一并列入严重危险级场所举例中,英国的严重危险级分为生产工艺和贮存两组,本表也将其一并列入严重危险级场所举例中。

# 4　系统选型

## 4.1　一般规定

**4.1.1**　自动喷水灭火系统具有自动探火报警和自动喷水控灭火的优良性能,是当今国际上应用范围最广、用量最多,且造价低廉的自动灭火系统,在我国消防界及建筑防火设计领域中的可信赖程度不断提高。尽管如此,该系统在我国的应用范围,仍与发达国家存在明显差距。

是否需要设置自动喷水灭火系统,决定性的判定因素,是火灾危险性和自动扑救初期火灾的必要性,而不是建筑规模。因此,大力提倡和推广应用自动喷水灭火系统,是很有必要的。

**4.1.2**　由强制性条文改为非强制性条文。规定了自动喷水灭火系统不适用的范围。凡发生火灾时可以用水灭火的场所,均可采用自动喷水灭火系统。而不能用水灭火的场所,包括遇水产生可燃气体或氧气,并导致加剧燃烧或引起爆炸后果的对象,以及遇水产生有毒有害物质的对象,例如存在较多金属钾、钠、锂、钙、锶、氯化锂、氧化钠、碳化钙、磷化钙等的场所,则不适用。再如

存放一定量原油、渣油、重油等的敞口容器(罐、槽、池),洒水将导致喷溅或沸溢事故。

**4.1.3**　设置场所的火灾特点和环境条件,是合理选择系统类型和确定灭火危险等级的依据,例如:环境温度是确定选择湿式或干式系统的依据;综合考虑火灾蔓延速度、人员密集程度及疏散条件是确定是否采用快速系统的因素等。室外环境难以使闭式喷头及时感温动作,势必难以保证灭火和控火效果,所以露天场所不适合采用干式系统。

**4.1.4**　提出了对设计系统的原则性要求。设置自动喷水灭火系统的目的,无疑是为了有效扑救初期火灾。大量的应用和试验证明,为了保证和提高自动喷水灭火系统的可靠性,离不开四个方面的因素:首先,闭式系统中的喷头,或与预作用和雨淋系统配套使用的火灾自动报警系统,要能有效地探测初期火灾;二是要求湿式、干式系统在开放一只喷头后,预作用和雨淋系统在火灾报警后立即启动系统;三是整个灭火进程中,要保证喷水范围不超出作用面积,以及按设计确定的喷水强度持续喷水;四是要求开放喷头的出水均匀喷洒、覆盖起火范围,并不受严重阻挡。以上四个方面的因素缺一不可,系统的设计只有满足了这四个方面的技术要求,才能确保系统的可靠性。

## 4.2　系统选型

**4.2.1**　由强制性条文改为非强制性条文。湿式系统,由闭式洒水喷头、水流指示器、湿式报警阀组,以及管道和供水设施等组成,而且管道内始终充满水并保持一定压力(见图1)。

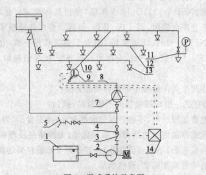

图 1　湿式系统示意图
1—水池;2—水泵;3—止回阀;4—闸阀;5—水泵接合器;
6—消防水箱;7—湿式报警阀组;8—配水干管;9—水流指示器;
10—配水管;11—末端试水装置;12—配水支管;13—闭式洒水喷头;
14—报警控制器;P—压力表;M—驱动电机;L—水流指示器

湿式系统具有以下特点与功能:

**1**　与其他自动喷水灭火系统相比较,结构相对简单,处于警戒状态时,由消防水箱或稳压泵、气压给水设备等稳压设施维持管道内充水的压力。发生火灾时,由闭式喷头探测火灾,水流指示器报告起火区域,报警阀组或稳压泵的压力开关输出启动供水泵信号,完成系统的启动。系统启动后,由供水泵向开放的喷头供水,开放的喷头将供水按不低于设计规定的喷水强度均匀喷洒,实施灭火。为了保证扑救初期火灾的效果,喷头开放后,要求在持续喷水时间内连续喷水。

**2**　湿式系统适合在温度不低于 4℃ 并不高于 70℃ 的环境中使用,因此绝大多数的常温场所采用此类系统。经常低于 4℃ 的场所有使管内充水冰冻的危险。高于 70℃ 的场所内管内充水汽化的加剧有破坏管道的危险。

**4.2.2**　由强制性条文改为非强制性条文。环境温度不适合采用湿式系统的场所,可以采用能够避免充水结冰和高温加剧汽化的

干式或预作用系统。

干式系统与湿式系统的区别,在于采用干式报警阀组,警戒状态下配水管道内充压缩空气等有压气体。为保持气压,需要配套设置补气设施(见图2)。

干式系统配水管道中维持的气压,根据干式报警阀入口前管道需要维持的水压,结合干式报警阀的工作性能确定。

闭式喷头开放后,配水管道有一个排气充水过程。系统开始喷水的时间,将因排气充水过程而产生滞后,因此削弱了系统的灭火能力,这一点是干式系统的固有缺陷。

**4.2.3** 对适合采用预作用系统的场所提出了规定:在严禁因管道泄漏或误喷造成水渍污染的场所替代湿式系统;为了消除干式系统滞后喷水现象,用于替代干式系统。

预作用系统采用预作用报警阀组,并由配套使用的火灾自动报警系统启动。处于戒备状态时,配水管道为不充水的空管。

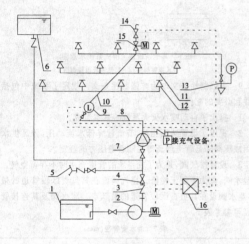

图 2 干式系统示意图

1—水池;2—水泵;3—止回阀;4—闸阀;5—水泵接合器;
6—消防水箱;7—干式报警阀组;8—配水干管;9—水流指示器;
10—配水管;11—配水支管;12—闭式喷头;13—末端试水装置;
14—快速排气阀;15—电动阀;16—报警控制器

利用火灾探测器的热敏性能优于闭式喷头的特点,由火灾报警系统开启雨淋阀后为管道充水,使系统在闭式喷头动作前转换为湿式系统(见图3)。

戒备状态时配水管道内如果维持一定气压,将有助于监测管道的严密性和寻找泄漏点。

**4.2.4** 提出了一项自动喷水灭火系统新技术——重复启闭预作用系统。该系统能在扑灭火灾后自动关闭报警阀,发生复燃时又能再次开启报警阀恢复喷水,适用于灭火后必须及时停止喷水,要求减少不必要水渍损失的场所。为了防止误动作,该系统与常规预作用系统的不同之处,则是采用了一种即可输出火警信号,又可在环境恢复常温时输出灭火信号的感温探测器。当其感应到环境温度超过预定值时,报警并启动供水泵和打开具有复位功能的雨淋阀,为配水管道充水,并在喷头动作后喷水灭火。喷水过程中,当火场温度恢复至常温时,探测器发出关停系统的信号,在按设定条件延迟喷水一段时间后,关闭雨淋阀停止喷水。若火灾复燃、温度再次升高时,系统则再次启动,直至彻底灭火。

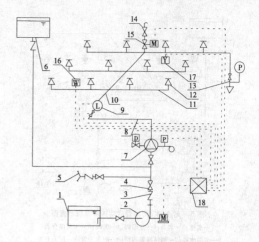

图 3 预作用系统示意图

1—水池;2—水泵;3—止回阀;4—闸阀;5—水泵接合器;6—消防水箱;
7—预作用报警阀组;8—配水干管;9—水流指示器;10—配水管;
11—配水支管;12—闭式喷头;13—末端试水装置;14—快速排气阀;
15—电动阀;16—感温探测器;17—感烟探测器;18—报警控制器

我国目前尚无此种系统的产品,将其纳入本规范,将有利于促进自动喷水灭火系统新技术和新产品的发展和应用。

**4.2.5** 由强制性条文改为非强制性条文。对适合采用雨淋系统的场所作了规定。包括:火灾水平蔓延速度快的场所和室内净空高度超过本规范6.1.1条规定、不适合采用闭式系统的场所。室内物品顶面与顶板或吊顶的距离增加大,将使闭式喷头在火场中的开放时间推迟,喷头动作时间的滞后使火灾得以继续蔓延,而使开放喷头的喷水难以有效覆盖火灾范围。上述情况使闭式系统的控火能力下降,而采用雨淋系统则可消除上述不利影响。雨淋系统启动后立即大面积喷水,遏制和扑救火灾的效果更好,但水渍损失大于闭式系统。适用场所包括舞台葡萄架下部、电影摄影棚等。

雨淋系统采用开式洒水喷头、雨淋报警阀组,由配套使用的火灾自动报警系统或传动管联动雨淋阀,由雨淋阀控制其配水管道上的全部开式喷头同时喷水(见图4、图5。注:可以作冷喷试验的雨淋系统,应设末端试水装置)。

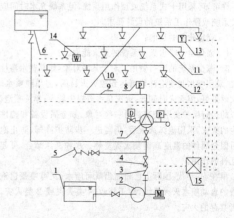

图 4 电动启动雨淋系统示意图

1—水池;2—水泵;3—止回阀;4—闸阀;5—水泵接合器;6—消防水箱;
7—雨淋报警阀组;8—压力开关;9—配水干管;10—配水管;11—配水支管;
12—开式洒水喷头;13—感烟探测器;14—感温探测器;15—报警控制器

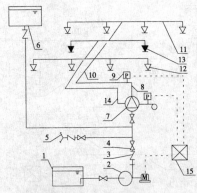

图 5　充液(水)传动管启动雨淋系统示意图
1—水池；2—水泵；3—止回阀；4—闸阀；5—水泵接合器；
6—消防水箱；7—雨淋报警阀组；8—配水干管；9—压力开关；
10—配水管；11—配水支管；12—开式洒水喷头；
13—闭式喷头；14—传动管；15—报警控制器

中国建筑西南设计院 1981 年模拟"舞台幕布燃烧试验"报告指出：四个试验用开式洒水喷头呈正方形布置，间距为 2.5m×2.5m，安装高度为 22m，幕布尺寸为 3m×12m，幕布下端距地面约 2m，幕布由地面上的木垛点引燃（木垛的火灾负荷密度为 50kg/m²）。幕布引燃后，开始时火焰上升速度约为 0.1～0.2 m/s，当幕布燃烧到约 1/4 高度，火焰急剧向上及左右蔓延扩大，不到 10s 时间幕布几乎全部烧完，但顶部正中安装的闭式喷头没有开放；手动开启雨淋系统时，当喷头处压力为 0.1～0.2MPa 时，仅 10s 扑灭了幕布火灾，又历时 1min30s～1min50s 扑灭木垛火。试验证实了雨淋系统的灭火效果。

**4.2.6**　根据发达国家标准不断发展，我国仓库的形式、规模日趋多样化、复杂化以及对系统设计不断提出新的需求等情况，调整本条规定的内容。

自动喷水灭火系统经过长期的实践和不断的改进与创新，其灭火效能已为许多统计资料所证实。但是，也逐渐暴露出常规类型的系统不能有效扑救高堆垛仓库火灾的难点问题。自 70 年代中期开始，美国工厂联合保险研究所(FMRC)为扑灭和控制高堆垛仓库火灾作了大量的试验和研究工作。从理论上确定了"快速响应、早期抑制"火灾的三要素：一是喷头感应火灾的灵敏程度，二是喷头动作时燃烧物表面需要的灭火喷水强度，三是实际送达燃烧物表面的喷水强度。根据采用早期抑制快速响应喷头自动喷水灭火系统的特点，在条件许可的前提下，应采用湿式系统；如果条件不许可，可采用干式系统或预作用系统，但系统充水时间应符合干式系统或预作用系统的设计要求。

**4.2.7**　规定此条的目的：

　1　强化自动喷水灭火系统的灭火能力。

　2　减少系统的运行费用。对于某些对象，如某些水溶性液体火灾，采用喷水和喷泡沫均可达到控灭火目的，但单纯喷水时，虽控火效果好，但灭火时间长，火灾与水渍损失较大；单纯喷泡沫时，系统的运行维护费用较高。另一些对象，如金属设备和构件周围发生的火灾，采用泡沫灭火后，仍需进一步防护冷却，防止泡沫消泡后因金属件的温度高而使火灾复燃。水和泡沫结合，可起到优势互补的作用。

早在 50 年代，国际上已研制出既可喷水，又可喷蛋白泡沫混合液的自动喷水灭火系统，用于扑救 A 类火灾或 B 类火灾，以及二者共存的火灾。

蛋白和氟蛋白类泡沫混合液，形成一定发泡倍数的泡沫后，在燃烧表面形成粘稠的连续泡沫层后，在隔绝空气并封闭挥发性可燃蒸气的作用下实现灭火。水成膜泡沫液可在燃料表面形成可以抑制燃料蒸发的水成膜，同时隔绝空气而实现灭火。

洒水喷头属于非吸气型喷头，所以供给泡沫混合液发泡的空气不足，使喷洒的泡沫混合液与洒水极为相似，虽然没有形成一定倍数的泡沫，但仍具有良好的灭火性能。泡沫灭火剂的选用，按现行国家标准《低倍数泡沫灭火系统设计规范》GB 50151—92 的规定执行。

**4.2.8**　参考美国 NFPA—13(1996 年版)标准补充的规定。当建筑物内设置多种类型的系统时，按此条规定设计，允许其他系统串联接入湿式系统的配水干管。使各个其他系统从属于湿式系统，既不相互干扰，又简化系统的构成、减少投资(见图 6)。

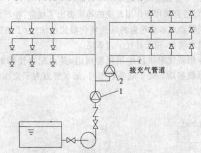

图 6　其他系统接入湿式系统示意图
1—湿式报警阀组；2—其他系统报警阀组

**4.2.9**　由强制性条文改为非强制性条文。规定了系统中包括的组件和必要的配件。

　1　提出了自动喷水灭火系统的基本组成。

　2　提出了设置减压孔板、节流管降低水流动压，分区供水或采用减压阀降低管道静压等控制管道压力的规定。

　3　设置排气阀，是为了使系统的管道充水时不存留空气。设置泄水阀，是为了便于检修。排气阀设在其负责区段管道的最高点，泄水阀在其负责区段管道的最低点。泄水阀及其连接管的管径可参考表 7。

表 7　泄水管管径(mm)

| 供水干管管径 | 泄水管管径 |
| --- | --- |
| ≥100 | ≤50 |
| 70～80 | ≤40 |
| <70 | 25 |

　4　干式系统与预作用系统设置快速排气阀，是为了使配水管道尽快排气充水。干式系统与配水管道充压缩空气的预作用系统，为快速排气阀设置的电动阀，平时常闭，系统开始充水时打开。

**4.2.10**　由强制性条文改为非强制性条文。本条提出了限制民用建筑中防火分隔水幕规模的规定，意在不推荐采用防火分隔水幕，作民用建筑防火分区的分隔设施。

近年各地在新建大型会展中心、商品市场及条件类似的高大空间建筑时，经常采用防火分隔水幕代替防火墙，作为防火分区的分隔设施，以解决单层或连通层面积超出防火分区规定的问题。为了达到上述目的，防火分隔水幕长度将达几十米，甚至上百米，造成防火分隔水幕系统的用水量很大，室内消防水量猛增。

此外，储存的大量消防水，不用于主动灭火，而用于被动防火的做法，不符合火灾中应积极主动灭火的原则，也是一种浪费。

# 5　设计基本参数

**5.0.1**　系统的喷水强度、作用面积、喷头工作压力是相互关联的，原表 5.0.1 中对喷头工作压力不应低于 0.10MPa 的规定容易造成误解，实际上系统中喷头的工作压力应经计算确定。

本条规定是依据美国《自动喷水灭火系统安装标准》NFPA—13(1996 年版)的有关规定，对原规范第 2.0.2 条和第7.1.1条的修改。图 7 为美国 NFPA—13(1996 年版)标准中规定的自动喷水灭火系统设计数据表。根据"大强度喷水有利于迅速灭火，有利于缩小喷水作用面积"的试验与经验的总结，选取该曲线中喷水强度的上限数据，并适当加大作用面积后确定为本规范的设计基本参数。这样的技术处理，既便于设计人员操作，又提高了规范的应变能力和系统的经济性能。因此，对设计安装质量提出了更高的要求。既符合我国经济技术水平已较首次制定本规范时有显著提高的国情及我国消防技术规范的编写习惯，同时又能保证系统可靠地发挥作用。

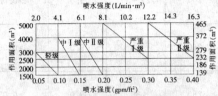

图 7　美国 NFPA—13(1996 年版)标准中的
自动喷水灭火系统设计数据表

表 8 为本规范原版本与修订版本中民用建筑和工业厂房自动喷水灭火系统设计基本数据的对照表。不难看出，修订版给出的数据有所增加，增大了设计人员的选择余地。从整体上强化了喷水强度这一体现系统灭火能力的重要参数，因此加强了系统迅速扑救初期火灾的能力。

**表 8　本规范原版本与修订版本民用建筑和工业厂房的系统设计基本数据对照表**

| 设置场所危险等级 | | 修订版规范 | | 原规范 | |
|---|---|---|---|---|---|
| | | 喷水强度(L/min·m²) | 系统作用面积(m²) | 喷水强度(L/min·m²) | 系统作用面积(m²) |
| 轻危险级 | | 4 | | 3 | 180 |
| 中危险级 | Ⅰ级 | 6 | 160 | 6 | 200 |
| | Ⅱ级 | 8 | | | |
| 严重危险级 | Ⅰ级 | 12 | 260 | 10(生产建筑物) | 300 |
| | Ⅱ级 | 16 | | 15(储存建筑物) | 300 |

表 9 为英国、美国、德国、日本等国的设计基本数据。

本规范表 5.0.1 中"注"，参照美国标准，提出了系统中最不利点处喷头的最低工作压力，允许按不低于 0.05MPa 确定的规定。当发生火灾时，供水泵启动之前，允许由消防水箱或其他辅助供水设施供给系统启动初期的用水量和水压。目前国内采用较多的是高位消防水箱，这样就产生了一个矛盾：如果顶层最不利点处喷头的水压要求为 0.1MPa，则屋顶水箱必须比顶层的喷头高出 10m 以上，将会给建筑造型和结构处理上带来很大困难。根据上述情况和参考国外有关规范，将最不利点处喷头的工作压力确定为 0.05MPa。降低最不利点处喷头最低工作压力而产生的问题，通过其他途径解决。英国、德国、美国等国的规范，最不利点处喷头的最低工作压力也采用 0.05MPa。

**表 9　国外自动喷水灭火系统基本设计数据**

| 国家 | 危险等级 | | 设置场所 | 喷水强度(L/min·m²) | 作用面积(m²) | 动作喷头数(个) | 每只喷头保护面积(m²) | 最不利点处喷头压力(MPa) |
|---|---|---|---|---|---|---|---|---|
| 美国 | 轻级 | | 俱乐部、教堂、博物馆、医院、餐厅、办公室、住宅、疗养院 | 2.8~4.1 | 279~139 | — | 20.9 | 0.05 |
| | 中级 | Ⅰ类 | 面包房、电子设备工厂、洗衣房、饮料厂、餐厅服务区 | 4.1~6.1 | 372~139 | — | 12.1 | 0.05 |
| | | Ⅱ类 | 谷物加工厂、一般危险的化学品工厂、糖果厂、酿酒厂、机加工车间、大型书库 | 6.1~8.1 | 372~139 | — | 12.1 | 0.05 |
| | 严重级 | Ⅰ类 | 可燃液体使用区域、印刷厂、锯木厂、泡沫塑料的制造与装修场所 | 8.1~12.2 | 465~232 | — | 9.3 | 0.05 |
| | | Ⅱ类 | 沥青浸渍加工厂、易燃液体喷雾作业区、塑料加工厂 | 12.2~16.3 | 465~232 | — | 9.3 | 0.05 |
| 英国 | 轻级 | | 医院、旅馆、图书馆、博物馆、托儿所、办公室、大专院校、监狱 | 2.25 | 84 | 4 | 21 | 0.05 |
| | 中级 | Ⅰ组 | 饭馆、宝石加工厂 | 5.0 | 72 | 6 | 12 | 0.05 |
| | | Ⅱ组 | 一般危险的化学品工厂 | 5.0 | 144 | 12 | 12 | 0.05 |
| | | Ⅲ组 | 玻璃加工厂、肥皂蜡烛加工厂、纸制品厂、百货商店 | 5.0 | 216 | 18 | 12 | 0.05 |
| | Ⅲ组特型 | | 剧院、电影电视制片厂 | 5.0 | 360 | 30 | 12 | 0.05 |
| 英国 | 严重级 | 生产 | 刨花板加工厂、橡胶加工厂 | 7.5 | 260 | — | 9 | 0.05 |
| | | | 发泡塑料、橡胶及其制品厂、焦油蒸馏厂 | 7.5 | 260 | — | 9 | 0.05 |
| | | | 硝酸纤维加工厂 | 7.5 | 260 | — | 9 | 0.05 |
| | | | 火工品工厂 | 7.5 | 260 | — | 9 | 0.05 |
| | | 贮存Ⅰ类 | 地毯、布匹、纤维板、纺织品、电器设备 | 7.5~12.5 | 260 | — | 9 | 0.05 |
| | | 贮存Ⅱ类 | 毛毡制品、胶合板、软木包、打包纸、纸箱包装的听装酒精 | 7.5~17.5 | 260 | — | 9 | 0.05 |
| | | 贮存Ⅲ类 | 硝酸纤维、泡沫塑料和泡沫橡胶制品、可燃物包装的易燃液体 | 7.5~27.5 | 260~300 | — | 9 | 0.05 |
| | | 贮存Ⅳ类 | 散装或成卷包装的发泡塑料与橡胶及制品 | 7.5~30.0 | 260~300 | — | 9 | 0.05 |

| 国家 | 危险等级 | | 设置场所 | 喷水强度(L/min·m²) | 作用面积(m²) | 动作喷头数(个) | 每只喷头保护面积(m²) | 最不利点处喷头压力(MPa) |
|---|---|---|---|---|---|---|---|---|
| 德国 | 轻级 | | 办公楼、住宅、托儿所、医院、学校、旅馆 | 2.5 | 150 | 7~8 | 21 | 0.05 |
| | 中级 | 1组 | 汽车房、酒吧、电影院、音乐厅、剧院礼堂 | 5.0 | 150 | 12~13 | 12 | 0.05 |
| | | 2组 | 百货商店、烟厂、胶合板厂 | 5.0 | 260 | — | 12 | 0.05 |
| | | 3组 | 印刷厂、服装厂、交易会大厅、纺织厂、木材加工厂 | 5.0 | 375 | — | 12 | 0.05 |
| | 严重级 | 生产1组 | 摄影棚、亚麻加工厂、刨花板厂、火柴厂 | 7.5 | 260 | 29~30 | 9.0 | >0.05 |
| | | 生产2组 | 泡沫橡胶厂 | 10.0 | 260 | 30 | 9.0 | >0.05 |
| | | 生产3组 | 赛璐珞厂 | 12.5 | 260 | 30 | 9.0 | >0.05 |
| | | 贮存1~3组 | | 7.5~17.5 | 260 | — | 9.0 | — |
| 日本 | 轻级 | | 办公室、医院、体育馆、博物馆、学校 | 5.0 | 150 | 10 | 15 | 0.1 |
| | 中级 | Ⅰ组 | 礼堂、剧院、电影院、停车厂、旅馆 | 6.5 | 240 | 20 | 12 | 0.1 |
| | | Ⅱ组 | 商店、摄影棚、电视演播室、纺织车间、印刷车间、一般仓库 | 6.5 | 360 | 30 | 12 | 0.1 |
| | 严重级 | 生产 | 赛璐珞制品加工车间、合成板制造车间、发泡塑料与橡胶及制品加工车间 | 10 | 360 | 40 | 9.0 | 0.1 |
| | | 贮存Ⅰ类 | 纤维制品、木制品、橡胶制品 | 15 | 260 | 40 | 6.5 | 0.1 |
| | | 贮存Ⅱ类 | 发泡塑料与橡胶及制品 | 25 | 300 | 46 | 6.5 | 0.1 |

**5.0.1A** 本条参考国外试验数据提出。

**1** 国外模拟试验的意义，在于解决"以往没有闭式系统保护非仓库类高大净空场所的设计准则，少数未经试验、缺乏足够认识的保护方案被广泛应用"的问题。说明了此类问题具有普遍意义和试验的必要性。

**2** 通过美国 FM 试验证明：净空高度18m 非仓库类场所内，2m 左右高度的可燃物品，不论紧密布置，还是间隔1.5m 布置2m 宽物品，闭式系统均能有效"控火"。根据我国目前试验情况，将自动喷水灭火系统保护的非仓库类高大净空场所的最大净空高度暂定为12m。

**3** 当现场火灾荷载小于试验火灾荷载时，存在闭式喷头开放时间滞后于火灾水平蔓延的可能性。

**4** 本条适用于净空高度8~12m 非仓库类场所湿式系统。当确定采用湿式系统后，应严格按本条规定确定系统设计参数。

《商店建筑设计规范》JGJ 48—88 对商店的分类，包括：百货商店、专业商店、菜市场类、自选商店、联营商店和步行商业街。对自选商场的解释：向顾客开放，可直接挑选商品，按标价付款的(超级市场)营业场所。

内贸部对零售商店的分类：百货店、专业店、专卖店、便利店、超级市场、大型综合超市及仓储式商场。

本条规定中的自选商场，包括超级市场、大型综合超市及仓储式商场。

表中"喷头最大间距"指"同一根配水支管上喷头的间距与相邻配水支管的间距"。

**5.0.2** 由强制性条文改为非强制性条文。仅在走道安装闭式系统时，系统的作用主要是防止火灾蔓延和保护疏散通道。对此类系统的作用面积，本条提出了按各楼层走道中最大疏散距离所对应的走道面积确定。

美国 NFPA 规范规定，走道内布置一排喷头时，动作喷头数最大按5只计算。当走廊出口未作保护时，动作喷头数应包括走廊内全部喷头，但最多不应超过7只。

当走道的宽度为1.4m，长度为15m，喷水覆盖全部走道面积时的喷头布置及开放喷头数(见图8)。

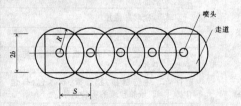

图 8 仅在走廊布置喷头的示意图
R—喷头有效保护半径

例1：当喷头最低工作压力为 0.05MPa 时，喷水量为 56.57 L/min。为达到 6.0L/min·m² 平均喷水强度时，圆形保护面积为

$9.43m^2$，故 $R=1.73m$。则喷头间距($S$)为：

$$S=2\sqrt{R^2-b^2}=2\sqrt{1.73^2-0.7^2}=3.16(m)$$

袋形走道内布置并开放的喷头数为：$\frac{15}{3.16}=4.8$，确定为 5 只。

例2：当袋形疏散走道按《建规》规定的最长疏散距离为 $22\times1.25=27.5(m)$ 确定时，若走道宽度仍为 1.4m，则喷水覆盖全部走道面积时的开放喷头数为：

$$\frac{27.5}{3.16}=8.7，按本条规定确定为 9 只。$$

**5.0.3** 商场等公共建筑，由于内装修的需要，往往装设网格状、条栅状等不挡烟的通透性吊顶。顶板下喷头的洒水分布将受到通透性吊顶的阻挡，影响灭火效果。因此本条提出适当增大喷水强度的规定。若将喷头埋设在通透性吊顶的网格或条栅中间，则喷头将因吊顶不挡烟，且距顶板距离过大而不能保证可靠动作。喷头不能及时动作，系统将形同虚设。

**5.0.4** 干式系统的配水管道内平时维持一定气压，因此系统启动后将滞后喷水，而滞后喷水无疑将增大灭火难度，等于相对削弱了系统的灭火能力。所以，本规范参照发达国家相关规范，对干式系统作出增大作用面积的规定，用扩大作用面积的办法，补偿滞后喷水对灭火能力的影响。

雨淋系统由雨淋阀控制其连接的开式洒水喷头同时喷水，有利于扑救水平蔓延速度快的火灾。但是，如果一个雨淋阀控制的面积过大，将会使系统的流量过大，总用水量过大，并带来较大的水渍损失，影响系统的经济性能。本规范出于适当控制系统流量与总用水量的考虑，提出了雨淋系统中一个雨淋阀控制的喷水面积按不大于本规范表 5.0.1 规定的作用面积为宜。对大面积场所，可设多台雨淋阀组合控制一次灭火的保护范围。

**5.0.5** 本条是对国外标准中仓库的系统设计基本参数进行分类、归纳、合并后，充实我国规范对仓库的系统设计基本参数的规定。设计时应按喷水强度与保护面积选用喷头。从国外有关标准提供的数据分析，影响仓库设计参数的因素很多，包括货品的性质、堆放形式、堆积高度及室内净空高度等。各因素的变化，均影响设计参数的改变。例如：货品堆高增大，火灾竖向蔓延速度迅速增长的规律，不仅使灭火难度增大，而且使喷水因货品的阻挡而难以直接送至燃烧面，只能沿货品表面流淌后最终到达燃烧面。其结果，造成送达到位直接灭火的水量锐减。因此，货品堆高增大时，相应提高喷水强度，以保证系统灭火能力的措施是必要的。

随着我国经济的迅速发展，面对不同火灾危险性的各种仓库，仅向设计人员提供一组设计参数显然不够。参照美国《自动喷水灭火系统安装标准》NFPA—13(2002年版)、《一般储物仓库标准》NFPA—231(1995年版)、《货架储物仓库标准》NFPA—231C(1995年版)及工厂联合保险系统标准，在归纳简化的基础上，提出了一组仓库危险级场所的系统设计基本参数。既借鉴了美、英等发达国家标准的先进技术，又使我国规范中保护仓库的系统设计参数得到了充实，符合我国现阶段的具体国情。

每排货架之间均保持 1.2～2.4m 距离的属于单排货架，靠拢放置的两个单排货架属于双排货架，间距小于 1.2m 的单排、双排货架按多排货架设计。

通透性层板是指水或烟气能穿透或通过的货架层板，如网格或格栅型层板。

**5.0.6** 仓库火灾蔓延迅速，不易扑救，容易造成重大财产损失，因此是自动喷水灭火系统的重要应用对象。而扑救高堆垛、高货架仓库火灾，一直是自动喷水灭火系统的技术难点。美国耗巨资试验研究，成功开发出"大水滴喷头"、"快速响应早期抑制喷头"等可有效扑救高堆垛、高货架仓库火灾的新技术。本条规定参考美国《自动喷水灭火系统安装标准》NFPA—13(2002年版)、《一般储物仓库标准》NFPA—231(1995年版)和《货架储物仓库标准》

NFPA—231C(1995年版)的数据，并经归纳简化后，提出了采用早期抑制快速响应喷头仓库的系统设计参数。

**5.0.7** 本条为本次修订条文。本条参考美国《货架储物仓库标准》NFPA—231C(1995年版)、美国工厂联合保险系统标准等国外相关标准，针对我国现状，充实了高货架仓库中采用货架内喷头的条件，以及喷水强度、作用面积等有关规定。

对最大净空高度或最大储物高度超过本规范表 5.0.5-1～表 5.0.5-6 和表 5.0.6 规定的高货架仓库，仅在顶板下设置喷头，将不能满足有效灭控火的需要，而在货架内增设喷头，是对顶板喷头灭火能力的补充，补偿超出顶板下喷头保护范围部位的灭火能力。

**5.0.7A** 新增条文。仓库内系统的喷水强度大，持续喷水时间长，为避免不必要的水渍损失和增加建筑荷载，系统喷水强度大的仓库，有必要设置消防排水。

**5.0.8** 由强制性条文改为非强制性条文。提出了闭式自动喷水—泡沫联用系统的设计基本参数。

以湿式系统为例，处于戒备状态时，管道内充满有压水。喷头动作后，开放喷头开始喷出的是水，只有当开放喷头与泡沫比例混合器之间管道内的充水被置换成泡沫混合液后，才能转换为喷泡沫。因此，开始喷泡沫时间取决于开放喷头与泡沫比例混合器之间的管道长度。

设置场所发生火灾时，湿式系统首批开放的喷头数一般不超过 3 只，其流量按标准喷头计算，约为 4L/s。以此为基础，规定了喷水转换喷泡沫的时间和泡沫比例混合器有效工作的最小流量。利用湿式系统喷洒泡沫混合液的目的，是为了强化灭火能力，所以持续喷水和喷泡沫时间的总和，仍执行本规范 5.0.11 条的规定。持续喷泡沫时间，则依据美国《闭式喷水—泡沫联用灭火系统安装标准》NFPA—16A(2002年版)，规定按我国现行国家标准《低倍数泡沫灭火系统设计规范》GB 50151—92 执行。

**5.0.9** 由强制性条文改为非强制性条文。参考了美国《雨淋自动喷水—泡沫联用灭火系统安装标准》NFPA—16(2002年版)的规定。

前期喷水后期喷泡沫的系统，用于喷水控火效果好，而灭火时间长的火灾。前期喷水的目的，是依靠喷水控火，后期喷喷泡沫混合液，是为了强化系统的灭火能力，缩短灭火时间。喷水—泡沫的强度，仍采用本规范表 5.0.1、表 5.0.5-1 的数据。前期喷泡沫后期喷水的系统，分别发挥泡沫灭火和水冷却的优势，既可有效灭火，又可防止火灾复燃。既可节省泡沫混合液，又可保证可靠性。喷水—泡沫的强度，执行我国现行国家标准《低倍数泡沫灭火系统设计规范》GB 50151—92。此项技术既可充分发挥水和泡沫各自的优点，又可提高系统的经济性能，但设计上有一定难度，要兼顾本规范与《低倍数泡沫灭火系统设计规范》GB 50151—92 的有关规定。

**5.0.10** 由强制性条文改为非强制性条文。防护冷却水幕用于配合防火卷帘等分隔物使用，以保证防火卷帘等分隔物的完整性与隔热性。某厂曾于 1995 年在"国家固定灭火系统和耐火构件质量监督检验测试中心"进行过洒水防火卷帘抽检测试，90min 耐火试验后，得出"未失去完整性和隔热性"的结论。本条"喷水高度为 4m，喷水强度为 0.5L/s·m"的规定，折算成对卷帘面积的平均喷水强度为 7.5L/min·m²，可以形成水膜并有效保护钢结构不受火灾损害。喷水点的提高，将使卷帘面积的平均喷水强度下降，致使防护冷却的能力下降。所以，提出了喷水点高度每提高 1m，喷水强度相应增加 0.1L/s·m 的规定，以补充冷却水沿分隔物下淌时受热汽化的水量损失，但喷水点高度超过 9m 时喷水强度仍按1.0 L/s·m 执行。尺寸不超过 15m×8m 的开口，防火分隔水幕的喷水强度仍按原规范规定的2L/s·m 确定。

**5.0.11** 从自动喷水灭火系统的灭火作用看，一般 1h 即能解决问题。从原规范的执行情况，证明按此条规定确定的系统用水量，能够满足控灭火实际需要。

**5.0.12** 本条是对原规范第6.3.2条的修订。干式系统配水管道内充有压气体的目的，一是将有压气体作为传递火警信号的介质，二是防止干式报警阀误动作。由于不同生产厂出品的干式报警阀的结构不尽相同，所以，不受报警阀入口水压波动影响、防止误动作的气压值有所不同，因此本条提出了根据报警阀的技术性能确定气压取值范围的规定。

常规的预作用系统，其配水管道维持一定气压的目的，不同于干式系统，是将有压气体作为监测管道严密性的介质。为了便于控制，本规范将规定的气压值调整为0.03～0.05MPa。

国外近年推出的新型预作用系统，利用"配套报警系统动作"和"闭式喷头动作"的"与门"或"或门"关系，作为启动系统的条件。分别为：1报警系统"与"闭式喷头动作后启动系统，以防止系统不必要的误启动；2报警系统"或"闭式喷头动作即启动系统，以保证系统启动的可靠性。此类预作用系统有别于常规类型的预作用系统，同时具备预作用系统和干式系统的特点，管道内充入的有压气体，将成为传递火警信号的媒介，所以当采用此种预作用系统时，配水管道内维持的气压值与干式系统相同。报警阀的选型，则要求同时具备雨淋阀和干式阀的特点。相应的系统设计参数，要同时符合预作用系统和干式系统的相关规定。

# 6 系统组件

## 6.1 喷 头

**6.1.1** 闭式喷头的安装高度，要求满足"使喷头及时受热开放，并使开放喷头的洒水有效覆盖起火范围"的条件。超过上述高度，喷头将不能及时受热开放，而且喷头开放后的洒水可能达不到覆盖起火范围的预期目的，出现火灾在喷水范围之外蔓延的现象，使系统不能有效发挥灭火的作用。本条参考日本《消防法》"对影剧院观众厅安装闭式系统时喷头至地面的距离不得超过8m"的规定和我国现行国家标准《火灾自动报警系统设计规范》GB 50116—98的有关规定，以及国外相关标准对仓库中闭式喷头最大安装高度的规定，分别规定了民用建筑、工业厂房及仓库采用闭式系统的最大净空高度，同时根据表5.0.1A规定了非仓库类高大净空场所采用闭式系统的最大净空高度。并提出了用于保护钢屋架等建筑构件的闭式系统和设有货架内喷头的仓库闭式系统，不受室内净空高度限制的规定。

**6.1.3** 由强制性条文改为非强制性条文。本条提出了不同使用条件下对喷头选型的规定。实际工程中，由于喷头的选型不当而造成失误的现象比较突出。不同用途和型号的喷头，分别具有不同的使用条件和安装方式。喷头的选型、安装方式、方位合理与否，将直接影响喷头的动作时间和布水效果。当设置场所不设吊顶，且配水管道沿梁下布置时，火灾热气流将在上升至顶板后水平蔓延。此时只有向上安装直立型喷头，才能使热气流尽早接触和加热喷头热敏元件。室内设有吊顶时，喷头将紧贴吊顶下布置，或埋设在吊顶内，因此适合采用下垂型或吊顶型喷头，否则吊顶将阻挡洒水分布。吊顶型喷头作为一种类型，在国家标准《自动喷水灭火系统洒水喷头的技术要求和试验方法》GB 5135—93中有明确规定，即为："隐蔽安装在吊顶内，分为平齐型、半隐蔽型和隐蔽型三种型式。"不同安装方式的喷头，其洒水分布不同，选型时要予以充分重视。为此，本规范不推荐在吊顶下使用"普通型喷头"，原因是在吊顶下安装此种喷头时，洒水严重受阻，喷水强度将下降约40%，严重削弱系统的灭火能力。

边墙型扩展覆盖喷头的配水管道易于布置，颇受国内设计、施工及使用单位欢迎。但国外对采用边墙型喷头有严格规定：

保护场所应为轻危险级，中危险级系统采用时须经特许；
顶板必须为水平面，喷头附近不得有阻挡喷水的障碍物；
洒水应喷湿一定范围墙面等。

本条根据国内需求，按本规范对设置场所火灾危险等级的分类，以及边墙型喷头性能特点等实际情况，提出了既允许使用此种喷头，又严格使用条件的规定。

**6.1.4** 为便于系统在灭火或维修后恢复戒备状态之前排尽管道中的积水，同时有利于在系统启动时排气，要求干式、预作用系统的喷头采用直立型喷头或干式下垂型喷头。

**6.1.5** 提出了水幕系统的喷头选型要求。防火分隔水幕的作用，是阻断烟和火的蔓延。当使水幕形成密集喷洒的水墙时，要求采用洒水喷头；当使水幕形成密集喷洒的水帘时，要求采用开口向下的水幕喷头。防火分隔水幕也可同时采用上述两种喷头并分排布置。防护冷却水幕则要求采用将水喷向保护对象的水幕喷头。

**6.1.6** 提出了快速响应喷头的使用条件。大量装饰材料、家电等现代化日用品和办公用品的使用，使火灾出现蔓延速度快、有害气体生成量大、财产损失的价值增大等新特点，对自动喷水灭火系统的工作效能提出了更高的要求。国外于80年代开始生产并推广使用快速响应喷头。快速响应喷头的优势在于：热敏性能明显高于标准响应喷头，可在火场中提前动作，在初起小火阶段开始喷水，使灭火的难度降低，可以做到灭火迅速、灭火用水量少，可最大限度地减少人员伤亡和火灾烧损与水渍污染造成的经济损失。国际标准ISO 6182规定$RTI \leq 50 (m \cdot s)^{0.5}$的喷头为快速响应喷头，喷头的$RTI$通过标准"插入实验"判定。在"插入实验"给定的标准热环境中，快速响应喷头的动作时间，较8mm玻璃泡标准响应喷头快5倍。为此，提出了在中庭环廊、人员密集的公共娱乐场所，老人、少儿及残疾人集中活动的场所，以及高层建筑中外部增援困难的部位、地下的商业与仓储用房等，推荐采用快速响应喷头的规定。

**6.1.7** 同一隔间内采用热敏性能、规格及安装方式一致的喷头，是为了防止混装不同喷头对系统的启动与操作造成不良影响。曾经发现某一面积达几千平方米的大型餐厅内混装$d=8mm$和$d=5mm$玻璃泡喷头。某些高层建筑同一场所内混装下垂型、普通型喷头等错误做法。

**6.1.9** 设计自动喷水灭火系统时，要求在设计资料中提出喷头备品的数量，以便在系统投入使用后，因火灾或其他原因损伤喷头时能够及时更换，缩短系统恢复戒备状态的时间。当在一个建筑工程的设计中采用了不同型号的喷头时，除了对备用喷头总量的要求外，不同型号的喷头要有各自的备品。各国规范对喷头备品的规定不尽一致，例如美国NFPA标准的规定：喷头总数不超过300只时，备品数为6只，总数为300～1000只时，备品数不少于12只，超过1000只时不少于24只；英国BS 5306—Part2的规定见表10。

表10　英国BS 5306—Part2规定的喷头备品数

| | 轻危险级 | 中危险级 | 严重危险级 |
| --- | --- | --- | --- |
| 1或2个报警阀 | 6 | 24 | 36 |
| 2个报警阀以上 | 9 | 36 | 54 |

## 6.2 报警阀组

**6.2.1** 由强制性条文改为非强制性条文。报警阀在自动喷水灭火系统中有下列作用：

**1** 湿式与干式报警阀：接通或关断报警水流，喷头动作后报警水流将驱动水力警铃和压力开关报警；防止水倒流。

**2** 雨淋报警阀：接通或关断向配水管道的供水。

报警阀组中的试验阀，用于检验报警阀、水力警铃和压力开关的可靠性。由于报警阀和水力警铃及压力开关均采用水力驱动的工作原理，因此具有良好的可靠性和稳定性。

为钢屋架等建筑构件建立的闭式系统，功能与用于扑救地面火灾的闭式系统不同,为便于分别管理,规定单独设置报警阀组。水幕系统与上述情况类似,也规定单独设置报警阀组或感温雨淋阀。

**6.2.2** 根据本规范4.2.8条的规定,串联接入湿式系统的干式、预作用、雨淋等其他系统,本条规定单独设置报警阀组,以便共用配水干管,但独立报警。

串联接入湿式系统的其他系统,其供水将通过湿式报警阀。湿式系统检修时,将影响串联接入的其他系统,因此规定其他系统所控制的喷头数,计入湿式报警阀组控制喷头的总数内。

**6.2.3** 第一款规定了一个报警阀组控制的喷头数。一是为了保证维修时,系统的关停部分不致过大;二是为了提高系统的可靠性。为了达到上述目的,美国规范还规定了建筑物中同一层面内一个报警阀组控制的最大喷头数。为此,本条仍维持原规范第5.2.5条规定。

美国消防协会的统计资料表明,同样的灭火成功率,干式系统的喷头动作要大于湿式系统,即前者的控火、灭火率要低一些,其原因主要是喷水滞后造成的。鉴于本规范已提出"干式系统配水管道应设快速排气阀"的规定,故干式报警阀组控制的喷头总数,规定为"不宜超过500只"。

当配水支管同时安装保护吊顶下方空间和吊顶上方空间的喷头时,由于吊顶材料的耐火性能要求执行相关规范的规定,因此吊顶一侧发生火灾时,在系统的保护下火势将不会蔓延到吊顶的另一侧。因此,对同时安装保护吊顶两侧空间喷头的共用配水支管,规定将数量较多一侧的喷头计入报警阀组控制的喷头总数。

**6.2.4** 参考英国标准,规定了每个报警阀组供水的最高与最低位置喷头之间的最大位差。规定本条的目的,是为了控制高、低位置喷头间的工作压力,防止其压差过大。当满足最不利点处喷头的工作压力时,同一报警阀组向较低有利位置的喷头供水时,系统流量将因喷头的工作压力上升而增大。限制同一报警阀组供水的高、低位置喷头之间的位差,是均衡流量的措施。

**6.2.5** 由强制性条文改为非强制性条文。雨淋阀配置的电磁阀,其流道的通径很小。在电磁阀入口设置过滤器,是为了防止其流道被堵塞,保证电磁阀的可靠性。

并联设置雨淋阀组的系统启动时,将根据火情开启一部分雨淋阀。当开阀供水时,雨淋阀的入口水压将产生波动,有可能引起其他雨淋阀的误动作。为了稳定控制腔的压力,保证雨淋阀的可靠性,本条规定:并联设置雨淋阀组的雨淋系统,雨淋阀控制腔的入口要求设有止回阀。

**6.2.6** 规定报警阀的安装高度,是为了方便施工、测试与维修工作。系统启动和功能试验时,报警阀组将排放出一定量的水,故要求在设计时相应设置足够能力的排水设施。

**6.2.7** 为防止误操作,本条对报警阀进出口设置的控制阀,规定应采用信号阀或配置能够锁定阀板位置的锁具。

**6.2.8** 由强制性条文改为非强制性条文。规定水力警铃工作压力、安装位置和与报警阀组连接管的直径及长度,目的是为了保证水力警铃发出警报的位置和声强。

## 6.3 水流指示器

**6.3.1** 由强制性条文改为非强制性条文。水流指示器的功能,是及时报告发生火灾的部位。本条对系统中要求设置水流指示器的部位提出了规定,即每个防火分区和每个楼层均要求设有水流指示器。同时规定当一个湿式报警阀组仅控制一个防火分区或一个层面的喷头时,由于报警阀组的水力警铃和压力开关已能发挥报告火灾部位的作用,故此种情况允许不设水流指示器。

**6.3.2** 由强制性条文改为非强制性条文。设置货架内喷头的仓库,顶板下喷头与货架内喷头分别设置水流指示器,有利于判断喷头的状况,故规定此条。

**6.3.3** 为使系统维修时关停的范围不致过大而在水流指示器入口前设置阀门时,要求该阀门采用信号阀,以便显示阀门的状态,其目的是为了防止因误操作而造成配水管道断水的故障。

## 6.4 压力开关

**6.4.1** 雨淋系统和水幕系统采用开式喷头,平时报警阀出口后的管道内没有水,系统启动后的管道充水阶段,管内水的流速较快,容易损伤水流指示器,因此采用压力开关较好。

**6.4.2** 稳压泵的启停,要求可靠地自动控制,因此规定采用消防压力开关,并要求其能够根据最不利点处喷头的工作压力,调节稳压泵的启停压力。

## 6.5 末端试水装置

**6.5.1** 提出了设置末端试水装置的规定。为了检验系统的可靠性,测试系统能否在开放一只喷头的最不利条件下可靠报警并正常启动,要求在每个报警阀的供水最不利点处设置末端试水装置。末端试水装置测试的内容,包括水流指示器、报警阀、压力开关、水力警铃的动作是否正常,配水管道是否畅通,以及最不利点处的喷头工作压力等。其他的防火分区与楼层,则要求在供水最不利点处装设直径25mm的试水阀,以便在必要时连接末端试水装置。

**6.5.2** 由强制性条文改为非强制性条文。规定了末端试水装置的组成、试水接头出水口的流量系数,以及其出水的排放方式(见图9)。为了使末端试水装置能够模拟实际情况,进行开放1只喷头启动系统等试验,其试水接头出水口的流量系数,要求与同楼层或所在防火分区内采用的最小流量系数的喷头一致。例如:某酒店在客房中安装边墙型扩展覆盖喷头,走廊安装下垂型标准喷头,其所在楼层如设置末端试水装置,试水接头出水口的流量系数,要求为 $K=80$。当末端试水装置的出水口直接与管道或软管连接时,将改变试水接头出水口的水力状态,影响测试结果。所以,本条对末端试水装置的出水,提出采取孔口出流的方式排入排水管道的要求。

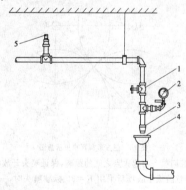

图9 末端试水装置示意图
1—截止阀;2—压力表;3—试水接头;4—排水漏斗;5—最不利点处喷头

# 7 喷头布置

## 7.1 一般规定

**7.1.1** 由强制性条文改为非强制性条文。闭式喷头是自动喷水灭火系统的关键组件,受火灾热气流加热后开放喷头并启动系统。能合理地布置喷头,将决定喷头能否及时动作和按规定强度喷水。本条规定了布置喷头所应遵循的原则。

**1** 将喷头布置在顶板或吊顶下易于接触到火灾热气流的部位,有利于喷头热敏元件的及时受热;

**2** 使喷头的洒水能够均匀分布。当喷头附近有不可避免的障碍物时，要求按本规范7.2节喷头与障碍物的距离的要求布置喷头，或者增设喷头，补偿因喷头的洒水受阻而不能到位灭火的水量。

**7.1.2** 本条参考美国NFPA—13（2002年版）标准的做法，提出同一根配水支管上喷头间和配水支管间最大距离的规定，和一只喷头最大保护面积的规定。同一根配水支管上喷头间的距离及相邻配水支管间的距离，需要根据设计选定的喷水强度、喷头的流量系数和工作压力确定。由于该参数将影响火场中的喷头开放时间，因此提出最大值限制。目的是使喷头既能适时开放，又能按规定的强度喷水。

以喷头 $A$、$B$、$C$、$D$ 为顶点的围合范围为正方形（见图10），每只喷头的25%水量喷洒在正方形 $ABCD$ 内。根据喷头的流量系数、工作压力以及喷水强度，可以求出正方形 $ABCD$ 的面积和喷头之间的距离。

例如中危险级Ⅰ级场所，当选定喷水强度为6L/min·m²，喷头工作压力为0.1MPa时，每只 $K=80$ 喷头的出水量为：

$$q=K\sqrt{10P}=80L/min$$

$$\therefore \quad 面积 ABCD=\frac{80}{6}=13.33(m^2)$$

正方形的边长为：

$$AB=\sqrt{13.33}=3.65(m)$$

依此类推，当喷头工作压力不同时，喷头的出水量不同，因而间距也不同，例如：

若喷头工作压力为0.05MPa，喷头的出水量 $q$ 为：

$$q=56.57L/min$$

此时正方形保护面积为：

$$面积 ABCD=\frac{56.57}{6}=9.43(m^2)$$

边长为：$AB=\sqrt{9.43}=3.07(m)$

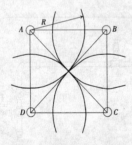

图10 正方形布置喷头示意图

为了控制喷头与起火点之间的距离，保证喷头开放时间，本规范规定：中危险级Ⅰ级场所采用 $K=80$ 标准喷头时，一只喷头的最大保护面积为12.5m²，配水支管上喷头间和配水支管间的最大距离，正方形布置时为3.6m，矩形或平行四边形布置时的长边边长为4.0m。

规定喷头与端墙最大距离的目的，是为了使喷头的洒水能够喷湿墙根地面并不留漏喷的空白点，而且能够喷湿一定范围的墙面，防止火灾沿墙面的可燃物蔓延。

本规范表7.1.2中的"注1"，对仅在走道布置喷头的闭式系统，提出确定喷头间距的规定；"注2"说明喷水强度较大的系统，采用较大流量系数的喷头，有利于降低系统的供水压力。"注3"则对货架内喷头的布置提出了要求。疏散走道内确定喷头间距的举例见本规范条文说明图8。

**7.1.3** 本条参考美国标准NFPA—13（2002年版）和英国消防协会BS 5306—Part2标准，提出了相应的规定。规定直立、下垂型标准喷头溅水盘与顶板的距离，目的是使喷头热敏元件处于"易于

接触热气流"的最佳位置。溅水盘距离顶板太近不易安装维护，且洒水易受影响；太远则升温较慢，甚至不能接触到热烟气流，使喷头不能及时开放。吊顶型喷头和吊顶下安装的喷头，其安装位置不存在远离热烟气流的现象，故不受此项规定的限制（见图11、图12）。

梁的高度大或间距小，使顶板下布置喷头的困难增大。然而，由于梁同时具有挡烟蓄热作用，有利于位于梁间的喷头受热，为此对复杂情况提出布置喷头的补充规定。

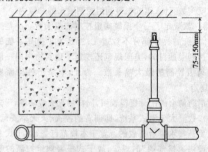

图11 直立或下垂型标准喷头溅水盘与顶板的距离

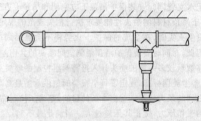

图12 吊顶下喷头安装示意图

执行第2款时，喷头溅水盘不能低于梁的底面。

第4款是指允许在间距不超过4.0×4.0(m)十字梁的梁间布置1只喷头，但喷头保护面积内的喷水强度仍要求符合表5.0.1的规定。

**7.1.4** 本条参照美国标准，提出了直立和下垂安装的快速响应早期抑制喷头，喷头溅水盘与顶板距离的规定。

**7.1.5** 由强制性条文改为非强制性条文。此条规定的适用对象由仓库扩展到包括图书馆、档案馆、商场等堆物较高的场所；由 $K=80$ 的标准喷头扩展到包括其他大口径非标准喷头（见图13）。

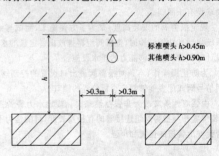

图13 堆物较高场所内通道上方喷头的设置

**7.1.6** 由强制性条文改为非强制性条文。货架内置的喷头，如果其溅水盘与货物顶面的间距太小，喷头的洒水将因货品的阻挡而不能达到均匀分布的目的。本条参考美国《货架储物仓库标准》NFPA—231C（1995年版）和美国工厂联合保险系统标准，提出要求溅水盘与其上方层板的距离符合本规范7.1.3条的规定，与其下方货品顶面的垂直距离不小于150mm的规定。

**7.1.7** 规定将货架内置喷头设在能够挡烟的封闭分层隔板下方，如果恰好在喷头的上方有孔洞、缝隙，则要求在喷头的上方安装既能挡烟集热、又能挡水的集热挡水板。对集热挡水板的具体规定

是：要求采用金属板制作，形状为圆形或正方形，其平面面积不小于0.12m²。为有利于集热，要求焦热挡水板的周边向下弯边，弯边的高度要与喷头溅水盘平齐（见图14）。

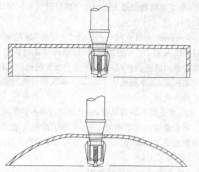

图14 集热挡水板示意图

**7.1.8** 由强制性条文改为非强制性条文。当吊顶上方闷顶或技术夹层的净空高度超过800mm，且其内部有可燃物时，要求设置喷头。如闷顶、技术夹层内部无可燃物，且顶板与吊顶均为非燃烧体时，可不设置喷头。

1983年冬某宾馆礼堂火灾，就是因为吊顶内电线故障起火，引燃吊顶内的可燃物，致使钢屋架很快坍塌。造成很大损失。又如1980年，美国拉斯维加斯市米高梅大饭店（20层2000个床位）的底层游乐场，由于吊顶内电气线路超负荷运转，开始是阴燃，约三四个小时后火焰冒出吊顶外，长140多米的大厅在15min内成为一片火海。当时在场数千人四处奔跑。事后州消防局长感叹地说：这样的蔓延速度，即使当时有几百名消防队员在场，也是无能为力的。据介绍该建筑在设计时，大厅的上下楼层均装有自动喷水灭火系统，只有游乐大厅未装。设计人员的理由是该厅全天24h不断人，如发生火灾能及时扑救。由于起火部位在吊顶上方，而闷顶内又未设喷头，结果未能及时扑救，造成了超过1亿美元的火灾损失。

**7.1.9** 由强制性条文改为非强制性条文。强调了当在建筑物的局部场所设置喷头时，其门、窗、孔洞等开口的外侧及与相邻不设喷头场所连通的走道，要求设置防止火灾从开口处蔓延的喷头。

此种做法可起很大作用。例如1976年5月上海第一百货公司八层的火灾：同在八层的服装厂与手工艺品厂植绒车间仅一墙之隔，服装厂装有闭式系统，而植绒车间则未装。植绒车间发生火灾后，火势经隔墙上的连通窗口向服装厂蔓延。服装厂内喷头受热动作后，阻断了火灾向服装厂的扩展（见图15）。

**7.1.10** 规定装设通透性不挡烟吊顶的场所，其设置的闭式喷头，要求布置在顶板下，以便易于接触火灾热气流。

**7.1.11** 由强制性条文改为非强制性条文。本条参考美国NF-PA—13（2002年版）标准。要求在倾斜的屋面板、吊顶下布置的喷头，垂直于斜面安装，喷头的间距按斜面的距离确定。当房间为尖屋顶时，要求屋脊处布置一排喷头。为利于系统尽快启动和便于安装，按屋顶坡度规定了喷头溅水盘与屋脊的垂直距离：屋顶坡度≥1/3时，不应大于0.8m；<1/3时，不应大于0.6m（见图16）。

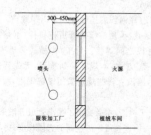

图15 植绒车间开口外侧设置喷头示意图

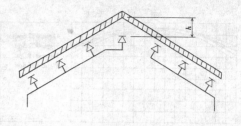

图16 屋脊处设置喷头示意图

**7.1.12** 由强制性条文改为非强制性条文。本条参考美国NFPA—13（2002年版）标准，并根据边墙型喷头与室内最不利点处火源的距离远、喷头受热条件较差等实际情况，调整了配水支管上喷头间的最大距离和侧喷水量跨越空间的最大保护距离数据。

美国NFPA—13（2002年版）标准规定：边墙型喷头仅能在轻危险级场所中使用，只有在经过特别认证后，才允许在中危险级场所按经过特别认证的条件使用。本规范表7.1.12中的规定，按边墙型喷头的前喷水量占流量的70%～80%，喷向背向的水量占20%～30%流量的原则作了调整。中危险级Ⅰ级场所，喷头在配水支管上的最大间距确定为3m，单排布置边墙型喷头时，喷头至对面墙的最大距离为3m，1只喷头保护的最大地面面积为9m²，并要求符合喷水强度要求。

**7.1.13** 根据本规范7.1.12条条文说明中提出的要求，规定了布置边墙型扩展覆盖喷头时的技术要求。此种喷头的优点是保护面积大，安装简便；其缺点与边墙型标准喷头相同，即喷头与室内最不利处着火点的最大距离更远，影响喷头的受热和灭火效果，所以国外规范对此种喷头的使用条件要求很严。鉴于目前国内对使用边墙型扩展覆盖喷头的呼声很高，此种喷头又尚未纳入国家标准《自动喷水灭火系统洒水喷头性能要求和试验方法》GB 5135—95的规定内容之中，因此设计中采用此种喷头时，要求按本条规定并根据生产厂提供的喷头流量特性、洒水分布和喷湿墙面范围等资料，确定喷水强度和喷头的布置。图17为边墙型扩展覆盖喷头布水及喷湿墙面示意图。

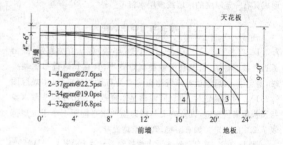

天花板

1—41gpm@27.6psi
2—37gpm@22.5psi
3—34gpm@19.0psi
4—32gpm@16.8psi

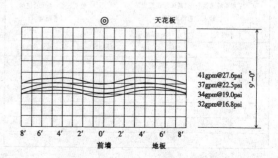

天花板

41gpm@27.6psi
37gpm@22.5psi
34gpm@19.0psi
32gpm@16.8psi

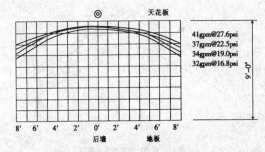

图 17 边墙型扩展覆盖喷头布水及喷湿墙面示意图

注:图中英制单位换算:

1gpm=0.0758L/s

1psi=0.0069MPa

**7.1.14** 直立式边墙喷头安装示意图(图18)。

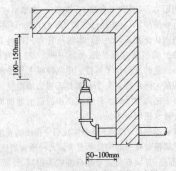

图 18 直立式边墙型喷头的安装示意图

**7.1.15** 由强制性条文改为非强制性条文。本条按防火分隔水幕和防护冷却水幕,分别规定了布置喷头的排数及均布距。

水幕的喷头布置,应当符合喷水强度和均匀布水的要求。本规范规定水幕的喷水强度,按直线分布衡量,并不能出现空白点。

**1** 防护冷却水幕与防火卷帘或防火幕等分隔物配套使用时,要求喷头单排布置,并将水喷向防火卷帘或防火幕等保护对象。

**2** 防火分隔水幕采用开式洒水喷头时按不少于 2 排布置,采用水幕喷头时按不少于 3 排布置。多排布置喷头的目的,是为了形成具有一定厚度的水墙或多层水帘。

## 7.2 喷头与障碍物的距离

**7.2.1** 参考了美国 NFPA—13(1996 年版)标准有关规定,提出了当顶板下有梁、通风管道或类似障碍物,且在其附近布置喷头时,避免梁、通风管道等障碍物影响喷头布水的规定(见本规范图 7.2.1)。喷头的定位,应当同时满足本规范 7.1 节中喷头溅水盘与顶板距离的规定,以及喷头与障碍物的水平间距不小于本规范表 7.2.1 的规定。如有困难,则要求增设喷头。

表 11 为美国《自动喷水灭火系统安装标准》NFPA—13(1996 年版)中喷头与梁、通风管道等障碍物的间距规定。

表 11 喷头与梁、通风管道的距离

| 喷头溅水盘与梁、通风管道底面的最大垂直距离 b(m) | | 喷头与梁、通风管道的水平距离 a(m) |
|---|---|---|
| 标准喷头 | 其他喷头 | |
| 0 | 0 | a<0.3 |
| 0.06 | 0.04 | 0.3≤a<0.6 |
| 0.14 | 0.14 | 0.6≤a<0.9 |
| 0.24 | 0.25 | 0.9≤a<1.2 |
| 0.35 | 0.38 | 1.2≤a<1.5 |
| 0.45 | 0.55 | 1.5≤a<1.8 |
| >0.45 | >0.55 | a=1.8 |

**7.2.2** 参考了美国 NFPA—13(1996 年版)标准的规定。喷头附近如有屋架等间断障碍物或管道时,为使障碍物对洒水的影响降至最小,规定喷头与上述障碍物保持一个最小的水平距离。这一水平距离,是由障碍物的最大截面尺寸或管道直径决定的(见本规范 7.2.2)。

**7.2.3** 本条参考美国 NFPA—13(2002 年版)标准中的有关规定。针对宽度大于 1.2m 的通风管道、成排布置的管道等水平障碍物对喷头洒水的遮挡作用,提出了增设喷头的规定,以补偿受阻部位的喷水强度(见本规范图 7.2.3)。本次修订针对集热板的设置进行了明确规定。

**7.2.4** 喷头附近的不到顶隔墙,将可能阻挡喷头的洒水。为了保证喷头的洒水能到达隔墙的另一侧,提出了按喷头溅水盘与不到顶隔墙顶面的垂直距离,确定二者间最大水平间距的规定,参见表 12(见本规范图 7.2.4)。

**7.2.5** 顶板下靠墙处有障碍物时,将可能影响其邻近喷头的洒水。参照美国 NFPA—13(1996 年版)标准的相关规定,提出了保证洒水免受遮挡的规定(见本规范图 7.2.5)。

**7.2.6** 参考了美国《自动喷水灭火系统安装标准》NFPA—13(1996 年版)的有关规定(表 12)。规定本条的目的,是为了防止障碍物影响边墙型喷头的洒水分布。

表 12 美国《自动喷水灭火系统安装标准》NFPA—13(1996 年版)中对喷头与不到顶隔墙间距离的规定

| 喷头溅水盘与不到顶隔墙顶面的最小垂直距离 b(mm) | 喷头与不到顶隔墙的水平距离 a(mm) |
|---|---|
| 75(3in) | a≤150(6in) |
| 100(4in) | 150<a≤225(6~9in) |
| 150(6in) | 225<a≤300(9~12in) |
| 200(8in) | 300<a≤375(12~15in) |
| 237.5(9½in) | 375<a≤450(15~18in) |
| 312.5(12½in) | 450<a≤600(18~24in) |
| 387.5(15½in) | 600<a≤750(24~30in) |
| 450(18in) | a>750(30in) |

本节中各种障碍物对喷水形成的阻挡,将削弱系统的灭火能力。根据喷头洒水不留空白点的要求,要求对因遮挡而形成空白点的部位增设喷头。

# 8 管 道

**8.0.1** 由强制性条文改为非强制性条文。为了保证系统的用水量,报警阀出口后的管道上不能设置其他用水设施。

**8.0.2** 为保证配水管道的质量,避免不必要的检修,要求报警阀出口后的管道采用热镀锌钢管或符合现行国家或行业标准及本规范 1.0.4 条规定的涂覆其他防腐材料的钢管。报警阀入口前的管道,当采用内壁未经防腐涂覆处理的钢管时,要求在这段管道的末端,即报警阀的入口前,设置过滤器,过滤器的规格应符合国家有关标准规范的规定。

**8.0.3** 本条对镀锌钢管的连接方式作出了规定。要求报警阀出口后的热镀锌钢管,采用沟槽式管道连接件(卡箍)、丝扣或法兰连接,不允许管段之间焊接。对于"沟槽式管道连接件(卡箍)、丝扣或法兰连接"方式,本规范并列推荐,无先后之分。报警阀入口前的管道,因没有强制规定采用镀锌钢管,故管道的连接允许焊接。

**8.0.4** 为了便于检修,本条提出了要求管道分段采用法兰连接的规定,并对水平、垂直管道中法兰间的管段长度,提出了要求。

**8.0.5** 本条强调了要求经水力计算确定管径,管道布置力求均衡配水管入口压力的规定。只有经过水力计算确定的管径,才能做到既合理、又经济。在此基础上,提出了在保证喷头工作压力的前提下,限制轻、中危险级场所系统配水管入口压力不宜超过0.40MPa的规定。

**8.0.6** 由强制性条文改为非强制性条文。控制系统中配水管两侧每根配水支管设置的喷头数,目的是为了控制配水支管的长度,避免水头损失过大。

**8.0.7** 由强制性条文改为非强制性条文。本规范表8.0.7限制各种直径管道控制的标准喷头数,是为了保证系统的可靠性和尽量均衡系统管道的水力性能。各国规范均有类似规定(见表13)。

**8.0.8** 由强制性条文改为非强制性条文。为控制小管径管道的

水头损失和防止杂物堵塞管道,提出短立管及末端试水装置的连接管的最小管径,不小于25mm的规定。

**8.0.9** 由强制性条文改为非强制性条文。本条参考美国NFPA—13(2002年版)标准的有关规定,对干式、预作用及雨淋系统报警阀出口后配水管道的充水时间提出了新的要求:干式系统不宜超过1min,预作用和雨淋系统不宜超过2min。其目的,是为了达到系统启动后立即喷水的要求。

**8.0.11** 自动喷水灭火系统的管道要求有坡度,并坡向泄水管。按本条规定,充水管道坡度不宜小于2‰;准工作状态不充水的管道,坡度不宜小于4‰。规定此条的目的在于:充水时易于排气;维修时易于排尽管内积水。

表13　各国管道估算表汇总

| 名　称 | 英国(BS5306)《自动喷水灭火系统安装规则》 | | | 美国(NFPA)《自动喷水灭火系统安装标准》 | | | 日本(损保协会)《自动消防灭火设备规则》 | | | 原苏联《自动消防设计规范》 |
|---|---|---|---|---|---|---|---|---|---|---|
| 计算公式 | 海登-威廉公式 | | | $\Delta P=\dfrac{6.05\times Q^{1.85}\times10^{8}}{C^{1.85}\times d^{4.87}}$ (mbar/m)$c=120$ | | | | | | 满宁公式 $i=0.001029\times\dfrac{Q^{2}}{d^{5.33}}$ (mH₂O/m) |
| 建筑物危险等级 | 轻级 | 中级 | 严重级 | 轻级 | 中级 | 严重级 | 轻级 | 中级 | 严重级 | — |
| 喷水强度(L/min·m²) | 2.25 | 5.0 | 7.5~30 | 2.8~4.1 | 4.1~8.1 | 8.1~16.3 | 5 | 6.5 | 10 | 15~25 |
| 作用面积(m²) | 84 | 72~360 | 260~300 | 279~139 | 372~139 | 465~232 | 150 | 240~360 | 260~300 | — |
| 最不利点处喷头压力(MPa) | 0.05 | | | 0.1 | | | 0.1 | | | 0.05 |
| 管道直径 | 控制喷头数 | | | 控制喷头数 | | | 控制喷头数 | | | 控制喷头数 |
| 20 | 1 | — | — | — | — | | — | — | — | — |
| 25 | 3 | — | — | 2 | 2 | | 2 | 2 | 1 | 2 |
| 32 | — | 2 或 3 | — | 3 | 3 | | 4 | 3 | 2 | 3 |
| 40 | — | 4 或 6 | 5 | 5 | 5 | 全部按 | 7 | 6 | 4 | 5 |
| 50 | — | 8 或 9 | 8 | 10 | 10 | 水力 | 10 | 8 | 6 | 10 |
| 70 | — | 16 或 18 | 12 | 30 | 20 | 计算 | 20 | 16 | 12 | 20 |
| 80 | — | — | 18 | 60 | 40 | | 32 | 24 | 18 | 36 |
| 100 | — | — | 48 | 100 | 100 | | >32 | 48 | 48 | 75 |
| 150 | — | — | — | 275 | — | | — | >48 | >48 | 140 |
| 200 | — | — | — | — | — | | — | — | >48 | — |

# 9　水力计算

## 9.1　系统的设计流量

**9.1.1** 喷头流量的计算公式:

$$q=K\sqrt{\frac{P}{9.8\times10^{4}}}\qquad(1)$$

此公式国际通用,当$P$采用MPa时约为:

$$q=K\sqrt{10P}\qquad(2)$$

式中　$P$——喷头工作压力[公式(1)取Pa、公式(2)取MPa];

　　　$K$——喷头流量系数;

　　　$q$——喷头流量(L/min)。

喷头最不利点处最小工作压力本规范已作出明确规定,设计中应按本公式计算最不利点处作用面积内各个喷头的流量,使系统设计符合本规范要求。

**9.1.2** 参照国外标准,提出了确定作用面积的方法。

**1** 英国《自动喷水灭火系统安装规则》BS 5306—Part2—1990规定的计算方法为:应由水力计算确定系统最不利点处作用面积的位置。此作用面积的形状应尽可能接近矩形,并以一根配

水支管为长边,其长度应大于或等于作用面积平方根的1.2倍。

**2** 美国《自动喷水灭火系统安装标准》NFPA—13(2002年版)规定:对于所有按水力计算要求确定的设计面积应为矩形面积,其长边应平行于配水支管,边长等于或大于作用面积平方根的1.2倍,喷头数若有小数就进位成整数。当配水支管的实际长度小于边长的计算值,即:实际边长$<1.2\sqrt{A}$时,作用面积要扩展到该配水管邻近配水支管上的喷头。

举例(见图19):

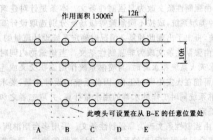

图19　美国NFPA—13(1996年版)标准中作用面积的举例

已知:作用面积 1500ft²

每个喷头保护面积 10×12=120(ft²)

求得:喷头数 $n = \frac{1500}{120} = 12.5 \approx 13$

矩形面积的长边尺寸 $L = 1.2\sqrt{1500} = 46.48$(ft)

每根配水支管的动作喷头数

$$n' = \frac{46.48}{12} = 3.87 \approx 4(只)$$

注:1ft² = 0.0929m²;1ft = 0.3048m。

**3** 德国《喷水装置规范》(1980年版)规定:首先确定作用面积的位置,要求出作用面积内的喷头。要求各单独喷头的保护面积与作用面积内所有喷头的平均保护面积的误差不超过20%。

注:相邻四个喷头之间的围合范围为一个喷头的保护面积。

举例:当300m²的作用面积内有40个喷头时,其平均保护面积为300/40 = 7.5m²。当布置喷头时(见图20),一只喷头的最大保护面积为8.75m²,其误差为17%小于20%,因此允许喷头的间距不做调整。

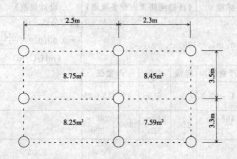

**图20 德国规范中作用面积的举例**

**9.1.3** 本条规定提出了系统的设计流量,按最不利点处作用面积内的喷头全部开放喷水时,所有喷头的流量之和确定,并按本规范公式(9.1.3)表述上述含义。

英国标准的规定:应保证最不利点处作用面积内的最小喷水强度符合规定。当喷头按正方形、长方形或平行四边形布置时,喷水强度的计算,取上述四边形顶点上四个喷头的总喷水量并除以4,再除以四边形的面积求得。

美国标准的规定:作用面积内每只喷头在工作压力下的流量,应能保证不小于最小喷水强度与一个喷头保护面积的乘积。水力计算应从最不利点处喷头开始,每个开放时的工作压力不应小于该点的计算压力。

**9.1.4** 由强制性条文改为非强制性条文。本条规定对任意作用面积内的平均喷水强度,最不利点处作用面积内任意4只喷头围合范围内的平均喷水强度,提出了要求。

**9.1.5** 由强制性条文改为非强制性条文。规定了设有货架内喷头闭式系统的设计流量计算方法。对设有货架内喷头的仓库,要求分别计算顶板下开放喷头和货架内开放喷头的设计流量后,再取二者之和,确定为系统的设计流量。上述方法是参考美国《货架储物仓库标准》NFPA—231C(1995年版)和美国工厂联合保险系统标准的有关规定确定的。

**9.1.6** 由强制性条文改为非强制性条文。本条是针对建筑物内设有多种类型系统,或按不同危险等级场所分别选取设计基本参数的系统,提出了出现此种复杂情况时确定系统设计流量的方法。

**9.1.7** 由强制性条文改为非强制性条文。当建筑物内同时设置自动喷水灭火系统和水幕时,与喷淋系统作用面积交叉或连接的水幕,将可能在火灾中同时工作,因此系统的设计流量,要求按包括与喷淋系统同时工作的水幕的用水量计算,并取二者之和中的最大值确定。

**9.1.8** 由强制性条文改为非强制性条文。采用多台雨淋阀,并分区逻辑组合控制保护面积的系统,其设计流量的确定,要求首先分别计算每台雨淋阀的流量,然后将需要同时开启的各雨淋阀的流量迭加,计算总流量,并选取不同条件下计算获得的各总流量中的最大值,确定为系统的设计流量。

**9.1.9** 本条提出了建筑物因扩建、改建或改变使用功能等原因,需要对原有的自动喷水灭火系统延伸管道、扩展保护范围或增设喷头时,要求重新进行水力计算的规定,以便保证系统变化后的水力特性符合本规范的规定。

## 9.2 管道水力计算

**9.2.1** 采用经济流速是给水系统设计的基础要素,本条在原规范第7.1.3条基础上调整为宜采用经济流速,必要时可采用较高流速的规定。采用较高的管道流速,不利于均衡系统管道的水力特性并加大能耗;为降低管道摩阻而放大管径、采用低流速的后果,将导致管道重量的增加,使设计的经济性能降低。

原规范中关于"管道内水流速度可以超过5m/s,但不应大于10m/s"的规定,是参考下述资料提出的:

我国《给排水设计手册》(第三册)建议,管内水的平均流速,钢管允许不大于5m/s;铸铁管为3m/s;

原苏联规范中规定,管径超过40mm的管内水流速度,在钢管中不应超过10m/s,在铸铁管中不应超过3~5m/s;

德国规范规定,必须保证在报警阀与喷头之间的管道内,水流速度不超过10m/s,在组件配件内不超过5m/s。

**9.2.2** 自动喷水灭火系统管道沿程水头损失的计算,国内外采用的公式有以下几种:

我国现行国家标准《自动喷水灭火系统设计规范》GB 50084—2001采用原《建筑给水排水设计规范》GBJ 15—88的公式:

$$i = 0.00107\frac{V^2}{d_j^{1.3}} \tag{3}$$

或

$$i = 0.001736\frac{Q^2}{d_j^{5.3}} \tag{4}$$

式中 $d_j$——管道计算内径(m)。

该公式的管道摩阻系数按旧钢管计算,并要求管道内水的平均流速,符合 $V \geq 1.2$m/s 的条件。

我国原兵器工业部五院对计算雨淋系统管道水头损失采用的公式:

$$i = 10.293\frac{Q^2}{d^{5.33}} \tag{5}$$

上式中的粗糙系数 $n$ 值,考虑平时管道内没有水流,采用 $n = 0.0106$(生活给水管的 $n$ 值采用 0.012)。

公式(5)可换算成:

$$i = 0.001157\frac{Q^2}{d^{5.33}} \tag{6}$$

原苏联《自动喷水系统规范》采用公式(5),但 $n$ 值采用0.010,可换算成:

$$i = 0.001029\frac{Q^2}{d^{5.33}} \tag{7}$$

英、美、日、德等国的自动喷水灭火系统规范,采用 Hazen-Williams(海登—威廉)公式:

$$\Delta P = \frac{6.05 \times Q^{1.85} \times 10^8}{C^{1.85} \times d^{4.87}} \text{(mbar/m)} \tag{8}$$

式中 $C$——管道材质系数,铸铁管 $C = 100$,钢管 $C = 120$。

美国工业防水手册规定:当自动喷水灭火系统的管道采用钢管或镀锌钢管时,管径为2in或以下时 $C = 100$;大于2in时 $C = 120$。

日本资料介绍:

当管径大于50mm,管道内平均流速大于1.5m/s时采用 Hazen-Williams 公式。其中 $C$ 值:干式系统的钢管 $C = 100$;湿式系统的钢管 $C = 120$,铸铁管 $C = 100$。

对管径为50mm及以下者,水头损失按 Weston 公式计算:

$$\Delta h = \left(0.0126 + \frac{0.01739 - 0.1087d}{\sqrt{V}}\right) \times \frac{V^2}{2gd} \tag{9}$$

上式适用于铜管等相当光滑管道,旧钢管的水头损失按上式增加30%。

选择上述公式计算的水头损失值见表14。

式中 $i$——每米管道水头损失（$mH_2O/m$）；

    $Q$——流量（L/min）；

    $V$——流速（m/s）；

    $g$——重力加速度；

    $d$——管道内径。

表14 各公式计算水头损失值比较表

| 喷头（个） | 流量 $Q$（L/min） | 管径 $D$（mm） | 水头损失 $i$（$mH_2O/m$） | | | |
|---|---|---|---|---|---|---|
| | | | 公式(4) | 公式(6) | 公式(7) | 公式(8) |
| 1 | 80 | 25 | 0.776 | 0.577 | 0.513 | 0.292 |
| 2 | 160 | 32 | 0.667 | 0.492 | 0.438 | 2.274 |
| 5 | 400 | 50 | 0.492 | 0.359 | 0.319 | 0.225 |
| 10 | 800 | 70 | 0.514 | 0.372 | 0.331 | 0.230 |
| 15 | 1200 | 80 | 0.467 | 0.336 | 0.299 | 0.222 |
| 20 | 1600 | 100 | 0.190 | 0.136 | 0.121 | 0.104 |
| 30 | 2400 | 150 | 0.054 | 0.0383 | 0.0340 | 0.0328 |

从上表可见，由于各公式本身的局限性或某些缺陷，使计算结果相差较大。其中按我国采用公式计算出的水头损失最高。

考虑下述因素，仍沿用原规范采用的计算公式。

1 自动喷水灭火系统与室内给水系统管道水力计算公式的一致性；

2 目前我国尚无自动喷水灭火系统管道水头损失实测资料；

3 据《美国工业防火手册》介绍："经过实测，自动喷水系统管道在使用20～25年后，其水头损失接近设计值"。

9.2.3 局部水头损失的计算，英、美、日、德等国规范均采用当量长度法。原规范规定：自动喷水系统管道的局部水头损失，可按沿程水头损失的20%计算。为与国际惯例保持一致，本规范此次修订改为规定采用当量长度法计算。由于我国缺乏实验数据，故仍采用原规范条文说明中推荐的数据。

美国标准的规定见表15。

日本、德国规范的当量长度表与表14相同。表14中的数据是按管道材质系数 $C=120$ 计算，当 $C=100$ 时，需乘以修正系数 0.713。

表15 美国规范当量长度表（m）

| 管件名称 | 45°弯管 | 90°弯管 | 90°长弯管 | 三通或四通管 | 蝶阀 | 闸阀 |
|---|---|---|---|---|---|---|
| 管件直径（mm） 25 | 0.3 | 0.6 | 0.3 | 1.5 | — | — |
| 32 | 0.3 | 0.9 | 0.3 | 1.8 | — | — |
| 40 | 0.6 | 1.2 | 0.3 | 2.4 | — | — |
| 50 | 0.6 | 1.5 | 0.6 | 3.0 | 1.8 | 0.3 |
| 70 | 0.9 | 1.8 | 1.2 | 3.7 | 2.1 | 0.3 |
| 80 | 0.9 | 2.1 | 0.6 | 4.6 | 3.1 | 0.6 |
| 100 | 1.2 | 3.1 | 1.8 | 6.1 | 3.7 | 0.6 |
| 125 | 1.5 | 3.7 | 2.4 | 7.6 | 2.7 | 0.6 |
| 150 | 2.1 | 4.3 | 2.7 | 9.2 | 3.1 | 0.9 |
| 200 | 2.7 | 5.5 | 4.0 | 10.7 | 3.7 | 1.2 |
| 250 | 3.6 | 6.7 | 4.9 | 15.3 | 5.8 | 1.5 |

9.2.4 本条规定了水泵扬程或系统入口供水压力的计算方法。计算中对报警阀、水流指示器局部水头损失的取值，按照相关的现

行标准作了规定。其中湿式报警阀局部水头损失的取值，随产品标准修订后的要求进行了修改。要求生产厂在产品样本中说明此项指标是否符合现行标准的规定，当不符合时，要求提出相应的数据。

### 9.3 减压措施

9.3.1 本条规定了对设置减压孔板管段的要求。要求减压孔板采用不锈钢板制作，按常规确定的孔板厚度：$\phi 50\sim 80mm$ 时，$\delta=3mm$；$\phi 100\sim 150mm$ 时，$\delta=6mm$；$\phi 200mm$ 时，$\delta=9mm$。减压孔板的结构示意图见图21。

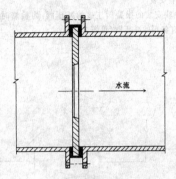

图21 减压孔板结构示意图

9.3.2 节流管的结构示意图见图22。

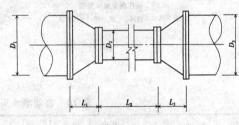

图22 节流管结构示意图

技术要求：$L_1=D_1$；$L_3=D_3$

9.3.3 规定了减压孔板水头损失的计算公式，标准孔板水头损失的计算，有各种不同的计算公式。经过反复比较，本规范选用1985年版《给水排水设计手册》第二册中介绍的公式，此公式与《工程流体力学》（东北工学院李诗久主编）《流体力学及流体机械》（东北工学院李富成主编）、《供暖通风设计手册》及1985年版《给水排水设计手册》中介绍的公式计算结果相近。原规范条文说明中介绍的公式，用于规定的孔口直径时有一定局限性，理由是当孔板孔口直径较小时，计算结果误差较大。

9.3.4 规定了节流管水头损失的计算公式。节流管的水头损失包括渐缩管、中间管段及渐扩管的水头损失。即：

$$H_j=H_{j1}+H_{j2} \qquad (10)$$

式中 $H_j$——节流管的水头损失（$10^{-2}MPa$）；

    $H_{j1}$——渐缩管与渐扩管水头损失之和（$10^{-2}MPa$）；

    $H_{j2}$——中间管段水头损失（$10^{-2}MPa$）。

渐缩管与渐扩管水头损失之和的计算公式为：

$$H_{j1}=\zeta \cdot \frac{V_j^2}{2g} \qquad (11)$$

中间管段水头损失的计算公式为：

$$H_{j2}=0.00107 \cdot L \cdot \frac{V_j^2}{d_j^{1.3}} \qquad (12)$$

式中 $V_j$——节流管中间管段内水的平均流速（m/s）；

    $\zeta$——渐缩管与渐扩管的局部阻力系数之和；

    $d_j$——节流管中间管段的计算内径（m）；

$L$——节流管中间管段的长度(m)。

节流管管径为系统配水管道管径的 1/2,渐缩角与渐扩角取 $\alpha=30°$。由《建筑给水排水设计手册》(1992 年版)查表得出渐缩管与渐扩管的局部阻力系数分别为 0.24 和 0.46。取二者之和 $\zeta=0.7$。

**9.3.5** 提出了系统中设置减压阀的规定。近年来,在设计中采用减压阀作为减压措施的已经较为普遍。本条规定:

**1** 为了防止堵塞,要求减压阀入口前设过滤器;

**2** 为有利于减压阀稳定正常的工作,当垂直安装时,要求按水流方向向下安装;

**3** 与并联安装的报警阀连接的减压阀,为检修时不关停系统,要求设有备用的减压阀(见图 23)。

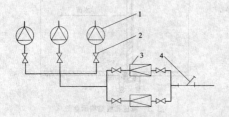

图 23 减压阀安装示意图
1—报警阀;2—闸阀;3—减压阀;4—过滤器

# 10 供 水

## 10.1 一般规定

**10.1.1** 由强制性条文改为非强制性条文。本条在相关规范规定的基础上,对水源提出了"无污染、无腐蚀、无悬浮物"的水质要求,以及保证持续供水时间内用水量的补充规定。

目前我国对自动喷水灭火系统采用的水源及其供水方式有:由给水管网供水;采用消防水池;采用天然水源。

国外自动喷水灭火系统规范中也有类似的规定,例如:原苏联《自动消防设计规范》中自动喷水灭火系统的供水可以是:能够经常保证供给系统所需水量的区域供水管、城市给水管和工业供水管道;河流、湖泊和池塘;井和自流井。

上面所列举水源水量不足时,必须设消防水池。

英国《自动喷水灭火系统安装规则》规定可采用的水源有:城市给水干管、高位专用水池、重力水箱、自动水泵、压力水罐。

除上述规定外,还要求系统的用水中不能含有可堵塞管道的纤维物或其他悬浮物。

**10.1.2** 由强制性条文改为非强制性条文。对与生活用水合用的消防水池和消防水箱,要求其储水的水质符合饮用水标准,以防止污染生活用水。

**10.1.3** 由强制性条文改为非强制性条文。为保证供水可靠性,本条提出了在严寒和寒冷地区,要求采取必要的防冻措施,避免因冰冻而造成供水不足或供水中断的现象发生。

我国近年的火灾案例中,仍存在因缺水或供水中断,而使系统失效,造成严重事故的现象,因此要高度重视供水的可靠性。

国外同样存在因缺水或供水中断,而使系统不能成功灭火的现象(见表 16)。

表 16 自动喷水灭火系统不成功案例的统计表

| 原因\行业 | 学校 | 公共建筑 | 办事机构 | 住宅 | 公共会场 | 仓库 | 百货店小卖部 | 工厂 | 其他 | 合计件数 | | |
| --- | --- | --- | --- | --- | --- | --- | --- | --- | --- | --- | --- | --- |
| | | | | | | | | | | 件数 | 百分率(%) | 累计(%) |
| 供水中断 | 4 | 3 | 4 | 13 | 23 | 122 | 83 | 791 | 67 | 1110 | 35.4 | 35.5 |
| 作业危险 | 0 | 1 | 1 | 0 | 0 | 38 | 12 | 366 | 5 | 424 | 13.6 | 48.9 |
| 供水量不足 | 1 | 2 | 1 | 5 | 2 | 43 | 4 | 259 | 0 | 311 | 9.9 | 58.8 |
| 喷水故障 | 1 | 0 | 1 | 2 | 4 | 40 | 4 | 207 | 3 | 262 | 8.4 | 67.2 |
| 保护面积不当 | 0 | 0 | 0 | 1 | 3 | 57 | 11 | 183 | 1 | 256 | 8.1 | 75.3 |
| 设备不完善 | 8 | 3 | 2 | 9 | 10 | 24 | 11 | 187 | 0 | 254 | 8.1 | 83.4 |
| 结构不合防火标准 | 5 | 3 | 2 | 11 | 9 | 10 | 35 | 112 | 2 | 187 | 6.0 | 89.4 |
| 装置陈旧 | 1 | 1 | 1 | 2 | 0 | 3 | 1 | 56 | 1 | 65 | 2.1 | 91.5 |
| 干式阀不合格 | 0 | 0 | 0 | 1 | 0 | 6 | 4 | 45 | 0 | 56 | 1.8 | 93.3 |
| 动作滞后 | 0 | 0 | 0 | 0 | 0 | 0 | 5 | 38 | 0 | 53 | 1.7 | 95.0 |
| 火灾蔓延 | 0 | 0 | 0 | 0 | 0 | 11 | 1 | 36 | 4 | 52 | 1.7 | 96.7 |
| 管道装置冻结 | 0 | 0 | 0 | 1 | 0 | 5 | 4 | 32 | 2 | 44 | 1.4 | 98.1 |
| 其他 | 0 | 0 | 0 | 0 | 0 | 7 | 1 | 46 | 3 | 60 | 1.9 | 100 |
| 合计 | 20 | 12 | 13 | 48 | 52 | 375 | 176 | 2351 | 87 | 3134 | 100 | 100 |

注:上表摘自"NFPA"Fire Journal VOL 64 NO.4——July 1970。

**10.1.4** 自动喷水灭火系统是有效的自救灭火设施,将在无人操纵的条件下自动启动喷水灭火,扑救初期火灾的功效优于消火栓系统。由于该系统的灭火成功率与供水的可靠性密切相关,因此要求供水的可靠性不低于消火栓系统。出于上述考虑,对于设置两个及以上报警阀组的系统,按室内消火栓供水管道的设置标准,提出"报警阀组前宜设环状供水管道"的规定(见图 24)。

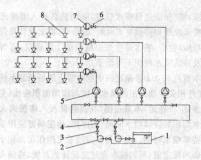

图 24  环状供水示意图
1—水池；2—水泵；3—闸阀；4—止回阀；5—报警阀组；
6—信号阀；7—水流指示器；8—闭式喷头

## 10.2  水  泵

**10.2.1**  由强制性条文改为非强制性条文。提出了自动喷水灭火系统独立设置供水泵的规定。规定此条的目的，是为了保证系统供水的可靠性与防止干扰。

按一运一备或二运一备的要求设置备用泵，比例较合理而且便于管理。

**10.2.2**  可靠的动力保障，也是保证可靠供水的重要措施。因此，提出了按二级负荷供电的系统，要求采用柴油机泵组做备用泵的规定。

**10.2.3**  由强制性条文改为非强制性条文。在本规范中重申了"系统的供水泵、稳压泵，应采用自灌式吸水方式"，及水泵吸水口要求采取防止杂物堵塞措施的规定。

**10.2.4**  由强制性条文改为非强制性条文。对系统供水泵进出口管道及其阀门等附件的配置，提出了要求。对有必要控制水泵出口压力的系统，提出了要求采取相应措施的规定。

## 10.3  消防水箱

**10.3.1**  本条规定了采用临时高压给水系统的自动喷水灭火系统，要求按现行国家标准《建筑设计防火规范》GBJ 16—87（1997年版）、《高层民用建筑设计防火规范》GB 50045—95（1997年版）等相关规范设置高位消防水箱。设置消防水箱的目的在于：

1  利用位差为系统提供准工作状态下所需要的水压，达到使管道内的充水保持一定压力的目的；

2  提供系统启动初期的用水量和水压，在供水泵出现故障的紧急情况下应急供水，确保喷头开放后立即喷水，控制初期火灾和为外援灭火争取时间。

由于位差的限制，消防水箱向建筑物的顶层或距离较远部位供水时会出现水压不足现象，使在消防水箱供水期间，系统的喷水强度不足，因此将削弱系统的控灭火能力。为此，要求消防水箱满足供水不利楼层和部位喷头的最低工作压力和喷水强度。

**10.3.2**  设置自动喷水灭火系统的建筑，属于相关规范允许不设高位消防水箱时，执行本条规定。

**10.3.3**  由强制性条文改为非强制性条文。对消防水箱的出水管提出了要求。要求出水管设有止回阀，是为了防止水泵的供水倒流入水箱；要求在报警阀前接入系统管道，是为了保证及时报警；规定采用较大直径的管道，是为了减少水头损失。

## 10.4  水泵接合器

**10.4.1**  由强制性条文改为非强制性条文。提出了设置水泵接合器的规定。水泵接合器是用于外部增援供水的措施，当系统供水泵不能正常供水时，由消防车连接水泵接合器向系统的管道供水。美国巴格斯城的K商业中心仓库1981年6月21日发生火灾，由于没有设置水泵接合器，在缺水和过早断电的情况下，消防车无法向自动喷水灭火系统供水。上述案例说明了设置水泵接合器的必要性。水泵接合器的设置数量，要求按系统的流量与水泵接合器的选型确定。

**10.4.2**  由强制性条文改为非强制性条文。受消防车供水压力的

限制，超过一定高度的建筑，通过水泵接合器由消防车向建筑物的较高部位供水，将难以实现一步到位。为解决这个问题，根据某些省市消防局的经验，规定在当地消防车供水能力接近极限的部位，设置接力供水设施。接力供水设施由接力水箱和固定的电力泵或柴油机泵、手抬泵等接力泵，以及水泵结合器或其他形式的接口组成。

接力供水设施示意图见图25。

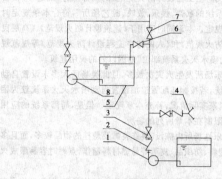

图 25  接力供水设施示意图
1—供水泵；2—止回阀；3—闸阀；4—水泵接合器；5—接力水箱；
6—闸阀（常闭）；7—闸阀（常开）；8—接力水泵（固定或移动）

# 11  操作与控制

**11.0.1**  对湿式与干式系统，规定采用压力开关信号并直接连锁的方式，在喷头动作后立即自动启动供水泵。

对预作用与雨淋系统及自动控制的水幕系统，则要求在火灾报警系统报警后，立即自动向配水管道供水，并要求符合本规范8.0.9条的规定。

采用消防水箱为系统管道稳压的，应由报警阀组的压力开关信号联动供水泵；采用气压给水设备时，应由报警阀组或稳压泵的压力开关信号联动供水泵。

**11.0.2**  由强制性条文改为非强制性条文。对预作用与雨淋系统及自动控制的水幕系统，提出了要求具有自动、手动远控和现场应急操作三种启动供水泵和开启雨淋阀控制方式的规定。

**11.0.3**  由强制性条文改为非强制性条文。提出了雨淋系统和自动控制的水幕系统中开启雨淋阀的控制方式，允许采用电动、液（水）动或气动控制。

控制充液（水）传动管上闭式喷头与雨淋阀之间的高程差，是为了控制与雨淋阀连接的充液（水）传动管内的静压，保证传动管上闭式喷头动作后能可靠地开启雨淋阀。

**11.0.4**  由强制性条文改为非强制性条文。规定了与快速排气阀连接的电动阀的控制要求，是保证干式、预作用系统有压充气管道迅速排气的措施之一。

**11.0.5**  由强制性条文改为非强制性条文。系统灭火失败的教训，很多是由于维护不当和误操作等原因造成的。加强对系统状态的监视与控制，能有效消除事故隐患。

对系统的监视与控制要求，包括：

1  监视电源及备用动力的状态；

2  监视系统的水源、水箱（罐）及信号阀的状态；

3  可靠控制水泵的启动并显示反馈信号；

4  可靠控制雨淋阀、电磁阀、电动阀的开启并显示反馈信号；

5  监视水流指示器、压力开关的动作和复位状态；

6  可靠控制补气装置，并显示气压。

# 12 局部应用系统

**12.0.1** 2001年《建设部工程建设标准局部修订公告》第27、28、30号中，国家标准《建筑设计防火规范》、《高层民用建筑设计防火规范》和《人民防空工程设计防火规范》的局部修订，规定"应设自动喷水灭火系统的歌舞、娱乐、放映、游艺场所"，符合本条规定时可执行本章规定。本章同时适用于《建筑设计防火规范》、《高层民用建筑设计防火规范》和《人民防空工程设计防火规范》等规范规定"应设自动喷水灭火系统部位"范围以外的民用建筑。

我国娱乐场所发生火灾次数多，且此类场所大多未设置自动喷水灭火系统，若按标准配置追加设置自动喷水灭火系统较为困难，考虑到国家实际情况，补充本章规定。但是，局部系统的应用范围应严格限制在本章所列的场所。

**12.0.2** 娱乐场所内陈设、装修装饰及悬挂的物品较多，而且多数为木材、塑料、纺织品、皮革等易燃材料制作，点燃时容易酿成火灾；

除可燃物品较多外，此类场所内用电设施较多，因此发生火灾的可能性较大；

发生在此类场所的火灾，蔓延速度较快、放热速率的增长较快；

现场的合成材料多，使火灾的烟气量及毒性较大；

属于人员密集场所，火灾时极易造成拥挤现象。

综上所述，娱乐性公众聚集场所属于火灾危险性较高的民用建筑，当不设自动喷水灭火系统时，由于不具备自救灭火能力，发生火灾时对人的安全威胁大，并且容易很快形成猛烈燃烧状态。

从火灾危险性和扑救难度分析，此类场所符合设置自动喷水灭火系统的条件。虽然有的建筑物仅是局部区域设有此类场所，并仅在此类场所占有的局部区域设置自动喷水灭火系统，但系统的设置仍应遵循现行《自动喷水灭火系统设计规范》的基本要求。

建筑物中局部设置自动喷水灭火系统时，按现行规范原规定条文设置供水设施往往比较困难，为此参照国内外相关规范的最低限度要求，按"保证足够喷水强度，在消防队投入增援灭火之前保证足够喷水面积和持续喷水时间"的原则，提出设计局部应用系统的具体指标，包括：喷水强度按中危险级Ⅰ级确定，适当缩小作用面积以及持续喷水时间不得低于0.5h等。

**12.0.3** 本规范5.0.1条规定的中危险级Ⅰ级场所的系统设计参数，依据国外相关标准提出的喷水强度与作用面积曲线（见条文说明5.0.1条图7）确定，本章根据"在消防队投入增援灭火之前保证足够喷水面积和持续喷水时间"的原则，确定局部应用系统的作用面积和持续喷水时间。由于局部应用系统的作用面积小于本规范5.0.1条的规定值，所以按本章规定设计的系统，控制火灾的能力偏低于按本规范5.0.1条规定数据设计的系统。

局部应用系统保护区域内的最大厅室，指由符合相关规范规定的隔墙围护的区域。

采用快速响应喷头，是为了控制系统投入喷水、开始灭火的时间，有利于保护现场人员疏散、控制火灾及弥补作用面积的不足。

采用$K=80$喷头可减少洒水受阻的可能性。

采用快速响应扩展覆盖喷头时，要求严格执行本规范1.0.4条的规定。任何不符合现行国家标准的其他喷头，本规范不允许使用。

NFPA BD中规定作用面积按100m²。当小于100m²时，按房间实际面积计算；当采用快速响应扩展覆盖喷头时，计算喷头数不应小于4只；当采用$K=80$喷头时，计算喷头数不小于5只。面积较小房间布置的喷头较少，应将房间外2只喷头计入作用面积，此要求在NFPA中是必须的、基本的要求。

**12.0.4** 允许局部应用系统与室内消火栓合用消防用水量和稳压设施、消防水泵及供水管道，有利于降低造价，便于推广。

举例说明：按室内消防用水量10L/s、火灾延续时间2h确定室内消防用水量的建筑物，其消防水池除了供给10只开放喷头的用水量外，尚可供2支水枪工作约1.25h。

按室内消防用水量5L/s、火灾延续时间2h确定室内消防用水量的建筑物，其消防水池除了供给10只开放喷头的流量外，尚可供1支水枪工作约0.5h。

**12.0.5** 本条参考美国标准NFPA13中"喷头数量少于20只的系统可不设报警阀组"的规定，提出小规模系统可省略报警阀组、简化系统构成的规定。

中华人民共和国国家标准

# 泡沫灭火系统设计规范

Code for design of foam extinguishing systems

GB 50151—2010

主编部门：中华人民共和国公安部
批准部门：中华人民共和国住房和城乡建设部
施行日期：2 0 1 1 年 6 月 1 日

# 中华人民共和国住房和城乡建设部
## 公 告

### 第 737 号

---

## 关于发布国家标准
## 《泡沫灭火系统设计规范》的公告

现批准《泡沫灭火系统设计规范》为国家标准，编号为GB 50151—2010，自 2011 年 6 月 1 日起实施。其中，第 3.1.1、3.2.1、3.2.2（2）、3.2.3、3.2.5、3.2.6、3.3.2（1、2、3、4）、3.7.1、3.7.6、3.7.7、4.1.2、4.1.3、4.1.4、4.1.10、4.2.1、4.2.2（1、2）、4.2.6（1、2）、4.3.2、4.4.2（1、2、3、5）、6.1.2（1、2、3）、6.2.2（1、2、3）、6.2.3、6.2.5、6.2.7、6.3.3、6.3.4、7.1.3、7.2.1、7.2.2、7.3.5、7.3.6、8.1.5、8.1.6、8.2.3、9.1.1、9.1.3条（款）

为强制性条文，必须严格执行。原《低倍数泡沫灭火系统设计规范》GB 50151—92（2000 年版）和《高倍数、中倍数泡沫灭火系统设计规范》GB 50196—93（2002 年版）同时废止。

本规范由我部标准定额研究所组织中国计划出版社出版发行。

中华人民共和国住房和城乡建设部
二〇一〇年八月十八日

## 前 言

本规范是根据原建设部《关于印发〈2006 年工程建设标准规范制定、修订计划（第一批）〉的通知》（建标〔2006〕77 号）和《关于同意调整国家标准〈低倍数泡沫灭火系统设计规范〉修订计划的复函》（建标标函〔2006〕50 号）的要求，由公安部天津消防研究所会同有关单位，在《低倍数泡沫灭火系统设计规范》GB 50151—92（2000 年版）和《高倍数、中倍数泡沫灭火系统设计规范》GB 50196—93（2002 年版）的基础上，通过合并，并进行修订而成。

本规范在编制过程中，编制组遵照国家有关基本建设的方针、政策，以及"预防为主、防消结合"的消防工作方针，以科学严谨的态度，与有关单位合作先后开展了泡沫喷雾系统灭油浸变压器火灾、公路隧道泡沫消火栓箱灭轿车火、凝析轻烃低倍数泡沫灭火、环氧丙烷储罐抗溶泡沫灭火等大型试验研究；深入相关单位调研，总结国内外近年来的科研成果、工程设计、火灾扑救案例等实践经验；借鉴国内外有关标准、规范的新成果，开展了必要的专题研究和技术研讨；广泛征求了国内有关设计、研究、制造、消防监督、高等院校等部门和单位的意见，最后经审查定稿。

本规范共分 9 章和 1 个附录。主要内容有：总则、术语、泡沫液和系统组件、低倍数泡沫灭火系统、中倍数泡沫灭火系统、高倍数泡沫灭火系统、泡沫—水喷淋系统与泡沫喷雾系统、泡沫消防泵站及供水、水力计算等。

与原国家标准《低倍数泡沫灭火系统设计规范》GB 50151—92（2000 年版）和《高倍数、中倍数泡沫灭火系统设计规范》GB 50196—93（2002 年版）相比，本规范主要有下列变化：

1. 合并了《低倍数泡沫灭火系统设计规范》与《高倍数、中倍数泡沫灭火系统设计规范》；

2. 增加了泡沫—水喷淋系统、泡沫喷雾系统的设计内容；

3. 增加了水溶性液体泡沫混合液供给强度试验方法；

4. 在编辑上做了重大调整。

本规范中以黑体字标志的条文为强制性条文，必须严格执行。

本规范由住房和城乡建设部负责管理和对强制性条文的解释，公安部负责具体日常管理，公安部天津消防研究所负责具体技术内容的解释。请各单位在执行本规范过程中，认真总结经验，注意积累资料，发现需要修改和补充之处，请将意见和资料寄送公安部天津消防研究所（地址：天津市南开区卫津南路110号，邮政编码：300381），以便今后修订时参考。

本规范主编单位、参编单位、主要起草人和主要审查人：

主 编 单 位：公安部天津消防研究所

参 编 单 位：中国石化工程建设公司

中国石化总公司洛阳石化工程公司

大庆油田工程有限公司

国内贸易工程设计研究院

中国寰球工程公司

中国石油塔里木油田公司消防支队

大庆油田有限责任公司消防支队

浙江省公安消防总队

山西省公安消防总队

辽宁省公安消防总队

杭州新纪元消防科技有限公司

浙江快达消防设备有限公司

上海轩安环保科技有限公司

胜利油田胜利工程设计咨询有限责任公司

中铁第四勘察设计院集团有限公司

中国船舶重工集团公司第七〇一研究所

主要起草人：张清林　秘义行　胡　晨　白殿涛
王宝伟　王万钢　智会强　侯建萍
董增强　熊慧明　刘玉身　蒋　玲
郑铁一　白晓辉　严晓龙　徐康辉
陈方明　艾红伟　杨燕平　蒋金辉
曾　勇　关大巍

主要审查人：汤晓林　孙伯春　宋　波　于梦华
吴文革　李向东　张晋武　魏海臣
李德权　唐伟兴　云成生　李婉芳
朱玉贵　彭吉兴　李艳辉　武守元
孙兆海　姚　琦　高志成　严　明

# 目　次

# Contents

# 1 总　则

**1.0.1** 为了合理地设计泡沫灭火系统，减少火灾损失，保障人身和财产的安全，制定本规范。

**1.0.2** 本规范适用于新建、改建、扩建工程中设置的泡沫灭火系统的设计。

本规范不适用于船舶、海上石油平台等场所设置的泡沫灭火系统的设计。

**1.0.3** 含有下列物质的场所，不应选用泡沫灭火系统：

　　1　硝化纤维、炸药等在无空气的环境中仍能迅速氧化的化学物质和强氧化剂；

　　2　钾、钠、烷基铝、五氧化二磷等遇水发生危险化学反应的活泼金属和化学物质。

**1.0.4** 泡沫灭火系统的设计除应执行本规范外，尚应符合国家现行有关标准的规定。

# 2 术　语

## 2.1 通用术语

**2.1.1 泡沫液** foam concentrate

可按适宜的混合比与水混合形成泡沫溶液的浓缩液体。

**2.1.2 泡沫混合液** foam solution

泡沫液与水按特定混合比配制成的泡沫溶液。

**2.1.3 泡沫预混液** premixed foam solution

泡沫液与水按特定混合比预先配制成的储存待用的泡沫溶液。

**2.1.4 混合比** concentration

泡沫液在泡沫混合液中所占的体积百分数。

**2.1.5 发泡倍数** foam expansion ratio

泡沫体积与形成该泡沫的泡沫混合液体积的比值。

**2.1.6 低倍数泡沫** low-expansion foam

发泡倍数低于20的灭火泡沫。

**2.1.7 中倍数泡沫** medium-expansion foam

发泡倍数为20～200的灭火泡沫。

**2.1.8 高倍数泡沫** high-expansion foam

发泡倍数高于200的灭火泡沫。

**2.1.9 供给强度** application rate（density）

单位时间单位面积上泡沫混合液或水的供给量，用$L/(min \cdot m^2)$表示。

**2.1.10 固定式系统** fixed system

由固定的泡沫消防水泵或泡沫混合液泵、泡沫比例混合器（装置）、泡沫产生器（或喷头）和管道等组成的灭火系统。

**2.1.11 半固定式系统** semi-fixed system

由固定的泡沫产生器与部分连接管道，泡沫消防车或机动消防泵，用水带连接组成的灭火系统。

**2.1.12 移动式系统** mobile system

由消防车、机动消防泵或有压水源，泡沫比例混合器，泡沫枪、泡沫炮或移动式泡沫产生器，用水带等连接组成的灭火系统。

**2.1.13 平衡式比例混合装置** balanced pressure proportion-ing set

由单独的泡沫液泵按设定的压差向压力水流中注入泡沫液，并通过平衡阀、孔板或文丘里管（或孔板和文丘里管的结合），能在一定的水流压力或流量范围内自动控制混合比的比例混合装置。

**2.1.14 计量注入式比例混合装置** direct injection variable pump output proportioning set

由流量计与控制单元等联动控制泡沫液泵向系统水流中按设定比例注入泡沫液的比例混合装置。

**2.1.15 压力式比例混合装置** pressure proportioning tank

压力水借助于文丘里管将泡沫液从密闭储罐内排出，并按比例与水混合的装置。依罐内设囊与否，分为囊式和无囊式压力比例混合装置。

**2.1.16 环泵式比例混合器** around-the-pump proportioner

安装在系统水泵出口与进口间旁路管道上，利用泵出口与进口间压差吸入泡沫液并与水按比例混合的文丘里管装置。

**2.1.17 管线式比例混合器** in-line eductor

安装在通向泡沫产生器供水管线上的文丘里管装置。

**2.1.18 吸气型泡沫产生装置** air-aspirating discharge device

利用文丘里管原理，将空气吸入泡沫混合液中并混合产生泡沫，然后将泡沫以特定模式喷出的装置，如泡沫产生器、泡沫枪、泡沫炮、泡沫喷头等。

**2.1.19 非吸气型喷射装置** non air-aspirating discharge device

无空气吸入口，使用水成膜等泡沫混合液，其喷射模式类似于喷水的装置，如水枪、水炮、洒水喷头等。

**2.1.20 泡沫消防水泵** foam system water supply pump

为采用平衡式、计量注入式、压力式等比例混合装置的泡沫灭火系统供水的水泵。

**2.1.21 泡沫混合液泵** foam solution supply pump

为采用环泵式比例混合器的泡沫灭火系统供给泡沫混合液的水泵。

**2.1.22 泡沫液泵** foam concentrate suply pump

为泡沫灭火系统供给泡沫液的泵。

**2.1.23 泡沫消防泵站** foam system pump station

设置泡沫消防水泵或泡沫混合液泵等的场所。

**2.1.24** 泡沫站 foam station

　　不含泡沫消防水泵或泡沫混合液泵，仅设置泡沫比例混合装置、泡沫液储罐等的场所。

## 2.2 低倍数泡沫灭火系统术语

**2.2.1** 液上喷射系统 surface application system
　　泡沫从液面上喷入被保护储罐内的灭火系统。

**2.2.2** 液下喷射系统 subsurface injection system
　　泡沫从液面下喷入被保护储罐内的灭火系统。

**2.2.3** 半液下喷射系统 semi-subsurface injection system
　　泡沫从储罐底部注入，并通过软管浮升到燃烧液体表面进行喷放的灭火系统。

**2.2.4** 横式泡沫产生器 foam maker in horizontal position
　　在甲、乙、丙类液体立式储罐上水平安装的泡沫产生器。

**2.2.5** 立式泡沫产生器 foam maker in standing position
　　在甲、乙、丙类液体立式储罐罐壁上铅垂安装的泡沫产生器。

**2.2.6** 高背压泡沫产生器 high back-pressure foam maker
　　有压泡沫混合液通过时能吸入空气，产生低倍数泡沫，且出口具有一定压力（表压）的装置。

**2.2.7** 泡沫导流罩 foam guiding cover
　　安装在外浮顶储罐罐壁顶部，能使泡沫沿罐壁向下流动和防止泡沫流失的装置。

## 2.3 中倍数与高倍数泡沫灭火系统术语

**2.3.1** 全淹没系统 total flooding system
　　由固定式泡沫产生器将泡沫喷放到封闭或被围挡的防护区内，并在规定的时间内达到一定泡沫淹没深度的灭火系统。

**2.3.2** 局部应用系统 local application system
　　由固定式泡沫产生器直接或通过导泡筒将泡沫喷放到火灾部位的灭火系统。

**2.3.3** 封闭空间 enclosure
　　由难燃烧体或不燃烧体所包容的空间。

**2.3.4** 泡沫供给速率 foam application rate
　　单位时间供给泡沫的总体积，用 m³/min 表示。

**2.3.5** 导泡筒 foam distribution duct
　　由泡沫产生器出口向防护区输送高倍数泡沫的导筒。

## 2.4 泡沫—水喷淋系统与泡沫喷雾系统术语

**2.4.1** 泡沫—水喷淋系统 foam-water sprinkler system

由喷头、报警阀组、水流报警装置（水流指示器或压力开关）等组件，以及管道、泡沫液与水供给设施组成，并能在发生火灾时按预定时间与供给强度向防护区依次喷洒泡沫与水的自动灭火系统。

**2.4.2** 泡沫—水雨淋系统 foam-water deluge system
　　使用开式喷头，由安装在与喷头同一区域的火灾自动探测系统控制开启的泡沫—水喷淋系统。

**2.4.3** 闭式泡沫—水喷淋系统 closed-head foam-water sprinkler system
　　采用闭式洒水喷头的泡沫—水喷淋系统。包括泡沫—水预作用系统、泡沫—水干式系统和泡沫—水湿式系统。

**2.4.4** 泡沫—水预作用系统 foam-water preaction system
　　发生火灾后，由安装在与喷头同一区域的火灾探测系统控制开启相关设备与组件，使灭火介质充满系统管道并从开启的喷头依次喷洒泡沫与水的闭式泡沫—水喷淋系统。

**2.4.5** 泡沫—水干式系统 foam-water dry pipe system
　　由系统管道中充装的具有一定压力的空气或氮气控制开启的闭式泡沫—水喷淋系统。

**2.4.6** 泡沫—水湿式系统 foam-water wet pipe system
　　由系统管道中充装的有压泡沫预混液或水控制开启的闭式泡沫—水喷淋系统。

**2.4.7** 泡沫喷雾系统 foam spray system
　　采用泡沫喷雾喷头，在发生火灾时按预定时间与供给强度向被保护设备或防护区喷洒泡沫的自动灭火系统。

**2.4.8** 作用面积 total design area
　　闭式泡沫—水喷淋系统的最大计算保护面积。

# 3 泡沫液和系统组件

## 3.1 一 般 规 定

**3.1.1** 泡沫液、泡沫消防水泵、泡沫混合液泵、泡沫液泵、泡沫比例混合器（装置）、压力容器、泡沫产生装置、火灾探测与启动控制装置、控制阀门及管道等，必须采用经国家产品质量监督检验机构检验合格的产品，且必须符合系统设计要求。

**3.1.2** 系统主要组件宜按下列规定涂色：

　　**1** 泡沫混合液泵、泡沫液泵、泡沫液储罐、泡沫产生器、泡沫液管道、泡沫混合液管道、泡沫管道、管道过滤器宜涂红色；

　　**2** 泡沫消防水泵、给水管道宜涂绿色；

　　**3** 当管道较多，泡沫系统管道与工艺管道涂色有矛盾时，可涂相应的色带或色环；

    **4**  隐蔽工程管道可不涂色。

### 3.2 泡沫液的选择和储存

**3.2.1**  非水溶性甲、乙、丙类液体储罐低倍数泡沫液的选择，应符合下列规定：

    **1**  当采用液上喷射系统时，应选用蛋白、氟蛋白、成膜氟蛋白或水成膜泡沫液；

    **2**  当采用液下喷射系统时，应选用氟蛋白、成膜氟蛋白或水成膜泡沫液；

    **3**  当选用水成膜泡沫液时，其抗烧水平不应低于现行国家标准《泡沫灭火剂》GB 15308 规定的C级。

**3.2.2**  保护非水溶性液体的泡沫—水喷淋系统、泡沫枪系统、泡沫炮系统泡沫液的选择，应符合下列规定：

    **1**  当采用吸气型泡沫产生装置时，可选用蛋白、氟蛋白、水成膜或成膜氟蛋白泡沫液；

    **2**  当采用非吸气型喷射装置时，应选用水成膜或成膜氟蛋白泡沫液。

**3.2.3**  水溶性甲、乙、丙类液体和其他对普通泡沫有破坏作用的甲、乙、丙类液体，以及用一套系统同时保护水溶性和非水溶性甲、乙、丙类液体的，必须选用抗溶泡沫液。

**3.2.4**  中倍数泡沫灭火系统泡沫液的选择应符合下列规定：

    **1**  用于油罐的中倍数泡沫灭火剂应采用专用8%型氟蛋白泡沫液；

    **2**  除油罐外的其他场所，可选用中倍数泡沫液或高倍数泡沫液。

**3.2.5**  高倍数泡沫灭火系统利用热烟气发泡时，应采用耐温耐烟型高倍数泡沫液。

**3.2.6**  当采用海水作为系统水源时，必须选择适用于海水的泡沫液。

**3.2.7**  泡沫液宜储存在通风干燥的房间或敞棚内；储存的环境温度应符合泡沫液使用温度的要求。

### 3.3 泡沫消防泵

**3.3.1**  泡沫消防水泵、泡沫混合液泵的选择与设置，应符合下列规定：

    **1**  应选择特性曲线平缓的离心泵，且其工作压力和流量应满足系统设计要求；

    **2**  当泡沫液泵采用水力驱动时，应将其消耗的水流量计入泡沫消防水泵的额定流量；

    **3**  当采用环泵式比例混合器时，泡沫混合液泵的额定流量宜为系统设计流量的 1.1 倍；

    **4**  泵出口管道上应设置压力表、单向阀和带控制阀的回流管。

**3.3.2**  泡沫液泵的选择与设置应符合下列规定：

    **1**  泡沫液泵的工作压力和流量应满足系统最大设计要求，并应与所选比例混合装置的工作压力范围和流量范围相匹配，同时应保证在设计流量范围内泡沫液供给压力大于最大水压力；

    **2**  泡沫液泵的结构形式、密封或填充类型应适宜输送所选的泡沫液，其材料应耐泡沫液腐蚀且不影响泡沫液的性能；

    **3**  应设置备用泵，备用泵的规格型号应与工作泵相同，且工作泵故障时应能自动与手动切换到备用泵；

    **4**  泡沫液泵应能耐受不低于 **10min** 的空载运转；

    **5**  除水力驱动型外，泡沫液泵的动力源设置应符合本规范第 8.1.4 条的规定，且宜与系统泡沫消防水泵的动力源一致。

### 3.4 泡沫比例混合器（装置）

**3.4.1**  泡沫比例混合器（装置）的选择，应符合下列规定：

    **1**  系统比例混合器（装置）的进口工作压力与流量，应在标定的工作压力与流量范围内；

    **2**  单罐容量不小于 $20000m^3$ 的非水溶性液体与单罐容量不小于 $5000m^3$ 的水溶性液体固定顶储罐及按固定顶储罐对待的内浮顶储罐、单罐容量不小于 $50000m^3$ 的内浮顶和外浮顶储罐，宜选择计量注入式比例混合装置或平衡式比例混合装置；

    **3**  当选用的泡沫液密度低于 1.12g/mL 时，不应选择无囊式压力比例混合装置；

    **4**  全淹没高倍数泡沫灭火系统或局部应用高倍数、中倍数泡沫灭火系统，采用集中控制方式保护多个防护区时，应选用平衡式比例混合装置或囊式压力比例混合装置；

    **5**  全淹没高倍数泡沫灭火系统或局部应用高倍数、中倍数泡沫灭火系统保护一个防护区时，宜选用平衡式比例混合装置或囊式压力比例混合装置。

**3.4.2**  当采用平衡式比例混合装置时，应符合下列规定：

    **1**  平衡阀的泡沫液进口压力应大于水进口压力，且其压差应满足产品的使用要求；

    **2**  比例混合器的泡沫液进口管道上应设置单向阀；

    **3**  泡沫液管道上应设置冲洗及放空设施。

**3.4.3**  当采用计量注入式比例混合装置时，应符合下列规定：

    **1**  泡沫液注入点的泡沫液流压力应大于水流压力，且其压差应满足产品的使用要求；

    **2**  流量计进口前和出口后直管段的长度不应小于管径的 10 倍；

    **3**  泡沫液进口管道上应设置单向阀；

    **4**  泡沫液管道上应设置冲洗及放空设施。

**3.4.4** 当采用压力式比例混合装置时，应符合下列规定：

**1** 泡沫液储罐的单罐容积不应大于 10m³；

**2** 无囊式压力比例混合装置，当泡沫液储罐的单罐容积大于 5m³ 且储罐内无分隔设施时，宜设置 1 台小容积压力式比例混合装置，其容积应大于 0.5m³，并应保证系统按最大设计流量连续提供 3min 的泡沫混合液。

**3.4.5** 当采用环泵式比例混合器时，应符合下列规定：

**1** 出口背压宜为零或负压，当进口压力为 0.7MPa～0.9MPa 时，其出口背压可为 0.02MPa～0.03MPa；

**2** 吸液口不应高于泡沫液储罐最低液面 1m；

**3** 比例混合器的出口背压大于零时，吸液管上应有防止水倒流入泡沫液储罐的措施；

**4** 应设有不少于 1 个的备用量。

**3.4.6** 当半固定式或移动式系统采用管线式比例混合器时，应符合下列规定：

**1** 比例混合器的水进口压力应为 0.6MPa～1.2MPa，且出口压力应满足泡沫产生装置的进口压力要求；

**2** 比例混合器的压力损失可按水进口压力的 35％计算。

### 3.5 泡沫液储罐

**3.5.1** 泡沫液储罐宜采用耐腐蚀材料制作，且与泡沫液直接接触的内壁或衬里不应对泡沫液的性能产生不利影响。

**3.5.2** 常压泡沫液储罐应符合下列规定：

**1** 储罐内应留有泡沫液热膨胀空间和泡沫液沉降损失部分所占空间；

**2** 储罐出液口的设置应保障泡沫液泵进口为正压，且应设置在沉降层之上；

**3** 储罐上应设置出液口、液位计、进料孔、排渣孔、人孔、取样口、呼吸阀或通气管。

**3.5.3** 泡沫液储罐上应有标明泡沫液种类、型号、出厂与灌装日期及储量的标志。不同种类、不同牌号的泡沫液不得混存。

### 3.6 泡沫产生装置

**3.6.1** 低倍数泡沫产生器应符合下列规定：

**1** 固定顶储罐、按固定顶储罐对待的内浮顶储罐，宜选用立式泡沫产生器；

**2** 泡沫产生器进口的工作压力应为其额定值 ±0.1MPa；

**3** 泡沫产生器的空气吸入口及露天的泡沫喷射口，应设置防止异物进入的金属网；

**4** 横式泡沫产生器的出口，应设置长度不小于

1m 的泡沫管；

**5** 外浮顶储罐上的泡沫产生器，不应设置密封玻璃。

**3.6.2** 高背压泡沫产生器应符合下列规定：

**1** 进口工作压力应在标定的工作压力范围内；

**2** 出口工作压力应大于泡沫管道的阻力和罐内液体静压力之和；

**3** 发泡倍数不应小于 2，且不应大于 4。

**3.6.3** 中倍数泡沫产生器应符合下列规定：

**1** 发泡网应采用不锈钢材料；

**2** 安装于油罐上的中倍数泡沫产生器，其进空气口应高出罐壁顶。

**3.6.4** 高倍数泡沫产生器应符合下列规定：

**1** 在防护区内设置并利用热烟气发泡时，应选用水力驱动型泡沫产生器；

**2** 在防护区内固定设置泡沫产生器时，应采用不锈钢材料的发泡网。

**3.6.5** 泡沫—水喷头、泡沫—水雾喷头的工作压力应在标定的工作压力范围内，且不应小于其额定压力的 0.8 倍。

### 3.7 控制阀门和管道

**3.7.1** 泡沫灭火系统中所用的控制阀门应有明显的启闭标志。

**3.7.2** 当泡沫消防水泵或泡沫混合液泵出口管道口径大于 300mm 时，不宜采用手动阀门。

**3.7.3** 低倍数泡沫灭火系统的水与泡沫混合液及泡沫管道应采用钢管，且管道外壁应进行防腐处理。

**3.7.4** 中倍数泡沫灭火系统的干式管道，应采用钢管；湿式管道，宜采用不锈钢管或内、外部进行防腐处理的钢管。

**3.7.5** 高倍数泡沫灭火系统的干式管道，宜采用镀锌钢管；湿式管道，宜采用不锈钢管或内、外部进行防腐处理的钢管；高倍数泡沫产生器与其管道过滤器的连接管道应采用不锈钢管。

**3.7.6** 泡沫液管道应采用不锈钢管。

**3.7.7** 在寒冷季节有冰冻的地区，泡沫灭火系统的湿式管道应采取防冻措施。

**3.7.8** 泡沫—水喷淋系统的管道应采用热镀锌钢管。其报警阀组、水流指示器、压力开关、末端试水装置、末端放水装置的设置，应符合现行国家标准《自动喷水灭火系统设计规范》GB 50084 的有关规定。

**3.7.9** 防火堤或防护区内的法兰垫片应采用不燃材料或难燃材料。

**3.7.10** 对于设置在防爆区内的地上或管沟敷设的干式管道，应采取防静电接地措施。钢制甲、乙、丙类液体储罐的防雷接地装置可兼作防静电接地装置。

# 4 低倍数泡沫灭火系统

## 4.1 一般规定

**4.1.1** 甲、乙、丙类液体储罐固定式、半固定式或移动式泡沫灭火系统的选择，应符合国家现行有关标准的规定。

**4.1.2** 储罐区低倍数泡沫灭火系统的选择，应符合下列规定：

　　1 非水溶性甲、乙、丙类液体固定顶储罐，应选用液上喷射、液下喷射或半液下喷射系统；

　　2 水溶性甲、乙、丙类液体和其他对普通泡沫有破坏作用的甲、乙、丙类液体固定顶储罐，应选用液上喷射系统或半液下喷射系统；

　　3 外浮顶和内浮顶储罐应选用液上喷射系统；

　　4 非水溶性液体外浮顶储罐、内浮顶储罐、直径大于18m的固定顶储罐及水溶性甲、乙、丙类液体立式储罐，不得选用泡沫炮作为主要灭火设施；

　　5 高度大于7m或直径大于9m的固定顶储罐，不得选用泡沫枪作为主要灭火设施。

**4.1.3** 储罐区泡沫灭火系统扑救一次火灾的泡沫混合液设计用量，应按罐内用量、该罐辅助泡沫枪用量、管道剩余量三者之和最大的储罐确定。

**4.1.4** 设置固定式泡沫灭火系统的储罐区，应配置用于扑救液体流散火灾的辅助泡沫枪，泡沫枪的数量及其泡沫混合液连续供给时间不应小于表4.1.4的规定。每支辅助泡沫枪的泡沫混合液流量不应小于240L/min。

**表 4.1.4　泡沫枪数量及其泡沫混合液连续供给时间**

| 储罐直径<br>（m） | 配备泡沫枪数<br>（支） | 连续供给时间<br>（min） |
|---|---|---|
| ≤10 | 1 | 10 |
| >10 且≤20 | 1 | 20 |
| >20 且≤30 | 2 | 20 |
| >30 且≤40 | 2 | 30 |
| >40 | 3 | 30 |

**4.1.5** 当储罐区固定式泡沫灭火系统的泡沫混合液流量大于或等于100L/s时，系统的泵、比例混合装置及其管道上的控制阀、干管控制阀宜具备远程控制功能。

**4.1.6** 在固定式泡沫灭火系统的泡沫混合液主管道上应留出泡沫混合液流量检测仪器的安装位置；在泡沫混合液管道上应设置试验检测口；在防火堤外侧最不利和最有利水力条件处的管道上，宜设置供检测泡沫产生器工作压力的压力表接口。

**4.1.7** 储罐区固定式泡沫灭火系统与消防冷却水系统合用一组消防给水泵时，应保障泡沫混合液供给强度满足设计要求的措施，且不得以火灾时临时调整的方式保障。

**4.1.8** 采用固定式泡沫灭火系统的储罐区，宜沿防火堤外均匀布置泡沫消火栓，且泡沫消火栓的间距不应大于60m。

**4.1.9** 储罐区固定式泡沫灭火系统应具备半固定式系统功能。

**4.1.10** 固定式泡沫灭火系统的设计应满足在泡沫消防水泵或泡沫混合液泵启动后，将泡沫混合液或泡沫输送到保护对象的时间不大于5min。

## 4.2 固定顶储罐

**4.2.1** 固定顶储罐的保护面积应按其横截面积确定。

**4.2.2** 泡沫混合液供给强度及连续供给时间应符合下列规定：

　　1 非水溶性液体储罐液上喷射系统，其泡沫混合液供给强度和连续供给时间不应小于表4.2.2-1的规定；

**表 4.2.2-1　泡沫混合液供给强度和连续供给时间**

| 系统形式 | 泡沫液种类 | 供给强度<br>[L/(min·m²)] | 连续供给时间(min)<br>甲、乙类液体 | 连续供给时间(min)<br>丙类液体 |
|---|---|---|---|---|
| 固定式、<br>半固定式<br>系统 | 蛋白 | 6.0 | 40 | 30 |
| | 氟蛋白、水成膜、<br>成膜氟蛋白 | 5.0 | 45 | 30 |
| 移动式<br>系统 | 蛋白、氟蛋白 | 8.0 | 60 | 45 |
| | 水成膜、<br>成膜氟蛋白 | 6.5 | 60 | 45 |

注：1　如果采用大于本表规定的混合液供给强度，混合液连续供给时间可按相应的比例缩短，但不得小于本表规定时间的80%。

　　2　沸点低于45℃的非水溶性液体，设置泡沫灭火系统的适用性及其泡沫混合液供给强度，应由试验确定。

　　2 非水溶性液体储罐液下或半液下喷射系统，其泡沫混合液供给强度不应小于5.0L/（min·m²）、连续供给时间不应小于40min；

　　注：沸点低于45℃的非水溶性液体、储存温度超过50℃或粘度大于40mm²/s的非水溶性液体，液下喷射系统的适用性及其泡沫混合液供给强度，应由试验确定。

　　3 水溶性液体和其他对普通泡沫有破坏作用的甲、乙、丙类液体储罐液上或半液下喷射系统，其泡沫混合液供给强度和连续供给时间不应小于表4.2.2-2的规定。

**表 4.2.2-2　泡沫混合液供给强度和连续供给时间**

| 液体类别 | 供给强度<br>[L/（min·m²）] | 连续供<br>给时间<br>（min） |
|---|---|---|
| 丙酮、异丙醇、<br>甲基异丁酮 | 12 | 30 |
| 甲醇、乙醇、正丁醇、<br>丁酮、丙烯腈、醋酸乙酯、<br>醋酸丁酯 | 12 | 25 |
| 含氧添加剂含量体积<br>比大于10%的汽油 | 6 | 40 |

注：本表未列出的水溶性液体，其泡沫混合液供给强度
　　和连续供给时间应根据本规范附录A的规定由试验
　　确定。

**4.2.3**　液上喷射系统泡沫产生器的设置，应符合下列规定：

　　**1**　泡沫产生器的型号及数量，应根据本规范第4.2.1条和第4.2.2条计算所需的泡沫混合液流量确定，且设置数量不应小于表4.2.3的规定；

**表 4.2.3　泡沫产生器设置数量**

| 储罐直径（m） | 泡沫产生器设置数量（个） |
|---|---|
| ≤10 | 1 |
| >10且≤25 | 2 |
| >25且≤30 | 3 |
| >30且≤35 | 4 |

注：对于直径大于35m且小于50m的储罐，其横截面
　　积每增加300m²，应至少增加1个泡沫产生器。

　　**2**　当一个储罐所需的泡沫产生器数量大于1个时，宜选用同规格的泡沫产生器，且应沿罐周均匀布置；

　　**3**　水溶性液体储罐应设置泡沫缓冲装置。

**4.2.4**　液下喷射系统高背压泡沫产生器的设置，应符合下列规定：

　　**1**　高背压泡沫产生器应设置在防火堤外，设置数量及型号应根据本规范第4.2.1条和第4.2.2条计算所需的泡沫混合液流量确定；

　　**2**　当一个储罐所需的高背压泡沫产生器数量大于1个时，宜并联使用；

　　**3**　在高背压泡沫产生器的进口侧应设置检测压力表接口，在其出口侧应设置压力表、背压调节阀和泡沫取样口。

**4.2.5**　液下喷射系统泡沫喷射口的设置，应符合下列规定：

　　**1**　泡沫进入甲、乙类液体的速度不应大于3m/s；泡沫进入丙类液体的速度不应大于6m/s；

　　**2**　泡沫喷射口宜采用向上斜的口型，其斜口角度宜为45°，泡沫喷射管的长度不得小于喷射管直径的20倍。当设有一个喷射口时，喷射口宜设置在储

罐中心；当设有一个以上喷射口时，应沿罐周均匀设置，且各喷射口的流量宜相等；

　　**3**　泡沫喷射口应安装在高于储罐积水层0.3m的位置，泡沫喷射口的设置数量不应小于表4.2.5的规定。

**表 4.2.5　泡沫喷射口设置数量**

| 储罐直径（m） | 喷射口数量（个） |
|---|---|
| ≤23 | 1 |
| >23且≤33 | 2 |
| >33且≤40 | 3 |

注：对于直径大于40m的储罐，其横截面积每增加
　　400m²，应至少增加一个泡沫喷射口。

**4.2.6**　储罐上液上喷射系统泡沫混合液管道的设置，应符合下列规定：

　　**1**　每个泡沫产生器应用独立的混合液管道引至防火堤外；

　　**2**　除立管外，其他泡沫混合液管道不得设置在罐壁上；

　　**3**　连接泡沫产生器的泡沫混合液立管应用管卡固定在罐壁上，管卡间距不宜大于3m；

　　**4**　泡沫混合液的立管下端应设置锈渣清扫口。

**4.2.7**　防火堤内泡沫混合液或泡沫管道的设置，应符合下列规定：

　　**1**　地上泡沫混合液或泡沫水平管道应敷设在管墩或管架上，与罐壁上的泡沫混合液立管之间宜用金属软管连接；

　　**2**　埋地泡沫混合液管道或泡沫管道距离地面的深度应大于0.3m，与罐壁上的泡沫混合液立管之间应用金属软管或金属转向接头连接；

　　**3**　泡沫混合液或泡沫管道应有3‰的放空坡度；

　　**4**　在液下喷射系统靠近储罐的泡沫管线上，应设置用于系统试验的带可拆卸盲板的支管；

　　**5**　液下喷射系统的泡沫管道上应设置钢质控制阀和逆止阀，并应设置不影响泡沫灭火系统正常运行的防油品渗漏设施。

**4.2.8**　防火堤外泡沫混合液或泡沫管道的设置应符合下列规定：

　　**1**　固定式液上喷射系统，对每个泡沫产生器，应在防火堤外设置独立的控制阀；

　　**2**　半固定式液上喷射系统，对每个泡沫产生器，应在防火堤外距地面0.7m处设置带闷盖的管牙接口；半固定式液下喷射系统的泡沫管道应引至防火堤外，并应设置相应的高背压泡沫产生器快装接口；

　　**3**　泡沫混合液管道或泡沫管道上应设置放空阀，且其管道应有2‰的坡度坡向放空阀。

### 4.3　外浮顶储罐

**4.3.1**　钢制单盘式与双盘式外浮顶储罐的保护面积，应按罐壁与泡沫堰板间的环形面积确定。

**4.3.2** 非水溶性液体的泡沫混合液供给强度不应小于 12.5L/ (min·m²)，连续供给时间不应小于 30min，单个泡沫产生器的最大保护周长应符合表 4.3.2 的规定。

表 4.3.2 单个泡沫产生器的最大保护周长

| 泡沫喷射口设置部位 | 堰板高度（m） | | 保护周长（m） |
|---|---|---|---|
| 罐壁顶部、密封或挡雨板上方 | 软密封 | ≥0.9 | 24 |
| | 机械密封 | <0.6 | 12 |
| | | ≥0.6 | 24 |
| 金属挡雨板下部 | <0.6 | | 18 |
| | ≥0.6 | | 24 |

注：当采用从金属挡雨板下部喷射泡沫的方式时，其挡雨板必须是不含任何可燃材料的金属板。

**4.3.3** 外浮顶储罐泡沫堰板的设计，应符合下列规定：

**1** 当泡沫喷射口设置在罐壁顶部、密封或挡雨板上方时，泡沫堰板应高出密封 0.2m；当泡沫喷射口设置在金属挡雨板下部时，泡沫堰板高度不应小于 0.3m；

**2** 当泡沫喷射口设置在罐壁顶部时，泡沫堰板与罐壁的间距不应小于 0.6m；当泡沫喷射口设置在浮顶上时，泡沫堰板与罐壁的间距不宜小于 0.6m；

**3** 应在泡沫堰板的最低部位设置排水孔，排水孔的开孔面积宜按每 1m² 环形面积 280mm² 确定，排水孔高度不宜大于 9mm。

**4.3.4** 泡沫产生器与泡沫喷射口的设置，应符合下列规定：

**1** 泡沫产生器的型号和数量应按本规范第 4.3.2 条的规定计算确定；

**2** 泡沫喷射口设置在罐壁顶部时，应配置泡沫导流罩；

**3** 泡沫喷射口设置在浮顶上时，其喷射口应采用两个出口直管段的长度均不小于其直径 5 倍的水平 T 形管，且设置在密封或挡雨板上方的泡沫喷射口在伸入泡沫堰板后应向下倾斜 30°~60°。

**4.3.5** 当泡沫产生器与泡沫喷射口设置在罐壁顶部时，储罐上泡沫混合液管道的设置应符合下列规定：

**1** 可每两个泡沫产生器合用一根泡沫混合液立管；

**2** 当三个或三个以上泡沫产生器一组在泡沫混合液立管下端合用一根管道时，宜在每个泡沫混合液立管上设置常开控制阀；

**3** 每根泡沫混合液管道应引至防火堤外，且半固定式泡沫灭火系统的每根泡沫混合液管道所需的混合液流量不应大于 1 辆消防车的供给量；

**4** 连接泡沫产生器的泡沫混合液立管应用管卡固定在罐壁上，管卡间距不宜大于 3m，泡沫混合液

的立管下端应设置锈渣清扫口。

**4.3.6** 当泡沫产生器与泡沫喷射口设置在浮顶上，且泡沫混合液管道从储罐内通过时，应符合下列规定：

**1** 连接储罐底部水平管道与浮顶泡沫混合液分配器的管道，应采用具有重复扭转运动轨迹的耐压、耐候性不锈钢复合软管；

**2** 软管不得与浮顶支承相碰撞，且应避开搅拌器；

**3** 软管与储罐底部的伴热管的距离应大于 0.5m。

**4.3.7** 防火堤内泡沫混合液管道的设置应符合本规范第 4.2.7 条的规定。

**4.3.8** 防火堤外泡沫混合液管道的设置应符合下列规定：

**1** 固定式泡沫灭火系统的每组泡沫产生器应在防火堤外设置独立的控制阀；

**2** 半固定式泡沫灭火系统的每组泡沫产生器应在防火堤外距地面 0.7m 处设置带闷盖的管牙接口；

**3** 泡沫混合液管道上应设置放空阀，且其管道应有 2‰ 的坡度坡向放空阀。

**4.3.9** 储罐梯子平台上管牙接口或二分水器的设置，应符合下列规定：

**1** 直径不大于 45m 的储罐，储罐梯子平台上应设置带闷盖的管牙接口；直径大于 45m 的储罐，储罐梯子平台上应设置二分水器；

**2** 管牙接口或二分水器应由管道接至防火堤外，且管道的管径应满足所配泡沫枪的压力、流量要求；

**3** 应在防火堤外的连接管道上设置管牙接口，管牙接口距地面高度宜为 0.7m；

**4** 当与固定式泡沫灭火系统连通时，应在防火堤外设置控制阀。

## 4.4 内浮顶储罐

**4.4.1** 钢制单盘式、双盘式与敞口隔舱式内浮顶储罐的保护面积，应按罐壁与泡沫堰板间的环形面积确定；其他内浮顶储罐应按固定顶储罐对待。

**4.4.2** 钢制单盘式、双盘式与敞口隔舱式内浮顶储罐的泡沫堰板设置、单个泡沫产生器保护周长及泡沫混合液供给强度与连续供给时间，应符合下列规定：

**1** 泡沫堰板与罐壁的距离不应小于 0.55m，其高度不应小于 0.5m；

**2** 单个泡沫产生器保护周长不应大于 24m；

**3** 非水溶性液体的泡沫混合液供给强度不应小于 12.5L/ (min·m²)；

**4** 水溶性液体的泡沫混合液供给强度不应小于本规范第 4.2.2 条第 3 款规定的 1.5 倍；

**5** 泡沫混合液连续供给时间不应小于 30min。

**4.4.3** 按固定顶储罐对待的内浮顶储罐，其泡沫混

合液供给强度和连续供给时间及泡沫产生器的设置，应符合下列规定：

　　**1**　非水溶性液体，应符合本规范第4.2.2条第1款的规定；

　　**2**　水溶性液体，当设有泡沫缓冲装置时，应符合本规范第4.2.2条第3款的规定；

　　**3**　水溶性液体，当未设泡沫缓冲装置时，泡沫混合液供给强度应符合本规范第4.2.2条第3款的规定，但泡沫混合液连续供给时间不应小于本规范第4.2.2条第3款规定的1.5倍；

　　**4**　泡沫产生器的设置，应符合本规范第4.2.3条第1款和第2款的规定，且数量不应少于2个。

**4.4.4**　按固定顶储罐对待的内浮顶储罐，其泡沫混合液管道的设置应符合本规范第4.2.6条～第4.2.8条的规定；钢制单盘式、双盘式与敞口隔舱式内浮顶储罐，其泡沫混合液管道的设置应符合本规范第4.2.7条、第4.3.5条、第4.3.8条的规定。

### 4.5　其他场所

**4.5.1**　当甲、乙、丙类液体槽车装卸栈台设置泡沫炮或泡沫枪系统时，应符合下列规定：

　　**1**　应能保护泵、计量仪器、车辆及与装卸产品有关的各种设备；

　　**2**　火车装卸栈台的泡沫混合液流量不应小于30L/s；

　　**3**　汽车装卸栈台的泡沫混合液流量不应小于8L/s；

　　**4**　泡沫混合液连续供给时间不应小于30min。

**4.5.2**　设有围堰的非水溶性液体流淌火灾场所，其保护面积应按围堰包围的地面面积与其中不燃结构占据的面积之差计算，其泡沫混合液供给强度与连续供给时间不应小于表4.5.2的规定。

**表4.5.2　泡沫混合液供给强度和连续供给时间**

| 泡沫液种类 | 供给强度 [L/(min·m²)] | 连续供给时间（min） | |
| --- | --- | --- | --- |
| | | 甲、乙类液体 | 丙类液体 |
| 蛋白、氟蛋白 | 6.5 | 40 | 30 |
| 水成膜、成膜氟蛋白 | 6.5 | 30 | 20 |

**4.5.3**　当甲、乙、丙类液体泄漏导致的室外流淌火灾场所设置泡沫枪、泡沫炮系统时，应根据保护场所的具体情况确定最大流淌面积，其泡沫混合液供给强度和连续供给时间不应小于表4.5.3的规定。

**表4.5.3　泡沫混合液供给强度和连续供给时间**

| 泡沫液种类 | 供给强度 [L/(min·m²)] | 连续供给时间（min） | 液体种类 |
| --- | --- | --- | --- |
| 蛋白、氟蛋白 | 6.5 | 15 | 非水溶性液体 |
| 水成膜、成膜氟蛋白 | 5.0 | 15 | |
| 抗溶泡沫 | 12 | 15 | 水溶性液体 |

**4.5.4**　公路隧道泡沫消火栓箱的设置，应符合下列规定：

　　**1**　设置间距不应大于50m；

　　**2**　应配置带开关的吸气型泡沫枪，其泡沫混合液流量不应小于30L/min，射程不应小于6m；

　　**3**　泡沫混合液连续供给时间不应小于20min，且宜配备水成膜泡沫液；

　　**4**　软管长度不应小于25m。

## 5　中倍数泡沫灭火系统

### 5.1　全淹没与局部应用
系统及移动式系统

**5.1.1**　全淹没系统可用于小型封闭空间场所与设有阻止泡沫流失的固定围墙或其他围挡设施的小场所。

**5.1.2**　局部应用系统可用于下列场所：

　　**1**　四周不完全封闭的A类火灾场所；

　　**2**　限定位置的流散B类火灾场所；

　　**3**　固定位置面积不大于100m²的流淌B类火灾场所。

**5.1.3**　移动式系统可用于下列场所：

　　**1**　发生火灾的部位难以确定或人员难以接近的较小火灾场所；

　　**2**　流散的B类火灾场所；

　　**3**　不大于100m²的流淌B类火灾场所。

**5.1.4**　全淹没中倍数泡沫灭火系统的设计参数宜由试验确定，也可采用高倍数泡沫灭火系统的设计参数。

**5.1.5**　对于A类火灾场所，局部应用系统的设计应符合下列规定：

　　**1**　覆盖保护对象的时间不应大于2min；

　　**2**　覆盖保护对象最高点的厚度宜由试验确定，也可按本规范第6.3.3条第1款的规定执行；

　　**3**　泡沫混合液连续供给时间不应小于12min。

**5.1.6**　对于流散B类火灾场所或面积不大于100m²的流淌B类火灾场所，局部应用系统或移动式系统的泡沫混合液供给强度与连续供给时间，应符合下列规定：

　　**1**　沸点不低于45℃的非水溶性液体，泡沫混合液供给强度应大于4L/(min·m²)；

　　**2**　室内场所的泡沫混合液连续供给时间应大于10min；

　　**3**　室外场所的泡沫混合液连续供给时间应大于15min；

　　**4**　水溶性液体、沸点低于45℃的非水溶性液体，设置泡沫灭火系统的适用性及其泡沫混合液供给强度，应由试验确定。

**5.1.7**　其他设计要求，可按本规范第6章的有关规定执行。

## 5.2 油罐固定式中倍数泡沫灭火系统

**5.2.1** 丙类固定顶与内浮顶油罐，单罐容量小于 10000m³ 的甲、乙类固定顶与内浮顶油罐，当选用中倍数泡沫灭火系统时，宜为固定式。

**5.2.2** 油罐中倍数泡沫灭火系统应采用液上喷射形式，且保护面积应按油罐的横截面积确定。

**5.2.3** 系统扑救一次火灾的泡沫混合液设计用量，应按罐内用量、该罐辅助泡沫枪用量、管道剩余量三者之和最大的油罐确定。

**5.2.4** 系统泡沫混合液供给强度不应小于 4L/（min·m²），连续供给时间不应小于 30min。

**5.2.5** 设置固定式中倍数泡沫灭火系统的油罐区，宜设置低倍数泡沫枪，并应符合本规范第 4.1.4 条的规定；当设置中倍数泡沫枪时，其数量与连续供给时间，不应小于表 5.2.5 的规定。泡沫消火栓的设置应符合本规范第 4.1.8 条的规定。

表 5.2.5 中倍数泡沫枪数量和连续供给时间

| 油罐直径<br>（m） | 泡沫枪流量<br>（L/s） | 泡沫枪数量<br>（支） | 连续供给时间<br>（min） |
|---|---|---|---|
| ≤10 | 3 | 1 | 10 |
| >10 且≤20 | 3 | 1 | 20 |
| >20 且≤30 | 3 | 2 | 20 |
| >30 且≤40 | 3 | 2 | 30 |
| >40 | 3 | 3 | 30 |

**5.2.6** 泡沫产生器应沿罐周均匀布置，当泡沫产生器数量大于或等于 3 个时，可每两个产生器共用一根管道引至防火堤外。

**5.2.7** 系统管道布置，可按本规范第 4.2 节的有关规定执行。

# 6 高倍数泡沫灭火系统

## 6.1 一般规定

**6.1.1** 系统型式的选择应根据防护区的总体布局、火灾的危害程度、火灾的种类和扑救条件等因素，经综合技术经济比较后确定。

**6.1.2** 全淹没系统或固定式局部应用系统应设置火灾自动报警系统，并应符合下列规定：

　　**1** 全淹没系统应同时具备自动、手动和应急机械手动启动功能；

　　**2** 自动控制的固定式局部应用系统应同时具备手动和应急机械手动启动功能；手动控制的固定式局部应用系统尚应具备应急机械手动启动功能；

　　**3** 消防控制中心（室）和防护区应设置声光报警装置；

　　**4** 消防自动控制设备宜与防护区内门窗的关闭装置、排气口的开启装置，以及生产、照明电源的切断装置等联动。

**6.1.3** 当系统以集中控制方式保护两个或两个以上的防护区时，其中一个防护区发生火灾不应危及到其他防护区；泡沫液和水的储备量应按最大一个防护区的用量确定；手动与应急机械控制装置应有标明其所控制区域的标记。

**6.1.4** 高倍数泡沫产生器的设置应符合下列规定：

　　**1** 高度应在泡沫淹没深度以上；

　　**2** 宜接近保护对象，但其位置应免受爆炸或火焰损坏；

　　**3** 应使防护区形成比较均匀的泡沫覆盖层；

　　**4** 应便于检查、测试及维修；

　　**5** 当泡沫产生器在室外或坑道应用时，应采取防止风对泡沫产生器发泡和泡沫分布产生影响的措施。

**6.1.5** 当高倍数泡沫产生器的出口设置导泡筒时，应符合下列规定：

　　**1** 导泡筒的横截面积宜为泡沫产生器出口横截面积的 1.05 倍～1.10 倍；

　　**2** 当导泡筒上设有闭合器件时，其闭合器件不得阻挡泡沫的通过；

　　**3** 应符合本规范第 6.1.4 条第 1 款～第 3 款的规定。

**6.1.6** 固定安装的高倍数泡沫产生器前应设置管道过滤器、压力表和手动阀门。

**6.1.7** 固定安装的泡沫液桶（罐）和比例混合器不应设置在防护区内。

**6.1.8** 系统干式水平管道最低点应设置排液阀，且坡向排液阀的管道坡度不宜小于 3‰。

**6.1.9** 系统管道上的控制阀门应设置在防护区以外，自动控制阀门应具有手动启闭功能。

## 6.2 全淹没系统

**6.2.1** 全淹没系统可用于下列场所：

　　**1** 封闭空间场所；

　　**2** 设有阻止泡沫流失的固定围墙或其他围挡设施的场所。

**6.2.2** 全淹没系统的防护区应为封闭或设置灭火所需的固定围挡的区域，且应符合下列规定：

　　**1** 泡沫的围挡应为不燃结构，且应在系统设计灭火时间内具备围挡泡沫的能力；

　　**2** 在保证人员撤离的前提下，门、窗等位于设计淹没深度以下的开口，应在泡沫喷放前或泡沫喷放的同时自动关闭；对于不能自动关闭的开口，全淹没系统应对其泡沫损失进行相应补偿；

　　**3** 利用防护区外部空气发泡的封闭空间，应设置排气口，排气口的位置应避免燃烧产物或其他有害气体回流到高倍数泡沫产生器进气口；

**4** 在泡沫淹没深度以下的墙上设置窗口时，宜在窗口部位设置网孔基本尺寸不大于 3.15mm 的钢丝网或钢丝纱窗；

**5** 排气口在灭火系统工作时应自动或手动开启，其排气速度不宜超过 5m/s；

**6** 防护区内应设置排水设施。

**6.2.3** 泡沫淹没深度的确定应符合下列规定：

**1** 当用于扑救 A 类火灾时，泡沫淹没深度不应小于最高保护对象高度的 1.1 倍，且应高于最高保护对象最高点 0.6m；

**2** 当用于扑救 B 类火灾时，汽油、煤油、柴油或苯火灾的泡沫淹没深度应高于起火部位 2m；其他 B 类火灾的泡沫淹没深度应由试验确定。

**6.2.4** 淹没体积应按下式计算：

$$V = S \times H - V_g \qquad (6.2.4)$$

式中：$V$ ——淹没体积（m³）；

$S$ ——防护区地面面积（m²）；

$H$ ——泡沫淹没深度（m）；

$V_g$ ——固定的机器设备等不燃物体所占的体积（m³）。

**6.2.5** 泡沫的淹没时间不应超过表 6.2.5 的规定。系统自接到火灾信号至开始喷放泡沫的延时不应超过 1min。

表 6.2.5　泡沫的淹没时间（min）

| 可燃物 | 高倍数泡沫灭火系统单独使用 | 高倍数泡沫灭火系统与自动喷水灭火系统联合使用 |
|---|---|---|
| 闪点不超过 40℃ 的非水溶性液体 | 2 | 3 |
| 闪点超过 40℃ 的非水溶性液体 | 3 | 4 |
| 发泡橡胶、发泡塑料、成卷的织物或皱纹纸等低密度可燃物 | 3 | 4 |
| 成卷的纸、压制牛皮纸、涂料纸、纸板箱、纤维圆筒、橡胶轮胎等高密度可燃物 | 5 | 7 |

注：水溶性液体的淹没时间应由试验确定。

**6.2.6** 最小泡沫供给速率应按下式计算：

$$R = \left(\frac{V}{T} + R_S\right) \times C_N \times C_L \qquad (6.2.6-1)$$

$$R_S = L_S \times Q_Y \qquad (6.2.6-2)$$

式中：$R$ ——最小泡沫供给速率（m³/min）；

$T$ ——淹没时间（min）；

$C_N$ ——泡沫破裂补偿系数，宜取 1.15；

$C_L$ ——泡沫泄漏补偿系数，宜取 1.05～1.2；

$R_S$ ——喷水造成的泡沫破泡率（m³/min）；

$L_S$ ——泡沫破泡率与洒水喷头排放速率之比，应取 0.0748（m³/L）；

$Q_Y$ ——预计动作最大水喷头数目时的总水流量（L/min）。

**6.2.7** 泡沫液和水的连续供给时间应符合下列规定：

**1** 当用于扑救 A 类火灾时，不应小于 25min；

**2** 当用于扑救 B 类火灾时，不应小于 15min。

**6.2.8** 对于 A 类火灾，其泡沫淹没体积的保持时间应符合下列规定：

**1** 单独使用高倍数泡沫灭火系统时，应大于 60min；

**2** 与自动喷水灭火系统联合使用时，应大于 30min。

### 6.3　局部应用系统

**6.3.1** 局部应用系统可用于下列场所：

**1** 四周不完全封闭的 A 类火灾与 B 类火灾场所；

**2** 天然气液化站与接收站的集液池或储罐围堰区。

**6.3.2** 系统的保护范围应包括火灾蔓延的所有区域。

**6.3.3** 当用于扑救 A 类火灾或 B 类火灾时，泡沫供给速率应符合下列规定：

**1** 覆盖 A 类火灾保护对象最高点的厚度不应小于 0.6m；

**2** 对于汽油、煤油、柴油或苯，覆盖起火部位的厚度不应小于 2m；其他 B 类火灾的泡沫覆盖厚度应由试验确定；

**3** 达到规定覆盖厚度的时间不大于 2min。

**6.3.4** 当用于扑救 A 类火灾和 B 类火灾时，其泡沫液和水的连续供给时间不应小于 12min。

**6.3.5** 当设置在液化天然气集液池或储罐围堰区时，应符合下列规定：

**1** 应选择固定式系统，并应设置导泡筒；

**2** 宜采用发泡倍数为 300～500 的高倍数泡沫产生器；

**3** 泡沫混合液供给强度应根据阻止形成蒸汽云和降低热辐射强度试验确定，并应取两项试验的较大值；当缺乏试验数据时，泡沫混合液供给强度不宜小于 7.2L/（min·m²）；

**4** 泡沫连续供给时间应根据所需的控制时间确定，且不宜小于 40min；当同时设有移动式系统时，固定式系统的泡沫供给时间可按达到稳定控火时间确定；

**5** 保护场所应有适合设置导泡筒的位置；

**6** 系统设计尚应符合现行国家标准《石油天然气工程设计防火规范》GB 50183 的有关规定。

### 6.4　移动式系统

**6.4.1** 移动式系统可用于下列场所：

**1** 发生火灾的部位难以确定或人员难以接近的场所;

**2** 流淌的 B 类火灾场所;

**3** 发生火灾时需要排烟、降温或排除有害气体的封闭空间。

**6.4.2** 泡沫淹没时间或覆盖保护对象时间、泡沫供给速率与连续供给时间,应根据保护对象的类型与规模确定。

**6.4.3** 泡沫液和水的储备量应符合下列规定:

**1** 当辅助全淹没高倍数泡沫灭火系统或局部应用高倍数泡沫灭火系统使用时,泡沫液和水的储备量可在全淹没高倍数泡沫灭火系统或局部应用高倍数泡沫灭火系统中的泡沫液和水的储备量中增加 5% ~ 10%;

**2** 当在消防车上配备时,每套系统的泡沫液储存量不宜小于 0.5t;

**3** 当用于扑救煤矿火灾时,每个矿山救护大队应储存大于 2t 的泡沫液。

**6.4.4** 系统的供水压力可根据高倍数泡沫产生器和比例混合器的进口工作压力及比例混合器和水带的压力损失确定。

**6.4.5** 用于扑救煤矿井下火灾时,应配置导泡筒,且高倍数泡沫产生器的驱动风压、发泡倍数应满足矿井的特殊需要。

**6.4.6** 泡沫液与相关设备应放置在便于运送到指定防护对象的场所;当移动式高倍数泡沫产生器预先连接到水源或泡沫混合液供给源时,应放置在易于接近的地方,且水带长度应能达到其最远的防护地。

**6.4.7** 当两个或两个以上移动式高倍数泡沫产生器同时使用时,其泡沫液和水供给源应满足最大数量的泡沫产生器的使用要求。

**6.4.8** 移动式系统应选用有衬里的消防水带,并应符合下列规定:

**1** 水带的口径与长度应满足系统要求;

**2** 水带应以能立即使用的排列形式储存,且应防潮。

**6.4.9** 系统所用的电源与电缆应满足输送功率要求,且应满足保护接地和防水的要求。

# 7 泡沫—水喷淋系统与泡沫喷雾系统

## 7.1 一般规定

**7.1.1** 泡沫—水喷淋系统可用于下列场所:

**1** 具有非水溶性液体泄漏火灾危险的室内场所;

**2** 存放量不超过 25L/m² 或超过 25L/m² 但有缓冲物的水溶性液体室内场所。

**7.1.2** 泡沫喷雾系统可用于保护独立变电站的油浸电力变压器、面积不大于 200m² 的非水溶性液体室内场所。

**7.1.3** 泡沫—水喷淋系统泡沫混合液与水的连续供给时间,应符合下列规定:

**1** 泡沫混合液连续供给时间不应小于 10min;

**2** 泡沫混合液与水的连续供给时间之和不应小于 60min。

**7.1.4** 泡沫—水雨淋系统与泡沫—水预作用系统的控制,应符合下列规定:

**1** 系统应同时具备自动、手动和应急机械手动启动功能;

**2** 机械手动启动力不应超过 180N;

**3** 系统自动或手动启动后,泡沫液供给控制装置应自动随供水主控阀的动作而动作或与之同时动作;

**4** 系统应设置故障监视与报警装置,且应在主控制盘上显示。

**7.1.5** 当泡沫液管线长度超过 15m 时,泡沫液应充满其管线,且泡沫液管线及其管件的温度应在泡沫液的储存温度范围内;埋地铺设时,应设置检查管道密封性的设施。

**7.1.6** 泡沫—水喷淋系统应设置系统试验接口,其口径应分别满足系统最大流量与最小流量要求。

**7.1.7** 泡沫—水喷淋系统的防护区应设置安全排放或容纳设施,且排放或容纳量应按被保护液体最大泄漏量、固定式系统喷洒量,以及管枪喷射量之和确定。

**7.1.8** 为泡沫—水雨淋系统与泡沫—水预作用系统配套设置的火灾探测与联动控制系统,除应符合现行国家标准《火灾自动报警系统设计规范》GB 50116 的有关规定外,尚应符合下列规定:

**1** 当电控型自动探测及附属装置设置在有爆炸和火灾危险的环境时,应符合现行国家标准《爆炸和火灾危险环境电力装置设计规范》GB 50058 的有关规定;

**2** 设置在腐蚀性气体环境中的探测装置,应由耐腐蚀材料制成或采用防腐蚀保护;

**3** 当选用带闭式喷头的传动管传递火灾信号时,传动管的长度不应大于 300m,公称直径宜为 15mm ~ 25mm,传动管上的喷头应选用快速响应喷头,且布置间距不宜大于 2.5m。

## 7.2 泡沫—水雨淋系统

**7.2.1** 泡沫—水雨淋系统的保护面积应按保护场所内的水平面面积或水平面投影面积确定。

**7.2.2** 当保护非水溶性液体时,其泡沫混合液供给强度不应小于表 7.2.2 的规定;当保护水溶性液体时,其混合液供给强度和连续供给时间应由试验确定。

**表 7.2.2　泡沫混合液供给强度**

| 泡沫液种类 | 喷头设置高度 (m) | 泡沫混合液供给强度 [L/(min·m²)] |
|---|---|---|
| 蛋白、氟蛋白 | ≤10 | 8 |
| | >10 | 10 |
| 水成膜、成膜氟蛋白 | ≤10 | 6.5 |
| | >10 | 8 |

**7.2.3** 系统应设置雨淋阀、水力警铃，并应在每个雨淋阀出口管路上设置压力开关，但喷头数小于 10 个的单区系统可不设雨淋阀和压力开关。

**7.2.4** 系统应选用吸气型泡沫—水喷头、泡沫—水雾喷头。

**7.2.5** 喷头的布置应符合下列规定：

**1** 喷头的布置应根据系统设计供给强度、保护面积和喷头特性确定；

**2** 喷头周围不应有影响泡沫喷洒的障碍物。

**7.2.6** 系统设计时应进行管道水力计算，并应符合下列规定：

**1** 自雨淋阀开启至系统各喷头达到设计喷洒流量的时间不得超过 60s；

**2** 任意四个相邻喷头组成的四边形保护面积内的平均泡沫混合液供给强度，不应小于设计供给强度。

**7.2.7** 飞机库内设置的泡沫—水雨淋系统应按现行国家标准《飞机库设计防火规范》GB 50284 的有关规定执行。

### 7.3 闭式泡沫—水喷淋系统

**7.3.1** 下列场所不宜选用闭式泡沫—水喷淋系统：

**1** 流淌面积较大，按本规范第 7.3.4 条规定的作用面积不足以保护的甲、乙、丙类液体场所；

**2** 靠泡沫混合液或水稀释不能有效灭火的水溶性液体场所；

**3** 净空高度大于 9m 的场所。

**7.3.2** 火灾水平方向蔓延较快的场所不宜选用泡沫—水干式系统。

**7.3.3** 下列场所不宜选用管道充水的泡沫—水湿式系统：

**1** 初期火灾为液体流淌火灾的甲、乙、丙类液体桶装库、泵房等场所；

**2** 含有甲、乙、丙类液体敞口容器的场所。

**7.3.4** 系统的作用面积应符合下列规定：

**1** 系统的作用面积应为 465m²；

**2** 当防护区面积小于 465m² 时，可按防护区实际面积确定；

**3** 当试验值不同于本条第 1 款、第 2 款的规定时，可采用试验值。

**7.3.5** 闭式泡沫—水喷淋系统的供给强度不应小于 6.5L/(min·m²)。

**7.3.6** 闭式泡沫—水喷淋系统输送的泡沫混合液应在 8L/s 至最大设计流量范围内达到额定的混合比。

**7.3.7** 喷头的选用应符合下列规定：

**1** 应选用闭式洒水喷头；

**2** 当喷头设置在屋顶时，其公称动作温度应为 121℃～149℃；

**3** 当喷头设置在保护场所的中间层面时，其公称动作温度应为 57℃～79℃；当保护场所的环境温度较高时，其公称动作温度宜高于环境最高温度 30℃。

**7.3.8** 喷头的设置应符合下列规定：

**1** 任意四个相邻喷头组成的四边形保护面积内的平均供给强度不应小于设计供给强度，且不宜大于设计供给强度的 1.2 倍；

**2** 喷头周围不应有影响泡沫喷洒的障碍物；

**3** 每只喷头的保护面积不应大于 12m²；

**4** 同一支管上两只相邻喷头的水平间距、两条相邻平行支管的水平间距，均不应大于 3.6m。

**7.3.9** 泡沫—水湿式系统的设置应符合下列规定：

**1** 当系统管道充注泡沫预混液时，其管道及管件应耐泡沫预混液腐蚀，且不应影响泡沫预混液的性能；

**2** 充注泡沫预混液系统的环境温度宜为 5℃～40℃；

**3** 当系统管道充水时，在 8L/s 的流量下，自系统启动至喷泡沫的时间不应大于 2min；

**4** 充水系统的环境温度应为 4℃～70℃。

**7.3.10** 泡沫—水预作用系统与泡沫—水干式系统的管道充水时间不宜大于 1min。泡沫—水预作用系统每个报警阀控制喷头数不应超过 800 只，泡沫—水干式系统每个报警阀控制喷头数不宜超过 500 只。

**7.3.11** 当系统兼有扑救 A 类火灾的要求时，尚应符合现行国家标准《自动喷水灭火系统设计规范》GB 50084 的有关规定。

**7.3.12** 本规范未作规定的，可执行现行国家标准《自动喷水灭火系统设计规范》GB 50084。

### 7.4 泡沫喷雾系统

**7.4.1** 泡沫喷雾系统可采用下列形式：

**1** 由压缩氮气驱动储罐内的泡沫预混液经泡沫喷雾喷头喷洒泡沫到防护区；

**2** 由压力水通过泡沫比例混合器（装置）输送泡沫混合液经泡沫喷雾喷头喷洒泡沫到防护区。

**7.4.2** 当保护油浸电力变压器时，系统设计应符合下列规定：

**1** 保护面积应按变压器油箱本体水平投影且四周外延 1m 计算确定；

**2** 泡沫混合液或泡沫预混液供给强度不应小于 8L/（min·m²）；

**3** 泡沫混合液或泡沫预混液连续供给时间不应小于 15min；

**4** 喷头的设置应使泡沫覆盖变压器油箱顶面，且每个变压器进出线绝缘套管升高座孔口应设置单独的喷头保护；

**5** 保护绝缘套管升高座孔口喷头的雾化角宜为 60°，其他喷头的雾化角不应大于 90°；

**6** 所用泡沫灭火剂的灭火性能级别应为Ⅰ级，抗烧水平不应低于 C 级。

**7.4.3** 当保护非水溶性液体室内场所时，泡沫混合液或预混液供给强度不应小于 6.5L/（min·m²），连续供给时间不应小于 10min。系统喷头的布置应符合下列规定：

**1** 保护面积内的泡沫混合液供给强度应均匀；

**2** 泡沫应直接喷洒到保护对象上；

**3** 喷头周围不应有影响泡沫喷洒的障碍物。

**7.4.4** 喷头应带过滤器，其工作压力不应小于其额定压力，且不宜高于其额定压力 0.1MPa。

**7.4.5** 系统喷头、管道与电气设备带电（裸露）部分的安全净距应符合国家现行有关标准的规定。

**7.4.6** 泡沫喷雾系统应同时具备自动、手动和应急机械手动启动方式。在自动控制状态下，灭火系统的响应时间不应大于 60s。与泡沫喷雾系统联动的火灾自动报警系统的设计应符合现行国家标准《火灾自动报警系统设计规范》GB 50116 的有关规定。

**7.4.7** 系统湿式供液管道应选用不锈钢管；干式供液管道可选用热镀锌钢管。

**7.4.8** 当动力源采用压缩氮气时，应符合下列规定：

**1** 系统所需动力源瓶组数量应按下式计算：

$$N = \frac{P_2 V_2}{(P_1 - P_2) V_1} \cdot k \qquad (7.4.8)$$

式中：$N$——所需氮气瓶组数量（只），取自然数；

$P_1$——氮气瓶组储存压力（MPa）；

$P_2$——系统储液罐出口压力（MPa）；

$V_1$——单个氮气瓶组容积（L）；

$V_2$——系统储液罐容积与氮气管路容积之和（L）；

$k$——裕量系数（不小于 1.5）。

**2** 系统储液罐、启动装置、氮气驱动装置应安装在温度高于 0℃ 的专用设备间内。

**7.4.9** 当系统采用泡沫预混液时，其有效使用期不宜小于 3 年。

# 8 泡沫消防泵站及供水

## 8.1 泡沫消防泵站与泡沫站

**8.1.1** 泡沫消防泵站的设置应符合下列规定：

**1** 泡沫消防泵站可与消防水泵房合建，并应符合国家现行有关标准对消防水泵房或消防泵房的规定；

**2** 采用环泵式比例混合器的泡沫消防泵站不应与生活水泵合用供水、储水设施；当与生产水泵合用供水、储水设施时，应进行泡沫污染后果的评估；

**3** 泡沫消防泵站与被保护甲、乙、丙类液体储罐或装置的距离不宜小于 30m，且应符合本规范第 4.1.10 条的规定；

**4** 当泡沫消防泵站与被保护甲、乙、丙类液体储罐或装置的距离为 30m～50m 时，泡沫消防泵站的门、窗不宜朝向保护对象。

**8.1.2** 泡沫消防水泵、泡沫混合液泵应采用自灌引水启动。其一组泵的吸水管不应少于两条，当其中一条损坏时，其余的吸水管应能通过全部用水量。

**8.1.3** 系统应设置备用泡沫消防水泵或泡沫混合液泵，其工作能力不应低于最大一台泵的能力。当符合下列条件之一时，可不设置备用泵：

**1** 非水溶性液体总储量小于 5000m³，且单罐容量小于 1000m³；

**2** 水溶性液体总储量小于 1000m³，且单罐容量小于 500m³。

**8.1.4** 泡沫消防泵站的动力源应符合下列要求之一：

**1** 一级电力负荷的电源；

**2** 二级电力负荷的电源，同时设置作备用动力的柴油机；

**3** 全部采用柴油机；

**4** 不设置备用泵的泡沫消防泵站，可不设置备用动力。

**8.1.5** 泡沫消防泵站内应设置水池（罐）水位指示装置。泡沫消防泵站应设置与本单位消防站或消防保卫部门直接联络的通讯设备。

**8.1.6** 当泡沫比例混合装置设置在泡沫消防泵站内无法满足本规范第 4.1.10 条的规定时，应设置泡沫站，且泡沫站的设置应符合下列规定：

**1** 严禁将泡沫站设置在防火堤内、围堰内、泡沫灭火系统保护区或其他火灾及爆炸危险区域内；

**2** 当泡沫站靠近防火堤设置时，其与各甲、乙、丙类液体储罐罐壁的间距应大于 20m，且应具备远程控制功能；

**3** 当泡沫站设置在室内时，其建筑耐火等级不应低于二级。

## 8.2 系 统 供 水

**8.2.1** 泡沫灭火系统水源的水质应与泡沫液的要求相适宜；水源的水温宜为 4℃～35℃。当水中含有堵塞比例混合装置、泡沫产生装置或泡沫喷射装置的固体颗粒时，应设置相应的管道过滤器。

**8.2.2** 配制泡沫混合液用水不得含有影响泡沫性能

的物质。

**8.2.3** 泡沫灭火系统水源的水量应满足系统最大设计流量和供给时间的要求。

**8.2.4** 泡沫灭火系统供水压力应满足在相应设计流量范围内系统各组件的工作压力要求，且应有防止系统超压的措施。

**8.2.5** 建（构）筑物内设置的泡沫—水喷淋系统宜设置水泵接合器，且宜设置在比例混合器的进口侧。水泵接合器的数量应按系统的设计流量确定，每个水泵接合器的流量宜按 10L/s～15L/s 计算。

# 9 水 力 计 算

## 9.1 系统的设计流量

**9.1.1** 储罐区泡沫灭火系统的泡沫混合液设计流量，应按储罐上设置的泡沫产生器或高背压泡沫产生器与该储罐辅助泡沫枪的流量之和计算，且应按流量之和最大的储罐确定。

**9.1.2** 泡沫枪或泡沫炮系统的泡沫混合液设计流量，应按同时使用的泡沫枪或泡沫炮的流量之和确定。

**9.1.3** 泡沫—水雨淋系统的设计流量，应按雨淋阀控制的喷头的流量之和确定。多个雨淋阀并联的雨淋系统，其系统设计流量应按同时启用雨淋阀的流量之和的最大值确定。

**9.1.4** 采用闭式喷头的泡沫—水喷淋系统的泡沫混合液与水的设计流量，应符合下列规定：

1 设计流量，应按下式计算：

$$Q = \frac{1}{60} \sum_{i=1}^{n} q_i \qquad (9.1.4)$$

式中：$Q$——泡沫—水喷淋系统设计流量（L/s）；

$q_i$——最有利水力条件处作用面积内各喷头节点的流量（L/min）；

$n$——最有利水力条件处作用面积内的喷头数。

2 水力计算选定的作用面积宜为矩形，其长边应平行于配水支管，其长度不宜小于作用面积平方根的 1.2 倍；

3 最不利水力条件下，泡沫混合液或水的平均供给强度不应小于本规范的规定；

4 最有利水力条件下，系统设计流量不应超出泡沫液供给能力。

**9.1.5** 泡沫产生器、泡沫枪或泡沫炮、泡沫—水喷头等泡沫产生装置或非吸气型喷射装置的泡沫混合液流量宜按下式计算，也可按制造商提供的压力-流量特性曲线确定：

$$q = k\sqrt{10P} \qquad (9.1.5)$$

式中：$q$——泡沫混合液流量（L/min）；

$k$——泡沫产生装置或非吸气型喷射装置的流

量特性系数；

$P$——泡沫产生装置或非吸气型喷射装置的进口压力（MPa）。

**9.1.6** 系统泡沫混合液与水的设计流量应有不小于 5% 的裕度。

## 9.2 管道水力计算

**9.2.1** 系统管道输送介质的流速应符合下列规定：

1 储罐区泡沫灭火系统水和泡沫混合液流速不宜大于 3m/s；

2 液下喷射泡沫喷射管前的泡沫管道内的泡沫流速宜为 3m/s～9m/s；

3 泡沫—水喷淋系统、中倍数与高倍数泡沫灭火系统的水和泡沫混合液，在主管道内的流速不宜大于 5m/s，在支管道内的流速不应大于 10m/s；

4 泡沫液流速不宜大于 5m/s。

**9.2.2** 系统水管道与泡沫混合液管道的沿程水头损失应按下列公式计算：

1 当采用普通钢管时，应按下式计算：

$$i = 0.0000107 \frac{V^2}{d_j^{1.3}} \qquad (9.2.2-1)$$

式中：$i$——管道的单位长度水头损失（MPa/m）；

$V$——管道内水或泡沫混合液的平均流速（m/s）；

$d_j$——管道的计算内径（m）。

2 当采用不锈钢管或铜管时，应按下式计算：

$$i = 105C_h^{-1.85} d_j^{-4.87} q_g^{1.85} \qquad (9.2.2-2)$$

式中：$i$——管道的单位长度水头损失（kPa/m）；

$q_g$——给水设计流量（m³/s）；

$C_h$——海澄-威廉系数，铜管、不锈钢管取 130。

**9.2.3** 水管道与泡沫混合液管道的局部水头损失，宜采用当量长度法计算。

**9.2.4** 水泵或泡沫混合液泵的扬程或系统入口的供给压力应按下式计算：

$$H = \sum h + P_0 + h_Z \qquad (9.2.4)$$

式中：$H$——水泵或泡沫混合液泵的扬程或系统入口的供给压力（MPa）；

$\sum h$——管道沿程和局部水头损失的累计值（MPa）；

$P_0$——最不利点处泡沫产生装置或泡沫喷射装置的工作压力（MPa）；

$h_Z$——最不利点处泡沫产生装置或泡沫喷射装置与消防水池的最低水位或系统水平供水引入管中心线之间的静压差（MPa）。

**9.2.5** 液下喷射系统中泡沫管道的水力计算应符合下列规定：

1 泡沫管道的压力损失可按下式计算：

$$h = CQ_p^{1.72} \qquad (9.2.5)$$

式中：$h$——每 10m 泡沫管道的压力损失（Pa/10m）；

$C$——管道压力损失系数；

$Q_p$——泡沫流量（L/s）。

**2** 发泡倍数宜按 3 计算；

**3** 管道压力损失系数可按表 9.2.5-1 取值；

**表 9.2.5-1 管道压力损失系数**

| 管径（mm） | 管道压力损失系数 $C$ |
|---|---|
| 100 | 12.920 |
| 150 | 2.140 |
| 200 | 0.555 |
| 250 | 0.210 |
| 300 | 0.111 |
| 350 | 0.071 |

**4** 泡沫管道上的阀门和部分管件的当量长度可按表 9.2.5-2 确定。

**表 9.2.5-2 泡沫管道上阀门和部分管件的当量长度（m）**

| 管件种类 ＼ 公称直径（mm） | 150 | 200 | 250 | 300 |
|---|---|---|---|---|
| 闸阀 | 1.25 | 1.50 | 1.75 | 2.00 |
| 90°弯头 | 4.25 | 5.00 | 6.75 | 8.00 |
| 旋启式逆止阀 | 12.00 | 15.25 | 20.50 | 24.50 |

**9.2.6** 泡沫液管道的压力损失计算宜采用达西公式。确定雷诺数时，应采用泡沫液的实际密度；泡沫液粘度应为最低储存温度下的粘度。

### 9.3 减 压 措 施

**9.3.1** 减压孔板应符合下列规定：

**1** 应设在直径不小于 50mm 的水平直管段上，前后管段的长度均不宜小于该管段直径的 5 倍；

**2** 孔口直径不应小于设置管段直径的 30%，且不应小于 20mm；

**3** 应采用不锈钢板材制作。

**9.3.2** 节流管应符合下列规定：

**1** 直径宜按上游管段直径的 1/2 确定；

**2** 长度不宜小于 1m；

**3** 节流管内泡沫混合液或水的平均流速不应大于 20m/s。

**9.3.3** 减压孔板的水头损失应按下式计算：

$$H_k = \xi \frac{V_k^2}{2g} \qquad (9.3.3)$$

式中：$H_k$——减压孔板的水头损失（$10^{-2}$MPa）；

$V_k$——减压孔板后管道内泡沫混合液或水的平均流速（m/s）；

$\xi$——减压孔板的局部阻力系数。

**9.3.4** 节流管的水头损失应按下式计算：

$$H_g = \xi \frac{V_g^2}{2g} + 0.00107L \frac{V_g^2}{d_g^{1.3}} \qquad (9.3.4)$$

式中：$H_g$——节流管的水头损失（$10^{-2}$MPa）；

$\xi$——节流管中渐缩管与渐扩管的局部阻力系数之和，取值 0.7；

$V_g$——节流管内泡沫混合液或水的平均流速（m/s）；

$d_g$——节流管的计算内径（m）；

$L$——节流管的长度（m）。

**9.3.5** 减压阀应符合下列规定：

**1** 应设置在报警阀组入口前；

**2** 入口前应设置过滤器；

**3** 当连接两个及以上报警阀组时，应设置备用减压阀；

**4** 垂直安装的减压阀，水流方向宜向下。

### 附录 A 水溶性液体泡沫混合液供给强度试验方法

**A.0.1** 直接测试泡沫混合液供给强度试验方法，应符合下列规定：

**1** 试验盘的直径不应小于 3.5m，高度不应小于 1m；

**2** 盛装试验液体深度不应小于 0.2m；

**3** 泡沫产生器的设置数量应按本规范表 4.2.3 确定，泡沫出口距液面高度不应小于 0.5m；

**4** 应通过更换泡沫产生器的方式改变泡沫混合液供给强度，经泡沫溜槽向试验盘内供给泡沫，且各泡沫产生器在同一压力下工作；

**5** 试验次数不应少于 4 次；

**6** 泡沫混合液有效用量不应大于 50L/m²；

**7** 试验盘壁的冷却应在靠近试验盘壁顶部安装冷却水环管，通过在其环管上钻孔或安装喷头的方式向盘壁喷洒冷却水，冷却水供给强度不应小于 2.5L/(min·m²)；

**8** 应测取临界或最佳泡沫混合液供给强度；

**9** 应取临界值的 4 倍～5 倍，或最佳值的 1.5 倍。

**A.0.2** 间接测试泡沫混合液供给强度试验方法，应符合下列规定：

**1** 试验盘的内径应为（2400±25）mm，深度应为（200±15）mm，壁厚应为 2.5mm；钢制挡板长应为（1000±50）mm，高应为（1000±50）mm；

**2** 盛装试验液体深度不应小于 0.1m；

**3** 参比液体应为丙酮或异丙醇；

**4** 试验液体和参比液体应采用同一支泡沫管枪供给泡沫，泡沫供给方式可按现行国家标准《泡沫灭火剂》GB 15308 的有关规定执行；

**5** 泡沫混合液供给时间不应大于 3min；

**6** 应测取试验液体和参比液体的灭火时间，并应计算泡沫混合液用量；

**7** 供给强度应按下式取值：

$$\frac{测试液体}{供给强度} = \frac{参比液体}{供给强度} \times \frac{测试液体泡沫混合液用量}{参比液体泡沫混合液用量}$$

$$(A.0.2)$$

**A. 0. 3** 泡沫混合液供给强度定性试验方法，应符合下列规定：

**1** 试验盘内径应为（1480±15）mm；

**2** 参比液体应为丙酮或甲醇；

**3** 试验方法应符合现行国家标准《泡沫灭火剂》GB 15308 的有关规定；

**4** 取值应符合下列规定：

**1）** 当试验液体的泡沫混合液供给时间小于甲醇的供给时间时，可取本规范表 4.2.2-2 规定的甲醇泡沫混合液供给强度与连续供给时间；

**2）** 当试验液体的泡沫混合液供给时间大于甲醇的供给时间，但小于丙酮的供给时间时，可取本规范表 4.2.2-2 规定的丙酮泡沫混合液供给强度与连续供给时间；

**3）** 当试验液体的泡沫混合液供给时间大于丙酮的供给时间时，其泡沫混合液供给强度应按本规范第 A.0.1 条或第 A.0.2 条规定的试验方法进行试验。

# 本规范用词说明

**1** 为便于在执行本规范条文时区别对待，对要求严格程度不同的用词说明如下：

**1）** 表示很严格，非这样做不可的：

正面词采用"必须"，反面词采用"严禁"；

**2）** 表示严格，在正常情况下均应这样做的：

正面词采用"应"，反面词采用"不应"或"不得"；

**3）** 表示允许稍有选择，在条件许可时首先应这样做的：

正面词采用"宜"，反面词采用"不宜"；

**4）** 表示有选择，在一定条件下可以这样做的，采用"可"。

**2** 条文中指明应按其他有关标准执行的写法为："应符合……的规定"或"应按……执行"。

# 引用标准名录

《爆炸和火灾危险环境电力装置设计规范》GB 50058

《自动喷水灭火系统设计规范》GB 50084

《火灾自动报警系统设计规范》GB 50116

《石油天然气工程设计防火规范》GB 50183

《飞机库设计防火规范》GB 50284

《泡沫灭火剂》GB 15308

# 中华人民共和国国家标准

# 泡沫灭火系统设计规范

**GB 50151—2010**

## 条 文 说 明

# 修 订 说 明

此前，我国专门针对泡沫灭火系统设计的国家标准有《低倍数泡沫灭火系统设计规范》GB 50151 和《高倍数、中倍数泡沫灭火系统设计规范》GB 50196。为便于管理和使用，根据建设部建标〔2006〕77 号"关于印发《2006 年工程建设标准规范制定、修订计划（第一批）》的通知"、建标标函〔2006〕50 号"关于同意调整国家标准《低倍数泡沫灭火系统设计规范》修订计划的复函"的要求，此次全面修订将上述两部规范合并，并定名为《泡沫灭火系统设计规范》。

由于上述两部规范的合并，并且又增加了泡沫—水喷淋系统与泡沫喷雾系统的设计内容，为了服从规范的整体要求，规范章节做了重新划分，将共性内容集中单独成章，相应的节也进行了调整，并增加或删除了部分条文。此外，对原规范的部分内容进行了重大或局部修订，与原国家标准《低倍数泡沫灭火系统设计规范》GB 50151—92（2000 年版）、《高倍数、中倍数泡沫灭火系统设计规范》GB 50196—93（2002 年版）相比，有以下重大变化：

1. 储罐区泡沫灭火系统设计由原《低倍数泡沫灭火系统设计规范》按泡沫喷射形式分节，调整为按固定顶储罐、外浮顶储罐、内浮顶储罐等保护对象进行分节。使规范条文清晰连贯、方便使用，也使得各节内容基本平衡。

2. 原《低倍数泡沫灭火系统设计规范》泡沫炮、泡沫枪系统一节，不仅名称改变了，应用范围也有变化。首先依据规范编制组在浙江诸暨进行的公路隧道泡沫消火栓箱灭厢式轿车火灾试验，增加了公路隧道泡沫消火栓箱的设置规定；其次对设有围堰的非水溶性液体流淌火灾场所的设计规定，除适用于泡沫炮、泡沫枪系统外，也适用于采用低位泡沫喷射口的系统。此外，对甲、乙、丙类液体槽车装卸栈台的泡沫枪和泡沫炮系统的设计参数做了较大修改。

3. 本次修订增设了附录 A，并规定了水溶性液体的泡沫混合液供给强度的试验方法，既便于工程设计也对试验方法进行了规范。

4. 对原《高倍数、中倍数泡沫灭火系统设计规范》有关全淹没系统和局部应用系统的概念与应用场所重新做了界定。原规范以系统在应用场所内应用范围的大小，即按全场所应用还是按局部场所应用来区分全淹没系统和局部应用系统，两者的区别就是保护场所的大小，并依此规定了不同的泡沫液与水的供给时间，难以准确把握。本规范参照 NFPA 11《低倍数、中倍数、高倍数泡沫灭火系统标准》，以应用场所封闭与否及场所周围的围挡情况来区分两个系统，不但易于界定，也更符合工程实际情况，且利于系统推广应用。

5. 对原《高倍数、中倍数泡沫灭火系统设计规范》高倍数泡沫灭火系统、中倍数泡沫灭火系统两章的分节形式做了重大调整，使规范条文清晰连贯、方便使用。另外，对油罐中倍数泡沫灭火系统单独成节并做了更为详细的规定。

原国家标准《低倍数泡沫灭火系统设计规范》GB 50151—92 主编单位、参编单位和主要起草人：

**主 编 单 位：**公安部天津消防科学研究所

**参 编 单 位：**中国石油化工总公司北京设计院
中国石油化工总公司洛阳石油化工工程公司
中国石油天然气总公司大庆石油勘察设计研究院
天津市公安局消防处

**主要起草人：**甘家林　原继增　汤晓林　秘义行
石守文　贾宜普　李　生　孟祥平
张凤和　蒋永琨　吴礼龙　关明俊
侯建萍

原国家标准《低倍数泡沫灭火系统设计规范》GB 50151—92（2000 年版）主编单位、参编单位和主要起草人：

**主 编 单 位：**公安部天津消防科学研究所

**参 编 单 位：**中国石化总公司北京设计院
中国石化总公司洛阳石油化工工程公司
大庆油田消防支队
河南省公安消防总队
中国环球化学工程公司

**主要起草人：**金洪斌　秘义行　汤晓林　侯建萍
刘玉身　侯世恩　郑铁一　南江林
吴洪有

原国家标准《高倍数、中倍数泡沫灭火系统设计规范》GB 50196—93 主编单位、参编单位和主要起草人：

**主 编 单 位：**公安部天津消防科学研究所

**参 编 单 位：**商业部设计院
化学工业部第一设计院
煤炭部河南平顶山矿务局
中国船舶工业总公司上海船舶设计研究院
冶金工业部武汉钢铁设计研究院
浙江乐清消防器材厂

**主要起草人：**孙　伦　栾　培　马桐臣　张连城
王万钢　潘　丽　魏金甫　陆连甲
曹建毅　王宏进　廉吟芳

原国家标准《高倍数、中倍数泡沫灭火系统设计规范》GB 50196—93（2002年版）主编单位、参编单位和主要起草人：

主 编 单 位：公安部天津消防科学研究所

参 编 单 位：国内贸易工程设计研究院

中国石化北京设计院

鞍钢设计研究院

武汉市公安消防局

主要起草人：马桐臣　栾　培　王万钢　南江林

徐晓琴　汤晓林　张洪英　宋树欣

为了方便广大设计、生产、施工、科研、学校等单位有关人员在使用本规范时能正确理解和执行条文规定，《泡沫灭火系统设计规范》编制组按章、节、条顺序编制了本规范的条文说明，对条文规定的目的、依据以及执行中需注意的有关事项进行了说明，还对强制性条文的强制性理由做了解释。但是，本条文说明不具备与规范正文同等的法律效力，仅供使用者作为理解和把握规范规定的参考。

# 目 次

# 1 总 则

**1.0.1** 本条主要说明制定本规范的意义和目的。

本规范涵盖了低倍数、中倍数、高倍数泡沫灭火系统和泡沫—水喷淋系统的设计要求。

合理的设计是保证系统安全可靠、达到预期效果的前提，国内外有不少成功的灭火案例。近年来，在我国低倍数泡沫灭火系统先后成功扑灭过 10000m³ 凝析油内浮顶储罐全液面火灾、150000m³ 原油浮顶储罐密封区火灾、100000m³ 原油浮顶储罐密封区火灾等多起大型石油储罐火灾。实践证明，其规定是合理、有效的。

本次修订增加了部分新设计内容，拓展了泡沫灭火系统的应用范围。

**1.0.2** 本条规定了本规范适用和不适用的范围。

泡沫灭火系统是随着石油工业的发展而产生的。早在 20 世纪 30 年代，就出现了正规的泡沫灭火系统。我国从 20 世纪 60 年代开始研究并应用泡沫灭火系统。进入 20 世纪 80 年代后，随着相应技术规范的先后颁布，泡沫灭火系统得到广泛使用。应用的主要场所有：石油化工企业生产区、油库、地下工程、汽车库、仓库、煤矿、大型飞机库、船舶等场所。

本规范主要适用于陆上场所。

**1.0.4** 本规范是一本专业性的工程技术标准，除本规范不适用的场所外，只要规定设置泡沫灭火系统的工程，就应根据本规范的要求进行设计。至于哪些部位需要设置泡沫灭火系统，应按《建筑设计防火规范》GB 50016、《石油库设计规范》GB 50074、《石油天然气工程设计防火规范》GB 50183、《石油化工企业设计防火规范》GB 50160 等有关规范执行。

另外，与泡沫灭火系统设计配套的规范，如《火灾自动报警系统设计规范》GB 50116、《爆炸和火灾危险环境电力装置设计规范》GB 50058 等，以及相关产品国家标准，都应遵照执行。

# 3 泡沫液和系统组件

## 3.1 一般规定

**3.1.1** 泡沫灭火系统中采用的泡沫消防水泵、泡沫混合液泵、泡沫液泵、泡沫比例混合器（装置）、压力容器（泡沫预混液储罐及驱动气瓶）、泡沫产生装置（泡沫产生器、泡沫枪、泡沫炮、泡沫喷头等）、火灾探测与启动控制装置、阀门、管道等，通过国家有关检测部门的检测合格是最基本要求。合格的组件是保证系统正常工作的前提，为此本条定为强制性条文。

**3.1.2** 消防泵等设备与管道着色是国内外消防界的习惯做法，本条是根据国内消防界的着色习惯制定的。

工程中除了泡沫灭火系统组件、消防冷却水系统组件外，还会有较多的工艺组件。为避免因混淆而导致救火人员忙乱中误操作，涂色应有统一要求。当因管道多而与工艺管道涂色发生矛盾时，也可涂相应的色带或色环。

## 3.2 泡沫液的选择和储存

**3.2.1** 本条按泡沫喷射方式规定了非水溶性甲、乙、丙类液体储罐低倍数泡沫液的选择。

严格地讲，所有液体均有一定的溶水性，只有溶解度高低之分，通常业内将原油、成品燃料油、苯等微溶水的液体称为非水溶性液体。到目前为止，国内外利用普通泡沫所做的灭火应用试验基本限于原油及其成品油，并且从目前所掌握的情况来看，用普通泡沫能够扑灭单纯由碳、氢元素组成的液体（烃类液体）火灾。所以，本规范所述的非水溶性液体是指由碳、氢两元素构成的烃类液体及其液体混合物，如原油、汽油、苯等。

液上喷射系统是从燃烧的液体上方供给泡沫，不会出现因泡沫被燃烧的液体污染而无法灭火的现象，所以蛋白、氟蛋白、水成膜、成膜氟蛋白泡沫液等均可选用。

液下喷射系统供给的泡沫必须通过油层，蛋白泡沫因带油率较高而难以灭火。氟蛋白等含疏油性氟碳表面活性剂的泡沫，带油率较低，并且其泡沫的灭火性能受含油量影响较小。1976 年，公安部天津消防研究所在 700m³ 和 5000m³ 汽油储罐上试验得出，蛋白泡沫经汽油层浮到油面时，汽油含量达到 2% 以上具有可燃性，达到 8.5% 就可持续燃烧；氟蛋白泡沫中的汽油含量达到 23% 以上才能持续燃烧。所以，将蛋白泡沫液排除，规定选用氟蛋白、水成膜、成膜氟蛋白泡沫液。

抗溶氟蛋白泡沫液、抗溶水成膜泡沫液和抗溶成膜氟蛋白泡沫液也适用于非水溶性液体，但其价格较贵，对单纯的非水溶性液体储罐，通常不采用。

泡沫抗烧性能的高低，对扑救甲、乙、丙类液体储罐火灾至关重要。通常，水成膜泡沫的抗烧性能低于蛋白类泡沫，且不同生产商或不同混合比的产品，其抗烧性能有较大差异。现行国家标准《泡沫灭火剂》GB 15308 规定的低倍数泡沫的灭火性能级别与抗烧水平参数见表 1。其中，灭火性能 I 为最高等级，III 为最低等级，抗烧水平 A 级为最高，D 级为最低。

本条规定选择的泡沫液是经过数十年实际火灾扑救案例和灭火试验检验，并证明是安全可靠的，且得到广泛应用，为此定为强制性条文。

# 表1　低倍数泡沫的灭火性能级别与抗烧水平

| 灭火性能级别 | 抗烧水平 | 缓施加泡沫试验 | | 强施加泡沫试验 | |
|---|---|---|---|---|---|
| | | 最大灭火时间(min) | 最小抗烧时间(min) | 最大灭火时间(min) | 最小抗烧时间(min) |
| I | A | 不做此项试验 | | 3 | 10 |
| | B | 5 | 15 | 3 | 不做此项试验 |
| | C | 5 | 10 | 3 | |
| | D | 5 | 5 | 3 | |
| II | A | 不做此项试验 | | 4 | 10 |
| | B | 5 | 15 | 4 | 不做此项试验 |
| | C | 5 | 10 | 4 | |
| | D | 5 | 5 | 4 | |
| III | B | 5 | 15 | 不做此项试验 | |
| | C | 5 | 10 | | |
| | D | 5 | 5 | | |

**3.2.2**　水成膜、成膜氟蛋白泡沫施加到烃类燃液表面时，其泡沫析出液能在燃液表面产生一层防护膜。其灭火效力不仅与泡沫性能有关，还依赖于它的成膜性及其防护膜的坚韧性和牢固性。所以，水成膜、成膜氟蛋白泡沫也适用于水喷头、水枪、水炮等非吸气型喷射装置。

本条第 2 款的规定必须要做到，否则，系统灭火无法保证，为此定为强制性条文。

**3.2.3**　分子中含有氧、氮等元素的有机可燃液体，其化学结构中含有亲水基团，与水相溶，因此称其为水溶性液体。醇、醛、酸、酯、醚、酮等是常见的水溶性液体，这类液体对普通泡沫有较强的脱水性，可使泡沫破裂而失去灭火功效。有些产品即使在水中的溶解度很低，也难以或无试验证明用普通泡沫扑灭其火灾。因此，应选用抗溶泡沫液。

抗溶泡沫中添加了多糖等抗醇的高分子化合物，在灭水溶性液体火灾时，在燃液表面上能形成一层高分子胶膜，保护上面的泡沫免受水溶性液体的脱水而导致破坏，从而实现灭火。

对于在汽油中添加醚、醇等含氧添加剂的车用燃料，如果其含氧添加剂含量体积比大于10%，用普通泡沫难以灭火，需用抗溶泡沫，即这类燃料也属于对普通泡沫有破坏作用的甲、乙、丙类液体。2002年，公安部天津消防研究所承担了国家创新项目《车用乙醇汽油应用技术的研究》的子课题《车用乙醇汽油火灾危险性评估及其对策》，进行了模拟 100m³ 油罐火灾的灭火试验研究，也证明了这一点。

某些储罐区既有水溶性液体储罐又有非水溶性液体储罐，某些桶装库房同时存有水溶性和非水溶性液体，为了降低工程造价设计一套泡沫灭火系统是可行的，但须选用抗溶性泡沫液。用抗溶性泡沫液扑救非

水溶性液体火灾时，其设计要求与普通泡沫相同。

本条规定必须要做到，否则，系统灭火无法保证，为此定为强制性条文。

**3.2.4**　我国研制用于油罐的中倍数泡沫液是一种添加了人工合成碳氢表面活性剂的氟蛋白泡沫液。在配套设备条件下，发泡倍数在 20～30 范围内。为了提高泡沫的稳定性和增强灭火效果，其混合比定为8%。

除用于油罐的中倍数泡沫液外，高倍数泡沫液也可作为中倍数泡沫灭火系统的灭火剂。在其限定的使用范围内，灭火功效得到认可。

**3.2.5**　1980 年，在我国某飞机洞库做普通高倍数泡沫灭火试验时，由于预燃时间长，洞内空气已经被燃烧产生的高温及汽油、柴油燃烧、裂解产生的烟气所污染，虽然选用了六台泡沫产生器，但由于高倍数泡沫产生器吸入的是被污染的空气，泡沫的形成很困难，较长时间泡沫堆积不起来。

试验研究表明：火灾中热解烟气量小于氧化燃烧烟气量，但热解烟气对泡沫的破坏作用却明显大于燃烧烟气。烟气中不可见化学物质是破坏泡沫的主要因素，并且，高温及烟气对泡沫的破坏作用均明显地表现为泡沫的稳定性降低，即析液时间短。为保证系统有效灭火，本条定为强制性条文。

**3.2.6**　泡沫液按适用水源的不同，分为淡水型泡沫液和适用海水型泡沫液，适用海水型泡沫液适用于淡水和海水。试验表明，不适用于海水的泡沫液使用海水产生的泡沫稳定性很差，基本不具备灭火能力。为保证系统有效灭火，本条定为强制性条文。

**3.2.7**　泡沫液储存在高温潮湿的环境中，会加速其老化变质。储存温度过低，泡沫液的流动性会受到影响。另外，当泡沫混合液温度较低或过高时，发泡倍数会受到影响，析液时间会缩短，泡沫灭火性能会降低。一般泡沫液的储存温度通常为 0℃～40℃。

## 3.3　泡沫消防泵

**3.3.1**　本条主要对泡沫消防水泵、泡沫混合液泵的选择与设置提出了要求。

**1**　现实工程中，泡沫消防水泵的流量都有一定的变化，有的变化还较大，而所需扬程变化较小。为此，规定泡沫消防水泵、泡沫混合液泵选用特性曲线平缓的离心泵。

**2**　水力驱动的泡沫液泵通常采用系统自身压力水，为此应将泡沫液泵消耗的水量计算在内。

**3**　采用环泵式比例混合流程时，7%～10%的泡沫混合液在循环回流，为确保可靠，按系统设计流量的 1.1 倍选择泡沫混合液泵为宜。

**4**　泵出口管道上设置压力表是为了监测泵的出口工作压力；设置单向阀是为消除水锤效应对泵的影响；设置带控制阀的回流管是为了预防泵过载。这些

都是工艺上的要求，不可省略。

**3.3.2** 蛋白类泡沫液中含有某些无机盐，其对碳钢等金属有腐蚀作用；合成类泡沫液含有较大比例的碳氢表面活性剂及有机溶剂，其不但对金属有腐蚀作用，而且对许多非金属材料也有溶解、溶胀和渗透作用。因此，泡沫液泵的材料应能耐泡沫液腐蚀。同时，某些材料对泡沫液的性能有不利影响，尤其是碳钢对水成膜泡沫液的性能影响最大。因此，泡沫液泵的材料亦不能影响泡沫液的性能。

泡沫液泵空载运转的规定和现行国家标准《消防泵》GB 6245 的规定相一致。因泡沫液的粘度较高，在美国等国家，一般推荐采用容积式泵。

本条前四款的规定必须要做到，否则，难以保证系统可靠，为此定为强制性条文。

### 3.4 泡沫比例混合器（装置）

**3.4.1** 储罐容量较大时，其火灾危险性也会增大，发生火灾所造成的后果亦比较严重。因此，对于大容量储罐，宜选择可靠性和精度较高的计量注入式比例混合装置和平衡式比例混合装置。

对于密度低于 1.12g/mL 的泡沫液，由于它与水的密度接近，当将水注入到泡沫液储罐内时，泡沫液易与水在泡沫液储罐内混合而不易形成明显的分界面。所以，不能选择无囊的压力比例混合装置。

**3.4.2** 本条前两款是该比例混合装置的原理性要求，第三款是保证系统使用或试验后能用水冲洗干净，不留残液。

**3.4.3** 计量注入式比例混合装置是近年发展起来的一种新型比例混合装置。该装置主要由泡沫液泵、水泵、流量计、电子控制器、泡沫液储罐等组成。其基本原理为：利用流量计实时监控系统运行条件，并向电子控制器反馈流量信号，电子控制器接收到相应流量数据的电信号后，会控制泡沫液泵按相应流量供给泡沫液，以达到维持恒定混合比的目的。其运行不受水压影响，并且也不会因补充泡沫液而中断。图 1 为一典型计量注入式比例混合装置的流程图，该流程在水管道上设有流量计，主要监测水的流量，并利用变量泡沫液泵控制泡沫液的流量。在工程中，也可同时在泡沫液管路上设置流量计，进行泡沫液流量的监测。另外，可使用变频技术来控制泡沫液泵的流量。对于该类型的装置来说，流量测量的准确性将直接影响混合比的精确性。因此，要求流量计的进口前和出口后直管段的长度不小于 10 倍的管径。

**3.4.4** 工程实践中，压力比例混合装置囊渗漏甚至破裂的实例均有发生。本着经济、安全可靠、使用方便的原则限制其储罐容积。

对于无囊式压力比例混合装置，当采用单个较大容积的泡沫液储罐时，平时难以进行系统试验，其故障较难发现，且系统调试检测也不方便。为此，推荐

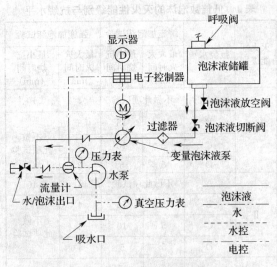

图 1 计量注入式比例混合装置

设置 1 台小容积的压力式比例混合器，并能保证按系统最大设计流量连续提供 3min 的泡沫混合液。

**3.4.5** 在泡沫灭火系统工程中，环泵式比例混合器是利用文丘里管原理的第一代泡沫比例混合器产品。其流程如图 2 所示。

影响该泡沫比例混合器精度的因素主要有消防泵的进出口压力和泡沫液储罐液面与比例混合器的高差等两方面。试验研究表明，当比例混合器进口压力为 0.7MPa 时，其出口背压可为 0.02MPa；当比例混合器进口压力为 0.9MPa 时，其出口背压可为 0.03MPa。

系统泡沫液储罐与储水设施一般都存在液面高差。当泡沫液液面高于水液面时，操作不慎泡沫液会流到水中，反之水会流到泡沫液储罐中。这两种现象实际中均发生过，为避免此类现象，需要设置相关阀门。

在使用中，由于锈蚀、泡沫液残液固化等，导致其中的比例混合器堵塞，所以应设不少于 1 个的备用量。

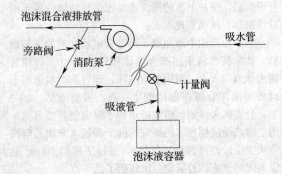

图 2 环泵式比例混合流程示意

**3.4.6** 管线式比例混合器工作流量范围小（参见表2），压力损失大（约为进口压力的 1/3），通常用于移动式或半固定式泡沫灭火系统。本条是依据有关试

验制定的。

## 表2 国产管线式比例混合器主要规格及其性能参数

| 型号 | 进口压力（MPa） | 出口压力 0.7MPa 时的泡沫混合液流量（L/s） |
|------|--------------|----------------------------------|
| PHF3 | 0.6～1.2 | 3 |
| PHF4 | 0.6～1.2 | 3.75 |
| PHF8 | 0.6～1.2 | 7.5 |
| PHF16 | 0.6～1.2 | 15 |

### 3.5 泡沫液储罐

**3.5.1** 泡沫液中含有无机盐、碳氢与氟碳表面活性剂及有机溶剂，长期储存对碳钢等金属有腐蚀作用，对许多非金属材料也有溶解、溶胀和渗透作用。另一方面，某些材料或防腐涂层对泡沫液的性能有不利影响，尤其是碳钢对水成膜泡沫液的性能影响最大。所以，在选择泡沫液储罐内壁的材质或防腐涂层时，应特别注意是否与所选泡沫液相适宜。

不锈钢、聚四氟乙烯等材料可满足储存各类泡沫液的要求。

**3.5.2** 泡沫液会随着温度的升高而发生膨胀，尤其是蛋白类泡沫液长期储存会有部分沉降物积存在罐底部。因此，规定泡沫液储罐要留出上述储存空间。

蛋白类泡沫液沉降物的体积按泡沫液储量（体积）的5%计算为宜。

**3.5.3** 不同种类、不同牌号的泡沫液混存会对泡沫液的性能产生不利影响。尤其是成膜类泡沫液混入其他类型泡沫液后，会破坏其成膜性。

### 3.6 泡沫产生装置

**3.6.1** 本条对低倍数泡沫产生器作了具体规定。

**1** 固定顶储罐与按固定顶储罐防护的内浮顶储罐发生火灾时多伴有罐顶整体或局部破坏，安装在罐壁顶部的横式泡沫产生器由于受力条件不佳及进口连接脆弱而往往被拉断，选用立式泡沫产生器可降低这一

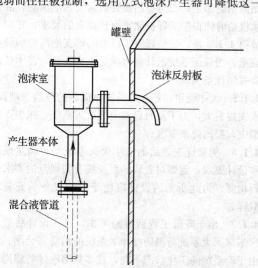

图 3　立式泡沫产生器安装示意

风险。立式泡沫产生器的安装示意图见图3。

**2** 本款旨在保证泡沫产生器在合理的压力下工作，使之产生的泡沫在发泡倍数与稳定性方面利于灭火。

**3** 本款规定主要是防止堵塞泡沫产生器或泡沫喷射口。

**4** 本款规定有利于泡沫产生器的正常工作。横式泡沫产生器的典型安装示意图及主要尺寸见图4、表3。

**5** 泡沫产生器设置在外浮顶储罐密封的上方，其密封玻璃不但无用，还可能影响泡沫喷射。

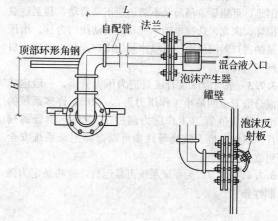

图 4　横式泡沫产生器安装示意

### 表3　图4中的主要尺寸（mm）

| 型　号 | PC4 | PC8 | PC16 | PC24 |
|-------|-----|-----|------|------|
| L | 1000 | 1000 | 1000 | 1000 |
| H | 180 | 200 | 240 | 280 |

**3.6.2** 泡沫产生器进口工作压力范围由制造商提供，通常标在其产品说明书中。对发泡倍数的规定是根据国内试验和国外相关标准制定的。

**3.6.3** 本条对中倍数泡沫产生器进行了规定。

**1** 发泡网的材质、结构和形状对发泡量和泡沫质量有很大影响，为保证发泡性能和提高使用年限，规定其应用不锈钢材料制作。

**2** 安装于油罐上的中倍数泡沫产生器对吸气条件要求较严格，为保证泡沫产生器进气通畅，所以其进空气口应高出罐壁顶。

**3.6.4** 本条对防护区内高倍数泡沫产生器的选择提出了要求。

**1** 水轮机驱动式高倍数泡沫产生器是利用压力水驱动水轮机旋转，不受气源温度的限制，可以利用防护区内热烟气发泡。而电动机驱动式高倍数泡沫产生器，因电动机本身要求的环境工作温度有一定限制，不能利用火场热烟气发泡。

**2** 当在防护区内固定安装泡沫发生器时，在火

灾条件下，发泡网有可能会受到火焰或热烟气的威胁，发泡网一旦损坏，泡沫发生器就无法发泡灭火。

**3.6.5** 泡沫一水喷头、泡沫一水雾喷头的工作压力太低将降低发泡倍数，影响灭火效果。

### 3.7 控制阀门和管道

**3.7.1** 阀门若没有明显启闭标志，一旦失火，容易发生误操作。对于明杆阀门，其阀杆就是明显的启闭标志。对于暗杆阀门，则须设置明显的启闭标志。为保证系统可靠操作，本条定为强制性条文。

**3.7.2** 口径较大的阀门，一个人手动开启或关闭较困难，可能导致消防泵不能迅速正常启动，甚至过载损坏。因此，选择电动、气动或液动阀门为佳。增压泵的进口阀门属上一级供水泵的出口阀门，也按出口阀门对待。

**3.7.3** 水与泡沫混合液管道为压力管道，一般泡沫混合液管道的最小工作压力为 0.7MPa，许多系统的泡沫混合液管道工作压力超过 1.0MPa。钢管的韧性、机械强度、抗烧等性能可以保障泡沫系统安全可靠。

**3.7.6、3.7.7** 为保证系统可靠运行，这两条定为强制性条文。

# 4 低倍数泡沫灭火系统

## 4.1 一般规定

**4.1.1** 现行国家标准《石油化工企业设计防火规范》GB 50160、《石油库设计规范》GB 50074、《石油天然气工程设计防火规范》GB 50183 分别对各自行业设置固定式、半固定式和移动式泡沫灭火系统的场所进行了规定。《建筑设计防火规范》GB 50016 规定甲、乙、丙类液体储罐等泡沫灭火系统的设置场所应符合上述规范的有关规定。

**4.1.2** 目前，泡沫灭火系统用于甲、乙、丙类液体立式储罐，有液上喷射、液下喷射、半液下喷射三种形式。本规范将泡沫炮、泡沫枪系统划在了液上喷射系统中。关于本条的规定，综合说明如下：

　　1 对于甲、乙、丙类液体固定顶、外浮顶和内浮顶三种储罐，液上喷射系统均适用。

　　2 液下喷射泡沫灭火系统不适用于水溶性液体和其他对普通泡沫有破坏作用的甲、乙、丙类液体固定顶储罐，因为泡沫注入该液体后，由于该类液体分子的脱水作用而使泡沫遭到破坏，无法浮升到液面实施灭火。半液下喷射是泡沫灭火系统应用形式之一，某些发达国家应用多年。

　　3 液下与半液下喷射系统不适用于外浮顶和内浮顶储罐，其原因是浮顶阻碍泡沫的正常分布；当只对外浮顶或内浮顶储罐的环形密封处设防时，更无法

将泡沫全部输送到所需的区域。

　　4 对于外浮顶储罐与按外浮顶储罐对待的内浮顶储罐，其设防区域为环形密封区，泡沫炮难以将泡沫施加到该区域；对于水溶性甲、乙、丙类液体，由于泡沫炮为强施放喷射装置，喷出的泡沫会潜入其液体中，使泡沫脱水而遭到破坏，所以不适用；直径大于 18m 的固定顶储罐与按固定顶储罐对待的内浮顶储罐发生火灾时，罐顶一般只撕开一条口子，全掀的案例很少，泡沫炮难以将泡沫施加到储罐内。

　　5 灭火人员操纵泡沫枪难以对罐壁更高、直径更大的储罐实施灭火。

　　本条规定必须要做到，为此定为强制性条文。

**4.1.3** 执行本条时，应注意泡沫混合液设计流量与泡沫混合液设计用量两个参数。对于固定顶和浮顶罐同设、非水溶性液体与水溶性液体并存的罐区，由于泡沫混合液供给强度与供给时间不一定相同，两个参数的设计最大值不一定集中到一个储罐上，应对每个储罐分别计算。按泡沫混合液设计流量最大的储罐设置泡沫消防水泵或泡沫混合液泵，按泡沫混合液设计用量最大的储罐储备消防水和泡沫液。

　　另外，本条应与本规范第9.1.1条等结合起来使用。个别工程项目曾错误地按储罐保护面积乘以规范规定的最小泡沫混合液供给强度，再加上辅助泡沫枪流量设置泡沫消防水泵或泡沫混合液泵，由于实际设置的泡沫产生器的能力大于其计算值，致使系统无法正常使用。为此，强调指出：应按系统实际设计泡沫混合液强度计算确定罐内泡沫混合液量，而不是按本规范规定的最小值去确定。

　　综上所述，为保证系统设计能力满足灭火需要，将本条定为强制性条文。

**4.1.4** 本条有三层含义：一是提出对设置固定式泡沫灭火系统的储罐区，设置用于扑救液体流散火灾的辅助泡沫枪要求，不限制将泡沫枪放置在其专职消防站的消防车上；二是提出设置数量及其泡沫混合液连续供给时间根据所保护储罐直径确定的要求，呼应本节第4.1.3条；三是规定了可选的单支泡沫枪的最小流量。为保证系统设计能力满足灭火需要，将本条定为强制性条文。

**4.1.5** 大中型甲、乙、丙类液体储罐的危险程度高、火灾损失大，为了及时启动泡沫灭火系统，减少火灾损失，提出此条要求。

**4.1.6** 为验证安装后的泡沫灭火系统是否满足规范和设计要求，需要对安装的系统按有关规范的要求进行检测，为此所做的设计应便于检测设备的安装和取样。

**4.1.7** 出于降低工程造价的考虑，有些设计将储罐区泡沫灭火系统与消防冷却水系统的消防泵合用。但由于两系统的工作状态不同，且多数储罐区的储罐规格也不尽相同，有的相差很大，致使有些系统使用困

难。为此提出本条要求，对此类设计加以约束。

**4.1.8** 泡沫消火栓的功能是连接泡沫枪扑救储罐区防火堤内流散火灾。现行国家标准《石油化工企业设计防火规范》GB 50160 规定消火栓的间距不宜大于60m，为使储罐区消防设施的布置有章法，本条采纳了这一参数。

**4.1.9** 规定固定式泡沫灭火系统具备半固定系统功能，灭火时多了一种战术选择，且简便易行。当泡沫混合液管道在防火堤外环状布置时，利用环状管道上设置泡沫消火栓就能实现半固定系统功能，但不如在通向泡沫产生器的支管上设置带控制阀的管牙接口方便。

**4.1.10** 为保证系统及时灭火，本条定为强制性条文。

#### 4.2 固定顶储罐

**4.2.1** 固定顶储罐的燃液暴露面为其储罐的横截面，泡沫须覆盖全部燃液表面方能灭火，所以保护面积应按其横截面积计算确定。本规定必须做到，否则灭火无法保证，为此定为强制性条文。

**4.2.2** 本条是依据国内外泡沫灭火试验、灭火案例制定，并参考了国外相关标准。

关于沸点低于 45℃ 的非水溶性液体，编制组分别对正戊烷和凝析轻烃进行了泡沫灭火试验，试验如下：

2010 年 7 月，公安部天津消防研究所会同杭州新纪元消防科技有限公司，在杭州进行了正戊烷泡沫灭火试验。试验采用了直径为 2.4m 的试验盘，泡沫液采用水成膜泡沫液和氟蛋白泡沫液。试验共进行了 4 次，前两次试验采用现行国家标准《泡沫灭火剂》GB 15308 规定的试验方法。后两次试验将试验盘壁加高至 800mm，且对盘壁进行了冷却，泡沫混合液供给强度为 4.9L/（min·m²）。4 次试验均未灭火，且均表现为盘壁处的边缘火无法彻底扑灭。

2007 年 12 月 20 日和 21 日，公安部天津消防研究所会同中国石油塔里木油田公司消防支队，在塔里木油田（轮南消防中队）进行了凝析轻烃泡沫灭火试验。试验油罐为直径 3.5m 的敞口罐；试验油品的组分见表 4。油层厚度大于 200mm；泡沫液分别为进口6%型成膜氟蛋白泡沫液（FFFP）和 6%型水成膜泡沫液（AFFF）及国产 6%型水成膜泡沫液（AFFF）；发泡装置为 PC2 型横式泡沫产生器（共安装了 2 个）；沿罐周设置了冷却水环管并在试验中喷放了冷却水。试验次数共计 5 次，其中 4 次使用表 4 所示的油品、1 次为经过 1 次灭火试验的残油。从试验的情况看，用 1 个 PC2 型泡沫产生器〔泡沫混合液供给强度约为 12 L/（min·m²）〕2min 左右基本控火。但除了用灭火试验残油的 1 次成功灭火外，其他 4 次即使用 2个 PC2 泡沫产生器〔泡沫混合液供给强度约为 24L/（min·m²）〕仍不能彻底灭火，而是在一侧罐壁处形

成长时间边缘火。

**表 4  试验油品的组分**

| 序号 | 组分 | 质量百分数（%） | 摩尔百分数（%） |
|---|---|---|---|
| 1 | C2 | 0.00 | 0.00 |
| 2 | C3 | 0.01 | 0.03 |
| 3 | iC4 | 0.05 | 0.08 |
| 4 | C4 | 4.11 | 6.38 |
| 5 | iC5 | 7.17 | 8.97 |
| 6 | C5 | 11.22 | 14.02 |
| 7 | C6 | 26.41 | 27.64 |
| 8 | C7 | 29.37 | 26.43 |
| 9 | C8 | 15.47 | 12.22 |
| 10 | C9 | 4.56 | 3.21 |
| 11 | C10 | 1.63 | 1.03 |
| 12 | C11 | 0.00 | 0.00 |

由于凝析轻烃试验油品中 C4 及以下组分含量约为 6.5%，其他企业的类似油品的组分尚不确定，又未见国外类似轻质油品灭火试验的报道，并且现行国家标准《石油化工企业设计防火规范》GB 50160 规定："储存沸点低于 45℃ 的甲B类液体，宜选用压力储罐。"所以，对于沸点低于 45℃ 的非水溶性液体，其泡沫灭火系统的适用性及其泡沫混合液供给强度，还不能给出明确规定，应由试验确定。

由于水溶性液体的种类繁多，分别规定出各种水溶性液体的泡沫混合液供给强度与连续供给时间是不可能的。根据现状，能规定最小泡沫混合液供给强度与连续供给时间的水溶性液体，本规范作出规定，不能规定的应由试验确定。

本条第 1 款、第 2 款要求必须做到，否则灭火无法保证，为此定为强制性条文。

**4.2.3** 本条主要规定泡沫产生器的设置。

**1** 本款是按其中一个泡沫产生器被破坏，系统仍能有效灭火的原则规定的。对于直径大于 50m 的固定顶储罐，靠沿罐周设置泡沫产生器，泡沫可能不能完全覆盖燃液表面。所以，规定所能保护的储罐最大直径为 50m。

**2** 为使各泡沫产生器的工作压力和流量均衡，以利于灭火，推荐采用相同型号的泡沫产生器并要求其均布。

**3** 水溶性液体固定顶储罐不设缓冲装置较难灭火，本规范规定的设计参数是建立在设有缓冲装置基础上的。目前，除水溶性液体外，其他对普通泡沫有破坏作用的甲、乙、丙类液体主要为添加醇、醚等物质的汽油，国内该类汽油的醇、醚含量比较低，此类储罐不设缓冲装置亦能灭火。目前，泡沫缓冲装置有泡沫溜槽

（见图 5）等。

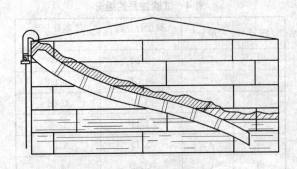

图 5　泡沫溜槽

**4.2.4**　本条对液下喷射高背压泡沫产生器的设置进行了规定，说明如下：

**1**　通常系统高背压泡沫产生器的进出口设有控制阀和背压调节阀及压力表等，试验与灭火时可能要操作其阀门。为了安全，应设置在防火堤外。

**2**　高背压泡沫产生器并联使用，是为了保证供出的泡沫压力与倍数基本一致，同时也便于系统调试与背压调节。

**3**　本款规定是为了系统的调试和调节及检测。

**4.2.5**　本条是依据国内外泡沫灭火试验、灭火案例制定，并参考了国外相关标准。

本条需与第 9.2.1 条规定结合起来使用。通常，从高背压泡沫产生器出口至泡沫喷射管前的泡沫管道的管径应小一些，以较大的流速输送泡沫，保持泡沫稳定与较快地输送。当其流速大于本条规定的泡沫口处的流速时，单独设置直径较大的泡沫喷射管。这样设计既经济又合理。当然，只要满足规范要求，前后两者可以等径。所以，为给设计以灵活性，提出泡沫喷射管的概念，考虑到流体力学参数的稳定，规定了其长度。

**4.2.6**　固定顶储罐与一些内浮顶储罐发生火灾时，部分泡沫产生器被破坏的可能性较大。为保障被破坏的泡沫产生器不影响正常的泡沫产生器使用，使系统仍能有效灭火，作此规定。

另外，一些工程为了防火堤内的整齐，将本应在地面分配的泡沫混合液管道集中设置在储罐上，然后再分配到各泡沫产生器。当储罐爆炸着火时，极易将这些管道拉断，并且这样设计对储罐的承载也不利。所以，此次修订增加了该限制条款。

综上所述，为保证系统在储罐发生火灾时能正常工作，将本条前两款定为强制性条文。

**4.2.7**　本条规定了防火堤内泡沫混合液和泡沫管道的设置，解释如下：

**1**　本款规定旨在消除泡沫混合液或泡沫管道的热胀冷缩和储罐爆炸冲击的影响。敷设的意思是不限制管道轴向与向上的位移。

**2**　将管道埋在地下，突出的优点就是防火堤内整洁，便于防火堤内的日常作业。但也有不利因素，一是控制泡沫产生器的阀门通常设置在地下，不利于操作；二是埋地管道的运动受限，对地基的不均匀沉降和储罐爆炸着火时罐体的上冲力敏感；三是不利于管道的维护与更换。由于国内外均有采用，而规范又不便限制，所以增加了此款。本款的宗旨是保护管道免遭破坏。所述金属转向接头可为铸钢、球墨铸铁或可锻铸铁制成。

**3**　本款旨在排净管道内的积水。

**4**　出于工程检测与试验的需要制定本款。

**5**　目前液下喷射系统一个较突出的问题就是泡沫喷射管上的逆止阀密封不严，有些系统除关闭了储罐根部的闸阀外，在防火堤外又设置了一道处于关闭状态的闸阀，使该系统处于了半瘫痪状态，即使这样，还是漏油；有的系统甚至将泡沫喷射管设置成顶部高于液面的 ∩ 形，既给安装带来困难，又增加了泡沫管道的阻力，同时又影响美观。目前有采用爆破膜等措施的，为此增加相关要求。

### 4.3　外浮顶储罐

**4.3.1**　目前，大型外浮顶油罐普遍采用钢制单盘式或双盘式浮顶结构（见现行国家标准《立式圆筒形钢制焊接油罐设计规范》GB 50341），发生火灾通常表现为环形密封处的局部火灾。然而，这类储罐在运行过程中，也会出现因管理、操作不慎而导致的全液面敞口火灾，国内外都有浮顶下沉并伴随火灾发生，形成油罐的全液面敞口火灾的案例，目前单罐容积最大的当属 Amoco 石油公司英国南威尔士米尔福德港炼油厂一个直径 255 英尺（容积 $10 \times 10^4 m^3$）的浮顶原油罐火灾。相关统计资料表明，外浮顶油罐发生全液面敞口火灾的几率很小，故规定按环形密封处的局部火灾设防。

**4.3.2**　目前泡沫喷射口的设置方式有两种：第一种是设置在罐壁顶部；第二种是设置在浮顶上，它又分为泡沫喷射口设置在密封或挡雨板上方和泡沫喷射口设置在金属挡雨板下部（见图 6）。规范表 4.3.2 中"密封或挡雨板上方"即指前者，"金属挡雨板下部"即指后者。

对泡沫混合液供给强度与连续供给时间的规定，主要依据国内的灭火试验。单个泡沫产生器的最大保护周长，参考了 NFPA 11《低倍数、中倍数、高倍数泡沫灭火系统标准》的规定。

2006 年 8 月 7 日，国内某油库一座 $15 \times 10^4 m^3$ 外浮顶油罐密封处因雷击发生火灾，供给泡沫 19min 灭火，持续供给时间 26min；另外，2007 年国内发生的多起外浮顶油罐密封处火灾，均在供给泡沫 10min 内灭火。

大量灭火实例证明本条规定是合理可靠的，不这样做系统灭火无法保证，为此定为强制性条文。

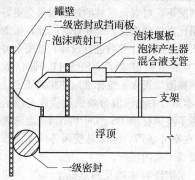

（a）泡沫喷射口安装在密封或挡雨板上方

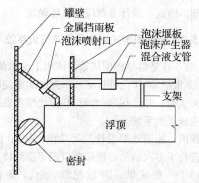

（b）泡沫喷射口安装在金属挡雨板下

图 6　泡沫喷射口在浮顶上的安装方式

**4.3.3**　本次修订，将泡沫堰板高度由原规范规定的高出密封0.1m改为0.2m，主要为了使泡沫充分覆盖密封。需要指出，目前大型油罐基本都安装了二次密封，且二次密封的高度在0.7m以上。这就需要泡沫堆积高度在0.9m以上，才能确保彻底灭火。因此，选择析液时间与抗烧时间较长的泡沫尤为重要。

对泡沫堰板距罐壁距离的规定，参考了大庆市某油库的试验与NFPA 11《低倍数、中倍数、高倍数泡沫灭火系统标准》的规定。

从灭火角度考虑，泡沫喷射口浮顶上设置方式的泡沫堰板距罐壁的距离可进一步减小，但为方便密封检修，故规定不宜小于0.6m。

**4.3.4**　设置泡沫导流罩是行之有效的减少泡沫损失的措施。泡沫喷射口设置在浮顶上要求 T 形管，有利于泡沫的分布。

**4.3.5**　外浮顶储罐环形密封区域的火灾，其辐射热很低，灭火人员能够靠近罐体；且泡沫产生器被破坏的可能性很小。故作此规定。

**4.3.6**　根据有关制造商的工程手册和实践经验，对泡沫喷射口浮顶上设置方式中的耐压软管、管道连接作了规定。本次修订，对耐压软管的材料作了补充规定，多年的应用实践表明，该软管较可靠。另外，由于有些油罐设有搅拌器，故增加了相应的规定。

**4.3.9**　本条规定是在原规范的基础上，结合实际灭

火案例进行了细化。

一方面，外浮顶储罐火灾初期多为局部密封处小火，灭火人员可站在梯子平台上或浮顶上用泡沫枪将其扑灭；另一方面，对于储存高含蜡原油的储罐，由于罐体保温不好或密封不好，罐壁上会凝固少量原油。当温度升高时，凝油熔化并可能流到罐顶。偶发火灾后，需要灭火人员站在梯子平台上用泡沫枪灭火。

### 4.4　内浮顶储罐

**4.4.1**　虽然钢制单盘式、双盘式与敞口隔舱式内浮顶（见现行国家标准《立式圆筒形钢制焊接油罐设计规范》GB 50341）储罐有固定顶，但其浮顶与罐内液体直接接触，挥发出的可燃蒸气较少，且罐上部有排气孔，浮顶以上的罐内空间整体爆炸着火的可能性极小。由于该储罐的浮盘不宜被破坏，可燃蒸气一般存在于密封区，与本规范规定的外浮顶储罐一样，发生火灾时，其着火范围基本局限在密封处。所以，规定此类储罐的保护面积与外浮顶储罐一样，按罐壁与泡沫堰板间的环形面积确定。

其他如由铝合金或人工合成材料等制作浮盘的内浮顶储罐，因其浮盘易损等，与钢制单盘式、双盘式与敞口隔舱式内浮顶储罐相比，安全性有较大差距，其火灾案例较多，且多表现为浮盘被破坏的火灾。为此，规定按固定顶储罐对待。

**4.4.2**　内浮顶储罐通常储存火灾危险性为甲、乙类的液体。由于火灾时炽热的金属罐壁和泡沫堰板及密封对泡沫的破坏，其供给强度也应大于固定顶储罐的泡沫混合液供给强度；到目前为止，按环形密封区设防的水溶性液体浮顶储罐，尚未开展过灭火试验，但无疑其泡沫混合液供给强度应大于非水溶性液体。本规定综合了上述两方面的分析，并参照了对外浮顶储罐的相关规定。

本条第 1 款～第 3 款及第 5 款要求必须做到，否则灭火无法保证，为此定为强制性条文。

**4.4.3**　由于该储罐无法设置泡沫溜槽等固定缓冲装置，其他不影响浮盘上下浮动的泡沫缓冲装置应用较少，技术不一定成熟。考虑到上述缘由，允许此类储罐不设泡沫缓冲装置；另外，浮盘可能会有一定残存，对泡沫起到一定的缓冲作用。所以，为安全可靠，规定延长泡沫混合液供给时间。

### 4.5　其 他 场 所

**4.5.1**　本条对泡沫混合液用量的规定，一方面考虑不超过油罐区的流量；另一方面火车装卸栈台的用量要能供给1台泡沫炮，汽车装卸栈台的用量要能供给1支泡沫枪。

**4.5.2、4.5.3**　这两条规定主要依据 NFPA 11《低倍数、中倍数、高倍数泡沫灭火系统标准》和 BS 5306 Part 6《泡沫灭火系统标准》。对于甲、乙、丙

类液体流淌火灾，有围堰限制的场所，液体会积聚一定的深度；没有围堰等限制的场所，流淌液体厚度会较浅。正常情况下，前者所需的泡沫混合液供给强度比后者要大。

**4.5.4** 2007年9月5日和6日，规范编制组在浙江诸暨组织了公路隧道泡沫消火栓箱灭厢式轿车火灾试验。灭火操作者为一般工作人员，每次试验燃烧的93#车用汽油量大于15L，灭火时间小于3.5min。本条规定主要依据上述试验制定。

# 5 中倍数泡沫灭火系统

## 5.1 全淹没与局部应用系统及移动式系统

**5.1.1** 本条提出了全淹没中倍数泡沫灭火系统的适用场所。

和高倍数泡沫相比，中倍数泡沫的发泡倍数低，在泡沫混合液供给流量相同的条件下，单位时间内产生的泡沫体积比高倍数泡沫要小很多。因此，全淹没中倍数泡沫灭火系统一般用于小型场所。

**5.1.2** 本条提出了局部应用中倍数泡沫灭火系统的适用场所。

四周不完全封闭的场所是指一面或多面无围墙或固定围挡，以及围墙或固定围挡高度不满足全淹没系统所需高度的场所，这类场所多不满足全淹没系统的应用条件。

局部应用系统的泡沫产生器是固定安装的，因此，对于流散及流淌的火灾场所应有限定，即能预先确定流散火灾和流淌火灾的位置。

**5.1.3** 本条提出了移动式中倍数泡沫灭火系统的应用场所。

移动式中倍数泡沫灭火系统的泡沫产生器可以手提移动，所以适用于发生火灾的部位难以确定的场所。也就是说，防护区内，火灾发生前无法确定具体哪一处会发生火灾，配备的手提式中倍数泡沫产生器只有在起火部位确定后，迅速移到现场，喷射泡沫灭火。

移动式中倍数泡沫灭火系统用于 B 类火灾场所，需要泡沫产生器喷射泡沫有一定射程，所以其发泡倍数不能太高。通常采用吸气型中倍数泡沫枪，发泡倍数在 50 以下，射程一般为 10m～20m。因此，移动式中倍数泡沫灭火系统只能应用于较小火灾场所，或作辅助设施使用。

**5.1.4** 目前，国外相关标准未对全淹没中倍数泡沫灭火系统的设计参数作出明确规定，如 NFPA 11《低倍数、中倍数、高倍数泡沫灭火系统标准》规定"中倍数泡沫的淹没深度应由试验确定"；国内也没有做过相关灭火试验。因此，规定全淹没中倍数泡沫灭火系统的设计参数宜由试验确定。和高倍数泡沫相

比，中倍数泡沫密度大，在泡沫供给速率等设计参数相同的情况下，对着火区域的封闭效果会更好，亦即灭火效果比高倍数泡沫系统要好。因此，依据高倍数泡沫灭火系统的设计参数进行设计，是安全可靠的。

**5.1.5** 本条主要借鉴了 NFPA 11《低倍数、中倍数、高倍数泡沫灭火系统标准》的相关规定。

**5.1.6** 本条有关泡沫混合液供给强度与供给时间的规定参考了英国标准 BS 5306 Part 6《泡沫灭火系统标准》。在室外场所，泡沫易受风等因素的影响，供给时间要长于室内场所。

对于水溶性液体以及沸点低于 45℃的非水溶性液体，设置中倍数泡沫灭火系统的适用性缺乏试验和应用基础。因此，设计参数应由试验确定。

## 5.2 油罐固定式中倍数泡沫灭火系统

**5.2.1** 前苏联是最早将中倍数泡沫用于油罐的国家。他们在 20 世纪 60 年代进行了一系列油品燃烧特性与泡沫灭火试验，并且在 20 世纪 70 年代推荐油罐设置中倍数泡沫灭火系统。

在我国，原商业部设计院等单位，从 20 世纪 70 年代起进行了多次油池、模拟敞口固定顶油罐灭火试验，取得了一些成果。20 世纪 90 年代，该技术被《石油库设计规范》GBJ 74—84 和《高倍数、中倍数泡沫灭火系统设计规范》GB 50196 所采纳。

**5.2.2** 内浮顶储罐通常储存火灾危险性为甲、乙类的液体。因为中倍数泡沫的密度较低，易受气流或火焰热浮力的影响，因此规定内浮顶罐按全液面火灾设防。

**5.2.3** 参见本规范第4.1.3条的条文说明。

**5.2.4** 泡沫混合液供给强度主要根据我国相关试验确定。泡沫混合液连续供给时间主要依据俄罗斯规范 СНИП 2.11.03—93《石油与石油产品库防火规范》。该规范规定泡沫混合液最小供给时间为 10min，但要有 3 倍的储备量，即相当于 30min 的供给时间。

**5.2.5** 中倍数泡沫枪的设置参考了本规范第4.1.4条的规定。

# 6 高倍数泡沫灭火系统

## 6.1 一 般 规 定

**6.1.1** 按应用方式，高倍数泡沫灭火系统分为全淹没、局部应用、移动三种。全淹没系统为固定式自动系统；局部应用系统分为固定与半固定两种方式，其中固定式系统根据需要可设置成自动控制或手动控制。本条规定了设计选型的一般原则。设计时应综合防护区的位置、大小、形状、开口、通风及围挡或封闭状态，可燃物品的性质、数量、分布以及可能发生的火灾类型和起火源、起火部位等情况确定。

**6.1.2** 为了对所保护的场所进行有效监控，尽快启

动灭火系统，规定全淹没系统或固定式局部应用系统的保护场所，设置火灾自动报警系统。

**1** 为确保系统的可靠启动，规定同时设有自动、手动、应急机械手动启动三种方式。应急机械手动启动主要是针对电动控制阀门、液压控制阀门等而言的。这类阀门通常设置手动快开机构或带手动阀门的旁路。

**2** 对于较为重要的固定式局部应用系统保护的场所，如 LNG 集液池，一般都设计成自动系统。对于设置火灾报警手动控制的固定式局部应用系统，如果设有电动控制阀门、液压控制阀门等，也需要设置应急启动装置。

**3** 本款规定是为了在火灾发生后立即通过声和光两种信号向防护区内工作人员报警，提示他们立即撤离，同时使控制中心人员采取相应措施。

**4** 一方面，为防止泡沫流失，使高倍数泡沫灭火系统在规定的喷放时间内达到要求的泡沫淹没深度，泡沫淹没深度以下的门、窗要在系统启动的同时自动关闭；另一方面，为使泡沫顺利施放到被保护的封闭空间，其封闭空间的排气口也应在系统启动的同时自动开启；再者，高倍数泡沫具有导电性，当高倍数泡沫进入未封闭的带电电气设备时，会造成电器短路，甚至引起明火，所以相关设备等的电源也应在系统启动的同时自动切断。

为保证系统可靠运行，将本条第 1 款～第 3 款定为强制性条文。

**6.1.3** 本条有关对防护区划分的原则规定，主要是避免为降低工程造价，将一个大防护区不恰当地划分成若干个小防护区。通常两个有一定防火间距的建筑物，可划分成两个防护区；一、二级耐火等级的封闭建筑物内不连通的两个同层房间，可划分成两个防护区。

**6.1.4** 全淹没系统和局部应用系统的泡沫产生器都需要固定在适宜的位置上，使其有效地达到系统的设计要求。

高倍数泡沫产生器在一定的泡沫背压下不能正常产生泡沫。为使防护区在淹没时间内达到规定的泡沫淹没深度，高倍数泡沫产生器设在泡沫达到的最大设计高度以上是必须的；为利于泡沫覆盖保护对象，高倍数泡沫产生器需要尽量接近它，但要保证高倍数泡沫产生器不受爆炸或火焰的损坏。

由于高倍数泡沫的流动性差，在被保护的整个面积上，泡沫淹没深度未必均匀，通常在距高倍数泡沫产生器最远的地方深度较浅，因此防护区内高倍数泡沫产生器的分布要使防护区域形成较均匀的泡沫覆盖层。

高倍数泡沫的泡沫群体质量很轻，一般为2kg/m³～3.5kg/m³，易受风的作用而飞散，造成堆积和流动困难，使泡沫不能尽快地覆盖和淹没着火物质，影响灭火性能，甚至导致灭火失败。故要求高倍数泡沫产生

器在室外或坑道应用时采取防风措施。

当在高倍数泡沫产生器的发泡网周围增设挡风装置时，其挡板应距发泡网有一定的距离，使之不影响泡沫的产生或损坏泡沫。

**6.1.5** 对导泡筒横截面积尺寸系数的规定，是为了避免导泡筒横截面积过小形成泡沫背压，增大破泡率；导泡筒横截面积过大，对泡沫的有效输送无实际意义。

有的工程，出于保持场所日常严密的目的，在导泡筒上设置了百叶等闭合装置。为防止闭合装置对泡沫的通过形成阻挡，作此规定。

**6.1.6** 在高倍数泡沫产生器前设控制阀是为了系统试验和维修时将该阀关闭，平时该阀处于常开状态。设压力表是为了在系统进行调试或试验时，观察高倍数泡沫产生器的进口工作压力是否在规定的范围内。

**6.1.7** 本条是针对采用自带比例混合器的高倍数泡沫产生器（这是一种在其主体结构中有一微型比例混合器，吸液管可从附近泡沫液储存桶吸液的泡沫产生器）的系统而规定的。

### 6.2 全淹没系统

**6.2.1** 根据高倍数泡沫灭火机理并参照国外相关标准，本条提出了全淹没高倍数泡沫灭火系统的适用场所。

全淹没高倍数泡沫灭火系统，是将高倍数泡沫按规定的高度充满被保护区域，并将泡沫保持到控火和灭火所需的时间。全淹没高倍数泡沫灭火系统特别适用于大面积有限空间的 A 类和 B 类火灾的防护；封闭空间愈大，高倍数泡沫的灭火效能高和成本低等特点愈显著。

有些被保护区域可能是不完全封闭空间，但只要被保护对象是用不燃烧体围挡起来，形成可阻止泡沫流失的有限空间即可。墙或围挡设施的高度应大于该保护区域所需要的高倍数泡沫淹没深度。

**6.2.2** 本条在第 6.2.1 条基础上，对全淹没系统的防护区作了进一步规定。

泡沫的围挡为不燃烧体结构，且在系统设计灭火时间内具备围挡泡沫的能力是对围挡的最基本要求。对于一些可燃固体仓库等场所，若在火焰直接作用不到的位置设置网孔基本尺寸不大于 3.15mm（6 目）的钢丝网作围挡，基本可以挡住高倍数泡沫外流。

利用防护区域外部空气发泡的高倍数泡沫产生器，向封闭防护区内输入了大量高倍数泡沫时，由于泡沫携带了大量防护区外的空气，如不采取排气措施，被高倍数泡沫置换了的气体无法排出防护区，会造成该区域内气压升高，导致高倍数泡沫产生器无法正常发泡，亦能使门、窗、玻璃等薄弱环节破坏。如某飞机检修机库采用了全淹没高倍数泡沫灭火系统，建筑设计时未设计排气口，在机库验收时进行了冷态

发泡，当发泡约 3min 后，高倍数泡沫已在 7200m² 的地面上堆积了约 4m 以上，室内气压较高，已经关闭并用细钢丝系好的两扇门被打开。因此，应设排气口。

由于烟气对泡沫会产生不利影响，故排气口应避开高倍数泡沫产生器进气口。

排气口的结构形式视防护区的具体情况而定。排气口可以是常开的，也可以是常闭的，但当发生火灾时，应能自动或手动开启。

执行本条文时应注意：排气口的设置高度要在设计的泡沫淹没深度以上，避免泡沫流失；排气口的位置不能影响泡沫的排放和泡沫的堆集，避免延长淹没时间。

本条第 1 款～第 3 款必须做到，否则灭火无法保证。因此，将其定为强制性条文。

**6.2.3** 本条是依据国外相关标准及我国灭火试验制定的。

对于易燃、可燃液体火灾所需的泡沫淹没深度，我国对汽油、柴油、煤油和苯等做过的大量试验，积累的灭火试验数据见表 5。表中所列试验，其油池面积、燃液种类和牌号以及试验条件不尽相同，考虑到各种因素和工程应用中全淹没高倍数泡沫灭火系统可能用于更大面积的防护区，故对汽油、煤油、柴油和苯的泡沫淹没深度规定取表中的最大值。对于没有试验数据的其他甲、乙、丙类液体，需由试验确定。

**表 5 汽油、煤油、柴油、苯灭火试验数据**

| 燃液种类 | 燃液用量（kg） | 灭火时间（s） | 油池面积（m²） | 泡沫厚度（m） | 试验地点 | 备注 |
|---|---|---|---|---|---|---|
| 汽油 | 1200 | 41 | 105 | 1.10 | 天津 | 未复燃 |
| 汽油 | 1200 | 42.5 | 105 | 1.13 | 天津 | 未复燃 |
| 汽油 | 800 | 40 | 105 | 1.10 | 天津 | 未复燃 |
| 汽油 | 480 | 27 | 63 | 1.25 | 乐清 | 未复燃 |
| 汽油 | 300 | 18 | 25 | 0.88 | 常州 | 未复燃 |
| 航空煤油 | 1000 | 49 | 105 | 1.56 | 天津 | 未复燃 |
| 航空煤油 | 1000 | 54 | 105 | 1.71 | 天津 | 未复燃 |
| 航空煤油 | 1000 | 41 | 105 | 1.33 | 天津 | 未复燃 |
| 柴油加汽油 | 360+40 | 34 | 50 | 1.88 | 江都 | 未复燃 |
| 工业苯 | 300 | 25 | 36 | 1.71 | 乐清 | 未复燃 |
| 工业苯 | 540 | 34 | 55 | 1.23 | 鞍山 | 未复燃 |
| 工业苯 | 450 | 30 | 63 | 1.30 | 乐清 | 未复燃 |
| 工业苯 | 450 | 29 | 63 | 1.30 | 乐清 | 未复燃 |

淹没深度是系统设计的关键参数之一，必须严格执行本规定，否则灭火无法保证。为此，将本条定为强制性条文。

**6.2.5** 本条是依据国外相关标准及我国灭火试验制

定的。

**1** 淹没时间是指从高倍数泡沫产生器开始喷放泡沫至泡沫充满防护区规定的淹没体积所用的时间。

由于不同可燃物的燃烧特性各不相同，要求泡沫的淹没时间也不同。通常，B 类火灾，尤其是甲、乙类液体火灾蔓延快、辐射热大，所以其淹没时间理应比 A 类火灾短。

**2** 系统开始喷放泡沫是指防护区内任何一台高倍数泡沫产生器开始喷放泡沫。

泡沫的淹没时间与第 6.2.3 条规定的泡沫淹没深度，共同成为全淹没高倍数泡沫灭火系统的核心参数，它关系到系统可靠与否和系统投资大小，必须严格执行本规定，否则灭火无法保证。为此，将本条定为强制性条文。

**6.2.6** 本条中的最小泡沫供给速率的计算公式，借鉴了国外相关标准的规定。现将式中各参数与系数的含义说明如下：

最小泡沫供给速率（R）是系统总的泡沫供给能力的参数，同时也是计算系统泡沫产生器数量、泡沫混合液流量等的重要参数。

V 为本规范第 6.2.4 条规定的淹没体积。

T 为本规范第 6.2.5 规定的最大泡沫淹没时间。

泡沫破裂补偿系数（$C_N$）是综合火灾影响、泡沫正常析液、防护区内表面润湿与物品吸收等因素导致泡沫损失的经验值，国外标准也推荐取 1.15。

泡沫泄漏补偿系数（$C_L$）是补偿由于门、窗和不能关闭的开口泄漏而导致的泡沫流失的系数。对于全部开口为常闭的建筑物，此系数最高可取到 1.2。具体取值，需综合泡沫倍数、喷水系统影响和泡沫淹没深度而定。

喷水造成的泡沫破泡率（$R_S$）是参考国外相关标准的计算公式与数据确定的。

预计动作的最大水喷头数目总流量（$Q_Y$）需依据现行国家标准《自动喷水灭火系统设计规范》GB 50084 的规定确定。

尚需指出，对于低于有效控制高度的开口，使用泡沫挡板将不可控泄漏降到最小是非常必要的。喷水会增加泡沫的流动性，从而导致泡沫损失率的增加，故应留意泡沫通过排水沟、管沟、门下部、窗户四周等处的泄漏。在泡沫泄漏不能被有效控制的地方，需要另行增加泡沫产生器补偿其泡沫流失。

**6.2.7** 本条是依据国外相关标准制定的。泡沫液和水的连续供给时间是系统设计的关键参数之一，必须严格执行本规定，否则会降低灭火的可靠性。为此，将本条定为强制性条文。

**6.2.8** 全淹没高倍数泡沫灭火系统按规定的淹没体积与淹没时间充满防护区后，需要将泡沫淹没体积保持足够的时间，以确保灭火或最大限度地控火。其所需的保持时间，与被保护的物质和是否设置自动喷水灭火系统有关。

由于高倍数泡沫的含水量较低（为 $2kg/m^3 \sim 3.5kg/m^3$），且携带了大量的空气，对易于形成深位火灾的一般固体场所，需要较长的保持时间；当防护区内同时设有自动喷水灭火系统时，因水有较好的润湿性能，所以需要的保持时间相对较短。

保持淹没体积的方法，主要采用一台、几台或全部高倍数泡沫产生器连续或断续地向防护区供给高倍数泡沫的方式。

### 6.3 局部应用系统

**6.3.1** 本条规定了局部应用系统的适用场所。

**1** 所谓四周不完全封闭，是指一面或多面无围墙或固定围挡，以及围墙或固定围挡高度不满足全淹没系统所需的高度。出于生产或其他方面的需要，某些保护场所的四周不能用围墙或固定围挡封闭起来，或封闭高度达不到全淹没系统所需的高度。在这种情况下，当供给高倍数泡沫覆盖保护对象时，因泡沫在一面或多面没有限制，泡沫的覆盖面增大，泡沫用量随之增大，系统泡沫供给速率不能像全淹没系统那样进行精确的设计计算。所以，在系统设计时，不但要有足够的裕度，而且必要时在附近预备适宜的临时围堵设施。

普通金属窗纱制成的围栏能有效起到屏障作用，可以把泡沫挡在防护区域内。

鉴于泡沫堆积高度的限制，当保护对象较高且不能有效阻止泡沫大量流失时，可能不适宜采用局部应用系统。为此，该系统主要适宜保护燃烧物顶面低于其周围地面的场所（如车间中的淬火油槽、凹坑、管沟等）和有限区域的液体溢流或流散火灾场所。

**2** 液化天然气（LNG）液化站与接收站设置高倍数泡沫灭火系统有两个目的：一是当液化天然气泄漏尚未着火时，用适宜倍数的高倍数泡沫将其盖住，可阻止蒸气云的形成；二是当着火后，覆盖高倍数泡沫控制火灾，降低辐射热，以保护其他相邻设备等。

高倍数泡沫用于天然气液化工程，其作用如下：

（1）控火。美国煤气协会（AGA）所做的试验表明，用某些高倍数泡沫，可将液化天然气溢流火的辐射热大致降低 95%。其一定程度上是由于泡沫的屏障作用阻止火焰对液化天然气溢流的热反馈，从而降低了液化天然气的气化。室温下，倍数低的泡沫含有大量的水，当其析液进到液化天然气内时，会增大液化天然气蒸发率。美国煤气协会的试验证明，尽管500 倍左右的泡沫最为有效，但 250 倍以上的泡沫就能控火。不同品牌的泡沫其控制液化天然气火的能力会明显不同。泡沫喷放速率过快会增加液化天然气的蒸发率，从而加大火势。较干的泡沫并不耐热，其破泡速度更快。其他如泡沫大小、流动性及液化天然气线性燃烧速率等也会影响控火。

（2）控制下风向蒸气危险。溢流气化伊始，液化天然气的蒸气比空气重。当这些蒸气被阳光及接触空气加热时，最终会变轻而向上扩散。但在向上扩散之前，下风向地面及近地面会形成高浓度蒸气溢流。在溢流的液化天然气上释放高倍数泡沫，当液化天然气蒸气经过泡沫覆盖层时，靠泡沫中水对液化天然气蒸气的加热，可降低其蒸气浓度。因为产生浮力，所以高倍数泡沫的使用可降低下风向地表面气体浓度。已发现 750 倍～1000 倍的泡沫控制扩散最为有效，但如此高的倍数会受到风的不利影响。不管怎样，正如用以控火一样，控制蒸气扩散能力随泡沫的不同而异，为此应该通过试验来确定。

依据上述试验结论，美国消防协会标准 NFPA 59A《液化天然气生产、储存及输送》率先推荐在液化天然气生产、储存设施中使用高倍数泡沫系统，随后的欧洲标准 EN 1473《液化天然气装置及设备》等也作了相似的推荐。NFPA 11《低倍数、中倍数、高倍数泡沫灭火系统标准》对高倍数泡沫系统的设计作了简单规定。2004 年版《石油天然气工程设计防火规范》GB 50183 也规定了在液化天然气生产、储存设施中使用高倍数泡沫系统。借鉴上述标准推荐或规定，所以本规范对其系统设计进行了规定。

目前，高倍数泡沫已广泛用于保护液化天然气设施。但为提高高倍数泡沫灭火系统可靠性，应采取有效减少泄漏蒸发面积的措施。

**6.3.2** 在确定系统的保护面积时，首先要考虑保护对象周围是否存在可能被引燃的可燃物，如果有，应将它们包括在保护范围内；其次应考虑保护对象着火后，是否存在因物体坍塌或液体溢流导致保护面积扩大的现象，如果存在，应将其影响范围包括在内。

**6.3.3** 本条是依据国外相关标准及我国灭火试验制定的。泡沫供给速率是系统设计的关键参数之一，必须严格执行本规定，否则灭火无法保证。为此，将本条定为强制性条文。

**6.3.4** 本条是依据国外相关标准及我国灭火试验制定的。泡沫液和水的连续供给时间是系统设计的关键参数之一，必须严格执行本规定，否则会降低系统可靠性。为此，将本条定为强制性条文。

**6.3.5** 本条对用于液化天然气工程的集液池或储罐围堰区的高倍数泡沫系统的设计进行了规定，具体解释如下：

**1** 1944 年美国俄亥俄州克利夫兰市的一个调峰站的 LNG 储罐发生破裂事故，发生爆炸并形成大火。在丧生 136 人中既有被烧死的，也有被冻死的。所以，为了人员安全和泡沫发生器正常工作，规定应选择固定式系统并设置导泡筒。

**2** 有关发泡倍数的规定参考了国外相关标准及我国相关试验。

**3** 关于泡沫混合液供给强度，国内外均未开展过大型试验研究，也无利用高倍数泡沫控火的事故案例。所以，即使是执行了多年的美国消防协会标准NFPA 11《低倍数、中倍数、高倍数泡沫灭火系统标准》，也未规定具体参数。对以降低辐射热为目的的，NFPA 11规定由试验确定，并在其附录 H 中给出了试验方法。

特别指出，泡沫的析液对液化天然气有加热作用，所以并不是供给强度越大越好，应适度。

## 6.4 移动式系统

**6.4.1** 移动式高倍数泡沫灭火系统可由手提式或车载式高倍数泡沫产生器、比例混合器、泡沫液桶（罐）、水带、导泡筒、分水器、供水消防车或手抬机动消防泵等组成。使用时，将它们临时连接起来。

地下工程、矿井等场所发生火灾后，其内充满危及人员生命的烟雾或有毒气体，人员无法靠近，火源点难以找到。用移动式高倍数泡沫灭火系统扑救这类火灾，可将泡沫通过导泡筒从远离火场的安全位置输送到火灾区域扑灭火灾。1982 年 10 月，山西某煤矿运输大巷发生火灾，大火燃烧约 30h，整个矿井充满浓烟。用移动式高倍数泡沫灭火系统，两次发泡共用70min 将明火压住，控制住火势发展，在泡沫排烟降温的条件下，救护人员进入火灾区，直接灭火和封闭火区。

河南某汽车运输公司中心站油库发生火灾，库房崩塌，罐内油品四溢，燃烧面积达 500m²。采用移动式高倍数泡沫灭火系统，10min 后将火扑灭。所以，移动式高倍数泡沫灭火系统，也可用于诸如油罐防火堤内等因油品泄漏引起流淌火灾的场所。

对于一些封闭空间的火场，其内部烟雾及有毒气体无法排出，火场温度持续上升，会造成更大的损失。如果使用移动式高倍数泡沫灭火系统，泡沫可以置换出封闭空间内的有毒气体，也会降低火场的温度，而后可用其他灭火手段扑救火灾。

移动式高倍数泡沫灭火系统还可作为固定式灭火系统的补充。全淹没、局部应用系统在使用中出现意外情况时或为了更快地扑救防护区内火灾，可利用移动式高倍数泡沫灭火装置向防护区喷放高倍数泡沫，增大高倍数泡沫供给量，达到更迅速扑救防护区内火灾的目的。

目前，我国各煤矿矿山救护队都普遍配置了移动式高倍数泡沫灭火装置，对扑救矿井火灾、抢险、降温、排烟和清除瓦斯等都起到了很大作用。

采用移动式系统灭火，要进行临场战术组织；灭火成功与否，还与操作者个人能力、技巧密切相关，有关人员应有针对性地进行灭火技术训练。

**6.4.2** 移动式高倍数泡沫灭火系统作为火场一种灭火战术的选择，有着如保护对象的类型与火场规模、火灾持续时间与系统开始供给泡沫时间、同时采取的

其他灭火手段等许多不确定因素。其淹没时间或覆盖保护对象时间、泡沫供给速率与连续供给时间，需根据保护对象的具体情况以及灭火策略而定。

**6.4.3** 有关移动式高倍数泡沫灭火系统泡沫液和水的储备量解释如下：

**1** 在全淹没系统或局部应用系统控火后，或局部有超出设计的泡沫泄漏量时，可能需要便携式泡沫产生器局部补给。本着安全、经济的原则，规定在其系统储备量的基础上增加 5%～10%。

**2** 一套系统是指一套高倍数泡沫产生器与一台消防车。本款规定的泡沫液储存量是按采用 3% 型泡沫液、泡沫混合液流量不大于 4L/s 的高倍数泡沫产生器连续工作 60min 计算而得的。

**6.4.4** 执行本条规定时应注意以下两点：①在高倍数泡沫产生器的进口工作压力范围内（水轮机驱动式一般为 0.3MPa～1.0MPa），其泡沫混合液流量、泡沫倍数、发泡量随压力的增大而增大；②当采用管线式比例混合器（即负压比例混合器）时，其压力损失高达进口压力的 35%。

**6.4.5** 在矿井使用泡沫产生器时，无论是竖井或斜井发生火灾后，火风压很大，泡沫较难到达起火部位。河南省某县一个矿井发生火灾后，竖井的火风压很大，在井口安放的移动式高倍数泡沫产生器向井内发泡，泡沫被火风压吹掉而不能灌进矿井中。之后救护人员使用了用阻燃材料制作的导泡筒，将泡沫由导泡筒顺利地导入矿井中，将火扑灭。

由于矿井中巷道分布情况复杂，而且通风状况、巷道内瓦斯聚集浓度等均无法预测，因此在矿井中使用移动式高倍数泡沫灭火系统扑救火灾时，需考虑矿井的特殊性。目前煤矿使用的可拆且可以移动的电动式高倍数泡沫发生装置，可满足驱动风压和发泡倍数的要求。

**6.4.9** 系统电源与电缆满足输送功率、保护接地和防水要求是最基本的。同时，所用电缆应耐受不均匀力的扯动和火场车辆的不慎碾压。

# 7 泡沫—水喷淋系统 与泡沫喷雾系统

## 7.1 一 般 规 定

**7.1.1** 泡沫—水喷淋系统具备灭火、冷却双功效，可有效防止灭火后因保护场所内高温物体引起可燃液体复燃，且系统造价又不会明显增加。目前，泡沫—水喷淋系统已成为液体火灾场所的重要灭火系统之一。

泡沫—水喷淋系统通常的工作次序是先喷泡沫灭火，然后喷水冷却。依据自动喷水灭火系统的分类方式，泡沫—水喷淋系统可分为雨淋系统和闭式系统两大类。其中闭式系统又可进一步细分为预作用系统、

干式系统、湿式系统三种形式。

本条对泡沫—水喷淋系统适用场所的规定是根据国内试验研究、工程应用及国外相关标准制定的。尽管国内外有在室外场所安装泡沫—水喷淋系统的工程实例，但根据公安部天津消防研究所的试验，在多风的气候条件下，其灭火功效存在着某些不确定因素。所以，本规范暂推荐其用于室内场所。

本条所述的缓冲物可以是专门设置的缓冲装置，也可以是保护场所内设置的固定设备、金属物品或其他固体不燃物。通过公安部天津消防研究所的试验，对于水溶性液体厚度超过25mm，但有金属板或金属桶之类的缓冲物时，灭火是切实可行的。

**7.1.2** 泡沫喷雾系统在变电站油浸变压器上应用，是20世纪90年代源于我国，并已少量出口到欧洲。现行国家标准《火力发电厂与变电所设计防火规范》GB 50229将泡沫喷雾系统规定为变电站单台容量为125000kV·A及以上的主变压器应设置的灭火系统可选项之一，加速了该系统使用。为保证本规范规定的设计参数科学、安全、可靠，2007年4月至9月，公安部天津消防研究所会同杭州安士城消防器材有限公司、杭州新纪元消防科技有限公司、杭州美邦冷焰理火有限公司、上海冠丞金能源科技有限公司，在杭州成功开展了大型油浸变压器泡沫喷雾系统试验研究，取得了系统设计所需的成果。

面积不大于200m²的非水溶性液体室内场所，主要指燃油锅炉房、油泵房、小型车库、可燃液体阀门控制室等小型场所。

**7.1.3** 本条参照了NFPA 16《泡沫—水喷淋与泡沫—水喷雾系统安装标准》等相关标准，同时兼顾现行国家标准《自动喷水灭火系统设计规范》GB 50084对持续喷水时间的规定。本条规定必须做到，否则系统灭火无法保证，为此定为强制性条文。

**7.1.4** 泡沫—水雨淋系统与泡沫—水预作用系统是由火灾自动报警系统控制启动的自动灭火系统。为了保证在报警系统故障条件下能启动灭火系统，其消防泵、相关控制阀等应同时具备手动启动功能，并且报警控制阀等尚应具备应急机械手动开启功能。为尽可能避免因体力原因而不能操作，对机械手动启动力进行了限制。

在系统启动后，为尽快向保护场所供给泡沫实施灭火，尽可能少向保护场所喷水，泡沫液供给控制装置快速响应是必须的。响应方式可能随选用的泡沫比例混合装置的不同而不同，可为随供水主控阀而动作的从动型，也可为与供水主控阀同时动作的主动型。

**7.1.5** 本规定旨在使泡沫液及时与水按比例混合，缩短系统响应时间；同时保证泡沫液在管道内不漏失、不变质、不堵塞。

**7.1.6** 本条规定是为方便泡沫—水喷淋系统的调试

和检测。

关于流量，泡沫—水雨淋系统按一个雨淋阀控制的全部喷头同时工作确定；闭式系统的最大流量按作用面积内的喷头全部开启确定，最小流量按8L/s确定。

**7.1.7** 本条规定的目的，一是防止火灾蔓延，二是出于环境保护的需要。

**7.1.8** 由于某些场所适宜选用带闭式喷头的传动管传递火灾信号，在工程中亦存在许多实例，为保证其可靠性制定了该条文。对于独立控制系统，传动管的长度是指系统传动管的总长；对于集中控制系统，则是指一个独立防护区域的传动管的总长。规定传动管的长度不大于300m，是为了使系统能够快速响应。

## 7.2 泡沫—水雨淋系统

**7.2.1** 本条规定必须做到，否则灭火无法保证，为此定为强制性条文。

**7.2.2** 本条是在总结国内灭火试验数据的基础上，参照NFPA 16《泡沫—水喷淋系统与泡沫—水喷雾系统安装标准》、BS 5306 Part 6《泡沫灭火系统标准》，并结合我国国情制定的。本条规定必须做到，否则灭火无法保证，为此定为强制性条文。

**7.2.3** 泡沫—水雨淋系统是自动启动灭甲、乙、丙类液体初期火灾的灭火系统，为保证其响应时间短、系统启动后能及时通知有关人员以及满足系统控制盘监控要求，需要设置雨淋阀、水力警铃，压力开关。

单区小系统保护的场所火灾荷载小，且其管道较短，响应时间易于保证，为节约投资可不设置雨淋阀与压力开关。

**7.2.4** 泡沫—水喷头和泡沫—水雾喷头的性能要优于带溅水盘的开式非吸气型喷头。另外，所谓"吸气型"仅针对泡沫—水喷头，并不针对泡沫—水雾喷头。

**7.2.5** 本条是参照NFPA 16《泡沫—水喷淋系统与泡沫—水喷雾系统安装标准》、NFPA 13《水喷淋灭火系统安装标准》和现行国家标准《自动喷水灭火系统设计规范》GB 50084、《水喷雾灭火系统设计规范》GB 50219等，结合泡沫—水雨淋系统的特性制定的。

**7.2.6** 系统的响应时间是参照现行国家标准《水喷雾灭火系统设计规范》GB 50219，并结合泡沫—水雨淋系统的特性制定的。为利于灭火，保护面积内的泡沫混合液供给强度要均匀且满足设计要求，这就需要任意四个相邻喷头组成的四边形保护面积内的平均泡沫混合液供给强度不小于设计强度。

## 7.3 闭式泡沫—水喷淋系统

**7.3.1** 本条规定了不宜选用闭式泡沫—水喷淋系统的场所。

**1** 液体火灾蔓延速度比较快，发生火灾后，会很快蔓延至所有液面，若流淌面积较大，则闭式泡沫—水喷淋系统很难扑火，参见第7.3.4条条文说明。这种情况下，宜设置泡沫—水雨淋系统。

2　根据公安部天津消防研究所的试验，用闭式喷头喷洒水成膜泡沫，其发泡倍数不足2倍。这充分说明闭式泡沫—水喷淋系统的泡沫倍数较低，靠泡沫混合液或水稀释扑灭少量水溶性液体泄漏火灾。当水溶性液体泄漏面积较大时，闭式泡沫—水喷淋系统可能较难灭火，宜设置泡沫—水雨淋系统。

3　若净空高度过高，则烟气上升至顶棚时，温度会变得比较低，有可能会导致喷头不能及时受热开放，参照《自动喷水灭火系统设计规范》GB 50084，作此规定。

7.3.2　泡沫—水干式系统是靠管道内的气体来启动的，喷头开启后，需先将管道内的气体排空，才能喷放泡沫。因此，喷头喷泡沫会有较长的时间延迟，若火灾蔓延速度较快，则在喷头开始喷泡沫时，火灾已经蔓延很大区域，此时火势可能已经难于控制。

7.3.3　管道充水的泡沫—水湿式系统，火灾初期需要先将管道内的水喷完后才能喷泡沫灭火。而喷水不但无助于控制本条所述场所的油类火灾，可能还会加速火灾蔓延。以致系统喷泡沫时，火灾规模可能已经很大，使得系统难以控火和灭火。

7.3.4　油品等液体火灾，不但热释放速率大，而且会产生大量高温烟气，高温烟气扩散至距火源较远处时还可能启动喷头。因此，开放的喷头数量可能较多，开启喷头的总覆盖面积比着火面积要大，甚至大很多。

1999年，公安部天津消防研究所曾做过泡沫喷淋系统灭油盘火试验，试验条件为：在14m×14m的中试实验室，安装16只国产68℃的普通玻璃泡喷头，喷头间距3.6m，设计喷洒强度6.5L/（min·m²），油盘大小为2120mm×1000mm，置于实验室中心，油盘距喷头4m，试验时排烟风机启动。试验发现点火后45s，16只喷头几乎同时开放。可见，开放喷头的覆盖面积为200m²，而着火区域面积仅为2.12m²。因此，对于闭式泡沫—水喷淋系统，需要将其作用面积设计大一些，才能保证发生火灾时能够满足设计喷洒强度。另外，液体火灾的蔓延速度很快，短时间内可能会形成较大面积的火灾，这也需要系统具有较大的作用面积，以覆盖着火区域。

综上所述，并参照NFPA 16《泡沫—水喷淋系统与泡沫—水喷雾系统安装标准》，规定作用面积为465m²。

当防护区面积小于465m²时，按防护区实际面积确定是安全的。

另外，我国尚未针对闭式泡沫—水喷淋系统的作用面积开展试验研究，NFPA 16《泡沫—水喷淋系统与泡沫—水喷雾系统安装标准》（2003版）也是借鉴了NFPA 409《飞机库标准》的规定。而作用面积与防护区面积、高度、可燃物种类和摆放形式有关。为留有余地，规定可采用试验值。

7.3.5　本条是参照NFPA 16《泡沫—水喷淋系统与泡沫—水喷雾系统安装标准》（2003版）并结合国内的试验制定的。本条要求必须做到，否则灭火无法保证，为此定为强制性条文。

7.3.6　闭式系统的流量是随火灾时开放喷头数的变化而变化的，这就要求系统输送的泡沫混合液能在系统最低流量和最大设计流量范围内满足规定的混合比，而比例混合器也只能在一定的流量范围内满足相应的混合比，其流量范围应该和系统的设计要求相匹配。因此，需要按照系统的实际工作情况确定一个合理的流量下限。

统计资料表明，火灾时一般会开放4个～5个喷头，而对油品火灾，开放的喷头数会更多，从第7.3.4条条文说明所述的试验可看到这一点。当系统开放4个喷头时，系统流量一般可达到8L/s以上。如对一个均衡泡沫—水喷淋系统进行了计算，系统采用K＝80的标准喷头，作用面积380m²，喷头间距3.5m，泡沫混合液供给强度6.5L/（min·m²），经计算，当系统开放3个喷头时，流量为6.5L/s，开放4个喷头时，流量为8.85L/s。因此，将流量下限确定为8L/s，这样，既能保证火灾初期系统开放喷头数较少时的要求，又能使目前的比例混合器产品容易满足闭式系统的要求。为保证系统可靠运行，本条定为强制性条文。

7.3.7　本条参照NFPA 16《泡沫—水喷淋系统与泡沫—水喷雾系统安装标准》制定。由于油品火灾的热释放速率比较高，其烟气温度也会较一般火灾高，安装于顶棚的喷头周围容易聚集热量。因此，选用公称动作温度比较高的喷头，以避免作用面积之外的喷头开放，顶棚喷头的设置可参照现行国家标准《自动喷水灭火系统设计规范》GB 50084。当喷头离顶棚较远时，其周围的热量聚集效果也会比较差，此时采用动作温度较低的喷头。条文中的"中间层面"是指离顶棚较远的位置，如喷头安装在距顶棚较远的某层货架内，由于货物的阻挡，顶棚的喷头可能无法完全覆盖该位置。喷头安装于中间层面时，一般需设置集热挡水板，以利于喷头周围集热及免受顶棚喷头喷洒的影响。

7.3.8　本条参照NFPA 16《泡沫—水喷淋系统与泡沫—水喷雾系统安装标准》和NFPA 409《飞机库标准》制定。

7.3.9　当系统管道充注泡沫预混液时，首先要保证预混液的性能不受管道和环境温度的影响，同时，相应的管道和管件要耐泡沫预混液腐蚀。

当系统管道充水时，为保证能尽快控火和灭火，需尽量缩短系统喷水的时间。在此，应合理地设置系统管网，尽可能避免少量喷头开启的情况下，将管网内的水全部喷放出来。

**7.3.10** 本条参照 NFPA 13《自动喷水灭火系统安装标准》（2007 年版）和现行国家标准《自动喷水灭火系统设计规范》GB 50084、《自动喷水灭火系统施工及验收规范》GB 50261 制定。

规定系统管道的充水时间或系统控制的喷头数是为了限制系统的容积不至于过大，保证火灾时系统能够快速启动，及早控制和扑灭火灾，同时提高系统的可靠性。

### 7.4 泡沫喷雾系统

**7.4.1** 本条规定了泡沫喷雾系统可采用的两种形式，由于第一种形式结构简单且造价比较低，目前国内大都采用此种形式。

**7.4.2** 本条规定了泡沫喷雾系统保护独立变电站的油浸电力变压器时的设计参数，主要根据实体试验制定。

2007 年 4 月至 9 月，公安部天津消防研究所会同相关单位对泡沫喷雾系统灭油浸变压器火灾进行了一系列实体试验。试验分两个阶段，第一阶段为小型模拟试验，变压器模型长 2.5m、宽 1.6m、高 1.5m，集油坑长 3.15m、宽 2m、深 0.3m。第二阶段为容量大于 180000kV•A 大型模拟油浸变压器实体火灾灭火试验，变压器模型长 7m、宽 4m、高 4m，集油坑长 8m、宽 5m、深 1m。试验油品为检修更替下的−25#变压器油，主要试验结果见表 6。

**表 6 泡沫喷雾系统灭油浸变压器火灾试验结果**

| 试验编号 | 1 | 2 | 3 | 4 | 5 |
|---|---|---|---|---|---|
| 喷头数量（个） | 4 | 4 | 4 | 14 | 14 |
| 喷头雾化角（°） | 60 | 60 | 60 | 60 | 60 |
| 喷头安装高度（m） | 2.9 | 2.0 | 2.0 | 2.0 | 2.0 |
| 变压器开口数量（个） | 6 | 6 | 6 | 6 | 6 |
| 变压器开口直径（mm） | 460 | 460 | 460 | 800 | Φ800、Φ600、Φ400 孔各两个 |
| 油层厚度（mm） | 50 | 50 | 50 | 70 | 70 |
| 预燃时间（min：s） | 3：00 | 3：00 | 3：00 | 3：00 | 4：00 |
| 泡沫液种类 | 抗溶水成膜 | 抗溶水成膜 | 水成膜 | 合成泡沫 | 合成泡沫 |
| 供给强度[L/(min•m²)] | 5.4 | 5.4 | 5.4 | 7 | 7 |
| 90%控火时间（min：s） | 2：06 | 1：30 | 2：45 | 1：20 | 1：10 |
| 灭火时间（min：s） | 4：42 | 3：11 | 4：13 | 3：20 | 3：04 |

表中试验编号 1、2、3 为小型试验，试验编号 4、

5 为大型试验。

**1** 变压器发生火灾时需要同时保护变压器油箱本体及下面的集油坑，集油坑一般在变压器的四周外延 0.5m，同时考虑一定的安全系数，确定保护面积按油箱本体水平投影且四周外延 1m 计算；

**2** 由表 6 可知，对于大型油浸变压器，在供给强度为 7L/(min•m²) 时，可在 4min 之内灭火，考虑一定的安全系数，将供给强度确定为不小于 8L/(min•m²)；

**3** 从试验情况看，不管是小型试验还是大型试验，一般在 5min 内可以灭火，但考虑到当泡沫喷雾灭火系统不能有效灭火时，消防队赶到现场救援需 15min，国内就曾有消防队利用泡沫消防车灭油浸变压器火灾的案例。因此，将连续供给时间确定为不低于 15min；

**4** 通过对国内变压器火灾案例进行调研，发现变压器起火后，最易从绝缘套管部位开裂。因此，应对进出线绝缘套管升高座孔口设置单独的喷头保护，以使喷洒的泡沫覆盖其孔口；

**5** 保护变压器绝缘套管升高座孔口的喷头雾化角宜为 60°，以使更多泡沫能够进入变压器油箱；

**6** 由试验可知，灭火时进入油箱内的泡沫比较少，液面覆盖的泡沫层很薄。因此，宜选用灭火性能级别较高的泡沫液。

**7.4.3** 本条参照泡沫—水喷淋系统的设计参数制定。

**7.4.5** 水雾喷头、管道均为导体，其与高压电气设备带电（裸露）部分的最小安全净距是设计中不可忽略的问题，各国相应的标准规范均作了具体规定。最小安全净距参见现行行业标准《高压配电装置设计技术规程》DL/T 5352 的规定。

**7.4.8** 瓶组数量采用波意耳-马略特定律计算，同时考虑不小于 1.5 的裕量系数。

## 8 泡沫消防泵站及供水

### 8.1 泡沫消防泵站与泡沫站

**8.1.1** 本条对泡沫消防泵站的设置作出了具体规定。

**1** 泡沫消防泵站和消防水泵房都需要水源、电源，两者合建有利于集中管理和使用，同时节约投资；

**2** 本款规定是为了防止泡沫液污染生活或生产用水；

**3** 为防止储罐或装置发生火灾后影响泡沫消防泵站的安全，规定其距保护对象的距离不小于 30m；

**4** 泡沫消防泵站的门、窗是其建筑中最容易受到破坏的部分，尤其是泡沫消防泵站的门，它是泡沫系统操作人员进出和灭火物资输送的通道，一旦受到火灾影响，将威胁到操作人员的安全和灭火物资输

送。我国有泡沫消防泵站被破坏的火灾案例。因此作此规定。

**8.1.2** 泡沫消防水泵或泡沫混合液泵处于常充满水状态，是缩短启动时间、使泡沫系统及时投入灭火工作的保障，为此规定其采用自灌引水方式。

**8.1.3** 设置备用泡沫消防水泵或泡沫混合液泵，且其工作能力不应低于最大一台泵的能力，是国内外通行的规定。其目的是保证在其中一台泵发生故障后，系统仍可按最大设计流量供给泡沫混合液。

当储罐区规模较小时，其火灾危险性也会比较小，且可以利用机动设施进行灭火。因此，参照现行国家标准《石油库设计规范》GB 50074，小规模的储罐区可不设置备用泵。

**8.1.4** 本条实际上是规定了泡沫消防泵站应采用双动力源，并给出了双动力源的组配形式。需要指出，本条所规定的几种双动力源的组配形式没有排序优先问题，它们是同等的。关于供电系统的负荷分级与相应要求参见现行国家标准《供配电系统设计规范》GB 50052。设置柴油机比设置柴油发电机经济、可靠。

**8.1.5** 设置水位指示装置是为了及时观察水位。设置直通电话是保障发生火灾后，消防泵站的值班人员能及时与本单位消防队、消防保卫部门、消防控制室等取得联系。为保证系统可靠运行，本条定为强制性条文。

**8.1.6** 有些储罐区较大、罐组较多，如果将泡沫供给源集中到泵站，5min 内不能将泡沫混合液或泡沫输送到最远的保护对象，会延误灭火。所以，遇到此类情况时，可将泡沫站与泵房分建。有的工程甚至设置了两个以上的泡沫站，以满足输送时间的要求。

在泡沫站内独立设置的泡沫比例混合装置可以是平衡式比例混合装置、计量注入式比例混合装置和压力式比例混合装置等。从实现功能要求的角度来说，环泵式比例混合器必须和泡沫混合液泵设置在一起，所以该类型比例混合器不会设置在泡沫站内。

泡沫站通常是无人值守的，为了在发生火灾时及时启动泡沫系统灭火，故规定应具备远程控制功能。

本条规定是为了避免建筑火灾影响到泡沫灭火系统。

泡沫站是泡沫灭火系统的核心组成之一，一旦遭破坏，系统将失去灭火作用。为此，本条定为强制性条文。

## 8.2 系统供水

**8.2.1** 淡水是配置各类泡沫混合液的最佳水源，某些泡沫液也适宜用海水配置混合液。一种泡沫液是否适宜用海水配置泡沫混合液，取决于其耐海水（或硬水）的性能。因此，选择水源时，应考虑其是否与泡沫液的要求相适宜。同时，为了不影响泡沫混合液的发泡性能，规定水温宜为 4℃～35℃。

**8.2.2** 采用含油品等可燃物的水时，其泡沫的灭火性能会受到影响；使用含破乳剂等添加剂的水，对泡沫倍数和泡沫稳定性有影响。影响程度取决于上述物质的含量和泡沫液种类。要鉴别处理后的生产废水，如油田采出水等是否满足要求，可通过试验确定。公安部天津消防研究所受某石化公司委托，曾用氯碱厂 PVC 母液处理水作为 6%型氟蛋白泡沫液配置泡沫混合液用水，按《蛋白泡沫灭火剂及氟蛋白泡沫灭火剂》GA 219—1999 对其泡沫性能进行过测试。测试结果表明，其 90%火焰控制时间、灭火时间都不能达到标准要求。

**8.2.3** 为保证系统在最不利情况下能够满足设计要求，系统的水量应满足最大设计流量和供给时间的要求。本条定为强制性条文，旨在要求设计者进行水力计算，以保证系统可靠。

**8.2.4** 系统超压有可能会损坏设备，因此，应有防止系统超压的措施。

**8.2.5** 水泵接合器是用于外部增援供水的措施，当系统供水泵不能正常供水时，可由消防车连接水泵接合器向系统管道供水。系统在喷洒泡沫期间，供水泵亦可能出现不能正常供水的情况，因此，规定水泵接合器宜设置在比例混合器的进口侧。为满足系统要求，水泵接合器的流量应按系统的设计流量确定。

# 9 水 力 计 算

## 9.1 系统的设计流量

**9.1.1** 在扑救储罐区火灾时，除了储罐上设置的泡沫产生器或高背压泡沫产生器外，可能还同时使用辅助泡沫枪（见第 4.1.4 条说明）。所以，计算储罐区泡沫混合液设计流量时，应包括辅助泡沫枪的流量。为保证最不利情况下泡沫混合液流量满足设计要求，计算时应按流量之和最大的储罐确定。

需指出，本规定的含义是按系统实际设计泡沫混合液强度计算确定罐内泡沫混合液用量。

本条定为强制性条文，旨在要求设计者进行系统校核计算，以保证系统可靠。

**9.1.2** 对于只设置泡沫枪或泡沫炮系统的场所，按同时使用的泡沫枪或泡沫炮计算确定系统设计流量是最基本要求。另外，还应保证投入战斗的每个泡沫枪或泡沫炮都满足相关设计要求。

**9.1.3** 当多个雨淋阀并联使用时，首先分别计算每个雨淋阀的流量，然后将需要同时开启的各雨淋阀的流量叠加，计算总流量，并选取不同条件下计算获得的各总流量中的最大值，将其作为系统的设计流量。

本条定为强制性条文，旨在要求设计者进行水力计算，以保证系统可靠。

**9.1.4** 本条规定的采用闭式喷头的泡沫—水喷淋系统设计流量的计算式和现行国家标准《自动喷水灭火系统设计规范》GB 50084 的规定相同，但计算方法与之有别。在本规定中，系统设计流量按最有利水力条件处作用面积内的喷头全部开放，所有喷头的流量之和确定。所谓最有利水力条件是指系统管道压力损失最小，喷头的工作压力最大，亦即喷头流量最大的情况。按本规定计算得到的流量为系统可能产生的最大流量，NFPA 16《泡沫—水喷淋系统与泡沫—水喷雾系统安装标准》也有类似规定。作用面积的计算方法和现行国家标准《自动喷水灭火系统设计规范》GB 50084 相同。

**9.1.5** 本条给出的流量计算公式为国际通用公式，国内外相关标准均利用此公式进行计算。对于未给定 $k$ 系数的泡沫产生装置，其流量可以按压力-流量曲线确定。

**9.1.6** 本条是针对泵的选择、泡沫液与水的储量计算而规定的。

### 9.2　管道水力计算

**9.2.1** 本条参照 NFPA 11《低倍数、中倍数、高倍数泡沫灭火系统标准》、BS 5306 Part 6《泡沫灭火系统标准》和现行国家标准《自动喷水灭火系统设计规范》GB 50084 规定了泡沫灭火系统管道内的水、泡沫混合液流速和泡沫的流速。

液下喷射灭火系统管道内的泡沫是一种物理性质很不稳定的流体，某些泡沫的 25% 析液时间为 2min～3min，如其在管道内的流速过小、流动时间过长，势必造成部分液体析出，影响泡沫的灭火效果。因此，在液下喷射系统设计中，在压力损失允许的情况下应尽量提高泡沫管道内的泡沫流速。较高的泡沫流速，有利于泡沫在流动中的搅拌、混合，减少泡沫流动中的析液。

**9.2.2** 由于泡沫混合液中水的成分占 96% 以上，有的高达 99% 以上，它具有水流体特点，所以在水力计算时，泡沫混合液可按水对待。

式(9.2.2-1)为舍维列夫公式。1953 年，舍维列夫根据其对旧铸铁管和旧钢管所进行的实验提出了该经验公式。因此，该公式主要适用于旧铸铁管和旧钢管。

式(9.2.2-2)为海澄-威廉公式。欧、美、日等国家或地区一般采用海澄-威廉公式，如英国 BS 5306《自动喷水灭火系统安装规则》、美国 NFPA 13《自动喷水灭火系统安装标准》、日本《自动消防灭火设备规则》。我国现行国家标准《建筑给水排水设计规范》GB 50015、《室外给水设计规范》GB 50013 也采用该公式。

为便于比较两计算式计算结果之差异，将式(9.2.2-1)除以式(9.2.2-2)，所得结果见式(1)。

$$k = 0.0001593 \frac{C^{1.85} V^{0.15}}{d^{0.13}} \tag{1}$$

对于普通钢管，取 $C=100$，所得结果见式(2)。

$$k_1 = 0.7984 \frac{V^{0.15}}{d^{0.13}} \tag{2}$$

对于铜管和不锈钢管，取 $C=130$，所得结果见式(3)。

$$k_2 = 1.2972 \frac{V^{0.15}}{d^{0.13}} \tag{3}$$

结合本规范规定，对管径为 $0.025m \sim 0.2m$，流速为 $2.5 m/s \sim 10m/s$ 的情况，计算得（参见图 7）：对于普通钢管，$k_1$ 介于 $1.1292 \sim 1.8217$ 之间；对于铜管和不锈钢管，$k_2$ 介于 $1.8347 \sim 2.9600$ 之间。

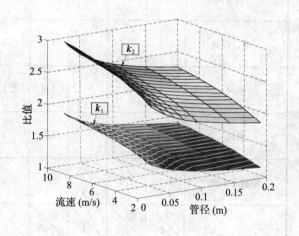

图 7　水力计算公式对比

当系统采用普通钢管时，两个公式的计算结果相差不是很大，考虑到普通钢管在使用过程中由于老化和腐蚀会使内壁的粗糙度增大，进而会增大沿程水头损失。因此，宜采用计算结果比较保守的公式(9.2.2-1)计算。当系统采用铜管和不锈钢管时，公式(9.2.2-1)的计算结果要远大于公式(9.2.2-2)，若此时还用公式(9.2.2-1)进行计算，势必会造成不必要的经济浪费，而且对于不锈钢管和铜管，在使用过程中，内壁粗糙度增大的情况并不十分明显。因此，宜用公式(9.2.2-2)进行计算。

**9.2.3** 局部水头损失的计算，英、美、日、德等国家的规范均采用当量长度法。目前，现行国家标准《自动喷水灭火系统设计规范》GB 50084、《水喷雾灭火系统设计规范》GB 50219、《建筑给水排水设计规范》GB 50015 等亦采用当量长度法，为和其他规范保持一致，本次修订时规定了水管道和泡沫混合液管道的局部水头损失宜采用当量长度法计算。

有关当量长度的取值，表 7 综合了现行国家标准《自动喷水灭火系统设计规范》GB 50084 的有关规定和《水喷雾灭火系统设计规范》GB 50219 条文说明的数据。

**表 7　局部水头损失当量长度(m)**

| 管件名称 | 管件直径(mm) | | | | | | | | | | | |
|---|---|---|---|---|---|---|---|---|---|---|---|---|
| | 25 | 32 | 40 | 50 | 70 | 80 | 100 | 125 | 150 | 200 | 250 | 300 |
| 45°弯头 | 0.3 | 0.3 | 0.6 | 0.6 | 0.9 | 0.9 | 1.2 | 1.5 | 2.1 | 2.7 | 3.3 | 4.0 |
| 90°弯头 | 0.6 | 0.9 | 1.2 | 1.5 | 1.8 | 2.1 | 3.1 | 3.7 | 4.3 | 5.5 | 6.7 | 8.2 |
| 90°长弯头 | 0.6 | 0.6 | 0.6 | 0.9 | 1.2 | 1.5 | 1.8 | 2.4 | 2.7 | 4.0 | 4.9 | 5.5 |
| 三通、四通 | 1.5 | 1.8 | 2.4 | 3.1 | 3.7 | 4.6 | 6.1 | 7.6 | 9.2 | 10.7 | 15.3 | 18.3 |
| 蝶阀 | — | — | — | 1.8 | 2.1 | 3.1 | 3.7 | 2.7 | 3.1 | 3.7 | 5.8 | 6.4 |
| 闸阀 | — | — | — | 0.3 | 0.3 | 0.3 | 0.6 | 0.6 | 0.9 | 1.2 | 1.5 | 1.8 |
| 旋启逆止阀 | 1.5 | 2.1 | 2.7 | 3.4 | 4.3 | 4.9 | 6.7 | 8.3 | 9.8 | 13.7 | 16.8 | 19.8 |
| 异径接头 | 32/25 | 40/32 | 50/40 | 70/50 | 90/70 | 100/90 | 125/100 | 150/125 | 200/150 | — | — | — |
| | 0.2 | 0.3 | 0.3 | 0.5 | 0.6 | 1.0 | 1.1 | 1.3 | 1.6 | | | |

注：表中过滤器当量长度的取值，由生产商提供；当异径接头的出口直径不变而入口直径提高 1 级时，其当量长度应增大 0.5 倍；提高 2 级或 2 级以上时，其当量长度应增大1.0倍。

**9.2.4**　本条规定了水泵或泡沫混合液泵的扬程或系统入口的供给压力计算方法。现行国家标准《自动喷水灭火系统设计规范》GB 50084—2001(2005 版)规定一些主要部件的局部水头损失可直接取值，如湿式报警阀取值 0.04MPa 或按检测数据确定，水流指示器取 0.02MPa，雨淋阀取 0.07MPa。泡沫比例混合器、蝶阀型报警阀及马鞍型水流指示器的压力损失按制造商提供的参数确定。

**9.2.5**　本条对泡沫管道的水力计算作了规定，其中第 1 款的泡沫管道压力损失计算式和第 3 款的压力损失系数是根据国内的试验和 NFPA 11《低倍数、中倍数、高倍数泡沫灭火系统标准》中的泡沫管道水力计算对数曲线推导而来。液下喷射的泡沫倍数一般控制在 3 左右，为了便于计算，圆整为 3。泡沫管道上的阀门、部分管件的当量长度是参照美国的相关文献而确定的。

**9.2.6**　达西(Darcy)公式是计算不可压缩液体水头损失的基本公式，因此建议采用。达西公式见式(4)。

$$\Delta P_{\mathrm{m}} = 0.2252 \left( \frac{fL\rho Q^2}{d^5} \right) \tag{4}$$

式中：$\Delta P_{\mathrm{m}}$——摩擦阻力损失(MPa)；

　　　$f$——摩擦系数；

　　　$L$——管道长度(m)；

　　　$\rho$——液体密度($\mathrm{kg/m^3}$)；

　　　$Q$——流量(L/min)；

　　　$d$——管道直径(mm)。

摩擦系数 $f$ 需要根据雷诺数查莫迪图得到。雷诺数可按式(5)计算。NFPA 16《泡沫—水喷淋与泡沫—水喷雾系统安装标准》给出的莫迪图见图8和图9。

$$Re = 21.22 \left( \frac{Q\rho}{d\mu} \right) \tag{5}$$

式中：$Re$——雷诺数；

　　　$\mu$——绝对动力粘度(cP)。

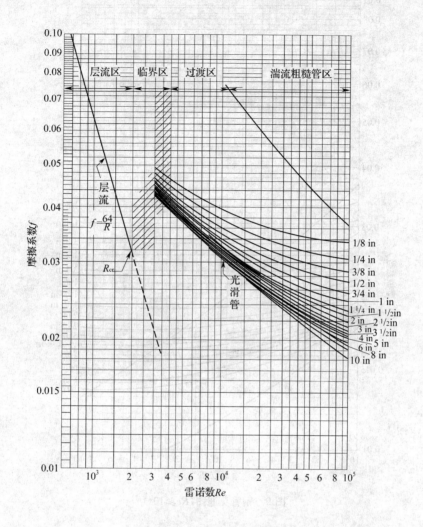

图 8　钢管莫迪图($Re{\leqslant}10^5$)

## 9.3　减 压 措 施

本节主要参照现行国家标准《自动喷水灭火系统设计规范》GB 50084 制定。本次全面修订新增的泡沫—水喷淋系统的流动介质和结构形式与自动喷水灭火系统基本相同，因此，其减压措施采用现行国家标准《自动喷水灭火系统设计规范》GB 50084 的相关规定。

对于减压孔板的局部阻力系数，现行国家标准《自动喷水灭火系统设计规范》GB 50084 规定的计算公式见式(6)。

$$\xi=\left[1.75\,\frac{d_{\mathrm{j}}^2}{d_{\mathrm{k}}^2}\cdot\frac{1.1-\dfrac{d_{\mathrm{k}}^2}{d_{\mathrm{j}}^2}}{1.175-\dfrac{d_{\mathrm{k}}^2}{d_{\mathrm{j}}^2}}-1\right]^2 \tag{6}$$

式中：$\xi$——减压孔板的局部阻力系数，见表8；
$d_{\mathrm{k}}$——减压孔板的孔口直径(m)；
$d_{\mathrm{j}}$——管道的计算内径(m)。

表 8　减压孔板的局部阻力系数

| $d_{\mathrm{k}}/d_{\mathrm{j}}$ | 0.3 | 0.4 | 0.5 | 0.6 | 0.7 | 0.8 |
|---|---|---|---|---|---|---|
| $\xi$ | 292 | 83.3 | 29.5 | 11.7 | 4.75 | 1.83 |

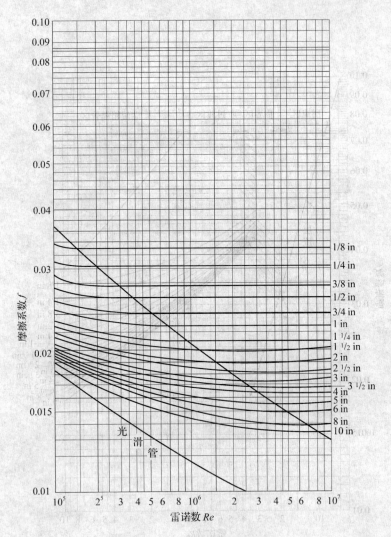

图9　钢管莫迪图（$Re \geqslant 10^5$）

中华人民共和国国家标准

# 卤代烷 1211 灭火系统设计规范

GBJ 110—87

主编部门：中 华 人 民 共 和 国 公 安 部
批准部门：中华人民共和国国家计划委员会
施行日期：1 9 8 8 年 5 月 1 日

# 关于发布《卤代烷 1211 灭火系统设计规范》的通知

## 计标[1987]1607 号

根据国家计委计综[1984]305 号文的要求，由公安部会同有关单位共同编制的《卤代烷 1211 灭火系统设计规范》已经有关部门会审。现批准《卤代烷 1211 灭火系统设计规范》GBJ 110—87 为国家标准，自 1988 年 5 月 1 日起施行。

本规范由公安部管理，其具体解释等工作由公安部天津消防科学研究所负责。出版发行由我委基本建设标准定额研究所负责组织。

国家计划委员会

1987 年 9 月 16 日

## 编 制 说 明

本规范是根据国家计委计综[1984]305 号文的通知，由公安部天津消防科学研究所会同冶金工业部武汉钢铁设计研究院等五个单位共同编制的。

在编制过程中，编制组按照国家基本建设的有关方针政策和"预防为主、防消结合"的消防工作方针，对我国卤代烷灭火系统的研究、设计、生产和使用情况进行了较全面的调查研究，开展了部分试验验证工作，在总结已有科研成果和工程实践的基础上，参考了国际上有关的标准和国外先进标准进行编制，并广泛征求了有关单位的意见，经反复讨论修改，最后经有关部门会审定稿。

本规范共有七章和六个附录。包括总则、防护区设置、灭火剂用量计算、设计计算、系统的组件、操作和控制、安全要求等内容。

各单位在执行过程中，请注意总结经验、积累资料，发现需要修改和补充之处，请将意见和有关资料寄交公安部天津消防科学研究所，以便今后修改时参考。

中华人民共和国公安部

1987 年 9 月

# 目　　次

# 第一章 总 则

**第 1.0.1 条** 为了合理地设计卤代烷1211灭火系统,保护公共财产和个人生命财产的安全,特制定本规范。

**第 1.0.2 条** 卤代烷1211灭火系统的设计,应遵循国家基本建设的有关方针政策,针对防护区的具体情况,做到安全可靠、技术先进、经济合理。

**第 1.0.3 条** 本规范适用于工业和民用建筑中设置的卤代烷1211全淹没灭火系统,不适用于卤代烷1211抑爆系统的设计。

**第 1.0.4 条** 卤代烷1211灭火系统可用于扑救下列物质的火灾:

一、可燃气体火灾;

二、甲、乙、丙类液体火灾;

三、可燃固体的表面火灾;

四、电气火灾。

**第 1.0.5 条** 卤代烷1211灭火系统不得用于扑救下列物质的火灾:

一、无空气仍能迅速氧化的化学物质,如硝酸纤维、火药等;

二、活泼金属,如钾、钠、镁、钛、锆、铀、钚等;

三、金属的氢化物,如氢化钾、氢化钠等;

四、能自行分解的化学物质,如某些过氧化物、联氨等;

五、能自燃的物质,如磷等;

六、强氧化剂,如氧化氮、氟等。

**第 1.0.6 条** 卤代烷1211灭火系统的设计,除执行本规范的规定外,尚应符合国家现行的有关标准、规范的要求。

# 第二章 防护区设置

**第 2.0.1 条** 防护区的划分,应符合下列规定:

一、防护区应以固定的封闭空间来划分;

二、当采用管网灭火系统时,一个防护区的面积不宜大于500m²,容积不宜大于2000m³;

三、当采用无管网灭火装置时,一个防护区的面积不宜大于100m²,容积不宜大于300m³,且设置的无管网灭火装置数不应超过8个。

**第 2.0.2 条** 防护区的最低环境温度不应低于0°C。

**第 2.0.3 条** 保护的隔墙和门的耐火极限均不应低于0.60h,吊顶的耐火极限不应低于0.25h。

**第 2.0.4 条** 防护区的门窗及围护构件的允许压强,均不宜低于1200Pa。

**第 2.0.5 条** 防护区不宜开口。如必须开口时,宜设置自动关闭装置,当设置自动关闭装置确有困难时,应按本规范第3.3.1条的规定执行。

**第 2.0.6 条** 在喷射灭火剂前,防护区的通风机和通风管道的防火阀应自动关闭,影响灭火效果的生产操作应停止进行。

**第 2.0.7 条** 防护区内应有泄压口,宜设在外墙上,其位置应距地面2/3以上的室内净高处。

当防护区设有防爆泄压孔或门窗缝隙没设密封条的,可不设置泄压口。

**第 2.0.8 条** 泄压口的面积,应按下式计算:

$$S = 7.65 \times 10^{-2} \frac{q_{mar}}{\sqrt{P}} \qquad (2.0.8)$$

式中　$S$ —— 泄压口面积(m²);

$P$ —— 防护区围护构件(包括门窗)的允许压强(Pa);

$q_{mar}$ —— 灭火剂的平均设计质量流量(kg/s)。

# 第三章 灭火剂用量计算

## 第一节 灭火剂总用量

**第 3.1.1 条** 灭火剂总用量应为设计用量与备用量之和。设计用量应包括设计灭火用量、流失补偿量、管网内的剩余量和贮存容器内的剩余量。

**第 3.1.2 条** 组合分配系统灭火剂的设计用量不应小于需要灭火剂量最多的一个防护区的设计用量。

**第 3.1.3 条** 重点保护对象的防护区或超过八个防护区的组合分配系统应有备用量,并不应小于设计用量。

备用量的贮存容器应能与主贮存容器切换使用。

## 第二节 设计灭火用量

**第 3.2.1 条** 设计灭火用量应按下式计算:

$$M = K_c \cdot \frac{\varphi}{1 - \varphi} \cdot \frac{V}{\mu} \qquad (3.2.1)$$

式中　$M$ —— 设计灭火用量(kg);

$K_c$ —— 海拔高度修正系数,应按附录五的规定采用;

$\varphi$ —— 灭火剂设计浓度;

$V$ —— 防护区的最大净容积(m³);

$\mu$ —— 防护区在101.325kPa大气压和最低环境温度下灭火剂的比容积(m³/kg),应按附录二的规定计算。

**第 3.2.2 条** 灭火剂设计浓度不应小于灭火浓度的1.2倍或惰化浓度的1.2倍,且不应小于5%。

灭火浓度和惰化浓度应通过试验确定。

**第 3.2.3 条** 有爆炸危险的防护区应采用惰化浓度,无爆炸危险的防护区可采用灭火浓度。

**第 3.2.4 条** 由几种不同的可燃气体或甲、乙、丙类液体组成的混合物,其灭火浓度或惰化浓度如未经试验测定,应按浓度最大者确定。

有关可燃气体和甲、乙、丙类液体的灭火浓度、惰化浓度和最小设计浓度可按附录四采用。

**第 3.2.5 条** 图书、档案和文物资料库等,其设计浓度宜采用7.5%。

**第 3.2.6 条** 变配电室、通讯机房、电子计算机房等场所,其设计浓度宜采用5%。

**第 3.2.7 条** 灭火剂的浸渍时间应符合下列规定

一、可燃固体表面火灾,不应小于10min。

二、可燃气体火灾,甲、乙、丙类液体火灾和电气火灾,不应小于1min。

### 第三节　开口流失补偿

**第 3.3.1 条**　开口流失补偿应根据分界面下降到设计高度的时间确定。当大于规定的灭火剂浸渍时间时，可不补偿；当小于规定的浸渍时间时，应予补偿。

分界面的设计高度应大于防护区内被保护物的高度，且不应小于防护区净高的1/2。

**第 3.3.2 条**　当一个保护区墙上有一个开口或几个底标高相同、高度相等的开口，分界面下降到设计高度的时间可按下式计算：

$$t = 1.2 \frac{H_t - H_d}{H_t} \cdot \frac{V}{Kb\sqrt{2g_n h^3}} \cdot \left\{ \frac{[1+(1+4.7\varphi)^{\frac{1}{3}}]^3}{4.7\varphi} \right\}^{\frac{1}{2}}$$

$$(3.3.2)$$

式中　　$t$ ——分界面下降到设计高度的时间（s）；

　　　　$H_t$ ——防护区净高（m）；

　　　　$H_d$ ——设计高度（m）；

　　　　$V$ ——防护区净容积（m³）；

　　　　$K$ ——开口流量系数，对圆形和矩形开口可取0.66；

　　　　$b$ ——开口总宽度（m）；

　　　　$g_n$ ——重力加速度（9.81m/s²）；

　　　　$h$ ——开口高度（m）；

　　　　$\varphi$ ——灭火剂设计浓度。

# 第四章　设计计算

### 第一节　一般规定

**第 4.1.1 条**　设计计算管网灭火系统时，环境温度可采用20℃。

**第 4.1.2 条**　贮压式系统灭火剂的贮存压力，宜选用 $10.5 \times 10^5 Pa$ 或 $25.0 \times 10^5 Pa$。

注：（1）贮存压力指表压。本章其他条文中的压力如未注明均指表压。

　　（2）法定计量单位1Pa可换算成习用非法定计量单位 $1.02 \times 10^{-5} kgf/cm^2$。

**第 4.1.3 条**　贮压式系统贮存容器内的灭火剂应采用氮气增压，氮气的含水量不应大于0.005%的体积比。

**第 4.1.4 条**　贮压式系统灭火剂的最大充装密度和充装比应根据计算确定，且不宜大于表4.1.4的规定。

**最大充装密度和充装比**　　表 4.1.4

| 贮存压力<br>（Pa） | 充装密度<br>（kg/m³） | 充装比 |
| --- | --- | --- |
| $10.5 \times 10^5$ | 1100 | 0.60 |
| $25.0 \times 10^5$ | 1470 | 0.80 |

**第 4.1.5 条**　喷嘴的最低设计工作压力（绝对压力），不应小于 $3.1 \times 10^5 Pa$。

**第 4.1.6 条**　灭火剂的喷射时间，应符合下列规定：

一、可燃气体火灾和甲、乙、丙类液体火灾，不应大于10s；

二、国家级、省级文物资料库、档案库、图书馆的珍藏库等，不宜大于10s；

三、其他防护区不宜大于15s。

**第 4.1.7 条**　灭火剂从容器阀流出到充满管道的时间，不宜大于10s。

### 第二节　管网灭火系统

**第 4.2.1 条**　管网灭火系统的管径和喷嘴的孔口面积，应根据喷嘴所喷出的灭火剂量和喷射时间确定。

**第 4.2.2 条**　初选管径可按管道内灭火剂的平均设计质量流量计算，单位长度管道的阻力损失宜采用 $3 \times 10^2$ 至 $12 \times 10^2 Pa/m$。

初选喷嘴孔口面积，宜按灭火剂喷出50%时贮存容器内的压力和以平均设计质量流量为该瞬时的质量流量进行计算。

平均设计质量流量应按下式计算：

$$q_{mar} = \frac{M_{ad}}{t_d} \qquad (4.2.2)$$

式中　　$q_{mar}$ ——灭火剂的平均设计质量流量（kg/s）；

　　　　$M_{ad}$ ——设计灭火量和流失补偿量之和（kg）；

　　　　$t_d$ ——灭火剂的喷射时间（s）。

**第 4.2.3 条**　喷嘴的孔口面积，应按下式计算：

$$A = \frac{10^6 q_m}{C_d \sqrt{2\rho P_n}} \qquad (4.2.3)$$

式中　　$A$ ——喷嘴的孔口面积（mm²）；

　　　　$q_m$ ——灭火剂的质量流量（kg/s）；

　　　　$C_d$ ——喷嘴的流量系数；

　　　　$\rho$ ——液态灭火剂的密度（kg/m³）；

　　　　$P_n$ ——喷嘴的工作压力（Pa）。

**第 4.2.4 条**　喷嘴的工作压力应按下式计算：

$$P_n = P_t - P_p - P_1 \pm P_h \qquad (4.2.4)$$

式中　　$P_n$ ——喷嘴的工作压力（Pa）；

　　　　$P_t$ ——在施放灭火剂的过程中贮存容器内的压力（Pa）；

　　　　$P_p$ ——管道沿程阻力损失（Pa）；

　　　　$P_1$ ——管道局部阻力损失（Pa）；

　　　　$P_h$ ——高程压差（Pa）。

**第 4.2.5 条**　在施放灭火剂的过程中，贮存容器内的压力宜按下式计算：

$$P_{ta} = \frac{P_{oa} V_0}{V_0 + V_t} \qquad (4.2.5)$$

式中　　$P_{ta}$ ——在施放灭火剂的过程中贮存容器内的压力（绝对压力，Pa）；

　　　　$P_{oa}$ ——灭火剂的贮存压力（绝对压力，Pa）；

　　　　$V_0$ ——施放灭火剂前容器内的气相容积（m³）；

　　　　$V_t$ ——施放灭火剂时气相容积增量（m³）。

**第 4.2.6 条**　镀锌钢管内的阻力损失宜按下式计算，或按图4.2.6确定。

$$\frac{P_q}{L} = \left[ 12.0 + 0.82D + 37.7 \left( \frac{D}{q_{mp}} \right)^{0.25} \right] \times \frac{q_{mp}^2}{D^5} \times 10^3 \qquad (4.2.6)$$

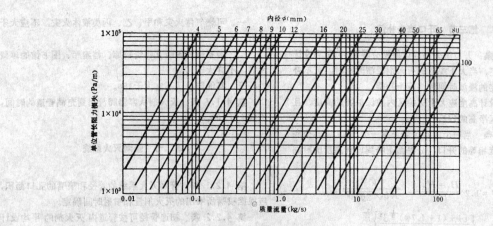

图 4.2.6 镀锌钢管内灭火剂
的质量流量与阻力损失的关系

式中 $\dfrac{P_p}{L}$——单位长度管道的阻力损失（Pa/m）；

　　$D$——管道内径（mm）；

　　$q_{mp}$——管道内灭火剂的质量流量（kg/s）。

注：局部阻力损失宜采用当量长度法计算。

**第 4.2.7 条**　高程压差应按下式计算：

$$P_h = \rho \cdot H_h \cdot g_n \qquad (4.2.7)$$

式中 $P_h$——高程压差（Pa）；

　　$\rho$——液态灭火剂的密度（kg/m³）；

　　$H_h$——高程变化值（m）；

　　$g_n$——重力加速度（9.81m/s²）。

# 第五章　系统的组件

## 第一节　贮存装置

**第 5.1.1 条**　卤代烷 1211 灭火系统的贮存装置宜由贮存容器、容器阀、单向阀和集流管等组成。

**第 5.1.2 条**　在贮存容器上或容器阀上，应设泄压装置和压力表。

**第 5.1.3 条**　在容器阀与集流管之间的管道上应设单向阀；单向阀与容器阀或单向阀与集流管之间应采用软管连接；贮存容器和集流管应采用支架固定。

**第 5.1.4 条**　在贮存装置上应设耐久的固定标牌，标明每个贮存容器的编号、灭火剂的充装量、充装日期和贮存压力等。

**第 5.1.5 条**　对用于保护同一防护区的贮存容量，其规格尺寸、充装量和贮存压力均应相同。

**第 5.1.6 条**　管网灭火系统的贮存装置宜设在靠近防护区的专用贮瓶间内。该房间的耐火等级不应低于二级，室温应为 0 至 50℃，出口应直接通向室外或疏散走道。

设在地下的贮瓶间应设机械排风装置，排风口应直接通向室外。

## 第二节　阀门和喷嘴

**第 5.2.1 条**　在组合分配系统中，每个防护区应设一个选择阀，其公称直径应与主管道的公称直径相等。

选择阀的位置应靠近贮存容器且便于手动操作。选择阀应设有标明防护区的金属牌。

**第 5.2.2 条**　喷嘴的布置应确保灭火剂均匀分布。设置在有粉尘的防护区内的喷嘴，应增设不影响喷射效果的防尘罩。

## 第三节　管道及其附件

**第 5.3.1 条**　管道及其附件应能承受最高环境温度下的贮存压力，并应符合下列规定：

一、贮存压力为 10.5×10⁵Pa 的系统，宜采用符合现行国家标准《低压流体输送用镀锌焊接钢管》中规定的加厚管。

贮存压力为 25.0×10⁵Pa 的系统，应采用符合现行国家标准《冷拔或冷轧精密无缝钢管》等中规定的无缝钢管。

钢管应内外镀锌。

二、在有腐蚀镀锌层的气体、蒸汽场所内，应采用符合现行国家标准《不锈钢无缝钢管》、《拉制铜管》或《挤制铜管》中规定的不锈钢管或铜管。

三、输送启动气体的管道，宜采用符合现行国家标准《拉制铜管》或《挤制铜管》中规定的铜管。

**第 5.3.2 条**　公称直径等于或小于 80mm 的管道附件，宜采用螺纹连接；公称直径大于 80mm 的管道附件，应采用法兰连接。

钢制管道附件应内外镀锌。在有腐蚀镀锌层的气体、蒸汽场所内，应采用铜合金或不锈钢的管道附件。

**第 5.3.3 条**　管网宜布置成均衡系统。均衡系统应符合下列规定：

一、从贮存容器到每个喷嘴的管道长度，应大于最长管道长度的 90%；

二、从贮存容器到每个喷嘴的管道当量长度，应大于最长管道当量长度的 90%；

三、每个喷嘴的平均设计质量流量均应相等。

**第 5.3.4 条**　阀门之间的封闭管段应设置泄压装置。在通向每个防护区的主管道上，应设压力讯号器或流量讯号器。

**第 5.3.5 条**　设置在有爆炸危险的可燃气体、蒸汽或粉尘场所内的管网系统，应设防静电接地装置。

| 名　词 | 说　明 |
|---|---|
| 惰化浓度 | 惰化浓度是指在101.325kPa大气压和规定的温度条件下，不管可燃气体或蒸汽与空气处在何种配比下，均能抑制燃烧或爆炸所需灭火剂在空气中的最小体积百分比 |
| 设计浓度 | 设计浓度是指将灭火浓度或惰化浓度乘以安全系数后得到的浓度 |
| 充装密度 | 充装密度为贮存器内灭火剂的质量与容器容积之比，单位为kg/m³ |
| 充装比 | 充装比是指20℃时贮存容器内液态灭火剂的体积与容器容积之比 |
| 防护区 | 防护区是人为规定的一个区域，它可包括一个或几个相连的封闭空间 |
| 分界面 | 分界面是指通过开口进入防护区的空气和防护区内含有灭火剂的混合气体之间所形成的水平面 |
| 单元独立系　统 | 单元独立系统是保护一个保护区的灭火系统 |
| 组合分配系　统 | 组合分配系统是指用一套灭火剂贮存装置保护多个防护区的灭火系统 |
| 无管网灭火装置 | 无管网灭火装置是将灭火剂贮存容器、阀门和喷嘴等组合在一起的灭火装置 |
| 灭火剂喷射时间 | 灭火剂喷射时间为全部喷嘴开始喷射液态灭火剂到其中任何一个喷嘴开始喷射气体的时间 |
| 灭火剂浸渍时间 | 灭火剂浸渍时间是指防护区内的被保护物完全浸没在保持着灭火剂设计浓度的混合气体中的时间 |
| 可燃固体表面火灾 | 可燃固体表面火灾是指由于可燃固体表面受热、分解或氧化而引起的有焰燃烧或无焰燃烧所形成的火灾 |

## 第六章　操作和控制

**第 6.0.1 条** 管网灭火系统应有自动控制、手动控制和机械应急操作三种启动方式；无管网灭火装置应有自动控制和手动控制两种启动方式。

**第 6.0.2 条** 自动控制应在接到两个独立的火灾信号后才能启动；手动控制装置应设在防护区外便于操作的地方；机械应急操作装置应设在贮瓶间或防护区外便于操作的地方，并能在一个地点完成施放灭火剂的全部动作。

**第 6.0.3 条** 卤代烷1211灭火系统的供电，应符合有关规范的规定。采用气动力源时，应保证施放灭火剂时所需要的压力和用气量。

**第 6.0.4 条** 卤代烷1211灭火系统的防护区，应设置火灾自动报警系统。

## 第七章　安　全　要　求

**第 7.0.1 条** 防护区内应设有能在30s内使该区人员疏散完毕的通道与出口。

在疏散通道与出口处，应设置事故照明和疏散指示标志。

**第 7.0.2 条** 防护区内应设置火灾和灭火剂施放的声报警器，在防护区的每个入口处，应设置光报警器和采用卤代烷1211灭火系统的防护标志。

**第 7.0.3 条** 在经常有人的防护区内设置的无管网灭火装置应有切断自动控制系统的手动装置。

**第 7.0.4 条** 防护区的门应能自行关闭，并应保证在任何情况下均能从防护区内打开。

**第 7.0.5 条** 灭火后的防护区应通风换气。

无窗或固定窗扇的地上防护区和地下防护区，应设置机械排风装置。

**第 7.0.6 条** 凡设有卤代烷1211灭火系统的建筑物，应配置专用的空气呼吸器或氧气呼吸器。

## 附录一　名　词　解　释

| 名　词 | 说　明 |
|---|---|
| 卤代烷1211 | 卤代烷1211即二氟一氯一溴甲烷，化学分子式为CF₂ClBr。四位阿拉伯数字1211依次代表化合物分子中所含碳、氟、氯、溴原子的数目 |
| 全淹没系　统 | 全淹没系统是由一套贮存装置在规定的时间内，向防护区喷射一定浓度的灭火剂，并使其均匀地充满整个防护区空间的系统 |
| 灭火浓度 | 灭火浓度是指在101.325kPa大气压和规定的温度条件下，扑灭某种可燃物质火灾所需灭火剂在空气中的最小体积百分比 |

## 附录二　卤代烷1211蒸汽的比容积

在101.325kPa大气压下，卤代烷1211蒸汽的比容积可采用下式计算，也可由附图2.1确定。

$$\mu = 0.1287 + 0.000551\theta \cdots\cdots \quad (\text{附}2.1)$$

式中　$\mu$——卤代烷1211在101.325kPa大气压下的蒸汽的比容积（m³/kg）；

$\theta$——防护区环境的温度（℃）。

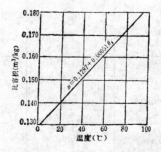

附图 2.1　卤代烷1211蒸汽的比容积

| 物 质 名 称 | 在25℃测定的灭火浓度（%） | 最小设计浓度（%） |
|---|---|---|
| 醋酸乙酯 | 3.3 | 5.0 |
| 乙酰醋酸乙酯 | 3.6 | 5.0 |
| 甲基醋酸乙酯 | 3.3 | 5.0 |
| 二 乙 醚 | 4.4 | 5.3 |
| 苯 | 2.9 | 5.0 |
| 甲 苯 | 2.2 | 5.0 |
| 乙 苯 | 3.1 | 5.0 |
| 混合二甲苯 | 2.5 | 5.0 |
| 氯 苯 | 0.9 | 5.0 |
| 苯 甲 醇 | 2.9 | 5.0 |
| 乙 腈 | 3.0 | 5.0 |
| 丙 烯 腈 | 4.7 | 5.6 |
| 1—氯—2,3—环氧丙烷 | 5.5 | 6.6 |
| 硝 基 甲 烷 | 4.9 | 5.9 |
| N·N—二甲基甲酰胺 | 3.6 | 5.0 |
| 二 硫 化 碳 | 1.6 | 5.0 |
| 变质(含甲醇)酒精 | 4.2 | 5.0 |
| 石油溶剂(油漆用) | 3.6 | 5.0 |
| 航空涡轮用汽油 | 4.0 | 5.0 |
| 航 空 汽 油 | 3.5 | 5.0 |
| 航空涡轮用煤油 | 3.7 | 5.0 |
| 航空用重煤油 | 3.5 | 5.0 |
| 石 油 醚 | 3.7 | 5.0 |
| 汽油(辛烷值98) | 3.9 | 5.0 |
| 环 己 烷 | 3.9 | 5.0 |
| 萘 烷 | 2.9 | 5.0 |
| 异丙基硝酸酯 | 7.5 | 9.0 |

# 附录三 卤代烷1211蒸汽压力

卤代烷1211蒸汽压力可采用下式计算，也可由附图3.1确定。

$$\lg P_{va} = 9.038 - \frac{964.6}{\theta_i + 243.3} \quad \cdots\cdots \qquad (附3.1)$$

式中 $\lg P_{va}$——以10为底$P_{va}$的对数；

$P_{va}$——卤代烷1211蒸汽压力（绝对压力，Pa）；

$\theta_i$——卤代烷1211蒸汽温度（℃）。

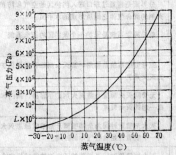

附图 3.1 卤代烷1211蒸汽压力（绝对压力）

# 附录四 卤代烷1211设计浓度

一、在101.325kPa大气压和25℃的空气中的 灭火 浓度及设计浓度

| 物 质 名 称 | 在25℃测定的灭火浓度（%） | 最小设计浓度（%） |
|---|---|---|
| 甲 烷 | 2.8 | 5.0 |
| 乙 烷 | 5.0 | 6.0 |
| 丙 烷 | 4.5 | 5.4 |
| 丁 烷 | 4.5 | 5.0 |
| 异 丁 烷 | 3.8 | 5.0 |
| 乙 烯 | 6.8 | 8.2 |
| 丙 烯 | 5.2 | 6.2 |
| 甲 醇 | 8.2 | 9.8 |
| 乙 醇 | 4.5 | 5.4 |
| 丙 醇 | 4.3 | 5.2 |
| 异 丙 醇 | 3.8 | 5.0 |
| 丁 醇 | 4.4 | 5.3 |
| 二甲基丙醇 | 4.3 | 5.2 |
| 异 丁 醇 | 3.8 | 5.0 |
| 戊 醇 | 4.2 | 5.0 |
| 己 醇 | 4.5 | 5.4 |
| 戊 烷 | 3.7 | 5.0 |
| 庚 烷 | 3.7 | 5.0 |
| 己 烷 | 3.7 | 5.0 |
| 2,2,5—三甲基己烷 | 3.3 | 5.0 |
| 乙 二 醇 | 3.0 | 5.0 |
| 丙 酮 | 3.8 | 5.0 |
| 戊二酮—(2.4) | 4.1 | 5.0 |
| 丁 酮 | 3.9 | 5.0 |

二、在101.325kPa大气压和25℃的空气中的 惰化 浓度及设计浓度

| 物 质 名 称 | 在25℃测定的惰化浓度（%） | 最小设计浓度（%） |
|---|---|---|
| 甲 烷 | 6.1 | 7.3 |
| 丙 烷 | 8.4 | 10.1 |
| 氢 | 37.0 | 44.4 |
| 正 己 烷 | 7.4 | 8.9 |
| 乙 烯 | 11.6 | 13.9 |
| 丙 酮 | 6.9 | 8.3 |

# 附录五 海拔高度修正系数

海拔高度高于海平面的防护区，海拔高度修正系数$K_c$等于本规范附表5.1中的修正系数$K_0$。

| 修 正 系 数 | | 附表 5.1 |
|---|---|---|
| 海 拔 高 度（m） | 大 气 压 力（Pa） | 修正系数（$K_0$） |
| 0 | $1.013 \times 10^5$ | 1.000 |
| 300 | $0.978 \times 10^5$ | 0.964 |
| 600 | $0.943 \times 10^5$ | 0.930 |
| 900 | $0.910 \times 10^5$ | 0.896 |
| 1200 | $0.877 \times 10^5$ | 0.864 |
| 1500 | $0.845 \times 10^5$ | 0.830 |
| 1800 | $0.815 \times 10^5$ | 0.802 |
| 2100 | $0.785 \times 10^5$ | 0.772 |
| 2400 | $0.756 \times 10^5$ | 0.744 |

| 海 拔 高 度<br>（m） | 大 气 压 力<br>（Pa） | 修正系数<br>（$K_0$） |
|---|---|---|
| 2700 | $0.728 \times 10^5$ | 0.715 |
| 3000 | $0.702 \times 10^5$ | 0.689 |
| 3300 | $0.675 \times 10^5$ | 0.663 |
| 3600 | $0.650 \times 10^5$ | 0.639 |
| 3900 | $0.626 \times 10^5$ | 0.615 |
| 4200 | $0.601 \times 10^5$ | 0.592 |
| 4500 | $0.578 \times 10^5$ | 0.572 |

海拔高度低于海平面的防护区，海拔高度修正系数$K_c$等于本规范附表5.1中的修正系数$K_0$的倒数。

修正系数$K_0$也可由下式计算：

$$K_0 = 5.3788 \times 10^{-9} \cdot H^2 - 1.1975 \times 10^{-4} \cdot H + 1$$

（附5.1）

式中　$K_0$——修正系数；

　　　$H$——海拔高度（m）。

## 附录六　用 词 说 明

一、本规范条文中，对要求的严格程度采用了不同用词，说明如下，以便在执行中区别对待。

1.表示很严格，非这样做不可的用词：

正面词采用"必须"；

反面词采用"严禁"。

2.表示严格，在正常情况下均应这样做的用词：

正面词采用"应"；

反面词采用"不应"或"不得"。

3.表示允许稍有选择，在条件许可时首先应这样做的用词：

正面词采用"宜"或"可"；

反面词采用"不宜"。

二、本规范中应按规定的标准、规范或其他有关规定的写法为"应按现行……执行"或"应符合……要求或规定"。

### 附加说明

## 本规范主编单位、参加单位及
## 主要起草人名单

**主编单位**：公安部天津消防科学研究所

**参加单位**：冶金工业部武汉钢铁设计研究院

教育部天津大学

中国建筑西南设计院

中国船舶检验局上海海船规范研究所

**主要起草人**：甘家林　熊湘伟　罗　晓　徐晓军

糜吟芳　韩鸿钧　祝鸿钧　周宗仪

冯修远

中华人民共和国国家标准

# 卤代烷 1211 灭火系统设计规范

**GBJ 110—87**

条 文 说 明

## 第一章　总　　则

**第1.0.1条**　本条提出了编制本规范的目的，即为了合理地设计卤代烷 1211 灭火系统，使其能有效地保卫社会主义现代化建设，保护公共财产和公民的生命财产的安全。

卤代烷 1211 灭火剂是一种性能良好，应用范围广泛的灭火剂。它具有抑制燃烧过程中基本化学反应的能力。其灭火机理普遍认为是：它在高温下的分解物能够中断燃烧过程中化学连锁反应的链传递。因而它的灭火能力强、灭火速度快。此外它还有不导电、耐贮存、腐蚀性小、毒性较低等一系列优点。以卤代烷 1211 为灭火介质的固定灭火系统，能够可靠地防护许多具有火灾危险的重要场所，在国际上已获得较为广泛的应用。根据英国帝国化学工业公司统计，卤代烷 1211 灭火剂已得到包括工业发达国家在内的三十多个国家的消防部门的正式认证，也为世界其他一些尚未正式认证的国家所接受。许多国家采用这种灭火系统来保护图书、美术、档案、文物资料等贮存大量珍贵资料的库房；甲、乙、丙类液体库房；各种运输工具。在欧洲还用它来保护像电子计算机房、通讯机房等存有贵重设备和仪表的有人工作的场所。随着我国社会主义现代化建设的迅速发展，采用卤代烷 1211 灭火系统防护的场所日趋增多。我国现行的《高层民用建筑设计防火规范》和《建筑设计防火规范》，对应设置卤代烷灭火系统的场所做出了明确规定，这将大大促进我国卤代烷灭火系统的推广应用。

采用卤代烷 1211 灭火系统保护许多具有火灾危险的重要场所，是否能够达到预期的防护目的，即能有效地保护这些场所内人员的生命、财产免受火灾的危害，其首要条件应保证系统设计是合理的。

我国从六十年代初期开始研制卤代烷 1211 灭火剂，至今已有二十多年的历史。许多要害部位已设计安装了这种系统，并已起到了良好的防护作用。但是，也有部分卤代烷 1211 灭火系统，存在这样或那样问题。从设计角度看，在防护区的划分、灭火剂用量的计算、系统部件的选择和布置、系统的操作和控制、系统的设计计算及安全要求等各方面均存在一些不合理的现象。个别已投入使用的卤代烷 1211 灭火系统还发生了不应有的事故，如设置在某厂喷漆车间的卤代烷 1211 灭火系统，由于某些部件的可靠性差，加之又没有设置必要的机械式应急手动操作机构，在自动控制失灵时无法施放灭火剂将火扑灭，造成数万元经济损失；某轮船采用卤代烷 1211 灭火后，在没有必要的安全防护措施的条件下，人员进入已施放灭火剂的机仓内，而造成伤害。美国杜邦公司曾对 300 多个卤代烷灭火系统进行检查和喷射灭火剂的试验，所提供的分析材料指出，这些系统中 23% 有明显问题。这些问题也包括设计上所存在问题。

本规范的编制，将为设计卤代烷 1211 灭火系统提供统一的较合理的技术要求，这些要求也是消防管理部门对卤代烷 1211 灭火系统工程设计进行监督审查的依据。

**第1.0.2条**　本条根据我国的具体情况，规定了卤代烷 1211 灭火系统工程设计所应遵守的原则和达到的要求。

由于我国目前将卤代烷 1211 灭火系统主要用于一些重点要害部位的防护，而该系统的工程设计涉及的范围较广。因此，系统设计时必须遵循国家有关方针政策，如现行的《中华人民共和国消防条例》等。

卤代烷 1211 灭火系统的工程设计，必须考虑防护区的具体情况，首先设计人员应掌握整个工程的特点、防火要求和各种消防力量、消防设施的配置情况，并根据整体消防方案来划分采用卤代烷 1211 灭火系统防护区，制定合理的设计方案，正确处理局部和全局的关系。英国标准 BS5306—1984《室内灭火装置与设备实施规范》第 5.2 章：（卤代烷 1211 全淹没系统）的引言中明确指出："重要的是把工厂和建筑物的消防问题作为一个整体来考虑。卤代烷 1211 全淹没系统仅仅是现有设备的一部分，然而是重要的一部分。但并不是采用了这种系统就不必考虑辅助措施，例如准备手提式灭火器或其他的移动式灭火装置作为救急或备用；也不是采用了它，就不必处理特殊的危险了"。其次，系统设计时应考虑的防护区的具体情况，还包括防护区的位置、大小、形状、开口和通风等情况；以及防护区内可燃物品的性质、数量、分布情况；可能发生的火灾类型和起火源、起火部位等情况。只有全面分析防护区本身及其内部的各种特点，才能合理地选择不同结构特点的灭火系统，合理地确定灭火剂用量，以及选择系统操作控制方式，选择和布置系统部件等。

本条规定了系统设计要达到的总的要求为"安全可靠、技术先进、经济合理"。这三个方面的要求不仅有各自的含义，也是一个互相联系统一的原则。"安全可靠"则要求所设计的系统能确保人员安全。在平时不得产生误动作，在需要灭火时能立即启动并施放出需要的灭火剂量将火完全扑灭。"经济合理"则要求系统设计时，尽可能采用较少的灭火剂和系统组件，组成比较简单的系统以达到节省投资的目的，同时所设计的系统应符合本规范的各项要求。"技术先进"则要求系统设计时，尽可能采用新的成熟的先进技术，先进的设备和科学的设计、计算方法。

**第1.0.3条**　本条规定了本规范的适应范围及不适用范围。

一、"适用于工业和民用建筑中设置的卤代烷 1211 全淹没灭火系统"的规定，是根据以下情况确定的：

1. 本规范是属于工程建设中的专业规范，其主要任务是规定工业和民用建、构筑物中这一类灭火系统设计的具体技术要求。

2. 本规范所规定的设计原则和基本参数对保护交通运输工具和地下矿井的卤代烷 1211 灭火系统的设计虽然是适合的，但是，扑救交通运输工具及地下矿井所发生的火灾，有其特殊要求。如火车、轮船、飞机等交通运输工具发生火灾时，可燃物可能处在流动的空气中；地下矿井也有特殊的通风要求，人员疏散也是一个必须考虑的重要因素。因此，在这些场所设计卤代烷 1211 灭火系统时，必须充分考虑环境条件的影响。一般应针对具体条件，通过试验取得专用的设计数据和提出相应的技术要求。

3. 参考了国外同类标准中的有关规定。国际标准化组织制定的 ISO/DP7075—1984 年《卤代烷自动灭火系统》标准中规定：“正如应用范围所述，这些规则只适合于封闭空间内的固定灭火系统。对于某些特殊用途（例如航海、航空、汽车、地铁等等）必须考虑附加的条件”。

西德标准 DIN14 496—1979《卤代烷灭火剂固定灭火设备》标准中规定：“本标准适用于建筑物和工厂的卤代烷灭火剂固定式灭火设备，不适用于航海、航空领域和地下矿井。”

英国标准 BS5306—1984《室内灭火装置与设备实施规范》中也做出了卤代烷灭火系统规范适用于“工厂或建筑物”的规定。

二、本规范只涉及卤代烷 1211 全淹没灭火系统的设计，未对卤代烷 1211 灭火系统中的局部应用系统的设计做出规定，这是根据以下情况确定的：

1. 局部应用系统是由一套卤代烷 1211 灭火剂的贮存装置，直接向燃烧着的可燃物的危险区域喷射一定量的灭火剂的灭火系统。它可用于没有固定封闭的危险区，也可用于防护大型封闭空间中局部的危险区。这一系统有较广泛的应用场所，但是它与全淹没系统的灭火方式有很大的差别。迄今为止，我国对卤代烷 1211 局部应用系统尚未开展全面研究、试验和工程设计。仅在浮顶油罐上进行了初步的试验与应用。我国现行的有关建筑设计防火规范，尚未规定采用这种系统的场所。从国内现在的情况看，尚不具备进行工程设计与应用的条件。

2. 目前，国外对卤代烷 1211 局部应用系统的研究，尚未取得引人注目的成果。美国 NFPA12A 与 NFPA12B 标准的多个版本中，虽然包括了局部应用系统这一部分内容，但它所规定的内容都是一些高度概括的原则，对工程设计没有具体的指导作用。美国 NFPA 所编的《防火手册》中也指出：“在全国消防协会卤代烷灭火剂系统标准中关于局部应用系统的最新资料，只是对设备制造商或进行测试的实验室作为指导材料才是有用的。现有的局部应用系统还得通过广泛的和费用昂贵的试验，才能证实它的功效”。

英国对卤代烷 1211 局部应用系统进行了较长时间的广泛与深入的研究，但至今尚未制订出有关的设计规范。英国标准学会制定的编制室内消防设备标准计划中，拟将卤代烷灭火系统的设计规范分成三部分。第一部分是卤代烷 1301 全淹没系统，已于 1982 年颁发。第二部分是卤代烷 1211 全淹没系统，已于 1984 年颁发。第三部分即卤代烷 1211 局部应用系统，尚未制订出。

国际标准化组织在所制订的有关卤代烷灭火系统标准的计划中，将卤代烷 1301 全淹没灭火系统和卤代烷 1211 全淹没系统合在一个标准内，分成两部分，即 ISO/7075/1 与 ISO/7075/2。而将卤代烷 1211 局部应用系统单列一个标准，为 ISO/8475 标准，我国至今尚未收到国际标准化组织有关卤代烷 1211 灭火系统标准的建议草案。

鉴于以上情况，本规范的内容中暂不包括局部应用系统为宜。等条件成熟时，再将其补充到本规范中或单独编制《卤代烷 1211 局部应用系统设计规范》。

三、在执行本条规定时，工业和民用建、构筑物中是否需要设置卤代烷 1211 全淹没灭火系统，可根据以下情况确定：

1. 应按国家现行的《高层民用建筑设计防火规范》和《建筑设计防火规范》等有关规范的规定设置。

《高层民用建筑设计防火规范》（GBJ 145—82）中第 6.6.4 条规定：“大、中型电子计算机房，图书馆的珍藏库，一类建筑内的自备发电机房和其他贵重设备室，应设卤代烷或二氧化碳等固定灭火装置”。

现行的《建筑设计防火规范》中第 8.7.5 条规定下列部位应设卤代烷或二氧化碳灭火设备：

（1）省级或超过 100 万人口城市电视发射塔微波室；

（2）超过 50 万人口城市通讯机房；

（3）大、中型电子计算机房或贵重设备室；

（4）省级或藏书超过 100 万册图书馆的珍藏室；

（5）中央及省级的文物资料、档案库。

此外该规范第 8.7.4 条中还规定，设在室内的单台贮油量超过 5 吨的电力变压器，除可采用水喷雾灭火设备外，亦可采用卤代烷或二氧化碳灭火设备。

2. 应根据防护区的具体情况和各种灭火设施的优缺点进行全面分析和综合考虑。

如卤代烷灭火系统与应用较广泛的水喷淋系统比较，灭火速度快，不污染被保护的物体，能够扑救电气火灾，也不会对贵重设备及文物资料造成水渍损失。但是卤代烷灭火系统比水喷淋系统结构复杂，价格较高，难以扑灭可燃固体的深位火灾，且有一定毒性。

又如卤代烷灭火系统比二氧化碳灭火系统灭火速

度快，灭火剂用量及贮存设备较少，故一次性投资较省，系统占地也少。但是二氧化碳具有来源广、灭火剂单价低，有较强的冷却灭火效果，对于一些火灾危险性大、起火频繁，需要经常灌装灭火剂的防护区，二氧化碳灭火系统可能较为经济。

国际上常用的卤代烷灭火系统有"1211"与"1301"两种，这两种灭火剂的应用范围和灭火能力基本上相同。卤代烷1211全淹没系统防护区的环境温度应在0℃以上，卤代烷1301全淹没系统基本上不受低温条件限制；此外卤代烷1211的毒性大于卤代烷1301；但是卤代烷1301的价格比卤代烷1211高。

四、"本规范不适用于卤代烷1211抑爆系统的设计"的规定，是根据以下情况确定的：

1. 我国目前尚未开展抑爆系统的试验、研究和设计，因此制定卤代烷抑爆系统设计规范的条件尚不成熟。

2. 国外同类标准中一般均明确规定不包括抑爆系统的设计。如BS5306标准，ISO/DP7075等标准。一些工业比较先进的国家已制订了单独的《防爆系统标准》，如美国NFPA69，ISO/DP6184等标准，已将卤代烷抑爆系统标准包括进去。

**第1.0.4条** 本条规定了卤代烷1211灭火系统可用于扑救可燃气体火灾；甲、乙、丙类液体火灾；可燃固体的表面火灾和电气火灾。这些规定主要是根据国外同类标准规范的有关规定，以及国内多年来所进行的一系列实验验证所得出的结论而确定的。

国外同类标准的有关规定如下：

美国NFPA12A—1980《卤代烷1301灭火系统标准》中第1—5.3.2款规定："用卤代烷1301系统可以令人满意地保护比较重要的危险场所和装置包括：

(a)气态和液态的易燃物；

(b)电气危险场所，如变压器、油开关和断路器以及旋转的电气设备；

(c)使用汽油和其他易燃燃料的发动机；

(d)普通的可燃物，如纸、木材和纺织品；

(e)危险的固体物质；

(f)电子计算机、数学程序装置和控制室。

美国NFPA12B—1980《卤代烷1211灭火系统标准》中第1—5.3.2款规定："用卤代烷1211系统可以令人满意地保护比较重要的危险场所和装置包括：

(a)易燃的气体和液体物质；

(b)电气危险区，如变压器、油开关和断路器，以及旋转电气设备；

(c)使用汽油或其他易燃性燃料的发动机；

(d)一般可燃物，如纸张、木材和纺织品；

(e)危险的固体物质。

英国BS5306—1984标准中有关条文规定："卤代烷1211全淹没系统可以用以扑救BS4547标准中定义的A类、B类和C类火灾。在发生C类火灾时，由于可燃气体的继续存在，应注意考虑灭火后的爆炸危险"。

国际标准化组织制订的ISO/DP7075/1—1984标准及其他一些国外标准均有类似的规定，这些规定均是从大量试验中总结得出的。

我国曾进行了采用卤代烷1211灭火系统扑救甲、乙、丙类液体火灾，可燃固体的表面火灾及电器设备火灾试验，业已证明采用卤代烷1211灭火剂扑救上述物质和设备的火灾是非常有效的。近年来，国内采用卤代烷1211灭火系统保护油罐、变配电室、电子计算机房、通讯机房、档案馆、图书馆已日趋增加。

在执行本条文规定时，应注意以下几个方面的问题：

一、本条文内容仅仅是规定卤代烷1211灭火系统可以用来扑救的火灾类型，而不是对应设置卤代烷1211灭火系统的场所进行规定。哪些场所设置该系统，本规范1.0.3条的条文说明已经阐明，本规范主要任务是解决如何合理设计该系统的问题。

二、一个具有火灾危险的场所是否需用卤代烷1211灭火系统防护，可根据下述因素考虑：

1. 该处要求使用不污染被保护物品的"清洁"的灭火剂；

2. 该处有电气火灾危险因而要求使用不导电的灭火剂；

3. 该处有贵重的设备和物品，要求使用灭火速度快的高效能灭火剂；

4. 该处不宜或难以使用其他类型的灭火剂。

三、采用卤代烷1211灭火系统保护建、构筑物的一部分时，应把整个建、构筑物的消防问题作为一个整体来考虑；还应考虑采用其他辅助消防设施，例如消防栓供水系统及手提式灭火器等。一般来讲，卤代烷灭火系统只用来保护建、构筑物内部发生的火灾，而建、构筑物本身产生的火灾，宜用水扑救。

四、当防护区内存在能够引起爆炸危险的可燃气体、蒸汽或粉尘时，应按照现行的《建筑设计防火规范》中的有关规定采取防爆措施。

五、对于可燃固体的火灾，本条文中规定可用卤代烷1211灭火系统扑灭其表面火灾。换言之，即不宜用这种灭火系统来扑灭可燃固体的深位火灾。这是因为可燃固体火灾一旦变成深位火灾时，必须用很高的灭火浓度并维持相当长的浸渍时间，才能将火灾完全扑灭。这在经济上是不合算的，在实践上也难以实施。美国NFPA12B—1980标准附录中指出："迄今为止，还没有可靠的基础去预计灭深位火灾对灭火剂的要求，从实际意义上说，使用卤代烷1211去控制或扑灭深位火灾，一般来说是没有吸引力的。因为灭火剂甚至能从封闭空间的最小缝隙中泄漏出去，因此不延长供给灭火剂的时间，通常就不容易维持较长的浸渍时间，而且又要使用高浓度，这样的灭火系统相对来说费用变得较高。可以使用卤代烷1211，一般限于在那些不能或不允许发展为深位火灾的可燃性固体火灾"。

**第1.0.5条** 本条文规定不得用卤代烷1211灭火系统扑救的物质火灾，系根据下述情况确定的：

一、卤代烷1211灭火剂不能扑灭的火灾主要包括两类物质的火灾。第一类物质是本身含有氧原子的强氧化剂。这些氧原子可供燃烧之用，在具备燃烧的条件下能与可燃物氧化形成新的分子，而卤代烷1211灭火剂的分子不能很快地渗入到其内部起化学作用而将火熄灭。当卤代烷1211灭火剂去干扰燃烧反应时，由于这些可燃物具有较强的氧化性质而无法取得成效。对于这些自身含有氧原子的可燃物，采用冷却法灭火是较可靠的。第二类物质主要是化学作用活泼的金属和金属的氢化物，在具备燃烧的条件下氧化能力极强，卤代烷1211分解产物与氧结合的能力并不比这些物质的能力强，因而难以干扰燃烧的进程。美国NFRA所编的《防火手册》中指出：卤代烷1301或卤代烷1211的浓度低于20%，这一类物质与灭火剂之间不起化学反应。

二、本条文的规定与国际标准化组织ISO/DP7075标准中的规定是一致的。美国NFPA12A、NFPA12B、英国BS5306等标准的规定也与本规范的规定基本相同。如NFPA12B—1980标准中规定：卤代烷1211灭火剂对下列物品无效：

1. 某些化学药品或混合物，例如硝酸纤维素和火药，它们在无空气的情况下也能迅速氧化；

2. 化学性质活泼的金属，如钠、镁、钛、锆、铀、钚；

3. 金属的氢化物；

4. 能自行热分解的化学药品，如某些有机过氧化物和联氨。

在执行本条文规定时，遇有下述情况，设计人员仍可考虑采用卤代烷1211灭火系统。一是一个建、构筑物中同时存有其他可燃物和上述危险性质；但能断定在用卤代烷1211灭火剂迅速灭火以前不会引燃上述危险物质；二是上述危险物质数量少，即使燃烧起来也不会对建、构筑物或其他需保护的物品造成危害，为了保护建、构筑物内其他可燃物品的安全采用卤代烷灭火系统。

**第1.0.6条** 本条规定中所指的"国家现行的有关标准、规范"。除在本规范中已指明的外，主要包括以下几个方面的标准、规范：

一、防火基础标准与有关的安全基础标准；

二、有关的工业与民用建筑防火标准、规范；

三、有关的火灾自动报警系统标准、规范；

四、有关的卤代烷灭火系统部件标准；

五、其他有关的标准。

# 第二章 防护区设置

**第2.0.1条** 本条规定防护区应以固定的封闭空间划分。这是由于卤代烷1211灭火剂在常温下呈气态，采用全淹没方法灭火时，必须有一个封闭较好的空间，才能建立扑灭被保护物火灾所需的灭火剂设计浓度，并能将该浓度保持一段所需要的浸渍时间，条文中"固定的"一词系指封闭空间的大小、形状和位置均是不可改变的。

在执行本条规定时，关于如何划分防护区，则应根据封闭空间的结构特点和位置确定。考虑到一个防护区包括两个或两个以上封闭空间时，要使设计的系统能恰好同时施放给这些封闭空间各自所要求的灭火剂量是比较困难的，故当一个封闭空间的围护结构是难燃烧体或非燃烧体，且该空间内能建立扑灭被保护物火灾所需要的灭火剂设计浓度和将该浓度保持一段所需要的浸渍时间时，宜将这个封闭空间划为一个防护区。若相邻的两个或两个以上的封闭空间之间的隔断物不能阻止灭火剂流失而影响灭火效果或不能阻止火灾蔓延，应将它们划为一个防护区，并应确保每个封闭空间内的灭火剂浓度以及保持灭火剂浓度的浸渍时间均能达到设计要求；国外同类标准也有类似规定。如美国NFPA12B—1980标准中规定："如果危险区之间相邻，并有可能同时着火，则每个危险区可以用一个独立的系统来保护，但这些系统必须设计成可以联合同时动作的。也可以设计成一个系统，其规模及布置必须能同时把卤代烷1211喷射到可能发生危险的所有区域"。国际标准ISO/DP7075/1—1984中第5.2条规定："当两个或两个以上相邻的封闭空间可能同时发生火灾时，这些封闭空间应按下述方法之一防护：

（a）设计的各个系统可同时工作；

（b）一个单个的系统的规模和布置使灭火剂能释放到所有可能同时发生危险的封闭空间"。

本条规定："当采用管网灭火系统时，一个防护区面积不宜大于500m²，总容量不宜大于2000m³"。这是根据以下情况提出的：

一、在一个防护区建立需要的卤代烷1211灭火剂量与防护区的容积成正比，防护区大，需要的灭火剂量多。同时防护区大，输送灭火剂的管道通径和管网中离贮存容器最近的喷头与最不利点喷头之间的管道容积增大，使灭火剂在管网中的剩余量增加。故系统所需贮存的灭火剂量也很大，造成系统成本增高。在一个大的防护区内，同时发生多处火灾的可能性极小，不如采用非燃烧体隔墙将其划分成几个较小防护区，采用组合分配系统来保护更为经济。

二、为了保证人身安全，本规范规定在施放卤代烷1211灭火剂之前，应使人员在报警后的30s内撤离防护区，当防护区过大时，人员将难以迅速疏散出去。

三、当防护区过大时，输送灭火剂的管网将相应增长，这将出现两个不利的因素。一是为了保证喷嘴的最低喷射压力，需要较高的贮存压力；二是从贮存容器启动到喷嘴开始喷灭火剂，即灭火剂充满管道的时间增加，这对要求迅速扑灭初期火灾是不利的。本规范已规定灭火剂充满管道的时间不宜大于 10s，这也就限制了输送灭火剂管道的最大长度。

四、目前国内采用卤代烷 1211 灭火系统的防护区，其最大面积和容积都在 500m² 和 2000m³ 以下，还没有设计更大系统的成熟经验。此外我国目前所生产的系统主要部件尺寸较小，也难以保护更大的防护区。

为了保障安全、节省投资，根据我国目前卤代烷 1211 灭火系统的生产技术水平等具体情况，对防护区的最大面积与容积给予适当限制是必要的。

本条还对采用无管网灭火装置的防护区面积、总容积，以及一个防护区最多可使用的无管网灭火装置的数目给出了限制，这是根据以下情况确定的。

无管网灭火装置是一种结构较简单的小型轻便式灭火系统，具有工程设计容易、安装方便等优点。但是作为全淹没系统时，要保证在规定的灭火剂喷射时间将全部灭火剂施放到防护区内，并保证其均匀分布，单个卤代烷 1211 无管网灭火装置不可能设计得很大。我国目前有几个厂试制过能充装 50kg 卤代烷 1211 灭火剂的箱式无管网灭火装置，但均未进行过灭火剂浓度分布均匀性的测试。这种灭火装置一般只适合于较小的防护区，按 5％的设计浓度计算，50kg 卤代烷 1211 灭火剂仅能保护 130m³ 左右的封闭空间。而目前工程设计上用得较多的球型悬挂式无管网灭火装置，单个充装的灭火剂量为 8kg 和 16kg 两种规格，所能保护的空间较小。按 5％的设计浓度计算，一个 16kg 的仅能保护 40m³ 左右。一个防护区内布置的数量越多，可靠性也就越低。这一类灭火装置均布置在防护区内，一旦失火如果有个别装置不能按规定开启，又无法采取机械式应急操作，为了保证防护区的安全，故有必要对无管网灭火装置的应用范围给予限制。根据我国目前需要设置卤代烷防护区的具体情况，认为这一类装置宜设在面积为 100m²，总容积 300m³ 以下的防护区内，且一个防护区设置数不应超过 8 个。

在工程设计时采用无管网灭火装置应注意的两点是：一是这种装置有各种不同的结构型式和不同的用途，不能任意采用。如目前一些图书、文物库房，采用感温玻璃球控制灭火剂施放的悬挂式无管网灭火装置是不恰当的，难以起到可靠的防护作用，也不符合本规范 7.0.3 条的规定。二是这一类灭火装置虽然开始安装时费用低，很有吸引力，但是其维修费却比较

高。设计人员应根据防护区的具体情况和各种类型灭火设备的特点全面考虑，选择最经济而又安全可靠的类型。

**第 2.0.2 条** 本条规定防护区的最低环境温度不应低于 0℃，说明如下：

卤代烷 1211 灭火剂在一个标准大气压下，沸点为 -3.4℃。当防护区内的温度低于其沸点时，施放到防护区内的灭火剂将以液态形式存在。卤代烷 1211 灭火剂的灭火机理，一般解释为它接触 483℃ 以上高温所形成的分解物，能够中断燃烧过程中化学连锁反应的链传递。防护区的温度越低，灭火剂汽化速度越慢，势必延长灭火剂在防护区均匀分布的时间而影响灭火速度，同时也会造成大量的灭火剂流失。因此，本条规定了防护区的环境温度应高于 0℃。这一规定，也参考了国外同类标准、规范的有关规定。如美国 NFPA12B—1980 年标准中第 2-1.1.1 项中做出了全淹没系统防护区的环境温度应在 30℉（-1℃）以上的规定。

**第 2.0.3 条** 本条规定了全淹没系统防护区的建筑构件的最低耐火极限，系根据以下情况提出的：

一、为了保证采用卤代烷 1211 全淹没系统能完全将建筑物内的火灾扑灭，防护区的建筑构件应有足够的耐火极限，以保证卤代烷 1211 完全灭火所需要的时间。完全灭火所需要的时间，一般包括火灾探测时间，探测出火灾后到施放灭火剂之前的延时时间，施放灭火剂的时间和保持灭火剂浓度的浸渍时间。这几段时间中保持灭火剂浓度的浸渍时间是最长的一段，但是在不考虑扑救固体物质深位火灾的情况下，一般有 10min 就足够了。因此，完全扑灭火灾所需要的时间一般在 15min 内。若防护区的建筑构件的耐火极限低于这一值，有可能在火灾尚未完全熄灭前就被烧坏，使防护区的密闭性受到破坏，造成灭火剂的大量流失而导致复燃。

二、卤代烷 1211 全淹没系统中能用于具有固定封闭空间的防护区，也就是只能用来扑救建筑物内部可燃物的火灾，对建筑物本身的火灾是难以起到有效的保护作用。为了防止护护区外发生的火灾蔓延到防护区内，因此要求防护区的墙和门、窗应有一定的耐火极限。

三、关于防护区建筑构件耐火极限的规定，参考了国外同类标准的有关规定。美国 NFPA12B—1980 标准中第 1-5.4 条规定："重要的不仅要形成一个有效的灭火剂浓度，而且要保持一段足够长的时间，以便受过训练的人员能够有效地进行紧急处理工作。……卤代烷灭火系统一般要提供若干分钟的保护时间，这对某些场所已是非常有效的"。该标准第 2-1.1 条提出："本系统可用于具有固定的封闭空间的危险区。在这个封闭空间内能够建立起所需的浓度，并维持一段所需的时间，以确保有效扑灭规定的可燃材料

的火灾"。英国标准 BS：5306—1984 的 5.2 章中 8.1 条规定："为了保持设计灭火浓度需要一个良好的封闭的空间。依照 BS476 第 8 部分，封闭空间墙与门的耐火等级应不少于 30min"。

**第 2.0.4 条**　本条规定了防护区的门窗及围护构件的允许压强，这是根据以下情况确定的：

一、在一个密闭的防护区内迅速施放大量灭火剂时，空间内的压强也会迅速增加。如果防护区不能承受这个压强，则会被破坏从而造成灭火失败。因此必须规定其最低的耐压强度。美国 NFPA12B—1980 标准中第 2-7.2.4 款给出了轻型建筑的允许压强为 1200Pa，标准建筑为 2400Pa，拱顶建筑为 4800Pa 的指导数据。本条规定的 1200Pa，即要求防护区围护构件的耐压强度应大于轻型建筑的强度。

二、目前国内设置卤代烷 1211 全淹没系统防护区的门窗上的玻璃，多数采用普通玻璃。有些采用卤代烷灭火系统防护的电子计算机房，甚至整面墙采用大玻璃隔断。这些大块的普通玻璃，抗温度激变性和弯曲强度是难以满足使用要求的，国内用卤代烷 1211 灭火系统进行全淹没灭火试验时，曾多次出现门窗上的玻璃炸裂现象。如某厂进行卤代烷 1211 灭火系统鉴定试验时，窗上的玻璃在施放灭火剂时破裂造成数名参加鉴定的人员受伤。如果门、窗上的玻璃耐压强度不够，以致在施放灭火剂时破裂，就有可能使灭火剂大量流失而导致灭火失败，也可能造成其他意外事故。因此，有必要规定门、窗玻璃的最小耐压强度。

在执行本条文规定时，建议防护区门、窗上的玻璃采用工业建筑用钢化玻璃或铅丝玻璃。工业建筑用钢化玻璃比普通平板玻璃有高得多的抗冲击及抗折强度，而且使用的安全性及耐热性也高得多，且与普通玻璃有相同的透明性。铅丝玻璃亦有良好的抗温度激变性和弯曲强度，随着技术的进步，铅丝玻璃的外观质量已有很大提高。

**第 2.0.5 条**　本条文中关于防护区不宜开口的规定，是根据以下情况确定的：

一、防护区的开口不仅会造成灭火剂的大量流失，而且可能将防护区内的火灾传播到邻近的建、构筑物中造成火灾的蔓延。要使具有较大开口的防护区在整个需要保护的时间内保持灭火剂的设计浓度，需要增加的灭火剂量是很大的。

例如，按英、美标准中规定的方法计算，一个有 1m 宽、1.8m 高开口的防护区，保持 5% 的体积浓度，每秒钟需补充 0.38kg 的卤代烷 1211 灭火剂，如果要在防护区内保持 15 分钟浸渍时间，则需增加 342kg 灭火剂。

又如，在一个一面墙上有一个 1m 宽、1.8m 高开口的 1000m³ 的防护区，在开始供给过量的灭火剂，15min 后仍要保持 5% 的体积浓度，按英、美标

准中规定的方法计算，初始时需达 13% 的浓度，即开始时需多喷入 600kg 多灭火剂。在此例子中开口面积与防护体积之比仅 1.8%。虽然开口面积很小，但需要增加的灭火剂却是相当大。

在第一个例子中增加的 342kg 灭火剂，需要采用延续喷射法。即在 15min 内，以 0.38kg/s 的流量向护防区施放灭火剂，且喷射时应使灭火剂和防护区内的空气均匀混合，以达到防护区内灭火剂浓度均匀的目的。这在技术上是较困难的。在第二个例子中增加的 600kg 灭火剂可采用过量喷射法。但是为使整个浸渍时间内，防护区内的灭火剂浓度均匀，则要采用机械搅拌装置。综上所述，从经济与安全两个方面考虑，不能关闭的开口应尽可能减小到最低限度。

二、关于防护区开口的规定，参考了国际标准和工业发达国家的标准中的有关规定。

英国 BS5306—1984 标准中规定："可以关闭的开口，应使它们在喷射开始之前自动关闭，应使不能关闭的开口面积保持到最小限度……"。

美国 NFPA12B—80 年标准中规定："对各类火灾来说，不能关闭的开口面积必须保持到最小的程度……"。

英、美两国标准中关于将"不能关闭的开口面积必须保持到最小限度"的含义与本规范中规定的"不宜开口"的含义是一致的。

在执行这一规定时，不能关闭的开口面积不宜过大。要求浸渍时间达 10min 的，不能关闭的开口面积（m²）与防护区容积（m³）的比值不宜大于 0.2%，要求浸渍时间为 1min 的不宜大于 1%。上述数值是根据以下情况确定的：

一、采用卤代烷 1211 全淹没系统扑救可燃固体物质火灾，不仅要使防护区内的灭火剂能够达到设计浓度，而且要使保持灭火剂设计浓度的浸渍时间也达到设计要求。对一般可燃固体物质，例如木材、纸张，织物等的火灾，一般需要 10min 左右的浸渍时间，才能使这些可燃物质表面的灼热的余烬全部熄灭。如果开口面积与防护区容积之比值过大，要保持 10min 的浸渍时间，则需要增加大量灭火剂。

一般防护区内只要灭火剂能够很快达到设计浓度值，则火灾就能迅速扑灭。一般不需要很长的浸渍时间。据英国帝国化学工业公司所编的《卤代烷 1211 灭火系统设计手册》中介绍，当防护区内灭火剂达到灭火浓度时，灭火过程在小于 1s 内就可完成。这一点也为国内多次试验时所观察到的情况所证实。因此关于开口的限度可适当放宽。

二、开口面积与防护区容积之比值的确定参考了国外有关标准、规范的规定。

在英、美两国有关的标准仅要求将"不能关闭的开口面积必须保持到最小限度"，而没有给出"最小限度"的数值。然而从这两个标准中所给出的计算开口

流失补偿量的公式和图表中，我们可以推导出一个大致的"最小限度"值来。

这两个标准中计算开口流失补偿量的方法是，先计算与开口流失补偿量有关的参数 $Y$，再通过查表来确定流失补偿量，即确定过量喷射浓度。$Y$ 值由下式计算：

$$Y = \frac{Kb}{3V}\sqrt{2g_n h^3} \qquad (2.0.5-1)$$

式中　$Y$——与开口流失补偿量有关的参数；

$K$——开口流量系数，对矩形开口 $K$ 可取 0.66；

$g_n$——重力加速度（$9.81\mathrm{m/s^2}$）；

$b$——开口宽度（m）；

$h$——开口高度（m）；

$V$——防护区容积（$\mathrm{m^3}$）。

上式可以改写成下式：

$$\frac{hb}{V} = \frac{3Y}{K\sqrt{2g_n h}} \qquad (2.0.5-2)$$

式中 $hb/V$ 即防护区开口面积与防护区容积的比值。开口流量系数 $K$ 取 0.66，再根据英、美两国有关标准中计算开口流失量的图表中查得的最大 $Y$ 值为 0.002，则上式为：

$$\frac{hb}{V} = 0.00205/\sqrt{h} \qquad (2.0.5-3)$$

这里应说明的一点是，采用英、美两国标准中计算开口流失量的方法，$Y$ 值再取大时，防护区内的灭火剂浓度会急剧下降，难以保持 10min 以上的浸渍时间。

根据 (2.0.5-3) 式可以得出，当开口高度大于 1m 时，防护区开口面积与防护区容积的比值不会大于 0.2%。随着开口高度的增加，这个比值还会减小。当开口高度为 2m 时，这个比值为 1.4%。从以上推导可以看出，英、美等国有关标准中，对防护区不能关闭的开口面积值的限制是较为严格的。

如果不要求防护区内灭火剂的浸渍时间达 10min 之久，例如不会产生复燃危险的防护区，只要求灭火剂在防护区保持 1min 的浸渍时间，则开口面积与防护区容积的比值则可放宽到 1% 左右。

**第 2.0.6 条**　本条规定防护区的通风机和通风管道的防火阀，应在喷射灭火剂前自动关闭。这是根据以下情况提出的：

一、向一个正在通风的防护区内施放卤代烷 1211 灭火剂，它会很快随着排出的空气一块流出室外。由于通风的影响。还可能造成灭火剂浓度难以达到均匀分布。并且火灾有可能通过风道蔓延开。

处在通风状态下的防护区，若采用延续喷射方法，在规定的灭火剂喷射时间建立起设计灭火浓度，需要增加一定量的灭火剂。为了保持设计浓度，还需要不断地补充流失的灭火剂，这在技术上也存在一定困难。如果采用过量喷射法来补充流失的灭火剂，则

需要的过量喷射浓度将大大超过设计浓度。

例如一个 $1200\mathrm{m^3}$ 的空间，每分钟换气一次，初始 10s 内喷入过量的灭火剂，喷射结束保持 1min 的浸渍时间后仍要求 5% 的浓度。

则 10s 内要求建立的过量喷射浓度为

$$
\begin{aligned}
\varphi_0 &= \frac{\varphi}{e^{-q_v t_v/v}} \\
&= \frac{5\%}{e^{-20\times 60/1200}} \\
&= 13.6\%
\end{aligned}
$$

初始 10s 内应施放的灭火剂量为：

$$
\begin{aligned}
m &= \frac{\varphi_0 q_v}{\mu(1-\varphi_0)(1-e^{-q_v t_t/v})}t_t \\
&= \frac{13.6\% \times 20 \times 10}{0.14(1-13.6\%)(1-e^{-20\times 10/1200})} \\
&= 1465(\mathrm{kg})
\end{aligned}
$$

无通风条件下所需的灭火剂为：

$$
\begin{aligned}
m_1 &= \frac{\varphi}{(1-\varphi)}\frac{v}{\mu} \\
&= \frac{5\% \times 1200}{(1-5\%)\times 0.14} \\
&= 451(\mathrm{kg})
\end{aligned}
$$

**二、本条的提出参考了国外有关标准规定**

美国 NFPA12B—1980 标准中规定："对于深部位火灾，在开始喷射药剂时，必须关闭强制通风，或提供附加的补偿气体。""对于表面火灾，开始喷射药剂时，也可以要求关闭强制通风，或提供附加的补偿气体"。英国 BS5306—1984 标准规定："处于强制通风处的系统，应在开始施放卤代烷 1211 前或与之同时，停止强制通风或关闭风道，或者供给足以补偿损失的附加的卤代烷 1211"。

英、美两国标准中提出采用附加的灭火剂去补偿通风所流失的灭火剂的方法，主要用于防护密封式的旋转电器设备，如发电机和马达等。我国现行的建筑设计防火规范中规定设置卤代烷灭火系统的场所，还不存在不能中断通风的防护区。我国还未研究和设计过在通风状态下施放灭火剂的卤代烷灭火系统的工程。

在执行本条关于"防护区的通风机和通风管道的防火阀应自动关阀"的规定时，应注意的一点是，当采用全淹没系统保护的防护区，存在闭合回路通风系统，则不需要关闭通风系统。因为存在闭合通风回路系统的防护区，从防护区内排出的含有一定灭火剂浓度的空气仍可流回防护区，不仅不会造成灭火剂的流失，还可进一步促使灭火剂的均匀分布。

本条文中规定的："影响灭火效果的生产操作应停止进行"。这里所提出的"生产操作"主要是指补充燃料、喷涂油漆一类会增加室内可燃物，电加热等产生点火源，以及能造成灭火剂流失的生产操作。

**第 2.0.7 条**　本条对防护区的泄压口做了规定，说明如下：

一、将卤代烷 1211 灭火剂施放到一个完全密闭的防护区内，由于室内混合气体量增加，空间内的压强亦随之升高，压强升高值与空间的密闭程度、喷入的灭火剂浓度有关。如向一个完全密闭的空间内喷入 5% 体积浓度的卤代烷 1211 灭火剂，空间内的压强约增加 5kPa，这个压强将超过轻型或普通建筑物的承载能力，因此本条规定完全密闭的防护区应设置专门的泄压口。

二、为了防止防护区因设置泄压口而造成过多的灭火剂流失，泄压口的位置应尽可能开在防护区的上部。本条文规定了其位置应距地面 2/3 以上的室内净高处。

三、在执行本条文规定时应注意到两点，一是采用全淹没系统保护的大多数防护区，都不是完全密闭的，有门、窗的防护区一般都有缝隙存在。通过门窗四周缝隙所泄漏的灭火剂，将阻止空间内压力的升高。这种防护区一般不需要再开泄压口。此外，已设有防爆泄压孔的防护区，也不需要再开泄压口。

其次是防护区围护结构的最低允许压强，应考虑门、窗玻璃的，如果门、窗玻璃不能承受施放灭火剂时所产生的压强，则应将其作为开口考虑。由于开口会造成大量灭火剂流失，因此建议防护区门、窗上的玻璃的允许压强不要低于建筑物的允许压强。建筑物的最低允许压强的确定，可参照美国 NFPA12B—1980 标准中给出的下表的数据。

**表 2.0.7　建筑物的最低允许压强**

| 建筑物类型 | 最低允许压强(Pa) |
|---|---|
| 轻型建筑 | 1200 |
| 标准建筑 | 2400 |
| 拱顶建筑 | 4800 |

**第 2.0.8 条**　本条规定的计算泄压口面积的公式引自美国 NFPA12B—1980 标准，与英国 BS5306—1984 标准规定的计算公式是一致的。

# 第三章　灭火剂用量计算

## 第一节　灭火剂总用量

**第 3.1.1 条**　本条规定灭火剂总用量应为设计用量和备用量之和，其目的是使灭火剂总用量即包括一次灭火所需要的灭火剂量，同时包括系统连续防护所需要的备用灭火剂量。一次灭火所需要的灭火剂量即是设计用量。备用量的设置条件、数量和方法的规定见本规范第 3.1.3 条。

本条还规定了设计用量应包括设计灭火用量、流失补偿量、管网内的剩余量和贮存容器内的剩余量，说明如下：

一、全淹没系统设计的主要目的，是使系统在启动时，能够将防护区所需要的灭火剂量在规定的喷射时间内均匀地喷射到防护区内，并能使防护区内的灭火剂浓度保持一段所需要的时间，将火灾完全扑灭。为此，灭火剂的设计用量必须满足防护区的实际需要。防护区内的设计灭火用量是根据设计浓度确定的，而设计浓度是根据防护区内各种可燃物质的灭火或惰化浓度确定的。对一般可燃气体，甲、乙、丙类液体和可燃固体的表面火灾，通过标准试验装置或模化试验可以测定它们所需要的卤代烷 1211 灭火或惰化浓度的临界值。因此设计灭火用量是防护区起灭火作用的关键一部分灭火剂量。

为了将防护区内的火灾完全扑灭或防止复燃危险，必须使防护区内的设计浓度能够浸渍一段时间。卤代烷 1211 灭火剂喷入防护区内将和里面的空气混合，形成一种比空气比重大的混合气体，这种混合气体将会由防护区的开口流出，若防护区正在通风，也会使灭火剂流失。因此，在系统设计时，必须考虑这一部分流失的灭火剂量。

在施放灭火剂过程中，当贮存容器中液态卤代烷 1211 降到容器阀导液管下端口时，容器内加压用的氮气即进入管网内。由于灭火剂的流速设计得较高，足以防止灭火剂回流，因此，进入管网的氮气将继续推动灭火剂流动，管网内存在气液分界点。当气液分界点移动到管网中某一喷嘴时，氮气将从这一喷嘴迅速喷出，此时整个系统泄压，灭火剂喷射时间结束。系统泄压时，一部分管网内仍剩有液态灭火剂，这一部分灭火剂已无推动压力，只能在管网内逐步汽化流入防护区，而不能以液态形式在规定的灭火剂喷射时间内喷入防护区内。为安全起见，将这一部分灭火剂量作为剩余量考虑，而不将其包括在设计灭火用量之内。同理，容器阀导液管下端口水平面以下容器内的灭火剂量也作为剩余量计算。

二、设计灭火用量按本规范本章第二节的规定计算。

设计流失补偿量包括防护区开口或机械通风等所流失的灭火剂量。开口流失量的补偿按本规范本章第三节的规定处理。本规范第 2.0.6 条已规定：防护区的通风机和通风管道的防火阀，应在喷射灭火剂前自动关闭。当防护区存在不能中断机械通风的特殊情况时，机械通风所引起的灭火剂流失量可按以下公式计算：

1. 在喷射灭火剂结束时，建立设计浓度所需要的灭火剂质量流量：

$$q_{m1} = \frac{\varphi q_v}{\mu(1-\varphi)(1-e^{-q_v t/v})} \quad (3.1.1\text{-}1)$$

式中　$q_{m1}$——卤代烷 1211 质量流量(kg/s)；

　　　$\varphi$——卤代烷 1211 设计浓度；

　　　$q_v$——机械通风风体积流量($m^3/s$)；

　　　$\mu$——卤代烷 1211 蒸汽比容积($m^3/kg$)；

$e$——自然对数的底，2.71828；

$t_d$——卤代烷 1211 的喷射时间(s)；

$V$——防护区最大净容积($m^3$)。

如果按上式计算出的灭火剂质量流量折合成灭火剂蒸汽的体积流量大于机械通风体积流量时，则可忽略机械通风的影响，若灭火剂的设计浓度需要保持一段浸渍时间，则机械通风所引起的灭火剂流失量仍应计算。

2. 在喷射灭火剂后，为使防护区内的设计浓度保持不变，所需要延续喷射的灭火剂质量流量按下式计算：

$$q_{m2} = \frac{\varphi q_v}{\mu(1-\varphi)} \qquad (3.1.1-2)$$

式中 $q_{m2}$——延续喷射的灭火剂质量流量(kg/s)；

$\varphi$——卤代烷 1211 设计浓度；

$q_v$——机械通风体积流量($m^3/s$)；

$\mu$——卤代烷 1211 蒸汽比容积($m^3/kg$)。

3. 停止喷射灭火剂后，防护区内灭火剂的浓度与时间的关系用下式计算：

$$\varphi = \varphi_0 e^{q_v t_l/v} \qquad (3.1.1-3)$$

式中 $\varphi$——卤代烷 1211 设计浓度；

$\varphi_0$——卤代烷 1211 初始浓度；

$t_l$——卤代烷 1211 的浸渍时间(s)。

式中其余字母含义及单位同(3.1.1-1)式。

机械通风所引起的灭火剂流失量的补偿方法有延续喷射补偿法和过量喷射补偿法。补偿方法不同，其计算方法也不同。

当采用延续喷射法补偿时，根据本规范(3.1.1-1)式计算出喷射灭火剂结束时，建立设计浓度所需要的灭火剂质量流量，然后乘以喷射时间，得出建立设计浓度所需要的灭火剂量，再根据本规范(3.1.1-2)式计算出延续喷射质量流量，乘以浸渍时间，得出延续喷射的灭火剂量。

当采用过量喷射法补偿时，先根据本规范(3.1,1-3)式计算出卤代烷 1211 过量喷射的初始浓度 $\varphi_0$，然后根据本规范(3.1.1-1)式计算建立初始浓度 $\varphi_0$ 所需要的灭火剂质量流量，计算时 $\varphi$ 取 $\varphi_0$ 值。再用灭火剂质量流量乘以喷射时间，得出过量喷射法所需要的灭火剂量。

三、管网内灭火剂剩余量，在均衡系统中这部分灭火剂量很少或几乎没有。在非均衡系统中，这部分灭火剂量比较多。然而要准确计算出非均衡系统中灭火剂的剩余量，却是比较困难的。当灭火剂喷射时间结束时，在一些支管中，氮气与液态灭火剂的分界点已达到离贮存容器最近的喷嘴，系统开始泄压。而在另外一些支管中，气态分界点尚未达到这一支管中离贮存容器最近的那个喷嘴；并且，在泄压过程中，这一气液分界点尚可流过一段距离，这段距离的计算是比较困难的。然而，对于工程设计来讲，没有必要计

算得那么精确。一般的计算方法是从各支管的汇集点开始，以各支管中灭火剂的平均设计流量为基础进行计算，以确定系统泄压时，各支管中气液分界点的位置，再计算出各支管内剩余的灭火剂量。举例说明如下：

例：一个如图 3.1.1 所示的管网系统，管网终端为喷嘴 5、6、7，要求这三个喷嘴在 10s 内喷射的灭火剂量为：

喷嘴 5：30kg；

喷嘴 6：40kg；

喷嘴 7：20kg；

求管网内灭火剂的剩余量。

解：灭火剂在各支管段中的平均设计质量流量为：

管段 4—7：2kg/s；

管段 4—6：4kg/s；

管段 3—4：6kg/s；

管段 3—5：3kg/s。

灭火剂在上述各管段中的平均设计流速为：

管段 4—7：3.48m/s；

管段 4—6：3.09m/s；

管段 3—4：2.61m/s；

管段 3—5：3.34m/s。

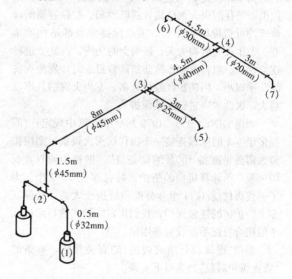

图 3.1.1 非均衡系统管网

当灭火剂喷射时间结束时，喷嘴 5 首先泄压，气液分界点从点 3 移动到点 5 的时间 $t$ 为：

$$t = \frac{3}{3.34} = 0.9(s)$$

同一时间内气液分界点在管段 3—4 中移动的距离 $L$ 为：

$$L = 2.61 \times 0.9 = 2.349(m)$$

即气液分界点在距点 3 为 2.349m 处。

管网内的剩余量 $M_1$ 为从气液分界点开始到各支

管的最末喷嘴之间的各管段容积，乘以卤代烷 1211 液体密度。计算如下：

$$M_1 = [(4.5 - 2.349) \times 3.14 \times 0.02^2 + 4.5 \times 3.14 \\ \times 0.015^2 + 3 \times 3.14 \times 0.01^2] \times 1830 \\ = 12.5 (kg)$$

贮存容器内灭火剂的剩余量一般由生产厂提供。对我国目前常用的 40L 贮存容器，初步计算时，每个贮存容器中灭火剂剩余量可按 1kg 计算。

**第 3.1.2 条**　本条规定了组合分配系统灭火剂设计用量的确定原则。规定本条的依据是，组合分配系统是用一套灭火剂贮存装置保护多个防护区的系统，由于这一组防护区中每个防护区容积大小、所需的设计浓度、防护区的开口大小及管网内的剩余量不一定相同，容积最大的防护区不一定是需要灭火剂量最多的防护区。因此，组合分配系统灭火剂的设计用量，要按各防护区的实际情况进行计算，将设计用量最多的一个防护区用量，作该系统灭火剂设计用量。

**第 3.1.3 条**　本条规定了设置备用量的条件、数量和方法的要求。说明如下：

一、备用量的设置条件

用于重点保护对象的卤代烷 1211 灭火系统和防护区数目超过八个的组合分配系统，设置备用量的目的是为了保证防护的连续性。当卤代烷 1211 灭火系统由于贮存的灭火剂已施放或已泄漏、贮存容器的检修等均可造成防护中断。重点保持对象都是性质重要、发生火灾后损失大、影响大的场所，因此要进行连续保护。组合分配系统防护区数目少时，发生火灾缺几率很小，但防护区数目越多，发生火灾的几率就越大，因此也应进行连续保护。

德国 DINL4 496—1979 标准第 8 章中规定："假如多于 5 个的区域连接一个卤代烷灭火设备，则应按最大需要量准备 100% 的储备量"。据初步调查，我国一般电子计算机房的防护区数目多在 5～7 个。为了不使卤代烷 1211 组合分配系统造价太高，又保证多个防护区的连续保护，我们规定防护区数目超过八个的组合分配系统设置备用量。

参照《建筑设计防火规范》的有关规定，本条的"重点保护对象"列为以下五条：

1. 中央级电视发射塔微波室；

2. 超过 100 万人口城市的通讯机房；

3. 大型电子计算机房或贵重设备室（大型电子计算机指相当于价值 200 万元以上）；

4. 省级或藏书超过 200 万册图书馆的珍藏室；

5. 中央及省级的重要文物、资料、档案库。

二、备用量的数量

备用量是为了保证系统防护的连续性，其中包括扑救二次火灾，因此备用量不应小于设计用量。关于备用量的数量，国际标准化组织 ISO/DP7075/1—1984 标准第 13.1.4 条；美国 NFPA12B—1980 标准

第 1—9.1.2 条；法国 NFS62—101—83 标准第 6.1.4 条都作了如下规定："对于要求进行不间断保护的场所，贮存量必须至少是上述最小需要量（指灭火剂设计用量）的许多倍"。根据我国目前情况，灭火剂价格及设备价格都较贵，因此我们规定备用量不应小于设计用量。

三、备用量的设置方法

本条规定备用量的贮存容器应能与主贮存容器交换使用，是为了起到连续保护的作用，无论是主贮存容器已施放、已泄漏或是其他原因造成主贮存容器不能使用时，备用贮存容器可以立即投入使用。

关于备用量的设置方法，国际标准化组织 ISO/DP7075/1—1984 标准第 10.5.3 条规定："如果有主供应源和备用供应源，它们应固定连接，便于切换使用。只有经有关当局同意才可不连接备用供应源"。美国 NFPA12B—1980 标准第 1—9.1.3 条规定："主供应源的贮罐与备用供应源的贮罐都必须与管道永久性地连接，并必须考虑两个供应源容易进行切换，除非有关当局允许，备用供应源才可不连接"。法国 NFS62—101—83 标准第 3.5.3 条也有相同的规定。

## 第二节　设　计　灭　火　用　量

**第 3.2.1 条**　本条规定了设计灭火用量的计算公式，即 (3.2.1) 式。说明如下：

$$M = K_0 \cdot \frac{\varphi}{1-\varphi} \cdot \frac{V}{\mu} \qquad (3.2.1)$$

一、影响设计灭火用量有下述主要因素：

1. 灭火剂设计浓度

灭火剂设计浓度要根据防护区内可燃物性质确定，具体规定见本规范第 3.2.2 条至第 3.2.6 条。

2. 防护区的容积

用本规范 (3.2.1) 式计算设计灭火用量时，防护区的容积应按最大净容积计算。

最大净容积是指防护区的总容积减去空间内永久性建筑构件的体积。防护区净容积越大，全淹没系统灭火剂的设计灭火用量越多。在执行本条规定时，应特别注意容积多变的防护区，如贮藏室、仓库等，其最大容积应包括贮存物所占空间的体积。

3. 防护区的环境温度

当防护区的环境温度变化时，卤代烷 1211 蒸汽比容积也随之变化，从本规范 (3.2.1) 式可以看出，卤代烷 1211 蒸汽比容积增大，设计灭火用量将减小。为安全起见，当防护区环境温度变化较大时，必须最低环境温度时卤代烷 1211 蒸汽比容积来计算设计灭火用量。卤代烷 1211 蒸汽比容积按本规范附录二中的 (附 2.1) 式计算或按附图 2.1 确定。该公式和图是按美国 NFPA12B—1980 标准中图 2-5.2 经单位换算后而来。

本规范第 2.0.2 条规定："防护区的最低环境温度不应低于 0℃"。因此防护区的最低环境温度可按 0℃ 或高于 0℃ 的防护区实际最低温度计算。

按防护区最大净体积和最低环境温度确定设计灭火用量，是以防护区处于最不利条件下，也就是需要灭火剂最多的情况下来确定设计灭火用量。从设计角度考虑是安全的。该规定符合国外同类标准的规定。美国 NFPA12B—1980 标准第 2.5.2 条规定："所有 1211 全淹没系统必须在最大净体积、最大通风量和最低预计环境温度条件下，产生出所要求的灭火剂浓度"。国际标准化组织 ISO/DP7075/1—1984 标准第 13.3.1 条、法国 NFS62—101—83 标准第 6.2.1 条、英国 BS：5306—5.2—1984 标准第 6.3.1 条的规定都基本相同。

4. 海拔高度

在海平面以上的海拔高度，卤代烷 1211 蒸汽因大气压的下降而膨胀。对于在海平面条件下设计的系统，当被安装在海平面以上的地区时，会形成高于海平面的浓度。海拔高度越高，形成的浓度越高。例如，设计在海平面高度产生 5% 卤代烷 1211 体积浓度的系统，如果被安装在海拔高度 3000m 时，实际上产生 7.26% 的体积浓度，因此在高于海平面高度时，要产生与海平面高度相同的灭火剂浓度，所需灭火剂量要比海平面高度的灭火剂量小。在计算高于海平面高度所需的设计灭火用量时，用在海平面高度所需的设计灭火用量乘以海拔高度修正系数。

相反，在海平面以下的高度，所需的灭火剂量要比海平面高度时的灭火剂量大。计算时，用在海平面所需的设计灭火用量除以海拔高度修正系数。

海拔高度修正系数可以用本规范附录五的（附 5.1）式计算或查附表 5.1 确定。

国际标准化组织 ISO/DP7075/1—1984 标准和法国 NFS62—101—83 标准，关于海拔高度对设计灭火用量影响的修正的规定与本规范相同。美国 NF-PA12B—1980 标准第 2-5.3 条规定：海拔高于 1000m 或低于海平面，卤代烷 1211 的设计需要量必须加以调整和补偿。考虑我国地理条件的实际情况，由于海拔高度变化很大，有必要做此规定。

二、设计灭火用量的计算公式

本规范（3.2.1）式是计算设计灭火用量的公式，用该公式计算出的灭火剂量，包括了因施放灭火剂时，防护区气压增高而可能流失的灭火剂量。卤代烷 1211 的沸点是 −3.4℃，本规范第 2.0.2 条要求防护区环境温度在 0℃ 以上。卤代烷 1211 施放前在贮存容器内加压贮存呈液态，当施放出来后立即汽化膨胀，使防护区气压增高，含有卤代烷 1211 蒸汽的混合气体将从防护区的开口及缝隙中流出，灭火剂浓度越高，流失的灭火剂量就越多。

本规范计算设计灭火用量的公式与国外同类标准的计算公式相同。国际标准化组织 ISO/DP7075/1—1984 标准、美国 NFPA12B—1980 标准、法国 NFS62—101—83 标准及德国 DIN14 496—1979 都用该公式计算。

为设计方便起见，本条文说明表 3.2.1 列出了在不同环境温度下，不同设计浓度下，每立方米防护区容积所需要的卤代烷 1211 的质量。表中的数据是按本规范（3.2.1）式计算出来的。

第 3.2.2 条 说明如下：

一、本条规定灭火剂设计浓度不应小于灭火浓度的 1.2 倍或惰化浓度的 1.2 倍，这是从安全角度出发而做出的规定。如果通过试验测定的灭火浓度或惰化浓度都是临界值，那么用该浓度灭火是不成问题的，但有些物质，例如可燃固体没有标准试验装置，很难测出临界灭火浓度值，而发生实际火灾时，各种影响因素很多，为了安全起见作此规定。此规定和国外同类标准的规定基本一致。仅惰化浓度的安全系数不完全一致。美国 NFPA12B—1980 标准第 2-3.2.4 条规定，设计浓度应取惰化浓度的 1.1 倍，而英国 BS：5306—5.2—1984 标准第 6.2.1 条规定，设计浓度应取惰化浓度的 1.2 倍。我们研究了几个国家测定的一些燃料的惰化浓度数据差别较大。这些实验数据的差别与燃料的浓度、点火能量、实验温度、实验装置、判断"燃烧"、"不燃"及火焰传播距离的评价基准等有关。鉴于以上原因，我们认为设计浓度应取惰化浓度的 1.2 倍较为安全可靠。

二、本条规定灭火剂设计浓度不应小于 5%。因为防护区内发生的真实火灾，可燃物的种类往往是许多种。虽然主要保护物的灭火浓度值或惰化浓度值可能不高，但是防护区还会有一些其他可燃物，例如：桌椅、电气线路等等，一旦火灾发生后，都会互相引燃，因而做此规定。本规定与国外同类标准规定相同。英国 BS：5306—5.2—1984 标准、美国 NF-PA12B—1980 标准都有些规定。

表 3.2.1 卤代烷 1211 全淹没系统用量

| 防护区内的最低环境温度（℃） | 卤代烷 1211 蒸汽比容积（m³/kg） | 对空气中的浓度 $\varphi$，每立方米防护容积所需要的卤代烷 1211 用量，以 kg/m³ 为单位 | | | | | | |
|---|---|---|---|---|---|---|---|---|
| | | 3% | 4% | 5% | 6% | 7% | 8% | 9% | 10% |
| 0 | 0.129 | 0.2403 | 0.3237 | 0.4089 | 0.4959 | 0.5848 | 0.6756 | 0.7684 | 0.8632 |
| 5 | 0.311 | 0.2353 | 0.3169 | 0.4003 | 0.4855 | 0.5725 | 0.6614 | 0.7523 | 0.8452 |
| 10 | 0.134 | 0.2304 | 0.3104 | 0.3921 | 0.4756 | 0.5608 | 0.6479 | 0.7369 | 0.8278 |

| 防护区内的最低环境温度（℃） | 卤代烷 1211 蒸汽比容积（m³/kg） | 对空气中的浓度 $\varphi$，每立方米防护容积所需要的卤代烷 1211 用量，以 kg/m³ 为单位 | | | | | | | |
|---|---|---|---|---|---|---|---|---|---|
| | | 3% | 4% | 5% | 6% | 7% | 8% | 9% | 10% |
| 15 | 0.137 | 0.2258 | 0.3042 | 0.3842 | 0.4660 | 0.5495 | 0.6348 | 0.7200 | 0.8112 |
| 20 | 0.140 | 0.2213 | 0.2982 | 0.3767 | 0.4568 | 0.5387 | 0.6223 | 0.7078 | 0.7952 |
| 25 | 0.142 | 0.2171 | 0.2924 | 0.3694 | 0.4480 | 0.5283 | 0.6103 | 0.6941 | 0.7798 |
| 30 | 0.145 | 0.2130 | 0.2869 | 0.3624 | 0.4395 | 0.5183 | 0.5987 | 0.6810 | 0.7651 |
| 35 | 0.148 | 0.2090 | 0.2816 | 0.3557 | 0.4313 | 0.5086 | 0.5876 | 0.6683 | 0.7508 |
| 40 | 0.151 | 0.2050 | 0.2764 | 0.3492 | 0.4234 | 0.4993 | 0.5769 | 0.6561 | 0.7371 |
| 45 | 0.153 | 0.2015 | 0.2715 | 0.3429 | 0.4159 | 0.4904 | 0.5665 | 0.6443 | 0.7239 |
| 50 | 0.156 | 0.1979 | 0.2667 | 0.3369 | 0.4085 | 0.4817 | 0.5565 | 0.6330 | 0.7111 |
| 55 | 0.159 | 0.1945 | 0.2621 | 0.3310 | 0.4015 | 0.4734 | 0.5469 | 0.6620 | 0.6988 |
| 60 | 0.162 | 0.1912 | 0.2576 | 0.3254 | 0.3946 | 0.4653 | 0.5376 | 0.6114 | 0.6869 |
| 65 | 0.165 | 0.1880 | 0.2533 | 0.3199 | 0.3880 | 0.4576 | 0.5286 | 0.6012 | 0.6754 |
| 70 | 0.167 | 0.1849 | 0.2491 | 0.3147 | 0.3816 | 0.4500 | 0.5199 | 0.5913 | 0.6643 |
| 75 | 0.170 | 0.1819 | 0.2451 | 0.3096 | 0.3754 | 0.4427 | 0.5115 | 0.5817 | 0.6536 |
| 80 | 0.173 | 0.1790 | 0.2412 | 0.3046 | 0.3695 | 0.4357 | 0.5033 | 0.5725 | 0.6431 |
| 85 | 0.176 | 0.1762 | 0.2374 | 0.2999 | 0.3637 | 0.4288 | 0.4954 | 0.5635 | 0.6331 |
| 90 | 0.178 | 0.1735 | 0.2337 | 0.2952 | 0.3581 | 0.4222 | 0.4878 | 0.5548 | 0.6233 |
| 95 | 0.181 | 0.1709 | 0.2302 | 0.2907 | 0.3526 | 0.4158 | 0.4804 | 0.5463 | 0.6138 |

三、本条规定灭火浓度和惰化浓度应通过试验确定。因为灭火浓度和惰化浓度是由可燃物的性质决定的，不同可燃物的灭火浓度和惰化浓度是不同的，例如：甲烷的灭火浓度是 2.8%；乙烯的灭火浓度是 6.8%；氢气的惰化浓度是 37%。

第 3.2.3 条　本条规定了可燃气体和甲、乙、丙类液体的灭火浓度和惰化浓度的确定原则，说明如下：

本条规定有爆炸危险的防护区应采用惰化浓度；无爆炸危险的防护区可采用灭火浓度。任何一种可燃物的惰化浓度值都高于灭火浓度值。在执行本条规定时注意以下事项：

一、在执行本条规定时，首先应确定防护区在起火前或起火后是否有爆炸危险。确定防护区是否有爆炸危险，主要根据可燃气体或甲、乙、丙类液体的数量、挥发性及防护区的环境温度。当符合下述条件之一时，防护区一般不存在爆炸危险。

1. 防护区内可燃气体或甲、乙、丙类液体蒸汽的最大浓度小于燃烧下限的一半。

当防护区内可燃气体或甲、乙、丙类液体蒸汽数量很少，即使与空气安全均匀混合，也达不到燃烧下限。那么防护区就不存在爆炸的危险。但是考虑到可燃气体或蒸汽可能形成层效应，会引起局部爆炸区，因此规定可燃气体或甲、乙、丙类液体蒸汽的浓度低于燃烧下限的一半。

达到燃烧下限时，可燃气体或甲、乙、丙类液体蒸汽的密度可查本条文说明表 3.2.3 或按下式计算：

$$\rho = \frac{4.75\varphi_b m}{273+\theta} \quad (3.2.3)$$

式中　$\rho$——可燃气体或甲、乙、丙类液体蒸汽的密度（kg/m³）；

$\varphi_b$——可燃气体或甲、乙、丙类液体蒸汽在空气中的燃烧下限（%）；

$m$——可燃气体或甲、乙、丙类液体蒸汽的克分子量（mol）；

$\theta$——防护区的最低环境温度（℃）。

**表 3.2.3　在 101·325kPa 和 21℃ 的空气中，达到燃烧下限一半所要求的可燃气体或蒸汽的密度**

| 名　　称 | 密　度　（kg/m³） |
|---|---|
| 正丁烷 | 0.0224 |
| 异丁烷 | 0.0256 |
| 二硫化碳 | 0.0159 |
| 一氧化碳 | 0.0721 |
| 乙　烷 | 0.0192 |
| 乙基乙醇 | 0.0288 |
| 乙　烯 | 0.0320 |
| 正庚烷 | 0.0256 |
| 氢　气 | 0.0018 |
| 甲　烷 | 0.0176 |
| 丙　烷 | 0.0208 |

2. 防护区内甲、乙、丙类液体的闪点超过防护区的最高环境温度。液体的闪点越高,其挥发性越低。在着火前,甲、乙、丙类液体的闪点超过最高环境温度,即使将其点着,燃烧至熄灭也不超过30s。

二、在执行本条规定时要注意以下事项:

1. 将高浓度的燃料和空气混合惰化之后,由于防护区的泄漏或通风,导致新鲜空气进入,而使惰化的混合气体进入爆炸浓度的范围。

2. 当扑灭一个燃烧着的气体火灾时,必须首先切断气源。

3. 施放卤代烷1211灭火剂时,可能产生静电,一般不推荐用它去惰化可能产生爆炸的环境。只有在静电火花不会导致防护区内产生爆炸的情况下,才能执行本条规定的使用惰化浓度的条件。

**第3.2.4条** 本规范附录四提供了有关可燃气体和甲、乙、丙类液体的灭火浓度值和惰化浓度值。下面分别介绍灭火浓度及惰化浓度的测定方法。

一、可燃气体和甲、乙、丙类液体灭火浓度的测定方法

1982年3月国际标准化组织ISOTC21委员会将《杯状燃烧器实验装置》定为测定卤代烷和二氧化碳气体灭火剂扑灭可燃气体和甲、乙、丙类液体火灾灭火浓度的标准实验装置。

《杯状燃烧器实验装置》可以排除模拟实验时的环境条件,如:通风,开口等对灭火浓度的影响。并可人为地控制环境温度和氧气供应量,达到火焰在理想条件下稳定燃烧状态,这种条件下燃烧火焰最难扑灭。因此用该装置测定的监界灭火浓度值高于用其他方法测定的临界灭火浓度值,且复验性好。《杯状燃烧器实验装置》原理图见本条文说明图3.2.4-1。

1. 可燃液体灭火浓度的测定方法:

(1) 将可燃液体置于燃料容器中;

(2) 调节燃料容器下的可调支架,使燃烧杯中燃烧的液面距杯口的距离保持在1mm以内;

(3) 调节燃烧杯中加热元件的电控电路,使燃料温度为25℃或燃料开口杯闪点以上5℃,在这两个值中取较高者;

(4) 点燃燃料;

(5) 将空气流量调节到40L/min;

(6) 使卤代烷1211开始流入燃烧器并慢慢增加流量,直到火焰熄灭为止。记下灭火时卤代烷1211的流量;

(7) 用吸管从燃烧杯的表面吸去约10~20ml的燃料;

(8) 重复(4)至(6)的步骤,并取结果的平均值;

(9) 按下式计算灭火浓度:

$$灭火浓度 = \frac{q_v}{40 + q_v}$$

式中 $q_v$——卤代烷1211的体积流量(L/min);

(10) 将燃料温度升高到燃料沸点以下5℃或200℃,在这两者中取较低者;

(11) 重复(4)至(9)的步骤;

(12) 根据燃料在二种温度下测定的浓度值,取较高者作为灭火浓度;

(13) 如果在较高温度下需要的浓度超过较低温度下需要浓度值的1.5%,则这种燃料属于"温度敏感燃料"。对温度敏感燃料的灭火浓度,应在特定防护区内的最高温度条件下确定。

2. 可燃气体灭火浓度测试方法。

(1) 用玻璃纤维填充燃烧杯,将本条文说明图3.2.4-1的燃料容器换成用燃料标定的转子流量计。将转子流量计通过一个压力调节器接到燃料源上;

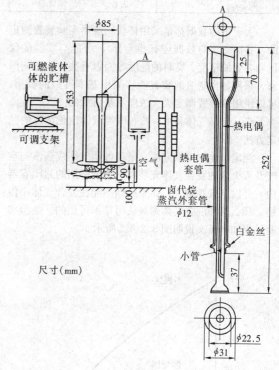

图3.2.4-1 杯状燃烧器实验装置原理图

(2) 调节燃料流量使之在杯中产生130mm/s的线速度;

(3) 完成可燃液体测试方法中(3)至(9)各步;

(4) 将燃料温度增加到150℃;

(5) 重复可燃液体测试方法中(4)至(9)各步;

(6) 根据燃料在两种温度下测定的浓度值,取较高者作为灭火浓度;

(7) 如果在较高温度下需要的浓度超过较低温度下需要浓度值的1.5%,则这种燃料应属于"温度敏感燃料"。对温度敏感燃料的灭火浓度,应在特定防护区内的最高温度条件下确定。

本规范附录四中所给出的有关可燃气体和甲、乙、两类液体的灭火浓度值是英国帝国化学工业公司采用《杯状燃燃器实验装置》，经过多年反复实验得出的数据，已被英国 BS—5306—5.2—1984 标准采用。

下表列出几个国家采用《杯状燃烧器实验装置》测定的灭火浓度值。

**表 3.2.4-1　卤代烷 1211 灭火浓度（％）**

| 燃料名称 | 英国 BS—5306—5.2—1984 标准 | 美国 NFPA12B—1980 标准 | 天津消防科学研究所 1982 年实验 |
|---|---|---|---|
| 乙　醇 | 4.5 | 4.2 | 4.4 |
| 丙　酮 | 3.8 | 3.6 | 3.5 |
| 正庚烷 | 3.8 | 4.1 | 3.7 |
| 苯 | 2.9 | 2.9 | 2.9 |

上表中的数据都是采用杯状燃烧器实验装置测定的。各国测定的数据还有些差异，可能与实验的仪器和装置的精度、燃料的纯度等因素有关。在不同国家，采用各自制造的装置能够测出基本近似的数据，可以说用该装置测定灭火浓度值是可靠的。

二、可燃气体和甲、乙、丙类液体惰化浓度的测定方法

测定惰化浓度的方法，是将可燃气体或蒸汽与空气及灭火剂的混合气体充填在一个实验用的封闭容器内，并以点火源触发，如果火焰不能在混合气体中传播，那么这种混合气体则被认为是不可燃的。曲型实验结果如本条文说明图 3.2.4-2 所示。

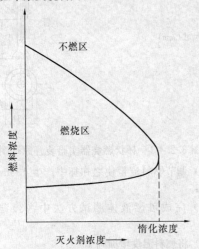

图 3.2.4-2　典型惰化浓度曲线

对某一特定可燃气体或蒸汽，处在燃烧范围内的这种可燃气体或蒸汽的最高浓度称为爆炸上限（或燃烧上限）；燃烧范围内的这种可燃气体的最低浓度称为爆炸下限（或燃烧下限）。加入卤代烷 1211 后，燃烧范围变窄。当灭火剂增加到某一临界浓度时，上限和下限就会聚于一点。如果再增加灭火剂浓度，则该可燃气体或蒸汽与空气以任何比例相混，都不能燃烧

爆炸，灭火剂的临界浓度值就是对该可燃气体或蒸汽的惰化浓度。

目前国际上尚没有统一的测定卤代烷 1211 惰化浓度的标准实验装置。但实验方法基本上分为两种：一是美国矿山局最先采用的爆炸量管法，二是球形容器法。

爆炸量管实验装置，主要由一个称为爆炸计量管的玻璃管和配气系统、点火系统、搅拌系统等组成。其特点是可以从玻璃管外直接观察到燃烧情况，操作方便，简单易行。

球形容器实验装置，是由两个半球壳对装起来的不锈钢容器及配气系统、点火系统等组成，在球形容器上装有爆炸泄压盘，可以避免容器内由于压力急剧增加而导致爆炸的危险，用球形容器法测得的数据复验性强、数据可靠。

关于惰化浓度的测定，英国和美国一些公司都做了大量工作。我国也进行了初步测定，表 3.2.4-2 列举部分实验数据。

本规范附录四中列出的惰化浓度是采用英国 BS—5306—5.2—1984 标准的数据。因为该标准规定设计浓度为惰化浓度的 1.2 倍，且实验测定的惰化浓度值也较为偏高，同时灭火浓度已选用英国标准中的数据，虽然灭火浓度和惰化浓度之间没有一定的规律性，但它们之间还是有一定关连的，因此惰化浓度也选用英国标准中的数据。

第3.2.5条　本条规定图书、档案和文物资料库，其设计浓度宜采用 7.5％。可燃固体表面火灾用 5％浓度，浸渍 10min 是可以扑灭的，而图书、档案和文物资料库内的可燃物都是纸张、棉、麻、丝织品等可燃固体，这些可燃固体的火灾容易形成表面阴燃，灭火后有复燃危险。而且这些可燃固体的表面火灾都是很容易发展成深位火灾的。表面火灾发展成深位火灾的条件很难确定，如受预燃时间、可燃固体的外形及粉碎程度等条件影响，因此很难控制。而有些图书、档案、文物资料必须采用卤代烷 1211 来保护，在这种条件下，可以采取及时探测发现和迅速扑灭的方法来避免其发展成深位火灾。为安全起见，可适当提高设计浓度。日本《消防预防小六法》（1978 年版）消防法施行规则第二十条规定："贮存和处理棉花类等的防护对象，每立方米防护区体积需要卤代烷 12110.6kg，如按环境温度 20℃时计算，相当于 7.7％的浓度。目前我国在图书馆、档案库之类防护区的卤代烷 1211 系统设计时，一般也采用 7％左右的设计浓度。

第3.2.6条　具有电器火灾危险的变配电室、通讯机房、电子计算机房等场所，其设计浓度宜采用 5％。这是因为卤代烷 1211 具有不导电、腐蚀性小、灭火速度快的特点，因此扑救电气火灾非常有效。在具有电气火灾危险的防护区内若没有特殊需要更高设

计浓度的可燃物时，设计浓度采用 5% 是可以的。天津消防科学研究所在 0.62m³ 小型燃烧室内对电子计算机房典型燃烧物进行了动态灭火试验，试验数据见本条文说明表 3.2.6。

### 表 3.2.4-2　卤代烷 1211 惰化浓度（%）

| 可燃材料 | 天津消防科学研究所爆炸量管法（25℃） | 英国帝国化学工业公司爆炸量管法（25℃） | 美国工厂联合研究所爆炸量管法 | | 英国 BS—5306—5.2—1984 标准（25℃） | 美国 NFPA12B—1980 标准球形容器法 |
|---|---|---|---|---|---|---|
| | | | 底通风 | 顶通风 | | |
| 丙　酮 | 4.5 | 4.9 | | | 5.9 | |
| 苯 | 2.7 | 4.0～4.8 | | | | 5.0 |
| 乙　烷 | 6.5 | 5.8 | | | | |
| 乙　烯 | 7.2 | 9.6 | 7.0 | 12 | 11.6 | 13.2 |
| 丙　烯 | 5.5 | 6.2 | | | | |
| 甲　烷 | | 4.1 | 3.6 | 4.3 | 6.1 | 10.9 |
| 丙　烷 | | 5.9 | 3.6 | 7.0 | 8.4 | 7.7 |
| 氢 | | 27.0 | 27.0 | 32.5 | 37.0 | 35.7 |
| 正丁烷 | | 5.9 | 6.25 | 6.3 | | |
| 正己烷 | | | | | 7.4 | |

### 表 3.2.6　在 0.62m³ 小型燃烧室内用卤代烷 1211 灭火的实验数据（空气流速 3.5cm/s）

| 燃烧物 | 燃烧状态 | 预燃时间（s） | 灭火浓度（%） | 浸渍时间（min） | 结果 |
|---|---|---|---|---|---|
| 计算机用聚酯磁带 | 缠绕在转盘上 | 15 | 2.1 | | 灭火 |
| 计算机用聚酯磁带 | 散装在铁丝编篓内 | 15 | 2.2 | | 灭火 |
| 聚苯乙烯磁带盒 | 碎片盛在铁丝编篓中 | 20 | 2.2 | | 灭火 |
| 计算机用穿孔卡片 | 侧向叠放在铁丝网架上 | 15 | 3.5 | 8 | 灭火 |
| 计算机用打印纸 | 裁小散装在铁丝编篓内 | 15 | 3.4 | 8 | 灭火 |
| 聚氯乙烯导线 | 缠绕在铁架上 | 20 | 2.9 | | 灭火 |
| 聚氯乙烯壁纸 | 散装在铁丝编篓内 | 20 | 2.5 | | 灭火 |
| 聚氯乙烯壁纸 | 粘贴在水泥地板上 | 30 | 24 | | 灭火 |
| 小木楞垛 | 12mm×12mm×14cm 5排×7层 | 20 | 3.5～8 | 8 | 3.5% 时灭明火，6%～8% 浸渍 7min 完全灭火 |

**第 3.2.7 条**　本条规定了不同可燃物火灾所需要的灭火剂浸渍时间。说明如下：

一、本条规定扑救可燃固体表面火灾时，灭火剂的浸渍时间不应小于 10min。

1. 可燃固体可以发生下面两种类型的火：一种是由于燃料表面的受热或分解产生的挥发性气体为燃烧源，形成"有焰"燃烧；另一种是燃料表面或内部发生氧化作用，形成"阴燃"或称为"无焰"燃烧。这两种燃烧经常同时发生。有些可燃固体是从有焰燃烧开始，经过一段时间变为阴燃，例如木材。相反，有些可燃固体例如棉花包、含油的碎布等能从内部产生自燃，开始就是无焰燃烧，经过一段时间才产生有焰燃烧。无焰燃烧的特点是燃烧产生的热量从燃烧区散失得慢，因此燃料维持的温度足够继续进行氧化反应。有时无焰燃烧能够持续数周之久。例如锯末堆或棉麻垛等。只有当氧气或燃料消耗尽，或燃料的表面温度降低到不能继续发生氧化反应时，这种燃烧才能停止。灭这种火时，一般不是直接采用吸热介质来降低燃烧温度（如用水），就是用惰性气体覆盖来扑灭。惰性气体将氧化反应的速度减慢到所产生的热量少于扩散到周围空气中的热量，这样，在去掉惰性气体后，温度仍能降到自燃点温度以下。

有焰燃烧是燃料表面受热或分解产生的挥发性气体的燃烧。低浓度的卤代烷 1211 即可迅速将火扑灭。

阴燃可以分为两种：一，是发生在燃料表面的阴燃；二，是发生在燃料深部位的阴燃，两种的差别只是一个程度问题。当使用 5% 浓度的卤代烷 1211 浸渍 10min 不能扑灭的火灾即可认为是深位火灾。实际上，从大量实验可以看出，这两类火灾有相当明显的界限，深位火灾一般所需的灭火剂浓度要比 10% 高得多，浸渍时间也要大大超过 10min。这与国外同类标准的规定是一致的。国际标准化组织 ISO/DP7075/1—1984 标准、英国 BS—5306—5.2—1984 标准、美国 NFPA12B—1980 标准、法国 NFS62—101—83 标准都是以"5% 浓度浸渍

10min"作为划分可燃固体表面火灾和深位火灾的界限。

2. 可燃固体表面火灾的灭火浓度及浸渍时间，国内外都做了大量实验。其结论是，可燃固体表面火灾用5%浓度的卤代烷1211浸渍10min即可灭火。我国对木楞垛、计算机房用活动地板与吊顶材料、汽车内胎、夹布尼龙管、书籍、杂志等可燃固体进行了灭火实验，实验数据列于表3.2.7：

表3.2.7 卤代烷1211灭火实验数据

| 燃烧物 | 燃烧形状 (mm) | 预燃时间 (s) | 灭火浓度 (%) | 结果 |
|---|---|---|---|---|
| 木楞垛 | 40×40×630（10层） | 225 | 2.12 | 灭火 |
| 活动地板（碎木屑胶结） | 500×600×25 三块竖直放置 | 225 | 2.17 | 灭火 |
| 纸浆吊顶 | 500×500×10 三块竖直放置 | 120 | 29 | 灭明火 |
| 汽车内胎（橡胶） | 切成片状，每片1kg 悬挂三片距地1m | 100 | 2.17 | 灭火 |
| 夹布尼龙胶管 | φ30×8 长800 三根悬挂距地1m | 135 | 3.23 | 灭火 |
| 书 籍 | 1/32 开本 3kg 竖直放置 | 175 | 5.07 | 灭明火 |
| 杂 志 | 26×18,2kg 竖直散放置 | 175 | 2.22 | 灭火 |

二、本条还规定扑救可燃气体火灾，甲、乙、丙类液体火灾和电气火灾时，灭火剂浸渍时间不应小于1min。因为可燃气体，甲、乙、丙类液体和电气火灾，只要防护区内达到灭火剂的设计浓度，可以立即将火扑灭。英国帝国化学工业公司设计手册介绍：卤代烷1211灭火过程小于1s。

对于可燃气体，甲、乙、丙类液体火灾，灭火后，如果防护区的环境温度较高、可燃气体及甲、乙、丙类液体蒸汽的浓度较高有产生复燃的危险，在此情况下，应增大灭火剂的浸渍时间或增加其他消防设施，以保证将火灾彻底扑灭。

**第三节 开口流失量的补偿**

**第3.3.1条** 本条提出根据防护区内保持灭火剂设计浓度的分界面下降到设计高度的时间，来确定是否需要补偿开口流失量的原则及设计高度的最低限度。

一、根据防护区内保持灭火剂设计浓度的分界面下降到设计高度的时间，来确定是否需要补偿开口流失量的原则。

采用全淹没系统灭火时，喷入防护区内的卤代烷1211将迅速汽化，与空气形成均匀的混合气体。形成这种混合气体中的卤代烷1211蒸汽短时间内不会分离出来。这种混合气体的比重比室外空气的比重大，它将通过防护区的开口或缝隙流出，而室外的空气也将通过防护区的开口或缝隙流进室内。在没有机械搅拌装置的情况下，进入防护区的新鲜空气将向室内顶部聚集，并与室内含有卤代烷1211蒸汽的混合气体形成一个分界面。分界面下部的混合气体可从开口处流出，随时间增加，分界面将逐渐下降，分界面下部空间内的卤代烷1211浓度仍能基本上保持原来的设计值，而上部空间则完全失去保护。

当防护区上部没有可燃物时，由于分界面下部空间灭火剂浓度基本上不变，故只要计算出分界面下降到设计高度的时间是否大于所要求的灭火剂浸渍时间，就可确定是否需要补偿开口流失量。当分界面下降到设计高度的时间大于所要求的灭火剂浸渍时间时，则不必补偿开口流失量。

二、本条规定分界面的设计高度应大于防护区的被保护物的高度，且不应小于防护区净高的1/2。因为分界面的设计高度必须大于被保护物的高度。当被保护物的高度高于防护区净高1/2时，分界面的设计高度应按被保护物的实际高度确定；当被保护物的高度低于防护区净高1/2时，分界面的设计高度可取防护区净高的1/2。

三、开口流失量的补偿方法

当分界面下降到设计高度的时间，小于要求的灭火剂浸渍时间，则可燃物质的一部分将失去保护。因此必须补偿开口流失量，补偿的方法有两种：一种是过量喷射法并设置机械搅拌装置；另一种是延续喷射法。

1. 过量喷射法是在规定的喷射时间内，向防护区施放高于设计浓度的灭火剂量，以补偿预计的流失量，使防护区在灭火剂浸渍时间结束时，仍能保持设计浓度。加机械搅拌装置的目的，是为了在浸渍时间内防护区的灭火剂浓度均匀。因为全部灭火剂在喷射时间内喷完，若不加机械搅拌装置，将会使分界面下降，使防护区上部失去保护。

计算时首先根据防护区容积、开口的尺寸及开口流量系数计算出参数Y值，然后根据防护区的设计浓度、要求的灭火剂浸渍时间、参数Y值查本条文说明图3.3.1-1，或图3.3.1-2，确定过量喷射浓度。此过量喷射浓度值即是设计灭火用量加上开口流失补偿量在防护区内形成的浓度值。

参数Y的计算公式如下：

$$Y = \frac{Kb}{3V}\sqrt{2g_n h^3} \qquad (3.3.1\text{-}1)$$

式中 $Y$——防护区开口参数；

$K$——开口流量系数（一般取0.66）；

$b$——开口宽度（m）；

$V$——防护区净容积（m³）；

$g_n$——重力加速度（9.81m/s²）；

$h$——开口高度（m）。

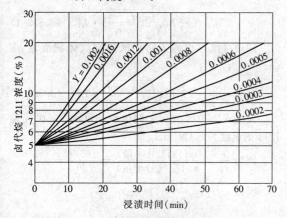

图 3.1.1-1　有机械搅拌装置的防护区内，
保持 5％设计浓度所需要
的过量喷射浓度

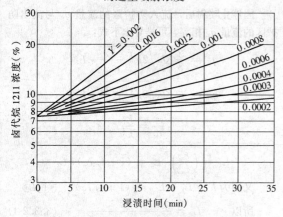

图 3.1.1-2　有机械搅拌装置的防护区内，
保持 7.5％设计浓度所需要
的过量喷射浓度

例：在 1000m³ 的防护区内，其中一面墙上有 2m 宽，1m 高的开口，要求灭火剂喷射时间结束后 10min 时，防护区仍保持 5％体积浓度，计算所需要的过量喷射浓度和灭火剂用量。

解：

$$Y = \frac{Kb}{3V} \sqrt{2g_n h^3}$$

$$= \frac{0.66 \times 2}{3 \times 1000} \sqrt{2 \times 9.81 \times 1}$$

$$\approx 0.002$$

根据本条文说明图 3.3.1-1 可查出：

过量喷射浓度 $\varphi_0 = 9\%$

$$M_0 = \frac{\varphi_0}{1 - \varphi_0} \cdot \frac{V}{\mu} = \frac{9\%}{1 - 9\%} \times \frac{1000}{0.14}$$

$$= 706\text{kg}$$

灭火剂用量 706kg，包括设计灭火用量和开口流失补偿量。

2. 延续喷射法是在要求的浸渍时间内，以一定的喷射流量向防护区连续喷射灭火剂，以补偿开口流失量，使防护区在需要的浸渍时间内，一直保持设计浓度。延续喷射流量取决于设计浓度、开口高度和宽度。延续喷射流量由下式计算或本条文说明图 3.3.1-3确定。

$$q_{ms} = 13.93 h^{1.53} \cdot \varphi^{1.51} \cdot b \qquad (3.3.1-2)$$

式中　$q_{ms}$——延续喷射质量流量（kg/s）；

$h$——开口高度（m）；

$b$——开口宽度（m）；

$\varphi$——灭火剂设计浓度。

采用延续喷射法必须单独设计一套贮瓶、管路和喷嘴，以保证在要求的浸渍时间内，以正好补偿开口流失的流量向防护区喷射灭火剂。延续喷射法设计起来较复杂。国外采用延续喷射法一般是保护封闭的旋转电器装置，如发电机、电动机、换流机等。采用过量喷射法必须设置机械搅拌装置。如果防护区设有闭合回路的通风系统，且不与其他防护区或房间相通，那么通风系统可作为机械搅拌装置，在计算设计灭火用量时，将风道和容积加到防护区容积中去。如果没有闭合回路的通风系统，则需要设置风扇或风机。风扇或风机的风量要通过试验确定。

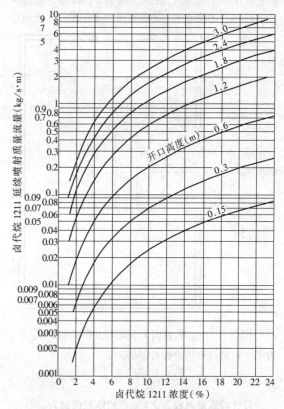

图 3.1.1-3　保持浓度不变需要补偿的
卤代烷 1211 延续喷射质量流量

由以上可看出，无论采用哪种方法补偿都给设计工作带来一定的困难，还要增加设备和灭火剂量。因此，防护区不宜开口，如必须开口，宜设置自动关闭装置，设置自动关闭装置确有困难的开口，应将开口减小到不必补偿灭火剂量的范围内。

**第 3.3.2 条**　本条规定了分界面下降到设计高度时间的计算公式。

分界面下降的速度与防护区的容积、开口的大小、形状及灭火剂设计浓度有关。当防护区体积不变时，开口越大，分界面下降的速度越快；灭火剂浓度越高，分界面下降的速度也越快。因此不能靠增加灭火剂浓度来增加浸渍时间，只有减小开口面积，才能使分界面下降的速度减慢，以达到增加浸渍时间的目的。

分界面下降到设计高度时间的计算公式即本规范 3.3.2 式，其推导过程如下：

如本条文说明图 3.2.2 所示，在防护区的垂直墙上有高度为 $h$（m），宽度为 $b$（m）的矩形开口。在灭火剂喷射完毕后，防护区内的灭火剂与空气混合重度 $r_r$（N/m³）大于室外空气重度 $r_a$（N/m³）。在等压面 $P_0-P_0$ 以下，混合气体压力大于室外空气压力，混合气体向室外流，等压面以上室外空气向室内流，形成对流现象。在距等压面 1（m）的同一水平面上取开口外侧点 $e$，设其压强为 $P_e$（Pa），流速为 $V_e$（m/s）；内侧点 $i$，设其压强为 $P_i$（Pa），流速应

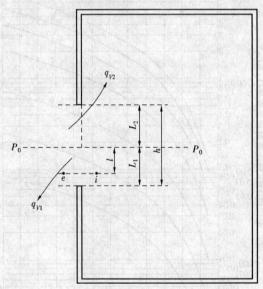

图 3.2.2　在垂直墙上有矩形开口的防护区

为零。根据伯努利方程可得出：

$$P_e + r_r \cdot \frac{V_e^2}{2g} = P_i$$

设开口流量系数为 $K$，$e$ 点的体积流量为：

$$V_e = \sqrt{2g \frac{P_i - P_e}{r_r}} = \sqrt{2g \frac{r_r - r_a}{r_r} \cdot l}$$

$$dq_{v1} = K V_e b dl$$

$$= Kb \sqrt{2g \frac{r_r - r_a}{r_r}} l^{\frac{1}{2}} dl$$

积分后得出混合气体流出防护区的体积流量 $q_{v1}$（m³/s）为：

$$q_{v1} = \frac{2}{3} Kb \sqrt{2g \frac{r_r - r_a}{r_r}} \cdot L_1^{3/2} \qquad (3.3.2\text{-}1)$$

同理可推导出流入防护区的空气体积流量 $q_{v2}$（m³/s）为：

$$q_{v2} = \frac{2}{3} Kb \sqrt{2g \frac{r_r - r_a}{r_a}} \cdot L_2^{3/2} \qquad (3.3.2\text{-}2)$$

设喷入防护区的灭火剂体积浓度为 $\varphi$，卤代烷 1211 的重度为 $r$（N/m³）。

因为 $\dfrac{r}{r_a} = \dfrac{m(1211 分子量)}{m_a(空气分子量)} = \dfrac{165.4}{29} = 5.7$

所以 $r_r/r_a = \dfrac{1}{r_a}[r_a(1-\varphi) + r\varphi]$

$$= 1 + \varphi\left(\frac{r}{r_a} - 1\right)$$

$$= 1 + \varphi(5.7 - 1)$$

$$= 1 + 4.7\varphi \qquad (3.3.2\text{-}3)$$

因停止喷射后，流入防护区的流量 $q_{v2}$ 与流出防护区的流量 $q_{v1}$ 相等，可推导出下式：

$$q_{v1} = \frac{2}{3} Kb \sqrt{2g \frac{r_r - r_a}{r_r}} \cdot L_1^{3/2}$$

$$q_{v2} = \frac{2}{3} Kb \sqrt{2g \frac{r_r - r_a}{r}} \cdot L_2^{3/2}$$

$$\frac{r_r}{r_a} = \frac{L_1^3}{L_2^3}$$

$$L_1 = \left(\frac{r_r}{r_a}\right)^{\frac{1}{3}} L_2 = (1 + 4.7\varphi)^{\frac{1}{3}} L_2$$

又因为 $h = L_1 + L_2 = [(1 + 4.7\varphi)^{1/3} + 1] L_2$

所以 $\qquad L_2 = \dfrac{h}{1 + (1 + 4.7\varphi)^{\frac{1}{3}}} \qquad (3.3.2\text{-}4)$

将 (3.3.2-3) 式和 (3.3.2-4) 式代入 (3.3.2-2) 式：

$$q_{v2} = \frac{2}{3} Kb \sqrt{2g(1 + 4.7\varphi - 1)} \cdot \left[\frac{H}{1 + (1 + 4.7\varphi)^{\frac{1}{3}}}\right]^{3/2}$$

$$= \frac{2}{3} Kb \sqrt{2gh^3} \left\{\frac{4.7\varphi}{[1 + (1 + 4.7\varphi)^{\frac{1}{3}}]^3}\right\}^{1/2} \qquad (3.3.2\text{-}5)$$

在分界面下降到开口上缘之前，对流流量是常数，因而分界面下降的速度为等速。设防护区横截面积为 $A$（m²），分界面下降的速度 $u$（m/s）等于对流流量除以防护区横截面积，公式如下：

$$u = \frac{q_{v2}}{A}$$

$$= \frac{2}{3} \frac{Kb \sqrt{2gh^3}}{A}$$

$$\cdot \left\{\frac{4.7\varphi}{[1 + (1 + 4.7\varphi)^{\frac{1}{3}}]^3}\right\}^{1/2} \qquad (3.3.2\text{-}6)$$

设防护区容积为 $V$（m³）防护区高度为 $H_t$（m），分界面的设计高度为 $H_d$（m），则分界面下降

到设计高度的时间 $t_i$（s）等于防护区的高度减去设计高度后，除以分界面下降的速度，公式如下：

$$t_i = \frac{H_t - H_d}{u}$$

$$= \frac{2}{3} \frac{(H_t - H_d)A}{kb \sqrt{2gh^3}} \left\{ \frac{\left[1 + (1 + 4.7\varphi)\frac{1}{3}\right]^3}{4.7\varphi} \right\}^{1/2}$$

$$= 1.5 \frac{H_t - H_d}{H_t} \frac{V}{Kb \sqrt{2gh^3}} \left\{ \frac{\left[1 + (1 + 4.7\varphi)\frac{1}{3}\right]^3}{4.7\varphi} \right\}^{1/2}$$

$$(3.3.2-7)$$

为安全起见，将（3.3.2-7）式乘以 0.8 倍的安全系数，即得出本规范的（3.3.2）式，即下式：

$$t = 1.2 \frac{H_t - H_d}{H_t} \frac{V}{Kb \sqrt{2gh^3}} \left\{ \frac{\left[1 + (1 + 4.7\varphi)\frac{1}{3}\right]^3}{4.7\varphi} \right\}^{1/2}$$

该公式与英国帝国化学工业公司设计手册中介绍的计算方法是一致的。用该公式计算出的数据与美国 NFPA12B—1980 标准图 A-2-5.3（e）的数据基本相同。

按该公式计算出分界面下降到设计高度的时间后，再根据本规范第 3.3.1 条的规定，来确定是否需要补偿开口流失量。如不需要补偿时，灭火剂设计用量就等于设计灭火用量加管网内和贮存容器内的剩余量。

本条规定中关于几个高度相等，水平位置相同的开口，可以将开口宽度相加，看成一个开口进行计算。其他情况下的多个开口流失量的计算，较为复杂，首先要用试算法确定气流通过开口的流动方向和室内外压力相等的基准平面位置，然后根据流入的空气流量来计算补偿量。计算时可参考其他专业书籍。

# 第四章　设 计 计 算

## 第一节　一 般 规 定

**第 4.1.1 条**　本条规定在设计时应按 20℃ 的环境计算。这就规定在设计时所采用卤代烷 1211 液体的密度是 20℃ 时的值，选用的贮存压力所对应的环境温度也是 20℃，而设计时管道、管道附件及喷嘴的孔口面积都是在这个前提选取的。

规定设计温度是为了设定一个设计基准，以便于施工验收或平时检查。在卤代烷 1211 灭火系统实际使用时，环境温度是一年四季变化的，而在施工验收或平时检查时，环境温度与设计时的环境温度一般不相同。因此，贮存压力也不一样，应等于设计温度所对应的贮存压力加上由于环境温度升高或降低而引起贮存容器的压力变化。设计温度为基准的近似的贮存压力变化可按下式计算：

$$P_{oa} = (P_t - P_{va}) \frac{273 + \theta}{293} \cdot 1$$

$$-\frac{1 - R}{\frac{R}{1 - \frac{\beta(\theta - 20)}{\rho}}} + 10^{4.047}$$

$$-\frac{964.9}{243.3 + \theta}$$

$$(4.1.1)$$

式中　$P_{oa}$——气相总压力（绝对压力，Pa）；

$P_t$——设计贮存压力（绝对压力，Pa）；

$P_{va}$——灭火剂的饱和蒸汽压（绝对压力，Pa）；

$\theta$——环境温度（℃）；

$R$——充装比；

$\beta$——0.0004（kg/L·℃）；

$\rho$——液体密度（kg/L）。

国外同类标准、规范与本规范的规定基本上是一致的。美国 NFPA12B—1980 标准第 1—10.6.2 条规定："系统必须以环境温度 70℉（21℃）为基础来进行设计。"英国 BS5306 标准第 5.2 章 9.2.2 条中规定："盛装卤代烷 1211 的容器必须用干燥氮气加压，依着 BS4366 的要求在 21℃ 加压到 1.05±5%MPa 或 2.5±5%MPa 的压力"。英国和美国采用 21℃ 温度是以华氏温度 70℉ 折算得到的。因此，从标准化角度出发，采用摄氏温度还是以 20℃ 做基准为宜。此外，大部分采用卤代烷 1211 灭火系统的场所，都设有空调系统，其环境温度一般都调至 20℃ 左右。因此，采用 20℃ 作为设计温度在经济上也是合理的。

**第 4.1.2 条**　本条规定贮压式系统灭火剂的贮存压力等级，说明如下：

实验证明，同一结构形式的喷嘴，在不同贮存压力下所得到的压力流量曲线是不同的。喷嘴的流量系数，不仅与喷嘴的结构有关，也是喷嘴工作压力和灭火剂贮存压力的函数。如图 4.1.2-1 的 A 型喷嘴和图 4.1.2-2 的 B 型喷嘴，在 1.05MPa 和 2.5MPa 下的压力流量曲线如图 4.1.2-3 与图 4.1.2-4 所示。目前尚

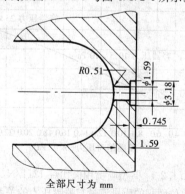

全部尺寸为 mm

图 4.1.2-1　A 型喷嘴

未找到用其他比较经济的介质（例如用水来代替卤代烷 1211）来测定喷嘴压力流量特性曲线的方法，即还没有完全找到以卤代烷 1211 为介质的喷嘴的流量系统和以水为介质的流量系数之间的关系。因此，要得到各种贮存压力下的喷嘴的压力流量特性曲线需要

花费大量的人力物力，而实际设计也不需要。为此，通常确定几个不同的贮存压力，来测定喷嘴的流量系数，供系统设计选用。这是一种满足设计需要的最经济的办法。

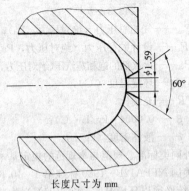

长度尺寸为 mm

图 4.1.2-2　B 型喷嘴

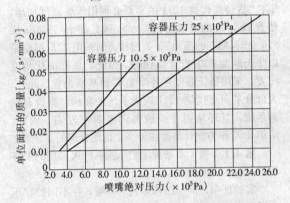

图 4.1.2-3　A 型喷嘴用卤代烷 1211/$N_2$ 时，
单位面积的质量流量与喷嘴压力的关系

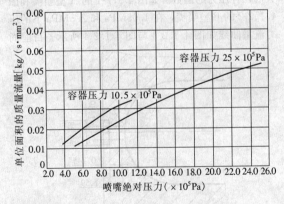

图 4.1.2-4　B 型喷嘴用卤代烷 1211/$N_2$ 时，
单位面积的质量流量与喷嘴压力的关系

本规范规定的两种贮存压力，即 1.05MPa 和 2.5MPa，是根据国外有关标准的规定确定的。美国 NFPA12B—1980 标准中第 1.9.5.1 款规定："……容器内必须充以氮气，其压力在 70°F 为 150±10 磅/英寸² (在 21℃ 为 1.136±0.069MPa)，或为 360±20 磅/英寸² (在 21℃ 为 2.584±0.138MPa)。在特殊情况

下，容器压力可以不是 150 磅/英寸² (1.136MPa) 或 360 磅/英寸² (2.584MPa)，但必须经有关当局批准。"英国 BS5306—1984 标准 9.2.2 条规定："……盛装卤代烷 1211 的容器必须用干燥氮气加压，依照 BS4366 的要求在 21℃ 时加压到 10.5±5％bar 或 25±5％bar 的压力。"日本消防法施行规则规定，在 20℃ 时卤代烷 1211 灭火系统的贮存压力应为 11kgf/cm² 或 25kgf/cm²。其他有关标准所规定的卤代烷 1211 灭火剂在贮存容器中的压力，一般均和英、美标准的规定相同。据有关资料介绍，美国 NFPA12B—1980 标准之所以选用 360 磅/英寸² 作为卤代烷 1211 灭火剂的最大贮存压力，是根据美国运输部条例 DOT 的规定。该条例规定 4$^B$ 或 4$^{BA}$ 焊接钢管最大工作压力可达 500 磅/英寸。条例还规定，在 120°F 温度下，容器内所盛药剂压力不得超过 1.25 倍容器工作压力，即在 120°F 时为 625 磅/英寸²。对卤代烷 1301 灭火剂，贮存压力为 360 磅/英寸²，在 120°F 下可达 625 磅/英寸²(包括在 70°F 下允差 5％在内)。对卤代烷 1211 灭火剂，则只有 500 磅/英寸²。美国 NFPA 为了统一这两个标准，选用了 360 磅/英寸² 的贮存压力。由于各国基本上都选用这两个压力值为卤代烷 1211 的贮存压力，为保持我国的标准规范中主要技术参数与国际上先进国家的标准一致，以便于对外技术交流与贸易工作进行，本规范也选用了这二级贮存压力。

根据我国目前具体情况，为便于系统设计时有更多的选择余地，在规定贮存压力等级时，采用了"宜"的程度用词。当防护区的容积大或输送灭火剂的管道过长时，可以采用更大一些的贮存压力，例如 4.0MPa。悬挂式一类无管网灭火装置也可以采用更小一些的贮存压力。贮存压力的提高，可以提高卤代烷 1211 灭火剂流速，缩小管道尺寸，也可以减少灭火剂喷射时间或提高充装比。当然贮存压力也不宜规定得过高。当贮存压力过高时，氮气在灭火剂中的溶解量增加，从而影响喷嘴的喷射性能，并且需要提高系统所有零部件的耐压强度。我国目前所设计的系统采用 4.0MPa 贮存压力。其贮存容器多借用 40L 氧气瓶的生产工艺、设备与材料制造，投资少、价格低。用这种容器贮存卤代烷 1211 灭火剂，将贮存压力提高到 4.0MPa 不会增加系统的造价，特别是用于一些大型防护区较为经济。

在实际设计系统确定贮存压力时，主要从经济合理性方面来出发。对于保护面积较小，管线距离不太长的灭火系统，一般宜选择较低的贮存压力。这样，在保证规定的灭火剂的喷射时间和贮存容器的充装比不至于太小的前提下，可使组成灭火系统的管道、管道附件及贮存容器的强度要求和瓶头阀的密封性要求降低，使设备投资的安装费用降低。对于防护区面积较大，管线较长，灭火剂用量较大的灭火系统，若采用较小贮存压力的灭火系统时，由于管道系统的阻力

损失较大，为了保证喷嘴的最低工作压力不小于0.31MPa，在系统整个喷射过程中贮存容器的压力就不能降低太多，如果选用较大管径的管道，可以降低沿程阻力损失，但由于管径的增加，管网的容积就增加，使初始喷射时，贮存容器的气相膨胀较大，即初始喷射压力降低，同时灭火剂的残存量会增加。而且管网容积增大，会增加施工费用和管网投资。如果减小贮存容器内灭火剂的充装比，这就增加了贮存容器，也会增加设备成本。所以这时应采用较大的贮存压力。可使管道不至于太粗，充装比不至于太小。

第4.1.3条 本条规定"贮压式系统贮存容器内的灭火剂应采用氮气增压"。这是由于常温条件下，卤代烷1211灭火剂液体的饱和蒸汽压较低。卤代烷1211灭火剂液体的饱和蒸汽压可由本规范附录三所给出的（附3.1）式计算，也可由附图3.1查出。从附图3.1可以查得，当温度为20℃时，其饱和蒸汽压（绝对压力）为236kPa；温度为0℃时，其饱和蒸汽压为118kPa；温度为50℃时，其饱和蒸汽压为560kPa。这样低的蒸汽压要克服卤代烷1211灭火系统中管路的阻力损失，保证灭火剂从系统中快速喷出是不可能的。当温度较低时，灭火剂的蒸汽压力几乎为零，如果不用氮气增压，系统就不能正常工作。此外，如果系统只靠灭火剂的蒸汽压力来工作的话，那么液态灭火剂一进入管道就会迅速汽化，使喷射效果不好。一般设计时需要求喷嘴前的工作压力不应低于0.31MPa（绝对压力）。

对于贮压式系统，卤代烷1211灭火剂与增压用的气体是在同一贮存容器内。因此，要求增压用的气体化学性质稳定，且在灭火剂中的溶解度小并不助燃。氮气化学性质稳定。它在卤代烷1211灭火剂中的溶解度可用下式计算：

$$W = 0.34(P_{oa} - P_{va}) \quad (4.1.3)$$

式中 $W$——氮气在卤代烷1211液体中的溶解度（重量百分比）；

$P_{oa}$——灭火剂贮存压力（绝对压力，MPa）；

$P_{va}$——灭火剂在$t$℃的饱和蒸汽压（绝对压力，MPa）。

从上式可以得出，氮气在卤代烷1211液体中的溶解度很小。在20℃时，贮存压力为1.05MPa的系统，溶解度约为重量比的0.3%；贮存压力为2.5MPa的系统，溶解度约为重量比的0.8%。氮气还具有易于干燥，对灭火无副作用，价格便宜，来源广泛等优点。因此，氮气是卤代烷1211灭火系统理想的增压气体。而二氧化碳在卤代烷1211灭火剂液体中的溶解度很高；空气不易干燥。故本规范未规定采用这两种气体来作为贮压式系统的增压气体。但在非贮压式卤代烷1211灭火系统中，由于增压用气体和灭火剂接触时间很短，故可采用二氧化碳或空气作

为灭火剂推动剂。

本条还规定增压用氮气的含水量不大于0.005%的体积比，这是根据以下情况确定的：

卤代烷1211灭火剂是一种稳定的化合物，贮存于干燥容器中长期不会变质，只有在482℃以上的温度条件下才会分解。但是卤代烷1211灭火剂遇水或水蒸气则会产生部分水解。因此，我国有关卤代烷1211灭火剂标准规定，该灭火剂的含水量不得大于20PPM。如果增压用氮气的含水量大，必然会使灭火剂中的含水量增加，使其质量达不到标准要求。卤代烷1211灭火剂生产厂要降低其含水量，无论从经济角度或工艺上考虑，都是比较困难的，而降低氮气中的含水量是比较容易的。

限制氮气的含水量能够减少卤代烷1211灭火剂中的含水量，从而减小其腐蚀性。试验证明，卤代烷1211对大多数普通金属材料的腐蚀性很小。在无潮湿空气条件下，在25℃时，卤代烷1211与钢、铜、铝、镀锌铜板接触，这些材料的年腐蚀率均小于0.005mm。但在潮湿空气中，卤代烷1211会产生水解，这时灭火剂中的酸度大大增加，对上述金属材料的腐蚀性也急剧增加。

综上所述，为了保证灭火剂的质量，保持其稳定性和降低它的腐蚀性，必须要求使用干燥的氮气增压。国际标准 ISO/DP7075/1—1984 中第10.5.2.2款规定："氮气的含水量不大于50PPM。"法国NFS62—101—83标准中第3.5.1.2款也规定："氮气的温度与含水量按体积算必须在50PPM以下。"英、美两国有关标准也强调，贮存容器中的卤代烷1211必须用干燥氮气增压。因此，本规范也规定氮气的含水量应不大于0.005%的体积比。

第4.1.4条 贮压式系统灭火剂在贮存容器中的充装比或充装密度，是系统设计时应通过计算确定的重要参数之一。它对系统喷嘴的工作压力，灭火剂喷射时间及整个系统的投资都有较大影响。根据本规范关于充装比和充装密度的定义，充装比与温度有关，充装密度与温度无关。本规范第4.1.1条已规定，管网系统的计算按20℃的环境温度进行。在此温度下，它们之间的关系为：

$$充装比 = \frac{充装密度(kg/l)}{1.83(l/kg)} \quad (4.1.4-1)$$

对于一定的贮存压力，若以过高的充装比充装卤代烷1211灭火剂，贮存容器内灭火剂上部空间会较小，所以当容器内灭火剂喷完时，氮气的膨胀会很大。把气相膨胀近似看作等温过程估算贮存容器的压力降，则在整个喷射过程中，平均的灭火剂推动压力很小，这样就可能影响在规定的时间喷射灭火剂，甚至不能保证喷嘴的最低工作压力大于0.31MPa。另一方面，从本条文说明图4.1.4-1和图4.1.4-2可知，较大的充装比使贮存压力随温度的变化也很大，在最

低使用温度时灭火剂的贮存压力就较小。一般原则是贮存压力越大，充装比可选择越大。反之就小。

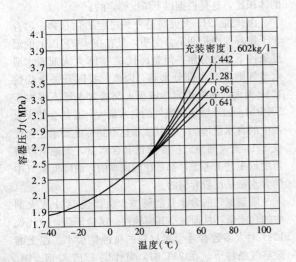

图 4.1.4-1　卤代烷 1211 在 21℃加压到
2.5MPa 的等容积曲线

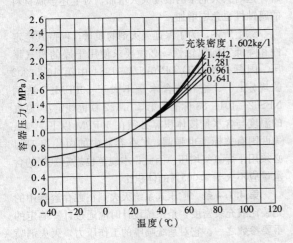

图 4.1.4-2　卤代烷 1211 在 21℃加压到
1.05MPa 的等容积曲线

本条关于灭火剂充装比或充装密度的规定，是参考国外同类标准的有关规定确定的。美国 NF-PA12B—1980 标准中第 1-9.5.1 款及有关附录认为：卤代烷 1211 灭火系统最高工作温度远远低于其临界温度。因此，在正常工作温度范围内，液体的密度变化很小，使得有可能将设计的最高充装比达 90%。但这样，若不在灭火剂喷射时间内不断地将氮气输入贮存容器，压力就会显著下降，故通常将充装比设计为 75%或稍低一些是合适的。即该标准认为，采用贮压式系统，充装比设计为 75%左右。而采用外气瓶加压的系统，仅需考虑液态卤代烷 1211 的膨胀超压问题，充装比可设计得高达 90%。

英国 BS5306—5.2—1984 标准第 10.2 条规定：液态卤代烷 1211 的体积与容器容积之比不应超过

0.8。该条中给出了计算最大充装密度的经验公式如下：

$$f = 1.78\left(1 - \frac{0.45}{P_{oa}}\right)$$

$$= 1.78 - \frac{0.801}{P_{oa}} \qquad (4.1.4-2)$$

式中　$f$——充装密度（kg/l）；

　　　$P_{oa}$——贮存压力（绝对压力，MPa）。

根据上式计算可得当贮存压力为 1.05MPa 时，最大充装密度 1.10kg/l；贮存压力为 2.5MPa 时，最大充装密度为 1.472kg/l。根据充装密度，可以换算成不同温度下的充装比。

本条文所规定的最大充装比与充装密度，与英国 BS5306—5.2—1984 标准的规定是一致的。

在进行具体工程设计时，如何确定卤代烷 1211 灭火剂在贮存容器中的充装比或充装密度，本规范第 4.2.2 条的条文说明中已给出计算实例。在系统设计时，不宜将充装比或充装密度定得过低，以免增加贮存容器数量从而提高系统的造价。一般认为，灭火剂在贮存容器中的充装比不宜小于 0.5。充装比或充装密度与灭火剂的喷射时间及贮存压力之间存在函数关系，必须经过计算，最终确定。还要考虑到设计时可以选择的产品容积。所最终确定的充装比或充装密度，必须保证在所选择的贮存压力下，能够在规定的灭火剂喷射时间内将所贮存的灭火剂施放完。同时，还必须保证灭火剂施放结束时，喷嘴的最低工作压力不得小于 0.31MPa（绝对压力）。

**第 4.1.5 条**　本条规定喷嘴的最低设计工作压力应大于 0.31MPa，是根据以下情况确定的：

卤代烷 1211 灭火剂在常温常压下是一种气体，在一个标准大气压下，它的沸点是 -3.4℃。该灭火剂在不同温度下的饱和蒸汽压用下式计算：

$$\lg P_{va} = 9.038 - \frac{964.9}{\theta - 243.3} \qquad (4.1.5)$$

式中　$P_{va}$——饱和蒸汽压（绝对压力，MPa）；

　　　$\theta$——温度（℃）。

由上式可得，当灭火剂的温度为 20℃时，它的饱和蒸汽压（绝对压力）为 0.236MPa；25℃时为 0.276MPa。当喷嘴的工作压力低于灭火剂的饱和蒸汽压时，灭火剂就会在管道中汽化，而形成二相流动状态，使喷射效果不好。此外，二相流动计算比较复杂，给设计带来困难，所以要求系统设计时，应保证喷嘴的最低工作压力大于灭火剂的饱和蒸汽压。

美国 NFPA12B—1980 标准第 1-10.6.3 款规定喷嘴的最低设计工作压力不得小于 0.308MPa（绝对压力）。英国 BS5306—5.2—1984 标准 10.2 条规定："对喷嘴至少供给 0.31MPa（绝对压力），以保证卤代烷 1211 保持液态。"日本消防法施行规则第 20 条也要求卤代烷 1211 喷嘴的最低工作压力应在 0.3MPa

（绝对压力）以上。本规范的规定与上述国家的标准、规范的规定是一致的。

我国目前所设计的卤代烷1211灭火系统，喷嘴的最低工作压力均设计在0.31MPa以上。一部分系统喷嘴的最低工作压力设计得大大超过上述规定值。这势必提高贮存压力或降低灭火剂的充装比，是不经济的。此外，提高贮存压力，将会增加氮气在灭火剂中的溶解量，从而影响喷嘴的流量系数。这就造成喷嘴的工作压力提高了，而喷嘴的质量流量却不一定能提高。这一点从本条文说明的图4.1.2-3中可以看出，贮存压力为1.05MPa，当A型喷嘴的工作压力为0.8MPa时，单位面积的质量流量为0.035kg/s·mm²；贮存压力为2.5MPa，当喷嘴的工作压力达1.2MPa，单位面积质量流量仅为0.034kg/s·mm²，即喷嘴的工作压力增加了50%，而单位面积的质量流量反而下降了。以上分析说明，在进行系统设计时，不宜将喷嘴的工作压力设计得过高。这也是执行本条规定所应注意的一个问题。

**第4.1.6条** 本条规定了灭火剂的喷射时间，说明如下：

对于一定的火灾危险场合，灭火剂的喷射时间越短，灭火时间也越短。在全淹没卤代烷1211灭火过程中，只要当防护区中的灭火剂浓度达到灭火所需的临界灭火浓度时，可燃物的表面火焰很快熄灭。据英国帝国化学工业公司设计手册介绍，灭火时间将小于1s。本规范第3.2.2条规定：防护区内的灭火剂设计灭火浓度应取灭火浓度的1.2倍。因此，只要喷头布置合理，当灭火剂喷完时，防护区内的任意点灭火剂浓度不会低于设计灭火浓度的80%，即防护区各处的最低浓度不低于灭火浓度，就能将火灾迅速扑灭。而喷射时间越长，形成灭火浓度的时间越长，即灭火时间也越长。我国某研究所曾在一间216m²的计算机房进行一次卤代烷1211的实际喷射灭火试验，采用离心雾化喷嘴，灭火剂设计浓度为5%，在房高2.7m的空间里按底层、中层和顶层布置了三个盛无水乙醇的火盘。灭火剂的实际喷射时间为14.2s，三个高度的无水乙醇火盘分别于7.5s、7.0s、11.7s扑灭。即在喷射时间内火均被扑灭。所以喷射时间短，灭火时间就短。

卤代烷1211灭火剂的渗透性和冷却效应较差，对于可燃固体深位火灾灭火效率很低。因此，在系统设计时应尽量避免使固体火灾成为深位火灾。由于深位火灾与预燃时间长短有很大的关系，固体火灾的预燃时间越长，越容易成为深位火灾。因此，灭火系统设计时采用较短的喷射时间，就能减少固体火灾成为深位火灾。

从毒性分析来看，卤代烷1211灭火系统灭火后所造成的有毒成份主要来自灭火剂的分解产物，而灭火剂本身的毒性较小。灭火剂的分解产物对金属表面也会产生腐蚀，因此对设备就会产生腐蚀。所以分解产物越多对人和设备损害就越大。然而灭火剂的分解产物量与火源范围、超过482℃热表面面积及与它们接触时间有很大的关系。火源和超过482℃的热表面面积越大，灭火剂与热源和热表面接触的时间越长，灭火剂分解产物就越多。就拿分解产物之一的氟化氢来说，美国恩索尔公司的纤维素火灾试验表明，灭火时间为0.5s的灭火过程，产生氟化氢12PPm，灭火时间为2s的灭火过程，产生氟化氢15PPm，而灭火时间为10s的灭火过程，产生氟化氢250PPm，美国开达公司的卤代烷1301灭火试验表明，灭之时间由4s变到20s不等的灭火过程，产生的氟化氢为40PPm到520PPm。氟化氢的生成速度为28PPm/s。美国消防协会、恩索尔公司、大西洋公司和开达公司进行了一系列的灭火试验，这些试验的数据表明，在灭火过程中，氟化氢的产生速度为3.7PPm/s·m²到8.2PPm/s·m²，平均为5.7PPm/s·m²。而氟化氢在空气中的危险浓度为50～250PPm。所以10s产生的氟化氢就达到了危险浓度，喷射时间长，分解产物就会越多。若灭火剂浓度很快达到灭火浓度，则火灾就会很快扑灭，这一方面是由于早期灭火使火灾的范围限制在较小范围内，使卤代烷灭火剂接触的火灾范围减小；另一方面，灭火剂与火源和热表面接触时间缩短，因此，产生分解产物就大大减小，所以灭火剂喷射时间不能太长。

从减少火灾损失的方面出发，取较小的喷射时间可大大降低火灾损失。由于卤代烷1211灭火系统与其他固定灭火系统相比价格较贵，并且有水渍损失小、污染小等优点。应用卤代烷灭火系统保护的场所其经济价值和政治影响都很大。我国已修订的《建筑设计防火规范》规定：省级或超过100万人口的城市电视发射塔微波室；超过50万人口城市的通讯机房；大中型电子计算机房或贵重设备室、老化室、省级或藏书超过100万册图书馆的珍藏室；中央及省级的文物资料、档案库。这些地方都要设卤代烷灭火系统。以上这些地方都具有较大的经济价值和政治影响，并对其他行业有较大的影响。因此，采用较短的灭火剂喷射时间。即用较短的时间灭火，限制火灾的范围，就能大大减少火灾损失和其影响范围。

目前，国际标准化协会及世界上多数工业发达国家所制订的卤代烷灭火系统标准、规范，都采用较短的灭火剂喷射时间。美国NFPA12A—1980与NFPA12B—1980，英国BS5306—5.1—1982与BS5306—5.2—1984，国际标准化组织ISO/DP7075/1—1984，法国NFS62—101—1983，西德DIN14496—1979等标准均将灭火剂喷射时间规定为10s以内。例如美国和英国标准都一致规定："灭火剂的喷射时间一般必须在10s以内，如果切实可行，应在更短一些的时间内完成。较长的喷射时间必须经有关当局批准。"

日本现行的消防法施行规则中的第20条，将灭火剂的喷射时间规定为30s以内，但是其国内一些厂家正在生产、销售喷射时间为10s的快速灭火系统。例如我国某厂计算机房几年前引进的卤代烷灭火系统，灭火剂喷射时间为30s。其电视机厂老化室引进的卤代烷灭火系统，灭火剂的喷射时间为10s。《1974年国际海上人命安全公约》(1981年修正案)规定卤代烷灭火剂的喷射时间为20s以内。

以上从几个方面分析了缩短灭火剂喷射时间的意义，并介绍了国际标准化协会及一些工业化国家关于灭火剂喷射时间的规定。当然喷射时间也不宜设计得过短，喷射时间短即需要提高灭火剂的施放强度，从而提高了系统的造价。

综上所述，本规范按防护区的性质将灭火剂的喷射时间分别给予规定。对于火灾蔓延快、火灾危险性大的防护区，即具有可燃气体和甲、乙、丙类液体火灾的防护区，为了尽可能减少火灾损失，降低灭火剂分解产物的浓度从而减小毒性作用，同时也为了防止复燃危险和爆炸危险，将灭火剂的喷射时间规定为10s以内。

对于国家级、省级保护的文物资料库、档案库、图书馆的珍藏室，由于这些防护区性质极其重要，一旦失火若不能迅速扑灭，则会造成不可估量的经济损失和重大的政治影响。而这些防护区又容易产生深位火灾，存在复燃危险。因此，本规范将其灭火剂喷射时间规定为10s以内。

本条一、二款规定以外的防护区，一般既不存在爆炸危险，也不会很快形成深位火灾而产生复燃危险。因此，本规范将其灭火剂喷射时间规定为15s以内，以便于系统设计。

**第4.1.7条** 本条规定全淹没系统灭火剂充满管道的时间不宜大于10s，这是根据以下情况确定的：

灭火剂充满管道的时间过长，也与灭火剂喷射时间过长一样存在着不利于迅速将火扑灭的缺点。这一点，在上面分析灭火剂喷射时间的规定中已予论述。限制灭火剂充满管道的时间，也就间接限制了输送灭火剂管道的长度，因为灭火剂充满管道的时间与管道中灭火剂的平均质量流量存在一定的关系。输送灭火剂的管道过长，使管网阻力损失增加，降低了喷嘴的工作压力，从而减小了灭火剂施放强度。此外，管网内灭火剂的残存量也有可能增加。因此，限制灭火剂充满管道的时间是必要的。

本条关于灭火剂充满管道时间的规定是参考国外有关标准确定的。西德 DIN14496—1979 标准第6.1.2条规定：从系统贮存容器中开始施放灭火剂到喷嘴开始施放灭火剂的时间不得超过10s。

关于灭火剂充满管道时间的计算，建议用喷嘴开始喷射灭火剂时管道内体积流量作为灭火剂充满管道

的平均体积流量进行计算。这是由于灭火剂贮存容器打开后，灭火剂进入管道即急剧加速流动，一部分灭火剂被气化。这是一个十分复杂的过程，无法准确计算出灭火剂充满管道所需要的时间。不过，灭火剂充注管道的流速至少不会小于系统管网全部充满灭火剂时的流速，即不会小于喷嘴开始喷射灭火剂的流速。据此就可以计算出灭火剂充满管道所需时间的最大值来，而实际需要时间不大于此值的。这是一种较保守的计算方法。

## 第二节 管网灭火系统

**第4.2.1条** 本条提出了管网系统的管径和喷嘴孔口面积计算原则。说明如下：

管网系统计算主要是确定灭火剂的贮存压力、灭火剂在贮存容器中的充装比，管网中各管段的管径和喷嘴的孔口面积。这四个参数在设计计算过程中均是可以调整的。确定了这四个参数，也就完成了计算工作。但是，这几个参数是否选择合理，则要以所设计的系统是否满足本规范所规定的灭火剂喷射时间和喷嘴的最低工作压力的要求来判断。从经济角度考虑，则以所确定的贮存压力、充装比、管道直径的大小来衡量。选择最小等级的贮存压力、较高的充装比和较小的管径，则经济性好。当然这几个参数之间存在着函数关系，一个参数值的改变必将引起其他参数值的改变。设计人员必须通过反复计算比较，才能确定较佳的参数值。

国内外卤代烷1211灭火系统工程设计经验表明，在进行系统设计计算时，宜先确定贮存压力和灭火剂的充装比，然后确定管径和喷嘴的孔口面积。本规范给出了计算单位长度管道内的阻力损失计算公式（规范第4.2.6条）和喷嘴孔口面积的计算公式（规范第4.2.3条）。从这确定喷嘴孔口面积则需要确定喷嘴的质量流量和喷嘴的工作压力。要指出的是，在灭火剂施放过程中，贮存容器内的气相压力、管网的阻力损失以及喷嘴的质量流量和工作压力均是随时间而变化的变量。两个计算公式只能用某一瞬间的值进行计算。在确定贮存压力和灭火剂的充装比后，根据经验给出单位管道长度内的阻力损失，则只要确定某一瞬间的喷嘴的质量流量就可以通过一系列的计算来求得管径和喷嘴的孔口面积。喷嘴的质量流量是计算管径和喷嘴孔口面积的基础。美国 NFPA12B—1980 标准第1-10.6.1款也规定："管道尺寸和孔口面积必须根据对每个喷嘴所要求的单位时间的流量来进行计算和选择。"

**第4.2.2条** 本条提出了初选管径和初选喷嘴孔口面积的方法。

按平均设计质量流量来初选管径，这是一种比较简便的方法。由于灭火剂施放过程中，灭火剂的质量流量是变化的，而在系统设计完成前，任何时刻的质

量流量均不可能求出，只能求得平均质量流量，故采用这一流量来初选管径，英国 BS5306 标准、国际标准化组织的 ISO/DP7075/1 标准，也是以这一平均设计流量来初选管径。本条提出按灭火剂的平均设计质量流量计算，单位长度管道内的阻力损失可取 3～12kPa/m，是参照 BS5306 标准根据我国工程设计经验确定的。BS5306 标准建议取 7kPa/m 左右，而我国目前一般选用改制的氧气瓶作为灭火剂的贮存容器，可耐较高的压力，贮存压力不少采用 4.0MPa 级的，这样可以适当加大管网的沿程阻力损失以缩小管径。由于管道及其附件产品通径系列的限制，往往一算出管道内灭火剂的平均设计质量流量，在所限定的阻力损失范围内，可选取的管径一般只有一两个。

喷嘴的孔口面积确定，是管网设计中的关键。前条说明中已指出，要确定喷嘴的孔口面积，则必须确定灭火剂施放过程中某一瞬间的喷嘴所需要喷出的质量流量及工作压力，此外还需求得这一工作压力下喷嘴的流量系数。在整个管网系统未设计出来之前，任意瞬间的喷嘴质量流量是计算不出来的。为了解决这一问题，只能假定几个特殊时刻喷嘴的瞬时质量流量和平均设计质量流量存在着近似的关系。目前进行管网系统设计计算，一般以灭火剂充满管网的瞬间的初始状态、灭火剂从贮存容器或喷嘴中喷出 50% 瞬间的中期状态、灭火剂从贮存容器全部喷出的终期状态这三个特殊时刻开始计算。本条规定的计算喷嘴孔口面积的方法，系采用中期状态。这种方法步骤简单、设计简便，且和国际标准化组织 ISO/DP7075/.1—1984 标准及英、美、法等国标准推荐的卤代烷 1301 灭火系统采用的计算状态相同。在有关卤代烷 1211 灭火系统的国外标准中，仅英国提出了完整的计算方法和步骤，它是以中期状态展开计算的。

在采用本条规定的初选喷嘴孔口面积的方法时应注意的一点是：条文中提出的贮存容器内的压力按"灭火剂喷出 50% 时"的情况确定。这包含有两种情况，一种是灭火剂从贮存容器中喷出 50%，另一种情况是从喷嘴中喷出 50%。两种情况下的贮存容器内的压力是不同的。灭火剂从贮存容器中喷出 50% 时的贮存容器内压力可按下式计算：

$$P_{meda} = \frac{1-R}{1-\frac{1}{2}R} \cdot P_{oa} \qquad (4.2.2-1)$$

式中　$P_{meda}$——中期工作状态贮存容器内压力（绝对压力 Pa）；

　　　　$R$——灭火剂的充装比；

　　　　$R_{oa}$——贮存压力（绝对压力，Pa）。

灭火剂从喷嘴中喷出 50% 时的贮存容器内压力可按下式计算：

$$P_{meda} = \frac{2n(1-R)}{2n+(2-n)R} \cdot P_{oa} \qquad (4.2.2-2)$$

式中　$n$——液态灭火剂的体积与全部管网容积之比。

注：式中其余字母的含义和单位与（4.2.2-1）式相同。

在进行实际工程设计时，当管网容积大于灭火剂设计用量体积值的 50% 时，贮存容器内的灭火剂的一半还不能充满管网，那么假定的中期工作状态与实际情况有较大差异，即中期工作状态的喷嘴瞬时质量流量将大于平均设计质量流量。按此计算出的喷嘴孔口面积偏小。虽然完整的验算方法将会纠正这一偏差，但是初定的精确性过低增加了计算工作量。在这种情况下，则宜按灭火剂从喷嘴中喷出 50% 的贮存容器内的压力为基础来初选喷嘴孔口面积。当管网总容积较小时，一般按灭火剂从贮存容器内喷出 50% 时的贮存容器内的压力为基础初选。

在进行管网系统设计时，以中期工作状态来计算，建议采用以下步骤：

一、根据防护区的可燃物质所需设计灭火浓度以及防护区的各种特殊条件来确定灭火剂的设计灭火用量和流失补偿量。

二、根据防护区的尺寸及产品制造厂所提供的喷嘴应用特性，确定喷嘴的类型和数量。喷嘴的类型和数量应确保在规定的灭火剂喷射时间内将需要的灭火剂喷入防护区内，并使其均匀分布。

三、根据贮存容器的位置和喷嘴的位置布置管网，为了便于系统设计计算和减少管道中灭火剂的剩余量，管网布置宜尽可能接近均衡系统的布置。

四、初选管径可按管段中灭火剂的平均设计质量流量计算，使单位长度的管道压力降在 3～12kPa/m 的范围内。

五、确定贮存容器中灭火剂的贮存压力和充装比。防护区的容积大，输送灭火剂的距离较远时，应选用较高等级的贮存压力和较小的充装比。具体选择原则可根据第 4.1.2 条和第 4.1.4 条的条文说明确定。

六、确定喷嘴的孔口面积，初选时可按每个喷嘴所需要的平均设计质量流量和灭火剂从贮存容器中喷出一半时的贮存容器内的压力为基础进行计算，然后根据灭火剂的喷射时间和喷嘴的最低工作压力的验算，再进行修正。

为了更好地说明管网系统计算的方法和步骤，下面给出两个设计计算实例。例一中管网是对称布置，这种布置接近均衡系统，但严格来说不是均衡系统。均衡系统可以简化成单个喷嘴的简单系统进行计算。例二中管网系统是一个典型的不均衡系统。

例一：一个拟用卤代烷 1211 全淹没系统防护的建筑物内存在各种溶剂，溶剂中需要的卤代烷 1211 设计灭火浓度为 9%，建筑物高 3m，面积为 5m×8m。

一、设计选择和假定：

1. 管道和喷嘴的布置如本条文说明图 4.2.2-1 所示；

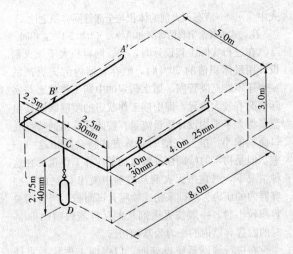

图 4.2.2-1 对称管网系统图

2. 管道选用镀锌钢管;

3. 喷嘴选用本条文说明中图 4.1.2-1 的 A 型喷嘴。通过该类型喷嘴的单位面积质量流量按本条文说明图 4.1.2-3 的曲线确定;

4. 假定当贮存容器中灭火剂液面下降到内浸管底部时,按本条文说明图 4.2.2-1 所示,氮气将继续推动管道内的液态灭火剂直到 $B$ 和 $B'$ 处,在此两处氮气迅速喷出,系统泄压,管道内剩余的灭火剂缓慢流出。

二、设计计算:

1. 建筑物内的设计灭火用量

$$M = \frac{\varphi}{1-\varphi} \cdot \frac{V}{\mu} = \frac{9\%}{1-9\%} \times \frac{5 \times 8 \times 3}{0.140}$$

$$= 85(kg)$$

2. 建筑物内灭火剂平均设计质量流量

$$q_{mar} = \frac{M_{ad}}{t_d} = \frac{85}{10}$$

$$= 8.5(kg/s)$$

3. 初选管径,按管段中灭火剂的平均设计质量流量计算,使单位长度的管道压力降在 7kPa/m 左右,得下表:

表 4.2.2-1

| 管　段 | 平均设计质量流量 | 管　径 |
| --- | --- | --- |
| CD | 8.5kg/s | 40mm |
| CB | 4.25kg/s | 30mm |
| AB | 2.125kg/s | 25mm |

4. 取贮存容器中灭火剂的贮存压力为 1.15MPa (绝对压力),充装比为 0.6,计算灭火剂从贮存容器中喷出 50% 的贮存压力(绝对压力)

得:

$$P_{ta} = \frac{P_{oa} \cdot V_o}{V_o + V_t}$$

$$= \frac{1.15 \times (1-0.6)}{(1-0.6) + 0.6 \times 50\%}$$

$$= 0.657(MPa)$$

5. 灭火剂从贮存容器中喷出 50% 时喷嘴工作压力计算:

贮存容器中压力(绝对压力):

$$P_i = 0.657(MPa)$$

管道沿程阻力损失:

$$P_p = 11.25m \times 7kPa/m$$

$$= 79kPa$$

管道局部阻力损失:

$$P_1 = 12m \times 7kPa/m$$

$$= 84kPa$$

高程差引起的压力降:

$$P_h = \rho \cdot H_h \cdot g_n = 1830 \times (-2.75) \times 9.81$$

$$= -49369(Pa)$$

$$= -50(kPa)$$

喷嘴工作压力(绝对压力):

$$P_n = P_i - P_p - P_1 - P_h$$

$$= 657 - 79 - 84 - 50$$

$$= 444(kPa)$$

6. 喷嘴孔口面积计算:

根据本条文说明图 4.1.2-3,A 型喷嘴工作压力(绝对压力)为 444kPa 时,单位孔口面积的质量流量为 0.016kg/s·mm²。

又每个喷嘴的平均设计质量流量为防护区平均设计质量流量的四分之一,即约 2.1kg/s。故得孔口面积:

$$A = \frac{2.1kg/s}{0.016kg/s \cdot mm^2}$$

$$= 131.25mm^2$$

得喷嘴孔口直径

$$d = 2\sqrt{131.25/3.14}$$

$$= 13(mm)$$

至此,管网系统的初步设计已完成。最后要验算灭火剂的喷射时间。若验算出的喷射时间不符合本规范的规定,则可修正喷嘴孔口直径。

三、喷射时间验算

1. 验算时选取三个在灭火剂喷射过程中可能碰到的喷嘴工作压力,从最远的喷嘴到容器返回计算,算出三组不同的灭火剂总流量及对应的容器中的压力。

喷嘴最低设计工作压力应大于 0.31MPa,在稍高于这个数值的压力下开始计算。本验算选取的三个可能碰到的喷嘴工作压力分别为 0.32MPa、0.4MPa 和 0.6MPa(均为绝对压力),计算结果如表 4.2.2-2:

表 4.2.2-2

| 假定 A 处的喷嘴压力<br>（绝对压力，MPa） | 0.32 | 0.40 | 0.60 |
|---|---|---|---|
| 根据图 4.1.2-3，得 A 处喷嘴的质量流量（kg/s） | $131.25\times0.01$<br>$=1.31$ | $131.25\times0.014$<br>$=1.84$ | $131.25\times0.0245$<br>$=3.22$ |
| 根据本规范图 4.2.6，通过 AB 管段的压力降（MPa） | $4\times0.0019$<br>$=0.0076$ | $4\times0.0036$<br>$=0.014$ | $4\times0.010$<br>$=0.04$ |
| B 处的喷嘴压力（MPa） | $0.32+0.0076$<br>$=0.328$ | $0.4+0.014$<br>$=0.414$ | $0.6+0.04$<br>$=0.64$ |
| 根据图 4.1.2-3，得喷嘴 B 的质量流量（kg/s） | $131.25\times0.0105$<br>$=1.38$ | $131.25\times0.0145$<br>$=1.90$ | $131.25\times0.0265$<br>$=3.48$ |
| 通过 BC 段的质量流量（kg/s） | $1.31+1.38$<br>$=2.69$ | $1.84+1.90$<br>$=3.74$ | $3.22+3.48$<br>$=6.70$ |
| 根据本规范图 4.2.6，通过 BC 段的压力降＝（BC 段管长＋弯头的当量长度）×压力降/米$=\left(4.5+\dfrac{20\times30}{1000}\right)\times$压力降/米（MPa）<br>弯头的当量长度为 20 倍管径 | $5.1\times0.003$<br>$=0.0153$ | $5.1\times0.0058$<br>$=0.030$ | $5.1\times0.017$<br>$=0.087$ |
| 三通 C 处的压力（MPa） | $0.328+0.0153$<br>$=0.343$ | $0.414+0.030$<br>$=0.444$ | $0.64+0.087$<br>$=0.727$ |
| CD 管段的质量流量，等于 A'C 和 AC 管段质量流量之和（kg/s） | $2\times2.69$<br>$=5.38$ | $2\times3.74$<br>$=7.48$ | $2\times6.70$<br>$=13.40$ |
| 根据本规范图 4.2.6，通过 CD 段的压力降＝（CD 段管长＋阀与三通的当量长度）×压力降/米$=\left(2.75+\dfrac{300\times40}{1000}+\dfrac{60\times40}{1000}\right)\times$压力降/米（MPa）<br>阀和三通的当量长度分别为 300 倍和 60 倍管径 | $17.15\times0.003$<br>$=0.051$ | $17.15\times0.0056$<br>$=0.096$ | $17.15\times0.017$<br>$=0.292$ |
| 贮存容器中的压力（MPa） | $0.343+0.051$<br>$=0.394$ | $0.444+0.096$<br>$=0.540$ | $0.727+0.292$<br>$=1.019$ |

将上表中的三组计算结果列于下表：

表 4.2.2-3

| 贮存容器压力（MPa） | 0.394 | 0.540 | 1.019 |
|---|---|---|---|
| 质量流量（kg/s） | 5.38 | 7.48 | 13.40 |

根据上表中的三组数据绘图 4.2.2-2，以便根据此图查出系统灭火剂质量流量与贮存容器中压力的对应值，再计算喷射时间。

2. 灭火剂设计用量计算：

设计灭火用量为 85kg；

贮存容器内的剩余量设为 1kg；

管网内的剩余量等于 AB 和 A'B' 管段的内容积乘灭火剂密度：

$$8\times3.14\times\frac{(0.025)^2}{4}\times1830=7.2\ (kg)$$

灭火剂设计用量为：

$$85+1+7.2=93.2\ (kg)$$

该灭火剂的体积为：

$$93.2\div1830=0.0509\ (m^3)$$

3. 灭火剂充装密度计算：

根据表 4.2.2-2，当喷嘴的最低工作压力为 0.32MPa 时，贮存容器中的压力为 0.394MPa。如果贮存容器容积为 V，且其初始贮存压力为 1.15MPa，根据本规范（4.2.5）式得：

$$V=V_o+V_t=\frac{1.15\times(V-0.0509)}{0.394}$$

$$=0.07742 m^3$$

灭火剂充装密度为：

$$\frac{1830\times0.0509}{0.07742}=1204\ (kg/m^3)$$

根据可供系统设计选择的贮存容器，为确保能在规定的喷射时间内喷完灭火剂，最后确定灭火剂的充装密度取 1100kg/m³，此时容器容积 V 为：

$$V=\frac{0.0509\times1830}{1100}=0.0848\ (m^3)$$

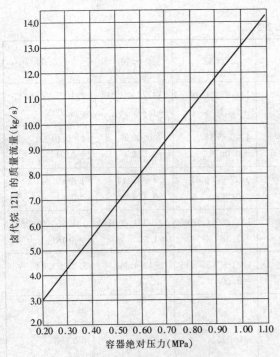

图 4.2.2-2　卤代烷 1211 的质量
流量与容器压力关系

4. 喷射时间计算

管网总容积为：0.01375m³

当灭火剂充满管道时，贮存容器中灭火剂的体积为：

$$0.0509-0.01375=0.0372（m³）$$

贮存容器中气相容积为：

$$0.0848-0.0372=0.0476（m³）$$

故初始喷射灭火剂时，贮存容器中的压力为：

$$\frac{0.0848-0.0509}{0.0476}\times1.15=0.819（MPa）$$

由 0.819MPa 的贮存容器压力根据本条文说明图 4.2.2-2，可得到初始喷射时，灭火剂的质量流量 10.9kg/s。假定以这个质量流量作为最初 1s 的平均质量流量来处理，则最初 1s 内从容器中施放出的灭火剂体积为：

$$\frac{10.9\times1}{1830}=0.00596（m³）$$

由于贮存容器的气相容积按同一数量增加，因此，容器中的压力将降到 0.727MPa，根据本条文说明图 4.2.2-2，可查得一个 9.7kg/s 的新的质量流量，再假定以这个新的质量流量作为第 2s 的平均质量流量来处理。依此逐步计算下去，直到气相容积增加到贮存容器容积与喷嘴 B 和 B′ 以前的管网容积之和为止。该气相容积等于：

贮存容器容积＋CD 管段容积＋BC 管段容积＋B′C 管段容积

$$=0.0848+0.00346+0.00318+0.00318$$
$$=0.00946（m³）$$

将逐步计算结果列于下表。

表 4.2.2-4

| 时间<br>（s） | 气相容积<br>（m³） | 贮存容<br>器压力<br>（MPa） | 灭火剂<br>质量流量<br>（kg/s） | 灭火剂<br>体积流量<br>（m³/s） |
|---|---|---|---|---|
| 0 | 0.0476 | 0.819 | 10.90 | 0.00596 |
| 1 | 0.0536 | 0.727 | 9.70 | 0.00530 |
| 2 | 0.0589 | 0.662 | 8.90 | 0.00486 |
| 3 | 0.0638 | 0.611 | 8.25 | 0.00451 |
| 4 | 0.0683 | 0.571 | 7.75 | 0.00423 |
| 5 | 0.0725 | 0.538 | 7.30 | 0.00399 |
| 6 | 0.0765 | 0.510 | 6.90 | 0.00383 |
| 7 | 0.0803 | 0.486 | 6.65 | 0.00363 |
| 8 | 0.0839 | 0.465 | 6.40 | 0.00350 |
| 9 | 0.0874 | 0.446 | 6.15 | 0.00336 |
| 10 | 0.0908 | 0.429 | 5.95 | 0.00325 |
| 11 | 0.0940 | 0.414 | | |

表 4.2.2-4 中的计算表明大约 11s 的喷射时间能达到 0.0946m³ 的气相容积。同时，也说明了此时贮存容器中的压力为 0.414MPa，此预先计算的最小压力 0.394MPa 高，即喷嘴的最低工作压力仍超过 0.31MPa。

11s 的灭火剂喷射时间已接近系统设计所规定的 10s 喷射时间。当然，另外还可以增大喷嘴孔口直径到 14mm 并按以上方法重复计算，将灭火剂喷射时间缩短到 10s 以内。

四、灭火剂充满管道时间的计算：

灭火剂充满管道的时间可用喷嘴开始喷射灭火剂时管道内的体积流量为充满管道的平均体积流量进行计算。

在本系统中，喷嘴开始喷射灭火剂时的体积流量为 0.00596m³/s；即此时管段 DO 中的体积流量为 0.00596m³/s；DC 管段为总体积流量的二分之一，BA 管内为总体积流量的四分之一。

DC 段长 2.75m，直径 0.04m

$$充满时间=2.75\div\frac{0.00596}{3.14\times0.02^2}$$
$$=0.58（s）$$

CD 段长 4.5m，直径 0.03m

$$充满时间=4.5\div\frac{0.00596\div2}{3.14\times0.015^2}$$
$$=1.08（s）$$

BA 段长 4m，直径 0.025m

$$充满时间=4\div\frac{0.00596\div4}{3.14\times0.0125^2}$$
$$=1.32（s）$$

$$充满管网时间=0.53+1.03+1.32$$
$$=2.98（s）$$

灭火剂充满管网的时间不到 3s，大大小于本规范 4.1.7 条之规定的时间，因而是可行的。

例二：防护区情况与例一完全相同。

一、设计选择和假定：

除系统管网布置按本条文说明图4.2.2-3外，其余均与例一相同。本例中的管网系统是典型的非均衡系统。

二、设计计算

非均衡系统的计算步骤与例一中的步骤近似，防护区内灭火剂的设计灭火用量、平均设计质量流量及初选管径等计算与例一相同。按例一取喷嘴A的孔口直径为13mm，计算灭火剂的质量流量与压力的关系，计算结果见本条文说明表4.2.2-5。

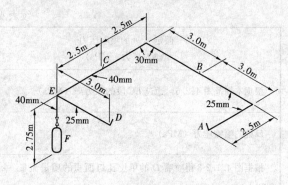

图4.2.2-3 非均衡系统

表4.2.2-5

| 假定A处的喷嘴压力<br>（绝对压力，MPa） | 0.32 | 0.40 | 0.60 |
|---|---|---|---|
| 根据图4.1.2-3，得喷嘴A的质量流量（kg/s） | $131.25 \times 0.01$ $=1.31$ | $131.25 \times 0.014$ $=1.84$ | $131.25 \times 0.0245$ $=3.22$ |
| 根据本规范图4.2.6，通过AB段的压力降＝（AB段管长＋弯头的当量长度）×压力降/米＝$\left(2.5+3+\dfrac{20 \times 25}{1000}\right)$×压力降/米（MPa），弯头的当量长度为20倍管径 | $6 \times 0.0019$ $=0.0114$ | $6 \times 0.0037$ $=0.0222$ | $6 \times 0.01$ $=0.06$ |
| B处的喷嘴压力（MPa） | $0.32+0.014$ $=0.331$ | $0.4+0.0222$ $=0.4222$ | $0.6+0.06$ $=0.66$ |
| 根据图4.1.2-3，得喷嘴B的质量流量（kg/s） | $131.25 \times 0.0105$ $=1.38$ | $131.25 \times 0.015$ $=1.97$ | $131.25 \times 0.028$ $=3.68$ |
| BC管段的质量流量等于喷嘴A的与喷嘴B的质量流量之和（kg/s） | $1.31+1.38$ $=2.69$ | $1.84+1.97$ $=3.81$ | $3.22+3.68$ $=6.90$ |
| 根据本规范图4.2.6，通过BC段的压力降＝（BC段管长＋弯头的当量长度）×压力降/米＝$\left(2.5+3+\dfrac{20 \times 30}{1000}\right)$×压力降/米（MPa）弯头的当量长度为20倍管径 | $6.1 \times 0.003$ $=0.0183$ | $6.1 \times 0.0058$ $=0.0354$ | $6.1 \times 0.018$ $=0.1098$ |
| C处喷嘴压力（MPa） | $0.331+0.0183$ $=0.349$ | $0.422+0.0354$ $=0.457$ | $0.660+0.1098$ $=0.770$ |
| 根据图4.1.2-3，得喷嘴C的质量流量（kg/s） | $131.25 \times 0.0115$ $=1.51$ | $131.25 \times 0.017$ $=2.23$ | $131.25 \times 0.0335$ $=4.40$ |
| 由于喷嘴C的质量流量比喷嘴A与B的质量流量高许多，故将其孔口直径从13mm减到12mm，孔口面积为113.1mm²，再算其质量流量（kg/s） | $113.1 \times 0.0115$ $=1.30$ | $113.1 \times 0.017$ $=1.92$ | $113.1 \times 0.0335$ $=3.73$ |
| 通过EC管段的质量流量等于喷嘴A、B、C的质量流量之和（kg/s） | $2.69+1.30$ $=3.99$ | $3.81+1.92$ $=5.73$ | $6.90+3.73$ $=10.63$ |
| 根据本规范图4.2.6，通过EC段的压力降（MPa） | $2.5 \times 0.0017$ $=0.004$ | $2.5 \times 0.0035$ $=0.00825$ | $2.5 \times 0.0105$ $=0.026$ |
| E点压力（MPa） | $0.349+0.004$ $=0.353$ | $0.457+0.00825$ $=0.465$ | $0.77+0.026$ $=0.796$ |
| 假定ED管段的质量流量（kg/s） | 1.33 | 1.91 | 3.54 |

| 假定 A 处的喷嘴压力<br>（绝对压力，MPa） | 0.32 | 0.40 | 0.60 |
|---|---|---|---|
| 根据本规范图 4.2.6，通过 EC 段的压力降（MPa） | $3\times0.002$<br>$=0.006$ | $3\times0.042$<br>$=0.0126$ | $3\times0.011$<br>$=0.033$ |
| D 处的喷嘴压力（MPa） | $0.353-0.006$<br>$=0.347$ | $0.456-0.0126$<br>$=0.453$ | $0.796-0.033$<br>$=0.763$ |
| 根据图 4.1.2-3 得喷嘴 D 的单位孔口面积的质量流量（kg/s·mm²） | 0.0115 | 0.017 | 0.033 |
| 根据假定的 ED 管段质量流量和喷嘴 D 的单位孔口面积的质量流量求出喷嘴 D 的孔口面积（mm²） | $1.33\div0.0115$<br>$=115.7$ | $1.91\div0.017$<br>$=112.4$ | $3.54\div0.033$<br>$=107.3$ |
| 根据计算出的孔口面积，再算出喷嘴 D 的孔口直径，取整值 12mm。根据所取的喷嘴 D 的孔口直径，计算喷嘴 D 的质量流量（kg/s） | $113.1\times0.015$<br>$=1.30$ | $113.1\times0.017$<br>$=1.92$ | $113.1\times0.033$<br>$=3.73$ |
| EF 管段的质量流量等于喷嘴 A、B、C、D 的质量流量之和（kg/s） | $3.99+1.30$<br>$=5.29$ | $5.73+1.92$<br>$=7.65$ | $10.62+3.73$<br>$=14.35$ |
| 根据本规范图 4.2.6，通过 EF 管段的压力降＝（EF 段管长＋弯头与阀门的当量长度）×压力降/米＝$\left(2.75+\dfrac{300\times40}{1000}+\dfrac{90\times40}{1000}\right)$×压力降/米（MPa），阀门和弯头的当量长度分别为 300 倍和 90 倍管径 | $18.35\times0.0029$<br>$=0.0532$ | $18.36\times0.0058$<br>$=0.106$ | $18.35\times0.019$<br>$=0.348$ |
| 贮存容器中的压力（MPa） | $0.353+0.053$<br>$=0.406$ | $0.466+0.106$<br>$=0.572$ | $0.796+0.348$<br>$=1.144$ |

将上表中的三组计算结果列于下表。

**表 4.2.2-6**

| 贮存容器压力（MPa） | 0.406 | 0.572 | 1.144 |
|---|---|---|---|
| 质量流量（kg/s） | 5.29 | 7.65 | 14.35 |

根据上表中的三组数据绘图 4.2.2-4，以便根据此图查出系统灭火剂质量流量与贮存容器中压力的对应值，再计算喷射时间。

灭火剂总设计用量计算：

根据例一，设计灭火用量为 85kg，贮存容器内的剩余量设为 1kg。管网内的剩余量取 AC 管段的内容积乘灭火剂密度，计 12.04kg。

灭火剂设计用量为：

$$85+1+14.04＝97.04（kg）$$

该灭火剂的体积为：

$$97.04\div1830＝0.0538（m^3）$$

灭火剂充装密度：

根据表 4.2.2-5，当喷嘴最低工作压力为 0.32MPa 时，贮存容器中的压力为 0.406MPa，如果贮存容器容积为 V，且其初始贮存压力为 1.15MPa，根据本规范（4.2.5）式得：

$$V=V_0+V_t=\frac{1.15\times（V-0.0538）}{0.406}$$

解之得 $V=0.0832（m^3）$

灭火剂充装密度

$$=\frac{1830\times0.0538}{0.0832}$$

$$=1183（kg/m^3）$$

为确保能在规定的喷射时间内喷完灭火剂采用 1100kg/m³ 的充装密度，得容器容积为：

$$V=\frac{0.0538\times1830}{1100}=0.0895（m^3）$$

初始时贮存容器中的气相容积为：

$$0.0895-0.0538=0.0357（m^3）$$

在开始喷射灭火剂时，即当灭火剂充满全部管网时，容器中气相体积增加到 0.0488m³。

开始喷射灭火剂时，容器中的压力

$$=\frac{0.0895-0.0538}{0.0488}\times1.15$$

$$=0.0841（MPa）$$

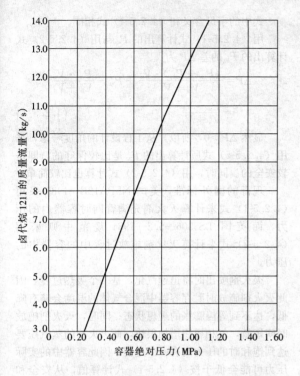

图 4.2.2-4 非均衡系统卤代烷 1211
的质量流量与容器压力的关系

续表 4.2.2-7

| 时间<br>(s) | 气相<br>容积<br>(m³) | 贮存容<br>器压力<br>(MPa) | 卤代烷 1211<br>的质量流量<br>(kg/s) | 卤代烷 1211<br>的体积流量<br>(m³/s) |
|---|---|---|---|---|
| 7 | 0.0821 | 0.506 | 6.70 | 0.00366 |
| 8 | 0.0858 | 0.484 | 6.40 | 0.00350 |
| 9 | 0.0893 | 0.465 | 6.10 | 0.00333 |
| 10 | 0.0926 | 0.448 | | |

喷射结束时，总的气相容积等于容器容积与到喷嘴 C 和 D 的管道容积之和，计算得 0.0929m³。

按照例一中的计算方法与步骤，依次计算出每秒种内气相容积、贮存容器压力和灭火剂的质量流量，将逐步计算出的结果列于下表。

表 4.2.2-7 中的计算表明，在 10s 的喷射时间内能使气相容积达到 0.0926m³。同时也说明了此时贮存容器中的压力为 0.448MPa，比预先计算的最小压力 0.406MPa 高，即喷嘴的最低工作压力仍超过 0.31MPa。因此该设计是可行的。

**表 4.2.2-7**

| 时间<br>(s) | 气相<br>容积<br>(m³) | 贮存容<br>器压力<br>(MPa) | 卤代烷 1211<br>的质量流量<br>(kg/s) | 卤代烷 1211<br>的体积流量<br>(m³/s) |
|---|---|---|---|---|
| 0 | 0.0488 | 0.0846 | 11.20 | 0.00612 |
| 1 | 0.00549 | 0.752 | 10.00 | 0.00546 |
| 2 | 0.0604 | 0.684 | 9.15 | 0.00500 |
| 3 | 0.0654 | 0.632 | 8.40 | 0.00459 |
| 4 | 0.0700 | 0.500 | 7.90 | 0.00432 |
| 5 | 0.0743 | 0.556 | 7.35 | 0.00402 |
| 6 | 0.0783 | 0.531 | 7.00 | 0.00383 |

**第 4.2.3 条** 本条规定了喷嘴孔口面积的计算公式，说明如下：

卤代烷 1211 灭火剂在一个标准大气压时，当温度低于 -3.4℃ 则为气态；它的临界温度为 153.8℃，临界压力为 4.21MPa（绝对压力）。只要在贮存容器中的灭火剂温度低于其临界温度，就可以用加压的方法使之为液态。本规范规定喷嘴的最低工作压力不低于 0.31MPa（绝对压力），就是要保证灭火剂在喷出前应以液态形式存在。因此，在工程设计时计算卤代烷 1211 喷嘴的流量可以采用水力学中由伯努利方程所推导出的计算喷嘴流量的公式：

$$q_m = A \cdot C_d \sqrt{2\rho \cdot P_n} \qquad (4.2.3)$$

式中字母的含义和单位与本规范（4.2.3）式相同。

但是卤代烷 1211 灭火系统灭火剂的施放是靠氮气做动力的。用氮气做动力，即用氮气加压时，一部分氮气溶解在灭火剂内，氮气在灭火剂中的溶解量与氮气的压力有关。由于灭火剂喷射时间短，喷射强度大，因此灭火剂流经管道时压力降很大，一部分溶解于灭火剂中的氮气将会析出，此外流经喷嘴的灭火剂亦有一部分被汽化，这将影响卤代烷 1211 喷嘴的流量系数。本条文说明图 4.1.2-1，图 4.1.2-2 中的 A 型和 B 型喷嘴，其流量和贮存压力和喷嘴工作压力二者间的关系在图 4.1.2-3、图 4.1.2-4 中已给出，从这两个图中可看出卤代烷 1211 喷嘴的流量系数和灭火剂贮存压力、喷嘴工作压力存在函数关系。喷嘴的流量系数应由试验测定。

本条规定与英国 BS5306—5.2—1984 标准中的规定是一致的，该标准第 10.6 条所提出的计算卤代烷 1211 流经喷嘴有效截面的每单位面积上的流量计算公式，与本条文说明 4.2.2 式基本相同。

**第 4.2.4 条** 本条提出了喷嘴工作压力的计算公式，说明如下：

由于卤代烷 1211 灭火系统灭火剂施放是靠贮存容器中的压缩氮气推动的，因此，施放灭火剂过程中，贮存容器中的压力是变化的，喷嘴工作压力及管网的沿程阻力和局部阻力损失也是随时间变化的。用该式计算出的喷嘴工作压力是一个瞬时值。

管网系统的局部阻力损失用当量长度计算比较方

便。各种阀门及管接件的当量长度通常是用水测定的，测定时应使雷诺数大于 $1\times10^{5}$，试验装置如下图所示：

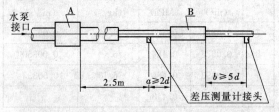

图 4.2.4　当量长度测试装置简图

图中 A 为流量计，B 为被测试件，$d$ 为连接被测试部件的管道内径。

被测试部件的当量长度采用下式计算

$$L=\frac{0.01898P\cdot C^{1.85}\cdot d^{4.87}}{q_v^{1.85}}-(a+b)$$

$$(4.2.4)$$

式中　$L$——被测试部件当量长度（m）；

　　　$P$——差压测量计接头间的压力降（Pa）；

　　　$C$——粗糙度系数，镀锌钢管 C 取 120；

　　　$d$——管道内径（m）；

　　　$q_v$——水的体积流量（m³/min）；

　　　$a$ 与 $b$——如图 4.2.4 所示（m）。

各种管接件的当量长度和阀门的当量长度可从生产厂的产品样本中得到。

**第 4.2.5 条**　本条规定在施放灭火剂过程中，贮存容器中的压力计算公式。

贮存容器中灭火剂的初始贮存压力，是根据系统设计计算后确定的，贮存压力为氮气分压与灭火剂饱和蒸汽压之和。在施放灭火剂过程中，由于气相容积的不断增加，容器内的压力将不断下降，目前计算容器施放灭火剂过程中的压力有两种计算公式：

第一种公式是根据理想气体状态方程和气体分压定律推导出来的，它将加压用的氮气看作理想气体，将施放灭火剂时气体体积的变化看成是等温膨胀过程。推导过程如下：

设初始贮存压力为 $P_{oa}$，施放灭火剂时贮存容器中的压力为 $P_{ta}$，灭火剂的饱和蒸汽压为 $P_{va}$，施放灭火剂前气相容积为 $P_o$，施放灭火剂时气相容积的增加量为 $V_t$，则：

$$\frac{P_{oa}-P_{va}}{P_{ta}-P_{va}}=\frac{V_o+V_t}{V_o}$$

解之得：

$$P_{ta}=\frac{(P_{oa}-P_{va})V_o}{V_o+V_t}+P_{va}\quad(4.2.5-1)$$

第二种公式是将贮存容器中的氮气和灭火剂的饱和蒸汽这一混合气体作为一种理想气体，在等温变化过程中：

$$P_{oa}\cdot V_o=P_{ta}(V_o+V_t)$$

即：

$$P_{ta}=\frac{P_{oa}V_o}{V_o+V_t}\quad(4.2.5-2)$$

式中的字母含义和（4.2.5-1）式相同。

用（4.2.5-1）式计算出的 $P_{ta}$ 与用（4.2.5-2）式计算出的 $P_{ta}$ 的差 $\Delta P$ 为：

$$\Delta P=\frac{(P_{oa}-P_{va})\cdot V_o}{V_o+V_t}+P_{va}-\frac{P_{oa}\cdot V_o}{V_o+V_t}$$

$$=\frac{P_{va}\cdot V_t}{V_o+V_t}\quad(4.2.5-3)$$

显然 $\Delta P>0$，所以，从工程设计的角度考虑，采用（4.2.5-5）式所计算出的 $P_{ta}$ 是比较保守的，即是较安全的。同时，用（4.2.5-2）式计算也比较简单。

现行的国外标准，美国 NFPA12B—1980 采用（4.2.5-1）式来计算灭火剂充满管网时容器内的压力，而英国 BS5306—5.2—1984 规范中则采用（4.2.5-2）式来计算灭火剂施放过程中的容器中的压力。

灭火剂喷出时将迅速汽化，是一个吸热过程，因此灭火剂施放时贮存容器中混合气体的温度会略有降低，达不到等温膨胀的理想状态；同时，灭火剂施放时间短暂，气相容积增加很快，而灭火剂的蒸汽压要达到饱和时的压力尚有一个过程，因此容器中的实际压力可能会低于按（4.2.5-1）式计算值，从安全和计算方便考虑，本规范采用（4.2.5-2）式来计算施放灭火剂过程中的贮存容器中的压力。

**第 4.2.6 条**　本条规定了输送灭火剂的镀锌钢管内的阻力损失计算公式。

按流体力学中的达西（H·Darcy）公式，对某一管段中沿程压力损失为：

$$P_p=\lambda\frac{L}{D}\rho\frac{V^2}{2}\quad(4.2.6-1)$$

式中　$P_p$——管道沿程阻力损失（Pa）；

　　　$\lambda$——沿程阻力系数；

　　　$L$——管道长度（m）；

　　　$D$——管径（m）；

　　　$\rho$——流体密度（kg/m³）；

　　　$V$——流速（m/s）。

将流速改为质量流量，并以压力降表示，则上式可改写为：

$$\frac{P_p}{L}=\frac{8\lambda}{\pi^2\rho}\cdot\frac{q_m^2}{D^5}\quad(4.2.6-2)$$

式中　$q_m$——质量流量（kg/s）；其余字母含义及单位同 4.2.6-1 式。

流体力学中实验已证实，沿程阻力系数 $\lambda$ 是雷诺数 $Re$ 与管壁相对光度 $D/\varepsilon$ 的函数。即：

$$\lambda=f\left(\frac{D}{\varepsilon}\cdot R^ne\right)$$

式中 $n$ 为负值，以 $n=-m$ 代。对于给定材料的管道，管壁粗糙度 $\varepsilon$ 为定值，因此相对光度只是管径 $D$ 的函数；又：

$$R^ne=R^{-m}e$$

$$=\left(\frac{4}{\pi\mu}\cdot\frac{q_m}{D}\right)^{-m}(\mu\text{ 为液体粘度，Pa/s})$$

即得：

$$\lambda = f\left[D\left(\frac{D}{q_m}\right)^m\right] \qquad (4.2.6\text{-}3)$$

这表明 $\lambda$ 只是 $D$ 与 $\left(\frac{D}{q_m}\right)^m$ 的函数，因此 (4.2.6-2) 式可写成：

$$\frac{P_p}{L} = \frac{8\lambda}{\pi^2 \rho} \cdot \frac{q_m^2}{D^5}$$

$$= \varphi\left[D\left(\frac{D}{q_m}\right)^m\right] \cdot \frac{q^2}{D^5} \qquad (4.2.6\text{-}4)$$

以上导出了沿程压力损失的流体计算以式，其中函数 $\varphi$ 须经试验测定。

本规范所采用的计算公式系引自英国 BS5306—5.2—1984 年规范，该规范所给出的计算公式是根据试验归纳出来的，测试结果分析表明：

$$\varphi\left[D\left(\frac{D}{q_m}\right)^m\right] = \left[12 + 0.82D + 37.7\left(\frac{D}{q_m}\right)^{0.25}\right]$$

$$(4.2.6\text{-}5)$$

由 (4.2.6-5) 式可以看出，由实际测试得出的函数关系和理论推导是一致的。由该公式计算出的结果和从美国 NFPA12B—1980 标准的图表中查出的数据基本相同。因此，本规范采用了这一计算方式。

**第 4.2.7 条** 由于灭火剂贮存装置和喷嘴的位置不可能处在同一水平高度上，高度变化必然使管道中灭火剂流动时的压力变化。

高程变化值一般以贮存容器底部与喷嘴之间的高度差计算。当贮存容器的安装位置高于喷嘴的位置时，高程变化值为正值；当贮存容器的安装位置低于喷嘴的位置时，高程变化值为负值。

# 第五章 系统的组件

## 第一节 贮存装置

**第 5.1.1 条** 本条规定采用管网输送灭火剂的卤代烷 1211 灭火系统，其灭火剂贮存装置宜由贮存容器、容器阀、单向阀和集流管等组成。贮存容器是用来贮存灭火剂的；容器阀用于控制灭火剂的施放；单向阀用来控制灭火剂的回流；集流管是起汇集从贮存容器排出的灭火剂并将其输送到需要的地方的作用。

根据美国 NFPA12B—1980 标准第 1—9.5.5.2 项规定："容器充装灭火剂后，如果一直未排放过，则可一直延续使用，但最长为 20 年（自上一次试验和检查日期算起）"。由于贮存容器可能使用时间很长，加之卤代烷 1211 价格较高，因此灭火剂贮存装置必须选用专用的部件。由于我国目前尚未制订这些部件的国家标准，也未建立检验这些部件的国家级检测中心。因此设计所选用的部件必须是经过鉴定的合格产品。

目前国外卤代烷 1211 灭火系统的贮存容器常用的有能贮存几公斤到几百公斤灭火剂的容器，也有能装几吨灭火剂的大型容器。而我国目前只有几种小型的能装几公斤灭火剂的球型容器和 40L 容积的钢瓶。这几种规格的容器虽能满足一般防护区的需要，但对于大型防护区来讲是不经济的。因此，有必要设计更大容积的贮存容器。贮存容器的设计、制造和检验必须符合国务院颁布的《锅炉压力容器安全监察暂行条例》及实施细则。国家劳动总局颁布的《压力容器安全监察规程》，以及第一机械工业部、石油工业部、化学工业部颁布的《钢制石油化工压力容器设计规定》中的有关规定。

在系统设计时，应使卤代烷 1211 灭火剂流经容器阀的流速不要过高，以免局部阻力损失过大，从而难以满足喷嘴喷射压力的要求。灭火剂流经容器阀的流速也不宜过低，而造成灭火剂回流和阀门及管道通径过大，灭火剂流经容器阀的平均流速宜在 5~7m/s 的范围内。

**第 5.1.2 条** 贮存容器上或容器阀上设安全泄压装置，主要是为了防止由于意外情况出现时，贮存器的压力超过正常准许的最高压力而引起事故，以确保设备和人身安全。

贮存在容器内的灭火剂的贮存压力，是根据设计需要确定的。由于充装比和 20℃时贮存压力的不同，贮存压力随温度的变化也不相同。充装比越大，温度越高，贮存压力将增加很多。例如，一个贮存容器在 20℃时的贮存压力为 4.0MPa，充装比为 90%，当温度升高到 55℃时，压力将接近 7.0MPa。我国现行的国家劳动总局颁发的《压力容器安全监察规程》中第 83 条规定：盛装液化气体的容器必须装设安全阀（爆破片）和压力指示仪表。

在设计时，对不太大的贮存容器，如 40L 的钢瓶，可在容器阀上设泄压装置；对于专用的大型容器，应在容器上直接设置泄压装置。

设置一个能指示贮存容器内压力的压力表，主要是为了经常检查贮存容器压力的变化。国外同类标准一般均规定，经温度校正后的贮存压力如果损失 10% 以上，就必须进行充装或更换。

**第 5.1.3 条** 在容器阀与集流管之间的管道上设置单向阀，能够保证贮存装置在移去个别容器进行检修等工作时，仍能保持系统的正常工作状态。对于组合分配系统，当一部分贮存容器的灭火剂已施放，剩余的贮存容器仍可能保护其余的防护区，如不设单向阀，则在施放灭火剂时，就可能回流到已放空的贮存容器中去，这将会使施放的灭火剂量不足而达不到灭火作用。

单向阀与容器阀或集流管之间采用软管连接，主要是为了便于系统的安装与维修时更换容器。此外，采用软管连接，也能减缓灭火剂施放时对管网系统的冲击力。

本条还规定，贮存容器和集流管应采用支架固定。这是考虑到贮存容器压力较高，系统启动时，灭火剂的液流产生的冲击力很大。为了防止系统部件的损坏，应采用支架将容器固定。在设计支架时，应考虑到便于单个容器的称重和维护。

上述规定和国外同类标准的有关规定是一致的。如美国 NFPA12B—1980 标准中第 1—9.5.5 款规定："当多个容器连接到一根集流管上时，各个容器必须安装得适当，并用适当的架子支撑住，以便每个容器都能方便地单独使用和对每个容器单独称量其重量。如果系统在使用中有一些容器撤出去维修，必须采用自动的方法来防止药剂从集流管漏出"。又如 ISO/DP7075/1 标准中第 10.5.3.4 款规定："安装多个容器的系统时，容器要安装得当，并妥善的固定在支架上，支架应便于单个容器的维护和称重。如果在再充装和维修时，拆去的容器多于卤代烷充装数的 20%，则应准备一个手动装置以防止系统启动。当为了维护而拆去容器时，如果系统正在运行，则应设置一个自动装置来防止灭火剂从集流管中流失。"

**第 5.1.4 条** 本条规定主要是为了便于对灭火系统进行验收、检查和维护。由于卤代烷 1211 灭火剂具有腐蚀性小、久贮不变质的优点，灭火剂的贮存装置可以使用相当长的时间，甚至可达几十年之久，因此必须设置一个永久性的固定标志。

**第 5.1.5 条** 本条规定的目的在于保证保护同一个防护区内的灭火剂贮存容器能够互换，以便于贮存装置的安装、维护与管理。

**第 5.1.6 条** 本条是参照国外同类标准的有关规定，并结合我国的具体情况确定的。

美国 NFPA12B—1980 标准中规定："贮存容器必须尽可能安装在靠近所保护的危险区或所保护的几个危险区，但不能安装在有火而可能使系统性能遭受损害的地方"。

英国标准 BS5306—1984 有关条文规定："贮存容器和附件的布置和定位，应便于检查、试验、再灌装及其他的维护工作，并应使防护中断的时间最少。

贮存容器应布置得尽可能靠近它们所保护的危险场所或危险物，但不应暴露在火灾中，以免损坏系统的工作性能。

贮存容器不应设置在会受到恶劣气候条件或受到机械的、化学的或其他危害的地方。当预料会受到恶劣气候或机械危害时，应提供适当的保护装置或加以封闭。"

我国现行的《高层民用建筑设计防火规范》和已修订的《建筑设计防火规范》所规定设置卤代烷灭火系统的地方，均为性质重要，经济价值高的场所，且均设在耐火等级不低于二级的建筑物内。为确保灭火剂贮存装置安全，使其能够免受外来火灾的威胁，因此，本条规定采用管网输送的灭火剂贮存装置应设在耐火等级不低于二级的专用的贮瓶间内。"

关于"专用贮瓶间"的含义有两个方面：首先是贮存装置必须设在一个房间内，不能设置在露天场所、走廊过道或暂时性的简陋构物内。第二是该贮存室是专为设置贮存装置的，只可兼作火灾自动报警控制设备室之用，不得兼作其他与消防无关的操作之用，不得放置其他与消防无关的设备或材料。

本条未规定像悬挂式一类无管网灭火装置贮存容器的设置位置。这一类灭火装置一般是布置在防护区内，但应注意设置地点不能在火灾可能蔓延的地方，即不应将其放置在可燃物之中。

关于贮存容器放置地点的环境温度，美国 NFPA12B—1980 标准第 1—9.5.5.8 项规定："贮存温度不得超过 130°F（55℃），也不得低于 32°F（0℃）。除非这个系统是设计成可以超过这个温度范围使用的"。根据我国具体的条件，本条规定贮瓶间室温应保持在 0～50℃ 的范围。我国的极端最高气温，是 1941 年 7 月 4 日在新疆吐鲁番记录到的 47.6℃。

贮瓶间应尽量靠近防护区，主要是为了减少灭火剂在管道中流动的阻力损失，满足喷嘴的工作压力要求。但贮瓶间不应布置在容易发生火灾或有爆炸危险的地方。如贮瓶间发生火灾，不仅系统会被破坏。而且灭火剂贮存容器及启动用容器等压力容器，也可能因超过临界温度而产生爆炸，危及人员和建筑物的安全。

本条规定贮瓶间的出口直接通向室外或疏散走道，是为了便于在系统需要使用应急操作时，人员能够很快进入，在贮瓶间存在危险时能够迅速撤离

地下贮瓶间设机械排风装置的目的，主要是为了尽快排出因维修或贮瓶的质量问题而泄漏的卤代烷 1211，以保证人员的安全。由于卤代烷 1211 蒸汽的比重比空气约重五倍，容易积聚在低凹处，如果地下室不采用排风装置，是难以将它排出室外。

### 第二节　阀门和喷嘴

**第 5.2.1 条** 要求选择阀安装在贮存装置附近，可以减短连接管道的长度，便于集中操作与维修。考虑到灭火系统的自动操作有偶然失灵而需进行应急手动操作，故选择阀的安装位置还应考虑到手动操作的方便且有永久性标志，以便于在防护区发生火灾后且自动操作失灵的紧急情况下，操作人员也能在与贮存装置的同一地点迅速准确无误地进行应急手动操作。

**第 5.2.2 条** 喷嘴的布置是系统设计中一个较关键的问题，它直接关系到系统能否将火灾扑灭，采用全淹没系统保护的防护区内所布置的喷嘴，应能在规定的时间内将灭火剂施放出，并能使防护区灭火剂均匀分布，这是喷嘴选择和布置的原则。用于全淹没系统的喷嘴是多种多样的，这些不同结构型式的喷嘴有不同的流量特性和保护范围。一般来讲，卤代烷 1211 灭火系统喷嘴生产厂家，除提供喷嘴的流量特

性外，还应提供经过实际测试得出的经消防主管部门批准的喷嘴的保护范围，即安装高度和保护面积等应用参数供设计选用。

一般要求在开始喷射的一分钟内，防护区内的灭火剂浓度应均匀分布。这一方面取决于喷嘴的选择和布置；此外还取决于防护区的密封性能。因防护区未关闭的开口对灭火剂的均匀分布有重要影响。关于开口的影响及其处理办法，本规范第三章第三节，已予规定。对于喷嘴的布置的影响，只要在系统设计时，按产品制造厂提供的参数进行，就能确保开始喷射的一分钟之内，防护区内灭火剂浓度均匀分布。这是因为，喷嘴的保护范围试验要求和系统设计要求是一致的。

本条规定和国外同类标准、规范是一致的。

如英国 BS5306—5.2—1984 有关条文规定："全淹没系统的设计，应确保施放开始的一分钟内，整个被保护的空间内卤代烷 1211 的浓度均匀分布"。该规范的 9.5 条要求："用于全淹没系统的喷嘴应适合于预期的用途。同时喷嘴的布置应考虑到危险区的范围和封闭空间的几何形状。

选择的喷嘴类型、数量和位置要使危险的封闭空间的任何部分都能达到设计浓度"。

又如美国 NFPA12B—1980 标准 2—6.5 条规定："用于全淹没系统的喷嘴必须使用按其用途并经过注册那种类型。其安装位置必须考虑危险区及其封闭间的几何形状。

所选择的喷嘴型号、数目和安装位置必须能够在危险封闭间的各个部分建立设计浓度……喷嘴必须依据其使用场合适当选择，必须按其规定的覆盖面积以及相互协调工作的条件在危险区进行布置"。

本条还规定了安装在有粉尘的防护区内的喷嘴，应采用防尘罩，以免喷嘴被堵塞。这些粉尘罩应在喷射灭火剂时被吹掉或吹碎。

### 第三节 管道及其附件

**第 5.3.1 条** 本条规定了选择卤代烷 1211 灭火系统管道的原则。说明如下：

卤代烷 1211 灭火剂用氮气加压后的贮存容器内压力，将随环境温度变化，且与初始贮存压力、充装密度有关。贮存压力为 1.05MPa 和 2.5MPa 的系统，在不同充装密度时，贮存容器内的压力与温度的关系见图 5.3.1-1 与图 5.3.1-2。

从这两图可以看出，贮存压力为 2.5MPa 的系统，当充装密度为 1.442kg/l，贮存温度升到 55℃ 时，贮存容器内的压力将升到 3.34MPa；贮存压力为 1.05MPa 的系统，当充装密度为 1.442kg/l，贮存温度升到 55℃ 时，贮存容器内的压力将升到 1.61MPa。因此，为安全起见本条规定："管道及管道附件应能承受最高环境温度下的贮存压力"。并以

此作为选择管道的依据。

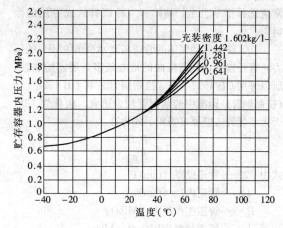

图 5.3.1-1 卤代烷 1211 加压到
1.05MPa 的等容积曲线

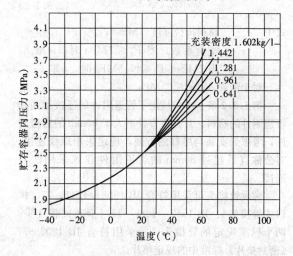

图 5.3.1-2 卤代烷 1211 加压到
2.5MPa 的等容积曲线

一、对贮存压力为 1.05MPa 的系统宜采用 GB 3091—82《低压流体输送用镀锌焊接钢管》中规定的加厚管。这种管道水压试验达 3.0MPa，工作压力可达 2.0MPa。对贮存压力为 2.5MPa 和 4.0MPa 的系统，只有采用 GB 3639—83《冷拔或冷轧精密无缝钢管》和冶标 YB231—70《无缝钢管》中规定的无缝钢管才能承受这种系统的压力，但必须对无缝钢管进行双面镀锌处理。

二、当防护区内有腐蚀镀锌层的气体、蒸汽或粉尘存在时，应选用 GB 2270—80《不锈钢管》，GB 1528—79《挤制钢管》和 GB 1527—79《拉制铜管》中规定的不锈钢管或黄铜管。英国标准 BS5306—5.2—1984 第 9.3.1 条规定"螺纹连接的钢制管道工程和接头应内外镀锌，在无另外的防腐措施情况下，可以采用铜管、黄铜管或不锈钢管"；在第 9.3.7 条中规定"镀锌处理不适于有可以腐蚀镀层的化学蒸汽、尘埃或潮气存在的环境中，……应采用适

当的表面防护以对付正常的腐蚀作用，……涂覆层通常应选择铅基合金、装饰锌（冷镀锌）或专用的涂料"。

三、输送启动气体的管道需要承受 6.0MPa 的压力，管径较小，且需弯曲的地方较多，还需防腐蚀，所以采用 GB 1527—79《拉制铜管》和 GB 1528—79《挤制铜管》标准中的紫铜管较为适宜。卤代烷 1211 灭火系统管道壁厚可采用下式计算：

$$\delta = \frac{P_g D}{2[\sigma]} \qquad (5.3.1\text{-}1)$$

式中 $\delta$ ——管道壁厚（mm）；

$D$ ——管道内径（mm）；

$P_g$ ——管道工作压力（MPa）；

$[\sigma]$ ——管道材料许用应力（MPa）。

对于钢管 $[\sigma]$ 按下式计算：

$$[\sigma] = \frac{\sigma_n}{n} \qquad (5.3.1\text{-}2)$$

式中 $\sigma_n$ ——材料抗拉强度（MPa）；

$n$ ——安全系数，当 $P_g \leqslant 7\text{MPa}$ 时，$n$ 取 8；

当 $7\text{MPa} \leqslant P_g \leqslant 17.5\text{MPa}$ 时，$n$ 取 6；

对于铜管，取 $[\sigma] \leqslant 25\text{MPa}$。

**第 5.3.2 条** 本条规定了管道附件的连接形式和管道附件的材料。对公称直径不大于 80mm 的管道附件，考虑到安装与维修的方便，规定采用螺纹连接，对公称直径超过 80mm 的管道附件建议采用法兰连接。

螺纹管接头可采用符合 JB 1902～1941—77《扩口式管接头》、JB 1942～1989—77《卡套式管接头》两个标准规定的管接头，并采用符合 JB 1002—77《密封垫片》标准中的规定垫片。

在管网系统设计时，不得采用铸铁管接头，铸铁管接头难以满足使用的温度与压力条件的要求。

法兰可采用符合 GB 2555—81《一般用途管法兰连接尺寸》、GB 2556—81《一般用途管法兰密封面形状和尺寸》、JB 74—59《管路附件、法兰、类型》、JB 79—59《铸钢法兰》、JB 81—59《平焊钢法兰》、GB 568—65《船用法兰类型》和 GB 583—65《船用法兰垫圈》等标准中规定的法兰和法兰垫片。法兰垫片还可根据系统贮存压力选用 TJ 30—78《氧气站设计规范》中推荐的垫片。

管网系统所采用的管道附件的防腐要求应与所连接的管道相同。管道附件的材料也应和所连接的管道适应。

固定管网的支、吊架可按《给水排水》图 S119 制作及安装。支、吊架应进行镀锌处理。固定不锈钢管时，不锈钢管道支与吊架间应垫入不锈钢板，并垫入石棉垫片，防止不锈钢与碳钢直接接触。以符合 GBJ 235—82《工业管道工程施工及验收规范》（金属管道篇）的要求。管道支、吊架间的最大距离，可按

英国 BS 5306—1984 规范中所提供的下表中的数据布置。

**表 5.3.2 管道支、吊架的最大间距**

| 管道尺寸 (mm) | 支、吊架最大间距 (m) | 管道尺寸 (mm) | 支、吊架最大间距 (m) |
|---|---|---|---|
| 15 | 1.5 | 50 | 3.4 |
| 20 | 1.8 | 80 | 3.7 |
| 25 | 2.1 | 100 | 4.3 |
| 32 | 2.4 | 150 | 5.2 |
| 40 | 2.7 | 200 | 5.8 |

**第 5.3.3 条** 本条规定了管网布置的原则要求。按卤代烷 1211 灭火系统的一般设计程序，管网布置是在确定喷嘴的布置和贮存容器的位置后进行的。

本条提出"管网宜布置成均衡系统"。这是考虑到将管网布置成均衡系统有以下两方面好处：一是便于系统设计与计算。一个均衡管网系统可以简化成单个喷嘴系统的计算，此外布置成均衡系统，可以大大减少管网内灭火剂的剩余量，从而节省投资。但是，在具体工程设计时，特别是一些较大的防护区，要使管网完全达到均衡系统的三个条件是较困难的，因此，本条规定采用"宜"的程度用词。

本条给出的均衡系统的三个判别条件和英国 BS 5306—1984 标准、ISO/DP 7075/1—1984 标准的有关规定是一致的。

在执行本条规定时要注意的一点是，凡不符合均衡系统三个条件之一的系统，即为不均衡系统，卤代烷 1211 灭火系统可以设计成任何形式的系统。

**第 5.3.4 条** 由于安装阀门而形成的封闭管段，例如安装了选择阀后的集流管，当卤代烷 1211 灭火剂流入后，如果温度升高，就会产生液胀的可能。一旦液态卤代烷 1211 受热膨胀，将会产生巨大压力将管网爆破。为了安全起见，故规定设置泄压装置。

泄压装置可以采用安全膜片，也可采用安全阀。对 1.05MPa 的系统，泄压压力为 $1.8 \pm 10\%$ MPa，对 2.5MPa 的系统，泄压压力为 $3.7 \pm 10\%$ MPa。泄压装置的位置，应使它在泄压时不会造成人身受伤，如果有必要的话，应该用管道将泄出物排送到安全的地方。

本条规定和国外有关标准、规范的规定是一致的。

**第 5.3.5 条** 当卤代烷 1211 灭火系统施放灭火剂时，不接地的导体会产生静电带电，而这些带静电的导体可能向其他物体放电，产生足够引起爆炸能量的电火花。因此，安装在有能引起爆炸危险的可燃气体、蒸汽或粉尘场所的卤代烷 1211 灭火系统的管网，应设防静电接地。

本条规定和国外同类标准的有关规定是一致的。如英国 BS 5306—1984 标准中第 9.3.2 条规定："为

了减小由于静电放电、感应电荷和漏电产生的危害。所以卤代烷1211的管道工程应适当地接地"。

在进行系统设计时，一般要求管网的对地电阻不大于10Ω。

各段管子间应导电良好，若两管段之间的电阻值超过0.03Ω时，应按GB 253—82规范的要求用导线跨接。

# 第六章 操作和控制

**第6.0.1条** 在我国目前采用卤代烷1211灭火系统保护的场所，均是消防保卫的重点要害部门，一旦失火而不能将其迅速扑灭，将会造成难以估计的经济损失和不良的政治影响。为了确保卤代烷1211灭火系统在需要时能可靠地施放灭火剂，因此，本条规定采用管网灭火系统应同时具有三种启动方式。

规定应急手动操作应采用机械式，是考虑到设置应急操作的目的，是为了在其他启动方式万一失灵的情况下，也能进行施放灭火剂的操作。自动操作或手动操作（一般通过电动或气动控制）由于各种原因，很难做到万无一失，如果不设置机械式应急手动操作机构，就可能无法施放灭火剂将防护区内火灾扑灭而造成不应有的损失。我国某厂喷漆车间所设置的卤代烷1211灭火系统，在进行模拟试验时，由于气动控制系统故障，而灭火剂容器阀上无机械式应急操作机构去施放灭火剂，致使火势失控而造成数万元经济损失。

本条规定了卤代烷1211系统应同时设有自动和手动两种操作方式，至于已设计好的系统应处在何种操作状态下，则应根据防护区可能发生的火灾的特性、使用情况，并充分考虑到人员安全等条件确定。对无人占用的防护区，应采用自动操作方式；对间断性有人占用的防护区，可采用自动操作方式，但在防护区有人时应转换为手动操作。对经常有人占用的防护区，应采用手动操作。

本条规定了无管网灭火装置应具有自动操作和手动操作两种操作方式，但未规定其应具有机械式应急操作，这是根据以下情况确定的：

目前无管网灭火装置有三种结构形式。一种是箱式（或称单体式）灭火装置，箱内设有灭火剂的贮存容器及控制阀，用一根短管将喷嘴引到箱外，箱内还装有自动报警控制盘；另一种是壁装式球型灭火装置，喷嘴也是用一根短管与灭火剂的球型贮存容器上的容器阀相连结；另外还有一种是采用感温元件（例如用易熔合金或感温玻璃球）控制灭火剂施放的悬挂式球型灭火装置。后两种形式灭火装置难以采用机械式应急操作。无管网灭火装置一般是设置在防护区内，为保证人员安全，在施放灭火剂时人员必须撤出护区。因此，即使设置了机械式应急操作，人员进到防护区内去操作也是不安全的。而将其引到防护区

外又难以做到。

为了确保卤代烷1211灭火系统能够可靠安全地工作，本条规定的手动操作应是独立的手动操作方式。"独立的"含义是手动操作应与自动操作不相关联，即系统处在手动操作时不能进行自动操作，在火灾自动报警系统失灵或被破坏时也能进行施放灭火剂的操作。做出这一规定就能保证人员处在防护区内时，系统不会因误动作而施放灭火剂。同时，这种独立的手动操作也可以作为应急操作使用。这一规定也参考了国外有关标准、规范的规定。如美国NFPA12B—1980标准第1—8.3.6款规定："用以控制灭火剂施放与分配的所有自动操作阀门必须备有经过批准的、独立的供紧急手动操作的方式。如果系统具有按1—8.1条要求配备起来的、经过批准的可靠的手动启动方式（1—8.1条指系统火灾控制、启动和控制要求）并与自动启动不相关联的话，则可以作为紧急的启动方式"。

**第6.0.2条** 本条规定了卤代烷1211灭火系统的几种操作和控制方式的要求。

规定"自动控制应在接到两个独立的火灾信号确认后才能启动"。这就是说，防护区内应设置两种不同类型或两组同一类型的火灾探测器。只有当两种不同类型或两组同一类的火灾探测器均检测出防护区内存在着火灾时，才能发出施放灭火剂的指令。

迅速、准确地探测出防护区内具有火灾或火灾危险，对保证卤代烷1211灭火系统可靠与有效工作是至关重要的。任何性能良好的探测器，由于本身质量或环境条件的影响，在长期运行中不可避免出现误报的可能性。一旦误报甚至驱动灭火系统施放灭火剂，不仅会损失价格昂贵的灭火剂造成经济上的负担，而且可能出现人员中毒现象并使人们对该系统的作用失去信心。因此，本条规定采用复合探测是完全必要的。

国外同类标准对此也做出了类似规定，例如英国BS 5306—84标准中规定："当使用快速响应的火灾探测器时，例如采用那些感烟和火焰探测器，灭火系统应设计成只有在两个独立的火灾信号引发后才能启动"。ISO/DP 7075—1984标准中也有同样的规定："为了保证操作的迅速与可靠，以尽可能减少误喷射的可能性，应对自动探测装置进行选择并使其相互配合。为此通常使用复合式（dual-Zoned）探测系统（交叉区域'Cross-Zoned'式复合信息'double-Knock'探测系统）"。

在执行本条文的规定时，防护区内火灾探测器种类的选择，应根据可能发生的初期火灾的形成特点、房间高度、环境条件，以及可能引起误报的原因等因素，按《火灾自动报警系统设计规范》确定。

关于将一种类型的探测器，分成两组交叉设置，即是使一组中的一个探测器其周围的探测器属于另一

个组。如一个安装了 16 个感烟探测器的防护区，分组布置可按图 6.0.2 进行。

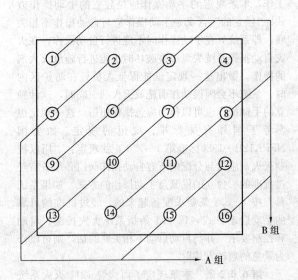

图 6.0.2 探测器交叉安装示意图

要求应急手动操作能在一个地点进行，其目的是为了在非常情况下，能够比较迅速地进行操作。"一个地点"的含义是完成施放灭火剂的应急手动操作机构应尽可能的集中，至少应设在一个房间内。要求多个贮存容器启动能够一次完成。但不要求贮存容器阀上的应急手动操作机构去控制选择阀或其他有关设备的开启。

**第 6.0.3 条**  卤代烷 1211 灭火系统的操作与控制，一般是通过电动、气动或机械等方式实现的。要保证系统在正常情况下能处在良好的工作状态，在防护区发生火灾时能可靠地启动系统施放灭火剂及操作需与系统联动的设备。首先要保证操作控制的动力。

《火灾自动报警系统设计规范》对其系统供电要求已作出了规定，完全能满足卤代烷 1211 灭火系统操作与控制的供电要求。

目前我国所设计生产的卤代烷 1211 灭火系统，绝大多数是采用气动源来控制灭火剂的施放。无论采用贮存灭火剂容器中的气源或另设的启动气瓶中的气源，在进行系统设计时，均应依据生产厂所提供的阀门开启压力及整个供气系统的容积进行计算。以确保系统可靠地工作。

英、美等国外标准的有关规定与本条规定是一致的。例如，美国 NFPA12B—1980 标准第 1—8.3.3款规定："在使用系统或供控制用的容器内的气体压力作为释放贮存容器内的灭火剂的方法时，供用量及喷射速度必须设计得能将所有贮存容器内的药剂都能释放出"。

**第 6.0.4 条**  本条规定设置卤代烷 1211 灭火系统的防护区应设置火灾自动报警系统。这是由于我国目前采用卤代烷 1211 灭火系统保护的场所，如大、中型电子计算机房、通讯机房、档案库、文物库房及通讯机房等，均系消防重点保护对象。采用自动报警系统，能较早发现初起火灾而及时进行扑救。这样，不仅能减轻火灾损失，而且能更好地发挥卤代烷 1211 的灭火效果。国外有关标准一般也规定了采用卤代烷灭火系统的防护区应使用火灾自动报警系统。

我国正在制订的《火灾自动报警系统设计规范》对报警系统的设计要求已做出明确规定。故本条文中不需要再制定重复的规定。

## 第七章  安 全 要 求

**第 7.0.1 条**  本条从保证人员安全角度出发，规定了人员撤离防护区的时间和迅速撤离的安全措施。

当卤代烷 1211 全淹没系统向已发生火灾的防护区内施放灭火剂后，防护区可燃物质的燃烧生成物及卤代烷 1211 接触火焰或温度达 482℃ 以上的热表面而生成的分解物，对人员均会产生危害。

一般来说，卤代烷 1211 灭火剂本身对人员的危害较小。国内外对这种灭火剂本身的毒性已进行了大量试验和研究，国际标准化组织 ISO5923《消防药剂第三部分卤代烷》标准中介绍，已做的卤代烷 1211 和 1301 对动物和人的毒性试验表明，短时间接触 4% 体积浓度的卤代烷 1211 几乎没有什么有害影响；当卤代烷 1211 的浓度为 4%～5% 时开始有轻微的中毒作用，浓度高或接触时间长，中毒作用明显。

美国消防协会 NFPA12B—1980 标准中指出："未分解的卤代烷 1211 对人的危害已做过研究，发现它对人产生的危害虽有，但很小。当人接触 4% 浓度以下的灭火剂时，持续时间一分钟，才会对人的中枢神经有所影响。如果灭火剂浓度在 4% 以上，而接触时间长达几分钟，会出现晕眩、共济功能失调和反应迟钝。如果接触灭火剂时间在一分钟之内，则这种影响不会使人丧失工作能力。尤其是接触灭火剂的头 30s 内，即使吸入的浓度超过 4% 也几乎没有什么感觉。因此 4% 的浓度和 30s 的接触时间，被认为是对人体吸入足够的灭火剂量而开始要产生影响所需要的时间。如果药剂浓度达 5%～10%。持续接触时间又过长，就有会失去知觉和可能死亡的危险。

接触卤代烷 1211 对人造成的影响，可能会持续一个短时间，但很快就会完全恢复正常。即使多次反复接触卤代烷 1211 也不会在人身积存下来"。

美国保险商实验室根据动物试验，得出一些化学药剂对人员生命危害程度的分类如下，表中 6 组的毒性最小。

**表 7.0.1-1　几种药剂对人员危害程度分类**

| 毒性组别 | 定　义 | 实　例 |
|---|---|---|
| 6 | 气体或蒸汽浓度为 20% 以上体积浓度，连续接触 2 小时，没有产生危险 | 卤代烷 1301<br>卤代烷 1211 |
| 5 | 气体或蒸汽的毒性比第四组的毒性小得多，但比第 6 组的毒性大 | 卤代烷 1211<br>卤代烷 2402<br>二氧化碳 |
| 4 | 气体或蒸汽浓度为 2%～2.5% 体积浓度，连续接触 2 小时，产生死亡或严重伤害 | 氯代甲烷<br>二溴二氟甲烷<br>溴代乙烷 |
| 3 | 气体或蒸汽浓度为 2%～2.5% 体积浓度，连续接触 1 小时，产生死亡或严重伤害 | 一氯一溴甲烷<br>四氯化碳<br>三氯甲烷 |
| 2 | 气体或蒸汽浓度为 0.5%～1% 体积浓度，连续接触半小时，产生死亡或严重伤害 | 溴代甲烷<br>氨 |
| 1 | 气体或蒸汽浓度为 0.5%～1% 体积浓度，连续接触 5 分钟，产生死亡或严重伤害 | 一氧化碳 |

我国在 1966 年也曾用老鼠、猫和猴子等动物进行卤代烷 1211 的毒性试验，也得出卤代烷 1211 的毒性与国外的资料基本一致的结论。

卤代烷 1211 灭火剂接触火焰或温度达 482℃以上热表面就会发生分解，分解产物主要是卤酸（HF、HCl、HBr），游离卤素（$Cl_2$、$Br_2$）及少量卤代碳酰（$COF_2$、$COCl_2$、$COBr_2$）。这类分解产物毒性大。美国 NFPA12B 标准中介绍的分解产物的毒性见下表。

**表 7.0.1-2　卤代烷 1211 分解产物毒性**

| 分解产物 | 接触 15 分钟致死的大致浓度，空气中含量 PPm（体积） | 短期接触有危险的浓度空气中含量 PPm（体积） |
|---|---|---|
| HBr | 4750 | |
| HCl | 4750 | 1000～2000 |
| HF | 2500 | 50～250 |
| $Br_2$ | 550 | |
| $Cl_2$ | 350 | 50 |
| $F_2$ | 370 | |
| $COBr_2$ | | |
| $COCl_2$ | 100～150 | 50 |
| $COF_2$ | 1500 | |

试验证明，采用卤代烷 1211，灭火剂时，其分解物的数量，在很大程度上取决于火灾的规模，卤代烷 1211 的浓度及其与火焰或高温表面接触的时间长短等因素决定。

1972 年我国用卤代烷 1211 在船舶上进行灭火应

用时，用灭火后防护区内的混合气体对鼠、兔、猴等动物进行了一系列毒性试验，亦得出了混合气体中的燃烧产物和卤代烷 1211 的分解物有较大毒性的结论。

根据以上资料说明，人员不得停留或进入已施放卤代烷 1211 灭火剂的防护区内。为了防止火势扩展，火灾蔓延和形成深位火灾以减少损失，同时，也为了减少燃烧生成物与卤代烷 1211 分解产物的浓度以减少其对人员可能造成的毒害和对保护物造成的腐蚀，应尽快将人员撤离出防护区，迅速施放灭火剂将火灾扑灭。

本条规定防护区内必须设有使人员能够在 30s 疏散出去的通道与出口。这既考虑了使用卤代烷 1211 灭火初期火灾的需要，也能满足人员撤出设置卤代烷 1211 灭火系统防护区的要求。本规定和美国 NFPA 12B—1980 标准中的规定是一致的。该标准 2—1.1.4 款规定："卤代烷 1211 全淹没系统只允许在正常情况下未被占用的地区使用。亦即在这个地区，人员能在 30s 内疏散"。西德 DIN14496—1979 标准中规定："当预报警时间为 20s 时，允许使用最大高达 5% 体积浓度的卤代烷 1211，如果能确保 20s 的预报警时间内能撤出工作场地，则允许使用大于 5% 体积浓度的卤代烷 1211"。日本消防法施行规则中将预报警时间定为 20s。

一般来说，采用卤代烷 1211 灭火系统保护的防护区一旦发出火灾报警讯号，人员应立即开始撤离，到发出施放灭火剂时的报警时人员应全部撤出。这一段预报警时间也就是人员疏散时间，与防护区面积大小、人员疏散距离有关。防护区面积大，人员疏散距离远，则预报警时间也应长。反之则预报警时间短。这一时间是人为规定的，可根据防护区的具体情况确定，但不应大于 30s。当防护区内经常无人时，则可取消预报警时间。

本条文规定：道路与出口应保持通畅系指疏散道路及出口应符合建筑防火规范安全疏散的章节的有关规定。设计疏散通道不能兼作其他功能使用。更不能堆放永久性物品，以保持疏散通畅。

疏散通道与出入口处设置事故照明及疏散路线标志是为了给疏散人员指示出疏散方向，所用照明电源应为火灾时专用电源。

**第 7.0.2 条**　在每个防护区内设置火灾报警信号和施放灭火剂的报警信息号，在于提醒防护区内的人员迅速撤离出防护区，以免受到火灾或灭火剂的危害。此外这两个报警信号之间一般有 20～30s 的时间间隔，也给防护区内的人员提供一个判断防护区内的火灾是否可用手提式灭火器扑灭，而不必启动卤代烷 1211 灭火系统的时间。如果防护区内的人员发现火灾很小没有必要启动系统，则可将门上的手动操作按钮置于关闭状态，以节约资金。

在防护区的每个入口处设置施放灭火剂的光报警

器，目的在于提醒人们注意防护区内已施放灭火剂，不要进入里面去，以免受到危害。在防护区内和入口处均应设置说明该处已采用卤代烷1211灭火系统的防护标志，是由于在卤代烷1211灭火系统的防护区内进出人员，往往为非1211灭火系统操作的专业人员，对使用1211灭火系统所应注意安全事宜不了解。为提醒进出防护区内的非专业人员对1211灭火系统的注意及促使其了解1211灭火系统所应注意的安全措施，特规定于防护区设置警告标牌，以提醒出入防护区人员关注。

**第7.0.3条** 本条规定经常有人的防护区内设置的无管网灭火装置应有切断自动控制系统的手动装置。即手动装置应是独立的。

独立的手动操作方式系指与自动操作不相关联，能够独立启动卤代烷1211灭火系统施放灭火剂的手动操作方式，且系统处在手动操作方式时能够截断自动启动。这就能够保证不会因自动操作误动作而将灭火剂施放到有人的防护区内，以确保人员安全。

采用易熔合金或感温玻璃球等感温元件控制灭火剂施放的悬挂式无管网灭火装置。这是一种特殊类型的无管网灭火装置，它本身具有火灾自动报警系统的探测功能。目前我国生产的这类装置，虽然有些已加上了用电爆方式击破感温玻璃球的功能，具有自动操作与手动操作两种操作方式。但是当它处在手动操作时，不能防止感温玻璃球自动引爆，故有必要对其应用场合给予限制。美国NFPA所编的《防火手册》(第十三版)将这种装置(无电引爆启动方式)列入到"专用"系统的范围内，指出它只能用于扑救封闭空间内的B类和C类火灾，并不准在一个封闭空间内同时使用几个这种装置。进行工程设计时必须充分了解这一类无管网灭火装置的特点，注意到它的局限性。由于感温玻璃球实际上也起火灾感温探测器的作用，因此宜用于火灾发展很快、产生大量热的防护区内。目前一些工程设计将其用于图书、档案库及电子计算机房、通讯机房等场所是不适宜的。应按本规范6.0.4条的要求，执行《火灾自动报警系统设计规范》的规定。

**第7.0.4条** 防护区出口处应设置向疏散方向开，且能自动关闭的门。其目的以防疏散人员拥挤而造成门打不开，影响人员疏散。人员疏散后要求门自动关闭，以利于防护区卤代烷1211气体保护设计浓度。并防止1211气体流向防护区以外地区，污染其他环境。自动关闭门应设计为关闭后，强调在任何情况下都能从防护区内部打开。以防因某种原因，有个

别人员未脱离防护区，而防护门从内部打不开造成人身事故发生。

**第7.0.5条** 根据第7.0.1条的条文说明，一旦向发生火灾后的防护区内施放卤代烷1211灭火剂，防护区内将有各种有害气体存在，其中包括灭火剂本身，燃烧生成物和灭火剂接触高温度后的分解物。这时人员是不能进入防护区内的。为了尽快排出防护区内的有害气体，使人员能进入里面清扫和整理火灾现场，恢复防护区的正常工作条件，本条规定防护区应进行通风换气。

由于卤代烷1211灭火剂与空气所形成的混合气体的重度比空气大，无窗和固定窗扇的地上防护区以及地下防护区难以采用自然通风的方法将这种混合气体排走。因此，应采用机械排风装置。在执行这一规定时应注意的是，由于混合气体重度较大，一般易集聚在防护区的下部。

故排风扇的入口应设在防护区的下部。美国NF-PA12C—T标准要求排风扇入口设在离地面高度46厘米以内。

排风量应使防护区每小时能换气四次以上。

在执行本条规定时，换气时间可根据下式计算：

$$t = \frac{V}{E} \ln \frac{\varphi_o}{\varphi} \qquad (7.0.5)$$

式中 $t$——换气时间（s）；

$V$——防护区容积（m³）；

$E$——排风量（m³/s）；

$\varphi_o$——防护区内施放的灭火剂浓度；

$\varphi$——准许人员进入防护区时的灭火剂浓度。

若防护区内施放的灭火剂浓度为5％。要求浓度降到1％以下，根据以上假定，则需要0.4h的换气时间；如果要求灭火剂浓度降至0.5％以下时，则要0.58h的换气时间。以上计算是以防护区内灭火剂始终是均匀分布的理想状态为基础。由于灭火剂和空气混合物的浓度较重，而排风扇的进口又设在防护区下部，上述计算方法是偏向安全的，因此是可靠的。

**第7.0.6条** 当防护区内一旦发生火灾而施放卤代烷1211灭火剂。防护区内的混合气体对人员会产生危害，第7.0.1条的条文说明已阐明。此时人员不应留在或进入防护区。但是，由于各种特殊原因，人员必须进去抢救万一被困在里面的人员或去查看灭火情况等。例如我国某轮船由于机仓失火施放卤代烷1211灭火剂后，管理人员急于下仓查看灭火效果，由于没有防护措施，使人员受到严重危害。因此，为了保证人员安全，本条关于设置专用的空气呼吸器或氧气呼吸器是完全必要的。

中华人民共和国国家标准

# 卤代烷 1301 灭火系统设计规范

**GB 50163—92**

主编部门：中华人民共和国公安部
批准部门：中华人民共和国建设部
施行日期：1993 年 5 月 1 日

# 关于发布国家标准《卤代烷1301灭火系统设计规范》的通知

## 建标〔1992〕665号

根据原国家计委计综〔1986〕2630号文的要求，由公安部会同有关部门共同编制的《卤代烷1301灭火系统设计规范》，已经有关部门会审。现批准《卤代烷1301灭火系统设计规范》，GB 50163—92为强制性国家标准，自一九九三年五月一日起施行。

本规范由公安部负责管理。其具体解释等工作由公安部天津消防科学研究所负责。出版发行由建设部标准定额研究所负责组织。

中华人民共和国建设部
一九九二年九月二十九日

## 编 制 说 明

本规范是根据原国家计委计综〔1986〕2630号文件通知，由公安部天津消防科学研究所会同机械电子工业部第十设计研究院、北京市建筑设计研究院、武警学院、上海市崇明县建设局五个单位共同编制的。

编制组遵照国家基本建设的有关方针政策和"预防为主，防消结合"的消防工作方针，对我国卤代烷1301灭火系统的研究、设计、生产和使用情况进行了较全面的调查研究，开展了部分试验验证工作，在总结已有科研成果和工程实践的基础上，参考国际标准和美、法、英、日等国外标准，并广泛征求了有关单位的意见，经反复讨论修改，编制出本规范，最后由有关部门会审定稿。

本规范共有七章和六个附录。包括总则、防护区、卤代烷1301用量计算、管网设计计算、系统组件、操作和控制、安全要求等内容。

各单位在执行本规范过程中，注意总结经验，积累资料，发现需要修改和补充之处，请将意见和有关资料寄交公安部天津消防科学研究所（地址：天津市南开区津淄公路92号，邮政编码300381），以便今后修改时参考。

中华人民共和国公安部
一九九二年三月

# 目　次

# 第一章 总 则

**第1.0.1条** 为了合理地设计卤代烷1301灭火系统,减少火灾危害,保护人身和财产安全,制定本规范。

**第1.0.2条** 卤代烷1301灭火系统的设计应遵循国家基本建设的有关方针政策,针对保护对象的特点,做到安全可靠、技术先进、经济合理。

**第1.0.3条** 本规范适用于工业和民用建筑中设置的卤代烷1301全淹没灭火系统。

**第1.0.4条** 卤代烷1301灭火系统可用于扑救下列火灾:

一、煤气、甲烷、乙烯等可燃气体火灾;

二、甲醇、乙醇、丙酮、苯、煤油、汽油、柴油等甲、乙、丙类液体火灾;

三、木材、纸张等固体火灾;

四、变配电设备、发电机组、电缆等带电的设备及电气线路火灾。

**第1.0.5条** 卤代烷1301灭火系统不得用于扑救含有下列物质的火灾:

一、硝化纤维、炸药、氧化氮、氟等无空气仍能迅速氧化的化学物质与强氧化剂;

二、钾、钠、镁、钛、锆、铀、钚、氢化钾、氢化钠等活泼金属及其氢化物;

三、某些过氧化物、联氨等能自行分解的化学物质;

四、磷等易自燃的物质。

**第1.0.6条** 国家有关建筑设计防火规范中凡规定应设置卤代烷或二氧化碳灭火系统的场所,当经常有人工作时,宜设卤代烷1301灭火系统。

**第1.0.7条** 在卤代烷1301灭火系统设计中,应选用符合国家标准要求的材料和设备。

**第1.0.8条** 卤代烷1301灭火系统的设计,除执行本规范的规定外,尚应符合现行的国家有关标准、规范的要求。

# 第二章 防 护 区

**第2.0.1条** 防护区的划分,应符合下列规定:

一、防护区应以固定的封闭空间划分;

二、当采用管网灭火系统时,一个防护区的面积不宜大于500m²,容积不宜大于2000m³;

三、当采用预制灭火装置时,一个防护区的面积不宜大于100m²,容积不宜大于300m³。

**第2.0.2条** 防护区的隔墙和门的耐火极限均不应低于0.50h;吊顶的耐火极限不应低于0.25h。

**第2.0.3条** 防护区的围护构件的允许压强,均不宜低于1.2kPa(防护区内外气体的压力差)。

**第2.0.4条** 防护区的围护构件上不宜设置敞开孔洞。当必须设置敞开孔洞时,应设置能手动和自动的关闭装置。

**第2.0.5条** 完全密闭的防护区应设泄压口。泄压口宜设在外墙上,其底部距室内地面高度不应小于室内净高的2/3。

对设有防爆泄压设施或门窗缝隙未设密封条的防护区,可不设泄压口。

**第2.0.6条** 泄压口的面积,应按下式计算:

$$S = \frac{0.0262 \cdot \mu_1 \cdot \overline{Q}_M}{\sqrt{\mu_m \cdot P_{\text{H}}}} \qquad (2.0.6)$$

式中 $S$——泄压口面积(m²);

$\mu_1$——卤代烷1301蒸气比容,取0.15915m³/kg;

$\mu_m$——在101.3kPa和20℃时,防护区内含有卤代烷1301的混合气体比容(m³/kg),应按本规范附录二的规定计算;

$\overline{Q}_M$——一个防护区内全部喷嘴的平均设计流量之和(以重量计,下同,kg/s);

$P_{\text{H}}$——防护区的围护构件的允许压强(kPa),取其中的最小值。

**第2.0.7条** 两个或两个以上邻近的防护区,宜采用组合分配系统。

# 第三章 卤代烷1301用量计算

## 第一节 卤代烷1301设计用量与备用量

**第3.1.1条** 卤代烷1301的设计用量,应包括设计灭火用量或设计惰化用量、剩余量。

**第3.1.2条** 组合分配系统卤代烷1301的设计用量,应按该组合中需卤代烷1301量最多的一个防护区的设计用量计算。

**第3.1.3条** 用于重点防护对象防护区的卤代烷1301灭火系统与超过八个防护区的一个组合分配系统,应设备用量。备用量不应小于设计用量。

注:重点防护对象系指中央和省级电视发射塔微波室、超过100万人口城市的通讯机房、大型电子计算机房或贵重设备室、省级或藏书超过200万册的图书馆的珍藏室、中央或省级的重要文物、资料、档案库。

## 第二节 设计灭火用量与设计惰化用量

**第3.2.1条** 设计灭火用量或设计惰化用量应按下式计算:

$$M_d = \frac{\varphi}{(100 - \varphi)} \cdot \frac{V}{\mu_{\min}} \qquad (3.2.1)$$

式中 $M_d$——设计灭火用量或设计惰化用量(kg);

$\varphi$——卤代烷1301的设计灭火浓度或设计惰化浓度(%);

$V$——防护区的净容积(m³);

$\mu_{\min}$——防护区最低环境温度下卤代烷1301蒸气比容(m³/kg),应按本规范附录二的规定计算。

**第3.2.2条** 生产、使用或贮存可燃气体和甲、乙、丙类液体的防护区,卤代烷1301的设计灭火浓度与设计惰化浓度,应符合下列规定:

一、有爆炸危险的防护区应采用设计惰化浓度;无爆炸危险的防护区可采用设计灭火浓度。

二、设计灭火浓度或设计惰化浓度不应小于最小灭火浓度或惰化浓度的1.2倍,并不应小于5.0%。

三、几种可燃物共存或混合时,卤代烷1301的设计灭火浓度或设计惰化浓度应按其最大者确定。

四、有关可燃气体和甲、乙、丙类液体防护区的卤代烷 1301 设计灭火浓度和设计惰化浓度可按表 3.2.2 确定。表中未给出的，应经试验确定。

可燃气体和甲、乙、丙类液体防护区的卤代烷 1301

| 物质名称 | 设计灭火浓度（%） | 设计惰化浓度（%） |
|---|---|---|
| 丙 酮 | 5.0 | 7.6 |
| 苯 | 5.0 | 5.0 |
| 乙 醇 | 5.0 | 11.1 |
| 乙 烯 | 8.2 | 13.2 |
| 正己酮 | 5.0 | |
| 正庚烷 | 5.0 | 6.9 |
| 甲 烷 | 5.0 | 7.7 |
| 甲 醇 | 9.4 | |
| 硝基甲烷 | 7.6 | |
| 丙 烷 | 5.0 | 6.7 |
| 异丙醇 | 5.0 | |
| 甲 苯 | 5.0 | |
| 混合二甲苯 | 5.0 | |
| 氢 | | 31.4 |

第3.2.3条 图书、档案和文物资料库等防护区，卤代烷 1301 设计灭火浓度宜采用 7.5%。

第3.2.4条 变配电室、通讯机房、电子计算机房等防护区，卤代烷 1301 设计灭火浓度宜采用 5.0%。

第3.2.5条 卤代烷 1301 的浸渍时间，应符合下列规定：

一、固体火灾时，不应小于 10min；

二、可燃气体火灾和甲、乙、丙类液体火灾时，必须大于 1min。

### 第三节 剩余量

第3.3.1条 卤代烷 1301 的剩余量，应包括贮存容器内的剩余量和管网内的剩余量。

第3.3.2条 贮存容器内的剩余量，可按导液管开口以下容器容积计算。

第3.3.3条 均衡管网内和布置在只含一个封闭空间的防护区中的非均衡管网内的卤代烷 1301 剩余量，可不计。布置在含有二个或二个以上封闭空间的防护区中的非均衡管网内的卤代烷 1301 剩余量可按下式计算：

$$M_r = \sum_{1}^{m} V_i \cdot \overline{A} \qquad (3.3.3)$$

式中 $M_r$——管网内卤代烷 1301 的剩余量（kg）；

$V_i$——卤代烷 1301 喷射结束时，管网中气相与气、液两相分界点下游第 i 管段的容积（m³）；

$\overline{A}$——卤代烷 1301 喷射结束时，管网中气相与气、液两相分界点下游第 i 管段内卤代烷 1301 的平均密度（kg/m³）。卤代烷 1301 的平均密度可按本规范第 4.2.13 条确定。管道内的压力可取

中期容器压力的 50%，且不得高于卤代烷 1301 在 20℃时的饱和蒸气压。

### 第四章 管网设计计算

#### 第一节 一般规定

第4.1.1条 管网设计计算的环境温度，可采用 20℃。

第4.1.2条 贮压式系统卤代烷 1301 的贮存压力的选取，应符合下列规定：

一、贮存压力等级应通过管网流体计算确定；

二、防护区面积较小，且从贮瓶间到防护区的距离较近时，宜选用 2.50MPa（表压，以下未加注明的压力均为绝对压力）；

三、防护区面积较大或从贮瓶间到防护区的距离较远时，可选用 4.20MPa（表压）。

第4.1.3条 贮压式系统贮存容器内的卤代烷 1301，应采用氮气增压，氮气的含水量不应大于 0.005% 的体积比。

第4.1.4条 贮压式系统卤代烷 1301 的充装密度，不宜大于 1125kg/m³。

第4.1.5条 卤代烷 1301 的喷射时间，应符合下列规定：

一、气体和液体火灾的防护区，不应大于 10s；

二、文物资料库、档案库、图书馆的珍藏库等防护区，不宜大于 10s；

三、其他防护区，不宜大于 15s。

第4.1.6条 管网计算应根据中期容器压力和该压力下的瞬时流量进行。该瞬时流量可采用平均设计流量。管网流体计算应符合下列规定：

一、喷嘴的设计压力不应小于中期容器压力的 50%；

二、管网内灭火剂百分比不应大于 80%。

第4.1.7条 管网宜均衡布置。均衡管网应符合下列规定：

一、从贮存容器到每个喷嘴的管道长度与管道当量长度应分别大于最长管道长度与管道当量长度的 90%；

二、每个喷嘴的平均设计流量均应相等。

第4.1.8条 管网不应采用四通管件分流。当采用三通管件分流时，其分流出口应水平布置。三通出口支管的设计分流流量，宜符合下述规定：

一、当采用分流三通分流方式（图 4.1.8-1）时，其任一分流支管的设计分流流量不应大于进口总流量的 60%；

二、当采用直流三通分流方式（图 4.1.8-2）时，其直流支管的设计分流流量不应小于进口总流量的 60%。

当各支管的设计分流流量不符合上述规定时，应对分流流量进行校正。

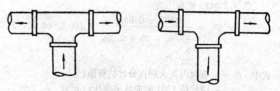

图 4.1.8-1　分流三通分流方式　图 4.1.8-2　直流三通分流方式<br>示意图　　　　　　　　示意图

## 第二节　管网流体计算

**第 4.2.1 条**　管网中各管段的管径和喷嘴的孔口面积,应根据每个喷嘴所需喷出的卤代烷 1301 量和喷射时间,并经计算后选定。

**第 4.2.2 条**　管道内气、液两相流体应保持紊流状态,初选管径可按 4.2.2-1 式计算,经计算后选定的最大管径,应符合 4.2.2-2 式的要求:

$$D = 15 \sqrt{\bar{q}_m} \qquad (4.2.2\text{-}1)$$

$$D_{max} \leqslant 21.5 \bar{q}_m^{0.475} \qquad (4.2.2\text{-}2)$$

式中　$D$——管道内径(mm);

$\bar{q}_m$——管道内卤代烷 1301 平均设计流量(kg/s);

$D_{max}$——保持紊流状态的最大管径(mm)。

**第 4.2.3 条**　单个喷嘴的平均设计流量,应按下式计算:

$$\bar{q}_{sm} = \frac{M_{sd}}{t_d} \qquad (4.2.3)$$

式中　$\bar{q}_{sm}$——单个喷嘴的平均设计流量(kg/s);

$M_{sd}$——单个喷嘴所需喷出的卤代烷 1301(kg);

$t_d$——灭火剂喷射时间(s)。

**第 4.2.4 条**　单个喷嘴孔口面积应按下式计算选定:

$$A_c = \frac{\bar{q}_{sm}}{R} \qquad (4.2.4)$$

式中　$A_c$——单个喷嘴孔口面积($m^2$);

$R$——喷嘴设计压力下的实际比流量($kg/s \cdot m^2$)。

**第 4.2.5 条**　喷嘴的设计压力,应按下式计算:

$$P_n = P_c - P_1 - P_h \qquad (4.2.5)$$

式中　$P_n$——喷嘴的设计压力(kPa,表压);

$P_c$——中期容器压力(kPa,表压);

$P_1$——管道沿程压力损失和局部压力损失之和(kPa);

$P_h$——高程压差(kPa)。

**第 4.2.6 条**　管网内灭火剂百分比应按下式计算:

$$C_o = \frac{\sum\limits_{i=1}^{n} V_{pi} \bar{\rho}_{pi}}{M_0} \times 100\% \qquad (4.2.6)$$

式中　$C_o$——管网内灭火剂百分比(%);

$V_{pi}$——管段的内容积($m^3$);

$\bar{\rho}_{pi}$——管段内卤代烷 1301 的平均密度($kg/m^3$),按本规范第 4.2.13 条确定;

$M_0$——卤代烷 1301 的设计用量(kg)。

**第 4.2.7 条**　初定管网内灭火剂百分比,可按下列公式估算:

一、2.50MPa 贮存压力

$$C'_c = \frac{1229 - 0.07\rho_0}{\dfrac{M_0}{\sum\limits_{i=1}^{n} V_{pi}} + 32 + 0.3\rho_0} \times 100\% \quad (4.2.7\text{-}1)$$

二、4.20MPa 贮存压力

$$C'_c = \frac{1123 - 0.04\rho_0}{\dfrac{M_0}{\sum\limits_{i=1}^{n} V_{pi}} + 80 + 0.3\rho_0} \times 100\% \quad (4.2.7\text{-}2)$$

式中　$C'_c$——管网内灭火剂百分比估算值(%);

$\rho_0$——卤代烷 1301 的充装密度($kg/m^3$);

$\sum\limits_{i=1}^{n} V_{pi}$——管网中各管段的容积之和($m^3$)。

**第 4.2.8 条**　按本规范第 4.2.7 条估算的管网内灭火剂百分比,应按本规范第 4.2.6 条进行核算。核算与估算结果的差值或前后两次核算结果的差值,应在 ±3% 的范围内。

**第 4.2.9 条**　卤代烷 1301 的中期容器压力应根据下式计算确定:

$$P_c = K_1 - K_2 C_c + K_3 C_c^2 \qquad (4.2.9)$$

式中　$P_c$——中期容器压力(MPa,表压);

$K_1、K_2、K_3$——系数,取表 4.2.9 中的数。

$K_1、K_2、K_3$ 数值表　　　　表 4.2.9

| 贮存压力(MPa,表压) | 充装密度($kg/m^3$) | $K_1$ | $K_2$ | $K_3$ |
|---|---|---|---|---|
| 4.20 | 600 | 3.505 | 1.3313 | 0.2656 |
| 4.20 | 800 | 3.250 | 1.5125 | 0.2815 |
| 4.20 | 1000 | 3.010 | 1.6563 | 0.3281 |
| 4.20 | 1200 | 2.765 | 1.7125 | 0.3438 |
| 2.50 | 600 | 2.205 | 0.6375 | -0.1250 |
| 2.50 | 800 | 2.115 | 0.7438 | -0.1094 |
| 2.50 | 1000 | 2.010 | 0.8438 | -0.0781 |
| 2.50 | 1200 | 1.920 | 0.9313 | -0.0781 |

**第 4.2.10 条**　管道的沿程压力损失和局部压力损失,可根据管道内各点的压力确定。

均衡管网和非均衡管网管道内任一点的压力,均可按本规范第 4.2.11 条至第 4.2.13 条的规定计算。

**第 4.2.11 条**　管道内卤代烷 1301 的平均设计流量与压力系数 Y、密度系数 Z 的关系,应按 4.2.11-1 式确定。

管道内任一点的压力系数 Y、密度系数 Z 与该点的压力、卤代烷 1301 密度的关系,应按 4.2.11-2 式和 4.2.11-3 式确定。也可按本规范附录三确定。

$$\bar{q}_m^2 = \frac{2.424 \times 10^{-8} D^{5.25} Y}{L + 0.0432 D^{1.25} Z} \qquad (4.2.11\text{-}1)$$

$$Y = -\int_{\bar{P}_c}^{p} \rho \, dp \qquad (4.2.11\text{-}2)$$

$$Z = -\ln \frac{\rho_1}{\rho} \qquad (4.2.11\text{-}3)$$

式中　$L$——从贮存容器到计算点的管道计算长度(m);

$Y$——压力系数($MPa \cdot kg/m^3$);

$Z$——密度系数;

$\bar{P}_c$——容器平均压力(MPa);

$p$——管道内任一点的压力(MPa);

$\rho_1$——压力为 $\bar{P}_c$ 处的卤代烷 1301 密度($kg/m^3$);

$\rho$——压力为 $p$ 处的卤代烷 1301 密度($kg/m^3$)。

**第 4.2.12 条**　任一管段末端的压力系数,应按下式计算。

$$Y_2 = Y_1 + \frac{l\bar{q}_{pm}^2}{K_1} + K_1 q_{pm}^2 (Z_2 - Z_1) \qquad (4.2.12)$$

式中　$\bar{q}_{pm}^2$——管段内卤代烷 1301 的平均设计流量(kg/s);

$l$——管段的长度(m);

$Y_1$——管段始端的 $Y$ 系数($MPa \cdot kg/m^3$);

$Y_2$——管段末端的 $Y$ 系数($MPa \cdot kg/m^3$);

$Z_1$——管段始端的 Z 系数;

$Z_2$——管段末端的 Z 系数;

$K_1$——系数,对于钢管:$K_1=2.424×10^{-8}D^{5.25}$;

$K_1$——系数,对于钢管:$K_1=\dfrac{1.782×10^6}{D^4}$.

**第4.2.13条** 管网内卤代烷1301的密度,应根据表4.2.13确定。

管道内卤代烷1301的密度 表4.2.13

| 密度(kg/m³) ＼ 充装密度(kg/m³) ＼ 管道内压力(MPa,表压) | 2.50MPa 系统 | | | | 4.20MPa 系统 | | | |
|---|---|---|---|---|---|---|---|---|
| | 600 | 800 | 1000 | 1200 | 600 | 800 | 1000 | 1200 |
| 0.60 | | | | | 125 | 135 | 145 | 155 |
| 0.65 | | | | | 145 | 160 | 170 | 180 |
| 0.70 | | | | | 165 | 180 | 190 | 200 |
| 0.75 | 220 | 230 | 240 | 255 | 185 | 200 | 210 | 220 |
| 0.80 | 250 | 260 | 270 | 280 | 210 | 230 | 240 | 250 |
| 0.85 | 275 | 295 | 305 | 320 | 230 | 250 | 260 | 280 |
| 0.90 | 310 | 330 | 340 | 350 | 255 | 275 | 290 | 305 |
| 0.95 | 345 | 360 | 380 | 395 | 275 | 300 | 310 | 330 |
| 1.00 | 380 | 400 | 420 | 440 | 300 | 325 | 340 | 360 |
| 1.05 | 420 | 445 | 460 | 485 | 325 | 350 | 365 | 390 |
| 1.10 | 460 | 490 | 510 | 535 | 350 | 375 | 395 | 420 |
| 1.15 | 510 | 535 | 560 | 590 | 375 | 400 | 425 | 450 |
| 1.20 | 550 | 580 | 610 | 640 | 400 | 430 | 460 | 490 |
| 1.25 | 600 | 635 | 665 | 700 | 425 | 455 | 490 | 520 |
| 1.30 | 645 | 685 | 725 | 765 | 450 | 485 | 520 | 550 |
| 1.35 | 695 | 735 | 775 | 825 | 475 | 510 | 550 | 590 |
| 1.40 | 745 | 795 | 835 | 885 | 500 | 540 | 580 | 620 |
| 1.45 | 795 | 845 | 895 | 900 | 530 | 570 | 615 | 660 |
| 1.50 | 845 | 900 | 955 | 1015 | 555 | 600 | 645 | 695 |
| 1.55 | 895 | 955 | 1020 | 1085 | 580 | 625 | 675 | 730 |
| 1.60 | 950 | 1015 | 1085 | 1150 | 610 | 660 | 710 | 770 |
| 1.65 | 1005 | 1075 | 1150 | 1220 | 640 | 690 | 750 | 815 |
| 1.70 | 1060 | 1135 | 1215 | 1290 | 665 | 720 | 780 | 850 |
| 1.75 | 1115 | 1195 | 1275 | 1350 | 695 | 755 | 820 | 895 |
| 1.80 | 1165 | 1250 | 1335 | 1400 | 720 | 780 | 850 | 930 |
| 1.85 | 1220 | 1305 | 1390 | 1470 | 750 | 820 | 890 | 975 |
| 1.90 | 1265 | 1355 | 1445 | 1525 | 780 | 840 | 920 | 1005 |
| 1.95 | 1310 | 1405 | 1500 | | 810 | 875 | 955 | 1040 |
| 2.00 | 1355 | 1455 | | | 840 | 900 | 985 | 1075 |
| 2.05 | 1400 | 1505 | | | 875 | 940 | 1030 | 1115 |
| 2.10 | 1445 | 1545 | | | 895 | 960 | 1055 | 1145 |
| 2.15 | 1485 | | | | 925 | 990 | 1085 | 1175 |
| 2.20 | 1530 | | | | 955 | 1020 | 1120 | 1210 |
| 2.25 | | | | | 990 | 1050 | 1150 | 1245 |
| 2.30 | | | | | 1010 | 1070 | 1180 | 1270 |
| 2.35 | | | | | 1040 | 1100 | 1210 | 1300 |
| 2.40 | | | | | 1070 | 1130 | 1240 | 1330 |

续表

| 密度(kg/m³) ＼ 充装密度(kg/m³) ＼ 管道内压力(MPa,表压) | 2.50MPa 系统 | | | | 4.20MPa 系统 | | | |
|---|---|---|---|---|---|---|---|---|
| | 600 | 800 | 1000 | 1200 | 600 | 800 | 1000 | 1200 |
| 2.45 | | | | | 1095 | 1160 | 1270 | 1365 |
| 2.50 | | | | | 1115 | 1180 | 1295 | 1390 |
| 2.55 | | | | | 1140 | 1210 | 1325 | 1420 |
| 2.60 | | | | | 1160 | 1230 | 1355 | 1450 |
| 2.65 | | | | | 1190 | 1260 | 1375 | 1480 |
| 2.70 | | | | | 1210 | 1285 | 1405 | 1505 |
| 2.75 | | | | | 1235 | 1315 | 1435 | 1535 |
| 2.80 | | | | | 1250 | 1335 | 1455 | |
| 2.85 | | | | | 1280 | 1360 | 1475 | |
| 2.90 | | | | | 1290 | 1380 | 1495 | |
| 2.95 | | | | | 1315 | 1400 | 1515 | |
| 3.00 | | | | | 1330 | 1425 | 1580 | |
| 3.05 | | | | | 1350 | 1445 | | |
| 3.10 | | | | | 1365 | 1465 | | |
| 3.15 | | | | | 1385 | 1485 | | |
| 3.20 | | | | | 1405 | 1500 | | |
| 3.25 | | | | | 1425 | 1520 | | |
| 3.30 | | | | | 1445 | 1540 | | |
| 3.35 | | | | | 1465 | | | |
| 3.40 | | | | | 1480 | | | |
| 3.45 | | | | | 1495 | | | |
| 3.50 | | | | | 1515 | | | |
| 3.55 | | | | | 1535 | | | |
| 3.60 | | | | | 1550 | | | |

**第4.2.14条** 均衡管网中各管段的压力损失,可按本规范附录四附图4.1和附图4.2的单位管道长度压力损失(未经修正值)乘以压力损失的修正系数计算。压力损失的修正系数,可按本规范附录四附图4.3和附图4.4确定。

**第4.2.15条** 高程的压差,应按下式计算:

$$P_h = 10^{-5}ρ_A · \triangle H · g_n \qquad (4.2.15)$$

式中 $ρ_A$——管段高程变化始端处卤代烷1301的密度(kg/m³);

$\triangle H$——高程变化值(m),向上取正值,向下取负值。

# 第五章 系统组件

## 第一节 贮存装置

**第5.1.1条** 管网灭火系统的贮存装置,应由贮存容器、容器阀、单向阀和集流管等组成。

预制灭火装置的贮存装置,应由贮存容器、容器阀组成。

**第5.1.2条** 在贮存容器上或容器阀上,应设泄压装置和压力表。

组合分配系统的集流管,应设泄压装置。泄压装置的动作压力,应符合下列规定:

一、贮存压力为 2.50MPa 时,应为 6.8±0.34MPa;

二、贮存压力为 4.20MPa 时,应为 8.8±0.44MPa。

**第 5.1.3 条** 在容器阀与集流管之间的管道上应设单向阀。单向阀与容器阀或单向阀与集流管之间应采用软管连接。贮存容器和集流管应采用支架固定。

**第 5.1.4 条** 在贮存装置上应设耐久的固定标牌,标明每个贮存容器的编号、皮重、容积、灭火剂的名称、充装量、充装日期和贮存压力等。

**第 5.1.5 条** 保护同一防护区的贮存容器,其规格尺寸、充装量和贮存压力,均应相同。

**第 5.1.6 条** 贮存装置应布置在不易受机械、化学损伤的场所内,其环境温度宜为 -20～55℃。

管网灭火系统的贮存装置,宜设在靠近防护区的专用贮瓶间内。该房间的耐火等级不应低于二级,并应有直接通向室外或疏散走道的出口。

**第 5.1.7 条** 贮存装置的布置,应便于操作和维修。操作面距墙面或相对操作面之间的距离,不宜小于 1m。

### 第二节 选择阀和喷嘴

**第 5.2.1 条** 在组合分配系统中,应设置与每个防护区相对应的选择阀,其公称直径应与主管道的公称直径相等。

选择阀的位置应靠近贮存容器且便于操作。选择阀应设有标明防护区的耐久性固定标牌。

**第 5.2.2 条** 喷嘴的布置,应满足卤代烷 1301 均匀分布的要求。

设置在有粉尘的防护区内的喷嘴,应增设喷射能自行脱落的防尘罩。

喷嘴应有表示其型号、规格的永久性标志。

### 第三节 管道及其附件

**第 5.3.1 条** 管道及其附件应能承受最高环境温度下的工作压力,并应符合下列规定:

一、输送卤代烷 1301 的管道,应采用无缝钢管,其质量应符合现行国家标准《冷拔或冷轧精密无缝钢管》和《无缝钢管》等的规定。无缝钢管内外应镀锌。

二、贮存压力为 2.50MPa 的系统,当输送卤代烷 1301 的管道的公称直径不大于 50mm 时,可采用低压流体输送用镀锌焊接钢管中的加厚管,其质量应符合现行国家标准《低压流体输送用镀锌焊接钢管》的规定。

三、在有腐蚀镀锌层的气体、蒸气场所内,输送卤代烷1301 的管道应采用不锈钢管或铜管,其质量应符合现行国家标准《不锈钢无缝钢管》、《拉制铜管》、《挤制铜管》《拉制黄铜管》或《挤制黄铜管》的规定。

四、输送启动气体的管道,宜采用铜管,其质量应符合现行国家标准的规定。

**第 5.3.2 条** 管道的连接,当公称直径小于或等于80mm 时,宜采用螺纹连接;大于 80mm 时,宜采用法兰连接。

**第 5.3.3 条** 钢制管道附件应内外镀锌。在有腐蚀镀锌层介质的场所,应采用铜合金或不锈钢的管道附件。

**第 5.3.4 条** 在通向每个防护区的主管道上,应设压力讯号装置或流量讯号装置。

## 第六章 操作和控制

**第 6.0.1 条** 管网灭火系统应设有自动控制、手动控制和机械应急操作三种启动方式。

在防护区内的预制灭火装置应有自动控制和手动控制二种启动方式。

**第 6.0.2 条** 自动控制装置应在接到两个独立的火灾信号后才能启动;手动控制装置应设在防护区外便于操作的地方;机械应急操作装置应设在钢瓶间内或防护区外便于操作的地方。机械应急操作应能在一个地点完成施放卤代烷 1301 的全部动作。

手动操作点均应设明显的永久性标志。

**第 6.0.3 条** 卤代烷 1301 灭火系统的操作和控制,应包括与该系统联动的开口自动关闭装置、通风机械和防火阀等设备的操作和控制。

**第 6.0.4 条** 卤代烷 1301 灭火系统的供电,应符合现行国家防火标准的规定。采用气动动力源时,应保证系统操作和控制所需要的压力和用气量。

**第 6.0.5 条** 卤代烷 1301 灭火系统的防护区内,应按现行国家标准《火灾自动报警系统设计规范》的规定设置火灾自动报警系统。

**第 6.0.6 条** 备用贮存容器与主贮存容器,应联接于同一集流管上,并应设置能切换使用的装置。

## 第七章 安全要求

**第 7.0.1 条** 防护区应设有疏散通道与出口,并宜使人员在 30s 内撤出防护区。

**第 7.0.2 条** 经常有人工作的防护区,当人员不能在1min 内撤出时,施放的卤代烷 1301 的最大浓度不应大于10%。

**第 7.0.3 条** 防护区内卤代烷 1301 的最大浓度,应按下式计算:

$$\varphi_{max} = \frac{M_{cc} \cdot \mu_{max}}{V_{min}} \times 100\% \qquad (7.0.3)$$

式中 $\varphi_{max}$——防护区内卤代烷 1301 灭火剂的最大浓度(%);

$M_{cc}$——设计灭火用量或设计惰化用量(kg);

$\mu_{max}$——防护区内最高环境温度下卤代烷 1301 蒸气比容($m^3/kg$),应按本规范附录二的规定计算。

$V_{min}$——防护区的最小净容积($m^3$)。

**第 7.0.4 条** 防护区内的疏散通道与出口,应设置应急照明装置和疏散灯光指示标志。防护区内应设置火灾和灭火剂施放的声报警器,并在每个入口处设置光报警器和采用卤代烷 1301 灭火系统的防护标志。

**第 7.0.5 条** 设置在经常有人的防护区内的预制灭火装置,应有切断自动控制系统的手动装置。

**第 7.0.6 条** 防护区的门应向外开启并能自行关闭,疏散出口的门必须能从防护区内打开。

第 7.0.7 条 灭火后的防护区应通风换气,地下防护区和无窗或固定窗扇的地上防护区,应设置机械排风装置,排风口宜设在防护区的下部并应直通室外。

第 7.0.8 条 地下贮瓶间应设机械排风装置,排风口应直通室外。

第 7.0.9 条 卤代烷 1301 灭火系统的组件与带电部件之间的最小间距,应符合表 7.0.9 的规定。

系统组件与带电部件之间的最小间距　　表 7.0.9

| 标称线路电压(kV) | 最小间距(m) |
|---|---|
| ≤10 | 0.18 |
| 35 | 0.34 |
| 110 | 0.94 |
| 220 | 1.90 |
| 330 | 2.90 |
| 500 | 3.60 |

注:海拔高度高于 1000m 的防护区,高度每增加 100m,表中的最小间距应增加 1%。

第 7.0.10 条 设置在有爆炸危险场所内的管网系统,应设防静电接地装置。

第 7.0.11 条 设有卤代烷 1301 灭火系统的建筑物,宜配置专用的空气呼吸器或氧气呼吸器。

## 附录一　名词解释

名　词　解　释　　　附表 1.1

| 名　词 | 说　　明 |
|---|---|
| 卤代烷 1301 | 三氟一溴甲烷,化学分子式为 $CF_3Br$。1301 依次代表化合物分子中所含碳、氟、氯、溴原子的数目 |
| 防护区 | 能满足卤代烷全淹没灭火系统要求的一个有限空间 |
| 全淹没灭火系统 | 在规定时间内,向防护区喷射一定浓度的灭火剂,并使其均匀地充满整个防护区的灭火系统 |
| 预制灭火装置 | 即无管网灭火装置。按一定的应用条件,将灭火剂贮存装置和喷嘴等部件预先组装起来的成套灭火装置 |
| 组合分配系统 | 指用一套灭火剂贮存装置,通过选择阀等控制组件来保护多个防护区的灭火系统 |
| 灭火浓度 | 在 101.3kPa 压力和规定的温度条件下,扑灭某种可燃物质火灾所需灭火剂与该灭火剂和空气混合气体的体积百分比 |

续表

| 名　词 | 说　　明 |
|---|---|
| 惰化浓度 | 在 101.3kPa 压力和规定的温度条件下,不管可燃气体或蒸气与空气处在何种配比下,均能抑制燃烧或爆炸所需灭火剂与该灭火剂和空气混合气体的体积百分比 |
| 灭火剂浸渍时间 | 防护区内的被保护物全部浸没在保持灭火剂灭火浓度或惰化浓度的混合气体中的时间 |
| 分界面 | 通过开口进入防护区的空气和防护区内含有灭火剂的混合气体之间所形成的界面 |
| 充装密度 | 贮容器内灭火剂的重量与容器容积之比,单位为 $kg/m^3$ |
| 中期容器压力 | 从喷嘴喷出卤代烷 1301 设计用量的 50% 时,贮存容器内的压力 |
| 灭火剂喷射时间 | 从全部喷嘴开始喷射以液态为主的灭火剂到其中任何一个喷嘴开始喷射气体的时间 |
| 管网内灭火剂百分比 | 按从喷嘴喷出卤代烷 1301 设计用量的 50% 时的压力计算,管网内灭火剂的质量与灭火剂设计用量的百分比 |
| 容器平均压力 | 从贮存容器内排出卤代烷 1301 设计用量的 50% 时,贮存容器内的压力 |

## 附录二　卤代烷 1301 蒸气比容和防护区内含有卤代烷 1301 的混合气体比容

一、卤代烷 1301 蒸气比容应按下式计算:

$$\mu = (5.3788 \times 10^{-9}H^2 - 1.1975 \times 10^{-4}H + 1)^n \times (0.14781 + 0.0005670\theta) \qquad (附2.1)$$

式中　$\mu$——卤代烷 1301 蒸气比容($m^3/kg$);

　　　$\theta$——防护区的环境温度(℃);

　　　$H$——防护区海拔高度的绝对值(m);

　　　$n$——海拔高度指数

　　　海拔高度低于海平面 300m 的防护区:$n=-1$;

　　　海拔高度高于海平面 300m 的防护区:$n=1$;

　　　海拔高度在 $-300 \sim 300m$ 的防护区:可取 $n=0$。

二、在 101.3kPa 压力和 20℃温度下,防护区内含有卤代烷 1301 的混合气体比容可采用下式计算:

$$\mu_m = \frac{0.83\mu_1}{0.0083\varphi + \mu_1(100 - \varphi)} \qquad (附2.2)$$

式中　$\mu_m$——在 101.3kPa 压力与 20℃温度下,防护区内含有卤代烷 1301 的混合气体比容($m^3/kg$);

　　　$\mu_1$——卤代烷 1301 蒸气比容,取 $0.15915m^3/kg$。

# 附录三 压力系数 Y 和密度系数 Z

压力系数 Y 和密度系数 Z 应根据卤代烷 1301 的贮存压力、充装密度和管道内的压力按附表 3.1～3.8 确定。

### 在 2.5MPa 贮存压力、600～699kg/m³ 充装密度下的压力系数 Y 和密度系数 Z 值 　　附表 3.1

| 管道内的压力 (MPa,表压) | Y(MPa·kg/m³) | | | | | | | | | | Z |
| --- | --- | --- | --- | --- | --- | --- | --- | --- | --- | --- | --- |
| | 0.00 | 0.01 | 0.02 | 0.03 | 0.04 | 0.05 | 0.06 | 0.07 | 0.08 | 0.09 | |
| 2.1 | 138.2 | 123.2 | 108.2 | 93.2 | 78.0 | 62.7 | 47.3 | 31.9 | 16.4 | 0.7 | 0.051 |
| 2.0 | 282.2 | 268.2 | 254.1 | 240.0 | 225.7 | 211.3 | 196.9 | 182.3 | 167.7 | 153.0 | 0.116 |
| 1.9 | 416.7 | 403.7 | 390.6 | 377.4 | 364.1 | 350.7 | 337.2 | 323.6 | 309.9 | 296.1 | 0.190 |
| 1.8 | 541.1 | 529.6 | 517.0 | 504.8 | 492.6 | 480.2 | 467.7 | 455.1 | 442.4 | 429.6 | 0.273 |
| 1.7 | 654.9 | 644.0 | 633.0 | 621.9 | 610.7 | 599.3 | 587.3 | 576.3 | 564.7 | 552.9 | 0.367 |
| 1.6 | 757.9 | 748.1 | 738.2 | 728.1 | 718.0 | 707.8 | 697.4 | 686.9 | 676.4 | 665.7 | 0.473 |
| 1.5 | 849.9 | 841.2 | 832.4 | 823.4 | 814.4 | 805.3 | 796.0 | 786.6 | 777.2 | 767.6 | 0.592 |
| 1.4 | 931.2 | 923.5 | 915.8 | 907.9 | 899.9 | 891.9 | 883.7 | 875.4 | 867.0 | 858.5 | 0.723 |
| 1.3 | 1002.0 | 995.3 | 988.6 | 981.8 | 974.9 | 967.8 | 960.7 | 953.5 | 946.1 | 938.7 | 0.867 |
| 1.2 | 1062.9 | 1057.3 | 1051.5 | 1045.6 | 1039.7 | 1033.6 | 1027.5 | 1021.3 | 1014.9 | 1008.5 | 1.024 |
| 1.1 | 1114.8 | 1110.0 | 1105.1 | 1100.1 | 1095.1 | 1090.0 | 1084.7 | 1079.4 | 1074.0 | 1068.5 | 1.192 |
| 1.0 | 1158.3 | 1154.0 | 1150.2 | 1146.1 | 1141.9 | 1137.5 | 1133.1 | 1128.7 | 1124.1 | 1119.5 | 1.372 |
| 0.9 | 1194.4 | 1191.1 | 1187.8 | 1184.2 | 1180.7 | 1177.3 | 1173.6 | 1169.9 | 1166.1 | 1162.3 | 1.565 |
| 0.8 | 1224.0 | 1221.3 | 1218.6 | 1215.8 | 1212.9 | 1210.0 | 1207.0 | 1204.0 | 1200.9 | 1197.7 | 1.772 |
| 0.7 | 1247.9 | 1245.7 | 1243.5 | 1241.3 | 1239.0 | 1236.6 | 1234.2 | 1231.7 | 1229.2 | 1226.7 | 1.995 |
| 0.6 | 1266.8 | 1265.1 | 1263.4 | 1261.6 | 1259.8 | 1257.9 | 1256.0 | 1254.1 | 1252.0 | 1250.0 | 2.239 |
| 0.5 | 1281.5 | 1280.2 | 1278.9 | 1277.5 | 1276.1 | 1274.7 | 1273.2 | 1271.6 | 1270.1 | 1268.5 | 2.507 |

### 在 2.5MPa 贮存压力、700～849kg/m³ 充装密度下的压力系数 Y 和密度系数 Z 值 　　附表 3.2

| 管道内的压力 (MPa,表压) | Y(MPa·kg/m³) | | | | | | | | | | Z |
| --- | --- | --- | --- | --- | --- | --- | --- | --- | --- | --- | --- |
| | 0.00 | 0.01 | 0.02 | 0.03 | 0.04 | 0.05 | 0.06 | 0.07 | 0.08 | 0.09 | |
| 2.1 | 22.9 | 7.2 | 0.0 | 0.0 | 0.0 | 0.0 | 0.0 | 0.0 | 0.0 | 0.0 | 0.008 |
| 2.0 | 173.9 | 159.2 | 144.5 | 129.6 | 114.6 | 99.6 | 84.4 | 69.2 | 53.8 | 38.4 | 0.072 |
| 1.9 | 314.9 | 301.3 | 287.5 | 273.7 | 259.7 | 245.7 | 231.5 | 217.2 | 202.9 | 188.4 | 0.145 |
| 1.8 | 445.5 | 432.9 | 420.2 | 407.4 | 394.5 | 381.5 | 368.4 | 355.2 | 341.9 | 328.4 | 0.228 |
| 1.7 | 565.0 | 553.6 | 542.0 | 530.5 | 518.5 | 506.6 | 494.6 | 482.5 | 470.3 | 457.9 | 0.322 |
| 1.6 | 673.1 | 662.9 | 652.4 | 641.9 | 631.3 | 620.6 | 609.6 | 598.7 | 587.6 | 576.3 | 0.428 |
| 1.5 | 769.7 | 760.6 | 751.3 | 742.0 | 732.5 | 722.9 | 713.2 | 703.3 | 693.4 | 683.3 | 0.548 |
| 1.4 | 854.8 | 846.8 | 838.7 | 830.5 | 822.1 | 813.7 | 805.1 | 796.4 | 787.6 | 778.7 | 0.681 |
| 1.3 | 928.8 | 921.9 | 914.9 | 907.7 | 900.5 | 893.2 | 885.7 | 878.2 | 870.5 | 862.7 | 0.828 |
| 1.2 | 992.3 | 986.4 | 980.4 | 974.3 | 968.1 | 961.8 | 955.4 | 948.9 | 942.3 | 935.6 | 0.988 |
| 1.1 | 1046.1 | 1041.2 | 1036.1 | 1030.9 | 1025.7 | 1020.4 | 1014.9 | 1009.4 | 1003.8 | 998.1 | 1.160 |
| 1.0 | 1091.2 | 1087.0 | 1082.8 | 1078.5 | 1074.2 | 1069.7 | 1065.1 | 1060.5 | 1055.8 | 1051.0 | 1.344 |
| 0.9 | 1128.4 | 1125.0 | 1121.6 | 1118.0 | 1114.4 | 1110.7 | 1107.0 | 1103.1 | 1099.2 | 1095.2 | 1.540 |
| 0.8 | 1158.9 | 1156.1 | 1153.3 | 1150.4 | 1147.5 | 1144.5 | 1141.4 | 1138.2 | 1135.0 | 1131.8 | 1.750 |
| 0.7 | 1183.3 | 1181.1 | 1178.9 | 1176.6 | 1174.2 | 1171.8 | 1169.3 | 1166.8 | 1164.2 | 1161.6 | 1.976 |
| 0.6 | 1202.6 | 1200.9 | 1199.2 | 1197.3 | 1195.5 | 1193.6 | 1191.6 | 1189.6 | 1187.6 | 1185.5 | 2.223 |
| 0.5 | 1217.5 | 1216.2 | 1214.9 | 1213.5 | 1212.1 | 1210.6 | 1209.1 | 1207.5 | 1205.9 | 1204.3 | 2.497 |

### 在 2.5MPa 贮存压力、850~999kg/m³ 充装密度下的压力系数 Y 和密度系数 Z 值

附表 3.3

| 管道内的压力 (MPa,表压) | Y(MPa·kg/m³) | | | | | | | | | | Z |
|---|---|---|---|---|---|---|---|---|---|---|---|
| | 0.00 | 0.01 | 0.02 | 0.03 | 0.04 | 0.05 | 0.06 | 0.07 | 0.08 | 0.09 | |
| 2.0 | 60.4 | 45.0 | 29.4 | 13.8 | 0.0 | 0.0 | 0.0 | 0.0 | 0.0 | 0.0 | 0.025 |
| 1.9 | 208.8 | 194.5 | 180.0 | 165.4 | 150.8 | 136.0 | 121.1 | 106.1 | 90.9 | 75.7 | 0.097 |
| 1.8 | 346.3 | 333.1 | 319.7 | 306.3 | 292.7 | 279.0 | 265.2 | 251.3 | 237.2 | 223.1 | 0.179 |
| 1.7 | 472.3 | 460.2 | 448.1 | 435.8 | 423.3 | 410.8 | 398.1 | 385.4 | 372.5 | 359.5 | 0.273 |
| 1.6 | 586.3 | 575.4 | 564.5 | 553.4 | 542.1 | 530.8 | 519.4 | 507.8 | 496.1 | 484.2 | 0.380 |
| 1.5 | 687.9 | 678.3 | 668.6 | 658.7 | 648.7 | 638.6 | 628.4 | 618.1 | 607.6 | 597.0 | 0.502 |
| 1.4 | 777.4 | 769.0 | 760.4 | 751.8 | 743.0 | 734.2 | 725.2 | 716.0 | 706.8 | 697.4 | 0.637 |
| 1.3 | 854.9 | 847.7 | 840.3 | 832.8 | 825.3 | 817.6 | 809.8 | 801.8 | 793.8 | 785.6 | 0.787 |
| 1.2 | 921.2 | 915.1 | 908.8 | 902.4 | 896.0 | 889.4 | 882.7 | 875.9 | 869.0 | 862.0 | 0.950 |
| 1.1 | 977.2 | 972.0 | 966.8 | 961.4 | 956.0 | 950.4 | 944.8 | 939.1 | 933.2 | 927.3 | 1.126 |
| 1.0 | 1023.9 | 1019.6 | 1015.3 | 1010.8 | 1006.3 | 1001.7 | 996.9 | 992.1 | 987.3 | 982.3 | 1.314 |
| 0.9 | 1062.4 | 1058.9 | 1055.3 | 1051.7 | 1047.9 | 1044.1 | 1040.2 | 1036.3 | 1032.2 | 1028.1 | 1.514 |
| 0.8 | 1093.7 | 1090.6 | 1088.0 | 1085.0 | 1082.0 | 1078.9 | 1075.7 | 1072.5 | 1069.2 | 1065.8 | 1.727 |
| 0.7 | 1118.8 | 1116.6 | 1114.3 | 1111.9 | 1109.5 | 1107.0 | 1104.5 | 1101.9 | 1099.2 | 1096.5 | 1.957 |
| 0.6 | 1138.6 | 1136.8 | 1135.0 | 1133.2 | 1131.3 | 1129.3 | 1127.3 | 1125.3 | 1123.2 | 1121.0 | 2.206 |
| 0.5 | 1153.8 | 1152.5 | 1151.1 | 1149.7 | 1148.2 | 1146.7 | 1145.2 | 1143.6 | 1142.0 | 1140.3 | 2.480 |

### 在 2.5MPa 贮存压力、1000~1125kg/m³ 充装密度下的压力系数 Y 和密度系数 Z 值

附表 3.4

| 管道内的压力 (MPa,表压) | Y(MPa·kg/m³) | | | | | | | | | | Z |
|---|---|---|---|---|---|---|---|---|---|---|---|
| | 0.00 | 0.01 | 0.02 | 0.03 | 0.04 | 0.05 | 0.06 | 0.07 | 0.08 | 0.09 | |
| 1.9 | 97.2 | 82.1 | 66.8 | 51.4 | 36.0 | 20.4 | 4.6 | 0.0 | 0.0 | 0.0 | 0.04 |
| 1.8 | 242.2 | 228.3 | 214.2 | 200.0 | 185.6 | 171.2 | 156.6 | 141.9 | 127.1 | 112.2 | 0.127 |
| 1.7 | 375.2 | 362.4 | 349.6 | 336.6 | 323.5 | 310.3 | 296.9 | 283.4 | 269.8 | 256.1 | 0.220 |
| 1.6 | 495.5 | 484.0 | 472.5 | 460.8 | 448.9 | 436.9 | 424.9 | 412.6 | 400.3 | 387.8 | 0.327 |
| 1.5 | 602.8 | 592.6 | 582.4 | 572.0 | 561.4 | 550.8 | 540.0 | 529.1 | 518.0 | 506.8 | 0.449 |
| 1.4 | 697.0 | 688.2 | 679.2 | 670.1 | 660.9 | 651.5 | 642.0 | 632.4 | 622.7 | 612.8 | 0.587 |
| 1.3 | 778.5 | 770.9 | 763.2 | 755.4 | 747.4 | 739.3 | 731.1 | 722.8 | 714.3 | 705.7 | 0.740 |
| 1.2 | 848.1 | 841.6 | 835.1 | 828.4 | 821.6 | 814.7 | 807.7 | 800.6 | 793.4 | 786.0 | 0.907 |
| 1.1 | 906.5 | 901.1 | 895.6 | 890.1 | 884.4 | 878.6 | 872.7 | 866.7 | 860.6 | 854.4 | 1.086 |
| 1.0 | 955.0 | 950.6 | 946.1 | 941.4 | 936.7 | 931.9 | 927.0 | 922.0 | 917.0 | 911.8 | 1.273 |
| 0.9 | 994.9 | 991.2 | 987.5 | 983.8 | 979.9 | 976.0 | 971.9 | 967.8 | 963.7 | 959.4 | 1.482 |
| 0.8 | 1027.2 | 1024.2 | 1021.2 | 1018.2 | 1015.1 | 1011.9 | 1008.6 | 1005.3 | 1001.9 | 998.4 | 1.698 |
| 0.7 | 1053.0 | 1050.6 | 1048.3 | 1045.8 | 1043.4 | 1040.8 | 1038.2 | 1035.5 | 1032.8 | 1030.0 | 1.931 |
| 0.6 | 1073.3 | 1071.4 | 1069.6 | 1067.7 | 1065.7 | 1063.7 | 1061.7 | 1059.6 | 1057.4 | 1055.2 | 2.183 |
| 0.5 | 1088.9 | 1087.5 | 1086.1 | 1084.6 | 1083.1 | 1081.6 | 1080.0 | 1078.4 | 1076.7 | 1075.0 | 2.460 |

### 在 4.2MPa 贮存压力、600~699kg/m³ 充装密度下的压力系数 Y 和密度系数 Z 值

附表 3.5

| 管道内的压力 (MPa,表压) | Y(MPa·kg/m³) | | | | | | | | | | Z |
|---|---|---|---|---|---|---|---|---|---|---|---|
| | 0.00 | 0.01 | 0.02 | 0.03 | 0.04 | 0.05 | 0.06 | 0.07 | 0.08 | 0.09 | |
| 3.4 | 68.9 | 53.7 | 38.6 | 23.3 | 8.1 | 0.0 | 0.0 | 0.0 | 0.0 | 0.0 | 0.011 |
| 3.3 | 218.3 | 203.5 | 188.7 | 173.8 | 158.9 | 144.0 | 129.1 | 114.1 | 99.0 | 84.0 | 0.034 |
| 3.2 | 364.2 | 349.8 | 335.3 | 320.8 | 306.3 | 291.7 | 277.1 | 262.5 | 247.8 | 233.1 | 0.059 |
| 3.1 | 506.3 | 492.3 | 478.2 | 464.1 | 449.9 | 435.8 | 421.5 | 407.2 | 392.9 | 378.6 | 0.086 |
| 3.0 | 644.5 | 630.9 | 617.2 | 603.5 | 589.7 | 575.9 | 562.1 | 548.2 | 534.3 | 520.3 | 0.115 |
| 2.9 | 778.6 | 765.4 | 752.1 | 738.8 | 725.5 | 712.1 | 698.6 | 685.2 | 671.7 | 658.1 | 0.146 |
| 2.8 | 908.3 | 895.5 | 882.7 | 869.9 | 856.9 | 844.0 | 831.0 | 818.0 | 804.9 | 791.7 | 0.180 |
| 2.7 | 1033.6 | 1021.3 | 1008.9 | 996.5 | 984.0 | 971.5 | 959.0 | 946.4 | 933.7 | 921.0 | 0.217 |
| 2.6 | 1154.1 | 1142.3 | 1130.4 | 1118.5 | 1106.5 | 1094.5 | 1082.4 | 1070.2 | 1058.1 | 1045.8 | 0.257 |
| 2.5 | 1269.8 | 1258.5 | 1247.1 | 1235.7 | 1224.2 | 1212.6 | 1201.0 | 1189.4 | 1177.7 | 1165.9 | 0.300 |
| 2.4 | 1380.5 | 1369.6 | 1358.8 | 1347.8 | 1336.8 | 1325.8 | 1314.7 | 1303.6 | 1292.4 | 1281.1 | 0.347 |
| 2.3 | 1485.9 | 1475.6 | 1465.2 | 1454.8 | 1444.4 | 1433.8 | 1423.3 | 1412.7 | 1402.0 | 1391.3 | 0.397 |
| 2.2 | 1585.9 | 1576.1 | 1566.3 | 1556.5 | 1546.5 | 1536.6 | 1526.5 | 1516.5 | 1506.3 | 1496.1 | 0.452 |
| 2.1 | 1680.3 | 1671.1 | 1661.9 | 1652.6 | 1643.2 | 1633.8 | 1624.5 | 1614.8 | 1605.2 | 1595.6 | 0.511 |

| 管道内的压力 (MPa，表压) | Y(MPa·kg/m³) | | | | | | | | | | Z |
|---|---|---|---|---|---|---|---|---|---|---|---|
| | 0.00 | 0.01 | 0.02 | 0.03 | 0.04 | 0.05 | 0.06 | 0.07 | 0.08 | 0.09 | |
| 2.0 | 1769.0 | 1760.4 | 1751.8 | 1743.0 | 1734.2 | 1725.4 | 1716.5 | 1707.5 | 1698.5 | 1689.4 | 0.576 |
| 1.9 | 1852.0 | 1843.9 | 1835.9 | 1827.7 | 1819.5 | 1811.2 | 1802.9 | 1794.5 | 1786.1 | 1777.6 | 0.646 |
| 1.8 | 1929.0 | 1921.6 | 1914.1 | 1906.5 | 1898.9 | 1891.2 | 1883.5 | 1875.7 | 1867.9 | 1859.9 | 0.723 |
| 1.7 | 2000.2 | 1993.3 | 1986.4 | 1979.4 | 1972.4 | 1965.3 | 1958.2 | 1951.0 | 1943.7 | 1936.4 | 0.807 |
| 1.6 | 2065.4 | 2059.1 | 2052.8 | 2046.4 | 2040.0 | 2033.5 | 2027.0 | 2020.3 | 2013.7 | 2006.9 | 0.897 |
| 1.5 | 2124.7 | 2119.1 | 2113.3 | 2107.5 | 2101.7 | 2095.8 | 2089.8 | 2083.8 | 2077.7 | 2071.6 | 0.996 |
| 1.4 | 2178.3 | 2173.2 | 2168.0 | 2162.8 | 2157.6 | 2152.2 | 2146.8 | 2141.4 | 2135.9 | 2130.3 | 1.103 |
| 1.3 | 2226.2 | 2221.7 | 2217.1 | 2212.4 | 2207.7 | 2203.0 | 2198.1 | 2193.3 | 2188.3 | 2183.3 | 1.219 |
| 1.2 | 2268.7 | 2264.7 | 2260.6 | 2256.5 | 2252.4 | 2248.1 | 2243.9 | 2239.5 | 2235.2 | 2230.7 | 1.345 |
| 1.1 | 2306.0 | 2302.5 | 2298.9 | 2295.3 | 2291.7 | 2288.0 | 2284.2 | 2280.4 | 2276.6 | 2272.7 | 1.481 |
| 1.0 | 2338.3 | 2335.3 | 2332.2 | 2329.1 | 2325.9 | 2322.7 | 2319.5 | 2316.2 | 2312.8 | 2309.4 | 1.629 |
| 0.9 | 2365.9 | 2363.4 | 2360.8 | 2358.1 | 2355.4 | 2352.7 | 2349.9 | 2347.0 | 2344.2 | 2341.2 | 1.791 |
| 0.8 | 2389.3 | 2387.2 | 2385.0 | 2382.7 | 2380.5 | 2378.1 | 2375.8 | 2373.4 | 2370.9 | 2368.5 | 1.969 |
| 0.7 | 2408.7 | 2406.9 | 2405.1 | 2403.3 | 2401.4 | 2399.5 | 2397.5 | 2395.5 | 2393.5 | 2391.4 | 2.165 |
| 0.6 | 2424.5 | 2423.1 | 2421.6 | 2420.1 | 2418.6 | 2417.1 | 2415.5 | 2413.8 | 2412.2 | 2410.5 | 2.383 |
| 0.5 | 2437.1 | 2436.0 | 2434.8 | 2433.6 | 2432.4 | 2431.2 | 2429.9 | 2428.6 | 2427.3 | 2425.9 | 2.629 |

### 在 4.2MPa 贮存压力、700～849kg/m³ 充装密度下的压力系数 Y 和密度系数 Z 值　　附表 3.6

| 管道内的压力 (MPa，表压) | Y(MPa·kg/m³) | | | | | | | | | | Z |
|---|---|---|---|---|---|---|---|---|---|---|---|
| | 0.00 | 0.01 | 0.02 | 0.03 | 0.04 | 0.05 | 0.06 | 0.07 | 0.08 | 0.09 | |
| 3.2 | 79.7 | 64.5 | 49.3 | 34.1 | 18.8 | 3.4 | 0.0 | 0.0 | 0.0 | 0.0 | 0.013 |
| 3.1 | 229.4 | 214.6 | 199.8 | 184.9 | 170.0 | 155.0 | 140.0 | 125.0 | 109.9 | 94.8 | 0.039 |
| 3.0 | 375.1 | 360.7 | 346.3 | 331.8 | 317.3 | 302.8 | 288.2 | 273.5 | 258.9 | 244.2 | 0.067 |
| 2.9 | 516.7 | 502.7 | 488.7 | 474.6 | 460.6 | 446.4 | 432.3 | 418.0 | 403.8 | 389.5 | 0.098 |
| 2.8 | 653.8 | 640.3 | 626.7 | 613.1 | 599.5 | 585.8 | 572.0 | 558.3 | 544.4 | 530.6 | 0.131 |
| 2.7 | 786.3 | 773.2 | 760.1 | 747.0 | 733.8 | 720.6 | 707.3 | 694.0 | 680.6 | 667.2 | 0.166 |
| 2.6 | 913.9 | 901.4 | 888.8 | 876.1 | 863.4 | 850.7 | 837.9 | 825.1 | 812.2 | 799.2 | 0.205 |
| 2.5 | 1036.5 | 1024.5 | 1012.4 | 1000.3 | 988.1 | 975.9 | 963.6 | 951.2 | 938.8 | 926.4 | 0.247 |
| 2.4 | 1153.9 | 1142.4 | 1130.8 | 1119.2 | 1107.6 | 1095.9 | 1084.1 | 1072.3 | 1060.4 | 1048.5 | 0.293 |
| 2.3 | 1265.7 | 1254.8 | 1243.8 | 1232.8 | 1221.7 | 1210.5 | 1199.3 | 1188.0 | 1176.7 | 1165.3 | 0.343 |
| 2.2 | 1372.0 | 1361.6 | 1351.2 | 1340.7 | 1330.2 | 1319.6 | 1308.9 | 1298.2 | 1287.4 | 1276.6 | 0.397 |
| 2.1 | 1472.3 | 1462.6 | 1452.7 | 1442.8 | 1432.9 | 1422.9 | 1412.8 | 1402.7 | 1392.5 | 1382.3 | 0.456 |
| 2.0 | 1566.7 | 1557.5 | 1548.3 | 1539.0 | 1529.7 | 1520.3 | 1510.8 | 1501.3 | 1491.7 | 1482.0 | 0.520 |
| 1.9 | 1654.9 | 1646.4 | 1637.8 | 1629.1 | 1620.4 | 1611.6 | 1602.7 | 1593.8 | 1584.4 | 1575.8 | 0.590 |
| 1.8 | 1736.9 | 1729.0 | 1721.0 | 1713.0 | 1704.9 | 1696.7 | 1688.5 | 1680.2 | 1671.9 | 1663.4 | 0.667 |
| 1.7 | 1812.6 | 1805.3 | 1797.9 | 1790.5 | 1783.0 | 1775.5 | 1767.9 | 1760.2 | 1752.5 | 1744.7 | 0.751 |
| 1.6 | 1881.9 | 1875.2 | 1868.5 | 1861.8 | 1854.9 | 1848.0 | 1841.0 | 1834.0 | 1826.9 | 1819.8 | 0.842 |
| 1.5 | 1944.9 | 1938.9 | 1932.8 | 1926.7 | 1920.5 | 1914.2 | 1907.9 | 1901.5 | 1895.0 | 1888.5 | 0.942 |
| 1.4 | 2001.8 | 1996.4 | 1990.9 | 1985.4 | 1979.8 | 1974.1 | 1968.4 | 1962.6 | 1956.8 | 1950.9 | 1.050 |
| 1.3 | 2052.6 | 2047.7 | 2042.9 | 2037.9 | 2033.0 | 2027.9 | 2022.8 | 2017.6 | 2012.4 | 2007.1 | 1.168 |
| 1.2 | 2097.5 | 2093.2 | 2088.9 | 2084.6 | 2080.2 | 2075.7 | 2071.2 | 2966.6 | 2062.0 | 2057.3 | 1.296 |
| 1.1 | 2136.8 | 2133.1 | 2129.3 | 2125.6 | 2121.7 | 2117.8 | 2113.8 | 2109.8 | 2105.8 | 2101.6 | 1.435 |
| 1.0 | 2170.8 | 2167.6 | 2164.4 | 2161.1 | 2157.8 | 2154.4 | 2151.0 | 2147.5 | 2144.0 | 2140.4 | 1.585 |
| 0.9 | 2199.8 | 2197.1 | 2194.4 | 2191.6 | 2188.8 | 2185.9 | 2183.0 | 2180.0 | 2177.0 | 2173.0 | 1.750 |
| 0.8 | 2224.3 | 2222.0 | 2219.7 | 2217.4 | 2215.0 | 2212.6 | 2210.1 | 2207.6 | 2205.1 | 2202.5 | 1.930 |
| 0.7 | 2244.5 | 2242.7 | 2240.8 | 2238.9 | 2236.9 | 2234.9 | 2232.9 | 2230.8 | 2228.7 | 2226.5 | 2.128 |
| 0.6 | 2261.0 | 2259.5 | 2258.0 | 2256.4 | 2254.9 | 2253.2 | 2251.6 | 2249.9 | 2248.1 | 2246.4 | 2.348 |
| 0.5 | 2274.0 | 2272.9 | 2271.7 | 2270.5 | 2269.2 | 2267.9 | 2266.6 | 2265.3 | 2263.9 | 2262.5 | 2.594 |

### 在 4.2MPa 贮存压力、850~999kg/m³ 充装密度下的压力系数 Y 和密度系数 Z 值

| 管道内的压力 (MPa,表压) | Y(MPa·kg/m³) | | | | | | | | | | Z |
| --- | --- | --- | --- | --- | --- | --- | --- | --- | --- | --- | --- |
| | 0.00 | 0.01 | 0.02 | 0.03 | 0.04 | 0.05 | 0.06 | 0.07 | 0.08 | 0.09 | |
| 3.0 | 101.2 | 86.0 | 70.8 | 55.5 | 40.2 | 24.8 | 9.4 | 0.0 | 0.0 | 0.0 | 0.019 |
| 2.9 | 250.8 | 236.0 | 221.2 | 206.4 | 191.5 | 176.5 | 161.6 | 146.5 | 131.5 | 116.4 | 0.048 |
| 2.8 | 395.8 | 381.5 | 367.2 | 352.8 | 338.3 | 323.9 | 309.3 | 294.8 | 280.1 | 265.5 | 0.079 |
| 2.7 | 536.1 | 522.3 | 508.4 | 494.5 | 480.6 | 466.6 | 452.5 | 438.4 | 424.2 | 410.1 | 0.114 |
| 2.6 | 671.4 | 658.1 | 644.7 | 631.3 | 617.9 | 604.4 | 590.8 | 577.2 | 563.6 | 549.8 | 0.151 |
| 2.5 | 801.5 | 788.7 | 775.9 | 763.0 | 750.1 | 737.1 | 724.1 | 711.0 | 697.8 | 684.6 | 0.193 |
| 2.4 | 926.1 | 913.8 | 901.6 | 889.3 | 876.9 | 864.5 | 852.0 | 839.4 | 826.8 | 814.2 | 0.238 |
| 2.3 | 1045.0 | 1033.3 | 1021.6 | 1009.9 | 998.1 | 986.2 | 974.3 | 962.3 | 950.3 | 938.2 | 0.287 |
| 2.2 | 1157.9 | 1146.9 | 1135.8 | 1124.7 | 1113.5 | 1102.2 | 1090.9 | 1079.5 | 1068.0 | 1056.5 | 0.341 |
| 2.1 | 1264.7 | 1254.3 | 1243.9 | 1233.3 | 1222.8 | 1212.1 | 1201.4 | 1190.6 | 1179.8 | 1168.9 | 0.400 |
| 2.0 | 1365.2 | 1355.4 | 1345.6 | 1335.7 | 1325.8 | 1315.8 | 1305.7 | 1295.5 | 1285.3 | 1275.1 | 0.464 |
| 1.9 | 1459.1 | 1450.0 | 1440.8 | 1431.6 | 1422.3 | 1413.0 | 1403.5 | 1394.0 | 1384.5 | 1374.9 | 0.534 |
| 1.8 | 1546.3 | 1537.9 | 1529.4 | 1520.9 | 1512.2 | 1503.6 | 1494.8 | 1486.0 | 1477.1 | 1468.1 | 0.610 |
| 1.7 | 1626.8 | 1619.1 | 1611.3 | 1603.4 | 1595.5 | 1587.4 | 1579.4 | 1571.2 | 1563.0 | 1554.7 | 0.695 |
| 1.6 | 1700.5 | 1693.5 | 1686.5 | 1679.1 | 1671.9 | 1664.5 | 1657.1 | 1649.7 | 1642.1 | 1634.5 | 0.787 |
| 1.5 | 1767.5 | 1761.1 | 1754.6 | 1748.1 | 1741.5 | 1734.8 | 1728.1 | 1721.3 | 1714.5 | 1707.5 | 0.888 |
| 1.4 | 1827.7 | 1822.0 | 1816.2 | 1810.3 | 1804.4 | 1798.4 | 1792.3 | 1786.2 | 1780.0 | 1773.8 | 0.999 |
| 1.3 | 1881.4 | 1876.3 | 1871.1 | 1865.9 | 1860.7 | 1855.3 | 1849.9 | 1844.5 | 1838.9 | 1833.3 | 1.119 |
| 1.2 | 1928.8 | 1924.2 | 1919.6 | 1915.2 | 1910.5 | 1905.8 | 1901.1 | 1896.2 | 1891.3 | 1886.4 | 1.249 |
| 1.1 | 1970.1 | 1966.2 | 1962.2 | 1958.2 | 1954.1 | 1950.0 | 1946.0 | 1941.8 | 1937.5 | 1933.2 | 1.391 |
| 1.0 | 2005.8 | 2002.4 | 1999.1 | 1995.6 | 1992.1 | 1988.6 | 1985.0 | 1981.4 | 1977.7 | 1973.9 | 1.545 |
| 0.9 | 2036.4 | 2033.3 | 2030.4 | 2037.5 | 2024.6 | 2021.6 | 2018.5 | 2015.4 | 2012.2 | 2009.0 | 1.713 |
| 0.8 | 2061.6 | 2059.2 | 2056.9 | 2054.4 | 2052.0 | 2049.4 | 2046.9 | 2044.2 | 2041.6 | 2038.9 | 1.896 |
| 0.7 | 2082.6 | 2080.7 | 2078.7 | 2076.8 | 2074.7 | 2072.6 | 2070.5 | 2068.3 | 2066.1 | 2063.9 | 2.098 |
| 0.6 | 2099.6 | 2098.1 | 2096.5 | 2094.9 | 2093.3 | 2091.6 | 2089.9 | 2088.1 | 2086.3 | 2084.5 | 2.325 |
| 0.5 | 2112.9 | 2111.8 | 2110.5 | 2109.3 | 2108.0 | 2106.7 | 2105.4 | 2104.0 | 2102.6 | 2101.1 | 2.583 |

### 在 4.2MPa 贮存压力、1000~1125kg/m³ 充装密度下的压力系数 Y 和密度系数 Z 值

| 管道内的压力 (MPa,表压) | Y(MPa·kg/m³) | | | | | | | | | | Z |
| --- | --- | --- | --- | --- | --- | --- | --- | --- | --- | --- | --- |
| | 0.00 | 0.01 | 0.02 | 0.03 | 0.04 | 0.05 | 0.06 | 0.07 | 0.08 | 0.09 | |
| 2.8 | 122.7 | 107.5 | 92.3 | 77.0 | 61.7 | 46.3 | 30.9 | 15.4 | 0.0 | 0.0 | 0.026 |
| 2.7 | 271.7 | 257.1 | 242.3 | 227.5 | 212.7 | 197.8 | 182.9 | 167.9 | 152.9 | 137.8 | 0.057 |
| 2.6 | 415.6 | 401.5 | 387.3 | 373.0 | 358.7 | 344.3 | 329.9 | 315.5 | 300.9 | 286.4 | 0.094 |
| 2.5 | 554.1 | 540.5 | 526.8 | 513.1 | 499.4 | 485.5 | 471.7 | 457.7 | 443.8 | 429.7 | 0.135 |
| 2.4 | 686.8 | 673.8 | 660.7 | 647.6 | 634.4 | 621.2 | 607.9 | 594.5 | 581.1 | 567.6 | 0.180 |
| 2.3 | 813.6 | 801.2 | 788.7 | 776.2 | 763.6 | 751.0 | 738.3 | 725.5 | 712.7 | 699.8 | 0.229 |
| 2.2 | 934.1 | 922.3 | 910.5 | 898.6 | 886.7 | 874.6 | 862.6 | 850.4 | 838.2 | 825.9 | 0.282 |
| 2.1 | 1048.1 | 1037.0 | 1025.8 | 1014.6 | 1003.3 | 991.9 | 980.5 | 969.0 | 957.4 | 945.8 | 0.340 |
| 2.0 | 1153.3 | 1144.9 | 1134.4 | 1123.9 | 1113.3 | 1102.6 | 1091.8 | 1081.0 | 1070.1 | 1059.1 | 0.403 |
| 1.9 | 1255.6 | 1245.9 | 1236.1 | 1226.2 | 1216.3 | 1206.3 | 1196.3 | 1186.1 | 1175.9 | 1165.7 | 0.473 |
| 1.8 | 1348.7 | 1339.7 | 1330.6 | 1321.5 | 1312.3 | 1303.0 | 1293.7 | 1284.3 | 1274.8 | 1265.2 | 0.551 |
| 1.7 | 1434.5 | 1426.2 | 1417.9 | 1409.5 | 1401.0 | 1392.5 | 1383.9 | 1375.2 | 1366.4 | 1357.6 | 0.628 |
| 1.6 | 1513.0 | 1505.4 | 1497.9 | 1490.2 | 1482.5 | 1474.6 | 1466.8 | 1458.8 | 1450.8 | 1442.7 | 0.731 |

| 管道内的压力<br>(MPa,表压) | Y(MPa·kg/m³) | | | | | | | | | | Z |
| :---: | :---: | :---: | :---: | :---: | :---: | :---: | :---: | :---: | :---: | :---: | :---: |
| | 0.00 | 0.01 | 0.02 | 0.03 | 0.04 | 0.05 | 0.06 | 0.07 | 0.08 | 0.09 | |
| 1.5 | 1584.1 | 1577.3 | 1570.4 | 1563.5 | 1556.5 | 1540.4 | 1542.3 | 1535.1 | 1527.8 | 1520.4 | 0.834 |
| 1.4 | 1647.9 | 1641.9 | 1635.7 | 1629.5 | 1623.3 | 1616.9 | 1610.5 | 1604.0 | 1597.4 | 1590.3 | 0.944 |
| 1.3 | 1704.7 | 1699.3 | 1693.9 | 1688.4 | 1682.8 | 1677.2 | 1671.5 | 1665.7 | 1659.9 | 1653.9 | 1.072 |
| 1.2 | 1754.6 | 1749.9 | 1745.2 | 1740.3 | 1735.4 | 1730.5 | 1725.5 | 1720.4 | 1715.2 | 1710.0 | 1.205 |
| 1.1 | 1798.0 | 1793.9 | 1789.8 | 1785.6 | 1781.4 | 1777.1 | 1772.7 | 1768.3 | 1763.8 | 1759.2 | 1.351 |
| 1.0 | 1835.2 | 1831.8 | 1828.2 | 1824.7 | 1821.0 | 1817.3 | 1813.6 | 1809.8 | 1805.9 | 1802.0 | 1.509 |
| 0.9 | 1866.8 | 1863.9 | 1860.9 | 1857.9 | 1854.8 | 1851.7 | 1848.5 | 1845.3 | 1842.0 | 1838.6 | 1.681 |
| 0.8 | 1893.2 | 1890.7 | 1888.3 | 1885.8 | 1883.2 | 1880.6 | 1877.9 | 1875.2 | 1872.5 | 1869.6 | 1.865 |
| 0.7 | 1914.8 | 1912.9 | 1910.8 | 1908.8 | 1906.7 | 1904.5 | 1902.4 | 1900.1 | 1897.8 | 1895.5 | 2.071 |
| 0.6 | 1932.3 | 1930.7 | 1929.1 | 1927.5 | 1925.8 | 1924.1 | 1922.3 | 1920.5 | 1918.6 | 1916.3 | 2.309 |
| 0.5 | 1945.9 | 1944.7 | 1943.5 | 1942.2 | 1940.9 | 1939.6 | 1938.2 | 1936.8 | 1935.5 | 1933.8 | 2.570 |

# 附录四　压力损失和压力损失修正系数

一、钢管内单位管道长度的压力损失(未经修正值)可按附图 4.1 确定。

二、铜管内单位管道长度的压力损失(未经修正值)可按附图 4.2 确定。

三、压力损失修正系数按附图 4.3 和附图 4.4 确定。

四、第一种和第二种壁厚系列的钢管的外径和壁厚见附表 4.1。

| 钢管的外径和壁厚 | | | 附表 4.1 |
| :---: | :---: | :---: | :---: |
| 公称通径 | | 第一种壁厚系列 | 第二种壁厚系列 |
| (mm) | (in) | 外径×壁厚<br>(mm×mm) | 外径×壁厚<br>(mm×mm) |
| 8 | 1/4 | 14×2 | 14×3 |
| 10 | 3/8 | 17×2.5 | 17×3 |
| 15 | 1/2 | 22×3 | 22×4 |
| 20 | 3/4 | 27×3 | 27×4 |
| 25 | 1 | 34×3.5 | 34×4.5 |
| 32 | 1 1/4 | 42×3.5 | 42×4.5 |
| 40 | 1 1/2 | 48×3.5 | 48×5 |
| 50 | 2 | 60×4 | 60×5.5 |
| 65 | 2 1/2 | 76×5 | 76×6.5 |
| 80 | 3 | 89×5.5 | 89×7.5 |
| 90 | 3 1/2 | 102×6 | 102×8 |
| 100 | 4 | 114×6 | 114×8 |
| 125 | 5 | 140×6 | 140×9 |
| 150 | 6 | 168×7 | 168×11 |

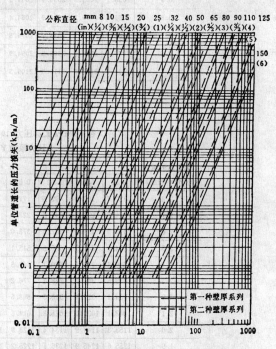

附图 4.1　钢管内卤代烷 1301 的压力损失

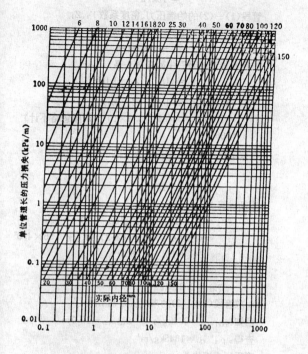

卤代烷1301的流量(kg/s)

附图4.2 铜管内卤代烷1301的压力损失

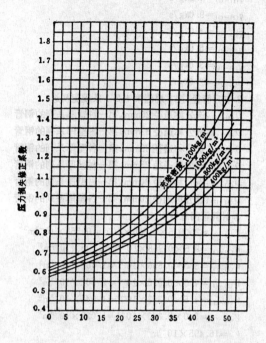

管网内灭火剂百分比(%)

附图4.4 4.2MPa贮存压力的压力损失修正系数

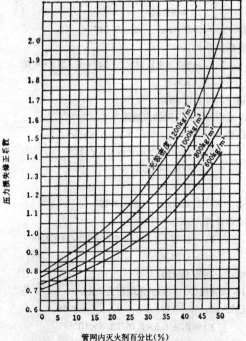

管网内灭火剂百分比(%)

附图4.3 2.5MPa贮存压力的压力损失修正系数

# 附录五 管网压力损失计算举例

一、非均衡管网压力损失计算举例。

贮存了90kg卤代烷1301的灭火系统,由附图5.1所示的非均衡管网喷出,贮存压力为4.20MPa,充装密度为800kg/m³,管网末端的喷嘴(5)、(6)、(7)在10s内需喷出的卤代烷1301分别为40kg、30kg和20kg,求管网末端压力。

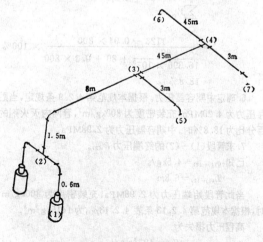

附图5.1 非均衡管网图

1. 计算各管段的平均设计流量:

$q_{(1)-(2)} = 4.5\text{kg/s}$

$q_{(2)-(3)} = 9.0\text{kg/s}$

$q_{(3)-(5)} = 4.0\text{kg/s}$

$q_{(3)-(4)} = 5.0\text{kg/s}$

$q_{(4)-(6)} = 3.0\text{kg/s}$

$q_{(4)-(7)} = 2.0\text{kg/s}$

2. 初定管径,按本规范第4.2.1条规定初选。

$D_{(3)-(4)}$:选公称通径25mm,第一种壁厚系列的钢管

$D_{(2)-(3)}$:选公称通径32mm,第一种壁厚系列的钢管

$D_{(3)-(5)}$:选公称通径25mm,第一种壁厚系列的钢管

$D_{(3)-(4)}$:选公称通径25mm,第一种壁厚系列的钢管

$D_{(4)-(6)}$:选公称通径20mm,第一种壁厚系列的钢管

$D_{(4)-(7)}$:选公称通径20mm,第一种壁厚系列的钢管

3. 计算管网总容积。

$V_{(1)-(2)} = 2 \times 0.5 \times 0.556 \times 10^{-3} = 0.556 \times 10^{-3}\text{m}^3$

$V_{(2)-(3)} = 9.5 \times 0.968 \times 10^{-3} = 9.196 \times 10^{-3}\text{m}^3$

$V_{(3)-(5)} = 3.0 \times 0.556 \times 10^{-3} = 1.668 \times 10^{-3}\text{m}^3$

$V_{(3)-(4)} = 4.5 \times 0.556 \times 10^{-3} = 2.502 \times 10^{-3}\text{m}^3$

$V_{(4)-(6)} = 4.5 \times 0.343 \times 10^{-3} = 1.544 \times 10^{-3}\text{m}^3$

$V_{(4)-(7)} = 3.0 \times 0.343 \times 10^{-3} = 1.029 \times 10^{-3}\text{m}^3$

$V_p = 16.495 \times 10^{-3}\text{m}^3$

4. 计算各管段的当量长度。

$L_{(1)-(2)} = 6.8\text{m}$(实际管长加一个容器阀与软管的当量长度)

$L_{(2)-(3)} = 12.7\text{m}$(实际管长加一个三通与一个弯头的当量长度)

$L_{(3)-(5)} = 5.5\text{m}$(实际管长加一个三通与一个弯头的当量长度)

$L_{(3)-(4)} = 4.5\text{m}$(实际管长加一个三通的当量长度)

$L_{(4)-(6)} = 7.1\text{m}$(实际管长加一个三通与一个弯头的当量长度)

$L_{(4)-(7)} = 5.6\text{m}$(实际管长加一个三通与一个弯头的当量长度)

5. 估算管网内灭火剂的百分比。

$$C_c = \frac{1123 - 0.04\rho_0}{\dfrac{M_0}{\sum\limits_{i=1}^{n} V_{pi}} + 80 + 0.3\rho_0} \times 100\%$$

$$= \frac{1123 - 0.04 \times 800}{\dfrac{90}{16.396 \times 10^{-3}} + 80 + 0.3 \times 800} \times 100\%$$

$$= 18.8\%$$

6. 确定中期容器压力。根据本规范第4.2.9条规定,当贮存压力为4.20MPa,充装密度为800kg/m³,管网内灭火剂的百分比为18.8%时,中期容器压力为2.98MPa。

7. 求管段(1)—(2)的终端压力 $P_{i(2)}$。

已知:$q_{(1)-(2)} = 4.5\text{kg/s}$

$L_{(1)-(2)} = 6.8\text{m}$

当此管段始端压力为2.98MPa,充装密度为800kg/m³时,根据本规范第4.2.13条表4.2.13 $\rho_{(1)}$ 为1415kg/m³。

高程压力损失为

$P_h = 10^{-3} \cdot \rho \cdot H_h \cdot g_n$

$= 10^{-3} \times 1415 \times 0.5 \times 9.81$

$= 10\text{kPa}$

管段(1)—(2)的始端压力、密度系数 $Y_1$、$Z_1$

$P_{1(1)} = 2.98 - 0.01$

$= 2.97\text{MPa}$

根据本规范附录三中附表3.6得

$Y_1 = 418 \qquad Z_1 = 0.098$

$Y_2 = Y_1 + Lq^2/K_1 + K_2 q^2 (Z_2 - Z_1)$

$= 418 + 6.8 \times 4.5^2/73.3 \times 10^{-2}$(末项忽略不计)

$= 605.9$

根据本规范附录三中附表3.6得

$P_{i(2)} = 2.84\text{MPa}$

$Z_2 = 0.131$

重新计算 $Y_2$

$Y_2 = Y_1 + Lq^2/K_1 + K_2 q^2 (Z_2 - Z_1)$

$= 418 + 6.8 \times 4.5^2/73.3 \times 10^{-2} + 3.56 \times 4.5^2$

$\times (0.131 - 0.098)$

$= 608.3$

$P_{i(2)} = 2.83\text{MPa}$

8. 求管段(2)—(3)的末端压力 $P_{i(3)}$。

已知:$q_{(2)-(3)} = 9.0\text{kg/s}$ $\qquad L_{(2)-(3)} = 12.7\text{m}$

查得:$\rho_{(2)-(3)} = 1345\text{kg/m}^3$

高程压力损失为

$P_h = 10^{-3} \times 1345 \times 1.5 \times 9.81$

$= 20\text{kPa}$

高程压力修正后

$P_{i(2)} = 2.83 - 0.02 = 2.81\text{MPa}$

$Y_2 = 640.3$

$Z_2 = 0.131$

$Y_3 = Y_2 + 12.7 \times 9.0^2/314.3 \times 10^{-2}$

$= 967.6$

得:$P_{i(3)} = 2.56\text{MPa}$ $\qquad Z_3 = 0.247$

重新计算 $P_{i(3)}$

$Y_3 = 967.6 + 1.17 \times (0.247 - 0.131) \times 9.0^2$

$= 978.6$

得:$P_{i(3)} = 2.55\text{MPa}$

9. 求管段(3)—(5)的末端压力 $P_{i(5)}$。

已知:$q_{(3)-(5)} = 4\text{kg/s}$ $\qquad L_{(3)-(5)} = 5.5\text{m}$

$Y_5 \approx Y_3 + 5.5 \times 4.0^2/73.3 \times 10^{-2}$

$\approx 978.7 + 120.1$

$= 1098.8$

得:$P_{i(5)} = 2.45\text{MPa}$ $\qquad Z_5 = 0.293$

重新计算 $P_{i(5)}$

$Y_5 = 1099 + 3.6 \times (0.293 - 0.247) \times 4.0^2$

$= 1101.6$

得:$P_{i(5)} = 2.44\text{MPa}$

10. 求管段(3)—(4)的末端压力 $P_{i(4)}$。

已知:$q_{(3)-(4)} = 5.0\text{kg/s}$ $\qquad L_{(3)-(4)} = 4.5\text{m}$

$Y_4 \approx Y_3 + 4.5 \times 5.0^2/73.3 \times 10^{-2}$

$\approx 978.6 + 153.5$

$= 1132.1$

得:$P_{i(4)} = 2.42\text{MPa}$ $\qquad Z_4 = 0.293$

重新计算 $P_{i(4)}$

$$Y_4 = 1132.1 + 3.6 \times (0.293 - 0.247) \times 5.0^2$$
$$= 1136.2$$

得：$P_{i(4)} = 2.42 MPa$

11. 求管段 (4)-(6) 的末端压力 $P_{i(6)}$。

已知：$q_{(4)-(6)} = 3.0 kg/s$    $L_{(4)-(6)} = 7.1 m$

$$Y_6 \approx Y_4 + 7.1 \times 3.0^2/20.66 \times 10^2$$
$$\approx 1136.2 + 309.3$$
$$= 1445.5$$

得：$P_{i(6)} = 2.13 MPa$    $Z_6 = 0.452$

重新计算 $P_{i(6)}$

$$Y_6 = 1445.5 + 9.3 \times 3.0^2 \times (0.452 - 0.293)$$
$$= 1458.8$$

得：$P_{i(6)} = 2.11 MPa$

12. 求管段 (4)-(7) 的末端压力 $P_{i(7)}$。

已知：$q_{(4)-(7)} = 2.0 kg/s$    $L_{(4)-(7)} = 5.6 m$

$$Y_7 \approx Y_4 + 5.6 \times 2.0^2/20.66 \times 10^{-2}$$
$$\approx 1136.2 + 108.4$$
$$= 1244.6$$

得：$P_{i(7)} = 2.32 MPa$    $Z_7 = 0.343$

重新计算 $P_{i(7)}$

$$Y_7 = 1244.6 + 9.3 \times 2.0^2 \times (0.343 - 0.293)$$
$$= 1246.5$$

得：$P_{i(7)} = 2.32 MPa$

将主要计算结果归纳于下表。

**管网压力损失计算结果**    附表 5.1

| 管段号 | 管段公称通径 (mm) | 长度 (m) | 当量长度 (m) | 高程 (m) | 质量流量 (kg/s) | 压力(MPa,表压) 始端 | 压力(MPa,表压) 末端 |
|---|---|---|---|---|---|---|---|
| (1)-(2) | 25 | 0.5 | 6.8 | 0.5 | 4.5 | 2.98 | 2.83 |
| (2)-(3) | 32 | 9.5 | 12.7 | 1.5 | 9.0 | 2.83 | 2.55 |
| (3)-(5) | 25 | 3 | 5.5 | 5.0 | 4.0 | 2.55 | 2.44 |
| (3)-(4) | 25 | 4.5 | 4.5 | 5.0 | 2.55 | 2.55 | 2.42 |
| (4)-(6) | 20 | 4.5 | 7.1 | | 3.0 | 2.42 | 2.11 |
| (4)-(7) | 20 | 3 | 5.6 | | 2.0 | 2.42 | 2.32 |

从以上计算结果可以看出，所计算的各管段的压力损失均很小，管网末端压力大大高于中期容器压力的一半，这是不经济的，故各管段的直径可以选择更小一些，也可以选用较低的贮存压力，只有通过对管网内灭火剂百分比进行验算和反复调整计算，才能得到一个较为经济合理的计算结果。

二、均衡管网压力损失计算举例。

贮存了 35kg 卤代烷 1301 的灭火系统，由附图 5.2 所示的均衡管网喷出，卤代烷 1301 的贮存压力为 2.50MPa，充装密度为 1000kg/m³，末端喷嘴 (3) 和 (4) 在 10s 内喷放量相等，试用图表法计算管网末端压力。

1. 计算各管段的平均设计流量。

$$q_{(1)-(2)} = 3.5 kg/s$$
$$q_{(2)-(3)} = 1.75 kg/s$$
$$q_{(2)-(4)} = 1.75 kg/s$$

2. 初定管径，按本规范第 4.2.1 条规定初选。

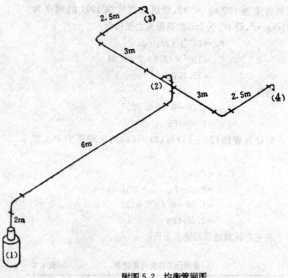

**附图 5.2 均衡管网图**

$D_{(1)-(2)}$：选公称通径 25mm，第一种壁厚系列的钢管

$D_{(2)-(3)}$ 和 $D_{(2)-(4)}$：选公称通径 25mm，第一种壁厚系列的钢管

3. 计算管网总容积 $V_{P总}$。

$$V_{P总} = 8 \times 0.556 \times 10^{-3} + 2 \times 5.5 \times 0.343 \times 10^{-3}$$
$$= 8.22 \times 10^{-3} m^3$$

4. 计算各管段的当量长度。

$L_{(1)-(2)} = 22.5 m$（包括实际管长加容器阀、三个弯头和一个三通的当量长度）

$L_{(2)-(3)} = L_{(2)-(4)}$
$$= 6.8 m（包括实际管长加二个弯头的当量长度）$$

5. 计算管网内灭火剂的百分比。

$$C'_c = \frac{1229 - 0.07 \times 1000}{\frac{35}{8.22 \times 10^{-3}} + 32 + 0.3 \times 1000} \times 100\%$$
$$= 25\%$$

6. 确定中期容器压力。根据管网内灭火剂的百分比 25%，贮存压力 2.50MPa 和充装密度 1000kg/m³，从本规范第 4.2.9 条表 4.2.9 中计算出中期容器压力为 1.79MPa。

7. 求单位管长的压力降。根据平均设计流量和管径从本规范附录四中附图 4.1 查得未修正的单位管长的压力降为：

$$P'_{(1)-(2)} = 0.0165 MPa/m$$
$$P'_{(2)-(3)} = P_{(2)-(4)}$$
$$= 0.014 MPa/m$$

根据充装密度和管网内灭火剂的百分比，从本规范附录四中附图 4.3 查得压力损失修正系数为：1.08，则修正后的单位管长的压力降为：

$$P'_{(1)-(2)} = 0.0165 \times 1.08 = 0.0178 MPa/m$$
$$P'_{(2)-(3)} = P_{(2)-(4)}$$
$$= 0.014 \times 1.08 = 0.0151 MPa/m$$

8. 计算管段 (1)-(2) 的末端压力 $P_{i(2)}$。

管段 (1)-(2) 的压力降为

$$P_{(1)-(2)} = L_{(1)-(2)} \cdot P'_{(1)-(2)}$$

$$=22.5\times0.0178$$
$$=0.40\text{MPa}$$

根据本规范第 4.2.13 条表 4.2.13，在压力为 1.79MPa、充装密度为 1000kg/m³ 时，管道内卤代烷 1301 的密度为 1310kg/m³，而 $H_h$ 为 2m，故高程压力损失为

$$P_h=10^{-3}\rho\cdot H_h\cdot g_n$$
$$=10^{-3}\times1310\times2\times9.81$$
$$=25.7\text{kPa}$$

故得：

$$P_{i(2)}=1.79-0.4-0.0257$$
$$=1.36\text{MPa}$$

9. 计算管段 (2)-(3) 与 (2)-(4) 的末端压力 $P_{i(3)}$ 或 $P_{i(4)}$。

$$P_{i(3)}=P_{i(4)}$$
$$=P_{i(2)}-L_{(2)-(3)}\cdot P'_{(2)-(3)}$$
$$=1.36-6.8\times0.0151$$
$$=1.26\text{MPa}$$

将主要计算结果归纳于下表：

管网压力损失计算结果　　　　附表 5.2

| 管段号 | 管段公称通径 (mm) | 长 度 (m) | 当量长度 (m) | 高 程 (m) | 质量流量 (kg/s) | 压力(MPa,表压) 始 端 | 压力(MPa,表压) 末 端 |
|---|---|---|---|---|---|---|---|
| (1)-(2) | 25 | 8.0 | 22.5 | 2 | 3.50 | 1.79 | 1.36 |
| (2)-(3) | 25 | 5.5 | 6.8 | | 1.75 | 1.36 | 1.26 |
| (2)-(4) | 25 | 5.5 | 6.8 | | 1.75 | 1.36 | 1.26 |

所计算的结果表明，管道末端压力达 1.26MPa，超过中期容器压力 1.79MPa 的 50%，故所选的各管段的管径可以满足设计要求，只有通过对管网内灭火剂百分比进行验算和反复调整计算后，才能得到一个较为经济合理的计算结果。

# 附录六　本规范用词说明

一、为便于在执行本规范条文时区别对待，对要求严格程度不同的用词说明如下：

1. 表示很严格，非这样做不可的用词：

正面词采用"必须"；

反面词采用"严禁"。

2. 表示严格，在正常情况下均应这样做的用词：

正面词采用"应"；

反面词采用"不应"或"不得"。

3. 表示允许稍有选择，在条件许可时首先应这样做的用词：

正面词采用"宜"或"可"；

反面词采用"不宜"。

二、条文中指定应按其它有关标准、规范执行时，写法为"应按……执行"或"应符合……的规定"。

## 附加说明

## 本规范主编单位，参加单位和
## 主要起草人名单

主 编 单 位：公安部天津消防科学研究所

参 加 单 位：机械电子工业部第十设计研究院

北京市建筑设计研究院

武警学院

上海市崇明县建设局

主要起草人：金洪斌　熊湘伟　徐才林　袁俊荣

倪照鹏　冯修远　张学魁　刘锡发

刘文镔　马　恒

中华人民共和国国家标准

# 卤代烷 1301 灭火系统设计规范

**GB 50163—92**

条 文 说 明

# 前　言

根据原国家计委计综〔1986〕2630号文件的通知，由公安部天津消防科学研究所会同机械电子工业部第十设计研究院、北京市建筑设计研究院、武警学院、上海市崇明县建设局五个单位共同编制的《卤代烷1301灭火系统设计规范》GB 50163—92，经建设部于1992年9月29日以建标〔1992〕665号文批准发布。

为便于广大设计、施工、科研、学校等有关单位人员在使用本规范时能正确理解和执行条文规定，

《卤代烷1301灭火系统设计规范》编制组根据国家计委关于编制标准、规范条文说明的统一要求，按《卤代烷1301灭火系统设计规范》的章、节、条顺序，编制了《卤代烷1301灭火系统设计规范条文说明》，供国内各有关部门和单位参考。在使用中如发现本条文说明有欠妥之处，请将意见直接函寄公安部天津消防科学研究所。

一九九二年九月

# 目　次

# 第一章 总　则

**第1.0.1条**　本条提出了编制本规范的目的，即为了合理地设计和使用卤代烷1301灭火系统，使之有效地保护该系统防护区内的人员生命和财产的安全。

卤代烷1301是一种能够用于扑救多种类型火灾的有效灭火剂。它主要是通过高温分解物对燃烧反应进行抑制，中断燃烧的链式反应，使火焰熄灭，因而具有很高的灭火效力，并且可使灭火过程在瞬间完成。此外，它还具有不导电、耐贮存、腐蚀性小、毒性较低、灭火后不留痕迹等一系列优点。以卤代烷1301为灭火介质的固定灭火系统以及其他移动式灭火设备，在国际上已广泛地应用于许多具有火灾危险的重要场所。美国、英国、法国、日本、前联邦德国等国家都已制定了有关卤代烷1301和卤代烷1211灭火系统的设计、安装、验收规范或标准。使用这些灭火系统保护图书、档案、美术、文物等大量珍贵资料的库房，散装液体库房，电子计算机房、通讯机房、变配电室等存有贵重仪器设备的场所。

我国从60年代开始研制卤代烷灭火剂，并在70～80年代对卤代烷灭火系统的应用技术进行了较全面的研究。80年代以来，根据我国社会主义现代化建设发展的需要，颁布了国家标准《卤代烷1211灭火系统设计规范》，并在现行国家标准《高层民用建筑设计防火规范》和《建筑设计防火规范》中对应设置卤代烷灭火系统的场所做出了明确规定。这对我国卤代烷灭火系统的推广应用起到了积极的促进作用。

近10年来，由于我国卤代烷1301灭火剂生产的工业化和卤代烷1301灭火系统应用技术的日趋成熟，并基于卤代烷1301灭火系统适用环境温度范围宽和对防护区人员危害小等特点，这种灭火系统的应用越来越受到研究、设计、使用和消防监督等部门的重视，采用国内研究成果或国外引进技术设计、安装的卤代烷1301灭火系统日趋增多。卤代烷1301灭火系统能否有效地保护其防护区域内人员生命和财产的安全，首要条件是系统的设计是否正确、合理。因此，建立一个统一的设计标准是至关重要的。

本规范的编制，是在对国外先进标准和国内外研究成果进行综合分析并在广泛征求国内专家意见的基础上完成的。它为卤代烷1301灭火系统的设计提供了一个统一的技术要求，使系统的设计做到正确、合理，有效地达到预期的防护目的。本规范也可以作为消防管理部门对卤代烷1301灭火系统工程设计进行监督审查的依据。

**第1.0.2条**　本条根据我国的具体情况规定了卤代烷1301灭火系统工程设计所应遵守的基本原则和达到的要求。

卤代烷1301灭火系统主要用于保护一些重点要害部位，系统的工程设计势必涉及到许多重要的经济、技术问题。因此，系统的设计必须遵循国家有关方针政策，严格执行《中华人民共和国消防条例》和其他有关工程建设方针政策的规定。

卤代烷1301灭火系统的工程设计，必须根据防护区的具体情况，选择合理的设计方案。首先应根据工程的防火要求和卤代烷1301灭火系统的应用特点，合理地划分防护区，制定合理的总体设计方案。在制定总体方案时，要把防护区及其所处的同一建筑物或构筑物的消防问题作为一个整体考虑，要考虑到其他各种消防力量和辅助消防设施的配置情况，正确处理局部和全局的关系。第二，应根据防护区的具体情况（如防护区的位置、大小、几何形状、开口通风等情况，防护区内可燃物质的种类、性质、数量和分布等情况，可能发生火灾的类型、起火源和起火部位等情况以及防护区内人员分布情况等），合理地选择采用不同结构形式的灭火系统，进而确定设计灭火剂用量、系统组件的型号和布置以及系统的操作控制形式。

卤代烷1301灭火系统设计达到的总要求是"安全可靠、技术先进、经济合理"。这是三个既独立又统一的原则。"安全可靠"是要求所设计的灭火系统在平时应处于良好的运行状态，无火灾时不得发生误动作，且不得妨碍防护区内人员的正常活动以及工作或生产的进行；在需要灭火时，系统应能立即启动并施放出必要量的灭火剂，把防护区内的火灾扑灭在初期，确保防护区内人员的安全并尽量减少火灾损失。"技术先进"则要求系统设计时尽可能采用新的成熟的先进设备和科学的设计、计算方法。

**第1.0.3条**　本条规定了本规范的适用范围和不适用范围。

一、本规范的适用范围有两层含义，即本规范所涉及的灭火系统只限于以全淹没方式灭火的卤代烷1301灭火系统，而且该系统主要用于工业与民用建筑中的火灾防护。

本规范属于工程建设中的防火专业规范，其主要任务是解决工程建设中的消防问题。因此，在本规范中把工业与民用建筑中的一些危险场所作为卤代烷1301全淹没灭火系统的主要防护对象是合情合理的，在技术上是完全可行的。现行国家标准《高层民用建筑设计防火规范》和《建筑设计防火规范》对设置卤代烷灭火系统的场所都作出了明确规定。

现行国家标准《高层民用建筑设计防火规范》规定：大、中型电子计算机房、图书馆的珍藏库，一类建筑内的自备发电机房和其他贵重设备室，应设卤代烷或二氧化碳等固定灭火装置。

现行国家标准《建筑设计防火规范》规定下列部位应设卤代烷或二氧化碳灭火设备：

1. 省级或超过 100 万人口城市电视发射塔微波室；

2. 超过 50 万人口城市通讯机房；

3. 大中型电子计算机房或贵重设备室；

4. 省级或藏书量超过 100 万册的图书馆，以及中央、省、市级文物资料的珍藏室；

5. 中央和省、市级的档案库的重要部位。

虽然本规范规定的设计原则和主要参数基本适用于交通运输设备和地下矿井等危险场所内卤代烷 1301 灭火系统的设计，但是，执行本规范时，应注意到扑救这些危险场所的火灾有其特殊要求。如火车、汽车、轮船、飞机等交通运输设备发生火灾时，可燃物可能处在流动的空气中；地下矿井也有特殊的通风要求；人员疏散也是一个必须考虑的重要因素。因此，在这些危险场所采用卤代烷 1301 灭火系统时，必须充分考虑环境条件的影响。在设计前，应针对具体条件，通过试验取得专用的设计参数并提出相应的技术要求。

本规范对卤代烷 1301 全淹没灭火系统适用场所的规定与国外一些标准的规定基本上是一致的。例如，国际标准 ISO/DIS7075/1《消防设备—卤代烷自动灭火系统》第一部分：卤代烷 1301 全淹没系统中规定，其规则只适合于封闭空间内的固定灭火系统。对于某些特殊用途（例如航海、航空、汽车、地铁等），必须考虑附加的条件。前联邦德国标准 DIN14496《固定式卤代烷灭火剂灭火设备》中规定，其标准适用于建筑物和工厂的卤代烷灭火剂固定式灭火设备，而不适用于航海、航空领域和地下矿井的设备。英国标准 BS 5306《室内灭火装置与设备实施规范》中也作出了卤代烷全淹没灭火系统标准适用于建筑物或工厂中的规定。

二、本规范中只规定适用于卤代烷 1301 全淹没灭火系统的设计而未涉及局部应用系统的设计，是根据以下情况确定的。

1. 卤代烷局部应用系统是一种直接向被保护对象或局部危险区域喷射高浓度卤代烷灭火剂的灭火系统。它可用于没有固定封闭空间的危险区，也可用于防护大型封闭空间中的局部危险区。局部应用系统主要用于保护液体贮罐、淬火油槽、雾化室、充油变压器、蒸气通风口等危险部位，它与全淹没系统的灭火方式有很大的差别。按照局部应用系统的灭火要求，具有较低的挥发性和较高液体密度的卤代烷灭火剂（如卤代烷 1211 和卤代烷 2402），更宜于作为局部应用系统的灭火剂，这是因为它们有利于像液体喷雾那样喷向火区，并可较长时间包围火区，有利于灭火。但迄今为止，我国仅对卤代烷 1211 局部应用系统在浮顶油罐上进行了一些初步试验应用，对卤代烷 1301 局部应用系统的应用研究试验尚属空白。因此，从国内现在的情况看，卤代烷 1301 局部应用系统还不具备进行工程设计与应用的条件。

2. 目前国外对卤代烷局部应用系统的研究，尚未取得实用性的成果。英国、法国、前联邦德国等国家和国际标准化组织到目前为止尚未颁布有关卤代烷局部应用系统的标准，尽管英国对卤代烷 1211 局部应用系统进行了较长时间的研究，英国与国际标准化组织制定了编制卤代烷 1211 局部应用系统的设计规范计划，但均未正式开始实施，且均未涉及到卤代烷 1301 局部应用系统的问题。

美国 NFPA 标准 NFPA12A 和 NFPA12B 虽然包括了卤代烷 1301 和卤代烷 1211 局部应用系统的内容，但它所规定的内容都是一些理论性的原则和基本知识，不能作为工程设计的规范。正如美国 NFPA 防火手册中所指出的：在 NFPA12A 和 NFPA12B 中给出的有关卤代烷局部应用系统的材料主要是理论性的，这些材料打算提供给设备生产厂和试验室用于设计和评价局部应用系统组件。卤代烷局部应用系统中最关键的部件是喷嘴，特别是它的应用条件，但到目前为止，不论是卤代烷 1301 局部应用系统的喷嘴，还是卤代烷 1211 局部应用系统的喷嘴，都没有一个得到注册或被检测试验室批准。

鉴于以上情况，本规范的内容中未将局部应用系统的内容包括进去，视将来条件成熟的情况，再将这部分内容补充到本规范中或单独编制《卤代烷 1301 局部应用系统设计规范》。

三、本规范规定不适用于卤代烷 1301 抑爆系统。抑爆系统是一种控制爆炸危险的特殊系统，主要用于密闭的容器或生产设备，如易燃液体贮罐、煤的粉碎加工设备、饲料和粮食加工设备以及塑料研磨设备等。该系统一般由自动探测器和自动抑爆装置（自动高强度喷射灭火器）组成。自动探测器可在爆炸的初始阶段将爆炸检出，并立即启动自动抑爆装置，以高强度迅速向防护空间排放抑爆剂，并使抑爆剂迅速充满整个空间，抑制燃烧反应和爆炸压力的上升，将爆炸压力控制在容器或设备的破坏压力以下。自爆炸开始，至探测器检出和抑爆剂施放完成，整个过程一般在几十毫秒内完成。由此可见，抑爆系统与灭火系统在设计原理和应用技术上有着显著的差别。因此，在国外一般把抑爆系统作为一类特殊系统而制定专门的规范，如美国 NFPA69《防爆系统标准》和国际标准化组织在制定的防爆系统标准 ISO/DP6184 等。这些标准中都包括了卤代烷抑爆系统标准。

我国目前尚未开展卤代烷抑爆系统的研究试验，更未见该系统的设计与应用。因此，不论是将这部分内容纳入本规范，还是制定专门的卤代烷抑爆系统设计规范，都不具备条件。

**第 1.0.4 条** 本条规定了卤代烷 1301 灭火系统适用扑救的火灾类型，即适用扑救气体、液体火灾，固体的表面火灾及带电的设备与电气线路火灾。

我国采用卤代烷 1301 对可燃液体火灾作过一些试验，结果表明卤代烷 1301 扑救上述物质火灾迅速有效。

国外的有关试验也证明卤代烷 1301 对扑救液体火灾及电气设备火灾很有效。对固体物质的表面火灾，一般用 5% 左右浓度的卤代烷 1301 就够了，而对其深位火灾，则往往需 20%～40% 浓度的卤代烷 1301 且需 5～30min 或更长的浸渍时间才能完全扑灭。

下面是美国安索尔（ANSUL）公司对固体物质所做的一些灭火试验结果。

1. 扑灭固体物质的表面火灾需用 5.1% 浓度的卤代烷 1301。

2. 用 5.1% 浓度的卤代烷 1301 不能完全扑灭固体物质的深位火灾，但能扑灭燃烧火焰并降低其燃烧速度至复燃点以下。

3. 用 11.8% 浓度的卤代烷 1301 不能立即扑灭固体物质的深位火灾，但能扑灭燃烧火焰并迅速降低燃烧速度，浸渍大约 15min 后即可完全扑灭。

4. 用 21% 浓度的卤代烷 1301 可立即扑灭固体物质的深位火灾。

5. 灭火试验中可产生 0～33ppm 的 HF 和 0～26.3ppm 的 HBr。

6. 卤代烷 1301 对电气设备的运转无影响。

7. 卤代烷 1301 对金属或设备无明显腐蚀作用。

以上试验也说明，卤代烷 1301 灭火系统对扑救本条规定的适用范围内的火灾是有效的。

本条还参照了国外同类标准的有关规定。

美国 NFPA12A《卤代烷 1301 灭火系统标准》中规定：用卤代烷 1301 系统可以满意地保护下列较重要的危险场所或设备：

（a）易燃液体和气体；

（b）电气设备，如变压器、油开关、断路器和旋转电气装置；

（c）使用汽油和其他易燃燃料的发动机；

（d）普通可燃物，如纸张、木材和纺织品；

（e）危险固体；

（f）电子计算机，数学程序装置和控制室。

英国 BS 5306 第五部分，5.1 章"卤代烷 1301 全淹没系统"中也有类似规定：卤代烷 1301 全淹没系统可用于扑救 BS4647 中定义的固体、可燃性液体和可燃气体火灾。如果发生可燃气体火灾，应注意考虑灭火后的爆炸危险。

国际标准 ISO/DIS7075/1 之第一部分以及法国标准 NFS62—101 等规范中都有类似规定。

在执行本条规定时，应注意以下几个方面的问题：

一、本条仅规定了可用卤代烷 1301 灭火系统来扑救的火灾类型，而不是对应设置卤代烷 1301 灭火系统的场所进行规定。这些物质的火灾在防护区内应是卤代烷 1301 灭火系统防护的主要对象。由于卤代烷 1301 灭火系统的使用主要是为扑救防护区内的初期火灾，而这种火灾用手提式灭火器是很难扑灭的，因此设计中应首先考虑防护区内着火源的火灾危险性大小及首先引燃的可燃物的数量与性质，以此来确定该防护区内的火灾为何种类型。

二、一个具有火灾危险的场所是否应用卤代烷 1301 灭火系统来防护，主要根据下列因素来考虑：

1. 防护区内的防护对象为精密仪器、设备或其他不宜采用灭火后将残留污染物的灭火剂时，可选用灭火后对防护对象无任何损害而又无需进行清洁的灭火剂。

2. 防护对象为电气、电子设备，要求使用绝缘性好的灭火剂。

3. 防护对象为贵重设备和物品，要求使用灭火效率高、灭火快的灭火剂。

4. 防护区内经常有人工作或防护区的最低环境温度有可能达到 0～−30℃ 时，应用卤代烷 1301。

三、采用卤代烷 1301 灭火系统保护建、构筑物的一部分时，应把整个建、构筑物的消防问题作为一个整体来全面考虑，诸如消防通讯、消防紧急广播、消火栓供水系统及手提式灭火器等辅助消防设施。一般来讲卤代烷 1301 灭火系统只用来保护建、构筑物内部发生的火灾；而建、构筑物本身发生的火灾，宜用其他灭火剂扑救。对于无法使用其他灭火系统或使用卤代烷 1301 全淹没灭火系统不经济，而必须使用卤代烷 1301 局部应用系统时，应参照本规范，并由生产厂进行实际试验后再行使用。考虑到卤代烷 1301 自身的物理性质，卤代烷局部应用系统主要使用卤代烷 1211。

四、当防护区内存在能够引起爆炸危险的可燃气体、蒸气或粉尘时，应按照现行国家标准《建筑设计防火规范》中的有关规定，采取防爆泄压措施，如开泄压口等。

五、对于可燃固体的火灾，本条规定可用卤代烷 1301 灭火系统扑灭其表面火灾，不宜用于扑救可燃固体的深位火灾。从前述美国安索尔（ANSUL）公司的试验中可明显看出：可燃固体火灾一旦发展成深位火灾或着火源就在可燃固体的内部，则必须使用很高的灭火浓度并维持较长的浸渍时间，才可能将火灾完全扑灭。显然这是不经济的，在实际设计与实施过程中要在长时间内维持高浓度的灭火剂亦较困难。

在设计中，有关人员要确定某种固体可燃物是否将会产生深位火灾，固体火灾燃烧到什么程度才算深位火灾，深位火灾具有哪些特征等诸如此类的问题，国内外虽曾做过大量实际灭火试验，但迄今还没有得出比较明确的答案。对于扑灭深位火灾，也没有找到计算灭火剂用量的可靠依据。

美国 NFPA12A《卤代烷 1301 灭火系统标准》认

为：如果用5%浓度的卤代烷1301在10min的浸渍时间内不能灭火，就认为是深位火灾。英国BS 5306中称深位火灾是指固体可燃物在预燃一段时间后，产生大量的灼热余烬，并不能用通常采用的卤代烷1301浓度完全扑灭的火灾。

产生深位火灾一般有两种可能性。一种是着火源在固体可燃物的内部，通常表现为阴燃，并在无外界条件影响时可持续阴燃很长时间。这种火灾用卤代烷1301一般很难扑灭，而宜用水等以冷却为主要灭火作用的灭火剂。另一种是着火源在固体可燃物的表面或因其他火灾蔓延引起，由于未及时扑灭，燃烧时间较长而发展成的深位火灾。这种情况采用高浓度的卤代烷1301并浸渍较长时间后可扑灭，但不切实可行。深位火灾的形成与灭火前该物质的燃烧时间、材质及堆放方式、周围环境有很大关系。

**第1.0.5条** 正如其他灭火剂有其局限性一样，卤代烷1301对于某些物质火灾很难扑救或不起灭火作用。

卤代烷1301灭火剂不能扑救的火灾主要包括两类物质的火灾。第一类是本身含有氧原子的强氧化剂。这些氧原子可以供燃烧之用，在具备燃烧的条件下能与可燃物氧化结合成新的分子，反应激烈。但卤代烷1301灭火剂的分子不能很快渗入到其内部起化学作用，将火灾扑灭。当卤代烷1301干扰燃烧反应时，由于其断链作用比这些可燃物的氧化反应弱而无法获得较大效果。因而对于这些强氧化剂的火灾，采用冷却型灭火剂较为可行。这类物质主要包括硝化纤维、炸药等火工品，氧化氮、氟等强氧化剂和过氧化氢、过氧化钠、过氧化钾等能自行分解的化学物质。

第二类主要是化学性质活泼的金属和金属的氢化物，如钠、钾、钠钾合金、镁、钛、锌、锶、钙、锂、铀和钚等以及四氢化锂铝、氢化钠、氢化钾等。这类物质在具备燃烧条件下，还原力极强，遇水有爆炸危险。卤代烷1301的断链反应速度远不及这些物质的氧化反应速度，难以干扰燃烧进程，因而不能用卤代烷1301来扑救，而应视具体情况采用砂子、金属火灾专用灭火剂等来灭火。

在执行本条规定时，遇有下述情况，设计人员仍可考虑采用卤代烷1301灭火系统。一是一座建、构筑物中同时存有其他可燃物和上述危险物，但能断定在用卤代烷1301扑灭其他物质火灾前，不会引燃上述危险物。二是上述危险物质数量少，即使燃烧起来也不会对所保护的建、构筑物及其内部设备产生损害，而该建、构筑物内的其他物质或设备需要保护时，可采用卤代烷1301灭火系统。

**第1.0.6条** 本条主要根据卤代烷1301的物理性质和国内外气体灭火系统应用情况确定的。卤代烷1301在常压下的沸点很低，为−57.8℃。当把它喷入防护区内后，在较低的环境温度下也能迅速气化，

分布较均匀。它的毒性是灭火剂毒性分类中最低的一类，比二氧化碳和卤代烷1211都低。

二氧化碳灭火系统主要依赖窒息作用来灭火，即通过向防护区空间内喷入大量的二氧化碳来稀释和降低空间中的可燃气体和氧气的浓度，从而达到抑制和扑灭火灾的目的。其冷却降温的作用，在灭火过程中是次要的因素。通常二氧化碳的设计灭火浓度为30%～50%（体积比），最高的则达75%（体积比）。因此二氧化碳灭火系统只能用于无人场所，不能在经常有人工作或居住的地方安装使用。再者，二氧化碳的灭火效能较低，灭火浓度较高，相应地，设备较多，占地面积较大，一次投资也较高。故近年来在若干应用场所，如电子计算机房等，已被灭火效能高的卤代烷灭火系统所代替。

卤代烷灭火系统是通过卤代烷灭火剂对燃烧反应的化学抑制作用即负催化作用而迅速灭火的。

卤代烷1301的灭火效能和卤代烷1211差不多，但其毒性低于卤代烷1211。在对人体的实验研究中，当卤代烷1301浓度在14%时，接触几分钟后，出现心律不齐现象，但转至新鲜空气处后，又恢复正常。而对于卤代烷1211，当人员接触浓度为4%，持续时间为1min左右时，对人员的中枢神经就有影响。因而目前世界各国在电子计算机房、通讯机房、文物图书档案库等场所，以及飞机、轮船、装甲车、坦克，海上平台等处广泛使用的是卤代烷1301灭火系统。

在美、法、日和国际标准化组织的标准中都规定对于经常有人工作或居住的场所，仅允许安装使用卤代烷1301全淹没灭火系统。国内近年来广泛使用的是卤代烷1211灭火系统。但卤代烷1301灭火系统也在逐步推广，并已在不少地方安装使用，如文物库、配电室、图书馆、计算机房、海上平台等场所。目前我国已有一些厂家生产出了卤代烷1301灭火系统的主要组件，并具备安装能力。

为此，本条规定在有关规范中规定应设置卤代烷或二氧化碳自动灭火设备的场所，如其最低环境温度低于0℃或经常有人工作，设计中应优先选用卤代烷1301灭火系统。

本条文中"国家有关建筑设计防火规范"主要指：

1.《建筑设计防火规范》；

2.《高层民用建筑设计防火规范》；

3.《人民防空工程设计防火规范》；

4.《洁净厂房设计规范》等。

**第1.0.7条** 本条规定是为了保证卤代烷1301灭火系统工程质量而规定的。系统中所采用的产品包括灭火剂和组件，以及操作、控制设备。

**第1.0.8条** 本条规定中所指的"现行的国家有关标准、规范"，除在本规范中已指明的外，还包括

以下几个方面的标准、规范。

1. 防火基础标准与有关的安全基础标准；
2. 有关的工业与民用建筑防火标准、规范；
3. 有关的火灾自动报警系统标准、规范；
4. 有关卤代烷灭火系统部件、灭火剂标准；
5. 其他有关的标准。

# 第二章　防　护　区

**第 2.0.1 条**　本条规定防护区应以固定的封闭空间划分，这是由于卤代烷 1301 灭火剂在常温常压下呈气态，采用全淹没方法灭火时，必须有一个封闭性好的空间，才能建立扑灭被保护物火灾所需的灭火剂设计浓度，并能保持一定的浸渍时间。

在执行本条规定时，关于如何划分防护区则应根据封闭空间的结构特点和位置确定。考虑到一个防护区包括两个或两个以上封闭空间时，要使设计的系统能恰好按各自所要求的灭火剂量同时施放给这些封闭空间是比较困难的，故当一个封闭空间的围护结构是难燃烧体或非燃烧体，且在该空间内能建立扑灭被保护物火灾所需的灭火剂设计浓度和保持一定的浸渍时间时，宜将这个封闭空间划为一个防护区。若相邻的两个或两个以上的封闭空间之间的隔断物不能阻止灭火剂流失而影响灭火效果或不能阻止火灾蔓延时，应将它们划为一个防护区，并应确保每个封闭空间内的灭火剂浓度以及灭火剂的浸渍时间均能达到设计要求。国外同类标准也有类似规定。如美国 NFPA12A 标准中规定：卤代烷 1301 系统可通过选择阀来保护一个或多个危险场所，当两个或多个危险场所由于彼此相邻而可能同时起火时，每个危险场所可以用一个独立的系统来保护，这个系统的规模和布置必须使喷射的灭火剂同时覆盖所有危险场所。国际标准 ISO/DIS7075/1 规定：当两个或两个以上相邻的封闭空间可能同时发生火灾时，这些封闭空间应按下述方法之一保护：(a) 设计的各个系统可同时工作；(b) 一个单元独立系统的规模和布置使灭火剂能释放到所有可能同时发生危险的封闭空间。

本条规定："当采用管网灭火系统时，一个防护区的面积不宜大于 500m²，容积不宜大于 2000m³。"这是根据以下情况提出的：

一、在一个防护区建立需要的卤代烷 1301 灭火剂量与防护区的容积成正比。防护区大，需要的灭火剂量多。同时，输送灭火剂的管道通径和管网中离贮存器最近的喷头与最不利点喷头之间的管道容积增大，使灭火剂在管网中的剩余量增加，故系统所贮存的灭火剂量也很大，造成系统成本增高。在一个大的防护区内，同时发生多处火灾的可能性极小，不如采用非燃烧体隔墙将其划分成几个较小的防护区，采用组合分配系统来保护更为经济。

二、为了保证人身安全，本规范第 7.0.1 条规定，在施放卤代烷 1301 灭火剂之前应使人员能在 30s 内疏散完毕。当防护区过大时，人员将难以迅速疏散出去。

三、当保护区过大时，输送灭火剂的管网将相应增长，这将出现两个不利因素，一是为了保证喷嘴的正常喷射，需要较高的贮存压力；二是从贮存容器启动到喷嘴开始喷灭火剂的时间，即灭火剂充满管道的时间增加，这对要求迅速扑灭初期火灾是不利的。本规范已规定管网内卤代烷 1301 的百分比不应大于 80％，这也就限制了输送灭火剂管道的最大长度。

四、目前国内采用卤代烷 1301 灭火系统的防护区，其最大面积和容积分别在 500m² 和 2000m³ 以下，还没有设计更大系统的成熟经验。此外，我国所生产的系统主要部件尺寸较小，也难以保护更大的防护区。

为了保证安全，节省投资，根据我国目前卤代烷 1301 灭火剂的生产技术水平等具体情况，对保护区的最大面积与容积给予适当的限制是必要的。

本条又规定："当采用预制灭火装置时，一个防护区的面积不宜大于 100m²，容积不宜大于 300m³。"这是根据以下情况确定的：预制灭火装置是一种结构较简单的小型轻便式灭火系统，具有工程设计简单、安装方便等优点。作为全淹没系统时，要保证在规定的灭火剂喷射时间将全部灭火剂施放到防护区内，并保证其均匀分布。单个卤代烷 1301，预制灭火装置不可能设计得很大，一个防护区内布置的数量较多，可靠性也就越低。这类灭火装置均布置在防护区内，一旦失火，如果有个别装置不能按规定开启，又无法采取机械式应急操作。为了保证防护区的安全，故有必要对预制灭火装置的应用范围给予限制。根据我国目前需要设置卤代烷防护区的具体情况，这一类装置宜设在面积为 100m²，容积 300m³ 以下的防护区内。

**第 2.0.2 条**　本条规定了全淹没系统防护区的建筑构件的最低耐火极限，系根据以下情况提出的：

一、为了保证采用卤代烷 1301 全淹没系统能完全将建筑物内的火灾扑灭，防护区的建筑构件应有足够的耐火极限，以保证卤代烷 1301 完全灭火所需的时间。完全灭火所需要的时间一般包括火灾探测时间、探测出火灾后到施放灭火剂之前的延时时间、施放灭火剂的时间和灭火剂的浸渍时间。这几段时间中灭火剂的浸渍时间是最长的一段，但是在不考虑扑救固体物质深位火灾的情况下，一般有 10min 就足够了。因此，完全扑灭火灾所需要的时间一般在 0.25h 内。若防护区的建筑构件的耐火极限低于这一值，有可能在火灾尚未完全熄灭前就被烧坏，使防护区的密闭性受到破坏，造成灭火剂的大量流失而导致复燃。

二、卤代烷 1301 全淹没系统，只能用于具有固定封闭空间的防护区，也就是只能用来扑救建筑物内部可燃物的火灾，对建筑物本身的火灾难以起到有效的保护作用。为了防止防护区外发生的火灾蔓延到防护区内，因此要求防护区的隔墙和门应有一定的耐火极限。

三、关于防护区的隔墙和门的耐火极限的规定参考了国外同类标准的有关规定。如英国标准 BS5306 标准规定封闭空间墙壁和门的耐火极限不小于 0.5h；美国标准 NFPA12A 规定：不仅要达到一个有效的灭火浓度，而且要维持一段足够的时间，以便受过训练的人员采取有效的应急措施……，卤代烷 1301 灭火系统通常提供数分钟的保护时间，而且对某些应用场所特别有效。该标准还提出：在危险物周围有固定封闭空间的地方，可能使用该类型系统，这个封闭空间足够能建立所需要的浓度，并维持所需时间以保证有效地扑灭危险场所内的特殊易燃品火灾。

**第 2.0.3 条**  本条规定了防护区的门窗及围护构件的允许压强，这是根据以下情况确定的：在一个密闭的防护区内迅速施放大量灭火剂时，空间内的压强也会迅速增加，如果防护区不能承受这个压强，则会被破坏，从而造成灭火失败。因此，必须规定其最低的耐压强度。美国 NFPA12A 标准中给出了轻型建筑的允许压强为 1.2kPa，标准建筑为 2.4kPa，拱顶建筑为 4.8kPa 的指导数据。本条规定的 1.2kPa，即要求防护区围护构件的耐压强度应大于轻型建筑的强度。

在执行本条规定时应注意的一点是，门、窗上的玻璃也是围护构件。目前所采用的普通玻璃，抗温度激变性和弯曲强度是难以满足使用要求的。如果门、窗上的玻璃耐压强度不够，以致在施放灭火剂时破裂，就有可能使灭火剂大量流失而导致灭火失败。因此，在设计时应对防护区门、窗玻璃的允许压强进行校核。

**第 2.0.4 条**  本条关于防护区围护构件上不宜设置敞开孔洞的规定是根据以下情况确定的：

一、采用卤代烷全淹没系统应有一个封闭良好的空间，才能使气态卤代烷灭火剂均匀分布并保持一段需要的时间，达到扑灭火灾的目的。防护区有开口存在是非常不利的，首先，开口会造成大量的灭火剂流失；第二，防护区的火灾可能通过开口蔓延到邻近的建筑物中；第三，要使具有较大开口的防护区在规定的浸渍时间内保持灭火剂的灭火浓度，需要增加大量的灭火剂。例如一个有 1m 宽、1.8m 高开口的防护区，保持 5% 的灭火剂浓度，采用延续喷射法，每秒需要补充 0.24kg 卤代烷 1301，10min 的浸渍时间则要求补充 144kg 卤代烷 1301。又如开口大小与上例相同的一个 1000m³ 的防护区，采用过量喷射法，要求 15min 浸渍时间后防护区仍能保持 5% 的灭火剂浓度，则开始喷入的灭火剂浓度高达 12%，需要多喷入卤代烷 1301 达 527kg。在此例中，开口面积与防护区容积之比仅为 0.018，相对开口面积很小。

采用延续喷射法补偿开口流失，需要另设置一套延续喷射的系统，在技术上较复杂。采用过量喷射法补偿开口流失，为了使防护区在整个浸渍时间内保证卤代烷 1301 均匀分布，需要采用机械搅拌装置，且需补充大量的灭火剂。从经济和安全两方面考虑，防护区围护构件上不宜设置敞开孔洞。

二、关于防护区开口的规定，参考了国际标准和英、美、法等国家有关标准的规定：英国标准 BS5306 标准中规定：可以关闭的开口，应在灭火剂开始释放之前使其自动关闭，应使不能关闭的开口面积保持最小。美国标准 NFPA12A 标准中规定：对各种类型火灾，不能关闭的开口面积必须保持到最小限度。

英、美等有关标准中关于不能关闭的开口面积必须保持到最小限度的含义，与本条规定是一致的。

针对我国设置卤代烷灭火系统防护区的具体情况，在执行这条规定时应注意按以下原则处理防护区的开口问题：

一、防护区尽量不开口。

二、凡能关闭的开口应尽可能采用自动关闭装置。小的开口可以安装防火阀；大的开口可以设用气动、电动或感温元件控制的防火卷帘。

**第 2.0.5 条**  本条对防护区内的泄压口作了规定。

一、国际标准 ISO/DP7075/1 提出：封闭空间的泄压口对降低由于大量释放卤代烷 1301 而引起的压力升高是必要的。适当的泄压取决于卤代烷 1301 的喷射速率和封闭空间的强度。法国 NFS 62—101 标准中提出：在封闭空间内设有泄压口是必要的，这是为泄降由于卤代烷 1301 大量喷射所造成的超压。泄压口的特性是卤代烷 1301 注入速率和封闭空间强度的函数。

二、为了防止防护区因设置泄压口而造成过多的灭火剂流失，泄压口的位置应尽可能开在防护区的上部。本条规定了其位置宜设在外墙上，其底部距室内地面的高度应大于室内净高的 2/3，系参照日本有关标准的规定确定的。

三、在执行本条规定时应注意两点：一是采用全淹没系统保护的大多数防护区都不是完全密闭。有门窗的防护区，一般都有缝隙存在，通过门窗四周缝隙所泄漏的气体，将阻止空间内压力的升高，这种防护区一般不需要再开泄压口。此外，已设有防爆泄压口的防护区，也不需要再另开泄压口。二是防护区围护结构的最低允许压强应考虑门、窗玻璃。如果门、窗玻璃不能承受施放灭火剂时所产生的压强，则应将其作为开口考虑。由于开口会造成大量灭火剂流失，因此建议防护区门、窗上的玻璃的允许压强不要低于建筑物的允许压强。

**第 2.0.6 条**  本条规定的计算泄压口面积的公式

是根据英国 BS5306 标准的规定，与国际标准 ISO/DP7075/1 标准规定的计算公式是一致的。该公式的推导如下：

向一个完全密闭的防护区施放卤代烷 1301，空间内的压强亦随之升高，压强的升高程度与空间的密闭性和施放的灭火剂浓度有关，此外灭火剂增压用氮气也将进入防护区引起压力升高，但这一压力升高值较小，一般可忽略不计。

假定防护区施放卤代烷 1301 时温度不变，则空间内的压力升高值可用下式计算：

$$P_v = 10^5 \varphi \qquad (2.0.6-1)$$

式中　$P_v$——防护区内的压力升高值（Pa）；

　　　$\varphi$——卤代烷 1301 的浓度。

根据美国 NFPA12A 所提供的资料，建筑物的最高允许压强见表 2.0.6。

当向一个完全密闭的防护区内施放 5% 体积浓度的卤代烷 1301 时，空间内的压强将增加 5000Pa，超过了建筑物的最高允许压强，如不开泄压口，建筑物将被破坏。

**表 2.0.6　建筑物的最高允许压强**

| 建筑物类型 | 最高允许压强（Pa） |
|---|---|
| 轻型建筑 | 1200 |
| 标准建筑 | 2400 |
| 拱顶建筑 | 4800 |

关于计算泄压口面积的公式，系用流体力学的基本理论推导的，分析如下：

当喷入防护区空间内的卤代烷 1301 的体积流量，等于通过泄压口排出的混合气体的体积流量时，空间内的压力就不再升高，防护区只要能承受这一压力就不会破坏。

泄压示意图如下。

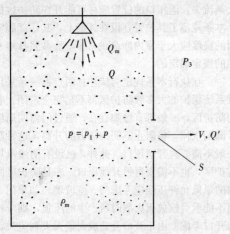

图 2.0.6　泄压示意图

当防护区内压力为 $P_1$ 时，则流出泄压口的混合

气体的流速 $V$ 服从伯努力方程，即：

$$P_1 = P_3 + \frac{\rho_m V^2}{2000} \qquad (2.0.6-2)$$

得：

$$V = \sqrt{2000(P_1 - P_3)/\rho_m}$$
$$= \sqrt{2000 P_2/\rho_m} \qquad (2.0.6-3)$$

经泄压口流出的混合气体体积流量 $Q'$ 又用下式计算：

$$Q' = KSV$$
$$= K \cdot S \cdot \sqrt{2000 P_2/\rho_m} \qquad (2.0.6-4)$$

当空间内的压强不再升高时，通过泄压口流出的混合气体的体积流量与卤代烷 1301 的体积流量相等，即：

$$Q' = Q = \frac{\overline{Q}_m}{\rho}$$

或：

$$KS\sqrt{\frac{2000 P_2}{\rho_m}} = \frac{\overline{Q}_m}{\rho} \qquad (2.0.6-5)$$

因 $\rho = \dfrac{1}{\mu}$，$\rho_m = \dfrac{1}{\mu_m}$，将其代入 (2.0.6-5) 式中，并整理后，得：

$$S = \frac{\mu \overline{Q}_m}{K \cdot \sqrt{2000 \mu_m P_2}} \qquad (2.0.6-6)$$

取 $K = 0.66$，则：

$$S = \frac{\mu \overline{Q}_m}{0.66\sqrt{2000 \mu_m \rho}}$$
$$= \frac{0.0339 \mu \overline{Q}_m}{\sqrt{\mu_m \rho}} \qquad (2.0.6-7)$$

式中　$\overline{Q}_m$——卤代烷 1301 的质量流量（kg/s）；

　　　$Q$——卤代烷 1301 的体积流量（$m^3/s$）；

　　　$\rho$——卤代烷 1301 蒸气的密度（$kg/m^3$）；

　　　$\rho_m$——室内混合气体的密度（$kg/m^3$）；

　　　$P_2$——防护区内的压力（绝对压力，kPa）；

　　　$P$——防护区内的压力升高值（kPa）；

　　　$P_3$——室外大气压力（绝对压力，kPa）；

　　　$S$——泄压口面积（$m^2$）；

　　　$K$——泄压口流量系数；

　　　$V$——通过泄压口流出的混合气体的流速（m/s）；

　　　$g$——重力加速度（$9.81m/s^2$）；

　　　$Q'$——通过泄压口流出的混合气体的体积流量（$m^3/s$）；

　　　$\mu$——卤代烷 1301 蒸气比容（$m^3/kg$）；

　　　$\mu_m$——室内混合气体比容（$m^3/kg$）。

上面所推导的 (2.0.6-7) 式与本条中规定的公式是一致的，只是系略略大。若 $\mu_m$ 取全部灭火剂喷入防护区时的混合气体比容 $\mu_m$，$Q_m$ 取平均流量（$\overline{Q}_m$），则系数应按本条规定的值取。

**第 2.0.7 条**　本条主要根据我国经济状况和灭火系统在某些情况下的实际效用制定的。

如果防护区数目较多且大小相近，位置邻近，火灾危险性相似，隔墙耐火性能均符合要求，可采用一个或几个组合分配系统来保护。即用一套灭火剂贮存装置，通过选择阀与各防护区对应的管网连接起来。发生火灾时，由控制装置打开相应的选择阀而把灭火剂向火灾区域施放从而灭火。显然这将会大大减少灭火系统的设备投资，节约资金。但一个组合分配系统保护的防护区个数不宜过多，即防护区面积和容积不能太大，输送管道不宜太长。

# 第三章 卤代烷1301用量计算

## 第一节 卤代烷1301设计用量与备用量

**第3.1.1条** 本条规定了卤代烷1301设计用量应包括设计灭火用量或设计惰化用量、剩余量，说明如下：

一、对于全淹没灭火系统，为了保证将火灾扑灭，必须使防护区内卤代烷1301达到设计浓度，并且要维持一定的灭火剂浸渍时间。但在喷射时间后残留在系统内的卤代烷1301剩余量对迅速形成灭火浓度不起作用，为了保证设计灭火用量，设计时必须考虑这一部分灭火剂量。

二、本条未将防护区围护构件上的敞开孔洞和机械通风可能造成的灭火剂流失量包括在设计用量之中。因为在本规范第2.0.4条中已规定不宜设置敞开孔洞，当必须设置敞开孔洞时，应设关闭装置。关于机械通风，本规范第6.0.3条中规定：卤代烷1301灭火系统的操作和控制，应包括需要与系统联动的设备，如开口自动关闭装置、通风机械和防火阀等。这样做主要考虑两点：一是如果采用补偿的方式来保证有机械通风时的设计灭火用量，所需的卤代烷1301补偿量很大，很不经济，不宜采用；再就是从目前的调查情况看，机械通风和通风管道的防火阀在火灾时都可以关闭。这样做也符合我国国民经济的发展水平。

**第3.1.2条** 本条规定了组合分配系统卤代烷1301设计用量的确定原则，组合分配系统是由一套卤代烷1301灭火系统同时保护多个防护区的系统形式。这些防护区一般不会同时着火，即不需要同时向各个防护区释放灭火剂，但确需要同时保护，即不论哪个防护区着火都能实施灭火。在同一组合中，每个防护区容积大小、所需的设计浓度、防护区开口情况及系统剩余量可能各不相同，必定有一个或几个防护区的卤代烷1301设计用量最大，将其作为组合分配系统的卤代烷1301设计用量才是可靠的。这里特别指出的是某些情况下防护区容积最大，其设计用量不一定最大，设计时一定要按设计用量最大者考虑。

**第3.1.3条** 本条规定了设置备用量的条件、数量和方法。

一、备用量的设置条件。用于重点保护对象的卤代烷1301灭火系统和防护区数目超过八个的组合分配系统，设置备用量的目的是为了确保防护的连续性。系统的喷射释放、灭火剂的泄漏和贮存容器的检修等均可造成防护区中断保护。重点保护对象都是性质重要，发生火灾后损失大、影响大的场所，因此要求实现连续保护；组合分配系统的防护区虽不会同时发生火灾，但防护区数目越多，发生火灾的几率就越大，而且也不能因一个区着火释放而中断多个防护区的保护，因此也应实现连续保护。

德国DIN14 496标准中规定：假如多于5个的区域连接一个卤代烷灭火设备，则应按最大需要量准备100%的储备量。据初步调查，我国一般电子计算机房的防护区数目多在5～7个。为了不使卤代烷1301组合分配系统造价太高，又保证多个防护区的连续保护，我们规定防护区数目超过八个的组合分配系统设置备用量。

本条的"重点防护对象"的规定系参照现行国家标准《建筑设计防火规范》的有关规定确定的。

由于我国生产卤代烷1301灭火剂的工厂少，加上交通运输不便，不能在短期内重新灌装灭火剂的防护区，也可考虑设置备用量。

二、备用量的设置数量。备用量是为了保证系统实现连续保护，这其中也包括扑救二次火灾，因此备用量不应小于设计用量。关于备用量的数量，国际标准化组织ISO/DIS7075/1标准、美国NFPA12A标准和法国NFS62—101标准都作了如下规定：对于要求进行不间断保护的场所，贮存量必须至少是上述最小需要量（指灭火剂设计用量）的若干倍。根据我国目前情况，灭火剂费用及设备费用都较贵，因此规定备用量不应小于设计用量。

三、备用量的设置方法。本条规定备用量的贮存容器应能与主贮存容器切换使用，也是为了起到连续保护的作用。无论是主贮存容器已施放、泄漏或是其他原因造成主贮存容器不能使用时，备用贮存容器都可以立即投入使用。

关于备用量的设置方法，国际标准化组织ISO/DIS7075/1标准规定：如果有主供应源和备用供应源，它们应固定连接，便于切换使用。只有经有关当局同意方可不连接备用供应源。美国NFPA12A标准规定：主供应源的贮罐与备用供应源的贮罐都必须与管道永久性地连接并必须考虑到两个供应源容易进行切换，除非有关当局允许，备用供应源才可不连接。法国NFS62—101标准也有相同的规定。

## 第二节 设计灭火用量与设计惰化用量

**第3.2.1条** 本条给出了设计灭火用量或设计惰化用量的基本计算公式。说明如下：

一、设计灭火用量计算公式与国外同类标准的计算公式相同。国际标准化组织ISO/DIS7075/1标准、美国 NFPA12A 标准、法国 NFS62—101 标准及德国 DIN14—496 都用该公式计算。

二、计算公式分析。本规范中的（3.2.1）式可变成下述形式：

$$M_d = \frac{\varphi V}{\mu_{min}} + \frac{\varphi}{1-\varphi} \cdot \frac{\varphi V}{\mu_{min}} \qquad (3.2.1)$$

式中符号意义同本规范（3.2.1）式。

该公式包括两项内容：一是保证达到设计灭火浓度或设计惰化浓度所需的基本灭火用量 $\frac{\varphi V}{\mu_{min}}$；二是由于释放灭火剂使得防护区气压升高而造成的灭火剂漏泄量 $\frac{\varphi}{1-\varphi} \cdot \frac{\varphi V}{\mu_{min}}$，灭火剂浓度越高，漏泄量也就越大，当然，对于绝对密封的房间，这部分量则是多施放的。

三、影响设计灭火用量的因素。

1. 设计灭火浓度或设计惰化浓度。设计灭火浓度或设计惰化浓度是影响设计灭火用量的主要因素，其值的确定要符合本规范第 3.2.2 至第 3.2.4 条的规定。

2. 防护区的容积。按本规范（3.2.1）式计算设计灭火用量时，防护区的容积应按净容积计算。

净容积是指防护区的总容积减去空间内永久性建筑构件的体积。防护区净容积越大，全淹没系统灭火剂的设计灭火用量越大。在执行本条规定时，应特别注意容积多变的防护区，如贮藏室、仓库等，其净容积应包括贮存物所占空间的体积。

3. 防护区的环境温度及海拔高度。卤代烷 1301 蒸气比容大小与温度和压力有关，当防护区的环境温度变化时，卤代烷 1301 蒸气比容也随之变化。从本规范（3.2.1）式可以看出，卤代烷 1301 蒸气比容增大，设计灭火用量将减少。为安全起见，当防护区环境温度可能发生变化时，必须按最低环境温度时卤代烷 1301 蒸气比容来计算设计灭火用量。

在海平面以上的海拔高度，卤代烷 1301 蒸气因大气压的下降而膨胀。对于按海平面条件设计的系统，当被安装在海平面以上的地区时，灭火剂实际浓度将高于设计浓度。海拔高度越高，形成的浓度越高。例如，设计在海平面高度产生 5% 卤代烷 1301 体积浓度的系统，如果被安装在海拔高度 3000m，并且防护区条件相同，实际上产生 7.26% 的体积浓度。因此在高于海平面高度时，要产生与海平面高度相同的灭火剂浓度，所需灭火剂量要比海平面高度的灭火剂量小。实质上这是由于海拔高度不同时卤代烷 1301 蒸气比容不同所致。在计算高于海平面高度所需的设计灭火用量时，卤代烷 1301 蒸气比容要除以海拔高度修正系数。

相反，在海平面以下的高度，所需的灭火剂量要比海平面高度时的灭火剂量大。计算时，卤代烷

1301 蒸气比容要乘以海拔高度修正系数。

温度对卤代烷 1301 蒸气比容的影响和卤代烷 1301 蒸气比容的海拔高度修正系数可按本规范附录二确定。

**第 3.2.2 条** 本条规定了卤代烷 1301 设计浓度的确定原则。

一、防护区是否存在爆炸危险的判定。本条规定有爆炸危险的防护区应采用设计惰化浓度，无爆炸危险的防护区可采用设计灭火浓度。因为任何一种可燃气体或可燃性液体的惰化浓度值都高于灭火浓度值，如果都采用设计惰化浓度，对不存在爆炸危险的防护区是个浪费，并且增加了毒性危害。反过来如果都采用设计灭火浓度，对着火后可能发生爆炸危险的防护区是不安全的。因此从经济和安全两方面看，合理确定设计浓度是必要的。确定防护区是否有爆炸危险，要根据可燃气体或可燃性液体的数量、挥发性及防护区的环境温度，当符合下述条件之一时，防护区一般不存在爆炸危险。

1. 防护区内可燃气体或可燃性液体蒸气的最大浓度小于燃烧下限的一半。当防护区内可燃气体或可燃液体蒸气数量很少，即使全部与空气均匀混合，也达不到燃烧下限，那么防护区就不存在爆炸的危险。但是考虑到可燃气体或可燃性液体蒸气可能形成成层效应，会形成局部爆炸区，因此根据可燃气体或可燃性液体蒸气的浓度是否低于燃烧下限的一半来判定。

2. 防护区内可燃性液体的闪点超过防护区的最高环境温度。液体的闪点越高，其挥发性越低。在着火前，可燃性液体的闪点超过最高环境温度，即使将其点着，燃烧至熄灭也不超过 30s。对于有爆炸危险的防护区，设计及灭火时要注意两点：

（1）要有防止静电的措施；

（2）灭火时必须先切断气源。

二、本条规定了设计灭火浓度和设计惰化浓度的确定原则。说明如下：

1. 本规范表 3.2.2 中所列物质的设计灭火浓度和设计惰化浓度不需重新测定，可直接查得。表 3.2.2 中未列物质的设计灭火浓度和设计惰化浓度应通过实验确定。因为对同一灭火剂来说，不同可燃物质的灭火浓度和惰化浓度不同。对同一可燃物来说，应用不同的灭火剂，其灭火浓度和惰化浓度也不同。例如，采用卤代烷 1301 灭火剂：甲烷的灭火浓度为 2.5%，乙烯的灭火浓度为 6.3%；对于甲醇，采用卤代烷 1301 灭火浓度为 7.8%，采用卤代烷 1211 灭火浓度为 8.2%。

关于灭火浓度的测定，国际标准化组织 ISOTC21 委员会将"杯状燃烧器实验装置"定为测定卤代烷和二氧化碳气体灭火剂扑灭可燃气体和可燃液体火灾灭火浓度的标准实验装置。

"杯状燃烧器实验装置"可以排除模拟实验时的

环境条件，如通风、开口等对灭火浓度的影响，并可人为地控制环境温度和氧气供应量，达到火焰在理想条件下稳定燃烧状态，这种条件下燃烧火焰最难扑灭。因此用该装置测定的临界灭火浓度值高于用其他方法测定的临界灭火浓度值，且复验性好。

表3.2.2列出了几个国家采用"杯状燃烧器实验装置"测定卤代烷1301的灭火浓度值。

**表 3.2.2　卤代烷 1301 灭火浓度（%）**

| 燃料名称 | 英国 BS5306 | 美国 NFPA12A | 天津消防科学研究所 |
|---|---|---|---|
| 乙　醇 | 3.8 | 3.8 | 4.0 |
| 丙　酮 | 3.3 | 3.3 | 3.6 |
| 正庚烷 | 3.6 | 4.1 | 3.4 |
| 苯 | 2.8 | 3.3 | 3.1 |

从表中可见，各国测定的数据有些差异，主要由于实验的仪器和装置的精度、燃料的纯度等因素造成。反过来看，在不同国家，采用各自制造的装置能够测出基本近似的数据，可以说明该装置测定灭火浓度值是可靠的。

惰化浓度的测定方法，是将可燃气体或蒸气与空气及灭火剂的混合气体充装在一个实验用的封闭容器内，并以点火源触发。测定火焰在任何比例的燃料与空气混合气体中都不能传播时所需灭火剂的最低浓度，即灭火剂对该燃料的惰化浓度。典型实验结果见图3.2.2。

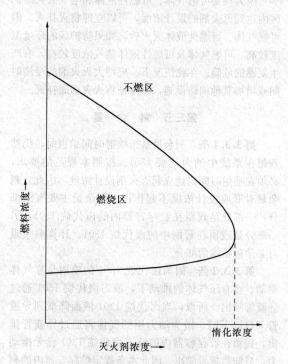

图 3.2.2　典型惰化浓度曲线

2. 本条规定灭火剂设计浓度不应小于灭火浓度的1.2倍或惰化浓度的1.2倍，这是从安全角度出发而做出的规定。通过试验测定的灭火浓度或惰化浓度都是临界值，那么用该浓度灭火是不成问题的，但有些物质，例如可燃固体没有标准试验装置，很难测出临界灭火浓度值，而发生实际火灾时，各种影响因素很多。另一方面，在防护区灭火剂完全均匀分布很难实现。该规定和国外同类标准的规定基本一致，仅惰化浓度的安全系数不完全一致。美国NFPA12A标准规定设计浓度应取惰化浓度的1.1倍，而英国BS5306标准规定，设计浓度应取惰化浓度的1.2倍。我们研究了几个国家测定的一些燃料的惰化浓度数据，差别较大。这些实验数据的差别与燃料的浓度、点火能量、实验温度、实验装置、判断"燃烧"、"不燃"及火焰传播距离的评价基准等有关。鉴于以上原因，我们认为设计浓度应取惰化浓度的1.2倍较为安全可靠。

3. 防护区内发生的火灾，可燃物的种类往往是许多种。虽然主要保护物的灭火浓度值或惰化浓度值可能不大，但是防护区内还会有一些其他可燃物，例如：桌椅、电气线路等等，一旦发生火灾后，都会互相引燃，因而规定灭火剂设计浓度不应小于5%。本规定与国外同类标准规定相同，英国BS5306标准，美国NFPA12A标准均有此规定。

三、一个防护区是由一套系统来保护的，当其中有几种可燃物时，任何一种可燃物都有火灾危险，并且各种可燃物之间会互相引燃。因此，设计灭火浓度或设计惰化浓度应取最大者。

几种可燃物共存还有另外一种情况，就是几种可燃物是互相混合在一起的，这种情况应按本规范第3.2.2条执行，否则按要求最大的设计灭火浓度或设计惰化浓度确定。

**第3.2.3条**　本条规定图书、档案和文物资料库，设计浓度宜采用7.5%。这主要是依据各国对灭固体火灾的试验结果而确定的。图书、档案和文物资料库内的可燃物都是纸张、棉、麻、丝织品等材料，这些材料的火灾容易形成表面阴燃，灭火后有复燃危险，而且这些材料的表面火灾很容易发展成深位火灾。表面火灾发展成深位火灾的条件较难确定。它受预燃时间、可燃固体的外形及尺寸大小等条件影响，因此较难判断。为安全起见，应适当提高设计浓度。日本《消防预防小六法》消防法施行规则第二十条规定：贮存和处理棉花类等防护对象，每立方米防护区体积需要0.52kg卤代烷1301，如按环境温度20℃时计算，相当于7.6%的浓度。目前我国在图书馆、档案库之类的防护区卤代烷1301系统设计时，一般也采用7%以上的设计浓度。从表3.2.3中可以看出，木材、纸张的试验灭火浓度均在5.1%～7.2%范围内。

**表 3.2.3　可燃固体灭火浓度及浸渍时间**

| 燃料名称 | 试验单位 | 灭火浓度（%） | 浸渍时间（min） |
|---|---|---|---|
| 木　垛 | 美国保险商实验室 | 3.88～6.09 | 10 |
| 锯　屑 |  | 6 | 10 |
| 碎　纸 |  | 7.18 | 10 |
| 多层纸 | 美国安素尔公司 | 5.1 | 10 |
| 穿孔卡片 | 美国安全第一产品公司 | 6.5 | 10 |
| 聚苯乙烯聚乙烯 | 美国芬沃尔公司 | 2.0 | 10 |
| 聚氯乙烯装饰物 | 美国威联森 | 3.3 | 10 |
| 聚氯乙烯管 | 美国杜邦公司 | 2.6 | 10 |

注：表中数据引自《美国化学学会论文集》第十六集。

**第 3.2.4 条**　变配电室、通讯机房、电子计算机房等场所，卤代烷 1301 设计灭火浓度宜采用 5%，这也是根据实验确定的。美国芬沃尔公司为了测定在计算机房内可能发生的火灾，用卤代烷 1301 对聚苯乙烯和聚乙烯进行试验，结果表示：卤代烷 1301 灭火浓度的变化范围在 2%～6% 之间，浸渍时间为 10min 以内，火被完全扑灭。

美国杜邦公司在 3.7m×4.7m×2.65m 的封闭空间内，用 127mm×203mm×25.4mm 的铝盘对 2.27kg 聚氯乙烯管进行了卤代烷 1301 灭火浓度测定，发现 2.6% 的卤代烷 1301 浓度在 10min 的浸渍时间内火焰全部熄灭。美国芬沃尔公司和威联森公司的试验结果见表 3.2.3。

**第 3.2.5 条**　本条规定了不同类型火灾所需要的灭火剂浸渍时间。要求灭火剂维持一段浸渍时间，有两个目的：一是保证火被熄灭；二是防止复燃。当防护区存在有不能关闭的开口，或门窗缝隙太大时，灭火剂浸渍时间的确定就显得非常重要。从安全角度看，灭火剂浸渍时间越长越好，但较长的浸渍时间对防护区及灭火系统本身就提出了更严格的要求。从经济合理、安全可靠的原则出发，本规范对灭火剂浸渍时间分为两个档次。

一、固体表面火灾不应小于 10min。

1. 可燃固体可以发生以下两种类型的火：一种是由于可燃固体表面的受热或分解产生的挥发性气体为燃烧源，形成"有焰"燃烧；另一种是可燃固体表面或内部发生氧化作用，形成"阴燃"或称为"无焰"燃烧。这两种燃烧经常同时发生。有些可燃固体是从有焰燃烧开始，经过一段时间变为阴燃，例如木材。相反，有些可燃固体例如棉花包、含油的碎布等能从内部产生自燃，开始就是无焰燃烧，经过一段时间才产生有焰燃烧。无焰燃烧的特点是燃烧产生的热量从燃烧区散失得慢，因此燃烧维持的温度足够继续进行氧化反应。有时无焰燃烧能够持续数周之久，例

如锯末堆和棉麻垛等。只有当氧气或可燃物消耗尽，或可燃物的表面温度降低到不能继续发生氧化反应时，这种燃烧才能停止。灭这种火时，一般是直接采用水一类灭火介质来降低燃料温度或用惰性气体覆盖来扑灭，惰性气体则使氧化反应的速度减慢到所产生的热量少于扩散到周围空气中的热量。这样，当可燃物的温度降到自燃点以下，可去掉覆盖的惰性气体。

有焰燃烧是可燃物表面受热分解产生的挥发性气体的燃烧。用低浓度的卤代烷 1301 即可迅速将火扑灭。

阴燃可以分为两种：一是发生在可燃物表面的阴燃；二是发生在燃料深部位的阴燃，两种的差别只是一个程度问题。当使用 5% 浓度的卤代烷 1301、浸渍时间 10min 不能扑灭的火灾即被认为是深位火灾。实际上，从大量实验可以看出，这两类火灾有相当明显的界限。深位火灾一般所需要的灭火剂浓度要比 10% 高得多，浸渍时间也要大大超过 10min。这与门外同类标准的规定是一致的。国际标准化组织 ISO/DIS7075/1 标准、英国 BS5306 标准、美国 NFPA12A 标准、法国 NFS62—101 标准都是以"5% 浓度浸渍 10min"作为划分可燃固体表面火灾和深位火灾的界限。

2. 对固体表面火灾的灭火浓度及浸渍时间国内外都作了大量实验，其结论是，可燃固体表面火灾用 5% 浓度的卤代烷 1301 浸渍 10min 即可灭火。

二、对不存在复燃危险的气体火灾和液体火灾，本规范规定灭火剂浸渍时间必须大于 1min。

因为只要可燃气体、可燃性液体和电气火灾防护区内达到灭火剂的设计浓度，可以立即将火扑灭。但可燃气体、可燃性液体灭火后，如果防护区的环境温度较高、可燃气体及可燃性液体蒸气浓度较高，有产生复燃的危险。在此情况下。应增大灭火剂的浸渍时间或增加其他消防设施，以保证将火灾彻底扑灭。

### 第三节　剩　余　量

**第 3.3.1 条**　剩余量是指喷射时间结束时，仍然残留在系统中的卤代烷 1301。按照本规范的要求，必须在喷射时间内建立起灭火剂设计浓度，因此，剩余量对形成设计浓度不起作用。剩余量主要有两部分：一部分是残留在贮存容器内的卤代烷 1301，另一部分是残留在管网中的卤代烷 1301。计算剩余量时必须包括这两部分。

**第 3.3.2 条**　因为卤代烷 1301 的喷射是靠气体驱动，在有压气体的推动下，液态卤代烷 1301 通过导液管喷出。所以，当卤代烷 1301 液面降低到导液管入口以下时，做为动力用的气体将通过导液管排出，残留在贮存容器内的液态卤代烷 1301 已无推动力，只能靠挥发喷出。因此本条规定贮存容器内的剩余量，应按导液管入口以下容器容积计算。

关于贮存容器内剩余量，一般应由生产厂家提供。

**第3.3.3条** 关于管网内卤代烷1301的剩余量有两种情况。对于均衡系统，由于管网的布置较匀称，且任意两个喷嘴到贮存容器的管道长度和当量长度基本相等，每个喷嘴的平均设计流量均相等，因此每个喷嘴的喷射时间、泄压时间也基本相同，管网内少量的灭火剂量不会影响灭火效能，设计时可忽略。这种论述与国际标准和英国标准是一致的。对于只含有一封闭空间防护区的非均衡系统，尽管在卤代烷1301喷射时间结束时，管网内有一定量的剩余灭火剂，但由于卤代烷1301的蒸气压力较高，剩余的卤代烷1301会很快气化，通过各个喷嘴施放到防护区内。因防护区只含一个封闭空间，故该防护区的浓度不会改变，管网内的剩余量可不计算。

对于布置在含两个或两个以上封闭空间防护区的非均衡管网，当卤代烷1301喷射时间结束时，管网内所剩余的灭火剂，将不会按原设计的要求施放到每个封闭空间内。如不考虑这一剩余量，将会使一些封闭空间内的灭火剂浓度高于设计值，而另外的封闭空间内的灭火剂浓度将会低于设计值，可能影响灭火效果，设计时必须增加这一剩余量。

本规范规定的计算公式（3.3.3）式系理论计算式。由于管网内任一点灭火剂的密度是一个变量，它与初始贮存压力和充装密度等因素有关，采用该式计算时，较难确定的是管网内各管段中卤代烷1301的平均密度。因为各个管段的压力及管段内卤代烷1301的平均密度不相同，且在喷射末期各管段的压力不易确定。在实际工程计算时，管段内的压力可取平均贮存压力的50%，管道内卤代烷1301的平均密度可按下述步骤确定：

一、按本规范第4.2.7条规定估算管网内灭火剂的百分比。

二、确定中期容器压力。根据估算出的管网内灭火剂的百分比，按本规范第4.2.6条的规定求出该系统中期容器压力。

三、确定管道内卤代烷1301的密度。管道内的压力可取中期容器压力的50%，且不得高于卤代烷1301在20℃时的饱和蒸气压。卤代烷1301的密度可根据本规范第4.2.13条规定确定。

四、按本规范（3.3.3）式计算管道内卤代烷1301的剩余量。

# 第四章 管网设计计算

## 第一节 一般规定

**第4.1.1条** 本条规定进行管网设计计算的环境温度可采用20℃。本条是借鉴国外标准、规范制定的，如美国NFPA12A、国际标准化组织ISO/DIS7075—1和英国BS 5306均规定了流量计算应根据贮存温度20℃时管网内灭火剂的百分比，所给出的管网设计计算时所需的图表均为20℃时的数值。这就规定了进行管网设计计算时所必须涉及到的一系列参数，如卤代烷1301的密度值、贮存压力、管网内灭火剂的百分比、喷嘴的流量特性曲线、管道内的压力损失等均应取其20℃的数值。

规定设计所取的环境温度是为了设定一个设计基准，一是便于工程设计计算和施工验收、检查，二是考虑到经济合理的要求。

在未设调温系统的防护区内，环境温度是随时变化的，与设计计算所设定的环境温度不一致，这将影响灭火剂的喷射时间。一般来讲，灭火剂喷射时贮存容器的实际环境温度高于设计温度，灭火剂喷射时间缩短，反之灭火剂喷射时间将会延长。此外，也会影响非均衡系统各个喷嘴实际喷出的灭火剂量。这一温度的影响应引起设计者的注意，一是尽量采用均衡管网系统，另外可适当增加喷嘴的数量。

卤代烷1301灭火系统管网流体计算所涉及到的数据，部分是由理论推导得出的，但大部分是由实际试验测定的。例如，喷嘴的流量特性曲线和喷射图形，管道附件的当量长度等，均是在一个基准温度条件下测定的，一般均采用20℃的基准温度。如果要求给出各种温度条件下的数据，就会大大增加试验工作量和投资，这在目前条件下尚难达到。因此，规定一个设计计算时采用的基准环境温度是经济的。

**第4.1.2条** 本条规定了贮压式系统卤代烷1301的贮存压力的选取要求。

实验证明，同一结构形式的卤代烷1301喷嘴，其流量系数不仅与喷嘴的结构有关，也与卤代烷1301的贮存压力和充装密度有关。目前，设计时使用的喷嘴流量特性曲线均是采用卤代烷1301测试得出的，其喷射图形即喷嘴的保护范围一般也要采用灭火介质测定，这需要较大投资。至今尚未找到其他较经济的介质，例如用水来代替卤代烷1301以测定喷嘴的流量特性曲线和喷射图形的方法。目前的研究还未得出卤代烷1301与其他介质试验所得出的流量特性之间的关系。用卤代烷122来测定喷嘴的喷射图形，得出的数据与用卤代烷1301测试得出的数据接近，但卤代烷122的价格较贵。要测出各种贮存压力在不同充装密度下喷嘴的流量特性曲线，需要花费大量的人力，显然是难以实现的。因此，通常仅确定两种不同的贮存压力和1000kg/m³的固定充装密度值来测定喷嘴的流量特性，供工程设计之用。这是一种既能满足工程设计需要又具有较好经济性的解决方案。

本规范所规定的两种卤代烷1301的贮存压力，即2.50MPa（表压）和4.20MPa（表压），与国外大多数有关标准、规范的规定是一致的。国际标准化组织 ISO/DIS7075/1 标准规定：贮存容器必须用氮气增压，使总压力在 20℃时为 25±5％bar（表压）或为 42±5％bar（表压）。美国 NFPA12A—1985 标准规定：容器必须使用干燥氮气，在 70°F 时总压加到 360±5％psig 或 600±5％psig（在 21℃时，总压加到 25.84±5％或42.38±5％bar）。英国、法国、日本等国有关标准的规定也是如此。为保持我国标准、规范中主要技术参数与国际上先进国家的标准一致，以便于对外技术交流与贸易工作的进行，本规范也选用了这二级贮存压力。

在执行本条规定时应注意以下几个问题：

一、规范所规定的卤代烷 1301 灭火剂的贮存压力，是 20℃时的表压，它包括卤代烷 1301 的饱和蒸气压和加压用氮气分压两部分压力。这两部分压力均是随温度变化的，故贮存压力也是随温度变化的。

二、在进行卤代烷 1301 灭火系统工程计算时，选择贮存压力等级主要从经济合理性方面考虑。对于所保护的区域面积较小，系统管道不太长时，宜选用 2.50MPa 的贮存压力。这样，在保证规定的灭火剂喷射时间和贮存容器内灭火剂充装密度不至于太小的前提下，可以选用耐压较低的部件从而降低工程造价。此外压力越低，越易解决卤代烷 1301 长期贮存而不泄漏的问题。对于所保护的区域面积较大，系统管道较长时，选用 2.50MPa 的贮存压力难以保证要求的灭火剂喷射时间或灭火剂充装密度太小时，可选用 4.20MPa 的贮存压力。在相同的灭火剂充装密度条件下，选用较高的贮存压力，可以允许管道有较大的压力降，从而减小管道直径、降低工程造价。对待具体的工程，选用哪一级贮存压力较合适，应通过计算比较确定，优先选用 2.50MPa 的贮存压力。

三、本条规定贮存压力采用二级压力值时使用了宜"这一规范化的程序用词，这是针对预制灭火装置可以采用其他的贮存压力而确定的。通常设计的卤代烷 1301 灭火系统只能选用这两级贮存压力，本规范中和其他的设计资料中仅给出与这两级贮存压力有关的设计数据。而预制灭火装置是在生产厂预先制成的，并按预先设计的应用条件进行了试验鉴定，它能符合本规范关于灭火剂喷射时间等规定，故可选用其他的贮存压力值。美国 NFPA12A 标准中明确规定：预制系统也可包括异型喷嘴，其流量、应用方法、喷嘴位置和加压水平，都可能与本标准其他部分的规定不同。不限定预制灭火装置必须采用这两级贮存压力，可给设计这一类装置的设计者更大的灵活性。采用较低的贮存压力可能降低产品成本，一个小型的球形无管网灭火装置，采用 2.50MPa 以下的贮存压力完全可以保证灭火剂喷射时间在 10s 以内。

四、本条规定是针对"贮压式系统"而言的，不包括贮气瓶式系统。

贮压式系统是指将作为动力的增压用气体和卤代烷 1301 贮存在同一容器内的灭火系统。贮气瓶式系统是指将作为动力的增压用气体和卤代烷 1301 分别贮存在不同的容器内的灭火系统，当需要施放卤代烷 1301 时，先开启增压用气体的贮存容器，使高压气体通过减压阀后进入到灭火剂的贮存容器中，再使卤代烷 1301 放出。这可以实现卤代烷 1301 在稳定压力下的施放。增压用气体和卤代烷 1301 接触时间很短，可采用普通氮气，也可采用二氧化碳或空气。我国目前尚未生产贮气瓶式系统，故本规范未做出贮气瓶式系统贮存压力的规定。

**第 4.1.3 条**　本条规定了"贮压式系统贮存容器内的卤代烷 1301，应采用氮气增压"，这是根据以下情况确定的：

一、卤代烷 1301 在常温下具有较高的饱和蒸气压，例如 21℃时其饱和蒸气压达 1.474MPa，这一压力可以排完贮存容器中的卤代烷 1301。但是卤代烷 1301 的饱和蒸气压随温度变化较显著，从图 4.1.3-1 可以看出，在 -18℃时，其蒸气压为 0.49MPa，在 -40℃时仅 0.17MPa。在温度较低时，仅靠蒸气压力来克服卤代烷 1301 在管道流动中产生的压力损失，以保证其从喷嘴中迅速喷出是不可能的。在常温下，尽管其蒸气压较高，也难以靠这一压力来快速施放贮存容器内的卤代烷 1301。这是因为贮存容器内的纯卤代烷 1301 在饱和蒸气压作用下，处于气、液两相平衡状态，当液态卤代烷 1301 一进入管道，由于要克服阀门和管道的阻力，压力下降，卤代烷 1301 就会迅速气化而膨胀，造成流量迅速减小。此外，卤代烷 1301 迅速气化将吸收大量热量，造成系统部件因温度急剧降低而损坏。

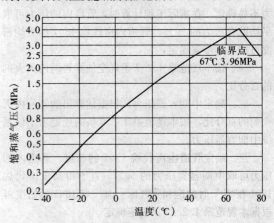

图 4.1.3-1　卤代烷 1301 的饱和蒸气压与温度的关系

二、对于贮压式系统，卤代烷 1301 与增压用气体同存在一个贮存容器内，长期接触。因此，要求采用的增压用气体的化学性质必须稳定，在卤代烷 1301 中的溶解度较低，且为不助燃的气体。氮气完全符合这些要求的，且其来源较广、价格也较低，故将其规定为增压用的气体。

三、国外同类标准，例如国际标准化组织 ISO/DIS7075/1、美国 NFPA12A、英国 BS 5306 等，均规定贮存容器内的卤代烷 1301 必须选用氮气来增压。

在执行本条规定时应注意的是：用氮气加压将使部分氮气溶解到液体卤代烷 1301 中去；氮气的溶解与其压力和温度有关，压力增高溶解量增加。在施放卤代烷 1301 过程中，由于压力下降，溶于液态卤代烷 1301 中的氮气又会部分分离出来，这是造成卤代烷 1301 在管道中呈两相流的原因之一，在流体计算时应予考虑。

氮气在液态卤代烷 1301 中的溶解量可用下列公式计算：

$$X_n = \frac{P_n}{H_x} \qquad (4.1.3-1)$$

式中　$X_n$——氮气在液态卤代烷 1301 中的浓度，摩尔分数；

　　　$P_n$——溶液上方氮气的分压，$10^5$ Pa；

　　　$H_x$——亨利法则常数，$10^5$ Pa/摩尔分数。

贮存容器内氮气分压可用下式计算：

$$P_n = P - (1 - X_n)P_v \qquad (4.1.3-2)$$

式中　$P$——卤代烷 1301 的贮存压力，$10^5$ Pa；

　　　$P_v$——卤代烷 1301 的饱和蒸气压力，$10^5$ Pa。

亨利法则常数 $H_x$ 与温度的关系见图 4.1.3-2。

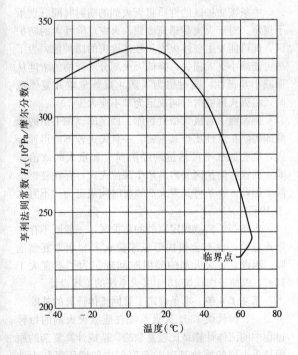

图 4.1.3-2　亨利法则常数与温度的关系

本条还规定了增压用氮气的含水量不应大于 0.005% 的体积比，这是根据以下情况确定的。

一、卤代烷 1301 是一种稳定的化合物，长期贮存在干燥容器中不会变质，只有在 480℃ 以上的高温下才会分解。但是卤代烷 1301 与水或水蒸汽作用则会分解。因此，各国有关卤代烷 1301 产品的标准对含水量都作出了严格规定，限制在 10mg/kg 以下。如果增压用氮气的含水量过大，必然增加卤代烷 1301 中的含水量，使其质量保证不了国家标准的要求。生产厂要降低卤代烷 1301 产品中的含水量，在工艺上难度大，经济上成本过高。而降低氮气中的含水量则比较容易。

二、限制氮气中的含水量能够减少卤代烷 1301 中的含水量，从而减弱其腐蚀性。试验证明质量合格的卤代烷 1301 对大多数普通材料的腐蚀性很小。在无潮湿空气的条件下，卤代烷 1301 对钢、黄铜、铝的平均年腐蚀量均小于 0.0005mm。但在潮湿空气中，卤代烷 1301 会水解、生产氢卤酸，对金属材料的腐蚀性急剧增加，年腐蚀量高达 0.028mm。因此，降低贮存容器内氮气的含水量是降低卤代烷 1301 腐蚀性的主要途径。

三、有关国外标准都对限制增压用氮气的含水量作出了规定。国际标准化组织 ISO/DIS7075/1 规定：氮气的含水量不应大于 50ppm。法国 NFS62—101 标准规定：氮气的湿度与含水量按体积算必须在 50ppm 以下。英、美标准也强调：贮存容器内的卤代烷 1301 必须用干燥氮气增压。因此，本条也规定了增压用氮气的含水量应不大于 0.005% 的体积比。

**第 4.1.4 条**　本条规定了贮压式系统卤代烷 1301 的最大充装密度。

充装密度是指贮存容器内卤代烷 1301 的质量与容器容积之比，单位为 $kg/m^3$。充装密度是设计时应通过计算确定的重要参数之一。充装密度越小，对一定容积的贮存容器所需要的数量越多，工程造价就会增大，显然是不经济的。但是，充装密度过大，贮存容器内气相容积减小，当贮存容器内卤代烷 1301 喷射结束时，气相容积大大增加。把气相膨胀过程近似看作等温过程来估算贮存容器内的压力降，则在整个卤代烷 1301 的喷射过程中，灭火剂的平均推动压力很小，这可能影响规定的灭火剂喷射时间。此外，充装密度越大，贮存容器内的压力随温度的变化也就增大。过量充装卤代烷 1301 甚至可能出现危险，例如在贮存容器内充满卤代烷 1301，使其充装密度达 1566$kg/m^3$，在 21℃ 时加压至 4.20MPa；当温度升高到 54℃ 时，容器内的压力可增至 20MPa 以上。

本条规定和国外同类标准的规定是一致的。美国 NFPA12A 标准规定：容器的充装密度不得大于 70lb/ft³（1121$kg/m^3$）。英国 BS 5306 有关条文也规定：容器充装密度不应大于 1.121kg/L。国际标准化组织 ISO/DIS7075/1 标准中也规定：容器的充装密度不得大于 1125$kg/m^3$。

卤代烷 1301 的充装密度为 1125$kg/m^3$，在 20℃ 时的充装比为 0.71 左右。在此充装密度下，一个贮存压力为 4.20MPa，管网内灭火剂的百分比达 80% 时，根据本规范给出的计算方法计算，中期容器压力仅约 1.62MPa，从贮存容器到管网末端的沿程压力损失和高程压力损失之和则不得大于 0.81MPa。从这一计算中可以看出，充装密度的确定，与贮存压力等级、管网内灭火剂的百分比、整个管网的压力损失等因素相关连，只能通过管网流体计算与分析比较后，根据所能提供的具体产品尺寸、规格才能最后确定。一般来讲，贮存压力等级高而整个管网容积较小、管道较短，可采用较大的充装密度，反之则应采用较小的充装密度。在具体工程设计中，一般所确定的充装密度不宜小于 600kg/m³，否则就不经济了；低于此值时宜调整其他设计参数来解决。

**第 4.1.5 条**　本条根据不同防护区对卤代烷 1301 的喷射时间做出了不同规定，这是根据下列情况确定的。

一、对一个已发生火灾的防护区，卤代烷 1301 灭火剂的喷射时间越短，喷射强度较高，灭火时间也就越短。采用卤代烷全淹没灭火系统，只要防护区中灭火剂达到临界灭火浓度值时，可燃物的火焰很快就能熄灭，国内外试验均表明灭火时间小于 1s。防护区内灭火剂的设计浓度一般处在试验测定的灭火浓度的 1.2 倍以上，故防护区内达到灭火浓度值的时间，即火灾被扑灭的时间有可能小于灭火剂的喷射时间。公安部天津消防科学研究所曾在一间 216m² 的计算机房中进行过一次卤代烷 1211 的灭火试验，灭火剂设计浓度为 5%，在房高 2.7m 的空间里按底层、中层和顶层分别布置了三个盛无水乙醇的火盘，点火后开始喷射灭火剂。实测灭火剂的喷射时间为 14.2s，三个高度火盘里的火分别在开始喷射灭火剂后 7.5s、7.0s 和 11.7s 被扑灭。

二、从毒性分析看，卤代烷 1301 本身的毒性很低，但其分解产物的毒性较高。分解产物越多对设备和材料的腐蚀性越大，对人员可能造成的损害也就越大。而卤代烷 1301 在灭火时所形成的分解产物数量与它接触火焰的时间有很大关系，接触时间越长，灭火后分解产物就越多。减少有毒生成物浓度的办法之一就是缩短卤代烷 1301 的喷射时间。

三、缩短卤代烷 1301 的喷射时间，可以迅速扑灭火灾，减少火灾造成的损失，也能降低固体可燃物成为深位火灾的可能性，以充分利用卤代烷灭火系统灭初期火灾的优势。现行国家标准《建筑设计防火规范》规定，必须设置卤代烷灭火系统的场所，例如省级或超过 100 万人口的城市电视发射塔微波室；超过 50 万人口城市的通讯机房；大中型电子计算机房或贵重设备室；省级或藏书超过 100 万册图书馆的珍藏室；中央及省级的文物资料、档案库。这些场所的经济价值高、政治影响大，均属消防保卫的重点要害部门。因此，更有必要缩短灭火时间。

四、目前世界上多数工业发达国家及国际标准化组织所制订的有关标准规范，都采用较短的灭火剂喷射时间，如美国 NFPA12A，英国 BS5306，法国 NFS 62—101，德国 DIN14496，国际标准化组织 ISO/DIS7075/1 等标准，均将灭火剂喷射时间限制在 10s 以内。英、美有关标准所作出的限制是：灭火剂的喷射时间一般必须在 10s 以内；如果切实可行应在更短一些的时间内完成；较长的喷射时间必须经有关当局批准

日本现行的消防法施行规则第 20 条，将卤代烷灭火剂的喷射时间规定为 30s 以内。但是日本一些生产厂商正在生产销售喷射时间为 10s 的快速卤代烷灭火系统。我国早期引进的日本的卤代烷灭火系统，其灭火剂喷射时间多为 30s；近几年引进的，例如上海金星电视机厂老化室和某博物馆地下库房的卤代烷 1301 灭火系统。灭火剂的喷射时间均设计为 10s。此外，《1974 年国际海上人命安全公约》（1981 年修正案）将卤代烷全淹没灭火系统的喷射时间规定为 20s。

以上从几个方面分析了缩短灭火剂喷射时间的意义，并介绍了世界上多数工业发达国家有关标准规范对这一参数的规定。本规范的规定是以这些背景材料为基础提出的。当然，灭火剂的喷射时间也不宜规定得过短。灭火剂的喷射时间太短就要提高灭火剂的施放强度，这会提高系统的工程造价。

本条按防护区的性质将灭火剂的喷射时间分别予以规定。对于火灾蔓延速度快、火灾危险性大的防护区，即可能发生气体火灾和液体火灾的防护区，为了尽可能减小火灾损失，降低灭火剂分解产物的浓度从而减小其毒性，同时也为了防止爆炸危险和复燃危险，将灭火剂喷射时间规定为"不应大于 10s"。

国家级、省级文物资料库、档案库、图书馆的珍藏库等防护区性质极其重要，一旦失火若不能迅速扑灭，则会造成不可估量的经济损失和重大的政治影响。而这些防护区又容易产生深位火灾，存在复燃危险。因此，本条将其灭火剂喷射时间规定为"不宜大于 10s"。

本条一、二款规定以外的防护区，一般既不存在爆炸危险，也不会很快形成深位火灾和产生复燃危险。因此，将灭火剂的喷射时间规定为"不宜大于 15s"，以便于卤代烷 1301 灭火系统的工程设计。

**第 4.1.6 条**　本条规定了管网流体计算的基础。

一、卤代烷 1301 灭火系统在施放灭火剂的短暂过程中的流体计算是比较复杂的。造成计算复杂的原因是灭火剂的施放是以贮存容器内的增压氮气为动力。随着卤代烷 1301 的喷出，贮存容器内的气相容积增加，压力降低，从而引起喷嘴前的压力降低使喷嘴和管道内卤代烷 1301 的质量流量变小。此外，氮气在卤代烷 1301 中有一定的溶解性，溶解于液态卤代烷 1301 中的氮气随贮存容器内的压力而变化。当

含有氮气的液态卤代烷 1301 在流动过程中产生压力降时，一部分氮气逸出，形成了两相流动。当管网内的压力降到卤代烷 1301 饱和蒸气压以下时，液态卤代烷 1301 还会迅速气化，使两相流体中的含气量迅速增加。含气量的增加使流体在流动过程中的体积流量增加，造成了管道中压力降的非线性变化。从以上分析可以看出，在整个卤代烷 1301 施放的短暂过程中，管网内任一点的压力、卤代烷 1301 的流量和密度均是随时间变化的。管网的流体计算，只能确定某个瞬间状态为基础。

二、卤代烷 1301 灭火系统在施放灭火剂的整个短暂过程中，有三个较特殊的瞬间，一是灭火剂充满整个管网开始喷射灭火剂，二是灭火剂从系统中喷出 50%时，三是灭火剂从系统中全部喷出时，国内外所有卤代烷灭火系统的管网流体计算方法，均是以灭火剂施放过程中这三个特殊瞬间时的工作状态为基础建立起来的，形成了所谓初期工作状态计算法、中期工作状态计算法和终期工作状态计算法。本条规定"管网计算应根据中期容器压力和该压力下的瞬时流量进行"，也就是规定了管网流体计算应采用中期工作状态计算法。

三、采用中期工作状态计算法，步骤简单、计算容易，已为大多数工业发达国家有关标准所采用。美国 NFPA12A 标准规定：流量必须以喷射时的平均容器压力为基础进行计算。国际标准化组织 ISO/DIS7075/1 标准规定：流量计算应以从系统中喷出 50%的灭火剂时的容器压力（中期容器压力）为基础。英国 BS5306、法国 NFS62—101 等标准均采用了同样的计算方法。

本条第一款规定喷嘴的设计压力不应小于中期容器压力的 50%。这里所讲的喷嘴设计压力系指中期容器压力值下喷嘴的工作压力，即施放灭火剂时，系统处在中期工作状态时喷嘴的实际工作压力，也就是管道末端的压力。之所以做出此项规定，是采用中期工作状态计算法时，首先应确定管网内灭火剂的百分比，而计算管网内灭火剂百分比的公式，即本规范 (4.2.7-1) 式和 (4.2.7-2) 式是以管道末端压力接近但不小于中期容器压力的 50%为基础导出的，这也是管网流体计算方法建立的基础。

当计算出的喷嘴的设计压力非常接近且不小于中期容器压力的 50%时，不仅表明管网流体计算精确度较高，也说明了所选管网比较经济合理。美国 NFPA12A 标准指出："当所计算的终点压力等于在喷射过程中中期容器压力的一半时，利用这些方法计算的压力降是最精确的。"当计算出的喷嘴的设计压力显著大于中期容器压力的 50%时，说明管道流量高于平均设计流量，灭火剂的喷射时间将小于设计规定的喷射时间。这时可将管道直径缩小一些，使管道的压力降增加。当计算出的喷嘴设计压力小于中期容器压

力的 50%时，说明管道的压力降过大，管道内灭火剂流量小于平均设计流量，灭火剂的喷射时间将大于设计规定的喷射时间，此时，应增大管径，降低压力损失，若调整管径还不能满足需要，则应调整充装密度与贮存压力。

本条第二款规定管网内灭火剂的百分比不应大于 80%。这是根据以下情况确定的。

试验证明当贮存容器内的卤代烷 1301 的 86%～93%排出贮存容器时，贮存容器内几乎已不存液态卤代烷 1301。也就是说当管网内灭火剂的百分比达到 86%～93%时，最后的液态卤代烷 1301 已离开贮存容器进入管道内，随之进入管网的将是卤代烷 1301 蒸气和氮气，这时要计算出管网内实际卤代烷 1301 的百分比将是困难的。

管网内卤代烷 1301 的百分比，是用来计算灭火剂施放时，管网容积对贮存容器内压力的影响的，即中期容器压力是容器内气相容积和相应管网容积的函数，相应的管网容积用卤代烷从喷嘴喷出 50%时管网内灭火剂的百分比来表示。

管网内卤代烷 1301 的百分比大，说明相应的管网容积大，中期容器压力则低。例如一个充装密度为 1200kg/m³，贮存压力为 2.50MPa 的系统，管网内灭火剂的百分比为 10%时，中期容器压力为 1.82MPa，当管网内灭火剂的百分比为 80%时，中期容器压力仅 1.13MPa。因此，在确定卤代烷 1301 灭火系统贮存压力等级和灭火剂充装密度时，必须考虑管网内灭火剂百分比的影响。管网内灭火剂的百分比大，应选用较小的充装密度和较高的贮存压力。

本款规定和国际标准化组织及大多数工业发达国家有关标准规范的规定是一致的。美国 NFPA12A 标准在 1985 年以前的版本中规定管网内灭火剂的百分比不得超过 100%，而 1985 年以后的版本中均改为不得超过 80%。

**第 4.1.7 条** 本条规定了管网布置的原则要求。按卤代烷 1301 灭火系统的一般设计程序，管网布置是在确定喷嘴的布置和贮存容器的位置以后进行的，设计人员可根据现场具体条件灵活布置管网。将管网均衡布置有以下好处：一是可以简化管网流体计算，采用图表直接计算出管道的压力损失。采用均衡布置的管网，一个多个喷嘴的系统可以简化成单个喷嘴的系统进行流体计算。二是可以提高防护区内卤代烷 1301 均布程度。非均衡布置的管网，各个喷嘴所设计的出流量可能不一致，要使喷嘴实际喷出量和设计量一致是比较困难的，这不仅要求管网流量计算非常精确，还要求产品的档次很多，有足够的选择余地。此外，管网均衡布置，可以大大减少管网内卤代烷 1301 的剩余量，从而节省投资。

本条规定采用了"宜"这一规范化的程度用词，这就是说，在现场条件不具备时，管网可以采用非均

衡布置。一些大型多喷嘴的防护区，一些有多个空间的防护区，例如计算机房，要求管网必须均衡布置是难以做到的。在全部管网难以做到均衡布置时，应力求局部的管网的均衡布置。例如一个保护计算机房的卤代烷 1301 灭火系统，可使吊顶内、工作间和地板下的管网分别均衡布置。一个大型多喷嘴的防护区，可以将喷嘴分成数组，每组的管网均采用均衡布置。这也可以减少计算的工作量和减少喷嘴的型号规格。

均衡管网的两个判定条件和国际标准化组织及美、英、法等国家的有关标准规范的规定是一致的。

**第 4.1.8 条** 本条对管道分流所需采用的管件形式、布置和分流比例给予了限制，其规定和国际标准化组织及美、英、法等国家的有关标准规范的规定相同。

一、由于卤代烷 1301 在管网中已呈两相流动，且压力越低则流体的含气率越大，为了较准确地控制流量分配，必须执行本规范中所规定的几项规定，以避免在各分流支管中灭火剂的密度产生较大的差异。由于四通分流出口多，更易引起出口处各支管的流体密度变化，也难以用试验测定分流时引起的流量偏差，故在卤代烷 1301 灭火系统管网连接时均不采用四通管接头。

二、采用三通管件分流时，分流出口应水平布置，也是为了防止气、液两相流体在三通处的不稳定的分离。流体中液相的密度比气相的大，而三通有一个分流出口垂直布置，则会有较多气相的流体会向上分流，而含液量较高的流体向下分流，使两个出口的实际流量和设计流量产生偏差。

在布置三通管件时，进口可布置在垂线方向。而分流出口只能呈水平方向布置。图 4.1.8-1 的布置法是错误的，应改为按图 4.1.8-2 的布置方法。

三、通过大量试验已得出了水平布置的三通出口处的不同分流流量比时的偏差。分流三通分流所引起的流量偏差校正系数见图 4.1.8-3。直流三通分流所引起的流量偏差校正系数见图 4.1.8-4。

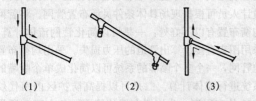

图 4.1.8-1　分流出口错误布置图

从图 4.1.8-3 可以得出，采用分流三通分流时，当任一分流支管的设计分流质量流量小于进口总质量流量的 60% 时，其校正系数在 99%～101% 的范围内，即两个分流支管的实际流量与设计流量的偏差为 ±10%，显然是不需要进行校正的。

从图 4.1.8-4 可以看出，采用直流三通分流时，

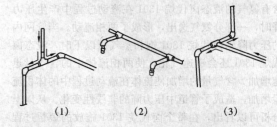

图 4.1.8-2　分流出口正确布置图

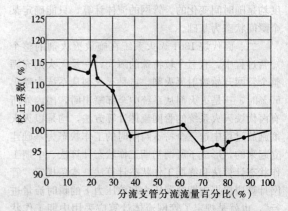

图 4.1.8-3　分流三通分流流量偏差校正系数

当直通支管的设计分流质量流量大于总流量的 60% 时，直通支管的校正系数不大于 103%；分流支管的校正系数不大于 95% 即两个分流支管的实际流量和设计流量的偏差在 5% 以内，显然是不需要校正的。

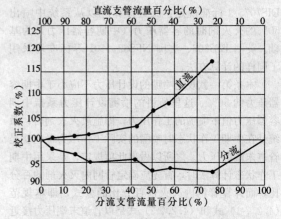

图 4.1.8-4　直流三通分流流量偏差校正系数

四、本条中规定不符合一、二款条件时，应对分流质量流量进行校正。校正方法如下两例所示。

例一：一个质量流量为 26kg/s 的卤代烷 1301 在图 4.1.8-5 所示的节点（2）处分流，喷嘴（3）的设计质量流量为 $q_{(3)}=7.8kg/s$，喷嘴（4）的设计质量流量 $q_{(4)}=18.2kg/s$，试进行流量校正。

解：1. 分流支管分流流量百分比：

管段（2）—（3）：

$$\frac{q_{(3)}}{q_{(3)}+q_{(4)}}=30\%$$

管段（2）—（4）：

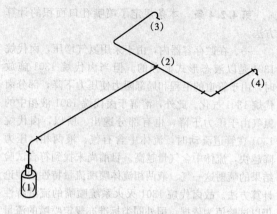

图 4.1.8-5　分流三通分流图

$$\frac{q_{(4)}}{q_{(3)}+q_{(4)}}=70\%$$

2. 查图 4.1.8-3 求出校正系数：当分流支管分流流量百分比为 30% 时，校正系数为 109%；分流流量百分比为 70% 时，校正系数为 96.1%。

3. 求校正后的质量流量。

管段（2）—（3）：

$$q'_{(3)}=109\%q_{(3)}$$
$$=8.5(\mathrm{kg/s})$$

管段（2）—（4）：

$$q'_{(4)}=96.1\%q_{(4)}$$
$$=17.5(\mathrm{kg/s})$$

例二：一个如图 4.1.8-6 所示的卤代烷 1301 灭火系统，灭火剂在节点（3）处直流三通分流，喷嘴（6）、（5）的设计质量流量均为 6kg/s，求校正后的分流流量。

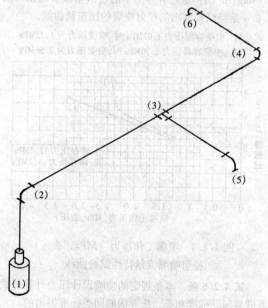

图 4.1.8-6　直流三通分流图

解：1. 直通分流支管流量百分比：

$$\frac{q_{(6)}}{q_{(6)}+q_{(5)}}=50\%$$

2. 分流支管流量百分比：

$$\frac{q_{(5)}}{q_{(5)}+q_{(6)}}=50\%$$

3. 根据图 4.1.8-4 查校正系数。当直流支管流量百分比为 50% 时，校正系数为 106.5%；当分流支管流量百分比为 50% 时，校正系数为 93.5%。

4. 校正后的分流流量：

$$q'_{(5)}=93.5\%q_{(5)}$$
$$=5.61(\mathrm{kg/s})$$
$$q'_{(6)}=106.5\%q_{(6)}$$
$$=6.39(\mathrm{kg/s})$$

## 第二节　管 网 流 体 计 算

**第 4.2.1 条**　本条提出了管网中各管段的管径和喷嘴孔口面积的计算根据。

本规范第 4.1.6 条已规定了管网流体计算应以中期容器压力和该压力下的瞬时质量流量为基础进行，且瞬时质量流量可采用平均设计质量流量。即该条已规定了卤代烷 1301 管网流体计算采用中期工作状态计算法。

无论是管径或喷嘴孔径的确定均需要先确定其卤代烷 1301 的平均设计流量。每个喷嘴所需要喷出的卤代烷 1301 量和喷射时间是在确定各管段管径和喷嘴孔径前预先确定的，是计算管径和每个喷嘴平均流量的基础。

本条规定和国际标准化组织及英、美、法等国家有关标准的规定是一致的。国际标准 ISO/DIS7075/1 等都规定：管道尺寸和喷嘴孔口面积应进行选择，以便提供每个喷嘴所需要的流量。

**第 4.2.2 条**　本条规定了管网内气、液两相流体应保持紊流状态，这是为了使气、液两相能均匀混合，以防止两相分离而影响流量计算的正确性。

本条规定和国外有关标准规范的规定是一致的，如美国 NFPA12A 标准中明确规定：设计的流速要足够高，以保证气、液两相在管道内的充分混合。国际标准化组织 ISO/DIS7075/1 标准附录 D 中规定：在两相流动系统中，主要的是两相流体在分离前保持充分地混合。本条中所规定的最大管径应符合（4.2.2-2）式要求，也就是规定保持紊流状态的最大管径的计算公式的要求。该公式系根据国际标准 ISO/DIS7075/1 中所给出的图 4.2.2 中的曲线回归得出的。

本条所提出的初选管径的计算公式，系根据国内工程设计经验总结确定的。

初定管径后，应进行验算。首先计算出中期容器的压力，再求出中期工作状态管道的实际压力损失和末端喷嘴的压力。若末端喷嘴的压力高于中期容器压力的 50% 时，说明卤代烷 1301 的喷射时间将小于设

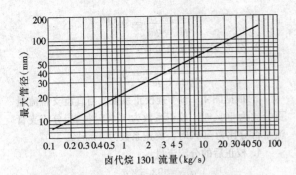

图 4.2.2 保持紊流状态的最大管径

计值，初定的管径是可行的。当然，末端喷嘴压力大大高于中期容器压力的 50％时，则可适当缩小管径，提高整个管道的压力降，使所设计的管网更经济。若末端喷嘴压力达不到中期容器压力的 50％时，则卤代烷 1301 的喷射时间将大于设计值，应适当扩大初选的管径，在难以扩大管径时，则应降低卤代烷 1301 的充装密度，甚至需提高卤代烷 1301 的贮存压力等级。

**第 4.2.3 条** 本条规定了单个喷嘴的平均设计流量的计算公式。该公式实际上是喷嘴的平均设计流量的定义式。

采用中期工作状态来建立卤代烷 1301 灭火系统管网流体计算方法，需要确定中期容器压力及该压力下各管段及喷嘴的瞬时流量，这在全部设计完成前是无法计算的。因此，本规范规定：该瞬时流量可采用平均设计流量。这是一个近似的数值。喷嘴的平均设计流量是确定各管段平均设计流量的基础。

在执行本条规定时应注意的两点是：第一，对均衡管网系统，系统的平均设计流量等于单个喷嘴的平均设计流量乘以喷嘴数，也等于需喷入防护区的卤代烷 1301 的质量除以灭火剂喷射时间。需喷入防护区的卤代烷 1301 包括设计灭火用量（或设计惰化用量）与流失补偿量之和。对于非均衡管网系统，系统的平均设计流量则等于各喷嘴平均设计流量之和，这是由于各个喷嘴的平均设计流量可能不相等。第二，本条 (4.2.3) 式中的 $M_{sd}$ 为每个喷嘴所需喷出的卤代烷 1301 的质量，它也包括设计灭火用量（或设计惰化用量）与流失补偿量。每个喷嘴所需喷出的设计灭火用量或设计惰化用量的确定较简单，根据确定的保护范围和设计灭火浓度或惰化浓度计算。至于每个喷嘴需要喷出的流失补偿量的确定则比较复杂，需要根据防护区的具体条件和管网的类型来确定。对均衡管网系统，每个喷嘴所需喷出的流失补偿量是相等的，它等于防护区所需的卤代烷 1301 的流失补偿量除以喷嘴数。对非均衡管网系统，每个喷嘴所需喷出的流失补偿量，可对各个封闭空间内所需要的流失补偿量按每个喷嘴所需喷出的设计灭火用量或设计惰化用量之比值进行分配。

**第 4.2.4 条** 本条规定了喷嘴孔口面积的计算方法。

一、在贮存容器内，由于采用氮气增压，卤代烷 1301 是以液态形式贮存的。但当卤代烷 1301 施放时，由于管道的沿程和局部阻力使压力下降，部分卤代烷 1301 气化。此外，溶解于卤代烷 1301 液相中的氮气由于压力下降，也有部分逸出。所以，卤代烷 1301 在管道流动时，流体中含有气、液两相，压力降越快，流体中含气量越高。目前尚未找到符合试验结果的喷射这一气、液两相流体喷嘴流量特性的理论计算方法。故卤代烷 1301 灭火系统喷嘴的流量特性仍以试验值为依据。国外同类标准亦规定喷嘴的流量特性应以试验值为依据，如国际标准化组织 ISO/DIS7071/1 标准中规定："喷嘴的流量特性应以试验数据为基础由喷嘴制造商提供。"英、美等有关标准也有类似的规定。

二、本条规定用容器处在中期容器压力下的喷嘴压力与实际比流量的关系表示喷嘴流量特性试验数据，来计算喷嘴孔口面积的公式。

由于卤代烷 1301 灭火系统喷嘴喷出的流体包含气、液两相，喷嘴的流量特性曲线不仅与喷嘴的结构有关，也与其在贮存容器内的压力和充装密度有关。本规范规定了两级贮存压力，但未规定卤代烷 1301 的充装密度，要做出各种充装密度和不同贮存压力下的喷嘴比流量试验曲线是不可能的，甚至要做出两级贮存压力下几种充装密度条件下的比流量试验曲线，在经济上也难以承担。因此，我国现行国家标准《卤代烷灭火系统喷嘴性能要求和试验方法》中规定，喷嘴的流量特性试验只测定卤代烷 1301 充装比为 1000kg/m³ 时两级贮存压力下的比流量试验曲线。图 4.2.4 是经试验测出的径射喷嘴的比流量曲线。

Ⅰ、中期容器压力 1.82MPa 时，喷嘴压力为 1.72MPa
Ⅱ、中期容器压力 2.70MPa 时，喷嘴压力为 2.56MPa

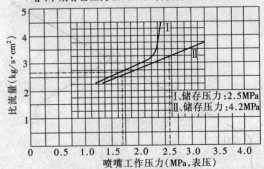

图 4.2.4 喷嘴工作压力（MPa，表压）
径射喷嘴流量特性试验曲线

**第 4.2.5 条** 本条规定的喷嘴设计压力计算公式系借鉴国际标准和英、法等国的同类标准提出的。

一、本条规定的计算公式是一个适用于整个卤代烷 1301 施放过程中任一瞬间喷嘴工作压力的计算式。

但实际上由于本规范规定了管网流体计算采用中期工作状态计算方法，规范中也只给出了中期工作状态卤代烷1301中期容器压力、管道压力损失等有关计算公式或计算图表。因此，一般也仅计算中期工作状态下喷嘴的工作压力，即容器压力处于中期容器压力下的喷嘴工作压力。

二、执行本条规定时应注意的是，本规范中（4.2.5）式计算出的喷嘴工作压力只含有比位能和比压能。根据流体力学原理，喷嘴的流量取决于有效能量，除比压能和比位能外还有比动能。比位能即高程压差在计算管道沿程压力损失时应考虑进去。而比动能在一般流体计算中，由于流速较低，比动能小，常常忽略不计。国际标准化组织 ISO/DIS7075/1 标准和法国 NFS62—101 标准在计算喷嘴流量时，均未考虑比动能的影响。而美国 NFPA12A 标准中，建议将比动能加进去。这对与喷嘴相连的管道中卤代烷1301质量流量较高，需要精确计算各个喷嘴的流量是必要的。如果需要计算比动能，即通常所指的速度水头时可采用下式计算：

$$P_v = 81.1 \times 10^3 \frac{q_m^2}{\rho \cdot D^4} \qquad (4.2.5)$$

式中　$P_v$——比动能（kPa）；

$q_m$——与喷嘴相连管道中卤代烷1301的质量流量（kg/s）；

$\rho$——喷嘴前管道内卤代烷1301的密度（kg/m³）；

$D$——与喷嘴相连管道的内径（cm）。

速度水头一般较小。例如一个平均流量为10kg/s的喷嘴，与其相连管道内径为5cm，卤代烷1301的密度为800kg/m³，其比动能为：

$$P_v = 81.1 \times 10^3 \frac{10^2}{800 \times 5^4}$$
$$= 16.2(kPa)$$

三、本规范（4.2.5）式中，$P_1$ 包含管道沿程压力损失和局部压力损失两部分。在卤代烷1301灭火系统工程设计计算中，局部压力损失一般用当量长度来代替局部阻力系数进行计算。系统中采用的阀门及各种管接件的当量长度在生产厂家提供的产品样本中均可查到。

**第4.2.6条～第4.2.8条**　第4.2.6条规定了管网内灭火剂百分比的计算方法。第4.2.7条中（4.2.7-1）式和（4.2.7-2）式用于估算，而（4.2.6）式是在求出管段内卤代烷1301的平均密度后，用来核算管网内灭火剂百分比的。第4.2.8条规定了管网内灭火剂百分比计算所允许的误差。

一、管网内灭火剂百分比是用来表示管网的容积对中期容器压力影响大小的一个参数。其定义为按喷嘴喷出卤代烷1301设计用量50％时，管网内的灭火剂质量与灭火剂设计用量之比。管网内的灭火剂质量与管网的容积、管网内灭火剂的密度有关。

根据本规范第4.2.13条规定，管网内任一点卤代烷1301的密度应根据该点的压力，以及贮存压力与充装密度按表4.2.13确定。对一个贮存压力和充装密度已确定的卤代烷1301灭火系统，在灭火剂施放过程中，管网内任一点的压力都是随时间变化的，因此，任一点的卤代烷1301密度也是随时间变化的。但是，对处于中期工作状态这一瞬间而言，管网内各点的卤代烷1301的密度仅和其位置有关。从贮存容器出口开始到管网的末端，由于压力逐步减小，其密度也逐步变小。

二、本规范第4.2.6条中（4.2.6）式和国外有关标准如国际标准 ISO/DIS7075/1、美国标准 NFPA12A、英国标准 BS5306 等的规定是一致的，它是管网内灭火剂百分比的定义式。用该公式计算出的结果真实地反映了中期工作状态时管网内灭火剂的百分比。在系统设计未完成前，管段各点的压力是无法确定的，因此，各管段内卤代烷1301的平均密度也无法确定。只有在系统设计完成后，才能求出各管段各点的压力，才能确定管网内各管段的卤代烷1301的平均密度。这一公式只能起到核算作用。

由于管网管段各点在中期状态的压力是不同的，因此，各点的密度也不相同。一般求其平均密度只需求出管段两端的密度值，再取其平均值即可。当然，管段划分越短，所求的平均密度越准确。但用手工计算则计算工作量太大。从理论上来说，管网内卤代烷1301的平均密度可用下式计算：

$$\bar{\rho} = \frac{\int_{P_2}^{P_1} \rho^2 \, dP}{\int_{P_1}^{P_2} \rho^2 \, dP} \qquad (4.2.6)$$

式中　$\bar{\rho}$——管段内卤代烷1301的平均密度（kg/m³）；

$\rho$——管段内任一点卤代烷1301的密度（kg/m³）；

$P_1$——管段始端的压力（kPa）；

$P_2$——管段末端的压力（kPa）。

三、本规范第4.2.7条中（4.2.7-1）式和（4.2.7-2）式和国际标准化组织 ISO/DIS7075/1、美国标准 NFPA12A、英国标准 BS5036 等有关规定是相似的。这两个公式均是用于初始计算时估算管网内卤代烷1301的百分比。在进行管网流体计算时必须先确定中期容器压力，要确定中期容器压力必须先给出管网内灭火剂的百分比。前面已经说明，管网内灭火剂百分比确定必须先求出管段各点的压力。这几个参数的求解是依赖于一组超静定方程。因此，必须先假定一个参数，才能求出其他参数。估算管网内灭火剂百分比的两个计算公式。是在假定管网末端压力等于中期容器压力的一半的基础上确定的。此时，管网内灭火剂的平均密度可用下两式表示。

对 2.50MPa 贮存压力

$$\bar{\rho} = 1229 - 0.07\rho_{\rm o} - 32C_{\rm e} - 0.3\rho_{\rm e}C_{\rm e}$$
$$(4.2.7-1)$$

对 4.20MPa 贮存压力

$$\bar{\rho} = 1123 - 0.04\rho_{\rm o} - 80C_{\rm e} - 0.3\rho_{\rm e}C_{\rm e}$$
$$(4.2.7-2)$$

式中 $\bar{\rho}$——平均密度（kg/m³）；

$\rho_{\rm o}$——初始充装密度（kg/m³）；

$C_{\rm e}$——管网内灭火剂百分比。

将这两个公式分别代入本规范第 4.2.6 条的计算公式，即可得出本规范第 4.2.7 条的两个计算灭火剂百分比的公式。这两个公式也可用下面一个计算式表示：

$$C_{\rm e} = \frac{K_1}{\dfrac{M_{\rm o}}{\sum\limits_{i=1}^{n} V_{\rm p}} + K_2} \times 100\% \quad (4.2.7-3)$$

（4.2.7-3）式是国际标准和英、美、法等国有关标准中采用的表达式，与本规范第 4.2.7 条给出的两个计算公式实质是相同的，只是表达形式不同，这是为了便于工程设计计算。

四、由于第 4.2.7 条给出的计算管网内灭火剂百分比的公式，是在假定管网末端压力等于中期容器压力一半的条件下建立的，所以以此确定中期容器压力所求出的管网末端压力不可能正好是中期容器压力的一半，故求出的管网内灭火剂百分比有一定的误差，必须用计算管网内灭火剂百分比的定义式来核算。

本规范第 4.2.8 条的规定是为了通过控制管网内灭火剂百分比的计算误差，达到控制中期容器压力计算精度，从而保证各个喷嘴流量的计算精度的目的。

根据本规范第 4.2.9 条所给出的计算中期容器压力的计算公式（4.2.9）式，可以分析出：如果灭火剂百分比的误差在 ±3% 范围内，所计算出的中期容器压力的偏差不会大于 0.045MPa，这在管网流体计算时是允许的。要求的计算精度过高，将会大大增加计算工作量，使较复杂的系统难以采用手工计算。当然，采用计算机进行辅助设计计算，可以将计算精度提高。

管网内灭火剂百分比核算步骤如下：

1. 用本规范（4.2.7-1）式或（4.2.7-2）式估算管网内灭火剂百分比。

2. 利用估算的管网内灭火剂百分比进行管网流体计算，确定管网各管段始端和末端在中期工作状态时的压力，并根据压力确定中期工作状态时的密度值。

3. 求各管段内灭火剂的平均密度和管段的容积。

4. 用本规范（4.2.6）式核算管网内灭火剂百分比。若核算结果与估算结果之差在本规范允许范围内，则可通过。若核算结果超过允差，则应用核算求出的管网内灭火剂百分比重新进行管网流体计算，然

后再次进行核算，直到核算得出的管网内灭火剂百分比与上一次核算结果之误差在允许范围内为止。

**第 4.2.9 条** 本条规定了卤代烷 1301 灭火系统的中期容器压力计算公式。该公式是借鉴日本有关资料确定的。采用该公式计算与国际标准 ISO/DIS7075/1、美国标准 NFPA12A、英国标准 BS5306 等所规定的图表的结果一致。这几个标准所采用的图见图 4.2.9。

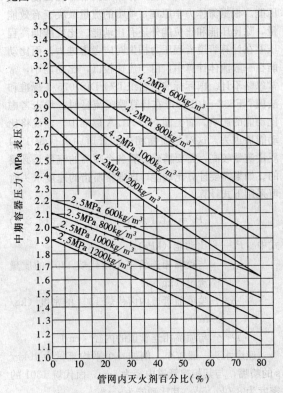

图 4.2.9　中期容器压力与管网内
灭火剂百分比的关系

本规范表 4.2.9 中给出了两种贮存压力、四种充装密度条件下的 $K_1$、$K_2$、$K_3$ 系数。在实际工程设计时，贮存压力均选用 4.20MPa 或 2.50MPa 两种贮存压力，而充装密度的确定取决于各种因素，本规范第 4.1.4 条的条文说明已经论述。当实际确定的充装密度不是表中给出的值时，则系数 $K_1$、$K_2$、$K_3$ 则必须用插入法确定。

**第 4.2.10 条** 本条规定了管网压力损失计算的原则。这些计算原则与国际标准化组织 ISO/DIS7075/1、美国 NFPA12A、英国 BS5306 等标准的规定是一致的。这些标准所提出的这一套完整的计算方法是以理论推导为基础，并通过试验验证建立的。

管网流体计算的目的是准确地选择灭火剂的贮存压力、灭火剂的充装密度、各管段的管径和各个喷嘴的孔口面积。其中贮存压力、充装密度以及管径的选择，必须同时体现技术与经济性，即应在保证灭火剂喷射时间的前提下，尽可能选择较小的贮存压力、较

大的充装密度、较小的管径，以降低工程造价。孔口面积选择的准确性应确保灭火剂在防护区内迅速均化，使防护区内任一点都达到所要求的灭火剂设计浓度。上述参数的确定，主要依靠准确地计算出管道内各点的压力。由于卤代烷 1301 在管道内的流动是非稳定流，又是气、液两相流，管网内各管段任一点压力的确定均是多变量参数的求解，是比较复杂的。必须通过试验和理论推导才能建立一套完整的计算方法。

**第 4.2.11 条** 本条规定了管道内卤代烷 1301 流量计算公式（4.2.11-1）式，以及与流量相关的压力系数 $Y$、密度系数 $Z$ 的确定方法。采用本条规定的（4.2.11-1）式是不能直接求解管网内管道任一点的压力的。求任一点的压力，只能先求解与该点压力有关的压力系数和密度系数。

本条提出的卤代烷 1301 在管道中的流量方程系引自国际标准化组织 ISO/DIS7075/1 标准，其他工业发达国家有关标准均采用这一计算公式。这一流量方程式不仅适用于非均衡管网，也同样适用于均衡管网。

本条所提出的流量方程式（4.2.11-1）式，是根据气、液两相流体流动特性理论推导得出的。当式中的 $Y$、$Z$ 系数用特定的卤代烷 1301 施放中的压力和密度值为依据计算时，计算公式就适合于卤代烷 1301 灭火系统的管网计算。在施放卤代烷 1301 过程中，二相流体中含气量不仅随时间而变化，并且在施放过程的某一瞬间，例如中期工作状态，二相流体中的含气量沿流动距离而增加，使管道内的流速逐步变高，造成了压力降呈非线性变化。理论推导的公式计算和试验均证明了这一点。

采用本规范第 4.2.11 条中的（4.2.11-1）式计算结果和试验结果基本上是一致的。图 4.2.11 是试验结果与采用公式计算结果的比较。

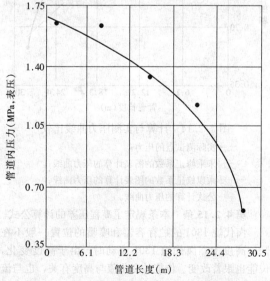

图 4.2.11　公式计算与试验测试的压力降

本试验是美国消防器材者协会（FEMA）做的。试验系统的卤代烷 1301 贮存压力为 2.50MPa，充装密度为 1120kg/m³，充装量为 20.8kg，管道的管径为 20mm，管长 25.8m。试验时管端敞口，在管道沿途设有压力测点，图中记录了中期工作状态时各点的压力，中期工作状态的流量约 2.27kg/s。

图中的五个黑点是试验测得的数据，曲线为计算结果。从图中也可以看出，越接近管道末端，压力下降也就越快，呈非线性变化。

本规范中计算 $Y$、$Z$ 值的公式（4.2.11-2）式、（4.2.11-3）式引自美国 NFPA12A 标准，它是在根据卤代烷 1301 和氮气混合物的热力学特性推导计算管道压力损失计算公式时给定的具有特定含义的系数。本规范附录三中给出的压力系数 $Y$ 和密度系数 $Z$ 是由这两个公式计算出来的。

本规范第 4.2.13 条已给出了根据管网内任一点的压力确定该点卤代烷 1301 密度的方法，因此只要给出密度值，即可求出对应的压力；相反，给定任一点的压力，也可确定其密度值，这两者确定其中一个，就可求出对应的压力系数 $Y$ 和密度系数 $Z$ 来。

**第 4.2.12 条** 本条规定了任一管段末端的压力系数的计算公式，它与国际标准化组织 ISO/DIS7075/1 标准、英国 BS5306 标准的规定是一致的。

本规范第 4.2.11 条中（4.2.11-1）式是卤代烷 1301 灭火系统管网流体计算的基础公式。它是从管网始点开始到管网内任一点的压力系数 $Y$ 的求解公式。这里要注意的两点是：一是管网始点的压力即中期容器压力；二是管网内任一点是指从管网始点开始，管网内流量和通径均不变化的任意一点。这是推导建立这一公式的假定条件。

本条提出的（4.2.12）式是在本规范第 4.2.11 条中（4.2.11-1）式的基础上导出的。

根据本规范（4.2.11-1）式，假定沿管道的流量不变，从管网始点到某一管段始端的管道计算长度为 $L$，压力系数和密度系数分别为 $Y_1$、$Z_1$，到该管段末端的管道计算长度为 $L+1$，压力系数和密度系数分别为 $Y_2$、$Z_2$。又令：

$$K_1 = 2.424 \times 10^{-8} D^{5.25}$$

$$K_2 = 1.782 \times 10^6 D^{-4}$$

该管段始端和末端二点处的两相流方程式为：

$$q_{Pm}^2 = \frac{K_1 Y_1}{L + K_1 K_2 Z_1} \qquad (4.2.12\text{-}1)$$

$$q_{Pm}^2 = \frac{K_1 Y_2}{L + 1 + K_1 K_2 Z_2} \qquad (4.2.12\text{-}2)$$

则：

$$Y_1 = q_{Pm}^2 L / K_1 + q_{Pm}^2 \cdot K_2 Z_1 \qquad (4.2.12\text{-}3)$$

$$Y_2 = q_{Pm}^2 L / K_1 + q_{Pm}^2 / K_1 + q_{Pm}^2 \cdot K_2 Z_2$$

$$(4.2.12\text{-}4)$$

用（4.2.12-4）式减（4.2.12-3）式得：

$$Y_2 = Y_1 + q_{Pm}^2 L / K_1 + q_{Pm}^2 K_2 (Z_2 - Z_1)$$

$$(4.2.12-5)$$

（4.2.12-4）式即本规范第 4.2.12 条规定的公式。关于该公式应用方法及注意事项可按本规范附录五的规定处理。

**第 4.2.13 条** 本条规定了根据管道内的压力，以及卤代烷 1301 灭火系统贮存压力、充装密度来确定管网内任一点卤代烷 1301 密度的方法。

在卤代烷灭火系统施放卤代烷 1301 的过程中，由于管道沿程阻力和局部阻力，卤代烷 1301 的压力会逐步下降，部分液态卤代烷 1301 气化，此外溶于卤代烷 1301 中的氮气也有一部分逸出，形成气、液两相流动，压力降越大，混合流质中含气量越高，卤代烷 1301 的密度也就越小。管网内卤代烷 1301 的密度与其压力存在以下函数关系：

$$\rho = f(p) \qquad (4.2.13)$$

在本规范本条中，这一函数关系采用表 4.2.13 来表示。在国际标准化组织及美、英、法等国标准中则采用图 4.2.13-1 和图 4.2.13-2 来表示这一函数关系。图与表所得出的结果是一致的。

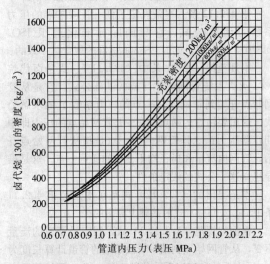

图 4.2.13-1    2.5MPa 系统管道内
卤代烷 1301 的密度

**第 4.2.14 条** 本条规定了均衡管网中各管段压力损失计算可采用的图表计算法。

目前国内外计算卤代烷 1301 灭火系统管道压力损失有两种方法，一种是上面介绍的根据两相流体流动特性推导出的计算公式，另一种则采用图表计算。本条所规定的计算图表系引自 ISO/DIS7075/1 标准，美国、英国等国家的有关标准也采用了相同的图表。第 4.2.11 条条文说明中介绍的美国消防器材协会（FEMA）所做的试验，其试验结果和采用公式计算与图表计算的比较见图 4.2.14。从图中可以看出，用图表计算但未乘以压力损失修正系数时，管道各点的压力与实测压力的误差较大，乘以压力损失修正系

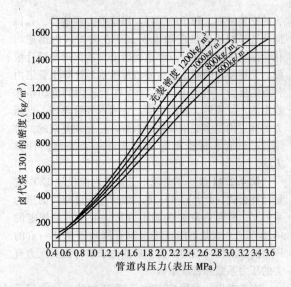

图 4.2.13-2    4.2MPa 系统管道内
卤代烷 1301 的密度

数后，管道末端的压力与实测数值接近，但沿途各点的误差则较大。非均衡管网要求管网各节点处压力计算准确，才能保证各个喷嘴的流量能达到设计要求，而均衡管网由于各喷嘴的设计流量是相等的，管网沿程节点处压力计算误差，不会造成各喷嘴实际喷射流量之比出现过大的误差，故可采用图表法来计算。

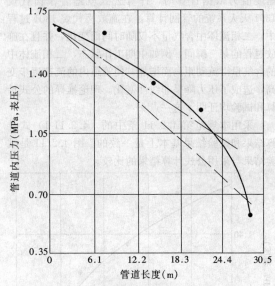

图 4.2.14    计算与实测压力曲线比较
——实际测试点的压力；
——未乘修正系数的图表计算的压力曲线；
——乘以修正系数的图表计算的压力曲线；
——公式计算的压力曲线。

**第 4.2.15 条** 本条规定了高程压差的计算公式。

卤代烷 1301 的贮存容器和喷嘴的位置一般不在同一高度上，卤代烷 1301 流动时，由于高度变化，位能也跟着改变。位能的变化值与高度有关，也与流体的密度有关。

管网内卤代烷 1301 的密度是随压力变化的，为了简化计算，本条规定的计算高程压差的公式中，卤代烷 1301 的密度取管段高程变化始端的密度值，而不是取该管段内卤代烷 1301 的平均密度值。当管段内卤代烷 1301 向上流动时，始端的密度高于平均密度，计算出的高程压力损失较实际值高。当管段内卤代烷 1301 向下流动时，且管道沿程压力损失小于高程压力变化值时，管段始端的密度将低于平均密度，计算出的高程压力增加量比实际值低。这两种情况下，都使计算出的管段末端的压力比实际压力低。是偏于保守的。

对一个卤代烷 1301 灭火系统，总的高程变化值一般以贮存容器底部与喷嘴之间的高度差来计算。

本条规定与国际标准化组织以及英、美、法等国家的有关标准的规定是一致的。

## 第五章 系 统 组 件

### 第一节 贮 存 装 置

**第 5.1.1 条** 本条分别规定了预制灭火装置及管网灭火系统卤代烷 1301 贮存装置的组成。贮存容器是用以贮存灭火剂的；容器阀用于控制灭火剂的施放；单向阀起防止灭火剂回流的作用；集流管是汇集从贮存容器放出的灭火剂，并将其分配到各防护区的主干管。

卤代烷 1301 使用的时间很长，根据美国 NFPA12A 标准规定"钢瓶若处于使用状态而未喷放灭火剂时，（灭火剂）最多可连续使用 20 年（从最后一次试验和检查算起）"。加之卤代烷 1301 价格较贵，因此灭火剂贮存装置必须选用专用的部件，而且必须经过国家检测中心的认证。

**第 5.1.2 条** 在贮存容器或容器阀上设置安全泄压装置和压力表，目的是为了防止由于意外情况出现时，贮存容器的压力超过允许的最高压力而引起事故，以确保设备和人身安全。

贮存容器内灭火剂的贮存压力是根据设计需要确定的。由于充装比和 20℃时充装压力的不同，贮存压力随温度的变化也不相同。充装比越大，温度越高，贮存压力将增加很多。例如一个贮存容器内，在 21℃时的贮存压力为 4.24MPa，充装密度为 1566kg/m³，当温度升高到 54℃时，贮存压力达到 20.79MPa。我国现行的《压力容器安全监察规程》规定：盛装液化气体的容器必须设安全阀（爆破片）和压力指示仪表。

进行产品设计时，对于不太大的贮存容器，如 40L 的钢瓶，可在容器阀上设泄压装置。对于较大的贮存容器，应直接在容器上设泄压装置。

关于泄压装置的动作压力，本规范定为：贮存压力为 2.50MPa 时，应为 6.8±0.34MPa；贮存压力为 4.20MPa 时，应为 8.8±0.44MPa。与国外同类标准关于管道泄压装置的动作压力是一致的。例如英国标准 BS5306 中规定"在液态卤代烷有可能截留在某些管道（例如在两阀之间）时，应设置一个合适的超压泄荷装置。对于 2.50MPa 系统，应使设计的装置在 6.8±0.34MPa 时被打开。对于 4.20MPa 系统，应使设计的装置在 8.8±0.44MPa 时被打开"。

在贮存容器或容器阀上设置压力表，是为了指示贮存容器内的压力，以便于经常观察贮存容器的压力变化。国外同类标准一般规定，经温度校正后的贮存压力如果损失 10％以上时，就必须重新充装或予以更换。

**第 5.1.3 条** 在容器阀与集流管之间的管道上设置单向阀，能够保证贮存装置在移去个别容器进行检修或更换时，仍能保持系统的正常工作状态。对于组合分配系统，当一部分贮存容器的灭火剂已经施放，剩余的贮存容器仍可以保护其余的防护区。如果不设单向阀，则在施放剩余的灭火剂时，就可能回流到已放空的贮存容器中去，这将会使施放到防护区的灭火剂减少，而起不到灭火作用。

对于单元独立系统，如果瓶组数少于 5 个，在容器阀与集流管之间的管道上，可不设置单向阀。

单向阀与容器阀或集流管之间采用软管连接，主要是为了便于在系统安装与维修时更换容器。此外，采用软管连接也能减缓灭火剂施放时对管网的冲击力。

本条还规定贮存容器或集流管应采用支架固定，这是考虑到贮存容器的压力较高，系统启动时，灭火剂液流产生的冲击力很大，为了防止系统部件的损坏，应采用支架将容器固定。在设计支架时，应考虑到便于单个容器的称重和维修。

**第 5.1.4 条** 本条规定在贮存装置上设置耐久的固定标牌，目的是为了便于对灭火系统进行验收、检查和维护。由于卤代烷 1301 具有腐蚀性小、久贮不变的优点，灭火剂贮存容器可以使用相当长的时间，甚至可达几十年之久。因此，设置一个耐久的固定标牌是必要的。

**第 5.1.5 条** 本条规定的目的在于保证保护同一个防护区的灭火剂贮存容器能够互换，便于贮存装置的安装、维护与管理。

**第 5.1.6 条** 本条规定了贮存装置设置场所的环境条件、温度范围及对贮瓶间的要求。

为了有效地发挥卤代烷 1301 灭火装置的作用，贮存装置本身必须设置在安全的环境中。因此，贮存装置应设置在不易受到机械、化学损伤的场所内，以免损害系统的工作性能及寿命。

关于本条提出的要求，在国外同类标准中也都有相应的规定。例如美国 NFPA12A 规定"贮存容器不应放在易于受到恶劣气候条件或是机械的、化学的或其他危害的地方。当可能会暴露在恶劣气候条件下或受机械损害时，必须提供适当的保护措施或封闭空间"。

卤代烷 1301 的沸点为－57.8℃，比卤代烷 1211 低得多，因此，其使用范围也比卤代烷 1211 宽。本规范规定贮存装置设置场所的环境温度应在－20～55℃范围内，这与国外同类标准是一致的。例如英国标准 BS 5306 规定"对全淹没系统，贮存温度不应超过 55℃，也不应低于－30℃。如果所设计的系统的正常工作温度是在这个范围之外，可以使用外部加热或冷却的办法，使温度保持在要求的范围之内"。美国标准 NFPA12A 中规定"对于全淹没系统，贮存温度不得超过 130°F（55.4℃），且不得低于－20°F（－28.9℃），但该系统设计成适合在此贮存温度范围以外的情况下使用时例外"。

需要强调指出的是，我国所设计的产品最低使用温度一般为－20℃，当环境温度低于－20℃时，贮存装置及选择阀均不能采用常规产品，必须使用低温用钢特别制造。管道及其附件的材料也必须满足低温使用的要求。

现行国家标准《建筑设计防火规范》和《高层民用建筑设计防火规范》中，规定需设置卤代烷灭火系统的地方，均为性质重要、经济价值较高的场所，且均设在耐火等级不低于二级的建筑物内。为确保灭火剂贮存装置的安全，使其能够免受外来火灾的威胁，所以本条规定管网灭火系统的贮存装置应在耐火等级不应低于二级的专用贮瓶间内。

所谓专用贮瓶间，有两方面的含义：首先，贮存装置必须设在房间内，不能设在露天场所、走廊、过道或临时性的简陋构筑物内。另外，该房间必须是为设置贮存装置专用的，除了可兼作火灾自动报警控制设备室之外，不得兼作与消防无关的其他操作之用，也不得放置其他设备或材料。

规定贮瓶间的出入口直接通向室外或疏散走道，是为了便于在系统需要使用应急操作时，人员能够很快进入，在贮瓶间出现危险时能够迅速撤离。

**第 5.1.7 条** 本条为对贮瓶间内设备的布置要求。

规定操作面距墙及两个相对操作面之间的距离不宜小于 1m，这是考虑到操作和维修的需要。

## 第二节 选择阀和喷嘴

**第 5.2.1 条** 组合分配系统是用一套灭火剂贮存装置，通过选择阀等控制来保护多个防护区的灭火系统。因此，每个防护区都必须设置一个选择阀。为了便于管网的安装和减小管道的局部压力损失，选择阀的公称直径应与主管道相同。

要求选择阀安装在贮存装置附近，可以减短连接管的长度，便于集中操作与维修。考虑到灭火系统的自动操作可能偶尔失灵而需进行应急手动操作，故选择阀的位置还应考虑到手动操作的方便，并应有标明对应防护区名称或编号的耐久性标牌，以便于操作人员准确无误地进行应急手动操作。目前国内有部分卤代烷灭火系统，将选择阀布置在容器阀以上，其手动操作的高度达 2m，是不便于操作的，应引起设计者注意。

**第 5.2.2 条** 喷嘴的布置是系统设计中的一个较关键的问题，因其直接关系到系统能否将火灾扑灭。采用全淹没系统保护的防护区内所布置的喷嘴，应能在规定的时间内将灭火剂施放出去，并能使防护区内的灭火剂均匀分布，这是喷嘴选择和布置的原则。为了使灭火剂均匀分布，这就要求在布置喷嘴时，应使防护区平面上的任何部位都在喷嘴的覆盖面积之内，不应出现空白。

用于全淹没系统的喷嘴是多种多样的，这些不同结构形成的喷嘴有不同的流量特性和保护范围。一般来讲，喷嘴生产厂应当提供经过国家质量监督检验测试中心认证的喷嘴流量特性以及经过测试得出的喷嘴保护范围，即保护面积和安装高度等应用参数，供设计选用。

本条规定与国外同类标准是一致的。例如英国标准 BS 5306 规定：全淹没系统的设计应确保整个防护区的空间内卤代烷 1301 的均匀分布。用于全淹没系统的喷嘴应达到预期的目的，并且喷嘴的位置确定应考虑到危险区的范围和封闭空间的几何形状，所选择的喷嘴类型、数量和位置要使防护区内各处都能达到设计浓度。又如美国标准 NFPA12A 规定：用于全淹没系统中的喷嘴必须是满足设计要求并经注册过的型号，并在安装时，必须考虑危险场所封闭空间的几何形状；已选择的喷嘴型号，它们的数量和位置必须能使防护区内各处都能达到设计浓度……喷嘴因设计和喷射特性变化而异，必须根据设计所要求的用途来选择。喷嘴必须按照注册表中的规定考虑间距、地板面积和排列安装在危险场所内。

本条还规定安装在有粉尘的防护区内的喷嘴应采用防尘罩，以防止喷嘴被堵塞。这些防尘罩应能在喷射灭火剂时被吹掉或吹碎。

为便于识别，防止在安装、检修或更换时把喷嘴装错，喷嘴上应有表示其型号、规格的永久性标志。

## 第三节 管道及其附件

**第 5.3.1 条** 本条规定了卤代烷 1301 灭火系统管道及其附件的选用原则，并规定了不同条件下应采用的管材及其要求。

规定管道及其附件应能承受最高环境温度下的工作压力。此工作压力相当于最高环境温度下，灭火剂施放初期（即从贮存容器出流的灭火剂刚好充满管道容积，尚未从喷嘴喷放的瞬间）管道中的压力。

规定贮存压力为 2.5MPa 和 4.2MPa 的系统，在一般情况下，管材均应选用符合现行国家标准《冷拔或热轧精密无缝钢管》和《无缝钢管》中规定的无缝钢管，而且必须进行双面镀锌处理，以防管道锈蚀。

对于贮存压力为 2.5MPa 的系统，由于在卤代烷 1301 的释放过程中，管道内的实际工作压力并不大，通常在 2.0MPa 以下。因此，当管道的公称通径不大于 50mm 时，管材采用符合现行国家标准《低压流体输送用镀锌焊接钢管》中规定的加厚管是可行的。这样，也为广大施工安装单位带来方便，为建设单位节省部分投资。

本条是根据国际标准 ISO/DIS7075/1 中的有关规定和我国在安装卤代烷 1301 灭火系统及执行《卤代烷 1211 灭火系统设计规范》时的具体情况制定的。

本条规定的内容与国外同类标准的规定是一致的，如英国标准 BS 5306 规定：螺纹连接的钢制管道和管接件应内外镀锌。在没有另外的防腐措施的情况下，可以使用铜、黄铜或不锈钢管。建议在可能情况下，预制管道部分要镀锌。但是，在化学蒸气、尘埃或潮气可以腐蚀镀锌层的那些环境中，镀锌是不合适的。在未采用耐腐蚀的材料作管道、管接件或支撑架和钢结构的地方，由于有可能影响材料使用的环境或局部的化学条件，应给予适当的表面防护以对付正常的腐蚀，涂复层通常应从铅基加装饰锌（冷镀锌）或专用的涂料中选择。

输送启动气体的管道需要承受 6.0MPa 的压力，其管径较小，且弯曲的地方较多，还需防腐蚀，所以采用符合现行国家标准《拉制铜管》和《挤制铜管》中规定的紫铜管。

**第 5.3.2 条** 本条规定了管道的连接形式。对于公称直径不大于 80mm 的管道，考虑到安装与维修的方便，规定宜采用螺纹连接。公称直径大于 80mm 的管道，采用法兰连接。

在执行本条规定时应注意以下几点：

一、设计时不得采用市场上出售的水煤气管接件，更不得采用铸铁管接件，因其允许的使用压力不能满足卤代烷 1301 灭火系统的使用要求。应采用卤代烷灭火系统专用的管接件。

二、采用法兰连接时，管网应在预安装后进行内外镀锌处理。

**第 5.3.3 条** 为了使整个管网均能长期可靠使用，故对管道附件规定了防腐要求，其要求与对管道的要求相同。

**第 5.3.4 条** 规定在通向每个防护区的主管道上设置压力讯号器或流量讯号器，目的为了在施放灭火剂后，能够得到一个反馈信号，以确认已施放灭火剂的防护区是否和发生火灾的防护区一致。同时，这个反馈信号通过控制设备，启动防护区入口处表示正在喷放灭火剂的声光报警信号。

# 第六章 操作和控制

**第 6.0.1 条** 我国目前采用卤代烷 1301 灭火系统保护的场所，均是消防保卫的重点要害部位，一旦失火不能将其迅速扑灭，将会造成难以估计的经济损失和不良的政治影响。为了确保卤代烷 1301 灭火系统在需要时能可靠地施放灭火剂，本条规定采用管网灭火系统应同时具有三种启动方式。

规定管网灭火系统应具有应急操作启动功能，是考虑到在自动控制或手动控制的启动方式万一失灵（或断电）的情况下，也能进行施放灭火剂的操作。应急操作一般采用机械式，如就地启动容器阀（或远距离拉索启动）施放灭火剂。但是对于一个防护区有多个贮存容器防护的情况，要求每个容器都具有机械应急操作启动功能是不必要的，因操作时动作多且费时，有可能延误灭火时机。所以对于一次需打开三个以上贮存容器的，可采取主、从动启动方式，主动容器必须具有机械应急操作启动功能。

本条规定了卤代烷 1301 灭火系统应同时没有自动和手动二种控制方式。系统使用时应处于何种控制状态下，则应根据火灾危险性，灭火剂最大浓度以及防护区内人员停留情况等因素确定。

本条规定了设置在防护区内的预制灭火装置至少应有自动控制和手动控制两种启动方式。也就是说设在防护区外的预制灭火装置（如箱式灭火装置）应同时具有应急操作启动方式。此外对于设在防护区内的预制灭火装置，如有条件的，也应同时具有应急操作启动功能（如采用远距离拉索启动等）。

**第 6.0.2 条** 本条规定了卤代烷 1301 灭火系统的几种操作和控制方式的要求。

规定"自动控制装置应在接到两个独立的火灾信号后才能启动"，就是说，防护区内应设置两种不同类型或两组同一类型的火灾探测器。只有当两种不同类型或两组同一类型的火灾探测器均检测出防护区内存在火灾时，才能发出施放灭火剂的指令。

任何性能良好的探测器，由于本身质量或环境条件的影响，在长期运行中不可避免地会出现误报的可能性。卤代烷 1301 灭火剂较为昂贵，一旦误报警甚至驱动灭火系统误喷射，就会损失灭火剂并且造成人们心理上的不安。因此，本条规定采用复合探测是完全必要的。英国标准 BS 5306 也有类似的规定：当设计采用检测烟和火焰的高灵敏度火灾探测器组成的灭火系统时，只有在两个独立火灾信号激发后，系统才能启动。

执行本条规定时，防护区内火灾探测器种类的选择，应根据可能发生的初期火灾的形成特点、防护区高度、环境条件以及可能引起误报的原因等因素，按现行国家标准《火灾自动报警系统设计规范》确定。

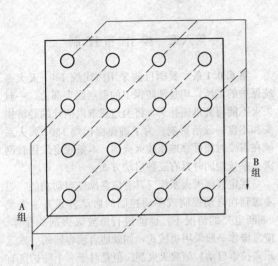

图 6.0.2-1　同种类型探测器的组合

在设计时应注意的是："两个独立的火灾信号"，可以由防护区内设置的同一种类型的火灾探测器分成两组交叉设置来提供，如图 6.0.2-1 所示，也可以由防护区内设置的两种类型的火灾探测器分成两组交叉设置，如图 6.0.2-2 所示。

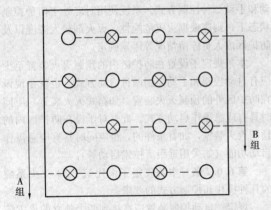

图 6.0.2-2　不同种类型探测器的组合

要求应急手动操作在一个地点进行，其目的是为了在非常情况下，能够比较迅速地进行操作。"一个地点"的含义是指在房间或走道上的某一位置完成全部应急操作过程，但不包括开启选择阀或关闭开口等的操作。这就要求应急手动操作机械尽可能少些，如有多个机械时，应集中设置。

本条规定"手动操作点均应设明显的永久性标志"中的手动操作点包括手动控制按钮和应急操作控制点。手动操作点不应设在防护区内，为便于寻找。操作点应有明显的标志。明显的标志指的是操作机构或按钮应有红色标志，需要时，还应设置操作点的指示牌。此外，手动操作机构或按钮应有防护装置（如安全销、玻璃罩等）。

**第 6.0.3 条**　本条规定系统的操作与控制包括关闭开口、通风机械和防火阀等设备联动，是为了保证在实施手动和自动控制时，系统动作的连续性和准确

性。美国标准 NFPA12A 规定：必须把附加闭锁装置的所有设备看作是该系统的整体部件并与系统操作协调。

在执行本条规定时应注意，在实施应急操作时，开口和防火阀一般需要手动关闭。

**第 6.0.4 条**　本条规定的目的是要保证操作和控制的动力，以确保系统在正常情况下能处在良好的工作状态，在防护区发生火灾时能可靠地启动系统施放灭火剂及操作需与系统联动的设备。

目前我国设计生产的卤代烷 1301 灭火系统，绝大多数是采用气动源控制灭火剂的施放。无论是以灭火剂为气源还是以启动用气体为气源，在进行系统设计时，均应依据生产厂所提供的阀门开启压力及整个供气系统的容积进行计算，以确保系统可靠地工作。

卤代烷 1301 灭火系统的供电应符合现行国家标准《建筑设计防火规范》和《火灾自动报警系统设计规范》中有关条款的规定。

**第 6.0.5 条**　本条规定设置卤代烷 1301 灭火系统的防护区应设置火灾自动报警系统，是因为我国目前要求设置卤代烷 1301 灭火系统的场所，均是要害部门或贵重设备间，一旦发生火灾，会产生不良的政治影响和较大的经济损失。采用自动报警系统，能较早地发现初起火灾而及时进行扑救。这样，不仅能减轻火灾损失，并且能更好地发挥卤代烷 1301 的灭火效果。国外有关标准也规定了采用卤代烷 1301 灭火系统的防护区应使用火灾自动报警系统。

**第 6.0.6 条**　本条规定备用量的贮存容器应能与主贮存容器切换使用，是为了起到连续保护的作用。无论是主贮存容器已施放、泄漏或是其他原因造成主贮存容器不能使用时，备用贮存容器可以立即投入使用。

关于备用量的设置方法，国际标准化组织 ISO/DIS7075/1 标准规定：如果有主供应源和备用供应源，它们应固定连接，便于切换使用。只有经有关当局同意方可不连接备用供应源。美国 NFPA12A 标准规定：主供应源的贮罐与备用供应源的贮罐都必须与管道永久性地连接并必须考虑到两个供应源容易进行切换，除非有关当局允许，备用供应源才可不连接。法国 NFS62—101 标准也有相同的规定。

## 第七章　安　全　要　求

**第 7.0.1 条**　本条从保证人员安全角度出发，根据灭火系统的工况要求及国外有关规范、标准，规定了人员在灭火时撤离的时间和对建、构筑物的要求。

作为一个防护区应设置疏散通道与出口，在国内外的有关防灾规定和建筑防火规定中都有相应的要求。本规范主要为工业与民用建筑中设置的卤代烷 1301 全淹没系统而制定，同样也应有这一规定，使

人员能在紧急情况下迅速脱离危险区。同时，也为专业消防人员等有关人员提供方便。

本条规定防护区必须设置有使人员能在 30s 内疏散完毕的通道与出口。这既考虑了卤代烷 1301 灭初期火灾的需要，也能满足人员撤出设置卤代烷 1301 灭火系统的防护区的要求。由于采用的是卤代烷 1301 全淹没灭火系统，人员在灭火剂喷射后进出，会导致灭火剂的流失，从而影响灭火效果，有时甚至可能使灭火失败。卤代烷 1301 灭火系统，如果是自动启动时，在喷射灭火剂之前，国内目前一般都设置了 30s 可调的延时预报警时间。预报警时间即人员疏散时间。它的设置与防护区面积、人员疏散距离有关。防护区面积大，人员疏散距离远，则预报警时间也应延长。反之，则可短些。这一时间是人为规定的，但不应大于 30s。当防护区内经常无人工作时，可取消预报警时间。因此确定 30s 的疏散时间可满足这一要求，并与系统的工作相协调。

**第 7.0.2 条** 本条规定了有人工作的防护区内的卤代烷 1301 的最大浓度，以确保人身安全。

一般来说，7％浓度以下的卤代烷 1301 对人员的危害较小。通常卤代烷 1301 在大气中是以气态存在，当人接触后，会对呼吸道及鼻粘膜产生刺激性作用。短时间接触，不会发生中毒现象。国际标准化组织用卤代烷 1301 对人和动物做了大量试验，根据试验，允许人员接触卤代烷 1301 的时间限值如表 7.0.2。

**表 7.0.2**

| 封闭空间类型 | 卤代烷 1301 的浓度 （%<V/V>） | 安 全 要 求 |
|---|---|---|
| 一般有人占用区 | $\varphi \leqslant 7$ | 应在 15min 内撤离防护区 |
| | $7 < \varphi \leqslant 10$ | 应在 1min 内撤离防护区 |
| 一般无人占用区 | $10 < \varphi \leqslant 15$ | 应在 30s 内撤离防护区或使用自备的呼吸装置 |
| | $\varphi > 15$ | 应使用自备的呼吸装置 |

国际标准 ISO/DIS7075/1 和英、美等国际标准规定，一般有人占用区，卤代烷 1301 的浓度不应大于 10％。

人们普遍认为卤代烷 1301 抑制燃烧反应以前，灭火剂蒸气必须分解。在活化氢存在时，其主要分解产物是氢卤酸（HF、HBr）和自由卤素（$Br_2$）以及少量的卤代碳酰（$COF_2$，$COBr_2$）。这些分解产物在浓度很低时就会对人体产生强烈的刺激作用。同时，分解产物的数量，在很大程度上取决于火灾规模、卤代烷 1301 的浓度及其与火焰或高温表面接触的时间长短等因素。当卤代烷 1301 全淹没灭火系统向已发生火灾的防护区内施放灭火剂后，防护区内卤代烷 1301 接触火焰或高温（482℃以上）的热表面而生成的分解物，以及可燃物质的燃烧生成物，对人员均会

产生危害。美国 NFPA12A《卤代烷 1301 灭火系统标准》中规定：灭火剂浓度可能达到 10％的区域，喷射灭火剂时，人员必须立即撤离。在经常有人区域，若人员不能在 1min 内撤出时，卤代烷 1301 全淹没系统的灭火浓度必须小于 7％。

**第 7.0.3 条** 本条规定了防护区内卤代烷 1301 的最大浓度的计算方法。本规范（7.0.3）式是借鉴国际标准化组织及美、英、法等国标准的有关规定提出的。

在执行本条规定时，应注意 $\mu_{max}$ 和 $V_{min}$ 的计算，$\mu_{max}$ 是指设置卤代烷 1301 灭火系统的防护区内可能达到的最高室温时的卤代烷 1301 蒸气的比容。此最高环境温度不一定是本规范中所规定的最高环境温度 +55℃。$V_{min}$ 是防护区的最小净容积，即最大净容积减去防护区内永久性建筑构件，如梁、柱等所占的体积，不应减去防护区内贮存物所占用的体积。

**第 7.0.4 条** 本条主要规定了防护区及疏散通道口应采取的安全措施。

本条是根据国内外同类系统的有关规范、标准而制定的。如我国现行国家标准《卤代烷 1211 灭火系统设计规范》规定：“防护区内应设有能在 30s 内使该区人员疏散完毕的通道与出口”，“在疏散通道与出口处，应设置事故照明和疏散指示标志”，“防护区内应设置火灾和灭火剂施放声报警器；在防护区的每个入口处应设置光报警器和采用卤代烷 1301 灭火系统的防护标志”。

美国 NFPA12A 标准、英国 BS5306 和国际标准化组织的有关标准中的规定基本一致。如 NFPA12A 就明确规定，为防止该区域内的人员出现损伤或死亡，必须采取以下步骤和安全措施：

提供满足人员疏散要求的通道和出口，并保持在任何时候都畅通。

提供必需的应急照明和方向标志，以保证人员迅速、安全地撤离。

在这样的区域入口处或附近提供警报和安装信号。这种信号必须能通知进入安装了卤代烷 1301 系统的防护区内的人员，该区域可能包含与危险场所的情况有关的附属设施。

疏散通道与出口应符合建筑防火规范有关安全疏散章节中的规定。设计的疏散通道不能兼作其他功能使用，更不能堆放物品。应始终保持疏散道口畅通。

为避免在火灾发生后的紧急情况下，由于正常照明中断，人们心理紧张等因素而产生混乱或发生事故，在防护区的疏散通道和出口处应设置事故照明和疏散指示标志，为疏散人员提供照明并指示方向。

在每个防护区内设置火灾和灭火剂施放的声报警器，在于提醒防护区内的人员迅速撤离防护区，以免延误时间而受到不必要的危害。

在防护区的每个入口处设置施放灭火剂的光报警

器，是为了提醒人们注意防护区内准备施放或已施放灭火剂，不应随意进入，以免受到伤害。

在防护区的入口处还应设置说明该处已采用卤代烷1301灭火系统的警告标志。由于进出设有该系统的防护区内的人员，往往不是消防方面的专业人员，对该系统的动作程序及应注意的事项，往往不太了解，因此特作此规定，提醒有关人员关注。标志牌应能耐久并需固定。

此外，在火警与灭火剂施放警报之间一般设有30s可调的时间间隔，这给防护区内的人员提供了一个判断防护区内的火灾是否可用其他方式扑灭，而不必启动卤代烷1301灭火系统的时间。如果防护区内的人员发现火灾很小，没有必要启动系统，则可采用其他消防手段将火扑灭。

**第7.0.5条** 本条是根据国内生产的卤代烷1301预制灭火装置的启动方式，为保证人员安全而制定的。

目前我国生产的卤代烷1301预制灭火装置中，很多是采用易熔合金或感温玻璃球等感温元件来控制灭火剂的施放。它本身具备火灾自动探测和启动的功能，是一种特殊类型的无管网灭火装置。这类装置有些虽已加上了用电爆方式击破感温玻璃球的功能，具有自动启动和手动启动两种操作方式，但其处于手动操作状态时，仍不能防止灭火剂的自动释放。因此有必要限制这类灭火装置的应用场所，特别是在经常有人工作的防护区，更应注意这一点。进行工程设计时必须充分了解这一类卤代烷1301灭火装置的特点，注意其局限性。这类装置宜用于如变压器室、油浸淬火槽、柴油或汽油发动机房等火灾发展快，热量产生大的经常无人工作的防护区内。

为此，本条规定经常有人的防护区内设置的预制灭火装置应有切断自动控制的手动装置。手动装置应是独立的。它应既能手动无管网灭火装置，又能在灭火装置处于手动方式时切断自动启动。这种手动装置与自动操作可相互转换。这就能防止因自动报警或自动操作误动作而将灭火剂施放出去，危害人员，影响正常工作，并可在火灾报警后，又无必要施放灭火剂时，能紧急关断，确保灭火设备的有效使用和人员的安全。

**第7.0.6条** 防护区出口处应设置向疏散方向开启，并能自行关闭的防火门。本条规定是为防止在紧急情况下门打不开，影响人员疏散。同时，人员疏散后要求门能自动关闭，以利于防护区内卤代烷1301气体保持浓度，防止卤代烷1301流失，污染其他环境，影响灭火效果。还可避免因某种原因而被困入防护区内的人员，能从防护区内将门打开顺利脱险。防护区自动关闭门的设计，强调当门关闭后，在任何情况下都能从防护区内部打开。

**第7.0.7条** 根据国内外的有关试验，卤代烷1301灭火系统一旦向发生火灾的防护区内施放灭火剂后，防护区内将存在各种有害气体，其中包括灭火剂本身，燃烧生成物以及灭火剂接触高温后的分解物。这时人员不能随意进入防护区内。为尽快排出防护区内的有害气体，使人员能进入防护区内进行清扫和整理火灾现场，调查火因，恢复正常工作条件，本条规定灭火后，防护区应通风换气。通风换气可以是自然通风，也可采用机械通风。

由于卤代烷1301灭火剂与空气所形成的混合气体密度比空气大，一般易积聚在防护区的下部。无窗和固定窗扇的地上防护区以及地下防护区难以采用自然通风将这些混合气体排除，因此，应设置机械排风装置。机械排风装置宜设在防护区下方，排风口应直接通向建筑物外。对于人防工程、高层建筑等建、构筑物中的地下或半地下防护区，应特别注意这一问题。

**第7.0.8条** 地下贮瓶间设机械排风装置的目的，主要是为了尽快排出因维修或贮存装置出现质量问题而泄漏的灭火剂，以保证人员的安全。由于常温下卤代烷1301蒸气的比重比空气重4倍多，容易聚积在低洼处，如果地下室不采用排风装置，是难以将其排出室外的。本条规定与国际标准化组织及英、美等国标准的有关规定相同。

**第7.0.9条** 本条从设备与人员的安全出发，规定了系统组件与带电设备间的最小距离。

本条与美国NFPA12A标准中的规定一致。

应特别注意的是：本规范表7.0.9中的间距是指卤代烷1301设备，包括管道和喷嘴，与无绝缘带电部位之间的净距。不能把该距离看成是安装、维护卤代烷1301灭火系统过程中所需的安全距离。事实上，安装设备的安全距离比本条中规定的距离要大。

**第7.0.10条** 当卤代烷1301灭火系统施放灭火剂时，不接地的导体会产生静电而带电，这些带电的导体可能会向其他物体放电，产生足够引起爆炸能量的电火花。因此，对于安装在有可能引起爆炸危险的可燃气体、蒸气或粉尘等场所的卤代烷1301灭火系统的管网，应设防静电接地装置。

本条规定和国外同类标准的有关规定是一致的。如英国标准BS5306规定：为减小静电释放的危险，所有卤代烷管道工程均应适当的接地。

在进行系统设计时，一般要求管网的对地电阻不大于10Ω。

各管段之间应导电良好。按照国家现行标准《电器装置安装工程施工及验收规范》有关规定的要求，对于爆炸和火灾危险等级属于Q—1级（即可燃气体、易燃或可燃液体的蒸气与空气在正常情况下能形成爆炸性混合物的场所）、$G_1$级（即悬浮状可燃的粉尘和纤维与空气在正常情况下能形成爆炸性混合物的场所）的场所，管道之间连接法兰的接触电阻大于

0.03Ω时，应用金属线跨接。

**第7.0.11条** 本条与美国 NFPA12A、国际标准化组织 ISO/DIS7075/1 等标准中的有关规定一致。如 NFPA12A 中规定：要有迅速发现和营救该区域内昏迷了的人员的措施。必须考虑诸如人员训练、报警信号、喷射警报和呼吸装置等安全措施。

当防护区内一旦发生火灾而施放卤代烷1301时，防护区内的混合气体对人员会产生危害。本规范第7.0.1条的条文说明已阐明，此时人员不应进入或滞留在防护区内。但是，由于某种特殊原因，如人员必须进去抢救万一被困人的受难人员或查看火情等情况，人员必须进入时，为保障人员安全与健康，防护区应配置专用的空气呼吸装置或氧气呼吸器。这些装置宜由专人保护，设置在防护区附近或消防控制室内，便于取用。

中华人民共和国国家标准

# 二氧化碳灭火系统设计规范

Code of design for carbon
dioxide fire extinguishing systems

GB 50193—93

（2010 年版）

主编部门：中 华 人 民 共 和 国 公 安 部
批准部门：中华人民共和国住房和城乡建设部
施行日期：1 9 9 4 年 8 月 1 日

# 中华人民共和国住房和城乡建设部
# 公　　告

## 第 559 号

---

### 关于发布国家标准《二氧化碳灭火系统
### 设计规范》局部修订的公告

现批准《二氧化碳灭火系统设计规范》GB 50193—93（1999 年版）局部修订的条文，自 2010 年 8 月 1 日起实施，经此次修改的原条文同时废止。

局部修订的条文及具体内容，将在近期出版的《工程建设标准化》刊物上刊登。

中华人民共和国住房和城乡建设部

二〇一〇年四月十七日

---

## 修　订　说　明

本次局部修订是根据住房和城乡建设部《关于印发〈2008 年工程建设标准规范制定、修订计划（第一批）〉的通知》（建标〔2008〕102 号）的要求，由公安部天津消防研究所会同有关单位共同对《二氧化碳灭火系统设计规范》GB 50193—93（1999 年版）进行修订而成。

现行《二氧化碳灭火系统设计规范》自实施以来，对规范二氧化碳灭火系统的设计、指导二氧化碳灭火系统在我国的应用和发展，起到了重要的作用。然而，随着二氧化碳灭火系统应用和研究的不断深入以及二氧化碳灭火系统产品的不断发展，该规范已不能适应目前二氧化碳灭火系统的应用现状和发展趋势，有必要对其进行局部修订。

现行《二氧化碳灭火系统设计规范》自 2000 年 3 月 1 日实施以来，二氧化碳灭火系统在国内工程上应用一直处于一个平稳的发展阶段，但也出现了几次不同程度的二氧化碳灭火系统误喷及储瓶间二氧化碳泄漏事故，使得近几年二氧化碳灭火系统在工程应用上出现了一定程度的萎缩，尤其是在民用建筑工程中。目前的主要应用场所集中在涂装线、水泥生产线、钢铁行业、电厂等工业建筑工程中。本次修订根据调查总结的二氧化碳灭火系统在实际工程应用中遇到的问题，主要体现在以下几个方面：

1. 因二氧化碳喷放或泄漏对人员造成伤害的事故有所发生，有必要调整二氧化碳灭火系统在经常有人工作场所应用时的安全措施和相关限制要求；

2. 因不同制造商生产的产品及其附件的水力当量损失长度各不相同，均按本规范附件 B 确定管道附件的当量长度与实际情况存在较大差异；

3. 规范目前未要求在储存容器间设置机械排风装置，一旦发生泄漏很可能会威胁到该房间及相邻房间内人员的生命安全；

4. 为了利于管网压力均衡，对二氧化碳气体输送管路的分流设计提出了具体要求。

本规范中下划线为修改的内容。

本次局部修订的主编单位、参编单位、主要起草人和主要审查人：

主 编 单 位：公安部天津消防研究所

参 编 单 位：国家消防工程技术研究中心

国家固定灭火系统和耐火构件质量监督检测中心

南京消防器材股份有限公司

四川威龙消防设备有限公司

中核集团西安核设备有限公司

泰科消防设备有限公司

主要起草人：倪照鹏　路世昌　宋旭东　李春强

刘连喜　骆明宏　杜增虎　徐洪勋

赵　雷　杨晓群

主要审查人：李引擎　马　恒　宋晓勇　伍建许

杨　琦　黄振兴　王宝伟　田　亮

# 工程建设标准局部修订
# 公　告

## 第 23 号

国家标准《二氧化碳灭火系统设计规范》GB 50193-93，由公安部天津消防科学研究所会同有关单位进行了局部修订，已经有关部门会审，现批准局部修订的条文，自二○○○年三月一日起施行，该规范中相应条文的规定同时废止。

中华人民共和国建设部
1999 年 11 月 17 日

## 关于发布国家标准《二氧化碳灭火系统设计规范》的通知

### 建标〔1993〕899 号

根据国家计委计综〔1987〕2390 号文的要求，由公安部会同有关部门共同制订的《二氧化碳灭火系统设计规范》，已经有关部门会审。现批准《二氧化碳灭火系统设计规范》GB 50193—93 为强制性国家标准，自一九九四年八月一日起施行。

本规范由公安部负责管理，其具体解释等工作由公安部天津消防科学研究所负责。出版发行由建设部标准定额研究所负责组织。

中华人民共和国建设部
一九九三年十二月二十一日

# 目 次

# 1 总　则

**1.0.1**　为了合理地设计二氧化碳灭火系统，减少火灾危害，保护人身和财产安全，制定本规范。

**1.0.2**　本规范适用于新建、改建、扩建工程及生产和储存装置中设置的二氧化碳灭火系统的设计。

**1.0.3**　二氧化碳灭火系统的设计，应积极采用新技术、新工艺、新设备，做到安全适用，技术先进，经济合理。

**1.0.4**　二氧化碳灭火系统可用于扑救下列火灾：

　**1.0.4.1**　灭火前可切断气源的气体火灾。

　**1.0.4.2**　液体火灾或石蜡、沥青等可熔化的固体火灾。

　**1.0.4.3**　固体表面火灾及棉毛、织物、纸张等部分固体深位火灾。

　**1.0.4.4**　电气火灾。

**1.0.5**　二氧化碳灭火系统不得用于扑救下列火灾：

　**1.0.5.1**　硝化纤维、火药等含氧化剂的化学制品火灾。

　**1.0.5.2**　钾、钠、镁、钛、锆等活泼金属火灾。

　**1.0.5.3**　氰化钾、氰化钠等金属氰化物火灾。

**1.0.5A**　二氧化碳全淹没灭火系统不应用于经常有人停留的场所。

**1.0.6**　二氧化碳灭火系统的设计，除执行本规范的规定外，尚应符合现行的有关国家标准的规定。

# 2　术语和符号

## 2.1　术　语

**2.1.1**　全淹没灭火系统　total flooding extinguishing system

在规定的时间内，向防护区喷射一定浓度的二氧化碳，并使其均匀地充满整个防护区的灭火系统。

**2.1.2**　局部应用灭火系统　local application extinguishing system

向保护对象以设计喷射率直接喷射二氧化碳，并持续一定时间的灭火系统。

**2.1.3**　防护区　protected area

能满足二氧化碳全淹没灭火系统应用条件，并被其保护的封闭空间。

**2.1.4**　组合分配系统　combined distribution systems

用一套二氧化碳储存装置保护两个或两个以上防护区或保护对象的灭火系统。

**2.1.5**　灭火浓度　flame extinguishing concentration

在101kPa大气压和规定的温度条件下，扑灭某种火灾所需二氧化碳在空气与二氧化碳的混合物中的最小体积百分比。

**2.1.5A**　设计浓度　design concentration

由灭火浓度乘以1.7得到的用于工程设计的浓度。

**2.1.6**　抑制时间　inhibition time

维持设计规定的二氧化碳浓度使固体深位火灾完全熄灭所需的时间。

**2.1.7**　泄压口　pressure relief opening

设在防护区外墙或顶部用以泄放防护区内部超压的开口。

**2.1.8**　等效孔口面积　equivalent orifice area

与水流量系数为0.98的标准喷头孔口面积进行换算后的喷头孔口面积。

**2.1.9**　充装系数　filling factor

高压系统储存容器中二氧化碳的质量与该容器容积之比。

**2.1.9A**　装量系数　loading factor

低压系统储存容器中液态二氧化碳的体积与该容器容积之比。

**2.1.10**　物质系数　material factor

可燃物的二氧化碳设计浓度对34%的二氧化碳浓度的折算系数。

**2.1.11**　高压系数　high-pressure system

灭火剂在常温下储存的二氧化碳灭火系统。

**2.1.12**　低压系数　low-pressure system

灭火剂在−18℃～−20℃低温下储存的二氧化碳灭火系统。

**2.1.13**　均相流　equilibrium flow

气相与液相均匀混合的二相流。

## 2.2　符　号

**2.2.1**　几何参数

　$A$——折算面积；

　$A_o$——开口总面积；

　$A_p$——在假定的封闭罩中存在的实体墙等实际围封面的面积；

　$A_t$——假定的封闭罩侧面围封面面积；

　$A_v$——防护区的内侧面、底面、顶面（包括其中的开口）的总内表面积；

　$A_x$——泄压口面积；

　$D$——管道内径；

　$F$——喷头等效孔口面积；

　$L$——管道计算长度；

　$L_b$——单个喷头正方形保护面积的边长；

　$L_p$——瞄准点偏离喷头保护面积中心的距离；

　$N$——喷头数量；

　$N_g$——安装在计算支管流程下游的喷头数量；

　$N_p$——高压系统储存容器数量；

　$V$——防护区的净容积；

　$V_0$——单个储存容器的容积；

$V_d$——管道容积；

$V_g$——防护区内不燃烧体和难燃烧烧体的总体积；

$V_i$——管网内第 i 段管道的容积；

$V_1$——保护对象的计算体积；

$V_v$——防护区容积；

$\varphi$——喷头安装角。

## 2.2.2 物理参数

$C_p$——管道金属材料的比热；

$H$——二氧化碳蒸发潜热；

$K_1$——面积系数；

$K_2$——体积系数；

$K_b$——物质系数；

$K_d$——管径系数；

$K_h$——高程校正系数；

$K_m$——裕度系数；

$M$——二氧化碳设计用量；

$M_c$——二氧化碳储存量；

$M_g$——管道质量；

$M_r$——管道内的二氧化碳剩余量；

$M_s$——储存容器内的二氧化碳剩余量；

$M_v$——二氧化碳在管道中的蒸发量；

$P_i$——第 i 段管道内的平均压力；

$P_j$——节点压力；

$P_t$——围护结构的允许压强；

$Q$——管道的设计流量；

$Q_i$——单个喷头的设计流量；

$Q_t$——二氧化碳喷射率；

$q_o$——单位等效孔口面积的喷射率；

$q_v$——单位体积的喷射率；

$T_1$——二氧化碳喷射前管道的平均温度；

$T_2$——二氧化碳平均温度；

$t$——喷射时间；

$t_d$——延迟时间；

$Y$——压力系数；

$Z$——密度系数；

$a$——充装系数；

$\rho_i$——第 i 段管道内二氧化碳平均密度。

# 3 系 统 设 计

## 3.1 一 般 规 定

**3.1.1** 二氧化碳灭火系统按应用方式可分为全淹没灭火系统和局部应用灭火系统。全淹没灭火系统应用于扑救封闭空间内的火灾；局部应用灭火系统应用于扑救不需封闭空间条件的具体保护对象的非深位火灾。

**3.1.2** 采用全淹没灭火系统的防护区，应符合下列规定：

**3.1.2.1** 对气体、液体、电气火灾和固体表面火灾，在喷放二氧化碳前不能自动关闭的开口，其面积不应大于防护区总内表面积的 3%，且开口不应设在底面。

**3.1.2.2** 对固体深位火灾，除泄压口以外的开口，在喷放二氧化碳前应自动关闭。

**3.1.2.3** 防护区的围护结构及门、窗的耐火极限不应低于0.50h，吊顶的耐火极限不应低于 0.25h；围护结构及门窗的允许压强不宜小于 1200Pa。

**3.1.2.4** 防护区用的通风机和通风管道中的防火阀，在喷放二氧化碳前应自动关闭。

**3.1.3** 采用局部应用灭火系统的保护对象，应符合下列规定：

**3.1.3.1** 保护对象周围的空气流动速度不宜大于3m/s。必要时，应采取挡风措施。

**3.1.3.2** 在喷头与保护对象之间，喷头喷射角范围内不应有遮挡物。

**3.1.3.3** 当保护对象为可燃液体时，液面至容器缘口的距离不得小于 150mm。

**3.1.4** 启动释放二氧化碳之前或同时，必须切断可燃、助燃气体的气源。

**3.1.4A** 组合分配系统的二氧化碳储存量，不应小于所需储存量最大的一个防护区或保护对象的储存量。

**3.1.5** 当组合分配系统保护 5 个及以上的防护区或保护对象时，或者在 48h 内不能恢复时，二氧化碳应有备用量，备用量不应小于系统设计的储存量。

对于高压系统和单独设置备用量储存容器的低压系统，备用量的储存容器应与系统管网相连，应能与主储存容器切换使用。

## 3.2 全淹没灭火系统

**3.2.1** 二氧化碳设计浓度不应小于灭火浓度的 1.7 倍，并不得低于 34%。可燃物的二氧化碳设计浓度可按本规范附录 A 的规定采用。

**3.2.2** 当防护区内存有两种及两种以上可燃物时，防护区的二氧化碳设计浓度应采用可燃物中最大的二氧化碳设计浓度。

**3.2.3** 二氧化碳的设计用量应按下式计算：

$$M=K_b(K_1A+K_2V) \quad (3.2.3-1)$$

$$A=A_v+30A_o \quad (3.2.3-2)$$

$$V=V_v-V_g \quad (3.2.3-3)$$

式中 $M$——二氧化碳设计用量（kg）；

$K_b$——物质系数；

$K_1$——面积系数（kg/m²），取 0.2kg/m²；

$K_2$——体积系数（kg/m³），取 0.7kg/m³；

$A$——折算面积（m²）；

$A_v$——防护区的内侧面、底面、顶面（包括其中的开口）的总面积（m²）；

$A_o$——开口总面积（m²）；

$V$——防护区的净容积（m³）；

$V_v$——防护区容积（m³）；

$V_g$——防护区内不燃烧体和难燃烧体的总体积（m³）。

**3.2.4** 当防护区的环境温度超过100℃时，二氧化碳的设计用量应在本规范第3.2.3条计算值的基础上每超过5℃增加2%。

**3.2.5** 当防护区的环境温度低于−20℃时，二氧化碳的设计用量应在本规范第3.2.3条计算值的基础上每降低1℃增加2%。

**3.2.6** 防护区应设置泄压口，并宜设在外墙上，其高度应大于防护区净高的2/3。当防护区设有防爆泄压孔时，可不单独设置泄压口。

**3.2.7** 泄压口的面积可按下式计算：

$$A_x = 0.0076 \frac{Q_t}{\sqrt{P_t}} \quad (3.2.7)$$

式中 $A_x$——泄压口面积（m²）；

$Q_t$——二氧化碳喷射率（kg/min）；

$P_t$——围护结构的允许压强（Pa）。

**3.2.8** 全淹没灭火系统二氧化碳的喷放时间不应大于1min。当扑救固体深位火灾时，喷放时间不应大于7min，并应在前2min内使二氧化碳的浓度达到30%。

**3.2.9** 二氧化碳扑救固体深位火灾的抑制时间应按本规范附录A的规定采用。

**3.2.10** （此条删除）。

### 3.3 局部应用灭火系统

**3.3.1** 局部应用灭火系统的设计可采用面积法或体积法。当保护对象的着火部位是比较平直的表面时，宜采用面积法；当着火对象为不规则物体时，应采用体积法。

**3.3.2** 局部应用灭火系统的二氧化碳喷射时间不应小于0.5min。对于燃点温度低于沸点温度的液体和可熔化固体的火灾，二氧化碳的喷射时间不应小于1.5min。

**3.3.3** 当采用面积法设计时，应符合下列规定：

**3.3.3.1** 保护对象计算面积应取被保护表面整体的垂直投影面积。

**3.3.3.2** 架空型喷头应以喷头的出口至保护对象表面的距离确定设计流量和相应的正方形保护面积；槽边型喷头保护面积应由设计选定的喷头设计流量确定。

**3.3.3.3** 架空型喷头的布置宜垂直于保护对象的表面，其瞄准点应是喷头保护面积的中心。当确需非垂直布置时，喷头的安装角不应小于45°。其瞄准点应偏向喷头安装位置的一方（图3.3.3），喷头偏离保

护面积中心的距离可按表3.3.3确定。

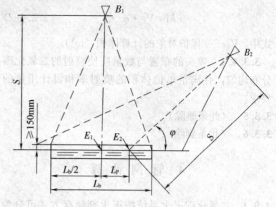

图3.3.3 架空型喷头布置方法

$B_1$、$B_2$—喷头布置位置；$E_1$、$E_2$—喷头瞄准点；$S$—喷头出口至瞄准点的距离（m）；$L_b$—单个喷头正方形保护面积的边长（m）；$L_p$—瞄准点偏离喷头保护面积中心的距离（m）；$\varphi$—喷头安装角（°）

**表3.3.3 喷头偏离保护面积中心的距离**

| 喷头安装角 | 喷头偏离保护面积中心的距离（m） |
|---|---|
| 45°～60° | $0.25L_b$ |
| 60°～75° | $0.25L_b$～$0.125L_b$ |
| 75°～90° | $0.125L_b$～0 |

注：$L_b$ 为单个喷头正方形保护面积的边长。

**3.3.3.4** 喷头非垂直布置时的设计流量和保护面积应与垂直布置的相同。

**3.3.3.5** 喷头宜等距布置，以喷头正方形保护面积组合排列，并应完全覆盖保护对象。

**3.3.3.6** 二氧化碳的设计用量应按下式计算：

$$M = N \cdot Q_i \cdot t \quad (3.3.3)$$

式中 $M$——二氧化碳设计用量（kg）；

$N$——喷头数量；

$Q_i$——单个喷头的设计流量（kg/min）；

$t$——喷射时间（min）。

**3.3.4** 当采用体积法设计时，应符合下列规定：

**3.3.4.1** 保护对象的计算体积应采用假定的封闭罩的体积。封闭罩的底应是保护对象的实际底面；封闭罩的侧面及顶部当无实际围封结构时，它们至保护对象外缘的距离不应小于0.6m。

**3.3.4.2** 二氧化碳的单位体积的喷射率应按下式计算：

$$q_v = K_b \left( 16 - \frac{12A_p}{A_t} \right) \quad (3.3.4-1)$$

式中 $q_v$——单位体积的喷射率〔kg/（min·m³）〕；

$A_t$——假定的封闭罩侧面围封面面积（m²）；

$A_p$——在假定的封闭罩中存在的实体墙等实际围封面的面积（m²）。

**3.3.4.3** 二氧化碳设计用量应按下式计算：

$$M = V_1 \cdot q_v \cdot t \qquad (3.3.4-2)$$

式中 $V_1$——保护对象的计算体积（$m^3$）。

**3.3.4.4** 喷头的布置与数量应使喷射的二氧化碳分布均匀，并满足单位体积的喷射率和设计用量的要求。

**3.3.5** （此条删除）。

**3.3.6** （此条删除）。

# 4 管网计算

**4.0.1** 二氧化碳灭火系统按灭火剂储存方式可分为高压系统和低压系统。管网起点计算压力（绝对压力）；高压系统应取 5.17MPa，低压系统应取 2.07MPa。

**4.0.2** 管网中干管的设计流量应按下式计算：

$$Q = M/t \qquad (4.0.2)$$

式中 $Q$——管道的设计流量（kg/min）。

**4.0.3** 管网中支管的设计流量应按下式计算：

$$Q = \sum_1^{N_g} Q_i \qquad (4.0.3)$$

式中 $N_g$——安装在计算支管流程下游的喷头数量；

$Q_i$——单个喷头的设计流量（kg/min）。

**4.0.3A** 管道内径可按下式计算：

$$D = K_d \cdot \sqrt{Q} \qquad (4.0.3A)$$

式中 $D$——管道内径（mm）；

$K_d$——管径系数，取值范围 1.41～3.78。

**4.0.4** 管段的计算长度应为管道的实际长度与管道附件当量长度之和。管道附件的当量长度应采用经国家相关检测机构认可的数据；当无相关认证数据时，可按本规范附录 B 采用。

**4.0.5** 管道压力降可按下式换算或按本规范附录 C 采用。

$$Q^2 = \frac{0.8725 \cdot 10^{-4} \cdot D^{5.25} \cdot Y}{L + (0.04319 \cdot D^{1.25} \cdot Z)} \qquad (4.0.5)$$

式中 $D$——管道内径（mm）；

$L$——管段计算长度（m）；

$Y$——压力系数（MPa·kg/$m^3$），应按本规范附录 D 采用；

$Z$——密度系数，应按本规范附录 D 采用。

**4.0.6** 管道内流程高度所引起的压力校正值，可按本规范附录 E 采用，并应计入该管段的终点压力。终点高度低于起点的取正值，终点高度高于起点的取负值。

**4.0.7** 喷头入口压力（绝对压力）计算值：高压系统不应小于1.4MPa；低压系统不应小于 1.0MPa。

**4.0.7A** 低压系统获得均相流的延迟时间，对全淹灭火系统和局部应用灭火系统分别不应大于 60s 和 30s。其延迟时间可按下式计算：

$$t_d = \frac{M_g C_p (T_1 - T_2)}{0.507Q} + \frac{16850 V_d}{Q} \qquad (4.0.7A)$$

式中 $t_d$——延迟时间（s）；

$M_g$——管道质量（kg）；

$C_p$——管道金属材料的比热 [kJ/（kg·℃）]；钢管可取0.46kJ/（kg·℃）；

$T_1$——二氧化碳喷射前管道的平均温度（℃）；可取环境平均温度；

$T_2$——二氧化碳平均温度（℃）；取－20.6℃；

$V_d$——管道容积（$m^3$）。

**4.0.8** 喷头等效孔口面积应按下式计算：

$$F = Q_i/q_0 \qquad (4.0.8)$$

式中 $F$——喷头等效孔口面积（$mm^2$）；

$q_0$——单位等效孔口面积的喷射率[kg/（min·$mm^2$）]，按本规范附录 F 选取。

**4.0.9** 喷头规格应根据等效孔口面积确定，可按本规范附录 H 的规定取值。

**4.0.9A** 二氧化碳储存量可按下式计算：

$$M_c = K_m M + M_v + M_s + M_r \qquad (4.0.9A-1)$$

$$M_v = \frac{M_g C_p (T_1 - T_2)}{H} \qquad (4.0.9A-2)$$

$$M_r = \sum V_i \rho_i \quad （低压系统） \qquad (4.0.9A-3)$$

$$\rho_i = -261.6718 + 545.9939 P_i - 114740 P_i^2$$
$$- 230.9276 P_i^3 + 122.4873 P_i^4 \qquad (4.0.9A-4)$$

$$P_i = \frac{P_{i-1} + P_i}{2} \qquad (4.0.9A-5)$$

式中 $M_c$——二氧化碳储存量（kg）；

$K_m$——裕度系数；对全淹没系统取1；对局部应用系统：高压系统取 1.4，低压系统取 1.1；

$M_v$——二氧化碳在管道中的蒸发量（kg）；高压全淹没系统取 0 值；

$T_2$——二氧化碳平均温度（℃）；高压系统取 15.6℃，低压系统取－20.6℃；

$H$——二氧化碳蒸发潜热（kJ/kg）；高压系统取 150.7 kJ/kg，低压系统取 276.3kJ/kg；

$M_s$——储存容器内的二氧化碳剩余量（kg）；

$M_r$——管道内的二氧化碳剩余量（kg）；高压系统取 0 值；

$V_i$——管网内第 i 段管道的容积（$m^3$）；

$\rho_i$——第 i 段管道内二氧化碳平均密度（kg/$m^3$）；

$P_i$——第 i 段管道内的平均压力（MPa）；

$P_{j-1}$——第 i 段管道首端的节点压力（MPa）；

$P_j$——第 i 段管道末端的节点压力（MPa）。

**4.0.10** 高压系统储存容器数量可按下式计算：

$$N_p = \frac{M_c}{aV_0} \qquad (4.0.10\text{-}1)$$

式中 $N_p$——高压系统储存容量数量；

$a$——充装系数（kg/L）；

$V_0$——单个储存容器的容积（L）。

**4.0.11** 低压系统储存容器的规格可依据二氧化碳储存量确定。

# 5 系 统 组 件

## 5.1 储 存 装 置

**5.1.1** 高压系统的储存装置应由储存容器、容器阀、单向阀、灭火剂泄漏检测装置和集流管等组成，并应符合下列规定：

**5.1.1.1** 储存容器的工作压力不应小于 15MPa，储存容器或容器阀上应设泄压装置，其泄压动作压力应为 19MPa±0.95MPa。

**5.1.1.2** 储存容器中二氧化碳的充装系数应按国家现行《气瓶安全监察规程》执行。

**5.1.1.3** 储存装置的环境温度应为 0℃～49℃。

**5.1.1A** 低压系统的储存装置应由储存容器、容器阀、安全泄压装置、压力表、压力报警装置和制冷装置等组成，并应符合下列规定：

**5.1.1A.1** 储存容器的设计压力不应小于 2.5MPa，并应采取良好的绝热措施。储存容器上至少应设置两套安全泄压装置，其泄压动作压力应为 2.38MPa±0.12MPa。

**5.1.1A.2** 储存装置的高压报警压力设定值应为 2.2MPa，低压报警压力设定值应为 1.8MPa。

**5.1.1A.3** 储存容器中二氧化碳的装量系数应按国家现行《固定式压力容器安全技术监察规程》执行。

**5.1.1A.4** 容器阀应能在喷出要求的二氧化碳量后自动关闭。

**5.1.1A.5** 储存装置应远离热源，其位置应便于再充装，其环境温度宜为 -23℃～49℃。

**5.1.2** 储存容器中充装的二氧化碳应符合现行国家标准《二氧化碳灭火剂》的规定。

**5.1.3** （此条删除）。

**5.1.4** 储存装置应具有灭火剂泄漏检测功能，当储存容器中充装的二氧化碳损失量达到其初始充装量的 10% 时，应能发出声光报警信号并及时补充。

**5.1.5** （此条删除）。

**5.1.6** 储存装置的布置应方便检查和维护，并应避免阳光直射。

**5.1.7** 储存装置宜设在专用的储存容器间内。局部应用灭火系统的储存装置可设置在固定的安全围栏内。专用的储存容器间的设置应符合下列规定：

**5.1.7.1** 应靠近防护区，出口应直接通向室外或疏散走道。

**5.1.7.2** 耐火等级不应低于二级。

**5.1.7.3** 室内应保持干燥和良好通风。

**5.1.7.4** 不具备自然通风条件的储存容器间，应设置机械排风装置，排风口距储存容器间地面高度不宜大于 0.5m，排出口应直接通向室外，正常排风量宜按换气次数不小于 4 次/h 确定，事故排风量应按换气次数不小于 8 次/h 确定。

## 5.2 选择阀与喷头

**5.2.1** 在组合分配系统中，每个防护区或保护对象应设一个选择阀。选择阀应设置在储存容器间内，并应便于手动操作，方便检查维护。选择阀上应设有标明防护区的铭牌。

**5.2.2** 选择阀可采用电动、气动或机械操作方式。选择阀的工作压力：高压系统不应小于 12MPa，低压系统不应小于 2.5MPa。

**5.2.3** 系统在启动时，选择阀应在二氧化碳储存容器的容器阀动作之前或同时打开；采用灭火剂自身作为启动气源打开的选择阀，可不受此限。

**5.2.3A** 全淹没灭火系统的喷头布置应使防护区内二氧化碳分布均匀，喷头应接近天花板或屋顶安装。

**5.2.4** 设置在有粉尘或喷漆作业等场所的喷头，应增设不影响喷射效果的防尘罩。

## 5.3 管道及其附件

**5.3.1** 高压系统管道及其附件应能承受最高环境温度下二氧化碳的储存压力；低压系统管道及其附件应能承受 4.0MPa 的压力。并应符合下列规定：

**5.3.1.1** 管道应采用符合现行国家标准 GB 8163《输送流体用无缝钢管》的规定，并应进行内外表面镀锌防腐处理。管道规格可按附录 J 取值。

**5.3.1.2** 对镀锌层有腐蚀的环境，管道可采用不锈钢管、铜管或其他抗腐蚀的材料。

**5.3.1.3** 挠性连接的软管应能承受系统的工作压力和温度，并宜采用不锈钢软管。

**5.3.1A** 低压系统的管网中应采取防膨胀收缩措施。

**5.3.1B** 在可能产生爆炸的场所，管网应吊挂安装并采取防晃措施。

**5.3.2** 管道可采用螺纹连接、法兰连接或焊接。公称直径等于或小于 80mm 的管道，宜采用螺纹连接；公称直径大于 80mm 的管道，宜采用法兰连接。

**5.3.2A** 二氧化碳灭火剂输送管网不应采用四通管件分流。

**5.3.3** 管网中阀门之间的封闭管段应设置泄压装置，其泄压动作压力：高压系统应为 15MPa±0.75MPa，低压系统应为 2.38MPa±0.12MPa。

# 6 控制与操作

**6.0.1** 二氧化碳灭火系统应设有自动控制、手动控制和机械应急操作三种启动方式；当局部应用灭火系统用于经常有人的保护场所时可不设自动控制。

**6.0.2** 当采用火灾探测器时，灭火系统的自动控制应在接收到两个独立的火灾信号后才能启动。根据人员疏散要求，宜延迟启动，但延迟时间不应大于30s。

**6.0.3** 手动操作装置应设在防护区外便于操作的地方，并应能在一处完成系统启动的全部操作。局部应用灭火系统手动操作装置应设在保护对象附近。

**6.0.3A** 对于采用全淹没灭火系统保护的防护区，应在其入口处设置手动、自动转换控制装置；有人工作时，应处于手动控制状态。

**6.0.4** 二氧化碳灭火系统的供电与自动控制应符合现行国家标准《火灾自动报警系统设计规范》的有关规定。当采用气动动力源时，应保证系统操作与控制所需要的压力和用气量。

**6.0.5** 低压系统制冷装置的供电应采用消防电源，制冷装置应采用自动控制，且应手动操作装置。

**6.0.5A** 设有火灾自动报警系统的场所，二氧化碳灭火系统的动作信号及相关警报信号、工作状态和控制状态均应能在火灾报警控制器上显示。

# 7 安 全 要 求

**7.0.1** 防护区内应设火灾声报警器，必要时，可增设光报警器。防护区的入口处应设置火灾声、光报警器。报警时间不宜小于灭火过程所需的时间，并应能手动切除警报信号。

**7.0.2** 防护区应有能在 30s 内使该区人员疏散完毕的走道与出口。在疏散走道与出口处，应设火灾事故照明和疏散指示标志。

**7.0.3** 防护区入口处应设灭火系统防护标志和二氧化碳喷放指示灯。

**7.0.4** 当系统管道设置在可燃气体、蒸气或有爆炸危险粉尘的场所时，应设防静电接地。

**7.0.5** 地下防护区和无窗或固定窗扇的地上防护区，应设机械排风装置。

**7.0.6** 防护区的门应向疏散方向开启，并能自动关闭；在任何情况下均应能从防护区内打开。

**7.0.7** 设置灭火系统的防护区的入口处明显位置应配备专用的空气呼吸器或氧气呼吸器。

# 附录 A 物质系数、设计浓度和抑制时间

**附表 A 物质系数、设计浓度和抑制时间**

| 可 燃 物 | 物质系数 $K_b$ | 设计浓度 $C$（%） | 抑制时间（min） |
|---|---|---|---|
| 丙酮 | 1.00 | 34 | — |
| 乙炔 | 2.57 | 66 | — |
| 航空燃料 115#/145# | 1.06 | 36 | — |
| 粗苯（安息油、偏苏油）、苯 | 1.10 | 37 | — |
| 丁二烯 | 1.26 | 41 | — |
| 丁烷 | 1.00 | 34 | — |
| 丁烯-1 | 1.10 | 37 | — |
| 二硫化碳 | 3.03 | 72 | — |
| 一氧化碳 | 2.43 | 64 | — |
| 煤气或天然气 | 1.10 | 37 | — |
| 环丙烷 | 1.10 | 37 | — |
| 柴油 | 1.00 | 34 | — |
| 二甲醚 | 1.22 | 40 | — |
| 二苯与其氧化物的混合物 | 1.47 | 46 | — |
| 乙烷 | 1.22 | 40 | — |
| 乙醇（酒精） | 1.34 | 43 | — |
| 乙醚 | 1.47 | 46 | — |
| 乙烯 | 1.60 | 49 | — |
| 二氯乙烯 | 1.00 | 34 | — |
| 环氧乙烷 | 1.80 | 53 | — |
| 汽油 | 1.00 | 34 | — |
| 己烷 | 1.03 | 35 | — |
| 正庚烷 | 1.03 | 35 | — |
| 氢 | 3.30 | 75 | — |
| 硫化氢 | 1.06 | 36 | — |
| 异丁烷 | 1.06 | 36 | — |
| 异丁烯 | 1.00 | 34 | — |
| 甲酸异丁酯 | 1.00 | 34 | — |
| 航空煤油 JP-4 | 1.06 | 36 | — |
| 煤油 | 1.00 | 34 | — |
| 甲烷 | 1.00 | 34 | — |
| 醋酸甲酯 | 1.03 | 35 | — |
| 甲醇 | 1.22 | 40 | — |
| 甲基丁烯-1 | 1.06 | 36 | — |
| 甲基乙基酮（丁酮） | 1.22 | 40 | — |
| 甲酸甲酯 | 1.18 | 39 | — |
| 戊烷 | 1.03 | 35 | — |
| 正辛烷 | 1.03 | 35 | — |
| 丙烷 | 1.06 | 36 | — |
| 丙烯 | 1.06 | 36 | — |
| 淬火油（灭弧油）、润滑油 | 1.00 | 34 | — |
| 纤维材料 | 2.25 | 62 | 20 |
| 棉花 | 2.00 | 58 | 20 |
| 纸 | 2.25 | 62 | 20 |
| 塑料（颗粒） | 2.00 | 58 | 20 |
| 聚苯乙烯 | 1.00 | 34 | — |
| 聚氨基甲酸酯（硬） | 1.00 | 34 | — |
| 电缆间和电缆沟 | 1.50 | 47 | 10 |
| 数据储存间 | 2.25 | 62 | 20 |

续附表 A

| 可　燃　物 | 物质系数 $K_b$ | 设计浓度 $C$（％） | 抑制时间（min） |
|---|---|---|---|
| 电子计算机房 | 1.50 | 47 | 10 |
| 电器开关和配电室 | 1.20 | 40 | 10 |
| 带冷却系统的发电机 | 2.00 | 58 | 至停转止 |
| 油浸变压器 | 2.00 | 58 | — |
| 数据打印设备间 | 2.25 | 62 | 20 |
| 油漆间和干燥设备 | 1.20 | 40 | — |
| 纺织机 | 2.00 | 58 | — |

注：表 A 中未列出的可燃物，其灭火浓度应通过试验确定。

## 附录 B　管道附件的当量长度

### 附表 B　管道附件的当量长度

| 管道公称直径（mm） | 螺　纹　连　接 | | | 焊　接 | | |
|---|---|---|---|---|---|---|
| | 90°弯头（m） | 三通的直通部分（m） | 三通的侧通部分（m） | 90°弯头（m） | 三通的直通部分（m） | 三通的侧通部分（m） |
| 15 | 0.52 | 0.30 | 1.04 | 0.24 | 0.21 | 0.64 |
| 20 | 0.67 | 0.43 | 1.37 | 0.33 | 0.27 | 0.85 |
| 25 | 0.85 | 0.55 | 1.74 | 0.43 | 0.34 | 1.07 |
| 32 | 1.13 | 0.70 | 2.29 | 0.55 | 0.46 | 1.40 |
| 40 | 1.31 | 0.82 | 2.65 | 0.64 | 0.52 | 1.65 |
| 50 | 1.68 | 1.07 | 3.42 | 0.85 | 0.67 | 2.10 |
| 65 | 2.01 | 1.25 | 4.09 | 1.01 | 0.82 | 2.50 |
| 80 | 2.50 | 1.56 | 5.06 | 1.25 | 1.01 | 3.11 |
| 100 | — | — | — | 1.65 | 1.34 | 4.09 |
| 125 | — | — | — | 2.04 | 1.68 | 5.12 |
| 150 | — | — | — | 2.47 | 2.01 | 6.16 |

## 附录 C　管道压力降

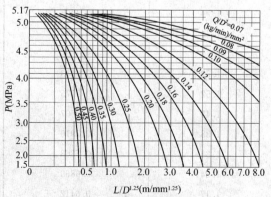

附图 C-1　高压系统管道压力降

注：管网起点计算压力取 5.17MPa，后段管道的起点压力取前段管道的终点压力。

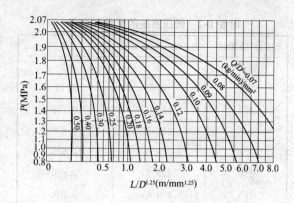

附图 C-2　低压系统管道压力降

注：管网起点计算压力取 2.07MPa，后段管道的起点压力取前段管道的终点压力。

## 附录 D　二氧化碳的 $Y$ 值和 $Z$ 值

### 附表 D-1　高压系统的 $Y$ 值和 $Z$ 值

| 压力（MPa） | $Y$（MPa·kg/m³） | $Z$ |
|---|---|---|
| 5.17 | 0 | 0 |
| 5.10 | 55.4 | 0.0035 |
| 5.05 | 97.2 | 0.0600 |
| 5.00 | 132.5 | 0.0825 |
| 4.75 | 303.7 | 0.210 |
| 4.50 | 461.6 | 0.330 |
| 4.25 | 612.9 | 0.427 |
| 4.00 | 725.6 | 0.570 |
| 3.75 | 828.3 | 0.700 |
| 3.50 | 927.7 | 0.830 |
| 3.25 | 1005.0 | 0.950 |
| 3.00 | 1082.3 | 1.086 |
| 2.75 | 1150.7 | 1.240 |
| 2.50 | 1219.3 | 1.430 |
| 2.25 | 1250.2 | 1.620 |
| 2.00 | 1285.5 | 1.840 |
| 1.75 | 1318.7 | 2.140 |
| 1.40 | 1340.8 | 2.590 |

## 附表 D-2　低压系统的 $Y$ 值和 $Z$ 值

| 压力（MPa） | $Y$（MPa·kg/m³） | $Z$ |
|---|---|---|
| 2.07 | 0 | 0 |
| 2.0 | 66.5 | 0.12 |
| 1.9 | 150.0 | 0.295 |
| 1.8 | 220.1 | 0.470 |
| 1.7 | 279.0 | 0.645 |
| 1.6 | 328.5 | 0.820 |
| 1.5 | 369.6 | 0.994 |
| 1.4 | 404.5 | 1.169 |
| 1.3 | 433.8 | 1.344 |
| 1.2 | 458.4 | 1.519 |
| 1.1 | 478.9 | 1.693 |
| 1.0 | 496.2 | 1.868 |

## 附录 E　高程校正系数

### 附表 E-1　高压系统的高程校正系数

| 管道平均压力（MPa） | 高程校正系数 $K_h$（MPa/m） |
|---|---|
| 5.17 | 0.0080 |
| 4.83 | 0.0068 |
| 4.48 | 0.0058 |
| 4.14 | 0.0049 |
| 3.79 | 0.0040 |
| 3.45 | 0.0034 |
| 3.10 | 0.0028 |
| 2.76 | 0.0024 |
| 2.41 | 0.0019 |
| 2.07 | 0.0016 |
| 1.72 | 0.0012 |
| 1.40 | 0.0010 |

### 附表 E-2　低压系统的高程校正系数

| 管道平均压力（MPa） | 高程校正系数 $K_h$（MPa/m） |
|---|---|
| 2.07 | 0.010 |
| 1.93 | 0.0078 |
| 1.79 | 0.0060 |
| 1.65 | 0.0047 |
| 1.52 | 0.0038 |
| 1.38 | 0.0030 |
| 1.24 | 0.0024 |
| 1.10 | 0.0019 |
| 1.00 | 0.0016 |

## 附录 F　喷头入口压力与单位面积的喷射率

### 附表 F-1　高压系统单位等效孔口面积的喷射率

| 喷头入口压力（MPa） | 喷射率 $q_0$（kg/min·mm²） |
|---|---|
| 5.17 | 3.255 |
| 5.00 | 2.703 |
| 4.83 | 2.401 |
| 4.65 | 2.172 |
| 4.48 | 1.993 |
| 4.31 | 1.839 |
| 4.14 | 1.705 |
| 3.96 | 1.589 |
| 3.79 | 1.487 |
| 3.62 | 1.396 |
| 3.45 | 1.308 |
| 3.28 | 1.223 |
| 3.10 | 1.139 |
| 2.93 | 1.062 |
| 2.76 | 0.9843 |
| 2.59 | 0.9070 |
| 2.41 | 0.8296 |
| 2.24 | 0.7593 |
| 2.07 | 0.6890 |
| 1.72 | 0.5484 |
| 1.40 | 0.4833 |

### 附表 F-2　低压系统单位等效孔口面积的喷射率

| 喷头入口压力（MPa） | 喷射率 $q_0$（kg/min·mm²） |
|---|---|
| 2.07 | 2.967 |
| 2.00 | 2.039 |
| 1.93 | 1.670 |
| 1.86 | 1.441 |
| 1.79 | 1.283 |
| 1.72 | 1.164 |
| 1.65 | 1.072 |
| 1.59 | 0.9913 |
| 1.52 | 0.9175 |
| 1.45 | 0.8507 |
| 1.38 | 0.7910 |
| 1.31 | 0.7368 |
| 1.24 | 0.6869 |
| 1.17 | 0.6412 |
| 1.10 | 0.5990 |
| 1.00 | 0.5400 |

## 附录G 本规范用词说明

**G.0.1** 执行本规范条文时，对要求严格程度的用词作如下规定，以便执行时区别对待。

(1) 表示很严格，非这样做不可的用词：

正面词采用"必须"；

反面词采用"严禁"。

(2) 表示严格，在正常情况下均应这样做的用词：

正面词采用"应"；

反面词采用"不应"或"不得"。

(3) 表示允许稍有选择，在条件许可时首先应这样做的用词：

正面词采用"宜"或"可"；

反面词采用"不宜"。

**G.0.2** 条文中应按指定的标准、规范执行时，写法为"应符合……的规定"或"应按……执行"。

## 附录H 喷头等效孔口尺寸

### 附表H 喷头等效孔口尺寸

| 喷头规格代号 No. | 等效单孔直径 d (mm) | 等效孔口面积 F (mm²) |
|---|---|---|
| 1 | 0.79 | 0.49 |
| 1.5 | 1.19 | 1.11 |
| 2 | 1.59 | 1.98 |
| 2.5 | 1.98 | 3.09 |
| 3 | 2.38 | 4.45 |
| 3.5 | 2.78 | 6.06 |
| 4 | 3.18 | 7.94 |
| 4.5 | 3.57 | 10.00 |
| 5 | 3.97 | 12.39 |
| 5.5 | 4.37 | 14.97 |
| 6 | 4.76 | 17.81 |
| 6.5 | 5.16 | 20.90 |
| 7 | 5.56 | 24.26 |
| 7.5 | 5.95 | 27.81 |
| 8 | 6.35 | 31.68 |
| 8.5 | 6.75 | 35.74 |
| 9 | 7.14 | 40.06 |
| 9.5 | 7.54 | 44.65 |
| 10 | 7.94 | 49.48 |
| 11 | 8.73 | 59.87 |
| 12 | 9.53 | 71.29 |

### 续附表H

| 喷头规格代号 No. | 等效单孔直径 d (mm) | 等效孔口面积 F (mm²) |
|---|---|---|
| 13 | 10.32 | 83.61 |
| 14 | 11.11 | 96.97 |
| 15 | 11.91 | 111.29 |
| 16 | 12.70 | 126.71 |
| 18 | 14.29 | 160.32 |
| 20 | 15.88 | 197.94 |
| 22 | 17.46 | 239.48 |
| 24 | 19.05 | 285.03 |
| 32 | 25.40 | 506.45 |
| 48 | 38.40 | 1138.71 |
| 64 | 50.80 | 2025.80 |

注：喷头规格代号系表示具有 0.98 流量系数的等效单孔直径与 0.79375mm 的比。

## 附录J 二氧化碳灭火系统管道规格

### 附表J 二氧化碳灭火系统管道规格

| 公称直径 | | 高压系统 | | 低压系统 | |
|---|---|---|---|---|---|
| | | 封闭段管道 | 开口端管道 | 封闭段管道 | 开口端管道 |
| (mm) | (in) | 外径×壁厚 (mm×mm) | | 外径×壁厚 (mm×mm) | |
| 15 | 1/2 | 22×4 | 22×4 | 22×4 | 22×3 |
| 20 | 3/4 | 27×4 | 27×4 | 27×4 | 27×3 |
| 25 | 1 | 34×4.5 | 34×4.5 | 34×4.5 | 34×3.5 |
| 32 | 1¼ | 42×5 | 42×5 | 42×5 | 42×3.5 |
| 40 | 1½ | 48×5 | 48×5 | 48×5 | 48×3.5 |
| 50 | 2 | 60×5.5 | 60×5.5 | 60×5.5 | 60×4 |
| 65 | 2½ | 76×7 | 76×7 | 76×7 | 76×5 |
| 80 | 3 | 89×7.5 | 89×7.5 | 89×7.5 | 89×5.5 |
| 90 | 3½ | 102×8 | 102×8 | 102×8 | 102×6 |
| 100 | 4 | 114×8.5 | 114×8.5 | 114×8.5 | 114×6 |
| 125 | 5 | 140×9.5 | 140×9.5 | 140×9.5 | 140×6.5 |
| 150 | 6 | 168×11 | 168×11 | 168×11 | 168×7 |

**附加说明**

## 本规范主编单位、参加单位和主要起草人名单

主 编 单 位：公安部天津消防科学研究所

参 加 单 位：机械工业部设计研究院

上海船舶设计研究院

江苏省公安厅

主要起草人：徐炳耀　谢德隆　宋旭东　刘俐娜

冯修远　刘天牧　钱国泰　罗德安

马少奎　马　恒

**附加说明**

## 本规范局部修订主编单位、参编单位和主要起草人名单

主 编 单 位：公安部天津消防科学研究所

参 编 单 位：辽宁省公安消防总队

原机械工业部设计研究院

原核工业部五二四厂

主要起草人：马桐臣　宋旭东　王世荣　杨维泉

庄炳华　薛思强　方亦兰

中华人民共和国国家标准

# 二氧化碳灭火系统设计规范

**GB 50193—93**

条 文 说 明

# 制 订 说 明

本规范是根据原国家计委计综〔1987〕2390号文下达的编制《二氧化碳灭火系统设计规范》的任务，由公安部天津消防科学研究所会同机械工业部设计研究院等单位共同编制的。

在编制过程中，编制组遵照国家基本建设的有关方针政策和"预防为主、防消结合"的消防工作方针，对我国二氧化碳灭火系统的研究、设计、生产和使用情况进行了较全面的调查研究，开展了试验验证工作，尤其对局部应用灭火方式进行了系统的专项试验，论证了各项设计参数数据，在总结已有科研成果和工程实践经验的基础上，参考了国际有关标准和国外先进标准而编制的；并广泛征求了有关单位和专家

的意见，经反复讨论修改，最后经有关部门会审定稿。

本规范共有七章和七个附录，包括总则、术语、符号、系统设计、管网计算、系统组件、控制与操作、安全要求等内容。

各单位在执行过程中，请结合工程实践注意总结经验、积累资料，发现需要修改和补充之处，请将意见和有关资料寄公安部天津消防科学研究所，以便今后修订时参考。

中华人民共和国公安部
1993 年 9 月

# 目　次

# 1 总 则

**1.0.1** 本条阐明了编制本规范的目的，即为了合理地设计二氧化碳灭火系统，使之有效地保护人身和财产的安全。

二氧化碳是一种能够用于扑救多种类型火灾的灭火剂。它的灭火作用主要是相对地减少空气中的氧气含量，降低燃烧物的温度，使火焰熄灭。

二氧化碳是一种惰性气体，对绝大多数物质没有破坏作用，灭火后能很快散逸，不留痕迹，又没有毒害。它适用于扑救各种可燃、易燃液体和那些受到水、泡沫、干粉灭火剂的沾污而容易损坏的固体物质的火灾。另外，二氧化碳是一种不导电的物质，可用于扑救带电设备的火灾。目前，在国际上已广泛地应用于许多具有火灾危险的重要场所。国际标准化组织和美国、英国、日本、前苏联等工业发达国家都已制定了有关二氧化碳灭火系统的设计规范或标准。使用二氧化碳灭火系统可保护图书、档案、美术、文物等珍贵资料库房，散装液体库房，电子计算机房，通讯机房，变配电室等场所。也可用于保护贵重仪器、设备。

我国从 50 年代即开始应用二氧化碳灭火系统。80 年代以来，根据我国社会主义建设发展的需要，在现行国家标准《建筑设计防火规范》和《高层民用建筑设计防火规范》中对于应设置二氧化碳灭火系统的场所作出了明确规定，这对我国二氧化碳灭火系统的推广应用起到了积极的促进作用。

近年来，随着国际上对卤代烷的使用限制越来越严，二氧化碳灭火系统的应用将会不断增加。二氧化碳灭火系统能否有效地保护防护区内人员生命和财产的安全，首要条件是系统的设计是否合理。因此，建立一个统一的设计标准是至关重要的。

本规范的编制，是在对国外先进标准和国内研究成果进行综合分析并在广泛征求专家意见的基础上完成的。它为二氧化碳灭火系统的设计提供了一个统一的技术要求，使系统的设计做到正确、合理、有效地达到预期的保护目的。本规范也可以作为消防管理部门对二氧化碳灭火系统工程设计进行监督审查的依据。

**1.0.2** 本条规定了本规范的适用范围。

本规范所涉及的二氧化碳灭火系统，既包括全淹没灭火系统，也包括局部应用灭火系统，主要适用于新建、改建、扩建工程及生产和储存装置的火灾防护。

本规范的主要任务是解决工程建设中的消防问题。国家标准《高层民用建筑设计防火规范》和《建筑设计防火规范》及其他有关标准规范对设置二氧化碳灭火系统的场所都作出了相应规定。

**1.0.3** 本条系根据我国的具体情况规定了二氧化碳灭火系统工程设计所应遵守的基本原则和应达到的要求。

二氧化碳灭火系统的工程设计，必须根据防护区或保护对象的具体情况，选择合理的设计方案。首先，应根据工程的防火要求和二氧化碳灭火系统的应用特点，合理地划分防护区，制定合理的总体设计方案。在制定总体方案时，要把防护区及其所处的同一建筑物或建筑物的消防问题作为一个整体考虑，要考虑到其他各种消防力量和辅助消防设施的配置情况，正确处理局部和全局的关系。第二，应根据防护区或保护对象的具体情况，如防护区或保护对象的位置、大小、几何形状，防护区内可燃物质的种类、性质、数量和分布等情况，可能发生火灾的类型、起火源和起火部位以及防护区内人员的分布，针对上述情况合理地选择采用不同结构形式的灭火系统，进而确定设计灭火剂用量、系统组件的型号和布置以及系统的操作控制形式。

二氧化碳灭火系统设计上应达到的总要求是"安全适用、技术先进、经济合理"。"安全适用"是要求所设计的灭火系统在平时应处于良好的运行状态，无火灾时不得发生误动作，且不得妨碍防护区内人员的正常活动与生产的进行；在需要灭火时，系统应能立即启动并施放出必需量的灭火剂，把火灾扑灭在初期。灭火系统本身做到便于维护、保养和操作。"技术先进"则要求系统设计时尽可能采用新的成熟的先进设备和科学的设计、计算方法。"经济合理"则要求在保证安全可靠、技术先进的前提下，尽可能考虑到节省工程的投资费用。

**1.0.4** 本条规定了二氧化碳灭火系统可用来扑救的火灾种类：气体火灾，液体或可熔化的固体火灾，固体表面火灾及部分固体深位火灾，电气火灾。

制定本条的依据：

（1）二氧化碳灭火系统在我国已应用一段时间并做过一些专项试验。其结果表明，二氧化碳灭火系统扑救上述几类火灾是有效的。

（2）参照或沿用了国际和国外先进标准。

①国际标准 ISO 6183 规定："二氧化碳适合扑救以下类型的火灾：液体或可熔化的固体火灾；气体火灾，但如灭火后由于继续逸出气体而可能引起爆炸情况的除外；某些条件下的固体物质火灾，它们通常可能是正常燃烧产生炽热余烬的有机物质；带电设备的火灾。"

②英国标准 BS 5306 规定："二氧化碳可扑救 BS 4547 标准中所定义的 A 类火灾和 B 类火灾；并且也可扑救 C 类火灾，但灭火后存在爆炸危险的应慎重考虑。此外，二氧化碳还适用于扑救包含日常电器在内的电气火灾。"

③美国标准 NFPA 12 规定："适用于二氧化碳保

护的火灾危险和设备有：可燃液体（因为用二氧化碳扑救室内气体火灾有产生爆炸的危险，故不予推荐。如果用来扑救气体火灾时，要注意使用方法，通常应切断气源……）；电气火灾，如变压器、油开关与断路器、旋转设备、电子设备；使用汽油或其他液体燃料的内燃机；普通易燃物，如纸张、木材、纤维制品；易燃固体。"

需要说明的两点是：

（1）对扑救气体火灾的限制。本条文规定：二氧化碳灭火系统可用于扑救灭火之前能切断气源的气体火灾。这一规定同样见于 ISO、BS 及 NFPA 标准。这样规定的原因是：尽管二氧化碳灭气体火灾是有效的，但由于二氧化碳的冷却作用较小，火虽然能扑灭，但难于在短时间内使火场环境温度包括其中设置物的温度降至燃气的燃点以下。如果气源不能关闭，则气体会继续逸出，当逸出量在空间里达到或高过燃烧下限浓度，即有产生爆炸的危险。故强调灭火前必须能切断气源，否则不能采用。

（2）对扑救固体深位火灾的限制。条文规定：可用于扑救棉毛、织物、纸张等部分固体深位火灾。其中所指"部分"的含义，即是本规范附录 A 中可燃物项所列举出的有关内容。换言之，凡未列出者，未经试验认定之前不应作为"部分"之内。如遇有"部分"之外的情况，则需要做专项试验，明确它的可行性以及可供应用的设计数据。

**1.0.5** 本条规定了不可用二氧化碳灭火系统扑救的物质对象，概括为三大类：含氧化剂的化学制品，活泼金属，金属氰化物。

制定本条内容的依据，主要是参照了国际和国外先进标准。

（1）国际标准 ISO 6183 规定："二氧化碳不适合扑救下列物质的火灾：自身供氧的化学制品，如硝化纤维，活泼金属和它们的氰化物（如钠、钾、镁、钛、锆等）。"

（2）英国标准 BS 5306 规定："二氧化碳对金属氰化物，钾、钠、镁、钛、锆之类的活泼金属，以及化学制品含氧能助燃的纤维素等物质的灭火无效。"

（3）美国标准 NFPA 12 规定："在燃烧过程中，有下列物质的则不能用二氧化碳灭火：
①自身含氧的化学制品，如硝化纤维；
②活泼金属，如钠、钾、镁、钛、锆；
③金属氰化物。"

**1.0.5A** 考虑到二氧化碳灭火系统一旦发生误喷或泄漏，很可能对人员造成伤害。在我国曾先后发生过几次不同程度的二氧化碳灭火系统误喷或储瓶间二氧化碳泄漏事故，造成了人身安全事故。为避免因系统误动作或泄漏引起的人身伤害，规定经常有人停留的场所不应采用二氧化碳全淹没灭火系统。

**1.0.6** 本条规定中所指的"现行的国家有关标准"，除在本规范中已指明的以外，还包括以下几个方面的标准：

（1）防火基础标准与有关的安全基础标准；

（2）有关的工业与民用建筑防火标准、规范；

（3）有关的火灾自动报警系统标准、规范；

（4）有关的二氧化碳灭火剂标准；

（5）其他有关的标准。

# 3 系 统 设 计

## 3.1 一 般 规 定

**3.1.1** 本条包含两部分内容，其一是规定二氧化碳灭火系统按应用方式分两种类型，即全淹没灭火系统和局部应用灭火系统；其二是规定两种系统的不同应用条件（范围），全淹没灭火系统只能应用在封闭的空间里，而局部应用灭火系统可以应用在开敞的空间。

关于全淹没灭火系统、局部应用灭火系统的应用条件，BS 5306：pt4 指出："全淹没灭火系统有一个固定的二氧化碳供给源永久地连向装有喷头的管道，用喷头将二氧化碳喷放到封闭的空间里，使得封闭空间内产生足以灭火的二氧化碳浓度"；"局部应用灭火系统……喷头的布置应是直接向指定区域内发生的火灾喷射二氧化碳，这指定区域是无封闭物包围的，或仅有部分被包围着，无需在整个存放被保护物的容积内形成灭火浓度"。此外，ISO 6183 和 NFPA 12 中都有与上述内容大致相同的规定。

**3.1.2** 本条规定了全淹没灭火系统的应用条件。

**3.1.2.1** 本款参照 ISO 6183、BS 5306 和 NFPA 12 等标准，规定了全淹没系统防护区的封闭条件。

条文中规定对于表面火灾在灭火过程中不能自行关闭的开口面积不应大于防护区总表面积的 3%，而且 3% 的开口不能开在底面。

开口面积的大小，等效采用 ISO 6183 规定："当比值 $A_o/A$ 大于 0.03 时，系统应设计成局部应用灭火系统；但并不是说，比值小于 0.03 时就不能应用局部应用灭火系统。"提出开口不能开在底部的原因是：二氧化碳的密度比空气的密度约大 50%，即二氧化碳比空气重，最容易在底面扩散流失，影响灭火效果。

**3.1.2.2** 在本款中规定，对深位火灾，除泄压口外，在灭火过程中不能存在不能自动关闭的开口，是根据以下情况确定的。

采用全淹没方式灭深位火灾时，必须是封闭的空间才能建立起规定的设计浓度，并能保持住一定的抑制时间，使燃烧彻底熄灭，不再复燃。否则，就无法达到这一目的。

关于深位火灾防护区开口的规定，参考了下述国际和国外先进标准：

ISO 6183 规定："当需要一定抑制时间时，不允许存在开口，除非在规定的抑制时间内，另行增加二氧化碳供给量，以维持所要求的浓度"。NFPA 12 规定："对于深位火灾要求二氧化碳喷放空间是封闭的。在设计浓度达到之后，其浓度必须维持不小于 20min 的时间"。BS 5306 规定："深位火灾的系统设计以适度的不透气的封闭物为基础，就是说应安装能自行关闭的挡板和门，这些挡板和门平时可以开着，但发生火灾时应自行关闭。这种系统和围护物应设计成使二氧化碳设计浓度保持时间不小于 20min。"

3.1.2.3 本款规定的全淹没灭火系统防护区的建筑构件最低耐火极限，是参照国家标准《建筑设计防火规范》对非燃烧体及吊顶的耐火极限要求，并考虑下述情况提出的：

（1）为了保证采用二氧化碳全淹没灭火系统能完全将建筑物内的火灾扑灭，防护区的建筑构件应该有足够的耐火极限，以保证完全灭火所需时间。完全灭火所需要的时间一般包括火灾探测时间、探测出火灾后到施放二氧化碳之前的延时时间、施放二氧化碳时间和二氧化碳的抑制时间。这几段时间中二氧化碳的抑制时间是最长的一段，固体深位火灾的抑制时间一般需 20min 左右。若防护区的建筑构件的耐火极限低于上述时间要求，则有可能在火灾尚未完全熄灭之前就被烧坏，使防护区的封闭性受到破坏，造成二氧化碳大量流失而导致复燃。

（2）二氧化碳全淹没灭火系统适用于封闭空间的防护区，也就是只能扑救围护结构内部的可燃物火灾。对围护结构本身的火灾是难以起到保护作用的。为了防止防护区外发生的火灾蔓延到防护区内，因此要求防护区的围护构件、门、窗、吊顶等，应有一定的耐火极限。

关于防护区围护结构耐火极限的规定，同时也参考了国际和国外先进标准的有关规定，如：ISO 6183 规定："利用全淹没二氧化碳灭火系统保护的建筑结构应使二氧化碳不易流散出去。房屋的墙和门窗应该有足够的耐火时间，使得在抑制时间内，二氧化碳能维持在预定的浓度。"BS 5306 规定："被保护容积应该用耐火构件封闭，该耐火构件按 BS 476 第八部分进行试验，耐火时间不小于 30min。"

3.1.2.4 本款规定防护区的通风系统在喷放二氧化碳之前应自动关闭，是根据下述情况提出的：

向一个正在通风的防护区施放二氧化碳，二氧化碳随着排出的空气很快流出室外，使防护区内达不到二氧化碳设计浓度，影响灭火；另外，火灾有可能通过风道蔓延。

本款的提出参考了国际和国外先进标准规定：

ISO 6183 规定："开口和通风系统，在喷放二氧化碳之前，至少在喷放的同时，能够自动断电并关

闭"。BS 5306 规定："在有强制通风系统的地方，在开始喷射二氧化碳之前或喷射的同时，应该把通风系统的电源断掉，或把通风孔关闭"。NFPA 12 规定："在装有空调系统的地方，在喷放二氧化碳之前或同时，把空调系统切断或关闭，或既切断又关闭，或提供附加的补偿气体。"

3.1.3 本条规定了局部应用灭火系统的应用条件。

3.1.3.1 二氧化碳灭火剂属于气体灭火剂，易受风的影响，为了保证灭火效果，必须把风的因素考虑进去。为此，曾经在室外做过喷射试验，发现在风速小于 3m/s 时，喷射效果较好，风对灭火效果影响不大，仍然满足设计要求。依此，规定了保护对象周围的空气流动速度不宜大于 3m/s 的要求。为了对环境风速条件不宜限制过死，有利于设计和应用，故又规定了当风速大于 3m/s 时，可考虑采取挡风措施的做法。

国外有关标准也提到了风的影响，但对风速规定不具体。如 BS 5306 规定："喷射二氧化碳一定不能让强风或空气流吹跑。"

3.1.3.2 局部应用系统是将二氧化碳直接喷射到被保护对象表面而灭火的，所以在射流的沿程是不允许有障碍物的，否则会影响灭火效果。

3.1.3.3 当被保护对象为可燃液体时，流速很高的液态二氧化碳具有很大的功能，当二氧化碳射流喷到可燃液体表面时，可能引起可燃液体的飞溅，造成流淌火或更大的火灾危险。为了避免这种飞溅的出现，可以在射流速度方面作出限制，同时对容器缘口到液面的距离作出规定。为了和局部应用喷头设计数据的试验条件相一致，故作出液面到容器缘口的距离不得小于 150mm 的规定。

国际标准和国外先进标准也都是这样规定的。如 ISO 6183 规定：对于深层可燃液体火灾，其容器缘口至少应高于液面 150mm；NFPA 12 中规定：当保护深层可燃液体灭火时，必须保证油盘缘口要高出液面至少 6in（150mm）。

3.1.4 喷射二氧化碳前切断可燃、助燃气体气源的目的是防止引起爆炸。同时，也为防止淡化二氧化碳浓度，影响灭火。

3.1.4A 组合分配系统是用一套二氧化碳储存装置同时保护多个防护区或保护对象的灭火系统。各防护区或保护对象同时着火的概率很小，不需考虑同时向各个防护区或保护对象释放二氧化碳灭火剂。但应考虑满足任何二氧化碳用量的防护区或保护对象灭火需要，组合分配系统的二氧化碳储存量，不小于所需储存量最大的一个防护区或保护对象的储存量，能够满足这种需要。

3.1.5 本条规定了备用量的设置条件、数量和方法。

1 备用量的设置条件。这里指出两点，一是组合分配系统防护区或保护对象确定为 5 个及以上时应

有备用量，这是等效采用 VdS 2093 制定的；其二是 48h 内不能恢复时应设备用量。这是参照 BS 5306；pt4 并结合我国国情制定的。应该指出，设置备用量不限于这两点，当防护区或保护对象火灾危险性大或非常重要时，为了不间断保护，也可设置备用量。

2 备用量的数量。备用量是为了保证系统保护的连续性，同时也包含了扑救二次火灾的考虑。因此备用量不应小于系统设计的储存量。

3 备用量的设置方法。对高压系统只能是另设一套备用量储存容器；对低压系统，可以另设一套备用量储存容器，也可以加大主储存容器的容量，本条第二段是针对另设一套储存容器而言的。备用量的储存容器与系统管网相连，与主储存容器切换使用的目的，是为了起到连续保护作用。当主储存容器不能使用时，备用储存容器可立即投入使用。

### 3.2 全淹没灭火系统

**3.2.1** 本条中"二氧化碳设计浓度不应小于灭火浓度的 1.7 倍"的规定是等效采用国际和国外先进标准。ISO 6183 规定："设计浓度取 1.7 倍的灭火浓度值"。其他一些国家标准也有相同的规定。

本条还规定了设计浓度不得低于 34%，这是说，实验得出的灭火浓度乘以 1.7 以后的值，若小于 34% 时，也应取 34% 为设计浓度。这与国内外先进标准规定相同。ISO 6183、NFPA 12、BS 5306 标准都有此规定。

在本规范附录 A 中已经给出多种可燃物的二氧化碳设计浓度。附录 A 中没有给出的可燃物的设计浓度，应通过试验确定。

**3.2.2** 本条规定了在一个防护区内，如果同时存放着几种不同物质，在选取该防护区二氧化碳设计浓度时，应选各种物质当中设计浓度最大的作为该防护区的设计浓度。只有这样，才能保证灭火条件。在国际标准和国外先进标准中也有同样的规定。

**3.2.3** 本条给出了设计用量的计算公式。该公式等效采用 ISO 6183 中的二氧化碳设计用量公式。其中常数 30 是考虑到开口流失的补偿系数。

该式计算示例：

侧墙上有 $2m \times 1m$ 开口（不关闭）的散装乙醇储存库（查附录 A，$K_b = 1.3$），实际尺寸：长 =16m，宽 =10m，高 =3.5m。

防护区容积：$V_v = 16 \times 10 \times 3.5 = 560m^3$

可扣除体积：$V_g = 0m^3$

防护区的净容积：

$$V = V_v - V_g = 560 - 0 = 560m^3$$

总表面积：

$$A_v = (16 \times 10 \times 2) + (16 \times 3.5 \times 2) + (10 \times 3.5 \times 2)$$
$$= 502m^2$$

所有开口的总面积：

$$A_o = 2 \times 1 = 2m^2$$

折算面积：

$$A = A_v + 30A_o = 502 + 60 = 562m^2$$

设计用量：

$$M = K_b(0.2A + 0.7V)$$
$$= 1.3(0.2 \times 562 + 0.7 \times 560)$$
$$= 655.7kg$$

**3.2.4、3.2.5** 这两条规定了当防护区环境温度超出所规定温度时，二氧化碳设计用量的补偿方法。

当防护区的环境温度在 -20℃～100℃ 时，无须进行二氧化碳用量的补偿。当上限超出 100℃ 时，如 105℃ 时，对超出的 5℃ 就需要增加 2% 的二氧化碳设计用量。一般能超出 100℃ 以上的异常环境温度的防护区，如烘漆间。当环境温度低于 -20℃ 时，对其低于的部分，每 1℃ 需增加 2% 的二氧化碳设计用量。如 -22℃ 时，对低于 2℃ 需增加 4% 的二氧化碳设计用量。

本条等效采用了国外先进标准的 BS 5306 规定："(1) 围护物常态温度在 100℃ 以上的地方，对 100℃ 以上的部分，每 5℃ 增加 2% 的二氧化碳设计用量；(2) 围护物常态温度低于 -20℃ 的地方，对 -20℃ 以下的部分，每 1℃ 增加 2% 的二氧化碳设计用量"。NFPA 12 也有相同的规定。

**3.2.6** 本条规定泄压口宜设在外墙上，其位置应距室内地面 2/3 以上的净高处。因为二氧化碳比空气重，容易在空气下面扩散。所以为了防止防护区因设置泄压口而造成过多的二氧化碳流失，泄压口的位置应开在防护区的上部。

国际和国外先进标准对防护区内的泄压口也作了类似规定。例如，ISO 6183 规定："对封闭的房屋，必须在其最高点设置自动泄压口，否则当放进二氧化碳时将会导致增加压力的危险"。BS 5306 规定："封闭空间可燃蒸气的泄放和由于喷射二氧化碳引起的超压的泄放，应该予以考虑，在必要的地方，应作泄放口。"

在执行本条规定时应注意：采用全淹没灭火系统保护的大多数防护区，都不是完全封闭的，有门、窗的防护区一般都有缝隙存在；通过门窗四周缝隙所泄漏的二氧化碳，可防止空间内压力过量升高，这种防护区一般不需要再开泄压口。此外，已设有防爆泄压口的防护区，也不需要再设泄压口。

**3.2.7** 本条规定的计算泄压口面积公式由 ISO 6183 中的公式经单位变换得到。公式中最低允许压强值的确定，可参照美国 NFPA 12 标准给出的数据（见表 1）：

表 1　建筑物的最低允许压强

**表 1　建筑物的最低允许压强**

| 类　　型 | 最低允许压强（Pa） |
|---|---|
| 高层建筑 | 1200 |
| 一般建筑 | 2400 |
| 地下建筑 | 4800 |

**3.2.8**　本条对二氧化碳设计用量的喷射时间作了具体规定。该规定等效采用了国际和国外先进标准。ISO 6183 规定："二氧化碳设计用量的喷射时间应在 1min 以内。对于要求抑制时间的固体物质火灾，其设计用量的喷射时间应在 7min 以内。但是，其喷放速率要求不得小于在 2min 内达到 30％ 的体积浓度"。BS 5306 也作了同样规定。

**3.2.9**　本条规定的扑救固体深位火灾的抑制时间，等效采用了 ISO 6183 的规定。

**3.2.10**　并入 3.1.4A 和 4.0.9A。

### 3.3　局部应用灭火系统

**3.3.1**　局部应用灭火系统的设计方法分为面积法和体积法，这是国际标准和国外先进标准比较一致的分类法。前者适用于着火部位为比较平直的表面情况，后者适用于着火对象是不规则物体情况。凡当着火对象形状不规则，用面积法不能做到所有表面被完全覆盖时，都采用体积法进行设计。当着火部位比较平直，用面积法容易做到所有表面被完全覆盖时，则首先可考虑用面积法进行设计。为使设计人员有所选择，故对面积法采用了"宜"这一要求程度的用词。

**3.3.2**　本条是根据试验数据和参考国际标准和国外先进标准制定的。BS 5306 规定："二氧化碳总用量的有效液体喷射时间应为 30s"。ISO 6183、NFPA 12、日本和前苏联有关标准也都规定喷射时间为 30s。为了与上述标准一致起来，故本规范规定喷射时间为 0.5min。

燃点温度低于沸点温度的可燃液体和可熔化的固体的喷射时间，BS 5306 规定为 1.5min，国际标准未规定具体数据，故取英国标准 BS 5306 的数据。

**3.3.3**　本条说明设计局部应用灭火系统的面积法。

**3.3.3.1**　由于单个喷头的保护面积是按被保护面的垂直投影方向确定的，所以计算保护面积也需取整体保护表面垂直投影的面积。

**3.3.3.2**　架空型喷头设计流量和相应保护面积的试验方法是参照美国标准 NFPA 12 确定的。该试验方法是：把喷头安装在盛有 70# 汽油的正方形油盘上方，使其轴线与液面垂直。液面到油盘缘口的距离为 150mm，喷射二氧化碳使其产生临界飞溅的流量，该流量称为临界飞溅流量（也称最大允许流量）。以 75％ 临界飞溅流量在 20s 以内灭火的油盘面积定义为

喷头的保护面积，以 90％ 临界飞溅流量定义为对应保护面积的喷头设计流量。试验表明：保护面积和设计流量都是安装高度（即喷头到油盘液面的距离）的函数，所以在工程设计时也需根据喷头到保护对象表面的距离确定喷头的保护面积和相应的设计流量。只有这样，才能使预定的流量不产生飞溅，预定的保护面积内能可靠地灭火。

槽型型喷头的保护面积是其喷射宽度与射程的函数，喷射宽度和射程是喷头设计流量的函数，所以槽边型喷头的保护面积需根据选定的喷头设计流量确定。

**3.3.3.3、3.3.3.4**　这两款等效采用了国际标准和国外先进标准。ISO 6183、NFPA 12 和 BS 5306 都作了同样规定。

图 3.3.3 表示了喷头轴线与液面垂直和喷头轴线与液面成 45°锐角两种安装方式。其中油盘缘口至液面距离为 150mm，喷头出口至瞄准点的距离为 S。喷头轴线与液面垂直安装时（$B_1$ 喷头），瞄准点 $E_1$ 在喷头正方形保护面积的中心。喷头轴线与液面成 45°锐角安装时（$B_2$ 喷头），瞄准点 $E_2$ 偏离喷头正方形保护面积中心，其距离为 $0.25L_b$（$L_b$ 是正方形面积的边长）；并且，喷头的设计流量和保护面积与垂直布置的相等。

**3.3.3.5**　喷头的保护面积，对架空型喷头为正方形面积，对槽边型喷头为矩形（或正方形）面积。为了保证可靠灭火，喷头的布置必须使保护面积被完全覆盖，即按不留空白原则布置喷头。至于等距布置原则，这是从安全可靠、经济合理的观点提出的。

**3.3.3.6**　二氧化碳设计用量等于把全部被保护表面完全覆盖所用喷头的设计流量数之和与喷射时间的乘积，即：

$$M = t \sum Q_i \qquad (1)$$

当所用喷头设计流量相同时，则：

$$\sum Q_i = N \cdot Q_i \qquad (2)$$

把公式（2）代入公式（1）即得出公式（3.3.3）。

上述确定喷头数量和设计用量的方法，也是 ISO 6183、NFPA 12 和 BS 5306 等规定的方法。

除此之外，还有以灭火强度为依据确定灭火剂设计用量的计算方法。

$$M = A_1 \cdot q \qquad (3)$$

式中　$q$——灭火强度（$kg/m^2$）。

这时，喷头数量按下式计算：

$$N = M / (t \cdot Q_i) \qquad (4)$$

日本采用了这种方法，规定灭火强度取 13$kg/m^2$。

我们的试验表明：喷头安装高度不同，灭火强度不同，灭火强度随喷头安装高度的增加而增加。为了安全可靠、经济合理起见，本规范不采用这种方法。

**3.3.4** 本条说明设计局部应用系统的体积法。

（1）本条等效采用国际标准和国外先进标准。

ISO 6183 规定："系统的总喷放速率以假想的围绕火灾危险区的完全封闭的容积为基础。这种假想的封闭罩的墙和天花板距火险至少 0.6m 远，除非采用了实际的隔墙，而且这墙能封闭一切可能的泄漏、飞溅或外溢。该容积内的物体所占体积不能被扣除。"

ISO 6183 又规定："一个基本系统的总喷放强度不应小于 16kg/min·$m^3$；如果假想封闭罩有一个封闭的底，并且已分别为高出火险物至少 0.6m 的永久连续的墙所限定（这种墙通常不是火险物的一部分），那么，对于存在这种实际墙完全包围的封闭罩，其喷放速率可以成比例地减少，但不得低于 4kg/min·$m^3$。"

NFPA 12 和 BS 5306 也作了类似规定。

（2）本条经过了试验验证。

①用火灾模型进行试验验证。火灾模型为 0.8m×0.8m×1.4m 的钢架，用 $\varnothing$18 圆钢焊制，钢架分为三层，距底分别为 0.4m、0.9m 和 1.4m。各层分别放 5 个油盘，油盘里放入 $K_b$ 等于 1 的 70# 汽油。火灾模型放在外部尺寸为 2.08m×2.08m×0.3m 的水槽中间，水槽外围竖放高为 2.08m，宽为 1.04m 的钢制屏风。把水槽四周全部围起来共需 8 块屏风，试验时根据预定 $A_p/A_t$ 值决定放置屏风块数。二氧化碳喷头布置在模型上方，灭火时间控制在 20s 以内，求出不同 $A_p/A_t$ 值下的二氧化碳流量，计算出不同 $A_p/A_t$ 值时的二氧化碳单位体积的喷射率 $q_v$ 值。

首先作了同一 $A_p/A_t$ 值下，不同开口方位的试验。试验表明：单位体积的喷射率与开口方位无关。

接着作了 7 种不同 $A_p/A_t$ 值的灭火实验，每种重复 3 次，经数据处理得：

$$q_v = 15.95 - 11.92 \times (A_p/A_t) \qquad (5)$$

该结果与公式（3.3.4-1）非常接近。

②用中间试验进行工程实际验证。中间试验的灭火对象为 3150kVA 油浸变压器，其外部尺寸为 2.5m×2.3m×2.6m，灭火系统设计采用体积法，计算保护体积为：

$$V_1 = (2.5 + 0.6 \times 2)(2.3 + 0.6 \times 2)(2.6 + 0.6)$$
$$= 41.44 m^3$$

环绕变压器四周，沿假想封闭罩分两层设置环状支管。支管上布置喷头，封闭罩无真实墙，取 $A_p/A_t$ 值等于零，单位体积喷射率 $q_v$ 取 16kg/min·$m^3$，设计喷射时间取 0.5min，计算灭火剂设计用量。试验用汽油引燃变压器油，预燃时间 30s，试验结果，实际灭火时间为 15s。由此可见，按本条规定的体积法进行局部应用灭火系统设计是安全可靠的。

（3）需要进一步说明的问题。一般设备的布置，从方便维护讲，都会留出离真实墙 0.5m 以上的距离，就是说实体墙距火灾危险物的距离都会接近

0.6m 或大于 0.6m，这时到底利用实体墙与否应通过计算决定。利用了真实墙，体积喷射率 $q_v$ 值变小了，但计算保护体积 $V_1$ 值增大了，如果最终灭火剂设计用量增加了许多，那么就没必要利用真实墙。

**3.3.5** 并入 3.1.4A 和 4.0.9A。

**3.3.6** 并入 4.0.9A。

# 4 管 网 计 算

**4.0.1** 原条文规定的管网计算的总原则，已通过后续条文体现，所以删除。本条文新增内容规定指出了二氧化碳灭火系统按灭火剂储存方式的分类，及管网起点计算压力的取值。这和 ISO 6183 的观点是一致的。国际标准采用了平均储存压力的概念，经征求意见，这里改称为管网起点计算压力。

应该注意：这里所说管网起点是指引升管的下端。

**4.0.2、4.0.3** 这两条规定了计算管道流量的方法，为管网计算提供管道流量的数据。

仍需指出：计算流量的方法应灵活使用，如对局部应用的面积法，也可先求出支管流量，然后由支管流量相加得干管流量。又如全淹没系统的管网，可按总流量的比例分配支管流量，如对称分配的支管流量即为总流量的 1/2。

**4.0.3A** 本条规定了管道内径的确定方法。所给公式依据附录 C 得出：设 $Q/D^2 = X_1$ 则 $D = \dfrac{1}{\sqrt{X_1}} \cdot \sqrt{Q}$

因为 $X_1 = 0.07 \sim 0.50$ 所以 $K_d = 1/\sqrt{X_1} = 1.41 \sim 3.78$

**4.0.4** 不同制造商生产的产品及其附件的水力当量长度不尽相同，均按本规范附件 B 确定管道附件的当量长度与实际情况略有差异。故首先应采用制造商提供的经国家相关检测机构检测认可的数据。

**4.0.5** 本条等效采用了国际标准和国外先进标准。ISO 6183、NFPA 12 和 BS 5306 都作了同样规定。

我国通过灭油浸变压器火中间试验验证了这种方法，故等效采用。

**4.0.6** 正常敷管坡度引起的管段两端的水头差是可以忽略的，但对管段两端显著高程差所引起的水头是不能忽略的，应计入管段终点压力。水头是高度和密度的函数，二氧化碳的密度是随压力变化的，在计算水头时，应取管段两端压力的平均值。水头是重力作用的结果，方向永远向下，所以当二氧化碳向上流动时应减去该水头，当向下流动时应加上该水头。

本条规定是参照国际标准和国外先进标准制定，其中附录 E 系等效采用了 ISO 6183 中的表 B6。

执行这一条时应注意两点：管段平均压力是管段两端压力的平均值；高程是管段两端的高度差（位

差），不是管段的长度。

**4.0.7** 本规定等效采用 ISO 6183，并经试验验证。

ISO 6183 指出：对高压系统，喷嘴入口最低压力应为 1.4MPa；对低压系统，喷嘴入口最低压力。

**4.0.7A** 本条规定等效采用 ISO 6183 规定。

**4.0.9** 本条规定等效采用 ISO 6183 和 NFPA 12 制定。附录 F 中的单位等效孔口面积的喷射率是标准喷头（流量系数为 0.98）的参数，为进一步强调标准喷头不同于一般喷头，故列出标准喷头的规格。本条新增加的附录 H 取自 NFPA 12。

**4.0.9A** 本条依据 ISO 6183 和 BS 5306：pt4 给出了二氧化碳储存量计算通用公式。综合了以下四种情况：

 1 高压全淹没灭火系统
   因为 $K_m=1$ $M_v=0$ $M_r=0$
   所以 $M_c=M+M_s$

即高压全淹没灭火系统的储存量等于设计用量与储存容器内的二氧化碳剩余量之和。其中储存容器内的二氧化碳剩余量按储存容器生产厂家产品数据取值。

 2 高压局部应用灭火系统
   因为 $K_m=1.4$ $M_r=0$
   所以 $M_c=1.4M+M_v+M_s$

即高压局部应用灭火系统的储存量等于 1.4 倍设计用量、二氧化碳在管道中的蒸发量、储存容器内的二氧化碳剩余量之和。其中 1.4 倍是为保证液相喷射的裕度系数值，是等效采用 ISO 6183 规定，并经试验验证。

 3 低压全淹没灭火系统
   因为 $K_m=1$
   所以 $M_c=M+M_v+M_s+M_r$

即低压全淹没灭火系统储存量等于设计用量、二氧化碳在管道中的蒸发量、储存容器内的二氧化碳剩余量、管道内的二氧化碳剩余量之和。

 4 低压局部应用灭火系统
   因为 $K_m=1.1$
   所以 $M_c=1.1M+M_v+M_s+M_r$

即低压局部应用灭火系统的储存量等于 1.1 倍设计用量、二氧化碳在管道中的蒸发量、储存容器内的二氧化碳剩余量、管道内的二氧化碳剩余量之和。其中 1.1 倍是为保证液相喷射的裕度系数值。

应该指出：对低压系统，在储存量中计及管道内的二氧化碳剩余量是依据 ISO 6183 和 BS 5306：pt4 制定。BS 5306：pt4 指出：对低压装置，在完成喷射之后，残存在储存容器与喷嘴管网之间的管道内的液态二氧化碳量也应予以计算，并加入所要求的二氧化碳总量之中。但是，ISO 6183 和国外标准均没给出管道内的二氧化碳剩余量 $M_r$ 的计算式。这里给出的 $M_r$ 计算式是基于以下认识：假定是低压灭火系统，喷放

时间 t 后关闭容器阀，这时储存容器内的二氧化碳剩余量大于或等于 $M_s$；那么残存在储存容器与喷头之间管道内的二氧化碳剩余量 $M_r$ 的计算式就应该是公式 4.0.9A-3。而公式 4.0.9A-4 和 4.0.9A-5 是依据附表 E-2 导出：因为 $K_h=\rho_i \cdot g \cdot 10^{-6}$，所以 $\rho_i=10^6 \cdot K_h/9.81$，而 $K_h=f(P_i)$ 解析式由附表 E-2 回归求得，其最大相对误差为 max $(\delta)=f(P_i=1.10)=0.66\%$。

**4.0.10** 这里考虑到不同规格储存容器和不同充装系数，给出了确定高压系统储存容器数量的通用公式，其中充装系数应按本规范 5.1.1 条规定取值。

**4.0.11** 储存液化气体的压力容器的容积可以根据饱和液体密度、设计储存量和装量系数通过计算确定。就低压系统二氧化碳储存容器而言，计算工作已由生产厂家完成。在各生产厂家的产品样本中，直接给出了不同规格储存容器的最大充装量。

# 5 系 统 组 件

## 5.1 储 存 装 置

**5.1.1** 本条要求高压系统储存装置应具有灭火剂泄漏检测装置，用于检测置于储存容器内灭火剂的泄漏量，以便能及时了解其泄漏程度，故作此修改。

**5.1.1A** 原国家质量技术监督局颁发的《压力容器安全技术监察规程》（99 版）经修订已变更为《固定式压力容器安全技术监察规程》TSGR 0004—2009，于 2009 年 12 月 1 日实施。其中，对储存液化气体的压力容器的装量系数作出了规定，要求装量系数不大于 0.95。

**5.1.2** 本条规定了灭火剂的质量应符合国家标准的规定。

**5.1.3** 并入 5.1.1。

**5.1.4** 为了能实时监测灭火剂泄漏损失量，故要求储存装置应具有灭火剂泄漏检测功能。传统的定期称重法检漏达不到实时监测的要求，也做不到在泄漏后及时发出声光报警信号。因此，在储存装置上增加灭火剂泄露检测报警功能，可在现场报警或将信号反馈到控制中心以提醒维护管理人员及时实补充灭火剂，保证系统可靠运行。

**5.1.5** 并入 5.1.1。

**5.1.6** 储存容器避免阳光直射，是为了防止容器温度过高，以确保容器安全。

**5.1.7** 不具备自然通风条件的储存容器间，当因储存装置维修不当或储瓶质量存在问题时可能会泄漏二氧化碳，二氧化碳的相对密度大于 1，并积聚在低凹处，难以排出室外。要求储存容器间设置机械排风装置，且排风口设置在储存容器间下方靠近地面的位置可有效保证人员安全。另参照《二氧化碳灭火系统标

准》NFPA 12—2008 中的要求，确定正常排风量宜按容器间容积的 4 次换气量，事故排风量为正常排风量的 2 倍。

## 5.2 选择阀与喷头

**5.2.1** 在组合分配系统中，如选择阀设置在储存容器间外或防护区，则可能导致集流管道过长，容易引起气、液分离或出现干冰堵塞的情况。而不能有效灭火，甚至导致灭火失败。因此，对选择阀的设置位置提出了限制要求。

**5.2.2** 高压系统选择阀的工作压力不应小于 12MPa 与集流管的工作压力一致。

用于低压系统的阀门，由于系统会出现 2.5MPa 的压力，故确定低压系统选择阀的工作压力为 2.5MPa 这里也参照了 VdS 2093 的规定，VdS 2093 给出低压系统阀门工作压力为 2.5MPa。

**5.2.3** 为避免二氧化碳灭火系统动作时，选择阀滞后打开而出现选择阀和集流管承受水锤作用而出现超压，或者因集流管压力过大导致电动式选择阀（利用电磁铁通电时产生的吸力或推力打开阀门）无法打开等情况，故要求选择阀的动作应在容器阀动作前或同时能够打开。而对于采用自身气体打开选择阀的低压系统，不会出现上述情况，因此采用灭火剂自身作为启动气源打开的选择阀，可以不需要提前打开或同时打开。

**5.2.3A** 本条规定了全淹没灭火系统喷头布置原则和方法，等效采用 ISO 6183。ISO 6183 指出：全淹没灭火系统的设计与安装，应使封闭空间的任何部分都获得同样的二氧化碳浓度，喷嘴应接近天花板安装。

**5.2.4** ISO 6183 规定："必要时针对影响喷头功能的外部污染，对喷头加以保护"。本条款较原来增加了"喷漆作业等场所"，我们认为喷漆作业场所有必要强调指出。其中"等"字表示不仅仅限于有粉尘和喷漆作业场所，还包括了影响喷头功能的其他外部污染场所。

## 5.3 管道及其附件

**5.3.1** 储存容器内压力随温度升高而升高。高压系统中，储存容器内灭火剂的温度即环境温度，故本条规定了高压系统管道及其附件应能承受最高环境温度下的储存压力。低压系统中，灭火剂的温度由制冷装置和绝热层加以控制，低压系统管道及附件应能承受的压力值系等效采用 ISO 6183。ISO 6183 规定："低压系统的管道及其连接件应耐 40bar（4MPa）表压的试验压力"。

**1** 符合国家标准 GB 8163《输送流体用无缝钢管》规定的管道，其规格按附录 J 取值，可承受所要求的压力，附录 J 中管道规格是参照 BS 5306：pt4 中表 8 和表 9 换算而得的。为了减缓管道的锈蚀，要求内外表面镀锌。

原条款是采用《冷拔或冷轧精密无缝钢管》标准，由于其中有的管材材质不能采用焊接方式，管道规格也不能和法兰等连接件对接，故现条款改为采用《输送流体用无缝钢管》。

**2** 当防护区内有对镀锌层腐蚀的气体、蒸气或粉尘时，应采取抗腐蚀的材料，如不锈钢管或铜管。

**3** 采用不锈钢软管可保证软管安全承受所要求的压力和温度，同时又免于锈蚀。

**5.3.1A** 低压系统的管网应采取防膨胀收缩措施的要求是参照国外同类标准的有关规定制定的。ISO 6183 规定："管网系统应该有膨胀和收缩的预定间隙。"BS 5306：pt4 提出："为膨胀和收缩留出适当的裕量，在低压系统中，在喷射期间，由于温度降低而产生的收缩，近似为每 30m 管长收缩 20mm"。

**5.3.1B** 在可能产生爆炸的场所，管网吊挂安装和采取防晃措施是为了减缓冲击，以免造成管网损伤。ISO 6183 规定：在可能有爆炸的地方，管网应吊挂安装，所用支撑应能吸收可能的冲击效应。

**5.3.2** 本条规定了管道的连接方式，对于公称直径不大于 80mm 的管道，可采用螺纹连接；对于公称直径超过 80mm 的管道可采用法兰连接，这主要是考虑强度要求和安装与维修的方便。

对于法兰连接，其法兰可按《对焊钢法兰》的标准执行。

采用不锈钢管或铜管并用焊接连接时，可按国家标准《现场设备工业管道焊接工程施工及验收规范》的要求施工。

**5.3.2A** 二氧化碳灭火剂在管网内主要呈气液两相流动状态，考虑到气、液两相流的分流特点，设计二氧化碳灭火系统时，在管网上不能采用四通管件进行分流，以防止因分流出口多而引起出口处各支管流体密度差异，难以准确地控制流量分配，造成实际分流流量与设计计算流量差异较大，影响灭火效果。

**5.3.3** 本条系参照 ISO 6183 和 BS 5306：pt4 制定的。ISO 6183 规定："在系统中，在阀的布置导致封闭管段的地方，应设置压力泄放装置"。BS 5306：pt4 规定："在管道中可能积聚二氧化碳液体的地方，如阀门之间，应加装适宜的超压泄放装置。对低压系统，这种装置应设计成 2.4MPa±0.12MPa 时动作。对高压系统，这样的装置应设计成在 15MPa±0.75MPa 时动作"。由于本规范确定低压系统中选择阀的工作压力为 2.5MPa，同时考虑到泄放动作压力整定值有±5％的误差，故低压系统中超压泄放装置的动作压力为2.38MPa±0.12MPa。

## 6 控制与操作

**6.0.1、6.0.3** 二氧化碳灭火系统的防护区或保护对象大多是消防保卫的重点要害部位或是有可能无人在场的部位。即使经常有人，但不易发现大型密闭空间深位处的火灾。所以一般应有自动控制，以保证一旦失火便能迅速将其扑灭。但自动控制有可能失灵，故要求系统同时应有手动控制。手动控制应不受火灾影响，一般在防护区外面或远离保护对象的地方进行。为了能迅速启动灭火系统，要求以一个控制动作就能使整个系统动作。考虑到自动控制和手动控制万一同时失灵（包括停电），系统应有应急手动启动方式。应急操作装置通常是机械的，如储存容器瓶头阀上的按钮或操作杆等。应急操作可以是直接手动操作，也可以利用系统压力或钢索装置等进行操作。手动操作的推、拉力不应大于178N。

考虑到二氧化碳对人体可能产生的危害。在设有自动控制的全淹没防护区外面，必须设有自动/手动转换开关。有人进入防护区时，转换开关处于手动位置，防止灭火剂自动喷放，只有当所有人都离开防护区时，转换开关才转换到自动位置，系统恢复自动控制状态。局部应用灭火系统保护场所情况多种多样。所谓"经常有人"，系指人员不间断的情况，这种情况不宜也不需要设置自动控制。对于"不常有人"的场所，可视火灾危险情况来决定是否需要设自动控制。

**6.0.2** 本条规定了二氧化碳灭火系统采用火灾探测器进行自动控制时的具体要求。

不论哪种类型的探测器，由于本身的质量和环境的影响，在长期工作中不可避免地将出现误报动作的可能。系统的误动作不仅会损失灭火剂，而且会造成停工、停产，带来不必要的经济损失。为了尽可能减少甚至避免探测器误报引起系统的误动作，通常设置两种类型或两组同一类型的探测器进行复合探测。本条规定的"应接收两个独立的火灾信号后才能启动"，是指只有当两种不同类型或两组同一类型的火灾探测器均检测出保护场所存在火灾时，才能发出施放灭火剂的指令。

**6.0.3A** 考虑到灭火系统的自动控制有偶然失灵的情况，故应在全淹没灭火系统保护的防护区入口处设置手动、自动转换控制装置，且有人在防护区工作时，置于手动控制状态，防止灭火系统向防护区误喷射造成人员伤亡事故。

**6.0.4** 二氧化碳灭火系统的施放机构可以是电动、气动、机械或它们的复合形式，要保证系统在正常时处于良好的工作状态，在火灾时能迅速可靠地启动，首先必须保证可靠的动力源。电源应符合《火灾自动报警系统设计规范》中的有关规定。当采用气动动力源时，气源除了保证足够的设计压力以外，还必须保证用气量，必要时，控制气瓶的数量不少于2只。

**6.0.5** 制冷装置是保证低压系统储存装置和整个系统正常安全运行的关键部件。它的动力源就是电源，

所以要求它的电源采用消防电源。它的控制应采用自动控制的原因是由于环境温度不同，制冷装置的启动次数、工作间歇时间都有所变化，不可能有人员随时来手启动和关闭制冷装置。当进行电路检修或停电之前，制冷装置未达到自动启动压力或温度时，可手动启动，使储存装置内压力降低，保证储存装置在停电或检修期间内安全运行。

**6.0.5A** 此条规定是为了更好地对二氧化碳灭火系统进行有效、全面地监控，故要求向火灾报警控制器传送系统的有关信息。

# 7 安 全 要 求

**7.0.1** 本条是为保证人员的安全。在防护区的入口处设置火灾声、光报警器，目的在于提醒防护区外的人员，以免其误入防护区，受到火灾或灭火剂的危害。

根据现行国家标准《火灾自动报警系统设计规范》GB 50116 中相关规定，声光报警器的信号为警报信号，火灾探测器发出的信号为报警信号。故手动消除的应为警报信号，而非报警信号。

**7.0.2** 本条是从保证人员的安全角度出发而制定的。规定了人员撤离防护区的时间和迅速撤离的安全措施。

实际上，全淹没灭火系统所使用的二氧化碳设计浓度应为34%或更高一些，在局部灭火系统喷嘴处也可能遇到这样高的浓度。这种浓度对人是非常危险的。

一般来讲，采用二氧化碳灭火系统的防护区一旦发生火灾报警讯号，人员应立即开始撤离，到发出施放灭火剂的报警时，人员应全部撤出。这一段预报警时间也就是人员疏散时间，与防护区面积大小、人员疏散距离有关。防护区面积大，人员疏散距离远，则预报警时间应长。反之则预报警时间可短。这一时间是人为规定的，可根据防护区的具体情况确定，但不应大于30s。当防护区内经常无人时，应取消预报警时间。

疏散通道与出入口处设置事故照明及疏散路线标志是为了给疏散人员指示疏散方向，所用照明电源应为火灾时专用电源。

**7.0.3** 防护区入口设置二氧化碳喷射指示灯，目的在于提醒人们注意防护区内已施放灭火剂，不要进入里面去，以免受到火灾或灭火剂的危害。也有提醒防护区的人员迅速撤离防护区的作用。

**7.0.4** 本条规定是为了防止由于静电而引起爆炸事故。

《工业安全技术手册》中对气态物料的静电有如下的论述：纯净的气体是几乎不带静电的，这主要是因为气体分子的间距比液体或固体大得多。但如在气

体中含有少量液滴或固体颗粒就会明显带电，这是在管道和喷嘴上摩擦而产生的。通常的高压气体、水蒸气、液化气以及气流输送和滤尘系统都能产生静电。

接地是消除导体上静电的最简单有效的方法，但不能消除绝缘体上的静电。在原理上即使 $1M\Omega$ 的接地电阻，静电仍容易很快泄漏，在实用上接地导线和接地极的总电阻在 $100\Omega$ 以下即可，接地线必须连接可靠，并有足够的强度。因而，设置在有爆炸危险的可燃气体、蒸气或粉尘场所内的管道系统应设防静电接地装置。

《灭火剂》（前东德 H. M. 施莱别尔、P. 鲍尔斯特著）一书，对静电荷也有如下论述：如果二氧化碳以很高的速度通过管道，就会发生静电放电现象。可以确定，1kg 二氧化碳的电荷可达 $0.01\mu V \sim 30\mu V$ 就有形成着火甚至爆炸的危险。作为安全措施，建议把所有喷头的金属部件互相连接起来并接地。这时要特别注意不能让连接处断开。

**7.0.5** 一旦发生火灾，防护区内施放了二氧化碳灭火剂，这时人员是不能进入防护区的。为了尽快排出防护区内的有害气体，使人员能进入里面清扫和整理火灾现场，恢复正常工作条件，本条规定防护区应进行通风换气。

由于二氧化碳比空气重，往往聚集在防护区低处，无窗和固定窗扇的地上防护区以及地下防护区难以采用自然通风的方法将二氧化碳排走。因此，应采用机械排风装置，并且排风扇的入口应设在防护区的下部。建议参照 NFPA 12 标准要求排风扇入口设在离地面高度 46cm 以内。排风量应使防护区每小时换气 4 次以上。

**7.0.6** 防护区出口处应设置向疏散方向开启，且能自动关闭的门。其目的是防止门打不开，影响人员疏散。人员疏散后要求门自动关闭，以利于防护区二氧化碳灭火剂保持设计浓度，并防止二氧化碳流向防护区以外地区，污染其他环境。自动关闭门应设计成关闭后在任何情况下都能从防护区内打开，以防某种原因，有个别人员未能脱离防护区，而门从内部打不开，造成人身伤亡事故发生。

**7.0.7** 为便于人员发现并取用呼吸器，进入防护区抢救被困在里面的人员或去查看灭火情况，要求配备专用呼吸器，且设置位置合适。

中华人民共和国国家标准

# 固定消防炮灭火系统设计规范

Code of desjgn for fixed
fire monitor extinguishing systems

GB 50338—2003

主编部门：中华人民共和国公安部
批准部门：中华人民共和国建设部
施行日期：2003年8月1日

# 中华人民共和国建设部
## 公　告

### 第 140 号

---

## 建设部关于发布国家标准
## 《固定消防炮灭火系统设计规范》的公告

现批准《固定消防炮灭火系统设计规范》为国家标准，编号为 GB 50338—2003，自 2003 年 8 月 1 日起实施。其中，第 3.0.1、4.1.6、4.2.1、4.2.2、4.2.4、4.2.5、4.3.1 (1) (2) (4)、4.3.3、4.3.4、4.3.6、4.4.1 (1) (2) (4)、4.4.3、4.4.4 (1) (2) (3)、4.4.6、4.5.1、4.5.4、5.1.1、5.1.3、5.3.1、5.4.1、 5.4.4、 5.6.1、 5.6.2、 5.7.1、 5.7.3、 6.1.4、6.2.4 条（款）为强制性条文，必须严格执行。

本规范由建设部标准定额研究所组织中国计划出版社出版发行。

中华人民共和国建设部
二〇〇三年四月十五日

---

## 前　言

本规范是根据中华人民共和国建设部建标 [1997] 108 号文《关于印发一九九七年工程建设国家标准制订修订计划的通知》要求，由公安部上海消防研究所、浙江省公安厅消防局、交通部第三航务工程勘察设计院、中石化上海金山石油化工设计院等单位共同编制。

本规范的编制，遵照国家有关基本建设方针和"预防为主、防消结合"的消防工作方针，在总结我国消防炮灭火系统科研、工程应用现状及经验教训的基础上，广泛征求国内有关科研、设计、产品生产、消防监督、工程施工单位等部门的意见，同时参考美国、英国、日本等发达国家的相关标准条文，最后经有关部门共同审查定稿。

固定消防炮灭火系统是用于保护面积较大、火灾危险性较高而且价值较昂贵的重点工程的群组设备等要害场所，能及时、有效地扑灭较大规模的区域性火灾的灭火威力较大的固定灭火设备，在消防工程设计上有其特殊要求。

本规范共分六章，包括总则、术语和符号、系统选择、系统设计、系统组件、电气等。

经授权负责本规范具体解释的单位是公安部上海消防研究所。全国各地区、各行业在执行本规范的过程中若遇到问题，可直接与设在该研究所的《规范》管理组联系。鉴于本规范在我国系首次制订，希望各单位在执行过程中，注意总结经验，积累资料，若发现本规范及条文说明中有需要修改之处，请将修改建议和有关参考资料直接函寄公安部上海消防研究所科技处或《规范》管理组（地址：上海市杨浦区民京路 918 号，邮编：200438，电话：021-65234584，021-65230430）。

本规范主编单位、参编单位和主要起草人：

**主 编 单 位：** 公安部上海消防研究所

**参 编 单 位：** 浙江省公安厅消防局
　　　　　　　交通部第三航务工程勘察设计院
　　　　　　　中石化上海金山石油化工设计院

**主要起草人：** 闵永林　唐祝华　朱力平　王永福
　　　　　　　沈　纹　李建中　陆菊红　朱立强
　　　　　　　林南光　邵海龙　潘左阳

# 目　次

# 1 总　则

1.0.1　为了合理地设计固定消防炮灭火系统,减少火灾损失,保护人身和财产安全,制订本规范。

1.0.2　本规范适用于新建、改建、扩建工程中设置的固定消防炮灭火系统的设计。

1.0.3　固定消防炮灭火系统的设计,必须遵循国家的有关方针、政策,密切结合保护对象的功能和火灾特点,做到安全可靠、技术先进、经济合理、使用方便。

1.0.4　当设置固定消防炮灭火系统的工程改变其使用性质时,应校核原设置系统的适用性。当不适用时,应重新设计。

1.0.5　固定消防炮灭火系统的设计,除执行本规范外,尚应符合国家现行的有关强制性标准、规范的规定。

# 2　术语和符号

## 2.1　术　语

2.1.1　固定消防炮灭火系统　fixed fire monitor extinguishing systems

由固定消防炮和相应配置的系统组件组成的固定灭火系统。

消防炮系统按喷射介质可分为水炮系统、泡沫炮系统和干粉炮系统。

2.1.2　水炮系统　water monitor extinguishing systems

喷射水灭火剂的固定消防炮系统,主要由水源、消防泵组、管道、阀门、水炮、动力源和控制装置等组成。

2.1.3　泡沫炮系统　foam monitor extinguishing systems

喷射泡沫灭火剂的固定消防炮系统,主要由水源、泡沫液罐、消防泵组、泡沫比例混合装置、管道、阀门、泡沫炮、动力源和控制装置等组成。

2.1.4　干粉炮系统　powder monitor extinguishing systems

喷射干粉灭火剂的固定消防炮系统,主要由干粉罐、氮气瓶组、管道、阀门、干粉炮、动力源和控制装置等组成。

2.1.5　远控消防炮系统(简称远控炮系统)　remote-controlled fire monitor extinguishing systems (abbreviation:remote-controlled monitor systems)

可远距离控制消防炮的固定消防炮灭火系统。

2.1.6　手动消防炮灭火系统(简称手动炮系统)　manual-controlled fire monitor extinguishing systems (abbreviation:manual-controlled monitor systems)

只能在现场手动操作消防炮的固定消防炮灭火系统。

2.1.7　灭火面积　extinguishing area

一次火灾中用固定消防炮灭火保护的计算面积。

2.1.8　冷却面积　cooling area

一次火灾中用固定消防炮冷却保护的计算面积。

2.1.9　消防炮塔　fire monitor tower

用于高位安装固定消防炮的装置。

## 2.2　符　号

$Q$ ——系统供水设计总流量(L/s);

$Q_p$ ——泡沫炮的设计流量(L/s);

$Q_s$ ——水炮的设计流量(L/s);

$Q_m$ ——保护水幕喷头的设计流量(L/s);

$q_{p0}$ ——泡沫炮的额定流量(L/s);

$q_{s0}$ ——水炮的额定流量(L/s);

$P$ ——消防水泵供水压力(MPa);

$P_0$ ——泡沫(水)炮的额定工作压力(MPa);

$P_e$ ——泡沫(水)炮的设计工作压力(MPa);

$i$ ——单位管长沿程水头损失(MPa/m);

$h_1$ ——沿程水头损失(MPa);

$h_2$ ——局部水头损失(MPa);

$\sum h$ ——水泵出口至最不利点消防炮进口供水或供泡沫混合液管道水头总损失(MPa);

$D_s$ ——水炮的设计射程(m);

$D_{s0}$ ——水炮在额定工作压力时的射程(m);

$D_p$ ——泡沫炮的设计射程(m);

$D_{p0}$ ——泡沫炮在额定工作压力时的射程(m);

$Z$ ——最低引水位至最高位消防炮进口的垂直高度(m);

$B$ ——最大油舱的宽度(m);

$F$ ——冷却面积(m²);

$L$ ——最大油舱的纵向长度(m);

$L_1$ ——计算管道长度(m);

$d$ ——管道内径(m);

$f_{max}$ ——最大油舱的面积(m²);

$N_p$ ——系统中需要同时开启的泡沫炮的数量(门);

$N_s$ ——系统中需要同时开启的水炮的数量(门);

$N_m$ ——系统中需要同时开启的保护水幕喷头的数量(只);

$\zeta$ ——局部阻力系数;

$v$ ——设计流速(m/s)。

# 3　系统选择

3.0.1　系统选用的灭火剂应和保护对象相适应,并应符合下列规定:

1　泡沫炮系统适用于甲、乙、丙类液体、固体可燃物火灾场所;

2　干粉炮系统适用于液化石油气、天然气等可燃气体火灾场所;

3　水炮系统适用于一般固体可燃物火灾场所;

4　水炮系统和泡沫炮系统不得用于扑救遇水发生化学反应而引起燃烧、爆炸等物质的火灾。

3.0.2　设置在下列场所的固定消防炮灭火系统宜选用远控炮系统:

1　有爆炸危险性的场所;

2　有大量有毒气体产生的场所;

3　燃烧猛烈,产生强烈辐射热的场所;

4　火灾蔓延面积较大,且损失严重的场所;

5　高度超过8m,且火灾危险性较大的室内场所;

6　发生火灾时,灭火人员难以及时接近或撤离固定消防炮位的场所。

# 4　系统设计

## 4.1　一般规定

4.1.1　供水管道应与生产、生活用水管道分开。

4.1.2　供水管道不宜与泡沫混合液的供给管道合用。寒冷地区的湿式供水管道应设防冻保护措施,干式管道应设排除管道内积水和空气的设施。管道设计应满足设计流量、压力和启动至喷射的时间等要求。

**4.1.3** 消防水源的容量不应小于规定灭火时间和冷却时间内需要同时使用水炮、泡沫炮、保护水幕喷头等用水量及供水管网内充水量之和。该容量可减去规定灭火时间和冷却时间内可补充的水量。

**4.1.4** 消防水泵的供水压力应能满足系统中水炮、泡沫炮喷射压力的要求。

**4.1.5** 灭火剂及加压气体的补给时间均不宜大于48h。

**4.1.6** 水炮系统和泡沫炮系统从启动至炮口喷射水或泡沫的时间不应大于5min,干粉炮系统从启动至炮口喷射干粉的时间不应大于2min。

### 4.2 消防炮布置

**4.2.1** 室内消防炮的布置数量不应少于两门,其布置高度应保证消防炮的射流不受上部建筑构件的影响,并应能使两门水炮的水射流同时到达被保护区域的任一部位。

室内系统应采用湿式给水系统,消防炮位处应设置消防水泵启动按钮。

设置消防炮平台时,其结构强度应能满足消防炮喷射反力的要求,结构设计应能满足消防炮正常使用的要求。

**4.2.2** 室外消防炮的布置应能使消防炮的射流完全覆盖被保护场所及被保护物,且应满足灭火强度及冷却强度的要求。

1 消防炮应设置在被保护场所常年主导风向的上风方向;

2 当灭火对象高度较高、面积较大时,或在消防炮的射流受到较高大障碍物的阻挡时,应设置消防炮塔。

**4.2.3** 消防炮宜布置在甲、乙、丙类液体储罐区防护堤外,当不能满足4.2.2条的规定时,可布置在防护堤内,此时对远控消防炮和消防炮塔采取有效的防爆和隔热保护措施。

**4.2.4** 液化石油气、天然气装卸码头和甲、乙、丙类液体、油品装卸码头的消防炮的布置数量不应少于两门,泡沫炮的射程应满足覆盖设计船型的油气舱范围,水炮的射程应满足覆盖设计船型的全船范围。

**4.2.5** 消防炮塔的布置应符合下列规定:

1 甲、乙、丙类液体储罐区、液化烃储罐区和石化生产装置的消防炮塔高度的确定应使消防炮对被保护对象实施有效保护;

2 甲、乙、丙类液体、油品、液化石油气、天然气装卸码头的消防炮塔高度应使消防炮的俯仰回转中心高度不低于在设计潮位和船舶空载时的甲板高度;消防炮水平回转中心与码头前沿的距离不应小于2.5m;

3 消防炮塔的周围应留有供设备维修用的通道。

### 4.3 水炮系统

**4.3.1** 水炮的设计射程和设计流量应符合下列规定:

1 水炮的设计射程应符合消防炮布置的要求。室内布置的水炮的射程应按产品射程的指标值计算,室外布置的水炮的射程应按产品射程指标值的90%计算。

2 当水炮的设计工作压力与产品额定工作压力不同时,应在产品规定的工作压力范围内选用。

3 水炮的设计射程可按下式确定:

$$D_s = D_{s0} \cdot \sqrt{\frac{P_e}{P_0}} \qquad (4.3.1-1)$$

式中 $D_s$——水炮的设计射程(m);
$D_{s0}$——水炮在额定工作压力时的射程(m);
$P_e$——水炮的设计工作压力(MPa);
$P_0$——水炮的额定工作压力(MPa)。

4 当上述计算的水炮设计射程不能满足消防炮布置的要求

时,应调整原设定的水炮数量、布置位置或规格型号,直至达到要求。

5 水炮的设计流量可按下式确定:

$$Q_s = q_{s0} \cdot \sqrt{\frac{P_e}{P_0}} \qquad (4.3.1-2)$$

式中 $Q_s$——水炮的设计流量(L/s);
$q_{s0}$——水炮的额定流量(L/s)。

**4.3.2** 室外配置的水炮其额定流量不宜小于30L/s。

**4.3.3** 水炮系统灭火及冷却用水的连续供给时间应符合下列规定:

1 扑救室内火灾的灭火用水连续供给时间不应小于1.0h;

2 扑救室外火灾的灭火用水连续供给时间不应小于2.0h;

3 甲、乙、丙类液体储罐、液化烃储罐、石化生产装置和甲、乙、丙类液体、油品码头等冷却用水连续供给时间应符合国家有关标准的规定。

**4.3.4** 水炮系统灭火及冷却用水的供给强度应符合下列规定:

1 扑救室内一般固体物质火灾的供给强度应符合国家有关标准的规定,其用水量应按两门水炮的水射流同时到达防护区任一部位的要求计算。民用建筑的用水量不应小于40L/s,工业建筑的用水量不应小于60L/s;

2 扑救室外火灾的灭火及冷却用水的供给强度应符合国家有关标准的规定;

3 甲、乙、丙类液体储罐、液化烃储罐和甲、乙、丙类液体、油品码头等冷却用水的供给强度应符合国家有关标准的规定;

4 石化生产装置的冷却用水的供给强度不应小于16L/min·m²。

**4.3.5** 水炮系统灭火面积及冷却面积的计算应符合下列规定:

1 甲、乙、丙类液体储罐、液化烃储罐冷却面积的计算应符合国家有关标准的规定;

2 石化生产装置的冷却面积应符合《石油化工企业设计防火规范》的规定;

3 甲、乙、丙类液体、油品码头的冷却面积应按下式计算:

$$F = 3BL - f_{max} \qquad (4.3.5)$$

式中 $F$——冷却面积(m²);
$B$——最大油舱的宽度(m);
$L$——最大油舱的纵向长度(m);
$f_{max}$——最大油舱的面积(m²)。

4 其他场所的灭火面积及冷却面积应按照国家有关标准或根据实际情况确定。

**4.3.6** 水炮系统的计算总流量应为系统中需要同时开启的水炮设计流量的总和,且不得小于灭火用水计算总流量及冷却用水计算总流量之和。

### 4.4 泡沫炮系统

**4.4.1** 泡沫炮的设计射程和设计流量应符合下列规定:

1 泡沫炮的设计射程应符合消防炮布置的要求。室内布置的泡沫炮的射程应按产品射程的指标值计算,室外布置的泡沫炮的射程应按产品射程指标值的90%计算。

2 当泡沫炮的设计工作压力与产品额定工作压力不同时,应在产品规定的工作压力范围内选用。

3 泡沫炮的设计射程可按下式确定:

$$D_p = D_{p0} \cdot \sqrt{\frac{P_e}{P_0}} \qquad (4.4.1-1)$$

式中 $D_p$——泡沫炮的设计射程(m);
$D_{p0}$——泡沫炮在额定工作压力时的射程(m);
$P_e$——泡沫炮的设计工作压力(MPa);
$P_0$——泡沫炮的额定工作压力(MPa)。

4 当上述计算的泡沫炮设计射程不能满足消防炮布置的要

求时，应调整原设定的泡沫炮数量、布置位置或规格型号，直至达到要求。

5　泡沫炮的设计流量可按下式确定：

$$Q_p = q_{p0} \cdot \sqrt{\frac{P_e}{P_0}} \qquad (4.4.1-2)$$

式中　$Q_p$——泡沫炮的设计流量（L/s）；

　　　　$q_{p0}$——泡沫炮的额定流量（L/s）。

**4.4.2**　室外配置的泡沫炮其额定流量不宜小于48L/s。

**4.4.3**　扑救甲、乙、丙类液体储罐区火灾及甲、乙、丙类液体、油品码头火灾等的泡沫混合液的连续供给时间和供给强度应符合国家有关标准的规定。

**4.4.4**　泡沫炮灭火面积的计算应符合下列规定：

1　甲、乙、丙类液体储罐区的灭火面积应按实际保护储罐中最大一个储罐横截面积计算。泡沫混合液的供给量应按两门泡沫炮计算。

2　甲、乙、丙类液体、油品装卸码头的灭火面积应按油轮设计船型中最大油舱的面积计算。

3　飞机库的灭火面积应符合《飞机库设计防火规范》的规定。

4　其他场所的灭火面积应按照国家有关标准或根据实际情况确定。

**4.4.5**　供给泡沫炮的水质应符合设计所用泡沫液的要求。

**4.4.6**　泡沫混合液设计总流量应为系统中需要同时开启的泡沫炮设计流量的总和，且不应小于灭火面积与供给强度的乘积。混合比的范围应符合国家标准《低倍数泡沫灭火系统设计规范》的规定，计算中应取规定范围的平均值。泡沫液设计总量应为其计算总量的1.2倍。

## 4.5　干粉炮系统

**4.5.1**　室内布置的干粉炮的射程应按产品射程指标值计算，室外布置的干粉炮的射程应按产品射程指标值的**90%**计算。

**4.5.2**　干粉炮系统的单位面积干粉灭火剂供给量可按表4.5.2选取。

表4.5.2　干粉炮系统的单位面积干粉灭火剂供给量

| 干粉种类 | 单位面积干粉灭火剂供给量（kg/m²） |
|---|---|
| 碳酸氢钠干粉 | 8.8 |
| 碳酸氢钾干粉 | 5.2 |
| 氨基干粉<br>磷酸铵盐干粉 | 3.6 |

**4.5.3**　可燃气体装卸站台等场所的灭火面积可按保护场所中最大一个装置主体结构表面积的50%计算。

**4.5.4**　干粉炮系统的干粉连续供给时间不应小于60s。

**4.5.5**　干粉设计用量应符合下列规定：

1　干粉计算总量应满足规定时间内需要同时开启干粉炮所需干粉总量的要求，并不应小于单位面积干粉灭火剂供给量与灭火面积的乘积；干粉设计总量应为计算总量的1.2倍。

2　在停靠大型液化石油气、天然气船的液化气码头装卸臂附近宜设置喷射量不小于2000kg干粉的干粉系统。

**4.5.6**　干粉炮系统应采用标准工业级氮气作为驱动气体，其含水量不应大于0.005%的体积比，其干粉罐的驱动气体工作压力可根据射程要求分别选用1.4MPa、1.6MPa、1.8MPa。

**4.5.7**　干粉供给管道的总长度不宜大于20m。炮塔上安装的干粉炮与低位安装的干粉罐的高度差不应大于10m。

**4.5.8**　干粉炮系统的气粉比应符合下列规定：

1　当干粉输送管道总长度大于10m，小于20m时，每千克干粉需配给50L氮气。

2　当干粉输送管道总长度不大于10m时，每千克干粉需配

给40L氮气。

## 4.6　水力计算

**4.6.1**　系统的供水设计总流量应按下式计算：

$$Q = \sum N_p \cdot Q_p + \sum N_s \cdot Q_s + \sum N_m \cdot Q_m \qquad (4.6.1)$$

式中　$Q$——系统供水设计总流量（L/s）；

　　　　$N_p$——系统中需要同时开启的泡沫炮的数量（门）；

　　　　$N_s$——系统中需要同时开启的水炮的数量（门）；

　　　　$N_m$——系统中需要同时开启的保护水幕喷头的数量（只）；

　　　　$Q_p$——泡沫炮的设计流量（L/s）；

　　　　$Q_s$——水炮的设计流量（L/s）；

　　　　$Q_m$——保护水幕喷头的设计流量（L/s）。

**4.6.2**　供水或供泡沫混合液管道总水头损失应按下式计算：

$$\sum h = h_1 + h_2 \qquad (4.6.2-1)$$

式中　$\sum h$——水泵出口至最不利点消防炮进口供水或供泡沫混合液管道水头总损失（MPa）；

　　　　$h_1$——沿程水头损失（MPa）；

　　　　$h_2$——局部水头损失（MPa）。

$$h_1 = i \cdot L_1 \qquad (4.6.2-2)$$

式中　$i$——单位管长沿程水头损失（MPa/m）；

　　　　$L_1$——计算管道长度（m）。

$$i = 0.0000107 \frac{v^2}{d^{1.3}} \qquad (4.6.2-3)$$

式中　$v$——设计流速（m/s）；

　　　　$d$——管道内径（m）。

$$h_2 = 0.01 \sum \zeta \frac{v^2}{2g} \qquad (4.6.2-4)$$

式中　$\zeta$——局部阻力系数；

　　　　$v$——设计流速（m/s）。

**4.6.3**　系统中的消防水泵供水压力应按下式计算：

$$P = 0.01 \times Z + \sum h + P_e \qquad (4.6.3)$$

式中　$P$——消防水泵供水压力（MPa）；

　　　　$Z$——最低引水位至最高位消防炮进口的垂直高度（m）；

　　　　$\sum h$——水泵出口至最不利点消防炮进口供水或供泡沫混合液管道水头总损失（MPa）；

　　　　$P_e$——泡沫（水）炮的设计工作压力（MPa）。

# 5　系统组件

## 5.1　一般规定

**5.1.1**　消防炮、泡沫比例混合装置、消防泵组等专用系统组件必须采用通过国家消防产品质量监督检验测试机构检测合格的产品。

**5.1.2**　主要系统组件的外表面涂色宜为红色。

**5.1.3**　安装在防爆区内的消防炮和其他系统组件应满足该防爆区相应的防爆要求。

## 5.2　消防炮

**5.2.1**　远控消防炮应同时具有手动功能。

**5.2.2**　消防炮应满足相应使用环境和介质的防腐蚀要求。

**5.2.3**　安装在室外消防炮塔和设有护栏的平台上的消防炮的俯角均不宜大于50°，安装在多平台消防炮塔的低位消防炮的水平回转角不宜大于220°。

**5.2.4**　室内配置的消防水炮的俯角和水平回转角应满足使用要求。

5.2.5 室内配置的消防水炮宜具有直流-喷雾的无级转换功能。

### 5.3 泡沫比例混合装置与泡沫液罐

5.3.1 泡沫比例混合装置应具有在规定流量范围内自动控制混合比的功能。

5.3.2 泡沫液罐宜采用耐腐蚀材料制作;当采用钢质罐时,其内壁应做防腐蚀处理。与泡沫液直接接触的内壁或防腐层对泡沫液的性能不得产生不利影响。

5.3.3 贮罐压力式泡沫比例混合装置的贮罐上应设安全阀、排渣孔、进料孔、人孔和取样孔。

5.3.4 压力比例式泡沫比例混合装置的单罐容积不宜大于10m³。囊式压力式泡沫比例混合装置的皮囊应满足存贮、使用泡沫液时对其强度、耐腐蚀性和存放时间的要求。

### 5.4 干粉罐与氮气瓶

5.4.1 干粉罐必须选用压力贮罐,宜采用耐腐蚀材料制作;当采用钢质罐时,其内壁应做防腐蚀处理;干粉罐应按现行压力容器国家标准设计和制造,并应保证其最高使用温度下的安全强度。

5.4.2 干粉罐的干粉充装系数不应大于1.0kg/L。

5.4.3 干粉罐上应设安全阀、排放孔、进料孔和人孔。

5.4.4 干粉驱动装置应采用高压氮气瓶组,氮气瓶的额定充装压力不应小于15MPa。干粉罐和氮气瓶应采用分开设置的型式。

5.4.5 氮气瓶的性能应符合现行国家有关标准的要求。

### 5.5 消防泵组与消防泵站

5.5.1 消防泵宜选用特性曲线平缓的离心泵。

5.5.2 自吸消防泵吸水管应设真空压力表,消防泵出口应设压力表,其最大指示压力不应小于消防泵额定工作压力的1.5倍。消防泵出水管上应设自动泄压阀和回流管。

5.5.3 消防泵吸水口处宜设置过滤器,吸水管的布置应有向水泵方向上升的坡度,吸水管上宜设置闸阀,阀上应有启闭标志。

5.5.4 带有水箱的引水泵,其水箱应具有可靠的贮水封存功能。

5.5.5 用于控制信号的出水压力取出口应设置在水泵的出口与单向阀之间。

5.5.6 消防泵站应设置备用泵组,其工作能力不应小于其中工作能力最大的一台工作泵组。

5.5.7 柴油机消防泵站应设置进气和排气的通风装置,冬季室内最低温度应符合柴油机制造厂提出的温度要求。

5.5.8 消防泵站内的电气设备应采取有效的防潮和防腐蚀措施。

### 5.6 阀门和管道

5.6.1 当消防泵出口管径大于300mm时,不应采用单一手动启闭功能的阀门。阀门应有明显的启闭标志,远控阀门应具有快速启闭功能,且密封可靠。

5.6.2 常开或常闭的阀门应设锁定装置,控制阀和需要启闭的阀门应设启闭指示器。参与远控炮系统联动控制的控制阀,其启闭信号应传至系统控制室。

5.6.3 干粉管道上的阀门应采用球阀,其通径必须和管道内径一致。

5.6.4 管道应选用耐腐蚀材料制作或对管道外壁进行防腐蚀处理。

5.6.5 在使用泡沫液、泡沫混合液或海水的管道的适当位置宜设冲洗接口。在可能滞留空气的管段的顶端应设置自动排气阀。

5.6.6 在泡沫比例混合装置后宜设旁通的试验接口。

### 5.7 消防炮塔

5.7.1 消防炮塔应具有良好的耐腐蚀性能,其结构强度应能同时承受使用场所最大风力和消防炮喷射反力。消防炮塔的结构设计应能满足消防炮正常操作使用的要求。

5.7.2 消防炮塔应设有与消防炮配套的供灭火剂、供液压油、供气、供电等管路,其管径、强度和密封性应满足系统设计的要求。进水管线应设置便于清除杂物的过滤装置。

5.7.3 室外消防炮塔应设有防止雷击的避雷装置、防护栏杆和保护水幕;保护水幕的总流量不应小于6L/s。

5.7.4 泡沫炮应安装在多平台消防炮塔的上平台。

### 5.8 动力源

5.8.1 动力源应具有良好的耐腐蚀、防雨和密封性能。

5.8.2 动力源及其管道应采取有效的防火措施。

5.8.3 液压和气压动力源与其控制的消防炮的距离不宜大于30m。

5.8.4 动力源应满足远控炮系统在规定时间内操作控制与联动控制的要求。

# 6 电 气

## 6.1 一般规定

6.1.1 系统用电设备的供电电源的设计应符合《建筑设计防火规范》、《供配电系统设计规范》等国家标准的规定。

6.1.2 在有爆炸危险场所的防爆分区,电器设备和线路的选用、安装和管道防静电等措施应符合现行国家标准《爆炸和火灾危险性环境电力装置设计规范》的规定。

6.1.3 系统电器设备的布置,应满足带电设备安全防护距离的要求,并应符合《电业安全规程》、《电器设备安全导则》等国家有关标准、规范的规定。

6.1.4 系统配电线路应采用经阻燃处理的电线、电缆。

6.1.5 系统的电缆敷设应符合国家标准《低压配电装置及线路设计规范》和《爆炸和火灾危险性环境电力装置设计规范》的规定。

6.1.6 系统的防雷设计应按《建筑物防雷设计规范》等有关现行国家标准、规范的规定执行。

## 6.2 控 制

6.2.1 远控炮系统应具有对消防泵组、远控炮及相关设备等进行远程控制的功能。

6.2.2 系统宜采用联动控制方式,各联动控制单元应有操作指示信号。

6.2.3 系统宜具有接收消防报警的功能。

6.2.4 工作消防泵组发生故障停机时,备用消防泵组应能自动投入运行。

6.2.5 远控炮系统采用无线控制操作时,应满足以下要求:

1 应能控制消防炮的俯仰、水平回转和相关阀门的动作;

2 消防控制室应能优先控制无线控制器所操作的设备;

3 无线控制的有效控制半径应大于100m;

4 1km以内不得有相同频率、30m以内不得有相同安全码的无线控制器;

5 无线控制器应设置闭锁安全电路。

## 6.3 消防控制室

6.3.1 消防控制室的设计应符合现行国家标准《建筑设计防火规范》中消防控制室的规定,同时应符合下列要求:

1 消防控制室宜设置在能直接观察各座炮塔的位置,必要时应设置监视器等辅助观察设备;

2 消防控制室应有良好的防火、防尘、防水等措施;

**3** 系统控制装置的布置应便于操作与维护。

**6.3.2** 远控炮系统的消防控制室应能对消防泵组、消防炮等系统组件进行单机操作与联动操作或自动操作，并应具有下列控制和显示功能：

**1** 消防泵组的运行、停止、故障；

**2** 电动阀门的开启、关闭及故障；

**3** 消防炮的俯仰、水平回转动作；

**4** 当接到报警信号后，应能立即向消防泵站等有关部门发出声光报警信号，声响信号可手动解除，但灯光报警信号必须保留至人工确认后方可解除；

**5** 具有无线控制功能时，显示无线控制器的工作状态；

**6** 其他需要控制和显示的设备。

# 本规范用词说明

**1** 为便于在执行本规范条文时区别对待，对要求严格程度不同的用词说明如下：

1）表示很严格，非这样做不可的用词：

正面词采用"必须"；反面词采用"严禁"。

2）表示严格，在正常情况下均应这样做的用词：

正面词采用"应"；反面词采用"不应"或"不得"。

3）表示允许稍有选择，在条件许可时首先应这样做的用词：

正面词采用"宜"，反面词采用"不宜"。

表示有选择，在一定条件下可以这样做的用词，采用"可"。

**2** 本规范中指明应按其他有关标准、规范执行的写法为"应符合……的规定"或"应按……执行"。

中华人民共和国国家标准

# 固定消防炮灭火系统设计规范

GB 50338—2003

条 文 说 明

# 目　次

# 1 总　则

**1.0.1**　本条提出了制订国家标准《固定消防炮灭火系统设计规范》（以下简称《规范》）的目的，即正确、合理地进行固定消防炮灭火系统的工程设计，使其在发生火灾时能够快速、有效地扑灭火灾。

国产固定消防炮灭火系统的推广应用改变了我国重点工程消防炮设备长期依赖进口的局面，但在推广应用中还存在一些亟待解决的工程设计和监督管理等方面的问题。由于至今尚未发布该系统工程设计的国家规范，造成了该系统的工程设计和消防建审均无章可循，致使一些工程设计不尽合理和完善，直接影响了固定消防炮灭火系统的使用效果。建设部和公安部决定制订本规范的目的，也就是为了解决这些问题，旨在为固定消防炮灭火系统的工程设计提供国家技术法规，同时也为消防监督部门的监督和审查工作提供法律依据。

**1.0.2**　本条规定了《规范》的适用范围。

对于移动式的消防炮灭火装置，因其通常不属于一个完整的、成套的固定式灭火系统，因此可不按《规范》设计，但并不排除其参照《规范》进行工程设计的可能性。

**1.0.3**　本条主要规定了固定消防炮灭火系统在工程设计时必须遵循国家的有关方针、政策，针对大面积、大空间及群组设备等保护对象的区域性火灾的特点，合理地配置固定消防炮灭火系统，使该系统的工程设计达到安全可靠、技术先进、经济合理、使用方便。

**1.0.4**　本条是针对我国的某些已配置使用固定消防炮灭火系统的场所有可能改变使用性质的情况而制订的。例如，某些港口、码头等场所有可能在装卸油品、液化气、散装货物、集装箱等几种情况之间改变，亦可能混杂装卸。当改变其用途时，这些场所中的可燃物的种类、数量、危险性等随之改变，原配置的固定消防炮灭火系统的类型、规格、数量以及水、泡沫液、干粉等灭火剂的存贮量和消防泵组的规模等可能满足不了要求，应校核原设计、安装的固定消防炮灭火系统的适用性。

**1.0.5**　固定消防炮灭火系统工程设计涉及的专业较多，范围较广，《规范》只能规定固定消防炮灭火系统特有的技术要求。对于其他专业性较强而且已在某些相关的国家标准、规范中作出强制性规定的技术要求，《规范》不再作重复规定。相关的国家标准、规范有：固定消防炮灭火系统的供电电源设计应执行国家标准《建筑设计防火规范》和《供配电系统设计规范》；有爆炸危险的场所分区应执行《爆炸和火灾危险性环境电力装置设计规范》；系统的防雷设计应执行《建筑物防雷设计规范》等等。

# 2 术语和符号

## 2.1 术　语

**2.1.1～2.1.9**　本节内容是根据国家建设部关于"工程建设国家标准管理办法"和"工程建设国家标准编写规定"中的有关要求编写的。主要拟定原则是：列入《规范》的术语是《规范》专用的，在其他规范、标准中未出现过的。在具体定义中，根据有关规定，在全面分析的基础上，突出特性，尽量做到定义准确、简明易懂。

本规范现列入九条术语，具体说明详见各术语的定义。

## 2.2 符　号

本节系根据本规范第4章系统设计的需求，本着简化和必要的原则，删去简单的、常规的计算公式与符号，列出了29个有关的流量参数、压力参数、射程参数、几何参数等的符号、名称及量纲，其内容可见本节和相关章节条文的定义和说明。

# 3 系统选择

**3.0.1**　固定消防炮灭火系统选用的灭火剂应能扑灭被保护场所和被保护物有可能发生的火灾。例如，对A类火灾，若配置干粉炮系统，只能选用磷酸铵盐等A、B、C类干粉灭火剂，这是因为磷酸铵盐等干粉灭火剂不仅能扑灭B、C类火灾，而且能有效地扑灭A类火灾；扑救B、C类火灾的干粉炮系统可选用碳酸氢钠等B、C类干粉灭火剂和磷酸铵盐干粉灭火剂，两者均可使用。碳酸氢钠等干粉灭火剂只能扑灭B、C类火灾，不能有效地扑灭A类火灾。

1　国内外扑救甲、乙、丙类液体火灾最常用的是泡沫炮系统，其灭火效果较佳，亦较为经济。泡沫炮系统也适用于扑救固体可燃物质火灾。泡沫灭火剂的选择在国家标准《低倍数泡沫灭火系统设计规范》中已有明确的规定。

2　扑救液化石油气和液化天然气的生产、储运、使用装置或场所的火灾，通常选用干粉炮系统，可迅速、有效地扑灭一般的气体火灾。

3　在生产、储运、使用木材、纸张、棉花及其制品等一般固体可燃物质的场所，其可能发生的火灾基本属于A类火灾，通常选用水炮系统进行灭火。

4　以水和泡沫作为灭火介质的消防设备，当被误用于扑救某些特种危险品或设备火灾时，有可能发生化学反应从而引起燃烧或爆炸。因此，在消防炮灭火系统选型时应特别地加以注意。

**3.0.2**　在具有爆炸危险性的场所，可能产生大量有毒气体的场所，燃烧猛烈并产生强辐射热可能威胁人身安全的场所，容易造成火灾蔓延面积大且损失严重的场所，高度超过 8m 且火灾危险性较大的室内场所，发生火灾时消防人员难以及时接近或撤离固定消防炮位的场所等，若选用远控炮系统既能及时、有效地扑灭火灾，又可保障灭火人员的自身安全。当然，在上述场所之外的下列场所，诸如火灾规模较小的场所，无爆炸危险性的场所，热辐射强度较小不易威胁人身安全的场所，高度低于 8m 且火灾危险性较小的场所，消防人员容易接近且能及时到达或撤离固定消防炮位的场所等，选用手动炮系统则是可行的。

# 4 系 统 设 计

## 4.1 一 般 规 定

**4.1.1** 本条规定了消防供水管道不得受生产、生活用水的影响，其目的是为了在火灾紧急情况下能保证消防炮的正常供水。

**4.1.2** 本条规定了消防水炮系统和泡沫炮系统不宜采用共用管道，以保证实现两种不同系统各自的设计要求。本条还规定了在寒冷地区对系统管网的防冻要求，以防止因冰冻而影响系统的正常功能。管道的设计，特别是管径的选定，需满足系统的设计流量、压力及时间的要求。

**4.1.3** 固定消防水炮系统和泡沫炮系统的消防水源不仅包括河水、江水、湖水和海水，而且还包括消防水池或消防水罐、水箱。本条规定了消防水源的容量需满足系统在规定的灭火时间和冷却时间内各种用水量之和的要求，以保证系统能达到设计规定的供给强度和供给时间的要求。

关于在规定灭火时间和冷却时间内需要"同时使用"消防炮数量的说明：在进行固定消防炮灭火系统的工程设计时，应根据《规范》关于消防炮应使被保护场所及被保护物完全得到保护的基本要求，确定需配置消防炮的型号、流量、数量和位置等。一般情况下，按上述要求配置消防炮的总流量大于实际灭火和冷却所需求的总流量，灭火时可根据发生火灾的不同部位选择开启固定消防炮灭火系统中的部分消防炮。设计时可根据固定消防炮灭火系统防护区内最大的一个保护对象的灭火和冷却需求来确定需要"同时开启"的消防炮的数量。

**4.1.4** 本条规定了消防炮系统管网设计对消防水泵供水压力的要求。

**4.1.5** 本条规定了灭火后系统恢复功能的时间上限，旨在使被保护的重点工程和要害场所在很短的时间内能重新处于系统的安全保护状态之下。

**4.1.6** 泡沫炮和水炮系统从启动至消防炮喷出泡沫、水的时间包括泵组的电机或柴油机启动时间，真空引

水时间，阀门开启时间及灭火剂的管道通过时间等。干粉炮系统从启动至干粉炮喷出干粉的时间主要取决于从贮气瓶向干粉罐内充气的时间和干粉的管道通过时间。

本条规定泡沫炮和水炮系统从启动至消防炮喷出泡沫、水的时间不应大于 5min，完全符合我国的消防主规范《建筑设计防火规范》的规定。干式管路和湿式管路的泡沫炮和水炮系统均应满足该要求。

干粉炮系统的驱动气体从高压氮气瓶经减压阀减压后向干粉罐内充气，干粉罐内充满氮气后，氮气驱动干粉罐内的干粉流向干粉管道、阀门，经干粉炮喷出。从系统启动到干粉炮喷出干粉的总的时间间隔大约需要 90～110s，完全可在 2min 内完成喷射。

## 4.2 消 防 炮 布 置

**4.2.1** 本条规定旨在使消防炮的射流不会受到室内大空间建筑物的上部构件的阻挡，使消防炮的射流能完全覆盖被保护对象。

在人群密集的室内公共场所，需保证至少有两门水炮的水射流能同时到达室内大空间的任一部位，以达到完全保护该场所的消防实战需求。该布置原则与室内消火栓系统类同。

本条规定室内系统应采用湿式给水系统，且在消防炮位处应设置消防水泵启动按钮是根据《自动喷水灭火系统设计规范》的规定做出的。

设置消防炮平台时，其结构强度需满足承受消防炮喷射反力的要求，其结构设计需满足消防炮正常使用的要求。

**4.2.2** 作为提供区域性消防保护的室外消防炮系统应具有使其灭火介质的射流完全覆盖整个防护区的能力，并满足该区被保护对象的灭火和冷却要求。美国消防协会 NFPA11 规范 3—6.3.1 也规定了消防炮系统应根据被保护区域的总体范围进行工程设计的概念。

室外布置的消防炮的射流受环境风向的影响较大，应避免在侧风向，特别是逆风向时的喷射。因此，在工程设计时应将消防炮位设置在被保护场所的主导风向的上风方向。

本条同时规定了设置消防炮塔的具体条件。当诸如可燃液体储罐区、石化装置或大型油轮等灭火对象具有较高的高度和较大的面积时，或在消防炮的射流受到较高大的建筑物、构筑物或设备等障碍物阻挡，致使消防炮的射流不能完全覆盖灭火对象，不能满足要求时，应设置消防炮塔，消防炮塔的高度应满足使用要求。当消防炮的射流没有任何建筑物、构筑物或设备等障碍物阻挡，灭火对象的高度较低和面积较小，在地面布置的消防炮能完全满足要求时，可不设置消防炮塔。

**4.2.3** 某些大型油罐的直径在 50m 以上，高度超过

20m，其罐壁距防护堤的距离较远，在这种情况下，防护堤外布置的消防炮往往难以满足4.2.2条的要求，若强行按照上述4.2.2条的要求进行工程设计时，消防炮的流量和压力将大幅度提高，整个系统的投资将显著增加，用户往往难以承受。此时若将具有防爆功能并采取隔热保护措施的消防炮布置在防护堤内则是可行的。当发生火灾时，及时有效地灭火是第一位的。

**4.2.4** 液化石油气、天然气码头，甲、乙、丙类液体、油品码头配置的消防炮的主要灭火对象是停靠码头的液化气船、油轮的主气舱、主油舱，本条规定主要是为了保证消防炮的布置数量至少不应少于两门，泡沫炮的射程应满足覆盖设计船型的油气舱范围，水炮的射程应满足覆盖设计船型的全船范围，以达到完全覆盖该场所规定保护范围的消防实战需求。

**4.2.5** 本条关于消防炮塔的布置要求系为了保证消防炮安装在合适的水平位置和垂直位置。

**1** 在甲、乙、丙类液体储罐区，液化烃储罐区和石化生产装置等场所室外布置的消防炮塔应有足够的高度，以保证消防炮能对被保护对象实施有效保护。消防炮塔设置得过低将会使消防炮的射流受风向、风速和火灾区热气流以及障碍物等的影响而降低灭火能力。

**2** 大多数甲、乙、丙类液体、油品码头和液化气码头的宽度均相当有限，消防炮大都距离油轮很近，一般不会超过8m，若消防炮低于油轮甲板的高度，则会形成喷射death角而难以对油轮的整个甲板平面进行消防保护。200L/s流量的泡沫炮，其炮口伸出水平回转中心的长度一般不超过2.3m，所以，本条关于2.5m间距的规定是为了限制泡沫炮的炮口不得伸出码头前沿，以免被停靠的油轮撞坏。

**3** 在消防炮塔的周围设置通道是为了方便设备维修。

## 4.3 水 炮 系 统

**4.3.1** 按本规范第4.2.2条关于消防炮的布置应使其射流完全覆盖被保护场所及被保护物的要求，可初步设定水炮的数量、布置位置和规格型号，然后再根据系统周围环境和动力配套等条件进行校核与调整。

在工程设计中，考虑到室外布置的水炮的射程可能会受到风向、风力等因素的影响，因此，应按产品射程指标值的90%折算其设计射程。另外，在工程设计中，由于动力配套能力、管路附件、炮塔高度等各种因素的影响，水炮的实际工作压力有可能不同于产品的额定工作压力，此时水炮的设计流量与实际射程都会相应变化。其中流量变化与压力变化的平方根成正比。

不同规格的水炮在各种工作压力时的射程的试验数据列表如下：

| 水炮型号 | 射　程（m） | | | | |
|---|---|---|---|---|---|
| | 0.6MPa | 0.8MPa | 1.0MPa | 1.2MPa | 1.4MPa |
| PS40 | 53 | 62 | 70 | — | — |
| PS50 | 59 | 70 | 79 | 86 | — |
| PS60 | 64 | 75 | 84 | 91 | — |
| PS80 | 70 | 80 | 90 | 98 | 104 |
| PS100 | — | 86 | 96 | 104 | 112 |

由上表可以看出，水炮工作压力每提高0.2MPa，相应射程提高6~11m。而对同一型号的水炮，在规定的工作压力范围内，其射程的变化呈与压力变化的平方根成正比的变化规律。

**4.3.2** 用于保护室外的、火势蔓延迅速的区域性场所的消防水炮，需具备足够的灭火流量和射程。流量过小的消防水炮在室外环境中容易受到风向和风力等因素的影响而降低射程，满足不了灭火和冷却的使用要求。

**4.3.3** 关于水炮系统的灭火和冷却用水连续供给时间：

**1** 参照《自动喷水灭火系统设计规范》的中危险级民用建筑和厂房的持续喷水时间；

**2** 参照《建筑设计防火规范》的相关规定；

**3** 甲、乙、丙类液体贮罐，液化烃储罐，石化生产装置和甲、乙、丙类液体、油品码头冷却用水的连续供给时间需分别按照《石油化工企业设计防火规范》和《装卸油品码头设计防火规范》等的有关规定。

**4.3.4** 关于水炮系统的灭火和冷却用水供给强度：

**1** 参照《自动喷水灭火系统设计规范》的中危险级民用建筑和厂房的有关规定，同时规定民用建筑用水量不应小于40L/s，工业厂房等用水量不应小于60L/s；

**2** 参照《自动喷水灭火系统设计规范》的有关规定；

**3** 参照《石油化工企业设计防火规范》第七章相应条文的有关规定；

**4** 参照《自动喷水灭火系统设计规范》严重危险级的相应规定。

**4.3.5** 关于水炮系统的灭火面积和冷却面积：

**1** 参照《石油化工企业设计防火规范》第七章相应条文的有关规定；

**2** 参照《石油化工企业设计防火规范》的相关规定。相邻的石化生产装置的间距根据《建筑设计防火规范》的相关规定；

**3** 参照《装卸油品码头设计防火规范》第六章的有关条文。

**4** 对于其他场所，可以按照国内外有关标准、规范或根据实际情况进行工程设计。

**4.3.6** 本条规定系引用《石油化工企业设计防火规范》的相关规定。

## 4.4 泡沫炮系统

**4.4.1** 按本规范第4.2.2条关于消防炮的布置应使其射流完全覆盖被保护场所及被保护物的要求，可初步设定泡沫炮的数量、布置位置和规格型号，然后再根据系统周围环境和动力配套等条件进行校核与调整。

在工程设计中，考虑到室外布置的泡沫炮的射程可能会受到风向、风力等因素的影响，因此，应按产品射程指标值的90%折算其设计射程。另外，在工程设计中，由于动力配套能力、管路附件、炮塔高度等各种因素的影响，泡沫炮的实际工作压力有可能不同于产品的额定工作压力，此时泡沫炮的设计流量与实际射程都会相应变化。其中流量变化与压力变化的平方根成正比。

不同规格的泡沫炮在各种工作压力时的射程的试验数据列表如下：

| 泡沫炮型号 | 射程（m） | | | |
|---|---|---|---|---|
| | 0.6MPa | 0.8MPa | 1.0MPa | 1.2MPa |
| PP32 | 39 | 47 | 52 | 59 |
| PP48 | 55 | 65 | 74 | 81 |
| PP64 | 58 | 68 | 75 | 83 |
| PP100 | — | 73 | 80 | 88 |

由上表可以看出，在泡沫炮规定的工作压力范围内，其射程与压力的平方根呈正比的变化规律。

**4.4.2** 用于保护室外的、火势蔓延迅速的区域性场所的泡沫炮，需具备足够的灭火流量和射程。流量过小的泡沫炮在室外环境中容易受到风向和风力等因素的影响而降低射程，满足不了灭火和冷却的使用要求。

**4.4.3** 参照《石油化工企业设计防火规范》第三章和《装卸油品码头设计防火规范》第六章等国家规范相应条文的有关规定。

**4.4.4** 关于泡沫炮的灭火面积：

1 甲、乙、丙类液体储罐区的灭火面积应按实际保护储罐中最大一个储罐横截面积计算，但泡沫混合液的供给量按两门泡沫炮计算；

2 参照《装卸油品码头设计防火规范》的相关规定；

3 参照《飞机库设计防火规范》的有关规定；

4 对于生产、使用、储运液化石油气、天然气等其他场所，可以按照国内外有关标准、规范或根据实际情况进行工程设计。

**4.4.5** 各种泡沫液对水质都有具体要求，可根据泡沫液的产品质量标准或参阅其产品的使用说明书。

**4.4.6** 以往在泡沫炮灭火系统的工程设计中，仅根据6%和3%型泡沫液的混合比计算泡沫液的总贮量。6%型泡沫液的实际应用混合比为6%～7%，3%型泡沫液的实际应用混合比为3%～4%。以实际混合比的下限来计算则不能保证泡沫炮系统的灭火连续供给时间，因此，本条规定以实际应用混合比的平均值来计算泡沫液的总贮量则更具有合理性。

本条关于泡沫混合液设计总流量应满足系统中需同时开启的泡沫炮设计流量总和的规定系参照《低倍数泡沫灭火系统设计规范》的有关规定。

考虑到系统中泡沫液贮罐以及混合液输送管线中部分泡沫液不能完全利用，本条规定了泡沫液设计总量应为计算总量的1.2倍，以保证泡沫混合液的连续供给时间。

## 4.5 干粉炮系统

**4.5.1** 在工程设计中，考虑到室外布置的干粉炮的射程可能会受到风向、风力等因素的影响，因此应按产品射程指标值的90%折算其设计射程。

**4.5.2** 本条对固定干粉炮灭火系统的单位面积干粉灭火剂供给量按干粉的种类不同做出了简单的统一规定，具有一定的可行性和可操作性。本条规定系依据我国多年的实践经验，而且该参数系列在国内使用多年，行之有效。

**4.5.3** 本条规定了干粉炮系统的灭火面积。大部分灭火对象诸如石化生产装置、液化气罐、液化气装卸臂等场所，应以保护对象的迎炮面的外表面积作为灭火面积。干粉炮系统的其他保护对象或场所的灭火面积可按有关的国家标准、规范的规定以及实际情况来确定。

**4.5.4** 关于干粉的连续供给时间不小于60s的规定系在保证单位面积干粉灭火剂供给量的前提下，为了达到彻底灭火或有效控火的目的，必须保持一定时间的干粉连续喷射。各种规格的干粉炮的喷射时间大体上在20～145s的范围内，为保证固定安装的干粉炮系统能有效扑灭其适用的区域性火灾，本条规定不小于60s的干粉连续供给时间较为合理；只要保证干粉的充装量即可行。

**4.5.5** 关于干粉设计用量：

1 关于干粉计算总量满足规定时间内需要同时开启干粉炮所需干粉总量的要求，且不小于单位面积干粉灭火剂供给量与灭火面积的乘积，干粉设计总量应为计算总量的1.2倍等的规定，是为了保证有足够的干粉灭火剂量和设计裕度，以便快速、有效地灭火，并尽量防止复燃。

2 日本保警安第114号"大型油轮及大型油码头的安全防火对策"第二章"大型液化气船及大型液化气码头的安全防火对策"规定："A. 在装油臂附近应设置能喷洒2t以上干粉的灭火设备；B. 在液化气

船靠近码头前沿进行装卸直到离岸期间，应配备具有能喷洒2t以上干粉的灭火设备的消防船"。目前，我国的大连新港油码头等处已设计、安装了能喷洒2t以上干粉的固定干粉炮灭火系统。

**4.5.6** 考虑到驱动气体的压力随温度变化的降压幅度以及安全因素，《规范》排除了使用$CO_2$或燃烧废气作为驱动气体的设计选择，规定仅允许采用$N_2$。二氧化碳随着温度的变化其压力升降幅度太大，在高温时的高压可能危及设备和人身的安全，在低温时的低压则会明显降低干粉的有效喷射率，难以灭火；燃烧废气的产生装置需由干粉炮系统本身携带，而且必须有一个打火、反应、发烟的过程，在有爆炸危险的场所是不合适的。关于$N_2$质量的规定，是依据《卤代烷1301灭火系统设计规范》GB 50163第4.1.3条的有关规定，美国NFPA 17《干粉灭火系统》（2—7.2.3）也有类似规定。

干粉炮的喷射压力主要是为了保证干粉的有效喷射率和射程，最终保证及时灭火。根据国内外干粉炮产品技术参数，干粉炮的喷射压力一般为1.0MPa，只要保证干粉罐的工作压力，并适当限制干粉管道的总长即可满足干粉炮喷射压力的要求。

为保证及时和有效地扑灭较大规模的重点工程和要害场所的区域性火灾，本条推荐采用驱动气体工作压力（常温充$N_2$）值分别为1.4MPa、1.6MPa和1.8MPa的干粉罐。

**4.5.7** 鉴于干粉的喷射过程是干粉和氮气混流的气-固两相流动，而且其管道摩擦阻力损失和阀件局部阻力损失的压力降均较大，为了保证干粉炮的炮口处具有足够的喷射压力，应限制干粉炮和干粉罐的间距。根据工程实践经验，在完全涵盖国产干粉炮喷射的范围，并适当留有一定的裕度的基础上，《规范》规定干粉炮的干粉管道总长度不应大于20m，其垂直管段不应大于10m是合理、可行的。

**4.5.8** 干粉炮系统的气-粉比，亦即干粉的配气量，是依据我国多年的实践经验，考虑到干粉的喷射推进力和清扫管道、炮筒内残留干粉的需求而确定的。例如，在1000L的干粉罐内充装了1000kg干粉，并配置了8只40L、压力为15MPa的$N_2$瓶。经计算，其配气量为：

$$\frac{8 \times 40 \times 150}{1000} = 48 \ (L/kg)$$

计算结果接近50L/kg。据此，《规范》关于在短管（<10m）时，配气量为40L/kg；在长管（10～20m）时，配气量为50L/kg的规定，基本合理、可行，符合干粉的喷射要求。

## 4.6 水 力 计 算

**4.6.1** 本条规定了固定消防炮灭火系统供水设计总流量（包括泡沫炮、水炮等供水流量）的计算方法，

其设计计算的举例如下：

某油品码头可停靠5万t级油轮，油品为甲类，油轮甲板在最高潮位时的高度为20m，油轮的最大宽度为20m，主油舱长×宽为50m×18m；供水管道DN200、长500m；DN150、长70m；泡沫混合液管道DN200、长500m；DN150、长60m。

**1** 泡沫炮选型计算：

主油舱面积：$50 \times 18 = 900 \ (m^2)$；

选用6%型氟蛋白泡沫灭火剂，灭火强度为8.0（$L/min \cdot m^2$）；

灭火用混合液流量：$900 \times 8/60 = 120 \ (L/s)$；

根据泡沫炮的流量系列，可选120L/s的泡沫炮。

**2** 炮沫液贮存量计算：

灭火时间为40min，混合比以6.5%计；

灭火用泡沫液量：$40 \times 60 \times 120 \times 6.5\% = 18720$（L）；

管道充满所需泡沫液量：$\pi/4 \times (2^2 \times 5000 + 1.5^2 \times 600) \times 6.5\% = 1089.4$（L）；

泡沫液贮存总量：$(18720 + 1089.4) \times 120\% = 23771.3$（L）。

**3** 冷却用水量计算：

冷却用水流量：$(3 \times 20 \times 50 - 50 \times 18) \times 2.5/60 = 87.5$（L/s）；

根据水炮的流量系列，应选100L/s的水炮。

**4** 消防水罐贮水量计算：

设计保护水幕同时开启2组，每组保护水幕喷头5只，每只流量3L/s。

保护水幕流量：$2 \times 5 \times 3 = 30$（L/s）；

泡沫炮系统用水量：$120 \times (100 - 6.5)\% \times 40 \times 60 + \pi/4 \times (2^2 \times 5000 + 1.5^2 \times 600) = 286.04 \times 10^3$（L）。

冷却供水时间以6h计。

水炮和保护水幕用水量：$(100 + 30) \times 6 \times 3600 = 2808 \times 10^3$（L）。

供水管道容积：$\pi/4 \times (2^2 \times 5000 + 1.5^2 \times 700) = 16.93 \times 10^3$（L）。

冷却供水量：$(2808 + 16.93) \times 120\% \times 10^3 = 3389.9 \times 10^3$（L）。

**4.6.2** 本条给出了系统供水或供泡沫混合液管道总水头损失的计算公式，与我国的其他相关规范一致。

**4.6.3** 本条给出了系统中消防水泵供水压力的计算公式，与我国的其他相关规范一致。

# 5 系 统 组 件

## 5.1 一 般 规 定

**5.1.1** 固定消防炮灭火系统中采用的消防炮、炮沫比例混合装置、消防泵组等专用系统组件是固定消防炮系统实施区域灭火的主要设备，它们的性能好坏直

接关系到灭火的成败。因此，专用系统组件的性能必须通过国家消防装备检测中心检验证明其符合国家产品质量标准。

5.1.2 实践证明，固定消防炮灭火系统的专用系统组件需统一其外表涂色的要求，否则容易和其他工艺设备发生混淆。一旦失火，消防人员的思想和行动都比较紧张，容易造成误操作。根据国内外的消防惯例，本条规定了统一涂色要求。

5.1.3 消防炮等专用系统组件的性能好坏直接关系到灭火的效果和人民生命财产的安全，因此，当其安装在防爆区场所时应满足防爆场所规定的防爆要求。

## 5.2 消 防 炮

5.2.1 远控消防炮应能在现场操作，因此需同时具有手动功能。

5.2.2 消防炮的安装多数在室外，受日晒雨淋、有害气体、海水和海风等自然环境的影响，对消防炮的腐蚀非常严重，因此消防炮的制作应采用耐腐蚀材料或进行防腐蚀处理。

5.2.3、5.2.4 根据固定消防炮系统大量的国内外工程应用实践，《规范》对消防炮的俯角和水平回转角做出了适当的合理限制。消防炮的俯角过大有可能使炮塔或平台的护栏过低，甚至无法设置护栏，这种情况就会给安装、操作、维修人员的安全造成威胁。

5.2.5 在人群密集的公共场所一旦发生火灾，直流水射流的冲击力可能会对人员和设施造成伤害和损失，直流水炮在消防炮位附近也可能形成喷射死角，因此，推荐选用直流、喷雾两用消防水炮。

## 5.3 泡沫比例混合装置与泡沫液罐

5.3.1 目前国产贮罐压力式泡沫比例混合装置的生产厂家有震旦消防设备总厂、浙江万安达消防器材厂、上海浦东特种消防设备厂等多家，且都通过了国家检测中心检验，在国内大量使用。根据固定消防炮灭火系统的技术特点和控制要求，《规范》推荐采用贮罐压力式泡沫比例混合装置，并根据泡沫比例混合装置生产厂家共同具有的产品性能，规定其应具有在规定的流量范围内自动控制混合比的功能，以便于操作和控制。

5.3.2 泡沫液罐是贮存泡沫液的压力容器，而泡沫液（蛋白、氟蛋白、水成膜、抗溶性泡沫液等）对金属均有不同程度的腐蚀作用，为了延长贮罐的寿命，使泡沫液在短时间内不会变质，故作此条规定。

5.3.3 由于泡沫液罐属压力容器类，所以应设安全阀和检修用的人孔。为了重复使用，还应设排渣孔、进料孔和取样孔。

5.3.4 本条对有、无皮囊的泡沫比例混合装置的单只泡沫液罐的容积均要求不宜大于 10m³，是依据各厂多年生产和各地多项工程的实践经验，为安全、可

靠而做出的规定。皮囊的质量直接关系到泡沫液的有效存贮时间，对固定泡沫炮灭火系统的各项性能亦有较大的影响，本条对皮囊的强度和耐用性作了规定。对于这些规定，我国的相关产品质量国家标准已有明确规定，而且国内各主要生产厂的产品质量均可达标，并有完善的技术措施予以保证。

## 5.4 干粉罐与氮气瓶

5.4.1 干粉罐为压力容器，灭火介质为干粉，工作介质是 $N_2$。当系统工作时，容器会承受较大的气体压力，且各类干粉灭火剂对金属均有一定的腐蚀作用。基于以上原因，作本条规定。干粉罐的设计强度应按现行压力容器国家标准设计、制造，并应保证其在最高使用温度条件下的安全强度。

5.4.2 根据干粉的特点，气粉两相流动规律和现有产品的实际性能参数及我国各厂的实践经验，干粉的松密度通常能保证 1L 干粉罐的容积可充装 1kg 干粉，本条关于干粉充装密度不应大于 1.0 kg/L 的规定是合理、可行的。

5.4.3 因干粉罐属压力容器，需重复使用，加料，检修，故作本条规定。

5.4.4 本条要求使用高压 $N_2$ 瓶组，并要求其与干粉罐分开设置，主要依据如下：

1 可避免干粉长时间受压和结块；

2 可避免干粉罐体长期受压而造成损坏或危害；

3 贮压式干粉罐内可不必留有较大的空间安置 $N_2$ 瓶。

5.4.5 氮气瓶系高压容器，有相应的产品质量国家标准，其制造和使用均应符合国家现行有关标准的规定。

## 5.5 消防泵组与消防泵站

5.5.1 根据工程实践经验，消防泵宜选用特性曲线平缓的离心泵。因为消防泵的流量在实际工作中有一定的变化，但作为系统的动力要求消防泵的工作压力不能变化太大，所以只有特性曲线平缓的离心泵才能满足要求。若采用特性曲线陡降的离心泵，则其流量变化较大，压力变化亦较大，既不能满足使用要求，又容易损伤其管道及配件。选用特性曲线平缓的离心泵，即使在闷泵的情况下，管路系统的压力也不至于变化过大，亦不会损坏管道及配件。

5.5.2 消防泵出口管上的压力表要指示泵的供水压力，其表盘上的压力显示应留有足够的量程，吸水管上要设真空压力表以指示泵的真空压力。考虑到系统调试的需要，在消防泵出口管上应设置泄压阀和回流管。

5.5.3 为防止杂质堵塞水泵，在吸水口处要设过滤网；为防止水泵汽蚀影响水泵性能，吸水管应有向水泵方向上升的坡度。

**5.5.4** 带有水箱的引水泵也称水环真空泵，它的作用原理是高速旋转的叶轮将水和气同时排出，排出的水靠自重回流到引水泵继续使用，也就是说水是它的工作介质，因而保证水箱的封存功能并在水箱内充有一定量的水是成功引水的前提条件。

**5.5.5** 系统联动控制时需要有消防泵出口压力信号，压力信号的取出口直接关系到信号的准确性和是否误操作。实践证明，压力信号取出口设置在水泵出口与单向阀之间是可行、有效的。

**5.5.6** 为了保证当某一台泵出现故障时系统能正常供水，且供水能力不低于任何单台泵的供水能力，故要求设置备用泵组。

**5.5.7** 柴油机的工作受温度的影响很大，我国地域辽阔，全国各地一年四季的温差变化很大，为了保证在其使用温度变化范围内柴油机均能正常工作，在设备选型时和工程设计时应满足其温度要求，特别是应满足冬季时最低室温的要求。

**5.5.8** 在消防泵站内安装的电气设备应采取有效的防潮措施，以防止水和水汽可能对电器设备造成的腐蚀、损坏，避免因电器设备发生故障而影响消防泵等消防动力、控制装置的正常使用。

## 5.6 阀门和管道

**5.6.1** 当消防管道上的阀门口径较大，仅靠一个人的力量难以开启或关闭阀门时，不宜选用仅能手动的阀门。因为一旦发生火灾，消防泵要及时启动，如果消防泵启动起来后，泵出口管道上的阀门不能及时开启，那么，一方面影响出水，拖延扑救时间；另一方面易损坏消防泵，所以在这种情况下宜采用电动或气动或液动且具有手动启闭功能的阀门。阀门应有明显的启闭标志，否则一旦失火，灭火人员的心情必然紧张，容易发生误操作。远控炮系统的阀门应具有远距离控制功能，且启闭快速，密封可靠。

**5.6.2** 所有的阀门均应保证在任何开度下都能正常工作，因此，设置锁定装置和指示装置是必要的。

**5.6.3** 干粉管道内是气粉两相流，管道中的阀门要求启闭迅速，球阀是最理想的阀门。阀门通径与管道内径一致是为了减少两相流的阻力损失，防止干粉堵塞。美国标准 NFPA 17（2—9.1）规定：干粉管道及其管配件应采用钢管或铜管，禁用铸铁管。我国的《灭火手册》介绍：干粉管道上的阀门应采用球阀，并要求阀门的通径与管道内径一致，以防止造成阻粉或堵塞，并保证干粉在管道内的流动畅通无阻。震旦厂的 2t 干粉罐的出粉管内径为 80mm，而其管道上的球阀通径亦为 80mm。美国标准 NFPA 17（2—9.3）规定：干粉管道上的阀门应为快速打开型，以保证干粉无阻力地通过，且规定阀门应避免受到机械、化学或其他损伤。本规范的规定与上述国内外的标准和经

验一致。

**5.6.4** 消防炮系统的管道可采用耐压、耐腐蚀材料制作，也可采用钢管焊接，但应进行防腐蚀处理。

**5.6.5** 泡沫液和海水对管道均具有较强的腐蚀性，使用后应用淡水冲洗；为了保证在供水（液）管路内不滞留空气，故应设自动排气阀。

**5.6.6** 在泡沫比例混合装置的下游处设置试验接口，主要是方便系统检测和调试，同时也是为了定期校准混合比，以保证其在原设定范围内。

## 5.7 消防炮塔

**5.7.1** 消防炮系统的消防炮塔通常设置在室外，易锈蚀，应具有耐腐蚀性能，并能承受自然环境的风力、雨雪等作用，以及消防炮喷射时的反作用力。

消防炮塔是安装消防炮实施高位喷射灭火剂的主要设备之一，其结构设计应满足消防炮的正常操作使用的要求，不得影响消防炮的左右回转或上下俯仰等常规动作。

**5.7.2** 消防炮塔上所有的供给管道等配套设施均应满足系统设计和使用要求。

**5.7.3** 室外安装的消防炮塔一般离火场较近，且易受到自然灾害的影响，为了便于操作使用，保证人员安全，应设置避雷装置和防护栏杆，以减少火灾和雷击等对炮塔本身及安装在炮塔上的设备的损害，同时还需设置自身保护的水幕装置。

**5.7.4** 在通常情况下，消防炮塔为双平台，上平台安装泡沫炮，下平台安装水炮；也有三平台（或多平台）消防炮塔，上平台安装泡沫炮，中平台安装水炮，下平台安装干粉炮。这主要是根据泡沫、水、干粉等不同灭火剂各自的喷射特性以及泡沫炮的炮筒较长等因素决定的。为保证泡沫炮的喷射效果，将其放置在上平台是有利的、必要的。正是由于泡沫炮的炮筒较长，其仰角和俯角均较大，安装在层高间隔较小的下层平台有困难，故需安装在最上层平台。

## 5.8 动 力 源

**5.8.1** 动力源通常安装在室外现场，受自然环境的影响较大，为了保证消防炮系统的正常使用，要求动力源具有防腐蚀、防雨、密封性能。

**5.8.2** 因动力源往往离火源较近，其本身及其连接管道（如胶管等）需采取有效防火措施进行防火保护，以保证系统的远控功能。

**5.8.3** 限制动力源与其控制的消防炮的间距，一方面可保证系统运行的可靠性，另一方面可使动力源的规格不会太大，保证经济合理。

**5.8.4** 在规定的灭火剂连续供给时间内，动力源应能连续供给动力，满足调试要求和在紧急情况下使用以及远距离联动控制的要求。

# 6 电 气

## 6.1 一般规定

**6.1.1** 可靠的供电是消防炮系统正常工作的重要保证。消防炮系统属消防用电设备，其电负荷等级应按《建筑设计防火规范》、《供配电系统设计规范》等有关标准、规范的规定来划分，并按规定的不同负荷级别要求供电。《建筑设计防火规范》第10.1.3条规定：消防用电设备应采用单独的供电回路，并当发生火灾且已切断生产、生活用电时，应仍能保证消防用电，其配电设备应有明显标志。

**6.1.2** 消防炮系统不仅应用于火灾危险场所，还大量应用于油码头、气码头、油罐区、飞机库等有爆炸危险性的场所。为了防止电气设备和线路产生电火花而引起燃烧或爆炸事故，系统在该类场所使用时，要求系统的电气设备和安装满足防爆要求，对保证系统的运行安全是十分重要的。本条规定在上述有爆炸危险性的场所设计、使用本系统时，需符合现行国家标准《爆炸和火灾危险性环境电力装置设计规范》的规定。

**6.1.3** 消防炮系统的电气设备，牵涉的面较广，有低压电机、高压电机、柴油机动力机组等，供电方式有直流供电、交流供电等。为便于系统管理和系统维护，保证系统运行安全，本条规定必须执行国家的有关标准、规范。

**6.1.4** 系统配电线路的电源线、控制线等，除要求规格合适和连接可靠外，还要考虑发生火灾时系统配电线路的安全，本条规定应采用经阻燃处理的电线、电缆。

**6.1.5** 本条对消防炮系统的电缆敷设提出了要求，规定其应符合相关的国家标准、规范的要求。

**6.1.6** 消防炮系统在较多的应用场所需设置消防炮塔，因消防炮塔较高，所以系统需采取有效的防雷措施，以保证系统安全，并避免因雷击而引起人员伤亡和财产损失，这是十分重要的。本条规定系统的防雷设计应执行《建筑物防雷设计规范》。

## 6.2 控 制

**6.2.1、6.2.2** 远控炮系统中，消防泵组（包括电动机或柴油机泵组），消防泵进、出水阀门，压力传感器，系统控制阀门，动力源，远控炮等均为被控设备，根据使用要求，被控设备之间存在一定的逻辑关系，若由人工来操作，其操作过程复杂，操作人员的安全会受到一定的威胁，对操作人员的素质要求也较高。发生火灾时，现场操作人员由于心情紧张，容易发生误操作。为使系统具有可靠性高、响应速度快、操作简单、避免发生误操作，采用联动控制方式实行远程控制，既可保证系统开通的可靠性，防止误操作，又可确保操作人员的安全。

联动控制单元操作指示信号的设置，是使操作者能确认其操作的正确与否，同时，还能指示该单元是否已被启动。

**6.2.3** 目前，感温、感烟、火焰探测器、远红外探测器等报警设备已日趋成熟。消防炮系统宜具有与这些设备相容的接口，以便于接收和处理这些设备发出的火警信号，使系统功能得到进一步的增强和完善。

**6.2.4** 根据《建筑设计防火规范》及国家其他有关标准、规范的规定，消防炮系统应设置备用泵组，备用泵组的设置使系统的可靠性进一步提高。为了使消防炮系统能迅速地喷射灭火剂，扑灭火灾，备用泵组的自投功能是必不可少的，它既能保证系统工作的可靠性，又能缩短启泵时间。

**6.2.5** 远控炮系统采用无线控制时，应注意以下问题：

**1** 当火灾产生的大量烟雾遮挡了控制室操作人员的视线时，操作人员可持无线遥控发射器离开控制室，在上风向操作遥控器，上下、左右控制消防炮，使炮口对准火源灭火，根据需要，也可用无线遥控器切换相应的消防炮灭火。

**2** 当进行无线控制操作时，消防控制室若认为现场操作不准确，有必要纠正消防炮的回转方向或启用其他消防炮时，在消防控制室应能优先对系统进行控制操作。

**3** 无线遥控的距离太近时，操作人员离火场太近不利于安全；若太远，其发射功率要加大，有可能影响其他通讯设备。根据若干工程的实践经验，操作人员在100m的距离处能清晰瞭望消防炮塔上的消防炮口的移动情况，安全也有保证。目前，小功率的无线遥控器的发射距离，可达到150m的距离。

**4** 在同一系统中可能使用多台无线遥控器，采用相同频率和安全码的无线遥控器有可能造成设备误动作。

**5** 闭锁安全电路能判断不合理的动作输出及零部件故障，进而停止内部直流供电及切断外部控制电源，可防止因外部不特定的干扰及内部零部件故障造成设备误动作。

## 6.3 消防控制室

**6.3.1** 《建筑设计防火规范》和《人民防空工程设计防火规范》等现行国家标准、规范，对消防控制室的设置范围、建筑结构、耐火等级、设备位置等均已有明确规定。消防控制室应符合上述的国家规范的要求，并能便于直接瞭望各门消防炮的运作情况，使之操作方便。

**1** 若因地理位置、建筑物遮挡等客观原因，不便瞭望，可采用辅助瞭望设备，如望远镜、摄像系统、监视器等辅助手段，以便观察各门消防炮的动作。

**2** 消防控制室是消防炮系统扑救火灾时的控制中心和指挥中心，是整个系统能否正常运作的关键部位，因此，应具有良好的自身保护措施，防火、防尘、防水是最基本的要求。

**3** 控制室不宜过小，否则将影响值班人员的工作和设备维护，过大将造成浪费。本条从合理使用的角度对室内消防控制设备的布置提出了要求，在布置时应合理布置系统设备，并留有必需的维修空间。

**6.3.2** 消防控制室可对系统的主要设备进行集中控制与联动控制，因此，各种设备的操作信号均需反馈到消防控制室，并在消防控制室的控制盘上显示其动作信号，以方便火灾时的统一指挥，使消防控制室真正起到防火管理、警卫管理、设备管理、信息管理和灭火控制中心及指挥中心的作用。这样既可方便平时检查设备的运行和系统联动的情况，又能确保发生火灾时在消防控制室内能远程控制操作或自动操作。

中华人民共和国国家标准

# 干粉灭火系统设计规范

Code of design for powder extinguishing systems

GB 50347 — 2004

主编部门：中华人民共和国公安部
批准部门：中华人民共和国建设部
施行日期：2004年11月1日

# 中华人民共和国建设部
# 公　告

## 第 266 号

### 建设部关于发布国家标准
### 《干粉灭火系统设计规范》的公告

现批准《干粉灭火系统设计规范》为国家标准，编号为 GB 50347—2004，自 2004 年 11 月 1 日起实施。其中，第 1.0.5、3.1.2（1）、3.1.3、3.1.4、3.2.3、3.3.2、3.4.3、5.1.1（1）、5.2.6、5.3.1（7）、7.0.2、7.0.3、7.0.7 条（款）为强制性条文，必须严格执行。

本规范由建设部标准定额研究所组织中国计划出版社出版发行。

中华人民共和国建设部
二○○四年九月二日

## 前　　言

根据建设部建标〔1999〕308 号文《关于印发"一九九九年工程建设国家标准制定、修订计划"的通知》要求，本规范由公安部负责主编，具体由公安部天津消防研究所会同吉林省公安消防总队、云南省公安消防总队、东北大学、深圳市公安消防支队、广东胜捷消防设备有限公司、杭州新纪元消防科技有限公司、陕西消防工程公司、吉林化学工业公司设计院等单位共同编制完成。

在编制过程中，编制组遵照国家有关基本建设的方针政策，以及"预防为主、防消结合"的消防工作方针，对我国干粉灭火系统的研究、设计、生产和使用情况进行了调查研究，在总结已有科研成果和工程实践经验的基础上，参考了欧洲及英国、德国、日本、美国等发达国家的相关标准，经广泛地征求有关专家、消防监督部门、设计和科研单位、大专院校等的意见，最后经专家审查定稿。

本规范共分七章和两个附录，内容包括：总则、术语和符号、系统设计、管网计算、系统组件、控制与操作、安全要求等。其中黑粗体字为强制性条文。

本规范由建设部负责管理和对强制性条文的解释，公安部负责具体管理，公安部天津消防研究所负责具体技术内容的解释。请各单位在执行本规范过程中，注意总结经验、积累资料，并及时把意见和有关资料寄规范管理组——公安部天津消防研究所（地址：天津市南开区卫津南路 110 号，邮编 300381），以供今后修订时参考。

本规范主编单位、参编单位和主要起草人名单：

**主 编 单 位：** 公安部天津消防研究所

**参 编 单 位：** 吉林省公安消防总队
云南省公安消防总队
东北大学
深圳市公安消防支队
广东胜捷消防设备有限公司
杭州新纪元消防科技有限公司
陕西消防工程公司
吉林化学工业公司设计院

**主要起草人：** 东靖飞　宋旭东　魏德洲　郑　智
罗兴康　刘跃红　李深梁　何文辉
伍建许　丁国臣　戴殿峰　石秀芝
杨丙杰　沈　纹　王宝伟

# 目 次

# 1 总 则

**1.0.1** 为合理设计干粉灭火系统，减少火灾危害，保护人身和财产安全，制定本规范。

**1.0.2** 本规范适用于新建、扩建、改建工程中设置的干粉灭火系统的设计。

**1.0.3** 干粉灭火系统的设计，应积极采用新技术、新工艺、新设备，做到安全适用，技术先进，经济合理。

**1.0.4** 干粉灭火系统可用于扑救下列火灾：

    1 灭火前可切断气源的气体火灾。

    2 易燃、可燃液体和可熔化固体火灾。

    3 可燃固体表面火灾。

    4 带电设备火灾。

**1.0.5** 干粉灭火系统不得用于扑救下列物质的火灾：

    1 硝化纤维、炸药等无空气仍能迅速氧化的化学物质与强氧化剂。

    2 钾、钠、镁、钛、锆等活泼金属及其氢化物。

**1.0.6** 干粉灭火系统的设计，除应符合本规范的规定外，尚应符合国家现行的有关强制性标准的规定。

# 2 术语和符号

## 2.1 术 语

**2.1.1** 干粉灭火系统 powder extinguishing system

    由干粉供应源通过输送管道连接到固定的喷嘴上，通过喷嘴喷放干粉的灭火系统。

**2.1.2** 全淹没灭火系统 total flooding extinguishing system

    在规定的时间内，向防护区喷射一定浓度的干粉，并使其均匀地充满整个防护区的灭火系统。

**2.1.3** 局部应用灭火系统 local application extinguishing system

    主要由一个适当的灭火剂供应源组成，它能将灭火剂直接喷放到着火物上或认为危险的区域。

**2.1.4** 防护区 protected area

    满足全淹没灭火系统要求的有限封闭空间。

**2.1.5** 组合分配系统 combined distribution systems

    用一套灭火剂贮存装置，保护两个及以上防护区或保护对象的灭火系统。

**2.1.6** 单元独立系统 unit independent system

    用一套干粉储存装置保护一个防护区或保护对象的灭火系统。

**2.1.7** 预制灭火装置 prefabricated extinguishing equipment

    按一定的应用条件，将灭火剂储存装置和喷嘴等部件预先组装起来的成套灭火装置。

**2.1.8** 均衡系统 balanced system

    装有两个及以上喷嘴，且管网的每一个节点处灭火剂流量均被等分的灭火系统。

**2.1.9** 非均衡系统 unbalanced system

    装有两个及以上喷嘴，且管网的一个或多个节点处灭火剂流量不等分的灭火系统。

**2.1.10** 干粉储存容器 powder storage container

    储存干粉灭火剂的耐压不可燃容器，也称干粉储罐。

**2.1.11** 驱动气体 expellant gas

    输送干粉灭火剂的气体，也称载气。

**2.1.12** 驱动气体储瓶 expellant gas storage cylinder

    储存驱动气体的高压钢瓶。

**2.1.13** 驱动压力 expellant pressure

    输送干粉灭火剂的驱动气体压力。

**2.1.14** 驱动气体系数 expellant gas factor

    在干粉-驱动气体二相流中，气体与干粉的质量比，也称气固比。

**2.1.15** 增压时间 pressurization time

    干粉储存容器中，从干粉受驱动至干粉储存容器开始释放的时间。

**2.1.16** 装量系数 loading factor

    干粉储存容器中干粉的体积（按松密度计算值）与该容器容积之比。

## 2.2 符 号

**2.2.1** 几何参数符号

$A_{oi}$——不能自动关闭的防护区开口面积；

$A_p$——在假定封闭罩中存在的实体墙等实际围封面面积；

$A_t$——假定封闭罩的侧面围封面面积；

$A_V$——防护区的内侧面、底面、顶面（包括其中开口）的总内表面积；

$A_X$——泄压口面积；

$d$——管道内径；

$F$——喷头孔口面积；

$L$——管段计算长度；

$L_J$——管道附件的当量长度；

$L_{max}$——对称管段计算长度最大值；

$L_{min}$——对称管段计算长度最小值；

$L_Y$——管段几何长度；

$N$——喷头数量；

$n$——安装在计算管段下游的喷头数量；

$N_P$——驱动气体储瓶数量；

$S$——均衡系统的结构对称度；

$V$——防护区净容积；

$V_0$——驱动气体储瓶容积；

$V_c$——干粉储存容器容积；

$V_D$——整个管网系统的管道容积；

$V_g$——防护区内不燃烧体和难燃烧体的总体积；

$V_1$——保护对象的计算体积；

$V_V$——防护区容积；

$V_z$——不能切断的通风系统的附加体积；

$\gamma$——流体流向与水平面所成的角；

$\Delta$——管道内壁绝对粗糙度；

$\kappa$——泄压口缩流系数。

**2.2.2 物理参数符号**

$g$——重力加速度；

$K$——干粉储存容器的装量系数；

$K_1$——灭火剂设计浓度；

$K_{oi}$——开口补偿系数；

$m$——干粉设计用量；

$m_c$——干粉储存量；

$m_g$——驱动气体设计用量；

$m_{gc}$——驱动气体储存量；

$m_{gr}$——管网内驱动气体残余量；

$m_{gs}$——干粉储存容器内驱动气体剩余量；

$m_r$——管网内干粉残余量；

$m_s$——干粉储存容器内干粉剩余量；

$p_0$——管网起点压力；

$p_b$——高程校正后管段首端压力；

$p'_b$——高程校正前管段首端压力；

$p_e$——非液化驱动气体充装压力；

$p_e$——管段末端压力；

$p_P$——管段中的平均压力；

$p_X$——防护区围护结构的允许压力；

$Q$——管道中的干粉输送速率；

$Q_0$——干管的干粉输送速率；

$Q_b$——支管的干粉输送速率；

$Q_t$——单个喷头的干粉输送速率；

$Q_z$——通风流量；

$q_0$——在一定压力下，单位孔口面积的干粉输送速率；

$q_V$——单位体积的喷射速率；

$t$——干粉喷射时间；

$\nu_H$——气固二相流比容；

$\nu_X$——泄放混合物比容；

$\alpha$——液化驱动气体充装系数；

$\Delta p/L$——管段单位长度上的压力损失；

$\delta$——相对误差；

$\lambda_q$——驱动气体摩擦阻力系数；

$\mu$——驱动气体系数；

$\rho_f$——干粉灭火剂松密度；

$\rho_H$——干粉-驱动气体二相流密度；

$\rho_Q$——管道内驱动气体密度；

$\rho_q$——在 $p_X$ 压力下驱动气体密度；

$\rho_{q0}$——常态下驱动气体密度。

# 3 系 统 设 计

## 3.1 一 般 规 定

**3.1.1** 干粉灭火系统按应用方式可分为全淹没灭火系统和局部应用灭火系统。扑救封闭空间内的火灾应采用全淹没灭火系统；扑救具体保护对象的火灾应采用局部应用灭火系统。

**3.1.2** 采用全淹没灭火系统的防护区，应符合下列规定：

1 喷放干粉时不能自动关闭的防护区开口，其总面积不应大于该防护区总内表面积的 15%，且开口不应设在底面。

2 防护区的围护结构及门、窗的耐火极限不应小于 0.50h，吊顶的耐火极限不应小于 0.25h；围护结构及门、窗的允许压力不宜小于 1200Pa。

**3.1.3** 采用局部应用灭火系统的保护对象，应符合下列规定：

1 保护对象周围的空气流动速度不应大于 2m/s。必要时，应采取挡风措施。

2 在喷头和保护对象之间，喷头喷射角范围内不应有遮挡物。

3 当保护对象为可燃液体时，液面至容器缘口的距离不得小于 150mm。

**3.1.4** 当防护区或保护对象有可燃气体，易燃、可燃液体供应源时，启动干粉灭火系统之前或同时，必须切断气体、液体的供应源。

**3.1.5** 可燃气体，易燃、可燃液体和可熔化固体火灾宜采用碳酸氢钠干粉灭火剂；可燃固体表面火灾应采用磷酸铵盐干粉灭火剂。

**3.1.6** 组合分配系统的灭火剂储存量不应小于所需储存量最多的一个防护区或保护对象的储存量。

**3.1.7** 组合分配系统保护的防护区与保护对象之和不得超过 8 个。当防护区与保护对象之和超过 5 个时，或者在喷放后 48h 内不能恢复到正常工作状态时，灭火剂应有备用量。备用量不应小于系统设计的储存量。

备用干粉储存容器应与系统管网相连，并能与主用干粉储存容器切换使用。

## 3.2 全淹没灭火系统

**3.2.1** 全淹没灭火系统的灭火剂设计浓度不得小于 0.65kg/m³。

**3.2.2** 灭火剂设计用量应按下列公式计算：

$$m = K_1 \times V + \sum (K_{oi} \times A_{oi}) \quad (3.2.2-1)$$

$$V = V_V - V_g + V_z \quad (3.2.2-2)$$

$$V_z = Q_z \times t \quad (3.2.2-3)$$

$$K_{oi} = 0 \qquad A_{oi} < 1\% A_V \quad (3.2.2-4)$$

$$K_{oi} = 2.5 \qquad 1\% A_V \leqslant A_{oi} < 5\% A_V \quad (3.2.2-5)$$

$$K_{oi} = 5 \qquad 5\% A_V \leqslant A_{oi} \leqslant 15\% A_V \quad (3.2.2-6)$$

式中 $m$——干粉设计用量（kg）；

$K_1$——灭火剂设计浓度（kg/m³）；

$V$——防护区净容积（m³）；

$K_{oi}$——开口补偿系数（kg/m²）；

$A_{oi}$——不能自动关闭的防护区开口面积（m²）；

$V_V$——防护区容积（m³）；

$V_g$——防护区内不燃烧体和难燃烧体的总体积（m³）；

$V_z$——不能切断的通风系统的附加体积（m³）；

$Q_z$——通风流量（m³/s）；

$t$——干粉喷射时间（s）；

$A_V$——防护区的内侧面、底面、顶面（包括其中开口）的总内表面积（m²）。

**3.2.3** 全淹没灭火系统的干粉喷射时间不应大于 30s。

**3.2.4** 全淹没灭火系统喷头布置，应使防护区内灭火剂分布均匀。

**3.2.5** 防护区应设泄压口，并宜设在外墙上，其高度应大于防护区净高的 2/3。泄压口的面积可按下列公式计算：

$$A_X = \frac{Q_0 \times \nu_H}{\kappa \sqrt{2 p_X \times \nu_X}} \quad (3.2.5-1)$$

$$\nu_H = \frac{\rho_q + 2.5\mu \times \rho_f}{2.5\rho_f (1+\mu) \rho_q} \quad (3.2.5-2)$$

$$\rho_q = (10^{-5} p_X + 1) \rho_{q0} \quad (3.2.5-3)$$

$$\nu_X = \frac{2.5\rho_f \times \rho_{q0} + K_1 (10^{-5} p_X + 1) \rho_{q0} + 2.5 K_1 \times \mu \times \rho_f}{2.5\rho_f (10^{-5} p_X + 1) \rho_{q0} (1.205 + K_1 + K_1 \times \mu)}$$

$$(3.2.5-4)$$

式中 $A_X$——泄压口面积（m²）；

$Q_0$——干管的干粉输送速率（kg/s）；

$\nu_H$——气固二相流比容（m³/kg）；

$\kappa$——泄压口缩流系数；取 0.6；

$p_X$——防护区围护结构的允许压力（Pa）；

$\nu_X$——泄放混合物比容（m³/kg）；

$\rho_q$——在 $p_X$ 压力下驱动气体密度（kg/m³）；

$\mu$——驱动气体系数；按产品样本取值；

$\rho_f$——干粉灭火剂松密度（kg/m³）；按产品样本取值；

$\rho_{q0}$——常态下驱动气体密度（kg/m³）。

### 3.3 局部应用灭火系统

**3.3.1** 局部应用灭火系统的设计可采用面积法或体积法。当保护对象的着火部位是平面时，宜采用面积法；当采用面积法不能做到使所有表面被完全覆盖时，应采用体积法。

**3.3.2** 室内局部应用灭火系统的干粉喷射时间不应小于 30s；室外或有复燃危险的室内局部应用灭火系统的干粉喷射时间不应小于 60s。

**3.3.3** 当采用面积法设计时，应符合下列规定：

  1 保护对象计算面积应取被保护表面的垂直投影面积。

  2 架空型喷头应以喷头的出口至保护对象表面的距离确定其干粉输送速率和相应保护面积；槽边型喷头保护面积应由设计选定的干粉输送速率确定。

  3 干粉设计用量应按下列公式计算：

$$m = N \times Q_i \times t \quad (3.3.3)$$

式中 $N$——喷头数量；

$Q_i$——单个喷头的干粉输送速率（kg/s）；按产品样本取值。

  4 喷头的布置应使喷射的干粉完全覆盖保护对象。

**3.3.4** 当采用体积法设计时，应符合下列规定：

  1 保护对象的计算体积应采用假定的封闭罩的体积。封闭罩的底应是实际底面；封闭罩的侧面及顶部当无实际围护结构时，它们至保护对象外缘的距离不应小于 1.5m。

  2 干粉设计用量应按下列公式计算：

$$m = V_1 \times q_V \times t \quad (3.3.4-1)$$

$$q_V = 0.04 - 0.006 A_p / A_t \quad (3.3.4-2)$$

式中 $V_1$——保护对象的计算体积（m³）；

$q_V$——单位体积的喷射速率（kg/s·m³）；

$A_p$——在假定封闭罩中存在的实体墙等实际围封面积（m²）；

$A_t$——假定封闭罩的侧面围封面积（m²）。

  3 喷头的布置应使喷射的干粉完全覆盖保护对象，并应满足单位体积的喷射速率和设计用量的要求。

### 3.4 预制灭火装置

**3.4.1** 预制灭火装置应符合下列规定：

  1 灭火剂储存量不得大于 150kg。

  2 管道长度不得大于 20m。

  3 工作压力不得大于 2.5MPa。

**3.4.2** 一个防护区或保护对象宜用一套预制灭火装置保护。

**3.4.3** 一个防护区或保护对象所用预制灭火装置最

多不得超过 4 套，并应同时启动，其动作响应时间差不得大于 2s。

# 4 管 网 计 算

**4.0.1** 管网起点（干粉储存容器输出容器阀出口）压力不应大于 2.5MPa；管网最不利点喷头工作压力不应小于 0.1MPa。

**4.0.2** 管网中干管的干粉输送速率应按下列公式计算：

$$Q_0 = m/t \tag{4.0.2}$$

**4.0.3** 管网中支管的干粉输送速率应按下列公式计算：

$$Q_b = n \times Q_i \tag{4.0.3}$$

式中　$Q_b$——支管的干粉输送速率（kg/s）；

　　　$n$——安装在计算管段下游的喷头数量。

**4.0.4** 管道内径宜按下列公式计算：

$$d \leqslant 22 \sqrt{Q} \tag{4.0.4}$$

式中　$d$——管道内径（mm）；宜按附录 A 表 A-1 取值；

　　　$Q$——管道中的干粉输送速率（kg/s）。

**4.0.5** 管段的计算长度应按下列公式计算：

$$L = L_Y + \sum L_J \tag{4.0.5-1}$$

$$L_J = f~(d) \tag{4.0.5-2}$$

式中　$L$——管段计算长度（m）；

　　　$L_Y$——管段几何长度（m）；

　　　$L_J$——管道附件的当量长度（m）；可按附录 A 表 A-2 取值。

**4.0.6** 管网宜设计成均衡系统，均衡系统的结构对称度应满足下列公式要求：

$$S = \frac{L_{max} - L_{min}}{L_{min}} \leqslant 5\% \tag{4.0.6}$$

式中　$S$——均衡系统的结构对称度；

　　　$L_{max}$——对称管段计算长度最大值（m）；

　　　$L_{min}$——对称管段计算长度最小值（m）。

**4.0.7** 管网中各管段单位长度上的压力损失可按下列公式估算：

$$\Delta p/L = \frac{8 \times 10^9}{\rho_{q0}~(10p_e + 1)~d} \times \left( \frac{\mu \times Q}{\pi \times d^2} \right)^2$$

$$\times \left\{ \lambda_q + \frac{7 \times 10^{-12.5}~g^{0.7} \times d^{3.5}}{\mu^{2.4}} \right.$$

$$\left. \times \left[ \frac{\pi~(10p_e + 1)~\rho_{q0}}{4Q} \right]^{1.4} \right\} \tag{4.0.7-1}$$

$$\lambda_q = \left( 1.14 - 2~\lg \frac{\Delta}{d} \right)^{-2} \tag{4.0.7-2}$$

式中　$\Delta p/L$——管段单位长度上的压力损失（MPa/m）；

　　　$p_e$——管段末端压力（MPa）；

　　　$\lambda_q$——驱动气体摩擦阻力系数；

　　　$g$——重力加速度（m/s²）；取 9.81；

　　　$\Delta$——管道内壁绝对粗糙度（mm）。

**4.0.8** 高程校正前管段首端压力可按下列公式估算：

$$p_b' = p_e + (\Delta p/L)_i \times L_i \tag{4.0.8}$$

式中　$p_b'$——高程校正前管段首端压力（MPa）。

**4.0.9** 用管段中的平均压力代替公式 4.0.7-1 中的管段末端压力，再次求取新的高程校正前的管段首端压力，两次计算结果应满足下列公式要求，否则应继续用新的管段平均压力代替公式 4.0.7-1 中的管段末端压力，再次演算，直至满足下列公式要求。

$$p_P = (p_e + p_b')/2 \tag{4.0.9-1}$$

$$\delta = | p_b'(i) - p_b'(i+1) | / \min\{ p_b'(i),~p_b'(i+1) \}$$

$$\leqslant 1\% \tag{4.0.9-2}$$

式中　$p_P$——管段中的平均压力（MPa）；

　　　$\delta$——相对误差；

　　　$i$——计算次序。

**4.0.10** 高程校正后管段首端压力可按下列公式计算：

$$p_b = p_b' + 9.81 \times 10^{-6} \rho_H \times L_Y \times \sin\gamma \tag{4.0.10-1}$$

$$\rho_H = \frac{2.5 \rho_f (1+\mu) \rho_Q}{2.5 \mu \times \rho_f + \rho_Q} \tag{4.0.10-2}$$

$$\rho_Q = (10 p_P + 1) \rho_{q0} \tag{4.0.10-3}$$

式中　$p_b$——高程校正后管段首端压力（MPa）；

　　　$\rho_H$——干粉-驱动气体二相流密度（kg/m³）；

　　　$\gamma$——流体流向与水平面所成的角（°）；

　　　$\rho_Q$——管道内驱动气体的密度（kg/m³）。

**4.0.11** 喷头孔口面积应按下列公式计算：

$$F = Q_i/q_0 \tag{4.0.11}$$

式中　$F$——喷头孔口面积（mm²）；

　　　$q_0$——在一定压力下，单位孔口面积的干粉输送速率（kg/s/mm²）。

**4.0.12** 干粉储存量可按下列公式计算：

$$m_c = m + m_s + m_r \tag{4.0.12-1}$$

$$m_r = V_D~(10 p_P + 1)~\rho_{q0}/\mu \tag{4.0.12-2}$$

式中　$m_c$——干粉储存量（kg）；

　　　$m_s$——干粉储存容器内干粉剩余量（kg）；

　　　$m_r$——管网内干粉残余量（kg）；

　　　$V_D$——整个管网系统的管道容积（m³）。

**4.0.13** 干粉储存容器容积可按下列公式计算：

$$V_c = \frac{m_c}{K \times \rho_f} \qquad (4.0.13)$$

式中 $V_c$——干粉储存容器容积（m³），取系列值；

$K$——干粉储存容器的装量系数。

**4.0.14** 驱动气体储存量可按下列公式计算：

**1** 非液化驱动气体

$$m_{gc} = N_P \times V_0 (10p_c + 1) \rho_{q0} \qquad (4.0.14-1)$$

$$N_P = \frac{m_g + m_{gs} + m_{gr}}{10V_0 (p_c - p_0) \rho_{q0}} \qquad (4.0.14-2)$$

**2** 液化驱动气体

$$m_{gc} = \alpha \times V_0 \times N_P \qquad (4.0.14-3)$$

$$N_P = \frac{m_g + m_{gs} + m_{gr}}{V_0 [\alpha - \rho_{q0} (10p_0 + 1)]} \qquad (4.0.14-4)$$

$$m_g = \mu \times m \qquad (4.0.14-5)$$

$$m_{gs} = V_c (10p_0 + 1) \rho_{q0} \qquad (4.0.14-6)$$

$$m_{gr} = V_D (10p_P + 1) \rho_{q0} \qquad (4.0.14-7)$$

式中 $m_{gc}$——驱动气体储存量（kg）；

$N_P$——驱动气体储瓶数量；

$V_0$——驱动气体储瓶容积（m³）；

$p_c$——非液化驱动气体充装压力（MPa）；

$p_0$——管网起点压力（MPa）；

$m_g$——驱动气体设计用量（kg）；

$m_{gs}$——干粉储存容器内驱动气体剩余量（kg）；

$m_{gr}$——管网内驱动气体残余量（kg）；

$\alpha$——液化驱动气体充装系数（kg/m³）。

**4.0.15** 清扫管网内残存干粉所需清扫气体量，可按10倍管网内驱动气体残余量选取；瓶装清扫气体应单独储存；清扫工作应在48h内完成。

# 5 系统组件

## 5.1 储存装置

**5.1.1** 储存装置宜由干粉储存容器、容器阀、安全泄压装置、驱动气体储瓶、瓶头阀、集流管、减压阀、压力报警及控制装置等组成。并应符合下列规定：

**1** 干粉储存容器应符合国家现行标准《压力容器安全技术监察规程》的规定；驱动气体储瓶及其充装系数应符合国家现行标准《气瓶安全监察规程》的规定。

**2** 干粉储存容器设计压力可取 1.6MPa 或 2.5MPa 压力级；其干粉灭火剂的装量系数不应大于 0.85；其增压时间不应大于 30s。

**3** 安全泄压装置的动作压力及额定排放量应按现行国家标准《干粉灭火系统部件通用技术条件》GB 16668 执行。

**4** 干粉储存容器应满足驱动气体系数、干粉储存量、输出容器阀出口干粉输送速率和压力的要求。

**5.1.2** 驱动气体应选用惰性气体，宜选用氮气；二氧化碳含水率不应大于 0.015%（m/m），其他气体含水率不得大于 0.006%（m/m）；驱动压力不得大于干粉储存容器的最高工作压力。

**5.1.3** 储存装置的布置应方便检查和维护，并宜避免阳光直射。其环境温度应为 $-20 \sim 50℃$。

**5.1.4** 储存装置宜设在专用的储存装置间内。专用储存装置间的设置应符合下列规定：

**1** 应靠近防护区，出口应直接通向室外或疏散通道。

**2** 耐火等级不应低于二级。

**3** 宜保持干燥和良好通风，并应设应急照明。

**5.1.5** 当采取防湿、防冻、防火等措施后，局部应用灭火系统的储存装置可设置在固定的安全围栏内。

## 5.2 选择阀和喷头

**5.2.1** 在组合分配系统中，每个防护区或保护对象应设一个选择阀。选择阀的位置宜靠近干粉储存容器，并便于手动操作，方便检查和维护。选择阀上应设有标明防护区的永久性铭牌。

**5.2.2** 选择阀应采用快开型阀门，其公称直径应与连接管道的公称直径相等。

**5.2.3** 选择阀可采用电动、气动或液动驱动方式，并应有机械应急操作方式。阀的公称压力不应小于干粉储存容器的设计压力。

**5.2.4** 系统启动时，选择阀应在输出容器阀动作之前打开。

**5.2.5** 喷头应有防止灰尘或异物堵塞喷孔的防护装置，防护装置在灭火剂喷放时应能被自动吹掉或打开。

**5.2.6** 喷头的单孔直径不得小于 6mm。

## 5.3 管道及附件

**5.3.1** 管道及附件应能承受最高环境温度下工作压力，并应符合下列规定：

**1** 管道应采用无缝钢管，其质量应符合现行国家标准《输送流体用无缝钢管》GB/T 8163 的规定；管道规格宜按附录 A 表 A-1 取值。管道及附件应进行内外表面防腐处理，并宜采用符合环保要求的防腐方式。

**2** 对防腐层有腐蚀的环境，管道及附件可采用不锈钢、铜管或其他耐腐蚀的不燃材料。

**3** 输送启动气体的管道，宜采用铜管，其质量应符合现行国家标准《拉制铜管》GB 1527 的规定。

**4** 管网应留有吹扫口。

**5** 管道变径时应使用异径管。

**6** 干管转弯处不应紧接支管；管道转弯处应符合附录 B 的规定。

**7** 管道分支不应使用四通管件。

**8** 管道转弯时宜选用弯管。

**9** 管道附件应通过国家法定检测机构的检验认可。

**5.3.2** 管道可采用螺纹连接、沟槽（卡箍）连接、法兰连接或焊接。公称直径等于或小于 80mm 的管道，宜采用螺纹连接；公称直径大于 80mm 的管道，宜采用沟槽（卡箍）或法兰连接。

**5.3.3** 管网中阀门之间的封闭管段应设置泄压装置，其泄压动作压力取工作压力的（115±5）%。

**5.3.4** 在通向防护区或保护对象的灭火系统主管道上，应设置压力信号器或流量信号器。

**5.3.5** 管道应设置固定支、吊架，其间距可按附录 A 表 A-3 取值。可能产生爆炸的场所，管网宜吊挂安装并采取防晃措施。

# 6 控 制 与 操 作

**6.0.1** 干粉灭火系统应设有自动控制、手动控制和机械应急操作三种启动方式。当局部应用灭火系统用于经常有人的保护场所时可不设自动控制启动方式。

**6.0.2** 设有火灾自动报警系统时，灭火系统的自动控制应在收到两个独立火灾探测信号后才能启动，并应延迟喷放，延迟时间不应大于 30s，且不得小于干粉储存容器的增压时间。

**6.0.3** 全淹没灭火系统的手动启动装置应设置在防护区外邻近出口或疏散通道便于操作的地方；局部应用灭火系统的手动启动装置应设在保护对象附近的安全位置。手动启动装置的安装高度宜使其中心位置距地面 1.5m。所有手动启动装置都应明显地标示出其对应的防护区或保护对象的名称。

**6.0.4** 在紧靠手动启动装置的部位应设置手动紧急停止装置，其安装高度应与手动启动装置相同。手动紧急停止装置应确保灭火系统能在启动后和喷放灭火剂前的延迟阶段中止。在使用手动紧急停止装置后，应保证手动启动装置可以再次启动。

**6.0.5** 干粉灭火系统的电源与自动控制应符合现行国家标准《火灾自动报警系统设计规范》GB 50116 的有关规定。当采用气动动力源时，应保证系统操作与控制所需要的气体压力和用气量。

**6.0.6** 预制灭火装置可不设机械应急操作启动方式。

# 7 安 全 要 求

**7.0.1** 防护区内及入口处应设火灾声光警报器，防护区入口处应设置干粉灭火剂喷放指示门灯及干粉灭火系统永久性标志牌。

**7.0.2** 防护区的走道和出口，必须保证人员能在 30s 内安全疏散。

**7.0.3** 防护区的门应向疏散方向开启，并应能自动关闭，在任何情况下均应能在防护区内打开。

**7.0.4** 防护区入口处应装设自动、手动转换开关。转换开关安装高度宜使中心位置距地面 1.5m。

**7.0.5** 地下防护区和无窗或设固定窗扇的地上防护区，应设置独立的机械排风装置，排风口应通向室外。

**7.0.6** 局部应用灭火系统，应设置火灾声光警报器。

**7.0.7** 当系统管道设置在有爆炸危险的场所时，管网等金属件应设防静电接地，防静电接地设计应符合国家现行有关标准规定。

## 附录 A 管道规格及支、吊架间距

**表 A-1 干粉灭火系统管道规格**

| 公称直径 | | | 封闭段管道 | 开口端管道 |
| --- | --- | --- | --- | --- |
| DN (mm) | G (in) | d (mm) | 外径×壁厚 (mm×mm) | d (mm) |
| 15 | 1/2 | 14 | D22×4　D22×3 | 16 |
| 20 | 3/4 | 19 | D27×4　D27×3 | 21 |
| 25 | 1 | 25 | D34×4.5　D34×3.5 | 27 |
| 32 | 1¼ | 32 | D42×5　D42×3.5 | 35 |
| 40 | 1½ | 38 | D48×5　D48×3.5 | 41 |
| 50 | 2 | 49 | D60×5.5　D60×4 | 52 |
| 65 | 2½ | 69 | D76×7　D76×5 | 66 |
| 80 | 3 | 74 | D89×7.5　D89×5.5 | 78 |
| 100 | 4 | 97 | D114×8.5　D114×6 | 102 |

**表 A-2 管道附件当量长度（m）（参考值）**

| DN (mm) | 15 | 20 | 25 | 32 | 40 | 50 | 65 | 80 | 100 |
| --- | --- | --- | --- | --- | --- | --- | --- | --- | --- |
| 弯头 | 7.1 | 5.3 | 4.2 | 3.2 | 2.8 | 2.2 | 1.7 | 1.4 | 1.1 |
| 三通 | 21.4 | 16.0 | 12.5 | 9.7 | 8.3 | 6.5 | 5.1 | 4.3 | 3.3 |

**表 A-3 管道支、吊架最大间距**

| 公称直径 (mm) | 15 | 20 | 25 | 32 | 40 | 50 | 65 | 80 | 100 |
| --- | --- | --- | --- | --- | --- | --- | --- | --- | --- |
| 最大间距 (m) | 1.5 | 1.8 | 2.1 | 2.4 | 2.7 | 3.0 | 3.4 | 3.7 | 4.3 |

## 附录 B 管网分支结构

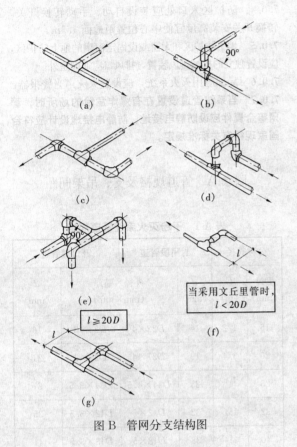

当采用文丘里管时，
$l < 20D$

$l \geq 20D$

图 B 管网分支结构图

## 本规范用词说明

**1** 为便于在执行本规范条文时区别对待，对要求严格程度不同的用词说明如下：

1）表示很严格，非这样做不可的用词：
正面词采用"必须"，反面词采用"严禁"。

2）表示严格，在正常情况下均应这样做的用词：
正面词采用"应"，反面词采用"不应"或"不得"。

3）表示允许稍有选择，在条件许可时首先应这样做的用词：
正面词采用"宜"，反面词采用"不宜"；
表示有选择，在一定条件下可以这样做的用词，采用"可"。

**2** 本规范中指明应按其他有关标准、规范执行的写法为"应符合……的规定"或"应按……执行"。

中华人民共和国国家标准

# 干粉灭火系统设计规范

**GB 50347—2004**

## 条 文 说 明

# 目　次

# 1 总 则

**1.0.1** 本条提出了编制本规范的目的。

干粉灭火剂的主要灭火机理是阻断燃烧链式反应，即化学抑制作用。同时，干粉灭火剂的基料在火焰的高温作用下将会发生一系列的分解反应，这些反应都是吸热反应，可吸收火焰的部分热量。而这些分解反应产生的一些非活性气体如二氧化碳、水蒸汽等，对燃烧的氧浓度也具稀释作用。干粉灭火剂具有灭火效率高、灭火速度快、绝缘性能好、腐蚀性小，不会对生态环境产生危害等一系列优点。

干粉灭火系统是传统的四大固定式灭火系统（水、气体、泡沫、干粉）之一，应用广泛。受到了各工业发达国家的重视，如美国、日本、德国、英国都相继制定了干粉灭火系统规范。近年来，由于卤代烷对大气臭氧层的破坏作用，消防界正在探索卤代烷灭火系统的替代技术，而干粉灭火系统正是应用较成熟的该类技术之一。《中国消耗臭氧层物质逐步淘汰国家方案》已将干粉灭火系统的应用技术列为卤代烷系统替代技术的重要组成部分。

本规范的制定，为干粉灭火系统的设计提供了技术依据，将对干粉灭火系统的应用起到良好的推动作用。

**1.0.2** 本条规定了本规范的适用范围，即适用于新建、扩建、改建工程中设置的干粉灭火系统的设计；目前，更多用于生产或储存场所。

**1.0.3** 本条规定结合我国国情，规定了干粉灭火系统设计中应遵循的一般原则。

目前，由于我国干粉灭火系统主要用于重点要害部位的保护，而干粉灭火系统工程设计涉及面较广，因此，在设计时应推荐采用新技术、新工艺、新设备。同时，干粉灭火系统的设计应正确处理好以下两点：

首先设计人员应根据整个工程特点、防火要求和各种消防设施的配置情况，制定合理的设计方案，正确处理局部与全局的关系。虽然干粉灭火系统是重要的灭火设施，但是，不是采用了这种灭火手段后，就不必考虑其他辅助手段。例如易燃可燃液体储罐发生火灾，在采用干粉灭火系统扑救火灾的同时，消防冷却水也是不可少的。

其次，在防护区的设置上，应正确确定防护区的位置和划分防护区的范围。根据防护区的大小、形状、开口、通风和防护区内可燃物品的性质、数量、分布，以及可能发生的火灾类型、火源、起火部位等情况，合理选择和布置系统部件，合理选择系统操作控制方式。

**1.0.4** 本条规定了干粉灭火系统可用于扑救的火灾类型，即可用于扑救可燃气体、可燃液体火灾和可燃固体的表面火灾及带电设备的火灾。

灭火试验的结果表明，采用干粉灭火剂扑灭上述物质火灾迅速而有效。在我国相关规范中，如现行国家标准《石油化工企业设计防火规范》GB 50160—92，对干粉灭火系统的应用都作了相应规定。

**1.0.5** 同其他灭火剂一样，普通干粉灭火剂扑救的火灾类型也有局限性。也就是说普通干粉灭火剂对有些物质的火灾不起灭火作用。

普通干粉灭火剂不能扑救的火灾主要包括两大类。第一类是本身含有氧原子的强氧化剂，这些氧原子可以供燃烧之用，在具备燃烧的条件下与可燃物氧化结合成新的分子，反应激烈，干粉灭火剂的分子不能很快渗入其内起化学反应。这类物质主要包括硝化纤维、炸药等。第二类主要是化学性质活泼的金属和金属氢化物，如钾、钠、镁、钛、锆等。这类物质的火灾不能用普通干粉灭火剂来扑救。对于活泼金属火灾目前采用的灭火剂通常为滑砂、石墨、氯化钠等特种干粉灭火剂。而特种干粉灭火剂目前工程设计数据不足。因此，本规范不涉及此类干粉灭火系统。

**1.0.6** 本条规定中所指的国家现行的有关强制性标准，除本规范中已指明的外，还包括以下几个方面的标准：

**1** 防火基础标准中与之有关的安全基础标准。

**2** 有关的工业与民用建筑防火规范。

**3** 有关的火灾自动报警系统标准、规范。

**4** 有关干粉灭火系统部件、灭火剂标准。

**5** 其他有关标准。

# 3 系 统 设 计

## 3.1 一 般 规 定

**3.1.1** 本条包含两部分内容，一是规定了干粉灭火系统按应用方式分两种类型，即全淹没灭火系统和局部应用灭火系统。国外标准也是这样进行分类，如日本消防法施行令第18条§1："干粉灭火设备，分为固定式和移动式两种型式；固定式干粉灭火设备又分为全保护区喷放方式和局部喷放方式两种类型"。二是规定了两种系统的选用原则。

关于全淹没灭火系统、局部应用灭火系统的应用，美国标准《干粉灭火系统标准》NFPA 17—1998 §4-1："全淹没灭火系统只有在环绕火灾危险有永久性密封的空间处采用，这样的空间内能足以构成所要求的浓度，其不可关闭的开口总面积不能超过封闭空间的侧面、顶面和底面总内表面积的15%。不可关闭开口面积超过封闭空间的总内表面积的15%时，应采用局部应用系统保护"。英国标准《室内灭火装置和设备·干粉系统规范》BS 5306：pt7—1988 §14："能用全淹没系统扑灭的火灾是包括可燃液体和固体的表面火灾"；§18："能用局部应用系统扑灭或控制的火灾是含有可燃液体和固体的表面火灾"。

应该指出，在满足全淹没灭火系统应用条件时也可以采用局部应用灭火系统，具体选型由设计者根据实际情况决定。

**3.1.2** 本条规定了全淹没灭火系统的应用条件。第1款等效采用国外标准数据（见3.1.1条说明）。第2款等效采用现行国家标准《二氧化碳灭火系统设计规范》GB 50193—93（1999年版）第3.1.2条数据。

规定"不能自动关闭的开口不应设在底面"出于以下考虑：国家标准规定干粉灭火剂的松密度大于或等于0.80g/mL（kg/L），若设计浓度按0.65kg/m³计算，则体积为0.81L。因目前国内厂家没提供驱动气体系数数据，现按日本消防法施行规则§4数据：1kg干粉灭火剂需要40L标准状态下氮气（标准状态下氮气密度为1.251g/L），那么0.65kg干粉灭火剂需要26L（32.526g）氮气；如是，粉雾的密度为25.5g/L［（650＋32.526）g/（26＋0.81）L］，显然比空气重（标准状态下空气密度为1.293g/L，常态下空气密度更小）。另外，一般都是从上向下喷射，带有一定动能和势能，很容易在底面扩散流失，影响灭火效果。故作此规定。

干粉灭火系统是依靠驱动气体（惰性气体）驱动干粉的，干粉固体所占体积与驱动气体相比小得多，宏观上类似气体灭火系统，因此，可采用二氧化碳灭火系统设计数据。防护区围护结构具有一定耐火极限和强度是保证灭火的基本条件。

**3.1.3** 本条规定了局部应用灭火系统的应用条件。参照国内气体灭火系统规范制定。其中空气流动速度不应大于2m/s是引用现行国家标准《干粉灭火系统部件通用技术条件》GB 16668—1996中的数据。

这里容器缘口是指容器的上边沿，它距液面不应小于150mm；150mm是测定喷头保护面积等参数的试验条件。是为了保证高速喷射的粉体流喷到液体表面时，不引起液体的飞溅，避免产生流淌火，带来更大的火灾危险，所以应遵循该试验条件。

**3.1.4** 喷射干粉前切断气体、液体的供应源的目的是防止引起爆炸。同时，也可防止淡化干粉浓度，影响灭火。

**3.1.5** 扑灭BC类火灾的干粉中较成熟和经济的是碳酸氢钠干粉，故予推荐；ABC干粉固然也能扑灭BC类火灾，但不经济，故不推荐用ABC干粉扑灭BC类火灾。扑灭A类火灾只能用ABC干粉，其中较成熟和经济的是磷酸铵盐干粉，所以扑灭A类火灾推荐采用磷酸铵盐干粉。

**3.1.6** 组合分配系统是用一套干粉储存装置同时保护多个防护区或保护对象的灭火系统。各防护区或保护对象同时着火的概率很小，不需考虑同时向各个防护区或保护对象释放干粉灭火剂；但应考虑满足任何

干粉用量的防护区或保护对象灭火需要。组合分配系统的干粉储存量，只有不小于所需储存量最多的一个防护区或保护对象的储存量，才能够满足这种需要。提请注意：防护区体积最大，用量不一定最多。

**3.1.7** 本条规定了组合分配系统保护的防护区与保护对象最大限度、备用灭火剂的设置条件、数量和方法。

**1** 防护区与保护对象之和不得大于8个是基于我国现状的暂定数据。防护区与保护对象为5个以上时，灭火剂应有备用量是等效采用《固定式灭火系统·干粉系统·pt2：设计、安装与维护》EN 12416—2：2001§7的数据；48h内不能恢复时应有备用量是参照《二氧化碳灭火系统设计规范》GB 50193—93（1999年版）确定的；防护区与保护对象的数量和系统恢复时间是设置备用灭火剂的两个并列条件，只要满足其一，就应设置备用量。

应该指出，设置备用灭火剂不限于这两个条件，当防护区或保护对象火灾危险性大或为重要场所时，为了不间断保护，也可设置备用灭火剂。

**2** 灭火剂备用量是为了保证系统保护的连续性，同时也包含扑救二次火灾的考虑，因此备用量不应小于系统设计的储存量。

**3** 备用干粉储存容器与系统管网相连，与主用干粉储存容器切换使用的目的，是为了起到连续保护作用。当主用干粉储存容器不能使用时，备用干粉储存容器能够立即投入使用。

## 3.2 全淹没灭火系统

**3.2.1** 全淹没灭火系统灭火剂设计浓度最小值取值等效采用《室内灭火装置和设备·干粉系统规范》BS 5306：pt7—1988§15.2和《固定式灭火系统·干粉系统·pt2：设计、安装与维护》EN 12416—2：2001§10.2数据，因为我国干粉灭火剂标准规定的灭火效能不低于《非D类干粉灭火剂技术条件》BS EN 615—1995规定。另外，我国标准《碳酸氢钠干粉灭火剂》GB 4066和《磷酸铵盐干粉灭火剂》GB 15060分别要求碳酸氢钠干粉和磷酸铵盐干粉扑灭BC类火灾时，灭火效能相同。综合以上数据并考虑到多种火灾并存情况，本规范确定全淹没灭火系统灭火剂设计浓度不得小于0.65kg/m³。

**3.2.2** 本条系等效采用《室内灭火装置和设备·干粉系统规范》BS 5306：pt7—1988§15.2和《固定式灭火系统·干粉系统·pt2：设计、安装与维护》EN 12416—2：2001§10.2规定。

**3.2.3** 本条系等效采用《室内灭火装置和设备·干粉系统规范》BS 5306：pt7—1988§15.3和《固定式灭火系统·干粉系统·pt2：设计、安装与维护》EN 12416—2：2001§10.3规定。

**3.2.4** 本条规定可有效利用灭火剂，减少系统响应

时间，达到快速灭火目的。

**3.2.5** 国外标准仅《室内灭火装置和设备·干粉系统规范》BS 5306：pt7—1988 §15.2 提到泄压口，但没给出计算式。为避免防护区内超压导致围护结构破坏，应该设置泄压口；考虑到干粉灭火系统与气体灭火系统存在相似性，本条参照采用《二氧化碳灭火系统设计规范》GB 50193—93（1999 年版）第 3.2.6 条制定。

公式 3.2.5 是参考《二氧化碳灭火系统规范》AS 4214.3—1995 §4 导出。设：防护区内部压力为 $p_1$，防护区外部压力为 $p_2$，泄压口面积为 $A_X$，泄放混合物质量流量为 $Q_X$，如图 1：

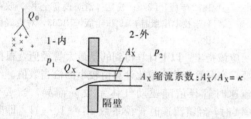

**图 1 薄壁孔口**

则有薄壁孔口流量公式：

$$Q_X = \kappa A_X \sqrt{2\rho_X \ (p_1 - p_2)} = \kappa A_X \sqrt{2\rho_X \times \Delta p}$$
$$= \kappa A_X \sqrt{2p_X / \nu_X}$$

式中　$Q_X$——泄放混合物质量流量（kg/s）；
　　　$\kappa$——泄压口缩流系数；窗式开口取 0.5 ~ 0.7；
　　　$A_X$——泄压口面积（$m^2$）；
　　　$\rho_X$——泄放混合物密度（$kg/m^3$）；
　　　$p_X$——防护区围护结构的允许压力（Pa）；
　　　$\nu_X$——泄放混合物比容（$m^3/kg$）。

泄压过程中有防护区内气体被置换过程；为使问题简化，根据从泄压口泄放混合物体积流量等于喷入防护区气-固二相流体积流量数量关系，干粉真实密度 $\rho_s = 2.5\rho_f$，防护区内常态空气密度为 1.205（$kg/m^3$），则有：

$$Q_0 \times \nu_H = Q_X \times \nu_X = \kappa A_X \sqrt{2p_X / \nu_X} \times \nu_X$$

$$A_X = \frac{Q_0 \times \nu_H}{\kappa \sqrt{2p_X \times \nu_X}}$$

$$\nu_H = \frac{\rho_q + 2.5\mu \times \rho_f}{2.5\rho_f \ (1 + \mu) \ \rho_q}$$

$$\rho_q = (10^{-5} p_X + 1) \ \rho_{q0}$$

$$\nu_X = \frac{\dfrac{1}{10^{-5} p_X + 1} + \dfrac{K_1}{2.5\rho_f} + \dfrac{K_1 \times \mu}{(10^{-5} p_X + 1) \ \rho_{q0}}}{1.205 + K_1 + K_1 \times \mu}$$

$$\nu_X = \frac{2.5\rho_f \times \rho_{q0} + K_1 \ (10^{-5} p_X + 1) \ \rho_{q0} + 2.5K_1 \times \mu \times \rho_f}{2.5\rho_f \ (10^{-5} p_X + 1) \ \rho_{q0} \ (1.205 + K_1 + K_1 \times \mu)}$$

应该指出：当防护区门窗缝隙、不可关闭开口及防爆泄压口面积总和不小于按公式 3.2.5-1 计算值

时，可不再另设置泄压口。

## 3.3 局部应用灭火系统

**3.3.1** 局部应用灭火系统的设计方法分为面积法和体积法，这是国外标准比较一致的分类法。面积法仅适用于着火部位为比较平直表面情况，体积法适用于着火对象是不规则物体情况。

**3.3.2** 此条系等效采用《室内灭火装置和设备·干粉系统规范》BS 5306：pt7—1988 §3.6 规定。

**3.3.3** 本条各款规定说明如下：

**1** 由于单个喷头保护面积是按被保护表面的垂直投影方向确定的，所以计算保护面积也需取整体保护表面垂直投影的面积。

**2** 国内外对干粉灭火系统的研究都不够深入，定性的资料多，定量的资料少。本条借鉴了二氧化碳局部应用系统研究的成果，因二者存在相似性；同时参考了国外一些厂家的资料。

架空型（也称顶部型）喷头是安装在油盘上空一定高度处的喷头；其保护面积应是：在 20s 内，扑灭液面距油盘缘口为 150mm 距离的着火圆形油盘的内接正方形面积；其对应的干粉输送速率即是 $Q_i$。实践和理论都证明，架空型喷头保护面积和相应干粉输送速率是喷头的出口至保护对象表面的距离的函数。槽边型喷头是安装在油槽侧面的侧向喷射喷头；其保护面积应是在 20s 时间内，扑灭液面距油盘缘口为 150mm 距离的着火扇形油盘的内接矩形面积；试验表明槽边型喷头灭火面积呈扇形，其大小与喷头的射程有关，喷头射程与干粉输送速率有关。基于此，作了第 2 款规定。

**3** 确定喷头保护面积时取喷射时间为 20s，为安全计，使用喷头时取喷射时间为 30s，当计算保护面积需要 $N$ 个喷头才能完全覆盖时，故其干粉设计用量按公式 3.3.3 计算。

**4** 为了保证可靠灭火，喷头的布置应按被喷射覆盖面不留空白的原则执行。

**3.3.4** 本条参照了《干粉灭火装置规范·设计与安装》VdS 2111—1985 §3.2 和《二氧化碳灭火系统设计规范》GB 50193—93（1999 年版）制定。其中 1.5m 直接采用了《干粉灭火装置规范·设计与安装》VdS 2111—1985 §3.2 的数据；0.04kg/（s×$m^3$）是根据《干粉灭火装置规范·设计与安装》VdS 2111—1985 对无围封保护对象供给量取 1.2kg/$m^3$ 按 30s 喷射时间求得，0.006kg/（s×$m^3$）是根据《干粉灭火装置规范·设计与安装》VdS 2111—1985 对四面有围封保护对象供给量取 1.0kg/$m^3$ 按 30s 喷射时间求得。假定封闭罩是假想的几何体，其侧面围封面面积就是该几何体的侧面面积 $A_1$，其中包括实体墙面面积和无实体墙部分的假想面积。

## 3.4 预制灭火装置

**3.4.1** 因为预制灭火装置应按试验条件使用，本条规定的灭火剂储存量和管道长度数据系采用了国内试验数据。本规范不侧重推广应用预制灭火装置，因其只能在试验条件下使用，有局限性。

**3.4.2** 本条规定出于可靠性考虑。

**3.4.3** 本条规定基于国内试验数据：用6套（本规范规定为4套）预制灭火装置作灭火试验，喷射时间为20s，其动作响应时间差为3.5s－2s＝1.5s，由此得 $\delta=1.5/20=7.5\%$；取30s喷射时间得动作响应时间差 $\Delta=30\times7.5\%=2.25s$（本规范规定为2s）。

# 4 管网计算

**4.0.1** 管网起点是从干粉储存容器输出容器阀出口算起，单元独立系统和组合分配系统均如此计算。管网起点压力是干粉储存容器的输出压力。管网起点压力不应大于2.5MPa是依据干粉储存容器的设计压力确定的。管网最不利点所要求的压力是依据喷头工作压力规定的，这里等效采用了日本标准。日本消防法施行规则第21条§1指出：喷头工作压力不应小于0.1MPa。

注：本规范压力取值，除特别说明外，均指表压。

**4.0.4** 为使干粉灭火系统管道内干粉与驱动气体不分离，干粉－驱动气体二相流要维持一定流速，即管道内流量不得小于允许最小流量 $Q_{min}$，依此等效采用了英国标准推荐数据。《室内灭火装置和设备·干粉系统规范》BS 5306：pt7—1988§7给出对应DN25管子的最小流量 $Q_{min}$ 为1.5kg/s。DN25管子的内径 $d$ 是27mm，由此得管径系数 $K_D=d/\sqrt{Q_{min}}=27/\sqrt{1.5}=22$。

其他国外标准没提供管径系数 $K_D$ 数据，主张采用生产厂家提供的数据。在搜集到的资料中，有两组数据所得管径系数 $K_D$ 值与本规定接近，具体如表1所示：

**表1 管径系数**

| 公称直径 | 内径 $d$ | | 美国数据[①] | | 日本数据[②] | |
|---|---|---|---|---|---|---|
| (mm) | (in) | (mm) | $Q_{min}$(kg/s) | $K_D$ | $Q_{min}$(kg/s) | $K_D$ |
| 15 | 1/2 | 16 | 0.45360 | 23.8 | 0.5 | 22.6 |
| 20 | 3/4 | 21 | 0.86184 | 22.6 | 0.9 | 22.1 |
| 25 | 1 | 27 | 1.40616 | 22.8 | 1.5 | 22.0 |
| 32 | 1¼ | 35 | 2.44914 | 22.4 | 2.5 | 22.1 |
| 40 | 1½ | 41 | 3.31128 | 22.5 | 3.2 | 22.9 |
| 50 | 2 | 52 | 5.48856 | 22.2 | 5.7 | 21.8 |
| 65 | 2½ | 66 | 7.80192 | 23.6 | 9.6 | 21.3 |

**续表1**

| 公称直径 | 内径 $d$ | 美国数据[①] | | 日本数据[②] | |
|---|---|---|---|---|---|
| (mm) | (in) | (mm) | $Q_{min}$(kg/s) | $K_D$ | $Q_{min}$(kg/s) | $K_D$ |
| 80 | 3 | 78 | 12.06576 | 22.5 | 13.5 | 21.2 |
| 100 | 4 | 102 | 20.77488 | 22.4 | 23.5 | 21.0 |
| 125 | 5 | 127 | — | — | 35.0 | 21.5 |
| 平均管径系数 $K_D$ 值 | | — | | 22.8 | — | 21.9 |

注：① 取自美国Ansul公司《干粉灭火系统》，P41，对应气固比 $\mu=0.058$。

② 取自日本《灭火设备概论》，日本工业出版社，1972年版，P270；或见《消防设备全书》，陕西科学技术出版社，1990年版，P1263，对应气固比 $\mu=0.044$。

应该指出：以上计算得到的是最大管径值，根据需要，实际管径值应取比计算值较小的恰当数值。经济流速时管径值随驱动气体系数 $\mu$ 而异，当 $\mu=0.044$ 时，经济流速时管径系数 $K_D=10\sim11$，即最佳管道流量是允许最小流量的4～5倍。另外，当厂家以实测数据给出流量（$Q$）－管径（$d$）关系时，应该采用厂家提供的数据。实际管径应取系列值。

**4.0.5** 关于管道附件的当量长度，应该按厂家给出的实测当量长度值取值，但目前实际还做不到，不给出数据又无法设计计算。按周亨达给出的管道附件的当量长度计算式为：$L_j=k\times d$，其中 $k$ 是当量长度系数（m/mm）：90°弯头取0.040，三通的直通部分取0.025，三通的侧通部分取0.075。下面一同给出国外管道附件当量长度数据做比较（见表2）：

**表2 管道附件当量长度（m）**

| DN (mm) | 15 | 20 | 25 | 32 | 40 | 50 | 65 | 80 | 100 |
|---|---|---|---|---|---|---|---|---|---|
| 日本数据[①] | | | | | | | | | |
| 弯头 | 7.1 | 5.3 | 4.2 | 3.2 | 2.8 | 2.2 | 1.7 | 1.4 | 1.1 |
| 三通 | 21.4 | 16.0 | 12.5 | 9.7 | 8.3 | 6.5 | 5.1 | 4.3 | 3.3 |
| Ansul数据[②] | | | | | | | | | |
| 弯头 | 7.34 | 6.40 | 5.49 | 4.57 | 3.96 | 3.66 | 3.35 | 3.05 | 2.74 |
| 三通 | 15.24 | 13.11 | 11.58 | 9.75 | 9.14 | 7.92 | 7.32 | 6.40 | 5.49 |
| 按周亨达计算式计算值[③] | | | | | | | | | |
| 弯头 | 0.64 | 0.840 | 1.080 | 1.400 | 1.640 | 2.08 | 2.64 | 3.12 | 4.08 |
| 三通直 | 0.40 | 0.525 | 0.675 | 0.875 | 1.025 | 1.30 | 1.65 | 1.95 | 2.55 |
| 三通侧 | 1.20 | 1.575 | 2.025 | 2.625 | 3.075 | 3.90 | 4.95 | 5.85 | 7.65 |

注：① 东京消防厅《预防事务审查·检查基准》，东京防灾指导协会，1984年出版，P436。

② 美国Ansul公司《干粉灭火系统》，图表7。

③ 周亨达主编《工程流体力学》，冶金工业出版社1995年出版，P124～135。

显然，按周亨达计算式计算值误差偏大。而国外数据是在一定驱动气体系数下的测定值，考虑到日本数据比 Ansul 数据通用性更好些，暂时推荐该组日本数据作为参考值。

**4.0.6** 设计管网时，应尽量设计成结构对称均衡管网，使干粉灭火剂均匀分布于防护区内。但在实践中，不可能做到管网结构绝对精确对称布置，只要对称度在±5%范围内，就可以认为是结构对称均衡管网，可实现喷粉的有效均衡，见图2。在系统中，可以使用不同喷射率的喷嘴来调整管网的不均衡，见图3。

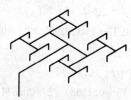

图 2　结构对称均衡系统

注：所有喷嘴均以同一流量喷射。

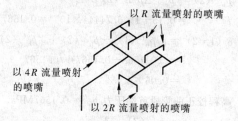

以 R 流量喷射的喷嘴

以 4R 流量喷射的喷嘴

以 2R 流量喷射的喷嘴

图 3　结构不对称均衡系统

注：喷嘴分别以 R、2R 或 4R 流量喷射。

该计算式系等效采用《室内灭火装置和设备·干粉系统规范》BS 5306：pt7—1988 §7.2 规定。

应该指出：在调研中也见到了非均衡系统，但本规范主张管网应尽量设计成对称分流的均衡系统，所以前半句采用"宜"字；均衡系统可以是对称结构，也可以是不对称结构，结构对称与不对称的分界在对称度，所以后半句采用"应"字。

**4.0.7** 国外标准没提供压力损失系数 $\Delta p/L$ 数据，主张采用生产厂家提供的数据。本计算式是依据沿程阻力的计算导出的，其推导过程如下：

根据周建刚等人就粉体高浓度气体输送进行的试验研究结果（引自周建刚、沈熙身、马恩祥等著《粉体高浓度气体输送控制与分配技术》，北京：冶金工业出版社，1996 年出版，P109～143），管道中的压力损失计算式为：

$$\Delta p = \Delta p_q + \Delta p_f \tag{1}$$

$$\Delta p_q = \lambda_q \times L \times \rho_Q \times v_q^2 / (2d) \tag{2}$$

$$\Delta p_f = \lambda_f \times L \times \rho_Q \times v_q^2 / (2\mu \times d) \tag{3}$$

式中　$\Delta p$——管道中的压力损失（Pa）；

$\Delta p_q$——气体流动引起的压力损失（Pa）；

$\Delta p_f$——气体携带的粉状物料引起的压力损失（Pa）；

$\lambda_q$——驱动气体的摩擦阻力系数；

$\lambda_f$——干粉的摩擦阻力系数；

$\mu$——驱动气体系数；

$\rho_Q$——管道内驱动气体密度（kg/m³）；

$v_q$——管道内驱动气体流动速度（m/s）；

$d$——管道内径（m）；

$L$——管段计算长度（m）。

把公式（2）和公式（3）代入公式（1）并移项得：

$$\Delta p/L = (\lambda_q + \lambda_f/\mu)\ \rho_Q \times v_q^2 / (2d)$$

式中　$\Delta p/L$——管段单位长度上的压力损失（Pa/m）。

当 $\mu = 0.0286 \sim 0.143$ 时，有：

$$\lambda_f = 0.07\ (g \times d)^{0.7} / v_q^{1.4}$$

式中　$g$——重力加速度（m/s²）；取 9.81。

在常温下得管道中驱动气体密度 $\rho_Q$ 的表达式为：

$$\rho_Q = (10p_e + 1)\ \rho_{q0}$$

式中　$\rho_{q0}$——常态下驱动气体密度（kg/m³）；

$p_e$——计算管段末端压力（MPa）（表压）。

驱动气体在管道中的流速 $v_q$ 可由其体积流量 $Q_{QV}$（$Q_{QV} = \mu \times Q / \rho_Q$）和管道内径 $d$ 表示，即有：

$$v_q = 4\mu \times Q / (\pi \times \rho_Q \times d^2)$$
$$= 4\mu \times Q / [\pi\ (10p_e + 1)\ \rho_{q0} \times d^2]$$

将（$\Delta p/L$）以 MPa/m 作单位，$p_e$ 以 MPa 作单位，$d$ 以 mm 作单位，整理上述各式并化简得：

$$\Delta p/L = \frac{10^{-3}}{2d}$$
$$\times \left\{ \lambda_q + \frac{0.07 \times 10^{-2.1} g^{0.7} d^{0.7}}{\mu} \right.$$
$$\times \left[ \frac{\pi(10p_e + 1)\rho_{q0} \times 10^{-6} d^2}{4\mu \times Q} \right]^{1.4} \right\}$$
$$\times (10p_e + 1)\rho_{q0} \times \left[ \frac{4\mu \times Q}{\pi(10p_e + 1)\rho_{q0} \times 10^{-6} d^2} \right]^2$$

$$= \frac{10^{-3}}{2d}$$
$$\times \left[ \lambda_q + \frac{0.07 \times 10^{-2.1} g^{0.7} d^{0.7}}{\mu} \right.$$
$$\times \left. \frac{\pi^{1.4}(10p_e + 1)^{1.4} \rho_{q0}^{1.4} \times 10^{-8.4} d^{2.8}}{4^{1.4} \mu^{1.4} \times Q^{1.4}} \right]$$
$$\times (10p_e + 1)\rho_{q0} \times \frac{4^2 \mu^2 \times Q^2}{\pi^2(10p_e + 1)^2 \rho_{q0}^2 \times 10^{-12} d^4}$$

$$= 8 \times 10^9 \left[ \lambda_q + \frac{7 \times 10^{-12.5} g^{0.7} d^{3.5} \times \pi^{1.4}(10p_e + 1)^{1.4} \rho_{q0}^{1.4}}{4^{1.4} \mu^{2.4} \times Q^{1.4}} \right]$$
$$\times \frac{\mu^2 \times Q^2}{\pi^2\ (10p_e + 1)\ \rho_{q0} \times d^5}$$

$$\Delta p/L =$$
$$\frac{8 \times 10^9}{\rho_{q0}\ (10p_e + 1)\ d} \left( \frac{\mu \times Q}{\pi \times d^2} \right)^2$$

$$\times \left\{ \lambda_q + \frac{7\times10^{-12.5}\, g^{0.7} d^{3.5}}{\mu^{2.4}} \left[ \frac{\pi(10p_e+1)\rho_{q0}}{4Q} \right]^{1.4} \right\}$$

由于气固二相体在管道中的流速很大，所以沿程阻力损失系数 $\lambda_q$ 按水力粗糙管的情况计算，即：

$$\lambda_q = [1.14 - 2\lg(\Delta/d)]^{-2}$$

公式来自周亨达主编《工程流体力学》，北京：冶金工业出版社 1995 年出版，P120。

应该指出：当厂家以实测曲线图给出 $\Delta p/L$ 之值时，应该采用厂家提供的数据。

**4.0.8~4.0.10** 在公式（4.0.7-1）中，取常温下管道中驱动气体密度 $\rho_Q$ 的表达式为：$\rho_Q = (10p_e+1)\rho_{q0}$，公式中 $p_e$ 为计算管段末端压力。按理说应该取高程校正前管段平均压力 $p_P$ 代替公式（4.0.7-1）中 $p_e$ 计算结果才是 $\Delta p/L$ 的真值，可那时计算管段首端压力 $p_b$ 还是未知数，无法求得高程校正前管段平均压力 $p_P$。

通过公式（4.0.8）已估算出高程校正前管段首端压力，故可估算出高程校正前管段平均压力 $p_P$。

为求得高程校正前管段首端压力 $p_b$ 真值，应采用逐步逼近法。逼近误差当然是越小越好，公式（4.0.9-2）已满足工程要求。

管道节点压力计算，有两种计算顺序：一种是从后向前计算顺序——已知管段末端压力 $p_e$ 求管段首端压力 $p_b$，这种计算顺序的优点是避免能源浪费；另一种是从前向后计算顺序——已知管段首端压力 $p_b$ 求末端压力 $p_e$，这种计算顺序方便选取干粉储存容器。当采用从前向后计算顺序时，对以上计算式移项处理即可：

$$p_e = p_b - (\Delta p/L)_i \times L_i - 9.81\times10^{-6}\rho_H \times L_Y \times \sin\gamma$$

另外注意：当采用上式计算时，求取 $(\Delta p/L)_i$ 时需要用 $p_b$ 代替公式（4.0.7-1）中的 $p_e$。

为了使设计者掌握该节点压力计算方法，下面举例说明。其中管壁绝对粗糙度 $\Delta$ 按镀锌钢管取 0.39mm（见周亨达主编《工程流体力学》，北京：冶金工业出版社 1995 年出版，P253）。

[例1] 已知：末端压力 $p_e=0.15$MPa，干粉输送速率 $Q=2$kg/s，$d(DN25)=27$mm，管段计算长度 $L=1$m，流向与水平面夹角 $\gamma=-90°$，常态下驱动气体密度 $\rho_{q0}=1.165$kg/m³，干粉松密度 $\rho_f=850$kg/m³，气固比 $\mu=0.044$（如图4所示管段）。

求：管段首端压力 $p_b$。

解：

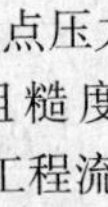

图 4 竖直管段

$$\Delta p/L = \frac{8\times10^9}{\rho_{q0}(10p_e+1)\,d} \left(\frac{\mu\times Q}{\pi\times d^2}\right)^2$$

$$\times \left\{ \left(1.14-2\lg\frac{0.39}{d}\right)^{-2} + \frac{7\times10^{-12.5} g^{0.7}\times d^{3.5}}{\mu^{2.4}} \right.$$

$$\left. \left[ \frac{\pi(10p_e+1)\rho_{q0}}{4Q} \right]^{1.4} \right\}$$

$$= \left(\frac{0.044\times2}{\pi\times27^2}\right)^2 \times \frac{8\times10^9}{1.165\,(10p_e+1)\,27}$$

$$\times \left\{ \left(1.14-2\lg\frac{0.39}{27}\right)^{-2} \right.$$

$$\left. + \frac{7\times10^{-12.5}\times9.81^{0.7}\times27^{3.5}}{0.044^{2.4}} \right\}$$

$$\times \left[ \frac{\pi(10p_e+1)\,1.165}{4\times2} \right]^{1.4} \right\}$$

初次估算得：

$$\Delta p/L\,(1) = f\,(p_e=0.15)$$
$$= 6.8292\times10^{-3}\ (\text{MPa/m})$$
$$p_b'\,(1) = p_e + \Delta p/L\,(1)\times L$$
$$= 0.15 + 1\times6.8292\times10^{-3} = 0.1568$$

一次逼近得：

$$p_P\,(1) = [p_e + p_b'\,(1)]\,/2$$
$$= (0.15+0.1568)\,/2 = 0.1534$$
$$\Delta p/L\,(2) = f\,[p_P\,(1)=0.1534]$$
$$= 6.74444\times10^{-3}$$
$$p_b'\,(2) = p_e + \Delta p/L\,(2)\times L$$
$$= 0.15 + 1\times6.74444\times10^{-3} = 0.1567$$
$$\delta\,(1-2) = |\,p_b'\,(1) - p_b'\,(2)\,|\,/p_b'\,(2)$$
$$= (0.1568-0.1567)\,/0.1567$$
$$= 0.06\% < 1\%$$

即：高程校正前管段首端压力 $p_b' = 0.1567$MPa。

$$p_P\,(2) = [p_e + p_b'\,(2)]\,/2$$
$$= (0.15+0.1567)\,/2 = 0.15335$$
$$\rho_Q\,(2) = [10p_P\,(2)+1]\,\rho_{q0} = (10\times0.15335$$
$$+1)\,1.165 = 2.9515$$
$$\rho_H\,(2) = 2.5\rho_f \times \rho_Q\,(\mu+1)\,/\,(2.5\mu\times\rho_f+\rho_Q)$$
$$= 2.5\times850\times2.9515\,(0.044+1)$$
$$/\,(2.5\times0.044\times850+2.9515)$$
$$= 67.8880$$

高程校正后 $p_b = p_b' + 9.81\times10^{-6}\rho_H\times L\times\sin\gamma$
$$= 0.1567 + 9.81\times10^{-6}\times67.8880$$
$$\times1\times(-1) = 0.1560\ (\text{MPa})$$

即：管段首端压力 $p_b=0.1560$MPa。

[例2] 已知：首端压力 $p_b=0.48$MPa，干粉输送速率 $Q=20$kg/s，$d(DN65)=66$mm，管段计算长度 $L=60$m，流向与水平面夹角 $\gamma=0°$，常态下驱动气体密度 $\rho_{q0}=1.165$kg/m³，干粉松密度 $\rho_f=850$kg/m³，气固比 $\mu=0.044$（如图5所示管段）。

求：管段末端压力 $p_e$。

解：

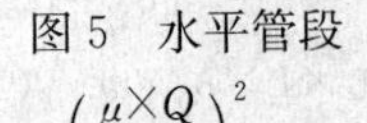

图 5 水平管段

$$\Delta p/L = \frac{8\times10^9}{\rho_{q0}(10p_b+1)\,d} \left(\frac{\mu\times Q}{\pi\times d^2}\right)^2$$

$$\times \left\{ \lambda_q + \frac{7 \times 10^{-12.5} g^{0.7} \times d^{3.5}}{\mu^{2.4}} \left[ \frac{\pi (10 p_b + 1) \rho_{q0}}{4Q} \right]^{1.4} \right\}$$

$$= \left( \frac{0.044 \times 20}{\pi \times 66^2} \right)^2 \times \frac{8 \times 10^9}{1.165 (10 p_b + 1) 66}$$

$$\times \left\{ \left( 1.14 - 2 \lg \frac{0.39}{66} \right)^{-2} + \frac{7 \times 10^{-12.5} \times 9.81^{0.7} \times 66^{3.5}}{0.044^{2.4}} \right.$$

$$\left. \times \left[ \frac{\pi (10 p_b + 1) 1.165}{4 \times 20} \right]^{1.4} \right\}$$

初次估算得：

$\Delta p / L(1) = f(p_b = 0.48) = 2.9013 \times 10^{-3} (\text{MPa/m})$

$p_e'(1) = p_b - \Delta p / L(1) \times L = 0.48 - 60 \times 2.9013 \times 10^{-3}$
$\qquad = 0.3059$

一次逼近得：

$p_P(1) = [p_b + p_e'(1)] / 2 = (0.48 + 0.3059) / 2$
$\qquad = 0.39296$

$\Delta p / L(2) = f[p_P(1) = 0.39295] = 3.2859 \times 10^{-3}$

$p_e'(2) = p_b - \Delta p / L(2) \times L = 0.48 - 60$
$\qquad \times 3.2859 \times 10^{-3} = 0.2828$

$\delta(1-2) = | p_e'(2) - p_e'(1) | / p_e'(2)$
$\qquad = (0.3059 - 0.2828) / 0.2828$
$\qquad = 8.17\% > 1\%$

二次逼近得：

$p_P(2) = [p_b + p_e'(2)] / 2$
$\qquad = (0.48 + 0.2828) / 2 = 0.3814$

$\Delta p / L(3) = f[p_P(2) = 0.3814] = 3.3480 \times 10^{-3}$

$p_e'(3) = p_b - \Delta p / L(3) \times L = 0.48 - 60$
$\qquad \times 3.3480 \times 10^{-3} = 0.2791$

$\delta(2-3) = | p_e'(2) - p_e'(3) | / p_e'(3)$
$\qquad = (0.2828 - 0.2791) / 0.2791 = 1.3\% > 1\%$

三次逼近得：

$p_P(3) = [p_b + p_e'(3)] / 2$
$\qquad = (0.48 + 0.2791) / 2 = 0.37955$

$\Delta p / L(4) = f[p_P(3) = 0.37955]$
$\qquad = 3.3583 \times 10^{-3}$

$p_e'(4) = p_b - \Delta p / L(4) \times L$
$\qquad = 0.48 - 60 \times 3.3583 \times 10^{-3}$
$\qquad = 0.2785$

$\delta(3-4) = | p_e'(3) - p_e'(4) | / p_e'(4)$
$\qquad = (0.2791 - 0.2785) / 0.2785$
$\qquad = 0.22\% < 1\%$

因为 $\gamma = 0$，所以 $L_Y \times \sin\gamma = 0$，即不需要高程校正。

即：管段末端压力 $p_e = p_e' + 0 = 0.2785$（MPa）。

**4.0.12** 管网内干粉的残余量 $m_r$ 的计算式是按管网内残存的驱动气体的质量除以驱动气体系数而推导出来的，管网内残存的驱动气体质量为：$\rho_Q V_D$，当 $p_P$

以 MPa 作单位时，

$$\rho_Q = (10 p_P + 1) \rho_{q0}$$

所以有：$m_r = V_D (10 p_P + 1) \rho_{q0} / \mu$

应该指出：理论上讲，干粉储存容器内干粉剩余量为：

$$m_s = V_c (10 p_0 + 1) \rho_{q0} / \mu$$

式中 $V_c$——干粉储存容器容积（$\text{m}^3$）。

但此时 $V_c$ 是未知数；另外，驱动气体系数 $\mu$ 是理论上的平均值，实际上对单元独立系统和组合分配系统中干粉需要量最多的防护区或保护对象来说，到喷射时间终了时，气固二相流中含粉量已很小，按公式（4.0.12-2）计算得到的管网内干粉残余量已含很大裕度。因此，按 $m + m_r$ 之值初选一干粉储存容器，然后加上厂商提供的 $m_s$ 值作为 $m_c$ 值，可以说够安全。

**4.0.14** 非液化驱动气体在储瓶内遵从理想气体状态方程，所以可按公式（4.0.14-1）和公式（4.0.14-2）计算驱动气体储存量。液化驱动气体在储瓶内不遵从理想气体状态方程，所以应按公式（4.0.14-3）和公式（4.0.14-4）计算驱动气体储存量。

**4.0.15** 清扫管道内残存干粉所需清扫气体量取 10 倍管网内驱动气体残余量为经验数据。

当清扫气体采用储瓶盛装时，应单独储存；若单位另有清扫气体气源采用管道供气，则不受此限制。

要求清扫工作在 48h 内完成是依据干粉灭火系统应在 48h 内恢复要求规定的。

# 5 系 统 组 件

## 5.1 储 存 装 置

**5.1.1** 干粉储存容器的工作压力，国外一些标准未加明确规定。考虑到国内干粉灭火系统应用不普遍，系统组件不够标准化，为了规范市场，简化系统组件的压力级别，使其生产标准化、通用化和系列化。根据国内一些生产厂家的实际经验规定了两个设计压力级别，即 1.6MPa 或 2.5MPa。此压力基本上能满足不同场合的使用要求并与各类阀门公称压力一致。平时不加压的干粉储存容器，可根据使用场合不同选择 1.6MPa 或 2.5MPa。之所以规定设计压力而不规定工作压力，是因为在国家现行标准《压力容器安全技术监察规程》中，压力容器是按设计压力分级的。

干粉灭火剂的装量系数不大于 0.85。是为了使干粉储存容器内留有一定净空间，以便在加压或释放时干粉储存容器内的气粉能够充分混合，这是试验所证明的。日本消防法施行规则 §3 也作了类似的规定。

增压时间对于抓住灭火战机来说自然是越快越好。由于驱动气体储瓶输气通径一般为 $\phi$10mm，对于大型装置来讲，用较多气瓶组合来扩大输气速度应考虑减压阀的输送流量及制造成本。《干粉灭火装置规范·设计与安装》VdS 2111—1985 §9.2 规定不应超过 20s，综合《干粉灭火系统部件通用技术条件》GB 16668—1996 规定和国外数据取增压时间为不大于 30s。

安全泄压装置是对干粉储存容器而言，一般设置在干粉储存容器上。虽然驱动气体先经过减压阀后输进干粉储存容器，从安全角度考虑为防止干粉储存容器超压而设置安全阀，并执行 GB 16668 有关规定。

**5.1.2** 驱动气体应使用惰性气体，国内外生产厂家多采用氮气和二氧化碳气体。氮气和二氧化碳比较，氮气物理性能稳定，故本规范规定驱动气体宜选用氮气。驱动气体含水率指标等效采用《固定式灭火系统·干粉系统·pt2：设计、安装与维护》EN 12416—2：2001 §4.2 数据。

驱动压力是输送干粉的压力，此压力不得大于干粉储存容器的最高工作压力，是出于安全考虑的。

这里"最高工作压力"，按国家现行标准《压力容器安全技术监察规程》定义，是指压力容器在正常使用过程中，顶部可能出现的最高压力，它应小于或等于设计压力。

**5.1.3** 避免阳光直射可防止装置老化和温差积水影响使用功能。环境温度取值等效采用《干粉灭火系统部件通用技术条件》GB 16668—1996 第 10.6.4 条数据。

**5.1.4** 本条是对储存装置设置的部位提出的要求，是从使用、维护安全角度而考虑的。等效采用《二氧化碳灭火系统设计规范》GB 50193—93（1999 年版）第 5.1.7 条。

### 5.2 选择阀和喷头

**5.2.1** 在组合分配系统中，每个防护区或保护对象的管道上应设一个选择阀。在火灾发生时，可以有选择地打开出现火情的防护区或保护对象管道上的选择阀喷放灭火剂灭火。选择阀上应设标明防护区或保护对象的永久性铭牌是防止操作时出现差错。

**5.2.2** 由于干粉灭火系统本身的特点，要求选择阀使用快开型阀门，如球阀。其通径要求主要考虑干粉系统灭火时，管道内为气固二相流，为使灭火剂与驱动气体无明显分离，避免截留灭火剂。前苏联标准中规定该阀应采用球阀。

**5.2.3** 这三种驱动方式是目前普遍采用的驱动方式，三种驱动方式可以任选其一；但无论哪种驱动方式，机械应急操作方式是必不可少的，目的是防止电动、气动或液动失灵时可采取有效的应急操作，确保系统的安全可靠。

选择阀的公称压力不应小于储存容器的设计压力是从安全角度考虑的。

**5.2.4** 灭火系统动作时，如果选择阀滞后于容器阀打开会引起选择阀至储存容器之间的封闭管段承受水锤作用而出现超压，故作此规定。《干粉灭火装置规范·设计与安装》VdS 2111—1985 §9.4.7 也作了相同规定。

**5.2.5** 喷头装配防护装置的主要目的是防止喷孔堵塞。此外，干粉需在干燥环境中储存，若接触空气会吸收空气中的水分而潮解，失去灭火作用，而且潮解后的干粉会腐蚀储存容器和管道，所以为了保持储存容器及管道不进入潮气，也需在喷嘴上安装防护罩。《干粉灭火系统标准》NFPA 17—1998 §2-3.1.4 及其他国外规范也作了类似规定。

**5.2.6** 此条系等效采用《干粉灭火装置规范·设计与安装》VdS 2111—1985 §9.6.4 的规定。

### 5.3 管道及附件

**5.3.1** 本条各款规定说明如下：

**1** 采用符合 GB/T 8163 规定的无缝钢管是为了使管道能够承受最高环境温度下的压力。表 A-1 系等效采用《二氧化碳灭火系统设计规范》GB 50193—93（1999 年版）附录 J。为了防止锈蚀和减少阻力损失，要求管道和附件内外表面做防腐处理，热固性镀膜或环氧固化法都是目前能够达到热镀锌性能要求而在环保和使用性能上优之的防腐方式。

**2** 当防护区或保护对象所在区域内有对防腐层腐蚀的气体、蒸汽或粉尘时，应采取耐腐蚀的材料，如不锈钢管或铜管。

**4** 灭火后管道中会残留干粉，若不及时吹扫干净会影响下次使用，规定留有吹扫口是为了及时吹出残留于管道内的剩余干粉。

**6** 由于干粉灭火系统在管道中流动为气固二相流，在弯头处会产生气固分离现象，但在 20 倍管径的管道长度内即可恢复均匀。附录 B 等效采用《干粉灭火系统标准》NFPA 17—1998 §A-3-9.1。

**7** 干粉灭火系统管网内是气固二相流，为避免流量分配不均造成气固分离，影响灭火效果，宜对称分流；四通管件的出口不能对称分流，故管道分支时不应使用四通管件。

**8** 此款等效采用《室内灭火装置和设备·干粉系统规范》BS 5306：pt7—1988 §7.1 规定。管道转弯时，如果空间允许，宜选用弯管代替弯头，不宜使用弯头管件；根据现行国家标准《工业金属管道工程施工及验收规范》GB 50235—97 中第 4.2.2 条规定，弯管的弯曲半径不宜小于管径的 5 倍。若受空间限制，可使用长半径弯头，不宜使用短半径弯头。

**9** 经国家法定检测机构检验认可的项目包括附件的产品质量及其当量长度等。

**5.3.2** 本条规定了管道的连接方式，对于公称直径不大于80mm的管道建议采用螺纹连接，也可采用沟槽（卡箍）连接；公称直径大于80mm的管道可采用法兰连接或沟槽（卡箍）连接，主要是考虑强度要求和安装与维修方便。

**5.3.3** 本条系参照国外相关标准制定，日本消防法施行规则第21条§4规定："当在储存容器至喷嘴之间设置选择阀时，应该在储存容器与选择阀之间设置符合消防厅长官规定的安全装置或爆破膜片"。泄压动作压力取值参照《干粉灭火系统部件通用技术条件》GB 16668—1996第6.1.6条制定。

**5.3.4** 设置压力信号器或流量信号器的目的是为了将灭火剂释放信号及释放区域及时反馈到控制盘上，便于确认灭火剂是否喷放。

**5.3.5** 管网需要支撑牢固，如果支撑不牢固，会影响喷放效果，如果喷头安装在装饰板外，会破坏装饰板。表A-3等效采用《室内灭火装置和设备·干粉系统规范》BS 5306：pt7—1988表4。可能产生爆炸的场所，管网吊挂安装和采取防晃措施是为了减缓冲击，以免造成管网破坏。国外标准也是这样规定的，如BS 5306：pt7—1988§32.2规定："如果管网被装置在潜在的爆炸危险区域，管道系统宜吊挂，其支撑是很少移动的"。

# 6 控 制 与 操 作

**6.0.1** 本条规定了干粉灭火系统的三种启动方式。干粉灭火系统的防护区或保护对象大多是消防保护的重点部位，需要在任何情况下都能够及时地发现火情和扑灭火灾。干粉灭火系统一般与该部位设置的火灾自动报警系统联动，实现自动控制，以保证在无人值守、操作的情况下也能自动将火扑灭。但自动控制装置有失灵的可能，在防护区内或保护对象有人监控的情况下，往往也不需要将系统置于自动控制状态，故要求系统同时应设有手动控制启动方式。手动控制启动方式在这里是指由操作人员在防护区或保护对象附近采用按动电钮等手段通过灭火控制器启动干粉灭火系统，实施灭火。考虑到在自动控制和手动控制全部失灵的特别情况下也能实施喷放灭火，系统还应设有机械应急操作启动方式。应急操作可以是直接手动操作，也可以利用系统压力或机械传动装置等进行操作。

在实际应用中，有些场所是无须设置火灾自动报警系统的，如局部应用灭火系统的保护对象有的能够做到始终处于专职人员的监控之下；有些工业设备只在人员操作运行时存在火灾危险，而在设备停止运行后，能够引起火灾的条件也随之消失。对这样的场所如果确实允许不设置火灾自动探测与报警装置，也就失去了对灭火系统自动控制的条件。因此，规范对这两种特别情况作了弹性处理，允许其不设置自动控制的启动方式。

**6.0.2** 本条对采用火灾探测器自动控制灭火系统的要求和延迟时间进行了规定。在实际应用中，不论哪种类型的探测器，由于受其自身的质量和环境的影响，在长期运行中不可避免地存在出现误报的可能。为了提高系统的可靠性，最大限度地避免由于探测器误报引起灭火系统误动作，从而带来不必要的经济损失，通常在保护场所设置两种不同类型或两组同一类型的探测器进行复合探测。本条规定的"应在收到两个独立火灾探测信号后才能启动"，是指只有当两种不同类型或两组同一类型的火灾探测器均检测出保护场所存在火灾时，才能发出启动灭火系统的指令。

即使在自动控制装置接收到两个独立的火灾信号发出启动灭火系统的指令，或操作人员通过手动控制装置启动灭火系统之后，考虑到给有关人员一定的时间对火情确认以判断是否确有必要喷放灭火剂，以及从防护区内或保护对象附近撤离，亦不希望立即喷放灭火剂。当然，干粉灭火系统在喷放灭火剂之前要先对干粉储存容器进行增压，这也决定了它无法立即喷放灭火剂，因此，规范作了延迟喷放的规定。延迟时间控制在30s之内，是为了避免火灾的扩大，也参照了习惯的做法，用户可以根据实际情况减少延迟时间，但要求这一时间不得小于干粉储存容器的增压时间，增压是在接到启动指令后才开始的。

**6.0.3** 本条对手动启动装置的安装位置作了规定。手动启动装置是防护区内或保护对象附近的人员在发现火险时启动灭火系统的手段之一，故要求它们安装在靠近防护区或保护对象同时又是能够确保操作人员安全的位置。为了避免操作人员在紧急情况下错按其他按钮，故要求所有手动启动装置都应明显地标示出其对应的防护区或保护对象的名称。

**6.0.4** 手动紧急停止装置是在系统启动后的延迟时段内发现不需要或不能够实施喷放灭火剂的情况时可采用的一种使系统中止的手段。产生这种情况的原因很多，比如有人错按了启动按钮；火情未到非启动灭火系统不可的地步，可改用其他简易灭火手段；区域内还有人员尚未完全撤离等等。一旦系统开始喷放灭火剂，手动紧急停止装置便失去了作用。启用紧急停止装置后，虽然系统控制装置停止了后继动作，但干粉储存容器增压仍然继续，系统处于蓄势待发的状态，这时仍有可能需要重新启动系统，释放灭火剂。比如有人错按了紧急停止按钮，防护区内被困人员已经撤离等，所以，要求做到在使用手动紧急停止装置后，手动启动装置可以再次启动。强调这一点的另一个理由是，目前在用的一些其他的固定灭火系统的手动启动装置不具有这种功能。

**6.0.5** 在现行国家标准《火灾自动报警系统设计规范》GB 50116—98中，对电源和自动控制装置的有关内容都有明确的规定。干粉灭火系统的电源与自动控制装置除了满足本规范的功能要求之外，还应符合

GB 50116 的规定。

**6.0.6** 由于预制灭火装置的启动设施一般是直接安装在储存装置上，对于全淹没灭火系统一般设置在防护区内，不具备手动机械启动操作的基本条件，故本规范对这一类装置做了弹性处理。

# 7 安 全 要 求

**7.0.1** 每个防护区内设置火灾声光警报器，目的在于向在防护区内人员发出迅速撤离的警告，以免受到火灾或施放的干粉灭火剂的危害。防护区外入口处设置的火灾声光警报器及干粉灭火剂喷放标志灯，旨在提示防护区内正在喷放灭火剂灭火，人员不能进入，以免受到伤害。

防护区内外设置的警报器声响，通常明显区别于上下班铃声或自动喷水灭火系统水力警铃等声响。警报声响度通常比环境噪声高 30dB。设置干粉灭火系统标志牌是提示进入防护区人员，当发生火灾时，应立即撤离。

**7.0.2** 干粉灭火系统从确认火警至释放灭火剂灭火前有一段延迟时间，该时间不大于 30s。因此通道及出口大小应保证防护区内人员能在该时间内安全疏散。

**7.0.3** 防护区的门向外开启，是为了防止个别人员因某种原因未能及时撤离时，都能在防护区内将门开启，避免对人员造成伤害。门自行关闭是使防护区内释放的干粉灭火剂不外泄，保持灭火剂设计浓度有利于灭火，并防止污染毗邻的环境。

**7.0.4** 封闭的防护区内释放大量的干粉灭火剂，会使能见度降低，使人员产生恐慌心理及对人员呼吸系统造成障碍或危害。因此，人员进入防护区工作时，通过将自动、手动开关切换至手动位置，使系统处于手动控制状态，即使控制系统受到干扰或误动作，也能避免系统误喷，保证防护区内人员的安全。

**7.0.5** 当干粉灭火系统施放了灭火剂扑灭防护区火灾后，防护区内还有很多因火灾而产生的有毒气体，而施放的干粉灭火剂微粒大量悬浮在防护区空间，为了尽快排出防护区内的有毒气体及悬浮的灭火剂微粒，以便尽快清理现场，应使防护区通风换气，但对地下防护区及无窗或设固定窗扇的地上防护区，难以用自然通风的方法换气，因此，要求采用机械排风方法。

**7.0.6** 设置局部应用灭火系统的场所，一般没有围封结构，因此只设置火灾声光警报器，不设门灯等设施。

**7.0.7** 有爆炸危险的场所，为防止爆炸，应消除金属导体上的静电，消除静电最有效的方法就是接地。有关标准规定，接地线应连接可靠，接地电阻小于 100Ω。

中华人民共和国国家标准

# 气体灭火系统设计规范

Code for design of gas fire extinguishing systems

**GB 50370—2005**

主编部门：中华人民共和国公安部
批准部门：中华人民共和国建设部
施行日期：２００６年５月１日

# 中华人民共和国建设部公告

## 第 412 号

### 建设部关于发布国家标准
### 《气体灭火系统设计规范》的公告

现批准《气体灭火系统设计规范》为国家标准，编号为 GB 50370—2005，自 2006 年 5 月 1 日起实施。其中，第 3.1.4、3.1.5、3.1.15、3.1.16、3.2.7、3.2.9、3.3.1、3.3.7、3.3.16、3.4.1、3.4.3、3.5.1、3.5.5、4.1.3、4.1.4、4.1.8、4.1.10、5.0.2、5.0.4、5.0.8、6.0.1、6.0.3、6.0.4、6.0.6、6.0.7、6.0.8、6.0.10 条为强制性条文，必须严格执行。

本规范由建设部标准定额研究所组织中国计划出版社出版发行。

中华人民共和国建设部
二〇〇六年三月二日

## 前　　言

本规范是根据建设部建标［2002］26 号文《二〇〇一～二〇〇二年度工程建设国家标准制定、修订计划》要求，由公安部天津消防研究所会同有关单位共同编制完成的。

在编制过程中，编制组进行了广泛的调查研究，总结了我国气体灭火系统研究、生产、设计和使用的科研成果及工程实践经验，参考了相关国际标准及美、日、德等发达国家的相关标准，进行了有关基础性实验及工程应用实验研究。广泛征求了设计、科研、制造、施工、大专院校、消防监督等部门和单位的意见，最后经专家审查，由有关部门定稿。

本规范共分六章和七个附录，内容包括：总则、术语和符号、设计要求、系统组件、操作与控制、安全要求等。

本规范以黑体字标志的条文为强制性条文，必须严格执行。

本规范由建设部负责管理和对强制性条文的解释，由公安部负责具体管理，公安部天津消防研究所负责具体技术内容的解释。请各单位在执行本规范过程中，注意总结经验、积累资料，并及时把意见和有关资料寄往本规范管理组（公安部天津消防研究所，地址：天津市南开区卫津南路 110 号，邮编：300381），以供今后修订时参考。

本规范主编单位、参编单位和主要起草人：

**主编单位：** 公安部天津消防研究所

**参编单位：** 国家固定灭火系统及耐火构件质量监督检验中心
北京城建设计研究总院
中国铁道科学研究院
深圳因特安全技术有限公司
中国移动通信集团公司
陕西省公安消防总队
深圳市公安局消防局
广东胜捷消防企业集团
浙江蓝天环保高科技股份有限公司
杭州新纪元消防科技有限公司
西安坚瑞化工有限责任公司

**主要起草人：** 东靖飞　谢德隆　杜兰萍　马　恒
刘连喜　李根敬　宋　波　许春元
刘跃红　伍建许　王宝伟　万　旭
李深梁　常　欣　王元荣　靳玉广
郭鸿宝　陆　曦

# 目　次

# 1 总　　则

**1.0.1** 为合理设计气体灭火系统,减少火灾危害,保护人身和财产的安全,制定本规范。

**1.0.2** 本规范适用于新建、改建、扩建的工业和民用建筑中设置的七氟丙烷、IG541 混合气体和热气溶胶全淹没灭火系统的设计。

**1.0.3** 气体灭火系统的设计,应遵循国家有关方针和政策,做到安全可靠、技术先进、经济合理。

**1.0.4** 设计采用的系统产品及组件,必须符合国家有关标准和规定的要求。

**1.0.5** 气体灭火系统设计,除应符合本规范外,还应符合国家现行有关标准的规定。

# 2 术语和符号

## 2.1 术　　语

**2.1.1** 防护区 protected area

满足全淹没灭火系统要求的有限封闭空间。

**2.1.2** 全淹没灭火系统 total flooding extinguishing system

在规定的时间内,向防护区喷放设计规定用量的灭火剂,并使其均匀地充满整个防护区的灭火系统。

**2.1.3** 管网灭火系统 piping extinguishing system

按一定的应用条件进行设计计算,将灭火剂从储存装置经由干管支管输送至喷放组件实施喷放的灭火系统。

**2.1.4** 预制灭火系统 pre-engineered systems

按一定的应用条件,将灭火剂储存装置和喷放组件等预先设计、组装成套且具有联动控制功能的灭火系统。

**2.1.5** 组合分配系统 combined distribution systems

用一套气体灭火剂储存装置通过管网的选择分配,保护两个或两个以上防护区的灭火系统。

**2.1.6** 灭火浓度 flame extinguishing concentration

在 101kPa 大气压和规定的温度条件下,扑灭某种火灾所需气体灭火剂在空气中的最小体积百分比。

**2.1.7** 灭火密度 flame extinguishing density

在 101kPa 大气压和规定的温度条件下,扑灭单位容积内某种火灾所需固体热气溶胶发生剂的质量。

**2.1.8** 惰化浓度 inerting concentration

有火源引入时,在 101kPa 大气压和规定的温度条件下,能抑制空气中任意浓度的易燃可燃气体或易燃可燃液体蒸气的燃烧发生所需的气体灭火剂在空气中的最小体积百分比。

**2.1.9** 浸渍时间 soaking time

在防护区内维持设计规定的灭火剂浓度,使火灾完全熄灭所需的时间。

**2.1.10** 泄压口 pressure relief opening

灭火剂喷放时,防止防护区内压超过允许压强,泄放压力的开口。

**2.1.11** 过程中点 course middle point

喷放过程中,当灭火剂喷出量为设计用量 50% 时的系统状态。

**2.1.12** 无毒性反应浓度(NOAEL 浓度) NOAEL concentration

观察不到由灭火剂毒性影响产生生理反应的灭火剂最大浓度。

**2.1.13** 有毒性反应浓度(LOAEL 浓度) LOAEL concentration

能观察到由灭火剂毒性影响产生生理反应的灭火剂最小浓度。

**2.1.14** 热气溶胶 condensed fire extinguishing aerosol

由固体化学混合物(热气溶胶发生剂)经化学反应生成的具有灭火性质的气溶胶,包括 S 型热气溶胶、K 型热气溶胶和其他型热气溶胶。

## 2.2 符　　号

$C_1$——灭火设计浓度或惰化设计浓度;

$C_2$——灭火设计密度;

$D$——管道内径;

$F_c$——喷头等效孔口面积;

$F_k$——减压孔板孔口面积;

$F_x$——泄压口面积;

$g$——重力加速度;

$H$——过程中点时,喷头高度相对储存容器内液面的位差;

$K$——海拔高度修正系数;

$K_v$——容积修正系数;

$L$——管道计算长度;

$n$——储存容器的数量;

$N_d$——流程中计算管段的数量;

$N_g$——安装在计算支管下游的喷头数量;

$P_0$——灭火剂储存容器充压(或增压)压力;

$P_1$——减压孔板前的压力;

$P_2$——减压孔板后的压力;

$P_c$——喷头工作压力;

$P_f$——围护结构承受内压的允许压强;

$P_h$——高程压头;

$P_m$——过程中点时储存容器内压力;

$Q$——管道设计流量;

$Q_c$——单个喷头的设计流量;

$Q_g$——支管平均设计流量;

$Q_k$——减压孔板设计流量;

$Q_w$——主干管平均设计流量;

$Q_x$——灭火剂在防护区的平均喷放速率;

$q_c$——等效孔口单位面积喷射率;

$S$——灭火剂过热蒸气或灭火剂气体在 101kPa 大气压和防护区最低环境温度下的质量体积;

$T$——防护区最低环境温度;

$t$——灭火剂设计喷放时间;

$V$——防护区净容积;

$V_0$——喷放前,全部储容器内的气相总容积(对 IG541 系统为全部储存容器的总容积);

$V_1$——减压孔板前管网管道容积;

$V_2$——减压孔板后管网管道容积;

$V_b$——储存容器的容量;

$V_p$——管网的管道内积;

$W$——灭火设计用量或惰化设计用量;

$W_0$——系统灭火剂储存量;

$W_s$——系统灭火剂剩余量;

$Y_1$——计算管段始端压力系数;

$Y_2$——计算管段末端压力系数;

$Z_1$——计算管段始端密度系数;

$Z_2$——计算管段末端密度系数;

$\gamma$——七氟丙烷液体密度;

$\delta$——落压比;

$\eta$——充装量;

$\mu_k$——减压孔板流量系数;

$\Delta P$——计算管段阻力损失;

$\Delta W_1$——储存容器内的灭火剂剩余量;

$\Delta W_2$——管道内的灭火剂剩余量。

# 3 设计要求

## 3.1 一般规定

3.1.1 采用气体灭火系统保护的防护区,其灭火设计用量或惰化设计用量,应根据防护区内可燃物相应的灭火设计浓度或惰化设计浓度经计算确定。

3.1.2 有爆炸危险的气体、液体类火灾的防护区,应采用惰化设计浓度;无爆炸危险的气体、液体类火灾和固体类火灾的防护区,应采用灭火设计浓度。

3.1.3 几种可燃物共存或混合时,灭火设计浓度或惰化设计浓度,应按其中最大的灭火设计浓度或惰化设计浓度确定。

3.1.4 两个或两个以上的防护区采用组合分配系统时,一个组合分配系统所保护的防护区不应超过 8 个。

3.1.5 组合分配系统的灭火剂储存量,应按储存量最大的防护区确定。

3.1.6 灭火系统的灭火剂储存量,应为防护区的灭火设计用量、储存容器内的灭火剂剩余量和管网内的灭火剂剩余量之和。

3.1.7 灭火系统的储存装置 72 小时内不能重新充装恢复工作的,应按系统原储存量的 100% 设置备用量。

3.1.8 灭火系统的设计温度,应采用 20℃。

3.1.9 同一集流管上的储存容器,其规格、充压压力和充装量应相同。

3.1.10 同一防护区,当设计两套或三套管网时,集流管可分别设置,系统启动装置必须共用。各管网上喷头流量均应按同一灭火设计浓度、同一喷放时间进行设计。

3.1.11 管网上不应采用四通管件进行分流。

3.1.12 喷头的保护高度和保护半径,应符合下列规定:

1 最大保护高度不宜大于 6.5m;

2 最小保护高度不应小于 0.3m;

3 喷头安装高度小于 1.5m 时,保护半径不宜大于 4.5m;

4 喷头安装高度不小于 1.5m 时,保护半径不应大于 7.5m。

3.1.13 喷头宜贴近防护区顶面安装,距顶面的最大距离不宜大于 0.5m。

3.1.14 一个防护区设置的预制灭火系统,其装置数量不宜超过 10 台。

3.1.15 同一防护区内的预制灭火系统装置多于 1 台时,必须能同时启动,其动作响应时差不得大于 2s。

3.1.16 单台热气溶胶预制灭火系统装置的保护容积不应大于 160m³;设置多台装置时,其相互间的距离不得大于 10m。

3.1.17 采用热气溶胶预制灭火系统的防护区,其高度不宜大于 6.0m。

3.1.18 热气溶胶预制灭火系统装置的喷口宜高于防护区地面 2.0m。

## 3.2 系统设置

3.2.1 气体灭火系统适用于扑救下列火灾:

1 电气火灾;

2 固体表面火灾;

3 液体火灾;

4 灭火前能切断气源的气体火灾。

注:除电缆隧道(夹层、井)及自备发电机房外,K 型和其他型热气溶胶预制灭火系统不得用于其他电气火灾。

3.2.2 气体灭火系统不适用于扑救下列火灾:

1 硝化纤维、硝酸钠等氧化剂或含氧化剂的化学制品火灾;

2 钾、镁、钠、钛、锆、铀等活泼金属火灾;

3 氢化钾、氢化钠等金属氢化物火灾;

4 过氧化氢、联胺等能自行分解的化学物质火灾;

5 可燃固体物质的深位火灾。

3.2.3 热气溶胶预制灭火系统不应设置在人员密集场所、有爆炸危险性的场所及有超净要求的场所。K 型及其他型热气溶胶预制灭火系统不得用于电子计算机房、通讯机房等场所。

3.2.4 防护区划分应符合下列规定:

1 防护区宜以单个封闭空间划分;同一区间的吊顶层和地板下需同时保护时,可合为一个防护区;

2 采用管网灭火系统时,一个防护区的面积不宜大于 800m²,且容积不宜大于 3600m³;

3 采用预制灭火系统时,一个防护区的面积不宜大于 500m²,且容积不宜大于 1600m³。

3.2.5 防护区围护结构及门窗的耐火极限均不宜低于 0.5h;吊顶的耐火极限不宜低于 0.25h。

3.2.6 防护区围护结构承受内压的允许压强,不宜低于 1200Pa。

3.2.7 防护区应设置泄压口,七氟丙烷灭火系统的泄压口应位于防护区净高的 2/3 以上。

3.2.8 防护区设置的泄压口,宜设在外墙上。泄压口面积按相应气体灭火系统设计规定计算。

3.2.9 喷放灭火剂前,防护区内除泄压口外的开口应能自行关闭。

3.2.10 防护区的最低环境温度不应低于 −10℃。

## 3.3 七氟丙烷灭火系统

3.3.1 七氟丙烷灭火系统的灭火设计浓度不应小于灭火浓度的 1.3 倍,惰化设计浓度不应小于惰化浓度的 1.1 倍。

3.3.2 固体表面火灾的灭火浓度为 5.8%,其他灭火浓度可按本规范附录 A 中表 A-1 的规定取值,惰化浓度可按本规范附录 A 中表 A-2 的规定取值。本规范附录 A 中未列出的,应经试验确定。

3.3.3 图书、档案、票据和文物资料库等防护区,灭火设计浓度宜采用 10%。

3.3.4 油浸变压器室、带油开关的配电室和自备发电机房等防护区,灭火设计浓度宜采用 9%。

3.3.5 通讯机房和电子计算机房等防护区,灭火设计浓度宜采用 8%。

3.3.6 防护区实际应用的浓度不应大于灭火设计浓度的 1.1 倍。

3.3.7 在通讯机房和电子计算机房等防护区,设计喷放时间不应大于 8s;在其他防护区,设计喷放时间不应大于 10s。

3.3.8 灭火浸渍时间应符合下列规定:

1 木材、纸张、织物等固体表面火灾,宜采用 20min;

2 通讯机房、电子计算机房内的电气设备火灾,应采用 5min;

3 其他固体表面火灾,宜采用 10min;

4 气体和液体火灾,不应小于 1min。

3.3.9 七氟丙烷灭火系统应采用氮气增压输送。氮气的含水量不应大于 0.006%。

储存容器的增压压力宜分为三级,并应符合下列规定:

1 一级 2.5+0.1MPa(表压)

2 二级 4.2+0.1MPa(表压)

3 三级 5.6+0.1MPa(表压)

3.3.10 七氟丙烷单位容积的充装量应符合下列规定:

1 一级增压储存容器,不应大于 1120kg/m³;

**2** 二级增压焊接结构储存容器,不应大于950kg/m³;

**3** 二级增压无缝结构储存容器,不应大于1120kg/m³;

**4** 三级增压储存容器,不应大于1080kg/m³。

**3.3.11** 管网的管道内容积,不应大于流经该管网的七氟丙烷储存量体积的80%。

**3.3.12** 管网布置宜设计为均衡系统,并应符合下列规定:

**1** 喷头设计流量应相等;

**2** 管网的第1分流点至各喷头的管道阻力损失,其相互间的最大差值不应大于20%。

**3.3.13** 防护区的泄压口面积,宜按下式计算:

$$F_x = 0.15 \frac{Q_x}{\sqrt{P_f}} \qquad (3.3.13)$$

式中 $F_x$——泄压口面积(m²);

$Q_x$——灭火剂在防护区的平均喷放速率(kg/s);

$P_f$——围护结构承受内压的允许压强(Pa)。

**3.3.14** 灭火设计用量或惰化设计用量和系统灭火剂储存量,应符合下列规定:

**1** 防护区灭火设计用量或惰化设计用量,应按下式计算:

$$W = K \cdot \frac{V}{S} \cdot \frac{C_1}{(100 - C_1)} \qquad (3.3.14-1)$$

式中 $W$——灭火设计用量或惰化设计用量(kg);

$C_1$——灭火设计浓度或惰化设计浓度(%);

$S$——灭火剂过热蒸气在101kPa大气压和防护区最低环境温度下的质量体积(m³/kg);

$V$——防护区净容积(m³);

$K$——海拔高度修正系数,可按本规范附录B的规定取值。

**2** 灭火剂过热蒸气在101kPa大气压和防护区最低环境温度下的质量体积,应按下式计算:

$$S = 0.1269 + 0.000513 \cdot T \qquad (3.3.14-2)$$

式中 $T$——防护区最低环境温度(℃)。

**3** 系统灭火剂储存量应按下式计算:

$$W_0 = W + \Delta W_1 + \Delta W_2 \qquad (3.3.14-3)$$

式中 $W_0$——系统灭火剂储存量(kg);

$\Delta W_1$——储存容器内的灭火剂剩余量(kg);

$\Delta W_2$——管道内的灭火剂剩余量(kg)。

**4** 储存容器内的灭火剂剩余量,可按储存容器内引升管管口以下的容器容积量换算。

**5** 均衡管网和只含一个封闭空间的非均衡管网,其管网内的灭火剂剩余量均可不计。

防护区内含两个或两个以上封闭空间的非均衡管网,其管网内的灭火剂剩余量,可按各支管与最短支管之间长度差值的容积量计算。

**3.3.15** 管网计算应符合下列规定:

**1** 管网计算时,各管道中灭火剂的流量,宜采用平均设计流量。

**2** 主干管平均设计流量,应按下式计算:

$$Q_w = \frac{W}{t} \qquad (3.3.15-1)$$

式中 $Q_w$——主干管平均设计流量(kg/s);

$t$——灭火剂设计喷放时间(s)。

**3** 支管平均设计流量,应按下式计算:

$$Q_g = \sum_1^{N_g} Q_c \qquad (3.3.15-2)$$

式中 $Q_g$——支管平均设计流量(kg/s);

$N_g$——安装在计算支管下游的喷头数量(个);

$Q_c$——单个喷头的设计流量(kg/s)。

**4** 管网阻力损失宜采用过程中点时储存容器内压力和平均设计流量进行计算。

**5** 过程中点时储存容器内压力,宜按下式计算:

$$P_m = \frac{P_0 V_0}{V_0 + \frac{W}{2\gamma} + V_p} \qquad (3.3.15-3)$$

$$V_0 = n V_b \left(1 - \frac{\eta}{\gamma}\right) \qquad (3.3.15-4)$$

式中 $P_m$——过程中点时储存容器内压力(MPa,绝对压力);

$P_0$——灭火剂储存容器增压压力(MPa,绝对压力);

$V_0$——喷放前,全部储存容器内的气相总容积(m³);

$\gamma$——七氟丙烷液体密度(kg/m³),20℃时为1407kg/m³;

$V_p$——管网的管道内容积(m³);

$n$——储存容器的数量(个);

$V_b$——储存容器的容量(m³);

$\eta$——充装量(kg/m³)。

**6** 管网的阻力损失应根据管道种类确定。当采用镀锌钢管时,其阻力损失可按下式计算:

$$\frac{\Delta P}{L} = \frac{5.75 \times 10^5 Q^2}{\left(1.74 + 2 \times \lg \frac{D}{0.12}\right)^2 D^5} \qquad (3.3.15-5)$$

式中 $\Delta P$——计算管段阻力损失(MPa);

$L$——管道计算长度(m),为计算管段中沿程长度与局部损失当量长度之和;

$Q$——管道设计流量(kg/s);

$D$——管道内径(mm)。

**7** 初选管径可按管道设计流量,参照下列公式计算:

当$Q \leqslant 6.0$kg/s时,

$$D = (12 \sim 20)\sqrt{Q} \qquad (3.3.15-6)$$

当$6.0$kg/s$< Q < 160.0$kg/s时,

$$D = (8 \sim 16)\sqrt{Q} \qquad (3.3.15-7)$$

**8** 喷头工作压力应按下式计算:

$$P_c = P_m - \sum_1^{N_d} \Delta P \pm P_h \qquad (3.3.15-8)$$

式中 $P_c$——喷头工作压力(MPa,绝对压力);

$\sum_1^{N_d} \Delta P$——系统流程阻力总损失(MPa);

$N_d$——流程中计算管段的数量;

$P_h$——高程压头(MPa)。

**9** 高程压头应按下式计算:

$$P_h = 10^{-6} \cdot \gamma Hg \qquad (3.3.15-9)$$

式中 $H$——过程中点时,喷头高度相对储存容器内液面的位差(m);

$g$——重力加速度(m/s²)。

**3.3.16** 七氟丙烷气体灭火系统的喷头工作压力的计算结果,应符合下列规定:

**1** 一级增压储存容器的系统 $P_c \geqslant 0.6$(MPa,绝对压力);

二级增压储存容器的系统 $P_c \geqslant 0.7$(MPa,绝对压力);

三级增压储存容器的系统 $P_c \geqslant 0.8$(MPa,绝对压力)。

**2** $P_c \geqslant \dfrac{P_m}{2}$(MPa,绝对压力)。

**3.3.17** 喷头等效孔口面积应按下式计算:

$$F_c = \frac{Q_c}{q_c} \qquad (3.3.17)$$

式中 $F_c$——喷头等效孔口面积(cm²);

$q_c$——等效孔口单位面积喷射率[kg/(s·cm²)],可按本规范附录C采用。

**3.3.18** 喷头的实际孔口面积,应经试验确定,喷头规格应符合本规范附录D的规定。

### 3.4 IG541 混合气体灭火系统

**3.4.1** IG541 混合气体灭火系统的灭火设计浓度不应小于灭火浓度的 1.3 倍，惰化设计浓度不应小于惰化浓度的 1.1 倍。

**3.4.2** 固体表面火灾的灭火浓度为 28.1%，其他灭火浓度可按本规范附录 A 中表 A-3 的规定取值，惰化浓度可按本规范附录 A 中表 A-4 的规定取值。本规范附录 A 中未列出的，应经试验确定。

**3.4.3** 当 IG541 混合气体灭火剂喷放至设计用量的 95% 时，其喷放时间不应大于 60s，且不应小于 48s。

**3.4.4** 灭火浸渍时间应符合下列规定：

**1** 木材、纸张、织物等固体表面火灾，宜采用 20min；

**2** 通讯机房、电子计算机房内的电气设备火灾，宜采用 10min；

**3** 其他固体表面火灾，宜采用 10min。

**3.4.5** 储存容器充装量应符合下列规定：

**1** 一级充压（15.0MPa）系统，充装量应为 211.15kg/m³；

**2** 二级充压（20.0MPa）系统，充装量应为 281.06kg/m³。

**3.4.6** 防护区的泄压口面积，宜按下式计算：

$$F_x = 1.1 \frac{Q_x}{\sqrt{P_f}} \qquad (3.4.6)$$

式中　$F_x$——泄压口面积（m²）；

　　　$Q_x$——灭火剂在防护区的平均释放速率（kg/s）；

　　　$P_f$——围护结构承受内压的允许压强（Pa）。

**3.4.7** 灭火设计用量或惰化设计用量和系统灭火剂储存量，应符合下列规定：

**1** 防护区灭火设计用量或惰化设计用量应按下式计算：

$$W = K \cdot \frac{V}{S} \cdot \ln\left(\frac{100}{100-C_1}\right) \qquad (3.4.7-1)$$

式中　$W$——灭火设计用量或惰化设计用量（kg）；

　　　$C_1$——灭火设计浓度或惰化设计浓度（%）；

　　　$V$——防护区净容积（m³）；

　　　$S$——灭火剂气体在 101kPa 大气压和防护区最低环境温度下的质量体积（m³/kg）；

　　　$K$——海拔高度修正系数，可按本规范附录 B 的规定取值。

**2** 灭火剂气体在 101kPa 大气压和防护区最低环境温度下的质量体积，应按下式计算：

$$S = 0.6575 + 0.0024 \cdot T \qquad (3.4.7-2)$$

式中　$T$——防护区最低环境温度（℃）。

**3** 系统灭火剂储存量，应为防护区灭火设计用量及系统灭火剂剩余量之和，系统灭火剂剩余量应按下式计算：

$$W_s \geqslant 2.7V_0 + 2.0V_p \qquad (3.4.7-3)$$

式中　$W_s$——系统灭火剂剩余量（kg）；

　　　$V_0$——系统全部储存容器的总容积（m³）；

　　　$V_p$——管网的管道内容积（m³）。

**3.4.8** 管网计算应符合下列规定：

**1** 管道流量宜采用平均设计流量。

主干管、支管的平均设计流量，应按下列公式计算：

$$Q_w = \frac{0.95W}{t} \qquad (3.4.8-1)$$

$$Q_g = \sum_{1}^{N_g} Q_c \qquad (3.4.8-2)$$

式中　$Q_w$——主干管平均设计流量（kg/s）；

　　　$t$——灭火剂设计喷放时间（s）；

　　　$Q_g$——支管平均设计流量（kg/s）；

　　　$N_g$——安装在计算支管下游的喷头数量（个）；

　　　$Q_c$——单个喷头的设计流量（kg/s）。

**2** 管道内径宜按下式计算：

$$D = (24 \sim 36)\sqrt{Q} \qquad (3.4.8-3)$$

式中　$D$——管道内径（mm）；

　　　$Q$——管道设计流量（kg/s）。

**3** 灭火剂释放时，管网应进行减压。减压装置宜采用减压孔板。减压孔板宜设在系统的源头或干管入口处。

**4** 减压孔板前的压力，应按下式计算：

$$P_1 = P_0 \left(\frac{0.525V_0}{V_0 + V_1 + 0.4V_2}\right)^{1.45} \qquad (3.4.8-4)$$

式中　$P_1$——减压孔板前的压力（MPa，绝对压力）；

　　　$P_0$——灭火剂储存容器充压压力（MPa，绝对压力）；

　　　$V_0$——系统全部储存容器的总容积（m³）；

　　　$V_1$——减压孔板前管网管道容积（m³）；

　　　$V_2$——减压孔板后管网管道容积（m³）。

**5** 减压孔板后的压力，应按下式计算：

$$P_2 = \delta \cdot P_1 \qquad (3.4.8-5)$$

式中　$P_2$——减压孔板后的压力（MPa，绝对压力）；

　　　$\delta$——落压比（临界落压比 $\delta = 0.52$）。一级充压（15.0MPa）的系统，可在 $\delta = 0.52 \sim 0.60$ 中选用；二级充压（20.0MPa）的系统，可在 $\delta = 0.52 \sim 0.55$ 中选用。

**6** 减压孔板孔口面积，宜按下式计算：

$$F_k = \frac{Q_k}{0.95\mu_k P_1 \sqrt{\delta^{1.38} - \delta^{1.69}}} \qquad (3.4.8-6)$$

式中　$F_k$——减压孔板孔口面积（cm²）；

　　　$Q_k$——减压孔板设计流量（kg/s）；

　　　$\mu_k$——减压孔板流量系数。

**7** 系统的阻力损失计算宜从减压孔板后起算，并按下式计算，压力系数和密度系数，可依据计算点压力按本规范附录 E 确定。

$$Y_2 = Y_1 + \frac{L \cdot Q^2}{0.242 \times 10^{-8} \cdot D^{5.25}} + \frac{1.653 \times 10^7}{D^4} \cdot (Z_2 - Z_1)Q^2$$
$$(3.4.8-7)$$

式中　$Q$——管道设计流量（kg/s）；

　　　$L$——管道计算长度（m）；

　　　$D$——管道内径（mm）；

　　　$Y_1$——计算管段始端压力系数（$10^{-1}$MPa·kg/m³）；

　　　$Y_2$——计算管段末端压力系数（$10^{-1}$MPa·kg/m³）；

　　　$Z_1$——计算管段始端密度系数；

　　　$Z_2$——计算管段末端密度系数。

**3.4.9** IG541 混合气体灭火系统的喷头工作压力的计算结果，应符合下列规定：

**1** 一级充压（15.0MPa）系统，$P_c \geqslant 2.0$（MPa，绝对压力）；

**2** 二级充压（20.0MPa）系统，$P_c \geqslant 2.1$（MPa，绝对压力）。

**3.4.10** 喷头等效孔口面积，应按下式计算：

$$F_c = \frac{Q_c}{q_c} \qquad (3.4.10)$$

式中　$F_c$——喷头等效孔口面积（cm²）；

　　　$q_c$——等效孔口单位面积喷射率 [kg/(s·cm²)]，可按本规范附录 F 采用。

**3.4.11** 喷头的实际孔口面积，应经试验确定，喷头规格应符合本规范附录 D 的规定。

### 3.5 热气溶胶预制灭火系统

**3.5.1** 热气溶胶预制灭火系统的灭火设计密度不应小于灭火密度的 1.3 倍。

**3.5.2** S 型和 K 型热气溶胶灭固体表面火灾的灭火密度为 100g/m³。

**3.5.3** 通讯机房和电子计算机房等场所的电气设备火灾，S 型热气溶胶的灭火设计密度不应小于 130g/m³。

3.5.4 电缆隧道(夹层、井)及自备发电机房火灾,S 型和 K 型热气溶胶的灭火设计密度不应小于 140g/m³。

3.5.5 在通讯机房、电子计算机房等防护区,灭火剂喷放时间不应大于 90s,喷口温度不应大于 150℃;在其他防护区,喷放时间不应大于 120s,喷口温度不应大于 180℃。

3.5.6 S 型和 K 型热气溶胶对其他可燃物的灭火密度应经过试验确定。

3.5.7 其他型热气溶胶的灭火密度应经试验确定。

3.5.8 灭火浸渍时间应符合下列规定:

1 木材、纸张、织物等固体表面火灾,应采用 20min;

2 通讯机房、电子计算机房等防护区火灾及其他固体表面火灾,应采用 10min。

3.5.9 灭火设计用量应按下式计算:

$$W = C_2 \cdot K_v \cdot V \qquad (3.5.9)$$

式中 $W$——灭火设计用量(kg);

$C_2$——灭火设计密度(kg/m³);

$V$——防护区净容积(m³);

$K_v$——容积修正系数。$V < 500$m³,$K_v = 1.0$;$500$m³$\leqslant V < 1000$m³,$K_v = 1.1$;$V \geqslant 1000$m³,$K_v = 1.2$。

# 4 系 统 组 件

## 4.1 一 般 规 定

4.1.1 储存装置应符合下列规定:

1 管网系统的储存装置应由储存容器、容器阀和集流管等组成;七氟丙烷和 IG541 预制灭火系统的储存装置,应由储存容器、容器阀等组成;热气溶胶预制灭火系统的储存装置应由发生剂罐、引发器和保护箱(壳)体等组成;

2 容器阀和集流管之间应采用挠性连接。储存容器和集流管应采用支架固定;

3 储存装置上应设耐久的固定铭牌,并应标明每个容器的编号、容积、皮重、灭火剂名称、充装量、充装日期和充压压力等;

4 管网灭火系统的储存装置宜设在专用储瓶间内。储瓶间宜靠近防护区,并应符合建筑物耐火等级不低于二级的有关规定及有关压力容器存放的规定,且应有直接通向室外或疏散走道的出口。储瓶间和设置预制灭火系统的防护区的环境温度应为 $-10 \sim 50℃$;

5 储存装置的布置,应便于操作、维修及避免阳光照射。操作面距墙面或两操作面之间的距离,不宜小于 1.0m,且不应小于储存容器外径的 1.5 倍。

4.1.2 储存容器、驱动气体储瓶的设计与使用应符合国家现行《气瓶安全监察规程》及《压力容器安全技术监察规程》的规定。

4.1.3 储存装置的储存容器与其他组件的公称工作压力,不应小于在最高环境温度下所承受的工作压力。

4.1.4 在储存容器或容器阀上,应设安全泄压装置和压力表。组合分配系统的集流管,应设安全泄压装置。安全泄压装置的动作压力,应符合相应气体灭火系统的设计规定。

4.1.5 在通向每个防护区的灭火系统主管道上,应设压力讯号器或流量讯号器。

4.1.6 组合分配系统中的每个防护区应设置控制灭火剂流向的选择阀,其公称直径应与该防护区灭火系统的主管道公称直径相等。

选择阀的位置应靠近储存容器且便于操作。选择阀应设有标明其工作防护区的永久性铭牌。

4.1.7 喷头应有型号、规格的永久性标识。设置在有粉尘、油雾等防护区的喷头,应有防护装置。

4.1.8 喷头的布置应满足喷放后气体灭火剂在防护区内均匀分布的要求。当保护对象属可燃液体时,喷头射流方向不应朝向液体表面。

4.1.9 管道及管道附件应符合下列规定:

1 输送气体灭火剂的管道应采用无缝钢管。其质量应符合现行国家标准《输送流体用无缝钢管》GB/T 8163、《高压锅炉用无缝钢管》GB 5310 等的规定。无缝钢管内外应进行防腐处理,防腐处理宜采用符合环保要求的方式;

2 输送气体灭火剂的管道安装在腐蚀性较大的环境里,宜采用不锈钢管。其质量应符合现行国家标准《流体输送用不锈钢无缝钢管》GB/T 14976 的规定;

3 输送启动气体的管道,宜采用铜管,其质量应符合现行国家标准《拉制铜管》GB 1527 的规定;

4 管道的连接,当公称直径小于或等于 80mm 时,宜采用螺纹连接;大于 80mm 时,宜采用法兰连接。钢制管道附件应内外防腐处理,防腐处理宜采用符合环保要求的方式。使用在腐蚀性较大的环境里,应采用不锈钢的管道附件。

4.1.10 系统组件与管道的公称工作压力,不应小于在最高环境温度下所承受的工作压力。

4.1.11 系统组件的特性参数应由国家法定检测机构验证或测定。

## 4.2 七氟丙烷灭火系统组件专用要求

4.2.1 储存容器或容器阀以及组合分配系统集流管上的安全泄压装置的动作压力,应符合下列规定:

1 储存容器增压压力为 2.5MPa 时,应为 5.0±0.25MPa(表压);

2 储存容器增压压力为 4.2MPa,最大充装量为 950kg/m³ 时,应为 7.0±0.35MPa(表压);最大充装量为 1120kg/m³ 时,应为 8.4±0.42MPa(表压);

3 储存容器增压压力为 5.6MPa 时,应为 10.0±0.50MPa(表压)。

4.2.2 增压压力为 2.5MPa 的储存容器宜采用焊接容器;增压压力为 4.2MPa 的储存容器,可采用焊接容器或无缝容器;增压压力为 5.6MPa 的储存容器,应采用无缝容器。

4.2.3 在容器阀和集流管之间的管道上应设单向阀。

## 4.3 IG541 混合气体灭火系统组件专用要求

4.3.1 储存容器或容器阀以及组合分配系统集流管上的安全泄压装置的动作压力,应符合下列规定:

1 一级充压(15.0MPa)系统,应为 20.7±1.0MPa(表压);

2 二级充压(20.0MPa)系统,应为 27.6±1.4MPa(表压)。

4.3.2 储存容器应采用无缝容器。

## 4.4 热气溶胶预制灭火系统组件专用要求

4.4.1 一台以上灭火装置之间的电启动线路应采用串联连接。

4.4.2 每台灭火装置均应具备启动反馈功能。

# 5 操 作 与 控 制

5.0.1 采用气体灭火系统的防护区,应设置火灾自动报警系统,其设计应符合现行国家标准《火灾自动报警系统设计规范》GB 50116 的规定,并应选用灵敏度级别高的火灾探测器。

5.0.2 管网灭火系统应设自动控制、手动控制和机械应急操作三种启动方式。预制灭火系统应设自动控制和手动控制两种启动方式。

5.0.3 采用自动控制启动方式时，根据人员安全撤离防护区的需要，应有不大于 30s 的可控延迟喷射；对于平时无人工作的防护区，可设置为无延迟的喷射。

5.0.4 灭火设计浓度或实际使用浓度大于无毒性反应浓度(NOAEL浓度)的防护区和采用热气溶胶预制灭火系统的防护区，应设手动与自动控制的转换装置。当人员进入防护区时，应能将灭火系统转换为手动控制方式；当人员离开时，应能恢复为自动控制方式。防护区内外应设手动、自动控制状态的显示装置。

5.0.5 自动控制装置应在接到两个独立的火灾信号后才能启动。手动控制装置和手动与自动转换装置应设在防护区疏散出口的门外便于操作的地方，安装高度为中心点距地面 1.5m。机械应急操作装置应设在储瓶间内或防护区疏散出口门外便于操作的地方。

5.0.6 气体灭火系统的操作与控制，应包括对开口封闭装置、通风机械和防火阀等设备的联动操作与控制。

5.0.7 设有消防控制室的场所，各防护区灭火控制系统的有关信息，应传送给消防控制室。

5.0.8 气体灭火系统的电源，应符合国家现行有关消防技术标准的规定；采用气动力源时，应保证系统操作和控制需要的压力和气量。

5.0.9 组合分配系统启动时，选择阀应在容器阀开启前或同时打开。

# 6 安全要求

6.0.1 防护区应有保证人员在 30s 内疏散完毕的通道和出口。

6.0.2 防护区内的疏散通道及出口，应设应急照明与疏散指示标志。防护区内应设火灾声报警器，必要时，可增设闪光报警器。防护区的入口处应设火灾声、光报警器和灭火剂喷放指示灯，以及防护区采用的相应气体灭火系统的永久性标志牌。灭火剂喷放指示灯信号，应保持到防护区通风换气后，以手动方式解除。

6.0.3 防护区的门应向疏散方向开启，并能自行关闭；用于疏散的门必须能从防护区内打开。

6.0.4 灭火后的防护区应通风换气，地下防护区和无窗或设固定窗扇的地上防护区，应设置机械排风装置，排风口宜在防护区的下部并应直通室外。通信机房、电子计算机房等场所的通风换气次数应不少于每小时 5 次。

6.0.5 储瓶间的门应向外开启，储瓶间内应设应急照明；储瓶间应有良好的通风条件，地下储瓶间应设机械排风装置，排风口应设在下部，可通过排风管排出室外。

6.0.6 经过有爆炸危险和变电、配电场所的管网，以及布设在以上场所的金属箱体等，应设防静电接地。

6.0.7 有人工作防护区的灭火设计浓度或实际使用浓度，不应大于有毒性反应浓度(LOAEL浓度)，该值应符合本规范附录 G 的规定。

6.0.8 防护区内设置的预制灭火系统的充压压力不应大于 2.5 MPa。

6.0.9 灭火系统的手动控制与应急操作应有防止误操作的警示显示与措施。

6.0.10 热气溶胶灭火系统装置的喷口前 1.0m 内，装置的背面、侧面、顶部 0.2m 内不应设置或存放设备、器具等。

6.0.11 设有气体灭火系统的场所，宜配置空气呼吸器。

## 附录 A 灭火浓度和惰化浓度

七氟丙烷、IG541 的灭火浓度及惰化浓度见表 A-1～表 A-4。

表 A-1 七氟丙烷灭火浓度

| 可 燃 物 | 灭火浓度(%) | 可 燃 物 | 灭火浓度(%) |
|---|---|---|---|
| 甲烷 | 6.2 | 异丙醇 | 7.3 |
| 乙烷 | 7.5 | 丁醇 | 7.1 |
| 丙烷 | 6.3 | 甲乙酮 | 6.7 |
| 庚烷 | 5.8 | 甲基异丁酮 | 6.6 |
| 正庚烷 | 6.5 | 丙酮 | 6.5 |
| 硝基甲烷 | 10.1 | 环戊酮 | 6.7 |
| 甲苯 | 5.1 | 四氢呋喃 | 7.2 |
| 二甲苯 | 5.3 | 吗啉 | 7.3 |
| 乙腈 | 3.7 | 汽油(无铅,7.8%乙醇) | 6.5 |
| 乙基醋酸酯 | 5.6 | 航空燃料汽油 | 6.6 |
| 丁基醋酸酯 | 6.6 | 2 号柴油 | 6.7 |
| 甲醇 | 9.9 | 喷气式发动机燃料(-4) | 6.6 |
| 乙醇 | 7.6 | 喷气式发动机燃料(-5) | 6.6 |
| 乙二醇 | 7.8 | 变压器油 | 6.9 |

表 A-2 七氟丙烷惰化浓度

| 可 燃 物 | 惰化浓度(%) |
|---|---|
| 甲烷 | 8.0 |
| 二氯甲烷 | 3.5 |
| 1,1-二氟乙烷 | 8.6 |
| 1-氯-1,1-二氟乙烷 | 2.6 |
| 丙烷 | 11.6 |
| 1-丁烷 | 11.3 |
| 戊烷 | 11.6 |
| 乙烯氧化物 | 13.6 |

表 A-3 IG541 混合气体灭火浓度

| 可 燃 物 | 灭火浓度(%) | 可 燃 物 | 灭火浓度(%) |
|---|---|---|---|
| 甲烷 | 15.4 | 丙酮 | 30.3 |
| 乙烷 | 29.5 | 丁酮 | 35.8 |
| 丙烷 | 32.3 | 甲基异丁酮 | 32.3 |
| 戊烷 | 37.2 | 环己酮 | 42.1 |
| 庚烷 | 31.1 | 甲醇 | 44.2 |
| 正庚烷 | 31.0 | 乙醇 | 35.0 |
| 辛烷 | 35.8 | 1-丁醇 | 37.2 |
| 乙烯 | 42.1 | 异丁醇 | 28.3 |
| 醋酸乙烯酯 | 34.4 | 普通汽油 | 35.8 |
| 醋酸乙酯 | 32.7 | 航空汽油 100 | 29.5 |
| 二乙醚 | 34.9 | Avtur(Jet A) | 36.2 |
| 石油醚 | 35.0 | 2 号柴油 | 35.8 |
| 甲苯 | 25.0 | 真空泵油 | 32.0 |
| 乙腈 | 26.7 | | |

表 A-4 IG541 混合气体惰化浓度

| 可 燃 物 | 惰化浓度(%) |
|---|---|
| 甲烷 | 43.0 |
| 丙烷 | 49.0 |

## 附录 B 海拔高度修正系数

海拔高度修正系数见表 B。

表 B 海拔高度修正系数

| 海拔高度(m) | 修正系数 |
|---|---|
| −1000 | 1.130 |
| 0 | 1.000 |
| 1000 | 0.885 |
| 1500 | 0.830 |
| 2000 | 0.785 |
| 2500 | 0.735 |
| 3000 | 0.690 |
| 3500 | 0.650 |
| 4000 | 0.610 |
| 4500 | 0.565 |

| 喷头规格代号 | 等效孔口面积(cm²) |
|---|---|
| 14 | 0.9697 |
| 16 | 1.267 |
| 18 | 1.603 |
| 20 | 1.979 |
| 22 | 2.395 |
| 24 | 2.850 |
| 26 | 3.345 |
| 28 | 3.879 |

注:扩充喷头规格,应以等效孔口的单孔直径0.79375mm的倍数设置。

# 附录C 七氟丙烷灭火系统喷头等效孔口单位面积喷射率

七氟丙烷灭火系统喷头等效孔口单位面积喷射率见表C-1~表C-3。

**表C-1 增压压力为2.5MPa(表压)时七氟丙烷灭火系统喷头等效孔口单位面积喷射率**

| 喷头入口压力(MPa,绝对压力) | 喷射率[kg/(s·cm²)] | 喷头入口压力(MPa,绝对压力) | 喷射率[kg/(s·cm²)] |
|---|---|---|---|
| 2.1 | 4.67 | 1.3 | 2.86 |
| 2.0 | 4.48 | 1.2 | 2.58 |
| 1.9 | 4.28 | 1.1 | 2.28 |
| 1.8 | 4.07 | 1.0 | 1.98 |
| 1.7 | 3.85 | 0.9 | 1.66 |
| 1.6 | 3.62 | 0.8 | 1.32 |
| 1.5 | 3.38 | 0.7 | 0.97 |
| 1.4 | 3.13 | 0.6 | 0.62 |

注:等效孔口流量系数为0.98。

**表C-2 增压压力为4.2MPa(表压)时七氟丙烷灭火系统喷头等效孔口单位面积喷射率**

| 喷头入口压力(MPa,绝对压力) | 喷射率[kg/(s·cm²)] | 喷头入口压力(MPa,绝对压力) | 喷射率[kg/(s·cm²)] |
|---|---|---|---|
| 3.4 | 6.04 | 1.6 | 3.50 |
| 3.2 | 5.83 | 1.4 | 3.05 |
| 3.0 | 5.61 | 1.3 | 2.80 |
| 2.8 | 5.37 | 1.2 | 2.50 |
| 2.6 | 5.12 | 1.1 | 2.22 |
| 2.4 | 4.85 | 1.0 | 1.93 |
| 2.2 | 4.55 | 0.9 | 1.62 |
| 2.0 | 4.25 | 0.8 | 1.27 |
| 1.8 | 3.90 | 0.7 | 0.90 |

注:等效孔口流量系数为0.98。

**表C-3 增压压力为5.6MPa(表压)时七氟丙烷灭火系统喷头等效孔口单位面积喷射率**

| 喷头入口压力(MPa,绝对压力) | 喷射率[kg/(s·cm²)] | 喷头入口压力(MPa,绝对压力) | 喷射率[kg/(s·cm²)] |
|---|---|---|---|
| 4.5 | 6.49 | 2.0 | 4.16 |
| 4.2 | 6.39 | 1.8 | 3.78 |
| 3.9 | 6.25 | 1.6 | 3.34 |
| 3.6 | 6.10 | 1.4 | 2.81 |
| 3.3 | 5.89 | 1.3 | 2.50 |
| 3.0 | 5.59 | 1.2 | 2.15 |
| 2.8 | 5.36 | 1.0 | 1.78 |
| 2.6 | 5.10 | 1.0 | 1.35 |
| 2.4 | 4.81 | 0.9 | 0.88 |
| 2.2 | 4.50 | 0.8 | 0.40 |

注:等效孔口流量系数为0.98。

# 附录D 喷头规格和等效孔口面积

喷头规格和等效孔口面积见表D。

**表D 喷头规格和等效孔口面积**

| 喷头规格代号 | 等效孔口面积(cm²) |
|---|---|
| 8 | 0.3168 |
| 9 | 0.4006 |
| 10 | 0.4948 |
| 11 | 0.5987 |
| 12 | 0.7129 |

# 附录E IG541混合气体灭火系统管道压力系数和密度系数

IG541混合气体灭火系统管道压力系数和密度系数见表E-1、表E-2。

**表E-1 一级充压(15.0MPa)IG541混合气体灭火系统的管道压力系数和密度系数**

| 压力(MPa,绝对压力) | $Y(10^{-1}MPa·kg/m^3)$ | $Z$ |
|---|---|---|
| 3.7 | 0 | 0 |
| 3.6 | 61 | 0.0366 |
| 3.5 | 120 | 0.0746 |
| 3.4 | 177 | 0.114 |
| 3.3 | 232 | 0.153 |
| 3.2 | 284 | 0.194 |
| 3.1 | 335 | 0.237 |
| 3.0 | 383 | 0.277 |
| 2.9 | 429 | 0.319 |
| 2.8 | 474 | 0.363 |
| 2.7 | 516 | 0.409 |
| 2.6 | 557 | 0.457 |
| 2.5 | 596 | 0.505 |
| 2.4 | 633 | 0.552 |
| 2.3 | 668 | 0.601 |
| 2.2 | 702 | 0.653 |
| 2.1 | 734 | 0.708 |
| 2.0 | 764 | 0.766 |

**表E-2 二级充压(20.0MPa)IG541混合气体灭火系统的管道压力系数和密度系数**

| 压力(MPa,绝对压力) | $Y(10^{-1}MPa·kg/m^3)$ | $Z$ |
|---|---|---|
| 4.6 | 0 | 0 |
| 4.5 | 75 | 0.0284 |
| 4.4 | 148 | 0.0561 |
| 4.3 | 219 | 0.0862 |
| 4.2 | 288 | 0.114 |
| 4.1 | 355 | 0.144 |
| 4.0 | 420 | 0.174 |
| 3.9 | 483 | 0.206 |
| 3.8 | 544 | 0.236 |
| 3.7 | 604 | 0.269 |
| 3.6 | 661 | 0.301 |
| 3.5 | 717 | 0.336 |
| 3.4 | 770 | 0.370 |
| 3.3 | 822 | 0.405 |

| 压力(MPa,绝对压力) | Y(10⁻¹MPa·kg/m³) | Z |
|---|---|---|
| 3.2 | 872 | 0.439 |
| 3.08 | 930 | 0.483 |
| 2.94 | 995 | 0.539 |
| 2.8 | 1056 | 0.595 |
| 2.66 | 1114 | 0.652 |
| 2.52 | 1169 | 0.713 |
| 2.38 | 1221 | 0.778 |
| 2.24 | 1269 | 0.847 |
| 2.1 | 1314 | 0.918 |

## 附录 F IG541 混合气体灭火系统喷头等效孔口单位面积喷射率

IG541 混合气体灭火系统喷头等效孔口单位面积喷射率见表 F-1、表 F-2。

**表 F-1 一级充压(15.0MPa)IG541 混合气体灭火系统喷头等效孔口单位面积喷射率**

| 喷头入口压力(MPa,绝对压力) | 喷射率[kg/(s·cm²)] |
|---|---|
| 3.7 | 0.97 |
| 3.6 | 0.94 |
| 3.5 | 0.91 |
| 3.4 | 0.88 |
| 3.3 | 0.85 |
| 3.2 | 0.82 |
| 3.1 | 0.79 |
| 3.0 | 0.76 |
| 2.9 | 0.73 |
| 2.8 | 0.70 |
| 2.7 | 0.67 |
| 2.6 | 0.64 |
| 2.5 | 0.62 |
| 2.4 | 0.59 |
| 2.3 | 0.56 |
| 2.2 | 0.53 |
| 2.1 | 0.51 |
| 2.0 | 0.48 |

注:等效孔口流量系数为 0.98。

**表 F-2 二级充压(20.0MPa)IG541 混合气体灭火系统喷头等效孔口单位面积喷射率**

| 喷头入口压力(MPa,绝对压力) | 喷射率[kg/(s·cm²)] |
|---|---|
| 4.6 | 1.21 |
| 4.5 | 1.18 |
| 4.4 | 1.15 |
| 4.3 | 1.12 |
| 4.2 | 1.09 |
| 4.1 | 1.06 |
| 4.0 | 1.03 |
| 3.9 | 1.00 |
| 3.8 | 0.97 |
| 3.7 | 0.95 |
| 3.6 | 0.92 |
| 3.5 | 0.89 |
| 3.4 | 0.86 |

| 喷头入口压力(MPa,绝对压力) | 喷射率[kg/(s·cm²)] |
|---|---|
| 3.3 | 0.83 |
| 3.2 | 0.80 |
| 3.08 | 0.77 |
| 2.94 | 0.73 |
| 2.8 | 0.69 |
| 2.66 | 0.65 |
| 2.52 | 0.62 |
| 2.38 | 0.58 |
| 2.24 | 0.54 |
| 2.1 | 0.50 |

注:等效孔口流量系数为 0.98。

## 附录 G 无毒性反应(NOAEL)、有毒性反应(LOAEL)浓度和灭火剂技术性能

无毒性反应(NOAEL)、有毒性反应(LOAEL)浓度和灭火剂技术性能见表 G-1～表 G-3。

**表 G-1 七氟丙烷和 IG541 的 NOAEL、LOAEL 浓度**

| 项 目 | 七氟丙烷 | IG541 |
|---|---|---|
| NOAEL 浓度 | 9.0% | 43% |
| LOAEL 浓度 | 10.5% | 52% |

**表 G-2 七氟丙烷灭火剂技术性能**

| 项 目 | 技 术 指 标 |
|---|---|
| 纯度 | ≥99.6%(质量比) |
| 酸度 | ≤3ppm(质量比) |
| 水含量 | ≤10ppm(质量比) |
| 不挥发残留物 | ≤0.01%(质量比) |
| 悬浮或沉淀物 | 不可见 |

**表 G-3 IG541 混合气体灭火剂技术性能**

| 灭火剂名称 | | 主要技术指标 | | | |
|---|---|---|---|---|---|
| | | 纯度(体积比) | 比例(%) | 氧含量 | 水含量 |
| IG541 | Ar | >99.97% | 40±4 | <3ppm | <4ppm |
| | N₂ | >99.99% | 52±4 | <3ppm | <5ppm |
| | CO₂ | >99.5% | 8 ⁺¹₋₀.₀ | <10ppm | <10ppm |
| 灭火剂名称 | | 其他成分最大含量(ppm) | | 悬浮物或沉淀物 | |
| IG541 | Ar | | | | |
| | N₂ | <10 | | — | |
| | CO₂ | | | | |

## 本规范用词说明

**1** 为便于在执行本规范条文时区别对待,对要求严格程度不同的用词说明如下:

1)表示很严格,非这样做不可的用词:
正面词采用"必须",反面词采用"严禁"。

2)表示严格,在正常情况下均应这样做的用词:
正面词采用"应",反面词采用"不应"或"不得"。

3)表示允许稍有选择,在条件许可时首先应这样做的用词:
正面词采用"宜",反面词采用"不宜";
表示有选择,在一定条件下可以这样做的用词,采用"可"。

**2** 本规范中指明应按其他有关标准、规范执行的写法为"应符合……的规定"或"应按……执行"。

中华人民共和国国家标准

# 气体灭火系统设计规范

GB 50370—2005

## 条 文 说 明

# 目　次

# 1 总　则

**1.0.1** 本条阐述了编制本规范的目的。

气体灭火系统是传统的四大固定式灭火系统（水、气体、泡沫、干粉）之一，应用广泛。近年来，为保护大气臭氧层，维护人类生态环境，国内外消防界已开发出多种替代卤化烷1201、1301的气体灭火剂及哈龙替代气体灭火系统。本规范的制定，旨在为气体灭火系统的设计工作提供技术依据，推动哈龙替代技术的发展，保护人身和财产安全。

**1.0.2** 本规范属于工程建设规范标准中的一个组成部分，其任务是解决工业和民用建筑中的新建、改建、扩建工程里有关设置气体全淹没灭火系统的消防设计问题。

气体灭火系统的设置部位，应根据国家标准《建筑设计防火规范》、《高层民用建筑设计防火规范》GB 50045等其他有关国家标准的规定及消防监督部门针对保护场所的火灾特点、财产价值、重要程度等所做的有关要求来确定。

当今，国际上已开发出化学合成类及惰性气体类等多种替代哈龙的气体灭火剂。其中七氟丙烷及IG541混合气体灭火剂在我国哈龙替代气体灭火系统中应用较广，且已应用多年，有较好的效果，积累了一定经验。七氟丙烷是目前替代物中效果较好的产品。其对臭氧层的耗损潜能值ODP=0，温室效应潜能值GWP=0.6，大气中存留寿命ALT=31年，灭火剂无毒性反应浓度NOAEL=9%，灭火设计基本浓度$C=8\%$；具有良好的清洁性（在大气中完全汽化不留残渣）、良好的气相电绝缘性和良好的适用于灭火系统使用的物理性能。20世纪90年代初，工业发达国家首先选用其替代哈龙灭火系统并取得成功。IG541混合气体灭火剂由$N_2$、Ar、$CO_2$三种惰性气体按一定比例混合而成，其ODP=0，使用后以其原有成分回归自然，灭火设计浓度一般在37%～43%之间，在此浓度内人员短时间停留不会造成生理影响。系统压源高，管网可布置较远。1994年1月，美国消防学会率先制定出《洁净气体灭火剂灭火系统设计规范》NFPA 2001，2000年，国际标准化组织（ISO）发布了国际标准《气体灭火系统——物理性能和系统设计》ISO 14520。应用实践表明，七氟丙烷灭火系统和IG541混合气体灭火系统均能有效地达到预期的保护目的。

热气溶胶灭火技术是由我国消防科研人员于20世纪60年代首先提出的，自90年代中期始，热气溶胶产品作为哈龙替代技术的重要组成部分在我国得到了大量使用。基于以下考虑，将热气溶胶预制灭火系统列入本规范：

**1** 热气溶胶中60%以上是由$N_2$等气体组成，其中含有的固体微粒的平均粒径极小（小于$1\mu m$），并具有气体的特性（不易降落、可以绕过障碍物等），故在工程应用上可以把热气溶胶当做气体灭火剂使用。

**2** 十余年来，热气溶胶技术历经改进已趋成熟。但是，由于国内外各厂家采用的化学配方不同，气溶胶的性质也不尽相同，故一直难以进行规范。2004年6月，公安部发布了公共安全行业标准《气溶胶灭火系统　第1部分：热气溶胶灭火装置》GA 499.1—2004，在该标准中，按热气溶胶发生剂的化学配方将热气溶胶分为K型、S型、其他型三类，从而为热气溶胶设计规范的制定提供了基本条件（该标准有关专利的声明见GA 499.1—2004第1号修改单）；同时，大量的研究成果，工程实践实例和一批地方设计标准的颁布实施也为国家标准的制定提供了可靠的技术依据。

**3** 美国环保局（EPA）哈龙替代物管理署（SNAP）已正式批准热气溶胶为重要的哈龙替代品。国际标准化组织也于2005年初将气溶胶灭火系统纳入《气体灭火系统——物理性能和系统设计》ISO 14520的修订内容中。

本规范目前将上述三种气体灭火系统列入。其他种类的气体灭火系统，如三氟甲烷、六氟丙烷等，若确实需要并待时机成熟，也可考虑分阶段列入。二氧化碳等气体灭火系统仍执行现有的国家标准，由于本规范中只规定了全淹没灭火系统的设计要求和方法，故本规范的规定不适用于局部应用灭火系统的设计，因二者有着完全不同的技术内涵，特别需要指出的是：二氧化碳灭火系统是目前唯一可进行局部应用的气体灭火系统。

**1.0.3** 本条规定了根据国家政策进行工程建设应遵守的基本原则。"安全可靠"，是以安全为本，要求必须保证达到预期目的；"技术先进"，则要求火灾报警、灭火控制及灭火系统设计科学，采用设备先进、成熟；"经济合理"，则是在保证安全可靠、技术先进的前提下，做到节省工程投资费用。

# 2　术语和符号

## 2.1　术　　语

**2.1.7** 由于热气溶胶在实施灭火喷放前以固体的气溶胶发生剂形式存在，且热气溶胶的灭火浓度确实难以直接准确测量，故以扑灭单位容积内某种火灾所需固体热气溶胶发生剂的质量来间接表述热气溶胶的灭火浓度。

**2.1.11** "过程中点"的概念，是参照《卤代烷1211灭火系统设计规范》GBJ 110—87条文说明中有关"中期状态"的概念提出的，其涵义基本一致。但由于灭火剂喷放50%的状态仅为一瞬时（时间点），而不是一个时期，故"过程中点"的概念比"中期状态"的概念更为准确。

**2.1.14** 依据公安部发布的公共安全行业标准《气溶胶灭火系统　第1部分：热气溶胶灭火装置》GA 499.1—2004，对S型热气溶胶、K型热气溶胶和其他型热气溶胶定义如下：

**1** S型热气溶胶（Type S condensed fire extinguishing aerosol）。

由含有硝酸锶[$Sr(NO_3)_2$]和硝酸钾（$KNO_3$）复合氧化剂的固体气溶胶发生剂经化学反应所产生的灭火气溶胶。其中复合氧化剂的组成（按质量百分比）硝酸锶为35%～50%，硝酸钾为10%～20%。

**2** K型热气溶胶（Type K condensed fire extinguishing aerosol）。

由以硝酸钾为主氧化剂的固体气溶胶发生剂经化学反应所产生的灭火气溶胶。固体气溶胶发生剂中硝酸钾的含量（按质量百分比）不小于30%。

**3** 其他型热气溶胶（Other types condensed fire extinguishing aerosol）。

非K型和S型热气溶胶。

# 3　设计要求

## 3.1　一般规定

**3.1.4** 我国是一个发展中国家，搞经济建设应厉行节约，故按照本规范总则中所规定的"经济合理"的原则，对两个或两个以上的防护区，可采用组合分配系统。对于特别重要的场所，在经济条件允许的情况下，可考虑采用单元独立系统。

组合分配系统能减少设备用量及设备占地面积，节省工程投资费用。但是，一个组合分配系统包含的防护区不能太多、太分散。因为各个被组合进来的防护区的灭火系统设计，都必须分别满足各自系统设计的技术要求,而这些要求必然限制了防护区分散程度和防护区的数量,并且,组合多了还应考虑火灾发生几率的问题。此外,灭火剂用量较小且与组合分配系统的设置用量相差太悬殊的防护区,不宜参加组合。

**3.1.5** 设置组合分配系统的设计原则:对被组合的防护区只按一次火灾考虑;不存在防护区之间火灾蔓延的条件,即可对它们实行共同防护。

共同防护的涵义,是指被组合的任一防护区里发生火灾,都能实行灭火并达到灭火要求。那么,组合分配系统灭火剂的储存量,按其中所需的系统储存量最大的一个防护区的储存量来确定。但须指出,单纯防护区面积、体积最大,或是采用灭火设计浓度最大,其系统储存量不一定最大。

**3.1.7** 灭火剂的泄漏以及储存容器的检修,还有喷放灭火后的善后和恢复工作,都将会中断对防护区的保护。由于气体灭火系统的防护区一般都为重要场所,由它保护而意外造成中断的时间不允许太长,故规定 72 小时内不能够恢复工作状态的,就应设备用储存容器和灭火剂备量。

本条规定备用量应按系统原储存量的 100% 确定,是按扑救第二次火灾需要来考虑的;同时参照了德国标准《固定式卤代烷灭火剂灭火设备》DIN 14496 的规定。

一般来说,依据我国现有情况,绝大多数地方 3 天内都能够完成重新充装和检修工作。在重新恢复工作状态前,要安排好临时保护措施。

**3.1.8** 在系统设计和管网计算时,必然会涉及到一些技术参数。例如与灭火剂有关的气相液相密度、蒸气压力等,与系统有关的单位容积充装量、充压压力、流动特性、喷嘴特性、阻力损失等,它们无不与温度有着直接或间接的关系。因此采用同一的温度基准是必要的,国际上大都取 20℃ 作为应用计算的基准,本规范中所列公式和数据(除另有指明者外,例如:应按防护区最低环境温度计算灭火设计用量)也是以该基准温度为前提条件的。

**3.1.9** 必要时,IG541 混合气体灭火系统储存容器的大小(容量)允许有差别,但充装压力应相同。

**3.1.10** 本条所做的规定,是为了尽量避免使用或少使用管道三通的设计,因其设计计算与实际在流量上存在的误差会带来较大的影响,在某些应用情况下它们可能会酿成不良后果(如在一防护区里包含一个以上封闭空间的情况)。所以,本条规定可设计两至三套管网以减少三通的使用。同时,如一防护区采用两套管网设计,还可使本应不均衡的系统变为均衡系统。对一些大防护区、大设计用量的系统来说,采用两套或三套管网设计,可减小管网管径,有利于管道设备的选用和保证管道设备的安全。

**3.1.11** 在管网上采用四通管件进行分流会影响分流的准确,造成实际分流与设计计算差异较大,故规定不应采用四通进行分流。

**3.1.12** 本条主要根据《气体灭火系统——物理性能和系统设计》ISO 14520 标准中的规定,在标准的覆盖面积灭火试验里,在设定的试验条件下,对喷头的安装高度、覆盖面积、遮挡物等做出了各项规定;同时,也是参考了公安部天津消防研究所的气体喷头性能试验数据,以及国外知名厂家的产品性能来规定的。

在喷头喷射角一定的情况下,降低喷头安装高度,会减小喷头覆盖面积;并且,当喷头安装高度小于 1.5m 时,遮挡物对喷头覆盖面积影响加大,故喷头保护半径应随之减小。

**3.1.14** 本条规定,一个防护区设置的预制灭火系统装置数量不宜多于 10 台。这是考虑预制灭火系统在技术上和功能上还有不如固定式灭火系统的地方;同时,数量多了会增加失误的几率,故应在数量上对它加以限制。具体考虑到本规范对设置预制灭火系统防护区的规定和对喷头的各项性能要求等,认为限定为"不宜超过 10 台"为宜。

**3.1.15** 为确保有效地扑灭火灾,防护区内设置的多台预制灭火

系统装置必须同时启动,其动作响应时间差也应有严格的要求,本条规定是经过多次相关试验所证实的。

**3.1.16** 实验证明,用单台灭火装置保护大于 160m³ 的防护区时,较远的区域内均有在规定时间内达不到灭火浓度的情况,所以本规范将单台灭火装置的保护容积限定在 160m³ 以内。也就是说,对一个容积大于 160m³ 的防护区即使设计一台装药量大的灭火装置能满足防护区设计灭火浓度或设计灭火密度要求,也要尽可能设计为两台装药量小一些的灭火装置,并均匀布置在防护区内。

## 3.2 系统设置

**3.2.1、3.2.2** 这两条内容等效采用《气体灭火系统——物理性能和系统设计》ISO 14520 和《洁净气体灭火剂灭火系统设计规范》NFPA 2001 标准的技术内涵;沿用了我国气体灭火系统国家标准,如《卤代烷 1301 灭火系统设计规范》GB 50163—92 的表述方式。从广义上明确地规定了各类气体灭火剂可用来扑救的火灾与不能扑救的某些物质的火灾,即是对其应用范围进行了划定。

但是,从实际应用角度方面来说,人们愿意接受另外一种更实际的表述方式——气体灭火系统的典型应用场所或对象:

电器和电子设备;

通讯设备;

易燃、可燃的液体和气体;

其他高价值的财产和重要场所(部位)。

这些的确都是气体灭火系统的应用范围,而且是最适宜的。

凡固体类(含木材、纸张、塑料、电器等)火灾,本规范所指扑救表面火灾而言,所做的技术规定和给定的技术数据,都是在此前提下给出的;不仅是七氟丙烷和 IG541 混合气体灭火系统如此,凡卤代烷气体灭火系统,以及除二氧化碳灭火系统以外的其他混合气体灭火系统概无例外。也就是说,本规范的规定不适用于固体深位火灾。

对于 IG541 混合气体灭火系统,因其灭火效能较低,以及在高压喷放时可能导致可燃易燃液体飞溅及汽化,有造成火势扩大蔓延的危险,一般不提倡用于扑救主燃料为液体的火灾。

**3.2.3** 对于热气溶胶灭火系统,其灭火剂采用多元烟火药剂混合制得,从而有别于传统意义的气体灭火剂,特别是在灭火剂的配方选择上,各生产单位相差很大。制造工艺、配方选择不合理等因素均可导致发生严重的产品责任事故。在我国,曾先后发生过热气溶胶产品因误动作引起火灾、储存装置爆炸、喷放后损坏电器设备等多起严重事故,给人民生命财产造成了重大损失。因此,必须在科学、审慎的基础上对热气溶胶灭火技术的生产和应用进行严格的技术、生产和使用管理。多年的基础研究和应用性实验研究,特别是大量的工程实践例证证明:S 型热气溶胶灭火系统用于扑救电气火灾后不会造成对电器及电子设备的二次损坏,故可用于扑救电气火灾;K 型热气溶胶灭火系统喷放后的产物会对电器和电子设备造成损坏;对于其他型热气溶胶灭火系统,由于目前国内外既无相应的技术标准要求,也没有应用成熟的产品,本着"成熟一项,纳入一项"的基本原则,本规范提出了对 K 型和其他型热气溶胶灭火系统产品在电气火灾中应用的限制规定。今后,若确有被理论和实践证明不会对电器和电子设备造成二次损坏的其他型热气溶胶产品出现时,本条款可进行有关内容的修改。当然,对于人员密集场所、有爆炸危险性的场所及有超净要求的场所(如制药、芯片加工等处),不应使用热气溶胶产品。

**3.2.4** 防护区的划分,是从有利于保证全淹没灭火系统实现灭火条件的要求方面提出来的。

不宜用两个或两个以上封闭空间划分防护区,即使它们所采用的灭火设计浓度相同,甚至有部分连通,也不宜那样去做。这是因为在极短的灭火剂喷放时间里,两个及两个以上空间难于实现

灭火剂浓度的均匀分布,会延误灭火时间,或造成灭火失败。

对于含吊顶层或地板下的防护区,各层面相邻,管网分配方便,在设计计算上比较容易保证灭火剂的管网流量分配,为节省设备投资和工程费用,可考虑按一个防护区来设计,但需保证在设计计算上细致、精确。

对采用管网灭火系统的防护区的面积和容积的划定,是在国家标准《卤代烷 1301 灭火系统设计规范》GB 50163—92 相关规定的基础上,通过有关的工程应用实践验证,根据实际需求而稍有扩大;对预制灭火系统,其防护区面积和容积的确定也是通过大量的工程应用实践而得出的。

**3.2.5** 当防护区的相邻区域设有水喷淋或其他灭火系统时,其隔墙或外墙上的门窗的耐火极限可低于 0.5h,但不应低于 0.25h。当吊顶层与工作层划为同一防护区时,吊顶的耐火极限不做要求。

**3.2.6** 该条等同采用了我国国家标准《卤代烷 1301 灭火系统设计规范》GB 50163—92 的规定。

热气溶胶灭火剂在实施灭火时所产生的气体量比七氟丙烷和 IG541 要少 50% 以上,再加上喷放相对缓慢,不会造成防护区内压力急速明显上升,所以,当采用热气溶胶灭火系统时可以放宽对围护结构承压的要求。

**3.2.7** 防护区需要开设泄压口,是因为气体灭火剂喷入防护区内,会显著地增加防护区的内压,如果没有适当的泄压口,防护区的围护结构将可能承受不起增长的压力而遭破坏。

有了泄压口,一定有灭火剂从此流失。在灭火设计用量公式中,对于喷放过程阶段内的流失量已经在设计用量中考虑;而灭火浸渍阶段内的流失量却没有包括。对于浸渍时间要求 10min 以上,而门、窗缝隙比较大,密封较差的防护区,其泄漏的补偿问题,可通过门风扇试验进行确定。

由于七氟丙烷灭火剂比空气重,为了减少灭火剂从泄压口流失,泄压口应在防护区净高的 2/3 以上,即泄压口下沿不低于防护区净高的 2/3。

**3.2.8** 条文中泄压口"宜设在外墙上",可理解为:防护区存在外墙,就应该设在外墙上;防护区不存在外墙,可考虑设在与走廊相隔的内墙上。

**3.2.9** 对防护区的封闭要求是全淹没灭火的必要技术条件,因此不允许除泄压口之外的开口存在;例如自动生产线上的工艺开口,也应做到在灭火时停止生产、自动关闭开口。

**3.2.10** 由于固体的气溶胶发生剂在启动、产生热气溶胶速率等方面受温度和压力的影响不显著,通常对使用热气溶胶的防护区环境温度可以放宽到不低于−20℃。但温度低于0℃时会使热气溶胶在防护区内的扩散速度降低,此时要对热气溶胶的设计灭火密度进行必要的修正。

### 3.3 七氟丙烷灭火系统

**3.3.1** 灭火设计浓度不应小于灭火浓度的 1.3 倍及惰化设计浓度不应小于惰化浓度 1.1 倍的规定,是等同采用《气体灭火系统——物理性能和系统设计》ISO 14520 及《洁净气体灭火剂灭火系统设计规范》NFPA 2001 标准的规定。

有关可燃物的灭火浓度数据及惰化浓度数据,也是采用了《气体灭火系统——物理性能和系统设计》ISO 14520 及《洁净气体灭火剂灭火系统设计规范》NFPA 2001 标准的数据。

采用惰化设计浓度的,只是对有爆炸危险的气体和液体类的防护区火灾而言。即是说,无爆炸危险的气体、液体类的防护区,仍采用灭火设计浓度进行消防设计。

那么,如何认定有无爆炸危险呢?

首先,应从温度方面去检查。以防护区内存放的可燃、易燃液体或气体的闪点(闭口杯法)温度为标准,检查防护区的最高环境温度及这些物料的储存(或工作)温度,不高过闪点温度的防护

区灭火后不存在永久性火源、而防护区又经常保持通风良好的,则认为无爆炸危险,可按灭火设计浓度进行设计。还需提请注意的是:对于扑救气体火灾,灭火前应做到切断气源。

当防护区最高环境温度或可燃、易燃液体的储存(或工作)温度高过其闪点(闭口杯法)温度时,可进一步再做检查:如果在该温度下,液体挥发形成的最大蒸气浓度小于它的燃烧下限浓度值的 50% 时,仍可考虑按无爆炸危险的灭火设计浓度进行设计。

如何在设计时确定被保护对象(可燃、易燃液体)的最大蒸气浓度是否会小于其燃烧下限浓度值的 50% 呢? 这可转换为计算防护区内被保护对象的允许最大储存量,并可参考下式进行计算:

$$W_m = 2.38(C_f \cdot M/K)V$$

式中  $W_m$ ——允许的最大储存量(kg);

$C_f$ ——该液体(保护对象)蒸气在空气中燃烧的下限浓度(%,体积比);

$M$ ——该液体的分子量;

$K$ ——防护区最高环境温度或该液体工作温度(按其中最大值,绝对温度);

$V$ ——防护区净容积(m³)。

**3.3.3** 本条规定了图书、档案、票据及文物资料等防护区的灭火设计浓度宜采用 10%。首先应该说明,依据本规范第 3.2.1 条,七氟丙烷只适用于扑救固体表面火灾,因此上述规定的灭火设计浓度,是扑救表面火灾的灭火设计浓度,不可用该设计浓度去扑救这些防护区的深位火灾。

固体类可燃物大都有从表面火灾发展为深位火灾的危险;并且,在燃烧过程中表面火灾与深位火灾之间无明显的界面可以划分,是一个渐变的过程。为此,在灭火设计上,立足于扑救表面火灾,并顾及到浅度的深位火灾的危险;这也是制定卤代烷灭火系统设计标准时国内外一贯的做法。

如果单纯依据《气体灭火系统——物理性能和系统设计》ISO 14520 标准所给出的七氟丙烷灭固体表面火灾的灭火浓度为 5.8% 的数据,而规定上述防护区的最低灭火设计浓度为 7.5%,是不恰当的。因为那只是单纯的表面火灾灭火浓度,《气体灭火系统——物理性能和系统设计》ISO 14520 标准所给出的这个数据,是以正庚烷为燃料的动态灭火试验为基础,它当然是单纯的表面火灾,只能在热释放速率等方面某种程度上代表固体表面火灾,而对浅度的深位火灾的危险性,正庚烷火不可能准确体现。

本条规定了纸张类为主要可燃物防护区的灭火设计浓度,它们在固体类火灾中发生浅度深位火灾的危险,比之其他可能性更大。扑救深位火灾的灭火设计浓度要远大于扑救表面火灾的灭火浓度;且对于不同的灭火浸渍时间,它的灭火浓度会发生变化,浸渍时间长,则灭火浓度会低一些。

制定本条标准应以试验数据为基础,但七氟丙烷扑灭实际固体表面火灾的基本试验迄今未见国内外有相关报道,无法借鉴。所以只能借鉴以往国内外制定其他卤代烷灭火系统设计标准的有关数据,它们对上述保护对象,其灭火设计浓度约取灭火浓度的 1.7~2.0 倍,浸渍时间大都则 10min。故本条规定七氟丙烷在上述防护区的灭火设计浓度为 10%,是灭火浓度的 1.72 倍。

**3.3.4** 本条对油浸变压器室、带油开关的配电室和柴油机发电机房的七氟丙烷灭火设计浓度规定宜采用 9%,是依据《气体灭火系统——物理性能和系统设计》ISO 14520 标准提供的相关灭火浓度数据,取安全系数约为 1.3 确定的。

**3.3.5** 通讯机房、计算机房中的陈设、存放物,主要是电子电器设备、电缆导线和磁盘、磁卡之类,以及桌椅办公家具等,它们应属固体表面火灾的保护。依据《气体灭火系统——物理性能和系统设计》ISO 14520 标准的数据,固体表面火灾的七氟丙烷灭火浓度为 5.8%,最低灭火设计浓度可取 7.5%。但是,由于防护区内陈设、存放物多样,不能单纯按电子电器设备可燃物类考虑;即使同是电

缆电线,也分塑胶与橡胶电缆电线,它们灭火难易不同。我国国家标准《卤代烷 1301 灭火系统设计规范》GB 50163—92,对通讯机房、电子计算机房规定的卤代烷 1301 的灭火设计浓度为 5%,而固体表面火灾的卤代烷 1301 的灭火浓度为 3.8%,取的安全系数是 1.32;国外的情况,像美国,计算机房用卤代烷 1301 保护,一般都取 5.5% 的灭火设计浓度,安全系数为 1.45。

从另外一个角度来说,七氟丙烷与卤代烷 1301 比较,在火场上比卤代烷 1301 的分解产物多,其中主要成分是 HF,HF 对人体与精密设备是有伤害和浸蚀影响的,但据美国 Fessisa 的试验报告指出,提高七氟丙烷的灭火设计浓度,可以抑制分解产物的生成量,提高 20% 就可减少 50% 的生成量。

正是考虑上述情况,本规范确定七氟丙烷对通讯机房、电子计算机房的保护,采用灭火设计浓度为 8%,安全系数取的是 1.38。

**3.3.6** 本条所做规定,目的是限制随意增加灭火使用浓度,同时也为了保证应用时的人身安全和设备安全。

**3.3.7** 一般来说,采用卤代烷气体灭火的地方都是比较重要的场所,迅速扑灭火灾,减少火灾造成的损失,具有重要意义。因此,卤代烷灭火都规定灭初期火灾,这也正能发挥卤代烷灭火迅速的特点;否则,就会造成卤代烷灭火的困难。对于固体表面火灾,火灾预燃时间长了才实行灭火,有发展成深位火灾的危险,显然是很不利于卤代烷灭火的;对于液体、气体火灾,火灾预燃时间长了,有可能酿成爆炸的危险,卤代烷灭火可能要从灭火设计浓度改换为惰化设计浓度。由此可见,采用卤代烷灭初期火灾,缩短灭火剂的喷放时间是非常重要的。故国际标准及国外一些工业发达国家的标准,都将卤代烷的喷放时间规定不应大于 10s。

另外,七氟丙烷遇热时比卤代烷 1301 的分解产物要多出很多,其中主要成分是 HF,它对人体是有伤害的;与空气中的水蒸气结合形成氢氟酸,还会造成对精密设备的浸蚀损害。根据美国 Fessisa 的试验报告,缩短卤代烷在火场的喷放时间,从 10s 缩短为 5s,分解产物减少将近一半。

为有效防止灭火时 HF 对通讯机房、电子计算机房等防护区的损害,宜将七氟丙烷的喷放时间从一般的 10s 缩短一些,故本条中规定为 8s。这样的喷放时间经试验论证,一般是可以做到的,在一些工业发达国家里也是被提倡的。当然,这会增加系统设计和产品设计上的难度,尤其是对于那些离储瓶间远的防护区和组合分配系统中的个别防护区,它们的难度会大一些。故本规范采用了 5.6MPa 的增压(等级)条件供选用。

**3.3.8** 本条是对七氟丙烷灭火时在防护区的浸渍时间所做的规定,针对不同的保护对象提出了不同要求。

对扑救木材、纸张、织物类固体表面火灾,规定灭火浸渍时间宜采用 20min。这是借鉴以往卤代烷灭火试验的数据。例如,公安部天津消防研究所以小木楞堆(12mm×12mm×140mm,5 排×7 层)动态灭火试验,求测固体表面火灾的灭火数据(美国也曾做过这类试验)。他们的灭火数据中,以卤代烷 1211 为工质,达到 3.5% 的浓度,灭明火;欲继续将木楞堆的阴燃火完全灭掉,需要提高到 6%~8% 的浓度,并保持该浓度 6~7min;若以 3.5%~4% 的浓度完全灭掉阴燃火,保持时间要增至 30min 以上。

在第 3.3.3 条中规定本类火灾的灭火设计浓度为 10%,安全系数取 1.72,按惯例应该这安全系数取的是偏低点。鉴于七氟丙烷市场价较高,不宜将设计浓度取高,而可以考虑将浸渍时间稍加长些,这样仍然可以达到安全应用的目的。故本条规定了扑救木材、纸张、织物类灭火的浸渍时间为 20min。这样做符合本规范总则中"安全可靠"、"经济合理"的要求;在国外标准中,也有卤代烷灭火浸渍时间采用 20min 的规定。

至于其他类固体火灾,灭火一般要比木材、纸张类容易些(热固性塑料等除外),故灭火浸渍时间规定为宜采用 10min。

通讯机房、电子计算机房的灭火浸渍时间,在本规范里不像其

他类固体火灾规定的那么长,是出于以下两方面的考虑:

第一,尽管它们同属固体表面火灾保护,但电子、电器类不像木材、纸张那样容易趋近构成深位火灾,扑救起来容易得多;同时,国内外对电子计算机房这样的典型应用场所,专门做过一些试验,试验表明,卤代烷灭火时间都在 1min 内完成的,完成后无复燃现象。

第二,通讯机房、计算机房所采用的是精密设备,通导性和清洁性都要求非常高,应考虑到七氟丙烷在火场所产生的分解物可能会对它们造成危害。所以在保证灭火安全的前提下,尽量缩短浸渍时间是必要的。这有利于灭火之后尽快将七氟丙烷及其分解产物从防护区里清除出去。

但从灭火安全考虑,也不宜将灭火浸渍时间取得过短,故本规范规定,通讯机房、计算机房等防护区的灭火浸渍时间为 5min。

气体、液体火灾都是单纯的表面火灾。所有气体、液体灭火试验表明,当气体灭火剂达到灭火浓度后都能立即灭火。考虑到一般的冷却要求,本规范规定它们的灭火浸渍时间不应小于 1min。如果灭火前的燃烧时间较长,冷却不容易,浸渍时间应当加长。

**3.3.9** 七氟丙烷 20℃ 时的蒸气压为 0.39MPa(绝对压力),七氟丙烷在环境温度下储存,其自身蒸气压不足以将灭火剂从灭火系统中输送喷放到防护区。为此,只有在储存容器中采用其他气体给灭火剂增压。规定采用的增压气体为氮气,并规定了它的允许含水量,以免影响灭火剂质量和保证露点要求。这都等同采用了《气体灭火系统——物理性能和系统设计》ISO 14520 及《洁净气体灭火剂灭火系统设计规范》NFPA 2001 标准的规定。

为什么要对增压压力做出规定,而不可随意选取?这其中的主要缘故是七氟丙烷储存的初始压力,是影响喷头流量的一个固有因素。喷头的流量曲线是按初始压力为条件预先决定的,这就要求初始充压压力不能随意选取。

为了设计方便,设定了三个级别:系统管网长、流损大的,可选用 4.2MPa 及 5.6MPa 增压级;管网短、流损小的,可选用 2.5MPa 增压级。2.5MPa 及 4.2MPa 是等同采用了《气体灭火系统——物理性能和系统设计》ISO 14520 及《洁净气体灭火剂灭火系统设计标准》NFPA 2001 标准的规定;增加的 5.6MPa 增压级是为了满足我国通常采用的组合分配系统的设计需要,即在一些距离储瓶间较远防护区也能达到喷射时间不大于 8s 的设计条件。

**3.3.10** 对单位容积充装量上限的规定,是从储存容器使用安全考虑的。因充装量过高时,当储存容器工作温度(即环境温度)上升到某一温度之后,其内压随温度的增加会由缓增变为陡增,这会危及储存容器的使用安全,故而应对单位容积充装量上限做出恰当而又明确的规定。充装量上限由实验得出,所对应的最高设计温度为 50℃,各级的储存容器的设计压力应分别不小于:一级 4.0MPa;二级 5.6MPa(焊接容器)和 6.7MPa(无缝容器);三级 8.0MPa。

系统计算过程中初选充装量,建议采用 800~900kg/m³ 左右。

**3.3.11** 本条所做的规定,是为保证七氟丙烷在管网中的流动性能要求及系统管网计算方法上的要求而设定的。我国国家标准《卤代烷 1301 灭火系统设计规范》GB 50163—92 和美国标准《卤代烷 1301 灭火系统标准》NFPA 12A 中都有相同的规定。

**3.3.12** 管网设计布置为均衡系统有三点好处:一是灭火剂在防护区里容易做到喷放均匀,利于灭火;二是可不考虑灭火剂在管网中的剩余量,做到节省;三是减少设计工作的计算量,可只选用一种规格的喷头,只要计算"最不利点"这一点的阻力损失就可以了。

均衡系统本应是管网中各喷头的实际流量相等,但实际系统大都达不到这一条件。因此,按照惯例,放宽条件,符合一定要求的,仍可按均衡系统设计。这种规定,其实质在于对各喷头间工作压力最大差值容许有多大。过去,对于可液化气体的灭火系统,国内外标准一般都按流程总损失的 10% 确定允许最大差值。如果

本规范也采用这一规定，在按本规范设计的七氟丙烷灭火系统中，按第二级增压的条件计算，可能出现的最大的流程总损失为 1.5MPa(4.2MPa/2−0.6MPa)，允许的最大差值将是 0.15MPa。即当"最不利点"喷头工作压力为 0.6MPa 时，"最利点"喷头工作压力可达 0.75MPa，由此计算得出喷头之间七氟丙烷流量差别接近 20%(若按第三级增压条件计算其差别会更大)。差别这么大，对七氟丙烷灭火系统来说，要求喷射时间短、灭火快，仍将其认定是均衡系统，显然是不合理的。

上述制定允许最大差值的方法有值得商榷的地方。管网各喷头工作压力差别，是由系统管网进入防护区后的管网布置所产生的，与储存容器管网、汇流管和系统的主干管没有关系，不应该用它们来规定"允许最大差值"；更何况上述这些管网的损失占流程总损失的大部分，使最终结果误差较大。

本规范从另一个角度——相互间发生的差别用它们自身的长短去比较来考虑，故规定为："管网的第 1 分流点至各喷头的管道阻力损失，其相互之间的最大差值不应大于 20%"。虽然允许差值放大了，但喷头之间的流量差别却减小了。经测算，当第 1 分流点至各喷头的管道阻力损失最大差值为 20% 时，其喷头之间流量最大差别仅为 10% 左右。

**3.3.14** 灭火设计用量或惰化设计用量和系统灭火剂储存量的规定。

**1** 本款是等同采用了《气体灭火系统——物理性能和系统设计》ISO 14520 及《洁净气体灭火剂灭火系统设计规范》NFPA 2001 标准的规定。公式中 $C_1$ 值的取用，取百分数中的实数(不带百分号)。公式中 $K$(海拔高度修正系数)值，对于在海拔高度 0~1000m 以内的防护区灭火设计，可取 $K=1$，即可以不修正。对于采用了空调或冬季取暖设施的防护区，公式中的 $S$ 值，可按 20℃进行计算。

**2** 本款是等同采用了《气体灭火系统——物理性能和系统设计》ISO 14520 及《洁净气体灭火剂灭火系统设计规范》NFPA 2001 标准的规定。

**3** 一套七氟丙烷灭火系统需要储存七氟丙烷的量，就是本条规定系统的储存量。式(3.3.14-1)计算出来的"灭火设计用量"，是必须储存起来的，并且在灭火时要全部喷放到防护区里去，否则就难以实现灭火的目的。但是要把容器中的灭火剂全部从系统中喷放出去是不可能的，总会有一些剩留在容器里及部分非均衡管网的管道中。为了保证"灭火设计用量"能都从系统中喷放出去，在系统容器中预先多充装一部分，这多装的量正好等于在喷放时剩留的，即可保证"灭火设计用量"全部喷放到防护区里去。

**5** 非均衡管网内剩余量的计算，参见图 1 说明：

从管网第一分支点分别计算各支管的长度，分别取各长支管与最短支管长度的差值为计算剩余量的长度；各长支管在末段的该长度管道内容积量之和，等于灭火剂在管网内剩余量的体积量。

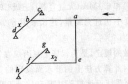

图 1 非均衡管网内剩余量的计算

注：其中 $bc<bd$，$bx=bc$ 及 $ab+bc=ae+ex_2$。

系统管网里七氟丙烷剩余量(容积量)等于管道 $xd$ 段、$x_2f$ 段、$fg$ 段与 $fh$ 段的管道内容积的和。

**3.3.15** 管网计算的规定。

**4** 本款规定了七氟丙烷灭火系统管网的计算方法。由于七氟丙烷灭火系统是采用了氮气增压输送，而氮气增压方法是采用定容积的密封蓄压方式，在七氟丙烷喷放过程中无氮气补充增压。故七氟丙烷灭火系统喷放时，是定容积的蓄压气体在自由膨胀下输送七氟丙烷，形成不定流、不定压的随机流动过程。这样的管流计算是

比较复杂的，细致的计算应采用微分的方法，但在工程应用计算上很少采用这种方法。历来的工程应用计算，都是在保证应用精度的条件下力求简单方便。卤代烷灭火系统计算也不例外，以往的卤代烷灭火系统的国际、国外标准都是这样做的(但迄今为止，国际、国外标准尚未提供洁净气体灭火剂灭火系统的管网计算方法)。

对于这类管流的简化计算，常采用的办法是以平均流量取代过程中的不定流量。已知流量还不能进行管流计算，还需知道相对应的压头。寻找简化计算方法，也就是寻找相应的平均流量的压头。在七氟丙烷喷放过程中，必然存在这样的某一瞬时，其流量会正好等于全过程的平均流量，那么该瞬时的压头即是所需寻找的压头。

对于现今工程上通常所建立的卤代烷灭火系统，经过精细计算，卤代烷喷放的流量等于平均流量的那一瞬时，是系统的卤代烷设计用量从喷头喷放出去 50%的瞬时(准确地说，是非常接近50%的瞬时)；只要是在规范所设定的条件下进行系统设计，就不会因为系统的某些差异而带来该瞬时点的较大的偏移。将这一瞬时，规定为喷放全过程的"过程中点"。本规范对七氟丙烷灭火系统的管网计算就采用了这个计算方法。它不是独创，也是沿用了以往国际标准和国外标准对卤代烷灭火系统的一贯做法。

**5** 喷放"过程中点"储存容器内压力的含义，请见上一款的说明。这一压力的计算公式，是按定温过程依据波义耳-马略特定律推导出来的。

**6** 本款是提供七氟丙烷灭火系统设计进行管流阻力损失计算的方法。该计算公式可以做成图示(图 2)，更便于计算使用。

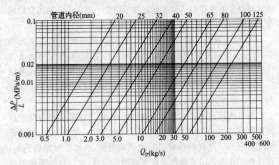

图 2 镀锌钢管管流阻力损失与七氟丙烷流量的关系

七氟丙烷管流阻力损失的计算，现今的《气体灭火系统——物理性能和系统设计》ISO 14520 及《洁净气体灭火剂灭火系统设计规范》NFPA 2001 都未提供出来。为了建立这一计算方法，首先应该了解七氟丙烷在灭火系统中的管流状态。为此进行了专项实验，对七氟丙烷在 20℃条件下，以不同充装率，测得它们在不同压力下七氟丙烷的密度变化，绘成曲线如图 3。

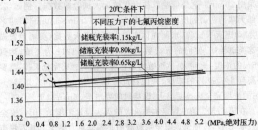

图 3 不同压力下七氟丙烷的密度

从测试结果得知，七氟丙烷在管道中的流动，即使在大压力降的条件下，基本上仍是液相流。据此，依据流体力学的管流阻力损失计算基本公式和阻力平方区的尼古拉茨公式，建立了本规范中的七氟丙烷管流的计算方法。

将这一计算方法转换为对卤代烷 1211 的计算，与美国《卤代烷1211 灭火系统标准》NFPA 12B和英国《室内灭火装置与设备实施规范》BS 5306 上的计算进行校核，得到基本一致的结果。

本款中所列式(3.3.15-5)和图2用于镀锌钢管七氟丙烷管流的阻力损失计算;当系统管道采用不锈钢管时,其阻力损失计算可参考使用。

有关管件的局部阻力损失当量长度见表1~表3,可供设计参考使用。

**表1　螺纹接口弯头局部损失当量长度**

| 规格(mm) | 20 | 25 | 32 | 40 | 50 | 65 | 80 | 法兰100 | 法兰125 |
|---|---|---|---|---|---|---|---|---|---|
| 当量长度(m) | 0.67 | 0.85 | 1.13 | 1.31 | 1.68 | 2.01 | 2.50 | 1.70 | 2.10 |

**表2　螺纹接口三通局部损失当量长度**

| 规格(mm) | 20 | | 25 | | 32 | | 40 | | 50 | |
|---|---|---|---|---|---|---|---|---|---|---|
| | 直路 | 支路 | 直路 | 支路 | 直路 | 支路 | 直路 | 支路 | 直路 | 支路 |
| 当量长度(m) | 0.27 | 0.85 | 0.34 | 1.07 | 0.46 | 1.4 | 0.52 | 1.65 | 0.67 | 2.1 |

| 规格(mm) | 65 | | 80 | | 法兰100 | | 法兰125 | |
|---|---|---|---|---|---|---|---|---|
| | 直路 | 支路 | 直路 | 支路 | 直路 | 支路 | 直路 | 支路 |
| 当量长度(m) | 0.82 | 2.5 | 1.01 | 3.11 | 1.40 | 4.1 | 1.76 | 5.1 |

**表3　螺纹接口缩径接头局部损失当量长度**

| 规格(mm) | 25×20 | 32×25 | 32×20 | 40×32 | 40×25 |
|---|---|---|---|---|---|
| 当量长度(m) | 0.2 | 0.2 | 0.4 | 0.3 | 0.4 |
| 规格(mm) | 50×40 | 50×32 | 65×50 | 65×40 | 80×65 |
| 当量长度(m) | 0.3 | 0.5 | 0.4 | 0.6 | 0.5 |
| 规格(mm) | 80×50 | 法兰100×80 | 法兰100×65 | 法兰125×100 | 法兰125×80 |
| 当量长度(m) | 0.7 | 0.6 | 0.6 | 0.8 | 1.1 |

**3.3.16**　本条的规定,是为了保证七氟丙烷灭火系统的设计质量,满足七氟丙烷灭火系统灭火技术要求而设定的。

最小 $P_c$ 值是参照实验结果确定的。

$P_c \geqslant P_m/2$(MPa,绝对压力),它是对七氟丙烷系统设计通过"简化计算"后精确性的检验;如果不符合,说明设定条件不满足,应该调整重新计算。

下面用一个实例,介绍七氟丙烷灭火系统设计的计算演算:

有一通讯机房,房高3.2m,长14m,宽7m,设七氟丙烷灭火系统进行保护(引入的部件的有关数据是取用某公司的ZYJ-100系列产品)。

1)确定灭火设计浓度。

依据本规范中规定,取 $C_1=8\%$ 。

2)计算保护空间实际容积。

$V=3.2\times14\times7=313.6(\text{m}^3)$ 。

3)计算灭火剂设计用量。

依据本规范公式(3.3.14-1):

$W=K\cdot\dfrac{V}{S}\cdot\dfrac{C_1}{(100-C_1)}$ ,其中,$K=1$ ;

$S=0.1269+0.000513\cdot T$

　$=0.1269+0.000513\times20$

　$=0.13716(\text{m}^3/\text{kg})$ ;

$W=\dfrac{313.6}{0.13716}\cdot\dfrac{8}{(100-8)}=198.8(\text{kg})$ 。

4)设定灭火剂喷放时间。

依据本规范中规定,取 $t=7\text{s}$ 。

5)设定喷头布置与数量。

选用JP型喷头,其保护半径 $R=7.5\text{m}$ 。

故设定喷头为2只;按保护区平面均匀布置喷头。

6)选定灭火剂储存容器规格及数量。

根据 $W=198.8\text{kg}$ ,选用100L的JR-100/54储存容器3只。

7)绘出系统管网计算图(图4)。

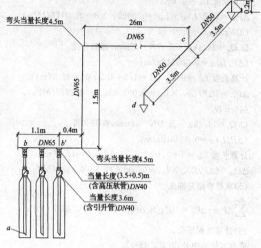

图4　系统管网计算图

8)计算管道平均设计流量。

主干管:$Q_w=\dfrac{W}{t}=\dfrac{198.8}{7}=28.4(\text{kg/s})$ ;

支管:$Q_g=Q_w/2=14.2(\text{kg/s})$ ;

储存容器出流管:$Q_p=\dfrac{W}{n\cdot t}=\dfrac{198.8}{3\times7}=9.47(\text{kg/s})$ 。

9)选择管网管道通径。

以管道平均设计流量,依据本规范条文说明第3.3.15条第6款中图2选取,其结果,标在管网计算图上。

10)计算充装率。

系统储存量:$W_0=W+\Delta W_1+\Delta W_2$ ;

管网内剩余量:$\Delta W_2=0$ ;

储存容器内剩余量:$\Delta W_1=n\times3.5=3\times3.5=10.5(\text{kg})$ ;

充装率:$\eta=W_0/(n\cdot V_b)=(198.8+10.5)/(3\times0.1)=697.7(\text{kg/m}^3)$ 。

11)计算管网管道内容积。

先按管内径求出单位长度的内容积,然后依据管网计算图上管段长度求算:

$V_p=29\times3.42+7.4\times1.96=113.7(\text{m}^3)$ 。

12)选用额定增压压力。

依据本规范中规定,选用 $P_0=4.3\text{MPa}$ (绝对压力)。

13)计算全部储存容器气相总容积。

依据本规范中公式(3.3.15-4):

$V_0=nV_b(1-\dfrac{\eta}{\gamma})=3\times0.1(1-697.7/1407)=0.1512(\text{m}^3)$ 。

14)计算"过程中点"储存容器内压力。

依据本规范中公式(3.3.15-3):

$P_m=\dfrac{P_0V_0}{V_0+\dfrac{W}{2\gamma}+V_p}$

　$=(4.3\times0.1512)/[0.1512+198.8/(2\times1407)+0.1137]$

　$=1.938(\text{MPa},绝对压力)$ 。

15)计算管路损失。

(1)ab段:

以 $Q_p=9.47\text{kg/s}$ 及 $DN=40\text{mm}$ ,查图2得:

$(\Delta P/L)_{ab}=0.0103\text{MPa/m}$ ;

计算长度 $L_{ab}=3.6+3.5+0.5=7.6(\text{m})$ ;

$\Delta P_{ab}=(\Delta P/L)_{ab}\times L_{ab}=0.0103\times7.6=0.0783(\text{MPa})$ 。

(2)bb'段:

以 $0.55Q_w=15.6\text{kg/s}$ 及 $DN=65\text{mm}$ ,查图2得:

$(\Delta P/L)_{bb'}=0.0022\text{MPa/m}$ ;

计算长度 $L_{b'b'}=0.8$m；

$\Delta P_{b'b'}=(\Delta P/L)_{b'b'}\times L_{b'b'}=0.0022\times0.8=0.00176$（MPa）。

(3) $b'c$ 段：

以 $Q_w=28.4$kg/s 及 $DN=65$mm，查图 2 得

$(\Delta P/L)_{b'c}=0.008$MPa/m；

计算长度 $L_{b'c}=0.4+4.5+1.5+4.5+26=36.9$（m）；

$\Delta P_{b'c}=(\Delta P/L)_{b'c}\times L_{b'c}=0.008\times36.9=0.2952$（MPa）。

(4) $cd$ 段：

以 $Q_g=14.2$kg/s 及 $DN=50$mm，查图 2 得

$(\Delta P/L)_{cd}=0.009$MPa/m；

计算长度 $L_{cd}=5+0.4+3.5+3.5+0.2=12.6$（m）；

$\Delta P_{cd}=(\Delta P/L)_{cd}\times L_{cd}=0.009\times12.6=0.1134$（MPa）。

(5) 求得管路总损失：

$$\sum_1^{Nd}\Delta P=\Delta P_{ab}+\Delta P_{b'b'}+\Delta P_{b'c}+\Delta P_{cd}=0.4887\text{（MPa）。}$$

16) 计算高程压头。

依据本规范中公式（3.3.15-9）：

$$P_h=10^{-6}\gamma\cdot H\cdot g$$

其中，$H=2.8$m（"过程中点"时，喷头高度相对储存容器内液面的位差），

则 $P_h=10^{-6}\gamma\cdot H\cdot g$
$=10^{-6}\times1407\times2.8\times9.81$
$=0.0386$（MPa）。

17) 计算喷头工作压力。

依据本规范中公式（3.3.15-8）：

$$P_c=P_m-\sum_1^{Nd}\Delta P\pm P_h$$
$=1.938-0.4887-0.0386$
$=1.411$（MPa，绝对压力）。

18) 验算设计计算结果。

依据本规范的规定，应满足下列条件：

$P_c\geqslant0.7$（MPa，绝对压力）；

$P_c\geqslant\dfrac{P_m}{2}=1.938/2=0.969$（MPa，绝对压力）。

皆满足，合格。

19) 计算喷头等效孔口面积及确定喷头规格。

以 $P_c=1.411$MPa 从本规范附录 C 表 C-2 中查得，

喷头等效孔口单位面积喷射率：$q_c=3.1$[（kg/s）/cm²]；

又，喷头平均设计流量：$Q_c=W/2=14.2$kg/s；

由本规范中公式（3.3.17）求得喷头等效孔口面积：

$$F_c=\frac{Q_c}{q_c}=14.2/3.1=4.58\text{（cm}^2\text{）。}$$

由此，即可依据求得的 $F_c$ 值，从产品规格中选用与该值相等（偏差 $^{+9\%}_{-3\%}$）、性能跟设计一致的喷头为 JP-30。

**3.3.18** 一般喷头的流量系数在工质一定的紊流状态下，只由喷头孔口结构所决定，但七氟丙烷灭火系统的喷头，由于系统采用了氮气增压输送，部分氮气会溶解在七氟丙烷里，在喷放过程中它会影响七氟丙烷流量。氮气在系统工作过程中的溶解量与析出量和储存容器增压压力及喷头工作压力有关，故七氟丙烷灭火系统喷头的流量系数，即各个喷头的实际等效孔口面积值与储存容器的增压压力及喷头孔口结构等因素有关，应经试验测定。

### 3.4 IG541 混合气体灭火系统

**3.4.6** 泄压口面积是该防护区采用的灭火剂喷放速率及防护区围护结构承受内压的允许压强的函数。喷放速率小，允许压强大，则泄压口面积小；反之，则泄压口面积大。泄压口面积可通过计算得出。由于 IG541 灭火系统在喷放过程中，初始喷放压力高于平

均流量的喷放压力约 1 倍，故推算结果是，初始喷放的峰值流量约是平均流量的 $\sqrt{2}$ 倍。因此，条文中的计算公式是按平均流量的 $\sqrt{2}$ 倍求出的。

建筑物的内压允许压强，应由建筑结构设计给出。表 4 的数据供参考：

表 4　建筑物的内压允许压强

| 建筑物类型 | 允许压强（Pa） |
|---|---|
| 轻型和高层建筑 | 1200 |
| 标准建筑 | 2400 |
| 重型和地下建筑 | 4800 |

**3.4.7** 第 3 款中，式（3.4.7-3）按系统设计用量完全释放时，以当时储瓶内温度和管网管道内平均温度计算 IG541 灭火剂密度而求得。

**3.4.8** 管网计算。

**2** 式（3.4.8-3）是根据 1.1 倍平均流量对应喷头容许最小压力下，以及释放近 95% 的设计用量，管网末端压力接近 0.5MPa（表压）时，它们的末端流速皆小于临界流速而求得的。

计算选用时，在选用范围内，下游支管宜偏大选用；喷头接管按喷头接口尺寸选用。

**4** 式（3.4.8-4）是以释放 95% 的设计用量的一半时的系统状况，按绝热过程求出的。

**5** 减压孔板后的压力，应首选临界落压比进行计算，当由此计算出的喷头工作压力未能满足第 3.4.9 条的规定时，可改选落压比，但应在本款规定范围内选用。

**6** 式（3.4.8-6）是根据亚临界流差流量计算公式，即

$$Q=\mu FP_1\sqrt{2g\frac{k}{k-1}\cdot\frac{1}{RT_1}\left[\left(\frac{P_2}{P_1}\right)^{\frac{2}{k}}-\left(\frac{P_2}{P_1}\right)^{\frac{k+1}{k}}\right]}$$

其中 $T_1$ 以初始温度代入而求得。

$Q$ 式的推导，是设定 IG541 喷放的系统流程为绝热过程，得

$$C_vT+AP\nu+A\frac{\omega^2}{2g}=\text{常量}$$

求取孔口和孔口前两截面的方程式，并以 $i=C_vT+AP\nu$ 代入，得

$$i_1+A\frac{\omega_1^2}{2g}=i+A\frac{\omega^2}{2g}$$

$$\Delta i=i_2-i_1=\frac{A}{2g}(\omega_2^2-\omega_1^2)$$

相对于 $\omega_2$，$\omega_1$ 相当小，从而忽略 $\omega_1^2$ 项，得

$$\omega_2=\sqrt{\frac{2g}{A}\Delta i}$$

又　$\Delta i=C_p(T_2-T_1)$

$$T_2=T_1\left(\frac{P_2}{P_1}\right)^{\frac{k-1}{k}}$$

最终即可求出 $Q$ 式。

以上各式中，符号的含义如下：

$Q$——减压孔板气体流量；

$\mu$——减压孔板流量系数；

$F$——减压孔板孔口面积；

$P_1$——气体在减压孔板前的绝对压力；

$P_2$——气体在减压孔板孔口处的绝对压力；

$g$——重力加速度；

$k$——绝热指数；

$R$——气体常数；

$T_1$——气体初始绝对温度；

$T_2$——孔口处的气体绝对温度；

$C_v$——比定容热容；

$T$——气体绝对温度；

$A$——功的热当量；

$P$——气体压力；

$\nu$——气体比热容；

$\omega$——气体流速,角速度;

$v$——气体流速,线速度;

$i_1$——减压孔板前的气体状态焓;

$i_2$——孔口处的气体状态焓;

$\omega_1$——气体在减压孔板前的流速;

$\omega_2$——气体在孔口处的流速;

$C_p$——比定压热容。

减压孔板可按图 5 设计。其中,$d$ 为孔口直径;$D$ 为孔口前管道内径;$d/D$ 为 0.25~0.55。

当 $d/D \leqslant 0.35$,$\mu_k = 0.6$;

$0.35 < d/D \leqslant 0.45$,$\mu_k = 0.61$;

$0.45 < d/D \leqslant 0.55$,$\mu_k = 0.62$。

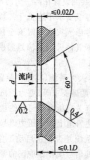

图 5　减压孔板

**7**　系统流程损失计算,采用了可压缩流体绝热流动计入摩擦损失为计算条件,建立管流的方程式:

$$\frac{\mathrm{d}p}{\rho} + \frac{\alpha v \mathrm{d}v}{g} + \frac{\lambda v^2 \mathrm{d}l}{2gD} = 0$$

最后推算出:

$$Q^2 = \frac{0.242 \times 10^{-8} D^{5.25} Y}{0.04 D^{1.25} Z + L}$$

其中:$Y = -\int_{p_1}^{p_2} \rho \mathrm{d}p$

$Z = -\int_{p_1}^{p_2} \frac{\mathrm{d}\rho}{\rho}$

式中　$\rho$——气体密度;

$\alpha$——动能修正系数;

$\lambda$——沿程阻力系数;

$\mathrm{d}l$——长度函数的微分;

$\mathrm{d}p$——压力函数的微分;

$\mathrm{d}v$——速度函数的微分;

$Y$——压力系数;

$Z$——密度系数;

$L$——管道计算长度。

由于该式中,压力流量间是隐函数,不便求解,故将计算式改写为条文中形式。

下面用实例介绍 IG541 混合气体灭火系统设计计算:

某机房为 20m×20m×3.5m,最低环境温度 20℃,将管网均衡布置。

图 6 中:减压孔板前管道($a$—$b$)长 15m,减压孔板后主管道($b$—$c$)长 75m,管道连接件当量长度 9m;一级支管($c$—$d$)长 5m,管道连接件当量长度 11.9m;二级支管($d$—$e$)长 5m,管道连接件当量长度 6.3m;三级支管($e$—$f$)长 2.5m,管道连接件当量长度 5.4m;末端支管($f$—$g$)长 2.6m,管道连接件当量长度 7.1m。

1)确定灭火设计浓度。

依据本规范,取 $C_1 = 37.5\%$。

2)计算保护空间实际容积。

$V = 20 \times 20 \times 3.5 = 1400(\mathrm{m}^3)$。

3)计算灭火设计用量。

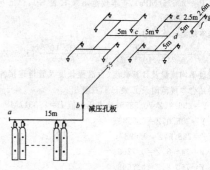

图 6　系统管网计算图

依据本规范公式(3.4.7-1):$W = K \cdot \frac{V}{S} \cdot \ln\left(\frac{100}{100 - C_1}\right)$,

其中,$K = 1$;

$S = 0.6575 + 0.0024 \times 20(℃) = 0.7055(\mathrm{m}^3/\mathrm{kg})$;

$W = \frac{1400}{0.7055} \cdot \ln\left(\frac{37.5}{100 - 37.5}\right) = 932.68(\mathrm{kg})$。

4)设定喷放时间。

依据本规范,取 $t = 55\mathrm{s}$。

5)选定灭火剂储存容器规格及储存压力级别。

选用 70L 的 15.0MPa 存储容器,根据 $W = 932.68\mathrm{kg}$,充装系数 $\eta = 211.15\mathrm{kg/m}^3$,储瓶数 $n = (932.68/211.15)/0.07 = 63.1$,取整后,$n = 64$(只)。

6)计算管道平均设计流量。

主干管:$Q_w = \frac{0.95W}{t} = 0.95 \times 932.68/55 = 16.110(\mathrm{kg/s})$;

一级支管:$Q_{g1} = Q_w/2 = 8.055(\mathrm{kg/s})$;

二级支管:$Q_{g2} = Q_{g1}/2 = 4.028(\mathrm{kg/s})$;

三级支管:$Q_{g3} = Q_{g2}/2 = 2.014(\mathrm{kg/s})$;

末端支管:$Q_{g4} = Q_{g3}/2 = 1.007(\mathrm{kg/s})$,即 $Q_c = 1.007\mathrm{kg/s}$。

7)选择管网管道通径。

以管道平均设计流量,依据本规范 $D = (24 \sim 36)\sqrt{Q}$,初选管径为:

主干管:125mm;

一级支管:80mm;

二级支管:65mm;

三级支管:50mm;

末端支管:40mm。

8)计算系统剩余量及其增加的储瓶数量。

$V_1 = 0.1178\mathrm{m}^3$,$V_2 = 1.1287\mathrm{m}^3$,$V_p = V_1 + V_2 = 1.2465\mathrm{m}^3$;

$V_0 = 0.07 \times 64 = 4.48\mathrm{m}^3$;

依据本规范,$W_s \geqslant 2.7V_0 + 2.0V_p \geqslant 14.589(\mathrm{kg})$,

计入剩余量后的储瓶数:

$n_1 \geqslant [(932.68 + 14.589)/211.15]/0.07 \geqslant 64.089$

取整后,$n_1 = 65$(只)。

9)计算减压孔板前压力。

依据本规范公式(3.4.8-4):

$$P_1 = P_0 \left(\frac{0.525 V_0}{V_0 + V_1 + 0.4 V_2}\right)^{1.45} = 4.954(\mathrm{MPa})$$

10)计算减压孔板后压力。

依据本规范,$P_2 = \delta \cdot P_1 = 0.52 \times 4.954 = 2.576(\mathrm{MPa})$。

11)计算减压孔板孔口面积

依据本规范公式(3.4.8-6):$F_k = \frac{Q_k}{0.95 \mu_k P_1 \sqrt{\delta^{1.38} - \delta^{1.69}}}$;并

初选 $\mu_k = 0.61$,得出 $F_k = 20.570(\mathrm{cm}^2)$,$d = 51.177(\mathrm{mm})$。$d/D$

$=0.4094$;说明 $\mu_k$ 选择正确。

12)计算流程损失。

根据 $P_2=2.576$(MPa),查本规范附录 E 表 E-1,得出 $b$ 点 $Y=566.6$,$Z=0.5855$。

依据本规范公式(3.4.8-7):

$$Y_2=Y_1+\frac{L\cdot Q^2}{0.242\times 10^{-8}\cdot D^{5.25}}+\frac{1.653\times 10^7}{D^4}\cdot(Z_2-Z_1)Q^2,$$

代入各管段平均流量及计算长度(含沿程长度及管道连接件当量长度),并结合本规范附录 E 表 E-1,推算出:

$c$ 点 $Y=656.9$,$Z=0.5855$;该点压力值 $P=2.3317$MPa;

$d$ 点 $Y=705.0$,$Z=0.6583$;

$e$ 点 $Y=728.6$,$Z=0.6987$;

$f$ 点 $Y=744.8$,$Z=0.7266$;

$g$ 点 $Y=760.8$,$Z=0.7598$。

13)计算喷头等效孔口面积。

因 $g$ 点为喷头入口处,根据其 $Y$、$Z$ 值,查本规范附录 E 表 E-1,推算出该点压力 $P_c=2.011$MPa;查本规范附录 F 表 F-1,推算出喷头等效单位面积喷射率 $q_c=0.4832$kg/(s・cm²)。

依据本规范,$F_c=\dfrac{Q_c}{q_c}=2.084$(cm²)。

查本规范附录 D,可选用规格代号为 22 的喷头(16 只)。

### 3.5 热气溶胶预制灭火系统

**3.5.9** 热气溶胶灭火系统由于喷放较慢,因此存在灭火剂在防护区内扩散较慢的问题。在较大的空间内,为了使灭火剂以合理的速度进行扩散,除了合理布置灭火装置外,适当增加灭火剂浓度也是比较有效的办法,所以在设计用量计算中引入了容积修正系数 $K_s$、$K_v$ 的取值是根据试验和计算得出的。

下面举例说明热气溶胶灭火系统的设计计算:

某通讯传输站作为一单独防护区,其长、宽、高分别为 5.6m、5m、3.5m,其中含建筑实体体积为 23m³。

1)计算防护区净容积。

$V=(5.6\times 5\times 3.5)-23=75$(m³)。

2)计算灭火剂设计用量。

依据本规范,

$W=C_2\cdot K_v\cdot V$,

$C_2$ 取 0.13kg/m³,$K_v$ 取 1,则:

$W=0.13\times 1\times 75=9.75$(kg)。

3)产品规格选用。

依据本规范第 3.2.1 条以及产品规格,选用 S 型气溶胶灭火装置 10kg 一台。

4)系统设计图。

依据本规范要求配置控制器、探测器等设备后的灭火系统设计图如下:

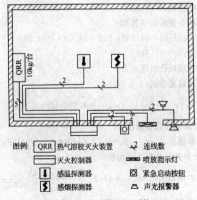

图例:

| 图例 | 名称 | 图例 | 名称 |
|---|---|---|---|
| QRR | 热气溶胶灭火装置 | | 连线数 |
| | 灭火控制器 | | 喷放指示灯 |
| | 感温探测器 | | 紧急启动按钮 |
| | 感烟探测器 | | 声光报警器 |

图 7 热气溶胶灭火系统

## 4 系统组件

### 4.1 一般规定

**4.1.1** 第 4 款中,要求气体灭火系统储存装置设在专用的储瓶间内,是考虑它是一套用于安全设施的保护设备,被保护的都是一些存放重要设备物件的场所,所以它自身的安全可靠是做好安全保护的先决条件,故宜将它设在安全的地方,专用的房间里。专用房间,即指不应是走廊里或简陋建筑物内,更不应该露天设置;同时,也不宜与消防无关的设备共同设置在同一个房间里。为了防止外部火灾蔓延进来,其耐火等级要求不应低于二级。要求有直通室外或疏散走道的出口,是考虑火灾事故时安全操作的需要。其室内环境温度的规定,是根据气体灭火剂沸点温度和设备正常工作的要求。

对于 IG541 混合气体灭火系统,其储存装置长期处于高压状态,因而其储瓶间要求(如泄爆要求等)更为严格,除满足一般储瓶间要求外,还应符合国家有关高压容器储存的规定。

**4.1.5** 要求在灭火系统主管道上安装压力讯号器或流量讯号器,有两个用途:一是确认本系统是否真正启动工作和灭火剂是否喷向起火的保护区;二是用其信号操作保护区的警告指示门灯,禁止人员进入已实施灭火的防护区。

**4.1.8** 防护区的灭火是以全淹没方式灭火。全淹没方式是以灭火浓度为条件的,所以单个喷头的流量是以单个喷头在防护区所保护的容积为核算基础。故喷头应以其喷射流量和保护半径二者兼顾为原则进行合理配置,满足灭火剂在防护区里均匀分布,达到全淹没灭火的要求。

**4.1.9** 尽管气体灭火剂本身没有什么腐蚀性,其灭火系统管网平时是干管,但作为安全的保护设备来讲,是"养兵千日,用在一时"。考虑环境条件对管道的腐蚀,应进行防腐处理,防腐处理宜采用符合环保要求的方式。对钢管及钢制管道附件也可考虑采用内外镀锌钝化等防腐方式。镀层应做到完满、均匀、平滑;镀锌层厚度不宜小于 15μm。

本规范没有完全限制管道连接方式,如沟槽式卡箍连接。由于目前还没有通过国家法定检测机构检测并符合要求的耐高压沟槽式卡箍类型,规范不宜列入,如将来出现符合要求的产品,本规范不限制使用。

**4.1.11** 系统组件的特性参数包括阀门、管件的局部阻力损失,喷嘴流量特性,减压装置减压特性等。

## 5 操作与控制

**5.0.1** 化学合成类灭火剂在火场的分解产物是比较多的,对人员和设备都有危害。例如七氟丙烷,据美国 Robin 的试验报告,七氟丙烷接触的燃烧表面积加大,分解产物会随之增加,表面积增加 1 倍,分解产物会增加 2 倍。为此,从减少分解产物的角度缩短火灾的预燃时间,也是很有必要的。对通讯机房、电子计算机房等防护区来说,要求其设置的探测器在火灾规模不大于 1kW 的水准就应该响应。

另外,从减少火灾损失,限制表面火灾向深位火灾发展,限制易燃液体火灾的爆炸危险等角度来说,也都认定它是非常必要的。

故本规范规定,应配置高灵敏度的火灾探测器,做到及早地发明火灾,及早地灭火。探测器灵敏度等级应依照国家标准《火灾自动报警系统设计规范》GB 50116—1998 的有关技术规定。

感温探测器的灵敏度应为一级；感烟探测器等其他类型的火灾探测器，应根据防护区内的火灾燃烧状况，结合具体产品的特性，选择响应时间最短、最灵敏的火灾探测器。

**5.0.3** 对于平时无人工作的防护区，延迟喷射的延时设置可为0s。这里所说的平时无人工作防护区，对于本灭火系统通常的保护对象来说，可包括：变压器室、开关室、泵房、地下金库、发动机试验台、电缆桥架（隧道）、微波中继站、易燃液体库房和封闭的能源系统等。

对于有人工作的防护区，一般采用手动控制方式较为安全。

**5.0.5** 本条中的"自动控制装置应在接到两个独立的火灾信号后才能启动"，是等同采用了我国国家标准《火灾自动报警系统设计规范》GB 50116—1998 的规定。

但是，采用哪种火灾探测器组合来提供"两个"独立的火灾信号则必须根据防护区及被保护对象的具体情况来选择。例如，对于通信机房和计算机房，一般用温控系统维持房间温度在一定范围；当发生火灾时，起初防护区温度不会迅速升高，感烟探测器会较快感应。此类防护区在火灾探测器的选择和线路设计上，除考虑采用温-烟的两个独立火灾信号的组合外，更可考虑采用烟-烟的两个独立火灾信号的组合，而提早灭火控制的启动时间。

**5.0.7** 应向消防控制室传送的信息包括：火灾信息、灭火动作、手动与自动转换和系统设备故障信息等。

# 6 安 全 要 求

**6.0.4** 灭火后，防护区应及时进行通风换气，换气次数可根据防护区性质考虑，根据通信机房、计算机机房等场所的特性，本条规定了其每小时最少的换气次数。

**6.0.5** 排风管不能与通风循环系统相连。

**6.0.7** 本条规定，在通常有人的防护区所使用的灭火设计浓度限制在安全范围以内，是考虑人身安全。

**6.0.8** 本条的规定，是防止防护区内发生火灾时，较高充压压力的容器因升温过快而发生危险。同时参考了卤代烷 1211、1301 预制灭火系统的设计应用情况。

**6.0.11** 空气呼吸器不必按照防护区配置，可按建筑物（栋）或灭火剂储瓶间或楼层酌情配置，宜设两套。

# 4

## 建 筑 环 境
## （热工·声学·采光
## 与照明）

中华人民共和国国家标准

# 建筑气候区划标准

GB 50178—93

主编部门：中华人民共和国建设部
批准部门：中华人民共和国建设部
实施日期：１９９４年２月１日

# 关于发布国家标准《建筑气候区划标准》的通知

## 建标〔1993〕462号

根据国家计委计综（1986）2630号文的要求，由中国建筑科学研究院会同有关单位共同制订的《建筑气候区划标准》已经有关部门会审，现批准《建筑气候区划标准》GB 50178—93为强制性国家标准，自一九九四年二月一日起施行。

本标准由建设部负责管理，具体解释等工作由中国建筑科学研究院负责，出版发行由建设部标准定额研究所负责组织。

中华人民共和国建设部

一九九三年七月五日

# 目　次

# 第一章 总　则

第1.0.1条　为区分我国不同地区气候条件对建筑影响的差异性，明确各气候区的建筑基本要求，提供建筑气候参数，从总体上做到合理利用气候资源，防止气候对建筑的不利影响，制订本标准。

第1.0.2条　本标准适用于一般工业与民用建筑的规划、设计与施工。

第1.0.3条　在工业与民用建筑的规划、设计、施工时，除执行本标准的规定外，尚应符合有关标准、规范的规定。

# 第二章　建筑气候区划

## 第一节　一般规定

第2.1.1条　建筑气候的区划应采用综合分析和主导因素相结合的原则。

第2.1.2条　建筑气候的区划系统分为一级区和二级区两级：一级区划分为7个区，二级区划分为20个区，各级区区界的划分应符合图2.1.2的规定（见文后插图）。

第2.1.3条　建筑上常用的1月平均气温、7月平均气温等21个气候要素的分布，应按本标准附录一全国气候要素分布图附图1.1至附图1.21的规定采用。

第2.1.4条　建筑气候参数应按本标准附录二全国主要城镇气候参数表附表（一）至（九）的规定采用。

注：当建设地点与本标准附录二各表所列气象台站的地势、地形差异不大，水平距离在50km以内，海拔高度差在100m以内时，本标准附录二所列建筑气候参数，可直接引用。

## 第二节　区划的指标

第2.2.1条　一级区划以1月平均气温、7月平均气温、7月平均相对湿度为主要指标；以年降水量、年日平均气温低于或等于5℃的日数和年日平均气温高于或等于25℃的日数为辅助指标；各一级区区划指标应符合表2.2.1的规定。

一级区区划指标　　　　　表2.2.1

| 区名 | 主要指标 | 辅助指标 | 各区辖行政区范围 |
|---|---|---|---|
| I | 1月平均气温<br><-10℃<br>7月平均气温<br><25℃<br>7月平均相对湿度<br>>50% | 年降水量200～800mm<br>年日平均气温<5℃的日数>145d | 黑龙江、吉林全境；辽宁大部；内蒙中、北部及陕西、山西、河北、北京北部的部分地区 |
| II | 1月平均气温<br>-10～0℃<br>7月平均气温<br>18～28℃ | 年日平均气温>25℃的日数<80d<br>年日平均气温<5℃的日数145～90d | 天津、山东、宁夏全境；北京、河北、山西、陕西大部；辽宁南部；甘肃中东部以及河南、安徽、江苏北部的部分地区 |
| III | 1月平均气温<br>0～10℃<br>7月平均气温<br>25～30℃ | 年日平均气温>25℃的日数40～110d<br>年日平均气温<5℃的日数90～0d | 上海、浙江、江西、湖北、湖南全境；江苏、安徽、四川大部；陕西、河南南部；贵州东部；福建、广东、广西北部和甘肃南部的部分地区 |
| IV | 1月平均气温<br>>10℃<br>7月平均气温<br>25～29℃ | 年日平均气温>25℃的日数100～200d | 海南、台湾全境；福建南部；广东、广西大部以及云南西南部和元江河谷地区 |

续表2.2.1

| 区名 | 主要指标 | 辅助指标 | 各区辖行政区范围 |
|---|---|---|---|
| V | 7月平均气温<br>18～25℃<br>1月平均气温<br>0～13℃ | 年日平均气温<5℃的日数0～90d | 云南大部；贵州、四川西南部；西藏南部一小部分地区 |
| VI | 7月平均气温<br><18℃<br>1月平均气温<br>0～-22℃ | 年日平均气温<5℃的日数90～285d | 青海全境；西藏大部；四川西部；甘肃西南部；新疆南部分部地区 |
| VII | 7月平均气温<br>>18℃<br>1月平均气温<br>-5～-20℃<br>7月平均相对湿度<br><50% | 年降水量10～600mm<br>年日平均气温>25℃的日数<120d<br>年日平均气温<5℃的日数110～180d | 新疆大部；甘肃北部；内蒙西部 |

第2.2.2条　在各一级区内，分别选取能反映该区建筑气候差异性的气候参数或特征作为二级区区划指标，各二级区区划指标应符合表2.2.2的规定。

二级区区划指标　　　　　表2.2.2

| 区名 | 指 | 标 |
|---|---|---|
| IA | 1月平均气温 | 冻土性质 |
| IB | <-28℃ | 永冻土 |
| IC | -28～-22℃ | 岛状冻土 |
| ID | -22～-16℃ | 季节冻土 |
| | -16～-10℃ | 季节冻土 |
| IIA | 7月平均气温 | 7月平均气温日较差 |
| IIB | >25℃ | <10℃ |
| | <25℃ | >10℃ |
| IIIA | 最大风速 | 7月平均气温 |
| IIIB | >25m/s | 26～29℃ |
| IIIC | >25m/s | >28℃ |
| | <25m/s | <28℃ |
| IVA | 最大风速 | |
| IVB | >25m/s | |
| | <25m/s | |
| VA | 1月平均气温 | |
| VB | <5℃ | |
| | >5℃ | |
| VIA | 7月平均气温 | 1月平均气温 |
| VIB | >10℃ | <-10℃ |
| VIC | >10℃ | <-10℃ |
| | >10℃ | >-10℃ |
| VIIA | 1月平均气温 | 7月平均气温 | 年降水量 |
| VIIB | <-10℃ | >25℃ | <200mm |
| VIIC | <-10℃ | <25℃ | 200～600mm |
| VIID | <-10℃ | <25℃ | 50～200mm |
| | >-10℃ | >25℃ | 10～200mm |

# 第三章　建筑气候特征和建筑基本要求

## 第一节　第 I 建筑气候区

第3.1.1条　该区冬季漫长严寒，夏季短促凉爽；西部偏于干燥，东部偏于湿润；气温年较差很大；冰冻期长，冻土深，积雪厚；太阳辐射量大，日照丰富；冬半年多大风。该区建筑气候特征值宜符合下列条件：

一、1月平均气温为-31～-10℃，7月平均气温低于25℃；气温年较差为30～50℃，年平均气温日较差为10～16℃；3～5月平均气温日较差最大，可达25～30℃；极端最低气温普遍低于-35℃，漠河曾有-52.3℃的全国最低记录；年日平均气温低于或等于5℃的日数大于145d。

二、年平均相对湿度为50%～70%；年降水量为200～

图 2.1.2　中国建筑气候区划图

800mm，雨量多集中在6~8月，年雨日数为60~160d。

三、年太阳总辐射照度为140~200W/m²，年日照时数为2100~3100h，年日照百分率为50%~70%，12~翌年2月偏高，可达60%~70%。

四、12~翌年2月西部地区多偏北风，北、东部多偏西风和偏西风，中南部多偏南风；6~8月东部多偏东风和东北风，其余地区多为偏南风；年平均风速为2~5m/s，12~翌年2月平均风速为1~5m/s，3~5月平均风速最大，为3~6m/s。

五、年大风日数一般为10~50d；年降雪日数一般为5~60d，长白山个别地区可达150d，年积雪日数为40~160d；最大积雪深度为10~50cm，长白山个别地区超过60cm；年雾凇日数为2~40d。

**第3.1.2条** 该区各二级区对建筑有重大影响的建筑气候特征值宜符合下列条件：

一、ⅠA区冬季长9个月以上，1月平均气温低于-28℃，多积雪，基本雪压为0.5~0.7kPa；该区为永冻土地区，最大冻土深度为4.0m左右。

二、ⅠB区冬季长8~9个月，1月平均气温为-28~-22℃，年冰雹日数为1~4d；年沙暴日数为1~5d；基本雪压为0.3~0.7kPa；该区为岛状冻土地区，最大冻土深度为2.0~4.0m。

三、ⅠC区冬季长7~8个月，1月平均气温为-22~-16℃；夏季长1个月左右，年冰雹日数为3~5d；年沙暴日数为5d左右，东部基本雪压值偏高，为0.3~0.7kPa；最大冻土深度为1.5~2.5m。

四、ⅠD区冬季长6~7个月，1月平均气温高于-16℃；夏季长2个月，年冰雹日数为5d左右，西部年沙暴日数为5~10d；最大冻土深度为1.0~2.0m。

**第3.1.3条** 该区建筑的基本要求应符合下列规定：

一、建筑物必须充分满足冬季防寒、保温、防冻等要求，夏季可不考虑防热。

二、总体规划、单体设计和构造处理应使建筑物满足冬季日照和防御寒风的要求；建筑物应采取减少外露面积，加强冬季密闭性，合理利用太阳能等节能措施，结构上应考虑气温年较差大及大风的不利影响；屋面构造应考虑积雪及冻融危害；施工应考虑冬季漫长严寒的特点，采取相应的措施。

三、ⅠA区和ⅠB区尚应着重考虑冻土对建筑物地基和地下管道的影响，防止冻土融化塌陷及冻胀的危害。

四、ⅠB、ⅠC和ⅠD区的西部，建筑物尚应注意防冰雹和防风沙。

### 第二节　第Ⅱ建筑气候区

**第3.2.1条** 该区冬季较长且寒冷干燥，平原地区夏季较炎热湿润，高原地区夏季较凉爽，降水量相对集中，气温年较差较大，日照较丰富；春、秋季短促，气温变化剧烈；春季雨雪稀少，多大风风沙天气，夏秋多冰雹和雷暴；该区建筑气候特征值宜符合下列条件：

一、1月平均气温为-10~0℃，极端最低气温在-20~-30℃之间；7月平均气温为18~28℃，极端最高气温为35~44℃，平原地区的极端最高气温大多可超过40℃；气温年较差可达26~34℃，年平均气温日较差为7~14℃；年日平均气温低于或等于5℃的日数为145~90d，年日平均气温高于或等于25℃的日数少于80d，年最高气温高于或等于35℃的日数可达10~20d。

二、年平均相对湿度为50%~70%；年雨日数为60~100d，年降水量为300~1000mm，日最大降水量大都为200~300mm，个别地方日最大降水量超过500mm。

三、年太阳总辐射照度为150~190W/m²，年日照时数为

2000~2800h，年日照百分率为40%~60%。

四、东部广大地区12~翌年2月多偏北风，6~8月多偏南风，陕西北部常年多西南风；陕西、甘肃中部常年多偏东风；年平均风速为1~4m/s，3~5月平均风速最大，为2~5m/s。

五、年大风日数为5~25d，局部地区达50d以上；年沙暴日数为1~10d，北部地区偏多；年降雪日数一般在15d以下，年积雪日数为10~40d，最大积雪深度为10~30cm；最大冻土深度小于1.2m；年冰雹日数一般在5d以下；年雷暴日数为20~40d。

**第3.2.2条** 该区各二级区对建筑有重大影响的建筑气候特征值宜符合下列条件：

一、ⅡA区6~8月气温高，7月平均气温一般高于或等于25℃，日平均气温高于或等于25℃的日数为20~80d；暴雨强度大；10~翌年3月多大风风沙，沿海一带4~9月多盐雾。

二、ⅡB区6~8月气温偏低，7月平均气温一般低于25℃，年平均相对湿度偏低；3~5月多风沙；年降水量普遍少于ⅡA区。

**第3.2.3条** 该区建筑的基本要求应符合下列规定：

一、建筑物应满足冬季防寒、保温、防冻等要求，夏季部分地区应兼顾防热。

二、总体规划、单体设计和构造处理应满足冬季日照并防御寒风的要求，主要房间宜避西晒，应注意防暴雨；建筑物应采取减少外露面积，加强冬季密闭性且兼顾夏季通风和利用太阳能等节能措施；结构上应考虑气温年较差大、多大风的不利影响；建筑物宜有防冰雹和防雷措施；施工应考虑冬季寒冷期较长和夏季多暴雨的特点。

三、ⅡA区建筑物尚应考虑防热、防潮、防暴雨，沿海地带尚应注意防盐雾侵蚀。

四、ⅡB区建筑物可不考虑夏季防热。

### 第三节　第Ⅲ建筑气候区

**第3.3.1条** 该区大部分地区夏季闷热，冬季湿冷，气温日较差小；年降水量大；日照偏少；春末夏初为长江中下游地区的梅雨期，多阴雨天气，常有大雨和暴雨出现；沿海及长江中下游地区夏秋常受热带风暴和台风袭击，易有暴雨大风天气；该区建筑气候特征值宜符合下列条件：

一、7月平均气温一般为25~30℃，1月平均气温为0~10℃，冬季寒潮可造成剧烈降温，极端最低气温大多可降至-10℃以下，甚至低于-20℃；年日平均气温低于或等于5℃的日数为90~0d；年日平均气温高于或等于25℃的日数为40~110d。

二、年平均相对湿度较高，为70%~80%，四季相差不大；年雨日数为150d左右，多者可超过200d；年降水量为1000~1800mm。

三、年太阳总辐射照度为110~160W/m²，四川盆地东部为低值中心，尚不足110W/m²；年日照时数为1000~2400h，川南黔北日照极少，只有1000~1200h；年日照百分率一般为30%~50%，川南黔北地区不足30%，是全国最低的。

四、12~翌年2月盛行偏北风；6~8月盛行偏南风；年平均风速为1~3m/s，东部沿海地区偏大，可达7m/s以上。

五、年大风日数一般为10~25d，沿海岛屿可达100d以上；年降雪日数为1~14d，最大积雪深度为0~50cm；年雷暴日数为30~80d，年雨凇日数，平原地区一般为0~10d，山区可达50~70d。

**第3.3.2条** 该区各二级区对建筑有重大影响的建筑气候特征值宜符合下列条件：

一、ⅢA区6~10月常有热带风暴和台风袭击，30年一遇最大风速大于25m/s；暴雨强度大，局部地区可有24小时降雨

量 400mm 以上的特大暴雨，夏季有海陆风，不太闷热。

二、ⅢB 区夏季温高湿重，闷热天气多；冬季积雪深度最大可达 51cm；四川盆地部分的日照百分率较低，光照度偏低。

三、ⅢC 区夏季不太闷热，日照百分率普遍较低；川南黔北日照百分率极低，光照度偏低。

**第 3.3.3 条** 该区建筑基本要求应符合下列规定：

一、建筑物必须满足夏季防热、通风降温要求，冬季应适当兼顾防寒。

二、总体规划、单体设计和构造处理应有利于良好的自然通风，建筑物应避西晒，并满足防雨、防潮、防洪、防雷击要求；夏季施工应有防高温和防雨的措施。

三、ⅢA 区建筑物尚应注意防热带风暴和台风、暴雨袭击及盐雾侵蚀。

四、ⅢB 区北部建筑物的屋面尚应预防冬季积雪危害。

### 第四节 第Ⅳ建筑气候区

**第 3.4.1 条** 该区长夏无冬，温高湿重，气温年较差和日较差均小；雨量丰沛，多热带风暴和台风袭击，易有大风暴雨天气；太阳高度角大，日照较小，太阳辐射强烈；该区建筑气候特征值宜符合下列条件：

一、1 月平均气温高于 10℃，7 月平均气温为 25～29℃，极端最高气温一般低于 40℃，个别可达 42.5℃；气温年较差为 7～19℃；年平均气温日较差为 5～12℃；年日平均气温高于或等于 25℃ 的日数为 100～200d。

二、年平均相对湿度为 80% 左右，四季变化不大；年降雨日数为 120～200d，年降水量大多在 1500～2000mm，是我国降水量最多的地区之一；年暴雨日数为 5～20d，各月均可发生，主要集中在 4～10 月，暴雨强度大，台湾局部地区尤甚，日最大降雨量可在 1000mm 以上。

三、年太阳总辐射照度为 130～170W／m²，在我国属较少地区之一，年日照时数大多在 1500～2600h，年日照百分率为 35%～50%，12～翌年 5 月偏低。

四、10～翌年 3 月普遍盛行东北风和东风；4～9 月大多盛行东南风和西南风，年平均风速为 1～4m／s，沿海岛屿风速显著偏大，台湾海峡平均风速在全国最大，可达 7m／s 以上。

五、年大风日数各地相差悬殊，内陆大部分地区全年不足 5d，沿海为 10～25d，岛屿可达 75～100d，甚至超过 150d；年雷暴日数为 20～120d，西部偏多，东部偏少。

**第 3.4.2 条** 该区各二级区对建筑有重大影响的建筑气候特征值宜符合下列条件：

一、ⅣA 区 30 年一遇的最大风速大于 25m／s；年平均气温高，气温年较差小，部分地区终年皆夏。

二、ⅣB 区 30 年一遇的最大风速小于 25m／s；12～翌年 2 月有寒潮影响，两广北部最低气温可降至 -7℃ 以下；西部云南的河谷地区，4～9 月炎热湿润多雨；10～翌年 3 月干燥凉爽，无热带风暴和台风影响；部分地区夜晚降温剧烈，气温日较差大，有时可达 20～30℃。

**第 3.4.3 条** 该区建筑基本要求应符合下列规定：

一、该区建筑物必须充分满足夏季防热、通风、防雨要求，冬季可不考虑防寒、保温。

二、总体规划、单体设计和构造处理宜开敞通透，充分利用自然通风；建筑物应避西晒，宜设遮阳；应注意防暴雨、防洪、防潮、防雷击；夏季施工应有防高温和暴雨的措施。

三、ⅣA 区建筑物尚应注意防热带风暴和台风、暴雨袭击及盐雾侵蚀。

四、ⅣB 区内云南的河谷地区建筑物尚应注意屋面及墙身抗裂。

### 第五节 第Ⅴ建筑气候区

**第 3.5.1 条** 该区立体气候特征明显，大部分地区冬温夏凉，干湿季分明；常年有雷暴、多雾，气温的年较差小，日较差偏大，日照较少，太阳辐射强烈，部分地区冬季气温偏低；该区建筑气候特征值宜符合下列条件：

一、1 月平均气温为 0～13℃，冬季强寒潮可造成气温大幅度下降，昆明最低气温曾降至 -7.8℃；7 月平均气温为 18～25℃，极端最高气温一般低于 40℃，个别地方可达 42℃；气温年较差为 12～20℃；由于干湿季节的不同影响，部分地区的最热月在 5、6 月份；年日平均气温低于或等于 5℃ 的日数为 90～0d。

二、年平均相对湿度为 60%～80%；年雨日数为 100～200d，年降水量在 600～2000mm；该区有干季（风季）与湿季（雨季）之分，湿季在 5～10 月，雨量集中，湿度偏高；干季在 11～翌年 4 月，湿度偏低，风速偏大；6～8 月多南到西南风，12～翌年 2 月东部多东南风，西部多西南风，年平均风速为 1～3m／s。

三、年太阳总辐射照度为 140～200W／m²，年日照时数为 1200～2600h，年日照百分率为 30%～60%。

四、年大风日数为 5～60d；年降雪日数为 0～15d，东北部偏多；最大积雪深度为 0～35cm；高山有终年积雪及现代冰川；该区为我国雷暴多发地区，各月均可出现，年雷暴日数为 40～120d；年雾日数为 1～100d。

**第 3.5.2 条** 该区各二级区对建筑有重大影响的建筑气候特征值宜符合下列条件：

一、VA 区常年温和，气温较低；气温年较差为 14～20℃，气温日较差为 7～11℃，日照较少。

二、VB 区除攀枝花和东川一带常年气温偏高外，其余地方常年温和，但雨天易造成低温；气温年较差和气温日较差均为 10～14℃；年雷暴日数偏多，南部部分地区可超过 120d；年雾日数偏多，可超过 100d。

**第 3.5.3 条** 该区建筑基本要求应符合下列规定：

一、建筑物应满足湿季防雨和通风要求，可不考虑防热。

二、总体规划、单体设计和构造处理宜使湿季有较好自然通风，主要房间应有良好朝向；建筑物应注意防潮、防雷击；施工应有防雨的措施。

三、VA 区建筑尚应注意防寒。

四、VB 区建筑物应特别注意防雷。

### 第六节 第Ⅵ建筑气候区

**第 3.6.1 条** 该区长冬无夏，气候寒冷干燥，南部气温较高，降水较多，比较湿润；气温年较差小而日较差大；气压偏低，空气稀薄，透明度高；日照丰富，太阳辐射强烈；冬季多西南大风，冻土深，积雪厚，气候垂直变化明显；该区建筑气候特征值宜符合下列条件：

一、1 月平均气温为 0～-22℃，极端最低气温一般低于 -32℃，很少低于 -40℃；7 月平均气温为 2～18℃；气温年较差为 16～30℃；年平均气温日较差为 12～16℃，冬季气温日较差最大，可达 16～18℃；年日平均气温低于或等于 5℃ 的日数为 90～285d。

二、年平均相对湿度为 30%～70%；年雨日数为 20～180d，年降水量为 25～900mm；该区干湿季分明，全年降水多集中在 5～9 月或 4～10 月，约占年降水总量的 80%～90%，降水强度很小，极少有暴雨出现。

三、年太阳总辐射照度为 180～260W／m²，年日照时数为 1600～3600h，年日照百分率为 40%～80%，柴达木盆地为全国最高，可超过 80%。

四、该区东北部地区常年盛行东北风，12～翌年 2 月南部和东南部盛行偏南风；其他地方大多为偏西风，6～8 月北部地区多东北风，南部地区多为东风；年平均风速一般为 2～4m／s，极大风速可超过 40m／s；空气密度甚小；年平均气压值偏低，大多在 600hPa 左右，只及平原地区的 2／3～1／2。

五、年大风日数为 10～100d，最多可超过 200d；年雷暴日数为 5～90d，全部集中在 5～9 月；年冰雹日数为 1～30d；12～翌年 5 月多沙暴，年沙暴日数为 0～10d；年降雪日数为 5～100d，年积雪日数为 10～100d；高山终年积雪，有现代冰川，最大积雪深度为 10～40cm。

**第 3.6.2 条** 该区各二级区对建筑有重大影响的建筑气候特征值宜符合下列条件：

一、ⅥA 区冬季严寒，6～8 月凉爽；12～翌年 5 月多风沙，气候干燥；年降水量一般为 25～200mm，山地高处降水较多，可超过 500mm。

二、ⅥB 区全年皆冬，气候严寒干燥，为高原永冻土区，最大冻土深度达 2.5m 左右，年沙暴日数为 10d 左右。

三、ⅥC 区冬季寒冷，6～8 月凉爽，降水较多，比较湿润，多雷暴且雷击强度大；西部地区年太阳总辐射照度偏高，超过 260W／m²；年沙暴日数多，可达 20d。

**第 3.6.3 条** 该区建筑基本要求应符合下列规定：

一、建筑物应充分满足防寒、保温、防冻的要求，夏天不需考虑防热。

二、总体规划、单体设计和构造处理应注意防寒风与风沙；建筑物应采取减少外露面积，加强密闭性，充分利用太阳能等节能措施；结构上应注意大风的不利作用，地基及地下管道应考虑冻土的影响；施工应注意冬季严寒的特点。

三、ⅥA 区和ⅥB 区尚应注意冻土对建筑物地基及地下管道的影响，并应特别注意防风沙。

四、ⅥC 区东部建筑物尚应注意防雷击。

### 第七节 第Ⅶ建筑气候区

**第 3.7.1 条** 该区大部分地区冬季漫长严寒，南疆盆地冬季寒冷；大部分地区夏季干热，吐鲁番盆地酷热，山地较凉；气温年较差和日较差均大；大部分地区雨量稀少，气候干燥，风沙大；部分地区冻土较深，山地积雪较厚，日照丰富，太阳辐射强烈；该区建筑气候特征值宜符合下列条件：

一、1 月平均气温为 -20～-5℃；极端最低气温为 -20～-50℃；7 月平均气温为 18～33℃，山地偏低，盆地偏高；极端最高气温各地差异很大，山地明显偏低，盆地非常之高，吐鲁番极端最高气温达到 47.6℃，为全国最高；气温年较差大都在 30～40℃，年平均气温日较差为 10～18℃；年日平均气温低于或等于 5℃ 的日数为 110～180d；年日平均气温高于或等于 25℃ 的日数小于 120d。

二、年平均相对湿度为 35%～70%；年降雨日数为 10～120d；年降水量为 10～600mm，是我国降水最少的地区；降水量主要集中在 6～8 月，约占年总量的 60%～70%；山地降水量年际变化小，盆地变化大。

三、年太阳总辐射照度为 170～230W／m²，年日照时数 2600～3400h，年日照百分率为 60%～70%。

四、12～翌年 2 月北疆西部以西北风为主，东部多偏东风；南疆东部多东北风，西部多西至西南风；6～8 月大部分地区盛行西北和西风，东部地区多东风，年平均风速为 1～4m／s。

五、年大风日数为 5～75d，山口和风口地方多大风，持续

时间长，年大风日数超过 100d；区内风沙天气盛行，是全国沙暴日数最多的地区，年沙暴日数最多可达 40d；年降雪日数为 1～100d。

**第 3.7.2 条** 该区各二级区对建筑有重大影响的建筑气候特征值宜符合下列条件：

一、ⅦA 区冬季干燥严寒，为北疆寒冷中心；夏季干热，为北疆炎热中心；日平均气温高于或等于 25℃ 的日数可达 72d；年降水量少于 200mm；基本雪压值小于 0.5kPa；最大冻土深度为 1.5～2.0m。

二、ⅦB 区冬季严寒，夏季凉爽，较为湿润；基本雪压值偏高，为 0.3～1.2kPa；最大积雪深度为 30～80cm；最大冻土深度为 0.5～4.0m；有永冻土存在；高山终年积雪，有现代冰川；冬季多阴雨天气；4～9 月山地多冰雹。

三、ⅦC 区冬季严寒，夏季较热，年降水量小于 200mm，空气干燥，风速偏大，多大风风沙天气；日照丰富；最大冻土深度为 1.5～2.5m；日平均气温高于或等于 25℃ 的日数为 20～70d。

四、ⅦD 区冬季寒冷，夏季干热，日照丰富，平均风速偏小，常年干燥少雨，年降水量小于 200mm，多风沙天气；吐鲁番盆地夏季酷热，日平均气温高于或等于 25℃ 的日数约为 120d，高于或等于 35℃ 的天数为 97d。

**第 3.7.3 条** 该区建筑基本要求应符合下列规定：

一、建筑物必须充分满足防寒、保温、防冻要求，夏季部分地区应兼顾防热。

二、总体规划、单体设计和构造处理应以防寒风与风沙，争取冬季日照为主；建筑物应采取减少外露面积，加强密闭性，充分利用太阳能等节能措施；房屋外围护结构宜厚重；结构上应考虑气温年较差和日较差均大以及大风等的不利作用；施工应注意冬季低温、干燥多风沙以及温差大的特点。

三、除ⅦD 区处，尚应注意冻土对建筑物的地基及地下管道的危害。

四、ⅦB 区建筑物尚应特别注意预防积雪的危害。

五、ⅦC 区建筑物尚应特别注意防风沙，夏季兼顾防热。

六、ⅦD 区建筑物尚应注意夏季防热要求，吐鲁番盆地应特别注意隔热、降温。

# 附录一 全国气候要素分布图

以上附图见文后插图。

# 附录二　全国主要城镇气候参数表

**全国主要城镇气候参数表（一）**　　附表 2.1-1

| 区属号 | 地 名 | 气象台站位置 | | | 大气压力 (hPa) | | |
| --- | --- | --- | --- | --- | --- | --- | --- |
| | | 北纬 | 东经 | 海拔高度(m) | 年平均 | 夏季平均 | 冬季平均 |
| 1 | 2 | 3 | 4 | 5 | 6 | 7 | 8 |
| ⅠA.1 | 漠河 | 53°28′ | 122°22′ | 296.0 | 978.8 | 971.3 | 986.4 |
| ⅠB.1 | 加格达奇 | 50°24′ | 124°07′ | 371.7 | 968.5 | 962.3 | 974.5 |
| ⅠB.2 | 克山 | 48°03′ | 125°53′ | 236.9 | 984.8 | 977.3 | 992.0 |
| ⅠB.3 | 黑河 | 50°15′ | 127°27′ | 165.8 | 993.3 | 985.6 | 1000.4 |
| ⅠB.4 | 嫩江 | 49°10′ | 125°14′ | 242.2 | 984.1 | 976.6 | 991.4 |
| ⅠB.5 | 铁力 | 46°59′ | 128°01′ | 210.5 | 988.2 | 980.7 | 995.3 |
| ⅠB.6 | 额尔古纳右旗 | 50°13′ | 120°12′ | 581.4 | 944.9 | 938.9 | 950.9 |
| ⅠB.7 | 满洲里 | 49°34′ | 117°26′ | 666.8 | 936.4 | 930.2 | 941.7 |
| ⅠB.8 | 海拉尔 | 49°13′ | 119°45′ | 612.8 | 941.6 | 935.4 | 947.3 |
| ⅠB.9 | 博克图 | 48°46′ | 121°55′ | 738.6 | 926.4 | 922.0 | 930.1 |
| ⅠB.10 | 东乌珠穆沁旗 | 45°31′ | 116°58′ | 838.7 | 917.5 | 911.2 | 922.6 |
| ⅠC.1 | 齐齐哈尔 | 47°23′ | 123°55′ | 145.9 | 996.4 | 987.6 | 1004.7 |
| ⅠC.2 | 鹤岗 | 47°22′ | 130°20′ | 227.9 | 985.3 | 979.1 | 990.9 |
| ⅠC.3 | 哈尔滨 | 45°45′ | 126°46′ | 142.3 | 994.2 | 985.6 | 1002.0 |
| ⅠC.4 | 虎林 | 45°46′ | 132°58′ | 100.2 | 1001.7 | 994.8 | 1007.9 |
| ⅠC.5 | 鸡西 | 45°17′ | 130°57′ | 232.3 | 986.0 | 979.5 | 991.8 |
| ⅠC.6 | 绥芬河 | 44°23′ | 131°09′ | 496.7 | 955.3 | 950.9 | 958.5 |
| ⅠC.7 | 长春 | 43°54′ | 125°13′ | 236.8 | 986.6 | 977.9 | 994.1 |
| ⅠC.8 | 桦甸 | 42°59′ | 126°45′ | 263.3 | 984.3 | 976.0 | 991.3 |
| ⅠC.9 | 图们 | 42°59′ | 129°50′ | 140.6 | 999.6 | 992.4 | 1005.7 |
| ⅠC.10 | 天池 | 42°01′ | 128°05′ | 2623.5 | 734.2 | 740.3 | 725.9 |
| ⅠC.11 | 通化 | 41°41′ | 125°54′ | 402.9 | 968.4 | 960.7 | 974.5 |
| ⅠC.12 | 乌兰浩特 | 46°05′ | 122°03′ | 274.7 | 981.3 | 972.9 | 988.5 |
| ⅠC.13 | 锡林浩特 | 43°57′ | 116°04′ | 989.5 | 901.5 | 895.7 | 906.1 |
| ⅠC.14 | 多伦 | 42°11′ | 116°28′ | 1245.4 | 874.7 | 870.4 | 877.4 |

| 区属号 | 地 名 | 气象台站位置 | | | 大气压力 (hPa) | | |
| --- | --- | --- | --- | --- | --- | --- | --- |
| | | 北纬 | 东经 | 海拔高度(m) | 年平均 | 夏季平均 | 冬季平均 |
| 1 | 2 | 3 | 4 | 5 | 6 | 7 | 8 |
| ⅠD.1 | 四平 | 43°11′ | 124°20′ | 164.2 | 995.8 | 986.4 | 1004.1 |
| ⅠD.2 | 沈阳 | 41°46′ | 123°26′ | 41.6 | 1011.4 | 1000.7 | 1020.8 |
| ⅠD.3 | 朝阳 | 41°33′ | 120°27′ | 168.7 | 995.8 | 985.5 | 1004.6 |
| ⅠD.4 | 林西 | 43°36′ | 118°04′ | 799.0 | 922.3 | 916.1 | 927.6 |
| ⅠD.5 | 赤峰 | 42°16′ | 118°58′ | 571.1 | 948.7 | 940.8 | 954.9 |
| ⅠD.6 | 呼和浩特 | 40°49′ | 111°41′ | 1063.0 | 896.0 | 889.3 | 900.9 |
| ⅠD.7 | 达尔罕茂明安联合旗 | 41°42′ | 110°26′ | 1375.9 | 862.0 | 857.1 | 865.0 |
| ⅠD.8 | 张家口 | 40°47′ | 114°53′ | 723.9 | 932.5 | 924.5 | 939.0 |
| ⅠD.9 | 大同 | 40°06′ | 113°20′ | 1066.7 | 895.0 | 888.7 | 899.4 |
| ⅠD.10 | 榆林 | 38°14′ | 109°42′ | 1057.5 | 896.8 | 889.9 | 902.1 |
| ⅡA.1 | 营口 | 40°40′ | 122°16′ | 3.3 | 1016.5 | 1005.3 | 1026.2 |
| ⅡA.2 | 丹东 | 40°03′ | 124°20′ | 15.1 | 1015.3 | 1005.3 | 1023.7 |
| ⅡA.3 | 大连 | 38°54′ | 121°38′ | 92.8 | 1005.1 | 994.8 | 1013.9 |
| ⅡA.4 | 北京市 | 39°48′ | 116°28′ | 31.5 | 1010.2 | 998.6 | 1020.0 |
| ⅡA.5 | 天津市 | 39°06′ | 117°10′ | 3.3 | 1016.6 | 1004.9 | 1026.7 |
| ⅡA.6 | 承德 | 40°58′ | 117°56′ | 375.2 | 972.3 | 962.9 | 980.1 |
| ⅡA.7 | 乐亭 | 39°25′ | 118°54′ | 10.5 | 1016.3 | 1004.8 | 1026.1 |
| ⅡA.8 | 沧州 | 38°20′ | 116°50′ | 9.6 | 1015.7 | 1003.8 | 1026.0 |
| ⅡA.9 | 石家庄 | 38°02′ | 114°25′ | 80.5 | 1007.1 | 995.6 | 1017.0 |
| ⅡA.10 | 南宫 | 37°22′ | 115°23′ | 27.4 | 1013.5 | 1001.5 | 1023.7 |
| ⅡA.11 | 邯郸 | 36°36′ | 114°30′ | 57.2 | 1009.7 | 998.0 | 1019.7 |
| ⅡA.12 | 威海 | 37°31′ | 112°08′ | 46.6 | 1011.5 | 1000.7 | 1020.2 |
| ⅡA.13 | 济南 | 36°41′ | 116°59′ | 51.6 | 1010.3 | 998.6 | 1020.3 |
| ⅡA.14 | 沂源 | 36°11′ | 118°09′ | 304.5 | 981.7 | 971.6 | 989.7 |
| ⅡA.15 | 青岛 | 36°04′ | 120°20′ | 76.0 | 1008.1 | 997.3 | 1017.0 |
| ⅡA.16 | 枣庄 | 34°51′ | 117°35′ | 75.9 | 1007.8 | 996.3 | 1017.4 |
| ⅡA.17 | 濮阳 | 35°42′ | 115°01′ | 52.2 | 1010.4 | 998.5 | 1020.4 |
| ⅡA.18 | 郑州 | 34°43′ | 113°39′ | 110.4 | 1003.4 | 991.8 | 1013.0 |
| ⅡA.19 | 卢氏 | 34°00′ | 111°01′ | 568.8 | 950.9 | 941.6 | 958.1 |
| ⅡA.20 | 宿州 | 33°38′ | 116°59′ | 25.9 | 1013.5 | 1001.7 | 1023.4 |
| ⅡA.21 | 西安 | 34°18′ | 108°56′ | 396.9 | 970.1 | 959.3 | 978.3 |
| ⅡB.1 | 蔚县 | 39°50′ | 114°34′ | 909.5 | 912.0 | 905.1 | 917.3 |
| ⅡB.2 | 太原 | 37°47′ | 112°33′ | 777.9 | 927.2 | 919.3 | 933.0 |
| ⅡB.3 | 离石 | 37°30′ | 111°06′ | 950.8 | 908.3 | 900.8 | 913.8 |
| ⅡB.4 | 晋城 | 35°28′ | 112°50′ | 742.1 | 930.9 | 923.0 | 936.8 |

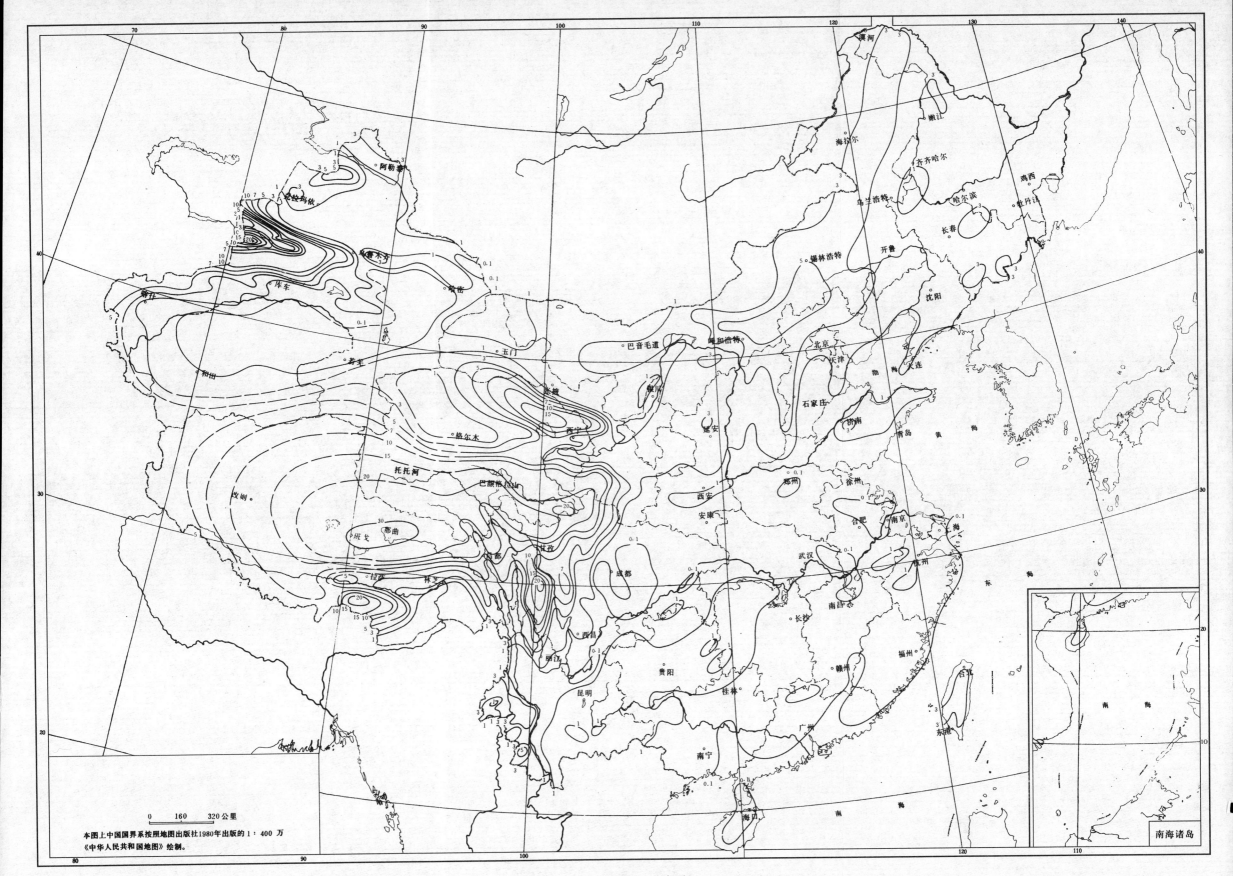

附图1.21 年冰雹日数〔d〕分布图

本图上中国国界系按照地图出版社1980年出版的1：400 万
《中华人民共和国地图》绘制。

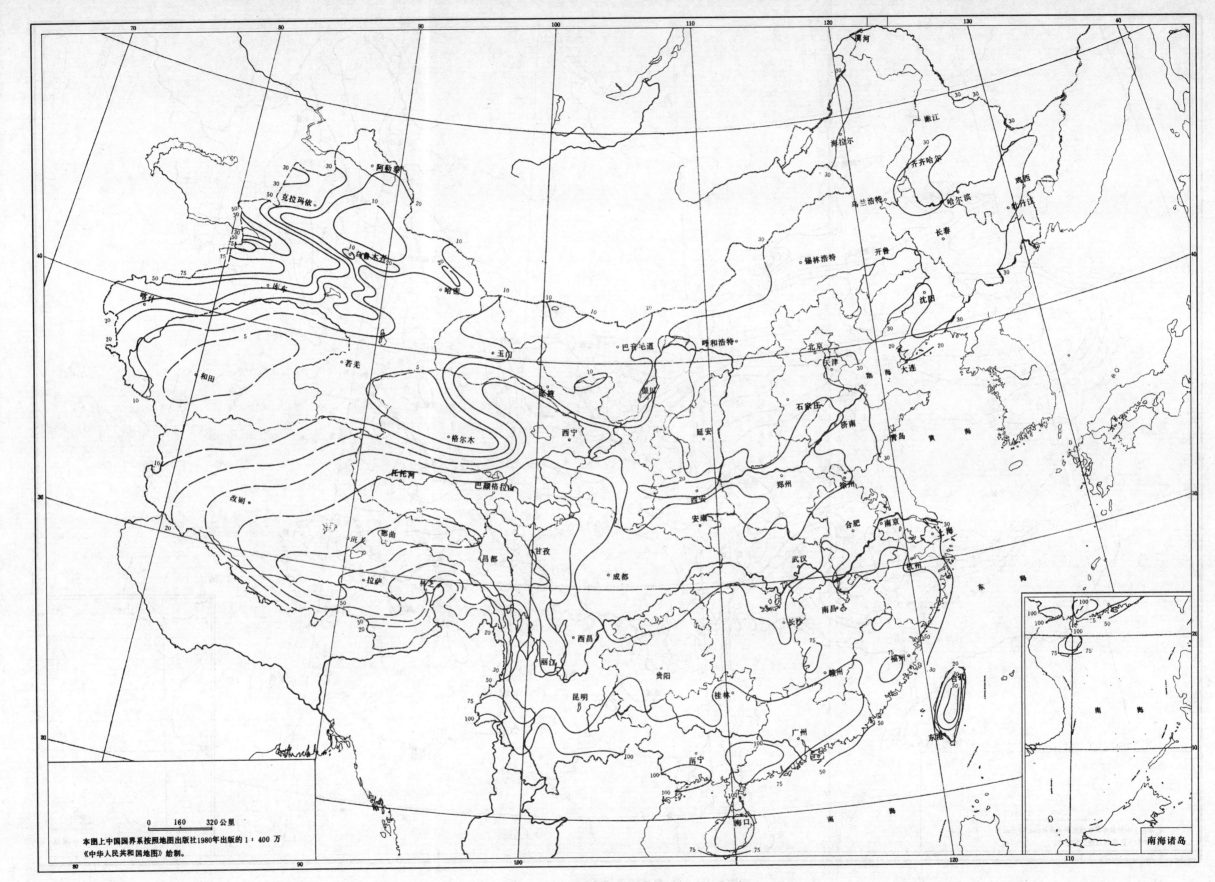

附图 1.19　年雷暴日数〔d〕分布图

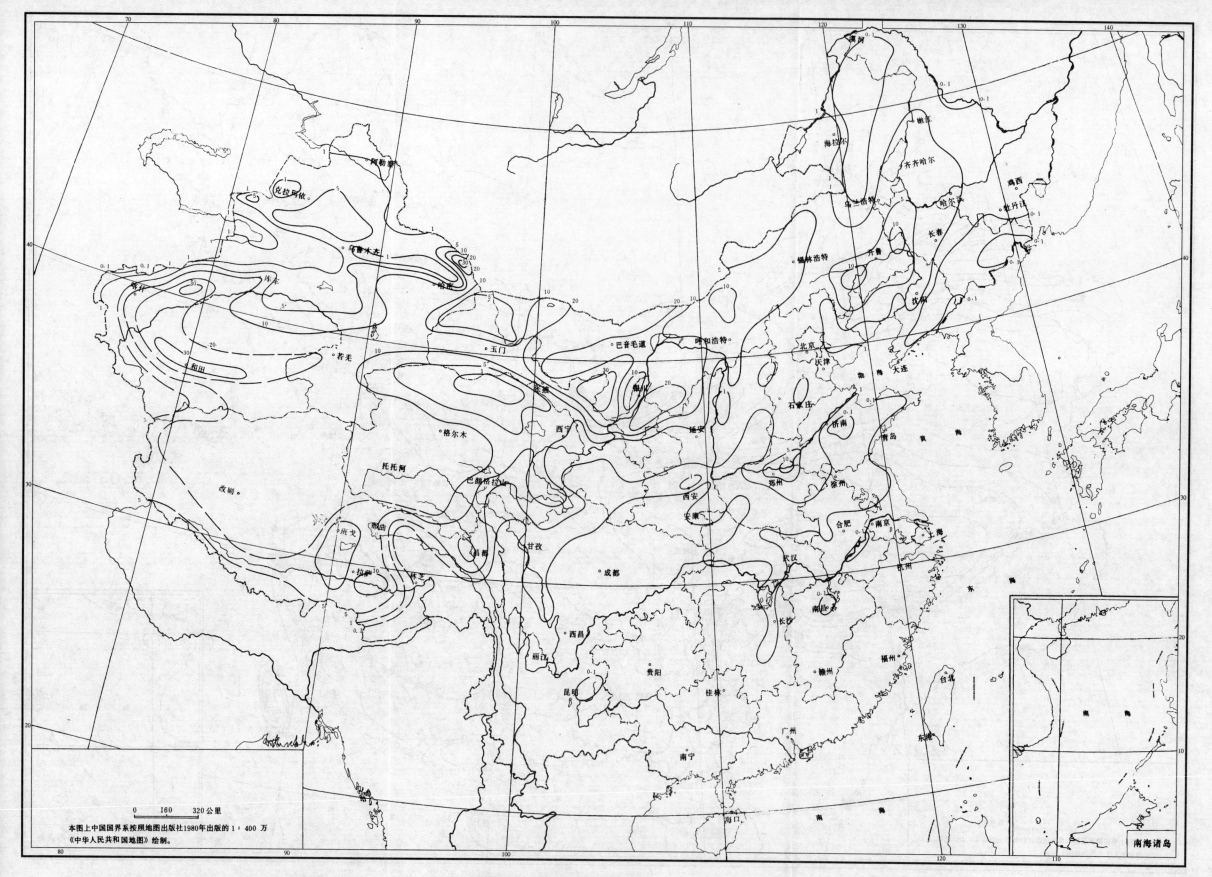

附图1.20　年沙暴日数〔d〕分布图

本图上中国国界系按照地图出版社1980年出版的1：400万
《中华人民共和国地图》绘制。

0　160　320公里

南海诸岛

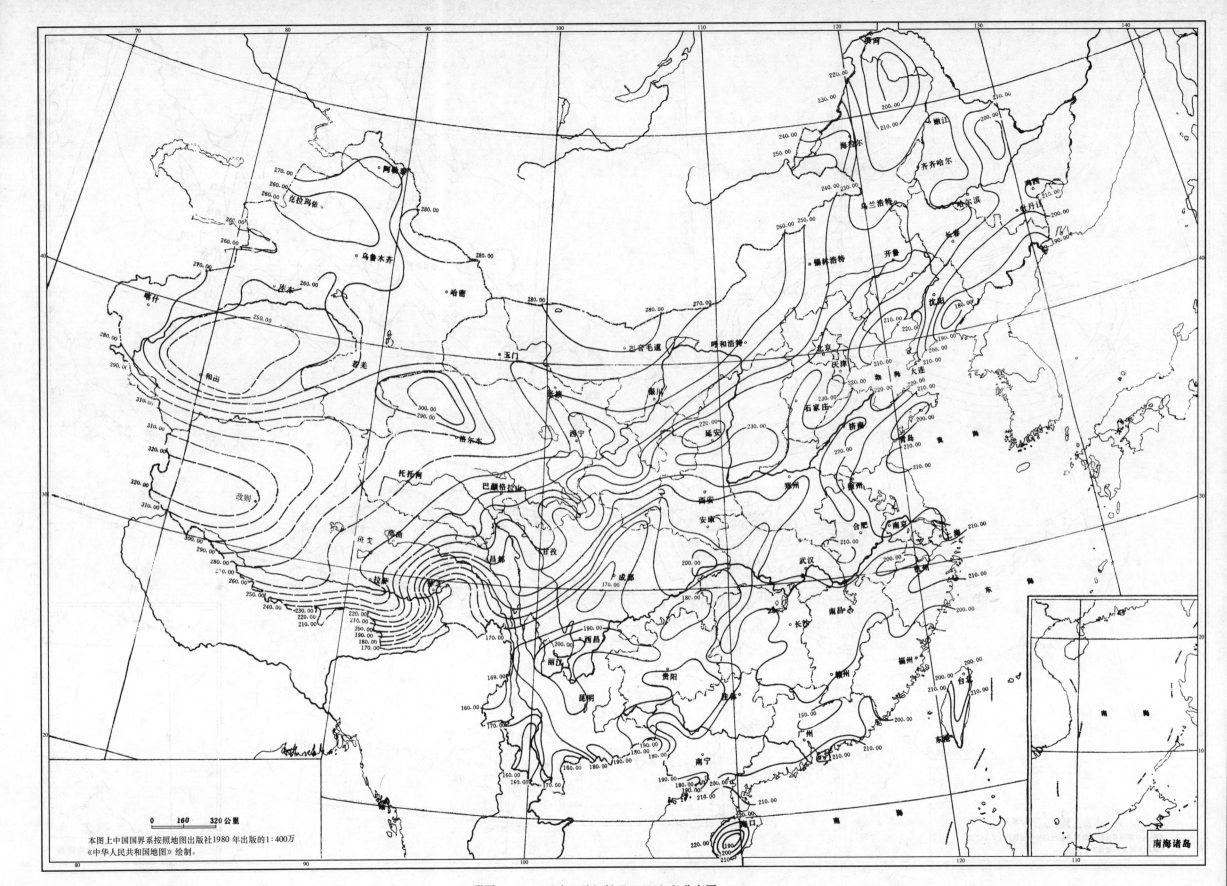

附图1.17 夏季太阳总辐射照度〔W/m²〕分布图

南海诸岛

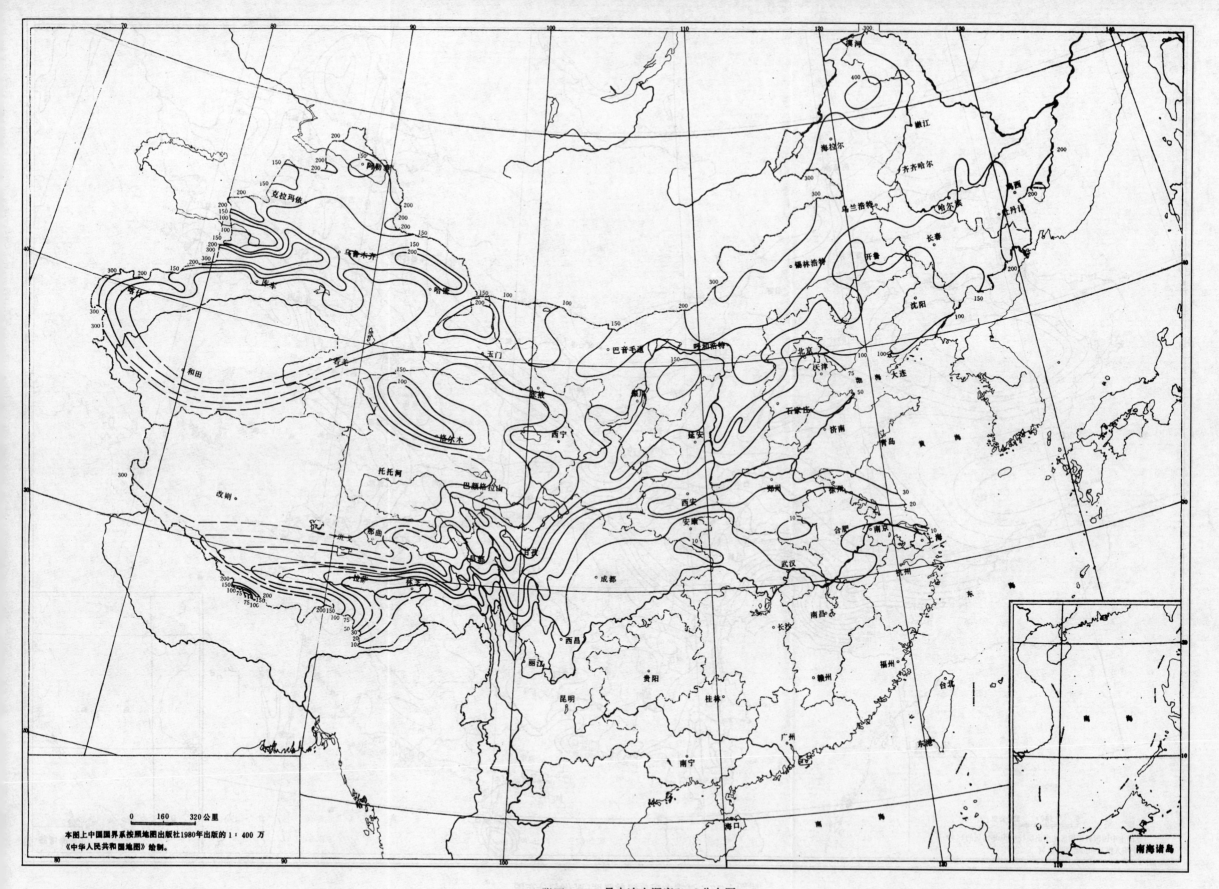

附图 1.18　最大冻土深度〔cm〕分布图

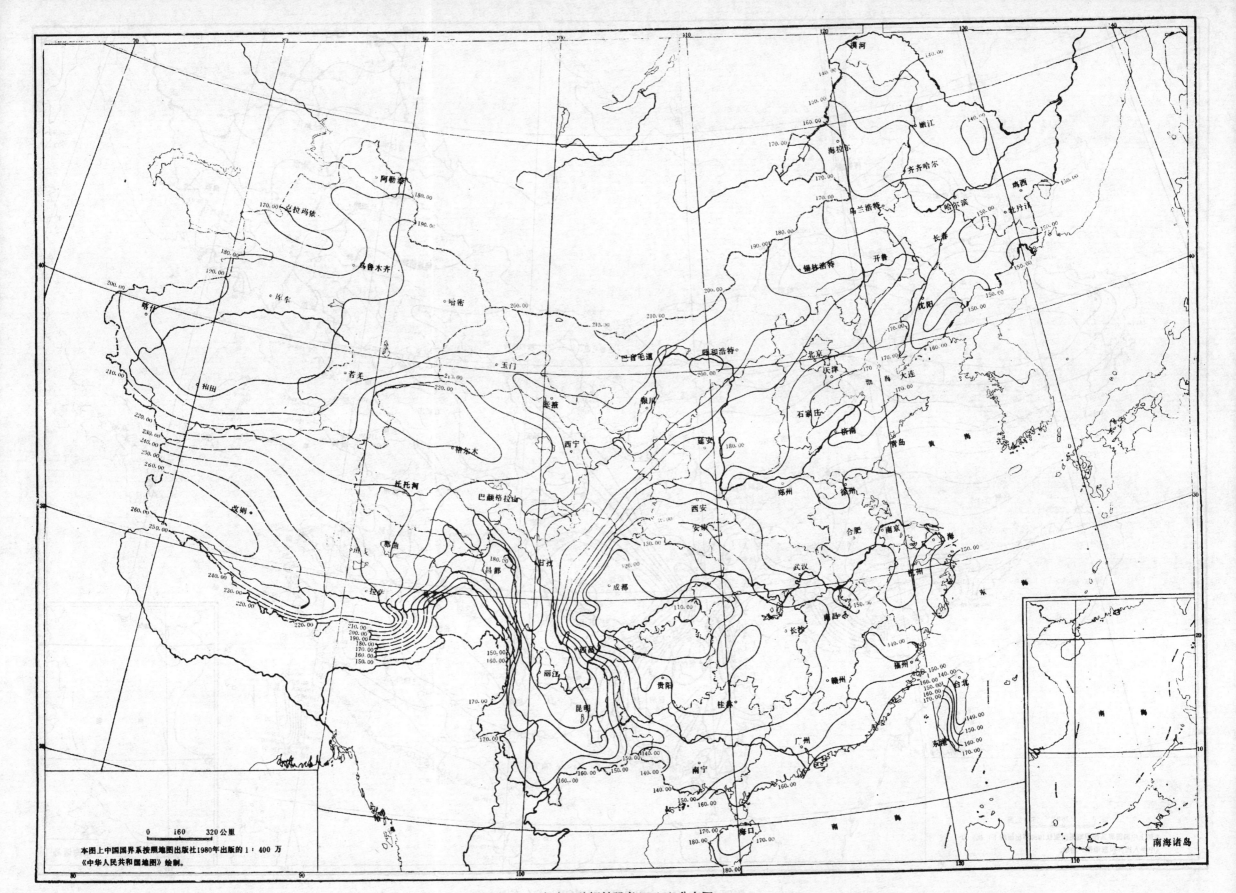

附图1.15　年太阳总辐射照度〔W/m²〕分布图

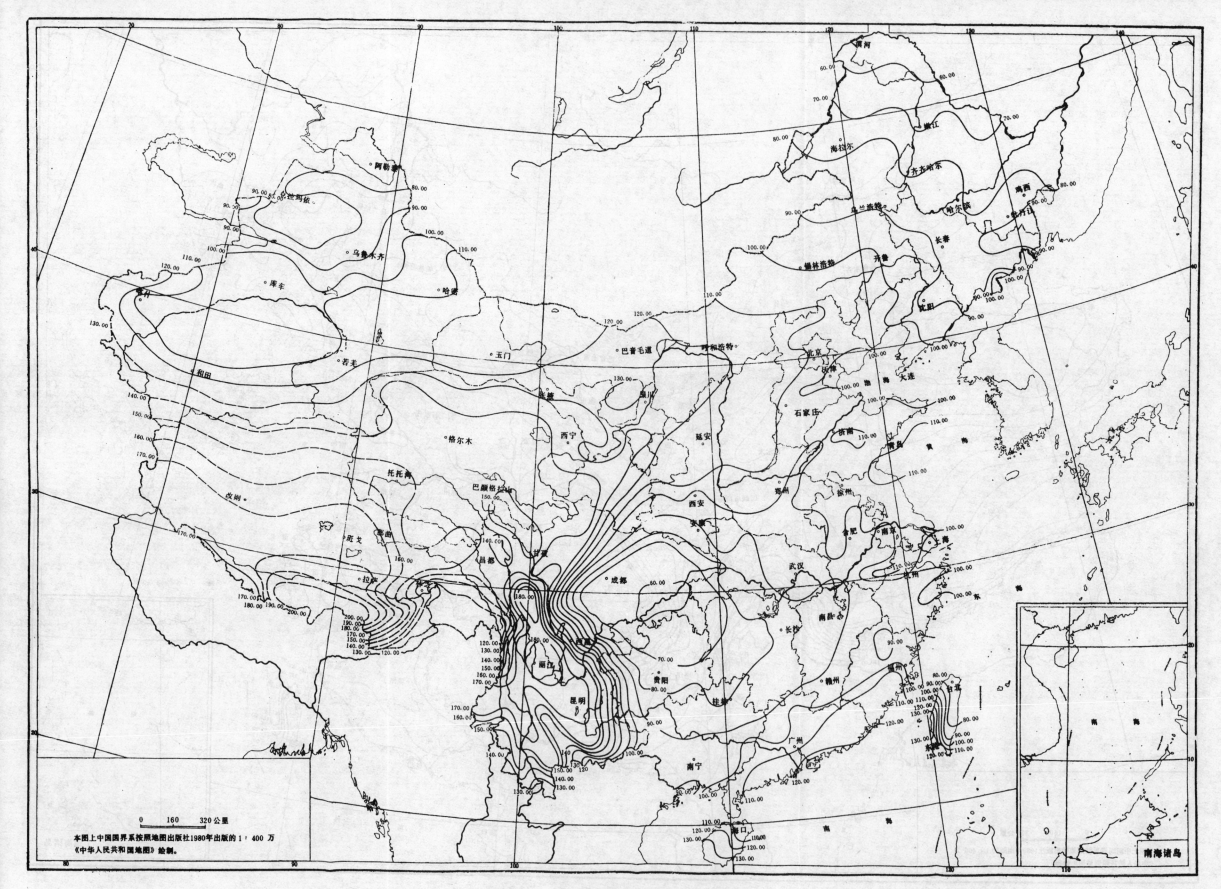

附图1.16 冬季太阳总辐射照度〔W/m²〕分布图

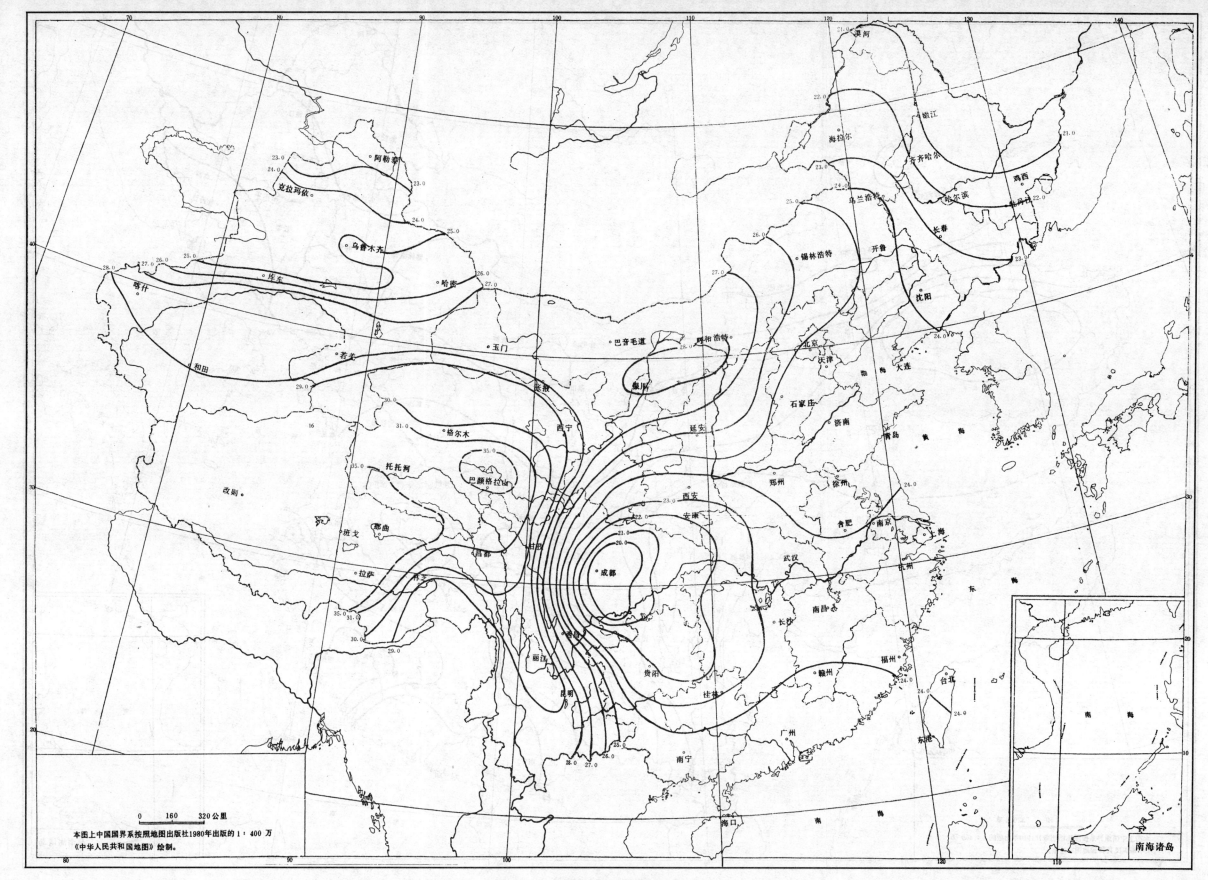

附图1.13　年总光照度〔klx〕分布图

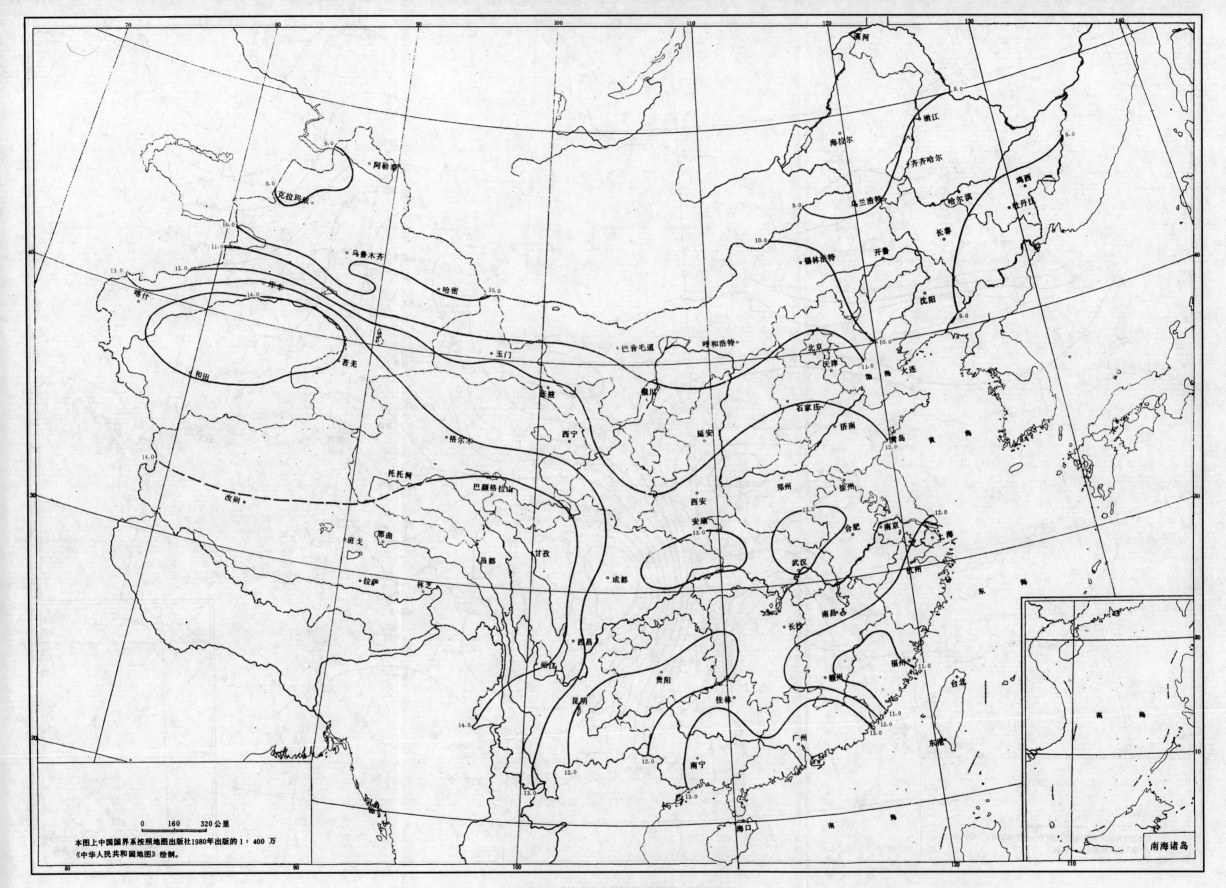

附图 1.14　年扩散光照度〔klx〕分布图

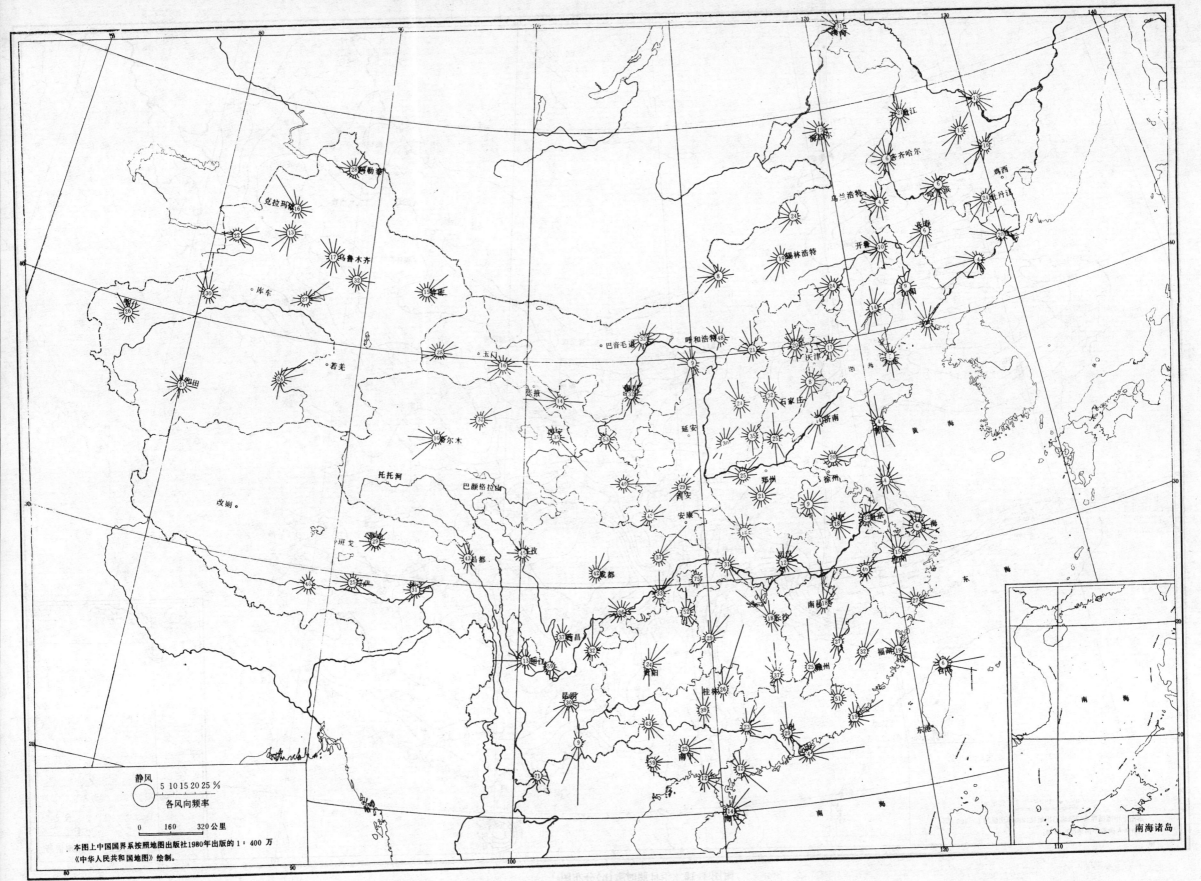

附图 1.11　全年风向玫瑰图分布图

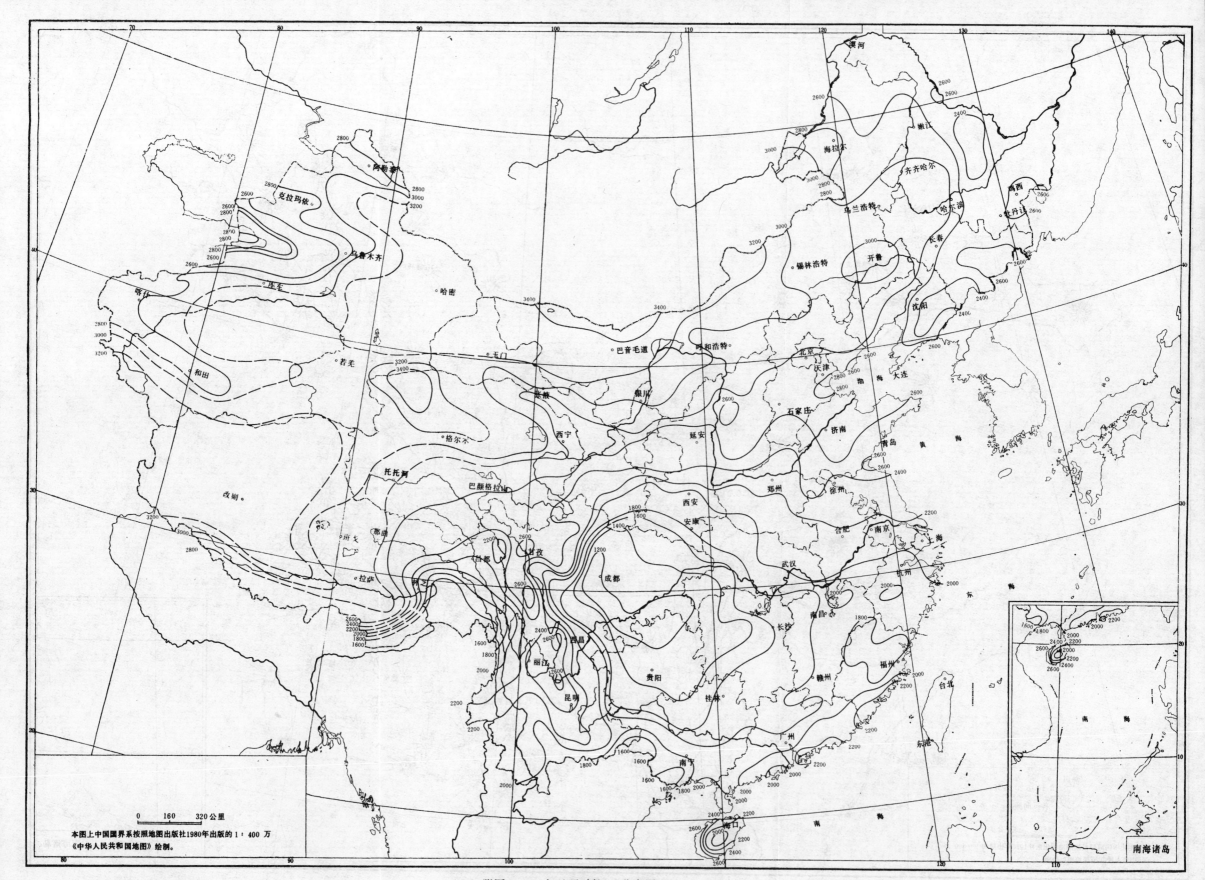

附图 1.12 年日照时数(h)分布图

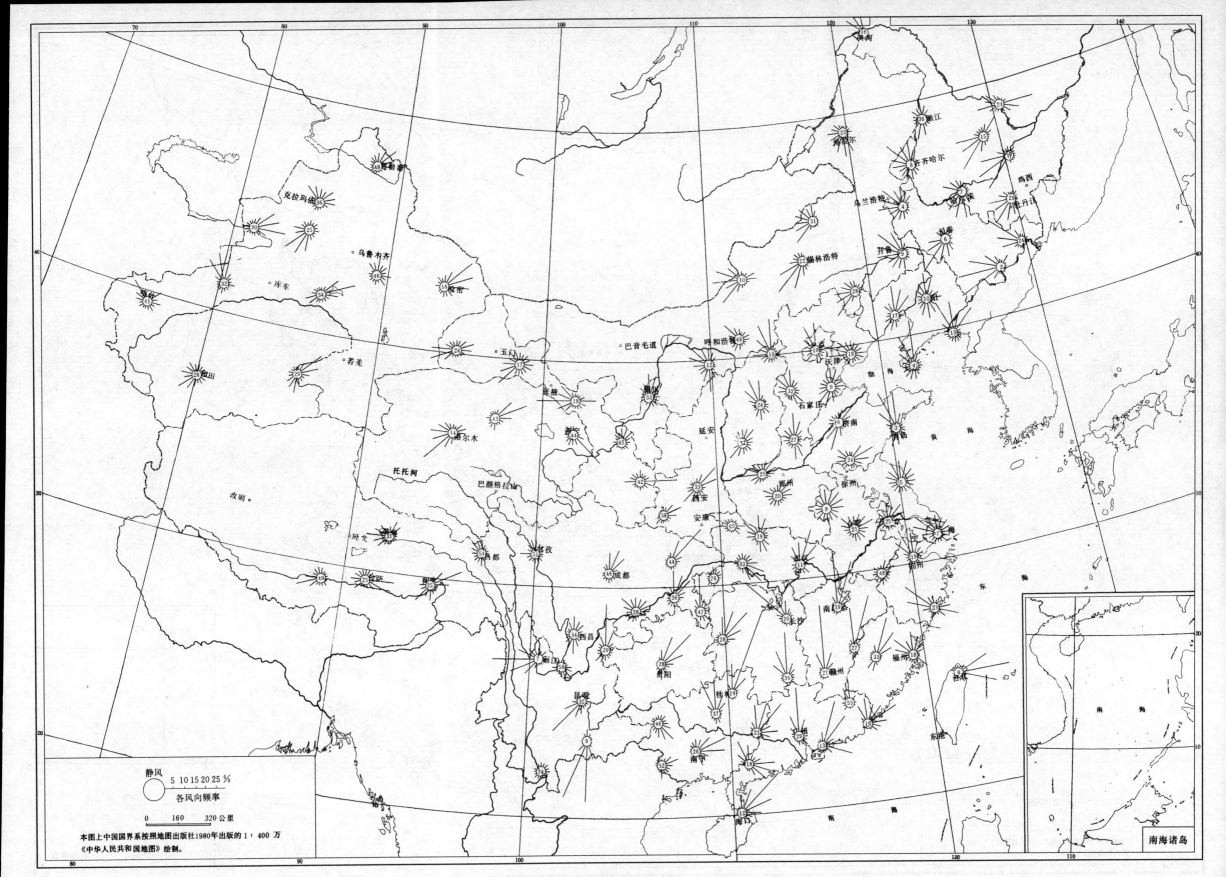

附图1.9 冬季风向玫瑰图分布图

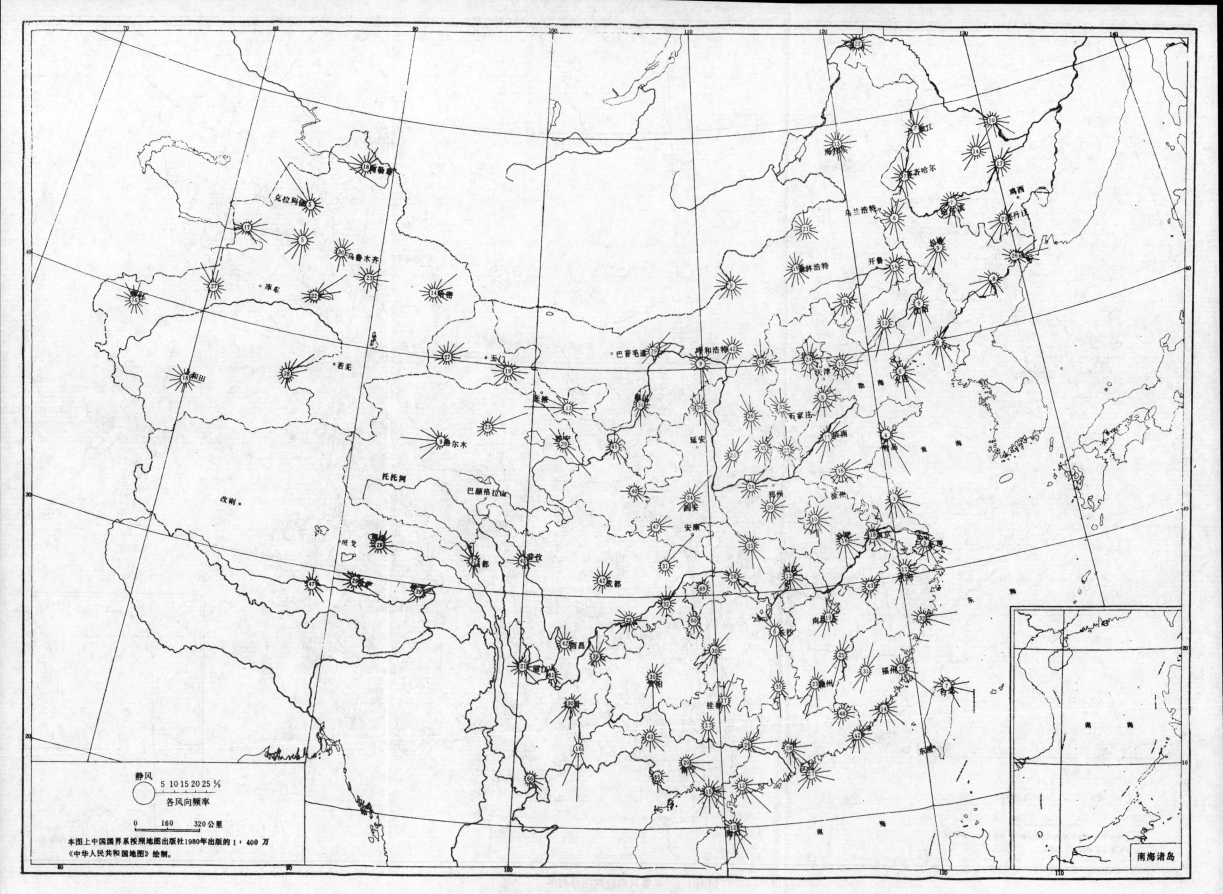

附图 1.10  夏季风向玫瑰图分布图

本图上中国国界系照地图出版社1980年出版的1：400万
《中华人民共和国地图》绘制。

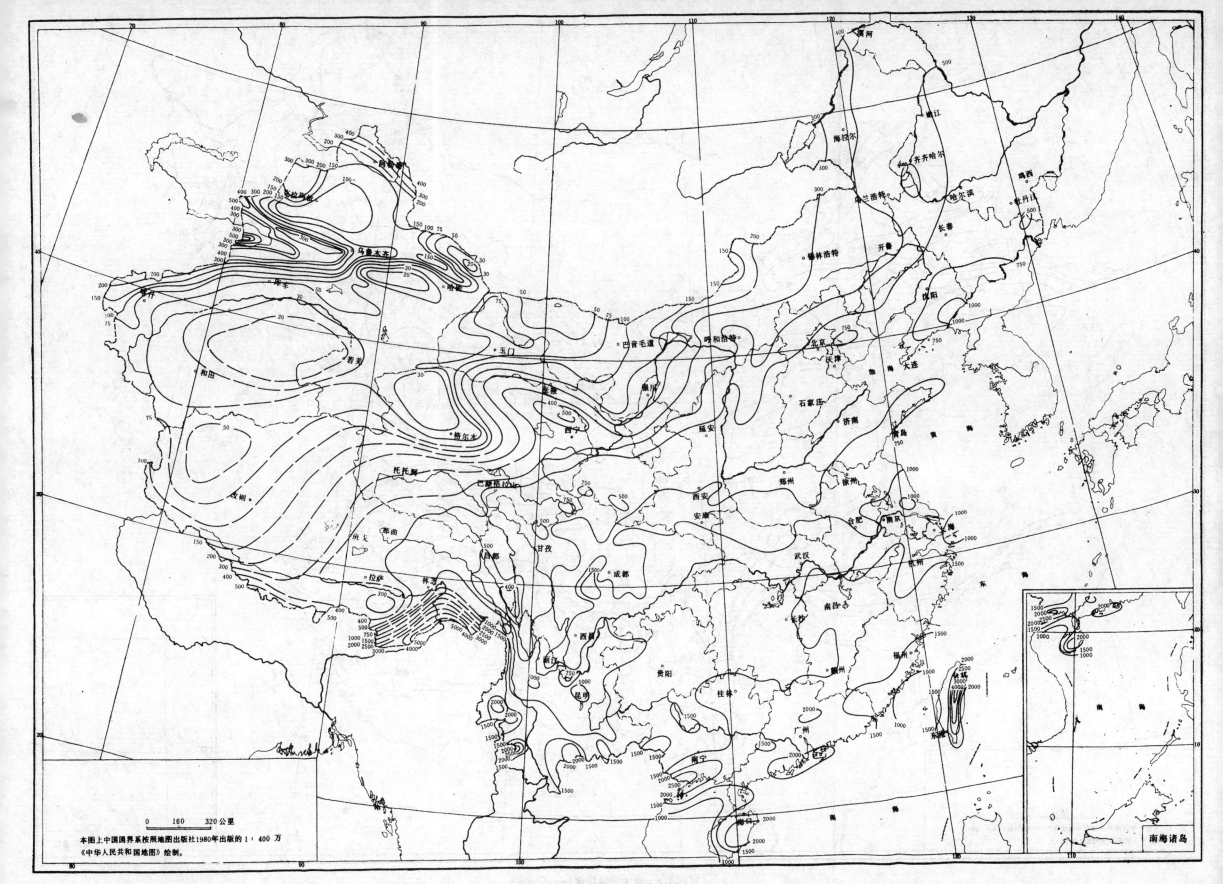

附图 1.7　年降水量(mm)分布图

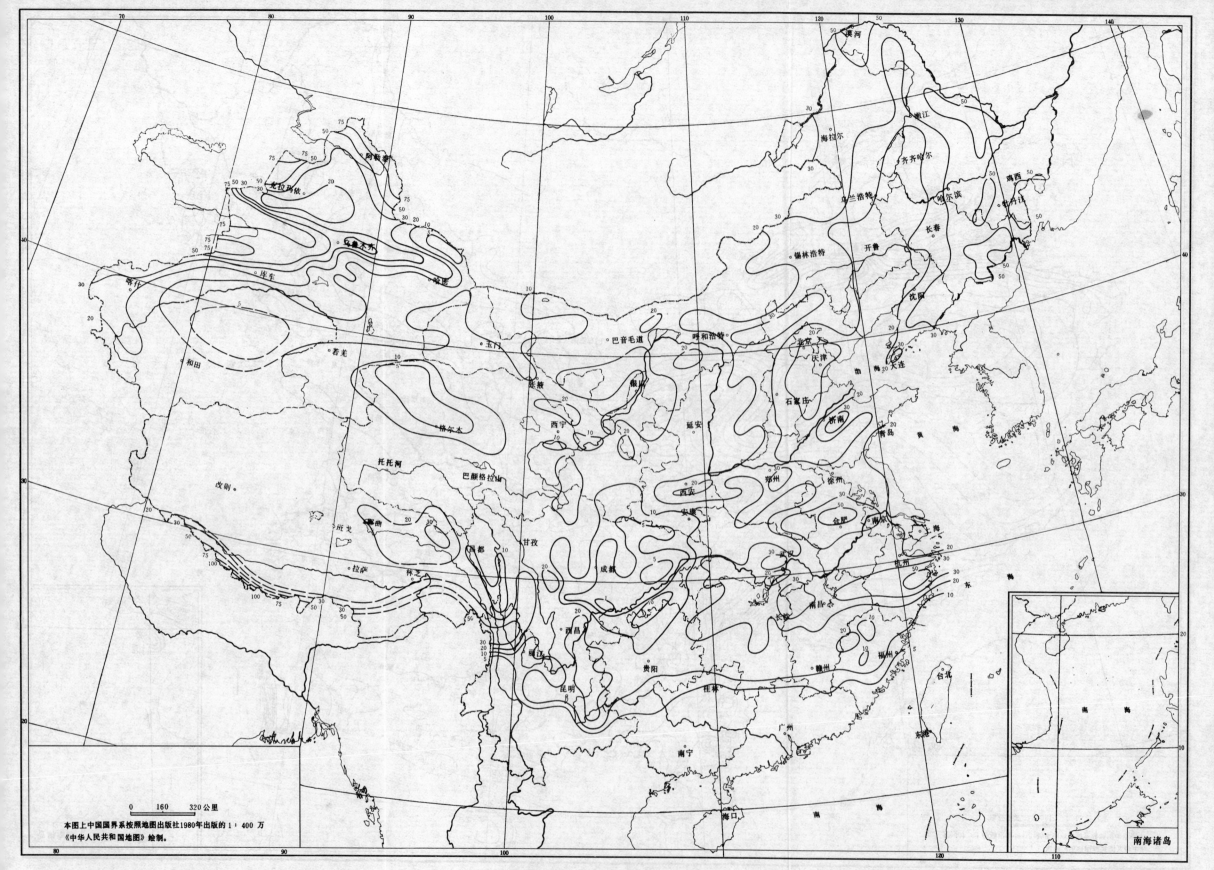

附图1.8 最大积雪深度(cm)分布图

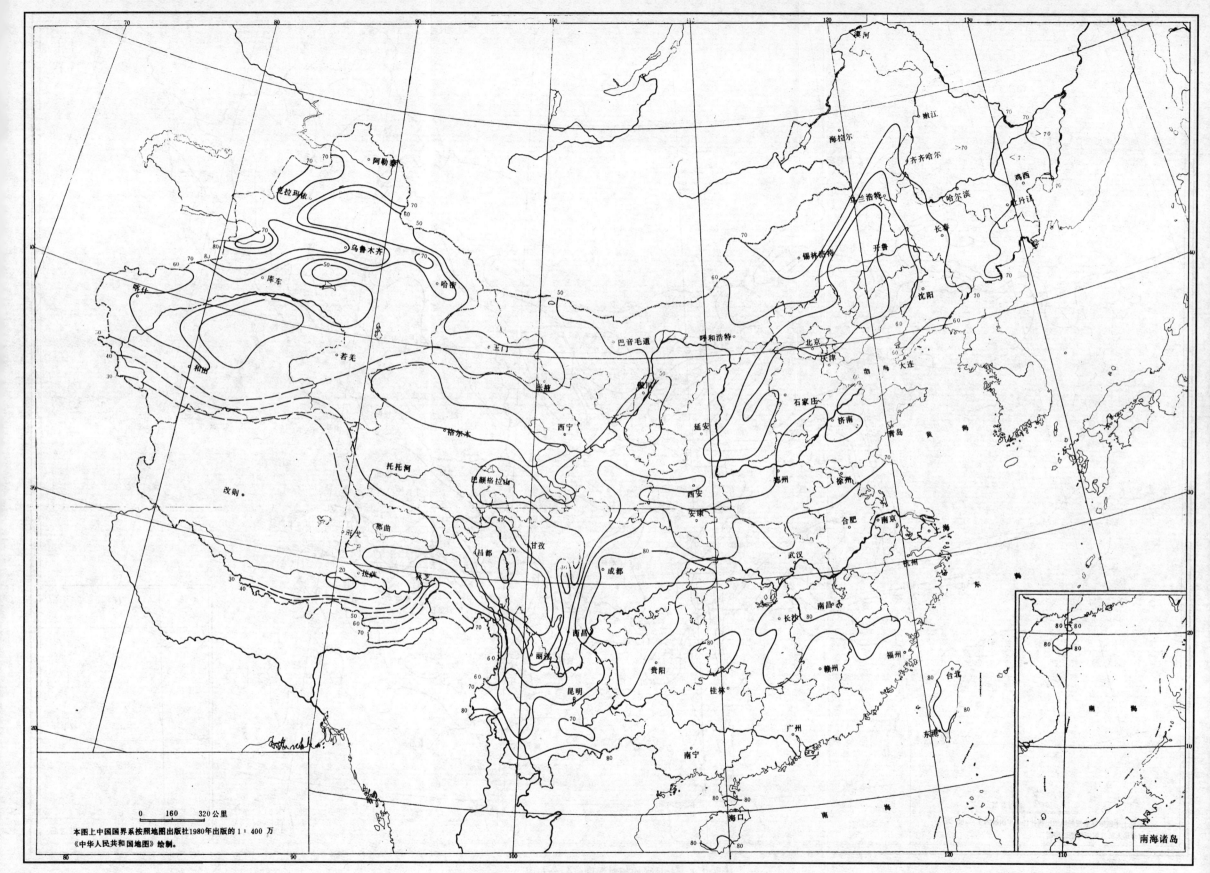

附图 1.5　一月平均相对湿度(%)分布图

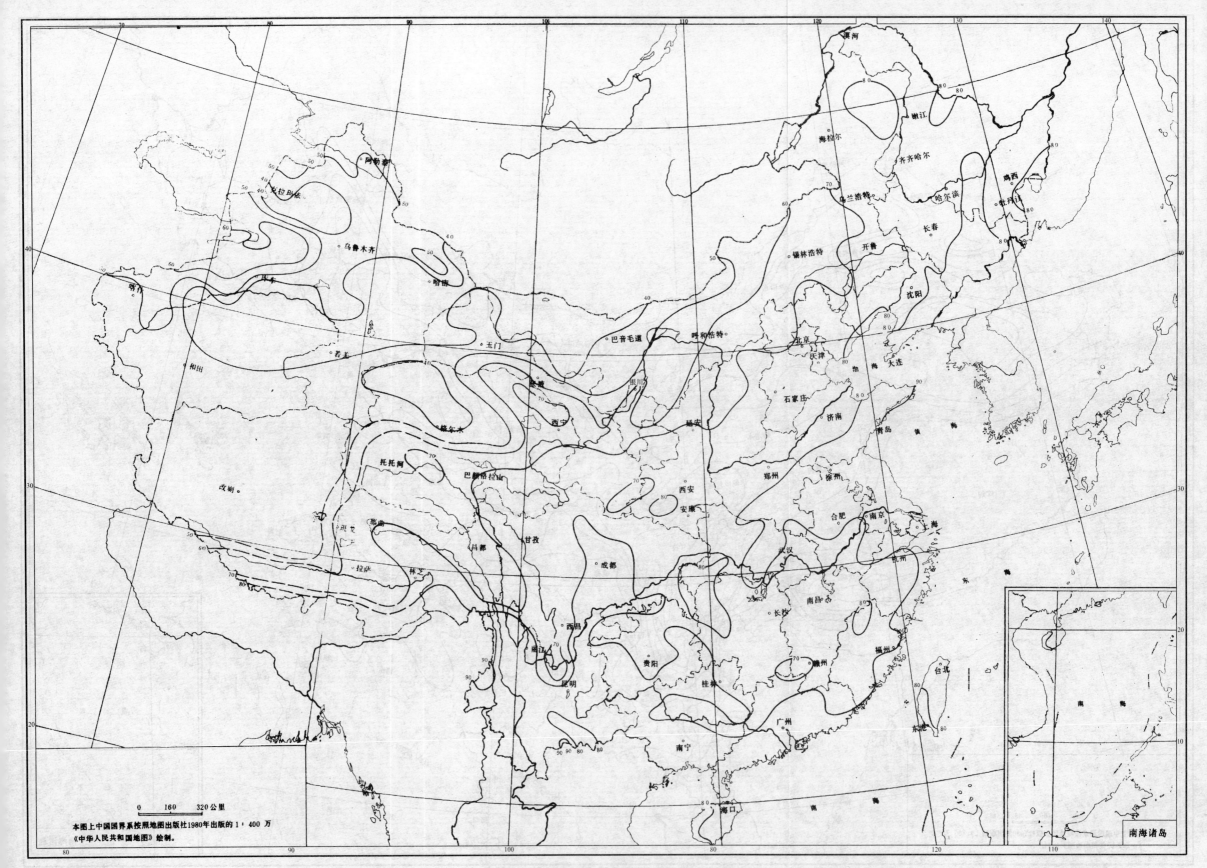

附图1.6 七月平均相对湿度(%)分布图

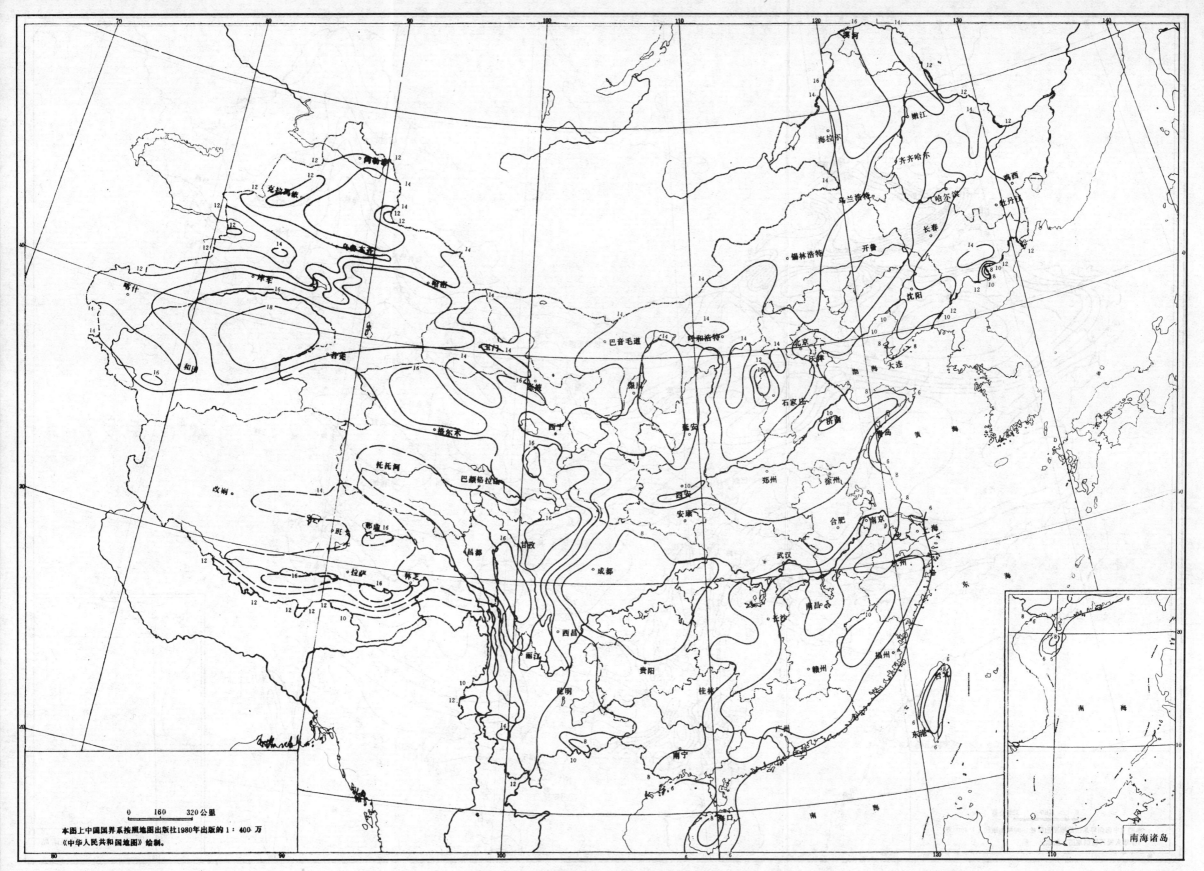

附图1.4 年平均气温日较差(℃)分布图

本图上中国国界系按照地图出版社1980年出版的1：400万
《中华人民共和国地图》绘制。

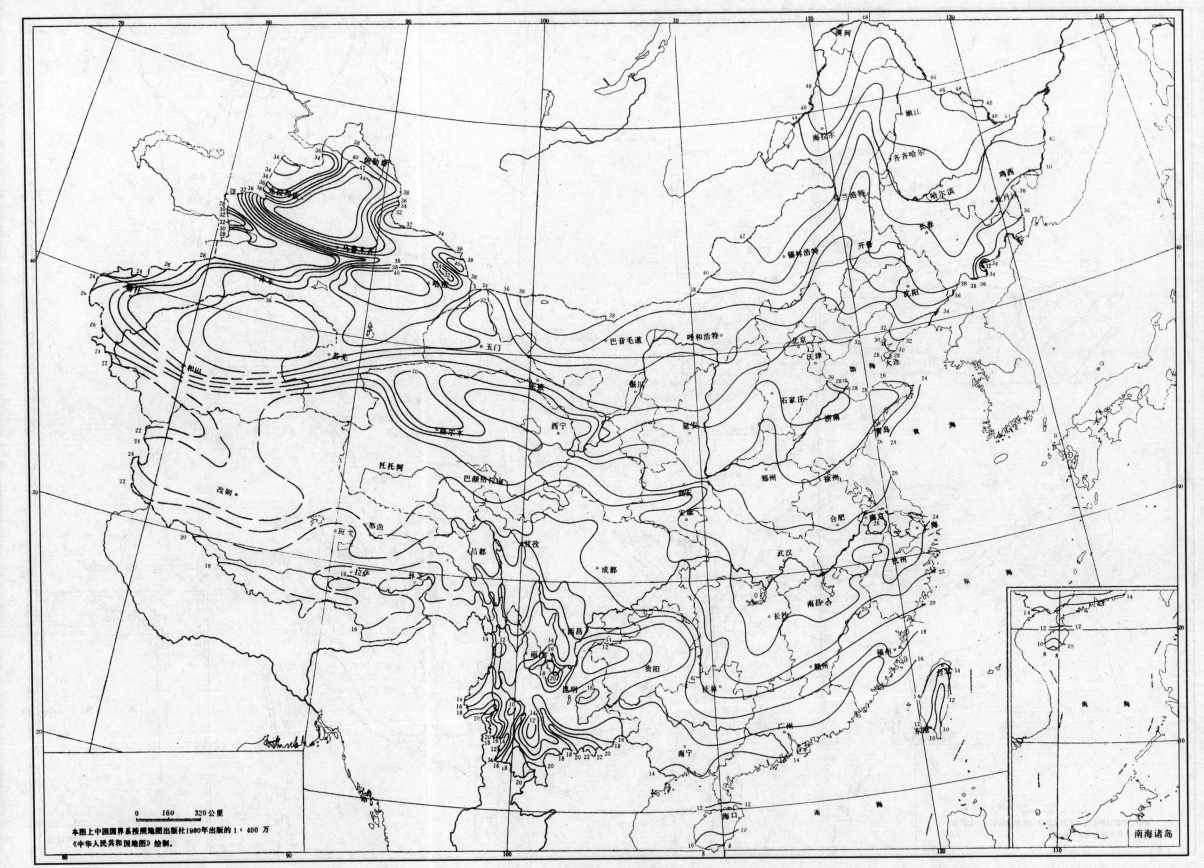

附图1.3 气温年较差(℃)分布图

本图上中国国界系按照地图出版社1980年出版的1:400万
《中华人民共和国地图》绘制。

0　160　320公里

南海诸岛

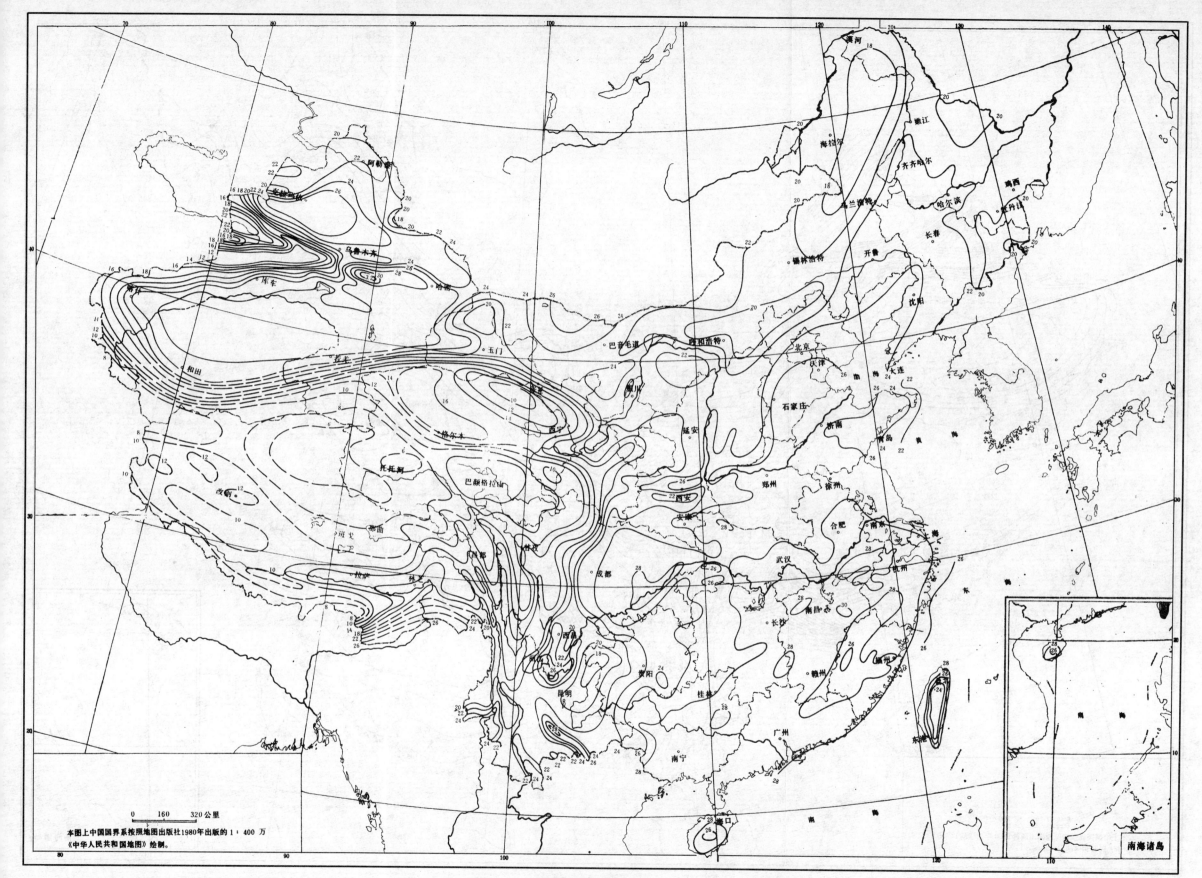

附图1.2 七月平均气温(℃)分布图

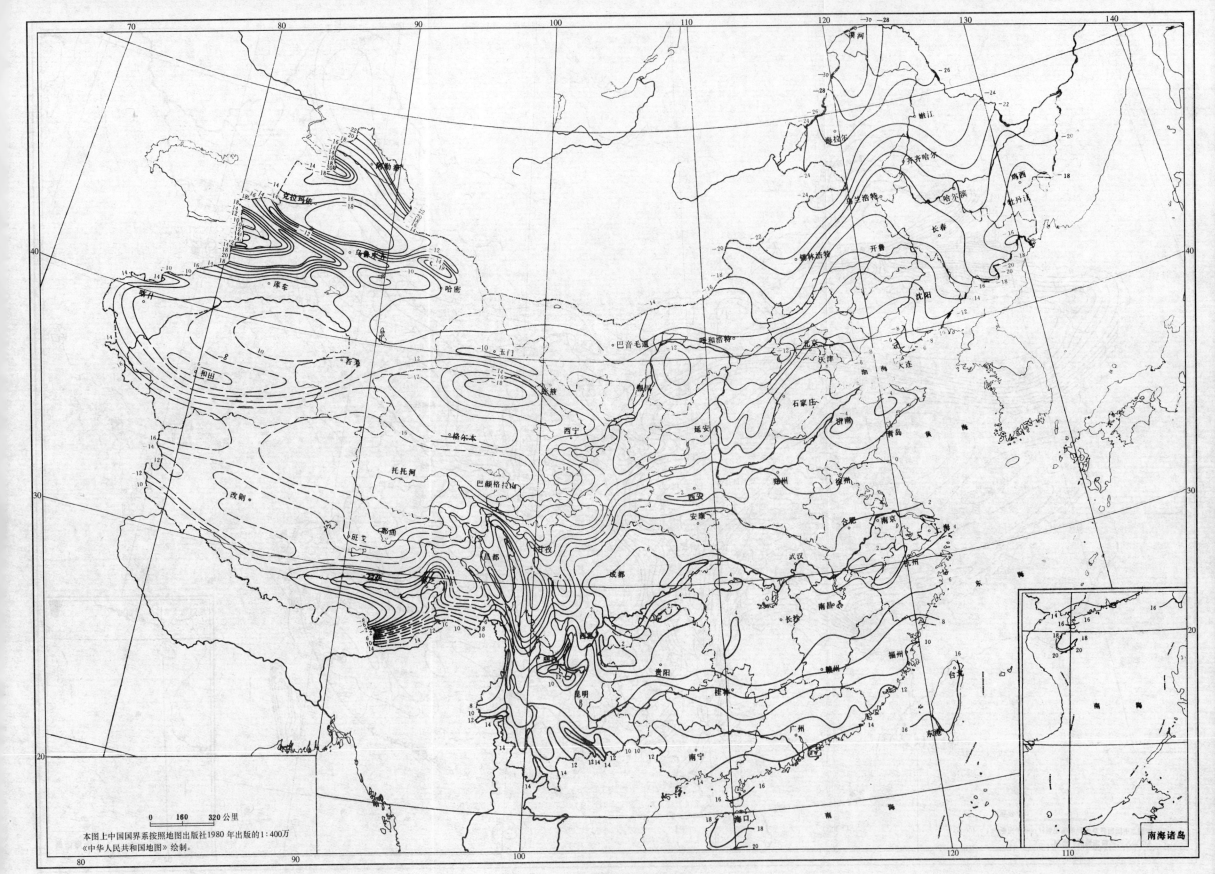

附图1.1 一月平均气温(℃)分布图

本图上中国国界系按照地图出版社1980年出版的1：400万
《中华人民共和国地图》绘制。

0 160 320公里

南海诸岛

| 区属号 | 地名 | 气象台站位置 北纬 | 气象台站位置 东经 | 气象台站位置 海拔高度(m) | 大气压力(hPa) 年平均 | 大气压力(hPa) 夏季平均 | 大气压力(hPa) 冬季平均 |
|---|---|---|---|---|---|---|---|
| 1 | 2 | 3 | 4 | 5 | 6 | 7 | 8 |
| ⅡB.5 | 临汾 | 36°04′ | 110°30′ | 449.5 | 963.7 | 953.6 | 972.0 |
| ⅡB.6 | 延安 | 36°36′ | 109°30′ | 957.6 | 907.8 | 900.3 | 913.4 |
| ⅡB.7 | 铜川 | 35°05′ | 109°04′ | 978.9 | 905.5 | 898.2 | 910.8 |
| ⅡB.8 | 白银 | 36°33′ | 104°11′ | 1707.2 | 828.1 | 823.9 | 830.3 |
| ⅡB.9 | 兰州 | 36°03′ | 103°53′ | 1517.2 | 848.0 | 843.1 | 851.4 |
| ⅡB.10 | 天水 | 34°35′ | 105°45′ | 1131.7 | 887.5 | 880.8 | 892.1 |
| ⅡB.11 | 银川 | 38°29′ | 106°13′ | 1111.5 | 890.6 | 883.6 | 895.9 |
| ⅡB.12 | 中宁 | 37°29′ | 105°40′ | 1183.3 | 882.6 | 875.8 | 887.6 |
| ⅡB.13 | 固原 | 36°00′ | 106°16′ | 1753.2 | 824.8 | 821.0 | 826.6 |
| ⅢA.1 | 盐城 | 33°23′ | 120°08′ | 2.3 | 1016.7 | 1005.4 | 1026.2 |
| ⅢA.2 | 上海市 | 31°10′ | 121°26′ | 4.5 | 1016.0 | 1005.3 | 1025.2 |
| ⅢA.3 | 舟山 | 30°02′ | 122°07′ | 35.7 | 1012.4 | 1002.5 | 1021.0 |
| ⅢA.4 | 温州 | 28°01′ | 120°40′ | 6.0 | 1015.2 | 1005.5 | 1023.6 |
| ⅢA.5 | 宁德 | 26°20′ | 119°32′ | 32.2 | 1011.7 | 1002.4 | 1019.5 |
| ⅢB.1 | 泰州 | 32°30′ | 119°56′ | 5.5 | 1015.9 | 1004.7 | 1025.4 |
| ⅢB.2 | 南京 | 32°00′ | 118°48′ | 8.9 | 1015.5 | 1004.0 | 1025.3 |
| ⅢB.3 | 蚌埠 | 32°57′ | 117°22′ | 21.0 | 1014.2 | 1002.3 | 1024.2 |
| ⅢB.4 | 合肥 | 31°52′ | 117°14′ | 29.8 | 1012.5 | 1000.9 | 1022.4 |
| ⅢB.5 | 铜陵 | 30°58′ | 117°47′ | 37.1 | 1011.7 | 1000.5 | 1021.3 |
| ⅢB.6 | 杭州 | 30°14′ | 120°10′ | 41.7 | 1011.5 | 1000.5 | 1021.0 |
| ⅢB.7 | 丽水 | 28°27′ | 119°55′ | 60.8 | 1008.9 | 999.0 | 1017.7 |
| ⅢB.8 | 邵武 | 27°20′ | 117°28′ | 191.5 | 992.5 | 983.7 | 1000.3 |
| ⅢB.9 | 三明 | 26°16′ | 117°37′ | 165.7 | 995.2 | 986.8 | 1002.6 |
| ⅢB.10 | 长汀 | 25°51′ | 116°22′ | 317.5 | 978.5 | 970.2 | 985.4 |
| ⅢB.11 | 景德镇 | 29°18′ | 117°12′ | 61.5 | 1008.5 | 998.2 | 1017.7 |
| ⅢB.12 | 南昌 | 28°36′ | 115°55′ | 46.7 | 1009.7 | 999.1 | 1019.0 |
| ⅢB.13 | 上饶 | 28°27′ | 117°59′ | 118.3 | 1002.4 | 992.4 | 1011.1 |
| ⅢB.14 | 吉安 | 27°07′ | 114°58′ | 76.4 | 1005.9 | 995.8 | 1014.9 |
| ⅢB.15 | 宁冈 | 26°43′ | 113°58′ | 263.1 | 985.0 | 975.8 | 992.9 |
| ⅢB.16 | 广昌 | 26°51′ | 116°20′ | 143.8 | 998.5 | 989.1 | 1006.7 |
| ⅢB.17 | 赣州 | 25°51′ | 114°57′ | 123.8 | 1000.1 | 990.9 | 1008.4 |
| ⅢB.18 | 沙市 | 30°20′ | 112°11′ | 32.6 | 1012.4 | 1000.3 | 1022.1 |
| ⅢB.19 | 武汉 | 30°38′ | 114°04′ | 23.3 | 1013.4 | 1001.7 | 1023.4 |
| ⅢB.20 | 大庸 | 29°08′ | 110°28′ | 183.3 | 994.6 | 983.9 | 1003.0 |
| ⅢB.21 | 长沙 | 28°12′ | 113°05′ | 44.9 | 1010.3 | 999.3 | 1020.0 |
| ⅢB.22 | 涟源 | 27°42′ | 111°41′ | 149.6 | 997.9 | 987.3 | 1006.9 |

| 区属号 | 地名 | 气象台站位置 北纬 | 气象台站位置 东经 | 气象台站位置 海拔高度(m) | 大气压力(hPa) 年平均 | 大气压力(hPa) 夏季平均 | 大气压力(hPa) 冬季平均 |
|---|---|---|---|---|---|---|---|
| 1 | 2 | 3 | 4 | 5 | 6 | 7 | 8 |
| ⅢB.23 | 永州 | 26°14′ | 111°37′ | 174.1 | 995.2 | 985.2 | 1004.0 |
| ⅢB.24 | 韶关 | 24°48′ | 113°35′ | 69.3 | 1006.0 | 997.1 | 1013.9 |
| ⅢB.25 | 桂林 | 25°20′ | 110°18′ | 161.8 | 995.0 | 986.0 | 1002.9 |
| ⅢB.26 | 涪陵 | 29°45′ | 107°25′ | 273.0 | 982.1 | 972.2 | 990.3 |
| ⅢB.27 | 重庆 | 29°35′ | 106°28′ | 259.1 | 983.2 | 973.2 | 991.3 |
| ⅢC.1 | 驻马店 | 33°00′ | 114°01′ | 82.7 | 1006.9 | 995.2 | 1016.7 |
| ⅢC.2 | 固始 | 32°10′ | 115°40′ | 57.1 | 1009.6 | 997.8 | 1019.4 |
| ⅢC.3 | 平顶山 | 33°43′ | 113°17′ | 84.7 | 1006.7 | 995.0 | 1016.4 |
| ⅢC.4 | 老河口 | 32°23′ | 111°40′ | 90.0 | 1005.5 | 993.6 | 1015.3 |
| ⅢC.5 | 随州 | 31°43′ | 113°23′ | 96.2 | 1005.1 | 993.5 | 1014.6 |
| ⅢC.6 | 远安 | 31°04′ | 111°38′ | 114.9 | 1002.3 | 990.9 | 1011.7 |
| ⅢC.7 | 恩施 | 30°17′ | 109°28′ | 437.2 | 964.3 | 955.1 | 971.6 |
| ⅢC.8 | 汉中 | 33°04′ | 107°02′ | 508.4 | 956.9 | 947.5 | 964.2 |
| ⅢC.9 | 略阳 | 33°19′ | 106°09′ | 794.2 | 925.0 | 917.3 | 930.8 |
| ⅢC.10 | 山阳 | 33°32′ | 109°55′ | 720.7 | 933.2 | 925.0 | 939.1 |
| ⅢC.11 | 安康 | 32°43′ | 109°02′ | 290.8 | 982.0 | 971.3 | 990.2 |
| ⅢC.12 | 平武 | 32°25′ | 104°31′ | 876.5 | 915.4 | 908.5 | 920.4 |
| ⅢC.13 | 仪陇 | 31°32′ | 106°24′ | 655.6 | 939.3 | 931.4 | 945.4 |
| ⅢC.14 | 达县 | 31°12′ | 107°30′ | 310.4 | 978.0 | 968.2 | 985.8 |
| ⅢC.15 | 成都 | 30°40′ | 104°01′ | 505.9 | 956.4 | 947.7 | 963.3 |
| ⅢC.16 | 内江 | 29°35′ | 105°03′ | 352.3 | 973.1 | 963.7 | 980.9 |
| ⅢC.17 | 酉阳 | 28°50′ | 108°46′ | 663.7 | 939.2 | 931.2 | 945.6 |
| ⅢC.18 | 桐梓 | 28°08′ | 106°50′ | 972.0 | 905.1 | 898.6 | 909.7 |
| ⅢC.19 | 凯里 | 26°36′ | 107°59′ | 720.3 | 932.3 | 925.2 | 938.1 |
| ⅣA.1 | 福州 | 26°05′ | 119°17′ | 84.0 | 1005.0 | 996.4 | 1012.7 |
| ⅣA.2 | 泉州 | 24°54′ | 118°35′ | ≠23.0 | 1011.3 | 1005.8 | 1018.1 |
| ⅣA.3 | 汕头 | 23°24′ | 116°41′ | 1.2 | 1013.0 | 1005.5 | 1019.9 |
| ⅣA.4 | 广州 | 23°08′ | 113°19′ | 6.6 | 1012.3 | 1004.5 | 1019.5 |
| ⅣA.5 | 茂名 | 21°39′ | 110°53′ | 25.3 | 1008.9 | 1001.7 | 1015.6 |
| ⅣA.6 | 北海 | 21°29′ | 109°06′ | 14.6 | 1010.1 | 1002.4 | 1017.1 |
| ⅣA.7 | 海口 | 20°02′ | 110°21′ | 14.1 | 1009.5 | 1002.5 | 1016.1 |
| ⅣA.8 | 儋县 | 19°31′ | 109°35′ | 168.7 | 991.9 | 985.3 | 998.0 |

| 区属号 | 地名 | 气象台站位置 | | | 大气压力 (hPa) | | |
|---|---|---|---|---|---|---|---|
| | | 北纬 | 东经 | 海拔高度 (m) | 年平均 | 夏季平均 | 冬季平均 |
| 1 | 2 | 3 | 4 | 5 | 6 | 7 | 8 |
| ⅣA.9 | 琼中 | 19°02′ | 109°50′ | 250.9 | 983.0 | 976.7 | 988.8 |
| ⅣA.10 | 三亚 | 18°14′ | 109°31′ | 5.5 | 1010.2 | 1004.1 | 1015.8 |
| ⅣA.11 | 台北 | 25°02′ | 121°31′ | 9.0 | 1012.8 | 1005.3 | 1019.7 |
| ⅣA.12 | 香港 | 22°18′ | 114°10′ | 32.0 | 1012.8 | 1005.6 | 1019.5 |
| ⅣB.1 | 漳州 | 24°30′ | 117°39′ | 30.0 | 1010.7 | 1002.7 | 1017.8 |
| ⅣB.2 | 梅州 | 24°18′ | 116°07′ | 77.5 | 1004.4 | 996.7 | 1011.7 |
| ⅣB.3 | 梧州 | 23°29′ | 111°18′ | 119.2 | 999.4 | 991.4 | 1006.7 |
| ⅣB.4 | 河池 | 24°42′ | 108°03′ | 213.9 | 988.4 | 980.0 | 995.8 |
| ⅣB.5 | 百色 | 23°54′ | 106°36′ | 173.1 | 991.0 | 983.0 | 998.3 |
| ⅣB.6 | 南宁 | 22°49′ | 108°21′ | 72.2 | 1004.1 | 995.9 | 1011.4 |
| ⅣB.7 | 凭祥 | 22°06′ | 106°45′ | 242.0 | 983.6 | 976.1 | 990.2 |
| ⅣB.8 | 元江 | 23°34′ | 102°09′ | 396.6 | 963.6 | 957.5 | 968.7 |
| ⅣB.9 | 景洪 | 21°52′ | 101°04′ | 552.7 | 947.3 | 942.4 | 951.4 |
| ⅤA.1 | 毕节 | 27°18′ | 105°14′ | 1510.6 | 848.2 | 844.1 | 850.6 |
| ⅤA.2 | 贵阳 | 26°35′ | 106°43′ | 1071.3 | 893.6 | 888.0 | 897.5 |
| ⅤA.3 | 察隅 | 28°39′ | 97°28′ | 2327.6 | 768.9 | 766.3 | 769.6 |
| ⅤB.1 | 西昌 | 27°54′ | 102°16′ | 1590.7 | 837.1 | 834.7 | 838.1 |
| ⅤB.2 | 攀枝花 | 26°30′ | 101°44′ | 1108.0 | 885.6 | 882.0 | 887.8 |
| ⅤB.3 | 丽江 | 26°52′ | 100°13′ | 2393.2 | 762.7 | 761.0 | 762.5 |
| ⅤB.4 | 大理 | 25°43′ | 100°11′ | 1990.5 | 801.0 | 798.5 | 801.6 |
| ⅤB.5 | 腾冲 | 25°07′ | 98°29′ | 1647.8 | 834.7 | 831.3 | 836.7 |
| ⅤB.6 | 昆明 | 25°01′ | 102°41′ | 1891.4 | 810.5 | 808.0 | 811.5 |
| ⅤB.7 | 临沧 | 23°57′ | 100°13′ | 1463.5 | 848.7 | 845.0 | 850.8 |
| ⅤB.8 | 个旧 | 23°23′ | 103°09′ | 1692.1 | 830.4 | 827.2 | 832.3 |
| ⅤB.9 | 思茅 | 22°40′ | 101°24′ | 1302.1 | 868.9 | 865.0 | 871.4 |
| ⅤB.10 | 盘县 | 25°47′ | 104°37′ | 1527.1 | 847.1 | 843.5 | 849.2 |
| ⅤB.11 | 兴义 | 25°05′ | 104°54′ | 1299.6 | 870.0 | 865.7 | 872.7 |
| ⅤB.12 | 独山 | 25°50′ | 107°33′ | 972.2 | 900.9 | 895.3 | 905.0 |
| ⅥA.1 | 冷湖 | 38°50′ | 93°23′ | 2733.0 | 729.0 | 728.1 | 727.7 |
| ⅥA.2 | 芒崖 | 38°21′ | 90°13′ | 3138.5 | 695.7 | 696.6 | 692.2 |
| ⅥA.3 | 德令哈 | 37°22′ | 97°22′ | 2981.5 | 708.6 | 708.6 | 707.0 |
| ⅥA.4 | 刚察 | 37°20′ | 100°08′ | 3301.5 | 680.3 | 682.1 | 677.0 |
| ⅥA.5 | 西宁 | 36°37′ | 101°46′ | 2261.2 | 775.1 | 773.5 | 775.0 |

| 区属号 | 地名 | 气象台站位置 | | | 大气压力 (hPa) | | |
|---|---|---|---|---|---|---|---|
| | | 北纬 | 东经 | 海拔高度 (m) | 年平均 | 夏季平均 | 冬季平均 |
| 1 | 2 | 3 | 4 | 5 | 6 | 7 | 8 |
| ⅥA.6 | 格尔木 | 36°25′ | 94°54′ | 2807.7 | 724.6 | 723.9 | 723.4 |
| ⅥA.7 | 都兰 | 36°18′ | 98°06′ | 3191.1 | 691.0 | 691.5 | 688.7 |
| ⅥA.8 | 同德 | 35°16′ | 100°39′ | 3289.4 | 683.3 | 684.7 | 680.3 |
| ⅥA.9 | 夏河 | 35°00′ | 102°54′ | 2915.7 | 714.3 | 715.0 | 711.9 |
| ⅥA.10 | 若尔盖 | 33°35′ | 102°58′ | 3439.6 | 669.7 | 671.6 | 666.2 |
| ⅥB.1 | 曲麻莱 | 34°33′ | 95°29′ | 4231.2 | 607.6 | 610.3 | 603.4 |
| ⅥB.2 | 杂多 | 32°54′ | 95°18′ | 4067.5 | 619.5 | 621.2 | 615.9 |
| ⅥB.3 | 玛多 | 34°55′ | 98°13′ | 4272.3 | 607.1 | 610.1 | 602.7 |
| ⅥB.4 | 噶尔 | 32°30′ | 80°05′ | 4278.0 | 604.4 | 604.6 | 601.8 |
| ⅥB.5 | 改则 | 32°09′ | 84°25′ | 4414.9 | 594.0 | 595.3 | 590.8 |
| ⅥB.6 | 那曲 | 31°29′ | 92°04′ | 4507.0 | 587.2 | 589.0 | 583.8 |
| ⅥB.7 | 申扎 | 30°57′ | 88°38′ | 4672.0 | 576.2 | 578.1 | 572.8 |
| ⅥC.1 | 马尔康 | 31°54′ | 102°14′ | 2664.4 | 735.4 | 735.3 | 733.8 |
| ⅥC.2 | 甘孜 | 31°37′ | 100°00′ | 3393.5 | 673.9 | 674.9 | 671.7 |
| ⅥC.3 | 巴塘 | 30°00′ | 99°06′ | 2589.2 | 741.5 | 740.5 | 741.0 |
| ⅥC.4 | 康定 | 30°03′ | 101°58′ | 2615.7 | 742.6 | 742.1 | 741.7 |
| ⅥC.5 | 班玛 | 32°56′ | 100°45′ | 3750.0 | 663.3 | 664.9 | 660.2 |
| ⅥC.6 | 昌都 | 31°09′ | 97°10′ | 3306.0 | 681.2 | 681.4 | 679.4 |
| ⅥC.7 | 波密 | 29°52′ | 95°46′ | ♯2736.0 | 730.8 | 729.0 | 730.5 |
| ⅥC.8 | 拉萨 | 29°40′ | 91°08′ | 3648.7 | 652.0 | 652.4 | 650.0 |
| ⅥC.9 | 定日 | 28°38′ | 87°05′ | 4300.0 | 602.0 | 603.2 | 600.0 |
| ⅥC.10 | 德钦 | 28°39′ | 99°10′ | 3592.9 | 660.0 | 660.4 | 657.7 |
| ⅦA.1 | 克拉玛依 | 45°36′ | 84°51′ | 427.0 | 970.4 | 958.8 | 980.4 |
| ⅦA.2 | 博乐阿拉山口 | 45°11′ | 82°35′ | 284.8 | 987.3 | 974.6 | 998.7 |
| ⅦB.1 | 阿勒泰 | 47°44′ | 88°05′ | 735.3 | 934.4 | 925.1 | 941.9 |
| ⅦB.2 | 塔城 | 46°44′ | 83°00′ | 548.0 | 956.6 | 947.5 | 963.4 |
| ⅦB.3 | 富蕴 | 46°59′ | 89°31′ | 823.6 | 925.4 | 916.2 | 932.7 |
| ⅦB.4 | 伊宁 | 43°57′ | 81°20′ | 662.5 | 941.9 | 933.5 | 947.2 |
| ⅦB.5 | 乌鲁木齐 | 43°47′ | 87°37′ | 917.9 | 914.2 | 906.7 | 919.8 |
| ⅦC.1 | 额济纳旗 | 41°57′ | 101°04′ | 940.5 | 909.1 | 900.4 | 916.0 |
| ⅦC.2 | 二连浩特 | 43°39′ | 112°00′ | 964.7 | 904.2 | 898.1 | 910.3 |
| ⅦC.3 | 杭锦后旗 | 40°54′ | 107°08′ | 1056.7 | 898.2 | 890.9 | 903.9 |
| ⅦC.4 | 安西 | 40°32′ | 95°46′ | 1170.8 | 884.0 | 876.6 | 889.8 |
| ⅦC.5 | 张掖 | 38°56′ | 100°26′ | 1482.7 | 851.7 | 846.2 | 855.3 |

| 区属号 | 地名 | 气象台站位置 | | | 大气压力 (hPa) | | |
|---|---|---|---|---|---|---|---|
| | | 北纬 | 东经 | 海拔高度(m) | 年平均 | 夏季平均 | 冬季平均 |
| 1 | 2 | 3 | 4 | 5 | 6 | 7 | 8 |
| ⅦD.1 | 吐鲁番 | 42°56′ | 89°12′ | 34.5 | 1013.1 | 997.6 | 1028.3 |
| ⅦD.2 | 哈密 | 42°49′ | 93°31′ | 737.9 | 931.0 | 921.0 | 939.7 |
| ⅦD.3 | 库车 | 41°43′ | 82°57′ | 1099.0 | 893.3 | 886.0 | 899.4 |
| ⅦD.4 | 库尔勒 | 41°45′ | 86°08′ | 931.5 | 910.2 | 902.0 | 917.5 |
| ⅦD.5 | 阿克苏 | 41°10′ | 80°14′ | 1103.8 | 891.0 | 884.0 | 897.2 |
| ⅦD.6 | 喀什 | 39°28′ | 75°59′ | 1288.7 | 871.9 | 865.9 | 876.8 |
| ⅦD.7 | 且末 | 38°09′ | 85°33′ | 1247.5 | 875.4 | 868.5 | 880.9 |
| ⅦD.8 | 和田 | 37°08′ | 79°56′ | 1374.6 | 862.3 | 856.5 | 867.1 |

**全国主要城镇气候参数表 (二)** 附表 2.1-2

| 区属号 | 地名 | 气温(℃) | | | | | | | 日平均温度<5℃的天数(d) |
|---|---|---|---|---|---|---|---|---|---|
| | | 最热月 | 最冷月 | 年平均 | 年较差 | 日较差 | 极端最高 | 极端最低 | |
| 1 | 2 | 9 | 10 | 11 | 12 | 13 | 14 | 15 | 16 |
| ⅠA.1 | 漠河 | 18.4 | -30.5 | -4.8 | 48.9 | 15.8 | 36.8 | -52.3 | 219 |
| ⅠB.1 | 加格达奇 | 19.0 | -24.0 | -1.3 | 43.0 | 14.8 | 37.3 | -45.4 | 207 |
| ⅠB.2 | 克山 | 21.4 | -22.7 | 1.2 | 44.1 | 12.0 | 37.9 | -42.0 | 191 |
| ⅠB.3 | 黑河 | 20.4 | -23.9 | -0.3 | 44.3 | 11.6 | 37.7 | -44.5 | 198 |
| ⅠB.4 | 嫩江 | 20.6 | -25.2 | -0.3 | 45.8 | 13.9 | 37.4 | -47.3 | 197 |
| ⅠB.5 | 铁力 | 21.3 | -23.5 | 1.2 | 44.8 | 12.9 | 36.3 | -42.6 | 188 |
| ⅠB.6 | 额尔古纳右旗 | 18.4 | -27.9 | -3.2 | 46.3 | 13.4 | 36.6 | -46.2 | 215 |
| ⅠB.7 | 满洲里 | 19.4 | -23.8 | -1.4 | 43.2 | 13.4 | 37.9 | -42.7 | 211 |
| ⅠB.8 | 海拉尔 | 19.6 | -26.7 | -2.0 | 46.3 | 12.9 | 36.7 | -48.5 | 209 |
| ⅠB.9 | 博克图 | 17.7 | -21.3 | -1.0 | 39.0 | 11.8 | 35.6 | -37.5 | 210 |
| ⅠB.10 | 东乌珠穆沁旗 | 20.7 | -21.4 | 0.7 | 42.1 | 14.3 | 39.7 | -40.5 | 196 |
| ⅠC.1 | 齐齐哈尔 | 22.8 | -19.4 | 3.3 | 42.2 | 12.1 | 40.1 | -39.5 | 182 |
| ⅠC.2 | 鹤岗 | 21.2 | -17.9 | 2.9 | 39.1 | 9.7 | 37.7 | -34.5 | 183 |
| ⅠC.3 | 哈尔滨 | 22.8 | -19.4 | 3.7 | 42.2 | 11.7 | 36.4 | -38.1 | 176 |
| ⅠC.4 | 虎林 | 21.2 | -18.9 | 2.9 | 40.1 | 10.5 | 34.7 | -36.1 | 182 |
| ⅠC.5 | 鸡西 | 21.7 | -17.2 | 3.7 | 38.9 | 11.8 | 37.6 | -35.1 | 178 |
| ⅠC.6 | 绥芬河 | 19.2 | -17.1 | 2.3 | 36.3 | 11.4 | 35.3 | -37.5 | 183 |
| ⅠC.7 | 长春 | 23.0 | -16.4 | 5.0 | 39.4 | 11.3 | 38.0 | -36.5 | 170 |
| ⅠC.8 | 桦甸 | 22.4 | -18.8 | 4.0 | 41.2 | 13.2 | 36.3 | -45.0 | 175 |
| ⅠC.9 | 图们 | 21.1 | -13.1 | 5.7 | 34.2 | 11.2 | 37.6 | -27.3 | 170 |
| ⅠC.10 | 天池 | 8.6 | -23.4 | -7.3 | 32.0 | 6.5 | 19.2 | -44.0 | 294 |
| ⅠC.11 | 通化 | 22.2 | -16.1 | 5.0 | 38.3 | 11.8 | 35.5 | -36.3 | 168 |
| ⅠC.12 | 乌兰浩特 | 22.6 | -16.2 | 4.3 | 38.8 | 13.1 | 39.9 | -33.9 | 179 |
| ⅠC.13 | 锡林浩特 | 20.9 | -19.8 | 1.8 | 40.7 | 14.2 | 38.3 | -42.4 | 190 |
| ⅠC.14 | 多伦 | 18.7 | -18.2 | 1.6 | 36.9 | 13.9 | 35.4 | -39.8 | 192 |
| ⅠD.1 | 四平 | 23.6 | -14.8 | 6.0 | 38.4 | 11.6 | 36.6 | -34.6 | 163 |
| ⅠD.2 | 沈阳 | 24.6 | -12.0 | 7.9 | 36.6 | 11.0 | 38.3 | -30.6 | 152 |
| ⅠD.3 | 朝阳 | 24.7 | -10.7 | 8.4 | 35.4 | 13.6 | 40.6 | -31.1 | 148 |
| ⅠD.4 | 林西 | 21.1 | -14.2 | 4.3 | 35.3 | 12.7 | 38.6 | -32.2 | 178 |
| ⅠD.5 | 赤峰 | 23.5 | -11.7 | 6.9 | 35.2 | 13.3 | 42.5 | -31.4 | 160 |
| ⅠD.6 | 呼和浩特 | 21.9 | -12.9 | 5.9 | 34.8 | 13.4 | 37.3 | -32.8 | 166 |
| ⅠD.7 | 达尔罕茂明安联合旗 | 20.5 | -15.9 | 3.4 | 36.4 | 14.4 | 36.6 | -41.0 | 181 |
| ⅠD.8 | 张家口 | 23.3 | -9.6 | 7.9 | 32.9 | 12.5 | 40.9 | -25.7 | 153 |
| ⅠD.9 | 大同 | 21.8 | -11.3 | 6.5 | 33.1 | 13.3 | 37.7 | -29.1 | 162 |
| ⅠD.10 | 榆林 | 23.3 | -10.2 | 8.1 | 33.5 | 13.5 | 38.6 | -32.7 | 148 |
| ⅡA.1 | 营口 | 24.8 | -9.5 | 9.0 | 34.3 | 9.2 | 35.3 | -28.4 | 144 |
| ⅡA.2 | 丹东 | 23.2 | -8.4 | 8.5 | 31.6 | 9.3 | 34.3 | -28.0 | 144 |
| ⅡA.3 | 大连 | 23.9 | -4.9 | 10.3 | 28.8 | 6.9 | 35.3 | -21.1 | 131 |
| ⅡA.4 | 北京市 | 25.9 | -4.5 | 11.6 | 30.4 | 11.3 | 40.6 | -27.4 | 125 |
| ⅡA.5 | 天津市 | 26.5 | -4.0 | 12.3 | 30.5 | 9.6 | 39.7 | -22.9 | 119 |
| ⅡA.6 | 承德 | 24.5 | -9.4 | 8.9 | 33.9 | 12.3 | 41.5 | -23.3 | 144 |
| ⅡA.7 | 乐亭 | 24.8 | -6.6 | 10.1 | 31.4 | 11.2 | 37.9 | -23.7 | 136 |
| ⅡA.8 | 沧州 | 26.5 | -3.9 | 12.6 | 30.4 | 10.5 | 42.9 | -20.6 | 117 |
| ⅡA.9 | 石家庄 | 26.6 | -2.9 | 12.9 | 29.5 | 11.4 | 42.7 | -26.5 | 112 |
| ⅡA.10 | 南宫 | 27.0 | -3.6 | 13.0 | 30.6 | 12.2 | 42.7 | -22.1 | 121 |
| ⅡA.11 | 邯郸 | 26.9 | -2.1 | 13.5 | 29.0 | 11.4 | 42.5 | -19.0 | 108 |
| ⅡA.12 | 威海 | 24.6 | -1.6 | 12.1 | 26.2 | 7.0 | 38.4 | -13.8 | 114 |
| ⅡA.13 | 济南 | 27.4 | -1.4 | 14.2 | 28.8 | 9.6 | 42.5 | -19.7 | 101 |
| ⅡA.14 | 沂源 | 25.3 | -3.7 | 11.9 | 29.0 | 10.9 | 38.8 | -21.4 | 117 |
| ⅡA.15 | 青岛 | 25.2 | -1.2 | 12.2 | 26.4 | 6.4 | 35.4 | -15.5 | 110 |
| ⅡA.16 | 枣庄 | 26.7 | -0.9 | 13.9 | 27.6 | 10.8 | 39.6 | -19.2 | 100 |
| ⅡA.17 | 濮阳 | 26.9 | -2.2 | 13.4 | 29.1 | 11.1 | 42.2 | -20.7 | 107 |
| ⅡA.18 | 郑州 | 27.2 | -0.3 | 14.2 | 27.5 | 10.0 | 43.0 | -17.9 | 98 |
| ⅡA.19 | 卢氏 | 25.4 | -1.5 | 12.5 | 26.9 | 11.9 | 42.1 | -19.1 | 105 |
| ⅡA.20 | 宿州 | 27.3 | -0.2 | 14.4 | 27.5 | 10.6 | 40.3 | -23.2 | 93 |
| ⅡA.21 | 西安 | 26.4 | -0.9 | 13.3 | 27.3 | 10.5 | 41.7 | -20.6 | 100 |
| ⅡB.1 | 蔚县 | 22.1 | -12.4 | 6.4 | 34.5 | 14.7 | 38.6 | -35.3 | 160 |
| ⅡB.2 | 太原 | 23.5 | -6.5 | 9.5 | 30.0 | 13.3 | 39.4 | -25.5 | 135 |
| ⅡB.3 | 离石 | 23.0 | -7.8 | 8.8 | 30.8 | 13.6 | 38.9 | -25.5 | 138 |
| ⅡB.4 | 晋城 | 24.0 | -3.7 | 10.9 | 27.7 | 11.6 | 38.6 | -22.8 | 121 |
| ⅡB.5 | 临汾 | 26.0 | -3.9 | 12.2 | 29.9 | 12.8 | 41.9 | -25.6 | 113 |
| ⅡB.6 | 延安 | 22.9 | -6.3 | 9.4 | 29.2 | 13.5 | 39.7 | -25.4 | 130 |
| ⅡB.7 | 铜川 | 23.1 | -3.2 | 10.5 | 26.3 | 10.1 | 37.7 | -18.2 | 122 |
| ⅡB.8 | 白银 | 21.3 | -7.7 | 7.9 | 29.0 | 12.8 | 37.3 | -26.0 | 146 |
| ⅡB.9 | 兰州 | 22.2 | -6.7 | 9.1 | 28.9 | 12.8 | 39.1 | -21.7 | 132 |
| ⅡB.10 | 天水 | 22.5 | -2.9 | 10.7 | 25.4 | 10.6 | 37.2 | -19.2 | 116 |
| ⅡB.11 | 银川 | 23.4 | -8.9 | 8.5 | 32.3 | 13.0 | 39.3 | -30.6 | 145 |
| ⅡB.12 | 中宁 | 23.3 | -7.6 | 9.2 | 30.9 | 13.4 | 38.5 | -26.7 | 137 |
| ⅡB.13 | 固原 | 18.8 | -8.3 | 6.1 | 27.1 | 12.4 | 34.6 | -28.1 | 162 |
| ⅢA.1 | 盐城 | 27.0 | 0.7 | 14.2 | 26.3 | 9.0 | 39.1 | -14.3 | 90 |
| ⅢA.2 | 上海市 | 27.8 | 3.5 | 15.7 | 24.3 | 7.5 | 38.9 | -10.1 | 54 |
| ⅢA.3 | 舟山 | 27.2 | 5.3 | 16.3 | 21.9 | 6.2 | 39.1 | -6.1 | |
| ⅢA.4 | 温州 | 27.9 | 7.5 | 17.9 | 20.4 | 7.0 | 39.3 | -4.5 | |
| ⅢA.5 | 宁德 | 28.7 | 9.7 | 19.0 | 19.0 | 6.9 | 39.4 | -2.4 | |
| ⅢB.1 | 泰州 | 27.4 | 1.5 | 14.7 | 25.9 | 8.6 | 39.4 | -19.2 | 80 |
| ⅢB.2 | 南京 | 27.9 | 1.9 | 15.3 | 26.0 | 8.4 | 40.7 | -14.0 | 75 |
| ⅢB.3 | 蚌埠 | 28.0 | 1.0 | 15.1 | 27.0 | 9.4 | 41.3 | -19.4 | 83 |
| ⅢB.4 | 合肥 | 28.2 | 2.0 | 15.7 | 26.2 | 8.4 | 41.0 | -20.6 | 70 |
| ⅢB.5 | 铜陵 | 28.6 | 3.2 | 16.2 | 25.4 | 6.9 | 39.0 | -7.6 | 59 |
| ⅢB.6 | 杭州 | 28.5 | 3.7 | 16.2 | 24.8 | 7.4 | 39.9 | -9.6 | 51 |
| ⅢB.7 | 丽水 | 29.3 | 6.2 | 18.0 | 23.1 | 9.4 | 41.5 | -7.7 | |
| ⅢB.8 | 邵武 | 27.5 | 7.0 | 17.7 | 20.5 | 10.0 | 40.4 | -7.9 | |
| ⅢB.9 | 三明 | 28.4 | 9.1 | 19.4 | 18.9 | 9.5 | 40.6 | -5.5 | |
| ⅢB.10 | 长汀 | 27.2 | 7.7 | 18.4 | 19.5 | 9.5 | 39.4 | -6.5 | |
| ⅢB.11 | 景德镇 | 28.7 | 4.6 | 17.0 | 24.1 | 9.7 | 41.8 | -10.9 | 22 |
| ⅢB.12 | 南昌 | 29.5 | 4.9 | 17.5 | 24.6 | 7.1 | 40.6 | -9.3 | 17 |

| 区属号 | 地名 | 气温（℃） | | | | | | | 日平均温度<5℃的天数(d) |
|---|---|---|---|---|---|---|---|---|---|
| | | 最热月 | 最冷月 | 年平均 | 年较差 | 日较差 | 极端最高 | 极端最低 | |
| 1 | 2 | 9 | 10 | 11 | 12 | 13 | 14 | 15 | 16 |
| ⅢB.13 | 上饶 | 29.3 | 5.6 | 17.7 | 23.7 | 8.5 | 41.6 | -8.6 | |
| ⅢB.14 | 吉安 | 29.5 | 6.1 | 18.3 | 23.4 | 8.1 | 40.2 | -8.0 | |
| ⅢB.15 | 宁冈 | 27.6 | 5.5 | 17.1 | 22.1 | 9.9 | 40.0 | -10.0 | |
| ⅢB.16 | 广昌 | 28.8 | 6.2 | 18.0 | 22.6 | 9.0 | 40.0 | -9.8 | |
| ⅢB.17 | 赣州 | 29.5 | 7.8 | 19.4 | 21.7 | 8.1 | 41.2 | -6.0 | |
| ⅢB.18 | 沙市 | 28.0 | 3.4 | 16.1 | 24.6 | 8.3 | 38.6 | -14.9 | 54 |
| ⅢB.19 | 武汉 | 28.7 | 3.0 | 16.3 | 25.7 | 8.5 | 39.4 | -18.1 | 58 |
| ⅢB.20 | 大庸 | 28.0 | 5.0 | 16.8 | 23.0 | 8.2 | 40.7 | -13.7 | 14 |
| ⅢB.21 | 长沙 | 29.3 | 4.6 | 17.2 | 24.7 | 7.6 | 40.6 | -11.3 | 30 |
| ⅢB.22 | 涟源 | 28.7 | 4.9 | 17.0 | 23.8 | 8.0 | 40.1 | -12.1 | |
| ⅢB.23 | 永州 | 29.1 | 5.9 | 17.8 | 23.2 | 7.4 | 43.7 | -7.0 | |
| ⅢB.24 | 韶关 | 29.1 | 10.0 | 20.3 | 19.1 | 8.5 | 42.0 | -4.3 | |
| ⅢB.25 | 桂林 | 28.3 | 7.8 | 18.8 | 20.5 | 7.5 | 39.4 | -4.9 | |
| ⅢB.26 | 涪陵 | 28.5 | 7.2 | 18.1 | 21.3 | 7.1 | 42.2 | -2.2 | |
| ⅢB.27 | 重庆 | 28.5 | 7.5 | 18.2 | 21.0 | 6.8 | 42.2 | -1.8 | |
| ⅢC.1 | 驻马店 | 27.3 | 1.2 | 14.7 | 26.1 | 10.0 | 41.9 | -17.4 | 82 |
| ⅢC.2 | 固始 | 27.7 | 1.6 | 15.3 | 26.1 | 8.8 | 41.5 | -20.9 | 75 |
| ⅢC.3 | 平顶山 | 27.6 | 1.0 | 14.9 | 26.6 | 10.5 | 42.6 | -18.8 | 86 |
| ⅢC.4 | 老河口 | 27.6 | 2.0 | 15.3 | 25.6 | 9.4 | 41.0 | -17.2 | 75 |
| ⅢC.5 | 随州 | 28.0 | 2.3 | 15.6 | 25.7 | 9.2 | 41.1 | -16.3 | 70 |
| ⅢC.6 | 远安 | 27.6 | 3.3 | 16.0 | 24.3 | 9.8 | 40.2 | -19.0 | 56 |
| ⅢC.7 | 恩施 | 27.0 | 4.9 | 16.3 | 22.1 | 7.8 | 41.2 | -12.3 | 17 |
| ⅢC.8 | 汉中 | 25.4 | 2.1 | 14.3 | 23.3 | 8.6 | 38.0 | -10.1 | 75 |
| ⅢC.9 | 略阳 | 23.6 | 1.8 | 13.2 | 21.8 | 9.5 | 37.7 | -11.2 | 81 |
| ⅢC.10 | 山阳 | 25.1 | 0.4 | 13.0 | 24.7 | 10.8 | 39.8 | -14.5 | 97 |
| ⅢC.11 | 安康 | 27.3 | 3.2 | 15.6 | 24.1 | 9.3 | 41.7 | -9.5 | 55 |
| ⅢC.12 | 平武 | 24.1 | 3.9 | 14.7 | 20.2 | 9.1 | 37.0 | -7.3 | 48 |
| ⅢC.13 | 仪陇 | 26.2 | 4.9 | 15.7 | 21.3 | 5.6 | 37.5 | -5.7 | |
| ⅢC.14 | 达县 | 27.8 | 6.0 | 17.2 | 21.8 | 7.8 | 42.3 | -4.7 | |
| ⅢC.15 | 成都 | 25.5 | 5.4 | 16.1 | 20.1 | 7.4 | 37.3 | -5.9 | |
| ⅢC.16 | 内江 | 26.9 | 7.1 | 17.6 | 19.8 | 6.7 | 41.1 | -3.0 | |
| ⅢC.17 | 酉阳 | 25.4 | 3.6 | 14.9 | 21.8 | 7.5 | 38.1 | -8.4 | 42 |
| ⅢC.18 | 桐梓 | 24.7 | 3.9 | 14.7 | 20.8 | 7.4 | 37.5 | -6.9 | 46 |
| ⅢC.19 | 凯里 | 25.7 | 4.6 | 15.7 | 21.1 | 8.1 | 37.0 | -9.7 | 40 |
| ⅣA.1 | 福州 | 28.8 | 10.4 | 19.6 | 18.4 | 7.7 | 39.8 | -1.2 | |
| ⅣA.2 | 泉州 | 28.5 | 12.0 | 20.6 | 16.5 | 6.7 | 38.9 | 0.0 | |
| ⅣA.3 | 汕头 | 28.0 | 13.2 | 21.3 | 15.0 | 6.6 | 38.6 | 0.4 | |
| ⅣA.4 | 广州 | 28.4 | 13.3 | 21.8 | 15.1 | 7.5 | 38.7 | 0.0 | |
| ⅣA.5 | 茂名 | 28.3 | 16.0 | 23.0 | 12.3 | 7.2 | 36.6 | 2.8 | |
| ⅣA.6 | 北海 | 28.7 | 14.2 | 22.6 | 14.5 | 6.6 | 37.1 | 2.0 | |
| ⅣA.7 | 海口 | 28.4 | 17.1 | 23.8 | 11.3 | 6.9 | 38.9 | 2.8 | |
| ⅣA.8 | 儋县 | 27.6 | 16.9 | 23.2 | 10.7 | 9.2 | 40.0 | 0.4 | |
| ⅣA.9 | 琼中 | 26.6 | 16.5 | 22.4 | 10.1 | 9.1 | 38.3 | 0.1 | |
| ⅣA.10 | 三亚 | 28.5 | 20.9 | 25.5 | 7.6 | 6.8 | 35.7 | 5.1 | |
| ⅣA.11 | 台北 | 28.6 | 14.8 | 22.1 | 13.8 | 7.5 | 38.0 | -2.0 | |
| ⅣA.12 | 香港 | 28.6 | 15.6 | 22.8 | 13.0 | 5.9 | 35.9 | 2.4 | |
| ⅣB.1 | 漳州 | 28.7 | 12.7 | 21.0 | 16.0 | 8.1 | 40.9 | -2.1 | |
| ⅣB.2 | 梅州 | 28.6 | 11.8 | 21.2 | 16.8 | 9.7 | 39.5 | -7.3 | |
| ⅣB.3 | 梧州 | 28.3 | 11.8 | 21.0 | 16.5 | 8.9 | 39.5 | -3.0 | |
| ⅣB.4 | 河池 | 28.0 | 11.0 | 20.3 | 17.0 | 7.8 | 39.7 | -2.0 | |
| ⅣB.5 | 百色 | 28.7 | 13.2 | 22.1 | 15.5 | 9.1 | 42.5 | -2.0 | |
| ⅣB.6 | 南宁 | 28.3 | 12.7 | 21.6 | 15.6 | 7.9 | 40.4 | -2.1 | |
| ⅣB.7 | 凭祥 | 27.7 | 13.0 | 21.3 | 14.7 | 7.8 | 38.7 | -1.2 | |
| ⅣB.8 | 元江 | 28.6 | 16.6 | 23.8 | 12.0 | 11.3 | 42.3 | -0.1 | |
| ⅣB.9 | 景洪 | 25.6 | 15.7 | 21.9 | 9.9 | 12.0 | 41.1 | 2.7 | |
| ⅤA.1 | 毕节 | 21.8 | 2.4 | 12.8 | 19.4 | 8.2 | 33.8 | -10.9 | 70 |
| ⅤA.2 | 贵阳 | 24.1 | 4.9 | 15.3 | 19.2 | 7.9 | 37.5 | -7.8 | 20 |
| ⅤA.3 | 察隅 | 18.8 | 3.9 | 11.8 | 14.9 | 11.2 | 31.9 | -5.5 | 57 |
| ⅤB.1 | 西昌 | 22.6 | 9.5 | 17.0 | 13.1 | 11.1 | 36.6 | -3.8 | |
| ⅤB.2 | 攀枝花 | 26.2 | 11.7 | 20.3 | 14.5 | 14.1 | 40.7 | -1.8 | |
| ⅤB.3 | 丽江 | 18.1 | 5.9 | 12.6 | 12.2 | 11.6 | 32.3 | -10.3 | |
| ⅤB.4 | 大理 | 20.1 | 8.6 | 15.1 | 11.5 | 11.2 | 34.0 | -4.2 | |
| ⅤB.5 | 腾冲 | 19.8 | 7.5 | 14.8 | 12.3 | 11.7 | 30.5 | -4.2 | |
| ⅤB.6 | 昆明 | 19.8 | 7.7 | 14.7 | 12.1 | 11.1 | 31.5 | -7.8 | |
| ⅤB.7 | 临沧 | 21.3 | 10.7 | 17.2 | 10.6 | 11.6 | 34.6 | -1.3 | |
| ⅤB.8 | 个旧 | 20.1 | 9.9 | 15.9 | 10.2 | 7.8 | 30.3 | -4.7 | |
| ⅤB.9 | 思茅 | 21.8 | 11.6 | 17.8 | 10.2 | 11.4 | 35.7 | -2.5 | |
| ⅤB.10 | 盘县 | 21.9 | 6.4 | 15.2 | 15.5 | 9.6 | 36.7 | -7.9 | |
| ⅤB.11 | 兴义 | 22.4 | 7.0 | 16.0 | 15.4 | 7.9 | 34.9 | -4.7 | |
| ⅤB.12 | 独山 | 23.4 | 4.8 | 15.0 | 18.6 | 7.3 | 34.4 | -8.0 | 20 |
| ⅥA.1 | 冷湖 | 16.9 | -12.9 | 2.6 | 29.8 | 17.7 | 34.2 | -34.3 | 195 |
| ⅥA.2 | 茫崖 | 13.5 | -12.3 | 1.4 | 25.8 | 14.3 | 29.4 | -29.5 | 205 |
| ⅥA.3 | 德令哈 | 16.0 | -10.7 | 3.7 | 26.7 | 12.7 | 33.1 | -27.2 | 185 |
| ⅥA.4 | 刚察 | 10.7 | -13.9 | -0.6 | 24.6 | 13.3 | 25.0 | -31.0 | 239 |
| ⅥA.5 | 西宁 | 17.2 | -8.2 | 5.7 | 25.4 | 13.7 | 33.5 | -26.6 | 162 |
| ⅥA.6 | 格尔木 | 17.6 | -10.6 | 4.3 | 28.2 | 15.4 | 33.3 | -33.6 | 179 |
| ⅥA.7 | 都兰 | 14.9 | -10.4 | 2.7 | 25.3 | 12.6 | 31.9 | -29.8 | 194 |
| ⅥA.8 | 同德 | 11.6 | -13.4 | 0.2 | 25.0 | 17.2 | 28.1 | -36.2 | 213 |
| ⅥA.9 | 夏河 | 12.6 | -10.4 | 2.0 | 23.0 | 14.8 | 28.4 | -28.5 | 199 |
| ⅥA.10 | 若尔盖 | 10.7 | -10.5 | 0.7 | 21.2 | 14.8 | 24.6 | -33.7 | 227 |
| ⅥB.1 | 曲麻莱 | 8.5 | -14.2 | -2.5 | 22.7 | 14.1 | 24.9 | -34.8 | 272 |
| ⅥB.2 | 杂多 | 10.6 | -11.3 | 0.2 | 21.9 | 14.0 | 25.5 | -33.1 | 230 |
| ⅥB.3 | 玛多 | 7.5 | -16.7 | -4.1 | 24.2 | 13.8 | 22.9 | -48.1 | 284 |
| ⅥB.4 | 噶尔 | 13.6 | -12.4 | 0.1 | 26.0 | 16.1 | 27.6 | -34.6 | 240 |
| ⅥB.5 | 改则 | 11.6 | -12.2 | -0.2 | 23.8 | 17.1 | 25.6 | -36.8 | 240 |
| ⅥB.6 | 那曲 | 8.8 | -13.8 | -1.8 | 22.6 | 16.0 | 22.6 | -41.2 | 252 |
| ⅥB.7 | 申扎 | 9.4 | -10.8 | -0.4 | 20.2 | 13.0 | 24.2 | -31.1 | 242 |
| ⅥC.1 | 马尔康 | 16.4 | -0.8 | 8.6 | 17.2 | 16.0 | 34.8 | -17.5 | 116 |
| ⅥC.2 | 甘孜 | 14.0 | -4.4 | 5.6 | 18.4 | 14.9 | 31.7 | -28.7 | 165 |
| ⅥC.3 | 巴塘 | 19.7 | 3.7 | 12.6 | 16.0 | 16.3 | 37.6 | -12.8 | 56 |
| ⅥC.4 | 康定 | 15.6 | -2.6 | 7.1 | 18.2 | 9.0 | 28.9 | -14.7 | 139 |
| ⅥC.5 | 班玛 | 11.7 | -7.7 | 2.6 | 19.4 | 15.0 | 28.1 | -29.7 | 199 |
| ⅥC.6 | 昌都 | 16.1 | -2.6 | 7.5 | 18.7 | 16.1 | 33.4 | -20.7 | 142 |
| ⅥC.7 | 波密 | 16.4 | -0.1 | 8.6 | 16.5 | 12.4 | 31.0 | -20.3 | 128 |
| ⅥC.8 | 拉萨 | 15.5 | -2.3 | 7.5 | 17.8 | 14.5 | 29.4 | -16.5 | 142 |
| ⅥC.9 | 定日 | 12.0 | -7.5 | 2.7 | 19.5 | 17.0 | 24.8 | -24.8 | 207 |
| ⅥC.10 | 德钦 | 11.7 | -3.0 | 4.7 | 14.7 | 9.6 | 24.5 | -13.1 | 184 |
| ⅦA.1 | 克拉玛依 | 27.5 | -16.4 | 8.1 | 43.9 | 10.0 | 42.9 | -35.9 | 146 |
| ⅦA.2 | 博乐阿拉山口 | 27.5 | -15.9 | 8.4 | 43.1 | 10.7 | 44.2 | -33.0 | 146 |
| ⅦB.1 | 阿勒泰 | 22.0 | -17.2 | 4.1 | 39.2 | 12.2 | 37.6 | -43.5 | 173 |
| ⅦB.2 | 塔城 | 22.3 | -12.1 | 6.2 | 34.4 | 13.7 | 41.3 | -39.2 | 163 |

| 区属号 | 地名 | 气温(℃) | | | | | | | 日平均温度<5℃的天数(d) |
|---|---|---|---|---|---|---|---|---|---|
| | | 最热月 | 最冷月 | 年平均 | 年较差 | 日较差 | 极端最高 | 极端最低 | |
| 1 | 2 | 9 | 10 | 11 | 12 | 13 | 14 | 15 | 16 |
| ⅦB.3 | 富蕴 | 21.4 | -21.7 | 2.0 | 43.1 | 15.3 | 38.7 | -49.8 | 178 |
| ⅦB.4 | 伊宁 | 22.7 | -9.7 | 8.5 | 32.4 | 14.0 | 38.7 | -40.4 | 139 |
| ⅦB.5 | 乌鲁木齐 | 23.5 | -14.6 | 5.9 | 38.1 | 10.9 | 40.5 | -41.5 | 162 |
| ⅦC.1 | 额济纳旗 | 26.2 | -12.3 | 8.2 | 38.5 | 15.6 | 41.4 | -35.3 | 155 |
| ⅦC.2 | 二连浩特 | 22.9 | -18.6 | 3.4 | 41.5 | 14.8 | 39.9 | -40.2 | 180 |
| ⅦC.3 | 杭锦后旗 | 23.0 | -11.9 | 6.9 | 34.9 | 13.7 | 37.4 | -33.1 | 161 |
| ⅦC.4 | 安西 | 24.8 | -10.3 | 8.8 | 35.1 | 16.1 | 42.8 | -29.3 | 144 |
| ⅦC.5 | 张掖 | 21.4 | -10.1 | 7.0 | 31.5 | 15.6 | 38.6 | -28.7 | 156 |
| ⅦD.1 | 吐鲁番 | 32.6 | -9.3 | 14.0 | 41.9 | 14.1 | 47.6 | -28.0 | 117 |
| ⅦD.2 | 哈密 | 27.1 | -12.1 | 9.8 | 39.2 | 14.8 | 43.9 | -32.0 | 137 |
| ⅦD.3 | 库车 | 25.8 | -8.2 | 11.4 | 34.0 | 11.7 | 41.5 | -27.4 | 123 |
| ⅦD.4 | 库尔勒 | 26.1 | -7.9 | 11.4 | 34.0 | 12.5 | 40.0 | -28.1 | 123 |
| ⅦD.5 | 阿克苏 | 23.6 | -9.2 | 9.8 | 32.8 | 13.9 | 40.7 | -27.6 | 129 |
| ⅦD.6 | 喀什 | 25.8 | -6.4 | 11.7 | 32.2 | 12.9 | 40.1 | -24.4 | 118 |
| ⅦD.7 | 且末 | 24.8 | -8.6 | 10.1 | 33.4 | 15.9 | 41.5 | -26.4 | 130 |
| ⅦD.8 | 和田 | 25.5 | -5.5 | 12.2 | 31.0 | 12.5 | 40.6 | -21.6 | 112 |

**全国主要城镇气候参数表（三）　附表 2.1-3**

| 区属号 | 地名 | 相对湿度(%) | | 降水(mm) | | 最大积雪深度(cm) | 风速(m/s) | | |
|---|---|---|---|---|---|---|---|---|---|
| | | 最热月 | 最冷月 | 年降水量 | 日大降水量 | | 全年 | 夏季 | 冬季 |
| 1 | 2 | 17 | 18 | 19 | 20 | 21 | 22 | 23 | 24 |
| ⅠA.1 | 漠河 | 79 | 73 | 419.2 | 115.2 | 53 | 2.0 | 2.0 | 1.7 |
| ⅠB.1 | 加格达奇 | 81 | 71 | 481.9 | 74.8 | 30 | 2.3 | 2.3 | 1.8 |
| ⅠB.2 | 克山 | 76 | 74 | 503.7 | 177.9 | 20 | 3.1 | 3.2 | 2.7 |
| ⅠB.3 | 黑河 | 79 | 71 | 525.9 | 107.1 | 33 | 3.7 | 3.1 | 3.5 |
| ⅠB.4 | 嫩江 | 78 | 75 | 485.1 | 105.5 | 31 | 3.8 | 3.8 | 2.5 |
| ⅠB.5 | 铁力 | 79 | 76 | 648.7 | 109.0 | 34 | 2.7 | 2.7 | 1.9 |
| ⅠB.6 | 额尔古纳右旗 | 75 | 77 | 363.8 | 71.0 | 35 | 2.5 | 2.7 | 1.1 |
| ⅠB.7 | 满洲里 | 69 | 74 | 304.0 | 75.7 | 24 | 4.3 | 4.0 | 3.9 |
| ⅠB.8 | 海拉尔 | 71 | 78 | 351.3 | 63.4 | 39 | 3.2 | 3.1 | 2.4 |
| ⅠB.9 | 博克图 | 78 | 70 | 481.5 | 127.5 | 23 | 3.1 | 2.1 | 3.3 |
| ⅠB.10 | 东乌珠穆沁旗 | 62 | 72 | 253.1 | 63.4 | 26 | 3.5 | 3.5 | 3.3 |
| ⅠC.1 | 齐齐哈尔 | 73 | 70 | 423.5 | 83.2 | 24 | 3.5 | 3.2 | 2.9 |
| ⅠC.2 | 鹤岗 | 77 | 62 | 615.2 | 79.2 | 40 | 3.5 | 3.0 | 3.3 |
| ⅠC.3 | 哈尔滨 | 77 | 74 | 535.8 | 104.8 | 41 | 4.0 | 3.5 | 3.6 |
| ⅠC.4 | 虎林 | 81 | 70 | 570.3 | 98.8 | 46 | 3.6 | 3.1 | 3.3 |
| ⅠC.5 | 鸡西 | 77 | 67 | 541.7 | 121.8 | 60 | 3.2 | 2.3 | 3.6 |
| ⅠC.6 | 绥芬河 | 82 | 65 | 556.7 | 121.1 | 51 | 3.4 | 2.2 | 4.2 |
| ⅠC.7 | 长春 | 78 | 68 | 592.7 | 130.4 | 22 | 4.3 | 3.5 | 4.2 |
| ⅠC.8 | 桦甸 | 81 | 73 | 744.8 | 72.6 | 54 | 2.2 | 1.9 | 1.9 |
| ⅠC.9 | 图们 | 82 | 53 | 493.9 | 138.2 | 24 | 3.0 | 2.6 | 3.3 |
| ⅠC.10 | 天池 | 91 | 63 | 1352.6 | 164.8 | | 11.7 | 7.1 | 15.5 |
| ⅠC.11 | 通化 | 80 | 72 | 878.1 | 129.1 | 39 | 1.8 | 1.7 | 1.3 |
| ⅠC.12 | 乌兰浩特 | 70 | 57 | 417.8 | 102.1 | 26 | 3.2 | 2.7 | 2.8 |
| ⅠC.13 | 锡林浩特 | 62 | 71 | 287.2 | 89.5 | 24 | 3.5 | 3.2 | 3.3 |
| ⅠC.14 | 多伦 | 72 | 64 | 386.9 | 109.9 | 22 | 3.6 | 2.6 | 3.8 |
| ⅠD.1 | 四平 | 78 | 67 | 656.8 | 154.1 | 19 | 3.1 | 2.8 | 3.0 |
| ⅠD.2 | 沈阳 | 78 | 63 | 727.5 | 215.5 | 28 | 3.2 | 2.9 | 3.0 |

| 区属号 | 地名 | 相对湿度(%) | | 降水(mm) | | 最大积雪深度(cm) | 风速(m/s) | | |
|---|---|---|---|---|---|---|---|---|---|
| | | 最热月 | 最冷月 | 年降水量 | 日大降水量 | | 全年 | 夏季 | 冬季 |
| 1 | 2 | 17 | 18 | 19 | 20 | 21 | 22 | 23 | 24 |
| ⅠD.3 | 朝阳 | 73 | 44 | 472.1 | 232.2 | 17 | 3.0 | 2.6 | 2.7 |
| ⅠD.4 | 林西 | 69 | 49 | 383.3 | 140.7 | 23 | 3.0 | 1.9 | 3.7 |
| ⅠD.5 | 赤峰 | 65 | 43 | 359.5 | 108.0 | 25 | 2.5 | 2.1 | 2.4 |
| ⅠD.6 | 呼和浩特 | 64 | 56 | 418.8 | 210.1 | 30 | 1.8 | 1.6 | 1.6 |
| ⅠD.7 | 达尔罕茂明安联合旗 | 55 | 59 | 258.8 | 90.8 | 21 | 4.3 | 4.0 | 3.9 |
| ⅠD.8 | 张家口 | 66 | 42 | 411.8 | 100.4 | 31 | 3.0 | 2.4 | 3.5 |
| ⅠD.9 | 大同 | 66 | 58 | 380.5 | 67.0 | 29 | 2.9 | 2.4 | 3.0 |
| ⅠD.10 | 榆林 | 62 | 57 | 410.1 | 141.7 | 15 | 2.3 | 2.5 | 1.8 |
| ⅡA.1 | 营口 | 78 | 63 | 673.7 | 240.5 | 21 | 3.9 | 3.5 | 3.5 |
| ⅡA.2 | 丹东 | 86 | 58 | 1028.4 | 414.4 | 31 | 3.1 | 2.5 | 3.7 |
| ⅡA.3 | 大连 | 83 | 58 | 648.4 | 166.4 | 37 | 5.1 | 4.3 | 5.6 |
| ⅡA.4 | 北京市 | 77 | 44 | 627.6 | 244.2 | 24 | 2.5 | 1.9 | 2.8 |
| ⅡA.5 | 天津市 | 77 | 53 | 562.1 | 158.1 | 20 | 2.9 | 2.5 | 2.9 |
| ⅡA.6 | 承德 | 72 | 47 | 544.6 | 151.4 | 27 | 1.4 | 1.1 | 1.3 |
| ⅡA.7 | 乐亭 | 82 | 56 | 602.5 | 234.7 | 18 | 3.6 | 3.1 | 3.6 |
| ⅡA.8 | 沧州 | 77 | 56 | 617.8 | 274.3 | 20 | 3.1 | 2.5 | 3.2 |
| ⅡA.9 | 石家庄 | 75 | 52 | 538.2 | 200.2 | 19 | 1.8 | 1.6 | 1.8 |
| ⅡA.10 | 南宫 | 78 | 58 | 498.5 | 148.8 | 16 | 3.0 | 2.7 | 2.7 |
| ⅡA.11 | 邯郸 | 76 | 58 | 580.3 | 518.5 | 16 | 2.6 | 2.5 | 2.5 |
| ⅡA.12 | 威海 | 84 | 61 | 776.9 | 370.8 | 24 | 4.3 | 3.7 | 4.8 |
| ⅡA.13 | 济南 | 73 | 53 | 671.0 | 298.4 | 19 | 3.2 | 2.8 | 3.1 |
| ⅡA.14 | 沂源 | 79 | 55 | 721.8 | 222.9 | 23 | 2.3 | 2.1 | 2.3 |
| ⅡA.15 | 青岛 | 85 | 63 | 749.0 | 269.6 | 27 | 5.4 | 4.9 | 5.6 |
| ⅡA.16 | 枣庄 | 81 | 60 | 882.9 | 224.1 | 15 | 2.9 | 2.8 | 2.7 |
| ⅡA.17 | 濮阳 | 80 | 66 | 609.6 | 276.9 | 22 | 2.9 | 2.9 | 3.1 |
| ⅡA.18 | 郑州 | 76 | 60 | 655.0 | 189.4 | 23 | 3.0 | 3.4 | 3.4 |
| ⅡA.19 | 卢氏 | 75 | 64 | 656.6 | 95.3 | 3 | 1.5 | 1.6 | 1.5 |
| ⅡA.20 | 宿州 | 81 | 68 | 877.0 | 216.9 | 22 | 2.6 | 2.5 | 2.7 |
| ⅡA.21 | 西安 | 72 | 67 | 591.1 | 92.3 | 22 | 1.9 | 2.1 | 1.7 |
| ⅡB.1 | 蔚县 | 70 | 53 | 412.8 | 88.9 | 21 | 1.9 | 1.8 | 1.5 |
| ⅡB.2 | 太原 | 72 | 53 | 456.0 | 183.5 | 16 | 2.4 | 2.0 | 2.4 |
| ⅡB.3 | 离石 | 68 | 54 | 493.5 | 103.4 | 13 | 2.1 | 2.0 | 2.1 |
| ⅡB.4 | 晋城 | 77 | 60 | 626.1 | 176.4 | 20 | 2.3 | 2.0 | 2.4 |
| ⅡB.5 | 临汾 | 71 | 56 | 511.1 | 104.4 | 13 | 2.1 | 2.1 | 2.0 |
| ⅡB.6 | 延安 | 72 | 53 | 538.4 | 139.9 | 17 | 1.9 | 1.6 | 2.1 |
| ⅡB.7 | 铜川 | 73 | 53 | 610.5 | 113.6 | 15 | 2.3 | 2.2 | 2.2 |
| ⅡB.8 | 白银 | 54 | 49 | 200.2 | 82.2 | 17 | 1.9 | 2.2 | 1.4 |
| ⅡB.9 | 兰州 | 60 | 57 | 322.9 | 96.8 | 15 | 1.0 | 1.3 | 0.5 |
| ⅡB.10 | 天水 | 72 | 62 | 537.5 | 88.1 | 15 | 1.3 | 1.2 | 1.3 |
| ⅡB.11 | 银川 | 64 | 57 | 197.0 | 66.8 | 17 | 1.8 | 1.7 | 1.7 |
| ⅡB.12 | 中宁 | 59 | 48 | 221.4 | 77.8 | 15 | 2.9 | 2.9 | 2.9 |
| ⅡB.13 | 固原 | 71 | 53 | 476.4 | 75.9 | 21 | 2.9 | 2.7 | 2.8 |
| ⅢA.1 | 盐城 | 84 | 74 | 1008.5 | 167.9 | 19 | 3.4 | 3.3 | 3.4 |
| ⅢA.2 | 上海市 | 83 | 75 | 1132.3 | 204.4 | 14 | 3.1 | 3.2 | 3.0 |
| ⅢA.3 | 舟山 | 84 | 70 | 1320.6 | 212.5 | 23 | 3.3 | 3.2 | 3.3 |
| ⅢA.4 | 温州 | 85 | 75 | 1707.2 | 252.5 | 10 | 2.1 | 2.1 | 2.1 |
| ⅢA.5 | 宁德 | 79 | 78 | 2001.7 | 206.8 | | 1.3 | 1.6 | 1.2 |
| ⅢB.1 | 泰州 | 85 | 76 | 1053.1 | 212.1 | 30 | 3.4 | 3.3 | 3.5 |
| ⅢB.2 | 南京 | 81 | 73 | 1034.1 | 179.3 | 51 | 2.7 | 2.6 | 2.6 |
| ⅢB.3 | 蚌埠 | 80 | 71 | 903.2 | 154.0 | 35 | 2.5 | 2.3 | 2.5 |

| 区属号 | 地名 | 相对湿度(%) 最热月 | 相对湿度(%) 最冷月 | 降水(mm) 年降水量 | 降水(mm) 日最大降水量 | 最大积雪深度(cm) | 风速(m/s) 全年 | 风速(m/s) 夏季 | 风速(m/s) 冬季 |
|---|---|---|---|---|---|---|---|---|---|
| 1 | 2 | 17 | 18 | 19 | 20 | 21 | 22 | 23 | 24 |
| ⅢB.4 | 合肥 | 81 | 75 | 989.5 | 238.4 | 45 | 2.7 | 2.7 | 2.6 |
| ⅢB.5 | 铜陵 | 79 | 75 | 1390.7 | 204.4 | 33 | 3.0 | 2.9 | 3.1 |
| ⅢB.6 | 杭州 | 80 | 77 | 1409.8 | 189.3 | 29 | 2.2 | 2.2 | 2.3 |
| ⅢB.7 | 丽水 | 75 | 75 | 1402.6 | 143.7 | 23 | 1.4 | 1.3 | 1.4 |
| ⅢB.8 | 邵武 | 81 | 79 | 1788.1 | 187.7 | 10 | 1.2 | 1.1 | 1.2 |
| ⅢB.9 | 三明 | 75 | 79 | 1610.7 | 116.2 | 3 | 1.8 | 1.7 | 1.8 |
| ⅢB.10 | 长汀 | 78 | 78 | 1729.1 | 180.7 | 9 | 1.5 | 1.3 | 1.7 |
| ⅢB.11 | 景德镇 | 79 | 76 | 1763.2 | 228.5 | 28 | 2.1 | 2.1 | 2.0 |
| ⅢB.12 | 南昌 | 76 | 74 | 1589.2 | 289.0 | 24 | 3.3 | 3.0 | 3.6 |
| ⅢB.13 | 上饶 | 74 | 78 | 1720.6 | 162.8 | 26 | 2.5 | 2.5 | 2.5 |
| ⅢB.14 | 吉安 | 73 | 78 | 1496.0 | 198.8 | 27 | 2.4 | 2.2 | 2.3 |
| ⅢB.15 | 宁冈 | 80 | 82 | 1507.0 | 271.6 | 27 | 1.7 | 1.5 | 1.8 |
| ⅢB.16 | 广昌 | 74 | 79 | 1732.2 | 327.4 | 20 | 1.8 | 1.7 | 1.9 |
| ⅢB.17 | 赣州 | 70 | 75 | 1466.5 | 200.8 | 13 | 2.0 | 2.0 | 2.0 |
| ⅢB.18 | 沙市 | 83 | 77 | 1109.5 | 174.3 | 30 | 2.3 | 2.4 | 2.6 |
| ⅢB.19 | 武汉 | 79 | 76 | 1230.6 | 317.4 | 32 | 2.5 | 2.5 | 2.6 |
| ⅢB.20 | 大庸 | 79 | 74 | 1357.9 | 185.9 | 18 | 1.2 | 1.2 | 1.4 |
| ⅢB.21 | 长沙 | 75 | 81 | 1394.5 | 192.5 | 20 | 2.6 | 2.5 | 2.7 |
| ⅢB.22 | 涟源 | 75 | 79 | 1358.5 | 147.5 | 18 | 1.5 | 1.8 | 1.3 |
| ⅢB.23 | 永州 | 72 | 79 | 1419.6 | 194.8 | 14 | 3.4 | 3.3 | 3.4 |
| ⅢB.24 | 韶关 | 75 | 72 | 1552.1 | 208.8 | 6 | 1.6 | 1.5 | 1.7 |
| ⅢB.25 | 桂林 | 78 | 71 | 1894.4 | 255.9 | 4 | 2.6 | 1.6 | 3.3 |
| ⅢB.26 | 涪陵 | 75 | 81 | 1071.8 | 113.1 | 4 | 1.0 | 1.1 | 0.8 |
| ⅢB.27 | 重庆 | 75 | 82 | 1082.9 | 192.9 | 3 | 1.3 | 1.4 | 1.3 |
| ⅢC.1 | 驻马店 | 81 | 65 | 1004.4 | 420.4 | 18 | 2.6 | 2.4 | 2.7 |
| ⅢC.2 | 固始 | 83 | 75 | 1075.1 | 206.7 | 48 | 3.1 | 2.9 | 3.1 |
| ⅢC.3 | 平顶山 | 78 | 60 | 757.3 | 234.4 | 22 | 2.7 | 2.4 | 3.0 |
| ⅢC.4 | 老河口 | 80 | 72 | 841.3 | 178.7 | 22 | 1.4 | 1.5 | 1.3 |
| ⅢC.5 | 随州 | 80 | 70 | 965.3 | 214.6 | 15 | 2.9 | 2.9 | 2.8 |
| ⅢC.6 | 远安 | 82 | 74 | 1098.5 | 226.1 | 26 | 1.7 | 2.0 | 1.5 |
| ⅢC.7 | 恩施 | 80 | 84 | 1461.2 | 227.5 | 19 | 0.5 | 0.5 | 0.4 |
| ⅢC.8 | 汉中 | 81 | 77 | 905.4 | 117.8 | 10 | 1.0 | 1.1 | 0.9 |
| ⅢC.9 | 略阳 | 79 | 62 | 853.2 | 160.9 | 9 | 2.0 | 1.8 | 2.0 |
| ⅢC.10 | 山阳 | 74 | 59 | 731.6 | 92.5 | 15 | 1.6 | 1.6 | 1.7 |
| ⅢC.11 | 安康 | 76 | 68 | 818.7 | 161.9 | 9 | 1.3 | 1.4 | 1.4 |
| ⅢC.12 | 平武 | 76 | 67 | 859.6 | 151.0 | 9 | 0.6 | 0.9 | 0.5 |
| ⅢC.13 | 仪陇 | 73 | 74 | 1139.1 | 172.2 | 8 | 2.3 | 2.1 | 2.3 |
| ⅢC.14 | 达县 | 79 | 81 | 1201.3 | 194.1 | 4 | 1.1 | 1.3 | 1.0 |
| ⅢC.15 | 成都 | 85 | 81 | 938.9 | 201.3 | 5 | 1.1 | 1.1 | 0.9 |
| ⅢC.16 | 内江 | 81 | 82 | 1058.6 | 244.8 | 3 | 1.7 | 1.7 | 1.4 |
| ⅢC.17 | 酉阳 | 82 | 76 | 1375.6 | 194.9 | 14 | 1.0 | 0.8 | 1.1 |
| ⅢC.18 | 桐梓 | 76 | 80 | 1054.8 | 173.3 | 8 | 1.8 | 1.7 | 1.8 |
| ⅢC.19 | 凯里 | 75 | 77 | 1225.4 | 256.5 | 19 | 1.8 | 1.6 | 1.8 |
| ⅣA.1 | 福州 | 78 | 74 | 1339.7 | 167.6 |  | 2.8 | 2.9 | 2.6 |
| ⅣA.2 | 泉州 | 80 | 72 | 1228.1 | 296.1 |  | 3.5 | 2.9 | 4.0 |
| ⅣA.3 | 汕头 | 84 | 79 | 1560.1 | 297.4 |  | 2.7 | 2.4 | 2.6 |
| ⅣA.4 | 广州 | 83 | 70 | 1705.0 | 284.9 |  | 2.5 | 2.2 | 2.2 |
| ⅣA.5 | 茂名 | 84 | 78 | 1738.2 | 296.2 |  | 2.5 | 2.5 | 2.2 |
| ⅣA.6 | 北海 | 83 | 77 | 1677.2 | 509.2 |  | 3.2 | 2.9 | 3.6 |
| ⅣA.7 | 海口 | 83 | 85 | 1681.7 | 283.0 |  | 3.1 | 2.4 | 3.3 |
| ⅣA.8 | 儋县 | 81 | 84 | 1808.0 | 403.1 |  | 2.4 | 2.2 | 2.6 |

| 区属号 | 地名 | 相对湿度(%) 最热月 | 相对湿度(%) 最冷月 | 降水(mm) 年降水量 | 降水(mm) 日最大降水量 | 最大积雪深度(cm) | 风速(m/s) 全年 | 风速(m/s) 夏季 | 风速(m/s) 冬季 |
|---|---|---|---|---|---|---|---|---|---|
| 1 | 2 | 17 | 18 | 19 | 20 | 21 | 22 | 23 | 24 |
| ⅣA.9 | 琼中 | 82 | 87 | 2452.3 | 373.5 |  | 1.1 | 1.2 | 1.0 |
| ⅣA.10 | 三亚 | 83 | 74 | 1239.1 | 287.5 |  | 2.9 | 2.3 | 2.9 |
| ⅣA.11 | 台北 | 77 | 82 | 1869.9 | 400.0 |  | 3.5 | 2.8 | 3.7 |
| ⅣA.12 | 香港 | 81 | 71 | 2224.7 | 382.6 |  | 6.0 | 5.2 | 6.3 |
| ⅣB.1 | 漳州 | 80 | 76 | 1543.3 | 215.9 |  | 1.6 | 1.6 | 1.6 |
| ⅣB.2 | 梅州 | 78 | 76 | 1472.9 | 224.4 |  | 0.9 | 1.0 | 0.8 |
| ⅣB.3 | 梧州 | 80 | 73 | 1517.0 | 334.5 |  | 1.6 | 1.5 | 1.7 |
| ⅣB.4 | 河池 | 79 | 73 | 1489.2 | 209.6 | 5 | 1.2 | 1.1 | 1.2 |
| ⅣB.5 | 百色 | 79 | 74 | 1104.6 | 169.8 |  | 1.2 | 1.1 | 1.1 |
| ⅣB.6 | 南宁 | 82 | 75 | 1307.0 | 198.6 |  | 1.7 | 1.9 | 1.7 |
| ⅣB.7 | 凭祥 | 82 | 81 | 1424.8 | 206.5 |  | 0.9 | 0.8 | 1.0 |
| ⅣB.8 | 元江 | 72 | 65 | 789.4 | 109.4 | 6 | 2.8 | 2.2 | 3.5 |
| ⅣB.9 | 景洪 | 76 | 85 | 1196.9 | 151.8 |  | 0.5 | 0.6 | 0.4 |
| ⅤA.1 | 毕节 | 78 | 85 | 952.0 | 115.8 | 18 | 1.0 | 1.1 | 0.9 |
| ⅤA.2 | 贵阳 | 77 | 78 | 1127.1 | 133.9 | 16 | 2.1 | 2.0 | 2.2 |
| ⅤA.3 | 察隅 | 76 | 59 | 773.9 | 90.8 | 32 | 2.6 | 2.3 | 2.3 |
| ⅤB.1 | 西昌 | 75 | 51 | 1002.6 | 135.7 | 13 | 1.8 | 1.5 | 1.8 |
| ⅤB.2 | 攀枝花 | 48 | 68 | 767.3 | 106.3 | 1 | 1.7 | 1.9 | 1.6 |
| ⅤB.3 | 丽江 | 81 | 45 | 933.9 | 105.2 | 32 | 3.4 | 2.3 | 4.1 |
| ⅤB.4 | 大理 | 82 | 54 | 1060.1 | 136.8 | 22 | 2.4 | 1.6 | 3.3 |
| ⅤB.5 | 腾冲 | 89 | 71 | 1482.4 | 93.2 |  | 1.6 | 1.6 | 1.6 |
| ⅤB.6 | 昆明 | 83 | 68 | 1003.8 | 153.3 | 36 | 2.2 | 1.9 | 2.5 |
| ⅤB.7 | 临沧 | 82 | 67 | 1205.5 | 97.4 |  | 1.0 | 0.8 | 1.1 |
| ⅤB.8 | 个旧 | 84 | 75 | 1104.5 | 118.4 | 17 | 3.8 | 3.1 | 4.5 |
| ⅤB.9 | 思茅 | 86 | 80 | 1546.2 | 149.0 |  | 1.0 | 0.9 | 1.0 |
| ⅤB.10 | 盘县 | 81 | 78 | 1399.9 | 148.8 | 23 | 1.6 | 1.2 | 1.9 |
| ⅤB.11 | 兴义 | 85 | 85 | 1545.1 | 163.1 | 18 | 2.7 | 2.4 | 2.4 |
| ⅤB.12 | 独山 | 84 | 78 | 1343.8 | 160.3 | 20 | 2.4 | 2.2 | 2.5 |
| ⅥA.1 | 冷湖 | 31 | 36 | 16.9 | 22.7 | 3 | 4.0 | 4.8 | 3.1 |
| ⅥA.2 | 茫崖 | 38 | 38 | 48.4 | 15.3 | 9 | 5.1 | 5.5 | 4.2 |
| ⅥA.3 | 德令哈 | 41 | 39 | 173.6 | 84.0 | 13 | 2.7 | 3.3 | 2.1 |
| ⅥA.4 | 刚察 | 68 | 44 | 375.0 | 40.5 | 13 | 3.7 | 3.6 | 3.5 |
| ⅥA.5 | 西宁 | 65 | 48 | 367.0 | 62.2 | 18 | 2.0 | 1.9 | 1.7 |
| ⅥA.6 | 格尔木 | 36 | 41 | 39.6 | 32.0 | 6 | 3.1 | 3.5 | 2.5 |
| ⅥA.7 | 都兰 | 46 | 41 | 178.7 | 31.4 | 18 | 3.0 | 2.8 | 2.9 |
| ⅥA.8 | 同德 | 73 | 44 | 437.9 | # 47.5 | 20 | 3.1 | 2.6 | 3.2 |
| ⅥA.9 | 夏河 | 76 | 49 | 557.9 | 64.4 | 19 | 1.5 | 1.5 | 1.1 |
| ⅥA.10 | 若尔盖 | 79 | 53 | 663.6 | 65.3 | 20 | 2.6 | 2.5 | 2.5 |
| ⅥB.1 | 曲麻莱 | 66 | 46 | 399.2 | 28.5 | 24 | 3.2 | 3.1 | 3.1 |
| ⅥB.2 | 杂多 | 69 | 45 | 524.8 | 37.9 | 20 | 2.2 | 1.9 | 2.4 |
| ⅥB.3 | 玛多 | 68 | 56 | 322.7 | 54.2 | 16 | 3.4 | 3.7 | 2.9 |
| ⅥB.4 | 噶尔 | 41 | 33 | 71.8 | 24.6 | 10 | 3.2 | 3.0 | 3.0 |
| ⅥB.5 | 改则 | 52 | 25 | 189.6 | 26.4 | 17 | 4.4 | 3.9 | 5.0 |
| ⅥB.6 | 那曲 | 71 | 37 | 410.1 | 33.3 | 20 | 2.9 | 2.4 | 3.2 |
| ⅥB.7 | 申扎 | 62 | 24 | 294.3 | 25.4 | 15 | 3.9 | 3.4 | 4.6 |
| ⅥC.1 | 马尔康 | 75 | 43 | 766.0 | 53.5 | 14 | 1.2 | 1.1 | 1.1 |
| ⅥC.2 | 甘孜 | 71 | 42 | 640.0 | 38.1 | 18 | 1.7 | 1.5 | 1.6 |
| ⅥC.3 | 巴塘 | 66 | 29 | 467.6 | 42.3 | 2 | 1.0 | 1.0 | 1.3 |
| ⅥC.4 | 康定 | 80 | 63 | 802.0 | 48.0 | 54 | 3.1 | 2.8 | 3.1 |
| ⅥC.5 | 斑玛 | 75 | 46 | 667.3 | 49.6 | 17 | 1.7 | 1.6 | 1.8 |
| ⅥC.6 | 昌都 | 64 | 37 | 466.5 | 55.3 | 11 | 1.3 | 1.4 | 1.1 |
| ⅥC.7 | 波密 | 78 | 59 | 879.5 | 80.0 | 32 | 1.6 | 1.5 | 1.5 |

| 区属号 | 地名 | 相对湿度(%) | | 降水(mm) | | 最大积雪深度(cm) | 风速(m/s) | | |
|---|---|---|---|---|---|---|---|---|---|
| | | 最热月 | 最冷月 | 年降水量 | 日大降水量 | | 全年 | 夏季 | 冬季 |
| 1 | 2 | 17 | 18 | 19 | 20 | 21 | 22 | 23 | 24 |
| ⅥC.8 | 拉萨 | 53 | 29 | 431.3 | 41.6 | 12 | 2.1 | 1.8 | 2.2 |
| ⅥC.9 | 定日 | 60 | 21 | 289.0 | 47.8 | 8 | 2.7 | 2.2 | 3.0 |
| ⅥC.10 | 德钦 | 84 | 56 | 661.3 | 74.7 | 70 | 2.0 | 1.8 | 2.2 |
| ⅦA.1 | 克拉玛依 | 31 | 77 | 103.1 | 26.7 | 25 | 3.6 | 5.0 | 1.5 |
| ⅦA.2 | 博乐阿拉山口 | 34 | 79 | 100.1 | 20.6 | 17 | 6.0 | 7.2 | 3.8 |
| ⅦB.1 | 阿勒泰 | 48 | 72 | 180.2 | 40.5 | 73 | 2.6 | 3.0 | 1.3 |
| ⅦB.2 | 塔城 | 53 | 73 | 284.0 | 56.9 | 75 | 2.4 | 2.3 | 2.1 |
| ⅦB.3 | 富蕴 | 49 | 77 | 159.0 | 37.3 | 54 | 1.8 | 2.8 | 0.5 |
| ⅦB.4 | 伊宁 | 57 | 78 | 255.7 | 41.6 | 89 | 2.1 | 2.4 | 1.6 |
| ⅦB.5 | 乌鲁木齐 | 43 | 80 | 275.6 | 57.7 | 48 | 2.5 | 3.0 | 1.7 |
| ⅦC.1 | 额济纳旗 | 33 | 50 | 35.5 | 27.3 | 11 | 3.7 | 4.1 | 3.1 |
| ⅦC.2 | 二连浩特 | 49 | 66 | 140.4 | 61.6 | 15 | 4.3 | 4.0 | 3.9 |
| ⅦC.3 | 杭锦后旗 | 59 | 51 | 138.2 | 77.6 | 17 | 2.5 | 2.2 | 2.4 |
| ⅦC.4 | 安西 | 39 | 54 | 47.4 | 30.7 | 17 | 3.6 | 3.4 | 3.4 |
| ⅦC.5 | 张掖 | 57 | 55 | 128.6 | 46.7 | 11 | 2.1 | 2.1 | 1.9 |
| ⅦD.1 | 吐鲁番 | 31 | 59 | 15.8 | 36.0 | 17 | 1.6 | 2.2 | 0.9 |
| ⅦD.2 | 哈密 | 34 | 61 | 34.8 | 25.5 | 17 | 2.7 | 3.0 | 2.2 |
| ⅦD.3 | 库车 | 35 | 67 | 64.0 | 56.3 | 16 | 2.5 | 3.0 | 2.2 |
| ⅦD.4 | 库尔勒 | 40 | 62 | 51.3 | 27.6 | 21 | 2.7 | 3.2 | 2.1 |
| ⅦD.5 | 阿克苏 | 52 | 69 | 62.0 | 48.6 | 19 | 1.7 | 2.0 | 1.4 |
| ⅦD.6 | 喀什 | 40 | 67 | 62.2 | 32.7 | 46 | 1.8 | 2.4 | 1.2 |
| ⅦD.7 | 且末 | 41 | 55 | 20.5 | 42.9 | 12 | 2.5 | 2.7 | 1.6 |
| ⅦD.8 | 和田 | 40 | 53 | 32.6 | 26.6 | 14 | 2.0 | 2.3 | 1.6 |

**全国主要城镇气候参数表（四）**　　附表 2.1-4

| 区属号 | 地名 | 冬季最多风向及其频率(%) | | |
|---|---|---|---|---|
| | | 12 月 | 1 月 | 2 月 |
| 1 | 2 | 25 | 26 | 27 |
| ⅠA.1 | 漠河 | C 46 NNW 13 | C 49 NNW 13 | C 42 NNW 13 |
| ⅠB.1 | 加格达奇 | C 44 WNW 23 | C 48 WNW 26 | C 40 WNW 24 |
| ⅠB.2 | 克山 | C 28 NW 13 | C 29 NW 13 | C 25 NW 14 |
| ⅠB.3 | 黑河 | NW 42 | NW 49 | NW 44 |
| ⅠB.4 | 嫩江 | C 33 SSW 10 | C 41 SSW 8 | C 33 SSW 9 |
| ⅠB.5 | 铁力 | C 29 SE 16 | C 30 SE 15 | C 22 SE 17 |
| ⅠB.6 | 额尔古纳右旗 | C 71 SE 6 | C 72 SE 5 | C 66 W 7 |
| ⅠB.7 | 满洲里 | SW 29 | SW 32 | SW 32 |
| ⅠB.8 | 海拉尔 | C 22 S 15 | C 25 S 16 | C 20 SSW 10 |
| ⅠB.9 | 博克图 | WNW | C 26 WNW 23 | C 27 WNW 21 |
| ⅠB.10 | 东乌珠穆沁旗 | C 30 SW 15 | C 29 SW 14 | C 33 SW 11 |
| ⅠC.1 | 齐齐哈尔 | NW 15 | NW 17 | NW 16 |
| ⅠC.2 | 鹤岗 | W 19 | W 20 | W 17 |
| ⅠC.3 | 哈尔滨 | SSW 15 | S 14 | SSW 15 |
| ⅠC.4 | 虎林 | C 23 NNW 15 | C 23 NNW 16 | NNW 19 |
| ⅠC.5 | 鸡西 | W 34 | W 35 | W 31 |
| ⅠC.6 | 绥芬河 | W 38 | W 37 | W 32 |
| ⅠC.7 | 长春 | SW 21 | SW 21 | SW 19 |
| ⅠC.8 | 桦甸 | C 45 SW 19 | C 50 SW 18 | C 46 SW 16 |
| ⅠC.9 | 图们 | WNW 30 | WNW 34 | WNW 26 |
| ⅠC.10 | 天池 | WSW 36 | WSW 29 | WSW 28 |

| 区属号 | 地名 | 冬季最多风向及其频率(%) | | |
|---|---|---|---|---|
| | | 12 月 | 1 月 | 2 月 |
| 1 | 2 | 25 | 26 | 27 |
| ⅠC.11 | 通化 | C 55 SSW,SW 6 | C 58 SSW,SW 5 | C 47 N,SSW 7 |
| ⅠC.12 | 乌兰浩特 | C 29 W 19 | C 29 WNW 17 | C 24 WNW 16 |
| ⅠC.13 | 锡林浩特 | SW 23 | C 23 SW 20 | C 25 SW 17 |
| ⅠC.14 | 多伦 | C 27 W 20 | C 29 WNW 19 | C 30 WNW 17 |
| ⅠD.1 | 四平 | SSW 15 | SSW 14 | SSW 13 |
| ⅠD.2 | 沈阳 | N 13 | N 13 | N 14 |
| ⅠD.3 | 朝阳 | C 33 S 11 | C 29 S 11 | C 25 S 11 |
| ⅠD.4 | 林西 | WSW 23 | WSW 22 | C 24 WSW 15 |
| ⅠD.5 | 赤峰 | C 27 SW 16 | C 29 SW 15 | C 28 SW 13 |
| ⅠD.6 | 呼和浩特 | C 53 NW 10 | C 49 NW 11 | C 46 NW 10 |
| ⅠD.7 | 达尔罕茂明安联合旗 | SE,SW 17 | SE 20 | SE 18 |
| ⅠD.8 | 张家口 | NNW 25 | NNW 28 | NNW 25 |
| ⅠD.9 | 大同 | C 20 N 19 | C 20 N,NNW 18 | N 18 |
| ⅠD.10 | 榆林 | C 41 NNW 10 | C 39 NNW 14 | C 34 NNW 13 |
| ⅡA.1 | 营口 | NNE 14 | NNE 15 | NNE 15 |
| ⅡA.2 | 丹东 | NNW 19 | NNW 18 | NNW 18 |
| ⅡA.3 | 大连 | N 25 | N 26 | N 24 |
| ⅡA.4 | 北京市 | C 23 N 14 | C 18 NNW 14 | C 17 N,NNW 12 |
| ⅡA.5 | 天津市 | C 15 NNW 13 | NNW 14 | NNW 14 |
| ⅡA.6 | 承德 | C 61 NW 11 | C 54 NW 12 | C 51 NW 10 |
| ⅡA.7 | 乐亭 | W 13 | WNW 14 | ENE 13 |
| ⅡA.8 | 沧州 | SSW 11 | SW 11 | SSW 11 |
| ⅡA.9 | 石家庄 | C 34 N 9 | C 31 N 9 | C 30 N 10 |
| ⅡA.10 | 南宫 | S 14 | S 14 | S 13 |
| ⅡA.11 | 邯郸 | C 19 N 16 | C 18 N 14 | N 16 |
| ⅡA.12 | 威海 | NNW 20 | NNW 19 | NNW 20 |
| ⅡA.13 | 济南 | C 16 SSW 15 | C 17 ENE 14 | ENE 17 |
| ⅡA.14 | 沂源 | C 36 N 12 | C 35 WSW,W 11 | C 31 ENE,WSW 10 |
| ⅡA.15 | 青岛 | NNW 22 | NNW 21 | N 19 |
| ⅡA.16 | 枣庄 | C 25 ENE 13 | C 25 ENE 12 | C 22 ENE 13 |
| ⅡA.17 | 濮阳 | N 14 | N 14 | N,NNE 16 |
| ⅡA.18 | 郑州 | C 17 WNW 15 | C 16 WNW 15 | NE 16 |
| ⅡA.19 | 卢氏 | C 42 NE 15 | C 40 NE 13 | C 34 NE,ENE 15 |
| ⅡA.20 | 宿州 | NE 15 | NE 14 | NE 14 |
| ⅡA.21 | 西安 | C 35 NE 15 | C 34 NE 11 | C 29 NE 17 |
| ⅡB.1 | 蔚县 | C 42 SW 7 | C 41 SW 6 | C 36 SW 6 |
| ⅡB.2 | 太原 | C 25 NNW 15 | C 24 NNW 14 | C 22 NNW 14 |
| ⅡB.3 | 离石 | C 29 NNE 27 | C 27 NNE 23 | C 28 NNE 21 |
| ⅡB.4 | 晋城 | C 38 NW 20 | C 37 NW 17 | C 34 NW 15 |
| ⅡB.5 | 临汾 | C 34 NE,SW 8 | C 34 NE 9 | C 28 NE,SW 11 |
| ⅡB.6 | 延安 | SW,WSW 22 | SW 23 | SW 21 |
| ⅡB.7 | 铜川 | NE 26 | NE 24 | NE 22 |
| ⅡB.8 | 白银 | C 53 N,NW 11 | C 51 N 7 | C 44 N 10 |
| ⅡB.9 | 兰州 | C 77 NE 3 | C 71 NE 3 | C 59 NE 7 |
| ⅡB.10 | 天水 | C 47 E 16 | C 41 E 17 | C 38 E 20 |
| ⅡB.11 | 银川 | C 38 N 11 | C 35 N 11 | C 27 N 12 |
| ⅡB.12 | 中宁 | C 21 W 15 | C 22 W 10 | C 24 W 10 |
| ⅡB.13 | 固原 | C 19 NW 11 | C 17 NW 13 | C 16 NW 10 |
| ⅢA.1 | 盐城 | NNW 11 | NNW 11 | NNE 12 |
| ⅢA.2 | 上海市 | NW 15 | NW 15 | NW 11 |

| 区属号 | 地 名 | 冬季最多风向及其频率(%) 12 月 | 1 月 | 2 月 |
|---|---|---|---|---|
| 1 | 2 | 25 | 26 | 27 |
| ⅢA.3 | 舟山 | C 20 NW,NNW 17 | NW 20 | C 18 N 16 |
| ⅢA.4 | 温州 | C 22 NW 20 | C 23 NW 20 | C 23 ESE,N 16 |
| ⅢA.5 | 宁德 | C 37 SE 16 | C 36 SE 16 | C 37 SE 18 |
| ⅢB.1 | 泰州 | NW 9 | NW 11 | NE 10 |
| ⅢB.2 | 南京 | C 29 NE 9 | C 25 NE 11 | C 21 NE 11 |
| ⅢB.3 | 蚌埠 | C 29 NE,ENE 9 | C 18 ENE 10 | C 15 ENE 11 |
| ⅢB.4 | 合肥 | C 21 NW 9 | C 21 ENE 9 | C 20 ENE 9 |
| ⅢB.5 | 铜陵 | NE 20 | NE 20 | NE 22 |
| ⅢB.6 | 杭州 | C 21 NNW 18 | C 19 NNW 16 | C 16 NNW 14 |
| ⅢB.7 | 丽水 | C 52 ENE 10 | C 47 ENE 13 | C 43 ENE 14 |
| ⅢB.8 | 邵武 | C 54 NW 13 | C 47 NW 15 | C 44 NW 14 |
| ⅢB.9 | 三明 | C 35 NNE 19 | C 36 NNE 19 | C 29 NNE 21 |
| ⅢB.10 | 长汀 | C 42 NW 13 | C 36 NW 15 | C 36 WNW,NW 13 |
| ⅢB.11 | 景德镇 | C 27 NE 14 | C 25 NE 13 | C 23 NNE,NE 14 |
| ⅢB.12 | 南昌 | N 29 | N 28 | N 29 |
| ⅢB.13 | 上饶 | C 28 NE 15 | C 22 NE 14 | C 19 NE 16 |
| ⅢB.14 | 吉安 | N 30 | N 32 | N 31 |
| ⅢB.15 | 宁冈 | C 45 NNE 16 | C 43 NNE 16 | C 40 NNE 18 |
| ⅢB.16 | 广昌 | C 30 NNE 28 | NNE 31 | NNE 29 |
| ⅢB.17 | 赣州 | N 38 | N 38 | N 39 |
| ⅢB.18 | 沙市 | C 26 N 18 | C 23 N 20 | C 21 N 9 |
| ⅢB.19 | 武汉 | NNE 20 | NNE 18 | NNE 19 |
| ⅢB.20 | 大庸 | C 46 E 16 | C 44 E 17 | C 40 E 19 |
| ⅢB.21 | 长沙 | NW 32 | NW 31 | NW 30 |
| ⅢB.22 | 涟源 | C 35 E 11 | C 34 E 11 | C 34 E 11 |
| ⅢB.23 | 永州 | NE 24 | NE 25 | NE 24 |
| ⅢB.24 | 韶关 | C 38 NW 14 | C 36 NW 13 | C 33 N 13 |
| ⅢB.25 | 桂林 | NNE 51 | NNE 54 | NNE 51 |
| ⅢB.26 | 涪陵 | C 64 NE 6 | C 59 NE 8 | C 54 NE 8 |
| ⅢB.27 | 重庆 | C 39 N 13 | C 36 N 13 | C 33 N 12 |
| ⅢC.1 | 驻马店 | C 18 NNW 14 | C 16 NNW 11 | C 15 N,NNW 10 |
| ⅢC.2 | 固始 | E,ESE 9 | E,ESE 10 | ESE 13 |
| ⅢC.3 | 平顶山 | C 22 NW 12 | C 21 NW 11 | C 18 NE 13 |
| ⅢC.4 | 老河口 | C 46 NE 8 | C 41 NE 9 | C 36 NE 10 |
| ⅢC.5 | 随州 | N 12 | N 13 | N 12 |
| ⅢC.6 | 远安 | C 45 S 11 | C 41 S 11 | C 36 SSE 10 |
| ⅢC.7 | 恩施 | C 79 N 4 | C 78 N,S 3 | C 72 N 5 |
| ⅢC.8 | 汉中 | C 63 ENE 8 | C 61 ENE 8 | C 50 ENE 11 |
| ⅢC.9 | 略阳 | C 41 N,WSW 8 | C 35 E 9 | C 30 E 12 |
| ⅢC.10 | 山阳 | C 42 ESE 14 | C 38 ESE 15 | C 35 ESE 18 |
| ⅢC.11 | 安康 | C 59 ENE 10 | C 56 ENE 10 | C 46 ENE 14 |
| ⅢC.12 | 平武 | C 71 SW 5 | C 72 SW 5 | C 67 ESE 4 |
| ⅢC.13 | 仪陇 | NE 25 | NE 26 | NE 25 |
| ⅢC.14 | 达县 | C 47 NE 24 | C 45 NE 23 | C 41 NE 24 |
| ⅢC.15 | 成都 | C 50 NNE 11 | C 45 NNE 14 | C 43 NNE 12 |
| ⅢC.16 | 内江 | C 31 N 15 | C 30 N 15 | C 26 N 14 |
| ⅢC.17 | 酉阳 | C 49 NE 18 | C 46 NE 19 | C 46 NE 19 |
| ⅢC.18 | 桐梓 | C 38 E 10 | C 36 E 10 | C 33 E 12 |
| ⅢC.19 | 凯里 | C 27 N 20 | C 26 N 22 | C 27 N 22 |
| ⅣA.1 | 福州 | C 16 NW 14 | C 18 NW 13 | C 19 SE 11 |
| ⅣA.2 | 泉州 | ENE 25 | ENE 26 | ENE 27 |
| ⅣA.3 | 汕头 | ENE 21 | ENE 20 | ENE 26 |

| 区属号 | 地 名 | 冬季最多风向及其频率(%) 12 月 | 1 月 | 2 月 |
|---|---|---|---|---|
| 1 | 2 | 25 | 26 | 27 |
| ⅣA.4 | 广州 | C 33 N 29 | C 29 N 28 | C 26 N 24 |
| ⅣA.5 | 茂名 | C 24 SE 15 | NNW 17 | ESE,SE 18 |
| ⅣA.6 | 北海 | N 35 | N 39 | N 38 |
| ⅣA.7 | 海口 | NE 31 | NE 31 | NE 25 |
| ⅣA.8 | 儋县 | ENE 24 | ENE 20 | ENE 15 |
| ⅣA.9 | 琼中 | C 61 NE 6 | C 55 NE,SE 6 | C 52 SE 10 |
| ⅣA.10 | 三亚 | NE 24 | NE 22 | E 21 |
| ⅣA.11 | 台北 | E 32 | E 26 | E 27 |
| ⅣA.12 | 香港 | E 30 | E 33 | E 38 |
| ⅣB.1 | 漳州 | C 38 ESE 16 | C 37 ESE 19 | C 35 ESE 24 |
| ⅣB.2 | 梅州 | C 59 N 10 | C 53 N 12 | C 52 N 9 |
| ⅣB.3 | 梧州 | C 21 NE 19 | C 21 NE 18 | NE 21 |
| ⅣB.4 | 河池 | C 43 E 15 | C 39 E 15 | C 37 E 19 |
| ⅣB.5 | 百色 | C 51 SE 8 | C 48 SE 10 | C 39 SE 13 |
| ⅣB.6 | 南宁 | C 30 ENE 15 | C 26 ENE 17 | C 23 ENE 16 |
| ⅣB.7 | 凭祥 | C 58 E 14 | C 55 E 17 | C 47 E 15 |
| ⅣB.8 | 元江 | C 43 ESE 19 | C 32 ESE 25 | ESE 27 |
| ⅣB.9 | 景洪 | C 79 SE 2 | C 76 SW 3 | C 68 E,SE 4 |
| ⅤA.1 | 毕节 | C 56 ESE,SE 6 | C 54 NE 7 | C 50 NE,SE 7 |
| ⅤA.2 | 贵阳 | C 24 NE 21 | NE 21 | NE 24 |
| ⅤA.3 | 察隅 | C 35 SSW 19 | C 36 SSW 20 | SSW 26 |
| ⅤB.1 | 西昌 | C 44 N 8 | C 34 S 10 | C 23 S 13 |
| ⅤB.2 | 攀枝花 | C 66 SE 6 | C 59 SE 7 | C 49 SE 8 |
| ⅤB.3 | 丽江 | W 18 | W 28 | W 32 |
| ⅤB.4 | 大理 | C 29 E 10 | C 20 E 10 | C 17 S 10 |
| ⅤB.5 | 腾冲 | C 36 SSW,SW 5 | C 32 SW 15 | C 29 SW 15 |
| ⅤB.6 | 昆明 | C 35 SW 22 | C 32 SW 23 | C 28 SW 25 |
| ⅤB.7 | 临沧 | C 61 NW,N 4 | C 58 NW 4 | C 50 SW,W 7 |
| ⅤB.8 | 个旧 | S 38 | S 42 | S 42 |
| ⅤB.9 | 思茅 | C 64 SW 6 | C 59 S,SW 6 | C 56 SW 7 |
| ⅤB.10 | 盘县 | C 38 NE 18 | C 32 NE 21 | C 29 NE 20 |
| ⅤB.11 | 兴义 | S 27 | S 25 | S 20 |
| ⅤB.12 | 独山 | C 24 N 14 | N 18 | N 17 |
| ⅥA.1 | 冷湖 | C 29 ENE 16 | C 25 ENE 19 | C 18 ENE 13 |
| ⅥA.2 | 芒崖 | NW 24 | NW 28 | NW 35 |
| ⅥA.3 | 德令哈 | C 50 ENE 18 | C 40 ENE 19 | C 39 ENE 20 |
| ⅥA.4 | 刚察 | NNW 21 | NNW 17 | NNW 15 |
| ⅥA.5 | 西宁 | C 49 SE 18 | C 46 SE 21 | C 37 SE 28 |
| ⅥA.6 | 格尔木 | SW 21 | SW 19 | SW 19 |
| ⅥA.7 | 都兰 | SE 32 | SE 30 | SE 26 |
| ⅥA.8 | 同德 | E 26 | E 24 | E 20 |
| ⅥA.9 | 夏河 | C 66 N,NNW 7 | C 61 N,NNW 8 | C 52 NNW 11 |
| ⅥA.10 | 若尔盖 | C 28 NE 14 | C 24 NE 19 | C 20 NE 16 |
| ⅥB.1 | 曲麻莱 | C 38 WNW 12 | C 31 WNW 19 | C 22 W,WNW 17 |
| ⅥB.2 | 杂多 | C 30 W 14 | C 32 W 15 | C 28 W 19 |
| ⅥB.3 | 玛多 | C 39 W 9 | C 36 W 11 | C 28 W 12 |
| ⅥB.4 | 噶尔 | C 34 WSW 12 | C 30 WSW 13 | C 22 WSW 18 |
| ⅥB.5 | 改则 | C 24 WSW 14 | WSW 19 | WSW 22 |
| ⅥB.6 | 那曲 | C 37 NNE 9 | C 30 W 12 | C 25 W 16 |
| ⅥB.7 | 申扎 | C 31 W 14 | C 27 W 20 | W 26 |
| ⅥC.1 | 马尔康 | C 63 WNW 10 | C 59 WNW 12 | C 52 WNW 13 |
| ⅥC.2 | 甘孜 | C 59 W 5 | C 51 W 6 | C 42 W 10 |
| ⅥC.3 | 巴塘 | C 57 SW 12 | C 48 SW 11 | C 37 SW 17 |
| ⅥC.4 | 康定 | C 36 E 29 | E 32 | E 34 |

| 区属号 | 地 名 | 冬 季 最 多 风 向 及 其 频 率 (%) | | | | | |
|---|---|---|---|---|---|---|---|
| | | 12 月 | | 1 月 | | 2 月 | |
| 1 | 2 | 25 | | 26 | | 27 | |
| ⅥC.5 | 班玛 | C 44 NW | 13 | C 44 NW | 13 | C 39 NW | 14 |
| ⅥC.6 | 昌都 | C 62 NW,NNW | 5 | C 56 NW | 6 | C 45 S,NW | 7 |
| ⅥC.7 | 波密 | C 48 NW | 17 | C 38 NW | 22 | C 32 NW | 27 |
| ⅥC.8 | 拉萨 | C 31 E | 17 | C 24 E | 16 | C 19 ESE | 13 |
| ⅥC.9 | 定日 | C 54 WSW | 19 | C 43 WSW | 22 | C 36 WSW | 24 |
| ⅥC.10 | 德钦 | C 35 S,SSW | 11 | C 31 S | 13 | C 29 SSW | 14 |
| ⅦA.1 | 克拉玛依 | C 40 NE,NW | 8 | C 38 NW | 9 | C 30 NW | 9 |
| ⅦA.2 | 博乐阿拉山口 | SSE | 22 | C 25 SSE | 20 | SSE | 25 |
| ⅦB.1 | 阿勒泰 | C 48 NE | 11 | C 50 NE | 12 | C 47 NE | 10 |
| ⅦB.2 | 塔城 | C 25 N | 21 | N | 21 | C 21 N | 20 |
| ⅦB.3 | 富蕴 | C 75 E | 14 | C 78 E | 13 | C 74 E | 14 |
| ⅦB.4 | 伊宁 | C 32 E | 16 | C 31 E | 16 | C 28 E | 16 |
| ⅦB.5 | 乌鲁木齐 | C 32 S | 10 | C 30 S | 12 | C 27 S | 12 |
| ⅦC.1 | 额济纳旗 | C 25 W | 15 | C 23 W | 16 | C 19 W | 15 |
| ⅦC.2 | 二连浩特 | SW | 17 | SW | 16 | W | 13 |
| ⅦC.3 | 杭锦后旗 | C 37 SW | 12 | C 37 NE | 12 | C 27 NE | 15 |
| ⅦC.4 | 安西 | E | 34 | E | 36 | E | 38 |
| ⅦC.5 | 张掖 | C 30 NW | 11 | C 25 NW | 13 | C 24 NW | 13 |
| ⅦD.1 | 吐鲁番 | C 51 N | 9 | C 49 N | 10 | C 37 N | 12 |
| ⅦD.2 | 哈密 | C 18 NE,ENE | 16 | NE | 22 | NE | 16 |
| ⅦD.3 | 库车 | C 25 N | 17 | N | 22 | N | 22 |
| ⅦD.4 | 库尔勒 | C 40 ENE | 15 | C 36 ENE | 22 | C 27 ENE | 20 |
| ⅦD.5 | 阿克苏 | C 37 NNW | 14 | C 33 NNW | 16 | C 26 NNW | 16 |
| ⅦD.6 | 喀什 | C 48 NW | 11 | C 42 NW | 13 | C 33 NW | 13 |
| ⅦD.7 | 且末 | C 32 NE | 13 | C 30 NE | 15 | C 24 NE | 18 |
| ⅦD.8 | 和田 | C 28 SW | 10 | C 31 SW | 10 | C 25 SW | 10 |

**全国主要城镇气候参数表（五）**　　　附表 2.1-5

| 区属号 | 地 名 | 夏 季 最 多 风 向 及 其 频 率 (%) | | | | | |
|---|---|---|---|---|---|---|---|
| | | 6 月 | | 7 月 | | 8 月 | |
| 1 | 2 | 28 | | 29 | | 30 | |
| ⅠA.1 | 漠河 | C 17 W | 10 | C 23 SE,W | 8 | C 27 NW | 8 |
| ⅠB.1 | 加格达奇 | C 25 WNW | 11 | C 27 WNW | 10 | C 25 WNW | 15 |
| ⅠB.2 | 克山 | C 12 E | 9 | C 16 E | 10 | C 18 NW | 8 |
| ⅠB.3 | 黑河 | NW | 18 | NW | 16 | NW | 22 |
| ⅠB.4 | 嫩江 | C 14 N | 9 | C 17 S | 8 | C 19 N | 9 |
| ⅠB.5 | 铁力 | SE | 16 | C 16 SE | 14 | C 20 SE | 13 |
| ⅠB.6 | 额尔古纳右旗 | C 29 SE | 9 | C 30 SE | 9 | C 36 SE | 8 |
| ⅠB.7 | 满洲里 | E | 11 | E | 12 | C 14 SW | 11 |
| ⅠB.8 | 海拉尔 | C 11 E,SSE | 9 | C 12 E | 11 | C 15 E | 9 |
| ⅠB.9 | 博克图 | C 34 SE | 8 | C 39 SE | 9 | C 40 W | 9 |
| ⅠB.10 | 东乌珠穆沁旗 | C 18 N | 9 | C 21 SE | 8 | C 25 SE | 9 |
| ⅠC.1 | 齐齐哈尔 | N | 11 | S | 11 | N | 12 |
| ⅠC.2 | 鹤岗 | NE | 13 | NE | 14 | NE | 12 |
| ⅠC.3 | 哈尔滨 | S | 12 | S | 14 | C 14 SSW | 12 |
| ⅠC.4 | 虎林 | SSW | 18 | SSW | 18 | C 14 SSW | 10 |
| ⅠC.5 | 鸡西 | C 19 W | 11 | C 22 W | 9 | C 23 W | 12 |
| ⅠC.6 | 绥芬河 | C 30 E | 12 | C 31 E | 13 | C 32 W | 12 |
| ⅠC.7 | 长春 | SW | 16 | SSW,SW | 16 | SSW,SW | 13 |
| ⅠC.8 | 桦甸 | C 25 SW | 15 | C 29 SW | 15 | C 35 NE | 13 |

| 区属号 | 地 名 | 夏 季 最 多 风 向 及 其 频 率 (%) | | | | | |
|---|---|---|---|---|---|---|---|
| | | 6 月 | | 7 月 | | 8 月 | |
| 1 | 2 | 28 | | 29 | | 30 | |
| ⅠC.9 | 图们 | E | 21 | C 23 ENE | 17 | C 31 E | 14 |
| ⅠC.10 | 天池 | WSW | 19 | WSW | 22 | WSW | 23 |
| ⅠC.11 | 通化 | C 29 SSW | 14 | C 36 SSW | 13 | C 42 SW | 9 |
| ⅠC.12 | 乌兰浩特 | C 20 N | 8 | C 24 N | 7 | C 28 N,W | 8 |
| ⅠC.13 | 锡林浩特 | C 17 SW,N | 8 | C 17 SW | 8 | C 22 SW | 8 |
| ⅠC.14 | 多伦 | C 25 S | 8 | C 29 S | 10 | C 35 S | 9 |
| ⅠD.1 | 四平 | SSW | 19 | SSW | 19 | C 19 SSW | 13 |
| ⅠD.2 | 沈阳 | S | 18 | S | 19 | S | 14 |
| ⅠD.3 | 朝阳 | S | 22 | C 25 S | 24 | C 34 S | 17 |
| ⅠD.4 | 林西 | C 28 WSW | 9 | C 37 WSW | 8 | C 41 WSW,W | 7 |
| ⅠD.5 | 赤峰 | C 19 SW | 16 | C 23 SW | 16 | C 29 SW | 14 |
| ⅠD.6 | 呼和浩特 | C 34 SSW | 7 | C 44 SSW | 7 | C 49 SSW | 6 |
| ⅠD.7 | 达尔罕茂明安联合旗 | SW | 13 | C 15 SW | 13 | C 16 SW | 14 |
| ⅠD.8 | 张家口 | C 19 SE | 15 | C 25 SE | 16 | C 27 ESE,SE | 13 |
| ⅠD.9 | 大同 | C 21 N | 12 | C 28 N | 10 | C 28 N | 12 |
| ⅠD.10 | 榆林 | C 27 SSE | 12 | C 25 SSE | 16 | C 27 SSE | 15 |
| ⅡA.1 | 营口 | SW | 15 | SW | 15 | NNE,NE | 11 |
| ⅡA.2 | 丹东 | C 18 S | 15 | C 19 S | 18 | C 21 NE | 13 |
| ⅡA.3 | 大连 | SE | 17 | SE,SSE | 17 | S | 13 |
| ⅡA.4 | 北京市 | C 17 S | 9 | C 25 S | 9 | C 30 N | 10 |
| ⅡA.5 | 天津市 | SE | 13 | SE | 11 | C 15 SE | 9 |
| ⅡA.6 | 承德 | C 43 S | 8 | C 53 S | 7 | C 58 SE,S | 5 |
| ⅡA.7 | 乐亭 | S | 12 | S | 11 | C 17 ENE,E | 9 |
| ⅡA.8 | 沧州 | SSW | 14 | SSW | 11 | C 12 E | 9 |
| ⅡA.9 | 石家庄 | C 28 SE | 11 | C 36 SE | 11 | C 42 SE | 9 |
| ⅡA.10 | 南宫 | S | 20 | S | 15 | C 15 S | 9 |
| ⅡA.11 | 邯郸 | S | 20 | C 16 S | 15 | C 20 N | 16 |
| ⅡA.12 | 威海 | S | 15 | S | 15 | C 16 SSE,S | 9 |
| ⅡA.13 | 济南 | SSW | 19 | C 17 SSW | 15 | C 20 ENE | 15 |
| ⅡA.14 | 沂源 | C 26 ENE | 8 | C 30 ENE | 9 | C 36 NE,ENE | 10 |
| ⅡA.15 | 青岛 | SSE | 30 | SSE | 29 | SSE | 20 |
| ⅡA.16 | 枣庄 | E | 16 | E | 17 | C 20 ENE | 14 |
| ⅡA.17 | 濮阳 | SSW | 15 | S | 13 | N | 14 |
| ⅡA.18 | 郑州 | S | 13 | C 15 S | 13 | C 20 NE | 13 |
| ⅡA.19 | 卢氏 | C 29 SSW | 15 | C 31 NE | 13 | C 37 NE | 16 |
| ⅡA.20 | 宿州 | E,ESE,SE | 10 | C 13 ENE | 10 | C 15 ENE | 9 |
| ⅡA.21 | 西安 | C 22 NE | 12 | C 25 NE | 17 | C 26 NE | 19 |
| ⅡB.1 | 蔚县 | C 26 SSE,SW | 8 | C 35 SSE | 7 | C 39 SE,SW | 9 |
| ⅡB.2 | 太原 | C 21 NNW | 11 | C 29 NNW | 13 | C 29 NNW | 13 |
| ⅡB.3 | 离石 | C 27 NNE | 16 | C 33 NNE | 16 | C 37 NNE | 15 |
| ⅡB.4 | 晋城 | C 27 S | 17 | C 31 S | 14 | C 36 S | 19 |
| ⅡB.5 | 临汾 | C 22 NE | 11 | C 27 NE | 12 | C 30 NE | 13 |
| ⅡB.6 | 延安 | C 23 SW | 22 | C 34 SW | 17 | C 36 SW | 14 |
| ⅡB.7 | 铜川 | NE | 20 | C 19 NE | 18 | NNE | 19 |
| ⅡB.8 | 白银 | C 27 N | 9 | C 30 N | 9 | C 34 N | 8 |
| ⅡB.9 | 兰州 | C 42 E | 9 | C 44 E | 9 | C 48 NE,E | 9 |
| ⅡB.10 | 天水 | C 41 E | 13 | C 40 E | 16 | C 40 E | 18 |
| ⅡB.11 | 银川 | C 26 S | 12 | C 32 S | 11 | C 36 S | 9 |
| ⅡB.12 | 中宁 | C 22 NE | 12 | C 22 S | 11 | C 22 NE | 13 |
| ⅡB.13 | 固原 | C 18 SE | 12 | C 18 SE | 13 | C 19 SE | 16 |
| ⅢA.1 | 盐城 | ESE | 17 | ESE | 16 | ESE | 13 |

| 区属号 | 地 名 | 夏季最多风向及其频率(%) | | |
| --- | --- | --- | --- | --- |
| | | 6 月 | 7 月 | 8 月 |
| 1 | 2 | 28 | 29 | 30 |
| ⅢA.2 | 上海市 | ESE,SE 16 | SSE 19 | ESE 17 |
| ⅢA.3 | 舟山 | C 21 SE 20 | SE 25 | SE 20 |
| ⅢA.4 | 温州 | C 36 ESE 19 | C 30 E 23 | C 29 E 18 |
| ⅢA.5 | 宁德 | C 33 SE 17 | C 20 SE 18 | C 23 SE 16 |
| ⅢB.1 | 泰州 | SE 16 | SE 15 | SE 15 |
| ⅢB.2 | 南京 | C 16 SE 15 | C 19 SE 12 | C 19 SE 12 |
| ⅢB.3 | 蚌埠 | C 24 SSE 12 | C 25 ENE 10 | C 26 ENE 17 |
| ⅢB.4 | 合肥 | C 15 S 13 | S 17 | C 17 ENE 9 |
| ⅢB.5 | 铜陵 | C 18 SW 17 | SW 23 | NE 17 |
| ⅢB.6 | 杭州 | SSW 20 | SSW 25 | C 12 SSW 10 |
| ⅢB.7 | 丽水 | C 47 E 13 | C 41 E 15 | C 38 E 15 |
| ⅢB.8 | 邵武 | C 56 ESE 6 | C 51 ESE 6 | C 50 E,ESE 7 |
| ⅢB.9 | 三明 | C 35 NNE 16 | C 31 SSW 13 | C 28 NNE 15 |
| ⅢB.10 | 长江 | C 50 S 9 | C 45 S 10 | C 46 WNW 6 |
| ⅢB.11 | 景德镇 | C 27 NE 13 | C 27 NE 13 | C 23 NE 17 |
| ⅢB.12 | 南昌 | C 22 NNE,SW 10 | SW 17 | C 19 NNE 13 |
| ⅢB.13 | 上饶 | C 21 NE 14 | C 21 NE 11 | C 18 NE 11 |
| ⅢB.14 | 吉安 | S 20 | S 29 | S 16 |
| ⅢB.15 | 宁冈 | C 51 NNE 10 | C 53 NE 7 | C 52 NE 9 |
| ⅢB.16 | 广昌 | C 28 SSW 15 | SSW 22 | C 27 SSW 13 |
| ⅢB.17 | 赣州 | C 27 SSW 19 | SSW 25 | C 23 SSW 14 |
| ⅢB.18 | 沙市 | C 21 S 16 | S 23 | C 21 N 18 |
| ⅢB.19 | 武汉 | C 13 SE 9 | C 12 SSW 10 | NNE 14 |
| ⅢB.20 | 大庸 | C 48 E 10 | C 43 E 10 | C 43 E 14 |
| ⅢB.21 | 长沙 | C 19 NW 13 | S 21 | C 17 NW 14 |
| ⅢB.22 | 涟源 | C 28 E 12 | C 22 SW 9 | C 24 E,W 9 |
| ⅢB.23 | 永州 | S 26 | S 36 | S 24 |
| ⅢB.24 | 韶关 | C 37 S 20 | C 33 S 26 | C 43 S 13 |
| ⅢB.25 | 桂林 | C 35 NNE 18 | C 37 S 13 | C 39 NNE 17 |
| ⅢB.26 | 涪陵 | C 57 N 6 | C 48 NE 9 | C 49 NE 8 |
| ⅢB.27 | 重庆 | C 37 N 10 | C 29 N 8 | C 30 NE 8 |
| ⅢC.1 | 驻马店 | C 15 S 13 | C 17 S 16 | C 21 N 11 |
| ⅢC.2 | 固始 | ESE 16 | SW 12 | C 14 E,ESE 11 |
| ⅢC.3 | 平顶山 | C 16 NE,E 8 | C 21 SSW 12 | C 24 NE 14 |
| ⅢC.4 | 老河口 | C 34 SE 11 | C 37 SE 12 | C 40 NE,SE 8 |
| ⅢC.5 | 随州 | SE 16 | SE 19 | SE 13 |
| ⅢC.6 | 远安 | C 25 SSE 15 | C 26 SSE 16 | C 27 NNW 17 |
| ⅢC.7 | 恩施 | C 72 N 4 | C 66 S 5 | C 68 N,S 4 |
| ⅢC.8 | 汉中 | C 45 ENE,E 8 | C 47 ENE,E 8 | C 48 E 9 |
| ⅢC.9 | 略阳 | C 34 N 8 | C 38 E 7 | C 35 N,E 7 |
| ⅢC.10 | 山阳 | C 36 ESE 14 | C 36 ESE 18 | C 38 ESE 17 |
| ⅢC.11 | 安康 | C 45 E,W 7 | C 45 E,W 7 | C 41 E 9 |
| ⅢC.12 | 平武 | C 46 N 14 | C 55 N 10 | C 58 N 10 |
| ⅢC.13 | 仪陇 | NE 15 | NE 16 | NE 18 |
| ⅢC.14 | 达县 | C 34 NE 19 | C 31 NE 25 | NE 27 |
| ⅢC.15 | 成都 | C 40 NNE 7 | C 41 NNE 9 | C 44 N 9 |
| ⅢC.16 | 内江 | C 26 NNW 10 | C 25 NNW 12 | C 27 NNW 11 |
| ⅢC.17 | 酉阳 | C 58 N 8 | C 61 SE 7 | C 61 N 8 |
| ⅢC.18 | 桐梓 | C 38 SSE,WSW 7 | C 33 SSE 15 | C 40 SE,SSE 10 |
| ⅢC.19 | 凯里 | C 37 N 10 | C 33 S 13 | C 41 E 8 |
| ⅣA.1 | 福州 | C 26 SE 24 | SE 32 | C 21 SE 20 |
| ⅣA.2 | 泉州 | C 19 SSW 17 | SSW 20 | C 19 SSE 9 |

| 区属号 | 地 名 | 夏季最多风向及其频率(%) | | |
| --- | --- | --- | --- | --- |
| | | 6 月 | 7 月 | 8 月 |
| 1 | 2 | 28 | 29 | 30 |
| ⅣA.3 | 汕头 | C 20 SSW 11 | C 21 S,SSW 10 | C 24 ESE 10 |
| ⅣA.4 | 广州 | C 26 SE 15 | C 26 SE 16 | C 32 E 11 |
| ⅣA.5 | 茂名 | SE 25 | SE 24 | C 16 SE 14 |
| ⅣA.6 | 北海 | SSW 13 | SSW 16 | C 18 SE,SSW 9 |
| ⅣA.7 | 海口 | SSE 20 | SSE 21 | C 16 SSE 13 |
| ⅣA.8 | 儋县 | S 20 | S 20 | S 17 |
| ⅣA.9 | 琼中 | C 54 SE 10 | C 52 SE 8 | C 58 SE,W 6 |
| ⅣA.10 | 三亚 | C 19 SSE 10 | C 19 W 10 | C 25 W 11 |
| ⅣA.11 | 台北 | SSE 13 | ESE 13 | ESE 17 |
| ⅣA.12 | 香港 | E 22 | E 15 | E 23 |
| ⅣB.1 | 漳州 | C 38 ESE 15 | C 34 S 10 | C 36 ESE 10 |
| ⅣB.2 | 梅州 | C 53 SW 6 | C 44 SSW,SW 8 | C 46 SSW,SW 6 |
| ⅣB.3 | 梧州 | C 26 E 17 | C 25 E 18 | C 28 E 13 |
| ⅣB.4 | 河池 | C 44 E 25 | C 40 E 27 | C 49 E 18 |
| ⅣB.5 | 百色 | C 39 SE 11 | C 40 SE 10 | C 50 SE 6 |
| ⅣB.6 | 南宁 | C 19 SE 14 | C 16 E,SE 15 | C 25 SE 10 |
| ⅣB.7 | 凭祥 | C 64 S 8 | C 64 S 8 | C 67 E 5 |
| ⅣB.8 | 元江 | C 33 ESE 21 | C 33 ESE 23 | C 47 ESE 14 |
| ⅣB.9 | 景洪 | C 64 SE 8 | C 63 E,ESE 8 | C 71 E 5 |
| ⅤA.1 | 毕节 | C 55 SE 7 | C 49 SE 10 | C 57 SE 9 |
| ⅤA.2 | 贵阳 | C 29 S 14 | C 26 S 23 | C 35 S 13 |
| ⅤA.3 | 察隅 | SSW 29 | SSW 34 | C 30 SSW 29 |
| ⅤB.1 | 西昌 | C 40 N 7 | C 43 N 8 | C 42 N 9 |
| ⅤB.2 | 攀枝花 | C 53 SE 8 | C 60 SE 6 | C 70 ESE 4 |
| ⅤB.3 | 丽江 | C 16 W 11 | C 21 E 12 | C 25 E,SE 13 |
| ⅤB.4 | 大理 | C 33 E 13 | C 39 E 12 | C 44 NW 8 |
| ⅤB.5 | 腾冲 | C 32 SW 27 | SW 31 | C 36 SW 22 |
| ⅤB.6 | 昆明 | C 23 SW 18 | C 28 SW 18 | C 38 S 9 |
| ⅤB.7 | 临沧 | C 55 N 8 | C 59 N 9 | C 60 N 9 |
| ⅤB.8 | 个旧 | S 39 | S 37 | S 26 |
| ⅤB.9 | 思茅 | C 50 S 12 | C 52 S,SSW 11 | C 60 SSW 7 |
| ⅤB.10 | 盘县 | C 47 SW 10 | C 47 SSW 12 | C 57 NE 8 |
| ⅤB.11 | 兴义 | SSE 24 | SSE 26 | S 18 |
| ⅤB.12 | 独山 | C 22 SE 21 | SE 27 | C 33 SE 18 |
| ⅥA.1 | 冷湖 | NE,ENE 16 | NE 17 | NE 18 |
| ⅥA.2 | 芒崖 | NW 35 | NW 36 | NW 37 |
| ⅥA.3 | 德令哈 | ENE 22 | ENE 24 | C 28 ENE 26 |
| ⅥA.4 | 刚察 | NNW 16 | NNW 14 | NNW 16 |
| ⅥA.5 | 西宁 | C 27 SE 18 | C 29 SE 22 | C 30 SE 26 |
| ⅥA.6 | 格尔木 | W 24 | W 24 | W 21 |
| ⅥA.7 | 都兰 | SE 17 | SE 17 | SE 17 |
| ⅥA.8 | 同德 | NE 14 | C 16 E,NE 14 | C 17 NE 15 |
| ⅥA.9 | 夏河 | C 44 NNW 12 | C 46 NNW 12 | C 46 NNW 13 |
| ⅥA.10 | 若尔盖 | C 18 NE 15 | C 20 NE 14 | C 26 NE 16 |
| ⅥB.1 | 曲麻莱 | E,ESE 15 | E 17 | ESE 18 |
| ⅥB.2 | 杂多 | C 26 W 11 | C 30 W 10 | C 27 ESE 11 |
| ⅥB.3 | 玛多 | C 18 NE 14 | C 19 NE 14 | C 21 NE 13 |
| ⅥB.4 | 噶尔 | C 20 WSW 13 | C 16 W 11 | C 19 W 10 |
| ⅥB.5 | 改则 | C 15 W 11 | C 16 ESE 8 | C 16 ESE 10 |
| ⅥB.6 | 那曲 | C 26 NE 8 | C 30 ESE 8 | C 32 NE,ESE 7 |
| ⅥB.7 | 申扎 | C 18 SE 13 | C 22 SE 17 | C 24 SE 15 |
| ⅥC.1 | 马尔康 | C 51 WNW 13 | C 55 WNW 9 | C 55 WNW 10 |

| 区属号 | 地 名 | 夏季最多风向及其频率(%) | | | | |
|---|---|---|---|---|---|---|
| | | 6 月 | | 7 月 | | 8 月 |
| 1 | 2 | 28 | | 29 | | 30 |
| ⅥC.2 | 甘孜 | C 41 W | 9 | C 46 E | 7 | C 47 W　6 |
| ⅥC.3 | 巴塘 | C 54 SW | 12 | C 59 SW | 10 | C 57 SW　9 |
| ⅥC.4 | 康定 | C 27 E | 24 | C 31 E | 22 | C 29 E　23 |
| ⅥC.5 | 班玛 | C 34 NNW | 10 | C 39 NNW | 9 | C 42 ESE　9 |
| ⅥC.6 | 昌都 | C 33 NW,NNW | 10 | C 37 NNW | 9 | C 41 NW,NNW　8 |
| ⅥC.7 | 波密 | C 44 NW | 17 | C 45 NW | 18 | C 44 NW　19 |
| ⅥC.8 | 拉萨 | C 24 ESE | 13 | C 30 ESE | 14 | C 32 ESE　14 |
| ⅥC.9 | 定日 | C 31 SSW,WSW | 8 | C 37 SE | 8 | C 43 SE　7 |
| ⅥC.10 | 德钦 | C 29 SSW | 17 | C 35 SSW | 15 | C 35 SSW　13 |
| ⅦA.1 | 克拉玛依 | NW | 35 | NW | 32 | NW　28 |
| ⅦA.2 | 博乐阿拉山口 | NW | 33 | NNW | 34 | NNW　29 |
| ⅦB.1 | 阿勒泰 | W | 18 | C 20 W | 15 | C 19 W　15 |
| ⅦB.2 | 塔城 | C 18 N | 17 | C 18 N | 15 | C 17 N　16 |
| ⅦB.3 | 富蕴 | C 38 W | 25 | C 43 W | 23 | C 43 W　23 |
| ⅦB.4 | 伊宁 | E | 20 | E | 19 | C 18 E　17 |
| ⅦB.5 | 乌鲁木齐 | NW | 15 | NW | 15 | NW　16 |
| ⅦC.1 | 额济纳旗 | NW | 13 | E | 12 | E　16 |
| ⅦC.2 | 二连浩特 | NW | 9 | E,NW | 9 | C 10 E　9 |
| ⅦC.3 | 杭锦后旗 | C 26 NE | 12 | C 31 NE | 12 | C 30 NE　14 |
| ⅦC.4 | 安西 | E | 29 | E | 30 | E　29 |
| ⅦC.5 | 张掖 | C 19 SE | 11 | C 22 SE | 10 | C 25 SE,NW　10 |
| ⅦD.1 | 吐鲁番 | C 21 E | 11 | C 23 E | 9 | C 26 E　9 |
| ⅦD.2 | 哈密 | NE | 16 | NE | 14 | C 16 NE　14 |
| ⅦD.3 | 库车 | N | 15 | N | 16 | N　16 |
| ⅦD.4 | 库尔勒 | NE | 23 | C 23 NE | 20 | C 24 NE　22 |
| ⅦD.5 | 阿克苏 | C 25 NW | 14 | C 27 NW | 12 | C 28 NW　12 |
| ⅦD.6 | 喀什 | C 13 W,NW | 11 | C 15 W,NW | 8 | C 19 NW　8 |
| ⅦD.7 | 且末 | C 21 NE | 15 | C 23 NE | 18 | C 25 NE　22 |
| ⅦD.8 | 和田 | C 15 SW | 12 | C 19 W | 9 | C 20 SW,W　10 |

**全国主要城镇气候参数表（六）　附表 2.1-6**

| 区属号 | 地 名 | 全年最多(最少)风向及其频率(%) | | | |
|---|---|---|---|---|---|
| | | 最 多 | | 最 少 | |
| 1 | 2 | 31 | | 32 | |
| ⅠA.1 | 漠河 | C 31 NW | 10 | NNE,ENE | 1 |
| ⅠB.1 | 加格达奇 | C 31 WNW | 18 | E,ESE | 1 |
| ⅠB.2 | 克山 | C 18 NW | 11 | ESE | 2 |
| ⅠB.3 | 黑河 | NW | 30 | NNE,NE,ENE,E,ESE,SSW,WSW | 2 |
| ⅠB.4 | 嫩江 | C 21 S,N | 8 | ENE | 2 |
| ⅠB.5 | 铁力 | C 18 SE | 15 | NNE,ENE,NNW | 2 |
| ⅠB.6 | 额尔古纳右旗 | C 44 SE | 6 | SSW | 1 |
| ⅠB.7 | 满洲里 | SW | 19 | N,NNE,ESE,SE,SSE | 2 |
| ⅠB.8 | 海拉尔 | C 15 S | 10 | NNE | 2 |
| ⅠB.9 | 博克图 | C 31 WNW | 15 | E,ESE,S,SSW,SW | 2 |
| ⅠB.10 | 东乌珠穆沁旗 | C 24 SW | 10 | ENE | 1 |
| ⅠC.1 | 齐齐哈尔 | NW | 11 | ENE,ESE | 2 |
| ⅠC.2 | 鹤岗 | W | 12 | SSE | 1 |
| ⅠC.3 | 哈尔滨 | S,SSW | 12 | NNE,ESE | 1 |
| ⅠC.4 | 虎林 | C 14 NNW | 13 | NNE,ENE,ESE | 2 |
| ⅠC.5 | 鸡西 | W | 21 | SSE | 1 |

| 区属号 | 地 名 | 全年最多(最少)风向及其频率(%) | | | |
|---|---|---|---|---|---|
| | | 最 多 | | 最 少 | |
| 1 | 2 | 31 | | 32 | |
| ⅠC.6 | 绥芬河 | C 26 W | 21 | NNE,NE,SSE | 1 |
| ⅠC.7 | 长春 | SW | 17 | E | 1 |
| ⅠC.8 | 桦甸 | C 35 SW | 16 | N,ESE,SE,S,NNW | 1 |
| ⅠC.9 | 图们 | C 26 WNW | 17 | N,NNE,SSE,S,SSW,SW | 1 |
| ⅠC.10 | 天池 | WSW | 26 | NNE,NE,ENE,E,ESE,SE | 1 |
| ⅠC.11 | 通化 | C 40 SSW | 10 | E,ESE,SE | 1 |
| ⅠC.12 | 乌兰浩特 | C 24 W,WNW | 12 | ENE,E,ESE,SSE | 2 |
| ⅠC.13 | 锡林浩特 | C 19 SW | 13 | ENE,E | 1 |
| ⅠC.14 | 多伦 | C 26 WNW | 12 | NE,ENE,E,ESE | 1 |
| ⅠD.1 | 四平 | SSW | 16 | ENE,E,ESE,NNW | 2 |
| ⅠD.2 | 沈阳 | S | 12 | W,WNW | 2 |
| ⅠD.3 | 朝阳 | C 25 S | 16 | ESE | 0 |
| ⅠD.4 | 林西 | C 26 WSW | 13 | NNE,NE,SSE,S,SSW | 1 |
| ⅠD.5 | 赤峰 | C 24 SW | 15 | NNE,ESE,SE,SSE | 2 |
| ⅠD.6 | 呼和浩特 | C 43 NW | 8 | ESE,SE,SSE,WSW,W | 1 |
| ⅠD.7 | 达尔罕茂明安联合旗 | SW | 14 | ENE,E | 1 |
| ⅠD.8 | 张家口 | C 21 NNW | 19 | NE | 0 |
| ⅠD.9 | 大同 | C 21 N | 15 | NE,ENE | 1 |
| ⅠD.10 | 榆林 | C 32 SSE | 11 | ENE,E,WSW,W | 1 |
| ⅡA.1 | 营口 | SSW | 12 | ENE,E,ESE,WNW | 2 |
| ⅡA.2 | 丹东 | C 16 NE | 12 | E,ESE | 1 |
| ⅡA.3 | 大连 | N | 15 | NE,ENE | 3 |
| ⅡA.4 | 北京市 | C 20 N | 10 | W | 1 |
| ⅡA.5 | 天津市 | C 10 SSW,NNW | 8 | NNE | 3 |
| ⅡA.6 | 承德 | C 51 NW | 7 | ENE,ESE | 1 |
| ⅡA.7 | 乐亭 | ENE | 9 | NNE,ESE | 3 |
| ⅡA.8 | 沧州 | SSW | 13 | W,WNW,NW | 1 |
| ⅡA.9 | 石家庄 | C 32 N,SE | 9 | SSW,SW,WSW | 1 |
| ⅡA.10 | 南宫 | S | 17 | WSW,W,WNW | 2 |
| ⅡA.11 | 邯郸 | S | 15 | WSW | 2 |
| ⅡA.12 | 威海 | NW,NNW | 11 | WSW | 2 |
| ⅡA.13 | 济南 | SSW | 16 | ESE,SE | 1 |
| ⅡA.14 | 沂源 | C 32 ENE,WSW | 9 | N,NNE,SSE,S,SSW | 2 |
| ⅡA.15 | 青岛 | SSE | 16 | NE,ENE.WSW | 1 |
| ⅡA.16 | 枣庄 | C 20 E | 13 | N,NNE,S,SSW | 2 |
| ⅡA.17 | 濮阳 | S | 13 | W,WNW | 1 |
| ⅡA.18 | 郑州 | C 15 NE | 12 | N,NNW | 1 |
| ⅡA.19 | 卢氏 | C 36 NE | 13 | ESE,SE,W,WNW,NW,NNW | 1 |
| ⅡA.20 | 宿州 | ENE | 12 | N,WSW,W,WNW | 3 |
| ⅡA.21 | 西安 | C 29 NE | 14 | NNW | 1 |
| ⅡB.1 | 蔚县 | C 34 SW | 8 | ENE,E,ESE | 2 |
| ⅡB.2 | 太原 | C 24 NNW | 13 | ENE,WSW | 1 |
| ⅡB.3 | 离石 | C 29 NNE | 19 | ESE | 0 |
| ⅡB.4 | 晋城 | C 35 S | 14 | ENE,E,ESE,WSW | 1 |
| ⅡB.5 | 临汾 | C 30 NE | 10 | ESE,SE,SSE,WNW | 1 |
| ⅡB.6 | 延安 | C 26 SW | 20 | N,SE,SSE,NW,NNW | 1 |
| ⅡB.7 | 铜川 | NE | 22 | WSW,W,WNW,NW | 1 |
| ⅡB.8 | 白银 | C 39 N | 9 | SSW,WSW,W,NNW | 1 |
| ⅡB.9 | 兰州 | C 55 NE | 7 | SSE,SSW,SW,WSW,WNW | 1 |
| ⅡB.10 | 天水 | C 40 E | 17 | NNE,SSW,NNW | 1 |

| 区属号 | 地名 | 全年最多(最少)风向及其频率(%) | | | |
|---|---|---|---|---|---|
| | | 最多 | | 最少 | |
| 1 | 2 | 31 | | 32 | |
| ⅡB.11 | 银川 | C 32 N,S | 8 | WSW | 1 |
| ⅡB.12 | 中宁 | C 22 NE,W | 10 | N | 1 |
| ⅡB.13 | 固原 | C 18 ESE | 10 | NNE,NE | 1 |
| ⅢA.1 | 盐城 | ESE | 10 | WSW,W | 3 |
| ⅢA.2 | 上海市 | ESE | 10 | SW,WSW | 2 |
| ⅢA.3 | 舟山 | C 18 N,SE | 11 | SW,WSW | 0 |
| ⅢA.4 | 温州 | C 27 ESE | 16 | SSW,SW | 0 |
| ⅢA.5 | 宁德 | C 33 SE | 18 | NNE,NE,SSW,SW,WSW | 1 |
| ⅢB.1 | 泰州 | SE | 10 | SW,WSW,W | 3 |
| ⅢB.2 | 南京 | C 22 NE,E | 9 | SSW,WNW | 2 |
| ⅢB.3 | 蚌埠 | C 18 ENE | 11 | N,WSW,W,NW,NNW | 3 |
| ⅢB.4 | 合肥 | C 18 ENE | 9 | SW,WSW | 2 |
| ⅢB.5 | 铜陵 | NE | 20 | SSE | 0 |
| ⅢB.6 | 杭州 | C 15 NNW | 12 | WSW,W | 1 |
| ⅢB.7 | 丽水 | C 44 E | 12 | S,SSW,NNW | 1 |
| ⅢB.8 | 邵武 | C 51 NW | 10 | NNE | 1 |
| ⅢB.9 | 三明 | C 32 NNE | 17 | WNW,NW | 0 |
| ⅢB.10 | 长汀 | C 44 WNW,NW | 9 | NNE,ESE,SE | 1 |
| ⅢB.11 | 景德镇 | C 24 NE | 15 | SE,SSE,S,WNW | 1 |
| ⅢB.12 | 南昌 | N | 22 | WNW | 0 |
| ⅢB.13 | 上饶 | C 20 NE | 16 | WNW,NNW | 1 |
| ⅢB.14 | 吉安 | N | 23 | ENE,E,ESE,WSW,W,WNW | 1 |
| ⅢB.15 | 宁冈 | C 46 NNE | 13 | ESE,WNW | 0 |
| ⅢB.16 | 广昌 | C 27 NNE | 21 | E,ESE,WNW | 0 |
| ⅢB.17 | 赣州 | N | 25 | ESE,SE,SSE,W,NW,WNW | 1 |
| ⅢB.18 | 沙市 | C 23 N | 8 | ESE,WSW,WNW | 1 |
| ⅢB.19 | 武汉 | NNE | 14 | WSW,W,WNW | 2 |
| ⅢB.20 | 大庸 | C 43 E | 15 | N,NNE,SSE,SSW,NNW | 1 |
| ⅢB.21 | 长沙 | NW | 24 | ENE,WSW,W | 1 |
| ⅢB.22 | 涟源 | C 30 E | 10 | WNW,NW,NNW | 2 |
| ⅢB.23 | 永州 | NE | 17 | ESE,SE,WNW | 1 |
| ⅢB.24 | 韶关 | C 37 NW | 10 | ESE,SE,WSW | 1 |
| ⅢB.25 | 桂林 | NNE | 37 | E,ESE,WNW | 1 |
| ⅢB.26 | 涪陵 | C 55 NE | 7 | ENE,E,ESE,SSW,SW,WSW | 1 |
| ⅢB.27 | 重庆 | C 33 N | 11 | ESE | 1 |
| ⅢC.1 | 驻马店 | C 18 N | 9 | SW,WSW | 2 |
| ⅢC.2 | 固始 | ESE | 13 | SSE,S,SSW,NNW | 3 |
| ⅢC.3 | 平顶山 | C 21 NE | 10 | NNW | 2 |
| ⅢC.4 | 老河口 | C 39 NE | 8 | SSW | 1 |
| ⅢC.5 | 随州 | SE | 12 | SSW,SW,WSW | 1 |
| ⅢC.6 | 远安 | C 34 NNW | 13 | NE,ENE,E,SW,WSW,W,WNW | 1 |
| ⅢC.7 | 恩施 | C 73 N | 4 | ESE | 0 |
| ⅢC.8 | 汉中 | C 53 ENE | 8 | N,SE,SSE,WNW,NNW | 1 |
| ⅢC.9 | 略阳 | C 34 E | 9 | NNE,NE,SSE,S | 2 |
| ⅢC.10 | 山阳 | C 39 ESE | 15 | N,NNE,NE,SSE,S,SSW,NNW | 1 |
| ⅢC.11 | 安康 | C 49 ENE | 9 | N,NNE,SSW,NNW | 1 |
| ⅢC.12 | 平武 | C 64 N | 5 | NNE,NE,ENE,SSE,S,SSW,WSW,WNW | 1 |
| ⅢC.13 | 仪陇 | NE | 22 | WSW,WNW | 1 |
| ⅢC.14 | 达县 | C 37 NE | 24 | WSW,WNW,NW,NNW | 1 |
| ⅢC.15 | 成都 | C 42 NNE | 11 | E,ESE | 1 |
| ⅢC.16 | 内江 | C 26 N | 12 | ESE,SSW,WSW,W,WNW | 2 |
| ⅢC.17 | 酉阳 | C 52 N | 14 | WSW,WNW | 0 |
| ⅢC.18 | 桐梓 | C 36 SE | 8 | WNW,NNW | 0 |
| ⅢC.19 | 凯里 | C 30 N | 15 | ESE,SE,WSW,W,WNW | 1 |
| ⅣA.1 | 福州 | C 19 SE | 14 | SSW,SW,WSW | 1 |
| ⅣA.2 | 泉州 | ENE | 18 | WSW,W | 1 |
| ⅣA.3 | 汕头 | C 19 ENE | 18 | W,WNW,NW | 1 |
| ⅣA.4 | 广州 | C 29 N | 16 | WSW | 0 |
| ⅣA.5 | 茂名 | SE | 17 | SSW,SW,WSW,W,WNW | 1 |
| ⅣA.6 | 北海 | N | 21 | WSW,W,WNW | 1 |
| ⅣA.7 | 海口 | NE | 16 | SW,WSW,W,WNW | 1 |
| ⅣA.8 | 儋县 | ENE | 12 | SW,WSW,W,WNW,NW | 2 |
| ⅣA.9 | 琼中 | C 55 SE | 8 | SSW,NNW | 1 |
| ⅣA.10 | 三亚 | C 15 E | 14 | SSW,WNW,NW,NNW | 1 |
| ⅣA.11 | 台北 | E | 23 | NNE,NE | 1 |
| ⅣA.12 | 香港 | E | 32 | NW,NNW | 1 |
| ⅣB.1 | 漳州 | C 36 ESE | 17 | NNE,NE,SSW,SW,W | 1 |
| ⅣB.2 | 梅州 | C 51 N | 7 | WNW | 1 |
| ⅣB.3 | 梧州 | C 23 NE | 15 | SSE,S,SSW,WNW | 1 |
| ⅣB.4 | 河池 | C 43 E | 19 | NNW | 0 |
| ⅣB.5 | 百色 | C 43 SE | 10 | NE,ENE,SW,WSW,WNW,NW,NNW | 2 |
| ⅣB.6 | 南宁 | C 25 E | 13 | SSW,SW,WSW,W,WNW | 1 |
| ⅣB.7 | 凭祥 | C 59 E | 9 | N,NNE | 1 |
| ⅣB.8 | 元江 | C 37 ESE | 21 | NNE,NE,ENE,S,SSW | 1 |
| ⅣB.9 | 景洪 | C 71 SE | 4 | NNW | 0 |
| ⅤA.1 | 毕节 | C 52 SE | 7 | WSW | 0 |
| ⅤA.2 | 贵阳 | C 24 NE | 15 | WSW,W,WNW | 1 |
| ⅤA.3 | 察隅 | C 30 SSW | 25 | E,ESE,WNW,NW,NNW | 0 |
| ⅤB.1 | 西昌 | C 37 N | 8 | WNW | 1 |
| ⅤB.2 | 攀枝花 | C 59 SE | 6 | NNE,NE,ENE,NNW | 1 |
| ⅤB.3 | 丽江 | W | 18 | SSW | 1 |
| ⅤB.4 | 大理 | C 30 E | 10 | NNE | 1 |
| ⅤB.5 | 腾冲 | C 34 SW | 17 | ENE,E,ESE | 0 |
| ⅤB.6 | 昆明 | C 30 SW | 18 | WNW,NW,NNW | 1 |
| ⅤB.7 | 临沧 | C 56 N | 5 | ENE,ESE | 1 |
| ⅤB.8 | 个旧 | S | 37 | NE,ENE,ESE | 0 |
| ⅤB.9 | 思茅 | C 57 S | 7 | ENE | 1 |
| ⅤB.10 | 盘县 | C 43 NE | 13 | WNW,NW,NNW | 1 |
| ⅤB.11 | 兴义 | S | 22 | ENE,WSW,W,WNW,NW,NNW | 1 |
| ⅤB.12 | 独山 | C 23 SE | 17 | WSW | 0 |
| ⅥA.1 | 冷湖 | C 15 ENE | 14 | ESE,S,SSW | 2 |
| ⅥA.2 | 茫崖 | NW | 35 | NNE,NE,ENE,SSE,SW,WSW | 1 |
| ⅥA.3 | 德令哈 | C 32 ENE | 19 | WNW,NW | 1 |
| ⅥA.4 | 刚察 | NNW | 15 | WSW | 2 |
| ⅥA.5 | 西宁 | C 35 SE | 25 | NNE,NE,ENE,E,WSW | 1 |
| ⅥA.6 | 格尔木 | SW | 17 | ESE,SE,SSE | 1 |
| ⅥA.7 | 都兰 | SE | 21 | NNE,ENE | 1 |
| ⅥA.8 | 同德 | E | 18 | SSW | 1 |
| ⅥA.9 | 夏河 | C 49 NNW | 11 | WSW,W,WNW | 1 |
| ⅥA.10 | 若尔盖 | C 21 NE | 15 | SSW,WSW | 2 |
| ⅦB.1 | 曲麻莱 | C 20 ESE | 12 | N,S,NNW | 1 |
| ⅦB.2 | 杂多 | C 27 W | 13 | N,NNE,NNW | 0 |
| ⅦB.3 | 玛多 | C 25 NE | 10 | SSW | 1 |
| ⅦB.4 | 噶尔 | C 24 WSW | 14 | NNE,ENE | 1 |
| ⅦB.5 | 改则 | C 17 WSW | 12 | SSE | 1 |
| ⅦB.6 | 那曲 | C 29 W | 8 | SSE,NNW | 2 |

| 区属号 | 地名 | 全年最多(最少)风向及其频率(%) | | | |
|---|---|---|---|---|---|
| | | 最　多 | | 最　少 | |
| 1 | 2 | 31 | | 32 | |
| ⅥB.7 | 申扎 | C 24 W | 13 | ENE,SSW | 1 |
| ⅥC.1 | 马尔康 | C 53 WNW | 11 | NNE | 0 |
| ⅥC.2 | 甘孜 | C 45 W | 8 | NNE,NE,ENE,SSE,SSW | 2 |
| ⅥC.3 | 巴塘 | C 51 SW | 12 | WNW,NNW | |
| ⅥC.4 | 康定 | E | 28 | NNE,WSW,W,WNW,NW,NNW | 1 |
| ⅥC.5 | 班玛 | C 38 NW,NNW | 11 | NNE,NE,ENE | |
| ⅥC.6 | 昌都 | C 43 NW | 8 | ENE,E,ESE | 1 |
| ⅥC.7 | 波密 | C 41 NW | 20 | NE,ENE | 0 |
| ⅥC.8 | 拉萨 | C 25 ESE | 14 | SSE | 1 |
| ⅥC.9 | 定日 | C 40 WSW | 16 | NE,ENE,E | |
| ⅥC.10 | 德钦 | C 32 SSW | 14 | NNE,WNW | 0 |
| ⅦA.1 | 克拉玛依 | NW | 22 | WSW | 1 |
| ⅦA.2 | 博乐阿拉山口 | NW | 22 | NNE,NE,ENE | |
| ⅦB.1 | 阿勒泰 | C 28 NNE | 11 | SSE,S,SSW | 2 |
| ⅦB.2 | 塔城 | C 19 N | 17 | SSE,S,SSW,WNW | 2 |
| ⅦB.3 | 富蕴 | C 54 W | 15 | NNE,SSE,SSW | |
| ⅦB.4 | 伊宁 | C 22 E | 17 | SSE,S,SSW,NNW | |
| ⅦB.5 | 乌鲁木齐 | C 17 NW | 11 | ESE,WSW | |
| ⅦC.1 | 额济纳旗 | C 14 W | 12 | NNE,SSE,S,SSW | |
| ⅦC.2 | 二连浩特 | SW | | 12 | NNE,SSE |
| ⅦC.3 | 杭锦后旗 | C 29 NE | 12 | NNW | |
| ⅦC.4 | 安西 | E | 36 | N,NNE,SSE,S,NNW | 1 |
| ⅦC.5 | 张掖 | C 23 NW | 12 | ENE | |
| ⅦD.1 | 吐鲁番 | C 32 E | 9 | SSW,WSW,WNW | 2 |
| ⅦD.2 | 哈密 | NE | | 15 | SSE,S,SSW,SW,WSW,NNW | 3 |
| ⅦD.3 | 库车 | N | | 17 | SSE,S,WNW | |
| ⅦD.4 | 库尔勒 | C 27 NE,ENE | 16 | NW,NNW | |
| ⅦD.5 | 阿克苏 | C 30 NW,NNW | 11 | SSW,SW,WSW | |
| ⅦD.6 | 喀什 | C 26 NW | 11 | SSW,WSW | |
| ⅦD.7 | 且末 | C 24 NE | 19 | WNW | 1 |
| ⅦD.8 | 和田 | C 21 SW | 11 | NNE,SSE | 2 |

**全国主要城镇气候参数表（七）**　　　附表 2.1-7

| 区属号 | 地名 | 日照时数 (h) | | | | 日照百分率 (%) | | | |
|---|---|---|---|---|---|---|---|---|---|
| | | 年 | 12月 | 1月 | 2月 | 年 | 12月 | 1月 | 2月 |
| 1 | 2 | 33 | 34 | 35 | 36 | 37 | 38 | 39 | 40 |
| ⅠA.1 | 漠河 | 2432.4 | 121.1 | 149.1 | 187.8 | 54 | 51 | 60 | 68 |
| ⅠB.1 | 加格达奇 | 2496.2 | 149.6 | 169.9 | 198.5 | 57 | 61 | 65 | 71 |
| ⅠB.2 | 克山 | 2701.2 | 157.9 | 182.6 | 201.2 | 61 | 61 | 67 | 69 |
| ⅠB.3 | 黑河 | 2646.3 | 157.4 | 180.1 | 209.7 | 60 | 63 | 69 | 73 |
| ⅠB.4 | 嫩江 | 2672.5 | 151.2 | 174.9 | 197.6 | 60 | 59 | 64 | 69 |
| ⅠB.5 | 铁力 | 2452.8 | 131.8 | 156.5 | 183.1 | 55 | 59 | 62 | 69 |
| ⅠB.6 | 额尔古纳右旗 | 2628.7 | 140.1 | 173.1 | 203.2 | 59 | 57 | 65 | 72 |
| ⅠB.7 | 满洲里 | 2840.9 | 159.2 | 183.2 | 215.0 | 64 | 63 | 69 | 75 |
| ⅠB.8 | 海拉尔 | 2806.9 | 157.9 | 180.2 | 203.8 | 63 | 61 | 67 | 71 |
| ⅠB.9 | 博克图 | 2663.3 | 166.2 | 188.9 | 214.0 | 60 | 65 | 70 | 75 |
| ⅠB.10 | 东乌珠穆沁旗 | 2975.0 | 187.2 | 202.4 | 218.9 | 65 | 69 | 72 | 75 |
| ⅠC.1 | 齐齐哈尔 | 2867.4 | 175.9 | 193.5 | 208.4 | 64 | 67 | 70 | 72 |
| ⅠC.2 | 鹤岗 | 2517.4 | 154.0 | 183.0 | 199.8 | 57 | 59 | 67 | 69 |
| ⅠC.3 | 哈尔滨 | 2627.0 | 153.0 | 173.4 | 190.7 | 60 | 56 | 62 | 65 |

| 区属号 | 地名 | 日照时数 (h) | | | | 日照百分率 (%) | | | |
|---|---|---|---|---|---|---|---|---|---|
| | | 年 | 12月 | 1月 | 2月 | 年 | 12月 | 1月 | 2月 |
| 1 | 2 | 33 | 34 | 35 | 36 | 37 | 38 | 39 | 40 |
| ⅠC.4 | 虎林 | 2373.6 | 149.9 | 172.0 | 192.8 | 54 | 56 | 61 | 66 |
| ⅠC.5 | 鸡西 | 2709.5 | 171.2 | 193.7 | 208.4 | 61 | 64 | 68 | 71 |
| ⅠC.6 | 绥芬河 | 2584.8 | 172.5 | 195.8 | 201.3 | 58 | 63 | 68 | 68 |
| ⅠC.7 | 长春 | 2636.9 | 168.1 | 194.3 | 197.6 | 60 | 68 | 68 | 67 |
| ⅠC.8 | 桦甸 | 2360.2 | 139.1 | 162.7 | 181.8 | 53 | 50 | 56 | 61 |
| ⅠC.9 | 图们 | 2144.8 | 154.9 | 175.0 | 181.0 | 49 | 55 | 60 | 61 |
| ⅠC.10 | 天池 | 2259.1 | 179.7 | 211.2 | 208.4 | 51 | 64 | 72 | 70 |
| ⅠC.11 | 通化 | 2292.2 | 133.5 | 156.3 | 176.7 | 52 | 47 | 53 | 59 |
| ⅠC.12 | 乌兰浩特 | 2902.1 | 183.5 | 198.1 | 213.4 | 65 | 69 | 70 | 73 |
| ⅠC.13 | 锡林浩特 | 2876.6 | 183.3 | 196.1 | 209.9 | 65 | 67 | 68 | 71 |
| ⅠC.14 | 多伦 | 3114.9 | 216.8 | 225.2 | 213.3 | 70 | 77 | 77 | 78 |
| ⅠD.1 | 四平 | 2771.2 | 190.9 | 209.5 | 209.5 | 63 | 69 | 72 | 70 |
| ⅠD.2 | 沈阳 | 2555.4 | 155.9 | 169.0 | 182.9 | 58 | 55 | 58 | 61 |
| ⅠD.3 | 朝阳 | 2854.7 | 201.9 | 210.6 | 216.7 | 65 | 71 | 71 | 72 |
| ⅠD.4 | 林西 | 2962.1 | 199.8 | 213.6 | 220.2 | 67 | 72 | 73 | 74 |
| ⅠD.5 | 赤峰 | 2908.5 | 196.9 | 206.7 | 214.8 | 66 | 70 | 71 | 72 |
| ⅠD.6 | 呼和浩特 | 2954.8 | 190.9 | 201.1 | 209.3 | 67 | 67 | 68 | 69 |
| ⅠD.7 | 达尔罕茂明安联合旗 | 3133.8 | 216.8 | 225.8 | 229.9 | 71 | 76 | 77 | 71 |
| ⅠD.8 | 张家口 | 2866.7 | 188.2 | 201.4 | 202.9 | 65 | 65 | 68 | 67 |
| ⅠD.9 | 大同 | 2783.7 | 182.3 | 197.0 | 198.5 | 63 | 63 | 66 | 66 |
| ⅠD.10 | 榆林 | 2903.5 | 204.8 | 214.7 | 208.4 | 66 | 70 | 71 | 68 |
| ⅡA.1 | 营口 | 2892.7 | 196.9 | 210.1 | 209.7 | 65 | 69 | 70 | 70 |
| ⅡA.2 | 丹东 | 2530.9 | 182.5 | 198.0 | 197.4 | 57 | 63 | 66 | 65 |
| ⅡA.3 | 大连 | 2768.5 | 187.5 | 202.6 | 204.1 | 63 | 67 | 67 | 67 |
| ⅡA.4 | 北京市 | 2776.0 | 192.5 | 204.7 | 196.8 | 63 | 69 | 68 | 65 |
| ⅡA.5 | 天津市 | 2701.3 | 180.6 | 190.0 | 183.8 | 61 | 62 | 63 | 61 |
| ⅡA.6 | 承德 | 2851.0 | 191.0 | 206.6 | 210.7 | 64 | 66 | 69 | 70 |
| ⅡA.7 | 乐亭 | 2587.1 | 177.2 | 186.7 | 185.3 | 58 | 61 | 62 | 61 |
| ⅡA.8 | 沧州 | 2864.9 | 190.5 | 201.0 | 200.7 | 65 | 65 | 66 | 66 |
| ⅡA.9 | 石家庄 | 2689.8 | 193.7 | 204.0 | 193.6 | 61 | 65 | 67 | 63 |
| ⅡA.10 | 南宫 | 2629.2 | 181.0 | 191.7 | 179.9 | 59 | 61 | 63 | 59 |
| ⅡA.11 | 邯郸 | 2556.7 | 172.5 | 174.9 | 168.6 | 58 | 57 | 57 | 55 |
| ⅡA.12 | 威海 | 2495.2 | 141.1 | 160.8 | 172.9 | 57 | 48 | 53 | 57 |
| ⅡA.13 | 济南 | 2716.6 | 185.6 | 188.5 | 183.4 | 62 | 62 | 62 | 59 |
| ⅡA.14 | 沂源 | 2622.6 | 185.1 | 190.8 | 187.8 | 59 | 61 | 62 | 61 |
| ⅡA.15 | 青岛 | 2508.4 | 188.0 | 190.4 | 180.6 | 56 | 62 | 61 | 59 |
| ⅡA.16 | 枣庄 | 2354.4 | 161.7 | 167.1 | 161.1 | 53 | 54 | 54 | 52 |
| ⅡA.17 | 濮阳 | 2526.2 | 170.6 | 172.4 | 165.7 | 57 | 56 | 56 | 54 |
| ⅡA.18 | 郑州 | 2345.4 | 164.1 | 165.8 | 152.8 | 53 | 54 | 53 | 49 |
| ⅡA.19 | 卢氏 | 2084.5 | 153.5 | 162.2 | 147.5 | 47 | 51 | 52 | 47 |
| ⅡA.20 | 宿州 | 2346.3 | 166.5 | 161.0 | 152.7 | 53 | 54 | 51 | 49 |
| ⅡA.21 | 西安 | 1963.6 | 129.5 | 136.3 | 124.7 | 44 | 43 | 43 | 41 |
| ⅡB.1 | 蔚县 | 2910.3 | 201.4 | 207.9 | 207.1 | 66 | 69 | 69 | 69 |
| ⅡB.2 | 太原 | 2632.4 | 183.7 | 191.5 | 183.9 | 59 | 63 | 63 | 60 |
| ⅡB.3 | 离石 | 2563.4 | 183.4 | 190.6 | 176.6 | 58 | 63 | 63 | 58 |
| ⅡB.4 | 晋城 | 2347.9 | 173.5 | 178.4 | 159.5 | 53 | 57 | 58 | 52 |
| ⅡB.5 | 临汾 | 2371.3 | 163.7 | 173.4 | 165.2 | 54 | 54 | 56 | 53 |
| ⅡB.6 | 延安 | 2418.1 | 188.6 | 197.7 | 176.0 | 54 | 63 | 64 | 58 |
| ⅡB.7 | 铜川 | 2308.2 | 182.0 | 187.3 | 163.9 | 52 | 60 | 60 | 53 |
| ⅡB.8 | 白银 | 2545.2 | 202.3 | 196.8 | 191.3 | 57 | 67 | 64 | 63 |

| 区属号 | 地名 | 日照时数 (h) | | | | 日照百分率 (%) | | | |
|---|---|---|---|---|---|---|---|---|---|
| | | 年 | 12月 | 1月 | 2月 | 年 | 12月 | 1月 | 2月 |
| 1 | 2 | 33 | 34 | 35 | 36 | 37 | 38 | 39 | 40 |
| ⅡB.9 | 兰州 | 2568.7 | 178.2 | 182.7 | 189.7 | 58 | 59 | 59 | 62 |
| ⅡB.10 | 天水 | 1996.5 | 148.2 | 155.0 | 142.9 | 45 | 49 | 50 | 46 |
| ⅡB.11 | 银川 | 3014.8 | 218.6 | 223.5 | 218.8 | 68 | 74 | 74 | 72 |
| ⅡB.12 | 中宁 | 2914.0 | 221.0 | 217.8 | 211.6 | 66 | 74 | 71 | 69 |
| ⅡB.13 | 固原 | 2522.7 | 209.8 | 204.9 | 185.8 | 57 | 70 | 66 | 60 |
| ⅢA.1 | 盐城 | 2309.0 | 172.0 | 167.3 | 156.9 | 52 | 56 | 53 | 50 |
| ⅢA.2 | 上海市 | 1989.9 | 147.2 | 138.3 | 117.5 | 44 | 46 | 43 | 38 |
| ⅢA.3 | 舟山 | 2022.1 | 146.7 | 137.9 | 116.4 | 45 | 46 | 42 | 37 |
| ⅢA.4 | 温州 | 1805.6 | 140.6 | 127.3 | 98.5 | 41 | 44 | 39 | 31 |
| ⅢA.5 | 宁德 | 1666.1 | 122.5 | 113.3 | 88.0 | 37 | 38 | 34 | 28 |
| ⅢB.1 | 泰州 | 2241.4 | 170.8 | 163.3 | 151.3 | 51 | 55 | 52 | 49 |
| ⅢB.2 | 南京 | 2116.4 | 156.3 | 146.9 | 128.2 | 48 | 50 | 46 | 41 |
| ⅢB.3 | 蚌埠 | 2118.8 | 150.4 | 145.1 | 136.8 | 48 | 49 | 46 | 44 |
| ⅢB.4 | 合肥 | 2127.0 | 152.6 | 142.4 | 129.8 | 48 | 49 | 45 | 41 |
| ⅢB.5 | 铜陵 | 1990.9 | 141.1 | 130.2 | 116.7 | 45 | 45 | 41 | 37 |
| ⅢB.6 | 杭州 | 1879.8 | 140.8 | 125.7 | 105.2 | 42 | 45 | 39 | 34 |
| ⅢB.7 | 丽水 | 1780.6 | 122.9 | 117.3 | 92.8 | 40 | 38 | 36 | 30 |
| ⅢB.8 | 邵武 | 1704.0 | 120.3 | 110.5 | 80.1 | 38 | 38 | 34 | 26 |
| ⅢB.9 | 三明 | 1769.9 | 118.6 | 107.2 | 83.7 | 40 | 36 | 33 | 27 |
| ⅢB.10 | 长汀 | 1866.6 | 153.5 | 122.4 | 85.3 | 42 | 48 | 37 | 27 |
| ⅢB.11 | 景德镇 | 1968.1 | 142.1 | 123.9 | 95.6 | 44 | 45 | 38 | 30 |
| ⅢB.12 | 南昌 | 1897.2 | 131.0 | 110.2 | 85.9 | 43 | 41 | 34 | 27 |
| ⅢB.13 | 上饶 | 1920.9 | 136.7 | 115.0 | 90.2 | 44 | 43 | 36 | 29 |
| ⅢB.14 | 吉安 | 1788.5 | 122.6 | 94.8 | 68.6 | 40 | 38 | 29 | 22 |
| ⅢB.15 | 宁冈 | 1566.2 | 104.5 | 83.5 | 62.0 | 35 | 33 | 25 | 20 |
| ⅢB.16 | 广昌 | 1795.7 | 129.2 | 106.6 | 76.7 | 40 | 40 | 32 | 24 |
| ⅢB.17 | 赣州 | 1866.6 | 134.5 | 108.5 | 77.1 | 42 | 42 | 33 | 25 |
| ⅢB.18 | 沙市 | 1882.2 | 115.3 | 109.2 | 99.3 | 42 | 37 | 34 | 32 |
| ⅢB.19 | 武汉 | 2045.9 | 138.7 | 123.7 | 108.4 | 46 | 44 | 39 | 35 |
| ⅢB.20 | 大庸 | 1443.5 | 76.3 | 69.4 | 58.7 | 33 | 24 | 22 | 18 |
| ⅢB.21 | 长沙 | 1654.9 | 104.0 | 87.1 | 64.5 | 38 | 32 | 27 | 21 |
| ⅢB.22 | 涟源 | 1653.7 | 100.5 | 89.7 | 65.7 | 38 | 32 | 27 | 21 |
| ⅢB.23 | 永州 | 1595.4 | 104.5 | 75.2 | 52.1 | 36 | 34 | 25 | 18 |
| ⅢB.24 | 韶关 | 1821.8 | 144.5 | 117.4 | 76.9 | 41 | 44 | 35 | 24 |
| ⅢB.25 | 桂林 | 1610.4 | 116.7 | 81.7 | 57.1 | 37 | 35 | 25 | 18 |
| ⅢB.26 | 涪陵 | 1248.1 | 31.7 | 36.2 | 44.9 | 28 | 10 | 11 | 15 |
| ⅢB.27 | 重庆 | 1212.5 | 33.4 | 39.1 | 46.3 | 27 | 11 | 12 | 14 |
| ⅢC.1 | 驻马店 | 2108.2 | 154.3 | 148.5 | 135.7 | 48 | 50 | 47 | 43 |
| ⅢC.2 | 固始 | 2130.9 | 151.6 | 140.1 | 129.5 | 48 | 49 | 44 | 42 |
| ⅢC.3 | 平顶山 | 2036.8 | 146.5 | 136.9 | 125.2 | 46 | 48 | 44 | 40 |
| ⅢC.4 | 老河口 | 1879.0 | 131.3 | 125.9 | 113.3 | 43 | 42 | 38 | 36 |
| ⅢC.5 | 随州 | 2043.8 | 142.8 | 135.2 | 121.6 | 46 | 46 | 40 | 40 |
| ⅢC.6 | 远安 | 1891.0 | 122.1 | 120.7 | 106.4 | 43 | 39 | 36 | 34 |
| ⅢC.7 | 恩施 | 1289.4 | 51.8 | 52.2 | 51.8 | 29 | 16 | 16 | 16 |
| ⅢC.8 | 汉中 | 1704.3 | 102.2 | 108.3 | 95.8 | 39 | 33 | 35 | 31 |
| ⅢC.9 | 略阳 | 1570.2 | 108.6 | 115.7 | 94.4 | 36 | 35 | 37 | 31 |
| ⅢC.10 | 山阳 | 2065.2 | 147.8 | 156.6 | 132.0 | 46 | 48 | 50 | 42 |
| ⅢC.11 | 安康 | 1748.1 | 103.0 | 114.5 | 108.3 | 38 | 32 | 35 | 34 |
| ⅢC.12 | 平武 | 1332.5 | 110.3 | 103.3 | 79.4 | 30 | 35 | 32 | 25 |
| ⅢC.13 | 仪陇 | 1535.6 | 80.1 | 82.3 | 71.0 | 34 | 26 | 25 | 22 |
| ⅢC.14 | 达县 | 1407.0 | 50.6 | 56.5 | 60.8 | 32 | 16 | 18 | 20 |
| ⅢC.15 | 成都 | 1200.4 | 62.4 | 68.7 | 61.5 | 27 | 20 | 21 | 20 |

| 区属号 | 地名 | 日照时数 (h) | | | | 日照百分率 (%) | | | |
|---|---|---|---|---|---|---|---|---|---|
| | | 年 | 12月 | 1月 | 2月 | 年 | 12月 | 1月 | 2月 |
| 1 | 2 | 33 | 34 | 35 | 36 | 37 | 38 | 39 | 40 |
| ⅢC.16 | 内江 | 1255.4 | 42.0 | 45.9 | 56.4 | 28 | 13 | 14 | 18 |
| ⅢC.17 | 酉阳 | 1122.8 | 58.0 | 48.6 | 42.1 | 26 | 19 | 15 | 13 |
| ⅢC.18 | 桐梓 | 1101.4 | 42.2 | 36.8 | 38.3 | 25 | 13 | 11 | 12 |
| ⅢC.19 | 凯里 | 1262.3 | 60.8 | 52.6 | 46.7 | 29 | 19 | 16 | 15 |
| ⅣA.1 | 福州 | 1806.0 | 131.0 | 118.9 | 90.4 | 41 | 40 | 36 | 29 |
| ⅣA.2 | 泉州 | 2078.0 | 168.7 | 147.2 | 101.3 | 47 | 52 | 44 | 31 |
| ⅣA.3 | 汕头 | 2043.9 | 175.1 | 145.3 | 101.6 | 46 | 53 | 43 | 32 |
| ⅣA.4 | 广州 | 1849.2 | 168.6 | 135.8 | 79.6 | 42 | 51 | 40 | 25 |
| ⅣA.5 | 茂名 | 1932.7 | 182.0 | 119.5 | 85.8 | 44 | 55 | 35 | 27 |
| ⅣA.6 | 北海 | 2097.0 | 160.6 | 118.1 | 82.3 | 47 | 48 | 35 | 26 |
| ⅣA.7 | 海口 | 2206.1 | 145.3 | 126.3 | 107.4 | 50 | 43 | 37 | 33 |
| ⅣA.8 | 儋县 | 2046.4 | 134.1 | 132.0 | 118.1 | 46 | 40 | 39 | 36 |
| ⅣA.9 | 琼中 | 1742.9 | 103.1 | 109.6 | 105.2 | 40 | 31 | 32 | 33 |
| ⅣA.10 | 三亚 | 2532.9 | 200.9 | 200.5 | 162.3 | 57 | 59 | 58 | 50 |
| ⅣA.11 | 台北 | | | | | | | | |
| ⅣA.12 | 香港 | 2011.6 | 179.3 | 153.5 | 108.7 | 45 | 54 | 45 | 34 |
| ⅣB.1 | 漳州 | 2019.4 | 171.7 | 145.9 | 99.9 | 46 | 52 | 44 | 31 |
| ⅣB.2 | 梅州 | 2000.0 | 165.6 | 141.3 | 98.2 | 45 | 50 | 43 | 31 |
| ⅣB.3 | 梧州 | 1883.6 | 151.6 | 115.1 | 70.0 | 42 | 46 | 34 | 22 |
| ⅣB.4 | 河池 | 1422.9 | 99.8 | 75.5 | 59.0 | 30 | 30 | 23 | 19 |
| ⅣB.5 | 百色 | 1868.9 | 124.1 | 94.5 | 89.5 | 42 | 38 | 28 | 28 |
| ⅣB.6 | 南宁 | 1782.3 | 128.7 | 90.6 | 65.0 | 40 | 39 | 27 | 21 |
| ⅣB.7 | 凭祥 | 1605.5 | 114.8 | 76.6 | 55.8 | 37 | 34 | 22 | 17 |
| ⅣB.8 | 元江 | 2288.4 | 188.9 | 202.1 | 208.2 | 52 | 57 | 60 | 65 |
| ⅣB.9 | 景洪 | 2153.6 | 153.9 | 179.1 | 210.1 | 49 | 43 | 53 | 65 |
| ⅤA.1 | 毕节 | 1330.8 | 61.5 | 57.7 | 61.4 | 30 | 19 | 18 | 19 |
| ⅤA.2 | 贵阳 | 1343.1 | 64.2 | 53.1 | 54.9 | 30 | 20 | 16 | 18 |
| ⅤA.3 | 察隅 | 1610.5 | 141.0 | 126.5 | 112.5 | 37 | 44 | 39 | 36 |
| ⅤB.1 | 西昌 | 2436.9 | 214.9 | 234.5 | 221.5 | 55 | 67 | 72 | 70 |
| ⅤB.2 | 攀枝花 | 2683.3 | 227.0 | 251.2 | 245.7 | 60 | 70 | 77 | 78 |
| ⅤB.3 | 丽江 | 2511.9 | 259.6 | 261.6 | 225.9 | 57 | 80 | 80 | 71 |
| ⅤB.4 | 大理 | 2281.5 | 231.9 | 231.8 | 205.7 | 52 | 72 | 70 | 65 |
| ⅤB.5 | 腾冲 | 2118.8 | 246.6 | 242.7 | 209.8 | 48 | 75 | 75 | 65 |
| ⅤB.6 | 昆明 | 2427.9 | 216.5 | 238.0 | 232.9 | 55 | 66 | 73 | 73 |
| ⅤB.7 | 临沧 | 2113.1 | 227.7 | 239.9 | 228.2 | 48 | 69 | 72 | 72 |
| ⅤB.8 | 个旧 | 1969.9 | 172.7 | 192.9 | 187.1 | 45 | 52 | 58 | 58 |
| ⅤB.9 | 思茅 | 2092.7 | 189.9 | 200.2 | 225.6 | 48 | 57 | 66 | 70 |
| ⅤB.10 | 盘县 | 1593.1 | 103.5 | 99.9 | 106.1 | 36 | 32 | 30 | 34 |
| ⅤB.11 | 兴义 | 1650.6 | 99.4 | 83.1 | 99.2 | 37 | 30 | 25 | 31 |
| ⅤB.12 | 独山 | 1334.7 | 80.4 | 63.7 | 58.6 | 30 | 24 | 19 | 18 |
| ⅥA.1 | 冷湖 | 3549.6 | 241.4 | 246.1 | 248.3 | 80 | 83 | 81 | 82 |
| ⅥA.2 | 茫崖 | 3343.3 | 232.4 | 235.0 | 227.6 | 76 | 79 | 74 | 75 |
| ⅥA.3 | 德令哈 | 3160.4 | 235.0 | 234.8 | 226.1 | 71 | 79 | 77 | 74 |
| ⅥA.4 | 刚察 | 3037.9 | 247.3 | 247.1 | 234.0 | 68 | 83 | 81 | 77 |
| ⅥA.5 | 西宁 | 2756.9 | 213.5 | 217.0 | 211.3 | 62 | 71 | 70 | 69 |
| ⅥA.6 | 格尔木 | 3090.8 | 227.0 | 217.9 | 209.7 | 70 | 69 | 71 | 68 |
| ⅥA.7 | 都兰 | 3101.1 | 234.2 | 232.1 | 221.0 | 70 | 75 | 72 | 72 |
| ⅥA.8 | 同德 | 2751.8 | 242.1 | 230.7 | 213.3 | 62 | 80 | 74 | 69 |
| ⅥA.9 | 夏河 | 2366.1 | 220.1 | 207.1 | 191.6 | 53 | 73 | 66 | 61 |
| ⅥA.10 | 若尔盖 | 2417.1 | 218.0 | 209.8 | 189.8 | 55 | 71 | 67 | 62 |
| ⅥB.1 | 曲麻莱 | 2684.6 | 219.5 | 194.3 | 180.1 | 60 | 72 | 58 | 58 |
| ⅥB.2 | 杂多 | 2480.1 | 204.2 | 187.8 | 162.5 | 56 | 66 | 59 | 52 |

| 区属号 | 地 名 | 日照时数 (h) | | | | 日照百分率 (%) | | | |
|---|---|---|---|---|---|---|---|---|---|
| | | 年 | 12月 | 1月 | 2月 | 年 | 12月 | 1月 | 2月 |
| 1 | 2 | 33 | 34 | 35 | 36 | 37 | 38 | 39 | 40 |
| ⅥB.3 | 玛多 | 2717.2 | 228.9 | 209.6 | 195.3 | 61 | 75 | 67 | 63 |
| ⅥB.4 | 噶尔 | 3418.0 | 253.1 | 235.3 | 230.2 | 77 | 81 | 74 | 74 |
| ⅥB.5 | 改则 | 3176.0 | 243.3 | 211.7 | 201.1 | 71 | 78 | 66 | 65 |
| ⅥB.6 | 那曲 | 2871.5 | 244.5 | 234.7 | 213.7 | 65 | 78 | 74 | 68 |
| ⅥB.7 | 申扎 | 2931.0 | 236.5 | 227.2 | 207.7 | 66 | 71 | 71 | 66 |
| ⅥC.1 | 马尔康 | 2195.5 | 195.9 | 195.0 | 174.1 | 50 | 63 | 61 | 56 |
| ⅥC.2 | 甘孜 | 2649.3 | 230.4 | 219.4 | 194.1 | 60 | 74 | 69 | 62 |
| ⅥC.3 | 巴塘 | 2448.4 | 222.2 | 219.4 | 190.0 | 56 | 70 | 68 | 61 |
| ⅥC.4 | 康定 | 1743.8 | 151.8 | 149.3 | 126.8 | 39 | 48 | 46 | 40 |
| ⅥC.5 | 班玛 | 2363.1 | 209.2 | 197.2 | 179.8 | 54 | 67 | 62 | 58 |
| ⅥC.6 | 昌都 | 2337.3 | 200.5 | 192.0 | 170.2 | 53 | 64 | 60 | 54 |
| ⅥC.7 | 波密 | 1538.3 | 166.8 | 150.8 | 118.4 | 35 | 52 | 47 | 38 |
| ⅥC.8 | 拉萨 | 3014.5 | 260.6 | 251.7 | 226.6 | 68 | 82 | 78 | 72 |
| ⅥC.9 | 定日 | 2622.9 | 284.8 | 350.8 | 262.1 | 75 | 89 | 86 | 83 |
| ⅥC.10 | 德钦 | 1987.3 | 217.0 | 193.2 | 154.0 | 45 | 60 | 60 | 49 |
| ⅦA.1 | 克拉玛依 | 2726.7 | 109.1 | 145.2 | 171.1 | 61 | 40 | 51 | 53 |
| ⅦA.2 | 博乐阿拉山口 | 2682.7 | 96.5 | 136.8 | 164.7 | 61 | 36 | 48 | 56 |
| ⅦB.1 | 阿勒泰 | 2962.2 | 136.2 | 167.3 | 189.4 | 67 | 52 | 61 | 65 |
| ⅦB.2 | 塔城 | 2947.0 | 139.3 | 165.3 | 184.2 | 66 | 53 | 59 | 63 |
| ⅦB.3 | 富蕴 | 2885.7 | 140.7 | 168.7 | 192.6 | 65 | 53 | 61 | 66 |
| ⅦB.4 | 伊宁 | 2801.8 | 140.1 | 154.5 | 166.3 | 63 | 51 | 54 | 53 |
| ⅦB.5 | 乌鲁木齐 | 2706.4 | 113.3 | 143.4 | 155.5 | 60 | 41 | 50 | 53 |
| ⅦC.1 | 额济纳旗 | 3449.5 | 223.0 | 232.5 | 237.4 | 78 | 79 | 79 | 79 |
| ⅦC.2 | 二连浩特 | 3207.1 | 202.3 | 214.8 | 226.4 | 72 | 72 | 74 | 76 |
| ⅦC.3 | 杭锦后旗 | 3181.0 | 216.4 | 224.5 | 225.2 | 72 | 76 | 76 | 73 |
| ⅦC.4 | 安西 | 3240.8 | 207.7 | 212.6 | 210.9 | 73 | 72 | 71 | 70 |
| ⅦC.5 | 张掖 | 3069.8 | 225.8 | 227.1 | 221.8 | 70 | 77 | 76 | 73 |
| ⅦD.1 | 吐鲁番 | 3038.7 | 163.4 | 178.5 | 201.2 | 68 | 58 | 61 | 60 |
| ⅦD.2 | 哈密 | 3353.1 | 201.7 | 212.0 | 226.5 | 76 | 72 | 73 | 70 |
| ⅦD.3 | 库车 | 2851.1 | 186.2 | 194.0 | 193.7 | 65 | 66 | 66 | 65 |
| ⅦD.4 | 库尔勒 | 2976.4 | 185.1 | 188.0 | 195.2 | 67 | 64 | 64 | 62 |
| ⅦD.5 | 阿克苏 | 2857.9 | 189.1 | 188.6 | 185.8 | 65 | 64 | 64 | 62 |
| ⅦD.6 | 喀什 | 2756.2 | 159.4 | 158.6 | 161.0 | 62 | 55 | 53 | 52 |
| ⅦD.7 | 且末 | 2888.4 | 194.1 | 193.0 | 191.5 | 65 | 66 | 64 | 63 |
| ⅦD.8 | 和田 | 2568.5 | 184.0 | 171.8 | 155.4 | 58 | 62 | 56 | 51 |

**全国主要城镇气候参数表 (八)**　　附表 2.1-8

| 区属号 | 地 名 | 入射角 (°) | | 最大冻土深度 (cm) | 天 气 现 象 | | | 雷暴日数 |
|---|---|---|---|---|---|---|---|---|
| | | 冬至日 | 大寒日 | | 大风(风力≥8级)日数 | | | |
| | | | | | 全年 | 最多 | 最少 | |
| 1 | 2 | 41 | 42 | 43 | 44 | 45 | 46 | 47 |
| ⅠA.1 | 漠河 | 13.0 | 16.3 | 400 | 10.3 | 35 | 2 | 35.2 |
| ⅠB.1 | 加格达奇 | 16.1 | 19.4 | 309 | 8.5 | 18 | 3 | 28.7 |
| ⅠB.2 | 克山 | 18.5 | 21.8 | 282 | 22.2 | 44 | 6 | 29.5 |
| ⅠB.3 | 黑河 | 16.3 | 19.6 | 298 | 20.3 | 45 | 3 | 31.5 |
| ⅠB.4 | 嫩江 | 17.3 | 20.6 | 252 | 21.8 | 56 | 4 | 31.3 |
| ⅠB.5 | 铁力 | 19.5 | 22.8 | 167 | 12.3 | 31 | 6 | 36.3 |
| ⅠB.6 | 额尔古纳右旗 | 16.3 | 19.6 | >400 | 19.5 | 40 | 6 | 28.7 |
| ⅠB.7 | 满洲里 | 16.9 | 20.2 | 389 | 40.9 | 98 | 6 | 28.3 |
| ⅠB.8 | 海拉尔 | 17.3 | 20.6 | 242 | 21.5 | 43 | 9 | 29.7 |
| ⅠB.9 | 博克图 | 17.7 | 21.0 | 311 | 40.0 | 71 | 9 | 33.7 |

| 区属号 | 地 名 | 入射角 (°) | | 最大冻土深度 (cm) | 天 气 现 象 | | | 雷暴日数 |
|---|---|---|---|---|---|---|---|---|
| | | 冬至日 | 大寒日 | | 大风(风力≥8级)日数 | | | |
| | | | | | 全年 | 最多 | 最少 | |
| 1 | 2 | 41 | 42 | 43 | 44 | 45 | 46 | 47 |
| ⅠB.10 | 东乌珠穆沁旗 | 21.0 | 24.3 | 346 | 58.8 | 119 | 36 | 32.4 |
| ⅠC.1 | 齐齐哈尔 | 19.1 | 22.4 | 225 | 21.3 | 38 | 6 | 28.1 |
| ⅠC.2 | 鹤岗 | 19.1 | 22.4 | 238 | 31.0 | 115 | 9 | 27.3 |
| ⅠC.3 | 哈尔滨 | 20.8 | 24.1 | 205 | 37.6 | 76 | 10 | 31.7 |
| ⅠC.4 | 虎林 | 20.7 | 24.0 | 187 | 26.0 | 58 | 10 | 26.4 |
| ⅠC.5 | 鸡西 | 21.2 | 24.5 | 255 | 31.5 | 62 | 5 | 29.9 |
| ⅠC.6 | 绥芬河 | 22.1 | 25.4 | 241 | 37.4 | 75 | 5 | 27.1 |
| ⅠC.7 | 长春 | 22.6 | 25.9 | 169 | 45.9 | 82 | 5 | 35.9 |
| ⅠC.8 | 桦甸 | 23.5 | 26.8 | 197 | 12.3 | 41 | 4 | 40.4 |
| ⅠC.9 | 图们 | 23.5 | 26.8 | 181 | 30.2 | 47 | 7 | 25.4 |
| ⅠC.10 | 天池 | 24.5 | 27.8 | | 269.4 | 304 | 225 | 28.4 |
| ⅠC.11 | 通化 | 24.8 | 28.1 | 139 | 11.5 | 32 | 1 | 35.9 |
| ⅠC.12 | 乌兰浩特 | 20.4 | 23.7 | 249 | 25.1 | 77 | 0 | 29.8 |
| ⅠC.13 | 锡林浩特 | 22.6 | 25.9 | 289 | 59.2 | 101 | 23 | 31.4 |
| ⅠC.14 | 多伦 | 24.3 | 27.6 | 199 | 69.2 | 143 | 26 | 45.5 |
| ⅠD.1 | 四平 | 23.3 | 26.6 | 148 | 33.4 | 60 | 11 | 33.5 |
| ⅠD.2 | 沈阳 | 24.7 | 28.0 | 148 | 42.7 | 100 | 2 | 26.4 |
| ⅠD.3 | 朝阳 | 25.0 | 28.3 | 135 | 12.5 | 34 | 1 | 33.8 |
| ⅠD.4 | 林西 | 22.9 | 26.2 | 210 | 44.4 | 86 | 3 | 40.3 |
| ⅠD.5 | 赤峰 | 24.2 | 27.5 | 201 | 29.6 | 90 | 9 | 32.0 |
| ⅠD.6 | 呼和浩特 | 25.7 | 29.0 | 156 | 33.3 | 69 | 15 | 36.8 |
| ⅠD.7 | 达尔罕茂明安联合旗 | 24.8 | 28.1 | 268 | 67.0 | 130 | 23 | 33.9 |
| ⅠD.8 | 张家口 | 25.7 | 29.0 | 136 | 42.9 | 80 | 24 | 39.2 |
| ⅠD.9 | 大同 | 26.4 | 29.7 | 186 | 41.0 | 65 | 11 | 41.4 |
| ⅠD.10 | 榆林 | 28.3 | 31.6 | 148 | 13.7 | 27 | 4 | 29.6 |
| ⅡA.1 | 营口 | 25.8 | 29.1 | 111 | 33.3 | 95 | 10 | 27.9 |
| ⅡA.2 | 丹东 | 26.5 | 29.8 | 88 | 14.8 | 53 | 0 | 26.9 |
| ⅡA.3 | 大连 | 27.6 | 30.9 | 93 | 76.8 | 167 | 5 | 19.0 |
| ⅡA.4 | 北京市 | 26.7 | 30.0 | 85 | 25.7 | 64 | 5 | 35.7 |
| ⅡA.5 | 天津市 | 27.4 | 30.7 | 69 | 35.7 | 60 | 6 | 27.5 |
| ⅡA.6 | 承德 | 25.5 | 28.8 | 126 | 19.4 | 58 | 5 | 43.5 |
| ⅡA.7 | 乐亭 | 27.1 | 30.4 | 80 | 20.0 | 53 | 3 | 32.1 |
| ⅡA.8 | 沧州 | 28.2 | 31.5 | 52 | 28.7 | 69 | 6 | 29.4 |
| ⅡA.9 | 石家庄 | 28.5 | 31.8 | 56 | 16.8 | 41 | 4 | 30.8 |
| ⅡA.10 | 南宫 | 29.1 | 32.4 | 47 | 12.8 | 40 | 2 | 28.6 |
| ⅡA.11 | 邯郸 | 29.9 | 33.2 | 37 | 11.7 | 26 | 1 | 27.3 |
| ⅡA.12 | 威海 | 29.0 | 32.3 | >47 | 50.3 | 96 | 26 | 21.2 |
| ⅡA.13 | 济南 | 29.8 | 33.1 | 44 | 40.7 | 79 | 19 | 25.3 |
| ⅡA.14 | 沂源 | 30.3 | 33.6 | 44 | 16.6 | 48 | 4 | 36.5 |
| ⅡA.15 | 青岛 | 30.4 | 33.7 | 31 | 67.6 | 113 | 40 | 22.4 |
| ⅡA.16 | 枣庄 | 31.7 | 35.0 | 29 | 7.8 | | | 31.5 |
| ⅡA.17 | 濮阳 | 30.8 | 34.1 | 41 | 8.6 | | | 26.6 |
| ⅡA.18 | 郑州 | 31.8 | 35.1 | 27 | 22.6 | 42 | 2 | 22.0 |
| ⅡA.19 | 卢氏 | 32.5 | 35.8 | 27 | 2.3 | 15 | 0 | 34.0 |
| ⅡA.20 | 宿州 | 32.9 | 36.2 | 15 | 9.1 | 36 | 0 | 32.8 |
| ⅡA.21 | 西安 | 32.2 | 35.5 | 45 | 7.2 | 18 | 1 | 16.7 |
| ⅡB.1 | 蔚县 | 26.7 | 30.0 | 150 | 18.8 | 50 | 3 | 45.1 |
| ⅡB.2 | 太原 | 28.7 | 32.0 | 77 | 32.3 | 54 | 12 | 35.7 |
| ⅡB.3 | 离石 | 29.0 | 32.3 | 101 | 8.5 | 14 | 2 | 34.3 |
| ⅡB.4 | 晋城 | 31.0 | 34.3 | 43 | 22.9 | 100 | | 27.7 |
| ⅡB.5 | 临汾 | 30.4 | 33.7 | 62 | 7.3 | 12 | 1 | 31.1 |

| 区属号 | 地名 | 入射角(°) | | 最大冻土深度(cm) | 天气现象 | | | 雷暴日数 |
|---|---|---|---|---|---|---|---|---|
| | | 冬至日 | 大寒日 | | 大风(风力≥8级)日数 | | | |
| | | | | | 全年 | 最多 | 最少 | |
| 1 | 2 | 41 | 42 | 43 | 44 | 45 | 46 | 47 |
| ⅡB.6 | 延安 | 29.9 | 33.2 | 79 | 1.2 | 5 | 0 | 30.5 |
| ⅡB.7 | 铜川 | 31.4 | 34.7 | 54 | 6.2 | 15 | 0 | 29.4 |
| ⅡB.8 | 白银 | 30.0 | 33.3 | 108 | 54.3 | 113 | 11 | 24.6 |
| ⅡB.9 | 兰州 | 30.5 | 33.8 | 103 | 7.1 | 18 | 0 | 23.2 |
| ⅡB.10 | 天水 | 31.9 | 35.2 | 61 | 3.8 | 13 | 0 | 16.2 |
| ⅡB.11 | 银川 | 28.0 | 31.3 | 88 | 24.7 | 56 | 11 | 19.1 |
| ⅡB.12 | 中宁 | 29.0 | 32.3 | 80 | 18.0 | 49 | 1 | 16.8 |
| ⅡB.13 | 固原 | 30.5 | 33.8 | 121 | 21.4 | 47 | 10 | 30.9 |
| ⅢA.1 | 盐城 | 33.1 | 36.4 | | 12.8 | 43 | 1 | 32.5 |
| ⅢA.2 | 上海市 | 35.3 | 38.6 | 8 | 15.0 | 35 | 1 | 29.4 |
| ⅢA.3 | 舟山 | 36.5 | 39.8 | | 27.6 | 61 | 10 | 28.7 |
| ⅢA.4 | 温州 | 38.5 | 41.8 | | 6.2 | 13 | 0 | 51.3 |
| ⅢA.5 | 宁德 | 40.2 | 43.5 | | 5.1 | 21 | 0 | 54.0 |
| ⅢB.1 | 泰州 | 34.0 | 37.3 | | 19.8 | 56 | 1 | 36.0 |
| ⅢB.2 | 南京 | 34.5 | 37.8 | 9 | 11.2 | 24 | 5 | 33.3 |
| ⅢB.3 | 蚌埠 | 33.6 | 36.9 | 15 | 11.8 | 26 | 3 | 30.4 |
| ⅢB.4 | 合肥 | 34.6 | 37.9 | 11 | 10.2 | 44 | 2 | 29.6 |
| ⅢB.5 | 铜陵 | 35.5 | 38.8 | 6 | 11.4 | 37 | 0 | 40.0 |
| ⅢB.6 | 杭州 | 36.3 | 39.6 | 5 | 6.9 | 18 | 0 | 39.1 |
| ⅢB.7 | 丽水 | 38.1 | 41.4 | | 3.4 | 10 | 0 | 60.5 |
| ⅢB.8 | 邵武 | 39.2 | 42.5 | | 1.2 | 4 | 0 | 72.9 |
| ⅢB.9 | 三明 | 40.2 | 43.5 | | 8.0 | 15 | 3 | 67.4 |
| ⅢB.10 | 长江 | 40.7 | 44.0 | | 2.5 | 8 | 0 | 82.6 |
| ⅢB.11 | 景德镇 | 37.2 | 40.5 | | 2.9 | 6 | 0 | 58.0 |
| ⅢB.12 | 南昌 | 37.9 | 41.2 | | 19.9 | 38 | 5 | 58.0 |
| ⅢB.13 | 上饶 | 38.1 | 41.4 | | 6.2 | 15 | 1 | 65.0 |
| ⅢB.14 | 吉安 | 39.4 | 42.7 | | 5.2 | 20 | 0 | 69.9 |
| ⅢB.15 | 宁冈 | 39.8 | 43.1 | | 2.4 | 13 | 0 | 78.2 |
| ⅢB.16 | 广昌 | 39.7 | 43.0 | | 2.8 | 13 | 0 | 70.5 |
| ⅢB.17 | 赣州 | 40.7 | 44.0 | | 3.8 | 16 | 0 | 67.4 |
| ⅢB.18 | 沙市 | 36.2 | 39.5 | 8 | 6.5 | 19 | 0 | 38.4 |
| ⅢB.19 | 武汉 | 35.9 | 39.2 | 10 | 7.6 | 16 | 2 | 36.9 |
| ⅢB.20 | 大庸 | 37.4 | 40.7 | | 3.1 | 12 | 0 | 48.2 |
| ⅢB.21 | 长沙 | 38.3 | 41.6 | 5 | 6.6 | 14 | 0 | 49.5 |
| ⅢB.22 | 涟源 | 38.8 | 42.1 | | 3.9 | 17 | 0 | 54.0 |
| ⅢB.23 | 永州 | 40.3 | 43.6 | | 16.4 | 42 | 1 | 65.3 |
| ⅢB.24 | 韶关 | 41.7 | 45.0 | | 2.4 | 11 | 0 | 77.9 |
| ⅢB.25 | 桂林 | 41.2 | 44.5 | | 14.8 | 26 | 6 | 77.6 |
| ⅢB.26 | 涪陵 | 36.8 | 40.1 | | 3.5 | 10 | 0 | 45.6 |
| ⅢB.27 | 重庆 | 36.9 | 40.2 | | 3.4 | 8 | 0 | 36.5 |
| ⅢC.1 | 驻马店 | 33.5 | 36.8 | 16 | 5.6 | 20 | 1 | 27.6 |
| ⅢC.2 | 固始 | 34.3 | 37.6 | 10 | 5.4 | 43 | 0 | 35.3 |
| ⅢC.3 | 平顶山 | 32.8 | 36.1 | | 18.6 | | | 21.7 |
| ⅢC.4 | 老河口 | 34.1 | 37.4 | 11 | 4.0 | 14 | 0 | 26.0 |
| ⅢC.5 | 随州 | 34.8 | 38.1 | 9 | 4.1 | 12 | 1 | 35.1 |
| ⅢC.6 | 远安 | 35.4 | 38.7 | | 5.6 | 14 | 0 | 46.5 |
| ⅢC.7 | 恩施 | 36.2 | 39.5 | | 0.5 | 3 | 0 | 49.3 |
| ⅢC.8 | 汉中 | 33.4 | 36.7 | 8 | 1.7 | 8 | 0 | 31.0 |
| ⅢC.9 | 略阳 | 33.2 | 36.5 | 16 | 13.0 | 73 | 1 | 21.8 |
| ⅢC.10 | 山阳 | 33.0 | 36.3 | 17 | 2.9 | 13 | 0 | 29.4 |
| ⅢC.11 | 安康 | 33.8 | 37.1 | 7 | 5.4 | 18 | 0 | 31.7 |
| ⅢC.12 | 平武 | 34.1 | 37.4 | | 0.9 | 5 | 0 | 30.0 |
| ⅢC.13 | 仪陇 | 35.0 | 38.3 | | 16.2 | 41 | 3 | 36.4 |
| ⅢC.14 | 达县 | 35.3 | 38.6 | 9 | 4.4 | 14 | 0 | 37.1 |

| 区属号 | 地名 | 入射角(°) | | 最大冻土深度(cm) | 天气现象 | | | 雷暴日数 |
|---|---|---|---|---|---|---|---|---|
| | | 冬至日 | 大寒日 | | 大风(风力≥8级)日数 | | | |
| | | | | | 全年 | 最多 | 最少 | |
| 1 | 2 | 41 | 42 | 43 | 44 | 45 | 46 | 47 |
| ⅢC.15 | 成都 | 35.8 | 39.1 | | 3.2 | 9 | 0 | 34.6 |
| ⅢC.16 | 内江 | 36.9 | 40.2 | | 6.5 | 22 | 0 | 40.6 |
| ⅢC.17 | 酉阳 | 37.7 | 41.0 | | 1.6 | 6 | 0 | 52.7 |
| ⅢC.18 | 桐梓 | 38.4 | 41.7 | | 3.6 | 14 | 0 | 49.9 |
| ⅢC.19 | 凯里 | 39.9 | 43.2 | | 4.7 | 23 | 0 | 59.4 |
| ⅣA.1 | 福州 | 40.4 | 43.7 | | 12.6 | 23 | 3 | 56.5 |
| ⅣA.2 | 泉州 | 41.6 | 44.9 | | 48.5 | 122 | 5 | 38.4 |
| ⅣA.3 | 汕头 | 43.1 | 46.4 | | 11.1 | 23 | 5 | 51.7 |
| ⅣA.4 | 广州 | 43.4 | 46.7 | | 5.5 | 17 | 0 | 80.3 |
| ⅣA.5 | 茂名 | 44.9 | 48.2 | | 15.2 | | | 94.4 |
| ⅣA.6 | 北海 | 45.0 | 48.3 | | 11.5 | 25 | 3 | 81.8 |
| ⅣA.7 | 海口 | 46.5 | 49.8 | | 13.9 | 28 | 1 | 112.7 |
| ⅣA.8 | 儋县 | 47.0 | 50.3 | | 4.1 | 20 | 0 | 120.8 |
| ⅣA.9 | 琼中 | 47.5 | 50.8 | | 1.9 | 6 | 0 | 115.5 |
| ⅣA.10 | 三亚 | 48.3 | 51.6 | | 7.0 | 18 | 0 | 69.9 |
| ⅣA.11 | 台北 | 41.5 | 44.8 | | | | | 27.9 |
| ⅣA.12 | 香港 | 44.2 | 47.5 | | | | | 34.0 |
| ⅣB.1 | 漳州 | 42.0 | 45.3 | | 1.9 | 6 | 0 | 60.5 |
| ⅣB.2 | 梅州 | 42.2 | 45.5 | | 1.5 | 7 | 0 | 79.6 |
| ⅣB.3 | 梧州 | 43.0 | 46.3 | | 9.5 | 25 | 0 | 92.3 |
| ⅣB.4 | 河池 | 41.8 | 45.1 | | 4.9 | 18 | 0 | 64.0 |
| ⅣB.5 | 百色 | 42.6 | 45.9 | | 2.7 | 8 | 0 | 76.8 |
| ⅣB.6 | 南宁 | 43.7 | 47.0 | | 3.5 | 10 | 0 | 90.3 |
| ⅣB.7 | 凭祥 | 44.4 | 47.7 | | 0.7 | 3 | 0 | 82.7 |
| ⅣB.8 | 元江 | 42.9 | 46.2 | | 26.2 | 66 | 1 | 78.8 |
| ⅣB.9 | 景洪 | 44.6 | 47.9 | | 3.4 | 11 | 0 | 119.2 |
| ⅤA.1 | 毕节 | 39.2 | 42.5 | | 2.3 | 10 | 0 | 61.3 |
| ⅤA.2 | 贵阳 | 39.9 | 43.2 | | 10.2 | 45 | 0 | 51.6 |
| ⅤA.3 | 察隅 | 37.9 | 41.2 | 9 | 1.1 | 6 | 0 | 14.4 |
| ⅤB.1 | 西昌 | 38.6 | 41.9 | | 9.0 | 35 | 0 | 72.9 |
| ⅤB.2 | 攀枝花 | 40.0 | 43.3 | | 18.1 | 66 | 2 | 68.1 |
| ⅤB.3 | 丽江 | 39.6 | 42.9 | | 17.0 | 51 | 0 | 75.8 |
| ⅤB.4 | 大理 | 40.8 | 44.1 | | 58.7 | 110 | 16 | 62.4 |
| ⅤB.5 | 腾冲 | 41.4 | 44.7 | | 2.0 | 9 | 0 | 79.8 |
| ⅤB.6 | 昆明 | 41.5 | 44.8 | | 11.0 | 40 | 0 | 66.3 |
| ⅤB.7 | 临沧 | 42.6 | 45.9 | | 10.9 | 43 | 0 | 86.9 |
| ⅤB.8 | 个旧 | 43.1 | 46.4 | | 1.1 | 7 | 0 | 51.0 |
| ⅤB.9 | 思茅 | 43.8 | 47.1 | | 5.0 | 15 | 0 | 102.7 |
| ⅤB.10 | 盘县 | 40.7 | 44.0 | | 54.4 | 98 | 6 | 80.1 |
| ⅤB.11 | 兴义 | 41.4 | 44.7 | | 14.9 | 38 | 2 | 77.4 |
| ⅤB.12 | 独山 | 40.7 | 44.0 | | 2.9 | 10 | 0 | 58.2 |
| ⅥA.1 | 冷湖 | 27.7 | 31.0 | 174 | 47.2 | 116 | 7 | 2.5 |
| ⅥA.2 | 茫崖 | 28.2 | 31.5 | 229 | 113.3 | 163 | 57 | 5.0 |
| ⅥA.3 | 德令哈 | 29.1 | 32.4 | 196 | 38.0 | 65 | 19 | 19.3 |
| ⅥA.4 | 刚察 | 29.2 | 32.5 | >250 | 47.2 | 78 | 18 | 60.4 |
| ⅥA.5 | 西宁 | 29.9 | 33.2 | 134 | 27.3 | 55 | 2 | 31.4 |
| ⅥA.6 | 格尔木 | 30.1 | 33.4 | 88 | 22.9 | 46 | 7 | 2.8 |
| ⅥA.7 | 都兰 | 30.2 | 33.5 | 201 | 28.2 | 107 | 3 | 8.8 |
| ⅥA.8 | 同德 | 31.2 | 34.5 | 162 | 36.6 | 56 | 20 | 56.9 |
| ⅥA.9 | 夏河 | 31.5 | 34.8 | 142 | 19.9 | 53 | 4 | 63.8 |
| ⅥA.10 | 若尔盖 | 32.9 | 36.2 | 75 | 39.2 | 77 | 15 | 64.2 |
| ⅥB.1 | 曲麻莱 | 32.0 | 35.3 | >250 | 120.4 | 172 | 68 | 65.7 |
| ⅥB.2 | 杂多 | 33.6 | 36.9 | 229 | 66.0 | 126 | 2 | 74.9 |
| ⅥB.3 | 玛多 | 31.6 | 34.9 | 277 | 63.1 | 110 | 12 | 44.9 |

| 区属号 | 地名 | 入射角(°) | | 最大冻土深度(cm) | 天气现象 | | | 雷暴日数 |
|---|---|---|---|---|---|---|---|---|
| | | 冬至日 | 大寒日 | | 大风(风力>8级)日数 | | | |
| | | | | | 全年 | 最多 | 最少 | |
| 1 | 2 | 41 | 42 | 43 | 44 | 45 | 46 | 47 |
| ⅥB.4 | 噶尔 | 34.0 | 37.3 | 176 | 134.8 | 231 | 48 | 19.1 |
| ⅥB.5 | 改则 | 34.4 | 37.7 | | 164.5 | 219 | 129 | 43.5 |
| ⅥB.6 | 那曲 | 35.0 | 38.3 | 281 | 100.6 | 211 | 17 | 83.6 |
| ⅥB.7 | 申扎 | 35.6 | 38.9 | | 111.3 | 179 | 27 | 68.8 |
| ⅥC.1 | 马尔康 | 34.6 | 37.9 | 26 | 35.0 | 78 | 7 | 68.8 |
| ⅥC.2 | 甘孜 | 34.9 | 38.2 | 95 | 102.6 | 163 | 34 | 80.1 |
| ⅥC.3 | 巴塘 | 36.5 | 39.8 | | 25.6 | 68 | 0 | 72.3 |
| ⅥC.4 | 康定 | 36.5 | 39.8 | | 167.3 | 257 | 31 | 52.1 |
| ⅥC.5 | 班玛 | 33.6 | 36.9 | 137 | 56.6 | 96 | 21 | 73.4 |
| ⅥC.6 | 昌都 | 35.4 | 38.7 | 81 | 50.5 | 87 | 15 | 55.6 |
| ⅥC.7 | 波密 | 36.6 | 39.9 | 20 | 3.6 | 23 | 0 | 10.2 |
| ⅥC.8 | 拉萨 | 36.6 | 40.1 | 26 | 36.6 | 65 | 2 | 72.6 |
| ⅥC.9 | 定日 | 37.9 | 41.2 | | 80.2 | 117 | 51 | 43.4 |
| ⅥC.10 | 德钦 | 38.0 | 41.3 | | 61.7 | 135 | 5 | 24.7 |
| ⅦA.1 | 克拉玛依 | 20.9 | 24.2 | 197 | 76.5 | 110 | 59 | 30.6 |
| ⅦA.2 | 博乐阿拉山口 | 21.3 | 24.6 | 188 | 164.3 | 188 | 137 | 27.8 |
| ⅦB.1 | 阿勒泰 | 18.8 | 22.1 | >146 | 30.5 | 85 | 5 | 21.4 |
| ⅦB.2 | 塔城 | 19.8 | 23.1 | 146 | 39.9 | 88 | 4 | 27.7 |
| ⅦB.3 | 富蕴 | 19.5 | 22.8 | 175 | 23.5 | 55 | 7 | 14.0 |
| ⅦB.4 | 伊宁 | 22.6 | 25.9 | 62 | 14.7 | 34 | 0 | 26.1 |
| ⅦB.5 | 乌鲁木齐 | 22.7 | 26.0 | 139 | 21.7 | 59 | 5 | 8.9 |
| ⅦC.1 | 额济纳旗 | 24.6 | 27.9 | 120 | 43.8 | 78 | 19 | 7.8 |
| ⅦC.2 | 二连浩特 | 22.9 | 26.2 | 337 | 72.2 | 125 | 44 | 23.3 |
| ⅦC.3 | 杭锦后旗 | 25.6 | 28.9 | 127 | 25.1 | 47 | 10 | 23.9 |
| ⅦC.4 | 安西 | 26.0 | 29.3 | 116 | 64.8 | 105 | 12 | 7.5 |
| ⅦC.5 | 张掖 | 27.6 | 30.9 | 123 | 14.7 | 40 | 3 | 10.1 |
| ⅦD.1 | 吐鲁番 | 23.6 | 26.9 | 83 | 25.9 | 68 | 4 | 9.7 |
| ⅦD.2 | 哈密 | 23.7 | 27.0 | 127 | 21.0 | 49 | 2 | 6.8 |
| ⅦD.3 | 库车 | 24.8 | 28.1 | 120 | 19.6 | 41 | 4 | 28.7 |
| ⅦD.4 | 库尔勒 | 24.8 | 28.1 | 63 | 30.9 | 57 | 15 | 21.4 |
| ⅦD.5 | 阿克苏 | 25.3 | 28.6 | 62 | 13.4 | 45 | 2 | 32.7 |
| ⅦD.6 | 喀什 | 27.0 | 30.3 | 66 | 21.8 | 36 | 11 | 19.5 |
| ⅦD.7 | 且末 | 28.4 | 31.7 | 62 | 14.5 | 37 | 4 | 6.2 |
| ⅦD.8 | 和田 | 29.4 | 32.7 | 67 | 6.8 | 17 | 0 | 13.2 |

**全国主要城镇气候参数表 (九)**　　　附表 2.1-9

| 区属号 | 地名 | 天气现象 | | | | | | 记录年代 |
|---|---|---|---|---|---|---|---|---|
| | | 积雪 | | | 降雪 | | | |
| | | 初日 | 终日 | 年日数 | 初日 | 终日 | 年日数 | |
| 1 | 2 | 48 | 49 | 50 | 51 | 52 | 53 | 54 |
| ⅠA.1 | 漠河 | 10.11 | 4.30 | 175.9 | 9.27 | 5.14 | 47.2 | 1960—1985 |
| ⅠB.1 | 加格达奇 | 10.11 | 4.27 | 143.9 | 9.29 | 5.10 | 36.3 | 1967—1985 |
| ⅠB.2 | 克山 | 10.26 | 4.16 | 117.0 | 10.9 | 5.1 | 31.4 | 1951—1985 |
| ⅠB.3 | 黑河 | 10.18 | 4.26 | 147.5 | 10.6 | 5.6 | 35.7 | 1959—1985 |
| ⅠB.4 | 嫩江 | 10.17 | 4.22 | 135.1 | 10.8 | 5.3 | 34.8 | 1951—1985 |
| ⅠB.5 | 铁力 | 10.18 | 4.18 | 132.5 | 10.9 | 4.29 | 41.5 | 1958—1985 |
| ⅠB.6 | 额尔古纳右旗 | 10.10 | 5.5 | 167.7 | 9.26 | 5.16 | 46.7 | 1957—1985 |
| ⅠB.7 | 满洲里 | 10.13 | 4.30 | 118.7 | 9.30 | 5.14 | 23.6 | 1957—1985 |
| ⅠB.8 | 海拉尔 | 10.11 | 5.4 | 143.9 | 9.29 | 5.13 | 43.3 | 1951—1985 |
| ⅠB.9 | 博克图 | 10.6 | 5.9 | 136.1 | 9.26 | 5.20 | 43.8 | 1951—1985 |
| ⅠB.10 | 东乌珠穆沁旗 | 10.18 | 4.24 | 10.18 | 10.5 | 5.6 | 24.0 | 1956—1985 |

| 区属号 | 地名 | 天气现象 | | | | | | 记录年代 |
|---|---|---|---|---|---|---|---|---|
| | | 积雪 | | | 降雪 | | | |
| | | 初日 | 终日 | 年日数 | 初日 | 终日 | 年日数 | |
| 1 | 2 | 48 | 49 | 50 | 51 | 52 | 53 | 54 |
| ⅠC.1 | 齐齐哈尔 | 10.31 | 4.11 | 85.7 | 10.16 | 4.27 | 19.8 | 1951—1985 |
| ⅠC.2 | 鹤岗 | 10.21 | 4.19 | 123.5 | 10.13 | 4.30 | 32.0 | 1956—1985 |
| ⅠC.3 | 哈尔滨 | 10.27 | 4.8 | 105.1 | 10.15 | 4.19 | 33.1 | 1951—1985 |
| ⅠC.4 | 虎林 | 10.27 | 4.15 | 123.9 | 10.19 | 5.2 | 37.6 | 1957—1985 |
| ⅠC.5 | 鸡西 | 10.27 | 4.20 | 106.4 | 10.13 | 4.29 | 35.8 | 1951—1985 |
| ⅠC.6 | 绥芬河 | 10.21 | 4.23 | 120.9 | 10.10 | 5.5 | 43.1 | 1953—1985 |
| ⅠC.7 | 长春 | 10.31 | 4.7 | 88.4 | 10.14 | 4.23 | 27.1 | 1951—1985 |
| ⅠC.8 | 桦甸 | 11.1 | 4.15 | 119.2 | 10.15 | 4.30 | 42.3 | 1956—1985 |
| ⅠC.9 | 图们 | 11.13 | 4.9 | 75.4 | 10.22 | 4.25 | 24.7 | 1975—1985 |
| ⅠC.10 | 天池 | 9.8 | 6.18 | 257.5 | 8.30 | 6.24 | 144.5 | 1959—1985 |
| ⅠC.11 | 通化 | 11.1 | 4.14 | 111.9 | 10.17 | 4.27 | 42.9 | 1951—1985 |
| ⅠC.12 | 乌兰浩特 | 11.1 | 4.8 | 51.4 | 10.15 | 4.19 | 16.2 | 1951—1985 |
| ⅠC.13 | 锡林浩特 | 10.18 | 4.18 | 94.7 | 10.3 | 5.13 | 28.2 | 1953—1985 |
| ⅠC.14 | 多伦 | 10.20 | 4.27 | 89.3 | 10.7 | 5.15 | 32.7 | 1953—1985 |
| ⅠD.1 | 四平 | 11.8 | 4.7 | 80.1 | 10.23 | 4.17 | 23.9 | 1951—1985 |
| ⅠD.2 | 沈阳 | 11.16 | 4.1 | 61.5 | 10.31 | 4.14 | 20.5 | 1951—1985 |
| ⅠD.3 | 朝阳 | *11.29 | *3.25 | 22.9 | 11.9 | 4.8 | 9.0 | 1953—1985 |
| ⅠD.4 | 林西 | 10.26 | 4.14 | 34.0 | 10.11 | 4.30 | 13.5 | 1953—1985 |
| ⅠD.5 | 赤峰 | 11.12 | 4.7 | 30.6 | 10.23 | 4.23 | 11.6 | 1951—1985 |
| ⅠD.6 | 呼和浩特 | 11.27 | 3.22 | 31.7 | 10.25 | 4.13 | 12.6 | 1951—1985 |
| ⅠD.7 | 达尔罕茂明安联合旗 | 10.28 | 4.14 | 58.7 | 10.15 | 5.5 | 23.1 | 1954—1985 |
| ⅠD.8 | 张家口 | 11.28 | 3.24 | 25.1 | 10.31 | 4.16 | 12.2 | 1956—1985 |
| ⅠD.9 | 大同 | 11.18 | 3.30 | 29.3 | 10.26 | 4.24 | 14.4 | 1955—1985 |
| ⅠD.10 | 榆林 | 12.1 | 3.13 | 29.3 | 11.4 | 4.6 | 12.1 | 1951—1985 |
| ⅡA.1 | 营口 | 11.21 | 3.22 | 42.9 | 11.8 | 4.6 | 15.7 | 1951—1985 |
| ⅡA.2 | 丹东 | 11.24 | 3.22 | 40.5 | 11.14 | 4.5 | 17.4 | 1951—1985 |
| ⅡA.3 | 大连 | 11.30 | 3.13 | 26.3 | 11.11 | 3.25 | 12.9 | 1951—1985 |
| ⅡA.4 | 北京市 | 12.16 | 3.7 | 15.6 | 11.26 | 3.19 | 9.5 | 1951—1985 |
| ⅡA.5 | 天津市 | 12.14 | 3.3 | 12.6 | 12.1 | 3.18 | 8.4 | 1955—1985 |
| ⅡA.6 | 承德 | 11.29 | 3.23 | 25.3 | 11.7 | 4.6 | 10.5 | 1951—1985 |
| ⅡA.7 | 乐亭 | 12.8 | 3.13 | 18.0 | 11.22 | 3.27 | 9.7 | 1957—1985 |
| ⅡA.8 | 沧州 | 12.20 | 3.7 | 14.1 | 12.1 | 3.19 | 8.8 | 1954—1985 |
| ⅡA.9 | 石家庄 | 12.17 | 2.27 | 18.4 | 11.27 | 3.14 | 10.6 | 1955—1985 |
| ⅡA.10 | 南宫 | 12.18 | 3.1 | 15.8 | 11.29 | 3.13 | 8.8 | 1958—1985 |
| ⅡA.11 | 邯郸 | 12.20 | 2.5 | 14.0 | 12.5 | 3.17 | 9.7 | 1955—1985 |
| ⅡA.12 | 威海 | 11.25 | 3.7 | 28.3 | 11.6 | 3.26 | 18.8 | 1959—1985 |
| ⅡA.13 | 济南 | 12.15 | 3.7 | 14.6 | 11.30 | 3.22 | 9.3 | 1951—1985 |
| ⅡA.14 | 沂源 | 12.10 | 3.8 | 17.8 | 11.23 | 3.30 | 10.2 | 1958—1985 |
| ⅡA.15 | 青岛 | 12.19 | 2.24 | 9.7 | 11.24 | 3.16 | 9.1 | 1951—1985 |
| ⅡA.16 | 枣庄 | 12.15 | 2.19 | 9.9 | 12.7 | 3.11 | 8.0 | 1958—1985 |
| ⅡA.17 | 濮阳 | 12.18 | 2.28 | 14.1 | 12.8 | 3.11 | 8.9 | 1954—1985 |
| ⅡA.18 | 郑州 | 12.16 | 3.5 | 14.8 | 12.1 | 3.15 | 10.9 | 1951—1985 |
| ⅡA.19 | 卢氏 | 12.3 | 3.9 | 23.4 | 11.18 | 3.26 | 16.4 | 1953—1985 |
| ⅡA.20 | 宿州 | 12.21 | 2.24 | 12.7 | 12.5 | 3.11 | 10.6 | 1953—1985 |
| ⅡA.21 | 西安 | 12.7 | 3.6 | 17.8 | 11.28 | 3.14 | 13.9 | 1951—1985 |
| ⅡB.1 | 蔚县 | 11.20 | 4.10 | 38.5 | 10.26 | 4.25 | 15.0 | 1954—1985 |
| ⅡB.2 | 太原 | 12.7 | 3.13 | 22.1 | 11.27 | 3.26 | 11.4 | 1951—1985 |
| ⅡB.3 | 离石 | 12.4 | 3.20 | 29.6 | 11.6 | 3.29 | 13.9 | 1965—1985 |
| ⅡB.4 | 晋城 | 12.5 | 3.18 | 26.3 | 11.20 | 3.29 | 15.9 | 1956—1985 |
| ⅡB.5 | 临汾 | 12.20 | 2.23 | 15.1 | 12.5 | 3.6 | 8.5 | 1954—1985 |
| ⅡB.6 | 延安 | 11.24 | 3.18 | 20.6 | 11.1 | 4.1 | 13.7 | 1951—1985 |
| ⅡB.7 | 铜川 | 12.4 | 3.22 | 25.0 | 11.11 | 3.29 | 16.3 | 1958—1985 |

| 区属号 | 地名 | 天气现象 | | | | | | 记录年代 |
| --- | --- | --- | --- | --- | --- | --- | --- | --- |
| | | 积雪 | | | 降雪 | | | |
| | | 初日 | 终日 | 年日数 | 初日 | 终日 | 年日数 | |
| 1 | 2 | 48 | 49 | 50 | 51 | 52 | 53 | 54 |
| ⅡB.8 | 白银 | 11.17 | 3.25 | 12.3 | 10.23 | 4.20 | 9.8 | 1955-1985 |
| ⅡB.9 | 兰州 | 11.22 | 3.24 | 17.8 | 11.1 | 4.9 | 12.2 | 1951-1985 |
| ⅡB.10 | 天水 | 11.30 | 3.14 | 18.7 | 11.8 | 3.28 | 18.0 | 1951-1985 |
| ⅡB.11 | 银川 | *11.30 | *2.9 | 13.5 | 11.19 | 3.27 | 6.2 | 1951-1985 |
| ⅡB.12 | 中宁 | 12.6 | 2.29 | 11.9 | 11.5 | 4.9 | 8.1 | 1953-1985 |
| ⅡB.13 | 固原 | 10.24 | 4.19 | 39.3 | 10.12 | 4.28 | 24.6 | 1957-1985 |
| ⅢA.1 | 盐城 | 1.13 | 2.17 | 6.4 | 12.24 | 3.13 | 6.4 | 1954-1985 |
| ⅢA.2 | 上海市 | 1.25 | 2.18 | 3.2 | 1.5 | 3.11 | 5.5 | 1951-1985 |
| ⅢA.3 | 舟山 | *1.29 | *2.14 | 2.9 | 12.22 | 3.7 | 5.4 | 1954-1985 |
| ⅢA.4 | 温州 | | | 1.4 | 1.13 | 2.23 | 3.9 | 1951-1985 |
| ⅢA.5 | 宁德 | | | 0.2 | *1.28 | *2.13 | 1.2 | 1960-1985 |
| ⅢB.1 | 泰州 | *1.25 | *2.24 | 6.1 | 12.27 | 3.8 | 7.6 | 1955-1985 |
| ⅢB.2 | 南京 | *1.12 | *2.21 | 8.9 | 12.14 | *3.10 | 8.4 | 1951-1985 |
| ⅢB.3 | 蚌埠 | 12.20 | 2.26 | 12.3 | 12.10 | 3.10 | 10.6 | 1952-1985 |
| ⅢB.4 | 合肥 | *12.21 | *2.15 | 11.5 | 12.10 | 3.12 | 10.3 | 1953-1985 |
| ⅢB.5 | 铜陵 | *1.5 | *2.17 | 9.5 | 12.15 | 3.4 | 10.5 | 1957-1985 |
| ⅢB.6 | 杭州 | *1.16 | *2.20 | 7.8 | 12.20 | 3.11 | 9.8 | 1951-1985 |
| ⅢB.7 | 丽水 | 1.19 | 2.1 | 3.8 | 12.28 | 3.2 | 7.1 | 1953-1985 |
| ⅢB.8 | 邵武 | | | 1.5 | *1.4 | *2.9 | 4.5 | 1957-1985 |
| ⅢB.9 | 三明 | | | 0.2 | | | 1.2 | 1960-1985 |
| ⅢB.10 | 长汀 | | | 0.4 | *1.11 | *2.2 | 1.7 | 1955-1985 |
| ⅢB.11 | 景德镇 | *1.21 | *2.18 | 3.8 | 12.27 | 2.28 | 6.3 | 1953-1985 |
| ⅢB.12 | 南昌 | *1.14 | *2.12 | 5.1 | 12.17 | 3.1 | 6.9 | 1951-1985 |
| ⅢB.13 | 上饶 | *1.30 | *2.12 | 4.0 | 1.2 | 2.27 | 7.1 | 1957-1985 |
| ⅢB.14 | 吉安 | *1.27 | *2.7 | 2.4 | 12.28 | 2.18 | 5.5 | 1952-1985 |
| ⅢB.15 | 宁冈 | *1.21 | *2.2 | 3.4 | 12.20 | 2.20 | 6.8 | 1957-1985 |
| ⅢB.16 | 广昌 | *1.21 | *1.30 | 2.7 | 12.29 | 2.13 | 5.7 | 1954-1985 |
| ⅢB.17 | 赣州 | | | 1.1 | *1.1 | *2.5 | 2.4 | 1951-1985 |
| ⅢB.18 | 沙市 | 1.1 | 2.11 | 8.6 | 12.4 | 3.7 | 10.0 | 1954-1985 |
| ⅢB.19 | 武汉 | *12.31 | *2.17 | 8.9 | 12.6 | 3.4 | 9.2 | 1951-1985 |
| ⅢB.20 | 大庸 | *1.11 | *2.10 | 5.1 | 12.6 | 3.8 | 10.0 | 1957-1985 |
| ⅢB.21 | 长沙 | *1.9 | *2.14 | 6.1 | 12.20 | 2.28 | 8.8 | 1951-1985 |
| ⅢB.22 | 涟源 | *1.11 | *2.13 | 5.5 | 12.16 | 2.26 | 8.6 | 1958-1985 |
| ⅢB.23 | 永州 | *1.14 | *1.31 | 4.0 | 12.24 | 2.22 | 67 | 1951-1985 |
| ⅢB.24 | 韶关 | | | 0.2 | 1.20 | 2.4 | 1.0 | 1951-1985 |
| ⅢB.25 | 桂林 | | | 0.5 | *1.5 | *2.13 | 2.0 | 1951-1985 |
| ⅢB.26 | 涪陵 | | | 0.2 | | | 0.6 | 1952-1985 |
| ⅢB.27 | 重庆 | | | 0.2 | | | 0.8 | 1951-1985 |
| ⅢC.1 | 驻马店 | 12.15 | 2.26 | 13.8 | 12.3 | 3.12 | 12.3 | 1958-1985 |
| ⅢC.2 | 固始 | 12.19 | 2.24 | 14.5 | 12.7 | 3.12 | 12.0 | 1953-1985 |
| ⅢC.3 | 平顶山 | 12.18 | 2.21 | 11.3 | 12.4 | 3.11 | 11.2 | 1955-1985 |
| ⅢC.4 | 老河口 | 12.11 | 2.24 | 13.7 | 11.28 | 3.12 | 14.2 | 1951-1985 |
| ⅢC.5 | 随州 | 12.23 | 2.16 | 8.0 | 12.5 | 3.4 | 9.1 | 1952-1985 |
| ⅢC.6 | 远安 | *1.1 | *2.18 | 4.6 | 12.4 | 3.6 | 6.2 | 1957-1985 |
| ⅢC.7 | 恩施 | | | 1.9 | 12.29 | 2.23 | 5.1 | 1951-1985 |
| ⅢC.8 | 汉中 | *3.1 | *1.30 | 4.0 | 12.9 | 3.3 | 7.7 | 1951-1985 |
| ⅢC.9 | 略阳 | 12.28 | 2.16 | 6.7 | 11.30 | 3.14 | 11.3 | 1959-1985 |
| ⅢC.10 | 山阳 | 12.12 | 3.5 | 10.7 | 11.21 | 3.24 | 13.5 | 1959-1985 |
| ⅢC.11 | 安康 | *1.6 | *2.9 | 2.1 | 12.9 | 3.4 | 5.6 | 1953-1985 |
| ⅢC.12 | 平武 | *1.13 | *1.29 | 2.4 | 12.26 | 2.22 | 4.8 | 1953-1985 |
| ⅢC.13 | 仪陇 | | | 2.0 | 12.31 | 2.16 | 4.7 | 1959-1985 |
| ⅢC.14 | 达县 | | | 0.3 | *1.3 | *1.30 | 1.4 | 1953-1985 |
| ⅢC.15 | 成都 | | | 0.7 | *1.5 | *2.6 | 2.4 | 1951-1985 |
| ⅢC.16 | 内江 | | | | *1.9 | *1.29 | 1.5 | 1951-1985 |
| ⅢC.17 | 酉阳 | *12.29 | *2.16 | 7.9 | 12.1 | 3.11 | 14.5 | 1952-1985 |
| ⅢC.18 | 桐梓 | *1.9 | *2.7 | 3.5 | 12.17 | 2.26 | 8.5 | 1951-1985 |
| ⅢC.19 | 凯里 | *1.10 | *2.9 | 4.3 | 12.13 | 2.28 | 8.2 | 1958-1985 |
| ⅣA.1 | 福州 | | | | | | 0.8 | 1951-1985 |
| ⅣA.2 | 泉州 | | | | | | 0.0 | 1957-1985 |
| ⅣA.3 | 汕头 | | | | | | | 1951-1985 |
| ⅣA.4 | 广州 | | | | | | | 1951-1985 |
| ⅣA.5 | 茂名 | | | | | | | 1973-1980 |
| ⅣA.6 | 北海 | | | | | | | 1953-1985 |
| ⅣA.7 | 海口 | | | | | | | 1951-1985 |
| ⅣA.8 | 儋县 | | | | | | | 1955-1985 |
| ⅣA.9 | 琼中 | | | | | | | 1960-1985 |
| ⅣA.10 | 三亚 | | | | | | | 1959-1985 |
| ⅣA.11 | 台北 | | | | | | | 1971-1980 |
| ⅣA.12 | 香港 | | | | | | | 1951-1980 |
| ⅣB.1 | 漳州 | | | | | | 0.0 | 1951-1985 |
| ⅣB.2 | 梅州 | | | | | | 0.1 | 1953-1985 |
| ⅣB.3 | 梧州 | | | | | | 0.0 | 1951-1985 |
| ⅣB.4 | 河池 | | | | *1.17 | *1.31 | 1.1 | 1956-1985 |
| ⅣB.5 | 百色 | | | | | | 0.1 | 1951-1985 |
| ⅣB.6 | 南宁 | | | | | | 0.1 | 1951-1985 |
| ⅣB.7 | 凭祥 | | | | | | | 1965-1985 |
| ⅣB.8 | 元江 | | | | | | | 1955-1985 |
| ⅣB.9 | 景洪 | | | | | | | 1954-1985 |
| ⅤA.1 | 毕节 | 12.29 | 2.13 | 6.3 | 11.24 | 3.15 | 13.2 | 1951-1985 |
| ⅤA.2 | 贵阳 | *1.12 | *2.3 | 2.9 | 12.10 | 2.19 | 6.5 | 1951-1985 |
| ⅤA.3 | 察隅 | 1.10 | 3.14 | 7.8 | 12.24 | 4.7 | 12.3 | 1967-1984 |
| ⅤB.1 | 西昌 | | | 0.8 | 12.25 | 2.11 | 2.3 | 1951-1985 |
| ⅤB.2 | 攀枝花 | | | | | | 0.0 | 1966-1985 |
| ⅤB.3 | 丽江 | | | 0.6 | 12.25 | 3.7 | 2.2 | 1951-1985 |
| ⅤB.4 | 大理 | | | | *1.5 | *2.22 | 0.6 | 1951-1985 |
| ⅤB.5 | 腾冲 | | | | | | | 1951-1985 |
| ⅤB.6 | 昆明 | | | 1.0 | *12.30 | *1.29 | 2.2 | 1951-1985 |
| ⅤB.7 | 临沧 | | | | | | | 1954-1985 |
| ⅤB.8 | 个旧 | | | | | | 0.9 | 1959-1985 |
| ⅤB.9 | 思茅 | | | | | | | 1955-1985 |
| ⅤB.10 | 盘县 | *1.16 | *2.3 | 2.1 | 12.10 | 2.18 | 6.1 | 1951-1985 |
| ⅤB.11 | 兴义 | | | 1.1 | | | 2.9 | 1969-1985 |
| ⅤB.12 | 独山 | | | 2.0 | *12.20 | *2.13 | 4.4 | 1951-1985 |
| ⅥA.1 | 冷湖 | *12.23 | *2.6 | 4.0 | 11.5 | 4.24 | 2.4 | 1957-1985 |
| ⅥA.2 | 茫崖 | 11.18 | 5.11 | 10.2 | 9.4 | 6.23 | 11.2 | 1964-1985 |
| ⅥA.3 | 德令哈 | 11.11 | 4.27 | 31.1 | 9.29 | 6.18 | 14.1 | 1973-1985 |
| ⅥA.4 | 刚察 | 9.26 | 6.1 | 45.3 | 8.28 | 6.30 | 38.5 | 1958-1985 |
| ⅥA.5 | 西宁 | 11.1 | 4.15 | 22.8 | 10.12 | 5.6 | 19.5 | 1954-1985 |
| ⅥA.6 | 格尔木 | 11.26 | 4.3 | 8.7 | 10.16 | 5.14 | 7.2 | 1956-1985 |
| ⅥA.7 | 都兰 | 10.5 | 5.13 | 50.0 | 9.15 | 6.18 | 29.9 | 1955-1985 |
| ⅥA.8 | 同德 | 10.10 | 5.21 | 35.2 | 9.16 | 6.22 | 32.4 | 1959-1985 |
| ⅥA.9 | 夏河 | 10.6 | 5.17 | 52.5 | 9.19 | 6.4 | 44.6 | 1958-1985 |
| ⅥA.10 | 若尔盖 | 9.25 | 5.24 | 72.2 | 8.29 | 6.27 | 65.7 | 1957-1985 |
| ⅥB.1 | 曲麻莱 | 8.31 | 6.30 | 88.4 | 8.19 | 7.27 | 83.2 | 1957-1985 |
| ⅥB.2 | 杂多 | 9.29 | 6.1 | 69.8 | 9.3 | 6.28 | 59.8 | 1957-1985 |
| ⅥB.3 | 玛多 | 8.30 | 7.5 | 102.0 | 8.16 | 7.29 | 78.6 | 1953-1985 |
| ⅥB.4 | 噶尔 | 11.10 | 5.10 | 24.9 | 9.20 | 6.21 | 13.9 | 1961-1981 |
| ⅥB.5 | 改则 | 10.14 | 6.5 | 20.4 | 9.3 | 7.16 | 21.3 | 1973-1980 |

| 区属号 | 地名 | 天气现象 | | | | | | 记录年代 |
| | | 积雪 | | | 降雪 | | | |
| | | 初日 | 终日 | 年日数 | 初日 | 终日 | 年日数 | |
| 1 | 2 | 48 | 49 | 50 | 51 | 52 | 53 | 54 |
| ⅥB.6 | 那曲 | 9.25 | 6.12 | 59.6 | 8.24 | 7.9 | 50.9 | 1955—1985 |
| ⅥB.7 | 申扎 | 9.26 | 6.16 | 29.0 | 8.23 | 7.10 | 37.8 | 1961—1983 |
| ⅥC.1 | 马尔康 | 11.29 | 3.21 | 12.6 | 10.25 | 4.20 | 16.2 | 1954—1985 |
| ⅥC.2 | 甘孜 | 10.24 | 4.24 | 36.5 | 10.4 | 5.27 | 33.4 | 1952—1985 |
| ⅥC.3 | 巴塘 | | | 0.4 | 12.18 | 3.22 | 0.9 | 1957—1985 |
| ⅥC.4 | 康定 | 10.28 | 4.21 | 36.7 | 10.20 | 5.10 | 40.2 | 1953—1985 |
| ⅥC.5 | 班玛 | 10.11 | 5.14 | 52.8 | 9.11 | 6.19 | 55.2 | 1965—1985 |
| ⅥC.6 | 昌都 | 11.12 | 4.6 | 14.9 | 10.7 | 5.10 | 18.9 | 1953—1985 |
| ⅥC.7 | 波密 | 12.6 | 3.26 | 20.0 | 11.10 | 4.8 | 25.8 | 1953—1985 |
| ⅥC.8 | 拉萨 | 12.20 | 4.11 | 5.1 | 10.23 | 5.13 | 8.3 | 1955—1985 |
| ⅥC.9 | 定日 | 12.2 | 4.29 | 7.4 | 9.22 | 6.4 | 10.1 | 1971—1984 |
| ⅥC.10 | 德钦 | 10.31 | 4.27 | 55.5 | 10.19 | 5.13 | 56.4 | 1957—1980 |
| ⅦA.1 | 克拉玛依 | 11.18 | 3.17 | 76.7 | 10.22 | 3.30 | 23.5 | 1957—1985 |
| ⅦA.2 | 博乐阿拉山口 | 11.22 | 3.15 | 84.5 | 10.24 | 3.30 | 20.8 | 1956—1985 |
| ⅦB.1 | 阿勒泰 | 10.29 | 4.9 | 137.3 | 10.13 | 4.24 | 37.9 | 1955—1985 |
| ⅦB.2 | 塔城 | 11.1 | 3.31 | 126.3 | 10.18 | 4.17 | 43.0 | 1954—1985 |
| ⅦB.3 | 富蕴 | 10.21 | 4.12 | 141.7 | 10.10 | 4.26 | 37.0 | 1962—1985 |
| ⅦB.4 | 伊宁 | 11.12 | 3.22 | 100.9 | 10.10 | 4.5 | 33.7 | 1954—1985 |
| ⅦB.5 | 乌鲁木齐 | 10.18 | 4.21 | 136.1 | 10.14 | 5.1 | 46.5 | 1967—1985 |
| ⅦC.1 | 额济纳旗 | *12.26 | *2.19 | 11.3 | 12.2 | 3.19 | 1.9 | 1960—1985 |
| ⅦC.2 | 二连浩特 | 11.6 | 4.4 | 55.6 | 10.18 | 4.23 | 12.5 | 1956—1985 |
| ⅦC.3 | 杭锦后旗 | 1.1 | 3.8 | 13.4 | 11.23 | 4.2 | 4.6 | 1956—1985 |
| ⅦC.4 | 安西 | 12.3 | 3.8 | 15.2 | 11.13 | 3.29 | 6.8 | 1951—1985 |
| ⅦC.5 | 张掖 | 11.3 | 3.27 | 25.8 | 10.23 | 4.17 | 14.8 | 1951—1985 |
| ⅦD.1 | 吐鲁番 | | | 13.8 | *12.24 | *2.4 | 4.2 | 1952—1985 |
| ⅦD.2 | 哈密 | *12.3 | *2.26 | 33.5 | 11.17 | 3.21 | 6.5 | 1952—1985 |
| ⅦD.3 | 库车 | *1.1 | *2.17 | 27.1 | 12.3 | 3.4 | 6.3 | 1951—1985 |
| ⅦD.4 | 库尔勒 | *1.6 | *2.10 | 16.0 | 12.12 | 3.6 | 6.3 | 1959—1985 |
| ⅦD.5 | 阿克苏 | 1.1 | 2.14 | 26.7 | 12.14 | 2.27 | 7.3 | 1959—1985 |
| ⅦD.6 | 喀什 | *12.24 | *2.17 | 27.8 | 12.11 | 2.27 | 7.0 | 1956—1985 |
| ⅦD.7 | 且末 | *1.3 | *2.2 | 8.4 | 12.19 | 2.12 | 3.4 | 1954—1985 |
| ⅦD.8 | 和田 | *1.2 | *2.12 | 14.4 | *12.15 | *2.22 | 6.3 | 1954—1985 |

注：① 区属号"ⅠB.3"中，"Ⅰ"表示一级区编号，"B"表示二级区编号，"3"表示该区内城镇编号。

② 降、积雪的初、终日中加"＊"者表示出现年数占整编年数2/3或以上，以便与每年均有出现的相区别。

③ 凡资料数值加"#"的，表示资料欠准确，但仍可使用。空格表示缺资料或按规定不作统计。

④ 表中"地名"系以国务院批准的1989年底全国县级以上行政区划资料（中华人民共和国行政区划简册）为准。

# 附录三　名词解释

名词解释　　　　　　　附表 3.1

| 序号 | 名词 | 名词解释 |
| --- | --- | --- |
| 1 | 春、夏、秋、冬四季 | 季节的划分在气候学上有不同的方法，一种按阳历月份划分，以阳历3～5月为春季，6～8月为夏季，9～11月为秋季，12月～翌年2月为冬季。另一种按物候学划分方法是：取候（五日）平均气温＜10℃的时期为冬季，＞22℃的时期为夏季，介于10～22℃的时期为春季或秋季 |
| 2 | 冬半年、夏半年 | 气候学上称10月～翌年3月期间为冬半年，4～9月期间为夏半年 |
| 3 | 年降水量 | 年降水量是指一年内由天空降落到单位面积水平地面的液态水或固态水的量 |
| 4 | 年平均气温日较差 | 气温在一昼夜内最高值与最低值之差称为气温日较差。年平均气温日较差是年平均最高气温与年平均最低气温之差 |
| 5 | 气温年较差 | 最热月平均气温与最冷月月平均气温之差 |
| 6 | 季节冻土 | 冬季冻结、夏季全部融化的土层称为季节性冻土 |
| 7 | 永冻土 | 在最热的季节里，仍不能融化的土层称为永冻土 |
| 8 | 岛状冻土 | 呈岛状分布的永久性冻土，是季节性冻土与永久性冻土之间的过渡状态 |
| 9 | 最大冻土深度 | 地面土层或疏松岩石冻结的最大深度 |
| 10 | 降雪日 | 某日出现降雪即作为降雪日计 |
| 11 | 积雪 | 下雪后，只要气温接近或低于零度，雪就可能在地面上积累起来，当视野内地面覆雪面积超过一半时，便记为积雪日 |
| 12 | 最大积雪深度 | 一定时间内，地面积雪层的最大厚度 |
| 13 | 雨凇日 | 天上的雨滴落在电线、物体和地面上，马上结起透明或半透明的冰层，这就是雨凇，俗称冰凌。某日出现雨凇现象即记为一个雨凇日 |
| 14 | 沙暴日 | 沙暴是强风将大量的沙粒、尘土猛烈地卷入空中的现象。某日出现沙暴，水平能见距离降低到1km以下，即作为沙暴日计 |
| 15 | 雾凇日 | 雾凇是严冬季节出现的空气中水汽直接凝华或过冷却雾滴直接冻结在物体上，所形成的乳白色冰晶物。某日出现雾凇现象，即作为雾凇日计 |
| 16 | 雷暴日 | 大气中伴有雷声的放电现象，称为雷暴。凡闻雷声即作为雷暴日计 |
| 17 | 冰雹日 | 冰雹是天上掉下来的固体降水，有球形、圆锥形或形状不规则的冰块。凡有降雹现象即作为冰雹日计 |
| 18 | 日照时数 | 日照时数是指太阳实际照射某地面时的时数 |
| 19 | 日照百分率 | 一定时间内某地日照时数与该地的可照时数的百分比称为日照百分率 |
| 20 | 太阳总辐射照度 | 水平或垂直面上单位时间内，单位面积上接受的太阳辐射量称为太阳辐射照度。太阳直射辐射照度和散射辐射照度之和称为太阳总辐射照度 |
| 21 | 梅雨 | 初夏季节在江淮流域乃至闽、赣、湘出现的雨期较长的连阴雨天气，称为梅雨 |
| 22 | 热带风暴和台风 | 发生在北太平洋西部的热带气旋，其中心附近的海面（或地面）最大风力达8级以上。风力在8级以上称为热带风暴，10级以上称为强热带风暴，12级以上称为台风 |
| 23 | 立体气候 | 指垂直分布的气候，山岳地带气候特征垂直分布明显，故泛指山岳气候为立体气候 |
| 24 | 建筑防寒 | 泛指为防止冬季室内过冷和创造适宜的室内热环境而采取的建筑综合措施 |
| 25 | 建筑保温 | 系指为减少冬季通过房屋围护结构向外散失热量，并保证围护结构薄弱部位内表面温度不致过低而采取的建筑构造措施 |
| 26 | 建筑防热 | 泛指为防止夏季室内过热和改善室内热环境而采取的建筑综合措施 |
| 27 | 建筑隔热 | 系指为减少夏季由太阳辐射和室外空气形成的热作用，通过房屋围护结构传入室内，防止围护结构内表面温度不致过高而采取的建筑构造措施 |

## 附录四　本标准用词说明

一、为便于在执行本标准条文时区别对待，对要求严格程度不同的用词说明如下：

1. 表示很严格，非这样做不可的：

正面词采用"必须"；

反面词采用"严禁"。

2. 表示严格，在正常情况下均应这样做的：

正面词采用"应"；

反面词采用"不应"或"不得"。

3. 表示允许稍有选择，在条件许可时首先应这样做的：

正面词采用"宜"或"可"；

反面词采用"不宜"。

二、条文中指定应按其他有关标准、规范执行时，写法为"应符合……的规定"或"应按……执行"。

## 附加说明

### 本标准主编单位、参加单位和主要起草人名单

主 编 单 位：中国建筑科学研究院

参 加 单 位：国家气象中心

中国建筑标准设计研究所

主要起草人：谢守穆　周曙光　马天健

胡　璘　刘崇颐　王昌本

王启欢

# 中华人民共和国国家标准

# 建筑气候区划标准

GB 50178—93

## 条 文 说 明

# 前　言

根据原国家计委计综〔1986〕第 2630 号文的通知要求，由建设部会同有关单位共同编制的《建筑气候区划标准》GB 50178—93，经建设部 1993 年 7 月 5 日以建标〔1993〕462 号文批准发布。

为便于广大规划、设计、施工、科研、学校等有关单位人员在使用本标准时能正确理解和执行条文规定，《建筑气候区划标准》编制组根据原国家计委关于编制标准、规范条文说明的统一要求，按《建筑气候区划标准》的章、节、条顺序，编制了本条文说明，供国内各有关部门和单位参考。在使用中如发现本条文说明有欠妥之处，请将意见函寄中国建筑科学研究院建筑物理研究所《建筑气候区划标准》国标管理组（邮编 100044，北京车公庄大街 19 号）。

本条文说明由建设部标准定额研究所组织出版印刷，仅供有关部门和单位执行本标准时使用，不得外传和翻印。

# 目 次

# 第一章 总 则

**第 1.0.1 条** 编制目的。建筑与气候的关系十分密切，建筑的规划、设计、施工等无不受气候的巨大影响，世界各国都很重视建筑气候和建筑气候区划的研究，国外建筑气候区划的有关情况详见《建筑气候区划标准》研究报告之一《国外建筑气候区划简介》一文。

我国幅员辽阔，地形复杂，各地气候差异悬殊，为了适应各地不同的气候条件，建筑上反映出不同的特点和要求。寒冷的北方，建筑需防寒和保温，建筑布局紧凑，体态封闭、厚重；炎热多雨的南方，建筑要通风、遮阳、隔热，以降温除湿，建筑讲究防晒，内外通透；沿海地区的建筑还需防台风和暴雨；高原之上的建筑要注意强烈的日照、气候干燥和多风沙等。因此，研究我国建筑与气候的关系，按照各地建筑气候的相似性和差异性进行科学合理的建筑气候区划，概括出各区气候特征，明确各区建筑的基本要求，提供建筑设计所需的气候参数，合理利用当地气候资源，改善环境功能和使用条件，提高建筑技术水平，加快建设速度，发挥建设投资的经济效益和社会效益都有重要的意义。

我国 50 年代就开展了建筑气候区划的研究，并于 1964 年提出了《全国建筑气候分区草案（修订稿）》，由国家科学技术委员会内部出版，但是由于种种原因，该草案未能得到实际应用。有关我国建筑气候区划的情况详见《建筑气候区划标准》研究报告之二《我国建筑气候区划概述》一文。

近几年来，随着建筑业的发展，特别是有关建筑专业标准规范的制订和修订，迫切要求有一个全国统一的建筑气候区划标准作为基础。本标准的区划是在总结我国以往的区划经验的基础上，并与《民用建筑热工规范》、《采暖通风与空气调节设计规范》、《城市居住区规划设计规范》等标准规范协调制订的。本标准对区划分级、各区区划指标、各区建筑气候特征和建筑的基本要求等问题作了原则规定。应该特别说明的是，有关采暖区的划分问题是一个涉及面很广、原则性很强的问题，根据审查会议的讨论，由于采暖区涉及面广，目前制订该项区划条件尚未成熟，暂将采暖区划与建筑气候区划标准脱钩，所以，本标准中有关采暖的指标、气候参数和要求等有关内容均不涉及。

**第 1.0.2 条** 标准适用范围。建筑按用途分为工业与民用两大类。民用建筑因等级不同，工业建筑因工艺要求各异，其室内温湿度等条件要求不一样，如高级宾馆、档案馆、文物历史博物馆、办公楼等均要求较高，建设投资和管理费用都高于一般民用建筑。有特殊工艺要求的工厂，如精密仪器、仪表工厂，纺织厂，电子工业车间等要求恒温恒湿，而钢铁厂的热车间散热量很大，要求尽快散热。据统计，高级民用建筑和有特殊工艺要求的工业建筑约占全国总建筑面积的 10%，一般工业与民用建筑是大量的，约占 90%，本标准在拟订建筑气候区划指标和建筑基本要求时，都是针对一般工业与民用建筑的。另外，从收集到的国外建筑气候区划资料中也可看到，建筑气候区划都是针对某一类建筑的，如苏联的"居住建筑气候区划"，日本的"住宅节能度日值区划"和"办公楼节能建筑气候区划"等。道理很简单，只有室内外条件相近，才能有建筑的相似性，才可将相同的建筑要求列入一个建筑气候区，所以本条规定，本标准适用于一般工业与民用建筑的规划、设计与施工。

**第 1.0.3 条** 本标准与其他标准的关系。本标准是一个综合性很强的基础标准，主要对建筑的规划、设计与施工起宏观控制和指导作用。所以，本标准规定的内容是各有关标准规范的共性部分，对于各个专业标准规范中特有的内容，本标准未作规定，

仅规定达到某一专业技术方面的基本要求，而不代替相关专业的标准规范。因此，本条规定，在执行本标准时，尚应符合国家现行有关标准规范的规定。

# 第二章 建筑气候区划

## 第一节 一般规定

**第 2.1.1 条** 区划原则。气候区划原则，一般有主导因素原则、综合性原则及综合分析和主导因素相结合原则等三种不同的原则。

主导因素原则强调进行某一级分区时，必须采用统一的指标，综合性原则强调区内气候的相似性，而不必用统一的指标去划分某一级分区，两者各有利弊，目前常用的区划原则是将上述二者结合起来的第三种原则。本标准采用综合分析和主导因素相结合原则。

**第 2.1.2 条** 区划的分级。建筑气候区划是反映我国建筑与气候关系的区域划分，由于影响建筑气候区划的因素很多，各气候要素的时空分布不一，各气候要素对建筑气候区划的作用也不相同，因此，区划必须分级，这样可使各级分区中，突出各级区内建筑的相似性和差异性。本标准作为全国性的区划标准，主要用于宏观控制，是高层次的，必须有较大的概括性，为了便于应用，目前区划系统以避繁就简为宜。本标准在分析各气候要素对建筑影响的大小和气候要素在全国的分布状况之后，决定先按二级区划系统划分，至于更低级的划分，各省、市、地区可根据上述原则，在所辖范围内进一步划分。但各级区的划分原则必须有一定的建筑气候特征和相应的建筑基本要求为依据，假使仅有某一气候要素在程度上的较小差别，而目前建筑技术经济上无明显的反应，在这样的地区范围内就没有必要再划区。据此，全国划分为 7 个一级区，20 个二级区。一级区反映全国建筑气候上大的差异，二级区反映各大区内建筑气候上小的不同。图 2.1.2 表示中国建筑气候区划的全貌，一级区以大写罗马字Ⅰ、Ⅱ、Ⅲ……代表其区号，二级区则在一级区号的右侧注以大写英文字母 A、B、C……代表其二级区号。在本标准制订过程中，曾对我国各建筑气候区的名称作过多次讨论，意见不能完全统一，主要问题在于区名很难与国际上有关气候学和地理学中通用的名称相一致，而用上述编号作为区名，则能为大家所接受。有关区划的原则与分级的说明详见《建筑气候区划标准》研究报告之四《关于建筑气候区划的若干问题》一文。

**第 2.1.3 条** 全国气候要素分布图。本标准附录一中给出 21 幅全国气候要素分布图，其中除年总光照度和年扩散光照度两幅是中国建筑科学研究院物理所和中国气象科学研究院联合研究的成果外，其余均是根据国家气象部门 1951～1980 年整编资料绘制的。

气候要素分布图的作用有三个：一是为划分一级区提供依据，如 1 月平均气温等，二是为划分二级区提供依据，三是对建筑气候特征和建筑气候参数的不足作补充。例如最大积雪深度，冬、夏及全年风向玫瑰分布，日照时数分布，太阳辐射照度分布以及各种天气状况分布、光照度、太阳辐射照度等图均具有一定科学价值。

**第 2.1.4 条** 全国主要城镇气候参数表。本标准附录二给出全国 203 个气象台站的气候参数。为了满足区划和当前建设的需要，气象台站的选点除全国主要城市和新开放的港口城市（如深圳、秦皇岛）、新能源基地（如陕西韩城、甘肃窑街、云南芒市、内蒙东胜）外，还照顾到布点的均匀性和某些气象上的极值点。我国城镇分布的规律是东南沿海密集，而西部沙漠及西南高原极为稀疏，考虑到布点的均匀性，故将东南沿海城镇数量压

缩，如江苏的无锡邻近南京，广东的佛山邻近广州，虽其工农业产值和人口数量均为重点城镇也未列入，而西部城镇的布点则适当增加，如青海的茫崖、大柴旦虽非县级以上城镇，而其所处地区空白较大，却也被列入。此外，还有一些具有建筑气象要素极值点的气象台站，如黑龙江的漠河（最低气温记录-52.3℃）、新疆的吐鲁番（最高气温记录 47.6℃）、甘肃的夏河（沙暴日数110d）也被列入。

鉴于本标准是基础标准，建筑气候参数的选取应以各有关专业共同的常用的参数为准，凡是专业性标准规范中所必需具备的参数，如采暖计算温度等，已由各专业标准解决，本标准一律不列，避免重复。

考虑到本标准的气候参数作为有关建筑专业的基础参数，其统计方法仍以原中央气象局 1979 年颁布的《全国地面基本气象资料统计方法》中有关规定为准。

气象参数统计年代长，所得的气候参数值就比较稳定，概率性更强，也更有代表性，世界气象组织规定，30 年记录为得出气象特征的最短年限，我国许多气象台站是 50 年代中后期建立的，如果选用 1951～1980 年的气象记录资料，则不足 30 年的台站为数不少，为使统计年份接近 30 年，并尽量靠近最近的年份，本标准选用 1951～1985 年的气象记录资料整理，能够较好地反映全国各地气候的近况。但仍有个别台站建站较晚，只有 8 年资料，其代表性就差一些，但其差别不大，还是可用的，所有气象台站的资料统计年代均在表末注明，供参考。

使用本标准参数时，建设地点与本标准所列气象台站的地势、地形差异不大，且水平距离在 50km 以内及海拔高度差在 100m 以内可直接引用。因为气候受地形影响很大，如气温随海拔高度上升而下降，在我国夏季，高度每升高 100m，平均气温降低 0.6℃，冬季稍小些，地形使降雨量分布不均，而风随地形的变化更为明显。所以，气象部门规定，在地势平坦的地区，一个台站可以覆盖 50km 的范围，只要当地与气象台站海拔高度差在 100m 以内，水平距离在 50km 以内，气候具有相似性，参数使用比较可靠，而地势崎岖的地区则由于气候垂直变化比较复杂，不可直接引用。有关建筑气候参数的更详细的说明见《建筑气候区划标准》研究报告之七《关于建筑气候参数及气候要素分布图的概述》。

### 第二节 区划的指标

**第 2.2.1 条** 一级区划指标。一级区划主要根据全国范围内对建筑有决定性影响的气候因素来拟定。

气温、湿度、降水、积雪、太阳辐射、风、冻土、日照等气候要素对建筑有很大影响，其中积雪、风、冻土等只在局部地区才呈现出较大的梯度；日照和太阳辐射照度多呈纬向分布，梯度一般也不大；积雪主要影响建筑屋面荷载、形式和构造，但又不是唯一的因素；风速产生水平荷载，对结构产生影响，但也不是结构设计的唯一因素；风向及频率对城市规划产生较大影响，但城市规划也是要综合其他许多因素的，冻土影响到地基及地下管道埋深，但地基及地下管道的埋深受多种因素的控制，且冻土在全国的分布是局部性的；日照主要影响城市规划和居住建筑的日照标准，但城市规划和日照标准也取决于多种因素；太阳辐射对热工、采暖、空调有影响，但它与温度的作用相比还是次要的，且具随机性较大。从上面的分析可知积雪、风、冻土、日照和太阳辐射并不是在全国范围对建筑具有决定性影响的气候要素，不能作为主要指标。

气温、降水、相对湿度在空间和时间分布上差异很大，它形成我国各地气候特征的主要差异，即为冷、热、干、湿之不同。这三种气候要素对建筑产生的影响也是最大的，一是它们几乎影响到建筑行业的各个专业，如热工、暖通、规划、设计、结构、地基、给排水、建材、施工等专业都与温度、湿度、降水有关；

二是它们对建筑的规划、设计、施工起主要作用，如建筑围护结构的热阻要求和采暖能耗核算主要决定于温度和湿度条件。所以一级区划应以气温、相对湿度和降水量作为指标是有道理的，是能全面反映建筑气候特点的。

然而气温作为指标，可有年平均气温、月平均气温、月平均最高与最低气温、高于或低于某一界线温度的天数等，选取的指标既要有明确的建筑意义，又要符合习惯，使用方便，为大家所接受，经过反复征求意见，认为月平均温度能较好地反映一地的冷热程度，有关专业使用的一些计算参数大多是以月平均气温为基础统计的，工程界乐于接受。故本标准选用 1 月平均气温和 7 月平均气温为主要指标，年日平均气温小于等于 5℃的日数能反映一地寒冷期的长短，年日平均气温大于等于 25℃的日数能反映一地炎热期的长短，故将此二项指标作为辅助指标。

对建筑起决定作用的是最热月（7 月个别地区为 5 月、6 月）和最冷月（1 月）气温。1 月由于受西北寒流的影响，东部南北温差达 50℃，而西部南北则温差较小，因此，选用 1 月平均气温作为东部南方区的划分指标。7 月由于受东南季风暖流的影响，全国普遍增温，东部南北温差仅 10℃，青藏高原温度仍然很低。因此，选用 7 月平均气温作为青藏高原与其他地区的界限指标。

相对湿度在气温适中时，对人的热作用并不明显，只在气温高时才有明显影响。我国相对湿度分布一般在 7 月份最大，东部季风区相对湿度大多在 70%以上，而西北部只有 30%～70%。所以选用 7 月平均相对湿度作为Ⅰ、Ⅶ区区划的主要指标。

降水量是确定区域雨水排水和屋面排水系统的主要设计参数，同时降水量也反映了一个地方的干湿程度，降水也给施工带来影响。此外，降水还可能使某些黄土及膨胀土产生湿陷或膨胀。排水工程一般不以年降水量为指标，而以暴雨强度为设计指标，即以 10min 和 1h 的最大降水量为指标。考虑到 10min 和 1h 最大降水量与年降水量分布规律大致相近，以及年降水量对建筑的其他方面影响，本标准仍然用年降水量为指标。由于我国年降水量的分布与湿度分布一样，东南部大，西北部小，东部各区内降水量的差异在建筑上的反映不明显，所以年降水量仅作为Ⅰ、Ⅶ区区划的辅助指标。

确定划区指标的详细依据见《建筑气候区划标准》研究报告之三《建筑气候区划指标的确定》和研究报告之四《关于中国建筑气候区划的若干问题》。

下面对表 2.2.1 中的区界划分指标作简单说明。

一、Ⅰ、Ⅶ区与Ⅱ区的分界。主要指标为 1 月平均气温-10℃，低于或等于-10℃为Ⅰ、Ⅶ区，高于-10℃为Ⅱ区（Ⅶ区的部分地区，1 月平均气温高于-10℃，但综合考虑地理位置和其他气候因素，仍划归Ⅶ区）。从建筑意义上说，Ⅰ、Ⅶ区只要考虑防寒，自然就满足了夏季隔热要求，故不考虑夏季防热，且从我国目前技术经济发展水平来看，对于门窗的设置，在Ⅰ、Ⅶ区一般用双层，而在Ⅱ区则仍为单层，分界线东起丹东北，向西经锦州、承德、北京、大同、榆林、中宁附近，止于西宁东北与Ⅵ区相连，基本上平行于长城，所以又称这条线为长城线。

二、Ⅱ区与Ⅲ区的分界。主要指标为 1 月平均气温 0℃，低于或等于 0℃为Ⅱ区，高于 0℃为Ⅲ区，从建筑意义上说Ⅱ区冬季寒冷干燥而且寒冷期长，但夏季亦较炎热。所以建筑应以冬季防寒为主，适当兼顾夏季防热，Ⅲ区十分炎热、潮湿，炎热时间长，而冬季湿冷，但寒冷期较短，与Ⅱ区相反，建筑以夏季防热降温为主，兼顾冬季防寒。另外，因为气温低于 0℃，建筑围护结构易产生凝结水的冻结，凝融对建筑的耐久性将会产生很大的危害，有冻结危险的地区就是 1 月平均气温低于 0℃的地区，0℃线向来是我国南北方的分界线，分界线东起江苏的盐城北，向西经淮阴、蚌埠、阜阳、山阳、略阳、武都附近，止于Ⅵ区的马尔康以东，分界线大致经过秦岭、淮河，所以又称这条线为秦

（岭）淮（河）线。

三、Ⅲ区与Ⅳ区的分界。主要指标为 1 月平均气温 10℃，低于或等于 10℃ 为Ⅲ区，高于 10℃ 为Ⅳ区。从建筑意义上说，Ⅳ区建筑只要考虑夏季防热而不考虑冬季防寒，因为从人体生理角度看，室温低于 12℃ 时，人体会感到很冷，影响人的正常活动，所以维持室温在 12℃ 以上，是最起码的要求。实地观测表明，不采暖房间如不通风，室温可比室外平均气温高 2～3℃，即当室外平均气温为 10℃ 时，室温可维持在 12℃ 以上，能满足人们正常活动的起码要求。所以，1 月平均气温高于 10℃ 的地区可以不考虑防寒问题。分界线东起福州北，向西经龙岩、寻乌、连平、连县、柳州、兴仁附近，与Ⅴ区相连，分界线大致经过南岭，所以又称这条线为南岭线。

以上三条线，也是我国自然地理学上公认的气候分界线。

四、Ⅴ区与Ⅲ、Ⅳ区的分界。主要指标为 7 月平均气温 25℃，低于 25℃ 为Ⅴ区，高于 25℃ 为Ⅲ、Ⅳ区。从建筑意义上说，Ⅴ区最热月平均气温低于 25℃，建筑一般可不考虑夏季防热，而Ⅲ、Ⅳ区建筑则主要考虑夏季防热。国内外的研究表明，在夏季对人体的适宜温度上限为 28～30℃；在有良好的自然通风情况下，室内外气温是接近相等的，在我国湿热地区，7 月平均气温日较差大致为 6～10℃，所以当 7 月平均气温在 25℃ 以上时，最高气温可达 28～30℃ 以上，室温也达 29℃ 以上，已经超过人体适宜温度上限，建筑上应采取防热的措施，分界线分三段：第一段南起云南和广西在国境线上的交界，向北往兴仁、罗甸、独山、凯里、遵义至雅安与Ⅵ区相连，第二段在云南元江河谷，第三段在云南西南边界。

五、Ⅵ区与Ⅶ、Ⅱ、Ⅲ、Ⅴ区的分界。主要指标为 7 月平均气温 18℃，低于 18℃ 为Ⅵ区，高于 18℃ 为Ⅶ、Ⅱ、Ⅲ、Ⅴ区，18℃ 指标的确定主要是考虑青藏高原气候独特，该区气温常年偏低，风大而空气干燥，太阳辐射强烈，日照时间长，在光气候的研究中把它划分为单独的光气候区。本区建筑上只需考虑防寒，而且区内建筑可充分利用太阳能。分界线西起国境线，向东经和田、且末、敦煌、酒泉，向南经张掖、兰州、武都、平武、雅安，向西经中甸、察隅、波密、林芝，再向西南至国境线。

另外，Ⅵ区与Ⅲ区之间，由于山势很陡，存在一条 18～25℃ 的很窄地带，区划时作了技术处理，这一窄带划归Ⅲ区。

六、Ⅶ区与Ⅰ区的分界。主要指标为 7 月平均相对湿度 50%，大于 50% 为Ⅰ区，小于 50% 为Ⅶ区。确定区界时，参考年降水量 200mm 等值线。但Ⅶ区的西北部由于受北冰洋水系的影响，相对湿度大于 50%，年降水量也大于 200mm。从建筑意义上说，Ⅶ区建筑应兼顾防寒与隔热，而对防雨、防潮要求不高，而Ⅰ区建筑需考虑防寒、防雨、防潮，可不考虑隔热。分界线北起中蒙边界，经二连浩特以东，向西经百灵庙、石嘴山、银川附近，向西南与Ⅱ区相连。

表 2.2.1 内扼要列出各一级区划的主要指标和辅助指标，表内还附带列出所辖行政区的大致范围。

**第 2.2.2 条** 二级区划指标。二级区划主要应考虑各二级区内建筑气候上小的不同，且按各区不同的特点，选取不同的指标。各二级区的分界线如下：

一、第Ⅰ建筑气候区。本区 1 月南北温差达 20℃，冬季长 9 个月至 6 个月，相差 3 个月。从永冻土到季节冻土，最大冻土深度从 4m 以上到 1.2m，编制组在东北调查中了解到，多数意见认为本区应按寒冷程度划分二级区为宜，所以选取 1 月平均气温和冻土性质作为二级区划指标，区分建筑围护结构保温性能、防寒、防冻等要求的不同。

1. ⅠA 与 ⅠB 区的分界。主要指标为 1 月平均气温 -28℃，高于或等于 -28℃ 为 ⅠB 区，低于 -28℃ 为 ⅠA 区，ⅠA 区同时又为永冻土区。

2. ⅠB 与 ⅠC 区的分界。主要指标为 1 月平均气温 -22℃，

高于或等于 -22℃ 为 ⅠC 区，低于 -22℃ 为 ⅠB 区，ⅠB 区同时又为岛状冻土区。

3. ⅠC 与 ⅠD 区的分界。主要指标为 1 月平均气温 -16℃，高于或等于 -16℃ 为 ⅠD 区，低于 -16℃ 为 ⅠC 区，ⅠC 与 ⅠD 两个二级区均为季节性冻土区。

二、第Ⅱ建筑气候区。本区气候主要差别是冬季西部比东部冷，夏季东部比西部炎热。按 7 月平均气温 25℃ 划分为ⅡA 和ⅡB区，区分建筑夏季隔热和冬季防寒要求的不同，高于或等于 25℃ 为ⅡA区，低于 25℃ 为ⅡB区。

三、第Ⅲ建筑气候区。本区气候主要差别是沿海易受热带风暴和台风暴雨的袭击，夏季东部比西部炎热。按 30 年一遇的最大风速和 7 月平均气温的不同划分为 3 个二级区，区分建筑抗风压和防热等要求的不同。

1. ⅢA 与ⅢB区的分界。主要指标为 30 年一遇的最大风速 25m/s，大于或等于 25m/s 为ⅢA区，小于 25m/s 为ⅢB区。

2. ⅢB 与ⅢC区的分界。主要指标为 7 月平均气温 28℃，高于或等于 28℃ 为ⅢB区，低于 28℃ 为ⅢC区。

四、第Ⅳ建筑气候区。本区气候主要差别是沿海一带和海岛上易受热带风暴和台风暴雨的袭击，按 30 年一遇的最大风速 25m/s 划分为 2 个二级区，区分建筑抗风压等要求的不同。ⅣA区 30 年一遇的最大风速大于或等于 25m/s；ⅣB区 30 年一遇的最大风速小于 25m/s。

五、第Ⅴ建筑气候区。本区气候主要差别是冬季北部比南部冷，按 1 月平均气温 5℃ 划分为 2 个二级区，区分建筑冬季防寒要求的不同，ⅤA区 1 月平均气温低于或等于 5℃，ⅤB区高于 5℃。

六、第Ⅵ建筑气候区。本区气候主要差别是各地气候的温差大，寒冷期长短不同，按 1 月平均气温和 7 月平均气温的不同划分为 3 个二级区，区分建筑防寒等要求的不同。

1. ⅥB 与ⅥA、ⅥC区的分界。主要指标为 7 月平均气温 10℃，ⅥA 和ⅥC区高于或等于 10℃，ⅥB区低于 10℃。

2. ⅥA 区与ⅥC区的分界。主要指标为 1 月平均气温 -10℃，ⅥA 区低于或等于 -10℃，ⅥC 区高于 -10℃。

七、第Ⅶ建筑气候区。根据本区气候各地干湿、寒冷和炎热程度不同，以年降水量、1 月和 7 月平均气温为指标，划分为四个二级区。

1. ⅦA 与ⅦB 区的分界。主要指标为年降水量 200mm，ⅦA 区小于 200mm，ⅦB 区大于或等于 200mm，确定区界时参考 7 月平均气温 25℃ 和 1 月平均气温 -10℃。

2. ⅦB 区与ⅦD 区的分界。主要指标为年降水量 200mm，ⅦB 区大于或等于 200mm，ⅦD 区小于 200mm，确定区界时参考 7 月平均气温 25℃ 和 1 月平均气温 -10℃。

3. ⅦC 区与ⅦD 区的分界。主要指标为 1 月平均气温 -10℃，ⅦD 区高于 -10℃，ⅦC 区低于或等于 -10℃，确定区界时参考 7 月平均气温 25℃。

表 2.2.2 列出各二级区区划指标，区划指标及数量在各二级区是不相同的。

# 第三章　建筑气候特征和建筑基本要求

## 第一节　第Ⅰ建筑气候区

**第 3.1.1 条**　此条与第 3.2.1、3.3.1、3.4.1、3.5.1、3.6.1、3.7.1 条分别给出各一级区的建筑气候特征，都是以 1951～1985 年《中国地面气候资料》的数据为基础，参考《中国气候总论》（1986 年版）及《中国气候图集》给出的。本条条文先叙述本区

气候特征，而后再分五款给予定量描述。这样可以满足不同层次的需要，并为宏观控制提供依据。

第一款给定气温，包括 1 月平均气温和 7 月平均气温，极端最高和极端最低气温，年平均气温日较差等特征值；

第二款给定降水和湿度，年平均相对湿度、年降水量及降水日数等特征值；

第三款给定日照时数、日照百分率、太阳总辐射照度等特征值；

第四款给定风向及风速等特征值；

第五款给定其他天气现象，如风频、大风日数、降雪日数、积雪日数、最大积雪深度、沙暴、雷暴、冰雹日数等特征值。这些特征值是指一般的统计平均值范围，但并不排除少数地区中极少数气候要素超过这些特征值范围的可能，在使用本标准时应予注意。

**第 3.1.2 条** 此条与第 3.2.2、3.3.2、3.4.2、3.5.2、3.6.2、3.7.2 条分别给出各二级区对建筑气候有重大影响的建筑气候特征值。这七条描述的各二级区的气候特征值是该二级区中特有，且对建筑有重大影响的特征值，在建筑的规划、设计、施工中应当予以特别的重视，也是规定各一级区和各二级区建筑基本要求的主要依据。

**第 3.1.3 条** 第Ⅰ区建筑的基本要求。

一、本区地处我国东北部，属地理学的中温带气候和北温带气候，冬季气候严寒且持续时间长，1 月平均气温为 -31～ -10℃，按候平均气温 10℃ 为冬季，则冬季长达 6 个月以上，为保证室内基本的热环境功能和节约采暖能耗，建筑设计上必须充分满足防寒保温要求。本区冰冻期长，冻土深，最大冻土深度为 1～4m，为了防止房屋破坏和道路及地下管道折断等一系列冻害现象发生，建筑工程设计还必须充分满足防冻要求。

本区夏季短促凉爽，按候平均气温高于或等于 22℃ 为夏季，只在松辽平原有 2 个月的夏天，但 7 月平均气温也低于 25℃，可不考虑夏季的防热设计要求。

二、本区有半年以上的冬季，且冬半年多大风，人们在室内活动的时间长，为了增进人们的健康和节约能源，从总体规划、单体设计和构造处理上使建筑物满足冬季日照要求和防御寒风的侵袭，提高房屋内热环境质量是很必要的。

建筑物的采暖能耗与室内外温差、采暖期长短、外表面积和冷风渗透量等有关，为了节约采暖能耗并保证室内热环境功能要求，减少外露面积，加强房屋的密闭性是至关重要的。

本区太阳能丰富，冬季日照率偏高，可达 60%～70%，但本区大多在北纬 40°以北，其太阳高度角较小，因此日照间距比纬度低的南方地区大得多，在居住小区及城市道路的规划上，要做到充分利用太阳能的困难较多，因此提出合理利用太阳能。

本区气温年较差很大，可达 30～50℃。建筑物由于常年受温度变化的影响而产生热胀冷缩，在结构内部产生过度的温度应力而使建筑产生开裂，为了预防这种情况发生，结构上应设伸缩缝或附加应力储备。区内冬半年多大风，为保证结构有足够的刚度和强度，结构设计和门窗构造处理应考虑大风的不利影响。

区内冬季积雪厚，积雪时间长，基本雪压较大，屋面应注意有较大的雪荷载与积雪分布的变化对结构荷载的影响，雪融时易对女儿墙根部造成局部冻害，因而应提高泛水的高度，并严密处理泛水与女儿墙的接缝或挑檐收水，以防融雪渗入墙身或屋檐板，还应注意产生檐口挂冰等。

本区冰冻期长，冬半年施工应着重考虑低温条件下的各种冬季施工技术措施。

三、ⅠA 区位于北纬 50°以北，为我国最北的地区，最大冻土深度 4m 左右，为永冻土地区，建筑物的基础和地下管道多埋在冻土层内，为防止冻结地基融化塌陷，应当隔绝地坪、墙身、墙基及管道对冻结地基的传热；ⅠB 包括黑龙江省西北部

和内蒙古海拉尔以南大兴安岭以西地区，最大冻土深度 2～4m，为岛状冻土地区，同ⅠA 区一样，基础和管道多埋在冻土层内，为了防止冻结地基的融化塌陷，也应隔绝地坪、墙身、墙基及地下管道对冻结地基的传热。

四、ⅠB、ⅠC 和ⅠD 区的西部多沙暴和冰雹，为使建筑物内不受风沙的侵袭，玻璃幕墙和玻璃屋顶不被冰块砸坏，建筑设计应采取防冰雹和防风沙的措施。

### 第二节 第Ⅱ建筑气候区

**第 3.2.3 条** 第Ⅱ区建筑的基本要求。

一、本区位于我国华北地区，属地理学的南温带气候，区内冬季气候寒冷且持续期长，1 月平均气温为 -10～0℃，按候平均气温低于 10℃ 为冬季，冬季长 5～6 个月，建筑上的主要问题仍然是防寒，只不过比第Ⅰ区的要求偏低，建筑物应满足防寒、保温、防冻等要求，在这里比第Ⅰ区少用"充分"二字，以示在程度上的差别。夏季，区内平原地区气候湿润炎热，7 月平均气温在 25～28℃ 之间，而高原地区气候凉爽，气温在 18～25℃ 之间，热工计算表明，区内的平原地区采用轻型墙体和屋顶时，如果按冬季保温要求设计，则不能满足夏季隔热要求，部分地区（即平原地区）的建筑应兼顾夏季防热。

本区属季节性冻土地区，最大冻土深度一般小于 1.2m，同第Ⅰ区一样，建筑上也应防冻，只是在程度上可略轻些，在防冻的要求上比第Ⅰ区少用"充分"二字，以示区别。

二、本区冬季寒冷，持续时间较长，多大风风沙天气，夏季也较炎热，建筑的总体规划、单体设计和构造处理要满足冬季日照和防寒要求，还应防止大风和风沙的侵袭，但在夏季又要兼顾夏季通风降温需要，区内平原地区夏季气温较高，太阳辐射强烈，西晒易造成室内过热，在房间安排上，主要房间应避西晒。

本区年降雨量虽然不甚多，但降雨期相对集中，暴雨强度大，日最大降水量大都在 200～300mm，个别地方可超过 500mm，易造成积水危害，建筑屋面设计应注意防暴雨要求。

本区冬季长，居民较多，室内生活和工作均需采暖，室内外温差较大，为降低采暖能耗，同第Ⅰ区一样建筑设计也应减少外露面积和冷风渗透，但与第Ⅰ区相比，程度有些差别，所以提"宜"减少外露面积，注意冬季房屋的密闭性，以示区别。

本区太阳能较丰富，年太阳辐射照度为 150～190w／m²，当地居民有不少利用太阳能的经验，近年来我国科技界在本区开展的太阳房研究，取得很大成果，可以节省燃料，减少污染，值得推广应用，所以提出宜考虑利用太阳能，注意节能。

本区气温年较差为 26～34℃，比第Ⅰ区稍小些，但其变化范围仍然较大，热胀冷缩仍然可给建筑物造成危害，结构设计上应考虑其影响。本区年大风日数为 5～25d，局部地区可达 25d 以上，结构荷载也应考虑大风的作用。

本区夏秋多冰雹和雷暴，宜有防冰雹和雷暴的措施，对不同建筑类型、不同建筑档次作出不同处理。

本区冬季施工期较长，夏季多暴雨，施工应考虑冬季寒冷期较长和夏季多暴雨的特点，以保证建筑施工工程质量与安全。

三、ⅡA 区与ⅡB 区相比，夏季炎热湿润，暴雨强度更大，ⅡA 区建筑尚应注意防热、防潮、防暴雨，沿海地区 4～9 月多盐雾，对建筑物外露面积易产生腐蚀作用，应注意防盐雾的侵蚀。

四、ⅡB 区的大部分地区地处黄土高原，夏季气候凉爽，气温不高，建筑物可不考虑夏季防热。

### 第三节 第Ⅲ建筑气候区

**第 3.3.3 条** 第Ⅲ区建筑的基本要求。

一、本区位于我国长江中、下游地区，属地理学中北亚热带和中亚热带气候，四季较明显，但各季长短较均匀，夏季闷热，

冬季湿冷是其主要特点。7月平均气温为25~30℃，相对湿度为70%~80%，1月平均气温为0~10℃，建筑既要考虑夏季防热，又要考虑冬季防寒，以夏季防热为主兼顾冬季防寒。本款规定建筑物必须满足夏季防热，适当兼顾防寒。

二、建筑物中如不用设备降温，利用自然通风是建筑防热的有效措施之一，它可以保证房间内空气新鲜洁净，排除室内热浊空气，且建筑物中空气有一定的流速，可以加强人体对流蒸发散热，对改善人们的工作和休息条件十分有利，提高自然通风的效果，首先应从合理布置群体建筑，合理确定门、窗进出口面积的大小、位置、开启方式以及房屋平面、剖面形式等方面入手，总之要使通风流畅，力避阻塞，总体规划、单体设计和构造处理应有利于自然通风。

对本区建筑朝向分析表明，东西向是房屋的最不利朝向，东西向虽然太阳辐射照度相同，但西向时下午日晒，此时的室外气温也很高，形成西向的综合温度远高于东向，容易造成西向室内过热，建筑设计应使主要使用房间避免西晒，西向房间设置遮阳是必要的建筑措施。

本区雨量大且雨日多，相对湿度高，雷暴日数多，建筑物应满足防雨、防潮、防洪、防雷击等要求，尤其是长江中、下游地区，春末夏初的梅雨期，地面及墙基很易泛潮，甚至出现结露，建筑设计上应予注意。

本区高温多雨，沿江、湖、河地区，建筑物易被洪水淹溃，在城镇规划时应予重视，在建筑施工中，也应采取防高温和防暴雨的措施。

三、ⅢA区地处沿海一带，夏秋常有热带风暴和台风暴雨袭击，建筑设计上应考虑抗风压和防暴雨的措施，沿海地区的建筑应考虑防盐雾的措施。

四、ⅢB区的北部（安徽、湖北）冬季积雪较深，最大可达51cm，雪荷载较大，建筑结构荷载应加以考虑。

### 第四节 第Ⅳ建筑气候区

**第3.4.3条** 第Ⅳ区建筑的基本要求。

一、本区位于我国南部，包括海南、台湾全境，福建南部，广东、广西大部以及云南西南部和元江河谷地区，北回归线横贯其北部，属地理学中南亚热带至热带气候，长夏无冬，温高湿重，气温年较差和日较差均小，由于有海陆风的调节，居民已习惯该地气候，不感到闷热。7月平均气温为25~29℃，1月平均气温亦高于10℃。相对湿度为80%左右，各季变化不大，本区年降水量为1500~2000mm，是我国降水最多的地区，建筑主要解决防热和防雨问题，建筑必须充分满足夏季防热、通风和防雨要求，可不考虑冬季防寒保温。

二、本区气温高，湿度大，气温日较差小，建筑的总体规划、单体设计和构造处理应使建筑物开敞通透，充分利用自然通风，以加快人体汗液的蒸发，降低体温。

同第Ⅲ区一样，房屋西晒也是最不利的，所以建筑物应力避西晒，必要时应设不阻挡自然通风的建筑遮阳，或采取水平和垂直绿化等遮阳措施。

本区降雨量大，相对湿度高，雷暴强度大，雷暴日数多，建筑物应注意防暴雨、防潮、防洪、防雷击等要求，在建筑小区和城镇道路两旁设置骑楼或形成中庭也不失为一项有益的传统作法。

本区夏季高温且多暴雨，为保证施工质量和安全，在施工中，应有相应的措施。

三、ⅣA区包括台湾、海南、福建、两广沿海地区，易受热带风暴和台风暴雨、盐雾的袭击，30年一遇的最大风速超过25m/s，建筑设计和施工都应注意采取相应的措施。

四、ⅣB区内云南河谷地区，气温日较差较大，有时可达20~30℃，温度变化大，可造成墙身和屋面开裂等，因此应注意

屋面及墙身抗裂。

### 第五节 第Ⅴ建筑气候区

**第3.5.3条** 第Ⅴ区建筑的基本要求。

一、本区位于我国云贵高原及青藏高原南部，海拔高度1000~3000m，地形错综复杂，立体气候明显，属地理学中亚热带和南亚热带气候，区内大部分地区冬温夏凉，自然气候舒适宜人，建筑上一般无需特别考虑防寒隔热问题，部分地区冬季较冷，建筑设计上应满足防寒要求，区内干湿季分明，湿季在5~10月，长达半年，雨量相对集中，湿度偏高，可达80%左右，建筑上应满足湿季防雨和通风要求。

二、本区湿季多雨，潮湿，冬季较冷，夏季不热，建筑的总体规划、单体设计和构造处理应以满足自然通风为主，适当争取冬季日照。

本区为我国雷暴多发地区，各月均可发生，建筑设计应注意防雷击。

本区雨季较长，施工中应有防雨措施。

三、ⅤA区冬季气温偏低，1月平均气温低于5℃，日照较少，建筑设计应注意防寒。

四、ⅤB区年雷暴日数多，南部部分地区可超过120d，建筑设计应特别注意防雷。

### 第六节 第Ⅵ建筑气候区

**第3.6.3条** 第Ⅵ区建筑的基本要求。

一、本区位于青藏高原，海拔高度在3000m以上，属地理学中高原寒带、亚寒带和高原温带气候，气候寒冷干燥，1月平均气温为0~-22℃，7月平均气温为2~18℃，按候平均气温低于10℃为冬天，则冬季长达8~12个月，按候平均气温高于或等于22℃为夏天，则本区无夏季可言，由于气温低劣，区内有大量冻土存在，最大冻土深度为2.5m左右，建筑设计应充分满足防寒、保温、防冻要求，而不必考虑夏季的防热。

二、本区多大风天气，年大风日数为10~100d，最多可超过200d，年平均风速为2~4m/s，极大风速可超过40m/s，由于气候干燥，区内多沙暴，建筑的总体规划、单体设计和构造处理应注意防大风与风沙。

本区与第Ⅰ区气候特点的最大差别是空气稀薄，大气透明度高，太阳辐射强烈，日照丰富，太阳辐射照度为180~260w/m²，日照时数最高达3600h，年日照率高达80%以上，均是全国最高的，充分利用太阳能采光、取暖，对节能和减少环境污染，增进居民的健康都很有意义，以往的民居在适应当地气候方面有很好的经验，如藏族的碉房，取背风向阳、开小窗的方式，青海民居叫做"庄窠"，房子外面是高厚的土筑墙，黄土屋面，坡度平缓，房间绕内庭布置，窗户向内庭开，这种建筑具有防寒保温和防风沙的特点，极适应干寒的气候，值得借鉴。

本区冬季长，室内外温差大，减少外露面积和加强密闭性，对保证室内热环境功能和节能是十分必要的。施工时应注意采取干寒气候低温下的技术措施，以保证工程质量。

三、ⅥA区和ⅥB区为高原永冻区，最大冻土深度为1~3m，设计地基及地下管道时应注意冻土的影响。

四、ⅥC区位于青藏高原南部，多雷暴且雷击强度大，应注意防雷击。

### 第七节 第Ⅶ建筑气候区

**第3.7.3条** 第Ⅶ区建筑的基本要求。

一、本区位于我国西北部，地形复杂，属地理学中干旱中温带和干旱南温带气候。冬季除新疆盆地气候较冷，1月平均气温高于-10℃外，其余地方，大多气候严寒，1月平均气温为-5~-20℃；夏季除山地凉爽，7月平均气温低于25℃外，其余地方

呈干热气候，7月平均气温高于 25℃；区内著名的吐鲁番则呈酷热气候，7月平均气温高达 33℃，夏季长达 3 个月，本区气温年较差和日较差均大，建筑应充分满足防寒保温要求，部分地区应兼顾夏季防热，还应满足房屋的热稳定性要求。

本区大部分地区冻土深，最大冻土深度为 0.5～4.0m，建筑应满足防冻要求。

二、本区冬季寒冷，气候干燥，多大风与风沙，建筑的总体规划、单体设计和构造处理应注意满足防寒风与风沙的要求，本区冬季长而寒冷，为了节约采暖能耗，保证室内热环境功能，建筑应减少外露面积和加强密闭性。

本区气温年较差和日较差均大，建筑物因受温度变化的影响产生热胀冷缩，在结构内部产生温度应力，建筑物长度超过一定限度时，建筑平面变化较多或结构类型变化较大时，建筑物会因热胀冷缩变形而产生开裂，结构设计应采取措施，防止建筑物开裂。

本区低温、干燥、多风沙，应考虑低温、干燥气候对施工的不利影响和防风沙的措施。

三、除ⅦD区外，其余各区冻土较深，设计地基和地下管道时应考虑冻土的影响。

四、ⅦB区积雪深达 30～80cm，基本雪压为 0.3～1.2kPa，结构荷载应考虑雪载的影响。

五、ⅦC区空气干燥，多大风风沙天气，风速偏大，夏季较热，建筑应满足防风沙和隔热的要求。

六、ⅦD区夏季干热，特别是吐鲁番盆地夏季酷热，日平均气温高于 25℃的日数达 100d，气温高于 35℃的日数多达 98d，建筑设计应特别注意防热。本地由于气候干燥，气温日较差大，为了保持建筑物的热稳定性，建筑应较厚重，并利用白天闭窗遮阳，减少曰晒和热空气进入室内，夜间通风，让低温进入室内降低室内温度，民居中利用屋顶，夜间可以在屋顶上纳凉、休息，也是经济有效的措施。

有关本章的详细说明可见《建筑气候区划标准》研究报告之五《建筑气候特征编写报告》和研究报告之六《建筑基本要求概述》。

中华人民共和国国家标准

# 民用建筑热工设计规范

**GB 50176—93**

主编部门：中华人民共和国建设部
批准部门：中华人民共和国建设部
施行日期：1993年10月1日

# 关于发布国家标准《民用建筑
# 热工设计规范》的通知

## 建标〔1993〕196 号

根据国家计委计综〔1984〕305 号文的要求，由中国建筑科学研究院会同有关单位制订的《民用建筑热工设计规范》，已经有关部门会审，现批准《民用建筑热工设计规范》GB 50176—93 为强制性国家标准，自一九九三年十月一日起施行。

本标准由建设部负责管理，具体解释等工作由中国建筑科学研究院负责，出版发行由建设部标准定额研究所负责组织。

中华人民共和国建设部

1993 年 3 月 17 日

## 编 制 说 明

本规范是根据国家计委计综〔1984〕305 号文的要求，由中国建筑科学研究院负责主编，并会同有关单位共同编制而成。

本规范在编制过程中，规范编制组进行了广泛的调查研究，认真总结了我国建国以来在建筑热工科研和设计方面的实践经验，参考了有关国际标准和国外先进标准，针对主要技术问题开展了科学研究与试验验证工作，并广泛征求了全国有关单位的意见。最后，由我部会同有关部门审查定稿。

鉴于本规范系初次编制，在执行过程中，希望各单位结合工程实践和科学研究，认真总结经验，注意积累资料，如发现需要修改和补充之处，请将意见和有关资料寄交中国建筑科学研究院建筑物理研究所（地址：北京车公庄大街 19 号，邮政编码：100044），以供今后修订时参考。

中华人民共和国建设部

1993 年 1 月

# 目　次

## 主要符号

$A_{te}$——室外计算温度波幅

$A_{ti}$——室内计算温度波幅

$A_{\theta i}$——内表面温度波幅

$a$——导温系数，导热系数和蓄热系数的修正系数

$B$——地面吸热指数

$b$——材料层的热渗透系数

$c$——比热容

$D$——热惰性指标

$D_{di}$——采暖期度日数

$F$——传热面积

$H$——蒸汽渗透阻

$I$——太阳辐射照度

$K$——传热系数

$P_e$——室外空气水蒸气分压力

$P_i$——室内空气水蒸气分压力

$R$——热阻

$R_o$——传热阻

$R_{o \cdot min}$——最小传热阻

$R_{o \cdot E}$——经济传热阻

$R_d$——外表面换热阻

$R_i$——内表面换热阻

$S$——材料蓄热系数

$t_e$——室外计算温度

$t_i$——室内计算温度

$t_d$——露点温度

$t_w$——采暖室外计算温度

$t_{sa}$——室外综合温度

$(\Delta t)$——室内空气与内表面之间的允许温差

$Y_e$——外表面蓄热系数

$Y_i$——内表面蓄热系数

$Z$——采暖期天数

$\alpha_e$——外表面换热系数

$\alpha_i$——内表面换热系数

$\theta$——表面温度，内部温度

$\theta_{i \cdot max}$——内表面最高温度

$\mu$——材料蒸汽渗透系数

$v_o$——衰减倍数

$v_i$——室内空气到内表面的衰减倍数

$\xi_o$——延迟时间

$\xi_i$——室内空气到内表面的延迟时间

$\rho$——太阳辐射吸收系数

$\rho_o$——材料干密度

$\varphi$——空气相对湿度

$\omega$——材料湿度或含水率

$(\Lambda \omega)$——保温材料重量湿度允许增量

$\lambda$——材料导热系数

# 第一章 总 则

**第1.0.1条** 为使民用建筑热工设计与地区气候相适应，保证室内基本的热环境要求，符合国家节约能源的方针，提高投资效益，制订本规范。

**第1.0.2条** 本规范适用于新建、扩建和改建的民用建筑热工设计。

本规范不适用于地下建筑、室内温湿度有特殊要求和特殊用途的建筑，以及简易的临时性建筑。

**第1.0.3条** 建筑热工设计，除应符合本规范要求外，尚应符合国家现行的有关标准、规范的要求。

# 第二章 室外计算参数

**第2.0.1条** 围护结构根据其热惰性指标 $D$ 值分成四种类型，其冬季室外计算温度 $t_e$ 应按表2.0.1的规定取值。

**围护结构冬季室外计算温度 $t_e$（℃）** 表2.0.1

| 类型 | 热惰性指标 $D$ 值 | $t_e$ 的取值 |
|---|---|---|
| I | >6.0 | $t_e = t_w$ |
| II | 4.1～6.0 | $t_e = 0.6 t_w + 0.4 t_{e \cdot min}$ |
| III | 1.6～4.0 | $t_e = 0.3 t_w + 0.7 t_{e \cdot min}$ |
| IV | ≤1.5 | $t_e = t_{e \cdot min}$ |

注：①热惰性指标 $D$ 值应按本规范附录二中（二）的规定计算。
②$t_w$ 和 $t_{e \cdot min}$ 分别为采暖室外计算温度和累年最低一个日平均温度。
③冬季室外计算温度 $t_e$ 取整数值。
④全国主要城市四种类型围护结构冬季室外计算温度 $t_e$ 值，可按本规范附录三附表3.1采用。

**第2.0.2条** 围护结构夏季室外计算温度平均值 $t_e$，应按历年最热一天的日平均温度的平均值确定。围护结构夏季室外计算温度最高值 $t_{e \cdot max}$，应按历年最热一天的最高温度的平均值确定。围护结构夏季室外计算温度波幅值 $A_{te}$，应按室外计算温度最高值 $t_{e \cdot max}$ 与室外计算温度平均值 $t_e$ 的差值确定。

注：全国主要城市的 $t_e$、$t_{e \cdot max}$ 和 $A_{te}$ 值，可按本规范附录三附表3.2采用。

**第2.0.3条** 夏季太阳辐射照度应取各地历年七月份最大直射辐射日总量和相应日期总辐射日总量的累年平均值，通过计算分别确定东、南、西、北垂直面和水平面上逐时的太阳辐射照度及昼夜平均值。

注：全国主要城市夏季太阳辐射照度可按本规范附录三附表3.3采用。

# 第三章 建筑热工设计要求

## 第一节 建筑热工设计分区及设计要求

**第3.1.1条** 建筑热工设计应与地区气候相适应。建筑热工设计分区及设计要求应符合表3.1.1的规定。全国建筑热工设计分区应按本规范附图8.1采用。

**建筑热工设计分区及设计要求** 表3.1.1

| 分区名称 | 分区指标 | | 设 计 要 求 |
|---|---|---|---|
| | 主要指标 | 辅助指标 | |
| 严寒地区 | 最冷月平均温度≤−10℃ | 日平均温度≤5℃的天数≥145d | 必须充分满足冬季保温要求，一般可不考虑夏季防热 |

| 分区名称 | 分 区 指 标 | | 设 计 要 求 |
|---|---|---|---|
| | 主要指标 | 辅助指标 | |
| 寒冷地区 | 最冷月平均温度 0~-10℃ | 日平均温度≤5℃的天数 90~145d | 应满足冬季保温要求,部分地区兼顾夏季防热 |
| 夏热冬冷地区 | 最冷月平均温度 0~10℃,最热月平均温度 25~30℃ | 日平均温度≤5℃的天数 0~90d,日平均温度≥25℃的天数 40~110d | 必须满足夏季防热要求,适当兼顾冬季保温 |
| 夏热冬暖地区 | 最冷月平均温度>10℃,最热月平均温度 25~29℃ | 日平均温度≥25℃的天数 100~200d | 必须充分满足夏季防热要求,一般可不考虑冬季保温 |
| 温和地区 | 最冷月平均温度 0~13℃,最热月平均温度 18~25℃ | 日平均温度≤5℃的天数 0~90d | 部分地区应考虑冬季保温,一般可不考虑夏季防热 |

## 第二节 冬季保温设计要求

**第3.2.1条** 建筑物宜设在避风和向阳的地段。

**第3.2.2条** 建筑物的体形设计宜减少外表面积,其平、立面的凹凸面不宜过多。

**第3.2.3条** 居住建筑,在严寒地区不应设开敞式楼梯间和开敞式外廊;在寒冷地区不宜设开敞式楼梯间和开敞式外廊。公共建筑,在严寒地区出入口处应设门斗或热风幕等避风设施;在寒冷地区出入口处宜设门斗或热风幕等避风设施。

**第3.2.4条** 建筑物外部窗户面积不宜过大,应减少窗户缝隙长度,并采取密闭措施。

**第3.2.5条** 外墙、屋顶、直接接触室外空气的楼板和不采暖楼梯间的隔墙等围护结构,应进行保温验算,其传热阻应大于或等于建筑物所在地区要求的最小传热阻。

**第3.2.6条** 当有散热器、管道、壁龛等嵌入外墙时,该处外墙的传热阻应大于或等于建筑物所在地区要求的最小传热阻。

**第3.2.7条** 围护结构中的热桥部位应进行保温验算,并采取保温措施。

**第3.2.8条** 严寒地区居住建筑的底层地面,在其周边一定范围内应采取保温措施。

**第3.2.9条** 围护结构的构造设计应考虑防潮要求。

## 第三节 夏季防热设计要求

**第3.3.1条** 建筑物的夏季防热应采取自然通风、窗户遮阳、围护结构隔热和环境绿化等综合性措施。

**第3.3.2条** 建筑物的总体布置,单位的平、剖面设计和门窗的设置,应有利于自然通风,并尽量避免主要房间受东、西向的日晒。

**第3.3.3条** 建筑物的向阳面,特别是东、西向窗户,应采取有效的遮阳措施。在建筑设计中,宜结合外廊、阳台、挑檐等处理方法达到遮阳目的。

**第3.3.4条** 屋顶和东、西向外墙的内表面温度,应满足隔热设计标准的要求。

**第3.3.5条** 为防止潮霉季节湿空气在地面冷凝泛潮,居室、托幼园所等场所的地面下部宜采取保温措施或架空做法,地面面层宜采用微孔吸湿材料。

## 第四节 空调建筑热工设计要求

**第3.4.1条** 空调建筑或空调房间应尽量避免东、西朝向和东、西向窗户。

**第3.4.2条** 空调房间应集中布置、上下对齐。温湿度要求相近的空调房间宜相邻布置。

**第3.4.3条** 空调房间应避免布置在有两面相邻外墙的转角处和有伸缩缝处。

**第3.4.4条** 空调房间应避免布置在顶层;当必须布置在顶层时,屋顶应有良好的隔热措施。

**第3.4.5条** 在满足使用要求的前提下,空调房间的净高宜降低。

**第3.4.6条** 空调建筑的外表面积宜减少,外表面宜采用浅色饰面。

**第3.4.7条** 建筑物外部窗户当采用单层窗时,窗墙面积比不宜超过 0.30;当采用双层窗或单框双层玻璃窗时,窗墙面积比不宜超过 0.40。

**第3.4.8条** 向阳面,特别是东、西向窗户,应采取热反射玻璃、反射阳光涂膜、各种固定式和活动式遮阳等有效的遮阳措施。

**第3.4.9条** 建筑物外部窗户的气密性等级不应低于现行国家标准《建筑外窗空气渗透性能分级及其检测方法》GB7107 规定的Ⅲ级水平。

**第3.4.10条** 建筑物外部窗户的部分窗扇应能开启。当有频繁开启的外门时,应设置门斗或空气幕等防渗透措施。

**第3.4.11条** 围护结构的传热系数应符合现行国家标准《采暖通风与空气调节设计规范》GBJ19 规定的要求。

**第3.4.12条** 间歇使用的空调建筑,其外围护结构内侧和内围护结构宜采用轻质材料。连续使用的空调建筑,其外围护结构内侧和内围护结构宜采用重质材料。围护结构的构造设计应考虑防潮要求。

# 第四章 围护结构保温设计

## 第一节 围护结构最小传热阻的确定

**第4.1.1条** 设置集中采暖的建筑物,其围护结构的传热阻应根据技术经济比较确定,且应符合国家有关节能标准的要求,其最小传热阻应按下式计算确定:

$$R_{o \cdot min} = \frac{(t_i - t_e) n}{(\Delta t)} R_i \qquad (4.1.1)$$

式中 $R_{o \cdot min}$ ——围护结构最小传热阻($m^2 \cdot K/W$);

$t_i$ ——冬季室内计算温度(℃),一般居住建筑,取 18℃;高级居住建筑,医疗、托幼建筑,取 20℃;

$t_e$ ——围护结构冬季室外计算温度(℃),按本规范第2.0.1条的规定采用;

$n$ ——温差修正系数,应按表 4.1.1-1 采用;

$R_i$ ——围护结构内表面换热阻($m^2 \cdot K/W$),应按本规范附录二附表 2.2 采用;

$(\Delta t)$ ——室内空气与围护结构内表面之间的允许温差(℃),应按表 4.1.1-2 采用。

| 围护结构及其所处情况 | 温差修正系数 n 值 |
|---|---|
| 外墙、平屋顶及与室外空气直接接触的楼板等 | 1.00 |
| 带通风间层的平屋顶、坡屋顶顶棚及与室外空气相通的不采暖地下室上面的楼板等 | 0.90 |
| 与有外门窗的不采暖楼梯间相邻的隔墙：<br>　1～6 层建筑<br>　7～30 层建筑 | 0.60<br>0.50 |
| 不采暖地下室上面的楼板：<br>　外墙上有窗户时<br>　外墙上无窗户且位于室外地坪以上时<br>　外墙上无窗户且位于室外地坪以下时 | 0.75<br>0.60<br>0.40 |
| 与有外门窗的不采暖房间相邻的隔墙 | 0.70 |
| 与无外门窗的不采暖房间相邻的隔墙 | 0.40 |
| 伸缩缝、沉降缝墙 | 0.30 |
| 抗震缝墙 | 0.70 |

**室内空气与围护结构内表面之间的允许温差〔Δt〕(℃)**　　　表 4.1.1-2

| 建筑物和房间类型 | 外墙 | 平屋顶和坡屋顶顶棚 |
|---|---|---|
| 居住建筑、医院和幼儿园等 | 6.0 | 4.0 |
| 办公楼、学校和门诊部等 | 6.0 | 4.5 |
| 礼堂、食堂和体育馆等 | 7.0 | 5.5 |
| 室内空气潮湿的公共建筑<br>不允许外墙和顶棚内表面结露时<br>允许外墙内表面结露，但不允许顶棚内表面结露时 | $t_i - t_d$<br>7.0 | $0.8 (t_i - t_d)$<br>$0.9 (t_i - t_d)$ |

注：①潮湿房间系指室内温度为 13～24℃，相对湿度大于 75%，或室内温度高于 24℃，相对湿度大于 60% 的房间。
②表中 $t_i$、$t_d$ 分别为室内空气温度和露点温度 (℃)。
③对于直接接触室外空气的楼板和不采暖地下室上面的楼板，当有人长期停留时，取允许值差〔Δt〕等于 2.5℃；当无人长期停留时，取允许温差〔Δt〕等于 5.0℃。

**第 4.1.2 条**　当居住建筑、医院、幼儿园、办公楼、学校和门诊部等建筑物的外墙为轻质材料或内侧复合轻质材料时，外墙的最小传热阻应在按式 (4.1.1) 计算结果的基础上进行附加，其附加值应按表 4.1.2 的规定采用。

**轻质外墙最小传热阻的附加值 (%)**　　　表 4.1.2

| 外墙材料与构造 | 当建筑物处在连续供热热网中时 | 当建筑物处在间歇供热热网中时 |
|---|---|---|
| 密度为 800～1200kg/m³ 的轻骨料混凝土单一材料墙体 | 15～20 | 30～40 |
| 密度为 500～800kg/m³ 的轻混凝土单一材料墙体；外侧为砖或混凝土、内侧复合轻混凝土的墙体 | 20～30 | 40～60 |
| 平均密度小于 500kg/m³ 的轻质复合墙；外侧为砖或混凝土、内侧复合轻质材料 (如岩棉、矿棉、石膏板等) 墙体 | 30～40 | 60～80 |

**第 4.1.3 条**　处在寒冷和夏热冬冷地区，且设置集中采暖的居住建筑和医院、幼儿园、办公楼、学校、门诊部等公共建筑，当采用Ⅲ型和Ⅳ型围护结构时，应对其屋顶和东、西外墙进行夏季隔热验算。如按夏季隔热要求的传热阻大于按冬季保温要求的最小传热阻，应按夏季隔热要求采用。

## 第二节　围护结构保温措施

**第 4.2.1 条**　提高围护结构热阻值可采取下列措施：

一、采用轻质高效保温材料与砖、混凝土或钢筋混凝土等材料组成的复合结构。

二、采用密度为 500～800kg/m³ 的轻混凝土和密度为 800～1200kg/m³ 的轻骨料混凝土作为单一材料墙体。

三、采用多孔粘土空心砖或多排孔轻骨料混凝土空心砌块墙体。

四、采用封闭空气间层或带有铝箔的空气间层。

**第 4.2.2 条**　提高围护结构热稳定性可采取下列措施：

一、采用复合结构时，内外侧宜采用砖、混凝土或钢筋混凝土等重质材料，中间复合轻质保温材料。

二、采用加气混凝土、泡沫混凝土等轻质混凝土单一材料墙体时，内外侧宜作水泥砂浆抹面层或其他重质材料饰面层。

## 第三节　热桥部位内表面温度验算及保温措施

**第 4.3.1 条**　围护结构热桥部位的内表面温度不应低于室内空气露点温度。

**第 4.3.2 条**　在确定室内空气露点温度时，居住建筑和公共建筑的室内空气相对湿度均应按 60% 采用。

**第 4.3.3 条**　围护结构中常见五种形式热桥 (见图 4.3.3)，其内表面温度应按下列规定验算：

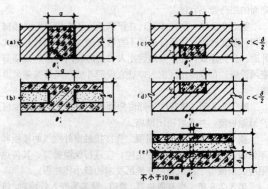

图 4.3.3　常见五种形式热桥

一、当肋宽与结构厚度比 $a/\delta$ 小于或等于 1.5 时，

$$\theta'_i = t_i - \frac{R'_o + \eta(R_o - R'_o)}{R'_o \cdot R_o} R_i (t_i - t_e) \quad (4.3.3-1)$$

式中　$\theta'_i$——热桥部位内表面温度 (℃)；

$t_i$——室内计算温度 (℃)；

$t_e$——室外计算温度 (℃)，应按本规范附录三附表 3.1 中Ⅰ型围护结构的室外计算温度采用；

$R_o$——非热桥部位的传热阻 (m²·K/W)；

$R'_o$——热桥部位的传热阻 (m²·K/W)；

$R_i$——内表面换热阻，取 0.11m²·K/W；

$\eta$——修正系数，应根据比值 $a/\delta$，按表 4.3.3-1 和表 4.3.3-2 采用。

二、当肋宽与结构厚度比 $a/\delta$ 大于 1.5 时，

$$\theta'_i = t_i - \frac{t_i - t_e}{R'_o} R_i \quad (4.3.3-2)$$

**修正系数 $\eta$ 值**　　　表 4.3.3-1

| 热桥形式 | 肋宽与结构厚度比 $a/\delta$ | | | | | | | | |
|---|---|---|---|---|---|---|---|---|---|
| | 0.02 | 0.06 | 0.10 | 0.20 | 0.40 | 0.60 | 0.80 | 1.00 | 1.50 |
| (1) | 0.12 | 0.24 | 0.38 | 0.55 | 0.74 | 0.83 | 0.87 | 0.90 | 0.95 |
| (2) | 0.07 | 0.15 | 0.26 | 0.42 | 0.62 | 0.73 | 0.81 | 0.85 | 0.94 |
| (3) | 0.25 | 0.50 | 0.96 | 1.26 | 1.27 | 1.21 | 1.16 | 1.10 | 1.00 |
| (4) | 0.04 | 0.10 | 0.17 | 0.32 | 0.50 | 0.62 | 0.71 | 0.77 | 0.89 |

**修正系数 η 值** 表4.3.3-2

| 热桥形式 | $\delta_1/\delta$ | 肋宽与结构厚度比 $a/\delta$ | | | | | | | |
|---|---|---|---|---|---|---|---|---|---|
| | | 0.04 | 0.06 | 0.08 | 0.10 | 0.12 | 0.14 | 0.16 | 0.18 |
| (5) | 0.50 | 0.011 | 0.025 | 0.044 | 0.071 | 0.102 | 0.136 | 0.170 | 0.205 |
| | 0.25 | 0.006 | 0.014 | 0.025 | 0.040 | 0.054 | 0.074 | 0.092 | 0.112 |

注: $a/\delta$ 的中间值可用内插法确定。

**第4.3.4条** 单一材料外墙角处的内表面温度和内侧最小附加热阻，应按下列公式计算：

$$\theta'_i = t_i - \frac{t_i - t_e}{R_o} R_i \cdot \xi \qquad (4.3.4\text{-}1)$$

$$R_{ad \cdot min} = (t_i - t_e)\left(\frac{1}{t_i - t_d} - \frac{1}{t_i - \theta'_i}\right) R_i \qquad (4.3.4\text{-}2)$$

式中
$\theta'_i$——外墙角处内表面温度（℃）；

$R_{ad \cdot min}$——内侧最小附加热阻（m²·K/W）；

$t_i$——室内计算温度（℃）；

$t_e$——室外计算温度（℃），按本规范附录三附表3.1中Ⅰ型围护结构的室外计算温度采用；

$t_d$——室内空气露点温度（℃）；

$R_i$——外墙角处内表面换热阻，取0.11m²·K/W；

$R_o$——外墙传热阻（m²·K/W）；

$\xi$——比例系数，根据外墙热阻R值，按表4.3.4采用。

**比例系数 ξ 值** 表4.3.4

| 外墙热阻 R（m²·K/W） | 比例系数 ξ |
|---|---|
| 0.10～0.40 | 1.42 |
| 0.41～0.49 | 1.72 |
| 0.50～1.50 | 1.73 |

**第4.3.5条** 除第4.3.3条中常见五种形式热桥外，其他形式热桥的内表面温度应进行温度场验算。当其内表面温度低于室内空气露点温度时，应在热桥部位的外侧或内侧采取保温措施。

### 第四节 窗户保温性能、气密性和面积的规定

**第4.4.1条** 窗户的传热系数应按经国家计量认证的质检机构提供的测定值采用；如无上述机构提供的测定值时，可按表4.4.1采用。

**窗户的传热系数** 表4.4.1

| 窗框材料 | 窗户类型 | 空气层厚度（mm） | 窗框窗洞面积比（%） | 传热系数 K（W/m²·K） |
|---|---|---|---|---|
| 钢、铝 | 单层窗 | — | 20～30 | 6.4 |
| | 单框双玻窗 | 12 | 20～30 | 3.9 |
| | | 16 | 20～30 | 3.6 |
| | | 20～30 | 20～30 | 3.6 |
| | 双层窗 | 100～140 | 20～30 | 3.0 |
| | 单层+单框双玻窗 | 100～140 | 20～30 | 2.5 |
| 木、塑料 | 单层窗 | — | 30～40 | 4.7 |
| | 单框双玻窗 | 12 | 30～40 | 2.7 |
| | | 16 | 30～40 | 2.6 |
| | | 20～30 | 30～40 | 2.5 |
| | 双层窗 | 100～140 | 30～40 | 2.3 |
| | 单层+单框双玻窗 | 100～140 | 30～40 | 2.0 |

注：①本表中的窗户包括一般窗户、天窗和阳台门上部带玻璃部分。

②阳台门下部肚板部分的传热系数，当下部不作保温处理时，应按表中值采用；当作保温处理时，应按计算确定。

③本表中未包括的新型窗户，其传热系数应按测定值采用。

**第4.4.2条** 居住建筑和公共建筑外部窗户的保温性能，应符合下列规定：

一、严寒地区各朝向窗户，不应低于现行国家标准《建筑外窗保温性能分级及其检测方法》GB8484规定的Ⅱ级水平。

二、寒冷地区各朝向窗户，不应低于上述标准规定的Ⅴ级水平；北向窗户，宜达到上述标准规定的Ⅳ级水平。

**第4.4.3条** 阳台门下部门肚板部分的传热系数，严寒地区应小于或等于1.35W/（m²·K）；寒冷地区应小于或等于1.72W/（m²·K）。

**第4.4.4条** 居住建筑和公共建筑窗户的气密性，应符合下列规定：

一、在冬季室外平均风速大于或等于3.0m/s的地区，对于1～6层建筑，不应低于现行国家标准《建筑外窗空气渗透性能分级及其检测方法》GB7107规定的Ⅲ级水平；对于7～30层建筑，不应低于上述标准规定的Ⅱ级水平。

二、在冬季室外平均风速小于3.0m/s的地区，对于1～6层建筑，不应低于上述标准规定的Ⅳ级水平；对于7～30层建筑，不应低于上述标准规定的Ⅲ级水平。

**第4.4.5条** 居住建筑各朝向的窗墙面积比应符合下列规定：

一、当外墙传热阻达到按式（4.1.1）计算确定的最小传热阻时，北向窗墙面积比，不应大于0.20；东、西向，不应大于0.25（单层窗）或0.30（双层窗）；南向，不应大于0.35。

二、当建筑设计上需要增大窗墙面积比或实际采用的外墙传热阻大于按式（4.1.1）计算确定的最小传热阻时，所采用的窗墙面积比和外墙传热阻应符合本规范附录五的规定。

### 第五节 采暖建筑地面热工要求

**第4.5.1条** 采暖建筑地面的热工性能，应根据地面的吸热指数 B 值，按表4.5.1的规定，划分成三个类别。

**采暖建筑地面热工性能类别** 表4.5.1

| 地面热工性能类别 | B 值〔W/（m²·h⁻¹/²·K）〕 |
|---|---|
| Ⅰ | <17 |
| Ⅱ | 17～23 |
| Ⅲ | >23 |

注：地面吸热指数 B 值应按本规范附录二中（三）的规定计算。

**第4.5.2条** 不同类型采暖建筑对地面热工性能的要求，应符合表4.5.2的规定。

**不同类型采暖建筑对地面热工性能的要求** 表4.5.2

| 采暖建筑类型 | 对地面热工性能的要求 |
|---|---|
| 高级居住建筑、幼儿园、托儿所、疗养院等 | 宜采用Ⅰ类地面 |
| 一般居住建筑、办公楼、学校等 | 可采用Ⅱ类地面 |
| 临时逗留用房及室温高于23℃的采暖房间 | 可采用Ⅲ类地面 |

**第4.5.3条** 严寒地区采暖建筑的底层地面，当建筑物周边无采暖管沟时，在外墙内侧0.5～1.0m范围内应铺设保温层，其热阻不应小于外墙的热阻。

# 第五章 围护结构隔热设计

## 第一节 围护结构隔热设计要求

**第5.1.1条** 在房间自然通风情况下，建筑物的屋顶和东、西外墙的内表面最高温度，应满足下式要求：

$$\theta_{i \cdot max} \leq t_{e \cdot max} \qquad (5.1.1)$$

式中 $\theta_{i \cdot max}$——围护结构内表面最高温度（℃），应按本规范附录二中（八）的规定计算；

$t_{e \cdot max}$——夏季室外计算温度最高值（℃），应按本规范附录三附表3.2采用。

## 第二节 围护结构隔热措施

**第5.2.1条** 围护结构的隔热可采用下列措施：

一、外表面做浅色饰面，如浅色粉刷、涂层和面砖等。

二、设置通风间层，如通风屋顶、通风墙等。通风屋顶的风道长度不宜大于10m。间层高度以20cm左右为宜。基层上面应有6cm左右的隔热层。夏季多风地区，檐口处宜采用兜风构造。

三、采用双排或三排孔混凝土或轻骨料混凝土空心砌块墙体。

四、复合墙体的内侧宜采用厚度为10cm左右的砖或混凝土等重质材料。

五、设置带铝箔的封闭空气间层。当为单面铝箔空气间层时，铝箔宜设在温度较高的一侧。

六、蓄水屋顶。水面宜有水浮莲等浮生植物或白色漂浮物。水深宜为15～20cm。

七、采用有土和无土植被屋顶，以及墙面垂直绿化等。

# 第六章 采暖建筑围护结构防潮设计

## 第一节 围护结构内部冷凝受潮验算

**第6.1.1条** 外侧有卷材或其他密闭防水层的平屋顶结构，以及保温层外侧有密实保护层的多层墙体结构，当内侧结构层为加气混凝土和砖等多孔材料时，应进行内部冷凝受潮验算。

**第6.1.2条** 采暖期间，围护结构中保温材料因内部冷凝受潮而增加的重量湿度允许增量，应符合表6.1.2的规定。

采暖期间保温材料重量湿度的允许增量〔$\Delta\omega$〕（%）　　表6.1.2

| 保温材料名称 | 重量湿度允许增量〔$\Delta\omega$〕 |
|---|---|
| 多孔混凝土（泡沫混凝土、加气混凝土等），$\rho_0=500\sim700kg/m^3$ | 4 |
| 水泥膨胀珍珠岩和水泥膨胀蛭石等，$\rho_0=300\sim500kg/m^3$ | 6 |
| 沥青膨胀珍珠岩和沥青膨胀蛭石等，$\rho_0=300\sim400kg/m^3$ | 7 |
| 水泥纤维板 | 5 |
| 矿棉、岩棉、玻璃棉及其制品（板或毡） | 3 |
| 聚苯乙烯泡沫塑料 | 15 |
| 矿渣和炉渣填料 | 2 |

**第6.1.3条** 根据采暖期间围护结构中保温材料重量湿度的允许增量，冷凝计算界面内侧所需的蒸汽渗透阻应按下式计算：

$$H_{o \cdot i} = \frac{P_i - P_{s \cdot c}}{\dfrac{10\rho_0\delta_i[\Delta\omega]}{24Z} + \dfrac{P_{s \cdot c} - P_e}{H_{o \cdot e}}} \qquad (6.1.3)$$

式中 $H_{o \cdot i}$——冷凝计算界面内侧所需的蒸汽渗透阻（$m^2 \cdot h \cdot Pa/g$）；

$H_{o \cdot e}$——冷凝计算界面至围护结构外表面之间的蒸汽渗透阻（$m^2 \cdot h \cdot Pa/g$）；

$P_i$——室内空气水蒸气分压力（Pa），根据室内计算温度和相对湿度确定；

$P_e$——室外空气水蒸气分压力（Pa），根据本规范附录三附表3.1查得的采暖期室外平均温度和平均相对湿度确定；

$P_{s \cdot c}$——冷凝计算界面处与界面温度 $\theta_c$ 对应的饱和水蒸气分压力（Pa）；

$Z$——采暖期天数，应符合本规范附录三附表3.1的规定；

〔$\Delta\omega$〕——采暖期间保温材料重量湿度的允许增量（%），应按表6.1.2中的数值直接采用；

$\rho_0$——保温材料的干密度（$kg/m^3$）；

$\delta_i$——保温材料厚度（m）。

**第6.1.4条** 冷凝计算界面温度应按下式计算：

$$\theta_c = t_i - \frac{t_i - \bar{t}_e}{R_o}(R_i + R_{o \cdot i}) \qquad (6.1.4)$$

式中 $\theta_c$——冷凝计算界面温度（℃）；

$t_i$——室内计算温度（℃）；

$\bar{t}_e$——采暖期室外平均温度（℃），应符合本规范附录三附表3.1的规定；

$R_o$、$R_i$——分别为围护结构传热阻和内表面换热阻（$m^2 \cdot K/W$）；

$R_{o \cdot i}$——冷凝计算界面至围护结构内表面之间的热阻（$m^2 \cdot K/W$）。

**第6.1.5条** 冷凝计算界面的位置，应取保温层与外侧密实材料层的交界处（见图6.1.5）。

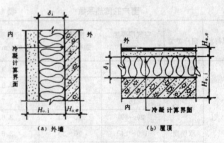

图6.1.5 冷凝计算界面

**第6.1.6条** 对于不设通风口的坡屋顶，其顶棚部分的蒸汽渗透阻应符合下式要求：

$$H_{o \cdot i} > 1.2(P_i - P_e) \qquad (6.1.6)$$

式中 $H_{o \cdot i}$——顶棚部分的蒸汽渗透阻（$m^2 \cdot h \cdot Pa/g$）；

$P_i$、$P_e$——分别为室内和室外空气水蒸气分压力（Pa）。

**第6.1.7条** 围护结构材料层的蒸汽渗透阻应按下式计算：

$$H = \frac{\delta}{\mu} \qquad (6.1.7)$$

式中　　$H$——材料层的蒸汽渗透阻（$m^2 \cdot h \cdot Pa/g$）；

　　　　$\delta$——材料层的厚度（m）；

　　　　$\mu$——材料的蒸汽渗透系数〔$g/(m^2 \cdot h \cdot Pa)$〕，应按本规范附录四附表 4.1 采用。

注：①多层结构的蒸汽渗透阻应按各层蒸汽渗透阻之和确定。

　　②封闭空气间层的蒸汽渗透阻取零。

　　③某些薄片材料和涂层的蒸汽渗透阻应按本规范附录四附表 4.3 采用。

## 第二节　围护结构防潮措施

**第 6.2.1 条**　采用多层围护结构时，应将蒸汽渗透阻较大的密实材料布置在内侧，而将蒸汽渗透阻较小的材料布置在外侧。

**第 6.2.2 条**　外侧有密实保护层或防水层的多层围护结构，经内部冷凝受潮验算而必须设置隔汽层时，应严格控制保温层的施工湿度，或采用预制板状或块状保温材料，避免湿法施工和雨天施工，并保证隔汽层的施工质量。对于卷材防水屋面，应有与室外空气相通的排湿措施。

**第 6.2.3 条**　外侧有卷材或其他密闭防水层，内侧为钢筋混凝土屋面板的平屋顶结构，如经内部冷凝受潮验算不需设隔汽层，则应确保屋面板及其接缝的密实性，达到所需的蒸汽渗透阻。

# 附录一　名词解释

名　词　解　释　　　　　　附表 1.1

| 名　词 | 曾用名词 | 名　词　解　释 |
|---|---|---|
| 历　年 | | 逐年，特指整编气象资料时，所采用的以往一段连续年份中的每一年 |
| 累　年 | 历　年 | 多年，特指整编气象资料时所采用的以往一段连续年份（不少于 3 年）的累计 |
| 设计计算用采暖期天数 | | 累年日平均温度低于或等于 5℃的天数。这一天数仅用于建筑热工设计计算，故称设计计算用采暖期天数。各地实际的采暖期天数，应按当地行政或主管部门的规定执行 |
| 采暖期度日数 | | 室内温度 18℃与采暖期室外平均温度之间的温差值乘以采暖期天数 |
| 地方太阳时 | 当地太阳时 | 以太阳正对着当地子午线的时刻为中午 12 时所推算出的时间 |
| 太阳辐射照度 | 太阳辐射强度 | 以太阳为辐射源，在某一表面上形成的辐射照度 |
| 导热系数 | | 在稳态条件下，1m 厚的物体，两侧表面温差为 1℃，1h 内通过 1$m^2$ 面积传递的热量 |
| 比热容 | 比热 | 1kg 的物质，温度升高或降低 1℃所需吸收或放出的热量 |
| 密　度 | 容重 | 1$m^3$ 的物体所具有的质量 |
| 材料蓄热系数 | | 当某一足够厚度单一材料层一侧受到谐波热作用时，表面温度将按同一周期波动，通过表面的热流波幅与表面温度波幅的比值。其值越大，材料的热稳定性越好 |
| 表面蓄热系数 | | 在周期性热作用下，物体表面温度升高或降低 1℃时，在 1h 内，1$m^2$ 表面积贮存或释放的热量 |
| 导温系数 | 热扩散系数 | 材料的导热系数与其比热容和密度乘积的比值。表征物体在加热或冷却时各部分温度趋于一致的能力。其值越大，温度变化的速度越快 |

续表

| 名　词 | 曾用名词 | 名　词　解　释 |
|---|---|---|
| 围护结构 | | 建筑物及房间各面的围挡物。它分透明和不透明两部分：不透明围护结构有墙、屋顶和楼板等；透明围护结构有窗户、天窗和阳台门等。按是否同室外空气直接接触，又可分外围护结构和内围护结构 |
| 外围护结构 | | 同室外空气直接接触的围护结构，如外墙、屋顶、外门和外窗等 |
| 内围护结构 | | 不同室外空气直接接触的围护结构，如隔墙、楼板、内门和内窗等 |
| 热　阻 | | 表征围护结构本身或其中某层材料阻抗传热能力的物理量 |
| 内表面换热系数 | 内表面转移系数 | 围护结构内表面温度与室内空气温度之差为 1℃，1h 内通过 1$m^2$ 表面积传递的热量 |
| 内表面换热阻 | 内表面转移阻 | 内表面换热系数的倒数 |
| 外表面换热系数 | 外表面转移系数 | 围护结构外表面温度与室外空气温度之差为 1℃，1h 内通过 1$m^2$ 表面积传递的热量 |
| 外表面换热阻 | 外表面转移阻 | 外表面换热系数的倒数 |
| 传热系数 | 总传热系数 | 在稳态条件下，围护结构两侧空气温度差为 1℃，1h 内通过 1$m^2$ 面积传递的热量 |
| 传热阻 | 总传热阻 | 表征围护结构（包括两侧表面空气边界层）阻抗传热能力的物理量。为传热系数的倒数 |
| 最小传热阻 | 最小总传热阻 | 特指设计计算中容许采用的围护结构传热阻的下限值。规定最小传热阻的目的，是为了限制通过围护结构的传热量过大，防止内表面冷凝，以及限制内表面与人体之间的辐射换热量过大而使人体受凉 |
| 经济传热阻 | 经济热阻 | 围护结构单位面积的建造费用（初次投资的折旧费）与使用费用（由围护结构单位面积分摊的采暖运行费和设备折旧费）之和达到最小值时的传热阻 |
| 热惰性指标（D 值） | | 表征围护结构对温度波衰减快慢程度的无量纲指标。单一材料围护结构，$D = RS$；多层材料围护结构，$D = \Sigma RS$。式中 R 为围护结构材料层的热阻，S 为相应材料层的蓄热系数。D 值越大，温度波在其中的衰减越快，围护结构的热稳定性越好 |
| 围护结构的热稳定性 | | 在周期性热作用下，围护结构本身抵抗温度波动的能力。围护结构的热惰性是影响其热稳定性的主要因素 |
| 房间的热稳定性 | | 在室内外周期性热作用下，整个房间抵抗温度波动的能力。房间的热稳定性主要取决于内外围护结构的热稳定性 |
| 窗墙面积比 | 窗墙比 | 窗户洞口面积与房间立面单元面积（即房间层高与开间定位线围成的面积）的比值 |
| 温度波幅 | | 当温度呈周期性波动时，最高值或最低值与平均值之差 |
| 综合温度 | | 室外空气温度 $t_e$ 与太阳辐射当量温度 $\rho I/\alpha_e$ 之和，即 $t_{sa} = t_e + \rho I/\alpha_e$。式中 $\rho$ 为太阳辐射吸收系数，I 为太阳辐射照度，$\alpha_e$ 为外表面换热系数 |
| 衰减倍数 | 总衰减倍数 | 围护结构内侧空气温度稳定，外侧受室外综合温度或室外空气温度谐波作用，室外综合温度或室外空气温度谐波波幅与围护结构内表面温度谐波波幅的比值 |
| 延迟时间 | 总延迟时间 | 围护结构内侧空气温度稳定，外侧受室外综合温度或室外空气温度谐波作用，内表面温度谐波最高值（或最低值），出现时间与室外综合温度或室外空气温度谐波最高值（或最低值）出现时间的差值 |
| 露点温度 | | 在大气压力一定，含湿量不变的情况下，未饱和的空气因冷却而达到饱和状态时的温度 |

続表

| 名　词 | 曾用名词 | 名　词　解　释 |
|---|---|---|
| 冷凝或结露 | 凝结 | 特指围护结构表面温度低于附近空气露点温度时,表面出现冷凝水的现象 |
| 水蒸气分压力 | | 在一定温度下湿空气中水蒸气部分所产生的压力 |
| 饱和水蒸气分压力 | | 空气中水蒸气呈饱和状态时水蒸气部分所产生的压力 |
| 空气相对湿度 | | 空气中实际的水蒸气分压力与同一温度下饱和水蒸气分压力的百分比 |
| 蒸汽渗透系数 | | 1m厚的物体,两侧水蒸气分压力差为1Pa,1h内通过1m²面积所渗透的水蒸气量 |
| 蒸汽渗透阻 | | 围护结构或某一材料层,两侧水蒸气分压力差为1Pa,通过1m²面积所渗透1g水分所需要的时间 |

## 附录二　建筑热工设计计算公式及参数

（一）热阻的计算

1. 单一材料层的热阻应按下式计算:

$$R = \frac{\delta}{\lambda} \qquad (附2.1)$$

式中　$R$——材料层的热阻（m²·K/W）;

$\delta$——材料层的厚度（m）;

$\lambda$——材料的导热系数〔W/(m·K)〕,应按本规范附录四附表4.1和表注的规定采用。

2. 多层围护结构的热阻应按下式计算:

$$R = R_1 + R_2 + \cdots\cdots R_n \qquad (附2.2)$$

式中　$R_1$、$R_2$……$R_n$——各层材料的热阻（m²·K/W）。

3. 由两种以上材料组成的、两向非均质围护结构（包括各种形式的空心砌块,填充保温材料的墙体等,但不包括多孔粘土空心砖）,其平均热阻应按下式计算:

$$\bar{R} = \left[\frac{F_0}{\dfrac{F_1}{R_{0·1}} + \dfrac{F_2}{R_{0·2}} + \cdots\cdots \dfrac{F_n}{R_{0·n}}} - (R_i + R_e)\right]\varphi \quad(附2.3)$$

式中　$\bar{R}$——平均热阻（m²·K/W）;

$F_0$——与热流方向垂直的总传热面积（m²）,（见附图2.1）;

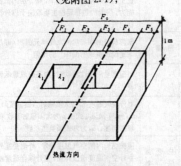

热流方向

附图2.1　计算用图

$F_1$、$F_2$……$F_n$——按平行于热流方向划分的各个传热面积（m²）;

$R_{0·1}$、$R_{0·2}$……$R_{0·n}$——各个传热面部位的传热阻（m²·K/W）;

$R_i$——内表面换热阻,取0.11m²·K/W;

$R_e$——外表面换热阻,取0.04m²·K/W;

$\varphi$——修正系数,应按本附录附表2.1采用。

修正系数 $\varphi$ 值　　　　附表2.1

| $\lambda_e/\lambda_1$ 或 $\frac{\lambda_e + \lambda_0}{2}/\lambda_1$ | $\varphi$ |
|---|---|
| 0.09～0.19 | 0.86 |
| 0.20～0.39 | 0.93 |
| 0.40～0.69 | 0.96 |
| 0.70～0.99 | 0.98 |

注:①表中 $\lambda$ 为材料的导热系数。当围护结构由两种材料组成时,$\lambda_e$ 应取较小值,$\lambda$ 应取较大值,然后求两者的比值。

②当围护结构由三种材料组成,或有两种厚度不同的空气间层时,$\varphi$ 值应按比值 $\frac{\lambda_e + \lambda_0}{2}/\lambda_1$ 确定。空气间层的 $\lambda$ 值,应按附表2.4空气间层的厚度及热阻求得。

③当围护结构中存在圆孔时,应先将圆孔折算成同面积的方孔,然后按上述规定计算。

4. 围护结构的传热阻应按下式计算:

$$R_0 = R_i + R + R_e \qquad (附2.4)$$

式中　$R_0$——围护结构的传热阻（m²·K/W）;

$R_i$——内表面换热阻（m²·K/W）,应按本附录附表2.2采用;

$R_e$——外表面换热阻（m²·K/W）,应按本附录附表2.3采用;

$R$——围护结构热阻（m²·K/W）。

内表面换热系数 $\alpha_i$ 及内表面热阻 $R_i$ 值　附表2.2

| 适用季节 | 表面特征 | $\alpha_i$〔W/(m²·K)〕 | $R_i$(m²·K/W) |
|---|---|---|---|
| 冬季和夏季 | 墙面、地面、表面平整或有肋状突出物的顶棚 当 h/s≤0.3 时 | 8.7 | 0.11 |
| | 有肋状突出物的顶棚 当 h/s>0.3 时 | 7.6 | 0.13 |

注:表中 h 为肋高,s 为肋间净距。

外表面换热系数 $\alpha_e$ 及外表面热阻 $R_e$ 值　附表2.3

| 适用季节 | 表面特征 | $\alpha_e$〔W/(m²·K)〕 | $R_e$(m²·K/W) |
|---|---|---|---|
| 冬季 | 外墙、屋顶、与室外空气直接接触的表面 | 23.0 | 0.04 |
| | 与室外空气相通的不采暖地下室上面的楼板 | 17.0 | 0.06 |
| | 闷顶、外墙上有窗的不采暖地下室上面的楼板 | 12.0 | 0.08 |
| | 外墙上无窗的不采暖地下室上面的楼板 | 6.0 | 0.17 |
| 夏季 | 外墙和屋顶 | 19.0 | 0.05 |

5. 空气间层热阻的确定:

（1）不带铝箔、单面铝箔、双面铝箔封闭空气间层的热阻,应按本附录附表2.4采用。

（2）通风良好的空气间层,其热阻可不予考虑。这种空气间层的间层温度可取进气温度,表面换热系数可取12.0W/(m²·K)。

（二）围护结构热惰性指标 D 值的计算

1. 单一材料围护结构或单一材料层的 D 值应按下式计算:

$$D = RS \qquad (附2.5)$$

## 空 气 间 层 热 阻 值 （m²·K/W）  附表2.4

| 位置、热流状况及材料特性 | 冬季状况 | | | | | | | 夏季状况 | | | | | | |
|---|---|---|---|---|---|---|---|---|---|---|---|---|---|---|
| | 间层厚度（mm） | | | | | | | 间层厚度（mm） | | | | | | |
| | 5 | 10 | 20 | 30 | 40 | 50 | 60以上 | 5 | 10 | 20 | 30 | 40 | 50 | 60以上 |
| 一般空气间层 | | | | | | | | | | | | | | |
| 热流向下（水平、倾斜） | 0.10 | 0.14 | 0.17 | 0.18 | 0.19 | 0.20 | 0.20 | 0.09 | 0.12 | 0.15 | 0.15 | 0.16 | 0.16 | 0.15 |
| 热流向上（水平、倾斜） | 0.10 | 0.14 | 0.15 | 0.16 | 0.17 | 0.17 | 0.17 | 0.09 | 0.11 | 0.13 | 0.13 | 0.13 | 0.13 | 0.13 |
| 垂直空气间层 | 0.10 | 0.14 | 0.16 | 0.17 | 0.18 | 0.18 | 0.18 | 0.09 | 0.12 | 0.14 | 0.14 | 0.15 | 0.15 | 0.15 |
| 单面铝箔空气间层 | | | | | | | | | | | | | | |
| 热流向下（水平、倾斜） | 0.16 | 0.28 | 0.43 | 0.51 | 0.57 | 0.60 | 0.64 | 0.15 | 0.25 | 0.37 | 0.44 | 0.48 | 0.52 | 0.54 |
| 热流向上（水平、倾斜） | 0.16 | 0.26 | 0.35 | 0.40 | 0.42 | 0.42 | 0.43 | 0.14 | 0.20 | 0.28 | 0.29 | 0.30 | 0.30 | 0.28 |
| 垂直空气间层 | 0.16 | 0.26 | 0.39 | 0.44 | 0.47 | 0.49 | 0.50 | 0.15 | 0.22 | 0.31 | 0.34 | 0.36 | 0.37 | 0.37 |
| 双面铝箔空气间层 | | | | | | | | | | | | | | |
| 热流向下（水平、倾斜） | 0.18 | 0.34 | 0.56 | 0.71 | 0.84 | 0.94 | 1.01 | 0.16 | 0.30 | 0.49 | 0.63 | 0.73 | 0.81 | 0.86 |
| 热流向上（水平、倾斜） | 0.17 | 0.29 | 0.45 | 0.52 | 0.55 | 0.56 | 0.57 | 0.15 | 0.25 | 0.34 | 0.37 | 0.38 | 0.38 | 0.35 |
| 垂直空气间层 | 0.18 | 0.31 | 0.49 | 0.59 | 0.65 | 0.69 | 0.71 | 0.15 | 0.27 | 0.39 | 0.46 | 0.49 | 0.50 | 0.50 |

式中　$R$——材料层的热阻（m²·K/W）；

　　　$S$——材料的蓄热系数〔W/（m²·K）〕。

2. 多层围护结构的 $D$ 值应按下式计算：

$$D = D_1 + D_2 + \cdots\cdots + D_n$$
$$= R_1 S_1 + R_2 S_2 + \cdots\cdots + R_n S_n \qquad （附2.6）$$

式中　$R_1$、$R_2\cdots\cdots R_n$——各层材料的热阻（m²·K/W）；

　　　$S_1$、$S_2\cdots\cdots S_n$——各层材料的蓄热系数〔W/（m²·K）〕，空气间层的蓄热系数取 $S=0$。

3. 如某层有两种以上材料组成，则应先按下式计算该层的平均导热系数：

$$\bar{\lambda} = \frac{\lambda_1 F_1 + \lambda_2 F_2 + \cdots\cdots + \lambda_n F_n}{F_1 + F_2 + \cdots\cdots + F_n} \qquad （附2.7）$$

然后按下式计算该层的平均热阻：

$$\bar{R} = \frac{\delta}{\lambda}$$

该层的平均蓄热系数按下式计算：

$$\bar{S} = \frac{S_1 F_1 + S_2 F_2 + \cdots\cdots + S_n F_n}{F_1 + F_2 + \cdots\cdots + F_n} \qquad （附2.8）$$

式中　$F_1$、$F_2\cdots\cdots F_n$——在该层中按平行于热流划分的各个传热面积（m²）；

　　　$\lambda_1$、$\lambda_2\cdots\cdots\lambda_n$——各个传热面积上材料的导热系数〔W/（m·K）〕；

　　　$S_1$、$S_2\cdots\cdots S_n$——各个传热面积上材料的蓄热系数〔W/（m²·K）〕；

该层的热惰性指标 $D$ 值应按下式计算：

$$D = \bar{R}\bar{S}$$

（三）地面吸热指数 $B$ 值的计算

地面吸热指数 $B$ 值，应根据地面中影响吸热的界面位置，按下面几种情况计算：

1. 影响吸热的界面在最上一层内，即当：

$$\frac{\delta_1^2}{a_1 \tau} \geqslant 3.0 \qquad （附2.9）$$

式中　$\delta_1$——最上一层材料的厚度（m）；

　　　$a_1$——最上一层材料的导温系数（m²/h）；

　　　$\tau$——人脚与地面接触的时间，取 0.2h。

这时，$B$ 值应按下式计算：

$$B = b_1 = \sqrt{\lambda_1 c_1 \rho_1} \qquad （附2.10）$$

式中　$b_1$——最上一层材料的热渗透系数〔W/（m²·h$^{-1/2}$·K）〕；

　　　$c_1$——最上一层材料的比热容〔W·h/（kg·K）〕；

　　　$\lambda_1$——最上一层材料的导热系数〔W/（m·K）〕；

　　　$\rho_1$——最上一层材料的密度（kg/m³）。

2. 影响吸热的界面在第二层内，即当：

$$\frac{\delta_1^2}{a_1 \tau} + \frac{\delta_2^2}{a_2 \tau} \geqslant 3.0 \qquad （附2.11）$$

式中　$\delta_2$——第二层材料的厚度（m）；

　　　$a_2$——第二层材料的导温系数（m²/h）；

这时，$B$ 值应按下式计算：

$$B = b_1(1 + K_{1,2}) \qquad （附2.12）$$

式中　$K_{1,2}$——第1、2两层地面吸热计算系数，根据 $b_2/b_1$ 和 $\delta_1^2/a_1\tau$ 两值按附表2.5查得；

　　　$b_2$——第二层材料的热渗透系数〔W/（m²·h$^{-1/2}$·K）〕。

3. 影响吸热的界面在第二层以下，即按式（附2.11）求得的结果小于3.0，则影响吸热的界面位于第三层或更深处。这时，可仿照式（附2.12）求出 $B_{2,3}$ 或 $B_{3,4}$ 等，然后按顺序依次求出 $B_{1,2}$ 值。这时，式中的 $K_{1,2}$ 值应根据 $B_{2,3}/b_1$ 和 $\delta_1^2/a_1\tau$ 值按附表2.5查得。

（四）室外综合温度的计算

1. 室外综合温度各小时值应按下式计算：

$$t_{sa} = t_e + \frac{\rho I}{\alpha_e} \qquad （附2.13）$$

式中　$t_{sa}$——室外综合温度（℃）；

　　　$t_e$——室外空气温度（℃）；

　　　$I$——水平或垂直面上的太阳辐射照度（W/m²）；

　　　$\rho$——太阳辐射吸收系数，应按本附录附表2.6采用；

　　　$\alpha_e$——外表面换热系数，取 19.0W（m²·K）。

2. 室外综合温度平均值应按下式计算：

$$\bar{t}_{sa} = \bar{t}_e + \frac{\rho \bar{I}}{\alpha_e} \qquad （附2.14）$$

| $\dfrac{b_3}{b_1}$ ＼ $\dfrac{\delta'}{a_1\tau}$ | 0.005 | 0.01 | 0.05 | 0.10 | 0.15 | 0.20 | 0.25 | 0.30 | 0.40 | 0.50 | 0.60 | 0.80 | 1.00 | 1.50 | 2.00 | 3.00 |
|---|---|---|---|---|---|---|---|---|---|---|---|---|---|---|---|---|
| 0.2 | −0.82 | −0.80 | −0.80 | −0.79 | −0.78 | −0.78 | −0.77 | −0.76 | −0.73 | −0.70 | −0.65 | −0.56 | −0.47 | −0.30 | −0.18 | −0.07 |
| 0.3 | −0.70 | −0.70 | −0.69 | −0.69 | −0.68 | −0.67 | −0.66 | −0.64 | −0.61 | −0.58 | −0.54 | −0.46 | −0.35 | −0.24 | −0.15 | −0.05 |
| 0.4 | −0.60 | −0.60 | −0.59 | −0.58 | −0.57 | −0.56 | −0.55 | −0.54 | −0.51 | −0.47 | −0.44 | −0.37 | −0.31 | −0.19 | −0.12 | −0.04 |
| 0.5 | −0.50 | −0.50 | −0.49 | −0.48 | −0.47 | −0.46 | −0.45 | −0.43 | −0.41 | −0.38 | −0.35 | −0.29 | −0.24 | −0.15 | −0.09 | −0.03 |
| 0.6 | −0.40 | −0.40 | −0.40 | −0.38 | −0.37 | −0.36 | −0.35 | −0.34 | −0.31 | −0.29 | −0.26 | −0.22 | −0.18 | −0.11 | −0.07 | −0.03 |
| 0.7 | −0.30 | −0.30 | −0.30 | −0.28 | −0.27 | −0.26 | −0.25 | −0.24 | −0.22 | −0.21 | −0.19 | −0.16 | −0.13 | −0.08 | −0.05 | −0.02 |
| 0.8 | −0.20 | −0.20 | −0.19 | −0.19 | −0.18 | −0.17 | −0.16 | −0.16 | −0.14 | −0.13 | −0.12 | −0.10 | −0.08 | −0.05 | −0.03 | 0.00 |
| 0.9 | −0.10 | −0.10 | −0.10 | −0.09 | −0.09 | −0.08 | −0.08 | −0.08 | −0.07 | −0.06 | −0.06 | −0.05 | −0.04 | −0.02 | −0.01 | 0.00 |
| 1.1 | 0.10 | 0.10 | 0.09 | 0.09 | 0.09 | 0.08 | 0.08 | 0.07 | 0.07 | 0.06 | 0.05 | 0.04 | 0.02 | 0.01 |  |  |
| 1.2 | 0.20 | 0.20 | 0.19 | 0.18 | 0.17 | 0.16 | 0.15 | 0.14 | 0.13 | 0.11 | 0.10 | 0.07 | 0.04 | 0.03 |  |  |
| 1.3 | 0.30 | 0.30 | 0.28 | 0.26 | 0.24 | 0.23 | 0.21 | 0.20 | 0.18 | 0.16 | 0.15 | 0.13 | 0.10 | 0.06 |  | 0.01 |
| 1.4 | 0.40 | 0.40 | 0.38 | 0.34 | 0.32 | 0.30 | 0.28 | 0.26 | 0.24 | 0.21 | 0.19 | 0.15 | 0.12 | 0.08 | 0.05 | 0.02 |
| 1.5 | 0.50 | 0.49 | 0.46 | 0.42 | 0.39 | 0.37 | 0.34 | 0.32 | 0.29 | 0.25 | 0.22 | 0.18 | 0.15 | 0.09 | 0.05 | 0.02 |
| 1.6 | 0.60 | 0.59 | 0.54 | 0.50 | 0.46 | 0.42 | 0.40 | 0.38 | 0.33 | 0.30 | 0.26 | 0.21 | 0.17 | 0.11 | 0.06 | 0.02 |
| 1.7 | 0.70 | 0.68 | 0.63 | 0.58 | 0.53 | 0.49 | 0.46 | 0.43 | 0.38 | 0.33 | 0.30 | 0.25 | 0.19 | 0.12 | 0.07 | 0.03 |
| 1.8 | 0.79 | 0.78 | 0.71 | 0.65 | 0.60 | 0.55 | 0.51 | 0.48 | 0.42 | 0.37 | 0.32 | 0.26 | 0.21 | 0.13 | 0.08 | 0.03 |
| 1.9 | 0.89 | 0.88 | 0.79 | 0.72 | 0.66 | 0.61 | 0.56 | 0.52 | 0.46 | 0.40 | 0.36 | 0.29 | 0.23 | 0.14 | 0.08 | 0.03 |
| 2.0 | 0.99 | 0.97 | 0.88 | 0.79 | 0.72 | 0.66 | 0.61 | 0.57 | 0.49 | 0.44 | 0.39 | 0.31 | 0.25 | 0.15 | 0.09 | 0.03 |
| 2.2 | 1.18 | 1.16 | 1.03 | 0.92 | 0.83 | 0.76 | 0.70 | 0.65 | 0.56 | 0.49 | 0.44 | 0.35 | 0.28 | 0.17 | 0.10 | 0.04 |
| 2.4 | 1.37 | 1.35 | 1.19 | 1.04 | 0.94 | 0.85 | 0.77 | 0.72 | 0.62 | 0.55 | 0.48 | 0.38 | 0.30 | 0.18 | 0.11 | 0.04 |
| 2.6 | 1.57 | 1.53 | 1.33 | 1.16 | 1.04 | 0.94 | 0.86 | 0.79 | 0.68 | 0.60 | 0.52 | 0.42 | 0.34 | 0.20 | 0.12 | 0.04 |
| 2.8 | 1.77 | 1.72 | 1.47 | 1.27 | 1.13 | 1.02 | 0.93 | 0.85 | 0.73 | 0.66 | 0.56 | 0.45 | 0.36 | 0.21 | 0.13 | 0.05 |
| 3.0 | 1.95 | 1.89 | 1.60 | 1.37 | 1.21 | 1.09 | 0.99 | 0.91 | 0.78 | 0.68 | 0.60 | 0.47 | 0.38 | 0.23 | 0.14 | 0.05 |

式中　$\bar{t}_{sa}$——室外综合温度平均值(℃);

$\bar{t}_e$——室外空气温度平均值(℃),应按本规范附录三附表3.2采用;

$\bar{I}$——水平或垂直面上太阳辐射照度平均值(W/m²),应按本规范附录三附表3.4采用;

$\rho$——太阳辐射吸收系数,应按本附录附表2.6采用;

$\alpha_e$——外表面换热系数,取19.0W(m²·K)。

$A_{tb}$——太阳辐射当量温度波幅(℃),应按下式计算:

$$A_{tb} = \frac{\rho(I_{max} - \bar{I})}{\alpha_e} \qquad (附2.16)$$

$I_{max}$——水平或垂直面上太阳辐射照度最大值(W/m²),应按本规范附录三附表3.4采用;

$\bar{I}$——水平或垂直面上太阳辐射照度平均值(W/m²),应按本规范附录三附表3.4采用;

$\alpha_e$——外表面换热系数,取19.0W(m²·K)。

$\beta$——相位差修正系数,根据$A_{te}$与$A_{ts}$的比值(两者中数值较大者为分子)及$\varphi_{te}$与$\varphi_1$之间的差值按本附录附表2.7采用;

$\rho$——太阳辐射吸收系数,应按本附录附表2.6采用。

#### 太阳辐射吸收系数 ρ 值　　附表2.6

| 外表面材料 | 表面状况 | 色泽 | ρ值 |
|---|---|---|---|
| 红瓦屋面 | 旧 | 红褐色 | 0.70 |
| 灰瓦屋面 | 旧 | 浅灰色 | 0.52 |
| 石棉水泥瓦屋面 |  | 浅灰色 | 0.75 |
| 油毡屋面 | 旧,不光滑 | 黑色 | 0.85 |
| 水泥屋面及墙面 |  | 青灰色 | 0.70 |
| 红砖墙面 |  | 红褐色 | 0.75 |
| 硅酸盐砖墙面 | 不光滑 | 灰白色 | 0.50 |
| 石灰粉刷墙面 | 新,光滑 | 白色 | 0.48 |
| 水刷石墙面 | 旧,粗糙 | 灰白色 | 0.70 |
| 浅色饰面砖及浅色涂料 |  | 浅黄、浅绿色 | 0.50 |
| 草坪 |  | 绿色 | 0.80 |

　3. 室外综合温度波幅应按下式计算:

$$A_{tsa} = (A_{te} + A_{ts})\beta \qquad (附2.15)$$

式中　$A_{tsa}$——室外综合温度波幅(℃);

$A_{te}$——室外空气温度波幅(℃),应按本规范附录三附表3.2采用;

#### 相位差修正系数 β 值　　附表2.7

| $\dfrac{A_{tsa}}{I_0}$ 与 $\dfrac{A_{ts}}{I_0}$ 的比值 或 $A_{te}$与$A_{ts}$的比值 | $\Delta\varphi = (\varphi_{tsa}+\zeta_0)-(\varphi_{ti}+\zeta_i)$ 或 $\Delta\varphi=\varphi_{te}-\varphi_1$　(h) | | | | | | | | | |
|---|---|---|---|---|---|---|---|---|---|---|
|  | 1 | 2 | 3 | 4 | 5 | 6 | 7 | 8 | 9 | 10 |
| 1.0 | 0.99 | 0.97 | 0.92 | 0.87 | 0.79 | 0.71 | 0.60 | 0.50 | 0.38 | 0.26 |
| 1.5 | 0.99 | 0.97 | 0.93 | 0.87 | 0.80 | 0.72 | 0.63 | 0.53 | 0.42 | 0.32 |
| 2.0 | 0.99 | 0.97 | 0.93 | 0.88 | 0.81 | 0.74 | 0.66 | 0.58 | 0.49 | 0.41 |
| 2.5 | 0.99 | 0.97 | 0.94 | 0.89 | 0.83 | 0.76 | 0.69 | 0.62 | 0.55 | 0.49 |
| 3.0 | 0.99 | 0.97 | 0.94 | 0.90 | 0.85 | 0.79 | 0.72 | 0.65 | 0.60 | 0.55 |
| 3.5 | 0.99 | 0.97 | 0.94 | 0.91 | 0.86 | 0.81 | 0.76 | 0.69 | 0.64 | 0.59 |
| 4.0 | 0.99 | 0.97 | 0.95 | 0.91 | 0.87 | 0.82 | 0.77 | 0.72 | 0.67 | 0.63 |
| 4.5 | 0.99 | 0.97 | 0.95 | 0.92 | 0.88 | 0.83 | 0.79 | 0.74 | 0.70 | 0.66 |
| 5.0 | 0.99 | 0.98 | 0.95 | 0.92 | 0.89 | 0.85 | 0.81 | 0.76 | 0.72 | 0.69 |

注:表中$\varphi_{tsa}$为室外综合温度最大值的出现时间(h),通常可取:水平及南向,13;东向,9;西向,16。

（五）围护结构衰减倍数和延迟时间的计算

1. 多层围护结构的衰减倍数应按下式计算：

$$\nu_o = 0.9 e^{\frac{D}{\sqrt{2}}} \frac{S_1 + \alpha_i}{S_1 + Y_1} \cdot \frac{S_2 + Y_1}{S_2 + Y_2} \cdots\cdots$$

$$\frac{Y_{K-1}}{Y_K} \cdots\cdots \frac{S_n + Y_{n-1}}{S_n + Y_n} \cdot \frac{Y_n \cdot \alpha_e}{\alpha_e} \qquad \text{(附 2.17)}$$

式中　$\nu_o$——围护结构的衰减倍数；

$D$——围护结构的热惰性指标，应按本附录中（二）的规定计算；

$\alpha_i$、$\alpha_e$——分别为内、外表面换热系数，取 $\alpha_i = 8.7\text{W}/$ $(\text{m}^2 \cdot \text{K})$，$\alpha_e = 19.0\text{W}/ (\text{m}^2 \cdot \text{K})$；

$S_1$、$S_2$……$S_n$——由内到外各层材料的蓄热系数〔W/（$\text{m}^2$ · K）〕，空气间层取 $S = 0$；

$Y_1$、$Y_2$……$Y_n$——由内到外各层（见附图 2.2）材料外表面蓄热系数〔W/（$\text{m}^2$ · K）〕，应按本附录中（七）1. 的规定计算；

$Y_K$、$Y_{K-1}$——分别为空气间层外表面和空气间层前一层材料外表面的蓄热系数〔W/（$\text{m}^2$ · K）〕。

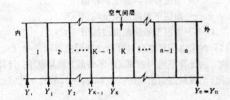

附图 2.2　多层围护结构的层次排列

2. 多层围护结构延迟时间应按下式计算：

$$\xi_o = \frac{1}{15} \left( 40.5D - \text{arctg} \frac{\alpha_i}{\alpha_i + Y_i \sqrt{2}} \right.$$

$$\left. + \text{arctg} \frac{R_K \cdot Y_{Ki}}{R_K \cdot Y_{Ki} + \sqrt{2}} + \text{arctg} \frac{Y_e}{Y_e + \alpha_e \sqrt{2}} \right)$$

$$\text{(附 2.18)}$$

式中　$\xi_o$——围护结构延迟时间（h）；

$Y_e$——围护结构外表面（亦即最后一层外表面）蓄热系数〔W/（$\text{m}^2$ · K）〕，应按本附录中（七）2. 的规定计算；

$R_K$——空气间层热阻（$\text{m}^2$ · K/W），应按本规范附录二附表 2.4 采用；

$Y_{Ki}$——空气间层内表面蓄热系数〔W/（$\text{m}^2$ · K）〕，参照本附录中（七）2. 的规定计算。

（六）室内空气到内表面的衰减倍数及延迟时间的计算

1. 室内空气到内表面的衰减倍数应按下式计算：

$$\nu_i = 0.95 \frac{\alpha_i + Y_i}{\alpha_i} \qquad \text{(附 2.19)}$$

2. 室内空气到内表面的延迟时间应按下式计算：

$$\xi_i = \frac{1}{15} \text{arctg} \frac{Y_i}{Y_i + \alpha_i \sqrt{2}} \qquad \text{(附 2.20)}$$

式中　$\nu_i$——内表面衰减倍数；

$\xi_i$——内表面延迟时间（h）；

$\alpha_i$——内表面换热系数〔W/（$\text{m}^2$ · K）〕；

$Y_i$——内表面蓄热系数〔W/（$\text{m}^2$ · K）〕。

（七）表面蓄热系数的计算

1. 多层围护结构各层外表面蓄热系数应按下列规定由内到外逐层（见附图 2.2）进行计算：

如果任何一层的 $D \geqslant 1$，则 $Y = S$，即取该层材料的蓄热系数。

如果第一层的 $D < 1$，则：

$$Y_1 = \frac{R_1 S_1^2 + \alpha_i}{1 + R_1 \alpha_i}$$

如果第二层的 $D < 1$，则：

$$Y_2 = \frac{R_2 S_2^2 + Y_1}{1 + R_2 Y_1}$$

其余类推，直到最后一层（第 n 层）：

$$Y_n = \frac{R_n S_n^2 + Y_{n-1}}{1 + R_n Y_{n-1}}$$

式中　$S_1$、$S_2$……$S_n$——各层材料的蓄热系数〔W/（$\text{m}^2$ · K）〕；

$R_1$、$R_2$……$R_n$——各层材料的热阻（$\text{m}^2$ · K/W）；

$Y_1$、$Y_2$……$Y_n$——各层材料的外表面蓄热系数〔W/（$\text{m}^2$ · K）〕；

$\alpha_i$——内表面换热系数〔W/（$\text{m}^2$ · K）〕。

2. 多层围护结构外表面蓄热系数应取最后一层材料的外表面蓄热系数，即 $Y_e = Y_n$。

3. 多层围护结构内表面蓄热系数应按下列规定计算：

如果多层围护结构中的第一层（即紧接内表面的一层）$D_1 \geqslant 1$，则多层围护结构内表面蓄热系数应取第一层材料的蓄热系数，即 $Y_i = S_1$。

如果多层围护结构中最接近内表面的第 m 层，其 $D_m \geqslant 1$，则取 $Y_m = S_m$，然后从第 m—1 层开始，由外向内逐层（层次排列见附图 2.2）计算，直到第一层的 $Y_i$，即为所求的多层围护结构内表面蓄热系数。

如果多层围护结构中的每一层 $D$ 值均小于 1，则计算应从最后一层（第 n 层）开始，然后由外向内逐层计算，直至第一层的 $Y_i$，即为所求的多层围护结构内表面蓄热系数。

（八）围护结构内表面最高温度的计算

1. 非通风围护结构内表面最高温度可按下式计算

$$\theta_{i \cdot \max} = \bar{\theta}_i + \left( \frac{A_{tsa}}{\nu_o} + \frac{A_{ti}}{\nu_i} \right) \beta \qquad \text{(附 2.21)}$$

内表面平均温度可按下式计算：

$$\bar{\theta}_i = \bar{t}_i + \frac{\bar{t}_{sa} - \bar{t}_i}{R_o \alpha_i} \qquad \text{(附 2.22)}$$

式中　$\theta_{i \cdot \max}$——内表面最高温度（℃）；

$\bar{\theta}_i$——内表面平均温度（℃）；

$\bar{t}_i$——室内计算温度平均值（℃），取 $\bar{t}_i = \bar{t}'_i + 1.5℃$；

$\bar{t}_e$——室外计算温度平均值（℃），应按本规范附录三附表 3.2 采用；

$A_{ti}$——室内计算温度波幅值（℃），取 $A_{ti} = A_{te} - 1.5℃$，$A_{te}$ 为室外计算温度波幅值，应按本规范附录三附表 3.2 采用；

$\bar{t}_{sa}$——室外综合温度平均值（℃），应按本附录式（附2.14）计算；

$A_{tsa}$——室外综合温度波幅值（℃），应按本附录式（附2.15）计算；

$\nu_o$——围护结构衰减倍数，应按本附录式（附2.17）计算；

$\xi_o$——围护结构延迟时间（h），应按本附录式（附2.18）计算；

$\nu_i$——室内空气到内表面的衰减倍数，应按本附录式（附2.19）计算；

$\xi_i$——室内空气到内表面的延迟时间（h），应按本附录式（附 2.20）计算；

$\beta$——相位差修正系数，根据 $\dfrac{A_{tse}}{v_o}$ 与 $\dfrac{A_{tl}}{v_i}$ 的比值（两者中数值较大者为分子）及 $(\varphi_{ti}+\xi_0)$ 与 $(\varphi_i+\xi_i)$ 的差值，按本附录表 2.7 采用；

$\varphi_{ti}$——室内空气温度最大值出现时间（h），通常取 16；

$\varphi_{te}$——室外空气温度最大值出现时间（h），通常取 15；

$\varphi_I$——太阳辐射照度最大值出现时间(h)，通常取：水平及南向，12；东向，8；西向，16；

$A_{te}$——室外计算温度波幅值（℃），应按本规范附录三附表 3.2 采用；

$A_{ts}$——太阳辐射当量温度波幅值（℃），应按本附录式（附 2.16）计算。

2. 通风屋顶内表面最高温度的计算：

对于薄型面层（如混凝土薄板、大阶砖等）、厚型基层（如混凝土实心板、空心板等）、间层高度为 20cm 左右的通风屋顶，其内表面最高温度应按下列规定计算：

（1）面层下表面温度最高值、平均值和波幅值应分别按下列三式计算：

$$\theta_{1\cdot max} = 0.8 t_{sa\cdot max} \qquad (\text{附 } 2.23)$$

$$\theta_1 = 0.54 t_{sa\cdot max} \qquad (\text{附 } 2.24)$$

$$A_{\theta1} = 0.26 t_{sa\cdot max} \qquad (\text{附 } 2.25)$$

式中 $\theta_{1\cdot max}$——面层下表面温度最高值（℃）；

$\theta_1$——面层下表面温度平均值（℃）；

$A_{\theta1}$——面层下表面温度波幅值（℃）；

$t_{sa\cdot max}$——室外综合温度最高值（℃），应按本附录式（附 2.13）计算室外综合温度各小时值，然后取其中的最高值。

（2）间层综合温度（作为基层上表面的热作用）的平均值和波幅值应分别按下列二式计算：

$$t_{vc\cdot sy} = 0.5(\bar{t}_{vc} + \bar{\theta}_1) \qquad (\text{附 } 2.26)$$

$$A_{tvc\cdot sy} = 0.5(A_{tvc} + A_{\theta1}) \qquad (\text{附 } 2.27)$$

式中 $\bar{t}_{vc\cdot sy}$——间层综合温度平均值（℃）；

$A_{tvc\cdot sy}$——间层综合温度波幅值（℃）；

$\bar{t}_{vc}$——间层空气温度平均值（℃），取 $\bar{t}_{vc}=1.06\bar{t}_c$，$\bar{t}_c$ 为室外计算温度平均值；

$A_{tvc}$——间层空气温度波幅值（℃），取 $A_{tvc}=1.3A_{tc}$，$A_{tc}$ 为室外计算温度波幅值；

$\bar{\theta}_1$——面层下表面温度平均值（℃）；

$A_{\theta1}$——面层下表面温度波幅值（℃）。

（3）在求得间层综合温度后，即可按本附录中（八）1. 同样的方法计算基层内表面（即下表面）最高温度。计算中，间层综合温度最高值出现时间取 $\varphi_{tvc\cdot sy}=1.35h$。

# 附录三　室外计算参数

**围护结构冬季室外计算参数及最冷最热月平均温度** 附表 3.1

| 地　名 | 冬季室外计算温度 $t_e$（℃） | | | | 设计计算用采暖期 | | | | 冬季室外平均风速（m/s） | 最冷月平均温度（℃） | 最热月平均温度（℃） |
| | Ⅰ型 | Ⅱ型 | Ⅲ型 | Ⅳ型 | 天数 Z（d） | 平均温度 $\bar{t}_e$（℃） | 平均相对湿度 $\varphi_e$（%） | 度日数 $D_{di}$（℃·d） | | | |
|---|---|---|---|---|---|---|---|---|---|---|---|
| 北京市 | -9 | -12 | -14 | -16 | 125(129) | -1.6 | 50 | 2450 | 2.8 | -4.5 | 25.9 |
| 天津市 | -9 | -11 | -12 | -13 | 119(122) | -1.2 | 57 | 2285 | 2.9 | -4.0 | 26.5 |
| 河北省 | | | | | | | | | | | |
| 石家庄 | -8 | -12 | -14 | -17 | 112(117) | -0.6 | 56 | 2083 | 1.8 | -2.9 | 26.6 |
| 张家口 | -15 | -18 | -21 | -23 | 153(155) | -4.8 | 42 | 3488 | 3.5 | -9.6 | 23.3 |
| 秦皇岛 | -11 | -13 | -15 | -17 | 135 | -2.4 | 51 | 2754 | 3.0 | -6.0 | 24.5 |
| 保定 | -9 | -11 | -13 | -14 | 119(124) | -1.2 | 60 | 2285 | 2.1 | -4.1 | 26.6 |
| 邯郸 | -7 | -9 | -11 | -13 | 108 | 0.1 | 60 | 1933 | 2.5 | -2.1 | 26.9 |
| 唐山 | -10 | -12 | -14 | -16 | 127(137) | -2.9 | 55 | 2654 | 2.5 | -5.6 | 25.5 |
| 承德 | -14 | -16 | -18 | -20 | 144(147) | -4.5 | 44 | 3240 | 1.3 | -9.4 | 24.5 |
| 丰宁 | -17 | -20 | -23 | -25 | 163 | -5.6 | 44 | 3847 | 2.7 | -11.9 | 22.1 |
| 山西省 | | | | | | | | | | | |
| 太原 | -12 | -14 | -16 | -18 | 135(144) | -2.7 | 53 | 2795 | 2.4 | -6.5 | 23.5 |
| 大同 | -17 | -20 | -22 | -24 | 162(165) | -5.2 | 49 | 3758 | 3.0 | -11.3 | 21.8 |
| 长治 | -13 | -17 | -19 | -22 | 135 | -2.7 | 58 | 2795 | 1.4 | -6.8 | 22.8 |
| 五台山 | -28 | -32 | -34 | -37 | 273 | -8.2 | 62 | 7153 | 12.5 | -18.3 | 9.5 |
| 阳泉 | -11 | -12 | -15 | -18 | 124(129) | -1.3 | 46 | 2393 | 2.4 | -4.2 | 24.0 |
| 临汾 | -9 | -13 | -15 | -18 | 113 | -1.1 | 54 | 2158 | 2.0 | -3.9 | 26.0 |

| 地 名 | 冬季室外计算温度 $t_w$(℃) | | | | 设计计算用采暖期 | | | | 冬季室外平均风速(m/s) | 最冷月平均温度(℃) | 最热月平均温度(℃) |
|---|---|---|---|---|---|---|---|---|---|---|---|
| | Ⅰ型 | Ⅱ型 | Ⅲ型 | Ⅳ型 | 天数 $Z$(d) | 平均温度 $\bar{t}_e$(℃) | 平均相对湿度 $\bar{\varphi}_e$(%) | 度日数 $D_{di}$(℃·d) | | | |
| 晋 城 | -9 | -12 | -15 | -17 | 121 | -0.9 | 53 | 2287 | 2.4 | -3.7 | 24.0 |
| 运 城 | -7 | -9 | -11 | -13 | 102 | 0.0 | 57 | 1836 | 2.6 | -2.0 | 27.2 |
| 内蒙古自治区 | | | | | | | | | | | |
| 呼和浩特 | -19 | -21 | -23 | -25 | 166(171) | -6.2 | 53 | 4017 | 1.6 | -12.9 | 21.9 |
| 锡林浩特 | -27 | -29 | -31 | -33 | 190 | -10.5 | 60 | 5415 | 3.3 | -19.8 | 20.9 |
| 海拉尔 | -34 | -38 | -40 | -43 | 209(213) | -14.3 | 69 | 6751 | 2.4 | -26.7 | 19.6 |
| 通 辽 | -20 | -23 | -25 | -27 | 165(167) | -7.4 | 48 | 4191 | 3.5 | -14.3 | 23.9 |
| 赤 峰 | -18 | -21 | -23 | -25 | 160 | -6.0 | 40 | 3840 | 2.4 | -11.7 | 23.5 |
| 满洲里 | -31 | -34 | -36 | -38 | 211 | -12.8 | 64 | 6499 | 3.9 | -23.8 | 19.4 |
| 博克图 | -28 | -31 | -34 | -36 | 210 | -11.3 | 63 | 6153 | 3.3 | -21.3 | 17.7 |
| 二连浩特 | -26 | -30 | -32 | -35 | 180(184) | -9.9 | 53 | 5022 | 3.9 | -18.6 | 22.9 |
| 多 伦 | -26 | -29 | -31 | -33 | 192 | -9.2 | 62 | 5222 | 3.8 | -18.2 | 18.7 |
| 白云鄂博 | -23 | -26 | -28 | -30 | 191 | -8.2 | 52 | 5004 | 6.2 | -16.0 | 19.5 |
| 辽宁省 | | | | | | | | | | | |
| 沈 阳 | -19 | -21 | -23 | -25 | 152 | -5.7 | 58 | 3602 | 3.0 | -12.0 | 24.6 |
| 丹 东 | -14 | -17 | -19 | -21 | 144(151) | -3.5 | 60 | 3096 | 3.7 | -8.4 | 23.2 |
| 大 连 | -11 | -14 | -17 | -19 | 131(132) | -1.6 | 58 | 2568 | 5.6 | -4.9 | 23.9 |
| 阜 新 | -17 | -19 | -21 | -23 | 156 | -6.0 | 50 | 3744 | 2.2 | -11.6 | 24.3 |
| 抚 顺 | -21 | -24 | -27 | -29 | 162(160) | -6.6 | 65 | 3985 | 2.7 | -14.2 | 23.6 |
| 朝 阳 | -16 | -18 | -20 | -22 | 148(154) | -5.2 | 42 | 3434 | 2.7 | -10.7 | 24.7 |
| 本 溪 | -19 | -21 | -23 | -25 | 151 | -5.7 | 62 | 3579 | 2.6 | -12.2 | 24.2 |
| 锦 州 | -15 | -17 | -19 | -20 | (144)147 | -4.1 | 47 | 3182 | 3.8 | -8.9 | 24.3 |
| 鞍 山 | -18 | -21 | -23 | -25 | 144(148) | -4.8 | 59 | 3283 | 3.4 | -10.1 | 24.8 |
| 锦 西 | -14 | -16 | -18 | -19 | 143 | -4.2 | 50 | 3175 | 3.4 | -9.0 | 24.2 |
| 吉林省 | | | | | | | | | | | |
| 长 春 | -23 | -26 | -28 | -30 | 170(174) | -8.3 | 63 | 4471 | 4.2 | -16.4 | 23.0 |
| 吉 林 | -25 | -29 | -31 | -34 | 171(175) | -9.0 | 68 | 4617 | 3.0 | -18.1 | 22.9 |
| 延 吉 | -20 | -22 | -24 | -26 | 170(174) | -7.1 | 58 | 4267 | 2.9 | -14.4 | 21.3 |
| 通 化 | -24 | -26 | -28 | -30 | 168(173) | -7.7 | 69 | 4318 | 1.3 | -16.1 | 22.2 |
| 双 辽 | -21 | -23 | -25 | -27 | 167 | -7.8 | 61 | 4309 | 3.4 | -15.5 | 23.7 |
| 四 平 | -22 | -24 | -26 | -28 | 163(162) | -7.4 | 61 | 4140 | 3.0 | -14.8 | 23.6 |
| 白 城 | -23 | -25 | -27 | -28 | 175 | -9.0 | 54 | 4725 | 3.5 | -17.7 | 23.3 |
| 黑龙江省 | | | | | | | | | | | |
| 哈尔滨 | -26 | -29 | -31 | -33 | 176(179) | -10.0 | 66 | 4928 | 3.6 | -19.4 | 22.2 |
| 嫩 江 | -33 | -36 | -39 | -41 | 197 | -13.5 | 66 | 6206 | 2.5 | -25.2 | 20.6 |
| 齐齐哈尔 | -25 | -28 | -30 | -32 | 182(186) | -10.2 | 62 | 5132 | 2.9 | -19.4 | 22.8 |
| 富 锦 | -25 | -28 | -30 | -32 | 184 | -10.6 | 65 | 5262 | 3.9 | -20.2 | 21.9 |
| 牡丹江 | -24 | -27 | -29 | -31 | 178(180) | -9.4 | 65 | 4877 | 2.3 | -18.3 | 22.0 |
| 呼 玛 | -39 | -42 | -45 | -47 | 210 | -14.5 | 69 | 6825 | 1.7 | -27.4 | 20.2 |
| 佳木斯 | -26 | -29 | -32 | -34 | 180(183) | -10.3 | 68 | 5094 | 3.4 | -19.7 | 22.1 |
| 安 达 | -26 | -29 | -32 | -34 | 180(182) | -10.4 | 64 | 5112 | 3.5 | -19.9 | 22.9 |
| 伊 春 | -30 | -33 | -35 | -37 | 193(197) | -12.4 | 70 | 5867 | 2.0 | -23.6 | 20.6 |
| 克 山 | -29 | -31 | -33 | -35 | 191 | -12.1 | 66 | 5749 | 2.4 | -22.7 | 21.4 |
| 上海市 | -2 | -4 | -6 | -7 | 54(62) | 3.7 | 76 | 772 | 3.0 | 3.5 | 27.8 |
| 江苏省 | | | | | | | | | | | |
| 南 京 | -3 | -5 | -7 | -9 | 75(83) | 3.0 | 74 | 1125 | 2.6 | 1.9 | 27.9 |
| 徐 州 | -5 | -8 | -10 | -12 | 94(97) | 1.4 | 63 | 1560 | 2.7 | 0.0 | 27.0 |
| 连云港 | -5 | -7 | -9 | -11 | 96(105) | 1.4 | 68 | 1594 | 2.9 | -0.2 | 26.8 |
| 浙江省 | | | | | | | | | | | |
| 杭 州 | -1 | -3 | -5 | -6 | 51(61) | 4.0 | 80 | 714 | 2.3 | 3.7 | 28.5 |

| 地　名 | 冬季室外计算温度 $t_e$(℃) | | | | 设计计算用采暖期 | | | | 冬季室外平均风速(m/s) | 最冷月平均温度(℃) | 最热月平均温度(℃) |
| | Ⅰ型 | Ⅱ型 | Ⅲ型 | Ⅳ型 | 天数 $Z$(d) | 平均温度 $\bar{t}_a$(℃) | 平均相对湿度 $\bar{\varphi}_a$(%) | 度日数 $D_{di}$(℃·d) | | | |
|---|---|---|---|---|---|---|---|---|---|---|---|
| 宁波 | 0 | −2 | −3 | −4 | 42(50) | 4.3 | 80 | 575 | 2.8 | 4.1 | 28.1 |
| **安徽省** | | | | | | | | | | | |
| 合肥 | −3 | −7 | −10 | −13 | 70(75) | 2.9 | 73 | 1057 | 2.6 | 2.0 | 28.2 |
| 阜阳 | −6 | −9 | −12 | −14 | 85 | 2.1 | 66 | 1352 | 2.8 | 0.8 | 27.7 |
| 蚌埠 | −4 | −7 | −10 | −12 | 83(77) | 2.3 | 68 | 1303 | 2.5 | 1.0 | 28.0 |
| 黄山 | −11 | −15 | −17 | −20 | 121 | −3.4 | 64 | 2589 | 6.2 | −3.1 | 17.7 |
| **福建省** | | | | | | | | | | | |
| 福州 | 6 | 4 | 3 | 2 | 0 | — | — | — | 2.6 | 10.4 | 28.8 |
| **江西省** | | | | | | | | | | | |
| 南昌 | 0 | −2 | −4 | −6 | 17(53) | 4.7 | 74 | 226 | 3.6 | 4.9 | 29.5 |
| 天目山 | −10 | −13 | −15 | −17 | 136 | −2.0 | 68 | 2720 | 6.3 | −2.9 | 20.2 |
| 庐山 | −8 | −11 | −13 | −15 | 106 | 1.7 | 70 | 1728 | 5.5 | −0.2 | 22.5 |
| **山东省** | | | | | | | | | | | |
| 济南 | −7 | −10 | −12 | −14 | 101(106) | 0.6 | 52 | 1757 | 3.1 | −1.4 | 27.4 |
| 青岛 | −6 | −9 | −11 | −13 | 110(111) | 0.9 | 66 | 1881 | 5.6 | −1.2 | 25.2 |
| 烟台 | −6 | −8 | −10 | −12 | 111(112) | 0.5 | 60 | 1943 | 4.6 | −1.6 | 25.0 |
| 德州 | −8 | −12 | −14 | −17 | 113(118) | −0.8 | 63 | 2124 | 2.6 | −3.4 | 26.9 |
| 淄博 | −9 | −12 | −14 | −16 | 111(116) | −0.5 | 61 | 2054 | 2.6 | −3.0 | 26.8 |
| 泰山 | −16 | −19 | −22 | −24 | 166 | −3.7 | 52 | 3602 | 7.3 | −8.6 | 17.8 |
| 兖州 | −7 | −9 | −11 | −12 | 106 | −0.4 | 62 | 1950 | 2.9 | −1.9 | 26.9 |
| 潍坊 | −8 | −11 | −13 | −15 | 114(118) | −0.7 | 61 | 2132 | 3.5 | −3.3 | 25.9 |
| **河南省** | | | | | | | | | | | |
| 郑州 | −5 | −7 | −9 | −11 | 98(102) | 1.4 | 58 | 1627 | 3.4 | −0.3 | 27.2 |
| 安阳 | −7 | −11 | −13 | −15 | 105(109) | 0.3 | 59 | 1859 | 2.3 | −1.8 | 26.9 |
| 濮阳 | −7 | −9 | −11 | −12 | 107 | 0.2 | 69 | 1905 | 3.1 | −2.2 | 26.9 |
| 新乡 | −5 | −8 | −11 | −13 | 100(105) | 1.2 | 63 | 1680 | 2.6 | −0.7 | 27.0 |
| 洛阳 | −5 | −8 | −10 | −12 | 91(95) | 1.8 | 55 | 1474 | 2.4 | 0.3 | 27.4 |
| 南阳 | −4 | −8 | −11 | −14 | 84(89) | 2.2 | 67 | 1327 | 2.5 | 0.9 | 27.3 |
| 信阳 | −4 | −7 | −10 | −12 | 78 | 2.6 | 72 | 1201 | 2.2 | 1.6 | 27.6 |
| 商丘 | −6 | −9 | −12 | −14 | 101(106) | 1.1 | 67 | 1707 | 3.0 | −0.9 | 27.0 |
| 开封 | −5 | −7 | −9 | −10 | 102(106) | 1.3 | 63 | 1703 | 3.5 | −0.5 | 27.0 |
| **湖北省** | | | | | | | | | | | |
| 武汉 | −2 | −6 | −8 | −11 | 58(67) | 3.4 | 77 | 847 | 2.6 | 3.0 | 28.7 |
| **湖南省** | | | | | | | | | | | |
| 长沙 | 0 | −3 | −5 | −7 | 30(45) | 4.6 | 81 | 402 | 2.7 | 4.6 | 29.3 |
| 南岳 | −7 | −10 | −13 | −15 | 86 | 1.3 | 80 | 1436 | 5.7 | 0.1 | 21.6 |
| **广东省** | | | | | | | | | | | |
| 广州 | 7 | 5 | 4 | 3 | 0 | — | — | — | 2.2 | 13.3 | 28.4 |
| **广西壮族自治区** | | | | | | | | | | | |
| 南宁 | 7 | 5 | 3 | 2 | 0 | — | — | — | 1.7 | 12.7 | 28.3 |
| **四川省** | | | | | | | | | | | |
| 成都 | 2 | 1 | 0 | −1 | 0 | — | — | — | 0.9 | 5.4 | 25.5 |
| 阿坝 | −12 | −16 | −20 | −23 | 189 | −2.8 | 57 | 3931 | 1.2 | −7.9 | 12.5 |
| 甘孜 | −10 | −14 | −18 | −21 | 165(169) | −0.9 | 43 | 3119 | 1.6 | −4.4 | 14.0 |
| 康定 | −7 | −9 | −11 | −12 | 139 | 0.2 | 65 | 2474 | 3.1 | −2.6 | 15.6 |
| 峨嵋山 | −12 | −14 | 15 | −16 | 202 | −1.5 | 83 | 3939 | 3.6 | −6.0 | 11.8 |
| **贵州省** | | | | | | | | | | | |
| 贵阳 | −1 | −2 | −4 | −6 | 20(42) | 5.0 | 78 | 260 | 2.2 | 4.9 | 24.1 |
| 毕节 | −2 | −3 | −5 | −7 | 70(81) | 3.2 | 85 | 1036 | 0.9 | 2.4 | 21.8 |
| 安顺 | −2 | −3 | −5 | −6 | 43(48) | 4.1 | 82 | 598 | 2.4 | 4.1 | 22.0 |
| 威宁 | −5 | −7 | −9 | −11 | 80(98) | 3.0 | 78 | 1200 | 3.4 | 1.9 | 17.7 |

| 地 名 | 冬季室外计算温度 $t_w$(℃) | | | | 设计计算用采暖期 | | | | 冬季室外平均风速(m/s) | 最冷月平均温度(℃) | 最热月平均温度(℃) |
|---|---|---|---|---|---|---|---|---|---|---|---|
| | Ⅰ型 | Ⅱ型 | Ⅲ型 | Ⅳ型 | 天数 $Z$(d) | 平均温度 $\bar{t}_e$(℃) | 平均相对湿度 $\varphi_e$(%) | 度日数 $D_{di}$(℃·d) | | | |
| **云南省** | | | | | | | | | | | |
| 昆 明 | 13 | 11 | 10 | 9 | 0 | — | — | — | 2.5 | 7.7 | 19.8 |
| **西藏自治区** | | | | | | | | | | | |
| 拉 萨 | -6 | -8 | -9 | -10 | 142(149) | 0.5 | 35 | 2485 | 2.2 | -2.3 | 15.5 |
| 喝 尔 | -17 | -21 | -24 | -27 | 240 | -5.5 | 28 | 5640 | 3.0 | -12.4 | 13.6 |
| 日喀则 | -8 | -12 | -14 | -17 | 158(160) | -0.5 | 28 | 2923 | 1.8 | -3.9 | 14.6 |
| **陕西省** | | | | | | | | | | | |
| 西 安 | -5 | -8 | -10 | -12 | 100(101) | 0.9 | 66 | 1710 | 1.7 | -0.9 | 26.4 |
| 榆 林 | -16 | -20 | -23 | -26 | 148(145) | -4.4 | 56 | 3315 | 1.8 | -10.2 | 23.3 |
| 延 安 | -12 | -14 | -16 | -18 | 130(133) | -2.6 | 57 | 2678 | 2.1 | -6.3 | 22.9 |
| 宝 鸡 | -5 | -7 | -9 | -11 | 101(104) | 1.1 | 65 | 1707 | 1.0 | -0.7 | 25.4 |
| 华 山 | -14 | -17 | -20 | -22 | 164 | -2.8 | 57 | 3411 | 5.4 | -6.7 | 17.5 |
| 汉 中 | -1 | -2 | -4 | -5 | 75(83) | 3.1 | 76 | 1118 | 0.9 | 2.1 | 25.4 |
| **甘肃省** | | | | | | | | | | | |
| 兰 州 | -11 | -13 | -15 | -16 | 132(135) | -2.8 | 60 | 2746 | 0.5 | -6.7 | 22.2 |
| 酒 泉 | -16 | -19 | -21 | -23 | 155(154) | -4.4 | 52 | 3472 | 2.1 | -9.9 | 21.8 |
| 敦 煌 | -14 | -18 | -20 | -23 | 138(140) | -4.1 | 49 | 3053 | 2.1 | -9.1 | 24.6 |
| 张 液 | -16 | -19 | -21 | -23 | 156 | -4.5 | 55 | 3510 | 1.9 | -10.1 | 21.4 |
| 山 丹 | -17 | -21 | -25 | -28 | 165(172) | -5.1 | 55 | 3812 | 2.3 | -11.3 | 20.3 |
| 平 凉 | -10 | -13 | -15 | -17 | 137(141) | -1.7 | 59 | 2699 | 2.1 | -5.5 | 21.0 |
| 天 水 | -7 | -10 | -12 | -14 | 116(117) | -0.3 | 67 | 2123 | 1.3 | -2.9 | 22.5 |
| **青海省** | | | | | | | | | | | |
| 西 宁 | -13 | -16 | -18 | -20 | 162(165) | -3.3 | 50 | 3451 | 1.7 | -8.2 | 17.2 |
| 玛 多 | -23 | -29 | -34 | -38 | 284 | -7.2 | 56 | 7159 | 2.9 | -16.7 | 7.5 |
| 大柴旦 | -19 | -22 | -24 | -26 | 205 | -6.8 | 34 | 5084 | 1.4 | -14.0 | 15.1 |
| 共 和 | -15 | -17 | -19 | -21 | 182 | -4.9 | 44 | 4168 | 1.6 | -10.9 | 15.2 |
| 格尔木 | -15 | -18 | -21 | -23 | 179(189) | -5.0 | 35 | 4117 | 2.5 | -10.6 | 17.6 |
| 玉 树 | -13 | -15 | -17 | -19 | 194 | -3.1 | 46 | 4093 | 1.2 | -7.8 | 12.5 |
| **宁夏回族自治区** | | | | | | | | | | | |
| 银 川 | -15 | -18 | -20 | -23 | 145(149) | -3.8 | 57 | 3161 | 1.7 | -8.9 | 23.4 |
| 中 宁 | -12 | -16 | -19 | -22 | 137 | -3.1 | 52 | 2891 | 2.9 | -7.6 | 23.3 |
| 固 原 | -14 | -17 | -20 | -22 | 162 | -3.3 | 57 | 3451 | 2.8 | -8.3 | 18.8 |
| 石嘴山 | -15 | -18 | -20 | -22 | 149(152) | -4.1 | 49 | 3293 | 2.6 | -9.2 | 23.5 |
| **新疆维吾尔自治区** | | | | | | | | | | | |
| 乌鲁木齐 | -22 | -26 | -30 | -33 | 162(157) | -8.5 | 75 | 4293 | 1.7 | -14.6 | 23.5 |
| 塔 城 | -23 | -27 | -30 | -33 | 163 | -6.5 | 71 | 3994 | 2.1 | -12.1 | 22.3 |
| 哈 密 | -19 | -22 | -24 | -26 | 137 | -5.9 | 48 | 3274 | 2.2 | -12.1 | 27.1 |
| 伊 宁 | -20 | -26 | -30 | -34 | 139(143) | -1.8 | 75 | 3169 | 1.6 | -9.7 | 22.7 |
| 喀 什 | -12 | -14 | -16 | -18 | 118(122) | -2.7 | 63 | 2443 | 1.2 | -6.4 | 25.8 |
| 富 蕴 | -36 | -40 | -42 | -45 | 178 | -12.6 | 73 | 5447 | 0.5 | -21.7 | 21.4 |
| 克拉玛依 | -24 | -28 | -31 | -33 | 146(149) | -9.2 | 68 | 3971 | 1.5 | -16.4 | 27.5 |
| 吐鲁番 | -15 | -19 | -21 | -24 | 117(121) | -5.0 | 50 | 2691 | 0.9 | -9.3 | 32.6 |
| 库 车 | -15 | -18 | -20 | -22 | 123 | -3.6 | 56 | 2657 | 1.9 | -8.2 | 25.8 |
| 和 田 | -10 | -13 | -16 | -18 | 112(114) | -2.1 | 50 | 2251 | 1.6 | -5.5 | 25.5 |
| **台湾省** | | | | | | | | | | | |
| 台 北 | 11 | 9 | 8 | 7 | 0 | — | — | — | 3.7 | 14.8 | 28.6 |
| 香 港 | 10 | 8 | 7 | 6 | 0 | — | — | — | 6.3 | 15.6 | 28.6 |

注：①表中设计计算用采暖期仅供建筑热工设计计算采用。各地实际的采暖期应按当地行政或主管部门的规定执行。

②在设计计算用采暖期天数一栏中，不带括号的数值系指累年日平均温度低于或等于5℃的天数；带括号的数值系指累年日平均温度稳定低于或等于5℃的天数。在设计计算中，这两种采暖期天数均可采用。

| 城市名称 | 夏季室外计算温度 | | | 城市名称 | 夏季室外计算温度 | | |
|---|---|---|---|---|---|---|---|
| | 平均值 $\bar{t}_e$ | 最高值 $t_{e\cdot max}$ | 波幅值 $A_{te}$ | | 平均值 $\bar{t}_e$ | 最高值 $t_{e\cdot max}$ | 波幅值 $A_{te}$ |
| 西 安 | 32.3 | 38.4 | 6.1 | 武 汉 | 32.4 | 36.9 | 4.5 |
| 汉 中 | 29.5 | 35.8 | 6.3 | 宜 昌 | 32.0 | 38.2 | 6.2 |
| 北 京 | 30.2 | 36.3 | 6.1 | 黄 石 | 33.0 | 37.9 | 4.9 |
| 天 津 | 30.4 | 35.4 | 5.0 | 长 沙 | 32.7 | 37.9 | 5.2 |
| 石家庄 | 31.7 | 38.3 | 4.3 | 藏 江 | 30.4 | 36.3 | 5.9 |
| 济 南 | 33.0 | 37.3 | 4.3 | 岳 阳 | 32.5 | 35.9 | 3.4 |
| 青 岛 | 28.1 | 31.1 | 3.0 | 株 洲 | 34.4 | 39.9 | 5.5 |
| 上 海 | 31.2 | 36.1 | 4.9 | 衡 阳 | 32.8 | 38.3 | 5.5 |
| 南 京 | 32.0 | 37.1 | 5.1 | 广 州 | 31.1 | 35.6 | -4.5 |
| 常 州 | 32.3 | 36.4 | 4.1 | 海 口 | 30.7 | 36.3 | 5.6 |
| 徐 州 | 31.5 | 36.7 | 5.2 | 汕 头 | 30.6 | 35.2 | 4.6 |
| 东 台 | 31.1 | 35.8 | 4.7 | 韶 关 | 31.5 | 30.3 | 4.8 |
| 合 肥 | 32.3 | 36.8 | 4.5 | 德 庆 | 31.2 | 36.6 | 5.4 |
| 芜 湖 | 32.5 | 36.9 | 4.4 | 湛 江 | 30.9 | 35.5 | 4.6 |
| 阜 阳 | 32.1 | 37.1 | 5.2 | 南 宁 | 31.0 | 36.7 | 5.7 |
| 杭 州 | 32.1 | 37.2 | 5.1 | 桂 林 | 30.9 | 36.3 | 5.3 |
| 衢 县 | 32.1 | 37.6 | 5.5 | 百 色 | 31.2 | 37.6 | 5.8 |
| 温 州 | 30.3 | 35.7 | 5.4 | 梧 州 | 30.9 | 37.0 | 6.1 |
| 南 昌 | 32.9 | 37.8 | 4.9 | 柳 州 | 32.9 | 38.8 | 5.9 |
| 赣 州 | 32.2 | 37.8 | 5.6 | 桂 平 | 32.4 | 37.5 | 5.1 |
| 九 江 | 32.8 | 37.4 | 4.6 | 成 都 | 29.2 | 34.4 | 5.2 |
| 景德镇 | 31.6 | 37.2 | 5.6 | 重 庆 | 33.2 | 38.9 | 5.7 |
| 福 州 | 30.9 | 37.2 | 6.3 | 达 县 | 33.2 | 38.6 | 5.4 |
| 建 阳 | 30.5 | 37.3 | 6.8 | 南 充 | 34.0 | 39.3 | 5.3 |
| 南 平 | 30.8 | 37.4 | 6.6 | 贵 阳 | 26.9 | 32.7 | 5.8 |
| 永 安 | 30.8 | 36.5 | 5.7 | 铜 仁 | 31.2 | 37.8 | 6.6 |
| 漳 州 | 31.3 | 37.1 | 5.8 | 遵 义 | 28.5 | 34.1 | 5.6 |
| 厦 门 | 30.8 | 35.5 | 4.7 | 思 南 | 31.4 | 36.8 | 5.4 |
| 郑 州 | 32.5 | 38.8 | 6.3 | 昆 明 | 23.3 | 29.3 | 6.0 |
| 信 阳 | 31.9 | 36.6 | 4.7 | 元 江 | 33.7 | 40.3 | 6.6 |

**全国主要城市夏季太阳辐射照度（W/m²）**     

| 城 市 名 称 | 朝 向 | 地 方 太 阳 时 | | | | | | | | | | | | | 日总量 | 昼夜平均 |
|---|---|---|---|---|---|---|---|---|---|---|---|---|---|---|---|---|
| | | 6 | 7 | 8 | 9 | 10 | 11 | 12 | 13 | 14 | 15 | 16 | 17 | 18 | | |
| 南 宁 | S | 17 | 60 | 98 | 129 | 150 | 182 | 196 | 182 | 150 | 129 | 98 | 60 | 17 | 1468 | 61.2 |
| | W(E) | 17 | 60 | 98 | 129 | 150 | 162 | 166 | 352 | 502 | 591 | 594 | 483 | 255 | 3559 | 148.3 |
| | N | 100 | 168 | 186 | 176 | 157 | 162 | 166 | 162 | 157 | 176 | 186 | 168 | 100 | 2064 | 86.0 |
| | H | 60 | 251 | 473 | 678 | 838 | 942 | 976 | 942 | 838 | 678 | 473 | 251 | 60 | 7462 | 310.9 |
| 广 州 | S | 15 | 53 | 89 | 118 | 138 | 175 | 189 | 175 | 138 | 118 | 89 | 53 | 15 | 1365 | 56.9 |
| | W(E) | 15 | 53 | 89 | 118 | 138 | 151 | 154 | 341 | 494 | 586 | 591 | 487 | 265 | 3482 | 145.1 |
| | N | 101 | 163 | 176 | 162 | 143 | 151 | 154 | 151 | 143 | 162 | 176 | 163 | 101 | 1946 | 81.1 |
| | H | 58 | 244 | 462 | 664 | 824 | 926 | 962 | 926 | 824 | 664 | 462 | 244 | 58 | 7318 | 304.9 |
| 福 州 | S | 16 | 52 | 86 | 112 | 163 | 211 | 227 | 211 | 163 | 112 | 86 | 52 | 16 | 1507 | 62.8 |
| | W(E) | 16 | 52 | 86 | 112 | 131 | 143 | 146 | 344 | 508 | 609 | 624 | 528 | 305 | 3604 | 150.2 |
| | N | 113 | 162 | 159 | 131 | 131 | 143 | 146 | 143 | 131 | 131 | 159 | 162 | 113 | 1824 | 76.0 |
| | H | 70 | 261 | 481 | 685 | 845 | 949 | 983 | 949 | 845 | 685 | 481 | 261 | 70 | 7565 | 315.2 |
| 贵 阳 | S | 20 | 67 | 110 | 145 | 205 | 255 | 273 | 255 | 205 | 145 | 110 | 67 | 20 | 1877 | 78.2 |
| | W(E) | 20 | 67 | 110 | 145 | 169 | 184 | 189 | 375 | 524 | 608 | 603 | 489 | 267 | 3750 | 156.3 |
| | N | 103 | 163 | 174 | 158 | 169 | 184 | 189 | 184 | 169 | 158 | 174 | 163 | 103 | 2091 | 87.1 |
| | H | 73 | 269 | 496 | 708 | 876 | 983 | 1021 | 983 | 876 | 708 | 496 | 269 | 73 | 7831 | 326.3 |
| 长 沙 | S | 16 | 48 | 79 | 106 | 184 | 236 | 254 | 236 | 184 | 106 | 79 | 48 | 16 | 1592 | 66.3 |
| | W(E) | 16 | 48 | 79 | 104 | 123 | 134 | 138 | 345 | 518 | 629 | 651 | 561 | 341 | 3687 | 153.6 |
| | N | 124 | 159 | 141 | 104 | 123 | 134 | 138 | 134 | 123 | 104 | 141 | 159 | 124 | 1708 | 71.2 |
| | H | 77 | 272 | 493 | 697 | 860 | 964 | 1000 | 964 | 860 | 697 | 493 | 272 | 77 | 7726 | 321.9 |

| 城市名称 | 朝向 | 地方太阳时 | | | | | | | | | | | | | 日总量 | 昼夜平均 |
|---|---|---|---|---|---|---|---|---|---|---|---|---|---|---|---|---|
| | | 6 | 7 | 8 | 9 | 10 | 11 | 12 | 13 | 14 | 15 | 16 | 17 | 18 | | |
| 北京 | S | 30 | 65 | 116 | 245 | 352 | 423 | 447 | 423 | 352 | 245 | 116 | 65 | 30 | 2909 | 121.2 |
| | W(E) | 30 | 65 | 95 | 118 | 136 | 147 | 151 | 364 | 543 | 662 | 697 | 629 | 441 | 4078 | 169.9 |
| | N | 148 | 137 | 95 | 118 | 136 | 147 | 151 | 147 | 136 | 118 | 95 | 137 | 148 | 1713 | 71.4 |
| | H | 139 | 336 | 543 | 730 | 878 | 972 | 1003 | 972 | 878 | 730 | 543 | 336 | 139 | 8199 | 341.6 |
| 郑州 | S | 20 | 53 | 83 | 172 | 261 | 319 | 340 | 319 | 261 | 172 | 83 | 53 | 20 | 2156 | 89.8 |
| | W(E) | 20 | 53 | 83 | 109 | 126 | 138 | 141 | 333 | 491 | 590 | 609 | 528 | 338 | 3559 | 148.3 |
| | N | 118 | 132 | 98 | 109 | 126 | 138 | 141 | 138 | 126 | 109 | 98 | 132 | 118 | 1583 | 66.0 |
| | H | 95 | 275 | 475 | 661 | 808 | 902 | 935 | 902 | 808 | 661 | 475 | 275 | 95 | 7367 | 307.0 |
| 上海 | S | 18 | 50 | 79 | 134 | 217 | 273 | 291 | 273 | 217 | 134 | 79 | 50 | 18 | 1833 | 76.4 |
| | W(E) | 18 | 50 | 79 | 102 | 119 | 130 | 133 | 336 | 505 | 615 | 640 | 558 | 353 | 3638 | 151.6 |
| | N | 125 | 148 | 118 | 102 | 119 | 130 | 133 | 130 | 119 | 102 | 118 | 148 | 125 | 1617 | 67.4 |
| | H | 88 | 276 | 487 | 681 | 836 | 933 | 967* | 933 | 836 | 681 | 487 | 276 | 88 | 7569 | 315.4 |
| 武汉 | S | 17 | 47 | 76 | 125 | 207 | 261 | 280 | 261 | 207 | 125 | 76 | 47 | 17 | 1746 | 72.8 |
| | W(E) | 17 | 47 | 76 | 100 | 117 | 127 | 131 | 332 | 501 | 609 | 633 | 551 | 345 | 3586 | 149.4 |
| | N | 123 | 147 | 120 | 100 | 117 | 127 | 131 | 127 | 117 | 100 | 120 | 147 | 123 | 1599 | 66.6 |
| | H | 83 | 269 | 480 | 675 | 829 | 928 | 961 | 928 | 829 | 675 | 480 | 269 | 83 | 7489 | 312.0 |
| 西安 | S | 24 | 60 | 94 | 180 | 267 | 325 | 345 | 325 | 267 | 180 | 94 | 60 | 24 | 2245 | 93.5 |
| | W(E) | 24 | 60 | 94 | 122 | 141 | 153 | 157 | 344 | 496 | 591 | 607 | 523 | 332 | 3644 | 151.8 |
| | N | 119 | 139 | 111 | 122 | 141 | 153 | 157 | 153 | 141 | 122 | 111 | 139 | 119 | 1727 | 72.0 |
| | H | 98 | 282 | 486 | 672 | 819 | 914 | 945 | 914 | 819 | 672 | 486 | 282 | 98 | 7487 | 312.0 |
| 重庆 | S | 16 | 47 | 79 | 119 | 200 | 252 | 270 | 252 | 200 | 119 | 79 | 47 | 16 | 1696 | 70.7 |
| | W(E) | 16 | 47 | 79 | 104 | 122 | 133 | 138 | 340 | 509 | 617 | 640 | 555 | 345 | 3645 | 151.9 |
| | N | 124 | 153 | 131 | 104 | 122 | 133 | 138 | 133 | 122 | 104 | 131 | 153 | 124 | 1672 | 69.7 |
| | H | 81 | 270 | 487 | 686 | 844 | 945 | 980 | 945 | 844 | 686 | 487 | 270 | 81 | 7606 | 316.9 |
| 杭州 | S | 18 | 53 | 84 | 131 | 209 | 261 | 279 | 261 | 209 | 131 | 84 | 53 | 18 | 1791 | 74.6 |
| | W(E) | 18 | 53 | 84 | 109 | 127 | 138 | 143 | 333 | 490 | 590 | 608 | 521 | 318 | 3532 | 147.2 |
| | N | 116 | 147 | 127 | 109 | 127 | 138 | 143 | 138 | 127 | 109 | 127 | 147 | 116 | 1671 | 69.6 |
| | H | 82 | 266 | 473 | 664 | 815 | 910 | 944 | 910 | 815 | 664 | 473 | 266 | 82 | 7364 | 306.8 |
| 南京 | S | 18 | 51 | 82 | 148 | 237 | 296 | 316 | 296 | 237 | 148 | 82 | 51 | 18 | 1980 | 82.5 |
| | W(E) | 18 | 51 | 82 | 108 | 126 | 138 | 141 | 350 | 521 | 629 | 650 | 560 | 350 | 3724 | 155.1 |
| | N | 124 | 146 | 117 | 108 | 126 | 138 | 141 | 138 | 126 | 108 | 117 | 146 | 124 | 1659 | 69.1 |
| | H | 89 | 281 | 497 | 700 | 860 | 964 | 999 | 964 | 860 | 700 | 497 | 281 | 89 | 7781 | 324.2 |
| 南昌 | S | 15 | 46 | 76 | 108 | 189 | 244 | 262 | 244 | 189 | 108 | 76 | 46 | 15 | 1618 | 67.4 |
| | W(E) | 15 | 46 | 76 | 101 | 118 | 132 | 133 | 350 | 530 | 647 | 676 | 589 | 366 | 3779 | 157.4 |
| | N | 131 | 161 | 138 | 101 | 118 | 130 | 133 | 130 | 118 | 101 | 138 | 161 | 131 | 1691 | 70.5 |
| | H | 82 | 280 | 505 | 714 | 879 | 985 | 1021 | 985 | 879 | 714 | 505 | 280 | 82 | 7911 | 329.6 |
| 合肥 | S | 18 | 51 | 81 | 150 | 241 | 302 | 324 | 302 | 241 | 150 | 81 | 51 | 18 | 2010 | 83.8 |
| | W(E) | 18 | 51 | 81 | 106 | 125 | 137 | 141 | 361 | 544 | 660 | 687 | 596 | 377 | 3884 | 161.8 |
| | N | 133 | 153 | 119 | 106 | 125 | 137 | 141 | 137 | 125 | 106 | 119 | 153 | 133 | 1687 | 70.3 |
| | H | 94 | 294 | 521 | 730 | 897 | 1004 | 1040 | 1004 | 897 | 730 | 521 | 294 | 94 | 8120 | 338.3 |

# 附录四 建筑材料热物理性能计算参数

附表4.1

| 序号 | 材料名称 | 干密度 $\rho_0$ (kg/m³) | 计算参数 | | | |
|---|---|---|---|---|---|---|
| | | | 导热系数 λ 〔W/(m·K)〕 | 蓄热系数 S(周期24h) 〔W/(m²·K)〕 | 比热容 C 〔kJ/(kg·K)〕 | 蒸汽渗透系数 μ 〔g/(m·h·Pa)〕 |
| 1 | 混凝土 | | | | | |
| 1.1 | 普通混凝土 | | | | | |
| | 钢筋混凝土 | 2500 | 1.74 | 17.20 | 0.92 | 0.0000158* |
| | 碎石、卵石混凝土 | 2300 | 1.51 | 15.36 | 0.92 | 0.0000173* |
| | | 2100 | 1.28 | 13.57 | 0.92 | 0.0000173* |
| 1.2 | 轻骨料混凝土 | | | | | |
| | 膨胀矿渣珠混凝土 | 2000 | 0.77 | 10.49 | 0.96 | |
| | | 1800 | 0.63 | 9.05 | 0.96 | |
| | | 1600 | 0.53 | 7.87 | 0.96 | |
| | 自燃煤矸石、炉渣混凝土 | 1700 | 1.00 | 11.68 | 1.05 | 0.0000548* |
| | | 1500 | 0.76 | 9.54 | 1.05 | 0.0000900 |
| | | 1300 | 0.56 | 7.63 | 1.05 | 0.0001050 |
| | 粉煤灰陶粒混凝土 | 1700 | 0.95 | 11.40 | 1.05 | 0.0000188 |
| | | 1500 | 0.70 | 9.16 | 1.05 | 0.0000975 |
| | | 1300 | 0.57 | 7.78 | 1.05 | 0.0001050 |
| | 粘土陶粒混凝土 | 1100 | 0.44 | 6.30 | 1.05 | 0.0001350 |
| | | 1600 | 0.84 | 10.36 | 1.05 | 0.0000315* |
| | | 1400 | 0.70 | 8.93 | 1.05 | 0.0000390* |
| | | 1200 | 0.53 | 7.25 | 1.05 | 0.0000405* |
| | 页岩渣、石灰、水泥混凝土、 | 1300 | 0.52 | 7.39 | 0.98 | 0.0000855* |
| | 页岩陶粒混凝土 | 1500 | 0.77 | 9.65 | 1.05 | 0.0000315* |
| | | 1300 | 0.63 | 8.16 | 1.05 | 0.0000390* |
| | | 1100 | 0.50 | 6.70 | 1.05 | 0.0000435* |
| | 火山灰渣、沙、水泥混凝土 | 1700 | 0.57 | 6.30 | 0.57 | 0.0000395* |
| | 浮石混凝土 | 1500 | 0.67 | 9.09 | 1.05 | |
| | | 1300 | 0.53 | 7.54 | 1.05 | 0.0000188* |
| | | 1100 | 0.42 | 6.13 | 1.05 | 0.0000353* |
| 1.3 | 轻混凝土 | | | | | |
| | 加气混凝土、泡沫混凝土 | 700 | 0.22 | 3.59 | 1.05 | 0.0000998* |
| | | 500 | 0.19 | 2.81 | 1.05 | 0.0001110* |
| 2 | 砂浆和砌体 | | | | | |
| 2.1 | 砂浆 | | | | | |
| | 水泥砂浆 | 1800 | 0.93 | 11.37 | 1.05 | 0.0000210* |
| | 石灰水泥砂浆 | 1700 | 0.87 | 10.75 | 1.05 | 0.0000975* |
| | 石灰砂浆 | 1600 | 0.81 | 10.07 | 1.05 | 0.0000443* |
| | 石灰石膏砂浆 | 1500 | 0.76 | 9.44 | 1.05 | |
| | 保温砂浆 | 800 | 0.29 | 4.44 | 1.05 | |
| 2.2 | 砌体 | | | | | |
| | 重砂浆砌筑粘土砖砌体 | 1800 | 0.81 | 10.63 | 1.05 | 0.0001050* |
| | 轻砂浆砌筑粘土砖砌体 | 1700 | 0.76 | 9.96 | 1.05 | 0.0001200 |
| | 灰砂砖砌体 | 1900 | 1.10 | 12.72 | 1.05 | 0.0001050 |
| | 硅酸盐砖砌体 | 1800 | 0.87 | 11.11 | 1.05 | 0.0001050 |
| | 炉渣砖砌体 | 1700 | 0.81 | 10.43 | 1.05 | 0.0001050 |
| | 重砂浆砌筑 26、33 及 36 孔粘土空心砖砌体 | 1400 | 0.58 | 7.92 | 1.05 | 0.0000158 |
| 3 | 热绝缘材料 | | | | | |
| 3.1 | 纤维材料 | | | | | |

| 序号 | 材料名称 | 干密度 $\rho$ (kg/m³) | 计算参数 | | | |
|---|---|---|---|---|---|---|
| | | | 导热系数 $\lambda$ 〔W/(m·K)〕 | 蓄热系数 $S$(周期 24h) 〔W/(m²·K)〕 | 比热容 $C$ 〔kJ/(kg·K)〕 | 蒸汽渗透系数 $\mu$ 〔g/(m·h·Pa)〕 |
| | 矿棉、岩棉、玻璃棉板 | 80以下 | 0.050 | 0.59 | 1.22 | |
| | | 80~200 | 0.045 | 0.75 | 1.22 | 0.0004880 |
| | 矿棉、岩棉、玻璃棉毡 | 70以下 | 0.050 | 0.58 | 1.34 | |
| | | 70~200 | 0.045 | 0.77 | 1.34 | 0.0004880 |
| | 矿棉、岩棉、玻璃棉松散料 | 70以下 | 0.050 | 0.46 | 0.84 | |
| | | 70~120 | 0.045 | 0.51 | 0.84 | 0.0004880 |
| | 麻刀 | 150 | 0.070 | 1.34 | 2.10 | |
| 3.2 | 膨胀珍珠岩、蛭石制品 | | | | | |
| | 水泥膨胀珍珠岩 | 800 | 0.26 | 4.37 | 1.17 | 0.0000420* |
| | | 600 | 0.21 | 3.44 | 1.17 | 0.0000900* |
| | | 400 | 0.16 | 2.49 | 1.17 | 0.0001910 |
| | 沥青、乳化沥青膨胀珍珠岩 | 400 | 0.12 | 2.28 | 1.55 | 0.0000293* |
| | | 300 | 0.093 | 1.77 | 1.55 | 0.0000675* |
| | 水泥膨胀蛭石 | 350 | 0.14 | 1.99 | 1.05 | |
| 3.3 | 泡沫材料及多孔聚合物 | | | | | |
| | 聚乙烯泡沫塑料 | 100 | 0.047 | 0.70 | 1.38 | |
| | 聚苯乙烯泡沫塑料 | 30 | 0.042 | 0.36 | 1.38 | 0.0000162 |
| | 聚氨酯硬泡沫塑料 | 30 | 0.033 | 0.36 | 1.38 | 0.0000234 |
| | | | | | 1.38 | |
| | 聚氯乙烯硬泡沫塑料 | 130 | 0.048 | 0.79 | 1.38 | |
| | 钙塑 | 120 | 0.049 | 0.83 | 1.59 | |
| | 泡沫玻璃 | 140 | 0.058 | 0.70 | 0.84 | 0.0000225 |
| | 泡沫石灰 | 300 | 0.116 | 1.70 | 1.05 | |
| | 炭化泡沫石灰 | 400 | 0.14 | 2.33 | 1.05 | |
| | 泡沫石膏 | 500 | 0.19 | 2.78 | 1.05 | 0.0000375 |
| 4 | 木材、建筑板材 | | | | | |
| 4.1 | 木材 | | | | | |
| | 橡木、枫树(热流方向垂直木纹) | 700 | 0.17 | 4.90 | 2.51 | 0.0000562 |
| | 橡木、枫树(热流方向顺木纹) | 700 | 0.35 | 6.93 | 2.51 | 0.0003000 |
| | 松、木、云杉(热流方向垂直木纹) | 500 | 0.14 | 3.85 | 2.51 | 0.0000345 |
| | 松、木、云杉(热流方向顺木纹) | 500 | 0.29 | 5.55 | 2.51 | 0.0001680 |
| 4.2 | 建筑板材 | | | | | |
| | 胶合板 | 600 | 0.17 | 4.57 | 2.51 | 0.0000225 |
| | 软木板 | 300 | 0.093 | 1.95 | 1.89 | 0.0000255* |
| | | 150 | 0.058 | 1.09 | 1.89 | 0.0000285* |
| | 纤维板 | 1000 | 0.34 | 8.13 | 2.51 | 0.0001200 |
| | | 600 | 0.23 | 5.28 | 2.51 | 0.0001130 |
| | 石棉水泥板 | 1800 | 0.52 | 8.52 | 1.05 | 0.0000135* |
| | 石棉水泥隔热板 | 500 | 0.16 | 2.58 | 1.05 | 0.0003900 |
| | 石膏板 | 1050 | 0.33 | 5.28 | 1.05 | 0.0000790* |
| | 水泥刨花板 | 1000 | 0.34 | 7.27 | 2.01 | 0.0000240* |
| | | 700 | 0.19 | 4.56 | 2.01 | 0.0001050 |
| | 稻草板 | 300 | 0.13 | 2.33 | 1.68 | 0.0003000 |
| | 木屑板 | 200 | 0.065 | 1.54 | 2.10 | 0.0002630 |
| 5 | 松散材料 | | | | | |
| 5.1 | 无机材料 | | | | | |
| | 锅炉渣 | 1000 | 0.29 | 4.40 | 0.92 | 0.0001930 |
| | 粉煤灰 | 1000 | 0.23 | 3.93 | 0.92 | |
| | 高炉炉渣 | 900 | 0.26 | 3.92 | 0.92 | 0.0002030 |
| | 浮石、凝灰岩 | 600 | 0.23 | 3.05 | 0.92 | 0.0002630 |
| | 膨胀蛭石 | 300 | 0.14 | 1.79 | 1.05 | |
| | 膨胀蛭石 | 200 | 0.10 | 1.24 | 1.05 | |
| | 硅藻土 | 200 | 0.076 | 1.00 | 0.92 | |
| | 膨胀珍珠岩 | 120 | 0.07 | 0.84 | 1.17 | |
| | 膨胀珍珠岩 | 80 | 0.058 | 0.63 | 1.17 | |

| 序号 | 材 料 名 称 | 干密度 $\rho_0$ (kg/m³) | 计 算 参 数 | | | |
|---|---|---|---|---|---|---|
| | | | 导热系数 λ 〔W/(m·K)〕 | 蓄热系数 S(周期 24h) 〔W/(m²·K)〕 | 比热容 C 〔kJ/(kg·K)〕 | 蒸汽渗透系数 μ 〔g/(m·h·Pa)〕 |
| 5.2 | 有机材料 | | | | | |
| | 木屑 | 250 | 0.093 | 1.84 | 2.01 | 0.0002630 |
| | 稻壳 | 120 | 0.06 | 1.02 | 2.01 | |
| | 干草 | 100 | 0.047 | 0.83 | 2.01 | |
| 6 | 其他材料 | | | | | |
| 6.1 | 土壤 | | | | | |
| | 夯实粘土 | 2000 | 1.16 | 12.95 | 1.01 | |
| | | 1800 | 0.93 | 11.03 | 1.01 | |
| | 加草粘土 | 1600 | 0.76 | 9.37 | 1.01 | |
| | | 1400 | 0.58 | 7.69 | 1.01 | |
| | 轻质粘土 | 1200 | 0.47 | 6.36 | 1.01 | |
| | 建筑用砂 | 1600 | 0.58 | 8.26 | 1.01 | |
| 6.2 | 石材 | | | | | |
| | 花岗岩、玄武岩 | 2800 | 3.49 | 25.49 | 0.92 | 0.0000113 |
| | 大理石 | 2800 | 2.91 | 23.27 | 0.92 | 0.0000113 |
| | 砾石、石灰岩 | 2400 | 2.04 | 18.03 | 0.92 | 0.0000375 |
| | 石灰石 | 2000 | 1.16 | 12.56 | 0.92 | 0.0000600 |
| 6.3 | 卷材、沥青材料 | | | | | |
| | 沥青油毡、油毡纸 | 600 | 0.17 | 3.33 | 1.47 | |
| | 沥青混凝土 | 2100 | 1.05 | 16.39 | 1.68 | 0.0000075 |
| | 石油沥青 | 1400 | 0.27 | 6.73 | 1.68 | |
| | | 1050 | 0.17 | 4.71 | 1.68 | 0.0000075 |
| 6.4 | 玻璃 | | | | | |
| | 平板玻璃 | 2500 | 0.76 | 10.69 | 0.84 | |
| | 玻璃钢 | 1800 | 0.52 | 9.25 | 1.26 | |
| 6.5 | 金属 | | | | | |
| | 紫铜 | 8500 | 407 | 324 | 0.42 | |
| | 青铜 | 8000 | 64.0 | 118 | 0.38 | |
| | 建筑钢材 | 7850 | 58.2 | 126 | 0.48 | |
| | 铝 | 2700 | 203 | 191 | 0.92 | |
| | 铸铁 | 7250 | 49.9 | 112 | 0.48 | |

注：①围护结构在正确设计和正常使用条件下，材料的热物理性能计算参数应按本表直接采用。

②有附表 4.2 所列情况者，材料的导热系数和蓄热系数计算值应分别按下列两式修正：

$$\lambda_c = \lambda \cdot a$$
$$S_c = S \cdot a$$

式中 λ,S——材料的导热系数和蓄热系数，应按本表采用；

a——修正系数，应按附表 4.2 采用。

③表中比热容 C 的单位为法定单位，但在实际计算中比热容 C 的单位应取 W·h/(kg·K)，因此，表中数值应乘以换算系数 0.2778。

④表中带 * 号者为测定值。

## 导热系数λ及蓄热系数S的修正系数a值　附表4.2

| 序号 | 材料、构造、施工、地区及使用情况 | a |
|---|---|---|
| 1 | 作为夹芯层浇筑在混凝土墙体及屋面构件中的块状多孔保温材料（如加气混凝土、泡沫混凝土及水泥膨胀珍珠岩等），因干燥缓慢及灰缝影响 | 1.60 |
| 2 | 铺设在密闭屋面中的多孔保温材料（如加气混凝土、泡沫混凝土、水泥膨胀珍珠岩、石灰炉渣等），因干燥缓慢 | 1.50 |
| 3 | 铺设在密闭屋面中及作为夹芯层浇筑在混凝土构件中的半硬质矿棉、岩棉、玻璃棉板等，因压缩及吸湿 | 1.20 |
| 4 | 作为夹芯层浇筑在混凝土构件中的泡沫塑料等，因压缩 | 1.20 |
| 5 | 开孔型保温材料（如水泥刨花板、木丝板、稻草板等），表面抹灰或与混凝土浇筑在一起，因灰浆渗入 | 1.30 |
| 6 | 加气混凝土、泡沫混凝土砌块墙体及加气混凝土条板墙体、屋面，因灰缝影响 | 1.25 |
| 7 | 填充在空心墙体及屋面构件中的松散保温材料（如稻壳、木屑、矿棉、岩棉等），因下沉 | 1.20 |
| 8 | 矿渣混凝土、炉渣混凝土、浮石混凝土、粉煤灰陶粒混凝土、加气混凝土等实心墙体及屋面构件，在严寒地区，且在室内平均相对湿度超过65%的采暖房间内使用，因干燥缓慢 | 1.15 |

## 常用薄片材料和涂层蒸汽渗透阻 $H_c$ 值　附表4.3

| 材料及涂层名称 | 厚度（mm） | $H_c$<br>(m²·h·Pa/g) |
|---|---|---|
| 普通纸板 | 1 | 16 |
| 石膏板 | 8 | 120 |
| 硬质木纤维板 | 8 | 107 |
| 软质木纤维板 | 10 | 53 |
| 三层胶合板 | 3 | 227 |
| 石棉水泥板 | 6 | 267 |
| 热沥青一道 | 2 | 267 |
| 热沥青二道 | 4 | 480 |
| 乳化沥青二道 | — | 520 |
| 偏氯乙烯二道 | — | 1240 |
| 环氧煤焦油二道 | — | 3733 |
| 油漆三道（先做油灰嵌缝、上底漆） | — | 640 |
| 聚氯乙烯涂层二道 | — | 3866 |
| 氯丁橡胶涂层二道 | — | 3466 |
| 玛琋脂涂层一道 | 2 | 600 |
| 沥青玛琋脂涂层一道 | 1 | 640 |
| 沥青玛琋脂涂层二道 | 2 | 1080 |
| 石油沥青油毡 | 1.5 | 1107 |
| 石油沥青油纸 | 0.4 | 333 |
| 聚乙烯薄膜 | 0.16 | 733 |

# 附录五　窗墙面积比与外墙允许最小传热阻的对应关系

## 单层钢窗和单层木窗　附表5.1

| 地区 | 外墙类型 | 朝向 | 0.20 | 0.25 | 0.30 | 0.35 |
|---|---|---|---|---|---|---|
| 北京 | I | S | 最小传热阻 | | | |
| | | W、E | | | | 0.53 |
| | | N | | 0.56 | 0.66 | |
| | II | S | 最小传热阻 | | | |
| | | W、E | | | | 0.62 |
| | | N | | 0.63 | 0.77 | |
| | III | S | 最小传热阻 | | | |
| | | W、E | | | | 0.69 |
| | | N | | 0.69 | 0.86 | |
| | IV | S | 最小传热阻 | | | |
| | | W、E | | | 0.64 | 0.75 |
| | | N | | 0.75 | 0.96 | |

注：①粗实线以上最小传热阻系指按式（4.1.1）计算确定的传热阻。这时，窗墙面积比应符合第4.4.5条一款的规定。当窗墙面积比超过这一规定时，外墙采用的传热阻不应小于粗实线以下的数值。
②表中外墙的最小传热阻未考虑按第4.1.2条规定的附加值。

## 双层钢窗和双层木窗　附表5.2

| 地区 | 外墙类型 | 朝向 | 0.20 | 0.25 | 0.30 | 0.35 |
|---|---|---|---|---|---|---|
| 沈阳、呼和浩特 | I | S | 最小传热阻 | | | |
| | | W、E | | | | 0.70 |
| | | N | | 0.70 | 0.73 | |
| | II | S | 最小传热阻 | | | |
| | | W、E | | | | 0.74 |
| | | N | | 0.74 | 0.78 | |
| | III | S | 最小传热阻 | | | |
| | | W、E | | | 0.76 | 0.79 |
| | | N | | 0.78 | 0.83 | |
| | IV | S | 最小传热阻 | | | |
| | | W、E | | | 0.80 | 0.85 |
| | | N | | 0.83 | 0.88 | |
| 哈尔滨 | I | S | 最小传热阻 | | | |
| | | W、E | | | | 0.87 |
| | | N | | 0.83 | 0.94 | |
| | II | S | 最小传热阻 | | | |
| | | W、E | | | 0.80 | 0.96 |
| | | N | | 0.93 | 1.03 | |
| | III | S | 最小传热阻 | | | |
| | | W、E | | | 0.93 | 1.02 |
| | | N | | 0.98 | 1.09 | |
| | IV | S | 最小传热阻 | | | |
| | | W、E | | | 0.97 | 1.07 |
| | | N | | 1.02 | 1.15 | |
| 乌鲁木齐 | I | S | 最小传热阻 | | | |
| | | W、E | | | | 0.67 |
| | | N | | 0.76 | 0.80 | |
| | II | S | 最小传热阻 | | | |
| | | W、E | | | | 0.75 |
| | | N | | 0.85 | 0.90 | |

| 地区 | 外墙类型 | 朝向 | 窗墙面积比 | | | |
|---|---|---|---|---|---|---|
| | | | 0.20 | 0.25 | 0.30 | 0.35 |
| 乌鲁木齐 | Ⅲ | S | 最小传热阻 | | | 0.82 |
| | | W、E | | | | |
| | | N | | 0.93 | 1.00 | |
| | Ⅳ | S | 最小传热阻 | | | 0.89 |
| | | W、E | | | | |
| | | N | | 1.00 | 1.09 | |

注：本表注与附表5.1注相同。

# 附录六　围护结构保温的经济评价

## （一）围护结构保温的经济性

围护结构保温的经济性可用其经济传热阻进行评价。

## （二）围护结构的经济传热阻

围护结构（系指外墙和屋顶）的经济传热阻，应按下式计算：

$$R_{o \cdot E} = \sqrt{\frac{24 D_{di}}{P E_1 \lambda_4 m} (PB + CM + rmM)} \quad \text{（附 6.1）}$$

式中　$R_{o \cdot E}$——围护结构的经济传热阻（$m^2 \cdot K/W$）；

$D_{di}$——采暖期度日数（$℃ \cdot d/an$），应按本规范附录三附表3.1采用；

$B$——供暖系统造价（元/W）；

$C$——供暖系统运行费〔元/（$an \cdot W$）〕；

$m$——采暖期小时数（h/an）；

$M$——回收年限（an）；

$r$——有效热价格〔元/（$W \cdot h$）〕；

$P$——利息系数；

$E_1$——保温层造价（元/$m^3$）；

$\lambda_4$——保温材料导热系数〔$W/(m \cdot K)$〕。

## （三）围护结构保温层的经济热阻和经济厚度

围护结构保温层的经济热阻和经济厚度应分别按下列两式计算：

$$R_{1 \cdot E} = R_{o \cdot E} - (R_i + \Sigma R + R_e) \quad \text{（附 6.2）}$$
$$\delta_{1 \cdot E} = R_{1 \cdot E} \cdot \lambda_4 \quad \text{（附 6.3）}$$

式中　$R_{1 \cdot E}$——保温层的经济热阻（$m^2 \cdot K/W$）；

$\delta_{1 \cdot E}$——保温层的经济厚度（m）；

$\lambda_4$——保温材料导热系数〔$W/(m \cdot K)$〕；

$R_{o \cdot E}$——围护结构经济传热阻（$m^2 \cdot K/W$）；

$\Sigma R$——除保温层外各层材料的热阻之和（$m^2 \cdot K/W$）；

$R_i$、$R_e$——分别为内、外表面换热阻（$m^2 \cdot K/W$）。

## （四）不同材料、不同构造围护结构的经济性

不同材料、不同构造围护结构的经济性，可用其单位热阻造价进行比较，造价较低者较经济。单位热阻造价应按下式计算：

$$Y = \sum_{i=1}^{n} E_i \delta_i / R_{o \cdot E} \quad \text{（附 6.4）}$$

式中　$Y$——围护结构单位热阻造价〔元/（$m^2 \cdot m^2 \cdot K/W$）〕；

$E_i$——第 i 层材料造价（元/$m^3$）；

$\delta_i$——第 i 层材料厚度（m）；

$R_{o \cdot E}$——围护结构经济传热阻（$m^2 \cdot K/W$）；

$u$——围护结构层数。

# 附录七　法定计量单位与习用非法定计量单位换算表

**法定计量单位与习用非法定计量单位换算表**　　　　　附表7.1

| 量的名称 | 法定计量单位 | | 非法定计量单位 | | 单位换算关系 |
|---|---|---|---|---|---|
| | 名　称 | 符　号 | 名　称 | 符　号 | |
| 压　强 | 帕斯卡 | Pa | 毫米水柱 | $mmH_2O$ | $1mmH_2O = 9.80665Pa$ |
| | 帕斯卡 | Pa | 毫米汞柱 | mmHg | $1mmHg = 133.322Pa$ |
| 功、能、热 | 千焦耳 | kJ | 千卡 | kcal | $1kcal = 4.1868kJ$ |
| | 兆焦耳 | MJ | 千瓦小时 | $kW \cdot h$ | $1kW \cdot h = 3.6MJ$ |
| 功　率 | 瓦特 | W | 千卡每小时 | kcal/h | $1kcal/h = 1.163W$ |
| 比热容 | 千焦耳每千克开尔文 | $kJ(kg \cdot K)$ | 千卡每千克摄氏度 | $kcal/(kg \cdot ℃)$ | $1kcal/(kg \cdot ℃) = 4.1868kJ/(kg \cdot K)$ |
| 热流密度 | 瓦特每平方米 | $W/m^2$ | 千卡每平方米小时 | $kcal/(m^2 \cdot h)$ | $1kcal/(m^2 \cdot h) = 1.163W/m^2$ |
| 传热系数 | 瓦特每平方米开尔文 | $W/(m^2 \cdot K)$ | 千卡每平方米小时摄氏度 | $kcal/(m^2 \cdot h \cdot ℃)$ | $1kcal/(m^2 \cdot h \cdot ℃) = 1.163W/(m^2 \cdot K)$ |
| 导热系数 | 瓦特每米开尔文 | $W/(m \cdot K)$ | 千卡每米小时摄氏度 | $kcal/(m \cdot h \cdot ℃)$ | $1kcal/(m \cdot h \cdot ℃) = 1.163W/(m \cdot K)$ |
| 蓄热系数 | 瓦特每平方米开尔文 | $W/(m^2 \cdot K)$ | 千卡每平方米小时摄氏度 | $kcal/(m^2 \cdot h \cdot ℃)$ | $1kcal/(m^2 \cdot h \cdot ℃) = 1.163W/(m^2 \cdot K)$ |
| 表面换热系数 | 瓦特每平方米开尔文 | $W/(m^2 \cdot K)$ | 千卡每平方米小时摄氏度 | $kcal/(m^2 \cdot h \cdot ℃)$ | $1kcal/(m^2 \cdot h \cdot ℃) = 1.163W/(m^2 \cdot K)$ |
| 太阳辐射照度 | 瓦特每平方米 | $W/m^2$ | 千卡每平方米小时 | $kcal/(m^2 \cdot h)$ | $1kcal/(m^2 \cdot h) = 1.163W/m^2$ |
| 蒸汽渗透系数 | 克每米小时帕斯卡 | $g/(m \cdot h \cdot Pa)$ | 克每米小时毫米汞柱 | $g/(m \cdot h \cdot mmHg)$ | $1g/(m \cdot h \cdot mmHg) = 0.0075g/(m \cdot h \cdot Pa)$ |

注：①比热容、传热系数、导热系数、蓄热系数、表面换热系数等法定计量单位中的K（开尔文）也可以用℃（摄氏度）代替。
②比热容的法定计量单位是 $kJ(kg \cdot K)$，但在实际计算中比热容的单位应取 $W \cdot h/(kg \cdot K)$，由前者换算成后者应乘以换算系数 0.2778。

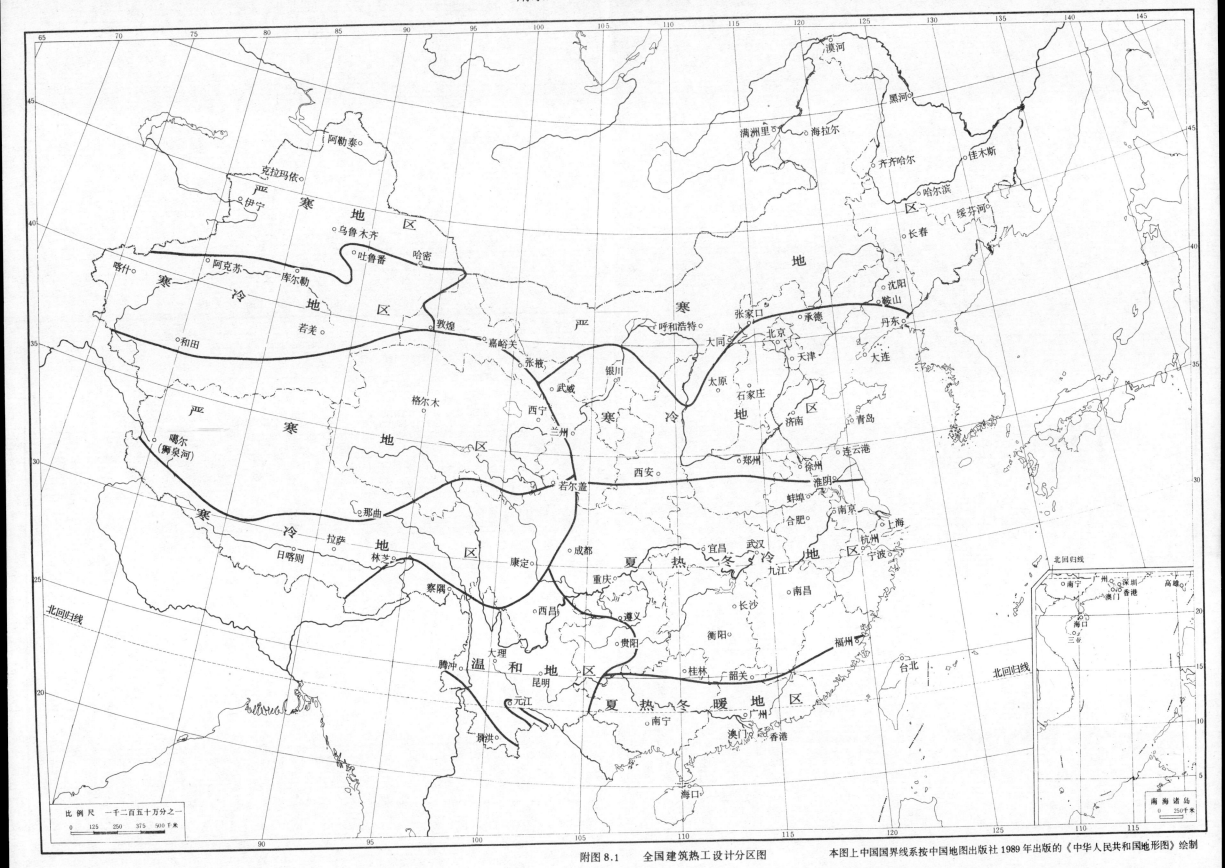

附图 8.1 全国建筑热工设计分区图 本图上中国国界线系按中国地图出版社 1989 年出版的《中华人民共和国地形图》绘制

## 附录九 本规范用词说明

一、为便于在执行本规范条文时区别对待，对要求严格程度不同的用词说明如下：

1. 表示很严格，非这样做不可的：
正面词采用"必须"；
反面词采用"严禁"。

2. 表示严格，在正常情况下均应这样做的：
正面词采用"应"；
反面词采用"不应"或"不得"。

3. 表示允许稍有选择，在条件许可时首先应这样做的：
正面词采用"宜"；
反面词采用"不宜"。

二、条文中指定应按其他有关标准、规范执行时，写法为"应符合……的规定"或"应按……执行"。

## 附加说明

本规范主编单位、参加单位和
主要起草人名单

主 编 单 位：中国建筑科学研究院

参 加 单 位：西安冶金建筑学院
浙江大学
重庆建筑工程学院
哈尔滨建筑工程学院
南京大学
华南理工大学
清华大学
东南大学
中国建筑东北设计院
北京市建筑设计研究院
河南省建筑设计院
湖北工业建筑设计院
四川省建筑科学研究所
广东省建筑科学研究所

主要起草人：杨善勤　胡　璘　蒋镭明　陈启高　王建瑚
王景云　周景德　沈韫元　初仁兴　许文发
李怀瑾　毛慰国　朱文鹏　张宝库　林其标
甘　柽　陈庆丰　丁小中　李焕文　杜文英
白玉珍　王启欢　张廷全　韦延年　高伟俊

# 中华人民共和国国家标准

# 民用建筑热工设计规范

**GB 50176—93**

## 条 文 说 明

# 前　言

根据国家计委计综〔1984〕305号文的要求，由中国建筑科学研究院负责主编，具体由中国建筑科学研究院建筑物理研究所会同有关单位共同编制的《民用建筑热工设计规范》GB 50176—93，经建设部1993年3月17日以建设部建标〔1993〕196号文批准发布。

为便于广大设计、施工、科研、学校等有关单位人员在使用本规范时能正确理解和执行条文规定，《民用建筑热工设计规范》编制组根据国家计委关于编制标准、规范条文说明的统一要求，按《民用建筑热工设计规范》的章、节、条的顺序，编制了《民用建筑热工设计规范条文说明》，供国内各有关部门和单位参考。在使用中如发现本条文说明有欠妥之处，请将意见函寄中国建筑科学研究院建筑物理研究所（地址：北京车公庄大街19号，邮政编码：100044）《民用建筑热工设计规范》国标管理组。

1993年1月

# 目　次

## 主 要 符 号

本规范中一些名词术语的基本符号，原则上采用国际通用符号，如以 $t$ 代表温度，$p$ 代表压力，$\lambda$ 代表导热系数，$a$ 代表导温系数，$c$ 代表比热容等；如无国际通用符号，则采用国内常用符号，如以 $S$ 代表材料蓄热系数，$Y$ 代表表面蓄热系数，$D$ 代表热惰性指标等。关于符号的角标，原则上采用国际通用的，如以 max 代表最大，min 代表最小，$i$ 代表内侧，$e$ 代表外侧等。极少数角标采用汉语拼音，如采暖室外计算温度 $t_w$ 的下角标 w。基本符号的排列，分别以拉丁文和希腊文的字母先后为序，拉丁字母在先，希腊字母在后；基本符号相同者，按角标字母先后为序。

## 第一章 总 则

**第 1.0.1 条** 本规范制定的目的。

我国基本建设投资以民用建筑所占比重最大，涉及面最广。制订本规范的主要目的就在于使这些民用建筑的热工设计与地区气候相适应，保证室内基本的热环境要求，符合国家节约能源的方针，发挥投资的经济和社会效益。

建筑热工设计主要包括建筑物及其围护结构的保温、隔热和防潮设计。

室内基本的热环境要求系指为人们生活和工作所需的最低限度的热环境要求。例如，室内的温度、湿度、气流和环境热辐射应在允许范围之内，冬季采暖房屋围护结构内表面温度不应低于室内空气露点温度，夏季自然通风房屋围护结构内表面最高温度不应高于当地夏季室外计算温度最高值等。这些基本的热环境要求得到保证，建筑物的使用质量才能得到保证。

我国 60 年代至 70 年代中期，由于片面强调降低基本建设造价和减轻结构自重，在设计中缺乏全面的技术经济观点和节能意识，导致一再削弱围护结构保温隔热水平，使得大量民用建筑冬冷夏热，采暖和空调能耗大大增加，经济和社会效益都很差。直至 70 年代中期能源危机以后，特别是改革开放以来，这种情况才引起重视并逐步改变。在制订本规范时，除了达到本规范的主要目的之外，还注意在一定程度上节约采暖和空调能耗，所采取的主要措施有：控制窗户面积，提高窗户气密性，围护结构实际采用的传热阻尽量接近经济传热阻，以及在严寒和寒冷地区，避免设置开敞式外廊和开敞式楼梯间，入口处设置门斗，加强阳台门下部保温等。采取这些措施后，将在一定程度上降低采暖和空调能耗，提高投资的经济和社会效益。

**第 1.0.2 条** 本规范的适用范围。

根据工程建设标准规范主管部门下达任务的要求，本规范的适用范围应是民用建筑的热工设计。民用建筑的范围很广，但主要包括居住建筑和公共建筑。考虑到建筑热工设计与使用要求和室内温湿度状况密切相关，因此可按使用要求和室内温湿度状况把民用建筑分成下列三类：

第一类：居住建筑（主要包括住宅、宿舍、旅馆等）、托幼建筑、疗养院、医院、病房等。这类建筑大多数连续使用，对室内温湿度有较高要求。

第二类：办公楼、学校、门诊部等。这类建筑大多数间歇使用，对室内温湿度要求一般低于第一类。

第三类：礼堂、食堂、体育馆、影剧院、车站、机场、港口建筑等。这类建筑中除部分建筑对室内温湿度有较高要求外，一般是间歇使用，对室内温湿度要求一般低于第二类。

公共建筑中的图书馆、档案馆、博物馆等，有些建筑或有些房间对温湿度有特殊要求，建筑热工设计上应考虑这些要求，但一般来说，对室内温湿度的要求与第二类接近，因此可按第二类进行设计。

地下建筑、室内温湿度有特殊要求和特殊用途的建筑，以及简易的临时性建筑，因其使用条件和建筑标准与一般民用建筑有较大差别，故本规范不适用于这些建筑。

**第 1.0.3 条** 本规范与其他标准规范的衔接。

根据国家计委对编制和修订工程建设标准规范的统一规定，为了精简规范内容，凡引用或参照其他全国通用的设计标准规范内容，除必要的以外，本规范一般不再另立条文，故在本条中统一作一说明。本规范引用或参照的主要标准规范有：《采暖通风与空气调节设计规范》GBJ 19—87、《建筑外窗空气渗透性能分级及其检测方法》GB 7107—86、《建筑外窗保温性能分级及其检测方法》GB 8484—87 等。

## 第二章 室外计算参数

**第 2.0.1 条** 围护结构冬季室外计算温度的确定。

本规范提出的确定围护结构冬季室外计算温度的原则和方法，是在吸取原苏联《建筑热工规范》关于确定围护结构冬季室外计算温度规定的合理部分，并综合国内近年来对这一问题研究成果的基础上提出的。确定围护结构冬季室外计算温度的基本原则是：根据围护结构的热惰性指标 $D$ 值不同，取不同的室外计算温度，以保证不同 $D$ 值的围护结构，在室内温度保持稳定，室外温度从各自的计算温度降至当地最低一个日平均温度条件下，在围护结构内表面上引起的温降都不超过 1℃，内表面最低温度都不低于露点温度。确定围护结构冬季室外计算温度的具体方法是：根据围护结构 D 值不同，将围护结构分成四种类型，然后按本规范第二章表 2.0.1 的规定取不同的室外计算温度。

**第 2.0.2 条**　围护结构夏季室外计算温度的确定。

围护结构夏季室外计算温度用于计算确定围护结构的隔热厚度。这一隔热厚度应能满足在夏季较热的天气条件下，其内表面温度不致过高，内表面与人体之间的辐射换热不致过量，并能被大多数的人们所接受。本规范根据我国 30 多年的气象资料，取历年（连续 25 年中的每一年）最热一天（日平均温度最高的一天）来代表夏季较热天气。具体的取值方法是：夏季室外计算温度平均值按历年最热一天的日平均温度的平均值确定；夏季室外计算温度最高值按历年最热一天的最高温度的平均值确定；夏季室外计算温度波幅值按室外计算温度最高值与室外计算温度平均值的差值确定。

**第 2.0.3 条**　夏季太阳辐射照度的取值。

夏季太阳辐射照度用于围护结构隔热计算，其取值原则上应与夏季室外计算温度的取值相配合，亦即取历年最热一天的太阳辐射资料的累年平均值作为基础来统计。但考虑到这样统计比较麻烦，因此取各地历年七月份最大直射辐射日总量和相应日期总辐射日总量的累年平均值，然后通过计算分别确定东、南、西、北垂直面和水平面上地方太阳时逐时的太阳辐射照度及昼夜平均值。全国 15 个城市夏季太阳辐射照度已列入本规范附录三附表 3.3，在进行围护结构隔热计算时可以直接采用。

# 第三章　建筑热工设计要求

## 第一节　建筑热工设计分区及设计要求

**第 3.1.1 条**　关于建筑热工设计分区及相应的设计要求。

由于这一分区适用于建筑热工设计，故称建筑热工设计分区。这一分区是根据建筑热工设计的实际需要，以及与现行有关标准规范相协调，分区名称要直观贴切等要求制订的。由于目前建筑热工设计主要涉及冬季保温和夏季隔热，主要与冬季和夏季的温度状况有关，因此，用累年最冷月（即一月）和最热月（即七月）平均温度作为分区主要指标，累年日平均温度≤5℃和≥25℃的天数作为辅助指标，将全国划分成五个区，即严寒、寒冷、夏热冬冷、夏热冬暖和温和地区（见本规范附录八），并提出相应的设计要求。《建筑气候区划标准》GB 50178—93 中的建筑气候区划，适用于一般工业与民用建筑的规划、设计与施工，适用范围更广，涉及的气候参数更多。该标准以累年一月和七月平均气温、七月平均相对湿度等作为主要指标，以年降水量、年日平均气温≤5℃和≥25℃的天数等作为辅助指标，将全国划分成七个一级区，即Ⅰ、Ⅱ、Ⅲ、Ⅳ、Ⅴ、Ⅵ、Ⅶ区，在一级区内，又以一月、七月平均气温、冻土性质、最大风速、年降水量等指标，划分成若干二级区，并提出相应的建筑基本要求。由于建筑热工设计分区和建筑气候区划（一级区划）的划分主要指标一致，因此，两者的区划是相互兼容、基本一致的。建筑热工设计分区中的严寒地区，包含建筑气候区划图中的全部Ⅰ区，以及Ⅵ区中的ⅥA、ⅥB，Ⅶ区中的ⅦA、ⅦB、ⅦC；建筑热工设计分区中的寒冷地区，包含建筑气候区划图中的全部Ⅱ区，以及Ⅵ区中的ⅥC，Ⅶ区中的ⅦD；建筑热工设计分区中的夏热冬冷、夏热冬暖、温和地区，与建筑气候区划图中的Ⅲ、Ⅳ、Ⅴ区完全一致。

## 第二节　冬季保温设计要求

**第 3.2.1 条**　对建筑物设置的地段和主要房间的布局提出的原则性要求。

建筑物设在避风和向阳地段，可以减少冷风渗透并争取较多的日照，但在实践中由于规划上的限制，不可能全部做到，故在用词上采用"宜"。

**第 3.2.2 条**　对建筑物体形设计的要求。

建筑物外表面积减少，对节约采暖能耗有较大意义。建筑物外表面积与其所包围的体积之比称为体形系数。体形系数愈小，对节约采暖能耗愈有利。据调查统计，目前我国普遍采用的单元式多层住宅，当为 4 个单元 6 层楼时，体形系数一般在 0.28～0.30 左右；当为 4 个单元 3 层楼时，体形系数将增至 0.34 左右，采暖能耗将增加 11% 左右；当为点式平面 6 层楼时，体形系数将为 0.36 左右，采暖能耗将增加 20% 左右；3 层楼时，体形系数将为 0.42 左右，采暖能耗将增加 33% 左右。可见采暖能耗随体形系数的增加而急剧增加。对于在民用建筑中占 70% 以上的居住建筑来说，适当限制其体形系数是必要的。但是，为了避免建筑物外形千篇一律，就不能对建筑物的体形系数作出硬性规定。本条规定仅对建筑师起提示作用。

**第 3.2.3 条**　对严寒和寒冷地区居住和公共建筑楼梯间、外廊和人口处设计的要求。

在严寒和寒冷地区居住建筑中，采用开敞式楼梯间和开敞式外廊，公共建筑入口处不设门斗或热风幕等避风设施，对保证室内热环境要求和节约采暖能耗都十分不利，但影响的程度有所不同，故对严寒和寒冷地区采用了不同的用词。

**第 3.2.4 条**　对建筑物外部窗户面积和密闭性提出的原则性要求。

通过建筑物外部窗户既有太阳辐射得热，也有传热和冷风渗透热损失，但就整个采暖期来说，窗户仍是一个失热构件，即使南窗也是如此。此外，窗户与外墙相比，其单位面积热损失也要大得多。计算表明，在北京地区采用单层钢窗的情况下，窗户单位面积传热热损失为同一朝向 37cm 砖墙的倍数：南向约为 2.2 倍，东、西向约为 3.2 倍，北向约为 3.7 倍。在哈尔滨地区采用双层钢窗的情况下，窗户单位面积传热热损失为同一朝向 49cm 砖墙的倍数：南向约为 1.5 倍，东、西向约为 2 倍，北向约为 2.3 倍。如果窗户有邻近建筑物或上部阳台遮挡，并考虑冷风渗透的影响，则窗户与外墙相比就更为不利。此外，在冬季大风天气，通过窗户缝隙的冷风渗透，还会造成室温的急剧下降和波动。因此，本条提出窗户面积不宜过大，并尽量减少窗户缝隙长度，加强窗户的密闭性，是十分必要的。对窗户面积具体的限制性规定见本规范第四章第 4.4.5 条。

**第 3.2.5 条**　本条规定是为了保证外墙、屋顶、直接接触室外空气的楼板和不采暖楼梯间的隔墙等围护结构满足最低限度的保温要求。

**第 3.2.6 条**　外墙中嵌入散热器、管道、壁龛等，削弱了这部分墙体的保温能力，使热损失大大增加，散热器不能发挥应有的效能，因此本条作出了限制性规定。

**第 3.2.7 条**　对热桥部位保温的原则性要求。

外墙和屋顶中的各种接缝和混凝土或金属嵌入体构成的热桥，在建筑构造上往往难以避免，如果不作适当的保温处理，不但使房间热损失增加，而且这些部位可能出现结露、长霉、影响使用。因此，本条规定对这些部位应进行保温验算，并采取保温措施。

### 第三节　夏季防热设计要求

**第 3.3.1 条**　在我国目前的技术经济条件下，建筑物内部不可能普遍设置空调设备，而是采取各种建筑措施来达到夏季防热的目的。实践证明，只有采取综合性的建筑措施，主要包括自然通风、窗户遮阳、围护结构隔热和环境绿化，才能取得较好的防热效果。

**第 3.3.2 条**　建筑物的总体布置，单体的平、剖面设计和门窗的设置，应有利于自然通风，并尽量避免主要房间受东、西向的日晒，这些是夏季防热措施中的主要措施，因此作出了本条规定。

**第 3.3.3 条**　直射阳光通过向阳面，特别是东、西向窗户进入室内，是造成室内过热的主要原因。为了有效地遮挡直射阳光，并尽量兼顾采光、通风、视野等功能，遮阳的形式和材料要适当。例如，南向和北向（在北回归线以南的地区），宜采用水平式遮阳，东北、北和西北向，宜采用垂直式遮阳；东南和西南向，宜采用综合式遮阳；东、西向，宜采用挡板式遮阳。固定式遮阳往往具有挡风、挡光、挡视线、造价高和维修困难等不利影响，因此，在建筑设计中应谨慎对待，宜结合外廊、阳台、挑檐等处理达到遮阳

目的。此外，活动百叶窗帘、反射阳光涂膜和热反射玻璃等，也是近年来被日益广泛采用的遮阳材料。

**第 3.3.4 条**　建筑物夏季隔热的关键部位在屋顶和东、西外墙。保证这些部位的内表面温度满足隔热设计标准的要求，是围护结构隔热设计的主要任务。

**第 3.3.5 条**　在夏热冬暖地区和夏热冬冷地区的建筑中，潮霉季节地面冷凝泛潮现象普遍存在，底层地面特别严重。地面下部采取保温措施，以及传统的架空做法，可使地面保持较高的温度，从而减少冷凝现象。地面面层材料的选择也十分重要，光滑而密实的面层，如水磨石和水泥地面等，虽然耐磨和便于清洁，但容易冷凝泛潮。相反，采用微孔吸湿材料，如微孔地面砖、大阶砖等作面层时，则效果较好。医院、病房等场所，从防止地面冷凝泛潮的角度考虑，也宜采用微孔吸湿材料，但对清洗和消毒不利，故一般仍采用水磨石等地面。居室和托幼等场所的地面面层，则宜采用微孔吸湿材料。

### 第四节　空调建筑热工设计要求

**第 3.4.1 条**　本节中的空调建筑系指一般民用，亦即舒适性空调建筑或空调房间。对于这类空调建筑或空调房间，为了降低空调负荷及改善室内热环境条件，应尽量避免东　西朝向和东、西向窗户。计算机动态模拟试验结果表明，当窗墙面积比为 0.30 时，东、西向房间与南、北向房间相比，设计日冷负荷（系指在空调设计条件下，逐时冷负荷的峰值）要大 37%～67%，运行负荷（系指在夏季空调期间，为维持恒定室温而必须从房间中除去的热量）要大 22%～46%。此外，通过窗户进入室内的直射阳光也将使室内热环境条件大大恶化。

**第 3.4.2 条**　空调房间集中布置、上下对齐，温湿度要求相近的房间相邻布置，可以减少传热面积，有利于降低空调负荷、节约设备投资和建造费用，并便于维护管理。

**第 3.4.3 条**　本条规定有利于空调房间室温稳定，并有利于降低空调负荷。

**第 3.4.4 条**　顶层房间因屋顶接受的太阳辐射热较多而使空调负荷大大增加。例如，同样的南北向房间，窗墙面积比为 0.30，顶层与非顶层相比，设计日冷负荷要大 22%～93%，运行负荷要大 23%～96%。为了降低空调负荷，应避免在顶层布置空调房间；如必须在顶层布置，则屋顶应有良好的隔热措施，如加大热阻或设置通风间层等。

**第 3.4.5 条**　在满足使用要求的前提下，降低空调房间的层高，实质上是减少外墙和窗户这些传热面积，对节约建筑和设备投资，降低空调负荷和运行费用都有利。

**第 3.4.6 条**　减少空调建筑的外表面积，可以降低空调负荷。外表面采用浅色饰面，可以减少外表面

对太阳辐射热的吸收量。例如，浅黄或浅绿色表面比深色表面要少吸收30%左右的太阳辐射热。

**第3.4.7条** 建筑物外部窗户面积对空调负荷的影响很大，基本上呈线性递增关系。目前国内存在着为追求建筑物外表美观而采用大面积玻璃窗的倾向，这对节约空调能耗十分不利。动态模拟试验结果表明，在采用单层窗的情况下，窗墙面积比从0.30增至0.50，各朝向房间的设计日冷负荷要增加25%～42%，运行负荷要增加17%～25%。事实上，窗墙面积比为0.30，对于房间开间为3.3m，层高为2.8m的墙面，窗户尺寸已达1.5m×1.8m；对于开间为3.9m，层高为2.8m的墙面，窗户尺寸已达1.5m×2.1m。这样的窗户面积已不算小了。当采用双层窗或单框双玻窗时，由于窗框遮阳面积增加，窗户传热系数变小，对降低空调负荷有利。在这种情况下，窗墙面积比从0.30增至0.40，空调负荷不致增加，或增加很少，但若窗户面积比进一步加大，则空调负荷将逐步上升。

本条规定主要适用于居住建筑，如住宅、集体宿舍、旅馆、宾馆、招待所的客房，以及医院和病房等场所。对于特殊的公共建筑，在窗户采取良好的保温隔热和遮阳措施的情况下，窗墙面积比可不受本条规定的限制。

**第3.4.8条** 向阳面，特别是东、西向窗户，采取有效的遮阳措施，如热反射玻璃、反射阳光涂膜、各种固定式或活动式遮阳等，是减少太阳辐射得热，降低空调负荷，改善室内热环境条件的重要措施。

**第3.4.9条** 建筑物外部门窗的气密性对空调负荷和室温的稳定有显著影响。例如，当房间的换气次数由每小时0.5次增至1.5次时，设计日冷负荷将增加41%，运行负荷将增加27%。《建筑外窗空气渗透性能分级及其检测方法》GB 7107—86规定，当窗户试件两侧空气压力差为10Pa，窗户每米缝长的空气渗透量 $q_0 \leqslant 2.5 \text{m}^3/(\text{m} \cdot \text{h})$ 时，其气密性等级属于III级。国产标准型气密钢窗、推拉铝窗以及平开铝窗等，均能满足这一要求。

**第3.4.10条** 舒适性空调房间，部分或全部窗扇可以开启，便于夜间利用自然通风降温，从而达到节约空调能耗和改善室内卫生条件的目的。这是一种简便易行的措施。舒适性空调房间如有频繁开启的外门，将使空调负荷大幅度增加，而且室温也难以保持在允许的范围内。因此作出了本条规定。

**第3.4.12条** 间歇使用的空调建筑，如办公楼、商业建筑等，其外围护结构内侧及内围护结构采用轻质材料，有利于在较短的时间内达到要求的室温；相反，在连续使用的空调建筑，特别是室温允许波动范围较小的空调建筑，其外围护结构内侧及内围护结构采用重质材料较为有利。

在进行夏季空调建筑围护结构防潮设计时，应注意蒸汽渗透的方向是由外向内，因此，蒸汽渗透阻大的材料层或隔汽层应设在外侧。

# 第四章 围护结构保温设计

## 第一节 围护结构最小传热阻的确定

**第4.1.1条** 围护结构最小传热阻的确定方法。

设置集中采暖建筑物围护结构的传热阻应根据技术经济比较确定，且应符合国家有关节能标准的要求，其最小传热阻应按本规范第4.1.1条式（4.1.1）计算确定。

最小传热阻系指围护结构在规定的室外计算温度和室内计算温湿度条件下，为保证围护结构内表面温度不低于室内空气露点，从而避免结露，同时避免人体与内表面之间的辐射换热过多而引起的不舒适感所必需的传热阻。

确定围护结构最小传热阻的计算式如下：

$$R_{o \cdot min} = \frac{(t_i - t_c)n}{[\Delta t]} R_i \qquad (4.1.1)$$

从形式上看，式（4.1.1）是稳定传热计算式。但是，实际上已考虑了室外温度波动对内表面温度的影响。因为式中的冬季室外计算温度 $t_c$ 是根据围护结构的热惰性指标 $D$ 值不同而采取不同的值，以便使 $D$ 值较小，亦即抗室外温度波动能力较小的围护结构，能求得较大的传热阻；反之亦然。这些具有不同传热阻的围护结构，不论 $D$ 值大小，不仅在各自的室外计算温度条件下，其内表面温度都能满足要求，而且当室外温度偏离其计算温度降至当地最低一个日平均温度时，其内表面温度偏离其平均值向下的温降也不会超过1℃，也就是说，这些不同类型围护结构的内表面最低温度将达到大体相同的水平（参见第2.0.1条说明）。

式中的 $t_i$ 为冬季室内计算温度。按式（4.1.1）计算时，假定室温保持稳定不变。

式中的 $n$ 为室内外温差修正系数，是考虑围护结构受室外冷空气的影响程度不同而采取的修正系数。

式中的 $[\Delta t]$ 为室内空气与内表面之间的允许温差。在这一温差条件下，对于居住建筑和公共建筑的外墙，其内表面温度不仅能够满足卫生要求，而且也能满足不结露要求，但室温必须保持稳定，相对湿度不能超过60%；对于平屋顶和坡屋顶顶棚，由于规定的允许温差 $[\Delta t]$ 值较小，内表面温度较高（在计算条件下，内表面温度可达12.5～14℃），因此，室温若在允许范围内波动，内表面一般是不会出现结露的。

**第4.1.2条** 轻质外墙最小传热阻附加值的规定。

如上条所述，按式（4.1.1）计算确定围护结构最小传热阻时，假定室内计算温度保持稳定不变，但在我国目前的供暖条件下，无论是连续供暖，还是间歇供暖，室温总是有某种程度的波动的。据调查，在连续供暖条件下，在砖混等重型结构和陶粒混凝土等中型结构建筑中，室温的波幅值为 1～2℃；在加气混凝土等轻型结构建筑中，室温的波幅值为 2～2.5℃。在间歇供暖条件下，在重型和中型结构建筑中，室温的波幅值为 2～3℃；在轻型结构建筑中，室温的波幅值为 2.5～3.5℃。室温的波动必然引起内表面温度的波动。在室温波动条件下，保证内表面最低温度不低于室内空气的露点温度，这就是确定围护结构最小传热阻附加值的基本出发点。计算中应考虑不利情况，即取较大的室温波幅值作为允许波幅值。在连续供暖条件下，在重型和中型结构建筑中，取室温允许波幅 $A_{ti}=2.0℃$；在轻型结构建筑中，取室温允许波幅 $A_{ti}=2.5℃$。在间歇供暖条件下，在重型和中型结构建筑中，取室温允许波幅 $A_{ti}=3.0℃$；在轻型结构建筑中，取室温允许波幅 $A_{ti}=3.5℃$。

对于平屋顶和坡屋顶顶棚，由于本规范第 4.1.1 条表 4.1.1-2 规定的室内空气与内表面之间的允许温度 $[\Delta t]$ 值较小，其内表面温度已能达到 12.5～14℃。在上述的室温允许波幅条件下，已能保证内表面最低温度不低于室内空气露点，因此，其最小传热阻可直接按式（4.1.1）求得，而不再需要附加。但对于外墙，由于规定的允许温差 $[\Delta t]$ 值较大，其内表面温度只能达到 11～12℃。在上述的室温允许波幅条件下，其内表面最低温度有可能低于室内空气露点温度，因此，其最小传热阻应在按式（4.1.1）求得值的基础上进行附加。由于砖墙等重型结构外墙其内侧抵抗温度波动的能力较强，在上述的室温允许波幅条件下，其内表面最低温度也不致低于室内空气露点温度，因此，其最小传热阻也不必进行附加。但是，在采用轻质外墙情况下，其内侧抵抗温度波动的能力较弱，在上述的室温波幅条件下，为了保证其内表面最低温度不低于室内空气露点温度，其最小传热阻有必要在按式（4.1.1）求得值的基础上进行附加。

表 4.1.2 轻质外墙最小传热阻的附加值，是分别按连续供暖和间歇供暖两种情况下，为保证内表面最低温度不低于室内空气露点温度而求得的。考虑到这些轻质外墙的密度或平均密度在一定范围内变化，故附加值也允许在一定范围内取值。密度或平均密度较小的，应取较大的附加值。

现以北京地区居住建筑中采用轻质外墙为例，来说明最小传热阻附加的必要性和现实性。当外墙采用 $\rho_0=1100kg/m^3$，$\lambda=0.44W/（m \cdot K）$ 的粉煤灰陶粒混凝土墙板时，若最小传热阻不附加，则墙板厚度为 0.19m，在 $A_{ti}=2.0℃$ 条件下，其内表面最低温度为 9.5℃（室内空气露点温度为 10.1℃）；若最小传热阻附加 20%，则墙板厚度为 0.23m，在 $A_{ti}=2.0℃$ 条

件下，其内表面最低温度为 10.2℃；若附加 40%，则墙板厚度为 0.29m，在 $A_{ti}=3.0℃$ 条件下，其内表面最低温度为 10.6℃。当外墙采用 $\rho_0=500kg/m^3$，$\lambda=0.24W/（m \cdot K）$ 的加气混凝土墙板时，若最小传热阻不附加，则墙板厚度为 0.10m，在 $A_{ti}=2.5℃$ 条件下，其内表面最低温度为 8.6℃；若附加 30%，则墙板厚度为 0.14m，在 $A_{ti}=2.5℃$ 条件下，其内表面最低温度为 10.1℃；若附加 60%，则墙板厚度为 0.19m，在 $A_{ti}=3.5℃$ 条件下，其内表面最低温度为 10.1℃。当外墙采用石膏板、矿棉、石膏板、空气间层、钢筋混凝土薄板构成的轻质复合墙板时，若最小传热阻不附加，则矿棉层的厚度为 0.011m，在 $A_{ti}=2.5℃$ 条件下，其内表面最低温度为 9.0℃；若附加 40%，则矿棉层厚度为 0.024m，在 $A_{ti}=2.5℃$ 条件下，其内表面最低温度为 10.4℃；若附加 80%，则矿棉层厚度为 0.038m，在 $A_{ti}=3.5℃$ 条件下，其内表面最低温度为 10.7℃。可见，当采用轻质外墙时，最小传热阻不附加，其厚度不足以满足最低限度的保温要求；按表 4.1.2 的规定附加，内表面最低温度均已高于室内空气露点温度，墙板或保温层的厚度并不大，在实践中是完全可行的。

**第 4.1.3 条** 处在寒冷和夏热冬冷地区，且设置集中采暖的居住建筑和医院、幼儿园、办公楼、学校、门诊部等公共建筑，当采用Ⅲ、Ⅳ型围护结构时，要满足冬季保温要求并不困难，但要满足夏季隔热要求就比较困难。例如在北京地区，当采用加气混凝土外墙时，其传热阻达到 0.77m²·K/W，厚度为 0.14m，即可满足冬季保温要求，但要满足夏季隔热要求，其传热阻至少应达到 0.88m²·K/W，厚度为 0.175m；当采用加气混凝土条板屋顶时，其传热阻达到 0.88m²·K/W，厚度为 0.175m，即可满足冬季保温要求，但要满足夏季隔热要求，其传热阻至少应达到 1.29m²·K/W，厚度为 0.25m。这是因为Ⅲ、Ⅳ型围护结构的热稳定性较差，特别是作为屋顶和东、西外墙时，在夏季室内外温度波作用下，内表面温度容易升得较高，因此有必要对它们进行夏季隔热验算。如经验算按夏季隔热要求的传热阻大于按冬季保温要求的最小传热阻，则应按夏季隔热要求采用。

### 第二节　围护结构保温措施

**第 4.2.1 条** 提高围护结构热阻值的措施。

提高热阻值是提高围护结构保温性能的主要措施。这里列出的几条措施经国内外实践证明行之有效，但构造设计和施工方法要适当。例如，构造设计上应避免贯通的热桥，空气间层应封闭，复合结构中的保温材料应避免施工水、雨水和冷凝水的浸湿等。

**第 4.2.2 条** 提高围护结构热稳定性的措施。

提高围护结构的热稳定性是提高其保温性能的另一措施。对于居住建筑和要求室温比较稳定的公共建

筑，在采用轻型结构和复合结构时，特别要注意提高其热稳定性。这里提出的两条措施，有利于提高轻型结构和复合结构的热稳定性，从而可以充分发挥轻质和重质材料各自的优点，用较薄的保温材料取得较好的保温效果。此外，提高围护结构的热稳定性对改善房间的热稳定性也是有益的。

### 第三节 热桥部位内表面温度验算及保温措施

**第 4.3.1 条** 围护结构的热桥部位系指嵌入墙体的混凝土或金属梁、柱，墙体和屋面板中的混凝土肋或金属件，装配式建筑中的板材接缝以及墙角、屋顶檐口、墙体勒脚、楼板与外墙、内隔墙与外墙联接处等部位。这些部位保温薄弱，热流密集，内表面温度较低，可能产生程度不同的结露和长霉现象，影响使用和耐久性。在进行保温设计时，应对这些部位的内表面温度进行验算，以便确定其是否低于室内空气露点温度。

**第 4.3.2 条** 为了确定室内空气露点温度，有必要对室内空气相对湿度的取值作出规定。

**第 4.3.3 条** 所列的围护结构中常见五种形式热桥的内表面温度验算公式引自原苏联《建筑热工规范》СНИПⅢ-3-79，并经国内用导电纸热电模拟试验验证，认为修正系数 $\eta$ 值是合适的，故本规范予以采用。

**第 4.3.4 条** 在我国的墙体改革中，曾采用陶粒混凝土等轻骨料混凝土单一材料墙体。在外墙角处，由于吸热面小，散热面大，热流由内向外扩散，形成热桥，其内表面温度较正常部位低，容易出现结露。因此，本规范提出要求验算这一部位的内表面温度。验算的程序是，先根据外墙热阻 $R$ 值的大小，确定比例系数 $\xi$，然后计算外墙角处内表面温度 $\theta'_i$，再根据 $\theta'_i$ 计算内侧最小附加热阻 $R_{ad.min}$。计算中，不论围护结构轻重程度如何，室外计算温度 $t_e$ 均按Ⅰ型围护结构采用。也就是说，这一计算结果能保证在当地室外采暖计算温度条件下，外墙角处内表面不会出现结露。

**第 4.3.5 条** 围护结构中热桥的形式多种多样，本规范不可能一一列举。如遇其他形式的热桥，则应通过模拟试验或解温度场的方法，验算其内表面温度。当内表面温度低于室内空气露点温度时，应在热桥部位的外侧或内侧采取保温措施。

### 第四节 窗户保温性能、气密性和面积的规定

**第 4.4.1 条** 关于窗户（包括一般窗户、天窗和阳台门上部带玻璃部分）传热系数的取值。

《民用建筑热工设计规程》JGJ 24—86 中表 4.4.1 窗户总热阻（现改称传热阻）和总传热系数（现改称传热系数）是根据《采暖通风设计手册》1973 年修订第二版的数据编制的。这些数据是 50 年代从苏联引进的，在我国已沿用多年。80 年代初期，

我国开始建立标定热箱法窗户保温性能试验装置，并于 1987 年颁布了国家标准《建筑外窗保温性能分级及其检测方法》GB 8484—87。按这一标准，对我国常用单、双层钢窗和木窗，以及近年来大量涌现的铝窗、塑料窗、单框双玻窗等 100 多樘窗户进行测定的结果表明，这些窗户的传热系数与《规程》值相比，对于金属单层窗和单框双玻窗，测定值与《规程》值接近；对于双层金属窗和木窗，测定值比《规程》值要小 16％～39％。我国的测定值与国外一些国家（如美国、英国、德国、日本等国家）的数据相比，单层窗的测定值与国外数据接近；单框双玻窗和双层窗的测定值比国外数据要小一些。这是由于我国标准试验方法（GB 8484—87）中，试件热侧采用接近实际情况的自然对流，表面换热系数较小所致；而国外一些国家的标准试验方法中，热侧一般采用强迫对流，表面换热系数偏大。因此，按我国标准试验方法测定的窗户传热系数是切合实际因而是比较合理的。我国国家建筑工程质量监督检测中心门窗检测部已于 1987 年成立，并通过国家计量认证。有些地方也已成立门窗质检机构。因此，本条规定：窗户的传热系数应按经国家计量认证的质检机构提供的测定值采用；当无上述质检机构提供的测定值时，可按表 4.4.1 采用。表 4.4.1 中的数据是根据近年来国家建筑工程质量监督检测中心门窗检测部积累的 100 多樘窗户传热系数测定值归类统计的结果。这些数据在同类窗户中具有代表性。

**第 4.4.2 条** 关于严寒和寒冷地区居住建筑和公共建筑窗户（包括阳台门上部带玻璃部分）保温水平的规定。窗户是当前建筑保温中的一个薄弱环节。在国外发达国家的采暖建筑中，一般都不用单层窗，但在我国目前的经济条件下，要把采暖建筑中的单层窗全部改为双层窗或单框双玻窗是难以做到的。根据这一实际情况，本规范对居住建筑和公共建筑窗户的保温性能作出如下规定：严寒地区各向窗户，不应低于《建筑外窗保温性能及其检测方法》GB 8484—87 规定的Ⅱ级水平 [$K > 2.00$，$\leqslant 3.00$ W/（m²·K）]；寒冷地区各向窗户，不应低于Ⅴ级水平 [$K > 5.00$，$\leqslant 6.40$ W/（m²·K）]，北向窗户宜达到Ⅳ级水平 [$K > 4.00$，$\leqslant 5.00$ W/（m²·K）]。

**第 4.4.3 条** 关于阳台门下部门肚板部分传热系数的规定：严寒地区，$K \leqslant 1.35$ W/（m²·K）；寒冷地区，$K \leqslant 1.72$ W/（m²·K）。这实际上相当于在双层阳台门内层门下部及单层阳台门下部加 20mm 左右的聚苯乙烯泡沫塑料或岩棉板的保温水平。

**第 4.4.4 条** 关于居住建筑和公共建筑窗户气密性的规定。

我国从 60 年代中期开始，逐步采用空腹和实腹钢窗代替木窗。由于窗型设计上的缺陷，以及制作和安装质量较差，使得窗户的气密性质量普遍较差。在

采暖建筑中，通过窗户缝隙的空气渗透热损失约占建筑物全部热损失的 25% 以上。在大风降温天气，特别是在中高层和高层建筑中，室温将急剧下降或波动。在多风沙地区，室内有大量尘土进入。为了节约采暖能耗、改善室内热环境和卫生条件，迫切需要提高窗户的气密性。但是，提高窗户气密性又与保持室内空气适当的洁净度和相对湿度有矛盾。窗户过于密闭，将导致室内空气混浊，相对湿度过高。在我国目前建筑物内尚不能普遍设置机械换气设备和热压换气系统的条件下，采用具有适当气密性的窗户是经济合理的。

通过窗户缝隙的空气渗透是由风压和热压共同作用引起的。室外风速越大，建筑物越高，风压和热压的作用越强。因此，本条对窗户气密性的规定，按冬季室外平均风速大于或等于 3.0m/s 和小于 3.0m/s 两类地区及建筑物 1~6 层和 7~30 层两种高度分别作出规定。实际上，建筑物的遮挡情况，建筑物的平面布置、朝向、高度、室内外温差的波动，以及风的随机性等等因素，都会对热压和风压产生影响，因此，本条规定实际上只能起到某种宏观控制作用。

通过近年来的努力，我国已制订了国家标准《建筑外窗空气渗透性能分级及其检测方法》GB 7107—86，对窗户空气渗透性能分级作出了规定（表 4.4.4），并已建立了国家建筑工程质量监督检测中心门窗检测部，具备了窗户气密性检测条件，特别是我国实行改革开放以来，从国外引进了门窗生产先进技术和设备，科研与生产结合，节能与质量意识的提高，促使门窗行业蓬勃发展，新型气密窗和改进型气密窗得到了重视和发展，门窗气密性质量有了显著提高。测试结果表明，改型空腹钢窗的空气渗透性能等级已达到 Ⅳ 级水平，标准型气密钢窗、推拉铝窗等已达到 Ⅲ 级水平，国标气密条密封窗、平开铝窗、塑料窗、单框双玻钢塑复合窗等已达到 Ⅰ、Ⅱ 级水平。因此，在我国采暖建筑中采用气密性质量较好的窗户不但需要，而且已有可能。

**表 4.4.4　国标 GB 7107—86 对窗户空气渗透性能的分级**

| 空气渗透性能等级 | Ⅰ | Ⅱ | Ⅲ | Ⅳ | Ⅴ |
|---|---|---|---|---|---|
| 空气渗透量下限值 [m³/(m·h·10Pa)] | 0.5 | 1.5 | 2.5 | 4.0 | 5.5 |

**第 4.4.5 条**　关于居住建筑各朝向窗墙面积比的规定。

窗墙面积比系指窗户洞口面积与房间立面单元面积（即房间层高与开间定位线围成的面积）的比值。据调查，北京市和东北三省居住建筑的窗墙面积比已从建国初期的 0.19 增至目前的 0.35 左右，并有进一步增大的趋势，这种情况需要具体分析。在我国传统民居中，南向开窗面积较大，北向往往不开窗或开小窗。这是利用日照，改善热环境，节约采暖能耗的有效办法。传热计算和分析表明，南向窗户的太阳辐射得热量是不容忽视的。在北京地区采用单层钢窗情况下，南向窗户的太阳辐射得热量约占通过窗户向外热损失的 52%~59%，东西向窗户的太阳辐射得热量约占通过窗户向外热损失的 10%~13%。在沈阳地区采用双层钢窗情况下，即使在最冷的一月份，南向窗户的太阳辐射得热量约占通过窗户向外热损失的 61%，就整个采暖期平均来说，所占比例可达 77%。因此，不同朝向窗户应有不同的窗墙面积比，以便使不同朝向房间的热损失达到大体相同的水平。居住建筑各朝向的窗墙面积比是这样确定的：

1. 首先假定一个基准居室：开间×进深×层高 ＝3.3×4.8×2.8m。朝向为北向。窗墙面积比按采光要求确定，取 0.2。外墙按其热惰性指标 $D$ 值分四种类型给出最小传热阻。窗户按本规范第 4.4.2 条规定采用。这一居室窗户和外墙采暖期平均热损失按下式计算：

$$Q_{om(G+W)} = 0.2K_G \cdot \Delta t_{meG} + 0.8K_W \cdot \Delta t_{meW}$$

式中　$Q_{om(G+W)}$——基准居室窗户和外墙采暖期平均热损失，即基准热损失；

$K_G$——窗户传热系数，W/(m²·K)；

$K_W$——外墙传热系数，W/(m²·K) 取 $K_W = 1/R_{o·min}$，$R_{o·min}$ 为最小传热阻；

$\Delta t_{meG}$——窗户采暖期室内外空气平均当量温差（℃）；

$\Delta t_{meW}$——外墙采暖期室内外空气平均当量温差（℃）；

这一基准热损失因地区、窗户类型和层数、外墙热惰性指标不同而有不同的值。

2. 其他朝向居室窗户和外墙采暖期平均热损失按下式计算：

$$Q_{m(G+W)} = K_G \cdot \Delta t_{meG} \cdot X + K_W \cdot \Delta t_{meW}(1 - X)$$

式中　$X$——窗户在整个立面单元中所占的比例，即窗墙面积比；

$(1-X)$——外墙在整个立面单元中所占的比例。

3. 为了控制其他朝向居室的热损失，使之达到与基准居室大体相同的水平，则应按下式计算：

$$Q_{m(G+W)} \leqslant Q_{om(G+W)}$$

整理上式即得：

$$X \leqslant \frac{Q_{om(G+W)} - K_W \cdot \Delta t_{meW}}{K_G \cdot \Delta t_{meG} - K_W \cdot \Delta t_{meW}}$$

这就是不同朝向窗墙面积比的计算式。计算中采用了"当量温差"这一概念，即考虑了窗户和外墙的太阳辐射得热。当给出采暖期不同朝向的太阳辐射照度、窗户传热系数、太阳辐射透过系数和结霜系数，以及四种类型外墙的最小传热阻等参数，即可按上式求得不同朝向的窗墙面积比。

本条一、当外墙传热阻按式（4.1.1）计算确定，即达到最小传热阻时，不同朝向允许达到的窗墙面积比。

本条二、当建筑设计上需要增大窗墙面积比时，则应采用比最小传热阻大一些的传热阻（在本规范附录五附表5.1和附表5.2中粗实线以下可以找到这些数值）；当实际采用的外墙传热阻大于最小传热阻时，则窗墙面积比可以相应加大（即在本规范附录五附表5.1和附表5.2中取与粗实线以下数值相对应的窗墙面积比）。

由于木窗的传热系数小于钢窗，太阳辐射的透过系数也与钢窗有所不同，因此，不同朝向的窗墙面积比的数值也会有所差别，但总的来看差别不大。为简化起见，木窗也按钢窗考虑。这样做对节约采暖能耗也是有利的。

### 第五节 采暖建筑地面热工要求

**第4.5.1条** 关于采暖建筑地面热工性能类别划分的规定。

采暖建筑地面热工性能直接影响在其中生活和工作的人们的健康与舒适。地面的热工性能用其吸热指数 $B$ 值来反映。$B$ 值大的地面，表明其从人体脚部吸走的热量较多，脚部感觉较冷；反之亦然。保证地面必要的热工性能，减少地面对人体脚部的吸热，是当前严寒和寒冷地区采暖建筑中急待解决的问题。本规范从我国的实际需要和经济水平出发，并根据调查测定和计算分析资料，对采暖建筑地面热工性能的类别和要求作出了规定。本条提出按地面吸热指数 $B$ 值，将采暖建筑地面热工性能划分成三个类别（本规范表4.5.1）。地面吸热指数 $B$ 值的计算方法见本规范附录二中的（三）。

**第4.5.2条** 关于不同类型采暖建筑对地面热工性能要求的规定。

考虑到我国目前的经济水平，本条未作硬性规定，在用词上采用"宜"和"可"两种。"宜"表示在条件许可时首先应这样做；"可"与"允许"同义。

**第4.5.3条** 关于严寒地区采暖建筑底层地面周边设置保温层的规定。

在严寒地区，当建筑物周边无采暖管沟时，在外墙内侧 $0.5\sim1.0$m 范围内，地面温度往往很低，不但增加采暖能耗，而且有碍卫生，影响使用和耐久性。因此，本条对这部分地面的保温作出了规定。

# 第五章 围护结构隔热设计

## 第一节 围护结构隔热设计要求

**第5.1.1条** 关于围护结构隔热设计标准的规定。

在我国夏热冬暖、夏热冬冷地区，以及部分寒冷地区的民用建筑中，夏季大都利用自然通风来改善室内热环境。在自然通风情况下，建筑物的屋顶和东、西外墙夏季的隔热设计究竟应采用什么样的标准，这是一个十分复杂而又急待解决的问题。通过对近年来有关这一问题研究成果的比较分析和反复讨论，大多数人认为，采用本规范式（5.1.1）作为隔热设计标准较为合理。因为用内表面最高温度作为评价指标，既能反映围护结构隔热的本质，又便于实际应用。内表面最高温度满足式（5.1.1）的要求，实际上就是大体上达到 24 砖墙（清水墙，内侧抹 2cm 石灰砂浆）的隔热水平。应该指出，由于各地夏季气候类型的不同（气温日较差及太阳辐射照度等的不同），同样的 24 砖墙（西墙），在当地夏季室外计算条件下，其内表面最高温度并不正好等于当地夏季室外计算温度最高值。一般来说，夏季室外计算温度波幅值较大的地区（例如重庆地区，$A_{te}=5.7℃$），24 砖墙（西墙）内表面最高温度要比当地夏季室外计算温度最高值约低 1℃；夏季室外计算温度波幅值较小的地区（例如广州地区，$A_{te}=4.5℃$），24 砖墙（西墙）内表面最高温度要比当地夏季室外计算温度最高值约低 0.5℃。因此，按式（5.1.1）验算时，若取 $\theta_{i\cdot\max}=t_{e\cdot\max}$，则实际上并未完全达到 24 砖墙的隔热水平。考虑到这一情况，在实际执行本标准时，一般来说，应尽量使所设计的屋顶和外墙的内表面最高温度低于当地夏季室外计算温度最高值。

## 第二节 围护结构隔热措施

**第5.2.1条** 关于围护结构的隔热措施。

所提出的七种隔热措施，经测试和实际应用证明行之有效，有些措施隔热效果显著，但应注意因地制宜，适当采用，如通风屋顶中的兜风檐口，宜在夏季多风地区采用，蓄水屋顶和植被屋顶，使用时应加强管理等。

# 第六章 采暖建筑围护结构防潮设计

## 第一节 围护结构内部冷凝受潮验算

**第6.1.1条** 关于何种类型的结构应进行内部冷凝受潮验算的规定。

根据现场实测资料判断，单层结构和外侧透气性较好的围护结构，其内部的施工湿度，经若干时间后即能达到正常平衡湿度。对于这类结构不需进行内部冷凝受潮验算。对于外侧有卷材或其他密闭防水层的平屋顶结构，以及保温层外侧有密实保护层的多层墙体结构，当内侧结构层为加气混凝土和粘土砖等多孔材料时，由于采暖期间存在着由室内向室外的水蒸气分压力差，在结构内部可能出现冷凝受潮，故应进行验算；当内侧结构层为密实混凝土或钢筋混凝土时，在室内湿度正常条件下，一般不需进行内部冷凝受潮验算。

**第6.1.2条** 关于采暖期间，围护结构中保温材料重量湿度允许增量的规定。

材料的耐久性和保温性与其潮湿状况密切相关。湿度过高会明显地降低其机械强度，产生破坏性变形，有机材料会遭到腐朽。湿度过高会使其保温性能显著降低。因此，对于一般采暖建筑，虽然允许结构内部产生一定量的冷凝水，但是为了保证结构的耐久性和保温性，材料的湿度不得超过一定限度。允许增量系指经过一个采暖期，保温材料重量湿度的增量在允许范围之内，以便采暖期过后，保温材料中的冷凝水逐渐向内侧和外侧散发，而不致在内部逐年积聚，导致湿度过高。关于保温材料重量湿度允许增量值的规定，本规范暂引用原苏联《建筑热工规范》СНИП Ⅱ-A7-62 的规定。原苏联《建筑热工规范》СНИП Ⅱ-3-79 规定的重量湿度允许增量值有所提高，但考虑到其冷凝计算时间与本规范的不同，并为偏于安全起见，故仍沿用原苏联《建筑热工规范》СНИП Ⅱ-A7-62 中偏小的规定值。至于未列入本规范表 6.1.2 中的保温材料，可参照耐湿性与其相近的材料，根据体积湿度增量相同的原则确定其重量湿度的允许增量。例如表中的水泥膨胀珍珠岩和水泥膨胀蛭石，其重量湿度的允许增量即是参照多孔混凝土推算而得的。

**第6.1.3条** 关于围护结构中冷凝计算界面内侧所需蒸汽渗透阻的计算方法。

在本规范编制过程中，曾提出一种考虑液相水分迁移的实用分析计算方法，但因缺乏必要的材料湿物理性能计算参数，故仍沿用目前国内外工程中通行的方法。这是以稳定条件下纯蒸汽扩散过程为基础提出的冷凝受潮分析方法。此法应用上虽很简便，但没有正确地反映材料内部的湿迁移机理。从理论上讲，此法是不尽合理的，然而按此法计算分析的结果是充分偏于安全方面的，所以在尚未提出一种理想的方法以前，从设计应用的角度考虑，采用此法较为妥当。

### 第二节　围护结构防潮措施

**第6.2.1条** 关于围护结构防潮的基本原则和措施。

**第6.2.2条** 关于经验算必须设置隔汽层的围护结构应采取的施工措施和构造措施。

设置隔汽层是防止结构内部冷凝受潮的一种措施，但有其副作用，即影响结构的干燥速度。因此，可能不设隔汽层的就不设；当必须设置隔汽层时，对保温层的施工湿度要严加控制，避免湿法施工。在墙体结构中，在保温层和外侧密实层之间留有间隙，以切断液态水的毛细迁移，对改善保温层的湿度状况是十分有利的。对于卷材屋面，采取与室外空气相连通的排汽措施，一方面有利于湿气的外逸，对保温层起到干燥作用，另一方面也可以防止卷材屋面的起鼓。

## 附录一　名　词　解　释

为便于正确理解和执行本规范条文，本附录给出了 39 个主要名词的解释。其中大多数沿用习惯名称；有些名词为了规范之间的协调统一，已改换名称，如总传热系数改称传热系数，总热阻改称传热阻等；有些名词为了符合现行国家标准的规定，已改换名称，如容重改称密度，比热改称比热容，太阳辐射强度改称太阳辐射照度等；有些名词要给出一个确切的定义十分困难，这里只能给出一个近似的名词解释，如蓄热系数、热惰性指标、热稳定性等。

## 附录二　建筑热工设计计算公式及参数

建筑热工设计涉及的计算公式及参数多而繁杂。虽然有些常规的计算公式及参数，在有关的教科书和手册中可以找到，但因来源不同，往往多有差别，使设计人员无所适从。为使设计人员有所遵循，使计算结果具有可比性，并尽量接近实际，有必要对本规范涉及的计算公式及参数作出统一规定。由于所涉及的计算公式及参数较多，如都列入正文，则将使正文显得臃肿而不得要领，因此，将大部分计算公式及参数列入本附录，以便设计人员查用。

## 附录三　室　外　计　算　参　数

本附录是根据本规范第二章的有关规定，为设计人员提供在建筑热工设计中必需的室外计算参数而编制的。本附录附表 3.1 涉及全国各省、市、自治区（包括台湾省）以及香港等 139 个主要城市的围护结构冬季室外计算参数及最冷最热月平均温度。其中设计计算用采暖期天数（日平均温度≤5℃的天数）、平均温度、度日数、冬季室外平均风速、最冷和最热月平均温度等取自国家标准《建筑气候区划标准》。这样做的主要原因是，考虑到该标准是一项综合性基础标准，气候参数的统计年份取近期 35 年，年份较长，参数较稳定；同时考虑到国家标准之间应相互协调一致，特别是各项有关的专业标准应向基础标准靠拢。本附录附表 3.1 中的采暖期前特别冠以"设计计算用"字样，意在特别指出这里的采暖期仅供建筑热工设计计算用，而各地实际采用的采暖期应按当地行政或主管部门的规定执行。在附表3.1设计计算用采暖期天数一栏中，不带括号的数值系指累年日平均温度低于或等于5℃的天数；带括号的数值系指累年日平均温度稳定低于或等于5℃的天数。在设计计算中，这两种采暖期天数均可采用。

本附录附表3.2，围护结构夏季室外计算温度，包括夏热冬暖、夏热冬冷、温和和部分寒冷地区60个城市的计算参数。附表3.3"全国主要城市夏季太阳辐射照度"，包括夏热冬暖、夏热冬冷和部分寒冷地区15个城市的夏季太阳辐射照度。这些数据是根据当地观测台站建站起到1980年的观测资料统计确定的。目前全国已有40个城市的数据，限于篇幅，附表3.3仅列15个城市的数据。在进行围护结构夏季隔热计算，确定隔热厚度时，没有太阳辐射照度数据的城市，可按就近城市采用。

## 附录四　建筑材料热物理性能计算参数

本附录给出了我国常用的70多种建筑材料（包括保温材料）的热物理性能计算参数，并规定了不同使用情况下这些材料导热系数和蓄热系数的修正系数取值，以便使计算结果具有可比性，并尽量接近实际。附表4.1中的数据，绝大部分是根据我国多年来的试验研究结果归纳而成，一小部分采取或参考原苏联和原东德建筑热工规范中的数据。附表4.1中的数据已考虑了围护结构在正确设计和正常使用条件下，材料中的正常含水率和材料的不均匀性和密度波动等的影响，因而在一般情况下可以直接采用。如遇附表4.2中所列的情况，则材料的导热系数和蓄热系数应按本附表规定进行修正。建筑材料热物理性能计算参数按本附录规定取值，计算结果将比较接近实际，并且安全可靠。

## 附录五　窗墙面积比与外墙允许
## 最小传热阻的对应关系

本附录给出北京、沈阳、呼和浩特、哈尔滨和乌鲁木齐等5个城市采暖居住建筑窗墙面积比与外墙允许最小传热阻之间的对应关系。当外墙采用按本规范式（4.1.1）计算确定的最小传热阻时，窗墙面积比应按第4.4.3条一款的规定采用。当窗墙面积比超过这一规定时，外墙采用的传热阻不应小于附表中粗实线以下的数值，亦即窗墙面积比增大，外墙允许采用的最小传热阻应相应增大。木窗的传热阻大于金属窗，当窗墙面积比相同时，采用木窗的居住建筑，外墙允许采用的最小传热阻可以稍小一些，但是为了方便应用并偏于安全起见，木窗和金属窗采用同一个对应关系（即同一个表格）。

本附录附表5.1和附表5.2中外墙的最小传热阻未考虑按本规范第4.1.2条规定的附加值。

## 附录六　围护结构保温的经济评价

本附录给出了围护结构保温的经济评价方法，包括围护结构经济传热阻、保温层的经济热阻和经济厚度，以及围护结构单位热阻造价的计算方法。围护结构的经济传热阻系指其建造费用（初次投资的折旧费）与使用费用（采暖运行费及设备折旧费）之和达到最小值时的传热阻。因此，经济传热阻是围护结构保温达到经济合理的标志。一些欧美国家在围护结构热工设计中早已采用经济传热阻这一概念。有些国家已将经济传热阻的计算列入建筑热工规范。例如原苏联《建筑热工规范》СНИП Ⅱ-3-79，规定了围护结构保温层经济热阻和围护结构经济传热阻的计算方法；原东德1982年开始使用的《建筑热工规范》TGL35424列出了经济的建筑保温一节，并给出了围护结构经济传热阻的计算方法。随着我国改革开放方针的实施，在各项建设中越来越重视经济效益，经济热阻问题也开始受到重视。近年来国内出现了几种经济热阻的计算方法。本规范推荐采用的方法是以其中的一种方法为主，吸收其他方法的优点归纳而成的。如果其中的计算参数取值合理，则计算结果可用来评价围护结构保温的技术经济效果。

围护结构热工设计采用的热阻值，除了应满足保温隔热要求之外，还应经济合理；而采用经济传热阻，则意味着能取得最佳的技术经济效果。由于我国建材，特别是保温材料价格偏高，回收年限定得较短，由计算所得的经济传热阻并不很大。例如，砖墙的经济厚度与实际采用的接近；岩棉复合墙体中岩棉保温板的经济厚度也不大，在实践中也是可以接受的。由于各地材料、设备和能源价格常有差异和变动，因此，一些计算参数的取值应按当时当地的具体情况确定。

## 附录七　法定计量单位与习用非
## 法定计量单位换算表

我国已从1986年起在全国实行以国际单位制为基础的法定计量单位。本规范遵照国家计委《关于在工程建设标准规范中采用法定计量单位的通知》要求，一律用法定计量单位作为各章节中出现的有关物理量的计量单位。为便于单位之间的对照和换算，本附录给出了法定计量单位与习用非法定计量单位换算表。

中华人民共和国国家标准

# 地源热泵系统工程技术规范

Technical code for ground-source heat pump system

GB 50366—2005

（2009 年版）

主编部门：中华人民共和国建设部
批准部门：中华人民共和国建设部
施行日期：２００６年１月１日

# 中华人民共和国住房和城乡建设部
## 公 告

### 第 234 号

#### 关于发布国家标准《地源热泵系统
#### 工程技术规范》局部修订的公告

现批准《地源热泵系统工程技术规范》GB 50366-2005 局部修订的条文，自 2009 年 6 月 1 日起实施。经此次修改的原条文同时废止。

局部修订的条文及具体内容，将在近期出版的《工程建设标准化》刊物上登载。

中华人民共和国住房和城乡建设部
2009 年 3 月 10 日

### 修 订 说 明

本次局部修订系根据原建设部《关于印发〈2008 年工程建设标准规范制订、修订计划（第一批）〉的通知》（建标〔2008〕102 号）的要求，由中国建筑科学研究院会同有关单位对《地源热泵系统工程技术规范》GB 50366-2005 进行修订而成。

《地源热泵系统工程技术规范》GB 50366-2005 自实施以来，对地源热泵空调技术在我国健康快速的发展和应用起到了很好的指导和规范作用。然而，随着地埋管地源热泵系统研究和应用的不断深入，如何正确获得岩土热物性参数，并用来指导地源热泵系统的设计，《规范》中并没有明确的条文。因此，在实际的地埋管地源热泵系统的设计和应用中，存在有一定的盲目性和随意性：①简单地按照每延米换热量来指导地埋管地源热泵系统的设计和应用，给地埋管地源热泵系统的长期稳定运行埋下了很多隐患。②没有统一的规范对岩土热响应试验的方法和手段进行指导和约束，造成岩土热物性参数测试结果不一致，致使地埋管地源热泵系统在应用过程中存在一些争议。

为了使《地源热泵系统工程技术规范》GB 50366-2005 更加完善合理，统一规范岩土热响应试验方法，正确指导地埋管地源热泵系统的设计和应用，本次修订增加补充了岩土热响应试验方法及相关内容，并在此基础上，对相关条文进行了修订。其内容统计如下：

1. 在第 2 章中，增加第 2.0.25 条、第 2.0.26 条、第 2.0.27 条、第 2.0.28 条及其条文说明。

2. 在第 3 章中，增加第 3.2.2A 条和第 3.2.2B 条及其条文说明。

3. 在第 4 章中，增加第 4.3.5A 条及其条文说明，对第 4.3.13 条进行了修订，对第 4.3.14 条中的公式（4）进行修改。

4. 增加附录 C：岩土热响应试验。

本规范中下划线为修改的内容；用黑体字表示的条文为强制性条文，必须严格执行。

本次局部修订的主编单位：中国建筑科学研究院

本次局部修订的参编单位：山东建筑大学、际高建业有限公司、北京计科地源热泵科技有限公司、北京恒有源科技发展有限公司、清华同方人工环境有限公司、北京市地质勘察技术院、中国地质调查局浅层地热能研究与推广中心、山东富尔达空调设备有限公司、湖北风神净化空调设备工程有限公司、河北工程大学、克莱门特捷联制冷设备（上海）有限公司、武汉金牛经济发展有限公司、广州从化中宇冷气科技发展有限公司、湖南凌天科技有限公司、北京依科瑞德地源科技有限责任公司、济南泰勒斯工程有限公司、山东亚特尔集团股份有限公司

本次局部修订的主要起草人：徐伟、邹瑜、刁乃仁、丛旭日、李元普、孙骥、于卫平、冉伟彦、冯晓梅、高翀、郁松涛、王侃宏、王付立、朱剑锋、魏艳萍、覃志成、林宣军、朱清宇、沈亮、吕晓辰、李文伟、苏存堂、顾业锋、郑良村、袁东立、冯婷婷

本次局部修订的主要审查人员：许文发、王秉忱、马最良、徐宏庆、王贵玲、胡松涛、李著萱、郝军、王勇

# 中华人民共和国建设部
# 公　　告

## 第 386 号

### 建设部关于发布国家标准
### 《地源热泵系统工程技术规范》的公告

现批准《地源热泵系统工程技术规范》为国家标准，编号为 GB 50366 - 2005，自 2006 年 1 月 1 日起实施。其中，第 3.1.1、5.1.1 条为强制性条文，必须严格执行。

本规范由建设部标准定额研究所组织中国建筑工业出版社出版发行。

中华人民共和国建设部

2005 年 11 月 30 日

## 前　　言

根据建设部建标〔2003〕104 号文件和建标标便（2005）28 号文件的要求，由中国建筑科学研究院会同有关单位共同编制了本规范。

在规范编制过程中，编制组进行了广泛深入的调查研究，认真总结了当前地源热泵系统应用的实践经验，吸收了发达国家相关标准和先进技术经验，并在广泛征求意见的基础上，通过反复讨论、修改与完善，制定了本规范。

本规范共分 8 章和 2 个附录。主要内容是：总则，术语，工程勘察，地埋管换热系统，地下水换热系统，地表水换热系统，建筑物内系统及整体运转、调试与验收。

本规范中用黑体字标志的条文为强制性条文，必须严格执行。

本规范由建设部负责管理和对强制性条文的解释，中国建筑科学研究院负责具体技术内容的解释。

本规范在执行过程中，请各单位注意总结经验，积累资料，随时将有关意见和建议反馈给中国建筑科学研究院（地址：北京市北三环东路 30 号；邮政编码 100013），以供今后修订时参考。

本规范主编单位：中国建筑科学研究院

本规范参编单位：山东建筑工程学院、际高集团有限公司、北京计科地源热泵科技有限公司、北京恒有源科技发展有限公司、清华同方人工环境有限公司、北京市地质勘察技术院、山东富尔达空调设备有限公司、湖北风神净化空调设备工程有限公司、河北工程学院、克莱门特捷联制冷设备（上海）有限公司、武汉金牛经济发展有限公司、广州从化中宇冷气科技发展有限公司、湖南凌天科技有限公司

本规范主要起草人：徐　伟　邹　瑜　刁乃仁
丛旭日　李元普　孙　骥
于卫平　冉伟彦　冯晓梅
高　翀　郁松涛　王侃宏
王付立　朱剑锋　魏艳萍
覃志成　林宣军

# 目　次

# 1 总　则

**1.0.1**　为使地源热泵系统工程设计、施工及验收，做到技术先进、经济合理、安全适用，保证工程质量，制定本规范。

**1.0.2**　本规范适用于以岩土体、地下水、地表水为低温热源，以水或添加防冻剂的水溶液为传热介质，采用蒸气压缩热泵技术进行供热、空调或加热生活热水的系统工程的设计、施工及验收。

**1.0.3**　地源热泵系统工程设计、施工及验收除应符合本规范外，尚应符合国家现行有关标准的规定。

# 2 术　语

**2.0.1**　地源热泵系统 ground-source heat pump system

以岩土体、地下水或地表水为低温热源，由水源热泵机组、地热能交换系统、建筑物内系统组成的供热空调系统。根据地热能交换系统形式的不同，地源热泵系统分为地埋管地源热泵系统、地下水地源热泵系统和地表水地源热泵系统。

**2.0.2**　水源热泵机组 water-source heat pump unit

以水或添加防冻剂的水溶液为低温热源的热泵。通常有水/水热泵、水/空气热泵等形式。

**2.0.3**　地热能交换系统 geothermal exchange system

将浅层地热能资源加以利用的热交换系统。

**2.0.4**　浅层地热能资源 shallow geothermal resources

蕴藏在浅层岩土体、地下水或地表水中的热能资源。

**2.0.5**　传热介质 heat-transfer fluid

地源热泵系统中，通过换热管与岩土体、地下水或地表水进行热交换的一种液体。一般为水或添加防冻剂的水溶液。

**2.0.6**　地埋管换热系统 ground heat exchanger system

传热介质通过竖直或水平地埋管换热器与岩土体进行热交换的地热能交换系统，又称土壤热交换系统。

**2.0.7**　地埋管换热器 ground heat exchanger

供传热介质与岩土体换热用的，由埋于地下的密闭循环管组成的换热器，又称土壤热交换器。根据管路埋置方式不同，分为水平地埋管换热器和竖直地埋管换热器。

**2.0.8**　水平地埋管换热器 horizontal ground heat exchanger

换热管路埋置在水平管沟内的地埋管换热器，又称水平土壤热交换器。

**2.0.9**　竖直地埋管换热器 vertical ground heat exchanger

换热管路埋置在竖直钻孔内的地埋管换热器，又称竖直土壤热交换器。

**2.0.10**　地下水换热系统 groundwater system

与地下水进行热交换的地热能交换系统，分为直接地下水换热系统和间接地下水换热系统。

**2.0.11**　直接地下水换热系统 direct closed-loop groundwater system

由抽水井取出的地下水，经处理后直接流经水源热泵机组热交换后返回地下同一含水层的地下水换热系统。

**2.0.12**　间接地下水换热系统 indirect closed-loop groundwater system

由抽水井取出的地下水经中间换热器热交换后返回地下同一含水层的地下水换热系统。

**2.0.13**　地表水换热系统 surface water system

与地表水进行热交换的地热能交换系统，分为开式地表水换热系统和闭式地表水换热系统。

**2.0.14**　开式地表水换热系统 open-loop surface water system

地表水在循环泵的驱动下，经处理直接流经水源热泵机组或通过中间换热器进行热交换的系统。

**2.0.15**　闭式地表水换热系统 closed-loop surface water system

将封闭的换热盘管按照特定的排列方法放入具有一定深度的地表水体中，传热介质通过换热管管壁与地表水进行热交换的系统。

**2.0.16**　环路集管 circuit header

连接各并联环路的集合管，通常用来保证各并联环路流量相等。

**2.0.17**　含水层 aquifer

导水的饱和岩土层。

**2.0.18**　井身结构 well structure

构成钻孔柱状剖面技术要素的总称，包括钻孔结构、井壁管、过滤管、沉淀管、管外滤料及止水封井段的位置等。

**2.0.19**　抽水井 production well

用于从地下含水层中取水的井。

**2.0.20**　回灌井 injection well

用于向含水层灌注回水的井。

**2.0.21**　热源井 heat source well

用于从地下含水层中取水或向含水层灌注回水的井，是抽水井和回灌井的统称。

**2.0.22**　抽水试验 pumping test

一种在井中进行计时计量抽取地下水，并测量水位变化的过程，目的是了解含水层富水性，并获取水文地质参数。

**2.0.23**　回灌试验 injection test

一种向井中连续注水，使井内保持一定水位，或计量注水、记录水位变化来测定含水层渗透性、注水量和水文地质参数的试验。

**2.0.24 岩土体 rock-soil body**

岩石和松散沉积物的集合体，如砂岩、砂砾石、土壤等。

**2.0.25 岩土热响应试验 rock-soil thermal response test**

通过测试仪器，对项目所在场区的测试孔进行一定时间的连续加热，获得岩土综合热物性参数及岩土初始平均温度的试验。

**2.0.26 岩土综合热物性参数 parameter of the rock-soil thermal properties**

是指不含有回填材料在内的，地埋管换热器深度范围内，岩土的综合导热系数、综合比热容。

**2.0.27 岩土初始平均温度 initial average temperature of the rock-soil**

从自然地表下 $10\sim20m$ 至竖直地埋管换热器埋设深度范围内，岩土常年恒定的平均温度。

**2.0.28 测试孔 vertical testing exchanger**

按照测试要求和拟采用的成孔方案，将用于岩土热响应试验的竖直地埋管换热器称为测试孔。

# 3 工 程 勘 察

## 3.1 一 般 规 定

**3.1.1** 地源热泵系统方案设计前，应进行工程场地状况调查，并应对浅层地热能资源进行勘察。

**3.1.2** 对已具备水文地质资料或附近有水井的地区，应通过调查获取水文地质资料。

**3.1.3** 工程勘察应由具有勘察资质的专业队伍承担。工程勘察完成后，应编写工程勘察报告，并对资源可利用情况提出建议。

**3.1.4** 工程场地状况调查应包括下列内容：

　1　场地规划面积、形状及坡度；

　2　场地内已有建筑物和规划建筑物的占地面积及其分布；

　3　场地内树木植被、池塘、排水沟及架空输电线、电信电缆的分布；

　4　场地内已有的、计划修建的地下管线和地下构筑物的分布及其埋深；

　5　场地内已有水井的位置。

## 3.2 地埋管换热系统勘察

**3.2.1** 地埋管地源热泵系统方案设计前，应对工程场区内岩土体地质条件进行勘察。

**3.2.2** 地埋管换热系统勘察应包括下列内容：

　1　岩土层的结构；

　2　岩土体热物性；

　3　岩土体温度；

　4　地下水静水位、水温、水质及分布；

　5　地下水径流方向、速度；

　6　冻土层厚度。

**3.2.2A** 当地埋管地源热泵系统的应用建筑面积在 $3000\sim5000m^2$ 时，宜进行岩土热响应试验；当应用建筑面积大于等于 $5000m^2$ 时，应进行岩土热响应试验。

**3.2.2B** 岩土热响应试验应符合附录C的规定，测试仪器仪表应具有有效期内的检验合格证、校准证书或测试证书。

## 3.3 地下水换热系统勘察

**3.3.1** 地下水地源热泵系统方案设计前，应根据地源热泵系统对水量、水温和水质的要求，对工程场区的水文地质条件进行勘察。

**3.3.2** 地下水换热系统勘察应包括下列内容：

　1　地下水类型；

　2　含水层岩性、分布、埋深及厚度；

　3　含水层的富水性和渗透性；

　4　地下水径流方向、速度和水力坡度；

　5　地下水水温及其分布；

　6　地下水水质；

　7　地下水水位动态变化。

**3.3.3** 地下水换热系统勘察应进行水文地质试验。试验应包括下列内容：

　1　抽水试验；

　2　回灌试验；

　3　测量出水水温；

　4　取分层水样并化验分析分层水质；

　5　水流方向试验；

　6　渗透系数计算。

**3.3.4** 当地下水换热系统的勘察结果符合地源热泵系统要求时，应采用成井技术将水文地质勘探孔完善成热源井加以利用。成井过程应由水文地质专业人员进行监理。

## 3.4 地表水换热系统勘察

**3.4.1** 地表水地源热泵系统方案设计前，应对工程场区地表水源的水文状况进行勘察。

**3.4.2** 地表水换热系统勘察应包括下列内容：

　1　地表水水源性质、水面用途、深度、面积及其分布；

　2　不同深度的地表水水温、水位动态变化；

　3　地表水流速和流量动态变化；

　4　地表水水质及其动态变化；

　5　地表水利用现状；

　6　地表水取水和回水的适宜地点及路线。

# 4 地埋管换热系统

## 4.1 一般规定

**4.1.1** 地埋管换热系统设计前，应根据工程勘察结果评估地埋管换热系统实施的可行性及经济性。

**4.1.2** 地埋管换热系统施工时，严禁损坏既有地下管线及构筑物。

**4.1.3** 地埋管换热器安装完成后，应在埋管区域做出标志或标明管线的定位带，并应采用 2 个现场的永久目标进行定位。

## 4.2 地埋管管材与传热介质

**4.2.1** 地埋管及管件应符合设计要求，且应具有质量检验报告和生产厂的合格证。

**4.2.2** 地埋管管材及管件应符合下列规定：

1 地埋管应采用化学稳定性好、耐腐蚀、导热系数大、流动阻力小的塑料管材及管件，宜采用聚乙烯管（PE80 或 PE100）或聚丁烯管（PB），不宜采用聚氯乙烯（PVC）管。管件与管材应为相同材料。

2 地埋管质量应符合国家现行标准中的各项规定。管材的公称压力及使用温度应满足设计要求，且管材的公称压力不应小于 1.0MPa。地埋管外径及壁厚可按本规范附录 A 的规定选用。

**4.2.3** 传热介质应以水为首选，也可选用符合下列要求的其他介质：

1 安全，腐蚀性弱，与地埋管管材无化学反应；

2 较低的冰点；

3 良好的传热特性，较低的摩擦阻力；

4 易于购买、运输和储藏。

**4.2.4** 在有可能冻结的地区，传热介质应添加防冻剂。防冻剂的类型、浓度及有效期应在充注阀处注明。

**4.2.5** 添加防冻剂后的传热介质的冰点宜比设计最低运行水温低 3～5℃。选择防冻剂时，应同时考虑防冻剂对管道与管件的腐蚀性，防冻剂的安全性、经济性及其对换热的影响。

## 4.3 地埋管换热系统设计

**4.3.1** 地埋管换热系统设计前应明确待埋管区域内各种地下管线的种类、位置及深度，预留未来地下管线所需的埋管空间及埋管区域进出重型设备的车道位置。

**4.3.2** 地埋管换热系统设计应进行全年动态负荷计算，最小计算周期宜为 1 年。计算周期内，地源热泵系统总释热量宜与其总吸热量相平衡。

**4.3.3** 地埋管换热器换热量应满足地源热泵系统最大吸热量或释热量的要求。在技术经济合理时，可采用辅助热源或冷却源与地埋管换热器并用的调峰形式。

**4.3.4** 地埋管换热器应根据可使用地面面积、工程勘察结果及挖掘成本等因素确定埋管方式。

**4.3.5** 地埋管换热器设计计算宜根据现场实测岩土体及回填料热物性参数，采用专用软件进行。竖直地埋管换热器的设计也可按本规范附录 B 的方法进行计算。

**4.3.5A** 当地埋管地源热泵系统的应用建筑面积在 5000m² 以上，或实施了岩土热响应试验的项目，应利用岩土热响应试验结果进行地埋管换热器的设计，且宜符合下列要求：

1 夏季运行期间，地埋管换热器出口最高温度宜低于33℃；

2 冬季运行期间，不添加防冻剂的地埋管换热器进口最低温度宜高于 4℃。

**4.3.6** 地埋管换热器设计计算时，环路集管不应包括在地埋管换热器长度内。

**4.3.7** 水平地埋管换热器可不设坡度。最上层埋管顶部应在冻土层以下 0.4m，且距地面不宜小于 0.8m。

**4.3.8** 竖直地埋管换热器埋管深度宜大于 20m，钻孔孔径不宜小于 0.11m，钻孔间距应满足换热需要，间距宜为 3～6m。水平连接管的深度应在冻土层以下 0.6m，且距地面不宜小于 1.5m。

**4.3.9** 地埋管换热器管内流体应保持紊流流态，水平环路集管坡度宜为 0.002。

**4.3.10** 地埋管环路两端应分别与供、回水环路集管相连接，且宜同程布置。每对供、回水环路集管连接的地埋管环路数宜相等。供、回水环路集管的间距不应小于 0.6m。

**4.3.11** 地埋管换热器安装位置应远离水井及室外排水设施，并宜靠近机房或以机房为中心设置。

**4.3.12** 地埋管换热系统应设自动充液及泄漏报警系统。需要防冻的地区，应设防冻保护装置。

**4.3.13** 地埋管换热系统应根据地质特征确定回填料配方，回填料的导热系数不宜低于钻孔外或沟槽外岩土体的导热系数。

**4.3.14** 地埋管换热系统设计时应根据实际选用的传热介质的水力特性进行水力计算。

**4.3.15** 地埋管换热系统宜采用变流量设计。

**4.3.16** 地埋管换热系统设计时应考虑地埋管换热器的承压能力，若建筑物内系统压力超过地埋管换热器的承压能力时，应设中间换热器将地埋管换热器与建筑物内系统分开。

**4.3.17** 地埋管换热系统宜设置反冲洗系统，冲洗流量宜为工作流量的 2 倍。

## 4.4 地埋管换热系统施工

**4.4.1** 地埋管换热系统施工前应具备埋管区域的工程勘察资料、设计文件和施工图纸，并完成施工组织设计。

**4.4.2** 地埋管换热系统施工前应了解埋管场地内已有地下管线、其他地下构筑物的功能及其准确位置，并应进行地面清理，铲除地面杂草、杂物，平整地面。

**4.4.3** 地埋管换热系统施工过程中，应严格检查并做好管材保护工作。

**4.4.4** 管道连接应符合下列规定：

1 埋地管道应采用热熔或电熔连接。聚乙烯管道连接应符合国家现行标准《埋地聚乙烯给水管道工程技术规程》CJJ101 的有关规定；

2 竖直地埋管换热器的 U 形弯管接头，宜选用定型的 U 形弯头成品件，不宜采用直管道揻制弯头；

3 竖直地埋管换热器 U 形管的组对长度应能满足插入钻孔后与环路集管连接的要求，组对好的 U 形管的两开口端部，应及时密封。

**4.4.5** 水平地埋管换热器铺设前，沟槽底部应先铺设相当于管径厚度的细砂。水平地埋管换热器安装时，应防止石块等重物撞击管身。管道不应有折断、扭结等问题，转弯处应光滑，且应采取固定措施。

**4.4.6** 水平地埋管换热器回填料应细小、松散、均匀，且不应含石块及土块。回填压实过程应均匀，回填料应与管道接触紧密，且不得损伤管道。

**4.4.7** 竖直地埋管换热器 U 形管安装应在钻孔钻好且孔壁固化后立即进行。当钻孔孔壁不牢固或者存在孔洞、洞穴等导致成孔困难时，应设护壁套管。下管过程中，U 形管内宜充满水，并宜采取措施使 U 形管两支管处于分开状态。

**4.4.8** 竖直地埋管换热器 U 形管安装完毕后，应立即灌浆回填封孔。当埋管深度超过 40m 时，灌浆回填应在周围临近钻孔均钻凿完毕后进行。

**4.4.9** 竖直地埋管换热器灌浆回填料宜采用膨润土和细砂（或水泥）的混合浆或专用灌浆材料。当地埋管换热器设在密实或坚硬的岩土体中时，宜采用水泥基料灌浆回填。

**4.4.10** 地埋管换热器安装前后均应对管道进行冲洗。

**4.4.11** 当室外环境温度低于 0℃时，不宜进行地埋管换热器的施工。

## 4.5 地埋管换热系统的检验与验收

**4.5.1** 地埋管换热系统安装过程中，应进行现场检验，并应提供检验报告。检验内容应符合下列规定：

1 管材、管件等材料应符合国家现行标准的规定；

2 钻孔、水平埋管的位置和深度、地埋管的直径、壁厚及长度均应符合设计要求；

3 回填料及其配比应符合设计要求；

4 水压试验应合格；

5 各环路流量应平衡，且应满足设计要求；

6 防冻剂和防腐剂的特性及浓度应符合设计要求；

7 循环水流量及进出水温差均应符合设计要求。

**4.5.2** 水压试验应符合下列规定：

1 试验压力：当工作压力小于等于 1.0MPa 时，应为工作压力的 1.5 倍，且不应小于 0.6MPa；当工作压力大于 1.0MPa 时，应为工作压力加 0.5MPa。

2 水压试验步骤：

1）竖直地埋管换热器插入钻孔前，应做第一次水压试验。在试验压力下，稳压至少 15min，稳压后压力降不应大于 3%，且无泄漏现象；将其密封后，在有压状态下插入钻孔，完成灌浆之后保压 1h。水平地埋管换热器放入沟槽前，应做第一次水压试验。在试验压力下，稳压至少 15min，稳压后压力降不应大于 3%，且无泄漏现象。

2）竖直或水平地埋管换热器与环路集管装配完成后，回填前应进行第二次水压试验。在试验压力下，稳压至少 30min，稳压后压力降不应大于 3%，且无泄漏现象。

3）环路集管与机房分集水器连接完成后，回填前应进行第三次水压试验。在试验压力下，稳压至少 2h，且无泄漏现象。

4）地埋管换热系统全部安装完毕，且冲洗、排气及回填完成后，应进行第四次水压试验。在试验压力下，稳压至少 12h，稳压后压力降不应大于 3%。

3 水压试验宜采用手动泵缓慢升压，升压过程中应随时观察与检查，不得有渗漏；不得以气压试验代替水压试验。

**4.5.3** 回填过程的检验应与安装地埋管换热器同步进行。

# 5 地下水换热系统

## 5.1 一般规定

**5.1.1** 地下水换热系统应根据水文地质勘察资料进行设计。必须采取可靠回灌措施，确保置换冷量或热量后的地下水全部回灌到同一含水层，并不得对地下水资源造成浪费及污染。系统投入运行后，应对抽水量、回灌量及其水质进行定期监测。

**5.1.2** 地下水的持续出水量应满足地源热泵系统最大吸热量或释热量的要求。

**5.1.3** 地下水供水管、回灌管不得与市政管道连接。

## 5.2 地下水换热系统设计

**5.2.1** 热源井的设计单位应具有水文地质勘察资质。

**5.2.2** 热源井设计应符合现行国家标准《供水管井技术规范》GB 50296 的相关规定，并应包括下列内容：

1 热源井抽水量和回灌量、水温和水质；

2 热源井数量、井位分布及取水层位；

3 井管配置及管材选用，抽灌设备选择；

4 井身结构、填砾位置、滤料规格及止水材料；

5 抽水试验和回灌试验要求及措施；

6 井口装置及附属设施。

**5.2.3** 热源井设计时应采取减少空气侵入的措施。

**5.2.4** 抽水井与回灌井宜能相互转换，其间应设排气装置。抽水管和回灌管上均应设置水样采集口及监测口。

**5.2.5** 热源井数目应满足持续出水量和完全回灌的需求。

**5.2.6** 热源井位的设置应避开有污染的地面或地层。热源井井口应严格封闭，井内装置应使用对地下水无污染的材料。

**5.2.7** 热源井井口处应设检查井。井口之上若有构筑物，应留有检修用的足够高度或在构筑物上留有检修口。

**5.2.8** 地下水换热系统应根据水源水质条件采用直接或间接系统；水系统宜采用变流量设计；地下水供水管道宜保温。

## 5.3 地下水换热系统施工

**5.3.1** 热源井的施工队伍应具有相应的施工资质。

**5.3.2** 地下水换热系统施工前应具备热源井及其周围区域的工程勘察资料、设计文件和施工图纸，并完成施工组织设计。

**5.3.3** 热源井施工过程中应同时绘制地层钻孔柱状剖面图。

**5.3.4** 热源井施工应符合现行国家标准《供水管井技术规范》GB 50296 的规定。

**5.3.5** 热源井在成井后应及时洗井。洗井结束后应进行抽水试验和回灌试验。

**5.3.6** 抽水试验应稳定延续 12h，出水量不应小于设计出水量，降深不应大于 5m；回灌试验应稳定延续 36h 以上，回灌量应大于设计回灌量。

## 5.4 地下水换热系统检验与验收

**5.4.1** 热源井应单独进行验收，且应符合现行国家标准《供水管井技术规范》GB 50296 及《供水水文

地质钻探与凿井操作规程》CJJ 13 的规定。

**5.4.2** 热源井持续出水量和回灌量应稳定，并应满足设计要求。持续出水量和回灌量应符合本规范第5.3.6 条的规定。

**5.4.3** 抽水试验结束前应采集水样，进行水质测定和含砂量测定。经处理后的水质应满足系统设备的使用要求。

**5.4.4** 地下水换热系统验收后，施工单位应提交热源井成井报告。报告应包括管井综合柱状图、洗井、抽水和回灌试验、水质检验及验收资料。

**5.4.5** 输水管网设计、施工及验收应符合现行国家标准《室外给水设计规范》GB 50013 及《给水排水管道工程施工及验收规范》GB 50268 的规定。

# 6 地表水换热系统

## 6.1 一般规定

**6.1.1** 地表水换热系统设计前，应对地表水地源热泵系统运行对水环境的影响进行评估。

**6.1.2** 地表水换热系统设计方案应根据水面用途，地表水深度、面积，地表水水质、水位、水温情况综合确定。

**6.1.3** 地表水换热盘管的换热量应满足地源热泵系统最大吸热量或释热量的需要。

## 6.2 地表水换热系统设计

**6.2.1** 开式地表水换热系统取水口应远离回水口，并宜位于回水口上游。取水口应设置污物过滤装置。

**6.2.2** 闭式地表水换热系统宜为同程系统。每个环路集管内的换热环路数宜相同，且宜并联连接；环路集管布置应与水体形状相适应，供、回水管应分开布置。

**6.2.3** 地表水换热盘管应牢固安装在水体底部，地表水的最低水位与换热盘管距离不应小于 1.5m。换热盘管设置处水体的静压应在换热盘管的承压范围内。

**6.2.4** 地表水换热系统可采用开式或闭式两种形式，水系统宜采用变流量设计。

**6.2.5** 地表水换热盘管管材与传热介质应符合本规范第 4.2 节的规定。

**6.2.6** 当地表水体为海水时，与海水接触的所有设备、部件及管道应具有防腐、防生物附着的能力；与海水连通的所有设备、部件及管道应具有过滤、清理的功能。

## 6.3 地表水换热系统施工

**6.3.1** 地表水换热系统施工前应具备地表水换热系统勘察资料、设计文件和施工图纸，并完成施工组织

设计。

**6.3.2** 地表水换热盘管管材及管件应符合设计要求，且具有质量检验报告和生产厂的合格证。换热盘管宜按照标准长度由厂家做成所需的预制件，且不应有扭曲。

**6.3.3** 地表水换热盘管固定在水体底部时，换热盘管下应安装衬垫物。

**6.3.4** 供、回水管进入地表水源处应设明显标志。

**6.3.5** 地表水换热系统安装过程中应进行水压试验。水压试验应符合本规范第6.4.2条的规定。地表水换热系统安装前后应对管道进行冲洗。

### 6.4 地表水换热系统检验与验收

**6.4.1** 地表水换热系统安装过程中，应进行现场检验，并应提供检验报告，检验内容应符合下列规定：

1 管材、管件等材料应具有产品合格证和性能检验报告；

2 换热盘管的长度、布置方式及管沟设置应符合设计要求；

3 水压试验应合格；

4 各环路流量应平衡，且应满足设计要求；

5 防冻剂和防腐剂的特性及浓度应符合设计要求；

6 循环水流量及进出水温差应符合设计要求。

**6.4.2** 水压试验应符合下列规定：

1 闭式地表水换热系统水压试验应符合以下规定：

　　1）试验压力：当工作压力小于等于1.0MPa时，应为工作压力的1.5倍，且不应小于0.6MPa；当工作压力大于1.0MPa时，应为工作压力加0.5MPa。

　　2）水压试验步骤：换热盘管组装完成后，应做第一次水压试验，在试验压力下，稳压至少15min，稳压后压力降不应大于3%，且无泄漏现象；换热盘管与环路集管装配完成后，应进行第二次水压试验，在试验压力下，稳压至少30min，稳压后压力降不应大于3%，且无泄漏现象；环路集管与机房分集水器连接完成后，应进行第三次水压试验，在试验压力下，稳压至少12h，稳压后压力降不应大于3%。

2 开式地表水换热系统水压试验应符合现行国家标准《通风与空调工程施工质量验收规范》GB 50243的相关规定。

## 7 建筑物内系统

### 7.1 建筑物内系统设计

**7.1.1** 建筑物内系统的设计应符合现行国家标准《采暖通风与空气调节设计规范》GB 50019的规定。其中，涉及生活热水或其他热水供应部分，应符合现行国家标准《建筑给水排水设计规范》GB 50015的规定。

**7.1.2** 水源热泵机组性能应符合现行国家标准《水源热泵机组》GB/T 19409的相关规定，且应满足地源热泵系统运行参数的要求。

**7.1.3** 水源热泵机组应具备能量调节功能，且其蒸发器出口应设防冻保护装置。

**7.1.4** 水源热泵机组及末端设备应按实际运行参数选型。

**7.1.5** 建筑物内系统应根据建筑的特点及使用功能确定水源热泵机组的设置方式及末端空调系统形式。

**7.1.6** 在水源热泵机组外进行冷、热转换的地源热泵系统应在水系统上设冬、夏季节的功能转换阀门，并在转换阀门上作出明显标识。地下水或地表水直接流经水源热泵机组的系统应在水系统上预留机组清洗用旁通管。

**7.1.7** 地源热泵系统在具备供热、供冷功能的同时，宜优先采用地源热泵系统提供（或预热）生活热水，不足部分由其他方式解决。水源热泵系统提供生活热水时，应采用换热设备间接供给。

**7.1.8** 建筑物内系统设计时，应通过技术经济比较后，增设辅助热源、蓄热（冷）装置或其他节能设施。

### 7.2 建筑物内系统施工、检验与验收

**7.2.1** 水源热泵机组、附属设备、管道、管件及阀门的型号、规格、性能及技术参数等应符合设计要求，并具备产品合格证书、产品性能检验报告及产品说明书等文件。

**7.2.2** 水源热泵机组及建筑物内系统安装应符合现行国家标准《制冷设备、空气分离设备安装工程施工及验收规范》GB 50274及《通风与空调工程施工质量验收规范》GB 50243的规定。

## 8 整体运转、调试与验收

**8.0.1** 地源热泵系统交付使用前，应进行整体运转、调试与验收。

**8.0.2** 地源热泵系统整体运转与调试应符合下列规定：

1 整体运转与调试前应制定整体运转与调试方案，并报送专业监理工程师审核批准；

2 水源热泵机组试运转前应进行水系统及风系统平衡调试，确定系统循环总流量、各分支流量及各末端设备流量均达到设计要求；

3 水力平衡调试完成后，应进行水源热泵机组的试运转，并填写运转记录，运行数据应达到设备技

术要求；

**4** 水源热泵机组试运转正常后，应进行连续24h的系统试运转，并填写运转记录；

**5** 地源热泵系统调试应分冬、夏两季进行，且调试结果应达到设计要求。调试完成后应编写调试报告及运行操作规程，并提交甲方确认后存档。

**8.0.3** 地源热泵系统整体验收前，应进行冬、夏两季运行测试，并对地源热泵系统的实测性能作出评价。

**8.0.4** 地源热泵系统整体运转、调试与验收除应符合本规范规定外，还应符合现行国家标准《通风与空调工程施工质量验收规范》GB 50243 和《制冷设备、空气分离设备安装工程施工及验收规范》GB 50274 的相关规定。

## 附录 A 地埋管外径及壁厚

**A.0.1** 聚乙烯（PE）管外径及公称壁厚应符合表 A.0.1 的规定。

**表 A.0.1 聚乙烯（PE）管外径及公称壁厚**（mm）

| 公称外径 dn | 平均外径 | | 公称壁厚/材料等级 | | |
|---|---|---|---|---|---|
| | 最小 | 最大 | 公 称 压 力 | | |
| | | | 1.0MPa | 1.25MPa | 1.6MPa |
| 20 | 20.0 | 20.3 | — | — | — |
| 25 | 25.0 | 25.3 | — | $2.3^{+0.5}$/PE80 | — |
| 32 | 32.0 | 32.3 | — | $3.0^{+0.5}$/PE80 | $3.0^{+0.5}$/PE100 |
| 40 | 40.0 | 40.4 | — | $3.7^{+0.6}$/PE80 | $3.7^{+0.6}$/PE100 |
| 50 | 50.0 | 50.5 | — | $4.6^{+0.7}$/PE80 | $4.6^{+0.7}$/PE100 |
| 63 | 63.0 | 63.6 | $4.7^{+0.8}$/PE80 | $4.7^{+0.8}$/PE100 | $5.8^{+0.9}$/PE100 |
| 75 | 75.0 | 75.7 | $4.5^{+0.7}$/PE100 | $5.6^{+0.9}$/PE100 | $6.8^{+1.1}$/PE100 |
| 90 | 90.0 | 90.9 | $5.4^{+0.9}$/PE100 | $6.7^{+1.1}$/PE100 | $8.2^{+1.3}$/PE100 |
| 110 | 110.0 | 111.0 | $6.6^{+1.1}$/PE100 | $8.1^{+1.3}$/PE100 | $10.0^{+1.5}$/PE100 |
| 125 | 125.0 | 126.2 | $7.4^{+1.2}$/PE100 | $9.2^{+1.4}$/PE100 | $11.4^{+1.8}$/PE100 |
| 140 | 140.0 | 141.3 | $8.3^{+1.3}$/PE100 | $10.3^{+1.6}$/PE100 | $12.7^{+2.0}$/PE100 |
| 160 | 160.0 | 161.5 | $9.5^{+1.5}$/PE100 | $11.8^{+1.8}$/PE100 | $14.6^{+2.2}$/PE100 |
| 180 | 180.0 | 181.7 | $10.7^{+1.7}$/PE100 | $13.3^{+2.0}$/PE100 | $16.4^{+3.2}$/PE100 |
| 200 | 200.0 | 201.8 | $11.9^{+1.8}$/PE100 | $14.7^{+2.3}$/PE100 | $18.2^{+3.6}$/PE100 |
| 225 | 225.0 | 227.1 | $13.4^{+2.1}$/PE100 | $16.6^{+3.3}$/PE100 | $20.5^{+4.0}$/PE100 |
| 250 | 250.0 | 252.3 | $14.8^{+2.3}$/PE100 | $18.4^{+3.6}$/PE100 | $22.7^{+4.5}$/PE100 |
| 280 | 280.0 | 282.6 | $16.6^{+3.3}$/PE100 | $20.6^{+4.1}$/PE100 | $25.4^{+5.0}$/PE100 |
| 315 | 315.0 | 317.9 | $18.7^{+3.7}$/PE100 | $23.2^{+4.6}$/PE100 | $28.6^{+5.7}$/PE100 |
| 355 | 355.0 | 358.2 | $21.1^{+4.2}$/PE100 | $26.1^{+5.2}$/PE100 | $32.2^{+6.4}$/PE100 |
| 400 | 400.0 | 403.6 | $23.7^{+4.7}$/PE100 | $29.4^{+5.8}$/PE100 | $36.3^{+7.2}$/PE100 |

**A.0.2** 聚丁烯（PB）管外径及公称壁厚应符合表 A.0.2 的规定。

**表 A.0.2 聚丁烯（PB）管外径及公称壁厚**（mm）

| 公称外径 dn | 平均外径 | | 公称壁厚 |
|---|---|---|---|
| | 最小 | 最大 | |
| 20 | 20.0 | 20.3 | $1.9^{+0.3}$ |
| 25 | 25.0 | 25.3 | $2.3^{+0.4}$ |
| 32 | 32.0 | 32.3 | $2.9^{+0.4}$ |
| 40 | 40.0 | 40.4 | $3.7^{+0.5}$ |
| 50 | 49.9 | 50.5 | $4.6^{+0.6}$ |

续表 A.0.2

| 公称外径 dn | 平 均 外 径 | | 公称壁厚 |
|---|---|---|---|
| | 最 小 | 最 大 | |
| 63 | 63.0 | 63.6 | $5.8^{+0.7}$ |
| 75 | 75.0 | 75.7 | $6.8^{+0.8}$ |
| 90 | 90.0 | 90.9 | $8.2^{+1.0}$ |
| 110 | 110.0 | 111.0 | $10.0^{+1.1}$ |
| 125 | 125.0 | 126.2 | $11.4^{+1.3}$ |
| 140 | 140.0 | 141.3 | $12.7^{+1.4}$ |
| 160 | 160.0 | 161.5 | $14.6^{+1.6}$ |

## 附录 B 竖直地埋管换热器的设计计算

**B.0.1** 竖直地埋管换热器的热阻计算宜符合下列要求：

**1** 传热介质与 U 形管内壁的对流换热热阻可按下式计算：

$$R_f = \frac{1}{\pi d_i K} \qquad (B.0.1-1)$$

式中 $R_f$——传热介质与 U 形管内壁的对流换热热阻（m·K/W）；

$d_i$——U 形管的内径（m）；

$K$——传热介质与 U 形管内壁的对流换热系数[W/(m²·K)]。

**2** U 形管的管壁热阻可按下列公式计算：

$$R_{pe} = \frac{1}{2\pi\lambda_p} \ln\left(\frac{d_e}{d_e - (d_o - d_i)}\right) \quad (B.0.1-2)$$

$$d_e = \sqrt{n} d_o \qquad (B.0.1-3)$$

式中 $R_{pe}$——U 形管的管壁热阻（m·K/W）；

$\lambda_p$——U 形管导热系数[W/(m·K)]；

$d_o$——U 形管的外径（m）；

$d_e$——U 形管的当量直径（m）；对单 U 形管，$n=2$；对双 U 形管，$n=4$。

**3** 钻孔灌浆回填材料的热阻可按下式计算：

$$R_b = \frac{1}{2\pi\lambda_b} \ln\left(\frac{d_b}{d_e}\right) \qquad (B.0.1-4)$$

式中 $R_b$——钻孔灌浆回填材料的热阻（m·K/W）；

$\lambda_b$——灌浆材料导热系数[W/(m·K)]；

$d_b$——钻孔的直径（m）。

**4** 地层热阻，即从孔壁到无穷远处的热阻可按下列公式计算：

对于单个钻孔：

$$R_s = \frac{1}{2\pi\lambda_s} I\left(\frac{r_b}{2\sqrt{a\tau}}\right) \qquad (B.0.1-5)$$

$$I(u) = \frac{1}{2} \int_u^\infty \frac{e^{-s}}{s} ds \qquad (B.0.1-6)$$

对于多个钻孔：

$$R_s = \frac{1}{2\pi\lambda_s} \left[ I\left(\frac{r_b}{2\sqrt{a\tau}}\right) + \sum_{i=2}^N I\left(\frac{x_i}{2\sqrt{a\tau}}\right) \right]$$

$$(B.0.1-7)$$

式中 $R_s$——地层热阻（m·K/W）；

$I$——指数积分公式，可按公式（B.0.1-6）计算；

$\lambda_s$——岩土体的平均导热系数[W/(m·K)]；

$a$——岩土体的热扩散率（m²/s）；

$r_b$——钻孔的半径（m）；

$\tau$——运行时间（s）；

$x_i$——第 $i$ 个钻孔与所计算钻孔之间的距离（m）。

**5** 短期连续脉冲负荷引起的附加热阻可按下式计算：

$$R_{sp} = \frac{1}{2\pi\lambda_s} I\left(\frac{r_b}{2\sqrt{a\tau_p}}\right) \qquad (B.0.1-8)$$

式中 $R_{sp}$——短期连续脉冲负荷引起的附加热阻（m·K/W）；

$\tau_p$——短期脉冲负荷连续运行的时间，例如 8h。

**B.0.2** 竖直地埋管换热器钻孔的长度计算宜符合下列要求：

**1** 制冷工况下，竖直地埋管换热器钻孔的长度可按下式计算：

$$L_c = \frac{1000Q_c[R_f + R_{pe} + R_b + R_s \times F_c + R_{sp} \times (1-F_c)]}{(t_{max} - t_\infty)} \left(\frac{EER+1}{EER}\right)$$

$$(B.0.2-1)$$

$$F_c = T_{c1}/T_{c2} \qquad (B.0.2-2)$$

式中 $L_c$——制冷工况下，竖直地埋管换热器所需钻孔的总长度（m）；

$Q_c$——水源热泵机组的额定冷负荷（kW）；

$EER$——水源热泵机组的制冷性能系数；

$t_{max}$——制冷工况下，地埋管换热器中传热介质的设计平均温度，通常取 33~36℃；

$t_\infty$——埋管区域岩土体的初始温度（℃）；

$F_c$——制冷运行份额；

$T_{c1}$——一个制冷季中水源热泵机组的运行小时数，当运行时间取一个月时，$T_{c1}$ 为最热月份水源热泵机组的运行小时数；

$T_{c2}$——一个制冷季中的小时数，当运行时间取一个月时，$T_{c2}$ 为最热月份的小时数。

**2** 供热工况下，竖直地埋管换热器钻孔的长度可按下式计算：

$$L_h = \frac{1000Q_h[R_f + R_{pe} + R_b + R_s \times F_h + R_{sp} \times (1-F_h)]}{(t_\infty - t_{min})} \left(\frac{COP-1}{COP}\right)$$

$$(B.0.2-3)$$

$$F_h = T_{h1}/T_{h2} \qquad (B.0.2-4)$$

式中 $L_h$——供热工况下，竖直地埋管换热器所需钻孔的总长度（m）；

$Q_h$——水源热泵机组的额定热负荷（kW）；

$COP$——水源热泵机组的供热性能系数；

$t_{min}$——供热工况下，地埋管换热器中传热介质的设计平均温度，通常取 -2~6℃；

$F_h$——供热运行份额；

$T_{h1}$——一个供热季中水源热泵机组的运行小时数；当运行时间取一个月时，$T_{h1}$ 为最冷月份水源热泵机组的运行小时数；

$T_{h2}$——一个供热季中的小时数；当运行时间取一个月时，$T_{h2}$ 为最冷月份的小时数。

## 附录 C  岩土热响应试验（新增）

### C.1  一 般 规 定

**C.1.1**  在岩土热响应试验之前，应对测试地点进行实地的勘察，根据地质条件的复杂程度，确定测试孔的数量和测试方案。地埋管地源热泵系统的应用建筑面积大于或等于 $10000\text{m}^2$ 时，测试孔的数量不应少于 2 个。对 2 个及以上测试孔的测试，其测试结果应取算术平均值。

**C.1.2**  在岩土热响应试验之前应通过钻孔勘察，绘制项目场区钻孔地质综合柱状图。

**C.1.3**  岩土热响应试验应包括下列内容：

1  岩土初始平均温度；

2  地埋管换热器的循环水进出口温度、流量以及试验过程中向地埋管换热器施加的加热功率。

**C.1.4**  岩土热响应试验报告应包括下列内容：

1  项目概况；

2  测试方案；

3  参考标准；

4  测试过程中参数的连续记录，应包括：循环水流量、加热功率、地埋管换热器的进出口水温；

5  项目所在地岩土柱状图；

6  岩土热物性参数；

7  测试条件下，钻孔单位延米换热量参考值。

**C.1.5**  测试现场应提供稳定的电源，具备可靠的测试条件。

**C.1.6**  在对测试设备进行外部连接时，应遵循先接水后接电的原则。

**C.1.7**  测试孔的施工应由具有相应资质的专业队伍承担。

**C.1.8**  连接应减少弯头、变径，连接管外露部分应保温，保温层厚度不应小于 10mm。

**C.1.9**  岩土热响应的测试过程应遵守国家和地方有关安全、劳动保护、防火、环境保护等方面的规定。

### C.2  测 试 仪 表

**C.2.1**  在输入电压稳定的情况下，加热功率的测量误差不应大于 $\pm1\%$。

**C.2.2**  流量的测量误差不应大于 $\pm1\%$。

**C.2.3**  温度的测量误差不应大于 $\pm0.2℃$。

### C.3  岩土热响应试验方法

**C.3.1**  岩土热响应试验的测试过程，应遵循下列步骤：

1  制作测试孔；

2  平整测试孔周边场地，提供水电接驳点；

3  测试岩土初始温度；

4  测试仪器与测试孔的管道连接；

5  水电等外部设备连接完毕后，应对测试设备本身以及外部设备的连接再次进行检查；

6  启动电加热、水泵等试验设备，待设备运转稳定后开始读取记录试验数据；

7  岩土热响应试验过程中，应做好对试验设备的保护工作；

8  提取试验数据，分析计算得出岩土综合热物性参数；

9  测试试验完成后，对测试孔应做好防护工作。

**C.3.2**  测试孔的深度应与实际的用孔相一致。

**C.3.3**  岩土热响应试验应在测试孔完成并放置至少 48h 以后进行。

**C.3.4**  岩土初始平均温度的测试应采用布置温度传感器的方法。测点的布置宜在地埋管换热器埋设深度范围内，且间隔不宜大于 10m；以各测点实测温度的算术平均值作为岩土初始平均温度。

**C.3.5**  岩土热响应试验测试过程应符合下列要求：

1  岩土热响应试验应连续不间断，持续时间不宜少于 48h；

2  试验期间，加热功率应保持恒定；

3  地埋管换热器的出口温度稳定后，其温度宜高于岩土初始平均温度 5℃ 以上且维持时间不应少于 12h。

**C.3.6**  地埋管换热器内流速不应低于 0.2m/s。

**C.3.7**  试验数据读取和记录的时间间隔不应大于 10min。

## 本规范用词说明

1  为便于在执行本规范条文时区别对待，对要求严格程度不同的用词说明如下：

1）表示很严格，非这样做不可的：

正面词采用"必须"，反面词采用"严禁"；

2）表示严格，在正常情况下均应这样做的：

正面词采用"应"，反面词采用"不应"或"不得"；

3）表示允许稍有选择，在条件许可时首先应这样做的：

正面词采用"宜"，反面词采用"不宜"；

表示有选择，在一定条件下可以这样做的，采用"可"。

2  条文中指明应按其他有关标准执行的写法为："应符合……的规定"或"应按……执行"。

中华人民共和国国家标准

# 地源热泵系统工程技术规范

## GB 50366—2005
### （2009 年版）

## 条 文 说 明

# 目　次

# 1 总 则

**1.0.1** 制定本规范的宗旨。地源热泵系统可利用浅层地热能资源进行供热与空调，具有良好的节能与环境效益，近年来在国内得到了日益广泛的应用。但由于缺乏相应规范的约束，地源热泵系统的推广呈现出很大的盲目性。许多项目在没有对当地资源状况进行充分评估的条件下，就匆匆上马，造成了地源热泵系统工作不正常，影响了地源热泵系统的进一步推广与应用。为了规范地源热泵系统的设计、施工及验收，确保地源热泵系统安全可靠地运行以及更好地发挥其节能效益，特制定本规范。本规范侧重于地热能交换系统部分的规定，对建筑物内系统仅作简要规定。

**1.0.2** 规定了本规范的适用范围。地表水包括河流、湖泊、海水、中水或达到国家排放标准的污水、废水等。

**1.0.3** 本规范为地源热泵系统工程的专业性全国通用技术规范。根据国家主管部门有关编制和修订工程建设标准、规范等的统一规定，为了精简规范内容，凡其他全国性标准、规范等已有明确规定的内容，除确有必要者以外，本规范均不再另设条文。本条文的目的是强调在执行本规范的同时，还应注意贯彻执行相关标准、规范等的有关规定。

# 2 术 语

**2.0.1** 地源热泵系统通常还被称为地热热泵系统（geothermal heat pump system），地能系统（earth energy system），地源系统（ground-source system）等，后来，由 ASHRAE 统一为标准术语即地源热泵系统（ground-source heat pump system）。其中地埋管地源热泵系统，也称地耦合系统（closed-loop ground-coupled heat pump system）或土壤源地源热泵系统，考虑实际应用中人们的称呼习惯，同时便于理解，本规范定义为地埋管地源热泵系统。

**2.0.21** 本规范中抽水井和回灌井均用作地源热泵系统的低温热源，故将抽水井和回灌井统称为热源井。

**2.0.26** 对于工程设计而言，最为关心的是地埋管换热系统的换热能力，这主要反映在地埋管换热器深度范围内的综合岩土导热系数和综合比热容两个参数上。由于地质结构的复杂性和差异性，因此通过现场试验得到的岩土热物性参数，是一个反映了地下水流等因素影响的综合值。

**2.0.27** 一般来说，从地表以下 10～20m 深度范围内，岩土受外部环境影响，其温度会随季节发生变化；而在此深度以下至竖直地埋管换热器埋设深度范围内，岩土自身的温度受外界环境影响较小，常年恒定。

# 3 工程勘察

## 3.1 一般规定

**3.1.1** 工程场地状况及浅层地热能资源条件是能否应用地源热泵系统的基础。地源热泵系统方案设计前，应根据调查及勘察情况，选择采用地埋管、地下水或地表水地源热泵系统。浅层地热能资源勘察包括地埋管换热系统勘察、地下水换热系统勘察及地表水换热系统勘察。

**3.1.2** 在工程场区内或附近有水井的地区，可调查收集已有工程勘察及水井资料。调查区域半径宜大于拟定换热区 100～200m。调查以收集资料为主，除观察地形地貌外，应调查已有水井的位置、类型、结构、深度、地层剖面、出水量、水位、水温及水质情况，还应了解水井的用途，开采方式、年用水量及水位变化情况等。

**3.1.4** 工程场地可利用面积应满足修建地表水抽水构筑物（地表水换热系统）或修建地下水抽水井和回灌井（地下水换热系统）或埋设水平或竖直地埋管换热器（地埋管换热系统）的需要。同时应满足置放和操作施工机具及埋设室外管网的需要。

## 3.2 地埋管换热系统勘察

**3.2.1** 岩土体地质条件勘察可参照《岩土工程勘察规范》GB 50021 及《供水水文地质勘察规范》GB 50027 进行。

**3.2.2** 采用水平地埋管换热器时，地埋管换热系统勘察采用槽探、坑探或钎探进行。槽探是为了了解构造线和破碎带宽度、地层和岩性界限及其延伸方向等在地表挖掘探槽的工程勘察技术。探槽应根据场地形状确定，探槽的深度一般超过埋管深度 1m。采用竖直地埋管换热器时，地埋管换热系统勘察采用钻探进行。钻探方案应根据场地大小确定，勘探孔深度应比钻孔至少深 5m。

岩土体热物性指岩土体的热物性参数，包括岩土体导热系数、密度及比热等。若埋管区域已具有权威部门认可的热物性参数，可直接采用已有数据，否则应进行岩土体导热系数、密度及比热等热物性测定。测定方法可采用实验室法或现场测定法。

**1** 实验室法：对勘探孔不同深度的岩土体样品进行测定，并以其深度加权平均，计算该勘探孔的岩土体热物性参数；对探槽不同水平长度的岩土体样品进行测定，并以其长度加权平均，计算该探槽的岩土体热物性参数。

**2** 现场测试法：即岩土热响应试验，岩土热响应试验详见附录 C。

**3.2.2A** 应用建筑面积是指在同一个工程中，应用地埋管地源热泵系统的各个单体建筑面积的总和。根据近几年对我国应用地埋管地源热泵系统情况的调查，大中型地埋管地源热泵系统的应用建筑面积多在5000m² 以上，5000m² 以下多为小型单体建筑；根据国外对商用和公用建筑应用地埋管地源热泵系统的技术要求，应用建筑面积小于 3000m² 时至少设置一个测试孔进行岩土热响应试验。考虑我国目前地埋管地源热泵系统应用特点，结合国外已有的经验，为了保证大中型地埋管地源热泵系统的安全运行和节能效果，作此规定。

**3.2.2B** 测试仪器所配置的计量仪表，如流量计、温度传感器等，满足测试精度与要求。

### 3.3 地下水换热系统勘察

**3.3.1** 水文地质条件勘察可参照《供水水文地质勘察规范》GB 50027、《供水管井技术规范》GB 50296进行。通过勘察，查明拟建热源井地段的水文地质条件，即一个地区地下水的分布、埋藏，地下水的补给、径流、排泄条件以及水质和水量等特征。对地下水资源作出可靠评价，提出地下水合理利用方案，并预测地下水的动态及其对环境的影响，为热源井设计提供依据。

**3.3.3** 渗透系数指单位时间内通过单位断面的流量（m/d），一般用来衡量地下水在含水层中径流的快慢。

**3.3.4** 水文地质勘探孔即为查明水文地质条件、地层结构，获取所需的水文地质资料，按水文地质钻探要求施工的钻孔。

### 3.4 地表水换热系统勘察

**3.4.2** 地表水水温、水位及流量勘察应包括近 20 年最高和最低水温、水位及最大和最小水量；地表水水质勘察应包括：引起腐蚀与结垢的主要化学成分，地表水源中含有的水生物、细菌类、固体含量及盐碱量等。

## 4 地埋管换热系统

### 4.1 一 般 规 定

**4.1.1** 岩土体的特性对地埋管换热器施工进度和初投资有很大影响。坚硬的岩土体将增加施工难度及初投资，而松软岩土体的地质变形对地埋管换热器也会产生不利影响。为此，工程勘察完成后，应对地埋管换热系统实施的可行性及经济性进行评估。

**4.1.2** 管沟开挖施工中遇有管道、电缆、地下构筑物或文物古迹时，应予以保护，并及时与有关部门联系协同处理。

**4.1.3** 埋管区域不应以树木、灌木、花园等作为标识。

### 4.2 地埋管管材与传热介质

**4.2.2** 聚乙烯管应符合《给水用聚乙烯（PE）管材》GB/T 13663 的要求。聚丁烯管应符合《冷热水用聚丁烯（PB）管道系统》GB/T 19473.2 的要求。

**4.2.3** 传热介质的安全性包括毒性、易燃性及腐蚀性；良好的传热特性和较低的摩擦阻力是指传热介质具有较大的导热系数和较低的黏度。可采用的其他传热介质包括氯化钠溶液、氯化钙溶液、乙二醇溶液、丙醇溶液、丙二醇溶液、甲醇溶液、乙醇溶液、醋酸钾溶液及碳酸钾溶液。

**4.2.4** 可选择防冻剂包括：

**1** 盐类：氯化钙和氯化钠；

**2** 乙二醇：乙烯基乙二醇和丙烯基乙二醇；

**3** 酒精：甲醇，异丙基，乙醛；

**4** 钾盐溶液：醋酸钾和碳酸钾。

**4.2.5** 添加防冻剂后的传热介质的冰点宜比设计最低使用水温低 3～5℃，是为了防止出现结冰现象。

地埋管换热系统的金属部件应与防冻剂兼容。这些金属部件包括循环泵及其法兰、金属管道、传感部件等与防冻剂接触的所有金属部件。

### 4.3 地埋管换热系统设计

**4.3.2** 全年冷、热负荷平衡失调，将导致地埋管区域岩土体温度持续升高或降低，从而影响地埋管换热器的换热性能，降低地埋管换热系统的运行效率。因此，地埋管换热系统设计应考虑全年冷热负荷的影响。

**4.3.3** 地源热泵系统最大释热量与建筑设计冷负荷相对应。包括：各空调分区内水源热泵机组释放到循环水中的热量（空调负荷和机组压缩机耗功）、循环水在输送过程中得到的热量、水泵释放到循环水中的热量。将上述三项热量相加就可得到供冷工况下释放到循环水的总热量。即：

$$最大释热量 = \sum[空调分区冷负荷 \times (1 + 1/EER)] + \sum 输送过程得热量 + \sum 水泵释放热量$$

地源热泵系统最大吸热量与建筑设计热负荷相对应。包括：各空调分区内热泵机组从循环水中的吸热量（空调热负荷，并扣除机组压缩机耗功）、循环水在输送过程失去的热量并扣除水泵释放到循环水中的热量。将上述前二项热量相加并扣除第三项就可得到供热工况下循环水的总吸热量。即：

$$\text{最大吸热量} = \sum[\text{空调分区热负荷} \times (1 - 1/COP)] + \sum \text{输送过程失热量} - \sum \text{水泵释放热量}$$

最大吸热量和最大释热量相差不大的工程，应分别计算供热与供冷工况下地埋管换热器的长度，取其大者，确定地埋管换热器；当两者相差较大时，宜通过技术经济比较，采用辅助散热（增加冷却塔）或辅助供热的方式来解决，一方面经济性较好，同时，也可避免因吸热与释热不平衡引起岩土体温度的降低或升高。

**4.3.4** 地埋管换热器有水平和竖直两种埋管方式。当可利用地表面积较大，浅层岩土体的温度及热物性受气候、雨水、埋设深度影响较小时，宜采用水平地埋管换热器。否则，宜采用竖直地埋管换热器。图1为常见的水平地埋管换热器形式，图2为新近开发的水平地埋管换热器形式，图3为竖直地埋管换热器形式。在没有合适的室外用地时，竖直地埋管换热器还可以利用建筑物的混凝土基桩埋设，即将U形管捆扎在基桩的钢筋网架上，然后浇灌混凝土，使U形管固定在基桩内。

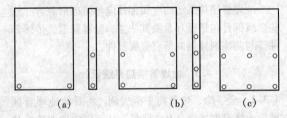

图1 几种常见的水平地埋管换热器形式
(a) 单或双环路；(b) 双或四环路；(c) 三或六环路

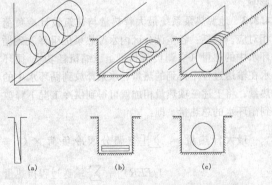

图2 几种新近开发的水平地埋管换热器形式
(a) 垂直排圈式；(b) 水平排圈式；(c) 水平螺旋式

**4.3.5** 地埋管换热器设计计算是地源热泵系统设计所特有的内容，由于地埋管换热器换热效果受岩土体热物性及地下水流动情况等地质条件影响非常大，使得不同地区，甚至同一地区不同区域岩土体的换热特性差别都很大。为保证地埋管换热器设计符合实际，满足使用要求，通常，设计前需要对现场岩土体热物

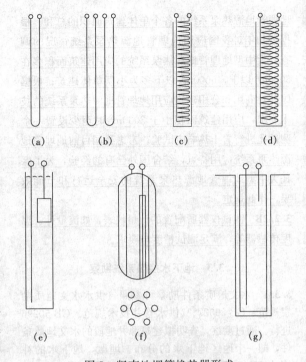

图3 竖直地埋管换热器形式
(a) 单U形管；(b) 双U形管；(c) 小直径螺旋盘管；
(d) 大直径螺旋盘管；(e) 立柱状；
(f) 蜘蛛状；(g) 套管式

性进行测定，并根据实测数据进行计算。此外建筑物全年动态负荷、岩土体温度的变化、地埋管及传热介质特性等因素都会影响地埋管换热器的换热效果。因此，考虑地埋管换热器设计计算的特殊性及复杂性，宜采用专用软件进行计算。该软件应具有以下功能：

**1** 能计算或输入建筑物全年动态负荷；

**2** 能计算当地岩土体平均温度及地表温度波幅；

**3** 能模拟岩土体与换热管间的热传递及岩土体长期储热效果；

**4** 能计算岩土体、传热介质及换热管的热物性；

**5** 能对所设计系统的地埋管换热器的结构进行模拟，（如钻孔直径、换热器类型、灌浆情况等）。

目前，在国际上比较认可的地埋管换热器的计算核心为瑞典隆德大学开发的g-functions算法。根据程序界面的不同主要有：瑞典隆德 Lund 大学开发的 EED 程序；美国威斯康星 Wisconsin-Madison 大学 Solar Energy 实验室（SEL）开发的 TRNSYS 程序；美国俄克拉荷马州 Oklahoma 大学开发的 GLHEPRO 程序。在国内，许多大专院校也曾对地埋管换热器的计算进行过研究并编制了计算软件。

**4.3.5A** <u>利用岩土热响应试验进行地埋管换热器的设计，是将岩土综合热物性参数、岩土初始平均温度和空调冷热负荷输入专业软件，在夏季工况和冬季工况运行条件下进行动态耦合计算，通过控制地埋管换热器夏季运行期间出口最高温度和冬季运行期间进口最低温度，进行地埋管换热器的设计。</u>

条文中对冬夏运行期间地埋管换热器进出口温度的规定，是出于对地源热泵系统节能性的考虑，同时保证热泵机组的安全运行。在夏季，如果地埋管换热器出口温度高于 33℃，地源热泵系统的运行工况与常规的冷却塔相当，无法充分体现地源热泵系统的节能性；在冬季，制定地埋管换热器出口温度限值，是为了防止温度过低，机组结冰，系统能效比降低。

为了便于设计人员采用，本条文分别规定了冬夏期间地埋管换热器进出口温度的限值，通常地埋管地源热泵系统设计时进出口温度限值的确定，还应考虑对全年运行能效的影响；在对有利于提高冬夏全年运行能效和节能量的条件下，夏季运行期间地埋管换热器出口温度和冬季运行地埋管换热器进口温度可做适当调整。

**4.3.6** 引自加拿大地源热泵系统设计安装标准《Design and Installation of Earth Energy Systems for Commercial and Institutional Buildings》CAN/CSA-C448.1。

**4.3.8** 为避免换热短路，钻孔间距应通过计算确定。岩土体吸、释热量平衡时，宜取小值；反之，宜取大值。

**4.3.9** 目的为确保系统及时排气和加强换热。地埋管换热器内管道推荐流速：双 U 形埋管不宜小于 0.4m/s，单 U 形埋管不宜小于 0.6m/s。

**4.3.10** 利于水力平衡及降低压力损失。供、回水环路集管的间距不小于 0.6m，是为了减少供回水管间的热传递。

**4.3.11** 地埋管换热器远离水井及室外排水设施，是为了减少水井及室外排水设施的影响。靠近机房或以机房为中心设置是为了缩短供、回水集管的长度。

**4.3.12** 目的在于增加系统的安全性、可靠性。便于系统充液，一般在分水器或集水器上预留充液管。连接地埋管换热器系统的室内送、回液联管上要安装闭式膨胀箱、充放液设施、压力表、温度计等基本仪器与部件。

**4.3.13** 保证地下埋管的导热效果，但对于地质情况多为岩石的区域，回填料导热系数可低于岩土体导热系数。

**4.3.14** 传热介质不同，其摩擦阻力也不同，水力计算应按选用的传热介质的水力特性进行计算。国内已有塑料管比摩阻均是针对水而言，对添加防冻剂的水溶液，目前尚无相应数据，为此，地埋管压力损失可参照以下方法进行计算。该方法引自《地源热泵工程技术指南》（Ground-source heat pump engineering manual）。

**1** 确定管内流体的流量、公称直径和流体特性。

**2** 根据公称直径，确定地埋管的内径。

**3** 计算地埋管的断面面积 $A$：

$$A = \frac{\pi}{4} \times d_j^2 \tag{1}$$

式中　$A$——地埋管的断面面积（m²）；
　　　$d_j$——地埋管的内径（m）。

**4** 计算管内流体的流速 $V$：

$$V = \frac{G}{3600 \times A} \tag{2}$$

式中　$V$——管内流体的流速（m/s）；
　　　$G$——管内流体的流量（m³/h）。

**5** 计算管内流体的雷诺数 $Re$，$Re$ 应该大于 2300 以确保紊流：

$$Re = \frac{\rho V d_i}{\mu} \tag{3}$$

式中　$Re$——管内流体的雷诺数；
　　　$\rho$——管内流体的密度（kg/m³）；
　　　$\mu$——管内流体的动力黏度（N·s/m²）。

**6** 计算管段的沿程阻力 $P_y$：

$$P_d = 0.158 \times \rho^{0.75} \times \mu^{0.25} \times d_j^{-1.25} \times V^{1.75} \tag{4}$$

$$P_y = P_d \times L \tag{5}$$

式中　$P_y$——计算管段的沿程阻力(Pa)；
　　　$P_d$——计算管段单位管长的沿程阻力(Pa/m)；
　　　$L$——计算管段的长度(m)。

**7** 计算管段的局部阻力 $P_j$：

$$P_j = P_d \times L_j \tag{6}$$

式中　$P_j$——计算管段的局部阻力（Pa）；
　　　$L_j$——计算管段管件的当量长度（m）。

管件的当量长度可按表 1 计算。

**表 1　管件当量长度表**

| 名义管径 | | 弯头的当量长度（m） | | | | T形三通的当量长度（m） | | | |
| --- | --- | --- | --- | --- | --- | --- | --- | --- | --- |
| | | 90°标准型 | 90°长半径型 | 45°标准型 | 180°标准型 | 旁流三通 | 直流三通 | 直流三通后缩小1/4 | 直流三通后缩小1/2 |
| 3/8″ | DN10 | 0.4 | 0.3 | 0.2 | 0.7 | 0.8 | 0.3 | 0.4 | 0.4 |
| 1/2″ | DN12 | 0.5 | 0.3 | 0.2 | 0.8 | 0.9 | 0.3 | 0.4 | 0.5 |
| 3/4″ | DN20 | 0.6 | 0.4 | 0.3 | 1.0 | 1.2 | 0.4 | 0.6 | 0.6 |
| 1″ | DN25 | 0.8 | 0.5 | 0.4 | 1.3 | 1.5 | 0.5 | 0.7 | 0.8 |
| 5/4″ | DN32 | 1.0 | 0.7 | 0.5 | 1.7 | 2.1 | 0.7 | 0.9 | 1.0 |
| 3/2″ | DN40 | 1.2 | 0.8 | 0.6 | 1.9 | 2.4 | 0.8 | 1.1 | 1.2 |
| 2″ | DN50 | 1.5 | 1.0 | 0.8 | 2.5 | 3.1 | 1.0 | 1.4 | 1.5 |
| 5/2″ | DN63 | 1.8 | 1.3 | 1.0 | 3.1 | 3.7 | 1.3 | 1.7 | 1.8 |
| 3″ | DN75 | 2.3 | 1.5 | 1.2 | 3.7 | 4.6 | 1.5 | 2.1 | 2.3 |
| 7/2″ | DN90 | 2.7 | 1.8 | 1.4 | 4.6 | 5.5 | 1.8 | 2.4 | 2.7 |
| 4″ | DN110 | 3.1 | 2.0 | 1.6 | 5.2 | 6.4 | 2.0 | 2.7 | 3.1 |
| 5″ | DN125 | 4.0 | 2.5 | 2.0 | 6.4 | 7.6 | 2.5 | 3.7 | 4.0 |
| 6″ | DN160 | 4.9 | 3.1 | 2.4 | 7.6 | 9.2 | 3.1 | 4.3 | 4.9 |
| 8″ | DN200 | 6.1 | 4.0 | 3.1 | 10.1 | 12.2 | 4.0 | 5.5 | 6.1 |

**8** 计算管段的总阻力 $P_z$：

$$P_z = P_y + P_j \qquad (7)$$

式中 $P_z$——计算管段的总阻力（Pa）。

**4.3.15** 地埋管换热系统根据建筑负荷变化进行流量调节，可以节省运行电耗。

**4.3.17** 目的在于防止地埋管换热系统堵塞。

### 4.4 地埋管换热系统施工

**4.4.3** 地埋管的质量对地埋管换热系统至关重要。进入现场的地埋管及管件应逐件进行外观检查，破损和不合格产品严禁使用。不得采用出厂已久的管材，宜采用刚制造出的管材。聚乙烯管应符合《给水用聚乙烯（PE）管材》GB/T 13663 的要求；聚丁烯管应符合《冷热水用聚丁烯（PB）管道系统》GB/T 19473.2 的要求。

地埋管运抵工地后，应用空气试压进行检漏试验。地埋管及管件存放时，不得在阳光下曝晒。搬运和运输时，应小心轻放，采用柔韧性好的皮带、吊带或吊绳进行装卸，不应抛摔和沿地拖曳。

**4.4.6** 回填料应采用网孔不大于 15mm×15mm 的筛进行过筛，保证回填料不含有尖利的岩石块和其他碎石。为保证回填料均匀且回填料与管道紧密接触，回填应在管道两侧同步进行，同一沟槽中有双排或多排管道时，管道之间的回填压实应与管道和槽壁之间的回填压实对称进行。各压实面的高差不宜超过 30cm。管腋部采用人工回填，确保塞严、捣实。分层管道回填时，应重点作好每一管道层上方 15cm 范围内的回填。管道两侧和管顶以上 50cm 范围内，应采用轻夯实，严禁压实机具直接作用在管道上，使管道受损。

**4.4.7** 护壁套管为下入钻孔中用以保护钻孔孔壁的套管。钻孔前，护壁套管应预先组装好，施钻完毕应尽快将套管放入钻孔中，并立即将水充满套管，以防孔内积水使套管脱离孔底上浮，达不到预定埋设深度。

下管时，可采用每隔 2～4m 设一弹簧卡（或固定支卡）的方式将 U 形管两支管分开，以提高换热效果。

**4.4.8** U 形管安装完毕后，应立即灌浆回填封孔，隔离含水层。灌浆即使用泥浆泵通过灌浆管将混合浆灌入钻孔中的过程。泥浆泵的泵压足以使孔底的泥浆上返至地表，当上返泥浆密度与灌注材料的密度相等时，认为灌浆过程结束。灌浆时，应保证灌浆的连续性，应根据机械灌浆的速度将灌浆管逐渐抽出，使灌浆液自下而上灌注封孔，确保钻孔灌浆密实，无空腔，否则会降低传热效果，影响工程质量。

当埋管深度超过 40m 时，灌浆回填宜在周围邻近钻孔均钻凿完毕后进行，目的在于一旦孔斜将相邻的 U 形管钻伤，便于更换。

**4.4.9** 灌浆回填料一般为膨润土和细砂（或水泥）的混合浆或其他专用灌浆材料。膨润土的比例宜占 4%～6%。钻孔时取出的泥砂浆凝固后如收缩很小时，也可用作灌浆材料。如果地埋管换热器设在非常密实或坚硬的岩土体或岩石情况下，宜采用水泥基料灌浆，以防止孔隙水因冻结膨胀损坏膨润土灌浆材料而导致管道被挤压节流。对地下水流丰富的地区，为保持地下水的流动性，增强对流换热效果，不宜采用水泥基料灌浆。

**4.4.10** 系统冲洗是保证地埋管换热系统可靠运行的必须步骤，在地埋管换热器安装前、地埋管换热器与环路集管装配完成后及地埋管换热系统全部安装完成后均应对管道系统进行冲洗。

**4.4.11** 室外环境温度低于 0℃时，塑料地埋管物理力学性能将有所降低，容易造成地埋管的损害，故当室外环境温度低于 0℃时，尽量避免地埋管换热器的施工。

### 4.5 地埋管换热系统的检验与验收

**4.5.2** 地埋管换热系统多采用聚乙烯（PE）管。聚乙烯（PE）管是一种热塑性材料，管材本身具有受压发生蠕变和应力松弛的特性，与钢管不同。因此，对聚乙烯（PE）管水压试验期间压力降值的理解应更全面些，充分考虑到压力下降并不一定意味着管道有泄漏。

**1** 国内现有规范对水压试验的规定：

《通风与空调工程施工质量验收规范》GB 50243 中规定：

1）冷热水、冷却水系统的试验压力，当工作压力小于等于 1.0MPa 时，为 1.5 倍工作压力，但最低不小于 0.6MPa；当工作压力大于 1.0MPa 时，为工作压力加 0.5MPa。

2）系统试压：在各分区管道与系统主、干管全部连通后，对整个系统的管道进行系统的试压。试验压力以最低点的压力为准，但最低点的压力不得超过管道与组成件的承受压力。压力试验升至试验压力后，稳压 10min，压力下降不得大于 0.02MPa，再将系统压力降至工作压力，外观检查无渗漏为合格。

3）各类耐压塑料管的强度试验压力为 1.5 倍工作压力，严密性工作压力为 1.15 倍的设计工作压力。

《建筑给水排水及采暖工程施工质量验收规范》GB 50242 中规定：

低温热水地板辐射采暖系统：

1）试验压力为工作压力的 1.5 倍，但不小于 0.6MPa。

2）检验方法：在试验压力下稳压 1h，压力降不大于 0.05MPa 且不渗不漏。

采暖系统：

1）使用塑料管及复合管的热水采暖系统，应以系统顶点工作压力加 0.2MPa 做水压试验，同时在系统顶点的试验压力不小于 0.4MPa。

2）检验方法：使用塑料管的采暖系统应在试验压力下 1h 内压力降不大于 0.05MPa，然后降至工作压力的 1.15 倍，稳压 3h，压力降不大于 0.03MPa，同时各连接处不渗、不漏。

《建筑给水聚乙烯类管道工程技术规程》CJJ/T 98 中规定：

1）试验压力应为管道系统设计工作压力的 1.5 倍，但不得小于 0.6MPa。

2）水压试验应按下列步骤进行：

将试压管段各配水点封堵，缓慢注水，同时将管内空气排出；

管道充满水后，进行水密封性检查；

对系统加压，应缓慢升压，升压时间不应小于 10min；

升压至规定的试验压力后，停止加压，稳压 1h，压力降不得超过 0.05MPa；

在工作压力的 1.15 倍状态下稳压 2h，压力降不得超过 0.03MPa，同时检查各连接处，不得渗漏。

《埋地聚乙烯给水管道工程技术规程》CJJ 101 中规定：

1）试验压力：水压试验静水压力不应小于管道工作压力的 1.5 倍，且试验压力不应低于 0.8MPa，不得以气压试验代替水压试验。

2）管道水压试验应分预试验阶段与主试验阶段两个阶段进行。

3）预试验阶段，应按如下步骤，并符合下列规定：

步骤 1：将试压管道内的水压降至大气压，并持续 60min。期间应确保空气不进入管道。

步骤 2：缓慢将管道内水压升至试验压力并稳压 30min，期间如有压力下降可注水补压，但不得高于试验压力。检查管道接口、配件等处有无渗漏现象。当有渗漏现象时应中止试压，并查明原因采取相应措施后重新组织试压。

步骤 3：停止注水补压并稳定 60min。当 60min 后压力下降不超过试验压力的 70% 时，则预试验阶段的工作结束。当 60min 后压力下降到低于试验压力的

70% 时，应停止试压，并应查明原因采取相应措施后再组织试压。

4）主试验阶段，应按如下步骤，并符合下列规定：

步骤 1：在预试验阶段结束后，迅速将管道泄水降压，降压量为试验压力的 10%～15%。

期间应准确计量降压所泄出的水量，设为 $\Delta V$（L）。按照下式计算允许泄出的最大水量 $\Delta V_{max}$（L）：

$$V_{max} = 1.2V\Delta P\{1/E_w + d_i/(e_n E_P)\} \qquad (8)$$

式中 $V$——试压管段总容积（L）；

$\Delta P$——降压量（MPa）；

$E_w$——水的体积模量，不同水温时 $E_w$ 值可按表 2 采用；

$E_P$——管材弹性模量（MPa），与水温及试压时间有关；

$d_i$——管材内径（m）；

$e_n$——管材公称壁厚（m）。

当 $\Delta V$ 大于 $\Delta V_{max}$，应停止试压。泄压后应排除管内过量空气，再从预试验阶段的"步骤 2"开始重新试验。

表 2　温度与体积模量关系

| 温度<br>（℃） | 体积模量<br>（MPa） | 温度<br>（℃） | 体积模量<br>（MPa） |
|---|---|---|---|
| 5 | 2080 | 20 | 2170 |
| 10 | 2110 | 25 | 2210 |
| 15 | 2140 | 30 | 2230 |

步骤 2：每隔 3min 记录一次管道剩余压力，应记录 30min。当 30min 内管道剩余压力有上升趋势时，则水压试验结果合格。

步骤 3：30min 内管道剩余压力无上升趋势时，则应再持续观察 60min。当整个 90min 内压力下降不超过 0.02MPa，则水压试验结果合格。

步骤 4：当主试验阶段上述两条均不能满足时，则水压试验结果不合格。应查明原因并采取相应措施后再组织试压。

**2　国外地埋管换热系统水压试验标准及方法**

加拿大地源热泵系统设计安装标准《Design and installation of earth energy systems for commercial and institutional buildings》CAN/CSA-C448.1（简称加拿大标准）中水压试验方法如下：

试压分四个阶段：

（1）竖直地埋管换热器插入钻孔前，应充水进行水压试验后再封堵。试验压力大于等于 690kPa，稳压 15min，没有明显压力降低或泄漏。该压力应保持

（2）竖直或水平地埋管换热器与环路集管装配完成后，回填前应进行水压试验。

（3）各环路集管与机房分集水器连接完成后，回填前应充水进行水压试验。试验压力应大于等于690kPa，且系统最低点压力应小于管材破裂压力。试压持续至少2h，期间应无泄漏现象。

（4）地埋管换热系统全部安装完毕，且冲洗、排气完成并回填后应充水进行水压试验。试验压力应大于等于690kPa，且系统最低点压力应小于管材破裂压力。试压持续至少12h，期间压力降没有明显变化（应不大于3%）。

分别进行（3）、（4）两阶段水压试验的目的是为了保证水压试验结果的正确性。因为系统进行第（3）阶段试压时，地埋管环路可能会发生膨胀现象，一段时间后将导致压力有所下降，容易造成系统有泄漏的假象，故需要进行第（4）阶段水压试验。

美国地埋管地源热泵系统设计与安装标准《Closed-Loop/Geothermal Heat Pump Systems —Design and Installation Standards》1997（简称美国标准）中水压试验方法如下：

（1）所有地埋管安装前均应做压力试验，地埋管换热器所有部件回填前均应做压力试验。

（2）压力试验应为水压试验，试验压力至少为管材设计压力的1.5倍或系统运行压力的3倍。

（3）试验时间30min，期间应无泄漏现象。

3 国内地埋管换热系统应用时间不长，在水压试验方法上缺乏试验与实践数据。《埋地聚乙烯给水管道工程技术规程》CJJ 101适用于埋地聚乙烯给水管道工程，但其水压试验方法与地埋管换热系统工程应用实践有较大差距，也不宜直接采用。加拿大标准与美国标准相比，前者步骤清晰与目前地埋管换热系统工程应用实践一致，故本规范水压试验方法是建立在加拿大标准基础上，在试验压力上考虑了与国内相关标准的一致性。

4.5.3 回填过程的检验内容包括回填料配比、混合程序、灌浆及封孔的检验。

# 5 地下水换热系统

## 5.1 一般规定

5.1.1 可靠回灌措施是指将地下水通过回灌井全部送回原来的取水层的措施，要求从哪层取水必须再灌回哪层，且回灌井要具有持续回灌能力。同层回灌可避免污染含水层和维持同一含水层储量，保护地热能资源。热源井只能用于置换地下冷量或热量，不得用于取水等其他用途。抽水、回灌过程中应采取密闭等措施，不得对地下水造成污染。

5.1.2 地源热泵系统最大吸热量或释热量按本规范第4.3.3条条文说明的规定计算。

5.1.3 地下水供水管不得与市政管道连接是为了避免污染市政供水和使用自来水取热；地下水回灌管不得与市政管道连接，是为了避免回灌水排入下水，保护水资源不被浪费。

## 5.2 地下水换热系统设计

5.2.3 氧气会与水井内存在的低价铁离子反应形成铁的氧化物，也能产生气体黏合物，引起回灌井阻塞，为此，热源井设计时应采取有效措施消除空气侵入现象。

5.2.4 抽水井与回灌井相互转换以利于开采、洗井、岩土体和含水层的热平衡。抽水井具有长时间抽水和回灌的双重功能，要求不出砂又保持通畅。抽水井与回灌井间设排气装置，可避免将空气带入含水层。

5.2.5 一般为了保证回灌效果，抽水井与回灌井比例不小于1：2。

5.2.6 为了避免污染地下水。

5.2.8 从保障地下水安全回灌及水源热泵机组正常运行的角度，地下水尽可能不直接进入水源热泵机组。直接进入水源热泵机组的地下水水质应满足以下要求（引自《采暖通风与空气调节设计规范》GB 50019 第7.3.3条条文说明）：含砂量小于1/200000，pH值为6.5～8.5，CaO小于200mg/L，矿化度小于3g/L，Cl$^-$小于100mg/L，SO$_4^{2-}$小于200mg/L，Fe$^{2+}$小于1mg/L，H$_2$S小于0.5mg/L。

当水质达不到要求时，应进行水处理。经过处理后仍达不到规定时，应在地下水与水源热泵机组之间加设中间换热器。对于腐蚀性及硬度高的水源，应设置抗腐蚀的不锈钢换热器或钛板换热器。在使用海水时，建议在进入换热器前增加氯气处理装置以防止藻类在换热器内部滋生。

当水温不能满足水源热泵机组使用要求时，可通过混水或设置中间换热器进行调节，以满足机组对温度的要求。

变流量系统设计可降低地下水换热系统的运行费用，且进入地源热泵系统的地下水水量越少，对地下水环境的影响也越小。

## 5.3 地下水换热系统施工

5.3.2 热源井及其周围区域的工程勘察资料包括施工场区内地下水换热系统勘察资料及其他专业的管线布置图等。

## 5.4 地下水换热系统检验与验收

5.4.3 水质要求符合本规范第5.2.8条条文说明的规定。

# 6 地表水换热系统

## 6.1 一般规定

**6.1.1** 目的是减小对地表水体及其水生态环境和船等的影响。

**6.1.2** 地表水体应具有一定的深度和面积，具体大小应根据当地气象条件、水体流速、建筑负荷等因素综合确定。

**6.1.3** 地源热泵系统最大吸热量或释热量按本规范第4.3.3条条文说明的规定计算。

## 6.2 地表水换热系统设计

**6.2.1** 取水口应远离回水口，目的是避免热交换短路。

**6.2.2** 有利于水力平衡。

**6.2.3** 为了防止风浪、结冰及船舶可能对其造成的损害，要求地表水的最低水位与换热盘管距离不应小于1.5m。最低水位指近20年每年最低水位的平均值。

**6.2.4** 地表水换热系统采用开式系统时，从保障水源热泵机组正常运行的角度，地表水尽可能不直接进入水源热泵机组。直接进入水源热泵机组的地表水水质应符合本规范第5.2.8条条文说明的规定。水系统采用变流量设计有利于降低输送能耗。

## 6.3 地表水换热系统施工

**6.3.2** 换热盘管任何扭曲部分均应切除，未受损部分熔接后须经压力测试合格后才可使用。换热盘管存放时，不得在阳光下曝晒。

**6.3.3** 换热盘管一般固定在排架上，并在下部安装衬垫物，衬垫物可采用轮胎等。

# 7 建筑物内系统

## 7.1 建筑物内系统设计

**7.1.2** 水源热泵机组应符合《水源热泵机组》GB/T 19409 的要求。

水源热泵机组正常工作的冷（热）源温度范围（引自《水源热泵机组》GB/T 19409）：

| | | |
|---|---|---|
| 水环热泵系统 | 20~40℃（制冷） | 15~30℃（制热） |
| 地下水热泵系统 | 10~25℃（制冷） | 10~25℃（制热） |
| 地埋管热泵系统 | 10~40℃（制冷） | -5~25℃（制热） |

**7.1.3** 当水温达到设定温度时，水源热泵机组应能减载或停机。用于供热时，水源热泵机组应保证足够的流量以防止机组出口端结冰。

**7.1.4** 不同地区岩土体、地下水或地表水水温差别较大，设计时应按实际水温参数进行设备选型。末端设备选择时应适合水源热泵机组供、回水温度的特点，保证地源热泵系统的应用效果，提高系统节能率。

**7.1.5** 根据水源热泵机组的设置方式不同，分为集中、水环和分体热泵系统。水环热泵系统是小型水/空气热泵的一种应用方式，即用水环路将小型水/空气热泵机组并联在一起，构成以回收建筑物内部余热为主要特征的热泵供热、供冷的系统。水环热泵系统机组的进风温度不应低于10℃或高于32.2℃。当进风温度低于10℃时，应进行预热处理。对于冬季间歇使用的建筑物，宜采用分体热泵系统，以防止停止使用时设备冻损。末端空调系统可采用风机盘管系统、冷暖顶/地板辐射系统或全空气系统。

**7.1.6** 夏季运行时，空调水进入机组蒸发器，冷源水进入机组冷凝器。冬季运行时，空调水进入机组冷凝器，热源水进入机组蒸发器。冬、夏季节的功能转换阀门应性能可靠，严密不漏。

**7.1.7** 当采用地源热泵系统提供（或预热）生活热水较其他方式提供生活热水经济性更好时，宜优先采用地源热泵提供生活热水，不足部分由辅助热源解决。生活热水的制备可以采用水路加热的方式或制冷剂环路加热两种方式。

**7.1.8** 为达到节能目的，可采用水侧或风侧节能器，且根据实际情况设置蓄能水箱。对于平均水温低于10℃的地区，由于供热量大，地埋管换热器出水温度较低，为节省热量，此时宜在水侧或风侧设置热回收装置对排风进行回收；或根据室外气象条件及系统特点采用过渡季增大新风量等节能措施。

# 8 整体运转、调试与验收

**8.0.2** 地源热泵系统试运转需测定与调整的主要内容包括：

　　**1** 系统的压力、温度、流量等各项技术数据应符合有关技术文件的规定；

　　**2** 系统连续运行应达到正常平稳；水泵的压力和水泵电机的电流不应出现大幅波动；

　　**3** 各种自动计量检测元件和执行机构的工作应正常，满足建筑设备自动化系统对被测定参数进行监测和控制的要求；

　　**4** 控制和检测设备应能与系统的检测元件和执行机构正常沟通，系统的状态参数应能正确显示，设备连锁、自动调节、自动保护应能正确动作。

　　调试报告应包括调试前的准备记录、水力平衡、机组及系统试运转的全部测试数据。

**8.0.3** 地源热泵系统的冬、夏两季运行测试包括室内空气参数及系统运行能耗的测定。系统运行能耗包括所有水源热泵机组、水泵和末端设备的能耗。

## 附录 A　地埋管外径及壁厚

**A.0.1**　表中数值引自《给水用聚乙烯（PE）管材》GB/T 13663。

**A.0.2**　表中数值引自《冷热水用聚丁烯（PB）管道系统》GB/T 19473.2。

## 附录 B　竖直地埋管换热器的设计计算

**B.0.1**　为了便于工程计算，几种典型土壤、岩石及回填料的热物性可参考表 3 确定。表 3 引自《2003 ASHRAE HANDBOOK HVAC Applications》中 Geothermal Energy 一章。

**表 3　几种典型土壤、岩石及回填料的热物性**

| | | 导热系数 $\lambda_s$ [W/(m·K)] | 扩散率 $a$ (10⁻⁶ m²/s) | 密度 $\rho$ (kg/m³) |
|---|---|---|---|---|
| 土壤 | 致密黏土（含水量15%） | 1.4～1.9 | 0.49～0.71 | 1925 |
| | 致密黏土（含水量5%） | 1.0～1.4 | 0.54～0.71 | 1925 |
| | 轻质黏土（含水量15%） | 0.7～1.0 | 0.54～0.64 | 1285 |
| | 轻质黏土（含水量5%） | 0.5～0.9 | 0.65 | 1285 |
| | 致密砂土（含水量15%） | 2.8～3.8 | 0.97～1.27 | 1925 |
| | 致密砂土（含水量5%） | 2.1～2.3 | 1.10～1.62 | 1925 |
| | 轻质砂土（含水量15%） | 1.0～2.1 | 0.54～1.08 | 1285 |
| | 轻质砂土（含水量5%） | 0.9～1.9 | 0.64～1.39 | 1285 |
| 岩石 | 花岗岩 | 2.3～3.7 | 0.97～1.51 | 2650 |
| | 石灰石 | 2.4～3.8 | 0.97～1.51 | 2400～2800 |
| | 砂岩 | 2.1～3.5 | 0.75～1.27 | 2570～2730 |
| | 湿页岩 | 1.4～2.4 | 0.75～0.97 | — |
| | 干页岩 | 1.0～2.1 | 0.64～0.86 | — |
| 回填料 | 膨润土（含有20%～30%的固体） | 0.73～0.75 | | |
| | 含有20%膨润土、80%SiO₂砂子的混合物 | 1.47～1.64 | | |
| | 含有15%膨润土、85%SiO₂砂子的混合物 | 1.00～1.10 | | |
| | 含有10%膨润土、90%SiO₂砂子的混合物 | 2.08～2.42 | | |
| | 含有30%混凝土、70%SiO₂砂子的混合物 | 2.08～2.42 | | |

**B.0.2**　地埋管换热器中传热介质的设计平均温度的选取，应符合本规范第 4.3.5A 条的规定。

## 附录 C　岩土热响应试验（新增）

### C.1　一　般　规　定

**C.1.1**　工程场地状况及浅层地热能资源条件是能否应用地源热泵系统的前提。地源热泵系统方案设计之前，应根据实地勘察情况，选择测试孔的位置及测试孔的数量，确定钻孔、成孔工艺及测试方案。如果在打孔区域内，由于设计需要，存在有成孔方案或成孔工艺不同，应各选出一孔作为测试孔分别进行测试；此外，对于地埋管换热器埋设面积较大，或地埋管换热器埋设区域较为分散，或场区地质条件差异性大的情况，应根据设计和施工的要求划分区域，分别设置测试孔，相应增加测试孔的数量，进行岩土热物性参数的测试。

**C.1.2**　通过对岩土层分布、各层岩土土质以及地下水情况的掌握，为热泵系统的设计方案遴选提供依据。钻孔地质综合柱状图是指通过现场钻孔勘察，并综合场区已知水文地质条件，绘制钻孔揭露的岩土柱状分布图，获取地下岩土不同深度的岩性结构。

**C.1.4**　作为地源热泵系统设计的指导性文件，报告内容应明晰准确。

参考标准是指在岩土热响应试验的进行过程中（含测试孔的施工），所遵循的国家或地方相关标准。

由于钻孔单位延米换热量是在特定测试工况下得到的数据，受工况条件影响很大，不能直接用于地埋管地源热泵系统的设计。因此该数值仅可用于设计参考。

报告中应明确指出，由于地质结构的复杂性和差异性，测试结果只能代表项目所在地岩土热物性参数，只有在相同岩土条件下，才能类比作为参考值使用，而不能片面地认为测试所得结果即为该区域或该地区的岩土热物性参数。

**C.1.5**　测试现场应提供满足测试仪器所需的、稳定的电源。对于输入电压受外界影响有波动的，电压波动的偏差不应超过 5%；测试现场应为测试仪器提供有效的防雨、防雷电等安全防护措施。

**C.1.6**　先连接水管和地埋管换热器等外部非用电的设备，在检查完外部设备连接无误后，最后再将动力电连接到测试仪器上，以保证施工人员和现场的安全。

### C.2　测试仪表

**C.2.3**　对测试仪器仪表的选择，在选择高精度等级的元器件同时，应选择抗干扰能力强，在长时间连续测量情况下仍能保证测量精度的元器件。

### C.3 岩土热响应试验方法

**C.3.1** 测试仪器的摆放应尽可能地靠近测试孔，摆放地点应平整，便于有关人员进行操作，同时减少水平连接管段的长度以及连接过程中的弯头、变径，减少传热损失。

在测试现场，应搭设防护措施，防止测试设备受日晒雨淋的影响，造成测试元件的损坏，影响测试结果。

岩土热物性参数作为一种热物理性质，无论对其进行放热还是取热试验，其数据处理过程基本相同。因此本规范中只要求采用向岩土施加一定加热功率的方式，来进行热响应试验。

现有的主要计算方法，是利用反算法推导出岩土热物性参数。其方法是：从计算机中取出试验测试结果，将其与软件模拟的结果进行对比，使得方差和 $f = \sum_{i=1}^{N}(T_{cal,i} - T_{exp,i})^2$ 取得最小值时，通过传热模型调整后的热物性参数即为所求结果。其中，$T_{cal,i}$ 为第 $i$ 时刻由模型计算出的埋管内流体的平均温度；$T_{exp,i}$ 为第 $i$ 时刻实际测量的埋管中流体的平均温度；$N$ 为试验测量的数据的组数。也可将试验数据直接输入专业的地源热泵岩土热物性测试软件，通过计算分析得到当地岩土的热物性参数。

以下给出一种适用于单 U 形竖直地埋管换热器的分析方法，以供参考。

地埋管换热器与周围岩土的换热可分为钻孔内传热过程和钻孔外传热过程。相比钻孔外，钻孔内的几何尺寸和热容量均很小，可以很快达到一个温度变化相对比较平稳的阶段，因此埋管与钻孔内的换热过程可近似为稳态换热过程。埋管中循环介质温度沿流程不断变化，循环介质平均温度可认为是埋管出入口温度的平均值。钻孔外可视为无限大空间，地下岩土的初始温度均匀，其传热过程可认为是线热源或柱热源在无限大介质中的非稳态传热过程。在定加热功率的条件下：

**1 钻孔内传热过程及热阻**

钻孔内两根埋管单位长度的热流密度分别为 $q_1$ 和 $q_2$，根据线性叠加原理有：

$$\begin{cases} T_{f1} - T_b = R_1 q_1 + R_{12} q_2 \\ T_{f2} - T_b = R_{12} q_1 + R_2 q_2 \end{cases} \tag{9}$$

式中 $T_{f1}$、$T_{f2}$——分别为两根埋管内流体温度（℃）；

$T_b$——钻孔壁温度（℃）；

$R_1$、$R_2$——分别看作是两根管子独立存在时与钻孔壁之间的热阻（m·K/W）；

$R_{12}$——两根管子之间的热阻（m·K/W）。

在工程中可以近似认为两根管子是对称分布在钻孔内部的，其中心距为 $D$，因此有：

$$R_1 = R_2 = \frac{1}{2\pi\lambda_b}\left[\ln\left(\frac{d_b}{d_o}\right) + \frac{\lambda_b - \lambda_s}{\lambda_b + \lambda_s} \cdot \ln\left(\frac{d_b^2}{d_b^2 - D^2}\right)\right] + R_p + R_f \tag{10}$$

$$R_{12} = \frac{1}{2\pi\lambda_b}\left[\ln\left(\frac{d_b}{D}\right) + \frac{\lambda_b - \lambda_s}{\lambda_b + \lambda_s} \cdot \ln\left(\frac{d_b^2}{d_b^2 + D^2}\right)\right] \tag{11}$$

其中埋管管壁的导热热阻 $R_p$ 和管壁与循环介质对流换热热阻 $R_f$ 分别为：

$$R_p = \frac{1}{2\pi\lambda_p} \cdot \ln\left(\frac{d_o}{d_i}\right), R_f = \frac{1}{\pi d_i K} \tag{12}$$

式中 $d_i$——埋管内径（m）；

$d_o$——埋管外径（m）；

$d_b$——钻孔直径（m）；

$\lambda_p$——埋管管壁导热系数 [W/(m·K)]；

$\lambda_b$——钻孔回填材料导热系数 [W/(m·K)]；

$\lambda_s$——埋管周围岩土的导热系数 [W/(m·K)]；

$K$——循环介质与 U 形管内壁的对流换热系数 [W/(m²·K)]。

取 $q_l$ 为单位长度埋管释放的热流量，根据假设有：$q_1 = q_2 = q_l/2$，$T_{f1} = T_{f2} = T_f$，则式（9）可表示为：

$$T_f - T_b = q_l R_b \tag{13}$$

由式（10）~（13）可推得钻孔内传热热阻 $R_b$ 为

$$R_b = \frac{1}{2}\left\{\frac{1}{2\pi\lambda_b}\left[\ln\left(\frac{d_b}{d_o}\right) + \ln\left(\frac{d_b}{D}\right) + \frac{\lambda_b - \lambda_s}{\lambda_b + \lambda_s} \cdot \ln\left(\frac{d_b^4}{d_b^4 - D^4}\right)\right] + \frac{1}{2\pi\lambda_p} \cdot \ln\left(\frac{d_o}{d_i}\right) + \frac{1}{\pi d_i K}\right\} \tag{14}$$

**2 钻孔外传热过程及热阻**

当钻孔外传热视为以钻孔壁为柱面热源的无限大介质中的非稳态热传导时，其传热控制方程、初始条件和边界条件分别为

$$\frac{\partial T}{\partial \tau} = \frac{\lambda_s}{\rho_s c_s}\left(\frac{\partial^2 T}{\partial r^2} + \frac{1}{r}\frac{\partial T}{\partial r}\right), \frac{d_b}{2} \leqslant r < \infty, \tau > 0 \tag{15}$$

$$T = T_{ff}, \frac{d_b}{2} < r < \infty, \tau = 0 \tag{16}$$

$$-\pi d_b \lambda_s \frac{\partial T}{\partial r}\bigg|_{r=\frac{d_b}{2}} = q_l, \tau > 0 \tag{17}$$

$$T = T_{ff}, r \to \infty, \tau > 0 \tag{18}$$

式中 $c_s$——埋管周围岩土的平均比热容 [J/(kg·℃)]；

$T$——孔周围岩土温度（℃）

$T_{ff}$——无穷远处土壤温度（℃）；

$\rho_s$——岩土周围岩土的平均密度（kg/m³）；

$\tau$——时间（s）。

由上述方程可求得 $\tau$ 时刻钻孔周围土壤的温度分布。其公式非常复杂，求值十分困难，需要采取近似计算。

当加热时间较短时，柱热源和线热源模型的计算结果有显著差别；而当加热时间较长时，两模型计算结果的相对误差逐渐减小，而且时间越长差别越小。一般国内外通过实验推导钻孔传热性能及热物性所采用的普遍模型是线热源模型的结论，当时间较长时，线热源模型的钻孔壁温度为：

$$T_{\mathrm{b}} = T_{\mathrm{ff}} + q_l \cdot \frac{1}{4\pi\lambda_{\mathrm{s}}} \cdot Ei\left(\frac{d_{\mathrm{b}}^2 \rho_{\mathrm{s}} c_{\mathrm{s}}}{16\lambda_{\mathrm{s}}\tau}\right) \quad (19)$$

式中

$Ei(x) = \int_x^\infty \frac{e^{-\mathrm{s}}}{S}\mathrm{d}S$ 是指数积分函数。当时间足够长时，

$Ei\left(\dfrac{d_{\mathrm{b}}^2 \rho_{\mathrm{s}} c_{\mathrm{s}}}{16\lambda_{\mathrm{s}}\tau}\right) \approx \ln\left(\dfrac{16\lambda_{\mathrm{s}}\tau}{d_{\mathrm{b}}^2 \rho_{\mathrm{s}} c_{\mathrm{s}}}\right) - \gamma$，$\gamma$ 是欧拉常数，$\gamma \approx$

$0.577216$。$R_{\mathrm{s}} = \dfrac{1}{4\pi\lambda_{\mathrm{s}}} \cdot Ei\left(\dfrac{d_{\mathrm{b}}^2 \rho_{\mathrm{s}} c_{\mathrm{s}}}{16\lambda_{\mathrm{s}}\tau}\right)$ 为钻孔外岩土的导热热阻。

由式（13）和式（19）可以导出 $\tau$ 时刻循环介质平均温度，为

$$T_{\mathrm{f}} = T_{\mathrm{ff}} + q_l \cdot \left[R_{\mathrm{b}} + \frac{1}{4\pi\lambda_{\mathrm{s}}} \cdot Ei\left(\frac{d_{\mathrm{b}}^2 \rho_{\mathrm{s}} c_{\mathrm{s}}}{16\lambda_{\mathrm{s}}\tau}\right)\right] \quad (20)$$

式（14）和式（20）构成了埋管内循环介质与周围岩土的换热方程。式（20）有两个未知参数，周围岩土导热系数 $\lambda_{\mathrm{s}}$ 和容积比热容 $\rho_{\mathrm{s}}c_{\mathrm{s}}$，利用该式可以求得上述两个未知参数。

**C.3.2** 测试孔的深度相比实际的用孔过大或过小都不足以反映真实的岩土热物性参数；如果测试孔与实际的用孔相差过大，应当按照实际用孔的要求，制作测试孔；或将制成的实际用孔作为测试孔进行测试。

**C.3.3** 通过近年来对多个岩土热响应试验的总结，由于地质条件的差异性以及测试孔的成孔工艺不同、深度不一，测试孔恢复至岩土初始温度时所需时间也不一致，通常在 48h 后测试埋管的状态基本稳定；但对于采用水泥基料作为回填材料的，由于水泥在失水的过程中会出现缓慢的放热，因此对于使用水泥基料作回填材料的测试孔，测试孔应放置足够的时间（宜为 10d 以上），以保证测试孔内岩土温度恢复至与周围岩土初始平均温度一致；此外，测试孔成孔完毕后，要求将测试孔放置 48h 以上，也是为了使回填料在钻孔内充分地沉淀密实。

**C.3.4** 随着岩土深度以及岩土性质的不同，各个深度的岩土初始温度也会有所不同。待钻孔结束，钻孔内岩土温度恢复至岩土初始温度后，可采用在钻孔内不同深度分别埋设温度传感器（如铂电阻温度探头）或向测试孔内注满水的 PE 管中，插入温度传感器的方法获得岩土初始的温度分布。

**C.3.5** 岩土热响应试验是一个对岩土缓慢加热直至达到传热平衡的测试过程，因此需要有足够的时间来保证这一过程的充分进行。在试验过程中，如果要改变加热功率，则需要停止试验，待测试孔内温度恢复至与岩土的初始平均温度一致时，才能再进行岩土热响应试验。

对于采用加热功率的测试，加热功率大小的设定，应使换热流体与岩土保持有一定的温差，在地埋管换热器的出口温度稳定后，其温度宜高于岩土初始平均温度 5℃ 以上。如果不能保持一定的温差，试验过程就会变得缓慢，影响试验结果，不利于计算导出岩土热物性参数。

地埋管换热器出口温度稳定，是指在不少于 12h 的时间内，其温度的波动小于 1℃。

**C.3.6** 为有效测定项目所在地岩土热物性参数，应在测试开始前，对流量进行合理化设置：地埋管换热器内流速应能保证流体始终处于紊流状态，流速的大小可视管径、测试现场情况进行设定，但不应低于 0.2m/s。

中华人民共和国国家标准

# 太阳能供热采暖工程技术规范

Technical code for solar heating system

GB 50495—2009

主编部门：中华人民共和国住房和城乡建设部
批准部门：中华人民共和国住房和城乡建设部
施行日期：2 0 0 9 年 8 月 1 日

# 中华人民共和国住房和城乡建设部
## 公　　告

### 第 262 号

## 关于发布国家标准《太阳能
## 供热采暖工程技术规范》的公告

现批准《太阳能供热采暖工程技术规范》为国家标准，编号为 GB 50495-2009，自 2009 年 8 月 1 日起实施。其中，第 1.0.5、3.1.3、3.4.1 (1)、3.6.3 (4)、4.1.1 条（款）为强制性条文，必须严格执行。

本规范由我部标准定额研究所组织中国建筑工业出版社出版发行。

中华人民共和国住房和城乡建设部

2009 年 3 月 19 日

## 前　　言

根据原建设部"关于印发《二〇〇二～二〇〇三年度工程建设国家标准制订、修订计划》的通知"（建标 [2003] 104 号）和"关于印发《2006 年工程建设标准规范制订、修订计划（第一批）》的通知"（建标 [2006] 77 号）的要求，由中国建筑科学研究院会同有关单位共同编制了本规范。

在规范编制过程中，编制组进行了广泛深入的调查研究，认真总结了工程实践经验，参考了国外相关标准和先进经验，并在广泛征求意见的基础上，通过反复讨论、修改和完善，制定了本规范。

本规范共分 5 章和 7 个附录。主要内容是：总则，术语，太阳能供热采暖系统设计，太阳能供热采暖工程施工，太阳能供热采暖工程的调试、验收与效益评估。

本规范中以黑体字标志的条文为强制性条文，必须严格执行。

本规范由住房和城乡建设部负责管理和对强制性条文的解释，由中国建筑科学研究院负责具体技术内容的解释。

本规范在执行过程中，请各单位注意总结经验，积累资料，随时将有关意见和建议反馈给中国建筑科学研究院（地址：北京北三环东路 30 号；邮政编码：100013），以供修订时参考。

本规范主编单位：中国建筑科学研究院

本规范参编单位：国家住宅与居住环境工程技术
　　　　　　　　　　研究中心
　　　　　　　　国际铜业协会（中国）
　　　　　　　　北京市太阳能研究所有限公司

昆明新元阳光科技有限公司
深圳市嘉普通太阳能有限公司
北京创意博能源科技有限公司
山东力诺瑞特新能源有限公司
皇明太阳能集团有限公司
北京清华阳光能源开发有限责任公司
江苏太阳雨太阳能有限公司
北京九阳实业公司
艾欧史密斯（中国）热水器有限公司
默洛尼卫生洁具(中国)有限公司
北京北方赛尔太阳能工程技术有限公司
北京天普太阳能工业有限公司
陕西华夏新能源科技有限公司

本规范主要起草人：郑瑞澄　路　宾　李　忠
　　　　　　　　　何　涛　张　磊　张昕宇
　　　　　　　　　孙　宁　朱敦智　朱培世
　　　　　　　　　邹怀松　刘学真　孙峙峰
　　　　　　　　　倪　超　徐志斌　冯爱荣
　　　　　　　　　窦建清　焦青太　赵国华
　　　　　　　　　程兆山　方达龙　赵大山
　　　　　　　　　任　杰　霍炳男

主要审查人员名单：李娥飞　罗振涛　殷志强
　　　　　　　　　刘振印　张树君　何梓年
　　　　　　　　　杨纯华　宋业辉　贾铁鹰

# 目　次

# Contents

# 1 总　则

**1.0.1** 为规范太阳能供热采暖工程的设计、施工及验收，做到安全适用、经济合理、技术先进可靠，保证工程质量，制定本规范。

**1.0.2** 本规范适用于在新建、扩建和改建建筑中使用太阳能供热采暖系统的工程，以及在既有建筑上改造或增设太阳能供热采暖系统的工程。

**1.0.3** 太阳能供热采暖系统应与工程建设项目同步设计、同步施工、统一验收、同时投入使用。

**1.0.4** 太阳能供热采暖系统应做到全年综合利用，在采暖期为建筑物提供供热采暖，在非采暖期为建筑物提供生活热水或其他用热。

**1.0.5** 在既有建筑上增设或改造太阳能供热采暖系统，必须经建筑结构安全复核，满足建筑结构及其他相应的安全性要求，并经施工图设计文件审查合格后，方可实施。

**1.0.6** 设置太阳能供热采暖系统的新建、改建、扩建和既有供暖建筑物，建筑热工与节能设计不应低于国家有关建筑节能标准的规定。

**1.0.7** 太阳能供热采暖工程设计、施工及验收除应符合本规范外，尚应符合国家现行有关标准的规定。

# 2 术　语

**2.0.1** 太阳能供热采暖系统　solar heating system

将太阳能转换成热能，供给建筑物冬季采暖和全年其他用热的系统，系统主要部件有太阳能集热器、换热蓄热装置、控制系统、其他能源辅助加热／换热设备、泵或风机、连接管道和末端供热采暖系统等。

**2.0.2** 短期蓄热太阳能供热采暖系统　solar heating system with short-term heat storage

仅设置具有数天贮热容量设备的太阳能供热采暖系统。

**2.0.3** 季节蓄热太阳能供热采暖系统　solar heating system with seasonal heat storage

设置的贮热设备容量，可贮存在非采暖期获取的太阳能量，用于冬季供热采暖的太阳能供热采暖系统。

**2.0.4** 液体工质太阳能集热器　solar liquid collector

吸收太阳辐射并将产生的热能传递到液体传热工质的装置。

**2.0.5** 太阳能空气集热器　solar air collector

吸收太阳辐射并将产生的热能传递到空气传热工质的装置。

**2.0.6** 液体工质集热器太阳能供热采暖系统　solar heating system using solar liquid collector

使用液体工质太阳能集热器的太阳能供热采暖系统。

**2.0.7** 太阳能空气集热器供热采暖系统　solar heating system using solar air collector

使用太阳能空气集热器的太阳能供热采暖系统。

**2.0.8** 太阳能集热系统　solar collector loop

用于收集太阳能并将其转化为热能传递到蓄热装置的系统，包括太阳能集热器、管路、泵或风机（强制循环系统）、换热器（间接系统）、蓄热装置及相关附件。

**2.0.9** 直接式太阳能集热系统（直接系统）　solar direct system

在太阳能集热器中直接加热水供给用户的太阳能集热系统。

**2.0.10** 间接式太阳能集热系统（间接系统）　solar indirect system

在太阳能集热器中加热液体传热工质，再通过换热器由该种传热工质加热水供给用户的太阳能集热系统。

**2.0.11** 开式太阳能集热系统（开式系统）　solar open system

与大气相通的太阳能集热系统。

**2.0.12** 闭式太阳能集热系统（闭式系统）　solar closed system

不与大气相通的太阳能集热系统。

**2.0.13** 排空系统　drain down system

在可能发生工质被冻结情况时，可将全部工质全部排空以防止冻害的直接式太阳能集热系统。

**2.0.14** 排回系统　drain back system

在可能发生工质被冻结情况时，可将全部工质排回室内贮液罐以防止冻害的间接式太阳能集热系统。

**2.0.15** 防冻液系统　antifreeze system

采用防冻液作为传热工质以防止冻害的间接式太阳能集热系统。

**2.0.16** 循环防冻系统　prevent freeze with circulation

在可能发生工质被冻结情况时，启动循环泵使工质循环以防止冻害的直接式太阳能集热系统。

**2.0.17** 太阳能保证率　solar fraction

太阳能供热采暖系统中由太阳能供给的热量占系统总热负荷的百分率。

**2.0.18** 系统费效比　cost／benefit ratio of the system

太阳能供热采暖系统的增投资与系统在正常使用寿命期内的总节能量的比值（元／kWh），表示利用太阳能节省每千瓦小时常规能源热量的投资成本。

**2.0.19** 建筑物耗热量　heat loss of building

在计算采暖期室外平均气温条件下，为保持室内设计计算温度，建筑物在单位时间内消耗的、需由室内供暖设备供给的热量。单位为瓦（W）。

**2.0.20 采暖热负荷 heating load for space heating**

在采暖室外计算温度条件下，为保持室内设计计算温度，建筑物在单位时间内消耗的、需由供热设施供给的热量。单位为瓦（W）。

**2.0.21 太阳能集热器总面积 gross collector area**

整个集热器的最大投影面积，不包括那些固定和连接传热工质管道的组成部分。单位为平方米（$m^2$）。

**2.0.22 太阳能集热器采光面积 aperture collector area**

非会聚太阳辐射进入集热器的最大投影面积。单位为平方米（$m^2$）。

# 3 太阳能供热采暖系统设计

## 3.1 一般规定

**3.1.1** 太阳能供热采暖系统类型的选择，应根据所在地区气候、太阳能资源条件、建筑物类型、建筑物使用功能、业主要求、投资规模、安装条件等因素综合确定。

**3.1.2** 太阳能供热采暖系统设计应充分考虑施工安装、操作使用、运行管理、部件更换和维护等要求，做到安全、可靠、适用、经济、美观。

**3.1.3** 太阳能供热采暖系统应根据不同地区和使用条件采取防冻、防结露、防过热、防雷、防雹、抗风、抗震和保证电气安全等技术措施。

**3.1.4** 太阳能供热采暖系统应设置其他能源辅助加热/换热设备，做到因地制宜、经济适用。

**3.1.5** 太阳能供热采暖系统中的太阳能集热器的性能应符合现行国家标准《平板型太阳能集热器》GB/T 6424 和《真空管型太阳能集热器》GB/T 17581 的规定，正常使用寿命不应少于 10 年。其余组成设备和部件的质量应符合国家相关产品标准的规定。

**3.1.6** 在太阳能供热采暖系统中，宜设置能耗计量装置。

**3.1.7** 太阳能供热采暖系统设计完成后，应进行系统节能、环保效益预评估。

## 3.2 供热采暖系统选型

**3.2.1** 太阳能供热采暖系统可由太阳能集热系统、蓄热系统、末端供热采暖系统、自动控制系统和其他能源辅助加热/换热设备集合构成。

**3.2.2** 按所使用的太阳能集热器类型，太阳能供热采暖系统可分为下列两种系统：

  1 液体工质集热器太阳能供热采暖系统；
  2 太阳能空气集热器供热采暖系统。

**3.2.3** 按集热系统的运行方式，太阳能供热采暖系统可分为下列两种系统：

  1 直接式太阳能供热采暖系统；
  2 间接式太阳能供热采暖系统。

**3.2.4** 按所使用的末端采暖系统类型，太阳能供热采暖系统可分为下列四种系统：

  1 低温热水地板辐射采暖系统；
  2 水-空气处理设备采暖系统；
  3 散热器采暖系统；
  4 热风采暖系统。

**3.2.5** 按蓄热能力，太阳能供热采暖系统可分为下列两种系统：

  1 短期蓄热太阳能供热采暖系统；
  2 季节蓄热太阳能供热采暖系统。

**3.2.6** 太阳能供热采暖系统的类型宜根据建筑气候分区和建筑物类型参照表 3.2.6 选择。

**表 3.2.6 太阳能供热采暖系统选型**

| 建筑气候分区 | | | 严寒地区 | | | 寒冷地区 | | | 夏热冬冷、温和地区 | | |
|---|---|---|---|---|---|---|---|---|---|---|---|
| 建筑物类型 | | | 低层 | 多层 | 高层 | 低层 | 多层 | 高层 | 低层 | 多层 | 高层 |
| 太阳能集热器 | 液体工质集热器 | | ● | ● | ● | ● | ● | ● | ● | ● | ● |
| | 空气集热器 | | ● | — | ● | ● | — | ● | ● | — | ● |
| 集热系统运行方式 | 直接系统 | | — | — | — | ● | ● | ● | ● | ● | ● |
| | 间接系统 | | ● | ● | ● | ● | ● | ● | ● | ● | ● |
| 系统蓄热能力 | 短期蓄热 | | ● | ● | ● | ● | ● | ● | ● | ● | ● |
| | 季节蓄热 | | ● | ● | ● | ● | — | — | — | — | — |
| 末端采暖系统 | 低温热水地板辐射采暖 | | ● | ● | ● | ● | ● | ● | ● | ● | ● |
| | 水-空气处理设备采暖 | | | | | | | ● | ● | ● | ● |
| | 散热器采暖 | | — | — | — | ● | ● | ● | ● | ● | ● |
| | 热风采暖 | | ● | — | — | ● | ● | — | ● | ● | — |

注：表中"●"为可选用项。

**3.2.7** 液体工质集热器太阳能供热采暖系统可用于现行国家标准《采暖通风与空气调节设计规范》GB 50019 中规定采用热水辐射采暖、空气调节系统采暖和散热器采暖的各类建筑。太阳能空气集热器供暖系统可用于建筑物内需热风采暖的区域。

## 3.3 供热采暖系统负荷计算

**3.3.1** 对采暖热负荷和生活热水负荷分别进行计算

后，应选两者中较大的负荷确定为太阳能供热采暖系统的设计负荷，太阳能供热采暖系统的设计负荷应由太阳能集热系统和其他能源辅助加热/换热设备共同负担。

**3.3.2** 太阳能集热系统负担的采暖热负荷是在计算采暖期室外平均气温条件下的建筑物耗热量。建筑物耗热量、围护结构传热耗热量、空气渗透耗热量的计算应符合下列规定：

**1** 建筑物耗热量应按下式计算：

$$Q_H = Q_{HT} + Q_{INF} - Q_{IH} \quad (3.3.2-1)$$

式中 $Q_H$ ——建筑物耗热量，W；

$Q_{HT}$ ——通过围护结构的传热耗热量，W；

$Q_{INF}$ ——空气渗透耗热量，W；

$Q_{IH}$ ——建筑物内部得热量（包括照明、电器、炊事和人体散热等），W。

**2** 通过围护结构的传热耗热量应按下式计算：

$$Q_{HT} = (t_i - t_e)(\Sigma \varepsilon KF) \quad (3.3.2-2)$$

式中 $Q_{HT}$ ——通过围护结构的传热耗热量，W；

$t_i$ ——室内空气计算温度，按《采暖通风与空气调节设计规范》GB 50019 中的规定范围的低限选取，℃；

$t_e$ ——采暖期室外平均温度，℃；

$\varepsilon$ ——各个围护结构传热系数的修正系数，参照相关的建筑节能设计行业标准选取；

$K$ ——各个围护结构的传热系数，W/（$m^2 \cdot$℃）；

$F$ ——各个围护结构的面积，$m^2$。

**3** 空气渗透耗热量应按下式计算：

$$Q_{INF} = (t_i - t_e)(c_P \rho NV) \quad (3.3.2-3)$$

式中 $Q_{INF}$ ——空气渗透耗热量，W；

$c_P$ ——空气比热容，取 0.28W $\cdot$ h/（kg $\cdot$ ℃）；

$\rho$ ——空气密度，取 $t_e$ 条件下的值，$kg/m^3$；

$N$ ——换气次数，次/h；

$V$ ——换气体积，$m^3$/次。

**3.3.3** 其他能源辅助加热/换热设备负担在采暖室外计算温度条件下建筑物采暖热负荷的计算应符合下列规定：

**1** 采暖热负荷应按现行国家标准《采暖通风与空气调节设计规范》GB 50019 中的规定计算。

**2** 在标准规定可不设置集中采暖的地区或建筑，宜根据当地的实际情况，适当降低室内空气计算温度。

**3.3.4** 太阳能集热系统负担的热水供应负荷为建筑物的生活热水日平均耗热量。热水日平均耗热量应按

下式计算：

$$Q_W = mq_r c_W \rho_W(t_r - t_l)/86400 \quad (3.3.4-1)$$

式中 $Q_W$ ——生活热水日平均耗热量，W；

$m$ ——用水计算单位数，人数或床位数；

$q_r$ ——热水用水定额，根据《建筑给水排水设计规范》GB 50015 规定，按热水最高日用水定额的下限取值，L/（人 $\cdot$ d）或 L/（床 $\cdot$ d）；

$c_W$ ——水的比热容，取 4187 J/（kg $\cdot$ ℃）；

$\rho_W$ ——热水密度，kg/L；

$t_r$ ——设计热水温度，℃；

$t_l$ ——设计冷水温度，℃。

## 3.4 太阳能集热系统设计

**3.4.1** 太阳能集热系统设计应符合下列基本规定：

**1** 建筑物上安装太阳能集热系统，严禁降低相邻建筑的日照标准。

**2** 直接式太阳能集热系统宜在冬季环境温度较高，防冻要求不严格的地区使用；冬季环境温度较低的地区，宜采用间接式太阳能集热系统。

**3** 太阳能集热系统管道应选用耐腐蚀和安装连接方便可靠的管材。可采用铜管、不锈钢管、塑料和金属复合热水管等。

**3.4.2** 太阳能集热器的设置应符合下列规定：

**1** 太阳能集热器宜朝向正南，或南偏东、偏西30°的朝向范围内设置；安装倾角宜选择在当地纬度$-10°$~$+20°$的范围内；当受实际条件限制时，应按附录 A 进行面积补偿，合理增加集热器面积，并应进行经济效益分析。

**2** 放置在建筑外围护结构上的太阳能集热器，在冬至日集热器采光面上的日照时数应不少于 4h。前、后排集热器之间应留有安装、维护操作的足够间距，排列应整齐有序。

**3** 某一时刻太阳能集热器不被前方障碍物遮挡阳光的日照间距应按下式计算：

$$D = H \times \coth \times \cos\gamma_0 \quad (3.4.2)$$

式中 $D$ ——日照间距，m；

$H$ ——前方障碍物的高度，m；

$h$ ——计算时刻的太阳高度角，°；

$\gamma_0$ ——计算时刻太阳光线在水平面上的投影线与集热器表面法线在水平面上的投影线之间的夹角，°。

**4** 太阳能集热器不得跨越建筑变形缝设置。

**3.4.3** 确定太阳能集热器总面积应符合下列规定：

**1** 直接系统集热器总面积应按下式计算：

$$A_C = \frac{86400Q_H f}{J_T \eta_{cd}(1 - \eta_L)} \quad (3.4.3-1)$$

式中 $A_C$ ——直接系统集热器总面积，$m^2$；

$Q_H$ ——建筑物耗热量，W；

$J_T$ ——当地集热器采光面上的平均日太阳辐照量，$J/(m^2 \cdot d)$，按附录 B 选取；

$f$ ——太阳能保证率，%，按附录 B 选取；

$\eta_{cd}$ ——基于总面积的集热器平均集热效率，%，按附录 C 方法计算；

$\eta_L$ ——管路及贮热装置热损失率，%，按附录 D 方法计算。

**2** 间接系统集热器总面积应按下式计算：

$$A_{IN} = A_C \cdot \left(1 + \frac{U_L \cdot A_C}{U_{hx} \cdot A_{hx}}\right) \quad (3.4.3-2)$$

式中 $A_{IN}$ ——间接系统集热器总面积，$m^2$；

$A_C$ ——直接系统集热器总面积，$m^2$；

$U_L$ ——集热器总热损系数，$W/(m^2 \cdot ℃)$，测试得出；

$U_{hx}$ ——换热器传热系数，$W/(m^2 \cdot ℃)$，查产品样本得出；

$A_{hx}$ ——间接系统换热器换热面积，$m^2$，按附录 E 方法计算。

**3.4.4** 太阳能集热系统的设计流量应按下列公式和推荐的参数计算。

**1** 太阳能集热系统的设计流量应按下式计算：

$$G_S = gA \quad (3.4.4)$$

式中 $G_S$ ——太阳能集热系统的设计流量，$m^3/h$；

$g$ ——太阳能集热器的单位面积流量，$m^3/(h \cdot m^2)$；

$A$ ——太阳能集热器的采光面积，$m^2$。

**2** 太阳能集热器的单位面积流量应根据太阳能集热器生产企业给出的数值确定。在没有企业提供相关技术参数的情况下，根据不同的系统，宜按表 3.4.4 给出的范围取值。

**表 3.4.4 太阳能集热器的单位面积流量**

| 系统类型 | | 太阳能集热器的单位面积流量 $m^3/(h \cdot m^2)$ |
|---|---|---|
| 小型太阳能供热水系统 | 真空管型太阳能集热器 | $0.035 \sim 0.072$ |
| | 平板型太阳能集热器 | $0.072$ |
| 大型集中太阳能供暖系统（集热器总面积大于 $100m^2$） | | $0.021 \sim 0.06$ |
| 小型独户太阳能供暖系统 | | $0.024 \sim 0.036$ |
| 板式换热器间接式太阳能集热供暖系统 | | $0.009 \sim 0.012$ |
| 太阳能空气集热器供暖系统 | | 36 |

**3.4.5** 太阳能集热系统宜采用自动控制变流量运行。

**3.4.6** 太阳能集热系统的防冻设计应符合下列规定：

**1** 在冬季室外环境温度可能低于 0℃ 的地区，应进行太阳能集热系统的防冻设计。

**2** 太阳能集热系统可采用的防冻措施宜根据集热系统类型、使用地区参照表 3.4.6 选择。

**表 3.4.6 太阳能集热系统的防冻设计选型**

| 建筑气候分区 | | 严寒地区 | | 寒冷地区 | | 夏热冬冷地区 | | 温和地区 | |
|---|---|---|---|---|---|---|---|---|---|
| 太阳能集热系统类型 | | 直接系统 | 间接系统 | 直接系统 | 间接系统 | 直接系统 | 间接系统 | 直接系统 | 间接系统 |
| 防冻设计类型 | 排空系统 | — | — | ● | — | ● | — | ● | — |
| | 排回系统 | — | ● | — | ● | — | ● | — | ● |
| | 防冻液系统 | — | ● | — | ● | — | ● | — | ● |
| | 循环防冻系统 | — | — | ● | — | ● | — | ● | — |

注：表中"●"为可选用项。

**3** 太阳能集热系统的防冻措施应采用自动控制运行工作。

## 3.5 蓄热系统设计

**3.5.1** 太阳能蓄热系统设计应符合下列基本规定：

**1** 应根据太阳能集热系统形式、系统性能、系统投资，供热采暖负荷和太阳能保证率进行技术经济分析，选取适宜的蓄热系统。

**2** 太阳能供热采暖系统的蓄热方式，应根据蓄热系统形式、投资规模和当地的地质、水文、土壤条件及使用要求按表 3.5.1 进行选择。

**表 3.5.1 蓄热方式选用表**

| 系统形式 | 蓄热方式 | | | | |
|---|---|---|---|---|---|
| | 贮热水箱 | 地下水池 | 土壤埋管 | 卵石堆 | 相变材料 |
| 液体工质集热器短期蓄热系统 | ● | ● | — | — | ● |
| 液体工质集热器季节蓄热系统 | — | ● | ● | — | — |
| 空气集热器短期蓄热系统 | — | — | — | ● | ● |

注：表中"●"为可选用项。

**3** 短期蓄热液体工质集热器太阳能供暖系统，宜用于单体建筑的供暖；季节蓄热液体工质集热器太阳能供暖系统，宜用于较大建筑面积的区域供暖。

**4** 蓄热水池不应与消防水池合用。

**3.5.2** 液体工质蓄热系统设计应符合下列规定：

**1** 根据当地的太阳能资源、气候、工程投资等因素综合考虑，短期蓄热液体工质集热器太阳能供暖系统的蓄热量应满足建筑物1～5天的供暖需求。

**2** 各类太阳能供热采暖系统对应每平方米太阳能集热器采光面积的贮热水箱、水池容积范围可按表3.5.2选取，宜根据设计蓄热时间周期和蓄热量等参数计算确定。

**表 3.5.2　各类系统贮热水箱的容积选择范围**

| 系统类型 | 小型太阳能供热水系统 | 短期蓄热太阳能供热采暖系统 | 季节蓄热太阳能供热采暖系统 |
|---|---|---|---|
| 贮热水箱、水池容积范围（L/m²） | 40～100 | 50～150 | 1400～2100 |

**3** 应合理布置太阳能集热系统、生活热水系统、供暖系统与贮热水箱的连接管位置，实现不同温度供热／换热需求，提高系统效率。

**4** 水箱进、出口处流速宜小于0.04m/s，必要时宜采用水流分布器。

**5** 设计地下水池季节蓄热系统的水池容量时，应校核计算蓄热水池内热水可能达到的最高温度；宜利用计算软件模拟系统的全年运行性能，进行计算预测。水池的最高水温应比水池工作压力对应的工质沸点温度低5℃。

**6** 地下水池应根据相关国家标准、规范进行槽体结构、保温结构和防水结构的设计。

**7** 季节蓄热地下水池应有避免池内水温分布不均匀的技术措施。

**8** 贮热水箱和地下水池宜采用外保温，其保温设计应符合国家现行标准《采暖通风与空气调节设计规范》GB 50019及《设备及管道绝热设计导则》GB/T 8175的规定。

**9** 设计土壤埋管季节蓄热系统之前，应进行地质勘察，确定当地的土壤地质条件是否适宜埋管，是否宜与地埋管热泵系统配合使用。

**3.5.3** 卵石堆蓄热设计应符合下列规定：

**1** 空气蓄热系统的蓄热装置——卵石堆蓄热器（卵石箱）内的卵石含量为每平方米集热器面积250kg；卵石直径小于10cm时，卵石堆深度不宜小于2m，卵石直径大于10cm时，卵石堆深度不宜小于3m。卵石箱上下风口的面积应大于8％的卵石箱截面积，空气通过上下风口流经卵石堆的阻力应小于37Pa。

**2** 放入卵石箱内的卵石应大小均匀并清洗干净，直径范围宜在5～10cm之间；不应使用易破碎或可

与水和二氧化碳起反应的石头。卵石堆可水平或垂直铺放在箱内，宜优先选用垂直卵石堆，地下狭窄、高度受限的地点宜选用水平卵石堆。

**3.5.4** 相变材料蓄热设计应符合下列规定：

**1** 空气集热器太阳能供暖系统采用相变材料蓄热时，热空气可直接流过相变材料蓄热器加热相变材料进行蓄热；液体工质集热器太阳能供暖系统采用相变材料蓄热时，应增设换热器，通过换热器加热相变材料蓄热器中的相变材料进行蓄热。

**2** 应根据太阳能供热采暖系统的工作温度，选择确定相变材料，使相变材料的相变温度与系统的工作温度范围相匹配。常用相变材料特性可参见附录G。

## 3.6　控制系统设计

**3.6.1** 太阳能供热采暖系统的自动控制设计应符合下列基本规定：

**1** 太阳能供热采暖系统应设置自动控制。自动控制的功能应包括对太阳能集热系统的运行控制和安全防护控制、集热系统和辅助热源设备的工作切换控制。太阳能集热系统安全防护控制的功能应包括防冻保护和防过热保护。

**2** 控制方式应简便、可靠、利于操作；相应设置的电磁阀、温度控制阀、压力控制阀、泄水阀、自动排气阀、止回阀、安全阀等控制元件性能应符合相关产品标准要求。

**3** 自动控制系统中使用的温度传感器，其测量不确定度不应大于0.5℃。

**3.6.2** 系统运行和设备工作切换的自动控制应符合下列规定：

**1** 太阳能集热系统宜采用温差循环运行控制。

**2** 变流量运行的太阳能集热系统，宜采用设太阳辐照感应传感器（如光伏电池板等）或温度传感器的方式，应根据太阳辐照条件或温差变化控制变频泵改变系统流量，实现优化运行。

**3** 太阳能集热系统和辅助热源加热设备的相互工作切换宜采用定温控制。应在贮热装置内的供热介质出口处设置温度传感器，当介质温度低于"设计供热温度"时，应通过控制器启动辅助热源加热设备工作，当介质温度高于"设计供热温度"时，辅助热源加热设备应停止工作。

**3.6.3** 系统安全和防护的自动控制应符合下列规定：

**1** 使用排空和排回防冻措施的直接和间接式太阳能集热系统宜采用定温控制。当太阳能集热系统出口水温低于设定的防冻执行温度时，通过控制器启闭相关阀门完全排空集热系统中的水或将水排回贮水箱。

**2** 使用循环防冻措施的直接式太阳能集热系统宜采用定温控制。当太阳能集热系统出口水温低于设

定的防冻执行温度时，通过控制器启动循环泵进行防冻循环。

3 水箱防过热温度传感器应设置在贮热水箱顶部，防过热执行温度应设定在 80℃ 以内；系统防过热温度传感器应设置在集热系统出口，防过热执行温度的设定范围应与系统的运行工况和部件的耐热能力相匹配。

4 为防止因系统过热而设置的安全阀应安装在泄压时排出的高温蒸汽和水不会危及周围人员的安全的位置上，并应配备相应的措施；其设定的开启压力，应与系统可耐受的最高工作温度对应的饱和蒸汽压力相一致。

### 3.7 末端供暖系统设计

3.7.1 液体工质集热器太阳能供热采暖系统可采用低温热水地板辐射、水-空气处理设备和散热器等末端供暖系统。

3.7.2 空气集热器太阳能供热采暖系统应采用热风采暖末端供暖系统，宜采用部分新风加回风循环的风管送风系统，系统运行噪声应符合国家相关规范的要求。

3.7.3 太阳能供热采暖系统的末端供暖系统设计应符合国家现行标准《采暖通风与空气调节设计规范》GB 50019 和《地面辐射供暖技术规程》JGJ 142 的规定。

### 3.8 热水系统设计

3.8.1 太阳能供热采暖系统中热水系统的供热水范围，应根据所在地区气候、太阳能资源条件、建筑物类型、功能，综合业主要求、投资规模、安装等条件确定，并应保证系统在非采暖季正常运行时不会发生过热现象。

3.8.2 热水系统设计应符合现行国家标准《建筑给水排水设计规范》GB 50015、《民用建筑太阳能热水系统应用技术规范》GB 50364 的规定。

3.8.3 生活热水系统水质的卫生指标，应符合现行国家标准《生活饮用水卫生标准》GB 5749 的要求。

### 3.9 其他能源辅助加热/换热设备设计选型

3.9.1 其他能源加热/换热设备所使用的常规能源种类，应符合现行国家标准《采暖通风与空气调节设计规范》GB 50019、《公共建筑节能设计标准》GB 50189 的规定。

3.9.2 其他能源加热/换热设备的选择原则和设备的综合性能应符合现行国家标准《公共建筑节能设计标准》GB 50189 的规定。

3.9.3 其他能源加热/换热设备的设计选型应符合现行国家标准《采暖通风与空气调节设计规范》GB 50019、《锅炉房设计规范》GB 50041 的规定。

# 4 太阳能供热采暖工程施工

## 4.1 一般规定

4.1.1 太阳能供热采暖系统的施工安装不得破坏建筑物的结构、屋面、地面防水层和附属设施，不得削弱建筑物在寿命期内承受荷载的能力。

4.1.2 太阳能供热采暖系统的施工安装应单独编制施工组织设计，并应包括与主体结构施工、设备安装、装饰装修等相关工种的协调配合方案和安全措施等内容。

4.1.3 太阳能供热采暖系统施工安装前应具备下列条件：

1 设计文件齐备，且已审查通过；

2 施工组织设计及施工方案已经批准；

3 施工场地符合施工组织设计要求；

4 现场水、电、场地、道路等条件能满足正常施工需要；

5 预留基础、孔洞、设施符合设计图纸，并已验收合格；

6 既有建筑经结构复核或法定检测机构同意安装太阳能供热采暖系统的鉴定文件。

4.1.4 太阳能供热采暖系统连接管线、部件、阀门等配件选用的材料应耐受系统的最高工作温度和工作压力。

4.1.5 进场安装的太阳能供热采暖系统产品、配件、材料有产品合格证，其性能应符合设计要求；集热器应有性能检测报告。

## 4.2 太阳能集热系统施工

4.2.1 太阳能集热器的安装方位应符合设计要求并使用罗盘仪定位。

4.2.2 太阳能集热器的相互连接以及真空管与联箱的密封应按照产品设计的连接和密封方式安装，具体操作应严格按产品说明书进行。

4.2.3 安装在平屋面专用基座上的太阳能集热器，应按照设计要求保证基座的强度，基座与建筑主体结构应牢固连接；应做好防水处理，防水制作应符合现行国家标准《屋面工程质量验收规范》GB 50207 的规定。

4.2.4 埋设在坡屋面结构层的预埋件应在结构层施工时同时埋入，位置应准确。预埋件应做防腐处理，在太阳能集热系统安装前应妥善保护。

4.2.5 带支架安装的太阳能集热器，其支架强度、抗风能力、防腐处理和热补偿措施等应符合设计要求或国家现行标准的规定。

4.2.6 太阳能集热系统管线穿过屋面、露台时，应预埋防水套管。

**4.2.7** 太阳能集热系统的管道施工安装应符合现行国家标准《建筑给水排水及采暖工程施工质量验收规范》GB 50242、《通风与空调工程施工质量验收规范》GB 50243 的规定。

### 4.3 太阳能蓄热系统施工

**4.3.1** 用于制作贮热水箱的材质、规格应符合设计要求；钢板焊接的贮热水箱，水箱内、外壁应按设计要求做防腐处理，内壁防腐涂料应卫生、无毒，能长期耐受所贮存热水的最高温度。

**4.3.2** 贮热水箱制作应符合相关标准的规定；贮热水箱保温应在水箱检漏试验合格后进行，保温制作应符合现行国家标准《工业设备及管道绝热工程质量检验评定标准》GB 50185 的规定；贮热水箱内箱应做接地处理，接地应符合现行国家标准《电气装置安装工程接地装置施工及验收规范》GB 50169 的规定。

**4.3.3** 贮热水箱和支架间应有隔热垫，不宜直接刚性连接。

**4.3.4** 蓄热地下水池现场施工制作时，应符合下列规定：

    **1** 地下水池应满足系统承压要求，并应能承受土壤等荷载；

    **2** 地下水池应严密、无渗漏；

    **3** 地下水池及内部部件应作抗腐蚀处理，内壁防腐涂料应卫生、无毒，能长期耐受所贮存热水的最高温度；

    **4** 地下水池选用的保温材料和保温构造做法应能长期耐受所贮存热水的最高温度。

**4.3.5** 太阳能蓄热系统的管道施工安装应符合现行国家标准《建筑给水排水及采暖工程施工质量验收规范》GB 50242、《通风与空调工程施工质量验收规范》GB 50243 的规定。

### 4.4 控制系统施工

**4.4.1** 系统的电缆线路施工和电气设施的安装应符合现行国家标准《电气装置安装工程电缆线路施工及验收规范》GB 50168 和《建筑电气工程施工质量验收规范》GB 50303 的相关规定。

**4.4.2** 系统中全部电气设备和与电气设备相连接的金属部件应做接地处理。电气接地装置的施工应符合现行国家标准《电气装置安装工程接地装置施工及验收规范》GB 50169 的规定。

### 4.5 末端供暖系统施工

**4.5.1** 末端供暖系统的施工安装应符合现行国家标准《建筑给水排水及采暖工程施工质量验收规范》GB 50242、《通风与空调工程施工质量验收规范》GB 50243 的相关规定。

**4.5.2** 低温热水地板辐射供暖系统的施工安装应符合现行行业标准《地面辐射供暖技术规程》JGJ 142 的相关规定。

## 5 太阳能供热采暖工程的调试、验收与效益评估

### 5.1 一般规定

**5.1.1** 太阳能供热采暖工程安装完毕投入使用前，应进行系统调试。系统调试应在竣工验收阶段进行；不具备使用条件时，经建设单位同意，可延期进行。

**5.1.2** 系统调试应包括设备单机、部件调试和系统联动调试。系统联动调试应按照实际运行工况进行，联动调试完成后，应进行连续 3 天试运行。

**5.1.3** 太阳能供热采暖系统工程的验收应分为分项工程验收和竣工验收。分项工程验收应由监理工程师（建设单位技术负责人）组织施工单位项目专业质量（技术）负责人等进行；竣工验收应由建设单位（项目）负责人组织施工单位、设计、监理等单位（项目）负责人进行。

**5.1.4** 分项工程验收宜根据工程施工特点分期进行，对于影响工程安全和系统性能的工序，必须在本工序验收合格后才能进入下一道工序的施工。

**5.1.5** 竣工验收应在工程移交用户前，分项工程验收合格后进行；竣工验收应提交下列验收资料：

    **1** 设计变更证明文件和竣工图；

    **2** 主要材料、设备、成品、半成品、仪表的出厂合格证明或检验资料；

    **3** 屋面防水检漏记录；

    **4** 隐蔽工程验收记录和中间验收记录；

    **5** 系统水压试验记录；

    **6** 系统生活热水水质检验记录；

    **7** 系统调试及试运行记录；

    **8** 系统热工性能检验记录。

**5.1.6** 太阳能供热采暖工程施工质量的保修期限，自竣工验收合格日起计算为二个采暖期。在保修期内发生施工质量问题的，施工企业应履行保修职责，责任方承担相应的经济责任。

### 5.2 系统调试

**5.2.1** 太阳能供热采暖工程的系统调试，应由施工单位负责，监理单位监督，设计单位与建设单位参与和配合。系统调试的实施单位可以是施工企业本身或委托给有调试能力的其他单位。

**5.2.2** 太阳能供热采暖工程的系统联动调试，应在设备单机、部件调试和试运转合格后进行。

**5.2.3** 设备单机、部件调试应包括下列内容：

    **1** 检查水泵安装方向；

    **2** 检查电磁阀安装方向；

**3** 温度、温差、水位、流量等仪表显示正常；

**4** 电气控制系统应达到设计要求功能，动作准确；

**5** 剩余电流保护装置动作准确可靠；

**6** 防冻、过热保护装置工作正常；

**7** 各种阀门开启灵活，密封严密；

**8** 辅助能源加热设备工作正常，加热能力达到设计要求。

**5.2.4** 系统联动调试应包括下列内容：

**1** 调整系统各个分支回路的调节阀门，使各回路流量平衡，达到设计流量；

**2** 调试辅助热源加热设备与太阳能集热系统的工作切换，达到设计要求；

**3** 调整电磁阀使阀前阀后压力处于设计要求的压力范围内。

**5.2.5** 系统联动调试后的运行参数应符合下列规定：

**1** 额定工况下供热采暖系统的流量和供热水温度、热风采暖系统的风量和热风温度的调试结果与设计值的偏差不应大于现行国家标准《通风与空调工程施工质量验收规范》GB 50243 的相关规定；

**2** 额定工况下太阳能集热系统的流量或风量与设计值的偏差不应大于 10%；

**3** 额定工况下太阳能集热系统进出口工质的温差应符合设计要求。

### 5.3 工程验收

**5.3.1** 太阳能供热采暖工程的分部、分项工程可按表 5.3.1 划分。

**表 5.3.1 太阳能供热采暖工程的分部、分项工程划分表**

| 序号 | 分部工程 | 分 项 工 程 |
|------|----------|-------------|
| 1 | 太阳能集热系统 | 太阳能集热器安装、其他能源辅助加热/换热设备安装、管道及配件安装、系统水压试验及调试、防腐、绝热 |
| 2 | 蓄热系统 | 贮热水箱及配件安装、地下水池施工、管道及配件安装、辅助设备安装、防腐、绝热 |
| 3 | 室内采暖系统 | 管道及配件安装、低温热水地板辐射采暖系统安装、水-空气处理设备安装、辅助设备及散热器安装、系统水压试验及调试、防腐、绝热 |
| 4 | 室内热水供应系统 | 管道及配件安装、辅助设备安装、防腐、绝热 |
| 5 | 控制系统 | 传感器及安全附件安装、计量仪表安装、电缆线路施工安装 |

**5.3.2** 太阳能供热采暖系统中的隐蔽工程，在隐蔽前应经监理人员验收及认可签证。

**5.3.3** 太阳能供热采暖系统中的土建工程验收前，应在安装施工中完成下列隐蔽项目的现场验收：

**1** 安装基础螺栓和预埋件；

**2** 基座、支架、集热器四周与主体结构的连接节点；

**3** 基座、支架、集热器四周与主体结构之间的封堵及防水；

**4** 太阳能供热采暖系统与建筑物避雷系统的防雷连接节点或系统自身的接地装置安装。

**5.3.4** 太阳能集热器的安装方位角和倾角应满足设计要求，安装误差应在±3°以内。

**5.3.5** 太阳能供热采暖工程的检验、检测应包括下列主要内容：

**1** 压力管道、系统、设备及阀门的水压试验；

**2** 系统的冲洗及水质检测；

**3** 系统的热性能检测。

**5.3.6** 太阳能供热采暖系统管道的水压试验压力应为工作压力的 1.5 倍，工作压力应符合设计要求。设计未注明时，开式太阳能集热系统应以系统顶点工作压力加 0.1MPa 作水压试验；闭式太阳能集热系统和采暖系统应按现行国家标准《建筑给水排水及采暖工程施工质量验收规范》GB 50242 的规定进行。

### 5.4 工程效益评估

**5.4.1** 太阳能供热采暖系统工作运行后，宜进行系统能耗的定期监测。

**5.4.2** 太阳能供热采暖工程的节能、环保效益的分析评定指标应包括：系统的年节能量、年节能费用、费效比和二氧化碳减排量。

**5.4.3** 计算太阳能供热采暖系统的年节能量、系统全寿命周期内的总节能费用、费效比和二氧化碳减排量，可采用附录 F 中的公式评估。

## 附录 A 不同地区太阳能集热器的补偿面积比

**A.0.1** 太阳能集热器的面积补偿应按下式计算：

$$A_B = A_C/R_S \qquad (A.0.1)$$

式中 $A_B$ ——进行面积补偿后实际确定的太阳能集热器面积；

$A_C$ ——按集热器方位正南，倾角为当地纬度，用本规范式（3.4.3-1）、式（3.4.3-2）计算得出的太阳能集热器面积；

$R_S$ ——太阳能集热器补偿面积比。

**A.0.2** 代表城市的太阳能集热器补偿面积比 $R_S$ 可选用表 A.0.2-1 和表 A.0.2-2 中的对应值，表 A.0.2-1 适用于短期蓄热系统，表 A.0.2-2 适用于季节蓄热系统。表中未列入的城市，可选用与该表中距离最近，而且纬度最接近的城市的 $R_S$ 对应值。

**表 A.0.2-1　代表城市的太阳能集热器补偿面积比 $R_S$（适用于短期蓄热系统）**

$R_S$大于90％的范围
$R_S$小于90％的范围
$R_S$大于95％的范围

北京　　　纬度 39°48′

|  | 东 | −80 | −70 | −60 | −50 | −40 | −30 | −20 | −10 | 南 | 10 | 20 | 30 | 40 | 50 | 60 | 70 | 80 | 西 |
|---|---|---|---|---|---|---|---|---|---|---|---|---|---|---|---|---|---|---|---|
| 90 | 43% | 50% | 56% | 64% | 71% | 78% | 85% | 90% | 93% | 94% | 93% | 90% | 85% | 78% | 71% | 64% | 56% | 50% | 43% |
| 80 | 46% | 53% | 60% | 68% | 76% | 83% | 89% | 94% | 97% | 98% | 97% | 94% | 89% | 83% | 76% | 68% | 60% | 53% | 46% |
| 70 | 48% | 55% | 63% | 71% | 78% | 86% | 92% | 96% | 99% | 100% | 99% | 96% | 92% | 86% | 78% | 71% | 63% | 55% | 48% |
| 60 | 51% | 57% | 65% | 72% | 80% | 86% | 92% | 96% | 99% | 100% | 99% | 96% | 92% | 86% | 80% | 72% | 65% | 57% | 51% |
| 50 | 52% | 59% | 66% | 73% | 80% | 86% | 91% | 94% | 97% | 97% | 97% | 94% | 91% | 86% | 80% | 73% | 66% | 59% | 52% |
| 40 | 54% | 60% | 66% | 72% | 78% | 83% | 87% | 91% | 92% | 93% | 92% | 91% | 87% | 83% | 78% | 72% | 66% | 60% | 54% |
| 30 | 55% | 60% | 66% | 70% | 75% | 79% | 82% | 84% | 86% | 86% | 86% | 84% | 82% | 79% | 75% | 70% | 66% | 60% | 55% |
| 20 | 57% | 60% | 64% | 67% | 70% | 73% | 75% | 77% | 78% | 78% | 78% | 77% | 75% | 73% | 70% | 67% | 64% | 60% | 57% |
| 10 | 57% | 59% | 61% | 63% | 65% | 66% | 67% | 68% | 68% | 69% | 68% | 68% | 67% | 66% | 65% | 63% | 61% | 59% | 57% |
| 水平面 | 58% | 58% | 58% | 58% | 58% | 58% | 58% | 58% | 58% | 58% | 58% | 58% | 58% | 58% | 58% | 58% | 58% | 58% | 58% |

武汉　　　纬度 30°37′

|  | 东 | −80 | −70 | −60 | −50 | −40 | −30 | −20 | −10 | 南 | 10 | 20 | 30 | 40 | 50 | 60 | 70 | 80 | 西 |
|---|---|---|---|---|---|---|---|---|---|---|---|---|---|---|---|---|---|---|---|
| 90 | 48% | 52% | 56% | 61% | 65% | 70% | 74% | 78% | 80% | 80% | 80% | 78% | 74% | 70% | 65% | 61% | 56% | 52% | 48% |
| 80 | 53% | 58% | 63% | 68% | 73% | 77% | 82% | 85% | 87% | 88% | 87% | 85% | 82% | 77% | 73% | 68% | 63% | 58% | 53% |
| 70 | 59% | 64% | 69% | 74% | 79% | 84% | 88% | 91% | 93% | 94% | 93% | 91% | 88% | 84% | 79% | 74% | 69% | 64% | 59% |
| 60 | 64% | 69% | 74% | 79% | 84% | 88% | 92% | 95% | 97% | 97% | 97% | 95% | 92% | 88% | 84% | 79% | 74% | 69% | 64% |
| 50 | 69% | 74% | 78% | 83% | 88% | 92% | 95% | 98% | 99% | 100% | 99% | 98% | 95% | 92% | 88% | 83% | 78% | 74% | 69% |
| 40 | 73% | 77% | 81% | 86% | 90% | 93% | 96% | 98% | 99% | 100% | 99% | 98% | 96% | 93% | 90% | 86% | 81% | 77% | 73% |
| 30 | 77% | 80% | 84% | 87% | 90% | 93% | 95% | 97% | 98% | 98% | 98% | 97% | 95% | 93% | 90% | 87% | 84% | 80% | 77% |
| 20 | 79% | 82% | 84% | 87% | 89% | 91% | 92% | 93% | 94% | 94% | 94% | 93% | 92% | 91% | 89% | 87% | 84% | 82% | 79% |
| 10 | 81% | 83% | 84% | 85% | 86% | 87% | 88% | 88% | 89% | 89% | 89% | 88% | 88% | 87% | 86% | 85% | 84% | 83% | 81% |
| 水平面 | 82% | 82% | 82% | 82% | 82% | 82% | 82% | 82% | 82% | 82% | 82% | 82% | 82% | 82% | 82% | 82% | 82% | 82% | 82% |

昆明　　　　　　纬度 25°01′

| | 东 | −80 | −70 | −60 | −50 | −40 | −30 | −20 | −10 | 南 | 10 | 20 | 30 | 40 | 50 | 60 | 70 | 80 | 西 |
|---|---|---|---|---|---|---|---|---|---|---|---|---|---|---|---|---|---|---|---|
| 90 | 52% | 55% | 58% | 61% | 63% | 65% | 67% | 68% | 69% | 69% | 69% | 68% | 67% | 65% | 63% | 61% | 58% | 55% | 52% |
| 80 | 58% | 61% | 65% | 68% | 71% | 73% | 76% | 77% | 78% | 78% | 78% | 77% | 76% | 73% | 71% | 68% | 65% | 61% | 58% |
| 70 | 63% | 67% | 71% | 75% | 78% | 81% | 83% | 85% | 86% | 86% | 86% | 85% | 83% | 81% | 78% | 75% | 71% | 67% | 63% |
| 60 | 69% | 73% | 77% | 81% | 84% | 87% | 89% | 91% | 92% | 92% | 92% | 91% | 89% | 87% | 84% | 81% | 77% | 73% | 69% |
| 50 | 75% | 78% | 82% | 86% | 89% | 92% | 94% | 96% | 97% | 97% | 97% | 96% | 94% | 92% | 89% | 86% | 82% | 78% | 75% |
| 40 | 79% | 83% | 86% | 89% | 92% | 95% | 97% | 98% | 99% | 99% | 99% | 98% | 97% | 95% | 92% | 89% | 86% | 83% | 79% |
| 30 | 83% | 86% | 89% | 92% | 94% | 96% | 98% | 99% | 100% | 100% | 100% | 99% | 98% | 96% | 94% | 92% | 89% | 86% | 83% |
| 20 | 87% | 89% | 91% | 93% | 94% | 96% | 97% | 98% | 98% | 99% | 98% | 98% | 97% | 96% | 94% | 93% | 91% | 89% | 87% |
| 10 | 89% | 90% | 91% | 92% | 93% | 94% | 94% | 95% | 95% | 95% | 95% | 95% | 94% | 94% | 93% | 92% | 91% | 90% | 89% |
| 水平面 | 90% | 90% | 90% | 90% | 90% | 90% | 90% | 90% | 90% | 90% | 90% | 90% | 90% | 90% | 90% | 90% | 90% | 90% | 90% |

贵阳　　　　　　纬度 26°35′

| | 东 | −80 | −70 | −60 | −50 | −40 | −30 | −20 | −10 | 南 | 10 | 20 | 30 | 40 | 50 | 60 | 70 | 80 | 西 |
|---|---|---|---|---|---|---|---|---|---|---|---|---|---|---|---|---|---|---|---|
| 90 | 48% | 51% | 55% | 59% | 64% | 68% | 71% | 75% | 76% | 77% | 76% | 75% | 71% | 68% | 64% | 59% | 55% | 51% | 48% |
| 80 | 54% | 58% | 62% | 67% | 71% | 76% | 80% | 82% | 84% | 85% | 84% | 82% | 80% | 76% | 71% | 67% | 62% | 58% | 54% |
| 70 | 59% | 64% | 69% | 73% | 78% | 82% | 86% | 89% | 91% | 91% | 91% | 89% | 86% | 82% | 78% | 73% | 69% | 64% | 59% |
| 60 | 65% | 69% | 74% | 79% | 83% | 88% | 91% | 94% | 96% | 96% | 96% | 94% | 91% | 88% | 83% | 79% | 74% | 69% | 65% |
| 50 | 70% | 75% | 79% | 83% | 88% | 92% | 95% | 97% | 99% | 99% | 99% | 97% | 95% | 92% | 88% | 83% | 79% | 75% | 70% |
| 40 | 75% | 79% | 83% | 87% | 90% | 94% | 96% | 98% | 99% | 100% | 99% | 98% | 96% | 94% | 90% | 87% | 83% | 79% | 75% |
| 30 | 79% | 82% | 85% | 89% | 91% | 94% | 96% | 97% | 99% | 99% | 99% | 97% | 96% | 94% | 91% | 89% | 85% | 82% | 79% |
| 20 | 82% | 84% | 86% | 89% | 91% | 92% | 94% | 95% | 96% | 96% | 96% | 95% | 94% | 92% | 91% | 89% | 86% | 84% | 82% |
| 10 | 83% | 85% | 86% | 87% | 88% | 89% | 90% | 90% | 91% | 91% | 91% | 90% | 90% | 89% | 88% | 87% | 86% | 85% | 83% |
| 水平面 | 84% | 84% | 84% | 84% | 84% | 84% | 84% | 84% | 84% | 84% | 84% | 84% | 84% | 84% | 84% | 84% | 84% | 84% | 84% |

续表 A.0.2-1

长沙　　　　纬度 28°12′

| | 东 | −80 | −70 | −60 | −50 | −40 | −30 | −20 | −10 | 南 | 10 | 20 | 30 | 40 | 50 | 60 | 70 | 80 | 西 |
|---|---|---|---|---|---|---|---|---|---|---|---|---|---|---|---|---|---|---|---|
| 90 | 47% | 51% | 55% | 60% | 64% | 69% | 73% | 76% | 78% | 79% | 78% | 76% | 73% | 69% | 64% | 60% | 55% | 51% | 47% |
| 80 | 53% | 57% | 62% | 67% | 72% | 77% | 81% | 84% | 86% | 87% | 86% | 84% | 81% | 77% | 72% | 67% | 62% | 57% | 53% |
| 70 | 58% | 63% | 68% | 73% | 78% | 83% | 87% | 90% | 92% | 93% | 92% | 90% | 87% | 83% | 78% | 73% | 68% | 63% | 58% |
| 60 | 64% | 69% | 74% | 79% | 84% | 88% | 92% | 95% | 97% | 97% | 97% | 95% | 92% | 88% | 84% | 79% | 74% | 69% | 64% |
| 50 | 69% | 74% | 79% | 83% | 88% | 92% | 95% | 98% | 99% | 100% | 99% | 98% | 95% | 92% | 88% | 83% | 79% | 74% | 69% |
| 40 | 73% | 78% | 82% | 86% | 90% | 93% | 96% | 98% | 100% | 100% | 100% | 98% | 96% | 93% | 90% | 86% | 82% | 78% | 73% |
| 30 | 77% | 81% | 84% | 88% | 91% | 93% | 96% | 97% | 98% | 99% | 98% | 97% | 96% | 93% | 91% | 88% | 84% | 81% | 77% |
| 20 | 80% | 83% | 85% | 87% | 90% | 91% | 93% | 94% | 95% | 95% | 95% | 94% | 93% | 91% | 90% | 87% | 85% | 83% | 80% |
| 10 | 82% | 83% | 85% | 86% | 87% | 88% | 89% | 89% | 90% | 90% | 90% | 89% | 89% | 88% | 87% | 86% | 85% | 83% | 82% |
| 水平面 | 83% | 83% | 83% | 83% | 83% | 83% | 83% | 83% | 83% | 83% | 83% | 83% | 83% | 83% | 83% | 83% | 83% | 83% | 83% |

广州　　　　纬度 23°08′

| | 东 | −80 | −70 | −60 | −50 | −40 | −30 | −20 | −10 | 南 | 10 | 20 | 30 | 40 | 50 | 60 | 70 | 80 | 西 |
|---|---|---|---|---|---|---|---|---|---|---|---|---|---|---|---|---|---|---|---|
| 90 | 45% | 49% | 53% | 58% | 62% | 66% | 70% | 74% | 76% | 77% | 76% | 74% | 70% | 66% | 62% | 58% | 53% | 49% | 45% |
| 80 | 51% | 55% | 60% | 65% | 70% | 75% | 79% | 82% | 84% | 85% | 84% | 82% | 79% | 75% | 70% | 65% | 60% | 55% | 51% |
| 70 | 56% | 62% | 67% | 72% | 77% | 82% | 86% | 89% | 91% | 92% | 91% | 89% | 86% | 82% | 77% | 72% | 67% | 62% | 56% |
| 60 | 62% | 67% | 73% | 78% | 83% | 87% | 91% | 94% | 96% | 97% | 96% | 94% | 91% | 87% | 83% | 78% | 73% | 67% | 62% |
| 50 | 67% | 72% | 77% | 82% | 87% | 91% | 95% | 97% | 99% | 99% | 99% | 97% | 95% | 91% | 87% | 82% | 77% | 72% | 67% |
| 40 | 72% | 77% | 81% | 85% | 89% | 93% | 96% | 98% | 100% | 100% | 100% | 98% | 96% | 93% | 89% | 85% | 81% | 77% | 72% |
| 30 | 76% | 80% | 84% | 87% | 90% | 93% | 95% | 97% | 98% | 99% | 98% | 97% | 95% | 93% | 90% | 87% | 84% | 80% | 76% |
| 20 | 79% | 82% | 84% | 87% | 89% | 91% | 93% | 94% | 95% | 95% | 95% | 94% | 93% | 91% | 89% | 87% | 84% | 82% | 79% |
| 10 | 81% | 83% | 84% | 85% | 87% | 88% | 88% | 89% | 89% | 89% | 89% | 89% | 88% | 88% | 87% | 85% | 84% | 83% | 81% |
| 水平面 | 82% | 82% | 82% | 82% | 82% | 82% | 82% | 82% | 82% | 82% | 82% | 82% | 82% | 82% | 82% | 82% | 82% | 82% | 82% |

南昌　　　　　　纬度 28°36′

| | 东 | −80 | −70 | −60 | −50 | −40 | −30 | −20 | −10 | 南 | 10 | 20 | 30 | 40 | 50 | 60 | 70 | 80 | 西 |
|---|---|---|---|---|---|---|---|---|---|---|---|---|---|---|---|---|---|---|---|
| 90 | 48% | 52% | 56% | 60% | 64% | 69% | 73% | 76% | 78% | 79% | 78% | 76% | 73% | 69% | 64% | 60% | 56% | 52% | 48% |
| 80 | 53% | 58% | 63% | 67% | 72% | 77% | 80% | 84% | 85% | 86% | 85% | 84% | 80% | 77% | 72% | 67% | 63% | 58% | 53% |
| 70 | 59% | 64% | 69% | 74% | 79% | 83% | 87% | 90% | 92% | 93% | 92% | 90% | 87% | 83% | 79% | 74% | 69% | 64% | 59% |
| 60 | 64% | 69% | 74% | 79% | 84% | 88% | 92% | 95% | 96% | 97% | 96% | 95% | 92% | 88% | 84% | 79% | 74% | 69% | 64% |
| 50 | 70% | 74% | 79% | 83% | 88% | 91% | 95% | 97% | 99% | 99% | 99% | 97% | 95% | 91% | 88% | 83% | 79% | 74% | 70% |
| 40 | 74% | 78% | 82% | 86% | 90% | 93% | 96% | 98% | 99% | 100% | 99% | 98% | 96% | 93% | 90% | 86% | 82% | 78% | 74% |
| 30 | 78% | 81% | 85% | 88% | 91% | 94% | 96% | 97% | 98% | 99% | 98% | 97% | 96% | 94% | 91% | 88% | 85% | 81% | 78% |
| 20 | 81% | 83% | 85% | 88% | 90% | 92% | 93% | 94% | 95% | 95% | 95% | 94% | 93% | 92% | 90% | 88% | 85% | 83% | 81% |
| 10 | 83% | 84% | 85% | 86% | 88% | 88% | 89% | 90% | 90% | 90% | 90% | 90% | 89% | 88% | 88% | 86% | 85% | 84% | 83% |
| 水平面 | 83% | 83% | 83% | 83% | 83% | 83% | 83% | 83% | 83% | 83% | 83% | 83% | 83% | 83% | 83% | 83% | 83% | 83% | 83% |

成都　　　　　　纬度 30°40′

| | 东 | −80 | −70 | −60 | −50 | −40 | −30 | −20 | −10 | 南 | 10 | 20 | 30 | 40 | 50 | 60 | 70 | 80 | 西 |
|---|---|---|---|---|---|---|---|---|---|---|---|---|---|---|---|---|---|---|---|
| 90 | 60% | 60% | 61% | 61% | 62% | 63% | 64% | 64% | 64% | 64% | 64% | 64% | 64% | 63% | 62% | 61% | 61% | 60% | 60% |
| 80 | 67% | 67% | 68% | 69% | 69% | 70% | 71% | 71% | 71% | 71% | 71% | 71% | 71% | 70% | 69% | 69% | 68% | 67% | 67% |
| 70 | 74% | 74% | 74% | 75% | 76% | 77% | 78% | 78% | 78% | 78% | 78% | 78% | 78% | 77% | 76% | 75% | 74% | 74% | 74% |
| 60 | 80% | 81% | 81% | 81% | 82% | 83% | 84% | 84% | 84% | 84% | 84% | 84% | 84% | 83% | 82% | 81% | 81% | 81% | 80% |
| 50 | 85% | 86% | 87% | 88% | 88% | 88% | 89% | 89% | 89% | 89% | 89% | 89% | 89% | 88% | 88% | 88% | 87% | 86% | 85% |
| 40 | 91% | 91% | 91% | 92% | 92% | 93% | 93% | 94% | 94% | 94% | 94% | 94% | 93% | 93% | 92% | 92% | 91% | 91% | 91% |
| 30 | 95% | 95% | 95% | 95% | 96% | 96% | 97% | 97% | 97% | 97% | 97% | 97% | 97% | 96% | 96% | 95% | 95% | 95% | 95% |
| 20 | 98% | 98% | 98% | 98% | 98% | 98% | 99% | 99% | 99% | 99% | 99% | 99% | 99% | 98% | 98% | 98% | 98% | 98% | 98% |
| 10 | 99% | 99% | 99% | 100% | 100% | 100% | 100% | 100% | 100% | 100% | 100% | 100% | 100% | 100% | 100% | 100% | 100% | 99% | 99% |
| 水平面 | 100% | 100% | 100% | 100% | 100% | 100% | 100% | 100% | 100% | 100% | 100% | 100% | 100% | 100% | 100% | 100% | 100% | 100% | 100% |

上海　　　　　　纬度 31°10′

| | 东 | −80 | −70 | −60 | −50 | −40 | −30 | −20 | −10 | 南 | 10 | 20 | 30 | 40 | 50 | 60 | 70 | 80 | 西 |
|---|---|---|---|---|---|---|---|---|---|---|---|---|---|---|---|---|---|---|---|
| 90 | 47% | 51% | 56% | 61% | 65% | 70% | 75% | 78% | 80% | 81% | 80% | 78% | 75% | 70% | 65% | 61% | 56% | 51% | 47% |
| 80 | 53% | 57% | 62% | 68% | 73% | 78% | 82% | 85% | 88% | 88% | 88% | 85% | 82% | 78% | 73% | 68% | 62% | 57% | 53% |
| 70 | 58% | 63% | 68% | 74% | 79% | 84% | 88% | 91% | 93% | 94% | 93% | 91% | 88% | 84% | 79% | 74% | 68% | 63% | 58% |
| 60 | 63% | 68% | 74% | 79% | 84% | 89% | 92% | 96% | 97% | 98% | 97% | 96% | 92% | 89% | 84% | 79% | 74% | 68% | 63% |
| 50 | 68% | 73% | 78% | 83% | 88% | 92% | 95% | 98% | 99% | 100% | 99% | 98% | 95% | 92% | 88% | 83% | 78% | 73% | 68% |
| 40 | 72% | 77% | 81% | 85% | 89% | 93% | 96% | 98% | 99% | 100% | 99% | 98% | 96% | 93% | 89% | 85% | 81% | 77% | 72% |
| 30 | 76% | 80% | 83% | 87% | 90% | 93% | 95% | 96% | 98% | 98% | 98% | 96% | 95% | 93% | 90% | 87% | 83% | 80% | 76% |
| 20 | 79% | 81% | 84% | 86% | 89% | 90% | 92% | 93% | 94% | 94% | 94% | 93% | 92% | 90% | 89% | 86% | 84% | 81% | 79% |
| 10 | 80% | 82% | 83% | 84% | 85% | 87% | 87% | 88% | 88% | 88% | 88% | 88% | 87% | 87% | 85% | 84% | 83% | 82% | 80% |
| 水平面 | 81% | 81% | 81% | 81% | 81% | 81% | 81% | 81% | 81% | 81% | 81% | 81% | 81% | 81% | 81% | 81% | 81% | 81% | 81% |

西安　　　　　　纬度 34°18′

| | 东 | −80 | −70 | −60 | −50 | −40 | −30 | −20 | −10 | 南 | 10 | 20 | 30 | 40 | 50 | 60 | 70 | 80 | 西 |
|---|---|---|---|---|---|---|---|---|---|---|---|---|---|---|---|---|---|---|---|
| 90 | 50% | 55% | 60% | 65% | 71% | 76% | 81% | 84% | 87% | 87% | 87% | 84% | 81% | 76% | 71% | 65% | 60% | 55% | 50% |
| 80 | 55% | 60% | 65% | 71% | 76% | 82% | 87% | 90% | 93% | 93% | 93% | 90% | 87% | 82% | 76% | 71% | 65% | 60% | 55% |
| 70 | 58% | 64% | 69% | 75% | 81% | 86% | 91% | 94% | 96% | 97% | 96% | 94% | 91% | 86% | 81% | 75% | 69% | 64% | 58% |
| 60 | 62% | 68% | 73% | 79% | 84% | 89% | 94% | 97% | 99% | 99% | 99% | 97% | 94% | 89% | 84% | 79% | 73% | 68% | 62% |
| 50 | 66% | 71% | 76% | 81% | 86% | 91% | 95% | 97% | 99% | 100% | 99% | 97% | 95% | 91% | 86% | 81% | 76% | 71% | 66% |
| 40 | 69% | 73% | 78% | 83% | 87% | 91% | 94% | 96% | 98% | 98% | 98% | 96% | 94% | 91% | 87% | 83% | 78% | 73% | 69% |
| 30 | 71% | 75% | 79% | 82% | 86% | 89% | 92% | 94% | 94% | 95% | 94% | 94% | 92% | 89% | 86% | 82% | 79% | 75% | 71% |
| 20 | 73% | 76% | 79% | 81% | 84% | 86% | 87% | 89% | 90% | 90% | 90% | 89% | 87% | 86% | 84% | 81% | 79% | 76% | 73% |
| 10 | 74% | 76% | 77% | 79% | 80% | 81% | 82% | 82% | 83% | 83% | 83% | 82% | 82% | 81% | 80% | 79% | 77% | 76% | 74% |
| 水平面 | 75% | 75% | 75% | 75% | 75% | 75% | 75% | 75% | 75% | 75% | 75% | 75% | 75% | 75% | 75% | 75% | 75% | 75% | 75% |

郑州　　　　　　纬度 34°43′

| | 东 | −80 | −70 | −60 | −50 | −40 | −30 | −20 | −10 | 南 | 10 | 20 | 30 | 40 | 50 | 60 | 70 | 80 | 西 |
|---|---|---|---|---|---|---|---|---|---|---|---|---|---|---|---|---|---|---|---|
| 90 | 48% | 53% | 58% | 63% | 69% | 75% | 79% | 83% | 86% | 86% | 86% | 83% | 79% | 75% | 69% | 63% | 58% | 53% | 48% |
| 80 | 53% | 58% | 63% | 69% | 75% | 81% | 86% | 89% | 92% | 92% | 92% | 89% | 86% | 81% | 75% | 69% | 63% | 58% | 53% |
| 70 | 57% | 62% | 68% | 74% | 80% | 86% | 91% | 94% | 96% | 97% | 96% | 94% | 91% | 86% | 80% | 74% | 68% | 62% | 57% |
| 60 | 61% | 67% | 73% | 78% | 84% | 89% | 93% | 97% | 99% | 99% | 99% | 97% | 93% | 89% | 84% | 78% | 73% | 67% | 61% |
| 50 | 65% | 70% | 75% | 81% | 86% | 91% | 95% | 98% | 99% | 100% | 99% | 98% | 95% | 91% | 86% | 81% | 75% | 70% | 65% |
| 40 | 68% | 73% | 78% | 82% | 87% | 91% | 94% | 97% | 98% | 99% | 98% | 97% | 94% | 91% | 87% | 82% | 78% | 73% | 68% |
| 30 | 71% | 75% | 79% | 83% | 86% | 89% | 92% | 94% | 95% | 95% | 95% | 94% | 92% | 89% | 86% | 83% | 79% | 75% | 71% |
| 20 | 73% | 76% | 79% | 81% | 84% | 86% | 88% | 89% | 90% | 90% | 90% | 89% | 88% | 86% | 84% | 81% | 79% | 76% | 73% |
| 10 | 75% | 76% | 77% | 79% | 80% | 81% | 82% | 83% | 83% | 83% | 83% | 83% | 82% | 81% | 80% | 79% | 77% | 76% | 75% |
| 水平面 | 75% | 75% | 75% | 75% | 75% | 75% | 75% | 75% | 75% | 75% | 75% | 75% | 75% | 75% | 75% | 75% | 75% | 75% | 75% |

青岛　　　　　　纬度 36°04′

| | 东 | −80 | −70 | −60 | −50 | −40 | −30 | −20 | −10 | 南 | 10 | 20 | 30 | 40 | 50 | 60 | 70 | 80 | 西 |
|---|---|---|---|---|---|---|---|---|---|---|---|---|---|---|---|---|---|---|---|
| 90 | 45% | 50% | 56% | 61% | 68% | 73% | 79% | 82% | 85% | 86% | 85% | 82% | 79% | 73% | 68% | 61% | 56% | 50% | 45% |
| 80 | 50% | 56% | 62% | 68% | 74% | 80% | 85% | 89% | 92% | 92% | 92% | 89% | 85% | 80% | 74% | 68% | 62% | 56% | 50% |
| 70 | 55% | 61% | 67% | 73% | 79% | 85% | 90% | 94% | 96% | 97% | 96% | 94% | 90% | 85% | 79% | 73% | 67% | 61% | 55% |
| 60 | 59% | 65% | 71% | 77% | 83% | 89% | 93% | 97% | 99% | 100% | 99% | 97% | 93% | 89% | 83% | 77% | 71% | 65% | 59% |
| 50 | 63% | 69% | 75% | 80% | 86% | 91% | 95% | 98% | 100% | 100% | 100% | 98% | 95% | 91% | 86% | 80% | 75% | 69% | 63% |
| 40 | 67% | 72% | 77% | 82% | 86% | 91% | 94% | 97% | 98% | 99% | 98% | 97% | 94% | 91% | 86% | 82% | 77% | 72% | 67% |
| 30 | 70% | 74% | 78% | 82% | 85% | 89% | 92% | 94% | 95% | 95% | 95% | 94% | 92% | 89% | 85% | 82% | 78% | 74% | 70% |
| 20 | 72% | 75% | 78% | 81% | 83% | 85% | 87% | 89% | 90% | 90% | 90% | 89% | 87% | 85% | 83% | 81% | 78% | 75% | 72% |
| 10 | 73% | 75% | 76% | 78% | 79% | 80% | 81% | 82% | 82% | 82% | 82% | 82% | 81% | 80% | 79% | 78% | 76% | 75% | 73% |
| 水平面 | 74% | 74% | 74% | 74% | 74% | 74% | 74% | 74% | 74% | 74% | 74% | 74% | 74% | 74% | 74% | 74% | 74% | 74% | 74% |

兰州　　　　　　纬度 36°03′

| | 东 | -80 | -70 | -60 | -50 | -40 | -30 | -20 | -10 | 南 | 10 | 20 | 30 | 40 | 50 | 60 | 70 | 80 | 西 |
|---|---|---|---|---|---|---|---|---|---|---|---|---|---|---|---|---|---|---|---|
| 90 | 52% | 57% | 63% | 68% | 74% | 79% | 84% | 88% | 91% | 91% | 91% | 88% | 84% | 79% | 74% | 68% | 63% | 57% | 52% |
| 80 | 55% | 61% | 67% | 72% | 78% | 84% | 89% | 93% | 95% | 96% | 95% | 93% | 89% | 84% | 78% | 72% | 67% | 61% | 55% |
| 70 | 58% | 64% | 70% | 76% | 82% | 88% | 92% | 96% | 98% | 99% | 98% | 96% | 92% | 88% | 82% | 76% | 70% | 64% | 58% |
| 60 | 61% | 67% | 73% | 78% | 84% | 90% | 94% | 97% | 99% | 100% | 99% | 97% | 94% | 90% | 84% | 78% | 73% | 67% | 61% |
| 50 | 64% | 69% | 75% | 80% | 85% | 90% | 94% | 97% | 99% | 99% | 99% | 97% | 94% | 90% | 85% | 80% | 75% | 69% | 64% |
| 40 | 66% | 71% | 76% | 80% | 85% | 89% | 92% | 95% | 96% | 97% | 96% | 95% | 92% | 89% | 85% | 80% | 76% | 71% | 66% |
| 30 | 68% | 72% | 76% | 80% | 83% | 86% | 89% | 91% | 92% | 92% | 92% | 91% | 89% | 86% | 83% | 80% | 76% | 72% | 68% |
| 20 | 69% | 72% | 75% | 78% | 80% | 82% | 84% | 85% | 86% | 86% | 86% | 85% | 84% | 82% | 80% | 78% | 75% | 72% | 69% |
| 10 | 70% | 72% | 73% | 75% | 76% | 77% | 78% | 79% | 79% | 79% | 79% | 79% | 78% | 77% | 76% | 75% | 73% | 72% | 70% |
| 水平面 | 71% | 71% | 71% | 71% | 71% | 71% | 71% | 71% | 71% | 71% | 71% | 71% | 71% | 71% | 71% | 71% | 71% | 71% | 71% |

济南　　　　　　纬度 36°41′

| | 东 | -80 | -70 | -60 | -50 | -40 | -30 | -20 | -10 | 南 | 10 | 20 | 30 | 40 | 50 | 60 | 70 | 80 | 西 |
|---|---|---|---|---|---|---|---|---|---|---|---|---|---|---|---|---|---|---|---|---|
| 90 | 49% | 53% | 59% | 65% | 71% | 77% | 82% | 86% | 88% | 89% | 88% | 86% | 82% | 77% | 71% | 65% | 59% | 53% | 49% |
| 80 | 52% | 58% | 64% | 70% | 76% | 82% | 87% | 92% | 94% | 95% | 94% | 92% | 87% | 82% | 76% | 70% | 64% | 58% | 52% |
| 70 | 56% | 62% | 68% | 74% | 81% | 86% | 92% | 95% | 98% | 98% | 98% | 95% | 92% | 86% | 81% | 74% | 68% | 62% | 56% |
| 60 | 59% | 65% | 72% | 78% | 84% | 89% | 94% | 97% | 99% | 100% | 99% | 97% | 94% | 89% | 84% | 78% | 72% | 65% | 59% |
| 50 | 63% | 69% | 74% | 80% | 85% | 90% | 94% | 97% | 99% | 100% | 99% | 97% | 94% | 90% | 85% | 80% | 74% | 69% | 63% |
| 40 | 65% | 71% | 76% | 81% | 85% | 90% | 93% | 95% | 97% | 98% | 97% | 95% | 93% | 90% | 85% | 81% | 76% | 71% | 65% |
| 30 | 68% | 72% | 76% | 80% | 84% | 87% | 90% | 92% | 93% | 94% | 93% | 92% | 90% | 87% | 84% | 80% | 76% | 72% | 68% |
| 20 | 70% | 73% | 76% | 79% | 81% | 83% | 85% | 87% | 87% | 88% | 87% | 87% | 85% | 83% | 81% | 79% | 76% | 73% | 70% |
| 10 | 71% | 72% | 74% | 76% | 77% | 78% | 79% | 80% | 80% | 80% | 80% | 80% | 79% | 78% | 77% | 76% | 74% | 72% | 71% |
| 水平面 | 71% | 71% | 71% | 71% | 71% | 71% | 71% | 71% | 71% | 71% | 71% | 71% | 71% | 71% | 71% | 71% | 71% | 71% | 71% |

太原　　　　　　纬度 37°47′

| | 东 | −80 | −70 | −60 | −50 | −40 | −30 | −20 | −10 | 南 | 10 | 20 | 30 | 40 | 50 | 60 | 70 | 80 | 西 |
|---|---|---|---|---|---|---|---|---|---|---|---|---|---|---|---|---|---|---|---|
| 90 | 50% | 55% | 61% | 67% | 73% | 79% | 85% | 89% | 91% | 92% | 91% | 89% | 85% | 79% | 73% | 67% | 61% | 55% | 50% |
| 80 | 53% | 58% | 65% | 71% | 78% | 84% | 89% | 93% | 96% | 97% | 96% | 93% | 89% | 84% | 78% | 71% | 65% | 58% | 53% |
| 70 | 55% | 62% | 68% | 74% | 81% | 87% | 92% | 96% | 98% | 99% | 98% | 96% | 92% | 87% | 81% | 74% | 68% | 62% | 55% |
| 60 | 58% | 64% | 70% | 77% | 83% | 89% | 93% | 97% | 99% | 100% | 99% | 97% | 93% | 89% | 83% | 77% | 70% | 64% | 58% |
| 50 | 60% | 66% | 72% | 78% | 84% | 89% | 93% | 96% | 98% | 99% | 98% | 96% | 93% | 89% | 84% | 78% | 72% | 66% | 60% |
| 40 | 62% | 68% | 73% | 78% | 83% | 87% | 91% | 93% | 95% | 95% | 95% | 93% | 91% | 87% | 83% | 78% | 73% | 68% | 62% |
| 30 | 64% | 68% | 73% | 77% | 81% | 84% | 87% | 89% | 90% | 90% | 90% | 89% | 87% | 84% | 81% | 77% | 73% | 68% | 64% |
| 20 | 65% | 69% | 71% | 74% | 77% | 79% | 81% | 83% | 84% | 84% | 84% | 83% | 81% | 79% | 77% | 74% | 71% | 69% | 65% |
| 10 | 66% | 68% | 70% | 71% | 72% | 74% | 75% | 75% | 76% | 76% | 76% | 75% | 75% | 74% | 72% | 71% | 70% | 68% | 66% |
| 水平面 | 67% | 67% | 67% | 67% | 67% | 67% | 67% | 67% | 67% | 67% | 67% | 67% | 67% | 67% | 67% | 67% | 67% | 67% | 67% |

天津　　　　　　纬度 39°06′

| | 东 | −80 | −70 | −60 | −50 | −40 | −30 | −20 | −10 | 南 | 10 | 20 | 30 | 40 | 50 | 60 | 70 | 80 | 西 |
|---|---|---|---|---|---|---|---|---|---|---|---|---|---|---|---|---|---|---|---|
| 90 | 47% | 53% | 59% | 66% | 72% | 79% | 85% | 89% | 92% | 93% | 92% | 89% | 85% | 79% | 72% | 66% | 59% | 53% | 47% |
| 80 | 50% | 56% | 63% | 70% | 77% | 84% | 89% | 94% | 96% | 97% | 96% | 94% | 89% | 84% | 77% | 70% | 63% | 56% | 50% |
| 70 | 53% | 59% | 66% | 73% | 80% | 87% | 92% | 96% | 99% | 100% | 99% | 96% | 92% | 87% | 80% | 73% | 66% | 59% | 53% |
| 60 | 55% | 62% | 68% | 75% | 82% | 88% | 93% | 97% | 99% | 100% | 99% | 97% | 93% | 88% | 82% | 75% | 68% | 62% | 55% |
| 50 | 57% | 64% | 70% | 76% | 82% | 88% | 92% | 96% | 98% | 98% | 98% | 96% | 92% | 88% | 82% | 76% | 70% | 64% | 57% |
| 40 | 59% | 65% | 71% | 76% | 81% | 86% | 90% | 92% | 94% | 95% | 94% | 92% | 90% | 86% | 81% | 76% | 71% | 65% | 59% |
| 30 | 61% | 66% | 70% | 75% | 79% | 82% | 85% | 87% | 89% | 89% | 89% | 87% | 85% | 82% | 79% | 75% | 70% | 66% | 61% |
| 20 | 62% | 66% | 69% | 72% | 75% | 77% | 79% | 81% | 82% | 82% | 82% | 81% | 79% | 77% | 75% | 72% | 69% | 66% | 62% |
| 10 | 63% | 65% | 66% | 68% | 70% | 71% | 72% | 73% | 73% | 73% | 73% | 73% | 72% | 71% | 70% | 68% | 66% | 65% | 63% |
| 水平面 | 64% | 64% | 64% | 64% | 64% | 64% | 64% | 64% | 64% | 64% | 64% | 64% | 64% | 64% | 64% | 64% | 64% | 64% | 64% |

抚顺　　　　　　纬度 41°54′

| | 东 | −80 | −70 | −60 | −50 | −40 | −30 | −20 | −10 | 南 | 10 | 20 | 30 | 40 | 50 | 60 | 70 | 80 | 西 |
|---|---|---|---|---|---|---|---|---|---|---|---|---|---|---|---|---|---|---|---|
| 90 | 44% | 50% | 57% | 65% | 72% | 66% | 86% | 91% | 94% | 95% | 94% | 91% | 86% | 66% | 72% | 65% | 57% | 50% | 44% |
| 80 | 47% | 53% | 61% | 68% | 76% | 73% | 90% | 95% | 97% | 98% | 97% | 95% | 90% | 73% | 76% | 68% | 61% | 53% | 47% |
| 70 | 49% | 56% | 63% | 71% | 79% | 78% | 92% | 96% | 99% | 100% | 99% | 96% | 92% | 78% | 79% | 71% | 63% | 56% | 49% |
| 60 | 51% | 58% | 65% | 73% | 80% | 83% | 92% | 96% | 99% | 100% | 99% | 96% | 92% | 83% | 80% | 73% | 65% | 58% | 51% |
| 50 | 53% | 59% | 66% | 73% | 80% | 86% | 91% | 94% | 96% | 97% | 96% | 94% | 91% | 86% | 80% | 73% | 66% | 59% | 53% |
| 40 | 54% | 60% | 66% | 72% | 78% | 86% | 87% | 90% | 92% | 93% | 92% | 90% | 87% | 86% | 78% | 72% | 66% | 60% | 54% |
| 30 | 55% | 60% | 65% | 70% | 75% | 86% | 82% | 84% | 86% | 86% | 86% | 84% | 82% | 86% | 75% | 70% | 65% | 60% | 55% |
| 20 | 56% | 60% | 64% | 67% | 70% | 84% | 75% | 77% | 77% | 78% | 77% | 77% | 75% | 84% | 70% | 67% | 64% | 60% | 56% |
| 10 | 57% | 59% | 61% | 63% | 64% | 79% | 67% | 68% | 68% | 68% | 68% | 68% | 67% | 79% | 64% | 63% | 61% | 59% | 57% |
| 水平面 | 58% | 58% | 58% | 58% | 58% | 58% | 58% | 58% | 58% | 58% | 58% | 58% | 58% | 58% | 58% | 58% | 58% | 58% | 58% |

长春　　　　　　纬度 43°54′

| | 东 | −80 | −70 | −60 | −50 | −40 | −30 | −20 | −10 | 南 | 10 | 20 | 30 | 40 | 50 | 60 | 70 | 80 | 西 |
|---|---|---|---|---|---|---|---|---|---|---|---|---|---|---|---|---|---|---|---|
| 90 | 39% | 46% | 53% | 62% | 70% | 79% | 86% | 91% | 94% | 95% | 94% | 91% | 86% | 79% | 70% | 62% | 53% | 46% | 39% |
| 80 | 41% | 48% | 57% | 65% | 74% | 82% | 89% | 95% | 98% | 99% | 98% | 95% | 89% | 82% | 74% | 65% | 57% | 48% | 41% |
| 70 | 43% | 50% | 59% | 67% | 76% | 84% | 91% | 96% | 99% | 100% | 99% | 96% | 91% | 84% | 76% | 67% | 59% | 50% | 43% |
| 60 | 44% | 52% | 60% | 69% | 77% | 84% | 90% | 95% | 98% | 99% | 98% | 95% | 90% | 84% | 77% | 69% | 60% | 52% | 44% |
| 50 | 46% | 53% | 60% | 68% | 76% | 82% | 88% | 92% | 94% | 95% | 94% | 92% | 88% | 82% | 76% | 68% | 60% | 53% | 46% |
| 40 | 47% | 53% | 60% | 67% | 73% | 79% | 83% | 87% | 89% | 89% | 89% | 87% | 83% | 79% | 73% | 67% | 60% | 53% | 47% |
| 30 | 47% | 53% | 59% | 64% | 69% | 73% | 77% | 79% | 81% | 82% | 81% | 79% | 77% | 73% | 69% | 64% | 59% | 53% | 47% |
| 20 | 48% | 52% | 56% | 60% | 63% | 66% | 69% | 71% | 72% | 72% | 72% | 71% | 69% | 66% | 63% | 60% | 56% | 52% | 48% |
| 10 | 49% | 51% | 53% | 55% | 57% | 58% | 60% | 60% | 61% | 61% | 61% | 60% | 60% | 58% | 57% | 55% | 53% | 51% | 49% |
| 水平面 | 49% | 49% | 49% | 49% | 49% | 49% | 49% | 49% | 49% | 49% | 49% | 49% | 49% | 49% | 49% | 49% | 49% | 49% | 49% |

## 表 A.0.2-2 代表城市的太阳能集热器补偿面积比 $R_S$（适用于季节蓄热系统）

- $R_S$ 大于 90% 的范围
- $R_S$ 小于 90% 的范围
- $R_S$ 大于 95% 的范围

北京　　　　纬度 39°48′

| | 东 | −80 | −70 | −60 | −50 | −40 | −30 | −20 | −10 | 南 | 10 | 20 | 30 | 40 | 50 | 60 | 70 | 80 | 西 |
|---|---|---|---|---|---|---|---|---|---|---|---|---|---|---|---|---|---|---|---|
| 90 | 52% | 55% | 58% | 61% | 63% | 65% | 67% | 68% | 69% | 69% | 69% | 68% | 67% | 65% | 63% | 61% | 58% | 55% | 52% |
| 80 | 58% | 61% | 65% | 68% | 71% | 73% | 76% | 77% | 78% | 78% | 78% | 77% | 76% | 73% | 71% | 68% | 65% | 61% | 58% |
| 70 | 63% | 67% | 71% | 75% | 78% | 81% | 83% | 85% | 86% | 86% | 86% | 85% | 83% | 81% | 78% | 75% | 71% | 67% | 63% |
| 60 | 69% | 73% | 77% | 81% | 84% | 87% | 89% | 91% | 92% | 92% | 92% | 91% | 89% | 87% | 84% | 81% | 77% | 73% | 69% |
| 50 | 75% | 78% | 82% | 86% | 89% | 92% | 94% | 96% | 97% | 97% | 97% | 96% | 94% | 92% | 89% | 86% | 82% | 78% | 75% |
| 40 | 79% | 83% | 86% | 89% | 92% | 95% | 97% | 98% | 99% | 99% | 99% | 98% | 97% | 95% | 92% | 89% | 86% | 83% | 79% |
| 30 | 83% | 86% | 89% | 92% | 94% | 96% | 98% | 99% | 100% | 100% | 100% | 99% | 98% | 96% | 94% | 92% | 89% | 86% | 83% |
| 20 | 87% | 89% | 91% | 93% | 94% | 96% | 97% | 98% | 98% | 99% | 98% | 98% | 97% | 96% | 94% | 93% | 91% | 89% | 87% |
| 10 | 89% | 90% | 91% | 92% | 93% | 94% | 94% | 95% | 95% | 95% | 95% | 95% | 94% | 94% | 93% | 92% | 91% | 90% | 89% |
| 水平面 | 90% | 90% | 90% | 90% | 90% | 90% | 90% | 90% | 90% | 90% | 90% | 90% | 90% | 90% | 90% | 90% | 90% | 90% | 90% |

武汉　　　　纬度 30°37′

| | 东 | −80 | −70 | −60 | −50 | −40 | −30 | −20 | −10 | 南 | 10 | 20 | 30 | 40 | 50 | 60 | 70 | 80 | 西 |
|---|---|---|---|---|---|---|---|---|---|---|---|---|---|---|---|---|---|---|---|
| 90 | 54% | 55% | 57% | 58% | 58% | 59% | 59% | 59% | 59% | 59% | 59% | 59% | 59% | 59% | 58% | 58% | 57% | 55% | 54% |
| 80 | 61% | 62% | 64% | 65% | 66% | 67% | 68% | 68% | 68% | 69% | 68% | 68% | 68% | 67% | 66% | 65% | 64% | 62% | 61% |
| 70 | 68% | 70% | 71% | 73% | 74% | 75% | 76% | 77% | 77% | 77% | 77% | 77% | 76% | 75% | 74% | 73% | 71% | 70% | 68% |
| 60 | 74% | 76% | 78% | 80% | 81% | 82% | 83% | 84% | 84% | 84% | 84% | 84% | 83% | 82% | 81% | 80% | 78% | 76% | 74% |
| 50 | 80% | 82% | 84% | 86% | 87% | 88% | 89% | 90% | 91% | 91% | 91% | 90% | 89% | 88% | 87% | 86% | 84% | 82% | 80% |
| 40 | 86% | 88% | 89% | 91% | 92% | 93% | 94% | 95% | 95% | 95% | 95% | 95% | 94% | 93% | 92% | 91% | 89% | 88% | 86% |
| 30 | 91% | 92% | 93% | 95% | 96% | 97% | 98% | 98% | 98% | 99% | 98% | 98% | 98% | 97% | 96% | 95% | 93% | 92% | 91% |
| 20 | 94% | 95% | 96% | 97% | 98% | 99% | 99% | 100% | 100% | 100% | 100% | 100% | 99% | 99% | 98% | 97% | 96% | 95% | 94% |
| 10 | 97% | 97% | 98% | 98% | 99% | 99% | 99% | 99% | 100% | 100% | 100% | 99% | 99% | 99% | 99% | 98% | 98% | 97% | 97% |
| 水平面 | 98% | 98% | 98% | 98% | 98% | 98% | 98% | 98% | 98% | 98% | 98% | 98% | 98% | 98% | 98% | 98% | 98% | 98% | 98% |

续表 A.0.2-2

昆明　　　　　纬度 25°01′

| | 东 | −80 | −70 | −60 | −50 | −40 | −30 | −20 | −10 | 南 | 10 | 20 | 30 | 40 | 50 | 60 | 70 | 80 | 西 |
|---|---|---|---|---|---|---|---|---|---|---|---|---|---|---|---|---|---|---|---|
| 90 | 52% | 54% | 56% | 57% | 58% | 59% | 59% | 60% | 60% | 60% | 60% | 60% | 59% | 59% | 58% | 57% | 56% | 54% | 52% |
| 80 | 59% | 61% | 63% | 65% | 66% | 67% | 68% | 69% | 69% | 69% | 69% | 69% | 68% | 67% | 66% | 65% | 63% | 61% | 59% |
| 70 | 66% | 68% | 70% | 72% | 74% | 75% | 76% | 77% | 78% | 78% | 78% | 77% | 76% | 75% | 74% | 72% | 70% | 68% | 66% |
| 60 | 73% | 75% | 77% | 79% | 81% | 82% | 84% | 85% | 85% | 85% | 85% | 85% | 84% | 82% | 81% | 79% | 77% | 75% | 73% |
| 50 | 79% | 81% | 83% | 85% | 87% | 89% | 90% | 91% | 91% | 92% | 91% | 91% | 90% | 89% | 87% | 85% | 83% | 81% | 79% |
| 40 | 85% | 87% | 89% | 90% | 92% | 93% | 95% | 95% | 96% | 96% | 96% | 95% | 95% | 93% | 92% | 90% | 89% | 87% | 85% |
| 30 | 90% | 91% | 93% | 94% | 96% | 97% | 98% | 98% | 99% | 99% | 99% | 98% | 98% | 97% | 96% | 94% | 93% | 91% | 90% |
| 20 | 93% | 94% | 96% | 97% | 98% | 98% | 99% | 100% | 100% | 100% | 100% | 100% | 99% | 98% | 98% | 97% | 96% | 94% | 93% |
| 10 | 96% | 96% | 97% | 97% | 98% | 98% | 99% | 99% | 99% | 99% | 99% | 99% | 99% | 98% | 98% | 97% | 97% | 96% | 96% |
| 水平面 | 96% | 96% | 96% | 96% | 96% | 96% | 96% | 96% | 96% | 96% | 96% | 96% | 96% | 96% | 96% | 96% | 96% | 96% | 96% |

贵阳　　　　　纬度 26°35′

| | 东 | −80 | −70 | −60 | −50 | −40 | −30 | −20 | −10 | 南 | 10 | 20 | 30 | 40 | 50 | 60 | 70 | 80 | 西 |
|---|---|---|---|---|---|---|---|---|---|---|---|---|---|---|---|---|---|---|---|
| 90 | 54% | 56% | 57% | 58% | 58% | 59% | 59% | 59% | 59% | 59% | 59% | 59% | 59% | 59% | 58% | 58% | 57% | 56% | 54% |
| 80 | 61% | 63% | 64% | 65% | 66% | 67% | 68% | 68% | 68% | 68% | 68% | 68% | 68% | 67% | 66% | 65% | 64% | 63% | 61% |
| 70 | 68% | 70% | 71% | 73% | 74% | 76% | 76% | 76% | 77% | 77% | 77% | 76% | 76% | 76% | 74% | 73% | 71% | 70% | 68% |
| 60 | 75% | 77% | 78% | 79% | 81% | 82% | 83% | 84% | 84% | 84% | 84% | 84% | 83% | 82% | 81% | 79% | 78% | 77% | 75% |
| 50 | 81% | 83% | 84% | 86% | 87% | 88% | 89% | 90% | 90% | 90% | 90% | 90% | 89% | 88% | 87% | 86% | 84% | 83% | 81% |
| 40 | 87% | 88% | 90% | 91% | 92% | 93% | 94% | 95% | 95% | 95% | 95% | 95% | 94% | 93% | 92% | 91% | 90% | 88% | 87% |
| 30 | 91% | 93% | 94% | 95% | 96% | 97% | 97% | 98% | 98% | 98% | 98% | 98% | 97% | 97% | 96% | 95% | 94% | 93% | 91% |
| 20 | 95% | 96% | 97% | 97% | 98% | 99% | 99% | 100% | 100% | 100% | 100% | 100% | 99% | 99% | 98% | 97% | 97% | 96% | 95% |
| 10 | 97% | 98% | 98% | 99% | 99% | 99% | 99% | 100% | 100% | 100% | 100% | 100% | 99% | 99% | 99% | 99% | 98% | 98% | 97% |
| 水平面 | 98% | 98% | 98% | 98% | 98% | 98% | 98% | 98% | 98% | 98% | 98% | 98% | 98% | 98% | 98% | 98% | 98% | 98% | 98% |

长沙　　　　　　纬度 28°12′

| | 东 | −80 | −70 | −60 | −50 | −40 | −30 | −20 | −10 | 南 | 10 | 20 | 30 | 40 | 50 | 60 | 70 | 80 | 西 |
|---|---|---|---|---|---|---|---|---|---|---|---|---|---|---|---|---|---|---|---|
| 90 | 54% | 55% | 56% | 57% | 57% | 58% | 58% | 58% | 58% | 58% | 58% | 58% | 58% | 58% | 58% | 57% | 57% | 56% | 55% | 54% |
| 80 | 61% | 62% | 63% | 64% | 61% | 66% | 67% | 67% | 67% | 67% | 67% | 67% | 67% | 66% | 61% | 64% | 63% | 62% | 61% |
| 70 | 67% | 69% | 71% | 72% | 73% | 74% | 75% | 75% | 75% | 76% | 75% | 75% | 75% | 74% | 73% | 72% | 71% | 69% | 67% |
| 60 | 74% | 76% | 78% | 79% | 80% | 81% | 82% | 83% | 83% | 83% | 83% | 83% | 82% | 81% | 80% | 79% | 78% | 76% | 74% |
| 50 | 81% | 82% | 84% | 85% | 87% | 88% | 89% | 89% | 90% | 90% | 90% | 89% | 89% | 88% | 87% | 85% | 84% | 82% | 81% |
| 40 | 86% | 88% | 89% | 91% | 92% | 93% | 94% | 94% | 95% | 95% | 95% | 94% | 94% | 93% | 92% | 91% | 89% | 88% | 86% |
| 30 | 91% | 92% | 94% | 95% | 96% | 97% | 97% | 98% | 98% | 98% | 98% | 98% | 97% | 97% | 96% | 95% | 94% | 92% | 91% |
| 20 | 95% | 96% | 97% | 97% | 98% | 99% | 99% | 100% | 100% | 100% | 100% | 100% | 99% | 99% | 98% | 97% | 97% | 96% | 95% |
| 10 | 97% | 98% | 98% | 99% | 99% | 99% | 100% | 100% | 100% | 100% | 100% | 100% | 100% | 99% | 99% | 99% | 98% | 98% | 97% |
| 水平面 | 98% | 98% | 98% | 98% | 98% | 98% | 98% | 98% | 98% | 98% | 98% | 98% | 98% | 98% | 98% | 98% | 98% | 98% | 98% |

广州　　　　　　纬度 23°08′

| | 东 | −80 | −70 | −60 | −50 | −40 | −30 | −20 | −10 | 南 | 10 | 20 | 30 | 40 | 50 | 60 | 70 | 80 | 西 |
|---|---|---|---|---|---|---|---|---|---|---|---|---|---|---|---|---|---|---|---|
| 90 | 53% | 54% | 55% | 56% | 57% | 57% | 58% | 58% | 58% | 57% | 58% | 58% | 58% | 57% | 57% | 56% | 55% | 54% | 53% |
| 80 | 60% | 61% | 63% | 64% | 65% | 66% | 66% | 67% | 67% | 67% | 67% | 67% | 66% | 66% | 65% | 64% | 63% | 61% | 60% |
| 70 | 67% | 69% | 70% | 72% | 73% | 74% | 75% | 75% | 75% | 75% | 75% | 75% | 75% | 74% | 73% | 72% | 70% | 69% | 67% |
| 60 | 74% | 75% | 77% | 79% | 80% | 81% | 82% | 83% | 83% | 83% | 83% | 83% | 82% | 81% | 80% | 79% | 77% | 75% | 74% |
| 50 | 80% | 82% | 84% | 85% | 86% | 88% | 89% | 89% | 90% | 90% | 90% | 89% | 89% | 88% | 86% | 85% | 84% | 82% | 80% |
| 40 | 86% | 87% | 89% | 90% | 92% | 93% | 94% | 94% | 95% | 95% | 95% | 94% | 94% | 93% | 92% | 90% | 89% | 87% | 86% |
| 30 | 91% | 92% | 93% | 95% | 96% | 97% | 97% | 98% | 98% | 98% | 98% | 98% | 97% | 97% | 96% | 95% | 93% | 92% | 91% |
| 20 | 95% | 95% | 96% | 97% | 98% | 99% | 99% | 100% | 100% | 100% | 100% | 100% | 99% | 99% | 98% | 97% | 96% | 95% | 95% |
| 10 | 97% | 97% | 98% | 98% | 99% | 99% | 99% | 100% | 100% | 100% | 100% | 100% | 99% | 99% | 99% | 98% | 98% | 97% | 97% |
| 水平面 | 98% | 98% | 98% | 98% | 98% | 98% | 98% | 98% | 98% | 98% | 98% | 98% | 98% | 98% | 98% | 98% | 98% | 98% | 98% |

南昌　　　　　　纬度 28°36′

| | 东 | −80 | −70 | −60 | −50 | −40 | −30 | −20 | −10 | 南 | 10 | 20 | 30 | 40 | 50 | 60 | 70 | 80 | 西 |
|---|---|---|---|---|---|---|---|---|---|---|---|---|---|---|---|---|---|---|---|
| 90 | 54% | 55% | 56% | 57% | 58% | 58% | 58% | 58% | 58% | 58% | 58% | 58% | 58% | 58% | 58% | 57% | 56% | 55% | 54% |
| 80 | 61% | 62% | 64% | 65% | 66% | 66% | 67% | 67% | 67% | 67% | 67% | 67% | 67% | 66% | 66% | 65% | 64% | 62% | 61% |
| 70 | 68% | 69% | 71% | 72% | 73% | 74% | 75% | 75% | 76% | 76% | 76% | 75% | 75% | 74% | 73% | 72% | 71% | 69% | 68% |
| 60 | 74% | 76% | 78% | 79% | 81% | 82% | 82% | 83% | 83% | 84% | 83% | 83% | 82% | 82% | 81% | 79% | 78% | 76% | 74% |
| 50 | 81% | 82% | 84% | 86% | 87% | 88% | 89% | 89% | 90% | 90% | 90% | 89% | 89% | 88% | 87% | 86% | 84% | 82% | 81% |
| 40 | 86% | 88% | 89% | 91% | 92% | 93% | 94% | 94% | 95% | 95% | 95% | 94% | 94% | 93% | 92% | 91% | 89% | 88% | 86% |
| 30 | 91% | 92% | 94% | 95% | 96% | 97% | 97% | 98% | 98% | 98% | 98% | 98% | 97% | 97% | 96% | 95% | 94% | 92% | 91% |
| 20 | 95% | 96% | 97% | 97% | 98% | 99% | 99% | 100% | 100% | 100% | 100% | 100% | 99% | 99% | 98% | 97% | 97% | 96% | 95% |
| 10 | 97% | 98% | 98% | 99% | 99% | 99% | 100% | 100% | 100% | 100% | 100% | 100% | 100% | 99% | 99% | 99% | 98% | 98% | 97% |
| 水平面 | 98% | 98% | 98% | 98% | 98% | 98% | 98% | 98% | 98% | 98% | 98% | 98% | 98% | 98% | 98% | 98% | 98% | 98% | 98% |

成都　　　　　　纬度 30°40′

| | 东 | −80 | −70 | −60 | −50 | −40 | −30 | −20 | −10 | 南 | 10 | 20 | 30 | 40 | 50 | 60 | 70 | 80 | 西 |
|---|---|---|---|---|---|---|---|---|---|---|---|---|---|---|---|---|---|---|---|
| 90 | 58% | 58% | 58% | 58% | 58% | 58% | 58% | 58% | 57% | 57% | 57% | 58% | 58% | 58% | 58% | 58% | 58% | 58% | 58% |
| 80 | 65% | 65% | 65% | 66% | 66% | 66% | 66% | 65% | 65% | 65% | 65% | 65% | 66% | 66% | 66% | 66% | 65% | 65% | 65% |
| 70 | 72% | 72% | 72% | 73% | 73% | 73% | 73% | 73% | 73% | 73% | 73% | 73% | 73% | 73% | 73% | 73% | 72% | 72% | 72% |
| 60 | 78% | 79% | 79% | 79% | 80% | 80% | 80% | 80% | 80% | 80% | 80% | 80% | 80% | 80% | 80% | 79% | 79% | 79% | 78% |
| 50 | 84% | 85% | 85% | 86% | 86% | 86% | 86% | 86% | 86% | 86% | 86% | 86% | 86% | 86% | 86% | 85% | 85% | 85% | 84% |
| 40 | 89% | 90% | 90% | 91% | 91% | 91% | 91% | 92% | 92% | 92% | 92% | 92% | 91% | 91% | 91% | 91% | 90% | 90% | 89% |
| 30 | 94% | 94% | 94% | 95% | 95% | 95% | 95% | 96% | 96% | 96% | 96% | 96% | 95% | 95% | 95% | 95% | 94% | 94% | 94% |
| 20 | 97% | 97% | 98% | 98% | 98% | 98% | 98% | 98% | 99% | 98% | 98% | 98% | 98% | 98% | 98% | 98% | 98% | 97% | 97% |
| 10 | 99% | 99% | 99% | 100% | 100% | 100% | 100% | 100% | 100% | 100% | 100% | 100% | 100% | 100% | 100% | 100% | 99% | 99% | 99% |
| 水平面 | 100% | 100% | 100% | 100% | 100% | 100% | 100% | 100% | 100% | 100% | 100% | 100% | 100% | 100% | 100% | 100% | 100% | 100% | 100% |

续表 A.0.2-2

上海　　　　　纬度 31°10′

| | 东 | −80 | −70 | −60 | −50 | −40 | −30 | −20 | −10 | 南 | 10 | 20 | 30 | 40 | 50 | 60 | 70 | 80 | 西 |
|---|---|---|---|---|---|---|---|---|---|---|---|---|---|---|---|---|---|---|---|
| 90 | 55% | 56% | 57% | 58% | 59% | 60% | 61% | 61% | 61% | 61% | 61% | 61% | 61% | 60% | 59% | 58% | 57% | 56% | 55% |
| 80 | 61% | 63% | 65% | 66% | 67% | 68% | 69% | 69% | 70% | 70% | 70% | 69% | 69% | 68% | 67% | 66% | 65% | 63% | 61% |
| 70 | 68% | 70% | 72% | 73% | 75% | 76% | 77% | 77% | 78% | 78% | 78% | 77% | 77% | 76% | 75% | 73% | 72% | 70% | 68% |
| 60 | 75% | 77% | 78% | 80% | 82% | 83% | 84% | 85% | 85% | 85% | 85% | 85% | 84% | 83% | 82% | 80% | 78% | 77% | 75% |
| 50 | 81% | 83% | 84% | 86% | 88% | 89% | 90% | 91% | 91% | 91% | 91% | 91% | 90% | 89% | 88% | 86% | 84% | 83% | 81% |
| 40 | 86% | 88% | 90% | 91% | 92% | 94% | 94% | 95% | 96% | 96% | 96% | 95% | 94% | 94% | 92% | 91% | 90% | 88% | 86% |
| 30 | 91% | 92% | 94% | 95% | 96% | 97% | 98% | 98% | 99% | 99% | 99% | 98% | 98% | 97% | 96% | 95% | 94% | 92% | 91% |
| 20 | 94% | 95% | 96% | 97% | 98% | 99% | 99% | 100% | 100% | 100% | 100% | 100% | 99% | 99% | 98% | 97% | 96% | 95% | 94% |
| 10 | 97% | 97% | 98% | 98% | 99% | 99% | 99% | 99% | 100% | 100% | 100% | 99% | 99% | 99% | 99% | 98% | 98% | 97% | 97% |
| 水平面 | 97% | 97% | 97% | 97% | 97% | 97% | 97% | 97% | 97% | 97% | 97% | 97% | 97% | 97% | 97% | 97% | 97% | 97% | 97% |

西安　　　　　纬度 34°18′

| | 东 | −80 | −70 | −60 | −50 | −40 | −30 | −20 | −10 | 南 | 10 | 20 | 30 | 40 | 50 | 60 | 70 | 80 | 西 |
|---|---|---|---|---|---|---|---|---|---|---|---|---|---|---|---|---|---|---|---|
| 90 | 55% | 57% | 58% | 60% | 61% | 62% | 62% | 62% | 63% | 63% | 63% | 62% | 62% | 62% | 61% | 60% | 58% | 57% | 55% |
| 80 | 62% | 64% | 65% | 67% | 68% | 69% | 70% | 71% | 71% | 71% | 71% | 71% | 70% | 69% | 68% | 67% | 65% | 64% | 62% |
| 70 | 68% | 71% | 72% | 74% | 76% | 77% | 78% | 79% | 79% | 79% | 79% | 79% | 78% | 77% | 76% | 74% | 72% | 71% | 68% |
| 60 | 75% | 77% | 79% | 81% | 82% | 84% | 85% | 86% | 86% | 86% | 86% | 86% | 85% | 84% | 82% | 81% | 79% | 77% | 75% |
| 50 | 81% | 83% | 85% | 86% | 88% | 89% | 91% | 91% | 92% | 92% | 92% | 91% | 91% | 89% | 88% | 86% | 85% | 83% | 81% |
| 40 | 86% | 88% | 90% | 91% | 93% | 94% | 95% | 96% | 96% | 96% | 96% | 96% | 95% | 94% | 93% | 91% | 90% | 88% | 86% |
| 30 | 90% | 92% | 93% | 95% | 96% | 97% | 98% | 99% | 99% | 99% | 99% | 99% | 98% | 97% | 96% | 95% | 93% | 92% | 90% |
| 20 | 94% | 95% | 96% | 97% | 98% | 99% | 99% | 100% | 100% | 100% | 100% | 100% | 99% | 99% | 98% | 97% | 96% | 95% | 94% |
| 10 | 96% | 97% | 97% | 98% | 98% | 98% | 99% | 99% | 99% | 99% | 99% | 99% | 99% | 98% | 98% | 98% | 97% | 97% | 96% |
| 水平面 | 97% | 97% | 97% | 97% | 97% | 97% | 97% | 97% | 97% | 97% | 97% | 97% | 97% | 97% | 97% | 97% | 97% | 97% | 97% |

続表 A.0.2-2

郑州　　　　　　　纬度 34°43′

|  | 东 | −80 | −70 | −60 | −50 | −40 | −30 | −20 | −10 | 南 | 10 | 20 | 30 | 40 | 50 | 60 | 70 | 80 | 西 |
|---|---|---|---|---|---|---|---|---|---|---|---|---|---|---|---|---|---|---|---|
| 90 | 55% | 57% | 58% | 60% | 83% | 62% | 63% | 63% | 63% | 63% | 63% | 63% | 63% | 62% | 83% | 60% | 58% | 57% | 55% |
| 80 | 62% | 64% | 66% | 67% | 69% | 70% | 71% | 72% | 72% | 72% | 72% | 72% | 71% | 70% | 69% | 67% | 66% | 64% | 62% |
| 70 | 68% | 70% | 72% | 74% | 76% | 77% | 79% | 79% | 80% | 72% | 80% | 79% | 79% | 77% | 76% | 74% | 72% | 70% | 68% |
| 60 | 75% | 77% | 79% | 81% | 83% | 84% | 85% | 86% | 87% | 87% | 87% | 86% | 85% | 84% | 83% | 81% | 79% | 77% | 75% |
| 50 | 81% | 83% | 85% | 87% | 88% | 90% | 91% | 92% | 92% | 93% | 92% | 92% | 91% | 90% | 88% | 87% | 85% | 83% | 81% |
| 40 | 86% | 88% | 90% | 91% | 93% | 94% | 95% | 96% | 96% | 97% | 96% | 96% | 95% | 94% | 93% | 91% | 90% | 88% | 86% |
| 30 | 90% | 92% | 93% | 95% | 96% | 97% | 98% | 99% | 99% | 99% | 99% | 99% | 98% | 97% | 96% | 95% | 93% | 92% | 90% |
| 20 | 94% | 95% | 96% | 97% | 98% | 99% | 99% | 100% | 100% | 100% | 100% | 100% | 99% | 99% | 98% | 97% | 96% | 95% | 94% |
| 10 | 96% | 96% | 97% | 97% | 98% | 98% | 99% | 99% | 99% | 99% | 99% | 99% | 99% | 98% | 98% | 97% | 97% | 96% | 96% |
| 水平面 | 97% | 97% | 97% | 97% | 97% | 97% | 97% | 97% | 97% | 97% | 97% | 97% | 97% | 97% | 97% | 97% | 97% | 97% | 97% |

青岛　　　　　　　纬度 36°04′

|  | 东 | −80 | −70 | −60 | −50 | −40 | −30 | −20 | −10 | 南 | 10 | 20 | 30 | 40 | 50 | 60 | 70 | 80 | 西 |
|---|---|---|---|---|---|---|---|---|---|---|---|---|---|---|---|---|---|---|---|
| 90 | 54% | 56% | 58% | 60% | 62% | 63% | 64% | 65% | 66% | 66% | 66% | 65% | 64% | 63% | 62% | 60% | 58% | 56% | 54% |
| 80 | 60% | 63% | 65% | 67% | 70% | 71% | 73% | 74% | 75% | 75% | 75% | 74% | 73% | 71% | 70% | 67% | 65% | 63% | 60% |
| 70 | 67% | 69% | 72% | 75% | 77% | 79% | 80% | 82% | 82% | 83% | 82% | 82% | 80% | 79% | 77% | 75% | 72% | 69% | 67% |
| 60 | 73% | 76% | 78% | 81% | 83% | 85% | 87% | 88% | 89% | 89% | 89% | 88% | 87% | 85% | 83% | 81% | 78% | 76% | 73% |
| 50 | 79% | 81% | 84% | 87% | 89% | 91% | 92% | 94% | 94% | 95% | 94% | 94% | 92% | 91% | 89% | 87% | 84% | 81% | 79% |
| 40 | 84% | 87% | 89% | 91% | 93% | 95% | 96% | 97% | 98% | 98% | 98% | 97% | 96% | 95% | 93% | 91% | 89% | 87% | 84% |
| 30 | 88% | 90% | 92% | 94% | 96% | 97% | 98% | 99% | 100% | 100% | 100% | 99% | 98% | 97% | 96% | 94% | 92% | 90% | 88% |
| 20 | 92% | 93% | 94% | 96% | 97% | 98% | 99% | 99% | 100% | 100% | 100% | 99% | 99% | 98% | 97% | 96% | 94% | 93% | 92% |
| 10 | 94% | 95% | 95% | 96% | 97% | 97% | 98% | 98% | 98% | 98% | 98% | 98% | 98% | 98% | 97% | 97% | 96% | 95% | 94% |
| 水平面 | 95% | 95% | 95% | 95% | 95% | 95% | 95% | 95% | 95% | 95% | 95% | 95% | 95% | 95% | 95% | 95% | 95% | 95% | 95% |

兰州　　　　　　　纬度 36°03′

| | 东 | −80 | −70 | −60 | −50 | −40 | −30 | −20 | −10 | 南 | 10 | 20 | 30 | 40 | 50 | 60 | 70 | 80 | 西 |
|---|---|---|---|---|---|---|---|---|---|---|---|---|---|---|---|---|---|---|---|
| 90 | 54% | 56% | 58% | 60% | 61% | 62% | 63% | 64% | 64% | 64% | 64% | 64% | 63% | 62% | 61% | 60% | 58% | 56% | 54% |
| 80 | 60% | 63% | 65% | 67% | 69% | 71% | 72% | 73% | 73% | 73% | 73% | 73% | 72% | 71% | 69% | 67% | 65% | 63% | 60% |
| 70 | 66% | 69% | 72% | 74% | 76% | 78% | 80% | 81% | 81% | 82% | 81% | 81% | 80% | 78% | 76% | 74% | 72% | 69% | 66% |
| 60 | 72% | 75% | 78% | 81% | 83% | 85% | 86% | 88% | 88% | 89% | 88% | 88% | 86% | 85% | 83% | 81% | 78% | 75% | 72% |
| 50 | 78% | 81% | 84% | 86% | 89% | 90% | 92% | 93% | 94% | 94% | 94% | 93% | 92% | 90% | 89% | 86% | 84% | 81% | 78% |
| 40 | 83% | 86% | 88% | 91% | 93% | 95% | 96% | 97% | 98% | 98% | 98% | 97% | 96% | 95% | 93% | 91% | 88% | 86% | 83% |
| 30 | 88% | 90% | 92% | 94% | 96% | 97% | 98% | 99% | 100% | 100% | 100% | 99% | 98% | 97% | 96% | 94% | 92% | 90% | 88% |
| 20 | 91% | 93% | 94% | 96% | 97% | 98% | 99% | 99% | 100% | 100% | 100% | 99% | 99% | 98% | 97% | 96% | 94% | 93% | 91% |
| 10 | 94% | 95% | 95% | 96% | 97% | 97% | 98% | 98% | 98% | 98% | 98% | 98% | 98% | 98% | 97% | 97% | 96% | 95% | 95% | 94% |
| 水平面 | 95% | 95% | 95% | 95% | 95% | 95% | 95% | 95% | 95% | 95% | 95% | 95% | 95% | 95% | 95% | 95% | 95% | 95% | 95% |

济南　　　　　　　纬度 36°41′

| | 东 | −80 | −70 | −60 | −50 | −40 | −30 | −20 | −10 | 南 | 10 | 20 | 30 | 40 | 50 | 60 | 70 | 80 | 西 |
|---|---|---|---|---|---|---|---|---|---|---|---|---|---|---|---|---|---|---|---|
| 90 | 53% | 56% | 58% | 60% | 62% | 63% | 64% | 65% | 65% | 65% | 65% | 65% | 64% | 63% | 62% | 60% | 58% | 56% | 53% |
| 80 | 60% | 62% | 65% | 67% | 69% | 71% | 73% | 74% | 74% | 74% | 74% | 74% | 73% | 71% | 69% | 67% | 65% | 62% | 60% |
| 70 | 66% | 69% | 72% | 74% | 77% | 79% | 80% | 82% | 82% | 83% | 82% | 82% | 80% | 79% | 77% | 74% | 72% | 69% | 66% |
| 60 | 72% | 75% | 78% | 81% | 83% | 85% | 87% | 88% | 89% | 89% | 89% | 88% | 87% | 85% | 83% | 81% | 78% | 75% | 72% |
| 50 | 78% | 81% | 84% | 86% | 89% | 91% | 92% | 94% | 94% | 95% | 94% | 94% | 92% | 91% | 89% | 86% | 84% | 81% | 78% |
| 40 | 83% | 86% | 88% | 91% | 93% | 95% | 96% | 97% | 98% | 98% | 98% | 97% | 96% | 95% | 93% | 91% | 88% | 86% | 83% |
| 30 | 88% | 90% | 92% | 94% | 96% | 97% | 98% | 99% | 100% | 100% | 100% | 99% | 98% | 97% | 96% | 94% | 92% | 90% | 88% |
| 20 | 91% | 93% | 94% | 95% | 97% | 98% | 99% | 99% | 100% | 100% | 100% | 99% | 99% | 98% | 97% | 95% | 94% | 93% | 91% |
| 10 | 93% | 94% | 95% | 96% | 96% | 97% | 97% | 98% | 98% | 98% | 98% | 98% | 97% | 97% | 96% | 96% | 95% | 94% | 93% |
| 水平面 | 94% | 94% | 94% | 94% | 94% | 94% | 94% | 94% | 94% | 94% | 94% | 94% | 94% | 94% | 94% | 94% | 94% | 94% | 94% |

太原　　　　纬度 37°47′

| | 东 | −80 | −70 | −60 | −50 | −40 | −30 | −20 | −10 | 南 | 10 | 20 | 30 | 40 | 50 | 60 | 70 | 80 | 西 |
|---|---|---|---|---|---|---|---|---|---|---|---|---|---|---|---|---|---|---|---|
| 90 | 54% | 56% | 59% | 61% | 63% | 64% | 66% | 66% | 67% | 67% | 67% | 66% | 66% | 64% | 63% | 61% | 59% | 56% | 54% |
| 80 | 60% | 63% | 66% | 68% | 70% | 72% | 74% | 75% | 76% | 76% | 76% | 75% | 74% | 72% | 70% | 68% | 66% | 63% | 60% |
| 70 | 66% | 69% | 72% | 75% | 77% | 80% | 81% | 83% | 84% | 84% | 84% | 83% | 81% | 80% | 77% | 75% | 72% | 69% | 66% |
| 60 | 72% | 75% | 78% | 81% | 84% | 86% | 88% | 89% | 90% | 90% | 90% | 89% | 88% | 86% | 84% | 81% | 78% | 75% | 72% |
| 50 | 77% | 81% | 84% | 86% | 89% | 91% | 93% | 94% | 95% | 95% | 95% | 94% | 93% | 91% | 89% | 86% | 84% | 81% | 77% |
| 40 | 82% | 85% | 88% | 91% | 93% | 95% | 96% | 98% | 98% | 99% | 98% | 98% | 96% | 95% | 93% | 91% | 88% | 85% | 82% |
| 30 | 87% | 89% | 91% | 93% | 95% | 97% | 98% | 99% | 100% | 100% | 100% | 99% | 98% | 97% | 95% | 93% | 91% | 89% | 87% |
| 20 | 90% | 92% | 93% | 95% | 96% | 97% | 98% | 99% | 99% | 100% | 99% | 99% | 98% | 97% | 96% | 95% | 93% | 92% | 90% |
| 10 | 92% | 93% | 94% | 95% | 95% | 96% | 96% | 97% | 97% | 97% | 97% | 97% | 96% | 96% | 95% | 95% | 94% | 93% | 92% |
| 水平面 | 93% | 93% | 93% | 93% | 93% | 93% | 93% | 93% | 93% | 93% | 93% | 93% | 93% | 93% | 93% | 93% | 93% | 93% | 93% |

天津　　　　纬度 39°06′

| | 东 | −80 | −70 | −60 | −50 | −40 | −30 | −20 | −10 | 南 | 10 | 20 | 30 | 40 | 50 | 60 | 70 | 80 | 西 |
|---|---|---|---|---|---|---|---|---|---|---|---|---|---|---|---|---|---|---|---|
| 90 | 53% | 56% | 58% | 61% | 63% | 65% | 66% | 67% | 68% | 68% | 68% | 67% | 66% | 65% | 63% | 61% | 58% | 56% | 53% |
| 80 | 59% | 62% | 65% | 68% | 71% | 73% | 75% | 76% | 77% | 77% | 77% | 76% | 75% | 73% | 71% | 68% | 65% | 62% | 59% |
| 70 | 65% | 68% | 72% | 75% | 78% | 80% | 82% | 84% | 85% | 85% | 85% | 84% | 82% | 80% | 78% | 75% | 72% | 68% | 65% |
| 60 | 71% | 74% | 78% | 81% | 84% | 86% | 88% | 90% | 91% | 91% | 91% | 90% | 88% | 86% | 84% | 81% | 78% | 74% | 71% |
| 50 | 76% | 80% | 83% | 86% | 89% | 91% | 93% | 95% | 96% | 96% | 96% | 95% | 93% | 91% | 89% | 86% | 83% | 80% | 76% |
| 40 | 81% | 84% | 87% | 90% | 93% | 95% | 97% | 98% | 99% | 99% | 99% | 98% | 97% | 95% | 93% | 90% | 87% | 84% | 81% |
| 30 | 85% | 88% | 90% | 93% | 95% | 97% | 98% | 99% | 100% | 100% | 100% | 99% | 98% | 97% | 95% | 93% | 90% | 88% | 85% |
| 20 | 89% | 91% | 92% | 94% | 95% | 97% | 98% | 98% | 99% | 99% | 99% | 98% | 98% | 97% | 95% | 94% | 92% | 91% | 89% |
| 10 | 91% | 92% | 93% | 94% | 94% | 95% | 96% | 96% | 96% | 96% | 96% | 96% | 96% | 95% | 94% | 94% | 93% | 92% | 91% |
| 水平面 | 92% | 92% | 92% | 92% | 92% | 92% | 92% | 92% | 92% | 92% | 92% | 92% | 92% | 92% | 92% | 92% | 92% | 92% | 92% |

续表 A.0.2-2

抚顺　　　　　　纬度 41°54′

| | 东 | −80 | −70 | −60 | −50 | −40 | −30 | −20 | −10 | 南 | 10 | 20 | 30 | 40 | 50 | 60 | 70 | 80 | 西 |
|---|---|---|---|---|---|---|---|---|---|---|---|---|---|---|---|---|---|---|---|
| 90 | 54% | 57% | 60% | 63% | 66% | 68% | 70% | 72% | 73% | 73% | 73% | 72% | 70% | 68% | 66% | 63% | 60% | 57% | 54% |
| 80 | 59% | 63% | 67% | 70% | 73% | 76% | 78% | 80% | 81% | 81% | 81% | 80% | 78% | 76% | 73% | 70% | 67% | 63% | 59% |
| 70 | 65% | 69% | 73% | 76% | 80% | 83% | 85% | 87% | 88% | 88% | 88% | 87% | 85% | 83% | 80% | 76% | 73% | 69% | 65% |
| 60 | 70% | 74% | 78% | 82% | 85% | 88% | 91% | 92% | 94% | 94% | 94% | 92% | 91% | 88% | 85% | 82% | 78% | 74% | 70% |
| 50 | 75% | 79% | 83% | 86% | 90% | 92% | 95% | 96% | 98% | 98% | 98% | 96% | 95% | 92% | 90% | 86% | 83% | 79% | 75% |
| 40 | 80% | 83% | 86% | 90% | 92% | 95% | 97% | 99% | 100% | 100% | 100% | 99% | 97% | 95% | 92% | 90% | 86% | 83% | 80% |
| 30 | 83% | 86% | 89% | 92% | 94% | 96% | 98% | 99% | 100% | 100% | 100% | 99% | 98% | 96% | 94% | 92% | 89% | 86% | 83% |
| 20 | 86% | 88% | 90% | 92% | 94% | 95% | 97% | 97% | 98% | 98% | 98% | 97% | 97% | 95% | 94% | 92% | 90% | 88% | 86% |
| 10 | 88% | 89% | 90% | 91% | 92% | 93% | 94% | 94% | 94% | 94% | 94% | 94% | 94% | 93% | 92% | 91% | 90% | 89% | 88% |
| 水平面 | 89% | 89% | 89% | 89% | 89% | 89% | 89% | 89% | 89% | 89% | 89% | 89% | 89% | 89% | 89% | 89% | 89% | 89% | 89% |

长春　　　　　　纬度 43°54′

| | 东 | −80 | −70 | −60 | −50 | −40 | −30 | −20 | −10 | 南 | 10 | 20 | 30 | 40 | 50 | 60 | 70 | 80 | 西 |
|---|---|---|---|---|---|---|---|---|---|---|---|---|---|---|---|---|---|---|---|
| 90 | 52% | 56% | 59% | 63% | 66% | 69% | 72% | 74% | 75% | 75% | 75% | 74% | 72% | 69% | 66% | 63% | 59% | 56% | 52% |
| 80 | 57% | 61% | 66% | 70% | 73% | 77% | 80% | 82% | 83% | 84% | 83% | 82% | 80% | 77% | 73% | 70% | 66% | 61% | 57% |
| 70 | 62% | 67% | 71% | 76% | 80% | 83% | 86% | 89% | 90% | 90% | 90% | 89% | 86% | 83% | 80% | 76% | 71% | 67% | 62% |
| 60 | 67% | 72% | 77% | 81% | 85% | 88% | 91% | 94% | 95% | 96% | 95% | 94% | 91% | 88% | 85% | 81% | 77% | 72% | 67% |
| 50 | 72% | 76% | 81% | 85% | 89% | 92% | 95% | 97% | 98% | 99% | 98% | 97% | 95% | 92% | 89% | 85% | 81% | 76% | 72% |
| 40 | 76% | 80% | 84% | 88% | 91% | 94% | 97% | 98% | 100% | 100% | 100% | 98% | 97% | 94% | 91% | 88% | 84% | 80% | 76% |
| 30 | 80% | 83% | 86% | 89% | 92% | 95% | 97% | 98% | 99% | 99% | 99% | 98% | 97% | 95% | 92% | 89% | 86% | 83% | 80% |
| 20 | 83% | 85% | 87% | 89% | 91% | 93% | 95% | 96% | 96% | 96% | 96% | 96% | 95% | 93% | 91% | 89% | 87% | 85% | 83% |
| 10 | 84% | 86% | 87% | 88% | 89% | 90% | 91% | 91% | 92% | 92% | 92% | 91% | 91% | 90% | 89% | 88% | 87% | 86% | 84% |
| 水平面 | 85% | 85% | 85% | 85% | 85% | 85% | 85% | 85% | 85% | 85% | 85% | 85% | 85% | 85% | 85% | 85% | 85% | 85% | 85% |

# 附录 B 代表城市气象参数及不同地区
# 太阳能保证率推荐值

**B.0.1** 太阳能供热采暖系统设计采用的气象参数可 按照表 B.0.1 选取。

表 B.0.1 代表城市气象参数

| 城市名称 | 纬度 | $H_{ha}$ | $H_{La}$ | $H_{ht}$ | $H_{Lt}$ | $T_a$ | $S_y$ | $T_d$ | $T_h$ | $S_d$ | 资源区 |
|---|---|---|---|---|---|---|---|---|---|---|---|
| 格尔木 | 36°25′ | 19.238 | 21.785 | 11.016 | 20.91 | 5.5 | 8.7 | −9.6 | −3.1 | 7.6 | Ⅰ |
| 葛 尔 | 32°30′ | 19.013 | 21.717 | 12.827 | 20.741 | 0.4 | 10 | −11.1 | −9.1 | 8.6 | Ⅰ |
| 拉 萨 | 29°40′ | 19.843 | 22.022 | 15.725 | 25.025 | 8.2 | 8.6 | −1.7 | 1.6 | 8.7 | Ⅰ |
| 阿勒泰 | 47°44′ | 14.943 | 18.157 | 4.822 | 11.03 | 4.5 | 8.5 | −14.1 | −7.9 | 4.4 | Ⅱ |
| 昌 都 | 31°09′ | 16.415 | 18.082 | 12.593 | 20.092 | 7.6 | 6.9 | −2 | 0.5 | 7 | Ⅱ |
| 大 同 | 40°06′ | 15.202 | 17.346 | 7.977 | 14.647 | 7.2 | 7.6 | −8.9 | −4 | 5.6 | Ⅱ |
| 敦 煌 | 40°09′ | 17.48 | 19.922 | 8.747 | 15.879 | 9.5 | 9.2 | −7 | −2.8 | 6.9 | Ⅱ |
| 额济纳旗 | 41°57′ | 17.884 | 21.501 | 8.04 | 17.39 | 8.9 | 9.6 | −9.1 | −4.3 | 7.3 | Ⅱ |
| 二连浩特 | 43°39′ | 17.28 | 21.012 | 7.824 | 18.15 | 4.1 | 9.1 | −16.2 | −8 | 6.9 | Ⅱ |
| 哈 密 | 42°49′ | 17.229 | 20.238 | 7.748 | 16.222 | 10.1 | 9 | −9 | −4.1 | 6.4 | Ⅱ |
| 和 田 | 37°08′ | 15.707 | 17.032 | 9.206 | 14.512 | 12.5 | 7.3 | −3.2 | −0.6 | 5.9 | Ⅱ |
| 景 洪 | 21°52′ | 15.17 | 15.768 | 11.433 | 14.356 | 22.3 | 6 | 16.5 | 17.2 | 5.1 | Ⅱ |
| 喀 什 | 39°28′ | 15.522 | 16.911 | 7.529 | 11.957 | 11.9 | 7.7 | −4.2 | −1.3 | 5.3 | Ⅱ |
| 库 车 | 41°48′ | 15.77 | 17.639 | 7.779 | 14.272 | 11.3 | 7.7 | −6.1 | −2.7 | 5.7 | Ⅱ |
| 民 勤 | 38°38′ | 15.928 | 17.991 | 9.112 | 16.272 | 8.3 | 8.7 | −7.9 | −2.6 | 7.7 | Ⅱ |
| 那 曲 | 31°29′ | 15.423 | 17.013 | 13.626 | 21.486 | −1.2 | 8 | −13.2 | −4.8 | 8 | Ⅱ |
| 奇 台 | 44°01′ | 14.927 | 17.489 | 4.99 | 10.15 | 5.2 | 8.5 | −13.2 | −9.2 | 4.9 | Ⅱ |
| 若 羌 | 39°02′ | 16.674 | 18.26 | 8.506 | 13.945 | 11.7 | 8.8 | −6.2 | −2.9 | 6.5 | Ⅱ |
| 三 亚 | 18°14′ | 16.627 | 16.956 | 13.08 | 15.36 | 25.8 | 7 | 22.1 | 22.1 | 6.2 | Ⅱ |
| 腾 冲 | 25°07′ | 14.96 | 16.148 | 14.352 | 19.416 | 15.1 | 5.8 | 9 | 8.9 | 8.1 | Ⅱ |
| 吐鲁番 | 42°56′ | 15.244 | 17.114 | 6.443 | 11.623 | 14.4 | 8.3 | −7.2 | −2.5 | 4.5 | Ⅱ |
| 西 宁 | 36°37′ | 15.636 | 17.336 | 10.105 | 16.816 | 6.5 | 7.6 | −6.7 | −3 | 6.7 | Ⅱ |
| 伊 宁 | 43°57′ | 15.125 | 17.733 | 5.774 | 12.225 | 9 | 8.1 | −5.8 | −2.8 | 4.9 | Ⅱ |
| 伊金霍洛旗 | 39°34′ | 15.438 | 17.973 | 8.839 | 16.991 | 6.3 | 8.7 | −9.6 | −6.2 | 7.1 | Ⅱ |
| 银 川 | 38°29′ | 16.507 | 18.465 | 9.095 | 15.941 | 8.9 | 8.3 | −6.7 | −2.1 | 6.8 | Ⅱ |
| 玉 树 | 33°01′ | 15.797 | 17.439 | 11.997 | 19.926 | 3.2 | 7.1 | −7.2 | −2.2 | 6.5 | Ⅱ |
| 北 京 | 39°48′ | 14.18 | 16.014 | 7.889 | 13.709 | 12.9 | 7.5 | −2.7 | 0.1 | 6 | Ⅲ |
| 长 春 | 43°54′ | 13.663 | 16.127 | 6.112 | 13.116 | 5.8 | 7.4 | −12.8 | −6.7 | 5.5 | Ⅲ |
| 慈 溪 | 30°16′ | 12.202 | 12.804 | 8.301 | 11.276 | 16.2 | 5.5 | 6.6 | 5.5 | 4.8 | Ⅲ |
| 峨眉山 | 29°31′ | 11.757 | 12.621 | 10.736 | 15.584 | 3.1 | 3.9 | −3.5 | −4.7 | 5.1 | Ⅲ |
| 福 州 | 26°05′ | 11.772 | 12.128 | 8.324 | 10.86 | 19.6 | 4.6 | 13.2 | 11.7 | 4.2 | Ⅲ |

| 城市名称 | 纬度 | $H_{ha}$ | $H_{La}$ | $H_{ht}$ | $H_{Lt}$ | $T_a$ | $S_y$ | $T_d$ | $T_h$ | $S_d$ | 资源区 |
|---|---|---|---|---|---|---|---|---|---|---|---|
| 赣 州 | 25°51′ | 12.168 | 12.481 | 8.807 | 11.425 | 19.4 | 5 | 10.3 | 9.4 | 4.7 | Ⅲ |
| 哈尔滨 | 45°41′ | 12.923 | 15.394 | 5.162 | 10.522 | 4.2 | 7.3 | −15.6 | −8.5 | 4.7 | Ⅲ |
| 海 口 | 20°02′ | 12.912 | 13.018 | 8.937 | 10.792 | 24.1 | 5.9 | 19 | 18.5 | 4.4 | Ⅲ |
| 黑 河 | 50°15′ | 12.732 | 16.253 | 4.072 | 11.34 | 0.4 | 7.6 | −20.9 | −11.6 | 5.4 | Ⅲ |
| 侯 马 | 35°39′ | 13.791 | 14.816 | 8.262 | 13.649 | 12.9 | 6.7 | −2.3 | 0.9 | 4.8 | Ⅲ |
| 济 南 | 36°41′ | 13.167 | 14.455 | 7.657 | 13.854 | 14.9 | 7.1 | 1.1 | 1.8 | 5.5 | Ⅲ |
| 佳木斯 | 46°49′ | 12.019 | 14.689 | 4.847 | 10.481 | 3.6 | 6.9 | −15.5 | −12.7 | 4.6 | Ⅲ |
| 昆 明 | 25°01′ | 14.633 | 15.551 | 11.884 | 15.736 | 15.1 | 6.2 | 8.2 | 8.7 | 6.7 | Ⅲ |
| 兰 州 | 36°03′ | 14.322 | 15.135 | 7.326 | 10.696 | 9.8 | 6.9 | −5.5 | −0.6 | 5.1 | Ⅲ |
| 蒙 自 | 23°23′ | 14.621 | 15.247 | 12.128 | 15.23 | 18.6 | 6.1 | 12.3 | 13 | 6.5 | Ⅲ |
| 漠 河 | 52°58′ | 12.935 | 17.147 | 3.258 | 10.361 | −4.3 | 6.7 | −28 | −14.7 | 4 | Ⅲ |
| 南 昌 | 28°36′ | 11.792 | 12.158 | 8.027 | 10.609 | 17.5 | 5.2 | 7.8 | 6.7 | 4.7 | Ⅲ |
| 南 京 | 32°00′ | 12.156 | 12.898 | 8.163 | 12.047 | 15.4 | 5.6 | 4.4 | 3.4 | 5 | Ⅲ |
| 南 宁 | 22°49′ | 12.69 | 12.788 | 9.368 | 11.507 | 22.1 | 4.5 | 14.9 | 13.9 | 4.1 | Ⅲ |
| 汕 头 | 23°24′ | 12.921 | 13.293 | 10.959 | 14.131 | 21.5 | 5.6 | 15.5 | 14.4 | 5.7 | Ⅲ |
| 上 海 | 31°10′ | 12.3 | 12.904 | 8.047 | 11.437 | 16 | 5.5 | 6.2 | 4.8 | 4.7 | Ⅲ |
| 韶 关 | 24°48′ | 11.677 | 11.981 | 9.366 | 11.689 | 20.3 | 4.6 | 12.1 | 11.4 | 4.7 | Ⅲ |
| 沈 阳 | 41°46′ | 13.091 | 14.98 | 6.186 | 11.437 | 8.6 | 7 | −8.5 | −4.5 | 4.9 | Ⅲ |
| 太 原 | 37°47′ | 14.394 | 15.815 | 8.234 | 13.701 | 10 | 7.1 | −4.9 | −1.1 | 5.4 | Ⅲ |
| 天 津 | 39°06′ | 14.106 | 15.804 | 7.328 | 12.61 | 13 | 7.2 | −1.6 | −0.2 | 5.6 | Ⅲ |
| 威 宁 | 26°51′ | 12.793 | 13.492 | 9.214 | 12.293 | 10.4 | 5 | 3.4 | 3.1 | 5.4 | Ⅲ |
| 乌鲁木齐 | 43°47′ | 13.884 | 15.726 | 4.174 | 7.692 | 6.9 | 7.3 | −9.3 | −6.5 | 3.1 | Ⅲ |
| 西 安 | 34°18′ | 11.878 | 12.303 | 7.214 | 10.2 | 13.5 | 4.7 | 0.7 | 2.1 | 3.1 | Ⅲ |
| 烟 台 | 37°32′ | 13.428 | 14.792 | 5.96 | 9.752 | 12.6 | 7.6 | 1.5 | 2.3 | 5.2 | Ⅲ |
| 郑 州 | 34°43′ | 13.482 | 14.301 | 7.781 | 12.277 | 14.3 | 6.2 | 1.7 | 2.5 | 5 | Ⅲ |
| 长 沙 | 28°14′ | 10.882 | 11.061 | 6.811 | 8.712 | 17.1 | 4.5 | 6.7 | 5.8 | 3.7 | Ⅳ |
| 成 都 | 30°40′ | 9.402 | 9.305 | 5.419 | 6.302 | 16.1 | 5 | 7.3 | 6.8 | 1.7 | Ⅳ |
| 广 州 | 23°08′ | 11.216 | 11.513 | 10.528 | 13.355 | 22.2 | 4.6 | 15.3 | 14.5 | 5.5 | Ⅳ |
| 贵 阳 | 26°35′ | 9.548 | 9.654 | 5.514 | 6.421 | 15.4 | 3.3 | 7.4 | 6.4 | 2.1 | Ⅳ |
| 桂 林 | 25°20′ | 10.756 | 10.999 | 8.05 | 9.667 | 19 | 4.2 | 10.5 | 9.2 | 3.9 | Ⅳ |
| 杭 州 | 30°14′ | 11.117 | 11.621 | 7.303 | 10.425 | 16.5 | 5 | 6.8 | 5.6 | 4.6 | Ⅳ |
| 合 肥 | 31°52′ | 11.272 | 11.873 | 7.565 | 10.927 | 15.4 | 5.4 | 4.5 | 3.6 | 4.8 | Ⅳ |
| 乐 山 | 29°30′ | 9.448 | 9.372 | 4.253 | 4.702 | 17.2 | 3 | 8.7 | 8.2 | 1.5 | Ⅳ |
| 泸 州 | 28°53′ | 8.807 | 8.77 | 3.358 | 3.612 | 17.7 | 3.2 | 9.1 | 8.7 | 1.2 | Ⅳ |
| 绵 阳 | 31°28′ | 10.049 | 10.051 | 4.771 | 5.94 | 16.2 | 3.2 | 6.7 | 6.4 | 2 | Ⅳ |

| 城市名称 | 纬度 | $H_{ha}$ | $H_{La}$ | $H_{ht}$ | $H_{Lt}$ | $T_a$ | $S_y$ | $T_d$ | $T_h$ | $S_d$ | 资源区 |
|---|---|---|---|---|---|---|---|---|---|---|---|
| 南 充 | 30°48′ | 9.946 | 9.939 | 4.069 | 4.558 | 17.3 | 3.2 | 8 | 7.6 | 0.9 | Ⅳ |
| 万 县 | 30°46′ | 9.653 | 9.655 | 4.015 | 4.583 | 18 | 3.6 | 9.1 | 8.2 | 1.1 | Ⅳ |
| 武 汉 | 30°37′ | 11.466 | 11.869 | 7.022 | 9.404 | 16.5 | 5.5 | 6 | 5.2 | 4.5 | Ⅳ |
| 宜 昌 | 30°42′ | 10.628 | 10.852 | 6.167 | 7.833 | 16.6 | 4:4 | 6.7 | 5.9 | 3.2 | Ⅳ |
| 重 庆 | 29°33′ | 8.669 | 8.552 | 3.21 | 3.531 | 18.3 | 3 | 9.3 | 8.9 | 0.9 | Ⅳ |
| 遵 义 | 27°41′ | 8.797 | 8.685 | 4.252 | 4.825 | 15.3 | 3 | 6.7 | 5.7 | 1.5 | Ⅳ |

注：$H_{ha}$：水平面年平均日辐照量，MJ/(m²·d)；

$\quad$ $H_{La}$：当地纬度倾角平面年平均日辐照量，MJ/(m²·d)；

$\quad$ $H_{ht}$：水平面 12 月的月平均日辐照量，MJ/(m²·d)；

$\quad$ $H_{Lt}$：当地纬度倾角平面 12 月的月平均日辐照量，MJ/(m²·d)；

$\quad$ $T_a$：年平均环境温度，℃；

$\quad$ $T_d$：12 月的月平均环境温度，℃；

$\quad$ $T_h$：计算采暖期平均环境温度，℃；

$\quad$ $S_y$：年平均每日的日照小时数，h；

$\quad$ $S_d$：12 月的月平均每日的日照小时数，h。

**B.0.2** 太阳能供热采暖系统在不同资源区内的太阳能保证率 $f$ 可按表 B.0.2 的推荐范围选取。

**表 B.0.2 不同地区太阳能供热采暖系统的太阳能保证率 $f$ 的推荐选值范围**

| 资源区划 | 短期蓄热系统太阳能保证率 | 季节蓄热系统太阳能保证率 |
|---|---|---|
| Ⅰ资源丰富区 | ≥50% | ≥60% |
| Ⅱ资源较富区 | 30%~50% | 40%~60% |
| Ⅲ资源一般区 | 10%~30% | 20%~40% |
| Ⅳ资源贫乏区 | 5%~10% | 10%~20% |

## 附录 C 太阳能集热器平均集热效率计算方法

**C.0.1** 太阳能集热器的集热效率应根据选用产品的实际测试效率公式（C.0.1-1）或（C.0.1-2）进行计算。

$$\eta = \eta_0 - UT^* \qquad (C.0.1-1)$$

式中 $\eta$——以 $T^*$ 为参考的集热器热效率，%；

$\quad$ $\eta_0$——$T^* = 0$ 时的集热器热效率，%；

$\quad$ $U$——以 $T^*$ 为参考的集热器总热损系数，W/(m²·K)；

$\quad$ $T^*$——归一化温差，(m²·K)/W。

$$\eta = \eta_0 - a_1 T^* - a_2 G(T^*)^2 \qquad (C.0.1-2)$$

式中 $a_1$——以 $T^*$ 为参考的常数；

$\quad$ $a_2$——以 $T^*$ 为参考的常数；

$\quad$ $G$——总太阳辐照度，W/m²。

$$T^* = (t_i - t_a)/G \qquad (C.0.1-3)$$

式中 $t_i$——集热器工质进口温度，℃；

$\quad$ $t_a$——环境温度，℃。

**C.0.2** 短期蓄热太阳能供热采暖系统计算太阳能集热器集热效率时，归一化温差计算的参数选择应符合下列原则：

**1** 直接系统的 $t_i$ 取供暖系统的回水温度；间接系统的 $t_i$ 等于供暖系统的回水温度加换热器的换热温差。

**2** $t_a$ 取当地 12 月的月平均室外环境空气温度。

**3** 总太阳辐照度 $G$ 应按下式计算。

$$G = H_d/(3.6 S_d) \qquad (C.0.2)$$

式中 $H_d$——当地 12 月集热器采光面上的太阳总辐射月平均日辐照量，kJ/(m²·d)；

$\quad$ $S_d$——当地 12 月的月平均每日的日照小时数，h。

**C.0.3** 季节蓄热太阳能供热采暖系统计算太阳能集热器集热效率时，归一化温差计算的参数选择应符合下列原则：

**1** 直接系统的 $t_i$ 取供暖系统的回水温度；间接系统的 $t_i$ 等于供暖系统的回水温度加换热器的换热温差。

**2** $t_a$ 取当地的年平均室外环境空气温度。

**3** 总太阳辐照度 $G$ 应按下式计算。

$$G = H_y/(3.6 S_y) \qquad (C.0.3)$$

式中 $H_y$——当地集热器采光面上的太阳总辐射年平均日辐照量，kJ/(m²·d)；

$\quad$ $S_y$——当地的年平均每日的日照小时数，h。

## 附录 D  太阳能集热系统管路、水箱 热损失率计算方法

**D.0.1**  管路、水箱热损失率 $\eta_L$ 可按经验取值估算，$\eta_L$ 的推荐取值范围为：

短期蓄热太阳能供热采暖系统：10%～20%

季节蓄热太阳能供热采暖系统：10%～15%

**D.0.2**  需要准确计算时，可按 D.0.3～D.0.5 条给出的公式迭代计算。

**D.0.3**  太阳能集热系统管路单位表面积的热损失可按下式计算：

$$q_l = \frac{(t - t_a)}{\frac{D_0}{2\lambda}\ln\frac{D_0}{D_i} + \frac{1}{a_0}} \qquad (D.0.3)$$

式中  $q_l$ ——管路单位表面积的热损失，$W/m^2$；

$D_i$ ——管道保温层内径，m；

$D_0$ ——管道保温层外径，m；

$t_a$ ——保温结构周围环境的空气温度，℃；

$t$ ——设备及管道外壁温度，金属管道及设备通常可取介质温度，℃；

$a_0$ ——表面放热系数，$W/(m^2 \cdot ℃)$；

$\lambda$ ——保温材料的导热系数，$W/(m \cdot ℃)$。

**D.0.4**  贮水箱单位表面积的热损失可按下式计算：

$$q = \frac{(t - t_a)}{\frac{\delta}{\lambda} + \frac{1}{a}} \qquad (D.0.4-1)$$

式中  $q$ ——贮水箱单位表面积的热损失，$W/m^2$；

$\delta$ ——保温层厚度，m；

$\lambda$ ——保温材料导热系数，$W/(m \cdot ℃)$；

$a$ ——表面放热系数，$W/(m^2 \cdot ℃)$。

对于圆形水箱保温：

$$\delta = \frac{D_0 - D_i}{2} \qquad (D.0.4-2)$$

**D.0.5**  管路及贮水箱热损失率 $\eta_L$ 可按下式计算：

$$\eta_L = (q_1 A_1 + q A_2)/(G A_C \eta_{cd}) \qquad (D.0.5)$$

式中  $A_1$ ——管路表面积，$m^2$；

$A_2$ ——贮水箱表面积，$m^2$；

$A_C$ ——系统集热器总面积；

$G$ ——集热器采光面上的总太阳辐照度，$W/m^2$；

$\eta_{cd}$ ——基于总面积的集热器平均集热效率，%，按附录 C 方法计算。

## 附录 E  间接系统热交换器 换热面积计算方法

**E.0.1**  间接系统热交换器换热面积可按下式计算：

$$A_{hx} = (1 - \eta_L)Q_{hx}/(\varepsilon \times U_{hx} \times \Delta t_j) \qquad (E.0.1)$$

式中  $A_{hx}$ ——间接系统热交换器换热面积，$m^2$；

$\eta_L$ ——贮热水箱到热交换器的管路热损失率，一般可取 0.02～0.05；

$Q_{hx}$ ——热交换器换热量，kW；

$\varepsilon$ ——结垢影响系数，0.6～0.8；

$U_{hx}$ ——热交换器传热系数，按热交换器技术参数确定；

$\Delta t_j$ ——传热温差，宜取 5～10℃，集热器热性能好，温差取高值，否则取低值。

**E.0.2**  热交换器换热量可按下式计算：

$$Q_{hx} = (k \times f \times Q)/(3600 \times S_y) \qquad (E.0.2)$$

式中  $Q_{hx}$ ——热交换器换热量，kW；

$k$ ——太阳辐照度时变系数，取 1.5～1.8，取高限对太阳能利用有利，但会增加造价；

$f$ ——太阳能保证率，%，按附录 B 选取；

$Q$ ——太阳能供热采暖系统负担的采暖季平均日供热量，kJ；

$S_y$ ——当地的年平均每日的日照小时数，h。

**E.0.3**  太阳能供热采暖系统负担的采暖季平均日供热量可按下式计算：

$$Q = Q_H \times 86400 \qquad (E.0.3)$$

式中  $Q$ ——太阳能供热采暖系统负担的采暖季平均日供热量，kJ；

$Q_H$ ——建筑物耗热量，kW。

## 附录 F  太阳能供热采暖 系统效益评估计算公式

**F.0.1**  太阳能供热采暖系统的年节能量可按下式计算：

$$\Delta Q_{save} = A_c \cdot J_T \cdot (1 - \eta_c) \cdot \eta_{cd} \qquad (F.0.1)$$

式中  $\Delta Q_{save}$ ——太阳能供热采暖系统的年节能量，MJ；

$A_c$ ——系统的太阳能集热器面积，$m^2$；

$J_T$ ——太阳能集热器采光表面上的年总太阳辐照量，$MJ/m^2$；

$\eta_{cd}$ ——太阳能集热器的年平均集热效率，%；

$\eta_c$ ——管路、水泵、水箱和季节蓄热装置的热损失率。

**F.0.2**  太阳能供热采暖系统寿命期内的总节能费可按下式计算：

$$SAV = PI(\Delta Q_{save} \cdot C_c - A \cdot DJ) - A \qquad (F.0.2)$$

式中  $SAV$ ——系统寿命期内的总节能费用，元；

$PI$ ——折现系数；

$C_c$ ——系统评估当年的常规能源热价，元/MJ；

$A$ ——太阳能热水系统总增投资，元；

$DJ$——每年用于与太阳能供热采暖系统有关的维修费用，包括太阳集热器维护，集热系统管道维护和保温等费用占总增投资的百分率；一般取1%。

**F.0.3** 折现系数 PI 可按下式计算：

$$PI = \frac{1}{d-e}\left[1-\left(\frac{1+e}{1+d}\right)^n\right] \quad d \neq e$$

（F.0.3-1）

$$PI = \frac{n}{1+d} \quad d = e$$

（F.0.3-2）

式中 $d$——年市场折现率，可取银行贷款利率；

$e$——年燃料价格上涨率；

$n$——分析节省费用的年限，从系统开始运行算起，取集热系统寿命（一般为 10～15 年）。

**F.0.4** 系统评估当年的常规能源热价 $C_C$ 可按下式计算：

$$C_C = C'_C/(q \cdot Eff) \quad \text{（F.0.4）}$$

式中 $C'_C$——系统评估当年的常规能源价格，元/kg；

$q$——常规能源的热值，MJ/kg；

$Eff$——常规能源水加热装置的效率，%。

**F.0.5** 太阳能供热采暖系统的费效比可按下式计算：

$$B = A/(\Delta Q_{save} \cdot n) \quad \text{（F.0.5）}$$

式中 $B$——系统费效比，元/kWh。

**F.0.6** 太阳能供热采暖系统的二氧化碳减排量可按下式计算：

$$Q_{co_2} = \frac{\Delta Q_{save} \times n}{W \times Eff} \times F_{co_2} \quad \text{（F.0.6）}$$

式中 $Q_{co_2}$——系统寿命期内二氧化碳减排量，kg；

$W$——标准煤热值，29.308MJ/kg；

$F_{co_2}$——二氧化碳排放因子，按表 F.0.6 取值。

**表 F.0.6 二氧化碳排放因子**

| 辅助常规能源 | | 煤 | 石油 | 天然气 | 电 |
|---|---|---|---|---|---|
| 二氧化碳排放因子 | kg CO₂/kg 标准煤 | 2.662 | 1.991 | 1.481 | 3.175 |

## 附录 G 常用相变材料特性

**表 G 常用相变材料特性**

| 相变材料 | 分子式 | 熔点（℃） | 熔化潜热（kJ/kg） | 固态密度（kg/m³） | 比热容(kJ/kg℃) | |
|---|---|---|---|---|---|---|
| | | | | | 固态 | 液态 |
| 6 水氯化钙 | CaCl₂ · 6H₂O | 29.4 | 170 | 1630 | 1340 | 2310 |
| 12 水磷酸二钠 | Na₂HPO₄ · 12H₂O | 36 | 280 | 1520 | 1690 | 1940 |

**续表 G**

| 相变材料 | 分子式 | 熔点（℃） | 熔化潜热（kJ/kg） | 固态密度（kg/m³） | 比热容(kJ/kg℃) | |
|---|---|---|---|---|---|---|
| | | | | | 固态 | 液态 |
| N-(碳)烷 | $C_nH_{2n2}$ | 36.7 | 247 | 856 | 2210 | 2010 |
| 聚乙烯乙二醇 | HO(CH₂CH₂O)$_n$H | 20～25 | 146 | 1100 | 2260 | — |
| 10 水硫酸钠 | Na₂SO₄ · 10H₂O | 32.4 | 253 | 1460 | 1920 | 3260 |
| 5 水硫代硫酸钠 | Na₂S₂O₃ · 5H₂O | 49 | 200 | 1690 | 1450 | 2389 |
| 硬脂酸 | C₁₈H₃₆O₂ | 69.4 | 199 | 847 | 1670 | 2300 |

## 本规范用词说明

**1** 为便于在执行本规范条文时区别对待，对要求严格程度不同的用词说明如下：

**1）** 表示很严格，非这样做不可的：

正面词采用"必须"，反面词采用"严禁"；

**2）** 表示严格，在正常情况下均应这样做的：

正面词采用"应"，反面词采用"不应"或"不得"；

**3）** 表示允许稍有选择，在条件许可时首先应这样做的：

正面词采用"宜"，反面词采用"不宜"；

表示有选择，在一定条件下可以这样做的，采用"可"。

**2** 条文中指明应按其他有关标准执行的写法为："应符合……的规定（或要求）"或"应按……执行"。

## 引用标准名录

1 《生活饮用水卫生标准》GB 5749

2 《设备及管道绝热设计导则》GB/T 8175

3 《建筑给水排水设计规范》GB 50015

4 《采暖通风与空气调节设计规范》GB 50019

5 《锅炉房设计规范》GB 50041

6 《电气装置安装工程电缆线路施工及验收规范》GB 50168

7 《电气装置安装工程接地装置施工及验收规范》GB 50169

8 《工业设备及管道绝热工程质量检验评定标准》GB 50185

9 《公共建筑节能设计标准》GB 50189

10 《屋面工程质量验收规范》GB 50207

11 《建筑给水排水及采暖工程施工质量验收规范》GB 50242

12 《通风与空调工程施工质量验收规范》
GB 50243

13 《建筑电气工程施工质量验收规范》
GB 50303

14 《民用建筑太阳能热水系统应用技术规范》
GB 50364

15 《平板型太阳能集热器》GB/T 6424

16 《真空管型太阳能集热器》GB/T 17581

17 《严寒和寒冷地区居住建筑节能设计标准》
JGJ 26

18 《夏热冬冷地区居住建筑节能设计标准》
JGJ 134

19 《地面辐射供暖技术规程》JGJ 142

中华人民共和国国家标准

# 太阳能供热采暖工程技术规范

## GB 50495—2009

## 条 文 说 明

# 制 订 说 明

《太阳能供热采暖工程技术规范》GB 50495—2009 经住房和城乡建设部 2009 年 3 月 19 日以第 262 号公告批准、发布。

为便于广大设计、施工、科研、学校等单位有关人员在使用本规范时能正确理解和执行条文的规定，《太阳能供热采暖工程技术规范》编制组按章、节、条顺序编制了本规范的条文说明，供使用者参考。在使用中如发现本条文说明有不妥之处，请将意见函寄中国建筑科学研究院（地址：北京北三环东路 30 号；邮编 100013）。

# 目　次

# 1 总　则

**1.0.1** 本条说明了制定本规范的宗旨。随着我国国民经济的持续发展，城乡人民居住条件的改善和生活水平的不断提高，建筑能耗快速增长，建筑用能占全社会能源消费量的比例已接近 30%，从而加剧了能源供应的紧张形势。在建筑能耗中，供热采暖用能约占 45%，是建筑节能的重点领域。为降低建筑能耗，既要节约，又要开源，所以，应努力增加可再生能源在建筑中的应用范围。

太阳能是永不枯竭的清洁能源，是人类可以长期依赖的重要能源之一，利用太阳热能为建筑物供热采暖可以获得非常良好的节能和环境效益，长期以来，一直受到世界各国的普遍重视。近十余年来，欧洲、北美发达国家的太阳能供热采暖规模化利用技术快速发展，建成了大批利用太阳能的区域供热采暖工程，并编写出版了相应的技术指南和设计手册；我国的太阳能供热采暖技术近几年来也成为可再生能源建筑应用的热点，各地陆续建成一批试点示范工程，并已形成进一步推广应用的发展趋势。

国内目前完成的太阳能供热采暖工程，基本上是依据太阳能企业过去做太阳能热水系统的经验，系统设计的科学性、合理性较差，更做不到优化设计，使系统建成后不能发挥应有的效益；太阳能供热采暖系统需要的太阳能集热器面积较多，与建筑围护结构结合安装时，既要保证尽可能多地接收太阳光照，又要保证其安全性；这些问题都需要通过技术规范加以解决。因此，为了规范太阳能供热采暖工程的设计、施工和验收，确保太阳能供热采暖系统安全可靠运行并更好地发挥节能效益，特制定本规范。

本规范侧重于为实现太阳能供热采暖而设置的太阳能集热、蓄热系统部分的规定，对建筑物内系统仅作简要规定。

**1.0.2** 本条规定了本规范的适用范围。太阳能供热采暖的工程应用并不只限于城市，也适用于乡镇、农村的民用建筑；工厂车间等工业建筑一般具有较大的屋顶面积，要求的供暖室温低，同样适合太阳能供热采暖，并具有良好的节能效益。因此，对凡使用太阳能供热采暖系统的民用和部分工业建筑物，无论新建、扩建、改建或既有建筑，无论位于城市、乡镇还是农村，本规范均适用。规范中涉及系统设计方面的内容，针对新建、扩建、改建和既有建筑同等有效；但对系统设置安装、工程施工的要求规定，针对新建和既有建筑扩建、改建有所不同。

**1.0.3** 目前我国太阳能热水器的安装使用总量居世界第一，但大多作为建筑的后置部件在房屋建成后才购买安装，由此造成了对建筑安全和城市景观的不利影响，为解决这一问题，国家建设行政主管部门提出

了太阳能热水器与建筑结合的发展方向，并在已发布实施的国家标准《民用建筑太阳能热水系统应用技术规范》GB 50364 中对系统与建筑结合作出了规定。与太阳能热水系统相比，太阳能供热采暖系统的集热器面积更大，技术的综合性更强，因此，更需要严格纳入工程建设的规定程序，按照工程建设的要求，统一规划、设计、施工、验收和投入使用。

**1.0.4** 由于建筑物的供暖负荷远大于热水负荷，为满足建筑物的供暖需求，太阳能供热采暖系统的集热器面积较大，如果在设计时没有考虑全年综合利用，就会导致非采暖季产生的热水无法使用，从而浪费投资、浪费资源，以及因系统过热而产生安全隐患；所以，必须强调太阳能供热采暖系统的全年综合利用。可采用的措施有：适当降低系统的太阳能保证率，合理匹配供暖和供热水的建筑面积（同一系统供热水的建筑面积大于供暖的建筑面积），以及用于夏季的空调制冷等。

**1.0.5** 本条为强制性条文，目的是确保建筑物的结构安全。由于既有建筑建成的年代参差不齐，有的建筑已使用多年，过去我国在抗震设计等结构安全方面的要求也比较低，而太阳能供热采暖系统的太阳能集热器需要安装在建筑物的外围护结构表面上，如屋面、阳台或墙面等，从而加重了安装部位的结构承载负荷量，如果不进行结构安全复核计算，就会对建筑结构的安全性带来隐患；特别是太阳能供热采暖系统中的太阳能集热器面积较大，对结构安全影响的矛盾更加突出。

结构复核可以由原建筑设计单位或其他有资质的建筑设计单位根据原施工图、竣工图、计算书进行，或经法定检测机构检测，确认不会影响结构安全后，才能够实施增设或改造太阳能供热采暖系统，否则，不能进行增设或改造。

**1.0.6** 鉴于目前我国节能减排工作的严峻形势，各级建设行政主管部门已严格要求新建、改建和扩建建筑物执行建筑节能设计标准，所以，设置了太阳能供热采暖系统的建筑物，必须首先满足节能设计标准的规定。在此基础上，有条件的工程项目应适当提高标准，特别是要提高围护结构的保温性能；太阳能的特点是在单位面积上的能量密度较低，要降低太阳能供热采暖系统的增投资，提高系统的太阳能保证率，首先就必须从改善围护结构的保温措施着手，只有大幅度降低建筑物的采暖耗热量，才能有效降低系统的初投资；所以，提高对设置太阳能供热采暖系统新建、改建和扩建供暖建筑物的节能设计要求，能够更好发挥太阳能供热采暖系统的节能效益，有利于太阳能供热采暖技术的推广应用，同时也可以为今后进一步提高建筑节能设计标准的规定指标积累经验。

我国过去建成的大量建筑物都不符合建筑节能设计标准的要求，随着建筑节能水平的进一步发展和提

高，将开展对既有建筑进行大规模的节能改造，包括增加对围护结构的保温措施等；因此，对设置太阳能供热采暖系统的既有建筑进行围护结构热工性能复核，增加相应节能措施，既符合形势要求，又是保证太阳能供热采暖系统节能效益的必要措施。如果设置太阳能供热采暖系统的既有建筑，不符合相关的建筑节能标准要求时，宜按照所在气候区国家、行业和地方建筑节能设计标准和实施细则的要求采取相应措施，否则，建筑物的采暖耗热量过大，将造成太阳能供热采暖系统完全不能发挥应有的节能作用。

**1.0.7** 太阳能供热采暖工程应用是建筑和太阳能应用领域多项技术的综合利用，在建筑领域，涉及建筑、结构、暖通空调、给排水等多个专业，本规范只能针对太阳能供热采暖工程本身具有的特点进行规定和要求，不可能把所有相关的专业技术规定都涉及，所以，与太阳能供热采暖工程应用相关的其他标准都应遵守执行，尤其是强制性条文。

# 2 术 语

**2.0.2** 本条术语所说的短期，一般指贮热周期不超过15天的蓄热系统。根据我国大部分采暖地区的气候特点，冬季连阴、雨、雪天的时段均在一周以内，因此，短期蓄热太阳能供热采暖系统通常具有一周的贮热设备容量；条件许可时，也可根据当地气象条件、特点适当加大贮热设备容量，延长蓄热时间。

**2.0.18** 该参数在国外文献资料中称之为太阳能热价（Solarcost），是评价系统经济性的重要参数；为能够更直观地反映其实际含义，通俗易懂，将其中文名称定为系统费效比，该定义名称已在评价国内实施的示范工程时使用。其中的常规能源是指具体工程项目的辅助能源加热设备所使用的能源种类（天然气、标准煤或电）。

**2.0.19** 该条术语由行业标准《严寒和寒冷地区居住建筑节能设计标准》JGJ 26中"建筑物耗热量指标"的术语定义改写。在本标准中特别提出该条术语定义，是为更清楚地说明由太阳能集热系统负担的采暖负荷量。

**2.0.20** 该条术语参照国家标准《采暖通风与空气调节术语标准》GB 50155中"热负荷"和行业标准《严寒和寒冷地区居住建筑节能设计标准》JGJ 26中"建筑物耗热量指标"的术语定义改写。在本标准中特别提出该条术语定义，是为更清楚地说明由其他能源加热/换热设备负担的采暖负荷量。

**2.0.21** 太阳能集热器总面积$A_G$的计算公式如下：
$$A_G = L_1 \times W_1$$
式中　$L_1$——最大长度（不包括固定支架和连接管道）；
　　　$W_1$——最大宽度（不包括固定支架和连接管道）。

**2.0.22** 各种类型的太阳能集热器采光面积$A_a$的计算如下：

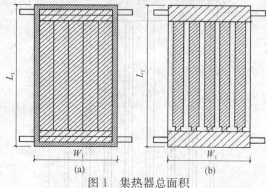

图1　集热器总面积
（a）平板型集热器；（b）真空管集热器
$$A_a = L_2 \times W_2$$
式中　$L_2$——采光口的长度；
　　　$W_2$——采光口的宽度。

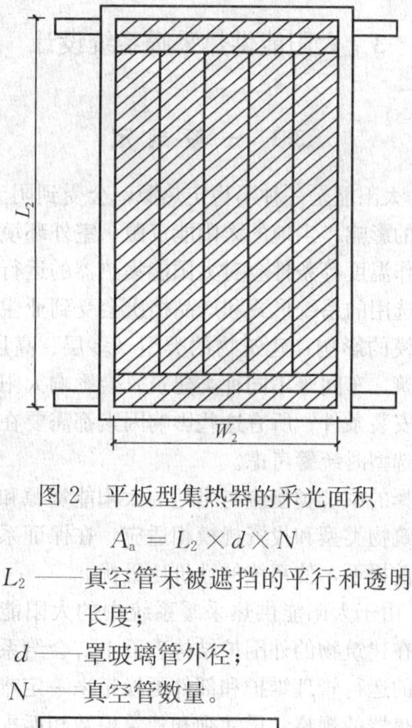

图2　平板型集热器的采光面积
$$A_a = L_2 \times d \times N$$
式中　$L_2$——真空管未被遮挡的平行和透明部分的长度；
　　　$d$——罩玻璃管外径；
　　　$N$——真空管数量。

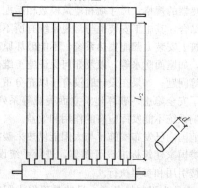

图3　无反射器的真空管集热器的采光面积
$$A_a = L_2 \times W_2$$
式中　$L_2$——外露反射器长度；
　　　$W_2$——外露反射器宽度。

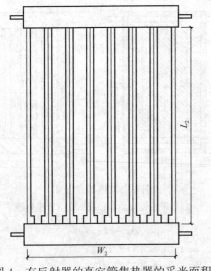

图4 有反射器的真空管集热器的采光面积

# 3 太阳能供热采暖系统设计

## 3.1 一般规定

**3.1.1** 太阳能是一种不稳定热源，会受到阴天和雨、雪天气的影响。当地的太阳能资源、室外环境气温和系统工作温度等条件会对太阳能集热器的运行效率有影响；选用的系统形式和产品档次会受到业主要求和投资规模的影响；建筑物的类型（多层、高层住宅，公共建筑，车间等不同种类建筑）会影响太阳能集热系统的安装条件；所有这些影响因素都需要在进行系统设计选型时统筹考虑。

选择的系统类型应与当地的太阳能资源和气候条件、建筑物类型和投资规模相适应，在保证系统使用功能的前提下，使系统的性价比最优。

**3.1.2** 由于太阳能供热采暖系统中的太阳能集热器是安装在建筑物的外围护结构表面上，会给系统投入使用后的运行管理维护和部件更换带来一定难度；太阳能集热器的规格、尺寸须和建筑模数相匹配，做到与建筑结合，其施工安装也与常规系统有所不同；在既有建筑上安装太阳能集热系统，不能破坏原有的房屋功能，如屋面防水等，以及如何保证施工维修人员的安全等问题；如果在设计时没有予以充分重视，不但带来了安全隐患、破坏建筑立面美观等系列问题，还会影响系统不能发挥应有的作用和效益。

目前国内已发布实施了与太阳能供热采暖技术相关的各类国家建筑标准设计图集，进行系统设计时，可以直接引用和参照执行。

**3.1.3** 本条为强制性条文，目的是确保太阳能供热采暖系统投入实际运行使用后的安全性。大部分使用太阳能供热采暖系统的地区，冬季最低温度低于0℃，安装在室外的集热系统可能发生冻结，使系统不能运行甚至破坏管路、部件；即使考虑了系统的全年综合利用，也有可能因其他偶发因素，如住户外出度长假等造成用热负荷量大幅度减少，从而发生系统的过热现象。过热现象分为水箱过热和集热系统过热两种：水箱过热是当用户负荷突然减少，例如长期无人用水时，贮热水箱中热水温度会过高，甚至沸腾而有烫伤危险，产生的蒸汽会堵塞管道或将水箱和管道挤裂；集热系统过热是系统循环泵发生故障、关闭或停电时导致集热系统中的温度过高，而对集热器和管路系统造成损坏，例如集热系统中防冻液的温度高于115℃后具有强烈腐蚀性，对系统部件会造成损坏等。因此，在太阳能集热系统中应设置防过热安全防护措施和防冻措施。强风、冰雹、雷击、地震等恶劣自然条件也可能对室外安装的太阳能集热系统造成破坏；如果用电作为辅助热源，还会有电气安全问题；所有这些可能危及人身安全的因素，都必须在设计之初就认真对待，设置相应的技术措施加以防范。

**3.1.4** 太阳能是间歇性能源，在系统中设置其他能源辅助加热/换热设备，其目的是既要保证太阳能供热采暖系统稳定可靠运行，又要降低系统的规模和投资，否则将造成集热和蓄热设备、设施过大，初投资过高，在经济性上是不合理的。

辅助热源应根据当地条件，选择城市热网、电、燃气、燃油、工业余热或生物质燃料等。加热/换热设备选择各类锅炉、换热器和热泵等，做到因地制宜、经济适用。对选用辅助热源的种类没有限制，但应和当地使用的实际能源种类相匹配，特别是要与设置太阳能供热采暖系统建筑物用于其他用途的常规能源类型和设备相匹配或相一致，比如配有管道燃气供应的建筑物，其太阳能供热采暖系统的辅助热源就不应再使用电。应特别重视城市中工业余热的利用，以及乡镇、农村中的生物质燃料应用。

**3.1.5** 为保证太阳能供热采暖系统能够安全、稳定、高效地工作运行，并维持一定的使用寿命，必须保证系统中所采用设备和产品的性能质量。太阳能集热器是太阳能供热采暖系统中的关键设备，其性能、质量直接影响着系统的效益；我国目前有两大类太阳能集热器产品——平板型太阳能集热器和真空管型太阳能集热器，已发布实施的两个国家标准：《平板型太阳能集热器》GB/T 6424 和《真空管型太阳能集热器》GB/T 17581，分别对其产品性能质量作出了合格性指标规定；其中对热性能的要求，凡是合格产品，在我国大部分采暖地区环境资源条件和冬季供暖运行工况时的集热效率可以达到40%左右，从而保证系统能够获得较好的预期效益，标准对太阳能集热器产品的安全性等重要指标也有合格限的规定；因此，要求在太阳能供热采暖系统中必须使用合格产品。

太阳能集热器的性能质量是由具有相应资质的国家级产品质量监督检验中心检测得出，在进行系统设计时，应根据供货企业提供的太阳能集热器全性能检测报告，作为评价产品是否合格的依据。

太阳能集热器安装在建筑的外围护结构上，进行维修更换比较麻烦，正常使用寿命不能太低，目前我国较好企业生产的产品，已经有使用10年仍正常工作的实例，因此，规定产品的正常使用寿命不应少于10年。

**3.1.6** 我国正在加快推进供暖热计量和供暖收费改革，太阳能供热采暖作为一项节能新技术进入供暖市场，更应积极响应国家政策要求，所以，凡是有条件的工程，宜在系统中设计安装用于系统能耗监测的计量装置。

**3.1.7** 太阳能供热采暖系统最显著的特点是能够充分利用太阳能，替代常规能源，从而节约供热采暖系统的能耗，减轻环境污染。因此，在系统设计完成后，进行系统节能、环保效益预评估非常重要，预评估结果是系统方案选择和开发投资的重要依据，当业主或开发商对评估结果不满意时，可以调整设计方案、参数，进行重新设计，所以，效益预评估是不可缺少的设计程序。

## 3.2 供热采暖系统选型

**3.2.1** 本条规定了构成太阳能供热采暖系统的分系统和关键设备。其中，太阳能集热系统由太阳能集热器、循环管路、泵或风机等动力设备和相关附件组成；蓄热系统主要包括贮热水箱、蓄热水池或卵石蓄热堆等蓄热装置和管路、附件；末端供热采暖系统主要包括热媒配送管网、散热器等设备和附件；其他能源辅助加热/换热设备是指使用电、燃气等常规能源的锅炉和换热器等设备。

**3.2.2** 虽然在太阳能供热采暖系统中可以使用的太阳能集热器种类很多，但按集热器的工作介质划分，均可归到空气和液体工质两大类中，这两大类集热器在太阳能供热采暖系统中所使用的末端供热采暖系统类型、蓄热方式和主要设计参数等有较大差别，适用的场合也有所不同，在进行太阳能供热采暖系统选型时，需要根据使用要求和具体条件选用适宜类型的太阳能集热器。当然，工作介质相同的太阳能集热器，其材质、结构、构造和规格、尺寸等参数不同时，其性能参数也会有所不同，但不同点只是在参数的量值上有差别，不会影响到供热采暖系统的选型，因此，按选用的太阳能集热器种类划分系统类型时，将现有的各类太阳能集热器归于空气和液体工质两大类型。

**3.2.3** 太阳能集热系统的运行方式和系统安装使用地点的气候、水质等条件以及系统的初投资等经济因素密切相关，由于太阳能供热采暖系统的功能是兼有供暖和供热水，所以通常采用的运行方式是间接式太阳能集热系统；但我国是发展中国家，为降低系统造价，在气候相对温暖和软水质的地区，也可以采用直接式太阳能集热系统。

**3.2.4** 太阳能供热采暖系统与常规供热采暖系统的主要不同点是使用的热源不同，太阳能供热采暖系统的热源部分是收集利用太阳能的太阳能集热系统，常规供热采暖系统的热源是使用煤、天然气等常规能源的锅炉、换热器等设备；两种系统使用的末端采暖系统并无不同，目前常规供热采暖系统使用的末端采暖系统都能在太阳能供热采暖系统中使用，所以，在按末端采暖系统分类时，这些常规末端采暖系统均包括在内。但从提高系统运行效率、性能和适用合理性的角度分析，太阳能集热系统与末端采暖系统的配比组合对系统的工作性能、质量有较大影响，应在系统选型时予以充分重视。

由于目前市场上的液体工质太阳能集热器多是低温热水地板辐射为供生活热水而设计生产，冬季的工作温度较低——一般在40℃左右，所以现阶段最适宜的末端采暖系统是低温热水地板辐射采暖系统；但随着高效太阳能集热器新产品的开发和工作温度的不断提高，今后与其他类型的末端采暖系统相匹配也是适宜的。

**3.2.5** 太阳能的不稳定性决定了太阳能供热采暖系统必须设置相应的蓄热装置，具有一定的蓄热能力，从而保证系统稳定运行，并提高系统节能效益；虽然目前国内基本上是应用短期蓄热系统，但国外已有大量的季节蓄热太阳能供热采暖系统工程实践，和十多年的工程应用经验，技术成熟，太阳能可替代的常规能源量更大，可以作为我们的借鉴。因此，将短期蓄热和季节蓄热两种太阳能供热采暖系统都包括在本规范中。

应根据系统的投资规模和工程应用地区的气候特点选择蓄热系统，一般来说，气候干燥，阴、雨、雪天较少和冬季气温较高地区可用短期蓄热系统，选择蓄热能力较低和蓄热周期较短的蓄热设备；而冬季寒冷、夏季凉爽、不需设空调的地区，更适宜选择季节蓄热太阳能供热采暖系统，以利于系统全年的综合利用。

**3.2.6** 按不同分类方式划分的太阳能供热采暖系统，对应于不同的建筑气候分区和不同的建筑物类型使用时，其适用性是不同的，需在系统选型时综合考虑。设计太阳能供热采暖系统的主要目的是供暖，建筑物的使用功能——公共建筑、居住建筑或车间等，对系统选型的影响不大，而建筑物的层数对系统选型的影响相对较高，因此，表3.2.6中的建筑物类型是按低层、多层和高层来进行划分。

空气集热器太阳能供热采暖系统主要用于建筑物内需要局部热风采暖的部位，有庞大的风管、风机等系统设备，占据较大空间，而且，目前空气集热器的热性能相对较差，为减少热损失，提高系统效益，空气集热器离送热风点的距离不能太远，所以，空气集热器太阳能供热采暖系统不适宜用于多层和高层建筑。

太阳能集热器的工作温度越低，室外环境温度越高，其热效率越高，严寒地区冬季的室外温度较低，对集热器的实际工作热效率有较大影响，为提高系统效益，应使用低温热水地板辐射采暖末端供暖系统，如因供水温度低，出现地板可铺面积不够的情况，可将地板辐射扩展为顶棚辐射、墙面辐射等，以保证室内的设计温度；寒冷地区冬季的室外温度稍高，但对集热器的工作效率还是有影响，所以仍应采用低温供水采暖，选用地板辐射采暖末端供暖系统或散热器均可，但应适当加大散热器面积以满足室温设计要求；而在夏热冬冷和温和地区，冬季的室外环境温度较高，对集热器的实际工作热效率影响不大，可以选用工作温度稍高的末端供暖系统，如散热器等，以降低投资；在夏热冬冷地区，夏季普遍有空调需求，系统的全年综合利用可以冬季供暖、夏季空调，冬夏季使用相同的水—空气处理设备，从而降低造价，提高系统的经济性。夏热冬冷和温和地区的供暖需求不高，供暖负荷较小，短期蓄热即可满足要求；夏热冬冷地区的系统全年综合利用可以用夏季空调来解决，所以，在这两个气候区，不需要设置投资较高的季节蓄热系统。

**3.2.7** 液体工质集热器太阳能供暖系统的热媒是水，与热水辐射采暖、空气调节系统采暖和散热器采暖的热媒相同，所以，可用于现行国家标准《采暖通风与空气调节设计规范》GB 50019 中规定采用这些采暖方式的各类建筑。空气集热器太阳能供暖系统的热媒是空气，可以直接供给建筑物内需热风采暖的区域。

### 3.3 供热采暖系统负荷计算

**3.3.1** 由于太阳能供热采暖系统要做到全年综合利用，系统负担的负荷有两类：采暖热负荷和生活热水负荷；规定用两者中较大的负荷作为最后确定的系统负荷，是为保证系统的运行效果。太阳能是不稳定热源，所以系统负荷是由太阳能集热系统和其他能源辅助加热/换热设备共同负担，而两者负担的负荷量是不同的；因此，在后面条文中分别规定了不同类型负荷的计算原则，给出了计算公式。

**3.3.2** 规定了由太阳能集热系统负担的采暖热负荷是在采暖期室外平均气温条件下的建筑物耗热量。即：太阳能集热系统所负担的只是建筑物在采暖期的平均采暖负荷，而不是建筑物的最大采暖负荷。这样做的好处是降低系统投资，提高系统效益；否则会造成系统的集热器面积过大，增加系统过热隐患，降低系统费效比。

**1** 本款公式由行业标准《严寒和寒冷地区居住建筑节能设计标准》JGJ 26 中给出的建筑物耗热量指标公式改写，将耗热量指标公式中的各项乘以建筑面积即为本款公式。建筑物内部得热量的选取，针对居住建筑和公共建筑有所区别，居住建筑可按《严寒和寒冷地区居住建筑节能设计标准》JGJ 26 的规定选值，公共建筑则按照建筑物的功能具体计算确定。

**2** 在使用本款公式进行围护结构传热耗热量计算时，室内空气计算温度按现行国家标准《采暖通风与空气调节设计规范》GB 50019 规定的低限取值。例如，民用建筑的主要房间，可选 16～18℃（规范规定范围为 16～24℃）；采暖期室外平均温度和围护结构传热系数的修正系数 ε 按《严寒和寒冷地区居住建筑节能设计标准》JGJ 26、《夏热冬冷地区居住建筑节能设计标准》JGJ 134 和本规范附录 B 选取。

**3** 在使用本款公式进行空气渗透耗热量计算时，换气次数的选取，针对居住建筑和公共建筑有所区别，居住建筑可按《严寒和寒冷地区居住建筑节能设计标准》JGJ26 的规定选值，公共建筑则按照建筑物的功能具体计算确定。

**3.3.3** 在不利的阴、雨、雪天气条件下，太阳能集热系统完全不能工作，这时，建筑物的全部采暖负荷都需依靠其他能源加热/换热设备供给，所以，其他能源加热/换热设备的供热能力和供热量都应满足建筑物的全部采暖热负荷。

**1** 本款规定了由其他能源加热/换热设备负担的采暖热负荷应按现行国家标准《采暖通风与空气调节设计规范》GB 50019 规定的采暖热负荷计算方法和公式得出。即：这部分的负荷计算与进行常规采暖系统设计时的原则、方法完全相同。

**2** 在现行国家标准《采暖通风与空气调节设计规范》GB 50019规定可不设置集中采暖的地区或建筑，例如在夏热冬冷、温和地区的居住建筑，目前当地居民对冬季室内环境温度的要求普遍不高，一般室温达到 14～16℃就已够满意，并不一定要求达到规范要求的 16～24℃，对这些地区或建筑，就可以根据当地的实际情况，适当降低室内空气设计计算温度，从而减小常规能源加热/换热设备容量，降低系统投资，提高系统效益。

今后，当该地区居民对室内环境舒适度的要求提高时，再在本规范进行修订时，提高冬季室内计算温度至国家标准《采暖通风与空气调节设计规范》GB 50019 的规定值。

**3.3.4** 规定了由太阳能供热采暖系统负担的供热水负荷是建筑物的生活热水日平均耗热量。这是世界各国普遍遵循的设计原则，也与我国的国家标准《民用建筑太阳能热水系统应用技术规范》GB 50364 的规定一致。否则系统设计会偏大，使某些时段热水过剩造成浪费，或系统过热造成安全隐患。

本条的计算公式中，热水用水定额应选取《建筑给水排水设计规范》GB 50015 中给出的定额范围的下限值。

### 3.4 太阳能集热系统设计

**3.4.1** 本条规定了太阳能集热系统设计的基本要求。

**1** 本款为强制性条文。目前我国的实际情况，开发商为充分利用所购买的土地获取利润，在进行规划时确定的容积率普遍偏高，从而影响到建筑物的底层房间只能刚刚达到规范要求的日照标准；所以，虽然在屋顶上安装的太阳能集热系统本身高度并不高，但也有可能影响到相邻建筑的底层房间不能满足日照标准要求；此外，在阳台或墙面上安装有一定倾角的太阳能集热器时，也有可能会影响下层房间不能满足日照标准要求，必须在进行太阳能集热系统设计时予以充分重视。

**2** 直接式太阳能集热系统中的工作介质是水，冬季气温低于0℃时容易发生冻结现象，如果温度不是过低，处于低温状态的时间也不长，系统还可能再恢复正常工作，否则系统就可能被冻坏。因此，以冬季最低环境温度-5℃为界，在低于-5℃的地区，采用间接式太阳能集热系统，可使用防冻液工作介质，从而满足防冻要求。

**3.4.2** 本条是太阳能集热器设置和定位的基本规定。

**1** 太阳能集热器采光面上能够接收到的太阳光照会受到集热器安装方位和安装倾角的影响，根据集热器安装地点的地理位置，对应有一个可接收最多的全年太阳光照辐射热量的最佳安装方位和倾角范围，该最佳范围的方位是正南，或南偏东、偏西10°，倾角为当地纬度±10°，但该范围太窄，对建筑规划设计的限制过于严格，不利于太阳能供热采暖的推广应用；为此，编制组利用 Meteo Norm V4.0 软件进行了不同方位、倾角表面接收太阳光照的模拟计算，结果显示：当安装方位偏离正南向的角度再扩大到南偏东、偏西30°时，集热器表面接收的全年太阳光照辐射热量只减少了不到5%，所以，本条将推荐的集热器最佳安装方位扩大至正南，或南偏东、偏西30°；倾角为当地纬度-10°～+20°，是因为太阳能供热采暖系统的主要功能是冬季采暖，倾角适当加大有利于提高冬季集热器的太阳能得热量。

对于受实际条件限制，集热器的朝向不可能在正南，或南偏东、偏西30°的朝向范围内，安装倾角与当地纬度偏差较大时，本条也给出了解决方法，即按附录A进行面积补偿，合理增加集热器面积；从而放宽了对应用太阳能供热采暖系统建筑物朝向、屋面坡度的限制，使建筑师的设计有了更大的灵活性，同时又能保证太阳能供热采暖系统设计的合理性。

在根据附录A进行面积补偿时，应针对不同的蓄热系统，选用不同的表格；表 A.0.2-1 根据12月的太阳辐照计算，适用于短期蓄热系统；表 A.0.2-2 根据全年的太阳辐照计算，适用于季节蓄热系统。

**2** 如果系统中太阳能集热器的位置设置不当，受到前方障碍物或前排集热器的遮挡，不能保证太阳能集热器采光面上的太阳光照的话，系统的实际运行效果和经济性都会大受影响，所以，需要对放置在建筑外围护结构上太阳能集热器采光面上的日照时间作出规定，冬至日太阳高度角最低，接收太阳光照的条件最不利，规定此时集热器采光面上的日照时数不少于4h，是综合考虑系统运行效果和围护结构实际条件而提出的；由于冬至前后在早上10点之前和下午2点之后的太阳高度角较低，对应照射到集热器采光面上的太阳辐照度也较低，即该时段系统能够接收到的太阳能热量较少，对系统全天运行的工作效果影响不大；如果增加对日照时数的要求，则安装集热器的屋面面积要加大，在很多情况下不可行，所以，取冬至日日照时间 4h 为最低要求。

除了保证太阳能集热器采光面上有足够的日照时间外，前、后排集热器之间还应留有足够的间距，以便于施工安装和维护操作；集热器应排列整齐有序，以免影响建筑立面的美观。

**3** 本款给出了某一时刻太阳能集热器不被前方障碍物遮挡阳光的日照间距计算公式。公式中的计算时刻应选冬至日（此时赤纬角 $\delta=-23°57'$）的 10:00 或 14:00；公式中的角 $\gamma_0$ 和太阳方位角 $\alpha$ 及集热器的方位角 $\gamma$（集热器表面法线在水平面上的投影线与正南方向线之间的夹角，偏东为负，偏西为正）有如下关系，见图5。

**4** 建筑物的变形缝是为避免因材料的热胀冷缩而破坏建筑物结构而设置，主体结构在伸缩缝、沉降缝、防震缝等变形缝两侧会发生相对位移，太阳能集热器如跨越建筑物变形缝易受到破坏，所以不应跨越变形缝设置。

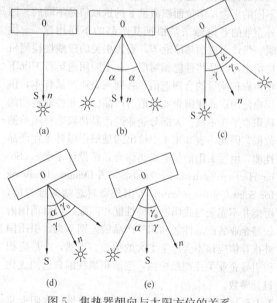

图5 集热器朝向与太阳方位的关系
(a) $\gamma_0=0, \gamma=0, \alpha=0$；(b) $\gamma_0=\alpha, \gamma=0$；
(c) $\gamma_0=\alpha-\gamma$；(d) $\gamma_0=\gamma-\alpha$；(e) $\gamma_0=\alpha+\gamma$

**3.4.3** 本条规定了系统设计中确定太阳能集热器总面积的计算方法。

**1** 本款规定了直接系统太阳能集热器总面积的计算公式。一般情况下，太阳能集热器的安装倾角是在当地纬度−10°～+20°的范围内，所以，公式中的 $J_T$ 可按附录 B 选取；选取时，针对短期蓄热和季节蓄热系统应选用不同值：短期蓄热系统应选用 $H_{Lt}$：当地纬度倾角平面 12 月的月平均日辐照量，季节蓄热系统应选用；$H_{La}$：当地纬度倾角平面年平均日辐照量；其原因是季节蓄热系统可蓄存全年的太阳能得热量用于冬季采暖，太阳能集热器面积可以选得小一些，而短期蓄热系统的太阳能集热器面积应稍大，以保证系统的供暖效果。

**2** 本款规定了间接系统太阳能集热器总面积的计算方法。由于间接系统换热器内外需保持一定的换热温差，与直接系统相比，间接系统的集热器工作温度较高，使得集热器效率稍有降低，所以，确定的间接系统集热器面积要大于直接系统。其中的计算参数 $A_c$ 用公式（3.4.3-1）计算得出，$U_L$ 和 $U_{hx}$ 可由生产企业提供的产品样本或产品检测报告得出，$A_{hx}$ 则用附录 E 给出的方法计算。

**3.4.4** 本条规定了太阳能集热系统设计流量的计算方法。

**1** 本款规定了太阳能集热系统设计流量的计算公式。其中的计算参数 $A$ 是将用式（3.4.3-1）或式（3.4.3-2）计算的总面积换算得出的采光面积，而优化系统设计流量的关键是要合理确定太阳能集热器的单位面积流量。

**2** 太阳能集热器的单位面积流量 $g$ 与太阳能集热器的特性和用途有关，对应集热器本身的热性能和不同的用途，单位面积流量 $g$ 的选取值是不同的。国外企业的普遍做法是根据其产品的不同用途——供暖、供热水或加热泳池等，委托相关的权威性检测机构给出与产品热性能相对应、在不同用途运行工况下单位面积流量的合理选值，并列入企业产品样本，供用户使用；而我国企业目前对产品优化和性能检测的认识水平还不高，大部分企业的产品都缺乏该项检测数据；因此，表 3.4.4 中给出的是根据国外企业产品性能，由《太阳能住宅供热综合系统设计手册》(Solar Heating Systems for Houses, A Design Handbook for Solar Combisystems) 等国外资料总结的推荐值，可能并不完全与我国产品的性能相匹配，但目前国内较好企业的产品性能和国外产品的差别不大，引用国外推荐值应该不会产生太大的偏差。当然，今后应积极引导企业关注产品检测，逐渐积累我国自己的优化设计参数。

**3.4.5** 太阳能的特点之一是其不稳定性，太阳能集热器采光面上接收的太阳辐照度是随天气条件不同而发生变化的，所以在投资条件许可时，应积极提倡采

用自动控制变流量运行太阳能集热系统，提高系统效益。

**3.4.6** 本条规定了太阳能集热系统防冻设计的要求和防冻措施的选择。

**1** 在冬季室外环境温度可能低于 0℃的地区，因系统工质冻结会造成对系统的破坏，因此，在这些地区使用的太阳能集热系统，应进行防冻设计。

**2** 本款给出了太阳能集热系统可采用的防冻措施类型和根据集热系统类型、使用地区选择防冻措施的参照选择表。防冻措施包括：排空系统、排回系统、防冻液系统、循环防冻系统。严寒地区的防冻要求高，所以只能使用间接式太阳能集热系统和严格的防冻措施——排回系统和防冻液系统。鉴于我国目前的消费水平和投资能力较低，表 3.4.6 中将直接式太阳能集热系统和相应的排空和循环防冻系统列入了寒冷地区的推荐项，但如果从严要求，仅寒冷地区中冬季环境温度相对较高，如山东、河北南部、河南等省区，可以使用直接式太阳能集热系统和相应的排空和循环防冻系统。所以，只要有投资条件，寒冷地区仍应优先选用间接式太阳能集热系统和相应的防冻措施。

**3** 为保证太阳能集热系统的防冻措施能正常工作，规定防冻系统应采用自动控制运行。

### 3.5 蓄热系统设计

**3.5.1** 本条对太阳能供热采暖系统中蓄热系统的设计作出了基本规定。

**1** 目前在太阳能供热采暖系统中主要应用三种蓄热系统：液体工质集热器短期蓄热系统、液体工质集热器季节蓄热系统和空气集热器短期蓄热系统，太阳能集热器形式、系统性能、系统投资、供热采暖负荷和太阳能保证率是影响蓄热系统选型的主要影响因素，在进行蓄热系统选型时，应通过对上述影响因素的综合技术经济分析，合理选取与工程具体条件最为适宜的系统。

**2** 目前太阳能供热采暖系统的蓄热方式共有 5 种——贮热水箱、地下水池、土壤埋管、卵石堆和相变材料。表 3.5.1 给出了与蓄热系统相对应和匹配的蓄热方式，决定该对应关系的主要因素是系统的工作介质和蓄热周期；其中，相变材料蓄热方式目前的实际应用较少，但考虑到这是太阳能应用长期以来一直关注的一种重要蓄热方式，近年来也不断有运用相变原理的新型材料被开发应用，所以，仍将其列入选项，但因其投资相对较大，不宜用于季节蓄热系统。

对应于同一蓄热系统形式，有两种以上可选择项目的蓄热方式时，应根据实际工程的投资规模和当地的地质、水文、土壤条件及使用要求综合分析选择；一般来说，地下水池的蓄热量大、施工简便、初投资低，是性能价格比最优的季节蓄热系统；土壤埋管蓄

热施工较复杂，初投资高，但优点是能与地源热泵供暖空调系统联合工作，特别是在冬季从土壤的取热量远大于夏季向土壤放热量的地区，可以通过向土壤蓄热来弥补负荷的不平衡。

国外还有几种已应用于实际工程的蓄热方式，如利用地下的砂砾石含水层蓄热和利用地下的封闭水体蓄热，因适用条件过于特殊，故本规范中没有列入，但如当地恰好有这种适宜的水文地质条件，也可以参照国外相关工程经验，利用来进行季节蓄热。

**3** 季节蓄热液体工质集热器太阳能供暖系统的设备容量较大，需要较大的机房面积，投资比较高，只应用于单体建筑的综合效益较差，所以更适用于较大建筑面积的区域供暖；为提高系统的经济性，对单体建筑的供暖，采用短期蓄热液态工质集热器太阳能供暖系统较为适宜；但对某些地区或特定建筑，比如常规能源缺乏的边远地区，或高投资成本建设的高档别墅，也不排除采用季节蓄热系统。

**4** 蓄热水池中的水温较高，会发生烫伤等安全隐患，不能同时用作灭火的消防用水。

**3.5.2** 本条规定了液体工质蓄热系统的设计原则和相关设计参数。

**1** 短期蓄热液体工质集热器太阳能供暖系统的蓄热量是为满足在连续阴、雨、雪天时的供暖需求，加大蓄热量会增加蓄热设备容量和集热器面积，同时增加投资，所以需要在蓄热量和设备投资之间作权衡，选取适宜的蓄热周期。我国冬季大部分地区的连续阴、雨、雪天一般不超过一周，有些地区则可能会延长至半个月左右，如果要求蓄热量能够完全满足全部连续阴、雨、雪天时的供暖需求，则系统设备会过于庞大，系统投资过高，所以，规定短期蓄热液体工质集热器太阳能供暖系统的蓄热量只需满足建筑物1~5天的供暖需求，当地的太阳能资源好、环境气温高、工程投资大，可取高值，否则，取低值。如果投资许可，条件适宜，也不排除增加蓄热容量，延长蓄热周期，但蓄热周期应不超过15天。

**2** 太阳能供热采暖系统对应每平方米太阳能集热器采光面积的贮热水箱、水池容积与当地的太阳能资源条件、集热器的性能特性有关，我国目前只有针对热水系统的经验数据，所以表3.5.2中给出的短期和季节蓄热太阳能供热采暖系统的贮热水箱容积配比范围，是参照《太阳能住宅供热综合系统设计手册》(Solar Heating Systems for Houses, A Design Handbook For Solar Combisystems)等国外资料提出；在具体取值时，当地的太阳能资源好、环境气温高、工程投资高，可取高值，否则，取低值。

由于影响因素复杂，给出的推荐值范围宽宽，选取某一具体数值确定水箱、水池容积完成系统设计后，可利用相关软件模拟系统在运行工况下的贮水温度，进行校核计算，验证取值是否合理。随着我国太

阳能供热采暖工程的推广应用，在积累了较多工程经验和实测数据后，才有可能提出更加细化的适配参数。

**3** 贮热水箱内的热水存在温度梯度，水箱顶部的水温高于底部水温；为提高太阳能集热系统的效率，从贮热水箱向太阳能集热系统的供水温度应较低，所以，该条供水管的接管位置应在水箱底部；根据具体工程条件，生活热水和供暖系统对供水温度的要求是不同的，也应在贮热水箱相对应适宜的温度层位置接管，以实现系统对不同温度的供热/换热需求，提高系统的总效率。

**4** 如果贮热水箱接管处的流速过高，会对水箱中的水造成扰动，影响水箱的水温分层，所以，水箱进、出口处的流速应尽量降低；国外的部分工程经验，该处的流速远低于0.04m/s，但太低的流速会过分加大接管管径，特别对循环流量较大的大系统，在具体取值时需要综合考虑权衡；这里规定的0.04m/s是最高限值，必须在接管处采取措施使流速低于限值。

**5** 季节蓄热系统地下水池的水池容量将直接影响水池内热水的蓄热温度，对应于一定的水池保温措施、周围土壤的全年温度分布、集热系统供水温度和水池容量等，有一个可能达到的最高水温。设计容量过大，池内水温低，既浪费了投资，又不能满足系统的功能要求；设计容量偏小，则池内水温可能过高，甚至超过水池内压力相对应的沸点温度而蒸发汽化，形成安全隐患；因此，必须对水池内可能达到的最高水温做校核计算。进行校核计算时，选用动态传热计算模型准确度最高，所以，有条件时，应优先利用计算软件做系统的全年运行性能动态模拟计算，得出蓄热水池内可能达到的最高水温预测值；为确保安全，该最高水温预测值应比与水池内压力相对应的水的沸点低5℃。

**6** 地下水池的槽体结构、保温结构和防水结构的设计在相关国家标准、规范中已有规定，参照执行即可。

**7** 季节蓄热地下水池一般容量较大，容易形成池内水温分布不均匀的现象，影响系统的供暖效果，所以，应采取相应的技术措施，例如设计迷宫式水池或设布水器等方法，避免池内水温分布不均匀。

**8** 保温设计在相关国家标准中已有规定，可参照执行。

**9** 工程建设当地的土壤地质条件是能否应用土壤埋管季节蓄热的基础，对土壤埋管季节蓄热系统的性能和实际运行效果有很大影响，因此，在进行设计前，应进行地质勘察，从而确定当地的土壤地质条件是否适宜埋管，同时又可对系统设计提出土壤温度等相关基础参数。土壤埋管季节蓄热系统的投资较大，其蓄热装置——地下埋管部分与地源热泵系统的地埋

管换热系统完全相同，在特定条件（夏季气候凉爽、完全不需空调）的地区，用地源热泵机组作辅助热源，与地埋管热泵系统配合使用，可以提高系统的运行效率和经济效益。

**3.5.3** 本条规定了卵石堆蓄热方式的设计原则和设计参数。

**1** 规定了空气蓄热系统的蓄热装置——卵石堆蓄热器（卵石箱）的基本尺寸和容量。推荐参数参照国外工程经验。

**2** 放入卵石箱内的卵石应清洗干净，以免热风通过时吹起灰尘。卵石大小如果不均匀，或使用易破碎或可与水和二氧化碳反应的石头，如石灰石、砂石、大理石、白云石等，因会减小卵石之间的空隙，降低卵石箱内的空隙率，使阻力加大，影响系统效率。卵石堆的热分层可提高蓄热性能，所以，宜优先选用有热分层的垂直卵石堆；当高度受限时，只能采用水平卵石堆，但水平卵石堆无热分层。

**3.5.4** 本条规定了相变材料蓄热方式的设计原则和设计参数。

**1** 液体工质与相变材料直接接触换热，使相变材料发生相变时，相变材料有可能与液体换热工质混合，而使本身的成分、浓度等产生变化，从而改变相变温度等关键设计参数，并影响系统的总体运行效果，所以，液体工质不能直接与相变材料接触，而必须通过换热器间接换热。

**2** 使太阳能供热采暖系统的工作温度范围与相变材料的相变温度相匹配，是相变材料蓄热系统能够运行工作的基础，必须严格遵守。

### 3.6 控制系统设计

**3.6.1** 本条规定了太阳能供热采暖系统自动控制设计的基本原则。

**1** 太阳能供热采暖系统的热源是不稳定的太阳能，系统中又设有常规能源辅助加热设备，为保证系统的节能效益，系统运行最重要的原则是优先使用太阳能，这就需要通过相应的控制手段来实现。太阳辐照和天气条件在短时间内发生的剧烈变化，几乎不可能通过手动控制来实现调节；因此，应设置自动控制系统，保证系统的安全、稳定运行，以达到预期的节能效益。同时，规定了自动控制的功能应包括对太阳能集热系统的运行控制和安全防护控制、集热系统和辅助热源设备的工作切换控制、太阳能集热系统安全防护控制的功能应包括防冻保护和防过热保护。

**2** 为保证自动控制系统能长久、稳定、正常工作，必须确保系统部件、元件的产品质量、性能、质量符合相关产品标准是最低要求，进行系统设计时，应予以充分重视。目前我国大部分物业管理公司的设备运行和管理人员，其技能普遍不高，如果控制方式过于复杂，使设备运行管理人员不易掌握，就会严重

影响系统的运行效果，所以，自动控制系统的设计应简便、可靠、利于操作。

**3** 温度传感器的测量不确定度不能太大，否则将会导致控制精度降低，进而影响系统的合理运行，因此，必须规定温度传感器应达到的测量不确定度。对工程应用来说，小于等于 0.5℃ 的测量不确定度已足够准确，可以满足控制精度要求。

**3.6.2** 本条规定了系统运行和设备工作切换的自动控制设计的基本原则。

**1** 根据集热系统工质出口和贮热装置底部介质的温差，控制太阳能集热系统的运行循环，是最常使用的系统运行控制方式。其依据的原理是：只有当集热系统工质出口温度高于贮热装置底部温度（贮热装置底部的工作介质通过管路被送回集热系统重新加热，该温度可视为是返回集热系统的工质温度）时，工作介质才可能在集热系统中获取有用热量；否则，说明由于太阳辐照过低，工质不能通过集热系统得到热量，如果此时系统仍然继续循环工作，则可能发生工质反而通过集热系统散热，使贮热装置内的工质温度降低。

温差循环的运行控制方式是：在集热系统工质出口和贮热装置底部分别设置温度传感器 S1 和 S2，当二者温差大于设定值（宜取 5～10℃）时，通过控制器启动循环泵或风机，系统运行，将热量从集热系统传输到贮热装置；当二者温差小于设定值（宜取 2～5℃）时，循环泵或风机关闭，系统停止运行。

**2** 本款提出了太阳能集热系统变流量运行的具体控制方式。可以根据太阳辐照条件的变化直接改变系统流量，或因太阳辐照不同引起的温差变化间接改变系统流量，从而实现系统的优化运行。

**3** 为保证太阳能供热采暖系统的稳定运行，当太阳辐照较差，通过太阳能集热系统的工作介质不能获取相应的有用热量，使工质温度达到设计要求时，辅助热源加热设备应启动工作；而太阳辐照较好，工质通过太阳能集热系统可以被加热到设计温度时，辅助热源加热设备应立即停止工作，以实现优先使用太阳能，提高系统的太阳能保证率；所以，应采用定温（工质温度是否达到设计温度）自动控制，来完成太阳能集热系统和辅助热源加热设备的相互工作切换。

**3.6.3** 本条规定了系统安全和防护控制的基本设计原则。

**1** 使用水作工作介质的直接和间接式太阳能集热系统，常采用排空和排回措施，将全部工作介质排空或从安装在室外的太阳能集热系统排至设于室内的贮水箱内，以防止冻结现象发生；所以，当水温降低到某一定值——防冻执行温度时，就应通过自动控制启动排空和排回措施，防止水温继续下降至 0℃ 产生冻结，影响系统安全。防冻执行温度的范围通常取 3～5℃，视当地的气候条件和系统大小确定具体选

值，气温偏低地区取高值，否则，取低值。

2 系统循环防冻的技术相对简便，是目前较常使用的防冻措施，但因系统循环会有水泵能耗，设计时应结合当地条件作经济分析，考虑是否采用；如水泵运行时间过长或频繁起停，则不适用。

3 贮热水箱中的水一般是直接供给供暖末端系统或热水用户的，所以，防过热措施应更严格。过热防护系统的工作思路是：当发生水箱过热时，不允许集热系统采集的热量再进入水箱，避免供给末端系统或用户的水过热，此时多余的热量由集热系统承担；集热系统安装在户外，当集热系统也发生过热时，因集热系统中的工质沸腾造成人身伤害的危险稍小，而且容易采取其他措施散热。

因此，水箱防过热执行温度的设定更严格，应设在80℃以内，水箱顶部温度最高，防过热温度传感器应设置在贮热水箱顶部；而集热系统中的防过热执行温度则根据系统的常规工作压力，设定较为宽泛的范围，一般常用的范围是95～120℃，当介质温度超过了安全上限，可能发生危险时，用开启安全阀泄压的方式保证安全。

4 本款为强制性条文。当发生系统过热安全阀必须开启时，系统中的高温水或蒸汽会通过安全阀外泄，安全阀的设置位置不当，或没有配备相应措施，有可能会危及周围人员的人身安全，必须在设计时着重考虑。例如，可将安全阀设置在已引入设备机房的系统管路上，并通过管路将外泄高温水或蒸汽排至机房地漏；安全阀只能在室外系统管路上设置时，通过管路将外泄高温水或蒸汽排至就近的雨水口等。

如果安全阀的开启压力大于与系统可耐受的最高工作温度对应的饱和蒸汽压力，系统可能会因工作压力过高受到破坏；而开启压力小于与系统可耐受的最高工作温度对应的饱和蒸汽压力，则使本来仍可正常运行的系统停止工作，所以，安全阀的开启压力应与系统可耐受的最高工作温度对应的饱和蒸汽压力一致，既保证了系统的安全性，又保证系统的稳定正常运行。

### 3.7 末端供暖系统设计

**3.7.1** 本条规定了太阳能供热采暖系统中可以和液体工质集热器配合工作的末端供暖系统。可用于常规采暖、空调系统的末端设备、系统（低温热水地板辐射、水-空气处理设备和散热器等）均可用于太阳能供热采暖系统；需根据具体工程的条件选用。只设置采暖系统的建筑，应优先选用低温热水地板辐射；拟设置集中空调系统的建筑，应选用水-空气处理设备；在温和地区只设置采暖系统的建筑，或使用高效集热器的单纯采暖系统，也可选用散热器采暖，以降低工程初投资，提高系统效益。

**3.7.2** 本条规定了太阳能供热采暖系统中可以和空

气集热器配合工作的末端供暖系统。空气集热器太阳能供热采暖系统的工质为空气，所以末端供暖系统是在常规采暖、空调系统中通常采用的热风采暖系统。部分新风加回风循环的风管送风系统中，应由太阳能提供新风部分的热负荷，从而提高系统效率，得到更好的节能效益。

**3.7.3** 太阳能供热采暖系统的末端供暖系统与常规采暖、空调系统的末端设备、系统完全相同，其系统设计在国家现行标准、规范中已作详细规定，遵照执行即可，不需要再作另行规定。

### 3.8 热水系统设计

**3.8.1** 太阳能供热采暖系统是根据采暖热负荷确定太阳能集热器面积从而进行系统设计的，所以，系统在非采暖季可提供生活热水的建筑面积会大于冬季采暖的建筑面积，即热水系统的供热水范围必定大于冬季采暖的范围。

以在一个由若干栋住宅组成的小区内设计太阳能供热采暖系统为例，如果系统设计是冬季为其中的2栋住宅供暖，那么在非采暖季生活热水的供应范围是选4栋、6栋还是更多栋住宅，就需要根据所在地区气候、太阳能资源条件、用水负荷，综合业主要求、投资规模、安装等条件，通过计算合理确定适宜的供水范围。是否适宜，需要遵循的一个重要原则是保证系统在非采暖季正常运行的条件下不会产生过热。

**3.8.2** 太阳能供热采暖系统中的热水系统与常规热水供应系统完全相同，其系统设计在现行国家标准、规范中已作详细规定，遵照执行即可，不需再作另行规定。

**3.8.3** 本条规定是为强调设计人员应重视太阳能供热采暖系统中的生活热水系统的水质，因为洗浴热水会直接接触使用人员的皮肤，所以要求水质必须符合卫生指标。

### 3.9 其他能源辅助加热/换热设备设计选型

**3.9.1** 在国家标准《采暖通风与空气调节设计规范》GB 50019 和《公共建筑节能设计标准》GB 50189 中，均对采暖热源的适用条件和使用的常规能源种类作出了规定，其目的除了保证技术上的合理性之外，另一重要的原因是为满足建筑节能的要求。例如，《公共建筑节能设计标准》中的强制性条文："除了符合下列情况之一外，不得采用电热锅炉、电热水器作为直接采暖和空气调节系统的热源：（6 种情况略）"，对采用电热锅炉作出了限制规定；太阳能供热采暖系统是以节能为目标，因此，更应该严格遵守。

**3.9.2** 太阳能供热采暖系统中使用的其他能源加热/换热设备和常规采暖系统中的热源设备没有区别，为满足建筑节能的要求，国家标准《公共建筑节能设计标准》GB 50189 中对采暖系统的热源性能——例如锅炉额定热效率等作出了规定。太阳能供热采暖系统在选择其他能源加热/换热设备时，同样应该遵守。

**3.9.3** 其他能源加热/换热设备和常规采暖系统中的热源设备完全相同，其设计选型在现行国家标准、规范中已作详细规定，遵照执行即可，不需再作另行规定。

# 4 太阳能供热采暖系统施工

## 4.1 一般规定

**4.1.1** 本条为强制性条文。进行太阳能供热采暖系统的施工安装，保证建筑物的结构和功能设施安全是第一位的；特别在既有建筑上安装系统时，如果不能严格按照相关规范进行土建、防水、管道等部位的施工安装，很容易造成对建筑物的结构、屋面、地面防水层和附属设施的破坏，削弱建筑物在寿命期内承受荷载的能力，所以，必须作为强制性条文提出，予以充分重视。

**4.1.2** 目前国内现状，太阳能供热采暖系统的施工安装通常由专门的太阳能工程公司承担，作为一个独立工程实施完成，而太阳能供热采暖系统的安装与土建、装修等相关施工作业有很强的关联性，所以，必须强调施工组织设计，以避免差错，提高施工效率。

**4.1.3** 本条的提出是由于目前太阳能供热采暖系统施工安装人员的技术水平参差不齐，不进行规范施工的现象时有发生。所以，着重强调必要的施工条件，严禁不满足条件的盲目施工。

**4.1.4** 本条规定了太阳能供热采暖系统连接管线、部件、阀门等配件选用的材料应能耐受温度，以防止系统破坏，提高系统部件的耐久性和系统工作寿命。

**4.1.5** 本条对进场安装的太阳能供热采暖系统产品、配件、材料及其性能提出了要求，针对目前国内企业普遍不重视太阳能集热器性能检测的现状，规定了应提供集热器进场产品的性能检测报告。

## 4.2 太阳能集热系统施工

**4.2.1** 太阳能集热器的安装方位对采光面上可以接收到的太阳辐射有很大影响，进而影响系统的运行效果，因此，应保证按照设计要求的方位进行安装；推荐使用罗盘仪确定方位，罗盘仪操作方便，是简便易行的定位工具。

**4.2.2** 太阳能集热器的种类繁多，不同企业产品设计的相互连接方式以及真空管与联箱的密封方式有较大差别，其连接、密封的具体操作方法通常都在产品说明书中详细说明，所以，在本条规定中予以强调，要求按照具体产品所设计的连接和密封方式安装，并严格按产品说明书进行具体操作。

**4.2.3** 平屋面上用于安装太阳能集热器的专用基座，其强度是为保证集热器防风、抗震及今后运行安全，通过设计计算提出的关键指标，施工时应严格按照设计要求，否则，基座强度就得不到保证；基座的防水处理做不好，会引发屋面漏水，影响顶层住户的切身利益，在既有建筑屋面上安装时，需要刨开屋面面层做基座，会破坏原有防水结构，基座完工后，被破坏部位需重做防水，所以，都应严格按国家标准《屋面工程质量验收规范》GB 50207的规定进行防水制作。

**4.2.4** 本条是对埋设在坡屋面结构层预埋件的施工工序的规定，对新建建筑和既有建筑改造同样适用。

**4.2.5** 在部分围护结构表面，如平屋面上安装太阳能集热器时，集热器需安装在支架上，支架通常由同一生产企业提供，本条对集热器支架提出要求。根据集热器所安装地区的气候特点，支架的强度、抗风能力、防腐处理和热补偿措施等必须符合设计要求，部分指标在设计未作规定时，则应符合国家现行标准的要求。

**4.2.6** 本条是防止因太阳能集热系统管线穿过屋面、露台时造成这些部位漏水的重要措施，应严格执行。

**4.2.7** 管道的施工安装在国家标准《建筑给水排水及采暖工程施工质量验收规范》GB 50242、《通风与空调工程施工质量验收规范》GB 50243中已有详细的规定，严格执行即可。

## 4.3 太阳能蓄热系统施工

**4.3.1** 贮热水箱内贮存的是热水，设计时会根据贮水温度提出对材质、规格的要求，因此，要求施工单位在购买或现场制作安装时，应严格遵照设计要求。钢板焊接的贮热水箱容易被腐蚀，所以，特别强调按设计要求对水箱内、外壁做防腐处理；为确保人身健康，同时要求内壁防腐涂料应卫生、无毒，能长期耐受所贮存热水的最高温度。

**4.3.2** 本条规定了贮热水箱制作的程序和应遵照执行的标准，以保证水箱质量。

**4.3.3** 本条规定是为减少贮热水箱的热损失。

**4.3.4** 本条规定了蓄热地下水池现场施工制作时的要求，以保证水池质量和施工安全。

**1** 地下水池施工时，除必须按照设计规定，满足系统的承压和承受土壤等荷载的要求外，还应在施工过程中，严格施工程序，防止因土壤等荷载造成安全事故。

**2** 应严格按设计要求和相关标准规定的施工工法，进行地下水池的防水渗漏施工，保证水池的防水渗漏性能质量。

**3** 为保证地下水池的工作寿命，减轻日常维护工作量，避免危及人员健康、安全，应严格按设计要求和相关标准规定的施工工法，选择内壁防腐涂料，进行地下水池及内部部件的抗腐蚀处理。

**4** 地下水池需要长期贮存热水，为尽可能延长水池的工作寿命，选用的保温材料和保温构造做法应能长期耐受所贮存热水的最高温度，所以，除现场条件不允许，如利用现有水池等特殊情况外，一般应采用外保温构造做法。

**4.3.5** 管道的施工安装在国家标准《建筑给水排水及采暖工程施工质量验收规范》GB50242、《通风与空调工程施工质量验收规范》GB 50243 中已有详细的规定，严格执行即可。

#### 4.4 控制系统施工

**4.4.1** 系统的电缆线路施工和电气设施的安装在国家标准《电气装置安装工程电缆线路施工及验收规范》GB 50168 和《建筑电气工程施工质量验收规范》GB 50303 中已有详细规定，遵照执行即可。

**4.4.2** 为保证系统运行的电气安全，系统中的全部电气设备和与电气设备相连接的金属部件应做接地处理。而电气接地装置的施工在国家标准《电气装置安装工程接地装置施工及验收规范》GB 50169 中均有规定，遵照执行即可。

#### 4.5 末端供暖系统施工

**4.5.1** 末端供暖系统的施工安装在国家标准《建筑给水排水及采暖工程施工质量验收规范》GB 50242、《通风与空调工程施工质量验收规范》GB 50243 中均有规定，遵照执行即可。

**4.5.2** 低温热水地板辐射供暖是太阳能供热采暖中使用最广泛的末端供暖系统，其施工安装在行业标准《地面辐射供暖技术规程》JGJ 142 中已有详细规定，应遵照执行。

## 5 太阳能供热采暖工程的调试、验收与效益评估

### 5.1 一般规定

**5.1.1** 本条根据太阳能供热采暖工程的特点和需要，明确规定在系统安装完毕投入使用前，应进行系统调试。系统调试是使系统功能正常发挥的调整过程，也是对工程质量进行检验的过程。根据调研，凡施工结束进行系统调试的项目，效果较好，发现问题可进行改进；未作系统调试的工程，往往存在质量问题，使用效果不好，而且互相推诿、不予解决，影响工程效能的发挥。所以，作出本条规定，以严格施工管理。一般情况下，系统调试应在竣工验收阶段进行；不具备使用条件，是指气候条件等不合适时，比如，竣工时间在夏季，不利于进行冬季供暖工况调试等，但延期进行调试需经建设单位同意。

**5.1.2** 本条规定了系统调试需要包括的项目和连续试运行的天数，以使工程能达到预期效果。

**5.1.3** 本条为《建筑工程施工质量验收统一标准》GB 50300 中的规定，在此提出予以强调。

**5.1.4** 太阳能供热采暖系统的施工受多种条件制约，因此，本条提出分项工程验收可根据工程施工特点分期进行，但强调对于影响工程安全和系统性能的工序，必须在本工序验收合格后才能进入下一道工序的施工。

**5.1.5** 本条规定了竣工验收的时间及竣工验收应提交的资料。实际工程中，部分施工单位对施工资料不够重视，所以，在此加以强调。

**5.1.6** 本条参照了相关国家标准对常规暖通空调工程质量保修期限的规定。太阳能供热采暖工程比常规暖通空调工程更加复杂，技术要求更多；因此，对施工质量的保修期限应至少与常规暖通空调工程相同，负担的责任方也应相同。

### 5.2 系统调试

**5.2.1** 本条规定了进行太阳能供热采暖工程系统调试的相关责任方。由于施工单位可能不具备系统调试能力，所以规定可以由施工企业委托有调试能力的其他单位进行系统调试。

**5.2.2** 本条规定了太阳能供热采暖工程系统设备单机、部件调试和系统联动调试的执行顺序，应首先进行设备单机和部件的调试和试运转，设备单机、部件调试合格后才能进行系统联动调试。

**5.2.3** 本条规定了设备单机、部件调试应包括的内容，以为系统联动调试做好准备。

**5.2.4** 为使工程达到预期效果，本条规定了系统联动调试应包括的内容。

**5.2.5** 为使工程达到预期效果，本条规定了系统联动调试结果与系统设计值之间的容许偏差。

　　**1** 现行国家标准《通风与空调工程施工质量验收规范》GB 50243 对供热采暖系统的流量、供水温度等参数的联动调试结果与系统设计值之间的容许偏差有详细规定，应严格执行，以保证系统投入使用后能正常运行。

　　**2** 本条的额定工况指太阳能集热系统在系统流量或风量等于系统的设计流量或设计风量的条件下工作。

　　**3** 针对短期蓄热系统和季节蓄热系统，本条太阳能集热系统的额定工况是不相同的，具体的集热系统工作条件如下：

　　　　1）短期蓄热系统：日太阳辐照量接近于当地纬度倾角平面 12 月的月平均日太阳辐照量，日平均室外温度接近于当地 12 月的月平均环境温度；

　　　　2）季节蓄热系统：日太阳辐照量接近于当地纬度倾角平面的年平均日太阳辐照量，日平均室外温度接近于当地的年平均环

境温度；通常情况下以 3 月、9 月（春分、秋分节气所在月）的条件最为接近。

集热系统进出口工质的设计温差 $\Delta t$ 可用下式计算得出：

$$\Delta t = \frac{Q_H f}{\rho c G}$$

式中 $Q_H$ ——建筑物耗热量，W；
$f$ ——系统的设计太阳能保证率，%；
$c$ ——水的比热容，4187J/(kg·℃)；
$\rho$ ——热水密度，kg/L；
$G$ ——系统设计流量，L/s。

## 5.3 工程验收

**5.3.1** 本条划分了太阳能供热采暖工程的分部、分项工程，以及分项工程所包括的基本施工安装工序和项目，分项工程验收应能涵盖这些基本施工安装工序和项目。

**5.3.2** 太阳能供热采暖系统中的隐蔽工程，一旦在隐蔽后出现问题，需要返工的部位涉及面广、施工难度和经济损失大，因此，必须在隐蔽前经监理人员验收及认可签证，以明确界定出现问题后的责任。

**5.3.3** 本条规定了在太阳能供热采暖系统的土建工程验收前，应完成现场验收的隐蔽项目内容。进行现场验收时，按设计要求和规定的质量标准进行检验，并填写中间验收记录表。

**5.3.4** 本条规定了太阳能集热器的安装方位角和倾角与设计要求的容许安装误差。检验安装方位角时，应先使用罗盘仪确定正南向，再使用经纬仪测量出方位角。检验安装倾角，则可使用量角器测量。

**5.3.5** 为保证工程质量和达到工程的预期效果，本条规定了对太阳能供热采暖系统工程进行检验和检测的主要内容。

**5.3.6** 本条规定了太阳能供热采暖系统管道的水压试验压力取值。一般情况下，设计会提出对系统的工作压力要求，此时，可按国家标准《建筑给水排水及采暖工程施工质量验收规范》GB 50242的规定，取1.5倍的工作压力作为水压试验压力；而对可能出现的设计未注明的情况，则分不同系统提出了规定要求。开式太阳能集热系统虽然可以看作无压系统，但为保证系统不会因突发的压力波动造成漏水或损坏，仍要求应以系统顶点工作压力加 0.1MPa 做水压试验；闭式太阳能集热系统和供暖系统均为有压力系统，所以应按《建筑给水排水及采暖工程施工质量验收规范》GB 50242的规定进行水压试验。

## 5.4 工程效益评估

**5.4.1** 发达国家通常都对太阳能供热采暖工程进行系统效益的长期监测，以作为对使用太阳能供热采暖工程用户提供税收优惠或补贴的依据；我国今后也有

可能出台类似政策，所以，本条建议有条件的工程，宜在系统工作运行后，进行系统能耗的定期监测，以确定系统的节能、环保效益。

**5.4.2** 本条规定了对太阳能供热采暖工程做节能、环保效益分析的评定指标内容。所包括的评定指标能够有效反映系统的节能、环保效益，而且计算相对简单、方便，可操作性强。

**5.4.3** 本条规定了计算太阳能供热采暖系统的年节能量、系统寿命期内的总节能费用、费效比和二氧化碳减排量的计算方法——本规范附录 F 中的推荐公式。

## 附录 A 不同地区太阳能集热器的补偿面积比

**A.0.1** 当太阳能集热器受实际条件限制，不能按照给出的最佳方位范围和接近当地纬度的倾角安装时，需要使用本附录方法进行面积补偿，本条规定了计算公式，其中的 $A_c$ 是假设安装倾角为当地纬度、安装方位角为正南，用式(3.4.3-1)和式(3.4.3-2)计算得出的太阳能集热器面积；$R_s$ 是从 A.0.2 条给出的表中选取的补偿面积比，应选取与实际安装倾角和方位角最为接近角度对应的 $R_s$。

## 附录 B 代表城市气象参数及不同地区太阳能保证率推荐值

**B.0.1** 本条给出了我国代表城市的设计用气象参数。

表 B.0.1 给出的气象参数根据国家气象中心信息中心气象资料室提供的 1971～2000 年相关参数的月平均值统计；其中，计算采暖期平均环境温度的部分取值引自行业标准《严寒和寒冷地区居住建筑节能设计标准》JGJ 26 和《夏热冬冷地区居住建筑节能设计标准》JGJ 134。

**B.0.2** 本条给出了我国 4 个太阳能资源区的太阳能保证率取值的推荐范围。太阳能保证率 $f$ 是确定太阳能集热器面积的一个关键性因素，也是影响太阳能供热采暖系统经济性能的重要参数。实际选用的太阳能保证率 $f$ 与系统使用期内的太阳辐照、气候条件、产品与系统的热性能、供热采暖负荷、末端设备特点、系统成本和开发商的预期投资规模等因素有关。

表 B.0.2 是根据不同地区的太阳能辐射资源和气候条件，取合格产品的性能参数，设定合理的投资成本，针对不同末端设备模拟计算得出；具体选值时，需按当地的辐射资源和投资规模确定，太阳辐照好、投资大的工程可选相对较高的太阳能保证率，反之，取低值。

## 附录 C 太阳能集热器平均集热效率计算方法

**C.0.1** 强调太阳能集热器的集热效率应根据选用产品的实际测试效率方程计算得出。因为不同企业生产的产品热性能差别很大，如果不按具体产品的测试方程选取效率，将会直接影响系统的正常工作和预期效益。

太阳能集热器产品的国家标准规定，太阳能集热器实测的效率方程可根据实测参数拟合为一次方程或二次方程，无论是一次还是二次方程，均可用于设计计算。

标准中对合格产品相关参数(一次方程中的 $\eta_0$ 和 $U$)应达到的要求作出了规定，该规定值是：平板型集热器：$\eta_0 \geqslant 0.72$，$U \leqslant 6.0 \mathrm{W/(m^2 \cdot K)}$；无反射器真空管集热器：$\eta_0 \geqslant 0.62$，$U \leqslant 2.5 \mathrm{W/(m^2 \cdot K)}$。以下给出一个计算实例。

如一个合格真空管集热器经测试得出的效率方程分别为：

一次方程：$\eta = 0.742 - 2.480 T^*$

二次方程：$\eta = 0.743 - 2.604 T^* - 0.003 G(T^*)^2$

该集热器将用于北京市一个短期蓄热、地板辐射采暖的太阳能供热采暖系统，采暖回水温度 $t_i$ 取 $35 \mathrm{℃}$，$t_a$ 取北京 12 月的平均环境温度 $-2.7 \mathrm{℃}$，北京 12 月集热器采光面上的太阳总辐射月平均日辐照量 $H_d$ 为 $13709 \mathrm{kJ/(m^2 \cdot d)}$，12 月的月平均每日的日照小时数 $S_d$ 为 $6.0 \mathrm{h}$；

则 $G = H_d/(3.6 S_d) = 13709/(3.6 \times 6) = 635 \mathrm{W/m^2}$，

$T^* = (t_i - t_a)/G = (35 + 2.7)/635 = 0.06$，

选用一次方程：

$\eta = 0.742 - 2.480 T^* = 0.742 - 2.480 \times 0.06 = 0.593$

选用二次方程：

$$\eta = 0.743 - 2.604 T^* - 0.003 G(T^*)^2$$
$$= 0.743 - 2.604 \times 0.06 - 0.003 \times 635 \times 0.06^2$$
$$= 0.580$$

**C.0.2** 在我国大部分地区，基本上可以用 12 月的气象条件代表冬季气候的平均水平，所以，短期蓄热太阳能供热采暖系统的设计选用 12 月的平均气象参数进行计算。

**C.0.3** 季节蓄热太阳能供热采暖系统是将全年收集的太阳能都贮存起来用于供暖，所以其系统设计是选用全年的平均气象参数进行计算。

## 附录 D 太阳能集热系统管路、水箱热损失率计算方法

**D.0.1** 本条给出了管路、水箱热损失率 $\eta_L$ 的推荐取值范围，该取值范围是在参考暖通空调、热力专业相关设计技术措施、手册、标准图等资料的基础上，选取典型系统，以代表城市哈尔滨、北京、郑州的气象参数进行校核计算后确定的。应按照当地的气象、太阳能资源条件合理取值；12 月和全年的环境温度较低、太阳辐照较差的地区应取较高值，反之，可取较低值。

**D.0.2** 本条给出了需要准确计算 $\eta_L$ 的方法原则，即按本附录 D.0.3～D.0.5 给出的公式迭代计算。具体迭代计算的步骤是：

1) 按 D.0.1 给出的推荐范围选取 $\eta_L$ 的初始值；

2) 利用本规范第 3.4.3 条中的公式计算太阳能集热器总面积；

3) 根据实际工程要求进行系统设计，确定管路长度、尺寸、水箱容积等；

4) 利用 D.0.3～D.0.5 给出的公式，根据系统设计和设备选型计算 $\eta_L$ 的实际值；

5) $\eta_L$ 初始值和实际值的差别小于 $5\%$ 时，说明 $\eta_L$ 初始值选择合理，系统设计完成；否则，改变 $\eta_L$ 取值按上述过程重新设计计算。

中华人民共和国国家标准

# 民用建筑太阳能空调工程技术规范

Technical code for solar air conditioning system of civil buildings

GB 50787—2012

主编部门：中华人民共和国住房和城乡建设部
批准部门：中华人民共和国住房和城乡建设部
施行日期：2 0 1 2 年 1 0 月 1 日

# 中华人民共和国住房和城乡建设部
# 公　告

## 第 1412 号

### 关于发布国家标准《民用建筑
### 太阳能空调工程技术规范》的公告

现批准《民用建筑太阳能空调工程技术规范》为国家标准，编号为 GB 50787-2012，自 2012 年 10 月 1 日起实施。其中，第 1.0.4、3.0.6、5.3.3、5.4.2、5.6.2、6.1.1 条为强制性条文，必须严格执行。

本规范由我部标准定额研究所组织中国建筑工业出版社出版发行。

中华人民共和国住房和城乡建设部
2012 年 5 月 28 日

## 前　　言

根据住房和城乡建设部《关于印发〈2008 年工程建设标准规范制订、修订计划（第一批）〉的通知》（建标 [2008] 102 号）的要求，规范编制组经广泛调查研究，认真总结实践经验，参考有关国际标准和国外先进标准，并在广泛征求意见的基础上，编制本规范。

本规范的主要技术内容是：1　总则；2　术语；3　基本规定；4　太阳能空调系统设计；5　规划和建筑设计；6　太阳能空调系统安装；7　太阳能空调系统验收；8　太阳能空调系统运行管理。

本规范中以黑体字标志的条文为强制性条文，必须严格执行。

本规范由住房和城乡建设部负责管理和对强制性条文的解释，由中国建筑设计研究院负责具体技术内容的解释。执行过程中如有意见或建议，请寄送中国建筑设计研究院国家住宅工程中心（地址：北京市西城区车公庄大街 19 号，邮编：100044）。

本 规 范 主 编 单 位：中国建筑设计研究院
中国可再生能源学会太阳能建筑专业委员会

本 规 范 参 编 单 位：上海交通大学
国家太阳能热水器质量监督检验中心（北京）
北京市太阳能研究所有限公司
青岛经济技术开发区海尔热水器有限公司
深圳华森建筑与工程设计顾问有限公司

本规范主要起草人员：仲继寿　王如竹　王　岩
张　昕　翟晓强　朱敦智
张　磊　何　涛　王红朝
孙京岩　郭延隆　张兰英
林建平　曾　雁

本规范主要审查人员：郑瑞澄　何梓年　冯　雅
罗振涛　王志峰　由世俊
郑小梅　寿炜炜　陈　滨

# 目 次

# Contents

# 1 总　则

**1.0.1** 为规范太阳能空调系统的设计、施工、验收及运行管理，做到安全适用、经济合理、技术先进，保证工程质量，制定本规范。

**1.0.2** 本规范适用于在新建、扩建和改建民用建筑中使用以热力制冷为主的太阳能空调系统工程，以及在既有建筑上改造或增设的以热力制冷为主的太阳能空调系统工程。

**1.0.3** 太阳能空调系统设计应纳入建筑工程设计，统一规划、同步设计、同步施工，与建筑工程同时投入使用。

**1.0.4** 在既有建筑上增设或改造太阳能空调系统，必须经过建筑结构安全复核，满足建筑结构及其他相应的安全性要求，并通过施工图设计文件审查合格后，方可实施。

**1.0.5** 民用建筑太阳能空调系统的设计、施工、验收及运行管理，除应符合本规范外，尚应符合国家现行有关标准的规定。

# 2 术　语

**2.0.1** 太阳辐射照度　solar irradiance

照射到表面一点处的面元上的太阳辐射能量除以该面元的面积，单位为瓦特每平方米（W/m²）。

**2.0.2** 太阳能空调系统　solar air conditioning system

一种主要通过太阳能集热器加热热媒，驱动热力制冷系统的空调系统，由太阳能集热系统、热力制冷系统、蓄能系统、空调末端系统、辅助能源系统以及控制系统六部分组成。

**2.0.3** 热力制冷　heat-operated refrigeration

直接以热能为动力，通过吸收式或吸附式制冷循环达到制冷目的的制冷方式。

**2.0.4** 吸收式制冷　absorption refrigeration

一种以热能为动力，利用某些具有特殊性质的工质对，通过一种物质对另一种物质的吸收和释放，产生物质的状态变化，从而伴随吸热和放热过程的制冷方式。

**2.0.5** 单效吸收　single-effect absorption

具有一级发生器，驱动热源在机组内被直接利用一次的制冷循环。

**2.0.6** 双效吸收　double-effect absorption

具有高低压两级发生器，驱动热源在机组内被直接和间接利用两次的制冷循环。

**2.0.7** 吸附式制冷　adsorption refrigeration

一种以热能为动力，利用吸附剂对制冷剂的吸附作用而使制冷剂液体蒸发，从而实现制冷的方式。

**2.0.8** 太阳能集热系统　solar collector system

用于收集太阳能并将其转化为热能的系统，包括太阳能集热器、管路、泵、换热器及相关附件。

**2.0.9** 直接式太阳能集热系统　solar direct system

在太阳能集热器中直接加热水供给用户的太阳能集热系统。

**2.0.10** 间接式太阳能集热系统　solar indirect system

在太阳能集热器中加热液体传热工质，再通过换热器由该种传热工质加热水供给用户的太阳能集热系统。

**2.0.11** 设计太阳能空调负荷率　design load ration of solar air conditioning

在太阳能空调系统服务区域中，太阳能空调系统所提供的制冷量与该区域空调冷负荷之比。

**2.0.12** 辅助能源　auxiliary energy source

太阳能加热系统中，为了补充太阳能系统的热输出所用的常规能源。

**2.0.13** 热力制冷性能系数　coefficient of performance（COP）

在指定工况下，热力制冷机组的制冷量除以加热源耗热量与消耗电功率之和所得的比值。

**2.0.14** 集热器总面积　gross collector area

整个集热器的最大投影面积，不包括那些固定和连接传热工质管道的组成部分，单位为平方米（m²）。

# 3 基本规定

**3.0.1** 太阳能空调系统应做到全年综合利用。

**3.0.2** 太阳能热力制冷系统主要分为吸收式与吸附式两类。

**3.0.3** 太阳能空调工程应充分考虑土建施工、设备运输与安装、用户使用和日常维护等要求。

**3.0.4** 太阳能空调系统类型的选择应根据所处地区太阳能资源、气候特点、建筑物类型及使用功能、冷热负荷需求、投资规模和安装条件等因素综合确定。

**3.0.5** 设置太阳能空调系统的新建、改建和扩建的民用建筑，其建筑热工与节能设计应满足所在气候区现行国家建筑节能设计标准的有关规定。

**3.0.6** 太阳能集热系统应根据不同地区和使用条件采取防过热、防冻、防结垢、防雷、防雹、抗风、抗震和保证电气安全等技术措施。

**3.0.7** 热力制冷机组、辅助燃油锅炉和燃气锅炉等设备应符合国家现行标准有关安全防护措施的规定。

**3.0.8** 太阳能空调系统应因地制宜配置辅助能源装置。

**3.0.9** 太阳能空调系统选用的部件产品应符合国家相关产品标准的规定。

**3.0.10** 安装太阳能空调系统建筑的主体结构，应符合现行国家标准《建筑工程施工质量验收统一标准》GB 50300 的有关规定。

**3.0.11** 太阳能空调系统应设计并安装用于测试系统主要性能参数的监测计量装置。

# 4 太阳能空调系统设计

## 4.1 一般规定

**4.1.1** 太阳能空调系统设计应纳入建筑暖通空调系统设计中，明确各部件的技术要求。

**4.1.2** 太阳能空调系统的设计方案应根据建筑物的用途、规模、使用特点、负荷变化情况与参数要求、所在地区气象条件与能源状况等，通过技术与经济比较确定。

**4.1.3** 太阳能空调系统应与太阳能采暖系统以及太阳能热水系统集成设计，提高系统的利用率。

**4.1.4** 太阳能空调系统应根据制冷机组对驱动热源的温度区间要求选择太阳能集热器，集热器总面积应根据设计太阳能空调负荷率、建筑允许的安装条件和安装面积、当地气象条件等因素综合确定。

**4.1.5** 太阳能空调系统性能应根据热水温度、制冷机组的制冷量、制冷性能系数等参数进行分析计算后确定。

**4.1.6** 蓄能水箱的容积应根据太阳能集热系统的蓄能要求和制冷机组稳定运行的热量调节要求确定。

**4.1.7** 太阳能空调系统应设置安全、可靠的控制系统。

**4.1.8** 热力制冷机组对冷水和热水的水质要求，应符合现行国家标准《蒸汽和热水型溴化锂吸收式冷水机组》GB/T 18431 的有关规定。

## 4.2 太阳能集热系统设计

**4.2.1** 太阳能集热系统的集热器总面积计算应符合下列规定：

**1** 直接式太阳能集热系统集热器总面积应按下式计算：

$$Q_{YR} = \frac{Q \cdot r}{COP} \quad (4.2.1\text{-}1)$$

$$A_c = \frac{Q_{YR}}{J\eta_{cd}(1-\eta_L)} \quad (4.2.1\text{-}2)$$

式中：$Q_{YR}$ ——太阳能集热系统提供的有效热量（W）；

$Q$ ——太阳能空调系统服务区域的空调冷负荷（W）；

$COP$ ——热力制冷机组性能系数；

$r$ ——设计太阳能空调负荷率，取 40%～100%；

$A_c$ ——直接式太阳能集热系统集热器总面积

（m²）；

$J$ ——空调设计日集热器采光面上的最大总太阳辐射照度（W/m²）；

$\eta_{cd}$ ——集热器平均集热效率，取 30%～45%；

$\eta_L$ ——蓄能水箱以及管路热损失率，取 0.1～0.2。

**2** 间接式太阳能集热系统集热器总面积应按下式计算：

$$A_{IN} = A_c \cdot \left(1 + \frac{U_L \cdot A_c}{U_{hx} \cdot A_{hx}}\right) \quad (4.2.1\text{-}3)$$

式中：$A_{IN}$ ——间接式太阳能集热系统集热器总面积

（m²）；

$A_c$ ——直接式太阳能集热系统集热器总面积

（m²）；

$U_L$ ——集热器总热损系数[W/(m²·℃)]，经测试得出；

$U_{hx}$ ——换热器传热系数[W/(m²·℃)]；

$A_{hx}$ ——换热器换热面积（m²）。

**4.2.2** 太阳能集热系统的设计流量计算应符合下列规定：

**1** 太阳能集热系统的设计流量应按下式计算：

$$G_S = gA \quad (4.2.2)$$

式中：$G_S$ ——太阳能集热系统设计流量（m³/h）；

$g$ ——太阳能集热系统单位面积流量[m³/(h·m²)]；

$A$ ——直接式太阳能集热系统集热器总面积，$A_c$（m²），或间接式太阳能集热系统集热器总面积，$A_{IN}$（m²）。

**2** 太阳能集热系统的单位面积流量应根据集热器的相关技术参数确定，也可根据系统大小的不同，按表 4.2.2 确定。

**表 4.2.2 太阳能集热器的单位面积流量**

| 系统类型 | | 单位面积流量 m³/(h·m²) |
|---|---|---|
| 小型太阳能集热系统 | 真空管型太阳能集热器 | 0.032～0.072 |
| | 平板型太阳能集热器 | 0.065～0.080 |
| 大型太阳能集热系统（集热器总面积大于100m²） | | 0.020～0.060 |

**4.2.3** 太阳能集热系统的循环管道以及蓄能水箱的保温设计应符合现行国家标准《设备及管道保温设计导则》GB/T 8175 的有关规定。

**4.2.4** 太阳能集热器的主要朝向宜为南向。全年使用的太阳能集热器倾角宜与当地纬度一致。如果系统主要用来实现夏季空调制冷，其集热器倾角宜为当地纬度减 10°。

## 4.3 热力制冷系统设计

**4.3.1** 热力制冷系统应根据建筑功能和使用要求，

选择连续供冷或间歇供冷方式，并应符合现行国家标准《采暖通风与空气调节设计规范》GB 50019 的有关规定。

4.3.2 太阳能空调系统中选用热水型溴化锂吸收式制冷机组时，应符合下列规定：

 **1** 机组在名义工况下的性能参数，应符合现行国家标准《蒸汽和热水型溴化锂吸收式冷水机组》GB/T 18431 的有关规定；

 **2** 机组的供冷量应根据机组供水侧污垢及腐蚀等因素进行修正；

 **3** 机组的低温保护以及检修空间等要求应符合现行国家标准《蒸汽和热水型溴化锂吸收式冷水机组》GB/T 18431 的有关规定。

4.3.3 太阳能空调系统中选用热水型吸附式制冷机组时，应符合下列规定：

 **1** 机组在名义工况下的性能参数，应符合现行相关标准的规定；

 **2** 宜选用两台机组；

 **3** 工况切换的电动执行机构应安全可靠。

4.3.4 热力制冷系统的热水流量、冷却水流量以及冷冻水流量应按照机组的相关性能参数确定。

## 4.4 蓄能系统、空调末端系统、辅助能源与控制系统设计

4.4.1 太阳能空调系统蓄能水箱的设置应符合下列规定：

 **1** 蓄能水箱可设置在地下室或顶层的设备间、技术夹层中的设备间或为其单独设计的设备间内，其位置应满足安全运转以及便于操作、检修的要求；

 **2** 蓄能水箱容积较大且在室内安装时，应在设计中考虑水箱整体进入安装地点的运输通道；

 **3** 设置蓄能水箱的位置应具有相应的排水、防水措施；

 **4** 蓄能水箱上方及周围应留有符合规范要求的安装、检修空间，不应小于 600mm；

 **5** 蓄能水箱应靠近太阳能集热系统以及制冷机组，减少管路热损；

 **6** 蓄能水箱应采取良好的保温措施。

4.4.2 太阳能空调系统蓄能水箱的工作温度应根据制冷机组高效运行所对应的热水温度区间确定。

4.4.3 太阳能空调系统蓄能水箱的容积宜按每平方米集热器（20~80）L 确定。

4.4.4 空调末端系统应根据太阳能空调的冷冻水工作温度进行设计，并应符合现行国家标准《采暖通风与空气调节设计规范》GB 50019 的有关规定。

4.4.5 辅助能源装置的容量宜按最不利条件进行设计。

4.4.6 辅助能源装置的设计应符合现行相关规范的规定。

4.4.7 太阳能空调系统的控制及监测应符合下列规定：

 **1** 热力制冷系统宜采用集中监控系统，不具备采用集中监控系统的热力制冷系统，宜采用就近设置自动控制系统；

 **2** 辅助能源系统与太阳能空调系统之间应能实现灵活切换，并应通过合理的控制策略，避免辅助能源装置的频繁启停；

 **3** 太阳能空调系统的主要监测参数可按表4.4.7 确定。

表 4.4.7 太阳能空调系统的主要监测参数

| 序号 | 监测内容 | 监测参数 |
|---|---|---|
| 1 | 室内外环境 | 太阳辐射照度、室内外温度与相对湿度 |
| 2 | 太阳能空调系统 | 集热器进出口温度与流量、热力制冷机组热水进出口温度与流量、热力制冷机组冷却水进出口温度与流量、热力制冷机组冷冻水进出口温度与流量、蓄能水箱温度、热力制冷机组耗电量、辅助能源消耗量 |

# 5 规划和建筑设计

## 5.1 一般规定

5.1.1 应用太阳能空调系统的民用建筑规划设计，应根据建设地点、地理、气候和场地条件、建筑功能及其周围环境等因素，确定建筑布局、朝向、间距、群体组合和空间环境，满足太阳能空调系统设计和安装的技术要求。

5.1.2 太阳能集热器在建筑屋面、阳台、墙面或建筑其他部位的安装，除不得影响该部位的建筑功能外，还应符合现行国家标准《民用建筑太阳能热水系统应用技术规范》GB 50364 的相关要求。

5.1.3 屋面太阳能集热器的布置应预留出检修通道以及与冷却塔和制冷机房连通的竖向管道井。

## 5.2 规划设计

5.2.1 建筑体形和空间组合应充分考虑太阳能的利用要求，为接收更多的太阳能创造条件。

5.2.2 规划设计应进行建筑日照分析和计算。安装在屋面的集热器和冷却塔等设施不应降低建筑本身或相邻建筑的建筑日照要求。

5.2.3 建筑群体和环境设计应避免建筑及其周围环境设施遮挡太阳能集热器，应满足太阳能集热器在夏季制冷工况时全天不少于 6h 日照时数的要求。

## 5.3 建 筑 设 计

**5.3.1** 太阳能空调系统的制冷机房宜与辅助能源装置或常规空调系统机房统一布置。机房应靠近建筑冷负荷中心,蓄能水箱应靠近集热器和制冷机组。

**5.3.2** 应合理确定太阳能空调系统各组成部分在建筑中的位置。安装太阳能空调系统的建筑部位除应满足建筑防水、排水等功能要求外,还应满足便于系统的检修、更新和维护的要求。

**5.3.3** 安装太阳能集热器的建筑部位,应设置防止太阳能集热器损坏后部件坠落伤人的安全防护设施。

**5.3.4** 直接构成围护结构的太阳能集热器应满足所在部位的结构和消防安全以及建筑防护功能的要求。

**5.3.5** 太阳能集热器不应跨越建筑变形缝设置。

**5.3.6** 应合理设计辅助能源装置的位置和安装空间,满足辅助能源装置安全运行、便于操作及维护的要求。

## 5.4 结 构 设 计

**5.4.1** 建筑的主体结构或结构构件,应能够承受太阳能空调系统相关设备传递的荷载要求。

**5.4.2** 结构设计应为太阳能空调系统安装埋设预埋件或其他连接件。连接件与主体结构的锚固承载力设计值应大于连接件本身的承载力设计值。

**5.4.3** 安装在屋面、阳台或墙面的太阳能集热器与建筑主体结构通过预埋件连接,预埋件应在主体结构施工时埋入,且位置应准确;当没有条件采用预埋件连接时,应采用其他可靠的连接措施。

**5.4.4** 热力制冷机组、冷却塔、蓄能水箱等较重的设备和部件应安装在具有相应承载能力的结构构件上,并进行构件的强度与变形验算。

**5.4.5** 支架、支撑金属件及其连接节点,应具有承受系统自重荷载、风荷载、雪荷载、检修动荷载和地震作用的能力。

**5.4.6** 设备与主体结构采用后加锚栓连接时,应符合现行行业标准《混凝土结构后锚固技术规程》JGJ 145 的有关规定,并应符合下列规定:

 **1** 锚栓产品应有出厂合格证;

 **2** 碳素钢锚栓应经过防腐处理;

 **3** 锚栓应进行承载力现场试验,必要时应进行极限拉拔试验;

 **4** 每个连接节点不应少于2个锚栓;

 **5** 锚栓直径应通过承载力计算确定,并不应小于10mm;

 **6** 不宜在与化学锚栓接触的连接件上进行焊接操作;

 **7** 锚栓承载力设计值不应大于其选用材料极限承载力的50%。

**5.4.7** 太阳能空调系统结构设计应计算下列作用效应:

 **1** 非抗震设计时,应计算重力荷载和风荷载效应;

 **2** 抗震设计时,应计算重力荷载、风荷载和地震作用效应。

## 5.5 暖通和给水排水设计

**5.5.1** 太阳能空调系统的机房应保持良好的通风,并应满足现行国家标准《采暖通风与空气调节设计规范》GB 50019 中对机房的要求。

**5.5.2** 太阳能空调系统中机房的给水排水设计应符合现行国家标准《建筑给水排水设计规范》GB 50015 中的相关规定,其消防设计应按相关国家标准执行。

**5.5.3** 太阳能集热器附近宜设置用于清洁集热器的给水点并预留相应的排水设施。

## 5.6 电 气 设 计

**5.6.1** 电气设计应满足太阳能空调系统用电负荷和运行安全的要求,并应符合现行行业标准《民用建筑电气设计规范》JGJ 16 的有关规定。

**5.6.2** 太阳能空调系统中所使用的电气设备应设置剩余电流保护、接地和断电等安全措施。

**5.6.3** 太阳能空调系统电气控制线路应穿管暗敷或在管道井中敷设。

# 6 太阳能空调系统安装

## 6.1 一 般 规 定

**6.1.1** 太阳能空调系统的施工安装不得破坏建筑物的结构、屋面防水层和附属设施,不得削弱建筑物在寿命期内承受荷载的能力。

**6.1.2** 太阳能空调系统的安装应单独编制施工组织设计,并应包括与主体结构施工、设备安装、装饰装修的协调配合方案及安全措施等内容。

**6.1.3** 太阳能空调系统安装前应具备下列条件:

 **1** 设计文件齐备,且已审查通过;

 **2** 施工组织设计及施工方案已经批准;

 **3** 施工场地符合施工组织设计要求;

 **4** 现场水、电、场地、道路等条件能满足正常施工需要;

 **5** 预留基座、孔洞、预埋件和设施符合设计要求,并已验收合格;

 **6** 既有建筑具有建筑结构安全复核通过的相关文件。

**6.1.4** 进场安装的太阳能空调系统产品、配件、管线的性能和外观应符合现行国家及行业相关产品标准的要求,选用的材料应能耐受系统可达到的最高工作温度。

**6.1.5** 太阳能空调系统安装应对已完成的土建工程、安装的产品及部件采取保护措施。

**6.1.6** 太阳能空调系统安装应由专业队伍或经过培训并考核合格的人员完成。

**6.1.7** 辅助能源装置为燃油或燃气锅炉时，其安装单位、人员应具有特种设备安装资质并按省级质量技术监督局要求进行安装报批、检验和验收。

## 6.2 太阳能集热系统安装

**6.2.1** 支承集热器的支架应按设计要求可靠固定在基座上或基座的预埋件上，位置准确，角度一致。

**6.2.2** 在屋面结构层上现场施工的基座完工后，应作防水处理并应符合现行国家标准《屋面工程质量验收规范》GB 50207 的相关规定。

**6.2.3** 钢结构支架及预埋件应作防腐处理。防腐施工应符合现行国家标准《建筑防腐蚀工程施工及验收规范》GB 50212 和《建筑防腐蚀工程质量检验评定标准》GB 50224 的相关规定。

**6.2.4** 集热器安装倾角和定位应符合设计要求，安装倾角误差不应大于±3°。

**6.2.5** 集热器与集热器之间的连接宜采用柔性连接方式，且密封可靠、无泄漏、无扭曲变形。

**6.2.6** 太阳能集热系统的管路安装应符合现行国家标准《建筑给水排水及采暖工程施工质量验收规范》GB 50242 的相关规定。

**6.2.7** 集热器和管道连接完毕，应进行检漏试验，检漏试验应符合设计要求与本规范第 6.7 节的规定。

**6.2.8** 集热器支架和金属管路系统应与建筑物防雷接地系统可靠连接。

**6.2.9** 太阳能集热系统管路的保温应在检漏试验合格后进行。保温材料应符合现行国家标准《工业设备及管道绝热工程质量检验评定标准》GB 50185 的有关规定。

## 6.3 制冷系统安装

**6.3.1** 吸收式和吸附式制冷机组安装时必须严格按随机所附的产品说明书中的相关要求进行搬运、拆卸包装、安装就位。严禁对设备进行敲打、碰撞或对机组的连接件、焊接处施以外力。吊装时，荷载点必须在规定的吊点处。

**6.3.2** 制冷机组宜布置在建筑物内。若选用室外型机组，其制冷装置的电气和控制设备应布置在室内。

**6.3.3** 制冷机组及系统设备的施工安装应符合现行国家标准《制冷设备、空气分离设备安装工程施工及验收规范》GB 50274 及《通风与空调工程施工质量验收规范》GB 50243 的相关规定。

**6.3.4** 空调末端的施工安装应符合现行国家标准《建筑给水排水及采暖工程施工质量验收规范》GB 50242 和《通风与空调工程施工质量验收规范》GB 50243 的相关规定。

## 6.4 蓄能和辅助能源系统安装

**6.4.1** 用于制作蓄能水箱的材质、规格应符合设计要求；钢板焊接的水箱内外壁均应按设计要求进行防腐处理，内壁防腐材料应卫生、无毒，且应能承受所贮存热水的最高温度。

**6.4.2** 蓄能水箱和支架间应有隔热垫，不宜直接采用刚性连接。

**6.4.3** 地下蓄能水池应严密、无渗漏，满足系统承压要求。水池施工时应有防止土压力引起的滑移变形的措施。

**6.4.4** 蓄能水箱应进行检漏试验，试验方法应符合设计要求和本规范第 6.7 节的规定。

**6.4.5** 蓄能水箱的保温应在检漏试验合格后进行。保温材料应能长期耐受所贮存热水的最高温度；保温构造和保温厚度应符合现行国家标准《工业设备及管道绝热工程质量检验评定标准》GB 50185 的有关规定。

**6.4.6** 蒸汽和热水锅炉及配套设备的安装应符合现行国家标准《建筑给水排水及采暖工程施工质量验收规范》GB 50242 的相关规定。

## 6.5 电气与自动控制系统安装

**6.5.1** 太阳能空调系统的电缆线路施工和电气设施的安装应符合现行国家标准《电气装置安装工程 电缆线路施工及验收规范》GB 50168 和《建筑电气工程施工质量验收规范》GB 50303 的相关规定。

**6.5.2** 所有电气设备和与电气设备相连接的金属部件应作接地处理。电气接地装置的施工应符合现行国家标准《电气装置安装工程接地装置施工及验收规范》GB 50169 的相关规定。

**6.5.3** 传感器的接线应牢固可靠，接触良好。接线盒与套管之间的传感器屏蔽线应作二次防护处理，两端应作防水处理。

## 6.6 压力试验与冲洗

**6.6.1** 太阳能空调系统安装完毕后，在管道保温之前，应对压力管道、设备及阀门进行水压试验。

**6.6.2** 太阳能空调系统压力管道的水压试验压力应为工作压力的 1.5 倍。非承压管路系统和设备应做灌水试验。当设计未注明时，水压试验和灌水试验应按现行国家标准《建筑给水排水及采暖工程施工质量验收规范》GB 50242 的相关要求进行。

**6.6.3** 当环境温度低于 0℃ 进行水压试验时，应采取可靠的防冻措施。

**6.6.4** 吸收式和吸附式制冷机组安装完毕后应进行水压试验。系统水压试验合格后，应对系统进行冲洗直至排出的水不浑浊为止。

## 6.7 系统调试

**6.7.1** 系统安装完毕投入使用前，应进行系统调试，系统调试应在设备、管道、保温、配套电气等施工全部完成后进行。

**6.7.2** 系统调试应包括设备单机或部件调试和系统联动调试。系统联动调试宜在与设计室外参数相近的条件下进行，联动调试完成后，系统应连续 3d 试运行。

**6.7.3** 设备单机、部件调试应包括下列内容：

  **1** 检查水泵安装方向；

  **2** 检查电磁阀安装方向；

  **3** 温度、温差、水位、流量等仪表显示正常；

  **4** 电气控制系统应达到设计要求功能，动作准确；

  **5** 剩余电流保护装置动作准确可靠；

  **6** 防冻、防过热保护装置工作正常；

  **7** 各种阀门开启灵活，密封严密；

  **8** 制冷设备正常运转。

**6.7.4** 设备单机或部件调试完成后，应进行系统联动调试。系统联动调试应包括下列内容：

  **1** 调整系统各个分支回路的调节阀门，各回路流量应平衡，并达到设计流量；

  **2** 根据季节切换太阳能空调系统工作模式，达到制冷、采暖或热水供应的设计要求；

  **3** 调试辅助能源装置，并与太阳能加热系统相匹配，达到系统设计要求；

  **4** 调整电磁阀控制阀门，电磁阀的阀前阀后压力应处在设计要求的压力范围内；

  **5** 调试监控系统，计量检测设备和执行机构应工作正常，对控制参数的反馈及动作应正确、及时。

**6.7.5** 系统联动调试的运行参数应符合下列规定：

  **1** 额定工况下空调系统的工质流量、温度应满足设计要求，调试结果与设计值偏差不应大于现行国家标准《通风与空调工程施工质量验收规范》GB 50243 的相关规定；

  **2** 额定工况下太阳能集热系统流量与设计值的偏差不应大于10%；

  **3** 系统在蓄能和释能过程中应运行正常、平稳，水泵压力及电流不应出现大幅波动，供制冷机组的热源温度波动符合机组正常运行的要求；

  **4** 溴化锂吸收式制冷机组的运行参数应符合现行国家标准《蒸汽和热水型溴化锂吸收式冷水机组》GB/T 18431 的相关规定。

# 7 太阳能空调系统验收

## 7.1 一般规定

**7.1.1** 太阳能空调系统验收应根据其施工安装特点进行分项工程验收和竣工验收。

**7.1.2** 太阳能空调系统验收前，应在安装施工过程中完成下列隐蔽工程的现场验收：

  **1** 预埋件或后置锚栓连接件；

  **2** 基座、支架、集热器四周与主体结构的连接节点；

  **3** 基座、支架、集热器四周与主体结构之间的封堵；

  **4** 系统的防雷、接地连接节点。

**7.1.3** 太阳能空调系统验收前，应将工程现场清理干净。

**7.1.4** 分项工程验收应由监理或建设单位组织施工单位进行验收。

**7.1.5** 太阳能空调系统完工后，施工单位应自行组织有关人员进行检验评定，并向建设单位提交竣工验收申请报告。

**7.1.6** 建设单位收到工程竣工验收申请报告后，应由建设单位组织设计、施工、监理等单位联合进行竣工验收。

**7.1.7** 所有验收应做好记录，签署文件，立卷归档。

## 7.2 分项工程验收

**7.2.1** 分项工程验收应根据工程施工特点分期进行，分部、分项工程可按表 7.2.1 划分。

**表 7.2.1　太阳能空调系统工程的分部、分项工程划分表**

| 序号 | 分部工程 | 分项工程 |
|---|---|---|
| 1 | 太阳能集热系统 | 太阳能集热器安装、其他辅助能源/换热设备安装、管道及配件安装、系统水压试验及调试、防腐、绝热等 |
| 2 | 热力制冷系统 | 机组安装、管道及配件安装、水处理设备安装、辅助设备安装、系统水压试验及调试、防腐、绝热等 |
| 3 | 蓄能系统 | 蓄能水箱及配件安装、管道及配件安装、辅助设备安装、防腐、绝热等 |
| 4 | 空调末端系统 | 新风机组、组合式空调机组、风机盘管系统与末端管线系统的施工安装、低温热水地板辐射采暖系统施工安装等 |
| 5 | 控制系统 | 传感器及安全附件安装、计量仪表安装、电缆线路施工安装 |

**7.2.2** 对影响工程安全和系统性能的工序，应在该工序验收合格后进入下一道工序的施工，且应符合下列规定：

  **1** 在屋面太阳能空调系统施工前，应进行屋面防水工程的验收；

**2** 在蓄能水箱就位前，应进行蓄能水箱支撑构件和固定基座的验收；

**3** 在太阳能集热器支架就位前，应进行支架固定基座的验收；

**4** 在建筑管道井封口前，应进行预留管路的验收；

**5** 太阳能空调系统电气预留管线的验收；

**6** 在蓄能水箱进行保温前，应进行蓄能水箱检漏的验收；

**7** 在系统管路保温前，应进行管路水压试验；

**8** 在隐蔽工程隐蔽前，应进行施工质量验收。

**7.2.3** 太阳能空调系统调试合格后，应按照设计要求对性能进行检验，检验的主要内容应包括：

**1** 压力管道、系统、设备及阀门的水压试验；

**2** 系统的冲洗及水质检验；

**3** 系统的热性能检验。

### 7.3 竣 工 验 收

**7.3.1** 工程移交用户前，应进行竣工验收。竣工验收应在分项工程验收和性能检验合格后进行。

**7.3.2** 竣工验收应提交下列资料：

**1** 设计变更证明文件和竣工图；

**2** 主要材料、设备、成品、半成品、仪表的出厂合格证明或检验资料；

**3** 屋面防水检漏记录；

**4** 隐蔽工程验收记录和中间验收记录；

**5** 系统水压试验记录；

**6** 系统水质检验记录；

**7** 系统调试和试运行记录；

**8** 系统热性能评估报告；

**9** 工程使用维护说明书。

## 8 太阳能空调系统运行管理

### 8.1 一 般 规 定

**8.1.1** 太阳能空调系统交付使用前，系统提供单位应对使用单位进行操作培训，并帮助使用单位建立太阳能空调系统的管理制度，提交使用手册。

**8.1.2** 太阳能空调系统的运行和管理应由专人负责。

**8.1.3** 当太阳能空调系统运行发生异常时，应及时处理。

**8.1.4** 使用单位应对太阳能空调系统进行定期检查，检查周期不应大于 1 年。

### 8.2 安 全 检 查

**8.2.1** 使用单位应对太阳能集热系统的运行和安全性进行定期检查。

**8.2.2** 使用单位应对安装在墙面处的太阳能集热器定期进行其防护设施的维护和检修。

**8.2.3** 使用单位应在进入冬季之前检查系统防冻性能的安全性。

**8.2.4** 使用单位应定期检查太阳能集热系统的防雷设施。

**8.2.5** 使用单位应定期检查辅助能源装置以及相应管路系统的安全性。

### 8.3 系 统 维 护

**8.3.1** 使用单位应对系统中的传感器进行年检，发现问题应及时更换。

**8.3.2** 太阳能集热器应每年进行全面检查，定期清洗集热器表面。

**8.3.3** 使用单位应定期检查水泵、管路以及阀门等附件。

**8.3.4** 夏季空调系统停止运行时，应采取有效措施防止太阳能集热系统过热。

**8.3.5** 热力制冷机组的维护应按照生产企业的相关要求进行。

## 本规范用词说明

**1** 为便于在执行本规范条文时区别对待，对要求严格程度不同的用词说明如下：

　1）表示很严格，非这样做不可的：

　　正面词采用"必须"，反面词采用"严禁"；

　2）表示严格，在正常情况下均应这样做的：

　　正面词采用"应"，反面词采用"不应"或"不得"；

　3）表示允许稍有选择，在条件许可时首先应这样做的：

　　正面词采用"宜"，反面词采用"不宜"；

　4）表示有选择，在一定条件下可以这样做的，采用"可"。

**2** 条文中指明应按其他有关标准执行的写法为："应符合……的规定"或"应按……执行"。

## 引用标准名录

**1** 《建筑给水排水设计规范》GB 50015

**2** 《采暖通风与空气调节设计规范》GB 50019

**3** 《电气装置安装工程 电缆线路施工及验收规范》GB 50168

**4** 《电气装置安装工程接地装置施工及验收规范》GB 50169

**5** 《工业设备及管道绝热工程质量检验评定标准》GB 50185

**6** 《屋面工程质量验收规范》GB 50207

**7** 《建筑防腐蚀工程施工及验收规范》

GB 50212

**8** 《建筑防腐蚀工程质量检验评定标准》
GB 50224

**9** 《建筑给水排水及采暖工程施工质量验收规范》GB 50242

**10** 《通风与空调工程施工质量验收规范》
GB 50243

**11** 《制冷设备、空气分离设备安装工程施工及验收规范》GB 50274

**12** 《建筑工程施工质量验收统一标准》

GB 50300

**13** 《建筑电气工程施工质量验收规范》
GB 50303

**14** 《民用建筑太阳能热水系统应用技术规范》
GB 50364

**15** 《设备及管道保温设计导则》GB/T 8175

**16** 《蒸汽和热水型溴化锂吸收式冷水机组》
GB/T 18431

**17** 《民用建筑电气设计规范》JGJ 16

**18** 《混凝土结构后锚固技术规程》JGJ 145

中华人民共和国国家标准

# 民用建筑太阳能空调工程技术规范

GB 50787—2012

条 文 说 明

# 制 订 说 明

《民用建筑太阳能空调工程技术规范》GB 50787-2012，经住房和城乡建设部 2012 年 5 月 28 日以第 1412 号公告批准、发布。

为便于广大设计、施工、科研、学校等单位有关人员在使用本规范时能正确理解和执行条文规定，

《民用建筑太阳能空调工程技术规范》编制组按章、节、条顺序编制了本规范的条文说明，对条文规定的目的、依据以及执行中需注意的有关事项进行了说明。但是，本条文说明不具备与规范正文同等的法律效力，仅供使用者作为理解和把握规范规定的参考。

# 目 次

# 1 总 则

**1.0.1** 本条明确了制定本规范的目的和宗旨。近年来，我国经济持续发展、稳步增长，虽经历了全球性的金融危机，但发展的态势一直呈上升趋势，能源的消耗不断攀升，尤其以化石燃料为主的能源大量使用，带来能源紧缺、环境恶化等一系列的问题。在我国，每年建筑运行所消耗的能源占全国商品能源的21%～24%，这其中很大部分被用来为建筑提供夏季空调及冬季采暖。面对如此严峻的用能环境，只有有效地开发和利用可再生能源才是解决问题的出路。

太阳能空调把低品位的能源转变为高品位的舒适性空调制冷，对节省常规能源、减少环境污染具有重要意义，符合可持续发展战略的要求。太阳能空调系统的制冷功率、太阳辐射照度及空调制冷功能在季节上的分布规律高度匹配，即太阳辐射越强，天气越热，需要的制冷负荷越大时，系统的制冷功率也相应越大。目前，利用太阳能光热转换的吸收式制冷技术较为成熟，国际上一般采用溴化锂吸收式制冷机，同时，吸附式制冷技术也在逐步发展并日趋完善。我国太阳能空调工程的建设起步于20世纪80年代，经过30年的研究、试验和工程示范，太阳能空调在国内已有较好的应用基础，但仍需要进一步推广。

太阳能空调工程大部分是由太阳能生产企业和太阳能研究机构等自行设计、施工并加以运行管理，过程中存在几个问题：第一，太阳能空调系统设计与国家现行的民用建筑设计规范衔接不到位，导致与传统设计有隔阂甚至矛盾，阻碍了太阳能空调的发展；第二，各生产企业的系统设计立足本单位产品，设计的各种系统良莠不齐，系统优化难于实现，更谈不上规模化和标准化；第三，太阳能空调系统中集热系统与民用建筑的整合设计得不到体现；第四，系统的安装和验收没有统一标准，通常各自为政，也缺乏技术部门的监管，容易产生安全隐患；第五，系统的运行、维护和管理缺乏科学的指导。因此，本规范的制定有重要的现实意义。

**1.0.2** 本条规定了本规范的适用范围。从理论上讲，太阳能空调的实现有两种方式：一是太阳能光电转换，利用电力制冷；二是太阳能光热转换，利用热能制冷。对于前者，由于大功率太阳能发电技术的高额成本，目前实用性较差。因此，本规范只适用于以太阳能热力制冷为主的太阳能空调系统工程。本规范从技术的角度解决新建、扩建和改建的民用建筑中太阳能空调系统与建筑一体化的设计问题以及相关设备和部件在建筑上应用的问题。这些技术内容同样也适用于既有建筑中增设太阳能空调系统及对既有建筑中已安装的太阳能空调系统进行更换和改造。

**1.0.3** 太阳能空调系统采用可再生能源——太阳能，

并以燃油、燃气、电等为辅助能源，为民用建筑提供满足要求的良好的室内环境。作为系统，它包含了较多的设备、管路等，需要工程建设中各专业的配合和保证，例如太阳能空调系统中太阳能集热器与建筑的整合设计等，因此必须在建设规划阶段就由设计单位纳入工程设计，通盘考虑，总体把握，并按照设计、施工和验收的流程一步步进行，这样才可以做到科学、合理、系统、安全和美观的统一。

**1.0.4** 本条为强制性条文，主要出发点是保证既有建筑的结构安全性。由于太阳能空调发展滞后，随着今后太阳能空调的推广和未来规模化发展，势必会存在大量既有建筑改装太阳能空调系统的现象，而根据民用建筑太阳能热水系统的发展经验，在改造过程中既有建筑的结构安全与否必须率先确定，然后才可以进行太阳能集热系统的安装。

结构的安全性复核应由建筑的原建筑设计单位、有资质的设计单位或权威检测机构进行，复核安全后进行施工图设计，并指导施工。

**1.0.5** 太阳能空调系统由太阳能集热系统、热力制冷系统、蓄能系统、空调末端系统、辅助能源系统以及控制系统组成，包含的设备及部件在材料、技术要求以及设计、安装、验收方面，均有相应的国家标准，因此，太阳能空调系统产品应符合这些标准要求。太阳能空调系统在民用建筑上的应用是综合技术，其设计、施工安装、验收与运行管理涉及太阳能和建筑两个行业，与之密切相关的还有许多其他国家标准，其相关的规定也应遵守，尤其是强制性条文。

# 2 术 语

**2.0.3** 热力制冷是一种基于热驱动吸收式或吸附式制冷机组产生冷水的技术。已应用的太阳能热力制冷技术包括：溴化锂-水吸收式制冷、氨-水吸收式制冷、硅胶-水吸附式制冷等。其中，太阳能驱动的溴化锂-水吸收式制冷是目前国内外最为成熟、应用最为广泛的技术。

**2.0.7** 吸附式制冷是太阳能热力制冷的一种类型，该种热力制冷方式在国内应用较少，但在国外发展较为完善。

**2.0.11** 设计太阳能空调负荷率用于计算太阳能集热器总面积。由于太阳能集热器安装面积的限制，太阳能空调系统一般可用来满足建筑的部分区域，在设计工况下，太阳能空调系统可以全部或部分满足该区域的空调冷负荷。因此，设计太阳能空调负荷率是指计工况下太阳能空调系统所能提供的制冷量占太阳能空调系统服务区域空调冷负荷的份额。

**2.0.13** 热力制冷性能系数（COP）是热力制冷系统的一项重要技术经济指标，该数值越大，表示制冷系统能源利用率越高。由于这一参数是用相同单位的输人和输出的比值表示，因此为无量纲数。

# 3 基 本 规 定

**3.0.1** 随着我国国民经济的快速发展，普通民众对办公与居住条件的改善需求日益增长，建筑能耗尤其是夏季制冷能耗随之逐年升高。因此，太阳能在夏季制冷中也会发挥重要作用。但是由于不同气候区的夏季制冷工况需匹配的集热器总面积与冬季采暖工况需匹配的集热器总面积不一样，尤其是夏热冬冷地区夏季炎热且漫长，冬季寒冷但短暂。所以在设计与应用太阳能空调系统时，应同时考虑太阳能热水在夏季以外季节的应用，例如生活热水与采暖，避免浪费，做到全年综合利用。

太阳能集热系统在同时考虑热水及采暖应用时，其设计应符合现行国家标准《建筑给水排水设计规范》GB 50015、《民用建筑太阳能热水系统应用技术规范》GB 50364 与《太阳能供热采暖工程技术规范》GB 50495 的有关规定。

**3.0.2** 太阳能制冷系统可按照图1进行分类。

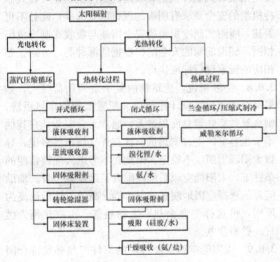

图 1　太阳能制冷系统分类

从热力制冷角度出发，本规范只适用于吸收式与吸附式制冷。

从太阳能热力制冷机组和制冷热源工作温度的高低来分，目前国内外太阳能热力制冷系统可以分为三类（表1）。

表 1　太阳能热力制冷系统分类

| 序号 | 制冷热源温度（℃） | 制冷机 COP | 制冷机型 | 适配集热器类型 |
|---|---|---|---|---|
| 1 | 130～160 | 1.0～1.2 | 蒸汽双效吸收式 | 聚光型、真空管型 |
| 2 | 85～95 | 0.6～0.7 | 热水型吸收式 | 真空管型、平板型 |
| 3 | 65～85 | 0.4～0.6 | 吸附式 | 真空管型、平板型 |

根据表1可知，热力制冷系统可以分为高温型、

中温型和低温型三种类型。国外实用性系统多为中温型，也有高温型的实验装置，但国内目前只有后两种，且制冷机组热媒为水。因此，本规范只适用于后两种制冷方式，且不考虑集热效率较低的空气集热器。

吸收式制冷技术从所使用的工质对角度看，应用广泛的有溴化锂-水和氨-水，其中溴化锂-水由于COP 高、对热源温度要求低、没有毒性和对环境友好等特点，占据了当今研究与应用的主流地位。按照驱动热源分类，溴化锂吸收式制冷机组可分为蒸汽型、直燃型和热水型三种。

太阳能吸附式制冷具有以下特点：

**1** 系统结构及运行控制简单，不需要溶液泵或精馏装置。因此，系统运行费用低，也不存在制冷剂的污染、结晶或腐蚀等问题。

**2** 可采用不同的吸附工质对以适应不同的热源及蒸发温度。如采用硅胶-水吸附工质对的太阳能吸附式制冷系统可由（65～85）℃的热水驱动，用于制取（7～20）℃的冷冻水；采用活性炭-甲醇工质对的太阳能吸附制冷系统，可直接由平板集热器驱动。

**3** 与吸收式及压缩式制冷系统相比，吸附式系统的制冷功率相对较小。受机器本身传热传质特性以及工质对制冷性能的影响，增加制冷量时，就势必增加吸附剂并使换热设备的质量大幅度增加，因而增加了初投资，机器也会变得庞大而笨重。此外，由于地面上太阳辐射照度较低，收集一定量的加热功率通常需较大的集热面积。受以上两方面因素的限制，目前研制成功的太阳能吸附式制冷系统的制冷功率一般均较小。

**4** 由于太阳辐射在时间分布上的周期性、不连续性及易受气候影响等特点，太阳能吸附式制冷系统应用于空调或冷藏等场合时通常需配置辅助能源。

**3.0.3** 太阳能空调系统包含各种设备、管路系统和调控装置等，系统涉及内容庞杂，因此在设计时除考虑系统的功能性，还要考虑以下几个方面：

**1** 土建施工：即建筑主体在土建施工时与设备、管道和其他部件的协调，如对各部件的保护、施工预留基础、孔洞和预埋受力部件，以及考虑施工的先后次序等；

**2** 设备运输和安装：设计时要充分考虑设备的运输路线、通道和预留吊装孔等，并为设备安装预留足够的空间；

**3** 用户使用和日常维护：系统设计时要考虑用户使用是否简便、易行，日常维护要简单、易操作，使用与维护的便利有助于太阳能空调系统的推广。

**3.0.4** 太阳能作为可再生能源的一种，具有不稳定的特点，太阳能资源由于所处地区地理位置、气象特点等不同更存在很大的差异，加之太阳能集热系统的运行效率不同，选择太阳能空调系统时应有针对性。

另一方面，建筑物类型如低层、多层或高层，和使用功能如公共建筑或居住建筑，以及冷热负荷需求（各个气候区冷热负荷侧重不同），会影响太阳能集热系统的大小、安装条件及系统设计，而同时业主对投资规模和产品也有相应的要求，导致设计条件较为复杂。因此，为适应这些条件，需要设计人员对系统类型的选择全面考虑、整合设计，做到系统优化、降低投资。

**3.0.5** "十一五"国家科技支撑计划开展以来，我国政府大力提倡建筑节能降耗，各气候区所在城市和农村纷纷出台具有当地特色的建筑节能设计标准和实施细则，并要求在新建、改建和扩建的民用建筑的建筑设计过程中严格执行相关标准，所以，太阳能空调系统的设计前提是建筑的热工与节能设计必须满足相关节能设计标准的规定。建筑的热工性能是影响制冷机组容量的最主要因素，有条件的工程应适当提高围护结构的设计标准，尤其是隔热性能，才能降低建筑的制冷负荷，从而提高太阳能利用率，降低投资成本。同样的道理也适用于既有建筑的节能改造，只有改造后的既有建筑热工性能满足节能设计标准，才能设置太阳能空调系统，否则根本达不到预期的节能效果。

**3.0.6** 本条为强制性条文，目的是确保太阳能集热系统在实际使用中的安全性。第一，集热系统因位于室外，首先要做好保护措施，如采取避雷针、与建筑物避雷系统连接等防雷措施。第二，在非采暖和制冷季节，系统用热量和散热量低于太阳能集热系统得热量时，蓄能水箱温度会逐步升高，如系统未设置防过热措施，水箱温度会远高于设计温度，甚至沸腾过热。解决的措施包括：(1) 遮盖一部分集热器，减少集热系统得热量；(2) 采用回流技术使传热介质液体离开集热器，保证集热器中的热量不再传递到蓄能水箱；(3) 采用散热措施将过剩的热量传送到周围环境中去；(4) 及时排出部分蓄能水箱（池）中热水以降低水箱水温；(5) 传热介质液体从集热器迅速排放到膨胀罐，集热回路中达到高温的部分总是局限在集热器本身。第三，在冬季最低温度低于0℃的地区，安装太阳能集热系统需要考虑防冻问题。当系统集热器和管道温度低于0℃后，水结冰体积膨胀，如果管材允许变形量小于水结冰的膨胀量，管道会胀裂损坏。目前常用的防冻措施见表2。

**表2 太阳能系统防冻措施的选用**

| 防冻措施 | 严寒地区 | 寒冷地区 | 夏热冬冷 |
|---|---|---|---|
| 防冻液为工质的间接系统 | ● | ● | ● |
| 排空系统 | — | — | ● |
| 排回系统 | ○[1] | ● | ● |

续表2

| 防冻措施 | 严寒地区 | 寒冷地区 | 夏热冬冷 |
|---|---|---|---|
| 蓄能水箱热水再循环 | ○[2] | ○[2] | ● |
| 在集热器联箱和管道敷设电热带 | — | ○[2] | ● |

注：1 室外系统排空时间较长时（系统较大，回流管线较长或管道坡度较小）不宜使用。

2 方案技术可行，但由于夜晚散热较大，影响系统经济效益。

3 表中"●"为可选用；"○"为有条件选用；"—"为不宜选用。

最后，还应防止因水质问题带来的结垢问题。一般合格的集热器均能满足防雹要求，采取合适的防冻液或排空措施均可实现集热系统的防冻。用电设备的用电安全在设计时也要考虑。

**3.0.7** 本条强调了热力制冷机组、辅助燃油锅炉和燃气锅炉等设备安全防护的重要性。热力制冷机组主要是指吸收式制冷机组和吸附式制冷机组，吸收式制冷机组的安全要求有明确的现行国家标准，此处不再赘述，吸附式制冷机组的安全措施与吸收式制冷机组相同。辅助能源的安全防护根据能源种类，分别按照相应的国家现行标准执行。

**3.0.8** 一般来说，建筑物的夏季空调负荷较大，如果完全按照建筑设计冷负荷去配置太阳能集热系统，则会导致集热器总面积过大，通常无处安装，在其他季节也容易产生过剩热量。且室外气候条件多变，导致太阳辐射照度不稳定。因此在不考虑大规模蓄能的条件下，太阳能空调系统应配置辅助能源装置。辅助能源的选择应因地制宜，以节能、高效、性价比高为原则，可选择工业余热、生物质能、市政热网、燃气、燃油和电。

**3.0.9** 太阳能空调系统选用的部件产品必须符合国家相关产品标准的规定，应有产品合格证和安装使用说明书。在设计时，宜优先采用通过产品认证的太阳能制冷系统及部件产品。太阳能空调系统中的太阳能集热器应符合《平板型太阳能集热器》GB/T 6424 和《真空管型太阳能集热器》GB/T 17581 中规定的性能要求。溴化锂制冷机组应满足《蒸汽和热水型溴化锂吸收式冷水机组》GB/T 18431 中的要求。

其他设备和部件的质量应符合国家相关产品标准规定的要求。系统配备的输水管和电器、电缆线应与建筑物其他管线统筹安排、同步设计、同步施工，安全、隐蔽、集中布置，便于安装维护。太阳能空调系统所选用的集热器应在制冷机组热源温度范围内进行性能测试，保证集热器热性能与制冷机组的匹配性。生产企业应提供详细的制冷机组工作性能报告，包括制冷机组随热源温度变化的性能特性曲线，并应出示相关的检测报告。

**3.0.10** 太阳能空调系统是建筑的一部分，建筑主体结构符合现行国家标准《建筑工程施工质量验收统一标准》GB 50300 是保证太阳能空调系统达到设计效果的前提条件，更是整个工程的必要工序。

**3.0.11** 在当前国家大力发展建筑节能减排的背景下，各种能源消耗设备都会成为"能源审计"的对象，太阳能空调系统也不例外。如何既保障系统设备安全运行，又能同时衡量太阳能空调系统的集热系统效率和制冷性能系数等指标，离不开系统的监测计量装置。因此，应设计并安装用于测试系统主要性能参数的监测计量装置，包括热量、温度、湿度、压力、电量等参数。

# 4  太阳能空调系统设计

## 4.1  一般规定

**4.1.1** 本条明确太阳能空调系统应由暖通空调专业工程师进行设计，并应符合现行国家标准《采暖通风与空气调节设计规范》GB 50019 的相关要求。在具体设计中，针对太阳能空调系统的特点，首先，设计师需要考虑太阳能集热器的高效利用问题，为此，从产品方面，需要选用高温下仍然具有较高集热效率的太阳能集热器；从安装方面，需要保证合理的安装角度，并要求实现太阳能集热器与建筑的集成设计。其次，设计师需要综合考虑太阳能集热器、蓄能水箱、制冷机组以及辅助能源装置之间的合理连接问题，既要保证设备布局紧凑，又要优化管路系统，减少热损。

**4.1.2** 本条从太阳能空调系统与建筑相结合的基本要求出发，规定了太阳能空调系统的设计必须根据建筑的功能、使用规律、空调负荷特点以及当地气候特点综合考虑。太阳能空调系统应优先选用市场上成熟度较高的太阳能集热器以及热力制冷机组。国内高效平板以及高效真空管太阳能集热器成熟度已较高，可应用在太阳能空调系统中。热力制冷机组方面，溴化锂吸收式（单效）制冷机组属于成熟产品，制冷量为15kW 的硅胶-水吸附式制冷机组已经有小批量生产。

从目前的应用情况来看，太阳能空调系统规模均较小，国内应用的制冷量一般为 100kW 左右。在具体方案确定中，100kW 以上的太阳能空调系统可优先采用太阳能溴化锂吸收式（单效）空调系统；而对于一些小型太阳能空调系统，可采用太阳能吸附式空调系统。

**4.1.3** 本条主要强调太阳能空调系统所用太阳能集热装置的全年利用问题。民用建筑的用能需求是多样的，例如在寒冷地区和夏热冬冷地区既包括夏季制冷，同时也包括冬季采暖以及全年热水供应，因此，

太阳能空调系统所用太阳能集热装置应得到充分利用。集成设计的基本原则是要保证太阳能集热系统产生的热水在过渡季节得到充分利用，所以在设计空调系统时，应考虑合理的切换措施，使得太阳能集热装置为采暖以及热水供应提供部分热量，从而实现太阳能的年综合热利用。目前太阳能空调系统的投资成本中，太阳能集热装置的成本约占 40%～60%，这也是影响太阳能空调系统经济性的主要因素，本条所强调的太阳能综合热利用可在很大程度上提高太阳能系统的经济性。

**4.1.4** 本条规定了太阳能空调系统集热器的确定原则。太阳能空调系统集热器的选择有别于太阳能热水系统以及太阳能采暖系统，其中的关键问题是太阳能空调系统的集热器通常在高温工况下运行，而太阳能热水和太阳能采暖系统中，集热器的运行温度通常较低。因此，太阳能空调系统设计中，应对太阳能集热器进行性能测试，或由生产商提供相关部门的性能测试报告，着重分析太阳能空调驱动热源在不同温度区间的不同集热效率，在可能的情况下，尽量多选择几种集热器，进行性能比较，优选出其中最适合的集热器作为太阳能空调系统的驱动热源，保证集热器热性能与制冷机组的匹配。

确定太阳能空调系统集热器总面积时，根据设计太阳能空调负荷率以及制冷机组设计耗热量得到太阳能集热系统在设计工况下所应提供的热量。在此计算结果的基础上，根据空调冷负荷所对应时刻的太阳能辐射强度即可得到太阳能集热器的面积。但是，建筑实际可以安装集热器的面积往往是有限的，因此，集热器总面积计算值还应根据建筑实际可供的安装面积进行修正。

**4.1.5** 作为热力制冷机组，其工作性能随热源温度的变化而变化。因此，在太阳能空调系统设计时，必须首先考察制冷机组随热源温度的变化规律，生产企业应提供详细的制冷机组工作性能报告，其中，必须包括制冷性能随热源温度的变化曲线，并应出示相关的检测报告。

热水型（单效）溴化锂吸收式制冷机组热力 $COP$ 随热水温度的变化如图 2 所示。

在一般的太阳能吸收式制冷系统中，吸收式制冷机组（单效）在设计工况下所要求的热源温度为（88～90）℃，太阳能集热器可以满足系统的工作要求。对应于该设计工况，制冷机组的热力 $COP$ 约为 0.7。

吸附式制冷机组 $COP$ 随热水温度的变化如图 3 所示。

吸附式制冷机组在设计工况下所要求的热源温度为（80～85）℃，对应的热力 $COP$ 约为 0.4。太阳能集热器可以满足系统的工作要求。

**4.1.6** 在太阳能空调系统中，蓄能水箱是非常必要的，它连接太阳能集热系统以及制冷机组的热驱动系

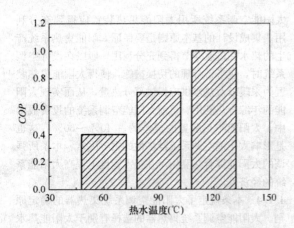

图 2　溴化锂（单效）吸收式制冷机组
COP 随热水温度的变化

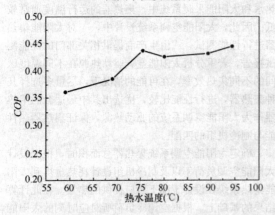

图 3　吸附式制冷机组 COP 随热水温度的变化

统，可以起到缓冲作用，使热量输出尽可能均匀。

**4.1.7**　太阳能空调系统在实际运行过程中，应根据室外环境参数以及蓄能水箱温度进行太阳能集热系统与辅助能源之间的切换，或者进行太阳能空调系统与常规空调系统之间的切换。因此，为了保证系统稳定可靠运行，宜设计自动控制系统，以实现热源之间以及系统之间的灵活切换，并便于进行能量调节。

**4.1.8**　本条规定吸收式制冷机组或吸附式制冷机组的冷却水、补充水的水质应符合国家现行有关标准的规定。

## 4.2　太阳能集热系统设计

**4.2.1**　本条介绍了太阳能空调集热系统集热器总面积的计算方法。按照太阳能集热系统传热类型，集热器总面积分为直接式和间接式两种计算方法。

计算公式中，热力制冷机组性能系数（COP）的选取方法为：对于太阳能单效溴化锂吸收式空调系统，对应于热源温度为（88～90）℃，制冷机组的性能系数约为 0.7；对于太阳能硅胶-水吸附式空调系统，对应于相同的设计工况，制冷机组的性能系数约为 0.4。

公式中 Q 为太阳能空调系统服务区域的空调冷

负荷，与建筑空调冷负荷有所不同，目前太阳能空调系统可以提供的设计工况下制冷量还较小，而多数公共建筑空调冷负荷相对较大，因此在大部分案例中，太阳能空调系统仅能保证单体建筑中部分区域的温湿度达到设计要求。而当单体建筑体量较小时，且经计算空调冷负荷可以完全由太阳能空调系统供应，此时太阳能空调系统服务区域的空调冷负荷与建筑空调冷负荷相等。

设计太阳能空调负荷率 r 由设计人员根据不同资源区、建筑具体情况以及投资规模进行确定，通常宜控制在 50%～80%。设计计算中，对于资源丰富区（Ⅰ区）、资源较丰富区（Ⅱ区）以及资源一般区（Ⅲ区），当预期初投资较大时，建议设计太阳能空调负荷率取 70%～80%，当预期初投资较小时，建议设计太阳能空调负荷率取 60%～70%；对于资源贫乏区（Ⅳ区），建议设计太阳能空调负荷率取 50%～60%。

当太阳能集热器的朝向为水平面或不同朝向的立面时，空调设计日集热器采光面上的最大总太阳辐射照度 J 为水平面或不同朝向立面的太阳辐射照度，可根据现行国家标准《采暖通风与空气调节设计规范》GB 50019 的附录 A（夏季太阳总辐射照度）查表求得。当集热器的朝向为倾斜面时，最大总太阳辐射照度 $J = J_\theta$。

倾斜面太阳辐射照度：$J_\theta = J_{D,\theta} + J_{d,\theta} + J_{R,\theta}$

式中，$J_\theta$ 为倾斜面太阳总辐射照度（W/m²）；$J_{D,\theta}$ 为倾斜面太阳直射辐射照度（W/m²）；$J_{d,\theta}$ 为倾斜面太阳散射辐射照度（W/m²）；$J_{R,\theta}$ 为地面反射辐射照度（W/m²）。

倾斜面太阳直射辐射照度：

$$J_{D,\theta} = J_D[\cos(\Phi - \theta)\cos\delta\cos\omega + \sin(\Phi - \theta)\sin\delta]/$$
$$(\cos\Phi\cos\delta\cos\omega + \sin\Phi\sin\delta)$$

式中，$J_D$ 为水平面太阳直射辐射照度（W/m²），根据现行国家标准《采暖通风与空气调节设计规范》GB 50019 的附录 A 查取；$\Phi$ 为当地地理纬度；$\theta$ 为倾斜面与水平面之间的夹角；$\delta$ 为赤纬角；$\omega$ 为时角。

赤纬角　$\delta = 23.45\sin[360 \times (284 + n)/365]$

式中，$n$ 为一年中的日期序号。

时角 $\omega$ 的计算方法为：一天中每小时对应的时角为 15°，从正午算起，正午为零，上午为负，下午为正，数值等于离正午的小时数乘以 15。

倾斜面太阳散射辐射照度：

$$J_{d,\theta} = J_d(1 + \cos\delta)/2$$

式中，$J_d$ 为水平面太阳散射辐射照度（W/m²），根据现行国家标准《采暖通风与空气调节设计规范》GB 50019 的附录 A 查取。

地面反射辐射照度：

$$J_{R,\theta} = \rho_G(J_D + J_d)(1 - \cos\delta)/2$$

式中，$\rho_G$ 为地面反射率，工程计算中可取 0.2。

集热器平均集热效率 $\eta_{cd}$ 应参考所选集热器的性能曲线确定，此处需要注意，集热效率应按照热力制冷机组热源的有效工作温度区间进行确定，一般在 30%～45% 之间。

蓄能水箱以及管路热损失率 $\eta_L$ 可取 0.1～0.2。

集热器总面积还应按照建筑可以提供的安装集热器的面积来校核。当集热器总面积大于可安装集热器的建筑外表面积时，需要先按照实际情况确定集热器的面积，然后采用公式（4.2.1-1）和（4.2.1-2）反算出太阳能空调系统的服务区域空调冷负荷，从而确定热力制冷机组的容量。

**4.2.2** 本条规定了太阳能集热系统设计流量与单位面积流量的确定方法，太阳能集热系统的单位面积流量与太阳能集热器的特性有关，一般由太阳能集热器生产厂家给出。在没有相关技术参数的情况下，按照条文中表 4.2.2 确定。

**4.2.3** 太阳能集热系统循环管道以及蓄能水箱的保温十分重要，已有相关标准作出了详细规定，应遵照执行。

**4.2.4** 南向设置太阳能集热器可接收最多的太阳辐射照度。太阳能空调系统除了在夏季制冷工况中应用外，应做到全年综合利用，避免非夏季季节集热器产生的热水浪费。太阳能集热器安装倾角等于当地纬度时，系统侧重全年使用；其安装倾角等于当地纬度减 10° 时，系统侧重在夏季使用。建筑师可根据建筑设计与制冷负荷需求，综合确定集热器安装屋面的坡度。

### 4.3 热力制冷系统设计

**4.3.1** 本条规定了热力制冷系统的设计应同时符合现行国家标准《采暖通风与空气调节设计规范》GB 50019 的相关技术要求。系统的运行模式可根据建筑的实际使用功能以及空调系统运行时间分为连续供冷系统和间歇供冷系统。

**4.3.2** 本条规定了对吸收式制冷机组的具体要求。热水型溴化锂吸收式制冷机组是以热水的显热为驱动热源，通常是用工业余废热、地热和太阳能热水为热源。根据热水温度范围分为单效和双效两种类型。目前应用最为普遍的是太阳能驱动的单效溴化锂吸收式制冷系统。

吸收式制冷机组需要在一端留出相当于热交换管长度的空间，以便清洗和更换管束，另一端留出有装卸端盖的空间。机组应具备冷冻水或冷剂水的低温保护、冷却水温度过低保护、冷剂水的液位保护、屏蔽泵过载和防汽蚀保护、冷却水断水或流量过低保护、蒸发器中冷剂水温度过高保护和发生器出口浓溶液高温保护和停机时防结晶保护。

**4.3.3** 本条规定了对吸附式制冷机组的具体要求。

太阳能固体吸附式制冷是利用吸附制冷原理，以太阳能为热源，采用的工质对通常为活性炭-甲醇、分子筛-水、硅胶-水及氯化钙-氨等。利用太阳能集热器将吸附床加热用于脱附制冷剂，通过加热脱附-冷凝-吸附-蒸发等几个环节实现制冷。目前已研制出的太阳能吸附式制冷系统种类繁多，结构也不尽相同，可以在太阳能空调系统中使用的一般为硅胶—水吸附式制冷机组。

由于吸附式制冷机组的工作过程具有周期性，因此，在实际工程设计中，建议至少选用两台机组，并实现错峰运行。机组的循环周期应通过优化计算确定，目前国内市场上的小型硅胶—水吸附式制冷机组的优化循环周期一般为 15min 的加热时间，15min 的冷却时间。

**4.3.4** 本条规定了热力制冷系统的流量（包括热水流量、冷却水流量以及冷冻水流量）应按照制冷机组产品样本选取，一般由生产厂家给出。

### 4.4 蓄能系统、空调末端系统、辅助能源与控制系统设计

**4.4.1** 在太阳能空调系统中，蓄能水箱是非常必要的，它同时连接太阳能集热系统以及制冷机组的热驱动系统，可以起到缓冲作用，使热量输出尽可能均匀。本条规定了蓄能水箱在建筑中安装的位置、需要预留的空间、运输条件及对其他专业如结构、给水排水的要求。其中，蓄能水箱必须做好保温措施，否则会严重影响太阳能空调系统的性能。保温材料选取、保温层厚度计算和保温做法等在现行国家标准《采暖通风与空气调节设计规范》GB 50019 中的"设备和管道的保冷和保温"一节中已作详细规定，应遵照执行。

**4.4.2** 太阳能空调系统的蓄能水箱工作温度应控制在一定范围内。例如，对于最常见的单效溴化锂吸收式太阳能空调系统，在设计工况下所要求的热源温度为（88～90）℃，因此，蓄能水箱的工作温度可设定为（88～90）℃。对于吸附式太阳能空调系统，在设计工况下所要求的热源温度为（80～85）℃，因此，蓄能水箱的工作温度可设定为（80～85）℃。

**4.4.3** 太阳能空调系统通常与太阳能热水系统集成设计，因此，蓄能水箱的容积同时要考虑热水系统的要求，在对国内外已有的太阳能空调项目进行总结的基础上，得到蓄能水箱容积的设计可按照每平方米集热器（20～80）L 进行。如没有热水供应的需求，蓄能水箱容积可适当减小。同时，系统应考虑非制冷工况下太阳能热水的利用问题。此外，受建筑使用功能的限制，当太阳能空调系统的运行时间与空调使用时间不一致时，蓄能水箱应满足蓄热要求。

在确定蓄能水箱的容量时，按照目前国内的应用案例，可参考的方案包括：

**1** 设置一个不做分层结构的普通蓄能水箱。如上海生态建筑太阳能空调系统，由于建筑的热水需求很小，因此，150m² 集热器对应的蓄能水箱设计容量仅为 2.5m³，其主要作用是稳定系统的运行。在非空调工况，太阳能热水被用作冬季采暖以及过渡季节自然通风的加强措施。再如北苑太阳能空调系统，制冷量 360kW，集热面积 850m²，蓄能水箱 40m³。

**2** 设置一个分层蓄能水箱。如香港大学的太阳能空调示范系统，38m² 太阳能集热器，采用了 2.75m³ 的分层蓄能水箱。

**3** 设置大小两个蓄能水箱（小水箱用于系统快速启动，大水箱用于系统正常工作后进一步蓄存热能）。如我国"九五"期间实施的乳山太阳能空调系统，540m² 太阳能集热器，采用了两个蓄能水箱，小水箱 4m³ 用于系统快速启动，大水箱 8m³ 用于蓄存多余热量。

**4** 设置具有跨季蓄能作用的蓄能水池。如我国"十五"期间建设的天普太阳能空调系统，812m² 太阳能集热器，采用了 1200m³ 的跨季蓄能水池。

对于不做分层结构的普通蓄能水箱，为了很好地利用水箱内水的分层效应，在加工工艺允许的前提下，蓄能水箱宜采用较大的高径比。此外，在水箱管路布置方面，热驱动系统的供水管以及太阳能集热系统的回水管宜布置在水箱上部；热驱动系统的回水管以及太阳能集热系统的供水管宜布置在水箱下部。

根据现有的太阳能空调工程案例可知，一般情况下不需要设置蓄冷水箱。部分工程对蓄冷水箱有所考虑，但中小型系统的蓄冷水箱容积一般不超过 1m³。仅当系统考虑跨季蓄能时，蓄热或蓄冷水箱才设置得比较大，如北苑太阳能空调系统，除设置 40m³ 的蓄热水箱外，还设置了 30m³ 的蓄冷水箱。

**4.4.4** 空调末端系统设计应结合制冷机组的冷冻水设定温度。吸收式制冷机组一般可提供冷冻水的设计温度为 (7/12)℃，此时，空调末端宜采用风机盘管或组合式空调机组。而吸附式制冷机组的冷冻水进出口温度通常为 (15/10)℃，此时空调末端处于非标准工况，因此需要对末端产品的制冷量进行温度修正，相应地，空调末端宜采用干式风机盘管或毛细管辐射末端。设计时应按照现行国家标准《采暖通风与空气调节设计规范》GB 50019 的有关规定执行。

**4.4.5** 本条规定了太阳能空调系统辅助能源装置的容量配置原则。由于太阳能自身的波动性，为了保证室内制冷效果，辅助能源装置宜按照太阳辐照度为零时的最不利条件进行配置，以确保建筑室内舒适的热环境。

**4.4.6** 从技术可行性以及目前的应用现状来看，太阳能空调系统的辅助能源装置涉及燃气锅炉、燃油锅炉以及常规空调系统等。在结合建筑特点以及当地能源供应现状确定好辅助能源装置后，各类辅助能源装置的设计均应符合现行的设计规范，例如：

**1** 辅助燃气锅炉的设计应符合现行国家标准《锅炉房设计规范》GB 50041 和《城镇燃气设计规范》GB 50028 的相关要求；

**2** 辅助燃油锅炉的设计应符合现行国家标准《锅炉房设计规范》GB 50041 的相关要求；

**3** 辅助常规空调系统的设计应符合现行国家标准《采暖通风与空气调节设计规范》GB 50019 的相关要求。

**4.4.7** 太阳能空调系统的控制主要包括太阳能集热系统的自动启停控制、安全控制以及制冷机组的自动启停控制和安全控制。系统的控制应将制冷机组以及辅助能源装置自身所配的控制设备与系统的总控有机联合起来。除通过温控实现主要设备的自动启停外，其他有关设备的安全保护控制应按照产品供应商的要求执行。宜选用全自动控制系统，条件有限时，可部分选用手动。其中，太阳能集热系统应自动控制，其中应包括自动启停、防冻、防过热等控制措施。

太阳能空调系统的热力制冷机组宜采用自动控制，一般通过监测蓄能水箱水温来控制制冷机组以及辅助能源装置的启停。在实现自动控制的过程中，还要综合考虑建筑空调使用时间以及制冷机组、辅助能源装置的安全性和可靠性。

**1** 当达到开机设定时间（结合建筑物实际使用功能确定），同时蓄能水箱温度达到设定值时，开启制冷机组。例如：在设计工况下，单效吸收式制冷机组的开机温度可设定为 88℃；而吸附式制冷机组的开机温度可设定为 85℃。然而，在实际应用中，开机设定温度可适当降低，例如：单效吸收式制冷机组的开机温度可设定为 80℃ 左右；而吸附式制冷机组的开机温度可设定为 75℃ 左右。这种情况下，虽然制冷机组 COP 有所降低，但是，空调冷负荷也相对较低。随着太阳辐射照度不断升高，蓄能水箱的水温会逐渐升高，制冷机组 COP 相应逐渐升高，这与空调冷负荷的变化趋势相似。

**2** 在太阳能空调系统运行过程中，如果受环境影响，蓄能水箱水温太低不足以有效驱动制冷机组时，应开启辅助能源装置。为了避免辅助能源装置的频繁启停，辅助能源装置的开机温度设定值可适当降低，例如：对于单效吸收式制冷机组，可将开机温度设定为 75℃ 左右；对于吸附式制冷机组，可将开机温度设定为 70℃ 左右。辅助能源装置的停机温度设定值可按照制冷机组设计工况确定。

**3** 如果达到开机设定时间，蓄能水箱温度尚未达到设定值时，应及时开启辅助能源装置。

**4** 当达到停机设定时间（结合建筑物实际使用功能确定），除太阳能集热系统保持自动运行外，系统其他部件均应停机。

太阳能空调系统的监测参数主要包括两部分：室

内外环境参数和太阳能空调系统参数。其中，与常规空调系统有所区别的主要是太阳辐射照度的监测、太阳能集热器进出口温度与流量、蓄热水箱温度和辅助能源消耗量的监测。

# 5  规划和建筑设计

## 5.1  一般规定

**5.1.1**  太阳能空调系统设计与建筑物所处建筑气候分区、规划用地范围内的现状条件及当地社会经济发展水平密切相关。在规划和建筑设计中应充分考虑、利用和强化已有特点和条件，为充分利用太阳能创造条件。

太阳能空调系统设计应由建筑设计单位和太阳能空调系统产品供应商相互配合共同完成。首先，建筑师要根据建筑类型、使用功能确定安装太阳能空调系统的机房位置和屋面设备的安装位置，向暖通工程师提出对空调系统的使用要求；暖通工程师进行太阳能热力制冷机组选型、空调系统设计及末端管线设计；结构工程师在建筑结构设计时，应考虑屋面太阳能集热器和室内制冷机组的荷载，以保证结构的安全性，并埋设预埋件，为太阳能集热器的锚固、安装提供安全牢靠的条件；电气工程师满足系统用电负荷和运行安全要求，进行防雷设计。

其次，太阳能空调系统产品供应商需向建筑设计单位提供热力制冷机组和太阳能集热器的规格、尺寸、荷载，预埋件的规格、尺寸、安装位置及安装要求；提供热力制冷机组和集热器的技术指标及其检测报告；保证产品质量和使用性能。

**5.1.2**  本条引用了《民用建筑太阳能热水系统应用技术规范》GB 50364 中的相关规定。

**5.1.3**  本条对屋顶太阳能集热器设备和管道的布置提出要求，目的是集中管理、维修方便和美化环境。检修通道和管道井的设计应遵守相关的国家现行的规范和标准。

## 5.2  规划设计

**5.2.1**  建筑的体形设计和空间组合设计应充分考虑太阳能的利用，包括建筑的布局、高度和间距等，目的是为使集热器接收更多的太阳辐射照度。

**5.2.2**  太阳能空调系统在屋面增加的集热器等组件有可能降低相邻建筑底层房间的日照时间，不能满足建筑日照的要求。在阳台或墙面上安装有一定倾角的集热器时，也可能会降低下层房间的日照时间。所以在设计太阳能空调之前必须对日照进行分析和计算。

**5.2.3**  太阳能集热器安装在建筑屋面、阳台、墙面或其他部位，不应被其他物体遮挡阳光。太阳能集热

器总面积根据热力制冷机组热水用量、建筑上允许的安装面积等因素确定。考虑到热力制冷机组需要匹配较大的集热器总面积和较长时间的辐照时间，本条规定集热器要满足全天有不少于 6h 日照时数的要求。

## 5.3  建筑设计

**5.3.1**  太阳能空调系统的制冷机房应由建筑师根据建筑功能布局进行统一设置，因机房功能与常规空调系统一致，所以宜与常规空调系统的机房统一布置。制冷机房应靠近建筑冷负荷中心与太阳能集热器，及制冷机组应靠近蓄能水箱等要求，都是为了尽量减少由于管道过长而产生的冷热损耗。

**5.3.2**  太阳能空调系统中的太阳能集热器、热力制冷系统和空调末端系统应由建筑师配合暖通工程师和太阳能空调系统产品供应商确定合理的安装位置，并重点满足集热器、蓄能水箱和冷却塔等设备的补水、排水等功能要求。而热力制冷机组、辅助能源装置等大型设备在运行期间需要不同程度的检修、更新和维护，建筑设计要考虑到这些因素。

建筑设计应为太阳能空调系统的安装、维护提供安全的操作条件。如平屋面设有屋面出口或上人孔，便于集热器和冷却塔等屋面设备安装、检修人员的出入；坡屋面屋脊的适当位置可预留金属钢架或挂钩，方便固定安装检修人员系在身上的安全带，确保人员安全。集热器支架下部的水平杆件不应影响屋面雨水的排放。

**5.3.3**  本条为强制性条文。建筑设计时应考虑设置必要的安全防护措施，以防止安装有太阳能集热器的墙面、阳台或挑檐等部位的集热器损坏后部件坠落伤人，如设置挑檐、入口处设雨篷或进行绿化种植隔离等，使人不易靠近。集热器下部的杆件和顶部的高度也应满足相应的要求。

**5.3.4**  作为太阳能建筑一体化设计要素的太阳能集热器可以直接作为屋面板、阳台栏板或墙板等围护结构部件，但除了满足系统功能要求外，首先要满足屋面板、阳台栏板、墙板的结构安全性能、消防功能和安全防护功能等要求。除此之外，太阳能集热器应与建筑整体有机结合，并与建筑周围环境相协调。

**5.3.5**  建筑的主体结构在伸缩缝、沉降缝、抗震缝的变形缝两侧会发生相对位移，太阳能集热器跨越变形缝时容易被破坏，所以太阳能集热器不应跨越主体结构的变形缝。

**5.3.6**  辅助能源装置的位置和安装空间应由建筑师与暖通工程师共同确定，该装置能否安全运行、操作及维护方便是太阳能空调系统安全运行的重要因素之一。

## 5.4  结构设计

**5.4.1**  太阳能空调系统中的太阳能集热器、热力制

冷机组和蓄能水箱与主体结构的连接和锚固必须牢固可靠，主体结构的承载力必须经过计算或实物试验予以确认，并要留有余地，防止偶然因素产生突然破坏。真空管集热器每平方米的重量约（15～20）kg，平板集热器每平方米的重量约（20～25）kg。

安装太阳能空调系统的主体结构必须具备承受太阳能集热器、热力制冷机组和蓄能水箱等传递的各种作用的能力（包括检修荷载），主体结构设计时应充分加以考虑。例如，主体结构为混凝土结构时，为了保证与主体结构的连接可靠性，连接部位主体结构混凝土强度等级不应低于C20。

5.4.2 本条为强制性条文。连接件与主体结构的锚固承载力应大于连接件本身的承载力，任何情况不允许发生锚固破坏。采用锚栓连接时，应有可靠的防松动、防滑移措施；采用挂接或插接时，应有可靠的防脱落、防滑移措施。

为防止主体结构与支架的温度变形不一致导致太阳能集热器、热力制冷机组或蓄能水箱损坏，连接件必须有一定的适应位移的能力。

5.4.3 安装在屋面、阳台或墙面的太阳能集热器与建筑主体结构的连接，应优先采用预埋件来实现。因为预埋件的连接能较好地满足设计要求，且耐久性能良好，与主体连接较为可靠。施工时注意混凝土振捣密实，使预埋件锚入混凝土内部分与混凝土充分接触，具有很好的握裹力。同时采取有效的措施使预埋件位置准确。为了保证预埋件与主体结构连接的可靠性，应确保在主体施工前设计并在施工时按设计要求的位置和方法进行预埋。如果没有设置预埋件的条件，也可采用其他可靠的方法进行连接。

5.4.4 由于制冷机组、冷却塔等设备自重或满载重量较大，在太阳能空调系统设计时，必须事先考虑将其设置在具有相应承载能力的结构构件上。在新建建筑中，应在结构设计时充分考虑这些设备的荷载，避免错、漏；在既有建筑中应进行强度与变形的验算，以保证结构构件在增加荷载后的安全性，如强度或变形不满足要求，则要对结构构件进行加固处理或改变设备位置。

5.4.5 进行结构设计时，不但要计算安装部位主体结构构件的强度和变形，而且要计算支架、支撑金属件及其连接节点的承载能力，以确保连接和锚固的可靠性，并留有余量。

5.4.6 当土建施工中未设置预埋件、预埋件漏放、预埋件偏离设计位置太远、设计变更，或既有建筑增设太阳能空调系统时，往往要使用后锚固螺栓进行连接。采用后锚固螺栓（机械膨胀螺栓或化学锚栓）时，应采取多种措施，保证连接的可靠性及安全性。

5.4.7 太阳能空调系统结构设计应区分是否抗震。对非抗震设防的地区，只需考虑风荷载、重力荷载和雪荷载（冬天下雪夜晚平板集热器可能会出现积雪现象）；对抗震设防的地区，还应考虑地震作用。

经验表明，对于安装在建筑屋面、阳台、墙面或其他部位的太阳能集热器主要受风荷载作用，抗风设计是主要考虑因素。但是地震是动力作用，对连接节点会产生较大影响，使连接处发生破坏甚至使太阳能集热器脱落，所以除计算地震作用外，还必须加强构造措施。

## 5.5 暖通和给水排水设计

5.5.1 太阳能空调系统机房是指热力制冷机组及相关系统设备的机房，应保持其良好的通风。有条件时可利用自然通风，但应防止噪声对周围建筑环境的影响；无条件时则应独立设置机械通风系统。当辅助燃油、燃气锅炉不设置在机房时，机房的最小通风量，可根据生产厂家的要求，并结合机房内余热排除的需求综合确定，机房的换气次数通常可取（4～6）次/h；当辅助燃油、燃气锅炉设置在机房内时，机房的通风系统设计应满足现行国家标准《锅炉房设计规范》GB 50041中对燃油和燃气锅炉房通风系统设计的要求。机房位置、机房内设备与建筑的相对空间及消防等要求在《采暖通风与空气调节设计规范》GB 50019中已作详细规定，应遵照执行。

5.5.2 太阳能空调系统的机房存在用水点，例如一些设备运行或维修时需要排水、泄压、冲洗等，因此机房需要给水排水专业配合设计。太阳能集热系统要进行良好的介质循环，也涉及给水排水设计。更重要的是，辅助能源装置如采用燃油、燃气、电热锅炉等，则还需要设置特殊的水喷雾或气体灭火消防系统。一般的给水排水相关设计应遵守现行国家标准《建筑给水排水设计规范》GB 50015的要求，给水排水消防设计应按照现行国家标准《高层民用建筑设计防火规范》GB 50045及《建筑设计防火规范》GB 50016中的规定执行。

5.5.3 太阳能集热器置于室外屋顶或建筑立面，集热管表面日久会积累灰尘，如不及时清洗将影响透光率，降低集热能力。本条要求在集热器附近设置用于清洁的给水点，就是为了定期打扫预留条件。给水点预留要注意防冻。因为污水要排走，排水设施也需要同时设计。

## 5.6 电气设计

5.6.1、5.6.2 这两条是对太阳能空调系统中使用电气设备的安全要求，其中5.6.2条为强制性条文。如果系统中含有电气设备，其电气安全应符合现行国家标准《家用和类似用途电器的安全》（第一部分通用要求）GB 4706.1的要求。

5.6.3 太阳能空调系统的电气管线应与建筑物的电气管线统一布置，集中隐蔽。

# 6 太阳能空调系统安装

## 6.1 一般规定

**6.1.1** 本条为强制性条文。太阳能空调系统的施工安装，保证建筑物的结构和功能设施安全是第一位的，特别在既有建筑上安装系统时，如果不能严格按照相关规范进行土建、防水、管道等部位的施工安装，很容易造成对建筑物的结构、屋面防水层和附属设施的破坏，削弱建筑物在寿命期内承受荷载的能力，所以，该条文应予以充分重视。

**6.1.2** 目前，国内太阳能空调系统的施工安装通常由专门的太阳能工程公司承担，作为一个独立工程实施完成，而太阳能系统的安装与土建、装修等相关施工作业有很强的关联性，所以，必须强调施工组织设计，以避免差错、提高施工效率。

**6.1.3** 本条的提出是由于目前太阳能系统施工安装人员的技术水平参差不齐，不进行规范施工的现象时有发生。所以，着重强调必要的施工条件，严禁不满足条件的盲目施工。

**6.1.4** 由于太阳能空调系统在非使用季节会在较恶劣的工况下运行，以此规定了连接管线、部件、阀门等配件选用的材料应能耐受高温，以防止系统破坏，提高系统部件的耐久性和系统工作寿命。

**6.1.5** 太阳能空调系统的安装一般在土建工程完工后进行，而土建部位的施工通常由其他施工单位完成，本条强调了对土建相关部位的保护。

**6.1.6** 本条对太阳能空调系统安装人员应具备的条件进行规定。

**6.1.7** 根据《特种设备安全监察条例》（国务院令第 549 号），燃油、燃气锅炉属于特种设备，其安装单位、人员应具有特种设备安装资质，并需要进行安装报批、检验和验收。

## 6.2 太阳能集热系统安装

**6.2.1** 支架安装关系到太阳能集热器的稳定和安全，应与基座连接牢固。

**6.2.2** 一般情况下，太阳能空调系统的承重基座都是在屋面结构层上现场砌（浇）筑，需要刨开屋面面层做基座，因此将破坏原有的防水结构。基座完工后，被破坏的部位需重做防水。

**6.2.3** 实际施工中，钢结构支架及预埋件的防腐多被忽视，会影响系统寿命，本条对此加以强调。

**6.2.4** 集热器的安装方位和倾角影响太阳能集热系统的得热量，因此在安装时应给予重视。

**6.2.5** 太阳能空调系统由于工作温度高，并可能存在较严重的过热问题，因此集热器的连接不当会造成漏水等问题，本条对此加以强调。

**6.2.6** 现行国家标准《建筑给水排水及采暖工程施工质量验收规范》GB 50242 规范了各种管路施工要求，太阳能集热系统的管路施工应遵照执行。

**6.2.7** 为防止集热器漏水，本条对此加以强调。

**6.2.8** 本条规定了太阳能集热系统钢结构支架应有可靠的防雷措施。

**6.2.9** 本条强调应先检漏，后保温，且应保证保温质量。

## 6.3 制冷系统安装

**6.3.1** 本条强调安装时应对制冷机组进行保护。

**6.3.2** 本条是根据电气和控制设备的安装要求对制冷机组的安装位置作出规定。

**6.3.3** 现行国家标准《制冷设备、空气分离设备安装工程施工及验收规范》GB 50274 及《通风与空调工程施工质量验收规范》GB 50243 规范了空调设备及系统的施工要求，应遵照执行。

**6.3.4** 空调末端系统的施工安装在现行国家标准《建筑给水排水及采暖工程施工质量验收规范》GB 50242 和《通风与空调工程施工质量验收规范》GB 50243 中均有规定，应遵照执行。

## 6.4 蓄能和辅助能源系统安装

**6.4.1** 为提高水箱寿命和满足卫生要求，采用钢板焊接的蓄能水箱要对其内壁作防腐处理，并确保材料承受热水温度。

**6.4.2** 本条规定是为减少蓄能水箱的热损失。

**6.4.3** 本条规定了蓄能地下水池现场施工制作时的要求，以保证水池质量和施工安全。

**6.4.4** 为防止水箱漏水，本条对检漏和实验方法给予规定。

**6.4.5** 本条规定是为减少蓄能水箱的热损失。

**6.4.6** 现行国家标准《建筑给水排水及采暖工程施工质量验收规范》GB 50242 规范了额定工作压力不大于 1.25MPa、热水温度不超过 130℃的整装蒸汽和热水锅炉及配套设备的安装，规范了直接加热和热交换器及辅助设备的安装，应遵照执行。

## 6.5 电气与自动控制系统安装

**6.5.1** 太阳能空调系统的电缆线路施工和电气设施的安装在现行国家标准《电气装置安装工程电缆线路施工及验收规范》GB 50168 和《建筑电气工程施工质量验收规范》GB 50303 中有详细规定，应遵照执行。

**6.5.2** 为保证系统运行的电气安全，系统中的全部电气设备和与电气设备相连接的金属部件应作接地处理。而电气接地装置的施工在现行国家标准《电气装置安装工程接地装置施工及验收规范》GB 50169 中均有规定，应遵照执行。

**6.5.3** 本条强调了传感器安装的质量和注意事项。

### 6.6 压力试验与冲洗

**6.6.1** 为防止系统漏水，本条对此加以强调。

**6.6.2** 本条规定了管路和设备的检漏试验。对于各种管路和承压设备，试验压力应符合设计要求。当设计未注明时，应按现行国家标准《建筑给水排水及采暖工程施工质量验收规范》GB 50242 的相关要求进行。非承压设备做满水灌水试验，满水灌水检验方法：满水试验静置 24h，观察不漏不渗。

**6.6.3** 本条规定是为防止低温水压试验结冰造成管路和集热器损坏。

**6.6.4** 本条强调了制冷机组安装完毕后应进行水压试验和冲洗，并规定了冲洗方法。

### 6.7 系统调试

**6.7.1** 太阳能空调系统是一个比较专业的工程，需由专业人员才能完成系统调试。系统调试是使系统功能正常发挥的调整过程，也是对工程质量进行检验的过程。

**6.7.2** 本条规定了系统调试需要包括的项目和连续试运行的天数，以使工程能达到预期效果。

**6.7.3** 本条规定了设备单机、部件调试应包括的主要内容，以防遗漏。

**6.7.4** 系统联动调试主要指按照实际运行工况进行系统调试。本条解释了系统联动调试内容，以防遗漏。

**6.7.5** 本条规定了系统联动调试的运行参数应符合的要求。

## 7 太阳能空调系统验收

### 7.1 一般规定

**7.1.1** 本条规定了太阳能空调系统的验收步骤。

**7.1.2** 本条强调了在验收太阳能空调系统前必须先完成相关的隐蔽工程验收，并对其工程验收文件进行认真的审核与验收。

**7.1.3** 太阳能空调系统较复杂，在安装热力制冷机组等设备及空调系统管线的过程中产生的废料和各种辅助安装设备应及时清除以保证验收现场的干净整洁。

**7.1.4** 本条强调了现行国家标准《建筑工程施工质量验收统一标准》GB 50300 中的规定要求。

**7.1.5** 本条强调了施工单位应先进行自检，自检合格后再申请竣工验收。

**7.1.6** 本条强调了现行国家标准《建筑工程施工质量验收统一标准》GB 50300 中的规定要求。

**7.1.7** 本条强调了太阳能空调系统验收记录、资料立卷归档的重要性。

### 7.2 分项工程验收

**7.2.1** 本条划分了太阳能空调系统工程的分部与分项工程，以及分项工程所包括的基本施工安装工序和项目，分项工程验收应能涵盖这些基本施工安装工序和项目。

**7.2.2** 太阳能空调系统某些工序的施工必须在前一道工序完成且质量合格后才能进行本道工序，否则将较难返工。

**7.2.3** 本条强调了太阳能空调系统的性能应在调试合格后进行检验，其中热性能的检验内容应包括太阳能集热器的进出口温度、流量和压力，热力制冷机组的热水和冷水的进出口温度、流量和压力。

### 7.3 竣工验收

**7.3.1** 本条强调了竣工验收的时机。

**7.3.2** 本条强调了竣工验收应提交的资料。实际应用中，一些施工单位对施工资料不够重视，这会对今后的设备运行埋下隐患，应予以注意。

## 8 太阳能空调系统运行管理

### 8.1 一般规定

**8.1.1~8.1.3** 规定在太阳能空调系统交付使用后，系统提供单位应对使用单位进行工作原理交底和相关的操作培训，并制定详细的使用说明。使用单位应建立太阳能空调系统管理制度，其中包括太阳能空调系统的运行、维护和维修等。太阳能空调系统开始使用后，使用单位应根据建筑使用特点以及空调运行时间等因素，建立由专人负责运行维护的管理制度，设专人负责系统的管理和运行。系统操作和管理人员应严格按照使用说明对系统进行管理，发现仪表显示出现故障及系统运行失常，应及时组织检修。但太阳能集热器、制冷机组、控制系统等关键设备发生故障时，应及时通知相关产品供应商进行专业维修。

**8.1.4** 本条规定了应对太阳能空调系统的主要设备、部件以及数据采集装置、控制元件等进行定期检查。

### 8.2 安全检查

**8.2.1** 本条规定应对太阳能集热器进行定期安全检查，包括定期检查太阳能集热器与基座和支架的连接，更换损坏的集热器，检查设备及管路的漏水情况。定期检查基座和支架的强度、锈蚀情况和损坏程度。

**8.2.2** 本条强调建筑立面安装太阳能集热器的安全防护措施。应对墙面等建筑立面处安装太阳能集热器的防护网或其他防护设施定期检修，避免集热器损坏造成对人身的伤害。

**8.2.3** 本条强调进入冬季之前应进行防冻系统的检查，保证系统安全运行。此处需要强调的是，防冻检查既包括太阳能集热系统的防冻设施（具体见现行国家标准《民用建筑太阳能热水系统应用技术规范》GB 50364），也包括太阳能空调系统的其他部件以及管路。

**8.2.4** 本条强调了应对太阳能集热系统防雷设施进行定期检查，并进行接地电阻测试。

**8.2.5** 从现有的太阳能空调系统工程案例来看，许多项目采用了燃气锅炉或燃油锅炉等作为辅助能源装置，此类工程项目中，应按照国家现行的安检以及管理制度对燃油和燃气锅炉、燃油和燃气输送管道以及其他相关的消防报警设施进行定期检查。

### 8.3 系统维护

**8.3.1** 温度、流量等传感器对太阳能空调系统的全自动运行起着重要作用，本条规定每年应对传感器进行检查，发现问题应及时更换。

**8.3.2** 考虑到空气污染等问题影响太阳能集热器的高效运行，应每年检查集热器表面，定期进行清洗。

**8.3.3** 本条规定每年对管路、阀门以及电气元件进行检查，包括管路是否渗漏、管路保温是否受损以及阀门是否启闭正常、有无渗漏等。

**8.3.4** 本条规定了太阳能空调系统停止运行时，应采取适当措施将太阳能集热系统的得热量加以利用或释放，避免集热系统过热。

**8.3.5** 对于目前太阳能空调系统所采用的热驱动吸收式或吸附式制冷机组，建议其维护由产品供应商进行。

中华人民共和国行业标准

# 建筑门窗玻璃幕墙热工计算规程

Calculation specification for thermal performance of windows, doors
and glass curtain-walls

JGJ/T 151—2008
J 828—2008

批准部门：中华人民共和国住房和城乡建设部
施行日期：２００９年５月１日

# 中华人民共和国住房和城乡建设部
## 公　告

### 第 143 号

### 关于发布行业标准《建筑门窗玻璃幕墙热工计算规程》的公告

现批准《建筑门窗玻璃幕墙热工计算规程》为行业标准，编号为 JGJ/T 151-2008，自 2009 年 5 月 1 日起实施。

本规程由我部标准定额研究所组织中国建筑工业出版社出版发行。

中华人民共和国住房和城乡建设部

2008 年 11 月 13 日

## 前　言

根据建设部《关于印发〈二〇〇四年度工程建设城建、建工行业标准制订、修订计划〉的通知》（建标〔2004〕66 号）的要求，规程编制组经广泛调查研究，认真总结实践经验，参考有关国际标准和国外先进标准，并在广泛征求意见的基础上，制定了本规程。

本规程的主要技术内容：1. 总则；2. 术语、符号；3. 整樘窗热工性能计算；4. 玻璃幕墙热工计算；5. 结露性能评价；6. 玻璃光学热工性能计算；7. 框的传热计算；8. 遮阳系统计算；9. 通风空气间层的传热计算；10. 计算边界条件；以及相关附录。

本规程由住房和城乡建设部负责管理，由主编单位负责具体技术内容的解释。

本规程主编单位：广东省建筑科学研究院（地址：广州市先烈东路 121 号；邮政编码：510500）

广东省建筑工程集团有限公司

本规程参加单位：中国建筑科学研究院
华南理工大学
广州市建筑科学研究院
深圳市建筑科学研究院
清华大学建筑学院
福建省建筑科学研究院
深圳南玻工程玻璃有限公司
秦皇岛耀华玻璃股份有限公司
美国创奇公司北京代表处

本规程主要起草人员：杨仕超　林海燕　孟庆林
任　俊　刘俊跃　王　馨
刘忠伟　黄夏东　许武毅
鲁大学　刘　军　刘月莉
马　扬

# 目　次

# 1 总 则

**1.0.1** 为贯彻执行国家的建筑节能政策，促进建筑门窗、玻璃幕墙工程的节能设计和产品设计，规范门窗、玻璃幕墙产品的节能性能评价，制定本规程。

**1.0.2** 本规程适用于建筑外围护结构中使用的门窗和玻璃幕墙的传热系数、遮阳系数、可见光透射比以及结露性能评价的计算。

**1.0.3** 本规程规定的计算是在建筑门窗、玻璃幕墙空气渗透量为零，且采用稳态传热计算方法进行的计算。

**1.0.4** 实际工程所用建筑门窗、玻璃幕墙的室内外热工计算边界条件应符合相应的建筑热工设计标准和建筑节能设计标准的要求。

**1.0.5** 建筑门窗、玻璃幕墙所用材料的热工计算参数除可使用本规程给出的参数外，尚应符合国家现行有关标准的规定。

# 2 术语、符号

## 2.1 术 语

**2.1.1** 夏季标准计算环境条件 standard summer environmental condition

用于门窗或玻璃幕墙产品设计、性能评价的夏季热工计算环境条件。

**2.1.2** 冬季标准计算环境条件 standard winter environmental condition

用于门窗或玻璃幕墙产品设计、性能评价的冬季热工计算环境条件。

**2.1.3** 传热系数 thermal transmittance

两侧环境温度差为 1K（℃）时，在单位时间内通过单位面积门窗或玻璃幕墙的热量。

**2.1.4** 面板传热系数 thermal transmittance of panel

指面板中部区域的传热系数，不考虑边缘的影响。如玻璃传热系数，是指玻璃面板中部区域的传热系数。

**2.1.5** 线传热系数 linear thermal transmittance

表示门窗或幕墙玻璃（或者其他镶嵌板）边缘与框的组合传热效应所产生附加传热量的参数，简称"线传热系数"。

**2.1.6** 太阳光总透射比 total solar energy transmittance，solar factor

通过玻璃、门窗或玻璃幕墙成为室内得热量的太阳辐射部分与投射到玻璃、门窗或玻璃幕墙构件上的太阳辐射照度的比值。成为室内得热量的太阳辐射部分包括太阳辐射通过辐射透射的得热量和太阳辐射被构件吸收再传入室内的得热量两部分。

**2.1.7** 遮阳系数 shading coefficient

在给定条件下，玻璃、门窗或玻璃幕墙的太阳光总透射比，与相同条件下相同面积的标准玻璃（3mm厚透明玻璃）的太阳光总透射比的比值。

**2.1.8** 可见光透射比 visible transmittance

采用人眼视见函数进行加权，标准光源透过玻璃、门窗或玻璃幕墙成为室内的可见光通量与投射到玻璃、门窗或玻璃幕墙上的可见光通量的比值。

**2.1.9** 露点温度 dew point temperature

在一定压力和水蒸气含量的条件下，空气达到饱和水蒸气状态时（相对湿度等于100%）的温度。

## 2.2 符 号

**2.2.1** 本规程采用如下符号：

$A$——面积；

$A_i$——第 $i$ 层玻璃的太阳辐射吸收比；

$c_p$——常压下的比热容；

$d$——厚度；

$D_\lambda$——标准光源（CIE D65，ISO 10526）光谱函数；

$E$——空气的饱和水蒸气压力；

$f$——空气的相对湿度；

$g$——太阳光总透射比；

$G$——重力加速度；

$h$——表面换热系数；

$H$——气体间层高度；

$I_i^+(\lambda)$——在第 $i$ 层和第 $i+1$ 层玻璃层之间向室外侧方向的辐射照度；

$I_i^-(\lambda)$——在第 $i$ 层和第 $i+1$ 层玻璃层之间向室内侧方向的辐射照度；

$I$——太阳辐射照度；

$J$——辐射强度；

$l$——长度；

$L$——气体间层长度；

$L^{2D}$——二维传热计算的截面线传热系数；

$\hat{M}$——气体的摩尔质量；

$N$——玻璃层数加2；

$Nu$——努谢尔特数（Nusselt number）；

$p$——压力；

$q$——热流密度；

$Q$——热流量；

$\mathcal{R}$——气体常数；

$R$——热阻；

$Ra$——瑞利数（Rayleigh number）；

$SC$——遮阳系数；

$S_i$——第 $i$ 层玻璃吸收的太阳辐射热流密度；

$S_\lambda$——标准太阳辐射光谱函数；

$t$——厚度，温度；

$t_{perp}$——框内空腔垂直于热流的最大尺寸；

$T$——温度；

$T_{10}$——结露性能评价指标；

$u$——邻近表面的气流速度；

$U$——传热系数；

$V$——窗或幕墙附近自由气流流速，或某个部位的平均气流速度；

$V(\lambda)$——视见函数（ISO/CIE 10527）；

$\alpha$——材料表面太阳辐射吸收系数；

$\beta$——填充气体热膨胀系数；

$\gamma$——气体密度；

$\lambda$——导热系数；

$\mu$——流体运动黏度；

$\varepsilon$——远红外线半球发射率，方位角度；

$\rho$——反射比；

$\sigma$——斯蒂芬-玻尔兹曼常数，$5.67 \times 10^{-8}$ W/$(m^2 \cdot K^4)$；

$\psi$——附加线传热系数；

$\tau$——透射比。

**2.2.2** 本规程的符号采用表 2.2.2 所列举的注脚。

表 2.2.2 注 脚

| 注脚 | 名 称 |
| --- | --- |
| ave | 平均 |
| air | 空气 |
| bot | 底部 |
| b | 背面 |
| B | 遮阳帘（百叶、织物帘） |
| c | 对流 |
| cg | 玻璃中心 |
| cold | 冷侧条件 |
| crit | 临界 |
| CW | 幕墙 |
| dif | 散射 |
| dir | 直射 |
| eff | 有效的，当量的 |
| eq | 相等的 |
| f | 前面或框 |
| g | 玻璃或透明部分 |
| h | 水平 |
| hot | 热侧条件 |
| i | 室内 |
| in | 室内，或空气间层的入口 |
| m | 平均值 |
| mix | 混合物 |
| n | 环境 |
| ne | 室外环境 |
| ni | 室内环境 |
| out | 室外，或空气间层的出口 |
| p | 平板 |
| r | 辐射或发射 |
| red | 长波（远红外）辐射 |
| s | 太阳、源头或表面 |
| std | 标准的 |
| surf | 表面 |
| t | 全部 |
| top | 顶部 |
| V | 垂直 |
| v | 可见光 |
| x | 距离 |

# 3 整樘窗热工性能计算

## 3.1 一般规定

**3.1.1** 整樘窗（或门，下同）的传热系数、遮阳系数、可见光透射比应采用各部分的相应数值按面积进行加权平均计算。典型窗的传热系数可按本规程附录 A 确定。

**3.1.2** 窗的线传热系数应按照本规程第 7 章的规定进行计算。

**3.1.3** 窗框的传热系数、太阳光总透射比应按照本规程第 7 章的规定进行计算。典型窗框的传热系数可按本规程附录 B 进行简化计算。

**3.1.4** 窗玻璃（或其他透明板材）的传热系数、太阳光总透射比、可见光透射比应按照本规程第 6 章的规定进行计算。典型玻璃系统的光学热工参数可按本规程附录 C 确定。

**3.1.5** 计算窗产品的热工性能时，框与墙相接的边界应作为绝热边界处理。

## 3.2 整樘窗几何描述

**3.2.1** 整樘窗应根据框截面的不同对窗框进行分类，每个不同类型窗框截面均应计算框传热系数、线传热系数。

不同类型窗框相交部分的传热系数宜采用邻近框中较高的传热系数代替。

**3.2.2** 窗在进行热工计算时应按下列规定进行面积划分（图 3.2.2）：

**1** 窗框投影面积 $A_f$：指从室内、外两侧分别投影，得到的可视框投影面积中的较大值，简称"窗框面积"；

**2** 玻璃投影面积 $A_g$（或其他镶嵌板的投影面积 $A_p$）：指从室内、外侧可见玻璃（或其他镶嵌板）边缘围合面积的较小值，简称"玻璃面积"（或"镶嵌

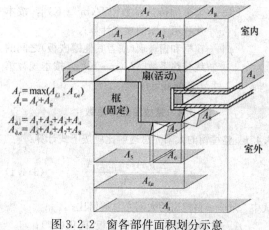

图 3.2.2 窗各部件面积划分示意

板面积");

**3** 整樘窗总投影面积 $A_t$：指窗框面积 $A_f$ 与窗玻璃面积 $A_g$（或其他镶嵌板的面积 $A_p$）之和，简称"窗面积"。

**3.2.3** 玻璃和框结合处的线传热系数对应的边缘长度 $l_\psi$ 应为框与玻璃接缝长度，并应取室内、室外值中的较大值（图 3.2.3）。

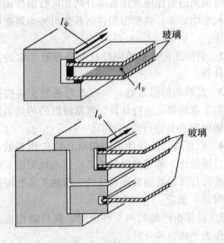

图 3.2.3　窗玻璃区域周长示意

### 3.3　整樘窗传热系数

**3.3.1** 整樘窗的传热系数应按下式计算：

$$U_t = \frac{\sum A_g U_g + \sum A_f U_f + \sum l_\psi \psi}{A_t} \quad (3.3.1)$$

式中　$U_t$——整樘窗的传热系数[W/(m²·K)]；

$A_g$——窗玻璃（或者其他镶嵌板）面积(m²)；

$A_f$——窗框面积(m²)；

$A_t$——窗面积(m²)；

$l_\psi$——玻璃区域（或者其他镶嵌板区域）的边缘长度(m)；

$U_g$——窗玻璃（或者其他镶嵌板）的传热系数[W/(m²·K)]，按本规程第 6 章的规定计算；

$U_f$——窗框的传热系数[W/(m²·K)]，按本规程第 7 章的规定计算；

$\psi$——窗框和窗玻璃（或者其他镶嵌板）之间的线传热系数[W/(m·K)]，按本规程第 7 章的规定计算。

### 3.4　整樘窗遮阳系数

**3.4.1** 整樘窗的太阳光总透射比应按下式计算：

$$g_t = \frac{\sum g_g A_g + \sum g_f A_f}{A_t} \quad (3.4.1)$$

式中　$g_t$——整樘窗的太阳光总透射比；

$A_g$——窗玻璃（或其他镶嵌板）面积(m²)；

$A_f$——窗框面积(m²)；

$g_g$——窗玻璃（或其他镶嵌板）区域太阳光总透射比，按本规程第 6 章的规定计算；

$g_f$——窗框太阳光总透射比；

$A_t$——窗面积(m²)。

**3.4.2** 整樘窗的遮阳系数应按下式计算：

$$SC = \frac{g_t}{0.87} \quad (3.4.2)$$

式中　$SC$——整樘窗的遮阳系数；

$g_t$——整樘窗的太阳光总透射比。

### 3.5　整樘窗可见光透射比

**3.5.1** 整樘窗的可见光透射比应按下式计算：

$$\tau_t = \frac{\sum \tau_v A_g}{A_t} \quad (3.5.1)$$

式中　$\tau_t$——整樘窗的可见光透射比；

$\tau_v$——窗玻璃（或其他镶嵌板）的可见光透射比，按本规程第 6 章的规定计算；

$A_g$——窗玻璃（或其他镶嵌板）面积(m²)；

$A_t$——窗面积(m²)。

# 4　玻璃幕墙热工计算

## 4.1　一　般　规　定

**4.1.1** 玻璃幕墙整体的传热系数、遮阳系数、可见光透射比应采用各部件的相应数值按面积进行加权平均计算。

**4.1.2** 玻璃幕墙的线传热系数应按本规程第 7 章的规定进行计算。

**4.1.3** 幕墙框的传热系数、太阳光总透射比应按本规程第 7 章的规定进行计算。

**4.1.4** 幕墙玻璃（或其他透明面板）的传热系数、太阳光总透射比、可见光透射比应按本规程第 6 章的规定进行计算。典型玻璃系统的光学热工参数可按本规程附录 C 确定。

**4.1.5** 非透明多层面板的传热系数应按照各个材料层热阻相加的方法进行计算。

**4.1.6** 计算幕墙水平和垂直转角部位的传热时，可将幕墙展开，将转角框简化为传热等效的框进行计算。

## 4.2　幕墙几何描述

**4.2.1** 应根据框截面、镶嵌面板类型的不同将幕墙框节点进行分类，不同种类的框截面节点均应计算其传热系数及对应框和镶嵌面板接缝的线传热系数。

**4.2.2** 在进行幕墙热工计算时应按下列规定进行面积划分（图 4.2.2）：

**1** 框投影面积 $A_f$：指从室内、外两侧分别投影，得到的可视框投影面积中的较大值，简称"框面积"；

**2** 玻璃投影面积 $A_g$（或其他镶嵌板的投影面积 $A_p$）：指室内、外侧可见玻璃（或其他镶嵌板）边缘围合面积的较小值，简称"玻璃面积"（或"镶嵌板面积"）；

**3** 幕墙总投影面积 $A_t$：指框面积 $A_f$ 与玻璃面积 $A_g$（和其他面板面积 $A_p$）之和，简称"幕墙面积"。

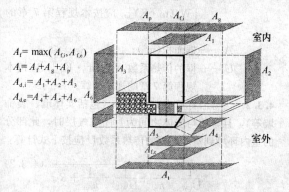

图 4.2.2　各部件面积划分示意

**4.2.3** 幕墙玻璃（或其他镶嵌板）和框结合的线传热系数对应的边缘长度 $l_\psi$ 应为框与面板的接缝长度，并应取室内、室外接缝长度的较大值（图 4.2.3）。

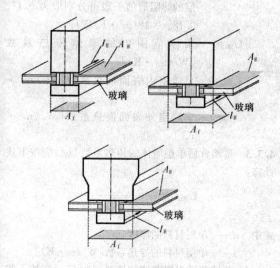

图 4.2.3　框与面板结合的几种情况示意

**4.2.4** 幕墙计算的边界和单元的划分应根据幕墙形式的不同而采用不同的方式。幕墙计算单元的划分应符合下列规定：

**1** 构件式幕墙计算单元可从型材中线剖分（图 4.2.4-1）；

**2** 单元式幕墙计算单元可从单元间的拼缝处剖分（图 4.2.4-2）。

**4.2.5** 幕墙计算的节点应包括幕墙所有典型的节点，对于复杂的节点可拆分计算（图 4.2.5）。

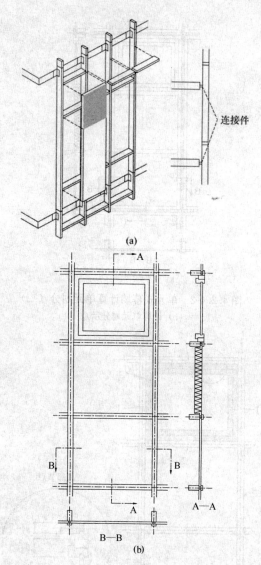

图 4.2.4-1　构件式幕墙计算单元划分
（a）构造原理；（b）计算单元划分示意

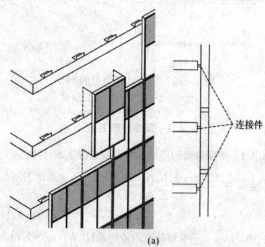

图 4.2.4-2　单元式幕墙计算单元划分（一）
（a）构造原理

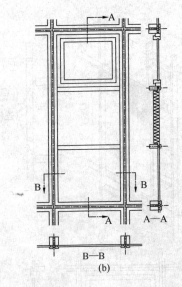

图 4.2.4-2 单元式幕墙计算单元划分（二）

（b）计算单元划分示意

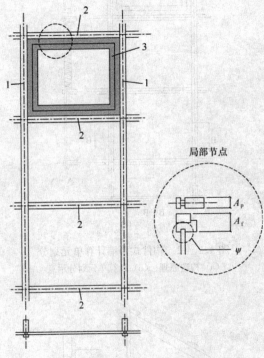

图 4.2.5 幕墙计算节点的拆分

1—立柱；2—横梁；3—开启扇框

### 4.3 幕墙传热系数

**4.3.1** 单幅幕墙的传热系数 $U_{CW}$ 应按下式计算：

$$U_{CW} = \frac{\sum U_g A_g + \sum U_p A_p + \sum U_f A_f + \sum \psi_g l_g + \sum \psi_p l_p}{\sum A_g + \sum A_p + \sum A_f}$$

(4.3.1)

式中 $U_{CW}$——单幅幕墙的传热系数[W/(m² · K)]；

$A_g$——玻璃或透明面板面积(m²)；

$l_g$——玻璃或透明面板边缘长度(m)；

$U_g$——玻璃或透明面板传热系数[W/(m² · K)]，应按本规程第 6 章的规定计算；

$\psi_g$——玻璃或透明面板边缘的线传热系数[W/(m · K)]，应按本规程第 7 章的规定计算；

$A_p$——非透明面板面积(m²)；

$l_p$——非透明面板边缘长度(m)；

$U_p$——非透明面板传热系数[W/(m² · K)]；

$\psi_p$——非透明面板边缘的线传热系数[W/(m · K)]，应按本规程第 7 章的规定计算；

$A_f$——框面积(m²)；

$U_f$——框的传热系数[W/(m² · K)]，应按本规程第 7 章的规定计算。

**4.3.2** 当幕墙背后有其他墙体（包括实体墙、装饰墙等），且幕墙与墙体之间为封闭空气层时，此部分的室内环境到室外环境的传热系数 $U$ 应按下式计算：

$$U = \frac{1}{\dfrac{1}{U_{CW}} - \dfrac{1}{h_{in}} + \dfrac{1}{U_{Wall}} - \dfrac{1}{h_{out}} + R_{air}}$$

(4.3.2)

式中 $U_{CW}$——在墙体范围内外层幕墙的传热系数[W/(m² · K)]；

$R_{air}$——幕墙与墙体间封闭空气间层的热阻，30、40、50mm 及以上厚度封闭空气层的热阻取值一般可分别取为 0.17、0.18、0.18(m² · K/W)；

$U_{Wall}$——墙体范围内的墙体传热系数[W/(m² · K)]；

$h_{in}$——幕墙室内表面换热系数[W/(m² · K)]；

$h_{out}$——幕墙室外表面换热系数[W/(m² · K)]。

**4.3.3** 幕墙背后单层墙体的传热系数 $U_{Wall}$ 应按下式计算：

$$U_{Wall} = \frac{1}{\dfrac{1}{h_{out}} + \dfrac{d}{\lambda} + \dfrac{1}{h_{in}}}$$

(4.3.3)

式中 $d$——单层材料的厚度(m)；

$\lambda$——单层材料的导热系数[W/(m · K)]。

**4.3.4** 幕墙背后多层墙体的传热系数 $U_{Wall}$ 应按下式计算：

$$U_{Wall} = \frac{1}{\dfrac{1}{h_{out}} + \sum \dfrac{d_i}{\lambda_i} + \dfrac{1}{h_{in}}}$$

(4.3.4)

式中 $d_i$——各单层材料的厚度(m)；

$\lambda_i$——各单层材料的导热系数[W/(m · K)]。

**4.3.5** 若幕墙与墙体之间存在热桥，当热桥的总面积不大于墙体部分面积 1% 时，热桥的影响可忽略；当热桥的总面积大于实体墙部分面积 1% 时，应计算热桥的影响。

计算热桥的影响，可采用当量热阻 $R_{eff}$ 代替本规程公式(4.3.2)中的空气间层热阻 $R_{air}$。当量热阻 $R_{eff}$ 应按下式计算：

$$R_{eff} = \frac{A}{\dfrac{A - A_b}{R_{air}} + \dfrac{A_b \lambda_b}{d}} \qquad (4.3.5)$$

式中　$A_b$——热桥元件的总面积；

　　　$A$——计算墙体范围内幕墙的面积；

　　　$\lambda_b$——热桥材料的导热系数[W/(m·K)]；

　　　$R_{air}$——空气间层的热阻(m²·K/W)；

　　　$d$——空气间层的厚度(m)。

### 4.4　幕墙遮阳系数

**4.4.1**　单幅幕墙的太阳光总透射比 $g_{CW}$ 应按下式计算：

$$g_{CW} = \frac{\sum g_g A_g + \sum g_p A_p + \sum g_f A_f}{A} \qquad (4.4.1)$$

式中　$g_{CW}$——单幅幕墙的太阳光总透射比；

　　　$A_g$——玻璃或透明面板面积(m²)；

　　　$g_g$——玻璃或透明面板的太阳光总透射比；

　　　$A_p$——非透明面板面积(m²)；

　　　$g_p$——非透明面板的太阳光总透射比；

　　　$A_f$——框面积(m²)；

　　　$g_f$——框的太阳光总透射比；

　　　$A$——幕墙单元面积(m²)。

**4.4.2**　单幅幕墙的遮阳系数 $SC_{CW}$ 应按下式计算：

$$SC_{CW} = \frac{g_{CW}}{0.87} \qquad (4.4.2)$$

式中　$SC_{CW}$——单幅幕墙的遮阳系数；

　　　$g_{CW}$——单幅幕墙的太阳光总透射比。

### 4.5　幕墙可见光透射比

**4.5.1**　幕墙单元的可见光透射比 $\tau_{CW}$ 应按下式计算：

$$\tau_{CW} = \frac{\sum \tau_v A_g}{A} \qquad (4.5.1)$$

式中　$\tau_{CW}$——幕墙单元的可见光透射比；

　　　$\tau_v$——透光面板的可见光透射比；

　　　$A$——幕墙单元面积(m²)；

　　　$A_g$——透光面板面积(m²)。

# 5　结露性能评价

## 5.1　一般规定

**5.1.1**　评价实际工程中建筑门窗、玻璃幕墙的结露性能时，所采用的计算条件应符合相应的建筑设计标准，并满足工程设计要求；评价门窗、玻璃幕墙产品的结露性能时应采用本规程第10章规定的结露性能评价计算标准条件，并应在给出计算结果时注明计算条件。

**5.1.2**　室外和室内的对流换热系数应根据所选定的计算条件，按本规程第10章的规定计算确定。

**5.1.3**　门窗、玻璃幕墙的结露性能评价指标，应采用各个部件内表面温度最低的10%面积所对应的最高温度值($T_{10}$)。

**5.1.4**　应按本规程第7章的规定，采用二维稳态传热计算程序进行典型节点的内表面温度计算。门窗、玻璃幕墙所有典型节点均应进行计算。

**5.1.5**　对于每一个二维截面，室内表面的展开边界应细分为若干分段，其尺寸不应大于计算软件中使用的网格尺寸，且应给出所有分段的温度计算值。

## 5.2　露点温度的计算

**5.2.1**　水表面(高于0℃)的饱和水蒸气压应按下式计算：

$$E_s = E_0 \times 10^{\frac{a \cdot t}{b + t}} \qquad (5.2.1)$$

式中　$E_s$——空气的饱和水蒸气压(hPa)；

　　　$E_0$——空气温度为0℃时的饱和水蒸气压，取 $E_0 = 6.11$hPa；

　　　$t$——空气温度(℃)；

　　　$a$、$b$——参数，$a = 7.5$，$b = 237.3$。

**5.2.2**　在一定空气相对湿度 $f$ 下，空气的水蒸气压 $e$ 可按下式计算：

$$e = f \cdot E_s \qquad (5.2.2)$$

式中　$e$——空气的水蒸气压(hPa)；

　　　$f$——空气的相对湿度(%)；

　　　$E_s$——空气的饱和水蒸气压(hPa)。

**5.2.3**　空气的露点温度可按下式计算：

$$T_d = \frac{b}{\dfrac{a}{\lg\left(\dfrac{e}{6.11}\right)} - 1} \qquad (5.2.3)$$

式中　$T_d$——空气的露点温度(℃)；

　　　$e$——空气的水蒸气压(hPa)；

　　　$a$、$b$——参数，$a = 7.5$，$b = 237.3$。

## 5.3　结露的计算与评价

**5.3.1**　在进行门窗、玻璃幕墙结露计算时，计算节点应包括所有的框、面板边缘以及面板中部。

**5.3.2**　面板中部的结露性能评价指标 $T_{10}$ 应为采用二维稳态传热计算得到的面板中部区域室内表面的温度值；玻璃面板中部的结露性能评价指标 $T_{10}$ 可采用按本规程第6章计算得到的室内表面温度值。

**5.3.3**　框、面板边缘区域各自结露性能评价指标 $T_{10}$ 应按照下列方法确定：

　　1　采用二维稳态传热计算程序，计算框、面板边缘区域的二维截面室内表面各分段的温度；

　　2　对于每个部件，按照截面室内表面各分段温度的高低进行排序；

**3** 由最低温度开始，将分段长度进行累加，直至统计长度达到该截面室内表面对应长度的10%；

**4** 所统计分段的最高温度即为该部件截面的结露性能评价指标值 $T_{10}$。

**5.3.4** 在进行工程设计或工程应用产品性能评价时，应以门窗、幕墙各个截面中每个部件的结露性能评价指标 $T_{10}$ 均不低于露点温度为满足要求。

**5.3.5** 进行产品性能分级或评价时，应按各个部件最低的结露性能评价指标 $T_{10,\min}$ 进行分级或评价。

**5.3.6** 采用产品的结露性能评价指标 $T_{10,\min}$ 确定门窗、玻璃幕墙在实际工程中是否结露，应以内表面最低温度不低于室内露点温度为满足要求，可按下式计算判定：

$$(T_{10,\min} - T_{\text{out,std}}) \cdot \frac{T_{\text{in}} - T_{\text{out}}}{T_{\text{in,std}} - T_{\text{out,std}}} + T_{\text{out}} \geq T_{\text{d}}$$

(5.3.6)

式中　$T_{10,\min}$——产品的结露性能评价指标(℃)；

$T_{\text{in,std}}$——结露性能计算时对应的室内标准温度(℃)；

$T_{\text{out,std}}$——结露性能计算时对应的室外标准温度(℃)；

$T_{\text{in}}$——实际工程对应的室内计算温度(℃)；

$T_{\text{out}}$——实际工程对应的室外计算温度(℃)；

$T_{\text{d}}$——室内设计环境条件对应的露点温度(℃)。

# 6 玻璃光学热工性能计算

## 6.1 单片玻璃的光学热工性能

**6.1.1** 单片玻璃(包括其他透明材料，下同)的光学、热工性能应根据测定的单片玻璃光谱数据进行计算。

测定的单片玻璃光谱数据应包括其各个光谱段的透射比、前反射比和后反射比，光谱范围应至少覆盖300～2500nm 波长范围，不同波长范围的数据间隔应满足下列要求：

**1** 波长为 300～400nm 时，数据点间隔不应超过 5nm；

**2** 波长为 400～1000nm 时，数据点间隔不应超过 10nm；

**3** 波长为 1000～2500nm 时，数据点间隔不应超过 50nm。

**6.1.2** 单片玻璃的可见光透射比 $\tau_{\text{v}}$ 应按下式计算：

$$\tau_{\text{v}} = \frac{\int_{380}^{780} D_\lambda \tau(\lambda) V(\lambda) \mathrm{d}\lambda}{\int_{380}^{780} D_\lambda V(\lambda) \mathrm{d}\lambda} \approx \frac{\sum_{\lambda=380}^{780} D_\lambda \tau(\lambda) V(\lambda) \Delta\lambda}{\sum_{\lambda=380}^{780} D_\lambda V(\lambda) \Delta\lambda}$$

(6.1.2)

式中　$D_\lambda$——D65 标准光源的相对光谱功率分布，

见本规程附录 D；

$\tau(\lambda)$——玻璃透射比的光谱数据；

$V(\lambda)$——人眼的视见函数，见本规程附录 D。

**6.1.3** 单片玻璃的可见光反射比 $\rho_{\text{v}}$ 应按下式计算：

$$\rho_{\text{v}} = \frac{\int_{380}^{780} D_\lambda \rho(\lambda) V(\lambda) \mathrm{d}\lambda}{\int_{380}^{780} D_\lambda V(\lambda) \mathrm{d}\lambda} \approx \frac{\sum_{\lambda=380}^{780} D_\lambda \rho(\lambda) V(\lambda) \Delta\lambda}{\sum_{\lambda=380}^{780} D_\lambda V(\lambda) \Delta\lambda}$$

(6.1.3)

式中　$\rho(\lambda)$——玻璃反射比的光谱数据。

**6.1.4** 单片玻璃的太阳光直接透射比 $\tau_{\text{s}}$ 应按下式计算：

$$\tau_{\text{s}} = \frac{\int_{300}^{2500} \tau(\lambda) S_\lambda \mathrm{d}\lambda}{\int_{300}^{2500} S_\lambda \mathrm{d}\lambda} \approx \frac{\sum_{\lambda=300}^{2500} \tau(\lambda) S_\lambda \Delta\lambda}{\sum_{\lambda=300}^{2500} S_\lambda \Delta\lambda}$$

(6.1.4)

式中　$\tau(\lambda)$——玻璃透射比的光谱；

$S_\lambda$——标准太阳光谱，见本规程附录 D。

**6.1.5** 单片玻璃的太阳光直接反射比 $\rho_{\text{s}}$ 应按下式计算：

$$\rho_{\text{s}} = \frac{\int_{300}^{2500} \rho(\lambda) S_\lambda \mathrm{d}\lambda}{\int_{300}^{2500} S_\lambda \mathrm{d}\lambda} \approx \frac{\sum_{\lambda=300}^{2500} \rho(\lambda) S_\lambda \Delta\lambda}{\sum_{\lambda=300}^{2500} S_\lambda \Delta\lambda}$$

(6.1.5)

式中　$\rho(\lambda)$——玻璃反射比的光谱。

**6.1.6** 单片玻璃的太阳光总透射比 $g$ 应按下式计算：

$$g = \tau_{\text{S}} + \frac{A_{\text{s}} \cdot h_{\text{in}}}{h_{\text{in}} + h_{\text{out}}}$$

(6.1.6)

式中　$h_{\text{in}}$——玻璃室内表面换热系数[W/(m² · K)]；

$h_{\text{out}}$——玻璃室外表面换热系数[W/(m² · K)]；

$A_{\text{s}}$——单片玻璃的太阳光直接吸收比。

**6.1.7** 单片玻璃的太阳光直接吸收比 $A_{\text{s}}$ 应按下式计算：

$$A_{\text{s}} = 1 - \tau_{\text{s}} - \rho_{\text{s}}$$

(6.1.7)

式中　$\tau_{\text{s}}$——单片玻璃的太阳光直接透射比；

$\rho_{\text{s}}$——单片玻璃的太阳光直接反射比。

**6.1.8** 单片玻璃的遮阳系数 $SC_{\text{cg}}$ 应按下式计算：

$$SC_{\text{cg}} = \frac{g}{0.87}$$

(6.1.8)

式中　$g$——单片玻璃的太阳光总透射比。

## 6.2 多层玻璃的光学热工性能

**6.2.1** 太阳光透过多层玻璃系统的计算应采用如下计算模型(图 6.2.1-1)：

一个具有 $n$ 层玻璃的系统，系统分为 $n+1$ 个气体间层，最外层为室外环境($i=1$)，最内层为室内环境($i=n+1$)。对于波长 $\lambda$ 的太阳光，系统的光学分析应以第 $i-1$ 层和第 $i$ 层玻璃之间辐射能量 $I_i^+(\lambda)$ 和 $I_i^-(\lambda)$ 建立能量平衡方程，其中角标"+"和"－"分别表

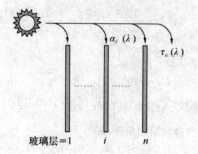

图 6.2.1-1　玻璃层的吸收率和太阳光透射比

示辐射流向室外和流向室内（图 6.2.1-2）。

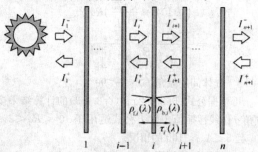

图 6.2.1-2　多层玻璃体系中太阳辐射热的分析

可设定室外只有太阳辐射，室外和室内环境的反射比为零。

当 $i=1$ 时：

$$I_1^+(\lambda) = \tau_1(\lambda)I_2^+(\lambda) + \rho_{f,1}(\lambda)I_s(\lambda) \quad (6.2.1\text{-}1)$$
$$I_1^-(\lambda) = I_s(\lambda) \quad (6.2.1\text{-}2)$$

当 $i=n+1$ 时：

$$I_{n+1}^-(\lambda) = \tau_n(\lambda)I_n^-(\lambda) \quad (6.2.1\text{-}3)$$
$$I_{n+1}^+(\lambda) = 0 \quad (6.2.1\text{-}4)$$

当 $i=2\sim n$ 时：

$$I_i^+(\lambda) = \tau_i(\lambda)I_{i+1}^+(\lambda) + \rho_{f,i}(\lambda)I_i^-(\lambda) \quad (6.2.1\text{-}5)$$
$$I_i^-(\lambda) = \tau_{i-1}(\lambda)I_{i-1}^-(\lambda) + \rho_{b,i-1}(\lambda)I_i^+(\lambda)$$

$$(6.2.1\text{-}6)$$

利用线性方程组计算各个气体层的 $I_i^-(\lambda)$ 和 $I_i^+(\lambda)$ 值。传向室内的直接透射比按下式计算：

$$\tau(\lambda)\cdot I_s(\lambda) = I_{n+1}^-(\lambda) \quad (6.2.1\text{-}7)$$

反射到室外的直接反射比应按下式计算：

$$\rho(\lambda)\cdot I_s(\lambda) = I_1^+(\lambda) \quad (6.2.1\text{-}8)$$

第 $i$ 层玻璃的太阳辐射吸收比 $A_i(\lambda)$ 应按下式计算：

$$A_i(\lambda) = \frac{I_i^-(\lambda) - I_i^+(\lambda) + I_{i+1}^+(\lambda) - I_{i+1}^-(\lambda)}{I_s(\lambda)}$$

$$(6.2.1\text{-}9)$$

**6.2.2**　对整个太阳光谱进行数值积分，应按下列公式计算得到第 $i$ 层玻璃吸收的太阳辐射热流密度 $S_i$：

$$S_i = A_i \cdot I_s \quad (6.2.2\text{-}1)$$

$$A_i = \frac{\int_{300}^{2500} A_i(\lambda)S_\lambda \, d\lambda}{\int_{300}^{2500} S_\lambda \, d\lambda} \approx \frac{\sum_{\lambda=300}^{2500} A_i(\lambda)S_\lambda \Delta\lambda}{\sum_{\lambda=300}^{2500} S_\lambda \Delta\lambda} \quad (6.2.2\text{-}2)$$

式中　$A_i$——太阳辐射照射到玻璃系统时，第 $i$ 层玻璃的太阳辐射吸收比。

**6.2.3**　多层玻璃的可见光透射比应按本规程公式（6.1.2）计算，可见光反射比应按本规程公式（6.1.3）计算。

**6.2.4**　多层玻璃的太阳光直接透射比应按本规程公式（6.1.4）计算，太阳光直接反射比应按本规程公式（6.1.5）计算。

## 6.3　玻璃气体间层的热传递

**6.3.1**　玻璃间气体间层的能量平衡可用如下基本关系式表达（图 6.3.1）：

$$q_i = h_{c,i}(T_{f,i} - T_{b,i-1}) + J_{f,i} - J_{b,i-1}$$

$$(6.3.1\text{-}1)$$

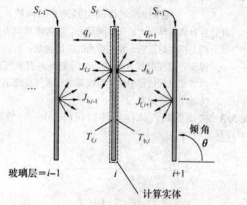

图 6.3.1　第 $i$ 层玻璃的能量平衡

式中　$T_{f,i}$——第 $i$ 层玻璃前表面温度（K）；

$T_{b,i-1}$——第 $i-1$ 层玻璃后表面温度（K）；

$J_{f,i}$——第 $i$ 层玻璃前表面辐射热（W/m²）；

$J_{b,i-1}$——第 $i-1$ 层玻璃后表面辐射热（W/m²）。

**1**　在每一层气体间层中，应按下列公式计算：

$$q_i = S_i + q_{i+1} \quad (6.3.1\text{-}2)$$
$$J_{f,i} = \varepsilon_{f,i}\sigma T_{f,i}^4 + \tau_i J_{f,i+1} + \rho_{f,i} J_{b,i-1}$$

$$(6.3.1\text{-}3)$$

$$J_{b,i} = \varepsilon_{b,i}\sigma T_{b,i}^4 + \tau_i J_{b,i-1} + \rho_{b,i} J_{f,i+1}$$

$$(6.3.1\text{-}4)$$

$$T_{b,i} - T_{f,i} = \frac{t_{g,i}}{2\lambda_{g,i}}(2q_{i+1} + S_i) \quad (6.3.1\text{-}5)$$

式中　$t_{g,i}$——第 $i$ 层玻璃的厚度（m）；

$S_i$——第 $i$ 层玻璃吸收的太阳辐射热（W/m²）；

$\tau_i$——第 $i$ 层玻璃的远红外透射比；

$\rho_{f,i}$——第 $i$ 层前玻璃的远红外反射比；

$\rho_{b,i}$——第 $i$ 层后玻璃的远红外反射比；

$\varepsilon_{b,i}$——第 $i$ 层后表面半球发射率；

$\varepsilon_{f,i}$——第 $i$ 层前表面半球发射率；

$\lambda_{g,i}$——第 $i$ 层玻璃的导热系数[W/(m·K)]。

**2**　在计算传热系数时，应设定太阳辐射 $I_s=0$。在每层材料均为玻璃（或远红外透射比为零的材料）的系统中，可按如下热平衡方程计算气体间层的传热：

$$q_i = h_{c,i}(T_{f,i} - T_{b,i-1}) + h_{r,i}(T_{f,i} - T_{b,i-1})$$

（6.3.1-6）

式中　$h_{r,i}$——第 $i$ 层气体层的辐射换热系数，按本规程公式（6.3.7）计算；

$h_{c,i}$——第 $i$ 层气体层的对流换热系数，按本规程公式（6.3.2）计算。

**6.3.2** 玻璃层间气体间层的对流换热系数可按下式由无量纲的努谢尔特数 $Nu_i$ 确定：

$$h_{c,i} = Nu_i \left( \frac{\lambda_{g,i}}{d_{g,i}} \right)$$

（6.3.2）

式中　$d_{g,i}$——气体间层 $i$ 的厚度（m）；

$\lambda_{g,i}$——所充气体的导热系数[W/(m·K)]；

$Nu_i$——努谢尔特数，是瑞利数 $Ra_j$、气体间层高厚比和气体间层倾角 $\theta$ 的函数。

注：在计算高厚比大的气体间层时，应考虑玻璃发生弯曲对厚度的影响。发生弯曲的原因包括：空腔平均温度、空气湿度含量的变化、干燥剂对氮气的吸收、充氮气过程中由于海拔高度和天气变化造成压力的改变等因素。

**6.3.3** 玻璃层间气体间层的瑞利（Rayleigh）数可按下列公式计算：

$$Ra = \frac{\gamma^2 \cdot d^3 \cdot G \cdot \beta \cdot c_p \cdot \Delta T}{\mu \cdot \lambda}$$

（6.3.3-1）

$$\beta = \frac{1}{T_m}$$

（6.3.3-2）

$$A_{g,i} = \frac{H}{d_{g,i}}$$

（6.3.3-3）

式中　$Ra$——瑞利（Rayleigh）数；

$\gamma$——气体密度（kg/m³）；

$G$——重力加速度（m/s²），可取 9.80（m/s²）；

$c_p$——常压下气体的比热容[J/(kg·K)]；

$\mu$——常压下气体的黏度[kg/(m·s)]；

$\lambda$——常压下气体的导热系数[W/(m·K)]；

$d$——气体间层的厚度（m）；

$\Delta T$——气体间层前后玻璃表面的温度差（K）；

$\beta$——将填充气体作理想气体处理时的气体热膨胀系数；

$T_m$——填充气体的平均温度（K）；

$A_{g,i}$——第 $i$ 层气体间层的高厚比；

$H$——气体间层顶部到底部的距离（m），通常应和窗的透光区域高度相同。

**6.3.4** 应对应于不同的倾角 $\theta$ 值或范围，定量计算通过玻璃气体间层的对流热传递。以下计算假设空腔从室内加热（即 $T_{f,i} > T_{b,i-1}$），若实际上室外温度高于室内（$T_{f,i} < T_{b,i-1}$），则要将（180°－$\theta$）代替 $\theta$。

空腔的努谢尔特数 $Nu_i$ 应按下列公式计算：

**1** 气体间层倾角 $0 \leqslant \theta < 60°$

$$Nu_i = 1 + 1.44 \left[ 1 - \frac{1708}{Ra\cos\theta} \right]^* \left[ 1 - \frac{1708\sin^{1.6}(1.8\theta)}{Ra\cos\theta} \right]$$

$$+ \left[ \left( \frac{Ra\cos\theta}{5830} \right)^{\frac{1}{3}} - 1 \right]^*$$

$$Ra < 10^5 \quad 且 \quad A_{g,i} > 20$$

（6.3.4-1）

式中　函数 $[x]^*$ 表达式为：$[x]^* = \frac{x + |x|}{2}$。

**2** 气体间层倾角 $\theta = 60°$

$$Nu = (Nu_1, Nu_2)_{\max}$$

（6.3.4-2）

式中　$Nu_1 = \left[ 1 + \left( \frac{0.0936Ra^{0.314}}{1 + G_N} \right)^7 \right]^{\frac{1}{7}}$

$$Nu_2 = \left( 0.104 + \frac{0.175}{A_{g,i}} \right) Ra^{0.283}$$

$$G_N = \frac{0.5}{\left[ 1 + \left( \frac{Ra}{3160} \right)^{20.6} \right]^{0.1}}$$

**3** 气体间层倾角 $60° < \theta < 90°$

可根据公式（6.3.4-2）和（6.3.4-3）的计算结果按倾角 $\theta$ 作线性插值。以上公式适用于 $10^2 < Ra < 2 \times 10^7$ 且 $5 < A_{g,i} < 100$ 的情况。

**4** 垂直气体间层（$\theta = 90°$）

$$Nu = (Nu_1, Nu_2)_{\max}$$

（6.3.4-3）

$$Nu_1 = 0.0673838 Ra^{\frac{1}{3}} \quad Ra > 5 \times 10^4$$

$$Nu_1 = 0.028154 Ra^{0.4134} \quad 10^4 < Ra \leqslant 5 \times 10^4$$

$$Nu_1 = 1 + 1.7596678 \times 10^{-10} Ra^{2.2984755} \quad Ra \leqslant 10^4$$

$$Nu_2 = 0.242 \left( \frac{Ra}{A_{g,i}} \right)^{0.272}$$

**5** 气体间层倾角 $90° < \theta < 180°$

$$Nu = 1 + (Nu_v - 1)\sin\theta$$

（6.3.4-4）

式中　$Nu_v$——按公式（6.3.4-3）计算的垂直气体间层的努谢尔特数。

**6.3.5** 填充气体的密度应按理想气体定律计算：

$$\gamma = \frac{p \cdot \hat{M}}{\mathscr{R} \cdot T_m}$$

（6.3.5）

式中　$p$——气体压力，标准状态下 $p = 101300\text{Pa}$；

$\gamma$——气体密度（kg/m³）；

$T_m$——气体的温度，标准状态下 $T_m = 293\text{K}$；

$\mathscr{R}$——气体常数[J/(kmol·K)]；

$\hat{M}$——气体的摩尔质量（kg/mol）。

气体的定压比热容 $c_p$、运动黏度 $\mu$、导热系数 $\lambda$ 是温度的线性函数，典型气体的参数应按本规程附录 E 给出的公式和相关参数计算。

**6.3.6** 混合气体的密度、导热系数、运动黏度和比热容是各气体相应比例的函数，应按下列公式和规定计算：

**1** 摩尔质量

$$\hat{M}_{mix} = \sum_{i=1}^{v} x_i \cdot \hat{M}_i$$

（6.3.6-1）

式中 $x_i$——混合气体中某一气体的摩尔数。

**2 密度**

$$\gamma_{mix} = \frac{p \cdot \hat{M}_{mix}}{\mathscr{R} \cdot T_m} \qquad (6.3.6-2)$$

**3 比热容**

$$c_{p,mix} = \frac{\hat{c}_{p,mix}}{\hat{M}_{mix}} \qquad (6.3.6-3)$$

$$\hat{c}_{p,mix} = \sum_{i=1}^{v} x_i \cdot \hat{c}_{p,i} \qquad (6.3.6-4)$$

$$\hat{c}_{p,i} = c_{p,i} \hat{M}_i \qquad (6.3.6-5)$$

**4 运动黏度**

$$\mu_{mix} = \sum_{i=1}^{v} \frac{\mu_i}{\left[1 + \sum_{\substack{j=1 \\ j \neq i}}^{v} \left(\phi_{i,j} \cdot \frac{x_j}{x_i}\right)\right]} \qquad (6.3.6-6)$$

$$\phi_{i,j}^{\mu} = \frac{\left[1 + \left(\frac{\mu_i}{\mu_j}\right)^{\frac{1}{2}} \left(\frac{\hat{M}_j}{\hat{M}_i}\right)^{\frac{1}{4}}\right]^2}{2\sqrt{2}\left[1 + \left(\frac{\hat{M}_i}{\hat{M}_j}\right)\right]^{\frac{1}{2}}} \qquad (6.3.6-7)$$

**5 导热系数**

$$\lambda_{mix} = \lambda'_{mix} + \lambda''_{mix} \qquad (6.3.6-8)$$

$$\lambda'_{mix} = \sum_{i=1}^{v} \frac{\lambda'_i}{1 + \sum_{\substack{j=1 \\ j \neq i}}^{v} \left(\psi_{i,j} \frac{x_j}{x_i}\right)} \qquad (6.3.6-9)$$

$$\psi_{i,j} = \frac{\left[1 + \left(\frac{\lambda'_i}{\lambda'_j}\right)^{\frac{1}{2}} \left(\frac{\hat{M}_i}{\hat{M}_j}\right)^{\frac{1}{4}}\right]^2}{2\sqrt{2}\left[1 + \left(\frac{\hat{M}_i}{\hat{M}_j}\right)\right]^{\frac{1}{2}}}$$

$$\left[1 + 2.41 \frac{(\hat{M}_i - \hat{M}_j)(\hat{M}_i - 0.142\hat{M}_j)}{(\hat{M}_i + \hat{M}_j)^2}\right] \qquad (6.3.6-10)$$

$$\lambda''_{mix} = \sum_{i=1}^{v} \frac{\lambda''_i}{\left[1 + \sum_{\substack{j=1 \\ j \neq i}}^{v} \left(\phi_{i,j} \frac{x_j}{x_i}\right)\right]} \qquad (6.3.6-11)$$

$$\phi_{i,j}^{\lambda} = \frac{\left[1 + \left(\frac{\lambda'_i}{\lambda'_j}\right)^{\frac{1}{2}} \left(\frac{\hat{M}_j}{\hat{M}_j}\right)^{\frac{1}{4}}\right]^2}{2\sqrt{2}\left[1 + \left(\frac{\hat{M}_i}{\hat{M}_j}\right)\right]^{\frac{1}{2}}} \qquad (6.3.6-12)$$

式中 $\lambda'_i$——单原子气体的导热系数[W/(m·K)];

$\lambda''_i$——多原子气体由于内能的散发所产生运动的附加导热系数[W/(m·K)]。

应按以下步骤求取 $\lambda_{mix}$:

1) 计算 $\lambda'_i$

$$\lambda'_i = \frac{15}{4} \cdot \frac{\mathscr{R}}{\hat{M}_i} \mu_i \qquad (6.3.6-13)$$

2) 计算 $\lambda''_i$

$$\lambda''_i = \lambda_i - \lambda'_i \qquad (6.3.6-14)$$

式中 $\lambda_i$——第 $i$ 种填充气体的导热系数[W/(m·K)]。

3) 用 $\lambda'_i$ 计算 $\lambda'_{mix}$

4) 用 $\lambda''_i$ 计算 $\lambda''_{mix}$

5) 取 $\lambda_{mix} = \lambda'_{mix} + \lambda''_{mix}$

**6.3.7** 玻璃(或其他远红外辐射透射比为零的板材),气体间层两侧玻璃的辐射换热系数 $h_r$ 应按下式计算:

$$h_r = 4\sigma \left(\frac{1}{\varepsilon_1} + \frac{1}{\varepsilon_2} - 1\right)^{-1} \times T_m^3 \qquad (6.3.7)$$

式中 $\sigma$——斯蒂芬-玻尔兹曼常数;

$T_m$——气体间层中两个表面的平均绝对温度(K);

$\varepsilon_1$、$\varepsilon_2$——气体间层中的两个玻璃表面在平均绝对温度 $T_m$ 下的半球发射率。

### 6.4 玻璃系统的热工参数

**6.4.1** 计算玻璃系统的传热系数时,应采用简单的模拟环境条件,仅考虑室内外温差,没有太阳辐射,应按下式计算:

$$U_g = \frac{q_{in}(I_s = 0)}{T_{ni} - T_{ne}} \qquad (6.4.1-1)$$

$$U_g = \frac{1}{R_t} \qquad (6.4.1-2)$$

式中 $q_{in}(I_s = 0)$——没有太阳辐射热时,通过玻璃系统传向室内的净热流(W/m²);

$T_{ne}$——室外环境温度(K),按公式(6.4.1-6)计算;

$T_{ni}$——室内环境温度(K),按公式(6.4.1-6)计算。

**1** 玻璃系统的传热阻 $R_t$ 应为各层玻璃、气体间层、内外表面换热阻之和,应按下列公式计算:

$$R_t = \frac{1}{h_{out}} + \sum_{i=2}^{n} R_i + \sum_{i=1}^{n} R_{g,i} + \frac{1}{h_{in}} \qquad (6.4.1-3)$$

$$R_{g,i} = \frac{t_{g,i}}{\lambda_{g,i}} \qquad (6.4.1-4)$$

$$R_i = \frac{T_{f,i} - T_{b,i-1}}{q_i} \quad i = 2 \sim n \qquad (6.4.1-5)$$

式中 $R_{g,i}$——第 $i$ 层玻璃的固体热阻(m²·K/W);

$R_i$——第 $i$ 层气体间层的热阻(m²·K/W);

$T_{f,i}$、$T_{b,i-1}$——第 $i$ 层气体间层的外表面和内表面温度(K);

$q_i$——第 $i$ 层气体间层的热流密度,应按本规程第 6.3.1 条的规定计算。

其中,第 1 层气体间层为室外,最后一层气体间层($n+1$)为室内。

**2** 环境温度应是周围空气温度 $T_{air}$ 和平均辐射温度 $T_{rm}$ 的加权平均值,应按下式计算:

$$T_n = \frac{h_c T_{air} + h_r T_{rm}}{h_c + h_r} \qquad (6.4.1-6)$$

式中 $h_c$、$h_r$ ——应按本规程第 10 章的规定计算。

**6.4.2** 玻璃系统的遮阳系数的计算应符合下列规定:

**1** 各层玻璃室外侧方向的热阻应按下式计算:

$$R_{out,i} = \frac{1}{h_{out}} + \sum_{k=2}^{i} R_k + \sum_{k=1}^{i-1} R_{g,k} + \frac{1}{2} R_{g,i}$$

$$(6.4.2-1)$$

式中 $R_{g,i}$ ——第 $i$ 层玻璃的固体热阻($m^2 \cdot K/W$);

$R_{g,k}$ ——第 $k$ 层玻璃的固体热阻($m^2 \cdot K/W$);

$R_k$ ——第 $k$ 层气体间层的热阻($m^2 \cdot K/W$)。

**2** 各层玻璃向室内的二次传热应按下式计算:

$$q_{in,i} = \frac{A_{s,i} \cdot R_{out,i}}{R_t} \qquad (6.4.2-2)$$

**3** 玻璃系统的太阳光总透射比应按下式计算:

$$g = \tau_s + \sum_{i=1}^{n} q_{in,i} \qquad (6.4.2-3)$$

**4** 玻璃系统的遮阳系数应按本规程公式(6.1.8)计算。

# 7 框的传热计算

## 7.1 框的传热系数及框与面板接缝的线传热系数

**7.1.1** 应采用二维稳态热传导计算软件进行框的传热计算。软件中的计算程序应包括本规程所规定的复杂灰色体漫反射模型和玻璃气体间层内、框空腔内的对流换热计算模型。

**7.1.2** 计算框的传热系数 $U_f$ 时应符合下列规定:

**1** 框的传热系数 $U_f$ 应在计算窗或幕墙的某一框截面的二维热传导的基础上获得;

**2** 在框的计算截面中,应用一块导热系数 $\lambda = 0.03W/(m \cdot K)$ 的板材替代实际的玻璃(或其他镶嵌板),板材的厚度等于所替代面板的厚度,嵌入框的深度按照面板嵌入的实际尺寸,可见部分的板材宽度 $b_p$ 不应小于 200mm(图 7.1.2);

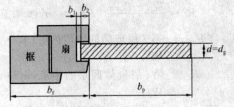

图 7.1.2 框传热系数计算模型示意

**3** 在室内外标准条件下,用二维热传导计算程

序计算流过图示截面的热流 $q_w$,并应按下式整理:

$$q_w = \frac{(U_f \cdot b_f + U_p \cdot b_p) \cdot (T_{n,in} - T_{n,out})}{b_f + b_p}$$

$$(7.1.2-1)$$

$$U_f = \frac{L_f^{2D} - U_p \cdot b_p}{b_f} \qquad (7.1.2-2)$$

$$L_f^{2D} = \frac{q_w (b_f + b_p)}{T_{n,in} - T_{n,out}} \qquad (7.1.2-3)$$

式中 $U_f$ ——框的传热系数[$W/(m^2 \cdot K)$];

$L_f^{2D}$ ——框截面整体的线传热系数[$W/(m \cdot K)$];

$U_p$ ——板材的传热系数[$W/(m^2 \cdot K)$];

$b_f$ ——框的投影宽度(m);

$b_p$ ——板材可见部分的宽度(m);

$T_{n,in}$ ——室内环境温度(K);

$T_{n,out}$ ——室外环境温度(K)。

**7.1.3** 计算框与玻璃系统(或其他镶嵌板)接缝的线传热系数 $\psi$ 时应符合下列规定:

**1** 用实际的玻璃系统(或其他镶嵌板)替代导热系数 $\lambda = 0.03W/(m \cdot K)$ 的板材,其他尺寸不改变(图 7.1.3);

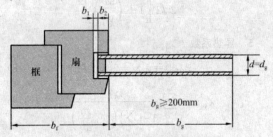

图 7.1.3 框与面板接缝线传热系数
计算模型示意

**2** 用二维热传导计算程序,计算在室内外标准条件下流过图示截面的热流 $q_\psi$,并应按下式整理:

$$q_\psi = \frac{(U_f \cdot b_f + U_g \cdot b_g + \psi) \cdot (T_{n,in} - T_{n,out})}{b_f + b_g}$$

$$(7.1.3-1)$$

$$\psi = L_\psi^{2D} - U_f \cdot b_f - U_g \cdot b_g \qquad (7.1.3-2)$$

$$L_\psi^{2D} = \frac{q_\psi (b_f + b_g)}{T_{n,in} - T_{n,out}} \qquad (7.1.3-3)$$

式中 $\psi$ ——框与玻璃(或其他镶嵌板)接缝的线传热系数[$W/(m \cdot K)$];

$L_\psi^{2D}$ ——框截面整体线传热系数[$W/(m \cdot K)$];

$U_g$ ——玻璃的传热系数[$W/(m^2 \cdot K)$];

$b_g$ ——玻璃可见部分的宽度(m);

$T_{n,in}$ ——室内环境温度(K);

$T_{n,out}$ ——室外环境温度(K)。

## 7.2 传热控制方程

**7.2.1** 框(包括固体材料、空腔和缝隙)的二维稳态热传导计算程序应采用如下基本方程:

$$\frac{\partial^2 T}{\partial x^2} + \frac{\partial^2 T}{\partial y^2} = 0 \qquad (7.2.1\text{-}1)$$

**1** 窗框内部任意两种材料相接表面的热流密度 $q$ 应按下式计算：

$$q = -\lambda \left( \frac{\partial T}{\partial x} e_x + \frac{\partial T}{\partial y} e_y \right) \qquad (7.2.1\text{-}2)$$

式中　$\lambda$——材料的导热系数；

$e_x$、$e_y$——两种材料交界面单位法向量在 $x$ 和 $y$ 方向的分量。

**2** 在窗框的外表面，热流密度 $q$ 应按下式计算：

$$q = q_c + q_r \qquad (7.2.1\text{-}3)$$

式中　$q_c$——热流密度的对流换热部分；

$q_r$——热流密度的辐射换热部分。

**7.2.2** 采用二维稳态热传导方程求解框截面的温度和热流分布时，截面的网格划分原则应符合下列规定：

**1** 任何一个网格内部只能含有一种材料；

**2** 网格的疏密程度应根据温度分布变化的剧烈程度而定，应根据经验判断，温度变化剧烈的地方网格应密些，温度变化平缓的地方网格可稀疏一些；

**3** 当进一步细分网格，流经窗框横截面边界的热流不再发生明显变化时，该网格的疏密程度可认为是适当的；

**4** 可用若干段折线近似代替实际的曲线。

**7.2.3** 固体材料的导热系数可选用本规程附录 F 的数值，也可直接采用检测的结果。在求解二维稳态传热方程时，应假定所有材料导热系数均不随温度变化。

固体材料的表面发射率数值应按照本规程附录 G 确定；若表面发射率为固定值，也可直接采用表 F.0.1 中的数值。

**7.2.4** 当有热桥存在时，应按下列公式计算热桥部位（例如螺栓、螺钉等部位）固体的当量导热系数：

$$\lambda_{eff} = F_b \cdot \lambda_b + (1 - F_b)\lambda_n \qquad (7.2.4\text{-}1)$$

$$F_b = \frac{S}{A_d} \qquad (7.2.4\text{-}2)$$

式中　$S$——热桥元件的面积（例如螺栓的面积）（$m^2$）；

$A_d$——热桥元件的间距范围内材料的总面积（$m^2$）；

$\lambda_b$——热桥材料导热系数[W/(m·K)]；

$\lambda_n$——无热桥材料时材料的导热系数[W/(m·K)]。

**7.2.5** 判断是否需要考虑热桥影响的原则应符合下列规定：

**1** 当 $F_b \leqslant 1\%$ 时，忽略热桥影响；

**2** 当 $1\% < F_b \leqslant 5\%$，且 $\lambda_b > 10\lambda_n$ 时，应按本规程第 7.2.4 条的规定计算；

**3** 当 $F_b > 5\%$ 时，必须按本规程第 7.2.4 条的规定计算。

## 7.3　玻璃气体间层的传热

**7.3.1** 计算框与玻璃系统（或其他镶嵌板）接缝处的线传热系数 $\psi$ 时，应计算玻璃空气间层的传热。可将玻璃的空气间层当作一种不透明的固体材料，导热系数可采用当量导热系数代替，第 $i$ 个气体间层的当量导热系数应按下式计算：

$$\lambda_{eff,i} = q_i \left( \frac{d_{g,i}}{T_{f,i} - T_{b,i-1}} \right) \qquad (7.3.1)$$

式中　$d_{g,i}$——第 $i$ 个气体间层的厚度（m）；

$q_i$、$T_{f,i}$、$T_{b,i-1}$——按本规程第 6 章第 6.3 节的规定计算确定。

## 7.4　封闭空腔的传热

**7.4.1** 计算框内封闭空腔的传热时，应将封闭空腔当作一种不透明的固体材料，其当量导热系数应考虑空腔内的辐射和对流换热，应按下列公式计算：

$$\lambda_{eff} = (h_c + h_r) \cdot d \qquad (7.4.1\text{-}1)$$

$$h_c = Nu \frac{\lambda_{air}}{d} \qquad (7.4.1\text{-}2)$$

式中　$\lambda_{eff}$——封闭空腔的当量导热系数[W/(m·K)]；

$h_c$——封闭空腔内空气对流换热系数[W/($m^2$·K)]，应根据努谢尔特数来计算，并应依据热流方向是朝上、朝下或水平分别考虑三种不同情况的努谢尔特数；

$h_r$——封闭空腔内辐射换热系数[W/($m^2$·K)]，应按本规程第 7.4.10 条的规定计算；

$d$——封闭空腔在热流方向的厚度（m）；

$Nu$——努谢尔特数；

$\lambda_{air}$——空气的导热系数[W/(m·K)]。

**7.4.2** 热流朝下的矩形封闭空腔（图 7.4.2）的努谢尔特数应为：

$$Nu = 1.0 \qquad (7.4.2)$$

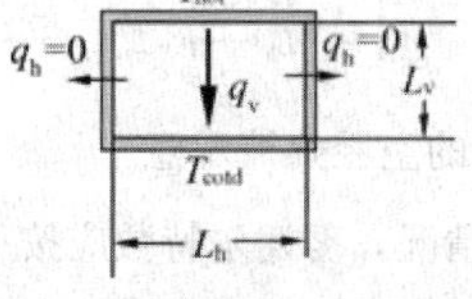

图 7.4.2　热流朝下的空腔热流示意 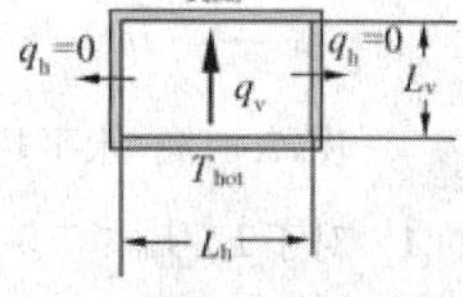　　图 7.4.3　热流朝上的空腔热流示意

**7.4.3** 热流朝上的矩形封闭空腔（图 7.4.3）的努谢尔特数取决于空腔的高宽比 $L_v/L_h$，其中 $L_v$ 和 $L_h$ 为空腔垂直和水平方向的尺寸。

**1** 当 $L_v/L_h \leqslant 1$ 时，其努谢尔特数应为：

$$Nu = 1.0 \qquad (7.4.3\text{-}1)$$

**2** 当 $1 < L_v/L_h \leqslant 5$ 时，其努谢尔特数应按下列

公式计算：

$$Nu = 1 + \left(1 - \frac{Ra_{crit}}{Ra}\right)^* (k_1 + 2k_2^{1-\ln k_2})$$
$$+ \left[\left(\frac{Ra}{5380}\right)^{\frac{1}{3}} - 1\right]^* \left\{1 - e^{-0.95\left[\left(\frac{Ra_{crit}}{Ra}\right)^{\frac{1}{3}} - 1\right]^*}\right\}$$

(7.4.3-2)

$$k_1 = 1.40 \qquad (7.4.3-3)$$

$$k_2 = \frac{Ra^{\frac{1}{3}}}{450.5} \qquad (7.4.3-4)$$

$$Ra_{crit} = e^{\left(0.721\frac{L_h}{L_v}\right) + 7.46} \qquad (7.4.3-5)$$

$$Ra = \frac{\gamma_{air}^2 \cdot L_v^3 \cdot G \cdot \beta \cdot c_{p,air}(T_{hot} - T_{cold})}{\mu_{air} \cdot \lambda_{air}}$$

(7.4.3-6)

式中  $\gamma_{air}$——空气密度（kg/m³）；

$L_v$——空腔的高宽比；

$G$——重力加速度（m/s²），可取 9.80（m/s²）；

$\beta$——气体热胀膨系数，按本规程公式（6.3.3-2）计算；

$c_{p,air}$——常压下空气比热容[J/(kg·K)]；

$\mu_{air}$——常压下空气运动黏度[kg/(m·s)]；

$\lambda_{air}$——常压下空气导热系数[W/(m·K)]；

$T_{hot}$——空腔热侧温度(K)；

$T_{cold}$——空腔冷侧温度(K)；

$Ra_{crit}$——临界瑞利数；

$Ra$——空腔的瑞利数。

函数 $[x]^*$ 的表达式为 $[x]^* = \frac{x + |x|}{2}$。

**3**  当 $L_v/L_h > 5$ 时，努谢尔特数应按下式计算：

$$Nu = 1 + 1.44\left(1 - \frac{1708}{Ra}\right)^* + \left[\left(\frac{Ra}{5830}\right)^{\frac{1}{3}} - 1\right]^*$$

(7.4.3-7)

**7.4.4**  水平热流的矩形封闭空腔（图 7.4.4）的努谢尔特数应按下列规定计算：

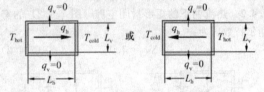

图 7.4.4  水平热流的空腔热流示意

**1**  对于 $L_v/L_h \leqslant 0.5$ 的情况，努谢尔特数应按下列公式计算：

$$Nu = 1 + \left\{\left[2.756 \times 10^{-6} Ra^2 \left(\frac{L_v}{L_h}\right)^8\right]^{-0.386} + \left[0.623 Ra^{\frac{1}{5}}\left(\frac{L_h}{L_v}\right)^{\frac{2}{5}}\right]^{-0.386}\right\}^{-2.59}$$

(7.4.4-1)

$$Ra = \frac{\gamma_{air}^2 \cdot L_h^3 \cdot G \cdot \beta \cdot c_{p,air}(T_{hot} - T_{cold})}{\mu_{air} \cdot \lambda_{air}}$$

(7.4.4-2)

式中 $\gamma_{air}$、$L$、$G$、$\beta$、$c_{p,air}$、$\mu_{air}$、$\lambda_{air}$、$T_{hot}$、$T_{cold}$ 按本章第 7.4.3 条定义及计算。

**2**  当 $L_v/L_h \geqslant 5$ 时，其努谢尔特数应取下列三式计算结果的最大值：

$$Nu_{ct} = \left\{1 + \left[\frac{0.104 Ra^{0.293}}{1 + \left(\frac{6310}{Ra}\right)^{1.36}}\right]^3\right\}^{\frac{1}{3}}$$

(7.4.4-3)

$$Nu_i = 0.242\left(Ra\frac{L_h}{L_v}\right)^{0.273} \qquad (7.4.4-4)$$

$$Nu_t = 0.0605 Ra^{\frac{1}{3}} \qquad (7.4.4-5)$$

**3**  当 $0.5 < L_v/L_h < 5$ 时，应先取 $L_v/L_h = 0.5$ 按本条第 1 款计算，再取 $L_v/L_h = 5$ 按本条第 2 款计算，分别得到努谢尔特数，然后按 $L_v/L_h$ 作线性插值计算。

**7.4.5**  当框的空腔是垂直方向时，可假定其热流为水平方向且 $L_v/L_h \geqslant 5$，应按本规程第 7.4.4 条第 2 款计算努谢尔特数。

**7.4.6**  开始计算努谢尔特数时，温度 $T_{hot}$ 和 $T_{cold}$ 应预先估算，可先采用 $T_{hot} = 10℃$、$T_{cold} = 0℃$ 开始进行迭代计算。每次计算后，应根据已得温度分布对其进行修正，并按此重复，直到两次连续计算得到的温度差值在 1℃ 以内。

每次计算都应检查计算初始时假定的热流方向，如果与计算初始时假定的热流方向不同，则应在下次计算中予以修正。

**7.4.7**  对于形状不规则的封闭空腔，可将其转换为相当的矩形空腔来计算其当量导热系数。转换应使用下列方法来将实际空腔的表面转换成相应矩形空腔的垂直表面或水平表面（图 7.4.7-1、图 7.4.7-2）：

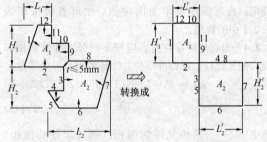

转换后要保持宽高比不变 $\dfrac{L_1}{H_1} = \dfrac{L_1'}{H_1'}$ 和 $\dfrac{L_2}{H_2} = \dfrac{L_2'}{H_2'}$

图 7.4.7-1  形状不规则的封闭空腔转换成相应的矩形空腔示意

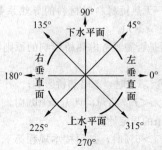

图 7.4.7-2  内法线与表面位置示意

**1** 内法线在 315°和 45°之间的任何表面应转换为向左的垂直表面；

**2** 内法线在 45°和 135°之间的任何表面应转换为向上的水平表面；

**3** 内法线在 135°和 225°之间的任何表面应转换为向右的垂直表面；

**4** 内法线在 225°和 315°之间的任何表面应转换为向下的水平表面；

**5** 如果两个相对立表面的最短距离小于 5mm，则应在此处分割框内空腔。

**7.4.8** 转换后空腔的垂直和水平表面的温度应取该表面的平均温度。

**7.4.9** 转换后空腔的热流方向应由空腔的垂直和水平表面之间温差来确定，并应符合下列规定：

**1** 如果空腔垂直表面之间温度差的绝对值大于水平表面之间的温度差的绝对值，则热流是水平的；

**2** 如果空腔水平表面之间温度差的绝对值大于垂直表面之间温度差的绝对值，则热流方向由上下表面的温度确定。

**7.4.10** 当热流为水平方向时，封闭空腔的辐射传热系数 $h_r$ 应按下列公式计算：

$$h_r = \frac{4\sigma T_{ave}^3}{\frac{1}{\varepsilon_{cold}} + \frac{1}{\varepsilon_{hot}} - 2 + \frac{1}{\frac{1}{2}\left\{\left[1+\left(\frac{L_h}{L_v}\right)^2\right]^{\frac{1}{2}} - \frac{L_h}{L_v} + 1\right\}}}$$

（7.4.10-1）

$$T_{ave} = \frac{T_{cold} + T_{hot}}{2}$$  （7.4.10-2）

式中  $T_{ave}$——冷、热两个表面的平均温度（K）；

$\varepsilon_{cold}$——冷表面的发射率；

$\varepsilon_{hot}$——热表面的发射率。

当热流是垂直方向时，应将式（7.4.10-1）中的宽高比 $L_h/L_v$ 改为高宽比 $L_v/L_h$。

### 7.5 敞口空腔、槽的传热

**7.5.1** 小面积的沟槽或由一条宽度大于 2mm 但小于 10mm 的缝隙连通到室外或室内环境的空腔可作为轻微通风空腔来处理（图 7.5.1）。轻微通风空腔应作为固体处理，其当量导热系数应取相同截面封闭空腔的等效导热系数的 2 倍，表面发射率可取空腔内表面的发射率。

当轻微通风空腔的开口宽度小于或等于 2mm 时，可作为封闭空腔来处理。

**7.5.2** 大面积的沟槽或连通到室外或室内环境的缝隙宽度大于 10mm 的空腔应作为通风良好的空腔来处理（图 7.5.2）。通风良好的空腔应将其整个表面视为暴露于外界环境中，表面换热系数 $h_{in}$ 和 $h_{out}$ 应按本规程第 10 章的规定计算。

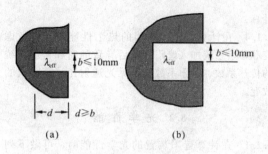

图 7.5.1  轻微通风的沟槽和空腔

（a）小开口沟槽；（b）小开口空腔

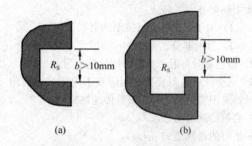

图 7.5.2  通风良好的沟槽和空腔

（a）大开口沟槽；（b）大开口空腔

### 7.6 框的太阳光总透射比

**7.6.1** 框的太阳光总透射比应按下式计算：

$$g_f = \alpha_f \cdot \frac{U_f}{\frac{A_{surf}}{A_f} h_{out}}$$  （7.6.1）

式中  $h_{out}$——室外表面换热系数，应按本规程第 10 章的规定计算；

$\alpha_f$——框表面太阳辐射吸收系数；

$U_f$——框的传热系数[W/(m²·K)]；

$A_{surf}$——框的外表面面积（m²）；

$A_f$——框投影面积（m²）。

# 8 遮阳系统计算

## 8.1 一般规定

**8.1.1** 本规程所规定的遮阳系统计算仅适用于平行或近似平行于玻璃表面的平板型遮阳装置。

**8.1.2** 遮阳可分为三种基本形式：

**1** 内遮阳：平行于玻璃面，位于玻璃系统的室内侧，与窗玻璃有紧密的光、热接触；

**2** 外遮阳：平行于玻璃面，位于玻璃系统的室外侧，与窗玻璃有紧密的光、热接触；

**3** 中间遮阳：平行于玻璃面，位于玻璃系统的内部或两层平行或接近平行的门窗、玻璃幕墙之间。

**8.1.3** 遮阳装置在计算处理时，可简化为一维模型，计算时应确定遮阳装置的光学性能、传热系数，并应依据遮阳装置材料的光学性能、几何形状和部位进行计算。

**8.1.4** 在计算门窗、幕墙的热工性能时，应考虑窗和幕墙系统加入遮阳装置后导致的窗和幕墙系统的传热系数、遮阳系数、可见光透射比计算公式的改变。

## 8.2 光 学 性 能

**8.2.1** 在计算遮阳装置的光学性能时，可做下列近似：

**1** 将被遮阳装置反射的或通过遮阳装置传入室内的太阳辐射分为两部分：

　　**1)** 未受干扰部分（镜面透射和反射）；

　　**2)** 散射部分。

**2** 散射部分可近似为各向同性的漫射。

**8.2.2** 对于任一遮阳装置，均应在不同光线入射角时，计算遮阳装置的下列光辐射传递性能：

直射—直射的透射比 $\tau_{\mathrm{dir,dir}}(\lambda_j)$；

直射—散射的透射比 $\tau_{\mathrm{dir,dif}}(\lambda_j)$；

散射—散射的透射比 $\tau_{\mathrm{dif,dif}}(\lambda_j)$；

直射—直射的反射比 $\rho_{\mathrm{dir,dir}}(\lambda_j)$；

直射—散射的反射比 $\rho_{\mathrm{dir,dif}}(\lambda_j)$；

散射—散射的反射比 $\rho_{\mathrm{dif,dif}}(\lambda_j)$。

**8.2.3** 遮阳装置对光辐射的吸收比应按下列公式计算：

**1** 对直射辐射的吸收比

$$\alpha_{\mathrm{dir}}(\lambda_j)=1-\tau_{\mathrm{dir,dir}}(\lambda_j)-\rho_{\mathrm{dir,dir}}(\lambda_j)-\tau_{\mathrm{dir,dif}}(\lambda_j)-\rho_{\mathrm{dir,dif}}(\lambda_j)$$
(8.2.3-1)

**2** 对散射辐射的吸收比

$$\alpha_{\mathrm{dif}}(\lambda_j)=1-\tau_{\mathrm{dif,dif}}(\lambda_j)-\rho_{\mathrm{dif,dif}}(\lambda_j)$$
(8.2.3-2)

## 8.3 遮阳百叶的光学性能

**8.3.1** 光在遮阳装置上透射或反射时可分解为直射和散射部分，直射、散射部分继续通过前面或后面的门窗（或玻璃幕墙），应通过测试或计算得到所有玻璃、薄膜和遮阳装置的相关光学参数值。

**8.3.2** 计算由平行板条构成的遮阳百叶的光学性能时，应考虑板条的光学性能、几何形状和位置等因素（图 8.3.2）。

**8.3.3** 计算遮阳百叶光学性能时可采用以下模型和假设：

**1** 板条为漫反射表面，并可忽略窗户边缘的作用；

**2** 模型考虑两个邻近的板条，每条可划分为 5 个相等部分（图 8.3.3）；

**3** 可忽略板条长度方向的轻微挠曲。

**8.3.4** 对确定后的模型应按下列公式进行计算。对于每层 $f,i$ 和 $b,i,i$ 由 0 到 $n$（这里 $n=6$），对每一光谱间隔 $\lambda_j$，（$\lambda\rightarrow\lambda+\Delta\lambda$）：

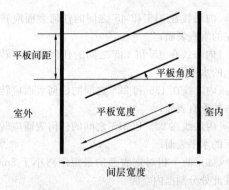

图 8.3.2　板条的几何形状示意

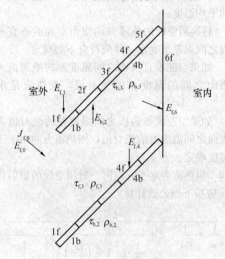

图 8.3.3　模型中分割示意

$$E_{\mathrm{f},i}=\sum_k\left[\left(\rho_{i,k}+\tau_{\mathrm{b},k}\right)E_{\mathrm{f},k}F_{\mathrm{f},k\rightarrow\mathrm{f},i}+\left(\rho_{\mathrm{b},k}\right.\right.$$
$$\left.\left.+\tau_{\mathrm{f},k}\right)E_{\mathrm{b},k}F_{\mathrm{b},k\rightarrow\mathrm{f},i}\right]$$
(8.3.4-1)

$$E_{\mathrm{b},i}=\sum_k\left[\left(\rho_{\mathrm{b},k}+\tau_{\mathrm{f},k}\right)E_{\mathrm{b},k}F_{\mathrm{b},k\rightarrow\mathrm{b},i}\right.$$
$$\left.+\left(\rho_{i,k}+\tau_{\mathrm{b},k}\right)E_{\mathrm{f},k}F_{\mathrm{f},k\rightarrow\mathrm{b},i}\right]$$
(8.3.4-2)

$$E_{\mathrm{f},0}=J_0(\lambda_j)$$
(8.3.4-3)

$$E_{\mathrm{b},n}=J_n(\lambda_j)=0$$
(8.3.4-4)

式中　$F_{\mathrm{p}\rightarrow\mathrm{q}}$——由表面 $p$ 到表面 $q$ 的角系数；

　　　　$k$——百叶板被划分的块序号；

　　　　$E_{\mathrm{f},0}$——入射到遮阳百叶的光辐射；

　　　　$E_{\mathrm{b},n}$——从遮阳百叶反射出来的光辐射；

　　　　$E_{\mathrm{f},i}$——百叶板第 $i$ 段上表面接收到的光辐射；

　　　　$E_{\mathrm{b},i}$——百叶板第 $i$ 段下表面接收到的光辐射；

　　　　$E_{\mathrm{f},6}$——通过遮阳百叶的太阳辐射；

　　　　$\rho_{\mathrm{f},i}$、$\rho_{\mathrm{b},i}$——百叶板第 $i$ 段上、下表面的反射比，与百叶板材料特性有关；

　　　　$\tau_{\mathrm{f},i}$、$\tau_{\mathrm{b},i}$——百叶板第 $i$ 段上、下表面的透射比，与百叶板材料特性有关；

　　　　$J_0$——外部环境来的光辐射；

　　　　$J_n$——室内环境来的反射。

**8.3.5** 散射—散射透射比应按下式计算：

$$\tau_{\text{dif,dif}}(\lambda_j) = E_{\text{f,n}}(\lambda_j)/J_0(\lambda_j) \quad (8.3.5)$$

**8.3.6** 散射—散射反射比应按下式计算：

$$\rho_{\text{dif,dif}}(\lambda_j) = E_{\text{b,0}}(\lambda_j)/J_0(\lambda_j) \quad (8.3.6)$$

**8.3.7** 直射—直射的透射比和反射比应依据百叶的角度和高厚比，按投射的几何计算方法，可计算给定入射角 $\phi$ 时穿过百叶未被遮挡光束的照度（图 8.3.7）。

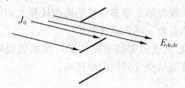

图 8.3.7 直射—直射
透射比示意

**1** 对于任何波长 $\lambda_j$，倾角 $\phi$ 的直射—直射的透射比应按下式计算：

$$\tau_{\text{dir,dir}}(\phi) = E_{\text{dir,dir}}(\lambda_j,\phi)/J_0(\lambda_j,\phi)$$

$$(8.3.7\text{-}1)$$

**2** 可假设遮阳百叶透空的部分没有反射，即：

$$\rho_{\text{dir,dir}}(\phi) = 0 \quad (8.3.7\text{-}2)$$

**8.3.8** 直射—散射的透射比和反射比应按下列规定计算：

对给定入射角 $\phi$，计算遮阳装置中直接为 $J_{\text{f,0}}$ 所辐射的部分 $k$（图 8.3.8）。

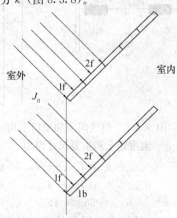

图 8.3.8 遮阳装置中受到
直射辐射的部分

在入射辐射 $J_0$ 和直接受到辐射部分 $k$ 之间的角系数为 1，即：

$$F_{\text{f,0}\to\text{f,}k} = 1 \text{ 和 } F_{\text{f,0}\to\text{b,}k} = 1$$

内、外环境之间散射（除直射外）角系数为 0，即：

$$F_{\text{f,0}\to\text{b,n}} = 0 \text{ 和 } F_{\text{b,0}\to\text{f,n}} = 0$$

直射—散射的透射比和反射比应按下式计算：

$$\tau_{\text{dir,dif}}(\lambda_j,\phi) = E_{\text{f,n}}(\lambda_j,\phi)/J_0(\lambda_j,\phi)$$

$$(8.3.8\text{-}1)$$

$$\rho_{\text{dir,dif}}(\lambda_j,\phi) = E_{\text{b,n}}(\lambda_j,\phi)/J_0(\lambda_j,\phi) \quad (8.3.8\text{-}2)$$

散射的吸收比应按本规程第 8.2.3 条的规定计算。

**8.3.9** 在精确计算传热系数时，应详细计算遮阳百叶远红外的透射特性。计算给定条件下遮阳百叶的透射比和反射比应与计算散射—散射透射比和反射比的模型相同，可将遮阳百叶的光学性能替换为远红外辐射特性进行计算。

遮阳百叶表面的标准发射率数值应按附录 G 的规定确定，若表面发射率为固定值，也可直接采用表 F.0.1 中的数值。

**8.4 遮阳帘与门窗或幕墙组合系统的简化计算**

**8.4.1** 遮阳帘类的遮阳装置按类型可分为匀质遮阳帘和百叶遮阳帘。遮阳帘的光学性能可用下列参数表示：

**1** 遮阳帘太阳辐射透射比 $\tau_{\text{e,B}}$，包括直射—直射透射和直射—散射透射；

**2** 遮阳帘室外侧太阳光反射比 $\rho_{\text{e,B}}$，即直射—散射反射；

**3** 遮阳帘室内侧太阳光反射比 $\rho'_{\text{e,B}}$，即散射—散射反射；

**4** 遮阳帘可见光透射比 $\tau_{\text{v,B}}$，包括直射—直射透射和直射—散射透射；

**5** 遮阳帘室外侧可见光反射比 $\rho_{\text{v,B}}$，即直射—散射反射；

**6** 遮阳帘室内侧可见光反射比 $\rho'_{\text{v,B}}$，即散射—散射反射。

这些参数应采用适当的方法在垂直入射辐射下计算或测试，其中百叶遮阳帘可在辐射以某一入射角入射的条件下按本规程第 8.2、8.3 节的规定计算。

**8.4.2** 遮阳帘置于门窗（或玻璃幕墙）室外侧时，太阳光总透射比 $g_{\text{total}}$ 应按下列公式计算：

$$g_{\text{total}} = \tau_{\text{e,B}} \cdot g + \alpha_{\text{e,B}}\frac{\Lambda}{\Lambda_2} + \tau_{\text{e,B}}(1-g)\frac{\Lambda}{\Lambda_1}$$

$$(8.4.2\text{-}1)$$

$$\alpha_{\text{e,B}} = 1 - \tau_{\text{e,B}} - \rho_{\text{e,B}} \quad (8.4.2\text{-}2)$$

$$\Lambda = \frac{1}{1/U + 1/\Lambda_1 + 1/\Lambda_2} \quad (8.4.2\text{-}3)$$

式中 $\Lambda_1$——遮阳帘的传热系数[W/(m²·K)]，可取 6W/(m²·K)；

$\Lambda_2$——遮阳帘与门窗（或玻璃幕墙）之间空气间层的传热系数[W/(m²·K)]，可取 18W/(m²·K)；

$U$——门窗（或玻璃幕墙）的传热系数[W/(m²·K)]；

$g$——门窗（或玻璃幕墙）的太阳光总透射比。

**8.4.3** 遮阳帘置于门窗（或玻璃幕墙）室内侧时，太阳光总透射比 $g_{total}$ 应按下列公式计算：

$$g_{total} = g \cdot \left(1 - g \cdot \rho_{e,B} - \alpha_{e,B}\frac{\Lambda}{\Lambda_2}\right)$$
(8.4.3-1)

$$\alpha_{e,B} = 1 - \tau_{e,B} - \rho_{e,B}$$
(8.4.3-2)

$$\Lambda = \frac{1}{1/U + 1/\Lambda_2}$$
(8.4.3-3)

式中 $\Lambda_2$——遮阳帘与门窗（或玻璃幕墙）之间空气间层的传热系数[W/(m²·K)]，可取 18W/(m²·K)；

$U$——门窗（或玻璃幕墙）的传热系数[W/(m²·K)]。

**8.4.4** 遮阳帘置于两片玻璃或封闭的两层门窗（或玻璃幕墙）之间时，太阳光总透射比 $g_{total}$ 应按下列公式计算：

$$g_{total} = g \cdot \tau_{e,B} + g[\alpha_{e,B} + (1-g) \cdot \rho_{e,B}] \cdot \frac{\Lambda}{\Lambda_3}$$
(8.4.4-1)

$$\alpha_{e,B} = 1 - \tau_{e,B} - \rho_{e,B}$$
(8.4.4-2)

$$\Lambda = \frac{1}{1/U + 1/\Lambda_3}$$
(8.4.4-3)

式中 $\Lambda_3$——封闭间层内遮阳帘的传热系数[W/(m²·K)]，可取 3W/(m²·K)；

$U$——门窗（或玻璃幕墙）的传热系数[W/(m²·K)]。

**8.4.5** 对内遮阳帘和外遮阳帘，遮阳帘与门窗或幕墙组合系统的可见光总透射比应按下式计算：

$$\tau_{v,total} = \frac{\tau_v \cdot \tau_{v,B}}{1 - \rho_v \cdot \rho_{v,B}}$$
(8.4.5)

式中 $\tau_v$——玻璃可见光透射比；

$\rho_v$——玻璃面向遮阳侧的可见光反射比；

$\tau_{v,B}$——遮阳帘可见光透射比；

$\rho_{v,B}$——遮阳帘面向玻璃侧的可见光反射比。

**8.4.6** 对内遮阳帘和外遮阳帘，遮阳帘与门窗或幕墙组合系统的太阳光直接透射比应按下式计算：

$$\tau_{e,total} = \frac{\tau_e \cdot \tau_{e,B}}{1 - \rho_e \cdot \rho_{e,B}}$$
(8.4.6)

式中 $\tau_e$——玻璃太阳光透射比；

$\rho_e$——玻璃面向遮阳侧的太阳光反射比；

$\tau_{e,B}$——遮阳帘太阳光透射比；

$\rho_{e,B}$——遮阳帘面向玻璃侧的太阳光反射比。

### 8.5 遮阳帘与门窗或幕墙组合系统的详细计算

**8.5.1** 遮阳帘与门窗或幕墙组合系统的详细计算，应按本规程第6章和第9章的规定进行。

**8.5.2** 当按本规程第6章多层玻璃模型进行计算时，应对给出的公式进行下列补充：

**1** 本规程第6.2节中的辐射应分解为三类，即将相应的透射比 $\tau$、反射比 $\rho$ 和吸收比 $\alpha$ 分别分为：

"直射—直射"、"直射—散射"、"散射—散射"的值；

**2** 透射比应分解为向前和向后两个值。

**8.5.3** 当遮阳帘置于室外侧或室内侧，可将门窗（或玻璃幕墙）与遮阳帘分别等效为一层玻璃，应按本规程第6章多层玻璃模型计算太阳光总透射比、传热系数、可见光透射比。

**8.5.4** 遮阳帘置于两层门窗（或玻璃幕墙）中间时，可将门窗（或玻璃幕墙）与遮阳帘分别等效为一层玻璃，应按本规程第6章多层玻璃模型计算太阳光总透射比、传热系数、可见光透射比。

**8.5.5** 应根据遮阳帘的通风情况，按本规程第9章的方法计算通风空气间层的热传递。

# 9 通风空气间层的传热计算

## 9.1 热平衡方程

**9.1.1** 空气间层可分为封闭空气间层和通风空气间层。封闭空气间层的传热应按本规程第6章的规定进行计算。

**9.1.2** 通风空气间层中由空气的流动而产生的对流换热（图9.1.2）应按下列公式计算：

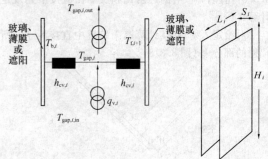

图 9.1.2 空气间层和出口平均
温度定义和主要尺寸模型

$$q_{c,f,i+1} = h_{cv,i}(T_{gap,i} - T_{f,i+1})$$
(9.1.2-1)

$$q_{c,b,i} = h_{cv,i}(T_{b,i} - T_{gap,i})$$
(9.1.2-2)

$$h_{cv,i} = 2h_{c,i} + 4V_i$$
(9.1.2-3)

式中 $h_{cv,i}$——通风空气间层的壁面对流换热系数[W/m²·K]；

$q_{c,f,i+1}$——从间层空气到 $i+1$ 表面的对流换热热流量(W/m²)；

$q_{c,b,i}$——从 $i$ 表面到间层空气的对流换热热流量(W/m²)；

$h_{c,i}$——不通风间层表面到表面的对流换热系数[W/(m²·K)]，应按本规程第6.3节的规定计算；

$V_i$——间层的平均气流速度(m/s)；

$T_{gap,i}$——间层 $i$ 中空气当量平均温度(℃)；

$T_{f,i+1}$——层面 $i+1$（玻璃、薄膜或遮阳装置）面

向间层的温度(℃);

$T_{b,i}$——层面 $i$(玻璃、薄膜或遮阳装置)面向间层的温度(℃)。

**9.1.3** 空气间层的远红外辐射换热应按本规程第6.3节的规定计算。

**9.1.4** 通风产生的通风热流密度应按下式计算:

$$q_{v,i} = \gamma_i c_p \varphi_{v,i} (T_{gap,i,in} - T_{gap,i,out})/(H_i \times L_i)$$
(9.1.4-1)

式(9.1.4-1)应满足下列能量平衡方程:

$$q_{v,i} = q_{c,f,i+1} - q_{c,b,i}$$
(9.1.4-2)

式中 $q_{v,i}$——通风传到间层的热流密度(W/m²);

$\gamma_i$——在温度为 $T_{gap,i}$ 的条件下通风间层的空气密度(kg/m³);

$c_p$——空气的比热容[J/(kg·K)];

$\varphi_{v,i}$——通风间层的空气流量(m³/s);

$T_{gap,i,out}$——通风间层出口处温度(℃);

$T_{gap,i,in}$——通风间层入口处的温度(℃);

$L_i$——通风间层 $i$ 的长度(m),见图9.1.2;

$H_i$——通风间层 $i$ 的高度(m),见图9.1.2。

**9.1.5** 通风空气间层可按气流流动的方向分为若干个计算子单元,前一个通风间层的出口温度可作为后一个通风间层的入口温度。

进口处空气温度 $T_{gap,i,in}$ 可按空气来源(室内、室外,或是与间层 $i$ 交换空气的间层 $k$ 出口温度 $T_{gap,k,out}$)取值。

**9.1.6** 通风空气间层与室内环境的热传递可按本规程第6章多层玻璃模型的设定,$i = n+1$ 为室内环境,对于所有间层 $i$,随空气流进室内环境 $n+1$ 的通风热流密度可按下式计算:

$$q_{v,n} = \sum_i \gamma_i c_p \varphi_{v,i} (T_{gap,i,out} - T_{air,in})/(H_i \times L_i)$$
(9.1.6)

式中 $\gamma_i$——温度为 $T_{gap,i}$ 的条件下间层的空气密度(kg/m³);

$c_p$——空气的比热容[J/(kg·K)];

$\varphi_{v,i}$——间层的空气流量(m³/s);

$T_{gap,i,out}$——间层出口处的空气温度(℃);

$T_{air,in}$——室内空气温度(℃);

$L_i$——间层 $i$ 的长度(m);

$H_i$——间层 $i$ 的高度(m)。

### 9.2 通风空气间层的温度分布

**9.2.1** 在已知间层空气的平均气流速度时,可根据本规程的简易模型计算温度分布和热流密度。

**9.2.2** 气流通过间层,在间层 $i$ 中的温度分布(图9.2.2)应按下式计算:

$$T_{gap,i}(h) = T_{av,i} - (T_{av,i} - T_{gap,i,in})e^{-\frac{h}{H_{0,i}}}$$
(9.2.2-1)

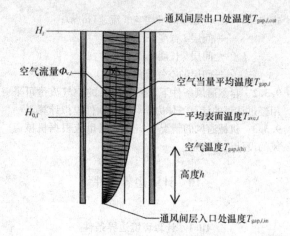

图 9.2.2 窗户间层的空气流

式中 $T_{gap,i}(h)$——间层 $i$ 高度 $h$ 处的空气温度(℃);

$H_{0,i}$——特征高度(间层平均温度对应的高度)(m);

$T_{gap,i,in}$——进入间层 $i$ 的空气温度(℃);

$T_{av,i}$——表面 $i$ 和 $i+1$ 的平均温度(℃)。

**1** 平均温度 $T_{av,i}$ 应按下式计算:

$$T_{av,i} = (T_{b,i} + T_{f,i+1})/2$$
(9.2.2-2)

式中 $T_{b,i}$——层面 $i$(玻璃、薄膜或遮阳装置)面向间层 $i$ 表面的温度(℃);

$T_{f,i+1}$——层面 $i+1$(玻璃、薄膜或遮阳装置)面向间层 $i$ 表面的温度(℃)。

**2** 空间温度特征高度 $H_{0,i}$ 应按下式计算:

$$H_{0,i} = \frac{\gamma_i \cdot c_p \cdot s_i}{2 \cdot h_{cv,i}} \cdot V_i$$
(9.2.2-3)

式中 $\gamma_i$——温度为 $T_{gap,i}$ 的空气密度(kg/m³);

$c_p$——空气的比热容[J/(kg·K)];

$s_i$——间层 $i$ 的宽度(m);

$V_i$——间层 $i$ 的平均气流速度(m/s);

$h_{cv,i}$——通风间层 $i$ 的换热系数[W/(m²·K)]。

**3** 离开间层的空气温度 $T_{gap,i,out}$ 应按下式计算:

$$T_{gap,i,out} = T_{av,i} - (T_{av,i} - T_{gap,i,in}) \cdot e^{-\frac{H_i}{H_{0,i}}}$$
(9.2.2-4)

**4** 间层 $i$ 空气的等效平均温度 $T_{gap,i}$ 应按下式计算:

$$T_{gap,i} = \frac{1}{H_i} \int_0^H T_{gap,i}(h)dh$$

$$= T_{av,i} - \frac{H_{0,i}}{H_i}(T_{gap,i,out} - T_{gap,i,in})$$
(9.2.2-5)

### 9.3 通风空气间层的气流速度

**9.3.1** 已知空气流量时,通风空气间层的气流速度应按下式计算:

$$V_i = \frac{\varphi_{v,i}}{s_i L_i}$$
(9.3.1)

式中 $V_i$——间层 $i$ 的平均空气流速(m/s);

$s_i$——间层 $i$ 宽度(m);

$L_i$——间层 $i$ 长度(m);

$\varphi_{v,i}$——间层的空气流量($m^3/s$)。

**9.3.2** 自然通风条件下,通风间层的空气流量可采用经过认可的计算流体力学(CFD)软件模拟计算。

**9.3.3** 机械通风的情况下,空气流量应根据机械通风的设计流量确定。

# 10 计算边界条件

## 10.1 计算环境边界条件

**10.1.1** 设计或评价建筑门窗、玻璃幕墙定型产品的热工性能时,应统一采用本规程规定的标准计算条件进行计算。

**10.1.2** 在进行实际工程设计时,门窗、玻璃幕墙热工性能计算所采用的边界条件应符合相应的建筑设计或节能设计标准的规定。

**10.1.3** 冬季标准计算条件应为:

室内空气温度 $T_{in}=20\,℃$

室外空气温度 $T_{out}=-20\,℃$

室内对流换热系数 $h_{c,in}=3.6\,W/(m^2 \cdot K)$

室外对流换热系数 $h_{c,out}=16\,W/(m^2 \cdot K)$

室内平均辐射温度 $T_{rm,in}=T_{in}$

室外平均辐射温度 $T_{rm,out}=T_{out}$

太阳辐射照度 $I_s=300\,W/m^2$

**10.1.4** 夏季标准计算条件应为:

室内空气温度 $T_{in}=25\,℃$

室外空气温度 $T_{out}=30\,℃$

室内对流换热系数 $h_{c,in}=2.5\,W/(m^2 \cdot K)$

室外对流换热系数 $h_{c,out}=16\,W/(m^2 \cdot K)$

室内平均辐射温度 $T_{rm,in}=T_{in}$

室外平均辐射温度 $T_{rm,out}=T_{out}$

太阳辐射照度 $I_s=500\,W/m^2$

**10.1.5** 传热系数计算应采用冬季标准计算条件,并取 $I_s=0W/m^2$。计算门窗的传热系数时,门窗周边框的室外对流换热系数 $h_{c,out}$ 应取 $8\,W/(m^2 \cdot K)$,周边框附近玻璃边缘(65mm 内)的室外对流换热系数 $h_{c,out}$ 应取 $12\,W/(m^2 \cdot K)$。

**10.1.6** 遮阳系数、太阳光总透射比计算应采用夏季标准计算条件。

**10.1.7** 结露性能评价与计算的标准计算条件应为:

室内环境温度:20℃;

室内环境湿度:30%,60%;

室外环境温度:0℃,−10℃,−20℃;

室外对流换热系数:20W/(m² · K)。

**10.1.8** 框的太阳光总透射比 $g_f$ 计算应采用下列边界条件:

$$q_{in} = \alpha \cdot I_s \qquad (10.1.8)$$

式中 $\alpha$——框表面太阳辐射吸收系数;

$I_s$——太阳辐射照度($W/m^2$);

$q_{in}$——框吸收的太阳辐射热($W/m^2$)。

## 10.2 对流换热

**10.2.1** 当室内气流速度足够小(小于 0.3m/s)时,内表面的对流换热应按自然对流换热计算;当气流速度大于 0.3m/s 时,应按强迫对流和混合对流计算。

设计或评价门窗、玻璃幕墙定型产品的热工性能时,室内表面的对流换热系数应符合本规程第 10.1 节的规定。

**10.2.2** 内表面的对流换热按自然对流计算时应符合下列规定:

**1** 自然对流换热系数 $h_{c,in}$ 应按下式计算:

$$h_{c,in} = Nu\left(\frac{\lambda}{H}\right) \qquad (10.2.2-1)$$

式中 $\lambda$——空气导热系数 $[W/(m \cdot K)]$;

$H$——自然对流特征高度,也可近似为窗高(m)。

**2** 努谢尔特数 $Nu$ 是基于门窗(或玻璃幕墙)高 $H$ 的瑞利数 $Ra_H$ 的函数,瑞利数 $Ra_H$ 应按下列公式计算:

$$Ra_H = \frac{\gamma^2 \cdot H^3 \cdot G \cdot c_p \,|\, T_{b,n} - T_{in} \,|}{T_{m,f} \cdot \mu \cdot \lambda}$$

$$(10.2.2-2)$$

$$T_{m,f} = T_{in} + \frac{1}{4}(T_{b,n} - T_{in}) \qquad (10.2.2-3)$$

式中 $T_{b,n}$——门窗(或玻璃幕墙)内表面温度;

$T_{in}$——室内空气温度(℃);

$\gamma$——空气密度($kg/m^3$);

$c_p$——空气的比热容 $[J/(kg \cdot K)]$;

$G$——重力加速度($m/s^2$),可取 $9.80m/s^2$;

$\mu$——空气运动黏度 $[kg/(m \cdot s)]$;

$T_{m,f}$——内表面平均气流温度。

**3** 努谢尔特数 $Nu$ 是表面倾斜角度 $\theta$ 的函数,当室内空气温度高于门窗(或玻璃幕墙)内表面温度(即 $T_{in} > T_{b,n}$)时,内表面的努谢尔特数 $Nu_{in}$ 应按下列公式计算:

**1)** 表面倾角 $0°\leq\theta<15°$:

$$Nu_{in} = 0.13Ra^{\frac{1}{3}} \qquad (10.2.2-4)$$

**2)** 表面倾角 $15°\leq\theta\leq90°$:

$$Ra_c = 2.5 \times 10^5 \left(\frac{e^{0.72\theta}}{\sin\theta}\right)^{\frac{1}{5}} \qquad \theta \text{ 的单位采用度}(°)$$

$$(10.2.2-5)$$

$$Nu_{in} = 0.56(Ra_H\sin\theta)^{\frac{1}{4}} \qquad Ra_H \leqslant Ra_c$$

$$(10.2.2-6)$$

$$Nu_{in} = 0.13(Ra_H^{\frac{1}{3}} - Ra_c^{\frac{1}{3}}) + 0.56(Ra_c\sin\theta)^{\frac{1}{4}}$$

$$Ra_H > Ra_c \qquad (10.2.2-7)$$

3）表面倾角 $90°<\theta\leqslant179°$:

$$Nu_{in} = 0.56(Ra_H\sin\theta)^{\frac{1}{4}} \qquad 10^5\leqslant Ra_H\sin\theta<10^{11}$$

$$(10.2.2-8)$$

4）表面倾角 $179°<\theta\leqslant180°$:

$$Nu_{in} = 0.58Ra_H^{\frac{1}{5}} \qquad Ra_H\leqslant10^{11}$$

$$(10.2.2-9)$$

当室内空气温度低于门窗（或玻璃幕墙）内表面温度（$T_{in}<T_{b,n}$）时，应以（$180°-\theta$）代替 $\theta$，按以上公式进行计算。

**10.2.3** 在实际工程中，当内表面有较高速度气流时，室内对流换热应按强制对流计算。门窗（或玻璃幕墙）内表面对流换热系数应按下式计算：

$$h_{c,in} = 4+4V_s \qquad (10.2.3)$$

式中 $V_s$——门窗（或玻璃幕墙）内表面附近的气流速度（m/s）。

**10.2.4** 外表面对流换热应按强制对流换热计算。设计或评价建筑门窗、玻璃幕墙定型产品的热工性能时，室外表面的对流换热系数应符合本规程第10.1节的规定。

**10.2.5** 当进行工程设计或评价实际工程用建筑门窗、玻璃幕墙产品性能计算时，外表面对流换热系数应按下式计算：

$$h_{c,out} = 4+4V_s \qquad (10.2.5)$$

式中 $V_s$——门窗（或玻璃幕墙）外表面附近的气流速度（m/s）。

**10.2.6** 当进行建筑的全年能耗计算时，门窗或幕墙构件外表面对流换热系数应按下列公式计算：

$$h_{c,out} = 4.7+7.6V_s \qquad (10.2.6-1)$$

门窗（或玻璃幕墙）附近的风速应按门窗（或玻璃幕墙）的朝向和吹向建筑的风向和风速确定。

**1** 当门窗（或玻璃幕墙）外表面迎风时，$V_s$ 应按下式计算：

$$V_s = 0.25V \qquad V>2 \qquad (10.2.6-2)$$
$$V_s = 0.5 \qquad V\leqslant2 \qquad (10.2.6-3)$$

式中 $V$——在开阔地上测出的风速（m/s）。

**2** 当门窗（或玻璃幕墙）外表面为背风时，$V_s$ 应按下式计算：

$$V_s = 0.3+0.05V \qquad (10.2.6-4)$$

**3** 确定表面是迎风还是背风，应按下式计算相对于门窗（或玻璃幕墙）外表面的风向 $\gamma$（图10.2.6）：

$$\gamma = \varepsilon+180°-\theta \qquad (10.2.6-5)$$

当 $|\gamma|>180°$ 时，$\gamma=360°-|\gamma|$；

当 $-45°\leqslant|\gamma|\leqslant45°$ 时，表面为迎风向，否则表面是背风向。

式中 $\theta$——风向（由北朝顺时针测量的角度，见图10.2.6）；

$\varepsilon$——墙的方位（由南向西为正，反之为负，

见图10.2.6）。

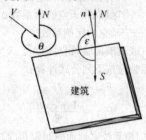

图10.2.6 确定风向和墙的方位示意

$n$—墙的法向方向；$N$—北向；$S$—南向

**10.2.7** 当外表面风速较低时，外表面自然对流换热系数 $h_{c,out}$ 应按下式计算：

$$h_{c,out} = Nu\left(\frac{\lambda}{H}\right) \qquad (10.2.7-1)$$

式中 $\lambda$——空气的导热系数[W/(m·K)]；

$H$——表面的特征高度（m）。

努谢尔特数 $Nu$ 是瑞利数 $Ra_H$ 和特征高度 $H$ 的函数，瑞利数 $Ra_H$ 应按下式计算：

$$Ra_H = \frac{\gamma^2\cdot H^3\cdot G\cdot c_p|T_{s,out}-T_{out}|}{T_{m,f}\cdot\mu\cdot\lambda}$$

$$(10.2.7-2)$$

式中 $\gamma$——空气密度（kg/m³）；

$c_p$——空气的比热容[J/(kg·K)]；

$G$——重力加速度（m/s²），可取 9.80m/s²；

$\mu$——空气运动黏度[kg/(m·s)]；

$T_{out}$——室外空气温度（℃）；

$T_{s,out}$——幕墙、门窗外表面温度（℃）；

$T_{m,f}$——外表面平均气流温度（℃），应按下式计算：

$$T_{m,f} = T_{out}+\frac{1}{4}(T_{s,out}-T_{out})$$

$$(10.2.7-3)$$

努谢尔特数的计算应与本规程第10.2.2条内表面计算相同，其中倾角 $\theta$ 应以（$180°-\theta$）代替。

### 10.3 长波辐射换热

**10.3.1** 室外平均辐射温度的取值应分为下列两种应用条件：

**1** 实际工程条件；

**2** 用于定型产品性能设计或评价的计算标准条件。

**10.3.2** 对于实际工程计算条件，室外辐射照度 $G_{out}$ 应按下列公式计算：

$$G_{out} = \sigma T_{rm,out}^4 \qquad (10.3.2-1)$$

$$T_{rm,out} = \left\{\frac{[F_{grd}+(1-f_{clr})F_{sky}]\sigma T_{out}^4+f_{clr}F_{sky}J_{sky}}{\sigma}\right\}^{\frac{1}{4}}$$

$$(10.3.2-2)$$

式中 $T_{rm,out}$——室外平均辐射温度（K）；

$F_{grd}$、$F_{sky}$——门窗系统相对地面（即水平线以下区域）和天空的角系数；

$f_{clr}$——晴空的比例系数。

**1** 门窗（或玻璃幕墙）相对地面、天空的角系数、晴空的比例系数应按下列公式计算：

$$F_{grd} = 1 - F_{sky} \qquad (10.3.2\text{-}3)$$

$$F_{sky} = \frac{1 + \cos\theta}{2} \qquad (10.3.2\text{-}4)$$

式中　$\theta$——门窗系统对地面的倾斜角度。

**2** 当已知晴空辐射照度 $J_{sky}$ 时，应直接按下列公式计算：

$$J_{sky} = \varepsilon_{sky}\sigma T_{out}^4 \qquad (10.3.2\text{-}5)$$

$$\varepsilon_{sky} = \frac{R_{sky}}{\sigma T_{out}^4} \qquad (10.3.2\text{-}6)$$

$$R_{sky} = 5.31 \times 10^{-13} T^6 \qquad (10.3.2\text{-}7)$$

**10.3.3** 室内辐射照度应为：

$$G_{in} = \sigma T_{rm,in}^4 \qquad (10.3.3)$$

门窗（或玻璃幕墙）内表面可认为仅受到室内建筑表面的辐射，墙壁和楼板可作为在室内温度中的大平面。

**10.3.4** 内表面计算时，应按下列公式简化计算玻璃部分和框部分表面辐射热传递：

$$q_{r,in} = h_{r,in}(T_{s,in} - T_{rm,in}) \qquad (10.3.4\text{-}1)$$

$$h_{r,in} = \frac{\varepsilon_s \sigma (T_{s,in}^4 - T_{rm,in}^4)}{T_{s,in} - T_{rm,in}} \qquad (10.3.4\text{-}2)$$

$$\varepsilon_s = \frac{1}{\dfrac{1}{\varepsilon_{surf}} + \dfrac{1}{\varepsilon_{in}} - 1} \qquad (10.3.4\text{-}3)$$

式中　$T_{rm,in}$——室内辐射温度(K)；

$T_{s,in}$——室内玻璃面或框表面温度（K）；

$\varepsilon_{surf}$——玻璃面或框材料室内表面发射率；

$\varepsilon_{in}$——室内环境材料的平均发射率，一般可取 0.9。

设计或评价建筑门窗、玻璃幕墙定型产品的热工性能时，门窗或幕墙室内表面的辐射换热系数应按下式计算：

$$h_{r,in} = \frac{4.4\varepsilon_s}{0.837} \qquad (10.3.4\text{-}4)$$

**10.3.5** 进行外表面计算时，应按下列公式简化玻璃面上和框表面上的辐射传热计算：

$$q_{r,out} = h_{r,out}(T_{s,out} - T_{rm,out}) \qquad (10.3.5\text{-}1)$$

$$h_{r,out} = \frac{\varepsilon_{s,out}\sigma (T_{s,out}^4 - T_{rm,out}^4)}{T_{s,out} - T_{rm,out}}$$

$$\qquad (10.3.5\text{-}2)$$

式中　$T_{rm,out}$——室外平均辐射温度（K）；

$T_{s,out}$——室外玻璃面或框表面温度（K）；

$\varepsilon_{s,out}$——玻璃面或框材料室外表面半球发射率。

设计或评价建筑门窗、玻璃幕墙定型产品的热工性能时，门窗或幕墙室外表面的辐射换热系数应按下式计算：

$$h_{r,out} = \frac{3.9\varepsilon_{s,out}}{0.837} \qquad (10.3.5\text{-}3)$$

## 10.4 综合对流和辐射换热

**10.4.1** 外表面或内表面的换热应按下式计算：

$$q = h(T_s - T_n) \qquad (10.4.1\text{-}1)$$

$$h = h_r + h_c \qquad (10.4.1\text{-}2)$$

$$T_n = \frac{T_{air}h_c + T_{rm}h_r}{h_c + h_r} \qquad (10.4.1\text{-}3)$$

式中　$h_r$——辐射换热系数；

$h_c$——对流换热系数；

$T_s$——表面温度（K）；

$T_n$——环境温度（K）。

**10.4.2** 对于在计算中进行了近似简化的表面，其表面换热系数应根据面积按下式修正：

$$h_{adjusted} = \frac{A_{real}}{A_{approximated}}h \qquad (10.4.2)$$

式中　$h_{adjusted}$——修正后的表面换热系数；

$A_{real}$——实际的表面积；

$A_{approximated}$——近似后的表面积。

# 附录 A　典型窗的传热系数

**A.0.1** 在没有精确计算的情况下，典型窗的传热系数可采用表 A.0.1-1 和表 A.0.1-2 近似计算。

**表 A.0.1-1　窗框面积占整樘窗面积 30%的窗户传热系数**

| 玻璃传热系数 $U_g$ [W/(m²·K)] | $U_f$[W/(m²·K)] 窗框面积占整樘窗面积30% | | | | | | | | |
|---|---|---|---|---|---|---|---|---|---|
| | 1.0 | 1.4 | 1.8 | 2.2 | 2.6 | 3.0 | 3.4 | 3.8 | 7.0 |
| 5.7 | 4.3 | 4.4 | 4.5 | 4.6 | 4.8 | 4.9 | 5.0 | 5.1 | 6.1 |
| 3.3 | 2.7 | 2.8 | 2.9 | 3.1 | 3.3 | 3.4 | 3.5 | 3.6 | 4.4 |
| 3.1 | 2.6 | 2.7 | 2.8 | 2.9 | 3.1 | 3.2 | 3.3 | 3.5 | 4.3 |
| 2.9 | 2.4 | 2.5 | 2.7 | 2.8 | 3.0 | 3.1 | 3.2 | 3.3 | 4.1 |
| 2.7 | 2.3 | 2.4 | 2.5 | 2.6 | 2.8 | 2.9 | 3.1 | 3.2 | 4.0 |
| 2.5 | 2.2 | 2.3 | 2.4 | 2.6 | 2.7 | 2.8 | 3.0 | 3.1 | 3.9 |
| 2.3 | 2.1 | 2.2 | 2.3 | 2.4 | 2.6 | 2.7 | 2.8 | 2.9 | 3.8 |
| 2.1 | 1.9 | 2.0 | 2.2 | 2.3 | 2.4 | 2.6 | 2.7 | 2.8 | 3.6 |
| 1.9 | 1.8 | 1.9 | 2.0 | 2.2 | 2.3 | 2.4 | 2.5 | 2.7 | 3.5 |
| 1.7 | 1.6 | 1.8 | 1.9 | 2.0 | 2.2 | 2.3 | 2.4 | 2.5 | 3.3 |
| 1.5 | 1.5 | 1.6 | 1.7 | 1.9 | 2.0 | 2.1 | 2.3 | 2.4 | 3.2 |
| 1.3 | 1.4 | 1.5 | 1.6 | 1.8 | 1.9 | 2.0 | 2.1 | 2.2 | 3.1 |

| 玻璃传热系数 $U_g$ [W/(m²·K)] | $U_f$[W/(m²·K)] 窗框面积占整樘窗面积30% | | | | | | | | |
|---|---|---|---|---|---|---|---|---|---|
| | 1.0 | 1.4 | 1.8 | 2.2 | 2.6 | 3.0 | 3.4 | 3.8 | 7.0 |
| 1.1 | 1.2 | 1.3 | 1.5 | 1.6 | 1.7 | 1.9 | 2.0 | 2.1 | 2.9 |
| 2.3 | 2.0 | 2.1 | 2.2 | 2.4 | 2.5 | 2.7 | 2.8 | 2.9 | 3.7 |
| 2.1 | 1.9 | 2.0 | 2.1 | 2.2 | 2.4 | 2.5 | 2.6 | 2.8 | 3.6 |
| 1.9 | 1.7 | 1.8 | 2.0 | 2.1 | 2.3 | 2.4 | 2.5 | 2.6 | 3.4 |
| 1.7 | 1.6 | 1.7 | 1.8 | 2.0 | 2.1 | 2.4 | 2.4 | 2.5 | 3.3 |
| 1.5 | 1.5 | 1.6 | 1.7 | 1.9 | 2.0 | 2.1 | 2.3 | 2.4 | 3.2 |
| 1.3 | 1.4 | 1.5 | 1.6 | 1.7 | 1.9 | 2.0 | 2.1 | 2.2 | 3.1 |
| 1.1 | 1.2 | 1.3 | 1.4 | 1.6 | 1.7 | 1.9 | 2.0 | 2.1 | 2.9 |
| 0.9 | 1.1 | 1.2 | 1.3 | 1.4 | 1.6 | 1.7 | 1.8 | 2.0 | 2.8 |
| 0.7 | 0.9 | 1.0 | 1.2 | 1.3 | 1.5 | 1.5 | 1.6 | 1.8 | 2.6 |
| 0.5 | 0.8 | 0.9 | 1.0 | 1.2 | 1.3 | 1.4 | 1.6 | 1.7 | 2.5 |

**表 A.0.1-2　窗框面积占整樘窗面积 20%的窗户传热系数**

| 玻璃传热系数 $U_g$ [W/(m²·K)] | $U_f$[W/(m²·K)] 窗框面积占整樘窗面积20% | | | | | | | | |
|---|---|---|---|---|---|---|---|---|---|
| | 1.0 | 1.4 | 1.8 | 2.2 | 2.6 | 3.0 | 3.4 | 3.8 | 7.0 |
| 5.7 | 4.8 | 4.8 | 4.9 | 5.0 | 5.1 | 5.2 | 5.2 | 5.3 | 5.9 |
| 3.3 | 2.9 | 3.0 | 3.1 | 3.2 | 3.3 | 3.4 | 3.4 | 3.5 | 4.0 |
| 3.1 | 2.8 | 2.9 | 3.0 | 3.1 | 3.2 | 3.3 | 3.4 | 3.4 | 3.9 |
| 2.9 | 2.6 | 2.7 | 2.8 | 2.9 | 3.0 | 3.1 | 3.1 | 3.2 | 3.7 |
| 2.7 | 2.4 | 2.5 | 2.6 | 2.7 | 2.8 | 2.9 | 3.0 | 3.0 | 3.6 |
| 2.5 | 2.3 | 2.4 | 2.5 | 2.6 | 2.7 | 2.8 | 2.8 | 2.9 | 3.4 |
| 2.3 | 2.1 | 2.2 | 2.3 | 2.4 | 2.5 | 2.6 | 2.7 | 2.7 | 3.3 |
| 2.1 | 2.0 | 2.1 | 2.2 | 2.3 | 2.4 | 2.5 | 2.5 | 2.6 | 3.1 |
| 1.9 | 1.8 | 1.9 | 2.0 | 2.1 | 2.2 | 2.3 | 2.4 | 2.5 | 3.0 |
| 1.7 | 1.7 | 1.8 | 1.8 | 1.9 | 2.0 | 2.1 | 2.2 | 2.3 | 2.8 |
| 1.5 | 1.5 | 1.6 | 1.7 | 1.8 | 1.9 | 1.9 | 2.0 | 2.1 | 2.6 |
| 1.3 | 1.4 | 1.5 | 1.6 | 1.7 | 1.8 | 1.9 | 2.0 | 2.1 | 2.5 |
| 1.1 | 1.2 | 1.3 | 1.4 | 1.4 | 1.5 | 1.6 | 1.7 | 1.8 | 2.3 |
| 2.3 | 2.1 | 2.2 | 2.3 | 2.4 | 2.5 | 2.6 | 2.6 | 2.7 | 3.2 |
| 2.1 | 2.0 | 2.0 | 2.1 | 2.2 | 2.3 | 2.4 | 2.5 | 2.6 | 3.1 |
| 1.9 | 1.8 | 1.9 | 2.0 | 2.0 | 2.2 | 2.2 | 2.3 | 2.4 | 2.9 |
| 1.7 | 1.6 | 1.7 | 1.8 | 1.9 | 2.0 | 2.1 | 2.2 | 2.2 | 2.8 |
| 1.5 | 1.5 | 1.6 | 1.6 | 1.7 | 1.8 | 1.9 | 2.0 | 2.1 | 2.6 |
| 1.3 | 1.4 | 1.5 | 1.5 | 1.6 | 1.7 | 1.8 | 1.9 | 2.0 | 2.5 |
| 1.1 | 1.2 | 1.3 | 1.4 | 1.5 | 1.6 | 1.6 | 1.7 | 1.8 | 2.3 |
| 0.9 | 1.0 | 1.1 | 1.2 | 1.3 | 1.4 | 1.5 | 1.6 | 1.6 | 2.2 |
| 0.7 | 0.9 | 1.0 | 1.0 | 1.1 | 1.2 | 1.3 | 1.4 | 1.5 | 2.0 |
| 0.5 | 0.7 | 0.8 | 0.9 | 1.0 | 1.0 | 1.1 | 1.2 | 1.3 | 1.8 |

# 附录 B　典型窗框的传热系数

**B.0.1**　根据本规程第 7 章，可以输入图形及相关参数，用二维有限单元法进行数字计算得到窗框的传热系数。在没有详细的计算结果可以应用时，可以应用本附录的计算方法近似得到窗框的传热系数。

**B.0.2**　本附录中给出的数值都是对应窗垂直安装的情况。传热系数的数值包括了外框面积的影响。计算传热系数的数值时取 $h_{in} = 8.0$W/(m²·K) 和 $h_{out} = 23$W/(m²·K)。

**1　塑料窗框**

**表 B.0.2　带有金属钢衬的塑料窗框的传热系数**

| 窗框材料 | 窗框种类 | $U_f$[W/(m²·K)] |
|---|---|---|
| 聚氨酯 | 带有金属加强筋，型材壁厚的净厚度≥5mm | 2.8 |
| PVC 腔体截面 | 从室内到室外为两腔结构，无金属加强筋 | 2.2 |
| | 从室内到室外为两腔结构，带金属加强筋 | 2.7 |
| | 从室内到室外为三腔结构，无金属加强筋 | 2.0 |

**2　木窗框**

木窗框的 $U_f$ 值是在含水率在 12% 的情况下获得，窗框厚度应根据框扇的不同构造，采用平均的厚度（图 B.0.2-1、图 B.0.2-2）。

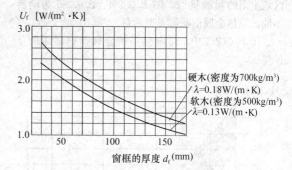

图 B.0.2-1　木窗框以及金属-木窗框的热传递与窗框厚度 $d_f$ 的关系

**3　金属窗框**

框的传热系数 $U_f$ 的数值可通过下列步骤计算获得：

1）金属窗框的传热系数 $U_f$ 应按下式计算：

$$U_f = \frac{1}{\dfrac{A_{f,i}}{h_i A_{d,i}} + R_f + \dfrac{A_{f,e}}{h_e A_{d,e}}} \qquad (B.0.2\text{-}1)$$

式中　$A_{d,i}$，$A_{d,e}$，$A_{f,i}$，$A_{f,e}$——本规程第 3 章中定义的面

积（m²）；

$h_i$——窗框的内表面换热系数
[W/(m²·K)]；

$h_e$——窗框的外表面换热系数
[W/(m²·K)]；

$R_f$——窗框截面的热阻[当隔热
条的导热系数为 0.2～
0.3W/(m·K)时](m²·
K/W)。

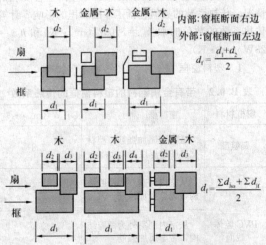

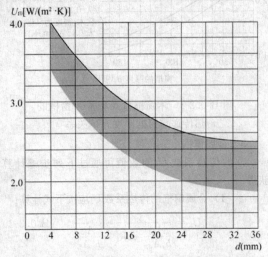

图 B.0.2-2　不同窗户系统窗框厚度 $d_f$ 的定义

**2）** 金属窗框截面的热阻 $R_f$ 按下式计算：

$$R_f = \frac{1}{U_{f0}} - 0.17 \qquad (B.0.2-2)$$

没有隔热的金属框，$U_{f0}=5.9$W/(m²·K)；具有隔热的金属框，$U_{f0}$ 的数值按图 B.0.2-3 中阴影区域上限的粗线选取，图 B.0.2-4、B.0.2-5 为两种不同的隔热金属框截面类型示意。

图 B.0.2-3 中，带隔热条的金属窗框适用的条件是：

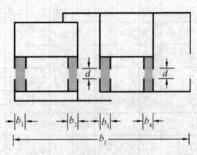

图 B.0.2-4　隔热金属框截面类型 1
[采用导热系数低于 0.30W/(m·K)的隔热条]

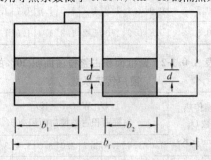

图 B.0.2-5　隔热金属框截面类型 2
[采用导热系数低于 0.20W/(m·K)的泡沫材料]

$$\sum_j b_j \leqslant 0.2 b_f \qquad (B.0.2-3)$$

式中　$d$——热断桥对应的铝合金截面之间的最小距
离（mm）；

$b_j$——热断桥 $j$ 的宽度（mm）；

$b_f$——窗框的宽度（mm）。

图 B.0.2-3 中，采用泡沫材料隔热金属框的适用条件是：

$$\sum_j b_j \leqslant 0.3 b_f \qquad (B.0.2-4)$$

式中　$d$——热断桥对应的铝合金截面之间的最小距
离(mm)；

$b_j$——热断桥 $j$ 的宽度(mm)；

$b_f$——窗框的宽度(mm)。

**B.0.3**　窗框与玻璃结合处的线传热系数 $\psi$，在没有精确计算的情况下，可采用表 B.0.3 中的估算值。

**表 B.0.3　铝合金、钢(不包括不锈钢)与
中空玻璃结合的线传热系数 $\psi$**

| 窗框材料 | 双层或三层未镀膜中空玻璃 $\psi$[W/(m·K)] | 双层 Low-E 镀膜或三层(其中两片 Low-E 镀膜)中空玻璃 $\psi$[W/(m·K)] |
|---|---|---|
| 木窗框和塑料窗框 | 0.04 | 0.06 |
| 带热断桥的金属窗框 | 0.06 | 0.08 |
| 没有断桥的金属窗框 | 0 | 0.02 |

# 附录 C 典型玻璃系统的光学热工参数

**C.0.1** 在没有精确计算的情况下，以下数值可作为玻璃系统光学热工参数的近似值。

**表 C.0.1 典型玻璃系统的光学热工参数**

| 玻璃品种 | | 可见光透射比 $\tau_v$ | 太阳光总透射比 $g_g$ | 遮阳系数 $SC$ | 传热系数 $U_g$[W/(m²·K)] |
|---|---|---|---|---|---|
| 透明玻璃 | 3mm 透明玻璃 | 0.83 | 0.87 | 1.00 | 5.8 |
| | 6mm 透明玻璃 | 0.77 | 0.82 | 0.93 | 5.7 |
| | 12mm 透明玻璃 | 0.65 | 0.74 | 0.84 | 5.5 |
| 吸热玻璃 | 5mm 绿色吸热玻璃 | 0.77 | 0.64 | 0.76 | 5.7 |
| | 6mm 蓝色吸热玻璃 | 0.54 | 0.62 | 0.72 | 5.7 |
| | 5mm 茶色吸热玻璃 | 0.50 | 0.62 | 0.72 | 5.7 |
| | 5mm 灰色吸热玻璃 | 0.42 | 0.60 | 0.69 | 5.7 |
| 热反射玻璃 | 6mm 高透光热反射玻璃 | 0.56 | 0.56 | 0.64 | 5.7 |
| | 6mm 中等透光热反射玻璃 | 0.40 | 0.43 | 0.49 | 5.4 |
| | 6mm 低透光热反射玻璃 | 0.15 | 0.26 | 0.30 | 4.6 |
| | 6mm 特低透光热反射玻璃 | 0.11 | 0.25 | 0.29 | 4.6 |
| 单片 Low-E 玻璃 | 6mm 高透光 Low-E 玻璃 | 0.61 | 0.51 | 0.58 | 3.6 |
| | 6mm 中等透光型 Low-E 玻璃 | 0.55 | 0.44 | 0.51 | 3.5 |
| 中空玻璃 | 6 透明+12 空气+6 透明 | 0.71 | 0.75 | 0.86 | 2.8 |
| | 6 绿色吸热+12 空气+6 透明 | 0.66 | 0.47 | 0.54 | 2.8 |
| | 6 灰色吸热+12 空气+6 透明 | 0.38 | 0.45 | 0.51 | 2.8 |
| | 6 中等透光热反射+12 空气+6 透明 | 0.28 | 0.29 | 0.34 | 2.4 |
| | 6 低透光热反射+12 空气+6 透明 | 0.16 | 0.16 | 0.18 | 2.3 |
| | 6 高透光 Low-E+12 空气+6 透明 | 0.72 | 0.47 | 0.62 | 1.9 |
| | 6 中透光 Low-E+12 空气+6 透明 | 0.62 | 0.37 | 0.50 | 1.8 |
| | 6 较低透光 Low-E+12 空气+6 透明 | 0.48 | 0.28 | 0.38 | 1.8 |

**续表 C.0.1**

| 玻璃品种 | | 可见光透射比 $\tau_v$ | 太阳光总透射比 $g_g$ | 遮阳系数 $SC$ | 传热系数 $U_g$[W/(m²·K)] |
|---|---|---|---|---|---|
| 中空玻璃 | 6 低透光 Low-E+12 空气+6 透明 | 0.35 | 0.20 | 0.30 | 1.8 |
| | 6 高透光 Low-E+12 氩气+6 透明 | 0.72 | 0.47 | 0.62 | 1.5 |
| | 6 中透光 Low-E+12 氩气+6 透明 | 0.62 | 0.37 | 0.50 | 1.4 |

# 附录 D 太阳光谱、人眼视见函数、标准光源

**D.0.1** 表 D.0.1 按波长给出了 D65 标准光源、视见函数、光谱间隔三者的乘积，可用于材料的有关可见光反射、透射、吸收等性能的计算。

**表 D.0.1 D65 标准光源、视见函数、光谱间隔乘积**

| $\lambda$ (nm) | $D_\lambda V(\lambda)\,\Delta\lambda \times 10^2$ | $\lambda$ (nm) | $D_\lambda V(\lambda)\,\Delta\lambda \times 10^2$ |
|---|---|---|---|
| 380 | 0.0000 | 600 | 5.3542 |
| 390 | 0.0005 | 610 | 4.2491 |
| 400 | 0.0030 | 620 | 3.1502 |
| 410 | 0.0103 | 630 | 2.0812 |
| 420 | 0.0352 | 640 | 1.3810 |
| 430 | 0.0948 | 650 | 0.8070 |
| 440 | 0.2274 | 660 | 0.4612 |
| 450 | 0.4192 | 670 | 0.2485 |
| 460 | 0.6663 | 680 | 0.1255 |
| 470 | 0.9850 | 690 | 0.0536 |
| 480 | 1.5189 | 700 | 0.0276 |
| 490 | 2.1336 | 710 | 0.0146 |
| 500 | 3.3491 | 720 | 0.0057 |
| 510 | 5.1393 | 730 | 0.0035 |
| 520 | 7.0523 | 740 | 0.0021 |
| 530 | 8.7990 | 750 | 0.0008 |
| 540 | 9.4457 | 760 | 0.0001 |
| 550 | 9.8077 | 770 | 0.0000 |
| 560 | 9.4306 | 780 | 0.0000 |
| 570 | 8.6891 | — | — |
| 580 | 7.8994 | — | — |
| 590 | 6.3306 | — | — |

注：表中的数据为 D65 光源标准的相对光谱分布 $D_\lambda$ 乘以视见函数 $V(\lambda)$ 以及波长间隔 $\Delta\lambda$。

**D.0.2** 表 D.0.2 按波长给出了太阳辐射、光谱间隔的乘积，可用于材料的有关太阳光反射、透射、吸收等性能的计算。

**表 D.0.2 地面上标准的太阳光相对光谱分布**

| λ (nm) | $S_\lambda \Delta\lambda$ | λ (nm) | $S_\lambda \Delta\lambda$ |
|---|---|---|---|
| 300 | 0 | 560 | 0.015590 |
| 305 | 0.000057 | 570 | 0.015256 |
| 310 | 0.000236 | 580 | 0.014745 |
| 315 | 0.000554 | 590 | 0.014330 |
| 320 | 0.000916 | 600 | 0.014663 |
| 325 | 0.001309 | 610 | 0.015030 |
| 330 | 0.001914 | 620 | 0.014859 |
| 335 | 0.002018 | 630 | 0.014622 |
| 340 | 0.002189 | 640 | 0.014526 |
| 345 | 0.002260 | 650 | 0.014445 |
| 350 | 0.002445 | 660 | 0.014313 |
| 355 | 0.002555 | 670 | 0.014023 |
| 360 | 0.002683 | 680 | 0.012838 |
| 365 | 0.003020 | 690 | 0.011788 |
| 370 | 0.003359 | 700 | 0.012453 |
| 375 | 0.003509 | 710 | 0.012798 |
| 380 | 0.003600 | 720 | 0.010589 |
| 385 | 0.003529 | 730 | 0.011233 |
| 390 | 0.003551 | 740 | 0.012175 |
| 395 | 0.004294 | 750 | 0.012181 |
| 400 | 0.007812 | 760 | 0.009515 |
| 410 | 0.011638 | 770 | 0.010479 |
| 420 | 0.011877 | 780 | 0.011381 |
| 430 | 0.011347 | 790 | 0.011262 |
| 440 | 0.013246 | 800 | 0.028718 |
| 450 | 0.015343 | 850 | 0.048240 |
| 460 | 0.016166 | 900 | 0.040297 |
| 470 | 0.016178 | 950 | 0.021384 |
| 480 | 0.016402 | 1000 | 0.036097 |
| 490 | 0.015794 | 1050 | 0.034110 |
| 500 | 0.015801 | 1100 | 0.018861 |
| 510 | 0.015973 | 1150 | 0.013228 |
| 520 | 0.015357 | 1200 | 0.022551 |
| 530 | 0.015867 | 1250 | 0.023376 |
| 540 | 0.015827 | 1300 | 0.017756 |
| 550 | 0.015844 | 1350 | 0.003743 |

**续表 D.0.2**

| λ (nm) | $S_\lambda \Delta\lambda$ | λ (nm) | $S_\lambda \Delta\lambda$ |
|---|---|---|---|
| 1400 | 0.000741 | 2000 | 0.003024 |
| 1450 | 0.003792 | 2050 | 0.003988 |
| 1500 | 0.009693 | 2100 | 0.004229 |
| 1550 | 0.013693 | 2150 | 0.004142 |
| 1600 | 0.012203 | 2200 | 0.003690 |
| 1650 | 0.010615 | 2250 | 0.003592 |
| 1700 | 0.007256 | 2300 | 0.003436 |
| 1750 | 0.007183 | 2350 | 0.003163 |
| 1800 | 0.002157 | 2400 | 0.002233 |
| 1850 | 0.000398 | 2450 | 0.001202 |
| 1900 | 0.000082 | 2500 | 0.000475 |
| 1950 | 0.001087 | | |

注：空气质量为 1.5 时地面上标准的太阳光（直射＋散射）相对光谱分布出自 ISO 9845-1：1992。表中数据为标准的相对光谱乘以波长间隔。

**D.0.3** 表 D.0.3 按波长给出了太阳光紫外线辐射、光谱间隔的乘积，可用于材料的有关太阳光紫外线的反射、透射、吸收等性能的计算。

**表 D.0.3 地面上太阳光紫外线部分的标准相对光谱分布**

| λ (nm) | $S_\lambda \Delta\lambda$ | λ (nm) | $S_\lambda \Delta\lambda$ |
|---|---|---|---|
| 300 | 0 | 345 | 0.073326 |
| 305 | 0.001859 | 350 | 0.079330 |
| 310 | 0.007665 | 355 | 0.082894 |
| 315 | 0.017961 | 360 | 0.087039 |
| 320 | 0.029732 | 365 | 0.097963 |
| 325 | 0.042466 | 370 | 0.108987 |
| 330 | 0.0262108 | 375 | 0.113837 |
| 335 | 0.065462 | 380 | 0.058351 |
| 340 | 0.071020 | | |

注：空气质量为 1.5 时地面上太阳光紫外线部分（直射＋散射）的标准相对光谱分布出自 ISO 9845-1：1992。表中数据为标准的相对光谱乘以波长间隔。

## 附录 E 常用气体热物理性能

**E.0.1** 表 E.0.1 给出的线性公式及系数可以用于计算填充空气、氩气、氪气、氙气四种气体空气层的导热系数、运动黏度和常压比热容。传热计算时，假设所充气体是不发射辐射或吸收辐射的气体。

## 表 E.0.1-1　气体的导热系数

| 气体 | 系数 $a$ | 系数 $b$ | $\lambda$(273K 时) [W/(m·K)] | $\lambda$(283K 时) [W/(m·K)] |
|---|---|---|---|---|
| 空气 | $2.873 \times 10^{-3}$ | $7.760 \times 10^{-5}$ | 0.0241 | 0.0249 |
| 氩气 | $2.285 \times 10^{-3}$ | $5.149 \times 10^{-5}$ | 0.0163 | 0.0168 |
| 氪气 | $9.443 \times 10^{-4}$ | $2.826 \times 10^{-5}$ | 0.0087 | 0.0090 |
| 氙气 | $4.538 \times 10^{-4}$ | $1.723 \times 10^{-5}$ | 0.0052 | 0.0053 |

其中：$\lambda = a + b \cdot T$ [W/(m·K)]

## 表 E.0.1-2　气体的运动黏度

| 气体 | 系数 $a$ | 系数 $b$ | $\mu$(273K 时) [kg/(m·s)] | $\mu$(283K 时) [kg/(m·s)] |
|---|---|---|---|---|
| 空气 | $3.723 \times 10^{-6}$ | $4.940 \times 10^{-8}$ | $1.722 \times 10^{-5}$ | $1.771 \times 10^{-5}$ |
| 氩气 | $3.379 \times 10^{-6}$ | $6.451 \times 10^{-8}$ | $2.100 \times 10^{-5}$ | $2.165 \times 10^{-5}$ |
| 氪气 | $2.213 \times 10^{-6}$ | $7.777 \times 10^{-8}$ | $2.346 \times 10^{-5}$ | $2.423 \times 10^{-5}$ |
| 氙气 | $1.069 \times 10^{-6}$ | $7.414 \times 10^{-8}$ | $2.132 \times 10^{-5}$ | $2.206 \times 10^{-5}$ |

其中：$\mu = a + b$ [kg/(m·s)]

## 表 E.0.1-3　气体的常压比热容

| 气体 | 系数 $a$ | 系数 $b$ | $c_p$(273K 时) [J/(kg·K)] | $c_p$(283K 时) [J/(kg·K)] |
|---|---|---|---|---|
| 空气 | 1002.7370 | $1.2324 \times 10^{-2}$ | 1006.1034 | 1006.2266 |
| 氩气 | 521.9285 | 0 | 521.9285 | 521.9285 |
| 氪气 | 248.0907 | 0 | 248.0917 | 248.0917 |
| 氙气 | 158.3397 | 0 | 158.3397 | 158.3397 |

其中：$c_p = a + b \cdot T$ [J/(kg·K)]

## 表 E.0.1-4　气体的摩尔质量

| 气　体 | 摩尔质量(kg/kmol) |
|---|---|
| 空气 | 28.97 |
| 氩气 | 39.948 |
| 氪气 | 83.80 |
| 氙气 | 131.30 |

## 附录 F　常用材料的热工计算参数

**F.0.1**　门窗、玻璃幕墙常用材料的热工计算参数可采用表 F.0.1 中的数值。

## 表 F.0.1　常用材料的热工计算参数

| 用途 | 材料 | 密度 (kg/m³) | 导热系数 [W/(m·K)] | 表面发射率 | |
|---|---|---|---|---|---|
| 框 | 铝 | 2700 | 237.00 | 涂漆 | 0.90 |
| | | | | 阳极氧化 | 0.20~0.80 |
| | 铝合金 | 2800 | 160.00 | 涂漆 | 0.90 |
| | | | | 阳极氧化 | 0.20~0.80 |
| | 铁 | 7800 | 50.00 | 镀锌 | 0.20 |
| | | | | 氧化 | 0.80 |
| | 不锈钢 | 7900 | 17.00 | 浅黄 | 0.20 |
| | | | | 氧化 | 0.80 |
| | 建筑钢材 | 7850 | 58.20 | 镀锌 | 0.20 |
| | | | | 氧化 | 0.80 |
| | | | | 涂漆 | 0.90 |
| | PVC | 1390 | 0.17 | 0.90 | |
| | 硬木 | 700 | 0.18 | 0.90 | |
| | 软木(常用于建筑构件中) | 500 | 0.13 | 0.90 | |
| | 玻璃钢(UP 树脂) | 1900 | 0.40 | 0.90 | |
| 透明材料 | 建筑玻璃 | 2500 | 1.00 | 玻璃面 | 0.84 |
| | | | | 镀膜面 | 0.03~0.80 |
| | 丙烯酸(树脂玻璃) | 1050 | 0.20 | 0.90 | |
| | PMMA(有机玻璃) | 1180 | 0.18 | 0.90 | |
| | 聚碳酸酯 | 1200 | 0.20 | 0.90 | |
| 隔热 | 聚酰氨(尼龙) | 1150 | 0.25 | 0.90 | |
| | 尼龙66+25%玻璃纤维 | 1450 | 0.30 | 0.90 | |
| | 高密度聚乙烯 HD | 980 | 0.52 | 0.90 | |
| | 低密度聚乙烯 LD | 920 | 0.33 | 0.90 | |
| | 固体聚丙烯 | 910 | 0.22 | 0.90 | |
| | 带有25%玻璃纤维的聚丙烯 | 1200 | 0.25 | 0.90 | |
| | PU(聚亚氨酯树脂) | 1200 | 0.25 | 0.90 | |
| | 刚性 PVC | 1390 | 0.17 | 0.90 | |

| 用途 | 材料 | 密度 (kg/m³) | 导热系数 [W/(m·K)] | 表面发射率 |
|---|---|---|---|---|
| 防水密封条 | 氯丁橡胶(PCP) | 1240 | 0.23 | 0.90 |
| | EPDM(三元乙丙) | 1150 | 0.25 | 0.90 |
| | 纯硅胶 | 1200 | 0.35 | 0.90 |
| | 柔性 PVC | 1200 | 0.14 | 0.90 |
| | 聚酯马海毛 | — | 0.14 | 0.90 |
| | 柔性人造橡胶泡沫 | 60~80 | 0.05 | 0.90 |
| 密封剂 | PU(刚性聚氨酯) | 1200 | 0.25 | 0.90 |
| | 固体/热融异丁烯 | 1200 | 0.24 | 0.90 |
| | 聚硫胶 | 1700 | 0.40 | 0.90 |
| | 纯硅胶 | 1200 | 0.35 | 0.90 |
| | 聚异丁烯 | 930 | 0.20 | 0.90 |
| | 聚酯树脂 | 1400 | 0.19 | 0.90 |
| | 硅胶(干燥剂) | 720 | 0.13 | 0.90 |
| | 分子筛 | 650~750 | 0.10 | 0.90 |
| | 低密度硅胶泡沫 | 750 | 0.12 | 0.90 |
| | 中密度硅胶泡沫 | 820 | 0.17 | 0.90 |

## 附录 G 表面发射率的确定

**G. 0. 1** 对远红外线不透明镀膜表面的标准发射率 $\varepsilon_n$ 的计算，应在接近正入射状况下利用红外谱仪测出其谱线的反射系数曲线，并应按下列步骤计算：

**1** 按照表 G.0.1 给出的 30 个波长值，测定相应的反射系数 $R_n(\lambda_i)$ 曲线，取其数学平均值，得到 283K 温度下的常规反射系数。

$$R_n = \frac{1}{30} \sum_{i=1}^{30} R_n(\lambda_i) \qquad (G. 0. 1-1)$$

**2** 在 283K 温度下的标准发射率按下式计算：

$$\varepsilon_n = 1 - R_n \qquad (G. 0. 1-2)$$

**表 G. 0. 1 用于测定 283K 下标准反射系数 $R_n$ 的波长(μm)**

| 序 号 | 波 长 | 序 号 | 波 长 |
|---|---|---|---|
| 1 | 5.5 | 9 | 10.7 |
| 2 | 6.7 | 10 | 11.3 |
| 3 | 7.4 | 11 | 11.8 |
| 4 | 8.1 | 12 | 12.4 |
| 5 | 8.6 | 13 | 12.9 |
| 6 | 9.2 | 14 | 13.5 |
| 7 | 9.7 | 15 | 14.2 |
| 8 | 10.2 | 16 | 14.8 |

| 序 号 | 波 长 | 序 号 | 波 长 |
|---|---|---|---|
| 17 | 15.6 | 24 | 23.3 |
| 18 | 16.3 | 25 | 25.2 |
| 19 | 17.2 | 26 | 27.7 |
| 20 | 18.1 | 27 | 30.9 |
| 21 | 19.2 | 28 | 35.7 |
| 22 | 20.3 | 29 | 43.9 |
| 23 | 21.7 | 30 | 50.0 |

注：当测试的波长仅达到 25μm 时，25μm 以上波长的反射系数可用 25μm 波长的发射系数替代。

**G. 0. 2** 校正发射率 $\varepsilon$ 的确定：

用表 G.0.2 给出的系数乘以标准发射率 $\varepsilon_n$ 即得出校正发射率 $\varepsilon$。

**表 G. 0. 2 校正发射率与标准发射率之间的关系**

| 标准发射率 $\varepsilon_n$ | 系数 $\varepsilon/\varepsilon_n$ |
|---|---|
| 0.03 | 1.22 |
| 0.05 | 1.18 |
| 0.1 | 1.14 |
| 0.2 | 1.10 |
| 0.3 | 1.06 |
| 0.4 | 1.03 |
| 0.5 | 1.00 |
| 0.6 | 0.98 |
| 0.7 | 0.96 |
| 0.8 | 0.95 |
| 0.89 | 0.94 |

注：其他值可以通过线性插值或外推获得。

## 本规程用词说明

**1** 为便于在执行本规程条文时区别对待，对要求严格程度不同的用词说明如下：

1) 表示很严格，非这样做不可的用词：

正面词采用"必须"，反面词采用"严禁"；

2) 表示严格，在正常情况下均应这样做的用词：

正面词采用"应"，反面词采用"不应"或"不得"；

3) 表示允许稍有选择，在条件许可时首先应这样做的用词：

正面词采用"宜"，反面词采用"不宜"；

表示有选择，在一定条件下可以这样做的用词，采用"可"。

**2** 本规程中指明应按其他有关标准执行的写法为"应按……执行"或"应符合……要求（规定）"。

# 建筑门窗玻璃幕墙热工计算规程

JGJ/T 151—2008

条 文 说 明

# 前　言

《建筑门窗玻璃幕墙热工计算规程》JGJ/T 151 -2008，经住房和城乡建设部 2008 年 11 月 13 日以第 143 号公告批准、发布。

为便于广大勘察、设计、施工、管理和科研院校等单位的有关人员在使用本规程时能正确理解和执行条文规定，《建筑门窗玻璃幕墙热工计算规程》编制组按章、节、条顺序编制了本规程的条文说明，供使用者参考。在使用中如发现有不妥之处，请将意见函寄广东省建筑科学研究院（地址：广州市先烈东路 121 号；邮政编码：510500）。

# 目　　次

# 1 总 则

**1.0.1** 在建筑围护结构的节能中，建筑门窗、玻璃幕墙的能耗均比较大，是节能的重点之一。已经颁布的《公共建筑节能设计标准》GB 50189-2005、《民用建筑节能设计标准（采暖居住建筑部分）》JGJ 26-95、《夏热冬冷地区居住建筑节能设计标准》JGJ 134-2001、《夏热冬暖地区居住建筑节能设计标准》JGJ 75-2003 均对门窗的热工性能提出了明确的要求。

由于我国一直没有门窗的热工计算规程，所以在实际工程中，门窗的传热系数都是由实验室测试得到的。即使这样，由于测试的条件并不是实际工程所在的环境条件，测试的数据用于实际工程也不完全正确。而且，由于实际工程的窗的大小、分格往往与测试样品不一致，所以传热系数与测试值也不一样，无法对测试数据进行修正。

要在建筑门窗和幕墙工程中贯彻执行国家的建筑节能标准，只有测试方法是不够的。而且，随着南方建筑节能标准的出台，遮阳系数成为非常重要的指标，而遮阳系数很难在实验室进行测试，这样，实验室的测试更加无法满足广大建筑工程的节能设计需要。

本规程的编制，规定了门窗和玻璃幕墙的传热系数、遮阳系数、可见光透射比等热工参数的有关计算方法，并给出了详细的计算公式，这对于门窗、幕墙工程的节能设计非常方便。因为产品设计过程中不需要实际产品生产出来，也不需要进行大量的物理测试，仅仅由计算机模拟计算就可以预知产品的性能，这将大大加快产品设计的速度。对于建筑节能工程设计，选择、设计门窗或者幕墙都很方便。设计人员可以预先进行玻璃、型材、配件的选择，选择的范围可以很宽，速度也可以大大加快。

本规程还规定了门窗的结露性能的评价方法，这对于满足《公共建筑节能设计标准》GB 50189-2005的要求和《民用建筑节能设计标准（采暖居住建筑部分）》JGJ 26-95 的要求都是非常重要的。

**1.0.2** 本规程主要以规则的玻璃门窗和玻璃幕墙为计算对象，适当地考虑非透明的面板采用本规程的方法计算的可能性。对于复杂的建筑幕墙、门窗，本规程不完全适用。而且，本规程也只能适用于门窗和玻璃幕墙自身的计算，并不适用于门窗、玻璃幕墙与周边墙体复杂连接边界的计算。

本规程参照国际标准 ISO 15099、ISO 10077、ISO 9050 等系列标准，结合我国现行的相关标准制定。本规程以下列标准为参照标准：

ISO 15099：Thermal performance of windows, doors and shading devices-Detailed calculations;

ISO 10077-1：Thermal performance of windows, doors and shutters-Calculation of thermal transmittance-Part 1：Simplified method;

ISO 10077-2：Thermal performance of windows, doors and shutters-Calculation of thermal transmittance-Part 2：Numerical method for frames;

ISO 10292：Glass in building-Calculation of steady state U-values（thermal transmittance）of multiple glazing;

ISO 9050：Glass in building-Determination of light transmittance, solar direct transmittance, total solar energy transmittance, ultraviolet transmittance and related glazing factors.

**1.0.3** 门窗的热惰性不大，因而采用稳态的方法进行有关计算。在 ISO 系列标准和各个发达国家的相关标准中均是如此。例如 ISO 10077-1、ISO 10077-2、ISO 15099 等。

空气渗透会影响门窗和幕墙的传热和结露的性能。由于空气渗透与门窗的质量有关，一般在计算中很难知道渗漏的部位，因而传热的计算不考虑空气渗透的影响。实际使用时应考虑空气渗透对热工性能和节能计算的影响。

**1.0.4** 为了各种产品之间的性能对比，条件相同才有可比性，本规程规定了计算门窗和玻璃幕墙热工性能参数的标准计算条件。但标准计算条件并不能反映工程的实际情况，虽然计算条件的一般变化对热工性能参数的影响不太大，但若需要详细计算，计算条件仍应该按照实际工程所使用的计算条件，因而实际工程并不能使用标准计算条件。

实际的工程节能设计标准中都会规定室内计算条件，室外计算条件可以通过当地的建筑气象数据来确定。

**1.0.5** 本规程给出了部分建筑门窗、玻璃幕墙计算所用的材料热工参数，但这些参数还应符合其他国家现行有关标准的规定要求。实际工程中所使用的材料热工参数如果与本规程没有冲突，可以使用本规程的数据。

对于本规程没有列入的材料，应该进行测试，按照测试结果选取。

# 2 术语、符号

## 2.1 术 语

本规程所列出的术语是本规程所特有的。给出的术语尽可能考虑了与其他标准的一致性和协调性，但可能与其他标准不一致，有本规程特殊的涵义，应用时应该注意。

每个术语均给出了英文翻译，但该翻译不一定与国际上的标准术语一致，仅供参考。

## 2.2 符　号

本规程的符号采用 ISO 系列标准的符号，与我国的标准所采用的符号可能不一致，采用时应根据其物理意义进行对应。

# 3　整樘窗热工性能计算

## 3.1　一般规定

**3.1.1**　本节的有关规定主要参照 ISO 10077 的相应规定。窗由多个部分组成，窗框、玻璃（或其他面板）等部分的光学性能和传热特性各不一样，在计算整窗的传热系数、遮阳系数以及可见光透射比时采用各部分按面积加权平均的方式，可以简化计算，而且物理概念清晰。这种方法也都是 ISO 系列标准所普遍采用的。

**3.1.2**　关于玻璃（或其他面板）边缘与窗框组合产生的传热效应，采用附加传热系数的方式表示。这样的做法与 ISO 10077 相同。

窗框与玻璃结合处的线传热系数 $\psi$ 主要描述了在窗框、玻璃和间隔层之间相互作用下附加的热传递，附加线传热系数 $\psi$ 主要受玻璃间隔层材料导热系数的影响。在没有精确计算的情况下，可采用附录 B 中线传热系数 $\psi$ 的参考值。

**3.1.3**　关于窗框的传热系数、太阳能总透射比的计算，在第 7 章有详细的规定。

**3.1.4**　关于窗户玻璃的传热系数、太阳光总透射比、可见光透射比的计算方法，在第 6 章有详细的规定。

## 3.2　整樘窗几何描述

**3.2.1**　本节的有关规定采用 ISO 10077 的相应规定。

每条窗框的传热系数按第 7 章规定进行计算。为了简化计算，在两条框相交处的传热不作三维传热现象考虑，简化为其中的一条框来处理，且忽略建筑与窗框之间的热桥效应，即窗框与墙相接边界作绝热处理。

如图 1 所示的窗，应计算 1-1、2-2、3-3、4-4、5-5、6-6 六个框段的框传热系数及对应的框和玻璃接缝线传热系数。两条框相交部分简化为其中的一条框来处理。

计算 1-1、2-2、4-4 截面的二维传热时，与墙面相接的边界作为绝热边界处理。

计算 3-3、5-5、6-6 截面的二维传热时，与相邻框相接的边界作为绝热边界处理。

如图 2 所示的推拉窗，应计算 1-1、2-2、3-3、4-4、5-5 五个框的框传热系数和对应的框和玻璃接缝线传热系数。两扇窗框叠加部分 5-5 作为一个截面进行计算。

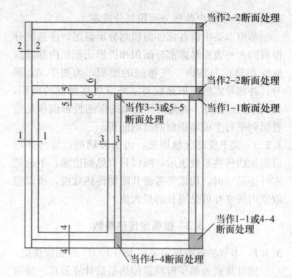

图 1　窗的几何分段

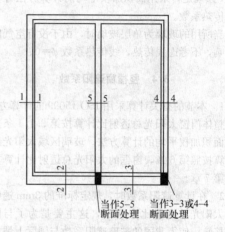

图 2　推拉窗几何分段

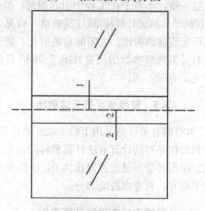

图 3　窗横隔几何分段

一个框两边均有玻璃的情况，可以分别附加框两边的附加线传热系数。如图 3 所示窗框两边均有玻璃，框的传热系数为框两侧均镶嵌保温材料时的传热系数，框 1-1 和 2-2 的宽度可以分别是框宽度的 1/2。框 1-1 和 2-2 的附加线传热系数可分别将其换成玻璃进行计算。如果对称，则两边的附加线传热系数应该是相同的。

**3.2.2** 关于窗户各部分面积划分规定。

参照本条中窗各部件面积划分示意图，注意区分窗框的内外表面暴露部分面积和投影面积。内部暴露框面积是框与室内空气接触的面积，为图中 $A_{d,i}$ 部分；外部暴露框面积是框与室外空气接触框的面积，为图中 $A_{d,e}$ 部分。内外两侧凸出的框的投影面积是指投影到平行于玻璃板面的框的面积。

**3.2.3** 关于玻璃区域周长，由于玻璃的边缘传热均以附加线传热系数表示，所以只要见到边缘，不论是室外还是室内，均需要考虑其附加传热效应，所以应取室内或室外可见周长的最大值。

### 3.3 整樘窗传热系数

**3.3.1** 本节的有关规定采用 ISO 10077 的相应规定。

该计算式为单层窗整窗传热系数计算公式。按第 3.1.1 条规定，采用面积加权平均的计算方法计算整窗的传热系数。

当所用的玻璃为单层玻璃时，由于没有空气间层的影响，不考虑线传热，线传热系数 $\psi = 0$。

### 3.4 整樘窗遮阳系数

**3.4.1** 本节的有关计算采用 ISO 15099 的计算方法。

整体门窗太阳光总透射比计算按第 3.1.1 条规定采用面积加权平均的计算方法。玻璃区域太阳光透射比计算按照第 6 章，窗框的太阳光总透射比计算方法按照第 7 章。

**3.4.2** 在计算遮阳系数时，规定标准的 3mm 透明玻璃的太阳光总透射比为 0.87，这主要是为了与国际方法接轨，使得我国的玻璃遮阳系数与国际上惯用的遮阳系数一致，不至于在工程中引起混淆。但这样规定与我国的玻璃测试计算标准《建筑玻璃 可见光透射比、太阳光直接透射比、太阳能总透射比、紫外线透射比及有关窗玻璃参数的测定》GB/T 2680 有关遮蔽系数的规定有所不同。

### 3.5 整樘窗可见光透射比

**3.5.1** 本节的有关计算采用 ISO 15099 的计算方法。采用面积加权平均的计算方法计算整体门窗的可见光透射比。窗框部分可见光透射比为 0，所以在进行面积加权平均时，只考虑玻璃部分。

### 整樘窗热工性能计算实例

整窗热工性能可按照以下参考步骤计算。以 PVC 窗为例：

**1** 窗的有关参数

尺寸：1500mm×1800mm，如图 4 所示；

框型材：PVC 两腔体构造；

玻璃：Low-E 中空玻璃，玻璃厚度 4mm，空气层厚度 12mm；

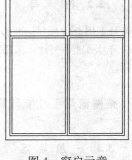

图 4　窗户示意

玻璃面积：2.22m²；

窗框面积：0.48m²；

玻璃区域周长：12m。

**2** 窗框传热系数

根据附录 B 查得，窗框的传热系数 $U_f$ 为 2.2W/(m²·K)，线传热系数 $\psi$ 为 0.06W/(m·K)。

**3** 玻璃参数

计算玻璃的传热系数 $U_g$ 为 1.896W/(m²·K)，太阳光总透射比 $g_g$ 为 0.758，可见光透射比 $\tau_v$ 为 0.755。

**4** 整窗传热系数计算

由第 3 章公式计算窗传热系数 $U_t$：

$$U_t = \frac{\sum A_g U_g + \sum A_f U_f + \sum l_\psi \psi}{A_t}$$

$$= \frac{2.22 \times 1.896 + 0.48 \times 2.2 + 12 \times 0.06}{2.7}$$

$$= 2.217 [W/(m^2 \cdot K)]$$

**5** 太阳光透射比及遮阳系数计算

按第 7.6 节计算框的太阳光总透射比，窗框表面太阳辐射吸收系数 $\alpha_f$ 取 0.4：

$$g_f = \alpha_f \cdot \frac{U_f}{\frac{A_{surf}}{A_f} h_{out}}$$

$$= 0.4 \times \frac{2.2}{\frac{0.57}{0.48} \times 19} = 0.039$$

由公式（3.4.1）计算整窗太阳能总透过比：

$$g_t = \frac{\sum g_g A_g + \sum g_f A_f}{A_t}$$

$$= \frac{0.758 \times 2.22 + 0.039 \times 0.48}{2.7} = 0.63$$

由公式（3.4.2）计算整窗遮阳系数 $SC$：

$$SC = \frac{g_t}{0.87}$$

$$= \frac{0.63}{0.87} = 0.72$$

**6** 可见光透射比计算

由公式（3.5.1）计算整窗可见光透射比

$$\tau_t = \frac{\sum \tau_v A_g}{A_t}$$

$$= \frac{0.755 \times 2.2}{2.7} = 0.62$$

# 4 玻璃幕墙热工计算

## 4.1 一 般 规 定

**4.1.1** 本节的有关规定与整窗的计算一样，也主要参照 ISO 10077 的有关规定进行相应的规定。采用按面积加权平均的方法计算幕墙的传热系数、遮阳系数以及可见光透射比。

**4.1.2** 关于玻璃（或其他面板）边缘与窗框组合产生的传热效应，采用附加线传热系数的方式表示。这样的做法与 ISO 10077 相同。

**4.1.3** 关于框的传热系数、太阳光总透射比的计算，在第 7 章有详细的规定。

**4.1.4** 关于玻璃传热系数、太阳光总透射比、可见光透射比的计算方法，在第 6 章有详细的规定。

**4.1.6** 对于幕墙水平和垂直转角部位的传热，其简化方法可见图 5 所示。

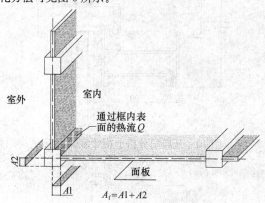

图 5　幕墙转角部位简化处理示意

框的投影面积可近似为 $\qquad A_f = A1 + A2$；

框的传热系数可近似为 $\qquad U_f = \dfrac{Q}{A_f}$。

## 4.2 幕墙几何描述

**4.2.1** 本节的有关规定主要参考了欧洲标准 prEN 13947。根据幕墙框截面的不同将幕墙框进行分段，对不同的框截面均应计算其传热系数及对应框和玻璃接缝的线传热系数，这样才能保证幕墙的各光学热工性能可按面积加权平均的方式简化计算。

**4.2.2** 幕墙在进行热工计算时面积的划分与整窗的计算基本相同，采用了相同的原则。

**4.2.4** 幕墙计算的边界和单元的划分应根据幕墙形式的不同而采用不同的方式。单元式幕墙和构件式幕墙的立柱和横梁的结构是不同的。单元式幕墙是由一个一个的单元拼接而成，所以单元边缘的立柱和横梁是拼接的。而构件式幕墙的立柱和横梁则是一个完整的。

由于幕墙是连续的，单元边缘的立柱和横梁一般是两边对称的，所以边缘的立柱和横梁需要进行对称划分，面积只能计算一半。

**4.2.5** 为了保证幕墙的各光学热工性能可按面积加权平均的方式简化计算，幕墙计算的节点应该包括幕墙所有典型的节点。复杂的节点可能由多个型材拼接而成，所以应拆分计算。

## 4.3 幕墙传热系数

**4.3.1** 本节的有关计算主要采用 ISO 10077 的计算方法。

计算式（4.3.1）根据规定，采用面积加权平均的计算方法计算幕墙的传热系数。

**4.3.2** 当幕墙背后有实体墙时，幕墙的计算比较复杂。这里只针对幕墙与实体墙之间为封闭空气层的情况，这样可以简化计算。实际上，由于幕墙金属热桥的存在，当幕墙背后有实体墙时，幕墙的计算比较复杂。为了计算有实体墙的情况，简化是有必要的。

简化的方法是将实体墙部分和幕墙部分看成是两层幕墙，中间隔一个空气间层。由于幕墙的空气层一般超过 30mm，所以根据《民用建筑热工设计规范》GB 50176－93 的计算数据表，30mm，40mm，50mm 及以上厚度封闭空气间层的热阻分别取 0.17m² · K/W，0.18m² · K/W，0.18m² · K/W。

**4.3.5** 若幕墙与实体墙之间存在明显的冷桥（热桥），应计算冷桥（热桥）的影响。具体的计算方法是采用加权平均的办法。

## 4.4 幕墙遮阳系数

**4.4.1** 本节的有关计算采用 ISO 15099 的计算方法。

幕墙太阳光总透射比计算按第 4.1.1 条规定采用面积加权平均的计算方法。

玻璃的太阳光透射比计算按照第 6 章，窗框的太阳光透射比计算方法按照第 7 章。

**4.4.2** 在计算遮阳系数时，也规定标准的 3mm 透明玻璃的太阳光总透射比为 0.87。

## 4.5 幕墙可见光透射比

**4.5.1** 本节的有关计算采用 ISO 15099 的计算方法。幕墙可见光透射比计算采用按面积加权平均的计算方法。

### 幕墙热工性能计算实例

幕墙热工性能计算可按照以下参考步骤计算。以一个单元式横明竖隐框玻璃幕墙为例：

幕墙热工性能计算需先确定计算单元，计算每种计算单元的热工性能参数，然后按照每种计算单元所占面积比例，进行加权平均计算整幅幕墙的热工性能参数。此处只做示范，故假设一个尺寸宽 4768mm×

高 2856mm 的幕墙，如图 6 所示。

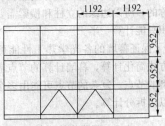

图 6　幕墙示意

**1　幕墙的有关参数**

尺寸：固定玻璃分格宽 1192mm×高 952mm，开启扇分格宽 1192mm×高 952mm；

框型材：立柱为普通铝合金构造，横梁为断热铝合金构造，截面尺寸见图 7～图 11；

只采用玻璃面板：厚度为（6+12A+6）mm 的 Low-E 中空玻璃，外片为 Low-E 玻璃，内片为普通透明玻璃。

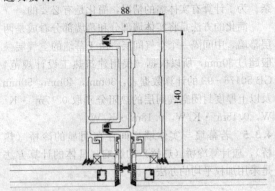

图 7　固定分格立柱截面示意

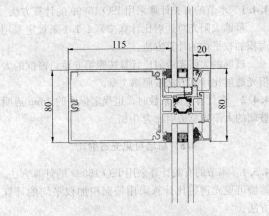

图 8　固定分格横梁截面示意

根据幕墙分格图，可以选择 2 个幕墙计算单元：竖向 3 块固定分格作为计算单元 D1，竖向 2 块固定分格+1 块开启扇分格作为计算单元 D2。

**2　幕墙单元 D1（竖向 3 块固定分格）**

**1）单元几何参数：**

计算单元：宽 1192mm×高 2856mm；

立柱面积：0.250m²；横梁面积：0.265m²；

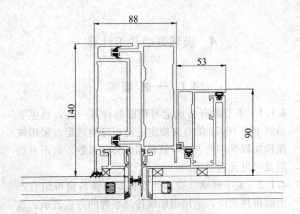

图 9　开启扇分格立柱截面示意

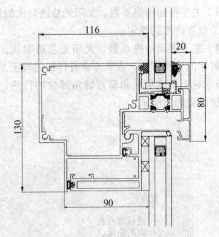

图 10　开启扇分格上横梁截面示意

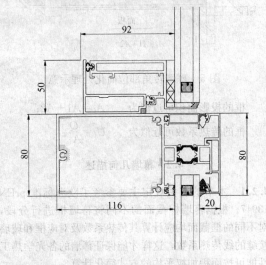

图 11　开启扇分格下横梁截面示意

玻璃面积：2.889m²；

玻璃区域周长：5.232m（竖直方向），6.624m（水平方向）。

**2）计算框传热系数 $U_f$：**

按照第 7.1.2 条，用一块导热系数 $\lambda=0.03W/(m \cdot K)$ 的板材替代实际的玻璃，板材的厚度等于替代面板的厚度，嵌入框的深度按照实际尺寸，可见板宽应超过 190mm。采用二维稳态热传导计算软件进行框的传热计算，分别对立柱节点（图7）、横梁节点（图8）进行计算，计算结果为：

立柱节点：$U_f = 10.07 \text{W/(m}^2 \cdot \text{K)}$；

横梁节点：$U_f = 3.97 \text{W/(m}^2 \cdot \text{K)}$。

3）计算附加线传热系数 $\psi$：

按照第 7.1.3 条，在 $U_f$ 计算模型中，用实际的玻璃系统替代导热系数 $\lambda = 0.03 \text{W/(m} \cdot \text{K)}$ 的板材，采用二维稳态热传导计算软件进行框的传热计算，分别对立柱节点（图7）、横梁节点（图8）进行计算，计算结果为：

立柱节点：$\psi = 0.017 \text{W/(m} \cdot \text{K)}$；

横梁节点：$\psi = 0.072 \text{W/(m} \cdot \text{K)}$。

4）计算玻璃光学热工参数：

按照第 6 章，采用多层玻璃的光学热工计算模型进行玻璃的光学热工计算，计算结果为：

玻璃传热系数：$U_g = 1.896 \text{W/(m}^2 \cdot \text{K)}$；

太阳光总透射比：$g_g = 0.758$；

可见光透射比：$\tau_v = 0.755$。

5）计算幕墙单元传热系数 $U_{cw}$：

由第 4 章公式计算幕墙单元传热系数，计算结果为：

$$
\begin{aligned}
U_{CW} &= \frac{\sum A_g U_g + \sum A_f U_f + \sum l_\psi \psi}{A_t} \\
&= \frac{\begin{array}{c} 2.889 \times 1.896 + (0.250 \times 10.07 \\ + 0.265 \times 3.97) \\ + (5.232 \times 0.017 + 6.624 \times 0.072) \end{array}}{1.192 \times 2.856} \\
&= 2.824 [\text{W/(m}^2 \cdot \text{K)}]
\end{aligned}
$$

6）计算幕墙单元太阳光总透射比 $g_f$：

按 7.6 计算框的太阳光总透射比，窗框表面太阳辐射吸收系数 $\alpha_f$ 取 0.6。

$$
\begin{aligned}
g_f &= \alpha_f \cdot \frac{U_f}{\frac{A_{surf}}{A_f} h_{out}} \\
&= 0.6 \times \frac{5.9}{\frac{0.397}{0.515} \times 19} = 0.241
\end{aligned}
$$

7）计算太阳光总透过比 $g_{cw}$：

由公式（4.4.1）计算太阳光总透过比，计算结果为：

$$
\begin{aligned}
g_{CW} &= \frac{\sum g_g A_g + \sum g_f A_f}{A_t} \\
&= \frac{0.758 \times 2.889 + 0.241 \times 0.515}{3.4} = 0.681
\end{aligned}
$$

8）计算可见光透过比 $\tau_{cw}$：

由公式（4.5.1）计算幕墙单元的可见光透过比 $\tau_{cw}$，计算结果为：

$$
\begin{aligned}
\tau_{CW} &= \frac{\sum \tau_v A_g}{A_t} \\
&= \frac{0.755 \times 2.889}{3.4} = 0.642
\end{aligned}
$$

**3　幕墙单元 D2（竖向 2 块固定分格 ＋1 块开启扇分格）**

1）单元几何参数：

计算单元：宽 1192mm×高 2856mm；

固定立柱面积：0.152m²；固定横梁面积：0.133m²；

开启扇竖框面积：0.127m²；开启扇上横框面积：0.069m²；开启扇下横框面积：0.069m²；

玻璃面积：2.810m²；

玻璃区域周长：3.438m（固定分格竖直方向），3.336m（固定分格水平方向），1.644m（开启扇分格竖直方向），1.059m（开启扇分格上水平方向），1.059m（开启扇分格上水平方向）。

2）计算框传热系数 $U_f$：

按照第 7.1.2 条，用一块导热系数 $\lambda = 0.03 \text{W/(m} \cdot \text{K)}$ 的板材替代实际的玻璃，板材的厚度等于替代面板的厚度，嵌入框的深度按照实际尺寸，可见板宽应超过 190mm。采用二维稳态热传导计算软件进行框的传热计算，分别对开启扇竖框节点（图9）、开启扇上横框节点（图10）、开启扇下横框节点（图11）进行计算，固定分格立柱节点、横梁节点可采用计算单元 D2 的计算结果，计算结果为：

固定分格立柱节点：$U_f = 10.07 \text{W/(m}^2 \cdot \text{K)}$；

固定分格横梁节点：$U_f = 3.97 \text{W/(m}^2 \cdot \text{K)}$；

开启扇竖框节点：$U_f = 10.72 \text{W/(m}^2 \cdot \text{K)}$；

开启扇上横框节点：$U_f = 5.90 \text{W/(m}^2 \cdot \text{K)}$；

开启扇下横框节点：$U_f = 5.59 \text{W/(m}^2 \cdot \text{K)}$。

3）计算附加线传热系数 $\psi$：

按照第 7.1.3 条，在 $U_f$ 计算模型中，用实际的玻璃系统替代导热系数 $\lambda = 0.03 \text{W/(m} \cdot \text{K)}$ 的板材，采用二维稳态热传导计算软件进行框的传热计算，分别对开启扇竖框节点（图9）、开启扇上横框节点（图10）、开启扇下横框节点（图11）进行计算，固定分格立柱节点、横梁节点可采用计算单元 D2 的计算结果，计算结果为：

固定分格立柱节点：$\psi = 0.017 \text{W/(m} \cdot \text{K)}$；

固定分格横梁节点：$\psi = 0.072 \text{W/(m} \cdot \text{K)}$；

开启扇竖框节点：$\psi = 0.016 \text{W/(m} \cdot \text{K)}$；

开启扇上横框节点：$\psi = 0.055 \text{W/(m} \cdot \text{K)}$；

开启扇下横框节点：$\psi = 0.067 \text{W/(m} \cdot \text{K)}$。

4）计算玻璃光学热工参数：

玻璃的光学热工参数可采用计算单元 D2 的计算结果：

玻璃传热系数：$U_g = 1.896 \text{W/(m}^2 \cdot \text{K)}$；

太阳光总透射比：$g_g = 0.758$；

可见光透射比：$\tau_v = 0.755$。

5）计算幕墙单元传热系数 $U_{cw}$：

由第 4 章公式计算幕墙单元传热系数，计算结果为：

$$\sum A_g U_g = 2.810 \times 1.896 = 5.328$$

$$\begin{aligned}\sum A_f U_f &= 0.152 \times 10.07 + 0.133 \times 3.97 \\ &\quad + 0.127 \times 10.72 + 0.069 \\ &\quad \times 5.90 + 0.069 \times 5.59 \\ &= 4.213\end{aligned}$$

$$\begin{aligned}\sum l_\psi \psi &= 3.438 \times 0.017 + 3.336 \times 0.072 \\ &\quad + 1.644 \times 0.016 + 1.059 \times 0.055 \\ &\quad + 1.059 \times 0.067 \\ &= 0.454\end{aligned}$$

$$\begin{aligned}U_{CW} &= \frac{\sum A_g U_g + \sum A_f U_f + \sum l_\psi \psi}{A_t} \\ &= \frac{5.328 + 4.213 + 0.454}{1.192 \times 2.856} \\ &= 2.936 [W/(m^2 \cdot K)]\end{aligned}$$

**6）计算幕墙单元太阳光总透射比 $g_f$：**

按 7.6 节计算框的太阳光总透射比，窗框表面太阳辐射吸收系数 $\alpha_f$ 取 0.6。

$$\begin{aligned}g_f &= \alpha_f \cdot \frac{U_f}{\dfrac{A_{surf}}{A_f} h_{out}} \\ &= 0.6 \times \frac{5.9}{\dfrac{0.397}{0.55} \times 19} = 0.258\end{aligned}$$

**7）计算太阳光总透过比 $g_{CW}$：**

由公式（4.4.1）计算太阳光总透过比，计算结果为：

$$\begin{aligned}g_{CW} &= \frac{\sum g_g A_g + \sum g_f A_f}{A_t} \\ &= \frac{0.758 \times 2.889 + 0.241 \times 0.55}{3.4} = 0.683\end{aligned}$$

**8）计算可见光透射比 $\tau_{CW}$：**

由公式（4.5.1）计算幕墙单元的可见光透射比 $\tau_{CW}$，计算结果为：

$$\begin{aligned}\tau_{CW} &= \frac{\sum \tau_v A_g}{A_t} \\ &= \frac{0.755 \times 2.810}{3.4} = 0.624\end{aligned}$$

**4　整幅幕墙**

根据计算单元 D1、D2 的计算结果，按照面积加权平均，可计算整幅幕墙的传热系数、遮阳系数及可见光透射比。

**1）计算传热系数：**

$$\begin{aligned}U &= \frac{\sum A_{CW} U_{CW}}{A} \\ &= \frac{(3.4+3.4) \times 2.824 + (3.4+3.4) \times 2.936}{3.4+3.4+3.4+3.4} \\ &= 2.88 [W/(m^2 \cdot K)]\end{aligned}$$

**2）计算遮阳系数：**

$$SC = \frac{\sum A_{CW} g_{CW}}{A}$$

$$\begin{aligned}&= \frac{(3.4+3.4) \times 0.681 + (3.4+3.4) \times 0.683}{3.4+3.4+3.4+3.4} \\ &= 0.682\end{aligned}$$

**3）计算可见光透射比：**

$$\tau = \frac{\sum A_{CW} \tau_{CW}}{A}$$

$$\begin{aligned}&= \frac{(3.4+3.4) \times 0.642 + (3.4+3.4) \times 0.624}{3.4+3.4+3.4+3.4} \\ &= 0.633\end{aligned}$$

# 5　结露性能评价

## 5.1　一般规定

**5.1.1、5.1.2** 计算实际工程的建筑门窗、玻璃幕墙的结露时，所采用的计算条件应按照工程设计的要求取值。

评价产品的结露性能时，为了统一条件，便于应用，应采用第 10 章规定的计算标准条件。由于结露性能计算的标准条件包括了多个室外温度，所以在给出产品性能时，应该注明计算的条件。

**5.1.3** 空气渗透和其他热源等均会影响结露，实际应用时应予以考虑。空气渗透会降低门窗或幕墙内表面的温度，可能使得结露更加严重。但对于多层构造而言，外层构造的空气渗透有可能降低内部结露的风险。

热源可能会造成较高的温度和较大的绝对湿度，使得结露加剧。当门窗或幕墙附近有热源时，抗结露性能要求更高。

另外，湿热的风也会使得结露加剧。如果室内有湿热的风吹到门窗或幕墙上，应考虑换热系数的变化、湿度的变化等问题对结露的影响。

**5.1.4、5.1.5** 结露性能与每个节点均有关系，所以每个节点均需要计算。

由于结露是个比较长时间的效果，所以典型节点的温度场仍可以按照第 7 章的稳态方法进行计算。由于门窗、幕墙的面板相对比较大，所以典型节点的计算可以采用二维传热计算程序进行计算。

为了评价每一个二维截面的结露性能，统计结露的面积，在二维计算的情况下，将室内表面的展开边界细分为许多尺寸不大的小段，来计算截面各个分段长度的温度，这些分段的长度不大于计算软件程序中使用的网格尺寸。

## 5.2　露点温度的计算

**5.2.1** 水（冰）表面的饱和水蒸气压采用国际上通用的计算公式。

**5.2.2** 饱和水蒸气压的计算采用 Magnus 公式。

相对湿度的定义：

$$f = \left(\frac{e}{e_{sw}}\right)_{P,T} \times 100\%$$

式中 $e$——水蒸气压，hPa；

$e_{sw}$——水面饱和水蒸气压，hPa。

露点温度，即对于一定质量、温度 $T$、相对湿度为 $f$ 的湿空气，维持水蒸气压 $P$ 不变，冷却降温达到水面饱和时的温度。

参考文献：[1] 刘树华. 环境物理学. 北京：化学工业出版社，2004.

**5.2.3** 空气的露点温度即是达到 100% 相对湿度时的温度，如果门窗、幕墙的内表面温度低于这一温度，内表面就会结露。

### 5.3 结露的计算与评价

**5.3.1~5.3.3** 为了评价产品性能和便于进行结露验算，定义了结露性能评价指标 $T_{10}$。$T_{10}$ 的物理意义是指在规定的条件下门窗或幕墙的各个部件（如框、面板中部及面板边缘区域）有且只有 10% 的面积出现低于某个温度的温度值。

门窗、幕墙的各个部件划分示意见图 12。

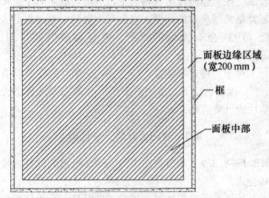

面板边缘区域
（宽200 mm）

框

面板中部

图 12　门窗、幕墙各部件划分示意

可采用二维稳态传热程序计算门窗或幕墙各个框、面板及面板边缘区域各自对应的 $T_{10}$。在规定的条件下计算出门窗、幕墙内表面的温度场，再按照由低到高对每个分段排序，刚好达到 10% 面积时，所对应分段的温度就是该部件所对应的 $T_{10}$。

为了评价产品的结露性能，所有的部件均应进行计算。计算的部件包括所有的框、面板边缘以及面板中部。

**5.3.4** 在工程设计或评价时，门窗、幕墙某个部件出现 10% 低于露点温度的情况，说明门窗、幕墙的结露性能不满足要求，反之为满足要求。

**5.3.5、5.3.6** 进行产品性能分级或评价时，按各个部分最低的评价指标 $T_{10,min}$ 进行分级或评价。在实际工程中，按公式（5.3.6）进行计算，来保证内表面所有的温度均不低于 $T_{10,min}$。

在已知产品的结露性能评价指标 $T_{10,min}$ 的情况下，按照标准计算条件对应的室内外温差进行计算，计算出实际条件下的室内表面和室外的温差，则可以得到实际条件下的内表面最低的温度（只有某个部件的 10% 可能低于这一温度）。只要计算出来的温度高于实际条件下室内的露点温度，则可以判断产品的结露性能满足实际的要求。

## 6　玻璃光学热工性能计算

### 6.1　单片玻璃的光学热工性能

**6.1.1~6.1.7** 单片玻璃的光学、热工性能是按照 ISO 9050 的有关规定进行计算的。单层玻璃（包括其他透明材料）的光学性能根据单片玻璃的测定光谱数据进行计算。

在我国的标准《建筑玻璃　可见光透射比、太阳光直接透射比、太阳能总透射比、紫外线透射比及有关窗玻璃参数的测定》GB/T 2680-1994 中虽然也给出了玻璃的光学性能计算，其方法与 ISO 9050 一致，但其光谱范围略有不同。为了与国际 ISO 系列标准一致，所以本规程采用 ISO 9050 进行计算。

**6.1.8** "遮阳系数"是本规程在 ISO 9050 基础上的增加条款，这主要是因为遮阳系数是我国空调规范已经习用的参数。

在计算遮阳系数时，规定标准的 3mm 透明玻璃的太阳光总透射比为 0.87，而没有采用《建筑玻璃　可见光透射比、太阳光直接透射比、太阳能总透射比、紫外线透射比及有关窗玻璃参数的测定》GB/T 2680-1994 中的 0.889，这主要是为了与国际上通用的数据接轨，使得我国的玻璃遮阳系数与国际上惯用的遮阳系数一致，不至于在工程使用中引起混淆。

### 6.2　多层玻璃的光学热工性能

**6.2.1~6.2.4** 多层玻璃的光学热工性能是按照 ISO 15099 的通用方法进行计算的。本规程将这一方法进行了归纳，将 ISO 15099 的多层玻璃计算方法进行了整合，计算公式更加明确。

这一方法也可以适用于多层窗、多层幕墙等的光学性能计算。只是计算时将窗、幕墙、遮阳装置按照玻璃来处理。

### 6.3　玻璃气体间层的热传递

**6.3.1~6.3.6** 玻璃气体间层的热传递计算按照 ISO 15099 的计算方法进行。本节规定了气体间层的热平衡方程，给出了对流换热和辐射换热两方面的计算，并且给出了混合气体的气体间层对流换热计算。

**6.3.7** 当气体间层两侧全部为玻璃时，由于普通玻璃的红外透射比为零，所以可以将透过玻璃的红外热辐射忽略，这样就可视为无限大板之间的热辐射。

## 6.4 玻璃系统的热工参数

**6.4.1** 本条给出了玻璃系统的总热阻和传热系数的计算方法。在玻璃气体间层的传热和内外层换热计算完成之后，玻璃系统传热就可以采用本条的公式直接进行计算了。

**6.4.2** 本条给出太阳光总透射比和遮阳系数的计算方法。

# 7 框的传热计算

## 7.1 框的传热系数及框与面板接缝的线传热系数

**7.1.1～7.1.3** 框的传热系数及框与面板接缝的线传热系数采用了 ISO 10077 给出的计算方法。

## 7.2 传热控制方程

**7.2.1～7.2.3** 本节采用了 ISO 15099 的有关规定。

**7.2.4** 热桥的计算采用了平均的等效传热系数，这对于计算传热系数是合适的。如果计算结露性能，尤其是对于木窗、塑料窗等，可能会有些不同，但一般也允许有 10％的面积结露，所以影响也不大。

## 7.3 玻璃气体间层的传热

**7.3.1** 玻璃空气层采用当量导热系数来代替空气层导热系数，这主要是为了统一计算，方便编程。

## 7.4 封闭空腔的传热

**7.4.1～7.4.10** 本节按照 ISO 15099 给出的计算方法和公式。为了简化框内部封闭空腔传热的计算，也采用当量传热系数的处理办法。

## 7.5 敞口空腔、槽的传热

**7.5.1、7.5.2** 本节按照 ISO 15099 给出的计算方法和公式。

## 7.6 框的太阳光总透射比

**7.6.1** 本条按照 ISO 15099 给出的计算公式。

# 8 遮阳系统计算

## 8.1 一般规定

**8.1.1～8.1.3** 遮阳装置有很多种，其计算也是非常复杂的。但仅仅给出平行或近似平行于玻璃面的平板型遮阳装置，已经够解决很多门窗和幕墙的遮阳计算问题。而且，这类遮阳装置可以简化一维计算，计算方法可以统一。

遮阳可分为 3 种基本形式：内遮阳、外遮阳和中间遮阳。这三类遮阳有共同的特点：平行于玻璃面，与玻璃有紧密的热光接触。这样，遮阳装置可以简化为一层玻璃来计算，从而大大简化计算过程。这样的遮阳装置如幕帘、软百页帘等。

正是以上的遮阳装置，在计算时才能将二维或三维的特性简化为一维模型处理。这样，计算时只要确定了遮阳装置的光学性能、传热系数，即可以把遮阳装置作为一层玻璃参与到门窗或幕墙的热工计算中。

**8.1.4** 如果窗和幕墙系统加入了遮阳装置，系统的传热系数、遮阳系数、可见光透射比都会改变。在把遮阳装置作为一层玻璃来进行处理时，许多的计算公式会发生相应的改变。第 8.4 节给出了加入遮阳装置后的简化计算方法，第 8.5 节则说明了详细的计算所采用的方法。

## 8.2 光学性能

**8.2.1～8.2.3** 要将遮阳装置作为一层玻璃处理，则需要给出这层玻璃的有关性能。由于遮阳设施的材料表面往往是以漫反射材料为主，所以，散射对于遮阳装置是必须应对的问题。直射光入射到一种材料的表面，往往会有镜面的反射、透射和散射的反射、透射。

对于一种遮阳装置，涉及到的光学性能参数就有 6 个。规程的第 8.3 节中给出了百叶类遮阳装置的光学性能计算方法。

## 8.3 遮阳百叶的光学性能

**8.3.1～8.3.9** 本节按照 ISO 15099 给出的计算方法和公式。

计算光在遮阳装置上透射或反射是一个比较复杂的过程。光在通过百叶后分解为直射和散射部分，直射是直接透射的或是镜面的反射，而散射则比较复杂。

为了将问题简单化，在计算时将采用以下模型和假设：

1) 将板条假设为全部的非镜面反射，并忽略窗户边缘的作用；

2) 将板条视为无限重复，所以模型可以只考虑两个邻近的板条，而且采用二维光学计算；

3) 为了进一步简化计算，将每条分为 5 个相等部分，而且忽略板条的轻微挠曲影响。

由于计算的结果与板条的光学性能、几何形状和位置等因素均有关，所以计算平行板条构成的百叶遮阳装置的光学性能时均应予以考虑。板条的远红外反射率的透射特性对传热系数的精确计算有很大影响，所以应详细计算。

## 8.4 遮阳帘与门窗或幕墙组合系统的简化计算

**8.4.1～8.4.6** 遮阳装置与门窗、幕墙组合系统的简化计算主要按照 prEN 13363 - 1：1998 给出的计算方法。

计算遮阳帘一类的遮阳装置统一用太阳辐射透射比和反射比，以及可见光透射比和反射比表示。这些值都可以采用适当的方法在垂直入射辐射下计算或测定。百叶类遮阳窗帘可以在辐射以某一入射角入射的条件下，依据本规程第 8.2、8.3 节的方法计算。

## 8.5 遮阳帘与门窗或幕墙组合系统的详细计算

**8.5.1～8.5.5** 详细计算遮阳装置是比较繁琐的。为了简化，可以将遮阳装置简化为一层玻璃，门窗或幕墙则是另一层玻璃。这样，就可以采用第 6 章多层玻璃和第 9 章通风空气间层的计算方法，对门窗、幕墙与遮阳装置的相互光热作用进行计算。

当遮阳装置是透空的装置时，如百叶、挡板、窗帘等，遮阳装置有不同的通风情况，可以采用第 9 章的方法计算通风空气间层的热传递。

# 9 通风空气间层的传热计算

### 9.1 热平衡方程

本节按照 ISO 15099 给出的计算方法和公式。

### 9.2 通风空气间层的温度分布

本节按照 ISO 15099 给出的计算方法和公式。

### 9.3 通风空气间层的气流速度

本节规定的气流量和速度的关系，给出的是一个平均效果。这样处理对于传热计算也是一个平均的效果，应用于第 6.3 节是比较合适的，符合第 6.3 节的计算模型条件。

空气间层的空气流量计算是一个复杂的问题。强制通风可以比较准确地预知空气的流量，但自然条件下的对流、烟囱效应对流等均比较复杂。在各种情况下，进、出口的阻力和通风间层的阻力都是未知数，很难估计。对于这些复杂的情况，采用数字流体模拟计算软件进行分析是一个可行的途径。

# 10 计算边界条件

### 10.1 计算环境边界条件

**10.1.1、10.1.2** 本规程规定了计算门窗和玻璃幕墙节能指标的标准计算条件，但这些条件并不能在实际工程使用，仅用于建筑门窗、玻璃幕墙产品的设计、评价。

实际的工程节能设计标准中都会规定室内计算条件，室外计算条件可以通过当地的建筑气象数据来确定。

**10.1.3～10.1.6** 规定了用于建筑门窗、玻璃幕墙产品的设计、评价的标准计算条件。这些条件是参照 ISO 15099 确定的。其中，为与门窗保温性能检测标准一致，冬季的室外气温改为－20℃；为与我国现行的《民用建筑热工设计规范》GB 50176 - 93 相一致，夏季室外的外表面换热系数适当增大，取为 16W/(m² · K)。

计算传热系数之所以采用冬季计算标准条件，并取 $I_s = 0W/m^2$，主要是因为传热系数对于冬季节能计算很重要。夏季传热系数虽然与冬季不同，但传热系数随计算条件的变化不是很大，对夏季的节能和负荷计算所带来的影响也不大。

计算遮阳系数、太阳能总透射比采用夏季计算标准条件，这样规定是因为遮阳系数对于夏季节能和空调负荷的计算是非常重要的。冬季的遮阳系数的不同对采暖负荷所带来的变化不大。

以上这样规定与美国 NFRC 的规定是类似的，也与欧洲标准的规定接近。

**10.1.7** 结露性能计算的条件参照了美国 NFRC 的计算标准。

### 10.2 对 流 换 热

本节等同于 ISO 15099 的计算方法，所采用的公式均与 ISO 15099 相同。在写法和格式方面符合工程建设标准的规定。

本节主要规定了窗和幕墙室内和室外表面对流换热计算的有关方法和具体公式。这些公式主要用于实际工程的设计、计算。设计或评价建筑门窗、玻璃幕墙定型产品的热工参数时，门窗或幕墙室内、外表面的对流换热系数应符合第 10.1 节的规定。

### 10.3 长波辐射换热

本节参照采用 ISO 15099 的计算方法。产品的辐射换热系数参考了欧洲标准和 ISO 10292。

### 10.4 综合对流和辐射换热

本节等同于 ISO 15099 的计算方法，所采用的公式均与 ISO 15099 相同。

中华人民共和国行业标准

# 民用建筑能耗数据采集标准

Standard for energy consumption survey of civil buildings

JGJ/T 154—2007

J 685—2007

批准部门：中华人民共和国建设部

施行日期：2 0 0 8 年 1 月 1 日

# 中华人民共和国建设部
## 公　告

### 第 676 号

建设部关于发布行业标准
《民用建筑能耗数据采集标准》的公告

现批准《民用建筑能耗数据采集标准》为行业标准，编号为 JGJ/T 154-2007，自 2008 年 1 月 1 日起实施。

本标准由建设部标准定额研究所组织中国建筑工

业出版社出版发行。

中华人民共和国建设部
2007 年 7 月 23 日

## 前　言

根据建设部建标［2005］84 号文件的要求，标准编制组经广泛调查研究，认真总结实践经验，参考发达国家建筑能耗数据采集的最新成果，并在广泛征求意见的基础上，制定本标准。

本标准的主要技术内容是：1. 总则；2. 术语；3. 民用建筑能耗数据采集对象与指标；4. 民用建筑能耗数据采集样本量和样本的确定方法；5. 样本建筑的能耗数据采集方法；6. 民用建筑能耗数据报表生成与报送方法；7. 民用建筑能耗数据发布。

本标准由建设部负责管理，由主编单位负责具体技术内容的解释。

本标准主编单位：深圳市建筑科学研究院（深圳市福田区振华路 8 号设计大厦 5 楼，邮政编码：518031）

本标准参编单位：重庆大学城市建设与环境工程学院
清华大学建筑学院
湖南大学土木工程学院
大连理工大学土木水利学院
广州市建筑科学研究院
中国建筑科学研究院
西安建筑科技大学建筑学院
上海市建筑科学研究院
中科院数学与系统科学研究院
福建省建筑科学研究院
湖南省建筑设计研究院

本标准主要起草人：刘俊跃　付祥钊　魏庆芃
马晓雯　李念平　端木琳
任　俊　周　辉　闫增峰
张蓓红　熊世峰　王云新
龙恩深　李劲鹏　夏向群
刘　勇

# 目　次

# 1 总　则

**1.0.1** 为加强我国能源领域的宏观管理和科学决策，指导和规范我国的建筑能耗数据采集工作，促进我国建筑节能工作的发展，制定本标准。

**1.0.2** 本标准适用于我国城镇民用建筑使用过程中各类能源消耗量数据的采集和报送。

**1.0.3** 民用建筑的能耗数据采集，除应符合本标准的规定外，尚应符合国家现行有关标准的规定。

# 2 术　语

**2.0.1** 民用建筑能耗数据采集 energy consumption survey of civil buildings

居住建筑和公共建筑在使用过程中所消耗的各类能源量数据的采集。

**2.0.2** 居住建筑能耗数据采集 energy consumption survey of residential buildings

居住建筑在使用过程中所消耗的各类能源量数据的采集。

**2.0.3** 公共建筑能耗数据采集 energy consumption survey of public buildings

公共建筑在使用过程中所消耗的各类能源量数据的采集，公共建筑分为中小型公共建筑和大型公共建筑。

**2.0.4** 中小型公共建筑 non-large-scale public buildings

单栋建筑面积小于或等于 2 万 $m^2$ 的公共建筑。

**2.0.5** 大型公共建筑 large-scale public buildings

单栋建筑面积大于 2 万 $m^2$ 的公共建筑。

**2.0.6** 建筑直接使用的可再生能源 renewable energy independently provided

由建筑或建筑群独立配备的设备和系统所利用的太阳能、风能、地热能等可再生能源，不包括建筑物使用的电网中的水力发电、太阳能发电、风能发电等可再生能源。

**2.0.7** 分类随机抽样 random sample in classification

先将总体按规定的特征分类，然后在各类中按随机抽样原则抽选一定个体组成样本的一种抽样形式。

**2.0.8** 集中供热 centralizedheat-supply

从一个或多个热源通过热网向城市、镇或其中某些区域热用户供热。

**2.0.9** 集中供冷 district cooling

使用集中冷源，通过供冷输配管道，为一个或几个区域的建筑提供冷量的供冷形式。

# 3 民用建筑能耗数据采集对象与指标

## 3.1 民用建筑能耗数据采集对象与分类

**3.1.1** 民用建筑能耗数据采集应分为居住建筑能耗

数据采集和公共建筑能耗数据采集。对于综合楼或商住楼，居住建筑部分应纳入居住建筑的能耗数据采集体系，公共建筑部分应纳入公共建筑的能耗数据采集体系。

**3.1.2** 公共建筑能耗数据采集应分为中小型公共建筑能耗数据采集和大型公共建筑能耗数据采集。

**3.1.3** 居住建筑应按以下建筑层数划分，并分 3 类进行建筑能耗数据采集：

  **1** 低层居住建筑（1 层至 3 层）；

  **2** 多层居住建筑（4 层至 6 层）；

  **3** 中高层和高层居住建筑（7 层及以上）。

**3.1.4** 中小型公共建筑和大型公共建筑应分别按以下建筑功能划分，并分 4 类进行建筑能耗数据采集：

  **1** 办公建筑；

  **2** 商场建筑；

  **3** 宾馆饭店建筑；

  **4** 其他建筑。

## 3.2 民用建筑能耗数据采集指标

**3.2.1** 民用建筑能耗应按以下 4 类分别进行数据采集：

电、燃料（煤、气、油等）、集中供热（冷）、建筑直接使用的可再生能源。

**3.2.2** 民用建筑基本信息采集指标应包括各类民用建筑的总栋数和总建筑面积。

**3.2.3** 民用建筑能耗数据采集指标应为各类民用建筑的全年单位建筑面积能耗量和全年总能耗量。

# 4 民用建筑能耗数据采集样本量和样本的确定方法

## 4.1 一般规定

**4.1.1** 民用建筑能耗数据采集应按中国行政分区进行。

**4.1.2** 采集的民用建筑能耗数据应按国家级、省级（省、自治区、直辖市）和市级（地级市、地级区、州、盟）三级进行能耗数据汇总。

**4.1.3** 民用建筑能耗数据采集应以县级行政区域（县、县级市、县级区、旗）为基层单位。

**4.1.4** 基层单位的民用建筑能耗数据采集样本量和样本应按本标准规定的方法确定。

**4.1.5** 居住建筑和中小型公共建筑的能耗数据采集样本量和样本应采用分类随机抽样的方法确定。

**4.1.6** 大型公共建筑应采用逐一调查的方式进行建筑能耗数据采集。

**4.1.7** 基层单位应按本标准附录 A 中表 A.0.1 的格式，建立辖区内的城镇民用建筑基本信息总表。上一次数据采集后竣工的所有新建城镇民用建筑应补充到上一次建立的城镇民用建筑基本信息总表中，上一次数据采集后拆除的城镇民用建筑应从上一次建立的城镇民用建筑基本信息总表中去除。

## 4.2 居住建筑能耗数据采集样本量和样本的确定方法

**4.2.1** 基层单位应按本标准附录 A 中表 A.0.2 的格式，对辖区内的城镇民用建筑基本信息总表中的居住建筑按本标准第 3.1.3 条的规定进行分类，并建立以下 3 种居住建筑分类基本信息表：

  **1** 低层居住建筑基本信息表；

  **2** 多层居住建筑基本信息表；

  **3** 中高层和高层居住建筑基本信息表。

**4.2.2** 基层单位应对 3 种居住建筑分类基本信息表中的居住建筑按以下方法确定样本量：

  **1** 按 1% 的抽样率确定样本量；

  **2** 当按 1% 的抽样率确定的建筑栋数少于 10 栋时，确定样本量为 10 栋；

  **3** 当某类居住建筑的总栋数少于 10 栋时，样本量应为该类居住建筑的总栋数。

**4.2.3** 基层单位应按照确定的样本量，分别在对应的居住建筑分类基本信息表中进行随机抽样，构成居住建筑能耗数据采集样本。

**4.2.4** 首次采集后的各次居住建筑能耗数据采集，除了应保留上一次能耗数据采集的样本量和样本外，还应增加上一次能耗数据采集后竣工的各类新建居住建筑的抽样样本。抽样方法应先按 1% 的抽样率确定各类新建居住建筑的样本量，当按 1% 的抽样率确定的各类新建居住建筑栋数少于 1 栋时，应确定各类新建居住建筑的样本量为 1 栋；然后根据确定的各类新建居住建筑样本量，在上一次能耗数据采集后竣工的各类新建居住建筑中进行随机抽样，被抽中的新建居住建筑应补充到上一次的居住建筑能耗数据采集样本中。上一次能耗数据采集后拆除的居住建筑如果是样本建筑，应从样本建筑中去除。

## 4.3 公共建筑能耗数据采集样本量和样本的确定方法

**4.3.1** 基层单位应按本标准附录 A 中表 A.0.2 的格式，将辖区内的城镇民用建筑基本信息总表中的中小型公共建筑按本标准第 3.1.4 条的规定进行分类，并建立以下 4 种中小型公共建筑分类基本信息表：

  **1** 中小型办公建筑基本信息表；

  **2** 中小型商场建筑基本信息表；

  **3** 中小型宾馆饭店建筑基本信息表；

  **4** 其他中小型公共建筑基本信息表。

**4.3.2** 基层单位应对 4 种基本信息表中的中小型公共建筑按以下方法确定样本量：

  **1** 按 10% 的抽样率确定样本量；

  **2** 当按 10% 的抽样率确定的建筑栋数少于 3 栋时，确定样本量为 3 栋；

  **3** 当某类中小型公共建筑的总栋数少于 3 栋时，样本量应为该类中小型公共建筑的总栋数。

**4.3.3** 基层单位应按照确定的样本量，分别在对应的中小型公共建筑分类基本信息表中进行随机抽样，构成中小型公共建筑能耗数据采集样本。

**4.3.4** 首次采集后的各次中小型公共建筑能耗数据采集，除应保留上一次能耗数据采集的样本量和样本外，还应增加上一次能耗数据采集后竣工的各类新建中小型公共建筑的抽样样本。抽样方法应先按 10% 的抽样率确定各类新建中小型公共建筑的样本量，当按 10% 的抽样率确定的各类新建中小型公共建筑栋数少于 1 栋时，应确定各类新建中小型公共建筑的样本量为 1 栋；然后根据确定的各类新建中小型公共建筑样本量，在上一次能耗数据采集后竣工的各类新建中小型公共建筑中进行随机抽样，被抽中的新建中小型公共建筑应补充到上一次的中小型公共建筑能耗数据采集样本中。上一次能耗数据采集后拆除的中小型公共建筑如果是样本建筑，应从样本建筑中去除。

**4.3.5** 基层单位应按本标准附录 A 中表 A.0.2 的格式，将辖区内的城镇民用建筑基本信息总表中的大型公共建筑按本标准第 3.1.4 条的规定进行分类，并建立以下 4 种大型公共建筑分类基本信息表：

  **1** 大型办公建筑基本信息表；

  **2** 大型商场建筑基本信息表；

  **3** 大型宾馆饭店建筑基本信息表；

  **4** 其他大型公共建筑基本信息表。

**4.3.6** 基层单位应对 4 种基本信息表中的所有大型公共建筑进行能耗数据采集。

**4.3.7** 首次采集后的各次大型公共建筑能耗数据采集，除应对上一次能耗数据采集后未拆除的大型公共建筑逐一进行能耗数据采集外，还应对上一次能耗数据采集后竣工的所有新建大型公共建筑进行能耗数据采集。

# 5 样本建筑的能耗数据采集方法

## 5.1 一 般 规 定

**5.1.1** 基层单位应负责辖区内样本建筑能耗数据的采集。

**5.1.2** 基层单位应逐月采集样本建筑的能耗数据，并应按照本标准附录 B 中表 B 的格式填写样本建筑的能耗数据。

## 5.2 居住建筑的样本建筑能耗数据采集方法

**5.2.1** 居住建筑的样本建筑的集中供热(冷)量应按以

下方法采集：

　　**1** 设有楼栋热（冷）量计量总表的样本建筑，应从楼栋热（冷）量计量总表中采集；

　　**2** 没有设楼栋热（冷）量计量总表的样本建筑，宜采集热力站或锅炉房（供冷站）的供热（冷）量，按面积均摊方法获得样本建筑的集中供热（冷）量。

**5.2.2** 居住建筑的样本建筑除集中供热（冷）量以外的能耗数据应按以下方法采集：

　　**1** 宜从能源供应端获得；

　　**2** 不能从能源供应端获得能耗数据的样本建筑，宜设置样本建筑楼栋能耗计量总表（电度表、燃气表等），并采集楼栋能耗计量总表的能耗数据；

　　**3** 既不能从能源供应端、又不能从楼栋能耗计量总表获得能耗数据的样本建筑，应采取逐户调查的方法，采集样本建筑中每一户的能耗数据，同时采集样本建筑的公用能耗数据，累计各户能耗数据和公用能耗数据，获得样本建筑能耗数据。

### 5.3　公共建筑的样本建筑能耗数据采集方法

**5.3.1** 中小型公共建筑的样本建筑能耗数据应按以下方法采集：

　　**1** 宜从样本建筑的楼栋能耗计量总表中采集；

　　**2** 不能从楼栋能耗计量总表获得能耗数据的样本建筑，应采取逐户调查的方法，采集样本建筑中各用户的能耗数据，同时采集样本建筑的公用能耗数据，累计各用户能耗数据和公用能耗数据，获得样本建筑能耗数据。

**5.3.2** 大型公共建筑的能耗数据应按以下方法采集：

　　**1** 宜从建筑的楼栋能耗计量总表中采集；

　　**2** 不能从楼栋能耗计量总表获得能耗数据的，应采取逐户调查的方法，采集建筑中各用户的能耗数据，同时采集建筑的公用能耗数据，累计各用户能耗数据和公用能耗数据，获得样本建筑的能耗数据。

## 6　民用建筑能耗数据报表
生成与报送方法

### 6.1　民用建筑能耗数据报表生成方法

**6.1.1** 基层单位应按本标准附录 C 规定的数据处理方法，对采集的建筑能耗数据进行处理，生成辖区内的建筑能耗数据报表。

**6.1.2** 国家、省、市三级建筑能耗数据采集部门，应按本标准附录 C 规定的数据处理方法，对下一级的建筑能耗报表数据进行处理，生成本级建筑能耗数据报表。

**6.1.3** 建筑能耗数据报表应按规定的格式生成，并应按本标准附录 D 的格式填报。

### 6.2　民用建筑能耗数据报表报送方法

**6.2.1** 基层单位应向市级建筑能耗数据采集部门报送以下材料：

　　**1** 基层单位城镇民用建筑能耗数据报表；

　　**2** 基层单位城镇民用建筑基本信息总表；

　　**3** 基层单位辖区内所有的样本建筑能耗数据采集表。

**6.2.2** 市级和省级建筑能耗数据采集部门除应向上一级建筑能耗数据采集部门报送本级建筑能耗数据报表外，还应同时报送下级上报的所有材料。

## 7　民用建筑能耗数据发布

**7.0.1** 民用建筑能耗数据宜分为国家级、省级、市级和基层单位四级发布。

**7.0.2** 民用建筑能耗数据应按本标准附录 E 中表 E 的格式进行发布。

## 附录 A  城镇民用建筑基本信息表

**A.0.1**  基层单位应按表 A.0.1 的格式建立辖区内城　镇民用建筑基本信息总表。

**表 A.0.1** ＿＿＿＿＿＿＿＿（县、县级市、县级区、旗）城镇民用建筑基本信息总表

所属地级市、地级区、州、盟名称：　　　　基层单位名称：　　　　基层单位负责人：
所属地级市、地级区、州、盟代码：　　　　基层单位代码：　　　　联系电话：
　　　　　　　　　　　　　　　　　　　　　　　　　　　　　　完成时间：

| 1 | 2 | 3 | 4 | 5 | 6 | 7 | 8 | 9 | 10 | 11 | 12 | 13 | 14 |
|---|---|---|---|---|---|---|---|---|----|----|----|----|----|
| 序号 | 建筑代码 | 建筑详细名称 | 建筑详细地址 | 竣工时间 | 建筑类型 | 建筑功能 | 建筑层数（层） | 建筑面积（m²） | 资料来源 | 联系人 | 联系电话 | 调查时间 | 备注 |
|  |  |  |  |  |  |  |  |  |  |  |  |  |  |
|  |  |  |  |  |  |  |  |  |  |  |  |  |  |
|  |  |  |  |  |  |  |  |  |  |  |  |  |  |
|  |  |  |  |  |  |  |  |  |  |  |  |  |  |
|  |  |  |  |  |  |  |  |  |  |  |  |  |  |
|  |  |  |  |  |  |  |  |  |  |  |  |  |  |
|  |  |  |  |  |  |  |  |  |  |  |  |  |  |
|  |  |  |  |  |  |  |  |  |  |  |  |  |  |

（可续表）

注：1  地级市、地级区、州、盟代码应为现行国家标准《中华人民共和国行政区划代码》GB/T 2260 规定的数字代码，下同；
　　2  基层单位代码应为现行国家标准《中华人民共和国行政区划代码》GB/T 2260 对各县、县级市、县级区、旗规定的数字代码，下同；
　　3  第 2 列——建筑代码应为至少 15 位的数字，对本表中的每栋建筑，其建筑代码在以后的各表中应保持不变，建筑代码应按下列规定确定：
　　　　1）前 6 位为现行国家标准《中华人民共和国行政区划代码》GB/T 2260 对各县、县级市、县级区、旗规定的数字代码；
　　　　2）第 7 位为数字代码 1 或 2，"1"表示居住建筑，"2"表示公共建筑；
　　　　3）第 8 位对居住建筑为数字代码 0；对公共建筑为数字代码 1 或 2，"1"表示中小型公共建筑，"2"表示大型公共建筑；
　　　　4）第 9 位对居住建筑为数字代码 1~3，"1"表示低层居住建筑，"2"表示多层居住建筑，"3"表示中高层和高层居住建筑；对中小型公共建筑和大型公共建筑为数字代码 1~4，"1"表示办公建筑，"2"表示商场建筑，"3"表示宾馆饭店建筑，"4"表示其他建筑；
　　　　5）后 6 位为本表第 1 列的序号，当序号不足 6 位时，序号前补 0 至 6 位；当序号超出 6 位时建筑代码的序号区域就是序号，该区域可以超出 6 位。
　　4  第 6 列——应填写数字代码 1 或 2，"1"表示居住建筑，"2"表示公共建筑；
　　5  第 7 列——对居住建筑此格不填写；对公共建筑应填写 1~4 的数字代码，"1"表示办公建筑，"2"表示商场建筑，"3"表示宾馆饭店建筑，"4"表示其他建筑；
　　6  第 9 列——建筑面积的取值应按照现行国家标准《建筑工程建筑面积计算规范》GB/T 50353 的规定确定。

**A.0.2**  基层单位应根据表 A.0.1，按表 A.0.2 的格式生成辖区内城镇各类民用建筑的分类基本信息表。

**表 A.0.2** ＿＿＿＿＿＿＿＿（县、县级市、县级区、旗）城镇民用建筑分类基本信息表

所属地级市、地级区、州、盟名称：　　　　基层单位名称：　　　　基层单位负责人：
所属地级市、地级区、州、盟代码：　　　　基层单位代码：　　　　联系电话：
　　　　　　　　　　　　　　　　　　　　　　　　　　　　　　完成时间：

建筑类型：居住建筑［低层（　）多层（　）中高层和高层（　）］
　　　　　中小型公共建筑［办公（　）商场（　）宾馆饭店（　）其他（　）］
　　　　　大型公共建筑［办公（　）商场（　）宾馆饭店（　）其他（　）］

| 1 | 2 | 3 | 4 | 5 | 6 | 7 | 8 | 9 | 10 | 11 |
|---|---|---|---|---|---|---|---|---|----|----|
| 序号 | 建筑代码 | 建筑详细名称 | 建筑详细地址 | 竣工时间 | 建筑面积（m²） | 资料来源 | 联系人 | 联系电话 | 调查时间 | 备注 |
|  |  |  |  |  |  |  |  |  |  |  |
|  |  |  |  |  |  |  |  |  |  |  |
|  |  |  |  |  |  |  |  |  |  |  |
|  |  |  |  |  |  |  |  |  |  |  |
|  |  |  |  |  |  |  |  |  |  |  |
|  |  |  |  |  |  |  |  |  |  |  |
|  |  |  |  |  |  |  |  |  |  |  |

（可续表）

# 附录 B 样本建筑能耗数据采集表

## 表 B 样本建筑能耗数据采集表

建筑代码：　　　　　　　　　　　　　　基层单位代码：　　　　　　　　　　　　　　
建筑详细名称：　　　　　　　　　　　　填表人：　　　　　　　　　　　能耗采集年份：
建筑详细地址：　　　　　　　　　　　　联系电话：　　　　　　　　　　　报出日期：　年　月　日
建筑空置率(%)：

建筑类型：居住建筑［低层(　) 多层(　) 中高层和高层(　)］
　　　　　中小型公共建筑［办公(　) 商场(　) 宾馆饭店(　) 其他(　)］
　　　　　大型公共建筑［办公(　) 商场(　) 宾馆饭店(　) 其他(　)］

(一)样本建筑总能耗

| 能耗种类 | 1月 | 2月 | 3月 | 4月 | 5月 | 6月 | 7月 | 8月 | 9月 | 10月 | 11月 | 12月 | 年累计消耗量 | 数据来源 | | | 备注 |
| --- | --- | --- | --- | --- | --- | --- | --- | --- | --- | --- | --- | --- | --- | --- | --- | --- | --- |
| | | | | | | | | | | | | | | 单位名称 | 联系人 | 联系电话 | |
| 电(kWh) | | | | | | | | | | | | | | | | | |
| 煤(kg) | | | | | | | | | | | | | | | | | |
| 天然气(m³) | | | | | | | | | | | | | | | | | |
| 液化石油气(kg) | | | | | | | | | | | | | | | | | |
| 人工煤气(m³) | | | | | | | | | | | | | | | | | |
| 汽油(kg) | | | | | | | | | | | | | | | | | |
| 煤油(kg) | | | | | | | | | | | | | | | | | |
| 柴油(kg) | | | | | | | | | | | | | | | | | |
| 集中供热耗热量(kJ) | | | | | | | | | | | | | | | | | |
| 集中供冷耗冷量(kJ) | | | | | | | | | | | | | | | | | |
| 建筑直接使用的可再生能源(　) | | | | | | | | | | | | | | | | | |
| 其他能源(　) | | | | | | | | | | | | | | | | | |

(二)用户能耗调查

1. 公用能耗调查表

| 能耗种类 | 1月 | 2月 | 3月 | 4月 | 5月 | 6月 | 7月 | 8月 | 9月 | 10月 | 11月 | 12月 | 年累计消耗量 | 数据来源 | | | 备注 |
| --- | --- | --- | --- | --- | --- | --- | --- | --- | --- | --- | --- | --- | --- | --- | --- | --- | --- |
| | | | | | | | | | | | | | | 单位名称 | 联系人 | 联系电话 | |
| 电(kWh) | | | | | | | | | | | | | | | | | |
| 其他能源(　) | | | | | | | | | | | | | | | | | |

2. 各用户能耗调查表

| 能耗种类 | 1月 | 2月 | 3月 | 4月 | 5月 | 6月 | 7月 | 8月 | 9月 | 10月 | 11月 | 12月 | 年累计消耗量 | 数据来源 | | | 备注 |
| --- | --- | --- | --- | --- | --- | --- | --- | --- | --- | --- | --- | --- | --- | --- | --- | --- | --- |
| | | | | | | | | | | | | | | 用户编号 | 联系人 | 联系电话 | |
| 电(kWh) | | | | | | | | | | | | | | | | | |
| 煤(kg) | | | | | | | | | | | | | | | | | |
| 天然气(m³) | | | | | | | | | | | | | | | | | |
| 液化石油气(kg) | | | | | | | | | | | | | | | | | |
| 人工煤气(m³) | | | | | | | | | | | | | | | | | |
| 汽油(kg) | | | | | | | | | | | | | | | | | |
| 煤油(kg) | | | | | | | | | | | | | | | | | |
| 柴油(kg) | | | | | | | | | | | | | | | | | |
| 其他能源(　) | | | | | | | | | | | | | | | | | |

注：1　表中"建筑直接使用的可再生能源"括号中应填写可再生能源的类型(如太阳能、风能、地热能等)和对应的能耗计量单位(如 kWh、kJ 等)，下同；
　　2　表中"其他能源"括号中应填写样本建筑采用本表没有列出的其他能源的类型和对应的能耗计量单位，下同。

## 附录 C 建筑能耗数据处理方法

### C.1 基层单位建筑能耗数据处理方法

**C.1.1** 样本建筑各类能源的年累计消耗量应按下式计算：

$$E_i^* = \sum_{j=1}^{12} E_{ij}^* \qquad (C.1.1)$$

式中 $E_i^*$ ——样本建筑第 $i$ 类能源的年累计消耗量；

$E_{ij}^*$ ——样本建筑第 $i$ 类能源第 $j$ 月的消耗量；

$i$ ——能源种类，包括：电、燃料(煤、气、油等)、集中供热(冷)、建筑直接使用的可再生能源等；

$j$ ——月份，$j=1, 2, \cdots, 12$；

$*$ ——对居住建筑和中小型公共建筑表示样本建筑，对大型公共建筑表示每栋建筑。

**C.1.2** 居住建筑和中小型公共建筑的各分类建筑各类能源的全年单位建筑面积能耗量和方差应按下列公式计算：

**1** 全年单位建筑面积能耗量

$$e_{i,\text{b-type-sub}} = \bar{e}_{i,\text{b-type-sub}}^* \qquad (C.1.2-1)$$

$$\bar{e}_{i,\text{b-type-sub}}^* = \dfrac{\sum\limits_{k=1}^{n_{\text{b-type-sub}}} E_{i,\text{b-type-sub},k}^*}{F_{\text{b-type-sub}}^*} \qquad (C.1.2-2)$$

$$F_{\text{b-type-sub}}^* = \sum_{k=1}^{n_{\text{b-type-sub}}} F_{\text{b-type-sub},k}^* \qquad (C.1.2-3)$$

式中 $e_{i,\text{b-type-sub}}$ ——基层单位居住建筑或中小型公共建筑的各分类建筑第 $i$ 类能源的全年单位建筑面积消耗量；

$\bar{e}_{i,\text{b-type-sub}}^*$ ——基层单位居住建筑或中小型公共建筑的各分类建筑的样本建筑第 $i$ 类能源的平均全年单位建筑面积消耗量；

$E_{i,\text{b-type-sub},k}^*$ ——基层单位居住建筑或中小型公共建筑的各分类建筑中第 $k$ 个样本建筑第 $i$ 类能源的年累计消耗量；

$F_{\text{b-type-sub}}^*$ ——基层单位居住建筑或中小型公共建筑的各分类建筑的样本建筑总建筑面积；

$F_{\text{b-type-sub},k}^*$ ——基层单位居住建筑或中小型公共建筑的各分类建筑中第 $k$ 个样本建筑的建筑面积；

$n_{\text{b-type-sub}}$ ——基层单位居住建筑或中小型公共建筑的各分类建筑的样本量；

$b$ ——基层单位；

$type$ ——民用建筑类型，type 为 rb 时表示居住建筑，为 gb 时表示中小型公共建筑，为 lb 时表示大型公共建筑；

$sub$ ——各分类建筑类型，sub 为 low 时表示低层居住建筑，为 multi 时表示多层居住建筑，为 high 时表示中高层和高层居住建筑，为 office 时表示办公建筑，为 shop 时表示商场建筑，为 hotel 时表示宾馆饭店建筑，为 other 时表示其他公共建筑。

**2** 方差

$$\sigma_{i,\text{b-type-sub}}^2 = \dfrac{N_{\text{b-type-sub}}^2}{F_{\text{b-type-sub}}^2} \cdot \dfrac{1 - f_{\text{b-type-sub}}}{n_{\text{b-type-sub}}(n_{\text{b-type-sub}} - 1)}$$
$$\cdot \sum_{k=1}^{n_{\text{b-type-sub}}} (E_{i,\text{b-type-sub},k}^* - \bar{e}_{i,\text{b-type-sub}}^*$$
$$\cdot F_{\text{b-type-sub},k}^*)^2 \qquad (C.1.2-4)$$

$$f_{\text{b-type-sub}} = \dfrac{n_{\text{b-type-sub}}}{N_{\text{b-type-sub}}} \qquad (C.1.2-5)$$

式中 $\sigma_{i,\text{b-type-sub}}^2$ ——基层单位居住建筑或中小型公共建筑的各分类建筑第 $i$ 类能源的全年单位建筑面积能耗量方差；

$N_{\text{b-type-sub}}$ ——基层单位居住建筑或中小型公共建筑的各分类建筑的总栋数；

$F_{\text{b-type-sub}}$ ——基层单位居住建筑或中小型公共建筑的各分类建筑的总建筑面积。

**C.1.3** 居住建筑和中小型公共建筑的各分类建筑各类能源的全年总能耗量和方差应按下列公式计算：

**1** 全年总能耗量

$$E_{i,\text{b-type-sub}} = e_{i,\text{b-type-sub}} \cdot F_{\text{b-type-sub}} \qquad (C.1.3-1)$$

式中 $E_{i,\text{b-type-sub}}$ ——基层单位居住建筑或中小型公共建筑的各分类建筑第 $i$ 类能源的全年总能耗量。

**2** 方差

$$\tilde{\sigma}_{i,\text{b-type-sub}}^2 = \dfrac{F_{\text{b-type-sub}}^2}{N_{\text{b-type-sub}}^2} \cdot \sigma_{i,\text{b-type-sub}}^2 \qquad (C.1.3-2)$$

式中 $\tilde{\sigma}_{i,\text{b-type-sub}}^2$ ——基层单位居住建筑或中小型公共建筑的各分类建筑第 $i$ 类能源的全年总能耗量方差。

**C.1.4** 大型公共建筑的各分类建筑各类能源的全年总能耗量和方差应按下列公式计算：

**1** 全年总能耗量

$$E_{i,\text{b-lb-sub}} = \sum_{k=1}^{n_{\text{b-lb-sub}}} E_{i,\text{b-lb-sub},k} \qquad (C.1.4-1)$$

式中 $E_{i,\text{b-lb-sub}}$ ——基层单位大型公共建筑的各分类建筑第 $i$ 类能源的全年总能耗量；

$E_{i,\mathrm{b-lb-sub},k}$——基层单位大型公共建筑的各分类建筑中第 $k$ 个建筑第 $i$ 类能源的年累计消耗量;

$n_{\mathrm{b-lb-sub}}$——基层单位大型公共建筑的各分类建筑的总栋数。

**2 方差**

$$\widetilde{\sigma}_{i,\mathrm{b-lb-sub}}^{2} = 0 \qquad (\mathrm{C.1.4-2})$$

式中 $\widetilde{\sigma}_{i,\mathrm{b-lb-sub}}^{2}$——基层单位大型公共建筑的各分类建筑第 $i$ 类能源的全年总能耗量方差。

**C.1.5** 大型公共建筑的各分类建筑各类能源的全年单位建筑面积能耗量和方差应按下列公式计算:

**1 全年单位建筑面积能耗量**

$$e_{i,\mathrm{b-lb-sub}} = \frac{E_{i,\mathrm{b-lb-sub}}}{F_{\mathrm{b-lb-sub}}} \qquad (\mathrm{C.1.5-1})$$

式中 $e_{i,\mathrm{b-lb-sub}}$——基层单位大型公共建筑的各分类建筑第 $i$ 类能源的全年单位建筑面积能耗量;

$F_{\mathrm{b-lb-sub}}$——基层单位大型公共建筑的各分类建筑的总建筑面积。

**2 方差**

$$\sigma_{i,\mathrm{b-lb-sub}}^{2} = 0 \qquad (\mathrm{C.1.5-2})$$

式中 $\sigma_{i,\mathrm{b-lb-sub}}^{2}$——基层单位大型公共建筑的各分类建筑第 $i$ 类能源的全年单位建筑面积能耗量方差。

**C.1.6** 基层单位辖区内居住建筑、中小型公共建筑和大型公共建筑各类能源的全年总能耗量和方差应按下列公式计算:

**1 全年总能耗量**

$$E_{i,\mathrm{b-rb}} = E_{i,\mathrm{b-rb-low}} + E_{i,\mathrm{b-rb-multi}} + E_{i,\mathrm{b-rb-high}}$$
$$(\mathrm{C.1.6-1})$$

$$E_{i,\mathrm{b-gb}} = E_{i,\mathrm{b-gb-office}} + E_{i,\mathrm{b-gb-shop}}$$
$$+ E_{i,\mathrm{b-gb-hotel}} + E_{i,\mathrm{b-gb-other}} \qquad (\mathrm{C.1.6-2})$$

$$E_{i,\mathrm{b-lb}} = E_{i,\mathrm{b-lb-office}} + E_{i,\mathrm{b-lb-shop}}$$
$$+ E_{i,\mathrm{b-lb-hotel}} + E_{i,\mathrm{b-lb-other}} \qquad (\mathrm{C.1.6-3})$$

式中 $E_{i,\mathrm{b-rb}}$——基层单位居住建筑第 $i$ 类能源的全年总能耗量;

$E_{i,\mathrm{b-gb}}$——基层单位中小型公共建筑第 $i$ 类能源的全年总能耗量;

$E_{i,\mathrm{b-lb}}$——基层单位大型公共建筑第 $i$ 类能源的全年总能耗量。

**2 方差**

$$\widetilde{\sigma}_{i,\mathrm{b-rb}}^{2} = \sum_{\mathrm{sub=low+multi+high}} \frac{N_{\mathrm{b-rb-sub}}^{2}(1 - f_{\mathrm{b-rb-sub}})}{n_{\mathrm{b-rb-sub}}(n_{\mathrm{b-rb-sub}} - 1)}$$
$$\times \left[ \sum_{k=1}^{n_{\mathrm{b-rb-sub}}} (E_{i,\mathrm{b-rb-sub},k}^{*})^{2} - 2\overline{e}_{i,\mathrm{b-rb-sub}}^{*} \right.$$
$$\times \sum_{k=1}^{n_{\mathrm{b-rb-sub}}} (F_{\mathrm{b-rb-sub,k}}^{*} \cdot E_{i,\mathrm{b-rb-sub},k}^{*}) + (\overline{e}_{i,\mathrm{b-rb-sub}}^{*})^{2}$$
$$\left. \times \sum_{k=1}^{n_{\mathrm{b-rb-sub}}} (F_{\mathrm{b-rb-sub},k}^{*})^{2} \right] \qquad (\mathrm{C.1.6-4})$$

$$\widetilde{\sigma}_{i,\mathrm{b-gb}}^{2} = \sum_{\mathrm{sub=office+shop+hotel+other}} \frac{N_{\mathrm{b-gb-sub}}^{2}(1 - f_{\mathrm{b-gb-sub}})}{n_{\mathrm{b-gb-sub}}(n_{\mathrm{b-gb-sub}} - 1)}$$
$$\times \left[ \sum_{k=1}^{n_{\mathrm{b-gb-sub}}} (E_{i,\mathrm{b-gb-sub},k}^{*})^{2} - 2\overline{e}_{i,\mathrm{b-gb-sub}}^{*} \right.$$
$$\times \sum_{k=1}^{n_{\mathrm{b-gb-sub}}} (F_{\mathrm{b-gb-sub},k}^{*} \cdot E_{i,\mathrm{b-gb-sub},k}^{*})$$
$$\left. + (\overline{e}_{i,\mathrm{b-gb-sub}}^{*})^{2} \sum_{k=1}^{n_{\mathrm{b-gb-sub}}} (F_{\mathrm{b-gb-sub},k}^{*})^{2} \right] \qquad (\mathrm{C.1.6-5})$$

$$\widetilde{\sigma}_{i,\mathrm{b-lb}}^{2} = 0 \qquad (\mathrm{C.1.6-6})$$

式中 $\widetilde{\sigma}_{i,\mathrm{b-rb}}^{2}$——基层单位居住建筑第 $i$ 类能源的全年总能耗量方差;

$\widetilde{\sigma}_{i,\mathrm{b-gb}}^{2}$——基层单位中小型公共建筑第 $i$ 类能源的全年总能耗量方差;

$\widetilde{\sigma}_{i,\mathrm{b-lb}}^{2}$——基层单位大型公共建筑第 $i$ 类能源的全年总能耗量方差。

**C.1.7** 基层单位辖区内居住建筑、中小型公共建筑和大型公共建筑各类能源的全年单位建筑面积能耗量和方差应按下列公式计算:

**1 全年单位建筑面积能耗量**

$$e_{i,\mathrm{b-rb}} = \frac{E_{i,\mathrm{b-rb}}}{F_{\mathrm{b-rb}}} \qquad (\mathrm{C.1.7-1})$$

$$e_{i,\mathrm{b-gb}} = \frac{E_{i,\mathrm{b-gb}}}{F_{\mathrm{b-gb}}} \qquad (\mathrm{C.1.7-2})$$

$$e_{i,\mathrm{b-lb}} = \frac{E_{i,\mathrm{b-lb}}}{F_{\mathrm{b-lb}}} \qquad (\mathrm{C.1.7-3})$$

$$F_{\mathrm{b-rb}} = F_{\mathrm{b-rb-low}} + F_{\mathrm{b-rb-multi}} + F_{\mathrm{b-rb-high}}$$
$$(\mathrm{C.1.7-4})$$

$$F_{\mathrm{b-gb}} = F_{\mathrm{b-gb-office}} + F_{\mathrm{b-gb-shop}}$$
$$+ F_{\mathrm{b-gb-hotel}} + F_{\mathrm{b-gb-other}} \qquad (\mathrm{C.1.7-5})$$

$$F_{\mathrm{b-lb}} = F_{\mathrm{b-lb-office}} + F_{\mathrm{b-lb-shop}}$$
$$+ F_{\mathrm{b-lb-hotel}} + F_{\mathrm{b-lb-other}} \qquad (\mathrm{C.1.7-6})$$

式中 $e_{i,\mathrm{b-rb}}$——基层单位居住建筑第 $i$ 类能源的全年单位建筑面积能耗量;

$e_{i,\mathrm{b-gb}}$——基层单位中小型公共建筑第 $i$ 类能源的全年单位建筑面积能耗量;

$e_{i,\mathrm{b-lb}}$——基层单位大型公共建筑第 $i$ 类能源的全年单位建筑面积能耗量;

$F_{\mathrm{b-rb}}$——基层单位居住建筑的总建筑面积;

$F_{\mathrm{b-gb}}$——基层单位中小型公共建筑的总建筑面积;

$F_{\mathrm{b-lb}}$——基层单位大型公共建筑的总建筑面积。

**2 方差**

$$\sigma_{i,\mathrm{b-rb}}^{2} = \frac{\widetilde{\sigma}_{i,\mathrm{b-rb}}^{2}}{F_{\mathrm{b-rb}}^{2}} \qquad (\mathrm{C.1.7-7})$$

$$\sigma_{i,\mathrm{b-gb}}^{2} = \frac{\widetilde{\sigma}_{i,\mathrm{b-gb}}^{2}}{F_{\mathrm{b-gb}}^{2}} \qquad (\mathrm{C.1.7-8})$$

$$\sigma^2_{i,\text{b-lb}} = 0 \qquad (\text{C.}1.7\text{-}9)$$

式中 $\sigma^2_{i,\text{b-rb}}$——基层单位居住建筑第 $i$ 类能源的全年单位建筑面积能耗量方差;

$\sigma^2_{i,\text{b-gb}}$——基层单位中小型公共建筑第 $i$ 类能源的全年单位建筑面积能耗量方差;

$\sigma^2_{i,\text{b-lb}}$——基层单位大型公共建筑第 $i$ 类能源的全年单位建筑面积能耗量方差。

**C.1.8** 基层单位辖区内民用建筑各类能源的全年总能耗量和方差应按下列公式计算:

**1** 全年总能耗量

$$E_{i,\text{b-cb}} = E_{i,\text{b-rb}} + E_{i,\text{b-gb}} + E_{i,\text{b-lb}}$$
$$(\text{C.}1.8\text{-}1)$$

式中 $E_{i,\text{b-cb}}$——基层单位民用建筑第 $i$ 类能源的全年总能耗量。

**2** 方差

$$\tilde{\sigma}^2_{i,\text{b-cb}} = \tilde{\sigma}^2_{i,\text{b-rb}} + \tilde{\sigma}^2_{i,\text{b-gb}} + \tilde{\sigma}^2_{i,\text{b-lb}} \quad (\text{C.}1.8\text{-}2)$$

式中 $\tilde{\sigma}^2_{i,\text{b-cb}}$——基层单位民用建筑第 $i$ 类能源的全年总能耗量方差。

**C.1.9** 基层单位辖区内民用建筑各类能源的全年单位建筑面积能耗量和方差应按下列公式计算:

**1** 全年单位建筑面积能耗量

$$e_{i,\text{b-cb}} = \frac{E_{i,\text{b-cb}}}{F_{\text{b-cb}}} \qquad (\text{C.}1.9\text{-}1)$$

$$F_{\text{b-cb}} = F_{\text{b-rb}} + F_{\text{b-gb}} + F_{\text{b-lb}} \qquad (\text{C.}1.9\text{-}2)$$

式中 $e_{i,\text{b-cb}}$——基层单位民用建筑第 $i$ 类能源的全年单位建筑面积能耗量;

$F_{\text{b-cb}}$——基层单位民用建筑的总建筑面积。

**2** 方差

$$\sigma^2_{i,\text{b-cb}} = \frac{F^2_{\text{b-rb}} \cdot \sigma^2_{i,\text{b-rb}} + F^2_{\text{b-gb}} \cdot \sigma^2_{i,\text{b-gb}} + F^2_{\text{b-lb}} \cdot \sigma^2_{i,\text{b-lb}}}{F^2_{\text{b-cb}}}$$
$$(\text{C.}1.9\text{-}3)$$

式中 $\sigma^2_{i,\text{b-cb}}$——基层单位民用建筑第 $i$ 类能源的全年单位建筑面积能耗量方差。

### C.2 市级、省级和国家级建筑能耗数据处理方法

**C.2.1** 市级、省级和国家级居住建筑、中小型公共建筑和大型公共建筑各类能源的全年总能耗量和方差应按下列公式计算:

**1** 全年总能耗量

$$E_{i,\text{d-type}} = \sum_{m=1}^{N_{\text{sd}}} E_{i,\text{sd-type},m} \qquad (\text{C.}2.1\text{-}1)$$

式中 $E_{i,\text{d-type}}$——市级或省级或国家级居住建筑或中小型公共建筑或大型公共建筑第 $i$ 类能源的全年总能耗量;

$E_{i,\text{sd-type},m}$——第 $m$ 个下一级建筑能耗数据采集部门汇总的居住建筑或中小型公共建筑或大型公共建筑第 $i$ 类能源的全年总能耗量;

$N_{\text{sd}}$——下一级建筑能耗数据采集部门数量;

d——建筑能耗数据采集部门级别,d 为 c 时表示市级建筑能耗数据采集部门,为 p 时表示省级建筑能耗数据采集部门,为 t 时表示国家级建筑能耗数据采集部门。

**2** 方差

$$\tilde{\sigma}^2_{i,\text{d-type}} = \sum_{m=1}^{N_{\text{sd}}} \tilde{\sigma}^2_{i,\text{sd-type},m} \qquad (\text{C.}2.1\text{-}2)$$

式中 $\tilde{\sigma}^2_{i,\text{d-type}}$——市级或省级或国家级居住建筑或中小型公共建筑第 $i$ 类能源的全年总能耗量方差,大型公共建筑的方差 $\tilde{\sigma}^2_{i,\text{d-lb}}$ 为 0;

$\tilde{\sigma}^2_{i,\text{sd-type},m}$——第 $m$ 个下一级建筑能耗数据采集部门计算的居住建筑或中小型公共建筑或大型公共建筑第 $i$ 类能源的全年总能耗量方差。

**C.2.2** 市级、省级和国家级居住建筑、中小型公共建筑和大型公共建筑各类能源的全年单位建筑面积能耗量和方差应按下列公式计算:

**1** 全年单位建筑面积能耗量

$$e_{i,\text{d-type}} = \frac{E_{i,\text{d-type}}}{F_{\text{d-type}}} \qquad (\text{C.}2.2\text{-}1)$$

$$F_{\text{d-type}} = \sum_{m=1}^{N_{\text{sd}}} F_{\text{sd-type},m} \qquad (\text{C.}2.2\text{-}2)$$

式中 $e_{i,\text{d-type}}$——市级或省级或国家级居住建筑或中小型公共建筑或大型公共建筑第 $i$ 类能源的全年单位建筑面积能耗量;

$F_{\text{d-type}}$——市级或省级或国家级居住建筑或中小型公共建筑或大型公共建筑的总建筑面积;

$F_{\text{sd-type},m}$——第 $m$ 个下一级建筑能耗数据采集部门汇总的居住建筑或中小型公共建筑或大型公共建筑的总建筑面积。

**2** 方差

$$\sigma^2_{i,\text{d-type}} = \frac{\displaystyle\sum_{m=1}^{N_{\text{sd}}} \left( F^2_{\text{sd-type},m} \cdot \sigma^2_{i,\text{sd-type},m} \right)}{F^2_{\text{d-type}}}$$
$$(\text{C.}2.2\text{-}3)$$

式中 $\sigma^2_{i,\text{d-type}}$——市级或省级或国家级居住建筑或中小型公共建筑第 $i$ 类能源的全年单位建筑面积能耗量方差,大型建筑的方差 $\sigma^2_{i,\text{d-lb}}$ 为 0;

$\sigma^2_{i,\text{sd-type},m}$——第 $m$ 个下一级建筑能耗数据采集部门计算的居住建筑或中小型公共建筑或大型公共建筑第 $i$ 类能源的全年单位建筑面积能耗量方差。

**C.2.3** 市级、省级和国家级民用建筑各类能源的全年总能耗量和方差应按下列公式计算：

**1** 全年总能耗量

$$E_{i,\mathrm{d-cb}} = E_{i,\mathrm{d-rb}} + E_{i,\mathrm{d-gb}} + E_{i,\mathrm{d-lb}}$$

(C.2.3-1)

式中 $E_{i,\mathrm{d-cb}}$——市级或省级或国家级民用建筑第 $i$ 类能源的全年总能耗量。

**2** 方差

$$\tilde{\sigma}^2_{i,\mathrm{d-cb}} = \tilde{\sigma}^2_{i,\mathrm{d-rb}} + \tilde{\sigma}^2_{i,\mathrm{d-gb}} + \tilde{\sigma}^2_{i,\mathrm{d-lb}} \quad (\text{C.2.3-2})$$

式中 $\tilde{\sigma}^2_{i,\mathrm{d-cb}}$——市级或省级或国家级民用建筑第 $i$ 类能源的全年总能耗量方差。

**C.2.4** 市级、省级和国家级民用建筑各类能源的全年单位建筑面积能耗量和方差应按下列公式计算：

**1** 全年单位建筑面积能耗量

$$e_{i,\mathrm{d-cb}} = \frac{E_{i,\mathrm{d-cb}}}{F_{\mathrm{d-cb}}} \qquad (\text{C.2.4-1})$$

$$F_{\mathrm{d-cb}} = F_{\mathrm{d-rb}} + F_{\mathrm{d-gb}} + F_{\mathrm{d-lb}} \quad (\text{C.2.4-2})$$

式中 $e_{i,\mathrm{d-cb}}$——市级或省级或国家级民用建筑第 $i$ 类能源的全年单位建筑面积能耗量；

　　　$F_{\mathrm{d-cb}}$——市级或省级或国家级民用建筑的总建筑面积。

**2** 方差

$$\sigma^2_{i,\mathrm{d-cb}} = \frac{F^2_{\mathrm{d-rb}} \cdot \sigma^2_{i,\mathrm{d-rb}} + F^2_{\mathrm{d-gb}} \cdot \sigma^2_{i,\mathrm{d-gb}} + F^2_{\mathrm{d-lb}} \cdot \sigma^2_{i,\mathrm{d-lb}}}{F^2_{\mathrm{d-cb}}}$$

(C.2.4-3)

式中 $\sigma^2_{i,\mathrm{d-cb}}$——市级或省级或国家级民用建筑第 $i$ 类能源的全年单位建筑面积能耗量方差。

## 附录 D　城镇民用建筑能耗数据报表

**D.0.1** 基层单位应按表 D.0.1 的格式生成基层单位建筑能耗数据报表。

**表 D.0.1　基层单位城镇民用建筑能耗数据报表**

基层单位名称：　　　　　　　所属地级市、地级区、州、盟名称：
基层单位代码：　　　　　　　所属地级市、地级区、州、盟代码：
基层单位负责人：　　　　　　能耗采集年份：
联系电话：　　　　　　　　　报出日期：　　年　　月　　日

（一）总报表

| | | 居住建筑 | 公共建筑 | | 合计 | 备注 |
| --- | --- | --- | --- | --- | --- | --- |
| | | | 中小型公共建筑 | 大型公共建筑 | | |
| 总栋数（栋） | | | | | | |
| 总建筑面积（万 m²） | | | | | | |
| 全年单位建筑面积能耗量 | 电（kWh/m²） | 采集值 | | | | |
| | | 方差 | | 0 | | |
| | 煤（kg/m²） | 采集值 | | | | |
| | | 方差 | | 0 | | |
| | 天然气（m³/m²） | 采集值 | | | | |
| | | 方差 | | 0 | | |
| | 液化石油气（kg/m²） | 采集值 | | | | |
| | | 方差 | | 0 | | |
| | 人工煤气（kg/m²） | 采集值 | | | | |
| | | 方差 | | 0 | | |
| | 汽油（kg/m²） | 采集值 | | | | |
| | | 方差 | | 0 | | |
| | 煤油（kg/m²） | 采集值 | | | | |
| | | 方差 | | 0 | | |

| | | | 居住建筑 | 公共建筑 | | 合计 | 备注 |
|---|---|---|---|---|---|---|---|
| | | | | 中小型公共建筑 | 大型公共建筑 | | |
| 全年单位建筑面积能耗量 | 柴油(kg/m²) | 采集值 | | | | | |
| | | 方差 | | | 0 | | |
| | 集中供热耗热量（kJ/m²） | 采集值 | | | | | |
| | | 方差 | | | 0 | | |
| | 集中供冷耗冷量（kJ/m²） | 采集值 | | | | | |
| | | 方差 | | | 0 | | |
| | 建筑直接使用的可再生能源（ ） | 采集值 | | | | | |
| | | 方差 | | | 0 | | |
| | 其他能源（ ） | 采集值 | | | | | |
| | | 方差 | | | 0 | | |
| 全年总能耗量 | 电(万 kWh) | 采集值 | | | | | |
| | | 方差 | | | 0 | | |
| | 煤(t) | 采集值 | | | | | |
| | | 方差 | | | 0 | | |
| | 天然气(万 m³) | 采集值 | | | | | |
| | | 方差 | | | 0 | | |
| | 液化石油气(t) | 采集值 | | | | | |
| | | 方差 | | | 0 | | |
| | 人工煤气(t) | 采集值 | | | | | |
| | | 方差 | | | 0 | | |
| | 汽油(t) | 采集值 | | | | | |
| | | 方差 | | | 0 | | |
| | 煤油(t) | 采集值 | | | | | |
| | | 方差 | | | 0 | | |
| | 柴油(t) | 采集值 | | | | | |
| | | 方差 | | | 0 | | |
| | 集中供热耗热量(万 kJ) | 采集值 | | | | | |
| | | 方差 | | | 0 | | |
| | 集中供冷耗冷量(万 kJ) | 采集值 | | | | | |
| | | 方差 | | | 0 | | |
| | 建筑直接使用的可再生能源（ ） | 采集值 | | | | | |
| | | 方差 | | | 0 | | |
| | 其他能源（ ） | 采集值 | | | | | |
| | | 方差 | | | 0 | | |

(二)分类建筑能耗数据报表

| | | | 居住建筑 | | | 公共建筑 | | | | | | | | 备注 |
|---|---|---|---|---|---|---|---|---|---|---|---|---|---|---|
| | | | | | | 中小型公共建筑 | | | | 大型公共建筑 | | | | |
| | | | 低层 | 多层 | 中高层和高层 | 办公 | 商场 | 宾馆饭店 | 其他 | 办公 | 商场 | 宾馆饭店 | 其他 | |
| 总栋数(栋) | | | | | | | | | | | | | | |
| 总建筑面积(万 m²) | | | | | | | | | | | | | | |
| 全年单位建筑面积能耗量 | 电(kWh/m²) | 采集值 | | | | | | | | | | | | |
| | | 方差 | | | | | | | | 0 | 0 | 0 | 0 | |
| | 煤(kg/m²) | 采集值 | | | | | | | | | | | | |
| | | 方差 | | | | | | | | 0 | 0 | 0 | 0 | |
| | 天然气(m³/m²) | 采集值 | | | | | | | | | | | | |
| | | 方差 | | | | | | | | 0 | 0 | 0 | 0 | |
| | 液化石油气(kg/m²) | 采集值 | | | | | | | | | | | | |
| | | 方差 | | | | | | | | 0 | 0 | 0 | 0 | |
| | 人工煤气(kg/m²) | 采集值 | | | | | | | | | | | | |
| | | 方差 | | | | | | | | 0 | 0 | 0 | 0 | |
| | 汽油(kg/m²) | 采集值 | | | | | | | | | | | | |
| | | 方差 | | | | | | | | 0 | 0 | 0 | 0 | |
| | 煤油(kg/m²) | 采集值 | | | | | | | | | | | | |
| | | 方差 | | | | | | | | 0 | 0 | 0 | 0 | |
| | 柴油(kg/m²) | 采集值 | | | | | | | | | | | | |
| | | 方差 | | | | | | | | 0 | 0 | 0 | 0 | |
| | 集中供热耗热量(kJ/m²) | 采集值 | | | | | | | | | | | | |
| | | 方差 | | | | | | | | 0 | 0 | 0 | 0 | |
| | 集中供冷耗冷量(kJ/m²) | 采集值 | | | | | | | | | | | | |
| | | 方差 | | | | | | | | 0 | 0 | 0 | 0 | |
| | 建筑直接使用的可再生能源( ) | 采集值 | | | | | | | | | | | | |
| | | 方差 | | | | | | | | 0 | 0 | 0 | 0 | |
| | 其他能源( ) | 采集值 | | | | | | | | | | | | |
| | | 方差 | | | | | | | | 0 | 0 | 0 | 0 | |
| 全年总能耗量 | 电(万 kWh) | 采集值 | | | | | | | | | | | | |
| | | 方差 | | | | | | | | 0 | 0 | 0 | 0 | |
| | 煤(t) | 采集值 | | | | | | | | | | | | |
| | | 方差 | | | | | | | | 0 | 0 | 0 | 0 | |
| | 天然气(万 m³) | 采集值 | | | | | | | | | | | | |
| | | 方差 | | | | | | | | 0 | 0 | 0 | 0 | |
| | 液化石油气(t) | 采集值 | | | | | | | | | | | | |
| | | 方差 | | | | | | | | 0 | 0 | 0 | 0 | |

| | | | 居住建筑 | | | 公共建筑 | | | | | | | 备注 |
|---|---|---|---|---|---|---|---|---|---|---|---|---|---|
| | | | | | | 中小型公共建筑 | | | | 大型公共建筑 | | | |
| | | | 低层 | 多层 | 中高层和高层 | 办公 | 商场 | 宾馆饭店 | 其他 | 办公 | 商场 | 宾馆饭店 | 其他 | |
| 全年总能耗量 | 人工煤气(t) | 采集值 | | | | | | | | | | | | |
| | | 方差 | | | | | | | | 0 | 0 | 0 | 0 | |
| | 汽油(t) | 采集值 | | | | | | | | | | | | |
| | | 方差 | | | | | | | | 0 | 0 | 0 | 0 | |
| | 煤油(t) | 采集值 | | | | | | | | | | | | |
| | | 方差 | | | | | | | | 0 | 0 | 0 | 0 | |
| | 柴油(t) | 采集值 | | | | | | | | | | | | |
| | | 方差 | | | | | | | | 0 | 0 | 0 | 0 | |
| | 集中供热耗热量(万kJ) | 采集值 | | | | | | | | | | | | |
| | | 方差 | | | | | | | | 0 | 0 | 0 | 0 | |
| | 集中供冷耗冷量(万kJ) | 采集值 | | | | | | | | | | | | |
| | | 方差 | | | | | | | | 0 | 0 | 0 | 0 | |
| | 建筑直接使用的可再生能源() | 采集值 | | | | | | | | | | | | |
| | | 方差 | | | | | | | | | | | | |
| | 其他能源() | 采集值 | | | | | | | | | | | | |
| | | 方差 | | | | | | | | 0 | 0 | 0 | 0 | |

注：1　合计栏中总栋数和总建筑面积应为居住建筑、中小型公共建筑、大型公共建筑的总栋数和总建筑面积之和，下同；
　　2　合计栏中全年总能耗量应为居住建筑、中小型公共建筑、大型公共建筑的全年总能耗量之和，下同；
　　3　合计栏中全年单位建筑面积能耗量应为合计栏中全年总能耗量与总建筑面积之比，下同。

**D.0.2** 市级、省级和国家级建筑能耗数据采集部门应依据下一级的建筑能耗数据报表，按表 D.0.2 的格式生成本级建筑能耗数据表。

**表 D.0.2　市级（或省级，或国家级）城镇民用建筑能耗数据报表**

数据采集部门所属级别：□市级　□省级　□国家级

数据采集部门名称：
数据采集部门所属行政区域名称：
数据采集部门所属行政区域代码：
数据采集部门负责人：
联系电话：
数据采集部门所属上一级行政区域名称：
数据采集部门所属上一级行政区域代码：
能耗采集年份：
报出日期：　　年　月　日

| | | | 居住建筑 | 公共建筑 | | 合计 | 备注 |
|---|---|---|---|---|---|---|---|
| | | | | 中小型公共建筑 | 大型公共建筑 | | |
| 总栋数(栋) | | | | | | | |
| 总建筑面积(万 m²) | | | | | | | |
| 全年单位建筑面积能耗量 | 电(kWh/m²) | 采集值 | | | | | |
| | | 方差 | | | | 0 | |
| | 煤(kg/m²) | 采集值 | | | | | |
| | | 方差 | | | | 0 | |

| | | | 居住建筑 | 公共建筑 | | 合计 | 备注 |
|---|---|---|---|---|---|---|---|
| | | | | 中小型公共建筑 | 大型公共建筑 | | |
| 全年单位建筑面积能耗量 | 天然气(m³/m²) | 采集值 | | | | | |
| | | 方差 | | | | 0 | |
| | 液化石油气(kg/m²) | 采集值 | | | | | |
| | | 方差 | | | | 0 | |
| | 人工煤气(kg/m²) | 采集值 | | | | | |
| | | 方差 | | | | 0 | |
| | 汽油(kg/m²) | 采集值 | | | | | |
| | | 方差 | | | | 0 | |
| | 煤油(kg/m²) | 采集值 | | | | | |
| | | 方差 | | | | 0 | |
| | 柴油(kg/m²) | 采集值 | | | | | |
| | | 方差 | | | | 0 | |
| | 集中供热耗热量(kJ/m²) | 采集值 | | | | | |
| | | 方差 | | | | 0 | |
| | 集中供冷耗冷量(kJ/m²) | 采集值 | | | | | |
| | | 方差 | | | | 0 | |
| | 建筑直接使用的可再生能源() | 采集值 | | | | | |
| | | 方差 | | | | | |
| | 其他能源() | 采集值 | | | | | |

续表 D.0.2

| 全年总能耗量 | | | 居住建筑 | 公共建筑 | | 合计 | 备注 |
|---|---|---|---|---|---|---|---|
| | | | | 中小型公共建筑 | 大型公共建筑 | | |
| 全年总能耗量 | 电(万 kWh) | 采集值 | | | | | |
| | | 方差 | | | | 0 | |
| | 煤(t) | 采集值 | | | | | |
| | | 方差 | | | | 0 | |
| | 天然气(万 m³) | 采集值 | | | | | |
| | | 方差 | | | | 0 | |
| | 液化石油气(t) | 采集值 | | | | | |
| | | 方差 | | | | 0 | |
| | 人工煤气(t) | 采集值 | | | | | |
| | | 方差 | | | | 0 | |
| | 汽油(t) | 采集值 | | | | | |
| | | 方差 | | | | 0 | |
| | 煤油(t) | 采集值 | | | | | |
| | | 方差 | | | | 0 | |
| | 柴油(t) | 采集值 | | | | | |
| | | 方差 | | | | 0 | |
| | 集中供热耗热量(万 kJ) | 采集值 | | | | | |
| | | 方差 | | | | 0 | |
| | 集中供冷耗冷量(万 kJ) | 采集值 | | | | | |
| | | 方差 | | | | 0 | |
| | 建筑直接使用的可再生能源( ) | 采集值 | | | | | |
| | | 方差 | | | | 0 | |
| | 其他能源( ) | 采集值 | | | | | |
| | | 方差 | | | | 0 | |

注：1 "数据采集部门所属行政区域名称"应按下列规定填写：
　1)对市级数据采集部门应填写地级市、地级区、州、盟的名称；
　2)对省级数据采集部门应填写省、自治区、直辖市的名称；
　3)对国家级数据采集部门此栏不填写。
2 "数据采集部门所属行政区域代码"对市级和省级数据采集部门应为现行国家标准《中华人民共和国行政区划代码》GB/T 2260 分别对地级市、地级区、州、盟和省、自治区、直辖市所规定的数字代码；对国家级数据采集部门此栏不填写。
3 "数据采集部门所属上一级行政区域名称"和"数据采集部门所属上一级行政区域代码"对市级数据采集部门应填写本级数据采集部门所属的省、自治区、直辖市的名称和现行国家标准《中华人民共和国行政区划代码》GB/T 2260 对省、自治区、直辖市所规定的数字代码，对省级和国家级数据采集部门此两栏不填写。

# 附录 E　城镇民用建筑能耗数据发布表

**表 E　国家级（或省级，或市级，或基层单位）城镇民用建筑能耗数据发布表（＿＿＿年）**

| | | 居住建筑 | 公共建筑 | | 合计 |
|---|---|---|---|---|---|
| | | | 中小型公共建筑 | 大型公共建筑 | |
| 总栋数(栋) | | | | | |
| 总建筑面积(万 m²) | | | | | |
| 全年单位建筑面积能耗量 | 电(kWh/m²) | | | | |
| | 煤(kg/m²) | | | | |
| | 天然气(m³/m²) | | | | |
| | 液化石油气(kg/m²) | | | | |
| | 人工煤气(kg/m²) | | | | |
| | 汽油(kg/m²) | | | | |
| | 煤油(kg/m²) | | | | |
| | 柴油(kg/m²) | | | | |
| | 集中供热耗热量(kJ/m²) | | | | |
| | 集中供冷耗冷量(kJ/m²) | | | | |
| | 建筑直接使用的可再生能源( ) | | | | |
| | 其他能源( ) | | | | |
| 全年总能耗量 | 电(万 kWh) | | | | |
| | 煤(t) | | | | |
| | 天然气(万 m³) | | | | |
| | 液化石油气(t) | | | | |
| | 人工煤气(t) | | | | |
| | 汽油(t) | | | | |
| | 煤油(t) | | | | |
| | 柴油(t) | | | | |
| | 集中供热耗热量(万 kJ) | | | | |
| | 集中供冷耗冷量(万 kJ) | | | | |
| | 建筑直接使用的可再生能源( ) | | | | |
| | 其他能源( ) | | | | |

注：表头中的"国家级（或省级，或市级，或基层单位）"应按以下格式表述：
1 国家级：全国；
2 省级：＿＿＿＿＿＿＿（省、自治区、直辖市名称）；
3 市级：＿＿＿＿＿＿＿（省、自治区、直辖市名称）＿＿＿＿＿＿＿（地级市、地级区、州、盟名称）；
4 基层单位：＿＿＿＿＿＿＿（省、自治区、直辖市名称）＿＿＿＿＿＿＿（地级市、地级区、州、盟名称）＿＿＿＿＿＿＿（县、县级市、县级区、旗名称）。

## 本标准用词说明

1  为便于在执行本标准条文时区别对待，对要求严格程度不同的用词说明如下：

　1）表示很严格，非这样做不可的：

　　正面词采用"必须"，反面词采用"严禁"；

　2）表示严格，在正常情况下均应这样做的：

　　正面词采用"应"，反面词采用"不应"或"不得"；

　3）表示允许稍有选择，在条件许可时首先应这样做的：

　　正面词采用"宜"，反面词采用"不宜"；

　　表示有选择，在一定条件下可以这样做的：采用"可"。

2  标准中指明应按其他有关标准执行的，写法为："应符合……的规定（或要求）"或"应按……执行"。

中华人民共和国行业标准

# 民用建筑能耗数据采集标准

JGJ/T 154—2007

条 文 说 明

# 前　言

《民用建筑能耗数据采集标准》JGJ/T 154－2007
经建设部 2007 年 7 月 23 日以第 676 号公告批准
发布。

为便于广大设计、施工、科研、学校等单位有关
人员在使用本标准时能正确理解和执行条文规定，

《民用建筑能耗数据采集标准》编制组按章、节、条
顺序编写了本标准的条文说明，供使用者参考。在使
用中如发现本条文说明有不妥之处，请将意见函寄深
圳市建筑科学研究院（地址：深圳市福田区振华路 8
号设计大厦 5 楼；邮政编码：518031）。

# 目 次

# 1 总 则

**1.0.1** 《中华人民共和国节约能源法》规定：用能单位应当加强能源计量管理，健全能源消费统计和能源利用状况分析制度；重点用能单位应当按照国家有关规定定期报送能源利用状况报告。能源利用状况包括能源消费情况、用能效率和节能效益分析、节能措施等内容。

　　在我国建国初期，工业统计中就建立了原煤、原油、电力、天然气的产量统计；随后，又在物资统计里建立了以反映各种能源在生产、销售平衡和能源收入、拨出、消费为主要内容的以实物为主的单项能源统计。20世纪80年代以来，由于能源在国民经济建设中的战略地位日益突出，在工业统计和物资统计的基础上分离出能源统计。但目前我国的能源统计主要是工业能源的统计，建筑能耗长期被分割混杂在能源消耗的各个领域，比如住宅的能耗归入城乡人民生活能源消费，而其他各类建筑能耗归入非物质生产部门的能源消费。

　　我国目前建筑能耗数据采集体系尚不完善，尚未形成一套成熟的建筑能耗数据采集、处理与分析方法。因此，建立建筑能耗数据采集制度，有利于全面了解我国的建筑能耗水平、建筑终端商品能耗结构和建筑用能模式，积累建筑能耗基础数据，为国家制定节能降耗政策提供数据支持。

**1.0.2** 本标准规定的建筑能耗数据采集范围是城镇民用建筑，数据采集对象是建筑在使用过程中所消耗的各类能源。工业建筑的能耗主要取决于工业建筑内部生产过程中设备的能耗，因此工业建筑的能耗应计入能源消费端的工业能耗统计；由于在农村秸秆、薪柴的用量比较大，煤炭、电力等常规商品能源使用量较小，因此本标准暂不采集农村建筑能耗。

**1.0.3** 本标准旨在掌握我国城镇民用建筑能耗的具体数据，对与建筑节能相关的内容，如建筑围护结构的性能、建筑内部设备的使用情况和耗能特点等没有作详细的信息采集，如果国家有这方面的标准，尚应符合有关标准的规定。

# 2 术 语

**2.0.1～2.0.5** 建筑划分为民用建筑和工业建筑。民用建筑又分为居住建筑和公共建筑。本标准将公共建筑又进一步分为中小型公共建筑和大型公共建筑（单栋建筑面积大于2万 $m^2$ 的公共建筑）。对这两类公共建筑分开进行能耗数据采集，是因为：据统计，我国目前有5亿 $m^2$ 左右的大型公共建筑，这些大型公共建筑的用能设备包括空调、照明、办公设备、电梯等多个系统，其每年单位建筑面积耗电量为 70～300kWh/

$m^2$，是住宅的 10～20 倍。大型公共建筑成为建筑能源消耗的高密度领域，具有巨大的节能潜力。

**2.0.6** 本标准在采集建筑能耗数据时，是以整栋建筑为对象，采集进入整栋建筑的各类能源，并入电网中的可再生能源由于无法拆分，因此把并入电网中的水力发电、太阳能发电等可再生能源称为建筑间接使用的可再生能源，对这部分可再生能源直接并入电的采集；而将由建筑或建筑群独立产生并使用的可再生能源称为建筑直接使用的可再生能源，本标准把这部分可再生能源单独作为一种能源形式进行能耗数据采集。

**2.0.7** 统计学术语。本标准对居住建筑和中小型公共建筑采用了分类随机抽样。

**2.0.8** 本标准是采集进入建筑的各类能源，因此对以供热输配管道为建筑提供热量的供热形式单独进行能耗数据采集，并把这种能源形式称为集中供热。集中供热包括：区域集中供热（为整个城市或城区进行供热）和局部集中供热（为小区或几栋建筑供热）。

**2.0.9** 以供冷输配管道为建筑提供冷量的供冷形式称为集中供冷，对这种能源形式也单独进行能耗数据采集。冷源设于建筑内部，并为建筑提供冷量的供冷形式不属于本标准所规定的集中供冷形式。

# 3 民用建筑能耗数据采集对象与指标

## 3.1 民用建筑能耗数据采集对象与分类

**3.1.1** 居住建筑主要包括住宅、集体宿舍、公寓、招待所、养老院、托幼建筑等。公共建筑主要包括办公建筑（包括写字楼、政府部门办公楼等）、商场建筑、宾馆饭店建筑、文化场馆（包括展览馆、博物馆、图书馆等）、影剧院建筑、科研教育建筑、医疗卫生建筑、体育建筑、通信建筑（如邮电、通信、广播用房等）以及交通建筑（如机场、车站建筑等）。本标准对居住建筑和公共建筑分别进行能耗数据采集，而对于综合性的建筑，如商住楼，即建筑的下部为商场或办公区域，上部为商品房的建筑，由于其具有不同的能源消费特点，应将它们分开进行能耗数据采集，居住建筑部分应纳入居住建筑的能耗数据采集体系，公共建筑部分应纳入公共建筑的能耗数据采集体系。

**3.1.2** 与发达国家相比，我国大型公共建筑的平均能耗值高于欧洲水平，与美国、日本的平均值大体接近。由于不同气候条件和经济发展水平的差异，我国不同城市和地区的建筑能耗特点各不相同，但存在相同的规律，即在能耗水平上，大型公共建筑、中小型公共建筑和居住建筑之间存在相对清晰的分界线，并且大型公共建筑的能耗都远高于中小型公共建筑和居住建筑。虽然大型公共建筑的数量不多，但由于电耗指标高，大型公共建筑在民用建筑总能耗中占有很大比重。由于能耗指标高，改造 1m² 的大型公共建筑所能取得的节能效果相当于改造 10～15m² 的居住建筑，同时对大型公共建筑进行节能改造远比对涉及居民在内的居住建筑进行节能改造要容易得多。特别是实施政府机构办公建筑节能改造，不仅可以减少公共财政支出，同时可通过政府机构率先垂范，起到示范作用。本标准分别对中小型公共建筑和大型公共建筑进行能耗数据采集，确定建筑节能工作的重点，指导我国建筑节能工作的深入开展。

**3.1.3** 低层、多层、中高层和高层居住建筑的建筑能耗及使用人群等差异性较大，为了更准确地估算整个社会居住建筑的能耗，本标准将居住建筑分为低层、多层、中高层和高层 3 类进行能耗数据采集。这里将中高层居住建筑和高层居住建筑合为一类，是考虑到 7 层至 9 层的中高层居住建筑和 10 层及以上的高层居住建筑的能耗差异不是很明显。居住建筑的层数分类划分方法是参考《住宅设计规范》GB 50096 - 1999 中对住宅按层数的划分方法。

**3.1.4** 在公共建筑中，办公楼、商场和宾馆饭店所占的数量比例大，同时能耗差异也较大。据有关单位的初步统计，办公建筑的能耗约为 80～150kWh/(m²·年)，而高档商场建筑能耗则高达 300～400kWh/(m²·年)，因此本标准选择了这三类公共建筑作为主要的能耗数据采集对象，并将其余的公共建筑类型都归入"其他建筑"，共分 4 类进行能耗数据采集，既能减少工作量，又能较准确地估算全社会公共建筑的能耗。

### 3.2 民用建筑能耗数据采集指标

**3.2.1** 民用建筑使用的能源包括：电、煤、气、油、集中供热、集中供冷、建筑独立产生并使用的可再生能源等各种能源形式，归纳为四类：电、燃料（煤、气、油等）、集中供热（冷）、建筑直接使用的可再生能源。本标准对各种能源形式单独进行能耗数据采集。对建筑自备热源（建筑自备小型电炉，燃气/油炉）和分户独立采暖的情况，以及对单栋建筑自备冷源（制冷机、热泵机组）和每户独立制冷（窗式空调器、分体空调器、户式中央空调等）的情况，由于是直接采集进入建筑的电量或燃料消耗量，因此集中供热（冷）量中不再重复采集这部分能耗。集中供热（冷）量的采集仅是指针对依靠供热管道（或供冷管道）为建筑提供热量（或冷量）的采集。

**3.2.2** 在采集城镇民用建筑能耗的同时，可以掌握我国各地城镇民用建筑的具体栋数和建筑面积，为政府部门制定能源领域的政策提供依据，比如既有建筑节能改造的范围和节能潜力分析等。

**3.2.3** 能耗数据采集除了得到城镇民用建筑的能源消耗总量外，还需要得到单位建筑面积的能耗量，从而既可以与我国的建筑节能设计标准能耗指标进行对

比，也可以与其他国家的建筑能耗指标进行对比。

## 4 民用建筑能耗数据采集样本量和样本的确定方法

### 4.1 一般规定

**4.1.1** 在我国现有的行政分区范围内进行民用建筑能耗数据采集，可以利用现有的行政职能进行监督和管理，从而规范与有效地实施民用建筑能耗数据采集工作。

**4.1.3** 民用建筑能耗数据是在我国现有的行政分区范围内进行逐级上报的，因此基层单位在整个能耗数据采集体系中占据着非常重要的地位，关系到数据的可靠性与准确性，本标准规定县级行政区域（县、县级市、县级区、旗）为民用建筑能耗数据采集的基层单位。

**4.1.5** 统计调查方法有统计报表、普查、抽样调查、重点调查、典型调查等几种形式。

统计报表是由国家统一颁发表格，由企事业单位根据一定的原始记录和核算资料，按规定的时间和程序，定期提供统计资料的一种调查方式。

普查是为了某一特定目的而专门组织的一次性全面调查。其特点是：调查单位多、内容全面、工作量大、所需费用高，主要在全国范围内进行。

抽样调查是按随机原则，从总体调查对象中抽取一部分单位作为样本来进行观察，并根据其观察结果，从局部推断总体的一种非全面调查。抽样调查与其他调查方式比较，既能节省人力、物力、财力，提高资料的时效性，又能推断出比较准确的全面资料，还因其原理和方法以数学理论为依据，有较高的科学性，所以这种调查方式在产品质量检验、产品质量控制以及市场调查等方面应用非常广泛。

重点调查是在总体调查对象中选取一部分对全局具有决定性作用的重点单位进行调查的一种调查方法。一般情况下，重点调查的目的主要是为了掌握调查对象的基本情况，不需要利用重点调查的综合指标来推断总体的数量，但在某些情况下，也可以利用重点调查所得的数据资料，对总体的数据做出大致的估算。

典型调查是根据调查的目的和要求，在对被研究对象进行全面分析的基础上，有意识地选取若干具有典型意义的或有代表性的单位进行调查。由于典型单位的选择是有意识的，不是随机抽样，所以对总体推断无法计算误差，而且推断的结果是较粗略的估计。

鉴于以上几种调查方式的特点，本标准对城镇民用建筑的基本情况（建筑面积、建筑层数、建筑功能等）进行普查，即逐一调查；但对于居住建筑和中小

型公共建筑的建筑能耗，由于其数量巨大，如果进行全面调查，要消耗很大的人力和物力，因此采用抽样调查的方法进行能耗数据采集；而对于大型公共建筑的建筑能耗，由于其数量较少、但单位建筑面积耗能量巨大的特点，对这类建筑的能耗数据采集采用逐栋建筑调查的方式，深入了解每栋建筑物内的能源消耗情况。

抽样法是在抽样调查的基础上，利用样本的实际资料计算样本指标并据以推算总体相应数量特征的一种统计分析方法。抽样法是建立在随机抽样的基础上的。

随机抽样法：设要调查的总体有 $N$ 个个体，从这 $N$ 个个体中机会均等地抽取第一个样，然后在剩下的 $(N-1)$ 个个体中机会均等地抽取第二个样，……，最后，在所剩 $N-(n-1)$ 个个体中机会均等地抽取第 $n$ 个样，调查得到每个样的指标，这种抽样法称为随机抽样法。

分类抽样法：将有 $N$ 个个体的总体先分成 $K$ 个互不重叠的子总体，设第 $j$ 个子总体有 $N_j$（$j=1$, …, $K$）个个体，则有 $\sum_{j=1}^{K} N_j = N$，这些子总体就称为类。从每类中独立进行随机抽样，这 $K$ 组样本合成为总体的分类样本。分类抽样具有如下优点：

第一能提高样本的代表性。因为在抽样前经过分类，可以把总体中标志值比较接近的单位归为一类，将差异较大的分开，使各类的分布比较均匀，而且各类都有中选的机会，使样本更接近于总体的分布，从而提高样本的代表性。

第二能降低总体方差对抽样误差的影响。由于分类抽样是针对各类中抽选的样本单位，因而影响抽样误差的只是各类的类内方差，排除了各类间方差的影响，所以，在总体各单位标志值大小悬殊的情况下，运用分类抽样比纯随机抽样可以得到更准确的结果。

因此，本标准对居住建筑和中小型公共建筑采用了分类随机抽样的方法进行建筑能耗数据采集。

**4.1.6** 由于大型公共建筑的数量占建筑总量的比例小，但单位建筑面积耗能量巨大，因此采用逐一调查的方法进行能耗数据采集。

**4.1.7** 建筑基本信息可以从以下途径获取：

1 建设行业主管部门，如地区建设系统主管部门、房地产管理部门等；

2 到城市建设档案馆进行资料文案统计；

3 组织专人进行现场调查和统计；

4 物业管理部门配合填写。

具体操作的时候可以几种途径相结合，由建设行政主管部门牵头，联合房地产管理、物业管理、档案管理等多方面的力量完成数据与信息采集工作。

**4.2 居住建筑能耗数据采集样本量和样本的确定方法**

**4.2.1** 由于居住建筑数量庞大，为了减轻统计工作量，需要对居住建筑进行分类随机抽样统计，而分类随机抽样的前提是建立各类居住建筑的基本信息表。

**4.2.2** 在居住建筑的各分类基本信息表中，按相同的比例确定样本量，可以保证建筑栋数多的组样本量多，建筑栋数少的组样本量少。

**4.2.3** 在各类居住建筑基本信息表中进行随机抽样是从分类总体 $N$ 中随机抽取一个容量为 $n$ 的样本，每次从总体中抽取一个样，连续进行 $n$ 次抽选，但每次抽选的那一栋楼不再参与下一次的抽选。因此，每随机抽选一次，总体的数量就少一个，因而每栋建筑的中选机会在各次随机抽样中是不相同的。

**4.2.4** 每次建筑能耗数据采集样本是在保留上一次样本（上一次统计后拆除的样本建筑需去除）的基础上，同时增加上一次数据采集后新建建筑的样本，一方面是考虑对既有的样本建筑进行持续的能耗数据采集，由于建筑的采集途径、采集人员及采集方法等相对固定，可减少能耗数据采集工作的难度，同时通过持续的能耗数据对比，可以找出影响能耗变化的关键因素，为节能改造和节能运行创造条件；另一方面，对上一次数据采集后竣工的新建建筑独立进行分类随机抽样，并将抽选的样本增加到既有的对应分类样本组中，这样可以确保样本建筑具有广泛的代表性。

**4.3 公共建筑能耗数据采集样本量和样本的确定方法**

**4.3.1** 由于中小型公共建筑数量庞大，为了减轻数据采集的工作量，需要对中小型公共建筑进行分类随机抽样调查，而分类随机抽样的前提是建立各类中小型公共建筑的基本信息表。

**4.3.5** 虽然本标准对大型公共建筑是采用逐一调查的方法进行建筑能耗数据采集，但也需要了解不同类型大型公共建筑能耗的差异情况，为制定不同类型大型公共建筑的节能策略提供参考。因此，在进行大型公共建筑能耗数据采集前，应先建立各类大型公共建筑的基本信息表，然后分类逐一进行能耗数据采集。

## 5 样本建筑的能耗数据采集方法

### 5.1 一 般 规 定

**5.1.1** 样本建筑的能耗数据是否可靠直接关系到整体能耗数据的可靠性，而基层单位是最有途径也是最能准确获得辖区内样本建筑的基本信息及能耗数据的，因此对样本建筑能耗数据的采集应由基层单位负责进行。

**5.1.2** 目前我国的电、天然气等能源消费基本上是逐月进行计量和收费的，同时，建筑能耗的大小与气候特征关系较大，为了确保数据的准确性，并为初步估算建筑中空调和采暖能耗的大小，需要进行逐月能耗数据采集。

### 5.2 居住建筑的样本建筑能耗数据采集方法

**5.2.1** 本条主要是基于采暖计量现状情况考虑的。对于设有楼栋热表的部分居住建筑样本，应直接从热表中获取样本建筑供热量。但由于大量的既有居住建筑在建筑引入口处没有安装热表，因此对这类居住建筑样本的集中供热量数据的采集宜在样本建筑所处的管网中有热量（或流量）计量的地点（换热站或锅炉房等热源处）进行，根据供热面积做近似比例换算，即调查热源（换热站或锅炉房）处的计量数据计算其能耗值，根据所调查样本建筑的建筑面积占热源所负担的总建筑面积的比例折算得到样本建筑的采暖耗能。一般蒸汽管网在建筑引入口处可直接读取流量数据，如果蒸汽在单幢建筑引入口处无计量装置，也可采取类似热水管网计量调查的处理办法。对集中供冷的情况与集中供热类似。

**5.2.2** 除集中供热、供冷量外的居住建筑能耗数据的采集方法有3种：

**1** 从能源供应端获得整栋楼的能耗数据。能源供应端主要是指电力和燃气等供应部门。

**2** 为样本建筑设置楼栋能耗计量总表，从楼栋能耗计量总表获得整栋楼的能耗数据。

**3** 逐户调查每户能耗和公用能耗，然后累加获得整栋楼的能耗数据。

三种方法可以结合在一起使用，比如电力和管道燃气等的消耗量可以从电力和燃气供应部门获得，而对分户购买的能源种类，如罐装煤气、煤等能源则要进行逐户调查。

### 5.3 公共建筑的样本建筑能耗数据采集方法

**5.3.1、5.3.2** 中小型公共建筑的样本建筑和每栋大型公共建筑的能耗数据采集方法有两种：

**1** 从楼栋能耗计量总表采集整栋楼的能耗数据；

**2** 逐户调查各用户的能耗和公用能耗，然后累加获得整栋楼的能耗数据。

公共建筑一般均设置了楼栋能耗计量总表，因此宜直接从楼栋能耗计量总表中获得能耗数据，对没有设置楼栋能耗计量总表的公共建筑，为了减少每次数据采集时的工作量，宜设置楼栋能耗计量总表。

以上两种方法可以结合在一起使用，主要是以能方便地获得准确的能耗数据为原则。

各用户能耗和公用能耗之和等于该栋公共建筑的总能耗，对于政府机构办公楼、文卫体育建筑等公共设施类的建筑，能直接进行总能耗采集的，就不必分别采集用户能耗数据和公用能耗数据。

## 6 民用建筑能耗数据报表生成与报送方法

### 6.1 民用建筑能耗数据报表生成方法

**6.1.1、6.1.2** 由于本标准规定的民用建筑能耗数据采集方法对居住建筑和中小型公共建筑是按照分类随机抽样的方法进行，因此，需要通过样本建筑的能耗数据来估算总体建筑的能耗数据。基层单位，市级、省级和国家级建筑能耗数据采集部门都要对数据进行处理。

对居住建筑和中小型公共建筑进行建筑能耗数据处理时，除了计算得出全年单位建筑面积能耗和全年总能耗外，还应计算这些能耗值所对应的方差。随机变量的方差反映了随机变量取值的分散程度这一特征。随机变量 $X$ 的方差为：

$$\sigma^2 = E[X - E(X)]^2 \qquad (1)$$

并称 $\sigma$ 为随机变量 $X$ 的标准差。

由样本估算总体，两者之间总是要出现差距的，这种由样本得到的估计值与被估计的总体未知真实值之差，就是误差。由于造成误差的原因不同，所以，误差又分为登记性误差和代表性误差两种。

**1** 登记性误差，是指在调查过程中，由于各种主、客观原因的影响而引起的诸如测量错误、记录错误、计算错误、抄录错误，以及被调查者所报不实、指标涵义不清、口径不一致、遗漏或重复调查等原因而造成的误差。登记性误差也称为调查误差或工作误差。登记性误差可以通过提高调查人员的思想和业务水平，改进调查方法和组织工作，建立严格的工作责任制加以避免，使这类误差降到最低的限度。

**2** 代表性误差，是指用部分代表总体，推算全面时所产生的误差。只有在抽取部分样本单位来代表总体推算全面时，才有这种误差。代表性误差有两种，即系统偏差和随机误差。

系统偏差是指没有严格遵守随机原则而产生的系统性误差。例如，在抽取样本单位时，调查者有意识地挑选较好的或较差的作为样本单位进行调查，据此计算的抽样指标数值，必然要比全及指标数值偏高或偏低，从而影响了调查的质量。因此，在抽样调查中应尽可能避免系统偏差。

随机误差是指遵守了随机原则，可能抽到各种不同的样本，只要样本单位的构成比例与总体有出入，就会出现或大或小的误差，这种随机误差是不可避免的，是偶然的代表性误差。

抽样误差属于随机性误差范畴，也就是按随机原则抽样时，在没有登记性误差和系统偏差情况下，单纯由于不同的随机样本得出不同的估计量而产生的误差。抽样误差越小，表示样本的代表性越高；反之，样本的代表性越低。同样，抽样误差还说明样本指标与总体指标的相差范围，因此它也是推算总体的依据。

抽样误差是抽样调查自身所固有的不可避免的误差，虽然不能消除这种误差，但可以用数理统计方法进行计算，确定其数量界限并加以控制，把它控制在所允许的范围以内。

按本标准附录 C 规定的方差计算公式求出各类建筑能耗数据值的方差后，应用下式就可以求出各类建筑能耗数据值的置信区间：

$$(e - t\sigma, e + t\sigma) \tag{2}$$

式中　$e$——能耗数据值；

　　　$t$——概率度，表 1 给出了概率度与置信度的关系。

　　　$\sigma$——能耗数据值的标准差，其值等于 $\sqrt{\sigma^2}$。

**表 1　概率度与置信度分布表**

| 概率度 $(t)$ | 1 | 1.28 | 1.5 | 1.64 | 1.96 | 2 | 2.58 | 3 | 4 |
|---|---|---|---|---|---|---|---|---|---|
| 置信度 $F$ $(t)$ | 68.27% | 80% | 86.64% | 90% | 95% | 95.45% | 99% | 99.73% | 99.99% |

因此，对各类建筑能耗数据值，只要求出了数据值的方差 $\sigma^2$，然后根据想要的置信度，应用式（2）就可以计算出建筑能耗统计值的置信区间。

**6.1.3**　由于上一级数据报表的数据来源于下一级的数据报表，因此，本标准规定必须按照统一的报表格式进行数据的填写和报送。

**6.2　民用建筑能耗数据报表报送方法**

**6.2.1**　本条规定了基层单位向市级建筑能耗数据采集部门报送的材料种类。由于数据报表中仅是计算结果，为了上一级建筑能耗数据采集部门核验数据计算是否正确、统计过程是否合理，基层单位除了向市级建筑能耗数据采集部门报送数据报表外，还应同时报送城镇民用建筑基本信息总表和所有的样本建筑能耗数据采集表，这样也有利于数据的存档，供以后分析使用。

**6.2.2**　本条规定了市级建筑能耗数据采集部门和省级建筑能耗数据采集部门向上一级建筑能耗数据采集部门报送的材料种类。同样，除了报送本级建筑能耗数据报表外，还应同时报送下一级上报的所有材料。必要时，可以对全国城镇民用建筑能耗数据进行重新计算，也可以进行更详细的研究与分析。

**7　民用建筑能耗数据发布**

**7.0.1**　国家建筑能耗数据采集部门可以根据需要确定发布哪一级的建筑能耗数据，因此本条采用"宜"。

**7.0.2**　为了使发布的民用建筑能耗数据具有可比较性，本条规定了民用建筑能耗数据发布表的统一格式。

中华人民共和国行业标准

# 供热计量技术规程

Technical specification for heat metering of
district heating system

JGJ 173—2009

批准部门：中华人民共和国住房和城乡建设部
施行日期：２００９年７月１日

# 中华人民共和国住房和城乡建设部
# 公　告

## 第 237 号

### 关于发布行业标准
### 《供热计量技术规程》的公告

现批准《供热计量技术规程》为行业标准，编号为 JGJ 173 - 2009，自 2009 年 7 月 1 日起实施。其中，第 3.0.1、3.0.2、4.2.1、5.2.1、7.2.1 条为强制性条文，必须严格执行。

本规程由我部标准定额研究所组织中国建筑工业出版社出版发行。

中华人民共和国住房和城乡建设部
2009 年 3 月 15 日

## 前　言

根据原建设部《关于印发〈二〇〇四年度工程建设城建、建工行业标准制订、修订计划〉的通知》（建标〔2004〕66 号）的要求，由中国建筑科学研究院为主编单位，会同有关单位共同编制本规程。

编制组经广泛调查研究，认真总结实践经验，参考国内外相关先进标准，在广泛征求意见的基础上，制定了本规程。

本规程共分 7 章，主要技术内容是：总则、术语、基本规定、热源和热力站热计量、楼栋热计量、分户热计量及室内供暖系统等。

本规程中以黑体字标志的条文为强制性条文，必须严格执行。

本规程由住房和城乡建设部负责管理和对强制性条文的解释，由中国建筑科学研究院负责具体技术内容的解释。

本规程在执行过程中，请各单位注意总结经验，积累资料，随时将有关意见和建议反馈给中国建筑科学研究院（地址：北京市北三环东路 30 号，邮政编码：100013），以供今后修订时参考。

本规程主编单位：中国建筑科学研究院
本规程参编单位：北京市建筑设计研究院
　　　　　　　　清华大学
　　　　　　　　哈尔滨工业大学
　　　　　　　　山东省建筑设计研究院
　　　　　　　　贵州省建筑设计研究院
　　　　　　　　中国建筑西北设计研究院
　　　　　　　　天津市建筑设计院
　　　　　　　　北京市热力集团有限责任公司
　　　　　　　　北京市计量检测科学研究院
　　　　　　　　北京华仪乐业节能服务有限公司
　　　　　　　　欧文托普阀门系统（北京）有限公司
　　　　　　　　北京金房暖通节能技术有限公司
　　　　　　　　丹佛斯（上海）自动控制有限公司
　　　　　　　　德国费特拉公司北京代表处
　　　　　　　　埃迈贸易（上海）有限公司
　　　　　　　　北京众力德邦智能机电科技有限公司
　　　　　　　　丹麦贝娜塔公司天津代表处
　　　　　　　　兰吉尔仪表系统（珠海）有限公司
　　　　　　　　伦敦弋阳联合有限公司
　　　　　　　　德国泰西姆能源服务（大连）有限公司

本规程主要起草人员：徐　伟　邹　瑜　黄　维
　　　　　　　　　　曹　越　狄洪发　方修睦
　　　　　　　　　　于晓明　孙延勋　宋　波
　　　　　　　　　　陆耀庆　伍小亭　董重成
　　　　　　　　　　俞英鹤　陈　明　张立谦
　　　　　　　　　　马学东　丁　琦　李晓鹏
　　　　　　　　　　王兆立　冯铁栓　俞　光
　　　　　　　　　　瓢　林　段晓军　李宝军
　　　　　　　　　　周品偌　李迎建

本规程主要审查人员：吴德绳　许文发　郎四维
　　　　　　　　　　陈贻谅　温　丽　金丽娜
　　　　　　　　　　刘伟亮　李德英　高明亮

# 目　次

# Contents

# 1 总 则

**1.0.1** 为了对集中供热系统热计量及其相应调控技术的应用加以规范，做到技术先进、经济合理、安全适用和保证工程质量，制定本规程。

**1.0.2** 本规程适用于民用建筑集中供热计量系统的设计、施工、验收和节能改造。

**1.0.3** 各地应根据气候条件、经济发展、技术水平和工作基础等情况统筹考虑，科学论证，确定本地区的技术措施。

**1.0.4** 集中供热计量系统的设计、施工和验收，除应符合本规程外，尚应符合国家现行有关标准的规定。

# 2 术 语

**2.0.1** 热计量 heat metering

对集中供热系统的热源供热量、热用户的用热量进行的计量。

**2.0.2** 集中供热计量系统 heat metering and controlling system for central heating system

集中供热系统的热量计量仪表及其相应的调节控制系统。

**2.0.3** 热量结算点 heat settlement site

供热方和用热方之间通过热量表计量的热量值直接进行贸易结算的位置。

**2.0.4** 热量计量装置 heat metering device

热量表以及对热量表的计量值进行分摊的、用以计量用户消费热量的仪表。

**2.0.5** 热量测量装置 heat testing device

一般由流量传感器、计算器和配对温度传感器等部件组成，用于计量热源、热力站以及建筑物的供热量或用热量的仪表。

**2.0.6** 分户热计量 heat metering in consumers

以住宅的户（套）为单位，以热量直接计量或热量分摊计量方式计量每户的供热量。热量直接计量方式是采用用户用热量表直接结算的方法，对各独立核算用户计量热量。热量分摊计量方式是在楼栋热力入口处（或热力站）安装热量表计量总热量，再通过设置在住宅户内的测量记录装置，确定每个独立核算用户的用热量占总热量的比例，进而计算出用户的分摊热量，实现分户热计量。用户热分摊方法主要有散热器热分配法、流量温度法、通断时间面积法和户用热量表法。

**2.0.7** 室温调控 indoor temperature controlling

通过设在供暖系统末端的调节装置，实现对室温的自动调节控制。

**2.0.8** 静态水力平衡阀 static hydraulic balancing valve

具有良好流量调节特性、开度显示和开度限定功能，可以在现场通过和阀体连接的专用仪表测量流经

阀门流量的手动调节阀门，简称水力平衡阀或平衡阀。

**2.0.9** 自力式压差控制阀 self-operate differential pressure control valve

通过自力式动作，无需外界动力驱动，在某个压差范围内自动控制压差保持恒定的调节阀。

**2.0.10** 自力式流量控制阀 self-operate flow limiter

通过自力式动作，无需外界动力驱动，在某个压差范围内自动控制流量保持恒定的调节阀。又叫流量限制阀（flow limiter）。

**2.0.11** 户间传热 heat transfer between apartments

同一栋建筑内相邻的不同供暖住户之间，因室温差异而引起的热量传递现象。

**2.0.12** 供热量自动控制装置 automatic control device of heating load

安装在热源或热力站位置，能够根据室外气候的变化，结合供热参数的反馈，通过相关设备的执行动作，实现对供热量自动调节控制的装置。

# 3 基 本 规 定

**3.0.1** 集中供热的新建建筑和既有建筑的节能改造必须安装热量计量装置。

**3.0.2** 集中供热系统的热量结算点必须安装热量表。

**3.0.3** 设在热量结算点的热量表应按《中华人民共和国计量法》的规定检定。

**3.0.4** 既有民用建筑供热系统的热计量及节能技术改造应保证室内热舒适要求。

**3.0.5** 既有集中供热系统的节能改造应优先实行室外管网的水力平衡、热源的气候补偿和优化运行等系统节能技术，并通过热量表对节能改造效果加以考核和跟踪。

**3.0.6** 热量表的设计、安装及调试应符合以下要求：

**1** 热量表应根据公称流量选型，并校核在设计流量下的压降。公称流量可按照设计流量的80%确定。

**2** 热量表的流量传感器的安装位置应符合仪表安装要求，且宜安装在回水管上。

**3** 热量表安装位置应保证仪表正常工作要求，不应安装在有碍检修、易受机械损伤、有腐蚀和振动的位置。仪表安装前应将管道内部清扫干净。

**4** 热量表数据储存宜能够满足当地供暖季供暖天数的日供热量的储存要求，且宜具备功能扩展的能力及数据远传功能。

**5** 热量表调试时，应设置存储参数和周期，内部时钟应校准一致。

**3.0.7** 散热器恒温控制阀、静态水力平衡阀、自力式流量控制阀、自力式压差控制阀和自力式温度调节阀等应具备产品合格证、使用说明书和技术监督部门出具的性能检测报告；其调节特性等指标应符合产品标准的要求。

**3.0.8** 管网循环水应根据热量测量装置和散热器恒温控制阀的要求，采用相应的水处理方式，在非供暖期间，应对集中供热系统进行满水保养。

# 4 热源和热力站热计量

## 4.1 计量方法

**4.1.1** 热源和热力站的供热量应采用热量测量装置加以计量监测。

**4.1.2** 水—水热力站的热量测量装置的流量传感器应安装在一次管网的回水管上。

**4.1.3** 热量测量装置应采用不间断电源供电。

**4.1.4** 热源或热力站的燃料消耗量、补水量、耗电量均应计量。循环水泵耗电量宜单独计量。

## 4.2 调节与控制

**4.2.1** 热源或热力站必须安装供热量自动控制装置。

**4.2.2** 供热量自动控制装置的室外温度传感器应放置于通风、遮阳、不受热源干扰的位置。

**4.2.3** 变水量系统的一、二次循环水泵，应采用调速水泵。调速水泵的性能曲线宜为陡降型。循环水泵调速控制方式宜根据系统的规模和特性确定。

**4.2.4** 对用热规律不同的热用户，在供热系统中宜实行分时分区调节控制。

**4.2.5** 新建热力站宜采用小型的热力站或者混水站。

**4.2.6** 地面辐射供暖系统宜在热力入口设置混水站或组装式热交换机组。

**4.2.7** 热力站宜采用分级水泵调控技术。

# 5 楼栋热计量

## 5.1 计量方法

**5.1.1** 居住建筑应以楼栋为对象设置热量表。对建筑类型相同、建设年代相近、围护结构做法相同、用户热分摊方式一致的若干栋建筑，也可确定一个共用的位置设置热量表。

**5.1.2** 公共建筑应在热力入口或热力站设置热量表，并以此作为热量结算点。

**5.1.3** 新建建筑的热量表应设置在专用表计小室中；既有建筑的热量表计算器宜就近安装在建筑物内。

**5.1.4** 专用表计小室的设置，应符合下列要求：

　　**1** 有地下室的建筑，宜设置在地下室的专用空间内，空间净高不应低于 2.0m，前操作面净距离不应小于 0.8m。

　　**2** 无地下室的建筑，宜于楼梯间下部设置小室，操作面净高不应低于 1.4m，前操作面净距离不应小于 1.0m。

**5.1.5** 楼栋热计量的热量表宜选用超声波或电磁式热量表。

## 5.2 调节与控制

**5.2.1** 集中供热工程设计必须进行水力平衡计算，工程竣工验收必须进行水力平衡检测。

**5.2.2** 集中供热系统中，建筑物热力入口应安装静态水力平衡阀，并应对系统进行水力平衡调试。

**5.2.3** 当室内供暖系统为变流量系统时，不应设自力式流量控制阀，是否设置自力式压差控制阀应通过计算热力入口的压差变化幅度确定。

**5.2.4** 静态水力平衡阀或自力式控制阀的规格应按热媒设计流量、工作压力及阀门允许压降等参数经计算确定；其安装位置应保证阀门前后有足够的直管段，没有特别说明的情况下，阀门前直管段长度不应小于 5 倍管径，阀门后直管段长度不应小于 2 倍管径。

**5.2.5** 供热系统进行热计量改造时，应对系统的水力工况进行校核。当热力入口资用压差不能满足既有供暖系统要求时，应采取提高管网循环水泵扬程或增设局部加压泵等补偿措施，以满足室内系统资用压差的需要。

# 6 分户热计量

## 6.1 一般规定

**6.1.1** 在楼栋或者热力站安装热量表作为热量结算点时，分户热计量应采取用户热分摊的方法确定；在每户安装户用热量表作为热量结算点时，可直接进行分户热计量。

**6.1.2** 应根据建筑类别、室内供暖系统形式、经济发展水平，结合当地实践经验及供热管理方式，合理地选择计量方法，实施分户热计量。分户热计量可采用楼栋计量用户热分摊的方法，对按户分环的室内供暖系统也可采用户用热量表直接计量的方法。

**6.1.3** 同一个热量结算点计量范围内，用户热分摊方式应统一，仪表的种类和型号应一致。

## 6.2 散热器热分配计法

**6.2.1** 散热器热分配计法可用于采暖散热器供暖系统。

**6.2.2** 散热器热分配计的质量和使用方法应符合国家相关产品标准要求，选用的热分配计应与用户的散热器相匹配，其修正系数应在实验室测算得出。

**6.2.3** 散热器热分配计水平安装位置应选在散热器水平方向的中心，或最接近中心的位置；其安装高度应根据散热器的种类形式，按照产品标准要求确定。

**6.2.4** 散热器热分配计法宜选用双传感器电子式热

分配计。当散热器平均热媒设计温度低于 55℃ 时，不应采用蒸发式热分配计或单传感器电子式热分配计。

**6.2.5** 散热器热分配计法的操作应由专业公司统一管理和服务，用户热计量计算过程中的各项参数应有据可查，计算方法应清楚明了。

**6.2.6** 入户安装或更换散热器热分配计及读取数据时，服务人员应尽量减少对用户的干扰，对可能出现的无法入户读表或者用户恶意破坏热分配计的情况，应提前准备应对措施并告知用户。

### 6.3 户用热量表法

**6.3.1** 户用热量表法可用于共用立管的分户独立室内供暖系统和地面辐射供暖系统。

**6.3.2** 户用热量表应符合《热量表》CJ 128 的规定，户用热量表宜采用电池供电方式。

**6.3.3** 户内系统入口装置应由供水管调节阀、置于户用热量表前的过滤器、户用热量表及回水截止阀组成。

**6.3.4** 安装户用热量表时，应保证户用热量表前有足够的直管段，没有特别说明的情况下，户用热量表前直管段长度不应小于 5 倍管径，户用热量表后直管段长度不应小于 2 倍管径。

**6.3.5** 户用热量表法应考虑仪表堵塞或损坏的问题，并提前制定处理方案。

# 7 室内供暖系统

## 7.1 系 统 配 置

**7.1.1** 新建居住建筑的室内供暖系统宜采用垂直双管系统、共用立管的分户独立循环系统，也可采用垂直单管跨越式系统。

**7.1.2** 既有居住建筑的室内垂直单管顺流式系统应改成垂直双管系统或垂直单管跨越式系统，不宜改造为分户独立循环系统。

**7.1.3** 新建公共建筑的室内散热器供暖系统可采用垂直双管或单管跨越式系统；既有公共建筑的室内垂直单管顺流式散热器系统应改成垂直单管跨越式系统或垂直双管系统。

**7.1.4** 垂直单管跨越式系统的垂直层数不宜超过 6 层。

**7.1.5** 新建建筑散热器选型时，应考虑户间传热对供暖负荷的影响，计算负荷可附加不超过 50% 的系数，其建筑供暖总负荷不应附加。

**7.1.6** 新建建筑户间楼板和隔墙，不应为减少户间传热而作保温处理。

## 7.2 系 统 调 控

**7.2.1** 新建和改扩建的居住建筑或以散热器为主的公共建筑的室内供暖系统应安装自动温度控制阀进行室温调控。

**7.2.2** 散热器恒温控制阀的选用和设置应符合下列要求：

**1** 当室内供暖系统为垂直或水平双管系统时，应在每组散热器的供水支管上安装恒温控制阀。

**2** 垂直双管系统宜采用有预设阻力功能的恒温控制阀。

**3** 恒温控制阀应具备产品合格证、使用说明书和质量检测部门出具的性能检测报告；其调节特性等指标应符合产品标准《散热器恒温控制阀》JG/T 195 的要求。

**4** 恒温控制阀应具有带水带压清堵或更换阀芯的功能，施工运行人员应掌握专用工具和方法并及时清堵。

**5** 恒温控制阀的阀头和温包不得被破坏或遮挡，应能够正常感应室温并便于调节。温包内置式恒温控制阀应水平安装，暗装散热器应匹配温包外置式恒温控制阀。

**6** 工程竣工之前，恒温控制阀应按照设计要求完成阻力预设定和温度限定工作。

**7.2.3** 散热器系统不宜安装散热器罩，一定要安装散热器罩时应采用温包外置式散热器恒温控制阀。

**7.2.4** 设有恒温控制阀的散热器系统，选用铸铁散热器时，应选用内腔无砂的合格产品。

## 本规程用词说明

**1** 为便于在执行本规程条文时区别对待，对要求严格程度不同的用词说明如下：

  **1）** 表示很严格，非这样做不可的用词：

    正面词采用"必须"，反面词采用"严禁"；

  **2）** 表示严格，在正常情况下均应这样做的用词：

    正面词采用"应"，反面词采用"不应"或"不得"；

  **3）** 表示允许稍有选择，在条件许可时首先应这样做的用词：

    正面词采用"宜"，反面词采用"不宜"；

    表示有选择，在一定条件下可以这样做的，采用"可"。

**2** 条文中指明应按其他有关标准执行的写法为："应符合……的规定"或"应按……执行"。

## 引用标准名录

1 《散热器恒温控制阀》JG/T 195；
2 《热量表》CJ 128。

中华人民共和国行业标准

# 供热计量技术规程

JGJ 173—2009

条 文 说 明

# 制 订 说 明

《供热计量技术规程》JGJ 173 - 2009 经住房和城乡建设部 2009 年 3 月 15 日以住房和城乡建设部第 237 号公告批准、发布。

为便于广大设计、施工、科研、学校等单位有关人员在使用本规程时能正确理解和执行条文的规定，《供热计量技术规程》编制组按章、节、条顺序编制

了本规程的条文说明，供使用者参考。在使用中如发现本条文说明有不妥之处，请将意见函寄中国建筑科学研究院环境与节能研究院标准规范室（地址：北京市北三环东路 30 号；邮政编码：100013；电子信箱：kts@cabr.com.cn）。

# 目 次

# 1 总 则

**1.0.1** 供热计量的目的在于推进城镇供热体制改革，在保证供热质量、改革收费制度的同时，实现节能降耗。室温调控等节能控制技术是热计量的重要前提条件，也是体现热计量节能效果的基本手段。《中华人民共和国节约能源法》第三十八条规定：国家采取措施，对实行集中供热的建筑分步骤实行供热分户计量、按照用热量收费的制度。新建建筑或者对既有建筑进行节能改造，应当按照规定安装用热计量装置、室内温度调控装置和供热系统调控装置。因此，本规程以实现分户热计量为出发点，在规定热计量方式、计量器具和施工要求的同时，也规定了相应的节能控制技术。

**1.0.2** 本规程对于新建、改扩建的民用建筑，以及既有民用建筑的改造都适用。

**1.0.3** 本规程在紧紧围绕热计量和节能目标的前提下，留有较大技术空间和余地，没有强制规定热计量的方式、方法和器具，供各地根据自身具体情况自主选择。特别是分户热计量的若干方法都有各自的缺点，没有十全十美的方法，需要根据具体情况具体分析，选择比较适用的计量方法。

# 2 术 语

**2.0.4** 热量计量装置包括用于热量结算的热量表，还有针对若干不同的用户热分摊方法所采用的仪器仪表。

**2.0.5** 热量测量装置包括符合《热量表》CJ 128 产品标准的热量表，也包括其他的用户自身管理使用的不作结算用的测量热量的仪表。

**2.0.6** 分户热计量从计量结算的角度看，分为两种方法，一种是采用楼栋热量表进行楼栋计量再按户分摊；另一种是采用户用热量表按户计量直接结算。其中，按户分摊的方法又有若干种。本术语条文列出了当前应用的四种分摊方法，排名不分先后，其工作原理分别如下：

散热器热分配计法是通过安装在每组散热器上的散热器热分配计（简称热分配计）进行用户热分摊的方式。

流量温度法是通过连续测量散热器或共用立管的分户独立系统的进出口温差，结合测算的每个立管或分户独立系统与热力入口的流量比例关系进行用户热分摊的方式。

通断时间面积法是通过控制安装在每户供暖系统入口支管上的电动通断阀门，根据阀门的接通时间与每户的建筑面积进行用户热分摊的方式。

户用热量表法是通过安装在每户的户用热量表进

行用户热分摊的方式，采用户表作为分摊依据时，楼栋或者热力站需要确定一个热量结算点，由户表分摊总热量值。该方式与户用热量表直接计量结算的做法是不同的。采用户表直接结算的方式时，结算点确定在每户供暖系统上，设在楼栋或者热力站的热量表不可再作结算之用；如果公共区域有独立供暖系统，应要考虑这部分热量由谁承担的问题。

**2.0.7** 室温调控包括两个调节控制功能，一是自动的室温恒温控制，二是人为主动的调节设定温度。

# 3 基 本 规 定

**3.0.1** 本条是强制性条文。根据《中华人民共和国节约能源法》的规定，新建建筑和既有建筑的节能改造应当按照规定安装用热计量装置。目前很多项目只是预留了计量表的安装位置，没有真正具备热计量的条件，所以本条文强调必须安装热量计量仪表，以推动热计量工作的实现。

**3.0.2** 本条是强制性条文。供热企业和终端用户间的热量结算，应以热量表作为结算依据。用于结算的热量表应符合相关国家产品标准，且计量检定证书应在检定的有效期内。

**3.0.3** 《中华人民共和国计量法》第九条规定：县级以上人民政府计量行政部门对社会公用计量标准器具，部门和企业、事业单位使用的最高计量标准器具，以及用于贸易结算、安全防护、医疗卫生、环境监测方面的列入强制检定目录的工作计量器具，实行强制检定。未按照规定申请检定或者检定不合格的，不得使用。实行强制检定的工作计量器具的目录和管理办法，由国务院制定。其他计量标准器具和工作计量器具，使用单位应当自行定期检定或者送其他计量检定机构检定，县级以上人民政府计量行政部门应当进行监督检查。

依据《计量法》规定，用于热量结算点的热量表应该实行首检和周期性强制检定，不设置于热量结算点的热量表和热量分摊仪表如散热器热分配计应按照产品标准，具备合格证书和型式检验证书。

**3.0.4** 热计量和节能改造工作应采用技术和管理手段，不能一味为了供热节能，而牺牲了室内热舒适度，甚至造成室温不达标。当然，室内温度过高是不合理的，在改造中没有必要保持原来过高的室温。

**3.0.5** 只有在水力平衡条件具备的前提下，气候补偿和室内温控计量才能起到节能作用，在热源处真正体现出节能效果；这些节能技术之中，水力平衡技术是其他技术的前提；同时，既有住宅的室内温控改造工作量较大，对居民的生活干扰也比较大，应在供热系统外网节能和建筑围护结构保温节能达标的前提下开展进行。

本条文提倡在改造工程中热计量先行，是为了对于改造效果加以量化考核，避免虚假宣传等行为，鼓励节能市场公平，为能源服务创造良好的市场条件。同时，在关注热量计量的同时，还应该关注热源的耗水、耗电的分项计量工作。

**3.0.6** 热量表的选型，不可按照管道直径直接选用，应按照流量和压降选用。理论上讲，设计流量是最大流量，在供热负荷没达到设计值时流量不应达到设计流量。因此，热量测量装置在多数工作时间里在低于设计流量的条件下工作，由此根据经验本条文建议按照80％设计流量选用热量表。目前热量表选型时，忽视热量表的流量范围、设计压力、设计温度等与设计工况相适应，不是根据仪表的流量范围来选择热量表，而是根据管径来选择热量表，从而导致热量表工作在高误差区。一般表示热量表的流量特性的指标主要有起始流量 $qV_m$（有的资料称为最小流量）；最小流量 $qV_t$，即最大误差区域向最小误差区域过渡的流量（有的资料称为分界流量）；最大流量 $qV_{max}$，额定流量或常用流量 $qV_n$。选择热流量表，应保证其流量经常工作在 $qV_t$ 与 $qV_n$ 之间。机械式热量表流量特性如图1所示。

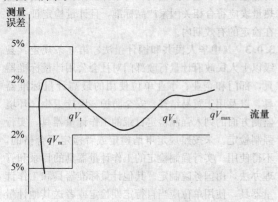

图 1　机械式热量表流量特性

流量传感器安装在回水管上，有利于降低仪表所处环境温度，延长电池寿命和改善仪表使用工况。曾经一度有观点提出热量表安装在供水上能够防止用户偷水，实际上仅供水装表既不能测出偷水量，也不能挽回多少偷水损失，还令热量表的工作环境变得恶劣。

本条文规定热量表存储当地供暖季供暖天数的日供热量的要求，是为了对供暖季运行管理水平的考核和追溯。在住户和供热企业对供暖效果有争议的情况下，通过热量表可以进行追溯和判定，这种做法在北京已经有了成功的案例；通过室外实测日平均温度记录和日供热量记录的对照，可以考核供热企业的实际运行是否按照气象变化主动调节控制。本条文建议热量表具有数据远传扩展功能，也是为了监控、管理和读表方便的需要。

通常情况下，为了满足仪表测量精度的要求，需要有对直管段的要求。有些地方安装热量表虽然提供

了直管段，但是把变径段设在直管段和仪表之间，这种做法是错误的。目前有些热量表的安装不需要直管段也能保证测量精度，这种方式也是可行的，而且对于供热系统改造工程非常有用。在仪表生产厂家没有特别说明的情况下，热量表上游侧直管段长度不应小于5倍管径，下游侧直管段长度不应小于2倍管径。

在试点测试过程中出现过这种情况，由于热量表的时钟没有校准一致，致使统计处理数据时出现误差，影响了工作，因此在此作出提醒。

**3.0.7** 目前伪劣的恒温控制阀和平衡阀在市场上占有很高比例，很多手动阀门冒充是恒温控制阀，很多没有测压孔和测量仪表的阀门也冒充是平衡阀，这些伪劣产品既不能实现调节控制的功能，又浪费了大量能量，本条文提出的目的是要求对此加以严格管理。

**3.0.8** 当前集中供热水质问题比较突出，致使散热器腐蚀漏水和调控设备阻塞等问题频频出现，迫切需要制定一个合理可行的标准并加以严格贯彻，有关系统水质要求的国家标准正在制定之中。

# 4　热源和热力站热计量

## 4.1　计量方法

**4.1.1** 热源包括热电厂、热电联产锅炉房和集中锅炉房；热力站包括换热站和混水站。在热源处计量仪表分为两类，一类为贸易结算用表，用于产热方与购热方贸易结算的热量计量，如热力站供应某个公共建筑并按表结算热费，此处必须采用热量表；另一类为企业管理用表，用于计算锅炉燃烧效率、统计输出能耗，结合楼栋计量计算管网损失等，此处的测量装置不用作热量结算，计量精度可以放宽，例如采用孔板流量计或者弯管流量计等测量流量，结合温度传感器计算热量。

**4.1.2** 本条文建议安装热量测量装置于一次管网的回水管上，是因为高温水温差大、流量小，管径较小，可以节省计量设备投资；考虑到回水温度较低，建议热量测量装置安装在回水管路上。如果计量结算有具体要求，应按照需要选取计量位置。

**4.1.3** 在热源或热力站，连接电源比较方便，建议采用有断电保护的市电供电。

**4.1.4** 在热源进行耗电量分项计量有助于分析能耗构成，寻找节能途径，选择和采取节能措施。

## 4.2　调节与控制

**4.2.1** 本条是强制性条文，为了有效地降低能源的浪费。过去，锅炉房操作人员凭经验"看天烧火"，但是效果并不很好。近年来的试点实践发现，供热能耗浪费并不是主要浪费在严寒期，而是在初寒、末寒期，由于没有根据气候变化调节供热量，造成能耗大

量浪费。供热量自动控制装置能够根据负荷变化自动调节供水温度和流量，实现优化运行和按需供热。

热源处应设置供热量自动控制装置，通过锅炉系统热特性识别和工况优化程序，根据当前的室外温度和前几天的运行参数等，预测该时段的最佳工况，实现对系统用户侧的运行指导和调节。

气候补偿器是供热量自动控制装置的一种，比较简单和经济，主要用在热力站。它能够根据室外气候变化自动调节供热出力，从而实现按需供热，大量节能。气候补偿器还可以根据需要设成分时控制模式，如针对办公建筑，可以设定不同时间段的不同室温需求，在上班时间设定正常供暖，在下班时间设定值班供暖。结合气候补偿器的系统调节做法比较多，也比较灵活，监测的对象除了用户侧供水温度之外，还可能包含回水温度和代表房间的室内温度，控制的对象可以是热源侧的电动调节阀，也可以是水泵的变频器。

4.2.3 水泵变频调速控制的要求是为了强调量调节的重要性，以往的供热系统多年来一直采用质调节的方式，这种调节方式不能很好地节省水泵电能，因此，量调节正日益受到重视。同时，随着散热器恒温控制阀等室内流量控制手段的应用，水泵变频调速控制成为不可或缺的控制手段。水泵变频调速控制是系统动态控制的重要环节，也是水泵节电的重要手段。

水泵变频调速技术目前普及很快，但是水泵变频调速技术并不能解决水泵设计选型不合理的问题，对水泵的设计选型不能因为有了变频调速控制而予以忽视。

调速水泵的性能曲线采用陡降型有利于调速节能。

目前，变频调速控制方式主要有以下三种：

**1** 控制热力站进出口压差恒定：该方式简便易行，但流量调节幅度相对较小，节能潜力有限。

**2** 控制管网最不利环路压差恒定：该方式流量调节幅度相对较大，节能效果明显；但需要在每个热力入口都设置压力传感器，随时检测、比较、控制，投资相对较高。

**3** 控制回水温度：这种方式响应较慢，滞后较长，节能效果相对较差。

4.2.4 本条文的目的是将住宅和公建等不同用热规律的建筑在管网系统分开，实现独立分时分区调节控制，以节省能量。对于系统管网能够分开的系统，可以在管网源头分开调节控制，对于无法分开的管网系统，可以在热用户热力入口通过调节阀分别调节。

4.2.5 过去由于热力站的人工值守要求和投资成本的增加限制了热力站的小型化，如今随着自动化程度的提高，热力站已经能够实现无人值守，同时，组装式热力站的普及也使得小型站的投资和占地大幅度下降，开始具备了推广普及的基础。随着建筑节能设计

指标的不断提高，特别是在居住建筑实行三步节能之后，小型站和分级泵将成为一个重要的发展方向。

本条文推荐使用小型热力站技术的原因如下：

**1** 热力站的供热面积越小，调控设备的节能效果就越显著。

**2** 采用小型热力站之后，外网采用大温差、小流量的运行模式，有利于水泵节电；这种成功的案例非常多，节电效果也明显。

**3** 由于温差较小、流量较大，地面辐射供暖系统的输配电耗比散热器系统高出很多，造成了节热不节电的现状；通过采用楼宇热力站，在热源侧实现大温差供热，在建筑内实现小温差供暖，就可以大幅度降低外网的输配电耗。所以在此重点强调地暖系统。其中，混水站的优势更加明显。

**4** 采用小型热力站技术，水力平衡比较容易，特别是具备了分级泵的条件。

4.2.6 地面辐射供暖系统供回水温差较小，循环水量相应较大，长距离输送能耗较高。推荐在热力入口设置混水站或组装式热交换机组，可以降低地面辐射供暖系统长距离输送能耗。

4.2.7 分级水泵技术是在混水站或热力站的一次管网上应用二级泵，实现"以泵代阀"，不但比较容易消除水力失调，还能够节省很多水泵电耗，也便于调节控制。调速的多级循环水泵选择陡降型水泵有利于节能。

# 5 楼栋热计量

## 5.1 计 量 方 法

5.1.1 建筑物围护结构保温水平是决定供暖能耗的重要因素，供热系统水平和运行水平也是重要因素。当前的供热系统中，热源、管网对能耗所占的影响比重远大于室内行为作用。设在居住建筑热力入口处的楼栋热量表可以判断围护结构保温质量、判断管网损失和运行调节水平以及水力失调情况等，是判定能耗症结的重要依据。

从我国建筑的特点来看，建筑物的耗热量是楼内所有用户共同消耗的，只有将建筑物作为贸易结算的基本单位，才能够将复杂的热计量问题简单化、准确、合理地计量整栋建筑消耗的热量。在瑞典、挪威、芬兰等多数发达国家，实行的就是楼栋计量面积收费的办法。同时，楼栋计量结算还是户间分摊方法的前提条件，是供热计量收费的重要步骤，是近年来国内试点研究的重要成果和结论，符合原建设部等八部委颁布的《关于进一步推行热计量工作的指导意见》的要求。

由于入口总表为所耗热量的结算表，精度及可靠性要求高，如果在每个入口设置热量表，投资相对比

较高昂。为了降低计量投资，应在一栋楼设置一个热力入口，以每栋楼作为一个计量单元。对于建筑结构相近的小区（组团），从降低热表投资角度，可以若干栋建筑物设置一个热力入口，以一块热表进行结算。

　　共用热量表的做法，既是为了节省热量表投资，还有一个考虑在其中，就是在同一小区之中，同样年代、做法的建筑，由于位置不同、楼层高度不同，能耗差距也较大，例如塔楼和板楼之间的差距较大，如果按照分栋计量结算的话，还会出现热费较大差异而引起的纠纷。因此，可以将这些建筑合并结算，再来分摊热费。

**5.1.2**　公建的情况不尽相同，作为热量结算终端对象，有可能一个建筑物是一个对象，也有可能一个建筑群是一个结算对象，还有可能一个建筑物中有若干结算对象，因此本条文只是推荐在建筑物或建筑群的热力入口处设立结算点进行计量，具体采取什么做法应该由结算双方进行协商和比较来确定。

**5.1.3**　一些地下管沟中的环境非常恶劣，潮湿闷热甚至管路被污水浸泡，因此建议采取措施保护热量表。若安装环境恶劣，不符合热量表要求时，应加装保护箱，计算器的防护等级应满足安装环境要求。有些地区将热量表计算器放置在建筑物热力入口的室外地平，并外加保护箱，起到防盗、防水和防冻的作用。

**5.1.5**　通常的机械式热量表表阻力较大、容易阻塞，易损件较多，检定维修的工作量也较大；超声波和电磁式热量表故障较少，计量精度高，不容易堵塞，水阻力较小。而且作为楼栋热量表不像户用热量表那样数量较多，投资大一些对总成本增加不大。

### 5.2　调节与控制

**5.2.1**　本条是强制性条文。近年来的试点验证，供热系统能耗浪费主要原因还是水力失调。水力失调造成的近端用户开窗散热、远端用户室温偏低造成投诉现象在我国依然严重。变流量、气候补偿、室温调控等供热系统节能技术的实施，也离不开水力平衡技术。水力平衡技术推广了 20 多年，取得了显著的效果，但还是有很多系统依然没有做到平衡，造成了供热质量差和能源的浪费。水力平衡有利于提高管网输送效率，降低系统能耗，满足住户室温要求。

**5.2.2**　按照产品标准术语和体系，水力调控的阀门主要有静态水力平衡阀、自力式流量控制阀和自力式压差控制阀，三种产品调控反馈的对象分别是阻力、流量和压差，而不是互相取代的关系。

　　静态水力平衡阀又叫水力平衡阀或平衡阀，具备开度显示、压差和流量测量、调节线性和限定开度等功能，通过操作平衡阀对系统调试，能够实现设计要求的水力平衡，当水泵处于设计流量或者变流量运行

时，各个用户能够按照设计要求，基本上能够按比例地得到分配流量。

　　静态水力平衡阀需要系统调试，没有调试的平衡阀和普通截止阀没有差别。

　　静态水力平衡阀的调试是一项比较复杂，且具有一定技术含量的工作。实际上，对一个管网水力系统而言，由于工程设计和施工中存在种种不确定因素，不可能完全达到设计要求，必须通过人工的调试，辅以必要的调试设备和手段，才能达到设计的要求。很多系统存在的问题都是由于调试工作不到位甚至没有调试而造成的。通过"自动"设备可以免去调试工作的说法，实际上是一种概念的混淆和对工作的不负责任。

　　通过安装静态水力平衡阀解决水力失调是供热系统节能的重点工作和基础工作，平衡阀与普通调节阀相比价格提高不多，且安装平衡阀可以取代一个截止阀，整体投资增加不多。因此无论规模大小，一并要求安装使用。

**5.2.3**　变流量系统能够大幅度节省水泵电耗，目前应用越来越广泛。在变流量系统的末端（热力入口）采用自力式流量控制阀（定流量阀）是不妥的。当系统根据气候负荷改变循环流量时，我们要求所有末端按照设计要求分配流量，而彼此间的比例维持不变，这个要求需要通过静态水力平衡阀来实现；当用户室内恒温阀进行调节改变末端工况时，自力式流量控制阀具有定流量特性，对改变工况的用户作用相抵触；对未改变工况的用户能够起到保证流量不变的作用，但是未变工况用户的流量变化不是改变工况用户"排挤"过来的，而主要是受水泵扬程变化的影响，如果水泵扬程有控制，这个"排挤"影响是较小的，所以对于变流量系统，不应采用自力式流量控制阀。

　　水力平衡调节、压差控制和流量控制的目的都是为了控制室温不会过高，而且还可以调低，这些功能都由末端温控装置来实现。只要保证了恒温阀（或其他温控装置）不会产生噪声，压差波动一些也没有关系，因此应通过计算压差变化幅度选择自力式压差控制阀，计算的依据就是保证恒温阀的阀权以及在关闭过程中的压差不会产生噪声。

**5.2.5**　对于既有供热系统，局部进行室温调控和热计量改造工作时，由于改造增加了阻力，会造成水力失调及系统压头不足，因此需要进行水力平衡及系统压头的校核，考虑增设加压泵或者重新进行平衡调试。

# 6　分户热计量

## 6.1　一　般　规　定

**6.1.1**　以楼栋或者热力站为热量结算点时，该位置

的热量表是供热量的热量结算依据，而楼内住户应理解为热量分摊，当然每户应设置相应的测量装置对整栋楼的耗热量进行户间分摊。当以户用热量表直接作为结算点时，则不必再度进行分摊。

**6.1.2** 用户热量分摊计量的方法主要有散热器热分配计法、流量温度法、通断时间面积法和户用热量表法。该四种方法及户用热量表直接计量的方法，各有不同特点和适用性，单一方法难以适应各种情况。分户热计量方法的选择基本原则为用户能够接受且鼓励用户主动节能，以及技术可行、经济合理、维护简便等。各种方法都有其特点、适用条件和优缺点，没有一种方法完全合理、尽善尽美，在不同的地区和条件下，不同方法的适应性和接受程度也会不同，因此分户热计量方法的选择，应从多方面综合考虑确定。

分户热计量方法中散热器热分配计法及户用热量表法，在国内外应用时间较长，应用面积较多，相关的产品标准已出台，人们对其方法的优缺点认识也较清。其他两种方法在国内都有项目应用，也经过了原建设部组织的技术鉴定，相关的产品标准尚未出台，有待于进一步扩大应用规模，总结经验。需要指出的是，每种方法都有其特点，有自己的适用范围和应用条件，工程应用中要因地制宜、综合考虑。四种分摊方法中有些需要专业公司统一管理和服务，这一点应在推广使用之中加以注意。

近几年供热计量技术发展很快，随着技术进步和热计量工程的推广，除了本文提及的方法，还有新的热计量分摊方法正在实验和试点，国家和行业也非常鼓励这些技术创新，各种方法都需要工程实践的检验，加以补充和完善。

以下对各种方法逐一阐述。

**1　散热器热分配计法**

散热器热分配计法是利用散热器热分配计所测量的每组散热器的散热量比例关系，来对建筑的总供热量进行分摊的。其具体做法是，在每组散热器上安装一个散热器热分配计，通过读取热分配计的读数，得出各组散热器的散热量比例关系，对总热量表的读数进行分摊计算，得出每个住户的供热量。

该方法安装简单，有蒸发式、电子式及电子远传式三种，在德国和丹麦大量应用。

散热器热分配计法适用于新建和改造的散热器供暖系统，特别是对于既有供暖系统的热计量改造比较方便、灵活性强，不必将原有垂直系统改成按户分环的水平系统。该方法不适用于地面辐射供暖系统。

采用该方法的前提是热分配计和散热器需要在实验室进行匹配试验，得出散热量的对应数据才可应用，而我国散热器型号种类繁多，试验检测工作量较大；居民用户还可能私自更换散热器，给分配计的检定工作带来了不利因素。该方法的另一个缺点是需要入户安装和每年抄表换表（电子远传式分配计无需入

户读表，但是投资较大）；用户是否容易作弊的问题，例如遮挡散热器是否能够有效作弊，目前还存在着争议和怀疑；老旧建筑小区的居民很多安装了散热器罩，也会影响分配计的安装、读表和计量效果。

**2　户用热量表法**

热量表的主要类型有机械式热量表、电磁式热量表、超声波式热量表。机械式热量表的初投资相对较低，但流量测量精度相对不高，表阻力较大、容易阻塞，易损件较多，因此对水质有一定要求。电磁式热量表、超声波式热量表的初投资相对机械式热量表要高很多，但流量测量精度高、压损小、不易堵塞，使用寿命长。

户用热量表法适用于按户分环的室内供暖系统。该方法计量的是系统供热量，比较直观，容易理解。使用时应考虑仪表堵塞或损坏的问题，并提前制定处理方案，做到及时修理或者更换仪表，并处理缺失数据。

无论是采用户用热量表直接计量结算还是再行分摊总热量，户表的投资高或者故障率高都是主要的问题。户用热表的故障主要有两个方面，一是由于水质处理不好容易堵塞，二是仪表运动部件难以满足供热系统水温高、工作时间长的使用环境，目前在工程实践中，户用热量表的故障率较高，这是近年来推行热计量的一个重要棘手问题。同时，采用户用热量表需要室内系统为按户分环独立系统，目前普遍采用的是化学管材埋地布管的做法，化学管材漏水事故时有发生，而且为了将化学管材埋在地下，需要大量混凝土材料，增加了投资、减少了层高、增加了建筑承重负荷，综合成本比较高。

**3　流量温度法**

流量温度法是利用每个立管或分户独立系统与热力入口流量之比相对不变的原理，结合现场测出的流量比例和各分支三通前后温差，分摊建筑的总供热量。流量比例是每个立管或分户独立系统占热力入口流量的比例。

该方法非常适合既有建筑垂直单管顺流式系统的热计量改造，还可用于共用立管的按户分环供暖系统，也适用于新建建筑散热器供暖系统。

采用流量温度法时，应注意以下问题：

1）采用的设备和部件的产品质量和使用方法应符合其产品标准要求。

2）测量入水温度的传感器应安装在散热器或分户独立系统的分流三通的入水端，距供水立管距离宜大于200mm；测量回水温度的传感器应安装在合流三通的出水端，距合流三通距离宜大于100mm，同时距回水立管的距离宜大于200mm。

3）测温仪表、计算处理设备和热量结算点的热量表之间，应实现数据的网络通信

传输。

4）流量温度分摊法的系统供货、安装、调试和后期服务应由专业公司统一实施，用户热计量计算过程中的各项参数应有据可查、计算方法应清楚明了。

该方法计量的是系统供热量，比较容易为业内人士接受，计量系统安装的同时可以实现室内系统水力平衡的初调节及室温调控功能。缺点是前期计量准备工作量较大。

**4　通断时间面积法**

通断时间面积法是以每户的供暖系统通水时间为依据，分摊建筑的总供热量。其具体做法是，对于接户分环的水平式供暖系统，在各户的分支支路上安装室温通断控制阀，对该用户的循环水进行通断控制来实现该户的室温调节。同时在各户的代表房间里放置室温控制器，用于测量室内温度和供用户设定温度，并将这两个温度值传输给室温通断控制阀。室温通断控制阀根据实测室温与设定值之差，确定在一个控制周期内通断阀的开停比，并按照这一开停比控制通断调节阀的通断，以此调节送入室内热量，同时记录和统计各户通断控制阀的接通时间，按照各户的累计接通时间结合供暖面积分摊整栋建筑的热量。

该方法应用的前提是住宅每户须为一个独立的水平串联式系统，设备选型和设计负荷要良好匹配，不能改变散热器末端设备容量，户与户之间不能出现明显水力失调，户内散热末端不能分室或分区控温，以免改变户内环路的阻力。该方法能够分摊热量、分户控温，但是不能实现分室的温控。

采用通断时间面积法时，应注意以下问题：

1）采用的温度控制器和通断执行器等产品的质量和使用方法应符合国家相关产品标准的要求。

2）通断执行器应安装在每户的入户管道上，温度控制器宜放置在住户房间内不受日照和其他热源影响的位置。

3）通断执行器和中央处理器之间应实现网络连接控制。

4）通断时间面积法的系统供货、安装、调试和后期服务应由专业公司统一实施，用户热计量计算过程中的各项参数应有据可查、计算方法应清楚明了。

5）通断时间面积法在操作实施前，应进行户间的水力平衡调节，消除系统的垂直失调和水平失调；在实施过程中，用户的散热器不可自行改动更换。

通断时间面积法应用较直观，可同时实现室温控制功能，适用按户分环、室内阻力不变的供暖系统。

通断法的不足在于，首先它测量的不是供热系统给予房间的供热量，而是根据供暖的通断时间再分摊

总热量，二者存在着差异，如散热器大小匹配不合理，或者散热器堵塞，都会对测量结果产生影响，造成计量误差。

需要指出的是，室内温控是住户按照量计费的必要前提条件，否则，在没有提供用户节能手段的时候就按照计量的热量收费，既令用户难以接受，又不能起到促进节能的作用，因此对于不具备室温调控手段的既有住宅，只能采用按面积分摊的过渡方式。按面积分摊也需要有热量结算点的计量热量。

## 6.2　散热器热分配计法

**6.2.1～6.2.6**　散热器热分配计法是利用散热器热分配计所测量的每组散热器的散热量比例关系，来对建筑的总供热量进行分摊的。

其具体做法是，在每组散热器上安装一个散热器热分配计，通过读取分配表分配计的读数，得出各组散热器的散热量比例关系，对总热量表的读数进行分摊计算，得出每个住户的供热量。

热分配计法安装简单，有蒸发式、电子式及电子远传式三种。

散热器热分配计法适用于新建和改造的散热器供暖的系统，特别是对于既有供暖系统的热计量改造比较方便，不必将原有垂直系统改成按户分环的水平系统。不适用于地面辐射供暖系统。

散热器热分配计的产品国家标准正在组织制定中，将等同采用欧洲标准 EN834 和 EN835。

# 7　室内供暖系统

## 7.1　系　统　配　置

**7.1.2**　既有建筑的分户改造曾经在北方一些城市大面积推行，多数室内管路为明装，其投入较大且扰民较多，本规程不建议这种做法继续推行，应采取其他计费的办法，而不应强行推行分户热表。

**7.1.3**　本条文所指的散热器系统，都是冬季以散热器为主要供暖方式的系统。

**7.1.4**　安装恒温阀时，从图2可以看出，散热器流量和散热量的关系曲线是与进出口温差有关的，温差

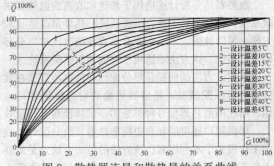

图2　散热器流量和散热量的关系曲线

越大越接近线性。双管系统 25℃温差时，比较接近线性，5 层楼的单管，每组温差为 5℃，已经是快开特性。为了使调节性能较好，增加跨越管，并在散热器支管上放恒温阀，使散热器的流量减少，增大温差。因此恒温阀用在双管中比较好，尤其像丹麦等国家采用 40～45℃温差的双管系统，调节性能最好，几乎是线性了。在空调系统中，加热器的温差也比较小，一般采用调节性能为等百分比的电动阀加以配合，综合后形成线性特性。由于散热器恒温阀是接近线性的调节性能，因此只能采用加大散热器温差的办法。当系统温差为 25℃时，对于 6 层以下的建筑，单管系统每层散热器的温差在 4℃以上，流经散热器的流量减少到 30％时，散热器的温差约为 13℃以上，在图中曲线 2 与曲线 3 之间，性能并不够好。如果 12 层的单管，每层的温差只有 2℃，要达到 13℃的目标，散热器的流量只能是 15％左右，如果达到 25℃的目标，则流量减少到 7.5％左右才行。而跨越管采用减小一号的做法，流经散热器的流量一般为 30％左右。

减少流量后，散热器的平均温度将降低，其散热面积必须增加。对 6 层的单管系统计算表明，散热器面积约增加 10％。层数越多，散热器需要增加的面积也越大，因此，垂直单管加跨越管的系统，比较适合 6 层以下多层建筑的改造。

**7.1.5** 我国开展供热计量试点工作近十余年，这期间积累了很多经验，针对供热计量所涉及的户间传热问题，目前尚存在不同的户间传热负荷设计计算方法。本条文提供以下户间传热负荷计算方法供参考：

**1** 计算通过户间楼板和隔墙的传热量时，与邻户的温差，宜取 5～6℃。

**2** 以户内各房间传热量取适当比例的总和，作为户间总传热负荷。该比例应根据住宅入住率情况、建筑围护结构状况及其具体采暖方式等综合考虑。

**3** 按上述计算得出的户间传热量，不宜大于按《采暖通风与空气调节设计规范》GB 50019 - 2003 第 4.2 节的有关规定计算出的设计采暖负荷的 50％。

**7.1.6** 在邻户内墙做保温隔热处理的做法，既增加了投资，又减少了室内空间，不如将投资用作建筑外保温上。提高整个建筑的保温水平，真正实现建筑节能的目的。

## 7.2 系 统 调 控

**7.2.1** 本条是强制性条文。供热体制改革以"多用热，多交费"为原则，实现供暖用热的商品化、货币化。因此，用户能够根据自身的用热需求，利用供暖系统中的调节阀主动调节室温、有效控制室温是实施供热计量收费的重要前提条件。按照《中华人民共和国节约能源法》第三十七条规定：使用空调采暖、制冷的公共建筑应当实行室内温度控制制度。

以往传统的室内供暖系统中安装使用的手动调节阀，对室内供暖系统的供热量能够起到一定的调节作用，但因其缺乏感温元件及自力式动作元件，无法对系统的供热量进行自动调节，从而无法有效利用室内的自由热，节能效果大打折扣。

散热器系统应在每组散热器安装散热器恒温阀或者其他自动阀门（如电动调温阀门）来实现室内温控；通断面积法可采用通断阀控制户内室温。散热器恒温控制阀具有感受室内温度变化并根据设定的室内温度对系统流量进行自力式调节的特性。正确使用散热器恒温控制阀可实现对室温的主动调节以及不同室温的恒定控制。散热器恒温控制阀对室内温度进行恒温控制时，可有效利用室内自由热、消除供暖系统的垂直失调从而达到节省室内供热量的目的。

低温热水地面辐射供暖系统分室温控的作用不明显，且技术和投资上较难实现，因此，低温热水地面辐射供暖系统应在户内系统入口处设置自动控温的调节阀，实现分户自动控温，其户内分集水器上每支环路上应安装手动流量调节阀；有条件的情况下宜实现分室自动温控。自动控温可采用自力式的温度控制阀、恒温阀或者温控器加热电阀等。

**7.2.2** 《散热器恒温控制阀》JG/T 195 - 2007 行业标准已于 2007 年 4 月 1 日起实施，因我国行标与欧标中的要求有所不同（例如：规定的恒温控制阀调温上限不同，还增加了阀杆密封试验和感温包密闭试验，等等），所以应按照国内标准控制产品质量。

目前市场上比较关注恒温控制阀的调节性能，而忽视其机械性能，如恒温控制阀的阀杆密封性能和供热工况下的抗弯抗扭性能。因为恒温控制阀的阀杆经常动作，如果密封性能不好，就会造成在住户室内漏水，所以恒温控制阀的阀杆密封性能非常重要；在供热高温工况下，有些恒温控制阀的阀头会变软脱落。一些地区应用的散热器恒温控制阀已经出现机械性能方面的问题，这对恒温控制阀的推广使用产生了一定影响。

所谓记忆合金原理的恒温控制阀，均为不合格产品。因为记忆合金的动作原理和感温包相去甚远（只有开关动作，不能实现调节要求；只能在剧烈温度变化下动作，不能感应供暖室温变化而相应动作；开启温度和关闭温度误差 6℃左右，不能实现恒温控制，等等），目前还没有记忆合金的阀门达到恒温控制阀标准的检测要求。

恒温控制阀一定是自动控温的产品，不能用手动阀门替代。因为室温调控节能分为自动恒温控制的利用自由热节能和人为主动调温的行为节能两部分，行为节能的节能潜力还有待商榷和验证，自动恒温的节能潜力比较重要和突出，而手动阀门达不到这样的节能效果。如果建设工程中要求使用恒温控制阀，那么一定要用自动温控的合格产品。

无论国内标准还是欧洲标准，都要求恒温控制阀能够带水带压清堵或更换阀芯。这一功能非常重要，能够避免恒温控制阀堵塞造成大面积泄水检修，而目前有很多产品没有这一功能，没有该功能的恒温控制阀均为不合格产品。

**7.2.3** 散热器罩影响散热器的散热量以及散热器恒温阀对室内温度的调节。基于以下原因，对既有采暖系统进行热计量改造时宜将原有的散热器罩拆除。

**1** 原有垂直单管顺流系统改造为设跨越管的垂直单管系统后，上部散热器特别是第一、二组散热器的平均温度有所下降。

**2** 单双管系统改造为设跨越管的垂直单管系统后，散热器水流量减小。

**3** 散热器罩影响感温元件内置式的恒温阀和热分配表分配计的正常工作。当散热器罩不能拆除时，应采用感温元件外置式的恒温阀。

**4** 计算表明散热器罩拆除后，所增加的散热量足以补偿由于系统变化对散热器散热量的不利影响。

**7.2.4** 要求选用内腔无砂的铸铁散热器，是为了避免恒温阀等堵塞。

中华人民共和国行业标准

# 民用建筑太阳能光伏系统应用技术规范

Technical code for application of solar photovoltaic system
of civil buildings

JGJ 203—2010

批准部门：中华人民共和国住房和城乡建设部
施行日期：２０１０年８月１日

# 中华人民共和国住房和城乡建设部
## 公　　告

### 第 521 号

### 关于发布行业标准《民用建筑
### 太阳能光伏系统应用技术规范》的公告

现批准《民用建筑太阳能光伏系统应用技术规范》为行业标准，编号为 JGJ 203 - 2010，自 2010 年 8 月 1 日起实施。其中，第 1.0.4、3.1.5、3.1.6、3.4.2、4.1.2、4.1.3、5.1.5 条为强制性条文，必须严格执行。

本规范由我部标准定额研究所组织中国建筑工业出版社出版发行。

中华人民共和国住房和城乡建设部

2010 年 3 月 18 日

## 前　　言

根据原建设部《关于印发〈2007 年工程建设标准规范制订、修订计划（第一批）〉》的通知（建标 [2007] 125 号）的要求，规范编制组经广泛调查研究，认真总结实践经验，参考有关国际标准和国外先进标准，并在广泛征求意见的基础上，制定本规范。

本规范的主要技术内容是：1 总则；2 术语；3 太阳能光伏系统设计；4 规划、建筑和结构设计；5 太阳能光伏系统安装；6 工程验收。

本规范中以黑体字标志的条文为强制性条文，必须严格执行。

本规范由住房和城乡建设部负责管理和对强制性条文的解释，由中国建筑设计研究院负责具体技术内容的解释。执行过程中如有意见或建议，请寄送中国建筑设计研究院（地址：北京市西城区车公庄大街 19 号，邮编：100044）。

本 规 范 主 编 单 位：中国建筑设计研究院
中国可再生能源学会太阳能建筑专业委员会

本 规 范 参 编 单 位：中国标准化研究院
中山大学太阳能系统研究所
无锡尚德太阳能电力有限公司
常州天合光能有限公司
英利绿色能源控股有限公司
北京市计科能源新技术开发公司
上海太阳能工程技术研究中心有限公司
上海伏奥建筑科技发展有限公司
深圳市创益科技发展有限公司
深圳南玻幕墙及光伏工程有限公司
广东金刚玻璃科技股份有限公司

本规范主要起草人员：仲继寿　张　磊　李爱仙
沈　辉　孟昭渊　经士农
于　波　叶东嵘　赵欣侃
陈　涛　李　毅　徐　宁
庄大建　张晓泉　林建平
王　贺　娄　霓　曾　雁
张兰英　焦　燕　班　焯
王斯成　邱第明　李新春
郑寿森　熊景峰　李涛勇
李亮龙　黄向阳　何　清
温建军

本规范主要审查人员：赵玉文　张树君　吴达成
张文才　崔容强　王志峰
胡润青　黄　汇　杨西伟

# 目 次

# Contents

# 1 总 则

**1.0.1** 为推动太阳能光伏系统（简称光伏系统）在民用建筑中的应用，促进光伏系统与建筑的结合，规范太阳能光伏系统的设计、安装和验收，保证工程质量，制定本规范。

**1.0.2** 本规范适用于新建、改建和扩建的民用建筑光伏系统工程，以及在既有民用建筑上安装或改造已安装的光伏系统工程的设计、安装和验收。

**1.0.3** 新建、改建和扩建的民用建筑光伏系统设计应纳入建筑工程设计，统一规划、同步设计、同步施工、同步验收，与建筑工程同时投入使用。

**1.0.4** 在既有建筑上安装或改造光伏系统应按建筑工程审批程序进行专项工程的设计、施工和验收。

**1.0.5** 民用建筑应用太阳能光伏系统的设计、安装和验收除应符合本规范外，尚应符合国家现行有关标准的规定。

# 2 术 语

**2.0.1** 太阳能光伏系统 solar photovoltaic (PV) system

利用太阳电池的光伏效应将太阳辐射能直接转换成电能的发电系统，简称光伏系统。

**2.0.2** 光伏建筑一体化 building integrated photovoltaic (BIPV)

在建筑上安装光伏系统，并通过专门设计，实现光伏系统与建筑的良好结合。

**2.0.3** 光伏构件 PV components

工厂模块化预制的，具备光伏发电功能的建筑材料或建筑构件，包括建材型光伏构件和普通型光伏构件。

**2.0.4** 建材型光伏构件 PV modules as building components

太阳电池与建筑材料复合在一起，成为不可分割的建筑材料或建筑构件。

**2.0.5** 普通型光伏构件 conventional PV components

与光伏组件组合在一起，维护更换光伏组件时不影响建筑功能的建筑构件，或直接作为建筑构件的光伏组件。

**2.0.6** 光伏电池 PV cell

将太阳辐射能直接转换成电能的一种器件。

**2.0.7** 光伏组件 PV module

具有封装及内部联结的、能单独提供直流电流输出的，最小不可分割的太阳电池组合装置。

**2.0.8** 光伏方阵 PV array

由若干个光伏组件或光伏构件在机械和电气上按一定方式组装在一起，并且有固定的支撑结构而构成的直流发电单元。

**2.0.9** 光伏电池倾角 tilt angle of PV cell

光伏电池所在平面与水平面的夹角。

**2.0.10** 并网光伏系统 grid-connected PV system

与公共电网联结的光伏系统。

**2.0.11** 独立光伏系统 stand-alone PV system

不与公共电网联结的光伏系统。

**2.0.12** 光伏接线箱 PV connecting box

保证光伏组件有序连接和汇流功能的接线装置。该装置能够保障光伏系统在维护、检查时易于分离电路，当光伏系统发生故障时减小停电的范围。

**2.0.13** 直流主开关 DC main switch

安装在光伏方阵输出汇总点与后续设备之间的开关，包括隔离电器和短路保护电器。

**2.0.14** 直流分开关 DC branch switch

安装在光伏方阵侧，为维护、检查方阵，或分离异常光伏组件而设置的开关，包括隔离电器和短路保护电器。

**2.0.15** 并网接口 utility interface

光伏系统与电网配电系统之间相互联结的公共连接点。

**2.0.16** 并网逆变器 grid-connected inverter

将来自太阳电池方阵的直流电流变换为符合电网要求的交流电流的装置。

**2.0.17** 孤岛效应 islanding effect

电网失压时，并网光伏系统仍保持对失压电网中的某一部分线路继续供电的状态。

**2.0.18** 电网保护装置 protection device for grid

监测光伏系统并网的运行状态，在技术指标越限情况下将光伏系统与电网安全解列的装置。

**2.0.19** 应急电源系统 emergency power supply system

当电网因故停电时能够为特定负荷继续供电的电源系统。通常由逆变器、保护开关、控制电路、储能装置（如蓄电池）和充电控制装置等组成，简称应急电源。

# 3 太阳能光伏系统设计

## 3.1 一 般 规 定

**3.1.1** 民用建筑太阳能光伏系统设计应有专项设计或作为建筑电气工程设计的一部分。

**3.1.2** 光伏组件或方阵的选型和设计应与建筑结合，在综合考虑发电效率、发电量、电气和结构安全、适用、美观的前提下，应优先选用光伏构件，并应与建筑模数相协调，满足安装、清洁、维护和局部更换的要求。

**3.1.3** 太阳能光伏系统输配电和控制用缆线应与其他管线统筹安排，安全、隐蔽、集中布置，满足安装维护的要求。

**3.1.4** 光伏组件或方阵连接电缆及其输出总电缆应符合现行国家标准《光伏（PV）组件安全鉴定 第1部分：结构要求》GB/T 20047.1 的相关规定。

**3.1.5** 在人员有可能接触或接近光伏系统的位置，应设置防触电警示标识。

**3.1.6** 并网光伏系统应具有相应的并网保护功能，并应安装必要的计量装置。

**3.1.7** 太阳能光伏系统应满足国家关于电压偏差、闪变、频率偏差、相位、谐波、三相平衡度和功率因数等电能质量指标的要求。

## 3.2 系统分类

**3.2.1** 太阳能光伏系统按接入公共电网的方式可分为下列两种系统：

　1 并网光伏系统；

　2 独立光伏系统。

**3.2.2** 太阳能光伏系统按储能装置的形式可分为下列两种系统：

　1 带有储能装置系统；

　2 不带储能装置系统。

**3.2.3** 太阳能光伏系统按负荷形式可分为下列三种系统：

　1 直流系统；

　2 交流系统；

　3 交直流混合系统。

**3.2.4** 太阳能光伏系统按系统装机容量的大小可分为下列三种系统：

　1 小型系统，装机容量不大于 20kW 的系统；

　2 中型系统，装机容量在 20kW 至 100kW（含 100kW）之间的系统；

　3 大型系统，装机容量大于 100kW 的系统。

**3.2.5** 并网光伏系统按允许通过上级变压器向主电网馈电的方式可分为下列两种系统：

　1 逆流光伏系统；

　2 非逆流光伏系统。

**3.2.6** 并网光伏系统按其在电网中的并网位置可分为下列两种系统：

　1 集中并网系统；

　2 分散并网系统。

## 3.3 系统设计

**3.3.1** 应根据建筑物使用功能、电网条件、负荷性质和系统运行方式等因素，确定光伏系统的类型。

**3.3.2** 光伏系统设计应符合下列规定：

　1 光伏系统设计应根据用电要求按表 3.3.2 进行选择；

　2 并网光伏系统应由光伏方阵、光伏接线箱、并网逆变器、蓄电池及其充电控制装置（限于带有储能装置系统）、电能表和显示电能相关参数的仪表组成；

**表 3.3.2　光伏系统设计选用表**

| 系统类型 | 电流类型 | 是否逆流 | 有无储能装置 | 适　用　范　围 |
|---|---|---|---|---|
| 并网光伏系统 | 交流系统 | 是 | 有 | 发电量大于用电量，且当地电力供应不可靠 |
| | | 是 | 无 | 发电量大于用电量，且当地电力供应比较可靠 |
| | | 否 | 有 | 发电量小于用电量，且当地电力供应不可靠 |
| | | 否 | 无 | 发电量小于用电量，且当地电力供应比较可靠 |
| 独立光伏系统 | 直流系统 | 否 | 有 | 偏远无电网地区，电力负荷为直流设备，且供电连续性要求较高 |
| | | 否 | 无 | 偏远无电网地区，电力负荷为直流设备，且供电无连续性要求 |
| | 交流系统 | 否 | 有 | 偏远无电网地区，电力负荷为交流设备，且供电连续性要求较高 |
| | | | 无 | 偏远无电网地区，电力负荷为交流设备，且供电无连续性要求 |

　3 并网光伏系统的线路设计宜包括直流线路设计和交流线路设计。

**3.3.3** 光伏系统的设备性能及正常使用寿命应符合下列规定：

　1 系统中设备及其部件的性能应满足国家现行标准的相关要求，并应获得相关认证；

　2 系统中设备及其部件的正常使用寿命应满足国家现行标准的相关要求。

**3.3.4** 光伏方阵的选择应符合下列规定：

　1 光伏组件的类型、规格、数量、安装位置、安装方式和可安装场地面积应根据建筑设计及其电力负荷确定；

　2 应根据光伏组件规格及安装面积确定光伏系统最大装机容量；

　3 应根据并网逆变器的额定直流电压、最大功率跟踪控制范围、光伏组件的最大输出工作电压及其温度系数，确定光伏组件的串联数（简称光伏组件串）；

　4 应根据总装机容量及光伏组件串的容量确定光伏组件串的并联数。

**3.3.5** 光伏接线箱设置应符合下列规定：

**1** 光伏接线箱内应设置汇流铜母排；

**2** 每一个光伏组件串应分别由线缆引至汇流母排，在母排前应分别设置直流分开关，并宜设置直流主开关；

**3** 光伏接线箱内应设置防雷保护装置；

**4** 光伏接线箱的设置位置应便于操作和检修，并宜选择室内干燥的场所。设置在室外的光伏接线箱应采取防水、防腐措施，其防护等级不应低于 IP65。

**3.3.6** 并网光伏系统逆变器的总额定容量应根据光伏系统装机容量确定。独立光伏系统逆变器的总额定容量应根据交流侧负荷最大功率及负荷性质确定。并网逆变器的数量应根据光伏系统装机容量及单台并网逆变器额定容量确定。并网逆变器的选择还应符合下列规定：

**1** 并网逆变器应具备自动运行和停止功能、最大功率跟踪控制功能和防止孤岛效应功能；

**2** 逆流型并网逆变器应具备自动电压调整功能；

**3** 不带工频隔离变压器的并网逆变器应具备直流检测功能；

**4** 无隔离变压器的并网逆变器应具备直流接地检测功能；

**5** 并网逆变器应具有并网保护装置，并应与电力系统具备相同的电压、相数、相位、频率及接线方式；

**6** 并网逆变器应满足高效、节能、环保的要求。

**3.3.7** 直流线路的选择应符合下列规定：

**1** 耐压等级应高于光伏方阵最大输出电压的 1.25 倍；

**2** 额定载流量应高于短路保护电器整定值，短路保护电器整定值应高于光伏方阵的标称短路电流的 1.25 倍；

**3** 线路损耗应控制在 2%以内。

**3.3.8** 光伏系统防雷和接地保护应符合下列规定：

**1** 设置光伏系统的民用建筑应采取防雷措施，其防雷等级分类及防雷措施应按现行国家标准《建筑物防雷设计规范》GB 50057 的相关规定执行；

**2** 光伏系统防直击雷和防雷击电磁脉冲的措施应按现行国家标准《建筑物防雷设计规范》GB 50057 的相关规定执行；

## 3.4 系统接入

**3.4.1** 光伏系统与公用电网并网时，除应符合现行国家标准《光伏系统并网技术要求》GB/T 19939 的相关规定外，还应符合下列规定：

**1** 光伏系统在供电负荷与并网逆变器之间和公共电网与负荷之间应设置隔离开关，隔离开关应具有明显断开点指示及断零功能；

**2** 中型或大型光伏系统宜设置独立控制机房，机房内应设置配电柜、仪表柜、并网逆变器、监视器及蓄电池（限于带有储能装置系统）等；

**3** 光伏系统专用标识的形状、颜色、尺寸和安装高度应符合现行国家标准《安全标志及其使用导则》GB 2894 的相关规定；

**4** 光伏系统在并网处设置的并网专用低压开关箱（柜）应设置手动隔离开关和自动断路器，断路器应采用带可视断点的机械开关；除非当地供电部门要求，否则不得采用电子式开关。

**3.4.2** 并网光伏系统与公共电网之间应设隔离装置。光伏系统在并网处应设置并网专用低压开关箱（柜），并应设置专用标识和"警告"、"双电源"提示性文字和符号。

**3.4.3** 并网光伏系统应具有自动检测功能及并网切断保护功能，并应符合下列规定：

**1** 光伏系统应安装电网保护装置，并应符合现行国家标准《光伏（PV）系统电网接口特性》GB/T 20046 的相关规定；

**2** 光伏系统与公共电网之间的隔离开关和断路器均应具有断零功能，且相线和零线应能同时分断和合闸；

**3** 当公用电网电能质量超限时，光伏系统应自动与公用电网解列，在公用电网质量恢复正常后的 5min 之内，光伏系统不得向电网供电。

**3.4.4** 逆流光伏系统宜按照"无功就地平衡"的原则配置相应的无功补偿装置。

**3.4.5** 通信与电能计量装置应符合下列规定：

**1** 光伏系统自动控制、通信和电能计量装置应根据当地公共电网条件和供电机构的要求配置，并应与光伏系统工程同时设计、同时建设、同时验收、同时投入使用；

**2** 光伏系统宜配置相应的自动化终端设备，以采集光伏系统装置及并网线路的遥测、遥信数据，并传输至相应的调度主站；

**3** 光伏系统应在发电侧和电能计量点分别配置、安装专用电能计量装置，并宜接入自动化终端设备；

**4** 电能计量装置应符合现行行业标准《电测量及电能计量装置设计技术规程》DL/T 5137 和《电能计量装置技术管理规程》DL/T 448 的相关规定；

**5** 大型逆流并网光伏系统应配置 2 部调度电话。

**3.4.6** 作为应急电源的光伏系统应符合下列规定：

**1** 应保证在紧急情况下光伏系统与公用电网解列，并应切断由光伏系统供电的非消防负荷；

**2** 开关柜（箱）中的应急回路应设置相应的应急标志和警告标识；

**3** 光伏系统与电网之间的自动切换开关宜选用不自复方式。

## 4 规划、建筑和结构设计

### 4.1 一般规定

4.1.1 光伏组件类型、安装位置、安装方式和色泽的选择应结合建筑功能、建筑外观以及周围环境条件进行，并应使之成为建筑的有机组成部分。

4.1.2 安装在建筑各部位的光伏组件，包括直接构成建筑围护结构的光伏构件，应具有带电警告标识及相应的电气安全防护措施，并应满足该部位的建筑围护、建筑节能、结构安全和电气安全要求。

4.1.3 在既有建筑上增设或改造光伏系统，必须进行建筑结构安全、建筑电气安全的复核，并应满足光伏组件所在建筑部位的防火、防雷、防静电等相关功能要求和建筑节能要求。

4.1.4 建筑设计应根据光伏组件的类型、安装位置和安装方式，为光伏组件的安装、使用、维护和保养等提供必要的承载条件和空间。

### 4.2 规划设计

4.2.1 规划设计应根据建设地点的地理位置、气候特征及太阳能资源条件，确定建筑的布局、朝向、间距、群体组合和空间环境。安装光伏系统的建筑，主要朝向宜为南向或接近南向。

4.2.2 安装光伏系统的建筑不应降低相邻建筑或建筑本身的建筑日照标准。

4.2.3 光伏组件在建筑群体中的安装位置应合理规划，光伏组件周围的环境设施与绿化种植不应对投射到光伏组件上的阳光形成遮挡。

4.2.4 对光伏组件可能引起建筑群体间的二次辐射应进行预测，对可能造成的光污染应采取相应的措施。

### 4.3 建筑设计

4.3.1 光伏系统各组成部分在建筑中的位置应合理确定，并应满足其所在部位的建筑防水、排水和系统的检修、更新与维护的要求。

4.3.2 建筑体形及空间组合应为光伏组件接收更多的太阳能创造条件。宜满足光伏组件冬至日全天有3h以上建筑日照时数的要求。

4.3.3 建筑设计应为光伏系统提供安全的安装条件，并应在安装光伏组件的部位采取安全防护措施。

4.3.4 光伏组件不应跨越建筑变形缝设置。

4.3.5 光伏组件的安装不应影响所在建筑部位的雨水排放。

4.3.6 晶体硅电池光伏组件的构造及安装应符合通风降温要求，光伏电池温度不应高于85℃。

4.3.7 在多雪地区建筑屋面上安装光伏组件时，宜设置人工融雪、清雪的安全通道。

4.3.8 在平屋面上安装光伏组件应符合下列规定：

1 光伏组件安装宜按最佳倾角进行设计；当光伏组件安装倾角小于10°时，应设置维修、人工清洗的设施与通道；

2 光伏组件安装支架宜采用自动跟踪型或手动调节型的可调节支架；

3 采用支架安装的光伏方阵中光伏组件的间距应满足冬至日投射到光伏组件上的阳光不受遮挡的要求；

4 在建筑平屋面上安装光伏组件，应选择不影响屋面排水功能的基座形式和安装方式；

5 光伏组件基座与结构层相连时，防水层应铺设到支座和金属埋件的上部，并应在地脚螺栓周围做密封处理；

6 在平屋面防水层上安装光伏组件时，其支架基座下部应增设附加防水层；

7 对直接构成建筑屋面面层的建材型光伏构件，除应保障屋面排水通畅外，安装基层还应具有一定的刚度；在空气质量较差的地区，还应设置清洗光伏组件表面的设施；

8 光伏组件周围屋面、检修通道、屋面出入口和光伏方阵之间的人行通道上部应铺设保护层；

9 光伏组件的引线穿过平屋面处应预埋防水套管，并应做防水密封处理；防水套管应在平屋面防水层施工前埋设完毕。

4.3.9 在坡屋面上安装光伏组件应符合下列规定：

1 坡屋面坡度宜按光伏组件全年获得电能最多的倾角设计；

2 光伏组件宜采用顺坡镶嵌或顺坡架空安装方式；

3 建材型光伏构件与周围屋面材料连接部位应做好建筑构造处理，并应满足屋面整体的保温、防水等功能要求；

4 顺坡支架安装的光伏组件与屋面之间的垂直距离应满足安装和通风散热间隙的要求。

4.3.10 在阳台或平台上安装光伏组件应符合下列规定：

1 低纬度地区安装在阳台或平台栏板上的晶体硅光伏组件应有适当的倾角；

2 安装在阳台或平台栏板上的光伏组件支架应与栏板主体结构上的预埋件牢固连接；

3 构成阳台或平台栏板的光伏构件，应满足刚度、强度、防护功能和电气安全要求；

4 应采取保护人身安全的防护措施。

4.3.11 在墙面上安装光伏组件应符合下列规定：

1 低纬度地区安装在墙面上的晶体硅光伏组件宜有适当的倾角；

**2** 安装在墙面的光伏组件支架应与墙面结构主体上的预埋件牢固锚固；

**3** 光伏组件与墙面的连接不应影响墙体的保温构造和节能效果；

**4** 对设置在墙面上的光伏组件，引线穿过墙面处应预埋防水套管；穿墙管线不宜设在结构柱处；

**5** 光伏组件镶嵌在墙面时，宜与墙面装饰材料、色彩、分格等协调处理；

**6** 对安装在墙面上提供遮阳功能的光伏构件，应满足室内采光和日照的要求；

**7** 当光伏组件安装在窗面上时，应满足窗面采光、通风等使用功能要求；

**8** 应采取保护人身安全的防护措施。

**4.3.12** 在建筑幕墙上安装光伏组件应符合下列规定：

**1** 安装在建筑幕墙上的光伏组件宜采用建材型光伏构件；

**2** 光伏组件尺寸应符合幕墙设计模数，光伏组件表面颜色、质感应与幕墙协调统一；

**3** 光伏幕墙的性能应满足所安装幕墙整体物理性能的要求，并应满足建筑节能的要求；

**4** 对有采光和安全双重性能要求的部位，应使用双玻光伏幕墙，其使用的夹胶层材料应为聚乙烯醇缩丁醛（PVB），并应满足建筑室内对视线和透光性能的要求；

**5** 玻璃光伏幕墙的结构性能和防火性能应满足现行行业标准《玻璃幕墙工程技术规范》JGJ 102 的要求；

**6** 由玻璃光伏幕墙构成的雨篷、檐口和采光顶，应满足建筑相应部位的刚度、强度、排水功能及防止空中坠物的安全性能要求。

**4.3.13** 光伏系统的控制机房宜采用自然通风，当不具备条件时应采取机械通风措施。

### 4.4 结构设计

**4.4.1** 结构设计应与工艺和建筑专业配合，合理确定光伏系统各组成部分在建筑中的位置。

**4.4.2** 在新建建筑上安装光伏系统，应考虑其传递的荷载效应。

**4.4.3** 在既有建筑上增设光伏系统，应对既有建筑的结构设计、结构材料、耐久性、安装部位的构造及强度等进行复核验算，并应满足建筑结构及其他相应的安全性能要求。

**4.4.4** 支架、支撑金属件及其连接节点，应具有承受系统自重、风荷载、雪荷载、检修荷载和地震作用的能力。

**4.4.5** 对光伏系统的支架和连接件的结构设计应符合下列规定：

**1** 当非抗震设计时，应计算系统自重、风荷载

和雪荷载作用效应；

**2** 当抗震设计时，应计算系统自重、风荷载、雪荷载和地震作用效应。

**4.4.6** 应考虑风压变化对光伏组件及其支架的影响。光伏组件或方阵宜安装在风压较小的位置。

**4.4.7** 蓄电池、并网逆变器等较重的设备和部件宜安装在承载能力大的结构构件上，并应进行构件的强度与变形验算。

**4.4.8** 当选用建材型光伏构件时，应向产品生产厂家确认相关结构性能指标，并应满足建筑物使用期间对产品的结构性能要求。

**4.4.9** 光伏组件或方阵的支架，应由埋设在钢筋混凝土基座中的钢制热浸镀锌连接件或不锈钢地脚螺栓固定。钢筋混凝土基座的主筋应锚固在主体结构内；当不能与主体结构锚固时，应设置支架基座。应采取提高支架基座与主体结构间附着力的措施，满足风荷载、雪荷载与地震荷载作用的要求。

**4.4.10** 连接件与基座的锚固承载力设计值应大于连接件本身的承载力设计值。

**4.4.11** 支架基座设计应进行抗滑移和抗倾覆等稳定性验算。

**4.4.12** 当光伏方阵与主体结构采用后加锚栓连接时，应符合下列规定：

**1** 锚栓产品应有出厂合格证；

**2** 碳素钢锚栓应经过防腐处理；

**3** 应进行锚栓承载力现场试验，必要时应进行极限拉拔试验；

**4** 每个连接节点不应少于 2 个锚栓；

**5** 锚栓直径应通过承载力计算确定，并不应小于 10mm；

**6** 不宜在与化学锚栓接触的连接件上进行焊接操作；

**7** 锚栓承载力设计值不应大于其选用材料极限承载力的 50%；

**8** 在地震设防区必须使用抗震适用型锚栓；

**9** 应符合现行行业标准《混凝土结构后锚固技术规程》JGJ 145 的相关规定。

**4.4.13** 安装光伏系统的预埋件设计使用年限应与主体结构相同。

**4.4.14** 支架、支撑金属件和其他的安装材料，应根据光伏系统设定的使用寿命选择相应的耐候性能材料并应采取适宜的维护保养措施。

**4.4.15** 受盐雾影响的安装区域和场所，应选择符合使用环境的材料及部件作为支撑结构，并应采取相应的防护措施。

**4.4.16** 地面安装光伏系统时，光伏组件最低点距硬质地面不宜小于 300mm，距一般地面不宜小于 1000mm，并应对地基承载力、基础的强度和稳定性进行验算。

# 5 太阳能光伏系统安装

## 5.1 一般规定

**5.1.1** 新建筑光伏系统的安装施工应纳入建筑设备安装施工组织设计，并应制定相应的安装施工方案和采取特殊安全措施。

**5.1.2** 光伏系统安装前应具备下列条件：

  **1** 设计文件齐备，且已审查通过；

  **2** 施工组织设计及施工方案已经批准；

  **3** 场地、供电、道路等条件能满足正常施工需要；

  **4** 预留基座、预留孔洞、预埋件、预埋管和设施符合设计要求，并已验收合格。

**5.1.3** 安装光伏系统时，应制定详细的施工流程与操作方案，应选择易于施工、维护的作业方式。

**5.1.4** 安装光伏系统时，应对已完成土建工程的部位采取保护措施。

**5.1.5** 施工安装人员应采取防触电措施，并应符合下列规定：

  **1** 应穿绝缘鞋、戴低压绝缘手套、使用绝缘工具；

  **2** 当光伏系统安装位置上空有架空电线时，应采取保护和隔离措施；

  **3** 不应在雨、雪、大风天作业。

**5.1.6** 光伏系统安装施工应采取安全措施，并应符合下列规定：

  **1** 光伏系统的产品和部件在存放、搬运和吊装等过程中不得碰撞受损；吊装光伏组件时，光伏组件底部应衬垫木，背面不得受到碰撞和重压；

  **2** 光伏组件在安装时，表面应铺遮光板遮挡阳光，防止电击危险；

  **3** 光伏组件的输出电缆不得非正常短路；

  **4** 对无断弧功能的开关进行连接时，不得在有负荷或能形成低阻回路的情况下接通正负极或断开；

  **5** 连接完成或部分完成的光伏系统，遇有光伏组件破裂的情况应及时采取限制接近的措施，并应由专业人员处置；

  **6** 不得局部遮挡光伏组件，避免产生热斑效应；

  **7** 在坡度大于10°的坡屋面上安装施工，应采取专用踏脚板等安全措施。

## 5.2 基座

**5.2.1** 安装光伏组件或方阵的支架应设置基座。

**5.2.2** 基座应与建筑主体结构连接牢固，并应由专业施工人员完成施工。

**5.2.3** 屋面结构层上现场砌筑（或浇筑）的基座，完工后应做防水处理，并应符合现行国家标准《屋面

工程质量验收规范》GB 50207 的规定。

**5.2.4** 预制基座应放置平稳、整齐，固定牢固，且不得破坏屋面的防水层。

**5.2.5** 钢基座顶面及混凝土基座顶面的预埋件，在支架安装前应涂防腐涂料，并应妥善保护。

**5.2.6** 连接件与基座之间的空隙，应采用细石混凝土填捣密实。

## 5.3 支　架

**5.3.1** 安装光伏组件或方阵的支架应按设计要求制作。钢结构支架的安装和焊接应符合现行国家标准《钢结构工程施工质量验收规范》GB 50205 的要求。

**5.3.2** 支架应按设计要求安装在主体结构上，位置应准确，并应与主体结构牢靠固定。

**5.3.3** 固定支架前应根据现场安装条件采取合理的抗风措施。

**5.3.4** 钢结构支架应与建筑物接地系统可靠连接。

**5.3.5** 钢结构支架焊接完毕，应按设计要求做防腐处理。防腐施工应符合现行国家标准《建筑防腐蚀工程施工及验收规范》GB 50212 和《建筑防腐蚀工程质量检验评定标准》GB 50224 的要求。

**5.3.6** 装配式方阵支架梁柱连接节点应保证结构的安全可靠，不得采用单一摩擦型节点连接方式，各支架部件的防腐镀层要求应由设计根据实际使用条件确定。

## 5.4 光伏组件

**5.4.1** 光伏组件上应标有带电警告标识，光伏组件强度应满足设计强度要求。

**5.4.2** 光伏组件或方阵应按设计要求可靠地固定在支架或连接件上。

**5.4.3** 光伏组件或方阵应排列整齐。光伏组件之间的连接件，应便于拆卸和更换。

**5.4.4** 光伏组件或方阵与建筑面层之间应留有安装空间和散热间隙，并不得被施工等杂物填塞。

**5.4.5** 光伏组件或方阵安装时必须严格遵守生产厂指定的安装条件。

**5.4.6** 坡屋面上安装光伏组件时，其周边的防水连接构造必须严格按设计要求施工，且不得渗漏。

**5.4.7** 光伏幕墙的安装应符合下列规定：

  **1** 双玻光伏幕墙应满足现行行业标准《玻璃幕墙工程质量检验标准》JGJ/T 139 的相关规定；

  **2** 光伏幕墙应排列整齐、表面平整、缝宽均匀，安装允许偏差应满足现行国家标准《建筑幕墙》GB/T 21086 的相关规定；

  **3** 光伏幕墙应与普通幕墙同时施工，共同接受幕墙相关的物理性能检测。

**5.4.8** 在盐雾、寒冷、积雪等地区安装光伏组件时，应与产品生产厂协商制定合理的安装施工和运营维护

方案。

5.4.9 在既有建筑上安装光伏组件，应根据建筑物的建设年代、结构状况，选择可靠的安装方法。

### 5.5 电气系统

5.5.1 电气装置安装应符合现行国家标准《建筑电气工程施工质量验收规范》GB 50303 的相关规定。

5.5.2 电缆线路施工应符合现行国家标准《电气装置安装工程电缆线路施工及验收规范》GB 50168 的相关要求。

5.5.3 电气系统接地应符合现行国家标准《电气装置安装工程接地装置施工及验收规范》GB 50169 的相关要求。

5.5.4 光伏系统直流侧施工时，应标识正负极性，并宜分别布线。

5.5.5 带蓄能装置的光伏系统，蓄电池的上方和周围不得堆放杂物，并应保障蓄电池的正常通风，防止蓄电池两极短路。

5.5.6 在并网逆变器等控制器的表面，不得设置其他电气设备和堆放杂物，并应保证设备的通风环境。

5.5.7 穿过楼面、屋面和外墙的引线应做防水套管和防水密封处理。

### 5.6 系统调试和检测

5.6.1 建筑工程验收前应对光伏系统进行调试与检测。

5.6.2 调试和检测应符合国家现行标准的相关规定。

# 6 工 程 验 收

## 6.1 一 般 规 定

6.1.1 建筑工程验收时应对光伏系统工程进行专项验收。

6.1.2 光伏系统工程验收前，应在安装施工中完成下列隐蔽项目的现场验收：

　　1 预埋件或后置螺栓（或锚栓）连接件；

　　2 基座、支架、光伏组件四周与主体结构的连接节点；

　　3 基座、支架、光伏组件四周与主体围护结构之间的建筑构造做法；

　　4 系统防雷与接地保护的连接节点；

　　5 隐蔽安装的电气管线工程。

6.1.3 光伏系统工程验收应根据其施工安装特点进行分项工程验收和竣工验收。

6.1.4 所有验收应做好记录，签署文件，立卷归档。

## 6.2 分项工程验收

6.2.1 分项工程验收宜根据工程施工特点分期进行。

6.2.2 对影响工程安全和系统性能的工序，必须在本工序验收合格后才能进入下一道工序的施工。主要工序应包括下列内容：

　　1 在屋面光伏系统工程施工前，进行屋面防水工程的验收；

　　2 在光伏组件或方阵支架就位前，进行基座、支架和框架的验收；

　　3 在建筑管道井封口前，进行相关预留管线的验收；

　　4 光伏系统电气预留管线的验收；

　　5 在隐蔽工程隐蔽前，进行施工质量验收；

　　6 既有建筑增设或改造的光伏系统工程施工前，进行建筑结构和建筑电气安全检查。

## 6.3 竣 工 验 收

6.3.1 光伏系统工程交付用户前，应进行竣工验收。竣工验收应在分项工程验收或检验合格后进行。

6.3.2 竣工验收应提交下列资料：

　　1 设计变更证明文件和竣工图；

　　2 主要材料、设备、成品、半成品、仪表的出厂合格证明或检验资料；

　　3 屋面防水检漏记录；

　　4 隐蔽工程验收记录和分项工程验收记录；

　　5 系统调试和试运行记录；

　　6 系统运行、监控、显示、计量等功能的检验记录；

　　7 工程使用、运行管理及维护说明书。

# 本规范用词说明

1 为便于在执行本规范条文时区别对待，对要求严格程度不同的用词说明如下：

　　1）表示很严格，非这样做不可的：

　　　　正面词采用"必须"，反面词采用"严禁"；

　　2）表示严格，在正常情况下均应这样做的：

　　　　正面词采用"应"，反面词采用"不应"或"不得"；

　　3）表示允许稍有选择，在条件许可时首先应这样做的：

　　　　正面词采用"宜"，反面词采用"不宜"；

　　4）表示有选择，在一定条件下可以这样做的，采用"可"。

2 条文中指明应按其他有关标准执行的写法为："应符合……的规定"或"应按……执行"。

# 引用标准名录

1 《建筑物防雷设计规范》GB 50057

**2** 《电气装置安装工程电缆线路施工及验收规范》GB 50168

**3** 《电气装置安装工程接地装置施工及验收规范》GB 50169

**4** 《钢结构工程施工质量验收规范》GB 50205

**5** 《屋面工程质量验收规范》GB 50207

**6** 《建筑防腐蚀工程施工及验收规范》GB 50212

**7** 《建筑防腐蚀工程质量检验评定标准》GB 50224

**8** 《建筑电气工程施工质量验收规范》GB 50303

**9** 《安全标志及其使用导则》GB 2894

**10** 《光伏系统并网技术要求》GB/T 19939

**11** 《光伏(PV)系统电网接口特性》GB/T 20046

**12** 《光伏(PV)组件安全鉴定 第1部分：结构要求》GB/T 20047.1

**13** 《建筑幕墙》GB/T 21086

**14** 《玻璃幕墙工程技术规范》JGJ 102

**15** 《玻璃幕墙工程质量检验标准》JGJ/T 139

**16** 《混凝土结构后锚固技术规程》JGJ 145

**17** 《电能计量装置技术管理规程》DL/T 448

**18** 《电测量及电能计量装置设计技术规程》DL/T 5137

中华人民共和国行业标准

# 民用建筑太阳能光伏系统应
# 用技术规范

JGJ 203—2010

条 文 说 明

# 制 订 说 明

《民用建筑太阳能光伏系统应用技术规范》JGJ 203-2010，经住房和城乡建设部 2010 年 3 月 18 日以第 521 号公告批准、发布。

本规范制订过程中，编制组进行了广泛、深入的调查研究，总结了国内主要的太阳能光伏系统优秀工程以及国外有代表性的太阳能光伏系统工程的实践经验，同时参考了德国、日本相关民用建筑太阳能光伏系统的设计指南。

为便于广大设计、施工、科研、学校等单位有关人员在使用本规范时能正确理解和执行条文规定，《民用建筑太阳能光伏系统应用技术规范》编制组按章、节、条顺序编制了本标准的条文说明，对条文规定的目的、依据以及执行中需注意的有关事项进行了说明，还着重对强制性条文的强制性理由做了解释。但是，本条文说明不具备与标准正文同等的法律效力，仅供使用者作为理解和把握标准规定的参考。

# 目　次

# 1 总 则

**1.0.1** 在我国，民用建筑工程中利用太阳能光伏发电技术正在成为建筑节能的新趋势。广大工程技术人员，尤其是建筑工程设计人员，只有掌握了光伏系统的设计、安装、验收和运行维护等方面的工程技术要求，才能促进光伏系统在建筑中的应用，并达到与建筑结合。为了确保工程质量，本规范编制组在大量工程实例调查分析的基础上，编制了本规范。

**1.0.2** 在我国，除了在新建、扩建、改建的民用建筑工程中设计安装光伏系统的项目不断增多，在既有建筑中安装光伏系统的项目也在增多。编制规范时对这两个方面的适应性进行了研究，使规范在两个方面均可适用。

**1.0.3** 新建民用建筑安装光伏系统时，光伏系统设计应纳入建筑工程设计；如有可能，一般建筑设计应为将来安装光伏系统预留条件。

**1.0.4** 在既有建筑上改造或安装光伏系统，容易影响房屋结构安全和电气系统的安全，同时可能造成对房屋其他使用功能的破坏。因此要求按建筑工程审批程序，进行专项工程的设计、施工和验收。

# 2 术 语

**2.0.1** "太阳能光伏系统"为本规范主要用语，规范给出了英语的全称。在以下条文中简称为"光伏系统"。

**2.0.2** 光伏建筑一体化在光伏系统与建筑或建筑环境的结合上，具有更深的含义和更高的技术要求，也是当前人们努力追求的较高目标。这里的建筑环境除建筑本体环境外，还包括建筑小品、围墙、喷泉和景观照明等。

**2.0.3～2.0.5** 在民用建筑中，光伏构件包括建材型光伏构件和普通型光伏构件两种形式。

建材型光伏构件是指将太阳电池与瓦、砖、卷材、玻璃等建筑材料复合在一起、成为不可分割的建筑材料或建筑构件。

建材型光伏构件的表现形式为复合型光伏建筑材料（如光伏瓦、光伏砖、光伏卷材等），或复合型光伏建筑构件（如光伏幕墙、光伏窗、光伏雨篷、光伏遮阳板、光伏阳台板、光伏采光顶等）。

建材型光伏构件的安装形式包括：在平屋面上直接铺设光伏卷材或在坡屋面上采用光伏瓦，并可替代部分或全部屋面材料；直接替代建筑幕墙的光伏幕墙和直接替代部分或全部采光玻璃的光伏采光顶等。

普通型光伏构件是指与光伏组件组合在一起，维护更换光伏组件时不影响建筑功能的建筑构件，或直接作为建筑构件的光伏组件。

普通型光伏构件的表现形式为组合型光伏建筑构件或普通光伏组件。对于组合型光伏建筑构件，由于光伏组件与建筑构件仅仅是组合在一起，可以分开，因此，维护更换时只需针对光伏组件，而不会影响构件的建筑功能；当采用普通光伏组件直接作为建筑构件时，光伏组件在发电的同时，实现相应的建筑功能。比如，采用普通光伏组件或根据建筑要求定制的光伏组件直接作为雨篷构件、遮阳构件、栏板构件、檐口构件等建筑构件。

普通型光伏构件安装方式一般为支架式安装。为了实现光伏建筑一体化，支架式安装形式包括：在平屋面上采用支架安装的通风隔热屋面形式（如平改坡）；在构架上采用支架安装的屋面形式（如遮阳棚、雨篷）；在坡屋面上采用支架顺坡架空安装的通风隔热屋面形式（坡屋面上的主要安装形式）；在墙面上采用支架或支座与墙面平行安装的通风隔热墙面形式等。

**2.0.6** 目前已经商业化生产和规模化应用的光伏电池包括晶体硅光伏电池、薄膜光伏电池和硅异质结伏电池（HIT）。

晶体硅光伏电池是使用晶体硅片制造的光伏电池，包括单晶硅光伏电池和多晶硅光伏电池等。其中，使用单晶硅片制成的光伏电池称单晶硅光伏电池（mono-silicon PV cell），具有较高的光电转化效率和价格；使用多晶硅片制成的光伏电池称多晶硅光伏电池（multi-silicon PV cell），其光电转换效率和价格一般稍低于单晶硅光伏电池。

薄膜光伏电池是以薄膜形态的半导体材料制造的光伏电池，主要有硅薄膜和化合物半导体薄膜等。其优点是消耗半导体材料少，制造成本较低，输出功率受温度影响小，电池组件易于设计成不同的形态。

HIT电池是以晶体硅和薄膜硅为原料制造的光伏电池，外形和封装工艺更像晶体硅光伏电池。由于其兼有晶体硅和薄膜硅两类光伏电池的优点，光电转换效率较高，价格也较高。

**2.0.8** 光伏方阵通过对组件串和必要的控制元件，进行适当的串联、并联，以电气及机械方式相连形成光伏方阵，能够输出供变换、传输和使用的支流电压和电功率。光伏方阵不包括基座、太阳跟踪器、温度控制器等类似的部件。如果一个方阵中有不同结构类型的组件，或组件的连接方式不同，一般将结构和连接方式相同的部分方阵称为子方阵。光伏方阵可由几个子方阵串并联组成。

**2.0.9** 光伏电池倾角和光伏组件的方位角唯一地决定了光伏电池的朝向。光伏组件的方位角指光伏组件向阳面的法线在水平面上的投影与正南方向的夹角。水平面内正南方向为0度，向西为正，向东为负，单位为度（°）。

**2.0.16** 并网逆变器可将电能变换成一种或多种电能

形式，以供后续电网使用。并网逆变器一般包括最大功率跟踪等功能。

# 3 太阳能光伏系统设计

## 3.1 一般规定

**3.1.1** 民用建筑光伏系统由专业人员进行设计，并贯穿于工程建设的全过程，以提高光伏系统的投资效益。光伏系统应符合国家现行相关的民用建筑电气设计规范的要求。光伏组件形式的选择以及安装数量、安装位置的确定需要与建筑师配合进行设计，在设备承载及安装固定等方面需要与结构专业配合，在电气、通风、排水等方面与设备专业配合，使光伏系统与建筑物本身和谐统一，实现光伏系统与建筑的良好结合。

**3.1.5** 人员有可能接触或接近的、高于直流 50V 或 240W 以上的系统属于应用等级 A，适用于应用等级 A 的设备被认为是满足安全等级Ⅱ要求的设备，即Ⅱ类设备。当光伏系统从交流侧断开后，直流侧的设备仍有可能带电，因此，在光伏系统直流侧设置必要的触电警示和防止触电的安全措施。

**3.1.6** 对于并网光伏系统，只有具备并网保护功能，才能保障电网和光伏系统的正常运行，确保上述一方如发生异常情况不至于影响另一方的正常运行。同时并网保护也是电力检修人员人身安全的基本要求。另外，安装计量装置还便于用户对光伏系统的运行效果进行统计、评估。同时也考虑到随着国家相关政策的出台，国家对光伏系统用户进行补偿的可能。

**3.1.7** 光伏系统所产电能应满足国家电能质量的指标要求，主要包括：

**1** 10kV 及以下并网光伏系统正常运行时，与公共电网接口处电压允许偏差如下：三相为额定电压的±7%，单相为额定电压的+7%、−10%；

**2** 并网光伏系统与公共电网同步运行，频率允许偏差为±0.5Hz；

**3** 并网光伏系统的输出有较低的电压谐波畸变率和谐波电流含有率；总谐波电流含量小于功率调节器输出电流的 5%；

**4** 光伏系统并网运行时，逆变器向公共电网馈送的直流分量不超过其交流额定值的 1%。

## 3.2 系统分类

**3.2.1** 并网光伏系统主要应用于当地已存在公共电网的区域，并网光伏系统为用户提供电能，不足部分由公共电网作为补充；独立光伏系统一般应用于远离公共电网覆盖的区域，如山区、岛屿等边远地区，独立光伏系统容量需满足用户最大电力负荷的需求。

**3.2.2** 光伏系统所提供电能受外界环境变化的影响较大，如阴雨天气或夜间都会使系统提供电能大大降低，不能满足用户的电力需求。因此，对于无公共电网作为补充的独立光伏系统用户，要满足稳定的电能供应就需设置储能装置。储能装置一般用蓄电池，在阳光充足的时间产生的剩余电能储存在蓄电池内，阴雨天或夜间由蓄电池放电提供所需电能。对于供电连续性要求较高用户的独立光伏系统，需设置储能装置，对于无供电连续性要求的用户可不设储能装置。并网光伏系统是否设置成蓄电型系统，可根据用电负荷性质和用户要求设置。如光伏系统负荷仅为一般负荷，且又有当地公共电网作为补充，在这种情况下可不设储能装置；若光伏系统负荷为消防等重要设备，就应该根据重要负荷的容量设置储能装置，同时，在储能装置放电为重要设备供电时，需首先切断光伏系统的非重要负荷。

**3.2.3** 只有直流负荷的光伏系统为直流系统。在直流系统中，由太阳电池产生的电能直接提供给负荷或经充电控制器给蓄电池充电。交流系统是指负荷均为交流设备的光伏系统，在此系统中，由太阳电池产生的直流电需经功率调节器进行直—交流转换再提供给负荷。对于并网光伏系统功率调节器尚需具备并网保护功能。负荷中既有交流供电设备又有直流供电设备的光伏系统为交直流混合系统。

**3.2.4** 装机容量（Capacity of installation）指光伏系统中所采用的光伏组件的标称功率之和，也称标称容量、总容量、总功率等，计量单位是峰瓦（$W_P$）。规范对光伏系统的大、中、小型系统规模进行了界定，既参照了日本建筑光伏系统的规模分级标准，也符合《光伏发电站接入电力系统技术规定》GB/Z 19964 关于大规模光伏电站为 100kW 及以上的规定，同时可为将来出台其他建筑光伏电站管理规定提供规范依据。

**3.2.5** 在公共电网区域内的光伏系统往往是并网系统，原因是光伏系统输出功率受制于天气等外界环境变化的影响。为了使用户得到可靠的电能供应，有必要把光伏系统与当地公共电网并网，当光伏系统输出功率不能满足用户需求时，不足部分由当地公共电网补充。反之，当光伏系统输出电能超过用户本身的电能需求时，超出部分电能则向公共电网逆向流入。此种并网光伏系统称为逆流系统。非逆流并网光伏系统中，用户本身电能需求远大于光伏系统本身所产生的电能，在正常情况下，光伏系统产生的电能不可能向公共电网送入。逆流或非逆流并网光伏系统均须采取并网保护措施。各种光伏系统在并网前均需与当地电力公司协商取得一致后方能并入。

**3.2.6** 集中并网光伏系统的特点是系统所产生的电能被直接输送到当地公共电网，由公共电网向区域内电力用户供电。此种光伏系统一般需要建设大型光伏电站，规模大、投资大、建设周期长。由于上述条件的限制，目前集中并网光伏系统的发展受到一定的抑制。分散并网光伏系统由于具备规模小、占地面积小、建设周期短、投资相对少等特点而发展迅速。

### 3.3 系统设计

**3.3.3** 民用建筑光伏系统各部件的技术性能包括：电气性能、耐久性能、安全性能、可靠性能等几个方面。

①电气性能强调了光伏系统各部件产品要满足国家标准中规定的电性能要求。如太阳电池的最大输出功率、开路电压、短路电流、最大输出工作电压、最大输出工作电流等，另外，系统中各电气部件的电压等级、额定电压、额定电流、绝缘水平、外壳防护类别等。

②耐久性能规定了系统中主要部件的正常使用寿命。如光伏组件寿命不少于 20 年，并网逆变器正常使用寿命不少于 8 年。在正常使用寿命期间，允许有主要部件的局部更换以及易损件的更换。

③安全性能是光伏系统各项技术性能中最重要的一项，其中特别强调了并网光伏系统需带有保证光伏系统本身及所并电力电网的安全。

④可靠性能强调了光伏系统要具有防御各种自然条件异常的能力，其中包括应有可靠的防结露、防过热、防雷、抗雹、抗风、抗震、除雪、除沙尘等技术措施。

⑤在民用建筑设计中，可采用各种防护措施以保证光伏系统的性能。如采用电热技术除结露、除雪，预留给水、排水条件除沙尘，在太阳电池下面预留通风道防电池板过热，选用抗雹电池板，光伏系统防雷与建筑物防雷统一设计施工，在结构设计上选择合适的加固措施防风、防震等。

**3.3.5** 设置在室外的光伏接线箱要具有可靠防止雨水向内渗漏的结构设计。

**3.3.6** 并网逆变器还需满足电能转换效率高、待机电能损失小、噪声小、谐波少、寿命长、可靠性高及起、停平稳等功能要求。

**3.3.8** 光伏系统防雷和接地保护的要求：

**1** 支架、紧固件等正常时不带电金属材料要采取等电位联结措施和防雷措施。安装在建筑屋面的光伏组件，采用金属固定构件时，每排（列）金属构件均可靠联结，且与建筑物屋顶避雷装置有不少于两点可靠联结；采用非金属固定构件时，不在屋顶避雷装置保护范围之内的光伏组件，需单独加装避雷装置。

**2** 光伏组件需采取严格措施防直击雷和雷击电磁脉冲，防止建筑光伏系统和电气系统遭到破坏。

### 3.4 系统接入

**3.4.1** 光伏系统并网需满足并网技术要求。大型并网光伏系统要进行接入系统的方案论证，并先征得当地供电机构同意方可实施。

根据日本、德国等国家的经验，接入公共电网的光伏系统，其总装机容量一般控制在上级变压器单台主变额定容量的 30% 以内。

光伏系统电网接入点选择要根据系统总装机容量、电网条件和当地供电机构的要求确定：当系统总装机容量小于或等于 100kW 时，接入点电压等级宜为 400V；当系统总装机容量大于 100kW 时，接入点电压等级可选择 400V 或 10kV。

在中型或大型光伏系统中，功率调节器柜（箱）、仪表柜、配电柜较多，且系统又存留一定量的备品备件，因此，宜设置独立的光伏系统控制机房。

**3.4.2** 光伏系统并网后，一旦公共电网或光伏系统本身出现异常或处于检修状态时，两系统之间如果没有可靠的脱离，可能带来对电力系统或人身安全的影响或危害。因此，在公共电网与光伏系统之间一定要有专用的联结装置，在电网或系统出现异常时，能够通过醒目的联结装置及时人工切断两者之间的联系。另外，还需要通过醒目的标识提示光伏系统可能危害人身安全。

**3.4.3** 光伏系统和公共电网异常或故障时，为保障人员和设备安全，应具有相应的并网保护功能和装置，并应满足光伏系统并网保护的基本技术要求。

**1** 光伏系统要能具有电压自动检测及并网切断控制功能。

1）在公共电网接口处的电压超出表 1 规定的范围时，光伏系统要停止向公共电网送电。

**表 1 公共电网接口处的电压**

| 电压（公共电网接口处） | 最大分闸时间[注1] |
|---|---|
| $U < 50\% \ U_{正常}$ [注2] | 0.1s |
| $50\% U_{正常} \leq U < 85\% \ U_{正常}$ | 2.0s |
| $85\% U_{正常} \leq U \leq 110\% \ U_{正常}$ | 继续运行 |
| $110\% U_{正常} \leq U < 135\% \ U_{正常}$ | 2.0s |
| $135\% U_{正常} \leq U$ | 0.05s |

注1：最大分闸时间是指异常状态发生到逆变器停止向公共电网送电的时间；

注2：$U_{正常}$ 为正常电压值（范围）。

2）光伏系统在公共电网接口处频率偏差超出规定限值时，频率保护要在 0.2s 内动作，将光伏系统与公共电网断开。

3）当公共电网失压时，防孤岛效应保护应在 2s 内完成，将光伏系统与公共电网断开。

4）光伏系统对公共电网应设置短路保护。当公共电网短路时，逆变器的过电流不大于额定电流的 1.5 倍，并在 0.1s 内将光伏系统与公共电网断开。

    5）非逆流并网光伏系统在公共电网供电变压器次级设置逆流检测装置。当检测到的逆电流超出逆变器额定输出的 5％时，逆向功率保护在 0.5s～2s 内将光伏系统与公共电网断开。

    **2**  在光伏系统与公共电网之间设置的隔离开关和断路器均应具有断零功能。目的是防止在并网光伏系统与公共电网脱离时，由于异常情况的出现而导致零线带电，容易发生电击检修人员的危险。

    **3**  当公用电网异常而导致光伏系统自动解列后，只有当公用电网恢复正常到规定时限后光伏系统方可并网。

**3.4.4**  光伏系统并入上级电网宜按照"无功就地平衡"的原则配置相应的无功补偿装置，对接入公共连接点的每个用户，其"功率因数"要符合现行的《供电营业规则》（中华人民共和国电力工业部 1996 年第 8 号令）的相关规定。光伏系统以三相并入公共电网，其三相电压不平衡度不超过《电能质量 三相电压允许不平衡度》GB/T 15543 的相关规定。对接入公共连接点的每个用户，其电压不平衡度允许值不超过 1.3％。

**3.4.5**  与民用建筑结合的光伏系统设计应包括通信与计量系统，以确保工程实施的可行性、安全性和可靠性。

**3.4.6**  作为应急电源的光伏系统应符合以下规定：

    **1**  当光伏系统作为消防应急电源时，需先切断光伏系统的日常设备负荷，并与公用电网解列，以确保消防设备启动的可靠性。

    **2**  光伏系统的标识需符合消防设施管理的基本要求。

    **3**  当光伏系统与公用电网分别作为消防设备的二路电源时，配电末端所设置的双电源自动切换开关宜选用自投不自复方式。因为电网是否真正恢复供电需判定，自动转换开关来回自投自复反而对设备和人身安全不利。

# 4  规划、建筑和结构设计

## 4.1  一般规定

**4.1.1**  光伏系统的选型是建筑设计的重点内容，设计者不仅要创造新颖美观的建筑立面、设计光伏组件安装的位置，还要结合建筑功能及其对电力供应方式的需求，综合考虑环境、气候、太阳能资源、能耗、施工条件等因素，比较光伏系统的性能、造价，进行技术经济分析。

    光伏系统设计应由建筑设计单位和光伏系统产品供应商相互配合共同完成。建筑师不仅需要根据建筑类型和使用要求确定光伏系统的类型、安装位置、色调和构图要求，还应向建筑电气工程师提出对于电力的使用要求；电气工程师进行光伏系统设计、布置管线、确定管线走向；结构工程师在建筑结构设计时，应考虑光伏系统的荷载，以保证结构的安全性，并埋设预埋件，为光伏构件的锚固、安装提供安全牢靠的条件。光伏系统产品供应商需向建筑设计单位提供光伏组件的规格、尺寸、荷载，预埋件的规格、尺寸、安全位置及安全要求；提供光伏系统的发电性能等技术指标及其检测报告；保证产品质量和使用性能。

**4.1.2**  安装在建筑屋面、阳台、墙面、窗面或其他部位的光伏组件，应满足该部位的承载、保温、隔热、防水及防护要求，并应成为建筑的有机组成部分，保持与建筑和谐统一的外观。

**4.1.3**  在既有建筑上增设或改造的光伏系统，其重量会增加建筑荷载。另外，安装过程也会对建筑结构和建筑功能有影响，因此，必须进行建筑结构安全、建筑电气安全等方面的复核和检验。

**4.1.4**  一般情况下，建筑的设计寿命是光伏系统寿命的 2～3 倍，光伏组件及系统其他部件在构造、形式上应利于在建筑围护结构上安装，便于维护、修理、局部更换。为此建筑设计不仅要考虑地震、风荷载、雪荷载、冰雹等自然破坏因素，还应为光伏系统的日常维护，尤其是光伏组件的安装、维护、日常保养、更换提供必要的安全便利条件。

## 4.2  规 划 设 计

**4.2.1**  根据安装光伏系统的区域气候特征及太阳能资源条件，合理进行建筑群体的规划和建筑朝向的选择。建筑群体或建筑单体朝南可为光伏系统接收更多的太阳能创造条件。

**4.2.2**  安装光伏系统的建筑，建筑间距应满足所在地区日照间距要求，且不得因布置光伏系统而降低相邻建筑的日照标准。

**4.2.3**  在进行建筑周围的景观设计和绿化种植时，要避免对投射到光伏组件上的阳光造成遮挡，从而保证光伏组件的正常工作。

**4.2.4**  建筑上安装的光伏组件应优先选择光反射较低的材料，避免自身引起的太阳光二次辐射对本栋建筑或周围建筑造成光污染。

## 4.3  建 筑 设 计

**4.3.1**  建筑设计应与光伏系统设计同步进行。建筑设计根据选定的光伏系统类型，确定光伏组件形式、安装面积、尺寸大小、安装位置方式；了解连接管线走向；考虑辅助能源及辅助设施条件；明确光伏系统各部分的相对关系。然后，合理安排光伏系统各组成部分在建筑中的位置，并满足所在部位防水、排水等技术要求。建筑设计应为光伏系统各部分的安全检修、光伏构件表面清洗等提供便利条件。

**4.3.2** 光伏组件安装在建筑屋面、阳台、墙面或其他部位，不应有任何障碍物遮挡太阳光。光伏组件总面积根据需要电量、建筑上允许的安装面积、当地的气候条件等因素确定。安装位置要满足冬至日全天有3h以上日照时数的要求。有时，为争取更多的采光面积，建筑平面往往凹凸不规则，容易造成建筑自身对太阳光的遮挡。除此以外，对于体形为L形、凵形的平面，也要注意避免自身的遮挡。

本条中用于确定建筑日照条件的建筑日照时数（insolation standards）与用于计算光伏系统发电量的峰值日照时数（peak sun hours）不同。日照标准是根据建筑物所在的气候区，城市大小和建筑物的使用性质决定的，在规定的日照标准日（冬至日或大寒日）有效时间范围内，以底层窗台面为计算起点的建筑外窗获得的日照时间。峰值日照时数是指当地水平面上单位面积接受到的年平均辐射能转化为标准日照条件（AM1.5，$1000W/m^2$，$25℃$）的小时数。按年计算是全年标准日照时数，计量单位是（h/a）；按日计算是平均每天的标准日照时数，计量单位是（h/d）。

**4.3.3** 建筑设计时应考虑在安装光伏组件的墙面、阳台或挑檐等部位采取必要的安全防范措施，防止光伏组件损坏而掉下伤人，如设置挑檐、入口处设置雨篷或进行绿化种植等，使人不易靠近。

**4.3.4** 建筑主体结构在伸缩缝、沉降缝、防震缝的变形缝两侧会发生相对位移，光伏组件跨越变形缝时容易遭到破坏，造成漏电、脱落等危险。所以光伏组件不应跨越主体结构的变形缝，或应采用与主体建筑的变形缝相适应的构造措施。

**4.3.5** 光伏组件不应影响安装部位建筑雨水系统设计，不应造成局部积水、防水层破坏、渗漏等情况。

**4.3.6** 安装光伏组件时，应采取必要的通风降温措施以抑制其表面温度升高。一般情况下，组件与安装面层之间设置50mm以上的空隙，组件之间也留有空隙，会有效控制组件背面的温度升高。

**4.3.7** 冬季光伏组件上的积雪不易清除，因此在多雪地区的建筑屋面上安装光伏组件时，应采取融雪、扫雪及避免积雪滑落后遮挡光伏组件的措施。如采取扫雪措施，应设置扫雪通道及人员安全保障设施。

**4.3.8** 平屋面上安装光伏组件应符合以下要求：

**1** 在太阳高度角较小时，光伏方阵排列过密会造成彼此遮挡，降低运行效率。为使光伏方阵实现高效、经济的运行，应对光伏组件的相互遮挡进行日照计算和分析。

**2** 采用自动跟踪型和手动调节型支架可提高系统的发电量。自动跟踪型支架还需配置包括太阳辐射测量设备、计算机控制的步进电机等自动跟踪系统。手动调节型支架经济可靠，适合于以月、季度为周期的调节系统。

**3** 屋面上设置光伏方阵时，前排光伏组件的阴影不应影响后排光伏组件正常工作。另外，还应注意组件的日斑影响。

**4** 在建筑屋面上安装光伏组件支架，应选择点式的基座形式，以利于屋面排水。特别要避免与屋面排水方向垂直的条形基座。

**5** 光伏组件支座与结构层相连时，防水层应包到支座和金属埋件的上部，形成较高的泛水，地脚螺栓周围缝隙容易渗水，应作密封处理。

**6** 支架基座部位应做附加防水层。附加层宜空铺，空铺宽度不应小于200mm。为防止卷材防水层收头翘边，避免雨水从开口处渗入防水层下部，应按设计要求做好收头处理。卷材防水层应用压条钉压固定，或用密封材料封严。

**7** 构成屋面面层的建材型光伏构件，其安装基层应为具有一定刚度的保护层，以避免光伏组件变形引起表面局部积灰现象。

**8** 需要经常维修的光伏组件周围屋面、检修通道、屋面出入口以及人行通道上面应设置刚性保护层保护防水层，一般可铺设水泥砖。

**9** 光伏组件的引线穿过屋面处，应预埋防水套管，并作防水密封处理。防水套管应在屋面防水层施工前埋设完毕。

**4.3.9** 坡屋面上安装光伏组件还应符合以下要求：

**1** 为了获得较多太阳光，屋面坡度宜采用光伏组件全年获得电能最多的倾角。一般情况下可根据当地纬度±10°来确定屋面坡度，低纬度地区还要特别注意保证屋面的排水功能。

**2** 安装在坡屋面上的光伏组件宜根据建筑设计要求，选择顺坡镶嵌设置或顺坡架空设置方式。

**3** 建材型光伏构件安装在坡屋面上时，其与周围屋面材料连接部位应做好建筑构造处理，并应满足屋面整体的保温、防水等围护结构功能要求。

**4** 顺坡架空在坡屋面上的光伏组件与屋面间宜留有大于100mm的通风间隙。控制通风间隙的目的有两个，一是通过加强屋面通风降低光伏组件背面温升，二是保证组件的安装维护空间。

**4.3.10** 阳台或平台上安装光伏组件应符合以下要求：

**1** 在低纬度地区，由于太阳高度角较小，安装在阳台栏板上的光伏组件或直接构成阳台栏板的光伏构件应有适当的倾角，以接受较多的太阳能光。

**2** 对不具有阳台栏板功能，通过其他连接方式安装在阳台栏板上的光伏组件，其支架应与阳台栏板上的预埋件牢固连接，并通过计算确定预埋件的尺寸与预埋深度，防止坠落事件的发生。

**3** 作为阳台栏板的光伏构件，应满足建筑阳台栏板强度及高度的要求。阳台栏板高度应随建筑高度而增高，如低层、多层住宅的阳台栏板净高不应低于1.05m，中高层、高层住宅的阳台栏板不应低于1.10m，这是根据人体重心和心理因素而定的。

4　光伏组件背面温度较高，或电气连接损坏都可能会引起安全事故（儿童烫伤、电气安全），因此要采取必要的保护措施，避免人身直接触及光伏组件。

**4.3.11**　墙面上安装光伏组件应符合以下要求：

1　在低纬度地区，由于太阳高度角较小，因此安装在墙面上或直接构成围护结构的光伏组件应有适当的倾角，以接受较多的太阳光；

2　通过支架连接方式安装在外墙上的光伏组件，在结构设计时应作为墙体的附加永久荷载。对安装光伏组件而可能产生的墙体局部变形、裂缝等等，应通过构造措施予以防止；

3　光伏组件安装在外保温构造的墙体上时，其与墙面连接部位易产生冷桥，应作特殊断桥或保温构造处理；

4　预埋防水套管可防止水渗入墙体构造层；管线穿越结构柱会影响结构性能，因此穿墙管线不宜设在结构柱内；

5　光伏组件镶嵌在墙面时，应由建筑设计专业结合建筑立面进行统筹设计；

8　建筑设计时，为防止光伏组件损坏而掉下伤人，应考虑在安装光伏组件的墙面采取必要的安全防护措施，如设置挑檐、雨篷，或进行绿化种植等，使人不易靠近。

**4.3.12**　幕墙上安装光伏组件应符合以下要求：

1　安装在幕墙上的光伏组件宜采用光伏幕墙，并根据建筑立面的需要进行统筹设计；

2　安装在幕墙上的光伏组件尺寸应符合所安装幕墙板材的模数，既有利于安装，又与建筑幕墙在视觉上融为一体；

3　光伏幕墙的性能应与所安装普通幕墙具备同等的强度，以及具有同等保温、隔热、防水等性能，保证幕墙的整体性能；

4　PVB（Polyvinyl butyral）中间膜是一种半透明的薄膜，是由聚乙烯醇缩丁醛树脂经增塑剂塑化挤压成型的一种高分子材料。使用PVB夹胶层的光伏构件可以满足建筑上使用安全玻璃的要求；用EVA（Ethylene viny acetate）层压的光伏构件需要采用特殊的结构，防止玻璃自爆后因EVA强度不够而引发事故；

5　层间防火构造在正常使用条件下，应具有伸缩变形能力、密闭性和耐久性；在遇火状态下，应在规定的耐火极限内，不发生开裂或脱落，保持相对稳定性；防火封堵时限应高于建筑幕墙本身的防火时限要求；玻璃光伏幕墙应尽量避免遮挡建筑室内视线，并应与建筑遮阳、采光统筹考虑。

6　为防止光伏组件损坏而掉下伤人，应安装牢固并采取必要的防护措施。

**4.3.13**　光伏系统控制机房，一般会布置较多的配电柜（箱）、逆变器、充电控制器等设备，上述设备在正常工作中都会产生一定的热量；当系统带有储能装置时，系统中的蓄电池在特定情况下可能对空气产生一定的污染，因此，控制机房应采取通风措施。

## 4.4　结 构 设 计

**4.4.1**　结构设计应根据光伏系统各组成部分在建筑中的位置进行专门设计，防止对结构安全造成威胁。

**4.4.2**　在新建建筑上安装光伏系统，结构设计时应事先考虑其传递的荷载效应。

**4.4.3**　既有建筑结构形式和使用年限各不相同。在既有建筑上增设光伏系统必须进行结构验算，保证结构本身的安全性。

**4.4.4**　进行结构设计时，不但要校核安装部位结构的强度和变形，而且需要计算支架、支撑金属件及各个连接节点的承载能力。

光伏方阵与主体结构的连接和锚固必须牢固可靠，主体结构的承载力必须经过计算或实物试验予以确认，并要留有余地，防止偶然因素产生破坏。光伏方阵和支架的重量大约在（0.24~0.49）kg/m²，建议设计时取不小于1.0kN/m²。

主体结构必须具备承受光伏方阵等传递的各种作用的能力。主体结构为混凝土结构时，混凝土强度等级不应低于C20。

**4.4.5**　光伏系统结构设计应区分是否抗震。对非抗震设防的地区，只需考虑系统自重、风荷载和雪荷载；对抗震设防的地区，还应考虑地震作用。

安装在建筑屋面等部位的光伏方阵主要受风荷载作用，抗风设计是主要考虑的因素。但由于地震是动力作用，对连接节点会产生较大影响，使连接发生震害甚至造成光伏方阵脱落，所以，除计算地震作用外，还必须加强构造措施。

**4.4.6**　墙角、凹口、山墙、屋檐、屋面坡度大于10°的屋脊等部位，风压大，变化复杂，在这些部位安装光伏系统，对抗风压性能要求较高，因此宜将光伏组件或方阵安装在风压较小的部位，如屋顶中央。在坡屋面上安装光伏组件或方阵时，宜采用与屋面平行的方式，减小风荷载的作用。

**4.4.8**　建材型光伏构件，应满足该类建筑材料本身的结构性能。如光伏幕墙，应至少满足普通幕墙的强度、抗风压和防热炸裂等要求，以及在木质、合成材料和金属框架上的安装要求，应符合《玻璃幕墙工程技术规范》JGJ 102或《金属与石材幕墙工程技术规范》JGJ 133中对幕墙材料结构性能的要求；作为屋面材料使用的光伏构件，应满足相应屋面材料的结构要求。

**4.4.10** 连接件与主体结构的锚固承载力应大于连接件本身的承载力，任何情况不允许发生锚固破坏。采用锚栓连接时，应有可靠的防松、防滑措施；采用挂接或插接时，应有可靠的防脱、防滑措施。

**4.4.11** 大多数情况下支架基座比较容易满足稳定性要求（抗滑移、抗倾覆）。但在风荷载较大的地区，支架基座的稳定性对结构安全起控制作用，必须经过验算来确保。

**4.4.12** 当土建施工中未设预埋件，预埋件漏放或偏离设计位置较远，设计变更，或在既有建筑增设光伏系统时，往往要使用后锚固螺栓进行连接。采用后锚固螺栓（机械膨胀螺栓或化学锚栓）时，应采取多种措施，保证连接的可靠性及安全性。

另外，在地震设防区使用金属锚栓时，应符合建筑行业标准《混凝土用膨胀型、扩孔型建筑锚栓》JG 160 相关抗震专项性能试验要求；在抗震设防区使用的化学锚栓，应符合国家标准《混凝土结构加固设计规范》GB 50367 中相关适用于开裂混凝土的定型化学锚栓的技术要求。

**4.4.13** 应进行光伏系统与建筑的同生命周期设计。预埋件的设计使用年限应与主体结构相同，避免光伏构件更新时对主体结构造成损害。

**4.4.14** 支架、支撑金属件应根据光伏系统设定的使用寿命选择材料及其维护保养方法。根据目前常见方法以及使用经验，给出如下几种建议：

**1** 钢制＋表面涂漆（有颜色）：5～10 年，再涂漆。

**2** 钢制＋热浸镀锌：20～30 年。

镀锌层的厚度要求取决于使用条件和使用寿命，应根据环境变化确定镀锌层的厚度。日本的经验表明，要获得 20 年的使用寿命，在国内重要工业区或沿海地区镀锌量为 $550g/m^2$ ～$600g/m^2$ 以上，郊区为 $400g/m^2$ 以上。

在任何特定的使用环境里，锌镀层的保护作用一般正比于单位面积内锌镀层的质量（表面密度），通常也正比于锌镀层的厚度，因此，对于某些特殊的用途，可采用 $40\mu m$ 厚度的锌镀层。

在我国，采用碳素钢和低合金高强度结构钢作为支撑结构时，一般采取热浸镀锌防腐处理，锌膜厚度应符合现行国家标准《金属覆盖层钢铁制品热浸镀锌技术要求》GB/T 13912 的相关规定。

钢构件采用氟碳喷涂或聚氨酯喷涂的表面处理办法时，涂膜厚度应满足《玻璃幕墙工程技术规范》JGJ 102 中的相关规定。

**3** 不锈钢：30 年以上。

不锈钢对盐害等具有高抵抗性，但价格较高，在海上安装的场合应用较多。

**4** 铝合金＋氟碳漆喷涂：20 年以上。

铝合金型材采用氟碳喷涂进行表面处理时，应符合现行国家标准《铝合金建筑型材》GB/T 5237 规定的质量要求，表面处理层的厚度：平均膜厚 $t \geqslant 40\mu m$，局部膜厚 $t \geqslant 34\mu m$。其他表面处理方法应满足《玻璃幕墙工程技术规范》JGJ 102 中的相关规定。

**4.4.15** 在有盐害的地方，不同的金属材料相互接触会产生接触腐蚀，所以应在不同金属材料之间垫上绝缘物，或采用同一金属材料的支撑结构。

**4.4.16** 地面安装光伏系统时，应对地基承载力、基础的强度和稳定性进行验算。光伏组件最低点距地面应有一定距离。当为一般地面时，为防止泥沙上溅或小动物的破坏，不宜小于1000mm。

# 5 太阳能光伏系统安装

## 5.1 一般规定

**5.1.1** 目前光伏系统施工安装人员的技术水平差别较大，为规范光伏系统的施工安装，应先设计后施工，严禁无设计的盲目施工。施工组织设计、施工方案以及安全措施应经监理和建设方审批后方可施工。

**5.1.2** 光伏系统安装应按照建筑设计和施工要求进行，应具备施工组织设计及施工方案。

**5.1.3** 光伏系统安装应进行施工组织设计，制定详细的施工流程与操作方案。

**5.1.4** 鉴于光伏系统的安装一般在土建工程完工后进行，而土建部位的施工多由其他施工单位完成，因此应加强对已施工土建部位的保护。

**5.1.5** 光伏系统安装时应采取防触电措施，确保人员安全。

**5.1.6** 光伏系统安装时应采取安全措施，以保证设备、系统和人员的安全。

## 5.2 基 座

**5.2.1** 光伏组件或方阵的支架应固定在预设的基座上，不得直接放置在建筑面层上，否则既无法保证支架安装牢固，还会对建筑面层造成损害。

**5.2.2** 基座关系到光伏系统的稳定和安全，因此必须由专业技术人员来完成。

**5.2.3** 一般情况下，光伏组件或方阵的承重基座都是在屋面结构层上现场砌筑（或浇筑）。对于在既有建筑上安装的光伏系统工程，需要揭开建筑面层做基座，因此将破坏建筑原有的防水结构。基座完工后，被破坏的部位应重新做防水工程。

**5.2.4** 不少光伏系统工程采用预制支架基座，直接放置在建筑屋面上，易对屋面构造造成损害，应附加防水层和保护层。

**5.2.5** 对外露的金属预埋件应进行防腐防锈处理，防止预埋件受损而失去强度。

**5.2.6** 连接件与基座之间的空隙，多为金属构件，为避免此部位锈蚀损坏，安装完毕后应采用细石混凝土填捣密实。

## 5.3 支　架

**5.3.2** 支架在基座上的安装位置不正确将造成支架偏移，影响主体结构的受力。

**5.3.3** 光伏组件或方阵的防风主要是通过支架实现的。由于现场条件不同，防风措施也不同。

**5.3.4** 为防止漏电伤人，钢结构支架应与建筑接地系统可靠连接。

**5.3.6** 由于光伏方阵支吊架用于室外，受到风、雪荷载作用，如果使用单一摩擦型节点连接方式，容易造成支架的松脱，存在使用安全隐患。

## 5.4 光伏组件

**5.4.1** 由于安装在不同建筑部位，光伏组件所受的风荷载、雪荷载和地震作用等均不同，安装时光伏组件的强度应与设计时选定的产品强度相符合。

**5.4.2** 光伏组件应按设计要求可靠地固定在支架上，防止脱落、变形，影响发电功能。

**5.4.4** 为抑制光伏组件使用期间产生温升，屋顶与光伏组件之间应留有通风间隙，从施工方便角度，通风间隙不宜小于100mm。

**5.4.5** 光伏组件的强度，一般与无色透明强化玻璃的厚度、铝框的厚度及形状、固定用金属零件或螺栓的直径、数量等有关，安装时必须严格遵守产品厂家指定的安装条件。

**5.4.6** 坡屋面上安装光伏组件时，会破坏周边的防水连接构造，因此必须制定专门的构造措施，如附加防水层等，并严格按要求施工，不得出现渗漏。

**5.4.7** 由于光伏幕墙的施工安装目前还没有对应的国家标准，光伏幕墙的安装应符合《玻璃幕墙建筑工程技术规范》JGJ 102 和《建筑装饰装修工程质量验收规范》GB 50210 等现行国家标准的相关规定。

幕墙中常用的双玻光伏幕墙也是建材型光伏构件的一种，是指由两片以上的玻璃，采用PVB胶片将太阳电池组装在一起，能单独提供直流输出的光伏构件。《玻璃幕墙工程技术规范》JGJ 102 要求，玻璃幕墙采用夹层玻璃时，应采用干法加工合成，其夹层宜采用聚乙烯醇缩丁醛（PVB）胶片；夹层玻璃合片时，应严格控制温、湿度。

**5.4.8** 在盐雾、寒冷、积雪等地区，光伏系统对设备选型、材料和安装工艺均有特殊要求，产品生产厂家和安装施工单位应共同研究制定适宜的安装施工方案。

**5.4.9** 既有建筑的建造年代、承载状况等均不同，安装光伏系统时，应根据具体情况，选择支架式、叠合式或一体式的安装方法。

## 5.5 电气系统

**5.5.4** 光伏系统直流部分的接线，由于目前采用了标准接头，一般不会发生正负极性错接的情况。但也经常会发生把接头切去、加长电缆后重新连接的情况，此时应严格防止接线错误。

**5.5.5** 蓄电池周围应保持良好通风，以保证蓄电池散热和正常工作。

**5.5.6** 并网逆变器等控制器的工作环境应保持良好，以保证其安全工作和检修方便。

**5.5.7** 光伏系统中的电缆防水套管与建筑主体之间的缝隙必须做好防水密封，建筑表面需进行光洁处理。

# 6 工程验收

## 6.1 一般规定

**6.1.1** 民用建筑光伏系统工程验收应包括建筑工程验收和光伏系统工程验收。

**6.1.3** 光伏系统工程验收应规范化。分项工程验收应由监理工程师（或建设单位项目技术负责人）组织施工单位专业质量（技术）负责人等进行验收。

**6.1.4** 光伏系统工程施工验收后，施工单位应向建设单位提交竣工验收报告和光伏系统施工图。建设单位收到工程竣工验收报告后，应组织设计、施工、监理等单位（项目）负责人联合进行竣工验收。所有验收应做好记录，签署文件，立卷归档。

## 6.2 分项工程验收

**6.2.1** 由于光伏系统工程施工受多种条件的制约，分项工程验收可根据工程施工特点分期进行。

**6.2.2** 为了保证工程质量，避免返工，光伏系统工程施工工序必须在前一道工序完成并质量合格后才能进行下道工序，并明确了必须验收的项目。

## 6.3 竣工验收

**6.3.1** 当分项工程验收或检验合格后方可进行竣工验收。

中华人民共和国行业标准

# 被动式太阳能建筑技术规范

Technical code for passive solar buildings

JGJ/T 267—2012

批准部门：中华人民共和国住房和城乡建设部

施行日期：２０１２年５月１日

# 中华人民共和国住房和城乡建设部
# 公　告

## 第 1238 号

关于发布行业标准
《被动式太阳能建筑技术规范》的公告

现批准《被动式太阳能建筑技术规范》为行业标准，编号为 JGJ/T 267-2012，自 2012 年 5 月 1 日起实施。

本规范由我部标准定额研究所组织中国建筑工业出版社出版发行。

中华人民共和国住房和城乡建设部

2012 年 1 月 6 日

## 前　言

根据住房和城乡建设部《关于印发〈2008 年工程建设标准规范制订、修订计划（第一批）〉的通知》（建标〔2008〕102 号）的要求，规范编制组经广泛调查研究，认真总结实践经验，参考有关国际标准和国外先进标准，并在广泛征求意见的基础上，编制本规范。

本规范的主要技术内容是：1 总则；2 术语；3 基本规定；4 规划与建筑设计；5 技术集成设计；6 施工与验收；7 运行维护及性能评价。

本规范由住房和城乡建设部负责管理，由中国建筑设计研究院负责具体技术内容的解释。执行过程中如有意见或建议，请寄送中国建筑设计研究院国家住宅工程中心（地址：北京市西城区车公庄大街 19 号，邮编：100044）。

本 规 范 主 编 单 位：中国建筑设计研究院
　　　　　　　　　　　山东建筑大学

本 规 范 参 编 单 位：中国建筑西南设计研究院
　　　　　　　　　　　国家住宅与居住环境工程
　　　　　　　　　　　技术研究中心
　　　　　　　　　　　中国建筑标准设计研究院
　　　　　　　　　　　甘肃自然能源研究所
　　　　　　　　　　　大连理工大学

天津大学
国家太阳能热水器质量监督检验中心（北京）
中国可再生能源学会太阳能建筑专业委员会
深圳华森建筑与工程设计咨询顾问有限公司
上海中森建筑与工程设计顾问有限公司
昆明新元阳光科技有限公司

本规范主要起草人员：仲继寿　张　磊　王崇杰
　　　　　　　　　　　薛一冰　冯　雅　喜文华
　　　　　　　　　　　陈　滨　张树君　王立雄
　　　　　　　　　　　鞠晓磊　刘叶瑞　何　涛
　　　　　　　　　　　曾　雁　管振忠　高庆龙
　　　　　　　　　　　刘　鸣　朱佳音　杨倩苗
　　　　　　　　　　　徐　丹　朱培世　郝睿敏
　　　　　　　　　　　梁咏华　鲁永飞

本规范主要审查人员：孙克放　薛　峰　黄　汇
　　　　　　　　　　　陈衍庆　刘加平　杨西伟
　　　　　　　　　　　袁　镔　曾　捷　张伯仑

# 目 次

# Contents

# 1 总 则

**1.0.1** 为在建筑中充分利用太阳能，推广和应用被动式太阳能建筑技术，规范被动式太阳能建筑设计、施工、验收、运行和维护，保证工程质量，制定本规范。

**1.0.2** 本规范适用于新建、扩建、改建被动式太阳能建筑的设计、施工、验收、运行和维护。

**1.0.3** 被动式太阳能建筑设计，应充分考虑环境因素和建筑的使用特性，满足建筑的功能要求，实现其环境效益、经济效益和社会效益。

**1.0.4** 被动式太阳能建筑设计、施工、验收、运行和维护除应符合本规范外，尚应符合国家现行有关标准的规定。

# 2 术 语

**2.0.1** 被动式太阳能建筑 passive solar building

不借助机械装置，冬季直接利用太阳能进行采暖、夏季采用遮阳散热的房屋。

**2.0.2** 直接受益式 direct gain

太阳辐射直接通过玻璃或其他透光材料进入需采暖的房间的采暖方式。

**2.0.3** 集热蓄热墙式 thermal storage wall

利用建筑南向垂直的集热蓄热墙面吸收穿过玻璃或其他透光材料的太阳辐射热，然后通过传导、辐射及对流的方式将热量送到室内的采暖方式。

**2.0.4** 附加阳光间 attached sunspace

在建筑的南侧采用玻璃等透光材料建造的能够封闭的空间，空间内的温度会因温室效应而升高。该空间既可以对建筑的房间提供热量，又可以作为一个缓冲区，减少房间的热损失。

**2.0.5** 蓄热屋顶 thermal storage roof

利用设置在建筑屋面上的集热蓄热材料，白天吸热，晚上通过顶棚向室内放热的屋顶。

**2.0.6** 对流环路式 convective loop

在被动式太阳能建筑南墙设置太阳能空气集热蓄热墙或空气集热器，利用在墙体上设置的上下通风口进行对流循环的采暖方式。

**2.0.7** 集热部件 thermal storage component

被动式太阳能建筑的直接受益窗、集热蓄热墙或附加阳光间等用来完成被动式太阳能采暖的集热功能设施或构件。

**2.0.8** 参照建筑 reference building

是与设计的被动式太阳能建筑同种类型、同样面积、符合当地现行节能设计标准热工参数规定的建筑，作为计算节能率和经济性的比较对象。

**2.0.9** 辅助热量 auxiliary heat

当被动式太阳能建筑的室内温度低于设计计算温度时，由辅助能源系统向房间提供的热量。

**2.0.10** 太阳能贡献率 energy saving fraction

太阳能建筑的供热负荷中，太阳能得热所占的百分率。

**2.0.11** 蓄热体 thermal mass

能够吸收和储存热量的密实材料。

**2.0.12** 南向辐射温差比 south radiation temperature difference ratio

南向垂直面的平均辐照度与室内外温差的比值。

# 3 基 本 规 定

**3.0.1** 被动式太阳能建筑设计应遵循因地制宜的原则，结合所在地区的气候特征、资源条件、技术水平、经济条件和建筑的使用功能等要素，选择适宜的被动式建筑技术。

**3.0.2** 被动式太阳能建筑围护结构的热工与节能设计，应符合现行国家标准《民用建筑热工设计规范》GB 50176 和国家现行有关建筑节能设计标准的规定。

**3.0.3** 当建筑仅采用被动式太阳能技术时，室内的温度和空气品质应满足人体健康及基本舒适度的要求。

**3.0.4** 被动式太阳能采暖气候分区可按表 3.0.4 划分为四个气候区。

**表 3.0.4 被动式太阳能采暖气候分区**

| 被动太阳能采暖气候分区 | | 南向辐射温差比 ITR [W/(m²·℃)] | 南向垂直面太阳辐照度 I(W/m²) | 典型城市 |
|---|---|---|---|---|
| 最佳气候区 | A区 (SHIa) | ITR≥8 | I≥160 | 拉萨，日喀则，稻城，小金，理塘，得荣，昌都，巴塘 |
| | B区 (SHIb) | ITR≥8 | 160>I≥60 | 昆明，大理，西昌，会理，木里，林芝，马尔康，九龙，道孚，德格 |
| 适宜气候区 | A区 (SHIIa) | 6≤ITR<8 | I≥120 | 西宁，银川，格尔木，哈密，民勤，敦煌，甘孜，松潘，阿坝，若尔盖 |
| | B区 (SHIIb) | 6≤ITR<8 | 120>I≥60 | 康定，阳泉，昭觉，昭通 |
| | C区 (SHIIc) | 4≤ITR<4 | I≥60 | 北京，天津，石家庄，太原，呼和浩特，长春，上海，济南，西安，兰州，青岛，郑州，长春，张家口，吐鲁番，安康，伊宁，民和，大同，锦州，保定，承德，唐山，大连，洛阳，日照，徐州，宝鸡，开封，玉树，齐齐哈尔 |
| 一般气候区 (SHIII) | | 3≤ITR<4 | I>60 | 乌鲁木齐，沈阳，吉林，武汉，长沙，南京，杭州，合肥，南昌，延安，商丘，邢台，淄博，泰安，海拉尔，克拉玛依，鹤岗，天水，安阳，通化 |

续表 3.0.4

| 被动太阳能采暖气候分区 | 南向辐射温度差比 ITR [W/(m²·℃)] | 南向垂直面太阳辐照度 I(W/m²) | 典型城市 |
|---|---|---|---|
| 不宜气候区 (SHⅣ) | ITR≤3 | — | 成都，重庆，贵阳，绵阳，遂宁，南充，达县，泸州，南阳，遵义，岳阳，信阳，吉首，常德 |
| | — | I<60 | |

**3.0.5** 被动式降温气候分区可按表 3.0.5 划分为四个气候区。

表 3.0.5 被动式降温气候分区

| 被动降温气候分区 | | 7月平均气温 T(℃) | 7月平均相对湿度 φ(%) | 典型城市 |
|---|---|---|---|---|
| 最佳气候区 | A区 (CHⅠa) | T≥26 | φ<50 | 吐鲁番，若羌，克拉玛依，哈密，库尔勒 |
| | B区 (CHⅠb) | T≥26 | φ≥50 | 天津，石家庄，上海，南京，合肥，南昌，济南，郑州，武汉，长沙，广州，南宁，海口，重庆，西安，福州，杭州，桂林，香港，台北，澳门，珠海，常德，景德镇，宜昌，蚌埠，达县，信阳，驻马店，安康，南阳，济南，郑州，商丘，徐州，宜宾 |
| 适宜气候区 | A区 (CHⅡa) | 22<T<26 | φ<50 | 乌鲁木齐，敦煌，民勤，库车，喀什，和田，莎车，安西，民丰，阿勒泰 |
| | B区 (CHⅡb) | 22<T<26 | φ≥50 | 北京，太原，沈阳，长春，吉林，哈尔滨，成都，贵阳，兰州，银川，齐齐哈尔，汉中，宝鸡，西阳，雅安，承德，绥德，通辽，黔西，安达，延安，伊宁，西昌，天水 |
| 可利用气候区 (CHⅢ) | | 18<T≤22 | — | 昆明，呼和浩特，大同，盘县，毕节，张掖，会理，玉溪，小金，民和，敦化，昭通，巴塘，腾冲，昭觉 |
| 不需降温气候区 (CHⅣ) | | T≤18 | — | 拉萨，西宁，丽江，康定，林芝，日喀则，格尔木，马尔康，昌都，道孚，九龙，松潘，德格，甘孜，玉树，阿坝，稻城，红原，若尔盖，理塘，色达，石渠 |

**3.0.6** 被动式太阳能建筑设计应体现共享、平衡、集成的理念。规划、建筑、结构、暖通空调、电气与智能化、经济等各专业应紧密配合。

# 4 规划与建筑设计

## 4.1 一 般 规 定

**4.1.1** 被动式太阳能建筑规划、建筑设计前期，应对建设场地周边的环境和建筑使用功能等要素进行调研。

**4.1.2** 被动式太阳能建筑规划与设计应依据地理、气候等基本要素，结合工程性质和使用功能，满足被动式太阳能建筑的朝向、日照条件。

**4.1.3** 被动式太阳能建筑的集热部件和通风口等，应与建筑功能和造型有机结合，应有防风、雨、雪、雷电、沙尘等技术措施。

## 4.2 场地与规划

**4.2.1** 场地设计应充分利用场地地形、地表水体、植被和微气候等资源，或通过改造场地地形地貌，调节场地微气候。

**4.2.2** 以采暖为主地区的被动式太阳能建筑规划应符合下列规定：

　　**1** 当仅采用被动式太阳能集热部件供暖时，集热部件在冬至日应有 4h 以上日照；

　　**2** 宜在建筑冬季主导风向一侧设置挡风屏障。

**4.2.3** 以降温为主地区的被动式太阳能建筑规划应符合下列规定：

　　**1** 建筑应朝向夏季主导风向，充分利用自然通风；

　　**2** 应利用道路、景观通廊等措施引导夏季通风，满足夏季被动式降温的要求。

## 4.3 形体、空间与围护结构

**4.3.1** 建筑形体宜规整，体形系数应符合国家现行建筑节能设计标准的规定。

**4.3.2** 建筑的主要朝向宜为南向或南偏东至南偏西不大于 30°范围内。

**4.3.3** 建筑南向采光房间的进深不宜大于窗上口至地面距离的 2 倍，双侧采光房间的进深不宜大于窗上口至地面距离的 4 倍。

**4.3.4** 建筑设计应对平面功能进行合理分区。以采暖为主地区的建筑主要房间宜避开冬季主导风向，对热环境要求较高的房间宜布置在南侧。

**4.3.5** 以采暖为主的地区，建筑围护结构应符合下列规定：

　　**1** 外围护结构的保温性能不应低于所在地区的国家现行建筑节能设计标准的规定；

　　**2** 墙面、地面应选用蓄热材料；

**3** 在满足天然采光与室内热环境要求的前提下，应加大南向开窗面积，减少北向开窗面积；

**4** 建筑的主要出入口应设置防风门斗。

**4.3.6** 以降温为主的地区，建筑围护结构宜符合下列规定：

**1** 宜具有良好的隔热性能；

**2** 建筑在主导风向迎风面上的开窗面积不宜小于在背风面上的开窗面积；

**3** 在满足天然采光的前提下，受太阳直接辐射的建筑外窗宜设置外遮阳；

**4** 屋面宜采用架空隔热、植被绿化、被动蒸发等降温技术；

**5** 围护结构表面宜采用太阳吸收率小于 0.4 的饰面材料，外墙宜采用垂直绿化等隔热措施。

### 4.4 集热与蓄热

**4.4.1** 在以采暖为主的地区，建筑南向可根据需要，选择直接受益窗、集热蓄热墙、附加阳光间、对流环路等集热装置。

**4.4.2** 采取直接受益窗时，应根据其面积、玻璃层数、传热系数和空气渗透系数等参数确定房间的集热量。

**4.4.3** 采取集热蓄热墙时，应根据其集热面积、空腔厚度、蓄热性能、进出风口大小等参数确定房间的集热量，并应采取夏季通风降温措施。

**4.4.4** 蓄热材料应根据需要，因地制宜地选用砖、石、混凝土等重质材料及水体、相变材料等。

**4.4.5** 蓄热体的设置方式、位置、厚度和面积应根据建筑采暖或降温的要求确定。

**4.4.6** 蓄热体宜与建筑构件相结合，并应布置在阳光直射且有利于蓄热换热的部位。

### 4.5 通风降温与遮阳

**4.5.1** 附加阳光间宜与走廊、阳台、露台、温室等功能空间结合设计，并应采取夏季通风降温措施。

**4.5.2** 建筑设计宜设置天井、中庭等垂直公用空间。当利用垂直公用空间的通风降温效果不能满足要求时，宜采用通风道等其他措施。

**4.5.3** 直接受益窗、附加阳光间应设置夏季遮阳和避免眩光的装置。

**4.5.4** 建筑遮阳应优先采用活动外遮阳。

**4.5.5** 固定式水平遮阳设施的设置不应影响室内冬季日照的要求。

**4.5.6** 建筑南墙面和山墙面宜采用植被遮阳。

**4.5.7** 建筑南侧场地宜种植枝少叶茂的落叶乔木。

### 4.6 建筑构造

**4.6.1** 建筑外门窗的气密性等级应符合国家现行建筑节能设计标准的规定。以采暖为主的地区，窗户宜加装活动保温装置。

**4.6.2** 采暖为主地区的建筑，应减少建筑构配件、窗框、窗扇等设施对南向集热窗的遮挡。

**4.6.3** 当采用辅助能源系统时，建筑设计应为设备的布置、安装和维护提供条件。多层、高层建筑应考虑集热装置、构件的更换和清洁。

### 4.7 建筑设计评估

**4.7.1** 被动式太阳能建筑设计应进行评估，且应符合下列规定：

**1** 在被动式太阳能建筑方案设计阶段，应对被动式太阳能建筑运行效果进行预评估；

**2** 在被动式太阳能建筑扩初设计文件中，应对被动式太阳能建筑规划要求和选用技术进行专项说明；

**3** 在被动式太阳能建筑施工图设计阶段，应对建筑耗热量指标进行评估，并应对需要的辅助热源系统进行优化设计；

**4** 在施工图设计文件中，应对被动式太阳能建筑设计、施工与验收、运行与维护等技术要求进行专项说明；

**5** 在建筑运行一年后，应对建筑能耗、运行成本、回收年限、节能率以及太阳能贡献率等进行技术经济性能评价。

**4.7.2** 对于被动式太阳能建筑的综合节能效果，居住建筑应高于国家现行居住建筑节能设计标准的规定；公共建筑应高于现行国家标准《公共建筑节能设计标准》GB 50189 的规定。被动式太阳能建筑的太阳能贡献率应按本规范附录 A～附录 D 估算，并宜符合表 4.7.2 的规定。

**表 4.7.2 被动式太阳能建筑的太阳能贡献率**

| 被动式太阳能采暖气候分区 | | 典型城市 | 太阳能贡献率 | |
|---|---|---|---|---|
| | | | 室内设计温度 13℃ | 室内设计温度 16℃～18℃ |
| 最佳气候区 | A区(SHⅠa) | 西藏的拉萨及山南地区 | ≥65% | 45%～50% |
| | B区(SHⅠb) | 昆明 | ≥90% | 60%～80% |
| 适宜气候区 | A区(SHⅡa) | 兰州、北京、呼和浩特、乌鲁木齐 | ≥35% | 20%～30% |
| | B区(SHⅡb) | 石家庄、济南 | ≥40% | 25%～35% |
| 可利用气候区(SHⅢ) | | 长春、沈阳、哈尔滨 | ≥30% | 20%～25% |
| 一般气候区(SHⅣ) | | 西安、郑州、杭州、上海、南京、福州、武汉、合肥、南宁 | ≥25% | 15%～20% |
| 不利气候区(SHⅤ) | | 贵阳、重庆、成都、长沙 | ≥20% | 10%～15% |

注：当同时采用主被动式采暖措施时，室内设计温度取16℃～18℃，太阳能贡献率限值对应其室内设计温度的取值。

**4.7.3** 冬季被动式太阳能采暖的室内计算温度宜大于 13℃；夏季被动式降温的室内计算温度宜为 29℃ ～31℃，高温高湿地区取值宜低于 29℃。

# 5 技术集成设计

## 5.1 一般规定

**5.1.1** 被动式太阳能供暖和降温设施，应结合建筑形式综合考虑冬季采暖和夏季降温的技术措施，减少设施在冬季的热量损失和冷风渗透以及夏季向室内的传热。

**5.1.2** 被动式太阳能建筑设计不能满足建筑基本热舒适度要求时，应设置其他辅助供暖或制冷系统，辅助系统设计应与被动式太阳能建筑设计同步进行。

## 5.2 采 暖

**5.2.1** 建筑采暖方式应根据采暖气候分区、太阳能利用效率和房间热环境设计指标，按表 5.2.1 进行选用。

**表 5.2.1 建筑采暖方式**

| 被动式太阳能建筑采暖气候分区 | | 推荐选用的单项或组合采暖方式 |
|---|---|---|
| 最佳气候区 | 最佳气候 A 区 | 集热蓄热墙式、附加阳光间式、直接受益式、对流环路式、蓄热屋顶式 |
| | 最佳气候 B 区 | 集热蓄热墙式、附加阳光间式、对流环路式、蓄热屋顶式 |
| 适宜气候区 | 适宜气候 A 区 | 直接受益式、集热蓄热墙式、附加阳光间式、蓄热屋顶式 |
| | 适宜气候 B 区 | 集热蓄热墙式、附加阳光间式、直接受益式、蓄热屋顶式 |
| | 适宜气候 C 区 | 集热蓄热墙式、附加阳光间式、蓄热屋顶式 |
| 可利用气候区 | | 集热蓄热墙式、附加阳光间式、蓄热屋顶式 |
| 一般气候区 | | 直接受益式、附加阳光间式 |

**5.2.2** 采暖方式应根据建筑结构、房间使用性质、造价，选择适宜的单项或组合采暖方式。以白天使用为主的房间，宜选用直接受益窗式或附加阳光间式；以夜间使用为主的房间，宜选用具有较大蓄热能力的集热蓄热墙式和蓄热屋顶式。

**5.2.3** 直接受益窗设计应符合下列规定：

　　**1** 应对建筑的得热与失热进行热工计算，合理确定窗洞口面积，南向集热窗的窗墙面积宜为 50%；

　　**2** 窗户的热工性能应优于国家现行有关建筑节能设计标准的规定。

**5.2.4** 集热蓄热墙设计应符合下列规定：

　　**1** 集热蓄热墙的组成材料应有较大的热容量和导热系数，并应确定其合理厚度；

　　**2** 集热蓄热墙向阳面外侧应安装玻璃或透明材料，并应与集热蓄热墙向阳面保持 100mm 以上的距离；

　　**3** 集热蓄热墙向阳面应选择太阳辐射吸收系数大、耐久性能强的表面涂层进行涂覆；

　　**4** 透光和保温装置的外露边框构造应坚固耐用、密封性好；

　　**5** 应根据建筑热工计算或南墙条件确定集热蓄热墙的形式和面积；

　　**6** 集热蓄热墙应设置对流风口，对流风口上应设置可自动或者便于关闭的保温风门，并宜设置风门逆止阀；

　　**7** 宜利用建筑结构构件作为集热蓄热体；

　　**8** 应设置防止夏季室内过热的排气口。

**5.2.5** 附加阳光间设计应符合下列规定：

　　**1** 附加阳光间应设置在南向或南偏东至南偏西夹角不大于 30°范围内的墙外侧；

　　**2** 附加阳光间与采暖房间之间公共墙上的开孔位置应有利于空气热循环，并应方便开启和严密关闭，开孔率宜大于 15%；

　　**3** 采光窗宜设置活动遮阳设施；

　　**4** 附加阳光间内地面和墙面宜采用深色表面；

　　**5** 应合理确定透光盖板的层数，并应设置夜间保温措施；

　　**6** 附加阳光间应设置夏季降温用排风口。

**5.2.6** 蓄热屋顶设计应符合下列规定：

　　**1** 蓄热屋顶保温盖板宜采用轻质、防水、耐候性强的保温构件；

　　**2** 蓄热屋顶盖板应根据房间温度、蓄热介质（水等）温度和室外太阳辐射照度进行灵活调节和启闭；

　　**3** 保温板下方放置蓄热体的空间净高宜为 200mm～300mm；

　　**4** 蓄热屋顶应有良好的保温性能，并应符合国家现行有关建筑节能设计标准的规定。

**5.2.7** 对流环路设计应符合下列规定：

　　**1** 集热器安装位置应低于蓄热体，集热器背面应设置保温材料；

　　**2** 蓄热材料应选用重质材料，蓄热体接受集热器空气流的表面面积宜为集热器面积的 50%～75%；

　　**3** 集热器应设置防止空气反向流动的逆止风门。

**5.2.8** 蓄热体设计应符合下列规定：

　　**1** 应采用能抑制室温波动、成本低、比热容大、性能稳定、无毒、无害、吸热放热能力强的材料作为建筑蓄热体；

　　**2** 蓄热体应布置在能直接接收阳光照射的位置，蓄热地面、墙面内表面不宜铺设地毯、挂毯等隔热材料；

**3** 蓄热体的厚度和质量应根据建筑整体的热平衡计算确定；蓄热体的面积宜为集热面积的（3～5）倍。

### 5.3 通　风

**5.3.1** 应组织好建筑的自然通风。宜采用可开启的外窗作为自然通风的进风口和排风口，或专设自然通风的进风口和排风口。

**5.3.2** 自然通风口应设置可开启、关闭装置。应按空调和采暖季节卫生通风的要求设置卫生通风口或进行机械通风。卫生通风应有防雨、隔声、防水、防虫的功能，其净面积（$S_f$）应满足下式要求：

$$S_f \geq 0.0016S \qquad (5.3.2)$$

式中：$S_f$——卫生通风口净面积（$m^2$）；
　　　$S$——该房间的地板净面积（$m^2$）。

### 5.4 降　温

**5.4.1** 应控制室内热源散热。室内热源散热量大的房间应设置隔热性能良好的门窗，房间内产生的废热应能直接排放到室外。

**5.4.2** 建筑外窗不宜采用两层通窗和天窗。

**5.4.3** 夏热冬冷、夏热冬暖、温和地区的建筑屋面宜采用浅色面层，采用植被屋面或蒸发冷却屋面时，应设置被动蒸发冷却屋面的液态物质补给装置和清洁装置。

**5.4.4** 夏热冬冷、夏热冬暖、温和地区的建筑外墙外饰面层宜采用浅色材料，并辅助外遮阳及绿化等隔热措施，外饰面材料太阳吸收率宜小于 0.4。

**5.4.5** 建筑遮阳应综合考虑地区气候特征、经济技术条件、房间使用功能等因素，在满足建筑夏季遮阳、冬季阳光入射、自然通风、采光、视野等要求的情况下，确定遮阳形式和措施。

**5.4.6** 夏季室外计算湿球温度较低、日间温差较大的干热地区，应采用被动蒸发冷却降温方式。

**5.4.7** 应优先采用能产生穿堂风、烟囱效应和风塔效应的建筑形式，合理组织被动式通风降温。

## 6　施工与验收

### 6.1 一般规定

**6.1.1** 被动式太阳能建筑验收应符合现行国家标准《建筑节能工程施工质量验收规范》GB 50411 的规定。

**6.1.2** 被动式太阳能建筑应进行专项验收。

### 6.2 施　工

**6.2.1** 建筑施工及设备安装不得破坏建筑的结构、屋面防水层、建筑保温和附属设施，不得削弱建筑在寿命期内承受荷载作用的能力。

**6.2.2** 被动式太阳能建筑施工前，应编制详细的施工组织方案。太阳能系统及装置安装应与建筑主体结构施工、其他设备安装、装饰装修等相配合。

**6.2.3** 被动式太阳能建筑施工应做好细部处理，并应做好密封和防水等。

**6.2.4** 被动式太阳能集热部件的安装应符合下列规定：

**1** 安装直接受益窗、集热器等部件时，应对预埋件、连接件进行防腐处理；

**2** 边框与墙体间缝隙应用密封胶填嵌饱满密实，表面应平整光滑、无裂缝，填塞材料及方法应符合设计要求。

**6.2.5** 被动式太阳能建筑构造施工应符合下列规定：

**1** 围护结构周边热桥部位应采取保温措施；

**2** 地面应选用蓄热性能较好的材料，宜设置防潮层。

### 6.3 验　收

**6.3.1** 被动式太阳能建筑工程验收应符合下列规定：

**1** 被动式太阳能建筑屋面应符合现行国家标准《屋面工程质量验收规范》GB 50207 的有关规定；

**2** 保温门的内装保温材料应填充密实，性能应满足设计要求，门与门框间应加设密封条；

**3** 在结构墙体开洞时，开洞位置和洞口截面大小应满足结构抗震及受力的要求；

**4** 墙面留洞的位置、大小及数量应符合设计要求；应按图纸设计逐个检查核对墙体上洞口的尺寸大小、数量及位置的准确性，洞边框正侧面垂直度允许偏差不应大于 1.5mm，框的对角线长度差不宜大于 1mm；洞口及墙洞内抹灰应平直光滑，洞内宜刷深色（无光）漆；

**5** 热桥部位应按设计要求采取隔断热桥的措施。

**6.3.2** 应在工程移交用户前、分项工程验收合格后进行系统调试和竣工验收，并应提交包括系统热性能在内的检验记录。

## 7　运行维护及性能评价

### 7.1 一般规定

**7.1.1** 设计单位应编制被动式太阳能建筑用户使用手册。

**7.1.2** 被动式太阳能建筑应按建筑类型，分类制定相应的维护管理措施。

**7.1.3** 被动式太阳能建筑节能、环保效益的分析评定指标应包括系统的年节能量、年节能费用、费效比、回收年限和温室气体减排量。

## 7.2 运行与管理

**7.2.1** 对被动式太阳能建筑系统和装置应定期检查维护，并应符合下列规定：

**1** 对附加阳光间或集热部件的密封性能应进行定期检查，对流环路系统和蓄热屋顶系统的上下通风孔应保持畅通，并应确保开闭设施能够正常使用；

**2** 蓄热地面不应有影响蓄热性能的覆盖物；

**3** 应确保通风换气设施的正常使用，气流通道上不得覆盖障碍物；

**4** 对于安装有可调节天窗、移动式遮阳或保温设施的建筑，应对调节装置、移动轨道和限位机构等进行定期的检查和维护；

**5** 应对集热装置、蓄热装置定期进行系统检查、清洁与更换；

**6** 应对蓄热屋顶的蓄热水箱、屋面、保温盖板等做定期的防水、防破损检修，并应定期补充和更新蓄热介质（水等）。

## 7.3 性 能 评 价

**7.3.1** 应对被动式太阳能建筑的建造、运行成本和投资回收年限及对环境的影响进行评价。建造与运行成本应按本规范附录E估算，投资回收年限应按本规范附录F估算。

## 附录A 全国主要城市平均日照时数

**表A 全国主要城市平均日照时数（h）**

| 城市 | 月 份 | | | | | | | | | | | | |
|---|---|---|---|---|---|---|---|---|---|---|---|---|---|
| | 1 | 2 | 3 | 4 | 5 | 6 | 7 | 8 | 9 | 10 | 11 | 12 | 全年 |
| 北 京 | 210.3 | 160.2 | 270.8 | 254.9 | 261.2 | 231.7 | 200.5 | 185.4 | 192.3 | 216.3 | 192.7 | 199.8 | 2576.1 |
| 天 津 | 178.4 | 132.3 | 244.3 | 219.5 | 237.8 | 229.1 | 183.4 | 148.9 | 199.3 | 215.9 | 174.4 | 184.9 | 2348.2 |
| 石家庄 | 168.4 | 98.5 | 266 | 250.1 | 247.8 | 203.5 | 144.9 | 170.4 | 168 | 189.9 | 195.4 | 171.2 | 2274.1 |
| 太 原 | 157.4 | 147.4 | 256.7 | 277.9 | 271.1 | 254.2 | 251.5 | 243.8 | 166.1 | 190.6 | 220.7 | 183.5 | 2620.9 |
| 呼和浩特 | 121.6 | 151.9 | 285.2 | 279.1 | 313.1 | 300.3 | 276.9 | 236.4 | 235 | 233 | 209 | 175.3 | 2816.8 |
| 沈 阳 | 148.8 | 169.5 | 263.1 | 211.3 | 252 | 140.6 | 166.7 | 146.5 | 234.3 | 220.6 | 172 | 163.5 | 2249.9 |
| 大 连 | 228.2 | 198.2 | 269.6 | 247 | 286.6 | 204.2 | 204.4 | 228.6 | 235.7 | 253.4 | 195.8 | 166.6 | 2749.7 |
| 长 春 | 154.9 | 196.5 | 238.3 | 204.2 | 228.9 | 151 | 147.1 | 188 | 241.3 | 221.5 | 190.6 | 161.9 | 2324.4 |
| 哈尔滨 | 77.5 | 148.5 | 245.4 | 213.7 | 234.7 | 155.1 | 201.8 | 212.3 | 215.4 | 159.7 | 107.9 | | 2134 |
| 上 海 | 113.9 | 83 | 170.2 | 195.3 | 176 | 201.5 | 154.9 | 161.4 | 164.7 | 159.5 | 112.6 | 135.5 | 1829 |
| 南 京 | 130 | 98.3 | 202.1 | 234.9 | 184.5 | 211.1 | 195.7 | 145.2 | 151 | 161.6 | 106.6 | 146.7 | 1937.5 |
| 杭 州 | 92.4 | 56.4 | 161.3 | 200.2 | 124 | 216.4 | 180 | 156.4 | 197 | 132.9 | 102.6 | 141.8 | 1762.2 |
| 合 肥 | 98.2 | 75.2 | 184.6 | 219.2 | 194.6 | 214 | 191.4 | 141 | 156 | 95.3 | 134.3 | | 1834.1 |
| 福 州 | 74.4 | 34.1 | 100.3 | 137.9 | 66.8 | 123.8 | 246.5 | 154.4 | 174.8 | 120.2 | 111.1 | 124.9 | 1469.2 |
| 南 昌 | 43.7 | 51.6 | 109.2 | 200 | 109.9 | 183.4 | 274.3 | 222.7 | 214.7 | 165 | 86.8 | 136.2 | 1794.5 |

## 续表A

| 城市 | 月 份 | | | | | | | | | | | | |
|---|---|---|---|---|---|---|---|---|---|---|---|---|---|
| | 1 | 2 | 3 | 4 | 5 | 6 | 7 | 8 | 9 | 10 | 11 | 12 | 全年 |
| 济 南 | 197.7 | 115.5 | 219.6 | 249.1 | 286.5 | 254.1 | 159.3 | 185.7 | 139.9 | 194.4 | 183.9 | 183.8 | 2369.5 |
| 青 岛 | 201.8 | 151.9 | 235.4 | 256.6 | 278.8 | 209.2 | 160.9 | 165.3 | 138.1 | 210.7 | 174.5 | 171.9 | 2355.1 |
| 武 汉 | 110.4 | 51.3 | 149.5 | 212.4 | 170.3 | 177.5 | 233.8 | 173 | 167.4 | 139.6 | 110.2 | 134.3 | 1829.7 |
| 郑 州 | 83.8 | 79.5 | 181.5 | 227.8 | 186.6 | 201.5 | 78.7 | 139.8 | 125.4 | 147.5 | 146.9 | 141.9 | 1740.9 |
| 广 州 | 83.9 | 16 | 52.8 | 44.3 | 72.6 | 61 | 175.3 | 147.6 | 146.7 | 210.6 | 145.7 | 131.9 | 1288.5 |
| 长 沙 | 26.8 | 38.1 | 80.6 | 158.4 | 80 | 149 | 249.4 | 181.6 | 144 | 116.9 | 91.6 | 106.7 | 1423.1 |
| 南 宁 | 33.4 | 19.7 | 44 | 92.4 | 189.6 | 84.9 | 231.4 | 171 | 164 | 170.6 | 121.7 | 100.8 | 1423.2 |
| 海 口 | 88.4 | 103.6 | 104.2 | 138.6 | 232 | 165.3 | 228.4 | 225.5 | 180.5 | 180.4 | 132.9 | 60.7 | 1840.5 |
| 桂 林 | 37 | 17.1 | 33.6 | 109.3 | 143 | 80.4 | 246.9 | 202.4 | 182.4 | 111.4 | 101.6 | 102.6 | 1466.8 |
| 重 庆 | 12.2 | 29.7 | 62.3 | 125.1 | 80.6 | 118.3 | 179.4 | 97.2 | 171 | 17.9 | 5.9 | 4.3 | 903.9 |
| 温 江 | 30.7 | 26.5 | 78.2 | 111.9 | 94.7 | 118 | 94.5 | 77.3 | 70.7 | 32.8 | 30.1 | 29.7 | 777 |
| 贵 阳 | 25.5 | 51 | 39.2 | 117.5 | 106.4 | 97.2 | 188.9 | 97.7 | 145.9 | 76.1 | 49.4 | 9.3 | 1004.1 |
| 昆 明 | 216.4 | 244.7 | 188 | 238 | 280.4 | 105.5 | 109.6 | 95 | 114.4 | 129.7 | 181.4 | 149.6 | 2054.3 |
| 拉 萨 | 237.6 | 208.2 | 253.6 | 267.7 | 273.9 | 291.7 | 263.3 | 206.4 | 277.8 | 267.3 | 284.7 | 267.8 | 3100 |
| 西 安 | 82.3 | 76.9 | 198.2 | 228.9 | 207.8 | 253 | 190.6 | 143.3 | 131.9 | 131 | 129.2 | 154.5 | 1949.4 |
| 兰 州 | 185.9 | 180.8 | 201.5 | 235.7 | 251.5 | 260 | 221.6 | 215 | 163.8 | 167.9 | 184.1 | 202.1 | 2469.9 |
| 西 宁 | 186.2 | 188.2 | 189.5 | 253.6 | 252 | 261.1 | 198.4 | 198.6 | 153.9 | 161.9 | 207 | 220 | 2477.5 |
| 银 川 | 165.2 | 171.6 | 262 | 273.7 | 282.2 | 293.3 | 262.7 | 253.9 | 216.4 | 225.1 | 214.2 | 193.1 | 2813.4 |
| 乌鲁木齐 | 40 | 88.5 | 204.7 | 294 | 311.4 | 334.8 | 289.8 | 270.2 | 285.3 | 225.6 | 109.6 | 74.8 | 2528.7 |

注：本表引自《中国统计年鉴数据库》（2005年版）。

## 附录B 全国部分代表性城市 采暖期日照保证率

**表B 全国部分代表性城市采暖期日照保证率（％）**

| 城 市 | 月 份 | | | | |
|---|---|---|---|---|---|
| | 11 | 12 | 1 | 2 | 3 |
| 北 京 | 26.76 | 27.75 | 29.21 | 22.25 | 37.61 |
| 天 津 | 24.22 | 25.68 | 24.78 | 18.38 | 33.93 |
| 石家庄 | 27.14 | 23.78 | 23.39 | 13.68 | 36.94 |
| 太 原 | 30.65 | 25.49 | 21.86 | 20.47 | 35.65 |
| 呼和浩特 | 29.03 | 24.35 | 16.89 | 21.10 | 39.61 |
| 沈 阳 | 24.00 | 22.71 | 20.67 | 23.54 | 36.54 |
| 大 连 | 27.19 | 23.14 | 31.69 | 27.53 | 37.44 |
| 长 春 | 26.47 | 22.49 | 21.51 | 27.29 | 33.10 |
| 哈尔滨 | 22.18 | 14.99 | 10.76 | 20.63 | 34.08 |
| 上 海 | 15.64 | 18.82 | 15.52 | 11.53 | 23.64 |
| 南 京 | 14.81 | 20.38 | 18.06 | 13.65 | 28.07 |

**续表 B**

| 城市 | 11 | 12 | 1 | 2 | 3 |
|---|---|---|---|---|---|
| 杭　州 | 14.25 | 19.69 | 12.83 | 7.83 | 22.40 |
| 合　肥 | 13.24 | 18.65 | 13.64 | 10.44 | 25.64 |
| 福　州 | 15.43 | 17.35 | 10.33 | 4.74 | 13.93 |
| 南　昌 | 12.06 | 18.92 | 6.07 | 7.17 | 15.17 |
| 济　南 | 25.54 | 25.53 | 27.46 | 16.04 | 30.50 |
| 青　岛 | 24.24 | 23.88 | 28.03 | 21.10 | 32.69 |
| 郑　州 | 20.40 | 19.71 | 11.64 | 11.04 | 25.21 |
| 武　汉 | 15.31 | 18.65 |  | 7.13 | 20.76 |
| 长　沙 | 12.72 | 14.82 | 3.72 | 5.29 | 11.19 |
| 广　州 | 20.24 |  | 11.65 | 2.22 | 7.33 |
| 南　宁 | 16.90 | 14.00 | 4.64 | 2.74 | 6.11 |
| 海　口 | 18.46 | 8.43 | 12.28 | 14.39 | 14.47 |
| 桂　林 | 15.47 | 14.25 | 5.14 | 2.38 | 4.67 |
| 重　庆 | 0.82 | 0.60 | 1.69 | 4.13 | 8.65 |
| 温　江 | 4.18 | 4.13 | 4.26 | 3.68 | 10.86 |
| 贵　阳 | 6.86 | 1.29 | 3.54 | 7.08 | 5.44 |
| 昆　明 | 25.19 | 20.78 | 30.06 | 33.99 | 26.11 |
| 拉　萨 | 39.54 | 37.19 | 33.00 | 28.92 | 35.22 |
| 西　安 | 17.94 | 21.46 | 11.43 | 10.68 | 27.53 |
| 兰　州 | 25.57 | 28.07 | 25.82 | 25.11 | 27.99 |
| 西　宁 | 28.75 | 30.56 | 25.86 | 26.14 | 26.32 |
| 银　川 | 29.75 | 26.82 | 22.94 | 23.83 | 36.39 |
| 乌鲁木齐 | 15.22 | 10.39 | 5.56 | 12.29 | 28.43 |

注：本表根据附录 A 提供的日照时数计算得出。

**续表 C**

| 城市＼月份 | 1 | 2 | 3 | 4 | 5 | 6 | 7 | 8 | 9 | 10 | 11 | 12 |
|---|---|---|---|---|---|---|---|---|---|---|---|---|
| 乌鲁木齐 | 11.18 | 12.11 | 13.09 | 11.72 | 11.11 | 10.27 | 10.16 | 11.82 | 13.35 | 16.20 | 14.44 | 11.24 |
| 拉　萨 | 23.93 | 19.90 | 15.05 | 10.83 | 8.70 | 7.87 | 8.45 | 9.73 | 12.79 | 20.11 | 24.62 | 25.20 |
| 兰　州 | 9.77 | 11.68 | 10.91 | 10.37 | 9.17 | 8.87 | 8.22 | 9.23 | 9.72 | 11.83 | 11.03 | 9.27 |
| 郑　州 | 11.34 | 10.68 | 9.56 | 8.30 | 8.07 | 7.43 | 6.90 | 7.78 | 8.74 | 11.02 | 11.35 | 11.34 |
| 银　川 | 16.48 | 16.37 | 13.16 | 11.38 | 10.20 | 9.34 | 8.99 | 10.28 | 12.35 | 15.50 | 16.92 | 16.32 |
| 济　南 | 12.56 | 12.51 | 11.45 | 9.26 | 8.68 | 7.72 | 6.85 | 7.74 | 10.47 | 12.87 | 13.15 | 12.76 |
| 太　原 | 14.50 | 14.12 | 12.41 | 10.97 | 9.49 | 8.42 | 7.84 | 8.96 | 10.75 | 13.67 | 13.90 | 13.84 |
| 南　京 | 10.34 | 9.87 | 8.75 | 7.43 | 6.89 | 6.66 | 6.02 | 8.39 | 11.19 | 11.53 | 11.26 |  |
| 合　肥 | 9.94 | 8.95 | 8.15 | 7.04 | 6.92 | 7.04 | 7.56 | 7.98 | 10.61 | 10.10 |  |  |
| 上　海 | 9.95 | 9.20 | 8.17 | 7.06 | 6.94 | 6.94 | 7.98 | 7.99 | 10.01 | 10.69 | 10.47 |  |
| 成　都 | 5.30 | 6.48 | 6.70 | 6.66 | 6.73 | 6.13 | 5.44 | 5.15 | 5.03 |  |  |  |
| 汉　口 | 8.94 | 8.33 | 7.23 | 6.96 | 6.78 | 6.95 | 7.13 | 8.47 | 9.07 | 10.10 | 10.14 | 9.42 |
| 福　州 | 8.65 | 8.33 | 4.38 | 4.50 | 4.97 | 6.48 | 6.98 | 8.25 | 7.63 | 7.72 |  |  |
| 广　州 | 6.42 | 4.69 | 3.52 | 4.06 | 4.71 | 5.07 | 4.86 | 6.19 | 8.58 | 9.31 | 9.17 |  |
| 南　宁 | 5.57 | 4.28 | 4.28 | 4.21 | 4.37 | 6.44 | 4.39 | 6.92 | 7.04 | 7.88 | 7.55 |  |
| 贵　阳 | 3.91 | 5.23 | 5.33 | 4.86 | 5.19 | 5.83 | 7.31 | 6.31 | 5.09 | 4.40 | 6.23 | 4.68 |
| 海　口 | 6.37 |  |  |  |  |  | 5.49 | 6.32 | 7.47 | 6.63 | 7.11 |  |
| 石家庄 | 7.64 | 8.33 | 7.67 | 7.83 | 6.89 | 5.64 | 5.68 | 7.12 | 8.45 | 8.49 | 8.37 | 7.91 |
| 长　沙 | 4.20 | 4.28 | 4.46 | 4.44 | 4.46 | 5.31 | 6.22 | 6.67 | 6.48 | 6.83 |  |  |
| 南　昌 | 5.51 | 3.91 | 3.74 | 4.81 | 4.30 | 5.26 | 4.39 | 6.37 | 7.23 | 8.94 | 8.21 | 7.84 |
| 杭　州 | 7.23 | 7.33 | 5.24 | 5.06 | 5.37 | 7.55 | 8.48 | 10.12 |  |  |  |  |
| 西　宁 | 16.74 | 16.01 | 13.28 | 11.30 | 9.69 | 8.79 | 8.49 | 9.94 | 10.98 | 14.71 | 17.06 | 17.11 |

注：本表引自《中国建筑热环境分析专用气象数据集》。

# 附录 C　全国主要城市垂直南向面总日射月平均日辐照量

**表 C　全国主要城市垂直南向面总日射月平均日辐照量**

[MJ/(m² · d)]

| 城市＼月份 | 1 | 2 | 3 | 4 | 5 | 6 | 7 | 8 | 9 | 10 | 11 | 12 |
|---|---|---|---|---|---|---|---|---|---|---|---|---|
| 北　京 | 14.81 | 15.00 | 13.70 | 11.07 | 10.28 | 8.99 | 8.46 | 9.25 | 12.43 | 14.41 | 13.84 | 13.75 |
| 沈　阳 | 11.93 | 14.20 | 13.49 | 10.97 | 9.63 | 8.43 | 8.02 | 9.02 | 12.35 | 14.03 | 12.71 | 11.40 |
| 哈尔滨 | 12.63 | 14.00 | 13.33 | 10.84 | 9.40 | 9.08 | 9.62 | 12.26 | 13.73 | 7.35 | 11.12 |  |
| 长　春 | 14.80 | 15.83 | 14.13 | 11.01 | 9.61 | 8.92 | 8.19 | 9.11 | 12.69 | 14.30 | 14.01 | 12.97 |
| 西　安 | 9.18 | 8.89 | 8.34 | 7.79 | 7.49 | 7.61 | 7.36 | 8.59 | 7.70 | 8.84 | 9.12 | 9.00 |
| 呼和浩特 | 15.73 | 17.30 | 14.53 | 11.64 | 10.61 | 10.15 | 9.52 | 10.81 | 14.09 | 16.99 | 15.74 | 16.25 |

# 附录 D　被动式太阳能建筑太阳能贡献率计算方法

**D.0.1**　太阳能贡献率（$f$）应按下式计算：

$$f = \frac{Q_u}{q} \qquad (D.0.1)$$

式中：$Q_u$——采暖期单位建筑面积净太阳辐射得热量（MJ/m²）；

$q$——参照建筑的采暖期单位建筑耗热量（MJ/m²）。

**D.0.2**　采暖期单位建筑面积净太阳辐射得热量（$Q_u$）应按下式计算：

$$Q_u = \sum_i \eta_i I_i c_i \qquad (D.0.2)$$

式中：$\eta_i$——第 $i$ 个集热部件热效率（%）；

$I_i$——采暖期内投射在第 $i$ 个集热部件所在面上的总日射辐照量（MJ/m²）；

$c_i$——第 $i$ 个集热部件集热面积占总建筑面积的百分比（%）。

**D. 0. 3** 单位建筑面积耗热量（$q$）应按下式计算：

$$q = q_{HT} + q_{INF} - q_{IH} \qquad (D. 0. 3)$$

式中：$q_{HT}$——单位建筑面积通过围护结构的传热耗热量（W/m²）；

$q_{INF}$——单位建筑面积的空气渗透耗热量（W/m²）；

$q_{IH}$——单位建筑面积的建筑物内部，包括炊事、照明、家电和人体散热在内的得热量（W/m²），住宅取 3.8W/m²。

**D. 0. 4** 单位建筑面积围护结构的传热耗热量（$q_{HT}$）应按下式计算：

$$q_{HT} = (t_i - t_e) \times (\sum_{i=1}^{n} \xi_i K_i F_i)/A_0 \quad (D. 0. 4)$$

式中：$t_i$——室内设计温度（℃），根据是否采取主动采暖措施，选取 13℃ 或 16℃；

$t_e$——采暖期室外平均温度（℃）；

$A_0$——建筑面积（m²）；

$\xi_i$——围护结构传热系数的修正系数；

$K_i$——围护结构的平均传热系数［W/(m²·K)］；

$F_i$——围护结构的面积（m²）。

**D. 0. 5** 单位建筑面积的空气渗透耗热量应按下式计算：

$$q_{INF} = 0.278 c_p V \rho (t_i - t_e)/A_0 \qquad (D. 0. 5)$$

式中：$c_p$——干空气的定压质量比热容［kJ/(kg·℃)］，可取 1.0056kJ/(kg·℃)；

$\rho$——室外温度下的空气密度（kg/m³）；

$V$——渗透空气的体积流量（m³/h），可由建筑物换气次数与建筑总体积之乘积求得。

## 附录 E 被动式太阳能建筑建造与运行成本计算方法

**E. 0. 1** 建筑建造与运行成本（$LCC$）应按下式计算：

$$LCC = CF \cdot E_{LCE} \qquad (E. 0. 1)$$

式中：$CF$——常规能源价格（元/kWh）；

$E_{LCE}$——建筑建造与运营能耗（kWh）。

**E. 0. 2** 常规能源价格（$CF$）应按下式计算：

$$CF = CF'/(g \cdot E_{ff}) \qquad (E. 0. 2)$$

式中：$CF'$——常规燃料价格（元/kg），可取标准煤；

$g$——常规燃料发热量（kWh/kg），标煤发热量为 8.13kWh/kg；

$E_{ff}$——常规采暖设备的热效率（%）。

**E. 0. 3** 建筑建造与运行周期内，建材生产总能耗（$E_1$）应按下式计算：

$$E_1 = \sum_{i=1}^{n} \frac{L_b}{L_i} m_i (1 + w_i/100) M_i \quad (E. 0. 3)$$

式中：$n$——材料种类数；

$L_b$——建筑寿命（年）；

$L_i$——建筑材料的使用寿命（年）；

$m_i$——$i$ 材料的总使用量（t 或 m³）；

$w_i$——建造过程中 $i$ 材料的废弃比率（%）；

$M_i$——生产单位使用量 $i$ 材料的能耗（kWh/t 或 kWh/m³）。

**E. 0. 4** 建筑建造与运行周期内，运行能耗（$E_4$）应按下式计算：

$$E_4 = L_b E_a \qquad (E. 0. 4)$$

式中：$E_a$——全年采暖及空调能耗之和（kWh）。

## 附录 F 被动式太阳能建筑投资回收年限计算方法

**F. 0. 1** 回收年限（$n$）应按下式计算：

$$n = \frac{\ln[1 - PI(d - e)]}{\ln\left(\frac{1+e}{1+d}\right)} \qquad (F. 0. 1)$$

式中：$PI$——折现系数；

$d$——银行贷款利率（%）；

$e$——年燃料价格上涨率（%）。

**F. 0. 2** 折现系数（$PI$）应按下式计算：

$$PI = A/(\Delta Q_{aux,q} \cdot CF - A \cdot DJ) \quad (F. 0. 2)$$

式中：$A$——总增加投资（元）；

$\Delta Q_{aux,q}$——被动式太阳能建筑与参照建筑相比的节能量（kWh）；

$CF$——常规燃料价格（元/kWh）；

$DJ$——维修费用系数（%）。

**F. 0. 3** 常规能源价格应按本规范式（E. 0. 2）计算。

**F. 0. 4** 总增加投资（$A$）应按下式计算：

$$A = A_p - A_{ref} \qquad (F. 0. 4)$$

式中：$A_p$——被动式太阳能建筑的总初投资（元）；

$A_{ref}$——参照建筑初投资（元）。

## 本规范用词说明

**1** 为便于在执行本规范条文时区别对待，对要求严格程度不同的用词说明如下：

1）表示很严格，非这样做不可的：
正面词采用"必须"，反面词采用"严禁"；

2）表示严格，在正常情况下均应这样做的：
正面词采用"应"，反面词采用"不应"或"不得"；

3）表示允许稍有选择，在条件许可时首先应这样做的：

正面词采用"宜"，反面词采用"不宜"；

4）表示有选择，在一定条件下可以做的，采用"可"。

**2** 条文中指明应按其他有关标准执行的写法为："应符合……的规定"或"应按……执行"。

## 引用标准名录

**1** 《民用建筑热工设计规范》GB 50176

**2** 《公共建筑节能设计标准》GB 50189

**3** 《屋面工程质量验收规范》GB 50207

**4** 《建筑节能工程施工质量验收规范》GB 50411

中华人民共和国行业标准

# 被动式太阳能建筑技术规范

JGJ/T 267—2012

## 条 文 说 明

# 制 订 说 明

《被动式太阳能建筑技术规范》JGJ/T 267 - 2012，经住房和城乡建设部 2012 年 1 月 6 日以第 1238 号公告批准、发布。

本规范制订过程中，编制组进行了广泛的调查研究，总结了我国被动式太阳能建筑工程建设的实践经验，同时参考了国外先进技术法规、技术标准。

为便于广大设计、施工、科研、学校等单位有关人员在使用本规范时能正确理解和执行条文规定，《被动式太阳能建筑技术规范》编制组按章、节、条顺序编制了本规范的条文说明，对条文规定的目的、依据以及执行中需注意的有关事项进行了说明。但是，本条文说明不具备与规范正文同等的法律效力，仅供使用者作为理解和把握规范规定的参考。

# 目 次

# 1 总 则

**1.0.1** 被动式太阳能建筑像生态住宅、绿色建筑一样，是建筑理念或技术手段之一。被动式太阳能建筑的核心理念是被动技术在建筑中的应用。被动技术（passive techniques）强调直接利用阳光、风力、气温、湿度、地形、植物等场地自然条件，通过优化规划和建筑设计，实现建筑在非机械、不耗能或少耗能的运行方式下，全部或部分满足建筑采暖降温等要求，达到降低建筑使用能耗，提高室内环境性能的目的。被动式太阳能建筑技术通常包括天然采光，自然通风，围护结构的保温、隔热、遮阳、集热、蓄热等方式。与之对应的是主动技术（active techniques），是指通过采用消耗能源的机械系统，提高室内舒适度，通常包括以消耗能源为基础的机械方式满足建筑采暖、空调、通风等要求，当然也包括太阳能采暖、空调等主动太阳能利用技术。

我国正处于快速城镇化和大规模建设时期，在建筑的全生命周期内，推广被动式太阳能建筑理念和技术，对于节约资源和能源，实现与自然和谐共生具有重要意义。制定本规范的目的是引导人们从规划阶段入手，在建筑设计、施工、验收、运行和维护的过程中，充分利用太阳能，正确实施被动式太阳能建筑理念和技术，促进建筑的可持续发展。

**1.0.2** 本规范不仅适用于新建的被动式太阳能建筑，同时也适用于改建和扩建的被动式太阳能建筑，包括局部采用被动式太阳能技术的建筑。被动式太阳能建筑理念与既有建筑改造在节约资源、降低运行能耗、减少环境污染方面目的一致，在既有建筑改造中更应充分应用被动优先的建筑设计与运营理念。

**1.0.3** 被动式太阳能建筑的目标是在建筑全寿命周期内，适应地区气候特征，充分利用阳光、风力、地形、植被等场地自然条件，在满足建筑使用功能的同时，减少对自然环境的扰动，降低建筑运营对化石能源的需求，实现其经济效益、社会效益和环境效益。

**1.0.4** 符合国家现行法律法规与相关标准是被动式太阳能建筑的必要条件。本规范没有涵盖通常建筑物所应有的功能和性能要求，而是着重提出与被动技术应用相关的内容，主要包括规划与建筑设计、集热与降温设计、施工与验收、运行维护及性能评价等方面。因此，对建筑的基本要求，如结构安全、防火安全等重要要求未列入本规范，而由其他相关的国家现行标准进行规定。

# 2 术 语

**2.0.1** 被动式太阳能建筑是指通过建筑朝向的合理选择和周围环境的合理布置，内部空间和外部形体的巧妙

处理，以及建筑材料和结构、构造的恰当选择，使其在冬季能集取、蓄存并使用太阳能，从而解决建筑物的采暖问题；同时在夏季通过采取遮阳等措施又能遮蔽太阳辐射，及时地散出室内热量，从而解决建筑物的降温问题。其他的降温方式还有对流降温、辐射降温、蒸发降温和大地降温。

**2.0.2** 在北半球阳光通过南向窗玻璃直接进入房间，被室内地板、墙壁、家具等吸收后转变为热能，为房间供暖。直接受益式供热效率较高，缺点是晚上降温快，室内温度波动较大，对于仅需要白天供热的办公室、学校教室等比较适用，直接受益式太阳能建筑利用方式参见图1。

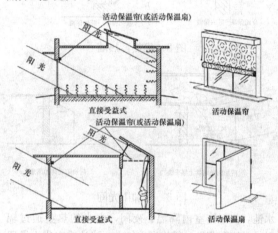

图 1 直接受益式太阳能建筑利用方式

**2.0.3** 集热蓄热墙又称特朗勃墙，在南向外墙除窗户以外的墙面上覆盖玻璃，墙表面涂成黑色，在墙的上下部位留有通风口，使热风自然对流循环，把热量交换到室内。一部分热量通过热传导传送到墙的内表面，然后以辐射和对流的形式向室内供热；另一部分热量加热玻璃与墙体间夹层内的空气，热空气由墙体上部的风口向室内供热。室内冷空气由墙体下部风口进入墙外的夹层，再由太阳加热进入室内，如此反复循环，向室内供热，集热蓄热墙参见图2。

**2.0.4** 阳光间附加在房间南侧，通过墙体将房间与阳光间隔开，墙上开有门窗。阳光间的南墙或屋面为玻璃或其他透明材料。阳光间受到太阳照射而升温，白天可向室内供热，晚间可作房间的保温层。东西朝向的阳光间提供的热量比南向少一些，且夏季西向阳光间会产生过热，因而不宜采用。北向虽不能提供太阳热能，但可获得介于室内与室外之间的温度，从而减少房间的热量损失。附加阳光间参见图3。

**2.0.5** 蓄热屋顶也称屋顶浅池，有两种应用方式。其中一种是在屋顶建造浅水池，利用浅水池集热蓄热，而后通过屋面板向室内传热；另一种是由充满水的黑色袋子"覆盖屋面"。冬季，它们受到太阳照射时，集取、储存太阳能，热量通过支撑它的金属顶棚，将热量辐射到房间；夏季，室内热量向上传递给

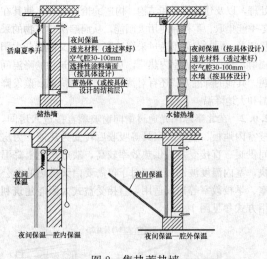

图 2 集热蓄热墙

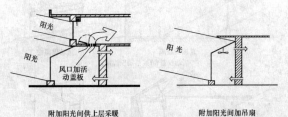

图 3 附加阳光间

水池，从而使室内降温。夜间，水中的热量通过辐射、对流和蒸发，释放到空气中。浅池或水袋上设置可移动的保温板，冬季白天开启，夜间关闭；夏季白天关闭，夜间开启，从而提高屋顶浅池的采暖降温性能。利用其他蓄热体也可达到同样的效果。蓄热屋顶参见图 4。

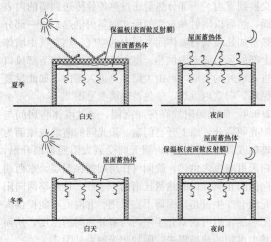

图 4 蓄热屋顶

**2.0.6** 对流环路式是唯一在无太阳照射时不损失热量的采暖方式。早期对流环路式是借助建筑地坪与室外地面的高差安装空气集热器并用风道与地面卵石床连通，卵石设在室内地坪以下，热空气加热卵石后借助风扇强制循环向室内供热。现在对流环路式是利用

南向外墙中的对流环路金属板（铁板、铝板）和保温材料，补充南向窗户直接提供太阳能的不足。对流环路板是一层或两层高透光率玻璃或阳光板，覆盖在一层黑色金属吸热板上，吸热板后面有保温层，墙上下部位开有通风孔。对流环路式参见图 5。

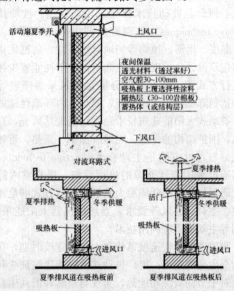

图 5 对流环路集热方式

**2.0.8** 参照建筑是指以设计的被动式太阳能建筑为原型，将设计建筑各项围护结构的传热系数改为符合当地建筑节能设计标准的限值，窗墙比改为符合本规范推荐值的虚拟建筑，计算所得的建筑物耗热量指标，即参照建筑耗热量指标，作为设计的被动式太阳能建筑的耗热量指标下限值。设计建筑的实际耗热量指标，应在满足至少小于参照建筑耗热量指标的基础上，同时满足被动式太阳能采暖气候分区所对应的太阳能贡献率下限值时，才可判定为被动式太阳能建筑设计。

**2.0.9** 由于太阳辐射存在较大的间歇性和不稳定性，所以必须设置辅助能源系统以提供能量补充。

**2.0.10** 太阳能贡献率是分析被动式太阳能利用经济效益的重要指标之一。它是指被动式太阳能贡献的能量与总能量消耗及占用量之比，即产出量与投入量之比，或所得量与所费量之比。计算公式为，太阳能贡献率（%）＝贡献量（产出量，所得量）/投入量（消耗量，占用量）×100%

**2.0.12** 南向辐射温差比是衡量南向窗太阳辐射得热和因室内外温度差失热平衡关系的指标。

## 3 基 本 规 定

**3.0.1** 被动式太阳能建筑设计应因地制宜，遵循适用、坚固、经济的原则。并应注意建筑造型美观大方，符合地域文化特点，与周围建筑群体相协调，同时必须兼顾所在地区气候、资源、生态环境、经济水

平等因素，合理地选择被动式采暖与降温技术。

**3.0.2** 本条文的目的是要求被动式太阳能建筑必须是节能建筑，相应被动式太阳能建筑围护结构的热工与节能设计，必须符合《民用建筑热工设计规范》GB 50176 建筑热工设计分区中所在气候区国家和地方建筑节能设计标准和实施细则的要求。

**3.0.3** 被动式太阳能建筑应符合现行国家标准《室内空气质量标准》GB/T 18883 的相应规定。被动式太阳能建筑须保证必要的新鲜空气量，室内人员密集的学校、办公楼等或建设在高海拔地区的被动式太阳能建筑应核算必要的换气量。综合气象因素在 $SDM>20$ 地区，被动式太阳能建筑在冬季采暖期间，主要房间在无辅助热源的条件下，室内平均温度应达到 12℃；室温日波动范围不应大于 10℃。夏季室内温度不应高于当地普通建筑室内温度。

**3.0.4** 由于我国幅员辽阔，各地气候差异很大，针对各地不同的气候条件，采用南向垂直面太阳辐照度与室内外温差的比值（辐射温差比），作为被动式太阳能采暖气候分区的一级分区指标，南向垂直面太阳辐照度（W/m²）作为被动式太阳能采暖气候分区的二级指标，划分出不同的被动式太阳建筑设计气候区。采用南向垂直面太阳能辐照度作为气候分区的主要参数是因为被动式太阳能采暖建筑的集热构件一般采用南向垂直布置的方式。条文中根据不同的累年 1 月平均气温、水平面或南向垂直墙面 1 月太阳平均辐照度，将被动式太阳能采暖划分为四个气候区。

某地方是否可以采用被动式太阳能采暖设计，应该用不同的指标进行分类。被动式太阳能采暖设计除了 1 月水平面和南向垂直墙面太阳辐照度外，还与一年中最冷月的平均温度有直接的关系，当太阳辐射很强时，即使最冷月的平均温度较低，在不采用其他能源采暖，室内最低温度也能达到 10℃ 以上。因此，本标准用累年 1 月南向垂直墙面太阳辐照度与 1 月室内外温差的比值作为被动式太阳能采暖建筑设计气候分区的一级指标，同时采用南向垂直面的太阳辐照度作为二级分区指标比较科学。

图 6～图 9 中各气候区具体城市依据本地的累年 1 月平均气温、1 月水平面和南向垂直墙面太阳辐照度值、南向辐射温差比，靠近相邻不同气候区城市作比较，选择气候类似的邻近城市作为气候分区区属。

建筑设计阶段是决定建筑全年能耗的重要环节。在建筑规划及建筑设计过程中，应充分考察地域气候条件和太阳能资源，巧妙地利用室外气候的季节变化和周期性波动规律，综合运用保温隔热、蓄热构件的蓄放热特性、自然通风、被动采暖降温技术等建筑设计方法，以最大限度地降低建筑全年室内环境调节的能量需求。

**3.0.5** 被动式降温分区的主要思路为，当最热月温度高于舒适的温度时，应采用遮阳等被动式降温措

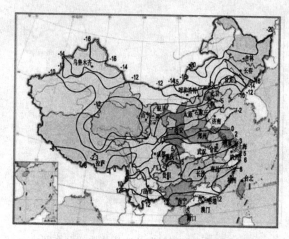

图 6　全国累年 1 月平均气温分布图（℃）

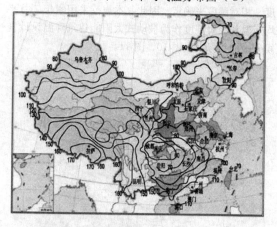

图 7　1 月水平面平均辐照度分布图（W/m²）

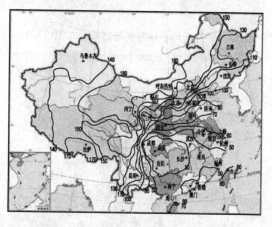

图 8　1 月南向垂直面平均辐照度分布图（W/m²）

施。根据空气湿度不同，降温分区又可分为湿热和干热两种类型，所以本规范根据最热月的相对湿度、平均温度确定分区指标。

根据累年 7 月平均气温和 7 月平均相对湿度指标，将被动式太阳能降温气候分区划分为条文中表 3.0.5 所示的四个区，被动降温应充分利用遮蔽太阳辐射、增强自然通风、蒸发冷却等被动式降温措施。被动降温技术的效率主要由夏季太阳辐照度、平均温

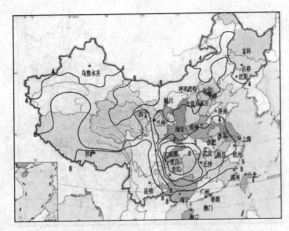

图9 1月南向辐射温差比等值曲线分布图

度、相对湿度来确定。因此，本规范采用累年7月平均气温和相对湿度作为被动式太阳能建筑降温设计气候分区的指标，见图10、图11。

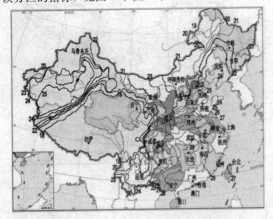

图10 7月平均干球温度等高线分布图（℃）

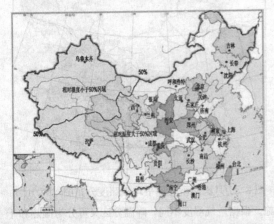

图11 累年7月相对湿度等于50%分界图（%）

**3.0.6** 本条文规定被动式太阳能建筑设计应体现学科和专业之间的结合，尤其强调各专业间的相互配合。被动式太阳能建筑技术是多学科、多层面、多技术相融合的综合性工程，在相关技术的实用性、先进性与可操作性等方面需要共享、平衡与集成，才能使设计的被动式太阳能建筑性能发挥得更好。

# 4 规划与建筑设计

## 4.1 一般规定

**4.1.1** 在建筑设计开展之前，应收集与被动式太阳能建筑设计相关的数据，充分掌握建筑所在地区的特征，包括：

**1** 太阳能资源：太阳辐射强度、全年的太阳日照时数、在典型日和时段的太阳高度角等；

**2** 气候条件：全年温度数据、冬季的主导风向及风速、夏季的主导风向及风速、全年的主导风向及风速、全年的采暖度日数和全年的空调度日数等；

**3** 建筑场地环境：建筑周围其他建筑或构筑物、自然地形、植被等的遮挡情况，建筑周围有无水体等；

**4** 能源供应情况：建筑物冬季供暖情况、建筑周围有无可利用的冷热源。

**4.1.2** 在进行建筑规划设计时，应确保建筑特别是建筑的集热部分有充分的日照时间和强度，以保证建筑充分地利用太阳能。如果一天的日照时数少于4h，太阳能的利用价值会大大下降，因此设计被动式太阳能建筑时应尽可能地利用自然条件，避免因遮挡造成的有效日照时数缩短。拟建建筑向阳面的前方应无固定遮挡，同时应避免周围地形、地物（包括附近建筑物）在冬季对建筑物接收阳光的遮挡。

**4.1.3** 集热部件和通风口等应与建筑功能和造型有机结合，应有防风、雨、雪、雷电、沙尘以及防火、防震等技术措施。例如集热蓄热墙的玻璃盖板应是部分或全部可开启的，以便定期清扫灰尘，保证集热效率。同时玻璃盖板周边应密封，防止冷风渗透。

## 4.2 场地与规划

**4.2.1** 改造和利用现有地形及自然条件，以创造有利于被动式太阳能建筑的外部环境。例如植被在夏季提供阴影，并利用蒸腾作用产生凉爽的空气流；落叶乔木的冬夏变化、水环境的合理设计等。以上措施都能改变建筑的外部热环境。

**4.2.2** 通常冬季9时至15时之间6h中太阳辐照度值占全天总太阳辐照度的90%左右，若前后各缩短半小时（9：30～14：30），则降为75%左右。因此，为在冬季能获得较多的太阳辐射，被动式太阳能建筑日照间距应保证冬至日正午前后4h～6h的日照时间，并且在9时至15时之间没有较大遮挡。

冬季防风不仅能提高户外活动空间的舒适度，同时也能减少建筑由冷风渗透引起的热损失。在冬季上风向处，利用地形或周边建筑、构筑物及常绿植被为建筑竖立起一道风屏障，避免冷风的直接侵袭，能有效减少建筑冬季的热损失。有关研究表明，距4倍建筑高度处的单排、高密度的防风林（穿透率为36%），能使风速降低90%，同时可以减少被遮挡建筑60%的冷风渗透量，节约15%的常规能源消耗。设置适当高度、密度与间距的防风林会取得很好的挡风效果。

**4.2.3** 应在场地规划中优化建筑布局，结合道路、景观等设计，提高组团内的风环境质量，引导夏季季风朝向主要建筑，加快局部风速，降低建筑周边环境温度；另一方面，还要考虑控制冬季局部最大风速以减少冷风渗透。

### 4.3 形体、空间与围护结构

**4.3.1** 建筑的体形系数是指建筑与室外大气接触的外表面面积（不包括地面）与其所包围的建筑体积之比。体形系数越大，单位建筑空间散热面积越大，能耗越多。

**4.3.2** 当接收面面积相同时，由于方位的差异，其各自所接收到的太阳辐射也不相同。假设朝向正南的垂直面在冬季所能接收到的太阳辐照量为100%，其他方向的垂直面所能接收到的太阳辐照量如图12所示。从图中看出，当集热面的方位角超过30°时，其接收到的太阳辐照量就会急剧减少。因此，为了尽可能多地接收太阳辐射，应使建筑的主要朝向在偏离正南±30°夹角以内。最佳朝向是南向，以及南偏东或西15°范围。超过了这一范围，不但影响冬季被动式太阳能采暖效果，而且会造成其他季节室内过热的现象。

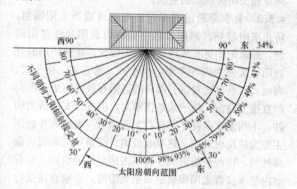

图12 不同方向的太阳辐照量

**4.3.3** 根据《建筑采光设计标准》GB/T 50033，一般单侧采光时房间进深不大于窗上口至地面距离的2倍，双侧采光时进深可较单侧采光时增大一倍，如图13所示。

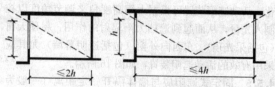

图13 进深与采光方式的关系

**4.3.4** 所谓功能分区就是指将空间按不同功能要求进行分类，并根据它们之间联系的密切程度加以组合、划分。

对居住建筑进行功能分区时，应注意以下原则：

**1** 布置住宅建筑的房间时，宜将老人用房布置在南偏东侧，在夏天可减少太阳辐射得热，冬天又可获得较多的日照；儿童用房宜南向布置；由于起居室主要在晚上使用，宜南向或南偏西布置，其他卧室可朝北；厕所、卫生间及楼梯间等辅助用房朝北或朝西均可。

**2** 门窗洞口的开启位置除有利于提高居室的面积利用率与合理布置家具外，宜有利于组织穿堂风，避免"口袋屋"形平面布局。

**3** 厨房和卫生间进出排风口的设置要避免强风时的倒灌现象和油烟等对周围环境的污染。

**4.3.5** 墙体、地面应采用比热容大的材料，如砖、石、密实混凝土等。条件许可时可设置专用的水墙或相变材料蓄热。

随着技术的发展，特别是节能的影响，国际照明委员会编写了《国际采光指南》，为设计提供了设计依据和标准。通过降低北向房间层高，利用晴天采光计算方法进行采光设计，约可减小15%的开窗面积。

在建筑的外门口加设防风门斗，可减少冷风进入室内，使室内热环境更为舒适。防风门斗的设置，首先要考虑门的朝向。我国北方地区部分建筑为了充分利用南向房间，把外门（多数为单元门）朝北向开，以致在外门敞开或损坏的情况下，北风大量灌入。因此，在加设门斗时，宜将门斗的入口转折90°，转为朝东，以避开冬天主要风向——北向和西北向，减少寒风吹袭。其次，还要考虑门斗的尺寸大小。门斗后应至少有1.2m～1.8m的空间，门斗应该密封良好。

**4.3.6** 风的出口和入口的大小影响室内空气流速，出风口面积小于进风口面积，室内空气流速增加；出风口面积大于进风口面积，室内空气流速降低，如图14所示。因此建筑在主导风向迎风面开窗面积，不应小于背风面上的开窗面积，以增加室内的空气流动。

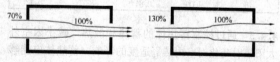

图14 风的出口和入口的相对大小
对室内空气流速的影响

### 4.4 集热与蓄热

**4.4.1** 被动式太阳能采暖按照南向集热方式分为直接受益式、集热蓄热墙式、附加阳光间式、对流环路式等基本集热方式，可根据使用情况采用其中任何一种基本方式。但由于每种基本形式各有其不足之处，如直接受益式易产生过热现象，集热蓄热墙式构造复杂，操作稍显繁琐，且与建筑立面设计难于协调。因此在设计中，建议采用两种或三种集热方式相组合的复合式太阳能采暖。

**4.4.2** 直接受益窗的形式有侧窗、高侧窗、天窗三种。在相同面积的情况下，天窗获得的太阳辐照量最多；同样，由于热空气分布在房间顶部，通过天窗对外辐射散失的热量也最多。一般的天窗玻璃、保温板很难保证天窗全天热收支盈余，因此，直接受益窗多选用侧窗、高侧窗两种形式。应用天窗时应进行热工计算，确保天窗全天热收支盈余。

**4.4.3** 采用集热蓄热墙时，空气间层宽度宜取其垂直高度的1/20～1/30。集热蓄热墙空气间层宽度宜为80mm～100mm。对流风口面积一般取集热蓄热墙面积的1%～3%，集热蓄热墙风口可略大些，对流风口面积等于空气间层截面积。风口形状一般为矩形，宜做成扁宽形。对于较宽的集热蓄热墙可将风口分成若干个，在宽度方向均匀布置。上下风口垂直间距应尽量拉大。

夏天为避免热风从集热蓄热墙上风口进入室内应关闭上风口，打开空气夹层通向室外的风口，使间层中热空气排入大气，并可辅之以遮阳板遮挡阳光的直射。但必须合理地设计以避免其冬天对集热蓄热墙的遮挡。

**4.4.4** 常用蓄热材料的热物理参数见表1。

**表1 常用蓄热材料的热物理参数**

| 材料名称 | 表观密度 $\rho_0$ kg/m³ | 比热 $C_p$ kJ/ (kg·℃) | 容积比热 $y·C_p$ kJ/ (m³·℃) | 导热系数 λ W/ (m·K) |
|---|---|---|---|---|
| 水 | 1000 | 4.20 | 4180 | 2.10 |
| 砾石 | 1850 | 0.92 | 1700 | 1.20～1.30 |
| 砂子 | 1500 | 0.92 | 1380 | 1.10～1.20 |
| 土（干燥） | 1300 | 0.92 | 1200 | 1.90 |
| 土（湿润） | 1100 | 1.10 | 1520 | 4.60 |
| 混凝土砌块 | 2200 | 0.84 | 1840 | 5.90 |
| 砖 | 1800 | 0.84 | 1920 | 3.20 |
| 松木 | 530 | 1.30 | 665 | 0.49 |
| 硬纤维板 | 500 | 1.30 | 628 | 0.33 |
| 塑料 | 1200 | 1.30 | 1510 | 0.84 |
| 纸 | 1000 | 0.84 | 837 | 0.42 |

**4.4.5** 通过控制蓄热体的蓄热和散热，减小因室外太阳辐射变化对室内热舒适度的影响。蓄热体应能够直接而又长时间地接收太阳辐射，因为要储存同样数量的太阳辐射热量，非直接照射所需的蓄热体体积要比直接照射的蓄热体大4倍。

根据建筑整体的热收支、蓄热体位置、蓄热体表面性质和蓄热材料来决定蓄热体的厚度和面积，建议采用以下厚度的蓄热墙：土坯墙200mm～300mm，黏土砖墙240mm～360mm，混凝土墙300mm～400mm，水墙150mm以上。半透明或透明的水墙可应用于建筑的门厅，在创造柔和的光环境的同时储存

太阳热能，减小室温波动。采用直接受益窗时，蓄热体的表面积占室内总表面积的1/2以上为宜。

**4.4.6** 蓄热体可以是建筑构件本身，也可以另外设置。蓄热体设在容易接收太阳照射的位置，其位置如图15所示。

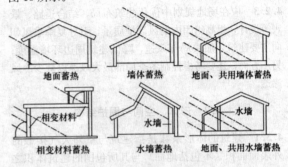

地面蓄热　墙体蓄热　地面、共用墙体蓄热

相变材料蓄热　水墙蓄热　地面、共用水墙蓄热

**图15 蓄热体的位置**

## 4.5 通风降温与遮阳

**4.5.1** 附加阳光间室内阳光充足可作多种生活空间，也可作为温室种植花卉，美化室内外环境；阳光间与相邻内层房间之间的关系变化比较灵活，既可设砖石墙，又可设落地门窗或带槛墙的门窗，适应性较强。附加阳光间的冬季通风也很重要，因为种植植物等原因，阳光间内湿度较大，容易出现结露现象。夏季可以利用室外植物遮阳，或安装遮阳板、百叶帘，开启甚至拆除玻璃扇来达到通风降温目的。

**4.5.2** 采用天井、楼梯、中庭等自然通风措施时应满足相关防火规范的要求。

**4.5.3** 夏季应通过遮阳设施有效地遮挡太阳辐射，防止室内过热。遮阳设施主要有内遮阳和外遮阳两种，外遮阳能更有效地遮挡太阳辐射。建筑使用的外遮阳通常分为四种类型：水平式、垂直式、格子式、表面式。垂直式对东、西向的遮阳有效，不适合南向的直接受益窗。格子式遮阳率高，但难以安装活动构件，不利于室内在冬季接收太阳辐射。表面式外遮阳主要为热反射玻璃、热吸收玻璃、细条纹玻璃板、金属丝网，特种平板玻璃，其不占用额外的空间，但对室内冬季接收太阳辐射造成很大阻碍，影响直接受益窗的集热效果。水平式对南向窗户遮阳效果最佳，适合直接受益窗的夏季遮阳。水平式外遮阳又分为固定遮阳和活动遮阳。附加阳光间的夏季遮阳设置与直接受益窗相同。

**4.5.4** 由于太阳方位角在一天中随着太阳的运动而变化，活动遮阳装置可根据太阳高度角来调节角度以控制入光量，从而起到遮挡太阳辐射的作用。屋顶天窗（包括采光顶）、东西向外窗（包括透明幕墙）尤其应采用有效的活动遮阳装置，如图16所示。

**4.5.5** 固定式遮阳应与墙体隔开一定距离（一般为100mm），目的是使大部分热空气沿墙排走，起到散热的作用。

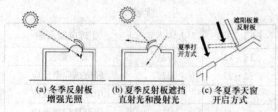

|  | | 遮阳板兼 反射板 |
| :---: | :---: | :---: |
| | | 夏季打 开方式 |
| (a) 冬季反射板 增强光照 | (b) 夏季反射板遮挡 直射光和漫射光 | (c) 冬夏天窗 开启方式 |

图 16　天窗的活动遮阳

**4.5.6**　建筑物的最佳活动遮阳装置为落叶乔木。树叶随气温的变化萌发、生长和凋零，茂盛的枝叶可以阻挡夏季灼热的阳光，而冬季温暖的阳光又会透过光秃的枝条射入室内。植物遮阳费用低，且有利于改善和净化建筑周围环境。

**4.5.7**　建筑南面栽种的落叶乔木虽然在夏季可以起到良好的遮荫作用，但是在冬季干秃的枝干也会遮挡 30%～60% 的阳光。所以，建筑南面的树木高度最好总是控制在太阳能采集边界的高度以下，既可以遮挡夏季阳光，又可以在冬季让阳光照射到建筑的南墙面上。

## 4.6　建筑构造

**4.6.1**　门窗的气密性能和绝热性能是提高太阳能利用率的重要因素，平开窗的气密性好，因此宜优先采用平开窗。冬季夜晚通过窗户大约会损失 50% 的热量，所以在以冬季采暖为主的地区的建筑上安装了节能窗户后还必须对窗户采取保温措施，表2给出了6种窗户的活动保温装置。

**表 2　外窗活动保温装置**

| 卷帘式窗帘 | 嵌入式窗户板 | 折叠式窗户板 | 旋转式百叶窗户板 | 铰接式窗户板 | 屋顶天窗 |
| :---: | :---: | :---: | :---: | :---: | :---: |
| 单层卷帘式窗帘 | | 折叠式窗户板 | 水平百叶窗户板 | 顶部铰接式窗户板（向内开） | |
| 双层卷帘式窗帘 内包空气层型 | 使用磁力窗钩或碰珠窗钩 向上折叠窗户板 | | 竖直百叶窗户板 | 异向折叠式天窗板 底部铰接式窗户板（向外开） | |
| 外卷百叶窗板 内卷百叶窗板 | 推拉式窗户板 | 顶部收纳式百叶窗户板 | | 对折式天窗板 门板式窗户板 平开式窗户板 | 推拉式天窗板 |

**4.6.2**　在以采暖为主地区，合理加大窗格尺寸，在满足通风的前提下，缩小开启扇，减少窗框与窗扇的自身遮挡，可获得更多的太阳光。

**4.6.3**　主动式太阳能供暖应与被动式太阳能建筑统一设计、施工、管理，以减少初投资和运行费用。多层、高层建筑应考虑集热装置、构件的更换和清洁。例如非上人坡屋面考虑日后更换集热板的搭梯口和维修通道，集热器表面设置自动清洗积灰装置等。

## 4.7　建筑设计评估

**4.7.1**　被动式太阳能建筑除必须遵守建筑现行相关设计、施工规范、规程之外，还有其他的特殊要求，所以应在规划设计、建筑设计和系统设计方案阶段的设计文件节能专篇中，对被动式太阳能建筑技术进行同步说明。在施工图设计文件中除应对被动式太阳能建筑的施工与验收、运行与维护等技术要求进行说明外，特别应对特殊构造部位（例如集热蓄热墙、夹心墙、保温隔热层、防水等部位）和重点施工部位，以及重要材料或非常规材料，如透光材料、蓄热材料以及非定型构件、防水材料的铺设等技术验收要求进行说明。

对被动式太阳能建筑的舒适性和节能率进行评估的目的是为了保证在任何天气情况下都能满足人们对热舒适性的基本需求。由于被动式太阳能建筑采暖受室外天气影响，其热性能具有不确定性，而太阳能贡献率不可能达到 100%，因此，在连阴天、下雪天、下雨天等特殊时期，为保证室内的设计温度，配置合适的辅助供暖系统是有必要的。

**4.7.2**　太阳能贡献率是对被动式太阳能建筑性能进行评价的重要指标，体现了在设计过程中被动式太阳能采暖降温技术的应用水平。在计算各太阳能资源区划对应地区被动式太阳能建筑的太阳能贡献率最低限值时，太阳能集热部件的热效率应高于 30%。

由于太阳能贡献率与建筑的耗热量指标密切相关，所以室内设计温度至关重要。根据我国国情及冬季人体可接受的舒适性温度下限值，当只采取被动式措施时，被动式太阳能建筑的室内设计温度设为 13℃；当同时采用主被动式采暖措施时，室内设计温度应达到 16℃～18℃。下面选取北京市为例，给出太阳能贡献率的计算过程。

选取北京地区某四单元五层居住建筑，建筑朝向为南北向，按照北京市居住建筑节能 65% 标准选择围护结构的墙体材料、厚度及窗户类型。建筑信息见表3。被动式太阳能建筑在与参照建筑相同的建筑类型、建筑面积与围护结构基础上，增加被动式太阳能采暖措施。

**表3 建筑信息**

| 建筑类型 | 建筑外形尺寸 长度×进深×高度 (m) | 体形系数 | 建筑面积 (m²) | 围护结构传热系数 W/(m²·K) | | | |
|---|---|---|---|---|---|---|---|
| | | | | 外墙 | 屋顶 | 地面 | 窗户 |
| 多层 | 41×14.04×14.45 | 0.264 | 2328.8 | 0.6 | 0.6 | 0.5 | 2.8 |

**1 围护结构的传热耗热量**

假设采取主被动式采暖措施,室内设计温度设为16℃,北京市采暖期室外空气平均温度为-1.6℃,依次代入各围护结构的传热系数及面积,则依照本规范式(D.0.4)可计算得单位建筑面积围护结构的传热耗热量为12.88W/m²。

**2 空气渗透耗热量**

根据北京市新颁布的《居住建筑节能设计标准》,冬季室内的换气次数取0.5次/h,代入公式(D.0.5)计算得出 $q_{INF}$ 为5.58W/m²。

**3 参照建筑的耗热量**

依照《居住建筑节能设计标准》,北京市采暖期天数取为129d,则参照建筑的采暖期内单位面积的总耗热量按公式(D.0.3)计算得163.39MJ/m²。

**4** 根据附录C,查得北京地区垂直南向面的总日射月平均日辐照量,计算得知采暖期内垂直南向面上总日射辐照量为1834.38MJ/m²。

**5** 假设在参照建筑的南向垂直面上安装太阳能空气集热器,根据参照建筑的南墙面积及南向窗墙比计算得知,南向垂直面的可利用最大集热面积为338m²,集热面积可达到建筑面积的14.5%。在这里集热器热效率、集热面积占总建筑面积比例分别取下限值为30%和10%,则依照公式(D.0.2)计算得采暖期内单位建筑面积净太阳辐射得热量 $Q_u$ 为55.03MJ/m²。

**6 太阳能贡献率**

利用以上计算数据,参照公式(D.0.1)计算得太阳能贡献率 $f$ 为33.68%。

**4.7.3** 从表4可以看出,在13℃~18℃之间人体感觉微凉,会产生轻微冷应激反应。采用被动式太阳能技术措施的目的是节能减排,不能保证满足人体的舒适度要求;主动式太阳能技术和常规采暖降温技术,能充分达到舒适度的要求。因此室内采暖计算温度取13℃,能满足人体的耐受要求。

**表4 PET及相应人体热感觉**

| PET(℃) | 人体感觉 | 生理应激水平 |
|---|---|---|
| <4 | 很冷 | 极端冷应激反应 |
| 4~8 | 冷 | 强烈冷应激反应 |
| 8~13 | 凉 | 中等冷应激反应 |
| 13~18 | 微凉 | 轻微冷应激反应 |

**续表4**

| PET(℃) | 人体感觉 | 生理应激水平 |
|---|---|---|
| 18~23 | 舒适 | 无冷应激反应 |
| 23~29 | 温暖 | 轻微热应激反应 |
| 29~35 | 暖 | 中等热应激反应 |
| 35~41 | 热 | 强烈热应激反应 |
| >41 | 很热 | 极端热应激反应 |

南方大部分地区夏季高温高湿气候居多,同时无风日也较多,室内温度过高,人会觉得闷热难耐,因此室内温度的取值略低于北方地区。另外,通过对南、北方一些夏季较炎热的主要城市典型气候年夏季室外温度变化数据的统计分析可知,南方地区平均日温差为7℃左右,北方地区为9℃左右,都具有夜间自然通风降温的潜力。

# 5 技术集成设计

## 5.1 一般规定

**5.1.1** 本条是针对进行被动式太阳能建筑设计给出的总的设计原则。

**5.1.2** 对于被动式太阳能建筑采暖,在阴天和夜间不能保证室内基本热舒适度要求时,应采用其他主动式采暖系统进行辅助采暖,来保证建筑室内热舒适度要求。要根据当地太阳能资源条件、常规能源的供应状况、建筑热负荷和周围环境条件等因素,做综合经济性分析,以确定适宜的辅助加热设备。太阳能供暖系统中可以选择的辅助热源主要有小型燃气壁挂炉、城市热网或区域锅炉房、空气源热泵、地源热泵等。

## 5.2 采暖

**5.2.1** 五种太阳能系统的集热形式、特点和适用范围见表5。

**表5 被动式太阳能建筑基本集热方式及特点**

| 基本集热方式 | 集热及热利用过程 | 特点及适应范围 |
|---|---|---|
| 直接受益式 | 1. 采暖房间开设大面积南向玻璃窗,晴天时阳光直接射入室内,使室温上升。 2. 射入室内的阳光照到地面、墙面上,使其吸收并蓄存一部分热量。 3. 夜晚室外降温时,将保温帘或保温窗帘关闭,此时储存在地板和墙内的热量开始释放,使室温维持在一定水平。 | 1. 构造简单,施工、管理及维修方便。 2. 室内光照好,便于建筑外形处理。 3. 晴天时升温快,白天室内高,但日夜波幅大。 4. 较适用于主要为白天使用的房间。 |

| 基本集热方式 | 集热及热利用过程 | 特点及适应范围 |
|---|---|---|
| <br>集热蓄热墙式<br>（阳光、玻璃、空气夹层、蓄热墙、热风、房间、冷风） | 1. 在采暖房间南墙上设置带玻璃外罩的吸热墙体，晴天时直接受阳光照射。<br>2. 阳光透过玻璃外罩照射到墙表面使其升温，并将间层内空气加热。<br>3. 供热方式：被加热的空气靠热压经上下风口与室内空气对流，使室温上升；受热的墙体传递至内墙面，夜晚以辐射和对流方式向室内供热 | 1. 构造比直接受益式复杂，清理及维修稍困难。<br>2. 晴天时室内升温较直接受益式慢。但由于蓄热墙体可在夜晚向室内供热，日夜幅小，室温较均匀。<br>3. 适用于全天或主要为夜间使用的房间，如卧室等 |
| <br>附加阳光间式 | 1. 在带南窗的采暖房间外玻璃等透明材料围合成一定的空间。<br>2. 阳光透过大面积透光外墙，加热阳光间空气，并照射到地面、墙面上，使其吸收和储存一部分热能；一部分阳光可直接射入采暖房间。<br>3. 供热方式：靠热压经上下风口与室内空气循环对流，使室温上升；受热墙体传递至内墙面，夜晚以辐射和对流方式向室内供热 | 1. 材料用量大，造价较高。但清理、维修较方便。<br>2. 阳光间内晴天时升温快温度高，但日夜温差大。应组织好气流循环，向室内供热，否则易产生白天过热现象。<br>3. 阳光间内可放置盆花，具有观赏、娱乐、休息等多种功能；也可作为入口兼起冬季室内外空间缓冲区的作用 |
| <br>白天<br>夜晚<br>蓄热屋顶式 | 1. 冬季采暖季节，晴天白天打开盖板，将蓄热体暴露在阳光下，吸收热量；夜晚盖上隔热板保温，使白天吸收了太阳能的蓄热体释放热量，并以辐射和对流的形式传到室内。<br>2. 夏季白天盖上隔热板，阻止太阳能通过屋顶向室内传递热量，夜间移去隔热板，利用天空辐射、长波辐射和对流换热等自然传热过程降低屋顶池内蓄热体的温度从而达到夏天降温的目的 | 1. 适合冬季不太冷且纬度低的地区。<br>2. 要求系统中隔热板的热阻大，且封装蓄热材料容器的密闭性好。<br>3. 使用相变材料，可提高热效率 |

| 基本集热方式 | 集热及热利用过程 | 特点及适应范围 |
|---|---|---|
| <br>对流环路式 | 1. 系统由太阳能集热器和蓄热体组成。<br>2. 集热器内被加热的空气，借助于温差产生的热压直接送入采暖房间，也可送入蓄热材料储存热量，在需要时向房间供热 | 1. 构造较复杂，造价较高。<br>2. 集热和蓄热量大，蓄热体的位置合理，能获得较好的室内热环境。<br>3. 适用于有一定高差的南向坡地建筑 |

**5.2.2** 这几种基本集热方式具有各自的特点和适用性，对起居室（堂屋）等主要在白天使用的房间，为保证白天的用热环境，宜选用直接受益窗或附加阳光间。对于以夜间使用为主的房间（卧室等），宜选用具有较大蓄热能力的集热蓄热墙。常用的蓄热材料分为建筑类材料和相变化学材料。建筑类蓄热材料包括土、石、砖及混凝土砌块，室内家具（木、纤维板等）也可作为蓄热材料，其性能见表1。水的比热容大，且无毒、价廉，是最佳的显热蓄热材料，但需有容器。鹅卵石、混凝土、砖等蓄热材料的比热容比水小得多，因此在蓄热量相同的条件下，所需体积就要大得多，但这些材料可以作为建筑构件，不需额外容器。在建筑设计中选用太阳能集热方式时，还应根据建筑的使用功能、技术及经济的可行性来确定。

**5.2.3** 为了获得更多的太阳辐射，南向集热窗的面积应尽可能大，但同时需要避免产生过热现象及减少外窗的传热损失，要确定合理的窗口面积，同时做好夜间保温。

能耗软件动态模拟结果表明，随着窗墙比的增大，采暖能耗逐渐降低。当南向集热窗的窗墙面积比大于50%后，单位建筑面积采暖能耗量的减少将趋于稳定，但随着窗户面积的增大，通过窗户散失的热量也会增大，因此，规定南向集热窗的窗墙面积比取50%较为合适。

**5.2.4** 集热蓄热墙是在玻璃与它所供暖的房间之间设置蓄热体。与直接受益窗比较，由于其良好的蓄热能力，室内的温度波动较小，热舒适性较好。但是集热蓄热墙系统构造较复杂，系统效率取决于集热蓄热墙的蓄热能力、是否设置通风口以及外表面的玻璃性能。经过分析计算，在总辐射强度大于300W/m²时，有通风孔的实体墙式效率最高，其效率较无通风孔的实体墙式高出一倍以上。集热效率的大小随风口面积与空气间层截面面积的比值的增大略有增加，适宜比值为0.80左右。集热蓄热墙表面的玻璃应具有良好的透光性和保温性。

5.2.5 附加阳光间增加了地面部分为蓄热体，同时减少了温度波动和眩光。当共用墙上的开孔率大于15%时，附加阳光间内的可利用热量可通过空气自然循环进入采暖房间。采用附加阳光间集热时，应根据设定的太阳能节能率确定集热负荷系数，选取合理的玻璃层数和夜间保温装置。阳光间进深加大，将会减少进入室内的热量，热损失增加。

5.2.6 蓄热屋顶兼有冬季采暖和夏季降温两种功能，适合冬季不甚寒冷，而夏季较热的地区。用装满水的密封塑料袋作为蓄热体，置于屋顶顶棚之上，其上设置可水平推拉开闭的保温板。冬季白天晴天时，将保温板敞开，水袋充分吸收太阳辐射热，其所蓄热量通过辐射和对流传下面房间。夜间则关闭保温板，阻止向外的热损失。夏季保温板启闭情况则与冬季相反。白天关闭保温板，隔绝阳光及室外热空气，同时水袋吸收房间内的热量，降低室内温度，夜晚则打开保温板，使水袋冷却。保温板还可根据房间温度、水袋内水温和太阳辐照度，实现自动调节启闭。

5.2.7 对流环路板的传热系数宜小于2；蓄热材料多为石块，石块的最佳尺寸取决于石床的深度，蓄热体接受集热器空气流的横断面面积宜为集热器面积的50%～75%；在集热器中设置防止空气反向流动的逆止风门或者集热器安装位置低于蓄热体的位置都能有效防止空气反向气流。

5.2.8 在利用太阳能采暖的房间中，为了营造良好的室内热环境，可采用砖、石、密实混凝土、水体或相变蓄热材料作为建筑蓄热体。蓄热体可按以下原则设置：

1) 设置足够的蓄热体，防止室内温度波动过大。

2) 蓄热体应尽量布置在能受阳光直接照射的地方。参考国外的经验，单位集热蓄热墙面积，宜设置（3～5）倍面积的蓄热体。如采用直接受益窗系统时，包括地面在内，最好蓄热体的表面积在室内总面积的50%以上。

## 5.3 通 风

5.3.1 建筑室内通风是提高室内空气质量、改善室内热环境的重要措施。目前建筑外窗设计中，尽管外窗面积有越来越大的趋势，但外窗的可开启面积却逐渐减少，甚至达不到外窗面积30%的要求。在这种外窗开启面积下创造一个室内自然通风良好的热环境是不可能的。为保证居住建筑室内的自然通风环境，提出本条规定是非常必要和现实的。

5.3.2 自然通风是我国南方地区防止室内过热的有效措施。为了达到空气品质与节能的平衡而对房间通风口的面积作出规定，以在满足改善室内热环境条件、室内卫生要求的同时，达到节约能源的目的。自

然通风口净面积 $S_f$ 的确定主要根据以下理由：

热压通风口的面积与进排风口的垂直距离、室内外的温差、房间面积密切相关。表6给出了房间面积为18m²、夏季空调时段室内温度为26℃时，不同的上下通风口垂直距离 $H$、不同的室内外温差 $\Delta t$ 下的进排风口的面积 $F$。图17给出了单个通风口面积与上下通风口的垂直距离、室内外温差的关系。

**表6 不同的上下通风口垂直距离 $H$、不同的室内外温差 $\Delta t$ 下的进排风口的面积 $F$（m²）**

| $\Delta t$(℃) \ $H$(m) | 1 | 1.2 | 1.4 | 1.6 | 1.8 | 2 | 2.2 | 2.4 |
|---|---|---|---|---|---|---|---|---|
| 6 | 0.032 | 0.029 | 0.027 | 0.025 | 0.024 | 0.023 | 0.022 | 0.021 |
| 8 | 0.028 | 0.025 | 0.024 | 0.022 | 0.021 | 0.02 | 0.019 | 0.018 |
| 10 | 0.025 | 0.023 | 0.021 | 0.02 | 0.019 | 0.018 | 0.017 | 0.016 |
| 12 | 0.023 | 0.021 | 0.019 | 0.018 | 0.017 | 0.016 | 0.015 | 0.015 |
| 14 | 0.02 | 0.018 | 0.017 | 0.016 | 0.015 | 0.014 | 0.013 | 0.013 |

当房间面积 $A \neq 18m^2$ 时，单个通风口的面积 $F'$ 可按下式计算：

$$F' = nF \qquad (1)$$

式中：$n$——修正系数，$n = A/18$；

$A$——实际房间面积（m²）。

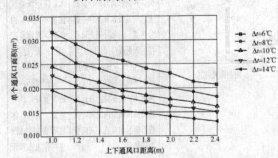

图17 单个通风口面积与上下通风口垂直距离、室内外温差的关系曲线

## 5.4 降 温

5.4.1 夏季室内过热除了建筑室外热作用外，室内热源散热也是一个重要的因素，因此，控制室内热源散热是非常重要的降温措施。

5.4.2 太阳辐射通过窗户进入室内的热量是造成夏季室内过热的主要原因，特别是别墅或跃层式建筑在外窗设计时采用连通两层的通窗，其建筑窗墙面积比过大，不利于夏季建筑的隔热。为此，对天窗的节能设计也作了规定。

5.4.3 生态植被绿化屋面不仅具有优良的保温隔热性能，也是集环境生态效益、节能效益和热环境舒适效益为一体的屋顶形式，适用于夏热冬冷地区、夏热冬暖地区与温和地区。

屋面多孔材料被动式蒸发冷却降温技术是利用水分蒸发消耗大量的太阳热量，以减少传入建筑的热量，在我国南方实际工程应用中有非常好的隔热降温效果。

**5.4.4** 采用浅色饰面材料的围护结构外墙面，在夏季能反射较多的太阳辐射，从而能降低外墙内表面温度；当无太阳直射时，能将围护结构内部在白天所积蓄的太阳辐射热较快地向天空辐射出去。

活动外遮阳装置应便于操作和维护，如外置活动百叶窗、遮阳帘等。外遮阳措施应避免对窗口通风产生不利影响。

**5.4.5** 建筑物外、内遮阳宜采用活动式遮阳，可以随季节的变化，或一天中时间的变化和天空的阴暗情况进行调节，在不影响自然通风、采光、视野的前提下冬季争取日照，遮阳设施应注意窗口向外眺望的视野以及它与建筑立面造型之间的协调，并且力求遮阳系统构造简单。

**5.4.7** 在夏季夜间或室外温度较低时，利用室外温度较低的空气进行通风是建筑降温、降低能耗的有效措施。穿堂风是我国南方地区传统建筑解决潮湿闷热和通风换气的主要措施，不论是在住宅群体的布局上，或是在单个住宅的平面与空间构成上，都应注重穿堂风的利用。

建筑与房间所需要的穿堂风应满足两个要求，即气流路线应流过人的活动范围；建筑群及房间的风速应≥0.3m/s。

在烟囱效应利用和风塔设计时应科学、合理地利用风压和热压，处理好在建筑的迎风面与背风面形成的风压差，注重通风中庭和通风烟囱在功能与建筑构造、建筑室内空间的结合。

# 6 施工与验收

## 6.1 一般规定

**6.1.1** 本条强调被动式太阳能建筑验收应符合的国家规范。

**6.1.2** 被动式太阳能建筑竣工后，主要通过包括热性能评价（通过太阳能贡献率衡量）、经济评价（被动式太阳能建筑节能率衡量）、相对于参照建筑的辅助热量、年节约的标煤量、年节能收益及投资回收年限等指标对其进行验收。

## 6.2 施 工

**6.2.1** 被动式太阳能建筑施工安装不能破坏建筑的结构、屋面防水层和附属设施，确保建筑在寿命期内承受荷载的能力。

**1 太阳能集热部件施工**

集热部件主要包括直接受益窗、空气集热器、附加阳光间等。这些部件的框架宜采用隔热性能好、对框扇遮挡少的材料，最大限度地接收太阳辐射，满足保温隔热要求。直接受益窗、空气集热器等部件的安装，应采用不锈钢预埋件、连接件，如非不锈钢件应做镀锌防腐处理。连接件每边不少于2个，且不大于400mm。为防止在使用过程中由于窗缝隙及施工缝造成冷风渗透，边框与墙体间缝隙应用密封胶填嵌饱满密实，表面平整光滑，无裂缝，填塞材料、方法符合设计要求。窗扇应嵌贴经济耐用、密封效果好的弹性密封条。

**2 屋面施工顺序及施工方法**

被动式太阳能建筑屋面保温做法有两种形式，一种是平屋顶屋面保温，另一种是坡屋顶屋面保温。

**1）平屋顶施工顺序及施工方法**

平屋顶施工顺序是：屋面板、找平层、隔汽层、保温层、找坡层、找平层、防水层、保护层。

保温层一般采用板状保温材料或散状保温材料，厚度根据当地的纬度和气候条件决定。在保温层上按600mm×600mm配置φ6钢筋网后做找平层；散状保温材料施工时，应设加气混凝土支撑垫块，在支撑垫块之间均匀地码放用塑料袋包装封口的散状保温材料，厚度为180mm左右，支撑垫块上铺薄混凝土板。其他做法与一般建筑相同。

**2）坡屋顶施工顺序及施工方法**

坡屋顶屋面一般坡度为26°～30°。屋面基层的构造通常有三种：①檩条、望板、顺水条、挂瓦条；②檩条、椽条、挂瓦条；③檩条、椽条、苇箔、草泥。

坡屋顶屋面保温一般采用室内吊顶。吊顶方法很多，有轻钢龙骨纸面石膏板或吸声板、木龙骨吊PVC板或胶合板、高粱秆抹麻刀灰等。保温材料有袋装珍珠岩、岩棉毡等。

**3 地面施工方法**

被动式太阳能建筑地面除了具有普通房屋地面的功能以外，还具有蓄热和保温功能，由于地面散失热量较少，仅占房屋总散热量的5%左右，因此，被动式太阳能建筑地面与普通房屋的地面稍有不同。其做法有两种：

**1）保温地面法**

素土夯实，铺一层油毡或塑料薄膜用来防潮。铺150mm～200mm厚干炉渣用来保温。铺300mm～400mm厚毛石、碎砖或砂石用来蓄热，按常规方法做地面。

**2）防寒沟地面法**

在房屋基础四周挖600mm深，400mm～500mm宽的沟，内填干炉渣保温。

**6.2.2～6.2.4** 施工前应熟悉被动式太阳能建筑的全套施工图纸，在确定施工方案时要着重确定各主要部件、节点的施工方法和施工顺序，在材料的选择和采购中，应该注意以下问题：

**1** 保温材料性能指标应符合设计要求;

**2** 为确保保温材料的耐久和保温性能,其含水率必须严格控制,如果设计无要求时,应以自然风干状态的含水率为准;吸水性较强的材料必须采取严格的防水防潮措施,不宜露天存放;

**3** 保温材料进场所提供的质量证明文件应包括其技术指标;

**4** 选用稻壳、棉籽壳、麦秸等有机材料作保温材料时,应进行防腐、防蛀、防潮处理;

**5** 板状保温材料在运输及搬运过程中应轻拿轻放,防止损伤断裂,缺棱掉角,以保证板的外形完整;

**6** 吸热、透光材料应按设计要求选用,无设计要求时,按下列指标选用:吸热体材料,如铁皮、铝板的厚度应该不小于 0.05mm;纤维板、胶合板的厚度应该不小于 3mm;透光材料,如玻璃厚度不小于 3mm;

**7** 对集热材料、蓄热材料的使用有特殊设计要求时,施工中应严格执行保证措施;使用蓄热材料、化学材料应有相应的防水、防毒、防潮等安全措施。

**6.2.5** 本条根据被动式太阳能建筑构造区别于普通建筑的情况,强调指出被动式太阳能建筑在外围护结构的构造及其施工过程中的要求。

### 6.3 验 收

**6.3.2** 本条强调被动式太阳能建筑系统工程相对复杂,所以在验收时必须进行系统调试,以确保系统正常运行。

# 7 运行维护及性能评价

## 7.1 一般规定

**7.1.1** 编制用户使用手册的目的是使用户能够借助本手册,了解被动式太阳能系统、装置的作用及如何通过被动式调节手段,营造适宜的室内环境,减少对常规能源的依赖。

**7.1.2** 不同的被动式太阳能建筑类型,其使用功能和时间都有所不同,根据具体情况制定相应的维护管理措施是非常必要的。

**7.1.3** 被动式太阳能建筑是具有超低能耗特征的建筑形式。对这类特殊建筑进行性能评价是为了更好地了解被动式设计策略的有效性,对其技术经济综合性能、节能率等进行评价以及为辅助能源系统设计提供参考依据。

## 7.2 运行与管理

**7.2.1** 对被动式太阳能建筑系统进行定期检查维护是十分必要的。

**1** 附加阳光间和集热部件的密封状况直接影响太阳能的利用效率,所以必须对其进行定期密封检查,确保集热部件的正常使用。对流换热式集热蓄热构件是通过集热构件上下通风孔的热空气循环达到采暖目的的,如果通风孔内堆满杂物,热空气无法流动,则会降低甚至失去采暖效果。

**2** 由于热质材料的衰减和延迟特性,热质蓄热地面白天通过窗户吸收太阳辐射热,所吸收的热量在夜间释放出来,起到抑制室温波动的作用。如果地面有其他覆盖物会影响热质蓄热地面的蓄放热效果。

**3** 气流通道受阻,会直接影响自然通风效果,甚至完全失去自然通风作用,从而影响室内空气品质和自然通风降温效果。

**4** 冬季,可调节天窗能起到增强室内天然采光、控制太阳辐射、调节室内换气次数等作用;夏季和过渡季节,可调节天窗可诱导自然通风避免室内过热。因此有必要定期检查天窗调节部件,确保其开关正常,充分发挥可调节天窗的优势。

**5** 集热部件外表面涂有吸收率高的深色无光涂层,若表面覆盖灰尘,集热效率就会大幅度下降。所以应对蓄热装置定期进行系统检查与清洁,确保灰尘、杂质等不会影响其蓄热性能。

**6** 蓄热屋顶的屋面、蓄热水箱、保温板如有破损,势必会降低屋顶的蓄热能力,而且屋顶很可能出现漏水、渗水现象。

## 7.3 性能评价

**7.3.1** 建筑建造和运行成本是指建筑材料的生产、建筑规划、设计、施工、运行维护过程花费的费用。环境影响的评价包括以下几个方面:资源、能源枯竭、沙漠化、温室效应、城市热岛、土壤污染、臭氧层破坏、对生态系统的恶劣影响等。

## 附录 B 全国部分代表性城市 采暖期日照保证率

采暖期日照保证率($f_{ss}$)按下式计算:

$$f_{ss} = \frac{n}{N} \qquad (2)$$

式中:$n$——月平均日照时数(h);

   $N$——月总小时数(h)。

依据附录 B 及公式(2),可得到部分代表性城市采暖期日照保证率。

《中国建筑热环境分析专用气象数据集》以中国气象局气象信息中心气象资料室收集的全国 270 个地面气象台站 1971 年~2003 年的实测气象数据为基础,通过分析、整理、补充源数据以及合理的插值计算,获得了全国 270 个台站的建筑热环境分析专用气象数据集。其内容包括根据观测资料整理出的设计用室外气象参数，以及由实测数据生成的动态模拟分析用逐时气象参数。

### 附录 D 被动式太阳能建筑太阳能贡献率计算方法

**D. 0. 1** 太阳能贡献率 $f$ 是指被动式太阳能建筑与参照建筑相比所节省的采暖能耗百分比。即采暖期内单位建筑面积被动太阳能建筑的净太阳辐射得热量 $Q_u$ 与参照建筑耗热量 $q$ 之比。

中华人民共和国国家标准

# 建筑隔声评价标准

Rating standard of sound insulation in buildings

GB/T 50121—2005

主编部门：中华人民共和国建设部
批准部门：中华人民共和国建设部
施行日期：2005年10月1日

# 中华人民共和国建设部
# 公　告

## 第 356 号

### 建设部关于发布国家标准
### 《建筑隔声评价标准》的公告

现批准《建筑隔声评价标准》为国家标准，编号为GB/T 50121‑2005，自 2005 年 10 月 1 日起实施。原《建筑隔声评价标准》GBJ 121‑88 同时废止。

本标准由建设部标准定额研究所组织中国建筑工业出版社出版发行。

中华人民共和国建设部

2005 年 7 月 15 日

## 前　言

根据建设部建标［2002］85 号文件《2001～2002 年度工程建设标准制订、修订计划》下达的任务，本标准编制组对《建筑隔声评价标准》（GBJ 121‑88）进行了修编。编制组首先根据近年来收集到的对隔声评价方面的意见，并参照 ISO 的相关标准以及其他一些已经发布实施的有关建筑构件隔声标准，提出征求意见稿，面向全国广泛地征求意见，随后提出送审稿，经专家审查通过。修编后使本标准具有良好的实用性，同时也和国际标准有较好的一致性。

本标准的主要技术内容是规定了将空气声隔声和撞击声隔声测量数据转换成单值评价量的方法，并根据按本标准规定的方法确定的空气声隔声和撞击声隔声的单值评价量对建筑物和建筑构件的隔声性能进行了分级。

本标准修编的主要内容是：

一、单值评价量的确定方法增加了数值计算法。

二、空气声隔声增加了粉红噪声和交通噪声两个频谱修正量。

三、在确定单值评价量时取消了对单个 1/3 倍频程不利偏差不大于 8dB 的限制（GBJ 121‑88 的第 2.0.3 条第三款和 3.0.3 条第三款）及单个倍频程不利偏差不大于 5dB 的限制（GBJ 121‑88 的附录一第四条）。

四、增加了对建筑物和建筑构件隔声性能的分级。

本标准由建设部负责管理，由北京市建筑设计研究院负责具体技术内容解释。在实施过程中如需要修改或补充之处，请将意见或有关资料寄送北京市建筑设计研究院（北京市南礼士路 62 号，研究所，邮编 100045）。

本标准主编单位、参编单位和主要起草人：

主 编 单 位：北京市建筑设计研究院

参 编 单 位：中国建筑科学研究院
　　　　　　　中国科学院声学研究所

主要起草人：项端祈　王　峥　陈金京　谭　华
　　　　　　　戴根华　林　杰　薛长健

# 目 次

# 1 总　　则

**1.0.1** 为了对建筑物和建筑构件的隔声性能进行评价，合理确定隔声性能等级，制定本标准。

**1.0.2** 本标准适用于建筑物和建筑构件的空气声隔声和撞击声隔声的单值评价和性能分级。

**1.0.3** 按本标准进行建筑物和建筑构件的空气声隔声和撞击声隔声评价，其所用原始数据的测量方法应按现行国家隔声测量标准执行。

**1.0.4** 隔声评价除应符合本标准外，尚应符合其他有关国家现行标准、规范的规定。

# 2　术语、符号

**2.0.1** 测量量　measurement quantity

测量得到的一组 1/3 倍频程或倍频程的空气声隔声或撞击声隔声数据，单位 dB。

**2.0.2** 计权　weighting

将一组测量量用一组基准数值进行整合后获得单值的方法。

**2.0.3** 单值评价量　single-number quantity

按本标准规定的方法将测量量计权后得出的单值，单位 dB。

**2.0.4** 基准值 reference values

在确定单值评价量时用来对测量量进行计权的一组基准数值，单位 dB。

**2.0.5** 空气声　air-borne sound

建筑中经过空气传播的噪声。

**2.0.6** 撞击声　impact sound

在建筑结构上撞击而引起的噪声。

**2.0.7** 不利偏差　unfavourable deviation

某一频带的测量量低于（空气声隔声）或高于（撞击声隔声）该频带基准值与单值评价量之和的分贝数，单位 dB。

**2.0.8** 空气声隔声频谱修正量　spectrum adaptation term for air-borne sound insulation

考虑了噪声频谱特性后所要加到单值评价量上的修正值，单位 dB。

**2.0.9** 撞击声隔声频谱修正量　spectrum adaptation term for impact sound

考虑了标准撞击器与实际撞击声源所激发的楼板撞击声的频谱差异后要加到单值评价量上的修正值，单位 dB。

**2.0.10** 撞击声改善量　impact sound improvement

楼板在铺设了面层后撞击声压级降低的值，单位 dB。

**2.0.11** 基准楼板　reference floor

为了确定楼板面层撞击声改善量而提出的一种理想化楼板，其计权规范化撞击声压级为 78dB。

**2.0.12** 光裸重质楼板　bare massive floor

未铺设任何表面材料的用混凝土等重质材料构筑的楼板。

**2.0.13** 基准面层　reference cover

为了计算楼板与面层综合撞击声隔声效果而提出的一种理想化面层，其计权撞击声改善量为 19dB。

# 3　空气声隔声

## 3.1　空气声隔声的单值评价量与频谱修正量

**3.1.1** 空气声隔声单值评价量的名称和符号与测量量有关。建筑构件与建筑物的空气声隔声测量量与单值评价量的对应关系应分别符合表 3.1.1-1 和表 3.1.1-2 的规定。

**表 3.1.1-1　建筑构件空气声隔声单值评价量及相对应的测量量**

| 由 1/3 倍频程测量导出 | | |
|---|---|---|
| 单值评价量的名称与符号 | 相应测量量的名称与符号 | 测量量来源 |
| 计权隔声量，$R_w$ | 隔声量，$R$ | 《建筑隔声测量规范》公式(2.2.2-2)《声学-建筑和建筑构件隔声测量》第 3 部分　公式(4) |
| 在 $\theta$ 入射角下的计权隔声量，$R_{\theta,w}$ | 在 $\theta$ 入射角下的隔声量，$R_\theta$ | 《建筑隔声测量规范》公式(4.3.2) |
| 小构件的计权规范化声压级差，$D_{n,e,w}$ | 小构件的规范化声压级差，$D_{n,e}$ | 《声学-建筑和建筑构件隔声测量》第 10 部分　公式(1) |

**表 3.1.1-2　建筑物空气声隔声单值评价量及相对应的测量量**

| 由 1/3 倍频程或倍频程测量导出 | | |
|---|---|---|
| 单值评价量的名称与符号 | 相应测量量的名称与符号 | 测量量来源 |
| 计权表观隔声量，$R'_w$ | 表观隔声量，$R'$ | 《建筑隔声测量规范》公式(2.2.3-1)《声学-建筑和建筑构件隔声测量》第 4 部分　公式(5) |

续表 3.1.1-2

| 由 1/3 倍频程或倍频程测量导出 | | 测量量来源 |
|---|---|---|
| 单值评价量的名称与符号 | 相应测量量的名称与符号 | |
| 计权表观隔声量，$R'_{45°,w}$ | 表观隔声量，$R'_{45°}$ | 《声学-建筑和建筑构件隔声测量》第 5 部分 公式(3) |
| 计权表观隔声量，$R'_{tr,s,w}$ | 表观隔声量，$R'_{tr,s}$ | 《声学-建筑和建筑构件隔声测量》第 5 部分 公式(4) |
| 计权交通噪声隔声量，$R_{tr,w}$ | 交通噪声隔声量，$R_{tr}$ | 《建筑隔声测量规范》公式(4.2.2) |
| 计权规范化声压级差，$D_{n,w}$ | 规范化声压级差，$D_n$ | 《声学-建筑和建筑构件隔声测量》第 4 部分 公式(3) |
| 计权标准化声压级差，$D_{nT,w}$ | 标准化声压级差，$D_{nT}$ | 《建筑隔声测量规范》公式(3.2.3) 《声学-建筑和建筑构件隔声测量》第 4 部分 公式(4) |
| 计权标准化声压级差，$D_{ls,2m,nT,w}$ 或 $D_{tr,2m,nT,w}$ | 标准化声压级差，$D_{ls,2m,nT}$ 或 $D_{tr,2m,nT}$ | 《声学-建筑和建筑构件隔声测量》第 5 部分 公式(7) |
| 计权交通噪声标准化声压级差，$D_{nT,tr,w}$ | 交通噪声标准化声压级差，$D_{nT,tr}$ | 《建筑隔声测量规范》公式(4.2.4) |

**3.1.2** 根据 1/3 倍频程或倍频程的空气声隔声测量量来确定单值评价量时所用的空气声隔声基准值，必须符合表 3.1.2 及相应的基准曲线图 3.1.2-1 和图 3.1.2-2 的规定。

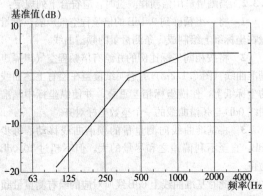

图 3.1.2-1 空气声隔声基准曲线 (1/3 倍频程)

**表 3.1.2 空气声隔声基准值**

| 频率 (Hz) | 1/3 倍频程基准值 $K_i$ (dB) | 倍频程基准值 $K_i$ (dB) |
|---|---|---|
| 100 | -19 | |
| 125 | -16 | -16 |
| 160 | -13 | |
| 200 | -10 | |
| 250 | -7 | -7 |
| 315 | -4 | |
| 400 | -1 | |
| 500 | 0 | 0 |
| 630 | 1 | |
| 800 | 2 | |
| 1000 | 3 | 3 |
| 1250 | 4 | |
| 1600 | 4 | |
| 2000 | 4 | 4 |
| 2500 | 4 | |
| 3150 | 4 | — |

**3.1.3** 用于计算频谱修正量的 1/3 倍频程或倍频程声压级频谱必须符合表 3.1.3 及相应的声压级频谱曲线图 3.1.3-1 和图 3.1.3-2 的规定。

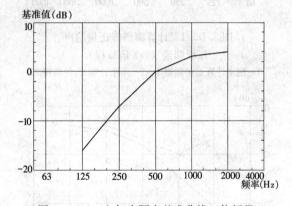

图 3.1.2-2 空气声隔声基准曲线 (倍频程)

**表 3.1.3 计算频谱修正量的声压级频谱**

| 频率 (Hz) | 声压级 $L_{ij}$ (dB) | | | |
|---|---|---|---|---|
| | 用于计算 $C$ 的频谱 1 | | 用于计算 $C_{tr}$ 的频谱 2 | |
| | 1/3 倍频程 | 倍频程 | 1/3 倍频程 | 倍频程 |
| 100 | -29 | | -20 | |
| 125 | -26 | -21 | -20 | -14 |
| 160 | -23 | | -18 | |
| 200 | -21 | | -16 | |
| 250 | -19 | -14 | -15 | -10 |
| 315 | -17 | | -14 | |

续表 3.1.3

| 频率<br>（Hz） | 声压级 $L_{ij}$（dB） | | | |
|---|---|---|---|---|
| | 用于计算 $C$ 的频谱 1 | | 用于计算 $C_{tr}$ 的频谱 2 | |
| | 1/3 倍频程 | 倍频程 | 1/3 倍频程 | 倍频程 |
| 400 | -15 | | -13 | |
| 500 | -13 | -8 | -12 | -7 |
| 630 | -12 | | -11 | |
| 800 | -11 | | -9 | |
| 1000 | -10 | -5 | -8 | -4 |
| 1250 | -9 | | -9 | |
| 1600 | -9 | | -10 | |
| 2000 | -9 | -4 | -11 | -6 |
| 2500 | -9 | | -13 | |
| 3150 | -9 | | -15 | — |

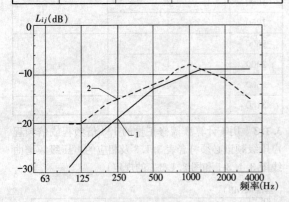

图 3.1.3-1 计算频谱修正量的声
压级频谱（1/3 倍频程）
1—用来计算 $C$ 的频谱 1；2—用来计算 $C_{tr}$ 的频谱 2

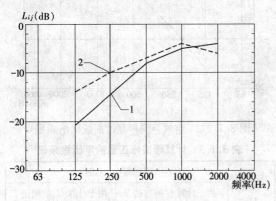

图 3.1.3-2 计算频谱修正量的
声压级频谱（倍频程）
1—用来计算 $C$ 的频谱 1；2—用来计算 $C_{tr}$ 的频谱 2

## 3.2 确定空气声隔声单值评价量的数值计算法

**3.2.1** 当测量量为 $X$，且 $X$ 用 1/3 倍频程测量时，其相应单值评价量 $X_w$ 必须为满足下式的最大值，精确到 1dB：

$$\sum_{i=1}^{16} P_i \leqslant 32.0 \qquad (3.2.1-1)$$

式中　$i$——频带的序号，$i=1\sim16$，代表 $100\sim$
　　　　3150Hz 范围内的 16 个 1/3 倍频程；

　　　$P_i$——不利偏差，按下式计算：

$$P_i = \begin{cases} X_w + K_i - X_i & X_w + K_i - X_i > 0 \\ 0 & X_w + K_i - X_i \leqslant 0 \end{cases}$$

$$(3.2.1-2)$$

式中　$X_w$——所要计算的单值评价量；

　　　$K_i$——表 3.1.2 中第 $i$ 个频带的基准值；

　　　$X_i$——第 $i$ 个频带的测量量，精确到 0.1dB；

　　$X$ 和 $X_w$ 应是表 3.1.1-1 和表 3.1.1-2 中列出的各种测量量和相应的单值评价量。

**3.2.2** 当测量量为 $X$，且 $X$ 用倍频程测量时，其相应单值评价量 $X_w$ 必须为满足下式的最大值，精确到 1dB：

$$\sum_{i=1}^{5} P_i \leqslant 10.0 \qquad (3.2.2)$$

式中　$i$——频带的序号，$i=1\sim5$，代表 $125\sim2000$Hz
　　　　范围内的 5 个倍频程；

　　　$P_i$——不利偏差，按（3.2.1-2）式计算。

## 3.3 确定空气声隔声单值评价量的曲线比较法

**3.3.1** 当测量量用 1/3 倍频程测量时，应符合下列规定：

**1** 将一组精确到 0.1dB 的 1/3 倍频程空气声隔声测量量在坐标纸上绘制成一条测量量的频谱曲线。

**2** 将具有相同坐标比例的并绘有 1/3 倍频程空气声隔声基准曲线（图 3.1.2-1）的透明纸覆盖在绘有上述曲线的坐标纸上，使横坐标相互重叠，并使纵坐标中基准曲线 0dB 与频谱曲线的一个整数坐标对齐。

**3** 将基准曲线向测量量的频谱曲线移动，每步 1dB，直至不利偏差之和尽量的大，但不超过 32.0dB 为止。

**4** 此时基准曲线上 0dB 线所对应的绘有测量量频谱曲线的坐标纸上纵坐标的整分贝数，就是该组测量量所对应的单值评价量。

**3.3.2** 当测量量用倍频程测量时，应符合下列规定：

**1** 将一组精确到 0.1dB 的倍频程空气声隔声测量量在坐标纸上绘制成一条测量量的频谱曲线。

**2** 将按相同坐标比例的并绘有倍频程空气声隔声基准曲线（图 3.1.2-2）的透明纸覆盖在绘有上述曲线的坐标纸上，使横坐标相互重叠，并使纵坐标中基准曲线 0dB 与频谱曲线的一个整数坐标对齐。

**3** 将基准曲线向测量量的频谱曲线移动，每步 1dB，直至不利偏差之和尽量的大，但不超过 10.0dB 为止。

**4** 此时基准曲线上 0dB 线所对应的绘有测量量频谱曲线的坐标纸上纵坐标的整分贝数，就是该组测量量所对应的单值评价量。

### 3.4 频谱修正量计算方法

3.4.1 频谱修正量 $C_j$ 必须按下式计算：

$$C_j = -10\lg\sum 10^{(L_{ij}-X_i)/10} - X_w \quad (3.4.1)$$

式中 $j$——频谱序号，$j=1$ 或 2，1 为计算 $C$ 的频谱 1，2 为计算 $C_{tr}$ 的频谱 2；

$X_w$——按照 3.2 或 3.3 节规定的方法确定的单值评价量；

$i$——100～3150Hz 的 1/3 倍频程或 125～2000Hz 的倍频程序号；

$L_{ij}$——表 3.1.3 中所给出的第 $j$ 号频谱的第 $i$ 个频带的声压级；

$X_i$——第 $i$ 个频带的测量量，包括表 3.1.1-1 和表 3.1.1-2 中所列的各种测量量，精确到 0.1dB。

3.4.2 频谱修正量在计算时应精确到 0.1dB，得出的结果应约为整数。根据所用的频谱，其频谱修正量：

——$C$ 用于频谱 1（A 计权粉红噪声）；

——$C_{tr}$ 用于频谱 2（A 计权交通噪声）。

3.4.3 当测量量是在扩展的频率范围［包括了 50Hz、63Hz、80Hz 和（或）4000Hz、5000Hz 的 1/3 倍频程，或 63Hz 和（或）4000Hz 的倍频程］测量时，应按照附录 B 规定的方法计算扩展频率范围内的频谱修正量。

### 3.5 结果表述

3.5.1 根据本标准确定的结果应包括空气声隔声单值评价量和频谱修正量。

3.5.2 凡根据本标准确定的空气声隔声单值评价量，其名称必须在相应测量量的名称前冠以"计权"二字，其符号必须在相应测量量的符号后增加下角标 w。

3.5.3 在对建筑构件空气声隔声特性进行表述时，应同时给出单值评价量和两个频谱修正量，具体形式是在单值评价量后的括号中示明两个频谱修正量，用分号隔开［如 $R_w$（$C$；$C_{tr}$）＝41（0；－5）dB］。

3.5.4 确定建筑构件空气声隔声单值评价量应使用 1/3 倍频程测量量。

3.5.5 在对建筑物空气声隔声特性进行表述时，应以单值评价量和一个频谱修正量之和的形式给出。

3.5.6 频谱修正量的选择宜按本标准附录 A 中的表 A.0.1 进行。

3.5.7 在结果表述中应说明单值评价量是根据 1/3 倍频程还是倍频程测量量计算得出的。

## 4 撞击声隔声

### 4.1 撞击声隔声的单值评价量

4.1.1 撞击声隔声单值评价量的名称和符号与测量量

有关。测量量与单值评价量的对应关系应满足表 4.1.1-1 和表 4.1.1-2 的要求。

**表 4.1.1-1 楼板撞击声隔声单值评价量及相对应的测量量**

| 由 1/3 倍频程测量导出 | | |
|---|---|---|
| 单值评价量的名称与符号 | 相应测量量的名称与符号 | 测量量来源 |
| 计权规范化撞击声压级，$L_{n,w}$ | 规范化撞击声压级，$L_n$ | 《声学-建筑和建筑构件隔声测量》第 6 部分 公式（4） |
| 计权规范化撞击声压级，$L_{pn,w}$ | 规范化撞击声压级，$L_{pn}$ | 《建筑隔声测量规范》公式（5.2.3） |

**表 4.1.1-2 建筑物中两个空间之间撞击声隔声单值评价量及相对应的测量量**

| 由 1/3 倍频程测量或倍频程测量导出 | | |
|---|---|---|
| 单值评价量的名称与符号 | 相应测量量的名称与符号 | 测量量来源 |
| 计权表观规范化撞击声压级，$L'_{n,w}$ | 表观规范化撞击声压级，$L'_n$ | 《声学-建筑和建筑构件隔声测量》第 7 部分 公式（2） |
| 计权标准化撞击声压级，$L'_{pnT,w}$ | 标准化撞击声压级，$L'_{pnT}$ | 《建筑隔声测量规范》公式（6.2.4） |
| 计权标准化撞击声压级，$L'_{nT,w}$ | 标准化撞击声压级，$L'_{nT}$ | 《声学-建筑和建筑构件隔声测量》第 7 部分 公式（3） |

4.1.2 根据 1/3 倍频程或倍频程的测量量来确定单值评价量时所用的撞击声隔声基准值，必须符合表 4.1.2 及相应的基准曲线图 4.1.2-1 和图 4.1.2-2 的规定。

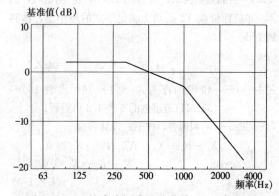

图 4.1.2-1 撞击声隔声基准曲线（1/3 倍频程）

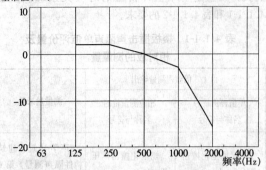

基准值(dB)

图 4.1.2-2　撞击声隔声基准曲线（倍频程）

**表 4.1.2　撞击声隔声基准值**

| 频率<br>（Hz） | 1/3 倍频程基准值 $K_i$<br>（dB） | 倍频程基准值 $K_i$<br>（dB） |
|---|---|---|
| 100 | 2 | |
| 125 | 2 | 2 |
| 160 | 2 | |
| 200 | 2 | |
| 250 | 2 | 2 |
| 315 | 2 | |
| 400 | 1 | |
| 500 | 0 | 0 |
| 630 | −1 | |
| 800 | −2 | |
| 1000 | −3 | −3 |
| 1250 | −6 | |
| 1600 | −9 | |
| 2000 | −12 | −16 |
| 2500 | −15 | |
| 3150 | −18 | — |

### 4.2　确定撞击声隔声单值评价量的数值计算法

**4.2.1**　当测量量为 $X$，且 $X$ 用 1/3 倍频程测量时，其相应单值评价量 $X_w$ 必须为满足下式的最小值，精确到 1dB：

$$\sum_{i=1}^{16} P_i \leqslant 32.0 \qquad (4.2.1\text{-}1)$$

式中　$i$——频带的序号，$i = 1 \sim 16$，代表 100 ～ 3150Hz 范围内的 6 个 1/3 倍频程；

　　　$P_i$——不利偏差，按下式计算：

$$P_i = \begin{cases} X_i - K_i - X_w & X_i - K_i - X_w > 0 \\ 0 & X_i - K_i - X_w \leqslant 0 \end{cases}$$

$$(4.2.1\text{-}2)$$

式中　$X_w$——所要计算的单值评价量；

$K_i$——表 4.1.2 中第 $i$ 个频带的基准值；

　　　$X_i$——第 $i$ 个频带的测量量，精确到 0.1dB；

$X_i$ 和 $X_w$ 应是表 4.1.1-1 和表 4.1.1-2 中列出的各种测量量和相应的单值评价量。

**4.2.2**　当测量量为 $X$，且 $X$ 用倍频程测量时，其相应单值评价量 $X_w$ 必须为满足下式的最小值再减 5dB，精确到 1dB：

$$\sum_{i=1}^{5} P_i \leqslant 10.0 \qquad (4.2.2\text{-}1)$$

式中　$i$——频带的序号，$i = 1 \sim 5$，代表 125～2000Hz 范围内 5 个倍频程

　　　$P_i$——不利偏差，按下式计算：

$$P_i = \begin{cases} X_i - K_i - X_w - 5 & X_i - K_i - X_w - 5 > 0 \\ 0 & X_i - K_i - X_w - 5 \leqslant 0 \end{cases}$$

$$(4.2.2\text{-}2)$$

式中　$X_w$——所要计算的单值评价量；

$K_i$——表 4.1.2 中第 $i$ 个频带的基准值；

　　　$X_i$——第 $i$ 个频带的测量量，精确到 0.1dB；

$X_i$ 和 $X_w$ 应是表 4.1.1-1 和表 4.1.1-2 中列出的各种测量量和相应的单值评价量。

### 4.3　确定撞击声隔声单值评价量的曲线比较法

**4.3.1**　当测量量用 1/3 倍频程测量时，应符合下列规定：

**1**　将一组精确到 0.1dB 的 1/3 倍频程撞击声隔声测量量在坐标纸上绘制成一条测量量的频谱曲线。

**2**　将具有相同坐标比例的并绘有 1/3 倍频程撞击声隔声基准曲线（图 4.1.2-1）的透明纸覆盖在绘有上述曲线的坐标纸上，使横坐标相互重叠，并使纵坐标中基准曲线 0dB 与频谱曲线的一个整数坐标对齐。

**3**　将基准曲线向测量量的频谱曲线移动，每步 1dB，直至不利偏差之和尽量的大，但不超过 32.0dB 为止。

**4**　此时基准曲线上 0dB 线所对应的绘有测量量频谱曲线的坐标纸上纵坐标的整分贝数，就是该组测量量所对应的单值评价量。

**4.3.2**　当测量量用倍频程测量时，应符合下列规定：

**1**　将一组精确到 0.1dB 的倍频程撞击声隔声测量量在坐标纸上绘制成一条测量量的频谱曲线。

**2**　将按相同坐标比例的并绘有倍频程撞击声隔声基准曲线（图 4.1.2-2）的透明纸覆盖在绘有上述曲线的坐标纸上，使横坐标相互重叠，并使纵坐标中基准曲线 0dB 与频谱曲线的一个整数坐标对齐。

**3**　将基准曲线向测量量的频谱曲线移动，每步 1dB，直至不利偏差之和尽量的大，但不超过 10.0dB 为止。

**4**　此时基准曲线上 0dB 线所对应的绘有测量量

频谱曲线的坐标纸上纵坐标的整分贝数减去 5dB，就是该组测量量所对应的单值评价量。

### 4.4 撞击声改善量的单值评价量

**4.4.1** 楼板面层撞击声改善量的单值评价量的名称和符号与测量量有关。测量量与单值评价量的对应关系应满足表 4.4.1 的要求。

**表 4.4.1 楼板面层撞击声改善量的单值评价量及相对应的测量量**

| 由 1/3 倍频程测量导出 | | 测量量来源 |
|---|---|---|
| 单值评价量的名称与符号 | 相应测量量的名称与符号 | |
| 计权撞击声压级改善量，$\Delta L_{p,w}$ | 撞击声压级改善量，$\Delta L_p$ | 《建筑隔声测量规范》公式（5.2.4） |
| 计权撞击声压级改善量，$\Delta L_w$ | 撞击声压级改善量，$\Delta L$ | 《声学-建筑和建筑构件隔声测量》第 8 部分 公式（5） |

**4.4.2** 基准楼板规范化撞击声压级 $L_{n,r,0}$ 必须符合表 4.4.2 的规定。

**表 4.4.2 基准楼板的规范化撞击声压级**

| 频率（Hz） | $L_{n,r,0}$（dB） | 频率（Hz） | $L_{n,r,0}$（dB） |
|---|---|---|---|
| 100 | 67 | 630 | 71 |
| 125 | 67.5 | 800 | 71.5 |
| 160 | 68 | 1000 | 72 |
| 200 | 68.5 | 1250 | 72 |
| 250 | 69 | 1600 | 72 |
| 315 | 69.5 | 2000 | 72 |
| 400 | 70 | 2500 | 72 |
| 500 | 70.5 | 3150 | 72 |

**4.4.3** 计权撞击声压级改善量 $\Delta L_w$ 应按下列公式计算：

$$L_{n,r} = L_{n,r,0} - \Delta L \quad (4.4.3-1)$$

$$\Delta L_w = 78 - L_{n,r,w} \quad (4.4.3-2)$$

式中 $L_{n,r}$——在基准楼板铺设了测试面层时的规范化撞击声压级的计算值；

$L_{n,r,0}$——基准楼板规范化撞击声压级（见表 4.4.2）；

$\Delta L$——楼板面层撞击声压级改善量；

$L_{n,r,w}$——在基准楼板铺设了测试面层时的计权规范化撞击声压级的计算值。

### 4.5 结果表述

**4.5.1** 凡按本标准确定的撞击声隔声单值评价量，其名称必须在相应测量量的名称前冠以"计权"二字，其符号必须在相应测量量的符号后增加下角标 w。

**4.5.2** 在表述楼板面层的撞击声改善量时，应给出按本标准计算出的计权撞击声压级改善量 $\Delta L_w$，同时还应以图表的形式给出各频带的撞击声压级降低量。

**4.5.3** 表征建筑构件对实际声源的撞击声隔声性能时，宜按照附录 C.1 规定的方法计算撞击声隔声频谱修正量，结果应同时给出单值评价量和频谱修正量，并写成二者之和的形式，不应只给出二者之和的数值。

**4.5.4** 表征面层对实际声源的撞击声改善性能时，宜按照附录 C.2 规定的方法计算撞击声改善量的频谱修正量，结果应同时给出单值评价量和频谱修正量，并写成二者之和的形式，不应只给出二者之和的数值。

**4.5.5** 当将一个撞击声改善量已知的面层铺设在一个规范化撞击声压级已知的光裸重质楼板上时，其总的计权规范化撞击声压级应按附录 D 规定的步骤计算。

## 5 建筑构件和建筑物隔声性能的评价分级

### 5.1 空气声隔声性能分级

**5.1.1** 建筑构件的空气声隔声性能宜分成 9 个等级，每个等级单值评价量的范围应符合表 5.1.1 的规定。

**表 5.1.1 建筑构件空气声隔声性能分级**

| 等级 | 范围 | 等级 | 范围 |
|---|---|---|---|
| 1 级 | $20dB \leqslant R_w + C_j < 25dB$ | 6 级 | $45dB \leqslant R_w + C_j < 50dB$ |
| 2 级 | $25dB \leqslant R_w + C_j < 30dB$ | 7 级 | $50dB \leqslant R_w + C_j < 55dB$ |
| 3 级 | $30dB \leqslant R_w + C_j < 35dB$ | 8 级 | $55dB \leqslant R_w + C_j < 60dB$ |
| 4 级 | $35dB \leqslant R_w + C_j < 40dB$ | 9 级 | $R_w + C_j \geqslant 60dB$ |
| 5 级 | $40dB \leqslant R_w + C_j < 45dB$ | | |

注：1 $R_w$ 为计权隔声量，其相应的测量量为用实验室法测量的 1/3 倍频程隔声量 $R$。

2 $C_j$ 为频谱修正量，用于内部分隔构件时，$C_j$ 为 $C$，用于围护构件时，$C_j$ 为 $C_{tr}$。

**5.1.2** 建筑物的内隔墙、楼板、外围护结构的空气声隔声性能宜分成 9 个等级，每个等级单值评价量的范围应符合表 5.1.2 的规定。

**表 5.1.2 建筑物空气声隔声性能分级**

| 等级 | 范围 | |
|---|---|---|
| | 建筑物内部两个空间之间 | 建筑物内部空间与外部空间之间 |
| 1 级 | $15dB \leqslant D_{nT,w} + C < 20dB$ | $15dB \leqslant R_{tr,w} + C_{tr} < 20dB$ |
| 2 级 | $20dB \leqslant D_{nT,w} + C < 25dB$ | $20dB \leqslant R_{tr,w} + C_{tr} < 25dB$ |
| 3 级 | $25dB \leqslant D_{nT,w} + C < 30dB$ | $25dB \leqslant R_{tr,w} + C_{tr} < 30dB$ |

续表 5.1.2

| 等级 | 范围 | |
|---|---|---|
| | 建筑物内部两个空间之间 | 建筑物内部空间与外部空间之间 |
| 4级 | $30dB \leqslant D_{nT,w}+C<35dB$ | $30dB \leqslant R_{tr,w}+C_{tr}<35dB$ |
| 5级 | $35dB \leqslant D_{nT,w}+C<40dB$ | $35dB \leqslant R_{tr,w}+C_{tr}<40dB$ |
| 6级 | $40dB \leqslant D_{nT,w}+C<45dB$ | $40dB \leqslant R_{tr,w}+C_{tr}<45dB$ |
| 7级 | $45dB \leqslant D_{nT,w}+C<50dB$ | $45dB \leqslant R_{tr,w}+C_{tr}<50dB$ |
| 8级 | $50dB \leqslant D_{nT,w}+C<55dB$ | $50dB \leqslant R_{tr,w}+C_{tr}<55dB$ |
| 9级 | $D_{nT,w}+C \geqslant 55dB$ | $R_{tr,w}+C_{tr} \geqslant 55dB$ |

注：$D_{nT,w}$ 为计权标准声压级差，其相应测量为现场法测量的标准声压级差 $D_{nT}$。$R_{tr,w}$ 为计权交通噪声隔声量，其相应测量量为现场法测量的交通噪声隔声量 $R_{tr}$。

## 5.2 撞击声隔声性能分级

**5.2.1** 楼板构件的撞击声隔声性能宜分成 8 个等级，每个等级单值评价量的范围应符合表 5.2.1 的规定。

表 5.2.1 楼板构件撞击声隔声性能分级

| 等级 | 范围 | 等级 | 范围 |
|---|---|---|---|
| 1级 | $70dB<L_{n,w} \leqslant 75dB$ | 5级 | $50dB<L_{n,w} \leqslant 55dB$ |
| 2级 | $65dB<L_{n,w} \leqslant 70dB$ | 6级 | $45dB<L_{n,w} \leqslant 50dB$ |
| 3级 | $60dB<L_{n,w} \leqslant 65dB$ | 7级 | $40dB<L_{n,w} \leqslant 45dB$ |
| 4级 | $55dB<L_{n,w} \leqslant 60dB$ | 8级 | $L_{n,w} \leqslant 40dB$ |

注：$L_{n,w}$ 为计权规范化撞击声压级，其相应的测量量应为用实验室法测量的规范化撞击声压级 $L_n$。

**5.2.2** 建筑中分隔两个独立空间的楼板的撞击声隔声性能宜分成 8 个等级，每个等级单值评价量的范围应符合表 5.2.2 的规定。

表 5.2.2 建筑物中楼板撞击声隔声性能分级

| 等级 | 范围 | 等级 | 范围 |
|---|---|---|---|
| 1级 | $75dB<L'_{nT,w} \leqslant 80dB$ | 5级 | $55dB<L'_{nT,w} \leqslant 60dB$ |
| 2级 | $70dB<L'_{nT,w} \leqslant 75dB$ | 6级 | $50dB<L'_{nT,w} \leqslant 55dB$ |
| 3级 | $65dB<L'_{nT,w} \leqslant 70dB$ | 7级 | $45dB<L'_{nT,w} \leqslant 50dB$ |
| 4级 | $60dB<L'_{nT,w} \leqslant 65dB$ | 8级 | $L'_{nT,w} \leqslant 45dB$ |

注：$L'_{nT,w}$ 为计权标准化撞击声压级，其相应的测量量为用现场法测量的标准化撞击声压级 $L'_{nT}$。

## 附录 A 空气声隔声频谱修正量的使用

**A.0.1** 根据噪声源的不同，宜按照表 A.0.1 来选择频谱修正量。

表 A.0.1 不同种类的噪声源及其宜采用的频谱修正量

| 噪声源种类 | 宜采用的频谱修正量 |
|---|---|
| 日常活动（谈话、音乐、收音机和电视）<br>儿童游戏<br>轨道交通，中速和高速<br>高速公路交通，速度>80km/h<br>喷气飞机，近距离<br>主要辐射中高频噪声的设施 | $C$（频谱1） |
| 城市交通噪声<br>轨道交通，低速<br>螺旋桨飞机<br>喷气飞机，远距离<br>Disco 音乐<br>主要辐射低中频噪声的设施 | $C_{tr}$（频谱2） |

## 附录 B 空气声隔声扩展频率范围的频谱修正量

**B.0.1** 当空气声隔声测量是在扩展的频率范围进行时，应计算补充的频谱修正量。

**B.0.2** 扩展的 1/3 倍频程和倍频程的声压级频谱应满足表 B.0.2 及相应的频谱曲线图 B.0.2-1 和图 B.0.2-2 的规定。

表 B.0.2 计算扩展频率范围的频谱修正量的频谱

| 频率<br>(Hz) | 声压级, $L_{ij}$, dB | | | | | |
| | 计算 $C$ 的频谱1 | | | | 任何频率范围内计算<br>$C_{tr}$ 的频谱2 | |
| | $C_{50-3150}$ | | $C_{50-5000}$ 和 $C_{100-5000}$ | | | |
| | 1/3倍频程 | 倍频程 | 1/3倍频程 | 倍频程 | 1/3倍频程 | 倍频程 |
|---|---|---|---|---|---|---|
| 50 | $-40$ | | | | $-25$ | |
| 63 | $-36$ | $-31$ | $-37$ | $-32$ | $-23$ | $-18$ |
| 80 | $-33$ | | $-34$ | | $-21$ | |
| 100 | $-29$ | | 30 | | $-20$ | |
| 125 | $-26$ | $-21$ | $-27$ | $-22$ | $-20$ | $-14$ |
| 160 | $-23$ | | $-24$ | | $-18$ | |
| 200 | $-21$ | | $-22$ | | $-16$ | |
| 250 | $-19$ | $-14$ | $-20$ | $-15$ | $-15$ | $-10$ |
| 315 | $-17$ | | $-18$ | | $-14$ | |
| 400 | $-15$ | | $-16$ | | $-13$ | |
| 500 | $-13$ | $-8$ | $-14$ | $-9$ | $-12$ | $-7$ |
| 630 | $-12$ | | $-13$ | | $-11$ | |

续表 B.0.2

| 频率<br>(Hz) | 声压级，$L_{ij}$，dB | | | | | |
|---|---|---|---|---|---|---|
| | 计算 $C$ 的频谱 1 | | | | 任何频率范围内计算<br>$C_{tr}$ 的频谱 2 | |
| | $C_{50-3150}$ | | $C_{50-5000}$ 和 $C_{100-5000}$ | | | |
| | 1/3 倍频程 | 倍频程 | 1/3 倍频程 | 倍频程 | 1/3 倍频程 | 倍频程 |
| 800 | −11 | | −12 | | −9 | |
| 1000 | −10 | −5 | −11 | −6 | −8 | −4 |
| 1250 | −9 | | −10 | | −9 | |
| 1600 | −9 | | −10 | | −10 | |
| 2000 | −9 | −4 | −10 | −5 | −11 | −6 |
| 2500 | −9 | | −10 | | −13 | |
| 3150 | −9 | | −10 | | −15 | |
| 4000 | — | — | −10 | −5 | −16 | −11 |
| 5000 | — | | −10 | | −18 | |

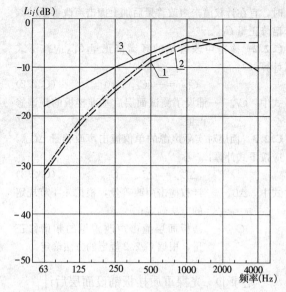

图 B.0.2-2　计算扩展频带频谱修
正量的声压级频谱（倍频程）
1—用来计算 $C$ 的频谱 1，50～5000Hz 和 100～5000Hz；
2—用来计算 $C$ 的频谱 1，50～3150Hz；
3—用来计算 $C_{tr}$ 的频谱 2

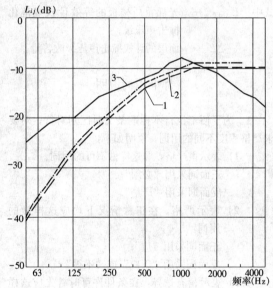

图 B.0.2-1　计算扩展频带频谱修
正量的声压级频谱（1/3 倍频程）
1—用来计算 $C$ 的频谱 1，50～5000Hz 和 100～5000Hz；
2—用来计算 $C$ 的频谱 1，50～3150Hz；
3—用来计算 $C_{tr}$ 的频谱 2

**B.0.3** 扩展的 1/3 倍频程和倍频程的声压级频谱修正量应按照 3.4 节规定的方法计算，但频率范围和频谱值应采用表 B.0.2 中规定的数值。

**B.0.4** 扩展的频谱修正量应说明频率范围。频率范围应在 $C$ 和 $C_{tr}$ 的下角标中标明。

**B.0.5** 在结果表述中，扩展的频谱修正量应按下述形式表明，如：
$$R_w(C;C_{tr};C_{50-3150};C_{tr,50-3150}) = 41(0;-5;-1;-4)dB$$

# 附录 C　撞击声隔声频谱修正量的计算

## C.1　撞击声隔声的频谱修正量

**C.1.1** 表征建筑构件对实际声源的撞击声隔声性能时，宜在计权撞击声隔声量后加上撞击声隔声频谱修正量 $C_I$。

**C.1.2** 当撞击声压级为 $L$ 时，其撞击声频谱修正量 $C_I$ 应按下式计算：

$$C_I = 10\lg\sum_{i=1}^{k} 10^{L_i/10} - 15 - L_w \qquad (C.1.2)$$

式中　$i$——频带的序号；

　　　$k$——频带的个数；

　　　$L_i$——第 $i$ 个频带的撞击声压级；

　　　$L_w$——计权撞击声隔声量。

**C.1.3** 计算撞击声隔声频谱修正量应精确到 0.1dB，并修约为整数。

**C.1.4** 当测量量是在扩展的频率范围内进行时，频谱修正量的计算宜延至扩展的频率范围，频谱修正量下角标内应将频率范围表示出来（如 $C_{I,50-3150}$ 或 $C_{I,63-3150}$）。

**C.1.5** 采用本评价方法，结果应同时给出撞击声隔声的单值评价量和频谱修正量，并将结果写成二者之和的形式，不应只给出二者之和的数值。

## C.2　楼板面层撞击声改善量的频谱修正量

**C.2.1** 表征面层对实际声源的撞击声隔声改善性能

时，宜在计权撞击声改善量后加上撞击声改善量的频谱修正量 $C_{\text{I},\Delta}$。

**C. 2. 2** 撞击声改善量的频谱修正量 $C_{\text{I},\Delta}$ 应按下式计算：

$$C_{\text{I},\Delta} = -(C_{\text{I,r}} + 10) \qquad (C.2.2)$$

式中 $C_{\text{I,r}}$——铺设了测试面层后基准楼板的频谱修正量。

**C. 2. 3** 面层对实际声源的单值撞击声改善量 $\Delta L_{\text{Lin}}$，应按下式计算：

$$\Delta L_{\text{Lin}} = \Delta L_{\text{w}} + C_{\text{I},\Delta} \qquad (C.2.3)$$

式中 $\Delta L_{\text{w}}$——计权撞击声改善量，根据 4.4 节规定的方法确定；

$C_{\text{I},\Delta}$——楼板面层撞击声改善量的频谱修正量，根据 C.2.2 规定的方法确定。

## 附录 D  光裸重质楼板铺设面层后计权规范化撞击声压级的计算方法

**D. 0. 1** 当将计权撞击声压级改善量为 $\Delta L_{\text{w}}$ 的面层铺设在一个规范化撞击声压级为 $L_{\text{n,0}}$ 的光裸重质楼板上时，其总的计权规范化撞击声压级应按本附录规定的步骤计算。

**D. 0. 2** 基准面层撞击声改善量 $\Delta L_{\text{r}}$ 应满足表 D.0.2 的规定。

**表 D. 0. 2  基准面层的撞击声压级降低量**

| 频率<br>（Hz） | $\Delta L_{\text{r}}$<br>（dB） | 频率<br>（Hz） | $\Delta L_{\text{r}}$<br>（dB） |
|---|---|---|---|
| 100 | 0 | 630 | 22 |
| 125 | 0 | 800 | 26 |
| 160 | 0 | 1000 | 30 |
| 200 | 2 | 1250 | 30 |
| 250 | 6 | 1600 | 30 |
| 315 | 10 | 2000 | 30 |
| 400 | 14 | 2500 | 30 |
| 500 | 18 | 3150 | 30 |

按 4.4 节规定的计算方法，基准面层的计权撞击声改善量 $\Delta L_{\text{r,w}}$ 为 19dB。

**D. 0. 3** 光裸重质楼板铺设了基准面层情况下的规范化撞击声压级 $L_{\text{n,1}}$ 的计算值应按下式计算：

$$L_{\text{n,1}} = L_{\text{n,0}} - \Delta L_{\text{r}} \qquad (D.0.3)$$

式中 $L_{\text{n,0}}$——光裸重质楼板的规范化撞击声压级测量值；

$\Delta L_{\text{r}}$——表 D.0.2 给出的基准面层的撞击声改善量。

**D. 0. 4** 光裸重质楼板的等效计权规范化撞击声压级 $L_{\text{n,eq,0,w}}$ 应按下式计算：

$$L_{\text{n,eq,0,w}} = L_{\text{n,1,w}} + 19\text{dB} \qquad (D.0.4)$$

式中 $L_{\text{n,1,w}}$——光裸重质楼板铺设了基准面层情况下的计权规范化撞击声压级计算值，根据 $L_{\text{n,1}}$ 按 4.2 或 4.3 节规定的方法确定。

**D. 0. 5** 光裸重质楼板在铺设了计权撞击声压级改善量为 $\Delta L_{\text{w}}$ 的面层后总的计权规范化撞击声压级 $L_{\text{n,w}}$，应按下式计算：

$$L_{\text{n,w}} = L_{\text{n,eq,0,w}} - \Delta L_{\text{w}} \qquad (D.0.5)$$

式中 $L_{\text{n,eq,0,w}}$——光裸重质楼板的等效计权规范化撞击声压级；

$\Delta L_{\text{w}}$——面层的计权撞击声压级改善量。

## 本标准用词说明

1　为了便于执行本标准条文时区别对待，对要求严格程度不同的用词，说明如下：

1) 表示很严格，非这样做不可的用词：

正面词采用"必须"；

反面词采用"严禁"。

2) 表示严格，在正常情况下均应这样做的用词：

正面词采用"应"；

反面词采用"不应"或"不得"。

3) 表示稍有选择，在条件许可时首先应这样做的用词：

正面词采用"宜"；

反面词采用"不宜"。

2　本标准中指明应按其他有关标准执行时，写法为"应符合……的规定"或"应按……执行"。

中华人民共和国国家标准

# 建筑隔声评价标准

GB/T 50121—2005

条 文 说 明

# 目　次

# 1 总 则

**1.0.1** 建筑物和建筑构件的隔声测量方法在 GBJ 75 - 84《建筑隔声测量规范》和 ISO 140《声学—建筑和建筑构件隔声测量》中已作了规定。但由于测量结果是一组随频率变化的数值,既不方便使用也很难进行比较。因此有必要规定一种方法,将这一组数值转换成一个能代表所测对象隔声性能的单值,使得不同建筑物和建筑构件的隔声性能可以相互比较。国际标准 ISO 717-1:1996 和 ISO 717-2:1996 内已对这种转换方法作了规定,本标准的大部分技术内容来自 ISO 717-1:1996 和 ISO 717-2:1996。

**1.0.2** 考虑到一个建筑物或一个建筑构件除了用一个单值评价量来表征其具体隔声量外,还应对其基本的隔声性能有一个评定,所以本次修编增加了对建筑物和建筑构件隔声性能的分级,为编制其他与隔声有关的设计标准、产品标准时的引用提供了方便,也为对建筑物综合隔声性能的评价打下了基础。

**1.0.3** 我国现行的建筑隔声测量标准为 GBJ 75 - 84《建筑隔声测量规范》,即将颁布的标准为《声学—建筑物和建筑构件隔声测量》;使用者应按使用时国家当时现行的隔声测量标准执行。

# 3 空气声隔声

## 3.1 空气声隔声的单值评价量与频谱修正量

**3.1.1** 根据相关建筑隔声测量规范的规定,在不同的条件下,按不同的测量方法可以得到不同的测量量,在表 3.1.1-1 和表 3.1.1-2 中列出了各种测量量的名称、符号以及对应单值评价量的名称和符号。这些测量量的具体含义在本标准中未作说明,请查阅上述规范和标准。为了方便查阅,在表中给出了各测量量的出处。

在原标准正文中只规定了 1/3 倍频程测量量的评价方法,而将倍频程测量量的评价方法放在附录中,其原因是在 ISO 717-1:1996 中没有倍频程测量量的评价方法,但考虑到在现场测量时,由于条件的限制经常会使用倍频程来进行测量,所以倍频程测量量的评价方法还是十分必要的,因此在原标准附录中增加了倍频程测量量的单值评价方法。ISO 717-1:1996 在正文中同时给出了 1/3 倍频程和倍频程测量量的单值评价方法,但明确规定了在进行单值评价时哪些量只能使用 1/3 倍频程测量数据,哪些量可以使用倍频程测量数据,在本次修编中采用了 ISO 717-1:1996 的方法,表 3.1.1-1 列出了只能使用 1/3 倍频程测量数据的量,表 3.3.1-2 列出了可以使用 1/3 倍频程测量数据,也可以使用倍频程测量数据的量。

**3.1.2** 空气声隔声基准值和基准曲线的频率特性采用了 ISO 717-1:1996 的规定。原标准和世界上绝大多数国家的隔声评价标准都直接或间接地采用了此曲线。在 ISO 标准中参考曲线有一个绝对的位置,其 500Hz 的基准值为 52dB,这主要是因为在以前的版本中计算隔声余量需要,同时也隐含了 52dB 为合格的意思。在 717-1:1996 中已经取消了隔声余量,而在本标准中也没有使用隔声余量这一评价方法。另外在我国的空气声隔声标准中也没有 52dB 为合格的规定,所以曲线的绝对位置就失去了意义。在修编中空气声隔声基准值和基准曲线采用了原标准中的形式,即规定 500Hz 的值为 0dB,然后再按照 ISO 717-1:1996 规定的空气声隔声参考值和参考曲线的频率特性确定其他频带的值,使得这组数值更为简单明了,具有基准的作用,因此在本标准中称其为基准值和基准曲线,以便和 ISO 717-1:1996 中的参考值和参考曲线相区别。这样规定也便于进行数值计算法的表述。

在原标准中倍频程与 1/3 倍频程采用了同一条基准曲线,本次修编中按照 ISO 717-1:1996 的规定分别规定了 1/3 倍频程和倍频程的基准值和基准曲线。

**3.1.3** 原标准中只有单值评价量,该单值评价量未考虑噪声源对建筑物和建筑构件实际隔声效果的影响。在本标准中根据 ISO 717-1:1996 的有关规定,引入了频谱修正量,以评价同一建筑物或建筑构件在不同声源的情况下的实际隔声效果。

频谱修正量 $C$ 和 $C_{tr}$ 分别考虑了以生活噪声为代表的中高频成分较多的噪声源和以交通噪声为代表的中低频成分较多的噪声源对建筑物和建筑构件实际隔声性能的影响。通常室内和室外遇到的绝大部分噪声源的频谱特性在频谱 1 和频谱 2 之间,因此,频谱修正量 $C$ 和 $C_{tr}$ 可用来表征许多种类的噪声特性。关于频谱修正量使用的指导性规则在附录 A 给出。

## 3.2 确定空气声隔声单值评价量的数值计算法

**3.2.1** 在原标准中和 ISO 717-1:1996 中只规定了曲线比较法。但在原标准第 2.0.5 条规定:"空气声隔声的评价,也可采用与本标准所规定的比较法相等价的其他措施",在条文说明中指出"其他措施主要即指计算法"。现在,计算机的使用非常普遍,在计算单值评价量时绝大多数是使用计算程序计算,而很少使用曲线比较法。但在编制计算程序时,首先要将曲线比较法转换成数学语言,这需要增加不少的工作量,同时也可能在转换的过程中出现不必要的错误。为了解决这个问题,在本次修编中增加了数值计算法,用数学语言表述了确定单值评价量的方法,为使用者编制计算程序提供了方便。同时用数学语言来表述确定单值评价量的方法,更为严谨,不容易产生歧义和误解。数值计算法和曲线比较法是完全等效的,对于同一组测量量，得出的单值评价量应该是完全相同的。

在按本条规定的数值计算法计算单值评价量时，可先选取一个较大的整数值（根据经验可取测量量的平均值加 5dB）作为 $X_w$，计算 16 个 1/3 倍频程的不利偏差 $P_i$ 之和，若大于 32.0dB，则将该值减 1，再计算不利偏差 $P_i$ 之和，直到小于或等于 32.0dB 为止。也可以根据本条的计算方法编制计算程序，采用循环语句，确定单值评价量的值。

**3.2.2** 在按本条规定的数值计算法计算单值评价量时，可先选取一个较大的整数值（根据经验可取测量量的平均值加 5dB）作为 $X_w$，计算 5 个倍频程的不利偏差 $P_i$ 之和，若大于 10.0dB，则将该值减 1，再计算不利偏差 $P_i$ 之和，直到小于或等于 10.0dB 为止。也可以根据本计算方法编制计算程序，采用循环语句，确定单值评价量的值。

### 3.3　确定空气声隔声单值评价量的曲线比较法

**3.3.1～3.3.2** 虽然在本次修编中增加了数值计算法，但作为原始的确定方法，还保留了曲线比较法。

在原标准中有对单个频带不利偏差不得大于 8dB（1/3 倍频程）和 5dB（倍频程）的限制，而在 ISO 标准中则没有这个限制。原标准保留这个限制的主要目的是对轻墙、门提出更严格的要求。在 ISO 717-1：1996 中增加了频谱修正量，用频谱修正量来考虑噪声源对实际隔声性能的影响，同时也可以控制个别频带的隔声低谷，经过大量计算验证，这种方法对隔声低谷的限制更为严格。因此本次修编中采用了 ISO 717-1：1996 的规定，取消了对单个频带不利偏差不得大于 8dB（1/3 倍频程）和 5dB（倍频程）的限制，在数值计算法中也是按没有这个限制进行规定的。

在原标准中要求测量量精确到 0.5dB，而 ISO 717-1：1996 规定精确至 0.1dB。由于本次修编增加了数值计算法，0.1dB 的精度不会在计算时产生任何麻烦，而曲线比较法又必须和数值计算法完全一致，所以采用了 ISO 717-1：1996 中的规定，要求将测量量精确至 0.1dB，同时在语言表述时也进行了相应的修改。

### 3.4　频谱修正量计算方法

**3.4.1** 在 ISO 717-1：1996 中将式（3.4.1）中右边的第一项定义为 $X_{A_j}$，而频谱修正量表示为 $C_j = X_{A_j} - X_w$，在本标准中为了避免在公式中引用公式，将 $X_{A_j}$ 直接表示出来。

**3.4.2** 数值修约规则见 GB 8170－87。

### 3.5　结　果　表　述

**3.5.1** 原标准中由于没有频谱修正量，所以只需要用一个单值评价量就可以评价隔声效果。而在本次修

编中引进了频谱修正量的概念，需要用单值评价量和一个频谱修正量才能对隔声效果进行评价，所以在结果表述中应包括单值评价量和频谱修正量。

**3.5.2** 例如当测量量为隔声量 $R$ 时，其相应的单值评价量为计权隔声量 $R_w$；当测量量为标准化声压级差 $D_{nT}$ 时，其相应的单值评价量为计权标准化声压级差 $D_{nT,w}$。

**3.5.3** 由于建筑构件在出厂时不可能确定其在实际使用时的噪声源的情况，也就无法确定使用哪一个频谱修正量合适，所以要求在结果表述中同时给出两个频谱修正量，在实际使用时可根据不同噪声源的特性选择一个频谱修正量对构件的空气声隔声性能进行评价。

**3.5.4** 对于建筑隔声来说，建筑构件的隔声性能是根本，因此对建筑构件的隔声性能应该有更严格的要求，另外，建筑构件的隔声测量一般是在实验室内进行的，有条件使用 1/3 倍频程测量，所以作了此条规定。

**3.5.5** 例如表示围护构件隔声性能时：$R'_w + C_{tr} > 45dB$

表示内部分隔构件隔声性能时：$D_{nT,w} + C = 54dB$

**3.5.6** 频谱修正量的选用主要是根据噪声源的特性，因此在附录 A 中给出了噪声源与频谱修正量的对应关系。

**3.5.7** 根据大量测量计算，使用 1/3 倍频程测量量与使用倍频程测量量计算得出的空气声隔声单值评价量之间约有 ±1dB 的差值，因此应该予以说明。在原标准中要求用倍频程测量量得出的单值评价量必须在名称前冠以"倍频程"三字，在符号后缀以"（oct）"以示区别。在本此修编中考虑到许多量的名称和符号已经很长，如果再加上这些冠词和后缀后会很繁琐，难以辨识，所以没有采用上述规定，只要求在结果表述中加以说明即可。

## 4　撞击声隔声

### 4.1　撞击声隔声的单值评价量

**4.1.1** 见条文说明 3.1.1 条。

**4.1.2** 撞击声隔声基准值和基准曲线的频率特性采用了 ISO 717-2：1996 的规定，其理由同空气声隔声基准值和基准曲线的频率特性采用了 ISO 717-1：1996 的规定一样。见条文说明第 3.1.2 条。

### 4.2　确定撞击声隔声单值评价量的数值计算法

**4.2.1** 增加撞击声隔声单值评价量的数值计算法的理由与增加空气声隔声单值评价量的数值计算法的理由相同，见条文说明 3.2.1 条。

计算撞击声隔声单值评价量时可先选取一个较小

的整数值（根据经验可取测量量的平均值减 5dB）作为 $X_w$，计算 16 个 1/3 倍频程的不利偏差 $P_i$ 之和，若大于 32.0dB，则将该值加 1，再计算不利偏差 $P_i$ 之和，直到小于或等于 32.0dB 为止。也可以根据本条的计算方法编制计算程序，采用循环语句，确定单值评价量的值。

**4.2.2** 计算单值评价量时可先选取一个较小的整数值（根据经验可取测量量的平均值减 5dB）作为 $X_w$，计算 5 个倍频程的不利偏差 $P_i$ 之和，若大于 10.0dB，则将该值加 1，再计算不利偏差 $P_i$ 之和，直到小于或等于 10.0dB 为止，然后再将该值再减 5dB，即可求出单值评价量。也可以根据本条的计算方法编制计算程序，采用循环语句，确定单值评价量的值。

### 4.3 确定撞击声隔声单值评价量的曲线比较法

**4.3.1** 虽然在本次修编中增加了数值计算法，但作为原始的确定方法，还保留了曲线比较法。

在原标准中有对单个频带不利偏差不得大于 8dB（1/3 倍频程）和 5dB（倍频程）的限制，而在 ISO 717-2：1996 中则没有这个限制。为了和国际标准保持一致，因此本次修编中采用了 ISO 717-2：1996 的规定，取消了对单个频带不利偏差不得大于 8dB（1/3 倍频程）和 5dB（倍频程）的限制，在数值计算法中也是按没有这个限制进行规定的。

在原标准中要求测量量精确至 0.5dB。而 ISO 717-2：1996 规定精确至 0.1dB。由于本次修编增加了数值计算法，0.1dB 的精度不会在计算时产生任何麻烦，而曲线比较法又必须和数值计算法完全一致，所以采用了 ISO 717-2：1996 中的规定，要求将测量量精确至 0.1dB，同时在语言表述时也进行了相应的修改。

**4.3.2** 根据大量测量计算，使用 1/3 倍频程测量量与使用倍频程测量量计算得出的撞击声隔声单值评价量之间约有 5dB 左右的差值，所以 ISO 717-2：1996 规定，基准曲线上 500Hz 所对应的测量量频谱曲线的分贝数再减去 5dB 为单值评价量的值，在原标准中没有减去 5dB 的规定，为了和国际标准保持一致，采用了 ISO 717-2：1996 的规定，在数值计算法中也按这个规定进行的表述。

### 4.4 撞击声改善量的单值评价量

**4.4.1** 在符合 GBJ 75-84 和 ISO 140-8 规定的均匀混凝土楼板上测量面层的撞击声改善量时，其撞击声压级降低量（撞击声改善量）$\Delta L$ 与光裸楼板的规范化撞击声压级 $L_{n,0}$ 无关。然而，楼板在铺设和未铺设面层情况下的计权规范化撞击声压级的差值却在一定程度上与 $L_{n,0}$ 有关。为得到可在各实验室之间进行相互比较的计权撞击声压级降低量 $\Delta L_w$ 值，应将 $\Delta L$ 的

测量值与基准楼板联系起来。

**4.4.2** 表 4.4.2 的值表征一个 120mm 厚均匀混凝土楼板在理想化条件下的规范化撞击声压级，但在实际情况下，频率高于 1000Hz 以后，声压级会下降。

表 4.4.2 中的数值精确到 0.5dB，而不是 0.1dB。

**4.4.3** （4.4.3-2）式的原始形式应为

$$\Delta L_w = L_{n,r,0,w} - L_{n,r,w}$$

式中 $L_{n,r,0,w}$ 为表 4.4.2 所规定基准楼板的计权规范化撞击声压级，按 4.2 或 4.3 节规定的方法确定的基准楼板计权规范化撞击声压级 $L_{n,r,0,w}$ 为 78dB，所以该式的最终形式为

$$\Delta L_w = 78 - L_{n,r,w}$$

在 ISO 140-8 中定义的标准混凝土楼板上测得的面层撞击声压级降低量以及单值评价量 $\Delta L_w$，仅可用于类似的重质楼板（混凝土板、空心混凝土板及类似板）上，而不适用于其他构造类型的楼板。

### 4.5 结果表述

**4.5.1** 例如当测量量为规范化撞击声压级 $L_{pn}$ 时，其相应的单值评价量为计权规范化撞击声压级 $L_{pn,w}$；

**4.5.2** 对于面层来说，撞击声改善量的频谱特性在实际应用时很重要，因此要求在结果表述时在给出单值评价量的同时，还应给出各频带的撞击声改善量。

## 5 建筑构件和建筑物隔声性能的评价分级

### 5.1 空气声隔声性能分级

**5.1.1** 为了实际应用时方便准确，不致引起歧义或混乱，本标准在进行建筑构件的空气声隔声性能分级时考虑到与已发布执行的有关标准保持必要的一致性。在 GB/T 8485-2002《建筑外窗空气声隔声性能分级及检测方法》中将建筑外窗空气声隔声性能分为 6 个等级，见表 1。

**表 1 建筑外窗空气声隔声性能分级**

| 等　　级 | 范　　围 |
|---|---|
| 1 级 | 20dB≤$R_w$<25dB |
| 2 级 | 25dB≤$R_w$<30dB |
| 3 级 | 30dB≤$R_w$<35dB |
| 4 级 | 35dB≤$R_w$<40dB |
| 5 级 | 40dB≤$R_w$<45dB |
| 6 级 | 45dB≤$R_w$ |

由于建筑构件包括门、窗、墙体、楼板等，而墙体和楼板等建筑构件比门窗的隔声量要高，为了使分级具有比较普遍的意义，所以在表 1 的基础上又增加

了 3 个等级。

又因为在本标准中引入了表征噪声源影响的两个频谱修正量，所以在本标准中是按照 3.5 节规定的结果表述方法来进行分级。按照本标准进行分级时，同一建筑构件可能因为使用的环境不同（噪声源不同）而引入不同的频谱修正量，从而得到不同的空气声隔声性能等级。

**5.1.2** 根据大量的实验证明，一般建筑构件的隔声性能在实验室测量的数据与现场测量数据大约有 5dB 的差别，所以本标准中建筑物空气声隔声性能分级是在建筑构件空气声隔声性能分级的基础上在相同级别减少了 5dB，这样既考虑了现场测量与实验室测量结果的差别，又考虑与建筑构件空气声隔声性能的分级保持一致性，以便于实际应用。

因为在一般建筑物中，内部两个空间之间的干扰噪声主要为生活噪声，一般用频谱修正量 $C$ 来表征，而内部与外部之间的干扰噪声主要为交通噪声，一般用频谱修正量 $C_{tr}$ 来表征，所以本标准中建筑物空气声隔声分级分为内部两个空间和内外两个空间两部分。

### 5.2 撞击声隔声性能分级

**5.2.1** 本标准撞击声隔声性能分级在级别的顺序和级差与空气声隔声性能分级保持相对的一致性，以便于应用。

**5.2.2** 根据大量的实验证明，一般建筑构件的撞击声隔声性能在实验室测量的数据与现场测量数据大约有 5dB 的差别，所以本标准中建筑物撞击声隔声性能分级是在建筑构件撞击声隔声性能分级的基础上在相同级别增加了 5dB，这样既考虑了现场测量与实验室测量结果的差别，又考虑与建筑构件撞击声隔声性能的分级保持一致性，以便于实际应用。

### 附录 A 空气声隔声频谱修正量的使用

**A.0.1** 表 A.0.1 可作为指导性规则使用，指导使用者在进行隔声评价时根据噪声源来选用频谱修正量。如果某种噪声的 A 计权声压级谱已知，那么可将它与表 3.1.3 中的数据及图 3.1.3-1 和图 3.1.3-2 作一比较，从而选定相应的频谱修正量。

通常，$C$ 近似为 $-1$，但当隔声曲线在个别频带存在低谷时，$C$ 将小于 $-1$。因此，在描述建筑构件的隔声性能时，应该同时给出单值评价量 $X_w$ 和频谱修正量 $C$ 的值。

一般说来，构造基本相同而制造厂商不同的窗，其 $C_{tr}$ 的数值几乎相同，此时，可以单独用 $X_w$ 来评价并比较其隔声性能。但是，在比较构造差别很大的窗时，$X_w$ 和 $C_{tr}$ 都应予以考虑。

### 附录 B 空气声隔声扩展频率 范围的频谱修正量

**B.0.1** 如果空气声隔声是在扩展频率范围内测量的，采用本附录规定的频谱修正量可以更准确地说明建筑或建筑构件在扩展频率范围内的隔声性能。

**B.0.2** 表 B.0.2 规定的声压级频谱与表 3.1.3 规定的频谱一样，是 A 计权的，并且总声压谱级已归一为 0dB。

**B.0.4** 测量的频率范围是 $50 \sim 3150Hz$、$50 \sim 5000Hz$ 或 $100 \sim 5000Hz$ 时，其频谱 1 的修正量应分别表示成 $C_{50-3150}$、$C_{50-5000}$ 或 $C_{100-5000}$，频谱 2 的修正量应分别表示成 $C_{tr,50-3150}$ 或 $C_{tr,50-5000}$ 或 $C_{tr,100-5000}$。

**B.0.5** 在此条中给出了计权隔声量 $R_w$ 的表述形式，其他扩展频率范围的单值评价量的表述形式相同。

### 附录 C 撞击声隔声频谱修正量的计算

#### C.1 撞击声隔声的频谱修正量

**C.1.1** 在进行撞击声隔声测量时，声源为标准撞击器与试件撞击时产生的噪声。在实际生活中，许多撞击声噪声与标准撞击器产生的噪声的频率特性有很大的不同，所以仅用单值评价量来描述其隔声性能与实际的隔声效果有一定的差别。为了解决这个问题，引入了撞击声隔声频谱修正量。

**C.1.2** 公式（C.1.2）中第一项的物理意义是各频带撞击声压级按能量叠加后得到的值，可用 $L_{sum}$ 表示。

**C.1.3** 数值修约规则见 GB 8170-87。

**C.1.5** 与空气声隔声频谱修正量不同，撞击声隔声频谱修正量不是必须计算的。撞击声隔声单值评价量是表征建筑和建筑构件撞击声隔声性能的最基本的量，而频谱修正量起到重要的参考作用，所以在结果表述时必须分别明确地表示出其单值评价量和频谱修正量的具体数值。

#### C.2 楼板面层撞击声改善量的频谱修正量

**C.2.2** 在 ISO 717-1：1996 中，计算 $C_{I,\Delta}$ 的公式为

$$C_{I,\Delta} = C_{I,r,0} - C_{I,r}$$

其中 $C_{I,r,0}$ 是符合 4.4.2 要求的基准楼板的撞击声改善量的频谱修正量，根据（C.1.2）式计算，其值为 $-10$，所以在本标准中写成（C.2.2）式的形式。对于一个撞击声改善量为 $\Delta L_p$ 的面层，公式（C.2.2）中 $C_{I,r}$ 可按以下步骤计算：

(1) 根据（4.4.3-1）式计算出 $L_{n,r}$；

(2) 根据 4.2 或 4.3 规定的方法确定 $L_{n,r,w}$；

(3) 根据（C.1.2）式计算出 $C_{I,r}$。

## 附录 D 光裸重质楼板铺设面层后计权规范化撞击声压级的计算方法

**D.0.1** 当在一个楼板上铺设了一个面层时，如果已知楼板的规范化撞击声压级和面层的计权撞击声压级改善量，则可以通过计算得到其总的计权规范化撞击声压级，本附录就给出了这种计算方法。但本计算方法只适用于用混凝土等重质材料构筑的楼板，而不适用于轻型楼板。

**D.0.2** 基准面层是为了计算而提出的一个假想面层，并不是实际存在的面层。

**D.0.3** $L_{n,1}$是根据假想面层的数据和实际测量数据计算得出的，而不是完全根据实际测量数据计算得出的，因此称其为计算值。

中华人民共和国国家标准

# 民用建筑隔声设计规范

Code for design of sound insulation of civil buildings

GB 50118—2010

主编部门：中华人民共和国住房和城乡建设部
批准部门：中华人民共和国住房和城乡建设部
施行日期：2 0 1 1 年 6 月 1 日

# 中华人民共和国住房和城乡建设部
# 公 告

## 第 744 号

### 关于发布国家标准
### 《民用建筑隔声设计规范》的公告

现批准《民用建筑隔声设计规范》为国家标准，编号为 GB 50118-2010，自 2011 年 6 月 1 日起实施。其中，第 4.1.1、4.2.1、4.2.2、4.2.5 条为强制性条文，必须严格执行。原《民用建筑隔声设计规范》GBJ 118-88 同时废止。

本规范由我部标准定额研究所组织中国建筑工业出版社出版发行。

中华人民共和国住房和城乡建设部

2010 年 8 月 18 日

## 前 言

本规范是根据原建设部《关于印发〈二〇〇四年工程建设国家标准制订、修订计划〉的通知》（建标〔2004〕67 号）的要求，由中国建筑科学研究院会同有关单位在原《民用建筑隔声设计规范》GBJ 118-88 的基础上修订而成的。

在编制本规范过程中，编制组根据近年来收集到的对各类民用建筑噪声、隔声、吸声方面的意见，综合考虑民用建筑的现状、人们对各类民用建筑的声学要求、社会经济的发展水平、建筑声学技术的发展水平，并在广泛征求意见的基础上，最后经审查定稿。

本规范共分 9 章和 1 个附录，主要技术内容包括总则、术语和符号、总平面防噪设计、住宅建筑、学校建筑、医院建筑、旅馆建筑、办公建筑、商业建筑、室内噪声级测量方法等。

本规范修订的主要内容是：

1. 增加了对办公、商业两类建筑隔声、减噪设计的内容。

2. 对部分室内允许噪声级标准、隔声标准的最基本要求，向比较严格的方向作了适当的调整。

3. 室内允许噪声级的标准值，原规范中是开窗条件下的标准值，本规范中是关窗条件下的标准值。

本规范中以黑体字标志的条文为强制性条文，必须严格执行。

本规范由住房和城乡建设部负责管理和对强制性条文的解释，中国建筑科学研究院负责具体技术内容的解释。在实施过程中如需要修改或补充之处，请将意见或有关资料寄送中国建筑科学研究院（北京西城区车公庄大街 19 号，建筑物理研究所，邮编：100044）

本规范主编单位、参编单位和主要起草人、主要审查人：

主 编 单 位：中国建筑科学研究院

参 编 单 位：同济大学
中国中元国际工程公司
北京市建筑设计研究院
东南大学
太原理工大学
清华大学
香港大学
欧文斯科宁（中国）投资有限公司
北新集团建材股份有限公司
濮阳绿寰宇化工有限公司
华南理工大学
中国建筑西南设计研究院
湖北省建筑科学研究设计院
哈尔滨工业大学
重庆大学

主要起草人：林 杰 谭 华 蒋国荣 黄锡璆
周 茜 王 峥 柳孝图 陆凤华
燕 翔 徐 春 邹广荣 刘少瑜
王 稚 孔庆国 王福田 张建勋
闫国军

主要审查人：程明昆 李 昂 吕玉恒 张家臣
谢拯民 吴大胜 林建平 李孝宽
王俊贤 茹履京

# 目次

# Contents

# 1 总　　则

**1.0.1** 为减少民用建筑受噪声影响，保证民用建筑室内有良好的声环境，制定本规范。

**1.0.2** 本规范适用于全国城镇新建、改建和扩建的住宅、学校、医院、旅馆、办公建筑及商业建筑等六类建筑中主要用房的隔声、吸声、减噪设计。其他类建筑中的房间，根据其使用功能，可采用本规范的相应规定。

**1.0.3** 本规范中的室内允许噪声级应采用 A 声级作为评价量。本规范中的室内允许噪声级应为关窗状态下昼间和夜间时段的标准值。医院建筑中应开窗使用的房间，开窗时室内允许噪声级的标准值宜与关窗状态下室内允许噪声级的标准值相同。昼间和夜间时段所对应的时间分别为：昼间，6：00～22：00 时；夜间，22：00～6：00 时；或者按照当地人民政府的规定。室内噪声级的测量应按本规范附录 A 的规定执行。

**1.0.4** 民用建筑隔声、减噪设计除应符合本规范的规定外，尚应符合国家现行有关标准的规定。

# 2 术语和符号

## 2.1 术　　语

**2.1.1** A 声级　A-weighted sound pressure level
用 A 计权网络测得的声压级。

**2.1.2** 等效［连续 A 计权］声级　equivalent［continuous A-weighted］sound pressure level
在规定的时间内，某一连续稳态声的 A［计权］声压，具有与时变的噪声相同的均方 A［计权］声压，则这一连续稳态声的声级就是此时变噪声的等效声级。单位为分贝，dB。

**2.1.3** 空气声　air-borne sound
声源经过空气向四周传播的声音。

**2.1.4** 撞击声　impact sound
在建筑结构上撞击而引起的噪声。

**2.1.5** 单值评价量　single-number quantity
按照国家标准《建筑隔声评价标准》GB/T 50121-2005 规定的方法，综合考虑了关注对象在 100Hz～3150Hz 中心频率范围内各 1/3 倍频程（或 125Hz～2000Hz 中心频率范围内各 1/1 倍频程）的隔声性能后，所确定的单一隔声参数。

**2.1.6** 计权隔声量　weighted sound reduction index
表征建筑构件空气声隔声性能的单值评价量。计权隔声量宜在实验室测得。

**2.1.7** 计权标准化声压级差　weighted standardized level difference

以接收室的混响时间作为修正参数而得到的两个房间之间空气声隔声性能的单值评价量。

**2.1.8** 计权规范化撞击声压级　weighted normalized impact sound pressure level
以接收室的吸声量作为修正参数而得到的楼板或楼板构造撞击声隔声性能的单值评价量。

**2.1.9** 计权标准化撞击声压级　weighted standardized impact sound pressure level
以接收室的混响时间作为修正参数而得到的楼板或楼板构造撞击声隔声性能的单值评价量。

**2.1.10** 频谱修正量　spectrum adaptation term
频谱修正量是因隔声频谱不同以及声源空间的噪声频谱不同，所需加到空气声隔声单值评价量上的修正值。当声源空间的噪声呈粉红噪声频率特性或交通噪声频率特性时，计算得到的频谱修正量分别是粉红噪声频谱修正量或交通噪声频谱修正量。

**2.1.11** 降噪系数　noise reduction coefficient
通过对中心频率在 200Hz～2500Hz 范围内的各 1/3 倍频程的无规入射吸声系数测量值进行计算，所得到的材料吸声特性的单一值。

## 2.2 符　　号

$C$——粉红噪声频谱修正量；

$C_{tr}$——交通噪声频谱修正量；

$D_{nT,w}$——计权标准化声压级差；

$L_{Aeq,T}$——等效［连续 A 计权］声级；

$L_{n,w}$——计权规范化撞击声压级；

$L'_{nT,w}$——计权标准化撞击声压级；

$NRC$——降噪系数；

$R_w$——计权隔声量。

# 3 总平面防噪设计

**3.0.1** 在城市规划中，从功能区的划分、交通道路网的分布、绿化与隔离带的设置、有利地形和建筑物屏蔽的利用，均应符合防噪设计要求。住宅、学校、医院等建筑，应远离机场、铁路线、编组站、车站、港口、码头等存在显著噪声影响的设施。

**3.0.2** 新建居住小区临交通干线、铁路线时，宜将对噪声不敏感的建筑物作为建筑声屏障，排列在小区外围。交通干线、铁路线旁边，噪声敏感建筑物的声环境达不到现行国家标准《声环境质量标准》GB 3096 的规定时，可在噪声源与噪声敏感建筑物之间采取设置声屏障等隔声措施。交通干线不应贯穿小区。

**3.0.3** 产生噪声的建筑服务设备等噪声源的设置位置、防噪设计，应按下列规定：

**1** 锅炉房、水泵房、变压器室、制冷机房宜单独设置在噪声敏感建筑之外。住宅、学校、医院、旅馆、办公等建筑所在区域内有噪声源的建筑附属设施，其设置位置应避免对噪声敏感建筑物产生噪声干扰，必要时应作防噪处理。区内不得设置未经有效处理的强噪声源。

2 确需在噪声敏感建筑物内设置锅炉房、水泵房、变压器室、制冷机房时，若条件许可，宜将噪声源设置在地下，但不宜毗邻主体建筑或设在主体建筑下。并且应采取有效的隔振、隔声措施。

3 冷却塔、热泵机组宜设置在对噪声敏感建筑物噪声干扰较小的位置。当冷却塔、热泵机组的噪声在周围环境超过现行国家标准《声环境质量标准》GB 3096 的规定时，应对冷却塔、热泵机组采取有效的降低或隔离噪声措施。冷却塔、热泵机组设置在楼顶或裙房顶上时，还应采取有效的隔振措施。

**3.0.4** 在进行建筑设计前，应对环境及建筑物内外的噪声源作详细的调查与测定，并应对建筑物的防噪间距、朝向选择及平面布置等作综合考虑，仍不能达到室内安静要求时，应采取建筑构造上的防噪措施。

**3.0.5** 安静要求较高的民用建筑，宜设置于本区域主要噪声源夏季主导风向的上风侧。

# 4 住宅建筑

## 4.1 允许噪声级

**4.1.1** 卧室、起居室（厅）内的噪声级，应符合表 4.1.1 的规定。

表 4.1.1 卧室、起居室（厅）内的允许噪声级

| 房间名称 | 允许噪声级（A 声级，dB） | |
|---|---|---|
| | 昼 间 | 夜 间 |
| 卧室 | ≤45 | ≤37 |
| 起居室（厅） | ≤45 | |

**4.1.2** 高要求住宅的卧室、起居室（厅）内的噪声级，应符合表 4.1.2 的规定。

表 4.1.2 高要求住宅的卧室、
起居室（厅）内的允许噪声级

| 房间名称 | 允许噪声级（A 声级，dB） | |
|---|---|---|
| | 昼 间 | 夜 间 |
| 卧室 | ≤40 | ≤30 |
| 起居室（厅） | ≤40 | |

## 4.2 隔声标准

**4.2.1** 分户墙、分户楼板及分隔住宅和非居住用途空间楼板的空气声隔声性能，应符合表 4.2.1 的规定。

表 4.2.1 分户构件空气声隔声标准

| 构件名称 | 空气声隔声单值评价量＋频谱修正量(dB) | |
|---|---|---|
| 分户墙、分户楼板 | 计权隔声量＋粉红噪声频谱修正量 $R_w+C$ | ＞45 |
| 分隔住宅和非居住用途空间的楼板 | 计权隔声量＋交通噪声频谱修正量 $R_w+C_{tr}$ | ＞51 |

**4.2.2** 相邻两户房间之间及住宅和非居住用途空间分隔楼板上下的房间之间的空气声隔声性能，应符合表 4.2.2 的规定。

表 4.2.2 房间之间空气声隔声标准

| 房间名称 | 空气声隔声单值评价量＋频谱修正量(dB) | |
|---|---|---|
| 卧室、起居室（厅）与邻户房间之间 | 计权标准化声压级差＋粉红噪声频谱修正量 $D_{nT,w}+C$ | ≥45 |
| 住宅和非居住用途空间分隔楼板上下的房间之间 | 计权标准化声压级差＋交通噪声频谱修正量 $D_{nT,w}+C_{tr}$ | ≥51 |

**4.2.3** 高要求住宅的分户墙、分户楼板的空气声隔声性能，应符合表 4.2.3 的规定。

表 4.2.3 高要求住宅分户构件空气声隔声标准

| 构件名称 | 空气声隔声单值评价量＋频谱修正量(dB) | |
|---|---|---|
| 分户墙、分户楼板 | 计权隔声量＋粉红噪声频谱修正量 $R_w+C$ | ＞50 |

**4.2.4** 高要求住宅相邻两户房间之间的空气声隔声性能，应符合表 4.2.4 的规定。

表 4.2.4 高要求住宅房间之间空气声隔声标准

| 房间名称 | 空气声隔声单值评价量＋频谱修正量(dB) | |
|---|---|---|
| 卧室、起居室（厅）与邻户房间之间 | 计权标准化声压级差＋粉红噪声频谱修正量 $D_{nT,w}+C$ | ≥50 |
| 相邻两户的卫生间之间 | 计权标准化声压级差＋粉红噪声频谱修正量 $D_{nT,w}+C$ | ≥45 |

**4.2.5** 外窗（包括未封闭阳台的门）的空气声隔声

性能，应符合表 4.2.5 的规定。

**表 4.2.5　外窗（包括未封闭阳台的门）的空气声隔声标准**

| 构件名称 | 空气声隔声单值评价量＋频谱修正量(dB) | |
|---|---|---|
| 交通干线两侧卧室、起居室(厅)的窗 | 计权隔声量＋交通噪声频谱修正量 $R_w + C_{tr}$ | ≥30 |
| 其他窗 | 计权隔声量＋交通噪声频谱修正量 $R_w + C_{tr}$ | ≥25 |

4.2.6　外墙、户（套）门和户内分室墙的空气声隔声性能，应符合表 4.2.6 的规定。

**表 4.2.6　外墙、户（套）门和户内分室墙的空气声隔声标准**

| 构件名称 | 空气声隔声单值评价量＋频谱修正量(dB) | |
|---|---|---|
| 外墙 | 计权隔声量＋交通噪声频谱修正量 $R_w + C_{tr}$ | ≥45 |
| 户(套)门 | 计权隔声量＋粉红噪声频谱修正量 $R_w + C$ | ≥25 |
| 户内卧室墙 | 计权隔声量＋粉红噪声频谱修正量 $R_w + C$ | ≥35 |
| 户内其他分室墙 | 计权隔声量＋粉红噪声频谱修正量 $R_w + C$ | ≥30 |

4.2.7　卧室、起居室（厅）的分户楼板的撞击声隔声性能，应符合表 4.2.7 的规定。

**表 4.2.7　分户楼板撞击声隔声标准**

| 构件名称 | 撞击声隔声单值评价量(dB) | |
|---|---|---|
| 卧室、起居室(厅)的分户楼板 | 计权规范化撞击声压级 $L_{n,w}$（实验室测量） | <75 |
| | 计权标准化撞击声压级 $L'_{nT,w}$（现场测量） | ≤75 |

注：当确有困难时，可允许住宅分户楼板的撞击声单值评价量小于或等于85dB，但在楼板结构上应预留改善的可能条件。

4.2.8　高要求住宅卧室、起居室（厅）的分户楼板的撞击声隔声性能，应符合表 4.2.8 的规定。

**表 4.2.8　高要求住宅分户楼板撞击声隔声标准**

| 构件名称 | 撞击声隔声单值评价量(dB) | |
|---|---|---|
| 卧室、起居室(厅)的分户楼板 | 计权规范化撞击声压级 $L_{n,w}$（实验室测量） | <65 |
| | 计权标准化撞击声压级 $L'_{nT,w}$（现场测量） | ≤65 |

## 4.3　隔声减噪设计

4.3.1　与住宅建筑配套而建的停车场、儿童游戏场或健身活动场地的位置选择，应避免对住宅产生噪声干扰。

4.3.2　当住宅建筑位于交通干线两侧或其他高噪声环境区域时，应根据室外环境噪声状况及本章第 4.1 节规定的室内允许噪声级，确定住宅防噪措施和设计具有相应隔声性能的建筑围护结构（包括墙体、窗、门等构件）。

4.3.3　在选择住宅建筑的体形、朝向和平面布置时，应充分考虑噪声控制的要求，并应符合下列规定：

　　1　在住宅平面设计时，应使分户墙两侧的房间和分户楼板上下的房间属于同一类型。

　　2　宜使卧室、起居室（厅）布置在背噪声源的一侧。

　　3　对进深有较大变化的平面布置形式，应避免相邻户的窗口之间产生噪声干扰。

4.3.4　电梯不得紧邻卧室布置，也不宜紧邻起居室（厅）布置。受条件限制需要紧邻起居室（厅）布置时，应采取有效的隔声和减振措施。

4.3.5　当厨房、卫生间与卧室、起居室（厅）相邻时，厨房、卫生间内的管道、设备等有可能传声的物体，不宜设在厨房、卫生间与卧室、起居室（厅）之间的隔墙上。对固定于墙上且可能引起传声的管道等物件，应采取有效的减振、隔声措施。主卧室内卫生间的排水管道宜做隔声包覆处理。

4.3.6　水、暖、电、燃气、通风和空调等管线安装及孔洞处理应符合下列规定：

　　1　管线穿过楼板或墙体时，孔洞周边应采取密封隔声措施。

　　2　分户墙中所有电气插座、配电箱或嵌入墙内对墙体构造造成损伤的配套构件，在背对背设置时应相互错开位置，并应对所开的洞（槽）有相应的隔声封堵措施。

　　3　对分户墙上施工洞口或剪力墙抗震设计所开洞口的封堵，应采用满足分户墙隔声设计要求的材料和构造。

　　4　相邻两户间的排烟、排气通道，宜采取防止相互串声的措施。

4.3.7　现浇、大板或大模等整体性较强的住宅建筑，在附着于墙体和楼板上可能引起传声的设备处和经常产生撞击、振动的部位，应采取防止结构声传播的措施。

**4.3.8** 住宅建筑的机电服务设备、器具的选用及安装，应符合下列规定：

　　**1** 机电服务设备，宜选用低噪声产品，并应采取综合手段进行噪声与振动控制。

　　**2** 设置家用空调系统时，应采取控制机组噪声和风道、风口噪声的措施。预留空调室外机的位置时，应考虑防噪要求，避免室外机噪声对居室的干扰。

　　**3** 排烟、排气及给排水器具，宜选用低噪声产品。

**4.3.9** 商住楼内不得设置高噪声级的文化娱乐场所，也不应设置其他高噪声级的商业用房。对商业用房内可能会扰民的噪声源和振动源，应采取有效的防治措施。

# 5 学校建筑

## 5.1 允许噪声级

**5.1.1** 学校建筑中各种教学用房内的噪声级，应符合表 5.1.1 的规定。

表 5.1.1　室内允许噪声级

| 房间名称 | 允许噪声级（A 声级，dB） |
|---|---|
| 语言教室、阅览室 | ≤40 |
| 普通教室、实验室、计算机房 | ≤45 |
| 音乐教室、琴房 | ≤45 |
| 舞蹈教室 | ≤50 |

**5.1.2** 学校建筑中教学辅助用房内的噪声级，应符合表 5.1.2 的规定。

表 5.1.2　室内允许噪声级

| 房间名称 | 允许噪声级（A 声级，dB） |
|---|---|
| 教师办公室、休息室、会议室 | ≤45 |
| 健身房 | ≤50 |
| 教学楼中封闭的走廊、楼梯间 | ≤50 |

## 5.2 隔声标准

**5.2.1** 教学用房隔墙、楼板的空气声隔声性能，应符合表 5.2.1 的规定。

表 5.2.1　教学用房隔墙、楼板的空气声隔声标准

| 构件名称 | 空气声隔声单值评价量＋频谱修正量(dB) | |
|---|---|---|
| 语言教室、阅览室的隔墙与楼板 | 计权隔声量＋粉红噪声频谱修正量 $R_w + C$ | >50 |
| 普通教室与各种产生噪声的房间之间的隔墙、楼板 | 计权隔声量＋粉红噪声频谱修正量 $R_w + C$ | >50 |
| 普通教室之间的隔墙与楼板 | 计权隔声量＋粉红噪声频谱修正量 $R_w + C$ | >45 |
| 音乐教室、琴房之间的隔墙与楼板 | 计权隔声量＋粉红噪声频谱修正量 $R_w + C$ | >45 |

注：产生噪声的房间系指音乐教室、舞蹈教室、琴房、健身房，以下相同。

**5.2.2** 教学用房与相邻房间之间的空气声隔声性能，应符合表 5.2.2 的规定。

表 5.2.2　教学用房与相邻房间之间的空气声隔声标准

| 房间名称 | 空气声隔声单值评价量＋频谱修正量(dB) | |
|---|---|---|
| 语言教室、阅览室与相邻房间之间 | 计权标准化声压级差＋粉红噪声频谱修正量 $D_{nT,w} + C$ | ≥50 |
| 普通教室与各种产生噪声的房间之间 | 计权标准化声压级差＋粉红噪声频谱修正量 $D_{nT,w} + C$ | ≥50 |
| 普通教室之间 | 计权标准化声压级差＋粉红噪声频谱修正量 $D_{nT,w} + C$ | ≥45 |
| 音乐教室、琴房之间 | 计权标准化声压级差＋粉红噪声频谱修正量 $D_{nT,w} + C$ | ≥45 |

**5.2.3** 教学用房的外墙、外窗和门的空气声隔声性能，应符合表 5.2.3 的规定。

表 5.2.3　外墙、外窗和门的空气声隔声标准

| 构件名称 | 空气声隔声单值评价量＋频谱修正量(dB) | |
|---|---|---|
| 外墙 | 计权隔声量＋交通噪声频谱修正量 $R_w + C_{tr}$ | ≥45 |
| 临交通干线的外窗 | 计权隔声量＋交通噪声频谱修正量 $R_w + C_{tr}$ | ≥30 |
| 其他外窗 | 计权隔声量＋交通噪声频谱修正量 $R_w + C_{tr}$ | ≥25 |
| 产生噪声房间的门 | 计权隔声量＋粉红噪声频谱修正量 $R_w + C$ | ≥25 |
| 其他门 | 计权隔声量＋粉红噪声频谱修正量 $R_w + C$ | ≥20 |

**5.2.4** 教学用房楼板的撞击声隔声性能，应符合表5.2.4的规定。

**表5.2.4　教学用房楼板的撞击声隔声标准**

| 构件名称 | 撞击声隔声单值评价量(dB) | |
| --- | --- | --- |
| | 计权规范化撞击声压级 $L_{n,w}$ （实验室测量） | 计权标准化撞击声压级 $L'_{nT,w}$ （现场测量） |
| 语言教室、阅览室与上层房间之间的楼板 | <65 | ≤65 |
| 普通教室、实验室、计算机房与上层产生噪声的房间之间的楼板 | <65 | ≤65 |
| 琴房、音乐教室之间的楼板 | <65 | ≤65 |
| 普通教室之间的楼板 | <75 | ≤75 |

注：当确有困难时，可允许普通教室之间楼板的撞击声隔声单值评价量小于或等于85dB，但在楼板结构上应预留改善的可能条件。

### 5.3　隔声减噪设计

**5.3.1**　位于交通干线旁的学校建筑，宜将运动场沿干道布置，作为噪声隔离带。产生噪声的固定设施与教学楼之间，应设足够距离的噪声隔离带。当教室有门窗面对运动场时，教室外墙至运动场的距离不应小于25m。

**5.3.2**　教学楼内不应设置发出强烈噪声或振动的机械设备，其他可能产生噪声和振动的设备应尽量远离教学用房，并采取有效的隔声、隔振措施。

**5.3.3**　教学楼内的封闭走廊、门厅及楼梯间的顶棚，在条件允许时宜设置降噪系数（NRC）不低于0.40的吸声材料。

**5.3.4**　各类教室内宜控制混响时间，避免不利反射声，提高语言清晰度。各类教室空场500Hz～1000Hz的混响时间应符合表5.3.4的规定。

**表5.3.4　各类教室空场500Hz～1000Hz的混响时间**

| 房间名称 | 房间容积（m³） | 空场500Hz～1000Hz混响时间（s） |
| --- | --- | --- |
| 普通教室 | ≤200 | ≤0.8 |
| | >200 | ≤1.0 |
| 语言及多媒体教室 | ≤300 | ≤0.6 |
| | >300 | ≤0.8 |
| 音乐教室 | ≤250 | ≤0.6 |
| | >250 | ≤0.8 |
| 琴房 | ≤50 | ≤0.4 |
| | >50 | ≤0.6 |
| 健身房 | ≤2000 | ≤1.2 |
| | >2000 | ≤1.5 |
| 舞蹈教室 | ≤1000 | ≤1.2 |
| | >1000 | ≤1.5 |

**5.3.5**　产生噪声的房间（音乐教室、舞蹈教室、琴房、健身房）与其他教学用房设于同一教学楼内时，应分区布置，并应采取有效的隔声和隔振措施。

# 6　医院建筑

## 6.1　允许噪声级

**6.1.1**　医院主要房间内的噪声级，应符合表6.1.1的规定。

**表6.1.1　室内允许噪声级**

| 房间名称 | 允许噪声级（A声级，dB） | | | |
| --- | --- | --- | --- | --- |
| | 高要求标准 | | 低限标准 | |
| | 昼间 | 夜间 | 昼间 | 夜间 |
| 病房、医护人员休息室 | ≤40 | ≤35[注1] | ≤45 | ≤40 |
| 各类重症监护室 | ≤40 | ≤35 | ≤45 | ≤40 |
| 诊室 | ≤40 | | ≤45 | |
| 手术室、分娩室 | ≤40 | | ≤45 | |
| 洁净手术室 | — | | ≤50 | |
| 人工生殖中心净化区 | — | | ≤40 | |
| 听力测听室 | — | | ≤25[注2] | |
| 化验室、分析实验室 | — | | ≤40 | |
| 入口大厅、候诊厅 | ≤50 | | ≤55 | |

注：1　对特殊要求的病房，室内允许噪声级应小于或等于30dB；

　　2　表中听力测听室允许噪声级的数值，适用于采用纯音气导和骨导听阈测听法的听力测听室。采用声场测听法的听力测听室的允许噪声级另有规定。

## 6.2　隔声标准

**6.2.1**　医院各类房间隔墙、楼板的空气声隔声性能，应符合表6.2.1的规定。

**表6.2.1　各类房间隔墙、楼板的空气声隔声标准**

| 构件名称 | 空气声隔声单值评价量＋频谱修正量 | 高要求标准（dB） | 低限标准（dB） |
| --- | --- | --- | --- |
| 病房与产生噪声的房间之间的隔墙、楼板 | 计权隔声量＋交通噪声频谱修正量 $R_w + C_{tr}$ | >55 | >50 |
| 手术室与产生噪声的房间之间的隔墙、楼板 | 计权隔声量＋交通噪声频谱修正量 $R_w + C_{tr}$ | >50 | >45 |
| 病房之间及病房、手术室与普通房间之间的隔墙、楼板 | 计权隔声量＋粉红噪声频谱修正量 $R_w + C$ | >50 | >45 |
| 诊室之间的隔墙、楼板 | 计权隔声量＋粉红噪声频谱修正量 $R_w + C$ | >45 | >40 |
| 听力测听室的隔墙、楼板 | 计权隔声量＋粉红噪声频谱修正量 $R_w + C$ | — | >50 |
| 体外震波碎石室、核磁共振室的隔墙、楼板 | 计权隔声量＋交通噪声频谱修正量 $R_w + C_{tr}$ | — | >50 |

**6.2.2** 相邻房间之间的空气声隔声性能，应符合表 6.2.2 的规定。

**表 6.2.2　相邻房间之间的空气声隔声标准**

| 房间名称 | 空气声隔声单值评价量＋频谱修正量 | 高要求标准 (dB) | 低限标准 (dB) |
|---|---|---|---|
| 病房与产生噪声的房间之间 | 计权标准化声压级差＋交通噪声频谱修正量 $D_{nT,w} + C_{tr}$ | ≥55 | ≥50 |
| 手术室与产生噪声的房间之间 | 计权标准化声压级差＋交通噪声频谱修正量 $D_{nT,w} + C_{tr}$ | ≥50 | ≥45 |
| 病房之间及手术室、病房与普通房间之间 | 计权标准化声压级差＋粉红噪声频谱修正量 $D_{nT,w} + C$ | ≥50 | ≥45 |
| 诊室之间 | 计权标准化声压级差＋粉红噪声频谱修正量 $D_{nT,w} + C$ | ≥45 | ≥40 |
| 听力测听室与毗邻房间之间 | 计权标准化声压级差＋粉红噪声频谱修正量 $D_{nT,w} + C$ | — | ≥50 |
| 体外震波碎石室、核磁共振室与毗邻房间之间 | 计权标准化声压级差＋交通噪声频谱修正量 $D_{nT,w} + C_{tr}$ | — | ≥50 |

**6.2.3** 外墙、外窗和门的空气声隔声性能，应符合表 6.2.3 的规定。

**表 6.2.3　外墙、外窗和门的空气声隔声标准**

| 构件名称 | 空气声隔声单值评价量＋频谱修正量(dB) | |
|---|---|---|
| 外墙 | 计权隔声量＋交通噪声频谱修正量 $R_w + C_{tr}$ | ≥45 |
| 外窗 | 计权隔声量＋交通噪声频谱修正量 $R_w + C_{tr}$ | ≥30(临街一侧病房) |
| | | ≥25(其他) |
| 门 | 计权隔声量＋粉红噪声频谱修正量 $R_w + C$ | ≥30(听力测听室) |
| | | ≥20(其他) |

**6.2.4** 各类房间与上层房间之间楼板的撞击声隔声性能，应符合表 6.2.4 的规定。

**表 6.2.4　各类房间与上层房间之间楼板的撞击声隔声标准**

| 构件名称 | 撞击声隔声单值评价量 | 高要求标准 (dB) | 低限标准 (dB) |
|---|---|---|---|
| 病房、手术室与上层房间之间的楼板 | 计权规范化撞击声压级 $L_{n,w}$(实验室测量) | <65 | <75 |
| | 计权标准化撞击声压级 $L'_{nT,w}$(现场测量) | ≤65 | ≤75 |
| 听力测听室与上层房间之间的楼板 | 计权标准化撞击声压级 $L'_{nT,w}$(现场测量) | — | ≤60 |

注：当确有困难时，可允许上层为普通房间的病房、手术室顶部楼板的撞击声隔声单值评价量小于或等于 85dB，但在楼板结构上应预留改善的可能条件。

## 6.3　隔声减噪设计

**6.3.1** 医院建筑的总平面设计，应符合下列规定：

**1** 综合医院的总平面布置，应利用建筑物的隔声作用。门诊楼可沿交通干线布置，但与干线的距离应考虑防噪要求。病房楼应设在内院。若病房楼接近交通干线，室内噪声级不符合标准规定时，病房不应设于临街一侧，否则应采取相应的隔声降噪处理措施（如临街布置公共走廊等）；

**2** 综合医院的医用气体站、冷冻机房、柴油发电机房等设备用房如设在病房大楼内时，应自成一区。

**6.3.2** 临近交通干线的病房楼，在满足本规范表 6.2.3 的基础上，还应根据室外环境噪声状况及本规范第 6.1.1 条规定的室内允许噪声级，设计具有相应隔声性能的建筑围护结构（包括墙体、窗、门等构件）。

**6.3.3** 体外震波碎石室、核磁共振检查室不得与要求安静的房间毗邻，并应对其围护结构采取隔声和隔振措施。

**6.3.4** 病房、医护人员休息室等要求安静房间的邻室及其上、下层楼板或屋面，不应设置噪声、振动较大的设备。当设计上难于避免时，应采取有效的噪声与振动控制措施。

**6.3.5** 医生休息室应布置于医生专用区或设置门斗，避免护士站、公共走廊等公共空间人员活动噪声对医生休息室的干扰。

**6.3.6** 对于病房之间的隔墙，当嵌入墙体的医疗带及其他配套设施造成墙体损伤并使隔墙的隔声性能降低时，应采取有效的隔声构造措施，并应符合本规范表 6.2.1、表 6.2.2 的规定。

**6.3.7** 穿过病房围护结构的管道周围的缝隙，应密封。病房的观察窗，宜采用固定窗。病房楼内的污物井道、电梯井道不得毗邻病房等要求安静的房间。

**6.3.8** 入口大厅、挂号大厅、候药厅及分科候诊厅（室）内，应采取吸声处理措施；其室内 500Hz～1000Hz 混响时间不宜大于 2s。病房楼、门诊楼内走廊的顶棚，应采取吸声处理措施；吊顶所用吸声材料的降噪系数（NRC）不应小于 0.40。

**6.3.9** 手术室应选用低噪声空调设备，必要时应采取降噪措施。手术室的上层，不宜设置有振动源的机电设备；当设计上难于避免时，应采取有效的隔振、隔声措施。

**6.3.10** 听力测听室不应与设置有振动或强噪声设备的房间相邻。听力测听室应做全浮筑房中房设计，且房间入口设置声闸；听力测听室的空调系统应设置消声器。

**6.3.11** 诊室、病房、办公室等房间外的走廊吊顶内，不应设置有振动和噪声的机电设备。

**6.3.12** 医院内的机电设备，如空调机组、通风机组、冷水机组、冷却塔、医用气体设备和柴油发电机组等设备，均应选用低噪声产品；并应采取隔振及综合降噪措施。

**6.3.13** 在通风空调系统中，应设置消声装置，通风空调系统在医院各房间内产生的噪声应符合本规范表6.1.1的规定。

# 7 旅馆建筑

## 7.1 允许噪声级

**7.1.1** 旅馆建筑各房间内的噪声级，应符合表7.1.1的规定。

**表 7.1.1 室内允许噪声级**

| 房间名称 | 允许噪声级（A声级，dB） | | | | | |
|---|---|---|---|---|---|---|
| | 特 级 | | 一 级 | | 二 级 | |
| | 昼间 | 夜间 | 昼间 | 夜间 | 昼间 | 夜间 |
| 客房 | ≤35 | ≤30 | ≤40 | ≤35 | ≤45 | ≤40 |
| 办公室、会议室 | ≤40 | | ≤45 | | ≤45 | |
| 多用途厅 | ≤40 | | ≤45 | | ≤50 | |
| 餐厅、宴会厅 | ≤45 | | ≤50 | | ≤55 | |

## 7.2 隔 声 标 准

**7.2.1** 客房之间的隔墙或楼板、客房与走廊之间的隔墙、客房外墙（含窗）的空气声隔声性能，应符合表7.2.1的规定。

**表 7.2.1 客房墙、楼板的空气声隔声标准**

| 构件名称 | 空气声隔声单值评价量＋频谱修正量 | 特级 (dB) | 一级 (dB) | 二级 (dB) |
|---|---|---|---|---|
| 客房之间的隔墙、楼板 | 计权隔声量＋粉红噪声频谱修正量 $R_w + C$ | >50 | >45 | >40 |
| 客房与走廊之间的隔墙 | 计权隔声量＋粉红噪声频谱修正量 $R_w + C$ | >45 | >45 | >40 |
| 客房外墙（含窗） | 计权隔声量＋交通噪声频谱修正量 $R_w + C_{tr}$ | >40 | >35 | >30 |

**7.2.2** 客房之间、走廊与客房之间，以及室外与客房之间的空气声隔声性能，应符合表7.2.2的规定。

**表 7.2.2 客房之间、走廊与客房之间以及室外与客房之间的空气声隔声标准**

| 房间名称 | 空气声隔声单值评价量＋频谱修正量 | 特级 (dB) | 一级 (dB) | 二级 (dB) |
|---|---|---|---|---|
| 客房之间 | 计权标准化声压级差＋粉红噪声频谱修正量 $D_{nT,w} + C$ | ≥50 | ≥45 | ≥40 |
| 走廊与客房之间 | 计权标准化声压级差＋粉红噪声频谱修正量 $D_{nT,w} + C$ | ≥40 | ≥40 | ≥35 |
| 室外与客房 | 计权标准化声压级差＋交通噪声频谱修正量 $D_{nT,w} + C_{tr}$ | ≥40 | ≥35 | ≥30 |

**7.2.3** 客房外窗与客房门的空气声隔声性能，应符合表7.2.3的规定。

**表 7.2.3 客房外窗与客房门的空气声隔声标准**

| 构件名称 | 空气声隔声单值评价量＋频谱修正量 | 特级 (dB) | 一级 (dB) | 二级 (dB) |
|---|---|---|---|---|
| 客房外窗 | 计权隔声量＋交通噪声频谱修正量 $R_w + C_{tr}$ | ≥35 | ≥30 | ≥25 |
| 客房门 | 计权隔声量＋粉红噪声频谱修正量 $R_w + C$ | ≥30 | ≥25 | ≥20 |

**7.2.4** 客房与上层房间之间楼板的撞击声隔声性能，应符合表7.2.4的规定。

**表 7.2.4 客房楼板撞击声隔声标准**

| 楼板部位 | 撞击声隔声单值评价量 | 特级 (dB) | 一级 (dB) | 二级 (dB) |
|---|---|---|---|---|
| 客房与上层房间之间的楼板 | 计权规范化撞击声压级 $L_{n,w}$（实验室测量） | <55 | <65 | <75 |
| | 计权标准化撞击声压级 $L'_{nT,w}$（现场测量） | ≤55 | ≤65 | ≤75 |

**7.2.5** 客房及其他对噪声敏感的房间与有噪声或振动源的房间之间的隔墙和楼板，其空气声隔声性能标准、撞击声隔声性能标准应根据噪声和振动源的具体情况确定，并应对噪声和振动源进行减噪和隔振处理，使客房及其他对噪声敏感的房间内的噪声级满足本规范表7.1.1的规定。

**7.2.6** 不同级别旅馆建筑的声学指标（包括室内允许噪声级、空气声隔声标准及撞击声隔声标准）所应达到的等级，应符合本规范表7.2.6的规定。

**表 7.2.6 声学指标等级与旅馆建筑等级的对应关系**

| 声学指标的等级 | 旅馆建筑的等级 |
|---|---|
| 特级 | 五星级以上旅游饭店及同档次旅馆建筑 |
| 一级 | 三、四星级旅游饭店及同档次旅馆建筑 |
| 二级 | 其他档次的旅馆建筑 |

## 7.3 隔声减噪设计

**7.3.1** 旅馆建筑的总平面设计应符合下列规定：

**1** 旅馆建筑的总平面布置，应根据噪声状况进行分区。

**2** 产生噪声或振动的设施应远离客房及其他要求安静的房间，并应采取隔声、隔振措施。

**3** 旅馆建筑中的餐厅不应与客房等对噪声敏感的房间在同一区域内。

**4** 可能产生强噪声和振动的附属娱乐设施不应与客房和其他有安静要求的房间设置在同一主体结构内，并应远离客房等需要安静的房间。

**5** 可能产生较大噪声并可能在夜间营业的附属娱乐设施应远离客房和其他有安静要求的房间，并应进行有效的隔声、隔振处理。

**6** 可能在夜间产生干扰噪声的附属娱乐房间，不应与客房和其他有安静要求的房间设置在同一走廊内。

**7** 客房沿交通干道或停车场布置时，应采取防噪措施，如采用密闭窗或双层窗；也可利用阳台或外廊进行隔声减噪处理。

**8** 电梯井道不应毗邻客房和其他有安静要求的房间。

**7.3.2** 客房及客房楼的隔声设计，应符合下列规定：

**1** 客房之间的送风和排气管道，应采取消声处理措施，相邻客房间的空气声隔声性能应满足本规范表7.2.2的规定。

**2** 旅馆建筑内的电梯间，高层旅馆的加压泵、水箱间及其他产生噪声的房间，不应与需要安静的客房、会议室、多用途大厅等毗邻，更不应设置在这些房间的上部。确需设置于这些房间的上部时，应采取有效的隔振降噪措施。

**3** 走廊两侧配置客房时，相对房间的门宜错开布置。走廊内宜采用铺设地毯、安装吸声吊顶等吸声处理措施，吊顶所用吸声材料的降噪系数（NRC）不应小于0.40。

**4** 相邻客房卫生间的隔墙，应与上层楼板紧密接触，不留缝隙。相邻客房隔墙上的所有电气插座、配电箱或其他嵌入墙里对墙体构造造成损伤的配套构件，不宜背对背布置，宜错开，并应对损伤墙体所开的洞（槽）有相应的封堵措施。

**5** 客房隔墙或楼板与玻璃幕墙之间的缝隙应使用有相应隔声性能的材料封堵，以保证整个隔墙或楼板的隔声性能满足标准要求。在设计玻璃幕墙时应为此预留条件。

**6** 当相邻客房橱柜采用"背靠背"布置，两个橱柜应使用满足隔声标准要求的墙体隔开。

**7.3.3** 设有活动隔断的会议室、多用途厅，其活动隔断的空气声隔声性能应符合下式的规定：

$$R_w + C \geqslant 35dB \qquad (7.3.3)$$

式中：$R_w$——计权隔声量（dB）；

　　　$C$——粉红噪声频谱修正量（dB）。

# 8 办公建筑

## 8.1 允许噪声级

**8.1.1** 办公室、会议室内的噪声级，应符合表8.1.1的规定。

**表8.1.1 办公室、会议室内允许噪声级**

| 房间名称 | 允许噪声级（A声级，dB） | |
|---|---|---|
| | 高要求标准 | 低限标准 |
| 单人办公室 | ≤35 | ≤40 |
| 多人办公室 | ≤40 | ≤45 |
| 电视电话会议室 | ≤35 | ≤40 |
| 普通会议室 | ≤40 | ≤45 |

## 8.2 隔声标准

**8.2.1** 办公室、会议室隔墙、楼板的空气声隔声性能，应符合表8.2.1的规定。

**表8.2.1 办公室、会议室隔墙、楼板的空气声隔声标准**

| 构件名称 | 空气声隔声单值评价量＋频谱修正量（dB） | 高要求标准 | 低限标准 |
|---|---|---|---|
| 办公室、会议室与产生噪声的房间之间的隔墙、楼板 | 计权隔声量＋交通噪声频谱修正量 $R_w + C_{tr}$ | >50 | >45 |
| 办公室、会议室与普通房间之间的隔墙、楼板 | 计权隔声量＋粉红噪声频谱修正量 $R_w + C$ | >50 | >45 |

**8.2.2** 办公室、会议室与相邻房间之间的空气声隔声性能，应符合表8.2.2的规定。

**表8.2.2 办公室、会议室与相邻房间之间的空气声隔声标准**

| 房间名称 | 空气声隔声单值评价量＋频谱修正量（dB） | 高要求标准 | 低限标准 |
|---|---|---|---|
| 办公室、会议室与产生噪声的房间之间 | 计权标准化声压级差＋交通噪声频谱修正量 $D_{nT,w} + C_{tr}$ | ≥50 | ≥45 |
| 办公室、会议室与普通房间之间 | 计权标准化声压级差＋粉红噪声频谱修正量 $D_{nT,w} + C$ | ≥50 | ≥45 |

**8.2.3** 办公室、会议室的外墙、外窗（包括未封闭阳台的门）和门的空气声隔声性能，应符合表8.2.3的规定。

## 表 8.2.3 办公室、会议室的外墙、外窗和门的空气声隔声标准

| 构件名称 | 空气声隔声单值评价量＋频谱修正量(dB) | |
|---|---|---|
| 外墙 | 计权隔声量＋交通噪声频谱修正量 $R_w + C_{tr}$ | ≥45 |
| 临交通干线的办公室、会议室外窗 | 计权隔声量＋交通噪声频谱修正量 $R_w + C_{tr}$ | ≥30 |
| 其他外窗 | 计权隔声量＋交通噪声频谱修正量 $R_w + C_{tr}$ | ≥25 |
| 门 | 计权隔声量＋粉红噪声频谱修正量 $R_w + C$ | ≥20 |

**8.2.4** 办公室、会议室顶部楼板的撞击声隔声性能，应符合表 8.2.4 的规定。

## 表 8.2.4 办公室、会议室顶部楼板的撞击声隔声标准

| 构件名称 | 撞击声隔声单值评价量(dB) | | | |
|---|---|---|---|---|
| | 高要求标准 | | 低限标准 | |
| | 计权规范化撞击声压级 $L_{n,w}$（实验室测量） | 计权标准化撞击声压级 $L'_{nT,w}$（现场测量） | 计权规范化撞击声压级 $L_{n,w}$（实验室测量） | 计权标准化撞击声压级 $L'_{nT,w}$（现场测量） |
| 办公室、会议室顶部的楼板 | <65 | ≤65 | <75 | ≤75 |

注：当确有困难时，可允许办公室、会议室顶部楼板的计权规范化撞击声压级或计权标准化撞击声压级小于或等于85dB，但在楼板结构上应预留改善的可能条件。

### 8.3 隔声减噪设计

**8.3.1** 拟建办公建筑的用地确定后，应对用地范围环境噪声现状及其随城市建设的变化作必要的调查、测量和预计。

**8.3.2** 办公建筑的总体布局，应利用对噪声不敏感的建筑物或办公建筑中的辅助用房遮挡噪声源，减少噪声对办公用房的影响。

**8.3.3** 办公建筑的设计，应避免将办公室、会议室与有明显噪声源的房间相邻布置；办公室及会议室上部（楼层）不得布置产生高噪声（含设备、活动）的房间。

**8.3.4** 走道两侧布置办公室时，相对房间的门宜错开设置。办公室及会议室面向走道或楼梯间的门的隔声性能应符合表8.2.3的规定。

**8.3.5** 面临城市干道及户外其他高噪声环境的办公室及会议室，应依据室外环境噪声状况及所确定的允许噪声级，设计具有相应隔声性能的建筑围护结构（包括墙体、窗、门等各种部件）。

**8.3.6** 相邻办公室之间的隔墙应延伸到吊顶棚高度以上，并与承重楼板连接，不留缝隙。

**8.3.7** 办公室、会议室的墙体或楼板因孔洞、缝隙、连接等原因导致隔声性能降低时，应采取下列措施：

**1** 管线穿过楼板或墙体时，孔洞周边应采取密封隔声措施。

**2** 固定于墙面引起噪声的管道等构件，应采取隔振措施。

**3** 办公室、会议室隔墙中的电气插座、配电箱或嵌入墙内对墙体构造损伤的配套构件，在背对背设置时应相互错开位置，并应对所开的洞（槽）有相应的隔声封堵措施。

**4** 对分室墙上的施工洞口或剪力墙抗震设计所开洞口的封堵，应采用满足分室墙隔声要求的材料和构造。

**5** 幕墙与办公室、会议室隔墙及楼板连接时，应采用符合分室墙隔声要求的构造，并应采取防止相互串声的封堵隔声措施。

**8.3.8** 对语言交谈有较高私密要求的开放式、分格式办公室宜做专门的设计。

**8.3.9** 较大办公室的顶棚宜结合装修使用降噪系数（NRC）不小于 0.40 的吸声材料。

**8.3.10** 会议室的墙面和顶棚宜结合装修选用降噪系数（NRC）不小于 0.40 的吸声材料。

**8.3.11** 电视、电话会议室及普通会议室空场 500Hz～1000Hz 的混响时间宜符合表 8.3.11 的规定。

### 表 8.3.11 会议室空场 500Hz～1000Hz 的混响时间

| 房间名称 | 房间容积（m³） | 空场 500Hz～1000Hz 混响时间(s) |
|---|---|---|
| 电视、电话会议室 | ≤200 | ≤0.6 |
| 普通会议室 | ≤200 | ≤0.8 |

**8.3.12** 办公室、会议室内的空调系统风口在办公室、会议室内产生的噪声应符合本规范表 8.1.1 的规定。

**8.3.13** 走廊顶棚宜结合装修使用降噪系数（NRC）不小于 0.40 的吸声材料。

# 9 商业建筑

## 9.1 允许噪声级

**9.1.1** 商业建筑各房间内空场时的噪声级，应符合表 9.1.1 的规定。

**表 9.1.1　室内允许噪声级**

| 房间名称 | 允许噪声级（A 声级，dB） | |
|---|---|---|
| | 高要求标准 | 低限标准 |
| 商场、商店、购物中心、会展中心 | ≤50 | ≤55 |
| 餐厅 | ≤45 | ≤55 |
| 员工休息室 | ≤40 | ≤45 |
| 走廊 | ≤50 | ≤60 |

## 9.2　室内吸声

**9.2.1**　容积大于 400m³ 且流动人员人均占地面积小于 20m² 的室内空间，应安装吸声顶棚；吸声顶棚面积不应小于顶棚总面积的 75%；顶棚吸声材料或构造的降噪系数（NRC）应符合表 9.2.1 的规定。

**表 9.2.1　顶棚吸声材料或构造的降噪系数（NRC）**

| 房间名称 | 降噪系数（NRC） | |
|---|---|---|
| | 高要求标准 | 低限标准 |
| 商场、商店、购物中心、会展中心、走廊 | ≥0.60 | ≥0.40 |
| 餐厅、健身中心、娱乐场所 | ≥0.80 | ≥0.40 |

## 9.3　隔声标准

**9.3.1**　噪声敏感房间与产生噪声房间之间的隔墙、楼板的空气声隔声性能应符合表 9.3.1 的规定。

**表 9.3.1　噪声敏感房间与产生噪声房间之间的隔墙、楼板的空气声隔声标准**

| 围护结构部位 | 计权隔声量＋交通噪声频谱修正量 $R_w + C_{tr}$ (dB) | |
|---|---|---|
| | 高要求标准 | 低限标准 |
| 健身中心、娱乐场所等与噪声敏感房间之间的隔墙、楼板 | >60 | >55 |
| 购物中心、餐厅、会展中心等与噪声敏感房间之间的隔墙、楼板 | >50 | >45 |

**9.3.2**　噪声敏感房间与产生噪声房间之间的空气声隔声性能应符合表 9.3.2 的规定。

**表 9.3.2　噪声敏感房间与产生噪声房间之间的空气声隔声标准**

| 房间名称 | 计权标准化声压级差＋交通噪声频谱修正量 $D_{nT,w} + C_{tr}$ (dB) | |
|---|---|---|
| | 高要求标准 | 低限标准 |
| 健身中心、娱乐场所等与噪声敏感房间之间 | ≥60 | ≥55 |
| 购物中心、餐厅、会展中心等与噪声敏感房间之间 | ≥50 | ≥45 |

**9.3.3**　噪声敏感房间的上一层为产生噪声房间时，噪声敏感房间顶部楼板的撞击声隔声性能应符合表 9.3.3 的规定。

**表 9.3.3　噪声敏感房间顶部楼板的撞击声隔声标准**

| 楼板部位 | 撞击声隔声单值评价量(dB) | | | |
|---|---|---|---|---|
| | 高要求标准 | | 低限标准 | |
| | 计权规范化撞击声压级 $L_{n,w}$（实验室测量） | 计权标准化撞击声压级 $L'_{nT,w}$（现场测量） | 计权规范化撞击声压级 $L_{n,w}$（实验室测量） | 计权标准化撞击声压级 $L'_{nT,w}$（现场测量） |
| 健身中心、娱乐场所等与噪声敏感房间之间的楼板 | <45 | ≤45 | <50 | ≤50 |

## 9.4　隔声减噪设计

**9.4.1**　高噪声级的商业空间不应与噪声敏感的空间位于同一建筑内或毗邻。如果不可避免的位于同一建筑内或毗邻，必须进行隔声、隔振处理，保证传至敏感区域的营业噪声和该区域的背景噪声叠加后的总噪声级与背景噪声级之差值不大于 3dB（A）。

**9.4.2**　当公共空间室内设有暖通空调系统时，暖通空调系统在室内产生的噪声级应符合本规范表 9.1.1 的规定。并宜采取下列措施：

　　**1**　降低风管中的风速。

　　**2**　设置消声器。

　　**3**　选用低噪声的风口。

## 附录 A　室内噪声级测量方法

**A.0.1**　室内噪声级的测量应符合下列规定：

　　**1**　室内噪声级的测量应在昼间、夜间两个不同时段内，各选择较不利的时间进行。昼间、夜间时段的划分应符合本规范第 1.0.3 条的规定。

　　**2**　室内噪声级的测量值为等效［连续 A 计权］声级。

　　**3**　对不同特性噪声的测量值，应按本规范表 A.0.4 的规定进行修正。

**A.0.2**　测量仪器应符合下列规定：

　　**1**　测量仪器应采用符合现行国家标准《电声学　声级计　第 1 部分：规范》GB/T 3785.1 和《积分平均声级计》GB/T 17181 中规定的 1 型或性能优于 1 型的积分声级计。滤波器应符合现行国家标准《倍频程和分数倍频程滤波器》GB/T 3241 的有关规定。也可使用性能相当的其他声学测量仪器。

**2** 校准器应符合现行国家标准《声校准器》GB/T 15173 规定的 1 级要求，校准器应每年送法定计量部门检定一次。

**3** 每次测量前后，应用校准器对测量系统进行校准，测量前、后校准值偏差不得大于 0.5dB。

**A.0.3** 测量条件应符合下列规定：

**1** 对于住宅、学校、医院、旅馆、办公建筑及商业建筑中面积小于 30m² 的房间，在被测房间内选取 1 个测点，测点应位于房间中央。

**2** 对于面积大于等于 30m²、小于 100m² 的房间，选取 3 个测点，测点均匀分布在房间长方向的中心线上，房间平面为正方形时，测点应均匀分布在与窗面积最大的墙面平行的中心线上。

**3** 对于面积大于等于 100m² 的房间，可根据具体情况，优化选取能代表该区域室内噪声水平的测点及测点数量。

**4** 测点分布应均匀且具代表性，测点应分布在人的活动区域内。对于开敞式办公室，测点应布置在办公区域；对于商场，测点应布置在购物区域。

**5** 测点的布置应符合下列规定：

1) 测点距地面的高度应为 1.2m～1.6m。
2) 测点距房间内各反射面的距离应大于等于 1.0m。
3) 各测点之间的距离应大于等于 1.5m。
4) 测点距房间内噪声源的距离应大于等于 1.5m。

注：对于较拥挤的房间，上述测点条件无法满足的情况下，测点距房间内各反射面（不包括窗等重要的传声单元）的距离应大于等于 0.7m，各测点之间的距离应大于等于 0.7m。

**6** 对于间歇性非稳态噪声的测量，测点数可为一个，测点应设在房间中央。

**7** 测量室内噪声时，室内应无人（测试人员除外）。测量住宅、学校、旅馆、办公建筑及商业建筑的室内噪声时，应在关闭门窗的情况下进行。测量医院的室内噪声时，应关闭房间门并根据房间实际使用状态决定房间窗的开或关。

**A.0.4** 测量方法及数据处理应符合下列规定：

**1** 对于稳态噪声，在各测点处测量 5s～10s 的等效［连续 A 计权］声级，每个测点测量 3 次，并将各测点的所有测量值进行能量平均，计算结果修约到个数位。

**2** 对于声级随时间变化较复杂的持续的非稳态噪声，在各测点处测量 10min 的等效［连续 A 计权］声级。将各测点的所有测量值进行能量平均，计算结果修约到个数位。

**3** 对于间歇性非稳态噪声，测量噪声源密集发声时 20min 的等效［连续 A 计权］声级。

**4** 当建筑物内部的水泵是影响室内噪声级的主要噪声源时，室内噪声级的测量应在水泵正常运行时，按稳态噪声的测量方法进行。

**5** 当建筑物内部的电梯是影响室内噪声级的主要噪声源时，室内噪声级的测量应在电梯正常运行时进行，测量电梯完成一个运行过程的等效［连续 A 计权］声级，被测运行过程是电梯噪声在室内产生较不利影响的运行过程。电梯运行过程及测量方法应符合下列规定：

1) 运行过程：电梯轿厢内载 1～2 人，打开并立即关闭电梯门——立即启动——运行——停止——打开并立即关闭电梯门。
2) 测量方法：测量从运行过程开始时起到运行过程结束时止这个时段的等效［连续 A 计权］声级。每个测点测量 5 个向上运行过程和 5 个向下的运行过程，并将各测点的所有测量值进行能量平均，计算结果修约到个数位。

**6** 在进行室内噪声级测量时，若主观判断噪声中含有调声（可听纯音或窄带噪声），应在测量等效［连续 A 计权］声级的同时测量等效［连续 A 计权］声级所对应的线性 1/3 倍频带谱，按下列规定进行判定，并按表 A.0.4 的规定对测量值进行修正。稳态噪声、持续的非稳态噪声是否含有调声的判定依据是：

1) 在测量过程中有调声被清楚地听到。
2) 在测量结果的 1/3 倍频带频谱中，某一个 1/3 倍频带声压级应超过相邻的两个频带声压级某个恒定的声压级差，声压级差随频率而变，声压级差至少为：
   ——低频段（25Hz～125Hz）15dB；
   ——中频段（160Hz～400Hz）8dB；
   ——高频段（500Hz～10000Hz）5dB。

**表 A.0.4 因噪声特性的不同对噪声测量值的修正值**

| 噪 声 特 性 | | 修正值(dB) |
|---|---|---|
| 稳态噪声 | 持续稳定的噪声 | 0 |
| | 包含有调声的稳态噪声 | +5 |
| 非稳态噪声 | 声级随时间起伏，变化较复杂的噪声（如道路交通噪声） | 0 |
| | 包含有调声的持续的非稳态噪声 | +5 |
| | 飞机噪声 | +3 |

# 本规范用词说明

**1** 为了便于执行本规范条文时区别对待，对要求严格程度不同的用词，说明如下：

1) 表示很严格，非这样做不可的用词：
   正面词采用"必须"，反面词采用"严禁"；
2) 表示严格，在正常情况下均应这样做的用词：

正面词采用"应"，反面词采用"不应"或"不得"；

3）表示允许稍有选择，在条件许可时首先应这样做的用词：

正面词采用"宜"，反面词采用"不宜"；

4）表示有选择，在一定条件下可以这样做的用词，采用"可"。

2 本规范中指明应按其他有关标准执行时，写法为"应符合……的规定"或"应按……执行"。

## 引用标准名录

1 《建筑隔声评价标准》GB/T 50121

2 《声环境质量标准》GB 3096

3 《倍频程和分数倍频程滤波器》GB/T 3241

4 《电声学 声级计 第1部分：规范》GB/T 3785.1

5 《积分平均声级计》GB/T 17181

6 《声校准器》GB/T 15173

中华人民共和国国家标准

# 民用建筑隔声设计规范

GB 50118—2010

## 条 文 说 明

# 修 订 说 明

《民用建筑隔声设计规范》GB 50118－2010 经住房和城乡建设部 2010 年 8 月 18 日第 744 号公告批准发布。

本规范是在《民用建筑隔声设计规范》GBJ 118－88的基础上修订而成，上一版的主编单位是中国建筑科学研究院，参加单位是同济大学、上海市民用建筑设计院、北京市建筑设计院、清华大学、天津大学、南京工学院、重庆建筑工程学院、太原工业大学、华南工学院、哈尔滨建筑工程学院、中国建筑西南设计院、中国建筑西北设计院、湖北工业建筑设计院、湖北省建筑科学研究所、广西壮族自治区建筑科学研究所，主要起草人是吴大胜、向斌南、张锡英、王季卿、朱茂林、项端祈。本次修订的主要技术内容是：1. 增加了对办公、商业两类建筑隔声、减噪设计的内容；2. 对部分允许噪声级标准、隔声标准的最基本要求，向比较严格的方向作了适当的调整；3. 允许噪声级的标准值，原规范中是开窗条件下的标准值，本规范中是关窗条件下的标准值。

本规范修订过程中，编制组根据近年来收集到的对各类民用建筑噪声、隔声、吸声方面的意见，综合考虑民用建筑的现状、人们对各类民用建筑的声学要求、社会经济的发展水平、建筑声学技术的发展水平，并在广泛征求意见的基础上，最后经审查定稿。

为便于广大设计、施工、科研、学校等单位有关人员在使用本规范时能正确理解和执行条文规定，《民用建筑隔声设计规范》编制组按章、节、条顺序编制了本规范的条文说明，对条文规定的目的、依据以及执行中需注意的有关事项进行了说明。但是，本条文说明不具备与规范正文同等的法律效力，仅供使用者作为理解和把握规范规定的参考。

# 目 次

# 1 总　则

**1.0.1** 建设各类民用建筑，应考虑噪声控制。噪声控制应从建筑项目的方案设计阶段开始，并贯穿所有设计阶段。并宜有噪声控制专业技术人员参加设计工作。

随着我国经济、科技的发展，各种交通工具和用于民用建筑的机械、设备都越来越多，使得噪声源不断增多；同时也出现了许多新型轻质建筑材料，使得民用建筑的隔声降噪能力减弱。由于以上这些原因，使得民用建筑内的噪声干扰问题日益突出，要求降低噪声、改善声环境的呼声日益强烈。因此，在建设民用建筑时，必须将隔声减噪作为一个重要因素加以考虑。

解决民用建筑内的噪声干扰问题应该从规划设计、单体建筑内的平面布置、选择建筑围护结构以及减小、控制建筑设备的振动、噪声等方面采取措施，并且应该在各个设计阶段就加以考虑。许多防振、减噪措施需要占用一定的空间或要求建筑结构能够承受较大的荷载，若设计时不预留，则这些措施将难以实施。如果建筑建成后再来解决噪声问题，不仅所需的经费可能比在设计阶段就考虑解决噪声问题要多很多，而且还受到许多已不可改变（因建筑已建成）的建筑条件限制，而难以达到最佳降噪效果。

较大、较重要的民用建筑中的噪声控制方面的工作量大、要求高，由专业噪声控制工程师来负责这项工作，将使民用建筑的噪声控制效果更加有保证。

**1.0.2** 本规范主要针对住宅、学校、医院、旅馆、办公建筑及商业建筑等六类建筑中的噪声控制作了规定。对于学校、医院、旅馆、办公建筑中的会议室、教室等房间，在控制其中噪声的同时，兼顾了控制混响时间，以保证语言清晰。

住宅建筑的标准也适用于公寓。住宅建筑的设计原则也适用于集体宿舍。

学校建筑的标准适用于中、小学及大专院校的一般教学用房及教学辅助用房（图书馆等）。幼儿园的一般教学用房应按学校建筑的标准设计，幼儿园的睡眠房间应按住宅建筑的标准设计。

医院建筑的标准适用于综合医院，专科医院、疗养院与其他医院可采用综合医院相应房间的标准。

旅馆建筑的标准适用于能够以夜为时间单位向客人提供相关服务的住宿设施。按不同习惯旅馆也被称为酒店、旅社、宾馆、招待所、度假村、俱乐部、大厦、中心等。

办公建筑的标准适用于行政机关、企事业单位、商贸集团专用处理事务的建筑，也适用于其他各类建筑中的办公用房。

商业建筑的标准适用于以商业经营为目的、有固定的服务人员和相对较多的流动人员的营业性场所，如购物中心、餐厅、娱乐场（迪斯科和KTV等）、健身中心、会展中心等等。

**1.0.3** 允许噪声级是室内噪声容许标准，一般可以用NR评价曲线或A声级来规定。NR评价曲线是人为规定的各频带（从低频至高频）噪声声压级的曲线，往往用它检查是哪些频带的噪声有问题。在通常的声级范围内，A声级与人们对声音响度的主观感觉有良好的相关性，使用简便，是被广泛采用的单值评价方法。因此，本规范选用A声级来规定允许噪声级。这样也有利于室内、室外噪声标准的衔接，因为我国室外环境噪声的标准《声环境质量标准》GB 3096-2008中也是用A声级来规定的。

本规范中规定了房间关窗状态下的室内允许噪声级。医院建筑中的某些房间（如病房等）因卫生原因需要开窗使用，故也对这些房间开窗时的室内允许噪声级作了规定。在目前室外噪声源增多、室外噪声较高（尤其是城市交通干线、高速公路、铁路、机场附近）的情况下，要求在开窗状态室内的噪声也较低是比较困难的。为减小室外噪声对房间内的干扰，增强房间外窗部位的隔声能力是从建筑本身所能采取的主要、有效措施。虽然关窗可以降低室外噪声对室内的影响，但关窗也隔断了室内外的空气交流，不利于房间内的空气新鲜。所以，在规划、设计民用建筑时，仍应尽可能从平面布置方面采取防噪措施，争取实现在开窗状态下，房间内的噪声也能达到本规范中室内允许噪声级的要求。

正常情况下，人们在昼间工作、学习，在夜间休息、睡觉。人的不同生活状态对安静程度的要求是不同的。国内外声学专家通过调查研究后提出，人睡眠时的安静程度，理想状态是A声级30dB以下，若达不到理想状态，最差A声级也不能大于50dB；交谈、思考时对安静程度的要求，理想状态是A声级40dB以下，最差A声级也不能大于60dB。人睡眠时对安静程度的要求最高，因而一般噪声在夜间比昼间对人有更大的干扰。正是由于人们昼间活动、夜间休息，因而昼间噪声较高、夜间噪声较低。因此，本规范对夜间人们要在其中睡觉的民用建筑，按昼间、夜间两个不同时段分别规定室内的允许噪声级。

也有国家将一天分成白天、傍晚、夜间三个时段，分别规定各个时段的允许噪声级。但是，将一天分成白天、傍晚、夜间三个时段的必要性并不高，还增加了执行、操作的困难，所以本规范对有需要的民用建筑，按白天、夜间两个时段分别规定室内的允许噪声级。

由于我国幅员辽阔，跨越多个时区，有些地方政府考虑当地的时差、作习习惯而对昼间、夜间的划分另有规定。对于这种情况昼间和夜间时段所对应的时间可以按照当地人民政府的规定。

## 2 术语和符号

### 2.1 术　语

本规范中的术语，只是为了说明本规范中有关项目的物理意义，而不追求该术语的全部完整定义。其中，部分术语按《声学名词术语》GB/T 3947-1996给出，部分术语参考有关建筑隔声标准和习惯上常用的词汇编写。

**2.1.2**　等效声级的公式是：$L_{Aeq,T} = 10\lg\left(\dfrac{1}{T}\displaystyle\int_0^T 10^{0.1L_A}\mathrm{d}t\right)$ 　　(1)

式中：$L_{Aeq,T}$——等效声级，dB；

　　　　$T$——规定的时间间隔，s；

　　　　$L_A$——$t$ 时刻的 A 声级，dB。

**2.1.3**　由于我们人类生活在空气中，所以一般情况下（头处于水中时除外），我们听到的声音都是空气声。为帮助理解，举几个空气声的例子，如：邻室的电视声、邻室的谈话声、室外的交通噪声等。

空气声隔声是通过在空气声的传播途径——空气中采取措施，增加声衰减。

**2.1.4**　撞击声并非是一种与空气声截然不同的声音，只不过是因为在隔声机理上有所不同，而分为两类声音。为帮助理解，举几个撞击声的例子，如：人在房间顶部的楼板上行走或拖拉物体、物体掉落在房间顶部的楼板上，而在房间内产生的噪声。

撞击声隔声是通过改变撞击声的发声方式和或在撞击声的固体传播途径——建筑结构中采取措施，增加声衰减。

**2.1.6**　按照《建筑隔声评价标准》GB/T 50121-2005 中 3.2 节或 3.3 节规定的方法，根据建筑构件在 100Hz～3150Hz 中心频率范围内各 1/3 倍频程（或 125Hz～2000Hz 中心频率范围内各 1/1 倍频程）的隔声量得出计权隔声量。

依据《声学　建筑和建筑构件隔声测量　第 3 部分：建筑构件空气声隔声的实验室测量》GB/T 19889.3-2005 测量得到隔声量。

隔声量的公式是：$R = L_1 - L_2 + 10\lg\dfrac{S}{A}$ 　　(2)

式中：$L_1$——声源室内平均声压级，单位 dB；

　　　　$L_2$——接收室内平均声压级，单位 dB；

　　　　$S$——试件面积，单位 $\mathrm{m^2}$；

　　　　$A$——接收室内吸声量，单位 $\mathrm{m^2}$。

**2.1.7**　按照《建筑隔声评价标准》GB/T 50121-2005 中 3.2 节或 3.3 节规定的方法，根据房间之间在 100Hz～3150Hz 中心频率范围内各 1/3 倍频程（或 125Hz～2000Hz 中心频率范围内各 1/1 倍频程）的标准化声压级差得出计权标准化声压级差。

依据《声学　建筑和建筑构件隔声测量　第 4 部分：房间之间空气声隔声的现场测量》GB/T 19889.4-2005 或者和《声学　建筑和建筑构件隔声测量　第 14 部分：特殊现场测量导则》GB/T 19889.14-2010 测量得到标准化声压级差。

标准化声压级差的公式是：$D_{nT} = L_1 - L_2 + 10\lg\dfrac{T}{T_0}$ 　　(3)

式中：$L_1$——声源室内平均声压级，单位 dB；

　　　　$L_2$——接收室内平均声压级，单位 dB；

　　　　$T$——接收室内混响时间，单位 s；

　　　　$T_0$——参考混响时间，对于住宅，$T_0 = 0.5\mathrm{s}$。

**2.1.8**　按照《建筑隔声评价标准》GB/T 50121-2005 中 4.2 节或 4.3 节规定的方法，根据楼板或楼板构造在 100Hz～3150Hz 中心频率范围内各 1/3 倍频程（或 125Hz～2000Hz 中心频率范围内各 1/1 倍频程）的规范化撞击声压级得出计权规范化撞击声压级。

依据《声学　建筑和建筑构件隔声测量　第 6 部分：楼板撞击声隔声的实验室测量》GB/T 19889.6-2005 测量得到规范化撞击声压级。

规范化撞击声压级的公式是：$L_n = L_i + 10\lg\dfrac{A}{A_0}$ 　　(4)

式中：$L_i$——接收室内平均撞击声压级，单位 dB；

　　　　$A$——接收室内吸声量，单位 $\mathrm{m^2}$；

　　　　$A_0$——参考吸声量，$A_0 = 10\mathrm{m^2}$。

**2.1.9**　按照《建筑隔声评价标准》GB/T 50121-2005 中 4.2 节或 4.3 节规定的方法，根据楼板或楼板构造在 100Hz～3150Hz 中心频率范围内各 1/3 倍频程（或 125Hz～2000Hz 中心频率范围内各 1/1 倍频程）的标准化撞击声压级得出计权标准化撞击声压级。

依据《声学　建筑和建筑构件隔声测量　第 7 部分：楼板撞击声隔声的现场测量》GB/T 19889.7-2005 或者和《声学　建筑和建筑构件隔声测量　第 14 部分：特殊现场测量导则》GB/T 19889.14-2010 测量得到标准化撞击声压级。

标准化撞击声压级的公式是：$L'_{nT} = L_i - 10\lg\dfrac{T}{T_0}$ 　　(5)

式中：$L_i$——接收室内平均撞击声压级，单位 dB；

　　　　$T$——接收室内混响时间，单位 s；

　　　　$T_0$——参考混响时间，对于住宅，$T_0 = 0.5\mathrm{s}$。

**2.1.10**　本规范中，频谱修正量即为空气声隔声频谱修正量。

粉红噪声频谱修正量 $C$ 及交通噪声频谱修正量 $C_{tr}$，按照《建筑隔声评价标准》GB/T 50121-2005 中 3.4 节规定的方法计算得出。

根据 GB/T 50121-2005，用 $R_w + C$ 表征构件对

类似粉红噪声频谱的噪声（中高频为主的噪声）的隔声性能；用 $R_w + C_{tr}$ 表征构件对类似交通噪声频谱的噪声（中低频为主的噪声）的隔声性能；用 $D_{nT,w} + C$ 表征房间对类似粉红噪声频谱的噪声的隔声性能；用 $D_{nT,w} + C_{tr}$ 表征房间对类似交通噪声频谱的噪声的隔声性能。

**2.1.11** 降噪系数（NRC）按照《建筑吸声产品的吸声性能分级》GB/T 16731‑1997 中 4.3 节规定的方法计算得出。

# 3 总平面防噪设计

**3.0.2** 许多国家的调查研究表明，城市噪声的 70% 来自交通噪声（公路交通、铁路、飞机、航运）。在我国，公路交通噪声是城市环境噪声的主要来源，许多城市调查后绘出的城市噪声分布图证明最高噪声带都分布在交通线上，至少有 20% 的城市居民受交通噪声的干扰，睡觉不得安眠。极大部分城市都未处理好沿街居住建筑的防噪问题，而事后在已有建筑上进行补救就相当困难。当前我国城镇建设方兴未艾，不断涌现出新的居住小区，因此应接受这一教训，在新小区设计开始便能贯彻防噪布局的原则，倘小区能从外部防止交通噪声的入侵，内部处理好各种噪声源，则兴建完成后的小区将是一个比较安静的小区。

对噪声不敏感的建筑物系指防噪要求不高的建筑物，以及外围护结构有较好的防噪能力的建筑物。对噪声不敏感的建筑占着相当大的比例，例如商业建筑、饮食服务行业建筑、文化娱乐建筑、体育场地等，而且这些建筑本身要求方便群众、交通便利，均匀地分布在城市中，以减少城市交通的压力；旅馆虽为居住建筑，但亦有交通便利的要求，并有较大的停车场地，因此只要有高隔声的门窗与空调设备，也属于对噪声不敏感建筑；甚至医院的门诊部也要求临近交通线，以方便病人就医；某些低噪声的精密仪器工厂、进出货品繁忙的仓库、展览等公共建筑也可作为屏蔽建筑。

声屏障是降低地面运输噪声的有效措施之一。一般 3m～6m 高的声屏障，其声影区内降噪效果在 5dB～12dB 之间。

当噪声源发出的声波遇到声屏障时，它将沿三条路径传播：一部分越过声屏障顶端绕射到达受声点；一部分穿透声屏障到达受声点；一部分在声屏障壁面上产生反射。声屏障的插入损失（在保持噪声源、地形、地貌、地面和气象条件不变情况下安装声屏障前后在某特定位置上的声压级之差）主要取决于声源发出的声波沿这三条路径传播的声能分配。

**3.0.3** 锅炉、水泵、变压器、制冷机等强噪声源设在建筑内易产生固体声，且噪声敏感建筑对安静程度的要求较高，因而固体声的治理难度大、代价高。将

锅炉房、水泵房、变压器室、制冷机房单独设置在噪声敏感建筑之外，可从根本上解决相关建筑设备的噪声干扰问题。

对于小区内部的噪声控制，在各类民用建筑设计时，应注意有噪声源的建筑附属设施（如锅炉房、水泵房等），不仅需要考虑防止对所属建筑的噪声干扰，还需考虑防止对邻近建筑的噪声干扰，而后者常被忽视而引起纠纷。采取相应的治理措施后，将能有效地降低小区内的噪声水平。

实践证明噪声源设置在地下时，对噪声控制有较好的效果。但必须注意设置在建筑物内时，除隔离空气声外，对结构声的隔离十分重要，不然将对整个建筑物有严重干扰，过去已有教训。因此，当噪声源设在噪声敏感建筑内时必须采取有效的隔声、隔振措施。

冷却塔、热泵机组产生的噪声较大，一般可达 65dB(A)～85dB(A)。由于建筑的体量越来越大，需要的冷却塔、热泵机组也越来越多，常常可以见到一座建筑配数个乃至十几个冷却塔、热泵机组的情形，在这种情况下冷却塔、热泵机组产生的噪声就更大了。

对于无噪声屏蔽措施的情形，当冷却塔、热泵机组设在地面或裙房顶上时，一方面冷却塔、热泵机组产生的噪声直接辐射到其所属楼房的窗户上，对其所属楼房内的房间产生噪声干扰；另一方面冷却塔、热泵机组产生的噪声被地面、裙房顶面、冷却塔所属楼房的外墙面反射到空间中，使得噪声加大；当冷却塔、热泵机组设在楼顶时，冷却塔、热泵机组所属楼房的房间均在冷却塔、热泵机组的下方，楼顶面将冷却塔、热泵机组产生的噪声反射到天空中去，自然也屏蔽了冷却塔、热泵机组产生噪声直接对冷却塔、热泵机组所属楼房内房间的噪声干扰；由于在室外人们大多在地面活动，人们与设置在楼顶的冷却塔、热泵机组的距离要比设置在地面或裙房顶上的距离远得多，从而加大了声衰减。

此外，楼顶的通风散热条件也优于地面或裙房顶。

因此，对于高楼林立的城市，应尽可能将冷却塔、热泵机组设置在楼顶。

**3.0.4** 无论设计独立的或群体的建筑，都需要对环境与建筑物内外的噪声源进行调查测定，然后作防噪设计的综合考虑。加大距离固然是防噪的有效措施，根据《公路建设项目环境影响评价规范》JTG B03‑2006，当行车道上的小时交通量大于 300 辆时，交通噪声的衰减为 $10\lg(r_0/r)$（$r$ 代表距离，$r_0 = 7.5m$）；当行车道上的小时交通量小于 300 辆时，交通噪声的衰减为 $15\lg(r_0/r)$。即距离加倍，噪声衰减 3dB～4.5dB。但在一定距离之外，由于距离增加而致使噪声衰减的效果将逐渐减少。因此在城市用地紧张情况

下，以加大距离，使噪声减低往往难以实现。

从建筑平面布置上将安静要求较低的房间安置在噪声高的一侧是很有效的，前后室的噪声衰减量可以达到16dB，即使在前后室门打开有穿堂风的情况下，声衰减也可以达到9dB～10dB，但有时受到建筑物的朝向限制，因此必要时就需要采取建筑上的防噪措施。

**3.0.5** 在夏季，建筑需要开窗的时间较多，而且一般是将建筑迎风一侧的窗打开，以便让风吹进室内。将对安静要求较高的民用建筑设置于本区域主要噪声源夏季主导风向的上风侧，就可以使建筑在夏季开窗时，打开的窗子处于背向主要噪声源的状态，建筑自身就成为了噪声屏蔽措施，起到减少传入室内的噪声的作用。

# 4 住宅建筑

## 4.1 允许噪声级

**4.1.1、4.1.2** 住宅室内允许噪声级标准，是对住宅楼内、外噪声源在住宅卧室、起居室（厅）产生的噪声的总体控制要求。本规范对住宅户内其他房间的允许噪声级暂不作规定。

住宅的室内允许噪声级按安静程度划分为两个档次的标准，以适应不同标准的建筑。其中4.1.1条的标准是所有住宅都要达到的最低要求标准，4.1.2条是住宅噪声控制的高要求标准，供高标准住宅设计使用。

住宅室内噪声的测量条件和测量方法见本规范附录A。

修编的主要依据：参考了国内外对住宅噪声反应的调研成果以及相关噪声标准指南，并考虑与国家标准《声环境质量标准》GB 3096-2008的协调性和标准的可操作性。

为了确定住宅的允许噪声级，曾在北京、上海、南京、重庆等地进行过大量测量调查。从北京120个住户的测量调查资料看，当室内昼间噪声级在45dB（A）以下时，有95%以上的住户觉得可以接受。其他地区的调查结论也基本接近。另据国家建筑工程质量监督检验中心近年承担的噪声委托检测工作的统计资料，住宅室内夜间噪声在40dB（A）左右时，住户的意见比较大，普遍反映噪声影响睡眠休息。

世界卫生组织（WHO）通过专家组对噪声与烦恼程度、语言交流、信息提取、睡眠干扰等关系的调查以及对噪声传递的研究，该组织发表了噪声限值指南。1999年版的环境噪声指南中有关住宅室内噪声的指导限值见表1。

日本集合住宅居室噪声标准设为三级，昼间指标值分别为35dB（A）、40dB（A）和45dB（A），夜间指标值比昼间低10dB。

**表1 WHO对住宅室内噪声的推荐值**

| 具体环境 | 考虑因素 | 测量时段 h | 等效声级 dB（A） | 快挡瞬时最大值 dB（A） |
|---|---|---|---|---|
| 住宅室内 | 语言干扰和烦恼程度 | 昼、晚16 | 35 | — |
| 卧室 | 睡眠干扰 | 夜间8 | 30 | 45 |

英国标准BS 8233中的住宅室内噪声设计指南值为：起居室，30dB（A）～40dB（A）；卧室，夜间：30dB（A）～35dB（A）。

我国现行国家标准《声环境质量标准》GB 3096-2008按区域的使用功能特点和环境质量要求，将声环境功能区分为五种类型，分别规定了各类区域的室外环境噪声限值，见表2。

**表2 各类声环境功能区环境噪声等效声级限值** 单位：dB（A）

| 类别 | | 区 域 | 时段 | |
|---|---|---|---|---|
| | | | 昼间 | 夜间 |
| 0类 | | 康复疗养区等特别需要安静的区域 | 50 | 40 |
| 1类 | | 以居民住宅、医疗卫生、文化教育、科研设计、行政办公为主要功能，需要保持安静的区域 | 55 | 45 |
| 2类 | | 以商业金融、集市贸易为主要功能，或者居住、商业、工业混杂，需要维护住宅安静的区域 | 60 | 50 |
| 3类 | | 以工业生产、仓储物流为主要功能，需要防止工业噪声对周围环境产生严重影响的区域 | 65 | 55 |
| 4类 | 4a类 | 交通干线两侧一定距离之内，需要防止交通噪声对周围环境产生严重影响的区域 | 高速公路、一级公路、二级公路、城市快速路、城市主干路、城市次干路、城市轨道交通（地面段）、内河航道两侧区域 70 | 55 |
| | 4b类 | | 铁路干线两侧区域 70 | 60 |

各类声环境功能区夜间突发噪声，其最大声级超过环境噪声限值的幅度不得高于15dB（A）

大量的实测调查表明，住宅在开窗的情况下，噪声由室外到室内有10dB左右的衰减量。对于处于0类和1类区域中的住宅，若环境噪声达标，住宅室内噪声级在开窗时也能满足第4.1.1条要求。但是，当住宅处于其他类区域时，尽管环境噪声达到GB 3096标准，在开窗时室内噪声级也未必能满足第4.1.1条的要求，尤其是交通干线两侧的住宅"开窗"状态下难以满足第4.1.1条的噪声级要求。

室内噪声不仅和住宅建筑所处的声功能区、周围噪声源的情况有关，而且和建筑物本身的隔声设计密切相关。目前对交通干线两侧的住宅所采取的简单有效的防噪措施是安装隔声窗，保证在关窗状态下室内安静。

因此，根据我国住宅外部环境噪声的实际状况，结合我国的技术经济条件，本规范规定了住宅在关窗状态下的室内允许噪声级。

本次修订将住宅允许噪声级由原规范（GBJ 118 - 88）的三级标准调整为两级，相应指标数值也作了调整。本规范与原规范住宅允许噪声级对照表见表3。

**表3  本规范与原规范住宅允许噪声级对照表**

| 房间名称 | 允许噪声级(A声级, dB) | | | | |
|---|---|---|---|---|---|
| | 本规范 | | 原规范(GBJ 118 - 88) | | |
| | 高要求 | 低限要求 | 一级 | 二级 | 三级 |
| 卧室 | ≤40(昼间) | ≤45(昼间) | ≤40(昼间) | ≤45(昼间) | ≤50(昼间) |
| | ≤30(夜间) | ≤37(夜间) | ≤30(夜间) | ≤35(夜间) | ≤40(夜间) |
| 起居室 | ≤40 | ≤45 | ≤45(昼间) | | ≤50(昼间) |
| | | | ≤35(夜间) | | ≤40(夜间) |

## 4.2 隔声标准

**4.2.1～4.2.4** 对分户墙、分户楼板及相邻两户房间之间的空气声隔声性能作规定，旨在控制邻居之间诸如说话声、电视音响声等噪声的干扰，以及保障居家生活中声音的私密性。

对分隔住宅和非居住用途空间的楼板的空气声隔声性能作规定，旨在防止住宅楼内其他用途空间内（如上层电梯机房、下层车库、商住楼的底商等）的噪声扰民。

分户构件空气声隔声性能的评价量采用计权隔声量与粉红噪声频谱修正量之和（符号：$R_w + C$），其指标值是构件的实验室测量值，供设计师隔声设计选材使用。相邻两户房间之间的空气声隔声性能评价量采用计权标准化声压级差与粉红噪声频谱修正量之和（符号：$D_{nT,w} + C$），其指标值是现场测量值，是住宅建成后实际要达到的值。

分隔住宅和非居住用途空间的楼板的空气声隔声性能评价量，采用计权隔声量与交通噪声频谱修正量之和（符号：$R_w + C_{tr}$）及计权标准化声压级差与交通噪声频谱修正量之和（符号：$D_{nT,w} + C_{tr}$）。前者是实验室测量值，供设计选材用；后者是现场测量值，是住宅建成后实际要达到的值。

测量方法见 GB/T 19889.3、GB/T 19889.4 和 GB/T 19889.14，评价方法见 GB/T 50121。

对分户墙、分户楼板的空气声隔声要求也适用于分隔住宅楼内居住空间与套外楼梯、门厅、走廊等的墙体或楼板。

4.2.1条和4.2.2条是所有住宅都应该达到的空气声隔声的最低要求标准；4.2.3条和4.2.4条是供

性能要求较高的住宅设计使用的高要求标准。

本规范卧室、起居室（厅）分户墙、分户楼板空气声隔声性能的最低要求与原规范（GBJ 118 - 88）相比，大约提高了5dB～7dB。

修编的主要依据：

**1** 根据建筑构件空气声隔声性能与主观感觉的关系，考虑满足基本的安静和私密要求。国内城市住宅现场隔声测量调查表明，当住宅分户构件的空气声隔声性能指标值（$D_{nT,w} + C$）在 40dB～45dB 时，隔壁的大声讲话时常能被听到，大约有 1/3 的居住者对隔声不满意；当分户构件的指标值（$D_{nT,w} + C$）在 45dB～50dB 时，隔壁的大声讲话一般听不到，播放音乐音量大时能听到，大约有 1/5 的居住者对隔声不满意；当分户构件的指标值（$D_{nT,w} + C$）大于 50dB 后，隔壁的音乐声（钢琴声除外）、叫喊声一般听不到，有 90% 以上的居住者对隔声效果认可。

**2** 参考国内外住宅隔声相关标准。例如，英国标准：$D_{nT,w} + C_{tr}$ 43dB～45dB、澳大利亚标准：$D_{nT,w} + C_{tr}$ 45dB、美国标准：STC 45（现场测量，相当于 $D_{nT,w}$ 45dB）。我国已有城市在住宅设计地方标准中将住宅分户构件的空气声隔声最低要求指标规定为 45dB。分隔住宅和非居住用途空间的楼板的空气声隔声要求与现行国家标准《住宅建筑规范》GB 50368 - 2005 第 7.1.3 条要求相当，计权隔声量达到 55dB 的钢筋混凝土楼板的 $C_{tr}$ 值一般在 −4dB 左右。

**3** 根据国内墙体材料、楼板构造的隔声性能测量与调查资料、结合我国经济和建筑技术水平的实际情况和发展趋势。

**4.2.5** 对住宅外窗的空气声隔声性能作规定，旨在控制室外环境噪声对居室的干扰。

外窗的空气声隔声性能评价量，采用实验室测量的计权隔声量与交通噪声频谱修正量之和（符号：$R_w + C_{tr}$），测量方法见 GB/T 8485 和 GB/T 19889.3。

本条规定的外窗的隔声要求是基于在住宅室外环境噪声达到《声环境质量标准》GB 3096 - 2008 条件下，使室内噪声符合 4.1.1 条的规定。如果环境噪声超标或住宅位于交通干道两侧，则需控制窗墙面积比，或按 4.3.2 条，依室外噪声状况进行专门的隔声设计。

**4.2.6** 本条是本次修编新增加的内容。

住宅建筑的承重外墙通常用混凝土、承重砌块这类面密度较大的建筑材料建造，这类重质墙体的隔声能力一般都大于 45dB，远比外窗的隔声好。有窗的重质外墙，隔声主要由窗决定。考虑到框架结构体系和钢结构体系的住宅建筑中，非承重外墙往往采用轻质墙体材料建造，有些轻质墙体虽然保温隔热性能很好，但隔声不一定好。因此此次规范修编增加了对住宅外墙隔声基本要求的规定。

外墙构件的空气声隔声性能评价量，采用实验室测量的计权隔声量与交通噪声频谱修正量之和（符号：$R_w+C_{tr}$），测量方法见 GB/T 19889.3。

对户（套）门的隔声性能作规定，旨在控制楼梯走廊内噪声对居室的干扰。对户内分室墙的隔声性能作规定，旨在控制户内各房间之间生活噪声的相互干扰。

户（套）门和分室墙的空气声隔声性能评价量，采用实验室测量的计权隔声量与粉红噪声频谱修正量之和（符号：$R_w+C$），测量方法见 GB/T 8485 和 GB/T 19889.3。

**4.2.7、4.2.8** 对住宅分户楼板的撞击声隔声性能作规定，旨在控制楼板上层产生的诸如脚步声、物体坠地等撞击噪声对楼下住户的干扰。

采用计权规范化撞击声压级（符号：$L_{n,w}$）作为分户楼板构件撞击声隔声性能的评价量，其指标值是构件的实验室测量值，供设计师隔声设计选材使用；采用计权标准化撞击声压级（符号：$L'_{nT,w}$）作为现场分户楼板撞击声隔声性能的评价量，其指标值是现场测量值，是住宅建成并完成地面装修后实际要达到的值。

测量方法见 GB/T 19889.6、GB/T 19889.7 和 GB/T 19889.14，评价方法见 GB/T 50121。

国外对楼板撞击声隔声的要求普遍较高，例如，英国、澳大利亚、美国及德国分户楼板撞击声隔声最低要求指标分别为 $L'_{nT,w}$ 62dB、$L'_{nT,w}$ 62dB、IIC 45（相当于 $L'_{nT,w}$ 65dB）及 $L_{n,w}$ 53dB。

国内住宅现场隔声测量调查表明，厚度在 120mm～150mm 的光裸混凝土楼板的计权标准化撞击声压级通常为 80dB 左右，普通的住宅混凝土楼板如果不做隔声装修，是达不到表 4.2.7 中规定的撞击声隔声要求的。因此，要使楼板的计权标准化撞击声压级不超过 75dB，在建筑设计时就需要考虑对楼板采取必要的隔声措施。

混凝土楼板上铺装弹性地面材料或建造由弹性材料隔开面层的浮筑楼板，均可有效改善楼板撞击声隔声性能。结合地面装修铺装弹性地面材料是解决楼板撞击声隔声问题的简易而又有效的措施。通常在混凝土楼板上铺装计权撞击声改善量大于 5dB（测量方法见 GB/T 19889.8）的地面材料，如木地板（无论是复合地板还是实木地板）或厚度 3mm 以上的弹性橡胶（橡塑）地板，可使楼板计权标准化撞击声压级不超过 75dB。层高较高的住宅楼，也可在楼板下设置隔声吊顶，实测隔声吊顶对撞击声的改善量为 10dB 左右。要想在住宅地面使用硬性地砖，一般需加隔声垫层（浮筑楼板）或隔声吊顶，才可使楼板计权标准化撞击声压级控制在 75dB 以内。

据国家建筑工程质量监督检验中心近几年进行的隔声现场调查和检测资料，住户对 $L'_{nT,w}$ 在 80dB 左右的楼板的撞击声隔声现状的抱怨远不及对 $D_{nT,w}$ 在

40dB 至 45dB 之间分户墙的空气声隔声现状的抱怨严重。根据我国经济和建筑技术水平的实际情况、发展趋势以及住户的反应，结合考虑国内商品房和保障性住房等住宅的不同特点与供给原则，本规范保留了原规范（GBJ 118-88）楼板撞击声隔声的高要求标准和低限标准及附注，供不同性能要求的住宅设计使用。

本规范 4.2.7 条和 4.2.8 条的楼板撞击声隔声要求也适用于卧室、起居室与上层门厅、走廊之间的楼板。

本规范暂不对住宅厨房、卫生间楼板的撞击声隔声性能作规定，一是考虑到厨房、卫生间地面要做防水处理，通常楼板较厚，面积也不大，楼板撞击声问题不突出；二是考虑到厨房、卫生间对地面材料有较高的防水要求（地面一般采用水泥、瓷砖等硬性防水材料），要求这些地面全做浮筑楼板或铺弹性材料不切实际。

## 4.3 隔声减噪设计

**4.3.1** 为防止停车场、儿童游戏场或健身活动场地等配套公建场所的噪声对住宅产生干扰，在住宅区规划设计时要统筹考虑其设置方式和位置。

**4.3.2** 当住宅建筑不可避免地处于高噪声的外部环境时，住宅设计除要考虑防噪声的平剖面布置，使卧室、书房、起居室（厅）布置在背噪声源的一侧外，还可采取设置隔声屏障、设封闭外廊、封闭阳台、安装高隔声性能的门窗和提高围护结构的隔声能力等防噪措施，以减轻室外噪声的影响，隔声设计的同时还要考虑室内的通风换气。

通常情况下，窗比墙的隔声要差，含窗外墙的综合隔声效果主要由窗决定。提高围护结构综合隔声效果的措施：一是提高窗的隔声性能，二是控制窗墙比。交通干线两侧的住宅，不适宜做成大面积外窗的形式。例如：夜间室外噪声在 65dB（A）时，为使卧室在关窗情况下室内噪声达到 4.1.2 条的标准要求，当窗的隔声指标值（$R_w+C_{tr}$）为 30dB 时，窗墙比要控制在 40％ 以内。

**4.3.3** 住宅建筑的朝向通常根据当地的气候条件、地理位置及卫生要求确定，在条件许可时，要充分考虑防噪声的设计要求。

卧室、起居室（厅）属于安静房间类型，厨房、卫生间属于噪声源房间类型，一套房内的厨房或卫生间不应与另一套房的卧室、起居室（厅）毗连。

**4.3.4** 电梯运行会产生噪声和振动，为了防止电梯噪声和振动干扰居室环境、影响睡眠休息，在住宅设计中要尽可能使电梯井远离居住空间。在住宅设计时，即使受平面布局限制，也不得将电梯井紧邻卧室布置，否则可能影响睡眠休息。不得不紧邻起居室布置时，必须采取相应的技术措施。例如选用低噪声电

梯、提高电梯井壁的隔声性能、在电梯轨道和井壁之间设置减振装置、将电梯井与居室在结构上脱开等。

**4.3.5** 在厨房或卫生间与居住空间相邻布置时，如果将管道等可能传声的物体设于公共墙上，可能会引起公共墙的振动而直接向卧室或起居室（厅）辐射噪声。

目前住宅大量采用 PVC 排水管，其隔声性能比铸铁管差，如果在 PVC 管道外包上隔声隔振材料，可有效降低管道排水时的噪声辐射。

**4.3.6** 为防止楼板和墙体上孔洞、缝隙的漏声，对楼板和墙体上的各种孔、槽、洞均要求采取可靠的密封隔声措施。分户墙中设置电气配套构件，在背对背安装时相互错开的距离最好能不小于 500mm。用于封堵分户墙上施工洞口或剪力墙抗震设计所开洞口的材料和构造的隔声性能，要达到原设计分户墙的相应标准要求，以保证原设计墙体的隔声性能。

**4.3.7** 整体性强的建筑，固体传声也较严重。因此，除了设备、管道要做隔振处理外，对易产生撞击、振动的其他部位，设计时也应考虑一些构造措施。例如：门可设定位器和隔声减振密封条，以减少门的拍击噪声；厨房操作台的面板与支架连接处加隔振垫，可防止固体声传播。

**4.3.8** 住宅设计时，对配套固定设备的噪声控制要特别注意，有关锅炉房、水泵房、变压器室、制冷机房等的设置要求详见第 3 章。应采取如选址安排和隔声、吸声、消声、隔振等综合手段控制噪声与振动。

空调系统是近年来一些住宅中新出现的噪声源，设置家用空调系统时，需考虑相应的噪声控制措施。空调外机的预留位置与邻居套房居住空间的窗户之间的距离不要太近。

**4.3.9** 对商住两用楼的商业用房或底商功能加以一定限制，并要求采取对应的噪声控制措施，是为了防止底商噪声扰民。

# 5 学 校 建 筑

## 5.1 允许噪声级

**5.1.1、5.1.2** 本章中的学校建筑是指大量性的用于日常教学活动的场所，不包括如音乐厅、体育馆和多功能厅等专业用途的空间，这些空间中的声学指标可参照相应的声学设计规范。本章中的教学用房不包括特殊教育学校中的教室，这些教室中的允许噪声值指标可参考《特殊教育学校建筑设计规范》JGJ 76 - 2003。允许噪声级不包括教学活动及教学设备所产生的噪声，但包括建筑设备（如空调）的噪声。

室内允许噪声级旨在提出教学用房和辅助用房室内噪声的最大值，以保障学校教学活动中学生的注意力不受来自外界和内部的噪声的影响，提高教学用房内

的语言清晰度。与原规范《民用建筑隔声设计规范》GBJ 118 - 88 相比，这次修订取消了房间允许噪声级的分级，而根据学校建筑中各种房间的安静要求程度，分别给出了主要教学用房和教学辅助用房的最大噪声允许值。本章中普通教室是指教师采用自然声授课的教室，不包括采用扩声设备的教室。

由于本规范的室内噪声采用关窗条件下无教学人员时测得的噪声值，所以房间内的最大噪声值要求较原规范有所提高。在教学用房中，取消了原规范对录音室的噪声要求，主要考虑到在学校建筑中录音室的数量较少，而声学要求较高，所以需根据录音室的专业标准进行专门声学设计。本章修订中，参考了英国 Building Bulletin 93 和美国 ANSI S12.60 - 2002 中有关学校建筑的声学设计标准，增加了教学楼封闭走廊和楼梯间的噪声要求，主要考虑到这些空间与教室相邻，为减少噪声干扰，这些空间内的允许噪声级也需有一定的限值。

## 5.2 隔 声 标 准

**5.2.1、5.2.2** 空气声隔声量标准参照《建筑隔声评价标准》GB/T 50121 - 2005 考虑了频谱修正量。教学用房的围护结构采用实验室测得的计权隔声量与粉红噪声频谱修正量之和（$R_w + C$）作为隔声性能的评价指标。学校建筑设计中应尽量使产生噪声的房间与其他教学用房布置在不同的教学楼中，或在同一教学楼的不同区域。如受条件限制，少量产生噪声的房间确需与教学用房相邻，则应将相邻墙体和楼板的空气声隔声量提高至 50dB，这在技术上和经济上当属可能。

学校琴房由于数量较多面积较小，一般采用非承重的轻质隔墙，规范中要求隔墙的隔声量不小于 45dB，主要考虑了轻质隔墙可能达到的实际隔声量和经济性，过高的隔声量要求不切实际。另外，调查发现琴房的噪声主要通过外窗、门传播，尤其对于没有安装空调系统的学校琴房，所以单独提高隔墙的隔声量对琴房的实际噪声降低效果有限。普通教室之间隔墙和楼板的隔声量较原规范（GBJ 118 - 88）中的要求提高了 5dB 为 45dB，主要考虑本次修订规范的室内噪声级采用关窗条件下的测试结果，同时参考了美国和英国的学校声学标准，对于目前新建或改建的学校建筑应能够达到。

5.2.2 条中增加了教学用房与相邻房间之间的空气声隔声标准，采用计权标准化声压级差和粉红噪声频谱修正量之和（$D_{nT,w} + C$）来表示，主要作为现场实测的验收指标。

**5.2.3** 该条是本次修订新增的内容，学校教学用房的外墙一般采用密度较大的构件或砌块，其隔声性能大大高于外墙上的门窗，所以门窗的隔声量是影响围护结构整体隔声性能的主要因素。考虑到外窗实际可

能达到的隔声量及所处位置的不同，提出临交通干线的外窗其实验室测得的计权隔声量与交通噪声频谱修正量之和不应小于 30dB，其他外窗则不小于 25dB。对于产生噪声的房间，如：琴房、音乐教室等，门的计权隔声量与粉红噪声频谱修正量之和不应小于 25dB。

**5.2.4** 楼板撞击声隔声标准采用实验室测得的计权规范化撞击声压级 $L_{n,w}$ 作为评价指标，供设计时选用。另外，本条提出的计权标准化撞击声压级 $L'_{nT,w}$，作为现场实测指标。撞击声隔声标准与原规范（GBJ 118-88）中的要求相同，主要考虑到学校建筑中教学用房的特点，对于普通教室撞击声的影响不突出，隔声指标为 75dB。对于语言教室、阅览室与其他房间之间的楼板，以及产生噪声的房间楼板撞击声的隔声指标要求较高为 65dB。普通光裸混凝土楼板的计权标准化撞击声压级通常在 80dB 左右，对于计权标准化撞击声压级小于 75dB 的情况，则在建筑设计时楼板需采用必要的隔声措施才可达到。

### 5.3 隔声减噪设计

**5.3.1** 学校位于交通干线旁时，通过建筑平面的合理布置可有效降低交通噪声对教学用房的影响，如在道路和教学楼之间布置运动场、体育馆等对噪声不敏感的建筑作为屏障，条件允许时，也可在沿交通干线的一侧设置声屏障作为防噪措施。因为室外运动场可能产生噪声，所以要求教学楼与运动场之间的距离不小于 25m，作为噪声隔离带。

**5.3.2** 教学楼内设置发出强烈噪声和振动的机械设备对教学用房的影响较大，所以在教学楼内不应设置这些机械设备。对于其他产生噪声的设备，也应尽量远离教学用房，并进行有效的降噪和隔声、隔振处理，确保其产生的噪声和振动不影响教学楼内其他房间。

**5.3.3** 研究表明，封闭走廊内顶棚的吸声可有效降低噪声沿走廊的传播，提高教学用房之间的隔声性能，如条件允许教室走廊顶棚宜配置吸声性能较高的吸声材料。

**5.3.4** 参考美国、英国相应的学校建筑声学标准，各类教室中混响时间均采用空场条件下的值，因为教室内的人数在使用时变化较大，采用空场混响时间指标便于测量、评价。音乐教室、语言教室和多媒体教室对音质的要求较高，一般数量较少，所以混响时间的标准值取得较短。房间中混响时间的控制可通过布置适当的吸声材料来实现。设计中还需根据房间的形状确定吸声材料的配置位置，以控制室内的不利反射声对语言清晰度的影响，提高教学用房内的音质。

各教学用房的体积划分参考了《中小学建筑设计规范》GBJ 99-86 中对于教学用房的面积及净高的要求。

**5.3.5** 对于新建的学校，将产生噪声的房间与其他教学用房分别设置在不同的教学楼内一般是可以做到的，如果受条件限制必须设置在同一楼内，则应分层或分区设置，并采取足够的隔声、隔振措施，确保不影响其他教学用房。

# 6 医院建筑

### 6.1 允许噪声级

**6.1.1** 本规范将对各主要用房室内允许噪声级的规定从原来的三个级别简化为两个级别，即一般都应达到的最低要求标准和较舒适的高要求标准。本次修订改变了通过对昼间时段室内允许噪声级进行修正而得出夜间时段室内允许噪声级的方法，改为对具有睡眠功能的房间直接规定昼间时段和夜间时段的室内允许噪声级。

本条新增重症监护室、入口大厅、候诊厅、洁净手术室和化验室、分析实验室等用房的室内允许噪声级规定。表 6.1.1 中的"低限标准"是以原规范的"二级"、"三级"标准为基础制定，是一个基本要求，是所有的医院都应达到的标准。表 6.1.1 中的"高要求标准"是以原规范的"一级"标准为基础制定，同时参考世界卫生组织（WHO）、法国国家标准的有关限值制定，供对声环境要求较高的医院房间选用。

世界卫生组织（WHO）环境噪声指南（Guidelines for Community Noise 1999）有关医院室内噪声的指导限值如下：

病房：$L_{Aeq} \leqslant 30dB$；$L_{Amax} \leqslant 40dB$。

治疗或观察室：$L_{Aeq} \leqslant 35dB$。

法国国家标准（Relatif a la Limitation du Bruit Dans les Etablissements de Sante 2003）关于医疗机构室内设备噪声的相关规定如下：

病房：病房内 $L_{nAT} \leqslant 30dB(A)$；

检查和诊断室、医疗办公室、等候室内 $L_{nAT} \leqslant 35dB(A)$；

治疗室 $L_{nAT} \leqslant 40dB(A)$；

手术室、产房、工作室 $L_{nAT} \leqslant 40dB(A)$。

在已颁布实施的《医院洁净手术部建筑技术规范》GB 50333-2002 中规定：洁净手术室的室内允许噪声级不大于 50dB(A)。故本条表 6.1.1 洁净手术室的室内允许噪声级与该规范保持一致，规定为 50dB(A)。

听力测听方法主要有纯音气导和骨导听阈测听法与用纯音及窄带测试信号的声场测听两种测试方法。后者对室内环境噪声级、室内声场有更严格的规定，需进行专业声学设计，故本规范不涉及。具体要求详见《声学——测听方法，第 2 部分：用纯音及窄带测试信号的声场测听》GB/T 16296-1996。

## 6.2 隔声标准

**6.2.1～6.2.3** 空气声隔声评价按计权隔声量＋频谱修正量（构件隔声性能）与计权标准化声压级差＋频谱修正量（现场测量验收）分别供设计师设计和竣工验收时选择不同的评价量。有关评价量的定义及获得方法见本规范"2 术语和符号"和《建筑隔声评价标准》GB/T 50121-2005。

## 6.3 隔声减噪设计

**6.3.2** 随着城市交通的发展和用地等多种因素的限制，部分医院的病房楼难以避免位于交通干线旁。因此，为了保证病房内的噪声级达到基本限值的要求，本条特规定应对其外围护结构做综合隔声设计，以满足使用的基本条件。

**6.3.3** 体外震波碎石室、核磁共振检查室使用时发出瞬态冲击噪声与振动，声级高，振动大，故应远离要求安静的房间。

**6.3.5** 为保证医护人员更好地休息增加此条规定。

**6.3.6** 近年来新建医院的病房床头上部均设置医疗带。有些医院医疗带部分嵌入墙体，为便于走管线，墙体两侧病房医疗带背靠背布置并有管线接入，使此部位墙体被破坏几乎贯通，成为声桥，大大降低了墙体的隔声性能，故增加此条规定。

**6.3.7** 新修订的《民用建筑设计通则》GB 50352-2005 中规定"民用建筑不宜设置垃圾管道"。因此，本次修订取消了对垃圾井道设置的规定。

电梯已成为大部分医院内的基本配置，而电梯运行所产生的噪声与振动给医院内环境带来了新的问题。对电梯采取降噪与隔振措施，费用高，技术上和安全性也不是很成熟。故本条增加了对电梯井道设置不得毗邻病房等要求安静的房间规定。

**6.3.8** 医院的入口大厅、挂号大厅、候药厅、候诊厅等是医院内人员较为密集、面积较大、净空较高的场所。如采用吸声性能差的材料做装修，这些空间的中频混响时间达 4s 甚至可能达到 10s。当混响严重，人们不能用正常的噪音交流时，就不得不提高说话的声音，从而又提高了室内噪声水平，严重时室内声级将高达 85dB(A)左右，非常嘈杂。对此，应采取对应的声学措施，一是尽可能控制使其室内噪声水平小于72dB(A)（等效声级测量时间应大于 5min），或控制室内中频混响时间不大于 2s。因此，本条文提出控制此类场所 500Hz～1000Hz 混响时间不大于 2s 的规定。

**6.3.11** 对安装于吊顶内噪声与振动较大的机电设备，受空间、技术和资金等条件限制很难采取噪声与振动控制措施并降至较低水平。因此，不应将这类设备吊挂在要求安静的用房走廊吊顶内。

**6.3.13** 医院卫生要求高，消声器内的吸声材料应采用吸声性能好、安全、卫生、满足防火性能要求的吸声材料或吸声构造。例如：金属微穿孔板、三聚氰胺泡沫（防火）等。

# 7 旅馆建筑

## 7.1 允许噪声级

**7.1.1** 旅馆建筑中的客房与住宅建筑中的卧室有共同之处，即确保睡眠所必需的安静条件，因此，客房内的允许噪声级可参照住宅允许噪声级而定；但旅馆建筑中噪声干扰的噪声源与住宅中有所不同，住宅卧室噪声干扰主要来自户外，而旅馆除受环境噪声影响外，对设有空调的旅馆客房还会有空调噪声的影响。因此有空调设施的客房，应对空调系统的噪声加以控制。

客房允许噪声标准的编制依据如下：

1. 根据睡眠所必需的安静程度：

理想值为 30dB(A)，最大不超过 50dB(A)。

2. 根据我国已制定的环境噪声标准（见《声环境质量标准》GB 3096-2008），确定有可能实现的标准。

3. 根据国内旅馆调查结果，室内噪声级与旅馆反映如下：

30dB(A)～35dB(A)满意；

35dB(A)～40dB(A)比较满意；

40dB(A)～45dB(A)没有较多的抱怨；

大于 45dB(A)有各种不同的反映，多数不太满意。

4. 参考了国外 12 个国家的住宅、旅馆客房的允许噪声级标准，这些标准值在 30dB(A)～40dB(A)范围内。

本次修编与原规范相比，进行了如下改动：

1. 原规范中在正文中只给出了昼间的标准，而在附录中统一给出了夜间标准与昼间标准的修正量，但考虑到表 7.1.1 中的不同房间从使用功能考虑，允许噪声级在昼间和夜间差别是不同的。如客房由于有睡眠的要求，所以昼间和夜间的允许噪声级的差别较大，但会议室、多用途厅等房间对昼间和夜间的允许噪声级的要求没有差别，所以在表 7.1.1 中分别给出了不同房间昼间和夜间的允许噪声标准。

2. 原规范中有四个等级，考虑到社会的进步和人们对旅馆舒适性要求的提高，本次修编中取消原规范中的最低等级[客房中允许噪声级标准昼间为 55dB(A)，夜间为 45dB(A)]，以保证所有客房都能有比较满意的休息环境。

3. 原规范中客房允许噪声级夜间标准比昼间标准低 10dB，但旅馆建筑，主要噪声源可能来自房间内部的风机盘管，昼间和夜间的变化不大，另外根据旅客调查结果，40dB(A)以内可以达到比较满意的睡眠环境，将客房内夜间和昼间的允许噪声值的差别定为 5dB。

4. 旅馆的其他用房，如会议室、多用途厅、舞厅、餐厅、办公室等的允许噪声级，与其他建筑中的相应用房没有大的区别，所以其允许噪声标准与本标准中办公建筑、商业建筑等章节中相应用房的允许噪声级标准一致。

### 7.2 隔声标准

**7.2.1～7.2.3** 本次修编与原规范相比主要有以下修改：

1. 空气声隔声标准分为三个等级，取消了原规范中最低的等级。如此改动的原因是，对于客房之间的隔墙，原规范中后两个等级的隔声等级数据相同；对于外窗，原规范中最低等级主要考虑当时窗的隔声能力有限，而现在一些低隔声量的窗，如空腹钢窗等都已经被淘汰，窗的隔声量有较大的提高，完全可以达到较高级别的标准。

2. 原规范中隔声标准的计权隔声量概念不明确，因为根据不同的测量方法可以得出不同的隔声参数。本次修编中分别明确规定了建筑构件隔声性能的单值评价量和两个空间之间隔声性能的单值评价量。

3. 根据新颁布执行的《建筑隔声评价标准》GB/T 50121-2005 第 3.5.5 条规定，在对建筑物空气声隔声特性进行表述时，应以单值评价量和一个频谱修正量之和的形式给出，由于客房和走廊内的噪声源主要是生活噪声，而建筑外的噪声源主要是交通噪声，根据《建筑隔声评价标准》GB/T 50121-2005 第 A.0.1 条对频谱修正量使用方法的说明，在客房与客房之间的隔墙、客房与走廊之间的隔墙以及客房门的隔声标准中使用了粉红噪声频谱修正量 $C$，而在客房外墙、客房外窗的隔声标准中使用了交通噪声频谱修正量 $C_{tr}$。

**7.2.4** 本次修编取消原规范中最低的等级。因为原规范中后两个等级的隔声等级数据相同，另一方面也和室内噪声允许标准和空气声隔声标准保持一致。

**7.2.5** 在原规范中，对客房与各种有振动的房间之间的楼板的撞击声隔声标准进行了规定，但考虑到振动源和噪声源的情况有很大的不同，如果振动和噪声很大，即便是楼板的隔声性能达到了规定的标准，也不能保证客房内的噪声级符合要求，而采取隔声隔振措施的最终目的就是保证室内的噪声符合要求。因此在不了解振动源和噪声源的具体情况，只规定了客房与各种有振动的房间之间的楼板的撞击声隔声标准，很可能出现设计上的偏差。因此在表 7.2.4 中没有对客房与各种有振动的房间之间楼板的撞击声隔声标准进行规定，而增加了此条，目的是让设计人员对此问题加以重视，并对此类问题进行单独的设计和处理，以确保房间内噪声级能符合要求。

**7.2.6** 原规范中没有将声学标准的等级和旅馆的等级联系起来，这就导致在执行时出现一些困难，例如具体到某一旅馆建筑，很难明确到底应该执行哪一个等级的声学标准。因此在本次修编中增加本条，将声学标准的等级与旅馆的等级联系起来，以增加可执行性。

在国家标准《旅游饭店星级的划分与评定》GB/T 14308-2003 中将旅游饭店分为白金五星级、五星级、四星级、三星级、二星级和一星级六个级别，每种级别旅游饭店的硬件和软件都有具体的要求，对于不属于旅游饭店的旅馆，如度假村、商业旅馆等，在建造时也多参照不同星级旅游饭店的标准，所以表 7.2.6 中，在规定旅馆等级时参照了旅游饭店的星级，这样就可以和饭店旅馆业的标准联系起来。

### 7.3 隔声减噪设计

**7.3.1** 产生噪声或振动的设施是指空调机组、新风机组、直燃机组、柴油发电机组、排风机、水泵、冷却塔等。

旅馆建筑中可能产生强噪声和振动的附属娱乐设施主要有迪斯科舞厅、慢摇吧、保龄球馆，大量测量结果表明，迪斯科舞厅和慢摇吧在正常营业时声压级一般都在 110dB 左右，尤其是大功率超低音箱产生的强大的低频气流可以直接引发结构的振动，引起固体传声。保龄球馆的摆瓶机房的噪声在 90dB 以上，另外保龄球落地时会产生很强的脉冲撞击声。如果将这些设施与客房设置在同一主体结构内，其隔声隔振处理非常困难，很难保证客房及其他对噪声敏感的房间达到标准的要求，所以增加本条中第 4 款规定。

卡拉 OK 歌厅、健身房等设施经常要营业到凌晨，经过调查，客人反映卡拉 OK 产生的声音对睡眠的影响很大，所以增加本条中第 5 款规定。

麻将室和棋牌室通常是通宵营业，而在麻将室和棋牌室活动的客人会产生较大的喧哗声，并经常在走廊内活动，会严重影响同走廊内普通客房内客人的睡眠，所以增加本条中第 6 款规定。

**7.3.2** 如果客房之间隔墙上有通风或排风管道直接相连，则客房内的噪声会通过管道传到毗邻的房间，降低隔墙的隔声性能，为了解决这个问题，规定本条中第 1 款。

一般客房墙面上均有许多电气插座和接线箱，尤其是一般集中控制的接线箱尺寸和厚度均较大，如果隔墙两侧的接线箱相对，则会导致墙体构造在这些位置变得很薄，甚至形成连通的孔洞，而这些孔洞对于墙体的隔声性能会有很大的影响，为了防止这种情况，规定本条中第 4 款。

现在许多旅馆建筑中为了外立面的美观，设计了大片的玻璃幕墙，但由于构造的原因，房间之间的隔墙和楼板是不能直接与玻璃幕墙相连接的，必须留有一定的缝隙，这样就会形成传声通道，降低隔墙或楼板的整体隔声性能，所以必须对这些缝隙进行封堵。封堵构造必须在玻璃幕墙设计时就预留条件，如增加窗框的厚度等。因此规定本条中第5款。

有关旅馆声学设计的规范，几乎涉及建筑声学的全部内容。因为近代旅馆除客房外，还包括：高标准的俱乐部（音乐厅、舞厅、会议厅）、各种健身房、共享大厅或多功能大厅、餐厅兼宴会厅等，这类房间都有音质设计问题，本规范侧重于隔声设计。关于音质问题可参看有关专门资料。

# 8 办公建筑

## 8.1 允许噪声级

**8.1.1** 允许噪声级是指室内无人占用、空调系统正常运转条件下应符合的噪声级。

办公室、会议室的室内允许噪声级按安静程度划分为两个档次的标准，以适应不同标准的办公建筑。其中的低限标准是所有办公室、会议室都应达到的最低要求标准，高要求标准供高标准办公建筑设计使用。

办公室、会议室内噪声的测量条件和测量方法见本规范附录A。

根据近年在南京、太原、香港等地的询访、测量、分析，单人办公室一般都是职务级别较高的人员使用，对安静及私密的要求较高。依现在的允许噪声级，轻声语言交谈[大致是50dB(A)～55dB(A)]，在有相应围护结构隔声条件下，足以保证语言交谈等办公活动的效率。

为便于相对独立的办公人员之间业务联络，开放式、分格式的办公室已是一种常见的办公空间。在一个大的共享空间里数十人（甚至更多的人）办公，办公人员的"分格"之间只有装配的隔断分隔，安静标准相对宽松。在规定的限值条件下，办公人员业务联络时的一般语言交谈[大致55dB(A)～60dB(A)]，不会引起对相邻房间办公活动的明显干扰。研究还表明，如果总噪级超过57dB(A)，就须提高嗓音以抵消背景噪声，也将导致室内噪声级的提高。在此种空间里，常有办公设备的运行、操作声，有时还播放大致50dB(A)的掩蔽声（可以是音乐）作为基本的背景噪声，这样可适当掩蔽办公设备的运行噪声和操作仪器的噪声。

根据广泛的实践和体验，如果背景噪声不超过50dB(A)，在10m的距离范围已可以用正常的嗓音交谈、讨论。如果背景噪声不超过55dB(A)，略微提高的嗓音可以进行交谈。

电视电话会议室较普通会议室有较高安静要求。

## 8.2 隔声标准

**8.2.1、8.2.2** 这两条是为保证办公室、会议室达到安静标准，对建筑围护结构空气声隔声性能的基本要求和较高要求。

工程建设中，现今使用较多非实心黏土砖的多种墙体材料（构造）、实心钢筋混凝土楼板（有些工程中还增设吊顶棚）都可以达到表8.2.1、表8.2.2的隔声性能要求。

8.2.1条规定了办公室、会议室隔墙、楼板的空气声隔声性能，供设计师隔声设计选材使用。办公室、会议室与普通房间之间的隔墙、楼板主要隔绝语言声，所以隔声性能的评价量规定为计权隔声量与粉红噪声频谱修正量之和（符号：$R_w + C$）；办公室、会议室与产生噪声房间之间的隔墙、楼板需要隔绝低频成分较多的设备噪声，所以隔声性能的评价量规定为计权隔声量与交通噪声频谱修正量之和（符号：$R_w + C_{tr}$）。

8.2.2条规定了办公室、会议室与相邻房间之间的空气声隔声性能，是办公建筑建成后实际要达到的值。

测量方法见GB/T 19889.3、GB/T 19889.4和GB/T 19889.14，评价方法见GB/T 50121。

**8.2.3** 对办公室、会议室的外墙、外窗和门的空气声隔声性能作规定，旨在控制室外环境噪声对办公室、会议室的干扰。

外墙的空气声隔声性能评价量，采用实验室测量的计权隔声量与交通噪声频谱修正量之和（符号：$R_w + C_{tr}$）表示，测量方法见GB/T 19889.3。

外窗的空气声隔声性能评价量，采用实验室测量的计权隔声量与交通噪声频谱修正量之和（符号：$R_w + C_{tr}$）表示，测量方法见GB/T 8485和GB/T 19889.3。

门的空气声隔声性能评价量，采用实验室测量的计权隔声量与粉红噪声频谱修正量之和（符号：$R_w + C$），测量方法见GB/T 8485和GB/T 19889.3。

**8.2.4** 本条是保证办公室、会议室达到安静标准对楼板撞击声隔声性能的基本要求和较高要求。而现今办公楼建筑的分层结构，在承重的钢筋混凝土楼板下一般都有吊顶棚，在楼板面上常铺设地毯。这样的分层构造组合能够达到表8.2.4的要求。

办公室、会议室的楼板构件撞击声隔声性能的评价量，采用计权规范化撞击声压级（符号：$L_{n,w}$）表示的指标值是构件的实验室测量值，供设计师隔声设计选材使用；而现场办公室、会议室的楼板撞击声隔声性能的评价量，采用计权标准化撞击声压级（符号：$L'_{nT,w}$）表示的指标值是现场测量值，是办公室、会议室建成并完成地面装修后实际要达到的数值。

测量方法见GB/T 19889.6、GB/T 19889.7和GB/T 19889.14，评价方法见GB/T 50121。

## 8.3 隔声减噪设计

**8.3.1** 办公建筑用地多被安排在城镇建成区，只有对建筑用地声环境现状及其随城市发展变化作必要的调查、测量和预计，才能主动地进行声环境设计。

**8.3.2** 在建筑用地确定后，利用规划和设计手段将声环境要求整合到建筑物总平面布置及单体建筑设计中，应充分利用对噪声不敏感的建筑物或办公建筑中的辅助用房遮挡噪声源，降低噪声对办公用房的影响。这样既可使规划、设计合理，又可减少在为创造优良声环境方面的花费。

自成一区单独布置的各种设备用房，除须选用低能耗、低噪声的设备外，还应采取必要的隔声、消声、减振措施，并注意不对邻近的建筑物构成干扰。

**8.3.3** 有明显噪声源的房间是指：电梯间、空调机房等。

把对声环境品质的要求整合到办公楼的建筑设计中，可以有效排除建筑物内部噪声源对办公活动的干扰，并减少花费。

**8.3.4、8.3.13** 两侧布置办公室的公共走道噪声，虽属建筑物内可控制的噪声，但亦须重视并采取相应的隔声、降噪措施。

**8.3.5** 在考虑了声环境要求的总平面图确定后，依据隔声要求的建筑物外围护结构设计，是排除和控制外界噪声干扰的最重要技术措施。

**8.3.6** 现今许多办公建筑相邻房间在吊顶棚以上连通的空间，导致了房间之间串音。因此必须强调把吊顶棚内的空间分隔开。

**8.3.7** 本条是对水、暖、电气和空调设备工种的要求。为防止楼板和墙体上孔洞、缝隙的漏声，对楼板和墙体上的各种孔、槽、缝、洞均要求采取可靠的密封隔声措施。

**8.3.8** 可参考相关资料对开放式、分格式的办公室的平面布置、隔断高度及材料选用等进行特殊的设计，以达到较高语言私密性的要求。

**8.3.9、8.3.10** 这两条是保证室内安静和语言交谈清晰的技术措施组成部分。会议室有一定的混响，既可加强直达声，又不致感觉过分沉寂。会议室墙面和顶棚（或沿墙面周边顶棚带）选用吸声材料，是为了防止出现明显的来自参会人员背后的二次反射声。有适宜条件时，地面铺设地毯既为了减少混响声，也有助于室内的安静。

**8.3.11** 此类小型会议室一般不需进行特殊的音质设计，但应把握适宜的空间容积和中频混响时间，才能听得清楚且不费力。较大的会议室可以参照本规范"普通教室"的相关要求设计。

**8.3.12** 空调专业人员必须从空调机房开始逐级做好该系统的隔振、消声处理，以保证风口送风时办公室、会议室内的噪声级符合表8.1.1的规定。

# 9　商业建筑

## 9.1　允许噪声级

**9.1.1** 本条中的"空场"是指无人进入，暖通空调启动，正常照明，无背景音乐、货品或展品不发声的状况。

商业建筑室内的噪声主要来源于外部传入噪声、设备机械噪声等背景噪声和室内人群走动、交谈等人为噪声。商业建筑室内声学设计的核心是，一方面降低室内背景噪声，另一方面通过室内吸声控制人为噪声，为建筑空间提供舒适的声环境。

健身中心、娱乐中心有较多可能发声器材或就是以发声为娱乐目的，因此，噪声限值不作规定。但是由医学研究表明，噪声达到80dB（A）以上时，对人的听觉系统、视觉系统、精神系统和消化系统会产生明显的负面影响，因此在健身中心或迪斯科、KTV等场所，噪声较高的情况下，有必要提醒消费者注意健康。

餐厅、商业办公室、购物中心、走廊等有交谈需要，背景噪声级以不妨碍语言表达为宜。

会展中心的声环境宜与展览的品位、档次相协调，背景噪声级宜尽可能低。

员工休息室允许噪声级是以满足昼间上班期间临时休息的需要而确定的。

## 9.2　室内吸声

**9.2.1** 人群进入商业空间时，走动及相互间的交流形成人为噪声。人听到的正常谈话声为70dB（A）左右，当噪声超过70dB（A）时，人们为了互相听清，不得不提高音量或缩短谈话距离。噪声超过75dB（A）以后，正常交谈受到干扰，1m以内的交谈必须提高音量，1m以上时需要喊叫。一般认为，50dB（A）～60dB（A）左右是购物中心、餐厅、展览馆等商业空间较理想的、有利于交流的噪声水平。

室内吸声可显著降低人群交流噪声。人群不断进入室内时嘈杂声的变化分为四个阶段：

（1）安静阶段。开始时人流稀疏，环境尚安静，人群会有意识地小声说话避免被其他人听到，维护安静局面。安静阶段噪声一般在50dB（A）以下。

（2）舒适阶段。人群继续进入，嘈杂声增多，掩蔽了房间中远处的谈话，人们的交谈自然轻松了，环境也变得舒适，舒适阶段的噪声一般在50dB（A）～60dB（A）左右。

（3）膨胀阶段。人数继续增多，当噪声升高到65dB（A）左右时，由于远处传来的无法了解内容混响声的干扰，所有人被迫提高嗓音，出现"鸡尾酒会"效应，室内迅速吵闹起来，环境变得喧闹而不舒服。这一阶段随人数增加的变化非常迅速，因此称为膨胀阶段。

（4）持续阶段。嘈杂声不再随人数涌入而无限增加，而是持续在一个稳定水平。人们在高噪声条件下为了交谈，必须拉近相互的距离，或者放弃某些谈话，待到噪声降低时下意识地见缝插针地插话。持续阶段一般会在 75dB(A)～80dB(A)左右，如果噪声再大，讲话者只能放弃正常的讲话，甚至因此提出抗议。

根据对北京的一些会展中心、餐厅、商场的声环境实测和调查，人群噪声极限基本在 80dB(A)左右，这可能是正常交谈的噪声干扰心理承受平均上限。人们自行调节讲话音量、时机和距离，使群体声出现稳定值。在吵闹的环境中，人们依靠自发的调节和群体承受力控制着室内噪声的上限。最理想的吸声处理是使人为噪声控制在舒适阶段，并防止出现膨胀阶段。吸声可以减少室内声反射，降低混响时间，进而降低嘈杂的环境声。声源是存在心理因素的人，因此吸声必须达到够量，使人群噪声控制在 50dB(A)～60dB(A)左右。商业空间中重要的吸声表面是顶棚，不但面积大，而且是声音长距离反射的必经之地。也可以在墙体等其他位置安装吸声材料，但与顶棚相比，吸声面积偏小，且可能受门窗等条件限制，吸声效果差一些。顶棚吸声材料可选用玻纤吸声板、三聚氰胺泡沫（防火）、穿孔铝板、穿孔石膏板、矿棉吸声板和木丝吸声板等。

有大量柜台摆货的购物中心，货物吸声可能已经足够，因此也可不做吸声顶棚。

体积小且人流稀疏的空间，如小商场、小餐厅等小房间，由于体积小，人及室内陈设等吸声效果显著，亦可不做吸声顶棚。

### 9.3 隔声标准

**9.3.1、9.3.2** 噪声敏感房间指本规范所述的有室内允许噪声级标准的各类建筑空间。

商业建筑产生的噪声干扰他人会引起纠纷，必须做好隔声处理。健身中心、娱乐场等高噪声空间，应邀请声学顾问，贯穿建筑初设到施工竣工或装修的全过程，提供声学技术支持，防止噪声扰民。

因商业建筑所产生的噪声低频成分较多，因此，隔声量频谱修正量采用了 $C_{tr}$。

**9.3.3** 健身、娱乐等场所的噪声级高，而且常伴有结构振动，宜采用"房中房"隔声隔振技术降低其对相邻噪声敏感房间的干扰。根据工程实测，居民楼内做"房中房"结构的空气声计权隔声量可达 70dB，计权标准化撞击声压级可低到 40dB。

### 9.4 隔声减噪设计

**9.4.1** 近年来，由于城市用地紧张，较多出现迪斯科、练歌房、练琴房、健身中心、电器商城等设置在居民区，甚至居民楼内，造成严重的纠纷和矛盾。选址不当、忽视隔声设计等将造成的严重后果，但是，往往在营业后才会表现出来，由于施工已经完成，改造起来绝非易事。

## 附录A 室内噪声级测量方法

**A.0.1**

**1** 根据房间的使用功能，房间的室内允许噪声级分为昼间标准、夜间标准及单一全天标准。因此，为检验室内噪声级是否符合标准规定，对于室内允许噪声级分为昼间标准、夜间标准的房间，例如住宅中的卧室、旅馆的客房、医院的病房等，室内噪声级的测量分别在昼间、夜间两个时段内进行；对于室内允许噪声级为单一全天标准的房间，例如教室、办公室、诊室等，室内噪声级的测量在房间的使用时段内进行。

**2** 测量应选择在对室内噪声较不利的时间进行，测量应在影响较严重的噪声源发声时进行。例如：临街建筑，一般情况下，道路交通噪声是影响室内噪声级的主要噪声，测量应在昼间、夜间，交通繁忙，车流量较大的时段内进行；当影响较严重的噪声是飞机飞行噪声时，测量应在飞机经过架次较多的时段内进行。当建筑物内部的服务设备是影响较严重的噪声源时，例如电梯、水泵等，测量应在这些设备运行时进行。

**3** 科学研究表明，不同特性的噪声引起公众的烦恼度不同。例如，具有相同等效连续声压级，飞机噪声比道路交通噪声更能引起人们的烦恼；带有明显可听单频声或窄带噪声的噪声引起公众的烦恼度高于道路交通噪声，因此，现参照 GB/T 3222.1-2006（ISO 1996-1：2003）中规定的评价声级的确定方法，根据噪声的特性对测量值进行修正。

对飞机噪声的修正量仅用于飞机噪声是影响室内噪声级的主要噪声的情况下。

**A.0.3** 对于面积较大的房间，例如开敞式办公室、商场等，由于情况复杂，在这里没有给出确定测点数量的具体规定。对于这类场所的测点的选取和布置原则是：选取的测点数量应能代表该区域的室内噪声水平；测点分布应均匀，同时测点应设在人的活动区域内。例如：开敞式办公室，测点可设在办公区域；商场，测点可设在购物区域及收银处；超市，测点可设在购物通道内及收银台等处。

由于本规范中的允许噪声级为关窗状态下的标准值，所以规定测量住宅、学校、旅馆、办公建筑及商业建筑的室内噪声时应关闭房间门窗。

由于医院中有些房间必须开窗使用，所以规定根据房间实际使用状态测量关窗或开窗时的室内噪声。

**A. 0. 4**

**1** 根据 GB/T 14259-93，稳态噪声指在观察的时间内，具有可忽略不计的小的声级起伏的噪声。对于稳态噪声的测量，原规范是用声级计测量 A 声级，时间计权慢档，测量时间 5s～15s，取平均值，实际上所得值近似等于等效〔连续 A 计权〕声级，随着检测技术和检测仪器的发展，测量等效〔连续 A 计权〕声级已是很简单的事，因此，稳态噪声的测量参数修订为等效〔连续 A 计权〕声级。

**2** 声级随时间变化较复杂的持续的非稳态噪声是指在观察时间内，声级连续在一个相当大范围变化的噪声，也就是 GB/T 14259-93 定义的起伏噪声，例如道路交通噪声、工业噪声。按照 GB/T 14259-93 的规定，测量此类噪声的最好方法是测量固定时间内的等效连续声压级，因此，本规范对此类噪声的测量方法是测量 10min 的等效〔连续 A 计权〕声级。

**3** 间歇性非稳态噪声是在观察时间内，声级多次突然下降到背景噪声级的噪声。如飞机噪声、铁路噪声等，对这种噪声是测量声源密集发声时 20min 的等效〔连续 A 计权〕声级，如果在测量时段内，仅与一个声源相关，应根据噪声特性对测量值进行修正。此方法是参照 GB/T 3222.1-2006 中规定的重复性单一声事件的评价声级确定方法，并对其进行了简化。对于在测量时段内，有多个声源是相关的情况，

对测量值的修正，本方法暂不作规定。

**4** 考虑到水泵是建筑物的服务设备，是建筑物的一部分，而且利用现有的技术手段，通过合理的建筑平面布置及采取有效的噪声控制措施，可使它的运行噪声达到标准要求，因此，对于水泵噪声，作为稳态噪声进行测量。

**5** 电梯运行时产生的噪声主要包括停止及启动噪声、运行噪声和开、关电梯门产生的噪声。因此，对电梯噪声的测量方法是测量包括这些动作的一个运行过程的等效连续声压级。运行过程的选择原则是：在室内产生较大电梯噪声的运行过程。例如，一个六层的建筑物，被测房间在三层。运行过程可以是：（1）从二层启动到四层停止；（2）从一层启动到四层停止；（3）从二层启动到三层停止；（4）从三层启动到四层停止；（5）从一层启动到六层停止，等等。从这些过程中选择对被测房间室内噪声较不利的过程作为测量运行过程。

向上运行过程及向下运行过程所指的"向上或向下"是指电梯的运行方向。

**6** 根据 GB/T 3222.1-2006，有调声是指出自总声音且具有单一频率或窄带频谱特性的可听声。对于噪声中是否包含有调声的判定方法及对测量值的修正参照了 GB/T 3222.1-2006 及 GB/T 3222.2-2009（ISO 1996-2：2007）中的相关规定。

中华人民共和国国家标准

# 工 业 企 业 噪 声
# 控 制 设 计 规 范

GBJ 87—85

主编部门：北 京 市 基 本 建 设 委 员 会
批准部门：中华人民共和国国家计划委员会
施行日期：1 9 8 6 年 7 月 1 日

# 关于发布《工业企业噪声控制设计规范》的通知

## 计标〔1986〕07号

根据原国家建委（78）建发设字第562号通知的要求，由北京市劳动保护科学研究所会同有关单位共同编制的《工业企业噪声控制设计规范》已经全国声学标准化技术委员会会同有关部门会审。现批准《工业企业噪声控制设计规范》GBJ 87—85为国家标准，自1986年7月1日起施行。

本规范具体解释等工作由北京市劳动保护科学研究所负责。

国家计划委员会

1985年12月17日

## 编 制 说 明

本规范是根据原国家基本建设委员会（78）建发设字第562号文件，由北京市劳动保护科学研究所为主编单位，会同十二个单位共同编制的。

在规范编制过程中，编制组在全国范围内进行了较广泛的调查测试工作，收集了国内外有关资料，并就噪声的各种效应进行了必要的专题试验研究工作，组织实施了典型行业的噪声控制工程。在广泛征求了全国有关单位的意见之后，经全国审查会议和全国声学标准化技术委员会审查定稿。

本规范共分七章和三个附录。主要内容包括：工业企业中各类地点的噪声控制设计标准以及设计中为达到这些标准所应采取的措施。

鉴于本规范系初次编制，在施行过程中，请各单位结合工程实践，认真总结经验，注意积累资料。如发现需要修改和补充之处，请将意见和资料寄交北京市劳动保护科学研究所。

北京市基本建设委员会

1985年12月

# 目 次

# 第一章 总 则

**第 1.0.1 条** 为防止工业噪声的危害，保障职工的身体健康，保证安全生产与正常工作，保护环境，特制订本规范。

**第 1.0.2 条** 本规范适用于工业企业中的新建、改建、扩建与技术改造工程的噪声（脉冲噪声除外）控制设计。新建、改建和扩建工程的噪声控制设计必须与主体工程设计同时进行。

**第 1.0.3 条** 对于生产过程和设备产生的噪声，应首先从声源上进行控制，以低噪声的工艺和设备代替高噪声的工艺和设备；如仍达不到要求，则应采用隔声、消声、吸声、隔振以及综合控制等噪声控制措施。

**第 1.0.4 条** 工业企业噪声控制设计，应对生产工艺、操作维修、降噪效果进行综合分析，积极采用行之有效的新技术、新材料、新方法，以降低成本，提高效能，力求获得最佳的经济效益。

**第 1.0.5 条** 对于少数生产车间及作业场所，如采取相应噪声控制措施后其噪声级仍不能达到噪声控制设计标准时，则应采取个人防护措施。

对这类生产车间及作业场所，噪声控制设计应根据车间的噪声级以及所采取的个人防护装置的插入损失值进行。

**第 1.0.6 条** 工业企业噪声控制设计，除执行本规范规定外，尚应符合国家现行的其它有关标准规范的规定。

# 第二章 工业企业噪声控制设计标准

**第 2.0.1 条** 工业企业厂区内各类地点的噪声 A 声级，按照地点类别的不同，不得超过表 2.0.1 所列的噪声限制值。

工业企业厂区内各类地点噪声标准　　表 2.0.1

| 序号 | 地 点 类 别 | | 噪声限制值 (dB) |
|---|---|---|---|
| 1 | 生产车间及作业场所（工人每天连续接触噪声 8 小时） | | 90 |
| 2 | 高噪声车间设置的值班室、观察室、休息室（室内背景噪声级） | 无电话通讯要求时 | 75 |
| | | 有电话通讯要求时 | 70 |
| 3 | 精密装配线、精密加工车间的工作地点、计算机房（正常工作状态） | | 70 |
| 4 | 车间所属办公室、实验室、设计室（室内背景噪声级） | | 70 |
| 5 | 主控制室、集中控制室、通讯室、电话总机室、消防值班室（室内背景噪声级） | | 60 |
| 6 | 厂部所属办公室、会议室、设计室、中心实验室（包括试验、化验、计量室）（室内背景噪声级） | | 60 |
| 7 | 医务室、教室、哺乳室、托儿所、工人值班宿舍（室内背景噪声级） | | 55 |

注：①本表所列的噪声级，均应按现行的国家标准测量确定。
②对于工人每天接触噪声不足8小时的场合，可根据实际接触噪声的时间，按接触时间减半噪声限制值增加 3dB 的原则，确定其噪声限制值。
③本表所列的室内背景噪声级，系在室内无声源发声的条件下，从室外经由墙、门、窗（门窗启闭状况为常规状况）传入室内的室内平均噪声级。

**第 2.0.2 条** 工业企业由厂内声源辐射至厂界的噪声 A 声级，按照毗邻区域类别的不同，以及昼夜时间的不同，不得超过表 2.0.2 所列的噪声限制值。

| 厂界噪声限制值 (dB) | | 表 2.0.2 |
|---|---|---|
| 厂界毗邻区域的环境类别 | 昼 间 | 夜 间 |
| 特殊住宅区 | 45 | 35 |
| 居民、文教区 | 50 | 40 |
| 一类混合区 | 55 | 45 |
| 商业中心区、二类混合区 | 60 | 50 |
| 工业集中区 | 65 | 55 |
| 交通干线道路两侧 | 70 | 55 |

注：①本表所列的厂界噪声级，应按现行的国家标准测量确定。
②当工业企业厂界外受着厂界辐射噪声危害的区域同厂界间存在缓冲地域时（如街道、农田、水面、林带等），表 2.0.2 所列厂界噪声限制值可作为缓冲地域外缘的噪声限制值处理，凡拟作缓冲地域处理时，应充分考虑该地域未来的变化。

# 第三章 工业企业总体设计中的噪声控制

## 第一节 一般规定

**第 3.1.1 条** 工业企业噪声控制设计应包括：环境影响报告书中噪声环境影响的预估，环境保护篇章中噪声部分的编写，施工图设计中各种噪声控制设施的设计，以及建设项目竣工后，对于未能满足噪声控制设计目标要求的部分作出必要的修改与补充设计。

编写环境影响报告书，可根据建设项目的主要声源特性，以及类似企业的噪声环境影响状况，作出建设项目噪声环境影响的预估。有条件时，可根据声源特性及噪声传播衰减规律，作出工业企业各车间、各功能区及至厂界或厂外生活区的噪声环境的预断评价。

**第 3.1.2 条** 工业企业总体设计中的噪声控制应包括：厂址选择，总平面设计，工艺、管线设计与设备选择，车间布置中的噪声控制。

## 第二节 厂址选择

**第 3.2.1 条** 产生高噪声的工业企业，应在集中工业区选择厂址，不得在噪声敏感区域（如居民区、医疗区、文教区等）选择厂址。

**第 3.2.2 条** 对外部噪声敏感的工业企业，应根据其正常生产运行的要求，避免在高噪声环境中选择厂址，并应远离铁路、公路干线，飞机场及主要航线。

**第 3.2.3 条** 产生高噪声的工业企业的厂址，应位于城镇居民集中区的当地常年夏季最小风频的上风侧；对噪声敏感的工业企业的厂址，应位于周围主要噪声源的当地常年夏季最小风频的下风侧。

**第 3.2.4 条** 工业企业的厂址选择，应充分利用天然缓冲地域。

## 第三节 总平面设计

**第 3.3.1 条** 工业企业的总平面布置，在满足工艺流程与生产运输的要求的前提下，应符合下列规定：

一、结合功能分区与工艺分区，应将生活区、行政办公区与生产区分开布置，高噪声厂房（如高炉、空压机站、锻压车间、发动机试验台站等）与低噪声厂房分开布置。

工业企业内的主要噪声源应相对集中，并应远离厂内外要求安静的区域。

二、主要噪声源设备及厂房周围，宜布置对噪声较不敏感的，较为高大的，朝向有利于隔声的建筑物、构筑物。

在高噪声区与低噪声区之间，宜布置辅助车间、仓库、料场、堆场等。

三、对于室内要求安静的建筑物，其朝向布置与高度应有利于隔声。

四、在交通干线两侧布置生活、行政设施等建筑物，应与交通干线保持适当距离。

**第3.3.2条** 工业企业的立面布置，应充分利用地形、地物阻挡噪声；主要噪声源宜低位布置，噪声敏感区宜布置在自然屏障的声影区中。

**第3.3.3** 工业企业的交通运输设计，应在保证各种使用功能要求的前提下，满足下列要求：

一、交通运输线路不宜穿过人员稠密区。

二、在生活区及其他噪声敏感区中布置道路，宜采用尽端式布置等减少交通噪声影响的措施。

三、铁路站场的设置，应充分利用周围的建筑物、构筑物隔声。对用喇叭式扬声器（高音喇叭）指挥作业的扩音点，还应考虑扬声器指向性的影响，不得将声音最强的方向指向噪声敏感区。

**第3.3.4条** 当工业企业总平面设计中采用以上各条措施后，仍不能达到噪声设计标准时，宜设置隔声用的屏障或在各厂房、建筑物之间保持必要的防护间距。

### 第四节 工艺、管线设计与设备选择

**第3.4.1条** 工业企业的工艺设计，在满足生产要求的前提下，应符合下列规定：

一、减少冲击性工艺。在可能条件下，以焊代铆，以液压代冲压，以液动代气动。

二、避免物料在运输中出现大高差翻落和直接撞击。

三、采用较少向空中排放高压气体的工艺。

四、采用操作机械化（包括进、出料机械化）和运行自动化的设备工艺，实现远距离监视操作。

**第3.4.2条** 工业企业的管线设计，应正确选择输送介质在管道内的流速；管道截面不宜突变；管道连接宜采用顺流走向；阀门宜选用低噪声产品。

管道与强烈振动的设备连接，应采用柔性连接；有强烈振动的管道与建筑物、构筑物或支架的连接，不应采用刚性连接。

辐射强噪声的管道，宜布置在地下或采取隔声、消声处理措施。

**第3.4.3条** 工业企业设计中的设备选择，宜选用噪声较低、振动较小的设备。主要噪声源设备的选择，应收集和比较同类型设备的噪声指标。

**第3.4.4条** 工业企业设计中的设备选择，应包括噪声控制专用设备的选择。

### 第五节 车间布置

**第3.5.1条** 在满足工艺流程要求的前提下，高噪声设备宜相对集中，并应尽量布置在厂房的一隅。如对车间环境仍有明显影响时，则应采取隔声等控制措施。

**第3.5.2条** 有强烈振动的设备，不宜布置于楼板或平台上。

**第3.5.3条** 设备布置，应考虑与其配用的噪声控制专用设备的安装和维修所需的空间。

# 第四章 隔声设计

### 第一节 一般规定

**第4.1.1条** 隔声设计适用于可将噪声控制在局部空间范围内的场合。

对声源进行的隔声设计，可采用隔声罩的结构型式；对接收者进行的隔声设计，可采用隔声间（室）的结构型式；对噪声传播途径进行的隔声设计，可采用隔声墙与隔声屏障（或利用路堑、土堤、房屋建筑等）的结构型式。必要时也可同时采用上述几种结构型式。

**第4.1.2条** 对于车间内独立的强噪声源，应按操作、维修及通风冷却的要求，采用相应型式的隔声罩，如固定密封型隔声罩、活动密封型隔声罩，以及局部开敞式隔声罩等。

隔声罩降噪量的设计，可按表4.1.1规定的范围选取。

| 隔声罩的降噪量 | 表 4.1.1 |
| --- | --- |
| 隔 声 罩 结 构 形 式 | A 声级降噪量（dB） |
| 固定密封型 | 30～40 |
| 活动密封型 | 15～30 |
| 局部开敞型 | 10～20 |
| 带有通风散热消声器的隔声罩 | 15～25 |

**第4.1.3条** 当不宜对声源作隔声处理，而又允许操作管理人员不经常停留在设备附近时，隔声设计应采取控制、监督、观察、休息用的隔声间（室）。

隔声间（室）的设计降噪量，可在20～50dB的范围内选取。

**第4.1.4条** 对于工人多、强噪声源比较分散的大车间，可设置隔声屏障或带有生产工艺孔洞的隔墙，将车间在平面上划分为几个不同强度的噪声区域。

隔声屏障的设计降噪量，可在10～20dB范围内选取；对高频声源，隔声屏的设计降噪量可选取较高值。

**第4.1.5条** 在可能条件下，车间的隔声处理也可在竖向上划分不同强度的噪声区域。对于带有较强振动的强噪声源，宜设置地面层上开有生产工艺孔洞的地下室。

**第4.1.6条** 对于组合隔声构件，墙、楼板、门窗等的隔声量设计，宜符合下列公式的要求：

$$S_1\tau_1 = S_2\tau_2 = \cdots\cdots = S_i\tau_i \quad (4.1.6)$$

式中 $S_1$、$S_2$、$\cdots\cdots S_i$——各分构件的面积（m²）；

$\tau_1$、$\tau_2$、$\cdots\cdots\tau_i$——各分构件的透射系数。

**第4.1.7条** 进行隔声设计，必须注意孔洞与缝隙的漏声。对于构件的拼装节点、电缆孔、管道的通过部位以及一

切施工上容易忽略的隐蔽声通道，应作密封或消声处理，并给出施工说明和详细大样图。

## 第二节 隔声设计程序和方法

**第 4.2.1 条** 隔声设计，应按下列步骤进行：

一、由声源特性和受声点的声学环境估算受声点的各倍频带声压级；

二、确定受声点各倍频带的允许声压级；

三、计算各倍频带的需要隔声量；

四、选择适当的隔声结构与构件。

**第 4.2.2 条** 对于室内只有一个声源的情形，估算受声点各倍频带的声压级，应首先查找、估算或测量声源 125～4000Hz 六个倍频带的功率级，然后根据声源特性和声学环境，按下式进行计算：

$$L_p = L_w + 10 \ \lg \left( \frac{Q}{4\pi r^2} + \frac{4}{R_r} \right) \qquad (4.2.2-1)$$

式中 $L_p$——受声点各倍频带声压级（dB）；

$L_w$——声源各倍频带功率级（dB）；

$Q$——声源指向性因数。当声源位于室内几何中心时，$Q=1$；当声源位于室内地面中心或某一墙面中心时，$Q=2$；当声源位于室内某一边线中点时，$Q=4$；当声源位于室内某一角落时，$Q=8$；

$r$——声源至受声点的距离（m）；

$R_r$——声学环境的房间常数（m²）。

房间常数 $R_r$，应按下式计算：

$$R_r = \frac{S\bar{\alpha}}{1-\bar{\alpha}} = \frac{A}{1-\bar{\alpha}} \qquad (4.2.2-2)$$

式中 $S$——房间内总表面积（m²）；

$\bar{\alpha}$——房间内各倍频带的平均吸声系数；

$A$——房间内各倍频带的总吸声量（m²）。

对于多声源情况，可分别求出各声源在受声点产生的声压级，然后按声压级的合成法则计算受声点各倍频带的声压级。

**第 4.2.3 条** 受声点 125～4000Hz 各倍频带的允许声压级，应根据本规范第二章对不同地点所规定的噪声限制值，按附表 2.1 确定。

**第 4.2.4 条** 各倍频带需要隔声量的计算，应按下式进行：

$$R = L_p - L_{pa} + 5 \qquad (4.2.3)$$

式中 $R$——各倍频带的需要隔声量（dB）；

$L_p$——受声点各倍频带的声压级（dB）；

$L_{pa}$——受声点各倍频带的允许声压级（dB）。

**第 4.2.5 条** 隔声结构与隔声构件的确定，应能满足各频带需要隔声量的要求。

**第 4.2.6 条** 隔声罩或隔声间（室）的结构设计，必须有足够的吸声衬面。各倍频带的插入损失，应满足需要隔声量的要求，其值可按下式计算：

$$D = R_0 + 10\lg\frac{R_r}{S} \qquad (4.2.6)$$

式中 $D$——各倍频带的插入损失（dB）；

$R_0$——隔声构件各频带的固有隔声量（dB）；

$S$——隔声构件的透声面积（m²）。

## 第三节 隔声结构的选择与设计

**第 4.3.1 条** 隔声结构的设计，应首先收集隔声构件固有隔声量的实测数据。

单层均质构件（墙与楼板）的固有隔声量，可按质量定律的经验公式进行估算。

选用单层隔声构件，应防止吻合效应的影响。需要以较轻重量获得较高隔声量（如超过 30dB）时，隔声结构可选用复合结构。

**第 4.3.2 条** 双层结构的设计，应符合下列要求：

一、隔声结构的共振频率，宜设计在 50Hz 以下；空气层的厚度，不宜小于 50mm。

二、吻合频率不宜出现在中频段。双层结构各层的厚度不宜相同，或采用不同刚度，或加阻尼。

三、双层间的连接，应避免出现声桥。双层结构的层与层之间、双层结构与基础之间，宜彼此完全脱开。

四、双层结构间宜填充多孔吸声材料。此时的平均隔声量可按增加 5dB 进行估算。

**第 4.3.3 条** 设计与选用隔声门窗，必须防止缝隙漏声，并应满足下列要求：

一、门扇和窗扇的隔声性能应与缝隙处理的严密性相适应。

二、门扇构造宜选用填充多孔材料（如矿棉、玻璃棉等）的夹层结构。多层复合结构的分层，不宜过多。门扇不宜过重，面密度宜控制在 60kg／m² 以内。

三、门缝宜采用斜企口密封；使用压紧密封条时，密封条必须柔软而富于弹性。企口道数不应超过两道，并应有压紧装置。

四、隔声窗的层数，可根据需要的隔声量确定。通常可选用单层或双层。需要隔声量超过 25dB 时又没有开启要求时，可采用双层固定密封窗，并在两层间的边框上敷设吸声材料。特殊情况下（如需隔声量超过 40dB 时），可采用三层。

五、需要较高隔声性能的隔声门设计，可采用设置有两道门的声闸。声闸的内壁面，应具有较高的吸声性能。两道门宜错开布置。

**第 4.3.4 条** 隔声室的设计，应符合下列规定：

一、有大量自动化与各种测量仪表的中心控制室，或高噪声设备试车车间的试验控制室，宜采用以砖、混凝土等建筑材料为主的高性能隔声室。必要时，墙体与屋盖可采用双层结构，门窗等隔声构件宜采用带双道隔声门的门斗与多层隔声窗。围护结构的内表面应有良好的吸声设计。

二、隔声室的组合隔声量，可按下列公式计算：

$$R = 10 \ \lg\frac{1}{\bar{\tau}} \qquad (4.3.4-1)$$

$$\bar{\tau} = \Sigma S_i \tau_i \ / \ \Sigma S_i \qquad (4.3.4-2)$$

式中 $R$——隔声室的组合隔声量（dB）；

$\bar{\tau}$——隔声室的平均透射系数。

三、为高噪声车间工人设置临时休息用的活动隔声间，体积不宜超过 14m³，以便必要时移动。其围护结构宜采用金属或非金属薄板的双层轻结构。通风设备可采用带简易消声器的排风扇。

**第 4.3.5 条** 隔声罩的设计，应遵守下列规定：

一、隔声罩宜采用带有阻尼的、厚度为 0.5～2mm 的钢板或铝板制作；阻尼层厚度不得小于金属板厚的 1～3 倍。

二、隔声罩内壁面与机械设备间应留有较大的空间，通常应留设备所占空间的 1/3 以上。各内壁面与设备的空间距离，不得小于 100mm。

三、罩的内侧面，必须敷设吸声层，吸声材料应有较好的护面层。

四、罩内所有焊接缝与拼缝，应避免漏声；罩与地面的接触部分，应注意密封和固体声的隔离。

五、设备的控制与计量开关，宜引到罩外进行操作，并设监视设备运行的观察窗。所有的通风、排烟以及生产工艺开口，均应设有消声器，其消声量应与隔声罩的隔声量相当。

**第 4.3.6 条** 隔声屏障的设置，应靠近声源或接收者。室内设置隔声屏时，应在接收者附近做有效的吸声处理。

# 第五章 消 声 设 计

## 第一节 一 般 规 定

**第 5.1.1 条** 消声设计适用于降低空气动力机械（通风机、鼓风机、压缩机、燃气轮机、内燃机以及各类排气放空装置等）辐射的空气动力性噪声。

空气动力机械的噪声控制设计，除采用消声器降低空气动力性噪声外，尚应根据设计要求，配合相应的隔声、隔振、阻尼等综合措施来降低机械机体辐射的噪声。

**第 5.1.2 条** 空气动力机械进、排气口均敞开时（如通风空调用通风机、矿井通风机等），应在进、出风管适当位置装设消声器。

进（排）气口敞开的设备，应装设进（出）口消声器。

进、排气口均不敞开，但管道隔声差，且管道经过的空间对噪声环境要求高时，亦可装设消声器。

**第 5.1.3 条** 消声器的消声量，应根据消声要求确定。通常设计消声量，不宜超过 50dB。

**第 5.1.4 条** 设计消声器，必须考虑消声器的空气动力性能，计算相应的压力损失，把消声器的压力损失控制在机组正常运行许可的范围内。

**第 5.1.5 条** 设计消声器，应估算气流通过消声器产生的气流再生噪声，气流再生噪声对环境的影响不得超过该环境允许的噪声级。

**第 5.1.6 条** 消声器和管道中气流速度的选择，应符合下列规定：

对于空调系统，从主管道到使用房间的气流速度应逐步降低。主管道内气流速度不应超过 10m／s，消声器内气流速度应低于 10m／s。

鼓风机、压缩机、燃气轮机的进、排气消声器中，气流速度不宜超过 30m／s。

内燃机进、排气消声器中的气流速度；不宜超过 50m／s。

对于周围无工作人员的高压大流量排气放空消声器，气流速度不宜超过 60m／s。

**第 5.1.7 条** 消声器的设计，应保证其坚固耐用，并应使其体积大小与空气动力机械设备相适应。

对有特殊使用要求的空气动力设备（或系统），消声器还应满足相应的防潮、防火、耐高温、耐油污、防腐蚀等要求。

## 第二节 消声设计程序和方法

**第 5.2.1 条** 消声设计应按下列步骤进行：

一、确定空气动力机械（或系统）的噪声级和各倍频带声压级；

二、选定消声器的装设位置；

三、确定允许噪声级和各倍频带的允许声压级，计算所需消声量；

四、确定消声器的类型；

五、选用或设计适用的消声器。

**第 5.2.2 条** 需要消声的空气动力机械（或系统）的噪声级，以及 63～8000Hz 八个倍频带的声压级，可由测量、估算或查找资料的方法确定。

**第 5.2.3 条** 消声器的装设位置，应根据辐射噪声的部位和传播噪声的途径，按本规范第 5.2.2 条的规定选定。

**第 5.2.4 条** 允许噪声级和各倍频带的允许声压级，应根据本规范第二章规定的噪声限制值，由附表 2.1 确定。所需消声量，应将按第 5.2.2 条规定求出的噪声级与频带声压级，减去允许的噪声级与频带声压级计算得出。

**第 5.2.5 条** 消声器的类型，应根据所需消声量空气动力性能要求以及空气动力设备管道中的防潮、耐高温等特殊使用要求确定。

**第 5.2.6 条** 消声器的型号选择，应根据现有定型系列化消声器的性能参数确定。有条件时，也可自行设计符合要求的消声器。

**第 5.2.7 条** 工业企业中的通风空调消声设计，除考虑声源噪声以及消声器和各部件的消声量外，还应计算管道系统各部件产生的气流再生噪声。当气流再生噪声对环境的影响超过噪声限制值时，应降低气流速度或简化消声器结构。

## 第三节 消声器的选择与设计

**第 5.3.1 条** 当噪声呈中高频宽带特性时，消声器的类型，可采用阻性形式。阻性消声器的静态消声量，可按下式计算：

$$D = \frac{\varphi(\alpha_0)Pl}{S} \qquad (5.3.1)$$

式中 $D$——消声器内无气流情况（即静态）下的消声量（dB）；

$\varphi(\alpha_0)$——消声系数，由驻波管法吸声系数 $\alpha_0$ 决定，可由表 5.3.1 查得；

$P$——消声器通道内吸声材料的饰面周长（m）；

$l$——消声器的有效长度（m）；

$S$——消声器通道截面积（m²）。

| 消 声 系 数 | | | | | | | | 表 5.3.1 |
|---|---|---|---|---|---|---|---|---|
| $\alpha_0$ | 0.1 | 0.2 | 0.3 | 0.4 | 0.5 | 0.6 | 0.7 | 0.8 | 0.9～1.0 |
| $\varphi(\alpha_0)$ | 0.1 | 0.2 | 0.4 | 0.55 | 0.7 | 0.9 | 1.0 | 1.2 | 1.5 |

注：①当消声器内有气流时，消声量将随气流速度增高而降低。

②消声器长度增加到一定程度时，由于气流再生噪声等原因，消声量不再随长度增加而线性增加，因此，不应单纯依靠增加消声器的长度来提高消声器的消声量。

**第 5.3.2 条** 设计阻性消声器，应防止高频失效的影响。其上限截止频率可按下式计算：

$$f = 1.85\frac{C}{D} \qquad (5.3.2)$$

式中 $C$——声速，常温常压下可取 340m/s；

$D$——消声器内通道宽度（m）。

**第 5.3.3 条** 阻性消声器结构型式的选择，应遵守下列规定：

一、当管道直径不大于 400mm 时，可选用直管式消声器。

二、当管道直径大于 400mm 时，可选用片式消声器。片式消声器的片间距宜取 100～200mm，片厚宜取 50～150mm；通常可使片厚与片距相等。片式消声器的 A 声级消声量可按 15dB/m 估算；其阻力系数可取为 0.8。

三、当需要获得比片式消声器更高的高频消声量时，可选用折板式消声器。折板式消声器适用于压力较高的高噪声设备（如罗茨鼓风机等）消声。折板式消声器消声片的弯折，应以视线不能透过为原则，折角不宜超过 20°；其 A 声级消声量可按 20dB/m 估算，阻力系数可取为 1.5～2.5。

四、当需要获得较大消声量和较小压力损失时，可选用消声通道为正弦波形、流线形、或菱形的声流式消声器。其阻力系数可在片式与折板式消声器之间选取。

五、在通风管道系统中，可利用沿途的箱、室设计室式消声器（即迷宫式消声器）。通常，用隔断分割的小室数宜取为 3～5 个。室式消声器内的流速宜小于 5m/s。

六、对风量不大，风速不高的通风空调系统，可选用消声弯头。其气流速度宜小于 8m/s。

**第 5.3.4 条** 当噪声呈明显低中频脉动特性时，或气流通道内不宜使用阻性吸声材料时（如空气压缩机进、排气口，发动机排气管道等），消声器的类型可选用扩张室式。扩张室式消声器的设计，应遵守下列规定：

一、扩张室式消声器的消声量，可用增加扩张比（室与管的截面积比）的方法提高；其消声频率特性，可用改变室长的方法来调节。

二、将几个扩张室串联使用来增大消声量时，各室长度不应相等。

三、为消除周期性通过频率的声波，应在室内插入长度分别等于室长的 1/2 与 1/4 的内接管。为保持良好的空气动力性能，内接管宜采用穿孔率不小于 30% 的穿孔管连接起来。

四、扩张室式消声器的内管管径不宜过大，管径超过 400mm 时，可采用多管式。

**第 5.3.5 条** 当噪声呈低中频特性时，消声器的类型可采用共振式。共振式消声器的设计，应遵守下列规定：

一、单通道共振式消声器，其通道直径不宜超过 250mm。对大流量系统可采用多通道，每一通道宽度可取 100～200mm。

二、共振消声器的共振器，各部分尺寸（长、宽、高）都应小于共振频率波长的 1/3；穿孔应集中在共振腔中部均匀分布；穿孔部分长度不宜超过共振频率波长的 1/12。

**第 5.3.6 条** 对于下列情形，消声器的类型可选择微穿孔金属板式：

一、消声器需在高温条件下使用；

二、消声器需经受较高速度的气流冲击；

三、消声器需经受短时间的火焰喷射；

四、消声器的压力损失必须控制在很小的值；

五、消声器不宜使用多孔吸声材料而又需要在宽频带范围内具有比较高的消声量。

管式或片式微穿孔板消声器在流速较低时，其压力损失可忽略不计。当流速为 15m/s 时，管式消声器的压力损失可粗略取为 10Pa。

**第 5.3.7 条** 高温、高压、高速排气放空噪声的消声设计，一般可采用节流减压、小孔喷注及节流减压小孔喷注复合等排气放空消声器。排气放空消声器的设计，应遵守下列规定：

一、节流减压消声器的节流级数，应根据驻压比确定，一般可取 2～5 级。对超高压的情况，也可多至 8 级。

二、小孔喷注消声器的孔径宜为 1～3mm，孔中心距应大于孔径的 5 倍。总开孔面积应大于原排气口面积的 1.5～2 倍。

三、节流减压小孔喷注复合消声器可由 1～2 级节流减压加一级小孔喷注组成。

# 第六章 吸 声 设 计

## 第一节 一 般 规 定

**第 6.1.1 条** 吸声设计适用于原有吸声较少、混响声较强的各类车间厂房的降噪处理。

降低以直达声为主的噪声，不宜采用吸声处理为主要手段。

**第 6.1.2 条** 吸声处理的 A 声级降噪量，可按表 6.1.2 预估。

吸声降噪量预估表　　　　表 6.1.2

| 车间厂房类型 | 一般车间厂房 | 混响严重的车间厂房 | 几何形状特殊（声聚焦）混响极严重的车间厂房 |
|---|---|---|---|
| 降噪量范围（dB） | 3～5 | 6～10 | 11～12 |

**第 6.1.3 条** 吸声降噪效果并不随吸声处理面积成正比增加；进行吸声设计，必须合理地确定吸声处理面积。

**第 6.1.4 条** 进行吸声设计，必须满足防火、防潮、防腐、防尘等工艺与安全卫生要求；同时，还应兼顾通风、采光、照明及装修要求，注意埋件设置，做到施工方便，坚固耐用。

## 第二节 吸声设计程序和方法

**第 6.2.1 条** 吸声设计应按下列步骤进行：

一、确定吸声处理前室内的噪声级和各倍频带的声压级；

二、确定降噪地点的允许噪声级和各倍频带的允许声压级，计算所需吸声降噪量；

三、计算吸声处理后应有的室内平均吸声系数；

四、确定吸声材料（或结构）的类型、数量与安装方式。

**第 6.2.2 条** 车间厂房吸声处理前的室内噪声级，以及 125～4000Hz 六个倍频带的声压级，可实测得出，也可按公式 4.2.2 计算或由图 6.2.2 查得。

用公式 4.2.2 计算室内声压级时，室内吸声处理前的平均吸声系数 $\bar{\alpha}_1$（或总吸声量 $A_1$）可由计算求得，也可通过测量房间混响时间求得。

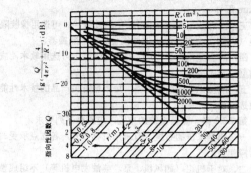

**图 6.2.2 室内相对声压级查算曲线**

图注：图中虚线所示的查算例为：当 $Q=4$，$r=3m$，$R_r=100m^2$ 时，相对声压级约为 11dB。

**第 6.2.3 条** 降噪地点的允许噪声级和 125～4000Hz 六个倍频带的允许声压级，应根据本规范第二章的规定，由附表 2.1 确定。所需吸声降噪量可将室内吸声处理前的声压级减去允许声压级得出。

**第 6.2.4 条** 吸声处理后的室内平均吸声系数，应根据所需吸声降噪量以及吸声处理前室内平均吸声系数，按下列公式计算（或由附表 2.2 查得）：

$$\Delta L_p = 10 \lg(\bar{\alpha}_2 / \bar{\alpha}_1) \qquad (6.2.4-1)$$

采用室内总吸声量计算，应按下式进行：

$$\Delta L_p = 10 \lg(A_2 / A_1) \qquad (6.2.4-2)$$

采用室内混响时间计算，应按下式进行：

$$\Delta L_p = 10 \lg(T_1 / T_2) \qquad (6.2.4-3)$$

式中　　$\Delta L_p$——吸声降噪量（dB）；

$\bar{\alpha}_1$、$\bar{\alpha}_2$——吸声处理前、后的室内平均吸声系数；

$A_1$、$A_2$——吸声处理前、后的室内总吸声量（m²）；

$T_1$、$T_2$——吸声处理前、后的室内混响时间（s）。

注：公式（6.2.4）可适用于 $\bar{\alpha}_2 < 0.5$ 的场合。

**第 6.2.5 条** 吸声材料（或吸声结构）的种类、数量与安装方式，应根据吸声处理后所需的室内平均吸声系数（或总吸声量、混响时间）的要求，按本章第三节的有关规定确定。

**第 6.2.6 条** 吸声设计的效果，可采用吸声降噪量及室内工作人员的主观感觉效果来评价。通常，吸声降噪量应通过实测或计算吸声处理前后室内相应位置的噪声水平（A、C 声级及 125～4000Hz 六个倍频带声压级）来求得，也可通过测量混响时间、声级衰减等方法求得吸声降噪量。

**第三节　吸声构件的选择与设计**

**第 6.3.1 条** 吸声构件的设计与选择，应符合因地制宜、就地取材的原则，并应遵守下列规定：

一、中高频噪声的吸声降噪设计，一般可采用 20～50mm 厚的常规成型吸声板；当吸声要求较高时，可采用 50～80mm 厚的超细玻璃棉等多孔吸声材料，并加适当的护面层。

二、宽频带噪声的吸声降噪设计，可在多孔材料后留 50～100mm 的空气层，或采用 80～150mm 厚吸声层。

三、低频噪声的吸声降噪设计，可采用穿孔板共振吸声结构，其板厚通常可取为 2～5mm，孔径可取 3～6mm，

穿孔率宜小于 5%。

四、室内湿度较高，或有清洁要求的吸声降噪设计，可采用薄膜复面的多孔材料或单、双层微穿孔板吸声结构，微穿孔板的板厚及孔径均应不大于 1mm，穿孔率可取 0.5～3%，总腔深可取 50～200mm。

**第 6.3.2 条** 吸声处理方式的选择，应遵守下列规定：

一、所需吸声降噪量较高、房间面积较小的吸声设计，宜对天花板、墙面同时作吸声处理（如单独的风机房，隔声控制室等）。

二、所需吸声降噪量较高，车间面积较大时，尤其是扁平状大面积车间的吸声设计，一般可只作平顶吸声处理。

三、声源集中在车间局部区域而噪声影响整个车间时的吸声设计，应在声源所在区域的天花板及墙面作局部吸声处理，且宜同时设置隔声屏障。

四、吸声降噪设计，通常应采用空间吸声体的方式。吸声体面积宜取房间平顶面积的 40% 左右，或室内总表面积的 15% 左右。空间吸声体的悬挂高度宜低些，离声源宜近些。

# 第七章　隔 振 设 计

**第一节　一 般 规 定**

**第 7.1.1 条** 隔振降噪设计适用于产生较强振动或冲击，从而引起固体声传播及振动辐射声的机器设备的噪声控制。

当振动对操作者、机器设备运行或周围环境产生影响与干扰时，也应进行隔振设计。

**第 7.1.2 条** 对隔振要求较高的车间或设备，应远离振动较强的机器设备或其他振动源（如铁路、公路干线）。

**第 7.1.3 条** 隔振装置及支承结构型式，应根据机器设备的类型、振动强弱、扰动频率等特点以及建筑、环境和操作者对噪声振动的要求等因素确定。

**第 7.1.4 条** 各类场所的隔振设计目标值，应根据本规范第二章规定的噪声限制值的要求确定；其振动值尚应符合国家现行的有关振动标准的规定。

**第二节　隔振设计程序和方法**

**第 7.2.1 条** 隔振降噪设计应按下列步骤进行：

一、确定所需的振动传递比（或隔振效率）；

二、确定隔振元件的荷载、型号、大小和数量；

三、确定隔振系统的静态压缩量、频率比以及固有频率；

四、验算隔振参量，估计隔振设计的降噪效果。

**第 7.2.2 条** 隔振设计所需的振动传递比（或隔振效率），应根据实测或估算得到的需隔振设备或地点的振动水平及机器设备的扰动频率，设备型号规格、使用工况以及环境要求等因素确定。

简单隔振系统（质量弹簧系统）的振动传递比，可按下式计算：

$$T_r = \left| \frac{1}{1 - \left(\frac{f}{f_n}\right)^2} \right| \qquad (7.2.2)$$

式中　$T_r$——隔振系统的振动传递比；

　　　　$f$——机器设备的扰动频率（Hz）；

　　　　$f_n$——隔振系统的固有频率（Hz）。

**第7.2.3条**　隔振元件的荷载、型号大小和数量的确定，应遵守下列规定：

　　一、隔振元件承受的荷载，应根据设备（包括机组和机座）的重量、动态力的影响以及安装时的过载等情况确定；

　　二、设备重量均匀分布时，每个隔振元件的荷载可将设备重量除以隔振元件数目得出。隔振元件的型号和大小可据此确定；

　　三、设备重量不均匀分布时，各个隔振元件的选择，也可采用机座（混凝土块或支架），并根据重心位置来调整支承点；

　　四、隔振元件的数量，一般宜取4～6个。

**第7.2.4条**　隔振系统静态压缩量、频率比以及固有频率的确定，应遵守下列规定：

　　一、静态压缩量应根据振动传递比（或隔振效率）、设备稳定性及操作方便等要求确定；

　　二、频率比中的扰动频率，通常可取为设备最低扰动频率。频率比应大于1.41，通常宜取2.5～4；严禁采用接近于1的频率比；

　　三、隔振系统的固有频率可根据扰动频率及频率比确定，并可按下式估算：

$$f_n = 4.98 \sqrt{\frac{K_D}{W}} \approx 5 \sqrt{\frac{d}{\delta_{st}}} \qquad (7.2.4)$$

式中　$K_D$——隔振元件动刚度（kg／cm）；

　　　　$W$——隔振系统重量（kg）；

　　　　$d$——动态系数（隔振元件的动、静刚度比。钢弹簧可取1.0；橡胶可取1.5～2.3）；

　　　　$\delta_{st}$——隔振元件在设备总重量下的静态压缩量（cm）。

**第7.2.5条**　隔振参量的验算在隔振系统确定之后进行，通常应包括振动传递比或隔振效率、静态压缩量、动态系数等参数的验算；同时尚应包括对隔振的降噪效果作出的估计。

对于楼板上的隔振系统，其楼下房间内的降噪量可用下式估算：

$$\Delta L_P \approx \Delta L_V \approx 20 \lg \frac{1}{T_r} \qquad (7.2.5)$$

式中　$\Delta L_P$——隔振前、后楼下房间内声压级的改变量（dB）；

　　　　$\Delta L_V$——隔振前、后楼板振动速度级的改变量（dB）。

**第7.2.6条**　下列情况的隔振设计，应进行更为详细周密的计算与选择：

　　一、隔振效率需要非常高（如 $\eta > 97\%$）；

　　二、冲击和周期性振动联合产生强迫运动；

　　三、多向隔振。

### 第三节　隔振元件的选择与设计

**第7.3.1条**　隔振元件（包括隔振垫层和隔振器）的选择，应遵守下列规定：

　　一、固有频率为1～8Hz的振动隔绝，可选用金属弹簧隔振器、空气弹簧隔振器；

　　二、固有频率为5～12Hz的振动隔绝，可选用剪切型橡胶隔振器、橡胶隔振垫（2～5层）或玻璃纤维板（50～150mm厚）；

　　三、固有频率为10～20Hz的振动隔绝，可选用橡胶隔振垫（1层）、金属橡胶隔振器或金属丝棉隔振器；

　　四、固有频率大于15Hz的振动隔绝，可选用软木，或压缩型橡胶隔振器；

　　五、隔振元件的品种规格，可根据有关产品的技术性能参数选择确定。

**第7.3.2条**　隔振系统的布置，应符合下列要求：

　　一、隔振系统的布置，宜采用对称方式，各支点承受的荷载应相等；

　　二、对于机组（如风机、泵、柴油发电机等）不组成整体的情况，隔振元件对机组的支承必须通过公共机座实现。机组的公共机座应具有足够的刚度；

　　三、对于需要降低固有频率，提高隔振效率的情况，隔振元件可串联使用；

　　四、小型（或轻型）机器设备的隔振元件，可直接设置在地坪或楼板上，通常不必另做设备基础和地脚螺栓；

　　五、重心高的机器，或承受偶然碰撞的机器，可采用横向稳定装置，但不得造成振动短路。

**第7.3.3条**　采用弹性连接，应符合下列要求：

　　一、下列管道系统的振动隔绝，应采用弹性连接：

　　1.风机送回风管的隔振，可采用帆布接头，橡胶软管以及隔振吊钩（或支架）；

　　2.泵、冷冻机、气体压缩机等管道系统的隔振，应采用橡胶软管。输送介质温度过高、压力过高或者化学活性大的管道系统，则应采用金属软管；

　　3.电机等设备的电气管线，应采用软管线；

　　4.穿越楼板或墙的管道，应采用弹性材料隔开。

　　二、软管的位置，应设置在振源附近和振动运动较小之处；

　　三、穿过隔振元件的螺栓，必须采用软热圈和软套管与隔振元件相连结。

**第7.3.4条**　隔振机座应设置在机器设备与隔振元件之间，通常宜由型钢或混凝土块构成。需要制作安装方便且自重较轻的隔振机座应采用钢机架。需要刚性好、隔振系统重心低，系统的固有频率低且隔振量大的机座，宜采用混凝土制作。混凝土机座重量不得小于机器重量，通常应有机器重量的2倍；对往覆式机器等，则宜取机器重量的3～5倍。锻床、冲床等冲击机器的隔振机座重量，应由传至机座的动力和机器的容许运动来决定。

## 附录一　本规范名词解释

| 本规范名词解释 | | 附表1.1 |
|---|---|---|

| 名　词 | 说　明 |
|---|---|
| 高噪声设备 | 辐射噪声对工作环境或生活环境产生明显影响的设备 |
| 高噪声车间<br>（厂房、企业、区域） | 内部噪声超过某一声级，以至对外部环境或内部工作环境产生明显影响的车间（厂房、企业、区域） |
| 对噪声敏感的企业<br>（车间、建筑、区域） | 内部工作性质或使用状况要求较安静条件的企业（车间、建筑、区域） |

| 名　词 | 说　　明 |
|---|---|
| 室内平均声级 | 室内人员工作或经常经过的各地点声级值的算术平均值 |
| 噪声控制专用设备 | 专门为控制噪声而设计、生产或制造的设备。通常包括：消声器、隔声屏、隔声罩、隔声间、空间吸声体、隔振元件、阻尼材（涂）料等 |
| 固定密封型隔声罩 | 各组合部件均不可经常开启或装卸的密封性良好的隔声罩 |
| 活动密封型隔声罩 | 密封性良好，但为操作或检修需要留有易于启闭的门窗的隔声罩 |
| 局部开敞式隔声罩 | 由于结构所限，或为装配、通风散热、检修所需而局部未加封闭的隔声罩 |
| 声　桥 | 双层隔声构件之间的刚性连接 |
| 压力损失 | 消声器内存在给定平稳气流时，消声器进口端与出口端平均全压之差。单位：Pa。通常，消声器两端截面相同，压力损失即为两端静压之差 |
| 阻力系数 | 消声器压力损失与通道内平均动压之比 |
| 气流再生噪声 | 管道或消声器内由于气流湍流运动或部件受激振动而产生的噪声 |
| 上限截止频率 | 管道或消声器内出现非平面波效应的频率。对于超过该频率的高频声，消声器的消声性能急剧下降 |
| 振动传递比 | 振动系统在稳态受迫振动中，响应幅值与激励幅值的无量纲比值，它可以是力、位移、速度或加速度的比 |
| 隔振效率 | $\eta = (1 - T_A) \times 100\%$ |
| 振动速度级 | 振动速度与基准速度之比值的对数，再乘以 20，单位：dB，基准速度 $V_0 = 10^{-9}$ m/s |

## 附录二　倍频带允许声压级查算表和室内吸声降噪量估算表

### （一）倍频带允许声压级查算表

根据本规范第二章所列噪声 A 声级限制值，可由附表 2.1 查得八个倍频带的允许声压级。

**倍频带允许声压级查算表　附表 2.1**

| 噪声限制值（dB） | 倍频带允许声压级（dB） | | | | | | | |
|---|---|---|---|---|---|---|---|---|
| | 63 | 125 | 250 | 500 | 1000 | 2000 | 4000 | 8000 |
| 90 | 107 | 97 | 90 | 84 | 81 | 80 | 80 | 82 |
| 85 | 102 | 92 | 85 | 79 | 76 | 75 | 75 | 77 |
| 80 | 97 | 87 | 80 | 74 | 71 | 70 | 70 | 72 |
| 75 | 92 | 82 | 75 | 70 | 66 | 65 | 65 | 67 |
| 70 | 87 | 77 | 70 | 64 | 61 | 60 | 60 | 62 |
| 65 | 82 | 72 | 65 | 59 | 56 | 55 | 55 | 57 |
| 60 | 77 | 67 | 60 | 54 | 51 | 50 | 50 | 52 |
| 55 | 72 | 62 | 55 | 49 | 46 | 45 | 45 | 47 |
| 50 | 67 | 57 | 50 | 44 | 41 | 40 | 40 | 42 |
| 45 | 62 | 52 | 45 | 39 | 36 | 35 | 35 | 37 |

注：1 本附表适用于八个倍频带起同样作用的情形。

　　2 进行隔声、吸声设计，通常只考虑 125～4000Hz 六个倍频带，这时，本附表所列允许声压级值可放宽 1dB。

### （二）室内吸声降噪量估算表

根据吸声处理前、后室内各频带平均吸声系数 $\bar{\alpha}_1$ 与 $\bar{\alpha}_2$，可由附表 2.2 查得吸声降噪量。

**室内吸声降噪量估算表　附表 2.2**

| $\bar{\alpha}_1$ ＼ $\Delta L_p$，$\bar{\alpha}_1$ | 0.05 | 0.10 | 0.15 | 0.20 | 0.25 | 0.30 |
|---|---|---|---|---|---|---|
| 0.20 | 6.0 | 3.0 | 1.2 | — | — | — |
| 0.25 | 7.0 | 4.0 | 2.2 | 1.0 | — | — |
| 0.30 | 7.8 | 4.8 | 3.0 | 1.8 | 0.8 | — |
| 0.35 | 8.5 | 5.4 | 3.7 | 2.4 | 1.5 | 0.7 |
| 0.40 | 9.0 | 6.0 | 4.3 | 3.0 | 2.0 | 1.2 |
| 0.45 | 9.5 | 6.5 | 4.8 | 3.5 | 2.6 | 1.8 |
| 0.50 | 10.0 | 7.0 | 5.2 | 4.0 | 3.0 | 2.2 |
| 0.55 | 10.4 | 7.4 | 5.6 | 4.4 | 3.4 | 2.6 |
| 0.60 | 10.8 | 7.8 | 6.0 | 4.8 | 3.8 | 3.0 |
| 0.65 | 11.1 | 8.1 | 6.4 | 5.1 | 4.1 | 3.4 |
| 0.70 | 11.5 | 8.5 | 6.7 | 5.4 | 4.5 | 3.7 |

## 附录三　本规范用词说明

一、执行本规范条文时，对于要求严格程度的用词说明如下，以便在执行中区别对待：

1. 表示很严格，非这样做不可的用词：
正面词采用"必须"；
反面词采用"严禁"。

2. 表示严格，在正常情况下均应这样做的用词：
正面词采用"应"；
反面词采用"不应"或"不得"。

3. 表示允许稍有选择，在条件许可时，首先应这样做的用词：
正面词采用"宜"或"可"；
反面词采用"不宜"。

二、条文中指明必须按其它有关标准和规范执行的写法为，"应按……执行"或"应符合……要求或规定。"非必须按所指定的标准和规范执行的写法为"可参照……"。

## 附加说明

### 本规范主编单位、参加单位和主要起草人名单

主编单位：北京市劳动保护科学研究所

参加单位：中国建筑科学研究院
中国科学院声学研究所
上海工业建筑设计院
上海民用建筑设计院
上海化工设计院
冶金工业部重庆钢铁设计研究院
冶金工业部北京钢铁设计研究总院
机械工业部设计研究总院
电子工业部第十一设计研究院
航空工业部第四规划设计研究院
化学工业部第四设计院
中国环境科学研究院

主要起草人：方丹群　陈潜　孙家其　孙凤卿　董金英
　　　　　　吴大胜　张敬凯　陈道常　章奎生　徐之江
　　　　　　梁其和　穆惕乾　周光源　杨臣钧　肖净岚
　　　　　　李芳年　陈律华　朱汝洲　刘惠媛　江珍泉
　　　　　　冯瑀正　封根泉　虞仁兴　威丹

中华人民共和国国家标准

# 工业企业噪声测量规范

GBJ 122—88

主编部门：首都规划建设委员会办公室
批准部门：中华人民共和国国家计划委员会
施行日期：1 9 8 8 年 1 2 月 1 日

# 编 制 说 明

本规范是根据国家计委计综〔1985〕1 号文的要求，由全国声学标准化委员会归口组织，具体由北京市劳动保护科学研究所负责编制的。

在本规范的编制过程中，编制单位调查研究了国内有关单位的实践经验和研究成果，收集并分析了国外同类测量标准及有关技术资料，对一些重要内容进行了理论分析和实验验证工作，提出了规范征求意见稿；广泛征求了国内各有关单位的意见，并召开了座谈会，经反复修改提出了送审稿。经全国声学标准化技术委员会建筑声学分委员会讨论同意，最后，由全

国声学标准化技术委员会审查定稿。

本规范共四章及二个附录。内容包括：测量条件、生产环境的噪声测量和非生产场所的噪声测量。

在本规范施行过程中，希各单位注意积累资料，认真总结经验，如发现有需要修改或补充之处，请将意见和有关资料寄交北京市劳动保护科学研究所（北京市陶然亭路儒福里 41 号）以供今后修订时参考。

**首都规划建设委员会办公室**
1988 年 3 月 18 日

# 目　次

# 第一章 总 则

**第1.0.1条** 为统一工业企业所有生产环境和非生产环境的噪声测量方法，便于对工业企业噪声进行评价和控制设计，特制订本标准。

**第1.0.2条** 本标准适用于工业企业生产环境、非生产环境与厂界的稳态噪声和除脉冲噪声以外的非稳态噪声测量。

**第1.0.3条** 工业企业噪声测量除应执行本规范外，尚应遵守国家现行的有关标准规范。

# 第二章 噪声测量条件

## 第一节 测量仪器

**第2.1.1条** 噪声测量，应使用2型或性能优于2型的声级计或性能相当的其它声学仪器。测量等效A声级应使用积分声级计；无积分声级计时亦可使用上述声级计。噪声测量所用仪器的性能，应符合现行国家标准《声级计的电声性能与测试方法》的规定；积分声级计，应符合IEC804-85《积分平均声级计》的规定。

**第2.1.2条** 噪声测量前后必须对声级计进行声校准，若前、后两次校准值相差等于或大于2dB，测量值无效。校准用的声压级校准器，应按JJG176-84《声压级校准器试行检定规程》的要求定期检定；声级计应按现行国家标准《标准噪声源》定期检定。
声学测量及校准仪器每2年至少检定一次。

## 第二节 测量的量

**第2.2.1条** 稳态噪声应测量A声级，需要时可测量C声级。

**第2.2.2条** 非稳态噪声，应测量日等效A声级。

## 第三节 读取测量值的方法

**第2.3.1条** 测量稳态噪声应使用声级计"慢档"时间特性，一次测量应取5s内的平均读数。

**第2.3.2条** 测量非稳态噪声应使用声级计"慢档"时间特性，并根据噪声变化特性确定测量时间，在测量时间内测得的数据，应能代表日等效A声级。对周期性变化的噪声，测量时间应等于噪声变化周期的整数倍，最短不得少于一个变化周期。
使用非积分声级计测量等效A声级时，应按附录二的规定取值。

## 第四节 环境条件

**第2.4.1条** 室外测量时，传声器应加防风罩，风速等于或大于6m／s时，应停止测量。

**第2.4.2条** 测量过程中，应避免或减少振动、电磁场、温度和湿度等环境因素的干扰。

# 第三章 生产环境的噪声测量

## 第一节 设备运行状况

**第3.1.1条** 噪声测量时，生产设备必须处于正常工作状态，并维持运行状态不变。

## 第二节 测点位置

**第3.2.1条** 测点的选择，应能切实反映车间各个操作岗位的噪声水平。

**第3.2.2条** 在按工艺流程设计的厂房、车间内，或工种分工明显的生产环境，测点应包括各工种的操作岗位与操作路线。

**第3.2.3条** 在工种分区不明显的车间，测点应选择典型工种的操作岗位。

**第3.2.4条** 在需要了解车间其余区域噪声分布时，可在工人为观察或管理生产而经常活动的范围，如通道、休息场所等处选择噪声测点。

**第3.2.5条** 在测点上传声器，应置于人耳位置高度。测量时，传声器应指向影响较大的声源；若难于判别声源方位，则应将传声器竖直向上。

## 第三节 噪声测量记录

**第3.3.1条** 工业企业生产环境噪声测量，宜按附录一附表1.1所列内容填写。

**第3.3.2条** 需要时，生产环境噪声测量应给出车间噪声分布图。

# 第四章 非生产场所的噪声测量

## 第一节 非生产场所的室外噪声测量

**第4.1.1条** 工业企业非生产场所室外噪声测量的测点，应沿生产车间和非生产性建筑物外侧选取。对于生产车间测点应距车间外侧3～5m，对于非生产性建筑物，测点应距建筑物外侧1m。

**第4.1.2条** 传声器置于测点上距地面高1.2m处，传声器应指向影响较大的声源。

## 第二节 非生产场所的室内噪声测量

**第4.2.1条** 办公室、设计室、会议室、医务室、托儿所、仓库等室内噪声测量，一般应在室内居中位置附近选3个测点取其平均值。

**第4.2.2条** 传声器置于测点上距地面高1.2m处，传声器应指向影响较大的声源。

**第4.2.3条** 测量噪声时，室内声学环境（门与窗的启与闭，打字机、空调器等室内声源的运行状态），应符合正常使用条件。

## 第三节 厂界的噪声测量

**第 4.3.1 条** 厂界的噪声，应按现行国家标准《城市环境噪声测量方法》的规定进行测量。

## 第四节 噪声测量的记录

**第 4.4.1 条** 工业企业非生产环境的噪声测量，应按附表 1.2 所列内容填写。

# 附录一 工业企业噪声测量记录表

**工业企业生产环境噪声测量记录表** 　附表 1.1

| 测量地点 | | | | | | |
|---|---|---|---|---|---|---|
| 测量时间 | | | | 测量人 | | |
| 测量及校准仪器 | 名　称 | 型　号 | 声压级校准值 dB | | 备　注 | |
| | | | 测量前 | 测量后 | | |
| | | | | | | |
| | | | | | | |
| 生产设备 | 名　称 | 型号 | 功率 | 运转(及总)台数 | 备　注 | |
| | | | | | | |
| | | | | | | |
| | | | | | | |
| 测点编号 | 1 | 2 | 3 | 4 | 5 | 6 |
| 测点具体位置 | | | | | | |
| 声级 dB | $L_A$ | | | | | |
| | $Leq$ | | | | | |
| | $L_c$ | | | | | |
| 设备分布及测点分布示意图(注明车间尺寸) | | | | | | |
| | | | | | | |

**工业企业非生产场所噪声测量记录表** 　附表 1.2

| 测量地点 | | | | | | |
|---|---|---|---|---|---|---|
| 测量时间 | | | | 测量人 | | |
| 测量及校准仪器 | 名　称 | 型　号 | 声压级校准值 dB | | 备　注 | |
| | | | 测量前 | 测量后 | | |
| | | | | | | |
| | | | | | | |
| 测点 | 1 | 2 | 3 | 4 | 5 | 6 |
| 声级 dB | $L_A$ | | | | | |
| | $Leq$ | | | | | |
| | $L_c$ | | | | | |
| 所属区域 | | | | | | |
| 测点分布示意图 | | | | | | |
| | | | | | | |

# 附录二 等效 A 声级测量方法

## 一、定义及表示方法

$$Leq = 10\lg\frac{1}{t_2 - t_1}\int_{t_1}^{t_2} 10^{0.1L(t)} dt \qquad (附2.1)$$

式中　$Leq$ 为等效A声级，dB；

$t_1$，$t_2$ 计算Leq的起止时刻；

$L(t)$作为时间函数的非稳态A声级，dB。

若 $t_1$，$t_2$ 表示典型工作日的起止时刻，则上式表示的是一个工作日的等效声级。

## 二、等效 A 声级的测量

（一）使用积分声级计或噪声剂量仪应按本标准第三章规定的测点，测量日等效 A 声级。

（二）在没有积分声级计或噪声剂量仪的情况下，可使用普通声级计按以下方法测量并计算等效 A 声级：

1．一般对于无规律噪声的等效声级测量，应按等时采样的方法，在典型生产过程中使用声级计慢档每隔 5 秒钟读取一个瞬时 A 声级，连续取 100 个数据，记入附表 2.1；并按附表 2.1 所列程序处理数据。

2．附表 2.1 使用要求：

（1）采样测量的结果应登记在"声级等时采样记录"格内；每读取一个数据，在其相应声级 $L_j$ 的左侧划一直线，一个声级累积出现 5 次则以 5 条直线 ＃ 标记，以便于统计其出现的总次数；

（2）计算 $10^{0.1L_j}$；

（3）计算部分暴露指数 $n_j 10^{0.1L_j}$；

（4）计算合成暴露指数 $\sum n_j 10^{0.1L_j}$；

（5）按下式计算等效 A 声级；

$$Leq = 10\lg\sum n_j 10^{0.1L_j} - 10\lg\sum n_j \qquad (附2.2)$$

式中　$j$ 表示测量中出现的不同声级自小至大顺序排队的序号；$n_j$ 表示声级 $L_j$ 出现的频数。

3．对于有规律的变化噪声的等效 A 声级的测量，亦可采用采样的办法。采样时间间隔 $\tau$ 的选定，应使测量时间（$100\tau$）等于噪声变化周期 T 的整数倍，可按下式计算：

$$\tau = \frac{nT}{100} \quad n = 1, 2, 3, 4 \qquad (附2.3)$$

若噪声变化周期较短（在数秒至 1 分钟之内），则可按下式确定采样间隔。

$$\tau = \frac{11T}{10} \qquad (附2.4)$$

4．对于间歇噪声，可采用稳态噪声测量方法，测量并记录间歇噪声的 A 声级及其作用时间，将间歇噪声的声级区分为有限个整数并将 A 声级及其相应的累积作用时间列入附表 2.2。等效 A 声级，可按附 2.5 公式计算。

## 声级采样记录及处理程序　　　　　附表 2.1

| 时间 | | 取样间隔 | 取样时间 | | 仪器 | | |
|---|---|---|---|---|---|---|---|
| $L_i$声级 | | 声级等时采样记录 | 数据处理程序 | | | | |
| 十位 | 个位 | | 序号 j | $n_j$ | $10^{0.1L_j}$ | $n_j \times 10^{0.1L_j}$ | |
| | 0 | | | | | | |
| | 1 | | | | | | |
| | 2 | | | | | | |
| | 3 | | | | | | |
| | 4 | | | | | | |
| | 5 | | | | | | |
| | 6 | | | | | | |
| | 7 | | | | | | |
| | 8 | | | | | | |
| | 9 | | | | | | |
| | 0 | | | | | | |
| | 1 | | | | | | |
| | 2 | | | | | | |
| | 3 | | | | | | |
| | 4 | | | | | | |
| | 5 | | | | | | |
| | 6 | | | | | | |
| | 7 | | | | | | |
| | 8 | | | | | | |
| | 9 | | | | | | |
| | 0 | | | | | | |
| | 1 | | | | | | |
| | 2 | | | | | | |
| | 3 | | | | | | |
| | 4 | | | | | | |
| | 5 | | | | | | |
| | 6 | | | | | | |
| | 7 | | | | | | |
| | 8 | | | | | | |
| | 9 | | | | | | |

$$\sum n_j \times 10^{0.1L_j} =$$
$$Leg = 10lg\sum n_j \times 10^{0.1L_j} - 10lg\sum n_j =$$

| 测量地点 | 测量人 |
|---|---|

## 间歇噪声等效 A 声级统计表　　　　　附表 2.2

| 声级 $L_i$(dB) | | | | |
|---|---|---|---|---|
| 累积时间 $T_i$ | | | | |
| Leq | | | | |

$$Leq = 10lg\frac{\sum 10^{0.1L_i} T_i}{\sum T_i} \qquad (附2.5)$$

表与式中 $L_i$ 表示间歇噪声的声级，(dB)；
$T_i$ 表示相对于 $L_i$ 的累积作用时间 (m)。

对于每个工作日暴露 8 小时的情况，日等效 A 声级可按下式计算：

$$Leq = 10lg\sum 10^{0.1L_i} T_i - 27 \qquad (附2.6)$$

# 附录三　本规范用词说明

一、执行本规范条文时，对于要求严格程度的用词，说明如下，以便在执行中区别对待。

1.表示很严格，非这样作不可的用词：
　正面词采用"必须"；
　反面词采用"严禁"。

2.表示严格，在正常情况下均应这样作的用词：
　正面词采用"应"；
　反面词采用"不应"或"不得"。

3.表示允许稍有选择，在条件许可时，首先应这样作的用词：
　正面词采用"宜"或"可"；
　反面词采用"不宜"。

二、条文中指明必须按其他有关标准和规范执行的写法为："应按……执行"或"应符合……要求或规定"。非必须按所指定的标准和规范执行的写法为"可参照……"。

## 附加说明

### 本规范主编单位、参加单位和主要起草人名单

**主编单位：** 北京市劳动保护科学研究所
**参加单位：** 中国科学院声学研究所
　　　　　　清华大学
　　　　　　华东建筑设计院
**主要起草人：** 孙家麒

中华人民共和国国家标准

# 工业企业噪声测量规范

### GBJ 122—88

## 条 文 说 明

# 前　言

根据国家计委计综〔1985〕1号通知的要求，全国声学标准化技术委员会归口组织，具体由北京市劳动保护科学研究所会同有关单位编制的《工业企业噪声测量规范》GBJ122—88，已经国家计委1988年4月13日以计标〔1988〕563号文批准发布。

为便于广大设计、施工、科研、学校等有关单位人员在使用本规范时能正确理解和执行条文规定，《工业企业噪声测量规范》编制组根据国家计委关于编制标准、规范条文说明的统一要求，按本规范的章、节、条顺序，编制了《工业企业噪声测量规范条文说明》，供国内各有关部门和单位参考。在使用中如发现本条文说明有欠妥之处，请将意见直接函寄北京市陶然亭路儒福里41号北京市劳动保护科学研究所《工业企业噪声测量规范》管理组。

本《条文说明》由中国计划出版社出版，系统征订，不得外传和翻印。

1988年4月

# 目　次

# 第一章 总 则

**第1.0.1条** 近20年来各工业企业部门以及劳动保护、劳动卫生和环境保护等部门为调查研究、评价及控制工业企业噪声，先后制订或采用了相应的噪声测量方法。由于各部门的工作侧重面不同，工业企业噪声测量的内容存在相当大的差距：如有的着重测量工业噪声源特性，有的则重点测量生产车间内生产岗位的噪声，还有的测量工业噪声对社会环境的干扰。为了统一工业企业噪声测量方法，便于贯彻执行现行国家标准《工业企业噪声标准设计规范》，特制订本规范。

**第1.0.2条** 鉴于评价脉冲噪声职业暴露对工人的影响尚缺少公认一致性的资料，并且脉冲噪声的测量方法正待完善，为此本标准不适用于脉冲噪声。

**第1.0.3条** 规定工业企业噪声测量除应执行本规范外，尚应遵守国家现行有关标准，如以下标准规范：

工业企业噪声控制设计规范

城市区域环境噪声标准

城市环境噪声测量方法

声学名词术语

声级计的电声性能与测试方法

标准噪声源

JTG176—84《声压级校准器试行检定规程》

# 第二章 噪声测量条件

## 第一节 测量仪器

**第2.1.1条** 规定了噪声测量应使用的仪器及其性能、噪声测量使用声级计一般情况已足够了，其他声学仪器如频率分析仪、声级记录仪、磁带记录仪等虽没有一一列入本规定，但是这并不意味着不可以使用这些仪器，只要这些仪器的性能符合本标准的规定，则可以选用。

**第2.1.2条** 声级计是一种计量仪表，为确保噪声测量的准确，本款规定了噪声测量前后对声级计进行声校准、噪声测量及校准仪器的规定要求。关于"若前、后两次校准值相差等于或大于3dB，测量值无效"的规定是依照现行国家标准《城市环境噪声测量方法》的相应条款而定的。

## 第二节 测量的量

**第2.2.1条** 稳态噪声应测量A声级是根据工业企业噪声评价的要求而规定的；而需要时，可以测量C声级。这是考虑到有时需要了解和掌握低频噪声的影响，以积累和应用A与C声级的资料，这将是

有价值的。

## 第三节 读取测量值的方法

**第2.3.1条** 规定测量稳态噪声应使用的"时间"特性。规定一次测量应取5s内的平均读数是参照ISO2204和ISO2923等文件的相应条款而定的。

**第2.3.2条** 规定测量非稳态噪声应使用的"时间"特性和确定测量时间长短的原则，该原则就是应根据噪声变化特性确定测量时间，在测量时间内测得的数据应能代表日等效A声级。如对无任何规律可循的变化噪声应测量一个工作日（即8小时）的等效A声级，而对有规律变化的噪声只测量其一个变化周期的等效A声级，对于变化周期较短的噪声：如注塑机噪声和缝纫车间噪声，则可以多测量几个变化周期，即可获得日等效A声级。

## 第四节 环境条件

**第2.4.1条** 规定室外测量时，传声器应加防风罩以及风速限制是为了防止风噪声对测量精度的影响。关于6m/s的风速限制，是参照现行国家标准《城市环境噪声测量方法》有关条款规定的。

# 第三章 生产环境的噪声测量

## 第一节 设备运行情况

**第3.1.1条** 生产设备的运行状态与其辐射噪声的大小关系十分密切，为了准确测量和正确评价工业企业噪声，生产设备必须处于正常工作状态。所谓正常工作状态：一是，生产车间内的生产设备，必须按照常规开启一定的台数，不许任意增开或少开动生产设备；二是，每台生产设备，必须依照生产规定的负荷运转，不准超载或空载运转。

## 第二节 测点位置

**第3.2.1条** 规定测点的总原则。由于本章规定生产环境的噪声测量，所以选择测点的总原则就是测点上测得的A声级能确切反映生产车间的噪声对生产工人的影响。具体测点位置又根据不同情况和需要在第3.2.2、第3.2.3、第3.2.4和第3.2.5条分别作出规定。

**第3.2.2条** 规定按工艺流程设计的车间内，选择测点的方法。一般新建的厂房多是按生产的工艺流程设计的，车间或工种分区明显，如纺织厂、汽车制造厂、手表厂等。这种情况下，应选定各个工种的操作岗位作为测点。测点选择以确切反映工人实际噪声暴露为准，而不考虑测点周围的声学环境（如反射和背景噪声）如何。

**第3.2.3条** 规定工种分区不明显的车间内，选

择测点的方法，有的工厂的确存在着车间或工种分区不明显的问题，有的一个车间（或厂房）内容纳多工种，如铸造厂、金属结构厂、木材厂等。这种情况下原则上应选择每个工种的操作岗位为测点，如有困难则应根据车间的生产性质，选择主要生产工种操作岗位为测点。

**第3.2.5条** 规定生产环境噪声测量时，传声器在测点上的高度及传声器的指向，传声器置于人耳位置的规定是根据工业企业噪声对生产工人的影响主要来自于人耳的反应。一般声级计多是采用场型传声器竖直向上的规定是参考国际标准制定的。如ISO2923，ISO3381。

### 第三节 噪声测量记录

**第3.3.1条** 规定生产环境噪声测量的记录要求。由于附录一附表1.1基本上是按本规范第二、三章所规定的内容设计的，所以按此表所列内容进行填写可以避免测量中出现的各种纰漏和误差，从而保障测量的质量。

## 第四章 非生产场所的噪声测量

### 第一节 非生产场所室外噪声的测量

**第4.1.1条** 规定非生产场所室外噪声测点的位置。在生产车间和非生产性建筑物外侧测量噪声是为了了解车间向外辐射噪声的情况，以及掌握工厂噪声对非生产场所的影响程度。如此积累的测量资料不仅对工厂生产安排以及建筑布局的改进有益，更重要的是为同类工厂的重新设计提供更丰富准确的资料。

对于生产车间测点应距车间外侧3.5m，对于非生产性建筑物应距建筑物外侧1m的规定，是分别根据ISO1996和现行国家标准《城市环境噪声测量方法》而定的。

**第4.1.2条** 规定非生产场所室外噪声测量时传声器的高度和指向。关于传声器距地面1.2m的规定是参照现行国家标准《城市环境噪声测量方法》有关条款规定的。

### 第二节 非生产场所室内噪声的测量

**第4.2.3条** 室内噪声一般是指由室外传入室内的工业企业生产噪声，所以开关门窗对室内噪声的大小影响显著，为确切评价室外噪声的影响状况，应按正常条件关或开门窗。

有的办公室或会议室具有辐射噪声的设备，如打字机、空调器等。有时这些设备是室内噪声的主要来源，所以要求具有室内噪声源的房间，必须根据常规使用条件来确定噪声测量时是否开动这些设备。

### 第三节 厂界的噪声测量

**第4.3.1条** 如果将工厂看作向外辐射噪声的场地，那么厂界噪声就应按ISO1996的有关规定在距厂界（墙外侧）3.5m处进行测量，然而不少城市内的工厂其厂界之外不足3.5m的范围内已有居民住宅，甚至有的工厂与居民居室仅一墙之隔，为了克服厂界噪声测量上的困难，并与相应的现行国家标准不产生矛盾，特规定厂界噪声应按现行国家标准《城市环境噪声测量方法》进行测量。

### 第四节 噪声测量的记录

**第4.4.1条** 规定非生产场所噪声测量的记录要求。由于附录一附表1.2基本上是按本规范第二、四章所规定的内容设计的，所以按此表所列内容进行填写可以避免测量中出现纰漏和误差，从而保证测量质量。

中华人民共和国国家标准

# 室内混响时间测量规范

Code for measurement of the reverberation time in rooms

GB/T 50076—2013

主编部门：中华人民共和国住房和城乡建设部
批准部门：中华人民共和国住房和城乡建设部
实施日期：2 0 1 4 年 3 月 1 日

# 中华人民共和国住房和城乡建设部
# 公 告

## 第 121 号

### 住房城乡建设部关于发布国家标准
### 《室内混响时间测量规范》的公告

现批准《室内混响时间测量规范》为国家标准，编号为 GB/T 50076 - 2013，自 2014 年 3 月 1 日起实施。原《厅堂混响时间测量规范》GBJ 76 - 84 同时废止。

本规范由我部标准定额研究所组织中国建筑工业

出版社出版发行。

中华人民共和国住房和城乡建设部
2013 年 8 月 8 日

## 前 言

本规范是根据原建设部《关于印发〈二〇〇〇—二〇〇二年度工程建设国家标准制订、修订计划〉的通知》（建标［2002］85 号）的要求，由清华大学建筑学院会同有关单位共同对原国家标准《厅堂混响时间测量规范》GBJ 76 - 84 进行修订而成。

本规范在修订过程中，修订组在深入调查研究、长期大量实验工作的基础上，认真总结实践经验，并广泛征求意见，对主要问题进行了反复修改，最后经审查定稿。

本规范共分 5 章。主要内容包括：总则，术语和符号，测量系统，测量方法，结果的表达。

本规范由住房和城乡建设部负责管理，清华大学建筑学院负责具体技术内容的解释。在执行本规范过程中，希望各单位在工作实践中注意积累资料，总结经验。如发现需要修改和补充之处，请将意见和有关资料寄交清华大学建筑学院（地址：北京市海淀区清华大学中央主楼 104；邮政编码 100084），以供今后修订时参考。

本规范主编单位、参编单位、参加单位、主要起草人员和主要审查人员：

主 编 单 位：清华大学建筑学院

参 编 单 位：中国建筑科学研究院

参 加 单 位：北京市建筑设计研究院
　　　　　　同济大学
　　　　　　上海现代设计集团
　　　　　　浙江大学
　　　　　　欧文斯科宁（中国）投资有限公司
　　　　　　北新集团建材股份有限公司
　　　　　　青岛福益阻燃吸声材料有限公司
　　　　　　河北宏远玻璃纤维制品厂
　　　　　　北京朗德科技有限公司
　　　　　　北京长城家具公司
　　　　　　北京易思奥达声光电子设备有限公司
　　　　　　长沙高新技术产业开发区天龙科技发展有限公司
　　　　　　科德宝无纺布集团（SoundTex）

主要起草人员：李晋奎　燕　翔　徐学军
　　　　　　　林　杰　谭　华　朱相栋
　　　　　　　薛小艳

主要审查人员：秦佑国　郑敏华　王　铮
　　　　　　　陈　江

# 目 次

# Contents

# 1 总　则

**1.0.1** 为了测量厅堂及各类房间的室内混响时间，制定本规范。

**1.0.2** 本规范适用于语言、演出或音乐用房间，需要吸声降噪的房间，以及有特殊音质要求的居住类建筑的房间的混响时间的测量。本规范不适用于声学实验室等特殊房间的混响时间的测量。本规范不适用于房间三维尺度中最大尺寸与最小尺寸之比大于5的特殊室内空间和任一维度尺寸小于测量频率半波长的房间的混响时间的测量。

**1.0.3** 室内混响时间的测量，除应符合本规范外，尚应符合国家现行有关标准的规定。

# 2　术语和符号

## 2.1　术　语

**2.1.1** 衰变曲线　decay curve

声源发声待室内声场达到稳态后，声源中断发声，室内某点声压级随时间衰变的曲线，可使用中断声源法或脉冲响应积分法测得。

**2.1.2** 混响时间　reverberation time

室内声音已达到稳态后停止声源，平均声能密度自原始值衰变到其百万分之一（60dB）所需要的时间，单位：s。可通过衰变过程的$(-5\sim-25)$dB 或$(-5\sim-35)$dB 取值范围围作线性外推来获得声压级衰变60dB的混响时间，分别记作 $T_{20}$ 和 $T_{30}$。

**2.1.3** 中断声源法　interrupted noise method

激励房间的窄带噪声或粉红噪声声源中断发声后，直接记录声压级的衰变来获取衰变曲线的方法。

**2.1.4** 脉冲响应　impulse response

房间内某一点发出的狄拉克（Dirac）函数脉冲声在另一点形成的声压瞬时状况。

**2.1.5** 脉冲响应积分法　integrated impulse response method

通过把脉冲响应的平方对时间反向积分来获取衰变曲线的方法。

**2.1.6** 空场　unoccupied state

讲演者、演员和观众均不在场的房间情况。

**2.1.7** 排演　studio state

语言或音乐用房内无观众，只有演员、讲演者和少量观摩人员在场的情况，为正式演出而进行的练习表演。

**2.1.8** 满场　occupied state

观众上座率达 80%～100% 时，处于正常表演或正常使用的情况。

## 2.2　符　号

$d_{min}$——传声器距声源最小距离，m；

$V$——房间容积，$m^3$；

$c$——声速，m/s；

$T$——估计的混响时间，s；

$p$——脉冲响应声压；

$T_1$——脉冲响应声压级曲线高于背景噪声基线15dB处的时刻；

$t_1$——背景噪声基线和脉冲响应声压级衰变曲线交点处的时刻；

$C$——去除噪声干扰的真实脉冲响应平方值从无穷大到 $t_1$ 的积分。

# 3　测量系统

## 3.1　室内环境

**3.1.1** 作为室内音质评价或声学施工验收而进行测量时，房间应处于正常使用条件下，主要设施应就位。

剧院类大型厅堂，舞台和观众厅之间存在防火幕时，应在防火幕升起状态进行测量，防火幕无法升起时，应在测量报告中对防火幕状态进行说明。

带有升降乐池的演出厅堂，应在测量报告中对乐池的状态和乐池内装修状态进行说明。

**3.1.2** 作为施工期间进行的中后期测量，应在测量报告中详细描述室内装修和陈设状况。

**3.1.3** 室内背景噪声应满足测量要求。测量期间存在偶发噪声时，应在每次测量后立即观察衰变曲线，并应确定衰变是否受噪声影响。衰变期间受到偶发噪声影响的测量结果应舍弃。

**3.1.4** 当室内因具有不同使用功能而采用可调混响设计时，应分别测量不同使用功能条件下的混响时间。

**3.1.5** 室内相对湿度大于 90% 时，应停止测量。游泳馆等正常使用时高潮湿的环境可不停止测量。

**3.1.6** 测量期间应保证室内相对湿度和温度的稳定。当相对湿度变化超过 ±10%，温度变化超过 ±2℃时，应停止测量。相对湿度和温度的测量精确度应分别达到 ±5% 和 ±1℃。

## 3.2　中断声源法的声源

**3.2.1** 声源应为无指向性声源。指向性和频率特性应符合国家标准《声学　建筑和建筑构件隔声测量　第 3 部分：建筑构件空气声隔声的实验室测量》GB/T 19889.3－2005 中第 C.1.3 条的规定。

**3.2.2** 测量过程中不得使用电火花、刺破气球、发令枪等突发声音作为中断声源法的声源；不得使用无法立即中断的声源。

**3.2.3** 声源的噪声信号应采用窄带噪声或粉红噪声，在声压级满足测量要求时，宜采用粉红噪声信号。

**3.2.4** 测量在使用电声系统作为声源条件下的室内混响时间时，可使用室内现有的扩声系统作为替代测量声源。

### 3.3 脉冲响应积分法的声源

**3.3.1** 脉冲声源应使用突发声音。在测量频率范围内，传声器位置上脉冲声源产生的峰值声压级应至少高于相应频段内背景噪声 45dB；测量 $T_{20}$ 时，则应至少高于相应频段内背景噪声 35dB。

**3.3.2** 脉冲声的脉冲宽度应足够小，应保证声音在该宽度时间内传播的距离小于房间长、宽、高中最小尺寸的 1/2。

**3.3.3** 测量声源信号可使用扬声器发出的最大长度脉冲序列信号、线性调频信号。扬声器指向性和频率特性应符合国家标准《声学　建筑和建筑构件隔声测量　第 3 部分：建筑构件空气声隔声的实验室测量》GB/T 19889.3-2005 中第 C.1.3 条的规定。

### 3.4 传声器和滤波器

**3.4.1** 混响时间测试应使用全指向性传声器，直径不宜大于 13mm。当传声器为压力场响应型或已配置平直频率响应无规入射校正器的自由场响应型时，其直径可放宽至 26mm。传声器应符合现行国家标准《电声学　声级计　第 1 部分：规范》GB/T 3785.1-2010 中 1 型的规定。

**3.4.2** 滤波器可使用模拟滤波器或数字滤波器，倍频程或 1/3 倍频程的频带要求，应符合现行国家标准《电声学　倍频程和分数倍频程滤波器》GB/T 3241 的有关规定。

**3.4.3** 测量用滤波器应符合下列要求：

　　**1** 中断声源法，$B \cdot T > 8$ 且 $T > T_{det.}$；

　　**2** 脉冲响应积分法 $B \cdot T > 4$ 且 $T > T_{det.}/4$。

　　注：$T$ 为测量的混响时间，$B$ 为滤波器带宽，$T_{det}$ 为滤波器和测量系统电混响时间。

### 3.5 声记录设备

**3.5.1** 声衰变过程或脉冲响应，可采用模拟型或数字型声记录设备记录。

**3.5.2** 声记录设备应完整记录声衰变过程和脉冲响应，衰变前和结束后多记录的时间，均不宜少于 2s。

**3.5.3** 声记录设备不得使用有任何自动增益控制或其他抑制信噪比的电子控制。采用数字声记录设备，应是对声压变化曲线直接采样后的数据，不得采用任何压缩编码处理器。

**3.5.4** 声记录设备在测量的频带内频率特性容差不应超过 ±3dB。

**3.5.5** 在每个被测频带，声记录设备的动态范围内应大于 50dB。

**3.5.6** 声记录设备回放速度应等于记录速度，误差为 ±2% 以内。

### 3.6 声级计和声压级记录仪

**3.6.1** 使用中断声源法测量时，应将传声器接收的或声记录设备回放的电信号经滤波后传入声级计或传入声压级记录仪，进而得到声压级衰变曲线。使用脉冲响应积分法测量时，应将传声器接收的或声记录设备回放的电信号经滤波后得到的脉冲响应声压曲线，再进行平方积分后得到声压级衰变曲线。

**3.6.2** 声压级衰变曲线的记录方式可为记录仪绘制的连续曲线，也可为数字化声级计记录的一系列离散采样点。声级计和声压级记录仪的时间常数应小于且接近于在测量频带范围内混响时间的 1/20，且不应大于 0.25s。记录声压级离散点采样的数字设备，各点时间间隔应小于声级计时间常数的 1.5 倍。测量时，记录设备应随时进行时间刻度调整，视觉上衰变曲线斜率宜为 45°。

**3.6.3** 中断声源法测量时，宜把声级计时间常数设成不同的值以适应不同频带。采用粉红噪声源通过滤波同时获取各频带的声压级衰变曲线时，时间常数和采样间隔的确定应以测量频带范围内最短的混响时间为准。

**3.6.4** 声级计或声压级记录仪应具有信号过载指示。

## 4 测 量 方 法

### 4.1 测 量 频 率

**4.1.1** 测量混响时间的频率应符合下列规定：

　　**1** 不应少于 125Hz、250Hz、500Hz、1000Hz、2000Hz、4000Hz 等倍频程中心频率。

　　**2** 作为文艺演出类厅堂、电影院音质验收时，宜加测倍频程中心频率 63Hz 和 8000Hz。

**4.1.2** 采用 1/3 倍频程测量混响时间时，不宜少于 100Hz、125Hz、160Hz、200Hz、250Hz、315Hz、400Hz、500Hz、630Hz、800Hz、1000Hz、1250Hz、1600Hz、2000Hz、2500Hz、3150Hz、4000Hz、5000Hz 等 1/3 倍频程中心频率。

### 4.2 声 源 位 置

**4.2.1** 用于降噪计算和扩声系统计算的混响时间测量时，声源应选择有代表性的位置，并应在检测报告中说明声源位置。

**4.2.2** 用于演出型厅堂音质验收的混响时间测量时，在有大幕的镜框式舞台上，声源位置应选择在舞台中轴线大幕线后 3m、距地面 1.5m 处；在非镜框式或无大幕的舞台上，声源位置应选择在舞台中央、距地面 1.5m 处。在舞台区域和演奏者可能出现的区域，宜增加其他声源的位置。不同声源位置间距不宜小于 3m。舞台防火幕不能升起时，可将声源移至观众厅一侧，声源中心位置应选择在舞台中轴线距防火幕大于 1.5m 处，并应在报告中说明声源位置。

**4.2.3** 用于非表演型且无舞台的房间为音质考察而进行混响时间测量时，声源宜置于房间的某顶角，且距离三个界面均宜大于 0.5m。

**4.2.4** 用于体育馆混响时间验收测量时，声源宜置于场内中央、距地面 1.5m 处；用于测量电声系统时，应采用场内扩声系统扬声器作为替代声源，扬声器工况要求应处于正常使用状态或比赛使用状态。

### 4.3 传声器位置

**4.3.1** 传声器应根据听众的耳朵高度确定，宜置于地面以上 1.2m 处。出现前排座椅遮挡传声器时，可将传声器升高至高于前排椅背 0.15m 的位置，但报告中应说明传声器的高度。

**4.3.2** 用于降噪计算和扩声系统计算的混响时间测量时，应在房间人员主要活动区域或听众区域均匀布置传声器测点，应至少选择 3 个位置。

**4.3.3** 用于演出型厅堂音质验收的混响时间测量时，传声器位置宜在听众区域均匀布置。房间平面为轴对称型且房间内表面装修及声学构造沿轴向对称时，传声器位置可在观众区域偏离纵向中心线 1.5m 的纵轴上及一侧内的半场中选取。一层池座满场时不应少于 3 个，空场时不应少于 5 个，并应包括池座前部 1/3 区域、眺台下和边侧的座席；每层楼座区域的测点，不宜少于 2 个；舞台上测点不宜少于 2 个（图 4.3.3）。房间为非轴对称型时，测点宜相应增加一倍。

**4.3.4** 用于非表演型且无舞台的房间，对其音质作考察而进行混响时间测量时，传声器测点位置宜置于与声源所在房间对角线交叉的另一条对角线上，应至少 3 个位置，并应均匀布置（图 4.3.4）。房间尺寸较小，且无法满足本规范第 4.3.6 条的规定时，可减少传声器测点数量。

**4.3.5** 用于体育馆混响指标验收测量，房间为轴对称型时，可选择在对称象限内的观众区布置传声器位置，满场时不宜少于 6 个，空场时不宜少于 9 个，并应均匀布置；房间为非轴对称型时，测点宜按倍数相应增加。

**4.3.6** 传声器位置的最小间距不宜小于 2m，从传声器至最近反射面的距离不宜小于 1.2m。

**4.3.7** 传声器位置不宜靠近声源，最小距离 $d_{min}$ 可按下式计算：

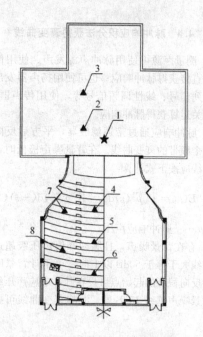

图 4.3.3　演出型厅堂室
内传声器测点示意

1—声源点；2—舞台测点 1；3—舞台测点 2；
4—观众厅测点 1；5—观众厅测点 2；
6—观众厅测点 3；7—观众厅测点 4；
8—观众厅测点 5

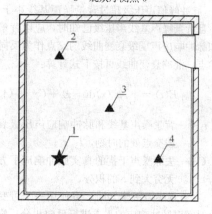

图 4.3.4　非表演型用房间
室内传声器测点示意

1—声源；2—测点 1；3—测点 2；
4—测点 3

$$d_{min} = 2\sqrt{\sqrt{\frac{V}{cT}}} \qquad (4.3.7)$$

式中：$d_{min}$——传声器与声源最小距离，m；
　　　$V$——房间容积，$m^3$；
　　　$c$——声速，m/s；
　　　$T$——估计混响时间，s。

**4.3.8** 混响时间短的小房间，且无法满足本规范第 4.3.7 条的规定时，在声源和传声器之间应设置屏障消除直达声，屏障密度宜大于 5kg/$m^2$，表面吸声系数宜小于 0.1，面积宜大于 1.5$m^2$。

## 4.4 脉冲响应积分法获得衰变曲线

**4.4.1** 测量声源可使用脉冲声源发声、使用传声器接收，直接获得脉冲响应；也可使用扬声器发出最大长度序列信号、线性调频信号等，使用传声器接收，通过相关运算获得脉冲响应。

**4.4.2** 脉冲响应通过带通滤波器，平方后反向积分得出各个频带的衰变曲线。在背景噪声极低时，混响衰变曲线应按下式计算：

$$E(t) = \int_t^\infty p^2(\tau)\mathrm{d}\tau = \int_\infty^t p^2(\tau)\mathrm{d}(-\tau) \quad (4.4.2)$$

式中：$p$——脉冲响应声压。

**4.4.3** 存在背景噪声，且脉冲峰值声压级超过背景噪声基线大于等于 50dB 以上时，可不计背景噪声的影响，反向积分的起始点可设在脉冲响应声压级曲线高于背景噪声基线 15dB 处。混响衰变曲线可按下式计算：

$$E(t) = \int_t^{T_1} p^2(\tau)\mathrm{d}\tau = \int_{T_1}^t p^2(\tau)\mathrm{d}(-\tau)$$

$$(4.4.3)$$

式中：$T_1$——脉冲响应声压级曲线高于背景噪声基线 15dB 处的时刻，$t < T_1$。

**4.4.4** 脉冲峰值声压级超过背景噪声基线小于 50dB 以下，且背景噪声基线声压级已知时，应以背景噪声基线和脉冲响应声压级衰变曲线的交点作为反向积分的起始点，混响衰变曲线可按下式计算：

$$E(t) = \int_{t_1}^t p^2(\tau)\mathrm{d}(-\tau) + C \quad (4.4.4)$$

式中：$t_1$——背景噪声基线和脉冲响应声压级衰变曲线交点处的时刻，$t < t_1$；

$C$——去除噪声干扰的真实脉冲响应平方值从无穷大到 $t_1$ 的积分。

**4.4.5** 在背景噪声级未知时，可使用一个可变的修正积分时间对脉冲响应的平方进行反向积分，修正积分时间可取混响时间估值的 1/5，可按下式计算：

$$E(t) = \int_{t+T_0}^t p^2(\tau)\mathrm{d}(-\tau) \quad (4.4.5)$$

式中：$T_0$——修正积分时间。

**4.4.6** 每个测点位置可测量一次，结果对多个测点的混响时间应取算术平均值。

## 4.5 中断声源法获得衰变曲线

**4.5.1** 中断声源法应使用扬声器发出窄带噪声信号或粉红噪声信号激励房间待声场稳定后突然中断，应使用具有记录功能的声级计或声记录设备直接获得声压级衰变曲线。

**4.5.2** 容积为 15000m³ 以下的房间，声源持续时间应大于 4s。15000m³ 以上的房间，声源持续时间应大于 6s。

**4.5.3** 每个测量位置应测量三次，宜测量六次，应取混响时间的算术平均值。

## 4.6 使用衰变曲线计算混响时间

**4.6.1** 在衰变曲线衰变范围内，应画一条与其重合的直线。

**4.6.2** 作为混响时间的测量结果时，应计算 $T_{30}$，条件不许可时，可计算 $T_{20}$ 作为混响时间的替代测量结果，并应在测量报告中进行说明。

**4.6.3** 衰变曲线起始部分应高于背景噪声的水平。计算 $T_{20}$ 时，噪声水平应至少低于曲线的起始点 35dB；计算 $T_{30}$ 时，噪声水平应至少低于起始点 45dB。衰变曲线末端应至少高于背景噪声 10dB。

**4.6.4** 当衰变曲线不呈直线形状而呈两段折线时，应建立一个适当的拐点连接两段轨迹（图 4.6.4），应计算上下两段的斜率进而推算各自的混响时间，并应在报告中指明其动态区间。用于求斜率的 A 动态区间和 B 动态区间声压级衰变量不应少于 10dB。

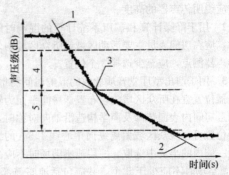

图 4.6.4 衰变曲线呈现两段直线
形状的拐点及动态区间示意
1—A 区间直线；2—B 区间直线；3—拐点；
4—A 动态区间；5—B 动态区间

## 4.7 空 间 平 均

**4.7.1** 空间平均的方法应为各测点测量值的算术平均。

**4.7.2** 普通矩形房间，应对所有声源和传声器测量位置所得到的测量结果进行平均计算。计算结果应作为该房间的平均混响时间。

**4.7.3** 剧场、多功能厅等存在舞台或楼座的空间，宜分别对舞台、一层观众席（池座）、各层楼座所布置的测点分别进行平均计算。计算结果应作为各区域的空间平均混响时间。

**4.7.4** 测量原始记录应精确到小数点后两位数字。作为测量结果的平均值应四舍五入，小于等于 1s 时，应取小数点后 2 位数字；大于 1s 时，应取小数点后 1 位数字。

# 5 结果的表达

## 5.1 图表及曲线

**5.1.1** 每个测量位置及各测量中心频率的混响时间的多次测量结果平均值，应使用表格列出，不同区域应单独列表，并应同时列出其空间平均值。测量结果列表应符合表5.1.1的规定。

**表 5.1.1 混响时间测量结果**

| 测点 ＼ 频率（Hz） | 125 | 250 | 500 | 1000 | 2000 | 4000 |
|---|---|---|---|---|---|---|
| 观众厅池座1 | | | | | | |
| 观众厅池座2 | | | | | | |
| 观众厅池座3 | | | | | | |
| 观众厅池座4 | | | | | | |
| 观众厅池座5 | | | | | | |
| 平均值 | | | | | | |

**5.1.2** 每个区域空间平均混响时间频率响应应通过曲线图绘制（图5.1.2）。

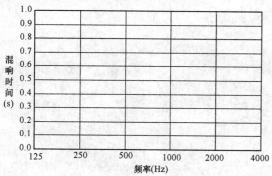

**图 5.1.2 混响时间频率响应曲线**

**5.1.3** 绘制曲线图时，各个点应用直线连接。横坐标应为倍频程线性坐标，每个倍频程的距离宜为15mm，同时纵坐标宜使用每25mm相当于1s的线性时间坐标。在横坐标上应注明倍频程或1/3倍频程的中心频率。

**5.1.4** 具有两种或两种以上有声学条件变化的使用状态（包括可调混响设施）的房间，应将各种状态下的测量结果分别计算和表达。

## 5.2 检 测 报 告

**5.2.1** 在检测报告中，应说明所依据的国家标准，并应符合本规范第5.2.2～5.2.15条的规定。

**5.2.2** 在检测报告中应注明测量房间的名称及地址。

**5.2.3** 在检测报告中应注明房间平面、剖面等示意图，并应包括声源、传声器位置。

**5.2.4** 在检测报告中应给出房间容积，房间不封闭时，应对房间的容积的定义进行说明。

**5.2.5** 对于有听众座椅的房间，应标明座椅的数量和类型。

**5.2.6** 在检测报告中应有房间墙面和顶棚的形式和材质的描述。

**5.2.7** 剧场、音乐厅、多功能厅以及报告厅等房间的检测报告，应对测量时彩排、空场、满场及在场观众的数量、演奏台和乐器布置状况进行相应说明。

**5.2.8** 在检测报告中应说明是否有可变混响设备、可变吸声装置、电子混响增强系统等。

**5.2.9** 在检测报告中应说明剧院防火帘幕和装饰帘幕升起或降下状态。

**5.2.10** 使用室内现有的扩声系统作为替代测量声源测量电声系统声源条件下的室内混响时间时，在测量报告中应包括下列内容：

　　**1** 测量信号系统与扩声系统的连接；

　　**2** 扩声系统是否含有何种有源电子混响效果设备；

　　**3** 发声扬声器的布置图。

**5.2.11** 在检测报告中应说明是否有乐池的升降、是否有音乐反射罩等舞台陈设。

**5.2.12** 在检测报告中应记录测量期间房间的温度和相对湿度。

**5.2.13** 在检测报告中应对声源的类型进行说明。

**5.2.14** 在检测报告中应说明所使用的声源信号。

**5.2.15** 在检测报告中应说明所使用的测量仪器及测量框图。

**5.2.16** 在检测报告中应说明测量机构的名称、测量人员和测量日期。

# 本规范用词说明

　　**1** 为便于在执行本规范条文时区别对待，对要求严格程度不同的用词说明如下：

　　　1）表示很严格，非这样做不可的用词：

　　　　正面词采用"必须"，反面词采用"严禁"；

　　　2）表示严格，在正常情况均应这样做的用词：

　　　　正面词采用"应"，反面词采用"不应"或"不得"；

　　　3）表示允许稍有选择，在条件许可时首先应这样做的用词：

　　　　正面词采用"宜"，反面词采用"不宜"；

　　　4）表示有选择，在一定条件下可以这样做的用词，采用"可"。

　　**2** 条文中指明应按其他有关标准执行的写法为："应符合……的规定"或"应按……执行"。

## 引用标准名录

**1** 《电声学　倍频程和分数倍频程滤波器》GB/T 3241

**2** 《电声学　声级计　第 1 部分：规范》GB/T 3785.1－2010

**3** 《声学　建筑和建筑构件隔声测量　第 3 部分：建筑构件空气声隔声的实验室测量》GB/T 19889.3－2005

# 中华人民共和国国家标准

# 室内混响时间测量规范

GB/T 50076—2013

## 条 文 说 明

# 修 订 说 明

《室内混响时间测量规范》GB/T 50076-2013 经住房和城乡建设部 2013 年 8 月 8 日第 121 号公告批准、发布。

本规范是在《厅堂混响时间测量规范》GBJ 76-84 的基础上修订而成,上一版的主编单位是清华大学,主要起草人是谭恩慈。本次修订的主要内容是:1. 将厅堂的范围扩大为室内,增加了体育馆混响时间测量规定和降噪计算用混响时间测量规范;2. 根据相应规范的更新,调整了测量设备的要求;3. 深化和细化了测量过程中的计算方法、测点选取等内容。

本规范修订过程中,编制组进行了室内混响时间测量工作的调查,同时收集到近年来社会各界对各类室内混响时间测量的意见,综合考虑民用建筑室内规模和装修的现状、人们对各类室内空间的声学要求、社会经济的发展水平、建筑声学技术的发展水平,同时参考了国际通用的 Acoustics-Measurement of room acoustic parameters-part 1 performance space ISO 3382-1-2009 和 part 2 reverberation time in ordinary rooms ISO 3382-2-2008。在广泛征求意见的基础上最后经审查定稿。

为便于广大设计、施工、科研、学校等单位有关人员在使用本规范时能正确理解和执行条文规定,《室内混响时间测量规范》编制组按章、节、条顺序编写了本规范的条文说明,对条文规定的目的、依据以及执行中需要注意的有关事项进行了说明。但是条文说明不具备与规范正文同等的法律效力,仅供使用者作为理解和把握规范规定的参考。

# 目 次

# 1 总　则

**1.0.1**　混响时间（Reverberation Time）是房间室内音质最重要的声学指标，长期以来已经得到实践的公认。房间进行建筑声学设计和室内装修设计时，应根据不同的音质要求确定混响时间指标，并进行建筑声学处理，施工完成后应使用本规范进行混响指标测量验收。混响时间也是扩声系统设计和室内降噪设计的重要计算参数。

**1.0.2**　本规范修订后，适用范围从音乐厅、剧场等"厅堂"扩展到一般的"建筑室内"。适用的房间包括语言、演出或音乐用房间，如音乐厅、剧场、影院、礼堂、报告厅、体育馆、多功能厅、教室、会议室、演播室、录音室、听音室、排练厅、博物馆、展览馆、KTV包房、办公室、营业厅、接待室、拍卖厅、候车（机）室、审判厅等；也包括需要考虑降噪的房间，如车间、餐厅、图书馆、画廊、健身中心、购物中心、酒店大堂、病房等；还包括有特殊音质要求的居住类建筑的房间，如卧室、书房、家庭视听室等。

房间维度尺寸之比过大的房间或任一维度尺寸小于测量频率半波长的房间，如走廊、天井、半开敞露天剧场等，室内声场不能充分扩散，声场分布极不均匀。这样的房间中不存在一般意义上的混响时间。即使某位置上能够获得线性声衰变曲线并以此计算出"混响时间"，也不能代表房间其他位置的状况，更不能代表房间整体的音质情况。

# 2　术语和符号

## 2.1　术　语

本规范中的术语，只是为了说明规范中有关项目的物理意义，而不追求该术语的全部完整定义。其中，部分术语按《声学名词术语》GB/T 3947－1996和Acoustics-Measurement of room acoustic parameters-part 1 performance space ISO 3382-1-2009和part 2 reverberation time in ordinary rooms ISO 3382-2-2008给出，部分术语参考有关室内混响测量习惯常用词汇编写。

### 2.1.1　衰变曲线

理论上，若房间声场是完全扩散的，即各个位置声压级相等且每个位置各个方向的声能密度相等，那么，衰变曲线是线性的。实际情况下，由于声场非完全扩散，衰变虽呈线性趋势但局部存在波动，高频情况下波动较小，低频情况下波动较大。由于对脉冲响应的声压进行了反向积分，相当于对声压级衰变曲线进行了多次平均，因此，脉冲响应积分法比中断声源法获得的声压级衰变曲线局部波动更小，更平滑。

### 2.1.3　中断声源法

中断声源法也称为声源阻断法。声源稳定而持续发声，声源和房间的声场均达到稳定的状态，这时接收点平均等效声压级不再改变，其瞬时声压级可能在这一均值上下波动。

### 2.1.4　脉冲响应

现实中不可能产生并辐射出真正的狄拉克（Dirac）函数脉冲声。但在实际测量中，可以采用足够近似的瞬时声（例如电火花、刺破气球、发令枪）。另一种可选的测量技术是使用一段最大长度序列信号（MLS），或其他确定平直频谱特性的信号，并将测得的响应变换回脉冲响应。

在人耳接收的范围内，房间对声音传播是一线性系统，同一房间，声源到接收点的脉冲响应是唯一的，包含了房间的音质信息。

### 2.1.5　脉冲响应积分法

这个方法基于公式：$<S^2(t)> = N\int_t^{\infty} r^2(x)dx$。

式中 $S(t)$ 是稳态噪声的声压衰减函数，尖括号表示群体平均，$r(x)$ 是被测房间的脉冲响应，$N$ 为谱密度。理论上，脉冲响应积分法得到的衰变曲线比较平滑，波动起伏小，不但能够测量混响时间，而且还能计算其他很多辅助声学参数。在 ISO 3382 中认为，一次脉冲响应积分法的测量精度与 10 次中断声源法的平均值相当。

# 3　测量系统

## 3.1　室内环境

**3.1.1**　正常使用条件是指：房间已装修完成，正在使用或已经可以使用。房间中应包括座椅、家具、灯具等设施。门或窗应能正常闭启。正常条件测量时，装修或座椅的保护面层（如包装纸、塑料薄膜等）应移除，房间内堆放的杂物应清走，如有可折叠伸缩式座椅，宜处于常规使用状态。主要设施包括幕布、地毯、桌椅等对房间混响时间能够产生一定影响的设施。

带有升降乐池的演出厅堂在正常使用过程中，乐池的升降状态会随演出形式而调整，因此在测量报告中需要对测量过程中乐池的状态和乐池内装修状态加以描述。

**3.1.2**　施工中期测量对房间音质控制和设计调整具有重要意义，但其测量结果会受到室内施工条件的很大影响。进行中期测量的房间应尽量打扫干净室内杂物。测量报告应详细描述对房间混响时间额外产生影响的因素，包括施工的阶段、室内放置的器械或物品、洞口是否封闭等。

**3.1.3**　测量时，房间的门窗宜关闭，应控制人员走动和讲话，并控制设备噪声。在测量频率范围内，传声器位置上的背景噪声声压级应比声源产生声压级至少低45dB。在使用能够提高信噪比的多次相关测量技术的脉冲响应积分法时，可放宽到35dB。

**3.1.5** 室内相对湿度过大时，一方面因空气吸收变小，在高频段测量结果会比实际情况偏大，另外，传声器膜片表面可能出现凝结水，损毁传声器或降低测量精确度。在游泳馆等高潮湿的环境下测量时，宜采用有传声器加热功能的测量仪器，防止膜片表面出现凝结水。

**3.1.6** 室温和室内相对湿度的变化会影响测量结果，应注意监测。

## 3.2 中断声源法的声源

**3.2.1** 球形声源可为12只电声特性一致的扬声器嵌在正多面体的箱体上组成，箱体内填吸声材料，尺寸应小于房间长、宽、高最小尺寸的1/5，使发声时接近于无指向性的点声源。在剧场、音乐厅、讲堂等自然声源位于舞台上的厅堂，测量时扬声器位于舞台上。录音室、演播室、办公室、车间等声源位置不确定的房间，测量时扬声器可置于房间某顶角或者典型声源位置，房间相当于点声源的1/8象限，因此既可使用球形声源，也可以使用指向性扬声器。作为声源使用的扬声器应有技术检测数据，以便在混响时间测量出现异常时分析声源的影响。普通的民用扬声器销售时给出的技术指标一般是抽检数据，与实际使用的扬声器会存在差异。

**3.2.2** 使用电火花、刺破气球、发令枪等突发声音作为声源直接获取的衰变曲线不能作为中断声源测试的计算依据；同时也不能使用无法立即中断的声源，例如乐器或带有延时处理的扬声器作为中断声源获取声衰变曲线。

**3.2.3** 为保证测量频带范围内全部频率声音信号都能对房间产生激励，要求噪声信号的频率带宽应大于测量滤波器的带宽。采用倍频程进行测量时，噪声信号的带宽应大于被测倍频带；采用1/3倍频程时，噪声信号带宽应大于被测1/3倍频带。对于相同的输出功率，发出粉红噪声信号时，声音能量分配到各频带，单频带内所产生的声压级比发出窄带噪声信号时小，因此，使用粉红噪声信号需要更大的功率。

**3.2.4** 在多功能剧场、体育馆、影院或其他以扩声系统为主的房间中，借助室内现有的扬声器系统作为声源可以获得扩声系统条件下的混响时间。室内扩声系统如带有延迟效果器或分布式多扬声器存在距离延迟时，测量的混响时间可能会偏长。另外扩声扬声器的指向性也会影响混响时间的测量结果。使用扩声系统作为声源测量时，应详细描述扩声系统的状况。

## 3.3 脉冲响应积分法的声源

**3.3.1** 电火花、刺破气球等脉冲声源声功率较小，

常用于容积小于1000m³的室内。发令枪等脉冲声源声功率较大，常用于容积大于1000m³的厅堂及体育馆。

**3.3.2** 脉冲宽度内声音传播距离与房间尺寸相比应足够小的瞬时声音才能被认为是近似理想冲击函数。电火花脉宽最小，约0.1ms～0.2ms，适用的房间尺寸可以很小；刺破气球、发令枪等脉宽较大，约20ms左右，适用的房间长宽高最小尺寸宜不小于5m。

**3.3.3** 最大长度序列MLS是一种周期性伪随机二进制序列（只有+1和-1两种幅值），其自相关函数为冲击函数。MLS方法测量的优点是：①根据MLS信号二进制序列的特点，相关运算可以使用哈达姆（Hadamard）变换方法，运算中只有加减法，计算速度快，效率高；②MLS信号是确定性序列，可以精确地重复，所以能够使用同步平均技术计算MLS信号多次重复的响应。测量期间，背景噪声是随机的（不具有重复相关性），因此多次同步平均可以降低噪声能量分量，提高信噪比，MLS信号每重复一倍时间，信噪比提高3dB，有利于在较高背景噪声环境下的测量。

## 3.4 传声器和滤波器

**3.4.1** 传声器应保证无规入射时平直的频率响应，因此直径宜相对小或配有无规入射频率校正器。

**3.4.3** 应注意在混响时间较短的小房间中（如语言录音室、住宅等）测量低频混响时间时滤波器和测量系统电混响时间的影响。使用脉冲响应积分法测量时，由于采用了时间反向积分，因此滤波器和测量系统电混响时间的影响可放宽约10倍。在选择滤波器指标参数时，$T_{det}$为滤波器和测量系统的电混响时间，即使用测量系统在消声室内测量得到的混响时间。

## 3.5 声记录设备

**3.5.1** 目前，数字化技术发展很快，A/D技术的数字化声记录设备已经普遍使用。宜采用采样频率不小于44kHz，采样精度不小于16位的数字声记录设备。在本规范修订期间，清华大学建筑学院对国内外主要品牌的混响时间测量设备进行了混响室对比测量，挪威Norsonic、丹麦B&K、法国01dB、国产杭州爱华等品牌测量设备均满足本规范的测量要求，测量结果具有很好的一致性，差异一般不大于5%。需要指出的是，对比测量发现，低频（<250Hz以下）混响时间测量差异可能达到15%。

**3.5.2** 声衰变结束后的时间是指声衰变到背景噪声的部分。

**3.5.3** 自动增益或其他抑制信噪比的电子控制可能不断调整信号增益，会造成信号失真。若数字声记录

设备使用了压缩编码处理器，信号还原时将产生不可避免的失真。以上两种失真都会使混响时间测量结果出现不确定因素。

### 3.6 声级计和声压级记录仪

**3.6.1** 使用脉冲响应积分法测量时，因需要使用积分运算，常使用数字声压记录仪（数字声记录设备）记录后通过专用计算机软件处理完成。

**3.6.2** 在使用中断声源法测量混响时间时，如果声级计和声压级记录仪的时间常数过小，测量声压级的波动较大（低频测量时更为明显），对衰变曲线的直线拟合不利，宜根据混响时间确定合理的时间常数。需注意本条所述的"采样"是指对声压级衰变曲线的采样，不是对声压曲线的采样。

**3.6.4** 测量期间不得出现任何过载。

## 4 测量方法

### 4.1 测量频率

**4.1.1** 文艺演出类厅堂音质验收时测量频带扩展到63Hz和8000Hz的目的是与扩声系统的设计与测量相适应。电影行业等观众厅混响时间相关测量规范要求中心频率范围扩展到63Hz和8000Hz。需要注意的是，采用中断声源法测量63Hz混响时间时由于声压级起伏较大，精度较低，宜采用脉冲响应积分法测量。

### 4.2 声源位置

**4.2.1** 用于降噪计算的混响时间测量时，声源可选择在主要噪声源位置或典型噪声源位置。

**4.2.2** 对表演用厅堂主要包括音乐厅、剧场、多功能厅等，室内自然声源为演出人员及乐队，因此混响时间测量验收时，为了模拟自然声源的状况，声源一般位于舞台上。由于剧院及音乐厅等演出型厅堂中舞台自然声源点位置会涵盖舞台的整个区域（如舞台上、升降舞台、乐池及合唱席等处），因此在混响时间测量过程中可以对上述自然声源位置增加测量声源点。

**4.2.3** 非表演型且无舞台的房间主要包括录音室、琴房、会议室、办公室等，室内容积较小，且无明显的舞台空间。对此类房间进行混响时间测量时，自然声源位置不确定，声源可位于房间内几何意义上的顶角处。既有利于房间各种简正模式的激发，也便于传声器的布置，且降低了对扬声器指向性的要求。

### 4.3 传声器位置

**4.3.1** 在电影院等椅背比较高或者升起不足的厅堂测量中，如果严格遵循传声器距离地面1.2m高度，

传声器会被前排座椅遮挡，如影院等有高背、宽大座椅的情况。此种情况下可以将传声器位置适当上移。

**4.3.2** 传声器位置的布置原则，应均匀且有代表性地反映房间人员主要活动区域或观众席区域的混响情况。本条"均匀"的含义包括测点空间分布和声场分布的双重均匀性。

**4.3.3** 房间平面为轴对称，且声源位于对称轴上，轴位置上的声场可能因对称反射出现周期的极大极小值，因此测点宜避开轴线。

**4.3.4** 这里所指的对角线是地面上两个相对顶角之间的连线。

**4.3.8** 对录音室、琴房、练歌房等短混响的小房间进行混响时间测量中，如果传声器离声源过近，直达声过于强烈，会造成衰变曲线的初始部分过于陡峭，计算的混响时间可能偏小。

### 4.4 脉冲响应积分法获得衰变曲线

**4.4.3** 使用最大长度序列信号测量时，如果信噪比$S/N$大于50dB，同样可以忽略背景噪声的影响。

估计脉冲响应平方反向积分的衰变曲线的指数曲率时，应取对数后进行最小二乘法估计，要求最小二乘法线性拟合离散度指标应大于0.9。

**4.4.4** $C$值理论上是去除噪声干扰的真实脉冲响应平方值从无穷大到$t_1$的积分，实际计算中应进行估计。取$t_0$脉冲响应声压级衰变曲线是比$t_1$高10dB的时刻，根据$t_0$到$t_1$之间的脉冲响应平方的衰变曲线估计指数曲率，并使用这一曲率计算$C$值。

**4.4.5** 本条计算方法只能在无法获取背景噪声数值的情况使用。这种方法估计的混响时间的误差将大于第4.4.3条和第4.4.4条的方法。

式中的$T_0$是一个尝试的数值，可取混响时间估值的1/5。先估计一个略大的数值作为混响时间，如果计算出来的混响时间与估值的差超过25%时，取两者的均值作为新的混响时间估值，重新计算。

### 4.5 中断声源法获得衰变曲线

**4.5.2** 使用声功率恒定的扬声器发声，在容积为15000m³以下的房间持续4s以上，或容积为15000m³以上的房间持续6s以上，声波将经历20～50次以上的反射，各种简正模式已充分激励，声场基本达到稳态。

**4.5.3** 平均时，宜经多次测量，取平均并进行对比分析。宜舍弃与平均值差别超过±15%的测量数值。

### 4.6 使用衰变曲线计算混响时间

**4.6.1** 画一条尽可能与衰变范围内衰变曲线重合的直线的方法可使用最小二乘法进行线性拟合，离散度指标应大于0.9。该直线的斜率即为衰变率（dB/s），从而可以计算出混响时间。

**4.6.2** 一般地，现场测量时信噪比可能较低，测量 $T_{20}$ 更容易。另外，有人认为 $T_{20}$ 代表了前 25dB 的衰减情况，与人耳的清晰度感觉关系更密切，对于语言使用的厅堂，$T_{20}$ 更具实际意义。在低噪声测量条件下，背景噪声低，信噪比较高，常采用 $T_{30}$ 的值作为结果。

**4.6.3** 一般认为，背景噪声比声源发出的声压级低 10dB 以上时，可以忽略背景噪声的影响。因此，噪声水平应至少低于衰变曲线评价区间下限 10dB 以上。

**4.6.4** 当衰变曲线不呈直线形状时不一定存在唯一的混响时间，如果衰变曲线呈现出两段直线的形状，那么根据两者相交接情况，建立一个适当的拐点连接两段轨迹，分别计算上下两段的斜率。

#### 4.7 空 间 平 均

**4.7.1** 在进行空间算术平均时，对与平均值差异很大的位置（中高频 500Hz 以上时差异超过 ±10％ 或低频 400Hz 以下时差异超过 ±15％），有必要认真观察衰变曲线，防止测量、计算过程中引入不良误差。

按本规范进行测量时，允许出现测量表观值在其真值附近摆动。这种现象在低频（250Hz 以下）尤为明显，这是因为，测量时，每一次发出和接收的声音信号的相位可能存在不一致性，造成衰变曲线出现不一致性。高频测量中相位问题影响较小，但房间反射表面存在微观湿度变化形成吸声系数变化（变化相对较小），造成高频衰变曲线也会出现不一致性。

## 5 结果的表达

### 5.1 图表及曲线

**5.1.1** 每个测点多次测量值不必全部列出，只列其平均值即可。

**5.1.2** 不同区域（如不同层观众席等）的混响时间平均值频率特性曲线一般需分别绘制。

### 5.2 检 测 报 告

**5.2.15** 检测报告中说明测量仪器时应包括声源、传声器、记录仪等。

中华人民共和国国家标准

# 厅堂扩声系统设计规范

Code for sound reinforcement system design of auditorium

**GB 50371—2006**

主编部门：中华人民共和国国家广播电影电视总局
批准部门：中 华 人 民 共 和 国 建 设 部
施行日期：2 0 0 6 年 0 5 月 0 1 日

# 中华人民共和国建设部
# 公　告

## 第 408 号

---

### 建设部关于发布国家标准
### 《厅堂扩声系统设计规范》的公告

现批准《厅堂扩声系统设计规范》为国家标准，编号为 GB 50371—2006，自 2006 年 5 月 1 日起实施。其中，第 3.1.7、3.3.2 条为强制性条文，必须严格执行。

本规范由建设部标准定额研究所组织中国计划出版社出版发行。

中华人民共和国建设部
二○○六年一月十八日

## 前　言

根据建设部建标［2003］102 号文的要求，《厅堂扩声系统设计规范》编制组在原广电行业标准 GYJ 25—86《厅堂扩声系统声学特性指标》的基础上，经修改、扩充编制了本规范。在编制过程中，编制组进行了广泛的调查研究，认真总结了多年的实践经验，参考了国内已颁布的相关标准，并在全国范围内向有关单位和专家征求了意见。

本规范的主要内容是：1. 总则；2. 术语；3. 扩声系统设计；4. 扩声系统特性指标；5. 系统调试。

本规范中用黑体字标志的条文为强制性条文，必须严格执行。

本规范由建设部负责管理和对强制性条文的解释，中广电广播电影电视设计研究院负责具体技术内容的解释。

本规范在执行过程中，请各单位注意总结经验，积累资料。如发现需要修改和补充之处，请随时将意见和有关资料寄送中广电广播电影电视设计研究院（地址：北京市西城区南礼士路 13 号；邮政编码：100045），以供今后修订时参考。

主 编 单 位：中广电广播电影电视设计研究院

主要起草人：陈建华　陈怀民　骆学聪　李齐勋

# 目　次

# 1 总 则

**1.0.1** 为规范厅堂(剧场和多用途礼堂等)扩声系统设计,保证厅堂的观众厅及舞台(主席台)等有关场所听音良好、使用方便,制定本规范。

**1.0.2** 本规范适用于新建、扩建和改建的各类厅堂相对固定安装的扩声系统设计,不包括电影还音系统(即 B 环)。

**1.0.3** 本规范制定了各类厅堂扩声系统设计的技术要求和观众厅的扩声系统特性指标。

**1.0.4** 扩声系统设计必须与土建各工种设计同步进行,并出具完整的施工图设计文件。

**1.0.5** 设计单位应具备专业设计能力,并应完成扩声系统的调试,听音指标达到本规范的要求。

**1.0.6** 厅堂扩声系统设计除执行本规范外,尚应符合国家现行的有关标准和规范的规定。

# 2 术 语

**2.0.1** 扩声系统 sound reinforcement system,public address system

扩声系统包括设备和声场。主要过程为:将声信号转换为电信号,经放大、处理、传输,再转换为声信号还原于所服务的声场环境;主要设备包括:传声器、音源设备、调音台、信号处理器、功率放大器和扬声器系统。

**2.0.2** 扩声控制室 sound control room

操作控制扩声系统设备的技术用房,简称声控室。

**2.0.3** 功放机房 power amplifier room

放置扩声系统功率放大器的技术用房。

**2.0.4** 最大声压级 maximum sound pressure level

扩声系统完成调试后,在厅堂内各测量点可能的最大峰值声压级的平均值 $\bar{L}_M$。以峰值因数(1.8~2.2)限制的额定通带粉红噪声为信号源,其最大峰值声压级为 RMS 声压级的长期平均值 $\bar{L}_{RMS}$ 加上峰值因数的以 10 为底的对数再乘以 20,单位:dB。

$$\bar{L}_M = \bar{L}_{RMS} + 20 \lg(1.8~2.2)$$

**2.0.5** 最大可用增益 maximum available gain

厅堂扩声系统在声反馈临界状态时的增益减去 6dB。

**2.0.6** 传输频率特性 transmission frequency response

扩声系统在稳定工作状态下,厅堂内各测量点稳态声压级的平均值相对于扩声设备输入端的电平的幅频响应。

**2.0.7** 传输增益 transmission gain

扩声系统在最大可用增益状态时,厅堂内各测量点稳态声压级平均值与扩声系统心型〔$R(\theta) = (1+\cos\theta)/2$〕传声器处稳态声压级的差值,单位:dB。

**2.0.8** 声场不均匀度 sound distribution

厅堂内(有扩声时)各测量点的稳态声压级的差值,单位:dB。

**2.0.9** 声反馈 acoustic feedback

扩声系统中的扬声器系统放出的部分声能反馈到传声器的效应。

**2.0.10** 系统总噪声级 system total noise level

扩声系统在最大可用增益工作状态下,厅堂内各测量点扩声系统所产生的各频带的噪声声压级(扣除环境背景噪声影响)平均值,以 NR-曲线评价。

**2.0.11** 早后期声能比 early-to-late arriving sound energy ratio

扬声器系统发出猝发声衰变过程中,厅堂内各测量点 80ms 以内声能与 80ms 以后的声能之比的以 10 为底的对数再乘以 10,单位:dB。

$$E_r = 10 \lg \left[ \int_0^{0.080s} p^2(t)dt \middle/ \int_{0.080s}^{\infty} p^2(t)dt \right]$$

式中 $p(t)$——瞬时声压(Pa)。

**2.0.12** 数字信号处理 digital signal processing(DSP)

用数字技术对信号进行采集、储存、传输、变换等的方法和技术。

**2.0.13** 调音控制工作位置 mixing control position

操作人员的工作位置,简称工位,泛指扩声控制室、现场调音位和监听调音位等。

# 3 扩声系统设计

## 3.1 一般规定

**3.1.1** 从方案设计开始,扩声系统设计就应与建筑声学设计、建筑设计和其他有关工程设计专业密切配合。装修设计时,在控制厅内混响时间、房间体型、反射声分布和避免声缺陷等问题时,应将扬声器系统位置作为主要声源点之一。

**3.1.2** 扩声系统应保证听众有足够的声压级,声音清晰、声场均匀。

**3.1.3** 根据使用要求,厅堂扩声系统应包括以下部分或全部子系统:

1 观众厅的扩声系统。

2 舞台(会议时的主席台)的扩声系统;服务于舞台上演职员的监听系统。

3 具有演出功能的厅堂,服务于演职员的舞台监督系统。

4 背景音乐广播系统。

**3.1.4** 扩声系统信号,对模拟传输其电气互连的优选配接值应满足国家标准《声系统设备互连优选配接值》GB/T 14197 及《会议系统电及音频的性能要求》GB/T 15381 的规定,系统设备之间宜采用平衡传输方式;数字传输及接口应符合国家相关行业标准《多通路音频数字串行接口》GY/T 187 的要求。

**3.1.5** 扩声系统设计应提供完整的图纸及说明文件。包括管道图、设备布置图、系统原理方框图、设备的选型和配置及接线图。

**3.1.6** 扩声系统的设计可采用先进的技术作为辅助设计手段,但应给出分析结果的适用范围。

**3.1.7** 扩声系统对服务区以外有人区域不应造成环境噪声污染。

## 3.2 传 声 器

**3.2.1** 系统宜配置足够数量的传声器。

**3.2.2** 传声器的类型应满足适用本厅堂不同类型声源信号的拾音。

**3.2.3** 主要传声器宜选用有利于抑制声反馈的传声器。

**3.2.4** 应分别在台口、乐池、侧台附近和观众席等处按功能需要设传声器插座。

**3.2.5** 具有演出功能的厅堂,若现场多个工位同时需要传声器信号,宜设置传声器信号分配系统。

**3.2.6** 传声器信号接线应采用带屏蔽的平衡电缆。

## 3.3 扬声器系统

**3.3.1** 根据不同的功能和服务对象,设计相应的扬声器系统:

1 根据厅堂具体条件选用集中式、分散式或集中分散相结合三者中的较佳方案。

2 根据声道模式的不同可选择单声道、双声道和三声道(左/中/右)系统中的一种。

3 具有演出功能的厅堂宜设置独立的次低频扬声器系统。

4 主扬声器系统对部分观众席无法提供足够的直达声或直

达声方位太高时，应设置补充或辅助扬声器系统，并配备能对其馈给信号进行时间和频率特性调整的信号处理设备。

5 具有演出功能的厅堂宜设置效果声扬声器系统。根据使用要求和实际情况，扬声器系统安装在观众厅的顶棚、侧墙、后墙或舞台上。

6 舞台（主席台）扩声扬声器系统宜安装在靠近台口的位置。该扬声器系统由声控室的操作人员操作控制。

7 具有演出功能的厅堂，应设置服务于演职人员的舞台返听扬声器系统。舞台返听系统宜包括固定安装返听扬声器系统、流动返听扬声器系统和返听耳机。

**3.3.2** 扬声器系统，必须有可靠的安全保障措施，不产生机械噪声。当涉及承重结构改动或增加荷载时，必须由原结构设计单位或具备相应资质的设计单位核查有关原始资料，对既有建筑结构的安全性进行核验、确认。

**3.3.3** 扬声器系统的安装，无论明装或暗装，均应减少安装条件对扬声器声辐射的影响，并应符合下列要求：

1 采用暗装时，开口足够大；所用饰面材料和蒙面装修用格栅的尺寸（宽度和深度）宜小于等于20mm。

2 扬声器系统安装处的空间尺寸足够大，并进行声学处理。

3 具有演出功能的厅堂，同一声道扬声器的数量及布置宜有利于减轻服务区内的声波干涉。

**3.3.4** 功率放大器与主扬声器系统之间的连线功率损耗应小于主扬声器系统功率的10%，次低频扬声器系统的连线功率损耗宜小于5%。

### 3.4 调音及信号处理设备

**3.4.1** 扩声系统应配置独立的调音台，调音台的输入通道总数不少于最大使用输入通道数。调音台应具有不少于扩声通道数量的通道母线。

**3.4.2** 扩声系统应设系统信号处理设备。信号处理设备宜具有增益、分配、混合、均衡、压缩、限幅、延时、分频及滤波等功能中的一项或多项。

**3.4.3** 具有演出功能的厅堂，宜配置各种类型和足够数量的供调音台通道插入使用的效果器、压缩器、限幅器和噪声门等信号处理设备。

### 3.5 舞台监督及辅助系统

**3.5.1** 在技术用房（主要是声控室、灯光控制机房和舞台机械控制机房）、化妆间和演职人员休息室等需要调度或现场扩声信号的房间区域，宜设置小型广播扬声器系统，系统做分区广播，主控设备应设置于舞台监督位或导控室，并进行集中控制。

本广播系统在服务区的最大声压级宜大于等于90dB。

**3.5.2** 宜设置独立的内部通讯系统，并符合如下要求：

1 声控室、灯光控制机房、舞台机械控制机房及主要化妆间等用房设置内部通讯台分站。

2 舞台、乐池、追光位、面光桥、现场调音位及功放机房等技术用房设置内部通讯插座面板。

3 以有线系统为主，以无线系统作为补充。

4 系统主机设置在舞台监督或导控室。

**3.5.3** 宜设置独立的视频监视系统，监视系统的观察范围包括主舞台、上下场口、后舞台、乐池、主要观众席和主要观众休息厅、观众入口处等区域；化妆间、演职员休息室及迟到观众入口处等宜设置监视点；监视系统的主控设备宜设置于舞台监督位或导控室，声控室内设置分控点。

**3.5.4** 前厅、观众休息厅及观众入口处等宜设置背景音乐公共广播系统。背景音乐公共广播系统可与本章3.5.1条的广播系统相结合。

当与防灾（火警）广播系统相结合时，其系统必须满足消防法规。

**3.5.5** 应预留与其他系统进行信号交换的音频信号接口，供转播或电视电话等其他传输系统选用。

### 3.6 调音控制工位

**3.6.1** 厅堂应设置扩声控制室，并符合如下技术要求：

1 扩声控制室宜设置在便于观察舞台（主席台）及观众席的位置。

2 具有演出功能的厅堂，应面向舞台及观众席开设观察窗，窗的位置及尺寸确保调音人员正常工作时对舞台的大部分区域和部分观众席有良好的视野。观察窗可开启，操作人员在正常工作时能够获得现场的声音。

3 声控室面积应满足设备布置、设备操作及正常检修的需要。地面宜铺设活动架空地板，或设置有盖电缆地沟。

4 声控室内若有正常工作时发出干扰噪声的设备（如带冷却风扇的设备、电源变压器等），宜设置设备室；设备室不应对声控室造成噪声干扰。

5 声控室宜设置独立的空调系统。

6 声控室内做吸声处理，中频混响时间宜为0.3～0.5s。

7 声控室与主扬声器系统距离较远时，宜在主扬声器系统安装位置的附近区域设置功放机房。

8 扩声系统应设独立接地母线，单点接地，接地电阻不大于1Ω。

9 扩声系统设备不宜与可控硅调光设备或动力设备共用一个电源变压器；若电源电压不稳定或受干扰严重，应配备电源稳压器或隔离变压器。电源的总容量宜为功放额定功率总的两倍以上。

10 声控室与舞台（主席台）之间应预留各种类型和足够数量的线缆。

11 声控室内宜设置监听扬声器系统，监听扬声器系统的声道模式宜与场内观众厅主扩声系统的声道模式一致。

**3.6.2** 具有演出功能的厅堂，应设有现场调音位置。现场调音位置的听音效果在观众厅应具有代表性，并预留各种类型和足够数量的信号通道接口。

**3.6.3** 具有演出功能的厅堂，应设置舞台监听调音位置，并符合如下要求：

1 监听调音位置设在上场口或下场口附近，有适当的空间供安置监听调音台及处理器等设备。

2 监听调音位置预留各种类型和足够数量的信号通道接口。

3 配置足够数量的独立通路，每个监听通路特性能单独控制。

4 监听通路由主调音台或独立设置的舞台监听调音台控制，系统中的信号处理设备具有实时操作界面。

**3.6.4** 功放机房宜设置在主扬声器系统安装位置的附近区域。功放机房与控制室不在同一操作区域时，宜对功放设备配置监控系统；宜设置独立的空调系统。

**3.6.5** 具有演出功能的厅堂、舞台和乐池内应设置足够数量的综合信号插座和插座点，依其功能要求包括传声器、音频及流动返听扬声器系统插座，插座点位置应避开舞台主表演区。

# 4 扩声系统特性指标

## 4.1 电气系统特性指标

**4.1.1** 在扩声系统额定带宽及电平工作条件下，从传声器输出端口至功放输出端口通路间的频率响应应不劣于0～−1dB。

**4.1.2** 在扩声系统额定带宽及电平工作条件下，从传声器输出端口至功放输出端口通路间的总谐波失真应不大于0.1%。

**4.1.3** 在扩声系统额定带宽及电平工作条件下，从传声器输出端口至功放输出端口间通路的信噪比应不劣于通路中最差的单机设备信噪比3dB。

## 4.2 声学特性指标

### 4.2.1 文艺演出类扩声系统声学特性指标应符合表4.2.1中的规定。

**表 4.2.1 文艺演出类扩声系统声学特性指标**

| 等级 | 最大声压级 (dB) | 传输频率特性 | 传声增益 (dB) | 稳态声场不均匀度(dB) | 早后期声能比(可选项)(dB) | 系统总噪声级 |
|---|---|---|---|---|---|---|
| 一级 | 额定通带*内：大于或等于106dB | 以80～8000Hz的平均声压级为0dB,在此频带内允许范围：－4dB～＋4dB；40～80Hz和8000～16000Hz的允许范围见图4.2.1-1 | 100～8000Hz的平均值大于或等于－8dB | 100Hz时小于或等于10dB,1000Hz时小于等于6dB,8000Hz时小于或等于8dB | 500～2000Hz内1/1倍频带分析的平均值大于或等于+3dB | NR-20 |
| 二级 | 额定通带内：大于或等于103dB | 以100～6300Hz的平均声压级为0dB,在此频带内允许范围：－4dB～＋4dB；50～100Hz和6300～12500Hz的允许范围见图4.2.1-2 | 125～6300Hz的平均值大于或等于－8dB | 1000Hz,4000Hz小于或等于8dB | 500～2000Hz内1/1倍频带分析的平均值大于或等于+3dB | NR-20 |

注：* 额定通带是指优于表4.2.1～表4.2.3中传输频率特性所规定的通带。

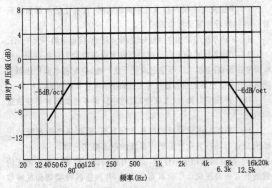

图 4.2.1-1 文艺演出类一级传输频率特性范围

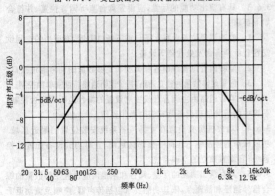

图 4.2.1-2 文艺演出类二级传输频率特性范围

### 4.2.2 多用途类扩声系统声学特性指标应符合表4.2.2的规定。

**表 4.2.2 多用途类扩声系统声学特性指标**

| 等级 | 最大声压级 (dB) | 传输频率特性 | 传声增益 (dB) | 稳态声场不均匀度(dB) | 早后期声能比(可选项)(dB) | 系统总噪声级 |
|---|---|---|---|---|---|---|
| 一级 | 额定通带内：大于或等于103dB | 以100～6300Hz的平均声压级为0dB,在此频带内允许范围：－4dB～＋4dB；50～100Hz和6300～12500Hz的允许范围见图4.2.2-1 | 125～6300Hz的平均值大于或等于－8dB | 1000Hz时小于或等于6dB,4000Hz时小于或等于8dB | 500～2000Hz内1/1倍频带分析的平均值大于或等于+3dB | NR-20 |
| 二级 | 额定通带内：大于或等于98dB | 以125～4000Hz的平均声压级为0dB,在此频带内允许范围：－4dB～＋4dB；63～125Hz和4000～8000Hz的允许范围见图4.2.2-2 | 125～4000Hz的平均值大于或等于－10dB | 1000Hz,4000Hz时小于或等于8dB | 500～2000Hz内1/1倍频带分析的平均值大于或等于+3dB | NR-25 |

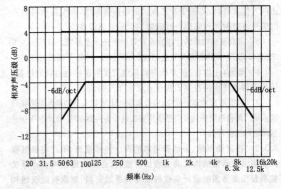

图 4.2.2-1 多用途类一级传输频率特性范围

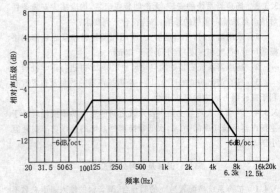

图 4.2.2-2 多用途类二级传输频率特性范围

### 4.2.3 会议类扩声系统声学特性指标应符合表4.2.3中的规定。

**表 4.2.3 会议类扩声系统声学特性指标**

| 等级 | 最大声压级 (dB) | 传输频率特性 | 传声增益 (dB) | 稳态声场不均匀度(dB) | 早后期声能比(可选项)(dB) | 系统总噪声级 |
|---|---|---|---|---|---|---|
| 一级 | 额定通带内：大于或等于98dB | 以125～4000Hz的平均声压级为0dB,在此频带内允许范围：－6dB～＋4dB；63～125Hz和4000～8000Hz的允许范围见图4.2.3-1 | 125～4000Hz的平均值大于或等于－10dB | 1000Hz,4000Hz时小于或等于8dB | 500～2000Hz内1/1倍频带分析的平均值大于或等于+3dB | NR-20 |
| 二级 | 额定通带内：大于或等于95dB | 以125～4000Hz的平均声压级为0dB,在此频带内允许范围：－6dB～＋4dB；63～125Hz和4000～8000Hz的允许范围见图4.2.3-2 | 125～4000Hz的平均值大于或等于－12dB | 1000Hz,4000Hz小于或等于10dB | 500～2000Hz内1/1倍频带分析的平均值的大于或等于+3dB | NR-25 |

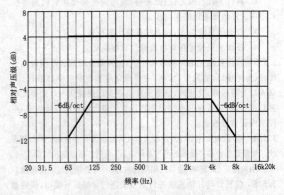

图 4.2.3-1 会议类一级传输频率特性范围

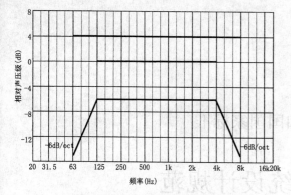

图 4.2.3-2 会议类二级传输频率特性范围

**4.2.4** 多声道扩声系统中,中央声道、左＋右声道的扩声均应分别满足其相应的规定。

# 5 系统调试

**5.0.1** 完整的扩声系统设计应包括系统调试。本扩声系统声学特性指标的测量方法和所使用的测量仪器,选用《厅堂扩声特性测量方法》GB 4959 中的有关条款执行。

**5.0.2** 扩声系统声学特性指标测量均应在空场条件下进行。

**5.0.3** 电气指标测量应包括系统设备的总谐波失真、频率响应、信噪比。调音台的测量按《调音台基本特性测量方法》GB 9003 中的有关条款执行。

**5.0.4** 声学特性指标测量应包括最大声压级、传输频率特性、传声增益和稳态声场不均匀度,并宜进行早后期声能比的测量。

**5.0.5** 系统调试过程中,应使系统处于最佳设定状态,对系统设备参数的调整和设定宜与音质的主观听音效果相结合。

**5.0.6** 同一工作状态下,应同时满足各项声学特性指标。

**5.0.7** 测量声级计宜选用《声级计的电声性能及测试方法》GB 3785中的一级,不得低于二级。

**5.0.8** 多声道的扩声系统,应对中央声道(含辅助)、左＋右声道的扩声分别进行调试。

**5.0.9** 系统调试结束后,应出具调试报告。

**5.0.10** 最大声压级的测量应按图 5.0.10 进行。

图 5.0.10 最大声压级测量原理方框图

图中滤波器通带范围为系统额定频率范围,通带外衰减应大于 12dB/oct(oct——倍频程);限幅器应能使噪声信号的峰值因数保持在 1.8～2.2 之间。

**5.0.11** 传声增益的测量在系统不使用反馈抑制器的条件下进行。

**5.0.12** 早后期声能比的测量应按图 5.0.12 进行。

图 5.0.12 早后期声能比测量原理方框图

# 本规范用词说明

**1** 为便于在执行本规范条文时区别对待,对要求严格程度不同的用词说明如下:

1)表示很严格,非这样做不可的用词:
  正面词采用"必须",反面词采用"严禁"。

2)表示严格,在正常情况下均应这样做的用词:
  正面词采用"应",反面词采用"不应"或"不得"。

3)表示允许稍有选择,在条件许可时首先应这样做的用词:
  正面词采用"宜",反面词采用"不宜";
  表示有选择,在一定条件下可以这样做的用词,采用"可"。

**2** 本规范中指明应按其他有关标准、规范执行的写法为"应符合……的规定"或"应按……执行"。

# 中华人民共和国国家标准

# 厅堂扩声系统设计规范

## GB 50371—2006

## 条 文 说 明

# 目 次

# 1 总 则

**1.0.1** 本规范根据厅堂建设时所针对的主要用途规范扩声工程设计。本规范是专业性的国家标准,编制过程中参考了以下相关标准:

    **1** 《声级计的电声性能及测试方法》GB 3785—83。

    **2** 《厅堂扩声系统声学特性指标》GYJ 25—86。

    **3** 《声频放大器测量方法》GB 9001—88。

    **4** 《调音台基本特性测量方法》GB 9003—88。

    **5** 《声系统设备一般术语解释和计算方法》GB 12060—89。

    **6** 《声系统设备互连的优选配接值》GB/T 14197—93。

    **7** 《声系统设备互连用连接器的应用》GB/T 14947—94。

    **8** 《会议系统电及音频的性能要求》GB/T 15381—94。

    **9** 《厅堂扩声特性测量方法》GB 4959—95。

    **10** 《声学名词术语》GB/T 3947—1996。

    **11** 《扬声器主要性能测试方法》GB/T 9396—1996。

    **12** 《剧场建筑设计规范》JGJ 57—2000。

    **13** 《多通路音频数字串行接口》GY/T 187—2002。

    **14** 《演出场所扩声系统的声学特性指标》WH/T 18—2003。

    **15** 《剧场、电影院和多用途礼堂建筑声学设计规范》GB/T 50356—2005。

**1.0.2** 新建、扩建和改建均在适用范围之列。扩建和改建虽受一定的客观限制,但系统的合理性和技术指标不应降低。

本规范中扩声系统指相对固定安装的设备系统,即针对厅堂的具体情况而进行的系统设计。非固定安装是指临时的、外来的流动系统,但其系统构成还是可参考本规范的。

电影的还音系统(即 B 环),已有相关的国家标准规定。

**1.0.3** 本规范从设计扩声系统功能及制定分类特性指标两方面来保证其使用方便和听音效果良好,并在特性指标的制定中尽可能体现相对统一的标准,为使用者提供一个平台,在这个平台上调音者可以根据节目性质及要求保障听音效果良好。

**1.0.4** 本条规范的目的在于杜绝新建厅堂扩声系统设计与土建等专业脱节,避免工程建设的随意性,造成不必要的资源浪费。

**1.0.5** 完成系统的调试应是设计者的职责。为了达到电气、声学各项特性指标及各种使用上的功能要求,做到系统可靠且投资比较合理,投资者宜优先选择有国家设计资质的单位按使用功能和投资额提出系统方案设计。

# 2 术 语

本规范中有关声学方面的术语,只是为了说明本规范中有关项目的物理意义,而不追求该术语的全部完整定义。其中,部分按《声学名词术语》GB/T 3947—1996 给出。有关建筑与设备方面的名词术语,参考《声系统设备一般术语解释和计算方法》GB 12060—89及相关的设计规范和习惯上常用的词汇编写。

# 3 扩声系统设计

## 3.1 一般规定

**3.1.1** 目前,仍然有相当一部分厅堂扩声系统设计待到厅堂的内部格局、体型确定以后才进行,或由供销商提供设计安装(即先进

行设备采购,后设计作为捷径)。由于没有与其他相关工程设计专业密切配合,影响扩声系统的质量。

**3.1.2** 扩声系统首要任务是为观众席服务,其听音效果的好坏与工程设计直接有关。足够的声压级和声音清晰、声场均匀是最基本的要求;具有演出功能的厅堂还应达到声像一致。

除了观众席以外,舞台(主席台)也是重要的设计关注点,只有演职员或发言者监听良好,其演出或演讲才能顺利进行。

此外,大量出现的会议扩声系统与视频及网络等系统构成一体,宜将会议扩声与声音重放分开设置。有时要对发言进行录音等,因此,设置扩声系统就不限场所了。

**3.1.3** 扩声系统的组成并不只有观众厅和舞台(主席台)的扩声,扩声系统还应有其他的各项子系统,才能保障厅堂的使用功能。

**3.1.4** 扩声系统信号传输有模拟、模拟数字结合及数字传输三种形式。

模拟系统设备之间均宜采用平衡传输方式,不管其距离的远近,最大限度地减少外界噪声的干扰。数字信号的传输接口有相应的国家标准,其传输线路也从五类线向光缆发展。

**3.1.5** 既然是工程设计,就应提供可施工的完整图纸及文件。对于扩声系统工程,应包括各层平面的管道路由图、设备布置图和系统原理方框图等(含设备间的接线图)。

**3.1.6** 目前作为辅助设计手段,运用计算机软件分析声场已相当普遍,对扬声器系统的选型和布置能起到一定程度的辅助作用,但其计算机软件分析仍然存在局限性,不能作为唯一的设计手段。此外,相当多的国产产品还不能提供计算机模拟所需之扬声器系统重要参数,而其相应的产品用于完成会议厅室以至多功能厅堂的工程不成为问题。

**3.1.7** 作为强制性条文,本条的目的在于强化设计者的环保意识。

## 3.2 传 声 器

**3.2.2** 不同类型声源信号的拾音主要用于演出或会议的不同需要。具有演出功能的厅堂,除了有线传声器以外,目前主要的无线传声器形式包括:手持式、领夹式和头戴式。

**3.2.3** 选用有利于抑制声反馈且具有一定指向特性的传声器,相应地提高了系统的传声增益。为保证厅堂之间在技术指标上具有可比性,传声增益的测量仍然以使用心型传声器为基准。

**3.2.4** 方便于工作人员就近连接。

**3.2.5** 这样能有效地避免各工作点之间的相互干扰和一个传声器多路输出时的阻抗失配。

**3.2.6** 这样能有效地降低传声器信号受到的干扰,提高信噪比。

## 3.3 扬声器系统

**3.3.1** 扬声器系统布置应满足扩声功能要求:

    **1** 厅堂的扬声器系统布置条件常受扩声系统设计者介入整体工程设计的早晚的影响。因其他专业,特别是建筑结构往往不会为扩声系统预留合适的扬声器系统安装位置,所以应及早介入整体工程的设计,选用较佳的扬声器系统布置方案。集中式的主扬声器系统宜设在舞台(主席台)与观众席之间的上部位置。

    **2** 单声道:适用于语言为主的扩声;双声道(左/右):适用于文艺演出为主且体型较窄或小型场所的扩声;三声道(左/中/右):适用于文艺演出为主的大、中型场所扩声。

    **4** 主扬声器系统无法提供足够的直达声的观众席主要出现在后排或挑台下方。剧场一类对扩声要求较高的厅堂,宜根据实际情况,在台口两侧较低位置或观众厅首排前方位置安装补充扬声器系统,以拉低声像的高度,改善听感。

    **5** 配合舞台演出获得更好的效果,有仅设于观众厅的,也有包含舞台区的。效果声扬声器系统的设置以及通道数目前国内外

未有一致的结论。在相当长的一段时期,还只是设计者根据使用要求和实际情况设置的一个系统平台,有待于音响艺术创作者在这些系统平台上进行更多的实践。

**6** 舞台(主席台)的扩声扬声器系统是为舞台上的演职员监听一些重返的节目或会议时主席台就坐者的听音而设置。扬声器系统大多布置在上部,信号相对单一。系统的指标在设计时应选定适当的指标等级。

**7** 具有演出功能的厅堂,演职员还需监听同台演出者彼此之间的声音,因此,设置于舞台的监听扬声器信号应具有选择性。满足演职人员对演出监听的要求。

本规范中的厅堂扩声系统特性指标是以服务于听众的主扩声系统特性指标规定的。对于厅堂中其他子系统的声学特性指标可参考"表4.2.1~表4.2.3扩声系统声学特性指标"中的相应规定,如最大声压级、传输频率特性等,指标等级对应于主扩声系统可适当降低。

**3.3.2** 基于安全的要求,扬声器系统的安装在设计时必须考虑,所以列为强制性条文。

**3.3.3** 扬声器系统的安装方式不同,其影响会不同:

**1** 扬声器系统明装,声辐射性能受影响较小,在国际上应用较多。

**2** 采用暗装,所用透声材料的控制往往也是工程配合的难点。所用饰面格栅的尺寸(宽度和深度)小于等于20mm并不是目标,有条件的应更小。

**3** 指控制扬声器系统与传声器距离及其相对应的指向性。具有演出功能的厅堂,同一声道扬声器系统的数量及位置应考虑对听众区造成的声波干涉问题;到达听众区的声能——频率、幅度、时间、空间构成,应尽可能使声音自然,声像一致。必要时,应用信号处理设备调整声音的时间关系,改善声波干涉问题。

**3.3.4** 一方面功率放大器与主扩声扬声器之间的连线太细,会造成功率损耗太大,直接影响到音质效果等;另一方面连线太粗,对于施工安装等也会带来不便。因此设定一个适当的百分比。

### 3.4 调音及信号处理设备

调音台及信号处理设备已逐步向数字式设备过渡。目前的代表产品是数字信号处理器。设计者应从设备和系统两方面考虑安全可靠、使用方便为主。

扩声系统的组成设备还包括信号交换塞孔板、监听监测等。一般信号通道的类型和数量由系统的信号分线器分配确定。

### 3.5 舞台监督及辅助系统

在声控室、灯光控制机房及舞台机械控制机房等其他需要现场扩声信号的技术用房设置小型扬声器系统,以满足有关工作人员工作时的需要;在前厅及有关的户外场所设置广播用扬声器,以播出有关通知及背景音乐信号。

具有演出功能的厅堂,主舞台区域摄像机位很重要,其功能一是供舞台监督及各技术用房内的相关人员观察舞台演出的情况,二是用作剧院录制演出实况视频资料之用,建议设计时,摄像机档次应高一些,并可适当增加简单的编录设备。主控设备也可考虑放在声控室或视频机房,各观察点根据需要,通过视频分配的方式选择一个或几个相对固定的观察画面为好。

此外,乐池里的摄像机位,不但要供舞台监督等人员观察指挥和演奏者的演出情况,而且需要供给舞台两侧等区域设置的流动监视器送指挥的固定画面信号。因此,在设计时设置视频插座和电源插座等。

### 3.6 调音控制工位

预留多种类型和足够数量的管线,还需考虑适当扩容。

# 4 扩声系统特性指标

## 4.1 电气系统特性指标

扩声系统中的电气系统指标是基本要求。

## 4.2 声学特性指标

本规范以当前国际电声设备达到的使用特性为基础,综合调查了北京、上海、杭州、济南、广州等城市近几年建成部分厅堂的扩声系统测量数据、使用效果和一些实验结果,参考相关行业制定的一些标准,以及我国经济现状。

在厅堂扩声系统声学特性中,最大声压级、传输频率特性、传声增益、声场不均匀度、系统总噪声级等参数,已是常规的测量项目。早后期声能比由于测量仪器并不普及,也是为了利用现有测量$C_{80}$的设备,建议作为可选项。

列入本规范的电、声特性指标,虽然是鉴定厅堂扩声系统电、声性能的必要条件,但不是充分条件。例如,关于客观方法评定与清晰度有关的语言传输质量,IEC 60268—16:2003中这样描述:"3.3,扩声系统语言传输指数(STIPA)法是STI法的简化形式,适用于评价包括扩声系统的房间声学的语言传输质量;3.4,房间语言传输指数(RASTI)法是STI法的简化形式,适用于评价发话人位置和听音人位置之间不用通信系统的直接语言传输质量。RASTI法涉及噪声干扰和时域上的失真(回声,混响时间)。"

在调试扩声系统指标时,应结合主观听音进行。

由于有扩声时,语言和演出的听音效果,不仅与厅堂扩声系统的电、声性能有关,而且还与建筑声学性能有关。因此,在鉴定厅堂声学特性时,除按本规范所规定的电、声特性指标进行测量外,还应按《剧场、电影院和多用途礼堂建筑声学设计规范》或所选用的设计值(如混响时间)来进行考核,测量方法按《厅堂扩声特性测量方法》GB 4959—95中的有关条款进行。其中,"混响时间$T_{60}$"测量声源的位置含主扬声器系统。但建筑声学特性不属于本规范范围,故未列入。

各项声学特性指标进一步说明如下:

**1** 最大声压级决定重放声动态范围的上限,而系统总噪声级决定其下限。实际上扩声系统所产生的噪声一般低于厅堂运行时的背景噪声,故听音动态范围的下限绝大多数情况下是受背景噪声所限制的。

对演出性扩声系统规定的最大声压级是以国内一些厅堂的实测值和使用效果作为依据。国内近年的实践表明是适宜的。某些特别的演出形式要求更高的最大声压级,应由业主与设计者根据工程的具体情况商定,不宜作为规范。

**2** 根据一些厅堂传输频率特性的实测值及其对扩声系统的使用效果的反映,并参考有关资料,提出了传输频率特性的要求,为调音操作员提供一个系统平台,调音员可以在这个平台上调整适用各种用途的特性。同时,为了简化条件,便于比较,"平台"特性的测试方法统一按《厅堂扩声特性测量方法》GB 4959—95中6.1.1.2执行。

**3** 传声增益:国内外的实践证明,扩声系统在产生声反馈自激临界啸叫点以下6dB运行,系统基本稳定,即系统的稳定度至少为6dB。因此,本规范取值可以认为是合适的。扩声系统在使用传声器时,对传声器拾取的声音的放大量,是考察扩声反馈程度的重要指标,传声增益越高,扩声系统的声音放大量越大。

**4** 本规范中规定扩声系统的稳态声场不均匀度,目的是便于检测。其数值是现场调查测量的总结归纳,基本上反映扬声器系统的覆盖是否合理。

**5** 系统总噪声级：扩声系统在最大可用增益，且无有用声信号输入时，厅堂内各听众席处的噪声，该指标目的在于限制交流电噪声、扬声器系统或设备安装不当在服务区域引起的二次噪声等。

目前，厅堂的种类与称呼很多，规模大到几千座的会堂，小到几十座的会议厅。剧场主要以演出歌舞、戏曲和话剧为主；多用途礼堂主要指多功能厅、礼堂、会堂（会议厅）或大型讲堂，有时可兼作一般演出。因此，我们将厅堂进行规范性的分类：文艺演出类、多用途类和会议类。

根据厅堂的投资规模和不同用途的需要，可选取不同类型的扩声系统声学特性指标及等级。文艺演出类：适用于大型文艺演出的厅堂；多用途类：适用于戏曲演出场所或多用途礼堂；会议类：适用于会议扩声为主的场所。

音乐厅一般是指靠自然声来表现演出效果的场所，但音乐厅不局限于单一使用功能。音乐厅安装扩声系统，目的不尽相同，除某些音乐节目源需使用外，还考虑弱音乐乐的补充扩声，如报幕，也有为电声乐器而准备的。因此，特性指标就要有所选择。

厅堂的建设常常被要求满足多任务功能。如一个剧场，需满足演出、放电影和开会等需要；多用途礼堂常常要求能满足演出、放电影和开会等需要。所以，扩声系统声学特性指标类型的选择不在于厅堂建筑本身的模式，而在于建设者的宏观选择。

考虑到一些厅堂的建设中由于投资总额及客观的原因，各类型的扩声系统声学特性指标均分为一、二两个等级，供业主及设计者选择。

# 5 系统调试

系统调试是工程的重要环节，完成系统的调试是设计者应承担的责任。本规范扩声系统特性指标的测量方法和所使用的测量仪器，选用《厅堂扩声特性测量方法》GB 4959—95 中的有关条款进行。系统调试在工程安装基本完成之后进行。

依据测试的扩声系统声学特性指标中间数值对系统各个部分的设备参数进行调整，结合主观音质听感，直至系统处于最佳设定状态。"扩声系统特性指标"是调试完成后实测的特性指标。

测量最大声压级时，为避免满功率情况下声级太高或损坏扬声器系统，功率放大器的输出宜以扬声器系统额定最大功率的 1/10～1/20 馈送。

目前进行满场测量相当困难，故所规定的厅堂特性指标均指在无观众情况下空场测试而言。

系统调试结束后，设备主要参数（含传声器及扬声器系统）的设定结果宜标注于调试报告中。

## 中华人民共和国国家标准

# 剧场、电影院和多用途厅堂
# 建筑声学设计规范

Code for architectural acoustical design of theater,
cinema and multi-use auditorium

**GB/T 50356—2005**

主编部门：中华人民共和国建设部
批准部门：中华人民共和国建设部
施行日期：2005年10月1日

# 中华人民共和国建设部
# 公　告

## 第 359 号

---

### 建设部关于发布国家标准《剧场、电影院和多用途厅堂建筑声学设计规范》的公告

现批准《剧场、电影院和多用途厅堂建筑声学设计规范》为国家标准，编号为 GB/T 50356—2005，自 2005 年 10 月 1 日起实施。

本标准由建设部标准定额研究所组织中国计划出版社出版发行。

中华人民共和国建设部

二〇〇五年七月十五日

# 前　言

本规范是根据原国家计划委员会计综（1986）2630 号文要求，由全国声学标准化技术委员会及建筑声学分技术委员会负责归口组织，具体由同济大学会同北京市建筑设计研究院、中广电广播电影电视设计研究院、东南大学、清华大学、中国建筑科学研究院、中国电影科学技术研究所组成编制组共同完成的。

编制组在广泛调查研究，认真总结实践经验的基础上，提出征求意见稿，发送全国有关单位征求意见，并召开国内有关单位参加的评议会，进行深入讨论。在广泛征求意见并反复修改形成送审稿后，又经全国审查会议和全国声学标准化技术委员会审查，于 1991 年定稿报批。2004 年根据建设部标准定额司建标标便（2004）4 号文的要求，编制组又继续进行了修改整理工作，最后经建设部标准定额司会同有关部门会审定稿。

本规范主要技术内容是：1. 总则；2. 术语、符号；3. 剧场；4. 电影院；5. 多用途厅堂；6. 噪声控制。主要规定了观众厅体型设计、观众厅混响时间、噪声限值等各项技术指标。

本规范由建设部负责管理，由同济大学负责具体内容解释，执行中如发现需要修改和补充之处，请将意见和有关资料寄送同济大学声学研究所（上海四平路 1239 号，邮政编码 200092）。

本规范修订主编单位、参编单位和主要起草人：

主编单位：同济大学

参编单位：北京市建筑设计研究院

　　　　　中广电广播电影电视设计研究院

　　　　　东南大学

　　　　　清华大学

　　　　　中国建筑科学研究院

　　　　　中国电影科学技术研究所

主要起草人：王季卿　钟祥璋　项端祈　骆学聪

　　　　　　李齐勋　柳孝图　李晋奎　叶恒健

　　　　　　谭　华　陈子俊

# 目 次

# 1 总　　则

**1.0.1** 为保证剧场、电影院和多用途厅堂的观众厅及相关用房具有良好的听闻环境,制定本规范。

**1.0.2** 本规范适用于新建、扩建和改建的剧场、电影院和多用途厅堂的建筑声学设计。

**1.0.3** 本规范规定了以下三类观众厅的合适音质参数及设计技术要求:

　　**1** 剧场是指以演出歌舞、戏曲和话剧为主的观演场所;

　　**2** 电影院是放映单声道和多声道立体声影片的两类电影院;

　　**3** 多用途厅堂是指会堂、报告厅和礼堂等以会议为主,也可兼供电影放映或一般文艺表演的厅堂。

**1.0.4** 声学设计主要包括音质设计和噪声控制设计,从建筑方案设计开始阶段就应同时考虑声学设计。声学设计者应参与土建和装修设计全过程。在工程设计各阶段应与有关设计专业同步进行,密切配合。为保证本规范的实施和对工程质量的检验,设计文件应包括声学设计计算书和说明。

**1.0.5** 本规范未述及的设计共性事项,应按国家现行有关标准、规范和规程执行。

# 2　术语、符号

**2.0.1** 音质　acoustics[of room]

　　房间中传声的质量。房间音质的主要决定因素是混响、反射声序列时空结构和噪声级。音质评价对于语言主要是靠语言可懂度,对于音乐则由音乐的欣赏价值来决定。

**2.0.2** 音质设计　acoustical design

　　在建筑设计过程中,从音质上保证建筑物符合要求所采取的措施。

**2.0.3** 混响时间 $T$　reverberation time

　　声音已达到稳态后停止声源,平均声能密度自原始值衰变到其百万分之一(60dB)所需要的时间。

**2.0.4** 合适混响时间　optimum reverberation time

　　在一定使用条件下,听众认为音质合适的混响时间,它是根据人们长期使用经验得出的,并且具有一定的容许范围。

**2.0.5** 直达声　direct sound

　　自声源未经反射直接传到接收点的声音。

**2.0.6** 混响声　reverberant sound

　　房间内在稳态时所有一次和多次反射声相加的结果。

**2.0.7** 早期反射声　early reflection

　　在房间内可与直达声共同产生所需音质效果的各反射声。一般是指延迟 50ms 以内的反射声。

**2.0.8** 早期声场　early sound field

　　在房间内由声源的直达声和早期反射声组成的声场。

**2.0.9** 初始时间间隙　initial time gap

　　到达接收点的第一个反射声与直达声之间的时差,以 ms 计。

**2.0.10** 扩散声场　diffuse[sound]field

　　能量密度均匀,在各传播方向作无规则分布的声场。

**2.0.11** 相对[声]强感(强度因子)$G$　strength

　　厅堂内某一座位处来自舞台上一个无指向性声强的声能与同一声源在消声室中 10m 距离处测得的声能之比,以 dB 计。

**2.0.12** 回声　echo

　　大小和时差都大到足以能和直达声区别开的反射声或由于其

他原因返回的声。

**2.0.13** 颤动回声　flutter echo

　　同一个原始脉冲声引起的一连串紧跟着的反射脉冲声。

**2.0.14** 多重回声　multiple echo

　　同一声源所发声音的一串可分辨的回声。

**2.0.15** 吸声材料　sound absorption material,absorbent

　　由于多孔性、薄膜作用或共振作用而对入射声能具有吸收作用的材料。

**2.0.16** 吸声系数 $\alpha$　sound absorption coefficient

　　在给定频率和条件下,被分界面(表面)或媒质吸收的声功率,加上经过分界面(墙或间壁等)透射的声功率所得的总和,与入射声功率之比。一般其测量条件和频率应加以说明。

**2.0.17** 平均吸声系数 $\bar{\alpha}$　average sound absorption coefficient

　　**1** 房间各界面的吸声系数的加权平均值,权重为各界面的面积。

　　**2** 一种吸声材料对不同频率的吸声系数的算术平均值。所考虑的频率应予以说明。

**2.0.18** 吸声量 $A$　equivalent absorption area

　　与某物体或表面吸收本领相同而吸声系数等于 1 的面积。一个表面的吸声量等于它的面积乘以其吸声系数。一个物体放在室内某处,吸声量等于放入该物体后室内总吸声量的增量,以 $m^2$ 计。

**2.0.19** 倍频程　octave

　　两个基频相比为 2 的声或其他信号间的频程。

**2.0.20** 倍频带声压级　octave band sound pressure level

　　频带宽度为 1 倍频程的声压级,基准声压为 $20\mu Pa$。

**2.0.21** 噪声级 $L$　noise level

　　噪声的级。其种类必须加定语或上下文说明。在空气中即声级。计权应指明,否则指 A 声级。

**2.0.22** 噪声评价曲线 $NR$　noise rating curve

　　对噪声的允许值按不同倍频带声压级进行评价的一簇曲线,每一曲线由其在 1000Hz 的倍频带声压级作作为评价值,又称 $NR$ 值。进行评价时,取各倍频带中达到最高限值曲线的 $NR$ 值为准。

**2.0.23** 环境噪声　ambient noise

　　在某一环境下总的噪声。常是由多个不同位置的声源产生。

**2.0.24** 声控室　sound control room

　　控制扩声系统的操作用房。

**2.0.25** 同声传译室　booth for simultaneous interpretation

　　进行同步语言翻译并传送到观众厅的用房。

**2.0.26** 大幕　proscenium curtain

　　分隔舞台与观众厅的软幕,其开启方式可以有多种。

**2.0.27** 舞台　stage

　　剧场演出部分总称,包括主台、侧台、后舞台、乐池、台唇、耳台、台口、台仓、台塔。

**2.0.28** 主台　main stage

　　台口线以内的主要表演空间。

**2.0.29** 侧台　side stage

　　设在主台两侧,为切换布景、演员候场、临时存放道具景片及车台的辅助区域。

**2.0.30** 乐池　orchestra pit

　　为歌剧、舞剧表演配乐的乐队使用的空间,一般设在台唇的前面和下面。

**2.0.31** 楼座　balcony

　　观众厅池座上的楼层观众席,又称眺台。

**2.0.32** 包厢　box(in the auditorium)

　　沿观众厅侧墙或后墙隔成小间的观众席。

# 3 剧　场

## 3.1　一般要求

**3.1.1** 以自然声为主的剧场观众厅容量：

**1** 话剧场、戏曲剧场不宜超过 1000 座；

**2** 歌舞剧场不宜超过 1400 座。

以扩声为主的剧场，则座位数不受此限制。

**3.1.2** 观众厅的音质应保证观众席各处有合适的相对强感(强度因子)、早期声场强度、清晰度和丰满度。在演出时观众厅内任何位置上不得出现回声、多重回声、颤动回声、声聚焦和共振等可识别的声缺陷，并不得出现因剧场内设备噪声和外界环境噪声而引起的干扰。

**3.1.3** 应防止因室内装修而引起的声学缺陷。室内装修还应满足扩声设计对扬声器布置的要求，保证扬声器的透射效果和指向特性不受影响。

## 3.2　观众厅体型设计

**3.2.1** 观众厅每座容积宜符合下列规定：

**1** 歌剧、舞剧场 $4.5\sim7.5\mathrm{m^3}$/座；

**2** 话剧及戏曲剧场 $4.0\sim6.0\mathrm{m^3}$/座。

注：1　容积计算以大幕线为界。舞台设有乐罩时，容积计算时应包括该部分在内。
　　2　伸出式和岛式舞台不受此规定的限制。

**3.2.2** 观众厅的平面和剖面设计，在采用自然声演出时，应使早期反射声场合理均匀分布。观众厅前中区(大致在 10 排以前)应有足够的早期反射声，它们相对于直达声的初始时间间隙宜小于或等于35ms，但不应大于50ms(相当于声程差17m)。

**3.2.3** 以自然声演出为主的观众厅设有楼座时，眺台的出挑深度 $D$ 宜小于楼座下开口净高度 $H$ 的 1.2 倍。楼座下吊顶设计宜有利于楼座下部听众席获得早期反射声。

以扩声演出为主的观众厅，眺台出挑深度 $D$ 可放宽至楼座下开口净高度 $H$ 的 1.5 倍，并应使主扬声器的中高频部分能直射到眺台下全部听众席。

**3.2.4** 眺台或侧面包厢上、下的开口离地高度宜大于 2.8 m。

**3.2.5** 观众厅的每排座位升高应使任一听众的双耳充分暴露在直达声范围之内，并不受任何障碍物的遮挡。

以自然声演出为主的观众厅，每排座位升高应根据视线升高差 "C" 值确定， "C" 值宜大于或等于12cm。

当采用扩声系统辅助自然声，而扬声器的高度远比自然声源高得多时，每排座位升高可按视线最低要求设计。

**3.2.6** 剧场作音乐演出不采用扩声时，舞台上宜设置活动声反射板或声反射罩。

## 3.3　观众厅混响时间

**3.3.1** 观众厅满场合适混响时间的选择宜符合下列规定：

**1** 在频率为 500~1000 Hz 时，对不同容积的合适混响时间：歌剧、舞剧场场宜采用图 3.3.1-1 所示范围；话剧、戏曲剧场宜采用图 3.3.1-2 所示范围。

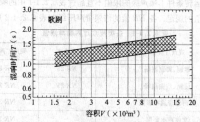

图 3.3.1-1　歌剧、舞剧剧场对不同容积 $V$ 的观众厅，在频率 500~1000Hz 时满场的合适混响时间 $T$ 的范围

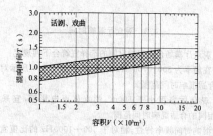

图 3.3.1-2　话剧、戏曲剧场对不同容积 $V$ 的观众厅，在频率 500~1000Hz 时满场的合适混响时间 $T$ 的范围

**2** 混响时间的频率特性，相对于 500~1000Hz 的比值宜符合表 3.3.1 的规定。

表 3.3.1　剧场观众厅各频率混响时间相对于 500~1000Hz 的比值

| 频率(Hz) | 混响时间比值 | |
| --- | --- | --- |
| | 歌剧 | 话剧、戏曲 |
| 125 | 1.0~1.3 | 1.0~1.2 |
| 250 | 1.0~1.15 | 1.0~1.1 |
| 2000 | 0.9~1.0 | 0.9~1.0 |
| 4000 | 0.8~1.0 | 0.8~1.0 |

**3.3.2** 观众厅满场混响时间应分别对 125Hz、250Hz、500Hz、1000Hz、2000Hz、4000Hz 六个频率进行估算。估算值应取两位有效值。

**3.3.3** 舞台空间应进行适当吸声处理。大幕下落及常用舞台设置条件下舞台空间的中频(500~1000Hz)混响时间不宜超过观众厅空场混响时间。

**3.3.4** 乐池应做声学处理。

# 4 电　影　院

## 4.1　一般要求

**4.1.1** 电影院的建筑声学设计应为电影放声提供合适的观众厅声学条件。本设计规范不包括对还音设备的要求。

**4.1.2** 电影院观众厅的声学设计应把设置银幕的空间作为一个整体来考虑。电影院观众厅不宜设置楼座。

**4.1.3** 放映电影时，观众厅内各处应有良好的清晰度，真实还原影片的声音重放效果。

**4.1.4** 放映电影时，观众厅内任何位置上不得出现回声、多重回声、颤动回声、声聚焦和共振等缺陷，且不应受到电影院内设备噪声、放映机房噪声或外界环境噪声的干扰。

## 4.2　观众厅体型设计

**4.2.1** 观众厅的长度不宜大于30m，观众厅长度与宽度的比例宜为(1.5±0.2)∶1。

**4.2.2** 观众厅的每座容积宜为 6.0~8.0m³/座。

注：容积计算时应包括设置银幕的空间。

**4.2.3** 电影院观众厅设计中应防止因侧墙上设置环绕扬声器而引起的颤动回声。

**4.2.4** 观众厅后墙应采取防止回声的措施。

**4.2.5** 主扬声器组后面的端墙应做加强吸声处理，其平均吸声系数在 125~4000Hz 频率范围内不宜小于 0.6，125Hz 的吸声系数不宜小于 0.4。

**4.2.6** 观众厅的内装修应考虑扬声器组的安装位置及安装要求。扬声器发声时，扬声器支架及周围结构不得产生振动噪声。

### 4.3 观众厅混响时间

**4.3.1** 观众厅满场合适混响时间的选择宜符合下列规定：

　　**1** 在频率为500～1000Hz时，宜采用图4.3.1所示对不同容积的合适混时间范围。

　　**2** 观众厅容积小于500m³的立体声电影院，宜采用与500m³相同的合适混响时间范围。

　　**3** 混响时间频率特性，相对于500～1000Hz的比值宜符合表4.3.1的规定。

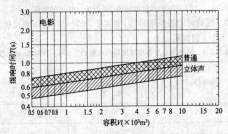

图4.3.1　电影院对不同容积V的观众厅，在500～1000Hz时满场的合适混响时间T的范围

**表4.3.1　电影院观众厅各频率混响时间相对于500～1000Hz的比值**

| 频　率(Hz) | 混响时间比值 |
|---|---|
| 125 | 1.0～1.2 |
| 250 | 1.0～1.1 |
| 2000 | 0.9～1.0 |
| 4000 | 0.8～1.0 |

**4.3.2** 混响时间应分别对125Hz、250Hz、500Hz、1000Hz、2000Hz、4000Hz六个频率进行估算。估算值应取两位有效值。

# 5　多用途厅堂

## 5.1　一般要求

**5.1.1** 会堂、报告厅和多用途礼堂的观众厅音质主要应保证语言清晰，厅内各处还宜有合适的相对强感(强度因子)和均匀度。观众厅内任何位置上不得出现回声、多重回声、颤动回声、声聚焦和共振等缺陷，且不受设备噪声、放映机房噪声及外界环境噪声的干扰。

**5.1.2** 观众厅的容积超过1000m³时宜使用扩声系统，并应把扬声器位置作为主要声源点。

## 5.2　观众厅体型设计

**5.2.1** 观众厅平面和剖面设计，在声源为自然声时，应使厅内早期反射声场均匀分布。到观众席的早期反射相对于直达声的延迟时间宜小于或等于50ms(相当于声程差17m)。

**5.2.2** 观众厅的每座容积宜为3.5～5.0m³/座。

　　注：对有台口镜框式舞台的观众厅，其容积计算按舞台大幕线为界限。

**5.2.3** 设有楼座的观众厅，眺台的出挑深度D不宜大于楼座下开口净高度H的1.5倍。

**5.2.4** 以自然声为主的观众厅，每排座位升高应根据视线升高差"C"值确定，"C"值宜大于或等于120mm。

## 5.3　观众厅混响时间

**5.3.1** 观众厅满场合适混响时间的选择宜符合下列规定：

　　**1** 在频率为500～1000Hz时，宜采用图5.3.1所示对不同容积的合适混响时间范围。

　　**2** 混响时间频率特性，相对于500～1000Hz的比值宜符合表5.3.1的规定。

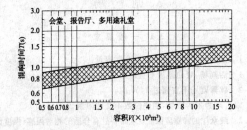

图5.3.1　会堂、报告厅和多用途礼堂对不同容积V的观众厅，在500～1000Hz时满场的合适混响时间T的范围

**表5.3.1　会堂、报告厅和多用途礼堂观众厅各频率混响时间相对于500～1000Hz的比值**

| 频　率(Hz) | 混响时间比值 |
|---|---|
| 125 | 1.0～1.3 |
| 250 | 1.0～1.15 |
| 2000 | 0.9～1.0 |
| 4000 | 0.8～1.0 |

**5.3.2** 混响时间应分别对125Hz、250Hz、500Hz、1000Hz、2000Hz、4000Hz六个频率进行估算。估算值应取两位有效值。

**5.3.3** 以扩声为主的会堂、报告厅和多用途礼堂，在使用扩声系统时应在讲台附近设置减少声反馈的建筑声学措施。

# 6　噪声控制

## 6.1　一般要求

**6.1.1** 应考虑防止各项噪声源对观众厅的干扰。这些噪声源包括下列方面：

　　**1** 建筑物内设备噪声。包括观众厅的空调系统、送回风系统(包括电扇)和电器系统噪声，以及出入口门开关碰撞声和座椅翻动声等噪声。

　　**2** 外界传入观众厅的噪声。既包括来自房屋其他部分的噪声，如来自休息厅的喧哗，放映机房、舞台设施、办公室和厕所设备等处的噪声，也包括户外交通噪声(车辆、铁路、航空等噪声)以及其他社会噪声。

　　**3** 与本建筑物相关设施的其他噪声源。

**6.1.2** 不论发自观众厅内还是观众厅外有关本房屋设施的噪声源，其对环境的影响应符合现行国家标准《城市区域环境噪声标准》GB 3096—93的规定。

## 6.2　观众厅内噪声限值

**6.2.1** 观众厅和舞台内无人占用时，在通风、空调设备和放映设备等正常运转条件下噪声级的限值不宜超过表6.2.1-1中的噪声评价曲线NR值的规定。各NR值的倍频带声压级如表6.2.1-2所示。

**表6.2.1-1　各类观众厅内噪声限值**

| 观众厅类型 | 自然声 | 采用扩声系统 |
|---|---|---|
| 歌剧、舞剧剧场 | NR-25 | NR-30 |
| 话剧、戏曲剧场 | NR-25 | NR-30 |
| 单声道普通电影院 | — | NR-35 |
| 立体声电影院 | — | NR-30 |
| 会堂、报告厅和多用途礼堂 | NR-30 | NR-35 |

表 6.2.1-2  噪声评价曲线 NR 值对应的各倍频带声压级级(dB)

| NR 值 | 倍频带中心频率(Hz) | | | | | | | | |
|---|---|---|---|---|---|---|---|---|---|
| | 31.5 | 63 | 125 | 250 | 500 | 1000 | 2000 | 4000 | 8000 |
| NR-25 | 72 | 55 | 43 | 35 | 29 | 25 | 21 | 19 | 18 |
| NR-30 | 76 | 59 | 48 | 39 | 34 | 30 | 26 | 25 | 23 |
| NR-35 | 79 | 63 | 52 | 44 | 38 | 35 | 32 | 30 | 28 |
| NR-40 | 82 | 67 | 56 | 49 | 43 | 40 | 37 | 35 | 33 |
| NR-45 | 86 | 71 | 61 | 53 | 48 | 45 | 42 | 40 | 38 |

### 6.3  噪声控制及其他相关用房的声学要求

**6.3.1**  观众厅宜利用休息厅(廊)、前厅等作为隔绝外界噪声和防止对外界干扰的措施之一。休息厅(廊)和前厅宜做吸声降噪处理。观众厅的出入口宜设置声闸、隔声门。

**6.3.2**  声控室观察窗敞开时应使操作者能直接听到观众厅的音质实效。观察窗关闭时的中频(500~1000Hz)隔声量宜大于或等于 25dB。

**6.3.3**  同声传译室围护结构的中频(500~1000Hz)隔声量宜大于或等于 45dB。声控室和同声传译室的混响时间宜为 0.3~0.5s,频率特性平直。空调系统在上述各室内所产生的噪声不宜超过 NR-25。

**6.3.4**  侧台直接通向室外的门,应考虑隔离外界噪声对舞台上演出时的干扰。

**6.3.5**  舞台大幕开关时的噪声,在观众席第一排中部不应大于 NR-40。升降乐池和其他舞台机械设备运行噪声,在观众席第一排中部不应大于 NR-45。

**6.3.6**  声乐、器乐练习用房应考虑房间长宽高的比例及声场扩散条件,并宜加装简易帘幕调节吸声。视容积不同,其中频(500~1000Hz)混响时间宜为 0.4~0.6s。空调系统噪声宜小于 NR-30。

**6.3.7**  排练厅应考虑房间的声场扩散条件。中频(500~1000Hz)混响时间宜为 1.0s,频率特性平直。空调系统噪声宜小于 NR-35。

**6.3.8**  空调机房、风机房、冷却塔、冷冻机房和锅炉房等设备用房宜远离观众厅及舞台。当与主体建筑相连时,应采取良好的降噪隔振措施。

**6.3.9**  放映机房与观众厅之间隔墙的中频(500~1000Hz)隔声量宜大于或等于 45dB。放映机房宜做吸声降噪处理。

**6.3.10**  多厅式电影院相邻观众厅的中频(500~1000Hz)隔声量不应低于 60dB,低频(125~250Hz)隔声量不应低于 50dB。

## 本规范用词说明

**1**  为便于在执行本规范条文时区别对待,对要求严格程度不同的用词说明如下:

　　1)表示很严格,非这样做不可的用词:
　　　正面词采用"必须",反面词采用"严禁"。

　　2)表示严格,在正常情况下均应这样做的用词:
　　　正面词采用"应",反面词采用"不应"或"不得"。

　　3)表示允许稍有选择,在条件许可时首先应这样做的用词:
　　　正面词采用"宜",反面词采用"不宜";
　　　表示有选择,在一定条件下可以这样做的用词,采用"可"。

**2**  本规范中指明应按其他有关标准、规范执行的写法为"应符合……的规定"或"应按……执行"。

# 剧场、电影院和多用途厅堂
# 建筑声学设计规范

GB/T 50356—2005

## 条 文 说 明

# 目 次

# 1 总　则

**1.0.1** 观演类建筑包括的范围相当广泛。本规范主要考虑常用的三种类型,即剧场、电影院和多用途厅堂,不包括体育馆和交响乐音乐厅。至于其他场所有类似用途的,可参照本规范执行。

**1.0.2** 本规范中对各类大厅的音质要求,提出合适的范围,必要时给出最低限值。对建筑声学设计不设分等分级标准。鉴于目前建筑分等分级中或以耐久年限,或以观众厅容量大小来划分,这些都不能作为音质要求分等分级的依据,而且会非常繁琐,故不予考虑。

根据规范的编写规则,规范中只写明设计要求,不作任何解释。设计要求亦以较成熟的内容为限。有些内容不能定量规定,但又很重要,则只能作定性描述。一些新技术的采用可由设计人员自行决定,有待积累了相当经验,在修订本规范时可作出补充或修改。有关规范内容的解释则列在本条文说明中。

建设部、文化部、广电部过去公布的部标或行业标准,都是制定本规范时的参考文献。鉴于本规范是专业性的国家标准,因此规定内容较为详细具体。

观众厅的音质要求不应因为是扩建或改建而有所降低,因此本规范所提出的各项声学指标完全适用。

**1.0.3** 本规范规定的三类观众厅的具体解释如下:

**1** 剧场这一名称原本无规范化定义,其规模和使用范围也是多种多样的,不少地方还出现影剧院建筑,把电影和戏剧合在一起,哪个为主说不清。这是国内的普遍实际情况。从声学设计要求来说,对于音乐、歌舞和戏曲、话剧是有所不同的,而且不同剧种之间对音乐要求也会有差异,所以本规范不打算过细地加以分门别类定出要求,实际上也无此必要。本规范中对剧场只分为以歌剧、舞剧为主和以戏曲、话剧为主两种类型。前者对音质丰满度考虑多一些,后者对语言清晰度较为注重。

本规范考虑的剧场建筑声学设计是以自然声为出发点的。如果演出活动都使用扩声系统,其音质效果在很大程度上将依赖扩声系统设计,例如扬声器的选用和布局,而所选传声器的性能、扩大系统和周边设备的设计和配置等等,属于另一个专业的设计。当然,建筑声学设计上的密切配合也很重要,可参考执行本规范中的一些基本内容。

**2** 近20年来,电影技术发展迅速,除单声道电影院外,立体声电影院已很普遍。两者在大厅音质要求上是有差别的。可以放映立体声电影的大厅能适应单声道的音质要求,但反之则不然。考虑到内地中小城镇,在相当时间内单声道电影院还会单独存在,所以本规范仍然把这两类电影院的音质要求分别列出。

至于近年发展的巨幕电影院、球幕电影院等,由于其放映和放声系统的特殊性,将按照有关专业公司提供的资料进行声学设计,本规范暂未包含在内。

**3** "多用途"一词在本规范中是指在较大范围的分类,即语言(会议)、演剧和电影三个方面。作为多用途厅堂,主要指一般的礼堂、会堂和大型报告厅,其首要任务是会议,对于演出和电影是兼顾性的。兼顾到什么程度可以有各种理解。但是从目前国家的经济、文化和管理水平来看,在规范中过分强调可变混响设计是不合适的。若有条件(指声学设计能力和经济技术条件允许)时,本规范并不限制各种新技术的发展和应用,但不作具体规定。因此,本规范中对多用途厅堂提出的首要任务是集会和报告。在满足语言清晰前提下兼顾一般性演出和(或)电影等其他用途。离开了这个主次关系,设计者拟作另外的考虑则又另当别论。

**1.0.4** 鉴于过去国内对大厅音质设计的经验,往往在建筑设计后期阶段才介入,使许多基本音质考虑难以实现,一些音质缺陷亦难以纠正,造成声学设计上的先天性不足。为此强调音质设计和建筑设计同步进行的重要性。要求设计单位具备声学设计计算书和说明文件,其目的是使工作更正规化。

完工后大厅的声学测试和验收,是积累声学设计经验的重要环节,但主要判别音质效果的是听众和演员。有关测试验收工作应另订规程,不属本设计规范内容。

为了使声学设计更好地进行,对于所选用的材料和构造进行实验室测试可提供较切近的资料,对于一些新材料和特殊构造则更有必要。座椅的吸声性能往往对大厅音质有较大影响,因此在选用时,除考虑它的舒适性、美观、色调等以外,应该把吸声性能放在重要地位。

现有声学测量规范如下:

《混响室法吸声系数测量规范》GBJ 47—83;

《建筑隔声测量规范》GBJ 75—84;

《厅堂混响时间测量规范》GBJ 76—84。

上述规范目前均在修订之中,估计在 2005 至 2006 年将有新的测量规范颁布,希望使用者注意。

# 2　术语、符号

本规范中有关声学方面的术语符号,按《声学名词术语》GB/T 3947—1996 给出。个别该规范未给出者由本规范编制组编写。有关观众厅建筑方面的名词术语,参考相关建筑设计规范和习惯上常用的编写。

# 3　剧　场

## 3.1　一般要求

**3.1.1** 目前又有回复到数十年前演出以自然声为主的倾向,即演出时不使用扩声系统。自然声演出的音质效果取决于演员和乐器的发声条件(声源的声功率及其指向特性等),厅堂的体积和容座规模,以及观众厅内演出时的噪声水平(包括各种设备噪声和观众噪声以及户外环境噪声的影响等)。根据已有经验,对于戏曲和话剧容座以不超过 1000 座为宜,对于歌剧和舞剧以不超过 1400 座为宜。如果观众厅的噪声限值不能保证,这个限值就要大大缩小。

**3.1.2** 观众厅的音质是综合性的,并带有一定的主观性,有些方面目前还缺乏定量指标,只作定性描述。所谓综合效果就是由各评价量组合而成。例如音质清晰有余,丰满不足,或者是反之,都不能认为是最佳效果。因此要做到恰到好处并不容易,也是声学设计者努力的方向。有些评价量是不能相互替代的,尤其象一些起负面影响的指标,如噪声和回声等的干扰,不能因为均匀度、丰满度良好而得到补偿,即它们的破坏性由自身指标所决定。这里还要说明的是回声和声聚焦等现象以可识别为界限,如不明显就无妨碍。通常认为实验结果中 90% 以上的人不可识别即认为无影响。

**3.1.3** 目前国内对大厅室内装修设计往往与建筑设计分别进行,而且装修设计人员对美观特别看重,相关的专业技术问题有所忽视,本规范列出此条以引起注意。再者,一些业主往往以为室内音质问题在建筑设计中已解决,而不知室内装修设计与之关系也非常密切。故本条特别指出在材料和构造方面应考虑声学设计的要求,以免产生声学缺陷。另外,装修设计不能妨碍扩声系统的扬声器布局,包括它们所在位置和扬声器辐射口的装饰,不要为了美观而牺牲听音效果。两者的协调很重要。

## 3.2 观众厅体型设计

**3.2.1** 从声学上看，观众厅每座容积的确定取决于合适混响时间和观众吸声量，且以不用或少用吸声处理为原则。所以本条对于歌剧、舞剧剧场和话剧及戏曲剧场的每座容积给出的范围分别为：4.5～7.5m³/座，4.0～6.0m³/座。这些数值来自经验资料。所取幅度较宽是因为实际条件变化较多。如果超出此建议范围，则要注意，并采用相应措施。故对一般厅堂设计不推荐。

鉴于国内过去的经验大多来自镜框式舞台，对于伸出式和岛式舞台的观众厅音质经验积累较少，本条所提每座容积要求对后两者而言就不一定适用。

**3.2.2** 本条的实施主要依靠观众厅平面、剖面上几何声学作图来判断。如今有了 CAD 声学设计软件，可提供更确切的资料。声源位置通常取大幕中心线的中点，离舞台面高 1.5m 处。

**3.2.3** 设有楼座的观众厅，如果楼座眺台下的座席太深（通常以开口净高度 $H$ 与深度 $D$ 之比来衡量，该部分座席就有可能分离成为观众大厅的一个耦合空间，而且这一空间的混响时间往往比观众大厅短。而且，在自然声条件下受声源高度和指向特性等的限制，不易把声音有效地传送进入这一空间，故而对开口的净高度 $H$ 和深度 $D$ 之比控制得比用扩声时为大，即不宜太深。在使用扩声条件下的限值可以放宽，其限度为 1:1.5（见图 1）。

观众厅的长度这里未作限定，因为剧场视线设计中规定观众席对视点的最远距离不宜超过 33m，话剧和戏剧场不宜超过 28m。见《剧场建筑设计规范》JGJ 57—2000 第 5 章 5.1.5 条。

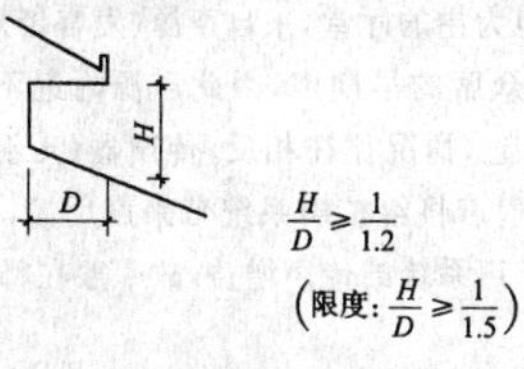

$$\frac{H}{D} \geqslant \frac{1}{1.2}$$

$$（限度：\frac{H}{D} \geqslant \frac{1}{1.5}）$$

图 1 眺台下开口净高度 $H$ 与深度 $D$ 的比值

**3.2.4** 对这部分观众席的高度作出限制不是严格的，因为有些包厢不深，容座又很少，可以适当降低。

**3.2.5** 从自然声演出效果来看，每排座位多升高一点对于接收直达声有利。但考虑走道坡度的行走安全（如果不是踏步）和经济原因，取视线升高差"C"值要求 12cm，在声学上看来是最低的要求了。我们鼓励在尽可能的条件下采用较大的每排升起高度。例如后排池座每排升起 40cm，后排楼座每排升起 45cm 的实例在国内已出现，对听音准确有好处。至于采用扩声系统时，声源位置很高，情况完全不同，可不受此限制。

**3.2.6** 剧场作音乐演出而不用扩声设备时，为了使声音不向高大的舞台上空散逸，并使声尽量反射至观众厅内，舞台反射措施就成为必要条件之一。考虑舞台的多用途，这种反射板或反射罩做成便于收藏和安装的活动设施，但决不能仅仅考虑吊装和拆卸方便而使用轻薄壁板，应充分考虑对各频率的有效反射效果，不致影响反射板（罩）的作用。此外，每块反射板的有效尺度应与声波波长相适应，通常不宜小于 1～1.5m，厚度不宜小于 2cm。反射板如采用钢木结构时，重量约不小于 15kg/m² 为宜，以达到有效的声反射效果。

## 3.3 观众厅混响时间

**3.3.1** 不同用途观众厅的合适混响时间在文献上曾有过许许多多的推荐值，它们之间有相当大的差异，而且它们与观众厅容积关系曲线的斜率也各不相同。这些推荐值大多来自经验，有的据称还是按音质满意的厅堂的统计结果，但往往缺乏这方面的原始资

录。

L. Cremer 和 H. A. Muller，在其近著《室内声学的原理和应用》（中译本，同济大学出版社，1995 年）中，曾对这个问题有全面探讨，并提出了不同用途观众厅的合适混响时间及其与容积关系曲线的斜率，是迄今最有根据的资料。歌舞剧院直接引用其推荐值，会堂和礼堂（多用途厅堂）引用其对语言用大厅的推荐值。对于戏曲和话剧取两者之间，电影则取低于会堂和礼堂的推荐值。

该书推荐的混响时间与体积关系曲线的斜率为：

它相当于体积 $V$ 增加到 10 倍，混响时间 $T$ 约增加到 1.4 倍。这里 $V$ 以 m³ 计，$T$ 以 s 计。图 3.3.1-1 和 3.3.1-2 是指 500～1000Hz 的合适混响时间。

至于不同频率下的合适混响时间相对于 500～1000Hz 的比值，则根据国内多年来的经验给定。低频的比值容许大于 1 是考虑到音质温暖和大厅内低频吸收受限制的实际情况。高频的比值容许小于 1 是考虑厅内高频吸收（包括空气吸收）总是比中频为大的原因。

**3.3.2** 混响时间计算通常采用 125Hz 到 4000Hz 的六个频率，考虑到人耳辨别阈，观众厅内比 0.1s 更小的混响时间变化已无实用意义。至于估算值，竣工后的实测值与选定的合适混响时间是允许有些偏差的。由于推荐值本身已有相当的容差范围，如果按通常规定估算值和实测值都允许在选定值的某个百分率（例如 ±10%）范围，则必然把推荐的合适混响时间上、下限又扩大了许多。所以本规范不再沿用过去的这种规定办法，而只是规定凡落在图 3.3.1-1 和 3.3.1-2 中容许范围的均称满意。至于估算值与完工后的实测值出现 ±10% 的偏差，也属正常情况。

**3.3.3** 舞台的声学处理往往被忽略，结果舞台上混响时间常大大超过观众厅而影响到观众席的听音效果。舞台上的布景装置并非固定，这里要求对舞台空间及其固定装置（如大幕、侧幕、天幕等）作一估计，希望不要比空场观众厅的混响时间更长。这样，舞台有了一些布景装置后可望混响时间更短一些，可不至出现与观众厅满场混响时间相差悬殊的情况。这里只提舞台中频混响时间是因为低频部分较难达到，而高频往往因空气吸收很大，不会有多大问题。

**3.3.4** 乐池的声学设计应包括改善乐队人员之间相互听闻条件和防止过强反射声而对乐队人员进行听力保护。乐池内壁面做适当扩散措施往往是必要的。本规范不对具体设计方法作出规定。

# 4 电 影 院

## 4.1 一 般 要 求

**4.1.1** 电影院的音质由观众厅的建筑声学设计和还音设计两方面因素决定。电影还音设备的性能对于观众听到的音质最有影响。目前电影还音设备已定型配套，并有相应标准，其设备选型和性能指标的提出不属于建筑声学设计者的职责。建筑声学设计者主要为电影放声提供良好的声学空间。

**4.1.2** 目前电影院趋向中小型化，一般采用多厅化来扩大容量，而不宜设置楼座。

## 4.2 观众厅体型设计

**4.2.1** 声波在空气中的传播速度约为 340m/s，如果电影院的观众厅长度过长，后座观众对银幕上的动作和听到的声音之间会感到明显脱节，即出现所谓视听的不一致。因此观众厅长度应有所限制。

**4.2.2** 每座容积规定为 6.0～8.0m³/座，是考虑到设置银幕和扬声器的空间在一般电影院中与观众厅成为一个整体，在此情况下每座容积就相应地增大。电影院的混响时间要求较短，从经济角

度出发,每座容积选用低的限值有利。

**4.2.3** 电影放映的还音声源扬声器是在舞台银幕之后,而立体声电影院观众厅侧墙上还装有许多个环绕扬声器,所以侧墙的声学处理包括不平行墙面和(或)吸声等措施,对于防止颤动回声显得特别重要。

**4.2.4** 观众厅内回声主要来自后墙。为了防止回声,后墙可有多种处理,如扩散形墙面和(或)吸声处理。后者更为常用和有效,但应采用吸声系数较大的吸声处理。

**4.2.5** 扬声器组后面的端墙(有时还包括这部分的平顶和地面)因反射而引起的混响声会影响到观众厅音质的清晰度,因此应做强吸声处理,这一点不可忽视。

**4.2.6** 通常,电影院观众厅扬声器组的高频扬声器置于银幕高度 2/3 处,高频扬声器轴线指向观众席的 1/2~3/4 处;环绕扬声器的间距为 2.4~3.0m,第一个环绕扬声器从厅长的 1/3 处开始。

### 4.3 观众厅混响时间

**4.3.1** 观众厅中频(500~1000Hz)合适混响时间的确定是根据一般经验,对于体积为 4000m³ 的单声道普通电影院(容座在 700 人左右)取 0.8~1.0s 是合适的。放映立体声电影的观众厅可短至 0.6~0.8s。

目前微型电影院大多是豪华型立体声的,很少是单声道。对容积小于 500m³ 的立体声微型电影院,不论其大小,合适混响时间均与 500m³ 相同,即取 0.5s 左右。这是基于两方面的考虑:一是没有必要取更短的混响时间,二是太短混响时间的大厅也不舒适。

# 5 多用途厅堂

## 5.1 一般要求

**5.1.2** 采用自然声讲话的观众厅容积限度通常是 1000~1500m³。考虑到讲话者嗓门有大有小,这里取 1000m³ 的限值,这个限值还在很大程度上取决于室内噪声。同济大学文远楼大讲堂容积为 1300m³,容座 362 座。在 20 世纪 50 年代使用中,从未采取扩声设备,音质效果良好(见王季卿:文远楼大讲堂的音质分析及改建设计,同济大学学报,1957 年 1 期,18~32 页)。后来户外环境噪声日益增大,为了通风,大片玻璃窗又经常开启,有时就显得音量不够,但对自然声取 1000m³ 的限值应属可行,国内不少声学设计良好的大型教室即可佐证。

## 5.2 观众厅体型设计

**5.2.3** 设有楼座的观众厅容积一般比较大,因此通常都要使用扩声系统,对楼台下眺台口净高度 $H$ 与深度 $D$ 之比就可比其他类型的观众厅放宽一些,但 $D$ 不应大于 $H$ 的两倍。

**5.2.4** 以自然声为主的厅堂,平面和剖面设计是更重要的。每排座位的升高按视线升高差"$C$"值 12cm 考虑是最低的要求。国外一些音质良好的讲堂,每排升高往往在 15~30cm 左右,后排升高甚至达到每排 40cm,虽远超出视线要求,对于听好则非常有利。

另外观众厅内各个界面的布置要有利于各个座位上获得合理均匀的早期反射声。考虑到低频的波长,有效反射面的尺度一般不宜小于 1~1.5m。如考虑以扩声为主,对每座座位升高从声学上不作要求。

## 5.3 观众厅混响时间

**5.3.1** 以语言为主的厅堂,其合适混响时间的选定引自《室内声学的原理和应用》一书(详见第 3.3.1 条说明)。虽然汉语与西方语言的要求会有些不同,但从其推荐值范围与我们的经验结果相比较,没有多大出入。

对于自然声讲话来说,声源的功率很有限(长时间平均声功率通常不过数十微瓦),长的混响有助于提高室内声音的相对(声)强感 G(有时可用声能密度 E 来表示),但是过长的混响会妨碍语言清晰度。另外,容积大的观众厅会使室内声能密度减小,同时带来混响长的后果。对于稳态声来说,它们之间大致有下列关系:

$$E = WT/13.8V$$

式中  $E$——声能密度;

$W$——声源功率;

$T$——混响时间;

$V$——观众厅容积。

但是语言是具有脉冲性质的,实际听众的响度感受主要取决于早期声的强度。上式的估计值就偏高,有时偏高还很多,是设计者必须注意的。

图 5.3.1 所示合适混响时间的上限是既考虑到对提高声强的效果,又保证具有满意的语言清晰度。该图中曲线的下限则适用于扩声条件下的观众厅。因为声源的功率大大提高了,不必依赖混响的帮助,反之长的混响不利于传声增益的提高和语言清晰度。

有关中频(500~1000Hz)合适混响时间 $T$ 与容积 $V$ 关系曲线的斜率,见本说明第 3.3.1 条的解释。

不同频率下的合适混响时间相对于 500~1000Hz 的比值,原则上宜保持为 1,即低频不必提升,高频不必下降。但考虑实际工程室内装修及空气吸声(在体积较大时起作用)等因素,本条提出比值范围是适当的。

**5.3.2** 有关说明参见第 3.3.2 条说明。

**5.3.3** 以自然声为主的厅堂,来自声源(发言者)附近的反射声有助于加强到达听众席的早期声,因此声源附近不宜做吸声处理。对扩声为主的厅堂,情况往往相反,传声器(声源)附近如有来自周围壁面的强反射将给扩声系统带来声反馈,容易引起啸叫等缺陷,亦影响到扩声系统的传声增益,故一般在舞台上不宜有强反射表面。

# 6 噪声控制

## 6.1 一般要求

**6.1.1** 厅堂音质设计离不开噪声控制问题。这里既有房屋隔声问题,也不可忽略相关设施的噪声控制。小至座椅翻动噪声和门碰撞噪声,大至空调系统噪声,都应考虑。过去建筑设计人员往往只把注意力集中在观众厅体型、混响时间估算及吸声处理的布置等方面,而忽视噪声控制,其所造成的听音不良后果,更为严重和普遍。

就空调系统噪声控制而言,不只限于消声和隔振等措施。当观众厅内安静要求较高时(例如达到 NR-25 限值时),控制送、回风口的风速和防止在风口处的再生噪声也将起到重要作用。从声学上考虑,控制风口风速不能按全厅所有风口的平均风速来考核,而是任何一个风口的风速都要有所限制,才能保证厅内达到安静要求。

**6.1.2** 由于采用了空调设备或采暖设备,这些机房以及它们的附属设备(例如冷却塔、锅炉引风机等)会对周围环境产生干扰。因此在设计时必须同时考虑解决,否则带来的后患会使工作被动,改造又给经济上带来损失,技术措施上也增加困难。这方面的教训不胜枚举。

## 6.2 观众厅内噪声限值

**6.2.1** 观众厅和舞台无人占用时(即空场)的噪声限值分自然声和采用扩声系统两种情况。前者要求噪声更低一些,因为自然声的功率较小,否则不能保证听众席上有足够的信号噪声比。这里的噪声限值均采用 ISO 国际标准协会噪声评价 NR(Noise Rating)曲线族,有利于工程设计中按频率(1倍频程的中心频率)来控制噪声。

实用中还经常以 A 计权声级作为室内允许噪声的标准。鉴于噪声评价数 NR 与 A 计权声级 L 之间的关系,取决于噪声的频谱和声级,因此很难同时列出两项数值。作为工程设计,必然要考虑频率因素,所以本规范中不采用 A 计权声级作为限值标准。

## 6.3 噪声控制及其他相关用房的声学要求

**6.3.1** 利用观众厅周围的空间作为隔绝外界噪声的措施时,同时要考虑这些空间内活动噪声会给观众厅带来干扰。因此这些空间内的吸声降噪也很重要。这些空间至观众厅的出入,既要方便安全,又要隔声遮光,因此设置声闸比较妥当。声闸内的强吸声处理是提高隔声性能的重要措施,不可疏忽。

**6.3.2** 声控室的观察窗在演出时往往敞开,但必须关闭时应有一定的隔声量,以防止相互干扰。

**6.3.3** 同声传译室声学要求的国家标准尚未制定,本规范是参考《同声传译室一般特性及设备》ISO/2603(1998 年)标准而制定的。

**6.3.5** 考虑到舞台机械设施在演出的幕间运转,故对其噪声作出限值规定。

**6.3.6** 音乐练习室面积一般较小,故应注意房间的比例和形状。加装帘幕是为了适应不同混响要求。

**6.3.8** 要求建筑机房设备尽量远离观众厅和舞台,可减轻噪声和振动影响。本条是提请建筑布局时考虑的问题。

**6.3.9** 放映机房与观众厅之间的隔墙的隔声量要求,不包括有了放映孔后的组合效果。放映孔周壁的吸声处理有助于提高其组合隔声量。

**6.3.10** 多厅式电影院各相邻厅的隔声非常重要。这里参考美国 THX 和 IMAX 所提出的要求,也是国内已建多厅式电影院所能达到的指标。

中华人民共和国行业标准

# 体育场馆声学设计及测量规程

Specification for acoustical design and measurement of
gymnasium and stadium

JGJ/T 131—2012

批准部门：中华人民共和国住房和城乡建设部
施行日期：２０１３ 年 ３ 月 １ 日

# 中华人民共和国住房和城乡建设部
## 公 告

### 第 1515 号

---

住房城乡建设部关于发布行业标准
《体育场馆声学设计及测量规程》的公告

现批准《体育场馆声学设计及测量规程》为行业标准，编号为 JGJ/T 131－2012，自 2013 年 3 月 1 日起实施。原行业标准《体育馆声学设计及测量规程》JGJ/T 131－2000 同时废止。

本规程由我部标准定额研究所组织中国建筑工业出版社出版发行。

中华人民共和国住房和城乡建设部
2012 年 11 月 1 日

## 前 言

根据住房和城乡建设部《关于印发〈2009 年工程建设标准规范制订、修订计划〉的通知》（建标〔2009〕88 号）的要求，规程编制组经广泛调查研究、认真总结实践经验、参考有关国际标准和国外先进标准，并在广泛征求意见的基础上，修订本规程。

本规程的主要技术内容是：总则；建筑声学设计；噪声控制；扩声系统设计；声学测量等。

本规程修订的主要内容是：

1. 增加了对体育场进行声学设计、声学测量的内容。

2. 对于体育馆，适当调整了建筑声学、噪声控制、扩声系统的设计指标与要求，对声学测量的仪器与方法也作了适当调整。

3. 以附录的形式，增加了有关扩声系统语言传输指数方面和游泳池水下广播系统扩声特性指标及其测量方法的内容。

本规程由住房和城乡建设部负责管理，由中国建筑科学研究院负责具体技术内容的解释。执行过程中如有意见或建议，请寄送中国建筑科学研究院（地址：北京市北三环东路 30 号，邮政编码：100013）

本 规 程 主 编 单 位：中国建筑科学研究院

本 规 程 参 编 单 位：北京市建筑设计研究院
中广电广播电影电视设计研究院
东南大学
博世集团

本规程主要起草人员：林　杰　王　峥　陈建华
傅秀章　徐　春　陈金京
骆学聪　柳孝图　闫国军
石　敏　莫皎平　石红蓉

本规程主要审查人员：程明昆　王福津　曹孝振
周兆驹　崔广中　茹履京
马　军　周　茜　莫喜平

# 目次

# Contents

# 1 总 则

**1.0.1** 为保证体育场馆的观众席、比赛场地及有关房间满足使用功能要求的听闻环境，测量体育场馆的声学特性，检验体育场馆声学工程的质量，制定本规程。

**1.0.2** 本规程适用于新建、扩建、改建体育场馆的声学设计和声学测量，也适用于既有体育场馆的声学测量。

**1.0.3** 体育场馆的声学设计应从建筑方案设计阶段开始。体育场馆的建筑声学设计、扩声系统设计和噪声控制设计应协调同步进行。

**1.0.4** 对设有可开合活动顶盖的体育场，应按对体育馆的声学设计原则进行建筑声学设计、噪声控制设计。

**1.0.5** 体育场馆声学设计和声学测量除应符合本规程外，尚应符合国家现行有关标准的规定。

# 2 建筑声学设计

## 2.1 一 般 规 定

**2.1.1** 体育场馆的建筑声学条件应保证使用扩声系统时的语言清晰。未设置固定安装的扩声系统的训练馆，其建筑声学条件应保证训练项目对声环境的要求。

**2.1.2** 体育馆比赛大厅内观众席和比赛场地以及体育场的观众席不宜出现回声、颤动回声和声聚焦等声学缺陷。

**2.1.3** 当选择体育场馆建筑声学处理方案时，应结合建筑形式、结构形式、观众席和比赛场地的配置及扬声器的布置等因素确定。

**2.1.4** 当选择声学材料和构造时，声学材料和构造应符合对材料的声学性能、强度、防火、装修、卫生、环保、防潮、造价等方面的要求。

**2.1.5** 体育场馆的吸声处理宜结合房间围护结构的保温、隔热、遮光的要求进行综合设计。

**2.1.6** 在处理比赛大厅内吸声、反射声和避免声学缺陷等问题时，除应将扩声扬声器作为主要声源外，还宜将进行体育活动时产生的自然声源作为声源。

## 2.2 混 响 时 间

**2.2.1** 综合体育馆比赛大厅满场混响时间的选择宜符合下列规定：

1 在频率为500Hz～1000Hz时，不同容积比赛大厅的满场混响时间宜满足表2.2.1-1的要求。

2 各频率混响时间相对于500Hz～1000Hz混响时间的比值宜符合表2.2.1-2的规定。

**表 2.2.1-1　不同容积比赛大厅 500Hz～1000Hz 满场混响时间**

| 容积（m³） | <40000 | 40000～80000 | 80000～160000 | >160000 |
|---|---|---|---|---|
| 混响时间（s） | 1.3～1.4 | 1.4～1.6 | 1.6～1.8 | 1.9～2.1 |

注：当比赛大厅容积大于表中列出的最大容积的1倍以上时，混响时间可比2.1s适当延长。

**表 2.2.1-2　各频率混响时间相对于 500Hz～1000Hz 混响时间的比值**

| 频率（Hz） | 125 | 250 | 2000 | 4000 |
|---|---|---|---|---|
| 比值 | 1.0～1.3 | 1.0～1.2 | 0.9～1.0 | 0.8～1.0 |

**2.2.2** 游泳馆比赛厅500Hz～1000Hz满场混响时间宜满足表2.2.2的要求；各频率混响时间相对于500Hz～1000Hz混响时间的比值宜符合本规程表2.2.1-2的规定。

**表 2.2.2　游泳馆比赛厅 500Hz～1000Hz 满场混响时间**

| 每座容积（m³/座） | ≤25 | >25 |
|---|---|---|
| 混响时间（s） | ≤2.0 | ≤2.5 |

**2.2.3** 有花样滑冰表演功能的溜冰馆，其比赛厅的混响时间可按容积大于160000 m³的综合体育馆比赛大厅的混响时间设计。冰球馆、速滑馆、网球馆、田径馆等专项体育馆比赛厅的混响时间可按本规程中游泳馆比赛厅混响时间的规定设计。

**2.2.4** 体育场馆内对声学环境有较高要求的辅助房间的混响时间宜符合表2.2.4的规定。

**表 2.2.4　体育场馆内辅助房间 500Hz～1000Hz 混响时间**

| 房间名称 | 混响时间（s） |
|---|---|
| 评论员室、播音室、扩声控制室 | 0.4～0.6 |
| 贵宾休息室和包厢 | 0.8～1.0 |

**2.2.5** 混响时间可按公式（2.2.5）分别对125Hz、250Hz、500Hz、1000Hz、2000Hz、4000Hz六个频率进行计算，计算值取到小数点后一位。

$$T_{60} = \frac{0.161V}{-S\ln(1-\bar{\alpha}) + 4mV}　　(2.2.5)$$

式中：$T_{60}$——混响时间（s）；

$V$——房间容积（m³）；

$S$——室内总表面积（m²）；

$\bar{\alpha}$——室内平均吸声系数；

$m$——空气中声衰减系数（m⁻¹）。

**2.2.6** 室内平均吸声系数应按公式（2.2.6）计算：

$$\bar{\alpha} = \frac{\sum S_i\alpha_i + \sum N_jA_j}{S}　　(2.2.6)$$

式中：$S_i$——室内各部分的表面积（m²）；

　　　$\alpha_i$——与表面 $S_i$ 对应的吸声系数；

　　　$N_j$——人或物体的数量；

　　　$A_j$——与 $N_j$ 对应的吸声量（m²）。

## 2.3 吸声与反射处理

2.3.1 体育馆比赛大厅的上空应设置吸声材料或吸声构造。

2.3.2 当体育馆比赛大厅屋面有采光顶时，应结合遮光构造对采光部位进行吸声处理。

2.3.3 体育馆比赛大厅四周的玻璃窗宜设置吸声窗帘。

2.3.4 体育馆比赛大厅的山墙或其他大面积墙面应做吸声处理。

2.3.5 体育馆比赛场地周围的矮墙、看台栏板宜设置吸声构造，或控制倾斜角度和造型。

2.3.6 体育馆内与比赛大厅连通为一体的休息大厅内应结合装修进行吸声处理。

2.3.7 游泳馆中使用的声学材料应采取防潮、防酸碱雾的措施。

2.3.8 网球馆内应在有可能对网球撞击地面的声音产生回声的部位进行吸声处理。

2.3.9 对挑棚较深的体育场，宜在挑棚内进行吸声处理。

2.3.10 体育场馆的主席台、裁判席周围壁面应做吸声处理。

2.3.11 在没有观众席的体育馆、训练馆和游泳馆内宜在墙面和顶棚进行吸声处理。

2.3.12 体育场馆的评论员室、播音室、扩声控制室、贵宾休息室和包厢等辅助房间内应结合装修进行吸声处理。

# 3 噪声控制

## 3.1 一般规定

3.1.1 体育馆比赛大厅和体育场馆有关用房的噪声控制设计应从总体设计、平面布置以及建筑物的隔声、吸声、消声、隔振等方面采取措施，应选用低噪声辐射的通风、空调、照明等设备系统。

3.1.2 体育场馆噪声对环境的影响应符合现行国家标准《声环境质量标准》GB 3096 的规定。

## 3.2 室内背景噪声限值

3.2.1 体育馆比赛大厅和体育场馆有关用房的背景噪声不应超过相应的室内背景噪声限值。

3.2.2 当体育馆比赛大厅或体育场馆的贵宾休息室、扩声控制室、评论员室和播音室无人占用时，在通风、空调、照明设备等正常运转条件下，室内背景噪声限值宜符合表 3.2.2 的规定。

表 3.2.2 体育馆比赛大厅等房间的室内背景噪声限值

| 房 间 名 称 | 室内背景噪声限值 |
| --- | --- |
| 体育馆比赛大厅 | NR-40 |
| 贵宾休息室、扩声控制室 | NR-35 |
| 评论员室、播音室 | NR-30 |

## 3.3 噪声控制和其他声学要求

3.3.1 体育馆比赛大厅四周外围护结构的计权隔声量应根据环境噪声情况及区域声环境要求确定。体育馆比赛大厅宜利用休息廊等隔绝外界噪声干扰。休息廊内宜作吸声降噪处理。对室内噪声有严格要求的体育馆比赛大厅，可对屋顶产生的雨致噪声、风致噪声等采取隔离措施。

3.3.2 贵宾休息室围护结构的计权隔声量应根据其环境噪声情况确定。

3.3.3 评论员室之间的隔墙、播音室的隔墙的隔声性能应保证房间外空间正常工作时房间内的背景噪声符合本规程表 3.2.2 的规定。

3.3.4 通往比赛大厅、贵宾休息室、扩声控制室、评论员室、播音室等房间的送风、回风管道均应采取消声和减振措施。风口处不宜有引起再生噪声的阻挡物。

3.3.5 空调机房、锅炉房等各种设备用房应远离比赛大厅、贵宾休息室等有安静要求的用房。当其与主体建筑相连时，应采取有效的降噪、隔振措施。

# 4 扩声系统设计

## 4.1 一般规定

4.1.1 在体育场馆中应设置固定安装的扩声系统。固定安装的扩声系统应满足体育比赛活动时观众席、比赛场地等服务区域的语言扩声需求。

4.1.2 扩声系统应保证在观众席、比赛场地及其他系统服务区域内达到相应的声压级，声音应清晰、声场应均匀。同时，在其服务区域所产生的最大声音不应造成人员听力的损伤。

4.1.3 当体育场馆进行非体育比赛活动时，宜根据需要配置临时扩声系统，结合固定安装的扩声系统使用。

4.1.4 根据使用要求，固定安装的扩声系统应包括下列独立或同时使用的主扩声系统和辅助系统：

　　1 观众席、比赛场地的主扩声系统；

　　2 检录、呼叫广播系统；

　　3 新闻发布厅扩声系统；

　　4 内部通话系统；

5 游泳池水下广播系统。

4.1.5 主要观众席和比赛场地周边应设置扩声系统综合输入、输出接口插座，扩声控制室与各控制机房之间应有管道或线槽路径供安装信号联络线。

4.1.6 扩声系统对服务区以外有人区域不应造成环境噪声污染。

## 4.2 扩声特性指标

4.2.1 体育馆比赛大厅主扩声系统的扩声特性指标可分为三级。观众席扩声系统的扩声特性指标应按表4.2.1的规定选用；比赛场地扩声系统的扩声特性指标可与观众席同级或降低一级。

表 4.2.1 体育馆主扩声系统扩声特性指标

| 等级 | 最大声压级 | 传输频率特性 | 传声增益 | 稳态声场不均匀度 | 系统噪声 |
|---|---|---|---|---|---|
| 一级 | 额定通带内，不小于105dB | 以125Hz～4000Hz的平均声压级为0dB，在此频带内允许−4dB～+4dB的变化(1/3倍频程测量)；在100Hz、5000Hz频带允许−6dB～+4dB的变化；在80Hz、6300Hz频带允许−8dB～+4dB的变化；在63Hz、8000Hz频带允许−10dB～+4dB的变化(图4.2.1-1) | 125Hz～4000Hz平均不小于−10dB | 中心频率为1000Hz、4000Hz(1/3倍频程带宽)时，大部分区域不均匀度不大于8dB | 扩声系统不产生明显可察觉的噪声干扰 |
| 二级 | 额定通带内，不小于100dB | 以125Hz～4000Hz的平均声压级为0dB，在此频带内允许−6dB～+4dB的变化(1/3倍频程测量)；在100Hz、5000Hz频带允许−8dB～+4dB的变化；在80Hz、6300Hz频带允许−10dB～+4dB的变化；在63Hz、8000Hz频带允许−12dB～+4dB的变化(图4.2.1-2) | 125Hz～4000Hz平均不小于−12dB | 中心频率为1000Hz、4000Hz(1/3倍频程带宽)时，大部分区域不均匀度不大于10dB | 扩声系统不产生明显可察觉的噪声干扰 |
| 三级 | 额定通带内，不小于95dB | 以250Hz～4000Hz的平均声压级为0dB，在此频带内允许−8dB～+4dB的变化(1/3倍频程测量)；在200Hz、5000Hz频带允许−10dB～+4dB的变化；在160Hz、6300Hz频带允许−12dB～+4dB的变化；在125Hz、8000Hz频带允许−14dB～+4dB的变化(图4.2.1-3) | 250Hz～4000Hz平均不小于−12dB | 中心频率为1000Hz(1/3倍频程带宽)时，大部分区域不均匀度不大于10dB | 扩声系统不产生明显可察觉的噪声干扰 |

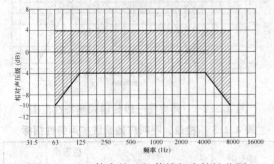

图 4.2.1-1 体育馆一级传输频率特性范围

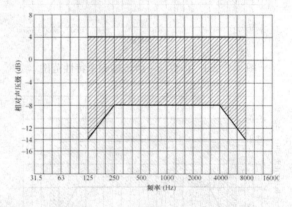

图 4.2.1-3 体育馆三级传输频率特性范围

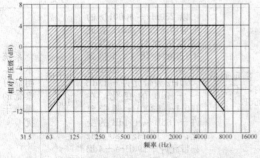

图 4.2.1-2 体育馆二级传输频率特性范围

4.2.2 体育场主扩声系统的扩声特性指标可分为三级。观众席扩声系统的扩声特性指标应按表4.2.2的规定选用，比赛场地扩声系统的扩声特性指标可与观众席同级或降低一级。

**表 4.2.2　体育场主扩声系统扩声特性指标**

| 等级 | 最大声压级 | 传输频率特性 | 传声增益 | 稳态声场不均匀度 | 系统噪声 |
|---|---|---|---|---|---|
| 一级 | 额定通带内，不小于 105dB | 以 125Hz～4000Hz 的平均声压级为 0dB，在此频带内允许－6dB～+4dB 的变化（1/3 倍频程测量）；在 100Hz、5000Hz 频带允许－8dB～+4dB 的变化；在 80Hz、6300Hz 频带允许－10dB～+4dB 的变化；在 63Hz、8000Hz 频带允许－12dB～+4dB 的变化（图 4.2.2-1） | 125Hz～4000Hz 平均不小于－10dB | 中心频率为 1000Hz、4000Hz（1/3 倍频程带宽）时，大部分区域不均匀度不大于 8dB | 扩声系统不产生明显可察觉的噪声干扰 |
| 二级 | 额定通带内，不小于 98dB | 以 125Hz～4000Hz 的平均声压级为 0dB，在此频带内允许－8dB～+4dB 的变化（1/3 倍频程测量）；在 100Hz、5000Hz 频带允许－11dB～+4dB 的变化；在 80Hz、6300Hz 频带允许－14dB～+4dB 的变化；在 63Hz、8000Hz 频带允许－17dB～+4dB 的变化（图 4.2.2-2） | 125Hz～4000Hz 平均不小于－12dB | 中心频率为 1000Hz、4000Hz（1/3 倍频程带宽）时，大部分区域不均匀度不大于 10dB | 扩声系统不产生明显可察觉的噪声干扰 |
| 三级 | 额定通带内，不小于 90dB | 以 250Hz～4000Hz 的平均声压级为 0dB，在此频带内允许－10dB～+4dB 的变化（1/3 倍频程测量）；在 200Hz、5000Hz 频带允许－13dB～+4dB 的变化；在 160Hz、6300Hz 频带允许－16dB～+4dB 的变化；在 125Hz、8000Hz 频带允许－19dB～+4dB 的变化（图 4.2.2-3） | 250Hz～4000Hz 平均不小于－14dB | 中心频率为 1000Hz（1/3 倍频程带宽）时，大部分区域不均匀度不大于 12dB | 扩声系统不产生明显可察觉的噪声干扰 |

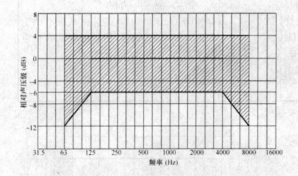

图 4.2.2-1　体育场一级传输频率特性范围

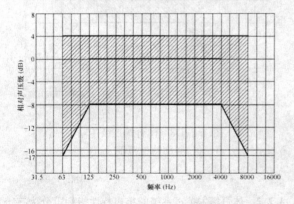

图 4.2.2-2　体育场二级传输频率特性范围

**4.2.3**　检录、呼叫广播系统所服务的区域，其扩声特性指标宜按表 4.2.3 的规定选取。

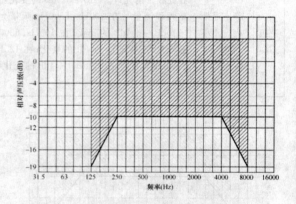

图 4.2.2-3　体育场三级传输频率特性范围

**表 4.2.3　检录、呼叫广播系统扩声特性指标**

| 最大声压级 | 传输频率特性 | 稳态声场不均匀度 | 系统噪声 |
|---|---|---|---|
| 额定通带内，不小于 85dB | 以 250Hz～4000Hz 的平均声压级为 0dB，在此频带内允许－10dB～+4dB 的变化（1/3 倍频程测量）；在 200Hz、5000Hz 频带允许－13dB～+4dB 的变化；在 160Hz、6300Hz 频带允许－16dB～+4dB 的变化；在 125Hz、8000Hz 频带允许－19dB～+4dB 的变化（图 4.2.3） | 小于或等于 10dB | 系统不产生明显可察觉的噪声干扰 |

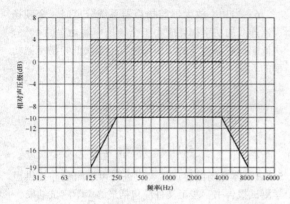

图 4.2.3 检录、呼叫广播系统传输频率特性范围

**4.2.4** 体育场馆主扩声系统和检录、呼叫广播系统的扩声系统语言传输指数（STIPA）应符合本规程附录A的规定。

**4.2.5** 新闻发布厅扩声系统的扩声特性指标，宜符合现行国家标准《厅堂扩声系统设计规范》GB 50371中关于会议类扩声系统的相关规定。

**4.2.6** 游泳池水下广播系统的扩声特性指标应符合本规程附录B的规定。

## 4.3 主扩声系统

**4.3.1** 传声器的配置应符合下列规定：

**1** 应按使用范围配置相应数量的传声器；

**2** 应选择有利于抑制声反馈、低阻抗和平衡输出类型的传声器；

**3** 在主席台、裁判席应设传声器插座；比赛场地四周宜设传声器插座。

**4.3.2** 观众席扬声器系统应符合下列规定：

**1** 应选用灵敏度高、指向性合适、最大声压级高、频带范围宽的扬声器系统；

**2** 扬声器系统宜根据不同场馆的具体情况，可采用集中式、分散式或集中分散相结合的方式吊装；

**3** 在体育场馆观众席上感觉到的由扩声扬声器系统产生的声像宜位于前方；

**4** 对露天非全封闭体育场，扬声器系统应为全天候型：具有防风、防热、防水、防盐雾（沿海地区）等性能；在游泳馆使用的扬声器系统应具有防水、防酸碱雾等性能；

**5** 当采用功率放大器与扬声器为一体的有源扬声器系统时，有源扬声器系统的安装位置应满足安全要求。

**4.3.3** 比赛场地扬声器系统应符合下列规定：

**1** 比赛场地应设置可独立控制的扬声器系统；

**2** 比赛场地扬声器系统的轴线指向应避免场地作为反射面将主要声能反射到观众席上。

**4.3.4** 主扩声扬声器系统与可能设置主扩声传声器处之间的距离宜大于主扩声扬声器系统的临界距离；扬声器系统主轴应避免指向主扩声传声器。

注：临界距离系指声场中直达声能密度与混响声能密度相等的点到声源中心的距离。

**4.3.5** 主扩声扬声器系统的特性及配置应使其直达声均匀覆盖其服务区。主扩声扬声器系统的设置，应避免在体育馆观众席、比赛场地出现回声；应避免在体育场观众席出现强回声。

**4.3.6** 扬声器系统的安装条件应符合下列规定：

**1** 必须有安全可靠的保障措施，当涉及承重结构改动或增加荷载时，应由原结构设计单位或具备相应资质的设计单位核查有关原始资料，对既有建筑结构的安全性进行校验、确认；

**2** 不应引致其他噪声；

**3** 当扬声器系统采用暗装时，安装开口应大至不遮挡扬声器系统向其服务区辐射直达声；选择安装开口所用装饰面材料时，应主要根据装饰面材料的透声性能确定；当装饰面材料为开孔类型的材料时，开孔率不应小于50%；蒙面装饰用格栅的尺寸不宜大于20mm，并应小于扬声器单元声辐射口径的1/10；

**4** 扬声器系统安装位置后方的反射面应做声学处理。

## 4.4 辅 助 系 统

**4.4.1** 检录、呼叫广播系统应符合下列规定：

**1** 运动员检录处宜设置小型流动扩声系统；

**2** 运动员、教练员、裁判、医务等人员休息、练习、工作场所应设呼叫广播系统；

**3** 在体育场馆的入口处、包厢、观众休息区等处应设置呼叫广播系统。

**4.4.2** 新闻发布厅扩声系统的设置，宜符合现行国家标准《厅堂扩声系统设计规范》GB 50371中关于会议类扩声系统的相关规定。

**4.4.3** 大型体育场馆内宜设置裁判、运动员和工作人员之间的内部通话系统。

**4.4.4** 当设置内部通话系统时，在扩声控制室、灯光控制室、检录处、裁判员席、公共广播机房、显示屏控制机房和消防安全值班室等主要技术及体育工作用房应设置内部通话台分站；在现场调音位、功放机房、记者席、评论员席及场内广播室等主要工作点宜设置内部通话插座面板。

**4.4.5** 游泳池水下广播系统应符合下列规定：

**1** 有花样游泳表演需求的游泳池，应设置独立的水下扬声器系统；

**2** 水下扬声器可固定安装在与泳道平行的两侧池壁；

**3** 应采用延时器调节水下扬声器系统与比赛场地扬声器系统的时间差。

## 4.5 扩声控制室与功放机房

**4.5.1** 扩声控制室应设置在便于观察场内的位置，

面向主席台及观众席开设观察窗，观察窗的位置和尺寸应保证调音员正常工作时对主席台、裁判席、比赛场地和大部分观众席有良好的视野；观察窗宜可开启，调音员应能听到主扩声系统的效果。

**4.5.2** 扩声控制室的面积应满足设备布置和方便操作及正常检修的需要；地面宜铺设防静电活动架空地板。

**4.5.3** 扩声控制室内若有正常工作时发出超过 NR-35 干扰噪声的设备，宜设置设备隔离室。

**4.5.4** 扩声控制室内宜设置监听扬声器系统。

**4.5.5** 扩声控制室与比赛场地之间宜预留不少于 2 对的管线。

**4.5.6** 当扩声控制室与观众席扬声器系统、比赛场地扬声器系统连线单程长度超过 100m 时，宜在扬声器系统安装位置的附近区域设置功放机房。对大型体育场馆，若采用分散式的扬声器布置，宜设置多个功放机房以分区域分配功率放大器。

**4.5.7** 当功放机房与扩声控制室不在同一操作区域时，宜对功放设备配置监控系统。

**4.5.8** 功放机房应设置独立的空调系统。

**4.5.9** 扩声系统设备的电源不应与可控硅调光设备、舞台机械设备、空调系统或变频设备等共用同一电源变压器；若其电源电压不稳定或受干扰严重，应配备电源稳压器或隔离变压器。

**4.5.10** 当扩声系统设备工艺接地时，应设独立接地母线并单点接地，其接地电阻不应大于 1Ω。

### 4.6 系统设备与连接

**4.6.1** 调音台及信号处理应符合下列规定：

　　**1** 观众席扩声系统应配置独立的调音台；

　　**2** 观众席扩声系统、比赛场地扩声系统、游泳池水下广播系统应设信号处理设备，其功能宜包括增益、分配、混合、均衡、压缩、限幅、延时、滤波及分频等。

**4.6.2** 系统连接应符合下列规定：

　　**1** 传声器信号及音频信号传输连接线应采用带屏蔽的平衡电缆；

　　**2** 扩声设备之间互连应符合现行国家标准《声系统设备互连的优选配接值》GB/T 14197 的规定；

　　**3** 当传声器信号连接线单程长度超过 100m 时，在传声器附近宜采用前置放大器对信号进行放大后再传输；扩声控制室与功放机房之间宜采用数字方式的信号传输；

　　**4** 扩声控制室与公共广播控制机房、功放机房、检录区域、裁判席、评论员席、记者席、显示屏控制机房、转播控制室等技术功能用房之间应设置双向音频信号传输系统；

　　**5** 应预留与公共广播系统、应急广播系统的信号接口；

　　**6** 当功率放大器与扬声器系统分离时，全频扬声器连线的功率损耗应小于全频扬声器功率的 10%，次低频扬声器连线的功率损耗宜小于次低频扬声器功率的 5%。

# 5 声 学 测 量

## 5.1 一 般 规 定

**5.1.1** 体育场馆建成后，应进行声学测量并提供声学测试报告书。竣工文件应包括最终声学测试结果。

**5.1.2** 声学测量应在扩声系统电气指标正常的条件下进行。体育馆的声学测量项目应包括混响时间、背景噪声、最大声压级、传输频率特性、传声增益和声场不均匀度；还可包括扩声系统语言传输指数（STIPA）。体育场的声学测量项目应包括最大声压级、传输频率特性、传声增益和声场不均匀度；还可包括背景噪声和扩声系统语言传输指数（STIPA）。扩声系统语言传输指数（STIPA）的测量应符合本规程附录 A 的规定。

**5.1.3** 在进行声学特性指标的测量时，可对观众席测点和比赛场地测点测得的数据分别加以统计。

**5.1.4** 计算在不同位置上测得声压级的平均声压级时，应取算术平均值。

**5.1.5** 测量体育馆比赛大厅内或体育场内声学特性指标的同时，应用音乐和语言节目对体育馆比赛大厅内或体育场内有代表性的位置做主观试听，结合测量结果和听感进行必要的调整。

**5.1.6** 游泳池水下广播系统的扩声特性的测量应按本规程附录 B 执行。

## 5.2 测 量 仪 器

**5.2.1** 噪声信号发生器的性能应符合下列规定：

　　**1** 应具有粉红噪声输出功能；

　　**2** 粉红噪声信号的峰值因数不应小于 2；

　　**3** 粉红噪声频谱密度应符合下列规定：

　　**1)** 20Hz～20kHz 频率范围内，衰减器输出的各 1/3 倍频带电压相对于中心频率为 1kHz 的 1/3 倍频带电压，其偏差不应小于 -1.5dB 且不应大于 1.5dB；

　　**2)** 20Hz～20kHz 频率范围内，负载输出的各 1/3 倍频带电压相对于中心频率为 1kHz 的 1/3 倍频带电压，其偏差不应小于 -2dB 且不应大于 2dB；

　　**4** 衰减输出电压的范围应为 0.4mV～4V，衰减输出的变化应为每档 10dB 且示值误差应小于 1dB；

　　**5** 信噪比不应低于 60dB。

**5.2.2** 测试功率放大器的性能应符合下列规定：

　　**1** 50Hz～15kHz 频率范围内，频率响应相对于

1kHz 的偏差不应小于 -0.5dB 且不应大于 0.5dB；

 **2** 总谐波失真不应大于 0.5%；

 **3** 负载阻抗为 4Ω、8Ω、16Ω；

 **4** 功率应能在各测点处产生符合本规程第 5.3.4 条规定的声压级。

**5.2.3** 测试传声器应符合现行国家标准《测量传声器 第 4 部分：工作标准传声器规范》GB/T 20441.4 的规定。

**5.2.4** 测量放大器的性能应符合下列规定：

 **1** 20Hz～20kHz 频率范围内，频率响应相对于 1kHz 的偏差不应小于 -0.5dB 且不应大于 0.5dB；

 **2** 测量范围应为 100μV～300V；

 **3** 应具有 A 计权、C 计权的频率计权特性；

 **4** 应具有 F 计权、S 计权的时间计权特性；

 **5** 固有噪声应不大于 10μV；

 **6** 极化电压应为 200V；

 **7** 检波器特性应符合测量有效值、平均值、峰值的要求，测量峰值因数不大于 5 信号时，有效值的误差应不大于 0.5dB；

 **8** 衰减器示值误差应小于 0.1dB。

**5.2.5** 倍频程带通滤波器或 1/3 倍频程带通滤波器应符合现行国家标准《电声学 倍频程和分数倍频程滤波器》GB/T 3241 的规定。

**5.2.6** 声分析仪应由测量放大器与倍频程、1/3 倍频程带通滤波器组成。

**5.2.7** 声校准器应符合现行国家标准《电声学 声校准器》GB/T 15173 中 1 级要求的规定。

**5.2.8** 模拟节目信号网络应符合现行国家标准《模拟节目信号》GB/T 6278 的规定。

**5.2.9** 声频电压表的性能应符合下列规定：

 **1** 频率范围应为 20Hz～20kHz；

 **2** 输入阻抗不应小于 100kΩ；

 **3** 输入电容不应大于 20pF；

 **4** 指示值误差不应大于 2.5%；

 **5** 应能测量峰值因数不大于 5 的信号。

**5.2.10** 混响时间测量装置应由测量放大器与倍频程、1/3 倍频程带通滤波器与声压级衰变的记录、显示仪器组成。混响时间测量装置应符合下列规定：

 **1** 50Hz～10kHz 频率范围内，频率响应相对于 1kHz 的偏差不应小于 -0.5dB 且不应大于 0.5dB；

 **2** 动态范围不应小于 50dB；

 **3** 应能输出声压级衰变的曲线；对输出指数平均声压级的测量装置，其指数平均时间常数不应大于 1/64s；对输出线性平均声压级的测量装置，其线性平均时间常数不应大于 1/25s。

**5.2.11** 测试扬声器的性能应符合下列规定：

 **1** 有效频率范围应为 63Hz～15kHz；

 **2** 总谐波失真不应大于 5%；

 **3** 灵敏度不应小于 94dB；

 **4** 额定功率应大于 10W；

 **5** 标称阻抗应为 8Ω；

 **6** 箱体体积不应大于 0.1m³。

**5.2.12** 全向声源的性能应符合下列规定：

 **1** 用倍频带粉红噪声激发声源，在自由场测量的所有声源指向性偏差应符合表 5.2.12 中的要求；

 **2** 在测量频率范围内，全向声源应能在各测点处产生符合本规程第 5.3.4 条规定的声压级。

**表 5.2.12 在自由场测量的全向声源各倍频带的指向性最大偏差**

| 倍频带中心频率（Hz） | 125 | 250 | 500 | 1000 | 2000 | 4000 |
|---|---|---|---|---|---|---|
| 最大偏差（dB） | ±1 | ±1 | ±1 | ±3 | ±5 | ±6 |

 注：声源的指向性偏差是用位于自由场中的声源在通过声源球心的测量平面内、半径大于 1.5m 的圆周上的声压级计算得出的。计算方法是：用声源在圆周上任意一段 30° 弧线上的声压级能量平均值减去整个圆周上的声压级能量平均值。

**5.2.13** 在声学测量时，也可使用同等准确度的其他测量仪器。

## 5.3 测 量 条 件

**5.3.1** 测量前，扩声设备应按设计要求安装完毕，并应调整扩声系统，使之处于正常工作状态。有系统均衡器时，应在测量前调整到系统最佳补偿状态。

**5.3.2** 测量时，体育馆比赛大厅的门、窗、窗帘的状态均应与实际使用时的状态一致。

**5.3.3** 测量时，扩声系统中传声器输入、线路输入通路的均衡（幅度频率响应）调节应置于"0"位置。

**5.3.4** 当测量混响时间时，测点处的信噪比不应小于 35dB；当测量传输频率特性、传声增益、最大声压级、声场不均匀度时，测点处的信噪比不应小于 15dB。

**5.3.5** 测量混响时间可在空场、满场条件下分别进行。其他声学特性的测量可在空场条件下进行。

**5.3.6** 测点的选取应符合下列规定：

 **1** 所有测点与墙面的距离均不应小于 1.5m。在观众席（含主席台、裁判席、活动观众席）区，测点距地面高度应为 1.2m。在比赛场地区，测点距地面高度应为 1.6m。

 **2** 对称的体育馆比赛大厅或体育场，测点可在体育馆比赛大厅或体育场的 1/2 区域或 1/4 区域内选取；非对称的体育馆比赛大厅或体育场，测点应在整个体育馆比赛大厅或体育场内选取。测点分布应均匀并具代表性。

**3** 传输频率特性、传声增益、最大声压级的测点数，在体育馆观众席区宜选测量区域内座席数的5‰，且不应少于8点；在体育馆比赛场地内不应少于3点；在体育场观众席区宜选测量区域内座席数的3‰；在体育场比赛场地内不应少于9点。

**4** 声场不均匀度的测点数，在体育馆观众席区宜选测量区域内座席数的1%；在体育馆比赛场地内不应少于5点；在体育场观众席区宜选测量区域内座席数的1/200；在体育场比赛场地内不应少于9点。

**5** 混响时间、背景噪声的测点数，在体育馆观众席区不应少于6点；在体育馆比赛场地内不应少于3点。

## 5.4 测量方法

**5.4.1** 每次对体育场馆进行声学测量前后，应使用声校准器对测量系统进行校准。当测量前后校准示值偏差大于0.5dB时，测量应为无效。

**5.4.2** 测量传输频率特性可使用噪声信号发生器、测试传声器、声分析仪等测量仪器。各测量仪器及扩声系统的连接见图5.4.2。测量传输频率特性应按下列步骤进行：

**1** 将粉红噪声信号馈入调音台输入端，调节噪声信号发生器、调音台的增益，使测点的信噪比符合本规程第5.3.4条的规定。保持噪声信号发生器、调音台、功率放大器的增益不变。

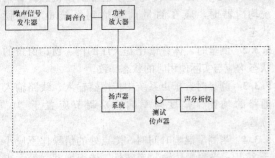

图 5.4.2　传输频率特性测量原理框图

**2** 测量所有测点63Hz～8000Hz各1/3倍频带的声压级。分别对体育馆或体育场的观众席、比赛场地的各测点相同1/3倍频带的声压级进行平均，得出观众席和比赛场地每个1/3倍频带的平均声压级。

**5.4.3** 测量传声增益，可使用噪声信号发生器、测试功率放大器、测试扬声器、测试传声器、声分析仪等测量仪器。各测量仪器及扩声系统的连接见图5.4.3。测量传声增益应按下列步骤进行：

**1** 传声器应置于设计所定的使用点上，测试扬声器应置于传声器前0.5m。当设计所定的使用点不明确时，传声器可置于主席台第一排中点，还可增加位于主席台中线上、距主席台2/3比赛场地宽度的体

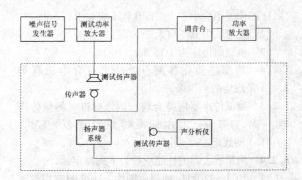

图 5.4.3　传声增益测量原理框图

育馆比赛场地上的使用点。

**2** 调节扩声系统增益，使扩声系统达到声反馈临界状态，调低扩声系统增益，使扩声系统从声反馈临界状态时的增益下降6dB，保持调节后的扩声系统增益不变。

**3** 用测试扬声器放出粉红噪声，调节噪声信号发生器、测试功率放大器的增益，使测点的信噪比符合本规程第5.3.4条的规定。保持噪声信号发生器、测试功率放大器的增益不变。

**4** 测量传声器上、左、右侧，紧邻传声器处的125Hz～4000Hz各1/3倍频带的声压级，并对相同1/3倍频带的声压级进行平均，得出传声器处每个1/3倍频带的平均声压级。

**5** 测量所有测点处125Hz～4000Hz各1/3倍频带的声压级。

**6** 用每个测点处每个1/3倍频带的声压级减传声器处相应1/3倍频带的平均声压级，得出每个测点、每个1/3倍频带的传声增益。

**7** 分别对体育场馆的观众席、比赛场地的各测点相同1/3倍频带的传声增益进行平均，得出观众席和比赛场地每个1/3倍频带的平均传声增益。

**5.4.4** 测量最大声压级，可使用额定通带粉红噪声信号、模拟节目信号网络、测试传声器、声分析仪等测量仪器。各测量仪器及扩声系统的连接见图5.4.4。额定通带粉红噪声信号的频率范围应为设计确定的扩声系统传输频率特性的频率范围，在该频率范围之外的衰减应不小于12dB/倍频程。测量最大声压级应按下列步骤进行：

**1** 将额定通带粉红噪声信号通过模拟节目信号网络馈入调音台输入端，调节调音台的增益，使测点的信噪比符合本规程第5.3.4条的规定。保持调音台、功率放大器的增益不变。

**2** 测量所有测点处的线性声压级。分别对体育馆或体育场的观众席、比赛场地的各测点声压级进行平均，得出观众席和比赛场地的平均声压级。

**3** 用声频电压表测量功率放大器的输出电压，读3s～5s时间内输出电压的平均值，计算测量时的输出功率。

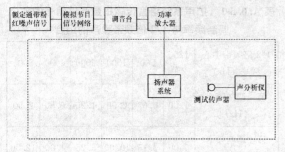

图 5.4.4　宽带噪声法测量最大
声压级原理框图

**4**　最大声压级应按下式计算：

$$L_{\max} = \overline{L} + 10\log\frac{P_{\text{sy}}}{P_{\text{cy}}} \qquad (5.4.4)$$

式中：$L_{\max}$——最大声压级（dB）；

　　　$\overline{L}$——平均声压级（dB）；

　　　$P_{\text{sy}}$——设计使用功率（W）；

　　　$P_{\text{cy}}$——测量时输出功率（W）。

**5.4.5**　测量声场不均匀度，可使用噪声信号发生器、测试传声器、声分析仪等测量仪器。各测量仪器及扩声系统的连接见图 5.4.2。测量声场不均匀度应按下列步骤进行：

**1**　将粉红噪声信号馈入调音台输入端。调节噪声信号发生器、调音台的增益，使测点的信噪比符合本规程第 5.3.4 条的规定。保持噪声信号发生器、调音台、功率放大器的增益不变。

**2**　测量所有测点处 1000Hz、4000Hz 两个 1/3 倍频带的声压级。分别找出体育馆或体育场的观众席、比赛场地的各测点相同 1/3 倍频带的声压级极大值和声压级极小值，用观众席或比赛场地每个 1/3 倍频带的声压级极大值减同一区域、相应 1/3 倍频带的声压级极小值，得出观众席和比赛场地每个 1/3 倍频带的声场不均匀度。

**5.4.6**　测量背景噪声可使用测试传声器、声分析仪等测量仪器。各测量仪器的连接见图 5.4.6。测量应符合下列规定：

图 5.4.6　背景噪声测量原理框图

**1**　测量体育馆比赛大厅内背景噪声时，通风、调温、调光等产生噪声的设备应按正常使用状态运行，扩声系统应关闭。

**2**　测量体育场内背景噪声时，扩声系统应关闭，

并不应有偶然、突发噪声。

**3**　测量所有测点处 31.5Hz～8000Hz 各倍频带的声压级。分别对体育馆或体育场的观众席、比赛场地的各测点相同倍频带的声压级进行平均，得出观众席和比赛场地每个倍频带的平均声压级。

**5.4.7**　测量混响时间，可使用噪声信号发生器、测试传声器、混响时间测量装置等测量仪器。各测量仪器及扩声系统的连接见图 5.4.7。测量混响时间应按下列步骤进行：

**1**　将粉红噪声信号馈入调音台输入端。调节噪声信号发生器、调音台的增益，使测点的信噪比符合本规程第 5.3.4 条的规定。

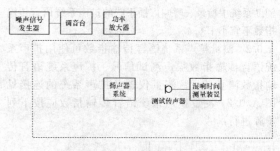

图 5.4.7　混响时间测量（测试声源为扩声
系统扬声器）原理框图

**2**　测量所有测点处 125Hz～4000Hz 各倍频带的混响时间。必要时可按 100Hz～5000Hz 的各 1/3 倍频带测量混响时间。每个测点、每个频带应至少测量 3 条衰变曲线。

**3**　分别对体育馆的观众席、比赛场地的各测点相同倍频带（或 1/3 倍频带）的混响时间进行平均，得出观众席和比赛场地每个倍频带（或 1/3 倍频带）的平均混响时间。

**5.4.8**　测量未设扩声系统的训练馆或不考虑扩声系统情况下体育馆的混响时间，测试声源宜使用全向声源，其余测量仪器可使用噪声信号发生器、测试功率放大器、测试传声器、混响时间测量装置等测量仪器。各测量仪器的连接见图 5.4.8。测量混响时间应按下列步骤进行：

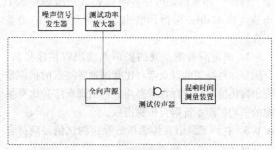

图 5.4.8　混响时间测量（测试声源
为全向声源）原理框图

**1**　将全向声源置于比赛场地中央，其中心距地面 1.5m；

**2** 将粉红噪声信号馈入测试功率放大器输入端。调节噪声信号发生器、测试功率放大器的增益，使测点的信噪比符合本规程第5.3.4条的规定；

**3** 按本规程第5.4.7条第2、3款的规定进行。

# 附录 A 扩声系统语言传输指数（STIPA）指标及测量方法

**A.0.1** 体育馆主扩声系统的扩声系统语言传输指数在空场条件下不应小于0.5；体育场主扩声系统的扩声系统语言传输指数在空场条件下不应小于0.45；辅助系统中检录、呼叫广播系统的扩声系统语言传输指数不宜小于0.45。

**A.0.2** 测量扩声系统语言传输指数可使用扩声系统语言传输指数噪声测试信号、扩声系统语言传输指数测量装置。测量仪器及扩声系统的连接见图A.0.2。测量扩声系统语言传输指数应按下列步骤进行：

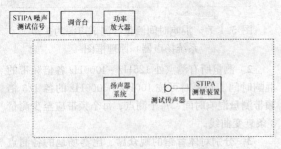

图 A.0.2 STIPA测量原理框图

**1** 按照本规程第5.3.6条第1、2、3款的要求选取测点。

**2** 将扩声系统语言传输指数噪声测试信号馈入调音台输入端，调节调音台的增益，使各测点处A声级的算术平均值达到正常使用声级；若正常使用声级不明确，对体育场馆主扩声系统，可使各测点处A声级的算术平均值达到80dB～85dB；对检录、呼叫广播系统，可使各测点处A声级的算术平均值达到75dB；保持调音台、功率放大器的增益不变。

**3** 测量所有测点处的扩声系统语言传输指数。分别对体育场馆的观众席、比赛场地各测点的扩声系统语言传输指数进行算术平均，得出观众席和比赛场地的平均扩声系统语言传输指数。

**A.0.3** 扩声系统语言传输指数噪声测试信号应符合下列规定：

**1** 由受到12个正弦频率强度调制的7个1/2倍频程带宽（倍频程间隔）无规噪声载波信号组成；

**2** 各个调制频率与1/2倍频带噪声的组合应符合表A.0.3-1的规定；

表 A.0.3-1 扩声系统语言传输指数测试信号的各个调制频率与1/2倍频带噪声的组合

| 1/2倍频带中心频率（Hz） | 125、250 | 500 | 1000 | 2000 | 4000 | 8000 |
|---|---|---|---|---|---|---|
| 第一调制频率（Hz） | 1.00 | 0.63 | 2.00 | 1.25 | 0.80 | 2.50 |
| 第二调制频率（Hz） | 5.00 | 3.15 | 10.00 | 6.25 | 4.00 | 12.50 |

**3** 无规噪声载波信号应具有符合表A.0.3-2规定的长时语言频谱；

表 A.0.3-2 长时语言的各倍频带声压级、A计权声级的相对关系

| 倍频带中心频率（Hz） | 125 | 250 | 500 | 1000 | 2000 | 4000 | 8000 | A计权 |
|---|---|---|---|---|---|---|---|---|
| 声压级（dB） | 2.9 | 2.9 | -0.8 | -6.8 | -12.8 | -18.8 | -24.8 | 0.0 |

**4** 无规噪声载波信号的幅度应按下式调制：

$$A(t) = \sqrt{1 + \cos 2\pi \cdot f_m t} \quad (A.0.3)$$

式中：$f_m$——调制频率（Hz）；

$t$——时间（s）。

**A.0.4** 扩声系统语言传输指数测量装置应由下列功能单元组合：

**1** 测量放大器；

**2** 倍频程带通滤波器；

**3** 包络检波器-低通滤波器；

**4** 调制转移函数、扩声系统语言传输指数的计算单元；

**5** 扩声系统语言传输指数的显示单元。

**A.0.5** 扩声系统语言传输指数测量方法不应用于下列扩声系统：

**1** 系统中引入频率漂移或频率倍乘；

**2** 系统包括声码器；

**3** 背景噪声中含脉冲特征；

**4** 系统中有较强非线性失真的组件。

# 附录 B 游泳池水下广播系统扩声特性指标及测量方法

## B.1 游泳池水下广播系统扩声特性指标

**B.1.1** 在125Hz～8000Hz频带内，游泳池水下广播系统的最大声压级不应小于135dB。

注：水中的基准声压 $P_0 = 1\mu\text{Pa}$。

**B.1.2** 在中心频率为 1kHz、4kHz 的 1/3 倍频带，游泳池水下广播系统的稳态声场不均匀度不应大于 10dB。

**B.1.3** 游泳池水下广播系统不应产生明显可察觉的噪声干扰。

## B.2 游泳池水下广播系统扩声特性测量的一般要求

**B.2.1** 测量项目应包括最大声压级、声场不均匀度。

**B.2.2** 在不同位置上测得的声压级，当计算平均声压级时，应取算术平均值。

## B.3 游泳池水下广播系统扩声特性的测量仪器

**B.3.1** 噪声信号发生器的性能应符合本规程第 5.2.1 条的规定。

**B.3.2** 测试水听器应符合现行国家标准《声学 标准水听器》GB/T 4128 中的［低频］测量水听器（也称二级标准水听器）的规定。

**B.3.3** 声分析仪应由测量放大器与 1/3 倍频程带通滤波器组成。测量放大器的性能应符合本规程第 5.2.4 条的规定。1/3 倍频程带通滤波器应符合现行国家标准《电声学 倍频程和分数倍频程滤波器》GB/T 3241 的规定。

**B.3.4** 声频电压表的性能应符合本规程第 5.2.9 条的规定。

## B.4 游泳池水下广播系统扩声特性的测量条件

**B.4.1** 测量前，游泳池水下广播系统的设备应按设计要求安装完毕，并调整广播系统，使之处于正常工作状态。有系统均衡器时，应在测量前调整到系统最佳补偿状态。

**B.4.2** 测量时，广播系统中线路输入通路的均衡（幅度频率响应）调节应置于"0"位置。

**B.4.3** 测量最大声压级、声场不均匀度时，测点处的信噪比不应小于 15dB。

**B.4.4** 测点的选取应符合下列规定：

　　**1** 所有测点与游泳池池壁、池底的距离不应小于 1.2m。

　　**2** 对矩形平面的游泳池，当游泳池水下扬声器沿游泳池的两长边对称布置，测点可在 1/2 花样游泳比赛区域（游泳池平面的长对称轴的一侧）选取；对非矩形平面的游泳池，测点应在整个花样游泳比赛区域内选取。测点分布应均匀并具代表性。

　　**3** 最大声压级、声场不均匀度的测点数不应少于 18 点。

## B.5 游泳池水下广播系统扩声特性的测量方法

**B.5.1** 测量最大声压级，可使用额定通带粉红噪声信号、模拟节目信号网络、测试水听器、声分析仪等测量仪器。各测量仪器及游泳池水下广播系统的连接见图 B.5.1。额定通带粉红噪声信号的频率范围应为 125Hz～8000Hz，在该频率范围之外的衰减应不小于 12dB/倍频程。测量最大声压级应按下列步骤进行：

　　**1** 将额定通带粉红噪声信号通过模拟节目信号网络馈入调音台输入端，调节调音台的增益，使测点的信噪比符合本规程第 B.4.3 条的规定。保持调音台、功率放大器的增益不变。

　　**2** 测量所有测点处的线性声压级。对游泳池内各测点的声压级进行平均，得出平均声压级。

　　**3** 用声频电压表测量功率放大器的输出电压，读 3s～5s 时间内输出电压的平均值，计算测量时的输出功率，用本规程式（5.4.4）计算最大声压级。

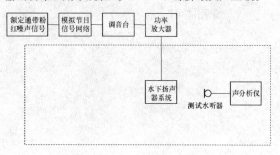

图 B.5.1　游泳池水下广播系统宽带噪声法测量最大声压级测量原理框图

**B.5.2** 测量声场不均匀度，可使用噪声信号发生器、测试水听器、声分析仪等测量仪器。各测量仪器及游泳池水下广播系统的连接见图 B.5.2。测量声场不均匀度应按下列步骤进行：

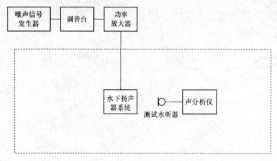

图 B.5.2　游泳池水下广播系统声场不均匀度测量原理框图

　　**1** 将粉红噪声信号馈入调音台输入端。调节噪声信号发生器、调音台的增益，使测点的信噪比符合本规程第 B.4.3 条的规定。保持噪声信号发生器、调音台、功率放大器的增益不变。

　　**2** 测量所有测点处 1000Hz、4000Hz 两个 1/3 倍频带的声压级。找出游泳池内各测点相同 1/3 倍频带的声压级极大值和声压级极小值，用每个 1/3 倍频带的声压级极大值减相应 1/3 倍频带的声压级极小值，得出每个 1/3 倍频带的声场不均匀度。

## 本规程用词说明

1 为便于在执行本规程条文时区别对待，对于要求严格程度不同的用词说明如下：

1）表示很严格，非这样做不可的：
   正面词采用"必须"，反面词采用"严禁"；

2）表示严格，在正常情况下均应这样做的：
   正面词采用"应"，反面词采用"不应"或"不得"；

3）表示允许稍有选择，在条件许可时首先应这样做的：
   正面词采用"宜"，反面词采用"不宜"；

4）表示有选择，在一定条件下可以这样做的，采用"可"。

2 条文中指明应按其他有关标准执行的写法为："应符合……的规定"或"应按……执行"。

## 引用标准名录

1 《厅堂扩声系统设计规范》GB 50371

2 《声环境质量标准》GB 3096

3 《电声学　倍频程和分数倍频程滤波器》GB/T 3241

4 《声学　标准水听器》GB/T 4128

5 《模拟节目信号》GB/T 6278

6 《声系统设备互连的优选配接值》GB/T 14197

7 《电声学　声校准器》GB/T 15173

8 《测量传声器　第4部分：工作标准传声器规范》GB/T 20441.4

中华人民共和国行业标准

# 体育场馆声学设计及测量规程

JGJ/T 131—2012

条 文 说 明

# 修 订 说 明

《体育场馆声学设计及测量规程》JGJ/T 131-2012，经住房和城乡建设部 2012 年 11 月 1 日以第 1515 号公告批准、发布。

本规程是在《体育馆声学设计及测量规程》JGJ/T 131-2000 的基础上修订而成，上一版的主编单位是中国建筑科学研究院，参编单位是北京市建筑设计研究院、广播电影电视部设计院、东南大学，主要起草人是林杰、项端祈、骆学聪、柳孝图、徐春、王峥、陈建华、付秀章。本次修订的主要技术内容是：1. 增加了对体育场进行声学设计、声学测量的内容；2. 对于体育馆，适当调整了建筑声学、噪声控制、扩声系统的设计指标与要求，对声学测量的仪器与方法也作了适当调整；3. 以附录的形式，增加了有关扩声系统语言传输指数方面和有关游泳池水下广播系统扩声特性指标及其测量方法的内容。

本规程修订过程中，编制组根据近年来收集到的对各类体育场馆声学方面的意见，以及长期大量开展的体育场馆声学调研、设计、检测工作，综合考虑体育场馆的现状与发展趋势、人们对各类体育场馆的声学要求、社会经济的发展水平、建筑声学技术与扩声技术的发展水平，并在广泛征求意见的基础上，最后经审查定稿。

为便于广大设计、施工、科研、学校等单位有关人员在使用本规程时能正确理解和执行条文规定，《体育场馆声学设计及测量规程》编制组按章、节、条顺序编制了本规程的条文说明，对条文规定的目的、依据以及执行中需要的有关事项进行了说明。但是，本条文说明不具备与规程正文同等的法律效力，仅供使用者作为理解和把握规程规定的参考。

# 目　次

# 1 总　　则

**1.0.2**　能够进行球类、体操（技巧）、武术、拳击、击剑、举重、摔跤、柔道等体育项目，还有集会、杂技（马戏）、音乐、文艺演出等多种用途的体育馆为综合体育馆。只能进行单独一类体育项目的体育馆为专项体育馆，如：游泳馆、溜冰馆、网球馆、田径馆等。综合体育馆对音质要求较高，需要对声学方面有较多投资。专项体育馆对音质要求不高，主要是保证语言清晰、控制噪声和声缺陷。由于综合体育馆、专项体育馆对声学方面的不同要求，设计上也应有所区别。

**1.0.3**　为避免在建筑设计已定局时才进行声学设计、在建筑声学设计已定局时才进行扩声系统设计，致使出现难以补救的缺陷或虽可补救但花费较大或即使经补救效果仍不理想的局面，特制定本条。

　　体育场馆的声学环境是建筑声学、扩声系统、噪声水平三者综合的结果，只有相互配合、统一考虑，并得到其他有关工种的支持，才能达到良好的效果。

**1.0.4**　对于设有可开合活动顶盖的体育场，当活动顶盖闭合时，体育场的声学边界条件实际上已变成与体育馆相同，但所形成的室内容积却远远大于体育馆的室内容积；同时这类体育场还可能设置通风空调系统，但这类体育场的外围护结构（特别是活动顶盖）的隔声能力通常较弱。因此，应按照体育馆的声学设计原则进行这类体育场的建筑声学设计、噪声控制设计，但不照搬体育馆的声学指标。

# 2　建筑声学设计

## 2.1　一　般　规　定

**2.1.1**　在体育场馆中基本上都使用扩声系统，可以不考虑自然声演出的要求，所以体育场馆建筑声学设计的目的主要就是保证扩声系统的正常使用。而体育馆的一些多用途使用目的和部分体育项目对声学方面的要求可通过扩声系统加以实现。

　　训练馆中通常不设置固定安装的扩声系统。在训练馆中，不同的训练项目对声环境有不同的要求，如网球训练馆，应主要保证球落地时不能出现明显的回声，因为这会影响运动员对球的落点的判断。有一些训练项目，在运动员训练时教练会大声指导，有时会使用移动扩声设备或手持扩音器，这时就需要保证运动员可以听清教练员所说的内容，即保证一定的语言清晰度。也有一些运动项目在训练时需要播放音乐，如艺术体操和自由体操等，这时音乐的节奏对运动员的训练有很大的影响，因此应保证不会由于低频混响

时间过长导致音乐的节奏含混不清。

**2.1.2**　不论举行体育比赛还是多用途使用，均要求体育馆不能出现声缺陷。而有的体育馆的建筑形式却容易出现声缺陷，因此应注意消除。

**2.1.3**　声学设计时声学材料的选择、布置应与建筑形式协调，而吸声材料和构造的选择也必须考虑结构的形式以及结构的荷载要求，在吸声材料布置时应考虑观众席和比赛场地对声环境的不同要求。

**2.1.4**　体育场馆中使用的声学材料和构造是装修的一部分，所以除了对体育场馆的声学效果有影响外，对它的装修效果、防火特性、卫生与环保特性以及装修造价等都有直接的影响，所以在选择声学材料和构造时不能单纯地考虑其声学特性，而应该综合考虑上述各种特性。

**2.1.5**　"节能低碳"是目前在建筑设计中必须考虑的问题。体育馆体积大，特别是轻型屋盖和轻质墙体材料、大面积玻璃幕墙的采用导致能耗高，需要做"保温"或"隔热"设计。玻璃棉一类吸声材料也是良好的绝热材料，所以无论其做吸声墙面还是做吸声吊顶，都可提高体育馆围护结构的热工性能。因此，如果将声学设计与"保温"等设计结合，可充分发挥材料作用。

**2.1.6**　在体育场馆中进行体育活动时，经常会有一些脉冲声，如篮球、网球等球类撞击地板的声音，这些声音有可能会通过反射屋面或墙体产生回声甚至多重回声，影响运动员的比赛，所以在进行声学处理时应将这些声音作为声源加以考虑。

## 2.2　混　响　时　间

**2.2.1**　表 2.2.1-1 中的指标是指体育馆比赛大厅在80%满场的条件下的指标。这是因为综合体育馆比赛大厅的混响时间设计指标的制定主要是保证体育馆比赛大厅正常使用条件下的声环境能够满足扩声系统语言清晰度的要求，而正常使用时体育馆比赛大厅内应该是坐满观众的，但考虑到在许多情况下，观众的上座率不会是 100%，一般在 80%左右，所以将 80%上座率条件作为满场混响时间设计指标的条件。

　　原规程中将综合体育馆的容积分为三档，分别给出混响时间的设计范围，但从近几年兴建的体育馆看，很多体育馆的容积都远远大于 80000m³，比80000m³ 大 2~3 倍的体育馆很多，有一些甚至大 4~5 倍，所以将容积大于 80000m³ 的体育馆都归于一档，不太合理。所以本次修编将容积分为四档，分别制定混响时间设计范围，由于前两档是以容积增加一倍划分，所以将第三、四档的容积确定为 80000m³ ~ 160000 m³ 和大于 160000m³。

　　也有少数特大型体育馆，其比赛大厅的容积高达300000m³~500000m³，比 160000m³ 还要大 1~2 倍，在这么大的容积内达到 2.1s 的混响时间比较困难。

但此类体育馆为数极少，所以就没有单列一档，而采用注的形式予以规定。

各频率混响时间相对于 500Hz～1000Hz 混响时间的比值是通过对音质效果反映较好的综合体育馆的满场混响时间测量结果进行统计分析后得到的。

**2.2.2** 游泳馆比赛厅混响时间是根据近年来国内、外新建的几座符合国际比赛标准的游泳馆的混响时间提出的。

**2.2.3** 花样滑冰项目要求有优美的音乐播放效果，同时要表现音乐的力度和节奏感，因而混响时间不能太长。另外，能进行花样滑冰项目的溜冰馆往往还有进行冰球、速滑的使用功能，因而比赛厅容积较大，若要求比赛厅混响时间过短，花费将会很多。混响时间过短还会影响音乐的丰满度。综合以上两方面原因，设计具有花样滑冰功能的溜冰馆时，提出混响时间按综合体育馆比赛大厅混响时间范围上限设计的要求。

冰球馆、速滑馆、网球馆、田径馆等专项体育馆对音质要求不高，以能听清简短致词、通报运动员成绩和人名即可。并且专项体育馆一般容积较大，观众人数相对较少，因此按游泳馆混响时间值设计可满足使用要求。

**2.2.4** 表 2.2.4 中的辅助房间都是对声学环境有较高要求的功能性房间，所以对其混响时间进行了规定，但一些各种建筑通用的对声学环境有较高要求的功能性房间，如新闻发布厅、会议室等，参见相关规范。

**2.2.5** 本条中的（2.2.5）式就是艾润-努特生（Eyring-Knudsen）公式，是计算混响时间的传统公式。近年来计算机声学模拟软件逐渐成熟，使用计算机声学模拟软件计算混响时间的也多起来。

### 2.3 吸声与反射处理

**2.3.1** 比赛大厅的每座容积值一般都较高，可做吸声的墙面又有限，而且顶部往往是声音传播反射的必经之地，所以一般在体育馆中，顶部是可以进行吸声处理的最佳位置，应充分利用比赛大厅的上空做吸声处理。有吊顶的比赛大厅应采用吸声吊顶，对于采用顶部网架或桁架暴露形式的比赛大厅，可以将屋面下皮设计成强吸声构造，如果还不能满足控制混响时间的要求，可在网架或桁架内设置空间吸声体。

**2.3.2** 出于自然采光节约人工照明能耗的考虑，许多体育馆在屋面设置了采光顶。正式体育比赛时或为防止阳光直射，往往需设计遮阳系统，应利用遮阳系统兼顾吸声。

**2.3.3** 有些比赛大厅采用大面积玻璃窗作为比赛大厅与室外的分隔构造，或者在观众席后部的墙上设玻璃窗，这些玻璃窗一般面积都比较大并且玻璃的吸声

系数又较小，因此在这些窗前设有吸声效果的窗帘（如：厚重织物窗帘），对增加吸声量、防止出现声缺陷都是有益的。同时窗帘还能起到调节比赛大厅内光线、保温的作用。另外比赛大厅内可能有控制室、评论员室以及贵宾室等房间的观察窗，这些窗在使用时窗前不能有遮挡物，并且面积一般不大，所以这些窗可不设窗帘。如一定要对这些窗进行声学处理，可将窗玻璃倾斜，把声音反射到无害之处去。

**2.3.4** 比赛大厅内设有记分牌的墙面及部分其他墙面面积较大，无吸声处理易产生强反射或回声，应对这些墙做吸声处理。

**2.3.5** 比赛场地周围矮墙、看台栏板一般为平行、坚硬平面，容易出现回声、颤动回声，在比赛场地周围的矮墙、看台栏板上设置吸声构造可消除可能出现的声缺陷。

**2.3.6** 有一些体育馆采用了比赛大厅与休息大厅连通的建筑形式，如果休息大厅与比赛大厅的混响时间相差较大，则会产生耦合效应，影响比赛大厅的声环境，因此要求在休息大厅内进行一定的吸声处理，保证休息大厅的混响时间与比赛大厅的混响时间相近。

**2.3.7** 游泳馆内为高潮湿环境，而吸声材料长期处于高潮湿环境中，会导致两个方面的问题，一方面是材料本身由于长期暴露在潮湿环境中而导致的变质和老化，另一方面是潮湿环境对材料声学性能的影响。一般多孔吸声材料的吸声机理是依靠空气与材料内部连通的空隙摩擦而消耗声能，而在高潮湿环境中，水分可能渗入到材料内部，影响材料内部空隙的连通性，从而影响材料的吸声特性。所以在进行游泳馆内吸声材料的防潮处理时应同时考虑这两方面的因素。

**2.3.8** 网球比赛时运动员需要依靠球落地的声音判断球的位置，如果网球馆中有回声和多重回声，会影响运动员的判断力，因此设置本条。

**2.3.9** 由于一些体育场看台有较深的挑棚，而在挑棚深处会出现声音衰减较慢的情况，影响扩声系统的清晰度，因此设置本条。

**2.3.10** 由于主席台和裁判席通常是使用传声器的区域，所以在主席台、裁判席周围壁面应做吸声处理有利于提高扩声系统的传声增益。

**2.3.11** 没有观众席的体育馆、训练馆和游泳馆主要是用于运动员训练和群众体育活动，由于没有观众，所以如果不做任何吸声处理，则会导致室内混响时间过长，虽然这类场馆对声环境要求不是太高，但过长的混响时间和明显的声学缺陷也会影响训练和活动的效果，所以制定此条。

**2.3.12** 为了满足表 2.2.4 中对辅助房间混响时间的要求，这些房间在进行装修设计时必须考虑进行吸声处理。

# 3 噪声控制

## 3.1 一般规定

**3.1.1** 为了有效而经济地控制噪声，须在建筑物的用地确定后，就将对声环境质量的要求作为总图布置、单体建筑设计的重要依据之一。在此基础上再考虑必要的隔声、吸声、消声、隔振等措施。室内噪声源主要是通风、空调、照明等设备系统，这些设备系统的选型对于室内背景噪声级有很大的影响，如采用"下送上回"的置换式通风系统可大大降低空调的噪声。

**3.1.2** 由于大、中型体育馆采用了空调设备，这些机房及其附属设备（例如冷却塔等）的噪声会对周围环境产生干扰，因此在设计时必须按照国家的有关环境噪声标准同时考虑解决。

## 3.2 室内背景噪声限值

**3.2.2** 这里的噪声限值采用国际标准化组织（ISO）噪声评价 NR（Noise Rating）曲线族，有利于工程设计中按频率（倍频带中心频率）来处理噪声。通过对近几年新建的体育馆的背景噪声的测试调查，发现满足比赛大厅 NR-35 限值要求的体育馆较少，大多数处于 NR-40 以下，有的甚至超过 NR-40。其噪声主要来自空调与通风系统，且随着体育馆越大，等级越高，所需的空调、通风设备容量越大，噪声治理的难度也越大。另外，在观看体育比赛时观众所发出的噪声通常会远高于馆内的背景噪声。因此，本次修订规程将比赛大厅背景噪声限值确定为 NR-40。体育馆往往需要具备体育比赛、演出、集会等多种用途，对于以演出、集会等为主要用途的体育馆，可按多用途厅堂的背景噪声要求进行设计。

贵宾休息室的噪声限值是依据现行国家标准《民用建筑隔声设计规范》GB 50118 中的有关规定而确定的。

评论员室、播音室的噪声限值参照《有线广播录音、播音室声学设计规范和技术用房技术要求》GYJ 26 中有关规定而确定的。

不同噪声源产生的噪声频谱有差异，A 计权声级的数值与噪声评价曲线 NR 数之间并不总是存在 "$NR = L_A - 5$" 的关系。部分噪声评价曲线 NR 值与倍频程声压级的对应关系见表 1。

**表 1 噪声评价曲线 NR 值对应的
各倍频程声压级**（dB）

| NR 值 | 倍频程中心频率（Hz） | | | | | | | | |
|---|---|---|---|---|---|---|---|---|---|
| | 31.5 | 63 | 125 | 250 | 500 | 1000 | 2000 | 4000 | 8000 |
| NR-30 | 76 | 59 | 48 | 39 | 34 | 30 | 26 | 25 | 23 |

续表 1

| NR 值 | 倍频程中心频率（Hz） | | | | | | | | |
|---|---|---|---|---|---|---|---|---|---|
| | 31.5 | 63 | 125 | 250 | 500 | 1000 | 2000 | 4000 | 8000 |
| NR-35 | 79 | 63 | 52 | 44 | 38 | 35 | 32 | 30 | 28 |
| NR-40 | 82 | 67 | 56 | 49 | 43 | 40 | 37 | 35 | 33 |

## 3.3 噪声控制和其他声学要求

**3.3.1** 为了减弱外界噪声对比赛大厅的影响以及避免大厅声响对周围环境产生干扰，比赛大厅的外围护结构应具有必要的隔声量，特别是对于隔声较差的外围护透光构件应采取必要措施提高其隔声性能。近年来，大跨度轻质屋面在体育馆建筑中得到了广泛运用。这些轻质屋面隔绝外界雨致噪声、风致噪声的能力较差。在条件许可的情况下，根据大厅的使用要求，可采取适当的隔声、减振措施。

**3.3.3** 为了避免评论员室相互之间的干扰，应保证评论员室之间的隔墙具有必要的隔声能力。

**3.3.4** 空调系统的消声降噪处理，应首先考虑用土建方式解决大风量通风的消声。实践证明这种方式不仅可以充分利用空间、消声频带较宽、花费较少，而且隔声效果又好。采用"下送上回"的置换式通风系统也可大大降低空调的噪声。

**3.3.5** 系指因用地条件所限，在建筑群总体布置、单体建筑设计都做了充分的考虑后而无法完全避免设备用房与主体建筑相连的情况，必须考虑采取特殊的降噪、减振措施。

# 4 扩声系统设计

## 4.1 一般规定

**4.1.3** 固定系统永久性地安装于场馆内，供日常体育比赛活动使用。当场馆进行非体育比赛活动（如文艺活动）时，这些活动使用要求变化大，质量要求高，但次数少。如有特殊声音艺术效果要求的文艺演出，无论从技术考虑还是从经济上考虑，这类活动的扩声设施以部分或全部临时安装为宜。固定安装系统就只是作为广播通知等语言类扩声配合使用。

**4.1.4** 在实际活动中，主扩声系统和辅助系统有时同时独立工作，向不同的听众扩声；有时需合并为一个系统。

**4.1.5** 主要观众席一般指主席台、裁判席等。在主要观众席和比赛场地周边等设置综合输入、输出接口，是为方便拾取各种需要的信号。

**4.1.6** 扩声系统对服务区以外区域不应造成环境噪声污染是为提高环境质量。

### 4.2 扩声特性指标

**4.2.1** 将体育馆与体育场的特性指标分别列出是为引导建设方区别对待。游泳馆等有观众席的室内比赛场馆扩声系统特性指标可参考体育馆标准使用。

大部分区域，一般指80%区域即可。

系统噪声取决于系统电指标信噪比，在系统正常工作时，电噪声远低于馆内背景噪声，故不需对系统噪声作定量规定。如因系统工作不正常引起的交流声及咝声，则应排除故障。

**4.2.3** 检录、呼叫广播系统的声场不均匀度指标，表示的是额定条件下所服务区域内声压级极大值和声压级极小值的差值。

### 4.3 主扩声系统

**4.3.1** 体育馆扩声传声器的指向特性严重地影响系统的传声增益，故强调之。在场馆中，一般传声器线很长，故以低阻平衡为宜。

**4.3.4** 本条规定为了提高传声增益，同时为避免声场的强度—时间结构不合理而造成声缺陷，影响清晰度。

**4.3.6** 暗装扬声器系统外面的装饰会影响扬声器系统的辐射特性（频响、指向性等），因此推荐明装。但有时不可避免暗装扬声器系统。在设计时，格条尺寸（宽度和厚度）可按小于控制频率范围的上限频率波长的1/2考虑，以尽可能减少对扬声器系统服务角度内直达声辐射的影响。

### 4.4 辅助系统

**4.4.5**

2 水下扬声器安装在游泳池与泳道相平行的两侧池壁上，依据现有的技术资料：安装高度为扬声器中心距水面1.20m。

水下扬声器也可临时设置。

3 由于声波在水中传播的速度是在空气中传播速度的4倍多，所以要对水下声信号延时，以保证运动员在水中和水面能听到同步的声音。

### 4.5 扩声控制室与功放机房

**4.5.3** 目前不少扩声设备和设备机柜带有冷却用的排风扇、电源变压器等，运转时产生噪声，影响工作，因此建议在可能条件下设置设备室。

**4.5.9** 可控硅调光设备干扰扩声系统的主要途径之一就是通过电源，因此应尽可能将扩声设备的电源与可控硅调光设备的电源分开。

## 5 声 学 测 量

### 5.1 一 般 规 定

**5.1.1** 体育场馆竣工后的声学测试对检验体育场馆是否达到声学设计要求和清楚了解体育场馆的声学状况便于日后使用都是必要的。对总结声学设计的经验教训，提高声学设计水平也是十分有益的。

**5.1.2** 由于体育场内的背景噪声主要受体育场周围环境噪声影响，所以本规程第3章"噪声控制"中未明确规定体育场内的背景噪声限值。但也还有需要知道体育场内背景噪声的情形，不论是为了解体育场内的安静程度，还是测量其他扩声参数时需要核实信噪比，都需要对体育场内的背景噪声进行测量。因此本条没有对体育场内的背景噪声像其他声学参数那样严格规定为测量项目，而是作为可以选择的项目。

**5.1.3** 本规程第4.2.1条、4.2.2条中规定允许比赛场地扩声特性指标比观众席降低一级。为便于分别考核观众席、比赛场地的声学状况，允许对测得的数据分别加以统计。

**5.1.4** 因为希望了解在各位置上声压级的分布情况，故采用算术平均。

**5.1.5** 本规程所列的必测声学特性指标还不够充分地决定音质和清晰度。而在一般工程中，不可能进行繁复的、带有探索性的项目测试。为保证听感符合使用要求，规定作主观试听是必要的。

### 5.2 测 量 仪 器

**5.2.10** 《Acoustics-Measurement of room acoustic parameters-Part 1：Performance spaces》ISO 3382-1：2009中规定：给出指数平均的连续衰变曲线的测量装置，其指数平均时间应小于且尽量接近$T/30$（$T$为所要测量的混响时间值）；给出由许多单个短时线性平均数据组成的不间断衰变曲线的测量装置，其线性平均时间应小于$T/12$。

对于体育馆来说，较高频率的混响时间值可能小于1s，那么1/32s的指数平均时间有可能大于$T/30$。而1/64s的指数平均时间可以保证，即使是0.5s的混响时间，仍然满足指数平均时间小于$T/30$。1/25s的线性平均时间可以保证，即使是0.5s的混响时间，仍然满足线性平均时间小于$T/12$。因此规定：输出指数平均声压级的测量装置，其指数平均时间常数应不大于1/64s；输出线性平均声压级的测量装置，其线性平均时间常数不应大于1/25s。

**5.2.13** 根据体育场馆声学测量的具体需求以及测量原理，本规程对测量仪器的功能、准确度的基本要求做了规定。由于新型测量仪器的推出或测量仪器的升级换代较快，故本规程不排斥使用达到同等准确度的其他测量仪器。

### 5.3 测 量 条 件

**5.3.3** 传声器输入、线路输入通路的均衡通常设有低频段、中频段、高频段调节，当这些调节均置于"0"位置时，传声器输入、线路输入通路的幅度频率响应是平直的，因而业内一般也将传声器输入、线路输入通路的均衡调节的"0"位置通俗地称为"平直"位置。

扩声系统中传声器输入、线路输入通路的音调调节是用来根据不同需要对声音信号进行不同处理，不是声系统的固定音调补偿，所以测量时需排除这一因素。

**5.3.4** 依据现行国家标准《厅堂扩声特性测量方法》GB/T 4959 及《厅堂混响时间测量规范》GBJ 76 中的相关规定确定。

**5.3.6**

**1** 为避免墙面、地面等反射面对测量数据的影响，测点与墙面、地面的距离应大于所测 1/3 或 1/1 倍频带中心频率的 1/4 波长。除背景噪声外，体育场馆测量项目的下限中心频率为 63Hz～125Hz，其 1/4 波长为 1m 左右。观众坐在椅子上，观众耳朵的实际平均高度为 1.2m。中国男子站立时，耳朵平均高度为 1.55 m，加上鞋底厚度，耳朵平均高度近 1.6m。测点距地面的高度是综合考虑以上因素而规定的。

**2** 根据体育场馆座位多，声场常具对称性的特点，强调选点的代表性，以减少测量工作量。为使测点分布均匀，可在测量区域内每隔几个座位选一列，再每隔几排选一点。

**3～5** 根据体育馆的使用功能，其声学要求不如剧院、音乐厅那样高，为对体育馆的声学状况有一基本了解并减少测量工作量，故如此规定测点数目。

### 5.4 测 量 方 法

本规程给出的各声学参数的测量方法，是针对体育场馆的使用特点而提出的相对简便、普遍使用的测量方法。对于某些声学参数还有其他测量方法，例如：测量最大声压级还可采用电输入窄带噪声法、声输入窄带噪声法、声输入宽带噪声法，测量混响时间还可采用脉冲响应积分法，等等。

**5.4.2、5.4.3** 由于体育场馆的比赛场地面积大、观众席座位多，为提高测量工作效率，采用宽带噪声法。

**5.4.3**

**1** 在体育场馆中举行的各种活动（集会、比赛、演出等），使用扩声系统时，传声器一般均距使用者较近，很少有远距离拾声的情况出现，所以只规定测试声源置于传声器前 0.5m。

当设计所定的传声器使用点不明确时，将传声器置于主席台一排中点及主席台中线上、距主席台 2/3 比赛场地宽度处是基于以下几点考虑：

    1）在体育场馆举行的大多数活动，一般都要在主席台一排设置、使用传声器；

    2）在进行羽毛球决赛、乒乓球决赛等比赛时，主裁判的传声器位置大约在主席台中线上、

距主席台 2/3 比赛场地宽度处；

    3）在体育馆比赛场地上设置演出区时，一般都设在主席台对面的比赛场地上。传声器的使用范围大致为从比赛场地中部至远离主席台一侧的比赛场地。

因此当设计所定的使用点不明确时，按本条规定确定传声器使用点就能基本了解大多数使用情况下的传声增益。

**2** 此时扩声系统达到最高可用增益。

**5.4.4** 在测量及数据处理工作量方面，宽带噪声法比窄带噪声法要少很多，故采用宽带噪声法测量。

测量最大声压级时，声级太低对声场激发不够，但信号太强，容易损坏扩声系统高音扬声器驱动器，因此建议用 1/10～1/4 设计使用功率。对于主扩声系统，当声压级接近 90dB 时还可用小于 1/10 的设计使用功率；对于辅助系统，当声压级接近 85dB 时还可用小于 1/10 的设计使用功率。

**5.4.7** 在体育馆内举行活动时，观众实际感受到的混响是比赛大厅内的扩声系统扬声器发声情况下的混响。由于混响时间与声源的指向特性及所处位置有关，为了测量观众实际感受到的混响时间，所以采用扩声系统的扬声器系统作为测试声源。

**5.4.8** 由于声源位置不同将测得不同混响时间，所以在测量混响时间时，应使测试声源的位置尽量接近实际使用情况下声源的位置。对于未设扩声系统的训练馆或不考虑扩声系统情况下的体育馆，使用情况下的声源主要是运动员在场地上训练、比赛等活动产生的声音。运动员在场地上活动，可能到达场地所有位置，也就是说场地各处都可能是声源位置。但大多数情况运动员还是在场地中部区域活动，场地中部区域各处的混响时间与场地中央的混响时间相差不多，在只选一个测试声源位置的情况下，场地中央是个不错的选择。另外，将测试声源放在场地上也比较简便，容易实现。考虑到上述因素，所以规定将测试声源置于比赛场地中央。

### 附录A 扩声系统语言传输指数（STIPA）指标及测量方法

扩声系统语言传输指数（STIPA-SPEECH TRANSMISSION INDEX FOR PUBLIC ADDRESS SYSTEMS）是语言传输指数（STI）的简化形式，适用于评价扩声系统的语言传输质量，是客观评价语言清晰度的方法之一。

扩声系统语言传输指数（STIPA），也是基于调制转移函数（MTF）而得出的，并用来评价语言清晰度。但与测量语言传输指数（STI）相比，大大减

少了测量时间，一次测量只需要10s到15s。

与STI法需要98个受到不同低频正弦强度调制的1/2倍频程窄带噪声载波不同的是，STIPA法只需要12个调制频率和7个1/2倍频程窄带噪声载波，具体组合见表A.0.3-1。

相关内容可参见《Sound system equipment-Part 16：Objective rating of speech intelligibility by speech transmission index》IEC 60268-16：2003。

客观评价语言清晰度的参数是很重要的，但各种评价参数（如D50、AL$_{CONS}$％等）还没有统一，语言传输指数（STI）是目前使用较多、较普遍的评价参数。然而，汉语语言清晰度与语言传输指数（STI）之间关系的研究还较少，故本次修订将扩声系统语言传输指数（STIPA）列为附录。

**A.0.2** 使用扩声系统语言传输指数噪声测试信号、扩声系统语言传输指数测量装置，只是测量扩声系统语言传输指数的方法之一。

一般来说，声源的指向性是影响语言清晰度的重要因素，因此评价声音未经放大的发语人的语言清晰度，需要有与人嘴有相同指向特性的模拟器作为声源。如果语言由扩声系统放出来，通常可以不用这样的模拟器。

STIPA测量原理如图1所示。

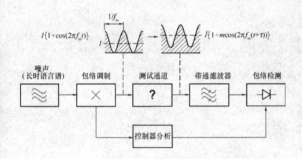

图1　STIPA测量原理图

本规程表4.2.1中规定一级、二级、三级体育馆主扩声系统的最大声压级分别为不小于105dB、不小于100dB、不小于95dB，本规程表4.2.2中规定一级、二级体育场主扩声系统的最大声压级分别为不小于105dB、不小于98dB，这些扩声系统放送85dB（A）的扩声系统语言传输指数（STIPA）噪声测试信号没有困难。本规程表4.2.2中规定三级体育场主扩声系统的最大声压级为90dB，这些扩声系统放送80dB（A）的扩声系统语言传输指数（STIPA）噪声测试信号没有困难。80～85dB（A）的噪声测试信号相对于正常体育场馆的背景噪声可以保证15dB以上的信噪比。

本规程表4.2.3中规定检录、呼叫广播系统的最大声压级为不小于85dB，这些检录、呼叫广播系统放送75dB（A）的扩声系统语言传输指数（STIPA）

噪声测试信号没有困难。75dB（A）的噪声测试信号相对于检录、呼叫广播系统所服务区域的正常背景噪声可以保证15dB以上的信噪比。

**A.0.3** 表A.0.3-2中给出的实际上是IEC 60268-16：2003中规定的男声长时语言频谱。IEC 60268-16：2003中也规定了女声的长时语言频谱，见表2。从表2可以看到，女声的长时语言频谱中不包含中心频率为125 Hz的倍频带。因而，女声的长时语言频谱比男声的长时语言频谱窄一些。

**表2　女声长时语言的各倍频带声压级、
A计权声级的相对关系**

| 倍频带中心频率（Hz） | 125 | 250 | 500 | 1000 | 2000 | 4000 | 8000 | A计权 |
|---|---|---|---|---|---|---|---|---|
| 声压级（dB） | — | 5.3 | −1.9 | −9.1 | −15.8 | −16.7 | −18.0 | 0.0 |

**A.0.5**

2 扩声系统中可能包括的声码器：线性预测编码（LPC），码激励线性预测编码（CELP），剩余激励线性预测编码（RELP）等。

4 如果是或可能是第4种情形，宜使用语言传输指数（STI）法测量，或者用语言传输指数（STI）法来验证用扩声系统语言传输指数（STIPA）法测得的结果。

# 附录B　游泳池水下广播系统扩声特性指标及测量方法

## B.1　游泳池水下广播系统扩声特性指标

根据近年来国内新建的几座符合国际比赛标准的游泳馆的游泳池水下广播系统的测试调查结果，并对其统计分析后，提出游泳池水下广播系统的扩声特性指标。

## B.4　游泳池水下广播系统扩声特性的测量条件

**B.4.4**

1 花样游泳运动员表演、比赛的区域通常在游泳池中部。

花样游泳运动员的耳朵与其脚底的距离一般为1.4m～1.6m。当花样游泳运动员站立在游泳池底时，她们的耳朵距游泳池底一般不会小于1.4m。当花样游泳运动员头朝下直立没入水中时，她们的耳朵距游泳池水面一般不会超过1.8m。而花样游泳比赛要求水深不小于 3m，这也就是说距游泳池底 1.2m 以上的水域为花样游泳运动员的耳朵可能到达的空间。

**2** 所谓对称，不仅指游泳池平面形状对称，还包含游泳池水下扬声器的位置对称。

**3** 花样游泳比赛要求游泳池至少 20m 宽、30m 长，游泳池往往建成 25m 宽、50m 长的长方形，那么 1/2 花样游泳比赛区域为 10m～12.5m 宽、30m 长。如果间隔 5m 布一个测点，则至少需 18 个测点才能覆盖 1/2 花样游泳比赛区域。

# 中华人民共和国国家标准

# 建筑采光设计标准

Standard for daylighting design of buildings

GB 50033—2013

主编部门：中华人民共和国住房和城乡建设部
批准部门：中华人民共和国住房和城乡建设部
施行日期：２０１３年５月１日

# 中华人民共和国住房和城乡建设部
# 公　告

## 第 1607 号

## 住房城乡建设部关于发布国家标准
## 《建筑采光设计标准》的公告

现批准《建筑采光设计标准》为国家标准，编号为 GB 50033-2013，自 2013 年 5 月 1 日起实施。其中，4.0.1、4.0.2、4.0.4、4.0.6 为强制性条文，必须严格执行。原《建筑采光设计标准》GB/T 50033-2001 同时废止。

本标准由我部标准定额研究所组织中国建筑工业出版社出版发行。

**中华人民共和国住房和城乡建设部**
2012 年 12 月 25 日

## 前　言

本标准是根据住房和城乡建设部《关于印发〈2009 年工程建设标准规范制订、修订计划〉的通知》（建标 [2009] 88）号的要求，由中国建筑科学研究院会同有关单位共同在原标准《建筑采光设计标准》GB/T 50033-2001 的基础上修订完成的。

本标准在编制过程中，编制组经调查研究、模拟计算、实验验证，认真总结实践经验，参考有关国际标准和国外先进标准，并在广泛征求意见的基础上，最后经审查定稿。

本标准共分为 7 章和 5 个附录，主要技术内容包括：总则、术语和符号、基本规定、采光标准值、采光质量、采光计算和采光节能等。

本次修订的主要技术内容是：

1. 将侧面采光的评价指标采光系数最低值改为采光系数平均值；室内天然光临界照度值改为室内天然光设计照度值。

2. 扩展了标准的使用范围，增加了展览建筑、交通建筑和体育建筑的采光标准值。

3. 给出了对应于采光系数平均值的计算方法。

4. 新增了"采光节能"一章并规定了采光节能计算方法。

本标准中以黑体字标志的条文为强制性条文，必须严格执行。

本标准由住房和城乡建设部负责管理和对强制性条文的解释，由中国建筑科学研究院负责具体技术内容的解释。本标准在执行过程中如有意见或建议，请寄送中国建筑科学研究院建筑环境与节能研究院（北京市北三环东路 30 号，邮编：100013）。

本 标 准 主 编 单 位：中国建筑科学研究院

本 标 准 参 编 单 位：中国建筑设计研究院
北京市建筑设计研究院有限公司
清华大学
中国城市规划设计研究院
中国航空规划建设发展有限公司
上海市规划和国土资源管理局
苏州中节能索乐图日光科技有限公司
北京科博华建材有限公司
北京东方风光新能源技术有限公司
3M 中国有限公司
北京奥博泰科技有限公司

本标准主要起草人员：赵建平　林若慈　顾均
叶依谦　张昕　张播
陈海风　田峰　张建平
罗涛　王书晓　周清理
康健　刘志东　王炜
张喆民　张滨

本标准主要审查人员：詹庆旋　邵韦平　张绍纲
祝昌汉　宋小冬　李建广
殷波　王晓兵　杨益华
沈久忍　王立雄

# 目　次

# Contents

# 1 总　　则

**1.0.1** 为了在建筑采光设计中，贯彻国家的法律法规和技术经济政策，充分利用天然光，创造良好光环境、节约能源、保护环境和构建绿色建筑，制定本标准。

**1.0.2** 本标准适用于利用天然采光的民用建筑和工业建筑的新建、改建和扩建工程的采光设计。

**1.0.3** 建筑采光设计应做到技术先进、经济合理，有利于视觉工作和身心健康。

**1.0.4** 建筑采光设计除应符合本标准外，尚应符合国家现行有关标准的规定。

# 2　术语和符号

## 2.1　术　　语

**2.1.1** 参考平面　reference surface
测量或规定照度的平面。

**2.1.2** 照度　illuminance
表面上一点的照度是入射在包含该点面元上的光通量除以该面元面积之商。

**2.1.3** 室外照度　exterior illuminance
在天空漫射光照射下，室外无遮挡水平面上的照度。

**2.1.4** 室内照度　interior illuminance
在天空漫射光照射下，室内给定平面上某一点的照度。

**2.1.5** 采光系数　daylight factor
在室内参考平面上的一点，由直接或间接地接收来自假定和已知天空亮度分布的天空漫射光而产生的照度与同一时刻该天空半球在室外无遮挡水平面上产生的天空漫射光照度之比。

**2.1.6** 采光系数标准值　standard value of daylight factor
在规定的室外天然光设计照度下，满足视觉功能要求时的采光系数值。

**2.1.7** 室外天然光设计照度　design illuminance of exterior daylight
室内全部利用天然光时的室外天然光最低照度。

**2.1.8** 室内天然光照度标准值　standard value of interior daylight illuminance
对应于规定的室外天然光设计照度值和相应的采光系数标准值的参考平面上的照度值。

**2.1.9** 光气候　daylight climate
由太阳直射光、天空漫射光和地面反射光形成的天然光状况。

**2.1.10** 年平均总照度　annual average total illuminance
按全年规定时间统计的室外天然光总照度。

**2.1.11** 光气候系数　daylight climate coefficient
根据光气候特点，按年平均总照度值确定的分区系数。

**2.1.12** 室外天然光临界照度　critical illuminance of exterior daylight
室内需要全部开启人工照明时的室外天然光照度。

**2.1.13** 采光均匀度　uniformity of daylighting
参考平面上的采光系数最低值与平均值之比。

**2.1.14** 不舒适眩光　discomfort glare
在视野中由于光亮度的分布不适宜，或在空间或时间上存在着极端的亮度对比，以致引起不舒适的视觉条件。本标准中的不舒适眩光特指由窗引起的不舒适眩光。

**2.1.15** 窗地面积比　ratio of glazing to floor area
窗洞口面积与地面面积之比。对于侧面采光，应为参考平面以上的窗洞口面积。

**2.1.16** 采光有效进深　depth of daylighting zone
侧面采光时，可满足采光要求的房间进深。本标准用房间进深与参考平面至窗上沿高度的比值来表示。

**2.1.17** 导光管采光系统　tubular daylighting system
一种用来采集天然光，并经管道传输到室内，进行天然光照明的采光系统，通常由集光器、导光管和漫射器组成。

**2.1.18** 导光管采光系统效率　efficiency of the tubular daylighting system
导光管采光系统的漫射器输出光通量与集光器输入光通量之比。

**2.1.19** 采光利用系数　daylight utilization factor
被照面接受到的光通量与天窗或集光器接受到来自天空的光通量之比。

**2.1.20** 光热比　light to solar gain ratio
材料的可见光透射比与太阳能总透射比的比值。

**2.1.21** 透光折减系数　transmitting rebate factor
透射漫射光照度与漫射光照度之比。

## 2.2　符　　号

**2.2.1** 照度
$E_w$——室外照度；
$E_n$——室内照度；
$E_s$——室外天然光设计照度；
$E_q$——年平均总照度；
$E_1$——室外天然光临界照度；
$C$——采光系数，用（%）表示；
$K$——光气候系数。

## 2.2.2 计算系数

$K_c$——侧面采光的窗宽系数，为窗宽度与房间宽度之比；

$G_c$——侧面采光的窗高系数，为窗高度与层高之比；

$K_j$——天窗或采光罩的井壁挡光折减系数；

$\tau$——窗的总透射比；

$\eta$——导光管的采光系统效率；

$CU$——采光利用系数；

$T_r$——透光折减系数；

$\tau_0$——采光材料的透射比；

$r$——光热比；

$\tau_c$——窗结构的挡光折减系数；

$\tau_w$——窗玻璃的污染折减系数；

$\tau_j$——室内构件的挡光折减系数；

$\rho$——材料的反射比；

$\rho_j$——室内各表面反射比的加权平均值；

$\rho_p$——顶棚饰面材料的反射比；

$\rho_q$——墙面饰面材料的反射比；

$\rho_d$——地面饰面材料的反射比；

$\rho_c$——普通玻璃窗的反射比。

## 2.2.3 几何特征

$A_p$——顶棚面积；

$A_q$——墙面面积；

$A_d$——地面面积；

$A_c$——窗洞口面积；

$A_t$——导光管的有效采光面积；

$A_z$——室内表面总面积；

$d_c$——窗间距；

$D_d$——窗对面遮挡物与窗的距离；

$H_d$——窗对面遮挡物距窗中心的平均高度；

$h_c$——窗高；

$h_s$——参考平面至窗上沿高度；

$h_x$——参考平面至窗下沿高度；

$l$——房间的长度或侧窗采光时的开间宽度；

$b$——房间的进深或跨度；

$\theta$——天空角，从窗中心点计算的垂直可见天空的角度。符号为 $\theta$，单位为°。

# 3 基 本 规 定

**3.0.1** 本标准应以采光系数和室内天然光照度作为采光设计的评价指标。室内某一点的采光系数 $C$，可按下式计算：

$$C = \frac{E_n}{E_w} \times 100\% \qquad (3.0.1)$$

式中 $E_n$——室内照度；

$E_w$——室外照度。

**3.0.2** 本标准规定的采光系数标准值和室内天然光

照度标准值应为参考平面上的平均值。各类场所的采光系数和室内天然光照度应符合本标准第 4 章的规定。

**3.0.3** 各采光等级参考平面上的采光标准值应符合表 3.0.3 的规定。

表 3.0.3 各采光等级参考平面上的采光标准值

| 采光等级 | 侧面采光 | | 顶部采光 | |
|---|---|---|---|---|
| | 采光系数标准值（%） | 室内天然光照度标准值（lx） | 采光系数标准值（%） | 室内天然光照度标准值（lx） |
| Ⅰ | 5 | 750 | 5 | 750 |
| Ⅱ | 4 | 600 | 3 | 450 |
| Ⅲ | 3 | 450 | 2 | 300 |
| Ⅳ | 2 | 300 | 1 | 150 |
| Ⅴ | 1 | 150 | 0.5 | 75 |

注：1 工业建筑参考平面取距地面 1m，民用建筑取距地面 0.75m，公用场所取地面。

2 表中所列采光系数标准值适用于我国Ⅲ类光气候区，采光系数标准值是按室外设计照度值 15000lx 制定的。

3 采光标准的上限值不宜高于上一采光等级的级差，采光系数值不宜高于 7%。

**3.0.4** 光气候分区应按本标准附录 A 确定。各光气候区的室外天然光设计照度值应按表 3.0.4 采用。所在地区的采光系数标准值应乘以相应地区的光气候系数 $K$。

表 3.0.4 光气候系数 $K$ 值

| 光气候区 | Ⅰ | Ⅱ | Ⅲ | Ⅳ | Ⅴ |
|---|---|---|---|---|---|
| $K$ 值 | 0.85 | 0.90 | 1.00 | 1.10 | 1.20 |
| 室外天然光设计照度值 $E_s$（lx） | 18000 | 16500 | 15000 | 13500 | 12000 |

**3.0.5** 对于Ⅰ、Ⅱ采光等级的侧面采光，当开窗面积受到限制时，其采光系数值可降低到Ⅲ级，所减少的天然光照度应采用人工照明补充。

**3.0.6** 在建筑设计中应为窗户清洁和维修创造便利条件。

**3.0.7** 采光设计实际效果的检验，应按现行国家标准《采光测量方法》GB/T 5699 的有关规定执行。

# 4 采 光 标 准 值

**4.0.1** 住宅建筑的卧室、起居室（厅）、厨房应有直接采光。

**4.0.2** 住宅建筑的卧室、起居室（厅）的采光不应低于采光等级Ⅳ级的采光标准值，侧面采光的采光系数不应低于2.0%，室内天然光照度不应低于300lx。

**4.0.3** 住宅建筑的采光标准值不应低于表4.0.3的规定。

表4.0.3 住宅建筑的采光标准值

| 采光等级 | 场所名称 | 侧面采光 | |
| --- | --- | --- | --- |
| | | 采光系数标准值（%） | 室内天然光照度标准值（lx） |
| Ⅳ | 厨房 | 2.0 | 300 |
| Ⅴ | 卫生间、过道、餐厅、楼梯间 | 1.0 | 150 |

**4.0.4** 教育建筑的普通教室的采光不应低于采光等级Ⅲ级的采光标准值，侧面采光的采光系数不应低于3.0%，室内天然光照度不应低于450lx。

**4.0.5** 教育建筑的采光标准值不应低于表4.0.5的规定。

表4.0.5 教育建筑的采光标准值

| 采光等级 | 场所名称 | 侧面采光 | |
| --- | --- | --- | --- |
| | | 采光系数标准值（%） | 室内天然光照度标准值（lx） |
| Ⅲ | 专用教室、实验室、阶梯教室、教师办公室 | 3.0 | 450 |
| Ⅴ | 走道、楼梯间、卫生间 | 1.0 | 150 |

**4.0.6** 医疗建筑的一般病房的采光不应低于采光等级Ⅳ级的采光标准值，侧面采光的采光系数不应低于2.0%，室内天然光照度不应低于300lx。

**4.0.7** 医疗建筑的采光标准值不应低于表4.0.7的规定。

表4.0.7 医疗建筑的采光标准值

| 采光等级 | 场所名称 | 侧面采光 | | 顶部采光 | |
| --- | --- | --- | --- | --- | --- |
| | | 采光系数标准值（%） | 室内天然光照度标准值（lx） | 采光系数标准值（%） | 室内天然光照度标准值（lx） |
| Ⅲ | 诊室、药房、治疗室、化验室 | 3.0 | 450 | 2.0 | 300 |
| Ⅳ | 医生办公室（护士室）候诊室、挂号处、综合大厅 | 2.0 | 300 | 1.0 | 150 |

续表4.0.7

| 采光等级 | 场所名称 | 侧面采光 | | 顶部采光 | |
| --- | --- | --- | --- | --- | --- |
| | | 采光系数标准值（%） | 室内天然光照度标准值（lx） | 采光系数标准值（%） | 室内天然光照度标准值（lx） |
| Ⅴ | 走道、楼梯间、卫生间 | 1.0 | 150 | 0.5 | 75 |

**4.0.8** 办公建筑的采光标准值不应低于表4.0.8的规定。

表4.0.8 办公建筑的采光标准值

| 采光等级 | 场所名称 | 侧面采光 | |
| --- | --- | --- | --- |
| | | 采光系数标准值（%） | 室内天然光照度标准值（lx） |
| Ⅱ | 设计室、绘图室 | 4.0 | 600 |
| Ⅲ | 办公室、会议室 | 3.0 | 450 |
| Ⅳ | 复印室、档案室 | 2.0 | 300 |
| Ⅴ | 走道、楼梯间、卫生间 | 1.0 | 150 |

**4.0.9** 图书馆建筑的采光标准值不应低于表4.0.9的规定。

表4.0.9 图书馆建筑的采光标准值

| 采光等级 | 场所名称 | 侧面采光 | | 顶部采光 | |
| --- | --- | --- | --- | --- | --- |
| | | 采光系数标准值（%） | 室内天然光照度标准值（lx） | 采光系数标准值（%） | 室内天然光照度标准值（lx） |
| Ⅲ | 阅览室、开架书库 | 3.0 | 450 | 2.0 | 300 |
| Ⅳ | 目录室 | 2.0 | 300 | 1.0 | 150 |
| Ⅴ | 书库、走道、楼梯间、卫生间 | 1.0 | 150 | 0.5 | 75 |

**4.0.10** 旅馆建筑的采光标准值不应低于表4.0.10的规定。

表4.0.10 旅馆建筑的采光标准值

| 采光等级 | 场所名称 | 侧面采光 | | 顶部采光 | |
| --- | --- | --- | --- | --- | --- |
| | | 采光系数标准值（%） | 室内天然光照度标准值（lx） | 采光系数标准值（%） | 室内天然光照度标准值（lx） |
| Ⅲ | 会议室 | 3.0 | 450 | 2.0 | 300 |

**续表 4.0.10**

| 采光等级 | 场 所 名 称 | 侧面采光 | | 顶部采光 | |
|---|---|---|---|---|---|
| | | 采光系数标准值（%） | 室内天然光照度标准值（lx） | 采光系数标准值（%） | 室内天然光照度标准值（lx） |
| IV | 大堂、客房、餐厅、健身房 | 2.0 | 300 | 1.0 | 150 |
| V | 走道、楼梯间、卫生间 | 1.0 | 150 | 0.5 | 75 |

**4.0.11** 博物馆建筑的采光标准值不应低于表 4.0.11 的规定。

**表 4.0.11　博物馆建筑的采光标准值**

| 采光等级 | 场 所 名 称 | 侧面采光 | | 顶部采光 | |
|---|---|---|---|---|---|
| | | 采光系数标准值（%） | 室内天然光照度标准值（lx） | 采光系数标准值（%） | 室内天然光照度标准值（lx） |
| III | 文物修复室*、标本制作室*、书画装裱室 | 3.0 | 450 | 2.0 | 300 |
| IV | 陈列室、展厅、门厅 | 2.0 | 300 | 1.0 | 150 |
| V | 库房、走道、楼梯间、卫生间 | 1.0 | 150 | 0.5 | 75 |

注：1 * 表示采光不足部分应补充人工照明，照度标准值为 750lx。
　　2 表中的陈列室、展厅是指对光不敏感的陈列室、展厅，如无特殊要求应根据展品的特征和使用要求优先采用天然采光。
　　3 书画装裱室设置在建筑北侧，工作时一般仅用天然光照明。

**4.0.12** 展览建筑的采光标准值不应低于表 4.0.12 的规定。

**表 4.0.12　展览建筑的采光标准值**

| 采光等级 | 场 所 名 称 | 侧面采光 | | 顶部采光 | |
|---|---|---|---|---|---|
| | | 采光系数标准值（%） | 室内天然光照度标准值（lx） | 采光系数标准值（%） | 室内天然光照度标准值（lx） |
| III | 展厅（单层及顶层） | 3.0 | 450 | 2.0 | 300 |
| IV | 登录厅、连接通道 | 2.0 | 300 | 1.0 | 150 |

**续表 4.0.12**

| 采光等级 | 场 所 名 称 | 侧面采光 | | 顶部采光 | |
|---|---|---|---|---|---|
| | | 采光系数标准值（%） | 室内天然光照度标准值（lx） | 采光系数标准值（%） | 室内天然光照度标准值（lx） |
| V | 库房、楼梯间、卫生间 | 1.0 | 150 | 0.5 | 75 |

**4.0.13** 交通建筑的采光标准值不应低于表 4.0.13 的规定。

**表 4.0.13　交通建筑的采光标准值**

| 采光等级 | 场 所 名 称 | 侧面采光 | | 顶部采光 | |
|---|---|---|---|---|---|
| | | 采光系数标准值（%） | 室内天然光照度标准值（lx） | 采光系数标准值（%） | 室内天然光照度标准值（lx） |
| III | 进站厅、候机（车）厅 | 3.0 | 450 | 2.0 | 300 |
| IV | 出站厅、连接通道、自动扶梯 | 2.0 | 300 | 1.0 | 150 |
| V | 站台、楼梯间、卫生间 | 1.0 | 150 | 0.5 | 75 |

**4.0.14** 体育建筑的采光标准值不应低于表 4.0.14 的规定。

**表 4.0.14　体育建筑的采光标准值**

| 采光等级 | 场 所 名 称 | 侧面采光 | | 顶部采光 | |
|---|---|---|---|---|---|
| | | 采光系数标准值（%） | 室内天然光照度标准值（lx） | 采光系数标准值（%） | 室内天然光照度标准值（lx） |
| IV | 体育馆场地、观众入口大厅、休息厅、运动员休息室、治疗室、贵宾室、裁判用房 | 2.0 | 300 | 1.0 | 150 |
| V | 浴室、楼梯间、卫生间 | 1.0 | 150 | 0.5 | 75 |

注：采光主要用于训练或娱乐活动。

**4.0.15** 工业建筑的采光标准值不应低于表 4.0.15 的规定。

**表 4.0.15 工业建筑的采光标准值**

| 采光等级 | 车间名称 | 侧面采光 | | 顶部采光 | |
|---|---|---|---|---|---|
| | | 采光系数标准值（%） | 室内天然光照度标准值（lx） | 采光系数标准值（%） | 室内天然光照度标准值（lx） |
| I | 特精密机电产品加工、装配、检验、工艺品雕刻、刺绣、绘画 | 5.0 | 750 | 5.0 | 750 |
| II | 精密机电产品加工、装配、检验、通信、网络、视听设备、电子元器件、电子零件加工、抛光、复材加工、纺织品精纺、织造、印染、服装裁剪、缝纫及检验、精密理化实验室、计量室、测量室、主控制室、印刷品的排版、印刷、药品制剂 | 4.0 | 600 | 3.0 | 450 |
| III | 机电产品加工、装配、检修、机库、一般控制室、木工、电镀、油漆、铸工、理化实验室、造纸、石化产品后处理、冶金产品冷轧、热轧、拉丝、粗炼 | 3.0 | 450 | 2.0 | 300 |
| IV | 焊接、钣金、冲压剪切、锻工、热处理、食品、烟酒加工和包装、饮料、日用化工产品、炼铁、炼钢、金属冶炼、水泥加工与包装、配、变电所、橡胶加工、皮革加工、精细库房（及库房作业区） | 2.0 | 300 | 1.0 | 150 |
| V | 发电厂主厂房、压缩机房、风机房、锅炉房、泵房、动力站房、（电石库、乙炔库、氧气瓶库、汽车库、大中件贮存库）一般库房、煤的加工、运输、选煤配料间、原料间、玻璃退火、熔制 | 1.0 | 150 | 0.5 | 75 |

# 5 采光质量

**5.0.1** 顶部采光时，I～IV采光等级的采光均匀度不宜小于0.7。为保证采光均匀度的要求，相邻两天窗中线间的距离不宜大于参考平面至天窗下沿高度的1.5倍。

**5.0.2** 采光设计时，应采取下列减小窗的不舒适眩光的措施：

1 作业区应减少或避免直射阳光；

2 工作人员的视觉背景不宜为窗口；

3 可采用室内外遮挡设施；

4 窗结构的内表面或窗周围的内墙面，宜采用浅色饰面。

**5.0.3** 在采光质量要求较高的场所，宜按本标准附录B进行窗的不舒适眩光计算，窗的不舒适眩光指数不宜高于表5.0.3规定的数值。

**表 5.0.3 窗的不舒适眩光指数（DGI）**

| 采光等级 | 眩光指数值 DGI |
|---|---|
| I | 20 |
| II | 23 |
| III | 25 |
| IV | 27 |
| V | 28 |

**5.0.4** 办公、图书馆、学校等建筑的房间，其室内各表面的反射比宜符合表5.0.4的规定。

**表 5.0.4 反射比**

| 表面名称 | 反射比 |
|---|---|
| 顶棚 | 0.60～0.90 |
| 墙面 | 0.30～0.80 |
| 地面 | 0.10～0.50 |
| 桌面、工作台面、设备表面 | 0.20～0.60 |

**5.0.5** 采光设计时，应注意光的方向性，应避免对工作产生遮挡和不利的阴影。

**5.0.6** 需补充人工照明的场所，照明光源宜选择接近天然光色温的光源。

**5.0.7** 需识别颜色的场所，应采用不改变天然光光色的采光材料。

**5.0.8** 博物馆建筑的天然采光设计，对光有特殊要求的场所，宜消除紫外辐射、限制天然光照度值和减少曝光时间。陈列室不应有直射阳光进入。

**5.0.9** 当选用导光管采光系统进行采光设计时，采光系统应有合理的光分布。

# 6 采光计算

**6.0.1** 在建筑方案设计时，对Ⅲ类光气候区的采光，窗地面积比和采光有效进深可按表 6.0.1 进行估算，其他光气候区的窗地面积比应乘以相应的光气候系数 $K$。

**表 6.0.1　窗地面积比和采光有效进深**

| 采光等级 | 侧面采光 | | 顶部采光 |
|---|---|---|---|
| | 窗地面积比 $(A_c/A_d)$ | 采光有效进深 $(b/h_s)$ | 窗地面积比 $(A_c/A_d)$ |
| I | 1/3 | 1.8 | 1/6 |
| II | 1/4 | 2.0 | 1/8 |
| III | 1/5 | 2.5 | 1/10 |
| IV | 1/6 | 3.0 | 1/13 |
| V | 1/10 | 4.0 | 1/23 |

注：1　窗地面积比计算条件：窗的总透射比 $\tau$ 取 0.6；室内各表面材料反射比的加权平均值：I～III 级取 $\rho_j=0.5$；IV 级取 $\rho_j=0.4$；V 级取 $\rho_j=0.3$。

　　2　顶部采光指平天窗采光，锯齿形天窗和矩形天窗可分别按平天窗的 1.5 倍和 2 倍窗地面积比进行估算。

**6.0.2**　采光设计时，应进行采光计算。采光计算可按下列方法进行。

**1**　侧面采光（图 6.0.2-1）可按下列公式进行计算。典型条件下的采光系数平均值可按本标准附录 C 中表 C.0.1 取值。

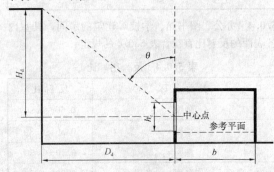

图 6.0.2-1　侧面采光示意图

1)　
$$C_{av} = \frac{A_c \tau \theta}{A_z(1-\rho_j^2)} \qquad (6.0.2\text{-}1)$$

$$\tau = \tau_0 \cdot \tau_c \cdot \tau_w \qquad (6.0.2\text{-}2)$$

$$\rho_j = \frac{\sum \rho_i A_i}{\sum A_i} = \frac{\sum \rho_i A_i}{A_z} \qquad (6.0.2\text{-}3)$$

$$\theta = \arctan\left(\frac{D_d}{H_d}\right) \qquad (6.0.2\text{-}4)$$

2)　
$$A_c = \frac{C_{av} A_z(1-\rho_j^2)}{\tau \theta} \qquad (6.0.2\text{-}5)$$

式中：$\tau$——窗的总透射比；

$A_c$——窗洞口面积（$m^2$）；

$A_z$——室内表面总面积（$m^2$）；

$\rho_j$——室内各表面反射比的加权平均值；

$\theta$——从窗中心点计算的垂直可见天空的角度值，无室外遮挡 $\theta$ 为 90°；

$\tau_0$——采光材料的透射比，可按本标准附录 D 附表 D.0.1 和附表 D.0.2 取值；

$\tau_c$——窗结构的挡光折减系数，可按本标准附录 D 表 D.0.6 取值；

$\tau_w$——窗玻璃的污染折减系数，可按本标准附录 D 表 D.0.7 取值；

$\rho_i$——顶棚、墙面、地面饰面材料和普通玻璃窗的反射比，可按本标准附录 D 表 D.0.5 取值；

$A_i$——与 $\rho_i$ 对应的各表面面积；

$D_d$——窗对面遮挡物与窗的距离（m）；

$H_d$——窗对面遮挡物距窗中心的平均高度（m）。

**2**　顶部采光（图 6.0.2-2）计算可按下列方法进行。

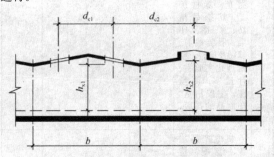

图 6.0.2-2　顶部采光示意图

1)　采光系数平均值可按下式计算：
$$C_{av} = \tau \cdot CU \cdot A_c/A_d \qquad (6.0.2\text{-}6)$$

式中：$C_{av}$——采光系数平均值（%）；

$\tau$——窗的总透射比，可按式（6.0.2-2）计算；

$CU$——利用系数，可按表 6.0.2 取值；

$A_c/A_d$——窗地面积比。

2)　顶部采光的利用系数可按表 6.0.2 确定：

**表 6.0.2　利用系数 (CU) 表**

| 顶棚反射比（%） | 室空间比 RCR | 墙面反射比（%） | | |
|---|---|---|---|---|
| | | 50 | 30 | 10 |
| | 0 | 1.19 | 1.19 | 1.19 |
| | 1 | 1.05 | 1.00 | 0.97 |
| | 2 | 0.93 | 0.86 | 0.81 |
| | 3 | 0.83 | 0.76 | 0.70 |
| | 4 | 0.76 | 0.67 | 0.60 |
| 80 | 5 | 0.67 | 0.59 | 0.53 |
| | 6 | 0.62 | 0.53 | 0.47 |
| | 7 | 0.57 | 0.49 | 0.43 |
| | 8 | 0.54 | 0.47 | 0.41 |
| | 9 | 0.53 | 0.46 | 0.41 |
| | 10 | 0.52 | 0.45 | 0.40 |

续表 6.0.2

| 顶棚反射比（%） | 室空间比 RCR | 墙面反射比（%） | | |
|---|---|---|---|---|
| | | 50 | 30 | 10 |
| 50 | 0 | 1.11 | 1.11 | 1.11 |
| | 1 | 0.98 | 0.95 | 0.92 |
| | 2 | 0.87 | 0.83 | 0.78 |
| | 3 | 0.79 | 0.73 | 0.68 |
| | 4 | 0.71 | 0.64 | 0.59 |
| | 5 | 0.64 | 0.57 | 0.52 |
| | 6 | 0.59 | 0.52 | 0.47 |
| | 7 | 0.55 | 0.48 | 0.43 |
| | 8 | 0.52 | 0.46 | 0.41 |
| | 9 | 0.51 | 0.45 | 0.40 |
| | 10 | 0.50 | 0.44 | 0.40 |
| 20 | 0 | 1.04 | 1.04 | 1.04 |
| | 1 | 0.92 | 0.90 | 0.88 |
| | 2 | 0.83 | 0.79 | 0.75 |
| | 3 | 0.75 | 0.70 | 0.66 |
| | 4 | 0.68 | 0.62 | 0.58 |
| | 5 | 0.61 | 0.56 | 0.51 |
| | 6 | 0.57 | 0.51 | 0.46 |
| | 7 | 0.53 | 0.47 | 0.43 |
| | 8 | 0.51 | 0.45 | 0.41 |
| | 9 | 0.50 | 0.44 | 0.40 |
| | 10 | 0.49 | 0.44 | 0.40 |
| 地面反射比为 20% | | | | |

3）室空间比 RCR 可按下式计算：

$$RCR = \frac{5h_x(l+b)}{l \cdot b} \qquad (6.0.2-7)$$

式中：$h_x$——窗下沿距参考平面的高度（m）；

$l$——房间长度（m）；

$b$——房间进深（m）。

4）当求窗洞口面积 $A_c$ 时可按下式计算：

$$A_c = C_{av} \cdot \frac{A_c'}{C'} \cdot \frac{0.6}{\tau} \qquad (6.0.2-8)$$

式中：$C'$——典型条件下的平均采光系数，取值
为 1%。

$A_c'$——典型条件下的开窗面积，可按本标准
附录 C 图 C.0.2-1 和图 C.0.2-2
取值。

注：1 当需要考虑室内构件遮挡时，室内构件
的挡光折减系数可按表 D.0.8 取值；

2 当采用采光罩采光时，应考虑采光罩井
壁的挡光折减系数（$K_j$），可按本标准
附录 D 图 D.0.9 和表 D.0.10 取值。

3 导光管系统采光设计时，宜按下列公式进行
天然光照度计算：

$$E_{av} = \frac{n \cdot \Phi_u \cdot CU \cdot MF}{l \cdot b} \qquad (6.0.2-9)$$

$$\Phi_u = E_s \cdot A_t \cdot \eta \qquad (6.0.2-10)$$

式中：$E_{av}$——平均水平照度（lx）；

$n$——拟采用的导光管采光系统数量；

$CU$——导光管采光系统的利用系数，可按表
6.0.2 取值；

$MF$——维护系数，导光管采光系统在使用一
定周期后，在规定表面上的平均照度
或平均亮度与该装置在相同条件下新
装时在同一表面上所得到的平均照度
或平均亮度之比；

$\Phi_u$——导光管采光系统漫射器的设计输出光
通量（lm）；

$E_s$——室外天然光设计照度值（lx）；

$A_t$——导光管的有效采光面积（m²）；

$\eta$——导光管采光系统的效率（%）。

**6.0.3** 对采光形式复杂的建筑，应利用计算机模拟
软件或缩尺模型进行采光计算分析。

# 7 采 光 节 能

**7.0.1** 建筑采光设计时，应根据地区光气候特点，
采取有效措施，综合考虑充分利用天然光，节约
能源。

**7.0.2** 采光材料应符合下列规定：

1 采光设计时应综合考虑采光和热工的要求，
按不同地区选择光热比合适的材料，可按本标准附录
D 的规定取值；

2 导光管集光器材料的透射比不应低于 0.85，
漫射器材料的透射比不应低于 0.8，导光管材料的反
射比不应低于 0.95，常用反射膜材料的反射比可按
本标准附录 D 表 D.0.3 取值。

**7.0.3** 采光装置应符合下列规定：

1 采光窗的透光折减系数 $T_r$ 应大于 0.45；

2 导光管采光系统在漫射光条件下的系统效率
应大于 0.5，导光管采光系统的系统效率可按本标准
附录 D 表 D.0.4 取值。

**7.0.4** 采光设计时，应采取以下有效的节能措施：

1 大跨度或大进深的建筑宜采用顶部采光或导
光管系统采光；

2 在地下空间、无外窗及有条件的场所，可采
用导光管采光系统；

3 侧面采光时，可加设反光板、棱镜玻璃或导
光管系统，改善进深较大区域的采光。

**7.0.5** 采用遮阳设施时，宜采用外遮阳或可调节的

**7.0.6** 采光与照明控制应符合下列规定：

**1** 对于有天然采光的场所，宜采用与采光相关联的照明控制系统；

**2** 控制系统应根据室外天然光照度变化调节人工照明，调节后的天然采光和人工照明的总照度不应低于各采光等级所规定的室内天然光照度值。

**7.0.7** 在建筑设计阶段评价采光节能效果时，宜进行采光节能计算。可节省的照明用电量宜按下列公式进行计算：

$$U_e = W_e / A \qquad (7.0.7\text{-}1)$$

$$W_e = \Sigma(P_n \times t_D \times F_D + P_n \times t'_D \times F'_D)/1000$$

$$(7.0.7\text{-}2)$$

式中：$U_e$——单位面积上可节省的年照明用电量（kWh/m²·年）；

$A$——照明的总面积（m²）；

$W_e$——可节省的年照明用电量（kWh/年）；

$P_n$——房间或区域的照明安装总功率（W）；

$t_D$——全部利用天然采光的时数（h），可按本标准附录 E 中表 E.0.1 取值；

$t'_D$——部分利用天然采光的时数（h），可按本标准附录 E 中表 E.0.2 取值；

$F_D$——全部利用天然采光时的采光依附系数，取 1；

$F'_D$——部分利用天然采光时的采光依附系数，在临界照度与设计照度之间的时段取 0.5。

## 附录 A 中国光气候分区

**A.0.1** 中国的光气候分区可按图 A.0.1 确定。

**A.0.2** 各主要城市的光气候分区可按表 A.0.2 确定。

表 A.0.2 光气候分区表

| 光气候区 | 省/直辖市 | 城 市 |
|---|---|---|
| Ⅰ类 | 青海 | 格尔木 |
| | | 玉树 |
| | 云南 | 丽江 |
| | 西藏 | 拉萨 |
| | | 昌都 |
| | | 林芝 |
| | 新疆 | 民丰 |

表 A.0.2

| 光气候区 | 省/直辖市 | 城 市 |
|---|---|---|
| Ⅱ类 | 云南 | 昆明 |
| | | 临沧 |
| | | 思茅 |
| | | 蒙自 |
| | 内蒙古 | 鄂尔多斯 |
| | | 呼和浩特 |
| | | 锡林浩特 |
| | 宁夏 | 固原 |
| | | 银川 |
| | 甘肃 | 酒泉 |
| | 青海 | 西宁 |
| | 陕西 | 榆林 |
| | 四川 | 甘孜 |
| | 新疆 | 阿克苏 |
| | | 吐鲁番 |
| | | 和田 |
| | | 哈密 |
| | | 喀什 |
| | | 塔城 |
| Ⅲ类 | 山西 | 大同 |
| | | 太原 |
| | 广东 | 汕头 |
| | 云南 | 楚雄 |
| | 内蒙古 | 赤峰 |
| | | 通辽 |
| | 天津 | 天津 |
| | 北京 | 北京 |
| | 台湾 | 高雄 |
| | 四川 | 西昌 |
| | 甘肃 | 兰州 |
| | | 平凉 |
| | 辽宁 | 大连 |
| | | 丹东 |
| | | 沈阳 |
| | | 营口 |
| | | 朝阳 |
| | | 锦州 |
| | 吉林 | 四平 |
| | | 白城 |

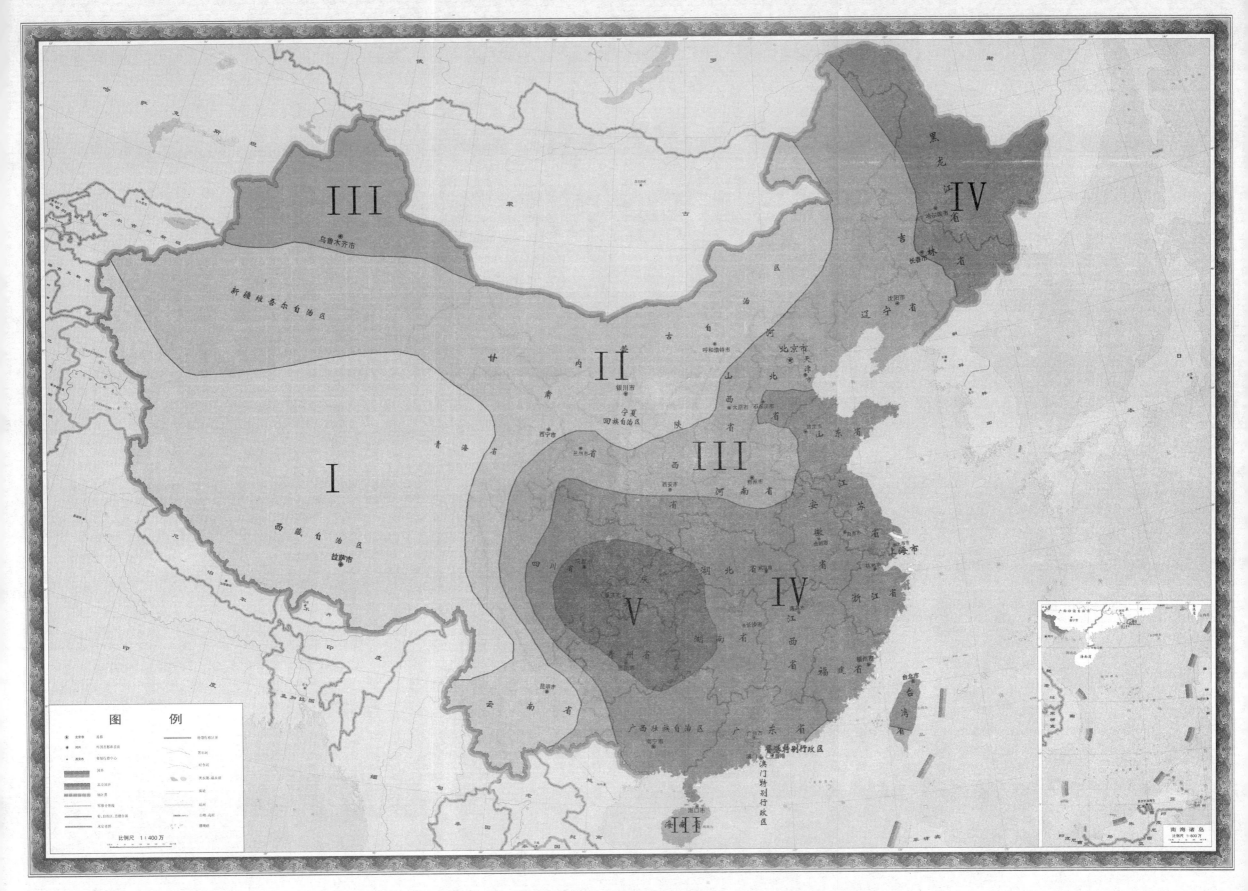

图 A.0.1　中国光气候分区图

注：按天然光年平均总照度（klx）：Ⅰ.$E_q \geqslant 45$；Ⅱ.$40 \leqslant E_q < 45$；Ⅲ.$35 \leqslant E_q < 40$；Ⅳ.$30 \leqslant E_q < 35$；Ⅴ.$E_q < 30$。

| 光气候区 | 省/直辖市 | 城 市 |
|---|---|---|
| | 安徽 | 亳州 |
| | 河北 | 邢台 |
| | | 承德 |
| | 河南 | 安阳 |
| | | 郑州 |
| Ⅲ类 | | 商丘 |
| | 陕西 | 延安 |
| | 黑龙江 | 齐齐哈尔 |
| | 新疆 | 乌鲁木齐 |
| | | 伊宁 |
| | | 克拉玛依 |
| | | 阿勒泰 |
| | 上海 | 上海 |
| | 山东 | 济南 |
| | | 潍坊 |
| | 山西 | 运城 |
| | 广东 | 广州 |
| | | 汕尾 |
| | | 阳江 |
| | | 河源 |
| | | 韶关 |
| | 广西 | 百色 |
| | | 南宁 |
| | | 桂林 |
| | 台湾 | 台北 |
| | 四川 | 马尔康 |
| Ⅳ类 | 甘肃 | 天水 |
| | | 合作 |
| | 辽宁 | 本溪 |
| | 吉林 | 长春 |
| | | 延吉 |
| | 安徽 | 合肥 |
| | | 安庆 |
| | | 蚌埠 |
| | 江西 | 吉安 |
| | | 宜春 |
| | | 南昌 |
| | | 景德镇 |
| | | 赣州 |

| 光气候区 | 省/直辖市 | 城 市 |
|---|---|---|
| | 江苏 | 南京 |
| | | 徐州 |
| | 河北 | 石家庄 |
| | 河南 | 驻马店 |
| | | 信阳 |
| | | 南阳 |
| | 陕西 | 汉中 |
| | | 安康 |
| | | 西安 |
| | 浙江 | 杭州 |
| | | 温州 |
| | | 衢州 |
| Ⅳ类 | 海南 | 海口 |
| | 湖北 | 武汉 |
| | | 麻城 |
| | 湖南 | 长沙 |
| | | 株洲 |
| | | 常德 |
| | 黑龙江 | 牡丹江 |
| | | 佳木斯 |
| | | 哈尔滨 |
| | 福建 | 厦门 |
| | | 福州 |
| | | 崇武 |
| | 广西 | 河池 |
| | 四川 | 乐山 |
| | | 成都 |
| | | 宜宾 |
| | | 泸州 |
| Ⅴ类 | | 南充 |
| | | 绵阳 |
| | 贵州 | 贵阳 |
| | | 遵义 |
| | 重庆 | 重庆 |
| | 湖北 | 宜昌 |

## 附录 B 窗的不舒适眩光计算

**B.0.1** 窗的不舒适眩光指数（DGI）可按下列公式进行计算。

$$DGI = 10\lg\Sigma G_n \qquad \text{(B.0.1-1)}$$

$$G_n = 0.478\,\frac{L_s^{1.6}\Omega^{0.8}}{L_b + 0.07\omega^{0.5}L_s} \qquad \text{(B.0.1-2)}$$

$$\Omega = \int\frac{\mathrm{d}\omega}{p^2} \qquad \text{(B.0.1-3)}$$

$$p = \exp\left[(35.2 - 0.31889\alpha - 1.22e^{-2a/9})10^{-3}\beta \right.$$
$$\left. + (21 + 0.26667\alpha - 0.002963\alpha^2)10^{-5}\beta^2\right]$$

$$\text{(B.0.1-4)}$$

式中：$G_n$——眩光常数；

$L_s$——窗亮度，通过窗所看到的天空、遮挡物和地面的加权平均亮度（cd/m²）；

$L_b$——背景亮度，观察者视野内各表面的平均亮度（cd/m²）；

$\omega$——窗对计算点形成的立体角（sr），（图 B.0.1）；

$\Omega$——考虑窗位置修正的立体角（sr）；

$p$——古斯位置指数；

$\alpha$——窗对角线与窗垂直方向的夹角（图 B.0.1）；

$\beta$——观察者眼睛与窗中心点的连线与视线方向的夹角，（图 B.0.1）。

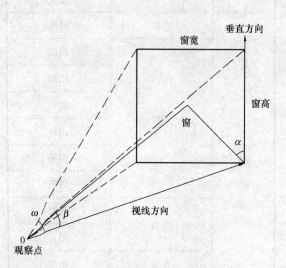

图 B.0.1 窗的不舒适眩光
计算的各角度示意图

## 附录 C 采光计算方法

**C.0.1** 侧面采光典型条件下的采光系数平均值可按表 C.0.1 确定。

**C.0.2** 顶部采光典型条件下的窗洞口面积可按图 C.0.2-1 和图 C.0.2-2 确定。

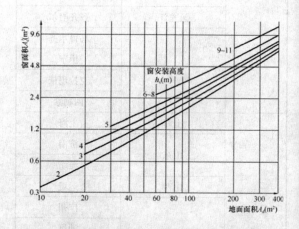

图 C.0.2-1 顶部采光计算图（a）

注：计算条件：采光系数 $C' = 1\%$；总透射比 $\tau = 0.6$；反射比：顶棚 $\rho_p = 0.80$，墙面 $\rho_q = 0.50$，地面 $\rho_d = 0.20$。

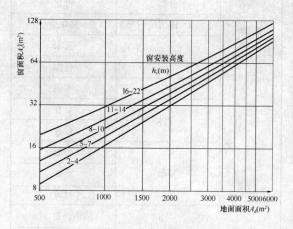

图 C.0.2-2 顶部采光计算图（b）

注：计算条件：采光系数 $C' = 1\%$；总透射比 $\tau = 0.6$；反射比：顶棚 $\rho_p = 0.80$，墙面 $\rho_q = 0.50$，地面 $\rho_d = 0.20$。

**表 C.0.1　侧面采光采光系数平均值**

| 进深(m) | | 4.8<br>(4.55.1) | 5.4<br>(5.15.7) | 6.0<br>(5.76.3) | 6.6<br>(6.36.9) | 7.2<br>(6.97.8) | 8.4<br>(7.89.0) | 9.6<br>(9.010.2) | 10.8<br>(10.212.0) | 13.2<br>(12.014.4) | 15.6<br>(14.416.8) |
|---|---|---|---|---|---|---|---|---|---|---|---|
| 层高(m) | $G_c$ ＼ $K_c$ | 0.9 0.8 0.7 0.6 0.5 | 0.9 0.8 0.7 0.6 0.5 | 0.9 0.8 0.7 0.6 0.5 | 0.9 0.8 0.7 0.6 0.5 | 0.9 0.8 0.7 0.6 0.5 | 0.9 0.8 0.7 0.6 0.5 | 0.9 0.8 0.7 0.6 0.5 | 0.9 0.8 0.7 0.6 0.5 | 0.9 0.8 0.7 0.6 0.5 | 0.9 0.8 0.7 0.6 0.5 |
| 2.5<br>(2.22.75) | 0.3 | 2.0 1.8 1.6 1.4 1.1 | 1.8 1.7 1.5 1.2 1.0 | 1.7 1.5 1.3 1.2 1.0 | 1.6 1.4 1.3 1.1 0.9 | 1.5 1.3 1.2 1.0 0.8 | | | | | |
| | 0.4 | 2.8 2.5 2.2 1.9 1.6 | 2.6 2.3 2.0 1.7 1.5 | 2.4 2.1 1.9 1.6 1.3 | 2.2 2.0 1.8 1.5 1.2 | 2.1 1.9 1.6 1.4 1.2 | | | | | |
| | 0.5 | 3.5 3.1 2.8 2.4 2.0 | 3.2 2.9 2.5 2.2 1.8 | 3.0 2.7 2.4 2.0 1.7 | 2.8 2.5 2.2 1.9 1.6 | 2.6 2.3 2.1 1.8 1.5 | | | | | |
| | 0.6 | 4.2 3.7 3.3 2.8 2.4 | 3.8 3.4 3.0 2.6 2.2 | 3.5 3.2 2.8 2.4 2.0 | 3.3 3.0 2.6 2.3 1.9 | 3.1 2.8 2.5 2.1 1.8 | | | | | |
| 3.0<br>(2.753.25) | 0.3 | 2.3 2.1 1.9 1.6 1.3 | 2.2 1.9 1.7 1.5 1.2 | 2.0 1.8 1.6 1.4 1.1 | 1.9 1.7 1.5 1.3 1.0 | 1.7 1.6 1.4 1.2 1.0 | | | | | |
| | 0.4 | 3.2 2.9 2.6 2.2 1.8 | 3.0 2.7 2.4 2.0 1.7 | 2.8 2.5 2.2 1.9 1.6 | 2.6 2.3 2.0 1.8 1.5 | 2.4 2.2 1.9 1.6 1.4 | | | | | |
| | 0.5 | 3.9 3.5 3.1 2.7 2.2 | 3.7 3.3 2.9 2.5 2.1 | 3.4 3.1 2.7 2.3 1.9 | 3.2 2.9 2.5 2.2 1.8 | 3.0 2.7 2.4 2.0 1.7 | | | | | |
| | 0.6 | 4.7 4.2 3.7 3.2 2.7 | 4.3 3.9 3.5 3.0 2.5 | 4.1 3.6 3.2 2.8 2.3 | 3.8 3.4 3.0 2.6 2.2 | 3.6 3.2 2.8 2.4 2.0 | | | | | |
| 3.5<br>(3.253.75) | 0.3 | 2.7 2.4 2.1 1.8 1.5 | 2.5 2.2 2.0 1.7 1.4 | 2.3 2.1 1.8 1.6 1.3 | 2.1 1.9 1.7 1.5 1.2 | 2.0 1.8 1.6 1.4 1.1 | 1.8 1.6 1.4 1.2 1.0 | | | | |
| | 0.4 | 3.6 3.2 2.9 2.5 2.0 | 3.4 3.0 2.7 2.3 1.9 | 3.1 2.8 2.5 2.1 1.8 | 2.9 2.6 2.3 2.0 1.7 | 2.8 2.5 2.2 1.9 1.6 | 2.5 2.2 2.0 1.7 1.4 | | | | |
| | 0.5 | 4.4 4.0 3.5 3.0 2.5 | 4.1 3.7 3.3 2.8 2.3 | 3.9 3.5 3.1 2.6 2.2 | 3.6 3.2 2.9 2.5 2.1 | 3.4 3.1 2.7 2.3 1.9 | 3.1 2.7 2.4 2.1 1.7 | | | | |
| | 0.6 | 5.2 4.7 4.2 3.6 3.0 | 4.9 4.4 3.9 3.3 2.8 | 4.6 4.1 3.6 3.1 2.6 | 4.3 3.9 3.4 2.9 2.5 | 4.0 3.6 3.2 2.8 2.3 | 3.7 3.3 2.9 2.5 2.1 | | | | |
| 4.0<br>(3.754.25) | 0.3 | 3.0 2.7 2.4 2.0 1.7 | 2.7 2.5 2.2 1.9 1.5 | 2.6 2.3 2.0 1.7 1.4 | 2.4 2.1 1.9 1.6 1.4 | 2.2 2.0 1.8 1.5 1.3 | 2.0 1.8 1.6 1.4 1.1 | | | | |
| | 0.4 | 4.0 3.6 3.2 2.7 2.3 | 3.7 3.3 2.9 2.5 2.1 | 3.5 3.1 2.7 2.4 2.0 | 3.2 2.9 2.6 2.2 1.8 | 3.1 2.7 2.4 2.1 1.7 | 2.7 2.5 2.2 1.9 1.6 | | | | |
| | 0.5 | 4.8 4.3 3.8 3.3 2.8 | 4.5 4.0 3.6 3.1 2.6 | 4.2 3.8 3.4 2.9 2.4 | 4.0 3.6 3.2 2.7 2.3 | 3.7 3.4 3.0 2.6 2.1 | 3.4 3.0 2.7 2.3 1.9 | | | | |
| | 0.6 | 5.6 5.1 4.5 3.9 3.2 | 5.3 4.7 4.2 3.6 3.0 | 5.0 4.5 4.0 3.4 2.9 | 4.7 4.2 3.7 3.2 2.7 | 4.4 4.0 3.5 3.0 2.5 | 4.0 3.6 3.2 2.7 2.3 | | | | |
| 4.5<br>(4.254.75) | 0.3 | 3.3 2.9 2.6 2.2 1.9 | 3.0 2.7 2.4 2.1 1.7 | 2.8 2.5 2.2 1.9 1.6 | 2.6 2.4 2.1 1.8 1.5 | 2.5 2.2 2.0 1.7 1.4 | 2.2 2.0 1.8 1.5 1.3 | 2.0 1.8 1.6 1.4 1.1 | 1.9 1.7 1.5 1.3 1.0 | | |
| | 0.4 | 4.3 3.9 3.5 3.0 2.5 | 4.0 3.6 3.2 2.8 2.3 | 3.8 3.4 3.0 2.6 2.2 | 3.6 3.2 2.8 2.4 2.0 | 3.4 3.0 2.7 2.3 1.9 | 3.0 2.7 2.4 2.1 1.7 | 2.7 2.5 2.2 1.9 1.6 | 2.5 2.3 2.0 1.7 1.4 | | |
| | 0.5 | 5.2 4.7 4.1 3.6 3.0 | 4.9 4.4 3.9 3.3 2.8 | 4.6 4.1 3.6 3.1 2.6 | 4.3 3.9 3.4 3.0 2.5 | 4.1 3.7 3.3 2.8 2.3 | 3.7 3.3 3.0 2.5 2.1 | 3.4 3.1 2.7 2.3 2.0 | 3.1 2.8 2.5 2.2 1.8 | | |
| | 0.6 | 6.1 5.5 4.8 4.2 3.5 | 5.7 5.1 4.5 3.9 3.3 | 5.4 4.8 4.3 3.7 3.1 | 5.1 4.6 4.1 3.5 2.9 | 4.8 4.3 3.9 3.3 2.8 | 4.4 3.9 3.5 3.0 2.5 | 4.1 3.7 3.3 2.8 2.3 | 3.8 3.4 3.0 2.6 2.2 | | |
| 5.0<br>(4.755.25) | 0.3 | 3.5 3.2 2.8 2.4 2.0 | 3.3 2.9 2.6 2.2 1.9 | 3.1 2.7 2.4 2.1 1.7 | 2.9 2.6 2.3 1.9 1.5 | 2.7 2.4 2.1 1.8 1.5 | 2.4 2.2 1.9 1.6 1.4 | 2.2 2.0 1.7 1.5 1.2 | 2.0 1.8 1.6 1.4 1.1 | | |
| | 0.4 | 4.7 4.2 3.7 3.2 2.7 | 4.4 3.9 3.5 3.0 2.5 | 4.1 3.7 3.2 2.8 2.3 | 3.8 3.4 3.0 2.6 2.2 | 3.6 3.2 2.9 2.5 2.1 | 3.3 2.9 2.6 2.2 1.9 | 3.0 2.7 2.4 2.0 1.7 | 2.7 2.5 2.2 1.9 1.6 | | |
| | 0.5 | 5.6 5.0 4.4 3.8 3.2 | 5.2 4.7 4.1 3.6 3.0 | 4.9 4.4 3.9 3.4 2.8 | 4.6 4.2 3.7 3.2 2.7 | 4.4 3.9 3.5 3.0 2.5 | 4.0 3.6 3.2 2.7 2.3 | 3.7 3.3 2.9 2.5 2.1 | 3.4 3.1 2.7 2.3 1.9 | | |
| | 0.6 | 6.4 5.8 5.1 4.4 3.7 | 6.1 5.4 4.8 4.2 3.5 | 5.7 5.1 4.6 3.9 3.3 | 5.4 4.9 4.3 3.7 3.1 | 5.2 4.6 4.1 3.5 3.0 | 4.7 4.2 3.8 3.2 2.7 | 4.4 3.9 3.5 3.0 2.5 | 4.1 3.6 3.2 2.8 2.3 | | |
| 5.5<br>(5.255.75) | 0.3 | 3.8 3.4 3.0 2.6 2.2 | 3.5 3.2 2.8 2.4 2.0 | 3.3 3.0 2.6 2.2 1.9 | 3.1 2.8 2.5 2.0 1.6 | 2.9 2.6 2.3 2.0 1.7 | 2.6 2.4 2.1 1.8 1.5 | 2.4 2.1 1.9 1.6 1.3 | 2.2 2.0 1.7 1.5 1.2 | 1.9 1.7 1.5 1.3 1.1 | |
| | 0.4 | 5.0 4.5 4.0 3.4 2.8 | 4.7 4.2 3.7 3.2 2.6 | 4.4 3.9 3.5 3.0 2.5 | 4.1 3.7 3.3 2.8 2.4 | 3.9 3.5 3.1 2.7 2.2 | 3.5 3.2 2.8 2.4 2.0 | 3.2 2.9 2.6 2.2 1.8 | 3.0 2.7 2.3 2.0 1.7 | 2.5 2.3 2.0 1.7 1.4 | |
| | 0.5 | 5.9 5.3 4.7 4.0 3.4 | 5.5 5.0 4.4 3.8 3.2 | 5.2 4.7 4.2 3.6 3.0 | 4.9 4.4 3.9 3.4 2.8 | 4.7 4.2 3.7 3.2 2.7 | 4.3 3.8 3.4 2.9 2.4 | 4.0 3.6 3.1 2.7 2.3 | 3.7 3.3 2.9 2.5 2.1 | 3.2 2.8 2.5 2.2 1.8 | |
| | 0.6 | 6.8 6.1 5.4 4.7 3.9 | 6.4 5.8 5.1 4.4 3.7 | 6.1 5.5 4.9 4.2 3.5 | 5.8 5.2 4.6 4.0 3.3 | 5.5 4.9 4.4 3.8 3.2 | 5.0 4.5 4.0 3.5 2.9 | 4.7 4.2 3.7 3.2 2.7 | 4.3 3.9 3.5 3.0 2.5 | 3.8 3.4 3.0 2.6 2.2 | |
| 6.0<br>(5.756.25) | 0.3 | 4.1 3.6 3.2 2.8 2.3 | 3.8 3.4 3.0 2.6 2.1 | 3.5 3.2 2.8 2.4 2.0 | 3.3 3.0 2.6 2.2 1.8 | 3.1 2.8 2.5 2.1 1.8 | 2.8 2.5 2.2 1.9 1.6 | 2.6 2.3 2.0 1.7 1.4 | 2.4 2.1 1.9 1.6 1.3 | 2.0 1.8 1.6 1.4 1.1 | |
| | 0.4 | 5.3 4.7 4.2 3.6 3.0 | 4.9 4.4 3.9 3.4 2.8 | 4.6 4.2 3.7 3.2 2.7 | 4.4 3.9 3.5 3.0 2.5 | 4.1 3.7 3.3 2.8 2.4 | 3.7 3.4 3.0 2.6 2.1 | 3.4 3.1 2.7 2.3 2.0 | 3.2 2.8 2.5 2.2 1.8 | 2.7 2.5 2.2 1.9 1.6 | |
| | 0.5 | 6.1 5.5 4.9 4.2 3.5 | 5.8 5.2 4.6 4.0 3.3 | 5.5 5.0 4.4 3.8 3.2 | 5.2 4.7 4.2 3.6 3.0 | 5.0 4.5 4.0 3.4 2.8 | 4.5 4.1 3.6 3.1 2.6 | 4.2 3.8 3.3 2.9 2.4 | 3.9 3.5 3.1 2.7 2.2 | 3.4 3.0 2.7 2.3 1.9 | |
| | 0.6 | 7.0 6.3 5.7 4.9 4.1 | 6.7 6.0 5.4 4.6 3.9 | 6.4 5.7 5.1 4.4 3.7 | 6.1 5.5 4.8 4.2 3.5 | 5.8 5.2 4.6 4.0 3.3 | 5.3 4.8 4.2 3.6 3.1 | 5.0 4.5 4.0 3.4 2.8 | 4.6 4.1 3.7 3.2 2.6 | 4.0 3.6 3.2 2.8 2.3 | |
| 6.5<br>(6.256.75) | 0.3 | 4.3 3.8 3.4 2.9 2.4 | 4.0 3.6 3.2 2.7 2.3 | 3.7 3.4 3.0 2.6 2.1 | 3.5 3.2 2.8 2.4 2.0 | 3.3 3.0 2.6 2.3 1.9 | 3.0 2.7 2.4 2.0 1.7 | 2.7 2.4 2.2 1.9 1.5 | 2.5 2.3 2.0 1.7 1.4 | 2.2 1.9 1.7 1.5 1.2 | 1.9 1.7 1.5 1.3 1.1 |
| | 0.4 | 5.6 5.0 4.4 3.8 3.2 | 5.2 4.7 4.2 3.6 3.0 | 4.9 4.4 3.9 3.4 2.8 | 4.6 4.2 3.7 3.2 2.6 | 4.4 3.9 3.5 3.0 2.5 | 4.0 3.6 3.2 2.7 2.3 | 3.6 3.3 2.9 2.5 2.1 | 3.4 3.0 2.7 2.3 1.9 | 2.9 2.6 2.3 2.0 1.7 | 2.6 2.3 2.0 1.8 1.5 |
| | 0.5 | 6.4 5.8 5.2 4.4 3.7 | 6.1 5.5 4.9 4.2 3.5 | 5.8 5.2 4.6 4.0 3.3 | 5.5 4.9 4.4 3.8 3.2 | 5.2 4.7 4.2 3.6 3.0 | 4.8 4.3 3.8 3.3 2.7 | 4.4 4.0 3.5 3.0 2.5 | 4.1 3.7 3.3 2.8 2.4 | 3.6 3.2 2.9 2.5 2.1 | 3.2 2.9 2.5 2.2 1.8 |
| | 0.6 | 7.2 6.5 5.9 5.1 4.3 | 7.0 6.3 5.6 4.8 4.0 | 6.7 6.0 5.4 4.6 3.8 | 6.4 5.7 5.1 4.4 3.7 | 6.1 5.5 4.9 4.2 3.5 | 5.6 5.0 4.5 3.8 3.2 | 5.2 4.7 4.2 3.6 3.0 | 4.9 4.4 3.9 3.4 2.8 | 4.3 3.8 3.4 2.9 2.5 | 3.8 3.4 3.0 2.6 2.2 |
| 7.0<br>(6.757.25) | 0.3 | | 4.2 3.8 3.4 2.9 2.4 | 4.0 3.5 3.1 2.7 2.2 | 3.7 3.3 3.0 2.5 2.1 | 3.5 3.1 2.8 2.4 2.0 | 3.2 2.8 2.5 2.2 1.8 | 2.9 2.6 2.3 2.0 1.6 | 2.7 2.3 2.0 1.7 1.4 | 2.3 2.1 1.8 1.6 1.3 | 2.0 1.8 1.6 1.4 1.1 |
| | 0.4 | | 5.5 4.9 4.3 3.7 3.1 | 5.2 4.6 4.1 3.5 2.9 | 4.9 4.4 3.9 3.3 2.7 | 4.6 4.1 3.7 3.2 2.6 | 4.2 3.8 3.3 2.9 2.4 | 3.8 3.4 3.1 2.6 2.2 | 3.6 3.1 2.7 2.3 1.9 | 3.1 2.8 2.5 2.1 1.8 | 2.7 2.5 2.2 1.9 1.6 |
| | 0.5 | | 6.4 5.7 5.1 4.4 3.7 | 6.0 5.4 4.8 4.1 3.5 | 5.7 5.2 4.6 3.9 3.3 | 5.5 4.9 4.4 3.8 3.1 | 5.0 4.5 4.0 3.4 2.9 | 4.6 4.2 3.7 3.2 2.7 | 4.3 3.8 3.3 2.8 2.3 | 3.8 3.4 3.0 2.6 2.2 | 3.4 3.0 2.7 2.3 1.9 |
| | 0.6 | | 7.3 6.5 5.8 5.0 4.2 | 6.9 6.2 5.5 4.8 4.0 | 6.6 6.0 5.3 4.5 3.8 | 6.3 5.7 5.1 4.4 3.6 | 5.8 5.2 4.7 4.0 3.4 | 5.5 4.9 4.4 3.8 3.1 | 5.1 4.5 3.9 3.3 2.8 | 4.5 4.0 3.6 3.1 2.6 | 4.0 3.6 3.2 2.8 2.3 |
| 7.5<br>(7.257.75) | 0.3 | | 4.4 4.0 3.5 3.0 2.5 | 4.2 3.7 3.3 2.8 2.4 | 3.9 3.5 3.1 2.7 2.2 | 3.7 3.3 2.9 2.5 2.1 | 3.3 3.0 2.7 2.3 1.9 | 3.0 2.7 2.4 2.1 1.7 | 2.8 2.4 2.0 1.7 1.4 | 2.4 2.2 1.9 1.6 1.4 | 2.1 1.9 1.7 1.5 1.2 |
| | 0.4 | | 5.7 5.1 4.5 3.9 3.3 | 5.4 4.8 4.3 3.7 3.1 | 5.1 4.6 4.1 3.5 2.9 | 4.8 4.3 3.9 3.3 2.8 | 4.4 4.0 3.5 3.0 2.5 | 4.0 3.6 3.2 2.8 2.3 | 3.7 3.2 2.6 2.3 1.9 | 3.3 2.9 2.6 2.2 1.9 | 2.9 2.6 2.3 2.0 1.6 |
| | 0.5 | | 6.6 5.9 5.3 4.5 3.8 | 6.3 5.6 5.0 4.3 3.6 | 6.0 5.4 4.8 4.1 3.4 | 5.7 5.1 4.6 3.9 3.3 | 5.2 4.7 4.2 3.6 3.0 | 4.9 4.4 3.9 3.3 2.8 | 4.5 3.9 3.3 2.8 2.3 | 4.0 3.6 3.2 2.7 2.3 | 3.6 3.2 2.8 2.4 2.0 |
| | 0.6 | | 7.5 6.8 6.0 5.2 4.3 | 7.2 6.5 5.7 4.9 4.1 | 6.9 6.2 5.5 4.7 4.0 | 6.6 5.9 5.3 4.5 3.8 | 6.1 5.5 4.9 4.2 3.5 | 5.7 5.1 4.6 3.9 3.3 | 5.3 4.6 3.9 3.3 2.8 | 4.7 4.2 3.8 3.2 2.7 | 4.2 3.8 3.4 2.9 2.4 |
| 8.0<br>(7.758.25) | 0.3 | | | 4.3 3.9 3.5 3.0 2.5 | 4.1 3.7 3.3 2.8 2.3 | 3.9 3.5 3.1 2.6 2.2 | 3.5 3.1 2.8 2.4 2.0 | 3.2 2.9 2.5 2.2 1.8 | 2.9 2.6 2.2 1.9 1.6 | 2.5 2.3 2.0 1.7 1.4 | 2.3 2.0 1.7 1.5 1.2 |
| | 0.4 | | | 5.6 5.0 4.5 3.8 3.2 | 5.3 4.8 4.2 3.6 3.0 | 5.0 4.5 4.0 3.5 2.9 | 4.6 4.1 3.7 3.1 2.6 | 4.2 3.8 3.4 2.9 2.4 | 3.9 3.4 3.0 2.5 2.1 | 3.4 3.1 2.7 2.3 1.9 | 3.0 2.7 2.3 2.0 1.6 |
| | 0.5 | | | 6.5 5.8 5.2 4.5 3.7 | 6.2 5.6 5.0 4.3 3.5 | 5.9 5.3 4.7 4.1 3.4 | 5.5 4.9 4.3 3.7 3.1 | 5.1 4.6 4.1 3.5 2.9 | 4.7 4.2 3.6 3.1 2.6 | 4.2 3.7 3.3 2.9 2.4 | 3.7 3.3 2.8 2.4 2.0 |
| | 0.6 | | | 7.4 6.7 5.9 5.1 4.3 | 7.1 6.4 5.7 4.9 4.1 | 6.8 6.1 5.4 4.7 3.9 | 6.3 5.7 5.0 4.3 3.6 | 5.9 5.3 4.7 4.1 3.4 | 5.5 4.9 4.2 3.6 3.1 | 4.9 4.4 3.9 3.4 2.8 | 4.4 3.9 3.4 2.9 2.4 |
| 8.5<br>(8.258.75) | 0.3 | | | 4.5 4.1 3.6 3.1 2.6 | 4.3 3.8 3.4 2.9 2.4 | 4.1 3.6 3.2 2.8 2.3 | 3.7 3.3 2.9 2.5 2.1 | 3.4 3.0 2.7 2.3 1.9 | 3.1 2.8 2.5 2.1 1.8 | 2.7 2.4 2.1 1.8 1.5 | 2.4 2.1 1.8 1.5 1.2 |
| | 0.4 | | | 5.8 5.2 4.7 4.0 3.3 | 5.5 5.0 4.4 3.8 3.2 | 5.3 4.7 4.2 3.6 3.0 | 4.8 4.3 3.8 3.3 2.7 | 4.4 4.0 3.5 3.0 2.5 | 4.1 3.7 3.3 2.8 2.4 | 3.6 3.2 2.8 2.4 2.0 | 3.2 2.7 2.3 2.0 1.6 |
| | 0.5 | | | 6.7 6.1 5.4 4.6 3.9 | 6.4 5.8 5.1 4.4 3.7 | 6.1 5.5 4.9 4.2 3.5 | 5.7 5.1 4.6 3.9 3.3 | 5.3 4.7 4.2 3.6 3.0 | 4.9 4.4 3.9 3.4 2.8 | 4.3 3.9 3.5 3.0 2.5 | 3.9 3.4 2.8 2.4 2.0 |
| | 0.6 | | | 7.6 6.9 6.1 5.3 4.4 | 7.3 6.6 5.9 5.0 4.2 | 7.0 6.3 5.6 4.8 4.1 | 6.5 5.9 5.2 4.5 3.8 | 6.1 5.5 4.9 4.2 3.5 | 5.8 5.2 4.6 4.0 3.3 | 5.1 4.6 4.1 3.5 3.0 | 4.6 4.0 3.3 2.9 2.4 |
| 9.0<br>(8.759.25) | 0.3 | | | | | 4.3 3.8 3.4 2.9 2.4 | 3.8 3.7 3.5 2.8 2.2 | 3.5 3.1 2.8 2.4 2.0 | 3.2 2.9 2.6 2.2 1.8 | 2.8 2.5 2.2 1.9 1.6 | 2.7 2.3 2.0 1.7 1.4 |
| | 0.4 | | | | | 5.5 5.0 4.4 3.8 3.2 | 5.0 4.5 4.0 3.4 2.8 | 4.6 4.1 3.7 3.1 2.6 | 4.3 3.8 3.4 2.9 2.4 | 3.7 3.3 3.0 2.5 2.1 | 3.5 3.1 2.7 2.3 1.9 |
| | 0.5 | | | | | 6.4 5.8 5.1 4.4 3.7 | 5.9 5.3 4.7 4.0 3.4 | 5.5 4.9 4.4 3.7 3.1 | 5.1 4.6 4.1 3.5 2.9 | 4.5 4.1 3.6 3.1 2.6 | 4.3 3.8 3.3 2.8 2.4 |
| | 0.6 | | | | | 7.3 6.6 5.8 5.0 4.2 | 6.7 6.0 5.4 4.6 3.9 | 6.3 5.7 5.1 4.4 3.6 | 5.9 5.4 4.8 4.1 3.4 | 5.3 4.8 4.2 3.6 3.1 | 5.1 4.5 3.9 3.4 2.8 |

注：计算条件：总透射比 $\tau$=0.6，反射比：顶棚 $\rho_p$=0.80，墙面 $\rho_q$=0.50，地面 $\rho_d$=0.20。

# 附录 D 采光计算参数

**D.0.1** 建筑玻璃的光热参数值可按表 D.0.1取值。

表 D.0.1 建筑玻璃的光热参数值

| 材料类型 | 材料名称 | 规格 | 颜色 | 可见光 | | 太阳光 | | 遮阳系数 | 光热比 |
|---|---|---|---|---|---|---|---|---|---|
| | | | | 透射比 | 反射比 | 直接透射比 | 总透射比 | | |
| 单层玻璃 | 普通白玻 | 6mm | 无色 | 0.89 | 0.08 | 0.80 | 0.84 | 0.97 | 1.06 |
| | | 12mm | 无色 | 0.86 | 0.08 | 0.72 | 0.78 | 0.90 | 1.10 |
| | 超白玻璃 | 6mm | 无色 | 0.91 | 0.08 | 0.89 | 0.90 | 1.04 | 1.01 |
| | | 12mm | 无色 | 0.91 | 0.08 | 0.87 | 0.89 | 1.02 | 1.03 |
| | 浅蓝玻璃 | 6mm | 蓝色 | 0.75 | 0.07 | 0.56 | 0.67 | 0.77 | 1.12 |
| | 水晶灰玻 | 6mm | 灰色 | 0.64 | 0.06 | 0.56 | 0.67 | 0.77 | 0.96 |
| 夹层玻璃 | 夹层玻璃 | 6C/1.52PVB/6C | 无色 | 0.88 | 0.08 | 0.72 | 0.77 | 0.89 | 1.14 |
| | | 3C+0.38PVB+3C | 无色 | 0.89 | 0.08 | 0.79 | 0.84 | 0.96 | 1.07 |
| | | 3F绿+0.38PVB+3C | 浅绿 | 0.81 | 0.07 | 0.55 | 0.67 | 0.77 | 1.21 |
| | | 6C+0.76PVB+6C | 无色 | 0.86 | 0.08 | 0.67 | 0.76 | 0.87 | 1.14 |
| | | 6F绿+0.38PVB+6C | 浅绿 | 0.72 | 0.07 | 0.38 | 0.57 | 0.65 | 1.27 |
| Low-E中空玻璃 | 高透Low-E | 6Low-E+12A+6C | 无色 | 0.76 | 0.11 | 0.47 | 0.54 | 0.62 | 1.41 |
| | | 6C+12A+6Low-E | 无色 | 0.67 | 0.13 | 0.46 | 0.61 | 0.70 | 1.10 |
| | 遮阳Low-E | 6Low-E+12A+6C | 灰色 | 0.65 | 0.11 | 0.44 | 0.51 | 0.59 | 1.27 |
| | | 6Low-E+12A+6C | 浅蓝灰 | 0.57 | 0.18 | 0.36 | 0.43 | 0.49 | 1.34 |
| | 双银Low-E | 6Low-E+12A+6C | 无色 | 0.66 | 0.11 | 0.34 | 0.40 | 0.46 | 1.65 |
| | | 6Low-E+12A+6C | 无色 | 0.68 | 0.11 | 0.37 | 0.41 | 0.47 | 1.66 |
| | | 6Low-E+12A+6C | 无色 | 0.62 | 0.11 | 0.34 | 0.38 | 0.44 | 1.62 |

| 材料类型 | 材料名称 | 规格 | 颜色 | 可见光 | | 太阳光 | | 遮阳系数 | 光热比 |
|---|---|---|---|---|---|---|---|---|---|
| | | | | 透射比 | 反射比 | 直接透射比 | 总透射比 | | |
| 镀膜玻璃 | 热反射镀膜玻璃 | 6mm | 浅蓝 | 0.64 | 0.18 | 0.59 | 0.66 | 0.76 | 0.97 |
| | 硬镀膜低辐射玻璃 | 3mm | 无色 | 0.82 | 0.11 | 0.69 | 0.72 | 0.83 | 1.14 |
| | | 4mm | 无色 | 0.82 | 0.10 | 0.68 | 0.71 | 0.82 | 1.15 |
| | | 5mm | 无色 | 0.82 | 0.11 | 0.68 | 0.71 | 0.82 | 1.16 |
| | | 6mm | 无色 | 0.82 | 0.10 | 0.66 | 0.70 | 0.81 | 1.16 |
| | | 8mm | 无色 | 0.81 | 0.10 | 0.62 | 0.67 | 0.77 | 1.21 |
| | | 10mm | 无色 | 0.80 | 0.10 | 0.59 | 0.65 | 0.75 | 1.23 |
| | | 12mm | 无色 | 0.80 | 0.10 | 0.57 | 0.64 | 0.73 | 1.26 |
| | | 6mm | 金色 | 0.41 | 0.34 | 0.44 | 0.55 | 0.63 | 0.75 |
| | | 8mm | 金色 | 0.39 | 0.34 | 0.42 | 0.53 | 0.61 | 0.73 |

注：1 遮阳系数＝太阳能总透射比/0.87；
  2 光热比＝可见光透射比/太阳能总透射比。

**D.0.2** 透明（透光）材料的光热参数值可按表 D.0.2 取值。

**表 D.0.2 透明（透光）材料的光热参数值**

| 材料类型 | 材料名称 | 规格 | 颜色 | 可见光 | | 太阳光 | | 遮阳系数 | 光热比 |
|---|---|---|---|---|---|---|---|---|---|
| | | | | 透射比 | 反射比 | 透射比 | 总透射比 | | |
| 聚碳酸酯 | 乳白 PC 板 | 3mm | 乳白 | 0.16 | 0.81 | 0.16 | 0.20 | 0.23 | 0.80 |
| | 颗粒 PC 板 | 3mm | 无色 | 0.86 | 0.09 | 0.76 | 0.80 | 0.92 | 1.07 |
| | 透明 PC 板 | 3mm | 无色 | 0.89 | 0.09 | 0.82 | 0.84 | 0.97 | 1.05 |
| | | 4mm | 无色 | 0.89 | 0.09 | 0.81 | 0.84 | 0.96 | 1.07 |
| 亚克力 | 透明亚克力 | 3mm | 无色 | 0.92 | 0.08 | 0.85 | 0.87 | 1.00 | 1.06 |
| | | 4mm | 无色 | 0.92 | 0.08 | 0.85 | 0.87 | 1.00 | 1.06 |
| | 磨砂亚克力 | 4mm | 乳白 | 0.77 | 0.07 | 0.71 | 0.77 | 0.88 | 1.01 |
| | | 5mm | 乳白 | 0.57 | 0.12 | 0.53 | 0.62 | 0.71 | 0.92 |

**D.0.3** 常用反射膜材料的反射比可按表 D.0.3 取值。

**表 D.0.3 常用反射膜材料的反射比 ρ 值**

| 材料名称 | 反射比 | 漫反射比 |
|---|---|---|
| 聚合物反射膜 | 0.997 | ＜0.05 |
| 增强银反射膜 | 0.98 | ＜0.05 |
| 增强铝反射膜 | 0.95 | ＜0.05 |
| 阳极铝反射膜 | 0.84 | 0.64～0.84 |

**D.0.4** 导光管系统的光热性能参数可按表 D.0.4 取值。

**表 D.0.4 导光管系统光热性能参数**

| 装置名称 | 透光折减系数 $T_r$ | 太阳得热系数 $SHGC$ | 光热比 $T_r/SHGC$ | 传热系数 K 值 [W/(m² · K)] | 显色指数 $R_a$ | 紫外线透射比 |
|---|---|---|---|---|---|---|
| 导光管系统 | 0.72 | 0.35 | 2.06 | 2.1 | 95 | 0.00 |
| | 0.68 | 0.32 | 2.12 | 1.6 | 95 | 0.00 |
| | 0.60 | 0.32 | 1.86 | 1.6 | 95 | 0.00 |

注：1 表中数值为某些特定型号导光管系统的实测值。
  2 导光管系统的系统效率可用透光折减系数 $T_r$ 表示。

**D.0.5** 饰面材料的反射比可按表 D.0.5 取值。

## 表 D.0.5　饰面材料的反射比 ρ 值

| 材 料 名 称 | | ρ 值 |
|---|---|---|
| 石膏 | | 0.91 |
| 大白粉刷 | | 0.75 |
| 水泥砂浆抹面 | | 0.32 |
| 白水泥 | | 0.75 |
| 白色乳胶漆 | | 0.84 |
| 调和漆 | 白色和米黄色 | 0.70 |
| | 中黄色 | 0.57 |
| 红砖 | | 0.33 |
| 灰砖 | | 0.23 |
| 瓷釉面砖 | 白色 | 0.80 |
| | 黄绿色 | 0.62 |
| | 粉色 | 0.65 |
| | 天蓝色 | 0.55 |
| | 黑色 | 0.08 |
| 大理石 | 白色 | 0.60 |
| | 乳色间绿色 | 0.39 |
| | 红色 | 0.32 |
| | 黑色 | 0.08 |
| 无釉陶土地砖 | 土黄色 | 0.53 |
| | 朱砂 | 0.19 |
| 马赛克地砖 | 白色 | 0.59 |
| | 浅蓝色 | 0.42 |
| | 浅咖啡色 | 0.31 |
| | 绿色 | 0.25 |
| | 深咖啡色 | 0.20 |
| 铝板 | 白色抛光 | 0.83～0.87 |
| | 白色镜面 | 0.89～0.93 |
| | 金色 | 0.45 |
| 浅色彩色涂料 | | 0.75～0.82 |
| 不锈钢板 | | 0.72 |
| 浅色木地板 | | 0.58 |
| 深色木地板 | | 0.10 |
| 棕色木地板 | | 0.15 |
| 混凝土面 | | 0.20 |
| 水磨石 | 白色 | 0.70 |
| | 白色间灰黑色 | 0.52 |
| | 白色间绿色 | 0.66 |
| | 黑灰色 | 0.10 |

### 续表 D.0.5

| 材 料 名 称 | | ρ 值 |
|---|---|---|
| 塑料贴面板 | 浅黄色 | 0.36 |
| | 中黄色 | 0.30 |
| | 深棕色 | 0.12 |
| 塑料墙纸 | 黄白色 | 0.72 |
| | 蓝白色 | 0.61 |
| | 浅粉白色 | 0.65 |
| 沥青地面 | | 0.10 |
| 铸铁、钢板地面 | | 0.15 |
| 普通玻璃 | | 0.08 |
| 镀膜玻璃 | 金色 | 0.23 |
| | 银色 | 0.30 |
| | 宝石蓝 | 0.17 |
| | 宝石绿 | 0.37 |
| | 茶色 | 0.21 |
| 彩色钢板 | 红色 | 0.25 |
| | 深咖啡色 | 0.20 |

**D.0.6**　窗结构的挡光折减系数可按表 D.0.6 取值。

### 表 D.0.6　窗结构的挡光折减系数 $\tau_c$ 值

| 窗 种 类 | | $\tau_c$ 值 |
|---|---|---|
| 单层窗 | 木窗 | 0.70 |
| | 钢窗 | 0.80 |
| | 铝窗 | 0.75 |
| | 塑料窗 | 0.70 |
| 双层窗 | 木窗 | 0.55 |
| | 钢窗 | 0.65 |
| | 铝窗 | 0.60 |
| | 塑料窗 | 0.55 |

注：表中塑料窗含塑钢窗、塑木窗和塑铝窗。

**D.0.7**　窗玻璃的污染折减系数可按表 D.0.7 取值。

### 表 D.0.7　窗玻璃的污染折减系数 $\tau_w$ 值

| 房间污染程度 | 玻璃安装角度 | | |
|---|---|---|---|
| | 垂 直 | 倾 斜 | 水 平 |
| 清洁 | 0.90 | 0.75 | 0.60 |
| 一般 | 0.75 | 0.60 | 0.45 |
| 污染严重 | 0.60 | 0.45 | 0.30 |

注：1　$\tau_w$ 值是按 6 个月擦洗一次确定的。

　　2　在南方多雨地区，水平天窗的污染系数可按倾斜窗的 $\tau_w$ 值选取。

**D.0.8** 室内构件的挡光折减系数可按表 D.0.8 取值。

**表 D.0.8 室内构件的挡光折减系数 $\tau_j$ 值**

| 构件名称 | 结构材料 | |
|---|---|---|
| | 钢筋混凝土 | 钢 |
| 实体梁 | 0.75 | 0.75 |
| 屋架 | 0.80 | 0.90 |
| 吊车梁 | 0.85 | 0.85 |
| 网架 | — | 0.65 |

**D.0.9** 井壁的挡光折减系数可按图 D.0.9 取值。

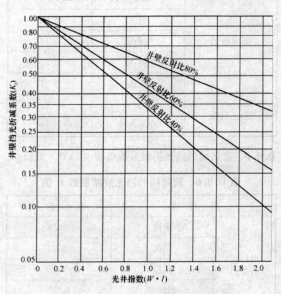

图 D.0.9 井壁挡光折减系数

**D.0.10** 采光罩的距高比可按表 D.0.10 取值。

**表 D.0.10 推荐的采光罩距高比**

| | |
|---|---|
| 矩形采光罩：$W \cdot I = 0.5\left(\dfrac{W+L}{W \cdot L}\right)$ 圆形采光罩：$W \cdot I = H/D$ | $d_c/h_x$ |
| 0 | 1.25 |
| 0.25 | 1.00 |
| 0.50 | 1.00 |
| 1.00 | 0.75 |
| 2.00 | 0.50 |

注：$W \cdot I$—光井指数；$W$—采光口宽度（m）；$L$—采光口长度（m）；$H$—采光口井壁的高度（m）；$D$—圆形采光直径（m）。

## 附录 E 采光节能计算参数

**E.0.1** 各类建筑全部利用天然光时数 $t_D$ 应符合表 E.0.1 的规定。

**表 E.0.1 各类建筑全部利用天然光时数 $t_D$（h）**

| 光气候区 | 办公 | 学校 | 旅馆 | 医院 | 展览 | 交通 | 体育 | 工业 |
|---|---|---|---|---|---|---|---|---|
| I | 2250 | 1794 | 3358 | 2852 | 3024 | 3358 | 3024 | 2300 |
| II | 2225 | 1736 | 3249 | 2759 | 2990 | 3249 | 2990 | 2225 |
| III | 2150 | 1677 | 3139 | 2666 | 2890 | 3139 | 2890 | 2150 |
| IV | 2075 | 1619 | 3030 | 2573 | 2789 | 3030 | 2789 | 2075 |
| V | 1825 | 1424 | 2665 | 2263 | 2453 | 2665 | 2453 | 1825 |

注：1 全部利用天然光的时数是指室外天然光照度在设计照度值以上的时间。
　　2 表中的数据是基于日均天然光利用时数计算的，没有考虑冬夏的差异，计算时应按实际使用情况确定。

**E.0.2** 各类建筑部分利用天然光时数 $t'_D$ 应符合表 E.0.2 的规定。

**表 E.0.2 各类建筑部分利用天然光时数 $t'_D$（h）**

| 光气候区 | 办公 | 学校 | 旅馆 | 医院 | 展览 | 交通 | 体育 | 工业 |
|---|---|---|---|---|---|---|---|---|
| I | 0 | 332 | 621 | 248 | 0 | 621 | 0 | 425 |
| II | 25 | 351 | 657 | 341 | 34 | 657 | 34 | 450 |
| III | 100 | 410 | 767 | 434 | 134 | 767 | 134 | 525 |
| IV | 175 | 429 | 803 | 527 | 235 | 803 | 235 | 550 |
| V | 425 | 507 | 949 | 806 | 571 | 949 | 571 | 650 |

注：部分利用天然光的时数是指设计照度和临界照度之间的时段。

## 本标准用词说明

1 为便于在执行本标准条文时区别对待，对要求严格程度不同的用词说明如下：
　　1）表示很严格，非这样做不可的用词：
　　　　正面词采用"必须"，反面词采用"严禁"；
　　2）表示严格，在正常情况下均应这样做的用词：

正面词采用"应",反面词采用"不应"或"不得";

3）表示允许稍有选择，在条件许可时首先应这样做的用词：

正面词采用"宜"，反面词采用"不宜"；

4）表示有选择，在一定条件下可以这样做的，采用"可"。

2　条文中指明应按其他有关标准执行的写法为："应符合……的规定"或"应按……执行"。

## 引用标准名录

1　《采光测量方法》GB/T 5699

# 中华人民共和国国家标准

# 建筑采光设计标准

## GB 50033—2013

## 条 文 说 明

# 修 订 说 明

《建筑采光设计标准》GB 50033－2013，经住房和城乡建设部 2012 年 12 月 25 日以第 1607 号公告批准、发布。

本标准是在《建筑采光设计标准》GB 50033－2001 的基础上修订而成，上一版的主编单位是中国建筑科学研究院，参编单位是中国航空工业规划设计研究院、清华大学、建设部建筑设计院、重庆建筑大学，主要起草人是林若慈、张绍纲、李长发、詹庆旋、刘福顺、杨光璿。

为便于广大设计、施工、科研、学校等单位有关人员在使用本标准时能正确理解和执行条文规定，《建筑采光设计标准》编制组按章、节、条顺序编制了本规范的条文说明，按条文规定的目的、依据以及执行中需注意的有关事项进行了说明（还着重对强行性条文的强制性理由作了解释）。但是，本条文说明不具备与标准正文同等的法律效力，仅供使用者作为理解和把握规范规定的参考。

# 目　　次

# 1 总　则

**1.0.1** 采光设计必须贯彻国家的技术经济政策，充分利用天然光，创造良好的光环境，这是因为天然光环境是人们长期习惯和喜爱的工作环境。各种光源的视觉试验结果表明，在同样照度条件下，天然光的辨认能力优于人工光，从而有利于工作、生活、保护视力和提高劳动生产率。此外，我国大部分地区处于温带，天然光充足，为利用天然光提供了有利条件，在白天的大部分时间内能满足视觉工作要求。这在我国电力紧张的情况下，对于节约能源有重要的意义。

**1.0.2** 在新建工程中，采光设计应执行本标准，但对于改建、扩建工程，有时因建筑、结构等条件的限制，执行本标准有困难时，视具体情况，允许有一定的灵活性，因此本标准规定，对于改建、扩建工程的采光设计，一般亦适用。

**1.0.3** 建筑的天然采光设计必须采用成熟并行之有效的先进技术，经济上也是合理的，并能提高工作效率，改善工作、学习和生活的环境质量，调节人的生理节律，有益于身心健康。

**1.0.4** 采光设计应符合本标准的规定，但是窗不仅起采光作用，有时还起通风和泄爆等作用，同时还要考虑建筑、结构等方面的要求，因此在采光设计时，应综合考虑现行有关标准的要求。

# 2　术语和符号

本章术语和符号引自《建筑采光设计标准》GB/T 50033-2001，同时也参照了国际上相关标准和技术文件，加以统一和赋予新的含义。考虑到当前新技术的应用情况，增加了采光系数标准值、室外天然光设计照度、室内天然光照度标准值、采光有效进深、导光管采光系统、导光管采光系统效率、采光利用系数、光热比等。

# 3　基本规定

**3.0.1** 采光标准的数量评价指标以采光系数 $C$ 表示。因为室外天然光受各种气象条件的影响，在一天中的变化很大，因而影响室内光线的变化，通常采用采光系数这一相对值来评价采光效果较为合适。目前国际上一般也采用此系数来评价采光。

**3.0.2** 本标准对采光系数标准值和室内天然光照度标准值进行了规定。

**1** 采光系数标准值：原标准中侧面采光以采光系数最低值作为标准值，顶部采光采用平均值作为标准值；本标准中统一采用采光系数平均值作为标准值。采用采光系数平均值，不仅能反映出工作场所采光状况的平均水平，也更方便理解和使用。从国内外的研究成果也证明了采用采光系数平均值和平均照度值更加合理。

**2** 室内天然光照度标准值：在采用采光系数作为采光评价指标的同时，还给出了相应的室内天然光照度值，这样一方面可与视觉工作所需要的照度值相联系，而且还便于和照明标准规定的照度值进行比较。在已知工作场所采光系数标准值的情况下，可根据室外天然光设计照度值求得室内室内天然光照度标准值，室外天然光设计照度值是根据我国的光气候状况，考虑到天然光利用的合理性，以及与照明标准的协调性确定的室外设计照度值。

**3.0.3** 本条按场所的采光等级、规定了各级相应的采光系数标准值和室内天然光照度值。

一、采光等级的确定

场所使用功能要求越高，说明视觉作业需要识别对象的尺寸就越小。由天然光视觉试验得出，随着识别对象尺寸的减小，能看清识别对象所需的照度增大，即工作越精细，需要的照度越高（图1）。

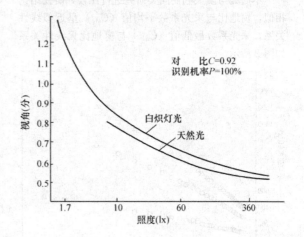

图 1　视角、照度关系曲线

此外，由于采光口的大小和位置受建筑条件的限制，不能随使用功能任意变化。采光等级不可能分得过细，与照明标准相比较，将级数减少，这样既符合使用功能的特征，也适应天然采光的建筑条件。

采用采光系数平均值作为采光系数标准值，编制组基于北京标准全阴天条件，利用 Radiance 软件进行模拟计算。取房间净高 2.5 \ 4.5 \ 6.5m，进深 4.8 \ 5.4 \ 6.0 \ 7.2 \ 8.4 \ 9.0m，对 18 种房间的 9 种开窗方式进行模拟，共计 162 个模拟情况，以验证采光系数平均值的优点及其可行性。

其中我们提取某一房间进行了相关几何参数与采光系数的深入比较分析。该房间进深 7.2m、净高 4.5m、玻璃透光比 0.737，室内地面反射比为 0.2，墙面 0.5，屋顶 0.8，窗下沿高 0.9m，工作面高

0.8m，对应 9 种开窗方式的计算结果如表 1 所示。

**表 1　标准全阴天窗地比与采光系数计算结果**

| 序号 | 窗地比（%） | $C_{ave}$（%） | $C_{min}$（%） | 窗地比/$C_{ave}$ | 窗地比/$C_{min}$ |
|---|---|---|---|---|---|
| 1 | 1/16 | 1.35 | 0.39 | 4.63 | 16.03 |
| 2 | 1/11 | 1.89 | 0.95 | 4.64 | 9.23 |
| 3 | 1/9 | 2.63 | 1.08 | 4.27 | 10.40 |
| 4 | 1/8 | 2.70 | 1.08 | 4.62 | 10.40 |
| 5 | 1/6 | 3.78 | 1.62 | 4.64 | 10.83 |
| 6 | 1/5 | 3.92 | 1.89 | 4.81 | 9.98 |
| 7 | 1/4.5 | 4.59 | 1.89 | 4.95 | 12.03 |
| 8 | 1/3.8 | 5.40 | 2.50 | 4.87 | 10.53 |
| 9 | 1/3 | 6.55 | 2.90 | 5.09 | 11.49 |

本研究与澳大利亚同类研究进行比较，研究结论相似，窗地比与采光系数平均值（$C_{ave}$）呈近似线性关系，采光系数最低值（$C_{min}$）与窗地比无线性关系如图 2 所示。

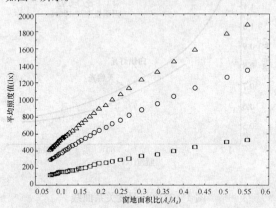

**图 2　窗地面积比与平均照度关系曲线（澳大利亚）**

根据上述研究得出如下结论：

**1**　对于标准全阴天，真正对应建筑师采光方案合理性的判定是平均照度，其与窗地比存在近似的线性关系，不同形状的房间也因此对应不同的合理窗地比。用采光系数平均值作为标准值既能反映一个工作场所总的采光状况，又能将采光系数与窗地面积比直接联系在一起。采用采光系数平均值和平均照度作为标准值是合理的。

**2**　采用采光系数平均值和平均照度将计算和评定侧窗采光和天窗采光的参数相统一，方便二者之间的综合比较和对接。

**3**　采用采光系数平均值和平均照度同时方便结

合照明标准及节能标准的相关参数，为统一考虑采光均匀度和照明均匀度提供了可能。

二、采光系数标准值的确定

顶部采光原标准就是采用的采光系数平均值，已经过多方论证标准值的确定依据充分，只是考虑到当前一些遮阳材料的使用和建筑遮挡的日趋严重，对其采光系数标准作了些调整，调整后的室内天然光照度值与照明标准的照度值基本一致。

侧面采光采用采光系数平均值作为标准值，确定各采光等级的采光系数标准值除参照原标准的实测调查和补充调研以外，编制组还重点对办公室、学校教室以及住宅中的起居室（厅）、卧室、厨房进行了实测验证（数据已列入相应部分的实测调查表中）。在原标准实测的 135 个工作场所的结果表明（表 2）：合格者 91 个，占总数的 67%，不合格者占 33%。不合格的原因多数为室外环境的遮挡或室内污染和高大设备的遮挡，少数是属于窗地面积比不够。说明原标准的采光系数标准值是能够达到的，窗地面积比的规定也是合理的。

**表 2　135 个作业场所实测汇总表**

| 采光系数≥标准值 | | | | | | 采光系数≤标准值 | | | | | |
|---|---|---|---|---|---|---|---|---|---|---|---|
| 采光等级 | | Ⅲ | Ⅳ | Ⅴ | | | | Ⅲ | Ⅳ | Ⅴ | |
| 作业场所（个） | 14 | 42 | 14 | 16 | 3 | | 11 | 12 | 3 | 14 | 3 | 3 |
| 采光系数值 $C$（%） | $C_{min}$ 2.0 ~ 7.1 | $C_{av}$ 3.0 ~ 11.4 | $C_{min}$ 1.1 ~ 2.9 | $C_{av}$ 2.0 ~ 4.8 | $C_{min}$ 1.41 ~ 1.63 | $C_{av}$ | $C_{min}$ 0.4 ~ 1.5 | $C_{av}$ 2.41 ~ 0.85 | $C_{min}$ 0.67 ~ 0.75 | $C_{av}$ 0.47 ~ 1.75 | $C_{min}$ 0.04 ~ 0.40 | $C_{av}$ 0.09 ~ 0.47 |

编制组为了制定以采光系数平均值为评定基础的新版采光标准值，针对常规几何尺寸的房间参考平面高度的采光系数平均值进行了大量的数据模拟和分析论证。所获取数据包括不同进深（4.5～16.8m）、不同层高（2.2～11.8m）以及不同开间/进深比（0.6、1、1.5）的多种房间尺寸中的 9 种开窗情况所对应的采光系数平均值，其中，原始模拟模型包括 69 种房间尺寸，每种房间针对 9 种开窗方式（窗高系数 0.2、0.4、0.6；窗宽系数 0.5、0.7、0.9 排列组合）进行模拟计算，共获得原始模拟模型 621 个。随后利用线性插值和公式辅助推导等方法扩充至 1800 例不同情况下的采光系数平均值。

利用采光标准中各采光等级对应的窗地面积比，编制组以这 1800 例数据为基础，提取不同窗地面积比所对应的采光系数，统计出各等级窗地面积比所对应的标准值。同时，编制组在原始统计结果的基础上，考虑一般情况下玻璃洁净度以及窗框挡光因素，对原始数据进行了折减计算，将原始数据分别乘以折减系数 0.675（窗污染系数 0.9 乘以窗结构挡光系数 0.75），室外遮挡系数 0.8（按常规的建筑日照间距折算），最终计算结果如表 3 所示。

表 3　采光系数平均值计算结果

| 采光等级 | 侧窗窗地面积比 | 采光系数平均值（%） |
|---|---|---|
| Ⅰ | 1/3 | 5.33 |
| Ⅱ | 1/4 | 4.32 |
| Ⅲ | 1/5 | 3.55 |
| Ⅳ | 1/6 | 2.78 |
| Ⅴ | 1/10 | 1.77 |

本标准侧面采光各采光等级Ⅰ、Ⅱ、Ⅲ、Ⅳ、Ⅴ对应的采光系数平均值分别为 5、4、3、2、1（%），相当于模拟计算数值取整的结果。

综合以上实测和计算结果，确定了侧面采光的采光系数平均值（取整数）。分析各级的采光系数标准值可以得出以下结论：随着采光等级的提高，侧面采光和顶部采光的采光系数标准值越来越接近，这是因为窗地面积比不同，采光区的有效进深会不同，在窗地面积比小时，有效进深大，采光均匀度差，侧面采光和顶部采光的采光系数标准值相差较大，随着窗地面积比的增大，采光有效进深减少，采光均匀度提高，采光系数标准值也就越来越接近。

三、室内天然光照度标准值的确定

在制订采光标准时，除了考虑视觉工作对光的最低需求外，还应考虑连续、长时间视觉工作的需要，以及工作效率和视觉舒适等因素。结合室外天然光状况，将室外临界照度值提高到室外设计照度值 15000lx，顶部采光各采光等级的室内天然光照度值分别为 750、450、300、150、75（lx），与照明标准相比较，各工作场所对应的天然光照度值基本上与照明标准值相一致。视觉实验还表明，天然光优于人工光，天然光即使略低于人工照明照度值，也能满足视觉工作的要求。

美国提出替代采光系数的可利用天然光照度值：100lx～2000lx 为合适照度，小于 100lx 为不足照度，大于 2000lx 为照度过高。考虑到夏天太阳辐射对室内产生的过热影响以及由此引起的不舒适眩光，规定了采光标准的上限值，即采光系数 7%。北美 LEED2009 选项 2：在晴天空条件下，9 月 21 日上午 9 点和下午 3 点时的天然光照度值最大不能超过 5000lx，说明并非采光越多越好，认为 100lx～2000lx 为合适照度，大于 2000lx 为照度过高。

3.0.4　我国地域广大，天然光状况相差甚远，若以相同的采光系数规定采光标准不尽合理，在室外取相同的临界照度时我国天然光丰富区较之天然光不足区

全年室外平均总照度相差约为 50%。为了充分利用天然光资源，取得更多的利用时数，对不同的光气候区应取不同的室外设计照度，即在保证一定室内照度的情况下，各地区规定不同的采光系数。

本标准的光气候分区和系数值是根据我国近 30 年的气象资料取得的 273 个站的年平均总照度制定的，见表 4。

表 4　不同光气候区的天然光利用时数

| 光气候区 | 站数 | 年平均总照度（lx） | 室外设计照度（lx） | 设计照度的天然光利用时数（h） | 室外临界照度（lx） | 临界照度的天然光利用时数（h） |
|---|---|---|---|---|---|---|
| Ⅰ | 29 | 48781 | 18000 | 3356 | 6000 | 3975 |
| Ⅱ | 40 | 42279 | 16500 | 3234 | 5500 | 3921 |
| Ⅲ | 71 | 37427 | 15000 | 3154 | 5000 | 3909 |
| Ⅳ | 102 | 32886 | 13500 | 3055 | 4500 | 3857 |
| Ⅴ | 31 | 27138 | 12000 | 2791 | 4000 | 3689 |

室外设计照度值的确定：将Ⅲ类光气候区的室外设计照度值定为 15000lx，根据这一照度和采光系数标准值换算出来的室内天然光照度值与人工照明的照度值相对应，只要满足这些照度值，工作场所就可以全部利用天然光照明，又根据我国天然光资源分布情况（表 4），全年天然光利用时数可达 8.5 个小时以上。按每天平均利用 8h 确定设计照度，Ⅲ类区室外设计照度取值为 15000lx，其余各区的室外设计照度分别为 18000lx、16500lx、13500lx、12000lx。按室外临界照度 5000lx 计算，每天平均天然光利用时数约 10 个小时。室外设计照度 15000lx 和室外临界照度 5000lx 之间，是部分采光的时段，需要补充人工照明，临界照度 5000lx 以下则需要全部采用人工照明。

3.0.5　Ⅰ级视觉工作的房间，常为多层建筑，用侧窗采光，开窗面积往往受到层高的限制。有的房间的生产工艺要求恒温、恒湿和防尘，采光口也不宜过大，从而使采光系数达不到规定的标准值，Ⅱ级视觉工作也有一部分房间因某些条件的限制使采光系数达不到标准值。而且Ⅱ级视觉工作的房间数量较多，考虑到经济合理，采光系数标准值可降低到Ⅲ级。但因采光系数降低所减少的天然光照度应用人工照明补充。根据《室内照明指南》CIE 出版物 NO.29.2 的推荐，补充的数量为天然采光和人工照明形成的总照度不宜超过原等级规定的照度标准值的 1.5 倍。

根据美国的节能标准和我国建筑节能标准的规定，为了防止室内过热、能耗过大，对窗墙比均有详细的规定，所以Ⅰ、Ⅱ采光等级的房间一般来说只适用于对采光有特殊要求的房间和区域，如对颜色要求的精细检验、工艺品雕刻、刺绣、绘画等。

**3.0.6** 根据对现有建筑采光的实际调查结果表明，多数房间开窗面积并不小，但采光条件差，其主要原因是，对采光口未进行定期的擦洗和维修，以致窗玻璃污染严重，透光率很低，个别房间的窗子甚至不透光，以致很大的采光面积仍不能满足采光要求，白天都要开灯工作，浪费电能，影响视力健康。以北京地区为例，某车间采用矩形天窗，窗地比为 1：4.2，按计算应达到的采光系数为 2.5%。由于污染等原因，实际只有 0.61%，全年天然光利用时数大为减少，白天大部分时间需要开灯工作。这种浪费电现象如不克服并作适当规定，是不合理的。根据对车间污染的实验和调查得出的窗玻璃污染折减系数，是按 6 个月擦洗一次确定的，证明适时擦窗是必要的。

在调查中还发现，有的单位虽对窗也进行维修和擦洗，但由于缺少必要的设备和有效方法，工作效率很低，而且不安全。因此，在设计中应考虑设置相应的设备，以保证擦洗的方便和安全，尽可能地为擦窗和维修创造便利的条件。

导光管系统的透光折减系数是参照《建筑外窗采光性能分级及检测方法》GB/T 11976 在实验室中测试得到的，反映的是在漫射光条件下导光管系统的采光效率。由于导光管系统的采光效率受日光入射方向的影响较大，在精确模拟时，可通过实测或软件模拟获得其他入射条件下导光管的系统效率。

**3.0.7** 为了检验采光设计的实际效果，需要在工程竣工后，或在使用期内进行现场实测。在同一房间内，采用不同的实测方法或在不同的天空条件下进行采光系数测定，其结果差别很大。因此需统一实测方法，便于对实测数据进行分析比较。实测方法可按现行国家标准执行。

# 4 采光标准值

**4.0.1** 住宅建筑的卧室、起居室（厅）、厨房应有直接采光。

该条直接采光是指在卧室、起居室（厅）、厨房空间直接设有外窗，包括窗外设有外廊或设有阳台等外挑遮挡物。住宅中的卧室和起居室（厅）具有直接采光是居住者生理和心理健康的基本要求，直接采光可使居住者直接观看到室外自然景色，感受到大自然季节性的变化，舒缓情绪、减少压力，有助于身心健康，这也正是目前国外许多采光标准所强调的。住宅中的厨房也是居住者活动频繁的场所，除了采光以外，外窗还有很重要的通风作用。本条还考虑了和相关标准的协调。

**4.0.2** 本条将住宅建筑的卧室、起居室（厅）的采光标准值列为强制性条文的理由：

**1** 居住者对天然光的需求：住宅是人们长期生活、工作与学习的场所，特别是老人和孩子，而天然采光则是必不可少的，除了满足从事各种活动的功能性需要以外，更重要的还要满足居住者生理和心理健康的要求。

**2** 《住宅设计规范》GB 50096 已将卧室、起居室（厅）、厨房的采光窗洞口的窗地面积比不应低于 1/7 列为强条。本标准将卧室、起居室（厅）的采光标准值列为强制性条文则更为准确。考虑到厨房开窗要求不仅是为了满足采光，通风也是很重要的因素，因此厨房的采光标准值不作为强条。

**3** 实测调查结果表明，在满足窗地面积比的情况下是可以达到采光标准值的。

起居室、卧室（厅）实测调查结果：

实测调查了 41 个场所，包括多层住宅和高层住宅，含一、二、三居室，进深从 3m 到 5.4m，多数住宅的开窗面积较大，采光效果普遍较好。实测调查结果见表 5 和表 6。

表 5　起居室、卧室（厅）实测调查结果

| 采光效果评价 | 数量（个） | 窗地面积比（$A_c/A_d$） | 采光系数平均值（%） | 占总数百分比（%） |
|---|---|---|---|---|
| 好 | 28 | 1/3.06～1/7.78 | 0.84～5.2 | 68 |
| 中 | 9 | 1/4.06～1/7.72 | 0.48～1.02 | 22 |
| 差 | 4 | 1/5.33～1/6.87 | 0.16～0.36 | 10 |

表 6　起居室、卧室（厅）窗地面积比调查结果

| 窗地面积比（$A_c/A_d$） | 数 量（个） | 占总数百分比（%） |
|---|---|---|
| 1/3～1/4 | 7 | 17 |
| 1/4～1/5 | 11 | 27 |
| 1/5～1/6 | 14 | 34 |
| 1/6～1/7 | 5 | 12 |
| 1/7～1/8 | 4 | 10 |

起居室、卧室（厅）调查结果：

（1）窗地面积比大于 1/6 的占调查总数的 78%，大于 1/7 的占 90%。

（2）采光评价较好的占 68%，基本上可达到采光系数平均值 2% 的要求。

在制定采光标准时还参考了国内外相关标准（表 9）。

**4.0.3** 住宅建筑的采光标准值：

采光标准订制的依据如下：

一、实测调查结果

**1** 餐厅

目前居住建筑中的餐厅有明厅和暗厅两种。明厅

采用直接采光，厅内明亮；暗厅多采用大玻璃窗，间接采光，采光效果较差。实测调查结果见表7。

**表7　餐厅的实测调查结果**

| 采光效果评价 | 数量（个） | 窗地面积比（$A_c/A_d$） | 采光系数平均值（%） | 占总数百分比（%） |
|---|---|---|---|---|
| 好 | 6 | 1/4.03～1/5.71 | 1.52～2.32 | 50 |
| 中 | 5 | 1/4.82～1/5.80 | 0.84～1.06 | 42 |
| 差 | 1 | 1/3.70（间接） | 0.22 | 8 |

调查中直接采光的餐厅基本上都能达到采光系数平均值1%的要求。

**2　厨房**

实测调查的厨房全部直接采光，开窗面积均较大，只是个别厨房建筑遮挡严重，采光效果较差。实测调查结果见表8。

**表8　厨房采光实测调查结果**

| 采光效果评价 | 数量（个） | 窗地面积比（$A_c/A_d$） | 采光系数平均值（%） | 占总数百分比（%） |
|---|---|---|---|---|
| 好 | 8 | 1/2.85～1/3.54 | 1.84～2.06 | 80 |
| 差 | 2 | 1/4.03～1/5.81 | 0.38～0.50 | 20 |

随着住宅标准的提高，厨房的现代化占有重要地位，这就要求有好的采光照明条件，同时也是国内外厨房的发展趋势。调查结果，采光系数平均值基本上可到2%，窗地面积比多数大于1/6。

二、参考国内外住宅采光标准

国内外的住宅采光标准如表9所示。

**表9　国内外住宅建筑采光标准比较**

| 房间名称 | 日本 采光系数（%） | 英国 采光系数（%） | 俄罗斯 采光系数最低值（%） | 日本建筑标准法 窗地面积比（$A_c/A_d$） | 住宅建筑设计规范 窗地面积比（$A_c/A_d$） | 本标准 采光系数平均值（%） | 本标准 窗地面积比（$A_c/A_d$） |
|---|---|---|---|---|---|---|---|
| 起居室 | 0.7 | 1.0 | — | 1/7 | 1/7 | 2.0 | 1/6 |
| 卧室 | 1.0 | 0.5 | 0.5 | 1/7 | 1/7 | 2.0 | 1/6 |
| 厨房 | 1.0 | 2.0 | 0.5 | — | 1/7 | 2.0 | 1/6 |
| 卫生间 | 0.5 | — | 0.3 | 1/12 | 1/12 | | 1/10 |
| 走道 | 0.3 | 0.5 | 0.3 | 1/12 | 1/12 | | 1/10 |
| 楼梯间 | 0.3 | 0.5 | 0.1 | 1/12 | 1/12 | | 1/10 |

根据实测调查结果并参考国内外的住宅采光标准，规定起居室、卧室、厅和厨房的采光系数平均值

为2%，窗地面积比为1/6。卫生间、过厅和楼梯间、餐厅的采光系数平均值为1%，其窗地面积比为1/10。

**4.0.4**　本条将普通教室的采光标准列为强条，主要是为了保护青少年学生的视力和身心健康，据全国学生爱眼工程对中小学生近视率的最新抽样调查统计结果：小学生28%、初中生60%、高中生85%，大学生则更高，我国人口近视率占33%，高于世界的平均水平22%，居世界第二位。当然，引起学生近视的原因很多，其中有遗传因素、用眼时间过长、用眼方式不当等等，但光线不足和光质量差肯定是很重要的原因，此外，创造良好的光环境，还有助于提高学生的学习效率。将普通教室采光标准列为强条，也正是为了给学校教室的采光提供最基本的保障。普通教室的采光标准值主要是通过实测调查和参考国内外相关标准制定的。

**4.0.5**　教育建筑的采光标准值：

采光标准制订的依据如下：

一、实测调查结果

**1　教室、实验室**

19个教室的实测调查结果见表10和表11。

**表10　教室、实验室窗地面积比调查结果**

| 窗地面积比（$A_c/A_d$） | 数量（个） | 占总数百分比（%） |
|---|---|---|
| 1/3～1/4 | 12 | 63.0 |
| 1/4～1/5 | 2 | 10.5 |
| 1/5～1/6 | 5 | 26.5 |

**表11　教室、实验室采光系数实测结果**

| 采光系数平均值（%） | 数量（个） | 占总数百分比（%） |
|---|---|---|
| 2.0～3.5 | 12 | 63.2 |
| 1.0～2.0 | 7 | 37.8 |

除一所教室为双侧采光外，其余均为单侧采光，其中窗地面积比在1/5以上为14个，占总数的87.5%以上，因实验室与教室开窗大小大都相同，视觉工作无大的差异，故采用与教室相同的采光标准，即采光系数平均值为3%和窗地面积比为1/5。

**2　阶梯教室**

实测调查结果见表12和表13。

**表12　阶梯教室实测调查结果**

| 采光效果评价 | 数量（个） | 窗地面积比（$A_c/A_d$） | 采光系数平均值（%） | 占总数百分比（%） |
|---|---|---|---|---|
| 好 | 6 | 1/2.4～1/4.4 | 1.44～3.82 | 67 |
| 中 | 3 | 1/3.0～1/5.0 | 0.92～1.38 | 33 |

**表 13　阶梯教室窗地面积比调查结果**

| 窗地面积比 ($A_c/A_d$) | 数量 (个) | 占总数百分比 (%) |
|---|---|---|
| 1/2～1/3 | 3 | 33.3 |
| 1/3～1/4 | 3 | 33.3 |
| 1/4～1/5 | 3 | 33.3 |

因此类房间的进深和开间均较大，以视听为主，兼作记录，采光不能满足区域可用人工照明补充，其采光要求与教室相同，故本标准规定采光系数平均值为3%，窗地面积比为1/5。

**3　走道、楼梯间**

学校的走道、楼梯间人流大，跑动速度快，必须保证有一定的天然光照度，采光系数平均值为1%，窗地面积比为1/10。

二、参考国内外教育建筑采光标准

国内外教育建筑采光标准见表14。

**表 14　国内外教育建筑采光标准**

| 房间名称 | 日本 | | 英国 | 俄罗斯 | 中小学校建筑设计规范 | |
|---|---|---|---|---|---|---|
| | 采光系数 (%) | 窗地面积比 ($A_c/A_d$) | 采光系数 (%) | 采光系数最低值 (%) | 采光系数最低值 (%) | 窗地面积比 ($A_c/A_d$) |
| 教室、实验室 | 1.5～2.0 | 1/5 | 2 | 1.5 | 2 | 1/5 |
| 阶梯教室 | — | — | 2 | — | 2 | 1/5 |
| 走道、楼梯间 | — | 1/10 | — | 0.2 | 1 | — |

《中小学校建筑设计规范》GB 50099 已将采光标准提高，为了保护学生视力，本标准将教室、实验室、阶梯教室的采光系数平均值定为3%。

**4.0.6**　本标准将一般病房的采光标准列为强条，主要原因是病房里的病人与正常人相比非但活动空间很小，有的甚至失去行为能力，而且心理要承受巨大的压力，日光环境可以调节病人的昼夜和季节性的人体节律、接受紫外线、改善睡眠、减少压力、愉悦心情。根据国外相关标准的规定，采光标准不仅是为了能够满足各类视觉工作的要求，更强调人的生理和心理需求，这对医院病房尤其重要。一般病房的采光标准值主要是通过实测调查和参考国内外相关标准制定的。

**4.0.7**　医疗建筑的采光标准值：

采光标准制订的依据如下：

一、实测调查结果

医疗建筑的采光实测调查结果见表15。

**表 15　医疗建筑采光实测调查结果**

| 房间名称 | 数量 (个) | 窗地面积比 ($A_c/A_d$) | 采光系数平均值 (%) |
|---|---|---|---|
| 诊疗室 | 45 | 1/2.8～1/6.0 | 1.81～3.53 |
| 治疗室、化验室 | 37 | 1/3.1～1/7.3 | 1.65～3.20 |
| 病房 | 28 | 1/3.0～1/5.4 | 1.28～3.37 |
| 医生办公室（护士室） | 25 | 1/3.6～1/7.7 | 1.19～2.56 |

二、参考国内外医疗建筑的采光标准

国内外医疗建筑的采光标准见表16。

**表 16　国内外医疗建筑采光标准**

| 房间名称 | 日本 | | 英国 | 俄罗斯 | 综合医院建筑设计规范 |
|---|---|---|---|---|---|
| | 采光系数 (%) | 窗地面积比 ($A_c/A_d$) | 采光系数 (%) | 采光系数最低值 (%) | 窗地面积比 ($A_c/A_d$) |
| 药房 | — | — | 3.0 | — | — |
| 检查室 | 1.5 | 1/6 | — | — | 1/6 |
| 候诊室 | 1.0 | 1/7 | 2.0 | 0.5 | 1/7 |
| 病房 | 1.5 | 1/7 | 1.0 | — | 1/7 |
| 诊疗室 | 2.0 | 1/6 | — | 1.0 | 1/6 |
| 治疗室 | — | — | — | 0.5 | — |

根据实测调查结果诊疗室、治疗室、药房、病房的窗地面积比都较大，除了考虑人的视觉工作需要以外，更多的还要考虑人的生理和心理需求（特别是病人），因此将采光系数平均值分别定为3%和2%。

**4.0.8**　办公建筑的采光标准值：

采光标准制订的依据如下：

一、实测调查结果

对49个场所的实测调查结果见表17、表18、表19。

**1　设计室、绘图室**

此类办公室对采光要求较高，而且这类办公用房将有所增加。对本类14个场所进行的采光实测调查结果见表17。

**表 17　设计室、绘图室实测调查结果**

| 采光效果评价 | 数量 (个) | 窗地面积比 ($A_c/A_d$) | 采光系数平均值 (%) | 占总数百分比 (%) |
|---|---|---|---|---|
| 好 | 4 | 1/2.3～1/5.1 | 1.84～5.34 | 28.6 |
| 中 | 2 | 1/3.9～1/4.9 | 1.06～1.42 | 14.3 |
| 差 | 8 | 1/4.0～1/6.4 | 0.06～0.72 | 57.1 |

实测中当窗地面积比为1/5时，若无室外遮挡，采光系数平均值可达到3%。日本采光系数值规定为3%，原苏联采光系数最低值规定为2%，考虑到我国的地区特点，光气候资源比较丰富，当窗地面积比

为 1/4 时，采光系数可以达到标准规定值。

**2 办公室、会议室**

对此类房间的 26 个场所的实测调查结果见表 18。

**表 18 办公室、会议室实测调查结果**

| 采光效果评价 | 数量（个） | 窗地面积比（$A_c/A_d$） | 采光系数平均值（%） | 占总数百分比（%） |
|---|---|---|---|---|
| 好 | 10 | 1/2.9～1/4.5 | 1.89～4.75 | 38.5 |
| 中 | 7 | 1/5.0～1/7.3 | 0.90～2.84 | 26.9 |
| 差 | 9 | 1/2.3～1/8.7 | 0.42～0.94 | 34.6 |

办公室采光实测调查结果表明，采光效果评为好者，采光系数多数在 1.89～4.75% 之间，平均值在 3% 左右，而且开窗面积均较大。

**3 复印室、档案室**

本类型 9 个场所的实测调查结果见表 19。

**表 19 复印室、档案室实测调查结果**

| 采光效果评价 | 数量（个） | 窗地面积比（$A_c/A_d$） | 采光系数平均值（%） | 占总数百分比（%） |
|---|---|---|---|---|
| 好 | 4 | 1/3.2～1/5.8 | 2.16～3.72 | 44.4 |
| 差 | 5 | 1/3.4～1/8.3 | 0.20～0.56 | 55.6 |

本标准规定采光系数值为 2%，窗地面积比为 1/6。与现有的国内外标准基本上一致。

二、国内外办公建筑采光标准

国内外办公建筑采光标准见表 20 和表 21。

**表 20 国外办公建筑采光标准**

| 房间名称 | 日本 采光系数（%） | 英国 采光系数（%） | 俄罗斯 采光系数最低值（%） |
|---|---|---|---|
| 办公室、会议室 | 2.0 | 2.0 | 1.0 |
| 设计室、绘图室 | 3.0 | — | 2.0 |
| 复印室、档案室 | — | — | 0.5 |

**表 21 国内办公建筑采光标准**

| 房间名称 | 办公建筑设计规范 采光系数最低值（%） | 办公建筑设计规范 窗地面积比（$A_c/A_d$） | 中小学校建筑设计规范 采光系数最低值（%） | 中小学校建筑设计规范 窗地面积比（$A_c/A_d$） | 图书馆建筑设计规范 采光系数最低值（%） | 图书馆建筑设计规范 窗地面积比（$A_c/A_d$） |
|---|---|---|---|---|---|---|
| 办公室 | 2.0 | 1/5.0 | 2.0 | 1/5 | 1.5 | 1/6 |
| 设计室、绘图室 | 3.0 | 1/3.5 | — | — | — | — |
| 复印室 | 1.0 | 1/7.0 | — | — | — | — |

英国和日本采光标准都将办公室采光系数值定为

2%；实测中发现按窗地面积比 1/6 设计的办公室，晴天上班时有开灯现象。综合考虑各种因素，本标准将办公室采光系数平均值定为 3%，侧面采光窗地面积比定为 1/5。

**4.0.9 图书馆建筑的采光标准值：**

采光标准制订依据如下：

一、实测调查结果

**1 阅览室、开架书库**

23 个场所的实测调查结果见表 22 和表 23。

**表 22 阅览室、开架书库实测调查结果**

| 采光效果评价 | 数量（个） | 窗地面积比（$A_c/A_d$） | 采光系数平均值（%） | 占总数百分比（%） |
|---|---|---|---|---|
| 好 | 14 | 1/2.8～1/5.6 | 1.16～2.60 | 60.9 |
| 中 | 6 | 1/3.6～1/6.4 | 0.44～1.42 | 26.1 |
| 差 | 3 | 1/5.7～1/8.3 | 0.04～0.38 | 13.0 |

**表 23 阅览室、开架书库窗地面积比调查结果**

| 窗地面积比（$A_c/A_d$） | 数量（个） | 占总数百分比（%） |
|---|---|---|
| 1/2～1/3 | 1 | 4.5 |
| 1/3～1/4 | 10 | 43.5 |
| 1/4～1/6 | 6 | 26.0 |
| 1/6～1/9 | 6 | 26.0 |

根据实测调查结果采光系数的满意值为 2% 以上，其窗地面积比为不小于 1/5。

**2 目录室**

目录室的采光实测调查结果见表 24 和表 25。

**表 24 目录室采光实测调查结果**

| 采光效果评价 | 数量（个） | 窗地面积比（$A_c/A_d$） | 采光系数平均值（%） | 占总数百分比（%） |
|---|---|---|---|---|
| 好 | 3 | 1/2.9～1/3.6 | 0.24～3.23 | 43.0 |
| 中 | 2 | 1/3.1～1/5.6 | 0.12～0.56 | 28.5 |
| 差 | 2 | 1/6.9～1/9.1 | 0.06～0.08 | 28.5 |

**表 25 目录室窗地面积比调查结果**

| 窗地面积比（$A_c/A_d$） | 数量（个） | 占总数百分比（%） |
|---|---|---|
| 1/3～1/4 | 4 | 57.0 |
| 1/4～1/6 | 1 | 14.5 |
| 1/6～1/10 | 2 | 28.5 |

由调查结果表明多数调查场所均达不到上述要

求，主要是其进深和开间较大，因此常用人工照明加以补充。

**3 书库**

书库的采光实测调查结果见表 26 和表 27。

**表 26 书库采光实测调查结果**

| 采光效果评价 | 数量（个） | 窗地面积比（$A_c/A_d$） | 采光系数平均值（%） | 占总数百分比（%） |
|---|---|---|---|---|
| 好 | 5 | 1/2.5~1/5.0 | 0.30~1.06 | 43 |
| 中 | 3 | 1/3.8~1/5.7 | 0.06~0.12 | 25 |
| 差 | 4 | 1/7.4~1/8.3 | 0.02~0.04 | 33 |

**表 27 书库窗地面积比调查结果**

| 窗地面积比（$A_c/A_d$） | 数量（个） | 占总数百分比（%） |
|---|---|---|
| 1/3~1/4 | 4 | 33 |
| 1/4~1/6 | 3 | 25 |
| 1/6~1/19 | 5 | 42 |

实测调查结果表明，书库的采光效果普遍较差，主要是书架高而密，而且进深大，影响采光效果，采光系数均难达到标准要求，多用人工照明补充，为保证一定采光的要求，故规定其采光系数平均值为 1%，窗地面积比为 1/10。

**二、参考国内外采光标准**

国内外图书馆建筑采光标准见表 28。

**表 28 国内外图书馆建筑采光标准**

| 房间名称 | 日本 采光系数（%） | 英国 采光系数（%） | 俄罗斯 采光系数最低值（%） | 图书馆建筑设计规范 采光系数最低值（%） | 图书馆建筑设计规范 窗地面积比（$A_c/A_d$） |
|---|---|---|---|---|---|
| 阅览室、开架书库 | 2.0 | 1.0 | 1.0 | 2.0~1.5 | 1/4~1/6 |
| 目录室 | — | 2.0 | 0.5 | 1.5 | 1/6 |
| 书库 | 1.0 | — | — | 0.5 | 1/10 |

根据实测调查结果及参考国内、外采光标准，制订了本采光标准。

**4.0.10** 旅馆建筑的采光标准值：

采光标准制订依据如下：

**一、实测调查结果**

**1 会议厅**

会议厅和多功能厅（以会议为主）的采光实测调查结果见表 29 和表 30。

**表 29 会议厅、多功能厅（会议为主）窗地面积比调查结果**

| 窗地面积比（$A_c/A_d$） | 数量（个） | 占总数百分比（%） |
|---|---|---|
| 1/3~1/4 | 1 | 12.5 |
| 1/4~1/5 | 4 | 50.0 |
| 1/5~1/6 | 2 | 25.0 |
| 1/7~1/8 | 1 | 12.5 |

**表 30 会议厅、多功能厅（会议为主）采光系数实测结果**

| 采光系数平均值（%） | 数量（个） | 占总数百分比（%） |
|---|---|---|
| 2.5~3.5 | 1 | 12.5 |
| <1.0 | 7 | 87.5 |

鉴于多功能厅在实际使用中有多种用途，一般多功能厅进深较大，难以达到较高的采光等级，故从实际可能出发定为Ⅳ级采光等级。如以会议为主的多功能厅，宜按照会议厅的采光标准。

对会议厅 8 个场所的实测，窗地面积比多在 1/3.6~1/7 之间，采光系数普遍偏低。因会议兼有记录和阅读，故将采光系数标准值定为Ⅲ级。

**2 大堂、客房和餐厅**

大堂的实测调查结果见表 31 和表 32。

**表 31 大堂窗地面积比调查结果**

| 窗地面积比（$A_c/A_d$） | 数量（个） | 占总数百分比（%） |
|---|---|---|
| >1/2 | 3 | 37.5 |
| 1/2~1/3 | 3 | 37.5 |
| 1/3~1/4 | 1 | 12.5 |
| 1/6~1/7 | 1 | 12.5 |

**表 32 大堂采光系数实测结果**

| 采光系数平均值（%） | 数量（个）侧面 | 数量（个）顶部 | 占总数百分比（%）侧面 | 占总数百分比（%）顶部 |
|---|---|---|---|---|
| <1.0 | 2 | — | 50 | — |
| 1.0~2.0 | 1 | 1 | 25 | 25 |
| 2.0~3.0 | 1 | 2 | 25 | 50 |
| >3.0 | — | 1 | — | 25 |

客房和餐厅的实测调查结果见表 33~表 36。

**表 33　客房窗地面积比调查结果**

| 窗地面积比<br>($A_c/A_d$) | 数　量<br>（个） | 占总数百分比<br>（%） |
|---|---|---|
| 1/2～1/3 | 9 | 39.0 |
| 1/3～1/4 | 4 | 17.5 |
| 1/4～1/5 | 6 | 26.0 |
| <1/5 | 4 | 17.5 |

**表 34　客房采光系数实测结果**

| 采光系数平均值<br>（%） | 数　量<br>（个） | 占总数百分比<br>（%） |
|---|---|---|
| <1.0 | 12 | 52.0 |
| 1.0～2.0 | 6 | 26.0 |
| 2.0～3.0 | 3 | 13.0 |
| >3.0 | 2 | 9.0 |

**表 35　餐厅窗地面积比调查结果**

| 窗地面积比<br>($A_c/A_d$) | 数　量<br>（个） | 占总数百分比<br>（%） |
|---|---|---|
| >1/4 | 3 | 37.5 |
| 1/4～1/5 | 2 | 25.0 |
| 1/5～1/6 | 2 | 25.0 |
| 1/7～1/8 | 1 | 12.5 |

**表 36　餐厅采光系数实测结果**

| 采光系数平均值<br>（%） | 数　量<br>（个） | 占总数百分比<br>（%） |
|---|---|---|
| <1.0 | 5 | 62.2 |
| 1.0～2.0 | 2 | 25.0 |
| 2.0～3.0 | 1 | 12.5 |

在对大堂的实测中，窗地面积比大于 1/4 的有 7 个；小于 1/4 的有 1 个。按功能要求大堂的采光系数平均值定为 2%。客房的窗地面积比多数大于 1/5，采光系数平均值也定为 2%。

二、参照国外采光标准

国外旅馆建筑采光标准见表 37。

**表 37　国外旅馆建筑采光标准**

| 房间名称 | 日　本 | | 英　国 | 俄罗斯 | |
|---|---|---|---|---|---|
| | 采光系数<br>（%） | 窗地<br>面积比<br>($A_c/A_d$) | 采光系数<br>（%） | 采光系数<br>（%） | |
| | | | | 侧面 | 顶部 |
| 客房<br>大堂 | — | 1/7 | 1.0 | 0.5 | |
| 会议室 | 1.5 | — | | 0.5 | 2.0 |

实际调查中客房的窗地面积比均比较大，故本标准定为1/6。会议室因有视觉工作的要求采光系数平均值定为3%、窗地面积比定为 1/5。

**4.0.11**　博物馆和美术馆建筑的采光标准值：

采光标准制订依据如下：

一、实测调查结果

16 个博物馆和美术馆的实测调查结果见表38。

**表 38　博物馆和美术馆建筑采光实测调查结果**

| 房间名称 | 数量<br>（个） | 采光方式 | 窗地面积比<br>($A_c/A_d$) | 总采光系数<br>平均值（%） | |
|---|---|---|---|---|---|
| | | | | 侧面 | 顶部 |
| 展厅<br>陈列室 | 18 | 侧面采光<br>（15） | 1/2.1～1/23 | 1.86 | — |
| | | 顶部采光<br>（3） | 1/3.2～1/7.5 | — | 1.60 |
| 工作室 | 12 | 侧面采光<br>（12） | 1/2～1/20 | 2.26 | |
| 库房 | 3 | 侧面采光<br>（3） | 1/8～1/58 | 0.48 | — |

二、参照博物馆标准

根据展品特点和场所用途，《博物馆照明设计规范》GB/T 23863 推荐的照度标准值见表39。

**表 39　博物馆的照度标准值**

| 场　　所 | 参考平面及高度 | 照度标准值<br>（lx） |
|---|---|---|
| 文物复制室、标本制作室 | 实际参考平面 | 750 |
| 陈列室、美术制作室<br>书画装裱室 | 0.75m<br>实际参考平面 | 300 |
| 门厅 | 地面 | 200 |
| 库房、盥洗室、浴室 | 地面 | 100 |

博物馆和美术馆对光线的控制要求严格，利用窗口的遮光百叶等装置调节光线，以保证室内天然光的稳定，调光装置因其复杂程度不同，造成天然光透过采光口的损失不同，在确定采光口面积时，要充分考虑此损失。

**4.0.12**　展览建筑的采光标准值：

采光标准制订依据如下：

展览建筑实测调查结果见表40。

**表 40　展览建筑的采光实测结果**

| 场所名称 | 采光形式 | 采光系数平均值<br>（%） | 采光效果评价 |
|---|---|---|---|
| 展厅 | 侧窗＋顶窗 | 1.14～2.02 | 中 |

续表 40

| 场所名称 | 采光形式 | 采光系数平均值(%) | 采光效果评价 |
|---|---|---|---|
| 登录厅 | 侧窗+顶窗 | 5.30~8.10 | 好 |
| 连接通道 | 侧窗+顶窗 | 3.80~8.00 | 好 |

展览建筑的特点是空间高大，且单层建筑居多，开窗形式多为侧窗+高侧窗+顶窗。登录厅和连接通道，采光面积大，明亮，以天然光为主。展厅虽然也采用侧窗+顶窗，但顶窗的开窗面积较小，在展览时不完全依靠天然采光，除了一般照明外，还需要局部重点照明，以吸引参观者的目光。制定本标准主要以考虑使用功能为主，但实际建筑的采光设计更侧重于人们的生理、心理需求，如登录厅和连接通道就设计得很亮。

**4.0.13** 交通建筑的采光标准值：

采光标准制订依据如下：

交通建筑的使用率很高，人员密度大，流动性高，因而具有空间高大以及通透性要求高等特点，天然采光对于该类建筑是必不可少的，特别对于一些重要的功能空间，如候车（机）室等更是如此。

编制组实测调查了 17 个机场和车站，分布于不同的气候区，采光形式主要为侧面采光和顶部采光，多数机场和车站的开窗面积较大，采光效果较好，实测调查结果列于表 41 和表 42：

**表 41　进站大厅、候机（车）大厅的实测结果**

| 采光效果评价 | 数量(个) | 采光系数平均值(%) | 占总数百分比(%) |
|---|---|---|---|
| 好 | 10 | 2.00~7.18 | 58.8% |
| 中 | 5 | 1.08~1.79 | 29.4% |
| 差 | 2 | 0.08~0.18 | 11.7% |

**表 42　售票大厅的实测结果**

| 采光效果评价 | 数量(个) | 采光系数平均值(%) | 占总数百分比(%) |
|---|---|---|---|
| 好 | 4 | 2.00~3.60 | 26.7% |
| 中 | 4 | 1.00~2.00 | 26.7% |
| 差 | 7 | 0.00~1.00 | 46.7% |

从实测结果来看，进站大厅、候机（车）大厅的采光效果较好，采光系数能达到 2%左右；而售票大厅的采光效果较差，部分客站的售票大厅甚至没有直接采光，因此售票大厅的采光不作规定，而进站大厅、候机（车）大厅的采光系数标准值定为 2%。

**4.0.14** 体育建筑的采光标准值：

采光标准制订依据如下：

对于大空间体育建筑而言，以往一般利用高侧窗进行采光，进行天窗采光的体育馆多为结合屋顶结构形式进行带状采光的居多，在近来的一些场馆建设中为了充分利用天然光，营造良好的室内光环境，在屋顶结构部分进行了多种采光设计，开出了各种形式的大面积采光天窗。采光形式和采光材料都有很大突破，除了采用高效的导光管装置以外，还采用透明膜结构进行天然采光，使建筑物内有良好的采光，并且有显著的节能效果。国内外均有许多应用实例。实测结果见表 43：

**表 43　体育馆采光的实测结果**

| 场馆类型 | 采光形式 | 采光系数平均值(%) | 采光效果评价 |
|---|---|---|---|
| 体育馆 | 顶部导光管 | 0.74 | 中 |
| 自行车馆 | 顶部透明材料 | 0.31 | 差 |
| 游泳、跳水馆 | 透明膜结构材料 | 1.78 | 好 |
| 休闲池 | 透明膜结构材料 | 1.67 | 好 |

因体育场馆除了进行体育比赛以外，还要进行电视转播，对光照的要求很高，不但要求照明水平高，还要求光照稳定，天然光往往达不到高级别比赛的要求，但能满足训练和娱乐的要求，在室外光照强的时段也可以满足某些比赛的要求。天然光的最大特点是能够满足人的生理心理需求。根据实测调查体育建筑的采光标准值采用本标准中的规定比较合适，其余部分主要由人工照明提供。

**4.0.15** 原标准根据对各工业系统 272 个生产车间的采光系数和窗地面积比以及 135 例作业场所所需的天然光照度进行的实测调查，并参考全国 44 个专业设计院对 330 个生产车间的采光等级提出的书面意见，确定了采光系数标准值和窗地面积比。

随着工业生产技术的不断发展，生产体制变革和产品更新换代频繁，现有采光标准已不能满足现代工业建筑的发展，故对此采光标准进行了修编。修编的主要依据和内容：①随着建筑工业体制改革的不断深化和建筑规模的持续扩大，工业建筑发展迅速，涌现出大批新兴工艺及相应车间，此次增加抛光、复材加工、电子工业、测量室、机库、饮料、橡胶加工、皮革加工、玻璃工业等车间。②随着工艺的不断发展，部分工业厂房已经归为一类，故此次将"网络、视听设备"变更为"电子元器件、电子零部件"；将"压缩机房、风机房、锅炉房、泵房"变更为"动力站房"；将"电石库、乙炔库、氧气瓶库、汽车库、大中件贮存库"变更为"一般库房"。

# 5 采光质量

**5.0.1** 视野范围内照度分布不均匀可使人眼产生疲劳，视力能降低，影响工作效率。因此，要求房间内照度有一定的采光均匀度。本标准以最低值与平均值之比来表示。研究结果表明，对于顶部采光，如在设计时，保持天窗中线间距小于参考平面至天窗下沿高度的 1.5 倍时，则均匀度均能达到 0.7 的要求。此时，可不必进行均匀度的计算。照度越均匀对视野越有利，考虑到采光均匀度与一般照明的照度均匀度情况相同，而照明标准根据主观评价及理论计算结果照度均匀度定为 0.7，故本标准确定采光均匀度为 0.7。如果采用其他采光形式，可用其他方法进行逐点计算，以确定其均匀度。侧面采光由于照度变化太大，不可能做到均匀；而 V 级视觉工作系粗糙工作，开窗面积小，较难照顾均匀度，故对均匀度未做规定。

**5.0.2** 在进行采光设计时，应尽量采取各种改善光质量的措施，以避免引起不舒适眩光。本条是根据 CIE 出版物 No.29.2《室内照明指南》制定的。

**5.0.3** 窗的不舒适眩光是评价采光质量的重要指标，根据我国对窗眩光和窗亮度的实验研究，结合舒适度评价指标，及参考国外相关标准，确定了本标准各采光等级的窗不舒适眩光指数值（表 44），与英国标准（表 45）比较基本一致。

实测调查表明，窗亮度为 8000cd/m² 时，其累计出现几率达到了 90%，说明 90% 以上的天空亮度状况在对应的标准中，实验和计算结果还表明，当窗面积大于地面面积一定值时，眩光指数主要取决于窗亮度。表中所列眩光限制值均为上限值。

关于顶部采光的眩光，据实验和计算结果表明，由于眩光源不在水平视线位置，在同样的窗亮度下顶窗的眩光一般小于侧窗的眩光，顶部采光对室内的眩光效应主要为反射眩光。

**表 44　窗的不舒适眩光指数值比较**

| 采光等级 | 眩光感觉程度 | 窗亮度（cd/m²） | 窗的不舒适眩光指数 | |
|---|---|---|---|---|
| | | | 本标准（DGI） | 英国标准（DGI） |
| Ⅰ | 无感觉 | 2000 | 20 | 19 |
| Ⅱ | 有轻微感觉 | 4000 | 23 | 22 |
| Ⅲ | 可接受 | 6000 | 25 | 24 |
| Ⅳ | 不舒适 | 7000 | 27 | 26 |
| Ⅴ | 能忍受 | 8000 | 28 | 28 |

**表 45　英国 IES 眩光指数（DGI）临界值**

| 工作场所类别 | 眩光指数临界值 | 工作场所类别 | 眩光指数临界值 |
|---|---|---|---|
| 学校、医院 | 16 | 机加工车间 | 25 |
| 纪念馆、博物馆 | 16 | 油漆车间 | 25 |
| 办公楼 | 19 | 装配车间 | 25 |
| 研究室、实验室 | 19 | 化工车间 | 28 |
| 精密车间 | 19 | 玻璃制造车间 | 28 |
| 缝纫车间 | 19 | 炼钢车间 | 28 |

**5.0.4** 本条是参考原《建筑采光设计标准》GB/T 50033-2001 和《建筑照明设计标准》GB 50034 制订的。

**5.0.5** 采光设计时，应很好考虑光的方向，以避免产生遮挡和不利的阴影，影响工作效率和视觉功能。

**5.0.6** 天然光不足时所补充的人工光源的色温要尽量接近天然光的色温，以防止由于光源颜色差异而产生的颜色视觉的不适应。

**5.0.7** 光透过有色玻璃进入室内，造成光的光谱分布改变，从而改变了光的颜色，产生不良的光色效果，对需要识别颜色的场所，宜采用不改变天然光光谱分布的采光材料。

**5.0.8** 在博物馆和美术馆中，对有特殊要求的场所，为了保护文物和展品不受损害，需要消除紫外辐射，限制天然光照度值和总曝光时间，限制直射阳光的进入。

**5.0.9** 目的是提高光的利用率和改善采光均匀度。

# 6 采光计算

**6.0.1** 为便于在方案设计阶段估算采光口面积，按建筑规定的计算条件，计算并规定了表 6.0.1 的窗地面积比。此窗地面积比值只适用于规定的计算条件。如不符合规定的条件，需按实际条件进行计算。

建筑师在进行方案设计时，可用窗地面积比估算开窗面积，这是一种简便、有效的方法，但是窗地面积比是根据有代表性的典型条件下计算出来的，适合于一般情况。如果实际情况与典型条件相差较大，估算的开窗面积和实际值就会有较大的误差。因此，本标准规定以采光系数作为采光标准的数量评价指标，即按不同房间的功能特征及不同的采光形式确定各视觉等级的采光系数标准值。在进行采光设计时，宜按采光计算方法和提供的各项参数进行采光系数计算，而窗地面积比则作为采光方案设计时的估算。

原《建筑采光设计标准》GB/T 50033-2001 对各种采光形式和各采光等级的窗地面积比进行了计算。将计算结果与我国已颁布的各类建筑设计规范中推荐的窗地面积比进行比较，除Ⅱ级采光标准（$C_{min}$＝3%）的设计、绘图室需要较大的开窗面积外，Ⅲ～Ⅴ级采光标准两者推荐的窗地面积比比较接近（表46）。

**表46　窗地面积比的比较**

| 建筑物及房间名称 | | 原采光标准 $C_{min}$（%） | 窗地面积比 $(A_c/A_d)$ | |
|---|---|---|---|---|
| | | | 原标准 | 建筑设计规范 |
| 住宅 | 起居室、卧室 | 1 | 1/7 | 1/7 |
| | 卫生间、过厅、楼梯间 | 0.5 | 1/12 | 1/10～1/14 |
| 办公建筑 | 办公室、会议室 | 2 | 1/5 | 1/6 |
| | 设计室、绘图室 | 3 | 1/3.5 | 1/5 |
| 学校 | 教室、实验室 | 2 | 1/5 | 1/5 |
| 图书馆 | 阅览室 | 2 | 1/5 | 1/5 |
| | 开架书库 | 2 | 1/5 | 1/6 |
| 旅馆 | 客房 | 1 | 1/7 | 1/8 |
| 医院 | 诊室、药房 | 2 | 1/5 | 1/6 |
| | 候诊室、病房 | 1 | 1/7 | 1/7 |

本标准将民用建筑和工业建筑的窗地面积比规定为统一值，其理由是通过多年来采光标准的应用，从使用功能上并没有根本的区别，而且从心理和生理需求上也逐渐趋于一致，故没有必要规定两种值。

本标准规定窗地面积比时保留了原《建筑采光设计标准》GB/T 50033－2001的侧窗和天窗（原标准中的平天窗）的规定，侧窗采光的窗地面积比基本上对应原《建筑采光设计标准》GB/T 50033－2001的民用建筑窗地面积比，只是Ⅰ、Ⅱ级略有减少，Ⅳ、Ⅴ级略有增加，此窗地面积比除了考虑使用功能外，还考虑Ⅰ、Ⅱ级开窗面积过大会引起室内过热，Ⅳ、Ⅴ级略有增加同时也考虑了健康、舒适的需求。天窗采光的窗地面积比基本上对应原标准的工业建筑窗地面积比，比民用建筑取值略高也是合理的，因为窗地面积比值相差均不大，而且通常还要考虑遮阳。

本标准所规定的窗地面积比既要考虑到能满足天然采光的要求，同时也要考虑到对建筑围护结构能耗的限制。侧面采光时，在控制采光有效进深的情况下，对房间的窗地面积比和对应的窗墙比进行分析计算，结果窗墙比基本上在0.2～0.4之间，符合建筑节能标准的要求。顶部采光多为大跨度或大进深的建筑，如果开窗面积过大，包括大面积采

用透明幕墙的场所，本标准对采光材料的光热性能提出了要求。

对于侧面采光，根据模拟计算，统计出与各采光等级相对应的采光有效进深，如表47所示。

**表47　采光有效进深统计结果**

| 采光等级 | 侧窗窗地面积比 | 采光有效进深（$b/h_s$） |
|---|---|---|
| Ⅰ | 1/3 | 2.20 |
| Ⅱ | 1/4 | 2.53 |
| Ⅲ | 1/5 | 3.14 |
| Ⅳ | 1/6 | 3.30 |
| Ⅴ | 1/10 | 4.15 |

注：采光有效进深未考虑室外遮挡。

表中采光有效进深是在常规开窗条件下，控制窗宽系数（不包括高侧窗）的计算统计结果。同时编制组还选取窗地面积比为1/5和1/10的典型房间进行实验，测量所得结果表明，当采光系数达到标准值时，采光有效进深分别在2.5～3.0和4.0～4.5之间，实验也验证了标准中给出的有效进深是合理的。本标准给出侧面采光的有效进深对方案设计阶段指导采光设计，控制房间采光进深和采光均匀度具有实际意义，同时可对大进深采光房间的照明设计和采光与照明控制提供参考依据。

对于实际使用较少的矩形天窗和锯齿形天窗，比较原标准中的窗地面积比数据，可得锯齿形天窗和矩形天窗的窗地面积比分别为平天窗的1.47倍和2.04倍。

**6.0.2　采光计算**

**1　侧面采光**

采光系数平均值的计算方法是经过实际测量和模型实验确定的，早在20世纪70年代就有国外学者在大量经验数据的整理基础上提出了采光系数平均值的计算公式。1979年，Lynes针对矩形侧面采光空间的平均天然采光系数总结出了如下的计算表达式：

$$ADF = \frac{A_g \tau_0 \theta}{A_t 2(1-\rho)} \tag{1}$$

式中：$ADF$——采光系数平均值；

$A_g$——窗的净表面面积；

$A_t$——包括窗在内的室内表面总面积；

$\tau_0$——采光材料（玻璃）的透射比；

$\theta$——天空遮挡角；

$\rho$——室内表面平均反射比。

但Lynes所表示的采光系数平均值是针对所有室内表面而言的，不同于我们现在所指的室内参考平面上的采光系数平均值。提出经过经验数据得出的衡量室外遮挡因素的天空遮挡角参数，也是该表达式的一

个重要意义。在随后的研究过程中，有关采光系数平均值的公式出现了多个修正版本。

1984 年 Crisp 和 Littlefair 在他们的论文中对 Lynes 的公式进行了修正。通过人工天空下的模型实验，他们发现 Lynes 的公式低估了模型空间内的采光系数平均值的实际情况，而且公式计算值与实测值总是偏差 10% 左右。基于新的研究数据，Crisp 和 Littlefair 将 Lynes 的公式修正为：

$$ADF = \frac{A_g \tau_0 \theta}{A_t(1 - \rho^2)} \qquad (2)$$

这个公式的计算结合同模型实验中的测量值更加吻合，并最终在北美照明工程学会（IESNA）和其他很多版本的规范中得到肯定和应用。

哈佛大学的 CF Reinhart 在他近期的研究论文中展示了利用计算机模拟工具 Radiance 对上述两种采光系数平均值表达式的验证评估。验证结果如图 3 所示。

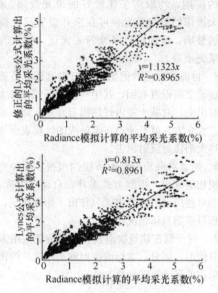

图 3　简化公式与软件计算结果对比

图 3 为修正公式求值和 Radiance 模拟值的比较结果，右图为 Lynes 原始公式和模拟值的比较结果；前者的吻合度可以归纳为函数 $y = 1.1323x$，后者的吻合度可以用函数 $y = 0.813x$ 表示。综合早期的模型试验、实际测量和后期的计算机模拟可以发现，有关采光系数平均值的理论公式计算结果、实测值和模拟值三者数据之间基本吻合，该验证工作是我们在标准修订过程中得以将公式计算和模拟结果综合应用的重要根据。

结果表明，模拟计算结果与简化公式计算的结果比较吻合。

**2　顶部采光**

本计算方法引自北美照明手册的采光部分，该方法的计算原理是"流明法"。

计算假定天空为全漫射光分布，窗安装间距与高度之比为 1.5：1。计算中除考虑了窗的总透射比以外，还考虑了房间的形状、室内各个表面的反射比以及窗的安装高度，此外，还考虑了窗安装后的光损失系数。

本计算方法具有一定的精度，计算简便，易操作。为配合标准的实施可建立较完善的数据库，利用计算机软件可为设计人员提供方便，快捷的采光设计。

**3　导光管采光系统**是一种新型的屋顶采光技术系统。由于在天然光采集，传输以及末端漫射部分，采用了光学元件和技术，从而显著提高了天然光的利用效率和建筑内部利用的可能。该技术在 2003 年被美国门窗幕墙分级协会 NFRC 增补为新的采光产品门类，并被定义为：通过利用导光管将天然光从屋顶传导至室内吊顶区域的采光装置。该装置包含耐候的外窗体，内壁为高反射材料的光学传输管道和室内闭合装置。2007 年美国建筑标准协会 CSI 将其列为新增产品目录。目前该技术也已经在国内出现，并在一些建筑中得到了良好的应用。

导光管采光系统的计算原理是"流明法"，与顶部采光类似。采用导光管采光系统时，相邻漫射器之间的距离不大于参考平面至漫射器下沿高度的 1.5 倍时可满足均匀度的要求。由于导光管采光系统采用了一系列光学措施，晴天条件下采光效率和光分布同阴天有所不同，因此在晴天条件计算时需要考虑系统的平均流明输出以及相应的利用系数。有些厂家可以提供光强分布 IES 文件，利用通用计算机软件，实现逐点的照度分析计算。

对于因受结构和施工条件限制的地下室、无窗、大进深或不宜开窗的空间宜采用导光管系统进行采光，其采光不足部分可补充人工照明。

本计算方法未对混合采光做出规定，对兼有侧面采光和顶部采光的房间，可将其简化为侧面采光区和顶部采光区，分别进行计算。

**6.0.3**　对于大型复杂的建筑和非规则的采光形式，或需要逐点分析计算采光时可采用具有强大功能的通用计算机软件进行计算，同时还可以作节能分析和计算光污染。

# 7　采 光 节 能

**7.0.1**　天然光是清洁能源，取之不尽，用之不竭，具有很大的节能潜力，目前世界范围内照明用电量约占总用电量的 20% 左右，充分利用天然光是实现照明节能的重要技术措施。

**7.0.2**　采光效率的高低，采光材料是关键的因素，随着进入室内光量的增加，太阳辐射热也会增加，在夏季会增加很多空调负荷，因此在考虑充分利用天然光的同时，还要尽量减少因过热所增加的能耗，所以在选用采光材料时，要权衡光和热两方面的得失。本标准对采光材料的光热比提出了要求，光热比为材料的可见光透射比与材料的太阳光总透射比之比，推荐在窗墙比小于 0.45 时，采用光热比大于 1.0 的采光材料，窗墙比大于 0.45 时，采用光热比大于 1.2 的采光材料。

**7.0.3** 为了提高建筑外窗的采光效率，在采光设计时应尽量选择采光性能好的窗，采光性能的好坏用透光折减系数 $T_r$ 表示，窗的透光折减系数是在漫射光条件下透射光照度与入射光照度之比。《建筑外窗采光性能分级及检测方法》GB/T 11976-2002 订出的采光性能分级列于表 48。建筑采光外窗和导光管采光系统的采光性能检测可按现行国家标准《建筑外窗采光性能分级及检测方法》GB/T 11976 执行。

**表 48  窗的采光性能分级**

| 等　级 | 透光折减系数 $T_r$ |
|---|---|
| 1 | $0.20 \leqslant T_r < 0.30$ |
| 2 | $0.30 \leqslant T_r < 0.40$ |
| 3 | $0.40 \leqslant T_r < 0.50$ |
| 4 | $0.50 \leqslant T_r < 0.60$ |
| 5 | $T_r \geqslant 0.60$ |

本标准规定，建筑外窗的透光折减系数应大于 0.45。调查中发现，有的建筑窗地面积比并不小，但由于窗的设计不合理，或附加装饰及采用有色玻璃，使得窗的透光折减系数偏低，为节省能源，此类窗已不宜作为建筑采光窗。

通过对 169 樘各类实际窗的检测，证实 80% 窗的透光折减系数（$T_r$）都大于 0.45（表 49）。

**表 49  透光折减系数**

| 窗种类 | 钢窗 (26个) | | 铝窗 (50个) | | 塑料窗 (46个) | | 钢塑、铝塑窗 (26个) | | 木窗 (21个) | |
|---|---|---|---|---|---|---|---|---|---|---|
| 透光折减系数 | 数量 | 百分比(%) | 数量 | 百分比(%) | 数量 | 百分比(%) | 数量 | 百分比(%) | 数量 | 百分比(%) |
| $T_r \geqslant 0.60$ | 3 | 11.5 | 7 | 14.0 | 7 | 15.3 | 9 | 34.6 | — | |
| $0.60 > T_r \geqslant 0.50$ | 5 | 19.2 | 30 | 60.0 | 23 | 50.0 | 10 | 38.5 | 1 | 4.76 |
| $0.50 > T_r \geqslant 0.45$ | 12 | 46.2 | 4 | 8.0 | 13 | 28.3 | 5 | 19.3 | 6 | 28.6 |
| $T_r < 0.45$ | 6 | 23.1 | 9 | 18.0 | 3 | 6.54 | 2 | 7.69 | 14 | 66.7 |

采光窗的透光折减系数 $T_r \geqslant 0.45$，各类窗的比

例为：钢窗 77.9%、铝窗 82.0%、塑料窗 93.46%、钢塑、铝塑窗 92.3%、木窗 66.7%，其中木窗主要来自北欧产品，且部分用于斜屋顶采光，其透光折减系数低于 0.45 的比例较大，木窗在我国各类建筑中已较少采用。

导光管采光系统的效率是衡量其性能的重要指标，通过对现有的用于实际工程的导光管系统的测试，大部分产品的效率均在 0.50 以上。故为提高采光效率，在采光设计中应选择采光性能好的导光管采光系统，系统效率应大于 0.50。

**7.0.4** 在采光设计中，采取各种方法提高采光效率是有效利用天然采光的重要环节。如根据建筑形式和不同的光气候特点，合理选择窗的位置、朝向和不同的开窗面积。在条件允许的情况下，设置天窗采光不但能大大提高采光效率还可以获得好的采光均匀度。伴随着建筑形式的多样化，一些新的采光技术也得到了越来越多的应用，如导光管装置和膜结构的应用，均取得了比较好的采光效果。此外，对于大进深的侧面采光，可在室外设置反光板或采用棱镜玻璃，增加房间深处的采光量，有效改善空间的采光质量。

**7.0.5** 目前常采用的遮阳形式有内遮阳、外遮阳和两层玻璃之间设置遮阳，其中外遮阳形式可将太阳辐射反射出去，对减少室内过热很有好处。如国家游泳中心"水立方"就是通过在膜做成的气枕表面镀上银点，将太阳辐射反射出去。

**7.0.6** 随着对采光与照明节能的重视，各种照明控制系统相继推出，控制方式多样，自动化程度很高。本标准对感应器的布置方式只作出了原则规定，对实际工程可根据具体情况设置。

**7.0.7** 对于整栋建筑物而言，采光节能应纳入整个照明节能的一部分，本标准参照欧洲标准，提出了本标准采用的采光节能计算方法。

## 附录 A  中国光气候分区

在我国缺少照度观测资料的情况下，可以利用各地区多年的辐射观测资料及辐射光当量模型来求得各地的总照度和散射照度。根据我国 273 个站近 30 年的逐时气象数据，并利用辐射光当量模型，可以得到典型气象年的逐时总照度和散射照度。根据逐时的照度数据，可得到各地区年平均的总照度，从而可绘制我国的总照度分布图（图 4），并根据总照度的范围进行光气候分区。从气候特点分析，它与我国气候分布状况特别是太阳能资源分布状况也是吻合的。天然光照度随着海拔高度和日照时数的增加而增加，如拉萨、西宁地区照度较高；随着湿度的增加而减少，如宜宾、重庆地区。

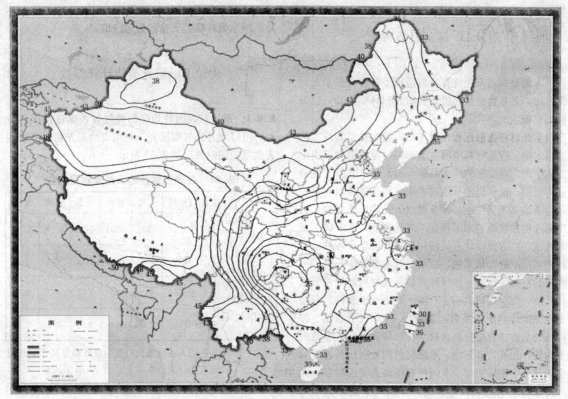

图 4 中国光气候资源分布图

注：图中标注的单位为 klx。

## 附录 B 窗的不舒适眩光计算

本方法是在各个国家对窗的不舒适眩光研究的基础上，由英国和美国对不舒适眩光提出的计算公式。法国、英国和比利时依据上述公式对窗的眩光进行了研究。利用该公式可预定采光的不舒适眩光。同时还研究了不同的天空亮度、窗的形状和大小以及背景亮度对不舒适眩光的影响。研究表明，当天空亮度、房间大小和室内反射比一定时，GI 值为一常数。试验结果还证实了对于同一评价等级采光的眩光指数要高于照明眩光指数，当采光眩光指数 DGI 值在 28 以下时，两者之间的关系可用下式表示。

$$DGI = 2/3(IESGI + 14) \qquad (3)$$

同样，我国对窗的不舒适眩光也进行了系统的实验研究，即"窗不舒适眩光的研究"，包括窗亮度和窗尺寸对眩光的影响、窗大小和形状对眩光的影响、背景亮度对眩光的影响以及天然光和人工光的不舒适眩光的比较，得出了一组关系曲线。同时还引入了无眩光舒适度的概念，建立了窗亮度、窗的不舒适眩光指数和窗无眩光舒适度之间的关系曲线，进一步证实了这一眩光计算方法的适用性。窗的不舒适眩光一般需要采用计算机软件进行计算。

## 附录 C 采光计算方法

**C.0.1** 侧面采光系数平均值计算：用表格的方式给出了典型条件下的采光系数平均值计算结果，其他条件下的采光系数平均值需要按照标准提供的公式（6.0.2-1）及附录 D 提供的计算参数进行计算。

**C.0.2** 顶部采光系数平均值计算：本标准给出的计算图表是参照人工照明的概算图表法建立起来的，主要是在已知被照面积的情况下能够根据窗的安装高度很容易查找出总的开窗面积，从而求出窗地面积比。其他条件下的开窗面积和窗地面积比可根据标准提供的公式（6.0.2-8）和附录 C 提供的图表推算。图 C.0.2-1 和图 C.0.2-2 是在典型计算条件下计算得到的。

导光管采光系统计算采用人工照明常用的流明法（或利用系数法），独特的光学特性使得流明法更适合导光管系统的计算。由于光学技术的运用，使得导光管采光系统除了具有采光的性能以外，还具有了灯具的某些光特性，比如可以提供配光曲线，进行照度计算等。同时从工程应用情况来看，该方法的计算结果更接近于实际测量值，适用性更强。

## 附录 D 采光计算参数

本附录所列采光计算参数适用于各种天然采光计算方法，各系数值是通过调查研究和科学实验，经分析汇总确定的。

采光材料透射比和反射比是根据实验室和现场测量确定的。透光材料中的玻璃和塑料是根据对国内主要的生产厂商提供的样本数据分析汇总，并经实测验证得到的。根据当前节能的要求，在选择材料时需要综合考虑其光热性能，标准提出了光热比的概念，给出的性能参数既考虑了较好的采光性能，也兼顾了遮阳性能，以方便设计人员使用。随着近年来各种新材料和新产品的大量采用，在采光计算参数中补充了一些新的材料，比如一些特殊的高反光材料和导光管采光系统。饰面材料共有 30 余个品种 400 余件。利用光电光度计测定各系数，共取得 1600 余个数据。按材料的品种、规格分别加权平均后得到样品各参数的平均值。此外，部分墙、地面材料的反射比是通过对全国几十个工厂 101 个车间的现场调查测定数据，经归类加权平均后整理得出的。如混凝土地面的反射比，就是由 58 个车间的测定值加权平均后得出的。

窗结构挡光折减系数和室内结构挡光折减系数是根据我国现行的建筑标准设计图，选择具有代表性的钢窗、木窗、桁架、吊车梁等构件，在人工天空内进行模型试验后得出的。模型比例为 1/4～1/30。随着建筑构造的新发展，本标准还考虑了铝窗、塑料窗、网架等构件的遮挡。

窗玻璃污染折减系数主要是通过现场调查、结合模型试验确定的。现场调查了 95 个不同类型的房间。根据现场测出的污染玻璃的透射比和未污染玻璃的透射比算出污染折减系数。

分析各种房间污染情况，将房间按污染程度分为三大类，以工业建筑为例（表 50）。

表 50 房间污染程度分类

| 环境污染特征 | 举　例 |
|---|---|
| 清洁 | 仪器仪表装配车间、毛纺检验间、实验室等 |
| 一般污染 | 机械加工、装配车间、织布车间等 |
| 污染严重 | 铸工车间、锻工车间、轧钢车间、水泥厂等 |

窗玻璃不同装置角度的污染折减系数的试验是在北京第一机床厂进行的，这个试验用装有三种不同角度（水平、45°倾斜和垂直）玻璃的模型箱放置在污染程度不同的两个厂房内和室外屋顶，经过 9 个月时间测出其污染折减系数。结果是水平玻璃污染最严重，而 45°倾斜次之。

南方多雨地区，水平天窗污染不是特别严重，所以暂将南方多雨地区（一般指长江以南）水平天窗污染折减系数按倾斜天窗的数值选取。

## 附录 E 采光节能计算参数

**E. 0. 1** 通过对我国各地区的光气候数据进行统计分析，可得到各光气候区完全利用天然采光和部分利用天然采光的时数，如表 51 所示。

表 51 各光气候区的天然光利用时数

| | 光气候区 | Ⅰ类 | Ⅱ类 | Ⅲ类 | Ⅳ类 | Ⅴ类 |
|---|---|---|---|---|---|---|
| 全部利用天然采光的时数（h） | 全年累计 | 3356 | 3234 | 3154 | 3055 | 2791 |
| | 日平均 | 9.2 | 8.9 | 8.6 | 8.4 | 7.6 |
| 部分利用天然采光的时数（h） | 全年累计 | 619 | 687 | 755 | 802 | 898 |
| | 日平均 | 1.7 | 1.9 | 2.1 | 2.2 | 2.5 |

注：1 全部利用天然采光的时数为室外照度高于室外设计照度的时间段。
　　2 部分利用天然采光的时数为室外照度处于临界照度和设计照度之间的时段。

全部利用天然采光的采光依附系数是指在室外设计照度以上场所可全部依靠天然采光的系数，取值为 1。

不同的建筑类型在使用时间上有差异，比如需要考虑上下班时间，节假日等。各类建筑全年的使用时间调查结果如表 52 所示。

表 52 各类建筑全年使用时间

| 建筑类型 | 日使用时间 | 使用天数 |
|---|---|---|
| 办公 | 9：00～17：00 | 250 |
| 旅馆 | 1：00～24：00 | 365 |
| 展览 | 9：00～17：00 | 336 |
| 体育 | 9：00～17：00 | 336 |
| 学校 | 7：00～17：00 | 195 |
| 医院 | 8：00～17：00 | 310 |
| 交通 | 1：00～24：00 | 365 |
| 工业 | 8：00～18：00 | 250 |

根据各采光等级的光气候数据和各类建筑的作息时间，确定每天可利用的天然光时数，与使用天数相乘，可得到各类建筑全年全部利用天然光的时数和部分利用天然光的时数，如本标准表 E. 0. 1 和表 E. 0. 2 所示。

需要注意的是，由于上述数据是基于日均天然光利用时数的计算结果，没有考虑冬夏的差异，冬天的利用时间短，而夏天虽然利用时间长，但可能部分时间不在建筑使用的有效时间段内，同时不同的城市之间也有较大的差异。各城市全部利用天然光的实际时数需要根据全年逐时的光气候数据以及不同类型建筑的作息时间，经计算得到。典型城市全部利用天然光的时数如表53所示。

**表 53 不同光气候区典型城市全部利用天然光时数 $t_D$（h）**

| 气候区 | 城市 | 建 筑 类 型 | | | | | | | |
|---|---|---|---|---|---|---|---|---|---|
| | | 办公 | 学校 | 旅馆 | 医院 | 展览 | 交通 | 体育 | 工业 |
| Ⅰ | 拉萨 | 2215 | 1884 | 3703 | 3469 | 2882 | 3703 | 2991 | 2466 |
| Ⅱ | 呼和浩特 | 1987 | 1691 | 3348 | 3124 | 2711 | 3348 | 2684 | 2199 |
| Ⅲ | 北京 | 1866 | 1592 | 3167 | 2960 | 2611 | 3167 | 2520 | 2058 |
| Ⅳ | 上海 | 1613 | 1393 | 2804 | 2638 | 2348 | 2804 | 2206 | 1771 |
| Ⅴ | 重庆 | 1349 | 1023 | 2030 | 1958 | 1729 | 2030 | 1765 | 1439 |

注：拉萨地区的上下班时间推迟1小时。

**E.0.2** 部分利用天然光时数是指在此时段内不完全依靠天然采光进行照明的时间。室外天然光设计照度和室外临界照度之间的时间段，因室外天然光照度高于临界照度时，就可利用天然光，不足部分由人工照明补充。由于低于临界照度需要完全采用人工照明，高于设计照度可完全利用天然采光，因此，处于两照度之间的时段可视为平均开启一半照明，采光依附系数取值为0.5。

各城市部分利用天然光的实际时数需要根据各城市实际的光气候数据，经计算得到。各光气候区典型城市部分利用天然光时数如表54所示。

**表 54 不同光气候区典型城市部分利用天然光时数 $t'_D$（h）**

| 气候区 | 城市 | 建 筑 类 型 | | | | | | | |
|---|---|---|---|---|---|---|---|---|---|
| | | 办公 | 学校 | 旅馆 | 医院 | 展览 | 交通 | 体育 | 工业 |
| Ⅰ | 拉萨 | 26 | 140 | 442 | 170 | 132 | 442 | 33 | 182 |
| Ⅱ | 呼和浩特 | 185 | 263 | 694 | 372 | 265 | 694 | 246 | 305 |
| Ⅲ | 北京 | 223 | 315 | 717 | 452 | 328 | 717 | 308 | 346 |
| Ⅳ | 上海 | 350 | 425 | 848 | 556 | 432 | 848 | 429 | 448 |
| Ⅴ | 重庆 | 541 | 542 | 1174 | 985 | 776 | 1174 | 769 | 692 |

# 中华人民共和国行业标准

# 建筑照明术语标准

Standard for terminology of architectural lighting

JGJ/T 119—2008
J 827—2008

批准部门：中华人民共和国住房和城乡建设部
施行日期：２００９　年　６　月　１　日

# 中华人民共和国住房和城乡建设部
# 公　告

## 第 114 号

### 关于发布行业标准
### 《建筑照明术语标准》的公告

现批准《建筑照明术语标准》为建筑工程行业标准，编号为 JGJ/T 119-2008，自 2009 年 6 月 1 日起实施。原《建筑照明术语标准》JGJ/T 119-98 同时废止。

本标准由我部标准定额研究所组织中国建筑工业出版社出版发行。

中华人民共和国住房和城乡建设部
2008 年 11 月 13 日

## 前　言

根据建设部《关于印发〈2005 年工程建设标准规范制订、修订计划（第一批）〉的通知》（建标〔2005〕84 号）的要求，修订组对国内外相关照明术语标准文献资料进行了深入调查和分析研究，认真总结实践经验，并在广泛征求意见的基础上修订了本标准。

本标准主要内容是：1. 总则；2. 辐射和光、视觉和颜色；3. 照明技术；4. 电光源及其附件；5. 灯具及其附件；6. 建筑采光和日照；7. 材料的光学特性和照明测量等。

本标准修订的主要内容是：新增一般术语、夜景照明、道路照明、采光方式等方面的内容，对一些内容作了局部的删减或修改。

本标准由住房和城乡建设部负责管理，由中国建筑科学研究院负责具体技术内容的解释（地址：北京市西城区车公庄大街 19 号；中国建筑科学研究院建筑物理研究所《建筑照明术语标准》规范管理组；邮编：100044）。

本标准主编单位：中国建筑科学研究院

本标准参编单位：中国航空工业规划设计研究院

欧司朗（中国）照明有限公司

佛山电器照明股份有限公司

广州市九佛电器有限公司

本标准主要起草人：赵建平　张绍纲　李景色

任元会　肖辉乾　刘剑平

钟信才　钟学周

# 目　次

# 1 总 则

**1.0.1** 为统一规范建筑照明专业术语及其定义，制定本标准。

**1.0.2** 本标准适用于工业与民用建筑照明、城市照明、室外场地照明及有关领域。

**1.0.3** 本标准包括建筑的人工照明（简称照明）和天然采光（简称采光）。

**1.0.4** 建筑照明专业术语及其定义除应符合本标准的规定外，尚应符合国家现行有关标准的规定。

# 2 辐射和光、视觉和颜色

## 2.1 辐 射 和 光

**2.1.1** 电磁辐射 electromagnetic radiation

能量以电磁波或光子形式的发射、传输的过程或电磁波或光子本身。简称"辐射"。

**2.1.2** 光学辐射 optical radiation

波长位于向 X 射线过渡区（$\lambda \approx 1$nm）和向无线电波过渡区（$\lambda \approx 1$mm）之间的电磁辐射。简称"光辐射"。

**2.1.3** 可见辐射 visible radiation

能直接引起视感觉的光学辐射。通常将波长范围限定在380～780nm 之间。

**2.1.4** 红外辐射 infrared radiation

波长大于可见辐射波长的光学辐射。通常将波长范围在 780nm～1mm 之间的红外辐射细分为：

| | |
|---|---|
| IR—A | 780～1400nm |
| IR—B | 1.4～3$\mu$m |
| IR—C | 3$\mu$m～1mm |

**2.1.5** 紫外辐射 ultraviolet radiation

波长小于可见辐射波长的光学辐射。通常将波长在 100～400nm 之间的紫外辐射细分为：

| | |
|---|---|
| UV—A | 315～400nm |
| UV—B | 280～315nm |
| UV—C | 100～280nm |

**2.1.6** 光 light

**1** 被感知的光（perceived light），它是人的视觉系统特有的所有知觉或感觉的普遍和基本的属性。

**2** 光刺激（light stimulus），进入人眼睛并引起光感觉的可见辐射。

**2.1.7** 单色辐射 monochromatic radiation

具有单一频率的辐射。实际上，频率范围甚小的辐射即可看成单色辐射，也可用空气中或真空中光的波长来表征单色辐射。

**2.1.8** 光谱 spectrum

组成辐射的单色成分按波长或频率顺序排列或说明。在光谱学中分为线状光谱、连续光谱和同时显示这两种特征的光谱。

**2.1.9** （光）谱线 spectral line

光谱中表现为线状的成分，它相应于在两个能级之间跃迁时发射或吸收的单色辐射。

**2.1.10** 光谱（密）集度，光谱分布 spectral concentration，spectral distribution

在波长 $\lambda$ 处，包含 $\lambda$ 的波长区元 d$X$（$\lambda$）内的辐射量或光度量d$X$（$\lambda$）除以该区元之商，即

$$X_\lambda = \frac{dX(\lambda)}{d\lambda} \qquad (2.1.10)$$

该量的符号为 $X_\lambda$，单位为 $W \cdot m^{-1}$或$lm \cdot m^{-1}$。

**2.1.11** 相对光谱分布 relative spectral distribution

辐射量或光度量 $X(\lambda)$ 的光谱分布 $X_\lambda(\lambda)$ 与某一选定参考值 $R$ 之比。$R$ 可以是该光谱分布的平均值、最大值或任意选定的值。

$$S(\lambda) = \frac{X_\lambda(\lambda)}{R} \qquad (2.1.11)$$

该量的符号为 $S(\lambda)$，单位为 1。

**2.1.12** 辐（射）通量，辐射功率 radiant flux，radiant power

以辐射的形式发射、传输或接收的功率，该量的符号为 $\Phi_e$、$\Phi$ 或者 $P$，单位为 W。

**2.1.13** 光谱光（视）效率 spectral luminous efficiency

波长为 $\lambda_m$ 与 $\lambda$ 的两束辐射，在特定光度条件下产生相等光感觉时，该两束辐射的辐射通量之比。其比值最大值等于 1 时的 $\lambda_m$ 分别为 555nm（明视觉）或 507nm（暗视觉）。符号为 $V(\lambda)$（用于明视觉）和 $V'(\lambda)$（用于暗视觉）。

$$V(\lambda) = K(\lambda)/K_m \qquad (2.1.13-1)$$

$$V'(\lambda) = K'(\lambda)/K'_m \qquad (2.1.13-2)$$

式中　$K_m = 683$lm/W（$\lambda_m = 555$nm）

　　　$K'_m = 1700$lm/W（$\lambda'_m = 507$nm）

**2.1.14** CIE 标准光度观察者 CIE standard photometric observer

相对光谱响应度曲线符合明视觉的 $V(\lambda)$ 函数或者暗视觉的 $V'(\lambda)$ 函数的理想观察者，并且遵从光通量定义中所含的相加律。

**2.1.15** 光通量 luminous flux

根据辐射对 CIE 标准光度观察者的作用，从辐射通量 $\Phi_e$ 导出的光度量。该量的符号为 $\Phi$，单位为 lm（流明）。

对于明视觉：

$$\Phi = K_m \int_0^\infty \frac{d\Phi_e(\lambda)}{d\lambda} \cdot V(\lambda) \cdot d\lambda \qquad (2.1.15)$$

式中　$d\Phi_e(\lambda)/d\lambda$——辐射通量的光谱分布；

　　　$V(\lambda)$——光谱光（视）效率；

　　　$K_m$——辐射的最大光谱光（视）效能。

**2.1.16** 辐射的光（视）效能，最大光谱光（视）效能

luminous efficacy of radiation, maximum value of spectral efficacy of radiation

光通量 $\Phi$ 除以相应的辐射通量 $\Phi_e$ 之商，即

$$K = \frac{\Phi}{\Phi_e} \qquad (2.1.16)$$

该量的符号为 $K$，单位为 lm/W。

对于单色辐射，明视觉条件下 $K(\lambda)$ 的最大值用 $K_m$ 表示：

$$K_m = 683 \text{ lm/W}(\lambda_m = 555 \text{nm})$$

暗视条件下：$K'_m = 1700 \text{ lm/W}(\lambda'_m = 507 \text{nm})$

**2.1.17　发光强度　luminous intensity**

光源在指定方向上的发光强度是该光源在该方向的立体角元 $d\Omega$ 内传输的光通量 $d\Phi$，除以该立体角元之商，即单位立体角的光通量，即

$$I = \frac{d\Phi}{d\Omega} \qquad (2.1.17)$$

该量的符号为 $I$，单位为 cd。

**2.1.18　（光）亮度　luminance**

由公式 $L = d\Phi/(dA \cdot \cos\theta \cdot d\omega)$ 定义的量。

式中　$d\Phi$——由指定点的光束元在包含指定方向的立体角 $d\omega$ 内传播的光通量；

$dA$——包括给定点的光束截面积；

$\theta$——光束截面法线与光束方向间的夹角。

该量的符号为 $L$，单位为 $cd/m^2$。

**2.1.19　（光）照度　illuminance**

表面上一点处的光照度是入射在包含该点的面元上的光通量 $d\Phi$ 除以该面元面积 $dA$ 之商，即

$$E = \frac{d\Phi}{dA} \qquad (2.1.19)$$

该量的符号为 $E$，单位为 lx。

**2.1.20　（光）出射度　luminous exitance**

表面上一点处的出射度是射出在包含该点的面元上的光通量 $d\Phi$ 除以该面元面积 $dA$ 之商，即

$$M = \frac{d\Phi}{dA} \qquad (2.1.20)$$

该量的符号为 $M$，单位为 $lm/m^2$。

**2.1.21　坎德拉　candela**

发光强度的国际单位制(SI)单位。坎德拉是发出频率为 $540 \times 10^{12}$ Hz 辐射的光源在指定方向的发光强度；光源在该方向的辐射强度为 $(1/683)$W/sr。该单位的符号为 cd，cd = lm/sr。

**2.1.22　流明　lumen**

光通量的国际单位制（SI）单位。发光强度为 1cd 的各向均匀发光的点光源在单位立体角（球面度）内发出的光通量。其等效定义是频率为 $540 \times 10^{12}$ Hz，辐射通量为 $(1/683)$ W 的单色辐射束的光通量，该单位的符号为 lm。

**2.1.23　勒克斯　lux**

（光）照度的国际单位制（SI）单位。1lm 的光通量均匀分布在 $1m^2$ 的表面上所产生的照度。该单位的符号为 lx，$lx = lm/m^2$。

## 2.2　视　觉

**2.2.1　视觉　vision**

由进入人眼的辐射所产生的光感觉而获得的对外界的认识。

**2.2.2　明视觉　photopic vision**

正常人眼适应高于几个坎德拉每平方米以上的光亮度水平时的视觉。这时，视网膜上的锥状细胞是起主要作用的感受器。

**2.2.3　暗视觉　scotopic vision**

正常人眼适应低于百分之几坎德拉每平方米以下的光亮度水平时的视觉。这时，视网膜上柱状细胞是起主要作用的感受器。

**2.2.4　中间视觉　mesopic vision**

介于明视觉和暗视觉之间的视觉。这时，视网膜上的锥状细胞和柱状细胞同时起作用。

**2.2.5　适应　adaptation**

视觉系统的状态由于先前或当前受到刺激而引起的调节过程，该刺激可能有不同的光亮度、光谱分布和视张角。

**2.2.6　明适应　light adaptation**

视觉系统适应高于几个坎德拉每平方米刺激亮度的变化过程及终极状态。

**2.2.7　暗适应　dark adaptation**

视觉系统适应低于百分之几坎德拉每平方米刺激亮度的变化过程及终极状态。

**2.2.8　视野　visual field**

当头和眼睛位置不动时，人眼能察觉到空间的范围。用立体角表示。

**2.2.9　视角　visual angle**

识别对象对人眼所形成的张角，通常以弧度单位来度量。

**2.2.10　视觉敏锐度，视力　visual acuity, visual resolution**

**1**　定性的：清晰观看分离角很小的细部的能力。

**2**　定量的：观察者刚可感知分离的两相邻物体（点或线或其他特定刺激）以弧分为单位的视角的倒数。

**2.2.11　亮度对比　luminance contrast**

视野中识别对象和背景的亮度差与背景亮度之比，即

$$C = \frac{L_o - L_b}{L_b} \quad \text{或} \quad C = \frac{\Delta L}{L_b} \qquad (2.2.11)$$

式中　$C$——亮度对比；

$L_o$——识别对象亮度；

$L_b$——识别对象的背景亮度；

$\Delta L$——识别对象与背景的亮度差。

当 $L_o > L_b$ 时为正对比；

$L_o < L_b$ 时为负对比。

**2.2.12 可见度 visibility**

表征人眼辨认物体存在或形状的难易程度。用实际亮度对比高于阈限亮度对比的倍数来表示。在室外应用时，也可以人眼恰可感知一个对象存在的距离来表示。

**2.2.13 视觉作业 visual task**

在工作和活动中，对呈现在背景前的细部和目标的观察过程。

**2.2.14 视觉功效 visual performance**

人借助视觉器官完成一定视觉工作的能力和效率。以完成视觉作业的速度和精确度评价的视觉能力。

**2.2.15 闪烁 flicker**

因亮度或光谱分布随时间波动的光刺激引起的不稳定的视觉现象。

**2.2.16 频闪效应 stroboscopic effect**

在以一定频率变化的光照射下，使人们观察到的物体运动显现出不同于其实际运动的现象。

**2.2.17 眩光 glare**

由于视野中的亮度分布或亮度范围的不适宜，或存在极端的亮度对比，以致引起不舒适感觉或降低观察细部或目标能力的视觉现象。

**2.2.18 直接眩光 direct glare**

由处于视野中，特别是在靠近视线方向存在的发光体所产生的眩光。

**2.2.19 反射眩光 glare by reflection**

由视野中的反射所引起的眩光，特别是在靠近视线方向看见反射像所产生的眩光。

**2.2.20 不舒适眩光 discomfort glare**

产生不舒适感觉，但并不一定降低视觉对象的可见度的眩光。

**2.2.21 失能眩光 disability glare**

降低视觉对象的可见度，但并不一定产生不舒适感觉的眩光。

**2.2.22 光幕反射 veiling reflection**

出现在被观察物体上的镜面反射，使对比度降低到部分或全部看不清物体的细部。

**2.2.23 光幕亮度 veiling luminance**

由视野内光源所产生的重叠在视网膜象上的亮度，它降低视觉对象与背景的亮度对比度，导致降低视觉功效和可见度。

**2.2.24 视亮度 brightness**

人眼知觉一个区域所发出光的多少的视觉属性。

**2.2.25 统一眩光值（UGR） unified glare rating**

它是度量室内视觉环境中的照明装置发出的光对人眼睛引起不舒适感而导致的主观反应的心理参量，其值可按 CIE 统一眩光值公式计算，即

$$UGR = 8\lg \frac{0.25}{L_b} \sum \frac{L_a^2 \cdot \omega}{P^2} \quad (2.2.25)$$

式中 $L_b$——背景亮度，cd/m²；

　　　$L_a$——每个灯具在观察者方向的亮度，cd/m²；

　　　$\omega$——每个灯具发光部分对观察者眼睛所形成的立体角，sr；

　　　$P$——每个单独灯具的位置指数。

**2.2.26 眩光值（GR） glare rating**

它是度量室外体育场地和其他室外场地照明装置对人眼睛引起可见度降低和不舒适感觉而导致的主观反应的心理参量，其值可按 CIE 眩光值公式计算，即

$$GR = 27 + 24\lg\left(\frac{L_{vl}}{L_{ve}^{0.9}}\right) \quad (2.2.26)$$

式中 $L_{vl}$——由灯具发出的光直接射向眼睛所产生的光幕亮度，cd/m²；

　　　$L_{ve}$——由环境引起直接入射到眼睛的光所产生的光幕亮度，cd/m²。

**2.2.27 上射光输出比（ULOR） upward light output ratio**

当灯具安装在规定的设计位置时，灯具发射到水平面以上的光通量与灯具中全部光源发出的总光通量之比。

**2.2.28 下射光输出比（DLOR） downward light output ratio**

当灯具安装在规定的设计位置时，灯具发射到水平面以下的光通量与灯具中全部光源发出的总光通量之比。

**2.2.29 溢散光 spill light, spray light**

照明装置发出的光线中照射到被照目标范围外的那部分光线。

**2.2.30 干扰光 obtrusive light**

由于光的数量、方向或光谱特性，在特定场合中引起人的不舒适、分散注意力或视觉能力下降的溢散光。

**2.2.31 光污染 light pollution**

指干扰光或过量的光辐射（含可见光、紫外光和红外光辐射）对人和生态环境造成的负面影响的总称。

**2.2.32 天空辉光 sky glow**

大气中各种成分（气体分子、气溶胶和颗粒物质）引起天空光的散射辐射反射（可见和非可见），它成为在天文观测星体时看到的夜空变亮的现象。

## 2.3 颜　色

**2.3.1 颜色，色 colour, color**

**1** 感知意义：包括彩色和无彩色及其任意组合的视知觉属性。该属性可以用诸如黄、橙、棕、红、粉红、绿、蓝、紫等区分彩色的名词来描述，或用诸如白、灰、黑等说明无彩色名词来描述，还可用明或亮和暗等词来修饰，也可用上述各种词的组合词来描述。

**2** 心理物理意义：用例如三刺激值定义的可计算值对色刺激所做的定量描述。

**2.3.2 色刺激 colour stimulus**

进入人眼并产生颜色（包括彩色和无彩色）感觉的可见辐射。

**2.3.3 三色系统 trichromatic system**

基于三种适当选择的参比色刺激相加混合来匹配色，并用三刺激值来表征色刺激的系统。

**2.3.4 （色刺激的）三刺激值 tristimulus values (of a colour stimulus)**

在给定的三色系统中，与所考虑刺激达到色匹配所需要的三参比色刺激量。在 CIE 标准色度系统中，用符号 $X$、$Y$、$Z$ 和 $X_{10}$、$Y_{10}$、$Z_{10}$ 表示三刺激值。

**2.3.5 色感觉 colour sensation**

眼睛接受色刺激后产生的视觉。

**2.3.6 色适应 chromatic adaptation**

在明适应状态下，视觉系统对视野颜色的适应过程或适应状态。

**2.3.7 物体色 object colour**

被感知为某一物体所具有的颜色。

**2.3.8 表面色 surface colour**

被感知为某一漫反射或发射光的表面所具有的颜色。

**2.3.9 发光色 luminous colour**

被感知为某一发光区域（如光源）或镜面反射光区域所具有的颜色。

**2.3.10 （感知的）无彩色 achromatic (perceived) colour**

在感知意义上是指所感知的颜色无色调，通常用白、灰、黑来描述或对透明物体用消色和中性来描述。

**2.3.11 （感知的）有彩色 chromatic (perceived) colour**

是指所感知的颜色具有的色调。

**2.3.12 色调，色相 hue, tone**

根据所观察区域呈现的感知色与红、绿、黄、蓝的一种或两种组合的相似程度来判定的视觉属性，亦称"色相"。

**2.3.13 饱和度 saturation**

用以估价纯彩色在整个视觉中的成分的视觉属性。

**2.3.14 彩度 chroma**

用距离等明度无彩色点的视知觉特性来表示物体表面颜色的浓淡，并给予分度。

**2.3.15 相关色的明度 lightness of a related colour**

**1** 物体表面相对明暗的特性。

**2** 在同样条件下，以白板作为基准，对物体表面的视知觉特性给予的分度。简称"明度"。

**2.3.16 色对比 colour contrast**

同时或相继观察视野中相邻两部分颜色差异的主观评价。

**2.3.17 色品坐标 chromaticity coordinates**

每个三刺激值与其总和之比。在 $X$、$Y$、$Z$ 色度系统中，由三刺激值可算出色品坐标 $x$、$y$、$z$。

**2.3.18 色品 chromaticity**

用 CIE 标准色度系统所表示的颜色性质。由色品坐标定义的色刺激性质。

**2.3.19 色品图 chromaticity diagram**

表示颜色色品坐标的平面图。

**2.3.20 普朗克轨迹 Planckian locus**

色品图上表示不同温度时普朗克辐射体（黑体）光色色品的点在色品图上形成的轨迹。

**2.3.21 色温（度） colour temperature**

当光源的色品与某一温度下黑体的色品相同时，该黑体的绝对温度为此光源的色温。亦称"色度"。该量的符号为 $T_c$，单位为 K。

**2.3.22 相关色温（度） correlated colour temperature**

当光源的色品点不在黑体轨迹上，且光源的色品与某一温度下的黑体的色品最接近时，该黑体的绝对温度为此光源的相关色温。该量的符号为 $T_{cp}$，单位为 K。

**2.3.23 色表，色貌 colour appearance**

与色刺激和材料质地有关的颜色的主观感知特性。

**2.3.24 冷色表 cold colour appearance**

色温大于 5300K 的光源的色表。

**2.3.25 暖色表 warm colour appearance**

色温小于 3300K 的光源的色表。

**2.3.26 中间色表 intermediate colour appearance**

介于冷色表和暖色表之间的光源的色表。

**2.3.27 显色性 colour rendering**

与参考标准光源相比较，光源显现物体颜色的特性。

**2.3.28 显色指数 colour rendering index**

光源显色性的度量。以被测光源下物体颜色和参考标准光源下物体颜色的相符合程度来表示。该量的符号为 $R$。

**2.3.29 CIE 特殊显色指数 CIE special colour rendering index**

光源对国际照明委员会（CIE）某一选定的标准颜色样品的显色指数。该量的符号为 $R_i$。

**2.3.30 CIE 一般显色指数 CIE general colour rendering index**

光源对国际照明委员会（CIE）规定的八种标准颜色样品特殊显色指数的平均值。通称显色指数。该量的符号为 $R_a$。

# 3 照明技术

## 3.1 一般术语

**3.1.1** 照明 lighting, illumination

光照射到场景、物体及其环境使其可以被看见的过程。

**3.1.2** 视觉环境 visual environment

通过视觉，在人们所处的环境中，对空间和各种物体的认识，用大脑的反映程度所描画的外界环境。

**3.1.3** 光环境 luminous environment

从生理和心理效果来评价的视觉环境。

**3.1.4** 绿色照明 green lights

节约能源、保护环境，有益于提高人们生产、工作、学习效率和生活质量，保护身心健康的照明。

**3.1.5** 夜间景观 landscape in night, nightscape

在夜间，通过自然光和灯光塑造的景观，简称夜景。

**3.1.6** 夜景照明 nightscape lighting

泛指除体育场场地、建筑工地、道路照明和室外安全等功能性照明以外，所有室外活动空间或景物夜间的照明，亦称"景观照明"（landscape lighting）。

**3.1.7** （亮或暗）环境区域 （bright or dark) environment zones

为限制光污染，根据环境亮度状况和活动的内容，对相应地区所作的划分。

## 3.2 照明评价指标

**3.2.1** 平均照度 average illuminance

规定表面上各点的照度平均值。

**3.2.2** 平均亮度 average luminance

规定表面上各点的亮度平均值。

**3.2.3** 最小照度 minimum illuminance

规定表面上的照度最小值。

**3.2.4** 最大照度 maximum illuminance

规定表面上的照度最大值。

**3.2.5** 法向照度 normal illuminance

垂直于光的入射方向的平面上的照度值。

**3.2.6** 水平照度 horizontal illuminance

水平面上的照度。

**3.2.7** 垂直照度 vertical illuminance

垂直面上的照度。

**3.2.8** 维持平均照度 maintained average illuminance

照明装置必须进行维护时，在规定表面上的平均照度值。

**3.2.9** 初始平均照度 initial average illuminance

照明装置新装时在规定表面上的平均照度。初始平均照度由规定的维持平均照度值除以维护系数值求出。

**3.2.10** 照度均匀度 uniformity ratio of illuminance

通常指规定表面上的最小照度与平均照度之比。有时也用最小照度与最大照度之比。

**3.2.11** 平均柱面照度 average cylindrical illuminance

光源在给定的空间一点上一个假想的很小圆柱面上产生的平均照度。圆柱体轴线通常是竖直的。该量的符号为 $E_c$。

**3.2.12** 平均半柱面照度 average semi-cylindrical illuminance

光源在给定的空间一点上一个假想的很小半个圆柱面上产生的平均照度。圆柱体轴线通常是竖直的。该量的符号为 $E_{sc}$。

**3.2.13** 平均球面照度，标量照度 average spherical illuminance, scalar illuminance

光源在给定的空间一点上一个假想的很小球整个表面上产生的平均照度。该量的符号为 $E_s$。

**3.2.14** 照度矢量 illuminance vector

用于描述在空间一点上的光的方向特性，它的量值为一个通过该点的表面正反两侧的最大照度差值，由高照度向低照度的矢量方向为正。该量的符号为 $E$。

**3.2.15** 照度比 illuminance ratio

某一表面上的照度与参考面上一般照明的平均照度之比。

**3.2.16** 照明功率密度（LPD） lighting power density

单位面积上的照明安装功率（包括光源、镇流器或变压器等），单位为瓦特每平方米（W/m²）。

**3.2.17** 路面平均亮度 average road surface luminance

在路面上预先设定的点上测得的或计算得到的各点亮度的平均值。该量的符号为 $L_{av}$。

**3.2.18** 路面亮度总均匀度 overall uniformity of road surface luminance

路面上最小亮度与平均亮度比值。该量的符号为 $U_0$。

**3.2.19** 路面亮度纵向均匀度 longitudinal uniformity of road surface luminance

同一条车道中心线上最小亮度与最大亮度的比值。该量的符号为 $U_L$。

**3.2.20** 路面平均照度 average road surface illuminance

在路面预先设定的点上测得的或计算得到的各点照度的平均值。该量的符号为 $E_{av}$。

**3.2.21** 路面照度均匀度 uniformity of road surface illuminance

路面上最小照度与平均照度的比值。该量的符号为 $U_E$。

**3.2.22 路面维持平均亮度（照度）** maintained average luminance (illuminance) of road surface

即路面平均亮度（照度）维持值，它是在计入光源计划更换时光通量的衰减以及灯具因污染造成效率下降等因素（即维护系数）后设计计算时所采用的平均亮度（照度）值。

**3.2.23 阈值增量** threshold increment

失能眩光的度量。表示为存在眩光源时，为了达到同样看清物体的目的，在物体及背景之间的对比所需增加的百分比。该量的符号为 $TI$。

**3.2.24 （道路照明）环境比** surround ratio (of road lighting)

车行道外边 5m 宽的带状区域内的平均水平照度与相邻的 5m 宽的车行道上平均水平照度之比。该量的符号为 $SR$。

### 3.3 照明方式和种类

**3.3.1 一般照明** general lighting

为照亮整个场所而设置的均匀照明。

**3.3.2 局部照明** local lighting

特定视觉工作用的、为照亮某个局部而设置的照明。

**3.3.3 分区一般照明** localized lighting

对某一特定区域，设计成不同的照度来照亮该一区域的一般照明。

**3.3.4 混合照明** mixed lighting

由一般照明与局部照明组成的照明。

**3.3.5 常设辅助人工照明** permanent supplementary artificial lighting

当天然光不足和不适宜时，为补充室内天然光而日常固定使用的人工照明。

**3.3.6 正常照明** normal lighting

在正常情况下使用的室内外照明。

**3.3.7 应急照明** emergency lighting

因正常照明的电源失效而启用的照明。

**3.3.8 疏散照明** escape lighting

作为应急照明的一部分，用于确保疏散通道被有效地辨认和使用的照明。

**3.3.9 安全照明** safety lighting

作为应急照明的一部分，用于确保处于潜在危险之中的人员安全的照明。

**3.3.10 备用照明** stand-by lighting

作为应急照明的一部分，用于确保正常活动继续进行的照明。

**3.3.11 值班照明** on-duty lighting

非工作时间，为值班所设置的照明。

**3.3.12 警卫照明** security lighting

在夜间为改善对人员、财产、建筑物、材料和设备的保卫，用于警戒而安装的照明。

**3.3.13 障碍照明** obstacle lighting

为保障航空飞行安全，在高大建筑物和构筑物上安装的障碍标志灯。

**3.3.14 直接照明** direct lighting

由灯具发射的光通量的 90%～100% 部分，直接投射到假定工作面上的照明。

**3.3.15 半直接照明** semi-direct lighting

由灯具发射的光通量的 60%～90% 部分，直接投射到假定工作面上的照明。

**3.3.16 一般漫射照明** general diffused lighting

由灯具发射的光通量的 40%～60% 部分，直接投射到假定工作面上的照明。

**3.3.17 半间接照明** semi-indirect lighting

由灯具发射光通量的 10%～40% 部分，直接投射到假定工作面上的照明。

**3.3.18 间接照明** indirect lighting

由灯具发射光的通量的 10% 以下部分，直接投射到假定工作面上的照明。

**3.3.19 定向照明** directional lighting

光主要从某一特定方向投射到工作面或目标上的照明。

**3.3.20 漫射照明** diffused lighting

光无显著特定方向投射到工作面或目标上的照明。

**3.3.21 泛光照明** floodlighting

通常由投光灯来照射某一情景或目标，使其照度比其周围照度明显高的照明。

**3.3.22 重点照明** accent lighting

为提高指定区域或目标的照度，使其比周围区域亮的照明。

**3.3.23 聚光照明** spot lighting

使用光束角小的灯具，使一限定面积或物体的照度明显高于周围环境的照明。

**3.3.24 发光顶棚照明** luminous ceiling lighting

光源隐蔽在顶棚内，使顶棚成发光面的照明方式。

**3.3.25 常规道路照明** conventional road lighting

将灯具安装在高度通常为 15m 以下的灯杆上，按一定间距有规律地连续设置在道路的一侧、两侧或中央分车带上的照明。

**3.3.26 高杆照明** high mast lighting

一组灯具安装在高度为 20m（含 20m）以上的灯杆上进行大面积照明的方式。

**3.3.27 半高杆照明，中杆照明** semi-high mast lighting

一组灯具安装在高度为 15～20m（不含 20m）的灯杆上进行照明的一种方式，亦称"中杆照明"。

**3.3.28 检修照明 inspection lighting**

为检修工作而设置的照明。

**3.3.29 栏杆照明 parapet lighting**

把灯具直接安装在栏杆上对地面进行照明的一种照明方式。

**3.3.30 轮廓照明 contour lighting**

利用灯光直接勾画建筑物和构筑物等被照对象的轮廓的照明方式。

**3.3.31 内透光照明 lighting from interior lights**

利用室内光线向室外透射的夜景照明方式。

**3.3.32 剪影照明 silhouette lighting**

指利用灯光将景物和它的背景分开，一般是将背景照亮，使景物保持黑暗，从而在背景上形成轮廓清晰的影像的照明方式，也称"背光照明"。

**3.3.33 动态照明 dynamic lighting**

通过照明装置的光输出的控制形成场景明、暗或色彩等变化的照明方式。

## 3.4 照明设计计算

**3.4.1 光强分布，配光 distribution of luminous intensity**

用曲线或表格表示光源或灯具在空间各方向上的发光强度值，亦称"配光"。

**3.4.2 对称光强分布 symmetrical luminous intensity distribution**

有对称轴线或至少有一个对称面时的光强分布。

**3.4.3 旋转对称光强分布 rotationally symmetrical luminous intensity distribution**

平面上极坐标的光强分布曲线绕轴旋转所得的光强分布。

**3.4.4 总光通量 total luminous flux**

光源在 $4\pi$ 球面立体角内的光通量总和。

**3.4.5 下射光通量 downward luminous flux**

光源或灯具在水平面以下的 $2\pi$ 立体角内的总光通量。

**3.4.6 上射光通量 upward luminous flux**

光源或灯具在水平面以上的 $2\pi$ 立体角内的总光通量。

**3.4.7 直接光通量 direct luminous flux**

表面上直接得到来自照明装置的光通量。

**3.4.8 间接光通量 indirect luminous flux**

表面上由其他表面反射之后所得到的光通量。

**3.4.9 参考平面 reference surface**

测量或规定照度的平面。

**3.4.10 工作面 working plane**

在其表面上进行工作的平面。

**3.4.11 灯具计算高度 calculating height of luminaire**

灯具的光中心到工作面的距离。

**3.4.12 利用系数 utilization factor**

投射到参考平面上的光通量与照明装置中的光源的光通量之比。

**3.4.13 室空间比 room cavity ratio**

表征房间几何形状的数值，其计算公式为：

$$RCR = 5h(a+b)/(a \cdot b) \qquad (3.4.13)$$

式中 $RCR$——室空间比；

$a$——房间宽度；

$b$——房间长度；

$h$——灯具计算高度。

**3.4.14 室形指数 room index**

表征房间几何形状的数值，其计算公式为：

$$RI = a \cdot b/h(a+b) \qquad (3.4.14)$$

式中 $RI$——室形指数；

$a$——房间宽度；

$b$——房间长度；

$h$——灯具计算高度。

**3.4.15 维护系数 maintenance factor**

照明装置在使用一定周期后，在规定表面上的平均照度或平均亮度与该装置在相同条件下新装时在规定表面上所得到的平均照度或平均亮度之比。

**3.4.16 点光源 point light source**

发光体的最大尺寸与它至被照面的距离相比较非常小的光源。

**3.4.17 线光源 line light source**

一个连续的带状发光体的总长度数倍于其到照度计算点之间距离的光源。

**3.4.18 面光源 area（surface）light source**

发光体宽度与长度均大于发光面至受照面之间距离的光源。

**3.4.19 光中心 light center（of a light source or luminaire）**

测定和计算时，将光源或灯具作为原点用的光点。

**3.4.20 灯具间距 spacing of luminaire**

相邻灯具的中心线间的距离。

**3.4.21 灯具安装高度 mounting height of luminaire**

灯具底部至地面的距离。

**3.4.22 灯具距高比 spacing height ratio of luminaire**

灯具的间距与灯具计算高度之比。

**3.4.23 灯具最大允许距高比 maximum permissible spacing height ratio of luminaire**

保证所需的照度均匀度时的灯具间距与灯具计算高度比的最大允许值。

**3.4.24 利用系数法，流明法 method of utilization factor, lumen method**

使用利用系数计算平均照度的计算方法。

**3.4.25 逐点法 point method**

使用灯具的光度数据，逐一算出各点直射光照度的计算方法。

**3.4.26** 等光强曲线 iso-luminous intensity curve

在以光源的光中心为球心的假想球面上，将发光强度相等的那些方向所对应的点连接成的曲线，或是该曲线的平面投影。

**3.4.27** 等照度曲线 iso-illuminance curve

连接一个面上等照度点的一组曲线。

**3.4.28** 等亮度曲线 iso-luminance curve

连接一个面上等亮度点的一组曲线。

**3.4.29** 仰角 tilt (inclination)

灯具出光口平面自水平面向上倾斜的角度。

**3.4.30** 悬挑长度 overhang

灯具的光中心至邻近一侧路缘石的水平距离。

**3.4.31** 灯臂长度 bracket projection

从灯杆的垂直中心线至灯臂插入灯具那一点之间的水平距离。

**3.4.32** 路面的有效宽度 effective road width of road surface

用于道路照明设计的路面理论宽度。它与道路的实际宽度，灯具的悬挑长度和灯具的布置方式等有关。该量的符号为 $W_{eff}$。

**3.4.33** （道路照明）亮度系数 luminance coefficient of road lighting

路面上某一点的亮度（$L$）和该点的水平照度（$E$）之比。该量的符号为 $q$。

**3.4.34** （道路照明）简化亮度系数 reduced luminance coefficient of road lighting

为便于计算路面亮度而导出的一个系数。该量的符号为 $r$。

**3.4.35** （道路照明）平均亮度系数 average luminance coefficient of road lighting

亮度系数按立体角的计权平均值。该量的符号为 $Q_0$。

# 4 电光源及其附件

## 4.1 电光源

**4.1.1** 电光源 electric light source

将电能转换成光学辐射能的器件。

**4.1.2** 白炽灯 incandescent lamp

用通电的方法，将灯丝元件加热到白炽态而发光的光源。

**4.1.3** 钨丝灯 tungsten filament lamp

发光元件为钨丝的白炽灯。

**4.1.4** 真空灯 vacuum lamp

发光元件在真空玻壳中工作的白炽灯。

**4.1.5** 充气（白炽）灯 gas-filled (incandescent) lamp

发光元件在充有惰性气体的玻壳中工作的白炽灯。

**4.1.6** 普通照明白炽灯 general lighting incandescent lamp

作为一般照明用的白炽灯。其玻壳可以是透明的，也可以是磨砂的、乳白的或内涂白的。

**4.1.7** 磨砂灯泡 frosted lamp

玻壳为磨砂玻璃的白炽灯。

**4.1.8** 涂白灯泡 white coating lamp

玻壳涂敷白色涂料的白炽灯。

**4.1.9** 乳白灯泡 opal lamp

玻壳为乳白玻璃的白炽灯。

**4.1.10** 反射型灯泡 reflector lamp

在玻壳内装有专门反光器，或在具有适当形状的玻壳内表面部分覆以反射性薄膜，使之具有定向发光性能的灯。

**4.1.11** 封闭型光束灯泡 sealed beam lamp

一种压制成型的玻壳能严格控制光束发散方向的灯。

**4.1.12** 聚光灯泡 prefocus lamp

发光体在灯内位置被精确定位，起聚光作用的灯。

**4.1.13** 装饰灯泡 decorative lamp

玻壳制成不同形状或不同颜色，起装饰作用的灯。

**4.1.14** 管形白炽灯 tubular incandescent lamp

灯丝沿管轴方向安装的白炽灯。

**4.1.15** 卤钨灯 tungsten halogen lamp

充有卤族元素或卤素化合物的钨丝灯。

**4.1.16** 低压卤钨灯 low-voltage tungsten halogen lamp

用低电压供电的卤钨灯。

**4.1.17** 放电灯 discharge lamp

直接或间接由气体、金属蒸气或其混合物放电而发光的灯。

**4.1.18** 高强度气体放电灯（HID 灯） high intensity discharge lamp

借助高压气体放电产生稳定的电弧，其放电管壁的负荷超过 $3W/cm^2$ 的气体放电灯。

**4.1.19** 高压汞（蒸气）灯 high pressure mercury (vapour) lamp

直接或间接由分压超过 100kPa 的汞蒸气放电而发光的 HID 灯。

**4.1.20** 荧光高压汞（蒸气）灯 fluorescent high pressure mercury (vapour) lamp

外玻壳内壁涂有荧光物质的高压汞灯。

**4.1.21** 自镇流汞灯 blended lamp, self-ballasted mercury lamp

在玻壳内装有串联连接的汞灯放电管和白炽灯丝的灯。

**4.1.22 高压钠（蒸气）灯 high pressure sodium (vapour) lamp**

由分压为 10kPa 数量级的钠蒸气放电而发光的 HID 灯。

**4.1.23 低压钠（蒸气）灯 low pressure sodium (vapour) lamp**

由分压为 0.7～1.5Pa 的钠蒸气放电而发光的放电灯。

**4.1.24 金属卤化物灯 metal halide lamp**

由金属蒸气、金属卤化物和其分解物的混合气体放电而发光的放电灯。

**4.1.25 氙灯 xenon lamp**

由氙气放电而发光的放电灯。

**4.1.26 霓虹灯 neon tubing**

利用惰性气体辉光放电的正柱区发光和放电正柱区紫外辐射激发荧光粉涂层发光的低气压放电灯。

**4.1.27 荧光灯 fluorescent lamp**

由汞蒸气放电产生的紫外辐射激发荧光粉涂层而发光的低压放电灯。

**4.1.28 冷阴极荧光灯 cold cathode fluorescent lamp**

由辉光放电的正柱区产生光的放电灯。

**4.1.29 热阴极荧光灯 hot cathode fluorescent lamp**

由弧光放电的正柱区产生光的放电灯。

**4.1.30 预热启动式荧光灯 preheat start fluorescent lamp**

用预先加热阴极的方法使灯启动的荧光灯。

**4.1.31 快速启动式荧光灯 quick start lamp**

利用灯的构造和附属装置，使灯一接通电源就能很快启动的荧光灯。

**4.1.32 瞬时启动式荧光灯 instant-start fluorescent lamp**

不需预热阴极而能直接启动的热阴极荧光灯。

**4.1.33 三基色荧光灯 three-band fluorescent lamp**

由蓝、绿、红谱带区域发光的三种稀土荧光粉制成的荧光灯。

**4.1.34 直管形荧光灯 straight tubular fluorescent lamp**

玻壳为细长形管状的荧光灯。又称双端荧光灯。

**4.1.35 环形荧光灯 circular fluorescent lamp**

管形玻壳制成圆环形的荧光灯。

**4.1.36 紧凑型荧光灯 compact fluorescent lamp**

将放电管弯曲或拼接成一定形状，以缩小放电管线形长度的荧光灯。包括自镇流荧光灯和单端荧光灯。

**4.1.37 自镇流荧光灯 self-ballasted fluorescent lamp**

镇流器和灯管成为一体的紧凑型荧光灯。

**4.1.38 单端荧光灯 single-capped fluorescent lamp**

不带镇流器、引线在一端的紧凑型荧光灯。

**4.1.39 无极感应灯 induction lamp**

不用电极利用气体放电管内建立高频或微波电磁场，使管内气体放电产生紫外辐射激发玻壳内荧光粉层发光或自身发光的气体放电灯。

**4.1.40 弧光灯 arc lamp**

由电弧放电和/或由电极产生光的放电灯。

**4.1.41 黑光灯 black light lamp**

用来发射 A 波段紫外辐射、可见光甚少的灯。通常为汞蒸气放电灯。

**4.1.42 场致发光光源 electroluminescent source**

由场致发光而产生光的光源。

**4.1.43 红外灯 infrared lamp**

产生红外辐射的灯。

**4.1.44 紫外灯 ultraviolet lamp**

产生紫外辐射的灯。用于光生物学、光化学和生物医学等。

**4.1.45 杀菌灯 bactericidal lamp, germicidal lamp**

产生 C 波段紫外辐射，用于杀菌的低压汞蒸气灯。

**4.1.46 发光二极管（LED） light emitting diode**

由电致固体发光的一种半导体器件。

## 4.2 附 件

**4.2.1 灯头 cap（base）**

将光源固定在灯座上，使灯与电源相连接的灯的部件。灯头及相应灯座，通常用一个字母及其后的数字来命名，字母表示灯头形式，数字表示灯头尺寸（通常指直径）的毫米数。

**4.2.2 螺口式灯头 screw cap（screw base）**

用圆螺纹与灯座进行连接的灯头，用"E＊＊"标志。

**4.2.3 卡口式灯头 bayonet cap（bayonet base）**

用插销与灯座进行连接的灯头，用"B＊＊"标志。

**4.2.4 插脚式灯头 pin cap（pin base）**

用插脚与灯座进行连接的灯头，用"G＊＊"（对双插脚与多插脚灯头）或"F＊＊"（对单插脚灯头）标志。

**4.2.5 灯座 lampholder**

保持灯的位置固定，使灯与电源相连接的器件。

**4.2.6 防潮灯座 moisture-proof lampholder**

供潮湿环境和户外使用的灯座。这种灯座在使用时其性能不受雨水和潮湿气候的影响。

**4.2.7 启动器 starter**

为电极提供所需的预热。并且与镇流器串联使加在灯的电压产生脉冲的装置，通常用于预热式荧光灯。

**4.2.8** 触发器 ignitor

其自身或与其他部件配套产生启动放电灯所需的电压脉冲，但对电极不提供预热的装置。

**4.2.9** 镇流器 ballast

连接于电源和一支或几支放电灯之间，主要用于将灯电流限制到规定值。

注：镇流器也可以装有转换电源电压。校正功率因数的装置，其自身或与启动装置配套为启动灯提供所需的条件。

**4.2.10** 电子镇流器 electronic ballast

由电子器件和稳定性元件组成，给放电灯供电的镇流器。

**4.2.11** 调光器 dimmer

为改变照明装置中光源的光通量而安装在电路中的装置。

### 4.3 光源特性参数

**4.3.1** （灯的）额定值 rating (of a lamp)

在设计所规定的条件下灯的参数值。

**4.3.2** 额定光通量 rated luminous flux

由制造商给定的某一型号灯在规定条件下的初始光通量值。单位为 lm。

**4.3.3** 额定功率 rated power

由制造商给定的某一型号灯在规定条件下的功率值。单位为 W。

**4.3.4** （灯的）线路功率 circuit power (of a lamp)

气体放电灯的功率与其镇流器消耗功率之和。单位为 W。

**4.3.5** （灯的）寿命 life (of a lamp)

灯工作到失效时或根据标准规定认为其已失效时的累计点燃时间。单位为 h。

**4.3.6** 平均寿命 average life

在规定条件下，同批寿命试验灯所测得寿命的算术平均值。

**4.3.7** （灯的）光通量维持率 luminous flux maintenance factor (of a lamp)

灯在规定的条件下，按给定时间点燃后的光通量与其初始光通量之比。

**4.3.8** （灯的）发光效能 luminous efficacy (of a lamp)

灯的光通量除以灯消耗电功率之商。简称光源的光效。单位为 lm/W（流明每瓦特）。

**4.3.9** （放电灯的）启动电压 starting voltage (of a discharge lamp)

灯启动放电需要的电极间的电压。单位为 V。

**4.3.10** （放电灯的）灯电压 lamp voltage (of a discharge lamp)

在稳定的工作条件下，灯电极之间的电压（在交流时为有效值）。

**4.3.11** 额定电压 rated voltage

灯泡（管）的设计电压。

**4.3.12** 启动电流 starting current

灯启动时的电流。

**4.3.13** （弧光放电灯的）启动时间 starting time (of an arc discharge lamp)

弧光放电灯达到规定的稳定弧光放电所需的时间。放电灯要在特定的条件下工作，启动时间应在线路接通电源时进行测量。

**4.3.14** （灯电流的）波峰比 crest factor (of lamp current)

正常工作时灯电流峰值与有效值之比。

**4.3.15** 再启动时间 re-starting time

气体放电灯稳定工作后断开电源，从再次接通电源开关到灯重新开始正常工作所需的时间。单位为 min。

**4.3.16** 灯电流 lamp current

灯稳定工作时，通过灯的电流。

**4.3.17** （灯的）额定电流 rated current (of a lamp)

由制造商给定的某一型号灯在规定条件下的电流值。单位为 A。

**4.3.18** 镇流器的流明系数 ballast lumen factor

基准镇流器和待测镇流器配套工作时发出的光通量，与同一只灯和其基准镇流器配套工作时发出的光通量之比。

**4.3.19** 线路功率因数 power factor of a circuit

镇流器和与之配套的光源整体消耗之有功功率与电源提供的视在功率之比。

**4.3.20** 镇流器能效因数（BEF） ballast efficacy factor

镇流器流明系数与线路功率的比值。

## 5 灯具及其附件

### 5.1 灯 具

**5.1.1** 灯具 luminaire

能透光、分配和改变光源光分布的器具，包括除光源外所有用于固定和保护光源所需的全部零、部件，以及与电源连接所必需的线路附件。

**5.1.2** 对称配光型（非对称配光型）灯具 symmetrical (asymmetrical) luminaire

具有对称（非对称）光强分布的灯具。对称性可以是轴对称或平面对称。

**5.1.3** 直接型灯具 direct luminaire

向下半球发射出 90% ～ 100% 直接光通量的

灯具。

**5.1.4 半直接型灯具 semi-direct luminaire**
向下半球发射出 60%～90% 直接光通量的灯具。

**5.1.5 漫射型灯具 diffused luminaire**
向下半球发射出 40%～60% 光通量的灯具。

**5.1.6 半间接型灯具 semi-indirect luminaire**
向下半球发射出 10%～40% 直接光通量的灯具。

**5.1.7 间接型灯具 indirect luminaire**
向下半球发射出 10% 以下的直接光通量的灯具。

**5.1.8 广照型灯具 wide angle luminaire**
使光分布在比较大的立体角内的灯具。

**5.1.9 中照型灯具 middle angle luminaire**
使光分布在中等立体角内的灯具。

**5.1.10 深照型灯具 narrow angle luminaire**
使光分布在较小立体角内的灯具。

**5.1.11 普通灯具 ordinary luminaire**
不具备特殊防护功能的灯具。

**5.1.12 防护型灯具 protected luminaire**
具有特殊防尘、防潮和防水功能的灯具。
表示防护等级的代号通常由特征字母"IP"和两个特征数字组成。即 IP××，前一个数字表示防尘等级，后一个数字表示防潮和防水的等级。

**5.1.13 防尘灯具 dust-proof luminaire**
不能完全防止灰尘进入，但进入量不妨碍正常使用的灯具。

**5.1.14 尘密型灯具 dust-tight luminaire**
灰尘不能进入的灯具。

**5.1.15 防水灯具 water-proof luminaire**
在构造上具有防止水浸入功能的灯具。

**5.1.16 水密型灯具 water-tight luminaire**
一定条件下能防止水进入的灯具。

**5.1.17 水下灯具 underwater luminaire**
能在一定压力下的水中长期使用的灯具。

**5.1.18 防爆灯具 luminaire for explosive atmosphere**
用于有爆炸危险场所，具有符合防爆规范要求的灯具。

**5.1.19 隔爆型灯具 flame-proof luminaire**
能承受灯具内部爆炸性气体混合物的爆炸压力，并能阻止内部的爆炸向灯具外罩周围爆炸性混合物传播的灯具。

**5.1.20 增安型灯具 increased safety luminaire**
在正常运行条件下，不能产生火花或可能点燃爆炸性混合物的高温的灯具结构上，采取措施提高安全度，以避免在正常条件下或认可的不正常的条件下出现上述现象的灯具。

**5.1.21 可调式灯具 adjustable luminaire**
利用适当装置使灯具的主要部件可转动或移动的灯具。

**5.1.22 可移式灯具 portable luminaire**
在接上电源后，可轻易地由一处移至另一处的灯具。

**5.1.23 悬吊式灯具 pendant luminaire**
用吊绳、吊链、吊管等悬吊在顶棚上或墙支架上的灯具。

**5.1.24 升降悬吊式灯具 rise and fall pendant luminaire**
利用滑轮、平衡锤等可以调节高度的悬吊式灯具。

**5.1.25 嵌入式灯具 recessed luminaire**
完全或部分地嵌入安装表面内的灯具。

**5.1.26 吸顶灯具 ceiling luminaire，surface mounted luminaire**
直接安装在顶棚表面上的灯具。

**5.1.27 下射式灯具 downlight**
通常向下直射的小型聚光灯具。

**5.1.28 壁灯 wall luminaire**
直接固定在墙上或柱子上的灯具。

**5.1.29 落地灯 floor lamp**
装在高支柱上并立于地面上的可移式灯具。

**5.1.30 台灯 table lamp**
放在桌子上或其他家具上的可移式灯具。

**5.1.31 手提灯 hand lamp**
带手柄的便携式灯具。

**5.1.32 投光灯 projector**
利用反射器和折射器在限定的立体角内获得高光强的灯具。

**5.1.33 探照灯 searchlight**
通常具有直径大于 0.2m 的出光口并产生近似平行光束的高光强投光灯。

**5.1.34 泛光灯 floodlight**
光束发散角（光束宽度）大于 10° 的投光灯，通常可转动并指向任意方向。

**5.1.35 聚光灯，射灯 spotlight**
通常具有直径小于 0.2m 的出光口并形成一般不大于 0.35rad（20°）发散角的集中光束的投光灯。

**5.1.36 应急灯 emergency luminaire**
应急照明用的灯具的总称。

**5.1.37 疏散标志灯 escape sign luminaire**
灯罩上有疏散标志的应急照明灯具，包括出口标志灯或指向标志灯。

**5.1.38 出口标志灯 exit sign luminaire**
直接装在出口上方或附近指示出口位置的标志灯。

**5.1.39 指向标志灯 direction sign luminaire**
装在疏散通道上指示出口方向的标志灯。

**5.1.40 道路照明灯具 luminaire for road lighting**
常规道路照明所采用的灯具，按其配光分成截光型、半截光型和非截光型灯具。

**5.1.41** 截光型灯具 full cut-off luminaire

灯具最大光强方向与灯具向下垂直轴夹角在0°～65°之间，90°角和80°角方向上的光强最大允许值分别为10cd/1000lm和30cd/1000lm，且不论光源光通量的大小，其在90°角方向上的光强最大值不得超过1000cd。

**5.1.42** 半截光型灯具 semi-cut-off luminaire

灯具最大光强方向与灯具向下垂直轴夹角在0°～75°之间，90°角和80°角方向上的光强最大允许值分别为50cd/1000lm和100cd/1000lm，且不论光源光通量的大小，其在90°角方向上的光强最大值不得超过1000cd。

**5.1.43** 非截光型灯具 non-cut-off luminaire

灯具最大光强方向不受限制，其在90°角方向上的光强最大值不得超过1000cd。

**5.1.44** Ⅰ类灯具 class Ⅰ luminaire

灯具的防触电保护不仅依靠基本绝缘，而且还包括附加的安全措施，即把易触及的导电部件连接到设施的固定线路中的保护接地导体上，使易触及的导电部件在万一基本绝缘失效时不致带电。

**5.1.45** Ⅱ类灯具 class Ⅱ luminaire

灯具的防触电保护不仅依靠基本绝缘，而且具有附加安全措施，例如双重绝缘或加强绝缘，但没有保护接地的措施或依赖安装条件。

**5.1.46** Ⅲ类灯具 class Ⅲ luminaire

灯具的防触电保护依靠电源电压为安全特低电压，并且不会产生高于SELV电压的灯具。

**5.1.47** 导轨灯 track-mounted luminaire

将灯具嵌入导轨，可在导轨上移动、变换位置和调节投光角度，以实现对目标的重点照明。常用在博展馆以及高档商品架、展示橱窗等场所。

**5.1.48** 墙面布光灯，洗墙灯 wall washer, wall washing

通常将灯具安装在距墙面有一定距离（通常大于300mm）处对墙面进行均匀照明的灯具。

**5.1.49** 矮柱灯 bollard

光源安装在很矮（通常不超过1m）的灯柱、灯墩、灯台的上端，通常用于公园、花园、绿地、人行道等场所的照明。

**5.1.50** 埋地灯 recessed ground（floor）luminaire

完全或部分嵌入地表面的灯具。

### 5.2 附　件

**5.2.1** 折射器 refractor

利用折射现象来改变光源发出的光通量的空间分布的装置。

**5.2.2** 反射器 reflector

利用反射现象来改变光源发出的光通量的空间分布的装置。

**5.2.3** 遮光格栅 louvre, louver

由半透明或不透明组件构成的遮光体，组件的几何尺寸和布置应使在给定的角度内看不见灯光。

**5.2.4** 保护玻璃 protective glass

用于防止粉尘、液体和气体进入灯具而影响灯具正常使用的玻璃。

**5.2.5** 灯具保护网 luminaire guard

防止光源和灯具受撞击或坠落而装在灯具上的网状部件。

### 5.3 灯具特性参数

**5.3.1** 截光 cut-off

为遮挡人眼直接看到高亮度的发光体，以减少眩目作用的技术。

**5.3.2** 截光角 cut-off angle

灯具垂直轴与刚好看不见高亮度的发光体的视线之间的夹角。

**5.3.3** 遮光角 shielding angle

截光角的余角。

**5.3.4** 光束角 beam angle

在给定平面上，以极坐标表示的发光强度曲线的两矢径间所夹的角度。该矢径的发光强度值通常等于10%或50%的发光强度最大值。

**5.3.5** 灯具效率 luminaire efficiency

在相同的使用条件下，灯具发出的总光通量与灯具内所有光源发出的总光通量之比。

# 6　建筑采光和日照

## 6.1 光　气　候

**6.1.1** 光气候 light climate

由直射日光、天空（漫射）光和地面反射光形成的天然光状况。

**6.1.2** 日辐射 solar radiation

来自太阳的电磁辐射。

**6.1.3** 直接日辐射 direct solar radiation

经大气层的选择性衰减后，以平行光束的方式到达地球表面的日辐射部分。

**6.1.4** 天空漫射辐射 diffuse sky radiation

由于大气分子、移动的尘粒子、云的粒子和其他粒子散射结果到达地球表面上的日辐射部分。

**6.1.5** 总日辐射 global solar radiation

由直接日辐射和天空漫辐射组成的辐射。

**6.1.6** 阳光，直射日光 sunlight

直接日辐射的可见部分。

**6.1.7** 天空（漫射）光 skylight

天空漫射辐射的可见部分。

**6.1.8 昼光 daylight**

总日辐射的可见部分。

**6.1.9 反射(总)日辐射 reflected(global)solar radiation**

由地球表面和任意受到辐射的表面所反射的总日辐射。

**6.1.10 总昼光照度 global daylight illuminance**

昼光在地球水平面上所产生的照度。

**6.1.11 CIE 标准全阴天空 CIE standard overcast sky**

天空相对亮度分布满足式(6.1.11)条件的完全被云所遮盖的天空。

$$\frac{L_{oc}(\gamma)}{L_{zoc}} = \frac{1+2\sin\gamma}{3} \quad (6.1.11)$$

式中 $\gamma$——天空某点在地平面上的高度角，rad；

$L_{oc}(\gamma)$——天空某点在全阴天空下的亮度，cd/m²；

$L_{zoc}$——全阴天空的天顶亮度，cd/m²。

**6.1.12 CIE 标准全晴天空 CIE standard clear sky**

天空相对亮度分布满足式(6.1.12)条件的无云天空。

$$\frac{L_{cl}(\gamma_s,\gamma,\zeta)}{L_{zcl}(\gamma_s)} = \frac{f(\zeta)\cdot\Phi(\gamma)}{f\left(\frac{\pi}{2}-\gamma_s\right)\cdot\Phi\left(\frac{\pi}{2}\right)}$$

$$(6.1.12)$$

式中 $\gamma$——天空某点在地平面上的高度角，rad；

$\gamma_s$——太阳在地平面上的高度角，rad；

$f(\zeta)$——晴天郊区大气的相对漫射指标；

$\Phi(\gamma)$——大气透明度函数；

$\zeta$——天空某点与太阳之间的夹角，rad；

$L_{cl}$——天空某点晴天天空下的亮度，cd/m²；

$L_{zcl}$——晴天天空的天顶亮度，cd/m²。

**6.1.13 CIE 标准一般天空 CIE standard general sky**

它包括 CIE 标准全晴天空与 CIE 标准全阴天空，以及两者之间从晴天到全阴天的共 15 种类型的天空亮度分布。

**6.1.14 天顶亮度 zenith luminance**

用来表示 CIE 标准全阴天空、CIE 标准全晴天空及 CIE 标准一般天空等的天空亮度分布的参数。

**6.1.15 室外临界照度 exterior critical illuminance**

全部利用天然光进行照明时的室外最低照度。

**6.1.16 总云量 total cloud amount**

覆盖有云彩的天空部分所张的立体角总和与整个天空 2π 立体角之比。

## 6.2 采 光 方 式

**6.2.1 侧面采光 side daylighting**

利用侧窗(含低侧窗和高侧窗)采光的方式，亦称"侧窗采光"。

**6.2.2 顶部采光 top daylighting**

利用屋顶设置的天窗(含矩形天窗、锯齿形天窗、平天窗、横向天窗、三角形天窗、井式天窗或采光罩天窗等)的采光方式，亦称"天窗采光"。

**6.2.3 混合采光 mixed daylighting**

同时利用侧窗和天窗的采光方式。

**6.2.4 镜面反射采光 specular reflection daylighting**

利用平面或曲面镜作反射面，将阳光或天空光经一次或多次反射，再将光线传送到室内需要照明部位的采光方式。

**6.2.5 反射光束采光 reflective beam daylighting**

利用侧窗或天窗部位高反射比的反光板或反光百叶，将阳光或天空光的光束反射到建筑深处，或离窗远的部位的采光方式。

**6.2.6 导光管采光 hollow light guide daylighting**

利用导光管(含反射式和棱镜式导光管)将采光器采集的光线(一般指阳光光线)传送到建筑室内需要照明部位的采光方式。

**6.2.7 导光纤维采光 optical fiber daylighting**

利用导光纤维(含石英玻璃导光纤维和塑料导光纤维)将采光器采集的光线(一般指阳光光线)传送到建筑室内需要照明的部位的采光方式。

**6.2.8 定日镜采光器 heliostat daylighting device**

能跟踪太阳运动并采集阳光的采光设备。

**6.2.9 自动调光采光，智能采光 automatic dimming daylighting，intelligent daylighting**

在建筑室内的顶棚或墙面的适当位置安装光传感器，监控室内照度，根据室内照度变化自动调整天然采光量的采光方式。

## 6.3 采 光 计 算

**6.3.1 窗洞口 daylight opening**

建筑外墙或屋顶能使天然光进入室内，并不装玻璃窗的开口。

**6.3.2 采光系数 daylight factor**

在室内给定平面上的一点上，由直接或间接地接收来自假定和已知天空亮度分布的天空漫射光而产生的照度与同一时刻该天空半球在室外无遮挡水平面上产生的天空漫射光照度之比。

**6.3.3 采光系数的天空光分量 sky component of daylight factor**

在室内给定平面上的一点上，直接接受来自假定和已知天空亮度分布的天空漫射光照度与该天空半球在室外无遮挡水平面上产生的天空漫射光照度之比。

**6.3.4 采光系数的室外反射光分量 externally reflected component of daylight factor**

在室内给定平面上的一点上，在假定和已知天空亮度分布的直接和间接照射下，直接接受来自室外反射面反射光产生的照度与该天空半球在室外无遮挡水平面上产生的天空漫射光照度之比。

**6.3.5 采光系数的室内反射光分量** internally reflected component of daylight factor

在室内给定平面上的一点上，在假定和已知天空亮度分布的直接和间接照射下，直接接受来自室内反射面反射光产生的照度与该天空半球在室外无遮挡水平面上产生的天空漫射光照度之比。

**6.3.6 天空遮挡物** obstruction

在建筑物外的直接遮挡可看见部分天空的物体。

**6.3.7 窗地面积比** ratio of glazing to floor area

窗洞口面积与室内地面面积之比。

**6.3.8 采光均匀度** uniformity of daylighting

假定工作面上的采光系数的最低值与平均值之比。

**6.3.9 光气候系数** daylight climate coefficient

根据光气候特点，按年平均总照度值确定的分区系数。

**6.3.10 窗洞口采光系数** daylight factor of daylight opening

不考虑各种参数的影响，由采光计算图表直接查出的未安装窗时的窗洞口的采光系数。

**6.3.11 采光的总透射比** total transmittance of daylighting

考虑采光材料透光性能以及窗结构挡光、窗玻璃污染、室内构件挡光对采光综合影响的系数。用符号 $K_\tau$ 表示。按式(6.3.11)计算：

$$K_\tau = \tau \cdot \tau_c \cdot \tau_w \cdot \tau_j \qquad (6.3.11)$$

式中 $\tau$ ——采光材料的透射比；

$\tau_c$ ——窗结构的挡光折减系数；

$\tau_w$ ——窗玻璃的污染系数；

$\tau_j$ ——室内构件挡光折减系数。

**6.3.12 室内反射光增量系数** increment coefficient due to interior reflected light

采光计算时，考虑室内各表面的反射光使室内采光系数增加的系数。

**6.3.13 室外建筑挡光折减系数** light loss coefficient due to obstruction of exterior building

采光计算时，考虑室外对面建筑物遮挡影响使室内采光系数降低的系数。

**6.3.14 高跨比修正系数** correction coefficient of height-span ratio

顶部采光计算时，考虑由于天窗类型、窗高和跨宽的不同对室内采光系数影响的系数。

**6.3.15 晴天方向系数** orientation coefficient of clear day

采光系数计算时，考虑因晴天时不同纬度地区和不同朝向的窗使室内采光系数增加的系数。

**6.3.16 窗宽修正系数** correction coefficient of window width

侧面采光计算时，考虑不同窗宽对室内采光系数影响的系数。

## 6.4 建筑日照

**6.4.1 日照** sunshine

太阳光直接照射到物体表面的现象。

**6.4.2 太阳高度角** altitude

太阳光线与地平面的夹角。

**6.4.3 太阳方位角** azimuth

在地平面上观察，经过太阳位置及天顶的圈称为方位圈，它与地面正南的夹角。

**6.4.4 冬至日** winter solstice

赤纬为 $23°27'$ 的日子。冬至日一般为 12 月 22 日。

**6.4.5 大寒日** great cold

赤纬为 $20°00'$ 的日子。大寒日一般为 1 月 21 日。

**6.4.6 建筑日照** sunshine on building

太阳光直接照射到建筑地段、建筑物围护结构表面和房间内部的状况。

**6.4.7 日照时数** sunshine duration

在一定的时间段内(时、日、月、年)，投射到与太阳光线垂直平面上的直接日辐射量超过 $200W/m^2$ 的累计时间。

**6.4.8 可照时数** possible sunshine duration

在一定的时间段内，太阳光照射在某一特定地点的建筑物上的累计时间。

**6.4.9 相对日照时数，日照率** relative sunshine duration

在同一时间段内，日照时数与可照时数之比。

**6.4.10 日照间距** sunshine spacing

两平行建筑间的相对的两墙面之间，由前栋建筑物计算高度、太阳高度角和后栋建筑物墙面法线与太阳方位所夹的角确定的距离。

**6.4.11 最小日照间距** minimum sunshine spacing

为保证得到规定的日照时数，前后两栋建筑物间的最小间距。

**6.4.12 日照间距系数** coefficient of sunshine spacing

日照间距与前栋建筑物计算高度之比值。

# 7 材料的光学特性和照明测量

## 7.1 材料的光学特性

**7.1.1 反射** reflection

光线在不改变单色成分的频率时被表面或介质折回的过程。

**7.1.2 透射** transmission

光线在不改变单色成分的频率时穿过介质的

过程。

**7.1.3 折射 refraction**

光线通过非光学均匀介质时，由于光线的传播速度变化而引起传播方向变化的过程。

**7.1.4 漫射，散射 diffusion, scattering**

光线束在不改变其单色成分的频率时，被表面或介质分散在许多方向的空间分布过程。

**7.1.5 规则反射，镜面反射 regular reflection, specular reflection**

在无漫射的情形下，按照几何光学的定律进行的反射。

**7.1.6 规则透射，直接透射 regular transmission, direct transmission**

在无漫射的情形下，按照几何光学的定律进行的透射。

**7.1.7 漫反射 diffuse reflection**

在宏观尺度上不存在规则反射时，由反射造成的弥散过程。

**7.1.8 漫透射 diffuse transmission**

在宏观尺度上不存在规则透射时，由透射造成的弥散过程。

**7.1.9 混合反射 mixed reflection**

规则反射和漫反射兼有的反射。

**7.1.10 混合透射 mixed transmission**

规则透射和漫透射兼有的透射。

**7.1.11 各向同性漫反射 isotropic diffuse reflection**

被反射的光线在反射半球的各个方向上产生相同的光亮度的漫反射。

**7.1.12 各向同性漫透射 isotropic diffuse transmisson**

透过的光线在透射半球的各个方向上产生相同的光亮度的漫透射。

**7.1.13 漫射体 diffuser**

主要靠漫射现象改变光线的空间分布的器件。

**7.1.14 理想漫反射体 perfect reflecting diffuser**

反射比等于1的各向同性漫反射体。

**7.1.15 理想漫透射体 perfect transmitting diffuser**

透射比等于1的各向同性漫透射体。

**7.1.16 朗伯（余弦）定律 lambert's (cosine) law**

一个面元的光亮度在其表面上半球空间的所有方向相等时，则有

$$I_\theta = I_n \cos\theta \qquad (7.1.16)$$

式中 $I_\theta$——面元在 $\theta$ 角方向的发光强度；

$I_n$——面元在其法线方向的发光强度。

**7.1.17 朗伯面 Lambert surface**

光辐射空间分布符合朗伯定律的理想表面。

对于朗伯面有 $M = \pi L$，$M$ 是光出射度；$L$ 是光亮度。

**7.1.18 反射比 reflectance**

在入射光线的光谱组成、偏振状态和几何分布指定条件下，反射的光通量与入射光通量之比。符号为 $\rho$，单位为1。

**7.1.19 透射比 transmittance**

在入射辐射的光谱组成、偏振状态和几何分布指定条件下，透射的光通量与入射光通量之比。符号为 $\tau$，单位为1。

**7.1.20 规则反射比 regular reflectance**

（总）反射光通量中的规则反射成分与入射光通量之比，符号为 $\rho_r$，单位为1。

**7.1.21 规则透射比 regular transmittance**

（总）透射光通量中的规则透射成分与入射光通量之比，符号为 $\tau_r$，单位为1。

**7.1.22 漫反射比 diffuse reflectance**

（总）反射光通量中的漫反射成分与入射光通量之比，符号为 $\rho_d$，单位为1。$\rho_r$ 和 $\rho_d$ 之值取决于所用仪器和测量技术，且有 $\rho = \rho_r + \rho_d$。

**7.1.23 漫透射比 diffuse transmittance**

（总）透射光通量中的漫透射成分与入射光通量之比，符号为 $\tau_d$，单位为1。$\tau_r$ 和 $\tau_d$ 之值取决于所用仪器和测量技术，且有 $\tau = \tau_r + \tau_d$。

**7.1.24 逆反射 retroreflection**

反射光线沿靠近入射光的反方向返回的反射，当入射光的方向在较大范围内变化时，仍能保持这种性质。

**7.1.25 逆反射器 retroreflector**

显示逆反射的表面或器件。

**7.1.26 逆反射比 retroreflectance**

入射和反射条件限制在很狭窄的范围内，反射光通量和入射光通量之比。

**7.1.27 光泽 gloss**

表面的外观模式，由于表面的方向选择性，感觉到物体的反射亮光好像重叠在该表面上。

## 7.2 照明测量

**7.2.1 光度测量 photometry**

按约定的光谱光（视）效率函数 $V(\lambda)$ 和 $V'(\lambda)$ 评价光辐射量的测量技术。

**7.2.2 色度测量 colorimetry**

建立在一组协议上有关颜色的测量技术。

**7.2.3 照度计 illuminance meter**

测量（光）照度的仪器。

**7.2.4 亮度计 luminance meter**

测量（光）亮度的仪器。

**7.2.5 测光导轨，光度测量装置 photometric bench**

简称光轨，由直线导轨、测距标尺、滑车、光度计台、灯架和光阑等组成。主要用于按照距离平方反比法则测量发光强度和校准光度计的装置。

**7.2.6** 分布光度计，变角光度计 goniophotometer

测量光源、灯具、介质或表面的光的空间分布特性的光度计。

**7.2.7** 积分球 integrating sphere

作为辐射计、光度计或光谱光度计的部件使用的中空球，其内表面覆以在使用光谱区几乎没有光谱选择性的漫反射材料。

**7.2.8** 球形光度计 integrating (sphere) photometer

配有积分球的光度计，主要用于相对法（比较法）测量光源的总光通量。

**7.2.9** 反射计 reflectometer

有关反射量的测量仪器。

**7.2.10** 光泽度计 gloss meter

测量光泽表面的光度性质的仪器。

**7.2.11** 光谱光度计，分光光度计 spectrophotometer

在相同波长上，测量同一辐射量的两个值之比的仪器。

**7.2.12** 色度计 colorimeter

测量色刺激的三刺激值和色度坐标等色度量的仪器。

**7.2.13** 色卡 colour chip

表示颜色的标准样品卡。

**7.2.14** 色（谱）集 colour atlas

按照一定规则排列和识别的色样图集。

**7.2.15** 光电探测器 photoelectric detector

利用辐射与物质的相互作用，吸收光子并把光子从平衡状态释放出来产生电势、电流或其他电参数变化的探测器。

**7.2.16** 光电池 photocell

吸收光辐射而产生电动势的光电探测器件。

**7.2.17** 光谱失配修正因数，色修正 spectral mismatch correction factor，colour correction

当待测辐射体的相对光谱功率分布与标准辐射体的相对光谱功率分布不同时，用于与物理光度计的读数相乘的因数。

**7.2.18** 余弦修正 cosine correction

为校正光度计的探测器的角度响应特性不符合余弦特性，利用余弦修正器对光度计的探测器进行的修正。

# 附录 A 汉语拼音术语条目索引

## 附录B 英文术语条目索引

## 本标准用词说明

**1** 为便于在执行本标准条文时区别对待，对于要求严格程度不同的用词说明如下：

　**1）**表示很严格，非这样做不可的：

　　正面词采用"必须"；

　　反面词采用"严禁"。

　**2）**表示严格，在正常情况下均应这样做的：

　　正面词采用"应"；

　　反面词采用"不应"或"不得"。

　**3）**表示允许稍有选择，在条件许可时首先应这样做的：

　　正面词采用"宜"或"可"；

　　反面词采用"不宜"。

**2** 标准中指明应按其他有关标准执行时，写法为"应按……执行"或"应符合……的要求（或规定）"。

# 中华人民共和国行业标准

# 建筑照明术语标准

## JGJ/T 119—2008

## 条 文 说 明

# 前　言

根据建设部〔2005〕建标〔2005〕84 号文的要求，由中国建筑科学研究院主编，与中国航空工业规划设计研究院等单位共同修订的《建筑照明术语标准》JGJ/T 119 - 2008 经建设部 2008 年 11 月 13 日以第 144 号公告批准、发布。

为便于广大设计、施工、科研、学校等单位的有关人员在使用本标准时能正确理解和执行条文规定，《建筑照明术语标准》修订组按章、节、条顺序编制了本标准的条文说明，供使用者参考。在使用中如发现条文说明中有欠妥之处，请将意见函寄中国建筑科学研究院建筑物理研究所（北京市西城区车公庄大街 19 号；邮政编码：100044）。

# 目 次

# 1 总　　则

本术语标准适用于工业与民用建筑照明、道路照明、室外场地照明（如广场、码头、货场、运动场地等的照明），同时也适用于其他与照明有关的领域。

本标准包括建筑的人工照明（简称照明）和天然采光（简称采光）两个方面的内容，其中包括辐射和光、视觉和颜色、照明技术、电光源及其附件、灯具及其附件、建筑采光和日照、材料的光学特性和照明测量等方面的术语条目。

制订本标准的目的是将有关照明的术语加以合理统一，使之规范化，以利于照明技术的发展和国内外交流。

本标准参照采用了已有的相关国家标准，同时也积极采用了国际权威机构国际电工委员会（IEC）和国际照明委员会（CIE）所推荐的最新照明术语。

各术语的定义力求通俗易懂，对于含混和产生不同理解的条目以及有多种不同的定义的条目将在本条文说明中加以解释。

# 2 辐射和光、视觉和颜色

## 2.1 辐 射 和 光

### 2.1.1 电磁辐射
这一术语有两种含义，其定义如条文所述。

### 2.1.2 光学辐射
常简称光辐射。

### 2.1.3 可见辐射
可见辐射的光谱范围，设有一个明确的界限，因为它既与到达视网膜的辐射功率有关，也与观察者的响应度有关。在一般情况下，可见辐射的下限取在360nm到400nm之间，而上限在760nm到830nm之间。通常把它们分别限定在380nm和780nm之间。

### 2.1.5 紫外辐射
在某些应用场合，也可将条文中三种紫外辐射称为近紫外、远紫外和极紫外（真空紫外）辐射。100～200nm之间的紫外辐射在空气中易被吸收。

### 2.1.6 光
在光度学和色度学中，光被赋予两种含义。照明是通过光来实现的，在照明中所指的光为可见辐射，而可见辐射属光学辐射，而光学辐射属电磁辐射。

### 2.1.13 光谱光（视）效率
人眼在看同样功率的辐射时，在不同波长时，感觉到的亮度不同，人眼的这种特性称为光谱光（视）效率。

明视觉的光谱光（视）效率是CIE于1924年取得同意，然后通过内插与外推方法加以完善。最后，

由国际计量委员会（CIPM）于1976年加以推荐的值，由它确定了 $V(\lambda)$ 函数或曲线。

暗视觉的光谱光（视）效率是CIE于1951年采用青年观察者的光谱光（视）效率值，然后由CIPM于1976年认可，由它确定了 $V'(\lambda)$ 函数或曲线。

### 2.1.15 光通量
由于人眼睛对不同波长的光具有不同的灵敏度，我们不能直接用辐射功率和辐射通量来衡量光能量，因此必须采用以人眼睛对光的感觉量为基准的基本量——光通量来衡量。

### 2.1.17 发光强度
简称光强，它表征光通量的空间分布的特性。

### 2.1.18 （光）亮度
为区别于辐亮度，又称光亮度，在照明工程中常称为亮度。

### 2.1.19 （光）照度
为区别于辐照度，又称光照度，在照明工程中常称为照度。

## 2.2 视 觉

### 2.2.2 明视觉
主要是由视网膜的锥状细胞起作用的视觉。明视觉能够辨认很小的细节，并有颜色感觉。指背景亮度约 $2cd/m^2$ 以上的情况。

### 2.2.3 暗视觉
主要是由视网膜的柱状细胞起作用的视觉。暗视觉只有明暗感觉而无颜色感觉。指背景亮度在 $0.01$ $\sim 0.005cd/m^2$ 以下的情况。

### 2.2.4 中间视觉
由视网膜的锥状细胞和柱状细胞同时起作用的视觉。指背景亮度在 $0.01\sim 2cd/m^2$ 之间的情况。

### 2.2.9 视角
视角可近似地由下式求出：
$$\alpha = 3440d/l \quad （弧分）$$
式中　$\alpha$——视角，识别对象对人眼所形成的张角；
　　　$d$——识别对象的尺寸大小；
　　　$l$——识别对象对人眼的距离。

### 2.2.10 视觉敏锐度，视力
视力 $V$ 在数量上等于人眼刚能区分物体的最小视角 $\alpha_{min}$（以分为单位）的倒数。

当 $\alpha_{min}$ 为 $1'$ 时，则视力为 $1.0$；当 $\alpha_{min}$ 为 $2'$ 时，则视力为 $0.5$。

### 2.2.11 亮度对比
CIE定义为与感知的视亮度对比有关的量，在亮度阈附近时用 $\Delta L/L$ 表示，在更高亮度时，则用 $L_1/L_2$ 表示，而在我国的标准和书刊中常用本条所用的公式，这样可以表示出是正对比，还是负对比，因为对比正负不同，其视觉功效是不同的。

### 2.2.12 可见度

可见度在定量上等于物体的实际亮度对比与刚能识别物体的阈限亮度对比之比。

**2.2.14 视觉功效**

过去习惯常称"视觉功能",而本标准用"视觉功效"词名更符合定义。

**2.2.16 频闪效应**

气体放电灯点燃后,由于交流电的频率影响,使发射出的光线产生相应的频率效应。

**2.2.21 失能眩光**

我国现有的照明标准中均采用失能眩光这一术语,然而从定义上理解称失能,似乎眩光太严重了。因此,我国有人主张称"碍视眩光"或"减视眩光",日本称"减能眩光"。考虑到在我国此术语已沿用多年,故仍采用本条的称谓。

**2.2.24 视亮度**

人眼对物体明亮程度的主观感觉,它与亮度的物理量不相符,它受视觉感受性、适应亮度水平和过去经验的影响。

**2.2.25 统一眩光值**

来源于 CIE 第 117 号(1995)出版物《室内照明的不舒适眩光》。

**2.2.26 眩光值**

来源于 CIE 第 112 号(1994)出版物《室外体育场和区域照明的眩光评价系统》。

**2.2.27～2.2.30 显色性;显色指数;特殊显色指数;一般显色指数**

来源于 CIE 第 150 号(2003)出版物《限制室外照明设施产生的干扰光影响指南》。

## 2.3 颜 色

**2.3.1 颜色,色**

人眼的基本特性之一,不同波长的可见光引起人眼不同的颜色感觉,在明视觉条件下,感知色取决于色刺激的光谱分布、刺激面大小、形状、构成、周边、观测者的视觉适应状态以及观测者的观测经验等。它用三刺激值计算式所规定的色刺激值来表征。

**2.3.11 (感知的)有彩色**

在日常生活中所用的色的意思,是白、灰、黑的对立词。

**2.3.12 色调,色相**

在我国现有标准中均将 hue 译为"色调",实际上色调的英文名称为 tone,而 hue 应译为色相,严格讲色调和色相的含义是不同的。考虑到与现行国家标准《颜色术语》GB/T 5698 的名词相一致,故用本条的两种称谓。色调是彩色相互区分的特性,可见光谱中各个不同波长的辐射,在视觉上表现为各种色调,例如红、黄、绿、蓝等。

**2.3.13 饱和度**

指色彩的纯洁性,可见光谱中的各种单色光是最饱和的色彩,物体色的饱和度决定该物体表面反射光谱辐射的选择性。在给定的观察条件下,除非视亮度很高,色品一定的色刺激在产生明视觉的光亮度范围内呈现大体不变的饱和度。

**2.3.14 彩度**

在给定的观察条件下,除非视亮度很高,来自亮度因素确定的表面且色品确定的相关色刺激,在产生明视觉的光亮度范围内呈现大体不变的彩度;在同样环境和给定照度下,若亮度因素增加,彩度通常也增大。

**2.3.17 色品坐标**

**1** 因为三个色品坐标之和等于 1,所以只用其中两个色品坐标就足以定义色品,并在色品图上标定其位置。

**2** 在 CIE 标准色度系统中,色品坐标分别用符号 $x$、$y$、$z$ 和 $x_0$、$y_0$、$z_0$ 表示。前一组为 2°视场的,后一组为 10°视场的。

**2.3.18 色品**

色品或色度是用 CIE1931 标准色度系统所表示的颜色性质。利用 CIE1931 采纳的三个色匹配函数 $X(\lambda),Y(\lambda),Z(\lambda)$ 和参比色刺激 $[X]$、$[Y]$、$[Z]$ 确定任意光谱功率分布三刺激值的系统。三刺激值是在给定的三色系统中,所考虑刺激的色匹配所需要的三参比色刺激量。

**2.3.19 色品图**

在 CIE 标准色度系统中,通常把 $y$ 画成垂直坐标和把 $x$ 画成水平坐标来得到 $x,y$ 色品图。它是用平面坐标表示颜色位置的图。

**2.3.22 相关色温度**

计算色刺激相关色温度的方法是在色品图上确定出含刺激点约定的等温线与普朗克轨迹的相交点对应的温度。

**2.3.23 色表,色貌**

色表是与色刺激和材料质地有关的颜色的主观印象,它有冷色表、暖色表和介于前两种之间的中间色表之分。对于光源色用光源的色温来划分色表,对于物体色用色调或色相来划分色表。

**2.3.29 CIE 特殊显色指数**

特殊显色指数 $R_i$ 是指光源对 CIE 规定的 14 种中的某一选定的标准颜色样品的显色指数,其计算式如下:

$$R_i = 100 - 4.6\Delta E_i$$

$\Delta E_i$ 是在被测光源照射下和在参照标准光源照射下第 $i$ 个检验色样的色表。

**2.3.30 CIE 一般显色指数**

一般显色指数 $R_a$ 是指被测光源对 CIE 规定的 1～8号为一组的检验色样的特殊显色指数 $R_i$ 的平均值,其计算式如下:

$$R_a = 1/8 \sum_{i=1}^{8} R_i$$

CIE 规定参照标准光源的显色指数 $R_a$ 为 100。

# 3 照 明 技 术

## 3.1 一 般 术 语

### 3.1.1 照明

日常中，"照明"一词也含有"照明系统"或"照明装置"的意思。

### 3.1.4 绿色照明

绿色照明是指通过科学的照明设计，采用效率高、寿命长、安全和性能稳定的照明电器产品（电光源、灯用电器附件、灯具、配线器材，以及调光控制调和控光器件），改善提高人们工作、学习、生活的条件和质量，从而创造一个高效、舒适、安全、经济、有益的环境并充分体现现代文明的照明。

### 3.1.5 夜间景观

本条术语中的自然光指月光、星光和黄道光等；灯光指夜景照明用的各种人造光源。

### 3.1.7 （亮或暗）环境区域

来源于 CIE 第 150 号（2003）出版物《限制室外照明设施产生的干扰光影响指南》。根据环境亮度状况按规划或活动的内容，对限制干扰光的光污染提出相应要求的区域。区域划分为 E1 至 E4 共 4 个区域：

E1 区为天然暗环境区，如国家公园、自然保护区和天文观象台等；

E2 区为低亮度环境区，如乡村的工业区或居住区等；

E3 区为中等亮度环境区，如城郊工业区或居住区等；

E4 区为高亮度环境区，如城市中心区和商业区等。

## 3.2 照明评价指标

### 3.2.1 平均照度

指近似于表面上有代表性的多点照度的平均值。这些点的数量和位置应在有关应用指南和测量方法标准中规定。这一规定必须包含明确指明各点的何种平均照度，如水平的、垂直的、柱面的或是半柱面的照度。

### 3.2.2 平均亮度

指近似于表面上有代表性的多点亮度的平均值。这些点的数量和位置应在有关应用指南和测量方法标准中规定。

### 3.2.22 路面维持平均亮度（照度）

道路照明标准中，规定的是平均亮度、平均照度的维持值，以确保灯具和光源在维护前，平均亮度和平均照度值均能符合标准要求。

### 3.2.23 阈值增量

阈值增量是度量失能眩光的量，用它来评价道路照明的眩光控制程度。由于存在眩光源时，在视网膜上形成一种光幕，降低了视网膜上物象的对比使人眼的可见度阈提高。这个增加的量与视线垂直面上的照度以及各表面的平均亮度有关。

### 3.2.24 （道路照明）环境比

环境比是 CIE 新增加的道路照明评价指标，它影响到驾驶员的视觉适应，因而和安全驾驶紧密相关。

## 3.3 照明方式和种类

### 3.3.1 一般照明

不考虑局部特殊要求，为照亮整个场所而设置的均匀照明。

### 3.3.2 局部照明

局部照明是作为对一般照明的补充并单独控制的照明。房间中不能只装局部照明（宾馆客房除外）。

### 3.3.3 分区一般照明

对某一特定区域设计成不同照度是指较高的或较低的照度。

### 3.3.5 常设辅助人工照明

当单独利用天然光照明不充足和不适宜时，为补充天然光而日常固定使用的照明，这是一种天然采光和人工照明相结合的辅助照明系统，常设人工辅助照明通常设在进深较大的建筑物中。

### 3.3.7 应急照明

过去常称为事故照明，应急照明是在正常照明系统失效时，为保证人员疏散继续工作和人身安全而设置的照明，因此，应急照明又细分为疏散照明、备用照明和安全照明。

### 3.3.19 定向照明

光源主要从优选方向投射到工作面上和物体上的照明，在定向照明下，物体有清晰的轮廓和阴影。

### 3.3.20 漫射照明

投射到工作面和物体上的光，在任何方向均无明显差别的照明。在漫射光照明下，光线柔和，物体几乎无阴影。

### 3.3.21 泛光照明

为照亮某一场地或目标，使其视亮度明显高于周围环境的照明，主要用于建筑夜景照明和各种场馆照明。

### 3.3.22 重点照明

为突出特定的目标或引起对视野中某一部分注意而设置的照明，它加强光的表现效果，造成生动活泼的光气氛。

### 3.3.29 栏杆照明

栏杆照明是桥梁照明的一种方式，它有许多难于克服的缺点，一般不宜采用。

**3.3.30～3.3.33** 轮廓照明；内透光照明；剪影照明；动态照明

是几个常用的夜景照明方式。术语的英文名称和定义是参考 CIE 第 94 号（1993）出版物等确定的。

## 3.4 照明设计计算

**3.4.1** 光强分布，配光

严格讲只用光强分布这一术语即可，考虑到配光这一术语在我国已沿用多年，而且日本也称配光，故增加配光的称谓。配光曲线场统一按光通量为 1000lm 绘制。

**3.4.9** 参考平面

是假定的工作面，用在室内照明时，一般指距地面 0.75m 高的水平面；在天然采光情况下，一般指距地面 1m 高的水平面。

**3.4.10** 工作面

通常为在其上进行工作的实际工作面，其高度由实际情况而定，工作面也可以是水平的、倾斜的和垂直的。一般工作面指距地面 0.75m 或 1m 的水平面。

**3.4.13** 室空间比

美国照度计算用带腔法求取利用系数时采用室空间比，我国的灯具计算图表也均采用室空间比，它与室形指数相比较，为十个简单连续整数，利用插入法计算简便，不易同利用系数混淆，可用来校核利用系数。

**3.4.15** 维护系数

过去有的称减光系数，在现有的国家标准中均采用本条的称谓，它是小于 1 的系数。

**3.4.16** 点光源

通常当光源的尺寸 $d$ 与它至被照面的距离 $l$ 相比较小于 1/5（即 $5d < l$）时，可视为点光源。

**3.4.17** 线光源

若光源到被照面的距离为 $l$，灯具的长度为 $a$，宽度为 $b$，当 $5a > l$，且 $5b \leqslant l$ 时，可视为线光源。

**3.4.18** 面光源

若光源到被照面的距离为 $l$，灯具的长度为 $a$，宽度为 $b$，当 $5a > l$，且 $5b > l$ 时，可视为面光源。

**3.4.29～3.4.31** 仰角；悬挑长度；灯臂长度

灯具仰角、悬挑长度和灯臂长度等一起是道路照明中设计计算的几何参数，它们影响到照明的数量和质量。

**3.4.32** 路面的有效宽度

路面的有效宽度，是在道路照明设计中为了确保路面的亮度、照度达到一定的均匀度而确定灯具安装高度时要用到的一个参数。

当灯具采用单侧布置方式时，道路有效宽度为实际路宽减去 1 个悬挑长度；当灯具采用双侧（包括交错和相对）布置方式时，道路有效宽度为实际路宽减去 2 个悬挑长度；当灯具在双幅路中间分车带上采用中心对称布置方式时，道路有效宽度就是道路实际宽度。

**3.4.33～3.4.35**

亮度系数、简化亮度系数、平均亮度系数为描述路面反光性能的参数，道路照明亮度及其均匀度计算时需用这些系数。

# 4 电光源及其附件

## 4.1 电 光 源

**4.1.1** 电光源

是电能转换成光辐射能器件的总称，包括固体发光光源和气体放电光源两大类，而固体发光光源又包括热辐射光源（白炽灯、卤钨灯）和电致发光光源（如发光二极管）。

**4.1.2** 白炽灯

将发光元件（通常为钨丝）通电流加热而发光的灯。按灯泡内是否充惰性气体可分为真空灯和充气灯；按玻壳材料不同，有透明灯泡，也有磨砂灯泡、乳白灯泡、涂白灯泡等；按光束分散为反射型灯泡、封闭型光束灯泡、聚光灯泡等；玻壳制成不同颜色的，有装饰灯泡。各种白炽灯分别见 4.1.4 条至 4.1.14 条。

**4.1.3** 钨丝灯

灯丝所耗电能，只有一小部分转换为可见光，故其发光效能很低。

**4.1.4** 真空灯

一般为 15W 和 25W 的灯泡，其优点是没有气体造成的热损耗；但是钨丝蒸发，使泡壳内壁有沉积发黑的缺点。

**4.1.5** 充气灯

充气能降低钨蒸发，但在泡壳内引起热对流，增加热损耗。

**4.1.11** 封闭型光束灯泡

灯丝位于泡壳内抛物面的焦点上，将光束集中投射，主要用作投光灯和泛光灯。

**4.1.15** 卤钨灯

充入卤族元素，并保持某个温度和采取一定的设计条件后，可形成卤钨循环。其光效和寿命都比钨丝灯有一定提高，外形尺寸也大为缩小。碘钨灯、溴钨灯均属于此类。

**4.1.16** 低压卤钨灯

通常用 12V 电压供电的小型卤钨灯。

**4.1.17** 放电灯

气体放电灯包括辉光放电灯（有氖灯、霓虹灯）和弧光放电灯两类；用于建筑照明的主要是弧光放电灯，又包括高强度气体放电灯和低压气体放电灯。由于所充气体的不同，所发出的辐射谱线范围也不同。

**4.1.22 高压钠（蒸气）灯**

这种灯色温约为 2100K，显色指数约为 23～25，光效可达 70～130lm/W，是道路照明的主要光源，也可用于显色要求不高的工业场所。

另外，为了改善显色性能，研制了中显色高压钠灯（显色指数为 60）和高显色高压钠灯（显色指数达 80 以上），但其光效有不同程度下降。

**4.1.23 低压钠（蒸气）灯**

属低压气体放电灯的一种，是高光效、低色温、低显色性的光源。其辐射近乎单色，集中在 580.0nm 和 589.6nm 的黄色谱线，可用于不需分辨颜色的场合。

**4.1.24 金属卤化物灯**

充金属卤化物用来提高灯的光效和显色性，发光的颜色由添加的金属元素决定。

**4.1.25 氙灯**

氙灯发射连续光谱，其光色接近太阳光，其光效不很高，约 20～50lm/W，其控制装置大而重，成本高，故使用较少。

**4.1.26 霓虹灯**

也可以是由汞蒸气放电产生紫外辐射激发荧光粉涂层的细长状低气压放电霓虹灯。可以制成各种形状，充入不同惰性气体，发出各种彩色光，用于广告、标识和装饰照明。

**4.1.27 荧光灯**

荧光灯包含多种形式和品种。从启动方式可分为预热启动式、快速启动式、瞬时启动式；按使用的荧光粉可分为普通卤粉荧光灯和三基色荧光灯；按灯管形状可分为直管形、环形、紧凑型等。

各种荧光灯分别见 4.1.28 条至 4.1.36 条。荧光灯的结构适宜于大批量生产，因而价格较低廉，加之光效高，显色性好（三基色荧光灯），具有多种光色，从而是使用最广泛的光源。

**4.1.33 三基色荧光灯**

这种灯光色好，寿命更长，显色性大大提高，其显色指数大于 80 以上，最高的可达 96。

**4.1.39 无极感应灯**

这种灯由于取消了电极，故寿命很长是其主要优点。

**4.1.40 弧光灯**

弧光灯具有强烈的辐射能，通常作强光源使用，如探照灯、电影放映灯等。

**4.1.44 紫外灯**

这种灯辐射的波长很重要，如用于杀菌的其最小波长为 260nm；用于一般保健的约为 297nm；不同用途的灯管要求有不同功率和不同尺寸。

**4.1.46 发光二极管（LED）**

是一种具有多种彩色和白色的新型光源。当前主要用于交通信号灯、建筑标志灯、汽车标志灯、建构

筑物夜景照明等。根据所用半导体材料的不同，发出的光的颜色不同，其效率也不同。

## 4.2 附 件

**4.2.1 灯头**

灯头有多种形式，以适应不同种类和不同功率光源的需要，从结构上分有螺口式、卡口式、插脚式等，并且有不同的尺寸。

**4.2.9 镇流器**

镇流器可以是电感式、电容式、电阻式或它们的组合方式，也可以是电子式的。照明工程中较普遍应用的是电感镇流器，又包括普通电感镇流器和节能电感镇流器，后者的自身功耗低于一定数值。

**4.2.10 电子镇流器**

由电子器件和稳定性元件组成，将工频（50～60Hz）变换成高频（通常为 20～100kHz）电流（有时也变换成低频电流）供给放电灯的镇流器。它同时兼有启动器和补偿电容器的作用。

## 4.3 光源特性参数

**4.3.4 （灯的）线路功率**

有的称（灯的）输入功率和（灯的）线路输入功率，指灯的额定功率加镇流器消耗功率之和，即电源端输入功率值。

# 5 灯具及其附件

## 5.1 灯 具

**5.1.1 灯具**

本条按 CIE 的术语给出了灯具的定义，而与美国的定义差别在于不包括光源。美国的定义包括光源，有时还包括镇流器和光电池。

**5.1.2～5.1.7 对称配光型（非对称）灯具；直接型灯具；半直接型灯具；漫射型灯具；半间接型灯具；间接型灯具。**

将室内照明灯具按照它们的光分布进行分类。这种分类是根据灯具上、下半球光通量比来确定的。这种分类对正确选择灯具大有好处。

**5.1.8～5.1.10 广照型灯具；中照型灯具；深照型灯具**

这种分类与灯具外形和灯具光分布有关。

**5.1.12 防护型灯具**

表示防护等级的代号通常由特征字母 IP 和两个特征数字组成。即 IP××。

特征字母 I 的数字是防止人体触及或接近外壳内部的带电部分，防止固体异物进入灯具外壳内部的保护等级，它分为 7 个等级，每级有规定的含义。本标准中仅列入防尘灯具（其 I 为 5）和尘密型灯具（其 I

为 6）的词条。还有无防护（Ⅰ为 0）到防大于 1mm 的固体异物（Ⅰ为 4）。

特征字母 P 的数字是指防止水进入外壳内部造成的有害程度的防护等级，它分为 9 个等级，每级有规定的含义，本标准中仅列入水密型防浸水灯具（其 P 为 7）和水下防潜水灯具（其 P 为 8）的词条。此外，还有无防护（P 为 0）、防滴水（P 为 1）、15°防滴（P 为 2）、防淋水（P 为 3）、防溅水（P 为 4）、防喷水（P 为 5）、防猛烈海浪（P 为 6）、防浸水影响（P 为 7）、防潜水影响（P 为 8）等灯具。

**5.1.18　防爆灯具**

在本标准中仅列入常用的隔爆型灯具和增安型灯具的词条。

**5.1.21　可调式灯具**

通过铰链、升降装置、套筒或类似装置可使灯具主要部件回转或移动的灯具。可调式灯具可以是固定式的，也可以是可移动式的。

**5.1.22　可移式灯具**

备有不可拆卸的软缆或软线和供电电源的插头，安装在墙上的灯具，以及用蝶形螺丝、钢夹、钓钩等将灯具固定，而使得可以很方便地用手搬离支撑物的灯具，均称作可移式灯具。

**5.1.32～5.1.35　投光灯；探照灯；泛光灯；聚光灯，射灯**

投光灯是泛光灯、探照灯和聚光灯的总称。光束角大于 10°的投光灯称泛光灯；光束角小于 10°的包括探照灯和聚光灯。这两种灯主要区别在于出光口的大小。

**5.1.40～5.1.43　道路照明灯具；截光型灯具；半截光型灯具；非截光型灯具**

1965 年 CIE 将道路照明灯具按光强分布分成截光、半截光、非截光三类。有利于道路照明按照眩光限制的不同要求选择不同的灯具。

**5.1.44　Ⅰ类灯具**

来源于《灯具一般安全要求与试验》IEC 60598-1：2003。IEC 对该类灯具尚有 3 点附加说明：

**1**　对于使用软缆或软线的灯具，这种预防措施包括保护导体，是软缆或软线的一部分。

**2**　Ⅰ类灯具可以有双重绝缘或加强绝缘的部件。

**3**　Ⅰ类灯具可能含有依靠在安全特低电压（SELV）进行防触电保护的部件。

**5.1.45　Ⅱ类灯具**

来源于《灯具一般安全要求与试验》IEC 60598-1：2003。IEC 对该类灯具尚有 5 点附加说明：

**1**　这样的灯具可以具有下列基本形式之一：

　　1）具有耐用和坚固的完整绝缘材料外壳的灯具，该外壳包住除诸如铭牌、螺钉和铆钉之类小的部件以外的所有金属部件，这些小的部件用至少相当于加强绝缘的绝缘材料与带电部件隔离。这样的灯具称为绝缘外壳式Ⅱ类灯具。

　　2）有坚固的全金属外壳的灯具，除了那些使用双重绝缘明显不行的部件采用加强绝缘外，其内部全部采用双重绝缘。这样的灯具称为金属外壳式Ⅱ类灯具。

　　3）上述 1）和 2）的组合形成的灯具。

**2**　绝缘外壳式Ⅱ类灯具的外壳可以成为附加绝缘或加强绝缘的一部分或全部。

**3**　如接地是为了帮助启动，而不接到易触及金属部件，该灯具仍然被认为是Ⅱ类灯具。灯头、外壳和光源的启动并不被看作易触及金属部件，但经试验确定为带电部件的除外。

**4**　如果一个全部是双重绝缘或加强绝缘的灯具有接地接线端子或接地触点，该灯具为Ⅰ类结构。然而，一个Ⅱ类固定式灯具打算环路安装的话，为使接地导体的电气连续性不在该灯具内终止，在灯具内可以有一个内部接线端子，该灯具提供Ⅱ类绝缘使这个内部接线端子与容易触及的金属部件隔离。

**5**　Ⅱ类灯具内可以有依靠在安全特低电压（SELV）下工作来达到防触电保护的部件。

**5.1.46　Ⅲ类灯具**

来源于《灯具一般安全要求与试验》IEC 60598-1：2003。IEC 对于该类灯具不应提供保护接地措施。

**5.1.48　墙面布光灯，洗墙灯**

注意洗墙灯和掠射灯的区别。洗墙灯因为距墙面较远，光线可均匀分布在墙面上，墙面在视觉上浑为一体。而掠射灯距墙面较近，光线射到墙面上能凸现墙面的纹理。

**5.1.49　矮柱灯**

这种灯的英文为叫 bollard，在室外照明中应用很多，室内照明也有使用，国内至今无明确的译名。把它称为草坪灯肯定是不妥的，而本标准的称谓符合实际。

**5.1.50　埋地灯**

广泛用于室外景观照明，有时也兼作功能照明。应根据不同场所对照明的不同要求，分别选择带或不带防眩光板或格栅、不同光束角、不同防护（IP）等级以及不同的耐压性能的埋地灯。

## 5.2　附　　件

**5.2.3　遮光格栅**

遮光格栅包括在灯具底部的长和宽两个方向有格片，也可能只在一个方向有格片。

## 5.3　灯具特性参数

**5.3.2　截光角**

即灯丝（或发光体）最边缘的一点和灯具出光口的连线与灯丝（或发光体）中心的垂线之间的夹角。

## 5.3.3 遮光角

过去常称保护角，因词名与定义不太符合，故现均改用遮光角这一词名。它是截光角的余角。

# 6 建筑采光和日照

## 6.1 光 气 候

### 6.1.1 光气候

泛指室外光线变化的规律。影响室外光线的因素有：太阳高度角、云状、云量、日照率、大气透明度、地球位置和季节等。它是随时间、地点、气候条件变化的，需长时间观测积累而成的。

### 6.1.13 CIE 标准一般天空

CIE 自 1955 年提出 CIE 标准全阴天空亮度分布的数字模型后，1973 年又提出了 CIE 标准全晴天空的亮度分布数字模型，国际标准化组织和国际照明委员会于 1997 年将以上二种天空亮度分布的数学模型集中在一起提出了《全阴天空和全晴天空的天然光亮度的空间分布》。

由于世界各地的绝大部分实际天空亮度分布，既不属于全阴天空，也不属于全晴天空。为了便于确定天然采光计算所需的实际天空状况，人们先后提出了中间天空和平均天空等各种不同的天空亮度分布的数字模型。1994 年公布了 CIE 第 110 号（1994）出版物《CIE 的各种参考天空的天然光亮度的空间分布》。

随后 CIE 和国际标准化组织 ISO 联合将各种不同天空的亮度分布的数学模型进行了系统的整理，最后归纳为 15 种不同的一般天空，见表 1，并形成 ISO 第 15469 号、CIE S 011 号出版物《一般天空的天然采光亮度的空间分布》ISO 15469：2004/CIE S 011：2003。本条术语就是根据 ISO/CIE 的这一标准文件编写的。

若任意天空要素的天顶角为 $Z$（rad），方位角为 $\alpha$（rad），亮度为 $L_\alpha$（cd/m²），太阳的天顶角为 $Z_s$（rad），方位角为 $d_s$（rad），则 15 种天空亮度分布表示如式（1）所示：

$$\frac{L_\alpha}{L_z} = \frac{f(\chi) \cdot \varphi(Z)}{f(Z_s) \cdot \varphi(0)} \tag{1}$$

$\varphi(Z)$ 被称为亮度渐变函数，表示公式如式（2）所示：

$$\varphi(Z) = 1 + a \cdot \exp\left(\frac{b}{\cos Z}\right) \tag{2}$$

式中，系数 $a$ 与 $b$ 根据不同天空分类取值。天顶处的数值为：

$$\varphi\left(\frac{\pi}{2}\right) = 1 \tag{3}$$

$f(\chi)$ 为相对散射指数，按下式计算

$$f(\chi) = 1 + c\left[\exp(d\chi) - \exp\left(d\frac{\pi}{2}\right)\right] + e \cdot \cos^2 \chi \tag{4}$$

式中，系数 $c$，$d$，$e$ 的取值与系数 $a$，$b$ 一样。天顶处的数值为：

$$f(Z_s) = 1 + c\left[\exp(dZ_s) - \exp\left(d\frac{\pi}{2}\right)\right] + e \cdot \cos^2 Z_s \tag{5}$$

**表 1　CIE 标准一般天空的参数**

| 分类 | 系数 $a$ | 系数 $b$ | 系数 $c$ | 系数 $d$ | 系数 $e$ | 天空亮度分布 |
|---|---|---|---|---|---|---|
| 1 | 4.0 | −0.70 | 0 | −1.0 | 0 | 全阴天空（近似值），朝向天顶亮度发生急剧渐变，但各方位相同 |
| 2 | 4.0 | −0.70 | 2 | −1.5 | 0.15 | 全阴天空的亮度发生急剧的渐变，朝向太阳的一侧稍亮 |
| 3 | 1.1 | −0.8 | 0 | −1.0 | 0 | 全阴天空的亮度发生平缓的渐变，但各方位相同 |
| 4 | 1.1 | −0.8 | 2 | −1.5 | 0.15 | 全阴天空的亮度发生平缓的渐变，朝向太阳的一侧稍亮 |
| 5 | −1.0 | −1.0 | 0 | −1.0 | 0 | 均匀天空 |
| 6 | −1.0 | −1.0 | 2 | −1.5 | 0.15 | 部分存在云的天空，朝向天顶无渐变 |
| 7 | 0 | −1.0 | 5 | −2.5 | 0.30 | 部分存在云的天空，太阳的周边较亮 |
| 8 | 0 | −1.0 | 10 | −3.0 | 0.45 | 部分存在云的天空，朝向天顶无渐变，但有明显的光环 |
| 9 | −1.0 | −0.55 | 2 | −1.5 | 0.15 | 部分存在云的天空，看不见太阳 |
| 10 | −1.0 | −0.55 | 5 | −2.5 | 0.30 | 部分存在云的天空，太阳的周边亮 |
| 11 | −1.0 | −0.55 | 10 | −3.0 | 0.45 | 白色晴空，有明显的光环 |
| 12 | −1.0 | −0.32 | 10 | −3.0 | 0.45 | 全晴天空，清澄大气 |
| 13 | −1.0 | −0.32 | 16 | −3.0 | 0.30 | 全晴天空，浑浊大气 |
| 14 | −1.0 | −0.15 | 16 | −3.0 | 0.30 | 无云浑浊天空，大范围光环 |
| 15 | −1.0 | −0.15 | 24 | −2.8 | 0.15 | 白色混浊晴天空，大范围光环 |

注：引自 ISO 第 15469 号、CIE S 011 号出版物《一般天空的天然采光亮度的空间分布》

### 6.1.14 天顶亮度

CIE 标准全阴天空、CIE 标准全晴天空和 CIE 标准一般天空的天空亮度分布都是用天顶亮度的相对值表示的。如果想知道天空亮度的实际值，就必须先求出天顶亮度。为了便于采光设计时，计算天空的实际亮度，增加了这一术语。本术语中的式（6）来源于 1986 年国际天然光会议论文集的 61～66 页。式（7）来源 1990 年日本建筑学会研究报告第 169～172 页。

式（8）来源于 ISO 第 15469 号、CIE S 011 号出版物《一般天空的天然采光亮度的空间分布》。

天顶亮度的绝对数值为：

全阴天空天顶亮度 $L_{zo}$（kcd/m²），可按式（6）计算。

$$L_{zo} = 15.0 \cdot \sin^{1.68}\gamma_s + 0.07 \qquad (6)$$

一般天空天顶亮度 $L_{zi}$（kcd/m²），可按式（7）计算。

$$L_{zi} = 9.90 \cdot \sin^{1.68}\gamma_s + 3.01 \cdot \tan^{1.18}(0.84b \cdot \gamma_s) + 0.112 \qquad (7)$$

晴天天空天顶亮度 $L_{zc}$（kcd/m²），可按式（8）计算。

$$L_{zc} = 6.4 \cdot \tan^{1.18}(0.84b \cdot \gamma_s) + 0.14 \qquad (8)$$

式中，$\gamma_s$ 为太阳高度角。

### 6.1.15 室外临界照度

采光系数和室内天然光照度值是通过室外临界照度来联系的。室外临界照度是室内天然光照度等于各级视觉工作的室内天然光照度时的室外照度值，即室内需要开或关灯时的室外照度值。它指一个地区可以利用天然光时间内，室外水平面在无遮挡情况下，受无云全阴天空漫射光照射下的室外最低照度值。室外临界照度决定各地区的光气候。我国分为 5 个光气候区，它们的临界照度分别为：4000lx、4500lx、5000lx、5500lx、6000lx，其天然光的利用时数平均每天达 10 小时。

## 6.2 采 光 方 式

考虑到近年来各种新型采光方式的出现，新增了采光方式一节。本节术语的来源是国际照明委员会（CIE）第 17.4 号（1987）出版物《国际照明词典》。

## 6.3 采 光 计 算

### 6.3.2 采光系数

采光系数的英文原义应译为采光因数，鉴于采光系数这一术语在我国已使用几十年，故仍保留采光系数的称谓。

### 6.3.6 天空遮挡物

这里主要指建筑物、构筑物以及树木等挡住光线从窗户进入室内的物体。

### 6.3.9 光气候系数

根据我国 5 个光气候区的年平均总照度值确定的系数值。用于确定该地区的采光系数标准值。规定Ⅲ类地区（如北京地区）为 1，Ⅰ类地区（如西藏地区）、Ⅱ类地区（如新疆地区）的系数小于 1，而Ⅳ类地区（如华中、华南地区）、Ⅴ类地区（如成都、重庆等西南地区）的系数大于 1。在采光计算时，各类地区的采光系数标准值应乘以相应的光气候系数。

## 6.4 建 筑 日 照

### 6.4.4、6.4.5 冬至日；大寒日

冬至日和大寒日为新增术语，原因是根据现行国家标准《城市居住区规划设计规范》GB 50180 的规定，将过去全国各地一律以冬至日为日照标准日，改为采用冬至日和大寒日两级标准日。

### 6.4.7 日照时数

指在一定的时间段内，太阳光不被其他建筑物、山丘、树木等遮挡直接照在被照建筑物上的累计时间，其中原标准的直接日辐射量为 120W/m²，按现行国家标准《电工术语 照明》GB/T 2900.65 - 2004 的定义，改为 200W/m²。

# 7 材料的光学特性和照明测量

## 7.1 材料的光学特性

### 7.1.1 反射

落在媒质上的一部分辐射在介质的表面上被反射，称此反射为表面反射；另一部分辐射可能被介质的内部散射回去，称此反射为体反射。只有当折回辐射的材料不存在多普勒效应时，才不改变辐射的频率。

### 7.1.4 漫射，散射

漫射分为选择性漫射和非选择性漫射，它有无漫射性质的变化取决于入射辐射的波长。

### 7.1.18 反射比

反射比为规则反射比和漫反射比之和。

### 7.1.19 透射比

透射比为规则透射比和漫透射比之和。

## 7.2 照 明 测 量

### 7.2.6 分布光度计，变角光度计

过去习惯上常称分布光度计，也称配光曲线仪，只用于测定光源和灯具的光的方向分布特性，而变角光度计除用于测光源和灯具的光的方向分布特性外，还用于测介质和表面的光的方向分布特性。

### 7.2.16 光电池

在两个半导体间的 $P$-$N$ 结附近，或在半导体与金属触点附近吸收辐射而产生电动势的光电探测器。

中华人民共和国国家标准

# 建筑照明设计标准

Standard for lighting design of buildings

GB 50034—2004

主编部门：中华人民共和国建设部
批准部门：中华人民共和国建设部
施行日期：2004年12月1日

# 中华人民共和国建设部
# 公　告

## 第 247 号

---

### 建设部关于发布国家标准
### 《建筑照明设计标准》的公告

现批准《建筑照明设计标准》为国家标准，编号为 GB 50034—2004，自 2004 年 12 月 1 日起实施。其中，第 6.1.2、6.1.3、6.1.4、6.1.5、6.1.6、6.1.7 条为强制性条文，必须严格执行。原《工业企业照明设计标准》（GB 50034—92）和《民用照明设计标准》（GBJ 133—90）同时废止。

本标准由建设部标准定额研究所组织中国建筑工业出版社出版发行。

中华人民共和国建设部

2004 年 6 月 18 日

## 前　言

本标准系在原国家标准《民用建筑照明设计标准》GBJ 133—90 和《工业企业照明设计标准》GB 50034—92 的基础上，总结了居住、公共和工业建筑照明经验，通过普查和重点实测调查，并参考了国内外建筑照明标准和照明节能标准经修订、合并而成。其中照明节能部分是由国家发展和改革委员会环境和资源综合利用司组织主编单位完成的。

本标准由总则、术语、一般规定、照明数量和质量、照明标准值、照明节能、照明配电及控制、照明管理与监督共八章和二个附录组成。主要规定了居住、公共和工业建筑的照明标准值、照明质量和照明功率密度。

本标准将来可能需要局部修订，有关局部修订的信息和条文内容将刊登在《工程建设标准化》杂志上。

本标准以黑体字标志的强制性条文，必须严格执行。

本标准由建设部负责管理和对强制性条文的解释，中国建筑科学研究院负责具体技术内容的解释。本标准在执行过程中，如发现需修改和补充之处，请将意见和有关资料寄送中国建筑科学研究院建筑物理研究所（北京市车公庄大街 19 号，邮编：100044）。

本标准主编单位、参编单位和主要起草人名单。

主编单位：中国建筑科学研究院

参编单位：中国航空工业规划设计研究院
　　　　　北京建筑工程学院
　　　　　北京市建筑设计研究院
　　　　　华东建筑设计研究院有限公司
　　　　　中国建筑东北设计研究院
　　　　　中国建筑西北设计研究院
　　　　　中国建筑西南设计研究院
　　　　　广州市设计院
　　　　　中国电子工程设计院
　　　　　佛山电器照明股份有限公司
　　　　　浙江阳光集团股份有限公司
　　　　　华星光电实业有限公司
　　　　　广州市九佛电器实业有限公司
　　　　　飞利浦（中国）投资有限公司
　　　　　通用（中国）电气照明有限公司
　　　　　索恩照明（广州）有限公司

主要起草人：赵建平　张绍纲　李景色　任元会
　　　　　　李德富　汪　猛　李国宾　王金元
　　　　　　杨德才　钟景华　徐建兵　周名嘉
　　　　　　张建平　刘　虹　姚　萌　钟信财
　　　　　　杭　军　柴国生　钟学周　姚梦明
　　　　　　顾　峰　宁　华

# 目 次

# 1 总 则

**1.0.1** 为了在建筑照明设计中，贯彻国家的法律、法规和技术经济政策，符合建筑功能，有利于生产、工作、学习、生活和身心健康，做到技术先进、经济合理、使用安全、维护管理方便，实施绿色照明，制订本标准。

**1.0.2** 本标准适用于新建、改建和扩建的居住、公共和工业建筑的照明设计。

**1.0.3** 建筑照明设计除应遵守本标准外，尚应符合国家现行有关强制性标准和规范的规定。

# 2 术 语

**2.0.1** 绿色照明 green lights

绿色照明是节约能源、保护环境，有益于提高人们生产、工作、学习效率和生活质量，保护身心健康的照明。

**2.0.2** 视觉作业 visual task

在工作和活动中，对呈现在背景前的细部和目标的观察过程。

**2.0.3** 光通量 luminous flux

根据辐射对标准光度观察者的作用导出的光度量。对于明视觉有：

$$\Phi = K_{\mathrm{m}} \int_0^\infty \frac{\mathrm{d}\Phi_{\mathrm{e}}(\lambda)}{\mathrm{d}\lambda} \cdot V(\lambda) \cdot \mathrm{d}\lambda \qquad (2.0.3)$$

式中　$\mathrm{d}\Phi_{\mathrm{e}}(\lambda)/\mathrm{d}\lambda$——辐射通量的光谱分布；

　　　　$V(\lambda)$——光谱光（视）效率；

　　　　$K_{\mathrm{m}}$——辐射的光谱（视）效能的最大值，单位为流明每瓦特（lm/W）。在单色辐射时，明视觉条件下的 $K_{\mathrm{m}}$ 值为 683lm/W（$\lambda_{\mathrm{m}} = 555$nm 时）。

该量的符号为 $\Phi$，单位为流明（lm），1lm = 1cd·1sr。

**2.0.4** 发光强度 luminous intensity

发光体在给定方向上的发光强度是该发光体在该方向的立体角元 $\mathrm{d}\Omega$ 内传输的光通量 $\mathrm{d}\Phi$ 除以该立体角元所得之商，即单位立体角的光通量，其公式为：

$$I = \frac{\mathrm{d}\Phi}{\mathrm{d}\Omega} \qquad (2.0.4)$$

该量的符号为 $I$，单位为坎德拉（cd），1cd = 1lm/sr。

**2.0.5** 亮度 luminance

由公式 $\mathrm{d}\Phi/(\mathrm{d}A \cdot \cos\theta \cdot \mathrm{d}\Omega)$ 定义的量，即单位投影面积上的发光强度，其公式为：

$$L = \mathrm{d}\Phi/(\mathrm{d}A \cdot \cos\theta \cdot \mathrm{d}\Omega) \qquad (2.0.5)$$

式中　$\mathrm{d}\Phi$——由给定点的束元传输的并包含给定方向的立体角 $\mathrm{d}\Omega$ 内传播的光通量；

　　　　$\mathrm{d}A$——包括给定点的束流截面积；

　　　　$\theta$——射束截面法线与射束方向间的夹角。

该量的符号为 $L$，单位为坎德拉每平方米（cd/m²）。

**2.0.6** 照度 illuminance

表面上一点的照度是入射在包含该点的面元上的光通量 $\mathrm{d}\Phi$ 除以该面元面积 $\mathrm{d}A$ 所得之商，即

$$E = \frac{\mathrm{d}\Phi}{\mathrm{d}A} \qquad (2.0.6)$$

该量的符号为 $E$，单位为勒克斯（lx），1lx = 1lm/m²。

**2.0.7** 维持平均照度 maintained average illuminance

规定表面上的平均照度不得低于此数值。它是在照明装置必须进行维护的时刻，在规定表面上的平均照度。

**2.0.8** 参考平面 reference surface

测量或规定照度的平面。

**2.0.9** 作业面 working plane

在其表面上进行工作的平面。

**2.0.10** 亮度对比 luminance contrast

视野中识别对象和背景的亮度差与背景亮度之比，即

$$C = \frac{\Delta L}{L_{\mathrm{b}}} \qquad (2.0.10)$$

式中　$C$——亮度对比；

　　　　$\Delta L$——识别对象亮度与背景亮度之差；

　　　　$L_{\mathrm{b}}$——背景亮度。

**2.0.11** 识别对象 recognized objective

识别的物体和细节（如需识别的点、线、伤痕、污点等）。

**2.0.12** 维护系数 maintenance factor

照明装置在使用一定周期后，在规定表面上的平均照度或平均亮度与该装置在相同条件下新装时在同一表面上所得到的平均照度或平均亮度之比。

**2.0.13** 一般照明 general lighting

为照亮整个场所而设置的均匀照明。

**2.0.14** 分区一般照明 localized lighting

对某一特定区域，如进行工作的地点，设计成不同的照度来照亮该区域的一般照明。

**2.0.15** 局部照明 local lighting

特定视觉工作用的、为照亮某个局部而设置的照明。

**2.0.16** 混合照明 mixed lighting

由一般照明与局部照明组成的照明。

**2.0.17** 正常照明 normal lighting

在正常情况下使用的室内外照明。

**2.0.18** 应急照明 emergency lighting

因正常照明的电源失效而启用的照明。应急照明

包括疏散照明、安全照明、备用照明。

**2.0.19　疏散照明　escape lighting**

作为应急照明的一部分，用于确保疏散通道被有效地辨认和使用的照明。

**2.0.20　安全照明　safety lighting**

作为应急照明的一部分，用于确保处于潜在危险之中的人员安全的照明。

**2.0.21　备用照明　stand-by lighting**

作为应急照明的一部分，用于确保正常活动继续进行的照明。

**2.0.22　值班照明　on-duty lighting**

非工作时间，为值班所设置的照明。

**2.0.23　警卫照明　security lighting**

用于警戒而安装的照明。

**2.0.24　障碍照明　obstacle lighting**

在可能危及航行安全的建筑物或构筑物上安装的标志灯。

**2.0.25　频闪效应　stroboscopic effect**

在以一定频率变化的光照射下，观察到物体运动显现出不同于其实际运动的现象。

**2.0.26　光强分布　distribution of luminous intensity**

用曲线或表格表示光源或灯具在空间各方向的发光强度值，也称配光。

**2.0.27　光源的发光效能　luminous efficacy of a source**

光源发出的光通量除以光源功率所得之商，简称光源的光效。单位为流明每瓦特（lm/W）。

**2.0.28　灯具效率　luminaire efficiency**

在相同的使用条件下，灯具发出的总光通量与灯具内所有光源发出的总光通量之比，也称灯具光输出比。

**2.0.29　照度均匀度　uniformity ratio of illuminance**

规定表面上的最小照度与平均照度之比。

**2.0.30　眩光　glare**

由于视野中的亮度分布或亮度范围的不适宜，或存在极端的对比，以致引起不舒适感觉或降低观察细部或目标的能力的视觉现象。

**2.0.31　直接眩光　direct glare**

由视野中，特别是在靠近视线方向存在的发光体所产生的眩光。

**2.0.32　不舒适眩光　discomfort glare**

产生不舒适感觉，但并不一定降低视觉对象的可见度的眩光。

**2.0.33　统一眩光值　unified glare rating（UGR）**

它是度量处于视觉环境中的照明装置发出的光对人眼引起不舒适感主观反应的心理参量，其值可按CIE统一眩光值公式计算。

**2.0.34　眩光值　glare rating（GR）**

它是度量室外体育场和其他室外场地照明装置对人眼引起不舒适感主观反应的心理参量，其值可按CIE眩光值公式计算。

**2.0.35　反射眩光　glare by reflection**

由视野中的反射引起的眩光，特别是在靠近视线方向看见反射像所产生的眩光。

**2.0.36　光幕反射　veiling reflection**

视觉对象的镜面反射，它使视觉对象的对比降低，以致部分地或全部地难以看清细部。

**2.0.37　灯具遮光角　shielding angle of luminaire**

光源最边缘一点和灯具出口的连线与水平线之间的夹角。

**2.0.38　显色性　colour rendering**

照明光源对物体色表的影响，该影响是由于观察者有意识或无意识地将它与参比光源下的色表相比较而产生的。

**2.0.39　显色指数　colour rendering index**

在具有合理允差的色适应状态下，被测光源照明物体的心理物理色与参比光源照明同一色样的心理物理色符合程度的度量。符号为R。

**2.0.40　特殊显色指数　special colour rendering index**

在具有合理允差的色适应状态下，被测光源照明CIE试验色样的心理物理色与参比光源照明同一色样的心理物理色符合程度的度量。符号为Ri。

**2.0.41　一般显色指数　general colour rendering index**

八个一组色试样的CIE1974特殊显色指数的平均值，通称显色指数。符号为Ra。

**2.0.42　色温度　colour temperature**

当某一种光源（热辐射光源）的色品与某一温度下的完全辐射体（黑体）的色品完全相同时，完全辐射体（黑体）的温度，简称色温。符号为Tc，单位为开（K）。

**2.0.43　相关色温度　correlated colour temperature**

当某一种光源（气体放电光源）的色品与某一温度下的完全辐射体（黑体）的色品最接近时完全辐射体（黑体）的温度，简称相关色温。符号为Tcp，单位为开（K）。

**2.0.44　光通量维持率　luminous flux maintenance**

灯在给定点燃时间后的光通量与其初始光通量之比。

**2.0.45　反射比　reflectance**

在入射辐射的光谱组成、偏振状态和几何分布给定状态下，反射的辐射通量或光通量与入射的辐射通量或光通量之比。符号为$\rho$。

**2.0.46　照明功率密度　lighting power density（LPD）**

单位面积上的照明安装功率（包括光源、镇流器或变压器），单位为瓦特每平方米（W/m²）。

**2.0.47　室形指数　room index**

表示房间几何形状的数值。其计算式为：

$$RI = \frac{a \cdot b}{h(a+b)} \quad (2.0.47)$$

式中　RI——室形指数；

　　　　$a$——房间宽度；

　　　　$b$——房间长度；

　　　　$h$——灯具计算高度。

# 3　一　般　规　定

## 3.1　照明方式和照明种类

**3.1.1**　按下列要求确定照明方式：

　**1**　工作场所通常应设置一般照明；

　**2**　同一场所内的不同区域有不同照度要求时，应采用分区一般照明；

　**3**　对于部分作业面照度要求较高，只采用一般照明不合理的场所，宜采用混合照明；

　**4**　在一个工作场所内不应只采用局部照明。

**3.1.2**　按下列要求确定照明种类：

　**1**　工作场所均应设置正常照明。

　**2**　工作场所下列情况应设置应急照明：

　1）正常照明因故障熄灭后，需确保正常工作或活动继续进行的场所，应设置备用照明；

　2）正常照明因故障熄灭后，需确保处于潜在危险之中的人员安全的场所，应设置安全照明；

　3）正常照明因故障熄灭后，需确保人员安全疏散的出口和通道，应设置疏散照明。

　**3**　大面积场所宜设置值班照明。

　**4**　有警戒任务的场所，应根据警戒范围的要求设置警卫照明。

　**5**　有危及航行安全的建筑物、构筑物上，应根据航行要求设置障碍照明。

## 3.2　照明光源选择

**3.2.1**　选用的照明光源应符合国家现行相关标准的有关规定。

**3.2.2**　选择光源时，应在满足显色性、启动时间等要求条件下，根据光源、灯具及镇流器等的效率、寿命和价格在进行综合技术经济分析比较后确定。

**3.2.3**　照明设计时可按下列条件选择光源：

　**1**　高度较低房间，如办公室、教室、会议室及仪表、电子等生产车间宜采用细管径直管形荧光灯；

　**2**　商店营业厅宜采用细管径直管形荧光灯、紧凑型荧光灯或小功率的金属卤化物灯；

　**3**　高度较高的工业厂房，应按照生产使用要求，采用金属卤化物灯或高压钠灯，亦可采用大功率细管径荧光灯；

　**4**　一般照明场所不宜采用荧光高压汞灯，不应采用自镇流荧光高压汞灯；

　**5**　一般情况下，室内外照明不应采用普通照明白炽灯；在特殊情况下需采用时，其额定功率不应超过 100W。

**3.2.4**　下列工作场所可采用白炽灯：

　**1**　要求瞬时启动和连续调光的场所，使用其他光源技术经济不合理时；

　**2**　对防止电磁干扰要求严格的场所；

　**3**　开关灯频繁的场所；

　**4**　照度要求不高，且照明时间较短的场所；

　**5**　对装饰有特殊要求的场所。

**3.2.5**　应急照明应选用能快速点燃的光源。

**3.2.6**　应根据识别颜色要求和场所特点，选用相应显色指数的光源。

## 3.3　照明灯具及其附属装置选择

**3.3.1**　选用的照明灯具应符合国家现行相关标准的有关规定。

**3.3.2**　在满足眩光限制和配光要求条件下，应选用效率高的灯具，并应符合下列规定：

　**1**　荧光灯灯具的效率不应低于表 3.3.2-1 的规定。

**表 3.3.2-1　荧光灯灯具的效率**

| 灯具出光口形式 | 开敞式 | 保护罩（玻璃或塑料） | | 格栅 |
| --- | --- | --- | --- | --- |
| | | 透明 | 磨砂、棱镜 | |
| 灯具效率 | 75% | 65% | 55% | 60% |

　**2**　高强度气体放电灯灯具的效率不应低于表 3.3.2-2 的规定。

**表 3.3.2-2　高强度气体放电灯灯具的效率**

| 灯具出光口形式 | 开敞式 | 格栅或透光罩 |
| --- | --- | --- |
| 灯具效率 | 75% | 60% |

**3.3.3**　根据照明场所的环境条件，分别选用下列灯具：

　**1**　在潮湿的场所，应采用相应防护等级的防水灯具或带防水灯头的开敞式灯具；

　**2**　在有腐蚀性气体或蒸汽的场所，宜采用防腐蚀密闭式灯具。若采用开敞式灯具，各部分应有防腐蚀或防水措施；

　**3**　在高温场所，宜采用散热性能好、耐高温的灯具；

　**4**　在有尘埃的场所，应按防尘的相应防护等级选择适宜的灯具；

　**5**　在装有锻锤、大型桥式吊车等振动、摆动较大场所使用的灯具，应有防振和防脱落措施；

　**6**　在易受机械损伤、光源自行脱落可能造成人员伤害或财物损失的场所使用的灯具，应有防护措施；

**7** 在有爆炸或火灾危险场所使用的灯具，应符合国家现行相关标准和规范的有关规定；

**8** 在有洁净要求的场所，应采用不易积尘、易于擦拭的洁净灯具；

**9** 在需防止紫外线照射的场所，应采用隔紫灯具或无紫光源。

**3.3.4** 直接安装在可燃材料表面的灯具，应采用标有 ▽Ｆ 标志的灯具。

**3.3.5** 照明设计时按下列原则选择镇流器：

**1** 自镇流荧光灯应配用电子镇流器；

**2** 直管形荧光灯应配用电子镇流器或节能型电感镇流器；

**3** 高压钠灯、金属卤化物灯应配用节能型电感镇流器；在电压偏差较大的场所，宜配用恒功率镇流器；功率较小者可配用电子镇流器；

**4** 采用的镇流器应符合该产品的国家能效标准。

**3.3.6** 高强度气体放电灯的触发器与光源的安装距离应符合产品的要求。

### 3.4 照明节能评价

**3.4.1** 本标准采用房间或场所一般照明的照明功率密度（简称LPD）作为照明节能的评价指标。常用房间或场所的照明功率密度应符合第6章的规定。

**3.4.2** 本标准规定了照明功率密度的现行值和目标值。现行值从本标准实施之日起执行，目标值执行日期由主管部门决定。

## 4 照明数量和质量

### 4.1 照　度

**4.1.1** 照度标准值应按 0.5、1、3、5、10、15、20、30、50、75、100、150、200、300、500、750、1000、1500、2000、3000、5000lx 分级。

**4.1.2** 本标准规定的照度值均为作业面或参考平面上的维持平均照度值。各类房间或场所的维持平均照度值应符合第5章的规定。

**4.1.3** 符合下列条件之一及以上时，作业面或参考平面的照度，可按照度标准值分级提高一级。

**1** 视觉要求高的精细作业场所，眼睛至识别对象的距离大于500mm时；

**2** 连续长时间紧张的视觉作业，对视觉器官有不良影响时；

**3** 识别移动对象，要求识别时间短促而辨认困难时；

**4** 视觉作业对操作安全有重要影响时；

**5** 识别对象亮度对比小于0.3时；

**6** 作业精度要求较高，且产生差错会造成很大损失时；

**7** 视觉能力低于正常能力时；

**8** 建筑等级和功能要求高时。

**4.1.4** 符合下列条件之一及以上时，作业面或参考平面的照度，可按照度标准值分级降低一级。

**1** 进行很短时间的作业时；

**2** 作业精度或速度无关紧要时；

**3** 建筑等级和功能要求较低时。

**4.1.5** 作业面邻近周围的照度可低于作业面照度，但不宜低于表4.1.5的数值。

**表 4.1.5　作业面邻近周围照度**

| 作业面照度（lx） | 作业面邻近周围照度值（lx） |
|---|---|
| ≥750 | 500 |
| 500 | 300 |
| 300 | 200 |
| ≤200 | 与作业面照度相同 |

注：邻近周围指作业面外0.5m范围之内。

**4.1.6** 在照明设计时，应根据环境污染特征和灯具擦拭次数从表4.1.6中选定相应的维护系数。

**表 4.1.6　维 护 系 数**

| 环境污染特征 | | 房间或场所举例 | 灯具最少擦拭次数（次/年） | 维护系数值 |
|---|---|---|---|---|
| 室内 | 清洁 | 卧室、办公室、餐厅、阅览室、教室、病房、客房、仪器仪表装配间、电子元器件装配间、检验室等 | 2 | 0.80 |
| | 一般 | 商店营业厅、候车室、影剧院、机械加工车间、机械装配车间、体育馆等 | 2 | 0.70 |
| | 污染严重 | 厨房、锻工车间、铸工车间、水泥车间等 | 3 | 0.60 |
| 室外 | | 雨篷、站台 | 2 | 0.65 |

**4.1.7** 在一般情况下，设计照度值与照度标准值相比较，可有-10%~+10%的偏差。

### 4.2 照 度 均 匀 度

**4.2.1** 公共建筑的工作房间和工业建筑作业区域内的一般照明照度均匀度，不应小于0.7，而作业面邻近周围的照度均匀度不应小于0.5。

**4.2.2** 房间或场所内的通道和其他非作业区域的一般照明的照度值不宜低于作业区域一般照明照度值的1/3。

**4.2.3** 在有彩电转播要求的体育场馆，其主摄像方向上的照明应符合下列要求：

**1** 场地垂直照度最小值与最大值之比不宜小

于 0.4；

**2** 场地平均垂直照度与平均水平照度之比不宜小于 0.25；

**3** 场地水平照度最小值与最大值之比不宜小于 0.5；

**4** 观众席前排的垂直照度不宜小于场地垂直照度的 0.25。

## 4.3 眩 光 限 制

**4.3.1** 直接型灯具的遮光角不应小于表 4.3.1 的规定。

**表 4.3.1 直接型灯具的遮光角**

| 光源平均亮度<br>（kcd/m²） | 遮光角<br>（°） | 光源平均亮度<br>（kcd/m²） | 遮光角<br>（°） |
| --- | --- | --- | --- |
| 1～20 | 10 | 50～500 | 20 |
| 20～50 | 15 | ≥500 | 30 |

**4.3.2** 公共建筑和工业建筑常用房间或场所的不舒适眩光应采用统一眩光值（UGR）评价，按附录 A 计算，其最大允许值宜符合第 5 章的规定。

**4.3.3** 室外体育场所的不舒适眩光应采用眩光值（GR）评价，按附录 B 计算，其最大允许值宜符合表 5.2.11-3 的规定。

**4.3.4** 可用下列方法防止或减少光幕反射和反射眩光：

**1** 避免将灯具安装在干扰区内；

**2** 采用低光泽度的表面装饰材料；

**3** 限制灯具亮度；

**4** 照亮顶棚和墙表面，但避免出现光斑。

**4.3.5** 有视觉显示终端的工作场所照明应限制灯具中垂线以上等于和大于 65°高度角的亮度。灯具在该角度上的平均亮度限值宜符合表 4.3.5 的规定。

**表 4.3.5 灯具平均亮度限值**

| 屏幕分类，见 ISO 9241—7 | Ⅰ | Ⅱ | Ⅲ |
| --- | --- | --- | --- |
| 屏幕质量 | 好 | 中等 | 差 |
| 灯具平均亮度限值 | ≤1000cd/m² | | ≤200cd/m² |

注：1 本表适用于仰角小于等于 15°的显示屏。
    2 对于特定使用场所，如敏感的屏幕或仰角可变的屏幕，表中亮度限值应用在更低的灯具高度角（如 55°）上。

## 4.4 光 源 颜 色

**4.4.1** 室内照明光源色表可按其相关色温分为三组，光源色表分组宜按表 4.4.1 确定。

**表 4.4.1 光源色表分组**

| 色表<br>分组 | 色表<br>特征 | 相关色温<br>（K） | 适用场所举例 |
| --- | --- | --- | --- |
| Ⅰ | 暖 | ＜3300 | 客房、卧室、病房、酒吧、餐厅 |
| Ⅱ | 中间 | 3300～5300 | 办公室、教室、阅览室、诊室、检验室、机加工车间、仪表装配 |
| Ⅲ | 冷 | ＞5300 | 热加工车间、高照度场所 |

**4.4.2** 长期工作或停留的房间或场所，照明光源的显色指数（Ra）不宜小于 80。在灯具安装高度大于 6m 的工业建筑场所，Ra 可低于 80，但必须能够辨别安全色。常用房间或场所的显色指数最小允许值应符合第 5 章的规定。

## 4.5 反 射 比

**4.5.1** 长时间工作的房间，其表面反射比宜按表 4.5.1 选取。

**表 4.5.1 工作房间表面反射比**

| 表 面 名 称 | 反 射 比 |
| --- | --- |
| 顶 棚 | 0.6～0.9 |
| 墙 面 | 0.3～0.8 |
| 地 面 | 0.1～0.5 |
| 作业面 | 0.2～0.6 |

# 5 照 明 标 准 值

## 5.1 居 住 建 筑

**5.1.1** 居住建筑照明标准值宜符合表 5.1.1 的规定。

**表 5.1.1 居住建筑照明标准值**

| 房间或场所 | | 参考平面<br>及其高度 | 照度标准值<br>（lx） | Ra |
| --- | --- | --- | --- | --- |
| 起居室 | 一般活动 | 0.75m 水平面 | 100 | 80 |
| | 书写、阅读 | | 300* | |
| 卧 室 | 一般活动 | 0.75m 水平面 | 75 | 80 |
| | 床头、阅读 | | 150* | |
| 餐 厅 | | 0.75m 餐桌面 | 150 | 80 |
| 厨 房 | 一般活动 | 0.75m 水平面 | 100 | 80 |
| | 操作台 | 台 面 | 150* | |
| 卫生间 | | 0.75m 水平面 | 100 | 80 |

注：* 宜用混合照明。

## 5.2 公 共 建 筑

**5.2.1** 图书馆建筑照明标准值应符合表 5.2.1 的规定。

**表 5.2.1 图书馆建筑照明标准值**

| 房间或场所 | 参考平面及其高度 | 照度标准值(lx) | UGR | Ra |
|---|---|---|---|---|
| 一般阅览室 | 0.75m 水平面 | 300 | 19 | 80 |
| 国家、省市及其他重要图书馆的阅览室 | 0.75m 水平面 | 500 | 19 | 80 |
| 老年阅览室 | 0.75m 水平面 | 500 | 19 | 80 |
| 珍善本、舆图阅览室 | 0.75m 水平面 | 500 | 19 | 80 |
| 陈列室、目录厅(室)、出纳厅 | 0.75m 水平面 | 300 | 19 | 80 |
| 书库 | 0.25m 垂直面 | 50 | — | 80 |
| 工作间 | 0.75m 水平面 | 300 | 19 | 80 |

**5.2.2** 办公建筑照明标准值应符合表 5.2.2 的规定。

**表 5.2.2 办公建筑照明标准值**

| 房间或场所 | 参考平面及其高度 | 照度标准值(lx) | UGR | Ra |
|---|---|---|---|---|
| 普通办公室 | 0.75m 水平面 | 300 | 19 | 80 |
| 高档办公室 | 0.75m 水平面 | 500 | 19 | 80 |
| 会议室 | 0.75m 水平面 | 300 | 19 | 80 |
| 接待室、前台 | 0.75m 水平面 | 300 | — | 80 |
| 营业厅 | 0.75m 水平面 | 300 | 22 | 80 |
| 设计室 | 实际工作面 | 500 | 19 | 80 |
| 文件整理、复印、发行室 | 0.75m 水平面 | 300 | — | 80 |
| 资料、档案室 | 0.75m 水平面 | 200 | — | 80 |

**5.2.3** 商业建筑照明标准值应符合表 5.2.3 的规定。

**表 5.2.3 商业建筑照明标准值**

| 房间或场所 | 参考平面及其高度 | 照度标准值(lx) | UGR | Ra |
|---|---|---|---|---|
| 一般商店营业厅 | 0.75m 水平面 | 300 | 22 | 80 |
| 高档商店营业厅 | 0.75m 水平面 | 500 | 22 | 80 |
| 一般超市营业厅 | 0.75m 水平面 | 300 | 22 | 80 |
| 高档超市营业厅 | 0.75m 水平面 | 500 | 22 | 80 |
| 收款台 | 台 面 | 500 | — | 80 |

**5.2.4** 影剧院建筑照明标准值应符合表 5.2.4 的规定。

**表 5.2.4 影剧院建筑照明标准值**

| 房间或场所 | | 参考平面及其高度 | 照度标准值(lx) | UGR | Ra |
|---|---|---|---|---|---|
| 门 厅 | | 地 面 | 200 | — | 80 |
| 观众厅 | 影院 | 0.75m 水平面 | 100 | 22 | 80 |
| | 剧场 | 0.75m 水平面 | 200 | 22 | 80 |
| 观众休息厅 | 影院 | 地 面 | 150 | 22 | 80 |
| | 剧场 | 地 面 | 200 | 22 | 80 |
| 排演厅 | | 地 面 | 300 | 22 | 80 |
| 化妆室 | 一般活动区 | 0.75m 水平面 | 150 | 22 | 80 |
| | 化妆台 | 1.1m 高处垂直面 | 500 | — | 80 |

**5.2.5** 旅馆建筑照明标准值应符合表 5.2.5 的规定。

**表 5.2.5 旅馆建筑照明标准值**

| 房间或场所 | | 参考平面及其高度 | 照度标准值(lx) | UGR | Ra |
|---|---|---|---|---|---|
| 客房 | 一般活动区 | 0.75m 水平面 | 75 | — | 80 |
| | 床头 | 0.75m 水平面 | 150 | — | 80 |
| | 写字台 | 台 面 | 300 | — | 80 |
| | 卫生间 | 0.75m 水平面 | 150 | — | 80 |
| 中餐厅 | | 0.75m 水平面 | 200 | 22 | 80 |
| 西餐厅、酒吧间、咖啡厅 | | 0.75m 水平面 | 100 | — | 80 |
| 多功能厅 | | 0.75m 水平面 | 300 | 22 | 80 |
| 门厅、总服务台 | | 地 面 | 300 | — | 80 |
| 休息厅 | | 地 面 | 200 | 22 | 80 |
| 客房层走廊 | | 地 面 | 50 | — | 80 |
| 厨 房 | | 台 面 | 200 | — | 80 |
| 洗衣房 | | 0.75m 水平面 | 200 | — | 80 |

**5.2.6** 医院建筑照明标准值应符合表 5.2.6 的规定。

**表 5.2.6 医院建筑照明标准值**

| 房间或场所 | 参考平面及其高度 | 照度标准值(lx) | UGR | Ra |
|---|---|---|---|---|
| 治疗室 | 0.75m 水平面 | 300 | 19 | 80 |
| 化验室 | 0.75m 水平面 | 500 | 19 | 80 |
| 手术室 | 0.75m 水平面 | 750 | 19 | 90 |
| 诊 室 | 0.75m 水平面 | 300 | 19 | 80 |
| 候诊室、挂号厅 | 0.75m 水平面 | 200 | 22 | 80 |
| 病房 | 地 面 | 100 | 19 | 80 |
| 护士站 | 0.75m 水平面 | 300 | — | 80 |
| 药 房 | 0.75m 水平面 | 500 | 19 | 80 |
| 重症监护室 | 0.75m 水平面 | 300 | 19 | 80 |

**5.2.7** 学校建筑照明标准值应符合表 5.2.7 的规定。

**表 5.2.7 学校建筑照明标准值**

| 房间或场所 | 参考平面及其高度 | 照度标准值（lx） | UGR | Ra |
|---|---|---|---|---|
| 教室 | 课桌面 | 300 | 19 | 80 |
| 实验室 | 实验桌面 | 300 | 19 | 80 |
| 美术教室 | 桌面 | 500 | 19 | 90 |
| 多媒体教室 | 0.75m 水平面 | 300 | 19 | 80 |
| 教室黑板 | 黑板面 | 500 | — | 80 |

**5.2.8** 博物馆建筑陈列室展品照明标准值不应大于表 5.2.8 的规定。

**表 5.2.8 博物馆建筑陈列室展品照明标准值**

| 类别 | 参考平面及其高度 | 照度标准值（lx） |
|---|---|---|
| 对光特别敏感的展品：纺织品、织绣品、绘画、纸质物品、彩绘陶（石）器、染色皮革、动物标本等 | 展品面 | 50 |
| 对光敏感的展品：油画、蛋清画、不染色皮革、角制品、骨制品、象牙制品、竹木制品和漆器等 | 展品面 | 150 |
| 对光不敏感的展品：金属制品、石质器物、陶瓷器、宝玉石器、岩矿标本、玻璃制品、搪瓷制品、珐琅器等 | 展品面 | 300 |

注：1 陈列室一般照明应按展品照度值的 20%～30% 选取；
　　2 陈列室一般照明 UGR 不宜大于 19；
　　3 辨色要求一般的场所 Ra 不应低于 80，辨色要求高的场所，Ra 不应低于 90。

**5.2.9** 展览馆展厅照明标准值应符合表 5.2.9 的规定。

**表 5.2.9 展览馆展厅照明标准值**

| 房间或场所 | 参考平面及其高度 | 照度标准值（lx） | UGR | Ra |
|---|---|---|---|---|
| 一般展厅 | 地面 | 200 | 22 | 80 |
| 高档展厅 | 地面 | 300 | 22 | 80 |

注：高于 6m 的展厅 Ra 可降低到 60。

**5.2.10** 交通建筑照明标准值应符合表 5.2.10 的规定。

**表 5.2.10 交通建筑照明标准值**

| 房间或场所 | | 参考平面及其高度 | 照度标准值（lx） | UGR | Ra |
|---|---|---|---|---|---|
| 售票台 | | 台面 | 500 | — | 80 |
| 问讯处 | | 0.75m 水平面 | 200 | — | 80 |
| 候车（机、船）室 | 普通 | 地面 | 150 | 22 | 80 |
| | 高档 | 地面 | 200 | 22 | 80 |
| 中央大厅、售票大厅 | | 地面 | 200 | 22 | 80 |
| 海关、护照检查 | | 工作面 | 500 | — | 80 |
| 安全检查 | | 地面 | 300 | — | 80 |
| 换票、行李托运 | | 0.75m 水平面 | 300 | 19 | 80 |
| 行李认领、到达大厅、出发大厅 | | 地面 | 200 | 22 | 80 |
| 通道、连接区、扶梯 | | 地面 | 150 | — | 80 |
| 有棚站台 | | 地面 | 75 | — | 20 |
| 无棚站台 | | 地面 | 50 | — | 20 |

**5.2.11** 体育建筑照明标准值应符合下列规定：

　　**1** 无彩电转播的体育建筑照度标准值应符合表 5.2.11-1 的规定；

　　**2** 有彩电转播的体育建筑照度标准值应符合表 5.2.11-2 的规定；

　　**3** 体育建筑照明质量标准值应符合表 5.2.11-3 的规定。

**表 5.2.11-1 无彩电转播的体育建筑照度标准值**

| 运动项目 | 参考平面及其高度 | 照度标准值（lx） | |
|---|---|---|---|
| | | 训练 | 比赛 |
| 篮球、排球、羽毛球、网球、手球、田径（室内）、体操、艺术体操、技巧、武术 | 地面 | 300 | 750 |
| 棒球、垒球 | 地面 | — | 750 |
| 保龄球 | 置瓶区 | 300 | 500 |
| 举重 | 台面 | 200 | 750 |
| 击剑 | 台面 | 500 | 750 |
| 柔道、中国摔跤、国际摔跤 | 地面 | 500 | 1000 |
| 拳击 | 台面 | 500 | 2000 |

续表 5.2.11-1

| 运动项目 | | | 参考平面及其高度 | 照度标准值（lx） | |
|---|---|---|---|---|---|
| | | | | 训练 | 比赛 |
| 乒乓球 | | | 台面 | 750 | 1000 |
| 游泳、蹼泳、跳水、水球 | | | 水面 | 300 | 750 |
| 花样游泳 | | | 水面 | 500 | 750 |
| 冰球、速度滑冰、花样滑冰 | | | 冰面 | 300 | 1500 |
| 围棋、中国象棋、国际象棋 | | | 台面 | 300 | 750 |
| 桥牌 | | | 桌面 | 300 | 500 |
| 射击 | 靶心 | | 靶心垂直面 | 1000 | 1500 |
| | 射击位 | | 地面 | 300 | 500 |
| 足球、曲棍球 | 观看距离 | 120m | 地面 | — | 300 |
| | | 160m | | — | 500 |
| | | 200m | | — | 750 |
| 观众席 | | | 座位面 | — | 100 |
| 健身房 | | | 地面 | 200 | — |
| 注：足球和曲棍球的观看距离是指观众席最后一排到场地边线的距离。 | | | | | |

表 5.2.11-2 有彩电转播的体育建筑照度标准值

| 项目分组 | 参考平面及其高度 | 照度标准值（lx） | | |
|---|---|---|---|---|
| | | 最大摄影距离（m） | | |
| | | 25 | 75 | 150 |
| A组：田径、柔道、游泳、摔跤等项目 | 1.0m垂直面 | 500 | 750 | 1000 |
| B组：篮球、排球、羽毛球、网球、手球、体操、花样滑冰、速滑、垒球、足球等项目 | 1.0m垂直面 | 750 | 1000 | 1500 |
| C组：拳击、击剑、跳水、乒乓球、冰球等项目 | 1.0m垂直面 | 1000 | 1500 | |

表 5.2.11-3 体育建筑照明质量标准值

| 类别 | GR | Ra |
|---|---|---|
| 无彩电转播 | 50 | 65 |
| 有彩电转播 | 50 | 80 |
| 注：GR值仅适用于室外体育场地。 | | |

## 5.3 工业建筑

**5.3.1** 工业建筑一般照明标准值应符合表 5.3.1 的规定。

表 5.3.1 工业建筑一般照明标准值

| 房间或场所 | | 参考平面及其高度 | 照度标准值（lx） | UGR | Ra | 备注 |
|---|---|---|---|---|---|---|
| **1 通用房间或场所** | | | | | | |
| 试验室 | 一般 | 0.75m水平面 | 300 | 22 | 80 | 可另加局部照明 |
| | 精细 | 0.75m水平面 | 500 | 19 | 80 | 可另加局部照明 |
| 检验 | 一般 | 0.75m水平面 | 300 | 22 | 80 | 可另加局部照明 |
| | 精细，有颜色要求 | 0.75m水平面 | 750 | 19 | 80 | 可另加局部照明 |
| 计量室，测量室 | | 0.75m水平面 | 500 | 19 | 80 | 可另加局部照明 |
| 变、配电站 | 配电装置室 | 0.75m水平面 | 200 | — | 60 | |
| | 变压器室 | 地面 | 100 | — | 20 | |
| 电源设备室，发电机室 | | 地面 | 200 | 25 | 60 | |
| 控制室 | 一般控制室 | 0.75m水平面 | 300 | 22 | 80 | |
| | 主控制室 | 0.75m水平面 | 500 | 19 | 80 | |
| 电话站、网络中心 | | 0.75m水平面 | 500 | 19 | 80 | |
| 计算机站 | | 0.75m水平面 | 500 | 19 | 80 | 防光幕反射 |
| 动力站 | 风机房、空调机房 | 地面 | 100 | — | 60 | |
| | 泵房 | 地面 | 100 | — | 60 | |
| | 冷冻站 | 地面 | 150 | — | 60 | |
| | 压缩空气站 | 地面 | 150 | — | 60 | |
| | 锅炉房、煤气站的操作层 | 地面 | 100 | — | 60 | 锅炉水位表照度不小于50lx |

| 房间或场所 | | 参考平面及其高度 | 照度标准值（lx） | UGR | Ra | 备注 |
|---|---|---|---|---|---|---|
| 仓库 | 大件库（如钢坯、钢材、大成品、气瓶） | 1.0m水平面 | 50 | — | 20 | |
| | 一般件库 | 1.0m水平面 | 100 | — | 60 | |
| | 精细件库（如工具、小零件） | 1.0m水平面 | 200 | — | 60 | 货架垂直照度不小于50lx |
| | 车辆加油站 | 地面 | 100 | — | 60 | 油表照度不小于50lx |
| **2 机、电工业** | | | | | | |
| 机械加工 | 粗加工 | 0.75m水平面 | 200 | 22 | 60 | 可另加局部照明 |
| | 一般加工公差≥0.1mm | 0.75m水平面 | 300 | 22 | 60 | 应另加局部照明 |
| | 精密加工公差<0.1mm | 0.75m水平面 | 500 | 19 | 60 | 应另加局部照明 |
| 机电、仪表装配 | 大件 | 0.75m水平面 | 200 | 25 | 80 | 可另加局部照明 |
| | 一般件 | 0.75m水平面 | 300 | 25 | 80 | 可另加局部照明 |
| | 精密 | 0.75m水平面 | 500 | 22 | 80 | 应另加局部照明 |
| | 特精密 | 0.75m水平面 | 750 | 19 | 80 | 应另加局部照明 |
| 电线、电缆制造 | | 0.75m水平面 | 300 | 25 | 60 | |
| 线圈绕制 | 大线圈 | 0.75m水平面 | 300 | 25 | 80 | |
| | 中等线圈 | 0.75m水平面 | 500 | 22 | 80 | 可另加局部照明 |
| | 精细线圈 | 0.75m水平面 | 750 | 19 | 80 | 应另加局部照明 |
| 线圈浇注 | | 0.75m水平面 | 300 | 25 | 80 | |
| 焊接 | 一般 | 0.75m水平面 | 200 | — | 60 | |
| | 精密 | 0.75m水平面 | 300 | — | 60 | |

| 房间或场所 | | 参考平面及其高度 | 照度标准值（lx） | UGR | Ra | 备注 |
|---|---|---|---|---|---|---|
| 钣金 | | 0.75m水平面 | 300 | — | 60 | |
| 冲压、剪切 | | 0.75m水平面 | 300 | — | 60 | |
| 热处理 | | 地面至0.5m水平面 | 200 | — | 20 | |
| 铸造 | 熔化、浇铸 | 地面至0.5m水平面 | 200 | — | 20 | |
| | 造型 | 地面至0.5m水平面 | 300 | 25 | 60 | |
| 精密铸造的制模、脱壳 | | 地面至0.5m水平面 | 500 | 25 | 60 | |
| 锻工 | | 地面至0.5m水平面 | 200 | — | 20 | |
| 电镀 | | 0.75m水平面 | 300 | — | 80 | |
| 喷漆 | 一般 | 0.75m水平面 | 300 | — | 80 | |
| | 精细 | 0.75m水平面 | 500 | 22 | 80 | |
| 酸洗、腐蚀、清洗 | | 0.75m水平面 | 300 | — | 80 | |
| 抛光 | 一般装饰性 | 0.75m水平面 | 300 | 22 | 80 | 防频闪 |
| | 精细 | 0.75m水平面 | 500 | 22 | 80 | 防频闪 |
| 复合材料加工、铺叠、装饰 | | 0.75m水平面 | 500 | 22 | 80 | |
| 机电修理 | 一般 | 0.75m水平面 | 200 | — | 60 | 可另加局部照明 |
| | 精密 | 0.75m水平面 | 300 | 22 | 60 | 可另加局部照明 |
| **3 电子工业** | | | | | | |
| 电子元器件 | | 0.75m水平面 | 500 | 19 | 80 | 应另加局部照明 |

| 房间或场所 | | 参考平面及其高度 | 照度标准值 (lx) | UGR | Ra | 备注 |
|---|---|---|---|---|---|---|
| 电子零部件 | | 0.75m 水平面 | 500 | 19 | 80 | 应另加局部照明 |
| 电子材料 | | 0.75m 水平面 | 300 | 22 | 80 | 应另加局部照明 |
| 酸、碱、药液及粉配制 | | 0.75m 水平面 | 300 | — | 80 | |
| **4 纺织、化纤工业** | | | | | | |
| 纺织 | 选毛 | 0.75m 水平面 | 300 | 22 | 80 | 可另加局部照明 |
| | 清棉、和毛、梳毛 | 0.75m 水平面 | 150 | 22 | 80 | |
| | 前纺：梳棉、并条、粗纺 | 0.75m 水平面 | 200 | 22 | 80 | |
| | 纺纱 | 0.75m 水平面 | 300 | 22 | 80 | |
| | 织布 | 0.75m 水平面 | 300 | 22 | 80 | |
| 织袜 | 穿综箱、缝纫、量呢、检验 | 0.75m 水平面 | 300 | 22 | 80 | 可另加局部照明 |
| | 修补、剪毛、染色、印花、裁剪、熨烫 | 0.75m 水平面 | 300 | 22 | 80 | 可另加局部照明 |
| 化纤 | 投料 | 0.75m 水平面 | 100 | — | 60 | |
| | 纺丝 | 0.75m 水平面 | 150 | 22 | 80 | |
| | 卷绕 | 0.75m 水平面 | 200 | 22 | 80 | |
| | 平衡间、中间贮存、干燥间、废丝间、油剂高位槽间 | 0.75m 水平面 | 75 | — | 60 | |
| | 集束间、后加工间、打包间、油剂调配间 | 0.75m 水平面 | 100 | 25 | 60 | |
| 化纤 | 组件清洗间 | 0.75m 水平面 | 150 | 25 | 60 | |
| | 拉伸、变形、分级包装 | 0.75m 水平面 | 150 | 25 | 60 | 操作面可另加局部照明 |
| | 化验、检验 | 0.75m 水平面 | 200 | 22 | 80 | 可另加局部照明 |

| 房间或场所 | | 参考平面及其高度 | 照度标准值 (lx) | UGR | Ra | 备注 |
|---|---|---|---|---|---|---|
| **5 制药工业** | | | | | | |
| 制药生产：配制、清洗、灭菌、超滤、制粒、压片、混匀、烘干、灌装、轧盖等 | | 0.75m 水平面 | 300 | 22 | 80 | |
| 制药生产流转通道 | | 地面 | 200 | — | 80 | |
| **6 橡胶工业** | | | | | | |
| 炼胶车间 | | 0.75m 水平面 | 300 | — | 80 | |
| 压延压出工段 | | 0.75m 水平面 | 300 | — | 80 | |
| 成型裁断工段 | | 0.75m 水平面 | 300 | 22 | 80 | |
| 硫化工段 | | 0.75m 水平面 | 300 | — | 80 | |
| **7 电力工业** | | | | | | |
| 火电厂锅炉房 | | 地面 | 100 | — | 40 | |
| 发电机房 | | 地面 | 200 | — | 60 | |
| 主控室 | | 0.75m 水平面 | 500 | 19 | 80 | |
| **8 钢铁工业** | | | | | | |
| 炼铁 | 炉顶平台、各层平台 | 平台面 | 30 | — | 40 | |
| | 出铁场、出铁机室 | 地面 | 100 | — | 40 | |
| | 卷扬机室、碾泥机室、煤气清洗配水室 | 地面 | 50 | — | 40 | |
| 炼钢及连铸 | 炼钢主厂房和平台 | 地面 | 150 | — | 40 | |
| | 连铸浇注平台、切割区、出坯区 | 地面 | 150 | — | 40 | |
| | 精整清理线 | 地面 | 200 | 25 | 60 | |
| | 钢坯台、轧机区 | 地面 | 150 | — | 40 | |
| 轧钢 | 加热炉周围 | 地面 | 50 | — | 20 | |
| | 重绕、横剪及纵剪机组 | 0.75m 水平面 | 150 | 25 | 40 | |
| | 打印、检查、精密分类、验收 | 0.75m 水平面 | 200 | 22 | 80 | |

| 房间或场所 | 参考平面及其高度 | 照度标准值 (lx) | UGR | Ra | 备注 |
|---|---|---|---|---|---|
| **9 制浆造纸工业** | | | | | |
| 备料 | 0.75m 水平面 | 150 | — | 60 | |
| 蒸煮、选洗、漂白 | 0.75m 水平面 | 200 | — | 60 | |
| 打浆、纸机底部 | 0.75m 水平面 | 200 | — | 60 | |
| 纸机网部、压榨部、烘缸、压光、卷取、涂布 | 0.75m 水平面 | 300 | — | 60 | |
| 复卷、切纸 | 0.75m 水平面 | 300 | 25 | 60 | |
| 选纸 | 0.75m 水平面 | 500 | 22 | 60 | |
| 碱回收 | 0.75m 水平面 | 200 | — | 40 | |
| **10 食品及饮料工业** | | | | | |
| 食品 糕点、糖果 | 0.75m 水平面 | 200 | 22 | 80 | |
| 食品 肉制品、乳制品 | 0.75m 水平面 | 300 | 22 | 80 | |
| 食品 饮料 | 0.75m 水平面 | 300 | 22 | 80 | |
| 啤酒 糖化 | 0.75m 水平面 | 200 | — | 80 | |
| 啤酒 发酵 | 0.75m 水平面 | 150 | — | 80 | |
| 啤酒 包装 | 0.75m 水平面 | 150 | 25 | 80 | |
| **11 玻璃工业** | | | | | |
| 备料、退火、熔制 | 0.75m 水平面 | 150 | — | 60 | |
| 窑炉 | 地面 | 100 | — | 20 | |
| **12 水泥工业** | | | | | |
| 主要生产车间（破碎、原料粉磨、烧成、水泥粉磨、包装） | 地面 | 100 | — | 20 | |
| 储存 | 地面 | 75 | — | 40 | |

| 房间或场所 | 参考平面及其高度 | 照度标准值 (lx) | UGR | Ra | 备注 |
|---|---|---|---|---|---|
| 输送走廊 | 地面 | 30 | — | 20 | |
| 粗坯成型 | 0.75m 水平面 | 300 | — | 60 | |
| **13 皮革工业** | | | | | |
| 原皮、水浴 | 0.75m 水平面 | 200 | — | 60 | |
| 轻鞣、整理、成品 | 0.75m 水平面 | 200 | 22 | 60 | 可另加局部照明 |
| 干燥 | 地面 | 100 | — | 20 | |
| **14 卷烟工业** | | | | | |
| 制丝车间 | 0.75m 水平面 | 200 | — | 60 | |
| 卷烟、接过滤嘴、包装 | 0.75m 水平面 | 300 | 22 | 80 | |
| **15 化学、石油工业** | | | | | |
| 厂区内经常操作的区域，如泵、压缩机、阀门、电操作柱等 | 操作位高度 | 100 | — | 20 | |
| 装置区现场控制和检测点，如指示仪表、液位计等 | 测控点高度 | 75 | — | 60 | |
| 人行通道、平台、设备顶部 | 地面或台面 | 30 | — | 20 | |
| 装卸站 装卸设备顶部和底部操作位 | 操作位高度 | 75 | — | 20 | |
| 装卸站 平台 | 平台 | 30 | — | 20 | |
| **16 木业和家具制造** | | | | | |
| 一般机器加工 | 0.75m 水平面 | 200 | 22 | 60 | 防频闪 |
| 精细机器加工 | 0.75m 水平面 | 500 | 19 | 80 | 防频闪 |
| 锯木区 | 0.75m 水平面 | 300 | 25 | 60 | 防频闪 |
| 模型区 一般 | 0.75m 水平面 | 300 | 22 | 60 | |
| 模型区 精细 | 0.75m 水平面 | 750 | 22 | 60 | |

续表 5.3.1

| 房间或场所 | 参考平面及其高度 | 照度标准值（lx） | UGR | Ra | 备注 |
|---|---|---|---|---|---|
| 胶合、组装 | 0.75m 水平面 | 300 | 25 | 60 | |
| 磨光、异形细木工 | 0.75m 水平面 | 750 | 22 | 80 | |

注：需增加局部照明的作业面，增加的局部照明照度值宜按该场所一般照明照度值的 1.0～3.0 倍选取。

## 5.4 公用场所

**5.4.1** 公用场所照明标准值应符合表 5.4.1 的规定。

**表 5.4.1 公用场所照明标准值**

| 房间或场所 | | 参考平面及其高度 | 照度标准值（lx） | UGR | Ra |
|---|---|---|---|---|---|
| 门厅 | 普通 | 地面 | 100 | — | 60 |
| | 高档 | 地面 | 200 | — | 80 |
| 走廊、流动区域 | 普通 | 地面 | 50 | — | 60 |
| | 高档 | 地面 | 100 | — | 80 |
| 楼梯、平台 | 普通 | 地面 | 30 | — | 60 |
| | 高档 | 地面 | 75 | — | 80 |
| 自动扶梯 | | 地面 | 150 | — | 60 |
| 厕所、盥洗室、浴室 | 普通 | 地面 | 75 | — | 60 |
| | 高档 | 地面 | 150 | — | 80 |
| 电梯前厅 | 普通 | 地面 | 75 | — | 60 |
| | 高档 | 地面 | 150 | — | 80 |
| 休息室 | | 地面 | 100 | 22 | 80 |
| 储藏室、仓库 | | 地面 | 100 | — | 60 |
| 车库 | 停车间 | 地面 | 75 | 28 | 60 |
| | 检修间 | 地面 | 200 | 25 | 60 |

注：居住、公共建筑的动力站、变电站的照明标准值按表 5.3.1 选取。

**5.4.2** 应急照明的照度标准值宜符合下列规定：

1 备用照明的照度值除另有规定外，不低于该场所一般照明照度值的 10%；

2 安全照明的照度值不低于该场所一般照明照度值的 5%；

3 疏散通道的疏散照明的照度值不低于 0.5lx。

# 6 照明节能

## 6.1 照明功率密度值

**6.1.1** 居住建筑每户照明功率密度值不宜大于表 6.1.1 的规定。当房间或场所的照度值高于或低于本表规定的对应照度值时，其照明功率密度值应按比例提高或折减。

**表 6.1.1 居住建筑每户照明功率密度值**

| 房间或场所 | 照明功率密度（W/m²） | | 对应照度值（lx） |
|---|---|---|---|
| | 现行值 | 目标值 | |
| 起居室 | | | 100 |
| 卧室 | | | 75 |
| 餐厅 | 7 | 6 | 150 |
| 厨房 | | | 100 |
| 卫生间 | | | 100 |

**6.1.2** 办公建筑照明功率密度值不应大于表 6.1.2 的规定。当房间或场所的照度值高于或低于本表规定的对应照度值时，其照明功率密度值应按比例提高或折减。

**表 6.1.2 办公建筑照明功率密度值**

| 房间或场所 | 照明功率密度（W/m²） | | 对应照度值（lx） |
|---|---|---|---|
| | 现行值 | 目标值 | |
| 普通办公室 | 11 | 9 | 300 |
| 高档办公室、设计室 | 18 | 15 | 500 |
| 会议室 | 11 | 9 | 300 |
| 营业厅 | 13 | 11 | 300 |
| 文件整理、复印、发行室 | 11 | 9 | 300 |
| 档案室 | 8 | 7 | 200 |

**6.1.3** 商业建筑照明功率密度值不应大于表 6.1.3 的规定。当房间或场所的照度值高于或低于本表规定的对应照度值时，其照明功率密度值应按比例提高或折减。

**表 6.1.3 商业建筑照明功率密度值**

| 房间或场所 | 照明功率密度（W/m²） | | 对应照度值（lx） |
|---|---|---|---|
| | 现行值 | 目标值 | |
| 一般商店营业厅 | 12 | 10 | 300 |
| 高档商店营业厅 | 19 | 16 | 500 |
| 一般超市营业厅 | 13 | 11 | 300 |
| 高档超市营业厅 | 20 | 17 | 500 |

6.1.4 旅馆建筑照明功率密度值不应大于表6.1.4的规定。当房间或场所的照度值高于或低于本表规定的对应照度值时，其照明功率密度值应按比例提高或折减。

表6.1.4 旅馆建筑照明功率密度值

| 房间或场所 | 照明功率密度（W/m²） | | 对应照度值（lx） |
| --- | --- | --- | --- |
| | 现行值 | 目标值 | |
| 客房 | 15 | 13 | — |
| 中餐厅 | 13 | 11 | 200 |
| 多功能厅 | 18 | 15 | 300 |
| 客房层走廊 | 5 | 4 | 50 |
| 门厅 | 15 | 13 | 300 |

6.1.5 医院建筑照明功率密度值不应大于表6.1.5的规定。当房间或场所的照度值高于或低于本表规定的对应照度值时，其照明功率密度值应按比例提高或折减。

表6.1.5 医院建筑照明功率密度值

| 房间或场所 | 照明功率密度（W/m²） | | 对应照度值（lx） |
| --- | --- | --- | --- |
| | 现行值 | 目标值 | |
| 治疗室、诊室 | 11 | 9 | 300 |
| 化验室 | 18 | 15 | 500 |
| 手术室 | 30 | 25 | 750 |
| 候诊室、挂号厅 | 8 | 7 | 200 |
| 病房 | 6 | 5 | 100 |
| 护士站 | 11 | 9 | 300 |
| 药房 | 20 | 17 | 500 |
| 重症监护室 | 11 | 9 | 300 |

6.1.6 学校建筑照明功率密度值不应大于表6.1.6的规定。当房间或场所的照度值高于或低于本表规定的对应照度值时，其照明功率密度值应按比例提高或折减。

表6.1.6 学校建筑照明功率密度值

| 房间或场所 | 照明功率密度（W/m²） | | 对应照度值（lx） |
| --- | --- | --- | --- |
| | 现行值 | 目标值 | |
| 教室、阅览室 | 11 | 9 | 300 |
| 实验室 | 11 | 9 | 300 |
| 美术教室 | 18 | 15 | 500 |
| 多媒体教室 | 11 | 9 | 300 |

6.1.7 工业建筑照明功率密度值不应大于表6.1.7的规定。当房间或场所的照度值高于或低于本表规定的对应照度值时，其照明功率密度值应按比例提高或折减。

表6.1.7 工业建筑照明功率密度值

| 房间或场所 | | 照明功率密度（W/m²） | | 对应照度值（lx） |
| --- | --- | --- | --- | --- |
| | | 现行值 | 目标值 | |
| 1 通用房间或场所 | | | | |
| 试验室 | 一般 | 11 | 9 | 300 |
| | 精细 | 18 | 15 | 500 |
| 检验 | 一般 | 11 | 9 | 300 |
| | 精细，有颜色要求 | 27 | 23 | 750 |
| 计量室，测量室 | | 18 | 15 | 500 |
| 变、配电站 | 配电装置室 | 8 | 7 | 200 |
| | 变压器室 | 5 | 4 | 100 |
| 电源设备室、发电机室 | | 8 | 7 | 200 |
| 控制室 | 一般控制室 | 11 | 9 | 300 |
| | 主控制室 | 18 | 15 | 500 |
| 电话站、网络中心、计算机站 | | 18 | 15 | 500 |
| 动力站 | 风机房、空调机房 | 5 | 4 | 100 |
| | 泵房 | 5 | 4 | 100 |
| | 冷冻站 | 8 | 7 | 150 |
| | 压缩空气站 | 8 | 7 | 150 |
| | 锅炉房、煤气站的操作层 | 6 | 5 | 100 |
| 仓库 | 大件库（如钢坯、钢材、大成品、气瓶） | 3 | 3 | 50 |
| | 一般件库 | 5 | 4 | 100 |
| | 精细件库（如工具、小零件） | 8 | 7 | 200 |
| 车辆加油站 | | 6 | 5 | 100 |
| 2 机、电工业 | | | | |
| 机械加工 | 粗加工 | 8 | 7 | 200 |
| | 一般加工，公差≥0.1mm | 12 | 11 | 300 |
| | 精密加工，公差<0.1mm | 19 | 17 | 500 |
| 机电、仪表装配 | 大件 | 8 | 7 | 200 |
| | 一般件 | 12 | 11 | 300 |
| | 精密 | 19 | 17 | 500 |
| | 特精密 | 27 | 24 | 750 |
| 电线、电缆制造 | | 12 | 11 | 300 |

| 房间或场所 | | 照明功率密度（W/m²） | | 对应照度值（lx） |
|---|---|---|---|---|
| | | 现行值 | 目标值 | |
| 线圈绕制 | 大线圈 | 12 | 11 | 300 |
| | 中等线圈 | 19 | 17 | 500 |
| | 精细线圈 | 27 | 24 | 750 |
| | 线圈浇注 | 12 | 11 | 300 |
| 焊接 | 一般 | 8 | 7 | 200 |
| | 精密 | 12 | 11 | 300 |
| | 钣金 | 12 | 11 | 300 |
| | 冲压、剪切 | 12 | 11 | 300 |
| | 热处理 | 8 | 7 | 200 |
| 铸造 | 熔化、浇铸 | 9 | 8 | 200 |
| | 造型 | 13 | 12 | 300 |
| | 精密铸造的制模、脱壳 | 19 | 17 | 500 |
| | 锻工 | 9 | 8 | 200 |
| | 电镀 | 13 | 12 | 300 |
| 喷漆 | 一般 | 15 | 14 | 300 |
| | 精细 | 25 | 23 | 500 |
| | 酸洗、腐蚀、清洗 | 15 | 14 | 300 |
| 抛光 | 一般装饰性 | 13 | 12 | 300 |
| | 精细 | 20 | 18 | 500 |
| | 复合材料加工、铺叠、装饰 | 19 | 17 | 500 |
| 机电修理 | 一般 | 8 | 7 | 200 |
| | 精密 | 12 | 11 | 300 |
| 3 电子工业 | | | | |
| | 电子元器件 | 20 | 18 | 500 |
| | 电子零部件 | 20 | 18 | 500 |
| | 电子材料 | 12 | 10 | 300 |
| | 酸、碱、药液及粉配制 | 14 | 12 | 300 |

注：房间或场所的室形指数值等于或小于 1 时，本表的照明功率密度值可增加 20%。

**6.1.8** 设装饰性灯具场所，可将实际采用的装饰性灯具总功率的 50% 计入照明功率密度值的计算。

**6.1.9** 设有重点照明的商店营业厅，该楼层营业厅的照明功率密度值每平方米可增加 5W。

### 6.2 充分利用天然光

**6.2.1** 房间的采光系数或采光窗地面积比应符合《建筑采光设计标准》GB/T 50033 的规定。

**6.2.2** 有条件时，宜随室外天然光的变化自动调节人工照明照度。

**6.2.3** 有条件时，宜利用各种导光和反光装置将天然光引入室内进行照明。

**6.2.4** 有条件时，宜利用太阳能作为照明能源。

## 7 照明配电及控制

### 7.1 照明电压

**7.1.1** 一般照明光源的电源电压应采用 220V。1500W 及以上的高强度气体放电灯的电源电压宜采用 380V。

**7.1.2** 移动式和手提式灯具应采用Ⅲ类灯具，用安全特低电压供电，其电压值应符合以下要求：

   **1** 在干燥场所不大于 50V；

   **2** 在潮湿场所不大于 25V。

**7.1.3** 照明灯具的端电压不宜大于其额定电压的 105%，亦不宜低于其额定电压的下列数值：

   **1** 一般工作场所——95%；

   **2** 远离变电所的小面积一般工作场所难以满足第 1 款要求时，可为 90%；

   **3** 应急照明和用安全特低电压供电的照明——90%。

### 7.2 照明配电系统

**7.2.1** 供照明用的配电变压器的设置应符合下列要求：

   **1** 电力设备无大功率冲击性负荷时，照明和电力宜共用变压器；

   **2** 当电力设备有大功率冲击性负荷时，照明宜与冲击性负荷接自不同变压器；如条件不允许，需接自同一变压器时，照明应由专用馈电线供电；

   **3** 照明安装功率较大时，宜采用照明专用变压器。

**7.2.2** 应急照明的电源，应根据应急照明类别、场所使用要求和该建筑电源条件，采用下列方式之一：

   **1** 接自电力网有效地独立于正常照明电源的线路；

   **2** 蓄电池组，包括灯内自带蓄电池、集中设置或分区集中设置的蓄电池装置；

   **3** 应急发电机组；

   **4** 以上任意两种方式的组合。

**7.2.3** 疏散照明的出口标志灯和指向标志灯宜用蓄电池电源。安全照明的电源应和该场所的电力线路分别接自不同变压器或不同馈电干线。备用照明电源宜采用本章 7.2.2 所列的第 1 或第 3 种方式。

**7.2.4** 照明配电宜采用放射式和树干式结合的系统。

**7.2.5** 三相配电干线的各相负荷宜分配平衡，最大相负荷不宜超过三相负荷平均值的 115%，最小相负荷不宜小于三相负荷平均值的 85%。

**7.2.6** 照明配电箱宜设置在靠近照明负荷中心便于操作维护的位置。

**7.2.7** 每一照明单相分支回路的电流不宜超过16A，所接光源数不宜超过25个；连接建筑组合灯具时，回路电流不宜超过25A，光源数不宜超过60个；连接高强度气体放电灯的单相分支回路的电流不应超过30A。

**7.2.8** 插座不宜和照明灯接在同一分支回路。

**7.2.9** 在电压偏差较大的场所，有条件时，宜设置自动稳压装置。

**7.2.10** 供给气体放电灯的配电线路宜在线路或灯具内设置电容补偿，功率因数不应低于0.9。

**7.2.11** 在气体放电灯的频闪效应对视觉作业有影响的场所，应采用下列措施之一：

　　**1** 采用高频电子镇流器；

　　**2** 相邻灯具分接在不同相序。

**7.2.12** 当采用Ⅰ类灯具时，灯具的外露可导电部分应可靠接地。

**7.2.13** 安全特低电压供电应采用安全隔离变压器，其二次侧不应做保护接地。

**7.2.14** 居住建筑应按户设置电能表；工厂在有条件时宜按车间设置电能表；办公楼宜按租户或单位设置电能表。

**7.2.15** 配电系统的接地方式、配电线路的保护，应符合国家现行相关标准的有关规定。

### 7.3 导体选择

**7.3.1** 照明配电干线和分支线，应采用铜芯绝缘电线或电缆，分支线截面不应小于1.5mm²。

**7.3.2** 照明配电线路应按负荷计算电流和灯端允许电压值选择导体截面积。

**7.3.3** 主要供给气体放电灯的三相配电线路，其中性线截面应满足不平衡电流及谐波电流的要求，且不应小于相线截面。

**7.3.4** 接地线截面选择应符合国家现行标准的有关规定。

### 7.4 照明控制

**7.4.1** 公共建筑和工业建筑的走廊、楼梯间、门厅等公共场所的照明，宜采用集中控制，并按建筑使用条件和天然采光状况采取分区、分组控制措施。

**7.4.2** 体育馆、影剧院、候机厅、候车厅等公共场所应采用集中控制，并按需要采取调光或降低照度的控制措施。

**7.4.3** 旅馆的每间（套）客房应设置节能控制型总开关。

**7.4.4** 居住建筑有天然采光的楼梯间、走道的照明，除应急照明外，宜采用节能自熄开关。

**7.4.5** 每个照明开关所控光源数不宜太多。每个房间

灯的开关数不宜少于2个（只设置1只光源的除外）。

**7.4.6** 房间或场所装设有两列或多列灯具时，宜按下列方式分组控制：

　　**1** 所控灯列与侧窗平行；

　　**2** 生产场所按车间、工段或工序分组；

　　**3** 电化教室、会议厅、多功能厅、报告厅等场所，按靠近或远离讲台分组。

**7.4.7** 有条件的场所，宜采用下列控制方式：

　　**1** 天然采光良好的场所，按该场所照度自动开关灯或调光；

　　**2** 个人使用的办公室，采用人体感应或动静感应等方式自动开关灯；

　　**3** 旅馆的门厅、电梯大堂和客房层走廊等场所，采用夜间定时降低照度的自动调光装置；

　　**4** 大中型建筑，按具体条件采用集中或集散的、多功能或单一功能的自动控制系统。

## 8 照明管理与监督

### 8.1 维护与管理

**8.1.1** 应以用户为单位计量和考核照明用电量。

**8.1.2** 应建立照明运行维护和管理制度，并符合下列规定：

　　**1** 应有专业人员负责照明维修和安全检查并做好维护记录，专职或兼职人员负责照明运行；

　　**2** 应建立清洁光源、灯具的制度，根据标准规定的次数定期进行擦拭；

　　**3** 宜按照光源的寿命或点亮时间、维持平均照度，定期更换光源；

　　**4** 更换光源时，应采用与原设计或实际安装相同的光源，不得任意更换光源的主要性能参数。

**8.1.3** 重要大型建筑的主要场所的照明设施，应进行定期巡视和照度的检查测试。

### 8.2 实施与监督

**8.2.1** 工程设计阶段，照明设计图应由设计单位按本标准自审、自查。

**8.2.2** 建筑装饰装修照明设计应按本标准审查。

**8.2.3** 施工阶段由工程监理机构按设计监理。

**8.2.4** 竣工验收阶段应按本标准规定验收。

## 附录A 统一眩光值（UGR）

**A.0.1** 照明场所的统一眩光值（UGR）计算

　　**1** UGR应按A.0.1公式计算：

$$UGR = 8\lg \frac{0.25}{L_b} \sum \frac{L_a^2 \cdot \omega}{P^2} \qquad (A.0.1)$$

式中　$L_b$——背景亮度（cd/m²）；

　　　$L_a$——观察者方向每个灯具的亮度（cd/m²）；

　　　$\omega$——每个灯具发光部分对观察者眼睛所形成的立体角（sr）；

　　　$P$——每个单独灯具的位置指数。

2　A.0.1式中的各参数应按下列公式和规定确定：

1）背景亮度 $L_b$ 应按 A.0.1-1 式确定：

$$L_b = \frac{E_i}{\pi} \qquad (A.0.1-1)$$

式中　$E_i$——观察者眼睛方向的间接照度（lx）。

此计算一般用计算机完成。

2）灯具亮度 $L_a$ 应按 A.0.1-2 式确定：

$$L_a = \frac{I_a}{A \cdot \cos\alpha} \qquad (A.0.1-2)$$

式中　$I_a$——观察者眼睛方向的灯具发光强度（cd）；

$A \cdot \cos\alpha$——灯具在观察者眼睛方向的投影面积（m²）；

　　　$\alpha$——灯具表面法线与观察者眼睛方向所夹的角度（°）。

3）立体角 $\omega$ 应按 A.0.1-3 式确定：

$$\omega = \frac{A_p}{r^2} \qquad (A.0.1-3)$$

式中　$A_p$——灯具发光部件在观察者眼睛方向的表观面积（m²）；

　　　$r$——灯具发光部件中心到观察者眼睛之间的距离（m）。

4）古斯位置指数 $P$ 应按图 A.0.1 生成的 $H/R$ 和 $T/R$ 的比值由表 A.0.1 确定。

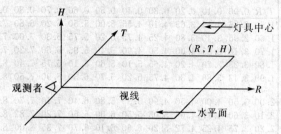

图 A.0.1　以观察者位置为原点的位置指数坐标系统（$R$，$T$，$H$），对灯具中心生成 $H/R$ 和 $T/R$ 的比值

**A.0.2　统一眩光值（UGR）的应用条件**

1　UGR 适用于简单的立方体形房间的一般照明装置设计，不适用于采用间接照明和发光天棚的房间；

2　适用于灯具发光部分对眼睛所形成的立体角为 0.1sr＞$\omega$＞0.0003sr 的情况；

3　同一类灯具为均匀等间距布置；

4　灯具为双对称配光；

5　坐姿观测者眼睛的高度通常取 1.2m，站姿观测者眼睛的高度通常取 1.5m；

6　观测位置一般在纵向和横向两面墙的中点，视线水平朝前观测；

7　房间表面为大约高出地面 0.75m 的工作面、灯具安装表面以及此两个表面之间的墙面。

表 A.0.1　位 置 指 数 表

| T/R ＼ H/R | 0.00 | 0.10 | 0.20 | 0.30 | 0.40 | 0.50 | 0.60 | 0.70 | 0.80 | 0.90 | 1.00 | 1.10 | 1.20 | 1.30 | 1.40 | 1.50 | 1.60 | 1.70 | 1.80 | 1.90 |
|---|---|---|---|---|---|---|---|---|---|---|---|---|---|---|---|---|---|---|---|---|
| 0.00 | 1.00 | 1.26 | 1.53 | 1.90 | 2.35 | 2.86 | 3.50 | 4.20 | 5.00 | 6.00 | 7.00 | 8.10 | 9.25 | 10.35 | 11.70 | 13.15 | 14.70 | 16.20 | — | — |
| 0.10 | 1.05 | 1.22 | 1.45 | 1.80 | 2.20 | 2.75 | 3.40 | 4.10 | 4.80 | 5.80 | 6.80 | 8.10 | 9.10 | 10.30 | 11.60 | 13.00 | 14.60 | 16.10 | | |
| 0.20 | 1.12 | 1.30 | 1.50 | 1.87 | 2.30 | 2.66 | 3.18 | 3.88 | 4.60 | 5.50 | 6.50 | 7.60 | 8.70 | 9.85 | 11.20 | 12.00 | 14.00 | 15.70 | | |
| 0.30 | 1.22 | 1.38 | 1.60 | 1.87 | 2.25 | 2.70 | 3.25 | 3.90 | 4.60 | 5.45 | 6.45 | 7.40 | 8.50 | 10.85 | 12.10 | 13.70 | 15.00 | | | |
| 0.40 | 1.32 | 1.47 | 1.70 | 1.96 | 2.40 | 2.80 | 3.30 | 3.92 | 4.60 | 5.40 | 6.30 | 7.30 | 8.40 | 10.60 | 11.90 | 13.20 | 14.60 | 16.00 | | |
| 0.50 | 1.43 | 1.60 | 1.82 | 2.10 | 2.48 | 2.91 | 3.40 | 3.98 | 4.70 | 5.50 | 6.40 | 7.30 | 8.30 | 9.50 | 10.50 | 11.75 | 13.00 | 14.40 | 15.70 | |
| 0.60 | 1.55 | 1.72 | 1.98 | 2.28 | 2.65 | 3.10 | 3.60 | 4.20 | 4.80 | 5.60 | 6.40 | 7.35 | 8.40 | 9.40 | 10.50 | 11.70 | 13.10 | 14.50 | 15.70 | |
| 0.70 | 1.70 | 1.88 | 2.12 | 2.48 | 2.87 | 3.30 | 3.78 | 4.40 | 4.88 | 5.60 | 6.40 | 7.40 | 8.30 | 9.50 | 10.50 | 11.70 | 12.85 | 14.00 | 15.20 | |
| 0.80 | 1.82 | 2.00 | 2.32 | 2.70 | 3.08 | 3.50 | 3.92 | 4.50 | 5.10 | 5.75 | 6.60 | 7.60 | 8.40 | 9.50 | 10.80 | 12.10 | 13.40 | 15.10 | | |
| 0.90 | 1.95 | 2.20 | 2.54 | 2.90 | 3.30 | 3.70 | 4.20 | 4.75 | 5.30 | 6.00 | 6.75 | 7.70 | 8.70 | 9.90 | 11.00 | 12.00 | 14.00 | 15.00 | 16.00 | |
| 1.00 | 2.11 | 2.40 | 2.75 | 3.10 | 3.50 | 3.91 | 4.40 | 5.00 | 5.60 | 6.20 | 7.00 | 7.90 | 9.00 | 10.00 | 10.80 | 11.90 | 12.90 | 14.00 | 15.00 | 16.00 |
| 1.10 | 2.30 | 2.55 | 2.92 | 3.30 | 3.72 | 4.20 | 4.70 | 5.25 | 5.80 | 6.55 | 7.20 | 8.20 | 9.20 | 9.90 | 11.00 | 12.00 | 13.00 | 14.00 | 15.00 | 16.00 |
| 1.20 | 2.40 | 2.75 | 3.12 | 3.50 | 3.90 | 4.35 | 4.85 | 5.50 | 6.05 | 6.70 | 7.30 | 8.10 | 9.10 | 10.00 | 10.02 | 12.00 | 13.00 | 14.00 | 15.00 | 16.00 |
| 1.30 | 2.55 | 2.90 | 3.30 | 3.70 | 4.20 | 4.60 | 5.10 | 5.70 | 6.20 | 6.90 | 7.50 | 8.40 | 9.30 | 10.20 | 11.20 | 12.00 | 13.00 | 14.00 | 15.00 | 16.00 |
| 1.40 | 2.70 | 3.10 | 3.50 | 3.90 | 4.35 | 4.85 | 5.35 | 5.85 | 6.50 | 7.25 | 8.00 | 8.70 | 9.50 | 10.40 | 11.40 | 12.40 | 13.25 | 14.05 | 15.00 | 16.00 |

| T/R \ H/R | 0.00 | 0.10 | 0.20 | 0.30 | 0.40 | 0.50 | 0.60 | 0.70 | 0.80 | 0.90 | 1.00 | 1.10 | 1.20 | 1.30 | 1.40 | 1.50 | 1.60 | 1.70 | 1.80 | 1.90 |
|---|---|---|---|---|---|---|---|---|---|---|---|---|---|---|---|---|---|---|---|---|
| 1.50 | 2.85 | 3.15 | 3.65 | 4.10 | 4.55 | 5.00 | 5.50 | 6.20 | 6.80 | 7.50 | 8.20 | 8.85 | 9.70 | 10.55 | 11.50 | 12.50 | 13.30 | 14.05 | 15.02 | 16.00 |
| 1.60 | 2.95 | 3.40 | 3.80 | 4.25 | 4.75 | 5.20 | 5.75 | 6.30 | 7.00 | 7.65 | 8.40 | 9.10 | 9.80 | 10.80 | 11.75 | 12.60 | 13.40 | 14.20 | 15.10 | 16.00 |
| 1.70 | 3.10 | 3.55 | 4.00 | 4.50 | 4.95 | 5.40 | 5.95 | 6.50 | 7.20 | 7.80 | 8.50 | 9.20 | 10.00 | 10.85 | 11.85 | 12.75 | 13.45 | 14.20 | 15.10 | 16.00 |
| 1.80 | 3.25 | 3.70 | 4.20 | 4.65 | 5.10 | 5.60 | 6.10 | 6.75 | 7.40 | 8.00 | 8.65 | 9.35 | 10.10 | 11.00 | 11.90 | 12.80 | 13.50 | 14.20 | 15.10 | 16.00 |
| 1.90 | 3.43 | 3.86 | 4.30 | 4.75 | 5.20 | 5.70 | 6.30 | 6.90 | 7.50 | 8.17 | 8.70 | 9.40 | 10.20 | 11.00 | 12.00 | 12.821 | 13.55 | 14.20 | 15.10 | 16.00 |
| 2.00 | 3.50 | 4.00 | 4.50 | 4.90 | 5.35 | 5.85 | 6.40 | 7.10 | 7.70 | 8.30 | 8.90 | 9.60 | 10.40 | 11.00 | 12.85 | 13.60 | 14.30 | 15.10 | 16.00 | |
| 2.10 | 3.60 | 4.17 | 4.65 | 5.05 | 5.50 | 6.00 | 6.60 | 7.20 | 7.82 | 8.45 | 9.00 | 9.75 | 10.50 | 11.10 | 13.00 | 13.70 | 14.35 | 15.10 | 16.00 | |
| 2.20 | 3.75 | 4.25 | 4.72 | 5.20 | 5.60 | 6.10 | 6.70 | 7.35 | 8.00 | 8.55 | 9.15 | 9.80 | 10.60 | 11.30 | 13.00 | 13.70 | 14.40 | 15.15 | 16.00 | |
| 2.30 | 3.85 | 4.35 | 4.80 | 5.25 | 5.70 | 6.22 | 6.80 | 7.40 | 8.10 | 8.65 | 9.30 | 10.00 | 10.70 | 11.40 | 13.00 | 13.70 | 14.40 | 15.20 | 16.00 | |
| 2.40 | 3.95 | 4.40 | 4.90 | 5.35 | 5.80 | 6.30 | 6.90 | 7.50 | 8.20 | 8.70 | 9.40 | 10.00 | 10.80 | 11.50 | 13.10 | 13.75 | 14.45 | 15.20 | 16.00 | |
| 2.50 | 4.00 | 4.50 | 4.95 | 5.40 | 5.85 | 6.40 | 6.95 | 7.55 | 8.25 | 8.85 | 9.50 | 10.05 | 10.85 | 11.55 | 12.30 | 13.10 | 13.80 | 14.50 | 15.25 | 16.00 |
| 2.60 | 4.07 | 4.55 | 5.05 | 5.47 | 5.95 | 6.45 | 7.00 | 7.65 | 8.35 | 8.95 | 9.58 | 10.10 | 10.90 | 11.60 | 12.32 | 13.20 | 13.80 | 14.50 | 15.25 | 16.00 |
| 2.70 | 4.10 | 4.60 | 5.10 | 5.53 | 6.00 | 6.50 | 7.05 | 7.70 | 8.40 | 9.00 | 9.62 | 10.16 | 10.92 | 11.63 | 12.35 | 13.20 | 13.80 | 14.50 | 15.25 | 16.00 |
| 2.80 | 4.12 | 4.62 | 5.14 | 5.56 | 6.05 | 6.55 | 7.08 | 7.73 | 8.45 | 9.04 | 9.65 | 10.20 | 10.93 | 11.65 | 12.35 | 13.20 | 13.80 | 14.50 | 15.25 | 16.00 |
| 2.90 | 4.15 | 4.65 | 5.17 | 5.60 | 6.07 | 6.57 | 7.12 | 7.75 | 8.50 | 9.10 | 9.70 | 10.23 | 10.95 | 11.65 | 12.35 | 13.20 | 13.80 | 14.50 | 15.25 | 16.00 |
| 3.00 | 4.22 | 4.67 | 5.20 | 5.65 | 6.12 | 6.60 | 7.15 | 7.80 | 8.55 | 9.12 | 9.75 | 10.23 | 10.95 | 11.65 | 12.35 | 13.20 | 13.80 | 14.50 | 15.25 | 16.00 |

## 附录 B 眩光值（GR）

**B.0.1** 室外体育场地的眩光值（GR）计算

1 GR 的计算应按 B.0.1 公式计算：

$$GR = 27 + 24\lg \frac{L_{vl}}{L_{ve}^{0.9}} \qquad (B.0.1)$$

式中 $L_{vl}$——由灯具发出的光直接射向眼睛所产生的光幕亮度（cd/m$^2$）；

$L_{ve}$——由环境引起直接入射到眼睛的光所产生的光幕亮度（cd/m$^2$）。

2 B.0.1 式中的各参数应按下列公式确定：

1）由灯具产生的光幕亮度应按 B.0.1-1 式确定：

$$L_{vl} = 10 \sum_{i=1}^{n} \frac{E_{eyei}}{\theta_i^2} \qquad (B.0.1-1)$$

式中 $E_{eyei}$——观察者眼睛上的照度，该照度是在视线的垂直面上，由 $i$ 个光源所产生的照度（lx）；

$\theta_i$——观察者视线与 $i$ 个光源入射在眼睛上的方向所形成的角度（°）；

$n$——光源总数。

2）由环境产生的光幕亮度应按 B.0.1-2 式确定：

$$L_{ve} = 0.035 L_{av} \qquad (B.0.1-2)$$

式中 $L_{av}$——可看到的水平照射场地的平均亮度（cd/m$^2$）。

3）平均亮度 $L_{av}$ 应按 B.0.1-3 式确定：

$$L_{av} = E_{horav} \cdot \frac{\rho}{\pi \Omega_0} \qquad (B.0.1-3)$$

式中 $E_{horav}$——照射场地的平均水平照度（lx）；

$\rho$——漫反射时区域的反射比；

$\Omega_0$——1 个单位立体角（sr）。

**B.0.2** 眩光值（GR）的应用条件

1 本计算方法用于常用条件下，满足照度均匀度的室外体育场地的各种照明布灯方式；

2 用于视线方向低于眼睛高度；

3 看到的背景是被照场地；

4 眩光值计算用的观察者位置可采用计算照度用的网格位置，或采用标准的观察者位置；

5 可按一定数量角度间隔（5°……45°）转动选取一定数量观察方向。

## 本标准用词说明

1 为便于在执行本标准条文时区别对待，对要求严格程度不同的用语说明如下：

1）表示很严格，非这样做不可的用词：

正面词采用"必须"；

反面词采用"严禁"。

2）表示严格，在正常情况下均应这样做的用词：

正面词采用"应"，

反面词采用"不应"或"不得"。

3）表示允许稍有选择，在条件许可时首先应这样做的用词：

正面词采用"宜"，

反面词采用"不宜"；

表示有选择，在一定条件下可以这样做的，采用"可"。

2 标准条文中，"条"、"款"之间承上启下的连接用语，采用"符合下列规定"、"遵守下列规定"或"符合下列要求"等写法表示。

中华人民共和国国家标准

# 建 筑 照 明 设 计 标 准

GB 50034—2004

条 文 说 明

# 目　次

# 1 总　则

**1.0.1** 制订本标准的目的和原则。
**1.0.2** 本标准的适用范围。
**1.0.3** 本标准与其他标准和规范的关系。

# 2 术　语

本章编列了本标准引用的术语，共 47 条，绝大多数术语引自行业标准——《建筑照明术语标准》JGJ/T 119—98。

# 3 一般规定

## 3.1 照明方式和照明种类

**3.1.1** 本条规定了确定照明方式的原则。

1 为照亮整个场所，除旅馆客房外，均应设一般照明。

2 同一场所的不同区域有不同照度要求时，为节约能源，贯彻照度该高则高和该低则低的原则，应采用分区一般照明。

3 对于部分作业面照度要求高，但作业面密度又不大的场所，若只装设一般照明，会大大增加安装功率，因而是不合理的，应采用混合照明方式，即增加局部照明来提高作业面照度，以节约能源，这样做在技术经济方面是合理的。

4 在一个工作场所内，如果只设局部照明往往形成亮度分布不均匀，从而影响视觉作业，故不应只设局部照明。

**3.1.2** 本条规定了确定照明种类的原则。

1 所有工作场所均应设置在正常情况下使用的室内外照明。

2 本条规定了应急照明的种类和设计要求。

1) 备用照明是在当正常照明因故障熄灭后，可能会造成爆炸、火灾和人身伤亡等严重事故的场所，或停止工作将造成很大影响或经济损失的场所而设的继续工作用的照明，或在发生火灾时为了保证消防能正常进行而设置的照明。

2) 安全照明是在正常照明发生故障，为确保处于潜在危险状态下的人员安全而设置的照明，如使用圆盘锯等作业场所。

3) 疏散照明是在正常照明因故障熄灭后，为了避免发生意外事故，而需要对人员进行安全疏散时，在出口和通道设置的指示出口位置和方向的疏散标志灯和照亮疏散通道而设置的照明。

3 值班照明是在非工作时间里，为需要值班的车间、商店营业厅、展厅等大面积场所提供的照明。

它对照度要求不高，可以利用工作照明中能单独控制的一部分，也可利用应急照明，对其电源没有特殊要求。

4 在重要的厂区、库区等有警戒任务的场所，为了防范的需要，应根据警戒范围的要求设置警卫照明。

5 在飞机场周围建设的高楼、烟囱、水塔等，对飞机的安全起降可能构成威胁，应按民航部门的规定，装设障碍标志灯。

船舶在夜间航行时航道两侧或中间的建筑物、构筑物或其他障碍物，可能危及航行安全，应按交通部门有关规定，在有关建筑物、构筑物或障碍物上装设障碍标志灯。

## 3.2 照明光源选择

**3.2.2** 在选择光源时，不单是比较光源价格，更应进行全寿命期的综合经济分析比较，因为一些高效、长寿命光源，虽价格较高，但使用数量减少，运行维护费用降低，经济上和技术上可能是合理的。

**3.2.3** 本条是选择光源的一般原则。

1 细管径（≤26mm）直管形荧光灯光效高、寿命长、显色性较好，适用于高度较低的房间，如办公室、教室、会议室及仪表、电子等生产场所。

2 商店营业厅宜用细管径（≤26mm）直管形荧光灯代替较粗管径（＞26mm）荧光灯，以紧凑型荧光灯取代白炽灯，以节约能源。小功率的金属卤化物灯因其光效高、寿命长和显色性好，可用于商店照明。

3 高大的工业厂房应采用金属卤化物灯或高压钠灯。金属卤化物灯具有光效高、寿命长等优点，因而得到普遍应用，而高压钠灯光效更高，寿命更长，价格较低，但其显色性差，可用于辨色要求不高的场所，如锻工车间、炼铁车间、材料库、成品库等。

4 和其他高强气体放电灯相比，荧光高压汞灯光效较低，寿命也不长，显色指数也不高，故不宜用。自镇流荧光高压汞灯光效更低，故不应采用。

5 因白炽灯光效低和寿命短，为节约能源，一般情况下，不应采用普通照明白炽灯，如普通白炽灯泡或卤钨灯等；在特殊情况下需采用时，应采用100W 及以下的白炽灯。

**3.2.4** 本条规定可使用白炽灯的场所：

1 要求瞬时启动和连续调光的场所。除了白炽灯，其他光源要做到瞬时启动和连续调光较困难，成本较高。

2 防止电磁干扰要求严格的场所。因为气体放电灯有高次谐波，会产生电磁干扰。

3 开关灯频繁的场所。因为气体放电灯开关频繁时会缩短寿命。

4 照度要求不高、点燃时间短的场所。因为在这种场所使用白炽灯也不会造成大量电耗。

**5** 对装饰有特殊要求的场所。如使用紧凑型荧光灯不合适时，可以采用白炽灯。

**3.2.5** 应急照明采用白炽灯、卤钨灯、荧光灯，因在正常照明断电时可在几秒内达到标准流明值；对于疏散标志灯还可采用发光二极管（LED）。而采用高强度气体放电灯达不到上述的要求。

**3.2.6** 显色要求高的场所，应采用显色指数高的光源，如采用 Ra 大于 80 的三基色稀土荧光灯；显色指数要求低的场所，可采用显色指数较低而光效更高、寿命更长的光源。

### 3.3 照明灯具及其附属装置选择

**3.3.2** 本条规定了荧光灯灯具和高强度气体放电灯灯具的最低效率值，以利于节能。这些值是根据我国现有灯具效率制定的。在调查的荧光灯灯具中，带反射器开敞式的灯具效率大于 75% 的占 84.6%；带透明罩的效率大于 65% 的占 80%；带磨砂棱镜罩的灯具效率大于 55% 的占 86%；带格栅的效率大于 60% 的占 58%。对于高强气体放电灯灯具，带反射器开敞式的效率大于 75% 的占 80%；带透光罩的效率大于 60% 的占 62%。

**3.3.3** 本条为几种照明场所，分别规定了应采用的灯具，其依据是：

**1** 在有蒸汽场所当灯泡点燃时由于温度升高，在灯具内产生正压，而灯泡熄灭后，由于灯具冷却，内部产生负压，将潮气吸入，容易使灯具内积水。因此，规定在潮湿场所应采用相应等级的防水灯具，至少也应采用带防水灯头的开敞式灯具。

**2** 在有腐蚀性气体和蒸汽的场所，因各种介质的危害程度不同，所以对灯具要求不同。若采用密闭式灯具，应采用耐腐蚀材料制作，若采用带防水灯头的开敞式灯具，各部件应有防腐蚀或防水措施。

**3** 在高温场所，宜采用带散热构造和措施的灯具，或带散热孔的开敞式灯具。

**4** 在有尘埃的场所，应按防尘等级选择适宜的灯具。

**5** 在振动和摆动较大的场所，由于振动对光源寿命影响较大，甚至可能使灯泡自动松脱掉下，既不安全，又增加了维修工作量和费用，因此，在此种场所应采用防振型软性连接的灯具或防振的安装措施，并在灯具上加保护网，以防止灯泡掉下。

**6** 光源可能受到机械损伤或自行脱落，而导致人员伤害和财物损失的，应采用有保护网的灯具。如在生产贵重产品的高大工业厂房等场所。

**7** 在有爆炸和火灾危险的场所使用的灯具，应符合国家现行相关标准和规范等的有关规定。如《爆炸和火灾危险环境电力设计规范》。

**8** 在有洁净要求的场所，应安装不易积尘和易于擦拭的洁净灯具，以有利于保持场所的洁净度，并减少维护工作量和费用。

**9** 在博物馆展室或陈列柜等场所，对于需防止紫外线作用的彩绘、织品等展品，需采用能隔紫外线的灯具或无紫光源。

**3.3.4** 直接安装在可燃材料表面上的灯具，当灯具发热部件紧贴在安装表面上时，必须采用带有 $\overline{\underset{\triangledown}{\text{F}}}$ 标志的灯具，以免一般灯具的发热导致可燃材料的燃烧。

**3.3.5** 本条说明选择镇流器的原则：

**1** 采用电子镇流器，使灯管在高频条件下工作，可提高灯管光效和降低镇流器的自身功耗，有利于节能，并且发光稳定，消除了频闪和噪声，有利于提高灯管的寿命，目前我国的自镇流荧光灯大部分采用电子镇流器。

**2** T8 直管形荧光灯应配用电子镇流器或节能电感镇流器，不应配用功耗大的传统电感镇流器，以提高能效；T5 直管形荧光灯（＞14W）应采用电子镇流器，因电感镇流器不能可靠起动 T5 灯管。

**3** 当采用高压钠和金属卤化物灯时，宜配用节能型电感镇流器，它比普通电感镇流器节能；这类光源的电子镇流器尚不够稳定，暂不宜普遍推广应用，对于功率较小的高压钠灯和金属卤化物灯，可配用电子镇流器，目前市场上有这种产品。在电压偏差大的场所，采用高压钠灯和金属卤化物灯时，为了节能和保持光输出稳定，延长光源寿命，宜配用恒功率镇流器。

**4** 采用的镇流器应符合该镇流器的国家能效标准的规定。

**3.3.6** 高强度气体放电灯的触发器，一般是与灯具装在一起的，但有时由于安装、维修上的需要或其他原因，也有分开设置的。此时，触发器与灯具的间距越小越好。当两者间距大时，触发器不能保证气体放电灯正常启动，这主要是由于线路加长后，导线间分布电容增大，从而触发脉冲电压衰减而造成的，故触发器与光源的安装距离应符合制造厂家对产品的要求。

### 3.4 照明节能评价

**3.4.1** 目前美国、日本、俄罗斯等国家均采用照明功率密度（LPD）作为建筑照明节能评价指标，其单位为 $W/m^2$，本标准也采用此评价指标。其值应符合第 6 章的规定。

**3.4.2** 本标准规定了两种照明功率密度值，即现行值和目标值。现行值是根据对国内各类建筑的照明能耗现状调研结果、我国建筑照明设计标准以及光源、灯具等照明产品的现有水平并参考国内外有关照明节能标准，经综合分析研究后制订的。而目标值则是预测到几年后随着照明科学技术的进步、光源灯具等照明产品性能水平的提高，从而照明能耗会有一定程度的下降而制订的。目标值比现行值降低约为 10%～20%。目标值执行日期由标准主管部门决定。

# 4 照明数量和质量

## 4.1 照 度

**4.1.1** 本条规定了常用照度标准值分级，该分级与 CIE 标准《室内工作场所照明》S 008/E—2001 的分级大体一致。在主观效果上明显感觉到照度的最小变化，照度差大约为 1.5 倍。为了适合我国情况，照度分级向低延伸到 0.5lx，与原照明设计标准的分级一致。

**4.1.2** 本条规定照度标准值是指维持平均照度值，即规定表面上的平均照度不得低于此数值。它是在照明装置必须进行维护的时刻，在规定表面上的平均照度，这是为确保工作时视觉安全和视觉功效所需要的照度。

**4.1.3～4.1.4** 本标准修改了原标准的低、中、高的三种照度标准值，只规定一种标准值，与 CIE 新标准一致，但凡符合这两条所列的条件之一，作业面或参考平面的照度，可按照度标准值分级提高或降低一级。但不论符合几个条件，只能提高或降低一级。

**4.1.5** 作业面邻近周围（指作业面外 0.5m 范围之内）的照度与作业面的照度有关，若作业面周围照度分布迅速下降，会引起视觉困难和不舒适，为了提供视野内亮度（照度）分布的良好平衡，邻近周围的照度不得低于表 4.1.5 的数值。此表与 CIE 标准《室内工作场所照明》S 008/E—2001 的规定完全一致。

**4.1.6** 为使照明场所的实际照度水平不低于规定的维持平均照度值，照明设计计算时，应考虑因光源光通量的衰减、灯具和房间表面污染引起的照度降低，为此应计入表 4.1.6 的维护系数。

 **1** 因光源光通量衰减的维护系数，按照光源实际使用寿命达到其平均寿命 70% 时来确定。

 **2** 灯具污染的维护系数的取值与灯具擦拭周期有关。美国、俄罗斯等国家规定擦拭周期为 1～4 次/年，本标准规定了 2～3 次/年。

 **3** 维护系数是根据对 50 个照明场所的实测结果并综合以上因素而确定的，同时也和原标准规定的维护系数值相同。

**4.1.7** 考虑到照明设计时布灯的需要和光源功率及光通量的变化不是连续的这一实际情况，根据我国国情，规定了设计照度值与照度标准值比较，可有 -10%～+10% 的偏差。此偏差只适用于装 10 个灯具以上的照明场所；当小于 10 个灯具时，允许适当超过此偏差。

## 4.2 照度均匀度

**4.2.1** 作业面应尽可能地均匀照亮，根据现场的重点调研和设计普查，照度均匀度多数在 0.7 以上，人们感到满意。CIE 标准《室内工作场所照明》S 008/E—2001 中也规定了 0.7，因此本标准规定一般照明的照度均匀度不应小于 0.7。参照 CIE 标准规定，增加了作业面邻近周围的照度均匀度不应小于 0.5 的规定。

**4.2.2** 房间内的通道和其他非作业区域的一般照明的照度不宜低于作业区域一般照明照度的 1/3 的规定是参照原 CIE 标准 29/2 号出版物《室内照明指南》（1986）制订的。

**4.2.3** 有电视转播要求的体育场馆的照度均匀度是根据 CIE 出版物《体育比赛用的彩色电视和摄影系统的照明指南》No.83（1989）制订的。观众席前排的垂直照度一般是指主席台前各排坐席的照度。

## 4.3 眩 光 限 制

**4.3.1** 为限制视野内过高亮度或对比引起的直接眩光，规定了直接型灯具的遮光角，其角度值等同采用 CIE 标准《室内工作场所照明》S 008/E—2001 的规定。适用于常时间有人工作的房间或场所内。

**4.3.2** 各类照明场所的统一眩光值（UGR）是参照 CIE 标准《室内工作场所照明》S 008/E—2001 的规定制订的。UGR 最大允许值应符合第 5 章的规定，照明场所的统一眩光值根据附录 A 计算。此计算方法采用 CIE 117 号出版物《室内照明的不舒适眩光》（1995）的公式。

**4.3.3** 室外体育场的眩光采用眩光值（GR）评价，GR 最大允许值应符合 5.2.11 的规定，GR 值按附录 B 计算，此计算方法采用 CIE 112 号出版物《室外体育和区域照明的眩光评价系统》（1994）的公式。

**4.3.4** 由特定表面产生的反射而引起的眩光，通常称为光幕反射和反射眩光。它将会改变作业面的可见度，往往是有害的，可采取以下的措施来减少光幕反射和反射眩光。

 **1** 从灯具和作业面的布置方面考虑，避免将灯具安装在干扰区内，如灯安装在工作位置的正前上方 40°以外区域。

 **2** 从房间表面装饰方面考虑，采用低光泽度的表面装饰材料。

 **3** 从灯具亮度方面考虑，应限制灯具表面亮度不宜过高。

 **4** 从周围亮度考虑，应照亮顶棚和墙，以降低亮度对比，但避免出现光斑。

**4.3.5** 本条等同采用 CIE 标准《室内工作场所照明》S 008/E—2001 的规定。

## 4.4 光 源 颜 色

**4.4.1** 本条是根据 CIE 标准《室内工作场所照明》S 008/E—2001 的规定制订的。光源的颜色外貌是指灯发射的光的表观颜色（灯的色品），即光源的色表，它用光源的相关色温来表示。色表的选择是心理学、美学问题，它取决于照度、室内和家具的颜色、气候环境和应用场所条件等因素。通常在低照度场所宜用暖色表，中等照度用中间色表，高照度用冷色表；另外在温暖气候条件下喜欢冷色表；而在寒冷条件下喜欢暖色表；一般情况下，采用中间色表。

**4.4.2** 本条是根据 CIE 标准《室内工作场所照明》S 008/E—2001 的规定制订的。该标准的 Ra 取值为 90、80、60、40 和 20。随着人们对颜色显现质量要求的提高，根据 CIE 标准的规定，在长期工作或停留的室内照明光源显色指数不宜低于 80。但对于工业建筑部分生产场所的照明（安装高度大于 6m 的直接型灯具）可以例外，Ra 可低于 80，但最低限度必须能够辨认安全色。常用房间或场所的显色指数的最小允许值在第 5 章中规定。

## 4.5 反 射 比

**4.5.1** 本条规定的房间各个表面反射比是完全按照 CIE 标准《室内工作场所照明》S 008/E—2001 的规定制订的。制订本规定的目的在于使视野内亮度分布控制在眼睛能适应的水平上，良好平衡的适应亮度可以提高视觉敏锐度、对比灵敏度和眼睛的视功能效率。视野内不同亮度分布也影响视觉舒适度，应当避免由于眼睛不断地适应调节引起视疲劳的过高或过低的亮度对比。

# 5 照 明 标 准 值

## 5.1 居 住 建 筑

**5.1.1** 居住建筑的照明标准值是根据对我国六大区的 35 户新建住宅照明调研结果，并参考原国家标准《民用建筑照明设计标准》GBJ 133—90 以及一些国家的照明标准，经综合分析研究后制订的。居住建筑的国内外照度标准值对比见表1。

表 1 居住建筑国内外照度标准值对比       单位：lx

| 房间或场所 | | 本 调 查 | | | 原标准 GBJ 133—90 | 美 国 IESNA—2000 | 日 本 JIS Z 9110—1979 | 俄罗斯 СНиП 23-05-95 | 本标准 |
|---|---|---|---|---|---|---|---|---|---|
| | | 重 点 | | 普查 | | | | | |
| | | 照度范围 | 平均照度 | | | | | | |
| 起居室 | 一般活动 | 100～200 (84%) | 152 | — | 20～30～50 (一般) 150～200～300 (阅读) | 300 (偶尔阅读) 500 (认真阅读) | 30～75 (一般) 150～300 (重点) | 100 | 100 |
| | 书写、阅读 | | | | | | | | 300* |
| 卧室 | 一般活动 | 100 (80.64%) | 71 | — | 75～100～150 (床头阅读) 200～300～500 (精细作业) | 300 (偶尔阅读) 500 (认真阅读) | 10～30 (一般) 300～750 (读书、化妆) | 100 | 75 |
| | 书写、阅读 | | | | | | | | 150* |
| 餐 厅 | | 50～150 100 (73.9%) | 86 | — | 20～30～50 | 50 | 50～100 (一般) 200～500 (餐桌) | — | 150 |
| 厨房 | 一般活动 | 100 62.2% | 93 | — | 20～30～50 | 300 (一般) 500 (困难) | 50～100 (一般) 200～500 (烹调、水槽) | 100 | 100 |
| | 操作台 | | | | | | | | 150* |
| 卫生间 | | 100 (61.3%) | 121 | — | 10～15～20 | 300 | 75～150 (一般) 200～500 (洗脸、化妆) | 50 | 100 |

注：* 宜用混合照明。

**1** 根据实测调研结果，绝大多数起居室，在灯全开时，照度在 100～200lx 之间，平均照度可达 152lx，而原标准一般活动为 20～30～50lx，照度太低，美国标准又太高，日本最低，只有 75lx，俄罗斯为 100lx，根据我国实际情况，本标准定为 100lx。而起居室的书写、阅读，参照美、日和原标准，本标准定为 300lx，这可用混合照明来达到。

**2** 根据实测调研结果，绝大多数卧室的照度在 100lx 以下，平均照度为 71lx，美国标准太高，日本标准一般活动太低，阅读太高，俄罗斯为 100lx。根据我国实际情况，卧室的一般活动照度略低于起居室，取 75lx 为宜。床头阅读比起居室的书写阅读降低，取 150lx。一般活动照明由一般照明来达到，床头阅读照明可由混合照明来达到。

**3** 原标准的餐厅照度太低，最高只有 50lx，美国较低，而日本在 200～500lx 之间，根据我国的实测调查结果，多数在 100lx 左右，本标准定为 150lx。

**4** 目前我国的厨房照明较暗，大多数只设一般照明，操作台未设局部照明。根据实际调研结果，一般活动多数在 100lx 以下，平均照度为 93lx，而国外多在 100～300lx 之间，根据我国实际情况，本标准定为 100lx。而国外在操作台上的照度均较高，在 200～500lx 之间，这是为了操作安全和便于识别之故。本标准根据我国实际情况，定为 150lx，可由混合照明来达到。

**5** 原标准的卫生间一般照明照度太低，最高只有 20lx，而国外标准在 50～150lx 之间，根据调查结果，多数为 100lx 左右，平均照度为 121lx，故本标准定为 100lx。至于洗脸、化妆、刮脸，可用镜前灯照明，照度可在 200～500lx 之间。

**6** 显色指数（Ra）值是参照 CIE 标准《室内工作场所照明》S 008/E—2001 制订的，符合我国经济发展和生活水平提高的需要，同时，当前光源产品也具备这种条件。

## 5.2 公 共 建 筑

**5.2.1** 图书馆建筑照明标准值是根据对我国六大区的 46 所图书馆照明调研结果，并参考原国家标准、CIE 标准以及一些国家的照明标准经综合分析研究后制订的。图书馆建筑国内外照度标准值对比见表 2。

**1** 所调查的阅览室大部分为省市图书馆和部分大学图书馆，半数以上阅览室照度在 200～300lx 之间，平均照度在 339lx，而原标准高档照度为 300lx，CIE 标准为 500lx，美国和俄罗斯均为 300lx。根据视觉满意度实验，对荧光灯在 300lx 时，其满意度基本可以。又据现场评价，150～250lx 基本满足视觉要求。根据我国现有情况，本标准一般阅览室定为 300lx，国家、省市及重要图书馆的阅览室、老年阅览室、珍善本、舆图阅览室定为 500lx。

**表 2　图书馆建筑国内外照度标准值对比**　　　　　单位：lx

| 房间或场所 | | 本 调 查 | | 原标准 GBJ 133—90 | CIE S 008/E—2001 | 美 国 IESNA—2000 | 俄罗斯 CHиП23-05-95 | 本标准 |
|---|---|---|---|---|---|---|---|---|
| | | 重 点 | 普查 | | | | | |
| | | 照度范围 | 平均照度 | | | | | |
| 阅览室 | 一般图书馆 | | | | | | | 300 |
| | 国家、省市及其他重要图书馆 | 200～300 (50%) | 339 | 200～300 (74.9%) | 150～200～300 | 500 | 300 | 300 (一般) | 500 |
| | 老年阅览室、珍善本、舆图阅览室 | — | — | — | 200～300～500 | 500 | 300 | — | 500 |
| 目录厅（室）、陈列室 | | — | 390 | 150～250 (57.2%) | 75～100～150 | 200 (个人书架) | 300 (阅读架) | 200 | 300 |
| 书库 | | <150 (92.3%) | 72 (h=0.5) / 208 (h=0.75) | <150 (35.7%) | 20～30～50 (垂直) | 200 (书架) | 50 (不活动) | 75 | 50 |
| 工作间 | | — | — | 150～250 (47.1%) | 150～200～300 | — | — | 200 | 300 |

**2** 根据陈列室、目录厅（室）、出纳厅的照度普查结果，半数以上平均为200lx，原标准高档为150lx，而国外标准在200～300lx之间，本标准定为300lx。

**3** 根据书库的调查结果，多数照度在150lx以下，除美国照度较高外，日本和俄罗斯在50～75lx之间。本标准定为50lx。

**4** 工作间的照度，调查结果多数平均在200～300lx之间，而原标准高档为300lx，考虑图书的修复工作需要，本标准定为300lx。

**5** 各房间统一眩光值（UGR）和显色指数（Ra）是参照CIE标准《室内工作场所照明》S 008/E—2001制订的。

**5.2.2** 办公建筑的照明标准值是根据对我国六大区的187所办公建筑照明调研结果，并参考原国家标准、CIE标准以及一些国家的照明标准经综合分析研究后制订的。办公建筑的国内外照度标准值对比见表3。

表3 办公建筑国内外照度标准值对比 单位：lx

| 房间或场所 | 本调查 | | 普查 | 原标准 GBJ 133—90 | CIE S 008/E—2001 | 美国 IESNA—2000 | 日本 JIS Z 9110—1079 | 德国 DIN 503 5—1990 | 俄罗斯 CHиП 23-05-95 | 本标准 |
| | 重点 | | | | | | | | | |
| | 照度范围 | 平均照度 | | | | | | | | |
| 普通办公室 | 200～400 (57.1%) | 429 | 200～300 (75.4%) | 100～150～200 | 500 | 500 | 300～750 | 300 | 300 | 300 |
| 高档办公室 | | | | | | | | 500 | — | 500 |
| 会议室、接待室、前台 | 200～400 (59.3%) | 358 | 200～300 (88.1%) | 100～150～200 | 500 300（接待） | 300 500（重要） | 300～750 200～500（接待） | 300 | 200 300（前台） | 300 |
| 营业厅 | — | — | 200～300 (69.2%) | 100～150～200 | — | 300 500（书写） | 750～1500 | — | — | 300 |
| 设计室 | | | 200～300～500 | | 750 | 750 | 750～1500 | 750 | 500 | 500 |
| 文件整理、复印、发行室 | 250～350 (66.7%) | 324 | 200 (72.7%) | 50～75～100 | 300 | 100 | 300～750 | — | 400 | 300 |
| 资料、档案室 | — | — | <150 | 50～75～100 | 200 | — | 150～300 | — | 75 | 200 |

**1** 办公室分普通和高档两类，分别制订照度标准，这样做比较适应我国不同建筑等级以及不同地区差别的需要。根据调研结果，办公室的平均照度多数在200～400lx之间，平均照度为429lx，而原标准高档为200lx。从目前我国实际情况看，原标准值明显偏低，需提高照度标准。CIE、美国、日本、德国办公室照度均为500lx，只有俄罗斯为300lx，根据我国情况，本标准将普通办公室定为300lx，高档办公室定为500lx。

**2** 根据会议室、接待室、前台的照度调查结果，多数平均在200～400lx之间，平均照度为358lx，原标准高档为200lx，而CIE标准及一些国家多在300～500lx之间，本标准定为300lx。

**3** 根据营业厅的照度调查结果，多数为200～300lx之间，而美国为300～500lx，日本高达750～1500lx，本标准定为300lx。

**4** 设计室的照度与高档办公室的照度一致，本标准定为500lx。

**5** 根据文件整理、复印、发行室的照度调查结果，重点调查照度在250～350lx之间，平均为324lx。普查照度平均为200lx，而原标准高档为100lx，CIE标准为300lx，美国标准稍低为100lx，日本为300～750lx，本标准定为300lx。

**6** 资料、档案室的照度普查结果均小于150lx，CIE标准为200lx，日本为150～300lx，本标准定为200lx。

**7** 办公建筑各房间的统一眩光值（UGR）和显色指数（Ra）是参照CIE标准《室内工作场所照明》S 008/E—2001制订的。

**5.2.3** 商业建筑照明标准值是根据对我国六大区的90所商业建筑的照明调研结果，并参考原国家标准、CIE标准以及一些国家的照明标准经综合分析研究后制订的。商业建筑国内外照度标准值对比见表4。

表4 商业建筑国内外照度标准值对比 单位：lx

| 房间或场所 | 本调查 | | | 原标准 GBJ 133—90 | CIE S 008/E —2001 | 美国 IESNA —2000 | 日本 JIS Z 9110—1979 | 德国 DIN 503 5—1990 | 俄罗斯 СНиП 23-05-95 | 本标准 |
|---|---|---|---|---|---|---|---|---|---|---|
| | 重点 | | 普查 | | | | | | | |
| | 照度范围 | 平均照度 | | | | | | | | |
| 一般商店营业厅 | >500 (70.2%) | 678 | <500 (90.6%) | 75~100 ~150 | 300（小） 500（大） | 300 | 500~750 | 300 | 300 | 300 |
| 高档商店营业厅 | | | | | | | | | | 500 |
| 一般超市营业厅 | 300~500 (75%) | 567 | <500 (91.7%) | 150~200 ~300 | 500 | 500 | 750~1000 （市内） | | 400 | 300 |
| 高档超市营业厅 | | | | | | | 300~750 （郊外） | | | 500 |
| 收款台 | — | — | — | 150~200 ~300 | 500 | — | 750~1000 | 500 | | 500 |

1 由于商业建筑等级和地区的不同，将商店分为一般和高档两类，比较符合中国的实际情况。重点调研结果是多数商店照度均大于500lx，平均照度达678lx，因为调研的商店均为大型高档商店，而普查的照度多数小于500lx。CIE标准将营业厅按大小分类，大营业厅照度为500lx，小营业厅为300lx，而美、德、俄等国均为300lx，日本稍高，达500～750lx。据此，本标准将一般商店营业厅定为300lx，高档商店营业厅定为500lx。

2 根据中国实际情况，将超市分为二类，一类是一般超市营业厅，另一类是高档超市营业厅。根据调研结果，照度大多数在300～500lx，平均照度达567lx。而美国不分何种超市均定为500lx，日本在市内超市为750～1000lx，而在市郊超市为300～750lx，俄罗斯为400lx。本标准将一般超市营业厅定为300lx，而高档超市营业厅定为500lx。

3 收款台要进行大量现金及票据工作，精神集中，避免差错，照度要求较高，本标准定为500lx。

4 商店各营业厅的统一眩光值（UGR）和显色指数（Ra）是参照CIE标准《室内工作场所照明》S 008/E—2001制订的。

5.2.4 影剧院建筑照明标准值是根据对我国10所影剧院建筑照明调查结果，并参考原国家标准、CIE标准以及一些国家的照明标准经综合分析研究后制订的。影剧院建筑国内外照度标准值对比见表5。

表5 影剧院建筑国内外照度标准值对比 单位：lx

| 房间或场所 | | 本调查 | 原标准 GBJ 133—90 | CIE S 008/E—2001 | 美国 IESNA—2000 | 日本 JIS Z 9110—1979 | 俄罗斯 СНиП23-05-95 | 本标准 |
|---|---|---|---|---|---|---|---|---|
| 门厅 | | 10~133 | 100~150~200 | 100 | — | 300~750 | 500 | 200 |
| 观众厅 | 影院 | 103 | 30~50~75 | — | 100 | 150~300 | 75 | 100 |
| | 剧场 | | 50~75~100 | 200 | — | 150~300 | 300~500 | 200 |
| 观众休息厅 | 影院 | 40~200 | 50~75~100 | — | — | 150~300 | 150 | 150 |
| | 剧场 | | 75~100~150 | — | — | | | 200 |
| 排演厅 | | 310 | 100~150~200 | 300 | | | | 300 |
| 化妆室 | 一般活动区 | 509 | 75~100~150 150~200~300 | | | 300~750 | | 150 |
| | 化妆 | | | | | | | 500 |

**1** 影剧院建筑门厅反映一个影剧院风格和档次，且是观众的主要入口，其照度要求较高。根据调查结果，门厅照度在10～133lx之间，而CIE标准为100lx，日本为300～750lx，俄罗斯为500lx，照度差异较大，根据我国实际情况，本标准定为200lx。

**2** 影院和剧场观众厅照度稍有不同，剧场需看剧目单及说明书等，故需照度高些，影院比剧场稍低。根据调查，现有影剧场观众厅平均照度为103lx，CIE标准剧场为200lx，本标准对观众厅，剧场定为200lx，影院定为100lx。

**3** 影院和剧场的观众休息厅，根据调查结果，照度在40～200lx之间。原标准高档照度，影院为100lx，剧场为150lx。日本为150～300lx，俄罗斯为150lx。本标准将影院定为150lx，剧场定为200lx，以满足观众休息的需要。

**4** 排演厅的实测照度为310lx，原标准高档为200lx，照度较低。CIE标准为300lx，参照CIE标准的规定，本标准定为300lx。

**5** 化妆室的实测照度为509lx，原标准一般区域高档为150lx，化妆台高档为300lx，日本为300～750lx。本标准将一般活动区照度定为150lx，而将化妆台照度提高到500lx。

**6** 影剧院的统一眩光值（UGR）和显色指数（Ra）是参照CIE标准《室内工作场所照明》S 008/E—2001制订的。

**5.2.5** 旅馆建筑照明标准值是根据对我国六大区的62所旅馆建筑照明调查结果，并参考原国家标准、CIE标准以及一些国家的照明标准经综合分析研究后制订的。旅馆建筑国内外照度标准值对比见表6。

**表6 旅馆建筑国内外照度标准值对比** 单位：lx

| 房间或场所 | | 本调查 | | 普查 | 原标准 GBJ 133—90 | CIE S 008/E —2001 | 美国 IESNA —2000 | 日本 JIS Z 9110—1979 | 德国 DIN 5035 —1990 | 俄罗斯 CHиП 23—05—95 | 本标准 |
|---|---|---|---|---|---|---|---|---|---|---|---|
| | | 重点 | | | | | | | | | |
| | | 照度范围 | 平均照度 | | | | | | | | |
| 客房 | 一般活动区 | <50 (78.9%) | 37 | 100～200 (94%) | 20～30～50 | — | 100 | 100～150 | — | 100 | 75 |
| | 床头 | 100 (57.9%) | 110 | 50～75～100 | | — | — | — | — | — | 150 |
| | 写字台 | 100～200 (100%) | 208 | 100～200 (64.6%) | 100～150 ～200 | — | 300 | 300～750 | — | — | 300 |
| | 卫生间 | 100～200 (66.4%) | 173 (水平) | 100～200 (100%) | 50～75～100 | — | 300 | 100～150 | — | — | 150 |
| | | | 84 (垂直) | | | | | | | | |
| 中餐厅 | | 100～200 (83.2%) | 186 | 200～300 (75%) | 50～75 ～100 | 200 | — | 200～300 | 200 | — | 200 |
| 西餐厅、酒吧间 | | <100 (82.5%) | 69 | — | 20～30～50 | — | — | — | — | — | 100 |
| 多功能厅 | | 100～200 (76%) | 149 | 300～400 (100%) | 150～200 ～300 | 200 | 500 | 200～500 | 200 | 200 | 300 |
| 门厅、总服务台 | | 50～100 (62.6%) | 121 | 200～300 (83.4%) | 75～100 ～150 | 300 | 100 300 (阅读处) | 100～150 | — | — | 300 |
| 休息厅 | | | | | | | | | | | 200 |
| 客房层走廊 | | <50 (75%) | 43 | — | — | 100 | 50 | 75～100 | — | — | 50 |
| 厨房 | | — | — | 150 | — | — | 200～500 | — | 500 | 200 | 200 |
| 洗衣房 | | — | — | 150 | — | — | — | 100～200 | — | 200 | 200 |

**1** 目前绝大多数宾馆客房无一般照明，按一般活动区、床头、写字台、卫生间四项制订标准。根据实测调查结果，绝大多数一般活动区照度小于50lx，平均照度只有37lx，原标准高档为50lx，而美国等一些国家为100～150lx，根据我国情况本标准定为75lx。床头的实测照度多数为100lx左右，平均照度为110lx，而原标准最高为100lx，稍低，本标准提高到150lx。写字台的实测照度多在100～200lx之间，而原标准高档为200lx，美国为300lx，日本为300～750lx；本标准定为300lx。卫生间的实测照度多数在100～200lx之间，原标准高档为100lx，而美国为300lx，日本为100～200lx，本标准定为150lx。

**2** 中餐厅重点实测照度多数在100～200lx之间，平均照度为186lx，而普查设计照度多数在200～300lx之间，原标准高档照度为100lx，照度偏低，CIE标准和德国为200lx，日本为200～300lx，本标准定为200lx。

**3** 西餐厅、酒吧间、咖啡厅照度，不宜太高，以创造宁静、优雅的气氛。实测照度均小于100lx。原标准高档为50lx，照度偏低，本标准定为100lx。

**4** 多功能厅重点实测照度多数在100～250lx之间，平均照度为149lx，而普查照度均在300～400lx之间，CIE标准、德国、俄罗斯均为200lx，而美国为500lx，日本为200～500lx，本标准取各国标准的中间值，定为300lx。

**5** 门厅、总服务台、休息厅是旅馆的重要枢纽，是人流集中分散的场所，重点调查照度约100lx左右，平均为121lx，而普查多数在200～300lx之间，原标准高档为150lx，而国外标准在100～300lx之间，结合我国实际情况，本标准将门厅、总服务台定为300lx，将休息厅定为200lx。

**6** 客房层走道实测照度多数小于50lx，平均为43lx，而国外多为50～100lx之间，本标准定为50lx。

**7** 旅馆建筑各房间的统一眩光值（UGR）和显色指数（Ra）是参照CIE标准《室内工作场所照明》S 008/E—2001制订的。

**5.2.6** 医院建筑照明标准值是根据对我国六大区的64所医院建筑照明调查结果，并参考《综合医院建筑设计规范》JGJ 49—88、CIE标准和一些国家的照明标准经综合分析研究后制订的。医院建筑的国内外照度标准值对比见表7。原标准无此项标准，为新增项目。

**表7 医院建筑国内外照度标准值对比** 单位：lx

| 房间或场所 | 本调查 重点 照度范围 | 本调查 重点 平均照度 | 本调查 普查 | 行业标准 JGJ 49—88 | CIE S 008/E—2001 | 美国 IESNA—2000 | 日本 JIS Z 9110—1979 | 德国 DIN 5035—1990 | 本标准 |
|---|---|---|---|---|---|---|---|---|---|
| 治疗室 | 100～200 (77.8%) | 180 | 100～200 (85.2%) | 50～100 | 1000 500（一般） | 300 | 300～750 | 300 | 300 |
| 化验室 | 200～300 (71.6%) | 260 | 100～200 (93.8%) | 75～150 | 500 | 500 | 200～500 | 500 | 500 |
| 手术室 | ＞300 (100%) | 417 | 200～300 (72.2%) | 100～200 | 100～200 | 3000～10000 | 750～1500 | 1000 | 750 |
| 诊室 | 100～200 (82.4%) | 173 | 100～200 (91.7%) | 75～150 | 500 | 300（一般）500（工作台） | 300～750 | 500 1000 | 300 |
| 候诊室 | 100～200 (75.2%) | 177 | 100 (100%) | 50～100 | 200 | 100（一般）300（阅读） | 150～300 | — | 200 |
| 病房 | 100～200 (80%) | 120 | 100 (60%) | 15～30 | 100（一般）300(检查、阅读) | 50（一般）300（阅读）500（诊断） | 100～200 | 100（一般）200（阅读）300（检查） | 100 |
| 护士站 | 100～200 (82.3%) | 154 | 100～200 (100%) | 75～150 | — | 300（一般）500（桌面） | 300～750 | 300 | 300 |
| 药房 | 100～200 (94.1%) | 211 | 100～200 (95.2%) | — | — | 500 | 300～750 | — | 500 |
| 重症监护室 | — | — | — | — | 500 | — | — | 300 | 300 |

**1** 治疗室的实测照度大多数在100～200lx之间，平均照度为180lx，我国行标高档为100lx，而国际及国外的照度标准均在300～500lx之间，高的可达1000lx。考虑我国实际情况，提高到300lx，还是现实可行的，故本标准定为300lx。

**2** 化验室的实测照度大多数在200～300lx之间，平均照度为260lx，而国外标准多在500lx，考虑到化验的视觉工作精细，参照国外标准，本标准也定为500lx。

**3** 手术室一般照明实测照度多在200～300lx之间，我国行标高档为200lx，而国外平均在1000lx左右，美国高达3000lx以上，而本标准是采用国外的最低标准，定为750lx。

**4** 诊室的实测照度在100～200lx之间，平均为

173lx，我国行标最高为150lx，而国外多数在300～500lx之间。对现有诊室照度水平，医生反映均偏低，故本标准提高到300lx。

**5** 候诊室的实测照度多数在100～200lx之间，平均为177lx，我国行标高档为100lx，而CIE标准为200lx，美国和日本为100～300lx之间，考虑候诊室可比诊室照度低一级，本标准定为200lx。挂号厅的照度与候诊室的照度相同。

**6** 病房的实测照度多数在100～200lx之间，平均为120lx，我国行标最高为100lx，而国外一般照明为100lx，只有在检查和阅读时要求照度为200～500lx，此时多可用局部照明来实现，本标准定为100lx。

**7** 护士站的实测照度多在100～200lx之间，平

均为154lx，我国行标高档为150lx，护士人员反映偏低，医护人员多在此处书写记录，而国外多在300～500lx之间，本标准将照度提高到300lx。

**8** 药房的实测照度多在100～200lx之间，美国为500lx，日本为300～750lx，考虑到药房视觉工作要求较高，需较高的照度，才能识别药品名，本标准定为500lx。

**9** 重症监护室是医疗抢救重地，要求有很高的照度，以满足精细的医疗救护工作的需要，参照CIE标准，本标准定为500lx。

**10** 医院各房间的统一眩光值（UGR）和显色指数（Ra）是参照CIE标准《室内工作场所照明》S 008/E—2001制订的。

**5.2.7** 学校建筑照明标准值是根据对我国六大区的99所学校建筑的照明调查结果，并参考我国《中小学校建筑设计规范》GBJ 99—86、CIE标准以及一些国家的照明标准经综合分析研究后制订的。学校建筑的国内外照度标准值对比见表8。原标准无此项标准，为新增项目。

**表8　学校建筑国内外照度标准值对比**　　　　单位：lx

| 房间或场所 | 本调查 | | | 国标 GBJ 99—86 | CIE S 008/E —2001 | 美国 IESNA— 2000 | 日本 JISZ 9110 —1979 | 德国 DIN 5035— 1990 | 俄罗斯 СНиП23— 05—95 | 本标准 |
|---|---|---|---|---|---|---|---|---|---|---|
| | 重点 | | 普查 | | | | | | | |
| | 照度范围 | 平均照度 | | | | | | | | |
| 教室 | 200～300 (66.6%) | 232 | 200～300 (94%) | 150 | 300 500（夜校、成人教育） | 500 | 200～750 | 300 500 | 300 | 300 |
| 实验室 | 200～300 (70%) | 295 | 200～300 (94.8%) | 150 | 500 | 500 | 200～750 | 500 | 300 | 300 |
| 美术教室 | — | 196 | 200～300 (94.1%) | 200 | 500 750 | 500 | — | 500 | — | 500 |
| 多媒体教室 | — | 300 | 200～300 (90.7%) | 200 | 500 | 500 | — | 500 | 400 | 300 |
| 教室黑板 | <150 (55%) | 170 | 200 （黑板面） | | 500 | | | | 500 | 500 |

**1** 教室的实测照度多数在200～300lx之间，平均照度为232lx，实际照度和设计照度均较低，国标GBJ 99—86为150lx。而CIE标准规定普通教室为300lx，夜间使用的教室，如成人教育教室等，照度为500lx。美国为500lx，德国与CIE标准相同，日本教室为200～750lx。本标准参照CIE标准的规定，教室定为300lx，包括夜间使用的教室。

**2** 实验室的实测照度大多数在200～300lx之间，平均照度为294lx，国标GBJ 99—86为150lx，偏低，多数国家为300～500lx，本标准定为300lx。

**3** 美术教室的普查照度多在200～300lx之间，国标GBJ 99—86为200lx，国外标准多为500lx，因美术教室视觉工作精细，本标准定为500lx。

**4** 多媒体教室的普查照度多在200～300lx之间，国标GBJ 99—86为200lx，国外照度标准为400～500lx之间，考虑因有视屏视觉作业，照度不宜太高，本标准定为300lx。

**5** 目前还有部分教室无专用的黑板照明灯，必须专门设置。黑板垂直面的照度至少应与桌面照度相同，为保护学生视力，本标准将原国标GBJ 99—86的200lx，提高到500lx。

**6** 学校建筑各种教室的统一眩光值（UGR）和显色指数（Ra）是根据CIE标准《室内工作场所照明》S 008/E—2001制订的。

**5.2.8** 博物馆照明标准值是在对27所博物馆照明实测基础上，参照CIE标准和一些国家博物馆照明标准，以及采用我国行业标准《博物馆照明设计标准》而制订的。博物馆的国内外照度标准值对比见表9。原标准无此项标准，为新增项目。

**1** 博物馆行业标准，将对光特别敏感展品、对光敏感展品和对光不敏感展品的照度分别定为不超过50lx、150lx和300lx，此标准与CIE 1984年博物馆照明标准一致。本标准采用此照度值。

**2** 根据陈列室一般照明的照度低于展品照度的原则，一般照明的照度按展品照度的20%～30%选取。

**3** 根据CIE标准的规定，统一眩光值（UGR）应为19，对辨色要求高的展品，其显色指数（Ra）不应低于90，对于显色要求一般的展品显色指数（Ra）为80。

**5.2.9** 展览馆展厅的国内外照度标准值对比见表10。

**表 9　博物馆陈列室展品国内外照度标准值对比**　　　　　　　单位：lx

| 类别 | 本调查 | | | | 博物馆行业标准 | CIE博物馆标准1984 | 美国IESNA—2000 | 英国CIBS—1984 | 日本IJS Z 9110—1979 | 俄罗斯СНиП 23—05—95 | 本标准 |
|---|---|---|---|---|---|---|---|---|---|---|---|
| | 重点 | | | 普查 | | | | | | | |
| | 最高照度 | 最低照度 | 平均照度 | | | | | | | | |
| 对光特别敏感的展品 | 654 | 299 | 513 | ≤50 | 50 | | 50 | 75~150 | 50~75 | 50 | |
| 对光敏感的展品 | 300 | 85 | 179 | ≤150 | 150 | | 150 | 300~750 | 150 | 150 | |
| 对光不敏感的展品 | 370 | 339 | 355 | ≤300 | 300 | 无限制 | 无限制 | 750~1500 | 200~500 | 300 | |

**表 10　展览馆展厅国内外照度标准值对比**　　　　　　　单位：lx

| 房间或场所 | 本调查 | | | | | | 美国IESNA—2000 | 日本JIS Z 9110—1979 | 俄罗斯СНиП 23—05—95 | 本标准 |
|---|---|---|---|---|---|---|---|---|---|---|
| | 重点 | | | 普查 | | | | | | |
| | 最高照度 | 最低照度 | 平均照度 | 最高照度 | 最低照度 | 平均照度 | | | | |
| 展厅　一般 | 619 | 610 | 615 | 500 | 150 | 207 | 100 | 200~500 | 200 | 200 |
| 展厅　高档 | | | | | | | | | | 300 |

1　展览馆展厅的照度，本次调查展厅数量少，调查结果说明不了普遍性问题。展厅照明标准，主要是参考日本、俄罗斯的照度标准制订的。根据不同建筑等级以及不同地区的差别，将展厅分为一般和高档二类。一般展厅定为200lx，而高档展厅定为300lx，至于本次实测的展厅是新建的属亚洲最大的广东省展览馆展厅，一般照明初始平均照度为615lx，维护系数按0.8计算，则维持平均照度约为492lx。该展览馆由日本公司设计执行的是日本标准，照度太高。目前，我国不宜采用此照度值。

2　根据CIE标准的规定展厅的统一眩光值（UGR）为22，而显色指数（Ra）为80。

5.2.10　交通建筑照明标准值是根据对我国六大区的28座机场、车站、汽车客运交通站的照明调查结果，并参考原国家标准、CIE标准以及一些国家照明标准经综合分析研究后制订的。本标准中机场建筑照明系新增加项目。交通建筑的国内外照度标准值对比见表11。

**表 11　交通建筑（火车站、汽车站、机场、码头）国内外照度标准对比**　　　　　　　单位：lx

| 房间或场所 | 本调查 | | | 原标准GBJ133—90 | CIE S008/E—2001 | 美国IESNA—2000 | 日本JIS Z 9110—1979 | 本标准 |
|---|---|---|---|---|---|---|---|---|
| | 重点 | | 普查 | | | | | |
| | 照度范围 | 平均照度 | | | | | | |
| 售票台 | — | — | 200 | — | — | — | — | 500 |
| 问讯处 | — | — | 150 | 500（台面） | — | — | — | 200 |
| 候车（机、船）室　普通 | 100~200（35.7%） | 177 | 169（火）255（机）150 | 50~75~100 | 200 | 50 | 300~750(A) 150~300(B) 75~150(C) | 150 |
| 候车（机、船）室　高档 | ≥200（42.9%） | | | 150 | | | | 200 |
| 中央大厅 | 453~473 | 463 | | | 200 | 30 | | 200 |
| 售票大厅 | ≥200（61.5%） | 241 | 125 | 75~100~150 | 200 | 500 | 300~750(A) 150~300(B) | 200 |
| 海关、护照检查 | | | | 100~150~200 | 500 | | | 500 |
| 安全检查 | ≥200（75%） | 321 | | 300 | 300 | 300 | | 300 |
| 换票、行李托运 | 273 | | | 50~75~100 | 300 | 300 | | 300 |
| 行李认领、到达大厅、出发大厅 | 197 | | 193 | 50~75~100 | 200 | 50 | | 200 |

| 房间或场所 | 本调查 | | | 原标准 GBJ 133—90 | CIE S 008/E—2001 | 美国 IESNA—2000 | 日本 JIS Z 9110—1979 | 本标准 |
|---|---|---|---|---|---|---|---|---|
| | 重点 | | 普查 | | | | | |
| | 照度范围 | 平均照度 | | | | | | |
| 通道、连接区、扶梯 | 130(火车)575(机场)平均391 | — | 175~190 | 15~20~30 | 150 | | 150~300(A)75~150(B)50~150(C) | 150 |
| 站台(有棚)站台(无棚) | | | 20~30 | 15~20~30 10~15~20 | — | | 150~300(A)75~150(B) | 75 50 |

**1** 售票台台面,原标准为 200lx,照度偏低,因工作精神集中,收现金、发票,本标准定为 500lx。

**2** 问讯处的原标准高档为 150lx,而 CIE 问讯处台面为 500lx,根据我国情况,定为 200lx。

**3** 候车(机、船)室的实测照度多数在 150lx 以上,原标准高档 150lx。CIE 标准规定为 200lx,而日本分为三级,A 级为 300~750lx,B 级为 150~300lx,C 级为 75~150lx。本标准将候车(机、船)室(厅)分为普通和高档二类,普通定为 150lx,高档定为 200lx。

**4** 中央大厅的实测照度较高,平均照度为 463lx,而原标准最高为 100lx。CIE 标准规定为 200lx,参照 CIE 标准规定,本标准定为 200lx。

**5** 售票厅的重点实测照度半数大于 200lx,平均照度为 241lx,而普查只有 125lx。原标准高档为 150lx,CIE 标准规定为 200lx,美国为 500lx,而日本分不同等级车站定照度标准,A 级为 300~750lx,B 级为 150~300lx。根据我国情况,参照 CIE 标准,本标准定为 200lx。

**6** 海关、护照检查,原标准为 200lx,参照 CIE 标准规定,本标准定为 500lx。

**7** 安全检查的实测照度多数大于 200lx,平均照度为 321lx,CIE 标准和美国均规定为 300lx,本标准定为 300lx。

**8** 换票和行李托运的实测照度为 273lx,原标准高档为 100lx,而 CIE 标准和美国规定均为 300lx,本标准定为 300lx。

**9** 行李认领、到达大厅和出发大厅的实测照度为 197lx,而 CIE 标准为 200lx,本标准参照 CIE 标准,定为 200lx。

**10** 通道、连接区、扶梯的普查平均照度为 175~190lx,原标准高档为 30lx,照度太低,而 CIE 标准规定为 150lx,日本 150lx 是三级中的中间值,本标准定为 150lx。

**11** 本标准有棚站台定为 75lx,无棚站台定为 50lx,符合现今的实际情况。

**12** 交通建筑房间或场所的统一眩光值(UGR)和显色指数(Ra)是根据 CIE 标准《室内工作场所照明》S 008/E—2001 制订的。

**5.2.11** 体育建筑的照明标准值是根据对我国一些主要城市的 29 座体育场馆的照明调查结果,并参考原国家标准、CIE 标准以及一些国家的照明标准经综合分析研究后制订的。体育场馆的国内外照度标准值对比见表 12。

**表 12 体育建筑照度国内外照度标准值对比** 单位:lx

| 房间或场所 | 本调查 | | | 原标准 GBJ 133—90 | CIE No. 83—1989 | 美国 IESNA—2000 | 日本 JISZ 9110—1979 | 本标准 |
|---|---|---|---|---|---|---|---|---|
| | 重点 | | 普查 | | | | | |
| | 照度范围 | 平均照度 | | | | | | |
| 体育场 | 1000~2000(83.3%) | 1870 | 1000~2000(100%) | 300~500~750 | 500~750~1000(A) | 1000~1500 | 750~1500(正式)300~750(一般) | 500~750~1000(A) |
| 体育馆 | 2000(63.6%) | 2387 | 1000~2000(100%) | 300~500~750 | 750~1000~1400(B) | 1500~2000 | 750~1500(正式)300~7500(一般) | 750~1000~1500(B) |
| 游泳馆 | 1000~2000(100%) | 1462 | 1000~2000(75%) | 300~500~750 | 1000~1400(C) | 300~750 | 750~1500(正式)300~750(一般) | 1000~1500(C) |
| 训练馆 | 1000~2000(100%) | 1416 | — | 200~750 | — | — | — | — |

注:CIE 标准的(A)、(B)和(C)为三组比赛项目的彩电转播照度值,而原标准为非彩电转播照度值。

本标准的表 5.2.11-1 和表 5.2.11-2 规定了各种运动项目所对应的照度标准值，实际上这些运动项目是在综合体育场馆进行的。我们测试的场馆是在全部开灯情况下进行。在实际设计时，均考虑了通过控制提供各种运动项目各种级别所需的照度值。在表 5.2.11-1 中所列的照度值是在参考原标准的高档值基础上做了小的调整。表 5.2.11-2 仍然采用原标准的照度值，这与 CIE 标准所规定的彩电转播时照度值一致。

1　根据调查结果，体育场的实测照度大多数在 1000～2000lx 之间，平均照度为 1870lx。

2　体育馆实测照度半数以上为 2000lx，平均照度为 2387lx。

3　游泳馆实测照度多数在 1000～2000lx 之间，平均照度为 1462lx。

4　训练馆实测照度全在 1000～2000lx 之间，平均照度为 1416lx。

根据以上调查分析，我国现有的体育场馆照度均高于 CIE 彩电转播时标准规定的照度值，而本标准仍然采用 CIE 标准规定的彩电转播时的照度值，因为此值已可以满足各种运动项目比赛和训练所要求的照度。

本标准的表 5.2.11-3 规定了有无彩电转播的眩光值（GR）和显色指数（Ra）。

目前对室外体育场的眩光评价可按 CIE 出版物《室外体育场和广场照明的眩光评价系统》No.112（1994）的额定眩光值（GR）执行，眩光值（GR）应小于 50。而对体育馆的室内眩光评价尚无规定。

关于显色指数，彩电转播的比赛场馆要求显色指数（Ra）不小于 80，当今大型国际和国内比赛要求显色指数（Ra）甚至不宜小于 90。而对于非彩电转播的场馆的显色指数(Ra)不应小于 65。

## 5.3　工　业　建　筑

**5.3.1**　工业建筑的照明标准值是根据对全国六大区的机械、电子、纺织、制药等 16 大类工业建筑 645 个房间或场所的照明调查结果，并参考原国家标准《工业企业照明设计标准》GB 50034—92、CIE 标准以及一些国家的照明标准经综合分析研究后制订的。

1　各类工业场所调查数据和国内外标准

各类工业场所调查照度值和国内外标准值对比见表 13。

表 13　工业建筑国内外照度标准值对比　　　　单位：lx

| 房间或场所 | | 本调查 | | 原标准 GB 50034—92 | CIE S 008/E —2001 | 德国 DIN 5035 —1990 | 美国 IESNA —2000 | 日本 JIS Z 9110 —1979 | 俄罗斯 СНиП 23-05 -95 | 本标准 |
|---|---|---|---|---|---|---|---|---|---|---|
| | | 重点 | 普查 | | | | | | | |
| **1　通用房间或场所** | | | | | | | | | | |
| 试验室 | 一般 | 771 | 313 | 150 | 500 | 300 | | 300 | | 300 |
| | 精细 | — | — | — | | | | 3000 | | 500 |
| 检验 | 一般 | | 408 | | 750～1000 | 750 | 300 1000 | 300～3000 | 200 | 300 |
| | 精细、有颜色要求 | — | | | | | 3000～10000 | | | 750 |
| 计量室、测量室 | | — | 400 | 200 | 500 | | | | | 500 |
| 变、配电站 | 配电装置室 | 131 | 219 | 50 | 200～500 | 100 | 500，300，100 | 150～300 | 150，200 | 200 |
| | 变压器室 | | 131 | 30 | — | | | | 75 | 100 |
| 电源设备室、发电机室 | | — | 220 | 50 | 200 | 100 | 500，300，100 | 150～300 | 150，200 | 200 |
| 控制室 | 一般控制室 | 332 | 267 | 100 | 300 | | 100 | 300 | 150（300） | 300 |
| | 主控制室 | | 381 | 200，150 | 500 | | | 750 | | 500 |

| 房间或场所 | | 本调查 | | 原标准 GB 50034—92 | CIE S 008/E—2001 | 德国 DIN 5035—1990 | 美国 IESNA—2000 | 日本 JIS Z 9110—1979 | 俄罗斯 CHиII 23-05-95 | 本标准 |
|---|---|---|---|---|---|---|---|---|---|---|
| | | 重点 | 普查 | | | | | | | |
| 电话站、网络中心 | | — | 400 | 150 | — | 300 | 500, 300, 100 | — | 150, 200 | 500 |
| 计算机站 | | — | 400 | — | 500 | — | 500, 300, 100 | — | — | 500 |
| 动力站 | 风机房、空调机房 | — | 120 | 30 | 200 | 100 | 500, 300, 100 | 150~300 | 50 | 100 |
| | 泵房 | 130 | 175 | 30 | 200 | 100 | | | 150, 200 | 100 |
| | 冷冻站 | 130 | 175 | 50 | 200 | 100 | | | 150, 200 | 150 |
| | 压缩空气站 | — | 150 | 50 | 200 | — | | | 150, 200 | 150 |
| | 锅炉房、煤气站的操作层 | — | 99 | 30 | 100 | 100 | | | 50~150 | 100 |
| 仓库 | 大件库 | 158 | 91 | 10 | 100 | 50 | 50 | 30 | 50 | 50 |
| | 一般件库 | | 156 | 15 | | 100 | 100 | 50 | 75 | 100 |
| | 精细件库 | | 217 | 30 | | 200 | 300 | 75 | 200 | 200 |
| 车辆加油站 | | — | — | — | — | — | 100 | — | — | 100 |
| **2　机、电工业** | | | | | | | | | | |
| 机械加工 | 粗加工 | 443 | 208 | 50 (500) | — | — | 300 | 300 | 200 (1000) | 200 |
| | 一般加工 公差≥0.1mm | | 300 | 75 (750) | 300 | 300 | 500 | 750 | 200 (1500) | 300 |
| | 精密加工 公差<0.1mm | | 392 | 150 (1500) | 500 | 500 | 3000~10000 | 1500~3000 | 200 (2000) | 500 |
| 机电、仪表装配 | 大件 | 376 | 250 | 75 | 200 | 200 | 300 | 300 | 200 (500) | 200 |
| | 一般件 | | 340 | 100 (750) | 300 | 300 | 500 | — | 300 (750) | 300 |
| | 精密 | | 574 | 150 (1500) | 500 | 500 | 3000~10000 | 3000 | | 500 |
| | 特精密 | | | | | | | | | 750 |
| 电线、电缆制造 | | — | — | — | 300 | 300 | — | — | — | 300 |
| 线圈绕制 | 大线圈 | — | — | — | 300 | 300 | — | — | — | 300 |
| | 中等线圈 | — | — | — | 500 | 500 | — | — | — | 500 |
| | 精细线圈 | — | — | — | 750 | 1000 | — | — | — | 750 |
| 线圈浇注 | | — | — | — | 300 | 300 | — | — | — | 300 |
| 焊接 | 一般 | — | 310 | 75 | 300 | 300 | 300 | 200 | 200 | 200 |
| | 精密 | — | | 100 | 300 | 300 | 3000~10000 | 200 | 200 | 300 |
| 钣金 | | — | | 75 | 300 | 300 | — | — | — | 300 |
| 冲压、剪切 | | 507 | 270 | 50 (300) | 300 | 200 | 300, 500, 1000 | — | — | 300 |

续表 13

| 房间或场所 | | 本调查 | | 原标准 GB 50034—92 | CIE S 008/E —2001 | 德国 DIN 5035 —1990 | 美国 IESNA —2000 | 日本 JIS Z 9110 —1979 | 俄罗斯 CHиП 23-05 -95 | 本标准 |
|---|---|---|---|---|---|---|---|---|---|---|
| | | 重点 | 普查 | | | | | | | |
| 热处理 | | — | 338 | 50 | — | — | — | — | — | 200 |
| 铸造 | 熔化、浇铸 | — | 192 | 50 | 300 200 | 300 200 | — | — | — | 200 |
| | 造型 | — | | 50 (500) | 500 | 500 | — | — | — | 300 |
| 精密铸造的制模、脱壳 | | — | 330 | — | — | — | — | — | — | 500 |
| 锻工 | | — | 200 | 50 | 300, 200 | 200 | — | — | 200 | 200 |
| 电镀 | | 652 | 350 | 75 | 300 | 300 | — | — | 200 (500) | 300 |
| 喷漆 | 一般 | 171 | 242 | 75 | 750 | 500 | 300, 500, 1000 | — | 200 | 300 |
| | 精细 | | | | | | | — | 300 | 500 |
| 酸洗、腐蚀、清洗 | | 431 | 296 | 50 | — | — | — | — | — | 300 |
| 抛光 | 一般装饰性 | | 313 | 200 (750) | — | 500 | 300, 500, 1000 | — | — | 300 |
| | 精细 | | | | | | | — | — | 500 |
| 复合材料加工、铺叠、装饰 | | 440 | — | — | — | — | — | — | — | 500 |
| 机电修理 | 一般 | 291 | 225 | 50 (500) | — | 200 | 500 | — | 300 (750) | 200 |
| | 精密 | | 300 | 75 (750) | — | 500 | | — | | 300 |
| **3 电子工业** | | | | | | | | | | |
| 电子元器件 | | | 380 | — | 1500 | 1000 | | 1500~3000 | — | 500 |
| 电子零部件 | | 387 | 375 | — | 1500 | 1000 | | | — | 500 |
| 电子材料 | | | 228 | — | — | — | | | — | 300 |
| 酸、碱、药液及粉配制 | | | 300 | — | — | — | — | — | — | 300 |
| **4 纺织、化纤工业** | | | | | | | | | | |
| 纺织 | | — | 225 | — | 200~1000 | 200~1000 | — | — | — | 150~300 |
| 化纤 | | — | 132 | — | | | — | — | — | 75~200 |
| **5 制药工业** | | | | | | | | | | |
| 制药生产 | | — | 334 | — | 500 | — | — | — | — | 300 |
| 生产流转通道 | | — | 125 | — | | — | — | — | — | 200 |
| **6 橡胶工业** | | | | | | | | | | |
| 炼胶车间 | | — | 300 | — | 500 | — | — | — | — | 300 |
| 压延压出工段 | | — | 320 | | | — | — | — | — | 300 |
| 成型裁断工段 | | — | 320 | | | — | — | — | — | 300 |
| 硫化工段 | | — | 230 | | | — | — | — | — | 300 |
| **7 电力工业** | | | | | | | | | | |
| 锅炉房 | | — | 70 | — | 100 | 100 | — | — | 75 | 100 |
| 发电机房 | | — | 158 | — | 200 | 100 | — | — | — | 200 |
| 主控制室 | | — | 328 | — | 500 | 300 | — | — | 150~300 | 500 |

续表 13

| 房间或场所 | | 本调查 | | 原标准GB50034—92 | CIES 008/E—2001 | 德国DIN 5035—1990 | 美国IESNA—2000 | 日本JIS Z9110—1979 | 俄罗斯CHиП23-05-95 | 本标准 |
|---|---|---|---|---|---|---|---|---|---|---|
| | | 重点 | 普查 | | | | | | | |
| **8  钢铁工业** | | | | | | | | | | |
| 炼铁 | | — | 142 | — | 200 | 50~200 | | | | 30~100 |
| 炼钢 | | — | 200 | — | 50~200 | 50~200 | | | | 150~200 |
| 连铸 | | — | 200 | — | 50~200 | 50~200 | | | | 150~200 |
| 轧钢 | | — | 150 | | 300 | 50~200 | | | | 50~200 |
| **9   造纸工业** | | — | 160 | | 200~500 | 200~500 | | | | 150~500 |
| **10   食品及饮料工业** | | | | | | | | | | |
| 食品 | 糕点、糖果 | — | 136 | — | 200~300 | — | — | — | — | 200 |
| | 乳制品、肉制品 | — | 143 | | 200~500 | — | — | — | — | 300 |
| 饮料 | | — | 120 | | | — | — | — | — | 300 |
| 啤酒 | 糖化 | — | 120 | 200 | 200 | — | — | — | — | 200 |
| | 发酵 | — | 120 | 200 | 200 | — | — | — | — | 150 |
| | 包装 | — | 120 | 200 | 200 | — | — | — | — | 150 |
| **11   玻璃工业** | | | | | | | | | | |
| 熔制、备料、退火 | | — | 160 | — | 300 | 300 | | | | 150 |
| 窑炉 | | — | 160 | — | 50 | 200 | | | | 100 |
| **12   水泥工业** | | | | | | | | | | |
| 主要生产车间（破碎、原料粉磨、烧成、水泥粉磨、包装） | | — | — | — | 200~300 | 200 | | | | 100 |
| 储存 | | — | — | — | — | — | | | | 75 |
| 输送走廊 | | — | — | — | — | — | | | | 30 |
| 粗坯成型 | | — | — | | 300 | 200 | | | | 300 |
| **13   皮革工业** | | | | | | | | | | |
| 原皮、水浴 | | — | 250 | — | 200 | 200 | — | — | — | 200 |
| 转毂、整理、成品 | | — | 250 | — | 300 | 300 | — | — | — | 200 |
| 干燥 | | — | — | — | — | — | | | | 100 |
| **14   卷烟工业** | | | | | | | | | | |
| 制丝车间 | | — | — | | 200~300 | 200~300 | | | | 200 |
| 卷烟、接过滤嘴、包装 | | — | — | | 500 | 500 | | | | 300 |
| **15   化学、石油工业** | | | | | | | | | | |
| 生产场所 | | — | 96 | | 50~300 | 50~200 | | | | 30~100 |
| 生产辅助场所 | | — | 30 | | | | | | | |

| 房间或场所 | | 本调查 | | 原标准 GB 50034—92 | CIE S 008/E—2001 | 德国 DIN 5035—1990 | 美国 IESNA—2000 | 日本 JIS Z 9110—1979 | 俄罗斯 СНиП 23-05-95 | 本标准 |
|---|---|---|---|---|---|---|---|---|---|---|
| | | 重点 | 普查 | | | | | | | |
| **16　木业和家具制造** | | | | | | | | | | |
| 一般机器加工 | | — | | 500 (500) | | 300 | 300 | — | 200 (1000) | 200 |
| 精细机器加工 | | | 40 | 50 (500) | 500 | 500 | 500, 1000 | | | 500 |
| 锯木区 | | — | | 75 | 300 | 200 | | | | 300 |
| 模型区 | 一般 | | 40 | 75 (500) | 750 | 750 | | | 200 (1000) | 300 |
| | 精细 | | | | | | | | | 750 |
| 胶合、组装 | | | 40 | | — | 300 | 300 | | 200 (1000) | 300 |
| 磨光、异形细木工 | | | | | 750 | | | | | 750 |

注：1　本节工业建筑场所规定的照度都是一般照明的平均照度值，部分场所需要另外增设局部照明，其照度值按作业的精细程度不同，可按一般照明照度的1.0～3.0倍选取。

2　表中数值后带"（　）"中的数值，系指包括局部照明在内的混合照明照度值。

3　表中GB 50034—92的照度值系取该标准三档照度值的中间值。

4　表中CIE标准及各国标准数值有一部分系参照同类车间的相同工作场所的照度值，而不是标准实际规定的数值。

**2　主要修订原则**

**1）** 近十多年来我国国民经济持续发展，当前有需要也有条件适当提高照度水平。

**2）** 根据标准制订的原则，有条件的尽量向国际标准靠近。国际照明委员会（CIE）于2001年新颁布的《室内照明工作场所的照明》CIE S 008/E—2001比较符合或接近我国当前的实际状况，可以作为参考。

**3　主要依据**

**1）** 根据本次标准修订中进行的普查和重点调查取得的资料；

**2）** 参照CIE《室内工作场所照明》S 008/E—2001国际标准；

**3）** 考虑原标准GB 50034—92的状况，适当参考德、美、日、俄等国的标准。

**4　本标准主要变化和特点**

**1）** 取消GB 50034—92按视觉作业特性划分十个等级的方法，改为直接规定作业场所或房间的照度值，比较直观，便于应用。

**2）** 变更了原标准规定一般照明照度值和混合照明照度值的办法，本标准只规定一般照明照度值，对需要增设局部照明的场所，按需要另增加照度，并规定需要局部照明时，其增加照度按一般照明照度的1.0～3.0倍选取。原因：一是按CIE新标准的方式；二是考虑工程设计中主要是设计和计算一般照明，而局部照明很少计算，通常是按作业需要配置和调整，或者由生产设备配套，所以规定一般照明照度更为实用。

**3）** 将原标准规定的每个场所给出三档照度值，统

一定为一个照度值，是按CIE新标准的方式。同时，规定了按一定条件可以提高或降低一级照度的条款。

**4）** 原标准规定了视觉作业十个等级的照度，在附录中列出了机械工业和通用场所的具体照度标准。本标准由于取消了十个等级的照度标准，将我国工业较常见的机电、电子及信息产业、纺织、钢铁、化工石油、造纸、制药等15个代表性行业及通用工业场所，共16类的代表性房间或场所制订了照度标准值。其他未涉及的工业和已列入的15个行业的其他房间则由行业照明标准确定。

**5）** 部分作业场所，由于其作业精细程度和其对照明要求差异很大，本标准规定了两档或多档不同精度的照度值，以适应不同行业、不同作业精度和不同企业规模的需要，供工程设计时按实际要求确定。

**5　关于质量标准**

UGR和Ra标准值与原标准的方式不同，按不同房间或场所规定了UGR和Ra质量标准值。UGR和Ra值主要是参考CIE标准《室内工作场所照明》S 008/E—2001制订的。

**5.4　公用场所**

**5.4.1** 本条所指的公用场所是指公共建筑和工业建筑的公用场所，它们的照度标准值是参考原国家标准、CIE标准以及一些国家标准经综合分析研究后制订的。除公用楼梯、厕所、盥洗室、浴室的照度比CIE标准的照度值有所降低外，其他均与CIE标准的规定照度相同，电梯前厅是参照CIE标准自动扶梯的

照度值制订的。此外，将门厅、走廊、流动区域、楼梯、厕所、盥洗室、浴室、电梯前厅，根据不同要求，分为普通和高档二类，便于应用和节约能源。公用场所国内外照度标准值对比见表14。

**表14 公用场所国内外照度标准值对比** 单位：lx

| 房间或场所 | | 原标准 GBJ 133—90 | CIE S 008/E —2001 | 美 国 IESNA —2000 | 日 本 JIS Z 9110 —1979 | 德 国 DIN 5035 —1990 | 俄罗斯 СНиП 23-05 -95 | 本标准 |
|---|---|---|---|---|---|---|---|---|
| 门 厅 | | — | 100 | 100 | 200~500 | 相邻房间照度的2倍 | 30~150 | 100(普通) 200(高档) |
| 走廊、流动区域 | | 15~20 ~30 | 100 | 100 | 100~200 | 50 | 20~75 | 50(普通) 100(高档) |
| 楼梯、平台 | | 20~30 ~50 | 150 | 50 | 100~300 | 100 | 10~100 | 30(普通) 75(高档) |
| 自动扶梯 | | — | 150 | 50 | 500~750 (商店) | 100 | — | 150 |
| 厕所、盥洗室、浴室 | | 20~30 ~50 | 200 | 50 | 100~200 | 100 | 50~75 | 75(普通) 150(高档) |
| 电梯前厅 | | 20~50 ~75 | | | 200~500 | | | 75(普通) 150(高档) |
| 休息室 | | 30~50 ~75 (吸烟室) | 100 | 100 | 75~150 | 100 | 50~75 | 100 |
| 储藏室、仓库 | | 20~30 ~50 | | | 75~150 | 50~200 | 75 | 100 |
| 车库 | 停车间 检修间 | 15 | 75 | — | — | — | 75 200 |

**5.4.2** 备用照明、安全照明和疏散照明的照度标准值是参照原《工业企业照明设计标准》GB 50034—92和《建筑防火设计规范》制订的。

# 6 照明节能

## 6.1 照明功率密度值

**6.1.1** 本条规定了居住建筑的照明功率密度值。当符合第4.1.3和第4.1.4条的规定，照度标准值进行提高或降低时，照明功率密度值应按比例提高或折减。居住建筑的照明功率密度值是按每户来计算的。居住建筑国内外照明功率密度值对比见表15。

根据调查结果，约半数住户LPD在5~10W/m²之间，户平均为8.93W/m²，北京市《绿色照明工程技术规程》DBJ 01—607—2001（以下简称北京市绿照规程）为7W/m²，台湾的调查结果为7W/m²，本标准现行值定为7W/m²，目标值定为6W/m²。

**表15 居住建筑国内外照明功率密度值对比** 单位：W/m²

| 房间或场所 | 本 调 查 | | 北京市绿照规程 DBJ 01—607—2001 | 俄罗斯 МГСН 2.01—98 | 本 标 准 | | |
|---|---|---|---|---|---|---|---|
| | 重 点 | 普查 | | | 照明功率密度 | | 对应照度 (lx) |
| | | | | | 现行值 | 目标值 | |
| 起居室 卧 室 餐 厅 厨 房 卫生间 | LPD<5 (20.6%) 5~10 (44.1%) 10~15 (23.5%) 户平均8.93 | — | 7 | 20 | 7 | 6 | 100 75 150 100 100 |

**6.1.2** 本条为强制性条文，规定了办公建筑照明的功率密度值。当符合第4.1.3和第4.1.4条的规定，照度标准值进行提高或降低时，照明功率密度值应按比例提高或折减。办公建筑国内外照明功率密度值对比见表16。

表 16 办公建筑国内外照明功率密度值对比 单位：W/m²

| 房间或场所 | 本调查 | | 北京市绿照规程 DBJ 01—607—2001 | 美国 ASHRAE /IESNA —90.1 —1999 | 日本节能法 1999 | 俄罗斯 MГCH 2.01 —98 | 本标准 | | |
|---|---|---|---|---|---|---|---|---|---|
| | 重点 | 普查 | | | | | 照明功率密度 | | 对应照度 (lx) |
| | | | | | | | 现行值 | 目标值 | |
| 普通办公室 | 10～18 (47.6%) 18～22 (11.9%) 平均20 | 10～18 (61.7%) 18～22 (9.9%) | 13 | 11.84 (封闭) 13.99 (开敞) | 20 | 25 | 11 | 9 | 300 |
| 高档办公室 | | | 20 | | | | 18 | 15 | 500 |
| 会议室 | 10～18 (44.8%) 18～22 (10.3%) 平均20.1 | 10～18 (54.1%) 18～22 (16.4%) | | 16.14 | 20 | | 11 | 9 | 300 |
| 营业厅 | — | 10～18 (30.8%) <10 (58.5%) | | 15.07 | 30 | 55 | 13 | 11 | 300 |
| 文件整理、复印、发行室 | 平均 17.9 | 10～18 (45.5%) 18～22 (45.5%) | | | | 25 | 11 | 9 | 300 |
| 档案室 | — | 10～18 (75%) | | | | | 8 | 7 | 200 |

由表16可知：

1 将办公室分为普通办公室和高档办公室两种类型是符合我国国情的，而且更加有利于节能。重点调查对象多为高档办公室，其平均照明功率密度为20W/m²，本标准为了节能，将高档办公室定为18W/m²，目标值定为15W/m²。从调查结果看，半数被调查办公室在10～18W/m² 之间，本标准将普通办公室定为11W/m²，目标值定为9W/m²。

2 从调查结果看，半数的会议室在10～18W/m² 之间，而美国接近17W/m²，日本为20W/m²，根据我国的照度水平及调查结果，本标准定为11W/m²，目标值定为9W/m²。

3 国外营业厅的照明功率密度均较高，在26～35W/m² 之间，而我国的调查结果多数小于10W/m²，考虑到我国的照度水平及调查结果，本标准定为13W/m²，目标值定为11W/m²。

4 文件整理、复印和发行室，只有俄罗斯有相应标准，且其值较高为25W/m²，本标准和我国的照度水平相对应，定为11W/m²，目标值定为9W/m²。

5 档案室多数在10～18W/m² 之间，根据所规定照度，本标准定为8W/m²，目标值定为7W/m²。

6.1.3 本条为强制性条文，规定了商业建筑的照明功率密度值。当符合第4.1.3和第4.1.4条的规定，照度标准值进行提高或降低时，照明功率密度值应按比例提高或折减。商业建筑国内外照明功率密度值对比见表17。

表 17 商业建筑国内外照明功率密度值对比 单位：W/m²

| 房间或场所 | 本调查 | | 北京市绿照规程 DBJ 01—607—2001 | 美国 ASHRAE /IESNA —90.1 —1999 | 日本节能法 1999 | 俄罗斯 MГCH 2.01 —98 | 本标准 | | |
|---|---|---|---|---|---|---|---|---|---|
| | 重点 | 普查 | | | | | 照明功率密度 | | 对应照度 (lx) |
| | | | | | | | 现行值 | 目标值 | |
| 一般商店营业厅 | 18～26 (18.2%) 26～34 (28.6%) 平均30.7 | 10～18 (47.2%) 18～26 (22.2%) 平均26.7 | 30 | 22.6 | 20 | 25 | 12 | 10 | 300 |
| 高档商店营业厅 | | | | | | | 19 | 16 | 500 |
| 一般超市营业厅 | 26～42 (50%) 80～90 (25%) 平均39.0 | 10～26 (66.7%) 26～42 (16.6%) 平均19.0 | | 19.4 | | 35 | 13 | 11 | 300 |
| 高档超市营业厅 | | | | | | | 20 | 17 | 500 |

由表17可知，商业建筑照明重点调查的照明功率密度平均为 30.7W/m²，日本为 20W/m²，美国为 22.6W/m²，俄罗斯为 25W/m²，北京市为 30W/m²。本标准结合我国情况，为节约能源，高档商店营业厅定为 19W/m²，目标值定为 16W/m²；一般商店营业厅定为 12W/m²，目标值定为 10W/m²；因超市净高较高，一般超市营业厅定为 13W/m²，目标值为

11W/m²；高档超市营业厅定为 20W/m²，而目标值定为 17W/m²。

**6.1.4** 本条为强制性条文，规定了旅馆建筑的照明功率密度值。当符合第 4.1.3 和第 4.1.4 条的规定，照度标准值进行提高或降低时，照明功率密度值应按比例提高或折减。旅馆建筑国内外照明功率密度值对比见表18。

表18 旅馆建筑国内外照明功率密度值对比 单位：W/m²

| 房间或场所 | 本 调 查 | | 北京市绿照规程DBJ 01—607—2001 | 美 国ASHRAE/IESNA—90.1—1999 | 日 本节能法1999 | 本 标 准 | | |
|---|---|---|---|---|---|---|---|---|
| | 重 点 | 普 查 | | | | 照明功率密度 | | 对应照度(lx) |
| | | | | | | 现行值 | 目标值 | |
| 客房 | 5～10(29.6%)10～15(44.4%)平均11.66 | 10～15(53.3%)10～15(20%)平均12.53 | 15 | 26.9 | 15 | 15 | 13 | — |
| 中餐厅 | 10～15(37.5%)15～20(12.5%)平均17.48 | 10～15(38.1%)15～20(23.8%)平均20.46 | 13 | — | 30 | 13 | 11 | 200 |
| 多功能厅 | 20～25(40%)>25(40%)平均23.3 | 平均22.4 | 25 | — | 30 | 18 | 15 | 300 |
| 客房层走廊 | 平均5.8 | — | 6 | — | 10 | 5 | 4 | 50 |
| 门厅 | — | — | — | 18.3 | 20 | 15 | 13 | 300 |

由表18可知：

**1** 客房照明功率密度平均约为 12W/m²，日本和北京标准均为 15W/m²，只有美国很高，约为 27W/m²，根我国实际情况，本标准定为 15W/m²，而目标值定为 13W/m²。

**2** 中餐厅调查结果平均为 17～20W/m² 之间，而多数在 10～15W/m² 之间，根据我国实际情况，本标准定为 13W/m²，而目标值定为 11W/m²。

**3** 多功能厅调查结果平均为 23W/m²，因只考虑一般照明，本标准定为 18W/m²，而目标值定为 15W/m²。

**4** 客房层走廊调查结果为平均 5.8W/m²，日本为 10W/m²，而北京为 6W/m²，本标准定为 5W/m²，而目标值定为 4W/m²。

**5** 门厅参考国外标准，本标准定为 15W/m²，而目标值定为 13W/m²。

**6.1.5** 本条为强制性条文，规定了医院建筑的照明功率密度值。当符合第 4.1.3 和第 4.1.4 条的规定，照度标准值进行提高或降低时，照明功率密度值应按

比例提高或折减。医院建筑国内外照明功率密度值对比见表19。

由表19可知：

**1** 治疗室和诊室的照明功率密度重点调查结果约半数在 5～10W/m² 之间，而普查约半数在 10～15W/m² 之间，平均值约为 12W/m²，北京市定为 15W/m²，美国稍高些为 17W/m²；日本诊室最高为 30W/m²，治疗室为 20W/m²，根据我国实际情况定为 11W/m² 是可行的。目前多数低于此水平，照度水平较低，而目标值定 9W/m²。

**2** 化验室重点调查结果平均为 11W/m²，而普查平均为 15W/m²，多数医疗人员反映较暗，应提高照度到 500lx，故相应的功率密度，定为 18W/m²，而目标值定为 15W/m²。

**3** 手术室调查结果平均为 20W/m²，日本、美国及北京市的标准均很高，考虑到本标准所对应的照度及所规定的功率密度均为一般照明，故定为 30W/m²，而目标值定为 25W/m²。

**表 19  医院建筑国内外照明功率密度值对比**　　　　　　　　单位：W/m²

| 房间或场所 | 本调查 | | 北京市绿照规程 DBJ 01—607—2001 | 美国 ASHRAE /IESNA —90.1 —1999 | 日本节能法 1999 | 俄罗斯 МГСН 2.01 —98 | 本标准 | | 对应照度 (lx) |
|---|---|---|---|---|---|---|---|---|---|
| | 重点 | 普查 | | | | | 照明功率密度 | | |
| | | | | | | | 现行值 | 目标值 | |
| 治疗室、诊室 | 5～10 (44.5%) 10～15 (22.2%) 平均11.18 | 5～10 (16.7%) 10～15 (44.4%) 平均12.45 | 15 | 17.22 | 30 (诊室) 20 (治疗) | — | 11 | 9 | 300 |
| 化验室 | 5～10 (50%) 10～15 (28.5%) 平均11 | 10～15 (29.5%) 15～20 (23.5%) 平均15 | — | — | — | — | 18 | 15 | 500 |
| 手术室 | 15～20 (66.7%) 平均19.58 | 10～25 平均20.02 | 48 | 81.8 | 55 | — | 30 | 25 | 750 |
| 候诊室 | 5～10 (46.7%) 平均13.81 | 5～10 (50%) 10～15 (40%) 平均8.58 | 15 | 19.38 | 15 | — | 8 | 7 | 200 |
| 病房 | <5 (39.1%) 5～10 (43.6%) 平均6.75 | <5 (50%) 5～10 (42.9%) 平均5.75 | 10 | 12.9 | 10 | — | 6 | 5 | 100 |
| 护士站 | 5～10 (46.7%) 10～15 (33.3%) 平均9.02 | 5～10 (29.4%) 10～15 (41.2%) 平均10.6 | — | — | 20 | — | 11 | 9 | 300 |
| 药房 | 10～15 (33.2%) 15～20 (16.7%) 平均21.24 | 5～10 (36.4%) 10～15 (36.4%) 平均11.91 | 15 | 24.75 | 30 | 14 | 20 | 17 | 500 |
| 重症监护室 | — | — | | | | | 11 | 9 | 300 |

4　候诊室调查结果多数在 10W/m² 以下，平均值约 9～14W/m² 之间，考虑其照度应低于诊室照度，本标准定为 8W/m²，而目标值定为 7W/m²。

5　病房的照明功率密度多数在 10W/m² 以下，平均值为 6～7W/m²，美国、日本和北京市的标准稍高些，本标准定为 6 W/m²，而目标值定为 5W/m²。

6　护士站大多数的照明功率密度在 15W/m² 以下，平均值为 9～11W/m²，本标准定为 11W/m²，而目标值定为 9W/m²。

7　药房多数的照明功率密度在 20W/m² 以下，而美国和日本分别为 25W/m² 和 30W/m²，考虑到药房需有 500lx 的水平照度，从而提供较高的垂直照度，故本标准定为 20W/m²，而目标值定为 17W/m²。

8　重症监护室的照度为 300lx，本标准定为 11W/m²，而目标值定为 9W/m²。

**6.1.6**　本条为强制性条文，规定了学校建筑的照明功率密度值。当符合第 4.1.3 和第 4.1.4 条的规定，照度标准值进行提高或降低时，照明功率密度值应按比例提高或折减。学校建筑国内外照明功率密度值对比见表 20。

表 20　学校建筑国内外照明功率密度值对比　　　　　　　　　　　单位：W/m²

| 房间或场所 | 本调查 | | 北京市绿照规程 DBJ 01—607—2001 | 美国 ASHRAE/IESNA —90.1—1999 | 日本节能法 1999 | 俄罗斯 MTCH 2.01—98 | 本标准 | | |
| --- | --- | --- | --- | --- | --- | --- | --- | --- | --- |
| | | | | | | | 照明功率密度 | | 对应照度 (lx) |
| | 重点 | 普查 | | | | | 现行值 | 目标值 | |
| 教室、阅览室 | 5～10 (25.1%) 10～15 (33.3%) 平均10.5 | 10～15 (47.8%) 15～20 (29%) 平均14.1 | 13 | 17.22 | 20 | 20 | 11 | 9 | 300 |
| 实验室 | 5～10 (50%) 10～15 (30%) 平均10.7 | 10～15 (58.5%) 平均13.0 | | 19.38 | 20 | 25 | 11 | 9 | 300 |
| 美术教室 | — | 10～15 (44.4%) 15～20 (16.7%) 平均15.1 | — | — | | | 18 | 15 | 500 |
| 多媒体教室 | — | 10～15 (52.3%) 平均15.1 | — | — | 30 | 25 | 11 | 9 | 300 |

由表 20 可知：

**1** 根据调查，我国大多数教室照明功率密度均在 15W/m² 以下。多数教室照度较低，达到 300lx 的教室很少。美国为 17W/m²、日本为 20W/m²、俄罗斯为 20 W/m²，这些国家教室的照度约为 500lx，考虑到我国照度为 300lx，将教室定为 11W/m²，目标值定为 9W/m²。阅览室照明功率密度与教室相同。

**2** 实验室的照明功率密度调查结果，多数在 15W/m² 以下，平均为 10.7～13W/m²，而美国、日本及俄罗斯在 20～30W/m² 之间，本标准考虑到实验室与普通教室照度标准相同，故定为 11W/m²，目标值定为 9W/m²。

**3** 美术教室的照明功率密度调查结果多数在 20W/m² 以下，实际照度应为 500lx，故本标准定为 18W/m²，目标值定为 15 W/m²。

**4** 多媒体教室的照度要求较低，功率密度多数在 15W/m² 以下，故功率密度定为 11W/m²，目标值定为 9W/m²。

**6.1.7** 本条为强制性条文，规定了工业建筑的通用房间或场所、机电工业、电子和信息产业的房间或场所的照明功率密度（LPD）值。当符合第 4.1.3 和第 4.1.4 条的规定，照度标准值进行提高或降低时，照明功率密度值应按比例提高或折减。制订的主要依据是：

**1** 对全国六大区，各类工业建筑共计 645 个房间或场所普查和重点实测调查的数据，进行平均值计算和分析，折算到对应照度作为主要依据。

**2** 对原国标 GB 50034—92 中附录六"室内照明目标能效值（建议性）"的数据，设定了相应条件，经计算求出与本标准相应照度的 LPD 值作为主要参考。

**3** 参考了美、俄等国的相关标准。

在制订各类场所的 LPD 值时，进行了典型的计算分析，考虑了合理使用的光源、灯具及场所防护要求、维护系数等状况，并留有适当的余地。

鉴于典型计算分析中，房间的室形指数按 1 或大于 1 取值；当室形指数小于 1 时，利用系数将有所下降，因此可将规定的 LPD 值适当增加。

工业建筑各类场所国内外照明功率密度值对比见表 21。

**6.1.8** 有些场所为了加强装饰效果，安装了枝形花灯、壁灯、艺术吊灯等装饰性灯具，这种场所可以增加照明安装功率。增加的数值按实际采用的装饰性灯具总功率的 50% 计算 LPD 值，这是考虑到装饰性灯具的利用系数较低，所以假定它有一半左右的光通量起到提高作业面照度的效果。设计应用举例如下：

设某场所的面积为 100m²，照明灯具总安装功率为 2000W（含镇流器功耗），其中装饰性灯具的安装功率为 800W，其他灯具安装功率为 1200W。按本条规定，装饰性灯具的安装功率按 50% 计入 LPD 值的计算则该场所的实际 LPD 值应为：

$$LPD = \frac{1200 + 800 \times 50\%}{100} = 16W/m^2$$

**6.1.9** 商店营业厅设有重点照明的，应增加其 LPD 允许值，可按该层营业厅全面积增加 5W/m²，以便于实施。

表 21 工业建筑国内外照明功率密度值对比　　　　单位：W/m²

| 房间或场所 | | 本调查 | | 原标准 GB 50034—92 | 美国 ASHRAE /IESNA —90.1 —1999 | 俄罗斯 СНиП 23-05-95 | 本标准 | | |
|---|---|---|---|---|---|---|---|---|---|
| | | 重点 | 普查 | | | | 照明功率密度 | | 对应照度 (lx) |
| | | | | | | | 现行值 | 目标值 | |
| **1　通用房间或场所** | | | | | | | | | |
| 试验室 | 一般 | 25.1 | 15 | 16 | — | 16 | 11 | 9 | 300 |
| | 精细 | | | 26 | | 27 | 18 | 15 | 500 |
| 检验 | 一般 | — | 19.1 | 16 | — | 16 | 11 | 9 | 300 |
| | 精细 | — | | 40 | | 41 | 27 | 23 | 750 |
| 计量室、测量室 | | — | 15.7 | 26 | — | 27 | 18 | 15 | 500 |
| 变、配电站 | 配电装置室 | 11.2 | 10.7 | 10 | 14 | 11 | 8 | 7 | 200 |
| | 变压器室 | — | 8 | 8 | 14 | 7.0 | 5 | 4 | 100 |
| 电源设备室、发电机室 | | | 10.9 | 10 | 14 | 11 | 8 | 7 | 200 |
| 控制室 | 一般控制室 | 18.2 | 13.3 | 10 | 5.4 | 11 | 11 | 9 | 200 |
| | 主控制室 | | 18.2 | 15 | | 16 | 18 | 15 | 300 |
| 电话站、网络中心、计算机站 | | — | 19.3 | 25 | | 27 | 18 | 15 | 500 |
| 动力站 | 泵房、风机房、空调机房 | 7.4 | 10.3 | 7 | | 6.7 | 5 | 4 | 100 |
| | 冷冻站、压缩空气站 | | 8.9 | 10 | 8.6 | 9.8 | 8 | 7 | 150 |
| | 锅炉房、煤气站的操作层 | | 6.6 | 8 | | 7.8 | 6 | 5 | 100 |
| 仓库 | 大件库 | 8.2 | 6.1 | 3.3 | 3.2 | 2.6 | 3 | 3 | 50 |
| | 一般件库 | | 9.1 | 6.6 | — | 5.2 | 5 | 4 | 100 |
| | 精细件库 | | 11.4 | 13 | 11.8 | 10.4 | 8 | 7 | 200 |
| 车辆加油站 | | — | — | 8 | — | 8 | 6 | 5 | 100 |
| **2　机、电工业** | | | | | | | | | |
| 机械加工 | 粗加工 | 17.6 | 10 | 9 | — | 9 | 8 | 7 | 200 |
| | 一般加工 公差≥0.1mm | | 11.2 | 13 | | 14 | 12 | 11 | 300 |
| | 精密加工 公差<0.1mm | | 18 | 21 | 66.7 | 23 | 19 | 17 | 500 |
| 机电、仪表装配 | 大件 | 18.2 | 12.8 | 9 | 22.6 | 10 | 8 | 7 | 200 |
| | 一般件 | | 15.7 | 13 | | 14 | 12 | 11 | 300 |
| | 精细 | | 24.7 | 22 | | 23 | 19 | 17 | 500 |
| | 特精密装配 | | — | 33 | | 34 | 27 | 24 | 750 |
| 电线、电缆制造 | | — | | 14 | | 14 | 12 | 11 | 300 |
| 绕线 | 大线圈 | — | — | 14 | | 14 | 12 | 11 | 300 |
| | 中等线圈 | — | — | 22 | | 23 | 19 | 17 | 500 |
| | 精细线圈 | — | — | 32 | | 34 | 27 | 24 | 750 |
| 线圈浇制 | | — | — | 14 | | 14 | 12 | 11 | 300 |

| 房间或场所 | | 本调查 | | 原标准 GB 50034 —92 | 美国 ASHRAE /IESNA —90.1 —1999 | 俄罗斯 CHиП 23-05-95 | 本 标 准 | | 对应 照度 (lx) |
|---|---|---|---|---|---|---|---|---|---|
| | | 重点 | 普查 | | | | 照明功率密度 | | |
| | | | | | | | 现行值 | 目标值 | |
| 焊接 | 一般 | — | 12.8 | 9 | 32.3 | 11 | 8 | 7 | 200 |
| | 精密 | — | | 13 | | 17 | 12 | 11 | 300 |
| 钣金、冲压、剪切 | | — | 13.1 | 13 | | 17 | 12 | 11 | 300 |
| 热处理 | | — | 14.5 | 10 | | 11 | 8 | 7 | 200 |
| 铸造 | 熔化、浇铸 | — | 10.6 | 10 | | 11 | 9 | 8 | 200 |
| | 造型 | | | 16 | — | 17 | 13 | 12 | 300 |
| 精密铸造的制模、脱壳 | | — | 15.4 | 25 | — | 27 | 19 | 17 | 500 |
| 锻工 | | — | 8.6 | 11 | | 11 | 9 | 8 | 200 |
| 电镀 | | 21.6 | 13.9 | 17 | | 13 | 12 | 300 | |
| 喷漆 | 一般 | 5.1 | 12.8 | 18 | — | 15 | 14 | 300 | |
| | 精细 | | | 43 | | 25 | 23 | 500 | |
| 酸洗、腐蚀、清洗 | | 13.9 | 18 | 18 | — | 15 | 14 | 300 | |
| 抛光 | 一般装饰性 | | 13.9 | 16 | — | 17 | 13 | 12 | 500 |
| | 精细 | — | | 26 | | 27 | 20 | 18 | 500 |
| 复合材料加工、铺叠、装饰 | | — | 16.8 | 26 | — | 26 | 19 | 17 | 500 |
| 机电修理 | 一般 | 14.5 | 11.7 | 8 | 15.1 | 9 | 8 | 7 | 200 |
| | 精密 | | 15.3 | 12 | | 14 | 12 | 11 | 300 |
| **3 电子工业** | | | | | | | | | |
| 电子元器件 | | 13.3 | 16.4 | 26.7 | 22.6 | 26 | 20 | 18 | 500 |
| 电子零部件 | | | 16.4 | 26.7 | | 26 | 20 | 18 | 500 |
| 电子材料 | | | 10.8 | 16 | | 15.6 | 12 | 10 | 300 |
| 酸、碱、药液及粉配制 | | | 15.9 | 16 | | 15.6 | 14 | 12 | 300 |

注: 1 原标准 GB 50034—92 的 LPD 值是按该标准附录六"室内照明目标效能值(建议性)"的数据,在设定了相应的条件(如 RI 值、$K_1$、$K_2$ 等的平均值)后经计算获得的结果,仅供参考。

2 美国标准的 LPD 值是类比相同条件获得的数值,由于其照度不同,仅供参考。

3 俄罗斯标准的 LPD 值是按设计的房间条件的平均值经计算获得的结果,仅供参考。

## 6.2 充分利用天然光

**6.2.1** 本条指明房间的天然采光应符合《建筑采光设计标准》GB/T 50033 的规定。

**6.2.2** 室内天然采光随室外天然光的强弱变化,当室外光线强时,室内的人工照明应按照人工照明的照度标准,自动关掉一部分灯,这样做有利于节约能源和照明电费。

**6.2.3** 在技术经济条件允许条件下,宜采用各种导光装置,如导光管、光导纤维等,将光引入室内进行照明。或采用各种反光装置,如利用安装在窗上的反光板

和棱镜等使光折向房间的深处,提高照度,节约电能。

**6.2.4** 太阳能是取之不尽、用之不竭的能源,虽一次性投资大,但维护和运行费用很低,符合节能和环保要求。经核算证明技术经济合理时,宜利用太阳能作为照明能源。

# 7 照明配电及控制

## 7.1 照明电压

**7.1.1** 按我国电力网的标准电压,一般照明光源采

用 220V 电压；对于大功率（1500W 及以上）的高强度气体放电灯有 220V 及 380V 两种电压者，采用 380V 电压，以降低损耗。

**7.1.2** 按国际电工委员会（IEC）关于安全特低电压（SELV）的规定。

**7.1.3** 对照明器具实际端电压的规定。这个规定是为了避免电压偏差过大，因为过高的电压会导致光源使用寿命的降低和能耗的过分增加；过低的电压将使照度过分降低，影响照明质量。本条规定的电压偏差值与国标《供配电系统设计规范》GB 50052—95 的规定一致。

## 7.2 照明配电系统

**7.2.1** 照明安装功率不大，电力设备又没有大功率冲击性负荷，共用变压器比较经济；但照明最好独立馈电线供电，以保持相对稳定的电压。照明安装功率大，采用专用变压器，有利于电压稳定，以保证照度的稳定和光源的使用寿命。

**7.2.2** 本条规定的几类电源符合应急照明的可靠性要求。应根据建筑物的使用要求和实际电源条件选取。在具备有接自电网的第二电源时，优先采用此方式，比较经济，且持续时间长；当为消防和（或）生产、使用需要，设置应急发电机组时，宜采用此电源，持续时间可以较长，但转换时间较长，不能作为安全照明电源；当不具备以上两种电源条件时，应采用蓄电池组，其可靠性高，转换快，但持续时间较短。

蓄电池组，可以是灯具内装（或灯具旁），也可以是集中或分区集中设置的蓄电池装置，包括 EPS 或 UPS 等装置。

对于重要场所，也可采用以上三种方式中任意两种的组合。

**7.2.3** 用蓄电池作疏散标志的电源，能保证其可靠性。安全照明要求转换时间快，应采用电力网线路或蓄电池，而不应接自发电机组；接自电力网时，至少应和需要安全照明地点的电力设备分开。备用照明通常需要较长的持续工作时间，其电源接自电力网或发电机组为宜。

**7.2.4** 配电系统的常规接线方式。

**7.2.5** 使三相负荷比较均衡，以使各相电压偏差不致差别太大。

**7.2.6** 为了减少分支线路长度，以降低电压损失。

**7.2.7** 限制每分支回路的电流值和所接灯数，是为了使分支线路或灯内发生短路或过负载等故障时，断开电路影响的范围不致太大，故障发生后检查维修较方便。

**7.2.8** 插座回路应装设剩余电流动作保护器，所以和照明灯分接于不同分支回路，以避免不必要的停电。

**7.2.9** 保持灯的电压稳定，可以使光源的使用寿命比较长，同时使照度相对稳定。

**7.2.10** 由于气体放电灯配电感镇流器时，通常其功率因数很低，一般仅为 0.4～0.5，所以应设置电容补偿，以提高功率因数。有条件时，宜在灯具内装设补偿电容，以降低照明线路电流值，降低线路能耗和电压损失。

**7.2.11** 气体放电灯在工频电流下工作，将产生频闪效应，对某些视觉作业带来不良影响。通常将邻近灯分接在三相，至少分接于两相，可以降低频闪效应。对于采用高频电子镇流器的气体放电灯，则消除了频闪效应。

**7.2.12** 按灯具分类标准的规定。

**7.2.13** 用安全特低电压（SELV）时，其降压变压器的初级和次级应予隔离。二次侧不作保护接地，以免高电压侵入到特低电压（50V 及以下）侧，而导致不安全。

**7.2.14** 分户计算电量，有利于节电。

**7.2.15** 配电系统的接地、等电位联结，以及配电线路的保护等要求，均应符合国标《低压配电设计规范》GB 50054 的有关规定。

## 7.3 导体选择

**7.3.1** 照明线路采用铜芯，有利于保证用电安全、提高可靠性，同时可降低线路电能损耗。

**7.3.2** 选择导线截面的基本条件。

**7.3.3** 气体放电灯及其镇流器均含有一定量的谐波，特别是使用电子镇流器，或者使用电感镇流器配置有补偿电容时，有可能使谐波含量较大，从而使线路电流加大，特别是 3 次谐波以及 3 的奇倍数次谐波在三相四线制线路的中性线上叠加，使中性线电流大大增加，所以规定中性线导体截面不应小于相线截面，并且还应按谐波含量大小进行计算。

**7.3.4** 常规要求。

## 7.4 照明控制

**7.4.1** 在白天自然光较强，或在深夜人员很少时，可以方便地用手动或自动方式关闭一部分或大部分照明，有利于节电。分组控制的目的，是为了将天然采光充足或不充足的场所分别开关。

**7.4.2** 体育场馆等公共场所应有集中控制，以便由工作人员专管或兼管，用手动或自动开关灯；可以采用分组开关方式或调光方式控制，按需要降低照度，有利于节电。

**7.4.3** 保证旅客离开客房后能自动切断电源，以满足节电的需要。

**7.4.4** 这类场所在夜间走过的人员不多，深夜更少，但又需要有灯光，采用声光控制等类似的开关方式，有利于节电。本条和国标《住宅设计规范》

GB 50096—1999 的规定一致。

**7.4.5** 每个开关控制的灯数宜少一些，有利于节能，也便于维修。一般说，较小房间每开关可控 1～2 支灯泡（管）；中等房间每开关可控 3～4 支灯泡，大房间每开关可控 4～6 支灯泡。

**7.4.6** 控制灯列与窗平行，有利于利用天然光；按车间、工序分组控制，方便使用，可以关闭不需要的灯光；报告厅、会议厅等场所，是为了在使用投影仪等类设备时，关闭讲台和邻近区段的灯光。

**7.4.7** 对于一些高档次建筑和智能建筑或其中某些场所，有条件时，可采用调光、调压或其他自控措施，以节约电能。

# 8 照明管理与监督

## 8.1 维护与管理

**8.1.1** 以用户为单位分别计量和考核用电，这是一项有效的节能措施。

**8.1.2** 建立照明运行维护和管理制度，是有效的节能措施。有专人负责，按照标准规定清扫光源和灯具。按原设计或实际安装的光源参数定期更换。

**8.1.3** 大型、重要建筑的物业管理部门，对重点场所，应定期巡视、测试或检查照度，以确保使用效果和各项节能措施的落实。

## 8.2 实施与监督

**8.2.1～8.2.4** 设计单位自审自查、指定机构按本标准审查设计、施工监理和竣工验收是贯彻实施本标准的四个重要环节。首先设计单位的设计图由本单位指定技术负责人自审；照明施工图提交专门的审图机构审查；施工阶段，由工程监理机构监理；竣工验收阶段，由法定检测部门按本标准规定检测后，予以验收。

# 附录 A 统一眩光值（UGR）

室内照明的不舒适眩光评价指标是根据国际照明委员会（CIE）的 117 号出版物《室内照明的不舒适眩光》（1995）编制的。其技术报告的英文名称为"Discomfort Glare in Interior Lighting"。本附录引用了该出版物的 UGR 计算公式。

# 附录 B 眩 光 值（GR）

室外体育场的眩光评价指标是根据国际照明委员会（CIE）的 112 号出版物《室外体育和区域照明的眩光评价系统》（1994）编制的。该出版物的英文名称为"Glare Evaluation System for Use Within Outdoor Sports and Area Lighting"。本附录引用该出版物的 GR 计算公式。

中华人民共和国行业标准

# 体育场馆照明设计及检测标准

Standard for lighting design and test of sports venues

JGJ 153—2007

J 684—2007

批准部门：中华人民共和国建设部

施行日期：2007年11月1日

# 中华人民共和国建设部
# 公　告

## 第 675 号

### 建设部关于发布行业标准《体育场馆
### 照明设计及检测标准》的公告

现批准《体育场馆照明设计及检测标准》为行业标准，编号为 JGJ 153 - 2007，自 2007 年 11 月 1 日起实施。其中，第 4.2.7、4.2.8 条为强制性条文，必须严格执行。

本标准由建设部标准定额研究所组织中国建筑工业出版社出版发行。

中华人民共和国建设部
2007 年 7 月 20 日

## 前　言

根据建设部建标［2004］66 号文件要求，标准编制组经广泛调查研究，认真总结实践经验，参考有关国际标准和国外先进标准，并在广泛征求意见的基础上，制订了本标准。

本标准主要技术内容是：总则、术语和符号、基本规定、照明标准、照明设备及附属设施、灯具布置、照明配电与控制及照明检测。

本标准由建设部负责管理和对强制性条文的解释，由中国建筑科学研究院负责具体技术内容的解释（地址：北京市西城区车公庄大街 19 号；中国建筑科学研究院建筑物理研究所；邮政编码：100044）。

本标准主编单位：中国建筑科学研究院

本标准参编单位：中国建筑设计研究院
北京市建筑设计研究院
华东建筑设计研究院有限公司
中国体育国际经济技术合作公司

飞利浦（中国）投资有限公司
通用电气（中国）有限公司
索恩照明（广州）有限公司
北京希优照明设备有限公司
松下电工（中国）有限公司
上海东升集团光辉灯具有限公司
欧司朗佛山照明有限公司
北京动力源科技股份有限公司

本标准主要起草人：赵建平　林若慈　张文才
汪　猛　李国宾　杨兆杰
张建平　赵燕华　姚梦明
顾　峰　宁　华　蒋瑞国
解　辉　范　毅　刘剑平
康耀伟　罗　涛

# 目　次

# 1 总　则

**1.0.1** 为提高体育场馆照明的设计质量，保证体育场馆照明符合使用功能的要求，做到安全适用、技术先进、经济合理、节约能源，制定本标准。

**1.0.2** 本标准适用于新建、改建和扩建的体育场馆照明的设计及检测。

**1.0.3** 体育场馆照明设计应充分考虑赛时与赛后照明设施的综合利用和运营。

**1.0.4** 体育场馆照明的设计及检测除应符合本标准外，尚应符合国家现行有关标准的规定。

# 2　术语和符号

## 2.1　术　语

**2.1.1** （光）照度　illuminance

表面上一点的照度是入射在包含该点面元上的光通量 $dF$ 除以该面元面积 $dA$ 之商，单位为 lx（勒克斯）。

**2.1.2** 水平照度　horizontal illuminance

水平面上的照度。场地表面上的水平照度用来确定眼睛在视野范围内的适应状态，并用作凸显目标（运动员和物体）的视看背景。

**2.1.3** 垂直照度　vertical illuminance

垂直面上的照度。垂直照度包括主摄像机方向的垂直照度和辅摄像机方向的垂直照度。垂直照度用来模拟照射在运动员面部和身体上的光，对摄像机、摄影机和视看者能提供最佳辨认度，并影响照射目标的立体感。

**2.1.4** 初始照度　initial illuminance

照明装置新装时在规定表面上的平均照度。

**2.1.5** 使用照度　service illuminance

照明装置在使用周期内，通过维护在规定表面上所要求维持的平均照度。

**2.1.6** 维护系数　maintenance factor

照明装置在使用一定周期后，在规定表面上的平均照度或平均亮度与该装置在相同条件下新装时在规定表面上所得到的平均照度或平均亮度之比。

**2.1.7** 主摄像机　main camera

用于拍摄总赛区或主赛区中重要区域的固定摄像机。

**2.1.8** 辅摄像机　auxiliary camera

除主摄像机以外的固定或移动摄像机。

**2.1.9** 照度均匀度　uniformity of illuminance

规定表面上的最小照度与最大照度之比及最小照度与平均照度之比。均匀度用来控制比赛场地上照度水平的变化。

**2.1.10** 均匀度梯度　uniformity gradient

均匀度梯度用某一网格点与其八个相邻网格点的照度比表示。均匀度梯度用来控制照度水平在网格点间的变化。

**2.1.11** 主赛区　principal area

场地划线范围内的比赛区域，通常称为"比赛场地"。

**2.1.12** 总赛区　total area

主赛区和比赛中规定的无障碍区。

**2.1.13** 色温（度）　colour temperature

当光源的色品与某一温度下黑体的色品相同时，该黑体的绝对温度为此光源的色温。色温用来表述一种照明呈现多暖（红）或多冷（蓝）的感受或表观感觉，单位为 K。

**2.1.14** 相关色温（度）　correlated colour temperature

当光源的色品点不在黑体轨迹上时，光源的色品与某一温度下黑体的色品最接近时，该黑体的绝对温度为此光源的相关色温。

**2.1.15** 显色指数　colour rendering index

光源显色性的度量。以被测光源下物体颜色和参考标准光源下物体颜色的相符合程度来表示。

**2.1.16** 一般显色指数　general colour rendering index

光源对国际照明委员会（CIE）规定的八种标准颜色样品特殊显色指数的平均值，通称显色指数。

**2.1.17** 眩光　glare

由于视野中的亮度分布或亮度范围的不适宜，或存在极端的亮度对比，以致引起不舒适感觉或降低观察细部及目标能力的视觉现象。

**2.1.18** 眩光指数（眩光值）　glare rating

用于度量室外体育场或室内体育馆和其他室外场地照明装置对人眼引起不舒适感觉主观反应的心理物理量。

**2.1.19** 应急照明　emergency lighting

因正常照明的电源失效而启用的照明。应急照明包括疏散照明、安全照明和备用照明。

**2.1.20** 疏散照明　escape lighting

用于确保疏散通道被有效地辨认和使用的照明。

**2.1.21** 安全照明　safety lighting

用于确保处于潜在危险之中的人员安全的照明。

**2.1.22** 备用照明　stand-by lighting

用于确保正常活动继续进行的照明。

**2.1.23** TV 应急照明　TV emergency lighting

因正常照明的电源失效，为确保比赛活动和电视转播继续进行而启用的照明。

**2.1.24** 障碍照明　obstacle lighting

为保障航空飞行安全，在高大建筑物和构筑物上安装的障碍标志灯。

**2.1.25 频闪效应 stroboscopic effect**

在以一定频率变化的光照射下，使人观察到的物体运动显现出不同于其实际运动的现象。

## 2.2 符　号

**2.2.1 照度**

$E$——照度；

$E_h$——水平照度；

$E_v$——垂直照度；

$E_{min}$——最小照度；

$E_{max}$——最大照度；

$E_{ave}$——平均照度；

$E_{vmai}$——主摄像机方向垂直照度；

$E_{vaux}$——辅摄像机方向垂直照度。

**2.2.2 均匀度**

$U$——照度均匀度；

$U_1$——最小照度与最大照度之比；

$U_2$——最小照度与平均照度之比；

$U_h$——水平照度均匀度；

$U_{vmai}$——主摄像机方向垂直照度均匀度；

$U_{vaux}$——辅摄像机方向垂直照度均匀度；

$UG$——均匀度梯度。

**2.2.3 场地**

PA——主赛区，比赛场地；

TA——总赛区。

**2.2.4 颜色参数、眩光指数**

$T_c$——色温；

$T_{cp}$——相关色温；

$R$——显色指数；

$R_a$——一般显色指数；

$GR$——眩光指数。

## 3 基 本 规 定

**3.0.1** 体育场馆应根据使用功能和电视转播要求进行照明设计，并应按表 3.0.1 进行使用功能分级。

**表 3.0.1 体育场馆使用功能分级**

| 等级 | 使用功能 | 电视转播要求 |
|---|---|---|
| Ⅰ | 训练和娱乐活动 | 无电视转播 |
| Ⅱ | 业余比赛、专业训练 | |
| Ⅲ | 专业比赛 | |
| Ⅳ | TV 转播国家、国际比赛 | 有电视转播 |
| Ⅴ | TV 转播重大国际比赛 | |
| Ⅵ | HDTV 转播重大国际比赛 | |
| — | TV 应急 | |

注：HDTV 指高清晰度电视。

**3.0.2** 本标准所作规定的场地范围除注明外均应指比赛场地。规定的照度值应为比赛场地参考平面上的使用照度值，其照度均匀度应为最低值，参考平面的高度应符合本标准附录 A 规定。

**3.0.3** 体育场馆照明应满足运动员、裁判员、观众及其他各类人员的使用要求。有电视转播时应满足电视转播的照明要求。

**3.0.4** HDTV 转播照明应用于重大国际比赛时，还应符合国际相关体育组织和机构的技术要求。

**3.0.5** TV 应急照明应用于国际和重大国际比赛时，还应符合国际相关体育组织和机构的技术要求。

**3.0.6** 体育场馆应按运动项目的使用功能和实际用途进行照明设计。

**3.0.7** 照明设计应包括比赛场地照明、观众席照明和应急照明。

**3.0.8** 照明设计时应进行照明计算。照度计算网格及摄像机位置宜符合本标准附录 A 规定。

**3.0.9** 照明设计在满足相应照明指标的同时，应实施照明节能。

**3.0.10** 照明系统安装完成后及进行重大国际比赛前，应由国家认可的检测机构进行照明检测。

**3.0.11** 在体育建筑方案设计阶段，应同时考虑照明设计方案的要求。

**3.0.12** 对于利用天然采光的体育场馆，应采取措施降低和避免天然光产生的高亮度及阴影形成的强烈对比。

## 4 照 明 标 准

### 4.1 照 明 标 准 值

**4.1.1** 篮球、排球场地的照明标准值应符合表 4.1.1 的规定。

**4.1.2** 手球、室内足球场地的照明标准值应符合表 4.1.2 的规定。

**4.1.3** 羽毛球场地的照明标准值应符合表 4.1.3 的规定。

**4.1.4** 乒乓球场地的照明标准值应符合表 4.1.4 的规定。

**4.1.5** 体操、艺术体操、技巧、蹦床场地的照明标准值应符合表 4.1.5 的规定。

**4.1.6** 拳击场地的照明标准值应符合表 4.1.6 的规定。

**4.1.7** 柔道、摔跤、跆拳道、武术场地的照明标准值应符合表 4.1.7 的规定。

**4.1.8** 举重场地的照明标准值应符合表 4.1.8 的规定。

**4.1.9** 击剑场地的照明标准值应符合表 4.1.9 的规定。

表 4.1.1 篮球、排球场地的照明标准值

| 等级 | 使用功能 | 照度（lx） | | | 照度均匀度 | | | | | | 光 源 | | 眩光指数 |
|---|---|---|---|---|---|---|---|---|---|---|---|---|---|
| | | | | | $U_h$ | | $U_{vmai}$ | | $U_{vaux}$ | | | | |
| | | $E_h$ | $E_{vmai}$ | $E_{vaux}$ | $U_1$ | $U_2$ | $U_1$ | $U_2$ | $U_1$ | $U_2$ | $R_a$ | $T_{cp}$ (K) | $GR$ |
| Ⅰ | 训练和娱乐活动 | 300 | — | — | — | 0.3 | — | — | — | — | ≥65 | — | ≤35 |
| Ⅱ | 业余比赛、专业训练 | 500 | — | — | 0.4 | 0.6 | — | — | — | — | ≥65 | ≥4000 | ≤30 |
| Ⅲ | 专业比赛 | 750 | — | — | 0.5 | 0.7 | — | — | — | — | ≥65 | ≥4000 | ≤30 |
| Ⅳ | TV 转播国家、国际比赛 | — | 1000 | 750 | 0.5 | 0.7 | 0.4 | 0.6 | 0.3 | 0.5 | ≥80 | ≥4000 | ≤30 |
| Ⅴ | TV 转播重大国际比赛 | — | 1400 | 1000 | 0.6 | 0.8 | 0.5 | 0.7 | 0.3 | 0.5 | ≥80 | ≥4000 | ≤30 |
| Ⅵ | HDTV 转播重大国际比赛 | — | 2000 | 1400 | 0.7 | 0.8 | 0.6 | 0.7 | 0.4 | 0.6 | ≥90 | ≥5500 | ≤30 |
| — | TV 应急 | — | 750 | — | 0.5 | 0.7 | 0.3 | 0.5 | — | — | ≥80 | ≥4000 | ≤30 |

注：1 篮球：背景材料的颜色和反射比应避免混乱。球篮区域上方应无高亮度区。
    2 排球：在球网附近区域及主运动方向上应避免对运动员造成眩光。

表 4.1.2 手球、室内足球场地的照明标准值

| 等级 | 使用功能 | 照度（lx） | | | 照度均匀度 | | | | | | 光 源 | | 眩光指数 |
|---|---|---|---|---|---|---|---|---|---|---|---|---|---|
| | | | | | $U_h$ | | $U_{vmai}$ | | $U_{vaux}$ | | | | |
| | | $E_h$ | $E_{vmai}$ | $E_{vaux}$ | $U_1$ | $U_2$ | $U_1$ | $U_2$ | $U_1$ | $U_2$ | $R_a$ | $T_{cp}$ (K) | $GR$ |
| Ⅰ | 训练和娱乐活动 | 300 | — | — | — | 0.3 | — | — | — | — | ≥65 | — | ≤35 |
| Ⅱ | 业余比赛、专业训练 | 500 | — | — | 0.4 | 0.6 | — | — | — | — | ≥65 | ≥4000 | ≤30 |
| Ⅲ | 专业比赛 | 750 | — | — | 0.5 | 0.7 | — | — | — | — | ≥65 | ≥4000 | ≤30 |
| Ⅳ | TV 转播国家、国际比赛 | — | 1000 | 750 | 0.5 | 0.7 | 0.4 | 0.6 | 0.3 | 0.5 | ≥80 | ≥4000 | ≤30 |
| Ⅴ | TV 转播重大国际比赛 | — | 1400 | 1000 | 0.6 | 0.8 | 0.5 | 0.7 | 0.3 | 0.5 | ≥80 | ≥4000 | ≤30 |
| Ⅵ | HDTV 转播重大国际比赛 | — | 2000 | 1400 | 0.7 | 0.8 | 0.6 | 0.7 | 0.4 | 0.6 | ≥90 | ≥5500 | ≤30 |
| — | TV 应急 | — | 750 | — | 0.5 | 0.7 | 0.3 | 0.5 | — | — | ≥80 | ≥4000 | ≤30 |

注：比赛场地上方应有足够的照度，但应避免对运动员造成眩光。

表 4.1.3 羽毛球场地的照明标准值

| 等级 | 使用功能 | 照度（lx） | | | 照度均匀度 | | | | | | 光 源 | | 眩光指数 |
|---|---|---|---|---|---|---|---|---|---|---|---|---|---|
| | | | | | $U_h$ | | $U_{vmai}$ | | $U_{vaux}$ | | | | |
| | | $E_h$ | $E_{vmai}$ | $E_{vaux}$ | $U_1$ | $U_2$ | $U_1$ | $U_2$ | $U_1$ | $U_2$ | $R_a$ | $T_{cp}$ (K) | $GR$ |
| Ⅰ | 训练和娱乐活动 | 300 | — | — | — | 0.5 | — | — | — | — | ≥65 | — | ≤35 |
| Ⅱ | 业余比赛、专业训练 | 750/500 | — | — | 0.5/0.4 | 0.7/0.6 | — | — | — | — | ≥65 | ≥4000 | ≤30 |
| Ⅲ | 专业比赛 | 1000/750 | — | — | 0.5/0.4 | 0.7/0.6 | — | — | — | — | ≥65 | ≥4000 | ≤30 |
| Ⅳ | TV 转播国家、国际比赛 | — | 1000/750 | 750/500 | 0.5/0.4 | 0.7/0.6 | 0.4/0.3 | 0.6/0.5 | 0.3/0.3 | 0.5/0.4 | ≥80 | ≥4000 | ≤30 |
| Ⅴ | TV 转播重大国际比赛 | — | 1400/1000 | 1000/750 | 0.6/0.5 | 0.8/0.7 | 0.5/0.3 | 0.7/0.5 | 0.3 | 0.5/0.4 | ≥80 | ≥4000 | ≤30 |
| Ⅵ | HDTV 转播重大国际比赛 | — | 2000/1400 | 1400/1000 | 0.7/0.6 | 0.8/0.7 | 0.6/0.5 | 0.7/0.6 | 0.4/0.4 | 0.6/0.5 | ≥90 | ≥5500 | ≤30 |
| — | TV 应急 | — | 1000/750 | — | 0.5/0.4 | 0.7/0.6 | 0.4/0.3 | 0.6/0.5 | — | — | ≥80 | ≥4000 | ≤30 |

注：1 表中同一格有两个值时，"/"前为主赛区 PA 的值，"/"后为总赛区 TA 的值。
    2 背景（墙或顶棚）表面的颜色和反射比与球应有足够的对比。
    3 比赛场地上方应有足够的照度，但应避免对运动员造成眩光。

表 4.1.4 乒乓球场地的照明标准值

| 等级 | 使用功能 | 照度 (lx) | | | 照度均匀度 | | | | | | 光　源 | | 眩光指数 |
| --- | --- | --- | --- | --- | --- | --- | --- | --- | --- | --- | --- | --- | --- |
| | | $E_h$ | $E_{vmai}$ | $E_{vaux}$ | $U_h$ | | $U_{vmai}$ | | $U_{vaux}$ | | $R_a$ | $T_{cp}$ (K) | $GR$ |
| | | | | | $U_1$ | $U_2$ | $U_1$ | $U_2$ | $U_1$ | $U_2$ | | | |
| Ⅰ | 训练和娱乐活动 | 300 | — | — | — | 0.5 | | | | | ≥65 | — | ≤35 |
| Ⅱ | 业余比赛、专业训练 | 500 | — | — | 0.4 | 0.6 | | | | | ≥65 | ≥4000 | ≤30 |
| Ⅲ | 专业比赛 | 1000 | — | — | 0.5 | 0.7 | | | | | ≥65 | ≥4000 | ≤30 |
| Ⅳ | TV 转播国家、国际比赛 | — | 1000 | 750 | 0.5 | 0.7 | 0.4 | 0.6 | 0.3 | 0.5 | ≥80 | ≥4000 | ≤30 |
| Ⅴ | TV 转播重大国际比赛 | — | 1400 | 1000 | 0.6 | 0.8 | 0.5 | 0.7 | 0.3 | 0.5 | ≥80 | ≥4000 | ≤30 |
| Ⅵ | HDTV 转播重大国际比赛 | — | 2000 | 1400 | 0.7 | 0.8 | 0.6 | 0.7 | 0.4 | 0.6 | ≥90 | ≥5500 | ≤30 |
| — | TV 应急 | — | 1000 | — | 0.5 | 0.7 | 0.4 | 0.6 | | | ≥80 | ≥4000 | ≤30 |

注：1　比赛场地上空较高高度上应有良好的照度和照度均匀度，但应避免对运动员造成眩光。
　　2　乒乓球台上应无阴影，同时还应避免周边护板阴影的影响。
　　3　比赛场地中四边的垂直照度之比不应大于 1.5。

表 4.1.5　体操、艺术体操、技巧、蹦床场地的照明标准值

| 等级 | 使用功能 | 照度 (lx) | | | 照度均匀度 | | | | | | 光　源 | | 眩光指数 |
| --- | --- | --- | --- | --- | --- | --- | --- | --- | --- | --- | --- | --- | --- |
| | | $E_h$ | $E_{vmai}$ | $E_{vaux}$ | $U_h$ | | $U_{vmai}$ | | $U_{vaux}$ | | $R_a$ | $T_{cp}$ (K) | $GR$ |
| | | | | | $U_1$ | $U_2$ | $U_1$ | $U_2$ | $U_1$ | $U_2$ | | | |
| Ⅰ | 训练和娱乐活动 | 300 | — | — | — | 0.3 | | | | | ≥65 | — | ≤35 |
| Ⅱ | 业余比赛、专业训练 | 500 | — | — | 0.4 | 0.6 | | | | | ≥65 | ≥4000 | ≤30 |
| Ⅲ | 专业比赛 | 750 | — | — | 0.5 | 0.7 | | | | | ≥65 | ≥4000 | ≤30 |
| Ⅳ | TV 转播国家、国际比赛 | — | 1000 | 750 | 0.5 | 0.7 | 0.4 | 0.6 | 0.3 | 0.5 | ≥80 | ≥4000 | ≤30 |
| Ⅴ | TV 转播重大国际比赛 | — | 1400 | 1000 | 0.6 | 0.8 | 0.5 | 0.7 | 0.3 | 0.5 | ≥80 | ≥4000 | ≤30 |
| Ⅵ | HDTV 转播重大国际比赛 | — | 2000 | 1400 | 0.7 | 0.8 | 0.6 | 0.7 | 0.4 | 0.6 | ≥90 | ≥5500 | ≤30 |
| — | TV 应急 | — | 750 | — | 0.5 | 0.7 | 0.3 | 0.5 | | | ≥80 | ≥4000 | ≤30 |

注：1　应避免灯具和天然光对运动员造成的直接眩光。
　　2　应避免地面和光泽表面对运动员、观众和摄像机造成间接眩光。

表 4.1.6　拳击场地的照明标准值

| 等级 | 使用功能 | 照度 (lx) | | | 照度均匀度 | | | | | | 光　源 | | 眩光指数 |
| --- | --- | --- | --- | --- | --- | --- | --- | --- | --- | --- | --- | --- | --- |
| | | $E_h$ | $E_{vmai}$ | $E_{vaux}$ | $U_h$ | | $U_{vmai}$ | | $U_{vaux}$ | | $R_a$ | $T_{cp}$ (K) | $GR$ |
| | | | | | $U_1$ | $U_2$ | $U_1$ | $U_2$ | $U_1$ | $U_2$ | | | |
| Ⅰ | 训练和娱乐活动 | 500 | — | — | — | 0.7 | | | | | ≥65 | ≥4000 | ≤35 |
| Ⅱ | 业余比赛、专业训练 | 1000 | — | — | 0.6 | 0.8 | | | | | ≥65 | ≥4000 | ≤30 |
| Ⅲ | 专业比赛 | 2000 | — | — | 0.7 | 0.8 | | | | | ≥65 | ≥4000 | ≤30 |
| Ⅳ | TV 转播国家、国际比赛 | — | 1000 | 1000 | 0.7 | 0.8 | 0.4 | 0.6 | 0.4 | 0.6 | ≥80 | ≥4000 | ≤30 |
| Ⅴ | TV 转播重大国际比赛 | — | 2000 | 2000 | 0.8 | 0.9 | 0.6 | 0.7 | 0.6 | 0.7 | ≥80 | ≥4000 | ≤30 |
| Ⅵ | HDTV 转播重大国际比赛 | — | 2500 | 2500 | 0.8 | 0.9 | 0.7 | 0.8 | 0.7 | 0.8 | ≥90 | ≥5500 | ≤30 |
| — | TV 应急 | — | 1000 | — | 0.6 | 0.8 | 0.4 | 0.6 | | | ≥80 | ≥4000 | ≤30 |

注：1　比赛场地上应从各个方向提供照明。摄像机低角度拍摄时镜头上应无闪烁光。
　　2　比赛场地以外应提供照明，使运动员有足够的立体感。

**表 4.1.7 柔道、摔跤、跆拳道、武术场地的照明标准值**

| 等级 | 使用功能 | 照度（lx） | | | 照度均匀度 | | | | | | 光源 | | 眩光指数 |
|---|---|---|---|---|---|---|---|---|---|---|---|---|---|
| | | | | | $U_h$ | | $U_{vmai}$ | | $U_{vaux}$ | | | | |
| | | $E_h$ | $E_{vmai}$ | $E_{vaux}$ | $U_1$ | $U_2$ | $U_1$ | $U_2$ | $U_1$ | $U_2$ | $R_a$ | $T_{cp}$（K） | $GR$ |
| I | 训练和娱乐活动 | 300 | — | — | — | 0.5 | — | — | — | — | ≥65 | — | ≤35 |
| II | 业余比赛、专业训练 | 500 | — | — | 0.4 | 0.6 | — | — | — | — | ≥65 | ≥4000 | ≤30 |
| III | 专业比赛 | 1000 | — | — | 0.5 | 0.7 | — | — | — | — | ≥65 | ≥4000 | ≤30 |
| IV | TV 转播国家、国际比赛 | — | 1000 | 1000 | 0.5 | 0.7 | 0.4 | 0.6 | 0.4 | 0.6 | ≥80 | ≥4000 | ≤30 |
| V | TV 转播重大国际比赛 | — | 1400 | 1400 | 0.6 | 0.8 | 0.5 | 0.7 | 0.5 | 0.7 | ≥80 | ≥4000 | ≤30 |
| VI | HDTV 转播重大国际比赛 | — | 2000 | 2000 | 0.7 | 0.8 | 0.6 | 0.7 | 0.6 | 0.7 | ≥90 | ≥5500 | ≤30 |
| — | TV 应急 | — | 1000 | | 0.5 | 0.7 | 0.4 | 0.6 | | | ≥80 | ≥4000 | ≤30 |

注：1 灯具和顶棚之间的亮度对比应减至最小以防精力分散，顶棚的反射比不宜低于 0.6。

2 背景墙与运动员着装应有良好的对比。

**表 4.1.8 举重场地的照明标准值**

| 等级 | 使用功能 | 照度（lx） | | 照度均匀度 | | | | 光源 | | 眩光指数 |
|---|---|---|---|---|---|---|---|---|---|---|
| | | | | $U_h$ | | $U_{vmai}$ | | | | |
| | | $E_h$ | $E_{vmai}$ | $U_1$ | $U_2$ | $U_1$ | $U_2$ | $R_a$ | $T_{cp}$（K） | $GR$ |
| I | 训练和娱乐活动 | 300 | — | — | 0.5 | — | — | ≥65 | — | ≤35 |
| II | 业余比赛、专业训练 | 500 | — | 0.4 | 0.6 | — | — | ≥65 | ≥4000 | ≤30 |
| III | 专业比赛 | 750 | — | 0.5 | 0.7 | — | — | ≥65 | ≥4000 | ≤30 |
| IV | TV 转播国家、国际比赛 | — | 1000 | 0.5 | 0.7 | 0.4 | 0.6 | ≥80 | ≥4000 | ≤30 |
| V | TV 转播重大国际比赛 | — | 1400 | 0.6 | 0.8 | 0.5 | 0.7 | ≥80 | ≥4000 | ≤30 |
| VI | HDTV 转播重大国际比赛 | — | 2000 | 0.7 | 0.8 | 0.6 | 0.7 | ≥90 | ≥5500 | ≤30 |
| — | TV 应急 | — | 750 | 0.5 | 0.7 | 0.3 | 0.5 | ≥80 | ≥4000 | ≤30 |

注：1 运动员对前方裁判员的信号应清晰可见。

2 比赛场地照明的阴影应减至最小，为裁判员提供最佳视看条件。

**表 4.1.9 击剑场地的照明标准值**

| 等级 | 使用功能 | 照度（lx） | | | 照度均匀度 | | | | | | 光源 | |
|---|---|---|---|---|---|---|---|---|---|---|---|---|
| | | | | | $U_h$ | | $U_{vmai}$ | | $U_{vaux}$ | | | |
| | | $E_h$ | $E_{vmai}$ | $E_{vaux}$ | $U_1$ | $U_2$ | $U_1$ | $U_2$ | $U_1$ | $U_2$ | $R_a$ | $T_{cp}$（K） |
| I | 训练和娱乐活动 | 300 | 200 | | — | 0.5 | — | 0.3 | | | ≥65 | — |
| II | 业余比赛、专业训练 | 500 | 300 | | 0.5 | 0.7 | 0.3 | 0.4 | | | ≥65 | ≥4000 |
| III | 专业比赛 | 750 | 500 | | 0.5 | 0.7 | 0.3 | 0.4 | | | ≥65 | ≥4000 |
| IV | TV 转播国家、国际比赛 | — | 1000 | 750 | 0.5 | 0.7 | 0.4 | 0.6 | 0.3 | 0.5 | ≥80 | ≥4000 |
| V | TV 转播重大国际比赛 | — | 1400 | 1000 | 0.6 | 0.8 | 0.5 | 0.7 | 0.3 | 0.5 | ≥80 | ≥4000 |
| VI | HDTV 转播重大国际比赛 | — | 2000 | 1400 | 0.7 | 0.8 | 0.6 | 0.7 | 0.4 | 0.6 | ≥80 | ≥4000 |
| — | TV 应急 | — | 1000 | | 0.5 | 0.7 | 0.4 | 0.6 | | | ≥80 | ≥4000 |

注：1 相对于击剑运动员的白色着装和剑，应提供深色背景。

2 运动员正面方向应有足够的垂直照度，与主摄像机相反方向的垂直照度至少应为主摄像机方向的 1/2。

**4.1.10** 游泳、跳水、水球、花样游泳场地的照明标准值应符合表 4.1.10 的规定。

**4.1.11** 冰球、花样滑冰、冰上舞蹈、短道速滑场地的照明标准值应符合表 4.1.11 的规定。

**4.1.12** 速度滑冰场地的照明标准值应符合表 4.1.12 的规定。

**4.1.13** 场地自行车场地的照明标准值应符合表 4.1.13 的规定。

**4.1.14** 射击场地的照明标准值应符合表 4.1.14 的规定。

**4.1.15** 射箭场地的照明标准值应符合表 4.1.15 的规定。

**4.1.16** 马术场地的照明标准值应符合表 4.1.16 的规定。

**4.1.17** 网球场地的照明标准值应符合表 4.1.17 的规定。

**4.1.18** 足球场地的照明标准值应符合表 4.1.18 的规定。

**4.1.19** 田径场地的照明标准值应符合表 4.1.19 的规定。

**4.1.20** 曲棍球场地的照明标准值应符合表 4.1.20 的规定。

**4.1.21** 棒球、垒球场地的照明标准值应符合表 4.1.21 的规定。

**表 4.1.10　游泳、跳水、水球、花样游泳场地的照明标准值**

| 等级 | 使用功能 | 照度（lx） | | | 照度均匀度 | | | | | | | 光源 | |
| --- | --- | --- | --- | --- | --- | --- | --- | --- | --- | --- | --- | --- | --- |
| | | $E_h$ | $E_{vmai}$ | $E_{vaux}$ | $U_h$ | | $U_{vmai}$ | | $U_{vaux}$ | | $R_a$ | $T_{cp}$ (K) |
| | | | | | $U_1$ | $U_2$ | $U_1$ | $U_2$ | $U_1$ | $U_2$ | | |
| Ⅰ | 训练和娱乐活动 | 200 | — | — | — | 0.3 | | | | | ≥65 | — |
| Ⅱ | 业余比赛、专业训练 | 300 | — | — | 0.3 | 0.5 | | | | | ≥65 | ≥4000 |
| Ⅲ | 专业比赛 | 500 | — | — | 0.4 | 0.6 | | | | | ≥65 | ≥4000 |
| Ⅳ | TV 转播国家、国际比赛 | — | 1000 | 750 | 0.5 | 0.7 | 0.4 | 0.6 | 0.3 | 0.5 | ≥80 | ≥4000 |
| Ⅴ | TV 转播重大国际比赛 | — | 1400 | 1000 | 0.6 | 0.8 | 0.5 | 0.7 | 0.3 | 0.5 | ≥80 | ≥4000 |
| Ⅵ | HDTV 转播重大国际比赛 | — | 2000 | 1400 | 0.7 | 0.8 | 0.6 | 0.7 | 0.4 | 0.6 | ≥90 | ≥5500 |
| — | TV 应急 | — | 750 | | 0.5 | 0.7 | 0.3 | 0.5 | | | ≥80 | ≥4000 |

注：1 应避免人工光和天然光经水面反射对运动员、裁判员、摄像机和观众造成眩光。
    2 墙和顶棚的反射比分别不应低于 0.4 和 0.6，池底的反射比不应低于 0.7。
    3 应保证绕泳池周边 2m 区域、1m 高度有足够的垂直照度。
    4 室外场地Ⅴ等级 $R_a$ 和 $T_{cp}$ 的取值应与Ⅵ等级相同。

**表 4.1.11　冰球、花样滑冰、冰上舞蹈、短道速滑场地的照明标准值**

| 等级 | 使用功能 | 照度（lx） | | | 照度均匀度 | | | | | | 光源 | | 眩光指数 |
| --- | --- | --- | --- | --- | --- | --- | --- | --- | --- | --- | --- | --- | --- |
| | | $E_h$ | $E_{vmai}$ | $E_{vaux}$ | $U_h$ | | $U_{vmai}$ | | $U_{vaux}$ | | $R_a$ | $T_{cp}$ (K) | $GR$ |
| | | | | | $U_1$ | $U_2$ | $U_1$ | $U_2$ | $U_1$ | $U_2$ | | | |
| Ⅰ | 训练和娱乐活动 | 300 | — | — | — | 0.3 | — | | | | ≥65 | — | ≤35 |
| Ⅱ | 业余比赛、专业训练 | 500 | — | — | 0.4 | 0.6 | | | | | ≥65 | ≥4000 | ≤30 |
| Ⅲ | 专业比赛 | 1000 | — | — | 0.5 | 0.7 | | | | | ≥65 | ≥4000 | ≤30 |
| Ⅳ | TV 转播国家、国际比赛 | — | 1000 | 750 | 0.5 | 0.7 | 0.4 | 0.6 | 0.3 | 0.5 | ≥80 | ≥4000 | ≤30 |
| Ⅴ | TV 转播重大国际比赛 | — | 1400 | 1000 | 0.6 | 0.8 | 0.5 | 0.7 | 0.3 | 0.5 | ≥80 | ≥4000 | ≤30 |
| Ⅵ | HDTV 转播重大国际比赛 | — | 2000 | 1400 | 0.7 | 0.8 | 0.6 | 0.7 | 0.4 | 0.6 | ≥90 | ≥5500 | ≤30 |
| — | TV 应急 | — | 1000 | | 0.5 | 0.7 | 0.4 | 0.6 | | | ≥80 | ≥4000 | ≤30 |

注：1 应提供足够的照明消除围板产生的阴影，并应保证在围板附近有足够的垂直照度。
    2 应增加对球门区的照明。

**表 4.1.12　速度滑冰场地的照明标准值**

| 等级 | 使用功能 | 照度（lx） | | | 照度均匀度 | | | | | | 光源 | | 眩光指数 |
|---|---|---|---|---|---|---|---|---|---|---|---|---|---|
| | | $E_h$ | $E_{vmai}$ | $E_{vaux}$ | $U_h$ | | $U_{vmai}$ | | $U_{vaux}$ | | $R_a$ | $T_{cp}$ (K) | $GR$ |
| | | | | | $U_1$ | $U_2$ | $U_1$ | $U_2$ | $U_1$ | $U_2$ | | | |
| Ⅰ | 训练和娱乐活动 | 300 | — | — | | 0.3 | — | — | — | — | ≥65 | — | ≤35 |
| Ⅱ | 业余比赛、专业训练 | 500 | — | — | 0.4 | 0.6 | — | — | — | — | ≥65 | ≥4000 | ≤30 |
| Ⅲ | 专业比赛 | 750 | — | — | 0.5 | 0.7 | — | — | — | — | ≥65 | ≥4000 | ≤30 |
| Ⅳ | TV 转播国家、国际比赛 | — | 1000 | 750 | 0.5 | 0.7 | 0.4 | 0.6 | 0.3 | 0.5 | ≥80 | ≥4000 | ≤30 |
| Ⅴ | TV 转播重大国际比赛 | — | 1400 | 1000 | 0.6 | 0.8 | 0.5 | 0.7 | 0.3 | 0.5 | ≥80 | ≥4000 | ≤30 |
| Ⅵ | HDTV 转播重大国际比赛 | — | 2000 | 1400 | 0.7 | 0.8 | 0.6 | 0.7 | 0.4 | 0.6 | ≥90 | ≥5500 | ≤30 |
| — | TV 应急 | — | 750 | — | 0.5 | 0.7 | 0.3 | 0.5 | — | — | ≥80 | ≥4000 | ≤30 |

注：1　对观众和摄像机，冰面的反射眩光应减至最小。
　　2　内场照明应至少为赛道照明水平的 1/2。

**表 4.1.13　场地自行车场地的照明标准值**

| 等级 | 使用功能 | 照度（lx） | | | 照度均匀度 | | | | | | 光源 | | 眩光指数 | |
|---|---|---|---|---|---|---|---|---|---|---|---|---|---|---|
| | | $E_h$ | $E_{vmai}$ | $E_{vaux}$ | $U_h$ | | $U_{vmai}$ | | $U_{vaux}$ | | $R_a$ | $T_{cp}$ (K) | $GR$ | |
| | | | | | $U_1$ | $U_2$ | $U_1$ | $U_2$ | $U_1$ | $U_2$ | | | 室内 | 室外 |
| Ⅰ | 训练和娱乐活动 | 200 | — | — | | 0.3 | — | — | — | — | ≥65 | — | ≤35 | ≤55 |
| Ⅱ | 业余比赛、专业训练 | 500 | — | — | 0.4 | 0.6 | — | — | — | — | ≥65 | ≥4000 | ≤30 | ≤50 |
| Ⅲ | 专业比赛 | 750 | — | — | 0.5 | 0.7 | — | — | — | — | ≥65 | ≥4000 | ≤30 | ≤50 |
| Ⅳ | TV 转播国家、国际比赛 | — | 1000 | 750 | 0.5 | 0.7 | 0.4 | 0.6 | 0.3 | 0.5 | ≥80 | ≥4000 | ≤30 | ≤50 |
| Ⅴ | TV 转播重大国际比赛 | — | 1400 | 1000 | 0.6 | 0.8 | 0.5 | 0.7 | 0.3 | 0.5 | ≥80 | ≥4000 | ≤30 | ≤50 |
| Ⅵ | HDTV 转播重大国际比赛 | — | 2000 | 1400 | 0.7 | 0.8 | 0.6 | 0.7 | 0.4 | 0.6 | ≥90 | ≥5500 | ≤30 | ≤50 |
| — | TV 应急 | — | 750 | — | 0.5 | 0.7 | 0.3 | 0.5 | — | — | ≥80 | ≥4000 | ≤30 | ≤50 |

注：1　赛道上应有良好的照明均匀度，应避免对骑手造成眩光。
　　2　赛道终点应有足够的垂直照度以满足计时设备的要求。
　　3　赛道表面应采用漫射材料以防止反射眩光。
　　4　室外场地 Ⅴ 等级 $R_a$ 和 $T_{cp}$ 的取值应与 Ⅵ 等级相同。

**表 4.1.14　射击场地的照明标准值**

| 等级 | 使用功能 | 照度（lx） | | 照度均匀度 | | | | 光源 | |
|---|---|---|---|---|---|---|---|---|---|
| | | $E_h$ 射击区、弹道区 | $E_v$ 靶心 | $U_h$ | | $U_v$ | | $R_a$ | $T_{cp}$ (K) |
| | | | | $U_1$ | $U_2$ | $U_1$ | $U_2$ | | |
| Ⅰ | 训练和娱乐活动 | 200 | 1000 | — | 0.5 | 0.6 | 0.7 | ≥65 | — |
| Ⅱ | 业余比赛、专业训练 | 200 | 1000 | — | 0.5 | 0.6 | 0.7 | ≥65 | ≥3000 |
| Ⅲ | 专业比赛 | 300 | 1000 | — | 0.5 | 0.6 | 0.7 | ≥65 | ≥3000 |
| Ⅳ | TV 转播国家、国际比赛 | 500 | 1500 | 0.4 | 0.6 | 0.7 | 0.8 | ≥80 | ≥3000 |
| Ⅴ | TV 转播重大国际比赛 | 500 | 1500 | 0.4 | 0.7 | 0.7 | 0.8 | ≥80 | ≥3000 |
| Ⅵ | HDTV 转播重大国际比赛 | 500 | 2000 | 0.4 | 0.6 | 0.7 | 0.8 | ≥80 | ≥4000 |

注：1　应严格避免在运动员射击方向上造成的眩光。
　　2　地面上 1m 高的平均水平照度和靶心面向运动员平面上的平均垂直照度之比宜为 3：10。

**表 4.1.15　射箭场地的照明标准值**

| 等级 | 使用功能 | 照度（lx） | | 照度均匀度 | | | | 光　源 | |
|---|---|---|---|---|---|---|---|---|---|
| | | $E_h$ | $E_v$ | $U_h$ | | $U_v$ | | $R_a$ | $T_{cp}$ |
| | | 射击区、箭道区 | 靶心 | $U_1$ | $U_2$ | $U_1$ | $U_2$ | | (K) |
| Ⅰ | 训练和娱乐活动 | 200 | 1000 | — | 0.5 | 0.6 | 0.7 | ≥65 | — |
| Ⅱ | 业余比赛、专业训练 | 200 | 1000 | — | 0.5 | 0.6 | 0.7 | ≥65 | ≥4000 |
| Ⅲ | 专业比赛 | 300 | 1000 | — | 0.5 | 0.6 | 0.7 | ≥65 | ≥4000 |
| Ⅳ | TV 转播国家、国际比赛 | 500 | 1500 | 0.4 | 0.6 | 0.7 | 0.8 | ≥80 | ≥4000 |
| Ⅴ | TV 转播重大国际比赛 | 500 | 1500 | 0.4 | 0.6 | 0.7 | 0.8 | ≥90 | ≥5500 |
| Ⅵ | HDTV 转播重大国际比赛 | 500 | 2000 | 0.4 | 0.6 | 0.7 | 0.8 | ≥90 | ≥5500 |

注：1　应严格避免在运动员射箭方向上造成的眩光。
　　2　箭的飞行和目标应清晰可见，同时应保证安全。
　　3　室内射箭Ⅴ等级 $R_a$ 和 $T_{cp}$ 的取值应与Ⅳ等级相同。

**表 4.1.16　马术场地的照明标准值**

| 等级 | 使用功能 | 照度（lx） | | | 照度均匀度 | | | | | | 光　源 | |
|---|---|---|---|---|---|---|---|---|---|---|---|---|
| | | $E_h$ | $E_{vmai}$ | $E_{vaux}$ | $U_h$ | | $U_{vmai}$ | | $U_{vaux}$ | | $R_a$ | $T_{cp}$ |
| | | | | | $U_1$ | $U_2$ | $U_1$ | $U_2$ | $U_1$ | $U_2$ | | (K) |
| Ⅰ | 训练和娱乐活动 | 200 | — | — | — | 0.3 | — | — | — | — | ≥65 | — |
| Ⅱ | 业余比赛、专业训练 | 300 | — | — | 0.4 | 0.6 | — | — | — | — | ≥65 | ≥4000 |
| Ⅲ | 专业比赛 | 500 | — | — | 0.5 | 0.6 | — | — | — | — | ≥65 | ≥4000 |
| Ⅳ | TV 转播国家、国际比赛 | — | 1000 | 750 | 0.5 | 0.7 | 0.4 | 0.6 | 0.3 | 0.5 | ≥80 | ≥4000 |
| Ⅴ | TV 转播重大国际比赛 | — | 1400 | 1000 | 0.6 | 0.8 | 0.5 | 0.7 | 0.3 | 0.5 | ≥90 | ≥5500 |
| Ⅵ | HDTV 转播重大国际比赛 | — | 2000 | 1400 | 0.7 | 0.8 | 0.6 | 0.7 | 0.4 | 0.6 | ≥90 | ≥5500 |
| — | TV 应急 | — | 750 | | 0.5 | 0.7 | 0.3 | 0.5 | | | ≥80 | ≥4000 |

注：1　照明必须为马和骑手提供安全条件。
　　2　在跳跃和障碍比赛时应提供良好的均匀照明，以消除阴影和避免对马及骑手造成眩光。
　　3　室内马术Ⅴ等级 $R_a$ 和 $T_{cp}$ 的取值应与Ⅳ等级相同。

**表 4.1.17　网球场地的照明标准值**

| 等级 | 使用功能 | 照度（lx） | | | 照度均匀度 | | | | | | 光　源 | | 眩光指数 | |
|---|---|---|---|---|---|---|---|---|---|---|---|---|---|---|
| | | $E_h$ | $E_{vmai}$ | $E_{vaux}$ | $U_h$ | | $U_{vmai}$ | | $U_{vaux}$ | | $R_a$ | $T_{cp}$ | $GR$ | |
| | | | | | $U_1$ | $U_2$ | $U_1$ | $U_2$ | $U_1$ | $U_2$ | | (K) | 室外 | 室内 |
| Ⅰ | 训练和娱乐活动 | 300 | — | — | — | 0.5 | — | — | — | — | ≥65 | — | ≤55 | ≤35 |
| Ⅱ | 业余比赛、专业训练 | 500/300 | — | — | 0.4/0.3 | 0.6/0.5 | — | — | — | — | ≥65 | ≥4000 | ≤50 | ≤30 |
| Ⅲ | 专业比赛 | 750/500 | — | — | 0.5/0.4 | 0.7/0.6 | — | — | — | — | ≥65 | ≥4000 | ≤50 | ≤30 |
| Ⅳ | TV 转播国家、国际比赛 | — | 1000/750 | 750/500 | 0.5/0.4 | 0.7/0.6 | 0.4/0.3 | 0.6/0.5 | 0.3/0.3 | 0.5/0.4 | ≥80 | ≥4000 | ≤50 | ≤30 |
| Ⅴ | TV 转播重大国际比赛 | — | 1400/1000 | 1000/750 | 0.6/0.5 | 0.8/0.7 | 0.5/0.3 | 0.7/0.4 | 0.5 | 0.5 | ≥90 | ≥5500 | ≤50 | ≤30 |
| Ⅵ | HDTV 转播重大国际比赛 | — | 2000/1400 | 1400/1000 | 0.7/0.6 | 0.8/0.8 | 0.6 | 0.7/0.6 | 0.4/0.3 | 0.6/0.5 | ≥90 | ≥5500 | ≤50 | ≤30 |
| — | TV 应急 | — | 1000/750 | | 0.5/0.4 | 0.7/0.6 | 0.4/0.3 | 0.6/0.5 | | | ≥80 | ≥4000 | ≤50 | ≤30 |

注：1　表中同一格有两个值时，“/”前为主赛区 PA 的值，“/”后为总赛区 TA 的值。
　　2　球与背景之间应有足够的对比。比赛场地应消除阴影。
　　3　应避免在运动员运动方向上造成眩光。
　　4　室内网球Ⅴ等级 $R_a$ 和 $T_{cp}$ 的取值应与Ⅳ等级相同。

表 4.1.18　足球场地的照明标准值

| 等级 | 使用功能 | 照度（lx） | | | 照度均匀度 | | | | | | | | 光　源 | | 眩光指数 |
|---|---|---|---|---|---|---|---|---|---|---|---|---|---|---|---|
| | | $E_h$ | $E_{vmai}$ | $E_{vaux}$ | $U_h$ | | $U_{vmai}$ | | $U_{vaux}$ | | | | $R_a$ | $T_{cp}$ (K) | $GR$ |
| | | | | | $U_1$ | $U_2$ | $U_1$ | $U_2$ | $U_1$ | $U_2$ | | | | | |
| Ⅰ | 训练和娱乐活动 | 200 | — | — | — | 0.3 | — | — | — | — | | | ≥20 | — | ≤55 |
| Ⅱ | 业余比赛、专业训练 | 300 | — | — | — | 0.5 | — | — | — | — | | | ≥80 | ≥4000 | ≤50 |
| Ⅲ | 专业比赛 | 500 | — | — | 0.4 | 0.6 | — | — | — | — | | | ≥80 | ≥4000 | ≤50 |
| Ⅳ | TV 转播国家、国际比赛 | — | 1000 | 750 | 0.5 | 0.7 | 0.4 | 0.6 | 0.3 | 0.5 | | | ≥80 | ≥4000 | ≤50 |
| Ⅴ | TV 转播重大国际比赛 | — | 1400 | 1000 | 0.6 | 0.8 | 0.5 | 0.7 | 0.3 | 0.5 | | | ≥90 | ≥5500 | ≤50 |
| Ⅵ | HDTV 转播重大国际比赛 | — | 2000 | 1400 | 0.7 | 0.8 | 0.6 | 0.7 | 0.4 | 0.6 | | | ≥90 | ≥5500 | ≤50 |
| — | TV 应急 | — | 1000 | — | 0.5 | 0.7 | 0.4 | 0.6 | — | — | | | ≥80 | ≥4000 | ≤50 |

注：应避免对运动员，特别在"角球"时对守门员造成直接眩光。

表 4.1.19　田径场地的照明标准值

| 等级 | 使用功能 | 照度（lx） | | | 照度均匀度 | | | | | | | | 光　源 | | 眩光指数 |
|---|---|---|---|---|---|---|---|---|---|---|---|---|---|---|---|
| | | $E_h$ | $E_{vmai}$ | $E_{vaux}$ | $U_h$ | | $U_{vmai}$ | | $U_{vaux}$ | | | | $R_a$ | $T_{cp}$ (K) | $GR$ |
| | | | | | $U_1$ | $U_2$ | $U_1$ | $U_2$ | $U_1$ | $U_2$ | | | | | |
| Ⅰ | 训练和娱乐活动 | 200 | — | — | — | 0.3 | — | — | — | — | | | ≥20 | — | ≤55 |
| Ⅱ | 业余比赛、专业训练 | 300 | — | — | — | 0.5 | — | — | — | — | | | ≥80 | ≥4000 | ≤50 |
| Ⅲ | 专业比赛 | 500 | — | — | 0.4 | 0.6 | — | — | — | — | | | ≥80 | ≥4000 | ≤50 |
| Ⅳ | TV 转播国家、国际比赛 | — | 1000 | 750 | 0.5 | 0.7 | 0.4 | 0.6 | 0.3 | 0.5 | | | ≥80 | ≥4000 | ≤50 |
| Ⅴ | TV 转播重大国际比赛 | — | 1400 | 1000 | 0.6 | 0.8 | 0.5 | 0.7 | 0.3 | 0.5 | | | ≥90 | ≥5500 | ≤50 |
| Ⅵ | HDTV 转播重大国际比赛 | — | 2000 | 1400 | 0.7 | 0.8 | 0.6 | 0.7 | 0.4 | 0.6 | | | ≥90 | ≥5500 | ≤50 |
| — | TV 应急 | — | 750 | — | 0.5 | 0.7 | 0.3 | 0.5 | — | — | | | ≥80 | ≥4000 | ≤50 |

注：1　田径场上同时要举行多个单项比赛，照明应满足各单项比赛对应摄像机的要求。
　　2　跑道终点应有足够的照明以满足计时设备的要求。
　　3　内场辅摄像机方向的垂直照度应大于主摄像机方向垂直照度的 60%。

表 4.1.20　曲棍球场地的照明标准值

| 等级 | 使用功能 | 照度（lx） | | | 照度均匀度 | | | | | | | | 光　源 | | 眩光指数 |
|---|---|---|---|---|---|---|---|---|---|---|---|---|---|---|---|
| | | $E_h$ | $E_{vmai}$ | $E_{vaux}$ | $U_h$ | | $U_{vmai}$ | | $U_{vaux}$ | | | | $R_a$ | $T_{cp}$ (K) | $GR$ |
| | | | | | $U_1$ | $U_2$ | $U_1$ | $U_2$ | $U_1$ | $U_2$ | | | | | |
| Ⅰ | 训练和娱乐活动 | 300 | — | — | — | 0.3 | — | — | — | — | | | ≥20 | — | ≤55 |
| Ⅱ | 业余比赛、专业训练 | 500 | — | — | 0.4 | 0.6 | — | — | — | — | | | ≥80 | ＞4000 | ≤50 |
| Ⅲ | 专业比赛 | 750 | — | — | 0.5 | 0.7 | — | — | — | — | | | ≥80 | ≥4000 | ≤50 |
| Ⅳ | TV 转播国家、国际比赛 | — | 1000 | 750 | 0.5 | 0.7 | 0.4 | 0.6 | 0.3 | 0.5 | | | ≥80 | ≥4000 | ≤50 |
| Ⅴ | TV 转播重大国际比赛 | — | 1400 | 1000 | 0.6 | 0.8 | 0.5 | 0.7 | 0.3 | 0.5 | | | ≥90 | ≥5500 | ≤50 |
| Ⅵ | HDTV 转播重大国际比赛 | — | 2000 | 1400 | 0.7 | 0.8 | 0.6 | 0.7 | 0.4 | 0.6 | | | ≥90 | ≥5500 | ≤50 |
| — | TV 应急 | — | 1000 | — | 0.5 | 0.7 | 0.4 | 0.6 | — | — | | | ≥80 | ≥4000 | ≤50 |

注：1　应避免眩光与消除阴影，以保证球门区和角区有最佳照明。
　　2　球与背景之间应有良好的对比和立体感。

表 4.1.21　棒球、垒球场地的照明标准值

| 等级 | 使用功能 | 照度（lx） | | | 照度均匀度 | | | | | | 光源 | | 眩光指数 |
| | | $E_h$ | $E_{vmai}$ | $E_{vaux}$ | $U_h$ | | $U_{vmai}$ | | $U_{vaux}$ | | $R_a$ | $T_{cp}$ (K) | $GR$ |
| | | | | | $U_1$ | $U_2$ | $U_1$ | $U_2$ | $U_1$ | $U_2$ | | | |
| Ⅰ | 训练和娱乐活动 | 300/200 | — | — | — | 0.3 | — | — | — | — | ≥20 | — | ≤55 |
| Ⅱ | 业余比赛、专业训练 | 500/300 | — | — | 0.4/0.3 | 0.6/0.5 | — | — | — | — | ≥80 | ≥4000 | ≤50 |
| Ⅲ | 专业比赛 | 750/500 | — | — | 0.5/0.4 | 0.7/0.6 | — | — | — | — | ≥80 | ≥4000 | ≤50 |
| Ⅳ | TV 转播国家、国际比赛 | — | 1000/750 | 750/500 | 0.5/0.4 | 0.7/0.6 | 0.4/0.3 | 0.6/0.5 | 0.3/0.3 | 0.5/0.4 | ≥80 | ≥4000 | ≤50 |
| Ⅴ | TV 转播重大国际比赛 | — | 1400/1000 | 1000/750 | 0.6/0.5 | 0.8/0.7 | 0.5/0.4 | 0.7/0.6 | 0.3/0.3 | 0.5/0.4 | ≥90 | ≥5500 | ≤50 |
| Ⅵ | HDTV 转播重大国际比赛 | — | 2000/1400 | 1400/1000 | 0.7/0.6 | 0.8/0.8 | 0.6/0.6 | 0.7/0.8 | 0.4/0.3 | 0.6/0.5 | ≥90 | ≥5500 | ≤50 |
| — | TV 应急 | — | 1000/750 | — | 0.5/0.4 | 0.7/0.6 | 0.4/0.3 | 0.6/0.5 | — | — | ≥80 | ≥4000 | ≤50 |

注：1　表中同一格有两个值时，"/"前为内场的值，"/"后为外场的值。
　　2　应提供一定的观众席照明，以满足电视转播和看清被击出赛场的球。

## 4.2　相关规定

**4.2.1**　有电视转播时平均水平照度宜为平均垂直照度的0.75～2.0。

**4.2.2**　照明计算时维护系数值应为0.8。对于多雾和污染严重地区的室外体育场维护系数值可降低至0.7。

**4.2.3**　HDTV转播重大国际比赛时，辅摄像机方向的垂直照度应为面向场地周边四个方向垂直面上的照度。

**4.2.4**　水平照度和垂直照度均匀度梯度应符合下列规定：

　　**1**　有电视转播时：当照度计算与测量网格小于5m时，每2m不应大于10%；当照度计算与测量网格不小于5m时，每4m不应大于20%。

　　**2**　无电视转播时：每5m不应大于50%。

**4.2.5**　比赛场地每个计算点四个方向上的最小垂直照度和最大垂直照度之比不应小于0.3，HDTV转播重大国际比赛时，该比值不应小于0.6。

**4.2.6**　观众席座位面的平均水平照度值不宜小于100lx，主席台面的平均水平照度值不宜小于200lx。有电视转播时，观众席前排的垂直照度值不宜小于场地垂直照度值的25%。

**4.2.7**　观众席和运动场地安全照明的平均水平照度值不应小于20lx。

**4.2.8**　体育场馆出口及其通道的疏散照明最小水平照度值不应小于5lx。

## 5　照明设备及附属设施

### 5.1　光源选择

**5.1.1**　灯具安装高度较高的体育场馆，光源宜采用金属卤化物灯。

**5.1.2**　顶棚较低、面积较小的室内体育馆，宜采用直管荧光灯和小功率金属卤化物灯。

**5.1.3**　特殊场所光源可采用卤素灯。

**5.1.4**　光源功率应与比赛场地大小、安装位置及高度相适应。室外体育场宜采用大功率和中功率金属卤化物灯；室内体育馆宜采用中功率金属卤化物灯。

**5.1.5**　应急照明应采用荧光灯和卤素灯等能瞬时、可靠点燃的光源。当采用金属卤化物灯时，应保证光源工作不间断或快速启动。

**5.1.6**　光源应具有适宜的色温，良好的显色性，高光效、长寿命和稳定的点燃及光电特性。

**5.1.7**　光源的相关色温及应用可按表5.1.7确定。

表 5.1.7　光源的相关色温及应用

| 相关色温（K） | 色表 | 体育场馆应用 |
| --- | --- | --- |
| <3300 | 暖色 | 小型训练场所，非比赛用公共场所 |
| 3300～5300 | 中间色 | 比赛场所，训练场所 |
| >5300 | 冷色 | |

## 5.2 灯具及附件要求

**5.2.1** 灯具及其附件的安全性能应符合相关标准的规定。

**5.2.2** 灯具的防触电保护等级应符合下列要求：

　　**1** 应选用有金属外壳接地的Ⅰ类灯具或Ⅱ类灯具；

　　**2** 游泳池和类似场所应选用防触电等级为Ⅲ类的灯具。

**5.2.3** 灯具效率不应低于表5.2.3的规定。

**表 5.2.3 灯具效率（%）**

| 高强度气体放电灯灯具 | 65 |
|---|---|
| 格栅式荧光灯灯具 | 60 |
| 透明保护罩荧光灯灯具 | 65 |

**5.2.4** 灯具宜具有多种配光形式。体育场馆投光灯灯具可按表5.2.4进行分类。

**表 5.2.4 投光灯灯具分类**

| 光　束　分　类 | 光束张角范围（°） |
|---|---|
| 窄光束 | 10～18 |
| | 18～29 |
| | 29～46 |
| 中光束 | 46～70 |
| | 70～100 |
| 宽光束 | 100～130 |
| | 130 及以上 |

注：按光束分布范围1/10最大光强的张角分类。

**5.2.5** 灯具配光应与灯具安装高度、位置和照明要求相适应。室外体育场宜选用窄光束和中光束灯具；室内体育馆宜选用中光束和宽光束灯具。

**5.2.6** 灯具宜具有防眩光措施。

**5.2.7** 灯具及其附件应能满足使用环境的要求。灯具应强度高、耐腐蚀。灯具电器附件必须满足耐热等级的要求。

**5.2.8** 金属卤化物灯不宜采用敞开式灯具。灯具外壳的防护等级不应小于IP55，不便于维护或污染严重的场所其防护等级不应小于IP65。

**5.2.9** 灯具的开启方式应确保在维护时不改变其瞄准角度。

**5.2.10** 安装在高空中的灯具宜选用重量轻、体积小和风载系数小的产品。

**5.2.11** 灯具应自带或附带调角度的指示装置。灯具锁紧装置应能承受在使用条件下的最大风荷载。

**5.2.12** 灯具及其附件应有防坠落措施。

## 5.3 灯杆及设置要求

**5.3.1** 体育场照明灯杆可采用与建筑物相结合的形式，当作为独立设备存在时宜采用独杆式结构。

**5.3.2** 照明高杆应具有足够的结构强度，其设计使用寿命不应小于25年。

**5.3.3** 照明高杆应符合下列规定：

　　**1** 灯杆高度大于20m时宜采用电动升降吊篮；

　　**2** 灯杆高度小于20m时宜采用爬梯，爬梯应装置护身栏圈并按照相关规范在相应高度上设置休息平台。

**5.3.4** 照明高杆应根据航行要求设置障碍照明。

## 5.4 马道及设置要求

**5.4.1** 体育场馆宜按需设置马道，马道设置的数量、高度、走向和位置应满足照明装置的相关要求。

**5.4.2** 马道应留有足够的操作空间，其宽度不应小于650mm，并应设置防护栏杆。

**5.4.3** 马道的安装位置应避免建筑装饰材料、安装部件、管线和结构杆件等对照明光线的遮挡。

# 6 灯 具 布 置

## 6.1 一 般 规 定

**6.1.1** 灯具布置应综合考虑运动项目的特点和比赛场地的特征。

**6.1.2** 灯具安装位置、高度和投射角应满足降低眩光和控制干扰光的要求。

**6.1.3** 对有电视转播的比赛场地的灯具布置应满足对主摄像机及辅摄像机垂直照度及均匀度的要求。

## 6.2 室外体育场

**6.2.1** 室外体育场灯具宜采用下列布置方式：

　　**1** 两侧布置　灯具与灯杆或建筑马道相结合，以连续光带形式或簇状集中形式布置在比赛场地两侧。

　　**2** 四角布置　灯具以集中形式与灯杆相结合，布置在比赛场地四角。

　　**3** 混合布置　两侧布置和四角布置相结合的布置方式。

**6.2.2** 足球场灯具布置应符合下列规定：

　　**1** 无电视转播时宜采用场地两侧或场地四角布置方式。

　　1) 采用场地两侧布置方式时，灯具不宜布置在球门中心点沿底线两侧10°的范围内，灯杆底部与场地边线之间的距离不应小于4m，灯具高度宜满足灯具到场地中心线的垂直连线与场地平面之间的夹角$\varphi$不宜小于25°（见图6.2.2-1）；

　　2) 采用场地四角布置方式时，灯杆底部到场地边线中点的连线与场地边线之间的夹角不宜小于5°，且灯杆底部到底线中点的连线与底线之间的夹角不宜小于 10°，灯具高度宜满足灯拍中心到场地中心的连线与场地平面之间的夹角 $\varphi$ 不宜小于 25°（见图 6.2.2-2）。

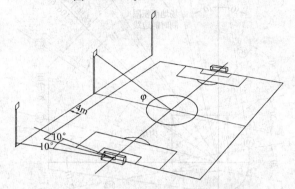

图 6.2.2-1　无电视转播时足球场两侧布置灯具位置

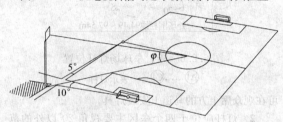

图 6.2.2-2　无电视转播时足球场四角布置灯具位置

2　有电视转播时宜采用场地两侧、场地四角或混合布置方式。

　1）采用场地两侧布置方式时，灯具不应布置在球门中心点沿底线两侧 15°的范围内（见图 6.2.2-3）；

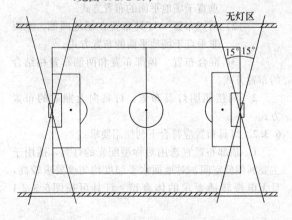

图 6.2.2-3　有电视转播时足球场两侧布置灯具位置

　2）采用场地四角布置方式时，灯杆底部到场地边线中点的连线与场地边线之间的夹角不应小于 5°，且灯杆底部到底线中点的连线与底线之间的夹角不应小于 15°，灯具高度应满足灯拍中心到场地中心的连线与场地平面之间的夹角 $\varphi$ 不应小于 25°（见图 6.2.2-4）。

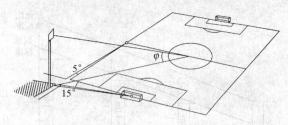

图 6.2.2-4　有电视转播时足球场四角布置灯具位置

采用混合布置时，灯具的位置及高度应同时满足两侧布置和四角布置的要求。

3　任何照明方式下，灯杆的布置均不应妨碍观众的视线。

6.2.3　田径场的灯具布置宜采用两侧布置、四角布置或混合布置方式。

6.2.4　网球场灯具布置应符合下列规定：

1　对没有或只有少量观众席的网球场地，宜采用两侧灯杆布置方式，灯杆应布置在观众席的后侧；对有较多观众席、有较高挑篷且灯杆无法布置的网球场地，宜采用两侧光带布置方式。

2　采用两侧灯杆布置方式时，灯杆的位置应满足图 6.2.4-1 的要求。

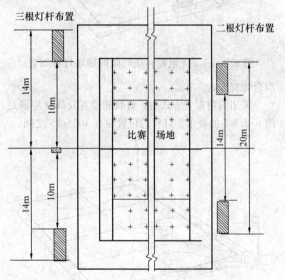

图 6.2.4-1　网球场灯杆位置

3　场地两侧应采用对称的灯具布置方式，提供相同的照明。

4　灯具的安装高度应满足图 6.2.4-2 的要求，比赛场地灯具高度不应低于 12m，训练场地灯具高度不应低于 8m。

6.2.5　曲棍球场灯具布置应符合下列规定：

1　无电视转播时宜采用多杆布置方式，灯杆底部与场地边线之间的距离不应小于 4m，灯杆底部与底线之间的距离不应小于 5m，灯具的高度宜满足图 6.2.5-1 的要求。

2　有电视转播时宜采用四角布置、两侧布置或

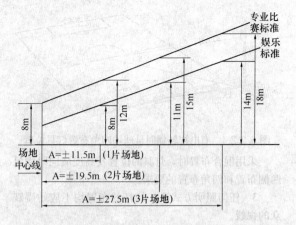

图 6.2.4-2　网球场灯具高度

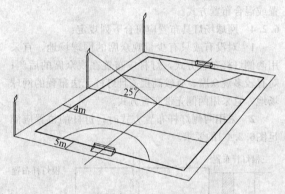

图 6.2.5-1　无电视转播时曲棍球场灯杆布置

混合布置方式。

采用四角布置方式时,灯具的位置及高度应满足图 6.2.5-2 的要求。灯杆的位置应在 10°～25°之间。

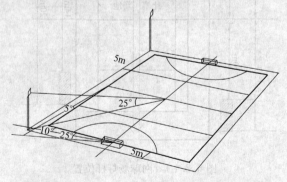

图 6.2.5-2　有电视转播时曲棍球场灯杆布置

采用两侧布置方式时,灯具的高度应满足 $\varphi$ 不小于 25°的要求。

**6.2.6**　棒球场灯具布置应符合下列规定:

**1**　棒球场灯具宜采用 6 根或 8 根灯杆布置方式,也可在观众席上方的马道上安装灯具。

**2**　灯杆应位于四个垒区主要视角 20°以外的范围,灯杆不应设置在图 6.2.6 中的阴影区。

**6.2.7**　垒球场灯具布置应符合下列规定:

**1**　垒球场宜采用不少于 4 根灯杆布置方式,也

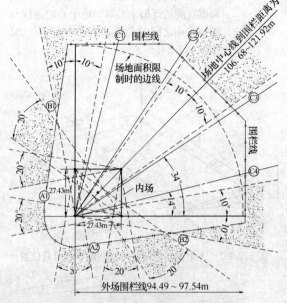

图 6.2.6　棒、垒球场灯杆位置

A1……C4—表示灯杆

可在观众席上方的马道上安装灯具。

**2**　灯杆应位于四个垒区主要视角 20°以外的范围,灯杆不应设置在本标准图 6.2.6 中的阴影区。

### 6.3　室内体育馆

**6.3.1**　室内体育馆灯具宜采用下列布置方式:

**1**　直接照明灯具布置:

**1)**　顶部布置　灯具布置在场地上方,光束垂直于场地平面的布置方式。

**2)**　两侧布置　灯具布置在场地两侧,光束非垂直于场地平面的布置方式。

**3)**　混合布置　顶部布置和两侧布置相结合的布置方式。

**2**　间接照明灯具布置:灯具向上照射的布置方式。

**6.3.2**　灯具布置应符合下列使用要求:

**1**　顶部布置宜选用对称型配光的灯具,适用于主要利用低空间,对地面水平照度均匀度要求较高,且无电视转播要求的体育馆。灯具可按图 6.3.2-1

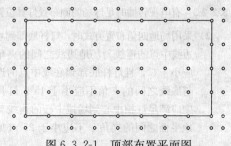

图 6.3.2-1　顶部布置平面图

布置。

　　**2** 两侧布置宜选用非对称型配光灯具布置在马道上，适用于垂直照度要求较高以及有电视转播要求的体育馆。两侧布置时，灯具瞄准角（灯具的瞄准方向与垂线的夹角）不应大于 65°（见图 6.3.2-2）。灯具可按图 6.3.2-3 布置。

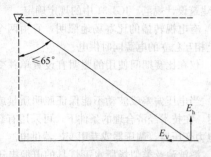

图 6.3.2-2　两侧布置灯具瞄准示意图

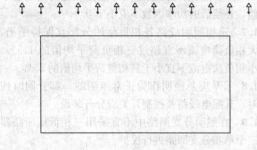

图 6.3.2-3　两侧布置平面图

　　**3** 混合布置宜选用具有多种配光形式的灯具，适用于大型综合性体育馆。灯具的布置方式见顶部布置和两侧布置。灯具可按图 6.3.2-4 布置。

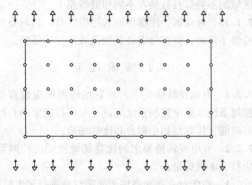

图 6.3.2-4　混合布置平面图

　　**4** 间接照明灯具布置宜采用具有中、宽光束配光的灯具，适用于层高较低、跨度较大及顶棚反射条件好的建筑空间，同时适用于对眩光限制较严格且无电视转播要求的体育馆；不适用于悬吊式灯具和安装马道的建筑结构。灯具可按图 6.3.2-3 布置，灯具投射方向可参照图 6.3.2-5。

场　地

图 6.3.2-5　两侧布置灯具向上投射剖面图

**6.3.3** 体育馆灯具布置应符合表 6.3.3 的规定。

表 6.3.3　体育馆灯具布置

| 类　别 | 灯　具　布　置 |
|---|---|
| 篮球 | 宜以带形布置在比赛场地边线两侧，并应超出比赛场地端线，灯具安装高度不应小于 12m；<br>以篮筐为中心直径 4m 的圆区上方不应布置灯具 |
| 排球 | 宜布置在比赛场地边线 1m 以外两侧，并应超出比赛场地端线，灯具安装高度不应小于 12m；<br>主赛区 PA 上方不宜布置灯具 |
| 羽毛球 | 宜布置在比赛场地边线 1m 以外两侧，并应超出比赛场地端线，灯具安装高度不应小于 12m；<br>主赛区 PA 上方不应布置灯具 |
| 手球、室内足球 | 宜以带形布置在比赛场地边线两侧，并应超出比赛场地端线，灯具安装高度不应小于 12m |
| 乒乓球 | 宜在比赛场地外侧沿长边成排布置及采用对称布置方式，灯具安装高度不应小于 4m；<br>灯具瞄准宜垂直于比赛方向 |
| 体操 | 宜采用两侧布置方式，灯具瞄准角不宜大于 60° |
| 拳击 | 宜布置在拳击场上方，灯具组的高度宜为 5~7m；<br>附加灯具可安装在观众席上方并瞄向比赛场地 |
| 柔道、摔跤跆拳道、武术 | 宜采用顶部或两侧布置方式；<br>用于补充垂直照度的灯具可布置在观众席上方，瞄向比赛场地 |
| 举重 | 宜布置在比赛场地的正前方 |
| 击剑 | 宜沿长台两侧布置，瞄准点在长台上，灯具瞄准角宜为 50°~60°；<br>主摄像机侧的灯具间距宜为其相对一侧的 1/2 |

续表 6.3.3

| 类　别 | 灯　具　布　置 |
|---|---|
| 游泳、水球、花样游泳 | 宜沿泳池纵向两侧布置；灯具瞄准角宜为 50°～55°<br>＊ 室外宜采用两侧布置或混合布置方式；灯具瞄准角宜为50°～60° |
| 跳水 | 宜采用两侧布置方式；有游泳池的跳水池，灯具布置宜为游泳池灯具布置的延伸 |
| 冰球、花样滑冰、短道速滑 | 灯具应分别布置在比赛场地及其外侧的上方，宜对称于场地长轴布置；<br>灯具的瞄准方向宜垂直于场地长轴，瞄准角不宜过大 |
| 速度滑冰 | 宜布置在内、外两条马道上，外侧灯具布置在赛道外侧看台上方，内侧灯具布置在热身赛道里侧；<br>灯具瞄准方向宜垂直于赛道 |
| 场地自行车 | 应平行于赛道，形成内、外两环布置，但不应布置在赛道上方；<br>灯具瞄准应垂直于骑手的运动方向；<br>应增加对赛道终点照明的灯具<br>＊ 室外灯具宜采用两侧布置或混合布置方式 |
| 射击 | 射击区、弹道区灯具宜布置在顶棚上 |
| 射箭 | 射箭区、箭道区灯具宜以带形布置在顶棚上<br>＊ 室外灯具应安装在射箭手等候位置的后面 |
| 马术 | 在特殊赛场上灯具安装高度不应小于 12m；<br>应安装足够的灯具以保证场地内无阴影<br>＊ 室外宜采用两侧布置或混合布置方式；<br>灯具布置应保证障碍周围无阴影 |
| 网球 | 宜平行布置于赛场边线两侧，布置总长度不应小于 36m；<br>灯具瞄准宜垂直于赛场纵向中心线，灯具瞄准角不应大于 65° |

注：1 "＊"表示室外比赛场地灯具布置。

　　2 表中规定主要用于有电视转播要求的灯具布置。

# 7 照明配电与控制

## 7.1 照 明 配 电

**7.1.1** 照明负荷等级和供电方案应按国家现行标准《体育建筑设计规范》JGJ 31 中的规定确定。

**7.1.2** 有电视转播的比赛场地照明，宜由两个及两个以上相互独立的电源同时供电。

**7.1.3** 仅在比赛期间使用的照明宜设置单独变压器供电。

**7.1.4** 当电压偏差或波动不能保证照明质量或光源寿命时，在技术经济合理的条件下，可采用有载自动调压电力变压器、调压器或专用变压器供电。

**7.1.5** 游泳池及类似场所水下灯具的电源电压不应大于 12V。

**7.1.6** 气体放电光源宜采用分散方式进行无功功率补偿，补偿后的功率因数不应小于 0.9。

**7.1.7** 三相照明线路各相负荷的分配宜保持平衡，最大相负荷电流不宜超过三相负荷平均值的 115%，最小相负荷电流不宜小于三相负荷平均值的 85%。

**7.1.8** TV 应急照明作为正常照明的一部分同时使用时，其配电线路及控制开关应分开装设。

**7.1.9** 在照明分支回路中不宜采用三相低压断路器对三个单相分支回路进行保护。

**7.1.10** 为保证气体放电灯的正常启动，触发器至光源的线路长度不应超过该产品规定的允许值。

**7.1.11** 主要供给气体放电灯的三相配电线路，其中性线截面应满足不平衡电流及谐波电流的要求，且不应小于相线截面。

**7.1.12** 较大面积的照明场所，宜将照射在同一照明区域的不同灯具分接在不同相的线路上。

**7.1.13** 观众席、比赛场地的照明灯具，当具备现场检修条件时，宜在每盏灯具处设置单独的保护。

## 7.2 照 明 控 制

**7.2.1** 有电视转播要求的比赛场地照明应设置集中控制系统。集中控制系统应设于专用控制室内，控制室应能直接观察到主席台和比赛场地。

**7.2.2** 有电视转播要求的比赛场地照明的控制系统应符合下列规定：

　　**1** 应能对全部比赛场地照明灯具进行编组控制；

　　**2** 应能设定不少于 4 个不同照明场景的编组方案；

　　**3** 应显示主供电源、备用电源和各分支路干线的电气参数；

　　**4** 电源、配电系统和控制系统出现故障时应发出声光故障报警信号；

　　**5** 对于未设置热触发装置或不间断供电设施的

照明系统，其控制系统应具有防止短时再启动的功能；

6 宜显示全部比赛场地照明灯具的工作状态。

**7.2.3** 有电视转播要求的比赛场地照明的控制系统宜采用智能照明控制系统。

**7.2.4** 照明控制回路分组应满足不同比赛项目和不同使用功能的照明要求；当比赛场地有天然光照明时，控制回路分组方案应与其相协调。

# 8 照 明 检 测

## 8.1 一 般 规 定

**8.1.1** 体育场馆照明检测应满足使用功能的要求。

**8.1.2** 检测设备应使用在检定有效期内的一级照度计、光谱测色仪。

**8.1.3** 检测条件应符合下列规定：

1 应在天气状况好和外部光线影响小时进行；

2 应在体育场馆满足使用条件的情况下进行；

3 气体放电灯累积运行时间宜为 50～100h；

4 应点亮相对应的照明灯具，稳定 30min 后进行测量；

5 电源电压应保持稳定，灯具输入端电压与额定电压偏差不宜超过 5%；

6 检测时应避免人员遮挡和反射光线的影响。

**8.1.4** 检测项目应包括照度、眩光、现场显色指数和色温测量。

## 8.2 照 度 测 量

**8.2.1** 照度应在规定的比赛场地上进行测量，对于照明装置布置完全对称的场地，可只测 1/2 或 1/4 的场地。照度计算和测量网格可按本标准附录 A 的规定确定。

**8.2.2** 室内外矩形场地和几种典型场地的照度计算和测量可按下列网格点进行（下列图中，○、+为计算网格点，+为测量网格点）。

1 矩形场地照度计算和测量网格点可按图 8.2.2-1 确定。

　　1) $d_1$，$d_w$ 可按下列方法确定：

　　　　当 $l$，$w$ 不大于 10m 时，计算网格为 1m；

　　　　当 $l$，$w$ 大于 10m 且不大于 50m 时，计算网格为 2m；

　　　　当 $l$，$w$ 大于 50m 时，计算网格为 5m。

　　2) 测量网格点间距宜为计算网格点间距的 2 倍。

2 田径场地照度计算和测量网格点可按图 8.2.2-2 确定。

3 游泳和跳水场地照度计算和测量网格点可按图 8.2.2-3 确定。

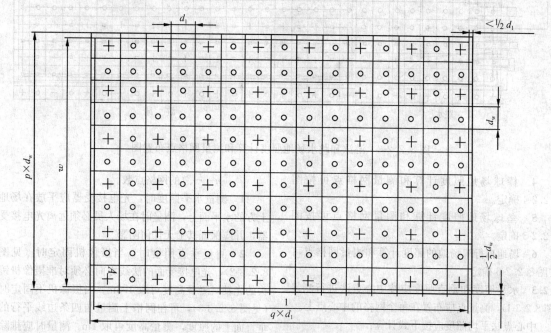

图 8.2.2-1 矩形场地照度计算和测量网格点布置图

$l$—场地长度；$d_1$—计算网格纵向间距；$p$—计算网格纵向点数；

$w$—场地宽度；$d_w$—计算网格横向间距；$q$—计算网格横向点数。

图中：计算网格点从中心点 C 开始确定，测量网格点从角点 A 开始确定。

$p$，$q$ 均为奇整数，并满足 $(q-1) \cdot d_1 \leqslant l \leqslant q \cdot d_1$ 和 $(p-1) \cdot d_w \leqslant w \leqslant p \cdot d_w$

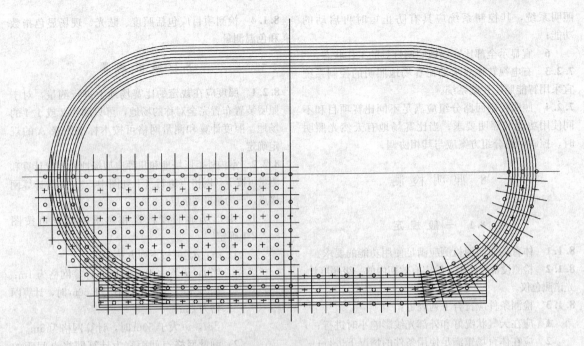

图 8.2.2-2　田径场地照度计算和测量网格点布置图

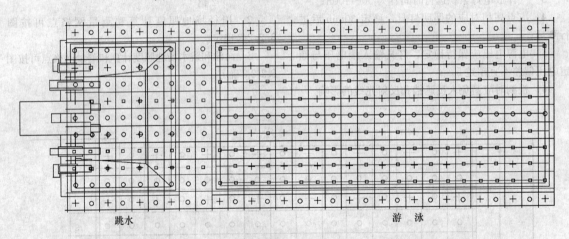

跳水　　　　　　　　　　　　　　　　　　游泳

图 8.2.2-3　游泳和跳水场地照度计算和测量网格点布置图

**4**　棒球场地照度计算和测量网格点可按图 8.2.2-4 确定。

**5**　垒球场地照度计算和测量网格点可按图 8.2.2-5 确定。

**6**　场地自行车场地的照度计算和测量网格点可按图 8.2.2-6 确定。

**8.2.3**　水平照度和垂直照度应按中心点法进行测量（图 8.2.3-1），测量点应布置在每个网格的中心点上。

中心点法平均照度应按下式计算：

$$E_{ave} = \frac{1}{n} \sum_{i=1}^{n} E_i \qquad (8.2.3)$$

式中　$E_{ave}$——平均照度，lx；

$E_i$——第 $i$ 个测点上的照度，lx；

$n$——总的网格点数。

**1**　测量水平照度时，光电接受器应平放在场地上方的水平面上，测量时在场人员必须远离光电接受器，并应保证其上无任何阴影。

**2**　测量垂直照度时，当摄像机固定时（见图 8.2.3-2），光电接受面的法线方向必须对准摄像机镜头的光轴，测量高度可取 1.5m。当摄像机不固定时（见图 8.2.3-3），可在网格上测量与四条边线平行的垂直面上的照度，测量高度可取 1m。测量时应排除对光电接受器的任何遮挡。

**8.2.4**　照度均匀度应按下列公式计算：

$$U_1 = E_{min}/E_{max} \qquad (8.2.4-1)$$

$$U_2 = E_{min}/E_{ave} \qquad (8.2.4-2)$$

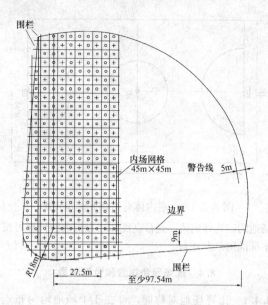

图 8.2.2-4 棒球场地照度计算和测量网格点布置图

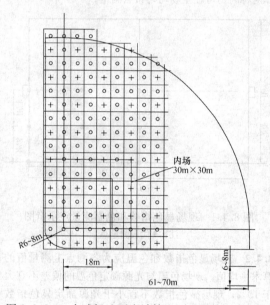

图 8.2.2-5 垒球场地照度计算和测量网格点布置图

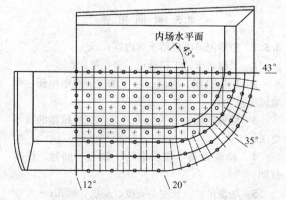

图 8.2.2-6 场地自行车场地的照度计算
和测量网格点布置图

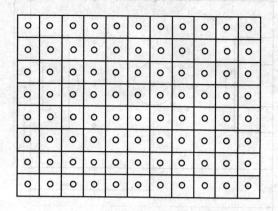

图 8.2.3-1 中心点法测量照度示意图

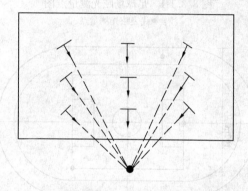

图 8.2.3-2 摄像机位置固定时垂直面示意图

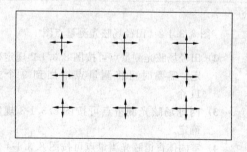

图 8.2.3-3 摄像机位置不固定时垂直面示意图

式中 $U_1$、$U_2$——照度均匀度；

$E_{min}$——规定表面上的最小照度；

$E_{max}$——规定表面上的最大照度；

$E_{ave}$——规定表面上的平均照度。

## 8.3 眩 光 测 量

8.3.1 比赛场地眩光测量点应按下列方法确定：

　　1 眩光测量点选取的位置和视看方向应按安全事故、长时间观看及频繁地观看确定。观看方向可按运动项目和灯具布置选取。

　　2 比赛场地眩光测量点可按相关标准的要求确定。典型场地眩光测量点可按下列方式确定：

　　1）足球场眩光测量点可按图8.3.1-1规定确定。

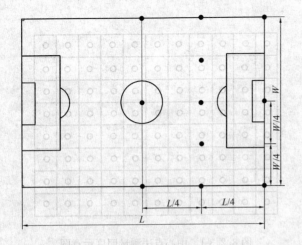

图 8.3.1-1　足球场眩光测量点图
注：●代表眩光测量点

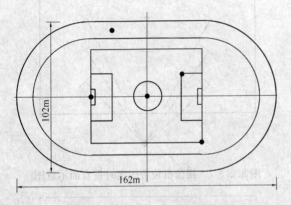

图 8.3.1-2　田径场眩光测量点图

2）田径场眩光测量点可按图 8.3.1-2 规定确定。需要时可将测量点增加到 9 个或 11 个。

3）网球场眩光测量点可按图 8.3.1-3 规定确定。

4）室内体育馆眩光测量点可按图 8.3.1-4 规定确定。

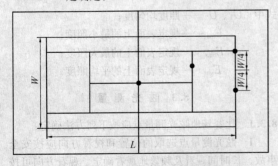

图 8.3.1-3　网球场眩光测量点图

**8.3.2** 眩光测量应在测量点上测量主要视看方向观察者眼睛上的照度，并记录下每个点相对于光源的位置和环境特点，计算其光幕亮度和眩光指数值，取其各观测点上各视看方向眩光指数值中的最大值作为该

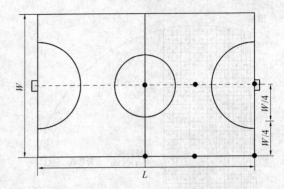

图 8.3.1-4　室内体育馆眩光测量点图

场地的眩光评定值。光幕亮度和眩光指数的计算可按本标准附录 B 进行。

## 8.4　现场显色指数和色温测量

**8.4.1** 比赛场地对称时，可在 1/4 场地均匀布点（一般为 9 个点）进行测量（见图 8.4.1）；比赛场地非对称时，可在全场均匀布点测量。

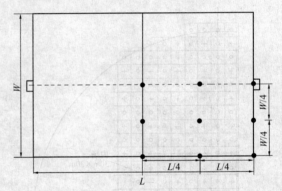

图 8.4.1　现场显色指数和色温测量点示意图
注：●代表测量点

**8.4.2** 现场显色指数和色温应为各测点上测量值的算术平均值。现场色温与光源额定色温的偏差不宜大于 10%，现场显色指数不宜小于光源额定显色指数的 10%。

## 8.5　检　测　报　告

**8.5.1** 检测记录应包括下列内容：

1　工程名称、工程地点、委托单位；

2　检测日期、时间、环境条件（供电电压、环境温度）；

3　检测依据：有关标准规范、工程招标的技术要求；

4　检测设备：仪器名称、型号、编号、校准日期；

5　场地尺寸：长度、宽度、高度、面积；

6　光源种类、功率、规格型号、数量、生产厂；

7　灯具（含电器附件）类型、规格型号、数量、生产厂、安装天数、清扫周期；

    **8**  灯具布置方式、安装高度；

    **9**  控制系统及照明总功率；

    **10**  检测项目（以下包括测量点图和对应的测量值）：

      1）水平照度；

      2）垂直照度：摄像机方向垂直照度、四个方向垂直照度；

      3）眩光计算参数；

      4）现场显色指数；

      5）现场色温。

    **11**  测量值计算：

      1）平均照度 $E_{ave}$；

      2）照度比率 $E_{have}/E_{vave}$；

      3）照度均匀度 $U_1 = E_{min}/E_{max}$；

      4）照度均匀度 $U_2 = E_{min}/E_{ave}$；

      5）均匀度梯度 $UG$；

      6）眩光指数 $GR$。

**8.5.2**  检测报告应提供灯具平、剖面布置图和开灯模式灯具布置图。

**8.5.3**  检测报告应对检测结果按设计标准给出检测结论。

# 附录 A　照度计算和测量网格及摄像机位置

**A.0.1**  体育场馆照度计算和测量网格及摄像机位置宜符合表 A.0.1 的规定。

**表 A.0.1　照度计算和测量网格及摄像机位置**

| 运动项目 | 场地尺寸（m） | 照度计算网格（m） | 照度测量网格（m） | 参考高度（m） | | 摄像机典型位置 |
| --- | --- | --- | --- | --- | --- | --- |
| | | | | 水平 | 垂直 | |
| 篮球 | 28×15 | 1×1 | 2×2 | 1.0 | 1.5 | 主摄像机在赛场两侧看台上；辅摄像机用作篮区动作特写，放在赛场两端 |
| 排球 | 18×9 | 1×1 | 2×2 | 1.0 | 1.5 | 主摄像机位于赛场中心线延长线的看台上；辅摄像机在赛场两端的看台上，在地面上靠近端线，用于发球特写 |
| 手球 | 40×20 | 2×2 | 4×4 | 1.0 | 1.5 | 主摄像机在赛场两侧看台上；辅摄像机在赛场两端 |
| 室内足球 | (38~42)×(18~22) | 2×2 | 4×4 | 1.0 | 1.5 | 主摄像机在赛场两侧看台上；辅摄像机在球门边线，端线的后面 |
| 羽毛球 | PA：13.4×6.1 TA：19.4×10.1 | 1×1 | 2×2 | 1.0 | 1.5 | 主摄像机在赛场两端；辅摄像机在球网处、服务位置 |
| 乒乓球 | 台面：1.525×2.72 | 1×1 | 1×1 | 0.76 | 1.5 | 主摄像机在看台上能综观大厅，附加主摄像机在地面上每个比赛区的角处；辅摄像机在记分牌区域 |
| | 14×7 | 1×1 | 2×2 | 1.0 | | |
| 体操 | 52×28（重大比赛）46×28（一般比赛） | 2×2 | 4×4 | 1.0 | 1.5 | 主摄像机在看台高处拍摄全景；辅摄像机包括各种固定和便携式摄像机 |
| 艺术体操 | 12×12 | 1×1 | 2×2 | 1.0 | 1.5 | 主摄像机在看台高处拍摄全景；辅摄像机包括各种固定和便携式摄像机 |
| 拳击 | 7.1×7.1 | 1×1 | 1×1 | 台面上1.0 | 1.5 | 主摄像机在绳索水平上方栏圈的一侧上；辅摄像机在赛场栏圈的转角处和低角度处 |
| 柔道 | (8~10)×(8~10) | 1×1 | 2×2 | 场地（高0.5m）上1.0 | 1.5 | 主摄像机（一部及以上）放在赛场的上方和一侧；辅摄像机放在赛场的另一侧。靠近赛场可放一部移动摄像机 |

| 运动项目 | 场地尺寸（m） | 照度计算网格（m） | 照度测量网格（m） | 参考高度（m）水平 | 参考高度（m）垂直 | 摄像机典型位置 |
|---|---|---|---|---|---|---|
| 摔跤 | (8～10)×(8～10) | 1×1 | 2×2 | 场地（最高1.1m）上1.0m | 1.5 | 主摄像机（一部及以上）放在赛场的上方和一侧；辅摄像机放在赛场的另一侧。靠近赛场可放一部移动摄像机 |
| 跆拳道 | 8×8 | 1×1 | 2×2 | 场地（高0.5～0.6m）上1.0 | 1.5 | 主摄像机（一部及以上）放在赛场的上方和一侧；辅摄像机放在赛场的另一侧。靠近赛场可放一部移动摄像机 |
| 空手道 | 8×8 | 1×1 | 2×2 | 1.0 | 1.5 | 主摄像机（一部及以上）放在赛场的上方和一侧；辅摄像机放在赛场的另一侧。靠近赛场可放一部移动摄像机 |
| 武术 | 8×8（散打） | 1×1 | 2×2 | 场地（高0.6m）上1.0 | 1.5 | 主摄像机放在对角线的延长线上，在官员评判桌和区域的后方或附近 |
| | 14×8（套路） | | | 地面上1.0 | | |
| 举重 | 4×4 | 1×1 | 1×1 | 台面上1.0 | 1.5 | 主摄像机面向参赛者；辅摄像机放在热身区和举重台入口 |
| 击剑 | 14×2 | 1×1 | 1×1 | 长台上1.0 | 1.5 | 主摄像机在长台侧面；辅摄像机在长台两端 |
| 速度滑冰 | 180×68 | 5×5 | 10×10 | 1.0 | 1.5 | 主摄像机放在全场中央主看台上和终点线的延长线上；辅摄像机设在起点位置和跟随滑冰者转圈 |
| 冰球 短道速滑 花样滑冰 | 60×30 | 5×5 | 10×10 | 1.0 | 1.5 | 主摄像机放在场地中心线延长线的看台上。冰球附加摄像机放在球门区后面，短道速滑和花样滑冰附加摄像机放在角区和等候区中 |
| 射击 | 靶心（目标面） | 0.2×0.2 | 0.2×0.2 | 1.0 | 靶心 | 主摄像机在射击手和目标的侧面和背后 |
| | 射击区 | 1×1 | 1×1 | | 射击区 | |
| | 弹道 | 2×2 | 4×4 | | 弹道 | |
| 射箭 | 90～45，90～70（8道，13道） | 5×5 | 10×10 | 1.0 | 1.5 2.0 | 摄像机设在沿射箭线不同位置和等候线与射箭线之间区域内 |
| 自行车 | 赛道：250×(6～8) 333.3×(8～10) | 5×2.5 | 10×2.5 | 赛道（含赛道斜面）上1.0 | 1.5 | 主摄像机放在与赛道终点直道平行的主看台上。终点摄像机放在中央横轴延长线上（追逐比赛）和通常的终点位置（如短距比赛）。附加摄像机放在两角用来拍摄赛道的直线段，给出骑手的前视镜头（逆时针转圈） |
| 游泳 | 泳池：50×25 | 2.5×2.5 | 2.5×2.5 | 水面上0.2 | — | 主摄像机放在平行于泳池纵轴的主看台上，与游泳者平行的跑动摄像机跟随游泳者的运动；辅摄像机放在泳池两端用来拍摄起跳和转身，另外的摄像机可放在泳池纵轴的两端 |
| | 出发台和颁奖区 | 1×1 | 1×1 | 地面 | 1.5 | |

| 运动项目 | 场地尺寸（m） | 照度计算网格（m） | 照度测量网格（m） | 参考高度（m） 水平 | 参考高度（m） 垂直 | 摄像机典型位置 |
|---|---|---|---|---|---|---|
| 跳水 | 跳水池：25×21 | 2.5×2.5 | 2.5×2.5 | 水面上0.2 | — | 主摄像机放在平行于跳水平台长轴的看台上；辅摄像机放在跳水池的对角上和跳水池纵轴的前、后 |
| 跳水 | 跳台及跳板（0.5~2）×（4.8~6） | 1×1 | 1×1 | 台面和板面上1.0 | 正前方0.6m，宽2m至水面区域 | |
| 网球 | PA：10.97×23.77 TA：18.29×36.57 | 1×1 | 2×2 | 1.0 | 1.5 | 主摄像机在赛场一端的看台上；辅摄像机在底线和球网之间，用于特写、回放及采访 |
| 室外足球 | 105×68 | 5×5 | 10×10 | 1.0 | 1.5 | 主摄像机放在赛场中心线的延长线在主看台上的重要位置；辅摄像机中球门区摄像机放在看台上或地面上用于回放16m区内精彩比赛，便携式摄像机放在边线作采访和报导 |
| 室外田径 | 181×102 | 5×5 | 10×10 | 1.0 | 1.5 | 主摄像机放在有足够高度的看台上以拍摄整场全景，另有主摄像机位于横轴上、起点与终点处；辅摄像机有12个或以上，用来拍摄每个单项赛事；跑道赛事有时使用跑动摄像机 |
| 室外田径 | 终点、田赛场地 | 2×2 | 4×4 | | | |
| 棒球 | 内场27.5×27.5；外场扇形，本垒经二垒向中外场的距离至少121.92m，扇形和两边线外18.29m围栏以内的区域 | 内场2.5×2.5 外场5×5 | 内场5×5 外场10×10 | 1.0 | 1.5 | 主摄像机放在位于赛场对称轴延长线的主看台上；地面摄像机（便携式）用于拍摄内场和教练坐位区的特写；在边线一侧的摄像机报导内场和外场的活动，有时也使用"远"处外场摄像机 |
| 曲棍球 | 91.4×54.84 | 5×5 | 10×10 | 1.0 | 1.5 | 主摄像机放在场地中心线的延长线在主看台上的重要位置；辅摄像机可用来回放场上重要的动作，如球门区和角区的击球 |
| 垒球 | 内场27.5×27.5；外场90°扇形，R=61~70m，扇形和两边线外7.62m围栏以内的区域 | 内场2.5×2.5 外场5×5 | 内场5×5 外场10×10 | 1.0 | 1.5 | 主摄像机放在看台对称轴延长线上和每边线一侧面上。有时使用"远"处外场摄像机 |

# 附录 B 眩 光 计 算

**B.0.1** 体育场馆眩光指数（GR）的计算应符合下列规定：

**1** GR 应按下式计算：

$$GR = 27 + 24\lg \frac{L_{vl}}{L_{ve}^{0.9}} \qquad (B.0.1\text{-}1)$$

式中 $L_{vl}$——由灯具发出的光直接射向眼睛所产生的光幕亮度（cd/m²）；

$L_{ve}$——由环境引起直接入射到眼睛的光所产生的光幕亮度（cd/m²）。

**2** 各参数的确定应符合下列规定：

**1）** 由灯具产生的等效光幕亮度应按下式计算：

$$L_{vl} = 10 \sum_{i=1}^{n} \frac{E_{eyei}}{\theta_i^2} \qquad (B.0.1\text{-}2)$$

式中 $E_{eyei}$——观察者眼睛上的照度，该照度是在视线的垂直面上，由第 $i$ 个光源所产生的照度（lx）；

$\theta_i$——观察者视线与第 $i$ 个光源入射在眼睛上的光线所形成的角度（°）；

$n$——光源总数。

**2）** 由环境产生的光幕亮度应按下式计算：

$$L_{ve} = 0.035 L_{av} \qquad (B.0.1\text{-}3)$$

式中 $L_{av}$——可看到的水平场地的平均亮度（cd/m²）。

**3）** 平均亮度 $L_{av}$ 应按下式计算：

$$L_{av} = E_{horav} \cdot \frac{\rho}{\pi \Omega_0} \qquad \text{(B. 0. 1-4)}$$

式中　$E_{horav}$——场地的平均水平照度（lx）；

　　　$\rho$——漫反射时区域的反射比；

　　　$\Omega_0$——1 个单位立体角（sr）。

### 本标准用词说明

1　为便于在执行本标准条文时区别对待，对要求严格程度不同的用词，说明如下：

　　1）表示很严格，非这样做不可的：

　　　正面词采用"必须"；

　　　反面词采用"严禁"。

　　2）表示严格，在正常情况下均应这样做的：

　　　正面词采用"应"；

　　　反面词采用"不应"或"不得"。

　　3）表示允许稍有选择，在条件许可时首先应这样做的：

　　　正面词采用"宜"；

　　　反面词采用"不宜"；

　　　表示有选择，在一定条件下可以这样做的，采用"可"。

2　标准中指明应按其他有关标准执行的写法为"应按……执行"或"应符合……规定（或要求）"。

中华人民共和国行业标准

# 体育场馆照明设计及检测标准

JGJ 153—2007

条 文 说 明

# 前　　言

《体育场馆照明设计及检测标准》JGJ 153—2007 经建设部 2007 年 7 月 20 日以第 675 号公告批准、发布。

为便于广大设计、施工、科研、学校等单位有关人员在使用本标准时能正确理解和执行条文规定，

《体育场馆照明设计及检测标准》编制组按章、节、条顺序编制了本标准条文说明，供使用者参考。在使用中如发现本条文说明有不妥之处，请将意见函寄中国建筑科学研究院建筑物理研究所。

# 目 次

# 1 总　则

**1.0.1** 制定本标准的目的和原则，是在总结我国体育场馆照明设计与建设经验的基础上，吸收国际先进标准内容，统一体育场馆的照明设计标准和检测方法，提高体育场馆照明设计质量，确保体育场馆的使用功能，并做到安全适用、技术先进、经济合理、节约能源制定的。

**1.0.2** 本条规定了本标准的适用范围。根据实际应用的需要，本标准适用于主要运动项目的体育场馆，包括新建、改建和扩建的体育场馆照明的设计及检测。

**1.0.3** 有关体育场馆建设的标准、规范随着大量体育场馆的兴建逐步得到完善，在场馆建设时应根据实际需要进行照明设计，兼顾赛时与赛后照明设施的充分利用，达到既经济又实用的目的。

**1.0.4** 体育场馆照明的设计及检测除应符合本标准外，尚应符合国家现行有关标准《建筑照明设计标准》GB 50034、《体育建筑设计规范》JGJ 31 等的规定。

# 2　术语和符号

本章术语、符号部分引自《建筑照明术语标准》JGJ/T 119，同时也参照了国际上相关体育照明标准的术语定义，并加以统一和赋予新的含义。如增加了使用照度、均匀度梯度、主赛区、总赛区术语，结合体育照明的特点，对水平照度、垂直照度、照度均匀度等术语增添了新的内容。为方便使用本章将术语和符号分列为两节。

# 3　基本规定

**3.0.1** 本条使用功能分级是在参考国际和国外照明标准分级并结合国内实际使用要求制定的，见表1～表4。

**表 1　国际足球联合会（FIFA）比赛分级**

| 有电视转播的比赛 | | 无电视转播的比赛 | |
|---|---|---|---|
| 等　级 | 比赛类型 | 等　级 | 比赛类型 |
| Ⅴ级 | 国际比赛 | Ⅲ级 | 国家比赛 |
| Ⅳ级 | 国家比赛 | Ⅱ级 | 联赛、俱乐部比赛 |
| | | Ⅰ级 | 训练、娱乐 |

**表 2　国际单项体育联合会总会（GAISF）比赛分级**

| 业　余　水　平 | 专　业　水　平 |
|---|---|
| 体能训练 | 体能训练 |
| 非比赛、娱乐活动 | 国家比赛 |
| 国家比赛 | TV 转播国家比赛 |

续表 2

| 业　余　水　平 | 专　业　水　平 |
|---|---|
| — | TV 转播国际比赛 |
| — | HDTV 转播比赛 |
| — | 应急电视 |

**表 3　欧洲 CEN 照明标准照明分级**

| 比赛等级 | 照　明　分　级 | | |
|---|---|---|---|
| | Ⅰ | Ⅱ | Ⅲ |
| 国际和国家 | ○ | — | — |
| 地　　区 | ○ | ○ | — |
| 地　　方 | ○ | ○ | — |
| 训　　练 | ○ | ○ | — |
| 娱乐/学校运动（体育教育） | — | — | ○ |

注：表中"○"表示各比赛等级所对应的照明分级。

**表 4　北美 IES 照明标准比赛级别与设施分级**

| 设　　施 | 照　明　分　级 | | | |
|---|---|---|---|---|
| | Ⅰ | Ⅱ | Ⅲ | Ⅳ |
| 专　业 | ○ | — | — | — |
| 学　院 | ○ | ○ | — | — |
| 半专业 | ○ | ○ | — | — |
| 运动俱乐部 | ○ | ○ | ○ | — |
| 业余团体 | ○ | ○ | ○ | ○ |
| 高　中 | ○ | ○ | ○ | ○ |
| 训练设施 | — | ○ | ○ | ○ |
| 初级学校 | — | — | — | ○ |
| 休闲运动 | — | — | — | ○ |
| 社会活动 | — | — | — | ○ |

注：1　Ⅰ级—观众人数超过 5000 人的设施；Ⅱ级—观众人数 5000 人或少于 5000 人的设施；Ⅲ级—有少数观众席位；Ⅳ—无观众席位。

2　表中"○"表示各比赛设施所对应的照明分级。

**3.0.2** 本标准规定的照明标准值、照明计算、照明测量等除加以说明外场地范围均指比赛场地。标准中规定的照度值为使用照度值，国际照明委员会（CIE）技术报告《体育赛事中用于彩电和摄影照明的实用设计准则》CIE 169：2005 给出照明装置与维护的关系如图 1 所示。

图 1 中使用照度与维持照度的关系可用下式计算：

$$E_{使用} = 0.8 \times E_{初始}$$

$$E_{维持} = 0.8 \times E_{使用} = 0.64 \times E_{初始}$$

附录 A 中参考平面的高度，其中水平照度参考平面的高度主要是按照 CIE 169：2005 和各运动项目的实际高度确定的，垂直照度参考平面的高度主要是按照国际各体育组织和电视广播机构的规定确定的。

**3.0.3** 体育运动和竞赛项目日趋发展和普及，参与

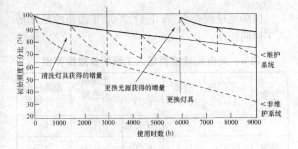

图 1 照明装置与维护的关系

者和观看比赛的人越来越多，对照明的要求也就越来越高，照明设施必须保证运动员和教练员能够看清比赛场地上所发生的一切活动和场景，这样他们才能达到最佳表现，观众也必须在宜人环境和舒适条件下紧随运动员和比赛的进行。体育场馆照明设计除应满足现场各类人员的需求外还应为观看比赛的广大电视观众提供高质量的电视转播场景。运动员和观众的照明要求可能与电视转播的要求不一致，此时应通过调整摄像机或其他手段予以解决。如射击场除目标照度要求比较高外，其他位置的照度都不是要求很高，色温也不宜过高，这与摄像的要求会有矛盾，此时应对摄像机进行调整。

**3.0.4** HDTV 转播照明的各项技术指标明显高于其他照明模式的要求，特别是 HDTV 转播照明主摄像机方向的垂直照度高达 $2000 \sim 2500lx$，均匀度 $U_1$ 和 $U_2$ 分别达到 0.6 和 0.7。单从运动员、裁判员来说并非需要这样高的标准。针对目前体育场馆建设状况，实测调查表明，有些体育场馆不可能进行 HDTV 转播重大国际比赛也按高标准设计，这不仅是一种资源上的浪费，而且也没有必要；从另一方面来看，HDTV 转播在我国尚未开始使用，即使投入使用短时间内也只限于举行国际重大比赛的体育场馆，这里重大国际比赛一般指奥运会、世锦赛、世界杯等。对于每项重大国际比赛国际相关体育组织和机构还会对照明提出具体的要求，如满足国际照明委员会（CIE），国际各体育组织（如 GAISF、FIFA、IAAF）及电视广播机构（如 OBS、BOB）等的技术要求。

**3.0.5** 在重要的体育赛事中，当电源断电和电源瞬间突变需继续进行比赛和电视转播时，场地照明应设置电视转播应急照明。因电压瞬间突变的时间超过 0.01s 时，气体放电灯就会熄灭，而等待 $5 \sim 10min$ 后才能再启动。这时可以把系统连接到至少两个独立的电源，使主摄像机在两个系统之一中断时获得最低的照明要求。尽管 UPS、EPS 不间断电源费用较高，但根据需要也可考虑用于部分照明装置，此外，有时也用金卤灯热启动解决，但热触发装置很贵。为了节约成本，本标准规定 TV 应急照明适用于国际和重大国际比赛，并应符合国际相关体育组织和机构的技术要求。

**3.0.6** 为了提高体育场馆的使用效率，大多数体育场馆都是多功能、多用途的，除用于各项体育运动外，也能用于非体育运动，如音乐会和其他文化活动。大型体育设施可为大批人群的各项活动提供服务，这样可使它们在经济上受益。对于综合性体育场馆，由于它的多用途性，照明设计首要满足体育运动的特殊要求，如篮球、排球、手球、乒乓球等，但同时也要为娱乐、训练、竞赛、维护和清洗提供服务，按照不同用途和不同运动项目要求设计和编排相应的照明场景，不仅能降低照明系统运行成本，还能保证各项活动有更好的照明质量。

**3.0.7** 体育场馆照明除比赛场地照明外，还应考虑观众席照明和应急照明。观众席照明的目的除一般地满足看清座位的需要外，更重要地是为了满足电视转播摄像要求，包括对一些重要官员和著名人物的特写和慢镜头回放。体育场馆的特点往往是建筑体量比较大，可容纳数千人甚至数万人，人多密度大，保证大批人群安全出入体育场馆极其重要，特别是在发生紧急情况下，应急照明就更必不可少。

**3.0.8** 因为体育场馆对照明的要求很高，照明指标控制很严格，照明模式多、数据量大，在照明设计时应该进行照明计算，只有通过照明计算才能更好地符合照明标准中对具体技术指标的要求。

**3.0.9** 在照明设计时应根据不同的运动项目，运动场地的大小，实际使用中最高应用级别等情况选择相对应的照明标准值，出于照明节能的考虑，不宜进行超级别设计。照明设计标准未给出上限值时，在设计时一般不应高出上一级标准值，对于最高一级标准在考虑维护系数的情况下能达到标准就可以了，并非越亮越好。目前体育场馆照明设计指标普遍偏高，应加以适当控制，出于经济的原因，国际上还提出了使用非对称的照明系统，如体育场，在主摄像机侧照明设施提供规定的垂直照度值，而在相对一侧的垂直照度可为该值的 60%，这与全对称照明系统相比较可节省总的照明投资费用。但在田径赛事中摄像机的位置极其灵活，与这种照明系统会有矛盾，还应考虑实际应用的需要。

体育场馆照明设计时除了选用高效节能的照明设备外，提高光束利用率也是节省能源的重要手段，由于场地和观众席的照明标准相差很多，光束应尽量投向场地，最大限度地减少溢散光。

在照明设计时，首先应考虑满足各项运动的照明标准推荐值，如果照明水平高于标准值，可能会增加潜在的溢散光。改善照明质量，提高设计区域的照度均匀度和控制灯具眩光对改善视觉状况会更有效。此外，应考虑灯具的选择，所选用的灯具应有合理的配光。当按照明设计灯具准确定位和瞄准时，控制灯具瞄准角和安装高度可以限制溢散光，以利于节约能源。

**3.0.10** 为检验照明计算与照明设施安装完成后的符合情况应进行照明检测。对于那些正在使用中的体育场馆如果用来举行重大国际比赛，在正式比赛前也应进行照明检测。为保证检测数据的准确性，应委托国家授权的权威检测机构进行照明检测。

**3.0.11** 在某些情况下，投光灯具由于体育设施的客观限制不能安装于最佳位置，以致造成照明设施很难达到既定的照明标准值或产生不能容忍的眩光。此时最重要的是建筑师和照明设计师的密切配合，这种合作需要从方案设计阶段开始直到新的体育场馆最后完成，在整个建筑物建造中，无论在室内（如顶棚系统）或室外（如赛场屋顶）对构造与设施进行整合尤为重要，其结果会获得满意的效果。

**3.0.12** 在室内体育馆，应避免太阳光和天空光穿透到室内，因太阳光和天空光在体育大厅和游泳馆中光泽的地面和水面上产生的高亮度及阴影会特别明显，在设计时选用遮阳窗可以有效地避免这种现象。在室外体育场，直接太阳光会产生刺眼的阴影，其结果使电视摄像机从赛场明亮被照区移动到阴影区时形成无法接受的对比。这在设计阶段通过选择最佳朝向和合适的比赛时间可以改善这种状况，同时还可使用透明屋顶材料降低赛场强烈的亮度对比。

# 4 照 明 标 准

## 4.1 照明标准值

本标准的照明标准值是根据国外体育照明标准和现场实测调查制定的。

**1 国外体育照明标准**

表中所列照明标准值是参考国际照明委员会（CIE）标准，国际体育组织（如 GAISF，FIFA，IAAF）标准和广播电视机构对体育场馆的照明要求，在大量的实例调查结果以及总结设计和使用中的实践经验的基础上制定的。特别是在编写本标准的过程中将 CIE 最新技术报告《体育赛事中用于彩电和摄影照明的实用设计准则》CIE 169：2005 内容搜集进来，充实了标准的内容，使之更具科学性和实用性。国外体育照明标准见表5～表11。

**表 5 CIE 照度分级**

| 最大摄像距离 | | 25m | 75m | 150m |
|---|---|---|---|---|
| 项目分组 | A 组：田径、柔道、游泳、摔跤等项目 | 500lx | 700lx | 1000lx |
| | B 组：篮球、排球、羽毛球、网球、手球、体操、花样滑冰、速滑、垒球、足球等项目 | 700lx | 1000lx | 1400lx |
| | C 组：拳击、击剑、跳水、乒乓球、冰球等项目 | 1000lx | 1400lx | — |

国际足球联合会（FIFA）2002 年颁布的足球场人工照明标准。

**表 6 无电视转播赛场人工照明参数推荐值**

| 比赛分级 | 水平照度（lx） | 照度均匀度 | 眩光指数 | 光源相关色温（K） | 光源一般显色指数 |
|---|---|---|---|---|---|
| | $E_{have}$ | $U_2$ | $GR$ | $T_{cp}$ | $R_a$ |
| Ⅲ级 | 500* | 0.7 | ≤50 | >4000 | ≥80 |
| Ⅱ级 | 200* | 0.6 | ≤50 | >4000 | ≥65 |
| Ⅰ级 | 75* | 0.5 | ≤50 | >4000 | ≥20 |

注：* 数值为考虑了灯具维护系数后的照度值，即表中数值乘以 1.25 等于初始照度值。

**表 7 有电视转播赛场人工照明参数推荐值**

| 比赛分级 | 摄像类型 | 垂直照度 | | | 水平照度 | | | 光源相关色温 $T_{cp}$（K） | 光源一般显色指数 $R_a$ |
|---|---|---|---|---|---|---|---|---|---|
| | | $E_{vave}$（lx） | 照度均匀度 | | $E_{have}$（lx） | 照度均匀度 | | | |
| | | | $U_1$ | $U_2$ | | $U_1$ | $U_2$ | | |
| Ⅴ级 | 慢动摄像机 | 1800 | 0.5 | 0.7 | 1500～3000 | 0.6 | 0.8 | >5500 | ≥80（最好≥90） |
| | 固定摄像机 | 1400 | 0.5 | 0.7 | | | | | |
| | 移动摄像机 | 1000 | 0.3 | 0.5 | | | | | |
| Ⅳ级 | 固定摄像 | 1000 | 0.4 | 0.6 | 1000～2000 | 0.6 | 0.8 | >4000 | ≥80 |

注：1 垂直照度值与每台摄像机有关。
2 照度值应考虑维护系数，推荐灯具维护系数为 0.80，照度的初始数值应为表中数值的 1.25 倍。
3 每 5m 的照度梯度不应超过 20%。
4 眩光指数 $GR$≤50。

国际单项体育联合会总会（GAISF）1995 年颁布的多功能室内体育场馆人工照明标准。

**表 8 室内比赛场地最小平均水平照度 $E_h$（lx）**

| 场馆类型 | 运动类型 | | | | |
|---|---|---|---|---|---|
| | 业余水平 | | | 专业水平 | |
| | 体能训练 | 非比赛、娱乐活动 | 国家比赛 | 体能训练 | 国家比赛 |
| 技巧 | 150 | 300 | 500 | 300 | 750 |
| 田径 | 150 | 300 | 500 | 300 | 750 |
| 羽毛球 | 150 | 300/250 | 750/600 | 300 | 1000/800 |
| 篮球 | 150 | 300 | 600 | 300 | 750 |
| 拳击 | 150 | 500 | 1000 | 300 | 2000 |
| 自行车 | 150 | 300 | 600 | 300 | 750 |

续表8

| 场馆类型 | 运动类型 | | | | |
|---|---|---|---|---|---|
| | 业余水平 | | | 专业水平 | |
| | 体能训练 | 非比赛、娱乐活动 | 国家比赛 | 体能训练 | 国家比赛 |
| 冰壶 | 150 | 300 | 600 | 300 | 1000 |
| 体育舞蹈 | 150 | 300 | 500 | 300 | 750 |
| 马术 | 150 | 300 | 500 | 300 | 750 |
| 击剑 | 150 | 300 | 600 | 300 | 1000 |
| 足球 | 150 | 300 | 500 | 300 | 750 |
| 体操 | 150 | 300 | 500 | 300 | 750 |
| 手球 | 150 | 300 | 600 | 300 | 750 |
| 曲棍球 | 150 | 300 | 600 | 300 | 750 |
| 冰球 | 150 | 300 | 600 | 300 | 1000 |
| 柔道 | 150 | 300 | 1000 | 500 | 2000 |
| 空手道 | 150 | 500 | 1000 | 500 | 2000 |
| 滑冰 短道 | 150 | 300 | 600 | 300 | 1000 |
| 滑冰 花样 | 150 | 300 | 600 | 300 | 1000 |
| 台球 | 150 | 300 | 750 | 300 | 1000 |
| 跆拳道 | 150 | 300 | 1000 | 500 | 2000 |
| 网球 | 150 | 500/400 | 750/600 | 500/400 | 1000/800 |
| 排球 | 150 | 300 | 600 | 300 | 750 |
| 举重 | 150 | 300 | 750 | 300 | 1000 |
| 摔跤 | 150 | 500 | 1000 | 500 | 2000 |

注：1 表中数据考虑了灯具维护系数。
2 表中同一格有两个值时，"/"前的值适用于主要比赛区域，"/"后的值适用于整个场地。

**表9 摄像机移动式、固定式时与比赛场地四个边线平行的垂直照度（lx）**

| 场馆类型 | 主摄像机方向上的垂直照度 | | | | 辅摄像机方向上的垂直照度 | | |
|---|---|---|---|---|---|---|---|
| | 国家比赛TV转播 | 国际比赛TV转播 | HDTV转播 | TV应急 | 国家比赛TV转播 | 国际比赛TV转播 | HDTV转播 |
| 技巧 | 750 | 1000 | 2000 | 750 | 500 | 750 | 1500 |
| 田径 | 750 | 1000 | 2000 | 750 | 500 | 750 | 1500 |
| 羽毛球 | 1000/700 | 1250/900 | 2000/1400 | 1000/700 | 750/500 | 1000/500 | 1500/1050 |
| 篮球 | 750 | 1000 | 2000 | 750 | 500 | 750 | 1500 |
| 拳击 | 1000 | 2000 | 2500 | 1000 | 1000 | 2000 | 2500 |
| 自行车 | 750 | 1000 | 2000 | 750 | 500 | 750 | 1500 |

续表9

| 场馆类型 | 主摄像机方向上的垂直照度 | | | | 辅摄像机方向上的垂直照度 | | |
|---|---|---|---|---|---|---|---|
| | 国家比赛TV转播 | 国际比赛TV转播 | HDTV转播 | TV应急 | 国家比赛TV转播 | 国际比赛TV转播 | HDTV转播 |
| 冰壶 | 750 | 1400 | 2500 | 1000 | 750 | 1000 | 2000 |
| 体育舞蹈 | 750 | 1000 | 2000 | 750 | 500 | 750 | 1500 |
| 马术 | 750 | 1000 | 2000 | 750 | 500 | 750 | 1500 |
| 击剑 | 750 | 1000 | 2000 | 750 | 500 | 750 | 1500 |
| 足球 | 1000 | 1400 | 2000 | 1000 | 700 | 1000 | 1500 |
| 体操 | 750 | 1000 | 2000 | 750 | 500 | 750 | 1500 |
| 手球 | 1000 | 1400 | 2000 | 1000 | 700 | 1000 | 1500 |
| 曲棍球 | 1000 | 1400 | 2000 | 1000 | 700 | 1000 | 1500 |
| 冰球 | 1000 | 1400 | 2500 | 750 | 750 | 1000 | 2000 |
| 柔道 | 1000 | 2000 | 2500 | 1000 | 1000 | 2000 | 2500 |
| 空手道 | 1000 | 2000 | 2500 | 1000 | 1000 | 2000 | 2500 |
| 滑冰 短道 | 1000 | 1400 | 2500 | 750 | 750 | 1000 | 2000 |
| 滑冰 花样 | 1000 | 1400 | 2500 | 750 | 750 | 1000 | 2000 |
| 跆拳道 | 1000 | 2000 | 2500 | 1000 | 1000 | 2000 | 2500 |
| 网球 | 1000/700 | 1250/1000 | 2500/1750 | 1000/700 | 750/500 | 1000/750 | 1750/1250 |
| 排球 | 750 | 1000 | 2000 | 750 | 500 | 750 | 1500 |
| 举重 | 750 | 1000 | 2000 | 750 | — | — | — |
| 摔跤 | 1000 | 2000 | 2500 | 1000 | 1000 | 2000 | 2500 |

注：1 表中同一格有两个值时，"/"前的值适用于主要比赛区域，"/"后的值适用于整个场地；
2 测量高度为赛场地面上方 1.5m；
3 标准编制时，HDTV 尚在开发阶段，没有投入商业运营，表中的数值基于当时的资料制定的，目前国际上 HDTV 还没有统一标准。

**表10 照度均匀度**

| 运动类型 | | 照度均匀度 $U_1=E_{min}/E_{max}$  $U_2=E_{min}/E_{ave}$ | | | |
|---|---|---|---|---|---|
| | | 水平照度$U_1$ | 垂直照度$U_1$ | 水平照度$U_2$ | 垂直照度$U_2$ |
| 业余水平 | 训练 | 0.3 | — | 0.5 | — |
| | 非比赛、娱乐活动 | 0.4 | — | 0.6 | — |
| | 国家比赛 | 0.5 | — | 0.7 | — |

| 运动类型 | 照度均匀度 $U_1=E_{min}/E_{max}$　　$U_2=E_{min}/E_{ave}$ | | | |
|---|---|---|---|---|
| | 水平照度 $U_1$ | 垂直照度 $U_1$ | 水平照度 $U_2$ | 垂直照度 $U_2$ |
| 专业水平　训练 | 0.4 | — | 0.6 | — |
| 国家比赛 | 0.5 | | 0.7 | |
| TV 转播国家比赛 | 0.5 | 0.3 | 0.7 | 0.5 |
| TV 转播国际比赛 | 0.6 | 0.4 | 0.7 | 0.6 |
| HDTV 转播 | 0.7 | 0.6 | 0.8 | 0.7 |
| TV 应急 | 0.5 | 0.4 | 0.7 | 0.4 |

注：HDTV 尚在开发阶段，表中的数值基于当时的资料制定。

**表 11　最小显色指数**

| 运动类型 | | 一般显色指数 $R_a$ |
|---|---|---|
| 业余水平 | 体能训练 | ≥20 |
| | 非比赛、娱乐活动 | ≥20（最好 65） |
| | 国家比赛 | ≥65（最好 80） |

| 运动类型 | | 一般显色指数 $R_a$ |
|---|---|---|
| 专业水平 | 体能训练 | ≥65 |
| | 国家比赛 | ≥65（最好 80） |
| | TV 转播国家比赛、国际比赛 | ≥65（最好 80） |
| | HDTV 转播 | ≥80（最好 90） |
| | TV 应急 | ≥65（最好 80） |

**2　体育场馆现场实测调查**

为编制我国《体育场馆照明设计及检测标准》提供参考数据，编制组总结了近年来的体育场馆照明实测结果并开展了广泛的调查研究工作。

调研工作主要以现场实测为主，选取有代表性的体育场馆进行照明测量，以下汇总了北京、上海、广州、南京、重庆、福州、深圳、青岛、秦皇岛、烟台、大庆、沈阳、杭州、宁波、慈溪、义乌、海宁、建德、常州、芜湖等 37 个体育场和 45 个体育馆共计 82 个体育场馆的照明测量数据。包括的照明参数有照度、显色指数、色温、眩光指数、光源功率等。照明实测结果见表 12 和表 13。

**表 12　体育馆照明实测结果**

| 等级 | 使用功能 | 水平照度 $E_h$ (lx) | 垂直照度 $E_{vmai}$ (lx) | 照度均匀度 | | 一般显色指数 $R_a$ | 相关色温 $T_{cp}$ (K) | 眩光指数 $GR$ |
|---|---|---|---|---|---|---|---|---|
| | | | | 水平 $U_1$ | 垂直 $U_1$ | | | |
| **1　篮球** | | | | | | | | |
| Ⅱ | 业余比赛、专业训练 | 1368～2260（训练馆） | 516～769 | 0.39～073 | 0.41～0.55 | 71～84 | 4084～5308 | 29.6～35 |
| Ⅲ | 专业比赛 | 1931 | 596 | 0.64 | 0.31 | 66 | 3831 | |
| Ⅳ | TV 转播国家、国际比赛 | 2103～2105 | 750～968 | 0.67～0.84 | 0.40～0.48 | 75～92 | 5983～6315 | |
| Ⅴ | TV 转播重大国际比赛 | 2376～3438 | 1225～1694 | 0.55～0.84 | 0.36～0.78 | 74～85 | 4285～7100 | |
| Ⅵ | HDTV 转播重大国际比赛 | 2069～2915 | 2183～2226 | 0.63 | 0.41 | 91 | 6310～6328 | |
| **2　排球** | | | | | | | | |
| Ⅲ | 专业比赛 | 1931 | 596 | 0.64 | 0.31 | 66 | 3831 | 17.6～35 |
| Ⅳ | TV 转播国家、国际比赛 | 1599 | 750 | 0.84 | 0.48 | 92 | 5985 | |
| Ⅴ | TV 转播重大国际比赛 | 2435～3322 | 1397～1874 | 0.66～0.87 | 0.35～0.52 | 65～76 | 5980～5995 | |
| Ⅵ | HDTV 转播重大国际比赛 | 2244 | 0.77 | 2439 | 0.54 | 91 | 6328 | |
| **3　体操** | | | | | | | | |
| Ⅱ | 业余比赛、专业训练 | 1153（训练馆） | — | 0.45 | — | 81 | 5882 | 26.1～29.6 |
| Ⅳ | TV 转播国家、国际比赛 | 2103～2380 | 938～968 | 0.72～0.87 | 0.40～0.53 | 75～83 | 5552～6315 | |
| Ⅴ | TV 转播重大国际比赛 | 2093～3212 | 1076～1701 | 0.55～0.87 | 0.26～0.67 | 62～91 | 3822～7100 | |
| Ⅵ | HDTV 转播重大国际比赛 | 2822～3500 | 2115～2226 | 0.55～0.68 | 0.41～0.50 | 86～91 | 6083～6310 | |

续表12

| 等级 | 使用功能 | 水平照度 $E_h$ (lx) | 垂直照度 $E_{vmai}$ (lx) | 照度均匀度 水平 $U_1$ | 照度均匀度 垂直 $U_1$ | 一般显色指数 $R_a$ | 相关色温 $T_{cp}$ (K) | 眩光指数 $GR$ |
|---|---|---|---|---|---|---|---|---|
| 4 手球、室内足球 | | | | | | | | |
| III | 专业比赛 | 2380 | 938 | 0.87 | 0.53 | 83 | 5552 | |
| IV | TV 转播国家、国际比赛 | 1507～3212 | 1086～1454 | 0.57～0.84 | 0.44～0.67 | 66～91 | 3901～7100 | 22.8～29.6 |
| V | TV 转播重大国际比赛 | 2418～2691 | 1560～1701 | 0.50～0.70 | 0.43～0.57 | 83～90 | 5325～5812 | |
| VI | HDTV 转播重大国际比赛 | 2822～4570 | 2226～2947 | 0.55～0.60 | 0.41～0.59 | 91～93 | 5824～6310 | |
| 5 网球 | | | | | | | | |
| V | TV 转播重大国际比赛 | 2920～3847 | 1550～1793 | 0.71～0.77 | 0.62～0.75 | 66.6～80 | 4891～6174 | 35.3 |
| 6 乒乓球 | | | | | | | | |
| III | 专业比赛 | 1354～1712 | 556～731 | 0.52～0.74 | 0.32～0.46 | 61～65 | 4569 | 26.7 |
| IV | TV 转播国家、国际比赛 | 2523～3506 | 1397～1441 | 0.71～0.87 | 0.35～0.44 | 65～83 | 4406～5870 | |
| 7 冰球 | | | | | | | | |
| IV | TV 转播国家、国际比赛 | 2636 | 1220 | 0.70 | 0.50 | 85 | 4285 | 25 |
| 8 拳击 | | | | | | | | |
| V | TV 转播重大国际比赛 | 2916～3137 | 1614～2084 | 0.62～0.72 | 0.76～0.33 | 66～81 | 5928 | 28 |
| 9 举重 | | | | | | | | |
| V | TV 转播重大国际比赛 | 2404 | 1209 | 0.63 | 0.88 | 55 | 4150 | |
| 10 游泳、跳水 | | | | | | | | |
| III | 专业比赛 | 1415 | | 0.50 | — | 94 | 5847 | |
| IV | TV 转播国家、国际比赛 | 1509 | 996 | 0.53 | 0.71 | 65 | 485 | |
| V | TV 转播重大国际比赛 | 2081～2450 | 1489～1774 | 0.53～0.69 | 0.41～60 | 80～85 | 5621～6276 | |
| | | 3014(跳水池) | 1743～2061 | 0.51～0.68 | 0.48 | 80～85 | 5621～6279 | |
| VI | HDTV 转播重大国际比赛 | 2780 | 2060 | 0.57 | 0.51 | 63 | 4200 | |
| 11 射击 | | | | | | | | |
| V | TV 转播重大国际比赛 靶心 射击区 | 283～497 (射击区) | 1125 (靶心) | 0.79 (射击区) | 0.52 (靶心) | 72 | 6034 | — |
| 12 柔道、跆拳道 | | | | | | | | |
| V | TV 转播重大国际比赛 | 2781 | 1830 | 0.80 | 0.89 | 65 | 4444 | 23 |

表 13　体育场照明实测结果

| 等级 | 使用功能 | 水平照度 $E_h$ (lx) | 垂直照度 $E_{vmai}$ (lx) | 照度均匀度 水平 $U_1$ | 照度均匀度 垂直 $U_1$ | 一般显色指数 $R_a$ | 相关色温 $T_{cp}$ (K) | 眩光指数 $GR$ |
|---|---|---|---|---|---|---|---|---|
| 1 足球 | | | | | | | | |
| II | 业余比赛、专业训练 | 1286～1556 (训练场) | — | 0.60～0.61 | — | 80 | 6190 | 51.5 |
| III | 专业比赛 | 988～1189 | 713～951 | 0.50～0.62 | 0.27～0.35 | 62 | 3500 | |
| IV | TV 转播国家、国际比赛 | 1138～1376 | 1005～1269 | 0.55～0.66 | 0.41～0.45 | 69～93 | 4481～6750 | 40～49.8 |
| V | TV 转播重大国际比赛 | 1270～2370 | 1542～1943 | 0.54～0.82 | 0.41～0.65 | 61～92 | 4400～6152 | |
| VI | HDTV 转播重大国际比赛 | 1916～2370 | 2088～2445 | 0.57～0.74 | 0.35～0.71 | 60～90 | 4500～5828 | |

| 等级 | 使用功能 | 水平照度 $E_h$ (lx) | 垂直照度 $E_{vmai}$ (lx) | 照度均匀度 水平 $U_1$ | 照度均匀度 垂直 $U_1$ | 一般显色指数 $R_a$ | 相关色温 $T_{cp}$ (K) | 眩光指数 $GR$ |
|---|---|---|---|---|---|---|---|---|
| 2　田径 | | | | | | | | |
| Ⅱ | 业余比赛、专业训练 | 744 (训练场) | — | 0.40 | | 80 | 6190 | 51.5 |
| Ⅲ | 专业比赛 | 888~898 | | | | 76 | 4400~6300 | 40~ |
| Ⅴ | TV 转播重大国际比赛 | 1423~2108 | 1288~1711 | 0.50~0.58 | 0.34~0.53 | 61~92 | 4000~6494 | 49.9 |
| 3　网球 | | | | | | | | |
| Ⅲ | 专业比赛 | 1076~1407 | 800 | 0.51~0.61 | 0.35 | 81 | 6555 | |
| Ⅵ | HDTV 转播重大国际比赛 | 4620 | 3721 | 0.76 | 0.72 | 81 | 6106 | |
| 4　曲棍球 | | | | | | | | |
| Ⅱ | 业余比赛、专业训练 | 900 (训练场) | | 0.56 | | | | |
| Ⅴ | TV 转播重大国际比赛 | 1722 | 1520 | 0.69 | 0.61 | 85 | 5460 | 48.2 |
| 5　棒、垒球 | | | | | | | | |
| Ⅱ | 业余比赛、专业训练 | 1150 | — | 0.41 | | 79 | 6009 | |
| Ⅵ | HDTV 转播重大国际比赛 1 | 2726 | 1874 | 0.60 | 0.70 | 82 | 5574 | 39 |
| Ⅵ | HDTV 转播重大国际比赛 2 | 2955 | 2129 | 0.61 | 0.70 | 83 | 5568 | 36.7 |

实测调查结果表明：

1）照度水平　在调查的 82 个体育场馆中按不同等级使用功能的要求都能达到本标准的规定，其中还有个别场馆的照度值偏高。

2）照度均匀度　有不少体育场馆达不到标准规定的要求，特别是垂直照度均匀度较难达到，这往往是由于灯具配光不合理或设计上的问题造成的，如经过调试均匀度还达不到要求，那就有可能是因建筑马道预留灯位不恰当引起的。只要以上问题能处理好，满足标准规定的均匀度是没有问题的。

3）光源的显色性和色温　最近几年新建的体育场馆所采用的照明光源具有良好的显色性，只要按需要对光源提出这方面的具体要求，光源的显色性和色温都能达到标准的规定。

4）眩光指数　在实测的体育场馆中，有少数体育场馆有明显的眩光感觉。通常是由于灯具的安装高度不够或灯具布置不合理及光的投射角度没有控制好引起的，眩光指数是照明质量中的重要指标，在设计中应给予足够重视。

关于体育场馆照明眩光问题编制组专门进行了研究，结论如下：

本标准眩光指数值是参照《关于室外体育设施和区域照明的眩光评价系统》CIE 112 - 1994 制订的。该评价系统仅对室外场所的眩光做出了具体规定，到目前为止，室内体育馆的眩光还没有合适的评价方法。从国内外研究资料及现场实测结果来看，CIE 112 - 1994 中提出的室外场所眩光评价系统可以应用于室内场馆的眩光评价，但由于室外和室内场所的照明系统和环境特点不相同，使得眩光评价等级和最大眩光限制值也不相同。

室内体育馆的眩光评价方法和评价等级主要是通过实测调查、分析计算和主观评价制定的。为了验证测量结果与设计计算结果的一致性，我们选择了几个场地对眩光测量值与设计值进行了对比，结果表明，经眩光测试仪测量计算得到的眩光指数 $GR$ 与设计值符合得较好。因而在评价室内眩光时，我们选择了 8 个具有代表性的室内体育馆，对其照明眩光进行了现场测量和主观评价，分析整理结果如表 14 所示。

**表 14　室内体育馆眩光测试及主观评价结果**

| 体育馆 | 布灯方式 | $GR_{max}$ 计算值 | 评价人数 | 对应 $GF_{ave}$ | 主观感受 |
|---|---|---|---|---|---|
| 1 | 两侧布灯/顶部布灯 | 38.1 | 8 | 3.4 | 有干扰 |
| 2 | 两侧布灯 | 34.6 | 23 | 3.7 | 有干扰 |

| 体育馆 | 布灯方式 | $GR_{max}$ 计算值 | 评价人数 | 对应 $GF_{ave}$ | 主观感受 |
|---|---|---|---|---|---|
| 3 | 两侧布灯 | 29.6 | 11 | 4.8 | 刚可接受 |
| 4 | 两侧布灯 | 29.9 | 17 | 4.8 | 刚可接受 |
| 5 | 两侧布灯 | 28.8 | 10 | 5.9 | 介于可察觉与刚可接受之间 |
| 6 | 两侧布灯 | 26.1 | 10 | 5.9 | 介于可察觉与刚可接受之间 |
| 7 | 两侧布灯 | 23.4 | 13 | 6.5 | 介于可察觉与刚可接受之间 |
| 8 | 两侧布灯 | 17.5 | 9 | 7.2 | 介于可察觉与无察觉之间 |

根据现场测试及主观评价的结果，得出了室内体育馆眩光评价等级 $GF$ 与眩光指数 $GR$ 之间的关系曲线，如图 2 所示。

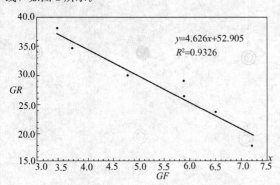

图 2 室内体育馆眩光评价尺度

经过回归分析，可得到 $GR$ 与 $GF$ 有如下关系：即 $GR = -4.626GF + 52.905$，其标准差为 $0.9326$。所有数据的相关系数 $r$ 为 $-0.779$。

主观评价结果表明，眩光评价等级 $GF$ 与眩光指数测量计算值 $GR$ 之间有较好的相关性，室外场所眩光评价系统可以应用于室内场馆的眩光评价。推荐的室内体育馆眩光评价等级和推荐的眩光指数值如表 15 和表 16 所示。

**表 15 眩光评价分级**

| 眩光评价等级 $GF$ | 眩光感受 | 眩光指数 $GR$ | |
|---|---|---|---|
| | | 室 外 | 室 内 |
| 1 | 不可接受 | 90 | 50 |
| 2 | — | 80 | 45 |
| 3 | 有干扰 | 70 | 40 |
| 4 | — | 60 | 35 |
| 5 | 刚刚可接受 | 50 | 30 |

| 眩光评价等级 $GF$ | 眩光感受 | 眩光指数 $GR$ | |
|---|---|---|---|
| | | 室 外 | 室 内 |
| 6 | — | 40 | 25 |
| 7 | 可察觉 | 30 | 20 |
| 8 | — | 20 | 15 |
| 9 | 不可察觉 | 10 | 10 |

**表 16 推荐的体育照明眩光指数**

| 应 用 类 型 | $GR_{max}$ | |
|---|---|---|
| | 室 外 | 室 内 |
| 业余训练和娱乐照明 | 55 | 35 |
| 比赛照明（包括彩色电视转播） | 50 | 30 |

本标准室内体育馆眩光指数是根据以上研究结果制定的。

## 4.2 相 关 规 定

**4.2.1** 在目前所收集到的照明标准中，总的趋势是体育场馆无电视转播只规定水平照度，有电视转播一般只规定垂直照度或对水平照度值规定一个范围。因为垂直照度的取值主要由摄像机类型和电视转播的要求决定，所以垂直照度的取值相对于每个使用功能较固定，保持水平照度与垂直照度之比在一定范围之内很重要。国际照明委员会《关于彩色电视和电影系统用体育比赛照明指南》CIE 83‐1989 中规定 $E_{have}$：$E_{vave} = 0.5 \sim 2$，国际单项体育联合会总会《多功能室内体育场馆人工照明指南》明确规定平均水平照度和平均垂直照度的比值在 $0.5 \sim 2.0$ 之间，奥林匹克广播服务公司（OBS）对体育场馆人工照明的要求中规定主赛区（PA）$E_{have}$：$E_{vave} = 0.75 \sim 1.5$，总赛区（TA）$E_{vave}$：$E_{vave} = 0.5 \sim 2.0$，根据编制组对我国体育场馆的实测调查统计结果表明，比赛场地（主赛区）的平均水平照度与平均垂直照度之比值一般都在 $0.75 \sim 2.0$ 之间。

**4.2.2** 本标准维护系数的取值主要是参考相关标准制定的，在国际足球联合会（FIFA）2002 年颁布的《足球场人工照明指南》中规定维护系数为 0.8，即初始值应为标准值的 1.25 倍，国际单项体育联合会总会（GAISF）《多功能室内体育馆人工照明指南》规定照度的初始值应为比赛场地平均照度值的 1.25 倍，国际照明委员会《关于彩色电视和电影系统用体育比赛照明指南》CIE 83‐1989 和《体育赛事中用于彩电和摄影照明的实用设计准则》CIE 169：2005 中维护系数取值也为 0.8。维护系数是由光源光通衰减、灯具光学系统和发光表面污染以及环境造成的光衰减所组成，而其中光源光通的衰减是主要因素，一一般情况下室内外维护系数可取同一值。

　　光源光通量衰减参数通常由生产厂家提供。对于密封性能好（活性炭和涤纶毡）的灯具，因灯具积尘引起的光衰较小。光源的光衰参数用百分比表示，光衰举例见图3。

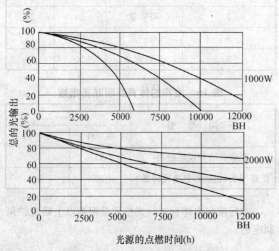

图 3　光输出与点燃时间的关系举例

　　室外体育场由于光源到达被照面的距离比较长，光辐射在传输过程中会被大气中的介质吸收、散射和反射，因而造成光辐射量的衰减，在照明设计时也应考虑这一因素的影响。室外体育场光在大气中的衰减系数是根据实测和实验研究得出的，在确定室外体育场维护系数时可作为参考，各地区光在大气中的衰减系数见表17。

表 17　各地区室外体育场光衰减系数

| 太阳辐射等级 | 地　　　区 | 光衰减系数 $K_a$ |
|---|---|---|
| 最好 | 宁夏北部、甘肃北部、新疆东部、青海西部和西藏西部等 | <6% |
| 好 | 河北西北部、山西北部、内蒙古南部、宁夏南部、甘肃中部、青海东部、西藏东南部和新疆南部等 | 6%~8% |
| 一般 | 山东、河北、山西南部、新疆北部、吉林、辽宁、云南、陕西北部、甘肃东南部、广东南部、福建南部、台湾西南部等地 | 8%~11% |
| 较差 | 湖南、湖北、广西、江西、浙江、福建北部、广东北部、陕南、苏北、皖南以及黑龙江、台湾东北部等地 | 11%~14% |
| 差 | 四川、重庆、贵州 | >14% |

**4.2.3**　标准中规定辅摄像机方向的垂直照度均比主摄像机方向的垂直照度低一个等级，如果将其定为面向场地四条边线垂直面上的照度，在一般情况下很难

达到（主要受灯具安装位置的限制），除非提供特别好的马道条件，往往只有在 HDTV 转播重大国际比赛时，场馆建设中预留的马道才做成闭合形式，面向场地四条边线垂直面上的照度才能达到所要求的照度值。

**4.2.4**　在体育比赛中，为了保证电视转播画面的质量，特别是对摇动摄像机还要避免图像丢失，不仅对照度均匀度有要求，而且对均匀度梯度也有要求。本标准均匀度梯度是参照国际单项体育联合会总会《多功能室内体育馆人工照明指南》和国际足球联合会《足球场人工照明指南》制定的。奥林匹克广播服务公司（OBS）规定：有电视转播时，当照度计算与测量网格<5m 时，每2m 不应大于10%；当照度计算与测量网格≥5m 时，每4m 不应大于20%。均匀度梯度计算点如图4所示。

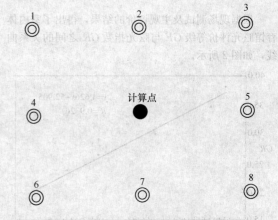

图 4　均匀度梯度计算点

**4.2.5**　本条是参照国际照明委员会《体育赛事中用于彩电和摄影照明的实用设计准则》CIE 169：2005 和《关于彩色电视和电影系统用体育比赛照明指南》CIE 83-1989 规定该比值为 0.3 制定的。奥林匹克广播服务公司（OBS）规定比赛场地每个计算点四个方向上的最小垂直照度和最大垂直照度之比应≥0.6。

**4.2.6**　观众席照度主要参照《建筑照明设计标准》GB 50034 和依据 32 个体育馆和 30 个体育场实测调查结果制定，见表18和表19。同时也参照了国际上的一些相关规定，奥林匹克广播服务公司（OBS）对观众席照明指的是前12排座位，其垂直照度与比赛场地垂直照度之比应大于20%；国际单项体育联合会总会《多功能室内体育馆人工照明指南》也指明看台和观众是转播的一部分，规定看台的垂直照度应为比赛场地垂直照度的15%。

**4.2.7**　《建筑照明设计标准》GB 50034 规定安全照明的照度值不宜低于该场所一般照明照度值的5%。国际单项体育联合会总会《多功能室内体育馆人工照明指南》规定在主电源停电或紧急情况时，看台上应急照明应至少保持在 25lx 的水平照

度。体育场馆，特别是大型体育场馆，体量大、人数多，在紧急情况下保证所有人员在短时间内安全撤离现场尤为重要。此外，应急照明的照度值还和正常照明的照度值有关，比赛用体育场馆的照度值一般都比较高，当电源断电的过程就是照度由高到低的转换过程，也是人眼的暗适应过程，应急照明的照度值越高，暗适应过程就越短。在实测调查的15个体育馆和15个体育场的应急照明中，观众席和运动场地应急照明的平均水平照度都在30lx（见表18～表20），说明观众席和运动场地应急照明（安全照明）的平均水平照度20lx是可以达到的。按照安全照明的照度值不宜低于该场所一般照明照度值的5%的规定，观众席安全照明的照度值高出此比值较多，主要因为体育场馆观众席人多密度大，为了安全的目的将这一照度提高，而对于运动场地虽然人少密度小，但一般照明的照度值往往都比较高，同样要保证必要的安全照明。对于非比赛的运动场地此规定值可适当降低，但不应小于10lx。

**表18 体育场馆应急照明平均照度**

| | 场　　地 | 照度值范围（lx） | 平均照度（lx） |
|---|---|---|---|
| 1 | 比赛场地 | 2.1～110 | 30.4 |
| 2 | 观众席 | 1.3～118.8 | 30.2 |
| 3 | 通道、出入口 | 1.4～100.6 | 29.2 |

**表19 观众席应急照明**

| | 平均照度范围（lx） | 照度值范围（lx） | 所占比例（%） |
|---|---|---|---|
| 1 | 0<E≤10 | 1.3～8.1 | 25 |
| 2 | 10<E≤30 | 10.6～28.6 | 25 |
| 3 | 30<E≤50 | 30.3～43.5 | 35 |
| 4 | E>50 | 54.2～118.8 | 15 |

**表20 比赛场地应急照明**

| | 平均照度范围（lx） | 照度值范围（lx） | 所占比例（%） |
|---|---|---|---|
| 1 | 0<E≤10 | 2.1～6.1 | 31.6 |
| 2 | 10<E≤30 | 15.5～21.9 | 31.6 |
| 3 | 30<E≤50 | 38.5～48.7 | 21.1 |
| 4 | E>50 | 54.6～110 | 15.8 |

**4.2.8** 根据体育场馆的特点，供人员疏散的应急照明的照度应相应提高。经过对15个体育馆和15个体育场的应急照明实测调查表明，通道和出入口疏散

明的平均照度值接近30lx，最小照度均不小于1lx，最小照度大于5lx的体育场馆占总数的70%（见表21、表22）。说明规定的这一照度值对多数体育场馆都比较合适，而且出口及其通道的照射面积并非很大，达到规定照度值并不困难。

**表21 通道、出入口应急照明**

| | 平均照度范围（lx） | 照度值范围（lx） | 所占比例（%） |
|---|---|---|---|
| 1 | 0<E≤10 | 1.4～9.2 | 30 |
| 2 | 10<E≤30 | 12.4～24.5 | 15 |
| 3 | 30<E≤50 | 33.9～43.3 | 45 |
| 4 | E>50 | 61.5～100.6 | 10 |

**表22 通道、出入口应急照明最小照度**

| | 最小照度范围（lx） | 场馆数量（个） | 所占比例（%） | 平均最小照度（lx） |
|---|---|---|---|---|
| 1 | 0<E≤1 | 1 | 3 | |
| 2 | 1<E≤3 | 5 | 17 | 12.2 |
| 3 | 3<E≤5 | 3 | 10 | |
| 4 | E>5 | 21 | 70 | |

## 5 照明设备及附属设施

### 5.1 光源选择

**5.1.1** 在建筑高度大于4m的体育场馆宜采用金属卤化物灯。无论在室外或室内金属卤化物灯均是体育照明彩电转播宜优先考虑的最主要光源。

**5.1.2** 在建筑高度小于6m的体育场馆宜选用荧光灯和小功率金属卤化物灯。

**5.1.3** 卤素灯仅有限地用于特殊体育项目，如照明范围相对小的运动项目，如射击、射箭等，有时也可作临时照明。

**5.1.4** 光源功率的选择关系到灯具和光源的使用数量，同时也会对照明质量中的照度均匀度、眩光指数等参数造成影响。因此根据现场条件选择光源功率能够使照明方案获得较高性价比。本标准对气体放电灯光源功率作以下分类：1000W以上（不含1000W）为大功率；1000～250W（不含250W）为中功率；250W以下为小功率。

**5.1.5** 应急照明有一般供人员疏散的照明和供继续比赛用照明。前者要求的照度低可采用卤素灯，因其能瞬时点燃，且初始投资低和显色性能好，但它的发光效率低、寿命短。供继续比赛用应急照明要求的照度高，当采用金属卤化物灯时，宜采用不间断电源或

热触发装置，如 UPS 和 EPS 等。

**5.1.6** 各品种不同功率的金属卤化物灯其发光效率为 60～100lm/W，显色指数为 65～90，金属卤化物灯的色温随其种类和成分不同为 3000～6000K。对于室外体育设施一般要求 4000K 或更高，尤其在黄昏时能与日光有较好地匹配。对于室内体育设施通常要求 4500K 或更低。金属卤化物灯的寿命也有很大差异。就大型室外体育设施而言，寿命并不是主要的因素，因其点燃时间较少，但应注意最初几百个小时内灯烧坏可能出现的暗点。对于室内照明装置，应采用长寿命的灯，因为通常每年有大量的点燃时间。

**5.1.7** 光源的颜色特性用色表和显色性表示。色表是被照亮环境的颜色表现；显色性是光源真实显现物体颜色的特性。光源的色表现象可以用相关色温 $T_{cp}$ 来描述，对于电视/高清晰度电视和电影转播，照明灯的相关色温为 2000～6000K 时，不存在色彩匹配和色彩平衡问题，但各个灯的相关色温不能相差太大。光源的显色性指标可用一般显色指数 $R_a$ 来表示。$R_a$ 理论上最大值是 100，$R_a$ 越高物体颜色显现得越真实，电视画面越清晰。

在气体放电光源制造过程中所使用的汞元素和其他稀土金属元素如果处理不当会对土地、水源等环境因素造成污染。在照明设计中选择光效高、寿命长的光源，不仅是为了节约能源，减少光源使用量、降低维护费用，还有保护环境方面的考虑。在照明设计中，光源显色性和色温并非越高越好，设计师应该结合电视转播的要求、地区人员偏好等多种因素来选用恰当的光源。

## 5.2 灯具及附件要求

**5.2.1** 灯具安全性能应符合下列标准的规定：《灯具一般安全要求与试验》GB 7000.1、《投光灯具安全要求》GB 7000.7、《游泳池和类似场所用灯具安全要求》GB 7000.8。

**5.2.2** 本条规定了在体育场馆中使用的灯具防触电保护等级的类别，灯具防触电保护等级分类见《灯具一般安全要求与试验》GB 7000.1。

**5.2.3** 高强度气体放电灯、格栅式荧光灯、透明保护罩荧光灯的灯具效率参照《建筑照明设计标准》GB 50034 制定。

**5.2.4** 由于体育场馆，特别是室外体育场，照明光源照射的距离相差很大，而且对照度均匀度有很高的要求，因此同一场地需要多种配光的灯具配合使用，才能达到照明设计所要求的技术指标。

为便于设计者选用需对灯具产品进行光束分类。本标准的投光灯灯具光束分类参照了北美 IES 和荷兰的投光灯具光束分类方法（见表 23、表 24），采用的光束分布范围为 1/10 最大光强的张角。

**表 23　北美 IES 灯具光束分类**

| 光束类型 | 光束张角范围（°） | 光束分类 |
|---|---|---|
| 1 | 10～18 | 窄光束 |
| 2 | 18～29 | （长距离） |
| 3 | 29～46 | |
| 4 | 46～70 | 中光束 |
| 5 | 70～100 | （中等距离） |
| 6 | 100～130 | 宽光束 |
| 7 | 130 及以上 | （近距离） |

注：按光束分布范围 1/10 最大光强的张角分类。

**表 24　荷兰投光灯具光束分类**

| 光束角（°） | 光束分类 |
|---|---|
| 10～25 | 窄光束 |
| 25～40 | 中光束 |
| 40 及以上 | 宽光束 |

注：按光束分布范围 1/2 最大光强的张角分类。

**5.2.5** 在灯具安装位置和安装高度已确定的情况下，高效率的照明灯具与安装位置及安装高度相对应的灯具配光是进一步做好照明设计的根本保证。

**5.2.6** 眩光在体育场馆中是照明的重要质量指标，为减少眩光，照明设计时应选用防眩灯具和采取有效的防眩措施。

**5.2.7** 本条主要是对灯具及其附件提出需要满足强度和使用环境的要求。

**5.2.8** 本条是根据体育场馆的特点对灯具提出防护等级的要求。如灯具安装高度较低且环境清洁的场所灯具的防护等级可为 IP55，灯具安装高度较高且环境污染严重的场所灯具的防护等级可为 IP65。

**5.2.9** 本条规定主要考虑体育场馆灯具的安装高度一般都比较高，灯具应便于维护，本标准推荐采用后开盖灯具。

**5.2.10** 体育场馆用金属卤化物灯具的重量一般都比较重，且安装高度较高，特别是室外体育场灯具安装高度通常达数十米，为了降低造价和维护方便，因此对灯具提出这些要求。

**5.2.11** 体育场馆照明对照度均匀度的要求很高，因此必须严格控制灯具的瞄准角度，由于场地大，距离远，灯具数量多，有时一个场地需用几种配光的灯具，只有借助于角度指示装置才能将灯具准确定位瞄准。

**5.2.12** 灯具及其附件的重量大，安装高度较高，为安全考虑，应设有防坠落措施。

## 5.3 灯杆及设置要求

**5.3.1** 体育场四塔式或塔带式照明方式，要选用照明高杆作为灯具的承载体，根据建筑设计的要求，照明高杆在满足照明技术条件要求的情况下，可以采用同建筑物相结合的结构形式，本节重点界定的是较为普遍采用的单独设置的高杆照明形式。

照明高杆是照明设备的重要组成部分，特别是照明高杆的结构形式对所选用灯具有特殊的要求。如维修更换光源要求后开启、灯具重量轻、强度高、带有远距离触发装置（镇流器等与灯具分置）等，照明高杆从设计、制造、安装均应按照相关规范进行。该种结构的照明高杆应设计为多边形截面、插接式结构。截面的边数宜为空气动力学性能最佳的正二十边形，钢材选用应根据所使用地区的气象条件和荷载情况经设计确定，在满足设计强度情况下，可选用 Q235；要求结构强度高时，可选用 Q345 或根据需要选用更高强度的钢材，但应将结构的挠度控制在相关规范要求的范围内。灯盘按照设计选型的灯具尺寸和外型考虑结构和实现的要求确定，灯盘、灯杆全部经热浸锌工艺处理，安装时不能造成镀锌层的损坏。

**5.3.2** 照明高杆的设计应符合相关设计规范的规定，主要有：

《英国照明工程师协会（ILE）第 7 号技术报告》
《高耸结构设计规范》GBJ 50135
《钢结构设计规范》GB 50017
《建筑结构荷载规范》GB 50009
《建筑地基基础设计规范》GB 50007
《升降式高杆照明装置技术条件》JT/T 312

**5.3.3** 照明高杆的维修有升降、爬梯等形式。结合体育照明高杆的特殊要求和国内外照明高杆选型和使用的情况，主要是参照《英国照明工程师协会（ILE）第 7 号技术报告》关于吊篮维修系统在高杆上应用的规定提出的。20m 以下的灯杆大多用于训练场，一般不作为正式比赛场地高杆，考虑到提供基本照明条件和节省建设费用的需要，对灯杆提出可采用爬梯的方式，要按照维修人员上下的条件制作爬梯，符合相关安全规范，爬梯要设置护身栏圈并在每隔 10m 的高度设置休息平台。由于灯杆设置爬梯后，外形美观受到较大影响，所以在有正式比赛的场地中较少采用。正式比赛场地的照明高杆高度多为 20m 以上，如果使用爬梯会使维修工作产生安全隐患，国内外均出现过因为爬梯造成的使维修人员伤亡的安全事故，结合国内外体育场照明高杆的应用选型情况，参照已有国际标准规范，从安全、实用、美观等条件出发，提出应采用电动升降吊篮进行维护工作。电动升降吊篮维修系统是一种专业设备，采用在灯杆内设置双卷筒卷扬设备，高杆顶部设有免维修设计的驱动盘，配套专用的高柔性不锈钢钢丝绳，国内外均有专业化厂家生产此种设备。

**5.3.4** 根据民用航空管理的规定要求编制此条款，结合体育照明高杆的制造条件，要求在每个照明高杆顶部装置 2 只红色障碍灯，在有特殊要求的航站航道附近或供电控制等不方便的地方，可安装频闪障碍灯或太阳能障碍灯。

### 5.4 马道及设置要求

**5.4.1** 马道的定义是设置在建筑物、构造物内，用于承载设备安装、线缆敷设和用于工作人员通行的构件。合理设置马道布局和数量，不仅可以为专业照明提供良好的安装位置和合理的投射角度，同时还可以充分发挥灯具对场地照明的贡献，降低照明灯具的安装数量，并能突出表现体育场馆的建筑风格。

**5.4.2** 马道上应为照明灯具、电器箱和电缆线槽等设备预留安装条件。同时还应为工作人员提供必要的安全保护措施。

**5.4.3** 在建筑物、构造物顶部的结构杆件、吸声板、遮光板、风道和电缆线槽等都会对照明光线造成不同程度的遮挡，在场馆设计之初应引起建筑、结构专业的重视。

# 6 灯具布置

## 6.1 一般规定

**6.1.1** 由于不同的运动项目会在不同大小、不同形状的运动场地上进行，同时会用不同的方式来利用运动场地。运动员的活动范围以及在运动中视野所覆盖的范围也不尽相同。因此，体育场馆场地照明灯具应在综合考虑运动项目特点、运动场地特征的基础上合理布置，避免对运动员和电视转播造成不利影响。

**6.1.2** 灯具安装位置、高度、仰角应满足降低眩光和控制干扰光的要求。在体育场馆的照明设计中，眩光和干扰光是影响运动员发挥竞技水平的首要不利因素，同时也是影响电视转播质量的重要因素。从体育场馆建筑设计阶段开始，就应综合考虑各种可能降低眩光和控制干扰光的手段，最终结合场地照明设计，在满足其他照明指标的同时，解决眩光和干扰光问题。

**6.1.3** 考虑到摄像机的工作特性，在有电视转播要求时，应考虑场地垂直照度及均匀度的情况，无电视转播要求时主要考察场地的水平照度及均匀度情况，但应根据运动项目的不同综合考虑空间光分布要求。

## 6.2 室外体育场

**6.2.1** 在实测调查的 37 个比赛场和训练场中，四角照明所占比例为 40.5%，两侧光带与四角混合照明所占比例为 10.8%，两侧光带照明所占比例为 48.6%。说明这几种布灯方式在室外体育场都经常采用。

**1 两侧布置**

这种方式为目前常用的照明方式,可提供较好的照度均匀度并降低阴影,照明效果较好,但整体投资较高。

**2 四角布置**

这种方式目前主要应用于训练场地、小型场地或改造场地,投资较低。但照明阴影比较严重。

**3 混合布置**

相对以上两种方式,这种照明方式的性价比较高。

**6.2.2 足球场灯具布置:**

**1** 无电视转播的室外足球场可采用场地两侧布置或场地四角布置方式。灯具的位置、高度及灯杆要求均参照国际足球联合会 2002 年版的《足球场人工照明指南》制定。

**2** 有电视转播的室外足球场可采用场地两侧布置、场地四角布置或混合布置方式。灯具的位置、高度及灯杆要求均参照国际足球联合会 2002 年版的《足球场人工照明指南》制定。

采用场地两侧布置时,灯具的位置及高度应满足本标准的要求,$\varphi$ 角增大照明效果会更好,但同时还要考虑建造成本。在国际足球联合会的文件中,要求采用单侧两条马道的设计,并对高度有要求,考虑到实际实施的可行性并依据照明实测,为降低眩光,对单条马道上灯具的高度及 $\varphi$ 角有明确要求。

采用场地四角布置时,灯具的位置及高度应满足本标准的要求,当条件受到限制或成本过高时应考虑更合理的解决方案。根据国际足球联合会 2002 年版的《足球场人工照明指南》的要求,灯具的最大仰角应小于 70°,并且灯杆上的灯排应有 15°倾斜角(见图 5),以消除上下排灯具间的遮挡。

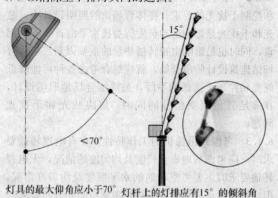

灯具的最大仰角应小于70° 灯杆上的灯排应有15°的倾斜角

**图 5 灯具仰角和灯排倾斜角**

**6.2.3 田径场灯具布置:**

室外内含足球场的田径场,其灯具布置应首先采用满足足球场照明的照明系统,然后综合考虑田径场的照明,并增加对跑道和足球场以外的内场的照明要求。

参考国际照明委员会《体育赛事中用于彩电和摄影照明的实用设计准则》CIE 169:2005。

**6.2.4 网球场灯具布置:**

灯具高度主要参考国际网球协会《网球场人工照明指南》及国际照明委员会《网球场照明》CIE 42-1978 制定。

采用两侧灯杆布置时的灯具位置主要参考国际网球协会《网球场人工照明指南》。

对大型赛事设置马道的中心网球场照明未作规定。

**6.2.5 曲棍球场灯具布置:**

室外曲棍球场的照明规定均参考国际曲棍球协会的《曲棍球场人工照明指南》。

有电视转播的曲棍球场地,照明可采用四角布置、两侧布置或混合布置方式。

采用四角布置方式时,照明灯具的高度应满足图 6.2.5-2 的要求。根据照明实测及体育照明眩光评价,有电视转播时,适当增大 $\varphi$ 角,对控制眩光更有利。

**6.2.6 棒球场灯具布置:**

参考北美照明学会(IESNA)《照明手册》(第 9 版)及国际照明委员会《体育赛事中用于彩电和摄影照明的实用设计准则》CIE 169:2005 制定。

**6.2.7 垒球场照明设计:**

参考北美照明学会(IESNA)《照明手册》(第 9 版)及国际照明委员会《体育赛事中用于彩电和摄影照明的实用设计准则》CIE 169:2005 制定。

## 6.3 室内体育馆

**6.3.1** 体育比赛场馆由于受地理位置及场地大小的限制可选择不同的照明灯具布置方式。在实测调查的 45 个比赛馆和训练馆中顶部布置所占比例为 4.4%、顶部和两侧混合布置所占比例为 17.8%、沿马道两侧光带布置所占比例为 77.8%。

**6.3.2** 本条列出了体育馆照明灯具的几种常用布灯方式,是在实践经验的基础上综合各体育运动联合会以及国际体育照明标准制定的。在进行体育馆建筑、结构、电气设计时宜参考本条所列的灯具布置方式为体育馆照明设计师预留灯位;在进行体育馆照明设计时,宜根据运动项目情况、建筑及结构特点、体育馆级别等情况选用合适的布灯方式和能够满足要求的灯具。

**6.3.3** 表 6.3.3 所列各类体育馆灯具布置规定主要参考了国际照明委员会《体育赛事中用于彩电和摄影照明的实用设计准则》CIE 169:2005 制定。对于不同运动项目提出了具体要求。这些要求充分考虑了各运动项目的特点、场地特征等因素。在进行专项运动照明设计时,宜满足表中对灯具布置提出的要求。

在调研中发现,由于比赛场馆前期的建筑设计没有很好的考虑照明功能的需求,所设计的马道位置及灯具安装高度不到位，给照明设计师在设计方案时造成很大的困难，设计方案难以实施，使得比赛场地达不到良好的照明效果，直接影响到运动员比赛。因此本标准规定在体育场馆建筑设计时，不但要考虑到建筑造型的美观，更要注重照明功能的需求。在前期建筑设计马道设置时要充分考虑到照明功能的要求，要与照明设计师沟通，听取他们的意见及建议。在进行体育场馆照明设计时，要根据体育馆建筑结构可能安装灯具的高度和部位确定布灯方案，既要达到照度标准，又要满足照明质量要求。使得体育场馆照明达到最佳的效果，满足比赛要求。

# 7 照明配电与控制

## 7.1 照明配电

**7.1.1** 本条是根据国家有关规范，并结合体育建筑的特殊用电要求提出的。

**7.1.2** 由于目前比赛场地照明采用的气体放电光源因电源失电导致熄灭后，即便电源迅速恢复，仍需要3～8min的再启动时间，而在举行重要比赛或进行电视转播时，发生这样的故障将导致比赛组织者、转播公司和场地运营者遭受在名誉和经济双方面的重大损害，因此通常采用的解决方案有以下几种：

    **1** 采用两路或多路电源（包括自备电源）分别直接供电，避免供电电源和线路受到外界因素的干扰。即便发生某路电源失电或设备故障，也能保证大部分照明系统正常工作，同时有利于简化系统，减少自动投切层次。

    **2** 采用热触发装置，可强迫气体放电光源在几十秒内恢复到正常工作状态，从而保证比赛和转播的迅速恢复，有效地减少停电造成的后果和损失。

    **3** 采用不中断供电逆变电源作为正常电源失电时的临时后备电源，其持续供电时间应满足备用电源正常投入，这类设备包括在线式 UPS、飞轮发电式 UPS 等。目前正在研制开发采用电子静态转换开关的后备式 EPS，通过技术手段在电源切换时维持灯具的供电电压，试验效果良好。

**7.1.3** 独立设置比赛照明变压器的目的主要是为了保持电压稳定，提高照明质量，保证光源寿命，同时减小非比赛时的系统运行损耗。

**7.1.4** 考虑到当前我国电力系统供电能力仍相当紧张，部分地区经常出现较大的电压偏移情况，可通过技术经济比较适当采用调压措施。

**7.1.5** 参照《游泳池和类似场所用灯具安全要求》GB 7000.8 制定，并规定灯具外部和内部线路的工作电压应不超过 12V。

**7.1.6** 气体放电光源配用电感镇流器时功率因数通常较低，一般仅为 0.4～0.5，所以应设置无功补偿。有条件时，宜在灯具内设置补偿电容，以降低照明线路的能耗和电压损失。

**7.1.7** 保证三相负荷比较均衡，以使各相电压偏差不致产生较大的差别，同时减少中性线电流。

**7.1.8** TV 应急照明配电线路及控制开关分开装设有利于供电安全和方便维修。正常照明断电采用备用照明自动投入工作，是照明系统用电可靠性的需要。

**7.1.9** 因照明负荷主要为单相设备，当采用三相断路器时，若其中一相发生故障时会导致三相断路器跳闸，从而扩大了停电范围，因此应当避免出现这种情况。

**7.1.10** 高强度气体放电灯的触发器一般是与灯具装在一起的，但有时由于安装、维修上的需要或其他原因，也有分开设置的。此时，触发器与灯具的间距越小越好。当两者间距较大时，导线间分布电容增大，触发器脉冲电压衰减有可能造成气体放电灯不能正常启动，因此其间距应满足制造厂家对产品的要求。

**7.1.11** 主要考虑照明负荷使用的不平衡性以及气体放电灯线路由于电流波形畸变产生高次谐波，即使三相平衡中性线中也会流过三的倍数的奇次谐波电流，有可能达到相电流的数值，故而作此规定。

**7.1.12** 作为改善频闪效应的一项措施而提出的。当然改善措施还有其他方法如采用超前滞后电路或采用提高电源频率——如电子镇流器件等。

**7.1.13** 为保证维护人员能及时安全地到达维修地点，同时由于检修相对不便以及光源功率较大，如采取每盏灯具加装保护可避免一个光源出现故障不致影响一片。顶棚内检修通道要考虑到能承受住两名维修人员连同工具在内的重量（总重量约 300kg）。

## 7.2 照明控制

**7.2.1** 本条规定与《体育建筑设计规范》JGJ 31 中的要求基本相同。

**7.2.2** 本条是有电视转播要求的比赛场地的照明控制系统所应具备的基本功能。其预置的照明场景编组方案应包括：

    **1** 经常进行的运动项目的照明编组方案，至少分为有电视转播要求的比赛、无电视转播要求的比赛、专业训练三个级别；

    **2** 场地清扫时的照明编组方案。

**7.2.3** 由中央计算机管理的总线制控制网络相对于传统照明控制网络具有以下优点：

    **1** 分布式的系统结构大大降低了系统自身的风险。当部分系统元件故障时，受影响的仅仅是与其相关联的设备，而系统的其他部分仍可正常工作。

    **2** 总线制的系统从主控中心到末端各个配电箱只需一根标准通信总线，大大节省了控制线路，且不受供电半径的限制，施工安装极为简单。

    **3** 通过时序控制方式，可以使成组灯具在一定时间内顺序启动，有效避免多台大功率照明负荷同时接通对配电系统产生的电流冲击。

**4** 系统允许随时任意增减控制范围和控制对象的数量，任意增减和改变控制方案，为使用者带来极大的方便。

**7.2.4** 考虑到控制分路应满足使用要求，同时避免产生较大的故障影响面，减小对配电系统的电流冲击，作出本条规定。

# 8 照 明 检 测

## 8.1 一 般 规 定

**8.1.1** 照明检测主要参照国际照明委员会《关于体育照明装置的光度规定和照度测量指南》CIE 67 - 1986 和《体育赛事中用于彩电和摄影照明的实用设计准则》CIE 169：2005 制定。照明检测主要用以检验体育场馆照明设计能否达到标准规定的各项技术指标，能否满足不同运动项目不同级别的使用功能要求。

**8.1.2** 检测用仪器设备必须送法定检测机构依据相关检定规程进行检定，以保证检测数据的有效性。

**8.1.3** 测量时的环境条件对测量结果会产生不利影响，因此应避免在阴雨天、多雾天、沙尘天和有来自外部光线影响情况下进行测量，使用荧光灯的场所还要考虑温度的影响。体育场馆所用光源，特别是金属卤化物灯经过一段时间的点燃才能达到稳定，每次开灯后也需要经过一段时间光通才能达到稳定，因此对照明装置的运行时间和开灯后的点燃时间都要有所规定。电压也是影响检测结果的重要因素，必要时应进行电压修正。测量时应避免操作者身影或别的物体对接收器的遮挡，同时也要避免浅色物体上反射光的影响。本条规定的目的是在满足规定的测量条件下进行照明检测才能保证测量数据的准确性。

**8.1.4** 检测的照明参数应是标准中所规定的参数，其中部分参数是在测量后通过计算取得的。

## 8.2 照 度 测 量

**8.2.1** 测量场地一般指标准中规定的主赛场和总赛场，此外也包括对观众席和应急照明等的测量。为了减少测量的工作量，对大型运动场地，在照明装置布置完全对称的条件下，当照明参数呈对称分布时，可只测 1/2 或 1/4 场地。

**8.2.2** 关于照度测量的测点，在《关于体育照明装置的光度规定和照度测量指南》CIE 67 - 1986 中已作出规定，在《体育赛事中用于彩电和摄影照明的实用设计准则》CIE 169：2005 中又增加了更详细、更全面的规定，把运动场地划分为矩形场地和几种典型

场地。

由于大多数运动场地都属于矩形场地，如足球、篮球、排球、网球、羽毛球等，因此在对测量与计算网格点进行规定时采用了统一的方法，同时还规定计算网格应包含测量网格，测量网格的间距是计算网格间距的 2 倍。

按照《体育赛事中用于彩电和摄影照明的实用设计准则》CIE 169：2005 中新的规定，与《关于体育照明装置的光度规定和照度测量指南》CIE 67 - 1986 的规定相比，标准有所提高。如足球场地 CIE 67 - 1986 规定的测量点为 7×11，而 CIE 169：2005 规定的测量点为 8×12，这意味着测量场地范围有所扩大，为了使计算与测量范围更接近于比赛场地边线，照度计算与测量网格点间距应尽可能小，在附录 A 规定中已有调整。

图 8.2.2-1~图 8.2.2-6 给出的几种典型运动场地的计算、测量网格划分方法，是参照《体育赛事中用于彩电和摄影照明的实用设计准则》CIE 169：2005 制定的。

**8.2.3、8.2.4** 关于水平照度测量、垂直照度测量和照度均匀度的计算，参考《关于体育照明装置的光度规定和照度测量指南》CIE 67 - 1986 的相关内容制定。

照度测量结果会受到电源电压波动的影响，编制组选取几种目前体育场馆常用的金属卤化物灯光源在试验室内进行试验，得出光源光通与电源电压的变化曲线，见图 6 和图 7，同时电源电压的变化也对显色指数和色温有影响。

各种金属卤化物灯的标称发光效能为 60~100lm/W，标称一般显色指数的范围 $R_a$ 为 65~93，标称色温的范围为 3000~6000K。金属卤化物灯由于选用的镇流器不同和电源电压的变化会引起金属卤化物灯光、色参数发生变化。

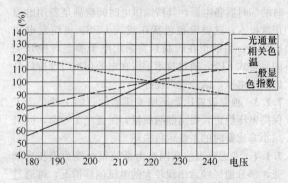

图 6 金属卤化物灯光、色参数与电压的关系(220V)

图 6 和图 7 中的曲线是金属卤化物灯的试验结果。从图中可以看到，采用普通电感镇流器的光通量和显色指数均正比于电源电压的变化，只有色温反比于电源电压的变化。当供电标称电压为 220V，电源电压的变化－10%～＋10%时，其上述参数变化范围

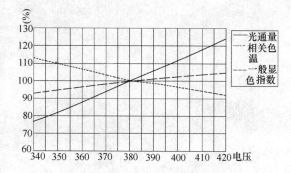

图 7　金属卤化物灯光、色参数与电压的关系(380V)

为，光通量：$-25\%\sim+28\%$，显色指数：$-11\%\sim+9\%$，色温：$+11\%\sim-9\%$。供电标称电压为 380V，电源电压的变化$-10\%\sim+10\%$时，其上述参数变化范围为，光通量：$-22\%\sim+23\%$，显色指数：$-7\%\sim+5\%$，色温：$+12\%\sim-7\%$。

由于测试的样品数量、品种、型号、厂家有限，不能完全代表这类光源的一致特性，因为气体放电灯的光、色、电参数本身就有一个变动范围，所以此组数据的变化范围仅作为定性参考。

为了确保体育设施电视转播的质量，因此要求体育场馆在比赛期间的电源电压变化应在$-5\%\sim+10\%$之间，同时从电源配电盘到（末端）灯端的线路电压降应小于 15V，整个照明系统的功率因数应大于 0.85，最好在 0.9 以上，因功率因数越低其供电系统的电压调整性就越差，即在同样的有功负荷下，电源（变压器）输出电压越低，线路压降越高，占用电源容量越多，负荷端（光源）电压就越低。

### 8.3　眩光测量

**8.3.1**　本条规定了确定眩光测量点的原则和典型场地的眩光测量点的位置。

1　眩光是评价照明质量的重要指标，在 CIE 文件中也提出在照明测量中除测量水平照度和垂直照度外还要核实眩光指数，为了减少眩光测量的工作量，眩光测量点只能按各场地最重要的位置选取。

2　眩光测量点的位置主要参照《关于室外体育设施和区域照明的眩光评价系统》CIE 112 - 1994、国际足球联合会《关于足球场人工照明指南》等制定。

**8.3.2**　眩光测量至今尚无统一的测量仪器，一般可通过测量观察者眼睛上的照度来计算光幕亮度，最后求出眩光指数 $GR$，见附录 B。

### 8.4　现场显色指数和色温测量

**8.4.1**　根据对大量体育场馆现场显色指数和色温的测量表明，所选测量点测得的颜色参数可代表整个场

地的颜色参数测量结果。

**8.4.2**　现场显色指数和色温受环境因素如电压波动、场地和周围建筑及座位的颜色影响较大，所制定标准值是根据实测统计结果确定的。$R_a$、$T_{cp}$ 与 V 的变化曲线见图 6 和图 7。

### 8.5　检测报告

检测报告是对全部检测内容的记录和总结。报告编写的内容和格式应符合有关部门对检测机构关于检测报告编写的规定。对检测结果应依据相关标准作出结论，判定是否合格。检测报告应由技术负责人审核，检测机构主管部门批准。

## 附录 A　照度计算和测量网格及摄像机位置

本附录参照《关于体育照明装置的光度规定和照度测量指南》CIE 83 - 1989 和《体育赛事中用于彩电和摄影照明的实用设计准则》CIE 169：2005 等制定。

1　表中场地尺寸未标明 PA、TA 时，均为比赛场地 PA 的尺寸，按照本标准所规定的计算点和测量点测量场地覆盖的范围比《关于体育照明装置的光度规定和照度测量指南》CIE 83 - 1989 规定的测量范围要大一些，说明对照明的要求更高了，网格间距应尽可能小，这样周边测点就更接近场地边线。

2　照度计算和测量的参考高度，水平照度一般取 1m，为了测量上的方便，同时对测量值无明显影响，测量四个方向的垂直照度时也取 1m，摄像机方向的垂直照度均取 1.5m。

3　本标准摄像机位置为其中一些主要摄像机位置，在实际使用中可按赛事要求计算和测量某些位置摄像机方向的垂直照度。

## 附录 B　眩　光　计　算

室外体育场眩光计算公式引自《关于室外体育设施和区域照明的眩光评价系统》CIE 112 - 1994，经实测验证此公式不论是对室外体育场或是室内体育馆计算值和测量值均吻合较好。主观评价与测量计算值之间有较好的线性关系。编制组对体育场馆照明室内眩光评价系统经研究得出结论，该公式也可用于室内体育馆眩光评价系统，对眩光指数进行计算，但通过实验研究证实，当室外体育场眩光评价系统用于室内体育馆眩光评价系统时，需采用适用于室内体育馆的眩光评价分级及眩光指数限制值，而且在室内体育馆眩光指数计算时其反射比宜取 0.35～0.40。

中华人民共和国国家标准

# 室外作业场地照明设计标准

Standard for lighting design of outdoor work places

GB 50582—2010

主编部门：中华人民共和国住房和城乡建设部
批准部门：中华人民共和国住房和城乡建设部
施行日期：2 0 1 0 年 1 2 月 1 日

# 中华人民共和国住房和城乡建设部
# 公　告

## 第 626 号

## 关于发布国家标准
## 《室外作业场地照明设计标准》的公告

现批准《室外作业场地照明设计标准》为国家标准，编号为 GB 50582－2010，自 2010 年 12 月 1 日起实施。其中第 6.2.8 条为强制性条文，必须严格执行。

本标准由我部标准定额研究所组织中国建筑工业

出版社出版发行。

中华人民共和国住房和城乡建设部

2010 年 5 月 31 日

## 前　言

本标准系根据原建设部《关于印发〈2007 年工程建设标准规范制订、修订计划（第一批）〉的通知》（建标〔2007〕125）的要求，由中国建筑科学研究院会同有关单位共同编制完成的。

本标准在编制过程中，编制组经广泛调查研究，认真总结实践经验，参考有关国际标准和国内外标准，并在广泛征求意见的基础上，通过反复讨论、修改和完善，最后经审查定稿。

本标准共分 8 章和 1 个附录，主要技术内容包括：总则、术语、基本规定、照明数量和质量、照明标准值、照明配电及控制、照明节能措施、照明维护与管理等。

本标准中以黑体字标志的条文为强制性条文，必须严格执行。

本标准由住房和城乡建设部负责管理和对强制性条文的解释，由中国建筑科学研究院负责具体技术内容的解释。本标准在执行过程中，如发现需修改和补充之处，请将意见和有关资料寄送中国建筑科学研究院建筑物理研究所（北京市车公庄大街 19 号，邮政编码：100044，电子信箱：zhjpcabr@gmail.com 或 zhaojianping@cabr.com.cn）。

本标准主编单位：中国建筑科学研究院

本标准参编单位：中国民航机场建设集团公司规划设计总院
中铁建设集团有限公司
中交水运规划设计院有限公司
中船第九设计研究院工程有

限公司
中国石化工程建设公司
北京国电华北电力工程有限公司
飞利浦(中国)投资有限公司
深圳高力特通用电气有限公司
栋梁国际照明设计(北京)中心有限公司
佛山电器照明股份有限公司
上海亚明灯泡厂有限公司
浙江中企实业有限公司
奥迪通用照明(广州)有限公司
北京正禾阳光节能科技有限公司
国际铜业协会(中国)

本标准主要起草人：赵建平　张绍纲　何未如
李丽霞　张云青　周　宁
葛三敏　高小平　姚梦明
许东亮　高京泉　罗　涛
王书晓　张　滨　钟信才
刘经伟　童俊国　关旭东
周燕林　施文勇

本标准主要审查人：任元会　戴德慈　肖辉乾
陈秉祥　马静波　汪　猛
王培康　张蜂蜜　黎德初

# 目次

# Contents

# 1 总　则

**1.0.1**　为了在室外作业场地的照明设计中，贯彻国家的法律、法规和技术经济政策，满足室外作业场地功能，有利于视觉作业、视觉舒适和提高工作效率，做到使用安全、经济合理、技术先进、维护管理方便，实施绿色照明，制定本标准。

**1.0.2**　本标准适用于新建、改建和扩建的机场、铁路站场、港口码头、造（修）船厂、石油化工工厂、加油站、发电厂、变电站、动力和热力工厂、建筑工地、停车场、供水和污水处理厂等室外作业场地的照明设计。

**1.0.3**　室外作业场地的照明设计除应符合本标准外，尚应符合国家现行有关标准的规定。

# 2 术　语

**2.0.1**　绿色照明　green lights

节约能源、保护环境，有益于提高人们生产、工作、学习效率和生活质量，保护身心健康的照明。

**2.0.2**　视觉作业　visual task

在工作和活动中，对呈现在背景前的细部和目标的观察过程。

**2.0.3**　光通量　luminous flux

根据辐射对 CIE 标准光度观察者的作用，从辐射通量 $\Phi_e$ 导出的光度量。

**2.0.4**　发光强度　luminous intensity

发光体在给定方向上的发光强度是该发光体在该方向的立体角元 $d\Omega$ 内传输的光通量 $d\Phi$ 除以该立体角元所得之商，即单位立体角的光通量。

**2.0.5**　亮度　luminance

单位投影面积上的发光强度。

**2.0.6**　照度　illuminance

表面上一点的照度是入射在包含该点的面元上的光通量 $d\Phi$ 除以该面元面积 $dA$ 所得之商。

**2.0.7**　维持平均照度　maintained average illuminance

在照明装置必须进行维护的时刻，在规定表面上的平均照度。

**2.0.8**　参考平面　reference surface

测量或规定照度的平面。

**2.0.9**　作业面　working plane

在其表面上进行工作的平面。

**2.0.10**　亮度对比　luminance contrast

视野中识别对象和背景的亮度差与背景亮度之比。

**2.0.11**　维护系数　maintenance factor

照明装置在使用一定时期后，在规定表面上的平均照度或平均亮度与该装置在相同条件下新装时在同一表面上所得到的平均照度或平均亮度之比。

**2.0.12**　一般照明　general lighting

为照亮整个场地而设置的均匀照明。

**2.0.13**　分区一般照明　localized lighting

对某一特定区域，如进行工作的地点，设计成不同的照度来照亮该区域的一般照明。

**2.0.14**　局部照明　local lighting

特定视觉工作用的、为照亮某个局部而设置的照明。

**2.0.15**　混合照明　mixed lighting

由一般照明与局部照明组成的照明。

**2.0.16**　泛光照明　flood lighting

通常由投光灯来照射某一情景或目标，使其照度比其周围照度明显高的照明。

**2.0.17**　正常照明　normal lighting

在正常情况下使用的照明。

**2.0.18**　应急照明　emergency lighting

因正常照明的电源失效而启用的照明。应急照明包括疏散照明、安全照明、备用照明。

**2.0.19**　疏散照明　escape lighting

作为应急照明的一部分，用于确保疏散通道被有效地辨认和使用的照明。

**2.0.20**　安全照明　safety lighting

作为应急照明的一部分，用于确保处于潜在危险之中的人员安全的照明。

**2.0.21**　备用照明　stand-by lighting

作为应急照明的一部分，用于确保正常活动继续进行的照明。

**2.0.22**　值班照明　on-duty lighting

非工作时间，为值班所设置的照明。

**2.0.23**　警卫照明　security lighting

用于警戒而设置的照明。

**2.0.24**　障碍照明　obstacle lighting

在可能危及航行安全的建筑物或构筑物上设置的标志灯照明。

**2.0.25**　光源的发光效能　luminous efficacy of a light source

光源发出的光通量除以光源功率所得之商，简称光源的光效。

**2.0.26**　灯具效率　luminaire efficiency

在相同的使用条件下，灯具发出的总光通量与灯具内所有光源发出的总光通量之比，也称灯具光输出比。

**2.0.27**　照度均匀度　uniformity ratio of illuminance

规定表面上的最小照度与平均照度之比。

**2.0.28**　眩光　glare

由于视野中的亮度分布或亮度范围的不适宜，或存在极端的对比，以致引起不舒适感觉或降低观察细部或目标能力的视觉现象。

**2.0.29** 眩光值 glare rating (*GR*)

它是度量室外场地照明装置对人眼引起不舒适感主观反应的心理参量，其值可按 CIE 眩光值公式计算。

**2.0.30** 一般显色指数 general colour rendering index

CIE 1974 规定的 8 种标准颜色样品的特殊显色指数的平均值，通称显色指数。符号为 *Ra*。

**2.0.31** 相关色温度 correlated colour temperature

当某一种光源（气体放电光源）的色品与某一温度下的完全辐射体（黑体）的色品最接近时完全辐射体（黑体）的温度，简称相关色温。符号为 $T_{cp}$。

**2.0.32** 光污染 light pollution

指干扰光或过量的光辐射（含可见光、紫外光和红外光辐射）对人和生态环境造成的负面影响的总称。

**2.0.33** 溢散光 spill light, spray light

照明装置发出的光线中照射到被照目标范围外的那部分光线。

**2.0.34** 干扰光 obtrusive light

由于光的数量、方向或光谱特性，在特定场合中引起人的不舒适、分散注意力或视觉能力下降的溢散光。

**2.0.35** 上射光通量比 upward light output ratio (ULOR)

当灯具安装在规定的设计位置时，灯具发射到水平面以上的光通量与灯具中全部光源发出的总光通量之比。

# 3 基 本 规 定

## 3.1 照明方式和照明种类

**3.1.1** 室外作业场地应按下列要求确定照明方式：

1 通常应设一般照明；

2 同一场地内的不同区域有不同照度要求时，应采用分区一般照明；

3 对于部分作业场地照度要求较高，只采用一般照明不合理的场地，宜采用混合照明；

4 特殊条件下可采用单独的局部照明。

**3.1.2** 室外作业场地应按下列要求确定照明种类：

1 应设置正常照明。

2 下列情况应设置应急照明：

　1）正常照明因故障熄灭后，需确保正常作业或活动继续进行的场地，应设置备用照明；

　2）正常照明因故障熄灭后，需确保处于潜在危险之中的人员安全的场地，应设置安全照明；

　3）正常照明因故障熄灭后，需确保人员安全疏散的出口和通道，应设置疏散照明。

3 有警卫任务的场地，应根据警戒范围的要求设置警卫照明。

4 非工作时需要值班的场地应设置值班照明。

5 危及航行安全的建筑物、构筑物上，应根据航行要求设置障碍照明。

## 3.2 照明光源及其附件选择

**3.2.1** 选择光源时，在满足显色性、启动时间等要求条件下，应根据光源、灯具及镇流器等的效率、寿命和价格进行技术经济综合比较确定。

**3.2.2** 照明设计时应按下列规定选择光源：

1 应选用高压钠灯、金属卤化物灯、荧光灯及其他新型高效照明光源；

2 不宜采用荧光高压汞灯，不应采用自镇流荧光高压汞灯；

3 不应采用普通照明用白炽灯。

**3.2.3** 应急照明应选用快速点燃的光源。

**3.2.4** 照明设计时应根据识别颜色要求和场地特点，选用相应显色指数的光源。

**3.2.5** 照明设计时应按以下规定选择镇流器：

1 直管形荧光灯应配用电子镇流器或节能型电感镇流器；

2 高压钠灯、金属卤化物灯应配用节能型电感镇流器；功率较小者可配用电子镇流器；在电压偏差较大的场地，宜配用恒功率镇流器。

**3.2.6** 高强度气体放电灯的触发器与光源的安装距离应符合国家现行有关产品标准的规定。

## 3.3 照明灯具选择及其安装方式

**3.3.1** 在满足配光和眩光限制要求下，应选用效率高的灯具，灯具效率的最低限值不应低于表 3.3.1 的规定。

表 3.3.1 灯具效率最低限值

| 灯具出口形式 | 开 敞 式 | 透 光 罩 |
|---|---|---|
| 灯具效率 | 75% | 60% |

**3.3.2** 室外场地灯具的选择应符合下列规定：

1 在露天场地，应采用防护等级不低于 IP54 的灯具；

2 在有顶棚场地，应采用防护等级不低于 IP43 的灯具；

3 当环境污染严重时，应采用防护等级不低于 IP65 的灯具；

4 在有腐蚀性气体的场地，应采用相应等级防腐蚀灯具；

5 在振动、摆动环境下使用的灯具，应有防振和防脱落措施；

**6** 在易受机械损伤、光源自行脱落可能造成人员伤害或财物损失的场地使用的灯具，应有防护措施；

**7** 在有爆炸或火灾危险场地使用的灯具，应符合国家现行相关标准和规范的规定。

**3.3.3** 室外作业场地根据不同条件，宜采取下列方式安装灯具：

**1** 面积较大的室外场所宜设置高杆、半高杆或灯桥安装灯具；

**2** 室外场地或场地附近有建筑物、构筑物、杆、塔、平台等条件的，宜利用其安装灯具；

**3** 有顶棚或有柱的场所，宜在顶棚下或柱子上安装灯具。

# 4 照明数量和质量

## 4.1 照　　度

**4.1.1** 照度标准值应按 2、3、5、10、15、20、30、50、75、100、150、200、300、500、750、1000、1500、2000lx 分级。

**4.1.2** 本标准规定的照度值均为作业面或参考平面上的维持平均照度值。各类作业场地的维持平均照度值应符合本标准第 5 章的规定。

**4.1.3** 符合下列条件之一及以上时，作业面或参考平面上的照度标准值，可按本标准第 4.1.1 条照度标准值分级提高一级。

**1** 视觉要求高的作业时；

**2** 视觉作业或操作人员移动时；

**3** 作业产生差错会造成很大损失时；

**4** 对于精确性和生产效率要求很高时；

**5** 操作人员的视力低于正常视力时；

**6** 视觉作业细部非常小，或当亮度对比小于 0.3 时；

**7** 视觉作业持续时间特别长时。

**4.1.4** 符合下列条件之一及以上时，作业面或参考平面的照度标准值，可按本标准第 4.1.1 条照度标准值分级降低一级。

**1** 视觉对象特别大或当亮度对比大于 0.7 时；

**2** 偶尔发生的视觉作业。

**4.1.5** 作业面邻近周围区域的照度值可低于作业面照度值，但不宜低于表 4.1.5 的规定。

**表 4.1.5　作业面邻近周围区域照度值**

| 作业面照度值（lx） | 作业面邻近周围区域照度值（lx） | 作业面照度值（lx） | 作业面邻近周围区域照度值（lx） |
|---|---|---|---|
| ≥500 | 100 | 50～100 | 20 |
| 300 | 75 | 20～30 | 10 |
| 200 | 50 | <20 | 不作规定 |
| 150 | 30 | | |

**4.1.6** 在照明设计时，根据室外环境污染特征和灯具擦拭次数，维护系数宜取 0.6～0.7。

**4.1.7** 在一般情况下，设计照度值与照度标准值相比较，可有 -10%～+20% 的偏差。

## 4.2 照度均匀度

**4.2.1** 室外作业场地的照度均匀度不应低于本标准第 5 章的规定。

**4.2.2** 作业区邻近区域的照度均匀度不应低于 0.10。

## 4.3 眩 光 限 制

**4.3.1** 室外作业场地的眩光应采用眩光值（GR）评价，GR 值应按本标准附录 A 计算，各工作场地的 GR 最大允许值宜符合本标准第 5 章的规定。

**4.3.2** 防止或减少眩光可采用下列方法进行：

**1** 合理的布灯；

**2** 限制灯具亮度；

**3** 采用漫反射的表面材料。

## 4.4 光 源 颜 色

**4.4.1** 室外作业场地照明光源的色表可按其相关色温分为三组，光源相关色温宜按表 4.4.1 确定。

**表 4.4.1　光源色表分组**

| 色表分组 | 色表特征 | 相关色温 $T_{cp}$（K） |
|---|---|---|
| Ⅰ | 暖 | <3300 |
| Ⅱ | 中间 | 3300～5300 |
| Ⅲ | 冷 | >5300 |

**4.4.2** 各类室外作业场地的一般显色指数 Ra 不应低于本标准第 5 章的规定。

**4.4.3** 有要求识别安全色的场所，其照明光源的显色指数 Ra 不应低于 20。

## 4.5 光污染的限制

**4.5.1** 照明设施产生的光线应控制在被照区域内，溢散光不应大于 15%。

**4.5.2** 灯具的上射光通量比最大允许值不应大于表 4.5.2 的规定。

**表 4.5.2　灯具上射光通量比最大允许值**

| 照明技术参数 | 环境区域 | | |
|---|---|---|---|
| | 低亮度区1 | 中亮度区2 | 高亮度区3 |
| 上射光通量比（%） | 5 | 15 | 25 |

注：1 如住宅区、远离市中心的乡镇工业区；
　　2 如乡镇、城市近郊工业区；
　　3 如城市中心区及商业区。

# 5 照明标准值

## 5.1 机 场

**5.1.1** 机场室外场地照明标准值应符合表 5.1.1 的规定。

**表 5.1.1 机场室外场地照明标准值**

| 场地名称 | 参考平面及其高度 | 照度标准值（lx） | | 水平照度均匀度 | GR | Ra |
|---|---|---|---|---|---|---|
| | | 水平 | 垂直[5] | | | |
| 飞机机位[1] | 地面 | 20 | 20 | 0.25 | — | 20 |
| 专机机位[2] | 地面 | 30 | 30 | 0.30 | 50 | 60 |
| 机坪工作区[3] | 地面 | 10 | — | 0.25 | — | 20 |
| 飞机维修处[4] | 工作面 | 200 | — | 0.50 | 45 | 60 |

注：1 机坪上用以停放飞机的一块特定场地；
　　2 专机机位上迎送人员、车辆交会区的照明；
　　3 机坪上供飞机停泊、进行地面作业的区域及其邻近的区域；
　　4 飞机维修处照度用增加移动照明达到；
　　5 垂直照度是指飞机在机位滑行道行驶方向，离地 2m 高垂直面的照度。

**5.1.2** 保障机坪安全的照明照度值不应低于 10lx，必要时可增加辅助照明。

**5.1.3** 机坪照明宜采取下列措施限制对飞行和滑行中的航空驾驶员、机场和机坪的管理人员产生的眩光：

　　**1** 避免灯具发出的直射灯光照射塔台和着陆飞机；

　　**2** 灯具的安装高度不宜小于经常使用该机位的飞机驾驶员最大眼高（眼轮高度）的 2 倍。

**5.1.4** 灯具的布置和朝向应使得每个机位能从两个或更多方向受光。

## 5.2 铁路站场

**5.2.1** 铁路站场室外场地照明标准值应符合表 5.2.1 的规定。

**表 5.2.1 铁路站场室外场地照明标准值**

| | 场地名称 | 参考平面及其高度 | 照度标准值（lx） | | 水平照度均匀度 | GR | Ra |
|---|---|---|---|---|---|---|---|
| | | | 水平 | 垂直 | | | |
| 客运 | 站前广场 | 地面 | 10 | — | 0.25 | — | — |
| | 特大型车站和位于省会及以上城市的大型车站的基本站台 | 地面 | 150 | — | 0.40 | 45 | 80 |
| | 其他有棚站台、有棚天桥 | 地面 | 75 | — | 0.40 | 45 | 60 |
| | 无棚站台、无棚天桥 | 地面 | 50 | — | 0.40 | 45 | 20 |

**续表 5.2.1**

| | 场地名称 | 参考平面及其高度 | 照度标准值（lx） | | 水平照度均匀度 | GR | Ra |
|---|---|---|---|---|---|---|---|
| | | | 水平 | 垂直 | | | |
| 货运 | 有棚货物站台、货棚、装卸作业区、货物洗刷台 | 地面 | 20 | — | 0.25 | 45 | 20 |
| | 无棚货物站台 | 地面 | 10 | — | 0.25 | 50 | 20 |
| | 集装箱堆场 | 地面 | 20 | — | 0.25 | 55 | 20 |
| | 货物露天堆放区 | 地面 | 5 | — | — | 55 | 20 |
| | 衡器计量处、机械化上冰台 | 距地面 0.75m | 50 | — | 0.40 | 45 | 60 |
| | 国际换装台 | 地面 | 50 | — | 0.40 | 45 | 20 |
| | 到发线、道岔咽喉区、牵出线 | 轨面 | 3 | — | — | — | 20 |
| | 编组线、编发场道岔区（尾端） | 轨面 | 5 | — | — | — | 20 |
| | 编组场驼峰顶（50m～60m 范围） | 轨面 | 30 | 50[1] | 0.25 | 50 | 20 |
| | 编组线、编发场道岔区（首端） | 轨面 | 10 | — | 0.25 | 50 | 20 |
| | 有人看守道口、站、段、场（厂）主要道路、露天油罐区 | 地面 | 10 | — | 0.25 | 45 | 20 |
| | 客车整备线、机车整备台位、列检作业场地 | 地面 | 20[2] | — | 0.25 | 45 | 60 |
| | 存轮场、转车盘 | 地面 | 20 | — | 0.25 | 45 | 20 |

注：1 摘、挂钩处及其邻近车厢两侧；
　　2 可增加局部照明。

**5.2.2** 铁路 8 股道及以上的编组场宜采用灯桥安装照明灯具，并应减少眩光和阴影。

## 5.3 港口码头

**5.3.1** 港口码头室外场地照明标准值应符合表 5.3.1 的规定。

**表 5.3.1 港口码头室外场地照明标准值**

| | 场地名称 | 参考平面及其高度 | 水平照度标准值（lx） | 水平照度均匀度 | GR | Ra |
|---|---|---|---|---|---|---|
| 码头 | 件杂货 | 地面 | 15 | 0.25 | 50 | 20 |
| | 大宗干散货 | 地面 | 10 | 0.25 | 50 | 20 |
| | 液体散货 | 地面 | 15 | 0.25 | 50 | 20 |
| | 集装箱 | 地面 | 20 | 0.25 | 50 | 20 |
| | 滚装 | 地面 | 20 | 0.25 | 50 | 20 |

续表 5.3.1

| 场地名称 | | 参考平面及其高度 | 水平照度标准值(lx) | 水平照度均匀度 | GR | Ra |
|---|---|---|---|---|---|---|
| 堆场 | 件杂货 | 地面 | 15 | 0.25 | 55 | 20 |
| | 大宗干散货 | 地面 | 3 | — | — | 20 |
| | 集装箱 | 地面 | 20 | 0.25 | 55 | 20 |
| | 油罐区 | 地面 | 5 | — | — | 20 |
| | 集装箱区大门 | 地面 | 100 | 0.40 | 45 | 20 |
| | 滚装 | 地面 | 30 | 0.25 | 55 | 20 |
| 港区道路 | 主要道路 | 地面 | 15 | 0.40 | — | 20 |
| | 次要道路 | 地面 | 10 | 0.25 | — | 20 |
| | 铁路作业线 | 地面 | 10 | 0.25 | — | 20 |

注：1 作业繁忙的大型沿海集装箱港口可提高一级照度标准值；
　　2 自动化程度高、现场无人值班的区域降低一级照度标准。

**5.3.2** 港口码头装卸作业应充分利用大型机械安装的照明灯具作为局部照明。

## 5.4 造（修）船厂

**5.4.1** 造（修）船厂室外场地照明标准值应符合表 5.4.1 的规定。

表 5.4.1 造（修）船厂室外场地照明标准值

| 场地名称 | 参考平面及高度 | 水平照度标准值(lx) | | 作业区照度均匀度 | Ra |
|---|---|---|---|---|---|
| | | 作业区 | 非作业区 | | |
| 船坞 | 坞底 | 15 | 5 | 0.25 | 20 |
| 码头 | 地面 | 10 | 5 | 0.25 | 20 |
| 登船塔及下坞人行阶梯 | 台阶面 | 20 | | 0.25 | 20 |
| 室外装焊平台 | 地面 | 10 | 5 | 0.25 | 20 |
| 横移区 | 轨面 | 5 | | 0.25 | 20 |
| 钢料堆场 | 地面 | 10 | 5 | 0.25 | 20 |
| 分段堆场 | 地面 | 5 | | 0.25 | 20 |
| 主要道路 | 地面 | 10 | — | 0.40 | 20 |
| 次要道路 | 地面 | 5 | — | 0.25 | 20 |
| 栈桥 | 桥面 | 20 | | 0.40 | 20 |
| 厂前区广场 | 地面 | 10 | | 0.40 | 20 |

**5.4.2** 坞底、室外装焊平台、分段堆场阴影区照度标准值可下降为 3lx。

**5.4.3** 作业区可采用装设在起重机等移动设备上的照明灯具，以提高作业区的照度。

## 5.5 石油化工工厂

**5.5.1** 石油化工工厂室外场地照明标准值应符合表

表 5.5.1 石油化工工厂室外场地照明标准值

| 场地名称 | | 参考平面及其高度 | 水平照度标准值(lx) | 水平照度均匀度 | Ra |
|---|---|---|---|---|---|
| 装置区 | 管架下泵区、阀门、总管 | 地面 | 50 | 0.40 | 20 |
| | 控制盘、操作站 | 作业面 | 150 | 0.40 | 20 |
| | 换热器 | 所在平面 | 30 | 0.25 | 20 |
| | 一般平台 | 所在平面 | 10 | 0.25 | 20 |
| | 操作平台 | 所在平面 | 50 | 0.40 | 20 |
| | 冷却水塔 | 地面 | 30 | 0.25 | 20 |
| | 一般爬梯、楼梯 | 所在平面 | 5 | — | 20 |
| | 常用爬梯、楼梯 | 所在平面 | 50 | 0.40 | 20 |
| | 指示表盘 | 作业面 | 50 | 0.40 | 20 |
| | 仪表设备 | 作业面 | 50 | 0.40 | 20 |
| | 压缩机厂房 | 所在平面 | 100 | 0.40 | 20 |
| | 工业炉 | 所在平面 | 30 | 0.40 | 20 |
| | 分离器 | 坝顶 | 50 | 0.40 | 20 |
| | 一般区域 | 地面 | 10 | 0.25 | 20 |
| | 空分空压装置 | 地面 | 50 | 0.40 | 20 |
| 罐区 | 爬梯、楼梯 | 所在平面 | 5 | — | 20 |
| | 监测区 | 地面 | 10 | 0.25 | 20 |
| | 人孔 | 所在平面 | 5 | — | 20 |
| 水池区 | 循环水场 | 地面 | 10 | 0.25 | 20 |
| | 污水处理场 | 地面 | 10 | 0.25 | 20 |
| | 废水池、雨水池 | 地面 | 5 | — | 20 |
| 装卸站 | 一般区域 | 地面 | 50 | 0.25 | 20 |
| | 罐车、装卸点 | 作业面 | 100 | 0.40 | 20 |
| 厂区道路 | 主要道路 | 地面 | 10 | 0.40 | 20 |
| | 次要道路 | 地面 | 5 | 0.25 | 20 |
| | 栈桥 | 桥面 | 20 | 0.40 | 20 |

**5.5.2** 石油化工工厂内的主要巡检通道、疏散通道、平台、楼梯及出入口应设置疏散照明。

## 5.6 加 油 站

**5.6.1** 加油站室外场地照明标准值应符合表 5.6.1 的规定。

表 5.6.1 加油站室外场地照明标准值

| 场地名称 | 参考平面及其高度 | 水平照度标准值(lx) | 水平照度均匀度 | GR | Ra |
|---|---|---|---|---|---|
| 罩棚区 | 地面 | 50 | 0.40 | 45 | — |
| 加油岛 | 地面 | 100 | 0.40 | — | — |

| 场地名称 | 参考平面及其高度 | 水平照度标准值(lx) | 水平照度均匀度 | GR | Ra |
|---|---|---|---|---|---|
| 加油机 | 作业面 | 150 | 0.40 | — | — |
| 读表区 | 作业面 | 150 | 0.40 | 45 | 60 |
| 油罐区 | 地面 | 20 | 0.25 | — | — |
| 卸油点 | 作业面 | 100 | | | |
| 站内道路出入口 | 地面 | 50 | 0.40 | 45 | 20 |
| 停车和存储场地 | 地面 | 5 | 0.25 | 50 | 20 |
| 空气压力和水箱检测点 | 作业面 | 150 | — | 45 | 60 |

**5.6.2** 加油站罩棚下选用灯具的防护等级不应低于 IP43。

### 5.7 发电厂、变电站、动力及热力工厂

**5.7.1** 发电厂、变电站、动力及热力工厂室外场地照明标准值应符合表5.7.1的规定。

**表5.7.1 发电厂、变电站、动力及热力工厂室外场地照明标准值**

| 场地名称 | 参考平面及其高度 | 水平照度标准值(lx) | 水平照度均匀度 | Ra |
|---|---|---|---|---|
| 屋外配电装置、变压器瓦斯继电器、油位指示器、隔离开关断口、断路器的排气指示器 | 作业面 | 20 | 0.25 | 20 |
| 变压器和断路器的引出线、电缆头、避雷器、隔离开关和断路器的操作机构、断路器的操作箱 | 作业面 | 15 | 0.25 | 20 |
| 屋外成套配电装置(GIS) | 地面 | 15 | 0.25 | 20 |
| 卸煤作业区 | 地面 | 15 | 0.25 | 20 |
| 储煤场 | 地面 | 3 | | 20 |
| 露天油库 | 地面 | 5 | — | 20 |
| 装卸码头 | 地面 | 10 | 0.25 | 20 |
| 视觉要求较高的站台 | 地面 | 15 | 0.25 | 20 |
| 卸车卸货站台及一般站台 | 地面 | 10 | 0.25 | 20 |
| 水位标尺、水箱标尺、闸门位置指示器 | 作业面 | 10 | 0.25 | 20 |
| 机力塔步道平台 | 台面 | 15 | 0.25 | 20 |
| 厂区主要道路 | 地面 | 10 | 0.40 | 20 |
| 厂区次要道路 | 地面 | 10 | | 20 |
| 厂前区 | 地面 | 10 | 0.40 | 20 |

**5.7.2** 照明设计时,应调整灯具的安装高度和投射角度,使眩光值在较小的范围。

### 5.8 建筑工地

**5.8.1** 建筑工地室外场地照明标准值应符合表5.8.1的规定。

**表5.8.1 建筑工地室外场地照明标准值**

| 场地名称 | 参考平面及其高度 | 水平照度标准值(lx) | 水平照度均匀度 | GR | Ra |
|---|---|---|---|---|---|
| 施工作业区 | 地面 | 50 | 0.40 | 50 | 20 |
| 清理、挖掘、装卸区 | 地面 | 20 | 0.25 | 55 | 20 |
| 排水管道安装区 | 地面 | 50 | 0.40 | 50 | 20 |
| 存储区 | 地面 | 30 | 0.25 | 50 | 20 |
| 结构构件的拼装区 | 操作面 | 100* | 0.25 | 45 | 20 |
| 电线、电缆安装区 | 操作面 | 100* | 0.25 | 45 | 20 |
| 建筑构件的连接区 | 操作面 | 200* | 0.25 | 45 | 20 |
| 要求严格的电力、机械、管道安装区 | 操作面 | 200* | 0.25 | 45 | 20 |
| 场地道路 | 地面 | 20 | 0.40 | — | 20 |

注:* 可采用局部照明。

**5.8.2** 重要的大面积建筑工地宜设值班照明或警卫照明。

### 5.9 停车场

**5.9.1** 室外停车场照明标准值应符合5.9.1的规定。

**表5.9.1 室外停车场照明标准值**

| 停车场分类 | 参考平面及其高度 | 水平照度标准值(lx) | 水平照度均匀度 | GR | Ra |
|---|---|---|---|---|---|
| I类:>400辆 | 地面 | 30 | 0.25 | 50 | 20 |
| II类:251~400辆 | 地面 | 20 | 0.25 | 50 | 20 |
| III类:101~250辆 | 地面 | 10 | 0.25 | 50 | 20 |
| IV类:≤100辆 | 地面 | 5 | 0.25 | 55 | 20 |

**5.9.2** 停车场入口及收费处照度不应低于 50 lx。

### 5.10 供水和污水处理厂

**5.10.1** 供水和污水处理厂室外场地照明标准值应符合表5.10.1的规定。

**表5.10.1 供水和污水处理厂室外场地照明标准值**

| 场地名称 | 参考平面及其高度 | 水平照度标准值(lx) | 水平照度均匀度 | GR | Ra |
|---|---|---|---|---|---|
| 常设一般照明 | 地面 | 20 | 0.40 | 45 | 20 |
| 维修通道 | 地面 | 50 | 0.40 | 45 | 20 |
| 使用手动开关阀门;电动机开关处 | 地面 | 50 | 0.40 | 45 | 20 |
| 化学物质的搬运、检测泄漏、泵更换处 | 地面 | 100* | 0.40 | 45 | 60 |
| 一般维修工作、读取仪表区 | 地面 | 100* | 0.40 | 45 | 60 |

注:* 可采用局部照明。

**5.10.2** 供水厂周边地带,宜按警戒任务需要设置警卫照明。

## 6 照明配电及控制

### 6.1 照明电压

**6.1.1** 一般照明光源的电源电压应采用 220V，单灯功率 1500W 及以上的高强度气体放电灯的电源电压宜采用 380V。

**6.1.2** 室外照明灯具的端电压不宜大于其额定电压的 105%，亦不宜低于其额定电压的下列数值：

　　**1** 一般工作场地宜为 95%；

　　**2** 远离供电电源的场地，难以满足第 1 款要求时，可为 90%；

　　**3** 应急照明、道路照明、警卫照明为 90%。

### 6.2 照明配电系统

**6.2.1** 室外照明电源应接自就近的配电变电所或配电柜。照明供电宜与其他用电负荷共用变压器，当照明负荷大，技术经济合理时，可采用专用变压器。

**6.2.2** 照明干线的各相负荷宜分配平衡。

**6.2.3** 照明干线连接的照明配电箱不宜超过 5 个。

**6.2.4** 室外工作场地的道路照明供电线路，宜与其他室外照明线路分开。

**6.2.5** 高强度气体放电灯的照明回路，每一单相分支回路电流不宜超过 30A。

**6.2.6** 室外照明线路的功率因数不应低于 0.9。当采用电感镇流器时，应设置电容补偿；当采用电子镇流器、光源功率小于或等于 25W 时，应有抑制谐波的措施。

**6.2.7** 室外作业场地照明配电系统的接地形式宜采用 TT 系统，采用 TT 系统有困难时，可采用 TN-S 系统，其接地和配电线路的保护要求，应符合国家现行相关标准的有关规定。

**6.2.8** 室外作业场地照明不应采用 0 类灯具；当采用 I 类灯具时，灯具的外露可导电部分应可靠接地。

**6.2.9** 室外作业场所照明装置的防雷应符合现行国家标准《建筑物防雷设计规范》GB 50057 的有关规定。

### 6.3 导体选择

**6.3.1** 照明配电线路的导体截面应按其载流量不小于线路计算电流选择，按允许电压损失、机械强度允许的最小导体截面进行校验，并应满足短路条件下的热稳定和动稳定要求。

**6.3.2** 室外工作场所照明配电干线和分支线，应采用铜芯绝缘电线或电缆，分支线截面不应小于 1.5mm²。

**6.3.3** 导体或电缆的允许载流量，不应小于该线路熔断器熔体额定电流或断路器反时限过电流脱扣器的整定电流。

**6.3.4** 主要供给气体放电灯的三相配电线路，其中性线截面应满足不平衡电流及谐波电流的要求，且不应小于相线截面。

### 6.4 照明控制

**6.4.1** 室外作业场地照明应根据生产作业要求，采用分区、分组集中手动控制方式，或采用光控、时控等自动控制。当采用自动控制时，应同时设置有手动控制开关。

**6.4.2** 室外作业场地的道路照明应按所在地理位置及季节变化合理确定开关灯时间，宜采用光控和时控相结合的控制方式。

**6.4.3** 室外作业场地及道路照明采用光控时，宜按下列条件确定开关灯时间：

　　**1** 当天然光照度水平达到该场地照度标准值时关灯；

　　**2** 当天然光照度下降到该场地照度标准值的 80%～50% 时开灯。

## 7 照明节能措施

**7.0.1** 照明标准值应根据照明场地的使用功能，视觉作业的识别对象尺寸大小，并按本标准第 5 章有关规定合理选定。

**7.0.2** 作业场地的照明方式应选择合理。

**7.0.3** 光源及镇流器应选用高效、长寿命的产品，其能效指标应符合国家现行有关能效标准规定的节能评价值。

**7.0.4** 照明灯具应选用高效率的灯具及性能稳定的附件。

**7.0.5** 照明计量应按使用单位分别设置配电线路，并分户装设电能表。

**7.0.6** 照明控制应选择合理的控制方式，采用可靠度高的控制设备。按使用条件宜采用分区、分组的集中控制，有条件时宜采用自动控制方式。

**7.0.7** 有条件时，照明设备宜采用变功率镇流器、调压器。

**7.0.8** 在有条件的场地，可采用太阳能等可再生能源。

**7.0.9** 有顶棚的大面积作业场所宜利用顶部天然采光。

**7.0.10** 照明管理应建立切实有效的维护和管理机制。

## 8 照明维护与管理

**8.0.1** 照明的计量和考核应以场地用户为单位进行。

**8.0.2** 照明的维护与管理应符合下列规定：

**1** 应有专业人员负责照明维修和安全检查，并做好维护记录，由专职或兼职人员负责照明运行；

**2** 应建立清洁光源、灯具的制度，根据规定的次数定期进行擦拭；

**3** 宜按照光源的寿命或点亮时间、维持平均照度，定期更换光源；

**4** 更换光源时，应采用与原设计相同类型和功率的光源，不得任意变更光源的主要性能参数。

**8.0.3** 重要大型室外作业场地的照明设施，应定期巡视和进行照度的检查测试。

## 附录 A  眩光值（GR）

**A.0.1** 室外作业场地的眩光值（GR）应按下列公式进行计算：

**1** GR 应按下式计算：

$$GR = 27 + 24 \lg\left(\frac{L_{vl}}{L_{ve}^{0.9}}\right) \qquad (A.0.1\text{-}1)$$

式中：$L_{vl}$——由所有灯具发出的光直接射向眼睛所产生的光幕亮度（cd/m²）（$L_{vl} = L_{v1} + L_{v2} + \cdots + L_{vn}$）；

$L_{ve}$——由环境引起直接入射到眼睛的光所产生的光幕亮度（cd/m²）。

**2** A.0.1-1 式中的各参数应按下列公式确定：

**1）**由所有灯具产生的光幕亮度应按下式确定：

$$L_{vl} = 10 \sum_{i=1}^{n} \frac{E_{eyei}}{\theta_i^2} \qquad (A.0.1\text{-}2)$$

式中：$E_{eyei}$——观察者眼睛上的照度，该照度是在视线的垂直面上，由第 $i$ 个光源所产生的照度（lx）；

$\theta_i$——观察者视线与第 $i$ 个光源入射在眼睛上方所形成的角度（°）；

$n$——光源总数。

**2）**由环境产生的光幕亮度应按下式确定：

$$L_{ve} = 0.035 L_{av} \qquad (A.0.1\text{-}3)$$

式中：$L_{av}$——可看到的水平照射场地的平均亮度（cd/m²）。

**3）**平均亮度 $L_{av}$ 应按下式确定：

$$L_{av} = E_{horav} \cdot \frac{\rho}{\pi \Omega_0} \qquad (A.0.1\text{-}4)$$

式中：$E_{horav}$——照射场地的平均水平照度（lx）；

$\rho$——漫反射时场地区域的反射比；

$\Omega_0$——1 个单位立体角（sr）。

**A.0.2** 眩光值（GR）的应用条件应符合下列规定：

**1** 本计算方法用于常用条件下，满足照度均匀度的室外工作场地的各种照明布灯方式；

**2** 用于视线方向低于眼睛高度；

**3** 看到的背景是被照场地；

**4** 眩光值计算用的观察者位置可采用计算照度用的网格位置，或采用标准的观察者位置；

网格形状宜为正方形，长宽比不大于 2，网格最大尺寸 $p$ 可按下式计算：

$$p = 0.2 \times 5 \lg d \qquad (A.0.2)$$

式中：$p$——网格最大尺寸（m）；

$d$——当网格最大尺寸不大于 10m 且测量区域长宽比小于 2 时，则为长边尺寸，反之，则为其短边尺寸（m）。

**5** 可按一定数量角度间隔（5°、10°、15°……45°）转动选取一定数量以测试区域长边平行方向为 0°方向，由节点起始，以 45°为间隔放射状选取测试方向。

## 本标准用词说明

**1** 为便于在执行本标准条文时区别对待，对要求严格程度不同的用语说明如下：

**1）**表示很严格，非这样做不可的用词：

正面词采用"必须"，反面词采用"严禁"；

**2）**表示严格，在正常情况下均应这样做的用词：

正面词采用"应"；反面词采用"不应"或"不得"；

**3）**表示允许稍有选择，在条件许可时首先应这样做的用词：

正面词采用"宜"，反面词采用"不宜"；

**4）**表示有选择，在一定条件下可以这样做的用词，采用"可"。

**2** 本标准中指明应按其他有关标准、规范执行的写法为"应符合……的规定"或"应按……执行"。

## 引用标准名录

《建筑物防雷设计规范》GB 50057

中华人民共和国国家标准

# 室外作业场地照明设计标准

GB 50582—2010

条　文　说　明

# 制 订 说 明

《室外作业场地照明设计标准》GB 50582-2010 经住房和城乡建设部 2010 年 5 月 31 日以第 626 号公告批准发布。

为便于广大咨询、设计、施工、生产、科研、高等院校等有关单位和人员在使用本标准时能正确理解和执行条文规定,《室外作业场地照明设计标准》编制组按章、节、条顺序,编制了本标准的条文说明,对条文规定的目的、依据以及执行中需注意的有关事项进行了说明,并对本规范中强制性条文的强制性理由作了解释。但是,本条文说明不具备与标准正文同等的法律效力,仅供使用者作为理解和把握标准规定的参考。

# 目　次

# 1 总 则

1.0.1 制定本标准的目的和原则。

1.0.2 本标准的适用范围。

1.0.3 本标准与其他标准的关系。

# 2 术 语

2.0.1~2.0.35 本章编列了本标准引用的术语，共35条，引自现行行业标准《建筑照明术语标准》JGJ/T 119-2008。

# 3 基 本 规 定

## 3.1 照明方式和照明种类

3.1.1 本条规定了确定照明方式的要求。

1 为照亮整个工作场地，通常应设一般照明；

2 同一场地的不同区域有不同照度要求时，为节约能源，贯彻照度该高则高和该低则低的原则，应采用分区一般照明；

3 对于部分作业面照度要求高，但作业面密度又不大的场地，若只装设一般照明，会大大增加安装功率，因而是不合理的，应采用混合照明方式，即增加局部照明来提高作业面照度，以节约能源，这样做在技术经济方面是合理的；

4 在一个工作场地内，如果只设局部照明往往形成亮度分布不均匀，从而影响视觉作业，故一般不应只设局部照明。但在特殊工作地点，可采用单独的局部照明，也有利于节约能源。

3.1.2 本条规定了确定照明种类的要求。

1 所有室外工作场地在正常情况下均应设置照明。

2 本条规定了应急照明的种类：

1) 备用照明是在当正常照明因故障熄灭后，可能会造成爆炸、火灾和人身伤亡等严重事故的场地，或停止工作将造成很大影响或经济损失的场地而设的继续工作用的照明，或在发生火灾时为了保证消防能正常进行而设置的照明；

2) 安全照明是在正常照明发生故障时，为确保处于潜在危险状态下的人员安全而设置的照明，如使用圆盘锯等作业场地有警示作用的照明等；

3) 疏散照明是在正常照明因故障熄灭后，为了避免发生意外事故，而需要对人员进行安全疏散时，在出口和通道设置的指示出口位置及方向的疏散标志灯和照亮疏散通道而设置的照明。

3 在重要的厂区、库区等有警戒任务的场地，为了防范的需要，应根据警戒范围的要求设置警卫照明。

4 值班照明是在非工作时间里，为需要值班设置的照明。它对照度要求不高，可以利用工作照明中能单独控制的一部分，也可利用应急照明，其对电源没有特殊要求。

5 在飞机场周围建设的建筑物、烟囱、水塔等，对飞机的安全起降可能构成威胁，应按民航部门的规定，装设障碍标志灯。船舶在夜间航行时航道两侧或中间的建筑物、构筑物或其他障碍物，可能危及航行安全，应按交通部门有关规定，在有关建筑物、构筑物或障碍物上装设障碍标志灯。

## 3.2 照明光源及其附件选择

3.2.1 在选择光源时，不单是比较光源价格，更应进行全寿命期的综合经济分析比较，因为一些高效、长寿命光源，虽价格较高，但使用数量减少，运行维护费用降低，在经济和技术上可能是合理的，而且节能环保。

3.2.2 本条说明选择光源的规定：

1 高压钠灯光效更高，寿命更长，价格较低，但其显色性差，可用于辨色要求不高的场地；而金卤灯具有光效高、寿命长等优点，因而得到普遍应用。使用荧光灯时应注意环境温度的影响；无极灯、发光二极管（LED）是近年来发展很快的新型高效光源，寿命长、启动快、光效高，也可应用在室外工作场地；

2 和其他气体放电灯相比，荧光高压汞灯光效较低，寿命也不长，显色指数也不高，故不宜采用。自镇流荧光高压汞灯光效更低，故不应采用；

3 白炽灯光效低、寿命短，为节约能源，不应采用普通白炽灯照明。

3.2.3 应急照明可采用荧光灯，因其在正常照明断电时可快速达到标准流明值；对于疏散标志灯还可采用发光二极管（LED）。采用高强度气体放电灯达不到上述的要求，除非增加快速启动的装置。非持续的应急照明也可以采用卤钨灯。

3.2.4 显色要求高的场地，应采用显色指数高的光源；显色指数要求低的场地，可采用显色指数较低而光效更高、寿命更长的光源。

3.2.5 本条说明选择镇流器的规定：

1 采用电子镇流器，使灯管在高频条件下工作，可提高灯管光效和降低镇流器的自身功耗，有利于节能，并且发光稳定，消除了频闪和噪声，有利于提高灯管的寿命，目前我国的自镇流荧光灯大部分采用电子镇流器；T8直管形荧光灯应配用电子镇流器或节能型电感镇流器，不应配用功耗大的传统电感镇流器，以提高能效；T5 直管形荧光灯通常都采用电子镇流器；

　　2　当采用高压钠灯和金属卤化物灯时，应配用节能型电感镇流器，它比普通电感镇流器节能；对于功率较小的高压钠灯和金属卤化物灯，可配用电子镇流器。在电压偏差大的场地，采用高压钠灯和金属卤化物灯时，为了节能和保持光输出稳定，延长光源寿命，宜配用恒功率镇流器。

**3.2.6** 高强度气体放电灯的触发器，一般是与灯具装在一起的，但有时由于安装、维修上的需要或其他原因，也有分开设置的。此时，触发器与灯具的间距越小越好。当两者间距过大时，触发器不能保证气体放电灯正常启动，这主要是由于线路加长后，导线间分布电容增大，从而触发脉冲电压衰减造成的，故触发器与光源的安装距离应符合制造厂家对产品的要求。

### 3.3　照明灯具选择及其安装方式

**3.3.1** 本条规定了高强度气体放电灯灯具的最低效率值，以利于节能。这些值是根据我国现有灯具效率制定的。在调查的高强度气体放电灯灯具中，带反射器开敞式的效率大于 75% 的占 68%；带透光罩的效率大于 60% 的占 65%。

**3.3.2** 本条为几种照明场地，分别规定了应采用的灯具，其依据是：

　　1　在室外场地，灰尘和雨水有可能进入灯具，影响照明效果。故依据不同的场所采用不同防护等级的灯具，灯具的防护等级分类见相关标准。

　　2　在有腐蚀性气体和蒸汽的场地，因各种介质的危害程度不同，所以对灯具要求不同。若采用密闭式灯具，应采用耐腐蚀材料制作，若采用带防水灯头的开敞式灯具，各部件应有防腐蚀或防水措施。防腐蚀灯具分类详见行业标准《化工企业腐蚀环境电力设计规程》HG/T 20666。

　　3　在大型桥式吊车等振动和摆动较大的场地，由于振动对光源寿命影响较大，甚至可能使灯泡自动松脱掉下，既不安全，又增加了维修工作量和费用，因此，在此种场地应采用防振型软性连接的灯具或防振的安装措施，并在灯具上加保护网，以防止灯泡掉下。

　　4　光源可能受到机械损伤或自行脱落，而导致人员伤害和财物损失的，应采用有保护网的灯具。

　　5　在有爆炸和火灾危险的场地使用的灯具，应符合国家现行相关标准的有关规定。

**3.3.3** 在需要大面积照明的场地，采用高杆、半高杆或灯桥上安装灯具更能满足照明的需要。同时减少灯具数量，节约能源；利用其自身结构安装灯具有利于节约投资，减少一些不必要的装灯构件等。

## 4　照明数量和质量

### 4.1　照　　度

**4.1.1** 本条规定了常用照度标准值分级，该分级与 CIE 标准《室外工作场地照明》S 015/E - 2005 的分级大体一致。在主观效果上明显感觉到照度的最小变化，照度差大约为 1.5 倍。为了适合我国情况，照度分级向低延伸到 2 lx。

**4.1.2** 本条规定照度标准值是指维持平均照度值，不是初始照度。它是在照明装置必须进行维护的时刻，在规定表面上的平均照度，这是为确保工作时视觉安全和视觉功效所需要的照度。

**4.1.3** 本条规定了在特殊情况下，可对作业面或参考平面上的照度提高一级，但不论符合几个条件，只能提高一级。

**4.1.4** 本条规定了在特殊情况下，可对作业面或参考平面上的照度降低一级，但不论符合几个条件，只能降低一级。

**4.1.5** 作业面邻近周围区域（指作业面外至少 2.0m 范围之内）的照度与作业面的照度有关，若作业面周围照度分布迅速下降，会引起视觉困难和不舒适，为了提供视野内亮度（照度）分布的良好平衡，邻近周围的照度不得低于表 4.1.5 的数值。此表在作业面照度值 ≥50 lx 时与 CIE 标准《室外工作场地照明》S 015/E - 2005 的规定完全一致；在作业面照度值 ≤20lx 时不作规定。

**4.1.6** 为使照明场地的实际照度水平不低于规定的维持平均照度值，照明设计计算时，应考虑因光源光通量的衰减、灯具的污染引起的照度降低。通常应根据室外环境污染特征和灯具擦拭次数（通常情况下一年应该擦拭 1~2 次）选取 0.6~0.7。如：一般场所取 0.7，污染严重的场所可取 0.6。

**4.1.7** 考虑到照明设计时布灯的需要和光源功率及光通量的大小有固定的级差，规定了设计照度值与照度标准值比较，可有 -10%~+20% 的偏差。

### 4.2　照度均匀度

**4.2.1** 本条规定照度的均匀度是参照与 CIE 标准《室外工作场地照明》S 015/E - 2005 的规定制定的。

**4.2.2** 本条规定照度均匀度完全与 CIE 标准《室外工作场地照明》S 015/E - 2005 的规定一致。

### 4.3　眩　光　限　制

**4.3.1** 室外作业场地的眩光采用眩光值（GR）评价，GR 值按附录 A 计算，此计算方法采用 CIE 第 112 号出版物《室外体育和室外场地照明的眩光评价系统》（1994）的公式。

**4.3.2** 眩光会降低作业面的可见度，往往是有害的，可采取以下的措施防止或减少眩光：

    **1** 从灯具和作业面的布置方面考虑，避免将灯具安装在干扰区内；

    **2** 从灯具亮度方面考虑，应限制灯具表面亮度不宜过高；

    **3** 采用低光泽度的漫反射材料。

#### 4.4 光源颜色

**4.4.1** 本条是根据 CIE 标准《室外工作场地照明》S 015/E - 2005 的规定制定的。光源的颜色外貌是指灯发射的光的表观颜色（灯的色品），即光源的色表，用光源的相关色温来表示。色表的选择是心理学、美学问题，取决于照度、气候环境和应用场地条件等因素。通常在低照度场地宜用暖色表，中等照度用中间色表，高照度用冷色表；另外在温暖气候条件下采用冷色表；而在寒冷条件下采用暖色表；一般情况下，采用中间色表。

**4.4.2** 本条是参照 CIE 标准《室外工作场地照明》S 015/E - 2005 的规定制订的。

**4.4.3** 本条是根据 CIE 标准《室外工作场地照明》S 015/E - 2005 的规定制订的。

#### 4.5 光污染的限制

**4.5.1** 依据 CIE 第 150 号出版物《限制室外照明设施产生的干扰光影响指南》(2003)，并与《城市夜景照明设计规范》JGJ/T 163 - 2008 一致。目的是限制灯具产生的干扰光。

**4.5.2** 灯具上射光通过大气散射使夜天空发亮，妨碍天文观测，另一方面也是为了使光充分照在被照场地上，有利于节能。室外作业场地灯具的上射光通量比最大允许值是根据 CIE 第 126 号出版物《防止天空发亮指南》和 CIE 第 150 号出版物《限制室外照明设施产生干扰光影响指南》制定的。

## 5 照明标准值

### 5.1 机　场

**5.1.1** 本条对机场室外场地照明标准值作出规定。

    **1** 机场室外场地照明标准值只列出了表中区域的照明标准值，机场其他公共区域的照明标准值应参照《城市道路照明设计标准》CJJ 45 - 2006、CIE 关于室外照明的技术报告及本规范其他章节相应场地的相关要求。

    **2** 机场室外场地照明标准值的确定参照了 CIE《室外工作场地照明》S 015/E2005、《国际民用航空公约附件十四》卷 1《机场设计与运行》、《民用机场飞行区技术标准》MH5001 - 2006 中各相应场地的照

度标准，并结合我国机场的实际情况制定而成。

**5.1.2** 本条是为机坪工作区的安全监控提供必要的照明，其照度应足以辨认出机坪工作区内人员和物体的存在。

**5.1.3** 本条是参照《国际民用航空公约附件十四》卷 1《机场设计与运行》及《民用机场飞行区技术标准》MH 5001 - 2006 并结合我国机场的实际情况制定而成。

**5.1.4** 采用多个灯具从不同方向为飞机机位提供照明，可以减少阴影，提供良好的照明环境。

### 5.2 铁路站场

**5.2.1** 表中照度标准是根据对我国铁路场站室外作业场地的照明调查，参考《建筑照明设计标准》GB 50034 - 2004 和《铁路电力设计规范》TB 10008 - 2006、《铁路照明照度标准》TB/494 - 1997 中各相应场地的照度标准，以及一些国家相应场地的照度标准，经综合分析后而制定。照度均匀度主要依据 TB/494 - 1997《铁路照明照度标准》而制定。眩光值 (GR) 和显色指数 (Ra) 是参照 CIE 标准《室外工作场地照明》S 015/E2005，并结合我国的实际情况而制定。

**5.2.2** 铁路 8 股道及以上的编组场照明场地面积大，采用灯桥安装照明灯具可以减少阴影，提高作业区的照度均匀度，但同时要尽量减少眩光和阴影，达到良好的照明效果。

### 5.3 港口码头

**5.3.1** 根据对国内各类港口的调查，近年许多港口照明设计照度偏高，有的港口仅需开启一半照明就能满足正常生产要求。为适应我国目前经济发展水平和照明需要，本着贯彻安全生产、节能减排的精神，参照相关国内、国际标准制定本条。由于沿海港口与内河港口作业方式及繁忙程度的差异，其对照明的要求也会有所不同，因此，对作业繁忙的大型沿海集装箱港口可根据需要适当提高照度标准；对自动化程度高、无人现场值班的区域可适当降低照度标准，对内河小型港口，视作业繁忙程度也可适当降低一级照度标准，以适应国家节能减排政策的要求。

**5.3.2** 港口码头装卸作业配备的各类大型装卸机械均安装有足够的照明灯具，满足操作区域需要的照度和安全要求，因此，码头、堆场照明设计时不再考虑机械装卸操作需要的局部照度要求。

### 5.4 造（修）船厂

**5.4.1** 本表中照度标准是参考《机械工厂电力设计规范》JBJ 6 - 96、CIE 标准《室外工作场所照明》S 015/E2005 中的有关内容，并结合对我国大型现代

化造船室外作业场地的照明实测调研结果而制定。

**5.4.2** 船体分段体积较大，采用高杆照明时容易产生照明阴影区。

**5.4.3** 造（修）船工厂室外工作场地面积较大，而作业面可集中在局部区域进行，为节约照明系统的投资，增加照明系统的灵活性，可采用在龙门式起重机或门座式起重机上安装照明灯具，将起重设备移动至作业场地附近作灯桥使用。

### 5.5 石油化工工厂

**5.5.1** 石油化工工厂的照度标准值是参考美国 API（American Petroleum Institute）标准、《石油化工企业照度设计标准》SH/T 3027－2003 和 CIE 标准《室外工作场地照明》S 015/E2005，并结合我国的实际情况经综合分析研究后制定的。照度值体现了以人为本、安全第一的原则，细分了人员巡检、维护、操作、攀爬的室外各类场地：

　　**1** 根据实际情况，将平台分为一般平台和操作平台两类，操作平台是指人员需要进行工艺操作的平台，与人员安全和设备运行关系大，本标准定为 50 lx；

　　**2** 室外控制盘、操作站的视觉要求高，需要读取数据，观察状态指示及操作，与设备的安全运行关系较大，本标准定为 150 lx；

　　**3** 根据实际情况，将爬梯和楼梯分为一般和常用两类，常用爬梯、楼梯与巡检人员的安全关系很大，需要单独提出照度要求，本标准定为 50 lx；

　　**4** 压缩机厂房内的设备繁多复杂，管线布置分散交错，平台多，现场操作要求高，综合考虑各种因素并参考国外标准后定为 100 lx；

　　**5** 厂区内道路车流量远小于城市道路，照度均匀度较低，同时石油化工企业的灯具维护系数较低，综合考虑各种因素，厂区内的道路没有按城市道路的照度标准取值。

**5.5.2** 本条规定的目的是确保作业人员安全。

### 5.6 加油站

**5.6.1** 加油站的照度标准值是参考美国 API 标准、《石油化工企业照度设计标准》SH/T 3027－2003 和 CIE 标准《室外工作场地照明》S 015/E2005，并结合我国的实际情况经综合分析研究后制定的。

### 5.7 发电厂、变电站、动力及热力工厂

**5.7.1** 本条是参考现行行业标准《火力发电厂和变电站照明设计技术规定》DL/T 5390－2007 中表 8.0.1-3"火力发电厂和变电站厂区露天场地及交通运输线上的照明标准值"的规定，经现场测试并与其他行业对比协调，电力行业标准明显偏低，故提高了

其中个别数据。

**5.7.2** 对于发电厂、变电站、动力及热力工厂的场地，提出眩光限制值有一定难度，因此各场地的眩光不作具体要求，但在设计灯具时，应考虑灯具的安装高度和投射角度，以减少眩光。

### 5.8 建筑工地

**5.8.1** 表中照度标准值是根据对我国建筑工地室外作业场地的照明调查，参考 CIE 标准《室外工作场地照明》S 015/E2005，并结合我国的实际情况而制定。

**5.8.2** 出于安全和防范考虑，宜设值班照明或警卫照明。

### 5.9 停车场

**5.9.1** 表中的停车场分类是参照《汽车库、停车场设计防火规范》GB 50067，照度标准值是根据对我国停车场室外作业场地的照明调查，参考《建筑照明设计标准》GB 50034 和 CIE 标准《室外工作场地照明》S 015/E2005，并结合我国的实际情况而制定。

**5.9.2** 本条对停车场入口及收费处照度的规定是为便于识别票据。

### 5.10 供水和污水处理厂

**5.10.1** 表中照度标准值是根据对我国水和污水处理厂室外作业场地的照明调查，参考 CIE 标准《室外工作场地照明》S 015/E2005，并结合我国的实际情况而制定。

**5.10.2** 出于安全防范考虑，宜设警卫照明。

## 6 照明配电及控制

### 6.1 照明电压

**6.1.1** 按我国电力网的标准电压，一般照明光源采用 220V 电压；对于大功率（1500W 及以上）的高强度气体放电灯有 220V 及 380V 两种电压者，宜采用 380V 电压，以降低损耗。

**6.1.2** 本条对照明器具实际端电压作出规定。这个规定是为了避免电压偏差过大，因为过高的电压会导致光源使用寿命的降低和能耗的过分增加；过低的电压将使照度过分降低，影响照明质量。本条规定的电压偏差值与国家标准《供配电系统设计规范》GB 50052 的规定一致。

### 6.2 照明配电系统

**6.2.1** 配电系统的常规接线方式。从系统合理设置、节约电缆的角度，对室外照明系统作了原则规定。当

工程有特殊情况时，可从可靠性高、技术经济合理等多方面综合比较，采用合适的系统设置。

**6.2.2** 合理分配照明负荷，可减少线路损耗，故要求各相负荷宜平衡分配。

**6.2.3** 规定干线连接照明箱不宜超过 5 个，是从可靠性和安装维修方便考虑的。

**6.2.4** 室外照明有许多场地，要求也各不相同。厂区道路照明是一个较为独立的系统，故规定其供电线路与其他室外照明线路分开，以免相互影响，也便于控制、运行、维护和管理。

**6.2.5** 气体放电灯工作电流较大，限制电流不超过 30A 是参照《建筑照明设计标准》GB 50034 - 2004 的规定，以免故障时影响范围过大。

**6.2.6** 由于气体放电灯配电感镇流器时，通常其功率因数很低，一般仅为 0.4～0.5，所以应设置电容补偿，以提高功率因数。有条件时，宜在灯具内装设补偿电容，以降低照明线路电流值，降低线路能耗和电压损失。采用电子镇流器时，按《电磁兼容 限值 谐波电流发射限值（设备每相输入电流≤16A）》GB 17625.1 - 2003，对 C 类设备（照明）规定，单灯功率＞25W 的谐波限值比较严，其功率因数（λ）不会低于 0.95；而对单灯功率≤25W 时，规定 3 次谐波限值不大于 86%，5 次谐波不大于 61%，这么大谐波使功率因数（λ）大大下降，经计算和现实产品状况 λ 值都为 0.5～0.6，而且不能用电容补偿。

大量使用小于 25W 的气体放电灯时，导致功率因数太低。因此，设计中应提出要求：其电子镇流器的总谐波限值不大于 33%，就可以使功率因数不低于 0.9。

**6.2.7** 配电系统的接地、等电位联结，以及配电线路的保护等要求，均应符合现行国家标准《低压配电设计规范》GB 50054 的有关规定。

**6.2.8** 本条直接涉及人身安全，故列为强制性条文，必须严格执行。按《灯具的安全要求及试验》GB 7000.1 - 2009 关于灯具防电击分类的规定，自 2009 年 1 月 1 日起已取消 0 类灯具的生产、销售和应用，除少数采用 II 类、III 类灯具外，室外工作场所照明大多数采用 I 类灯具，而 I 类灯具的防电击要求为：灯具的外露可导部分应可靠接地或接 PE 线，线路按规定设接地故障保护。

**6.2.9** 本条规定室外作业场所照明装备的防雷应符合国家相关现行标准的规定。

### 6.3 导 体 选 择

**6.3.1** 按《低压配电设计规范》GB 50054 规定选择导体截面的基本条件。

**6.3.2** 室外照明线路采用铜线，是保证可靠性的需要。

**6.3.3** 导体选择中各条款均为选择导线的基本条件。各行业标准中也有相关规定。

**6.3.4** 气体放电灯及其镇流器均含有一定量的谐波，特别是使用电子镇流器，或者使用电感镇流器配置有补偿电容时，有可能使谐波含量较大，从而使线路电流加大，特别是 3 次谐波以及 3 的奇倍数次谐波在三相四线制线路的中性线上叠加，使中性线电流大大增加，所以规定中性线导体截面不应小于相线截面，并且还应按谐波含量大小进行计算。

### 6.4 照 明 控 制

**6.4.1** 分区分组集中控制以及自控等方式，其主要目的是为了节约能源，方便使用操作。

**6.4.2** 本条规定的主要目的是为了节约能源，保证满足使用要求。

**6.4.3** 开灯时人眼是明适应，适应时间较短，而关灯时则是暗适应，所以开灯的照度水平可以低于关灯时的照度水平，参照国外道路照明的开关灯照度水平，一般是关灯照度水平为开灯时的 2～3 倍。

## 7 照 明 节 能 措 施

**7.0.1** 应按第 5 章各行业的条款所列作业项目合理确定照明标准值。

**7.0.2** 应合理选择作业场地的照明方式，选择何种方式节能详见本标准 3.1.1 条文说明。

**7.0.3** 所选用的光源应符合相应光源能效标准，满足光源的节能评价值的规定。

**7.0.4** 所选用灯具效率应符合本标准 3.3.1 条所规定的灯具效率值。

**7.0.5** 单独设置配电线路，方便控制，有利于节能。

**7.0.6** 选择合理的照明控制方式及具有可靠度高和一致性好的控制设备是一项重要节能措施。控制方式选择合理、控制设备质量可靠、可按需按时开关灯、控制燃点时间，达到节能的目的。可采用集中控制、分区或分组控制方式，采用光控时更有利于节能。

**7.0.7** 采用变功率镇流器、调压器等节能措施可降低照明电能的消耗。

**7.0.8** 太阳能是取之不尽、用之不竭的能源，我国太阳能和风能资源丰富，可采用太阳能等可再生能源，虽一次性投资大，但维护运行费很低，符合节能环保要求，如技术经济合理，在有条件的场地可采用太阳能作为照明的能源，也是重要的照明节能措施。

**7.0.9** 采用天然光是一种很好的节约能源措施。

**7.0.10** 切实有效的节能维护和管理机制，有利于照明的维护与管理和节约能源。

## 8 照明维护与管理

**8.0.1** 以用户为单位分别计量和考核用电,这是一项有效的节能措施。

**8.0.2** 建立照明运行维护和管理制度,是有效的节能措施。有专人负责,按照标准规定清扫光源和灯具。按原设计或实际安装的光源参数定期更换。

**8.0.3** 大型、重要的室外作业场地,应定期巡视、测试或检查照度,以确保使用效果和各项节能措施的落实。

## 附录 A 眩光值(*GR*)

本附录是根据国际照明委员会(CIE)的 112 号出版物《室外体育和室外场地照明的眩光评价系统》(1994)编制的。该出版物的英文名称为"Glare Evaluation System for Use within Outdoor Sports and Area Lighting"。本附录引用该出版物的 *GR* 计算公式及应用条件。

中华人民共和国国家标准

# 民用建筑工程室内环境污染控制规范

Code for indoor environmental pollution control
of civil building engineering

GB 50325—2010

（2013 年版）

主编部门：河 南 省 住 房 和 城 乡 建 设 厅
批准部门：中华人民共和国住房和城乡建设部
施行日期：2 0 1 1 年 6 月 1 日

# 中华人民共和国住房和城乡建设部
## 公　　告

### 第 64 号

住房城乡建设部关于发布国家标准《民用建筑
工程室内环境污染控制规范》局部修订的公告

现批准《民用建筑工程室内环境污染控制规范》GB 50325—2010 局部修订条文，自发布之日起实施。其中，第 5.2.1 条为强制性条文，必须严格执行。经此次修改的原条文同时作废。

局部修订的条文及具体内容，将刊登在我部有关网站和近期出版的《工程建设标准化》刊物上。

中华人民共和国住房和城乡建设部
2013 年 6 月 24 日

# 中华人民共和国住房和城乡建设部
## 公　　告

### 第 756 号

关于发布国家标准《民用建筑
工程室内环境污染控制规范》的公告

现批准《民用建筑工程室内环境污染控制规范》为国家标准，编号为 GB 50325—2010，自 2011 年 6 月 1 日起实施。其中，第 1.0.5、3.1.1、3.1.2、3.2.1、3.6.1、4.1.1、4.2.4、4.2.5、4.2.6、4.3.1、4.3.2、4.3.4、4.3.9、5.1.2、5.2.1、5.2.3、5.2.5、5.2.6、5.3.3、5.3.6、6.0.3、6.0.4、6.0.19、6.0.21 条为强制性条文，必须严格执行。原《民用建筑工程室内环境污染控制规范》GB 50325—2001 同时废止。

本规范由我部标准定额研究所组织中国计划出版社出版发行。

中华人民共和国住房和城乡建设部
二〇一〇年八月十八日

## 前　　言

本规范是根据住房和城乡建设部《关于印发〈2008 年工程建设标准制订、修订计划（第一批）的通知》（建标〔2008〕102 号）的要求，河南省建筑科学研究院有限公司和泰宏建设发展有限公司会同有关单位，在原《民用建筑工程室内环境污染控制规范》GB 50325—2001（2006 年版）基础上修订完成的。

本"规范"在修订过程中，编制组在调研国内外大量标准规范和研究成果的基础上，结合我国情况，进行了有针对性的专题研究，经广泛征求意见和多次讨论修改，最后经审查定稿。

本规范编制及修订过程中，考虑了我国建筑业目前发展的水平，建筑材料和装修材料工业发展现状，结合我国新世纪产业结构调整方向，并参照了国内外有关标准规范。

本规范共分 6 章和 7 个附录。主要技术内容包括：总则、术语和符号、材料、工程勘察设计、工程施工、验收等。

在执行本规范过程中，希望各地、各单位在工作实践中注意积累资料，总结经验。如发现需要修改和补充之处，请将意见和有关资料寄交郑州市丰乐路 4 号河南省建筑科学研究院有限公司《民用建筑工程室内环境污染控制规范》国家标准管理组（邮政编码：450053，电话：0371—63934128，传真：0371—63929453，E-mail：mtrwang@vip.sina.com），以供今后修订时参考。

本规范主编单位、参编单位、主要起草人和主要审查人：

主 编 单 位：河南省建筑科学研究院有限公司
　　　　　　　泰宏建设发展有限公司
参 编 单 位：南开大学环境科学与工程学院
　　　　　　　国家建筑工程质量监督检验中心
　　　　　　　上海浦东新区建设工程技术监督有限公司
　　　　　　　清华大学工程物理系
　　　　　　　深圳市建筑科学研究院有限公司
　　　　　　　浙江省建筑科学设计研究院有限公司
　　　　　　　昆山市建设工程质量检测中心
　　　　　　　山东省建筑科学研究院
主要起草人：王喜元　刘宏奎　潘　红　白志鹏
　　　　　　　熊　伟　朱　军　黄晓天　朱　立
　　　　　　　陈泽广　张继文　金　元　巴松涛
　　　　　　　邓淑娟　陈松华　王自福　李水才
主要审查人：王有为　崔九思　高丹盈　马振珠
　　　　　　　王国华　顾孝同　冯广平　胡　玢
　　　　　　　周泽义　汪世龙　刘　斐

# 目　次

# Contents

# 1 总　则

**1.0.1**　为了预防和控制民用建筑工程中建筑材料和装修材料产生的室内环境污染，保障公众健康，维护公共利益，做到技术先进、经济合理，制定本规范。

**1.0.2**　本规范适用于新建、扩建和改建的民用建筑工程室内环境污染控制，不适用于工业生产建筑工程、仓储性建筑工程、构筑物和有特殊净化卫生要求的室内环境污染控制，也不适用于民用建筑工程交付使用后，非建筑装修产生的室内环境污染控制。

**1.0.3**　本规范控制的室内环境污染物有氡（简称Rn-222）、甲醛、氨、苯和总挥发性有机化合物（简称 TVOC）。

**1.0.4**　民用建筑工程根据控制室内环境污染的不同要求，划分为以下两类：

　　**1**　Ⅰ类民用建筑工程：住宅、医院、老年建筑、幼儿园、学校教室等民用建筑工程；

　　**2**　Ⅱ类民用建筑工程：办公楼、商店、旅馆、文化娱乐场所、书店、图书馆、展览馆、体育馆、公共交通等候室、餐厅、理发店等民用建筑工程。

**1.0.5**　民用建筑工程所选用的建筑材料和装修材料必须符合本规范的有关规定。

**1.0.6**　民用建筑工程室内环境污染控制除应符合本规范的规定外，尚应符合国家现行的有关标准的规定。

# 2　术语和符号

## 2.1　术　语

**2.1.1**　民用建筑工程　civil building engineering

　　民用建筑工程是新建、扩建和改建的民用建筑结构工程和装修工程的统称。

**2.1.2**　环境测试舱　environmental test chamber

　　模拟室内环境测试建筑材料和装修材料的污染物释放量的设备。

**2.1.3**　表面氡析出率　radon exhalation rate from the surface

　　单位面积、单位时间土壤或材料表面析出的氡的放射性活度。

**2.1.4**　内照射指数（$I_{Ra}$）　internal exposure index

　　建筑材料中天然放射性核素镭-226 的放射性比活度，除以比活度限量值 200 而得的商。

**2.1.5**　外照射指数（$I_{\gamma}$）　external exposure index

　　建筑材料中天然放射性核素镭-226、钍-232 和钾-40 的放射性比活度，分别除以比活度限量值 370、260、4200 而得的商之和。

**2.1.6**　氡浓度　radon concentration

单位体积空气中氡的放射性活度。

**2.1.7**　人造木板　wood-based panels

　　以植物纤维为原料，经机械加工分离成各种形状的单元材料，再经组合并加入胶粘剂压制而成的板材，包括胶合板、纤维板、刨花板等。

**2.1.8**　饰面人造木板　decorated wood-based panels

　　以人造木板为基材，经涂饰或复合装饰材料面层后的板材。

**2.1.9**　水性涂料　water-based coatings

　　以水为稀释剂的涂料。

**2.1.10**　水性胶粘剂　water-based adhesives

　　以水为稀释剂的胶粘剂。

**2.1.11**　水性处理剂　water-based treatment agents

　　以水作为稀释剂，能浸入建筑材料和装修材料内部，提高其阻燃、防水、防腐等性能的液体。

**2.1.12**　溶剂型涂料　solvent-thinned coatings

　　以有机溶剂作为稀释剂的涂料。

**2.1.13**　溶剂型胶粘剂　solvent-thinned adhesives

　　以有机溶剂作为稀释剂的胶粘剂。

**2.1.14**　游离甲醛释放量　content of released formaldehyde

　　在环境测试舱法或干燥器法的测试条件下，材料释放游离甲醛的量。

**2.1.15**　游离甲醛含量　content of free formaldehyde

　　在穿孔法的测试条件下，材料单位质量中含有游离甲醛的量。

**2.1.16**　总挥发性有机化合物　total volatile organic compounds

　　在本规范规定的检测条件下，所测得空气中挥发性有机化合物的总量。简称 TVOC。

**2.1.17**　挥发性有机化合物　volatile organic compound

　　在本规范规定的检测条件下，所测得材料中挥发性有机化合物的总量。简称 VOC。

## 2.2　符　号

　　$I_{Ra}$——内照射指数；

　　$I_{\gamma}$——外照射指数；

　　$C_{Ra}$——建筑材料中天然放射性核素镭-226 的放射性比活度；

　　$C_{Th}$——建筑材料中天然放射性核素钍-232 的放射性比活度；

　　$C_K$——建筑材料中天然放射性核素钾-40 的放射性比活度，贝可/千克（Bq/kg）；

　　$f_i$——第 $i$ 种材料在材料总用量中所占的质量百分比（%）；

　　$I_{Rai}$——第 $i$ 种材料的内照射指数；

　　$I_{\gamma i}$——第 $i$ 种材料的外照射指数。

# 3 材　料

## 3.1　无机非金属建筑主体材料和装修材料

**3.1.1**　民用建筑工程所使用的砂、石、砖、砌块、水泥、混凝土、混凝土预制构件等无机非金属建筑主体材料的放射性限量，应符合表 3.1.1 的规定。

**表 3.1.1　无机非金属建筑主体材料的放射性限量**

| 测 定 项 目 | 限　量 |
|---|---|
| 内照射指数 $I_{Ra}$ | ≤1.0 |
| 外照射指数 $I_\gamma$ | ≤1.0 |

**3.1.2**　民用建筑工程所使用的无机非金属装修材料，包括石材、建筑卫生陶瓷、石膏板、吊顶材料、无机瓷质砖粘结材料等，进行分类时，其放射性限量应符合表 3.1.2 的规定。

**表 3.1.2　无机非金属装修材料放射性限量**

| 测 定 项 目 | 限　量 | |
|---|---|---|
| | A | B |
| 内照射指数 $I_{Ra}$ | ≤1.0 | ≤1.3 |
| 外照射指数 $I_\gamma$ | ≤1.3 | ≤1.9 |

**3.1.3**　民用建筑工程所使用的加气混凝土和空心率（孔洞率）大于 25% 的空心砖、空心砌块等建筑主体材料，其放射性限量应符合表 3.1.3 的规定。

**表 3.1.3　加气混凝土和空心率（孔洞率）大于 25% 的建筑主体材料放射性限量**

| 测 定 项 目 | 限　量 |
|---|---|
| 表面氡析出率［Bq/（m² · s）］ | ≤0.015 |
| 内照射指数 $I_{Ra}$ | ≤1.0 |
| 外照射指数 $I_\gamma$ | ≤1.3 |

**3.1.4**　建筑主体材料和装修材料放射性核素的检测方法应符合现行国家标准《建筑材料放射性核素限量》GB 6566 的有关规定，表面氡析出率的检测方法应符合本规范附录 A 的规定。

## 3.2　人造木板及饰面人造木板

**3.2.1**　民用建筑工程室内用人造木板及饰面人造木板，必须测定游离甲醛含量或游离甲醛释放量。

**3.2.2**　当采用环境测试舱法测定游离甲醛释放量，并依此对人造木板进行分级时，其限量应符合现行国家标准《室内装饰装修材料 人造板及其制品中甲醛释放限量》GB 18580 的规定，见表 3.2.2。

**表 3.2.2　环境测试舱法测定游离甲醛释放量限量**

| 级　别 | 限量（mg/m³） |
|---|---|
| $E_1$ | ≤0.12 |

**3.2.3**　当采用穿孔法测定游离甲醛含量，并依此对人造木板进行分级时，其限量应符合现行国家标准《室内装饰装修材料 人造板及其制品中甲醛释放限量》GB 18580 的规定。

**3.2.4**　当采用干燥器法测定游离甲醛释放量，并依此对人造木板进行分级时，其限量应符合现行国家标准《室内装饰装修材料 人造板及其制品中甲醛释放限量》GB 18580 的规定。

**3.2.5**　饰面人造木板可采用环境测试舱法或干燥器法测定游离甲醛释放量，当发生争议时应以环境测试舱法的测定结果为准；胶合板、细木工板宜采用干燥器法测定游离甲醛释放量；刨花板、纤维板等宜采用穿孔法测定游离甲醛含量。

**3.2.6**　环境测试舱法测定游离甲醛释放量，宜按本规范附录 B 进行。

**3.2.7**　采用穿孔法及干燥器法进行检测时，应符合现行国家标准《室内装饰装修材料 人造板及其制品中甲醛释放限量》GB 18580 的规定。

## 3.3　涂　料

**3.3.1**　民用建筑工程室内用水性涂料和水性腻子，应测定游离甲醛的含量，其限量应符合表 3.3.1 的规定。

**表 3.3.1　室内用水性涂料和水性腻子中游离甲醛限量**

| 测 定 项 目 | 限　量 | |
|---|---|---|
| | 水性涂料 | 水性腻子 |
| 游离甲醛（mg/kg） | ≤100 | |

**3.3.2**　民用建筑工程室内用溶剂型涂料和木器用溶剂型腻子，应按其规定的最大稀释比例混合后，测定 VOC 和苯、甲苯＋二甲苯＋乙苯的含量，其限量应符合表 3.3.2 的规定。

**表 3.3.2　室内用溶剂型涂料和木器用溶剂型腻子中 VOC、苯、甲苯＋二甲苯＋乙苯限量**

| 涂料类别 | VOC（g/L） | 苯（%） | 甲苯＋二甲苯＋乙苯（%） |
|---|---|---|---|
| 醇酸类涂料 | ≤500 | ≤0.3 | ≤5 |
| 硝基类涂料 | ≤720 | ≤0.3 | ≤30 |
| 聚氨酯类涂料 | ≤670 | ≤0.3 | ≤30 |

| 涂料类别 | VOC (g/L) | 苯 (%) | 甲苯＋二甲苯 ＋乙苯(%) |
|---|---|---|---|
| 酚醛防锈漆 | ≤270 | ≤0.3 | — |
| 其他溶剂型涂料 | ≤600 | ≤0.3 | ≤30 |
| 木器用溶剂型腻子 | ≤550 | ≤0.3 | ≤30 |

**3.3.3** 聚氨酯漆测定固化剂中游离二异氰酸酯(TDI、HDI)的含量后，应按其规定的最小稀释比例计算出聚氨酯漆中游离二异氰酸酯(TDI、HDI)含量，且不应大于 4g/kg。测定方法宜符合现行国家标准《色漆和清漆用漆基 异氰酸酯树脂中二异氰酸酯(TDI)单体的测定》GB/T 18446 的有关规定。

**3.3.4** 水性涂料和水性腻子中游离甲醛含量的测定方法，宜符合现行国家标准《室内装饰装修材料 内墙涂料中有害物质限量》GB 18582 有关的规定。

**3.3.5** 溶剂型涂料中挥发性有机化合物(VOC)、苯、甲苯＋二甲苯＋乙苯含量测定方法，宜符合本规范附录 C 的规定。

## 3.4 胶 粘 剂

**3.4.1** 民用建筑工程室内用水性胶粘剂，应测定挥发性有机化合物(VOC)和游离甲醛的含量，其限量应符合表 3.4.1 的规定。

**表 3.4.1 室内用水性胶粘剂中 VOC 和游离甲醛限量**

| 测定项目 | 限 量 | | | |
|---|---|---|---|---|
| | 聚乙酸乙烯酯胶粘剂 | 橡胶类胶粘剂 | 聚氨酯类胶粘剂 | 其他胶粘剂 |
| 挥发性有机化合物 (VOC)(g/L) | ≤110 | ≤250 | ≤100 | ≤350 |
| 游离甲醛 (g/kg) | ≤1.0 | ≤1.0 | ≤1.0 | ≤1.0 |

**3.4.2** 民用建筑工程室内用溶剂型胶粘剂，应测定挥发性有机化合物(VOC)、苯、甲苯＋二甲苯的含量，其限量应符合表 3.4.2 的规定。

**表 3.4.2 室内用溶剂型胶粘剂中 VOC、苯、甲苯＋二甲苯限量**

| 项 目 | 限 量 | | | |
|---|---|---|---|---|
| | 氯丁橡胶胶粘剂 | SBS 胶粘剂 | 聚氨酯类胶粘剂 | 其他胶粘剂 |
| 苯(g/kg) | ≤5.0 | | | |
| 甲苯＋二甲苯(g/kg) | ≤200 | ≤150 | ≤150 | ≤150 |
| 挥发性有机物(g/L) | ≤700 | ≤650 | ≤700 | ≤700 |

**3.4.3** 聚氨酯胶粘剂应测定游离甲苯二异氰酸酯(TDI)的含量，按产品推荐的最小稀释量计算出聚氨酯漆中游离甲苯二异氰酸酯(TDI)含量，且不应大于 4g/kg。测定方法宜符合现行国家标准《室内装饰装修材料 胶粘剂中有害物质限量》GB 18583—2008 附录 D 的规定。

**3.4.4** 水性缩甲醛胶粘剂中游离甲醛、挥发性有机化合物(VOC)含量的测定方法，宜符合现行国家标准《室内装饰装修材料 胶粘剂中有害物质限量》GB 18583—2008 附录 A 和附录 F 的规定。

**3.4.5** 溶剂型胶粘剂中挥发性有机化合物(VOC)、苯、甲苯＋二甲苯含量测定方法，宜符合本规范附录 C 的规定。

## 3.5 水性处理剂

**3.5.1** 民用建筑工程室内用水性阻燃剂(包括防火涂料)、防水剂、防腐剂等水性处理剂，应测定游离甲醛的含量，其限量应符合表 3.5.1 的规定。

**表 3.5.1 室内用水性处理剂中游离甲醛限量**

| 测定项目 | 限 量 |
|---|---|
| 游离甲醛(mg/kg) | ≤100 |

**3.5.2** 水性处理剂中游离甲醛含量的测定方法，宜按现行国家标准《室内装饰装修材料 内墙涂料中有害物质限量》GB 18582 的方法进行。

## 3.6 其 他 材 料

**3.6.1** 民用建筑工程中所使用的能释放氨的阻燃剂、混凝土外加剂，氨的释放量不应大于 0.10%，测定方法应符合现行国家标准《混凝土外加剂中释放氨的限量》GB 18588 的有关规定。

**3.6.2** 能释放甲醛的混凝土外加剂，其游离甲醛含量不应大于 500mg/kg，测定方法应符合现行国家标准《室内装饰装修材料 内墙涂料中有害物质限量》GB 18582 的有关规定。

**3.6.3** 民用建筑工程中使用的粘合木结构材料，游离甲醛释放量不应大于 0.12mg/m$^3$，其测定方法应符合本规范附录 B 的有关规定。

**3.6.4** 民用建筑工程室内装修时，所使用的壁布、帷幕等游离甲醛释放量不应大于 0.12mg/m$^3$，其测定方法应符合本规范附录 B 的有关规定。

**3.6.5** 民用建筑工程室内用壁纸中甲醛含量不应大于 120mg/kg，测定方法应符合现行国家标准《室内装饰装修材料 壁纸中有害物质限量》GB 18585 的有关规定。

**3.6.6** 民用建筑工程室内用聚氯乙烯卷材地板中挥发物含量测定方法应符合现行国家标准《室内装饰装修材料 聚氯乙烯卷材地板中有害物质限量》GB 18586 的规定，其限量应符合表 3.6.6 的有关规定。

**表 3.6.6　聚氯乙烯卷材地板中挥发物限量**

| 名　　称 | | 限量(g/m²) |
|---|---|---|
| 发泡类卷材地板 | 玻璃纤维基材 | ≤75 |
| | 其他基材 | ≤35 |
| 非发泡类卷材地板 | 玻璃纤维基材 | ≤40 |
| | 其他基材 | ≤10 |

3.6.7　民用建筑工程室内用地毯、地毯衬垫中总挥发性有机化合物和游离甲醛的释放量测定方法应符合本规范附录 B 的规定，其限量应符合表 3.6.7 的有关规定。

**表 3.6.7　地毯、地毯衬垫中有害物质释放限量**

| 名　　称 | 有害物质项目 | 限量(mg/m²·h) | |
|---|---|---|---|
| | | A 级 | B 级 |
| 地毯 | 总挥发性有机化合物 | ≤0.500 | ≤0.600 |
| | 游离甲醛 | ≤0.050 | ≤0.050 |
| 地毯衬垫 | 总挥发性有机化合物 | ≤1.000 | ≤1.200 |
| | 游离甲醛 | ≤0.050 | ≤0.050 |

# 4　工程勘察设计

## 4.1　一般规定

4.1.1　新建、扩建的民用建筑工程设计前，应进行建筑工程所在城市区域土壤中氡浓度或土壤表面氡析出率调查，并提交相应的调查报告。未进行过区域土壤中氡浓度或土壤表面氡析出率测定的，应进行建筑场地土壤中氡浓度或土壤氡析出率测定，并提供相应的检测报告。

4.1.2　民用建筑工程设计应根据建筑物的类型和用途控制装修材料的使用量。

4.1.3　民用建筑工程的室内通风设计，应符合现行国家标准《民用建筑设计通则》GB 50352 的有关规定，对于采用中央空调的民用建筑工程，新风量应符合现行国家标准《公共建筑节能设计标准》GB 50189 的有关规定。

4.1.4　采用自然通风的民用建筑工程，自然间的通风开口有效面积不应小于该房间地板面积的 1/20。夏热冬冷地区、寒冷地区、严寒地区等Ⅰ类民用建筑工程需要长时间关闭门窗使用时，房间应采取通风换气措施。

## 4.2　工程地点土壤中氡浓度调查及防氡

4.2.1　新建、扩建的民用建筑工程的工程地质勘察资料，应包括工程所在城市区域土壤氡浓度或土壤表面氡析出率测定历史资料及土壤氡浓度或土壤表面氡

析出率平均值数据。

4.2.2　已进行过土壤中氡浓度或土壤表面氡析出率区域性测定的民用建筑工程，当土壤氡浓度测定结果平均值不大于 10000Bq/m³ 或土壤表面氡析出率测定结果平均值不大于 0.02Bq/(m²·s)，且工程场地所在地点不存在地质断裂构造时，可不再进行土壤氡浓度测定；其他情况均应进行工程场地土壤氡浓度或土壤表面氡析出率测定。

4.2.3　当民用建筑工程场地土壤氡浓度不大于 20000Bq/m³ 或土壤表面氡析出率不大于 0.05Bq/(m²·s)时，可不采取防氡工程措施。

4.2.4　当民用建筑工程场地土壤氡浓度测定结果大于 20000Bq/m³，且小于 30000Bq/m³，或土壤表面氡析出率大于 0.05Bq/(m²·s)且小于 0.1Bq/(m²·s)时，应采取建筑物底层地面抗开裂措施。

4.2.5　当民用建筑工程场地土壤氡浓度测定结果大于或等于 30000Bq/m³，且小于 50000Bq/m³，或土壤表面氡析出率大于或等于 0.1Bq/(m²·s)且小于 0.3Bq/(m²·s)时，除采取建筑物底层地面抗开裂措施外，还必须按现行国家标准《地下工程防水技术规范》GB 50108 中的一级防水要求，对基础进行处理。

4.2.6　当民用建筑工程场地土壤氡浓度大于或等于 50000Bq/m³ 或土壤表面氡析出率平均值大于或等于 0.3Bq/(m²·s)时，应采取建筑物综合防氡措施。

4.2.7　当Ⅰ类民用建筑工程场地土壤中氡浓度大于或等于 50000Bq/m³，或土壤表面氡析出率大于或等于 0.3Bq/(m²·s)时，应进行工程场地土壤中的镭-266、钍-232、钾-40 比活度测定。当内照射指数($I_{Ra}$)大于 1.0 或外照射指数($I_\gamma$)大于 1.3 时，工程场地土壤不得作为工程回填土使用。

4.2.8　民用建筑工程场地土壤中氡浓度测定方法及土壤表面氡析出率测定方法应符合本规范附录 E 的规定。

## 4.3　材料选择

4.3.1　民用建筑工程室内不得使用国家禁止使用、限制使用的建筑材料。

4.3.2　Ⅰ类民用建筑工程室内装修采用的无机非金属装修材料必须为 A 类。

4.3.3　Ⅱ类民用建筑工程宜采用 A 类无机非金属装修材料；当 A 类和 B 类无机非金属装修材料混合使用时，每种材料的使用量应按下式计算：

$$\sum f_i \cdot I_{Rai} \leqslant 1.0 \qquad (4.3.3-1)$$

$$\sum f_i \cdot I_{\gamma i} \leqslant 1.3 \qquad (4.3.3-2)$$

式中：$f_i$——第 $i$ 种材料在材料总用量中所占的质量百分比(%)；

$I_{Rai}$——第 $i$ 种材料的内照射指数；

$I_{\gamma i}$——第 $i$ 种材料的外照射指数。

4.3.4　Ⅰ类民用建筑工程的室内装修，采用的人造

木板及饰面人造木板必须达到 $E_1$ 级要求。

**4.3.5** Ⅱ类民用建筑工程的室内装修，采用的人造木板及饰面人造木板宜达到 $E_1$ 级要求；当采用 $E_2$ 级人造木板时，直接暴露于空气的部位应进行表面涂覆密封处理。

**4.3.6** 民用建筑工程的室内装修，所采用的涂料、胶粘剂、水性处理剂，其苯、甲苯和二甲苯、游离甲醛、游离甲苯二异氰酸酯（TDI）、挥发性有机化合物（VOC）的含量，应符合本规范的规定。

**4.3.7** 民用建筑工程室内装修时，不应采用聚乙烯醇水玻璃内墙涂料、聚乙烯醇缩甲醛内墙涂料和树脂以硝化纤维素为主、溶剂以二甲苯为主的水包油型（O/W）多彩内墙涂料。

**4.3.8** 民用建筑工程室内装修时，不应采用聚乙烯醇缩甲醛类胶粘剂。

**4.3.9** 民用建筑工程室内装修中所使用的木地板及其他木质材料，严禁采用沥青、煤焦油类防腐、防潮处理剂。

**4.3.10** Ⅰ类民用建筑工程室内装修粘贴塑料地板时，不应采用溶剂型胶粘剂。

**4.3.11** Ⅱ类民用建筑工程中地下室及不与室外直接自然通风的房间粘贴塑料地板时，不宜采用溶剂型胶粘剂。

**4.3.12** 民用建筑工程中，不应在室内采用脲醛树脂泡沫塑料作为保温、隔热和吸声材料。

# 5 工程施工

## 5.1 一般规定

**5.1.1** 建设、施工单位应按设计要求及本规范的有关规定，对所用建筑材料和装修材料进行进场抽查复验。

**5.1.2** 当建筑材料和装修材料进场检验，发现不符合设计要求及本规范的有关规定时，严禁使用。

**5.1.3** 施工单位应按设计要求及本规范的有关规定进行施工，不得擅自更改设计文件要求。当需要更改时，应按规定程序进行设计变更。

**5.1.4** 民用建筑工程室内装修，当多次重复使用同一设计时，宜先做样板间，并对其室内环境污染物浓度进行检测。

**5.1.5** 样板间室内环境污染物浓度的检测方法，应符合本规范第 6 章的有关规定。当检测结果不符合本规范的规定时，应查找原因并采取相应措施进行处理。

## 5.2 材料进场检验

**5.2.1** 民用建筑工程中，建筑主体采用的无机非金属材料和建筑装修采用的花岗岩、瓷质砖、磷石膏制品必须有放射性指标检测报告，并应符合本规范第 3 章、第 4 章要求。

**5.2.2** 民用建筑工程室内饰面采用的天然花岗岩石材或瓷质砖使用面积大于 200m² 时，应对不同产品、不同批次材料分别进行放射性指标的抽查复验。

**5.2.3** 民用建筑工程室内装修中所采用的人造木板及饰面人造木板，必须有游离甲醛含量或游离甲醛释放量检测报告，并应符合设计要求和本规范的有关规定。

**5.2.4** 民用建筑工程室内装修中采用的人造木板或饰面人造木板面积大于 500m² 时，应对不同产品、不同批次材料的游离甲醛含量或游离甲醛释放量分别进行抽查复验。

**5.2.5** 民用建筑工程室内装修中所采用的水性涂料、水性胶粘剂、水性处理剂必须有同批次产品的挥发性有机化合物（VOC）和游离甲醛含量检测报告；溶剂型涂料、溶剂型胶粘剂必须有同批次产品的挥发性有机化合物（VOC）、苯、甲苯十二甲苯、游离甲苯二异氰酸酯（TDI）含量检测报告，并应符合设计要求和本规范的有关规定。

**5.2.6** 建筑材料和装修材料的检测项目不全或对检测结果有疑问时，必须将材料送有资格的检测机构进行检验，检验合格后方可使用。

## 5.3 施工要求

**5.3.1** 采取防氡设计措施的民用建筑工程，其地下工程的变形缝、施工缝、穿墙管（盒）、埋设件、预留孔洞等特殊部位的施工工艺，应符合现行国家标准《地下工程防水技术规范》GB 50108 的有关规定。

**5.3.2** Ⅰ类民用建筑工程当采用异地土作为回填土时，该回填土应进行镭-226、钍-232、钾-40 的比活度测定。当内照射指数（$I_{Ra}$）不大于 1.0 和外照射指数（$I_r$）不大于 1.3 时，方可使用。

**5.3.3** 民用建筑工程室内装修时，严禁使用苯、工业苯、石油苯、重质苯及混苯作为稀释剂和溶剂。

**5.3.4** 民用建筑工程室内装修施工时，不应使用苯、甲苯、二甲苯和汽油进行除油和清除旧油漆作业。

**5.3.5** 涂料、胶粘剂、水性处理剂、稀释剂和溶剂等使用后，应及时封闭存放，废料应及时清出。

**5.3.6** 民用建筑工程室内严禁使用有机溶剂清洗施工用具。

**5.3.7** 采暖地区的民用建筑工程，室内装修施工不宜在采暖期内进行。

**5.3.8** 民用建筑工程室内装修中，进行饰面人造木板拼接施工时，对达不到 $E_1$ 级的芯板，应对其断面及无饰面部位进行密封处理。

**5.3.9** 壁纸（布）、地毯、装饰板、吊顶等施工时，应注意防潮，避免覆盖局部潮湿区域。空调冷凝水导排应符合现行国家标准《采暖通风与空气调节设计规范》GB 50019 的有关规定。

# 6 验 收

**6.0.1** 民用建筑工程及室内装修工程的室内环境质量验收，应在工程完工至少 7d 以后、工程交付使用前进行。

**6.0.2** 民用建筑工程及其室内装修工程验收时，应检查下列资料：

1 工程地质勘察报告、工程地点土壤中氡浓度或氡析出率检测报告、工程地点土壤天然放射性核素镭-226、钍-232、钾-40 含量检测报告；

2 涉及室内新风量的设计、施工文件，以及新风量的检测报告；

3 涉及室内环境污染控制的施工图设计文件及工程设计变更文件；

4 建筑材料和装修材料的污染物检测报告、材料进场检验记录、复验报告；

5 与室内环境污染控制有关的隐蔽工程验收记录、施工记录；

6 样板间室内环境污染物浓度检测报告（不做样板间的除外）。

**6.0.3** 民用建筑工程所用建筑材料和装修材料的类别、数量和施工工艺等，应符合设计要求和本规范的有关规定。

**6.0.4** 民用建筑工程验收时，必须进行室内环境污染物浓度检测，其限量应符合表 6.0.4 的规定。

表 6.0.4 民用建筑工程室内环境
污染物浓度限量

| 污 染 物 | Ⅰ类民用建筑工程 | Ⅱ类民用建筑工程 |
|---|---|---|
| 氡（$Bq/m^3$） | ≤200 | ≤400 |
| 甲醛（$mg/m^3$） | ≤0.08 | ≤0.1 |
| 苯（$mg/m^3$） | ≤0.09 | ≤0.09 |
| 氨（$mg/m^3$） | ≤0.2 | ≤0.2 |
| TVOC（$mg/m^3$） | ≤0.5 | ≤0.6 |

注：1 表中污染物浓度测量值，除氡外均指室内测量值扣除同步测定的室外上风向空气测量值（本底值）后的测量值。

 2 表中污染物浓度测量值的极限值判定，采用全数值比较法。

**6.0.5** 民用建筑工程验收时，采用集中中央空调的工程，应进行室内新风量的检测，检测结果应符合设计要求和现行国家标准《公共建筑节能设计标准》GB 50189 的有关规定。

**6.0.6** 民用建筑工程室内空气中氡的检测，所选用方法的测量结果不确定度不应大于 25%，方法的探

测下限不应大于 $10Bq/m^3$。

**6.0.7** 民用建筑工程室内空气中甲醛的检测方法，应符合现行国家标准《公共场所空气中甲醛测定方法》GB/T 18204.26 中酚试剂分光光度法的规定。

**6.0.8** 民用建筑工程室内空气中甲醛检测，也可采用简便取样仪器检测方法，甲醛简便取样仪器应定期进行校准，测量结果在 $0.01mg/m^3$～$0.60mg/m^3$ 测定范围内的不确定度应小于 20%。当发生争议时，应以现行国家标准《公共场所空气中甲醛测定方法》GB/T 18204.26 中酚试剂分光光度法的测定结果为准。

**6.0.9** 民用建筑工程室内空气中苯的检测方法，应符合本规范附录 F 的规定。

**6.0.10** 民用建筑工程室内空气中氨的检测方法，应符合现行国家标准《公共场所空气中氨测定方法》GB/T 18204.25 中靛酚蓝分光光度法的规定。

**6.0.11** 民用建筑工程室内空气中总挥发性有机化合物（TVOC）的检测方法，应符合本规范附录 G 的规定。

**6.0.12** 民用建筑工程验收时，应抽检每个建筑单体有代表性的房间室内环境污染物浓度，氡、甲醛、氨、苯、TVOC 的抽检量不得少于房间总数的 5%，每个建筑单体不得少于 3 间，当房间总数少于 3 间时，应全数检测。

**6.0.13** 民用建筑工程验收时，凡进行了样板间室内环境污染物浓度检测且检测结果合格的，抽检量减半，并不得少于 3 间。

**6.0.14** 民用建筑工程验收时，室内环境污染物浓度检测点数应按表 6.0.14 设置。

表 6.0.14 室内环境污染物浓度检测点数设置

| 房间使用面积（$m^2$） | 检测点数（个） |
|---|---|
| ＜50 | 1 |
| ≥50，＜100 | 2 |
| ≥100，＜500 | 不少于 3 |
| ≥500，＜1000 | 不少于 5 |
| ≥1000，＜3000 | 不少于 6 |
| ≥3000 | 每 $1000m^2$ 不少于 3 |

**6.0.15** 当房间内有 2 个及以上检测点时，应采用对角线、斜线、梅花状均衡布点，并取各点检测结果的平均值作为该房间的检测值。

**6.0.16** 民用建筑工程验收时，环境污染物浓度现场检测点应距内墙面不小于 0.5m，距楼地面高度 0.8m～1.5m。检测点应均匀分布，避开通风道和通风口。

**6.0.17** 民用建筑工程室内环境中甲醛、苯、氨、总挥发性有机化合物（TVOC）浓度检测时，对采用集中空调的民用建筑工程，应在空调正常运转的条件下进行；对采用自然通风的民用建筑工程，检测应在对外门窗关闭 1h 后进行。对甲醛、氨、苯、TVOC 取样

检测时，装饰装修工程中完成的固定式家具，应保持正常使用状态。

**6.0.18** 民用建筑工程室内环境中氡浓度检测时，对采用集中空调的民用建筑工程，应在空调正常运转的条件下进行；对采用自然通风的民用建筑工程，应在房间的对外门窗关闭24h以后进行。

**6.0.19** 当室内环境污染物浓度的全部检测结果符合本规范表6.0.4的规定时，应判定该工程室内环境质量合格。

**6.0.20** 当室内环境污染物浓度检测结果不符合本规范的规定时，应查找原因并采取措施进行处理。采取措施进行处理后的工程，可对不合格项进行再次检测。再次检测时，抽检量应增加1倍，并应包含同类型房间及原不合格房间。再次检测结果全部符合本规范的规定时，应判定为室内环境质量合格。

**6.0.21** 室内环境质量验收不合格的民用建筑工程，严禁投入使用。

## 附录A 材料表面氡析出率测定

### A.1 仪器直接测定建筑材料表面氡析出率

**A.1.1** 建筑材料表面氡析出率的测定仪器包括取样与测量两部分，工作原理分为被动收集型和主动抽气采集型两种。测量装置应符合下列规定：

1 连续10h测量探测下限不应大于0.001Bq/($m^2 \cdot s$)；

2 不确定度不应大于20%；

3 仪器应在刻度有效期内；

4 测量温度应为25℃±5℃；相对湿度应为45%±15%。

**A.1.2** 被动收集型测定仪器表面氡析出率测定步骤应包括：

1 清理被测材料表面，将采气容器平扣在平整表面上，使收集器端面与被测材料表面间密封，被测表面积($m^2$)与测定仪器的采气容器容积($m^3$)之比为2:1。

2 测量时间1h以上，根据氡析出率大小决定是否延长测量时间。

3 仪器表面氡析出率测量值乘以仪器刻度系数后的结果，为材料表面氡析出率测量值。

**A.1.3** 主动抽气采集型测定建筑材料表面氡析出率步骤应包括：

1 被测试块准备：使被测样品表面积($m^2$)与抽气采集容器(抽气采集容器或盛装被测试块容器)内净空间(即抽气采集容器内容积，或盛装被测试块容器内容积减去被测试块的外形体积后的净空间)容积($m^3$)之比为2:1，清理被测试块表面，准备测量。

2 测量装置准备：抽气采集容器(或盛装被测试块容器)与测量仪器气路连接到位。试块测试前，测量气路系统内干净空气氡浓度本底值并记录。

3 将被测试块及测量装置摆放到位，使抽气采集容器(抽气采集容器或盛装被测试块容器)密封，直至测量结束。

4 准备就绪后即开始测量并计时，试块测量时间在2h以上、10h以内。

5 试块的表面氡析出率ε应按照下式进行计算：

$$\varepsilon = \frac{c \cdot V}{S \cdot T} \qquad (A.1.3)$$

式中：ε——试块表面氡析出率[Bq/($m^2 \cdot s$)]；

$c$——测量装置系统内的空气氡浓度(Bq/$m^3$)；

$V$——测量系统内净空间容积(抽气采集容器内容积，或盛装被测试块容器内容积减去被测试块的外形体积后的净空间)($m^3$)；

$S$——被测试块的外表面积($m^2$)；

$T$——从开始测量到测量结束经历的时间(s)。

### A.2 活性炭盒法测定建筑材料表面氡析出率

**A.2.1** 建筑材料表面氡析出率活性炭测量方法应符合现行国家标准《建筑物表面氡析出率的活性炭测量方法》GB/T 16143的有关规定。

## 附录B 环境测试舱法测定材料中游离甲醛、TVOC释放量

**B.0.1** 环境测试舱的容积应为1$m^3$～40$m^3$。

**B.0.2** 环境测试舱的内壁材料应采用不锈钢、玻璃等惰性材料建造。

**B.0.3** 环境测试舱的运行条件应符合下列规定：

1 温度：23℃±1℃；

2 相对湿度：45%±5%；

3 空气交换率：(1±0.05)次/h；

4 被测样品表面附近空气流速：0.1m/s～0.3m/s；

5 人造木板、粘合木结构材料、壁布、帷幕的表面积与环境测试舱容积之比应为1:1，地毯、地毯衬垫的面积与环境测试舱容积之比应为0.4:1；

6 测定材料的TVOC和游离甲醛释放量前，环境测试舱内洁净空气中TVOC含量不应大于0.01mg/$m^3$、游离甲醛含量不应大于0.01mg/$m^3$。

**B.0.4** 测试应符合下列规定：

1 测定饰面人造木板时，用于测试的板材均应用不含甲醛的胶带进行边沿密封处理；

2 人造木板、粘合木结构材料、壁布、帷幕应垂直放在环境测试舱内的中心位置，材料之间距离不应小于200mm，并与气流方向平行；

3 地毯、地毯衬垫应正面向上平铺在环境测试

舱底，使空气气流均匀地从试样表面通过；

**4** 环境测试舱法测试人造木板或粘合木结构材料的游离甲醛释放量，应每天测试 1 次。当连续 2d 测试浓度下降不大于 5% 时，可认为达到了平衡状态。以最后 2 次测试值的平均值作为材料游离甲醛释放量测定值；如果测试第 28d 仍然达不到平衡状态，可结束测试，以第 28d 的测试结果作为游离甲醛释放量测定值；

**5** 环境测试舱法测试地毯、地毯衬垫、壁布、帷幕的 TVOC 或游离甲醛释放量，试样在试验条件下，在测试舱内持续放置时间应为 24h。

**B.0.5** 环境测试舱内的气体取样分析时，应将气体抽样系统与环境测试舱的气体出口相连后再进行采样。

**B.0.6** 材料中 TVOC 释放量测定的采样体积应为 10L，测试方法应符合本规范附录 G 的规定，同时应扣除环境测试舱的本底值。

**B.0.7** 材料中游离甲醛释放量测定的采样体积应为 10L～20L，测试方法应符合现行国家标准《公共场所空气中甲醛测定方法》GB/T 18204.26 中酚试剂分光光度法的规定，同时应扣除环境测试舱的本底值。

**B.0.8** 地毯、地毯衬垫的 TVOC 或游离甲醛释放量应按下式进行计算：

$$EF=C_S(N/L) \qquad (B.0.8)$$

式中：$EF$——舱释放量[mg/(m² · h)]；

$C_S$——舱浓度(mg/m³)；

$N$——舱空气交换率(h⁻¹)；

$L$——材料/舱负荷比(m²/m³)。

# 附录 C 溶剂型涂料、溶剂型胶粘剂中挥发性有机化合物(VOC)、苯系物含量测定

## C.1 溶剂型涂料、溶剂型胶粘剂中挥发性有机化合物(VOC)含量测定

**C.1.1** 溶剂型涂料、溶剂型胶粘剂应分别测定其密度及不挥发物的含量，并计算挥发性有机化合物(VOC)的含量。

**C.1.2** 不挥发物的含量应按现行国家标准《色漆、清漆和塑料 不挥发物含量的测定》GB/T 1725 的方法进行测定。

**C.1.3** 密度应按现行国家标准《色漆和清漆 密度的测定-比重瓶法》GB/T 6750 提供的方法进行测定。

**C.1.4** 样品中 VOC 的含量，应按下式进行计算：

$$C_{VOC}=\frac{\omega_1-\omega_2}{\omega_1}\rho_s\times1000 \qquad (C.1.4)$$

式中：$C_{VOC}$——样品中挥发性有机化合物含量(g/L)；

$\omega_1$——样品质量(g)；

$\omega_2$——不挥发物质量(g)；

$\rho_s$——样品在 23℃ 的密度(g/mL)。

## C.2 溶剂型涂料中苯、甲苯＋二甲苯＋乙苯含量测定

**C.2.1** 仪器及设备应包括：

**1** 带有氢火焰离子化检测器的气相色谱仪；

**2** 长度 30m～50m、内径 0.32mm 或 0.53mm 石英柱、内涂覆二甲基聚硅氧烷、膜厚 1μm～5μm 的毛细管柱；柱操作条件为程序升温，初始温度为 50℃，保持 10min，升温速率 10℃/min～ 20℃/min，温度升至 250℃，保持 2min；

**3** 容积为 10mL、20mL 或 60mL 的顶空瓶；

**4** 恒温箱；

**5** 1μL、10μL、1mL 注射器若干个。

**C.2.2** 试剂及材料应包括：

**1** 含苯为 20.00mg/mL 的标准溶液，以及浓度均为 500.00mg/mL 的甲苯、二甲苯、乙苯(单组分)标准溶液(或色谱纯苯、甲苯、二甲苯、乙苯)；

**2** 20mm×70mm 的定量滤纸条；

**3** 载气为氮气(纯度不应小于 99.99%)。

**C.2.3** 样品测定应包括下列步骤：

**1** 标准系列制备：取 5 只顶空瓶，将滤纸条放入顶空瓶后密封；用微量注射器准确吸取适量的标准溶液，注射在瓶内的滤纸条上，使苯的含量分别为 0.300mg、0.600mg、0.900mg、1.200mg、1.800mg；使甲苯、二甲苯、乙苯(单组分)的含量均分别为 2.00mg、5.00mg、10.00mg、25.00mg、50.00mg。

**2** 样品制备：取装有滤纸条的顶空瓶称重，精确到 0.0001g，应将样品(约 0.2g)涂在滤纸条上，密封后称重，精确到 0.0001g，两次称重的差值为样品质量。

**3** 将上述标准品系列及样品，置于 40℃ 恒温箱中平衡 4h，并取 0.20mL 顶空气作气相色谱分析，记录峰面积。

**4** 应以峰面积为纵坐标，分别以苯、甲苯、二甲苯、乙苯质量为横坐标，绘制标准曲线图。

**5** 应从标准曲线上查得样品中苯、甲苯、二甲苯、乙苯的质量。

**C.2.4** 计算方法应符合下列规定：

**1** 样品中苯的质量分数应按下式计算：

$$C_1=\frac{m_1}{W}\times100 \qquad (C.2.4-1)$$

式中：$C_1$——样品中苯的质量分数(%)；

$m_1$——被测样品中苯的质量(g)；

$W$——样品的质量(g)。

**2** 样品中甲苯＋二甲苯＋乙苯的质量分数应按下式计算：

$$C_2=\frac{m_2+m_3+m_4}{W}\times100 \qquad (C.2.4-2)$$

式中：$C_2$——样品中甲苯＋二甲苯＋乙苯的质量分

数(%);

$m_2$——被测样品中甲苯的质量(g);

$m_3$——被测样品中二甲苯的质量(g);

$m_4$——被测样品中乙苯的质量(g);

$W$——样品的质量(g)。

### C.3 溶剂型胶粘剂中苯、甲苯+二甲苯含量测定

**C.3.1** 仪器及设备应包括:

1 带有氢火焰离子化检测器的气相色谱仪;

2 长度 30m～50m、内径 0.32mm 或 0.53mm 石英柱、内涂覆二甲基聚硅氧烷、膜厚 1μm～5μm 的毛细管柱;柱操作条件为程序升温,初始温度为 50℃,保持 10min,升温速率 10℃/min～20℃/min,温度升至 250℃,保持 2min;

3 容积为 10mL、20mL 或 60mL 的顶空瓶;

4 恒温箱;

5 1μL、10μL、1mL 注射器若干个。

**C.3.2** 试剂及材料应包括:

1 含苯为 20.00mg/mL 的标准溶液,以及浓度均为 500.00mg/mL 的甲苯、二甲苯(单组分)标准溶液;

2 20mm×70mm 的定量滤纸条;

3 载气为氮气(纯度不应小于 99.99%)。

**C.3.3** 样品测定应包括下列步骤:

1 标准系列制备:取 5 只顶空瓶,将滤纸条放入顶空瓶后密封;用微量注射器准确吸取适量的标准溶液,注射在瓶内的滤纸条上,使苯的含量分别为 0.300mg、0.600mg、0.900mg、1.200mg、1.800mg;使甲苯、二甲苯(单组分)的含量均分别为 2.00mg、5.00mg、10.00mg、25.00mg、50.00mg。

2 样品制备:取装有滤纸条的顶空瓶称重,精确到 0.0001g,应将样品(约 0.2g)涂在滤纸条上,密封后称重,精确到 0.0001g,两次称重的差值为样品质量。

3 将上述标准品系列及样品,置于 40℃ 恒温箱中平衡 4h,并取 0.20mL 顶空气作气相色谱分析,记录峰面积。

4 应以峰面积为纵坐标,分别以苯、甲苯、二甲苯质量为横坐标,绘制标准曲线图。

5 应从标准曲线上查得样品中苯、甲苯、二甲苯的质量。

**C.3.4** 计算方法如下:

1 样品中苯的质量分数应按下式计算:

$$C_1 = \frac{m_1}{W} \times 100 \qquad (C.3.4-1)$$

式中:$C_1$——样品中苯的质量分数(%);

$m_1$——被测样品中苯的质量(g);

$W$——样品的质量(g)。

2 样品中甲苯+二甲苯的质量分数应按下式

计算:

$$C_2 = \frac{m_2 + m_3}{W} \times 100 \qquad (C.3.4-2)$$

式中:$C_2$——样品中甲苯+二甲苯的质量分数(%);

$m_2$——被测样品中甲苯的质量(g);

$m_3$——被测样品中二甲苯的质量(g);

$W$——样品的质量(g)。

## 附录 D 新建住宅建筑设计与施工中氡控制要求

**D.0.1** 建筑物底层宜设计为架空层,隔绝土壤氡进入室内。

**D.0.2** 当民用建筑工程有地下室设计时,应利用地下室采取防氡措施,隔绝土壤氡进入室内。

**D.0.3** 架空层底板或地下室的地板应采取以下措施减少开裂:

1 在地板(底板)里预埋钢筋编织网;

2 添加纤维类材料增强抗开裂性能;

3 加强养护以确保浇筑混凝土的质量。

**D.0.4** 架空层底板或地下室的地板所有管孔及开口结合部应选用密封剂进行封堵。

**D.0.5** 架空层底板或地下室的地板下宜配合采用土壤降压处理法进行防氡(图 D.0.5),设计施工注意事项应包括下列内容:

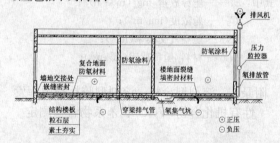

图 D.0.5 土壤降压法系统图

1 在底板下连续铺设一层 100mm～150mm 高的卵石或粒石,其粒径在 12mm～25mm 之间;

2 底板下空间被地梁或地垄墙分隔成若干空间时,在地梁或地垄墙上要预留洞口或穿梁排气管来打断这种分隔,消除对气流的阻碍,保证底板下气流通畅;

3 在排氡分区中央设置 1200mm×1200mm×200mm 的集气坑;

4 安装直径为 100mm～150mm 的 PVC 排氡管,从集气坑引至室外并延伸到屋面以上,排气口周边 7.5m 范围内不得设置进风口;

5 在排氡管末端安装排风机;

6 设置报警装置:当系统非正常运行、底板空间的负压不能满足系统需求时,系统会发出警报,提示工作人员对系统的运行进行检查。

**D.0.6** 采用集中中央空调的民用建筑，宜加大室内新风量供应。

**D.0.7** 采用自然通风的民用建筑，宜加强自然通风，必要时采取机械通风。

**D.0.8** 民用建筑工程中所采用的防氡复合地面材料宜具有高弹性、高强度、耐老化、耐酸、耐碱、抗渗透等性能。

**D.0.9** 民用建筑工程所采用的墙面防氡涂料及腻子宜具有较好的耐久性、耐潮湿性、粘结力、延伸性。

# 附录 E 土壤中氡浓度及土壤表面氡析出率测定

## E.1 土壤中氡浓度测定

**E.1.1** 土壤中氡气的浓度可采用电离室法、静电收集法、闪烁瓶法、金硅面垒型探测器等方法进行测量。

**E.1.2** 测试仪器性能指标应包括：

1 工作温度应为：−10℃～40℃之间；

2 相对湿度不应大于90%；

3 不确定度不应大于20%；

4 探测下限不应大于400Bq/m³。

**E.1.3** 测量区域范围应与工程地质勘察范围相同。

**E.1.4** 在工程地质勘察范围内布点时，应以间距10m为网格，各网格点即为测试点，当遇较大石块时，可偏离±2m，但布点数不应少于16个。布点位置应覆盖基础工程范围。

**E.1.5** 在每个测试点，应采用专用钢钎打孔。孔的直径宜为20mm～40mm，孔的深度宜为500mm～800mm。

**E.1.6** 成孔后，应使用头部有气孔的特制的取样器，插入打好的孔中，取样器在靠近地表处应进行密闭，避免大气渗入孔中，然后进行抽气。宜根据抽气阻力大小抽气3次～5次。

**E.1.7** 所采集土壤间隙中的空气样品，宜采用静电扩散法、电离室法或闪烁瓶法、高压收集金硅面垒型探测器测量法等方法测定现场土壤氡浓度。

**E.1.8** 取样测试时间宜在8:00～18:00之间，现场取样测试工作不应在雨天进行，如遇雨天，应在雨后24h后进行。

**E.1.9** 现场测试应有记录，记录内容应包括：测试点布设图，成孔点土壤类别，现场地表状况描述，测试前24h以内工程地点的气象状况等。

**E.1.10** 地表土壤氡浓度测试报告的内容应包括：取样测试过程描述、测试方法、土壤氡浓度测试结果等。

## E.2 土壤表面氡析出率测定

**E.2.1** 土壤表面氡析出率测量所需仪器设备应包括取样设备、测量设备。取样设备的形状应为盆状，工作原理分为被动收集型和主动抽气采集型两种。现场测量设备应满足以下工作条件要求：

1 工作温度范围应为：−10℃～40℃；

2 相对湿度不应大于90%；

3 不确定度不应大于20%；

4 探测下限不应大于0.01Bq/(m²·s)。

**E.2.2** 测量步骤应符合下列规定：

1 按照"E.1土壤中氡浓度测定"的要求，首先在建筑场地按20m×20m网格布点，网格点交叉处进行土壤氡析出率测量。

2 测量时，需清扫采样点地面，去除腐殖质、杂草及石块，把取样器扣在平整后的地面上，并用泥土对取样器周围进行密封，防止漏气，准备就绪后，开始测量并开始计时(t)。

3 土壤表面氡析出率测量过程中，应注意控制下列几个环节：

1) 使用聚集罩时，罩口与介质表面的接缝处应当封堵，避免罩内氡向外扩散(一般情况下，可在罩沿周边培一圈泥土，即可满足要求)。对于从罩内抽取空气测量的仪器类型来说，必须更加注意。

2) 被测介质表面应平整，保证各个测量点过程中罩内空间的体积不出现明显变化。

3) 测量的聚集时间等参数应与仪器测量灵敏度相适应，以保证足够的测量准确度。

4) 测量应在无风或微风条件下进行。

**E.2.3** 被测地面的氡析出率按下式进行计算：

$$R = \frac{N_t \cdot V}{S \cdot T} \qquad (E.2.3)$$

式中：$R$——土壤表面氡析出率[Bq/(m²·s)]；

$N_t$——t时刻测得的罩内氡浓度(Bq/m³)；

$S$——聚集罩所罩住的介质表面的面积(m²)；

$V$——聚集罩所罩住的罩内容积(m³)；

$T$——测量经历的时间(s)。

## E.3 城市区域性土壤氡水平调查方法

**E.3.1** 测点布置应符合下列规定：

1 在城市区域应按2km×2km网格布置测点，部分中小城市可按1km×1km网格布置测点。因地形、建筑等原因测点位置可偏移，但最好不超过200m。

2 每个城市测点数量应在100个左右。

3 应尽量使用1:50000～1:100000(或更大比例尺)地形(地质)图和全球卫星定位仪(GPS)，确定测点位置并在图上标注。

**E.3.2** 调查方法应满足下列要求：

1 调查前应制订方案，准备好测量仪器和其他工具。仪器在使用前应进行标定，如使用两台或两台以上仪器进行调查，最好所用仪器同时进行标定，以保证仪器量值的一致性。

2 测点定位：调查测点位置应用 GPS 定位，同时应对地理位置进行简要描述。

3 测量深度：调查打孔深度统一定为 500mm～800mm，孔径 20mm～40mm。

4 测量次数：每一测点应重复测量 3 次，以算术平均值作为该点氡浓度（或每一测点在 3m² 范围内打三个孔，每孔测一次求平均值）。

5 其他测量要求（如天气）和测量过程中需要记录的事项应按本规范附录 E.1 的规定执行。

E.3.3 调查的质量保证应符合下列规定：

1 仪器使用前应按仪器说明书检查仪器稳定性（如测量标准 α 源、电路自检等方法）。

2 使用两台以上的仪器工作时应检查仪器的一致性，一般两台仪器测量结果的相对标准偏差应小于 25％。

应挑选 10％ 左右测点进行复查测量，复查测量结果应一并反映在测量原始数据表中。

E.3.4 城市区域土壤氡调查报告的主要内容应包括以下内容：

1 城市地质概况、放射性本底概况、土壤概况；

2 测点布置说明及测点分布图；

3 测量仪器、方法介绍；

4 测量过程描述；

5 测量结果，包括原始数据、平均值、标准偏差等，如有可能绘制城市土壤浓度等值线图；

6 测量结果的质量评价包括仪器的日常稳定性检查、仪器的标定和比对工作、仪器的质量监控图制作。

## 附录 F  室内空气中苯的测定

F.0.1 空气中苯应用活性炭管进行采集，然后经热解吸，用气相色谱法分析，以保留时间定性，峰面积定量。

F.0.2 仪器及设备应符合下列规定：

1 恒流采样器：在采样过程中流量应稳定，流量范围应包含 0.5L/min，并且当流量为 0.5L/min 时，应能克服 5kPa～10kPa 的阻力，此时用皂膜流量计校准系统流量，相对偏差不应大于±5％。

2 热解吸装置：能对吸附管进行热解吸，解吸温度、载气流速可调。

3 配备有氢火焰离子化检测器的气相色谱仪。

4 毛细管柱或填充柱：毛细管柱长应为 30m～50m 的石英柱，内径应为 0.53mm 或 0.32mm，内涂覆二甲基聚硅氧烷或其他非极性材料。填充柱长 2m、内径 4mm 不锈钢柱，内填充聚乙二醇 6000－6201 担体（5：100）固定相。

5 容量为 1μL、10μL 的注射器若干个。

F.0.3 试剂和材料应符合下列规定：

1 活性炭吸附管应为内装 100mg 椰子壳活性炭吸附剂的玻璃管或内壁光滑的不锈钢管。使用前应通氮气加热活化，活化温度应为 300℃～350℃，活化时间不应少于 10min，活化至无杂质峰为止；当流量为 0.5L/min 时，阻力应在 5kPa～10kPa 之间。

2 苯标准溶液或苯标准气体。

3 载气应为氮气，纯度不应小于 99.99％。

F.0.4 采样注意事项应包括下列内容：

1 应在采样地点打开吸附管，与空气采样器入气口垂直连接，调节流量在 0.5L/min 的范围内，应用皂膜流量计校准采样系统的流量，采集约 10L 空气，应记录采样时间、采样流量、温度和大气压。

2 采样后，取下吸附管，应密封吸附管的两端，做好标识，放入可密封的金属或玻璃容器中。样品可保存 5d。

3 采集室外空气空白样品时，应与采集室内空气样品同步进行，地点宜选择在室外上风向处。

F.0.5 气相色谱分析条件可选用以下推荐值，也可根据实验室条件选定其他最佳分析条件：

1 填充柱温度为 90℃ 或毛细管柱温度为 60℃；

2 检测室温度为 150℃；

3 汽化室温度为 150℃；

4 载气为氮气。

F.0.6 气相色谱分析配制标准系列方法应包括下列内容：

1 气体外标法配制标准系列方法：应分别准确抽取浓度约 1mg/m³ 的标准气体 100mL、200mL、400mL、1L、2L 通过吸附管，然后用热解吸气相色谱法分析吸附管标准系列样品。

2 液体外标法配制标准系列方法：应抽取标准溶液 1μL～5μL 注入活性炭吸附管，分别制备苯含量为 0.05μg、0.1μg、0.5μg、1.0μg、2.0μg 的标准吸附管，同时用 100mL/min 的氮气通过吸附管，5min 后取下并密封，作为吸附管标准系列样品。

F.0.7 气相色谱分析步骤：

采用热解吸直接进样的气相色谱法。将标准吸附管和样品吸附管分别置于热解吸直接进样装置中，经过 300℃～350℃ 解吸后，将解吸气体经由进样阀直接进入气相色谱仪进行色谱分析，应以保留时间定性、以峰面积定量。

F.0.8 所采空气样品中苯的浓度，应按下式进行计算：

$$C = \frac{m - m_o}{V} \quad (F.0.8-1)$$

式中：$C$——所采空气样品中苯浓度（mg/m³）；

$m$——样品管中苯的量（μg）；

$m_o$——未采样管中苯的量（μg）；

$V$——空气采样体积（L）。

所采空气样品中苯的浓度，还应按下式换算成标准状态下的浓度：

$$C_c = C \times \frac{101.3}{P} \times \frac{t+273}{273} \qquad (F.0.8-2)$$

式中：$C_c$——标准状态下所采空气样品中苯的浓度（$mg/m^3$）；

　　　$P$——采样时采样点的大气压力（kPa）；

　　　$t$——采样时采样点的温度（℃）。

注：当与挥发性有机化合物有相同或几乎相同的保留时间的组分干扰测定时，宜通过选择适当的色谱条件，将干扰减少到最低。

## 附录 G　室内空气中总挥发性有机化合物（TVOC）的测定

**G.0.1** 室内空气中总挥发性有机化合物（TVOC）应按以下步骤进行测定：

**1** 应用 Tenax-TA 吸附管采集一定体积的空气样品；

**2** 通过热解吸装置加热吸附管，并得到 TVOC 的解吸气体；

**3** 将 TVOC 的解吸气体注入气相色谱仪进行色谱分析，以保留时间定性、以峰面积定量。

**G.0.2** 室内空气中总挥发性有机化合物（TVOC）测定所需仪器及设备应符合下列规定：

**1** 恒流采样器：在采样过程中流量应稳定，流量范围应包含 0.5 L/min，并且当流量为 0.5L/min 时，应能克服 5kPa～10kPa 之间的阻力，此时用皂膜流量计校准系统流量时，相对偏差不应大于±5%。

**2** 热解吸装置：能对吸附管进行热解吸，其解吸温度及载气流速应可调。

**3** 配备带有氢火焰离子化检测器的气相色谱仪。

**4** 石英毛细管柱：长度应为 30m～50m，内径应为 0.32mm 或 0.53mm，柱内涂覆二甲基聚硅氧烷的膜厚应为 1μm～5μm；柱操作条件应为程序升温，初始温度应为 50℃，保持 10min，升温速率 5℃/min，温度升至 250℃，保持 2min。

**5** 1μL、10μL 注射器若干个。

**G.0.3** 试剂和材料应符合下列规定：

**1** Tenax-TA 吸附管可为玻璃管或内壁光滑的不锈钢管，管内装有 200mg 粒径为 0.18mm～0.25mm（60 目～80 目）的 Tenax-TA 吸附剂。使用前应通氮气加热活化，活化温度应高于解吸温度，活化时间不应少于 30min，活化至无杂质峰为止，当流量为 0.5L/min 时，阻力应在 5kPa～10kPa 之间；

**2** 苯、甲苯、对（间）二甲苯、邻二甲苯、苯乙烯、乙苯、乙酸丁酯、十一烷的标准溶液或标准气体。

**3** 载气应为氮气，纯度不应小于 99.99%。

**G.0.4** 采样要求应符合下列规定：

**1** 应在采样地点打开吸附管，然后与空气采样器入气口垂直连接，应调节流量在 0.5L/min 的范围内，然后用皂膜流量计校准采样系统的流量，采集约 10L 空气，应记录采样时间及采样流量、采样温度和大气压。

**2** 采样后取下吸附管，应密封吸附管的两端并做好标记，然后放入可密封的金属或玻璃容器中，并应尽快分析，样品最长可保存 14d。

**3** 采集室外空气空白样品应与采集室内空气样品同步进行，地点宜选择在室外上风向处。

**G.0.5** 标准系列制备注意事项：

**1** 根据实际情况可选用气体外标法或液体外标法。

**2** 当选用气体外标法时，应分别准确抽取气体组分浓度约为 1mg/m³ 的标准气体 100mL、200mL、400mL、1L、2L，使标准气体通过吸附管，以完成标准系列制备。

**3** 当选用液体外标法时，首先应抽取标准溶液 1μL～5μL，在有 100mL/min 的氮气通过吸附管情况下，将各组分含量为 0.05μg、0.1μg、0.5μg、1.0μg、2.0μg 的标准溶液分别注入 Tenax-TA 吸附管，5min 后应将吸附管取下并密封，以完成标准系列制备。

**G.0.6** 采用热解吸直接进样的气相色谱法。将吸附管置于热解吸直接进样装置中，经温度范围为 280℃～300℃充分解吸后，使解吸气体直接由进样阀快速进入气相色谱仪进行色谱分析，以保留时间定性、以峰面积定量。

**G.0.7** 用热解吸气相色谱法分析吸附管标准系列时，应以各组分的含量（μg）为横坐标，以峰面积为纵坐标，分别绘制标准曲线，并求回归方程。

**G.0.8** 样品分析时，每支样品吸附管应按与标准系列相同的热解吸气相色谱分析方法进行分析，以保留时间定性、以峰面积定量。

**G.0.9** 所采空气样品中的浓度计算应符合下列规定：

**1** 所采空气样品中各组分的浓度应按下式进行计算：

$$C_m = \frac{m_i - m_o}{V} \qquad (G.0.9-1)$$

式中：$C_m$——所采空气样品中 $i$ 组分的浓度（$mg/m^3$）；

　　　$m_i$——样品管中 $i$ 组分的质量（g）；

　　　$m_o$——未采样管中 $i$ 组分的量（μg）；

　　　$V$——空气采样体积（L）。

空气样品中各组分的浓度还应按下式换算成标准状态下的浓度：

$$C_c = C_m \times \frac{101.3}{P} \times \frac{t+273}{273} \qquad \text{(G. 0. 9-2)}$$

式中：$C_c$——标准状态下所采空气样品中 $i$ 组分的浓度（mg/m³）；

$P$——采样时采样点的大气压力（kPa）；

$t$——采样时采样点的温度（℃）。

**2** 所采空气样品中总挥发性有机化合物（TVOC）的浓度应按下式进行计算：

$$C_{TVOC} = \sum_{i=1}^{i=n} C_c \qquad \text{(G. 0. 9-3)}$$

式中：$C_{TVOC}$——标准状态下所采空气样品中总挥发性有机化合物（TVOC）的浓度（mg/m³）。

注：1 对未识别的峰，应以甲苯的响应系数来定量计算。

2 当与挥发性有机化合物有相同或几乎相同的保留时间的组分干扰测定时，宜通过选择适当的气相色谱柱，或通过用更严格地选择吸收管和调节分析系统的条件，将干扰减到最低。

3 依据实验室条件，可等同采用国际标准《Indoor air-Part 6：Determination of volatile organic compounds in indoor and test chamber air by active sampling on Tenax TA® sorbent, thermal desorption and gas chromatography using MS/FID》ISO 16000—6：2004、《Indoor, ambient and workplace air-Sampling and analysis of volatile organic compounds by sorbent tube/thermal desorption/capillary gas chromatography-Part 1：Pumped sampling》ISO 16017-1：2000 等先进方法分析室内空气中的 TVOC。

## 本规范用词说明

**1** 为便于在执行本规范条文时区别对待，对要求严格程度不同的用词说明如下：

1）表示很严格，非这样做不可的：

正面词采用"必须"，反面词采用"严禁"；

2）表示严格，在正常情况下均应这样做的：

正面词采用"应"，反面词采用"不应"或"不得"；

3）表示允许稍有选择，在条件许可时首先应这样做的：

正面词采用"宜"，反面词采用"不宜"；

4）表示有选择，在一定条件下可以这样做的，采用"可"。

**2** 条文中指明应按其他有关标准执行的写法为："应符合……的规定"或"应按……执行"。

## 引用标准名录

《采暖通风与空气调节设计规范》GB 50019

《地下工程防水技术规范》GB 50108

《公共建筑节能设计标准》GB 50189

《民用建筑设计通则》GB 50352

《色漆、清漆和塑料　不挥发物含量的测定》GB/T 1725

《建筑材料放射性核素限量》GB 6566

《色漆和清漆　密度的测定-比重瓶法》GB/T 6750

《建筑物表面氡析出率的活性炭测量方法》GB/T 16143

《公共场所空气中氨测定方法》GB/T 18204.25

《公共场所空气中甲醛测定方法》GB/T 18204.26

《色漆和清漆用漆基　异氰酸酯树脂中二异氰酸酯（TDD）单体的　规定》GB/T 18446

《室内装饰装修材料　人造板及其制品中甲醛释放限量》GB 18580

《室内装饰装修材料　内墙涂料中有害物质限量》GB 18582

《室内装饰装修材料　胶粘剂中有害物质限量》GB 18583

《混凝土外加剂中释放氨的限量》GB 18588

中华人民共和国国家标准

# 民用建筑工程室内环境污染控制规范

GB 50325—2010

## 条 文 说 明

# 修 订 说 明

《民用建筑工程室内环境污染控制规范》GB 50325—2010 经住房和城乡建设部 2010 年 8 月 18 日以第 756 号公告批准发布。

修订后的"规范"新增内容有：

1. 提出了建筑物通风的新风量要求，这将对防止一味追求建筑节能而忽视室内空气质量的倾向发挥积极作用；

2. 提出了无机孔隙建筑材料（装修材料）测量氡析出率的要求，这将对降低室内氡浓度、保障人民群众身体健康发挥作用；

3. 对涂料、胶粘剂等建筑装修材料增加提出了甲苯、二甲苯等含量限量要求，加强了室内有机污染防治；

4. 细化了室内空气取样测量过程，并提出了更为严格、具体的技术要求，这将有利于提高取样测量的可操作性和测量结果的准确性等。

总之，修订后的"规范"将提升我国民用建筑工程室内环境污染控制与改善的技术水平。

虽然"规范"本次修订已经完成，但还有不少问题需要进一步研究解决，例如：①如何解决在保证检测质量的前提下，合理简化室内环境污染物检测，使室内环境污染检测易于进入千家万户的问题（目前 TVOC 等污染物取样测量过程复杂、周期长、成本过高）；②如何解决建筑节能与室内空气质量改善协调发展，以及如何科学地进行新风量测定等问题；③如何解决既推动室内环境污染治理技术发展、又科学评定污染治理效果的问题；④如何加强高氡地区规划管理、防氡降氡设计施工规范化管理及建筑材料氡析出测量技术研究，切实提高我国室内氡污染防治控制水平等。我们希望几年后再一次对"规范"进行修订时，多数问题能够得到解决，以适应我国不断发展的社会经济和人民生活水平提高的需要。

为了广大设计、施工、科研、学校等单位有关人员在使用本规范时能理解和执行条文规定，《民用建筑工程室内环境污染控制规范》编制组按章、节、条顺序编制了本标准的条文说明，对条文规定的目的、依据以及执行中需注意的有关事项进行了说明，还着重对强制性条文的强制性理由作了解释。但是，本条文说明不具备与标准正文同等的法律效力，仅供使用者作为理解和把握标准规定的参考。

# 目　次

# 1 总 则

**1.0.1** 本规范对建筑材料和装修材料用于民用建筑工程时，为控制由其产生的室内环境污染，从工程勘察设计、工程施工、工程检测及工程验收等各阶段提出了规范性要求。

**1.0.2** 规范适用于民用建筑工程（无论是土建或是装修）的室内环境污染控制，不适用于室外，也不适用于诸如墙体、水塔、蓄水池等构筑物，及医院手术室等有特殊卫生净化要求的房间。

关于建筑装修，目前有几种习惯说法，如建筑装饰、建筑装饰装修、建筑装潢等，唯建筑装修与实际工程内容更为符合。另外，国务院发布的《建筑工程质量管理条例》所采用的词语为"装修"，因此，本规范决定采用"装修"一词，即本规范中所说的建筑装修，既包括建筑装饰，也包括建筑装潢。

本规范所称室内环境污染系指由建筑材料和装修材料产生的室内环境污染。至于工程交付使用后的生活环境、工作环境等室内环境污染问题，如由燃烧、烹调和吸烟等所造成的污染，不属本规范控制之列。

**1.0.3** 近年来，国内外对室内环境污染进行了大量研究，已经检测到的有毒有害物质达数百种，常见的也有 10 种以上，其中绝大部分为有机物，另还有氡、氨气等。非放射性污染主要来源于各种人造板材、涂料、胶粘剂、处理剂等化学建材类建筑材料产品，这些材料会在常温下释放出许多种有毒有害物质，从而造成空气污染；放射性污染（氡）主要来自无机建筑材料，还与工程地点的地质情况有关系。

在拟订本"规范"过程中，我们在参考国内外大量研究成果的基础上，进行了大量验证性测试。测试结果表明，在我国目前发展水平下，对氡、甲醛、氨、苯及总挥发性有机化合物（TVOC）、游离甲苯二异氰酸酯（TDI，在固化剂中）等环境污染物进行控制是适宜的。理由是：①这几种污染物对身体危害较大，如甲醛、氨对人有强烈刺激性，对人的肺功能、肝功能及免疫功能等都会产生一定的影响；游离甲苯二异氰酸酯会引起肺损伤；氡、苯、甲醛及挥发性有机物中的多种成分都具有一定的致癌性等；②由于挥发性较强，空气中挥发量较多，在我们组织的验证性调查中也时常检出，且社会上各方面反响比较大。作为我国第一部民用建筑室内环境污染控制规范，将这几种污染物首先列为控制对象，与国内已开展此类研究的专家学者的意见相一致。

规范主要通过限制材料中长寿命天然放射性同位素镭-226、钍-232、钾-40 的比活度，来实现对室内放射性污染物氡的控制。

自然界中任何天然的岩石、砂子、土壤以及各种矿石，无不含有天然放射性核素，主要是铀、钍、镭、钾等长寿命放射性同位素。一般来讲，室内的放射性污染主要是来自这些长寿命的放射性核素。

居室内对人体危害最大的，是这些长寿命的放射性核素放射的 γ 射线和氡。人类每年所受到的天然放射性的照射剂量大约 2.5mS$_v$～3mS$_v$，其中氡的内照射危害大约占了一半，因此控制氡对人的危害，对于控制天然放射性照射具有很大的意义。

氡主要有 4 个放射性同位素：氡-222、氡-220、氡-219、氡-218，因为氡-220、氡-219、氡-218 三个同位素在自然界中的含量比氡-222 少得多（低 3 个量级），所以氡-222 对人体的危害最大。

氡对人的危害主要是氡衰变过程中产生的半衰期比较短的，具有 α、β 放射性的子体产物：钋-218、铅-214、铋-214、钋-214，这些子体粒子吸附在空气中飘尘上形成气溶胶，被人体吸入后，沉积于体内，它们放射出的 α、β 粒子对人体，尤其是上呼吸道、肺部产生很强的内照射。

根据放射理论计算和国内外大量实际测试研究结果，表明只要控制了镭-226、钍-232、钾-40 这三种放射性同位素，也就可以控制放射性同位素对室内环境带来的内、外照射危害。

只要建筑物所使用的建筑材料和装修材料符合有关国家限值要求及本规范的要求，由建筑材料和装修材料释放出来的氡，就不会使室内的氡含量超过规定限值。

**1.0.4** 本条是将建筑物本身的功能与现行国家标准中已有的化学指标综合考虑后作出的分类。一方面，根据甲醛指标形成自然分类见表 1。另一方面，根据人们在其中停留时间的长短，同时考虑到建筑物内污染积聚的可能性（与空间大小有关），将民用建筑分为两类，分别提出不同要求。住宅、老年建筑、医院病房、幼儿园和学校教室等，人们在其中停留的时间较长，且老幼体弱者居多，是我们首先应当关注的，一定要严格要求，定为Ⅰ类。其他如旅馆、办公楼、文化娱乐场所、商场、公共交通等候室、餐厅、理发店等，要么一般人们在其中停留的时间较少，要么在其中停留（工作）的以健康人群居多，因此，定为Ⅱ类。分类既有利于减少污染物对人体健康影响，又有利于建筑材料的合理利用，降低工程成本，促进建筑材料工业的健康发展。

本条所说民用建筑的分类均指单体建筑，对于一个建筑物中出现不同功能分区的情况，例如，许多住宅楼（Ⅰ类）的下层作为商店设计使用（Ⅱ类）的情况，或者办公楼（Ⅱ类）的上层作为住宅设计使用（Ⅰ类）的情况等，其室内环境污染控制应有所区别，即按照实际使用功能提出不同要求。

**表1　根据甲醛指标形成的自然分类**

| 标准名称 | 标准号 | 甲醛指标 | 适用的民用建筑 | 类别 |
|---|---|---|---|---|
| 《旅店业卫生标准》 | GB 9663 | ≤0.12mg/m³ | 各类旅店客房 | II |
| 《文化娱乐场所卫生标准》 | GB 9664 | ≤0.12mg/m³ | 影剧院（俱乐部）、音乐厅、录像厅、游艺厅、舞厅（包括卡拉OK歌厅）、酒吧、茶座、咖啡厅及多功能文化娱乐场所等 | II |
| 《理发店、美容店卫生标准》 | GB 9666 | ≤0.12mg/m³ | 理发店、美容店 | II |
| 《体育馆卫生标准》 | GB 9668 | ≤0.12mg/m³ | 观众座位在1000个以上的体育馆 | II |
| 《图书馆、博物馆、美术馆和展览馆卫生标准》 | GB 9669 | ≤0.12mg/m³ | 图书馆、博物馆、美术馆和展览馆 | II |
| 《商场、书店卫生标准》 | GB 9670 | ≤0.12mg/m³ | 城市营业面积在300m²以上和县、乡、镇营业面积在200m²以上的室内场所、书店 | II |
| 《医院候诊室卫生标准》 | GB 9671 | ≤0.12mg/m³ | 区、县级以上的候诊室（包括挂号、取药等候室） | II |
| 《公共交通等候室卫生标准》 | GB 9672 | ≤0.12mg/m³ | 特等和一、二等站的火车候车室，二等以上的候船室，机场候机室和二等以上的长途汽车站候车室 | II |
| 《饭馆（餐厅）卫生标准》 | GB 16153 | ≤0.12mg/m³ | 有空调装置的饭馆（餐厅） | II |
| 《居室空气中甲醛的卫生标准》 | GB/1627 | ≤0.08mg/m³ | 各类城乡住宅 | I |

**1.0.5** 本条为强制性条文。规范控制的室内环境污染主要来自建筑材料和装修材料中污染物的释放，因此，建筑材料和装修材料必须符合本规范的要求成为执行的关键。"规范"发布近10年来，虽然"规范"在全国的贯彻执行工作已取得了很大进展，但由于种种原因，目前在许多地方仍未全面执行，因此，本次规范修订中，原强制性条文基本全部保留。

**1.0.6** 本条属一般规定。

## 2　术语和符号

**2.1.2** 环境测试舱是目前欧美国家普遍采用的一种测试设备，主要用于建筑材料有害物释放量测试，例如木制板材、地毯、壁纸等的甲醛释放量测试，可以直接提供甲醛释放量数据。舱容积有1m³～40m³不等。大舱的舱体接近于房间大小，可进行整块板材的测试，模拟程度高，测试结果接近实际，但造价较高，运行成本也较高；小舱只能进行小样品测试，代表性差，但造价较低，运行成本也较低。

## 3　材　　料

### 3.1　无机非金属建筑主体材料和装修材料

**3.1.1** 本条为强制性条文，必须严格执行。建筑材料中所含的长寿命天然放射性核素，会放射γ射线，直接对室内构成外照射危害。γ射线外照射危害的大小与建筑材料中所含的放射性同位素的比活度直接相关，还与建筑物空间大小、几何形状、放射性同位素在建筑材料中的分布均匀性等相关。

目前，国内外普遍认同的意见是：将建筑材料的内、外照射问题一并考虑，经过理论推导、简化计算，提出了一个控制内、外照射的统一数学模式，即：

$$I_{Ra} \leqslant 1 \tag{1}$$

$$I_\gamma \leqslant 1 \tag{2}$$

本条文说明参考了如下文献：

[1] OECD, NEA, Exposure to Radiation from the Natural Radioactivity in Building Materials. Report by an NEA, Group of Experts. 1979, 1-34.

[2] Karpov V1, et al, Estimation of Indoor Gamma Dose Rate. Healthphys. 1980, 38 (5).

[3] Krisiuk ZM, et al. Study and Standardization of the Radioactivity of Building Materials. In ERDA-tr 250, 1976, 1-62.

民用建筑工程中使用的无机非金属建筑主体材料制品（如商品混凝土、预制构件等），如所使用的原材料（水泥、沙石等）的放射性指标合格，制品可不再进行放射性指标检验。

凡能同时满足公式（1）、（2）要求的建筑材料，即为控制氡-222的内照射危害及γ外照射危害达到了"可以合理达到的尽可能低水平"，即在长期连续的照射中，公众个人所受到的电离辐射照射的年有效剂量当量不超过1mSv。我国早在1986年已经接受了这一概念，并依此形成了我国的《建筑材料放射性核素限量》GB 6566等国家标准。

**3.1.2** 本条为强制性条文，必须严格执行。无机非金属建筑装修材料制品（包括石材），连同无机粘接材料一起，主要用于贴面材料，由于材料使用总量（以质量计）比较少，因而适当放宽了对该类材料的放射性环境指标的限制。不满足A类装修材料要求，而同时满足内照射指数（$I_{Ra}$）不大于1.3和外照射指数（$I_\gamma$）不大于1.9要求的为B类装修材料。

**3.1.3** 加气混凝土和空心率（孔洞率）大于25%的空心砖、空心砌块等建筑主体材料，氡的析出率比外形相同的实心材料大许多倍，有必要增加氡的析出率限量要求［不大于0.015Bq/（m²·s）］。另外，同体积的这些材料中，由于放射性物质减少25%以上，因此，内照射指数（$I_{Ra}$）不大于1.0和外照射指数（$I_\gamma$）不大于1.3时，使用范围不受限制。

**3.1.4** 材料表面氡析出率检测方法有多种，目前，我国无建筑材料表面氡析出率检测方法的全面标准，因此，在专项研究的基础上，编制了附录A。

## 3.2 人造木板及饰面人造木板

**3.2.1** 本条为强制性条文，必须严格执行。民用建筑工程使用的人造木板及饰面人造木板是造成室内环境中甲醛污染的主要来源之一。目前国内生产的板材大多采用廉价的脲醛树脂胶粘剂，这类胶粘剂粘接强度较低，加入过量的甲醛可提高粘接强度。以往，由于胶合板、细木工板等人造木板国家标准没有甲醛释放量限制，许多人造木板生产厂是采用多加甲醛这种低成本方法使粘接强度达标的。有关部门对市场销售的人造木板抽查发现甲醛释放量超过欧洲EMB工业标准A级品几十倍。由于人造木板中甲醛释放持续时间长、释放量大，对室内环境中甲醛超标起着决定作用，如果不从材料上严加控制，要使室内甲醛浓度达标是不可能的。因此，必须测定游离甲醛含量或释放量，便于控制和选用。

**3.2.2～3.2.8** 环境测试舱法可以直接测得各类板材释放到空气中的游离甲醛浓度，"穿孔法"可以测试板材中所含的游离甲醛的总量，"干燥器"法可以测试板材释放到空气中游离甲醛浓度。在实际应用中，三者各有优缺点。从工程需要而言，环境测试舱法提供的数据可能更接近实际一些，因而，美国规定采用环境测试舱法，已不再采用"穿孔法"，但环境测试舱法的测试周期长，运行费用高，目前在板材生产过程中，各类板材均采用环境测试舱法进行分类难以做到。故本规范优先在进口量很大的饰面人造木板上采用环境测试舱法测定游离甲醛释放量，有利于和国际接轨。

"穿孔法"测定人造木板中的游离甲醛含量是国内外传统方法，考虑到我国生产厂家较普遍采用"穿孔法"的实际情况，本规范保留刨花板、中密度纤维板采用"穿孔法"测定游离甲醛含量，并依此进行分类的做法。"穿孔法"按现行国家标准《室内装饰装修材料 人造板及其制品中甲醛释放限量》GB 18580的规定进行。

饰面人造木板是预先在工厂对人造木板表面进行涂饰或复合面层，不但可避免现场涂饰产生大量有害气体，而且可有效地封闭人造木板中的甲醛向外释放，是欧美国家鼓励采用的材料。但是如果用"穿孔法"测定饰面人造木板中的游离甲醛含量，则封闭甲醛向外释放的作用体现不出来，不利于能有效降低室内环境污染的饰面人造木板发展。而环境测试舱法可以接近实际地测得饰面人造木板的甲醛释放量，故规定饰面人造木板用环境测试舱法测定游离甲醛释放量。环境测试舱法测定人造板材的A类限值，取自德国标准的$E_1$级和中国环境标志产品技术要求《人造木质板材》HJBZ 37—1999规定的木地板甲醛释放量，为不大于0.12mg/m³。由于饰面人造木板在施工时除断面外不再会采取降低甲醛放量的措施，所以不设$E_2$类饰面人造木板。

胶合板、细木工板采用"穿孔法"测定游离甲醛含量时，因在溶剂中浸泡不完全，而影响测试结果。采用"干燥器"法可以解决这个问题，且该方法操作简单易行，测试时间短，所得数据为游离甲醛释放量。$E_1$类和$E_2$类限值系参考国家人造板检测中心提供的数据制定。"干燥器"法按现行国家标准《室内装饰装修材料 人造板及其制品中甲醛释放限量》GB 18580的规定进行，试样四边用不含甲醛的铝胶带密封。

## 3.3 涂　　料

**3.3.1** 水性涂料挥发性有害物质较少，尤其是住房和城乡建设部等部门淘汰以聚乙烯醇缩甲醛为胶结材料的水性涂料后，污染室内环境的游离甲醛有可能大幅度降低。

欧共体生态标准（1999/10/EC）规定：光泽值≤45（α=60°）的涂料，VOC≤30g/L；光泽值≥45（α=60°）的涂料，VOC≤200g/L（涂布量大于15m²/L的，VOC≤250g/L）。

重金属属于接触污染，与本规范这次要控制的五种有害气体污染没有直接的关系，故在产品标准中规定控制指标比较合适。水性墙面涂料和水性墙面腻子中VOC含量不要求在工程过程中复验。

因此，本规范规定室内用水性墙面涂料和水性墙面腻子中游离甲醛限量不大于 100mg/kg，与有关标准基本一致。

**3.3.2** 室内用溶剂型涂料和木器用溶剂型腻子含有大量挥发性有机化合物，现场施工时对室内环境污染很大，但数小时后即可挥发 90% 以上，1 周后就很少挥发了。因此，在避开居民休息时间进行涂饰施工、增加与室外通风换气、加强施工防护措施的前提下，目前仍可使用符合国家现行标准的室内用溶剂型涂料。随着新材料、新技术的发展，将逐步采用低毒性、低挥发量的涂料。现行溶剂型涂料标准大多有固含量指标，本规范在考虑稀释和密度的因素后，换算成 VOC 指标，与有关标准一致，便于生产质量管理。

室内溶剂涂料和木器用溶剂型腻子中苯质量分数指标不得超过 0.3%。

**3.3.3** 聚氨酯漆中含有毒性较大的二异氰酸酯（TDI、HDI），本规范与《室内装饰装修材料 溶剂型木器涂料中有害物质限量》GB 18581—2009 的规定一致，要求游离 TDI 含量应不大于 4g/kg，测定方法应符合现行国家标准《色漆和清漆用漆基 异氰酸酯树脂中二异氰酸酯（TDI）单体的测定》GB/T 18446 的规定。

**3.3.4** 水性墙面涂料和水性墙面腻子中 VOC 含量不要求在工程过程中复验。

### 3.5 水性处理剂

**3.5.1、3.5.2** 水性阻燃剂主要有溴系有机化合物阻燃整理剂（固含量不小于 55%）、聚磷酸铵阻燃整理剂（固含量不小于 55%）、聚磷酸铵阻燃剂和氨基树脂木材防火浸渍剂等，其中氨基树脂木材防火浸渍剂含有大量甲醛和氨水，不适合室内用。防水剂、防腐剂、防虫剂等处理中也有可能出现甲醛过量的情况，要对室内用水性处理剂加以控制。

水性处理剂中 VOC 含量不要求在工程过程中复验。

由于水性处理剂与水性涂料接近，故游离甲醛含量定为不大于 0.1g/kg。测定方法与水性涂料相同。

### 3.6 其他材料

**3.6.1** 本条为强制性条文，必须严格执行。混凝土外加剂中的防冻剂采用能挥发氨气的氨水、尿素、硝铵等后，建筑物内氨气严重污染的情况将会发生，有关部门已规定不允许使用这类防冻剂。但同样可能释出氨气的织物和木材用阻燃剂却未引起大家的足够重视，随着室内建筑装修防火水平的提高，有必要预防可能出现的室内阻燃剂挥发氨气造成的污染。

**3.6.2** 在市场调查中发现，许多混凝土外加剂（减

水剂）的主要成分是芳香族磺酸盐与甲醛的缩合物，若合成工艺控制不当，产品很容易大量释放甲醛，造成室内空气中甲醛的污染。因此，能释放甲醛的混凝土外加剂（减水剂）应对其游离甲醛含量进行控制。

**3.6.3** 粘合木结构所采用的胶粘剂可能会释放出甲醛，游离甲醛释放量不应大于 0.12mg/m³，其测定方法应按本规范附录 B 环境测试舱法进行测定。

**3.6.4** 壁布、帷幕等经粘合、定形、阻燃处理后，可能会释放出甲醛，游离甲醛释放量不应大于 0.12mg/m³，其测定方法应按本规范附录 B 环境测试舱法进行测定。

## 4 工程勘察设计

### 4.1 一般规定

**4.1.1** 本条为强制性条文，必须严格执行。"国家级氡监测与防治领导小组"的调查和国内外进行的住宅内氡浓度水平调查结果表明：建筑物室内氡主要源于地下土壤、岩石和建筑材料，有地质构造断层的区域也会出现土壤氡浓度高的情况，因此，民用建筑在设计前应了解土壤氡水平。通过工程开始前的调查，可以知道建筑工程所在城市区域是否已进行过土壤氡测定，及测定的结果如何。目前已初步完成了全国 18 个城市的土壤氡浓度测定，并算出了土壤氡浓度平均值。其他绝大多数城市未进行过土壤氡测定，当地的土壤氡实际情况不清楚，因此，工程设计勘察阶段应进行土壤氡现场测定。

**4.1.2** 本规范中对不同类型的民用建筑物，所选用的建筑材料及装修材料有不同规定，有强调必要。同时，应注意控制装修材料的使用量。

**4.1.3** "对于采用中央空调的民用建筑工程，新风量应符合现行国家标准《公共建筑节能设计标准》GB 50189 的有关规定"，明确了新风量要求。

**4.1.4** 近年来，随着建筑节能的要求越来越高，民用建筑的门窗密封性也越来越高；检测发现，许多采用自然通风的建筑物，由于缺少通风而造成室内环境污染超标，因此，自然通风的建筑物增加室内通风要求十分必要。

### 4.2 工程地点土壤中氡浓度调查及防氡

**4.2.1** 目前我国尚未在全国范围内进行地表土壤中氡水平的普查。据部分地区的调查报告称，不同地方的地表土壤氡水平相差悬殊。就同一个城市而言，在有地下地质构造断层的区域，其地表土壤氡水平往往要比非地质构造断层的区域高出几倍，因此，设计前的工程地质勘察报告，应提供工程地点的地质构造断裂情况资料。

全国国土面积内 25km×25km 网格布点的土壤天然放射性本底调查工作（其中包括土壤天然放射性本底数值），已于 20 世纪 80 年代末完成（该项工作由国家环保局出面组织），数据较为齐全，相当一部分城市已做到 2km×2km 网格布点取样，并建有数据库，这些数据可以作为区域性土壤天然放射性背景资料。

**4.2.2～4.2.8** 第 4.2.4、4.2.5、4.2.6 条皆为强制性条文，必须严格执行。

2003 年至 2004 年原建设部出面组织了全国土壤氡概况调查，利用国内几十年积累的放射性航空遥测资料，进行了约 500 万平方公里的国土面积的土壤氡浓度推算，得出全国土壤氡浓度的平均值为 7300Bq/m³，并粗略推算出了全国 144 个重点城市的平均土壤氡浓度（注：由于多方面原因，这些推算结果不可作为工程勘察设计阶段在决定是否进行工地土壤氡浓度测定时判定该城市土壤氡浓度平均值的依据），首次编制了中国土壤氡浓度背景概略图（1:8000000）。与此同时，在统一方案下，运用了多种检测方法，严格质量保证措施，开展了 18 个城市的土壤氡实地调查（连同过去的共 20 个城市），所取得的数据具有较高的可信度，并与航测研究结果进行了比较研究，两方面结果大体一致。全国土壤氡水平调查结果表明，大于 10000Bq/m³ 的城市约占被调查城市总数的 20%。

民用建筑工程在工程勘察设计阶段可根据建筑工程所在城市区域土壤氡调查资料，结合本规范的要求，确定是否采取防氡措施。当地土壤氡浓度实测平均值较低（不大于 10000Bq/m³）且工程地点无地质断裂构造时，土壤氡对工程的影响不大，工程可不进行土壤氡浓度测定。当已知当地土壤氡浓度实测平均值较高（大于 10000Bq/m³）或工程地点有地质断裂构造时，工程仍需要进行土壤氡浓度测定。土壤氡浓度不大于 20000Bq/m³ 时或土壤表面氡析出率不大于 0.05Bq/m²·s 时，工程设计中可不采取防氡工程措施。

一般情况下，民用建筑工程地点的土壤氡调查目的在于发现土壤氡浓度的异常点。本规范中所提出的几个档次土壤氡浓度限量值（10000Bq/m³、20000Bq/m³、30000Bq/m³、50000Bq/m³）考虑了以下因素：

**1** 从郑州市 1996 年所做的土壤氡调查中，发现土壤氡浓度达到 15000Bq/m³ 上下时，该地点地面建筑物室内氡浓度接近国家标准限量值；土壤氡浓度达到 25000Bq/m³ 上下时，该地点地面建筑物室内氡浓度明显超过国家标准限量值。我国部分地方的调查资料显示，当土壤氡浓度达到 50000Bq/m³ 上下时，室内氡超标问题已经突出。从这些材料出发，考虑到不同防氡措施的不同难度，将采取不同防氡措施的土壤氡浓度极限值分别定在 20000 Bq/m³、30000Bq/m³、50000Bq/m³。

**2** 在一般数理统计中，可以认为偏离平均值（7300Bq/m³）2 倍（即 14600Bq/m³，取整数 10000Bq/m³）为超常，3 倍（即 21900Bq/m³，取整数 20000Bq/m³）为更超常，作为确认土壤氡明显高出的临界点，符合数据处理的惯例。

**3** 参考了美国对土壤氡潜在危害性的分级：1 级为小于 9250Bq/m³，2 级为 9250Bq/m³～18500Bq/m³，3 级为 18500Bq/m³～27750Bq/m³，4 级为大于 27750Bq/m³。

**4** 参考了瑞典的经验：高于 50000Bq/m³ 的地区定为"高危险地区"，并要求加厚加固混凝土地基和地基下通风结构。本规范将必须采取严格防氡措施的土壤氡浓度极限值定为 50000Bq/m³。

**5** 参考了俄罗斯的经验：他们将 45 年内积累的 1 亿 8 千万个氡测量原始数据，以 50000Bq/m³ 为基线，圈出全国氡危害草图。经比例尺逐步放大后发现，几乎所有大范围的室内高氡均落在 50000Bq/m³ 等值线内，说明 50000Bq/m³ 应是土壤（岩石）气氡可能造成室内超标氡的限量值。

大量资料表明，土壤氡来自土壤本身和深层的地质断裂构造两方面，因此，当土壤氡浓度高到一定程度时，需分清两者的作用大小，此时进行土壤天然放射性核素测定是必要的。对于Ⅰ类民用建筑工程而言，当土壤的放射性内照射指数（$I_{Ra}$）大于 1.0 或外照射指数（$I_\gamma$）大于 1.3 时，原土再作为回填土已不合适，也没有必要继续使用，而采取更换回填土的办法，简便易行，有利于降低工程成本。也就是说，Ⅰ类民用建筑工程要求采用放射性内照射指数（$I_{Ra}$）不大于 1.0、外照射指数（$I_\gamma$）不大于 1.3 的土壤作为回填土使用。

土壤氡水平高时，为阻止氡气通道，可以采取多种工程措施，但比较起来，采取地下防水工程的处理方式最好，因为这样既可以防氡，又可以防止地下水，事半功倍，降低成本。况且，地下防水工程措施有成熟的经验，可以做得很好。只是土壤氡浓度特别高时，才要求采取综合的防氡工程措施。在实施防氡基础工程措施时，要加强土壤氡泄露监督，保证工程质量。

我国南方部分地区地下水位浅（特别是多雨季节），难以进行土壤氡浓度测量。有些地方土壤层很薄，基层全为石头，同样难以进行土壤氡浓度测量。这种情况下，可以使用测量氡析出率的办法了解地下氡的析出情况。实际上，对室内影响的大小决定于土壤氡的析出率。

我国目前缺少土壤表面氡析出率方面的深入研究，本规范中所列氡析出率方面的限量值及与土壤氡浓度值的对应关系均是粗略研究结果。待今后积累更多资料后，将进一步修改完善。

本规范第 4.2.2 条所说"区域性测定"，系指某城市、某开发区等城市区域性土壤氡水平实测调查，由于这项工作涉及建设、规划、国土等部门，是一项基础性科研工作，因此，宜专门立项，组织相关技术人员参加，最后调查成果应经过科技鉴定并发表，以保证其权威性。

本规范所说"民用建筑工程场地土壤氡调查"系指建筑物单体所在建筑场地的土壤氡浓度调查。

### 4.3 材料选择

**4.3.1** 本条为强制性条文，必须严格执行。民用建筑工程室内不得使用国家禁止使用、限制使用的建筑材料，包括政府管理部门及国家标准（包括行业标准）明确禁止使用的建筑材料，属原则性要求。

**4.3.2** 本条为强制性条文，必须严格执行。按照本规范第 3.1.1 条的规定，无论是 I 类或 II 类民用建筑工程，使用的无机非金属建筑主体材料均必须符合表 3.1.1 的要求。对 I 类民用建筑工程严格要求是必要的，因此，I 类民用建筑只允许采用 A 类无机非金属建筑装修材料。

**4.3.3** 提倡 II 类民用建筑也使用 A 类材料。当 A 类材料和 B 类材料混合使用时（实际中很可能发生），应按公式计算的 B 类材料用量掌握使用，不要超过，以便保证总体效果等同于全部使用 A 类材料。

**4.3.4** 本条为强制性条文，必须严格执行。I 类民用建筑室内装修工程中只能使用达到 $E_1$ 级要求的人造木板及饰面人造木板，否则室内甲醛很难达到验收要求。当使用细木工板数量较大时，应按照现行国家标准《细木工板》GB/T 5849—2006 的要求，使用 $E_0$ 级细木工板。

**4.3.5** II 类民用建筑室内装修工程中提倡使用达到 $E_1$ 级要求的人造木板及饰面人造木板，当使用 $E_2$ 级人造木板时，直接暴露于空气的部位要求用涂饰等表面覆盖处理的方法进行处理，以减缓甲醛释放。

**4.3.7** 聚乙烯醇水玻璃内墙涂料、聚乙烯醇缩甲醛内墙涂料或以硝化纤维素为主的树脂，以二甲苯为主溶剂的 O/W 多彩内墙涂料，施工时挥发大量甲醛和苯等有害物，对室内环境造成严重污染。我国部分地区已将其列为淘汰产品，可以用低污染的水性内墙涂料替代。

**4.3.8** 聚乙烯醇缩甲醛胶粘剂甲醛含量较高，若用于粘贴壁纸等材料，释放出大量的甲醛迟迟不能散尽，市场上已经有低污染的胶可以替代。

**4.3.9** 本条为强制性条文，必须严格执行。沥青类防腐、防潮处理剂会持续释放出污染严重的有害气体，故严禁用于室内木地板及其他木质材料的处理。

**4.3.10、4.3.11** 溶剂型胶粘剂粘贴塑料地板时，胶粘剂中的有机溶剂会被封在塑料地板与楼（地）面之间，有害气体迟迟散发不尽。I 类民用建筑工程室内地面承受负荷不大，粘贴塑料地板时可选用水性胶粘剂。II 类民用建筑工程中地下室及不与室外直接自然通风的房间，难以排放溶剂型胶粘剂中的有害溶剂，故在能保证塑料地板粘结强度的条件下，尽可能采用水性胶粘剂。

**4.3.12** 脲醛树脂泡沫塑料价格低廉，但作为室内保温、隔热、吸声材料时会持续释放出甲醛气体，故应尽量采用其他类型的材料。

# 5 工程施工

## 5.1 一般规定

**5.1.2** 本条为强制性条文，必须严格执行。为了控制室内环境污染必须在工程建设的全过程严格把关，其中，施工过程中把好材料关十分关键。因此，当建筑材料和装修材料进场检验抽查，发现不符合设计要求及本规范的有关规定时，严禁使用。

**5.1.4** 民用建筑工程室内装修，多次重复使用同一设计，为避免由于设计不适当造成大批量装修工程超标，因此，宜先做样板间，并对其室内环境污染物浓度进行检测。

## 5.2 材料进场检验

**5.2.1** 本条为强制性条文，必须严格执行。为保证民用建筑工程的室内环境质量，落实本规范第 3 章、第 4 章的规定，本条要求建筑工程主体中所采用的无机非金属材料必须有放射性指标检测报告；十多年来，国家有关部门曾对无机非金属装修材料多次抽样检测，发现花岗岩石材、瓷质砖、磷石膏制品放射性超标情况突出，因此，要求建筑工程装修材料花岗岩、瓷质砖、磷石膏制品必须有放射性指标检测报告。

**5.2.2** 目前，从全国调查的情况看，天然花岗岩石材和瓷质砖的放射性含量较高，并且不同产地、不同花色的产品放射性含量各不相同，因此，民用建筑工程室内饰面采用的天然花岗岩石材和瓷质砖，应对放射性指标加强监督，当同种材料使用总面积大于 $200m^2$ 应进行复检抽查。

**5.2.3、5.2.4** 第 5.2.3 条为强制性条文，必须严格执行。

每种人造木板及饰面人造木板均应有能代表该批产品甲醛释放量的检验报告。当同种板材使用总面积大于 $500m^2$ 时，应进行复检抽查。具体复检用样品数量，由检测方法的需要决定。不同的方法需不同的用量，具体数量可从各种检测方法得知。

**5.2.5、5.2.6** 此两条均为强制性条文，必须严格执行。建筑材料或装修材料的环境检验报告中项目不全或有疑问时，应送有资质的检测机构进行检验，检验合格后方可使用。这是不言而喻的。至于材料进场复验，因带有仲裁性质，应由有一定资质、有能力承担的检测单位承担此项任务。

### 5.3 施工要求

**5.3.1** 地下工程的变形缝、施工缝、穿墙管（盒）、埋设件、预留孔洞等特殊部位是氡气进入室内的通道，因此严格要求。

**5.3.2** 当异地土壤的内照射指数（$I_{Ra}$）不大于1.0，外照射指数（$I_\gamma$）不大于1.3时，可以使用。此种回填土虽比A类建筑材料有所放松，但毕竟是天然的土壤，因此，回填土指标未按A类材料标准要求。

**5.3.3** 本条为强制性条文，必须严格执行。民用建筑室内装修工程中采用稀释剂和溶剂按现行国家标准《涂装作业安全规程安全管理通则》GB 7691—2003 第2.1节的规定"禁止使用含苯（包括工业苯、石油苯、重质苯，不包括甲苯、二甲苯）的涂料、稀释剂和溶剂。"混苯中含有大量苯，故也严禁使用。

**5.3.4** 本条根据现行国家标准《涂装作业安全规程涂漆前处理工艺安全及其通风净化》GB 7692—1999 第5.2.8条"涂漆前处理作业中严禁使用苯"、第5.2.9条"大面积除油和清除旧漆作业中，禁止使用甲苯、二甲苯和汽油"制定。

**5.3.5、5.3.6** 第5.3.6条为强制性条文，必须严格执行。涂料、胶粘剂、处理剂、稀释剂和溶剂用后及时封闭存放，不但可减轻有害气体对室内环境的污染，而且可保证材料的品质。用剩余的废料及时清出室内，不在室内用溶剂清洗施工用具，是施工人员必须具备的保护室内环境起码的素质。

**5.3.7** 采暖地区的民用建筑工程在采暖期施工时，难以保证通风换气，不利于室内有害气体的向外排放，对邻居或同楼的用户污染危害大，也危害施工人员的健康，因此，以避开采暖时施工为好。

**5.3.8** 民用建筑室内装修工程进行饰面人造木板拼接施工时，为防止 $E_1$ 级以外的芯板向外释放过量甲醛，要对断面及边缘进行封闭处理，防止甲醛释放量大的芯板污染室内环境。

**5.3.9** 壁纸（布）、地毯、装饰板、吊顶等施工时，注意防潮，避免覆盖局部潮湿区域。空调冷凝水导排应符合现行国家标准《采暖通风与空气调节设计规范》GB 50019等有关规定，是为了防止在施工过程中孳生微生物等的产生，以避免产生表面及空气中微生物污染。

## 6 验 收

**6.0.1** 因油漆的保养期至少为7天，所以强调在工程完工7天以后，对室内环境质量进行验收。

**6.0.3** 本条为强制性条文，必须严格执行。民用建筑工程所用建筑材料和装修材料的类别、数量和施工工艺等对室内环境质量有决定性影响，因此，要求应符合设计要求和本规范的有关规定。

**6.0.4** 本条为强制性条文，必须严格执行。

表6.0.4中室内环境指标（除氡外）均为在扣除室外空气空白值的基础上制定的，是工程建设阶段必须实实在在进行有效控制的范围，室外空气污染程度不是工程建设单位能够控制的。扣除室外空气空白值可以突出控制建筑材料和装修材料所产生的污染。

表6.0.4中的氡浓度，系现场检测的实测氡浓度值，不再进行平衡氡子体换算，与国际接轨。

Ⅰ类民用建筑工程室内氡指标根据现行国家标准《住房内氡浓度控制标准》GB/T 16146—1995实测值定为不大于 200 Bq/m³；Ⅱ类民用建筑工程室内氡指标参考现行国家标准《住房内氡浓度控制标准》GB/T 16146—1995，并参考了现行国家标准《人防工程平时使用环境卫生标准》GB/T 17216—1998确定的，实测值不大于400Bq/m³。以往《住房内氡浓度控制标准》等均采用实测氡浓度后，再换算成平衡氡子体浓度，再进行评价的做法，这样做，需进行平衡因子换算。根据联合国原子辐射效应科学委员会1994年出版的报告《电离辐射辐射源与生物效应报告》（UNSCEAR1994REPORT）介绍，在正常通风使用情况下，室内空气中氡平衡因子的平均值一般不会超过0.5，因此，在计算室内平衡等效氡浓度时，平衡因子一般选取0.5。在本规范中，不再进行平衡因子换算，而是用氡浓度的实测值作为标准值进行评价。

Ⅰ类民用建筑工程室内甲醛浓度指标，系根据现行国家标准《居室空气中甲醛卫生标准》GB/T 16127—1995的确定值，定为不大于0.08mg/m³。

Ⅱ类民用建筑工程室内甲醛浓度指标，本次修订中采用了《室内空气质量标准》GB/T 18883—2002中的限量值0.1mg/m³。

由于民用建筑工程禁止在室内使用以苯为溶剂的涂料、胶粘剂、处理剂、稀释剂及溶剂，因此，室内空气中苯污染将得到相应控制。空气中苯污染现场测试结果在扣除室外本底值后，限值定为不大于0.09mg/m³。

Ⅰ类民用建筑工程室内氨指标，系根据现行行业标准《工业企业设计卫生标准》TJ 36—79和现场测试结果定为不大于0.2mg/m³；Ⅱ类民用建筑工程室内氨指标本次修订中采用了现行国家标准《室内空气质量标准》GB/T 18883—2002中的限量值0.20mg/m³。

Ⅱ类民用建筑工程室内总挥发性有机化合物（TVOC）指标定为不大于0.6mg/m³。Ⅰ类定为不大于0.5mg/m³。

表6.0.4的注1中明确：要扣除室外空气空白值，这样可以突出控制建筑材料和装修材料所产生的

污染。室外空气空白样品的采集应注意选择在上风向，选取适当地点的适当高度进行（注意避免地面附近污染源，如窨井等），并与室内样品同步采集。至于具体采样位置选取，由于工程现场实际情况多种多样，难以具体要求。

表 6.0.4 的注 2 中明确：污染物浓度测量值的极限值判定，采用全数值比较法，根据的是现行国家标准《数值修约规则与极限数值的表示和判定》GB/T 8170，在该标准中提出有两种极限值的判定方法：修约值比较法和全数值比较法，并进一步明确：各种极限数值（包括带有极限偏差值的数值）未加说明时，均指采用全数值比较法；如规定采用修约值比较法，应在标准中加以说明。考虑到许多检测人员对 GB/T 8170 标准不熟悉，因此，在表 6.0.4 的注 2 中进一步进行了明确。

目前，毛坯房验收较为普遍，而"毛坯房"只是一个通俗的称谓，并没有一个准确的定义，其包含的污染源也有所差异，例如，墙面的粉刷情况就有水泥砂浆无饰面、罩白、使用水性涂料饰面等多种情况。一般情况下，毛坯房的污染源主要是墙面粉刷涂料、房内门油漆、墙体外加剂、厨房卫生间使用的防水涂料等，带来的污染物仍然包括甲醛、苯、氨、TVOC 和氡，因此，简单的规定毛坯房验收只检测某些指标是不合适的。

在"规范"执行中，可以根据工程实际情况分析可能产生的污染源种类，然后确定相应的检测项目。

另外需要指出的是：厨房卫生间使用的防水涂料往往污染严重，如果在未进行装饰或无保护层的情况下进行验收检测，往往容易超标（毛坯房交工时的情况和住户使用时的情况不同，住户使用时已经进行了饰面施工，防水涂料被覆盖密封）。从发展趋势看，我国的住宅竣工验收将逐渐从毛坯房验收过度到装修完成后的验收。

**6.0.5** 新风量设计是依据现行国家标准《公共建筑节能设计标准》GB 50189 的规定，因此，在确定新风量检测方法时，原则上应按设计标准要求的方法进行室内新风量检测。

**6.0.6** 对于民用建筑工程的氡验收检测来说，目的在于发现室内氡浓度的异常值，即发现是否有超标情况，因此，当发现检测值接近或超过国家规定的限量值时，有必要进一步确认，以便准确地作出结论。例如，在实际验收检测工作中，出于方法灵敏度原因，现行国家标准《环境空气中氡的标准测量方法》GB/T 14582—1993 要求，径迹刻蚀法的布放时间应不少于 30d，活性炭盒法的样品布放时间 2d～7d，并应进行湿度修正等。对于使用连续氡检测仪的情况，在被测房间对外门窗已关闭 24h 后，取样检测时间保证大于仪器的读数响应时间是需要的（一般连续氡检测仪的读数响应时间在 45min 左右）。如发现检测值接近

或超过国家规定的限量值时，为进一步确认，保证测量结果的不确定度不应大于 25%，检测时间可根据情况延长，例如，设定为断续或连续 24h、48h 或更长。其他瞬时检测方法（如闪烁瓶法、双滤膜法、气球法等）在进行确认时，检测时间也可根据情况设定为断续 24h、48h 或更长。人员进出房间取样时，开关门的时间要尽可能短，取样点离开门窗的距离要适当远一点。

**6.0.8** 本规范要求，民用建筑工程室内空气中甲醛检测，可采用简便取样仪器检测方法（例如电化学分析方法、简便取样仪器比色分析方法、被动采样器仪器分析方法等），测量结果在 $0.01mg/m^3 \sim 0.60mg/m^3$ 测量范围内的不确定度应小于 20%。这里所说的"不确定度应小于 20%"指仪器的测定值与标准值（标准气体定值或标准方法测定值）相比较，总不确定度＜20%。

**6.0.9** 本条参照现行国家标准《居住区大气中苯、甲苯和二甲苯卫生检验标准方法 气相色谱法》GB/T 11737—1989 的规定，并进行了改进，制定了附录 F。

**6.0.12、6.0.13** 民用建筑工程及装修工程现场检测点的数量、位置，应参照现行国家标准《环境空气中氡的标准测量方法》GB/T 14582—1993 中附录 A "室内标准采样条件"、《公共场所卫生监测技术规范》GB 17220—1998，结合建筑工程特点确定。条文中的房间指"自然间"，在概念上可以理解为建筑物内形成的独立封闭、使用中人们会在其中停留的空间单元。计算抽检房间数量时，指对一个单体建筑而言。一般住宅建筑的有门卧室、有门厨房、有门卫生间及厅等均可理解为"自然间"，作为基数参与比抽检例计算。条文中"抽检每个建筑单体有代表性的房间"指不同的楼层和不同的房间类型（如住宅中的卧室、厅、厨房、卫生间等）。对于室内氡浓度测量来说，考虑到土壤氡对建筑物低层室内产生的影响较大，因此，一般情况下，建筑物的低层应增加抽检数量，向上层可以减少。按照本规范第 1.0.2 条，在计算抽检房间数量时，底层停车场不列入范围。

对于虽然进行了样板间检测，检测结果也合格，但整个单体建筑装修设计已发生变更的，抽检数量不应减半处理。

**6.0.14** 本规范修改前，房间使用面积大于 $100m^2$ 时，笼统要求设 3 个～5 个测量点，可操作性差。随着房间面积增加，测量点数适当增加是必要的，但不宜无限增加，据此对条文进行了修改，增加了可操作性。

**6.0.17** 室内通风换气是建筑正常使用的必要条件，欧洲、美国标准和本规范均规定模拟室内环境测试舱测定人造木板等挥发有机化合物时标准舱内换气次数为 1.0 次/h，现行行业标准《夏热冬冷地区居住建筑

节能设计标准》JGJ 134—2001 规定居住建筑冬季采暖和夏季空调室内换气次数为 1.0 次/h，并以此来设计确定室内温度和其他指标。由于采用自然通风换气的民用建筑工程受门窗开闭大小、天气等影响变化很大，换气率难以确定，因此本规范要求在充分换气、敞开门窗，且关闭 1h 后尽快进行检测，1h 甲醛等挥发性有机化合物的累积浓度接近每小时换气 1 次的平衡浓度，而且在关闭门窗的条件下检测可避免室外环境变化的影响（墙壁上有空调机、排风扇等预留孔的应予封闭）。采用集中空调的民用建筑工程，其通风换气设计有相应的规定，通风换气在空调正常运转的条件下才能实现（空调系统的温度设置应符合节能要求），在此条件下检测，测得的室内氡浓度及甲醛等挥发性有机化合物浓度的数据与真实使用情况接近。

门窗的关闭指自然关闭状态，不是指刻意采取的严格密封措施。当发生争议时，对外门窗关闭时间以 1h 为准。在对甲醛、氨、苯、TVOC 取样检测时，装饰装修工程中完成的固定式家具（如固定壁柜、台、床等），应保持正常使用状态（如家具门正常关闭等）。

**6.0.18** 采用自然通风的民用建筑工程室内进行氡浓度检测时，不能采用甲醛等挥发性有机化合物检测时门窗关闭 1h 后进行检测的方法，原因是氡浓度在室内累积过程较慢，且氡释放到室内空气中后一部分会衰减，因此，条文规定应在房间对外门窗关闭 24h 以后进行检测。对采用自然通风的民用建筑工程，累积式测氡仪器可以从对外门窗关闭开始测量，24h 以后读取结果。

**6.0.19** 本条为强制性条文，必须严格执行。

"当室内环境污染物浓度的全部检测结果符合本规范表 6.0.4 的规定时，应判定该工程室内环境质量合格。"系指各种污染物检测结果要全部符合本规范的规定，各房间检测点检测值的平均值也要全部符合本规范的规定，否则，不能判定为室内环境质量合格。

**6.0.20** 在进行工程竣工验收时，一次检测不合格的，可再次进行抽样检测，但检测数量要加倍。这里所说的"抽检量应增加 1 倍"指：不合格检测项目（不管超标房间数量多少）按原抽检房间数量的 2 倍重新检测，例如，第一次检测时抽检 6 个房间，发现有 1 个房间甲醛超标，那么，将对甲醛重新抽检 12 个房间进行检测。

**6.0.21** 本条为强制性条文，必须严格执行。室内环境质量是民用建筑工程的一项重要指标，工程竣工验收时必须合格。本条与第 6.0.4 条相呼应并保持一致。

## 附录 B 环境测试舱法测定材料中 游离甲醛、TVOC 释放量

环境测试舱法测试板材游离甲醛释放量，舱容积可以有大有小。从理论上讲，容积小于 1m³ 的测试舱也可以使用，但考虑到测试舱进行测试的具体条件，即小舱使用的板材量太少，代表性差，所以，本规范附录 B 中规定的舱容积应为 1m³～40m³，最好使用大舱。欧盟国家称 12m³ 以上容积的舱为大舱，美国称 5m³ 以上为大舱。

正常情况下，板材释放游离甲醛的数量随时间呈指数衰减趋势，开始时释放量较大，后逐渐减少。因此，理论上讲，在有限的测试时间内，板材中的游离甲醛不可能达到平衡释放。实际上，从工程实践角度看，相邻几天内甲醛释放量相差不大时，即可认为已进入平衡释放状态。这样做，对室内环境污染评价影响不大。这就是文中所规定的，在任意连续 2d 测试时间内，浓度下降不大于 5% 时，可认为达到了平衡状态。

如果测试进行 28d 仍然达不到平衡，继续测试下去所用的时间太长，因此，不必继续进行测试，此时，严格来讲，可通过公式计算确定甲醛平衡释放量。在欧盟标准中，列出了所使用的计算公式 $C=A/(1+Bt^D)$，式中，A、B、D 均为正的常数。C 是实测值，不同板材的 A 值不同。经验表明，B 值取 0.1，D 值取回 0.5，较为合适，这样取值后，给 A 值带来的误差在 20% 以内。虽然做此简化，计算甲醛平衡释放浓度值仍然比较麻烦，因为要使用最小二乘法进行反复计算。因此，为进一步简化起见，在本规范附录 B 中，未再提出进行公式计算的要求，仅以第 28d 的测试结果作为最后的平衡测试值。

## 附录 C 溶剂型涂料、溶剂型胶粘 剂中挥发性有机化合物 （VOC）、苯系物含量测定

### C.1 溶剂型涂料、溶剂型胶粘剂中挥发性 有机化合物（VOC）含量测定

本附录参考了《Paints and varnishes — Determination of volatile organic compound（VOC）content — Part 1：Difference method》ISO11890 — 1 的原理及方法。

原理是：当样品准备后，先测定不挥发物质含量及密度，再通过公式计算出样品中 VOC 的含量。

不挥发物质含量测定，采用了现行国家标准《色漆和清漆 挥发物和不挥发物的测定》GB/T 6751 的规定，该标准所采用的方法与 ISO 11890—1 所推荐

的方法相一致。

密度测定是采用现行国家标准《色漆和清漆 密度的测定比重瓶法》GB 6750—2007 的规定，与 ISO 11890—1 推荐的方法相一致。

### C.2 溶剂型涂料中苯、甲苯十二甲苯十乙苯含量测定

溶剂型涂料中苯、甲苯十二甲苯十乙苯含量测定采用顶空气相色谱法，此法样品前处理简便易行。

### C.3 溶剂型胶粘剂中苯、甲苯十二甲苯含量测定

溶剂型胶粘剂中苯、甲苯十二甲苯含量测定采用顶空气相色谱法，此法样品前处理简便易行。

## 附录 E 土壤中氡浓度及土壤表面氡析出率测定

本附录参照了原核工业部地质探矿时的有关规定。

通过测量土壤中的氡气探知地下矿床，是一种经典的探矿方法。土壤中氡测量仪器，需在野外作业，对温、湿度环境条件要求较高。

由于土壤中氡含量一般较高，数量级一般在数百 $Bq/m^3$ 水平，因此对仪器灵敏度不必提出过高要求（实际上不大于 $400Bq/m^3$ 的灵敏度已经够了）。

取样器深入建筑场地地表土壤的深度太深，将加大测试工作的难度，也不太必要；太浅，土壤中氡含量易受大气环境影响，不足以反映深部情况。参照地质探矿的经验，一般情况下，取 600mm～800mm 较为适宜。考虑到采样气体体积的需要，采样孔径的直径也不宜太大，以 20mm～40mm 较为适宜。

土壤表面氡析出率的测量方法，通常采用聚集罩积累被测介质析出的氡，然后进行氡浓度测量。将聚集罩罩在地面上，土壤中析出的氡即在罩内积累，氡的半衰期较长（3.82d），在数小时内氡的衰减量很少，因而在较短的时间段内，罩内氡积累量与时间成正比。

氡积累的时间段内的任意两个时刻测定罩内的氡量（即氡析出量），可用下述公式计算：

$$R = \frac{(N_{t2} - N_{t1})}{A \cdot \Delta t} \cdot V \qquad (1)$$

式中：$R$——氡析出率（$Bq/m^2 \cdot s$）；

$N_{t1}$、$N_{t2}$——分别为 $t_1$、$t_2$ 时刻测得的罩内氡浓度（$Bq/m^3$）；

$V$——聚集罩与介质表面所围住的空气体积（$m^3$）；

$A$——聚集罩所罩住的介质表面的面积（$m^2$）；

$\Delta t$——两个测量时刻之间的时间间隔，即 $t_1$—

$t_2$（s）。

对土壤表面氡析出率测量来说，在聚集罩开始罩着被测地面时，罩内空气的氡浓度可忽略不计（可视为零），这是因为野外空气中的氡浓度一般为几个 $Bq/m^3$，因此，可以将上面的公式中的 $N_{t1}$ 设为零，不会给测量结果带来明显影响。

这样，公式可简化为：

$$R = \frac{N_{t2}}{A \cdot \Delta t} \cdot V \qquad (2)$$

关于本规范中提出的氡析出率限值 [即 $0.05Bq/(m^2 \cdot s)$、$0.1Bq/(m^2 \cdot s)$、$0.3Bq/(m^2 \cdot s)$ 等]，主要基于以下因素和推算：

**1** 根据有关资料，不同土壤的地表氡析出率平均值约为 $0.016Bq/(m^2 \cdot s)$，它是地面以上空气中氡的主要来源。

**2** 100m 以下的低空空气中的氡浓度变化范围在 $1Bq/m^3$～$10Bq/m^3$ 之间，约为 $6Bq/m^3$ 左右。

**3** 在建筑物中，土壤的地表析出的氡主要影响建筑物内的低层（如 1 层～3 层，即 10m 以下）。

据此可以估计出，在无建筑物地基阻挡的情况下，当土壤表面氡析出率为 $0.016Bq/m^2 \cdot s$ 时，室内氡浓度可能达到 $60Bq/m^3$。

本规范对 I 类民用建筑工程规定的室内氡浓度限量为 $200Bq/m^3$，也就是说，当土壤表面氡析出率大于 $0.05Bq/m^2 \cdot s$ 时（即 $0.016Bq/m^2 \cdot s$ 的 3 倍以上），可能发生室内氡超标。

其他土壤表面氡析出率限量值（$0.1Bq/m^2 \cdot s$、$0.3Bq/m^2 \cdot s$）基本参照土壤氡浓度限量值，成比例扩大。

## 附录 F 室内空气中苯的测定

本附录参考了现行国家标准《居住区大气中苯、甲苯和二甲苯卫生检验标准方法 气相色谱法》GB/T 11737—1989，但有所修改：

**1** 可以使用毛细柱或填充柱。

**2** 热吸附后直接进样。与热解吸后手工进样的气相色谱法和二硫化碳提取气相色谱法相比，直接进样简化了操作步骤，大大提高了方法的精密度和灵敏度，同时可以减少操作过程中空气污染对实验人员的危害。

**3** 所做标准曲线（标准系列）涵盖的苯浓度范围适中（标准曲线范围相当于取样 10L 所对应的空气中苯浓度范围：$0.01mg/m^3$～$0.20mg/m^3$，"规范"规定的空气中苯浓度限量为 $0.09mg/m^3$）。

## 附录 G 室内空气中总挥发性有机化合物（TVOC）的测定

本附录参考了 ISO 16017-1 的原理和方法，还参

考了 ISO 16000—6：2004 的原理和方法，并结合了几年来开展 TVOC 检测的实际情况。

在 G.0.3 中明确对 Tenax-TA 吸附剂用量、颗粒粗细及活化吸附管的具体要求，以保证吸附剂本身对空气中 TVOC 的吸附能力的一致性，提高检测结果的准确度。考虑到空气中挥发性有机化合物品种繁多，不可能一一定性，在国内调查资料的基础上，仅就目前我国建筑材料和装修材料中时常出现的部分有机化合物作为应识别组分（其他未识别组分均以甲苯计），我们选择了标准品苯、甲苯、对（间）二甲苯、邻二甲苯、苯乙烯、乙苯、乙酸丁酯、十一烷作为计量溯源依据。

在 G.0.6 中规定使用热解吸直接进样的气相色谱法，与热解吸后手工进样的气相色谱法相比，简化了操作步骤，大大提高了方法的精密度和灵敏度。

中华人民共和国国家标准

# 住宅建筑室内振动限值及其
# 测量方法标准

Standard of limit and measurement method of vibration
in the room of residential buildings

GB/T 50355—2005

主编部门：中华人民共和国建设部
批准部门：中华人民共和国建设部
施行日期：2005年10月1日

# 中华人民共和国建设部
## 公　告

### 第 354 号

---

### 建设部关于发布国家标准《住宅建筑
### 室内振动限值及其测量方法标准》的公告

现批准《住宅建筑室内振动限值及其测量方法标准》为国家标准，编号为 GB/T 50355－2005，自 2005 年 10 月 1 日起实施。

本标准由建设部标准定额研究所组织中国建筑工业出版社出版发行。

中华人民共和国建设部

2005 年 7 月 15 日

---

## 前　言

根据原国家计划委员会计综字［1986］2030 号文的要求，编制组在深入调查研究，认真总结实践经验，并广泛征求意见的基础上，制定了本标准。

本标准的主要内容是：1. 总则；2. 术语；3. 住宅建筑室内振动限值；4. 测量方法等。

本标准由建设部负责管理，全国声学标准化技术委员会建筑分技术委员会归口，中国建筑科学研究院（地址：北京市北三环东路 30 号；邮政编码：100013）负责具体内容解释。

本标准的主编单位、参编单位和主要起草人：

主 编 单 位：中国建筑科学研究院

参 编 单 位：上海市民用建筑设计院

北京市劳动保护科学研究所

主要起草人：陈道常　张　翔

朱维薇　战嘉恺　涂瑞和

# 目 次

# 1 总　　则

**1.0.1** 为防止住宅建筑（含商住楼）内部振动源对室内居住者的干扰，并便于对住宅建筑内设备的振动控制设计，制定本标准。

**1.0.2** 本标准适用于住宅建筑（含商住楼）室内振动的评价与测量。

**1.0.3** 本标准规定的振动限值以振动加速度级 $L_a$ 计量，单位为分贝，dB。

**1.0.4** 本标准规定的振动频率范围为 1～80Hz；振动方向取地面（或楼层地面）的铅垂方向。

**1.0.5** 住宅建筑（含商住楼）室内振动的评价除执行本标准外，应符合国家现行有关标准的规定。

# 2 术　　语

**2.0.1** 振动加速度级 $L_a$　vibration acceleration level

加速度与基准加速度之比的以 10 为底的对数乘以 20，记为 $L_a$，单位为分贝，dB。按此定义，该量为

$$L_a = 20\lg\ a/a_0 \quad (dB)$$

式中　$a$——振动加速度有效值，$m/s^2$；

$a_0$——基准加速度值，$a_0 = 10^{-6} m/s^2$。

**2.0.2** 铅垂向振动加速度级　vertical vibration acceleration level

垂直于地面或楼层地面方向上的振动加速度级。

# 3 住宅建筑室内振动限值

**3.0.1** 住宅建筑室内的铅垂向振动加速度级应符合表 3.0.1 规定的限值。

**表 3.0.1　住宅建筑室内振动限值**

| 1/3倍频程中心频率（Hz） | | 1 | 1.25 | 1.6 | 2 | 2.5 | 3.15 | 4 | 5 | 6.3 | 8 |
|---|---|---|---|---|---|---|---|---|---|---|---|
| $L_a$ 限值 (dB) | 1级限值 昼间 | 76 | 75 | 74 | 73 | 72 | 71 | 70 | 70 | 70 | 70 |
| | 1级限值 夜间 | 73 | 72 | 71 | 70 | 69 | 68 | 67 | 67 | 67 | 67 |
| | 2级限值 昼间 | 81 | 80 | 79 | 78 | 77 | 76 | 75 | 75 | 75 | 75 |
| | 2级限值 夜间 | 78 | 77 | 76 | 75 | 74 | 73 | 72 | 72 | 72 | 72 |
| 1/3倍频程中心频率（Hz） | | 10 | 12.5 | 16 | 20 | 25 | 31.5 | 40 | 50 | 63 | 80 |
| $L_a$ 限值 (dB) | 1级限值 昼间 | 72 | 74 | 76 | 78 | 80 | 82 | 84 | 86 | 88 | 90 |
| | 1级限值 夜间 | 69 | 71 | 73 | 75 | 77 | 79 | 81 | 83 | 85 | 87 |
| | 2级限值 昼间 | 77 | 79 | 81 | 83 | 85 | 87 | 89 | 91 | 93 | 95 |
| | 2级限值 夜间 | 74 | 76 | 78 | 80 | 82 | 84 | 86 | 88 | 90 | 92 |

**3.0.2** 各类限值适用范围的划分：

**1** 1级限值：为适宜达到的限值；

**2** 2级限值：为不得超过的限值。

**3.0.3** 昼夜时间适用范围的划分：

**1** 昼间：06：00～22：00

**2** 夜间：22：00～06：00

昼夜时间适用范围也可按当地人民政府的规定而划分。

# 4 测量方法

## 4.1 测量仪器

**4.1.1** 测量仪器系统应具备在 1～80Hz 的频率范围内，可测量 1/3 倍频程振动加速度级的功能，其 1/3 倍频程带通滤波器性能应符合现行国家标准《声和振动分析用 1/1 和 1/3 倍频程滤波器》GB 3241 的规定；测量仪器系统应符合现行国家标准《城市区域环境振动测量方法》GB 10071 中测量仪器的有关规定。

**4.1.2** 测量仪器系统应经国家认可的计量部门检定合格，并在其有效期限内使用。

## 4.2 测量量

**4.2.1** 测量量为：频率 1～80Hz 范围内，1/3 倍频程的铅垂向振动加速度级（$L_a$）值。单位为分贝，dB。

## 4.3 测量位置及拾振器的安置

**4.3.1** 一个测点，测点置于住宅建筑室内地面中央或室内地面振动敏感处。

**4.3.2** 测量时，应确保拾振器平稳地安放在平坦、坚实地面上。

**4.3.3** 拾振器的灵敏度主轴方向应与地面（或楼层地面）的铅垂方向一致。

## 4.4 测量条件

**4.4.1** 测量时，仪器动态特性为"快"响应；采样时间间隔不大于1s。测量平均时间不少于 1000s。

**4.4.2** 测量过程中，应保持住宅建筑物内部的振源处于正常工作状态，并避免住宅建筑物外部各种振源和其他环境因素对振动测量的干扰。

# 本标准用词说明

**1** 为便于在执行本标准条文时区别对待，对于要求严格程度不同的用词说明如下：

　　1）表示很严格，非这样做不可的：

　　　　正面词采用"必须"；

　　　　反面词采用"严禁"。

2) 表示严格，在正常情况下均应这样做的：
   正面词采用"应"；
   反面词采用"不应"，或"不得"。
3) 表示允许稍有选择，在条件许可时，首先
   应这样做的：
   正面词采用"宜"；

反面词采用"不宜"。

表示有选择，在一定条件下可以这样做的，采用
"可"。

**2** 条文中指明应按其他有关标准执行的写法为：
"应按……执行"或"应符合……规定"。

# 住宅建筑室内振动限值及其测量方法标准

GB/T 50355—2005

条 文 说 明

# 目 次

# 1 总　则

**1.0.1**　我国颁布的《城市区域环境振动标准》GB 10070-1988 与《城市区域环境振动测量方法》GB 10071-1988，从环境保护的角度，规定了位于住宅建筑物外部各种振动源（如机械设备、公路交通、铁路交通以及施工现场等）对住宅建筑物的容许振动限值标准。

本标准则规定了安装在住宅建筑物内部的各种振动源（如电梯、水泵、风机等）对住宅建筑内部的容许振动限值标准，以确保居住者有一个良好而又必备的居住条件。同时，本标准也为住宅建筑内各种振动源的振动控制提供了可靠的依据。

**1.0.2**　国际标准化组织（ISO）以及欧美国家，均开展了建筑物振动对人们工作、学习与生活影响方面的研究工作，并已编制出如《建筑物中的连续和冲击振动（1~80Hz）》（ISO 2631）；《建筑物中的振动评价》（ANSI S3.29）；《建筑物内的振动；对人的影响评价》（DIN 4150/2）等有关的评价标准与相应的测试方法。由于住宅建筑是人们生活、学习与休息的主要场所，本标准仅限于住宅建筑（含商住楼），适用于住宅建筑室内振动的评价和测量。

**1.0.3**　目前国内外表征振动对人体影响的主要物理量为加速度。为测量与表示方便，一般采用加速度级 $L_a$ 来表示其大小，基准加速度值定为 $10^{-6}\,m/s^2$（见《声学量的级及其基准值》GB 3238-82）。

**1.0.4**　根据《人体全身振动暴露的舒适性降低界限和评价准则》GB/T 13442-92 有关条款，振动对人体影响（属于全身振动范畴）的主要频率范围在 1~80Hz，其间以 1/3 倍频程来划分。

振动的重要特征之一就是有方向之别，我国城市区域环境振动标准中采用以大地作为参考坐标，并以铅垂向为主要方向。其主要依据是，通过对我国城市环境振动普查结果的分析，表明铅垂方向的环境振动是影响居民日常生活的主要因素。我们考虑到居民日常起居生活主要是在住宅建筑室内地面（楼面）上，其振动方向特征与环境振动中相似，为简化标准和测量方法，从室内振动的实际影响出发，并保持与相关国家标准的一致性，本标准在住宅建筑室内采用以铅垂方向作为振动的测量方向。

**1.0.5**　规定此条，是为了与《城市区域环境振动标准》等国家现行有关标准协调。

本标准采用的分频多值评价量（$L_a$）与《城市区域环境振动标准》所采用的单值计权评价量（铅垂向 Z 振级，$VL_Z$）之间可按下式换算：

$$VL_Z = 10\lg\left[\sum_{i=1}^{20} 10^{(L_{a,i}-W_i)/10}\right]\quad(dB)$$

式中 $L_{a,i}$ 是第 $i$ 个中心频率上所测得的振动加速

度级（dB）；$W_i$ 是该频率上 Z 方向的计权因子（dB）。其数值如下表所示：

| 序号（$i$） | 1 | 2 | 3 | 4 | 5 | 6 | 7 | 8 | 9 | 10 |
|---|---|---|---|---|---|---|---|---|---|---|
| 1/3 倍频程中心频率（Hz） | 1 | 1.25 | 1.6 | 2 | 2.5 | 3.15 | 4 | 5 | 6.3 | 8 |
| 计权因子（$W_i$）（dB） | 6 | 5 | 4 | 3 | 2 | 1 | 0 | 0 | 0 | 0 |
| 序号（$i$） | 11 | 12 | 13 | 14 | 15 | 16 | 17 | 18 | 19 | 20 |
| 1/3 倍频程中心频率（Hz） | 10 | 12.5 | 16 | 20 | 25 | 31.5 | 40 | 50 | 63 | 80 |
| 计权因子（$W_i$）（dB） | 2 | 4 | 6 | 8 | 10 | 12 | 14 | 16 | 18 | 20 |

# 2 术　语

**2.0.1**　振动加速度级 $L_a$ 的定义。

**2.0.2**　对铅垂向振动加速度级的具体解释。

# 3 住宅建筑室内振动限值

**3.0.1**　我们在确定住宅建筑（包括商住楼）室内振动标准限值时，主要是以住宅室内振动对人居环境的影响为前提，采用的振动频率为 1~80Hz，其中心频率以 1/3 倍频程来划分，2003 年 ISO 2631/2 对频率计权因子作了一些调整，并希望各国提供相关的数据，以继续积累研究资料。但我国有关人体振动感受的基础性标准（如 GB/T 13442-92；GB 10070-88 等）并未修改。因此，本标准中 1~80Hz 各中心频率上的计权因子仍采用 GB/T 13442-92《人体全身振动暴露的舒适性降低界限和评价准则》中所规定的 Z 向频率计权因子。由于人对振动的容忍值的变化范围较大，在确定该数值时，还必须考虑社会、文化和心理状态等诸因素。限制住宅建筑外部环境振动的《城市区域环境振动标准》GB 10070-88 中的振动限值比某些国家的标准，在 4~8Hz 的敏感频率范围内，要严 10dB 左右。由于《城市区域环境振动标准》GB 10070-88 系通过采取客观测量与主观反应相结合的方法来确定的，即对我国五个典型城市的区域环境振动状况作广泛调查后，以克拉夫科夫分析方法结果为依据，并以 S 形曲线分析方法结果为参考，进行常规环境物理参数分析而得出的结论，因此其标准限值具有较好的科学性，比较符合我国的实际情况。

虽然本标准只是限制住宅建筑内部振动源的干扰，但人们对振动的主观感受反应应该是相同的。因此本标准在 4~8Hz 的敏感频率范围内，不同类别住宅建筑室内的振动限值，采用了《城市区域环境振动标准》GB 10070-88 中相关区域室外铅垂向 Z 振级的限值。而在其他非敏感频率的限值，则仍按 ISO

2631/2 的基本曲线中所规定的 Z 计权曲线增减。这也符合相关国标之间应满足一致性的要求。

在编制中，我们在北京、上海等城市，有选择地对一些住宅建筑（重点为多层与高层住宅）的内部振动源所引起的室内振动现状作了实地测量与调研。结果表明，由于住宅建筑内部振动源的种类与数量均较少，室内地面（楼面）振动频谱多呈窄带型，最大振动加速度往往在住宅地面（楼面）的谐振频率范围内。这与欧美有关标准中的相关论点是一致的。此外，实测表明，在谐振频率或振动敏感频率上，大多数住宅建筑室内地面（楼面）的振动加速度级低于表 3.0.1 中相应的限值。对少数局部超标值，只要设计者对振源（如电梯、水泵等）的安装加以隔振控制，从技术上，达标是可能的；而经济上，为隔振控制所增加的费用通常低于一般噪声控制的费用。这些为本标准执行的可行性，提供了可靠的依据。

**3.0.2** 由于住宅建筑类型较多，如单纯住宅楼；底层为商用的住宅楼等，其居住条件和要求也有所不同。为确保居住者有较好的居住环境，本标准中将限值定为两级，1 级为适宜达到的限值；2 级为在任何条件下都不得超过的限值。

**3.0.3** 规定了昼夜时间适用的范围。由于地区差别、季节变化等特殊情况，昼夜时间适用范围也可按当地人民政府的规定而划分。

# 4 测 量 方 法

## 4.1 测 量 仪 器

**4.1.1** 规定了测量住宅建筑室内振动的仪器，只要符合现行国家标准《城市区域环境振动测量方法》GB 10071 和《声和振动分析用 1/1 和 1/3 倍频程滤波器》GB 3241 中规定的测量仪器有关技术性能（与 ISO8041 规定的有关技术性能相同），如具备在 1～80Hz 的频率范围内，可测量 1/3 倍频程振动加速度级的频率分析的测振仪器系统、磁带测量记录仪等，均可选用。

**4.1.2** 为确保测量的可靠、准确和数据的统一性，测量系统必须定期检定。

## 4.2 测 量 量

**4.2.1** 参见第 1.0.3 条条文说明。

## 4.3 测量位置及拾振器的安置

**4.3.1** 规定了选择测点的方法。在住宅建筑中振动敏感处一般均在室内地面中央，但也有可能出现例外，因此不规定一定置于室内地面中央，也可置于室内振动敏感处。

**4.3.2** 对拾振器安置的规定。要求它平稳地安放在测点，并避免置于如地毯等之类的松软地面上，以减少不必要的测量误差。

**4.3.3** 规定拾振器灵敏度主轴方向应与铅垂方向一致，主要是为了避免拾振器安置位置方向与测量方向不一致而可能引起的误差。

## 4.4 测 量 条 件

**4.4.1** 规定测量时仪器的动态特性、采样时间间隔和测量平均时间，是为避免测量时可能产生的误差。

**4.4.2** 避免足以影响住宅建筑室内振动测量准确的振源工作状态和其他环境因素，如室外振动、室内走动和敲击等引起的人为振动，可以减少测量误差；测量时保持住宅建筑物内部的振源处于正常工作状态，是为了真实地反映当时、当地的振动实际情况。

中华人民共和国国家标准

# 石油化工设计能耗计算标准

Standard for calculation of energy consumption
in petrochemical engineering design

GB/T 50441—2007

主编部门：中国石油化工集团公司
批准部门：中华人民共和国建设部
施行日期：2008年4月1日

# 中华人民共和国建设部
# 公 告

## 第 729 号

---

### 建设部关于发布国家标准
### 《石油化工设计能耗计算标准》的公告

现批准《石油化工设计能耗计算标准 》为国家标准，编号为GB/T 50441—2007，自 2008 年 4 月 1 日起实施。

本标准由建设部标准定额研究所组织中国计划出版社出版发行。

中华人民共和国建设部
二〇〇七年十月二十三日

## 前 言

本标准是根据建设部建标函〔2005〕124 号文《关于印发"2005 年工程建设标准规范制订、修订计划（第二批）"的通知》的要求，由中国石化集团洛阳石油化工工程公司进行编制的。

在编制过程中，充分总结吸收了近几年来石油化工能耗计算方面的成果，并征求了有关设计、施工、生产、科研等方面的意见，对其中主要问题进行了多次讨论，最后经审查定稿。

本标准共分 4 章。主要内容包括：总则、术语、一般规定和能耗计算。

本标准由建设部负责管理，中国石油化工集团公司负责日常管理，中国石化集团洛阳石油化工工程公司负责具体技术内容的解释。在执行过程中，请各单位结合工程实践，认真总结经验，如发现需要修改或补充之处，请将意见和建议寄中国石化集团洛阳石油化工工程公司（地址：河南省洛阳市中州西路 27 号，邮政编码：471003，电子邮箱：gbec@1pec.com.cn），以便今后修订时参考。

本标准主编单位和主要起草人：

主 编 单 位：中国石化集团洛阳石油化工工程公司

主要起草人：郭文豪　赵建炜　李和杰　李法海　朱华兴

# 目　次

# 1 总 则

**1.0.1** 为统一石油化工建设项目设计能源消耗（以下简称"能耗"）计算方法，制定本标准。

**1.0.2** 本标准适用于以石油、天然气及其产品为主要原料的炼油厂、石油化工厂、化肥厂和化纤厂的全厂、装置和公用工程系统的新建和改造工程的设计能耗计算以及项目投产验收的实测能耗计算。

**1.0.3** 石油化工设计能耗计算，除应符合本标准外，尚应符合国家现行的有关标准的规定。

# 2 术 语

**2.0.1** 耗能工质 energy transfer medium

在生产过程中所使用的不作为原料、也不进入产品，制取时又需要消耗能源的载能介质。

**2.0.2** 能源折算值 equivalent coefficient of primary energy consumption

将单位数量的一次能源及生产单位数量的电和耗能工质所消耗的一次能源，折算为标准燃料的数值。

**2.0.3** 统一能源折算值 specified equivalent coefficient of primary energy consumption

根据全国或石油化工行业平均用能水平分析确定的能源折算值。

**2.0.4** 设计能源折算值 estimated equivalent coefficient of primary energy consumption

根据设计条件计算的能源折算值。

**2.0.5** 实际能源折算值 actual equivalent coefficient of primary energy consumption

根据企业生产实际计算的能源折算值。

**2.0.6** 能耗 energy consumption

耗能体系在生产过程中所消耗的各种燃料、电和耗能工质，按规定的计算方法和单位折算为一次能源量（标准燃料）的总和。

**2.0.7** 单位能耗 unit energy consumption

耗能体系加工单位原料或生产单位合格产品的能耗。

**2.0.8** 设计能耗 design energy consumption

按燃料、电及耗能工质的设计消耗量计算的能耗。

**2.0.9** 实测能耗 practical energy consumption

按燃料、电及耗能工质的实测消耗量计算的能耗。

# 3 一 般 规 定

**3.0.1** 能耗应按一次能源消耗计算，能耗单位宜采用千克（kg）标准油或吨（t）标准油，1kg 标准油的低发热量为 41.868MJ。上报国家或地方政府的能耗统计数据应采用 t 标准煤表示。

**3.0.2** 炼油、石油化工、化纤厂（装置）的原料不应计入能耗，化肥厂（装置）的原料应计入能耗。

**3.0.3** 能耗宜采用单位原料或单位合格产品为基准计算，也可按单位时间为基准计算。

**3.0.4** 设计能耗应按正常运行工况计算，开工、停工、事故、消防、临时吹扫等工况下的消耗不应计入能耗。正常生产过程中的间断消耗或输出应折算为平均值后再计入能耗。

**3.0.5** 生产过程中所消耗的压缩空气、氧气、氮气、二氧化碳（气）等各种气体介质和产生的污水均应计入能耗。

**3.0.6** 全厂能耗计算宜采用设计能源折算值或实际能源折算值，也可采用统一能源折算值。装置能耗计算应采用统一能源折算值。

**3.0.7** 考核设计能耗时，宜采用实测能耗。

**3.0.8** 燃料、电及耗能工质的统一能源折算值应按表 3.0.8 选取。耗能体系之间交换的热量，应按本标准第 4.2.3 条规定计入能耗。

**表 3.0.8 燃料、电及耗能工质的统一能源折算值**

| 序号 | 类 别 | 单位 | 能量折算值（MJ） | 能源折算值（kg标准油） | 备 注 |
|---|---|---|---|---|---|
| 1 | 电 | kW·h | 10.89 | 0.26 | |
| 2 | 标准油① | t | 41868 | 1000 | |
| 3 | 标准煤 | t | 29308 | 700 | |
| 4 | 汽油 | t | 43124 | 1030 | |
| 5 | 煤油 | t | 43124 | 1030 | |
| 6 | 柴油 | t | 42705 | 1020 | |
| 7 | 催化烧焦 | t | 39775 | 950 | |
| 8 | 工业焦炭 | t | 33494 | 800 | |
| 9 | 甲醇 | t | 19678 | 470 | |
| 10 | 氢 | t | 125604 | 3000 | 仅适用于化肥装置 |
| 11 | 10.0MPa级蒸汽 | t | 3852 | 92 | 7.0MPa≤$P$② |
| 12 | 5.0MPa级蒸汽 | t | 3768 | 90 | 4.5MPa≤$P$<7.0MPa |
| 13 | 3.5MPa级蒸汽 | t | 3684 | 88 | 3.0MPa≤$P$<4.5MPa |
| 14 | 2.5MPa级蒸汽 | t | 3559 | 85 | 2.0MPa≤$P$<3.0MPa |
| 15 | 1.5MPa级蒸汽 | t | 3349 | 80 | 1.2MPa≤$P$<2.0MPa |
| 16 | 1.0MPa级蒸汽 | t | 3182 | 76 | 0.8MPa≤$P$<1.2MPa |
| 17 | 0.7MPa级蒸汽 | t | 3014 | 72 | 0.6MPa≤$P$<0.8MPa |

续表 3.0.8

| 序号 | 类别 | 单位 | 能量折算值（MJ） | 能源折算值（kg 标准油） | 备注 |
|---|---|---|---|---|---|
| 18 | 0.3MPa 级蒸汽 | t | 2763 | 66 | 0.3MPa≤P<0.6MPa |
| 19 | <0.3MPa 级蒸汽 | t | 2303 | 55 | |
| 20 | 10～16℃冷量 | MJ | 0.42 | 0.010 | 显热冷量 |
| 21 | 5℃冷量 | MJ | 0.67 | 0.016 | 相变冷量 |
| 22 | 0℃冷量 | MJ | 0.75 | 0.018 | 相变冷量 |
| 23 | −5℃冷量 | MJ | 0.80 | 0.019 | 相变冷量 |
| 24 | −10℃冷量 | MJ | 0.88 | 0.021 | 相变冷量 |
| 25 | −15℃冷量 | MJ | 1.00 | 0.024 | 相变冷量 |
| 26 | −20℃冷量 | MJ | 1.17 | 0.028 | 相变冷量 |
| 27 | −25℃冷量 | MJ | 1.42 | 0.034 | 相变冷量 |
| 28 | −30℃冷量 | MJ | 1.76 | 0.042 | 相变冷量 |
| 29 | −35℃冷量 | MJ | 2.00 | 0.048 | 相变冷量 |
| 30 | −40℃冷量 | MJ | 2.26 | 0.054 | 相变冷量 |
| 31 | −45℃冷量 | MJ | 2.55 | 0.061 | 相变冷量 |
| 32 | −50℃冷量 | MJ | 2.93 | 0.070 | 相变冷量 |
| 33 | 新鲜水 | t | 6.28 | 0.15 | |
| 34 | 循环水 | t | 4.19 | 0.10 | |
| 35 | 软化水 | t | 10.47 | 0.25 | |
| 36 | 除盐水 | t | 96.30 | 2.30 | |
| 37 | 除氧水 | t | 385.19 | 9.20 | |
| 38 | 凝汽机凝结水 | t | 152.81 | 3.65 | |
| 39 | 加热设备凝结水 | t | 320.29 | 7.65 | |
| 40 | 污水③ | t | 46.05 | 1.10 | |
| 41 | 净化压缩空气 | m³④ | 1.59 | 0.038 | |
| 42 | 非净化压缩空气 | m³④ | 1.17 | 0.028 | |
| 43 | 氧气 | m³④ | 6.28 | 0.15 | |
| 44 | 氮气 | m³④ | 6.28 | 0.15 | |
| 45 | 二氧化碳（气） | m³④ | 6.28 | 0.15 | |

注：①燃料应按其低发热量折算成标准油；
　　②蒸汽压力指表压；
　　③作为耗能工质的污水，指生产过程排出的需耗能才能处理合格排放的污水；
　　④指 0℃和 0.101325MPa 状态下的体积。

**3.0.9** 气体燃料的能源折算值可根据气体组成按低发热值计算。

# 4 能耗计算

## 4.1 计算通式

**4.1.1** 耗能体系的能耗应按下式计算：

$$E_P = \sum (G_i C_i) + \sum Q_j \qquad (4.1.1)$$

式中 $E_P$——耗能体系的能耗（kg/h）；

$G_i$——燃料、电及耗能工质 i 消耗量（t/h，kW，m³/h）；

$C_i$——燃料、电及耗能工质 i 的能源折算值（kg/t，kg/kW·h，kg/m³）；

$Q_j$——耗能体系与外界交换热量所折成的一次能源量（kg/h），输入时计为正值，输出时计为负值。

**4.1.2** 单位能耗应按下式计算：

$$e_P = E_P/G_P \qquad (4.1.2)$$

式中 $e_P$——单位能耗（kg/t）；

$G_P$——耗能体系的进料量或合格产品量（t/h）。

## 4.2 计算规定

**4.2.1** 各耗能体系的能耗计算可采用表 4.2.1 汇总，表中的项目可根据实际情况增减。

**4.2.2** 消耗的燃料应包括外部供入的燃料和各种副产燃料，但已计算原料的体系除外。

**4.2.3** 耗能体系与外界交换的热量应按下列规定计算：

**1** 油品的热进料、热出料：热进料或热出料热量的温度等于或大于 120℃时，全部计入能耗；油品规定温度与 120℃之间的热量折半计入能耗；油品规定温度以下的热量不计入能耗。

**2** 热量交换：热用户物流通过热交换得到热量后，温度升至 120℃以上的中高温位热量全部计入能耗；60～120℃之间的低温位热量折半计入能耗；60℃以下的低温位热量不计入能耗。

注：油品的规定温度：汽油为 60℃，柴油为 70℃，蜡油（催化裂化原料）为 80℃，渣油（燃料油或焦化、沥青原料等）为 120℃。

**4.2.4** 用于采暖、制冷等季节性的热量输出或输入，应折算为年平均值计入能耗。

**4.2.5** 输变电系统电损失应按现行行业标准《炼油厂用电负荷设计计算方法》SH/T 3116 计算。

#### 表 4.2.1　能耗计算汇总表

装置或单元名称：　　　　　公称处理量：　　kt（Mt）/a　　　　　　　　　　　　进料（产品）量：　　t/h

| 序号 | 项　目 | 消耗量 | | 能源折算值 | | 设计能耗（kg/h） | 单位能耗（kg/t） | 备注 |
|---|---|---|---|---|---|---|---|---|
| | | 单位 | 数量 | 单位 | 数量 | | | |
| 1 | 电 | kW | | kg/kW·h | | | | |
| 2 | 燃料 | | | | | | | |
| | 燃料油 | t/h | | kg/t | | | | |
| | 燃料气 | t/h | | kg/t | | | | |
| | 煤 | t/h | | kg/t | | | | |
| | 催化烧焦 | t/h | | kg/t | | | | |
| | 工业焦炭 | t/h | | kg/t | | | | |
| 3 | 蒸汽 | | | | | | | |
| | 10.0MPa | t/h | | kg/t | | | | |
| | 3.5MPa | t/h | | kg/t | | | | |
| | 1.0MPa | t/h | | kg/t | | | | |
| | 0.3MPa | t/h | | kg/t | | | | |
| | <0.3MPa | t/h | | kg/t | | | | |
| 4 | 冷量交换 | | | | | | | |
| | 10~16℃ | kW | | | | | | |
| | −15℃ | kW | | | | | | |
| | −30℃ | kW | | | | | | |
| | −50℃ | kW | | | | | | |
| 5 | 水 | | | | | | | |
| | 新鲜水 | t/h | | kg/t | | | | |
| | 循环水 | t/h | | kg/t | | | | |
| | 软化水 | t/h | | kg/t | | | | |
| | 除盐水 | t/h | | kg/t | | | | |
| | 除氧水 | t/h | | kg/t | | | | |
| | 凝汽机凝结水 | t/h | | kg/t | | | | |
| | 加热设备凝结水 | t/h | | kg/t | | | | |
| | 污水 | t/h | | kg/t | | | | |
| 6 | 热交换 | | | | | | | |
| | 热进料 | kW | | | | | | |
| | 热出料 | kW | | | | | | |
| | 中高温位热量 | kW | | | | | | |
| | 低温余热 | kW | | | | | | |
| 7 | 气体 | | | | | | | |
| | 净化压缩空气 | m³/h | | kg/m³ | | | | |
| | 非净化压缩空气 | m³/h | | kg/m³ | | | | |
| | 氧气 | m³/h | | kg/m³ | | | | |
| | 氮气 | m³/h | | kg/m³ | | | | |
| | 二氧化碳（气） | m³/h | | kg/m³ | | | | |
| 8 | 合计 | | | | | | | |

### 本标准用词说明

**1** 为便于在执行本标准条文时区别对待，对要求严格程度不同的用词说明如下：

1）表示很严格，非这样做不可的用词：

正面词采用"必须"，反面词采用"严禁"。

2）表示严格，在正常情况下均应这样做的用词：

正面词采用"应"，反面词采用"不应"或"不得"。

3）表示允许稍有选择，在条件许可时首先应这样做的用词：

正面词采用"宜"，反面词采用"不宜"；

表示有选择，在一定条件下可以这样做的用词，采用"可"。

**2** 本标准中指明应按其他有关标准、规范执行的写法为"应符合……的规定"或"应按……执行"。

中华人民共和国国家标准

# 石油化工设计能耗计算标准

GB/T 50441—2007

条 文 说 明

# 目　次

# 1 总　则

**1.0.3** 执行本标准时还涉及下列标准：

《综合能耗计算通则》GB 2589；

《炼油厂用电负荷设计计算方法》SH/T 3116。

# 2 术　语

**2.0.1** 常见的耗能工质有新鲜水、循环水、软化水、除盐水、除氧水、蒸汽、压缩空气、氮气、氧气、冷量介质、导热油等，污水作为能耗工质的特例。

**2.0.3** 电的统一能源折算值根据全国平均用能水平确定，其他统一能源折算值根据石化行业平均用能水平确定。

**2.0.6** 耗能体系在生产过程中消耗的燃料按低发热值直接折算为标准一次能源，但对消耗的电及各种耗能工质，不能只计算本身所含有的能量（如电的热当量、蒸汽的焓）所折算的标准一次能源量，还应计算生产和输送过程所消耗的全部能量并折算成标准一次能源量。

规定的计算方法在本标准中系指选用或计算燃料、电及耗能工质的能源折算值，可根据能耗计算及对比的需要选用统一能源折算值、实际能源折算值或设计能源折算值。

**2.0.7** 凡以单一原料生产多种产品的装置或石油化工厂均以原料进料量为基准。

凡以多种原料生产一种或几种目的产品的装置或石油化工厂均以一种主要目的产品的合格品产量为基准。

有些耗能体系的单位能耗计算采用按惯例的方式处理，如炼油企业的储运系统采用原料加工量。

**2.0.8** 设计能耗计算使用对应的设计消耗量。如果某装置的公称处理量与设计进料量不同，则设计能耗计算使用设计的进料量及相应的实物消耗量。

**2.0.9** 实测能耗计算使用实际测试的消耗量，包括了设计标定和生产管理两个方面，可用于考核评价工程设计能耗或分析生产管理对能耗的影响。

# 3 一般规定

**3.0.1** 石油化工主要以石油及产品为原料，且以油、气为燃料，这些原料的低发热量均约为10000kcal/kg。长期以来，石油化工的能耗以每吨原料或产品的kg标准油表示。考虑到上述两方面，能耗单位采用kg标准油，而不采用kg标准煤，否则数据不直观，难于使用。但考虑到GB 2589采用kg或t标准煤的规定，故本标准规定，在上报国家或地方政府的能耗统计数据时，仍遵守GB 2589的规定。

**3.0.2** 本条规定，主要是考虑原料与产品的性质差

异和目前的能耗计算习惯。通常，炼油、石油化工、化纤企业的原料不计入能耗，这些原料主要指石油或其产品。如果是作为原料的耗能介质，如制氢装置转化过程中所消耗的水蒸气，则计入能耗。习惯上，化肥企业的原料计入能耗。对于在炼油和化肥企业中的同类工艺装置，分别按各自的习惯处理。如炼油企业中制氢装置的原料不计入能耗，而化肥企业中的制氢装置原料计入能耗。

**3.0.3** 以单位原料或单位产品为基准的能耗单位为kg/t，表示处理每吨原料或生产每吨合格产品的kg标准油数量，不能将分子分母约去kg，变成一个无单位数据。

**3.0.5** 虽然各种气体能耗占总能耗的比例不大，但生产装置之间和公用工程之间存在相互计量和成本核算问题，如果气体消耗不计入能耗，会引起设计单位取消相应的计量单元或降低计量精度，导致较大的浪费。计算污水能耗的目的是将污水处理场的能耗按污水量分摊到生产污水的装置或单元，这对压缩污染源、改善环境和污水回用等有促进作用。

**3.0.6** 为了提高能耗计算的科学合理性，深刻反映能耗指标的系统特性，以利于全面提高工艺装置和公用工程的用能水平，本标准规定，应优先计算出设计能源折算值或实际能源折算值，并由此计算各能耗指标。本条规定是与现行能耗计算方法的一个重大不同。

设计能源折算值或实际能源折算值的计算主要涉及锅炉房或动力站，以下简单示例说明计算方法。

设某动力站只有1台锅炉和1台背压式汽轮机，锅炉自耗电1000kW，消耗自产的除盐水120t/h，每吨除盐水耗电6kW·h。锅炉所产的3.5MPa中压蒸汽直接供出10t/h，供出1.0MPa蒸汽100t/h，其他有关数据见图1。试求电、3.5MPa蒸汽、1.0MPa蒸汽的实际能源折算值 $\Phi_电$、$\Phi_{3.5}$、$\Phi_{1.0}$。

在计算之前，先将锅炉所耗的除盐水折算为电耗720kW。

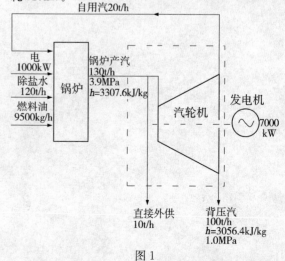

图1

以汽轮机为体系按热量法求出供热比 $A$：

$130000 \times 3307.6 \times A$

$= 10000 \times 3307.6 + 100000 \times 3056.4 + 20000 \times 3056.4 \times A$

可求出供热比 $A = 0.9183$，供电比 0.0817。

用供热比、供电比将产电和蒸汽的消耗分开。

发电 7000kW 的消耗：

1.0MPa 蒸汽为 $20 \times 0.0817 = 1.634$t/h，电为 $(1000 + 720) \times 0.0817 = 140.5$kW，燃料油为 $9500 \times 0.0817 = 776.15$kg/h。

并由此消耗，可列出产电能耗的关系式

$\Phi_{电} = (1.634\Phi_{1.0} + 140.5\Phi_{电} + 776.15) / 7000$

同理可求出供出 3.5MPa 蒸汽 10t/h、1.0MPa 蒸汽 120t/h 的消耗：

1.0MPa 蒸汽为 18.366t/h，电 1579.5kW，燃料油 8723.85kg/h。这些消耗折一次能源消耗 $B$：

$B = 18.366\Phi_{1.0} + 1579.5\Phi_{电} + 8723.85$

在供出蒸汽中，仍以热量法求出供出 3.5MPa 蒸汽的用热比例（也即一次能源比例），$10000 \times 3307.6 / (10000 \times 3307.6 + 120000 \times 3056.4) = 0.0827$，供出 1.0MPa 蒸汽的比例为 0.9173。

分别列出供 3.5MPa、1.0MPa 蒸汽能耗的关系式：

$$B \times 0.0827 / 10 = \Phi_{3.5}$$
$$B \times 0.9173 / 120 = \Phi_{1.0}$$

联合求解上述关系式，可求出电、3.5MPa 蒸汽、1.0MPa 蒸汽的实际能源折算值（或设计能源折算值）为 0.1321kg/kW·h，85.93kg/t，79.43kg/t。

**3.0.8** 关于燃料、电及耗能工质的统一能源折算值的取值，说明如下：

1 统一能源折算值均按当前国内平均水平或常规条件取值（包括输送过程的能量损失）。

2 在《石油化工设计能量消耗计算方法》SH/T 3110 标准中，电的能源折算值由原来的四个行业不统一，统一调整取值为 0.2828kg/kW·h。根据目前的统计数据，全国 2002 年的供电标准煤耗为 381g/kW·h，2005 年的供电煤耗为 374g/kW·h，折合标准燃料油消耗为 0.2618kg，因此将该值取整作为电的统一能源折算值。

3 新鲜水的能源折算值，是按提升、净化等过程的总扬程约为 150m 计算的电耗折算的能耗。

4 循环水的能源折算值，是按一般提升扬程和凉水塔风机每年运行 5500h，并包括损失在内的能耗。

5 随着节水工作的深入开展，污水处理深度增加，污水处理的能耗增大。因此，根据有关资料将处理每吨污水的统一能源折算值确定为 1.1kg 标准油。

6 软化水、除盐水、除氧水的能源折算值都是以进水温度 20℃ 为基准计算的。

7 凝结水的能源折算值是以除盐水能源折算值为基准，加上回收的凝结水热量（以 20℃ 为基准）并扣除回收过程消耗的能源。

8 燃料油（气）的能源折算值是根据标准燃料油的低发热值确定的。

9 工业焦炭的能源折算值取自《石油化工设计能量消耗计算方法》SH/T 3110。催化烧焦的能源折算值系根据 2001～2002 年国内 18 套催化裂化装置的焦炭平均氢含量 6.67% 计算所确定。

10 石化企业蒸汽管网通常有 10.0MPa、3.5MPa、1.0MPa、0.3MPa 四个压力等级，但部分企业还有其他等级，为扩大适用范围，故全面设置了 9 个压力等级。从应用的角度，对于常用等级之外的压力等级，如果能源折算值与常用某一等级的折算值差别不大（±3kg/t），尽量不用非常用压力等级。装置自产蒸汽或背压蒸汽轮机排出蒸汽均采用统一能源折算值。

11 可对电和耗能工质的生产单元，如电、各等级蒸汽、水、冷量和气体等，按耗能体系的能耗计算方法计算设计能源折算值或实际能源折算值。

12 在 13 个冷量等级中，10～16℃ 冷量为空调级，它是由溴化锂制冷机以工艺装置的低温余热（80～100℃）为热源所生产的显热冷量。其余等级的冷量均由压缩制冷生产，制冷机由电机驱动，冷量为相变冷量。至于其他温度更低的冷量统一能源折算值，本标准暂不作统一规定，在设计中视具体情况而定。

# 4 能 耗 计 算

## 4.1 计 算 通 式

**4.1.1** 能耗计算通式的耗能体系可以分为工艺装置、能耗转换单元（如循环水场）、辅助系统（储运、污水处理场等）和全厂等任何体系。如体系为装置，则为装置能耗；如体系为储运系统，则为储运系统的能耗；如为能源转换单元的循环水场，则可计算出循环水的实际能源折算值；如为全厂，则为全厂能耗。

装置与外界交换的热量仅在装置外有接收单位且有效利用时方可计入能耗。

在统计燃料的消耗量时，应根据实际低发热量折算为标准燃料的消耗量。

燃料油包括各种液体燃料，如重油、渣油、裂解渣油、原油等。燃料气包括天然气、干气、液化石油气等各种气体燃料。

对于化肥等需要计算原料能耗的装置，式（4.1.1）中 $G_i$ 和 $C_i$ 含原料能耗。

**4.1.2** 在设计阶段，装置进料量或产品量是根据全厂工艺流程所确定的物料平衡中的进料量或产品量，在生产阶段是实际的进料量或产品量，不同于装置的公称生产能力。

## 4.2 计 算 规 定

**4.2.1** 在进行能耗计算结果汇总时，应注意以下几点：

**1** 各装置用汽和自产蒸汽（或背压蒸汽输出）、用电和自发电等应分别填写，并应注明正负号，不可互相抵消合并为一个数值。

**2** 燃料油和燃料气分别填写。

**3** 热进料、热出料、中高温位热量交换、低温热的"实物消耗量"表栏填写所交换的热量，根据交换热量的温度和数值以及本标准的有关规定，计算出能源折算值，且应在备注栏中注明各物流名称、流量和温度范围。

**4** 消耗量均应按连续操作折算。

**4.2.2** 燃料消耗是生产过程消耗的各种燃料之和。如果原料的一部分或产品的一部分作为燃料在生产过程中提供能量，均应作为燃料消耗计算（如 PSA 尾气、分馏塔顶油气、侧线产品等）。但化肥等计入原料能耗的装置，有所不同，需加以注意。

**4.2.3** 不同耗能体系之间交换的热量有第 4.2.3 条所述的两大类。为使装置之间热进料、热出料热量合理地计入能耗，将目前通行的规定温度适当降低（目前汽油、柴油、蜡油和渣油的规定温度分别为 60℃，80℃，90℃，130℃），且取规定温度与 120℃ 之间的热量折半计入能耗以提高能耗的对比合理性，提高热用户的积极性；为防止出现中高温位热源热量传递给温度较低热阱所引起的不合理用能问题，规定热用户物流得到高于 120℃ 的交换热量才全部计入能耗。低温余热利用的方式很多，节能效果不同，因此综合考虑我国工业用能水平的提高（相当于降低了低温余热回收利用的节能效果）、各种低温余热回收利用的节能效果以及低温余热的能源折算值对能耗对比带来的影响等各种因素，热用户物流得到 60～120℃ 的低温位热量折半计入能耗。

当热用户物流的温度在 120℃ 以上时，若不由热进料、热交换提供热量，则至少需要 0.3MPa 等级的蒸汽来提供，因此规定热用户物流的温度在 120℃ 以上，所得到的热量全部计入能耗。

**4.2.5** 在设计能耗计算中，为了确定还未投产的全厂能耗，需要计算供电过程中的损耗，此时可按《炼油厂用电负荷设计计算方法》SH/T 3116 计算。对于实际运行的企业，应实测出供电损耗。

# 总　目　录

## 第1册　通用标准·民用建筑

### 1　通用标准

### 2　民用建筑

## 第 2 册　建筑防火·建筑环境

### 3　建筑防火

# 4　建筑环境（热工·声学·采光与照明）

# 第3册 建筑设备·建筑节能

## 5 建筑设备（给水排水·电气·防雷·暖通·智能）

## 6 建筑节能

# 第4册 工业建筑

## 7 工业建筑